Langenscheidts
Fachwörterbücher

Langenscheidt's Dictionary Technology and Applied Sciences

German-English

first edition

Edited by
Univ.-Prof. Dr. phil. habil. Peter A. Schmitt

Langenscheidt
Berlin · München · Wien · Zürich · New York

Langenscheidts Fachwörterbuch Technik und angewandte Wissenschaften

Deutsch-Englisch

erste Auflage

Herausgegeben von
Univ.-Prof. Dr. phil. habil. Peter A. Schmitt

Langenscheidt
Berlin · München · Wien · Zürich · New York

Das vorliegende Werk basiert auf der fünften Auflage des Fachwörterbuches *Technik und angewandte Wissenschaften Deutsch-Englisch*, die von Ing. Rudolf Walther herausgegeben und von ihm und anderen Autoren verfasst wurde.

Herausgeber und Autor des vorliegenden Werks:
Univ.-Prof. Dr. phil. habil. Peter A. Schmitt

Die Deutsche Bibliothek - CIP-Einheitsaufnahme

Langenscheidts Fachwörterbuch Technik und angewandte Wissenschaften / hrsg.
von Peter A. Schmitt. - [Neubearb.]. - Berlin ; München ; Wien ; Zürich ; New York :
Langenscheidt

Deutsch-englisch. - 1. Aufl. - 2002
    ISBN 3-86117-187-2

ISBN 3-86117-187-2

Erste Auflage
© 2002 Langenscheidt Fachverlag GmbH, München
Printed in Germany
Gesamtherstellung: Druckhaus „Thomas Müntzer" GmbH, Bad Langensalza/Thüringen

Vorwort

Benutzer von Nachschlagewerken erwarten **Aktualität** und angemessene **Qualität** des Informationsangebots, verbunden mit größtmöglicher **Benutzerfreundlichkeit**.

Aktualität ist unverzichtbar angesichts immer kürzerer technischer Innovationszyklen, die z. B. im EDV-Bereich in der Größenordnung von sechs Monaten liegen. Bereits zehn Wochen nach Redaktionsschluss war das Wörterbuch im Handel. Die extrem schnelle technische Produktion wurde möglich durch die komplett datenbankbasierte Erstellung; von der Datenerfassung über die Bestandspflege bis hin zur automatischen druckreifen Formatierung fand alles am PC statt, überwiegend im Netzwerk. Meist wurde synchron gearbeitet und von verschiedenen Orten aus auf die Datenbank beim Verlag in München zugegriffen.

Qualität bedeutet hier zum einen die inhaltliche Zuverlässigkeit der gebotenen Informationen, zum andern die terminologische Aufbereitung und die terminographische, druck- und buchtechnische Qualität. Letztere ist bei Langenscheidt-Produkten ohnehin selbstverständlich; die inhaltliche Zuverlässigkeit ergibt sich aus den verwendeten Quellen und beteiligten Personen: Dieses Wörterbuch basiert auf dem *Fachwörterbuch Technik und angewandte Wissenschaften* von Ing. Rudolf Walther †, das unter Hinzuziehung zahlreicher Experten zunächst im VEB Verlag Technik Berlin, dann beim Verlag Alexandre Hatier Paris/Berlin und zuletzt im Langenscheidt Fachverlag München erschienen ist. Verwertbare Einträge aus dem Walther-Titel wurden zunächst in die relationale CATS-Terminologiedatenbank importiert. Im Verlauf von rund fünf Jahren wurde dieser Walther-Bestand zum einen an die begriffsorientierte Terminologiedatenbankstruktur angepasst (d. h., in der Datenbank sind alle Benennungen zu einem Begriff in je einem Datensatz zusammengefasst), zum andern wurde der Bestand gepflegt: Überholte und entbehrliche Einträge wurden gelöscht; letztlich wurde der Bestand auf rund 250.000 Stichwörter und Kontextinformationen erweitert.

Die Bestandserweiterung stützt sich auf verschiedenste Quellen. Zum einen auf meine Unterlagen und Terminologien, die ich seit 1974 im Laufe meiner Tätigkeit als angestellter und freiberuflicher technischer Übersetzer gesammelt habe. Zum anderen auf das Material aus meinen Lehrveranstaltungen zum technischen Übersetzen und zur Terminologiearbeit an den Universitäten Mainz/Germersheim und Leipzig. Auch Hunderte von terminologischen Seminararbeiten und die rund 250 von mir betreuten terminologischen Diplomarbeiten, die meist mit großem Aufwand und anhand von Paralleltexten und einsprachiger Fachliteratur sehr solide recherchiert werden, lieferten viele Informationen und halfen, Lücken in speziellen Fachgebieten zu schließen. Abgesehen vom Walther-Basisbestand wurden keine anderen zwei- oder gar mehrsprachigen Wörterbücher exzerpiert. Insgesamt basiert dieses Wörterbuch auf Tausenden von Quellen – darunter stapelweise Kataloge, Prospektmaterial, unzählige Internetquellen und nahezu drei Jahrzehnte regelmäßige Lektüre von Fachpublikationen – so dass die an sich erstrebenswerte Auflistung aller Titel hier schlicht unmöglich ist.

Zur terminologischen Qualität gehört ein Informationsangebot, das ein Kompromiss ist zwischen **Benutzerfreundlichkeit** und Informationsbedarf. Die meisten Wörterbuchbenutzer bevorzugen einbändige und noch handliche Werke. Das bedeutet, dass bei einer hohen Stichwörteranzahl und bei einer nicht zu unterschreitenden Schriftgröße und vorgegebenem Satzspiegel pro Eintrag nicht genügend Platz ist, um etwa Definitionen und Kontextbeispiele anzubieten. So schön solche Informationen sind, unbedingt nötig sind sie nicht; das Gleiche gilt für die Angabe von Synonymen auf der ausgangssprachlichen Seite: Wer eine Übersetzung für *Abblasschubventil* sucht, muss nicht unbedingt beim Nachschlagen dazulernen, dass man statt *Abblasschubventil* unter gewissen Umständen auch *Luftumleitventil* oder schlicht *Umleitventil* sagen könnte. Es genügt, die in Frage kommenden Übersetzungen *air diverter valve; diverter valve; air control valve; A.I.R. control valve* anzubieten.

Da es bei Printmedien zwar platzsparend, aber für den Benutzer lästig ist, mit Haupt- und Nebeneinträgen zu arbeiten, liefert dieses Wörterbuch die Übersetzung(en) unter jeder ausgangssprachlichen Benennung; die Übersetzung *air diverter valve* findet man daher ohne Querverweis sowohl unter *Abblasschubventil* als auch unter *Luftumleitventil*. Das führt zwar zu einer gewissen Informationsredundanz, beschleunigt aber das Nachschlagen erheblich.

Damit man die gewünschte Information rasch finden bzw. unter mehreren Informationen gezielt die richtige auswählen kann, enthalten die Einträge diverse Datenkategorien, die in den Benutzungshinweisen vorgestellt werden (Sachgebietsangaben, grammatische Informationen, semantische Kurzinformationen zum gemeinten Begriff sowie benennungsspezifische pragmatische Informationen mit Hinweisen zur Verwendungssituation, wie etwa Stilebene, Textsorte oder Sprechergruppe). Die typographische Gestaltung richtet sich dabei nach der neuen DIN 2336.

Um Aktualität, Qualität und Benutzerfreundlichkeit miteinander zu vereinbaren, sind nicht alle Fachgebiete in gleicher Breite und Tiefe vertreten: Das Informationsangebot orientiert sich daran, wie übersetzungsrelevant ein Fachgebiet im Sprachenpaar Deutsch/Englisch ist. Ich stütze mich dabei auf meine Marktbefragungen. Berücksichtigt wurde auch, ob ein Fachgebiet oder eine Technologie während der „Lebensdauer" des Wörterbuchs voraussichtlich an Bedeutung gewinnt. Die Grundlagenwissenschaften sollten daher im Wesentlichen abgedeckt sein, die Schwerpunkte liegen aber – in dieser Reihenfolge – auf Maschinenbau und Kfz-Technik, Elektrotechnik mit Elektronik und EDV, sowie auf Chemie mit Verfahrenstechnik und Apparatebau. Andere Gebiete – wie etwa Bauwesen und Bergbau – sind ebenfalls berücksichtigt, aber nicht mit dem gleichen Detaillierungsgrad.

Die Nutzer dieses Wörterbuchs bitte ich um Nachsicht für etwaige verbliebene Fehler und um konstruktive Kritik: Jede Anregung ist willkommen – die Datenbank wird kontinuierlich weiter gepflegt, und auch gegenüber dem zuerst erschienenen Band Englisch-Deutsch gibt es bereits etliche Aktualisierungen.

Univ.-Prof. Dr. Peter A. Schmitt

Danksagung

Selbstverständlich kann ein so umfangreiches Werk nicht im Alleingang in vertretbarer Zeit er- und bearbeitet werden. Ich danke daher zunächst dem Langenscheidt-Fachverlag und insbesondere dessen Geschäftsführung nicht nur für das Angebot, dieses Wörterbuch zu erstellen, sondern auch für die personelle und technische Unterstützung bei der Projektabwicklung. Denn neben den redaktionellen Aspekten, um die sich vor allem Frau Koven und Frau Brenna kümmerten, galt es auch eine Reihe edv-technischer Probleme zu überwinden, für die ich bei den Herren Dittl, Kakar und Karg stets freundliche und kompetente Ansprechpartner hatte.

Besonderer Dank gebührt Martin Schultze-Griebler aus Dresden, der unser Terminologieverwaltungsprogramm CATS® mit allen für dieses Projekt nötigen Funktionen ausstattete und jeweils rasch und kompetent auf meine sich im Laufe des Projekts herausstellenden Sonderwünsche reagierte: Ohne ihn hätte ich diese Wörterbuch-Herausforderung nicht angenommen.

Da keine Einzelperson in all den hier behandelten Gebieten in gleicher Breite und Tiefe bilingual kompetent sein kann, bedurfte ich natürlich auch inhaltlicher Unterstützung. Ich danke daher den hier nicht zähl- und nennbaren Fachleuten und Unternehmen, die im Laufe der Jahre von mir direkt oder über meine Studierenden zu fachlichen oder terminologischen Details Auskunft gegeben und meist bereitwillig wertvolles Informationsmaterial geliefert haben. Ich danke meinen Studierenden für die Begeisterung und Sorgfalt, mit der sie sich speziellen Terminologien widmeten und mir bei der Materialbeschaffung halfen.

Engagement, gepaart mit eiserner Arbeitsdisziplin, ist auch das Merkmal von Dipl.-Ing. Kurt Prochazka aus Wien, der profundes Sachwissen und jahrelange Erfahrung im Bereich der Terminologienormung in das Projekt einbrachte, sich um die Zuordnung der Einträge zu den einzelnen Sachgebieten kümmerte und bei Tausenden von Einträgen die jeweiligen Normen recherchierte.

Bei der terminologischen Aufbereitung der Einträge, wie etwa der Eintragung von grammatischen, semantischen und pragmatischen Angaben und – besonders schwierig – bei der Zusammenführung synonymer Benennungen zu Begriffen, halfen mir meine studentischen Hilfskräfte am Institut für angewandte Linguistik und Translatologie an der Universität Leipzig: Anne Flachowsky (inzwischen Terminologin bei DaimlerChrysler), Sandra Kind, Linda Sörgel, Christiane Strobel und Annette Weilandt; eine zentrale Stütze war vor allem die unermüdliche, effiziente und sachkundige Arbeit von Bianca Probst.

Trotz aller Hilfe und technischen Erleichterungen konnten die ursprünglich anvisierten Fertigstellungstermine nicht eingehalten werden. Auch jetzt ist der Bestand nicht so „fertig", wie ich das gerne hätte; beispielsweise ist noch nicht bei allen Verben zwischen transitiv und intransitiv differenziert, etliche Einträge ließen sich noch begrifflich zusammenfassen und Vieles könnte man noch ergänzen.

Die Pflege und Durchforstung eines zeitweise 300.000 Datensätze umfassenden Datenbestandes ist eine Arbeit, deren Ausmaß und praktische Konsequenzen kaum vorstellbar sind. Lexikographie und Terminographie in diesem Umfange ist, auch mit allen modernen Tools, ein absolut freizeit- und damit familienfeindliches Unterfangen. Ich danke daher *last, but not least,* meiner Frau und meiner Tochter für die Tolerierung meines terminologischen Treibens.

Univ.-Prof. Dr. Peter A. Schmitt

Preface

Users of reference works expect the information provided to be **up-to-date** and of appropriate **quality**, and this to be combined with a maximum of **user-friendliness.**

Currency is absolutely essential in view of the ever shortening cycles of technical innovation, which are down to about six months in the field of computing, for example. This dictionary was in the bookshops a mere ten weeks after the editorial deadline. Its extremely rapid technical production was made possible by creating it entirely from a database; from data entry via updating to the automatic formatting of camera-ready copy, everything was done with personal computers, mainly in a network. Usually, the work was synchronised and the database at the publisher's in Munich was accessed from various locations at the same time.

Quality here means the factual reliability of the information offered, on the one hand, and the terminological editing and terminographical, typographical, and bookmaking quality, on the other. The latter is, in any case, a matter of course with Langenscheidt products, while the factual reliability derives from the sources used and the people participating. This dictionary is based on the *Fachwörterbuch Technik und angewandte Wissenschaften* by Rudolf Walther (†), which was published, with the assistance of numerous experts, first by VEB Verlag Technik, Berlin, then by Alexandre Hatier, Paris & Berlin, and finally by Langenscheidt Fachverlag, Munich. Entries from Walther's work, which were of use, were first imported into the CATS relational terminology database. Over a period of about five years, this vocabulary from Walther was adapted to the concept-oriented structure of the terminology database: i.e. all of the terms designating one concept are grouped into a single data record in the database. The vocabulary was also updated: obsolete and dispensable entries were deleted, while the vocabulary was enlarged to a final total of about 250,000 entries and contextual informations.

The enlargement of the vocabulary is based on a wide variety of sources. One is my documents and terminology lists, which I have been collecting since 1974 in the course of my work as a staff and free-lance technical translator. Another is the material from the courses I have taught at the Universities of Mainz-Germersheim and Leipzig on technical translating and on terminology. Hundreds of students' terminological papers, and the roughly 250 theses in terminology I have supervised, most of which are very thoroughly researched, with a great deal of effort and on the basis of parallel texts and monolingual specialist literature, also provided much information, and helped to fill gaps in specialised fields. Apart from the base vocabulary from Walther, no other bilingual (not to mention multilingual) dictionaries have been used as sources. In total, this dictionary is based on thousands of sources – including stacks of catalogues, sales literature, countless sources in the Internet, and almost three decades of regular reading of specialist publications - so that a listing of all the titles, desirable as it is, is simply impossible in this case.

The terminological quality includes a supply of information representing a compromise between **user-friendliness** and the need for information. Most dictionary users prefer single-volume works of a size that is still easy to handle. This means that in the case of a large number of entries, and given a minimum type size and a set total type area, there is not enough space to offer definitions and examples in context. As helpful as such information is, it is not absolutely necessary. The same applies to giving synonyms on the source-language side: someone looking for a translation of *Abblasschubventil* does not really need to learn that one can say *Luftumleitventil* or simply *Umleitventil* rather than *Abblasschubventil*. Offering the apt translations: *air diverter valve; diverter valve; air control valve; A.I.R. control valve* is sufficient.

Although it helps to save space in print media to use cross references from secondary entries to main entries, it is a nuisance for the user; so this dictionary provides the translation(s) under each source-language term – the translation *air diverter valve* is found under both *Abblasschubventil* and *Luftumleitventil*, without cross-references. This does result in a certain redundancy of information, but makes looking it up considerably quicker.

In order to find the desired information quickly, or to select the correct one from several items of information, the entries contain various data categories which are presented in the notes on how to use the dictionary (subject field designations, grammatical information, brief semantic information on the relevant concept, and pragmatic information specific to the term, with notes on usage, such as register, type of text, or class of speakers). The typographical design is oriented towards the revised DIN Standard 2336.

In order to combine currency, quality, and user-friendliness, not all subject areas are covered in the same breadth and depth: the information offered is determined by the relevance of a field for English-German translations. I have based this on my market surveys. Whether a subject field or technology is likely to grow in importance over the "life" of the dictionary was also taken into account. Therefore, the essence of the basic sciences should be covered, but the emphasis is placed – in this order – on mechanical and automotive engineering, electrical engineering, including electronics and data processing, and chemistry plus process engineering and chemical plant. Other fields, such as building and mining, are also covered, but not to the same degree of detail.

I ask the users of this dictionary to excuse any errors that may remain, and to pass on constructive criticism: any suggestion is welcome, since the database will be updated continuously and numerous updates have already been entered since the publication of the English-German volume, which was printed first.

Univ.-Prof. Dr. Peter A. Schmitt

Acknowledgements

Of course, such an extensive work cannot be created and edited by a single person in any reasonable length of time. In consequence, I wish to thank Langenscheidt-Fachverlag and its management not only for the offer to compile this dictionary but also for the support provided in the completion of the project both in technical terms and in terms of manpower. In addition to the editorial aspects, covered primarily by Ms Koven and Ms Brenna, a number of technical IT problems had to be dealt with, for which I had the competent assistance of Mr Dittl, Mr Kakar and Mr Karg who all constantly demonstrated kindness and courtesy at all times.

My foremost thanks are due to Martin Schultze-Griebler of Dresden, who furnished our terminology management program CATS® with all of the functions needed for this project, and always responded rapidly and competently to my special wishes as they arose in the course of the project: without him I would not have been technically able to complete this dictionary.

Since no individual can be bilingually competent to the same breadth and depth in all of the fields covered here, I also needed assistance with the contents. Therefore, I wish to express my thanks to all of the specialists and companies, far too many to count or name, who have provided information on factual or terminological details to me directly or via my students, and usually also willingly provided valuable information material. I wish to thank my students for the enthusiasm and care they devoted to specialised terminologies, and with which they helped me to procure material.

Commitment, coupled with an iron discipline in his work, is a defining characteristic of Kurt Prochazka, an engineer from Vienna, who contributed his profound knowledge of the subject and years of experience in the field of terminology standardisation to this project, handled assignment of the entries to the individual subject areas, and researched the respective standards for thousands of entries.

In the terminological preparation of the entries, such as entering grammatical, semantic, and pragmatical information, and grouping synonymous terms into single concepts, I was assisted by my student assistants at the Institute of Applied Linguistics and Translatology at the University of Leipzig: Anne Flachowsky (now a terminologist at DaimlerChrysler), Sandra Kind, Linda Sörgel, Christiane Strobel and Annette Weilandt. First and foremost, however, there was a central pillar in the indefatigable, efficient and proficient effort provided by Bianca Probst.

Despite all the assistance and technical aids, it was not possible to meet the original deadlines for completion. Even now, the vocabulary is not as "finished" as I would like; for example, not all verbs are differentiated as transitive and intransitive, many entries could still be grouped by concept, and much could still be added.

Updating and weeding out a set of data comprising at times 300,000 records is a job the size and practical consequences of which are hard to imagine. Even with all the modern software tools, lexicography and terminography of this scope is an undertaking as absolutely hostile to spare time as it is to family life. Therefore, I thank, last, but not least, as they say, my wife and daughter for putting up with my terminological activities.

Univ.-Prof. Dr. Peter A. Schmitt

Notes for Users

General

The dictionary is an automatically produced version of the underlying terminology database. The structure of the database is geared towards concepts, i.e. all terms pertaining to a concept, and other information, are summarised in a record which takes into account all necessary data categories. For the purposes of this dictionary, data have been edited and printed out so that the user can access the available information under each headword, i.e. without cross-references.

Sorting

Entries are sorted in the usual order applying to computers, i.e. no account is taken of upper and lower case, numerals are placed before A, ß is sorted like s, and umlauts are ordered like the corresponding vowels with no umlaut. The same applies to accents. Blank spaces, hyphens, solidi and brackets have no bearing on sorting.

Compound terms are treated as separate headwords if they denote fixed, distinguishable concepts and/or are used as a well-established expression. This applies irrespective of the spelling, i.e. irrespective of whether terms are multi-word terms or composite terms. Such compound terms are sorted as they are actually used, i.e. under the first modifier and not under the root.

Entry structure

Each entry has a fixed structure, in which a maximum of the following components appear in the following sequence (SL = source language, TL = target language):

SL **Preferred term**
SL *Grammatical information*
SL (Abbreviation)
SL *Pragmatical information*

Benutzerhinweise

Grundsätzliches

Das Wörterbuch ist eine automatisch erzeugte Ausgabeform der zugrundeliegenden Terminologiedatenbank. Die Datenbank ist begriffsorientiert strukturiert, d. h., alle zu einem Begriff (Signifikat) gehörenden Benennungen (Signifikanten) und sonstigen Informationen sind in einem Datensatz zusammengefasst, der alle nötigen Datenkategorien berücksichtigt. Für die Zwecke dieses Wörterbuchs wurden die Daten so aufbereitet und ausgegeben, dass der Benutzer unter jedem Stichwort, also ohne Querverweise, das verfügbare Informationsangebot erhält.

Sortierung

Die Einträge sind alphabetisch in der bei Computern üblichen Reihenfolge sortiert, d.h., Groß- und Kleinschreibung spielen keine Rolle, Ziffern stehen vor A, ß wird wie s einsortiert, Umlaute werden wie die entsprechenden Vokale ohne Umlaut eingeordnet. Entsprechendes gilt für Akzente. Leerstellen, Bindestriche, Schrägstriche und Klammern wirken sich auf die Sortierung nicht aus.

Mehrgliedrige Benennungen (Komposita) werden als eigene Stichwörter behandelt, wenn sie feste, abgrenzbare Begriffe bezeichnen und/oder wie eine feststehende Wendung gebraucht werden. Dies gilt unabhängig von der Schreibweise, also gleichgültig, ob es sich um Mehrwortbenennungen (multi-word terms) oder um Blockkomposita handelt. Solche mehrgliedrigen Benennungen werden so einsortiert, wie sie tatsächlich verwendet werden, also unter dem ersten Bestimmungswort und nicht unter dem Grundwort.

Eintragsstruktur

Jeder Eintrag hat eine feste Struktur, in der maximal folgende Elemente in folgender Reihenfolge vorkommen (AS = Ausgangssprache, ZS = Zielsprache):

AS **Vorzugsbenennung**
AS *Grammatische Information*
AS (Abkürzung)
AS *Pragmatische Information*

SL <Subject area information>	AS <Fachgebietsangabe>
SL *(Semantic information)*	AS *(Semantische Information)*

• Language separator	• Sprachentrennzeichen

TL Preferred term	ZS Vorzugsbenennung
TL *Grammatical information*	ZS *Grammatische Information*
TL (Abbreviation)	ZS (Abkürzung)
TL *Pragmatical information*	ZS *Pragmatische Information*
TL Synonym 1	ZS Synonym 1
TL *Grammatical information*	ZS *Grammatische Information*
TL *Pragmatical information*	ZS *Pragmatische Information*
TL Synonym 2	ZS Synonym 2
TL *Grammatical information*	ZS *Grammatische Information*
TL *Pragmatical information*	ZS *Pragmatische Information*
TL Synonym 3	ZS Synonym 3
TL *Grammatical information*	ZS *Grammatische Information*
TL *Pragmatical information*	ZS *Pragmatische Information*
TL Synonym 4	ZS Synonym 4
TL *Grammatical information*	ZS *Grammatische Information*
TL *Pragmatical information*	ZS *Pragmatische Information*

Flugdatenschreiber *m* (FDR) <aerospace> *(Daten)* • flight data recorder (FDR); cockpit flight data recorder; flight recorder *pract*; Black Box [for the recording of flight data] *coll*

Headword

Headwords (lemmata) are printed in bold. In the dictionary all terms relating to a concept, including abbreviations, are to be found in the relevant alphabetical sequence as headwords. Under each synonymous headword the same target-language information is given in a standardised way:

Stichwort

Stichwörter (Lemmata) sind fett gedruckt. Alle Benennungen eines Begriffs, auch die Abkürzungen, sind im Wörterbuch an entsprechender Stelle im Alphabet als Stichwort erfasst. Unter jedem synonymen Stichwort wird einheitlich die gleiche zielsprachliche Information geliefert:

Großraumlimousine *f form* <kfz> *(Mehrzweckauto auf Pkw-Basis)* • multi-purpose vehicle (MPV) *US*; mini-van; multi-purpose van, MPV; space wagon *advert*; people carrier
Hochdachlimousine *f rar* <kfz> *(Mehrzweckauto auf Pkw-Basis)* • multi-purpose vehicle (MPV) *US*; mini-van; multi-purpose van, MPV; space wagon *advert*; people carrier
Minivan *m prakt.ugs* <kfz> *(Mehrzweckauto auf Pkw-Basis)* • multi-purpose vehicle (MPV) *US*; mini-van; multi-purpose van, MPV; space wagon *advert*; people carrier
Mini-Van *m press.werb* <kfz> *(Mehrzweckauto auf Pkw-Basis)* • multi-purpose vehicle (MPV) *US*; mini-van; multi-purpose van, MPV; space wagon *advert*; people carrier
Van *m ugs* <kfz> *(Mehrzweckauto auf Pkw-Basis)* • multi-purpose vehicle (MPV) *US*; mini-van; multi-purpose van, MPV; space wagon *advert*; people carrier

Grammatical information

In each case, any grammatical information is printed in italics after the term itself. The gender of German nouns is denoted and, where appropriate, there is an indication of whether these are used only in the singular or in the plural. Verbs are at least marked with a *v* and it is usually indicated whether this is a transitive or an intransitive verb. Other forms of words (adj, adv) are only marked as such if there is a risk of confusion.

Grammatische Information

Etwaige Angaben zur Grammatik stehen kursiv jeweils hinter der Benennung. Deutsche Substantive haben Genusangaben und ggf. zusätzlich Hinweise auf Gebrauch nur im Singular oder nur im Plural. Verben sind mindestens mit *v* markiert, meist ist zusätzlich angegeben, ob es sich um ein transitives oder intransitives Verb handelt. Andere Wortarten (adj, adv) werden nur als solche markiert, wenn Verwechslungsgefahr besteht.

abbiegen *vi* <verk> *(Fahrzeug, Fußgänger; nach rechts oder links)* • turn off *vi*

abbiegen *vt* <prod> *(nach unten; z. B. Blech)* • bend down *vt*

MJ-Gewinde *n DIN ISO 5855* <aerospace> • Metric J thread (MJ) *ANSI B1.21*; aerospace Metric screw thread

mobiler Reinigungsroboter *m* <autom> *(Service-Roboter; z.B. auf Leipziger Messehallendach)* • mobile cleaning robot

Untertagedeponie *f* (UTD) <ents> *(für Sondermüll)* • underground hazardous waste disposal facility; underground depot; subsurface repository

adj	adjective	Adjektiv
adv	adverb	Adverb
f	feminine noun	Substantiv feminin
fpl	feminine noun, used only or mainly in plural	Substantiv feminin, Pluraletantum
fsg	feminine noun, used only or mainly in singular	Substantiv feminin, Singularetantum
m	masculine noun	Substantiv maskulin
mpl	masculine noun, used only or mainly in plural	Substantiv maskulin, Pluraletantum
msg	masculine noun, used only or mainly in singular	Substantiv maskulin, Singularetantum
n	neuter noun	Substantiv neutrum
npl	neuter noun, used only or mainly in plural	Substantiv neutrum, Pluraletantum
nsg	neuter noun, used only or mainly in singular	Substantiv neutrum, Singularetantum
vi	intransitive verb	Verb intransitiv
vr	reflexive verb	Verb reflexiv
vt	transitive verb	Verb transitiv

Prepositions

If a verb is used exclusively in conjunction with a particular preposition, this preposition is indicated without brackets directly after the verb. If the verb can also be used without this preposition, it usually has its own entry; the preposition is otherwise indicated in brackets.

Präpositionen

Wird ein Verb ausschließlich in Verbindung mit einer bestimmten Präposition verwendet, so wird diese Präposition ohne Klammer direkt hinter dem Verb angegeben. Kann das Verb auch ohne diese Präposition verwendet werden, so steht es normalerweise in einem eigenen Eintrag; andernfalls steht die Präposition in Klammern.

abziehen *vt* <ents> *(Flüssigkeit; nach unten; z. B. Sicker-, Regenwasser)* • drain (off) *vt*
abziehen *vt* <obfl> *(z. B. Folie, Film, Überzug)* • peel off *vt*; strip *vt*; strip off *vt*; peel *vt*; strip away *vt rare*

Abbreviations

Abbreviations are listed both in a separate index of abbreviations together with their full form, and are also represented as specific headwords in the dictionary. Possible abbreviations are likewise indicated on the target-language side.

Abkürzungen

Abkürzungen sind zum einen in einem separaten Abkürzungsverzeichnis zusammen mit ihrer Langform aufgelistet, zum andern sind sie auch ein eigenes Stichwort im Wörterbuch. Auf der zielsprachlichen Seite werden etwaige Abkürzungen ebenfalls angeboten.

CSP <el.ic> • chip-scale package (CSP)
CSP-Baustein *m* <el.ic> • chip-scale package (CSP)
Chip-Scale-Package *f* (CSP) <el.ic> • chip-scale package (CSP)
elektroviskose Flüssigkeit *f* (EVF) <kfz> • electroviscous fluid (EVF)
elektroviskoses Fluid *n* <kfz> • electroviscous fluid (EVF)
EVF <kfz> • electroviscous fluid (EVF)

Pragmatical information

This gives advice on usage and is printed in italics after the relevant term. Where appropriate, it relates to the headword and to translations, and includes notes on regional variants (e.g. British or American English), style levels, standardised terms, company-specific usages, trademarks and an indication of recommended translations.

Pragmatische Information

Sie liefert Hinweise zur Verwendungssituation und steht kursiv hinter der jeweiligen Benennung. Sie wird ggf. für das Stichwort und für die Übersetzungen geliefert. Hierzu gehören Hinweise auf regionale Varianten (z.B. britisches oder amerikanisches Englisch), Stilebenen, genormte Benennungen, firmenspezifische Verwendungen, Warenzeichen und die Kennzeichnung von Übersetzungsvorschlägen.

Examples of regional variants:

Beispiele für regionale Varianten:

Abbau im Tagebau *m* <min> *(z. B. von Braunkohle)* • strip mining *US*; opencast mining *GB*; open-pit mining; surface mining
Autofokus *m* (AF) <opt> *(z. B. von Foto-, Videokameras, Projektoren, Belichtern)* • auto focus (AF); automatic focusing *US*; automatic focussing *GB*
Hebelblechschere *f* <wz> *(mit zusätzlicher Hebelübersetzung für höhere Schneidkraft)* • compound leverage snips *US*; cantilever action shears *GB*

Examples of style levels: Beispiele für Stilebenen:

automatisches Getriebe mit sechs Gängen *n did*
<kfz.antr> *(Getriebevollautomat; z. B. mit Shift by*
Wire) • 6-speed automatic transmission *US/GB*;
six-speed auto transmission *US/GB.pract*; automatic
gearbox with six speeds *GB.rare*; 6-speed auto
trans *US.coll*; 6-speed auto box *GB.coll*
Haubenfahrzeug *n* <nfz> *(typ. Truck in den USA;*
in D nur noch selten) • conventional truck; conventional *pract*; longnose *coll*

Examples of company-specific usage,   Beispiele für firmenspezifischen Gebrauch,
product names: Produktnamen:

Tesafilm *m* ® *BDF.ugs* <büro.füg> *(dünne Folie,*
glasklar od. transparent) • transparent tape *rare*;
Scotch Tape ® *US.coll*; Sellotape ® *GB.coll*
Wirbelstufenbrenner *m DeutscheBabcock* <emiss>
• Distributed Mixing Burner (DMB) *Babcock&Wilcox*;
Staged Mixing Burner, SMB *Steinmüller*

Examples of standards: Beispiele für Normen:

Hauptschneide *f DIN ISO 5419* <wz> *(Spiralbohrer)*
• major cutting edge *ISO 5419*; lip
Wurfweite *f DIN 4047-6* <agri.hydr> *(eines Regners)*
• sprinkling range

In individual cases there is also a note on pronun-   In Einzelfällen wird an dieser Stelle auch die Aus-
ciation here, if this affects the meaning (e.g. the   sprache angegeben, wenn diese bedeutungstra-
English word *lead*, meaning the element or a cable). gend ist (wie bei engl. *lead* für Blei oder Leitung).
In such cases the pronunciation is additionally indi- Die Aussprache steht dann zusätzlich in kursiven
cated in italicised square brackets.   eckigen Klammern.

Blei *n* (Pb) *DIN 1719* <chem.mat> • lead (Pb) *[led]*;
plumbum metallicum

Essentially, the following pragmatical information is   Es kommen im Wesentlichen folgende pragmatische
provided: Informationen vor:

Style levels complete list	Stilebenen geschlossene Liste		
Scientific terminology	Wissenschaftssprache	*wiss*	*thsc*
Didactic terminology, popular scientific	Didaktiksprache, populär-wissenschaftlich	*did*	*did*
Practical technical terminology Workshop/laboratory terminology	Praktische Fachsprache Werkstatt-, Laborsprache	*prakt*	*pract*
Colloquial terminology	Umgangssprache	*ugs*	*coll*
Jargon	Jargon	*jarg*	*jarg*
Vulgar terminology	Vulgärsprache	*vulg*	*vulg*
Advertising terminology	Werbesprache	*werb*	*advert*
Press/media terminology	Pressesprache, Mediensprache	*press*	*press*

Standardised terms	Genormte Termini	*norm*	*stand*
Derogatory, with negative connotations	Abwertend, negativ konnotiert	*pejor*	*derog*

Geographical classifications incomplete list – national references	**Räumliche Zuordnungen** offene Liste – Länderkennzeichen		
American English	Amerikanisches Englisch		*US*
British English	Britisches Englisch		*GB*
Australian English	Australisches Englisch		*AUS*
GDR German	DDR-Deutsch	*DDR*	
Austrian German	Österreichisches Deutsch	*A*	
Swiss German	Schweizer Deutsch	*CH*	

Chronological classification complete list	**Zeitliche Zuordnung** geschlossene Liste		
outdated, obsolete	veraltet, obsolet	*obs*	*obs*

Frequency of use complete list	**Gebrauchshäufigkeit** geschlossene Liste		
rare	selten	*rar*	*rare*
recommended translation	Übersetzungsvorschlag	*:V*	*:V*

Speaker groups
incomplete list

Where possible, established and brief – and if appropriate, abbreviated and self-explanatory entries; a few examples are given below:

Sprechergruppen
offene Liste

Möglichst etablierte, kurze, ggf. abgekürzte und selbsterklärende Markierungen; hier nur einige Beispiele:

British Standard	*BS*	*BS*
Deutsche Bahn	*DB*	*DB*
Deutsches Institut für Normung	*DIN*	*DIN*
Ford	*Ford*	*Ford*
Mercedes Benz	*MB*	*MB*
Society of Automotive Engineers	*SAE*	*SAE*
Sony	*Sony*	*Sony*
Zahnradfabrik Friedrichshafen	*ZF*	*ZF*

Indication of subject area

In accordance with DIN 2336, this is indicated in normal print in pointed brackets. As a general principle, the objective in indicating subject areas is always to give the dictionary user succinct and useful information when selecting an entry. Whenever a term relates to a concept which applies to many subject areas or cannot be classified under one particular subject area, the subject area is indicated as <tech.gen>.

The same terms with several meanings (polysemous terms, homonyms) can often be distinguished according to different subject area classifications. In such cases the prototypical, most general and most frequently used meaning is listed first and is indicated <tech.gen>. All other subject areas are listed in alphabetical order:

Fachgebietsangabe

Sie steht gemäß DIN 2336 in Normalschrift in spitzen Klammern. Generelle Richtschnur bei den Fachgebietsangaben war stets, dem Wörterbuchbenutzer eine möglichst kompakte und nützliche Information bei der Auswahl eines Eintrags zu liefern. Wenn eine Benennung sich auf einen Begriff bezieht, der in vielen Fachgebieten vorkommt oder sich nicht eindeutig einem speziellen Fachgebiet zuordnen läßt, dann wird als Fachgebiet <tech.gen> angegeben.

Gleiche Benennungen mit mehreren Bedeutungen (polyseme Benennungen, Homonyme) lassen sich oft durch unterschiedliche Sachgebietszuordnungen differenzieren. In solchen Fällen steht die prototypische, allgemeinste und am häufigsten verwendete Bedeutung an erster Stelle und ist mit <tech.gen> markiert. Alle anderen Sachgebiete folgen in alphabetischer Reihenfolge:

Abbau *m* <tech.allg> *(Zerlegen größerer Objekte; z.B. Gerüst, Turmdrehkran)* • dismantling
Abbau *m* <tech.allg> *(von Anbauten; z.B. Wandhalterung)* • detachment
Abbau *m* <chem> *(Zerfall von chem. Verbindungen)* • disintegration
Abbau *m* <min> *(von Lagerstätten, Ressourcen; z.B. Erz, Kohle)* • exploitation; mining
Abbau *m* <ökon> *(von Kosten)* • reduction; lowering
Abbau *m* <verf> *(von Druck, Spannungen)* • relief

Many entries have a dual classification or multiclassification. This is due on the one hand to the increasing interdisciplinary nature of technology. On the other hand, most concepts can be classified firstly under a subject area in which they have a hierarchical relationship (e.g. the various types of ship relating to shipbuilding), and secondly also under the subject area in which the items typically occur (e.g. drilling rig supply ships in the subject area of the petroleum industry). Thus the indications of subject areas can refer to both hierarchical as well as pragmatical relationships.

Viele Einträge haben eine Doppel- oder Mehrfachzuordnung. Das liegt zum einen an der zunehmenden Interdisziplinarität der Technik. Zum andern lassen sich die meisten Begriffe einerseits einem Fachgebiet zuordnen, zu dem sie in einer hierarchischen Beziehung stehen (z. B. die verschiedenen Schiffstypen dem Schiffsbau), andererseits auch dem Fachgebiet, in dem die betreffenden Gegenstände typisch vorkommen (z. B. Bohrinselversorgungsschiffe im Bereich der Petrolindustrie). Die Fachgebietsangaben können also sowohl hierarchische als auch pragmatische Relationen andeuten.

entstörte Zündkerze *f* <kfz.el> • RFI suppressed spark plug *Champion*; interference-suppressed spark plug *Bosch*
Bohrinselversorger *m* <nav.petr> *(Offshore)* • drilling rig supply ship; offshore supply vessel; oil-rig supply vessel
Feder *f* <füg.holz> *(für Nut-und-Feder-Verbindung; z. B. in Holzleiste, -paneel)* • feather; tongue
Feder *f* <füg.masch> *(in Nut, Verbindung Welle/Nabe; kein Keil, kein Anzug)* • feather key; parallel key; key *pract*

Semantic information

This is indicated in italics in round brackets and provides a brief description in the source language of the concept referred to by the headword:

Baustahl *m* <metall> *(0,03% bis 0,2% Kohlenstoff; relativ weicher Massenstahl)* • carbon steel *pract*; plain carbon steel; low-carbon steel; structural steel; structural carbon steel

Heizöl S *n* <chem.petr> *(hochviskoses Heizöl, vorwiegend in Großfeuerungsanlagen)* • heavy fuel oil; fuel oil No. 4 *US*; fuel oil No. 5 *US*; fuel oil No. 6 *US*

W-Motor *m* <kfz.mot> *(z. B. W12 im VW Phaeton)* • W-engine

Wismut *n* (Bi) <mat> *(weißgrau-rötliches, sprödes Metall; schmilzt bei 70 °C)* • bismuth (Bi)

WS <phys> *(Meter Wassersäule als Druckeinheit: 1 mWS entspricht 9806,65 Pa)* • water column (wc)

This is particularly helpful to distinguish between polysemous terms, in addition to indicating the subject area:

Kämpfer *m* <bau> *(Fensterbauteil; betont: Anschlagsleiste, horiz. od. vertikal)* • abutment

Kämpfer *m* <bau> *(Stütze unterhalb eines Anfängers)* • impost

Kämpfer *m* <bau> *(horizontaler Balken zw. Hauptflügel und Oberlicht od. zw. zwei Fenstern)* • transom bar; transom; crossbar

Kämpfer *m* <bau> *(Stein, Block zw. Säulenplatte und Gurtbogen)* • springer stone; springer block; springer *pract*; springing stone *rare*

Maschendraht *m* <bau.mat> *(einzelner Draht im Geflecht)* • screen wire; mesh wire

Maschendraht *m* <bau.mat> *(sehr feinmaschig)* • wire gauze

Maschendraht *m* <bau.mat> *(feinmaschig)* • wire fabric

Maschendraht *m* <bau.mat> *(grobmaschig)* • wire netting

Treibnetz *n* <nav> *(senkrecht hängend; beliebige Maschenweite)* • seine

Treibnetz *n* <nav> *(senkrecht hängend, große Maschen; Fische verhaken sich mit den Kiemen)* • gill net

Collocates are frequently given as examples to clarify the concept referred to, i.e. words which are particularly typical in relation to the headword:

Abbeizen *n* <obfl> *(Holzoberfläche; z. B. alte Möbel)* • stripping

aufdampfen *vt* <obfl> *(einen Beschichtungswerkstoff, Überzug, Film; im Vakuum)* • vapor-deposit *vt*; vacuum-deposit *vt*; deposit by evaporation *vt rare*; evaporate *vt rare*

ausführbar <edv> *(Programm, Datei; z. B. EXE-Datei)* • executable

X-by-wire-Technik *f* <msr> *(z. B. Bremsen, Lenkung)* • X by wire; electronic control [of system X]

Semantische Information

Sie steht kursiv in runden Klammern und liefert in der Ausgangssprache eine kurze Charakterisierung des mit dem Stichwort gemeinten Begriffs:

Dies ist vor allem zur Differenzierung polysemer Benennungen in Ergänzung zur Sachgebietsmarkierung hilfreich:

Zur Verdeutlichung des gemeinten Begriffs werden oft auch exemplarische Kollokatoren angegeben, also solche Wörter, die besonders typisch im Zusammenhang mit dem Stichwort vorkommen:

Preferred term

This dictionary is geared towards actual practice and translation, and therefore reflects real language usage; it is descriptive and not normative. Thus for the target language entries the stylistically most neutral term, appropriate to the most instances of communication is listed first. Nevertheless, in general and in dubious cases the standardised terms are given preference:

Vorzugsbenennung

Dieses Wörterbuch ist praxis- und übersetzungsorientiert und reflektiert daher realen Sprachgebrauch; es ist deskriptiv, nicht normativ. Auf der zielsprachlichen Seite wird daher die stilistisch neutralste Benennung, die für die meisten Kommunikationssituationen geeignet ist, an erster Stelle genannt. Gleichwohl werden tendenziell und im Zweifelsfalle die genormten Benennungen bevorzugt angegeben:

Aufnahmegewinde für Gewindeeinsätze aus Draht n
DIN 8140 <masch> • EG-ISO Metric coarse thread (EG-M);
helical coil thread for wire thread inserts; helicoil thread *pract*
Decke mit Vertäfelung f <bau.innen> *(typ. Holz, Kunststoff,
Metall; geklebt od. abgehängt)* • panel ceiling; paneled ceiling
US; panelled ceiling *GB*; pan ceiling *pract*
Heizkraftwerk n <energ> • combined heat and power plant *US*;
heating and power station *GB*; heat-and-power plant *US*;
combination steam-electric plant *US*; combination heating-
power plant *US*

Synonyms

In the target language, where appropriate, several terms are given under a headword and are separated by a semicolon, insofar as they have the same meaning or in certain circumstances are used with the same meaning. The preferred term is given first; synonyms and quasi-synonyms are then as a rule listed according to their style level; thus the most scientifically precise and therefore usually longer terms are usually placed directly after the preferred terms, and the usually shorter (but more imprecise) expressions relating to the language of the workshop and jargon are placed last. To clarify their usage these synonyms are frequently supplemented with pragmatical information.
Any archaic or rarely used terms are usually placed at the end, and are labelled accordingly.
If the synonyms are pragmatically indistinguishable (e.g. stylistically), they are arranged by frequency of use, from the most frequent downwards; this is based on the number of hits returned from an Internet search. Terms which return less than 10% of the hits of the most common term are labelled as *rare*.

Synonyme

In der Zielsprache werden zu einem Stichwort ggf. mehrere durch Semikolon voneinander getrennte Benennungen angeboten, sofern sie die gleiche Bedeutung haben bzw. unter Umständen in der gleichen Bedeutung verwendet werden. Zuerst wird die Vorzugsbenennung genannt; Synonyme und Quasi-Synonyme sind dann in der Regel nach ihrem fachsprachlichen Niveau angeordnet; die wissenschaftlich exakten und daher meist längeren Benennungen stehen somit normalerweise direkt hinter der Vorzugsbenennung, die meist kürzeren (aber ungenaueren) Ausdrücke der Werkstattsprache und Jargonismen stehen an letzter Stelle. Zur Verdeutlichung der Verwendungssituation werden diese Synonyme häufig durch pragmatische Angaben gekennzeichnet.
Etwaige veraltete oder nur selten gebrauchte Benennungen stehen meist an letzter Stelle und sind entsprechend markiert.
Soweit sich die Synonyme nicht pragmatisch (z. B. durch Stilebenen) unterscheiden lassen, sind sie nach Gebrauchshäufigkeit absteigend angeordnet; maßgebend hierfür ist die Anzahl der Fundstellen bei der Suche im Internet. Benennungen, die weniger als 10% der Treffer der meistverwendeten Benennung haben, werden mit *selten* bzw. *rare* markiert.

aufgebogener Federring m did <füg> *(mit aufgebogenen
Enden)* • spring lock washer with tang ends *DIN ISO 1891*;
single coil spring lock washer with tang ends *stand*; nonlink-
positive helical spring washer; split washer *pract*; safety
washer *obs.coll.rare*
desoxidieren vt <chem.verf> *(Sauerstoff entziehen)* • deoxidize
vt; deoxidate *vt*; reduce *vt*; deoxygenate *vt rare*
Maschenzahl f *DIN ISO 9045* <verf> *(Anzahl der Öffnungen
pro Längeneinheit; z.B. Drahtsiebfilter)* • mesh count *ISO 9045*;
mesh number; mesh *pract*

WKS <edv> *(geräteunabhängiges kartesisches Koordinaten-system)* • world coordinate system (WCS) *ISO 8805*; global coordinate system; world space *coll*; absolute coordinate system *rare*

Punctuation	Interpunktion

Square brackets indicate facultative components of the term:

Eckige Klammern markieren fakultative Benennungselemente:

Kunststoff *m* <kst> • plastic [material]; vinyl *coll.pract*

Solidi are normally part of the usual spelling:

Schrägstriche sind normalerweise Teil einer üblichen Schreibweise:

Kraftstoff/Luft-Verhältnis *n* <mot> *(z. B. 14,7 Teile Luft auf 1 Teil Kraftstoff)* • air/fuel ratio; A/F ratio *pract*

In rare cases they indicate an alternative. This mainly applies to semantic and grammatical information; a typical example is the fluctuating use of gender:

In seltenen Fällen geben sie eine Alternative an, dies gilt vor allem für semantische und grammatische Informationen; ein typisches Beispiel ist schwankender Genusgebrauch:

Filter *m/n* <tech.allg> *(mechanisch, optisch)* • filter

Semicolons are used to separate the synonyms:

Strichpunkte trennen die Synonyme voneinander:

Filterbelastung *f* <verf> *(bei Gewebe-Luftfiltern; z. B. Staubfilter, Schlauchfilter)* • air/cloth ratio; air-to-cloth ratio; gas-to-cloth ratio; A/C ratio

Hyphens are normally applied according to rules. In dubious cases the morphologically clearer spelling is selected.

Bindestriche wurden normalerweise gemäß Regeln gesetzt. In Zweifelsfällen wurde die morphologisch klarere Schreibweise gewählt.

42-V-Anlage *f* <el.fz> *(42 Volt; neuer Standard)* • 42-volt electrical system
9-Hydroxyfluoren-9-carbonsäure *f* <chem> • 9-hydroxy-fluorene-9-carboxylic acid
8-auf-14 Bit-Umsetzung *f* (EFM) <edv> • eight-to-fourteen modulation (EFM)

In English the complex terms customarily found in technical texts are written both as compounds and separately, and hyphenation is also possible and common. To avoid unnecessary bulk, only the most common spelling variants have been included in most cases. Note that a word group which may be commonly written separately as a substantive (e.g.

Zu beachten ist, dass im Engl. bei den für technische Texte typischen komplexen Benennungen sowohl Zusammenschreibung als auch Getrenntschreibung und die Schreibung mit Bindestrich möglich und üblich ist. Um das Wörterbuch nicht unnötig aufzublähen, wurde meist nur die typischste Schreibvariante aufgenommen. Zu beachten ist da-

as determinatum), is frequently (not always) hy-
phenated (as determinans) in attributive function.

bei, dass eine Wortgruppe, die als Substantiv (z. B.
als Determinatum) vielleicht üblicherweise getrennt
geschrieben wird, bei attributiver Verwendung (als
Determinans) oft (nicht immer) mit Bindestrich gekoppelt wird.

Heißgas *n* <hlk> *(am Kompressorausgang)* • compressor
discharge gas; hot gas
Heißgaserzeuger *m* <verf> • hot-gas generator

Fachgebietskürzel

Fachgebietskürzel stehen in spitzen Klammern <...> und können allein oder in Kombinationen vorkommen. Die typischsten Kombinationen sind hier bereits aufgelistet.

ASDSKRPT	ASLANG
admin	Verwaltungstechnik / administration
aerospace	Luft- und Raumfahrttechnik / aerospace technology, engineering and industry
agri	Landwirtschaft und -stechnik /agriculture and agricultural engineering
akust	Akustik / acoustics
alarm	Alarmanlagentechnik / alarm technology and alarm systems
allg	allgemein / general usage
antr	Antriebstechnik, Getriebe, Kupplungen / drive systems, transmissions, clutches
autom	Automatisierungstechnik, Robotik / automation, robotics
av	Audio, Video, Radio, TV / audio, video, radio, TV engineering
bahn	Eisenbahntechnik, Eisenbahnmodellbau / railway engineering
bau	Bauwesen, Hoch-/Tiefbau, Architektur / architecture, civil engineering, construction
bau.masch	Baumaschinen / construction site machinery
bau.mat	Baustoffe; Steine, Beton etc. / building materials; stone, bricks, concrete etc.
bau.hydr	Wasserbau / hydraulic engineering
bekl	Bekleidung / garments
bio	Biologie; Pflanzen, Tiere, Menschen / biology; plants, animals, humankind
brems	Bremsen und Bremstechnik / brakes and braking technology, engineering
büro	Bürotechnik / office equipment
chem	Chemie und chemische Technik / chemistry and chemical engineering
chem.verf	chemische Verfahrenstechnik / chemical process engineering
chem.petr	Erdölchemie, Petrolchemie / petroleum chemistry
did	Didaktik und didaktische Hilfsmittel / didactics and teaching equipment
docu	Dokumentation / documentation, publication
druck	Drucktechnik, Buchherstellung / printing and printers, book production etc.
edv	elektronische Datenverarbeitung, PCs u. Peripherie / electronic data processing, computers, periphery
el	Elektrotechnik, Elektronik / electrical engineering, electronics
emiss	Emissionen und Emissionsschutz / emissions and emission control
energ.geo	Geothermie, Erdwärmetechnik / geothermal engineering
energ.sol	Solarenergietechnik, Photovoltaik / solar energy engineering and photovoltaics
energ	Stromversorgung, Kraftwerkstechnik / power generation, power plant engineering
energ.hydr	Wasserkraftwerkstechnik, Gezeitenenergie / hydroelectric power plant engineering, tidal energy

ASDSKRPT	ASLANG
energ.nukl	Kernkraftwerkstechnik / nuclear power plant engineering
energ.wind	Windenergietechnik / wind energy engineering
ents	Entsorgung, Müll, Abfall, Recycling / sanitary engineering, waste disposal, recycling
feuer	Feuerwehr, Brandschutz / fire control and fighting
fin	Finanzwesen, Buchhaltung, Banken / finance, bookkeeping, banking
förd	Fördertechnik, Pumpen / hoisting and conveying, pumps
füg	Fügen, Verbindungstechnik; Schrauben, Kleben, Schweißen etc. / jointing; threaded fasteners, adhesives, welding etc.
fz	Fahrzeuge und Fahrzeugtechnik / vehicles; technology and engineering
gastr	Gastronomie, Küchen und Kochgeräte / gastronomy, kitchen and cooking equipment
geo	Geographie, Geologie / geography, geology
hlk	Heizungs-, Lüftungs-, Klimatechnik / heating, ventilation, air conditioning
holz	Holz und Holzbau / wood and timber
hydr	Hydraulik, Wassertechnik / hydraulics and water-related engineering
hygi	Hygiene, Körperpflege, Kosmetik / hygiene and cosmetics
ic	Mikroelektronik, integr. Schaltungen / integrated circuits, microelectronics
innen	Innenausbau, -ausstattung / interior design and equipment
jur	Rechtswesen / jurisprudence
kfz	Kraftfahrzeugtechnik / motor vehicle technology and engineering
kino	Kinotechnik / cinematography and cinema equipment
kst	Kunststoffe, Kunststofftechnik, -verarbeitung / plastics; engineering and processing
kunst	Kunst, Galerietechnik / arts, artwork and gallery equipment
led	Leder, Gerberei / leather and tanning
licht	Licht- und Beleuchtungstechnik / lights and lighting
logist	Logistik; Spedition, Lagerung / logistics, hauling, warehousing, storage
lwl	Lichtleittechnik, Lichtwellenleiter / optical waveguides
masch	Maschinen, Maschinenbau / mechanical engineering
mat	Material und Materialkunde / materials and material studies
math	Mathematik / mathematics
mech	Mechanik / mechanics
med.tech	medizinische Technik und Geräte / medical engineering and equipment
metall	Hüttentechnik, Metallverarbeitung / metallurgy, foundry technology
meteo	Meteorologie / meteorology, mining
mil	Militärtechnik, alle Waffen, inkl. ABC / military, defense equipment, all kinds of weapons
min	Mineralogie und Berg-/Tagebau / mineralogy, mining
mot	Motortechnik, Kraftmaschinen / motors, engines
msr	Mess-, Steuer- und Regeltechnik; Sensoren, Aktoren / instrumentation and control; sensors and actuators

ASDSKRPT	ASLANG
nahr	Nahrung, Getränke, Genussmittel / food; food engineering and processing
nav	Schifffahrt und Schiffsbautechnik / naval vessels, ship and boat building
navig	Navigation, Ortung, GPS / navigation, position finding, global positioning
nfz	Nutzfahrzeugtechnik; Lkw, Busse / commercial vehicles
norm	Normung / standardization
nukl	Kerntechnik / nuclear; technology and engineering
obfl	Oberflächentechnik, Lacke, Farben / surface treatment; coating, paints, dyes, inks etc.
ökol	Ökologie und Umweltschutztechnik / ecology and environment protection
ökon	Wirtschaft, VWL / economics
opt	Optik und optische Geräte, Linsen / optics and optical equipment
org	Organisation, Institution, Behörde / organizations
pack	Verpackungstechnik / packaging
pap	Papier- und Kartonindustrie / papers and cartons
path	Pathologie, Krankheiten / pathology
petr	Erdöl- und Erdgas, -förderung/ petroleum and natural gas; exploration, production
pharm	Pharmazie und Pharmatechnik / pharmacy
phot	Photographie und Phototechnik; Kameras, Labor- und Studiotechnik / photography, techniques and equipment
phys	Physik / physics
pneum	Pneumatik / pneumatics
prod	Produktionstechnik, Fertigung, Bearbeitung/ production engineering
qualit	Qualitätswesen, Objekteigenschaften / quality and quality control
qualit.mat	Materialprüfung; Einrichtungen und Verfahren / materials testing
rel	Religion und Zubehör / religion and related equipment
rep	Wartung, Instandhaltung, Reparatur / maintenance, service, repair
rls	Rohrleitungssysteme inkl. Armaturen; Rohre, Formstücke, Ventile etc. / piping systems, incl. fittings and valves
sich	Sicherheitstechnik; Gurte, Airbags etc. / safety engineering; passenger restraints, airbags
silik	Silikattechnik; Glas, Keramik, Porzellan, Sintern / silicates; glass, ceramics, bone china, sinter materials
sol	Solartechnik / solar engineering
spiel	Spiel, Spielgeräte / toys, games
sport	Sport, Sportgeräte / sports and sports equipment
spreng	Sprengtechnik und Sprengstoffe / explosives and blasting
tauch	Tauchtechnik / diving and equipment
tech	Technik, Technologie / technology and engineering
tech.allg	Technik u. Technologie allgemein / engineering in general
tele	Telekommunikation, CB, GSM, DFÜ / telecommunications, cellular telephones, cb radio

ASDSKRPT	ASLANG
term	Terminologie / terminology
textil	Textiltechnik, Gewebe, Fasern / textiles, fibers, fabrics
theat	Theater und Bühnentechnik / theater and stage equipment
therm	Wärmelehre, Thermik / theory of heat and thermal engineering
tour	Tourismus, Hotellerie / tourism and hotel equipment
transl	Übersetzen und Dolmetschen / translation and interpreting
tribo	Tribologie, Schmiermittel / tribology, lubricants
turb	Turbinen, Strahltriebwerke / turbines, jet engines
verbr	Verbrennungstechnik, Öfen / combustion engineering, furnaces, kilns
verf	Verfahrenstechnik, Apparatebau / process engineering and related hardware
verk	Verkehrswesen und -lenkung / traffic and traffic control
vers	Versicherungswesen / insurance
werb	Werbung und Marketingtechnik / advertising, marketing
wz	Werkzeuge allg. / tools
wz.masch	Werkzeugmaschinen und zugehörige Werkzeuge / machine tools, jigs, fixtures

0,01-Dehngrenze f <qualit.mat> *(Zugversuch)* • practical elastic limit

0,2%-Dehngrenze f <qualit.mat> • 0.2% proof stress; 0.2% yield strength

0-Friktion f <mech> • zero friction

0-Serie f <prod> *(direkt vor eigentl. Produktionsbeginn)* • zero series; 0 series

1,1'-Äthylen-2,2'-bipyridylium n <chem> • 1,1'-ethylene-2,2'-bipyridylium ion

1,1'-Dimethyl-4,4'-bipyridylium n <chem> • 1,1'-dimethyl-4,4'-bipyridylium ion

1,2-Dibromethan n wiss <chem> *(giftiger Benzinzusatz gegen Bleiablagerungen)* • 1.2 dibromethane

1,2-Dichlorethan n wiss <chem> *(Benzinzusatz)* • 1.2 dichlorethane

1,2-Ethandicarbonsäure f <chem> • succinic acid

1,6-Diaminohexan n <chem> *(Grundstoff für Nylonherstellung)* • hexamethylene diamine; 1,6-diaminohexane

1. Längsfalz m <druck> • former fold

1. Querfalz m <druck> • tabloid fold

100%iger Alkohol m ugs <chem> • dehydrated alcohol; anhydrous alcohol

100%iger Klebstoff m <füg> • 100% solids adhesive

100%-Prüfung f <qualit> • 100%-inspection

1000-Dächer-Programm n prakt <energ.sol> • 1000-roofs program

1000 kg <phys> • metric ton (t); 1000 kg

100-Pin-Gehäuse n <edv> • 100-pin package

100 Prozent-Feststoff-Klebstoff m <füg> • 100% solids adhesive

100-Prozent-Feststoff-Reaktivklebstoff m <füg> • 100% solids reactive system

10-m-Filmmagazin n <phot> • 250-frame film back

12-kant Steckschlüsseleinsatz m prakt <wz> • 12-point socket; double hex socket US.pract; bi-hexagon socket GB

12 UN <masch> • Unified-12-thread series (12 UN); twelve-threaded series; 12-pitch thread series

12-V-Anlage f <el.fz> *(12 Volt)* • 12-volt electrical system

12-Ventilmotor m <kfz.mot> • 12-valve engine; twelve-valve engine; 12-valve pract

12-Volt-Bordnetz n <el.fz> *(12 Volt)* • 12-volt electrical system

1/2-Zoll-Band n <av> • 1/2 inch tape

130-mm-Diskette f DIN.rar <edv> • 5.25-inch floppy disk; mini floppy disk obs; mini diskette obs; 130 mm flexible disk cartridge ECMA.rare

1394 <av> *(Schnittstellen-Norm)* • FireWire (1394) IEEE 1394; IEEE 1394 stand; i.Link Sony; Lynx

13poliges Steckersystem n DIN V72570 <kfz> • 13- way connector system

14C-Altersbestimmung f <geo> • radioactive dating

14-V-Anlage f <el.fz> *(de facto 14 Volt; wird aber oft noch als 12-Volt-Bordnetz bezeichnet)* • 14-volt electrical system

14-Volt-Bordnetz n <el.fz> *(de facto 14 Volt; wird aber oft noch als 12-Volt-Bordnetz bezeichnet)* • 14-volt electrical system

1/4-Zoll-Band n <av> • 1/4 inch tape

15-Grad-Steilschulter-Breitbettfelge f did <kfz> • drop center wide base rim; 15 degree drop center wide base rim did; 15 degree DC W rim did; DC W rim pract; 15 degree full drop center wide base rim

15-Grad-Steilschulter-Breitfelge f <kfz> • drop center wide base rim; 15 degree drop center wide base rim did; 15 degree DC W rim did; DC W rim pract; 15 degree full drop center wide base rim

15-Grad-Steilschulterfelge f <kfz> • drop center rim; 15 degree full drop center rim US.stand; 15 degree drop center rim; 15 degree DC rim; DC rim pract

15-Grad-Steilschulter-Tiefbettfelge f <kfz> • drop center rim; 15 degree full drop center rim US.stand; 15 degree drop center rim; 15 degree DC rim; DC rim pract

15-Pin-Videoausgang m <edv> • 15 pin video output

15polig <edv> *(e.g. Stecker)* • 15-pin

16:9-Aufnahme f Panasonic <av> *(VCR/Camcorder, Vorgang)* • 16:9 wide record mode Sony; auto 16:9 format

16:9-Aufzeichnung f <av> *(VCR/Camcorder, Vorgang)* • 16:9 wide record mode Sony; auto 16:9 format

16:9-Bildformat n <av> *(VCR/Camcorder, Ergebnis)* • 16:9 wide screen

16:9-Formatumschaltung f Hitachi <av> *(VCR/Camcorder, Vorgang)* • 16:9 wide record mode Sony; auto 16:9 format

16:9-Umschaltung f <av> *(VCR/Camcorder, Vorgang)* • 16:9 wide record mode Sony; auto 16:9 format

16-achsiger Schwerlast-Tiefladewagen m <bahn> • 32-wheel depressed-center heavy-duty carrier US

16-Bit-Darstellung f <edv> • high-color representation; 16-bit representation

16-Farben-Modus m <edv> • 16 color mode

16-MBit-DRAM n <edv> • 16 MBit DRAM

16-Seiten-Belichter m <druck> *(Recorderformat)* • very large format-recorder; 16up-platesetter

16-Seiten-Format n <druck> *(Druckplattenformat)* • very large format (VLF); 16up format size; 16up

16-Seiten-Recorder m <druck> *(Recorderformat)* • very large format-recorder; VLF-recorder; 16up-recorder; very large format-platesetter; VLF-platesetter

16 UN <masch> *(siehe: Unified-12)* • 16 UN

16up n <druck> *(Druckplattenformat)* • very large format (VLF); 16up format size; 16up

16up-Belichter m <druck> *(Recorderformat)* • very large format-recorder; 16up-platesetter

16up-Recorder m <druck> *(Recorderformat)* • very large format-recorder; VLF-recorder; 16up-recorder; very large format-platesetter; VLF-platesetter

16V <kfz.mot> *(Vierzylindermotor)* • 16-valve engine; 16-valve coll

16-Ventiler m prakt.ugs <kfz.mot> *(Vierzylindermotor)* • 16-valve engine; 16-valve coll

16-Ventil-Motor m (16V) <kfz.mot> *(Vierzylindermotor)* • 16-valve engine; 16-valve coll

16-Ventil-Zweinockenwellen-Reihenvierzylinder m <kfz.mot> • dohc 16-valve inline-4 engine

16-Zoll-Felge f <kfz> *(16 Zoll Durchmesser)* • 16-inch wheel

17-Zöller m ugs.werb <kfz> *(17 Zoll Felgendurchmesser)* • 17-inch wheel; 17″ wheel

17-Zoll-Felge f <kfz> *(17 Zoll Felgendurchmesser)* • 17-inch wheel; 17″ wheel

1800-MHz-Netz n <tele> • Digital Cellular System 1800 (DCS 1800)

1852 m <verk> *(Luftfahrt, Seefahrt: entspricht 1 Bogenminute auf Grosskreis)* • nautical mile; 1852 m

19″-Rack n <el> *(für Einschübe, Bausteine)* • 19-in rack

1:1-Bezugsmodell n <prod> • full-form model; reference model; master piece; master

1:1-Kopie f <büro> • fullsize copy; 1:1 copy

1a Zustand m ugs <tech.allg> • immaculate condition; pristine condition form; excellent condition coll; superb condition ad

1-Bit Scanner m <edv> • single-bit scanner

1D-Symbologie f <edv> • linear symbology stand; linear bar code

1-Kanalempfänger m <navig> • single-channel receiver

1-Kanal-Rinser m prakt <verf> *(vor Flaschen-Abfüllung)* • 1-channel rinser

1-Kanal-Spüler *m* <verf> *(vor Flaschen-Abfüllung)*
• 1-channel rinser

1-K-Klebstoff *m* <füg> • one-component adhesive; one-pack adhesive; one-part adhesive; single-component adhesive; single-part adhesive

1K-Lack *m* <obfl> • one-pack paint; 1-pack paint

1-Komponenten-Klebstoff *m* <füg> • one-component adhesive; one-pack adhesive; one-part adhesive; single-component adhesive; single-part adhesive

1-Komponenten-Kraftsensor *m* <msr> • one-component force transducer; 1-component force transducer

1K-Wasser-Klarlack *m* <obfl> • 1-component water-based clear coat [paint]

1/min <masch> • revolutions per minute (rpm); 1/min

1/s <phys> *(Einheit der Frequenz)* • hertz (Hz); 1/s

1-Strang-Stapelband *n* <förd> *(Bodenförderanlage)*
• single chain roller flight

1TR6-Protokoll *n* <tele> *(D-Kanal-Protokoll)* • 1TR6-protocol

1-Zylinder-Motor *m* <kfz.mot> • single-cylinder engine; 1-cylinder engine

1-μm-Technologie *f* <edv.ic> *(Chipstrukturen von 1 μm)*
• one-μm technology; 1-μm technology

2+2-Sitzer *m* <kfz> • 2+2 seater

2,4-Dichlorphenoxyessigsäure *f* <chem> • (2,4-di-chloro-phenoxy)acetic acid

2,6-Dichlorbenzonitril *n* <chem> • 2,6-dichloro-benzo-nitrile

2,6-Dichlorthiobenzamid *n* <chem> • 2,6-dichloro(thio-benzamide)

2. Falz *m* <druck> • tabloid fold

200-mm-Diskette *f DIN.rar* <edv> • 8-inch floppy disk; maxi diskette; 200 mm flexible disk cartridge *ECMA.rare*

20-Fuß-Containereinheit *f* <logist> *(Maßanheit für Lade-kapazität, z. B. Containerschiffe)* • twenty feet equivalent unit (TEU)

20-Gang-Einstellpotentiometer *n* <el> • twenty turn helical potentiometer

20V <kfz.mot> • 20-valve engine; 20 valve *pract.coll*

20-Ventil-Motor *m* (20V) <kfz.mot> • 20-valve engine; 20 valve *pract.coll*

2 1/2D <edv> • 2 1/2 dimensional (2 1/2D)

2 1/2D-CAD-System *n* <edv> • 2 1/2D CAD system; 2 1/2D system

2 1/2-dimensional (2 1/2D) <edv> • 2 1/2 dimensional (2 1/2D)

2 1/2D-System *n* <edv> • 2 1/2D CAD system; 2 1/2D system

2-(2,4-Dichlorphenoxy)propionsäure *f* <chem> • 2-(2,4-dichlorophenoxy)propionic acid

24/28-Codierer *m* <edv> • C2 encoder

24-Satelliten-Konstellation *f* <navig> • 24-satellite constellation

24-Std.-Customer Support *m* <werb> • 24-hour customer service

24-Stunden-Anzeige *f* <msr> *(bei Digitaluhren, im Ggs. zu a.m. und p.m.)* • 24 hour military format; military format

24-Stunden-Kundendienst *m* <werb> • 24-hour customer service

24-Stunden-Meldergruppe *f* <alarm> • 24-hour circuit; 24 hour protection circuit; permanent circuit; day circuit; day zone

256-Farben-Darstellung *f* <edv> • 256-color representation

256-Farben-Modus *m* <edv> • 256 color mode

256-Schritte-Raster *n* <av> • 8 Bit resolution

2/5-Code *m* <edv> • 2/5 code

25-Hz-Generator *m* <av> *(für Wiedergabe)* • 25 Hz generator

28/32-Codierer *m* <edv> • C1 encoder

2-Achsen-Element *n* <edv> *(Barcode)* • 2-axis device

2adrige Leitung *f* <el> • 2-wire lead

2-adriger Betrieb <edv> • half-duplex operation

2-adrig Halbduplex <el> • 2-wire half-duplex

2-Chlor-4,6-bisäthylamino-1,3,5-triazin *n* <chem>
• 2-chloro-4,6-bis(ethylamino)-1,3,5-triazine

2D <tech.allg> *(z. B. Darstellung, CAD)* • two-dimensional (2D)

2D-Abdeckung *f* <navig> • 2D coverage

2D-Computeranimation *f* <edv> • 2D computer animation

2D-Fix *n* <navig> • 2D position fix; 2D fix

2D-Fixposition *f* <navig> • 2D position fix; 2D fix

2D-Modus *m* <navig> *(Empfänger)* • 2D mode

2-Draht-Initiator *m* <msr> *(Näherungsschalter)* • 2-wire proximity switch

2-Draht-Näherungssensor *m* <msr> • 2-wire proximity sensor

2D-Symbologie *f* <edv> *(Strichcode)* • stacked symbology; two-dimensional symbology; multi-row bar code; stacked code; matrix code

2fach-Hubgerüst *n* <logist> *(Hochregalstapler)* • double lift mast

2-gängig <masch> *(siehe auch unter: …gängig)* • double…; two…

2-gängiger Gewindebohrer *m* <wz> • double-lead tap; double-start tap; two-start tap; double-pitch tap; double-thread tap

2-gängiges Gewinde *n* <masch> • double-start thread; double thread; double-lead thread; double-pitch thread; two-start thread

2-Gang-Bohrmaschine *f* <wz> • 2-speed drill

2-Kanalempfänger *m* <navig> • two-channel receiver

2-Kanal-Surround-Sound-Simulation *f* <edv> • 2-speaker 3D virtualization

2-K-Klebstoff *m rar* <füg> • two-component adhesive; two-pack adhesive; two-part adhesive

2K-Lack *m prakt* <obfl> *(Reaktionslack)* • two-pack paint; two-part paint; two-component coating; two-component varnish *rare*

2-Komponenten-Kleber auf Epoxidharzbasis *m* <füg> • two-component epoxy adhesive

2-Komponenten-Klebstoff *m* <füg> • two-component adhesive; two-pack adhesive; two-part adhesive

2K-Wasser-Klarlack *m* <obfl> • 2-component water-based clear coat paint; 2-component water-based clear coat

2-L-Cache <edv> • second level cache

2-Leiter-Gerät *n* <el> • 2-wire unit

2PD <edv> • two page display (2PD)

2-Phasen-Alarmierung *f* <alarm> • delay operation

2-Plättchen lambda *n* • half-wave plate

2PWYSIWYG <edv> • WYSIWYG two-page display (2PWYSIWYG); what you see is what you get

2-Rohr-Auspuffanlage *f* <kfz.emiss> • dual exhaust system

2-Rollen-Walzverfahren *n* <prod> *(z. B. Gewindefer-tigung)* • two-die method

2-Schicht-Lackierung *f* <obfl> *(Ergebnis)* • base and clear system; two-coat [paint] finish; two-coat system; base/clear finish; clear-over-base paint [system]

2-Schicht-Lacksystem *n* <obfl> *(Ergebnis)* • base and clear system; two-coat [paint] finish; two-coat system; base/clear finish; clear-over-base paint [system]

2S-Diskette *f* <edv> *(Diskette)* • double-sided floppy [disk]; DS diskette; 2S diskette

2-Seiten-Belichter *m* <druck> *(Recorderformat)* • two-up recorder; 2up recorder *pract*; two-up platesetter; 2up platesetter

2-Seiten-Format n <druck> *(Druckplattenformat)* • two-up format size (2up); 2up format size; 2up plate *pract*

2-Seiten-Recorder m <druck> *(Recorderformat)* • two-up recorder; 2up recorder *pract*; two-up platesetter; 2up platesetter

2-Spindel-Schraubenpumpe f <förd> • two-screw pump; twin-screw pump

2-Stufenschalter m <el> • two-step switch

2up <druck> *(Druckplattenformat)* • two-up format size (2up); 2up format size; 2up plate *pract*

2up-Platte f prakt <druck> *(Druckplattenformat)* • two-up format size (2up); 2up format size; 2up plate *pract*

2up-Recorder m /-**Belichter** m prakt <druck> *(Recorderformat)* • two-up recorder; 2up recorder *pract*; two-up platesetter; 2up platesetter

2-Walzen-Maschine f <wz.masch> • two-die machine; two-roll machine

2-Walzen-Verfahren n <prod> *(z. B. Gewindefertigung)* • two-die method

2-Weg-System n <tech.allg> *(z. B. Lautsprecher, Turbolader)* • two-way system; 2-way system

2-Zoll-Band n <av> • 2 inch tape

3,5″-Diskette f prakt <edv> • 3.5-inch floppy disk; 3.5-inch floppy; 90 mm flexible disk cartridge *ECMA*

3,5-Dibrom-4-hydroxybenzonitril n <chem> • 3,5- dibromo-4-hydroxybenzonitrile

3,5-Dinitro-N^4,N^4-dipropyl-sulfanilamid n <chem> • 3,5-dinitro-N^4,N^4-dipropylsulphanilamide *GB*

3,5-Zoll-Diskette f <edv> • 3.5-inch floppy disk; 3.5-inch floppy; 90 mm flexible disk cartridge *ECMA*

3,6-Dichlor-2-methoxybenzoesäure f <chem> • 3,6- dichloro-2-methoxybenzoic acid

3. Falz m <druck> *(Falzart)* • quarterfold; magazine fold

3. Falz m <druck> *(Vorrichtung)* • quarterfold; quarterfolder

3. Rahmen m <navig> • outer gimbal

300-mm-Wafer m <el.ic.prod> • 300-mm wafer

30-Grad-Aufprall m <kfz.qualit> *(Crashtest)* • 30-degree frontal crash

30-Grad-Aufprall mit Abgleitschutz m <kfz.qualit> *(Crashtest)* • 30-degree frontal crash with anti-slide device

30-Grad-Aufprall mit Anti-Abgleitleisten m <kfz.qualit> *(Crashtest)* • 30-degree frontal crash with anti-slide device

30-Grad-Aufprall mit Anti-slide device m <kfz.qualit> *(Crashtest)* • 30-degree frontal crash with anti-slide device

316L-Stahl m prakt <mat.med> • medical grade [stainless] steel; surgical grade [stainless] steel; 316L stainless steel; medical steel; 316L steel *pract*

32-Bit-Darstellung f <edv> • true color representation; 32-bit representation; real color representation *rare*

3-(3,4-dichloro-phenyl)-1,1-dimethyl-Harnstoff m <chem.agri> *(Bodenherbizid, Photosynthesehemmer)* • diuron

3-(3,4-Dichlorphenyl)-1,1-dimethylharnstoff m <chem> • 3-(3,4-dichlorophenyl)-1,1-dimethylurea; N′-(3,4-dichlorophenyl)-N,N-dimethylurea

3-(4-Chlorphenyl)-1-methoxy-1-methylharnstoff m <chem> • 3-(4-chlorophenyl)-1-methoxy-1-methylurea; N′-(4-chlorophenyl)-N-methoxy-N-methylurea

3/4-Zoll-Band n <av> • 3/4 inch tape

35-mm-Hutschiene f DIN EN 50 022 <el> *(zur Schnappbefestigung von Geräten, z. B. in Schaltschränken)* • 35-mm mounting rail *IEC 715*

3/9 Base 32 <edv> • Pharmacode; Code 3/9 Pharmaceutical; Pharmaceutical Code 3/9; 3/9 Base 32; Pharma 32/39

3adrige Leitung f <el> • 3-wire lead

3-Äthoxycarbonylaminophenyl-N-phenylcarbamat <chem> • ethyl 3-phenylcarbamoyloxyphenylcarbamate; 3-ethoxycarbonylaminophenylphenylcarbamate

3-Amino-1,2,4-triazol n <chem> • 3-amino-1,2,4-triazole

3-Amino-2,5-dichlorbenzoesäure f <chem> • 3-amino-2,5-dichlorobenzoic acid

3D <allg> *(Gegenstand, Darstellung, CAD-System)* • three-dimensional (3D)

3D-Abdeckung f <navig> • 3D coverage

3D-Akustik f <av> • quadrosound; 3D surround sound

3D-Anwendung f <edv> • 3D program; 3D application; 3D software

3D-CAD-System n <edv> • 3D CAD system; three-dimensional CAD system

3D-Computeranimation f <edv> • 3D computer animation

3D-Digitalisiergerät n <edv> • 3D digitizer *US*; 3D digitiser *GB*

3D-Digitizer m <edv> • 3D digitizer *US*; 3D digitiser *GB*

3D-Drucker m <prod> *(Rapid Prototyping)* • 3D-printer

3D-Fix n <navig> • 3D position fix; 3D fix

3D-Fixposition f <navig> • 3D position fix; 3D fix

3-D-Folie f <kst> • 3-D sheet[ing]

3D-Funktion f <edv> • 3D function

3D-Grafik f <edv> *(Bild, das einen 3D-Raum simuliert)* • 3D image

3D-Körper m <edv> *(Computergrafik)* • three-dimensional object; 3D object *pract*

3-D-Koordinatenmessgerät n <msr> • coordinate measuring machine; 3-D-coordinate measuring machine; coordinate measuring instrument

3D-Modell n <edv> • 3D model

3D-Modus m <navig> *(Empfänger)* • 3D mode

3D-Objekt n prakt <edv> *(Computergrafik)* • three-dimensional object; 3D object *pract*

3-D-Produkt n <nahr> *(Stieleis)* • three dimensional ice cream; 3-D novelties; 3-D stick novelties; fancy three dimensional ice cream

3D-Programm n <edv> • 3D program; 3D application; 3D software

3Draht-Näherungssensor m <msr> • 3-wire proximity sensor

3D-Software f <edv> • 3D program; 3D application; 3D software

3D-Sound m <av> • quadrosound; 3D surround sound

3D-Szene f <edv> • 3D scene

3D-Textur f <edv> • 3D texture

3-D-Werbemittel n <werb> • three dimensional advertising material

3D-Wiedergabesystem n <edv> *(z. B. mit Spezialbrille oder brillenlos)* • 3D display system

3er BMW m <kfz> • BMW 3 Series; 3 Series [BMW] *pract*

3er Konferenzgespräch n <tele> *(mit Komforttelefon)* • third party call; 3 party call

3fach-Hubgerüst n <logist> *(Hochregalstapler)* • triple lift mast

3-gängig <masch> *(siehe auch: ...gängig)* • triple...; three...

3-gängiges Gewinde n <masch> • triple-start thread; triple thread; triple-lead thread; triple-pitch thread; three-start thread

3-Gang-Automatgetriebe n ZF <kfz.antr> *(Getriebevollautomat)* • 3-speed automatic transmission *US/GB*; three-speed auto transmission *US/GB.pract*; automatic gearbox with three speeds *GB.rare*; 3-speed auto trans *US.coll*; 3-speed auto box *GB.coll*

3-Gang-Automatikgetriebe n <kfz.antr> *(Getriebevollautomat)* • 3-speed automatic transmission *US/GB*; three-speed auto transmission *US/GB.pract*; automatic gearbox with three speeds *GB.rare*; 3-speed auto trans *US.coll*; 3-speed auto box *GB.coll*

3-Kanal-Empfänger *m* <navig> • 3-channel receiver

3-Komponenten-Kraftsensor *m* <msr> • three-component force transducer; 3-component force transducer

3-Liter-Auto *n* <kfz> • 100-mpg car

3-Plunger-Pumpe *f* <förd> • three-plunger pump; 3-plunger pump; triplex plunger pump; triplex ram pump

3-Punkt-Biegeeinrichtung *f* <qualit.mat> • 3-point bending device

3-Punkt-Biegeprobe *f* <qualit.mat> • 3-point bending test specimen

3-Punkte-Registriersystem *n* <druck> *(Druckplatten-registrierung)* • three-point register system; 3-point register system; 3-point system *pract*

3-Punkte-System *n* prakt <druck> *(Druckplattenregistrierung)* • three-point register system; 3-point register system; 3-point system *pract*

3-Punkt-Gurt *m* prakt <kfz.sich> *(mit oder ohne Aufrollautomatik)* • 3-point seat belt; lap-shoulder belt; unibelt *Chrysler*; 3-point safety belt *Ford*; three-point seat belt *Volvo*

3-Rollen-Walzverfahren *n* <prod> • three-die method

3R-Verfahren *n* <ents> • 3R-process

3-Spindel-Schraubenpumpe *f* <förd> • three-screw pump; triple screw pump; three-rotor screw pump; three-spindle screw pump

3-Tier-Architektur *f rar* <edv> • three-tier architecture; 3-tier architecture

3-Walzen-Maschine *f* <wz.masch> *(Gewindewalzen)* • three-die machine; three-roll machine

3-Walzen-Verfahren *n* <prod> • three-die method

3-Wege-Conveyor *m* <druck> *(Druckplattenhandling)* • multi-conveyor

3-Wege-Ventil *n* <rls> • three-way valve

3-Weg-Katalysator *m* <kfz.emiss> *(chemische Funktionseinheit)* • three-way catalyst (TWC); 3-way catalyst

3-Weg-Katalysator *m* <kfz.emiss> *(Bauteil der Auspuffanlage)* • three-way catalytic converter; 3-way catalytic converter

3-Weg-System *n* <tech.allg> • three-way system; 3-way system

3-Zoll-Diskette *f* <edv> • 3-inch diskette

3-Zylinder-Motor *m* <mot> • three-cylinder engine; 3-cylinder engine

3-Zylinder-Pumpe *f advt* <förd> • three-cylinder pump; three-piston pump; 3-piston pump *werb*; triplex pump

3′Azido-2′,3′-Dideoxy-Thymidin *n* <pharm> • azidothymidine (AZT); 3′azido-2′,3′-dideoxythymidine

4,43-MHz-Sperre *f* <av> • 4.43-MHz trap

4,6-Diisopropylamino-2-methylthio-s-triazin *n* <chem> • 2,4-bis(isopropylamino)-6-methylthio-1,3,5-triazin

40fach-CD-ROM-Laufwerk *n* <edv> • 40-speed CD-ROM drive; 40x CD drive

40×-CD-Laufwerk *n* <edv> • 40-speed CD-ROM drive; 40× CD drive

42-V-Anlage *f* <el.fz> *(42 Volt; neuer Standard)* • 42-volt electrical system

42-V-Bordnetz *n* <kfz.el> • 42-V electric system

42-Volt-Bordnetz *n* <el.fz> *(42 Volt; neuer Standard)* • 42-volt electrical system

45-Grad-Bogen *m* <rls> • 45-deg elbow

45°-Abzweigstück *n* <rls> *(Rohr, Kanal)* • 45-deg Y-branch; 45-deg lateral *pract*

4-adriger Betrieb <edv> • full duplex operation; 4-wire operation

4-adrig halbduplex <el> • 4-wire half-duplex

4-adrig vollduplex <el> • 4-wire full-duplex

4-Amino-3,5,6-trichlorpicolinsäure *f* <chem> • 4-amino-3,5,6-trichloropicolinic acid

4-Antenne lambda *f* <el> • quarter-wave antenna *US*; quarter-wave aerial *GB*

4-Chlor-2-methylphenoxyessigsäure *f* <chem> • (4-chloro-o-tolyloxy) acetic acid

4-Draht-Näherungssensor *m* <msr> • 4-wire proximity sensor

4-Element-Passiv-Infrarot-Bewegungsmelder *m* <alarm> • quad-element PIR detector

4-gängig <masch> *(siehe …gängig)* • quadruple…; four…

4-gängiges Gewinde *n* <masch> • quadruple-start thread; quadruple thread; quadruple-lead thread; quadruple-pitch thread; four-start thread

4-Gang-Automatgetriebe *n* ZF <kfz.antr> *(Getriebevollautomat)* • 4-speed automatic transmission *US/GB*; four-speed auto transmission *US/GB.pract*; automatic gearbox with four speeds *GB.rare*; 4-speed auto trans *US.coll*; 4-speed auto box *GB.coll*

4-Gang-Automatikgetriebe *n* <kfz.antr> *(Getriebevollautomat)* • 4-speed automatic transmission *US/GB*; four-speed auto transmission *US/GB.pract*; automatic gearbox with four speeds *GB.rare*; 4-speed auto trans *US.coll*; 4-speed auto box *GB.coll*

4-Gang-Automatik mit Wandlerbrücke und Overdrive *f* <kfz.antr> • automatic 4-speed with lockup clutch and overdrive (A4LD) *Ford*

4-Hydroxy-3,5-dijodbenzonitril *n* <chem> • 4-hydroxy-3,5-di-iodo-benzonitrile

4-mm-Streamer *m rar* <edv> *(zur Datensicherung)* • DAT drive; DAT streamer; DAT data streamer; DAT device; DAT unit

4-mm-Technik *f* <edv> • 4mm technology; 4mm-DAT technology

4-Plättchen lambda *n* <phys> • quarter-wave plate

4-Punkt-Biegeeinrichtung *f* <qualit.mat> • 4-point bending device

4-Punkt-Biegeprobe *f* <qualit.mat> • 4-point bending test specimen

4-Punkt-Biegesteifigkeit *f* <pap> • 4-point bending stiffness

4-Rohr-Auspuffanlage *f* <kfz.emiss> *(bei V-Motoren)* • quadruple exhaust system

4-Seiten-Belichter *m* <druck> *(Recorderformat)* • four-up recorder; 4up recorder *pract*; four-up platesetter; 4-up platesetter

4-Seiten-Format *n* <druck> *(Druckplattenformat)* • four-up format size (4up); 4up format size; 4up plate *pract*

4-Seiten-Recorder *m* <druck> *(Recorderformat)* • four-up recorder; 4up recorder *pract*; four-up platesetter; 4-up platesetter

4-Sensoren-ABS *n* werb <kfz.brems> • four-channel anti lock braking system

4-up <druck> *(Druckplattenformat)* • four-up format size (4up); 4up format size; 4up plate *pract*

4-up-Platte *f* prakt <druck> *(Druckplattenformat)* • four-up format size (4up); 4up format size; 4up plate *pract*

4up-Platte *f* <druck> *(Druckplattenformat)* • four-up format size (4up); 4up format size; 4up plate *pract*

4-up-Recorder *m* /-**Belichter** *m* prakt <druck> *(Recorderformat)* • four-up recorder; 4up recorder *pract*; four-up platesetter; 4-up platesetter

4×4-Antrieb *m* <kfz.antr> *(typ.; vier Räder)* • four wheel drive (4wd); 4×4 drive; 4-by-4 drive

5,25″-Diskette *f* <edv> • 5.25-inch floppy disk; mini floppy disk *obs*; mini diskette *obs*; 130 mm flexible disk cartridge *ECMA.rare*

5,25-Zoll-Diskette *f* <edv> • 5.25-inch floppy disk; mini floppy disk *obs*; mini diskette *obs*; 130 mm flexible disk cartridge *ECMA.rare*

50.000-Meilen-Qualifikationsprüfung *f* <kfz.emiss> • 50K certification test; 50K test; 50K process

50K-Qualifikation f <kfz.emiss> • 50K certification test; 50K test; 50K process

50K-Test m <kfz.emiss> • 50K certification test; 50K test; 50K process

5er BMW m <kfz> • BMW 5 Series; 5 Series [BMW] pract

5-Gang-Automatgetriebe n ZF <kfz.antr> (Getriebevoll-automat) • 5-speed automatic transmission US/GB; five-speed auto transmission US/GB.pract; automatic gearbox with five speeds GB.rare; 5-speed auto trans US.coll; 5-speed auto box GB.coll

5-Gang-Automatikgetriebe n <kfz.antr> (Getriebevoll-automat) • 5-speed automatic transmission US/GB; five-speed auto transmission US/GB.pract; automatic gearbox with five speeds GB.rare; 5-speed auto trans US.coll; 5-speed auto box GB.coll

5-Gang-Getriebe n <kfz.antr> • five-speed transmission; five-speed gearbox GB; five-speed drive

5-Grad-Schrägschulter f did <kfz> (Rad) • tapered bead seat; 5 degree tapered bead seat did

5-Grad-Schrägschulterfelge f did <kfz> • tapered bead seat rim; 5 degree tapered bead seat rim did

5-Grad-Tiefbett n did <kfz> (einer Felge) • drop center (DC); full drop center US

5-Grad-Tiefbettfelge f did <kfz> • drop center rim; 5-degree full drop center rim US.stand; 5-degree drop center rim; 5-degree DC rim; DC rim pract

5poliger Motor m <el> • 5-pole motor

5-poliges DIN-Kabel n <el> • 5-pin DIN cable

5-schichtige Verpackung f <pack> • 5-layer packaging

5-Schuss-Serie f <mil> • series; 5 shot series

5-Spindel-Schraubenpumpe f advt <förd> • five-screw pump; five-spindle screw pump

5×1-Sicke f <pack> (SOT-Deckel-Nomenklatur) • dimple down

64-Bit-Accelerator m <edv> • 64 bit accelerator

6-DOF-Controller m <edv> • 6-DOF controller

6-flammiger Kronleuchter m <licht> • six-light chandelier; 6-light chandelier; 6-lt. chandelier

6-Gang-Automatgetriebe n ZF <kfz.antr> (Getriebevoll-automat; z. B. mit Shift by Wire) • 6-speed automatic transmission US/GB; six-speed auto transmission US/GB.pract; automatic gearbox with six speeds GB.rare; 6-speed auto trans US.coll; 6-speed auto box GB.coll

6-Gang-Automatikgetriebe n <kfz.antr> (Getriebevoll-automat; z. B. mit Shift by Wire) • 6-speed automatic transmission US/GB; six-speed auto transmission US/GB.pract; automatic gearbox with six speeds GB.rare; 6-speed auto trans US.coll; 6-speed auto box GB.coll

6-Hydroxy-3(2H)-pyridazinon n <agri.chem> • 6-hydroxy-3(2H)-pyridazinone

6-Kanal-Empfänger m <tele> • 6-channel receiver

6-kant Schlüsselhilfe f <wz> (Schlüsselhilfe bei Schraubendrehern) • bolster; hexagon[al] bolster; hexagon[al] collar

6-kant Steckschlüsseleinsatz m <wz> • 6-point socket; hexagon socket US; single hexagon socket US

6-kant Steck-Schraubendreher m <wz> (mit T-Griff, für Außensechskantschrauben und Muttern) • nut driver; nut spinner GB; Tee-handled socket wrench DIN 898

6-polig <el> (z. B. Stecker) • 6-pin

7"-Felge f <kfz> (Masszahl = Maulweite) • 7-inch rim; 7" rim; 7in rim

7er BMW m <kfz> • BMW 7 Series; 7 Series [BMW] pract

7poliges Steckersystem n ISO DIN 1724 <kfz.el> • 7-way connector system

7-Segment-Anzeige f <el> (LED, LCD) • 7 segment display

7-Segment-Display n <el> (LED, LCD) • 7 segment display

7-Zoll-Felge f <kfz> (Masszahl = Maulweite) • 7-inch rim; 7" rim; 7in rim

8"-Diskette f <edv> • 8-inch floppy disk; maxi diskette; 200 mm flexible disk cartridge ECMA.rare

80°-Einbrennlack m <obfl> (Reparaturlack) • low-bake paint

8-14-Modulation f <edv> • eight-to-fourteen modulation (EFM)

8-auf-14 Bit-Umsetzung f (EFM) <edv> • eight-to-fourteen modulation (EFM)

8-Bit-Auflösung f <av> • 8 Bit resolution

8-fach-Laufwerk n <edv> (ebenso: 10-fach-Laufwerk, 12-fach-Laufwerk usw.) • 8× drive

8-Kanal-Empfänger m <navig> • 8-channel receiver

8-mm-Band n <edv> (für Datensicherung) • D8 tape

8-mm-Technik f <edv> • 8 mm technology

8-polige Konfiguration f <edv> • 8-pin configuration

8-Seiten-Belichter m <druck> (Recorderformat) • eight-up recorder; eight-up platesetter; 8-up platesetter; 8up recorder pract

8-Seiten-Format n <druck> (Druckplattenformat) • eight-up format size (8up); 8up format size; 8up plate pract

8-Seiten-Recorder m <druck> (Recorderformat) • eight-up recorder; eight-up platesetter; 8-up platesetter; 8up recorder pract

8 UN <masch> (siehe: Unified-12) • 8 UN

8up <druck> (Druckplattenformat) • eight-up format size (8up); 8up format size; 8up plate pract

8up-Belichter m prakt <druck> (Recorderformat) • eight-up recorder; eight-up platesetter; 8-up platesetter; 8up recorder pract

8up-Platte f prakt <druck> (Druckplattenformat) • eight-up format size (8up); 8up format size; 8up plate pract

8up-Recorder m prakt <druck> (Recorderformat) • eight-up recorder; eight-up platesetter; 8-up platesetter; 8up recorder pract

8-VSB-Technik f <tele> (Modulationssystem) • 8-VSB technology

8×-Laufwerk n <edv> (ebenso: 10-fach-Laufwerk, 12- fach-Laufwerk usw.) • 8× drive

8-Zoll-Diskette f <edv> • 8-inch floppy disk; maxi diskette; 200 mm flexible disk cartridge ECMA.rare

8-Zylinder-Motor m <kfz.mot> • 8-cylinder engine; 8-pot motor GB.coll

90-Grad-Einschleuser m <förd> (angetriebene Rollenbahn) • right angle transfer; 90 degree live roller curve

90-mm-Diskette f DIN <edv> • 3.5-inch floppy disk; 3.5-inch floppy; 90 mm flexible disk cartridge ECMA

90°-Stellantrieb m <msr> • quarter-turn actuator

9-Hydroxyfluoren-9-carbonsäure f <chem> • 9-hydroxy-fluorene-9-carboxylic acid

A

A <el> • ampere (A); amp coll

A <phys> • Angstrom unit (A)

A+E <doku> (z. B. Überschrift in Rep. Handbuch oder Position auf Rep. Rechnung) • remove and refit; remove and install; replacement

A0-Welle f <tele> (ungedämpfte Welle) • type AO wave

A2-Welle f <tele> • type A2 wave; modulated keyed continuous wave

Aalleiter f <bau.hydr> (Fischtreppe (spez. für Aale)) • eel ladder

AAP <akust> • acoustic comfort index (ACI)
AAS <chem.verf> • atomic absorption spectrometry (AAS) DIN 51401-1
Aasappretur f <bekl.led> • flesh finish
Aasschmiere f <bekl.led> • dubbing; stuffing mixture
Aasseite f <bekl.led> • flesh side; flesh layer
ab 18 Jahre <kino> • NC-17 USA; X-rated obs
abändern vt <allg> (geringfügig ändern) • modify vt; alter vt
Abänderung f <tech.allg> • alteration
Abätzen n DIN EN ISO 461 <obfl> (chem. Verfahren zum Verbessern des Haftens neuer Schichten) • etching ISO 4618-3
abätzen vt <obfl> • etch away vt; etch off vt; remove by etching vt
Abätzentwickler m <phot> • wash-out developer print
Abakafaser f <textil> (musa textilis) • abaca fiber; manila fiber; abacá; Manila hemp; Manilla hemp rare
Abakus m <bau> (Korinthisches Kapitell) • abacus
Abakusblüte f <bau> (Korinthisches Kapitell) • abacus flower
abandonnieren vt form <jur> (Rechte/Pflichten) • abandon vt; cede vt; give up vt coll
abarbeiten vt <edv> (Programmroutine, Algorithmus) • execute vt
abarbeiten vt <edv> (Daten) • process vt
abarbeiten vt <prod> (Werkstoff; spanend) • machine off vt
Abarbeitung f <edv> (Programmroutine, Algorithmus) • execution
Abb. <doku> (in Dokument; z. B. Grafik, Foto) • figure (fig.)
Abbängung n <textil> • let-off motion
abbäumen vt <nav> • shore (up) vt; boom off vt
abbäumen vt <textil> • let off v
abbalgen vt <led> • skin vt; flay vt
Abbau m <tech.allg> (Zerlegen größerer Objekte; z. B. Gerüst, Turmdrehkran) • dismantling
Abbau m <tech.allg> (von Anbauten; z. B. Wandhalterung) • detachment
Abbau m <tech.allg> (von Aufsätzen, Aufbauten; z. B. Luftfiltergehäuse, Podium, Tribüne) • demounting
Abbau m <bio> (in lebenden Organismen; das Aufbrechen komplexer Stoffe in einfachere) • catabolism; degradation; destructive metabolism
Abbau m <chem> (Zerfall von chem. Verbindungen) • disintegration
Abbau m <min> (von Lagerstätten, Ressourcen; z. B. Erz, Kohle) • exploitation; mining
Abbau m <ökon> (von Kosten) • reduction; lowering
Abbau m <verf> (von Druck, Spannungen) • relief
abbaubar <tech.allg> (Anbauten; z. B. Wandhalterung) • detachable
abbaubar <tech.allg> (Aufsätze, Aufbauten; z. B. Luftfiltergehäuse, Podium, Tribüne) • demountable
abbaubar <bio.chem> (biochemisch) • decomposable; degradable; disintegratable
abbaubar <min> (Lagerstätte, Erz) • minable; workable; mineable rare
Abbaubarkeit f <ökol> • biodegradability
Abbaubarkeitstest m <ökol> • biodegradability test; test for biodegradability; test for ready biodegradability
Abbaubetrieb m <min> • winning operation; mining operation
Abbaueigenschaft f <ents> • degradation property
Abbauen n <tech.allg> (Zerlegen größerer Objekte; z. B. Gerüst, Turmdrehkran) • dismantling
Abbauen n <tech.allg> (von Anbauten; z. B. Wandhalterung) • detachment
Abbauen n <tech.allg> (von Aufsätzen, Aufbauten; z. B. Luftfiltergehäuse, Podium, Tribüne) • demounting

Abbauen n <chem> (Zerfall von chem. Verbindungen) • disintegration
Abbauen n <min> (von Lagerstätten, Ressourcen; z. B. Erz, Kohle) • exploitation; mining
Abbauen n <ökon> (von Kosten) • reduction; lowering
Abbauen n <verf> (von Druck, Spannungen) • relief
abbauen vr <bio.chem> (biochemischer Vorgang) • decompose vi; degrade vi; disintegrate vi
abbauen vr <chem> (chem. Verbindungen) • disintegrate vi
abbauen vt <tech.allg> (Aufsätze, Aufbauten; z. B. Luftfiltergehäuse, Podium, Tribüne) • demount vt
abbauen vt <tech.allg> (zusammenlegen, -falten, -klappen; z. B. Zelt, Gerüst, Gestell) • knock down vt
abbauen vt <tech.allg> (Anbauten; z. B. Wandhalterung) • detach vt
abbauen vt <tech.allg> (zerlegen; z. B. Gerüst, Turmdrehkran) • dismantle vt
abbauen vt <bau> (Schalung) • strike vt
abbauen vt <min> (Lagerstätten, Ressourcen; z. B. Erz, Kohle) • exploit vt; mine vt
abbauen vt <min> (z. B. Erz, Kohle) • mine vt; win vt; work vt
abbauen vt <ökol> (biologisch; unerwünschte Stoffe in der Umwelt) • biodegrade vt; break down vt; degrade vt
abbauen vt <ökon> (Kosten) • reduce vt
abbauen vt <verf> (Druck, Spannungen) • relieve vt
Abbauen von Spannungen n <bau> • relieve stresses
abbaufähig <min> (Lagerstätte, Erz) • minable; workable; mineable rare
Abbaufeld n <min> • working area; panel
Abbauförderband n <min> • face belt conveyor
Abbauförderer m <min> • face conveyor
Abbauförderung f <min> • face haulage
Abbaufortschritt m <min> • face advance [rate]; rate of advance; speed of advance; speed of face advance
Abbaufront f <min> (bei Kohle) • coal face
Abbaufront f <min> (allg.) • face; head end; working place; breast
Abbaugarnitur f <petr> • dropping assembly; angle drop assembly
Abbau goldführender Gänge m <min> • reefing
Abbauhammer m <min> (mit Druckluft) • pneumatic pick hammer; pneumatic pick
Abbau im Tagebau m <min> (z. B. von Braunkohle) • strip mining US; opencast mining GB; open-pit mining; surface mining
Abbau im Tagebauverfahren m <min> (z. B. von Braunkohle) • strip mining US; opencast mining GB; open-pit mining; surface mining
Abbaukammer f <min> (Stollenbergbau) • stope
Abbaukante f <min> (senkrecht zur Strebfront) • ribside; rib
Abbaukonzentration f <min> • concentration of workings
Abbaukopf m <min> • mining head
Abbaukurve f <chem> • degradation curve
Abbaumaschine f <min> • mining machine; miner pract
Abbaumatte f <min> • flooring; mat
Abbaumechanisierung f <min> • face mechanization
Abbau mit nachträglichem Versatz m <min> • backfilling system
Abbau mit offenem Abraum m <min> • open stope method
Abbau mit Peptisiermitteln m <chem.verf> • peptization
Abbau mit Rahmenzimmerung m <min> • square-set stoping; square-setting; square-set method
Abbau mit Rahmenzimmerung und Bergeversatz m <min> • square-set-and-fill
Abbaumittel n <chem> (allg.) • decomposing agent; degradative agent rare

Abbaumittel n <chem.verf> *(durch Peptisieren)* • peptizer
Abbau mit Versatz m <min> • mining with filling
Abbauort n <min> *(allg.)* • face; head end; working place; breast
Abbauplanung f <min> • projected extraction
Abbauprodukt n <chem> • decomposition product; degradation product
Abbaurate f <chem> *(von Schadstoffen etc.)* • rate of degradation
Abbaurate f prakt <petr> *(Abnahme der Bohrlochneigung in Winkelgrad pro 10 m)* • rate of angle drop; rate of drop pract
Abbauraum m <min> *(großräumig)* • working district; working area
Abbauraum m <min> *(Kammer)* • chamber; stope; excavation
Abbauraum m <min> • working area
Abbauraum mit Versatz m <min> • filled stope
Abbaureaktion f <chem> • decomposition reaction; degradation reaction
Abbaurichtung f <min> • direction of mining
Abbauriss m <min> • subsidence break
Abbauscheibe f <min> • slice
Abbauschild m <min> • shield
Abbausohle f <min> • stoping level
Abbaustellung f <min> • face positioning
Abbaustoß m <min> *(allg.)* • face; head end; working place; breast
Abbaustrecke f <min> • heading; extraction drift; gate road; head; entry
Abbaustrecke mit einseitig anstehender Kohle f <min> • ribside road; ribside gate; goaf-side road
Abbaustreckenförderer m <min> • gate conveyor; entry conveyor
Abbaustreckenlokomotive f <min> • gathering locomotive
Abbaustufe f <ents> • state of decomposition; stage of decomposition
Abbautest m <ökol> • biodegradability test; test for biodegradability; test for ready biodegradability
Abbautest nach CEC-L-33-T-82 m <ökol> • CEC test; CEC-L-33-T-82 test
Abbauverfahren n <min> • mining method; working method
Abbauverhalten n <obfl> *(von Lackschichten)* • degradation behavior
Abbauverluste mpl <min> • mining losses
Abbau von Erzschweben m <min> • pillar caving
Abbau von Halden m <min> • reclamation; reclaiming
Abbau von Lagerstätten in Flüssen m <min> • river mining
Abbau von Spannungen m <prod> *(mechanische Sp.)* • stress relief; stress relieving
Abbauweg m <bio> • degradation pathway
Abbauwirkung f <kst> • peptizing effect
abbauwürdig <min> *(Lagerstätte, Vorkommen, Bodenschätze)* • exploitable; workable; productive; payable; minable
abbauwürdige Lagerstätte f <min> • exploitable deposit; workable deposit; mineable deposit; payable deposit
abbauwürdiges Erz n <min> • pay ore
Abbauwürdigkeit f <min> *(betont: wirtschaftlich gerechtfertigt)* • workability
Abbauwürdigkeitsgrenze f <min> • payability limit; pay limit
Abbe'sche Auflösungsgrenze f <opt> • Abbe resolution limit
Abbe'sche Sinusbedingung f <opt> • Abbe's sine condition

Abbe'sche Zahl f <opt> • Abbe number; Abbe coefficient
Abbeeren n <agri> *(Wein)* • stemming; destalking; destemming
Abbeermaschine f <agri> *(zur Trennung der Traubenbeeren von den Stielen)* • stemmer; destalker; stalk separator; destalking machine; grape picker
Abbeizbad n <metall> • pickling bath; pickling solution
Abbeizeffekt m <obfl> *(Lackfehler)* • etching; lifting
Abbeizen n <obfl> *(Holzoberfläche; z. B. alte Möbel)* • stripping
abbeizen vt <obfl> *(Metall)* • pickle vt
abbeizen vt <obfl> *(Holz; zum Entfernen alter Anstriche)* • strip vt
Abbeizer m <obfl> *(für Holz)* • stripper; paint stripper; paint remover; varnish remover
Abbeizmittel n <obfl> *(für Metall)* • pickling agent; pickling chemical
Abbeizmittel n <obfl> *(für Holz)* • stripper; paint stripper; paint remover; varnish remover
Abbeizverfahren n <obfl> *(Holz)* • stripping method
abbesche Auflösungsgrenze f <opt> • Abbe resolution limit
abbesche Sinusbedingung f <opt> • Abbe's sine condition
abbesche Zahl f <opt> • Abbe number; Abbe coefficient
Abbe-Spektrometer n <opt> • Abbe spectrometer
AB-Betrieb m <el> *(von Elektronenröhren)* • AB mode; AB method
Abbiegefahrspur f <verk> • turning lane
abbiegen vi <verk> *(Fahrzeug, Fußgänger; nach rechts oder links)* • turn off vi
abbiegen vt <prod> *(nach unten; z. B. Blech)* • bend down vt
Abbiegespur f obs <verk> • diverging lane; turning traffic lane; lane for turning traffic
Abbiegestreifen m <verk> • diverging lane; turning traffic lane; lane for turning traffic
Abbiegeverbot n <verk> • turn-ban
Abbiegeverkehr m <verk> • turning traffic
Abbiegung f <tech.allg> *(z. B. Rohr, Straße, Bewehrungsstahl)* • bend
Abbiegung f <geo> • flexure
Abbild n <opt> *(wahrnehmbare Wiedergabe von etw.; z. B. als Fotografie)* • image
Abbild n <opt> *(Reflektion im Spiegel)* • image
Abbild der Sonne n <energ.sol> • solar image; image of the sun
abbilden vt <energ.sol> • image vt
abbilden vt <math> • map vt
abbilden vt <opt> • form an image vi
abbildend <energ.sol> *(Reflektor)* • imaging adj
abbildendes System n <tech.allg> *(allg.)* • image-forming system
abbildendes System n <energ.sol> *(Reflektor, Spiegel)* • imaging system
Abbildung f (Abb.) <doku> *(in Dokument; z. B. Grafik, Foto)* • figure (fig.)
Abbildung f <doku> *(betont: zum Erläutern, Klären, Erhellen)* • illustration
Abbildung f <edv> *(Grafik; eines Bitmaps auf einen dreidimensionalen Körper)* • mapping
Abbildung f <math> • mapping
Abbildung f <opt> *(betont: optisches Abbild; z. B. durch Linse, auf Film)* • optical image
Abbildung f <opt> *(betont: Prozess)* • image formation
Abbildung der Sonne f <energ.sol> • solar image; image of the sun
Abbildung durch Ultraschall f <phys> • ultrasonic imaging

Abbildungsfehler m <opt> *(von Linsen, Spiegeln; z. B. schlechte Fokussierung bei Solarreflektoren)* • aberration; image error; image defect *rare*

abbildungsfehlerbehaftet <opt> *(Linse)* • aberrated; aberant

abbildungsfehlerfrei *prakt* <phot> *(Objektiv)* • aplanatic; aberrationless

Abbildungsfunktion f <phys> • transforming function

Abbildungsgleichung f <math> • conjugate distance equation

Abbildungsgröße f <msr> • mapping value

Abbildungsmaßstab m <doku> • scale of drawing

Abbildungsmaßstab m <phot> • reproduction ratio; reproduction scale; scale of reproduction; image scale; image ratio

Abbildungsoptik f <opt> • imaging optics

Abbildungsqualität f <av> • reproduction quality; playback quality

Abbildungssatz m <math> • mapping theorem

Abbildungsschärfe f <opt> • sharpness of the image

Abbildungsstrahl m <opt> • imaging ray; image-forming ray

Abbildungssystem n <opt> • imaging system; image-forming system

Abbildungstiefe f <opt> • depth of focus

Abbildungstitel m <doku> • caption

Abbildungsverfahren n <opt> • imaging method

Abbindebeginn m <bau.mat> • initial set

Abbindebeschleuniger m <tech.allg> *(allg.; z. B. Beton, Kleber, Kunstharz)* • setting accelerator; setting accelerating agent

Abbindebeschleuniger m <bau.mat> *(für Beton)* • concrete setting accelerating agent; cementing accelerator

Abbindedauer f <bau.mat> • setting time; set-up time

Abbindedraht m <el> • tie wire

Abbindegeschwindigkeit f <bau> *(z. B. von Beton, Kleber)* • setting speed; rate of setting

Abbindeklemme f <el> • bonding clip

Abbinden n <bau.mat> • set; setting

Abbinden n <mat> *(allg.; Binder, Kleber, Beton etc.)* • setting

Abbinden n <mat> *(betont: durch Vernetzung; bei polymeren Stoffen, z. B. Kunstharzkleber)* • curing; setting

abbinden vi <tech.allg> *(Binder, Kleber, Beton etc.)* • set vi; harden vi coll; set hard vi rare

abbinden vi <bau.mat> *(betont: durch Hydratation; z. B. Beton, Mörtel)* • hydrate vi

abbinden vi <bau.mat> *(z. B. Kunststoff, Zement, Klebstoff)* • set vi

abbinden vi <kst> *(durch Vernetzung; bei Polymeren; z. B. Kunstharzkleber, Vergussmasse)* • cure vi

abbinden vt <el> *(abspannen)* • tie off vt

abbinden vt <textil> • interlace vt

Abbinderegler m <bau.mat> • quick hardener

Abbindeversuch m <bau.mat> • setting test

Abbindeverzögerer m <bau.mat> • setting retarder

Abbindewärme f <bau.mat> • setting heat

Abbindezeit f <mat> *(allg. Zeit bis zum hart werden)* • setting time

Abbindezeit f <mat> *(Härtezeit bei Vernetzung polymerer Stoffe)* • curing time; setting time

Abbindung f <textil> • backing

Abblättern n <geo> *(Gestein)* • exfoliation

Abblättern n <obfl> *(z. B. von Lack, Beschichtung; harte, eher kleine Stücke;)* • chipping

Abblättern n <obfl> *(Farbe, Lack; flächig, zäh, hautartig)* • peeling-off

Abblättern n <obfl> *(Anstrich etc.; schuppig)* • scaling-off

Abblättern n <obfl> *(Lackfehler; eher spröde Stücke)* • flaking; delamination; shelling; blowing off

abblättern vi <obfl> *(Farbe, Lack; flächig, zäh, hautartig)* • peel off vi

abblättern vi <obfl> *(Anstrich etc.; schuppig)* • scale (off) vi; exfoliate vi

abblättern vi <obfl> *(Lack, Anstrich; eher spröde Stücke)* • flake (off) vi

abblättern vi <obfl> *(Lack; harte, eher kleine Stücke; e.g. durch Schlag)* • chip vi

Abblättern der Lackschicht n <obfl> *(Lackfehler durch schlechte Haftung)* • adhesion loss; adhesion peeling

Abblättern des Lacks n <obfl> *(durch schlechte Haftung zwischen Schichten bei Mehrschichtlackierung)* • intercoat adhesion failure

Abblasebehälter m <nukl> *(des Druckhalters)* • drain tank; quench tank *pract*

Abblasebehälter m <verf> • blow-down tank; blow-down vessel; blow-off tank; relief tank

Abblasedruck m <tech.allg> • blow-off pressure

Abblasedruck m <verf> *(zur Druckentlastung)* • relieving pressure; relief pressure

Abblaseleitung f <verf> • vent pipe

abblasen vt <tech.allg> *(Partikel von einer Oberfläche wegblasen; z. B. Staub, Tropfen)* • blow off vt

abblasen vt <emiss> *(Abgase abziehen)* • exhaust vt

abblasen vt <metall> *(Hochofen)* • blow out vt

abblasen vt <silik> *(Staub)* • dust vt

abblasen vt <verf> *(abschrecken)* • quench vt

abblasen vt <verf> *(Druck entweichen lassen; z. B. Luft, Dampf, Gas)* • blow off vt; vent off vt; bleed vt

Abblasetank m <verf> • blow-down tank; blow-down vessel; blow-off tank; relief tank

Abblaseventil n <tech.allg> *(allg.)* • relief valve; blow-off valve

Abblaseventil n <kfz> *(Turbolader; Drehzahl-Erhaltung im Schiebebetrieb)* • overrun control valve

Abblaseventil n <rls> *(für eher kleine Mengen; z. B. eingeschlossene Luft)* • bleeder valve; bleeder

Abblashilfe f <mil> *(für CO2-Pistolen)* • gas release tool

Abblasleitung f <verf> • blowpipe

Abblasluft f <pack> *(Coater/Decorator)* • blow-off air

Abblasöffnung f <tech.allg> • vent hole

Abblasöffnung f <kfz> *(Airbag)* • exhaust vent; discharge hole

Abblasöffnung f <rls> *(zur Druckentlastung; z. B. von Wasser, Dampf)* • relief aperture; relief

Abblasprodukt n <pap> • blow-off

Abblasrohr n <rls> • vent pipe; blow-off pipe

Abblasschubventil n <kfz> *(für Sekundärluft; mechanisch)* • air diverter valve; diverter valve *pract*; air control valve; A.I.R. control valve *GM*

Abblasvorrichtung f <verf> *(für Überdruck)* • blow-off [facility]

abblatten vt <agri> *(Blumen, Bäume etc.)* • cut off the leaves; remove the leaves

abblendbarer Innenspiegel m <kfz.innen> • dipping mirror; anti-dazzle mirror; dimming mirror; day/night rearview mirror; inside day/night mirror

Abblendeinrichtung f <prod> • antidazzle device

abblenden vi <phot> *(eine niedrigere Blende einstellen)* • stop down vi

abblenden vt <av> *(Bild)* • fade out vi; fade down vi

abblenden vt <kfz> *(Scheinwerfer; Licht nach unten richten)* • dip vt

abblenden vt <licht> *(Lichtquelle dunkler machen)* • dim vt

Abblendfußschalter m <kfz.msr> *(fußbetätigt, pedalförmig)* • dimmer switch pedal; pedal-operated dip switch

Abblendhebel *m* <kfz.msr> *(für Scheinwerfer; an Lenksäule)* • headlight dimmer [switch] *US*; high low beams change-over switch *US*; headlamp dipper [lever] *GB*

Abblendhebel *m* <kfz.msr> *(an Abblendspiegel)* • day/night lever; tab *coll*

Abblendhebel *m* <phot> *(für Blende; an Kamera)* • stop-down lever

Abblendinnenspiegel *m* <kfz.innen> • dipping mirror; anti-dazzle mirror; dimming mirror; day/night rearview mirror; inside day/night mirror

Abblendkappe *f* <kfz> • headlight shield

Abblendknopf *m* <phot> • stop-down button; depth-of-field preview button

Abblendlicht *n* <kfz.el> • low beam *US*; dipped beam *GB*; dipped headlight

Abblendschalter *m* <kfz.licht> *(allg., hand- oder fußbetätigt)* • headlight dimmer switch *US*; headlight dimmer *US*; dimmer switch *US.pract*; dimmer *US.pract*; high/low beam change-over switch *US.rare*

Abblendschalter *m prakt* <kfz.msr> *(fußbetätigt, pedalförmig)* • dimmer switch pedal; pedal-operated dip switch

Abblendschalter *m* <kfz.msr> *(für Scheinwerfer; an Lenksäule)* • headlight dimmer [switch] *US*; high low beams change-over switch *US*; headlamp dipper [lever] *GB*

Abblendspiegel *m* <kfz.innen> • dipping mirror; anti-dazzle mirror; dimming mirror; day/night rearview mirror; inside day/night mirror

Abblendtaste *f* <phot> *(an Kamera; zur Schärfentiefenkontrolle)* • depth of field preview button; preview button

abblocken *vi* <el> • earth over a block capacitor *vi*

abbocken *vt* <tech.allg> *(z. B. angehobenes Fahrzeug)* • lower *vt*

abböschen *vt* <bau> *(Steilhang)* • scarp *vi*

abböschen *vt* <bau> *(Gelände, allg.)* • slant *vt*; slope *vt*

Abbot-Cox-Verfahren *n* <chem.verf> • Abbot-Cox process

Abbrand *m* <tech.allg> • burnout

Abbrand *m DIN 1910-11* <el> *(Verschleiß von Elektroden, Kontakten)* • electrode consumption; flash-off; burn-off

Abbrand *m* <metall> *(Schmelze-Oxidation)* • melting loss by oxidation; oxidizing loss; smelting loss

Abbrand *m* <nukl> *(Kernbrennstoff; als Zustand)* • burn-up

Abbrand *m* <nukl> *(Kernbrennstoff; als Vorgang)* • depletion

Abbrand *m* <obfl> *(Email)* • evaporation during melting; volatilization during melting

Abbrand *m* <prod> *(Resultat von Kalzinierungsprozessen)* • roasting residue; calcine; roasted material

Abbrandkettengleichung *f* <nukl> • depletion chain equation

Abbrandkühler *m* <metall> • calcine cooler

Abbrandrate, bezogen auf die Fläche *f ISO 13943* <feuer> • area burning rate *ISO 13943*

Abbrandrate *f ISO 13943* <feuer> *(Masseverlust durch Verbrennen pro Zeiteinheit, z. B. in kg/s)* • mass burning rate *ISO 13943*

Abbrandrechnung *f* <nukl> • cycle burn-up calculation

Abbrandtiefe *f* <nukl> *(prozentual)* • fractional burn-up; burn-up fraction

Abbrandverlust *m* <obfl> *(Email)* • evaporation during melting; volatilization during melting

Abbrandwiderstand *m* <kfz.el> *(Zündkerze)* • burn-off resistor

abbrausen *vt* <tech.allg> *(duschen, mit viel Flüssigkeit)* • shower *vt*

abbrausen *vt* <verf> *(spülen, wenig Druck)* • rinse *vt*

abbrausen *vt* <verf> *(sprühen, eher fein)* • spray *vt*

Abbrechen <edv> *(Menüoption)* • cancel; abort

abbrechen *vi* <tech.allg> *(dünnes, fragiles Objekt; z. B. Nadel)* • break off *vi*; snap off *vi*

abbrechen *vt* <tech.allg> *(Ablauf vorzeitig beenden; z. B. Programm, Raketenstart)* • abort *vt*

abbrechen *vt* <tech.allg> *(ein Stück vom Ganzen)* • break away *vt*

abbrechen *vt* <tech.allg> *(durch Abtragen, nicht sprengen; z. B. Gebäude)* • demount *vt*

abbrechen *vt* <tech.allg> *(durch Zerlegen; z. B. Apparate, Anlagen)* • dismantle *vt*

abbrechen *vt* <tech.allg> *(Vorgang; betont: nicht fortsetzen)* • discontinue *vt*

abbrechen *vt* <bau> *(völlig zerstören; Gebäude, Brücke)* • wreck *vt*; demolish *vt*; pull down *vt*; tear down *vt*

Abbrechfehler *m rar* <edv> • truncation error

Abbrechklingenmesser *n* <wz> *(mit sehr scharfen, abbrechbaren Klingen)* • cutter

Abbremsen *n* <tech.allg> *(von Bewegungen; z. B. eines Fz.)* • slowing down

abbremsen *vi/vt* <tech.allg> • decelerate *vi/vt* (DEC); slow down *vi/vt*

abbremsen *vt* <tech.allg> *(Entwicklung, Prozess)* • retard *vt*

abbremsen *vt* <fz> *(durch Bremsbetätigung)* • apply the brake *vt*

abbremsen *vt* <nukl> *(schnelle Neutronen)* • moderate *vt*; slow down *vt*

Abbremsung *f* <tech.allg> *(Vorgang des Bremsens)* • braking

Abbremsung *f* <tech.allg> • deceleration

Abbremsung *f* <bahn> *(als Verhältnis)* • braking ratio

Abbremsung *f* <kfz.brems> *(Verzögerungsfaktor)* • braking factor

Abbremsung *f* <nukl> *(von schnellen Neutronen zu thermischen Neutronen)* • moderation; deceleration; slowing-down; thermalization *thsc.rare*

Abbrenneinrichtung *f* <kfz.emiss> *(Diesel-Rußfilter)* • trap oxidizer *US.GB*; trap oxidiser *GB.rare*

Abbrennen *n DIN EN ISO 4618* <obfl> *(Oberflächenvorbereitung vor dem Beschichten)* • burning off *ISO 4618-3*

abbrennen *vi/vt DIN EN ISO 4618* <obfl> *(Entfernen einer Beschichtung durch Wärme und Abkratzen)* • burn off *vi/vt ISO 4618-3*

abbrennen *vi/vt* <spreng> *(explosionsartig)* • deflagrate *vi/vt*

Abbrenngeschwindigkeit *f* <tech.allg> *(z. B. Elektrode, Schweißelektrode)* • burning off rate; burn-off rate

Abbrenngift *n* <nukl> • lumped burnable poison (LBP)

Abbrennkontakt *m* <el> • arcing tip; arcing contact

Abbrennlängenverlust *m* <tech.allg> *(z. B. Schweißelektrode)* • flash-off; flash-off loss; flashing loss

Abbrennlängenzugabe *f* <tech.allg> *(z. B. Schweißelektrode)* • flash-off allowance

Abbrennrate *f* <kfz.emiss> *(Rußfilter)* • burn-off rate

Abbrennschweißen *n* <füg> • flash welding

Abbrennschweißstauchdruck *m* <füg> • flash butt-welding upset pressure

Abbrennschweißstrom *m* <füg> • flash butt-welding current

Abbrennstumpfschweißen *n* <füg> *(ein Widerstands-Pressschweißverfahren)* • flash welding

Abbrennstumpfschweißen mit Vorwärmung *n* <füg> • preheating resistance butt welding

Abbrennstumpfschweißmaschine *f* <füg> • flash butt-welding machine

Abbrennstumpfschweißnaht *f* <füg> • flash butt weld

Abbrennstumpfschweißstauchdruck *m* <füg> • flash butt-welding upset pressure

Abbrennverlust *m* <tech.allg> *(von Elektroden)* • flashing loss

abbringen vt <nav> (Wasserfahrzeug, von Hindernis; z. B. von Sandbank) • refloat vt; get afloat vt

abbröckeln vi <bau> (Gestein, Fels, Wand, Verputz) • spall vi

Abbruch <edv> (Menüoption) • cancel; abort

Abbruch m <tech.allg> (eines Vorgangs; betont: nicht fortsetzen) • discontinuation

Abbruch m <tech.allg> (vorzeitiges Beenden eines Ablaufs; z. B. Programm, Raketenstart) • abortion

Abbruch m <tech.allg> (durch Zerlegen; z. B. Apparate, Anlagen) • dismantling

Abbruch m <tech.allg> (durch Abtragen, nicht Sprengen; z. B. Gebäude) • demounting

Abbruch m <bau> (völlige Zerstörung; z. B. Gebäude, Brücke) • wrecking; demolishing; pulling down

Abbrucharbeit f <bau> • demolition work

Abbruchbedingung f <edv> • abort condition

Abbruchbefehl m <edv> • abort instruction

Abbruchinstabilitäten fpl <nukl> • plasma disruptions

Abbruchreaktion f <chem> • termination reaction

Abbruchroutine f <edv> • abort routine

Abbruchstelle f <bau> (Bauwerk) • demolition site

Abbruchviskosität f <tribo> • break-off viscosity

Abbruchwerft f <nav> • wrecking yard US; break-up yard

abbrühen vt <nahr> • scald vt; parboil vt

Abbuffen n <led> (Lederoberfläche) • buffing

abbuffen vt <led> (Fleischseite von Leder leicht aufrauen) • buff vt; fluff vt; wheel vt

ABC <bau> • active construction-site controlling :V

ABC <tour> (Flugreise) • advance booking charter (ABC)

ABC-Analyse f <logist> • ABC analysis

ABC-Codabar-Decodierung f <edv> • ABC Codabar decoding; Codabar ABC

ABC-Einteilung f <logist> • ABC classification; ABC evaluation; 80/20 rule; 80-20 principle; 80:20 relationship

ABC-Hubschrauber m <aerospace> • ABC helicopter; advanced blade concept helicopter

ABC-Klassifikation f <logist> • ABC classification; ABC evaluation; 80/20 rule; 80-20 principle; 80:20 relationship

ABC-Lagerstruktur f <logist> • ABC distribution

ABC-Lagerung f <logist> • ABC distribution

ABC-Symbol n <logist> • ABC symbol

ABC-Verteilung f <logist> • ABC distribution

abdachen vt <bau> • slant vt

abdachen vt <prod> (Zähne von Zahnrädern) • point vt

abdachen vt <prod> (allg.; abschrägen) • slant down vt

Abdachung f <geo> (Steilhang, überhängender Fels o.ä.) • escarpment; scarp

Abdachung f <geo> (Hang) • slope

abdämmen vt <bau> (z. B. Feuchtigkeit, Wasser, Wärme) • block off vt; dam off vt

abdämmen vt <bau> (Bauwerk; z. B. Keller gegen Feuchtigkeit) • dam up vt; seal vt

Abdämmung f <bau> • damming

Abdampf m <tech.allg> (allg.) • exhaust [steam]

Abdampf m <tech.allg> (betont: entspannt; z. B. nach Turbine) • dead steam

Abdampf m <emiss> (betont: verbraucht, überschüssig) • waste steam

Abdampfausnutzung f <verf> • exhaust gas utilization

Abdampfdüse f <rls> • exhaust nozzle

Abdampfen n <verf> • bleeding [steam]

Abdampfen n <verf> (durch Verdunstung) • evaporation

abdampfen vi <verf> • bleed vt

Abdampfkondensat n <nukl> • waste condensate

Abdampfleitung f <verf> • steam-exhaust piping; vent pipe pract; steam-exhaust pipe rare

Abdampfnutzung f <verf> • exhaust gas utilization

Abdampfrohr n prakt <verf> • steam-exhaust piping; vent pipe pract; steam-exhaust pipe rare

Abdampfrückstand m <verf> • dry residue

Abdampfschale f <chem> • evaporating dish

Abdampfstutzen m <rls> (allg.; Anschlussstutzen) • exhaust connecting branch

Abdampfstutzen m <turb> (an Turbine) • exhaust hood

Abdampftemperatur f <turb> • exhaust steam temperature

Abdampfturbine f <turb> • exhaust-steam turbine

Abdampfverwertung f <verf> • exhaust gas utilization

Abdampfvorwärmer m <rls> • exhaust-steam preheater

Abdeckband n <obfl> (Lackiervorbereitung) • masking tape

Abdeckbild n <el> • resist image

Abdeckblech n <tech.allg> (Schürze; vertikal) • apron plate

Abdeckblech n <tech.allg> • cover sheet; cover panel; cover plate

Abdeckblech n <bau> (z. B. zwischen Dach und Kamin) • flashing

Abdeckblech n prakt <kfz.brems> (von Scheibenbremsen) • splash shield; dust shield; disc shield

Abdeckblende f <tech.allg> • mask

Abdeckblende f <phot> (über Verschluss) • shutter mask

Abdeckboden m <logist> (Fachbodenregal) • top cover

abdeckeln vt rar <tech.allg> (mit Deckel) • cover vt; place a cover over vt

abdecken vt <tech.allg> (mit Kappe, Deckel u.ä.) • cap vt

abdecken vt <tech.allg> (Objekt zudecken, z. B. mit Plane; Thema behandeln, z. B. in Vortrag) • cover vt

abdecken vt <tech.allg> (Oberfläche; ganz obenauf mit Überzug versehen) • top vt

abdecken vt <tech.allg> (Abdeckung, Deckel etc. entfernen) • uncover vt; remove a cover from sth

abdecken vt <tech.allg> (mit Deckel) • cover vt; place a cover over vt

abdecken vt <tech.allg> (Bereich; räumlich, statistisch; z. B. mit Zahlen, Radar) • cover vt

abdecken vt <tech.allg> (Kundenwünsche, Vorschriften, Anforderungen, Erwartungen) • meet vt; satisfy vt

abdecken vt <bau> (mit Vordach, Segeltuch) • cope vt

abdecken vt <bau> (Dachdeckung entfernen) • untile vt; unroof vt

abdecken vt <bau> (Mauerwerk) • cope vt

abdecken vt <led> (Leder beschichten) • coat vt

abdecken vt <obfl> (Fläche, z. B. beim Lackieren, Anstreichen; z. B. mit Kreppband) • mask vt

abdecken vt <obfl> • mask (off) vt

abdecken vt <phot> (beim Belichten) • mask vt

abdecken vt <tele> (räumliche Gebiete mit Rundfunk, Fernsehen, Mobilfunk) • cover vt

abdecken vt <verf> (mit Schutzgas) • blanket vt

Abdeckflügel m <phot> • capping blade

Abdeckfolie f <druck> (z. B. für die Retusche) • masking film

Abdeckhaube f <tech.allg> (z. B. für Gerät, Maschine) • covering hood

Abdeckkappe für den Wasserablauf f <bau> (Fenster) • drain slot cover

Abdeckkappe für die Entwässerungsöffnung f <bau> (Fenster) • drain slot cover

Abdecklack m <phot> • masking lacquer; stop-off lacquer rare

Abdeckleiste f <tech.allg> (z. B. aus Holz, Metall, Kunststoff) • cover fillet; cover strip

Abdeckleuchte f <licht> (z. B. auf Aquarien) • light hood

Abdeckmaterial n <tech.allg> • cover material; covering material

Abdeckmaterial *n* <energ.sol> *(Glas; Kollektorabdeckung)* • glazing material

Abdeckmatte *f* <kst> *(zur Vernetzung)* • curing mat

Abdeckmittel *n* <obfl> *(Tiefätzen)* • resist

Abdeckmittel *n* <obfl> *(Beschichtung)* • coating material

Abdeckmittel *n* <obfl> *(betont: das Material)* • protective coating [material]

Abdecknetz *n* <agri> *(für Obstbäume, Beerenstauden etc.)* • protective netting

Abdeckplane *f* <tech.allg> *(gewebeverstärkt, schwer)* • tarpaulin; tarp *coll*

Abdeckplane *f* <kfz> *(für Ladefläche)* • tonneau cover

Abdeckplane *f* <nav> *(wetterfeste Abdeckung; z. B. Segeltuch, für Boote, Ladung)* • tarpaulin

Abdeckplatte *f* <tech.allg> *(Schürze; senkrecht)* • apron plate

Abdeckplatte *f* <tech.allg> • cover plate

Abdeckrahmen *m* <edv> *(an PC-Gehäusefront)* • faceplate

Abdeckrahmen *m* <phot> *(zum Abdecken unerwünschter Bildpartien; typ. verschiebbar)* • masking frame

Abdeckriegel *m* <nukl> *(Beton)* • shielding slab

Abdeckröhre *f* <energ.sol> • cover tube; glass envelope

Abdeckschablone *f* <el> *(Leiterplatte)* • resist pattern mask; mask

Abdeckscheibe *f* <tech.allg> *(jedes Material)* • cover plate

Abdeckscheibe *f* <energ.sol> *(äußere Glasscheibe auf Flachkollektor)* • cover plate; cover sheet; cover window; outer cover

Abdeckscheibe *f* <masch> *(an Pumpenlaufrad)* • shroud; sidewall

Abdeckscheibe der Instrumente *f* <kfz.msr> *(z. B. über Tacho, Drehzahlmesser etc.)* • instrument cluster lens

Abdeckscheibensystem *n* <energ.sol> • cover system

Abdeckschraube *f* <mech> • blind screw

Abdeckschürze *f* <bau> • apron

Abdeckstein *n* <bau> • capstone

Abdeckstift *m* <druck> *(für Filme; typ. rot)* • masking pen

Abdeckstift *m* <kunst> *(deckender Farbstift)* • opaque pen

Abdecktusche *f* <druck> *(für Filme)* • masking ink

Abdecküberwachung *f* <alarm> • anti-masking feature

Abdeckung *f* <tech.allg> *(mit Stoff oder Schutzgas)* • blanket

Abdeckung *f* <tech.allg> *(jede Form; z. B. von Gehäuseöffnungen, Mechanikteilen)* • cover

Abdeckung *f* DIN 40 804 <druck> • resist

Abdeckung *f* rar <navig> *(eines Gebiets durch Satelliten)* • coverage

Abdeckung *f* <obfl> *(zum Freistellen bestimmter Flächen; z. B. von Leiterplatten)* • stop-off coating

Abdeckung *f* rar <vers> *(durch Versicherung, Vertrag)* • coverage

Abdeckung für Erweiterungssteckplatz *f* <edv> • expansion-slot cover

Abdeckziegel *n* <bau> • cover brick

abdestillieren *vt* <chem> • distil off *vt*; remove by distillation *vt*

abdichten *vt* <tech.allg> *(allg.; z. B. Nähte, Fugen, Flansche; mit oder ohne Dichtmittel)* • seal (off/up) *vt*; close *vt coll*; stop up *vt*; obturate *vt obs*

abdichten *vt* <tech.allg> *(Spalt mit Dichtmasse zustopfen)* • caulk *vt*; calk *vt rare*

abdichten *vt* <tech.allg> *(verstopfen, schließen; z. B. Leck)* • plug *vt*

abdichten *vt* <bau> *(gegen eindringendes Wasser)* • coffer *vt*

abdichten *vt* <bau> *(mit Vergussmasse; z. B. Mörtel, Beton)* • grout *vt*

abdichten *vt* <bau> *(mit Kitt, Dichtungsmasse)* • lute *vt*

abdichten *vt* <obfl> *(Poren)* • seal (up) *vt*

abdichten *vt* <rls> *(mit Stopfbuchpackung)* • pack *vt*

abdichten *vt* <rls> *(Leck, undichte Stelle)* • stop a leak *vt*

abdichten (gegen) *vt* <bau> *(z. B. eindringendes Wasser)* • block off *vt*

Abdichtfolie *f* <tech.allg> *(Dampfsperre)* • vapor barrier

Abdichtfolie *f* <ents> *(Deponieabdichtung)* • membrane liner

Abdichtmasse *f* <tech.allg> *(z. B. für Nähte, Fugen, Risse)* • sealant; sealer; sealing compound; sealing agent; jointing compound

Abdichtring *m* <tech.allg> • seal ring

Abdichtscheibe *f* <masch> • seal washer

Abdichtstopfen *m* <tech.allg> • plug

Abdichtung *f* <tech.allg> *(Funktion des Dichtens)* • seal

Abdichtung *f* <bau> *(durch Verstopfen, Verpressen, Verkitten; z. B. von Fugen, Rissen)* • caulking

Abdichtung ortsfester Teile *f* <tech.allg> • static seal

Abdichtungsmasse *f* <tech.allg> *(z. B. für Nähte, Fugen, Risse)* • sealant; sealer; sealing compound; sealing agent; jointing compound

Abdichtungsschicht *f* <tech.allg> *(z. B. von Mülldeponie)* • sealing layer

Abdichtungsschleier *m* <bau> • grouted cut-off wall

Abdichtungsteppich *m* <hydr> • impervious blanket

abdocken *vi* <aerospace> *(Raumfahrzeug)* • undock *vi*

abdocken *vi* <aerospace> *(von Raumstation)* • undock *vi*

Abdrängungswinkel *m* <prod> *(beim Bohren)* • drift angle

Abdrehdiamant *m* <wz> *(z. B. Abrichten v. Schleifscheiben)* • diamond dresser

Abdreheinrichtung *f* <wz.masch> • dressing device; truing device

abdrehen *vi* <aerospace> *(vom Kurs)* • turn off *vi*; peel off *vi coll*

abdrehen *vt* <tech.allg> *(lösen; z. B. Deckel)* • unfasten *vt*

abdrehen *vt* <tech.allg> *(durch reißende Bewegung; z. B. Schraube)* • wrench *vt*

abdrehen *vt ugs.rar* <el> *(Kleingeräte; z. B. Licht, Geschirrspüler, Fernseher)* • switch off *vt*; turn off *vt coll*

abdrehen *vt* <prod> *(Gusshaut, Walzhaut, Schmiedehaut)* • desurface *vt*

abdrehen *vt* <prod> *(richten, zentrieren, Oberfläche planen)* • true *vt*; dress *vt*

abdrehen *vt* <prod> *(Bremsscheiben)* • skim *vt*

Abdrehgeschwindigkeit *f* <wz.masch> • truing speed; dressing speed

Abdrehkurbel *f* <agri> • proof crank

Abdrift *f* <tech.allg> • drift

Abdrift *f* <navig> *(Kursabweichung)* • leeway; drift

Abdrift durch Wind *f* <navig> *(Kursabweichung)* • leeway; drift

Abdriftgeschwindigkeit *f* <navig> • drift velocity

Abdriftkontrolle *f* <navig> • drift control

Abdriftkraft *f* <phys> • drift force

Abdriftnachführungssystem *n* <navig> *(Autopilot)* • crab following system

Abdriftwinkel *m* <navig> • drift angle

Abdruck *m* <druck> *(faksimilierend)* • replica

Abdruck *m* <med.tech> *(eines Gebisses)* • impression

Abdruck *m* <obfl> *(Eindruck, Vertiefung, Marke in Oberfl.)* • impression; mark; indentation

Abdruck *m* DIN ISO 8785 <obfl.qualit> *(Oberflächenfehler durch periodische Überlastung)* • skidding ISO 8785

Abdruck der Werkzeugtrennebene *m* <kst> *(als Abdruck am Formteil)* • mold mark; parting line

abdrucken *vt* <druck> *(reproduzieren)* • reproduce *vt*

abdrucken *vt* <druck> • reprint *vt*

Abdruckfilm *m* <druck> • replica film

Abdruck mit freundlicher Genehmigung des/der … <doku> • Courtesy …

Abdrückbolzen *m* <masch> • push-off pin

Abdrücken *n* <rls> *(Druckprobe; z. B. Behälter, Rohr)* • proof testing

abdrücken *vi* <mil> • squeeze the trigger *vt*; pull the trigger *vt*

abdrücken *vt* <mech> *(z. B. durch Abhebeln)* • force off *vt*; push off *vt*

abdrücken *vt* <prod> *(mech. auswerfen; z. B. aus Formwerkzeug)* • eject *vt*

abdrücken *vt* <prod> *(Schlauch, Leitung)* • pinch off *vt*; squeeze off *vt*

abdrücken *vt* <rls> *(Druckprobe; z. B. Behälter, Rohr)* • pressure-test *vt*

Abdrücklokomotive *f* <bahn> • hump locomotive

Abdrückschraube *f* <masch> *(zum Herausdrücken; z. B. Paßfeder)* • ejector screw

Abdrückschraube *f* <masch> • forcing screw

abdunkeln *vt* <edv> *(Bildschirmanzeige ausschalten)* • blank out *vt*

abdunkeln *vt* <licht> *(Raum; völlig finster)* • black out *vt*

abdunkeln *vt* <licht> *(Raum; z. B. für Video-, Datenprojektion)* • darken *vt*

abdunkeln *vt* <licht> *(Licht; etwas dunkler)* • dim *vt*

Abdunklungsmittel *n* <obfl> • darkening agent

Abdunsten *n* <obfl> *(Lack)* • flashing-off; flash-off

Abdunstzeit *f* <obfl> • flash time

Abel'sche Gruppe *f* <math> • Abelian group

Abel'scher Körper *m* <math> • Abelian domain

abelsche Gruppe *f* <math> • Abelian group

abelscher Körper *m* <math> • Abelian domain

Aberration *f* <astron> • aberration

Aberration *f* wiss <opt> *(von Linsen, Spiegeln; z. B. schlechte Fokussierung bei Solarreflektoren)* • aberration; image error; image defect *rare*

aberrationsbehaftet <opt> *(Linse)* • aberrated; abberant

aberrationsfrei wiss <phot> *(Objektiv)* • aplanatic; aberrationless

aberregen *vt* <el> *(Spule)* • de-energize *vt*; de-excite *vt*

Aberregung *f* <el> *(Spule)* • de-energization; de-excitation

Abfackeleinrichtung *f* <verf> • gas flare [facility]

Abfackeln *n* <verf> *(z. B. Bohrplattform, Erdölraffinerie)* • flaring of excess gas; burning of excess gas; excess-gas burning; flaring

abfackeln *vt* <verf> *(von Gas; z. B. in Ölraffinerie)* • flare (off) *vt*; burn off *vt*

Abfackeln von Gas *n* <verf> *(z. B. Bohrplattform, Erdölraffinerie)* • flaring of excess gas; burning of excess gas; excess-gas burning; flaring

Abfackelungsplattform *f* <petr> • flare platform

abfaden *vi* <nav> • fathom *vi*

Abfälle aus Haushaltungen *mpl* <ents> • house refuse; house waste

Abfälle beim Beschneiden *mpl* <ents> • clippings; trimmings

Abfärben *n* <edv> *(unerwünschter Farbübergang von einer Fläche in eine andere)* • bleeding

abfärben *vi* <obfl> *(z. B. Stoff, Druckfarbe)* • bleed *vi*; mark off *vi*

abfahrbarer Schwanenhals *m* <nfz> • folding gooseneck

Abfahren *n* <wz> *(von Konturen)* • tracing

abfahren *vi* ugs <nav> *(Schiff)* • sail *vi*

abfahren *vi* <verk> *(nach Plan; Zug, Schiff)* • depart *vi*; leave *vi coll*

abfahren *vi* <verk> *(allg., ohne Fahrplan; z. B. Auto)* • start *vi*

abfahren *vi* <verk> *(z. B. von Autobahn)* • egress *vi*

abfahren *vt* prakt <tech.allg> *(komplexes System; z. B. Anlage, Maschine, Betriebssystem)* • shut down *vt*; close down *vt*

abfahren *vt* rar <masch> *(Aggregat; z. B. Pumpe, Triebwerk)* • shut down *vt*; stop *vt*; deactivate *vt*

abfahren *vt* <prod> *(Kontur; z. B. mit Werkzeug)* • trace *vt*; follow *vt*

Abfahren auf Umgebungstemperatur *n* <nukl> • cold shutdown (CSD)

Abfahren der Bahn *n* <autom.prod> *(Roboter-Bewegungsablauf)* • walkthrough

Abfahren in den kalten unterkritischen Zustand *n* <nukl> • cold shutdown (CSD)

Abfahren in den Umgebungszustand *n* <nukl> • cold shutdown (CSD)

Abfahrsignal *n* <bahn> • departure signal

Abfahrtsgleis *n* <bahn> • departure track

Abfahrtshafen *m* <nav> • port of departure

Abfall *m* <tech.allg> *(z. B. Spannung, Druck)* • decrease; drop-off; drop; fall-off *rare*

Abfall *m* prakt <akust> *(in Filterkennlinien, Abdämpfung in Dezibel pro Oktave; dB/Okt)* • decay; filter slope; slope *pract*

Abfall *m* <el> *(Relais)* • drop-out; release

Abfall *m* <ents> *(betont: weggeworfener oder wegzuwerfender Gegenstand)* • discard

Abfall *m* <ents> *(evtl. verwertbar)* • waste

Abfall *m* <ents> *(betont: wertlos)* • residual waste; garbage; refuse; rubbish *coll*; trash *coll*

Abfall *m* <ents> *(umherliegend, verstreut; z. B. auf Straße)* • litter

Abfall *m* <geo> *(Geländeform)* • slope

Abfallabfuhr *f* rar <ents> • waste collection; waste removal; garbage collection *US*; refuse collection; rubbish collection *GB*

Abfallablagerung *f* <ents> • dumping; sanitary landfill; landfill; tipping

Abfallabscheider *m* <ents> • waste extractor

abfallarme Produktion *f* <ents> • non-waste-technology

Abfallartenkatalog *m* <ents> • catalog of waste types

Abfallaufarbeitung *f* <ents.verf> • waste processing; refuse processing; waste preparation; waste treatment

Abfallaufbereitung *f* <ents.verf> • waste processing; refuse processing; waste preparation; waste treatment

Abfallaufbereitungsanlage *f* <ents.verf> • waste recovery system

Abfallaufgabe *f* <ents.förd> *(Beschickung)* • waste feeding [system]

Abfallaufkommen *n* <ents> • amount of waste; amount of waste generated

Abfall aus maschineller Produktion *m* <ents> • machinery waste

Abfallausstoßer *m* <druck> *(Setzmaschine)* • scrap ejector

Abfallbehälter *m* form <ents> *(für Hausmüll)* • garbage can *US*; trash can *US*; waste bin *GB*; rubbish bin *GB.coll*; dustbin *GB.coll*

Abfallbehälter *m* <ents.logist> *(allg., eher groß)* • waste container; receptacle for waste; container for refuse

Abfallbehälterschrank für Abfallsammelbehälter *m* DIN 30719 <ents> • container storage shell for waste containers *DIN 30719*

Abfallbehandlung *f* <ents.verf> • waste treatment; refuse treatment

Abfallbehandlungsanlage *f* <ents.verf> • waste treatment plant; waste facility *GB*

Abfallbeseitigung *f* <ents> • waste disposal; refuse disposal *rare*

Abfallbeseitigungsanlage f <ents> • waste disposal plant; refuse disposal plant; disposal plant

Abfallbeseitigungsgesetz n (AbfG) <ents.jur> • Waste Disposal Act

Abfallbeseitigungsplan m <ents> • waste disposal plan

Abfallboden m <hydr> • spillway floor

Abfallbörse f <ents.ökon> • waste exchange market

Abfallbunker m <ents> (trichterförmig) • hopper

Abfallbunkereinrichtungen fpl <ents> • bin and hopper equipment

Abfallcontainer m <ents> (z. B. an Baustelle, Werkstatt) • dumpster US; waste skip GB

Abfall durch Remanenz m <phys> (Magnet) • magnetic residual loss

Abfalldurchsatz m <ents> (einer MVA) • throughput capacity; throughput

Abfalleimer m <ents> (für Hausmüll) • garbage can US; trash can US; waste bin GB; rubbish bin GB.coll; dustbin GB.coll

Abfalleimer mit Rollen m <ents> (für Hausmüll, außerhalb des Gebäudes) • mobile garbage can US; mobile trash can US

Abfalleluat n <ents> • leachate

abfallen vi <tech.allg> (rasch, steil; z. B. Spannung, Druck) • decrease vi; drop vi; drop off vi; fall vi

abfallen vi <tech.allg> (allmählich) • decline vi

abfallen vi <tech.allg> (z. B. Gelände, Kurve im Schaubild) • incline downwards vi

abfallen vi <el> (Relais) • drop out vi

abfallen vi <nav> (vom Wind; Segelschiff) • fall off vi

abfallen vi <phys> (sich lösen; z. B. Tropfen von Elektrode, Hahn) • detach vi

abfallend <tech.allg> (Gelände, Diagrammlinie, Straße) • downward sloping

abfallend <nahr> (Wein) • short finish

abfallende Flanke f <el> (Signal, Welle) • trailing edge; negative-going slope; negative-going edge

abfallendes Gelände n <geo> (betont: abwärts) • declivity; downward slope

abfallende Sicherung f <el> • drop-out fuse

abfallen lassen vt <tech.allg> • shed vt

Abfallentsorgung f <ents> • waste disposal; refuse disposal rare

Abfallentsorgung f <ents> (inkl. Sammlung, Weiter- und Wiederverwertung, Endlagerung) • waste recycling and disposal

Abfallentsorgung f rar <ents> • waste collection; waste removal; garbage collection US; refuse collection; rubbish collection GB

Abfallentstehung f <ents> • waste production; waste generation; waste arising; creation of waste

Abfallerzeuger m <ents> • waste generator; waste producer

Abfallflüssigkeit f <ents> • waste liquid

Abfallfraktion f <ents> • waste fraction

abfallfreies Verfahren n did.rar <kst.prod> • trimless process

Abfallgemisch n <ents> • refuse mix; refuse mixture

Abfallgesetz n <ents.jur> • Waste Recycling and Disposal Act

Abfallgummi m <ents> • scrap rubber; rubber scrap

Abfallholz n <ents.holz> • waste wood

Abfallkammer f <textil> • waste chamber

Abfallklauber m <textil.ents> • waste picker

Abfallklopfwolf m <textil> • waste shaker; waste beating willow

Abfallkörper m <ents> • waste form

Abfallkoks m <ents> • scrap coke; waste coke

Abfallkorb m <innen> (z. B. im Badezimmer, im Büro) • waste basket

Abfallkübel m rar <ents> (für Hausmüll) • garbage can US; trash can US; waste bin GB; rubbish bin GB.coll; dustbin GB.coll

Abfalllagerung f <ents.logist> • waste storage

Abfalllauge f <ents> • waste lye

Abfallmaterial n <ents> • waste material

Abfallmenge f <ents> • amount of waste; amount of waste generated

Abfallmischanlagen fpl <ents> • refuse mixing plant; waste mixing plant

Abfallmoment n <el> • breakdown moment

Abfallpapier n <druck> (beim Beschneiden) • offcut

Abfallpapier n <ents.pap> • paper waste; waste paper

Abfallpapier n ugs <pap.ents> (Makulatur, Papier nach Gebrauch; z. B. im Papiermüll) • waste paper; postconsumer waste paper form; old paper coll

Abfallphase f <av> (Hüllkurvenintensität, nach der Einschwingphase) • decay time (DT)

Abfallphase f <el.av> (vom Amplitudenmaximum zum Sustain-Niveau) • decay time; decay phase; fade-out time

Abfallprahm m <nav> • refuse lighter; garbage lighter

Abfallpresse f <ents> • refuse press

Abfallprobe f <ents> • waste sample

Abfallprodukt n <ents> • waste product

Abfallproduzent m <ents> • waste producer

Abfallquelle f <ents> • waste source

Abfallreduzierung f <ents.ökol> • waste reduction; reduction of waste

Abfallreinigungsmaschine f <textil> • waste cleaner

Abfallreinigungstrommel f <textil> • waste shaker

Abfallreißer m <textil> • waste breaker

Abfallring m <pack> (Trimmer) • trim ring

Abfallrost m <textil> • dust bars

Abfallsack m <pack.ents> • waste bag

Abfallsäure f <ents> • waste acid

Abfallsammelbehälter m <ents.logist> • waste collecting tank

Abfallsammelfahrzeug n <ents> (betont: Lkw mit Müllverdichter) • compactor truck

Abfallsammelfahrzeug n norm <ents> (allg., jede Bauart; für Hausmüll od. Industrieabfälle) • waste collection vehicle; collection truck; collecting truck; garbage truck US; refuse truck

Abfallsammlung f <ents> • waste collection; refuse collection

Abfallschere f <pack> (Cupper) • scrap cutter; scrap chopper

Abfallschneider m <prod> • scrap cutting attachment

Abfallsicherheitsfaktor m <nukl> • safety factor for dropout

Abfallsichter m <textil> • waste sorter

Abfallsickerwasser n <ents> • leachate

Abfallsortieranlage f <ents> • refuse sorting plant; waste separation plant

Abfallsortierung f <ents> • refuse sorting; refuse separation

Abfallspannung f <el> • release voltage; drop-out voltage

Abfallspeicher m <ents.logist> • waste collecting tank; refuse storage chamber

Abfallspinnen n <textil> • waste spinning; spinning of waste

Abfallstoff m <ents> • waste material

Abfallstoffe mpl <ents> (evtl. verwertbar) • waste

Abfallstreifen m <prod> (beim Ausschneiden, Stanzen) • skeleton

Abfallstrom m <el> • release current; drop-out current

Abfallstrom m <ents> • waste stream

Abfallstrom m <nukl> • trail fraction; trail

Abfalltüte f <ents> • rubbish bag

Abfalluran n <nukl> • tails uranium; waste uranium

Abfallverbrennung f form <ents.verbr> • waste incineration; waste combustion; refuse incineration

Abfallverbrennungsanlage f form <ents.verbr> • waste incineration plant; waste incinerator GB; refuse incineration plant rare

Abfallverbrennungsofen m <ents.verbr> • waste incinerator

Abfallverdichter m <ents.verf> • waste compactor; refuse compactor

Abfallverdichtung f <ents.verf> • waste compaction; refuse compaction

Abfallverfestigungsanlage f <ents.verf> • waste solidification plant

Abfallvermeidung f <ents.ökol> • waste minimization; waste prevention; minimization of waste

Abfallverringerung f <ents.ökol> • waste reduction

Abfallverursacher m <ents> • waste generator; waste producer

Abfallverwertung f <ents> (Recycling oder Nutzung des Energiegehalts von Abfällen) • waste utilization; waste reclamation

Abfallverwertungsanlage f <ents> • waste reclamation plant

abfallverzögerter Impuls m <msr> • delayed pulse fall time

Abfallverzögerung f <el> (Relais, Schutzkontakt) • release delay; drop-out delay

Abfallwert m <el> • drop-out value

Abfallwirtschaft f <ents> (Vorgang) • waste management

Abfallwirtschaft f <ents.ökon> (Industriezweig) • waste management industry

Abfallwirtschaftsdatenbank f (AWIDAT) <ents> • recycling index

Abfallwirtschaftsprogramm n (AWP) <ents> • waste disposal programme

Abfallzeit f prakt <av> (von Nachhall) • decay

Abfallzeit f <el> (allg.) • fall time

Abfallzeit f <el> (Relais) • release time; drop-out time

Abfallzerkleinerung f <ents> • shredding of waste; shredding of refuse

Abfangbahn f <mil> (betont: Kurve) • pursuit curve

Abfangbahn f <mil> (allg.) • pursuit path

Abfangdiode f <el> • clamping diode

abfangen vt <aerospace> (Flugzeug; aus Sturzflug) • pull up vt

abfangen vt <bau> (seitlich; z. B. Mauer) • shore vt

abfangen vt <bau> (Lasten; von unten) • underpin vt

abfangen vt <chem> (reaktive Spezies) • catch vt; trap vt

abfangen vt <mech> (Kräfte) • brace vt

abfangen vt <mil> (Kuriere, Flugzeuge, Funksprüche usw.) • intercept vt; capture vt

abfangen vt <min> (Hangendes, Gestein; in Stollen etc.) • prop vt

abfangen vt <verf> (Störfall) • counteract vt

Abfangjäger m <mil> • interceptor; fighter interceptor

Abfangjagdflugzeug n <mil> • interceptor; fighter interceptor

Abfangkeile mpl <petr> (im Drehtisch; für Bohrgestänge und Futterrohre) • rotary slips pl; slips pl

Abfanglinie f <aerospace> • line of interception

Abfangschaltung f <tele> • interception circuit; intercepting circuit

abfangsicher <tele> • interception-proof

abfasen vt <tech.allg> (Kante abschrägen, typ. 45°) • chamfer vt

Abfasmeißel m <wz.masch> • chamfering tool

Abfasung f rar <tech.allg> (abgeschrägte Bauteilkante) • chamfer; chamfered edge; bevel

Abfasung f <prod> (Vorgang; Herstellen einer Fase) • chamfering

abfedern vt <tech.allg> (Stoß, Aufschlag; Effekt) • buffer vt; buff vt; cushion vt

Abfederung f <mech> (Dämpfung von Stößen etc.) • cushioning

Abfehmer m <silik> • skimmer

abfeilen vt <prod> • file off vt

abfendern vt <nav> • fend off vt

Abferkelbucht f <agri> • farrowing pen; farrowing crate; maternity pen; maternity pig pen

abfertigen vt <logist> (losschicken; Züge, Sendungen) • dispatch vt

abfertigen vt <logist> (Warenregistrierung) • register vt

abfertigen vt <verk> (z. B. zur Abfahrt, zum Abflug freigeben) • clear vt

Abfertigung f <logist> (Warenversand) • dispatching

Abfertigung f <logist> (Registrierung) • registering

Abfertigung f <tour> (von Reisenden, Gepäck) • check-in

Abfertigung im grenzüberschreitenden Verkehr f <ökon> (Ergebnis) • border-crossing clearance

Abfertigung im grenzüberschreitenden Verkehr f <ökon> (Verfahren) • border-crossing procedures

Abfeuern n <mil> (einer Schusswaffe) • firing; discharge

abfeuern vt <mil> (Schusswaffe) • fire vt; discharge vt

Abfeuerung f <mil> • firing

Abfeuerungseinrichtung f <mil> • firing mechanism

AbfG <ents.jur> • Waste Disposal Act

abfiltern vt <verf> • filter off vt

abfiltrieren vt <verf> • filter off vt

abflachen vi <el> (z. B. Kurve, Signal) • level off vi; flatten out vi

abflachen vt <prod> (Werkstück; z. B. durch Hämmern) • flatten vt

Abflachschaltung f <el> • smoothing circuit

Abflachung f <füg> (an Gewindespitzen und -grund) • truncation

Abflachung f <fz> (an Rad, Lauffläche) • flat spot

Abflächen n <prod> (Stirnseite; jedes Verfahren) • endfacing

Abflächen n <prod> (Stirnseite; durch Fräsen) • facemilling

Abflächen n <prod> (allg.; planen, jedes Verfahren) • surfacing

Abflächen n rar <prod> • spotfacing

Abflächmaschine für Walzenstirnseiten f <wz.masch> • roll-end milling machine

Abflächmesser n <wz.masch> • spot-facing cutter; spotfacer

Abfläch- und Zentriermaschine f <wz.masch> • facemilling and centering machine

Abflämmen n <metall> • flame scarfing

abflammen vt <el.ic.prod> • flame off vt

abflammen vt <metall> (Form; zum Trocknen) • dry the mold vt

abflammen vt <textil> (von Textiloberflächen; Ausrüstung) • singe vt

Abflammung f <el.ic.prod> • flame-off

abflauen vi <meteo> (Wind, Sturm) • abate vi; calm down vi

abflecken vi <textil> (Färberei) • mark off vi; stain vi

abfleischen vt <led> • flesh vt; deflesh vt

abflexen vt ugs <prod> (mit Trennschleifer abtrennen) • cut off vt

abfließen vi <tech.allg> (Flüssigkeit, el. Strom) • drain off vi

abfließen vi <tech.allg> (Flüssigkeit) • flow off vi; run off vi

abfließen vi <el> (Strom; unbeabsichtigt) • leak away vi

abfließen vi <ents> (unbeabsichtigt entkommen) • escape vi

abfluchten *vt* <tech.allg> • line up *vt*

Abflug *m* <aerospace> *(Flugzeug)* • departure

Abfluggewicht *n* <aerospace> • take-off weight

Abflugmasse *f* <aerospace> • take-off mass

Abflugpeilung *f* <navig> • outbound bearing

Abfluss *m* <tech.allg> *(Vorgang des Entleerens)* • draining-off

Abfluss *m* <tech.allg> *(Wasser; insbes. Regenwasser; Vorgang, System, Medium)* • drainage; run-off *coll*

Abfluss *m* <tech.allg> • outflow

Abfluss *m prakt* <tech.allg> *(Aus- oder Einlass; Ablaufen durch Schwerkraft; z. B. für Schmieröl)* • drain

Abfluss *m* <bau> *(Übergabepunkt für Abwasser)* • discharge point

Abfluss *m* <geo> *(aus See, Teich)* • effluence; efflux; effluent

Abfluss *m* <verf> *(mit Druck oder rasch; z. B. aus Behälter, Rohr, Wärmetauscher)* • discharge

Abflussbecken *n* <chem> *(in Labor)* • bench sink

Abflussbecken *n* <ents> *(für Drainage)* • drainage basin

Abflussgebiet *n* <geo> • drainage area

Abflussgerinne *n wiss* <geo> • river

Abflussgeschwindigkeit *f* <rls> • discharge rate; discharge velocity

Abflussgraben *m* <agri> *(im Gelände, Feld)* • field drain; land drain

Abflussgraben *m rar* <bau> *(z. B. von Deponien, Acker-, Bauland)* • drainage ditch; drainage trench

Abflusshahn *m* <rls> • drain cock

Abflusshydrograph *m* <msr> • run-off hydrograph

Abflusskanal *m* <bau> *(Überlauf; z. B. für Hochwasser)* • discharge canal; discharge conduit

Abflusskanal *m* <ents> • sewer; sewer line

Abflussleitung *f* <agri> *(Entwässerung)* • outfall

Abflussleitung *f* <rls> • drain line; drain piping

Abflussmenge *f* <bau.hydr> *(Wasserüberlauf an Wehr, Kanal)* • discharge rate

Abflussmenge eines Flusses *f* <geo> • river discharge; river delivery

Abflussöffnung *f* <tech.allg> *(Auslass; z. B. an Behälter, Waschmaschine)* • discharge outlet

Abflussöffnung *f* <tech.allg> *(Aus- oder Einlass; Ablaufen durch Schwerkraft; z. B. für Schmieröl)* • drain

Abflussrinne *f* <ents> • drainage channel

Abflussrohr *n* <ents> *(für Regenwasser)* • drainage pipe

Abflussrohr *n* <rls> • discharge pipe

Abflussrohr [für Senkgrube] *n* <ents> • cess-pipe

Abflusssteuerung *f* <ents> • discharge control

Abflussstutzen *m* <rls> • discharge nozzle

Abfluten *n* <verf> • blowdown; bleed off; purge

abfluten *vt* <verf> • blowdown *vt*; bleed off *vt*; purge *vt*

Abflutleitung *f* <verf> • blowdown line; bleed line; purge line

Abflutmenge *f* <verf> • blowdown rate; bleed off rate; purge rate

Abflutwasser *n* <verf> *(aus Kühlkreislauf)* • blowdown water; bleed-off water; purge water

abfördern *vt* <min> *(Erz, Abraum etc.)* • convey *vt*

Abförderschnecke *f* <min> • screw conveyor

Abfohlbox *f* <agri> • foaling box

Abfolge *f* <tech.allg> *(von Einzelschritten, Ereignissen)* • sequence

abfräsen *v* <prod> *(Vertiefungen, Aussparungen, Nuten)* • mill out *vt*; rout off *vt*

abfräsen *vt* <prod> • mill off *vt*

Abfrage *f* <edv> *(als Suche; in Programmen, Datenbanken)* • inquiry; query

Abfrage *f* <edv> *(als Anforderung, Aufforderung)* • request

Abfrageanweisung *f* <edv> • inquiry instruction; inquiry statement

Abfrageauslösung *f* <navig> • challenge triggering

Abfragebefehl *m* <edv> • inquiry instruction; inquiry statement

Abfragebetrieb *m* <tele> • polling; ring-down connection; transmission on demand

Abfrage des Zustands *f* <edv> • status request

Abfrageeinheit *f* <edv> • inquiry unit; interrogating unit; query station; query unit

Abfrageempfänger *m* <navig> • responser

Abfragefolge *f* <tele> • inquiry sequence; answering sequence

Abfragefolgefrequenz *f* <tele> • interrogation recurrence frequency

Abfragefrequenz *f* <tele> • interrogation frequency

Abfragegerät *n* <navig> • challenger

Abfrageimpuls *m* <el> • interrogation pulse

Abfrageimpuls *m* <el> *(Scannen)* • scanning pulse

Abfrageklinke *f* <tele> • answering jack

abfragen *vt* <edv> *(der Reihe nach, scannen; z. B. Speicherplätze)* • scan *vt*

abfragen *vt* <edv> *(Daten)* • retrieve *vt*; recall *vt*

Abfrageplatz *m* <edv> • inquiry station

Abfrageregister *n* <edv> • scanning register; interrogation register

Abfrageschalter *m* <tele> • answering key

Abfragesender *m* <navig> • interrogator

Abfragesender mit Antwortempfänger *m* <navig> • interrogator-responder

Abfragesoftware *f* <edv> • scanning software

Abfragespeicher *m* <msr> • scanning memory

Abfragesprache *f* <edv> • query language

Abfragestation *f* <edv> • inquiry unit

Abfragesteuerung *f* <edv> • inquiry control

Abfragestöpsel *m* <tele> • answering plug

Abfragesystem *n* <edv> • retrieval system

Abfragesystem *n* <msr> • scanning system

Abfrageterminal *n* <edv> • inquiry terminal

Abfragewert *m* <msr> • sample

Abfragewicklung *f* <edv> • interrogate winding

Abfragezeichen *n* <edv> • enquiry character

Abfühlbürste *f* <edv> • reading brush

Abfühlbyte *n* <edv> • sense byte

Abfühlstation *f* <edv> • sensing unit

Abfühlstift *m* <msr> *(z. B. zum Nachformen)* • sensing pin

Abfühlung bei bewegter Karte *f* <edv> • flight sensing

Abfühlung bei ruhender Karte *f* <edv> • static sensing

Abführeinrichtung *f* <förd> • unloading device

abführen *vt* <tech.allg> *(betont: verteilen, fein, gleichmäßig; z. B. Wärme an Umgebung)* • dissipate *vt*

abführen *vt* <tech.allg> *(Feststoffe, Gase, Energie; z. B. Asche, Wärme)* • remove *vt*; carry off *vt*; carry away *vt*; lead off *vt*

abführen *vt* <tech.allg> *(Flüssigkeit, durch Schwerkraft)* • drain off *vt*

abführen *vt* <wz.masch> *(Werkstücke aus Maschine)* • unload *vt*

Abführlattentuch *n* <textil> • delivery lattice

Abführleitung *f* <rls> • drain pipe

Abführrinne *f* <förd> • unloading chute

Abführrollgang *m* <prod> • run-out roller table

Abführrutsche *f* <förd> *(allg.; für Schüttgut, Kleinteile, Pakete; z. B. Trogkettenförderer)* • delivery chute

Abführrutsche *f* <förd> *(für Schüttgut etc.; betont: zum Entladen)* • unloading chute; discharge chute

Abführtisch *m* <textil> • delivery table

Abführvorrichtung *f* <tech.allg> • withdrawal system

Abfüllanlage *f* <pack> *(für Flaschen, Dosen, Kartons; z. B. Getränke, Speiseeis)* • filling machine; filler *pract*

Abfüllautomat *m* <prod> • automatic filling machine

Abfüllautomat mit [automatischer] Wägeeinrichtung *m* <prod> • hopper automatic weigher

Abfülldüse *f* <prod> • filling nozzle

abfüllen *vt* <nahr> *(auf Flaschen; Wein)* • bottle *vt*

abfüllen *vt* <pack> *(Flüssigkeit; z. B. in Dosen, Flaschen)* • fill (into) *vt*

abfüllen *vt* <pack> *(Flüssigkeit in Flaschen; allg.)* • bottle *vt*

abfüllen *vt* <pack> *(Flaschen, Dosen; mit beliebigem Inhalt)* • fill *vt*

Abfüllen [in Flaschen] *n* <pack> *(z. B. Saft, Wein)* • bottling

Abfüllhahn *m* <nahr.pack> • racking cock

Abfüllhahn *m* <rls> *(allg.)* • filling cock

Abfüllkopf *m* <prod> • filling head; filler head

Abfüllmaschine *f* <pack> *(für Flaschen, Dosen, Kartons; z. B. Getränke, Speiseeis)* • filling machine; filler *pract*

Abfüllmaschine *f* <prod> *(allg.)* • filling machine; filler *pract*

abfüllreif <nahr> *(für Flaschenabfüllung)* • bottle-ripe

Abfüllschlauch *m* <nahr> • racking hose

Abfüllschlauch *m* <prod> *(allg.)* • filling hose

Abfülltemperatur *f* <prod> • filling temperature

Abfüll- und Dosiermaschine *f* <pack> • filling and dosing machine

Abfüllwaage *f* <msr> *(zur Sack-, Beutel-, Tütenabfüllung)* • bag-filling scale

abfüttern *vt* <textil> *(mit Futterstoff)* • line *vt*

Abfuhr *f* <tech.allg> *(allg. Entfernen unerwünschter Gegenstände)* • removal

Abfuhr *f* <ents> *(z. B. Müll, Abfall)* • disposal

Abfuhr *f* <phys> *(betont: fein verteilte Zertreuung; z. B. von Wärme)* • dissipation

Abfuhr *f* <wz.masch> *(von Spänen; zum Freimachen des Werkzeugs)* • clearance

Abfuhrstraße *f* <verk.holz> • logging road

Abfuhr überschüssiger Wärme *f* <phys> • excess heat dissipation; dissipation of excess heat

Abfunken *n* <prod> • spark eroding

Abfunkmaschine *f* <prod> • spark eroding machine; spark eroder *pract*

Abgabe *f* <chem> *(Freisetzung)* • release

Abgabe *f* <masch> *(z. B. von Leistung, Wärme)* • output

Abgabe *f* <phys> *(Lieferung von Energie; z. B. Wärme)* • delivery

Abgabe *f* <phys> *(betont: fein verteilte Zertreuung; z. B. von Wärme)* • dissipation

Abgabe für Wasserverschmutzung *f* <ökol> • effluent charge

Abgabeleistung *f* <tech.allg> *(typ. in Watt)* • output power; power output

Abgabeseite *f* <tech.allg> *(von Maschinen; z. B. von Leistung, Produkten)* • output side

Abgabe thermischer Energie *f* <phys> *(durch Strahlung)* • heat emission

Abgabe von Wärmeenergie *f* <phys> *(durch Strahlung)* • heat emission

Abgänge *mpl* <min> *(aus Abbau)* • discard; refuse; dirt; tailings

Abgang *m* <ents> • waste material

Abgang *m* <nahr> *(von Wein)* • aftertaste; finish; end-taste

Abgang *m* <nahr> *(Wein; Volumenverlust)* • ullage; evaporation loss

Abgangsamt *n* <tele> • originating exchange

Abgangsbahnhof *m* <bahn> • departure station

Abgangsebene *f* <aerospace> • base of trajectory

Abgangshafen *m* <nav> • port of departure; port of sailing

Abgangslinie *f* <tech.allg> • line of departure

Abgangspunkt *m* <logist> • point of origin

Abgangswinkel *m* <tech.allg> • angle of departure

Abgas *n* <emiss> *(betont: abgeführt am Prozessausgang)* • effluent gas; off-gas *coll*; exit gas *rare*

Abgas *n* <emiss> *(betont: verbraucht)* • waste gas; spent gas

Abgas *n* <emiss> *(betont: Freisetzung über Kamin)* • stack gas; chimney gas *rare*

Abgas *n* <emiss.msr> *(betont: eingespeistes Gas; z. B. in Abgasmessgerät)* • feedgas

Abgas *n* <kfz.emiss> *(aus Kfz)* • exhaust gas; exhaust *coll*

Abgas *n* <verbr.emiss> *(betont: aus Verbrennung)* • combustion gas; burnt gas *rare*

Abgas *n* <verbr.emiss> *(betont: aus Feuerung, mit Schwebstoffemissionen)* • flue gas; waste gas

Abgas... <kfz.emiss> *(in Zusammensetzungen)* • exhaust ...

Abgasabblaseventil *n* DIN ISO 7967-4 <mot> *(lenkt den Abgasstrom an der Abgasturbine vorbei)* • waste gate *ISO 7967-4*

Abgasabgaberate *f* <nukl.emiss> • gaseous waste release rate

Abgasabgaberate am Kamin *f* <nukl.emiss> • stack release rate

Abgasanalyse *f* *prakt* <msr> • flue gas analysis *pl*: -es; stack gas analysis; exhaust gas analysis *rare*

Abgasanlage *f* <kfz.emiss> *(von Kfz)* • exhaust system

Abgasanlage *f* <nukl.emiss> • gaseous waste disposal system

Abgasanlage *f* <verf> *(z. B. KKW, Raffinerie)* • effluent gas treatment; off-gas treatment; waste gas treatment

abgasarm <kfz.emiss> • low-emission

Abgasbehandlung *f rar* <kfz.emiss> *(speziell: Motorabgase)* • exhaust treatment

Abgasbehandlungsanlage *f* <ents.emiss> • air pollution control device; APC device; APC apparatus; air pollution control apparatus; waste gas cleaning device

Abgasbestandteil *m* <kfz.emiss> • exhaust gas component; exhaust gas constituent

Abgasbestimmungen *fpl* <kfz.emiss> • exhaust emission regulations *pl*

Abgasdiffusor *m wiss* <turb> *(Austrittsleitvorrichtung Turbine)* • exhaust gas diffusor; exhaust gas diffuser

Abgasdruckgeber *m* <kfz.emiss> *(EGR-System)* • exhaust back pressure transducer valve (EPT) *form*; exhaust back pressure transducer *pract*; back pressure valve

abgasdruckgesteuertes EGR-Ventil *n* <kfz.emiss> • backpressure EGR valve

abgasdruckgesteuertes Unterdruck-Rückschlagventil <kfz.emiss> *(EGR)* • backpressure transducer vacuum check valve

Abgasdruckumwandler *m* Ford <kfz.emiss> *(EGR-System)* • exhaust back pressure transducer valve (EPT) *form*; exhaust back pressure transducer *pract*; back pressure valve

Abgasdruckventil *n* <kfz.emiss> *(EGR-System)* • exhaust back pressure transducer valve (EPT) *form*; exhaust back pressure transducer *pract*; back pressure valve

Abgasdruckwandler *m* <kfz.emiss> *(EGR-System)* • exhaust back pressure transducer valve (EPT) *form*; exhaust back pressure transducer *pract*; back pressure valve

Abgase *npl* <emiss> • emissions

abgasecht <textil> • fast to gas fading

Abgasemission *f* <kfz.mot> *(Vorgang)* • exhaust emission

Abgasemissionen *fpl* <kfz.emiss> • exhaust emissions *pl*; exhaust pollutants *pl*

Abgasenteisung[sanlage] *f* <kfz> • exhaust-heat deicer

abgasentgiftetes Kraftfahrzeug *n* <kfz.emiss> • controlled vehicle; detoxed vehicle *Lucas*

Abgasentgiftung[sanlage] f prakt <kfz.emiss> (allg.; insbes. für Otto- und Treibgasmotoren) • exhaust emission control [system]

Abgasfahne f <emiss> (von Dampf oder Rauch) • plume ISO 4225

Abgasgegendruck m <kfz.emiss> (allg. und Viertaktmotor) • exhaust backpressure; back pressure pract.coll; exhaust gas backpressure form

abgasgegendruckgesteuertes AGR-System n <kfz.emiss> • exhaust back pressure modulated EGR

Abgasgeschwindigkeit f <verbr> (von Öfen; im Kamin) • flue gas velocity

Abgasgesetze fpl ugs <jur.emiss> • emission regulations pl; emission rules pl

Abgasgesetzgebung f <jur.emiss> • legislation on exhaust emissions

Abgasgrenzwert m <kfz.emiss> • exhaust emission standard

Abgasheizung f <kfz> • exhaust-operated air heating

Abgaskanal m <mot> (Verbrennungsmotor) • exhaust passage

Abgaskanal m <verbr> (Kamin) • waste-gas flue

Abgaskatalysator m (Kat) <kfz.emiss> (Bauteil der Auspuffanlage) • catalytic converter (CC); automotive exhaust gas [catalytic] converter form; catalytic exhaust gas converter form; cat press.coll; converter

Abgaskessel m <verbr> • exhaust-gas-fired boiler

Abgasklappe f <verbr> (im Kamin) • flue gas damper

Abgaskomponente f <kfz.emiss> • exhaust gas component; exhaust gas constituent

Abgaskonditionierung f <emiss> • waste gas conditioning

Abgaskontrollinformation f <kfz.emiss> • Vehicle Emission Control Information (VECI) form; tune-up label coll; tune-up decal

Abgaskrümmer m <mot> • exhaust manifold ISO 7967-4

Abgaskrümmer m <rls> (einzelnes Rohr) • exhaust elbow

Abgaskrümmer in zweischaliger Ausführung m :V <kfz> • dual-wall air-gap exhaust manifold

Abgaskühler [des AGR-Systems] m <kfz.emiss> • EGR cooler [assembly]

Abgasleitung f <kfz.emiss> • exhaust pipe

Abgasmenge f <verbr> (von Öfen, Brennern) • flue gas volume

Abgasmessgerät am Kamin n <nukl.emiss> • stack-gas monitor

Abgasmessgerät am Schornstein n <nukl.emiss> • stack-gas monitor

Abgasmessstrecke f <msr> (Heizungstechnik) • flue gas test section

Abgasmessung f <kfz.emiss> (bei Kfz) • measurement of exhaust emissions

Abgasmessung f <verbr.emiss> (bei Brennern, Öfen) • measurement of flue gas emissions

Abgasnachbehandlung f <emiss> (allg.) • emissions aftertreatment SP-1544

Abgasnachbehandlung f <kfz.emiss> (speziell: Motorabgase) • exhaust treatment

Abgasnachbehandlungsanlage f <emiss> • exhaust-gas converter

Abgasnorm f <kfz.emiss> • exhaust emission standard

Abgasprüfgerät n <emiss> • exhaust-gas analyser

Abgasprüfung f <kfz.emiss> • exhaust test

Abgasprüfverfahren n <kfz.emiss> • exhaust test procedure; exhaust test cycle

Abgaspumpe f rar <verbr.emiss> (zur Bestimmung der Rußzahl) • test pump; smoke tester

Abgasquelle f <kfz.emiss> • exhaust gas source

Abgasreiniger m <emiss> • exhaust-gas cleaner

Abgasreinigung[sanlage] f <emiss.verf> (von Brennern, Öfen) • flue gas cleanup [system] (FGC); waste gas cleaning [plant]; waste gas purification [plant]; flue gas cleaning [plant]

Abgasreinigung[sanlage] f <kfz.emiss> (allg.; insbes. für Otto- und Treibgasmotoren) • exhaust emission control [system]

Abgasreinigung[sanlage] f <kfz.emiss> (von Dieselmotoren) • exhaust gas purification [system]

Abgas-Restsauerstoff-Sensor m form <kfz.emiss> (für geregelten Katalysator) • oxygen sensor (OXS); exhaust gas oxygen sensor form; lambda sensor; lambda probe

Abgasrohr n <rls> • exhaust-gas pipe; exhaust pipe

Abgasrückführung f (AGR) <kfz.emiss> (Vorgang) • exhaust gas recirculation (EGR)

Abgasrückführung f (EGR) <kfz.emiss> (System) • exhaust gas recirculation; EGR system

Abgasrückführungssystem n form <kfz.emiss> (System) • exhaust gas recirculation; EGR system

Abgasrückführungsventil n rar <kfz.emiss> • exhaust gas recirculation valve; EGR valve pract

Abgasrückführventil n <kfz.emiss> • exhaust gas recirculation valve; EGR valve pract

Abgassammelleitung f DIN ISO 7967-4 <mot> • exhaust manifold ISO 7967-4

Abgasschadstoffe mpl <kfz.emiss> • exhaust emissions pl; exhaust pollutants pl

Abgasschalldämpfer m form <kfz.emiss> (Auspuffanlage) • muffler US; silencer GB; box BE.coll

Abgassonde f <kfz.emiss> • exhaust gas analyzer probe; exhaust sniffer pract.coll

Abgassondenöffnung f <emiss.msr> • exhaust gas analyzer test receptacle

Abgassonderuntersuchung f (ASU) <kfz.emiss> • exhaust-emission check; annual exhaust test

Abgasstandard m <kfz.emiss> • exhaust emission standard

Abgasstaudruck m wiss.did <kfz.emiss> (allg. und Viertaktmotor) • exhaust backpressure; back pressure pract.coll; exhaust gas backpressure form

abgasstaudruckgesteuerte Abgasrückführung f <kfz.emiss> • exhaust back pressure modulated EGR

Abgassteuer f prakt.ugs <kfz.fin> • emission-based vehicle tax :V

Abgasstrahl m <aerospace> • tail cone

Abgasströmungssicherung f form <verbr> • flow control Testo

Abgasstrom m <aerospace> (kegelförmige Schleppe hinter Triebwerken) • tail cone

Abgasstrom m <kfz.emiss> (von Kfz) • exhaust gas stream; exhaust gas flow

Abgasstrom m <verbr.emiss> (von Öfen, Brennern; z. B. im Kamin) • flow of the flue gas; flue gas stream

Abgasstutzen m <turb> (Austrittsleitvorrichtung Turbine) • exhaust gas diffusor; exhaust gas diffuser

Abgasstutzen m <verbr> • flue gas outlet DIN EN 303,1

Abgassystem n form <kfz.emiss> (von Kfz) • exhaust system

Abgastemperatur f <kfz.emiss> • exhaust gas temperature (EGT)

Abgastemperatur f (AT) <verbr.emiss> • flue gas temperature (FT); exit flue gas temperature EN 303,1; stack gas temperature US

Abgastemperaturanzeige f <kfz.msr> • exhaust gas temperature gauge; EGT gauge pract

Abgastest m <kfz.emiss> • exhaust test

Abgastrakt m <emiss> • exhaust train

Abgasturbine f <kfz> *(zum Antrieb des Laders)* • turbocharger turbine; exhaust-gas turbine

Abgasturbine f *DIN ISO 7967-4* <mot.turb> *(liefert mechanische Leistung, zusätzlich zum Motor)* • power turbine *ISO 7967-4*

Abgas-Turboaufladung f <fz.mot> • turbocharging; exhaust turbo-supercharging

Abgasturboaufladung f <mot> • exhaust turbo supercharging

Abgasturbolader m (ATL) *DIN ISO 7967-3* <mot> • turbocharger *ISO 7967-3*; turbo-supercharger *form*; turbo blower *pract*; turbo *coll*; exhaust-driven [turbo-]supercharger *rare*

Abgasturbolader mit variabler Turbinengeometrie m *DIN ISO 7967-4* <mot> • variable geometry turbocharger (VGT) *ISO 7967-4*

Abgasvergaser m <kfz.mot> • tamperproof carburetor

Abgasverlust m <verbr> *(Verlust an thermischer Energie)* • flue gas loss; stack loss *US*; flue gas heat loss; stack gas heat loss; exit flue gas heat loss *rare*

Abgasverringerung f <kfz.emiss> • exhaust emission control

Abgasverwertung f <ents.ökon> • waste-gas utilization *US.GB*; waste-gas utilisation *GB.rare*

Abgasvolumenstrom m <emiss> • exhaust flow rate

Abgasvorschriften fpl ugs <jur.emiss> • emission regulations *pl*; emission rules *pl*

Abgasvorschriften fpl <kfz.emiss> • exhaust emission regulations *pl*

Abgasvorwärmer m <verf> • economizer *US.GB*; economiser *GB.rare*

Abgaswärme f <verbr> • exhaust gas heat

Abgaswärmetauscher m <verf.emiss> • exhaust heat exchanger

Abgaswäscher m <verf.emiss> • vent-gas scrubber

Abgaswaschanlage f <verf.emiss> *(z. B. von Dieselmotoren)* • exhaust scrubber; exhaust gas washer

Abgaswascher m prakt <verf.emiss> *(z. B. von Dieselmotoren)* • exhaust scrubber; exhaust gas washer

Abgaswert m <kfz.emiss> • exhaust emission specification; emission specification

Abgaszusammensetzung f <kfz.emiss> • exhaust gas composition

abgautschen vt <pap> • couch vt

abgebaut <bau> *(Gerüst)* • struck

abgebaut <min> • worked-out

abgebaut <nahr> *(Wein: überlagert)* • overaged

abgebeizte Wolle f <textil> • pelt wool

abgeben vt <tech.allg> *(zur Verfügung stellen)* • provide vt

abgeben vt <tech.allg> *(betont: verteilen, fein, gleichmäßig; z. B. Wärme an Umgebung)* • dissipate vt

abgeben vt <chem> *(Stoff; als Reaktionsresultat; z. B. Gase, Dämpfe)* • release vt; liberate vt *rare*

abgeben vt <phys> *(liefern; z. B. Wärme, Leistung)* • deliver vt

abgeben vt <phys> *(absondern; z. B. Wärme)* • give off vt; shed vt

abgeben vt <phys> *(Strahlung; z. B. Licht, Wärme)* • emit vt

abgebendes Medium n <tech.allg> • donor

abgeblätterter Überzug m <obfl.holz> • flaked finish

abgebrannter Brennstoff m prakt <nukl> • spent fuel

abgebrannter Kernbrennstoff m <nukl> • spent fuel

abgebranntes Brennelement n <nukl> • spent fuel element

abgebremstes Neutron n <nukl> • moderated neutron

abgebrochen <aerospace> *(Start)* • aborted

abgebundener Leim m <obfl.holz> • cured glue

abgebundenes Dach n <bau> • framed roof

abgedichtet <tech.allg> • sealed

abgedichtet <tech.allg> *(verschlossen)* • sealed

abgedichtete Deponie f <ents> *(mit Liner)* • lined landfill; secured landfill

abgefahrener Reifen m <fz.ents> *(bereits ausgemustert)* • discarded tire; worn-out tire; worn tire *pract*; used tire *coll*; scrap tire *rare*

abgefahrener Reifen m <kfz> *(allg., Profil verschlissen)* • worn-out tire; bald tire *coll*

abgefaste Kante f <tech.allg> *(abgeschrägte Bauteilkante)* • chamfer; chamfered edge; bevel

abgefastes Stahllineal n <wz> *(z. B. Haarlinealtyp)* • beveled steel edge

abgefedert <tech.allg> *(mit Feder vorbelastet, vorgespannt; z. B. Kontakt)* • spring-loaded

abgefedert <masch> *(betont: gepolstered)* • cushioned

abgefederter Stößel m <prod> • spring finger

abgeflacht <tech.allg> *(an der Oberseite)* • flat-topped

abgeflacht <tech.allg> *(durch Druck)* • flattened

abgeflacht <tech.allg> *(Rotationskörper, an den Polen; z. B. die Erde)* • oblate

abgeflacht <masch> *(Gewindespitze)* • flat adj.; truncated

abgeflachte Ansatzspitze f <füg> *(Schraubenende)* • half dog point with truncated cone end; half dog point with flat cone point

abgeflachte Kante f (AK) <bau.innen> • tapered edge (T)

abgeflachte Längskante f <bau.innen> • tapered edge (T)

abgeflachter Pin m <el.ic.prod> • flattened pin

abgeflachte Spitze f <füg> *(Schraube)* • truncated cone point; truncated cone end; flat cone point

abgegebene Leistung f <tech.allg> *(typ. in Watt)* • output power; power output

abgegebene Wellenleistung f <mot> • shaft power output

abgeglichen <tech.allg> *(betont: ausgewogen)* • balanced

abgeglichen <tech.allg> *(betont: auf gleichem Niveau)* • leveled *US*; levelled *GB*

abgeglichen <tech.allg> *(betont: angepasst)* • matched

abgeglichen <el> *(betont: fein abgestimmt; z. B. mit Potentiometer)* • trimmed

abgeglichene Brücke f <el> • balanced bridge

abgegriffen <tech.allg> *(durch Benutzung von Hand; z. B. Beschriftung auf Tasten)* • worn

abgegriffen <el> *(durch Anzapfen einer Leitung; z. B. Signal, Spannung)* • tapped

abgehen vi <tech.allg> *(sich lösen; z. B. Farbe, Aufdruck, Aufkleber)* • come off vi

abgehend <tele> *(Signal)* • outgoing

abgehende Leitung f <tele> • outgoing line

abgehender Strom m <el> • outgoing current

abgehendes Gespräch n <tele> • outgoing call

abgehendes Leitungsbündel n <tech.allg> *(Kabel, Rohre)* • group of outgoing lines

abgehende Speiseleitung f <el> • outgoing feeder

abgehende Verbindung f <tele> • outgoing junction

abgehobener Verdichtungsstoß m <phys> *(Überschallströmung)* • detached shock wave

abgekürzt <allg> *(etw. Abstraktes; z. B. Verfahren, Darstellung, Wort, Bruch)* • abbreviated

abgekürzte Adressierung f <edv> • abbreviated addressing

abgekürzte Schreibweise f <doku> *(allg.)* • abbreviated notation

abgekürzte Schreibweise f <doku> *(Stenographie)* • shorthand notation

abgekürzte Sortiereinheit f <edv> • abbreviated item

abgekürztes Verfahren n <tech.allg> • short-cut method

abgelängt <prod> *(z. B. Stangenmaterial, Draht)* • cut-off [to proper length]
abgelagert <tech.allg> *(abgelegt)* • deposited
abgelagert <qualit.mat> *(gealtert)* • aged
abgelagert <qualit.mat> • mature
abgelagerter Stoff *m* <ents> *(entsorgt)* • disposed substance
abgelaufen <textil> *(Faden)* • wound off
abgelegen <allg> *(weit weg, schwer erreichbar)* • remote
abgelegenes Gebiet *n* <tech.allg> *(z. B. hinsichtlich Zugänglichkeit, Service, Ersatzteilversorgung)* • remote area
abgelegt <doku> *(Dokumente, Akten)* • filed
abgelegt <edv> *(Daten; in Arbeitsspeicher, ROM, BIOS, Cache)* • stored
abgelehnt <allg> • non-approved
abgelehnte Benennung *f* <term> • rejected term
abgelehnte Verbindung *f* <tele> • refused call
abgeleitete Einheit *f* <phys> *(z. B. Joule, Pascal)* • derived unit
abgeleitete Funktion *f* <math> • derived function
abgeleitete Größe *f* <phys> *(z. B. Druck, elektr. Widerstand)* • derived quantity; derived physical quantity
abgeleitete Menge *f* <math> • derived set
abgeleiteter Arbeitsgrenzwert *m* <nukl> • derived working limit (DWL)
abgeleiteter Wert *m* <pap> *(Papiereigenschaft)* • calculated property
abgeleitetes Normal *n* <msr> • secondary standard; substandard *rare*
abgelenkt bohren *vi/vt* <petr> • drill directionally *vi/vt*; drill deviated *vi/vt*
abgelenkte Bohrung *f* <petr> • directional well; deviated well
abgelenkter Strahl *m* <phys> *(z. B. Lichtstrahl)* • deflected ray
abgelöste Stoßwelle *f* <phys> • detached shock wave
abgemagert <kfz.mot> *(Kraftstoff/Luft-Gemisch)* • leaned out
abgemessene Menge *f* <msr> *(allg.)* • measured quantity
abgemessene Menge *f* <msr> *(betont: Teil eines Ganzen)* • portion
abgeminderter Modul E *m* <qualit.mat> • reduced modulus E
abgenutzt <allg> • worn-out
abgepackertes Bohrloch *n* <petr> • well provided with packer
abgepasster Artikel *m* <textil> • full-fashioned article
abgeplattet <tech.allg> *(an der Oberseite)* • flat-topped
abgeplattet <tech.allg> *(Rotationskörper, an den Polen; z. B. die Erde)* • oblate
abgeplatteter Kreisel *m* <navig> • oblate gyro
abgeplattetes Ellipsoid *n* <math> *(Fläche)* • oblate ellipsoid
abgeplattetes Ellipsoid *n* <math> *(Körper)* • oblate spheroid
abgereichert <mat> *(z. B. Uran)* • depleted
abgereicherte Fraktion *f* <nukl> • depleted fraction; stripped fraction
abgeröstetes Gut *n* <prod> *(Resultat von Kalzinierungsprozessen)* • roasting residue; calcine; roasted material
abgerundet <math> *(Rechnungsresultat)* • rounded-off
abgerundet <prod> *(betont: mit bestimmtem Radius; z. B. Kante, Spitze)* • radiused
abgerundete Ecke *f* <masch> • radiused corner
abgerundete Gewindespitze *f* <masch> • rounded crest
abgerundete Kante *f* <tech.allg> • rounded edge; radiused edge; soft edge
abgerutscht <rls> *(Schlauch von Schlauchstutzen)* • dislocated

abgeschaltet <tech.allg> *(betont: getrennt von etw., z. B. von Stromzufuhr)* • disconnected
abgeschaltet <tech.allg> *(größere Anlage, System; Komponente einer Anlage)* • off-line *adj*
abgeschaltet <el> *(größere elektr. Anlage, System, Komponente)* • switched off; shut down
abgeschiedener Staub *m* <verf> • collected dust; separated dust
abgeschirmt <el> *(z. B. Leiter, Draht, Kabel, Baustein, Gerät, System)* • shielded; screened
abgeschirmt <el> *(elektromagnetisch)* • screened …; screening …; shielded …; shielding …
abgeschirmt <phys> *(gegen Strahlung; z. B. Röntgen-, Gammastrahlung)* • shielded …; shielding …
abgeschirmte Antenne *f* <el> • shielded antenna *US*; screened aerial *GB*
abgeschirmte Doppelleitung *f* <el> • shielded pair; screened pair
abgeschirmte Leitung *f* <el> • shielded line; screened line
abgeschirmte Niederführung *f* <el> • shielded downlead
abgeschirmter Draht *m* <el> • shielded wire; screened wire
abgeschirmter Leiter *m* <el> • shielded conductor; screened conductor
abgeschirmter Lichtbogen *m* <el> • shielded arc
abgeschirmtes Gehäuse *f* <tech.allg> • shielded enclosure
abgeschirmtes Kabel *n* <el> • shielded cable; screened cable
abgeschirmte Zuleitung *f* <el> • shielded lead; screened lead
abgeschirmt vor elektromagnetischen Störungen <el> • electromagnetically hardened; EMI-hardened
abgeschlossen <allg> *(Vorgang; am Ende, zu Ende geführt; z. B. Zusammenbau, Prüfung, Errichtu)* • finished; complete
abgeschlossen <sich> *(durch Schloss, Verriegelung)* • locked
abgeschlossene Deponie *f* <ents> • completed fill; finished landfill site
abgeschlossene Elektronenschale *f* <phys> • filled shell
abgeschlossene Hülle *f* <math> • closure
abgeschlossene Menge *f* <math> • closed set
abgeschlossene Schale *f* <nukl> • closed shell
abgeschlossenes Intervall *n* <math> *(beidseitig)* • closed interval
abgeschlossenes System *n* <tech.allg> • closed system
abgeschmolzene Masse *f* <tech.allg> • meltdown
abgeschmolzene Röhre *f* <el> • sealed-off tube
abgeschnittene Hosen *f* <bekl> • cuttoffs
abgeschnittenes Teil *n* <prod> • cut-off piece; cutting
abgeschnürter Widerstand *m* <el> • pinched resistance
abgeschnürtes Erdöl *n* <petr> • trapped oil
abgeschrägt <tech.allg> *(keilförmig)* • tapered
abgeschrägt <bau> *(größere Fläche; z. B. Dach, Terrasse, abschüssiges Gelände)* • sloped
abgeschrägte Kante *f* <prod> • beveled edge *US*; bevelled edge *GB*; canted edge
abgeschrägtes Felgenhorn *n* <kfz> • flattened rim flange; flattened flange *prakt*
abgeschrägtes Horn *n* pract <kfz> • flattened rim flange; flattened flange *prakt*
abgeschrägtes Kämpferprofil *n* <bau> • mechanical sloped head
abgeschreckt <verf> *(durch starkes Temperaturgefälle; z. B. in Luft, Öl, Wasser)* • quenched

abgeschreckt in Luft <mat> • air-quenched
abgeschreckt in Öl <metall> • oil-quenched
abgeschreckt in Wasser <metall> • water-quenched
abgeschwächt <med> • attenuated
abgesenkte Unterkonstruktion f <petr> (Bohrplattform) • submerged structure
abgesetzt <prod> (Werkstückform; z. B. Welle) • stepped; shouldered
abgesetzt <wz> (rotationssymmetrischer Körper; z. B. Bohrer) • multidiameter adj
abgesetzte Antenne f <el> • remote antenna
abgesetzte Bohrung f <prod> • multiple-step bore; multiple-step hole
abgesetzter Kopf m <füg> • undercut head
abgesetzter Linsensenkkopf m <füg> • undercut oval head; undercut raised countersunk head; truncated countersunk head
abgesetzter Meißel m <wz> • offset tool
abgesetzter Schaft m rar <wz> (Gewindebohrer od. -furcher) • reduced-diameter shank; reduced shank
abgesetzter Senkkopf m <füg> • undercut flat head; undercut countersunk head; truncated countersunk head
abgesetztes Bedienteil n <alarm> (von Alarmanlagen; stationär) • remote control station; remote control panel; remote control console
abgesetztes Bedienteil mit Codetastatur n :V <alarm> • remote keypad; remote digital keypad; remote control keypad
abgesetztes Bedienteil mit Schlüsselschalter n :V <alarm> • keyswitch station
abgesetztes Bedien- und Anzeigeteil n <alarm> (von Alarmanlagen; stationär) • remote control station; remote control panel; remote control console
abgesetztes Kaliber n <metall> (Walzwerk) • tapering pass
abgesetzte Spitze f <masch> • reduced point; reduced external center
abgesetzte Verrohrung f • landing casing
abgesetzt installieren vt <tech.allg> (z. B. Antenne) • mount remotely vt
abgesichert <el> (Stromkreis; mit Sicherung) • fused; protected by fuses
abgesichert <el> (geschützt; z. B. Betriebsart) • protected
abgesicherter Modus m <edv> • protected mode
abgesoffener Motor m <kfz.mot> • flooded engine
abgespannt <bau> (mit Spannseilen; z. B. Mast, Turm, Antenne) • guyed
abgespeckte Produktion f VDI-n <prod> • lean production
abgespeckte Version f ugs <kfz> (eines Fahrzeugmodells) • base version; stripped version
abgesperrt <tech.allg> (unterbrochen; z. B. Gas-, Stromzufuhr) • off; shut off
abgesperrter Bereich m <mil> • closed-off area
abgespult <av.phot> (Magnetband, Film) • unwound
abgestanden <nahr> (z. B. Mineralwasser, Sekt, Bier) • dead; flat
abgestanden <nahr> (schal) • stale
abgestellt <tech.allg> (unterbrochen; z. B. Gas-, Stromzufuhr) • off; shut off
abgestimmt <tech.allg> (zeitlich) • synchronized
abgestimmt <tech.allg> (elektronische, mechanische Systeme) • tuned
abgestimmt <kfz.antr> (Getriebe) • matched
abgestimmte Antenne f <el> • periodic antenna US; tuned aerial GB
abgestimmte Leitung f <el> • resonant line
abgestimmte Lichtsignale npl <verk> • traffic pacers
abgestimmter Dipol m <el> • tuned dipole
abgestimmter Kreis m <el> • tuned circuit

abgestimmter Transformator m <el> • tuned transformer; resonant transformer
abgestimmter Verstärker m <el> • tuned amplifier; resonance amplifier
abgestimmtes Filter n <el> • matched filter
abgestorben <agri> (Baum; Schadstufe der Waldschadenserhebung) • dead
abgestrahlte Leistung f <av> • radiated power
abgestürzt <tech.allg> (z. B. Flugzeug, Hängelast, Schreibe/Lesekopf, Programm) • crashed
abgestuft <tech.allg> (sortiert; z. B. nach Größe, Qualität) • graded
abgestuft <tech.allg> (Form, Reihenfolge, Verfahren) • stepped
abgestuft <bau> (z. B. Theatersitzreihen, Gebäudeebenen) • tiered
abgestuft <prod> (Werkstückform; z. B. Welle) • stepped; shouldered
abgestufte Kolorierung f <kunst> (Farbauftrag, der an Intensität gleichmäßig abnimmt) • graded wash; graduated wash; tonal gradation; fade-out coll
abgestufter Drehstift m <wz> (für Steckschlüssel) • stepped cross bar US; stepped tommy bar GB
abgestufter Farbauftrag m <kunst> (Farbauftrag, der an Intensität gleichmäßig abnimmt) • graded wash; graduated wash; tonal gradation; fade-out coll
abgestufter Übergang m <bau> • graded junction
abgestuftes Filter n <el> • graded filter
abgestumpft <wz> (durch Verschleiß) • blunt; dull; dulled
abgetastetes Gebiet n <navig> (Radar) • scanned area
abgeteuft <min> • sunk
abgetreppt <bau> (z. B. Theatersitzreihen, Gebäudeebenen) • tiered
abgetreppte Gründung f <bau> • stepped footing; benched foundation
abgetriebenes Waschöl n <verf> • stripped wash oil
abgewandeltes Gummisackverfahren n <kst> • autoclave molding
abgewendete Stellung f <mil> (von Wende-Zielscheiben; Kante zeigt zum Schützen) • edge-on position
abgewetzte Stelle f <obfl.qualit> • scuffing mark
abgewickelte Form f <math> (z. B. für Blechteil-Zuschnitt) • developed shape
abgewickelte Gewindelänge f <masch> • unwrapped thread length
abgewinkelt <tech.allg> • angular; angled
abgewinkelter Schraubendreher m form <wz> (einseitig abgewinkelt; allgemein) • key; wrench; offset wrench GB
abgewinkelter Tastkopf m <msr> • sensing head with angle; bowed sensing head
abgewinkeltes Saugrohr n <energ.hydr> • elbow draft tube
abgezogene Probe f <nukl> • grab sample
abgezweigter Kanal m <hlk> • tee-d off duct
abgezweigtes Rohr n <rls> • tee-d off pipe
Abgießen n ugs <chem.verf> • decantation; decanting; pouring off coll
abgießen vt ugs <chem.verf> (Flüssigkeit, ohne Sedimente aufzuwirbeln) • decant vt; pour off vt coll
abglänzen vt <textil> • remove luster vt US; remove lustre vt GB; remove the luster vt US
abglasen vt <led> • scour vt
Abgleich m <tech.allg> (Vorgang; allg., physische, elektrische Anpassung) • matching
Abgleich m <el> (betont: Ausgewogenheit, gleiches Niveau) • balancing
Abgleich m <msr> (betont: Einstellen; z. B. Messeinrichtung, Werte) • adjustment

Abgleich... *m* <msr> *(durch Einstellen; z. B. Messeinrichtung, Werte)* • adjusting
Abgleichanweisung *f* <el> • line-up instruction
Abgleichanzeiger *m* <msr> • balance indicator
Abgleich auf Tonlosigkeit *m* <tele> • silent balance
Abgleichbesteck *n* <wz> • adjustment tool set
Abgleichbohle *f* <bau> • leveling beam
abgleichen *vt* <tech.allg> *(betont: ins Gleichgewicht bringen)* • equilibrate *vt*
abgleichen *vt* <bau> *(Höhenunterschiede)* • make level *vt*
abgleichen *vt* <el> *(z. B. Brückenschaltung)* • balance *vt*; adjust for balance *vt*
abgleichen *vt* <el> *(Stromkreiselemente)* • align *vt*
abgleichen *vt* <el> *(z. B. Spannungen, Widerstände, Ströme in div. Bauteilen)* • equalize *vt*
abgleichen *vt* <masch> *(anpassen)* • match *vt*
abgleichen *vt* <msr> *(z. B. Messeinrichtung, Werte)* • adjust *vt*; trim *vt*
Abgleichfehler *m* <el> *(allg.)* • alignment error; balance error; matching error
Abgleichfehler *m* <msr> *(Einstellfehler bei Messinstrumenten)* • adjustment error
Abgleichkondensator *m* <el> • trimming capacitor; trimmer *pract*; balancing capacitor
Abgleichnetz *n* <el> • balancing network
Abgleichpotentiometer *n* <el> • trim potentiometer; trim pot *coll*
Abgleichprüfung *f* <edv> • balance check
Abgleichpunkt *m* <el> • balance point
Abgleichschaltung *f* <el> • balancing circuit
Abgleichsender *m* <tele> • alignment generator
Abgleichspule *f* <el> • alignment coil
Abgleich- und Rangierbaugruppe *f* <msr> • calibration and marshalling module
Abgleichverfahren *n* <msr> • balancing principle
Abgleichwiderstand *m* <el> *(Bauteil; betont: Funktion)* • balancing resistor; calibration resistor; compensating resistor
Abgleichwiderstand *m* <el> *(als Bauteil; betont: Bauart)* • adjustable resistor
Abgleitcontainer *m* <logist> • sliding container
abgleiten *vi* <tech.allg> *(z. B. Fuß vom Pedal, Schlauch vom Stutzen)* • slip off *vi*; glide off *vi rare*; slide off *vi rare*
Abgleitschutz *m* <kfz> *(beim 30-Grad-Aufprall)* • anti-slide device
Abgleitung *f* <el> • slip
Abgleitung *f* <geo> *(Boden, Gelände)* • slipping; slippage; downslide motion
Abgleitung *f* <mat> • plastic shear
Abgrateinrichtung *f* <metall> • burring attachment
Abgraten *n* <prod> • deburring; burr removal; burring
Abgraten *n* <prod> *(von Gussteilen; z. B. an Spritzlingen)* • deflashing
abgraten *vt* <prod> *(Entfernen scharfer Grate, z. B. vom Spanen)* • deburr *vt*; burr *vt*
abgraten *vt* <prod> *(Entfernen von Schwimmhaut an Trennebene von Formteilen)* • deflash *vt*; trim *vt*; flash *vt rare*
Abgratfräser *m* <wz> • trimming cutter
Abgratgesenk *n* <wz> • trimming die; trimmer die
Abgratgesenkoberteil *n* <wz> • trimming punch
Abgratmaschine *f* <wz.masch> • deburrer; burr-removing machine
Abgratmaschine *f* <wz.masch> *(zum Entfernen von Schwimmhaut)* • deflashing machine; flash trimmer
Abgratmatrize *f* <wz> • trimming die
Abgratmeißel *m* <wz> • deburring chisel; burring chisel
Abgratpresse *f* <wz.masch> • flash-trimming press; trimming press
Abgratschere *f* <wz> • trimming shears

Abgratschnitt *m* <prod> • clip
Abgratstempel *m* <wz> • trimming punch
Abgratwerkzeug *n* <wz> *(für Schwimmhäute an Formteilen)* • flash-trimming tool; trimming tool; clipping tool
Abgreifeinrichtung *f* <wz.masch> • pick-off attachment
abgreifen *vt* <el> *(z. B. Spannung, Signal)* • pick off *vt*
Abgreifer *m* <tele> • tapper
Abgreifklemme *f form* <el> • alligator clip
Abgreifpunkt *m* <el> • tapping point
Abgrenzungsbohrung *f* <petr> • delineation well
Abgrenzungszeichen *n* <edv> *(Zusatzcodes)* • delineator pattern
Abgriff *m* <tech.allg> *(an Leitung; z. B. Kabel, Rohr)* • tap; branch connection; tap connection
Abgriff *m* <el> *(Potentiometer; betont: der bewegliche Arm)* • moving arm
Abgriff *m* <el> *(Anschlussklemme; z. B. an Potentiometer)* • pickoff; takeoff
Abgriffspule *f* <el> • pick-up coil
abhämmern *vt* <prod> *(mit Hammerfinne)* • peen *vt*
abhängen *vt* <mech> *(von Haken, Kupplung)* • hook off *vt*
Abhänger *m* <bau.innen> • hanger
Abhängerabstand *m* <bau.innen> • hanger space
abhängige Hebelfunktion *f* <kunst.wz> • fixed double action; dependent double action
abhängiger Ausfall *m* <qualit> • dependent failure
abhängiger Patentanspruch *m* <jur> • dependent claim
abhängiger Wartebetrieb *m DIN ISO 3309* <edv> • normal disconnected mode (NDM) *ISO 3309*
abhängiges Gerät *n* <edv> • slave device
abhängige Station *f* <edv> • slave station
abhängiges Zeitrelais *n* • dependent time-lag relay
abhängige Variable *f* <math> • dependent variable
Abhängigkeit *f* <allg> • dependence
Abhängigkeit der Viskosität von der Temperatur *f* <tribo> • variation of viscosity with temperature; viscosity variation with temperature
Abhängigkeit des Patents <jur> • dependency of the patent
Abhängigkeitsfaktor *m* <msr> • interaction factor
Abhängigkeitsschaltung *f* <wz.masch> • interlocking control
abhängig verzögerte Auslösung *f* <msr> • inverse time-lag tripping
abhäsiv <obfl> • abhesive
abhäsive Eigenschaft *f* <obfl> • abhesiveness
abhaken *vt* <allg> *(Positionen einer Liste, einer Datei)* • check *vt* (chk); check off *vt*
abhaken *vt* <doku> *(z. B. Positionen einer Liste)* • check off *vt*
abhaken *vt* <doku> *(als erledigt durchkreuzen)* • cross off *vt*
abhaken *vt rar* <mech> *(von Haken, Kupplung)* • hook off *vt*
Abhalten *n* <phot> *(beim Vergrößern)* • dodging; shading
abhalten *vt rar* <phot> *(Bildpartien, beim Vergrößern)* • dodge *vt*; shade *vt rare*
Abhang *m* <geo> *(betont: abwärts)* • declivity; downward slope
Abhang *m* <geo> *(betont: aufwärts)* • acclivity; upward slope
Abhang *m* <geo> *(allg.)* • slope
Abhang *m* <min.geo> *(eines Hügels)* • hillside; flank of hill
Abhaspelgeschwindigkeit *f* <prod> *(Draht)* • payoff speed
Abhaspeln *n* <prod> *(von Rolle, Spule)* • uncoiling; unwinding; reeling off
abhaspeln *vt* <textil> *(Faden)* • unwind *vt*; unreel *vt*; wind off *vt*; run off *vt*; reel off *vt*

Abhauen *n* <min> • winze
abhebbare Spritzeinheit *f* <kst> • injection unit with automatic sprue break
Abhebebewegung *f* <tech.allg> • lifting motion; lifting
Abhebebewegung *f* <wz> *(Wz vom Werkstück)* • relief motion; relieving motion
Abhebeeffekt *m* <qualit> • liftoff effect
Abhebeeinrichtung *f* <förd> *(zum Entladen)* • unloading device
Abhebeeinrichtung *f* <wz.masch> • tool relieving device; tool relieving attachment
Abhebeformmaschine *f* <wz.masch> • strip molding machine; stripping machine; pattern-drawing machine
Abhebegeschwindigkeit *f* <aerospace> • take-off speed; get-away speed
abhebeln *vt* <tech.allg> *(z. B. Deckel, Verkleidung)* • prise off *vt*; lever off *vt*; prise away *vt*; pry off *vt*
abhebeln *vt* <tech.allg> *(aus Vertiefung)* • pry out *vt*
Abheben *n* <tech.allg> *(von einem Untergrund)* • lifting
Abheben *n* <tech.allg> *(Schicht, Lage; z. B. Farbschicht)* • removal; stripping
Abheben *n* <tech.allg> • lifting motion; lifting
Abheben *n* <aerospace> *(Rakete, Hubschrauber)* • lift-off
Abheben *n* <wz> *(vom Werkstück)* • relief
abheben *vi* <aerospace> *(Trägerrakete)* • lift off *vi*
abheben *vi* <aerospace> *(z. B. Rakete, Flugzeug)* • take off *vi*
abheben *vi* <fz> *(Scheibenwischer)* • lift *vi*
abheben *vr* <tech.allg> *(gegen etwas, z. B. Hintergrund, auch fig.)* • stand out *vi*
abheben *vr* <obfl> *(z. B. Farbe, Verputz)* • peel *vr*
abheben *vt* <tech.allg> *(etw. nach oben entfernen)* • lift off *vt*; lift *vt*
abheben *vt* <wz> *(Werkzeug vom Werkstück)* • relieve *vt*; bring clear (off) *vt*; clear *vt*; lift *vt*
Abheben der Platinen vom Stapel *n* <prod> *(im Presswerk)* • blank destacking
Abheben der Scheibenwischer *n* <kfz> *(bei hoher Geschwindigkeit)* • wiper lift
Abhebeöse *f* <metall> • lifting lug
Abhebeprüfung *f* <obfl.qualit> • peeling test
Abheber *m* <led> *(Lederfehler)* • flesh blister; blister *pract*
abhebern *vt* <verf> *(Flüssigkeiten)* • siphon *vt*; siphon off *vt*
Abhebestift *m* <prod> • lifting pin
abheften *vt* <büro> • file *vt*
Abhieblinie *f* <min> • offset line
Abhitze *f ugs* <verbr> • waste heat; exhaust heat
Abhitzekessel *m* <verf> • waste heat boiler; heat-recovery boiler
Abhitzeofen *m* <verf> • regenerative furnace; waste-heat furnace
Abhitzeverwertung *f rar* <energ.therm> • waste heat recovery; exhaust heat recovery; waste-heat utilization; waste heat usage *coll*
abhobeln *vt* <holz> • plane (off) *vt*
Abhören *n* <tele.edv> *(aktiv oder passiv)* • wiretapping
Abhören *n* <tele.edv> • eavesdropping
abhören *vt* <tele> *(betont: Abfangen; z. B. Funkverkehr, Voice-Mail)* • intercept *vt*
abhören *vt* <tele> *(betont: Lauschen, Lauschangriff; z. B. Telefongespräche)* • listen in *vt*
abhören *vt* <tele> *(betont: Leitungen anzapfen)* • tap wires *vt*
abhören *vt* <tele> *(betont: ständig überwachen; z. B. Leitung)* • monitor *vt*
Abhören von Funkverbindungen *n* <tele> • radio intercept
Abhörgerät *n* <tele> • monitor; listening set

Abhörkabine *f* <av> *(Aufnahme)* • sound booth; control cubicle
Abhörkontrolle *f* <av> • audio monitoring
Abhörlautsprecher *m* <av> • pilot loudspeaker
Abhörlautsprecher *m* <tele> • monitoring loudspeaker
Abhörprüfung *f* <akust.qualit> • sound testing
Abhörprüfung *f* <antr> *(Getriebegeräusch)* • gear-noise testing
Abhörraum *m* <tele> • monitor room; monitoring room
abhörsicher <tele> • interception-proof
Abhörsicherheit *f* <tele> • safety from interception; privacy *coll*
Abhörstelle *f* <tele> • intercept station
Abhörtätigkeit *f* <tele> • interception activity
abholen *vt* <allg> *(bewegl. Gegenstand; z. B. Ware vom Händler)* • collect *vt*
Abholzung *f* <holz> • deforestation; woodland clearance; forest clearance; clearance *pract*
abiotisch <allg> *(ohne Bezug auf Organismen)* • abiotic
abiotische Schäden *pl* <agri> • a-biotic damage *sg*
Abisolieren *n* <el> • wire stripping
abisolieren *vt* <el> *(Draht)* • strip *vt*; skin *vt*; bare *vt*
Abisoliermesser *n* <el.wz> • stripping knife; cable stripping knife
abisoliert <el> *(Draht)* • stripped; skinned; bared
Abisolierwerkzeug *n* <wz.el> *(jede Art)* • wire stripper; stripping tool; stripper *coll*
Abisolierzange *f* <el.wz> • wire stripping pliers; stripping pliers; hand stripper *coll*
Abkämmwalze *f* <prod> • brush cut-off
Abkalbestall *m* <agri> • maternity pen
Abkantbank *f* <wz.masch> *(für Blech)* • sheet metal folder; sheet metal bender; sheet metal brake *US*; leaf brake *US*
Abkanten *n* <druck> *(Druckplattenherstellung)* • plate bending
Abkanten *n* <prod> *(von Blech; jeder Winkel)* • edging; folding; braking *US*
Abkanten *n* <prod> *(Abschrägen der Kanten von Massivteilen)* • bevelling; chamfering
Abkanten *n* <prod> *(von Blech; rechtwinklig, zur Erzeugung eines Flansches)* • flanging
abkanten *vt* <prod> *(Blech; rechtwinklig, zur Erzeugung eines Flansches)* • flange *vt*
abkanten *vt* <prod> *(Blech; jeder Winkel)* • edge *vt*; fold *vt*
Abkantloch *n* <druck> *(Druckplatte)* • film register hole
Abkantmaschine *f* <wz> • edging machine
Abkantpresse *f* <kfz.wz> *(zum Abkanten; z. B. für Karosserieblech)* • press brake; brake press; brake *pract*; sheet metal brake
Abkantpresse *f* <wz> *(allg.)* • edging press; folding press; bending press
Abkantwinkel *m* <prod> • bending-off angle; angle of bending; angle of bend
abkeilen *vt* <mech> • wedge *vt*
abketteln *vt* <textil> • close off *vt*
abkippen *vt* <förd> *(absichtlich; z. B. Schüttgut, Aushub, Müll)* • dump *vt*; tip *vt* GB.rare
Abkipphalle *f* <ents> *(zum Abkippen von Müll; z. B. in MVA)* • tipping hall; tipping building
Abkippstelle *f* <ents> *(konkrete Stelle; z. B. Rampe)* • dumping point; tipping point *GB*
Abkippstelle *f* <förd> *(allg. Ort für Schüttgut, Abraum, Müll; z. B. Deponie)* • dumping site
abklären *v* <philol> *(einigen über Bedeutungsunterschiede)* • clarify *v*
abklappbar <tech.allg> *(mit Scharnier)* • hinged
abklappbare Bordwände *fpl* <nfz> • drop sides and end

Abklebeband *n* <obfl> *(Lackiervorbereitung)* • masking tape

abkleben *vt* <füg> *(betont: zuflicken, abdecken; z. B. Zielscheiben, Defekt, Riss)* • patch *vt*

abkleben *vt* <obfl> *(maskieren; z. B. beim Lackieren, Malen)* • mask (off) *vt*

abklemmen *vt* <tech.allg> *(durch Zusammenquetschen Durchfluss verhindern; z. B. Schläuche)* • pinch off *vt*; squeeze off *vt*

abklemmen *vt* <el> *(elektrische Anschlüsse lösen)* • disconnect *vt*

Abklemmzange *f* <kfz.wz> • hose pinch-off pliers; radiator hose pinch-off pliers

Abklingbecken *n* <nukl> • decay tank; neutralizing tank

Abklingbecken *n* <nukl> *(Kernkraftwerk)* • fuel cooling installation

Abklingbehälter *m* <nukl> • decay tank; neutralizing tank

Abklingcharakteristik *f* <nukl> • decay characteristic

Abklingdauer *f* <nukl> *(Radioaktivität)* • decay time

Abklingen *n* <nukl> *(von Radioaktivität)* • decay

Abklingen *n* <phys> *(einer Schwingung)* • decrease in amplitude; settling

abklingen *vi* <phys> *(nachlassen, zerfallen; z. B. Radioaktivität, Wärmeentwicklung)* • decay *vi*

abklingen *vi* <phys> *(leiser, schwächer werden; eher unerwünscht; z. B. Tonsignal)* • fade (away) *vi*; die away *vi*

abklingen *vi* <phys> *(ruhiger werden; z. B. Schwingung, Kurve in Diagramm)* • settle *vt*

abklingende Schwingung *f* <phys> • dying-out oscillation

Abklingen [des Tons] *n* <el.av> *(vom Amplitudenmaximum zum Sustain-Niveau)* • decay time; decay phase; fade-out time

abklingende Welle *f* <phys> • evanescent wave

Abklinggeschwindigkeit *f* <nukl> *(Radioaktivität, Wärmeentwicklung)* • decay rate

Abklingkennlinie *f* <phys> • decay characteristic

Abklingkonstante *f* <phys> • decay constant; decay factor

Abklingkurve *f* <phys> • decay curve

Abklinglager *n* <nukl> *(Kernkraftwerk)* • fuel cooling installation

Abklingphase *f* <av> *(Hüllkurvenintensität, nach der Einschwingphase)* • decay time (DT)

Abklingspeicherung *f* <nukl> • decontamination storage; decay storage :V

Abklingstrom *m* <el> • transient-decay current

Abklingtest *m* <ökol> *(biol. Abbautest)* • die-away test

Abklingverhältnis einer gedämpften Schwingung *n* <phys> • subsidence ratio

Abklingzeit *f* <av> *(Hüllkurvenintensität, nach der Einschwingphase)* • decay time (DT)

Abklingzeit *f* <nukl> *(Radioaktivität)* • decay time

Abklingzeit *f* <phys> *(allg.; von Schwingungen, Wellen)* • fall time; decay time

Abklingzeit [des Nachhalls] *f* <av> *(von Nachhall)* • decay

Abklopfeinrichtung *f* <el.chem> *(Tropfzeitkontrolle)* • drop knocker; drop hammer; drop dislodger; drop terminator

Abklopfen *n* <min> • sounding; drumming; feeling

abklopfen *vt* <tech.allg> *(zum Säubern; z. B. Gussstücke, Kleidung)* • knock off *vt*

abklopfen *vt* <metall> *(mit schnellen, kurzen Schlägen; z. B. Gussstück)* • rap *vt*

abklopfen *vt prakt* <min> *(z. B. Kohlebergwerk)* • sound *vt*

abklopfen *vt* <qualit.mat> *(leicht anschlagen; z. B. akustische Prüfung, Klangprobe)* • tap *vt*

Abklopfer *m* <metall> • rapper

abknallen *vi* <hlk> *(Brenner, Flamme)* • backfire *vi*

abknallen *vi* <prod> *(Flamme)* • pop *vi*

abkneifen *vt* <prod> *(trennen)* • nip *vt*; nip off *vt*; pinch off *vt*

abknicken *vi/vt* <tech.allg> *(flaches Teil; z. B. Blech, Karton, Papier)* • fold *vt*

abknicken *vi/vt* <tech.allg> *(rundes Teil; z. B. Rohr, Draht, Haar)* • kink *vt*

Abknickwellenlänge der Synchrotronstrahlung *f* <phys> • synchrotron cut off

abknipsen *vt coll* <tech.allg> *(durch kurzen, schlagartigen Schnitt; z. B. Blech, Draht, Papier, Blumen)* • clip (off) *vt*

abknüpfen *vt* <textil> • untie *vt*

Abkochbad *n* <tech.allg> • boiling bath; cooking bath

Abkochbad *n* <textil> *(betont: zum Tränken, Sättigen, Einwirken)* • steeping bath

Abkochbad *n* <textil> *(Seide)* • scouring bath; degumming bath; boiling-off bath

Abkochen *n* <textil> *(Seide)* • scouring; degumming; boiling-off; discharging; cooking

abkochen *vt* <tech.allg> *(zum Reinigen; z. B. Wasser)* • boil *vt*

abkochen *vt* <textil> *(Seide)* • scour *vt*; degum *vt*; boil off *vt*; cook *vt*

abkochen *vt* <verf> *(Extraktion; z. B. zur Gewinnung von Essenzen, Geschmacksstoffen)* • decoct *vt*

Abkochentfettung *f* <obfl> • hot alkaline degreasing; hot alkaline cleaning

Abkochung *f* <verf> *(zur Exktraktion; z. B. für Nahrung, Pharma)* • decoction

Abkochungsbad *n* <textil> *(Seide)* • scouring bath; degumming bath; boiling-off bath

Abkochungsverlust *m* <textil> *(Seide)* • degumming loss; loss of gum in the scouring process

Abkochverlust *m* <textil> *(Seide)* • degumming loss; loss of gum in the scouring process

Abkömmling *m* <bio> • derivative

abkohlen *vt* <min> • coal *vt*; break down *vt*

Abkohlung *f* DIN 17014 <metall> • partial decarburization

abkommen *vi* <nav> *(von Hindernis; z. B. Riff, Sandbank)* • get afloat *vi*

abkommen *vi* <navig> *(vom Kurs; z. B. Schiff, Flugzeug)* • veer (off) *vi*; deviate *vi*

Abkrätzlöffel *m* <druck> • skimming ladle

abkrammen *vt* <metall> • skim (off) *vt*

Abkratzen *n* <obfl> *(von Beschichtung, Rost oder Walzhaut)* • chipping ISO 4618-3

abkratzen *vt* <obfl> • scrape (off) *vt*

Abkratzer *m* <wz> • scraper

Abkratzer *m ugs* <wz> *(allg.)* • scraper; scraping tool

Abkreiden *n* <obfl> • chalking

Abkreiden *n* <obfl> *(Entstehen einer pudrigen Oberfläche auf Anstrichen, Kunststoffteilen)* • chalking

abkreiden *vt* <obfl> • chalk *vi*

Abkühlen *n* <tech.allg> • cooling

Abkühlen *n* <verf> *(rasch und/oder stark)* • chilling

abkühlen *vi/vt* <tech.allg> • cool (down) *vi*

abkühlen *vt* <verf> *(rasch und/oder stark)* • chill *vt*

abkühlen *vt* <verf> *(Medium, Komponente, System; auf eine best. Temperatur)* • cool down *vt*; cool *vt*

Abkühlen der Anlage auf Umgebungstemperatur *n* <nukl> • plant cooldown

Abkühlgeschwindigkeit *f* <tech.allg> *(System, Bauteil; z. B. bei Wärmebehandlung)* • cooling rate

Abkühlung *f* <tech.allg> • cooling

Abkühlung *f* <verf> *(rasch und/oder stark)* • chilling

Abkühlung im Ofen *f* <verf> • furnace cooling

Abkühlungsgeschwindigkeit *f* <tech.allg> *(System, Bauteil; z. B. bei Wärmebehandlung)* • cooling rate

Abkühlungskurve f <tech.allg> *(Temperatur als Funktion der Zeit)* • cooling curve

Abkühlungsspannung f <mech> *(z. B. Schweißnaht, Gussteil)* • cooling stress

Abkühlungsvorrichtung f <prod> *(Anbauteil)* • cooling fixture

Abkühlungsvorrichtung für Formteile f <kst> • shrink fixture

Abkühlungszeit f <verf> • cooling time

Abkühlverlust m <verf> • cooling loss

Abkürzung f <allg> *(Weg, Strecke)* • short-cut

Abkürzung f <term> *(eines Worts, Ausdrucks)* • abbreviation

abkuppelbarer Schwanenhals m <nfz> • detachable gooseneck; removable gooseneck

abkuppeln vt <tech.allg> *(Gerät, Verbraucher; z. B. via Steckverbindung, Schlauch)* • disconnect vt

abkuppeln vt <bahn> *(Wagen, Lok)* • uncouple vt

abkuppeln vt <masch> *(mechanisch)* • disengage vt

abkurven vt <aerospace> • turn off vt

Abladekran m rar <förd> • unloading crane

abladen vt <logist> *(allg.; z. B. Ladegut)* • unload vt

abladen vt <logist> *(abkippen; z. B. unsortiert, haufenweise)* • dump vt; tip vt GB.rare

Abladeplatz m <ents> *(für Abraum, Aushub)* • spoil ground

Abladeplatz m <logist> • unloading site

Abladeschneidgebläse n <agri> • unloader chopper blower

Ablängen n <prod> *(z. B. Stabstahl, Holzleiste)* • cutting to length

ablängen vt <holz> *(mit Säge; z. B. auf Sägebock)* • buck vt

ablängen vt <prod> *(z. B. Stangenmaterial, Holzleisten)* • cut to length vt; cut off to length vt

ablängen vt <prod> *(mit Säge)* • saw off to length vt

Ablängsäge f <wz> • slasher

Ablage f <büro> *(z. B. Postein- und -ausgang)* • tray

Ablage f <kfz.innen> *(auf Mittelkonsole, ohne Deckel)* • floor tray

Ablage f <kfz.innen> *(auf Mitteltunnel, mit Deckel)* • storage box; center console storage compartment form; cubby box GB.coll.rare

Ablagebox f <kfz.innen> *(auf Mitteltunnel, mit Deckel)* • storage box; center console storage compartment form; cubby box GB.coll.rare

Ablagefach n <tech.allg> *(betont: zum Sortieren; z. B. für Post, Kopien)* • sort pocket

Ablagefach n <aerospace> *(im Flugzeug, oben, für Handgepäck)* • overhead bin

Ablagefach n <kfz.innen> *(allg., z. B. im Kofferraum seitlich; meist offen)* • utility recess US; storage bin

Ablagefach n <kfz.innen> *(auf Mitteltunnel, mit Deckel)* • storage box; center console storage compartment form; cubby box GB.coll.rare

Ablagefach n <logist> *(betont: zum Hineinfallen von etw.)* • drop pocket

Ablagefach n <logist> *(für Post etc.)* • pigeon-hole

Ablagefachauswahl f <edv> *(Drucker, Kopierer)* • stacker select

Ablagefläche f rar <edv> • clipboard

Ablagefläche f <kfz.innen> • tray area

Ablagemöglichkeit f <logist> • storage feature

ablagern vr <verf> *(aus einer Flüssigkeit)* • sediment vr

ablagern vt <ents> *(auf Mülldeponie)* • landfill vt

ablagern vt <holz> *(Nutzholz)* • season vt

ablagern vt <holz> • season vt

ablagern vt <logist> *(abkippen; z. B. Müll, Schutt, Abraum)* • dump vt

ablagern vt <logist> *(geordnet; z. B. Baumaterial, Müll)* • deposit vt

ablagern vt <verf> *(zum Reifenlassen)* • mature vt

ablagern (auf) vr <verf> *(Partikel; z. B. Pigmente, Schwebstoffe)* • settle vi; deposit on vi

Ablagerung f <holz> *(Nutzholz)* • seasoning

Ablagerung f <obfl> *(Rückstände; z. B. an Elektrode, Rohr, Ventil)* • residue

Ablagerung f <obfl> *(Ergebnis; an Wandung, Boden; z. B. Rückstände, Schlacke, Kalk)* • deposit

Ablagerung f <phys> *(von Sedimenten, Schwebstoffen; Vorgang)* • settling; settlement

Ablagerung f <verf> *(Ergebnis; am Boden; z. B. von Behälter, See)* • sediment; crud

Ablagerung f <verf> *(Vorgang und Ergebnis; am Boden; z. B. von Behälter, See)* • sedimentation

Ablagerung der Reststoffe f <ents> • residue disposal

Ablagerungen fpl <verf> • deposits pl; deposit build-up

Ablagerungen entfernen vt <obfl> *(z. B. Rohre, Apparate)* • descale vt; scale vt

Ablagerungsmaske f <el> • deposition mask

Ablagerung unter Tage f <ents> • underground disposal; mine disposal; deep mine disposal; deep mine storing

Ablagerung von Sonderabfall f <ents> • hazardous waste disposal

Ablagespannung f <navig> *(Kreiselkompass)* • differential voltage

Ablagetisch m <druck> *(für Druckerzeugnisse)* • delivery table; delivery board

Ablagetisch m <prod> *(zur Endbearbeitung)* • finish table

Ablage von Daten f <doku> • data filing; filing of data

ablandig <nav> • offshore

Ablass m <tech.allg> *(Öffnung, Ventil; z. B. für Wasser)* • run-off; outlet; drain

ablassen vt <tech.allg> *(Luft, Gas; z. B. ins Freie)* • vent vt

ablassen vt <tech.allg> *(eher große Mengen; z. B. Wasser aus Speicher)* • discharge vt

ablassen vt <tech.allg> *(Flüssigkeit ablaufen lassen; z. B. aus Behälter, Rohr)* • drain vt; drain off vt

ablassen vt <fz> *(Reifenluftdruck)* • air down vt

ablassen vt <masch> *(Bauteil, z. B. Getriebe, Motorblock)* • lower vt

ablassen vt <rls> *(Flüssigkeit ablaufen lassen; z. B.: Öl, Kühlmittel)* • drain vt

ablassen vt <rls> *(Druck reduzieren)* • relieve vt

ablassen vt <verf> *(kleine Mengen; Gas oder Flüssigkeit; z. B. Luft, Dampf)* • bleed vt

Ablasshahn m <rls> *(zum Zu- oder Verteilen einer Flüssigkeit)* • dispensing spigot

Ablasshahn m <rls> *(betont: zum Entleeren)* • drain cock; drainage tap rare

Ablasskante f <led> • feather edge

Ablassleitung f <nukl> *(am Dampferzeuger)* • dump pipe

Ablassöffnung f <rls> *(allg., für Fluide, Schüttgut; eher größere Mengen)* • discharge aperture

Ablassöffnung f <rls> *(für Gase, Dampf)* • vent [opening]

Ablassöffnung f <rls> *(zur Druckentlastung; z. B. von Wasser, Dampf)* • relief aperture; relief

Ablassschraube f <masch> *(z. B. für Kühlwasser, Schmieröl)* • drain plug

Ablassschütz n <hydr> *(z. B. Wasserkraftwerk)* • scouring sluice

Ablassstopfen m <kfz> • drain plug

Ablassventil n <rls> *(zum Entlüften)* • bleeder valve

Ablassventil n <rls> *(zum Entleeren)* • drain valve

Ablation f <geo> • ablation

Ablation f <nukl> • ablation

Ablation-Platte f <druck> *(wärmeempfindliche Druckplatte)* • ablation plate; ablative plate

Ablationsplatte f <druck> *(wärmeempfindliche Druck-platte)* • ablation plate; ablative plate
Ablationsprodukt n <nukl> • ablation product
Ablationsrate f <nukl> • rate of ablation
Ablationswolke f <nukl> • corona
Ablation-Technologie f <druck> *(Thermaltechnologie)* • ablation technology; ablative technology
ablative Platte f <druck> *(wärmeempfindliche Druck-platte)* • ablation plate; ablative plate
ablative Speicherung f <edv> • ablative recording
Ablauf m <tech.allg> *(Drainageöffnung; z. B. für Regen-wasser)* • drain
Ablauf m <tech.allg> *(Reihenfolge; einer Bewegung, eines Prozesses)* • sequence
Ablauf m <tech.allg> *(von Flüssigkeiten; Vorgang; z. B. von Regenwasser, Motoröl)* • drainage
Ablauf m <nav> *(eines Schiffs)* • launch; launching
Ablauf m <prod> *(von Ereignissen gemäß Terminplan)* • schedule
Ablauf m <rls> *(betont: zum Entweichenlassen einer Flüs-sigkeit; z. B. Öffnung, Rohr, Ka)* • escape
Ablauf m <rls> *(herausfließende Flüssigkeit)* • outflow; run-off
Ablauf m <rls> *(allg. Auslassöffnung)* • outlet
Ablaufarm m <textil> • take-off arm
Ablaufbacken m <kfz> *(Bremse)* • trailing shoe
Ablaufbahn f <nav> *(Gesamtanlage)* • launch slip
Ablaufbahn f <nav> *(betont: Schienen)* • launching ways; standing ways
Ablaufbahngründung f <nav> • ground ways
Ablaufberg m <bahn> *(im Rangierbahnhof)* • railroad hump; uncoupling ramp; shunting slope; hump *pract*; gravity shunting incline *form.rare*
Ablaufbergbrechpunkt m <bahn> • railroad hump crest *US*; railway hump crest
Ablaufbergrangieranlage f <bahn> • hump yard; gravity yard; gravity-operated hump classification yard
Ablaufbetrieb m <bahn> *(Rangierbahnhof)* • gravity shunting; gravity sorting
Ablaufbetrieb m <verf> *(Kühlturm)* • supplemental cooling mode
Ablauf der Arbeitsgänge m <prod> • sequence of op-erations
Ablaufdiagramm n <doku> • flow diagram; flow chart
Ablaufen n <tech.allg> *(von Flüssigkeiten; Vorgang; z. B. von Regenwasser, Motoröl)* • drainage
ablaufen vi <tech.allg> *(Flüssigkeit; z. B. Regenwasser, Motoröl)* • drain *vi*; run off *vi*; drain off *vi*; flow off *vi*
ablaufen vi <tech.allg> *(von Rolle, Coil; z. B. Schweiß-draht, Blech, Papier)* • uncoil *vi*
ablaufen vi <textil> *(Faden)* • run off *vi*
ablaufen vi <verk> *(Parkuhr)* • expire *vi*
ablaufende Backe f <kfz.brems> *(Trommelbremse)* • trailing shoe
ablaufende Bürstenkante f <el> *(Motor, Generator)* • brush heel; leaving brush edge
ablaufende Kante f <masch> *(Hinterkante)* • trailing edge
ablaufende Polkante f <el> • trailing pole horn; trailing pole tip
Ablauf-Endschalter m <allg> • discharge limit switch
Ablaufendschalter m <msr> • dicharge limit switch
ablaufen lassen vt <tech.allg> • discharge *vt*
ablaufen lassen vt <tech.allg> *(z. B. Flüssigkeit aus Be-hälter)* • drain *vt*
ablaufen lassen vt <tech.allg> • drain away *vt*
ablaufen lassen vt <edv> *(Programm)* • run off *vt*
ablaufen lassen vt <masch> *(z. B. Seil)* • pay out *vt*
ablaufen lassen vt <nav> *(Schiff)* • launch *vt*
ablaufen lassen vt <nav> • veer *vt*

Ablauffolge f <bahn> *(Rangierbahnhof)* • humping se-quence
Ablaufgarnkörper m <textil> • supply package
Ablaufgefäß n <pap> • drainage vessel
Ablaufgeschwindigkeit f <bahn> • humping speed
Ablaufgleis n <bahn> • hump track
Ablaufgraben m <bau> • run-off ditch
Ablaufhaspel f <metall> *(zum Abspulen von Bandmate-rial; z. B. für Blech)* • uncoiler; dereeler
Ablaufhaspel f <textil> *(für Garn)* • bobbin reel; running-off reel
ablaufinvariant <edv> • reentrant
Ablaufkanal m <bau> • run-off canal
Ablaufkanal m <rls> • drain duct
Ablaufkette f DIN 19237 <autom.msr> • sequence cas-cade
Ablaufkühlturm m <verf> • supplemental wet cooling tower; helper tower *pract*
Ablaufkühlung f <verf> *(durch Kühlturm)* • supplemental cooling
Ablaufkühlungsbetrieb m rar <verf> *(Kühlturm)* • sup-plemental cooling mode
Ablaufmasse f <nav> • launching mass; launching weight *pract*
Ablauföffnung f <tech.allg> *(z. B. für Regenwasser)* • drain opening; drainage aperture
Ablaufplan m <tech.allg> • time schedule
Ablaufplan m <doku> *(grafische Darstellung des Arbeits-fortschritts)* • progress chart
Ablaufplan m <prod> • plan of action
Ablaufplan m <prod> *(Terminplan für Arbeitsschritte)* • work schedule
Ablaufplanungsmodell n <prod> • scheduling model
Ablauframpe f <bahn> • gravity incline
Ablaufrangierbetrieb m <bahn> *(Rangierbahnhof)* • gravity shunting; gravity sorting
Ablaufrinne f <tech.allg> *(geringe Neigung; parallel zu etw.; z. B. Rinnstein, Dachrinne, Bowlingb)* • gutter
Ablaufrinne f <tech.allg> *(steil; z. B. für Flüssigkeiten, Schüttgut)* • discharge chute
Ablaufrinne f <förd> *(steil, zum Entladen; z. B. für Schütt-gut)* • unloading chute
Ablaufrinne f <kfz> *(an Karosserie)* • rain channel; drain trough
Ablaufrohr n <bau> *(zur Drainage; z. B. für Regenwas-ser)* • drainage pipe
Ablaufrohr n <ents> *(für Abwasser)* • effluent pipe
Ablaufrohr n rar <rls> *(typ. senkrecht)* • downcomer; downpipe; fall pipe *rare*
Ablaufschema n <doku> • flow diagram; flow chart
Ablaufschema n <prod> *(typ. Muster)* • flow pattern
Ablaufschiene f <bahn> • trailing rail
Ablaufschlauch m <kfz> *(z. B. von Schiebedach)* • drain pipe; drain hose
Ablaufschlitten m <nav> *(Stapellauf)* • sliding way; run-ning way
Ablaufsirup m <nahr> • centrifugal syrup
Ablaufspeicher m <bahn> • automatic marshalling con-troller
Ablaufspule f <textil> *(für Garnzufuhr)* • feeding bobbin; feed bobbin; feeding package; feed package
Ablaufstellwerk n <bahn> *(klein)* • hump cabin
Ablaufstellwerk n <bahn> *(groß)* • hump control tower
Ablaufsteuerung f DIN19237 <msr> • sequence control; sequential control; follow-up control *coll*; run control *rare*
Ablaufstreifen m <obfl.qualit> *(Emailfehler)* • drain line [defect]
Ablaufunterbrechung f DIN ISO 3309 <edv> • exception condition *ISO 3309*

Ablauf von Steuerungsvorgängen m <msr> • control sequence
Ablaufwasser n • discharged water
Ablaufweg m <nav> (Stapellauf) • travel
Ablaufwehr n <bau.hydr> • overflow weir
Ablaufwinkel m <förd> • angle of lapping
Ablaufzyklogramm n <bau.doku> (für Errichtung) • construction progress chart
Ablauge f <pap> • spent liquor; waste liquor; blow-off [liquor]
Ablaugenregeneration f <pap> • spent-liquor recovery
Ablaugenrückgewinnung f <pap> • spent-liquor recovery
A-Blech n <kfz> • A-panel
ablecken vt <allg> (eine Oberfläche; z. B. bei Geschmackstest) • lick vt
Ableerbütte f <pap.ents> • dump chest
Ablegebrett n <druck> • distribution tray
Ablegefehler m <druck> • distribution fault
Ablegeform f <druck> • dead matter form
Ablegekasten m <druck> • distribution case
Ablegemechanismus m <prod> (für Werkstücke) • distributing mechanism
Ablegen n <druck> (von Druckfarbe auf die Rückseiten gestapelter Drucke) • setting off
ablegen vi <aerospace> (von Raumstation) • undock vi
ablegen vi <nav> (Schiff) • sail vi
ablegen vi <nav> (Liege-, Ankerplatz verlassen; Schiff) • cast off vi
ablegen vt <büro> (Dokument, Datei) • file vt
ablegen vt <büro> (allg.; z. B. Akten, Ordner) • file vt
ablegen (auf) vt <edv> (Daten) • store (on) vt; place (on) vt; pack (into) vt
Ableger m <druck> • distributor
Ablegesatz m <druck> • dead matter
Ablegeschiff n <druck> • dead matter galley; galley for dead matter
Ablegeschlitten m <druck> • distributor carriage; distributor shifter slide
Ablegespindel f <druck> • distributor spindle
Ablegestange f <druck> • distributor bar
Ablegevorrichtung f <prod> (z. B. für Produkte, Werkstücke) • delivery mechanism
Ablegezeile f <druck> • line of dead matter
Ablehnungszahl f <qualit> • rejection number
ablehren vt <msr> • gauge vt; caliper vt; true vt
ableisten vt <led> • delast vt
Ableitanode f <el> • relieving anode
ableitbar <math> (z. B. durch Berechnung, logisches Schließen) • deducible; derivable
ableitbare Ladung f <el> • free charge
Ableitelektrode f <el> • lead electrode
ableiten vt <tech.allg> (Flüssigkeit, durch Schwerkraft) • drain off vt
ableiten vt <el> (Überspannung, Blitz) • arrest vt
ableiten vt <el> (unabsichtlich; Leckstrom) • leak vt
ableiten vt <math> (z. B. Schlussfolgerung, Formel) • deduce vt; derive vt
ableiten vt <phys> (Wärme) • abduct vt
ableiten vt <phys> (großflächig verteilt; z. B. Wärme, Strom, Spannung) • dissipate vt
ableiten vt <verf> (kleine Mengen Flüssigkeit, Gas, Luft) • bleed off vt
Ableiter m <el> (von Überspannung, Blitzschlag) • arrester
Ableiteranschlussklemme f <el> • arrester terminal
Ableiterfunkenstrecke f <el> • arrester gap
Ableiter mit Mehrfachfunkenstrecke m <el> • multigap arrester
Ableiterstrom m <el> • arrester discharge current

Ableitertrennschalter m <el> • arrester cut-out [switch]
Ableitkondensator m <el> • bypass capacitor
Ableitrolle f <förd> (Rollenbahn, Rollgang) • diverter pulley; diverting pulley; diverting sheave
Ableitung f <tech.allg> • leading-off
Ableitung f <el> (an Erde) • down conductor
Ableitung f <el> (Leckstrom) • leakage
Ableitung f <math> • differentiation; differential coefficient; differential quotient; derivative
Ableitung f <phys> (Abzug von Energie, meist aktiv; z. B. Wärme) • abstraction
Ableitung f <phys> (von Energie, fein verteilt, großflächig, meist passiv; z. B. Wärme) • dissipation
Ableitung f <rls> (Drainage einer Flüssigkeit) • draining; drainage
Ableitungsbelag m <el> • unit length leakance; shunt conductance per unit length
Ableitungsdämpfung f <el> • leakage damping; shunt loss
Ableitungskanal m <bau> (als Abzweig, Umgehung) • diversion canal
Ableitungskanal m <bau> • outfall
Ableitungskanal m <rls> (Auslass) • exit duct; outlet duct
Ableitungsrohr n <rls> • offtake [pipe]
Ableitungsstollen m <bau.hydr> • afterbay
Ableitungsstrom m <el> • leakage current; stray current
Ableitungsverlust m <el> (durch Nebenschluss) • leakage loss; shunt loss
Ableitungswiderstand m <el> (in Ohm) • leak resistance; leakage resistance
Ableitung überschüssiger Wärme f <phys> • excess heat dissipation; dissipation of excess heat
Ableitung von Abwässern f <ents> • discharge of effluents; diversion of effluents
Ableitvermögen n <bau> (Regenwasser; Volumen pro Zeiteinheit) • discharge capacity
Ableitwiderstand m <el> (Bauteil) • bleeder resistor
Ablenkamplitude f <el> • sweep amplitude
Ablenkblech n <tech.allg> (z. B. für Fördergut, Strahl, Strömung) • deflector [plate]
Ablenkdehnung f <el> • sweep expansion; expanded sweep
Ablenkeinheit f <tech.allg> • deflection unit
Ablenkeinheit f <av> (Bildröhre) • scan coil assembly
Ablenkeinrichtung f <masch> (z. B. für Düsenstrahl von Pelton-Turbine, Späne, Fördergut) • deflector
Ablenkeinrichtung f <petr> (gerichtetes Bohren) • deflecting tool
Ablenkelektrode f <el> • deflector electrode; deflection electrode; deflecting electrode
Ablenkempfindlichkeit f <el> • deflection sensitivity
ablenken vt <tech.allg> (z. B. Strömung, Strahl, Zeiger, Kompassnadel) • deflect vt
ablenken vt <el> (Elektronenstrahl, über Bildschirm) • sweep vt
ablenken vt <petr> (Bohrrichtung, am Ablenkpunkt) • kick off vt
Ablenker m prakt <masch> (z. B. für Düsenstrahl von Pelton-Turbine, Späne, Fördergut) • deflector
Ablenkerkolben m <mot> (2-Taktmotor) • deflector piston; deflector-type piston; deflector-topped piston
Ablenkernase f <mot> (an Kolben; z. B. von 2-Takt-Motoren) • deflector
Ablenkfehler m <opt> • deflection aberration; deflection error
Ablenkfrequenz f <el> • sweep frequency
Ablenkgarnitur mit Vorortantrieb f <petr> • deflection assembly with integrated drive motor :V
Ablenkgenerator m <el> • scanning generator; sweep generator

Ablenkjoch *n* <av> *(Bildschirmröhre)* • scanning yoke; deflecting yoke

Ablenkkeil *m* <petr.wz> *(Richtbohr-Wz)* • deflection wedge; correcting wedge; whipstock

Ablenkkoeffizient *m* <el> • deflection coefficient

Ablenklinearität *f* <el> • sweep linearity

Ablenknase *f* <mot> *(an Kolben; z. B. von 2-Takt-Motoren)* • deflector

Ablenkoszillator *m* <av> • scanning unit oscillator

Ablenkplatte *f* <tech.allg> *(allg. für Förderströme; z. B. Luft, Schüttgut)* • deflector [plate]; deflection plate

Ablenkplatte *f* <tech.allg> *(Metall; richtungslenkend)* • baffle plate; directional baffle; baffle

Ablenkprisma *n* <opt> • deviating prism; glass wedge *coll*

Ablenkpunkt *m* <petr> *(Richtbohrung)* • kick-off point (KOP)

Ablenkrolle *f* <förd> • steering idler

Ablenkschaltung *f* <el> • deflection circuit

Ablenkschaufel *f* <turb> • deflecting blade

Ablenkseil *n* <min.förd> • damping rope; dead rope; rubbing rope

Ablenkspannung *f* <el> • deflection voltage; sweep voltage

Ablenkspiegel *m* <druck> *(Belichtungseinheit)* • deflecting mirror

Ablenkspiegel *m* <opt> • deflection mirror; deviation mirror

Ablenkspule *f* <av> *(Bildröhre)* • deflection coil; deflector coil; sweeping coil; scanning coil; scan coil

Ablenkspulen *fpl* <av> *(um Bildröhre; komplette Baugruppe)* • deflection yoke; DY assembly

Ablenkstabilisator *m* <petr> • offset stabilizer

Ablenkstelle *f* <petr> *(Richtbohrung)* • kick-off point (KOP)

Ablenkstrahlbreite *f* <edv> *(dynamischer Scanner)* • moving beam width

Ablenkstück *n* <kfz.el> *(am Unterbrecherhebel)* • rubbing block; heel

Ablenksystem *n* <av> *(Bildröhre)* • deflection system; sweeping system

Ablenkung *f* <tech.allg> *(z. B. Förderstrom, Lichtstrahlen)* • deflection

Ablenkung *f* <el> *(Elektronenstrahl über Bildschirm)* • sweep

Ablenkung *f* <petr> *(Bohrlochrichtung)* • deflection; kick-off

Ablenkung mit Düsenmeißel *f* <petr> • jet deflection *:V*

Ablenkungsdruck *m* <mech> • deflection pressure

Ablenkungswinkel *m* <tech.allg> *(unerwünschte Abweichung)* • deviation angle

Ablenkverstärker *m* <el> *(Bildröhre)* • deflection amplifier; sweep amplifier

Ablenkvorrichtung *f* <tech.allg> *(für Strahl, Strömung, Späne)* • deflector

Ablenkweite *f* <av> • trace interval

Ablenkwerkzeug *n* <petr> • deflection tool; deflecting tool

Ablenkwinkel *m* <petr> *(Bohrung)* • deflection angle; drift angle *pract*; hole angle *pract*; angle of hole deviation

Ablesbarkeit *f* <allg> *(von Ziffern, Markierungen, Strichcodes)* • readability

Ablesefehler *m* <qualit> *(durch Mensch oder Maschine)* • reading error

Ablesefehler *m* <qualit> *(durch Maschine; z. B. Scanner)* • read-out error

Ablesegenauigkeit *f* <tech.allg> *(Skala, Schaubild)* • reading accuracy

Ablesegerät *n* <tele> • read-out device

Ableselamelle *f* <pap> • reading vane

Ableselupe *f* <opt> • reading magnifier

Ablesemarke *f* <msr> • reading mark

Ablesemikroskop *n* <msr> • reading microscope

ablesen *vt* <doku> *(z. B. Manuskript, Teleprompter)* • read off *vt*

ablesen *vt* <msr> *(Instrument, Skala, Anzeigewert, Messwert)* • read *vt*; take the reading (of) *vt*

Ableseokular *n* <opt> • reading eyepiece

Ableserolle *f* <msr> • indexed roller

Ablesescheibe *f* <msr> • indexing disc

Ablesesicherheit *f* <edv> • scan reliability; reading reliability

Ablesung *f* <tech.allg> *(z. B. Skala, Zähler)* • reading

Ableuchten *n* <min> • gas testing

Ablieferungskasten *m* <textil> • delivery box

Ablieferungswalze *f* <textil> • delivery roller

Abliegen *n* DIN 16500/2 <druck> *(von Druckfarbe auf die Rückseiten gestapelter Drucke)* • setting off

ablöschen *v* <bau.mat> *(Kalk)* • slake *v*

ablöschen *vt* <chem.verf> *(z. B. Koks)* • quench *vt*

Ablösearbeit *f* <nukl> • electron work function; work function

ablösen *vr* <tech.allg> *(loskommen, abgehen)* • detach *vi*

ablösen *vr* <holz> *(Laminatschichten)* • delaminate *vi*

ablösen *vr* <min> *(auseinander gehen)* • part *vi*

ablösen *vr* <min> *(Platten)* • slab *vi*

ablösen *vr* <obfl> *(hautförmig; z. B. Anstrich, Verputz)* • peel (off) *vi*

ablösen *vr* <obfl> *(sich trennen von etw.; z. B. Tapete von Wand)* • separate *vi*

ablösen *vr* <obfl> *(in Schuppen; z. B. Verputz, Anstrich)* • flake off *vi*

ablösen *vr* <phot> *(Emulsion)* • frill *vi*

ablösen *vr* <phys> *(z. B. Grenzschicht, Wirbel)* • separate *vi*

ablösen *vr* <phys> *(Strömung; z. B. Luft an Abrisskante)* • break away *vi*

ablösen *vt* <obfl> *(dünne Schicht; z. B. Aufkleber, Folie, Lackfilm)* • strip (off) *vt*

ablösen *vt* <prod> *(freigeben, losmachen, ausklinken; z. B. Werkstück)* • release *vt*

ablösen *vt* <prod> *(Person, bei der Arbeit)* • relieve *vt*

ablösen *vt* <verf> *(festhängende Teile lockern, entfernen; z. B. Filterkuchen)* • dislodge *vt*

Ablösen von Druckfarben *n* <pap.ents> • deinking; ink removal

Ablösung *f* <tech.allg> *(mechanisch; z. B. Bauteile, Schichten)* • detachment

Ablösung *f* <obfl> *(von Beschichtungen; selbsttätig, meist unerwünscht)* • peeling

Ablösung *f* <obfl> *(von Schichten, Überzügen; absichtlich; mech. od. chem)* • stripping

Ablösung *f* <phys> *(einer Strömung; z. B. der Grenzschicht, von Wirbeln)* • separation

Ablösung der Schichten *f* <geo> • bed separation

Ablösungsblase *f* <phys> *(Strömung)* • separation bubble

Ablösungsebene *f* <mat> • cleavage plane

Ablösungsfläche *f* <geo> • cleat

ablösungsfreie Umströmung *f* <phys> • flow around without separation

Ablösungspunkt *m* <förd> *(des Pumpenförderstroms)* • cut-off point

Ablösungspunkt *m* <phys> *(Strömung allg.)* • separation point

Ablösungstriebwerk *n* <aerospace> • separation engine

Ablösungswiderstand *m* <phys> *(Strömung)* • separation resistance

ablöten *vt* <füg.rep> • unsolder *vt*

abloten *vt* <bau> *(vertikal)* • plumb *vt*

ablüften *vi* <tech.allg> *(Stoffe, Oberflächen, Anstriche)* • air (out) *vi*

ablüften *vi* <obfl> *(frischer Lack)* • flash off *vi*
ablüften lassen *vt* <tech.allg> *(Stoffe, Oberflächen, Anstriche)* • air (out) *vt*
Ablüfter *m* <hlk> • exhaust ventilator
Abluft *f* <tech.allg> *(allg.)* • outlet air; outgoing air; exit air
Abluft *f* <hlk> *(betont: verbrauchte Luft)* • used air
Abluft *f* <hlk> *(betont: schlechte, übelriechende Luft)* • foul air
Abluft *f* <hlk> • vitiated air
Abluft *f* <verf> *(betont: großer Durchsatz, abgezogen oder abgeblasen)* • exhaust air; discharged air
Abluftabsaugung *f* <agri> *(betont: übelriechende Luft)* • extraction of foul air
Abluftabsaugung *f* <verf> *(allg.)* • off-air extraction
Abluftejektor *m* <hlk> • exhaust ventilator
Abluftfilter *m* <tech.allg> • air filter
Abluftkamin *m* <nukl> *(von Kernkraftwerken)* • exhaust air stack; vent stack
Ablufttemperatur *f* <hlk> • outlet air temperature
Abluftzeit *f DIN EN 971-1* <obfl> • flash-off time *ISO 4617*
ABM <edv> • asynchronous balanced mode (ABM) *ISO 3309*
Abmagerungssystem *n* <kfz.emiss> • air gulp system
Abmagerungsventil *n* <kfz.emiss> *(gegen Auspuffknallen)* • air gulp valve; gulp valve *pract*; deceleration valve
abmanteln *vt* <el> *(z. B. Draht, Kabel)* • strip [insulation] *vt*; bare *vt*
Abmaß *n* <prod> *(Abweichung vom Sollmaß; oberes, unteres)* • dimensional deviation; dimensional variation
Abmaß *n* <prod> *(Grenzdimension)* • limit of size
abmatten *vt* <textil> • dim *vt*
abmeißeln *vt* <prod> • chisel off *vt*; chip off *vt*
abmelden *vr* <edv> *(aus System, LAN)* • log off *vi*; log out *vi*
abmessen *vt* <msr> *(Chargen, Zuschläge, Lose)* • batch *vt*
abmessen *vt* <msr> *(Längenmaße; z. B. Größe)* • measure *vt*; meter *vt*
abmessen *vt* <msr> *(bestimmte Mengen zuteilen)* • proportion *vt*
Abmesskasten *m* <msr> • gauge box
Abmesskasten *m* <verf> *(für Chargen, Zuschläge)* • batch box
Abmessung *f* <msr> *(Dimension; z. B. Länge, Breite, Höhe, Dicke)* • measurement; dimension; size
Abmessung *f* <msr> *(Vorgang)* • measuring; measurement
Abmessung der Fenstereinheit *f* <bau> *(Fensterbau)* • unit dimension; unit size
Abmessungen *fpl* <tech.allg> *(z. B. in techn. Daten)* • dimensions *pl*; size *sg*
Abmessungsfaktor *m* <kfz> *(Reifen)* • size factor
abmindern *vt rar* <tech.allg> *(z. B. Anteil, Konzentration, Kosten)* • reduce *vt*
Abminderungsbeiwert *m* <tech.allg> • reduction coefficient
Abminderungsfaktor *m* <tech.allg> • reduction factor
abmisten *vt* <led> *(Haut)* • demanure *vt*; dedung *vt*
abmontierbar <tech.allg> *(Teil, das auf einem anderen Teil sitzt; z. B. Antenne)* • detachable
abmontieren *vt* <tech.allg> *(Anbauteile, Zierleisten, Blenden)* • strip *vt*
abmontieren *vt* <tech.allg> *(Aufsätze, Aufbauten; z. B. Luftfiltergehäuse, Podium, Tribüne)* • demount *vt*
abmontieren *vt* <tech.allg> *(Anbauten; z. B. Wandhalterung)* • detach *vt*
abmontieren *vt* <tech.allg> *(zerlegen; z. B. Gerüst, Turmdrehkran)* • dismantle *vt*
Abmustern *n* <textil> *(Färberei)* • matching
abmustern *vt* <nav> *(Seeman)* • sign off *vt*

Abnadelschutz *m* <textil> • deneedling protection; unpinning protection
Abnäher *m* <textil> • dart
Abnahme *f* <allg> • decrease
Abnahme *f* <tech.allg> *(z. B. einer Antenne, einer Plane)* • detachment
Abnahme *f* <tech.allg> *(pötzlich; z. B. physikalische Größe, Wert)* • fall; sudden decrease; drop
Abnahme *f* <el> *(Strom einspeisen; z. B. mit Stromabnehmer)* • collection
Abnahme *f* <jur> *(Akzeptanz; z. B. Fertigteil, Anlage, Lieferung)* • approval
Abnahme *f* <phys> *(Amplitude)* • decrement
Abnahme *f* <qualit> • acceptance
Abnahme *f* <textil> *(Spule)* • doff
Abnahme *f* <wz> *(Entfernen von Material; z. B. spanend)* • removal
Abnahmebedingung *f* <jur> • condition of acceptance
Abnahme des Fertigteils *f* <wz.masch> • unloading
Abnahmeeinrichtung *f* <prod> *(Anbauteil)* • pick-off attachment
Abnahmeeinrichtung *f* <wz.masch> *(zum Entladen)* • unloading device
Abnahmefilz *m* <pap> • pick-up felt
Abnahmegreifer *m* <druck> • delivery gripper
Abnahmekontrolle *f* <qualit> *(Sichtprüfung)* • final inspection
Abnahmekriterium *n* <qualit> • accept/reject criterion; acceptance criterion
Abnahmelehre *f* <msr> • inspection gauge
Abnahmeprobeflug *m* <qualit> • acceptance flight
Abnahme pro Stich *f* <metall> • reduction per pass
Abnahmeprotokoll *n* <qualit.doku> • acceptance certificate
Abnahmeprüfung *f* <qualit> *(allg.)* • acceptance test
Abnahmeprüfung *f* <qualit> *(betont: Sichtprüfung)* • acceptance inspection
Abnahmeprüfung *f* <qualit> *(betont: Sichtprüfung bei Wareneingang, Materialempfang)* • receiving inspection
Abnahmeprüfung *f* <qualit> *(betont: Endabnahme nach Fertigung)* • final test
Abnahmeprüfung *f* <qualit> *(betont: letzte Erprobung)* • final trial
Abnahmeschaber *m* <obfl> *(an Walze)* • roll doctor
Abnahmeschaber *m* <wz> *(Klinge)* • doctor [blade]
Abnahme schwerer Schnitte *f* <prod> • hog machining
Abnahmespule *f* <el> • pick-up coil
Abnahmetisch *m* <silik> • delivery table
Abnahmetoleranz *f* <qualit> • acceptance tolerance
Abnahmeverfahren *n* <qualit> • acceptance procedure
Abnahmeverweigerung *f* <qualit> • acceptance rejection
Abnahmevorschrift *f* <qualit> • acceptance specification; quality specification
Abnahmezeichnung *f* <qualit> • acceptance drawing
abnehmbar <tech.allg> *(z. B. Deckel, Griff, Kapuze, Kurbel)* • detachable; removable
abnehmbar <qualit> *(Ware; z. B. bei Wareneingangsprüfung)* • acceptable
abnehmbare Antenne *f* <navig> • removable antenna; detachable antenna
abnehmbare Dosenlibelle *f* <msr> • detachable circular spirit level; staff level *pract*
abnehmbare Felge *f* <kfz> • demountable rim; detachable rim; removable rim
abnehmbare Frontplatte *f* <kfz.av> *(Diebstahlschutz)* • Take-Out System *Sony*
abnehmbare Kapuze *f* <bekl> • detachable hood
abnehmbarer Bezug *m* <textil> *(z. B. für Autositz)* • slipcover

abnehmbarer Schwanenhals *m* <nfz> • detachable gooseneck; removable gooseneck

abnehmbares Bedienteil *n* <kfz.av> *(Diebstahlschutz)* • Take-Out System *Sony*

abnehmbares Felgenhorn *n* <nfz> • demountable rim flange; demountable flange; detachable rim flange; detachable flange; removable rim flange

abnehmbares hinteres Achsaggregat *n* <nfz> • knockout rear bogie

abnehmbares Horn *n* prakt <nfz> • demountable rim flange; demountable flange; detachable rim flange; detachable flange; removable rim flange

abnehmbare Vorsatzscheibe *n* <bau> • removable double glazing

abnehmen *vi* <allg> *(allmählich geringer werden; z. B. Druck, Temperatur, Preis)* • decrease *vi;* go down *vi*

abnehmen *vi* <tech.allg> *(allg.; z. B. Druck, Temperatur)* • decrease *vi*

abnehmen *vi/vt* <tele> *(Telefongespräch annehmen)* • answer *vt*

abnehmen *vt* <tech.allg> *(entfernen, in beliebiger Richtung; z. B. Griff, Kurbel)* • detach *vt*

abnehmen *vt* <tech.allg> *(nach oben entfernen; z. B. Deckel, Kappe)* • take off *vt;* remove *vt*

abnehmen *vt* <el> *(Spannung)* • collect *vt*

abnehmen *vt* <metall> *(Abdruck, Abguss, Form)* • cast off *vt*

abnehmen *vt* <qualit> *(akzeptieren; Ware, Lieferungen)* • accept *vt*

abnehmen *vt* <textil> *(Kleidung)* • take off *vt;* doff *vt*

abnehmen *vt* <textil> *(Spule)* • doff *vt*

abnehmen *vt* <wz.masch> *(Last, Bauteil; z. B. Werkstück aus Maschine)* • unload *vt*

Abnehmer *m* <el> *(Kontakt; Strom)* • pick-up

Abnehmer *m* <metall> *(zum Auffangen)* • catcher

Abnehmer *m* <ökon> • buyer; purchaser

Abnehmer *m* <textil> • doffer

Abnehmerbeschlag *m* <textil> • doffer covering

Abnehmereinrichtungen *fpl* <el> • utilization equipment

Abnehmerkamm *m* <textil> • noil stripping comb

Abnehmerkopf *m* <el> • pick-up

Abnehmerkratze *f* <textil> • doffer

Abnehmerleiste *f* <textil> • stripper bar

Abnehmerleitung *f* <tele> • serving trunk; service line

Abnehmerputzwalze *f* <textil> • doffer clearer roller

Abnehmerrisiko *n* <jur> • consumer's risk

Abnehmerrolle *f* <druck> • forwarding roll; pickup roll

Abnehmerrolle *f* <el> *(an Oberleitung)* • pick-up roll; trolley [roll]

Abnehmerspule *f* <av> • pick-up coil

Abnehmersystem *n* <textil> • doffer system

Abnehmerwalze *f* <textil> • doffer roller; stripper roller

abnützen *vr* <tech.allg> *(Gebrauchsgegenstände; z. B. Kleidung, Werkzeug)* • wear out *vi*

Abnützung *f* ugs <tech.allg> *(durch Stoffverlust: z. B. Gleitlager, Reifen, Werkzeugschneide)* • wear

Abnutschen *n* ugs <chem.verf> • suction filtration; filtration by means of suction *did*

abnutschen *vt* ugs <chem.verf> • filter by suction *vt;* filter by vacuum *vt*

Abnutzbarkeit *f* <qualit> • wearability; wearing capacity

abnutzen *vr* <tech.allg> *(Gebrauchsgegenstände; z. B. Kleidung, Werkzeug)* • wear out *vi*

abnutzen *vt* <tech.allg> *(mechanisch; z. B. Kleidung, Möbel, Werkzeug)* • wear *vt*

abnutzen *vt* <wz> *(abrasiv)* • abrade *vt*

Abnutzung *f* ugs <tech.allg> *(durch Stoffverlust: z. B. Gleitlager, Reifen, Werkzeugschneide)* • wear

Abnutzung durch Reibung *f* ugs <obfl> *(Vorgang; allg. Abnutzung durch Reibung)* • attrition; abrasive wear; abrasion wear; abrasion

Abnutzungsausgleich *m* <masch> *(z. B. Bremse, Lagerspiel)* • wear compensation

abnutzungsbeständig <qualit> *(allg.)* • wear-resistant; wear-resisting

Abnutzungsbeständigkeit *f* ugs <qualit> *(allg.)* • wear resistance

abnutzungsfrei <qualit.mat> • wear-free; minimal wear; free of any process of wear and tear

Abnutzungsgrenze *f* <qualit> *(z. B. Bremsbelag, Reifen)* • wear limit

Abnutzungsprüfung *f* <qualit> • abrasion test; attrition test

Abnutzungssatz *m* <holz> • prescribed yield

Abnutzungsversuch *m* <qualit.mat> • rattler test

Abnutzungswiderstand *m* <qualit.mat> *(abrasive Beanspruchung; z. B. von Anstrichen, Überzügen, Textilien, Rei)* • abrasion resistance; resistance to abrasion; attrition resistance; abrasion strength

abölen *vt* <led> *(imprägnieren)* • stuff *vt;* oil *vt*

Abonnement-Fernsehen *n* <av> • pay television; pay TV coll

Abonnentenpunkt *m* <tele> • terminal

Abonnentenpunkt für Dialogverarbeitung *f* <tele> • conversational-mode terminal

Abortgrube *f* ugs.obs <ents> • cesspool; cesspit *GB;* catch pit; settling pit

Abpackern *n* <petr> • placement of a packer in a well bore

Abperleffekt *m* <obfl> *(von Lack, Wachsschicht, Imprägnierung)* • water repellency

abperlen *vi* <obfl> *(z. B. Wasser auf gewachstem Lack)* • bead *vi*

Abpfeilern *n* <bau> *(z. B. Balkon)* • stooping

Abpfeilern *n* <min> • pillaring

abpfeilern *vt* <min> • pillar *vt*

Abpfeilerverfahren *n* <min> • slabbing method

abpflocken *vt* <bau> • peg out *vt*

abpipettieren *vt* <chem> • pipette off *vt*

Abplättfirnis *m* <obfl> • transfer varnish

abplatten *vt* <prod> • flatten *vt*

Abplattkopf *m* <holz> • panel raising cutter head

Abplattung *f* <astron> *(an den Polen)* • oblateness

abplatzen *vi/vt* <obfl> *(durch Innendruck; in kleinen Stücken; z. B. Gestein, Erz)* • spall *vi*

Abplatzung *f* <obfl> *(in Schuppen, kleinen Platten)* • chipping; scaling-off; flaking; spalling

Abpolieren *n* <obfl.holz> *(von Schelllackresten)* • spiriting-out

Abprall *m* <tech.allg> *(z. B. Hammer, Geschoss)* • rebound; recochet

abprallen *vi* <tech.allg> *(von harter Fläche; z. B. Hammer, Geschoss)* • rebound *vi;* ricochet *vi*

Abprallen des Relaisankers *n* <el> • relay armature rebound; relay armature bounce

Abpraller *m* <mil> • ricochet shot

Abprallwinkel *m* <mech> *(Stoß)* • rebound angle

Abpressen *n* prakt <tech.allg> *(Vorgang; Kontrolle auf Dichtheit)* • pressure test; leak test

abpressen *vt* rar <rls> *(Druckprobe; z. B. Behälter, Rohr)* • pressure-test *vt*

Abpresswalze *f* <pap> • lumpbreaker roll

Abprodukte *npl* rar <ents> *(evtl. verwertbar)* • waste

abpuffern *vt* <tech.allg> *(Stoß, Aufschlag; Effekt)* • buffer *vt;* buff *vt;* cushion *vt*

abpumpen *vt* <tech.allg> *(z. B. Wasser aus überschwemmten Kellern, Öl aus Tanks)* • pump out *vt*

Abquetschdruck *m* <textil> • squeezing pressure

Abquetscheffekt *m* <textil> • squeezing effect
Abquetschen *n* <phot> *(Wasser von Filmen)* • squee-geeing
abquetschen *vt* <phot> *(nasser Film)* • squeegee off *vt*
abquetschen *vt ugs* <prod> *(Schlauch, Leitung)* • pinch off *vt*; squeeze off *vt*
Abquetscher *m* <phot> *(für Fotoabzüge)* • roller squee-gee; print roller; print squeegee
Abquetschfläche *f* <kst> *(an Formwerkzeug)* • land; land area
Abquetschform *f ugs.rar* <wz> • flash mold
Abquetschfoulard *m* <textil> • squeezing mangle
Abquetschmaschine *f* <textil> • squeezing machine
Abquetschrand *m* <kst> • shear edge
Abquetschschwalze *f* <prod> *(z. B. bei Folienextrusion)* • nip roll; squeegee roll; squeeze roll *rare*
Abquetschschwalze *f* <textil> • squeezing roll
Abquetschwerkzeug *n* <wz> • flash mold
abräumen *vt* <tech.allg> *(hinderliche, unerwünschte Ge-genstände)* • clear away *vt*
abräumen *vt* <min> • strip (off) *vt*; uncover *vt*
abrakeln *vt* <druck> *(Siebdruck)* • squeegee *vt*
Abrasion *f* <geo> • abrasion
Abrasion *f* <rls> *(z. B. in Pumpen, Armaturen)* • erosion; abrasion
abrasiv <tech.allg> • abrasive *adj*
abrasiver Verschleiß *m rar* <obfl> *(Vorgang; allg. Ab-nutzung durch Reibung)* • attrition; abrasive wear; abra-sion wear; abrasion
abrastern *vt* <el> *(scannen)* • scan (over) *vt*
Abraum *m* <min> *(allg.)* • excavated material; strippings
Abraum *m* <min> *(betont: Abfall, wertlos)* • spoil; waste material
Abraum *m* <min> *(betont: Deckschicht, Hangendes)* • overburden; cap rock; barren rock; overlay
Abraumband *n* <min.förd> • overburden disposal con-veyor belt
Abraumbandanlage *f* <min.förd> • overburden disposal conveyor belt system
Abraumbeseitigung *f* <min.ents> • overburden removal; overburden stripping
Abraumboden *m* <min> • mantle
Abraumförderbrücke *f* <min.förd> • overburden con-veyor bridge; overburden bridge
Abraumhalde *f* <min.ents> • overburden dump; spoil dump *pract*; pit tip *coll*; stripping dump *rare*; spoil heap
Abraumkippe *f* <min.ents> • overburden dump; spoil dump *pract*; pit tip *coll*; stripping dump *rare*; spoil heap
Abraum-Kohle-Verhältnis *n* <min> • overburden-to-coal ratio
Abraumlöffelbagger *m* <min> • stripping shovel
Abraummächtigkeit *f* <min> • depth of overburden
Abraumverhältnis *n* <min> • ore ratio; waste ratio
Abraumverkippung *f* <min.ents> • overburden disposal; overburden dumping
Abraumverstürzung *f* <min.ents> • overburden disposal; overburden dumping
Abrechnung nach Zeit *f* <fin> *(nach tatsächlicher Ar-beitszeit)* • billing on the clock
Abrechnung nach Zeit *f* <ökon> *(pauschal, nach Stan-dardzeiten)* • flat time billing
Abrechnung nach Zeitaufwand *f* <fin> *(nach tatsächli-cher Arbeitszeit)* • billing on the clock
Abrechnung nach Zeitaufwand *f* <ökon> *(pauschal, nach Standardzeiten)* • flat time billing
Abrechnungsroutine *f* <edv> • accounting routine
Abrechnung zum Pauschalpreis *f* <fin> • flat rate billing
Abregler *m* <kfz.msr> *(für Höchstgeschwindigkeit; typ. bei 250 km/h)* • limiter; top speed limiter

abreiben *vi/vt* <obfl> *(abrasiv verschleißen; z. B. Gum-mireifen)* • abrade *vi/vt*; chafe *vi/vt*
abreiben *vt* <obfl> *(Fläche; z. B. zum Reinigen, Massie-ren)* • rub down *vt*
abreiben *vt* <obfl> *(durch festes Reiben entfernen; z. B. Fleck)* • rub off *vt*
abreichern *vt* <nukl> • deplete *vt*
Abreicherung *f* <nukl> • depletion
Abreicherungsfaktor *m* <nukl> • depletion factor
Abreicherungsteil *m* <nukl> *(einer Kaskade)* • stripping section; stripper
abreinigen *vt* <verf> *(säubern; z. B. Filter, Abscheider)* • clean *vt*
Abreinigung *f* <verf> *(von Filtern, Abscheidern)* • clean-ing; reconditioning
Abreinigungsbetrieb *m* <verf> *(Filter, Abscheider)* • cleaning mode
Abreinigungsfilter *n/m* <verf> • surface filter; surface-type filter
Abreinigungsgrad *m* <verf> *(Filter, Abscheider)* • clean-ing efficiency
Abreinigungsmechanismus *m* <verf> *(Filter, Abschei-der)* • cleaning mechanism
Abreinigungsmodus *m* <verf> *(Filter, Abscheider)* • cleaning mode
Abreinigungszyklus *m* <verf> *(Filter, Abscheider)* • cleaning cycle
Abreißblock *m* <pap> • tear-off pad
Abreißen *n* <el> *(Lichtbogen)* • breaking
Abreißen *n* <phys> *(Strömung: z. B. von Wirbeln)* • sepa-ration; flow separation
abreißen *vi* <tech.allg> *(z. B. Seil, Draht)* • rupture *vi*
abreißen *vi* <phys> *(Strömung)* • separate *vi*
abreißen *vt* <tech.allg> *(durch Ziehen; absichtlich; z. B. Kalenderblatt)* • tear off *vt*; pull off *vt*
abreißen *vt* <bau> *(völlig zerstören; Gebäude, Brücke)* • wreck *vt*; demolish *vt*; pull down *vt*; tear down *vt*
Abreißen der Papierbahn *n* <pap> • web break; sheet break; break of the web
Abreißen der Strömung *n* <phys> *(Aerodynamik; z. B. an Rotorblättern, Flügeln)* • stall; stalling; flow separation
Abreißen der Strömung *n* <phys> *(Fluiddynamik allg.)* • flow separation
Abreißen des Förderstroms *n* <förd> *(in Pumpen)* • flow separation
Abreißen des Stromflusses *n* <el> • interruption of the current flow
Abreißfestigkeit *f* <füg.bond> *(Drahtbonden)* • pull strength
Abreißfestigkeit *f DIN* <qualit> *(Schicht)* • bond strength
Abreißfunke *m* <el> *(zwischen Schaltkontakten beim Unterbrechen des Stromkreises)* • contact-breaking spark; breaking spark; spark at break
Abreißfunkenstrecke *f* <el> • breaking spark gap
Abreißkante *f* <druck> *(für Rollenpapier, z. B. an Tisch-rechner mit Drucker)* • tear bar
Abreißkante *f rar.ugs* <fz> *(Strömungsabriss; z. B. an Heckspoiler)* • trailing edge
Abreißkontakt *m* <alarm> *(Sabotagekontakt)* • tear-off detector
Abreißkontakt *m* <el> *(Lichtbogen)* • arcing contact
Abreißlichtbogen *m* <el> • break arc; interrupted arc
Abreißmesser *n* <druck> • tear-off knife
Abreißpunkt *m* <förd> *(des Pumpenförderstroms)* • cut-off point
Abreißvorgang *m* <phys> • break-off phenomenon
Abreißwalze *f* <druck> *(für Papierbahn)* • web-breaking roller; tear-off roller
Abreißwalze *f* <textil> • detaching roller

Abribus *m* <werb> • poster placed in a busshelter

Abrichtdiamant *m* <wz> *(für Schleifscheiben)* • dressing diamond; diamond wheel dresser; diamond dresser; truing diamond

Abrichtdorn *m* <wz> • truer mandrel

Abrichteinrichtung *f* <wz.masch> • dressing fixture; truing fixture

abrichten *vt* <holz> *(Oberfläche glätten; z. B. mit Hobel)* • surface *vt*

abrichten *vt* <holz> *(mit Hobel)* • surface-plane *vt*

abrichten *vt* <led> *(Leder)* • plane *vt*

abrichten *vt* <prod> *(Schleifscheibe)* • true *vt*

abrichten *vt* <theat> *(Bühnenbeleuchtung)* • set *vt*

Abrichten mit Abrichtrolle *n* <prod> • roll dressing

Abrichter *m prakt* <wz> *(für Schleifscheibe)* • abrasive wheel dresser; abrasive wheel truer; truing device; dresser *pract*

Abrichtfräsen *n* <holz> • surfacing

Abrichtfräsmaschine *f* <wz.masch> • single surfacer

Abrichthobelmaschine *f* <holz.wz.masch> • surface planing machine

Abrichtmaschine *f* <prod> • sizer

Abrichtmaschine *f* <wz.masch> *(zur Erzielung ebener Oberflächen)* • smooth planer

Abrichtplatte *f* <bau.wz> • surface table

Abrichtrolle *f* <wz> • roll dresser; block truer

Abrichtschleifmaschine *f* <wz.masch> • disc grinding machine; disc grinder

Abrichtstift *m* <wz> • abrasive-stick dresser

Abrichtvorschub *m* <wz.masch> • dressing lead

Abrieb *m* <kfz.emiss> *(in Schüttgutkatalysatoren)* • attrition

Abrieb *m* <masch> *(abgetragene Partikel; z. B. Metallspäne, Bremsstaub)* • wear debris; rubbings *coll*

Abrieb *m* <min> • degradation product

Abrieb *m* <obfl> *(Vorgang; allg. Abnutzung durch Reibung)* • attrition; abrasive wear; abrasion wear; abrasion

abriebbedingter Schaden *m* <obfl> *(von Beschichtungen, Überzügen)* • friction-induced damage

abriebbeständig <qualit.mat> *(allg. widerstandsfähig gegen Abrieb; z. B. Anstrich, Aufdruck)* • abrasion-resistant; abrasion-resisting; abrasion-proof; resistant to abrasion; non-abrasive

Abriebbild *n* <kfz> *(Reifen)* • abrasion pattern

Abriebbildung *f* <min> • degradation

abriebfest <qualit.mat> *(allg. widerstandsfähig gegen Abrieb; z. B. Anstrich, Aufdruck)* • abrasion-resistant; abrasion-resisting; abrasion-proof; resistant to abrasion; non-abrasive

abriebfestes Außenmaterial *n* <bekl> • wearproof outer material

Abriebfestigkeit *f* <qualit.mat> *(abrasive Beanspruchung; z. B. von Anstrichen, Überzügen, Textilien, Rei)* • abrasion resistance; resistance to abrasion; attrition resistance; abrasion strength

Abriebfestigkeit bei gleitender Reibung *f* <qualit.mat> • scuff resistance

Abriebindikatoren *mpl* <kfz> • treadwear indicators *pl* (TWI); wear bars *pl coll*

abriebmindernd <qualit> • antiattrition

Abriebprüfgerät *n* <qualit.mat> • abrasion tester; abrasion testing instrument

Abriebprüfmaschine *f* <qualit> • abrasion-testing machine

Abriebprüfung *f* <qualit> • abrasion test; attrition test

Abriebschutzschicht *f* <obfl> • antiabrasion layer

Abriebverschleiß *m form* <obfl> *(Vorgang; allg. Abnutzung durch Reibung)* • attrition; abrasive wear; abrasion wear; abrasion

Abrieb verursachen *vt* <allg> • abrade *vt*

Abriebvolumen *n* <kfz> *(Reifen)* • volume abrasive wear rate; volume wear rate

abriegeln *vt* <tech.allg> *(Raum, Gelände; Ein-/Ausgang blockieren)* • block *vt*

abriegeln *vt* <tech.allg> *(mit Riegel)* • bolt *vt*

Abriss *m* <bau> *(völlige Zerstörung; z. B. Gebäude, Brücke)* • wrecking; demolishing; pulling down

Abriss *m rar* <doku> *(allg.)* • summary

Abrissbirne *f* <bau.masch> • wrecking ball; demolition ball; breaking ball *rare*

Abrisskante *f* <fz> *(Strömungsabriss; z. B. an Heckspoiler)* • trailing edge

Abrisskontrolle *f* <pap> • tear-off control

Abrißplan *m* <bau.doku> • demolition drawing

Abrisspunkt *m* <förd> *(des Pumpenförderstroms)* • cut-off point

Abrissstelle *f* <bau> *(Bauwerk)* • demolition site

abrösten *vt* <prod> • roast *vt*

Abrollabrichtgerät *n* <wz> • wheel crushing attachment

Abrollbahn *f* <bahn> • tipping rail

Abrollbehälter *m* <logist> • roll-off container; roll-off body; roll-off *coll*

Abrolleinrichtung *f* <pap> • unwind unit

abrollen *vi ugs* <tech.allg> *(von Rolle, Coil; z. B. Schweißdraht, Blech, Papier)* • uncoil *vi*

abrollen *vi ugs* <textil> *(Faden)* • run off *vi*

abrollen *vt* <tech.allg> *(nach und nach; z. B. Seil)* • pay off *vt*

abrollen *vt* <tech.allg> *(von Winde; z. B. Drahtseil)* • unwind *vt*

abrollen *vt* <textil> *(Faden)* • unroll *vt*

Abroller *m* <büro> *(für Klebeband; typ. mit Abrisskante)* • tape dispenser

Abroller *m* <druck> *(Abwickelvorrichtung für Rollenpapier)* • unwind unit; unwinder

Abrollgeräusch *n* <kfz> *(von Reifen)* • tire noise

Abrollgeschwindigkeit *f* <fz> *(von Reifen)* • rolling speed

Abrollgestell *n* <pap> • reel-off stand; back stand; unwind stand

Abrollhaspel *f* <prod> • uncoiler

Abrollkipper *m* <nfz> • hook-lift truck; roll-off tipper *GB*

Abrollklopfen *n* <kfz> *(von Reifen)* • tire thump

Abrollkorb *m* <metall> • coil cradle

Abrollleiste *f* <logist> *(mehrgeschossige Regalanlage)* • kick plate

Abrollmenü *n rar* <edv> • pull-down menu

Abrollohr *n* <bahn> • tipping ear

Abrollsicherung für Rollbehälter *f* <nfz> • cart stop

Abrolltopf *m* <kfz> *(Luftfeder-Rollbalg)* • pedestal

Abrollträger *m* <bahn> • tipping sill

Abrollung *f* <druck> *(Abwickelvorrichtung für Rollenpapier)* • unwind unit; unwinder

Abrollwiderstand *m* <prod> • rolling resistance

Abrollwiege *f* <bahn> • tipping cradle

abrücken *v* <druck> *(Zeilen)* • lead lines *v*

abrüsten *v* <bau> • take down the scaffold *v*

Abrüstzeit *f* <edv> • take-down time

Abruf *m* <edv> *(von Daten; z. B. aus Datenbank)* • data retrieval

Abrufbefehl *m* <edv> *(Daten aus Speicher)* • readout command; fetch instruction; poll command

Abrufdatei *f* <edv> • demand file

abrufen *vt* <edv> *(Daten)* • retrieve *vt*; recall *vt*

abrufen *vt* <tele> • ring off *vt*

Abruffolge *f* <edv> • calling sequence

Abrufliste *f* <edv> • polling list

Abrufmenü *n* <edv> • pop-up menu

Abrufsystem *n* <edv> • retrieval system

Abruftechnik *f* <edv> • polling

Abrufzeichen n <edv> • polling character

Abrufzeichen n <tele> • proceed-to-send signal

Abrufzeichenfolge f <edv> • polling character sequence

Abrufzyklus m <edv> • fetch cycle

abrunden vt <edv> (Linie, Ecke; z. B. per CAD) • fillet vt; round vt

abrunden vt <math> (Zahl; typ. auf das nächsthöhere Vielfache von 5) • round vt; round off vt

abrunden vt <prod> (Kante mit Radius versehen) • radius vt

abrunden vt <prod> (Ende abschneiden) • truncate vt

Abrundmaschine f <wz.masch> • rounding machine

Abrund- und Abdachmaschine f <wz.masch> (Zahnradfertigung) • gear-tooth rounding-off and pointing machine

Abrund- und Entgratmaschine f <wz.masch> (Zahnradfertigung) • gear chamfering and deburring machine

Abrundung f <tech.allg> • rounding

Abrundung f <edv> (konkav; Hohlkehle) • fillet

Abrundung f <math> (Zahl; Rechnungsergebnis) • rounding-off

Abrundung f <prod> (abgerundete Kante, Ecke) • external radius

Abrundungsfehler m <math> • rounding error

Abrundungsfläche f <edv> • fillet surface

Abrundungshalbmesser m <masch> • nose radius

abrupter Übergang m <füg> (an einer Verbindung) • abrupt junction

abrutschen vi <tech.allg> (seitlich) • side-slip vt

abrutschen vi <tech.allg> (von einer Unterlage; z. B. Schuh vom Pedal) • slip off vi

abrutschen vt <tech.allg> (betont: nach unten; z. B. Fördergurt von Trommel) • slip down vt

ABS <kfz.brems> • anti-lock braking system (ABS); anti-lock brakes, ALB; anti-skid coll; electronic anti-locking; antilock brake system SAE

ABS <kst> • acrylonitrile-butadiene-styrene (ABS); acrylonitrile-butadiene-styrene polymer

absacken vi <bau> • slump vi

absacken vi <bau> (z. B. Boden) • subside vi

absacken vi ugs <kfz> (des Karosseriemittelteils) • droop vi

absacken vi <nav> • sink vi

absacken vt <tech.allg> (z. B. Flugzeug, Decke, Träger, Brücke) • sag vi

absacken vt <pack> (verpacken in Säcken) • sack vt

Absackstand m <agri> • bagging platform

Absackstutzen m <pack> (für Schüttgut) • bagging spout attachment; sacking spout

Absackvorrichtung f <agri> (Mähdrescher) • bagging attachment; bagger coll

absägen vt <prod> • saw off vt

absättigen vt <nukl> • saturate vt

Absättigung f <nukl> • saturation

absätzig betriebene Anlage f <agri.tech> • batch-load digester; batch digester

Absäuern n <bau> (z. B. von Klinkerwänden) • acid-washing; acidification

absäuern vt <textil> • acidify vt

Absäuerung f <bau> (z. B. von Klinkerwänden) • acid-washing; acidification

Absäuerung f <chem> (allg.; Erhöhung des Säuregrads) • acidification; acidulation

Absäuerung f <chem.verf> (betont: Prozessstufe; z. B. Papierprod.) • acid stage

Absäuerung f <textil> • acidification

Absalzen n <verf> • blowdown; bleed off; purge

absalzen vt <verf> • blowdown vt; bleed off vt; purge vt

Absalzleitung f <verf> • blowdown line; bleed line; purge line

Absalzmenge f <verf> • blowdown rate; bleed off rate; purge rate

Absalzwasser n <verf> (aus Kühlkreislauf) • blowdown water; bleed-off water; purge water

absampeln v. <edv.av> • sample vt

absanden v <obfl> • sandblast v

absanden vt <metall> • desand vt

Absatz m ugs <bau> (waagerecht) • berm; bench; terrace; set-off

Absatz m <bau/geo> (schmaler Vorsprung; z. B. an Wand, Fels, Abhang) • ledge

Absatz m <bekl> (Schuh) • heel

Absatz m <doku> (deutliche Trennung im Text) • break

Absatz m <doku> (in Text) • paragraph

Absatz m <masch> (abgewinkelter, gestufter Maschinenteil) • offset

Absatz m <masch> (z. B. Achse, Welle) • shoulder

Absatz m <masch> (z. B. Welle) • step

Absatzaufdrückmaschine f <bekl> • heel fastening machine

Absatzaufnagelmaschine f <bekl> • heel nailing machine

Absatzbaufleck m <led> • heel lift

Absatzbauleder n <led> • lifting leather

Absatzbaumaschine f <bekl> • heel building machine

Absatzbeziehapparat m <bekl> • heel covering jack

Absatzdrehen n <prod> • shoulder turning

Absatzfront f <bekl> • heel breast

Absatzfrontsohle f <led> • heel breast sole

Absatzfüllstück n <led> • heel filler block

Absatzgelenkeinheit f <led> • heel shank unit

Absatzgestein n <geo> • sedimentary rock

Absatzkeder m <led> • split lift

Absatzmarkt m <ökon> • market; marketplace

Absatzoberfleck m <led> • top lift

Absatzpflege f <werb> • marketing

Absatzschott n <nav> • break bulkhead

Absatzsitz m <led> • heel seat

Absatzsprengung f <led> • heel pitch

Absatzvorbaumaschine f <led> • heel building machine

absatzweises Streckenauffahren n <min> • head-and-bench tunnelling

absatzweise Vulkanisation f <prod> (Gummi) • length-by-length cure

Absatzwerbung f <werb> • advertising

Absatzzeichen n <druck> • paragraph mark; break mark

Absaufen n ugs <kfz.mot> (des Motors) • flooding

Absaugegerät n <med.tech> (zur Bronchialtoilette) • suction device ISO 4135

Absaugegerät n DIN 51402 <verbr.emiss> (zur Bestimmung der Rußzahl) • test pump; smoke tester

Absaugeinrichtung f <verf> (Abzug; z. B. für Dämpfe) • exhaust system; extraction system

absaugen vt <tech.allg> (etwas von oder aus etwas durch starken Sog entfernen) • suck off (from/out of) vt

absaugen vt <verf> (z. B. Staub, Dämpfe abziehen) • draw off vt; exhaust vt; extract vt; withdraw vt

absaugen vt <verf> (Flüssigkeit) • siphon vt

absaugen vt <verf.innen> (mit Staubsauger; z. B. Teppiche, Polster) • vacuum vt

Absaugfassade zur solaren Lufterwärmung f <energ.sol> (Luftkollektor-System) • solar wall

Absauggerät n <tech.allg> • suction device

Absauggerät n <med.tech> (z. B. für Körperflüssigkeit) • aspirator

Absaugklosett n <hygi> (z. B. Bus, Flugzeug) • siphonic closet

Absaugleitung f <tech.allg> • suction line

Absaugleitung f <hlk> (von Klima-, Kältemaschine) • suction main

Absaugleitung f <kfz.emiss> *(für Kraftstoffdämpfe; zwischen Aktivkohlebehälter und Ansaugsystem)* • canister purge vapor hose
Absaugmaschine f <textil.silik> • suction machine
Absaugrelais n <kfz.emiss> *(Aktivkohlebehälter)* • canister purge solenoid
Absaugrüssel m <kfz.emiss> *(für Dampfpendeln)* • vapor recovery boot *:V*
Absaugsystem n prakt <druck> *(Ablation-Technologie)* • debris removal system; shroud extraction system *Agfa*; extraction system *pract*
Absaugtisch m <druck> *(Plattenätzung)* • draw-off table
Absaugung f <med.tech> • bronchial suction; suction *ISO 4135*; aspiration *ASTM F 960*
Absaugventil für Kraftstoffdampf n did <kfz.emiss> • scavenging valve; purge valve
Absaugventilmagnet m <kfz.emiss> *(Aktivkohlebehälter)* • canister purge solenoid
Absaugvorrichtung f <druck> *(Ablation-Technologie)* • debris removal system; shroud extraction system *Agfa*; extraction system *pract*
ABS-Ausfall m <brems> • anti-lock failure
ABS-Ausschalttaste f <kfz.brems> • ABS override button
Abschabemesser n <prod.nahr> *(Speiseeis; an Freezer-Schlägerwelle)* • scraper blade; scraping blade; freeze blade; dasher blade; scraper
Abschabemesser n <wz> *(allg.)* • scraper knife
Abschaben n DIN EN ISO 4618 <obfl> *(von Beschichtung, Rost oder Walzhaut)* • chipping *ISO 4618-3*
abschaben vt <obfl> *(allg. Unebenheiten, überschüssiges Material)* • scrape off *vt*
abschaben vt <obfl> *(betont: mit scharfer Klinge)* • doctor *vt*
Abschälen n <obfl> *(von Beschichtungen; selbsttätig, meist unerwünscht)* • peeling
abschälen vr <obfl> *(hautartig)* • peel *vi*
abschälen vr <obfl> *(in Schuppen)* • scale (off) *vi*
abschälen vr <obfl> • flake (off) *vi*
abschälen vt <verf> *(Ablagerungen; z. B. von Filtersieb)* • shave off *vt*
Abschäler m <nukl> • skinner; knife
Abschälerblech n <nukl> • skinner; knife
Abschälmesser n <nukl> • skinner; knife
Abschälverhältnis n <nukl> • cut
abschärfen vt <prod> *(allg. Scharfkantigkeit entfernen, abrunden)* • chamfer *vt*; bevel *vt*
Abschärfung f <prod> *(entschärft)* • chamfer; beveled edge *US*; bevelled edge *GB*; chamfered edge
abschätzen vt <allg> *(z. B. Gesamtkosten, Konsequenzen)* • figure out *vt*
abschäumen vt <verf> *(Flüssigkeit)* • skim off *vt*
Abschäumer m <verf> *(allg.)* • skimmer
Abschäumer m <verf> *(von Aquarien)* • protein skimmer
Abschäumlöffel m <verf> • skimming ladle
Abschaltautomatik f <tech.allg> • automatic shut-down device
abschaltbar <antr> • disengageable
abschaltbar <el> • disconnectible
abschaltbare Meldelinie f obs <alarm> • omissible detector circuit *:V*
abschaltbare Meldergruppe f <alarm> • omissible detector circuit *:V*
abschaltbarer Verbraucher m <el> • interruptible load
Abschaltdauer f <el> *(stromlose Zeit)* • current-off time
Abschaltdüse f <masch> • shut-off nozzle
abschalten vt <el> *(Kleingeräte; z. B. Licht, Geschirrspüler, Fernseher)* • switch off *vt*; turn off *vt coll*
abschalten vt <el> *(trennen, z. B. Maschine vom Netz)* • cut off *vt*; disconnect *vt*

abschalten vt <el> *(betont: Stromversorgung trennen; kleine und große Verbraucher)* • de-energize *vt*
abschalten vt <el> *(allg.; z. B. Anlagen, Systeme, Geräte, Verbraucher)* • switch off *vt*
abschalten vt <masch> *(Aggregat; z. B. Pumpe, Triebwerk)* • shut down *vt*; stop *vt*; deactivate *vt*
abschalten vt <masch> *(betont: laufenden Vorgang stoppen; z. B. Maschine, Förderband)* • interrupt *vt*
Abschalter m ugs.rar <el> • circuit breaker; contact breaker; breaker; cut-out; disconnecting switch *rare*
Abschaltfunke m <el> • break spark
Abschaltkennlinie f <el> • cut-out characteristic
Abschaltklinke f <tele> • break jack
Abschaltkontakt m <el> • disconnecting contact
Abschaltleistung f <el> • circuit-breaking capacity
Abschaltleistungsniveau n <energ> • shut-down power level
Abschalt-Magnetventil n <el> • on/off solenoid valve
Abschaltmembran f <kfz> *(EGR-Ventil)* • cut-out diaphragm
Abschaltmöglichkeit für Motor und Elektrik f <nfz. sich> • emergency shutoff
Abschaltreaktivität f <nukl> • shut-down reactivity
Abschaltreaktivität f <nukl> *(Kernreaktor)* • shutdown reactivity
Abschaltrelais n <el> • cut-off relais
Abschaltstab m <nukl> • scram rod
Abschaltstrom m <el> • shutdown current; turn-off current
Abschaltthyristor m <el> • turn-off thyristor; gate turn-off thyristor
Abschaltüberspannung f <el> • switch-off excess voltage
Abschaltung f <tech.allg> *(Vorgang; z. B. Stromkreis, Maschine, System, Anlage)* • shutdown
Abschaltung f <el> *(betont: Trennung)* • disconnection; cut-off
Abschaltung f <el> *(des Stromversorgungsnetzes)* • power cut
Abschaltung f <el> *(elektr. Verbraucher; mit Schalter)* • switching-off
Abschaltung f IEV 415 <energ.wind> *(Übergangszustand zwischen Leistungserzeugung und Leerlauf/Stillstand)* • shutdown *IEV 415*
Abschaltvermögen n <el> • circuit-breaking capacity; rupturing capacity *rare*
Abschaltvorrichtung f <el> *(Stromkreisunterbrechung)* • contact-breaking device
Abschaltwindgeschwindigkeit f <energ.wind> • cut-out wind speed *IEV 415*; cut-out speed; furling speed *obs*
Abschaltzeit f <av> *(Ende von Timer-Aufnahmen)* • ending time
abschatten vt <licht> *(abdunkeln, verdecken; z. B. Sonnenkollektor)* • shade *vt*
abschatten vt rar <phot> *(Bildrand schwärzen)* • vignette *vt*
Abschattung f <tech.allg> *(z. B. von Solarkollektoren, Parkplätzen, Gebäuden)* • shading; shadowing *rare*
Abschattung f <opt> *(in Objektiv; unerwünscht)* • vignetting; shading
Abschattung f prakt <tele> *(von Funksignalen; z. B. durch Gebäude, Brücken, Tunnel, Berge)* • interruption of signal reception
Abschattung durch das Kontaktgitter f <energ.sol> • grid shading
Abschattungselement n <bau> • shade
Abschattungsverlust m <tele> *(durch Berge)* • mountain effect
Abschattungsverlust m <tele> *(allg.)* • shadow effect

abscheidbar <verf> *(je nach Trennverfahren)* • separable; precipitable; depositable

Abscheidebehälter mit tangentialem Einlass *m* <verf> • centrifugal bag separator

Abscheideelektrode *f* <ents> • collecting plate; collecting electrode; collector plate; collector electrode; precipitating electrode

Abscheidefeld *n* <verf> *(Elektroentstauber)* • collection surface

Abscheidefläche *f* <verf> • collection surface; collecting surface

Abscheidegrad *m* <chem> *(Entstickung)* • reduction rate

Abscheidegrad *m* <ents> *(betont: Sammeln; z. B. von Wertstoffen in Abscheider)* • collection efficiency

Abscheidegrad *m* <verf> *(z. B. eines Filters)* • separation efficiency

Abscheidegrad *m* <verf> *(von Filtern, Abscheidern; in Volumen oder Masse pro Zeiteinheit)* • collection efficiency; removal rate

Abscheidegüte *f* <verf> *(von Filtern, Abscheidern; in Volumen oder Masse pro Zeiteinheit)* • collection efficiency; removal rate

Abscheidekörper *m* <verf> *(of filters, separators)* • collecting body; barrier; target

Abscheideleistung *f* <ents> • collection efficiency

Abscheideleistung *f* <verf> *(von Filtern, Abscheidern; in Volumen oder Masse pro Zeiteinheit)* • collection efficiency; removal rate

Abscheidemechanismus *m* <verf> *(von Filtern, Abscheidern)* • particle collection mechanism; particle capture mechanism; deposition mechanism

Abscheiden *n* <verf> *(Vorgang, chemisch/physikalisch; z. B. von Staub, Schadstoffen)* • separation; segregation; removal *coll*

abscheiden *vr* <chem.verf> *(allg. aus einer Suspension; z. B. als Schaum oder Bodensatz)* • separate out *vi*

abscheiden *vr* <chem.verf> *(am Boden absetzen)* • settle *vi*; precipitate *vi*; deposit *vi*; sediment *vi*

abscheiden *vt* <verf> *(chemisch/physikalisch trennen/ entfernen; z. B. Staub, Schadstoffe)* • remove *vt*

abscheiden *vt* <verf> *(allg. sammeln in Filter/Abscheider; z. B. Staub, Verunreinigungen)* • collect *vt*; remove *vt*; separate *vt*; trap *vt*; catch *vt*

abscheiden *vt* <verf> *(als Niederschlag, Beschichtung, Überzug)* • deposit *vt*

abscheiden (auf) *vr* <verf> *(Partikel; z. B. Pigmente, Schwebstoffe)* • settle *vi*; deposit on *vi*

abscheiden (auf) *vt* <obfl> *(aufbringen; z. B. Lack, Überzug)* • deposit (on) *vt*

abscheiden mittels Strom *vt* <obfl> • electrodeposit *vt*

Abscheider *m* <verf> *(betont: durch Fällung)* • precipitator

Abscheider *m* <verf> *(allg.)* • separator; collector *pract*; trap *coll*

Abscheideraum *m* <verf> *(Zone in einem Entstauber)* • separation zone

Abscheider für mitgerissene Flüssigkeit *m* <verf> • entrainment separator

Abscheidung *f* <el.chem> *(Vorgang; als Niederschlag)* • deposition

Abscheidung *f* <verf> *(Vorgang, chemisch/physikalisch; z. B. von Staub, Schadstoffen)* • separation; segregation; removal *coll*

Abscheidung *f* <verf> *(Vorgang; z. B. sammeln von Staub, Verunreinigungen in Filter/Abscheider)* • collection

Abscheidung *f rar* <verf> *(Niederschlag am Boden; z. B. in Behälter)* • sediment; bottom settlings; bottoms *pract*; settlings *coll*

Abscheidungen am Boden *fpl rar* <verf> *(Niederschlag am Boden; z. B. in Behälter)* • sediment; bottom settlings; bottoms *pract*; settlings *coll*

Abscheidungskonstante *f* <chem.verf> • partition coefficient

Abscheidungspotential *n* <el.chem> *(Spannung, die die Reduktion bzw. Oxidation eines Stoffes ermöglicht)* • decomposition voltage; decomposition potential

Abscheidungsspannung *f* <el.chem> *(Spannung, die die Reduktion bzw. Oxidation eines Stoffes ermöglicht)* • decomposition voltage; decomposition potential

Abscherbolzen *m* <masch> • shear pin; shearing pin

abscheren *vt* <masch> *(absichtlich oder unabsichtlich; z. B. Bolzen, Überlastsicherung)* • shear [off] *vt*

abscheren *vt* <prod> *(mit Schere; z. B. Blechabschnitt)* • clip off *vt*

Abscherfestigkeit *f* <qualit.mat> • shear strength

Abscherstift *m* <masch> *(Überlastsicherung)* • shear pin

Abscherversuch *m* <qualit.mat> • shear test; shearing test

Abscherwinkel *m* <prod> • shear angle

abscheuern *vt* <obfl> *(Oberfläche; zum Reinigen)* • scour *vt*

Abschiebeeinrichtung *f* <metall> • kick-off

Abschiebegabel *f* <agri> • push-off stacker

Abschiebeheugabel *f* <agri> • push-off stacker

Abschiebung *f* <geo> • dip-slip fault; downthrow; dipper

Abschiebungsbruch *m* <geo> • normal fault

Abschiefern *n* <geo> *(Gestein)* • exfoliation

abschiefern *vr* <obfl> • exfoliate *v*

Abschieferung *f* <textil> • exfoliation; silk louse; lousiness; fibrillation

Abschießen *n* <mil> *(eines Zieles)* • shooting

Abschießen *n* <mil> *(einer Schusswaffe)* • firing; discharge

abschießen *vt* <mil> *(Ziel)* • shoot *vt*

abschießen *vt rar.coll* <mil> *(Schusswaffe)* • fire *vt*; discharge *vt*

Abschilfern *n* <obfl> *(Anstrich etc.; schuppig)* • scaling-off

Abschirm... <el> *(elektromagnetisch)* • screened ...; screening ...; shielded ...; shielding ...

Abschirm... <phys> *(gegen Strahlung; z. B. Röntgen-, Gammastrahlung)* • shielded ...; shielding ...

Abschirmabstand *m* <el> • screening length

Abschirmbecher *m* <el> • screening can

Abschirmbeton *m* <bau.mat> *(allg.)* • shielding concrete

Abschirmbeton *m* <nukl> *(gegen radioakt. Strahlung)* • radiation shielding concrete; concrete for radiation shielding

Abschirmbeutel *m* <pack> *(z. B. metallisiert für Elektronikteile oder Filme)* • shield bag

Abschirmblech *n* <masch> *(allg., Schürze, Blende)* • valance

Abschirmblech *n* <masch> *(gegen Wärme)* • heat shield

Abschirmdichtung *f* <el> *(gegen EMI)* • EMI gasket

Abschirmdicke *f* <nukl> • shielding thickness

Abschirmeffekt *m* <phys> • shielding effect; screening effect

abschirmende Wirkung von Bauwerken *f* <nukl> • shielding effect of structures

abschirmen (gegen) *vt* <tech.allg> *(durch Abdeckung, Schirm; z. B. vor Niederschlag, Strahlung)* • shield *vt*; screen *vt*; protect *vt*

Abschirmfaktor *m* <tech.allg> • shielding factor

Abschirmfilter *m* <el> • EMI filter

Abschirmgehäuse *n* <el> • screening case

Abschirmkabel *n* <el> • shielded cable; screened cable *rare*

Abschirmkäfig *m* <el> • screening cage

Abschirmklemme *f* <el> • shielded terminal

Abschirmkonstante f <nukl> • shielding constant
Abschirmlage f <el> • shield layer
Abschirmlitze f <el> (z. B. um Koaxial-Antennenkabel)
• shield braid; shielding braid
Abschirmmaterial n <tech.allg> • shielding material;
shield material
Abschirmradius m <nukl> • Debye-length; Debye
shielding distance; Debye-Hückel parameter; screening
radius; radius of the ionic atmosphere
Abschirmradius m <phys> • Debye length; Debye-Hückel
screening radius
Abschirmrechnung f <nukl> • shielding equation
Abschirmschlauch m <el> • shielding tube
Abschirmspule f <av> • field neutralizing coil
Abschirmung f <masch> (Abdichtung; z. B. gegen
Schmutz, Feuchtigkeit) • seal[ing]
Abschirmung f prakt <nukl> (gegen radioaktive Strah-
lung) • radiation shielding; nuclear shielding
Abschirmung f <phys> (Vorgang; z. B. gegen EMI, Strah-
lung) • shielding
Abschirmung f <phys> (konkret; z. B. Drahtgeflecht, Me-
tallmantel, Bleiglas, Beton) • shield; shielding
Abschirmung f <tele> (gegen Funkinterferenz) • radio
shielding
Abschirmung f rar <tele> (von Funksignalen; z. B. durch
Gebäude, Brücken, Tunnel, Berge) • interruption of signal
reception
Abschirmung gegen UV-Strahlen f <phys> • UV shielding
Abschirmungsprüfung f <el> • shielding test
Abschirmungswirkung f <nukl> (z. B. von Blei, Beton)
• shielding action; shielding effect
Abschirmwerkstoff <tech.allg> • shielding material;
shield material
Abschirmwicklung f <el> • shield winding
Abschirmwirkung f <nukl> (z. B. von Blei, Beton)
• shielding action; shielding effect
abschlacken vt <metall> • skim (off) vt; slag off vt; deslag
vt
abschlämmbarer Stoff m <bau.mat> (Betonzuschlag)
• settleable solid
Abschlämmen n <verf> • blowdown; bleed off; purge
abschlämmen vt <verf> (Flüssigkeit und Feststoffe trennen) • elutriate vt; drain the sludge vt
abschlämmen vt <verf> • blowdown vt; bleed off vt; purge
vt
Abschlämmenge f <verf> • blowdown rate; bleed off rate;
purge rate
Abschlämmhahn m <rls> • sludge drain cock
Abschlämmleitung f <verf> • blowdown line; bleed line;
purge line
Abschlämmung f <verf> (durch Dekantieren, Ablaufen-
lassen) • elutriation
Abschlämmung f <verf> (durch Abblasen) • sludge blow-
off
Abschlämmwasser n <ents> • blow-down water
Abschlämmwasser n <verf> (aus Kühlkreislauf) • blowdown water; bleed-off water; purge water
Abschlagbürste f <druck> • beating brush
abschlagen vt <tech.allg> (durch Schlagen abtrennen;
z. B. Kacheln, Putz von der Wand) • knock off vt
abschlagen vt <tech.allg> (zusammenlegen, -falten,
-klappen; z. B. Zelt, Gerüst, Gestell) • knock down vt
abschlagen vt <textil> (Maschen) • knock-over vt; cast off
vt
Abschlagexzenter m <textil> (Rundwirkmaschine)
• knock-over cam; knocking-over cam; landing cam
Abschlagkamm m <textil> • knock-over verge; stripping
comb pract

Abschlagkamm m DIN ISO 11675 <textil> • knock-over
comb ISO 11675
Abschlagkammplatine f <textil> • trick-plate verge
Abschlagkante f <textil> • knock-over edge
Abschlagmaschine f <nahr> • slice-cutting machine
Abschlagplatine f <textil> (auf Rundwirkmaschinen)
• platine
Abschlagplatine f <textil> (auf Cottonmaschinen) • knock-
over bit
Abschlagschloss n <textil> (Rundwirkmaschine) • knock-
over cam; knocking-over cam; landing cam
Abschlagslänge f <min> • advance per round
Abschlagsteg m DIN ISO 11675 <textil> (Zahn des Ab-
schlagkammes) • knock-over bit ISO 11675
Abschlagsteg m <textil> (auf Cottonmaschinen) • knock-
over bit
Abschlagtiefe f <min> • advance per round
Abschlagvorrichtung f <druck> • web severer
Abschlagzahn m <textil> • verge bit; comb
Abschleifen n <prod> • abrasive machining; grinding-off coll
abschleifen vt <led> (Narbenschicht) • buff off vt
abschleifen vt <obfl> (typ. per Hand; z. B. Spachtel, Lack)
• sand vt; sand down vt; sand back vt
abschleifen vt <prod> (betont: entfernen von etw.; z. B.
Rost, Lackreste) • grind off vt
abschleifen vt <prod> (betont: mit Schleifpapier) • sandpaper vt
abschleifen vt <prod> (allg. mit Schleifmittel) • abrade vt
Abschleiffestigkeit f rar <qualit.mat> (abrasive Beanspruchung; z. B. von Anstrichen, Überzügen, Textilien,
Rei) • abrasion resistance; resistance to abrasion; attrition
resistance; abrasion strength
Abschleifung f <geo> • attrition
Abschleppdienst m <kfz.verk> • towing service US;
breakdown recovery service; recovery service; wrecker
service US.coll; tow service US.coll
abschleppen vt <kfz> (eines betriebsunsicheren/betriebs-
unfähigen Fahrz.) • tow vt
abschleppen vt <verk> (widerrechtlich geparkte Fahr-
zeuge) • tow away vt
Abschleppfahrzeug n <kfz> (Abschleppdienst; meist ein
Lkw) • breakdown vehicle; recovery vehicle
Abschleppgurt m <kfz> • tow strap; emergency tow strap
Abschleppkupplung f <kfz> (zum Schleppen liegen-
gebliebener Fahrzeuge) • towing hitch; tow-bar coupling
Abschleppöse f <kfz> • towing lug
Abschleppseil n <kfz> (nicht aus Metall) • tow rope
Abschleppseil n <kfz> (Drahtseil) • tow cable
Abschleppstange f <kfz> • tow bar
abschleudern vt <verf> • centrifuge vt; spin off vt pract
abschließbar <tech.allg> (mit Schloß; z. B. Tür, Behälter,
Fenstergriff) • lockable
abschließbare Antenne f <kfz> • key-lock antenna
abschließbare Autoradio-Abdeckung f <kfz> • in-dash
stereo safe
abschließbare Diskettenbox f <büro> • locking disk file
abschließbarer Tankverschlussdeckel m <kfz>
• locking gas cap US
abschließbare Sicherheitsklappe f <edv> (für Laufwerke) • lock-tight security door
abschließbares Rad n <kfz> • lockable wheel
abschließen vt <tech.allg> (komplett zu Ende bringen;
z. B. Auftrag, Lieferung, Montagearbeit) • complete vt
abschließen vt <tech.allg> (Vorgang, Arbeit zu Ende bringen; auch vorzeitig) • finish vt; end vt
abschließen vt <tech.allg> (z. B. gas-, luft-, wasserdicht) •
seal vt
abschließen vt <tech.allg> (ummanteln, einhüllen)
• shroud vt

abschließen vt <tech.allg> *(mit Schloß, Schlüssel)* • lock vt

abschließen vt <jur> *(z. B. Vereinbarung, Vertrag)* • conclude vt

abschließende Ruhezone f <edv> *(rechts vom Startzeichen eines Codes)* • trailing quiet zone; terminating empty field

Abschluss m <tech.allg> *(vollständige Beendigung eines Vorgangs; z. B. Auftrag, Lieferung, Monta)* • completion

Abschluss m <el> *(Widerstand)* • termination

Abschluss m <pack> *(Abdichtung; z. B. luftdicht)* • sealing

Abschlussanweisung f <edv> • close statement

Abschlussband n DIN 45510 <av> *(unmagnetisiertes Bandstück am Ende eines Magnetbandes)* • trailer tape

Abschluss einer Aktivität m <tech.allg> • activity completion

Abschlusselement n <el> • terminating device

Abschlusserprobung f <qualit> • final trial

Abschlussfehler m <phot> • closing error

Abschlussimpedanz f <el> • terminal impedance

Abschlusskabel n <el> • termination cable

Abschlusskappe f <tech.allg> • end cap

Abschlussleiste f <bau.innen> *(Putzkante; z. B. an Gipskartonplatten)* • plaster stop; stop bead

Abschlussleiste f <logist> *(z. B. an Regal, unten)* • base plate US; plinth GB

Abschlussmuffe f <el> • pothead jointing sleeve

Abschlussprofil n <bau.innen> *(Putzkante; z. B. an Gipskartonplatten)* • plaster stop; stop bead

Abschlussprüfung f <qualit> • final test; final examination

Abschlussring m <masch> • shroud ring

Abschlussscheinwiderstand m <el> • terminal impedance; terminating impedance

Abschlussschiene f <bau.innen> *(Putzkante; z. B. an Gipskartonplatten)* • plaster stop; stop bead

Abschlussspindel f <rls> • stop valve spindle

Abschlussstück n <tech.allg> *(Abdeckkappe, z. B. seitlich an Stoßfängern, Leisten)* • end cap

Abschlusswiderstand m <el> *(Bauteil; in Gerätekette oder Bus-Netzwerk)* • terminating resistor; terminator pract; resistor terminator cap rare; end-of-line resistor rare

Abschlusswiderstand m <msr> *(elektrische Größe)* • terminal resistance

abschmelzbare Elektrode f <füg> *(Schweißen)* • consumable electrode

Abschmelzbrenner m <prod> • sealing-off burner

Abschmelzbrenner m <verbr> • tipping torch

Abschmelzelektrode f <füg> *(Schweißen)* • consumable electrode; fusible electrode

Abschmelzen n <tech.allg> *(Vorgang des Niederschmelzens, meist unerwünscht; z. B. von Speiseeis)* • meltdown

abschmelzen vi <tech.allg> *(z. B. Schnee, Eis, Speiseeis)* • melt vi; melt down vi

Abschmelzfehler m <nahr> *(Speiseeis)* • meltdown defect

Abschmelzgeschwindigkeit f <tech.allg> • melting rate; rate of meltdown

Abschmelzgeschwindigkeit f <nahr> *(von Speiseeis)* • melting rate; rate of meltdown; speed of melting

Abschmelzleistung f <füg> *(Schweißelektrode)* • deposition rate; burn-off rate pract; deposition efficiency

Abschmelzprozess m <tech.allg> *(Vorgang des Niederschmelzens, meist unerwünscht; z. B. von Speiseeis)* • meltdown

Abschmelzrate f <nahr> *(von Speiseeis)* • melting rate; rate of meltdown; speed of melting

Abschmelzschweißen n <füg> • flash welding

Abschmelz-Stumpfschweißen n <füg> • flash butt welding

Abschmelzung f <tech.allg> • melt-off

Abschmelzung der Schweißelektrode f <füg> • consumption of welding electrode; electrode consumption

Abschmelzverhalten n <nahr> *(von Speiseeis)* • melting characteristics; meltdown characteristics; melting properties; melting conditions; melting quality pract

Abschmelzvermögen n <nahr> *(von Speiseeis)* • melting characteristics; meltdown characteristics; melting properties; melting conditions; melting quality pract

Abschmelzwiderstand m <nahr> *(Speiseeis)* • melting resistance; resistance to melting; melt-down resistance Grindsted

Abschmelzzeit f <tech.allg> • melting time

Abschmieren n <druck> *(von Druckfarbe auf die Rückseiten gestapelter Drucke)* • setting off

Abschmieren n DIN 16500/2 <druck> *(Verwischen frischer Druckfarbe durch Maschinenteile)* • smearing; smudging

abschmieren vi <aerospace> • side-slip vi

abschmieren vi <druck> *(Druckfarbe)* • set off vi

abschmieren vt <tribo> *(mit Fett; über Schmiernippel)* • lubricate vt; grease vt coll

Abschmiergerät n <tribo> • lubrication equipment

Abschmiergrube f <tribo> • greasing pit

abschmirgeln v <prod> • emery v

abschmirgeln vt <prod> • abrade with emery vt

Abschmutzbogen m <druck> • set-off sheet

abschmutzen vi <druck> *(Druckfarbe)* • set off vi

Abschneidefrequenz f <phys> • cut-off frequency

abschneiden vt <tech.allg> *(durch kurzen, schlagartigen Schnitt; z. B. Blech, Draht, Papier, Blumen)* • clip (off) vt

abschneiden vt <tech.allg> *(z. B. mit Schere, Schneidmaschine)* • cut off vt (")

Abschneideschaltung f <el> • clipper circuit

Abschnitt m <tech.allg> *(Teil einer Menge, portionierter Teil)* • portion

Abschnitt m <tech.allg> *(z. B. von Programm, Buch, Eisenbahnstrecke)* • section

Abschnitt m <math> *(z. B. eines Kreises)* • segment

Abschnitt m <prod> • cut-off piece; cutting

Abschnitt m <prod> *(zum Entsorgen; z. B. Blechrest, Holzverschnitt)* • discard

Abschnitte pl <prod> *(Abfall; z. B. Bleche, Leder)* • trimmings pl

Abschnittkarte f <edv> • stub card

Abschnittlänge f (AL) <druck> *(beim Querschneiden der Papierbahn)* • cut-off length; cut-off pract

Abschnittlänge f <prod> • cutting length; cutting-off length

Abschnitt-Reparaturtechnik f <kfz.rep> *(Karosserie)* • section repair; sectional repair; cut-and-shut repair coll

Abschnittslänge f <druck> *(beim Querschneiden der Papierbahn)* • cut-off length; cut-off pract

a/b-Schnittstelle f <tele> *(für Analoggeräte an ISDN-Anschluss)* • a/b interface

abschnittsweise Verarbeitung f <edv> • batch-bulk processing

Abschnüreffekt m <el> • pinch-off effect

abschnüren vt <el> • pinch off vt

abschnüren vt <nav> • line out vt; lay off vt; lay down vt

Abschnürspannung f <el> • pinch-off voltage

Abschnürung f <nav> • lofting

Abschnürung f <phys> • pinch-off

abschöpfen vt <verf> *(Abschaum)* • scum vt

abschöpfen vt <verf> *(allg. schwimmende Schicht; z. B. Fett, Öl, Schaum)* • skim off vt

Abschöpfgerät n <ents> • skimming device

abschotten vt <tech.allg> *(Bereiche, Räume; mit Trenn-wänden, Schotten)* • bulkhead vt
abschrägen vt <bau> *(Böschung, Bankett)* • bank vt
abschrägen vt <bau> *(für Schäftverbindung)* • scarf vt
abschrägen vt <bau> *(Fläche; z. B. Dach, Böschung)* • slope vt
abschrägen vt <bau> • splay vt
abschrägen vt <bau.mat> *(Dachziegel)* • weather vt
abschrägen vt <edv> *(CAD; Brechen von scharfen Kan-ten)* • bevel vt
abschrägen vt <prod> *(Bauteil; keilförmig)* • taper vt
abschrägen vt <prod> *(schräg formen, schneiden)* • bevel vt; skew vt
abschrägen vt <prod> *(allg. Scharfkantigkeit entfernen, abrunden)* • chamfer vt; bevel vt
Abschrägung f <tech.allg> *(keilförmig)* • taper
Abschrägung f ugs <tech.allg> *(abgeschrägte Bauteil-kante)* • chamfer; chamfered edge; bevel
Abschrägung f <tech.allg> *(schräg, zur Niveauanglei-chung; z. B. als Auffahrt)* • ramp
Abschrägung f <bau> • slope
Abschrägung f <bau> *(V-förmig auseinander gehend)* • splay
Abschrägungswinkel m ugs <masch> • chamfer angle
Abschrankung f <autom> *(Zugangsschutz)* • safety cage
abschraubbar <masch> • unscrewable
abschrauben vt <füg> *(Teil mit Gewinde; z. B. Schraube, Mutter, Deckel)* • screw vt; screw off vt; unscrew vt
Abschreckalterung f <mat> • quench aging
Abschreckbad n <metall> • quenching bath
Abschrecken n <metall> *(Wärmebehandlung von Metal-len; z. B. in Salzbad, Wasser, Öl, Luft)* • quenching
Abschrecken n <verf> *(schnell, z. B. in Wasser)* • quench-ing
abschrecken vt <metall> *(durch rasches Abkühlen)* • quench vt
Abschreckfaltversuch m <qualit.mat> • quench bend test; temper bend test rare
Abschreckflüssigkeit f <metall> *(normalerweise Was-ser, Öl)* • quenching liquid; quenchant; liquid quenchant
Abschreckhärten n <metall> • quench hardening
Abschreckhärtetiefe f <metall> • quenching hardness penetration depth
Abschreckmittel n <bio> *(für Ungeziefer)* • repellent
Abschreckmittel n <metall> *(zum schlagartigen Ab-kühlen; z. B. Luft, Öl, Wasser)* • quenching agent; quenchant
Abschreckmittel n <sich> *(gegen Feinde, Einbrecher)* • deterrent
Abschreckmittel gegen Nagetiere n <bio> • rodent re-pellent
Abschrecköl n <metall> • quenching oil
Abschreckspannung f <metall> • quenching stress
Abschreckstrahl m <metall> • quenching jet
Abschreckstufe f <verf> • quenching stage
Abschrecktrog m <metall> *(Schmieden)* • water bosh; bosh
Abschreckung f <metall> *(durch rasche Abkühlung)* • quenching; rapid chilling
Abschreckung durch gesicherte Zweitschlagkapa-zität f <mil> • deterrence based on assured nuclear sec-ond-strike ability
Abschreckungsmaßnahme f <sich> *(gegen Personen, kriminelle Handlungen)* • deterrence
Abschreibung f <fin> • depreciation
Abschrot m <wz> • blacksmith's hardy
abschroten vt <prod> • chisel off vt
abschuppen vr <obfl> *(Farbe, Anstrich)* • flake off vi
abschuppen vt <nahr> *(Fisch)* • scale vt

Abschuppung f <obfl> *(Anstrich etc.; schuppig)* • scaling-off
Abschuss m <mil> *(einer Schusswaffe)* • firing; discharge
Abschuss m <mil> *(eines Zieles)* • shooting
Abschusspunkt m <mil> *(einer Waffe)* • present position
Abschussrampe f <aerospace> *(allg.)* • launcher
Abschussrampe f <aerospace> *(Plattform)* • launching pad
Abschussrohr n <mil> • launching tube
Abschussschacht m <aerospace> • launcher silo
Abschussvorrichtung f <mil> *(z. B. für Torpedo)* • ejec-tor
Abschussvorrichtung f <mil> *(mech.)* • firing mecha-nism
Abschusswinkel m <aerospace> *(von Flugkörper; z. B. Rakete)* • launching angle
abschwächen vt <av> *(Lautstärke)* • mute vt
abschwächen vt <chem> *(Säure)* • dilute vt; thin vt coll
abschwächen vt <masch> *(z. B. Kräfte, Stöße)* • deaden vt
abschwächen vt <navig> *(Signale)* • attenuate vt
abschwächen vt <phot> *(Kontrast, Schärfe)* • soften vt
abschwächen vt <phot> *(Kontrast, Sättigung)* • reduce vt; tone down vt rare
abschwächen vt <phys> *(Schwingungen)* • attenuate vt
abschwächen vt <phys> *(z. B. Verstärkung, Empfind-lichkeit)* • diminish vt
Abschwächer m <mech> *(für Schwingungen)* • attenuator
Abschwächer m <phot> *(für Farbsättigung)* • reducer; re-ducing solution
Abschwächung f <tech.allg> *(allg.; absichtlich oder un-absichtlich; z. B. von Schall, Signalen, Lich)* • attenuation; damping
abschwarten vt <holz> • slab vt
abschwenkbar <masch> • swing-off; swivelling-away
abschwenken vi/vt <masch> • swing off vi/vt; swivel out vi; swing out vi
ABS-Deaktivierung f <kfz.brems> • ABS override button
abseihen vt <verf> *(Flüssigkeit durch Sieb, Filter)* • pour through vt; strain vt; colander vt
Abseite f <textil> • backing
absengen vt <textil> *(von Textiloberflächen; Ausrüstung)* • singe vt
Absenkeinrichtung f <wz> • lowering device
Absenken n <min> • crushing the roof
absenken vt <förd> *(Ausleger; Derrick-Kran)* • derrick out vt
absenken vt <masch> *(Bauteil, z. B. Getriebe, Motor-block)* • lower vt
Absenken der Plattform n <petr> • ballasting down to sea bed; lowering of platforms
Absenkmodellplatte f <metall> • stripping plate
Absenkpumpe f <petr> *(zum Entwässern)* • dewatering pump
Absenkschieber m <verf> • descending sluice gate
Absenkschütz n <verf> • descending sluice gate
Absenkung f <tech.allg> *(von Gegenständen, physik. Größen; z. B. Lasten, Druck, Temperatur)* • lowering
Absenkung f <geo> *(Vertiefung im Gelände)* • depression
Absenkung f <geo> *(Boden; z. B. durch Baulasten)* • sett-lement; subsidence
Absenkung f <hydr> *(Wasserspiegel v. Stauseen, Stau-stufen)* • dropping head
Absenkung f <metall> *(Strangguss)* • withdrawal
Absenkung f <petr> *(Bohrung)* • drawdown
Absenkung des Grundwasserspiegels f <verf> • low-ering of the water table; ground-water lowering rare
Absenkungsgeschwindigkeit f <chem.verf> • settling rate; settling speed rare

Absenkvorrichtung f <nfz> *(von Omnibus)* • kneeling feature; kneeling system; kneeling facility; kneeling device

Absenkziel n <energ.hydr> • minimum operating level; low supply level

Absetzapparat m <verf> • settling apparatus; settler *pract*

absetzbare Stoffe mpl <chem.verf> • settleable particles *pl*; settleable solids *pl*

Absetzbecken n <verf.hydr> *(offen; zur Entfernung von Sinkstoffen; Wasseraufbereitung)* • settling tank; precipitation tank; sedimentation tank; clarifying basin; subsidence basin

Absetzbehälter m <verf> *(eher geschlossen)* • settling tank; precipitation tank; clarifier *pract*; settling chamber *rare*

Absetzbütte f <pap> • draining tank; drainer

Absetzcontainer m <agri> • lifted container

Absetzdock n <nav> • depositing dock

Absetzen n <verf> *(Vorgang)* • sedimentation; settlement; settling *coll*; gravity settling *rare*

absetzen vr <chem.verf> • settle (down) vt; set vi; deposit vi; sediment vi *rare*

absetzen vt <druck> *(Text, Druckvorlage)* • compose vt; typeset vt

absetzen vt <lwl> *(Entfernen der Faserhülle)* • strip off vt

absetzen vt <min> • spoil vt

absetzen vt <prod> *(Formteil; z. B. beim Schmieden)* • step vt; shoulder vt; offset vt

absetzen vt <prod> *(von Blech; Herstellen einer Absetzkante)* • joddle-join vt; joddle vt; joggle vt

Absetzen der Last <förd> • off-loading

absetzen lassen vt <verf> *(suspendierte Feststoffe)* • precipitate vt

Absetzer m <förd.min> • overburden spreader; stacker *pract*

Absetzerausleger m <förd.min> • spreader belt arm

Absetzerkippe f <min> • stacker dump

Absetzgefäß n form <verf> *(eher geschlossen)* • settling tank; precipitation tank; clarifier *pract*; settling chamber *rare*

Absetzgefäß nach Imhoff n <chem> • Imhoff sediment cone; Imhoff cone

Absetzgeschwindigkeit f <verf> • settling rate; sedimentation rate; settling velocity; settling speed

Absetzglas n <verf> • Imhoff sediment cone; Imhoff cone; settling glass *pract*

Absetzglas nach Imhoff n <chem> • Imhoff sediment cone; Imhoff cone

Absetzgrube f <ents> • settling pit

Absetzkammer f <verf> *(Schwerkraftabscheider)* • settling chamber; sedimentation chamber; drop-out box; expansion chamber

Absetzkammer mit horizontalen Platten f <verf> • settling chamber with plates

Absetzkante f <kfz> *(Karosserie)* • step; set; joddle *pract*; flange

Absetzkipper m <nfz> • bucket loader

Absetzmulde f <nfz> • bucket

Absetzplatz m <rep> *(für Instands.)* • repair berth

Absetzprobe f <verf> • sedimentation test

Absetzraum m <verf> • sediment chamber

Absetzschleuder f <verf> • sedimentation centrifuge

Absetzstoffänger m <verf> • gravity save-all

Absetztank m <verf> *(Trennung Wasser von anderen Komponenten)* • dewatering classifier

Absetztank m <verf> *(allg.; offen oder geschlossen)* • settling tank; sedimentation tank

Absetztank m prakt <verf> *(eher geschlossen)* • settling tank; precipitation tank; clarifier *pract*; settling chamber *rare*

Absetzteufe f <petr> • casing seat

Absetztrichter m <verf> • settling cone

Absetzverfahren n <chem.verf> • sedimentation process

Absetzverhinderungsmittel n <chem> *(z. B. in Lack)* • antisettling agent; sedimentation inhibitor

Absetzwerkzeug n <lwl> • stripping tool

Absetzzange f <kfz.wz> *(zum Ausformen von Kanten in Blechen)* • sheetmetal crimping tool; panel flanger US; edge setter; joddler GB.pract; joggler GB.pract

Absetzzentrifuge f <verf> • sedimentation centrifuge

ABS-Gehäuse n <el> *(z. B. für Elektronikgeräte)* • ABS enclosure

absichern vt <tech.allg> *(z. B. Stromkreis)* • protect vt

absichtliche Radarstörung f <mil> • radar jamming

absieben vt <verf> • screen vt; sift v; sieve vt; separate by screening vt

absieden vt <chem> • decoct vt

absinken vi <tech.allg> *(z. B. Träger, Decke, Verkleidung, Gipskartonplatten)* • sag vi

absinken vi ugs <geo> *(Boden)* • subside vi

Absinken der Amplitude n <av> *(von Nachhall)* • decay

Absinth m <bio> • absinth; Artemisia absinthium

Absitztank m <verf> • quiescent tank

absolut anzeigender Höhenmesser m <navig> • absolute altimeter

Absolutbeschleunigung f <tech.allg> • absolute acceleration

Absolutbetrag m <math> • absolute value

Absolutbewegung f <geo> • absolute motion

Absolut-Drehgeber m <msr> • absolute encoder

Absolutdrucksensor m DIN EN 1330-1 <msr> • absolute pressure transducer

absolute Adresse f <edv> • specific address

absolute Atommasse f <phys> • absolute atomic mass

absolute Bemaßung f <doku> *(Maßlinien beziehen sich auf eine gemeinsame Basislinie)* • baseline dimensioning; absolute dimensioning; datum dimensioning; reference-line dimensioning

absolute Dielektrizitätskonstante f <el> • absolute permittivity; dielectric coefficient

absolute Feuchte f <meteo> • absolute humidity

absolute Grenzdaten npl <tech.allg> • absolute maximum ratings; maximum ratings

absolute Größe f <astron> • absolute magnitude

absolute Häufigkeit f <math> • absolute frequency

absolute Helligkeit f <astron> • absolute brightness; real brightness; total luminosity

absolute Konvergenz f <math> • absolute convergence

absolute Koordinate f <tech.allg> *(Entfernung oder Winkel, vom Ursprung eines Koordinatensystems)* • absolute coordinate

absolute Luftfeuchte f <meteo> • absolute humidity

absolute Luftfeuchtigkeit f <meteo> • absolute humidity

absolute Messwertverarbeitung f <prod> *(Fertigungsautomation (CIM, CNC-Werkzeugmaschine))* • datum processing

absolute Neuheit f <jur> • novelty

absolute Permeabilität f DIN EN 1330-1 <phys> • absolute permeability; free-space permeability

absolute Programmierung f <edv> • absolute programming

absoluter Alkohol m <chem> • dehydrated alcohol; anhydrous alcohol

absoluter Brechungsindex m form <opt> • refractive index; refraction index; refraction coefficient *form*; index of refraction

absoluter Encoder m <msr> • absolute encoder; absolute angular encoder

absoluter Fehler m <math> • absolute error

absoluter Feuchtegehalt *m* <therm> • moisture content
dry weight basis

absoluter Nullpunkt *m* <phys> • absolute zero

absoluter Pegel *m* <msr> • absolute level

absoluter Schwächungsquerschnitt *m* <phys> • absolute attenuation cross-section

absoluter Wert *m* <math> *(e. komplexen Zahl)* • modulus

absoluter Winkelkodierer *m* <msr> • absolute encoder;
absolute angular encoder

absoluter Wirkungsquerschnitt *m* <phys> • absolute
cross-section

absolute Schwingungsmessung *f* <msr> • absolute vi-
bration measurement

absolutes Maß *n* <doku> *(technische Zeichnung)* • ba-
seline dimension; absolute dimension

absolutes Messsystem *n* <msr> • absolute measuring
system

absolutes System *n* <math> • absolute system

absolutes Vakuum *n* <phys> • absolute vacuum; physi-
cal vacuum

absolute Temperatur *f* (T) <phys> • absolute tempera-
ture (T)

absolute thermodynamische Temperaturskale *f*
<phys> • Kelvin's absolute scale of temperature

absolute Viskosität *f* <phys> *(Strömungslehre)* • viscos-
ity coefficient; dynamic viscosity; absolute viscosity

absolute Wasserundurchlässigkeit *f* <ents> • zero
permeability

absolute Zahl *f* <math> • absolute number

absolute Zeit *f* <phys> • absolute time

absolute Zerfallsrate *f* <nukl> • absolute disintegration
rate

absolut fabrikneuer Zustand *m* <tech.allg> • absolutely
mint condition

Absolutgeber *m prakt* <msr> • encoder

Absolutgeschwindigkeit *f* <tech.allg> *(z. B. in Strömun-
gen)* • absolute velocity

absolutmessender Drucksensor *m* <msr> • absolute
pressure transducer

Absolutmessung *f* <msr> • absolute measurement

Absolutmessverfahren *n* <msr> • absolute measuring
technique

Absolutpositionierung *f* <autom> • absolute position-
ing

absolut schwarz <phys> *(Körper; z. B. Absorberfläche)*
• ideal black; perfectly black

Absoluttheorie in der Elektrodynamik *f* <el> • abso-
lute theory in electrodynamics

absolut trocken *obs* <pap> • bone-dry (b.d.); ovendry

absoluttrocken <textil> • absolute dry

Absolutwert *m* <math> • absolute value

Absolutwertelement *n* <edv> • absolute-value element

Absolutwertgeber *m* <msr> • encoder

Absolutwertrechner *m* <edv> • absolute-value computer

Absolutzähler *m* <edv> • absolute counter

absondern *vt (durch kleine Öffnungen, Poren; typ. Flüs-
sigkeit)* • exude *vt*; ooze (out) *vt coll*; sweat *vt*

absondern *vt* <tech.allg> *(ein Teil vom Rest trennen)*
• separate *vt*; single (out) *vt*; segregate *vt*; isolate *vt*

Absonderung *f* <tech.allg> *(aus Poren; z. B. Flüssigkeit)* •
exudation

Absonderung *f* <tech.allg> *(eines Teils from Rest)* • se-
paration; segregation; isolation

Absorbat *n* <chem.verf> • absorbed substance

Absorbens *n* <chem.verf> • absorbing substance; ab-
sorbing material; absorbing agent; sorbent

Absorber *m* <tech.allg> *(allg.; für Energie, Flüssigkeiten,
Gase)* • absorber

Absorber *m* <el.ic.prod> *(Schicht)* • absorber

Absorber *m* <energ.sol> *(eines Sonnenkollektors; meist
eine Platte)* • absorber; solar absorber

Absorber... <tech.allg> *(cf: Absorptions...)* • absorber ...

Absorberbeschichtung *f* <energ.sol> • absorber coating;
absorber plate coating

Absorberblech *n* <energ.sol> • absorber plate; absorber
sheet; collector plate

Absorberelement *n* <nukl> • absorber element

Absorberfläche *f* <energ.sol> *(Solarkollektor)* • absorbing
area; absorbing surface; absorber surface; absorption
surface

Absorberkälteanlage *f* <hlk> • sorption refrigeration
system

Absorberkanal *m* <energ.sol> *(in Solarkollektor)* • fluid
tube; fluid passage; flow passage; fluid flow tube; transfer
fluid tube

Absorberkreis *m* <el> • absorption circuit; absorber cir-
cuit; absorption trap

Absorberkreis *m* <energ.sol> • transfer fluid loop; collec-
tor loop; primary circuit

Absorberkreislauf *m* <verf> • absorption loop

Absorberkugel *f* <energ.sol> • spherical absorber

Absorberlösung *f* <verf> • absorbing solution

Absorberplatine *f* <energ.sol> • absorber plate; absorber
sheet; collector plate

Absorberplatte *f* <energ.sol> • absorber plate; absorber
sheet; collector plate

Absorberregelung *f* <nukl> • absorption control

Absorberrohr *n* <energ.sol> *(Kollektor)* • absorber tube;
absorber pipe; tube absorber; tubular absorber; receiver
tube

Absorberstab *m* <nukl> • absorber rod; absorbing rod
rare; neutron absorbing rod *did*

Absorbertemperatur *f* <energ.sol> • absorber temper-
ature

Absorberturm *m* <energ.sol> • tower; receiver tower

absorbierbar <phys> • absorbable

Absorbierbarkeit *f* <phys> *(z. B. einer Flüssigkeit)* • ab-
sorbability

absorbieren *vt* <metall> *(Gase und Fremdkörper)* • oc-
clude *vt*

absorbieren *vt* <phys> *(allg., z. B. Energie, Flüssigkeit,
Gas, Strahlung, Licht)* • absorb *vt*; imbibe *vt*; soak up *vt
coll*

absorbieren *vt* <textil> *(z. B. Farbstoff, Imprägnierung)*
• take up *vt*

absorbierend *prakt* <tech.allg> • absorptive *adj*; absorb-
ing

absorbierender Stoff *m* <chem.verf> • absorbing sub-
stance; absorbing material; absorbing agent; sorbent

absorbierte Dosis *f* <nukl> • absorbed dose

absorbierter Stoff *m ugs* <chem.verf> • absorbed sub-
stance

Absorpt *n* <chem.verf> • absorbed substance

Absorptiometer *n* <chem.verf> • absorptiometer; absorp-
tionmeter

Absorption *f* <tech.allg> • absorption

Absorption der Röntgenstrahlung *f* <phys> • X-ray
absorption

Absorption durch Paarbildung *f* <nukl> • absorption by
materialization

Absorptions... <tech.allg> *(cf: Absorber...)* • absorption
...

Absorptionsanlage *f* <verf> • absorption plant

Absorptionsanlage für Rauchgas *f* <emiss> • fume
scrubber

Absorptionsapparat *m* <verf> • absorber

Absorptionsband *n* <phys> • absorption band

Absorptionsbande *f* <phys> • absorption band

Absorptionsbande des Molekülspektrums f <phys> • molecular absorption band

Absorptionsbatterie f <chem.verf> *(allg.)* • absorption column; absorber column; absorption stack; absorption tower; absorption train

Absorptionsbeiwert m <tech.allg> • absorption coefficient

Absorptionsdämpfer m <tech.allg> • absorptive attenuator

Absorptionsdruckfarbe f <druck> • pressure-set ink

absorptionsfähig <tech.allg> • absorptive *adj*; absorbing

Absorptionsfähigkeit f <phys> *(allg.)* • absorptivity; absorptive capacity; absorptive power; absorbing power *pract*

Absorptionsfilter n <verf> • absorbent filter

Absorptionsfläche f <tech.allg> • absorptive area

Absorptionsfläche f <energ.sol> *(Solarkollektor)* • absorbing area; absorbing surface; absorber surface; absorption surface

Absorptionsflasche f <chem> • absorption bottle

Absorptionsflüssigkeit f <msr> *(chemische Absorption)* • absorbing fluid *pract*; absorbing liquid

Absorptionsfrequenzmesser m <msr> • absorption wavemeter; absorption-type frequency meter

Absorptionsgefäß n <verf> • absorption vessel

Absorptionsgerät Bauart Cobb n <pap> • Cobb sizing tester

Absorptionsgesetz n <phys> • absorption law; law of absorption

Absorptionsglas n <opt> • filter glass; absorptive glass

Absorptionsgrad m <opt> • absorptance

Absorptionsgrad m <phys> *(Strahlung: Gesetz von Kirchhoff)* • absorption number

Absorptionsgrad m <phys> *(allg.)* • absorptivity; absorptive capacity; absorptive power; absorbing power *pract*

Absorptionsgrenze für Röntgenstrahlen f <phys> • X-ray absorption limit

Absorptionskälteanlage f <hlk> • absorption refrigeration plant

Absorptionskältemaschine f <hlk> • absorption chiller; absorption-type chiller

Absorptionskante f <phys> • absorption discontinuity; absorption edge

Absorptionskoeffizient m <tech.allg> • absorption coefficient

Absorptionskoeffizient bei Paarbildung <nukl> • pair production absorption coefficient

Absorptionskolonne f <chem.verf> *(allg.)* • absorption column; absorber column; absorption stack; absorption tower; absorption train

Absorptionskontinuum n <phys> • absorption continuum

Absorptionskühlschrank m <hlk> • absorption refrigerator

Absorptionskühlung f <hlk> • absorption refrigeration

Absorptionsküvette f <chem> • absorption cell

Absorptionsleistungsmesser m <msr> • absorption power meter

Absorptionslinie f <phys> • absorption line

Absorptionsmaske f <bekl> • filtering gas mask; filtering protective mask

Absorptionsmesser m <chem.verf> • absorptiometer; absorptionmeter

Absorptionsmessgerät n <chem.verf> • absorptiometer; absorptionmeter

Absorptionsmittel n <chem.verf> • absorbing substance; absorbing material; absorbing agent; sorbent

Absorptionsmodulation f <tele> • absorption modulation; Heising modulation

Absorptionsöl n <verf> • absorbent oil

Absorptionsphotometer n prakt <msr> • absorption spectrometer; absorption photometer; absorption spectrophotometer

Absorptionsquerschnitt m <nukl> • absorption cross-section; capture cross-section

Absorptionsröhrchen n <chem> • absorption tube

Absorptionssäule f <chem.verf> *(allg.)* • absorption column; absorber column; absorption stack; absorption tower; absorption train

Absorptionsschalldämpfer m <kfz.emiss> *(gerader Durchgang; z. B. mit Glaswollefüllung)* • absorption-type muffler; straight-through muffler *pract*; bullet-type muffler; glasspack muffler

Absorptionsschaltung f <el> • absorption circuit; absorber circuit; absorption trap

Absorptionsschicht f <tech.allg> • absorption layer

Absorptionsschwelle f <phys> • breakthrough

Absorptionsschwund m <tech.allg> • absorption fading

Absorptionsspektrometer n <msr> • absorption spectrometer; absorption photometer; absorption spectrophotometer

Absorptionsspektrometrie f <msr> • absorption spectrometry

Absorptionsspektrum n <astron> • absorption spectrum; dark-line spectrum

Absorptionsspektrum n <phys> *(allg.)* • absorption spectrum

Absorptionssprung m <phys> • absorption discontinuity; absorption edge

Absorptionsstreifen m ugs <phys> • absorption band

Absorptionsstrom m <el> • absorption current

Absorptionsturm m <chem.verf> *(allg.)* • absorption column; absorber column; absorption stack; absorption tower; absorption train

Absorptionsveredlung f <prod> • absorbent finish

Absorptionsverlust m <lwl> • absorption loss; absorption attenuation

Absorptionsvermögen n <phys> *(allg.)* • absorptivity; absorptive capacity; absorptive power; absorbing power *pract*

Absorptionsvermögen n wiss <phys> *(einer Substanz; z. B. von Putzlappen, Aktivkohle)* • absorbability; absorbency

Absorptionswärme f <phys> • absorption heat

Absorptionswärmepumpe f <hlk> • absorption heat pump; absorption cycle heat pump

Absorptionswellenmesser m <msr> • absorption wavemeter; absorption-type frequency meter

Absorptionswirkungsgrad m <phys> • absorption efficiency

Absorptionszahl f <tech.allg> • absorption coefficient

Absorption thermischer Neutronen f <nukl> • thermal neutron absorption

absorptiv wiss <tech.allg> • absorptive *adj*; absorbing

Absorptiv n <chem.verf> • absorbed substance

Absorptivität f wiss <phys> *(allg.)* • absorptivity; absorptive capacity; absorptive power; absorbing power *pract*

abspalten vr <chem> *(Elektronen)* • detach vi

abspalten vt <tech.allg> *(z. B. durch Schnitt, Schlag)* • cleave off vt; split off vt

abspalten vt <chem> *(entfernen; z. B. Atome von Molekül)* • abstract vt; eliminate vt; remove vt

abspalten vt <chem> *(Stoff; als Reaktionsresultat; z. B. Gase, Dämpfe)* • release vt; liberate vt rare

Abspaltung f <tech.allg> • splitting-off; cleavage

Abspaltung f <chem> *(Abtrennen von Atomen, Atomgruppen)* • abstraction; separation; elimination

Abspaltungsreaktion f <chem> • abstraction reaction; elimination reaction

abspanen vt <prod> (z. B. durch Drehen, Fräsen) • cut (off) vt

Abspann m <kino> • trailer

Abspannanker m <el> (für Abspannseile, -drähte) • guy anchor

Abspanndraht m <tech.allg> (diagonal, über Kreuz, quer) • bracing wire

Abspanndraht m <tech.allg> (zum Halten und Stabilisieren, auch horizontal; z. B. für Hängeampeln, M) • guy wire; stay wire; anchor wire

abspannen vt <tech.allg> (stabilisieren; z. B. Mast, Turm, mit Spanndrähten) • guy vt

abspannen vt <el> (Freileitungen; am Endmast abführen) • dead-end vt

abspannen vt <el> (Spannung) • step-down vt

Abspanner m prakt <el> • step-down transformer

Abspanngestänge n <bau> • stay rods

Abspanngittermast m <el> • anchor tower

Abspannisolator m <el> (stark zugbelastet) • strain insulator; tension insulator; terminal strain insulator

Abspannklemme f <el> • anchor clamp

Abspannkonsole f <el> • terminal bracket

Abspannmast m <el> (klein; Pfahl) • anchor pole; terminal pole

Abspannmast m <el> (groß; von Freileitung) • anchor tower; terminal tower

Abspannpfahl m <bau> • anchor log; deadman pract

Abspannpflock m <bau> • anchor log

Abspannseil n <tech.allg> (textil) • anchoring rope; rope guy; guy rope

Abspannseil n <bau> (aus Metall; typ. Stahl) • anchor cable; guy cable

Abspannstange f <bau> • stay pole

Abspannstempel m <min> • stell prop

Abspannstütze f <el> • terminal bracket

Abspanntrafo m prakt <el> • step-down transformer

Abspanntransformator m <el> • step-down transformer

Abspannung f <tech.allg> (von Masten etc.) • guy

Abspannzeit f <wz.masch> • unclamping time

Abspanvolumen n <wz.masch> • volume of metal removed

Abspeichern n <edv> • storing

abspeichern vt <edv> (Daten, Datei; z. B. auf Platte) • save vt

Abspeicherung f <edv> • storage

Absperranstrich m <obfl> • seal coat; sealing coat

Absperrband n <sich> (z. B. an Baustellen, Unfallort, Gefahrenstelle; in D rot/weiss) • barricade tape

Absperrbauwerk n <energ.hydr> • dam structure :V

Absperrbereich n <mil> • closed-off area

Absperrbock m <verk> • trestle barrier; barrier trestle

absperren vt <tech.allg> (z. B. Raum, Rohrleitung, Tür, Ventil) • close vt; shut off vt

absperren vt <bau> (z. B. gegen Wassereintritt) • block off vt

absperren vt <bau.hydr> (Wasserlauf; z. B. Bach, Fluss mit Damm) • dam up vt

absperren vt <holz> (Furnier) • cross-band vt

absperren vt <obfl.holz> (gegen Verzug und Rissbildung) • seal vt; block vt

absperren vt <rls> (z. B. Rohrleitung, Zufluss) • cut off vt

absperren vt <rls> (z. B. Zufluss, Zustrom) • stop vt; shut off vt; cut off vt

absperren vt <sich> (Tür; mit Schloss) • lock vt

Absperrflüssigkeit f <masch> (Pumpe) • sealing liquid

Absperrfurnier n <holz> • crossband

Absperrhahn m <rls> • stop cock

Absperrklappe f <hlk> (für gasförmige Medien; z. B. in Lüftung) • isolation damper; isolating damper; shut-off damper pract; shut-off door coll

Absperrklappe f <rls> (mit mittiger Achse) • butterfly isolating valve

Absperrklaue f <masch> • pawl

Absperrmittel n <obfl.holz> • sealer

Absperrorgan n <petr> • blow-out preventer

Absperrorgan n <rls> • shut-off device

Absperrschieber m <rls> (großes Absperrorgang) • sluice gate

Absperrschütz n <rls> (großes Absperrorgang) • sluice gate

Absperrspindel f <rls> (in Ventil) • stop valve spindle

Absperrventil n <rls> (allg.) • shut-off valve; isolation valve; stop valve

Absperrventil n <rls.nav> (zur Abschottung; z. B. auf Tankern; typ. als Rückschlagventil) • bulkhead valve

Absperrvorrichtung f <rls> • shut-off device

Absperrwand f <agri> • retaining wall

Abspieldauer f <av> • tape replay duration

Abspielen n rar <av> (einer gespeicherten Aufnahme) • playback (PB); reproduction; replay

Abspielen n <av> • playback; play; reproduction Gru

abspielen vt <av> (Speichermedium; z. B. Band, CD, DVD) • play vt

abspielen vt <av> (Aufnahme; z. B. Musikstück) • play back vt; replay vt

Abspielen einer Animation n <edv> • animation playback

Abspielen von Tönen n <av> (von Speichermedium; z. B. Platte, Band, CD) • playback of sounds

Abspieler m rar <av> (z. B. für Platten, Bänder, Cassetten, CD, DVD) • player

Abspielfrequenz f <edv.av> • playback frequency

Abspielgerät n form <av> (z. B. für Platten, Bänder, Cassetten, CD, DVD) • player

Abspielgeräusch n <av> (Nadelkratzen von alten Plattenspielern) • needle scratch

Abspielgeschwindigkeit f <av> (z. B. von Platten, Bandaufnahmen) • playback speed

Abspielkontrolle f <av> • playback control

Abspielparameter m <el.mus> • performance parameter

Abspielqualität f <edv.av> • playback quality

Abspielrichtung f <edv.av> (z. B. von Sampledaten) • play direction

Abspielsamplerate f <edv.av> • output sample rate; output sampling rate; sample rate of the output; playback sample rate; playback sampling rate

Abspielschleife f <edv.av> (Sequenzerfunktion) • loop; cycle

absplittern vi <holz> • splinter (off) vi

absplittern vi <obfl> (Lack; harte, eher kleine Stücke; e.g. durch Schlag) • chip vi

absplittern vi <obfl> (harte, kleine Stücke) • chip (off) vi

absplittern vi <obfl> (durch Innendruck; in kleinen Stücken; z. B. Gestein, Erz) • spall vi

Absplitterung f <obfl> (allg.; z. B. von Lack) • chipping

Abspratzen n <bau.mat> • spalling

abspreizen vt <tech.allg> • shore vt

Absprengabsteller m <textil> • cloth fall-out detector

absprengen vt <textil> • fall out vt

absprengen vt <druck> (Ablation-Technologie) • blast off vt/vi

absprengen vt <obfl> (z. B. Lack) • cause to flake off vt

absprengen vt <silik> • burn off vt

abspringen vi <aerospace> • parachute vi; bail out vi coll

abspringen vi <obfl> (spröder Überzug) • crack (off) vi

abspringen vi <prod> (Späne, Splitter) • chip off vi

Abspritzanlage f <verf> (für Gewebe von Siebmaschinen) • mesh washing equipment; spray wash configuration

Abspritzdüse f <verf> (zum Waschen) • washing jet

Abspritzeinrichtung f <verf> (für Gewebe von Siebmaschinen) • mesh washing equipment; spray wash configuration

abspritzen vt <tech.allg> (mit Schlauch; z. B. Auto) • hose (down) vt

abspritzen vt <tech.allg> • spray vt

abspritzen vt <tech.allg> (waschen; z. B. Fahrzeug, Maschine) • wash vt

abspritzen vt <verf> (zur Reinigung von Siebgewebe) • backwash vt

Abspritzhaube f <verf> • splash housing

Abspritzpumpe f <verf> • spraywater pump; washwater pump

Abspritzring m <prod> • slinger

Abspritzring m <prod> (z. B. Töpferei) • thrower

Abspritzrohr n <verf> • spray pipe; spray jetpipe

Abspritzventil n <verf> • spray water valve

Abspritzwasser n <verf> • spray water; wash water

Abspritzwasserableitung f <verf> • spraywater discharge pipe

Abspritzwasserzuleitung f <verf> • spraywater feeder pipe

absprühen vt <tech.allg> • spray vt

abspülen vt <tech.allg> (Oberflächen, mit Flüssigkeit) • rinse vt

Abspülung f <geo> • downwash

Abspulen n <prod> (von Rolle, Spule) • uncoiling; unwinding; reeling off

abspulen vt <av> (Film, Video-, Tonband) • unreel vt; reel off vt

abspulen vt <masch> (von Rolle, Winde; z. B. Faden, Seil, Kabel) • wind off vt

abspulen vt <prod> (von Coils) • uncoil vt

abspulen vt <textil> (Faden) • unwind vt; unreel vt; wind off vt; run off vt; reel off vt

Abspulmaschine f <textil> • reeler; reeling frame rare

ABS-Radsensor m <kfz.msr> • ABS sensor

ABS-Steuergerät n <brems> • ABS control unit

Abstände ausgleichen vt <tech.allg> (z. B. zwischen Zeichen, Zeilen, Bohrungen) • space evenly vt

Abstand m <tech.allg> (Teilung; z. B. Maschen, Gitterstäbe, Zahnradzähne) • pitch

Abstand m <tech.allg> (Raum zwischen etw.) • space; spacing

Abstand m <tech.allg> (zwischen Gegenständen oder um etw. herum) • clearance

Abstand m ugs.rar <tech.allg> (allg.; zwischen zwei Punkten, Orten) • distance (DIST)

Abstand Anode-Kathode m <el> • anode-to-cathode spacing

Abstand der Kristallebenen m <mat> • interplanar crystal spacing

Abstand der Schweißpunkte m <füg> • spot weld spacing; spot weld pitch; spot spacing

Abstandgeber m <navig> (Reichweite) • range unit; range transmission unit

Abstandhalter m <tech.allg> (jede Art und Form) • spacer

Abstandhalter m <bau> (für Bewehrungsstahl) • bar spacer; bar chair

Abstandhalter m <bau> • spacing block; spacer block

Abstandhalter m <bau> (zwischen Glasscheibe und Rahmen) • spacer; glass spacer; distance piece rare

Abstandhalter m <masch> (betont: Bauteil zum Trennen) • separator

Abstandhaltering m <tech.allg> • standoff ring

Abstandhülse f rar <masch> • spacer sleeve; distance sleeve rare

abstandsabhängig <msr> • distance-dependent

Abstandsbehälter m DIN 25401-3 <nukl> • bird cage

Abstandsbestimmung f <tech.allg> • spacing determination

Abstandsfehler m <msr> • distance error

Abstandsfläche f <tech.allg> (z. B. in Definitionen von Rauheitsmaßen) • equidistant surface

abstandsgleich <tech.allg> (z. B. Teilung, Werkzeugführung) • equidistant; equally spaced pract; evenly spaced coll

Abstandshalter m rar <tech.allg> (jede Art und Form) • spacer

Abstandshalter für Zündkabel m prakt <kfz.el> • spark plug cable separator; spark plug wire separator; cable divider pract

Abstandshülse f <masch> • spacer sleeve; distance sleeve rare

Abstandshysterese f <msr> • range hysteresis

Abstandsisolator m <el> • stand-off insulator

Abstandskäfig m <nukl> • bird cage

Abstandskode n <tele> • space code

Abstandskreis m <navig> • range mark; range marker

Abstandskurve f <tech.allg> (z. B. Bahn des Werkzeuges) • equidistant curve

Abstandskurzschluss m <el> • short-distance short circuit

Abstandslesegerät n <edv> (Barcode-Scanner) • distance reader; remote reader

Abstandslesen n <edv> (von Strichcode) • distance scanning; distant scanning; distance reading; distant reading

Abstandsleser m <edv> (Barcode-Scanner) • distance reader; remote reader

Abstandsmelder m rar <msr> • analog output sensor US; sensor with analog output US; analogue output sensor GB

Abstandsmelder m <msr> (berührungslos) • proximity switch; proximity sensor; proximity detector GB; prox coll

Abstandsmessung f <msr> (allg.) • distance measurement

Abstandsmessung f <navig> (Reichweite) • range measurement

Abstand Sprengladung-Blechzuschnitt m <prod> (Explosionsformen) • stand-off distance

abstandsproportional <msr> • proportional to distance

Abstands-Regeltempomat m <kfz.msr> • proximity-controlled cruise control :V

Abstandsring m <masch> (allg.) • spacer ring; annular spacer; distance ring; spacing ring; circular spacer

Abstandsscannen n <edv> (von Strichcode) • distance scanning; distant scanning; distance reading; distant reading

Abstandsscanner m <edv> • distance scanner; remote scanner

Abstandsschicht f <ic> • spacing layer

Abstandsschirm m <navig> • range-amplitude display

Abstandsseil n <förd> • buffer rope; damping rope

Abstandssensor m <msr> • distance transducer

Abstandsunterscheidung f <navig> • range discrimination

Abstandswarner m ugs <kfz.msr> (allg., vorne und/oder hinten) • proximity warning system :V

Abstandswarner m ugs <kfz.msr> (vorne; gegen zu dichtes Auffahren) • proximity warning system :V; tailgating alarm US

Abstands-Warn-Radar n <kfz.msr> • proximity radar [warning system] :V

Abstands-Warnsystem n <kfz.msr> (allg., vorne und/oder hinten) • proximity warning system :V

Abstands-Warnsystem n <kfz.msr> (vorne; gegen zu dichtes Auffahren) • proximity warning system :V; tailgating alarm US

Abstandszeichen *n* <tele> • spacing signal
Abstandszünder *m* <mil> • proximity fuse
Abstand vom Land *m* <nav> • offing
Abstand vom Pfeifpunkt *m* <av> • singing margin
Abstand vom Pfeifpunkt *m* <tele> • margin of stability
Abstapler *m* <pack> *(Umformpresse)* • downstacker
abstauben *vt* <obfl> *(allg.; z. B. Möbel, Werkstücke)*
• dust (off) *vt*
Abstaubmaschine *f* <silik> • dusting machine; duster *pract*
Abstaubwalze *f* <druck> • dusting roller
Abstecharbeit *f* <prod> • lathe cut-off operation; lathe
parting-off operation
Abstechdrehmaschine *f* <wz.masch> • parting-off lathe
abstechen *vt* <metall> *(Schmelzofen)* • tap (off) *vt*; drain
off *vt*; draw off *vt*
abstechen *vt* <prod> *(Werkstück auf Futterdrehmaschine)*
• cut off *vt*; part off *vt*
Abstechsupport *m* <wz.masch> • cut-off cross-slide
Abstech- und Einstechmeißel *m* <wz> • parting-off and
recessing tool
abstecken *vt* <bau> *(Bauplatz, Grundstück; z. B. mit
Schnurgerüst)* • stake (out) *vt*; set out *vt*; trace *vt*; peg out
vt; mark off *vt*
Absteckkette *f* <msr> • surveyor's chain
Absteckstab *m* <navig> *(Geodäsie)* • range pole
abstehendes Faserende *n* <textil> *(z. B. von Seide)*
• protruding fiber-end *US*
abstehen lassen *vt ugs* <metall> *(Stahl)* • kill *vt*
Abstehzeit *f* <prod> • drop period
Absteifen *n* <tech.allg> *(durch seitliche Stützen)* • shoring
absteifen *vt* <tech.allg> *(durch Spannglieder, Streben)*
• brace *vt*
absteifen *vt* <tech.allg> *(steif machen)* • stiffen *vt*
absteifen *vt* <tech.allg> *(durch Stützen, Ständer; z. B.
Gerüst, Mauer)* • strut *vt*
absteifen *vt* <bau> *(gegen Durchhängen oder Umfallen,
mit Stempeln, Stützen, Ständern; z. B.)* • prop (up) *vt*;
stay *vt*
Absteifung *f* <bau> • propping; dead shore
absteigend <allg> *(Sortierfolge)* • in descending order
absteigende Destillation *f* <chem.verf> • distillation by
descent
absteigender Ast *m* <mil> *(einer Flugbahn)* • descending
branch
absteigende Reihenfolge *f* <math> *(z. B. Zahlen,
Ränge, Größen, Ränge)* • descending order; descending
sequence
absteigender Zug *m* <verbr> *(im Kamin)* • flue with down-
ward draught
Abstellbahnhof *m* <bahn> • storage sidings
Abstelleinrichtung *f* <masch> • stop-motion device
abstellen *vt* <tech.allg> *(temporär deponieren; z. B. Paket,
Werkstück, Fahrrad, Auto)* • park *vt*
abstellen *vt ugs* <el> *(Kleingeräte; z. B. Licht, Geschirr-
spüler, Fernseher)* • switch off *vt*; turn off *vt coll*
abstellen *vt* <masch> *(Aggregat; z. B. Pumpe, Triebwerk)*
• shut down *vt*; stop *vt*; deactivate *vt*
abstellen *vt* <mus> *(Orgelregister)* • push in *vt*; bring in *vt*;
put in *vt*; throw off *vt*; draw off *vt*
Abstellgleis *n* <bahn> *(normalerweise mit Prellbock)*
• dead-end track; pocket track
Abstellgrenzzeichen *n* <bahn> • shunting limit signal
Abstellhebel *m* <masch> • stop lever; shut-off lever
Abstellnadel *f* <textil> • drop pin
Abstellplatz *m* <logist> *(für Waren, Güter)* • storage place
Abstellplatz *m* <verk> *(Platz für 1 Auto)* • parking space
Abstellring *m* • annular ring
Abstell- und Rangiergleis mit Prellbock *n did* <bahn>
• switcher pocket

Abstellvorrichtung *f* <masch> • stopping device
abstemmen *vt* <prod> *(mit Meißel, Stemmeisen)* • chisel
off *vt*
absterben *vi* <kfz.mot> *(Motor)* • stall *vi*
Absterben im Leerlauf *n* <kfz.mot> • stalling at idle
Abstich *m* <metall> *(Öffnung am Schmelzofen)* • tap
Abstich *m* <metall> *(der Schmelze; Vorgang)* • tapping;
drawing
Abstichbühne *f* <metall> *(Hochofen)* • tapping platform
Abstichgaserzeuger *m* <verf> • slagging gas producer
Abstichloch *n* <metall> *(z. B. Schmelzofen)* • taphole;
bunghole *coll*
Abstichpfanne *f* <metall> • tap ladle
Abstichrinne *f* <metall> *(im Boden)* • runner; launder *GB*
Abstichrinne *f* <metall> *(am Hochofen)* • tapping spout
Abstiegsbahn *f* <mil> *(Flugbahn)* • descending trajectory;
descent trajectory
Abstiegsgeschwindigkeit *f* <aerospace> *(Sinkflug)*
• descent rate; descent speed; descent velocity
Abstimmanzeiger *m* <av> • tuning indicator
Abstimmanzeigeröhre *f* <av.msr> *(bei alten Radios)*
• cathode-ray tuning indicator; cathode-ray indicator; indi-
cator tube; magic eye *coll*
abstimmbar <tech.allg> • tunable
abstimmbare Frequenz *f* <el> • tunable frequency
Abstimmbereich *m* <av> • tuning range
abstimmen *vt* <msr> *(Einstellungen, Sollwert)* • tune *vt*
abstimmen *vt* <obfl> *(z. B. Farben, Aussehen)* • match *vt*
Abstimmknopf *m* <av> • tuning control knob
Abstimmkondensator *m* <el> • tuning capacitor; variable
capacitor
Abstimmkreis *m* <el> • tuning circuit
Abstimmkupplung *f* <masch> • timing clutch
Abstimmkurve *f* <av> • selectivity characteristic
Abstimmpunkt *m* <el> • trim marker
Abstimmrauschen *n* <av> • interstation tuning noise; in-
terstation tuning hiss; between-station tuning noise
Abstimmschärfe *f* <av> • tuning precision; tuning sharp-
ness; tuning clearness
Abstimmskale *f* <av> • tuning scale
Abstimmspule *f* <el> • tuning coil
Abstimmstichleitung *f* <el> • stub tuner
Abstimmstummel *m* <el> • trimmer flag
Abstimmton *m* <el> • line-up tone
Abstimm- und Betriebskontrolle *f* <tech.allg> • tuning
and performance check
Abstimmung *f* <tech.allg> *(von Zielen, Verfahren, Pro-
zessen)* • coordination
Abstimmung *f* <tech.allg> *(von Systemen, Teilsystemen;
mech. od. elektr.)* • tuning
Abstimmung *f* <verk> *(von Verkehrsampeln)* • synchroni-
zation
abstoppen *vt* <tech.allg> *(Vorgang)* • shortstop *vt*
Abstoppmittel *n* <chem> *(für Reaktionen)* • shortstopping
agent; stopper *pract*
Abstoßbetrieb *m* <bahn> *(Rangieren)* • fly shunting;
shunting by pushing-off wagons
abstoßen *vt* <fz> *(z. B. Boot, Schiff, Güterwagen)* • push
off *vt*
abstoßen *vt* <mus> *(Orgelregister)* • push in *vt*; bring in *vt*;
put in *vt*; throw off *vt*; draw off *vt*
abstoßen *vt* <phys> *(Gegensätze; z. B. positive und nega-
tive Ladungen, Wasser und Öl)* • repel *vt*
abstoßen *vt* <phys> *(mechanisch)* • repulse *vt*
abstoßend <allg> *(widerlich; z. B. Aussehen, Geruch)*
• repulsive; repugnant
abstoßend <obfl> *(z. B. Schmutz, Wasser)* • repellent
abstoßende Kraft *f* <phys> • repulsive force
Abstoßgreifer *m* <druck> • frisket finger

Abstoßung f <phys> *(von Teilchen gleichnamiger Ladung)* • repulsion

Abstoßungskraft f <phys> *(z. B. zwischen Filterpartikeln)* • repulsive force; repelling force; repulsion force

Abstoßungsmittel n <mat> • repellent

Abstoßungspotential n <phys> • repulsion potential

Abstract m <doku> *(eines wiss. Fachartikels)* • abstract

abstrahieren vt <allg> • abstract vt

Abstrahlen n <obfl> *(Reinigungsverfahren; z. B. mit Sand, Trockeneis)* • abrasive blasting ISO 4618-3; blast cleaning

abstrahlen vt <obfl> *(Oberfläche reinigen; mit Sandstrahler o.ä.)* • shotblast vt

abstrahlen vt <phys> *(Strahlung, Licht; von einem Punkt aus)* • radiate vt; emit vt

abstrahlen vt <tele> *(über Sender; z. B. Signale, Radio-, TV-Programme)* • broadcast vt

Abstrahlmaß n <akust> • radiation index

Abstrahlung f <el> • radiation

Abstrahlung f <energ.sol> *(Rückstrahlung von Kollektoren an die Umgebung)* • re-radiation

Abstrahlungsstärke f :V <energ.sol> *(Strahlungsfluss in W/m^2)* • radiosity

Abstrahlungsverlust m <energ.sol> *(von Kollektoren)* • re-radiation loss

Abstrahlungsverlust m <hlk> *(an Kesseloberfläche)* • radiation loss; case loss

Abstrahlwinkel m <av> *(Sender, Antenne)* • dispersion angle; beamwidth

Abstrahlwinkel m <phys> *(allg.)* • angle of departure

Abstrakt m rar <doku> *(eines wiss. Fachartikels)* • abstract

Abstrakte f <mus> *(Orgel)* • tracker

abstrakte Automatentheorie f <math> • abstract automata theory

Abstraktendraht m <mus> *(Orgel)* • tracker wire; trackerwire; tracker-hook

Abstraktenkamm m <mus> *(Orgel)* • tracker guide rail; tracker-guide

Abstraktenkappe f <mus> *(Orgel)* • tracker-end; tracker top

Abstraktenpendel n <mus> *(Orgel)* • tracker pendulum

Abstraktenrechen m <mus> *(Orgel)* • tracker guide rail; tracker-guide

Abstraktenscheide f <mus> *(Orgel)* • tracker guide rail; tracker-guide

Abstraktenverbinder m <mus> *(Orgel)* • tracker connector

Abstraktenzug m . <mus> *(Orgel)* • tracker

abstrakter Raum m <math> • abstract space

Abstraktion f wiss <allg> • abstraction thsc

Abstraktionsklasse f <math> • abstraction class; equivalence class

abstreben vt <tech.allg> *(seitlich, schräg, gegen Umkippen; z. B. Wand, Schiff)* • shore (up) vt

Abstreckdrücken n <metall> • shear forming

Abstrecken n <metall> *(Blech)* • ironing

Abstreckfließdrücken n <prod> • flow forming

Abstreck-Gleitziehen n norm <metall> *(Blech)* • ironing

Abstreckpresse f (WIM) <pack.prod> *(für Dosen)* • wall-ironing machine (WIM); wall-ironing press; wall ironer; bodymaker US

Abstreckring m <prod> *(Abstreckpresse)* • ironing ring

Abstreckstempel m <pack> *(Abstreckpresse)* • wall-ironing punch

Abstreckwerkzeug n <metall> • ironing die

Abstreckziehen n <metall> *(Blech)* • ironing

abstreichen vt rar <allg> *(Positionen einer Liste, einer Datei)* • check vt (chk); check off vt

abstreichen vt <bau.obfl> *(eben machen; z. B. Verputz, Estrich)* • level vt; scrape level vt

abstreichen vt rar.ugs <doku> *(z. B. Positionen einer Liste)* • check off vt

abstreichen vt <obfl> *(allg. Unebenheiten, überschüssiges Material)* • scrape off vt

Abstreicher m <bau.wz> *(z. B. für Estrich, Putz)* • scraper [rake]

Abstreicher m <druck> *(für Bögen, Blätter)* • sheet separator

Abstreicher m <förd> • plough

Abstreicher m <verf> *(für Schicht auf Flüssigkeit; z. B. Schaum, Öl)* • skimmer

Abstreichlineal n <wz> • leveling board US; levelling board GB

Abstreichwalze f <textil> • evener cylinder

Abstreifdichtung f <kfz> *(entlang beweglicher Flächen; z. B. an Kurbelfenstern)* • sweeper [seal]

Abstreifdüse f <obfl> *(z. B. beim Feuerverzinken)* • air-jet knive; jet finishing nozzle; air knive pract

Abstreifen n <chem.petr> *(Trennprozess)* • stripping operation

Abstreifen n <phot> *(Wasser von Filmen)* • squeegeeing

Abstreifen n <verf> *(Rechengut; z. B. von Sieb, Rechen)* • discharge

Abstreifen n <verf> *(von Schwimmstoffen; z. B. Schaum, Öl auf Wasser)* • skimming

abstreifen vt <tech.allg> • strip off vt

abstreifen vt <tech.allg> *(z. B. Flüssigkeit, Staub von Oberflächen)* • wipe off vt

abstreifen vt <kst> *(Spritzling von Formwerkzeug-Kern)* • strip (off) vt; eject vt

abstreifen vt <verf> *(Schicht; z. B. Öl, Schaum auf Wasser)* • skim off vt

Abstreifer m <büro> *(in Kopierer)* • scraper

Abstreifer m <förd> *(reinigt Fördergurt)* • cleaner

Abstreifer m <prod> *(an Abstreckpresse, Stanzwerkzeug)* • stripper

Abstreifer m <verf> *(an Rechen; z. B. zur Abwasserreinigung)* • stripper; stripping device; scraper blade; wiper blade

Abstreifer m <verf> *(an Spaltsieb)* • doctor blade; solids discharge doctor blade; doctor cleaning blade

Abstreifer m <verf> *(vertikale Siebtrommel)* • platform wiper

Abstreifer m rar <verf> *(Wasserreinigung)* • cleaning rake; cleaning fork; rake pract

Abstreifer m <wz> *(schabend)* • scraper

Abstreifer m <wz> *(wischend)* • wiper

Abstreiferfeder f <prod> *(z. B. Schneidwerkzeug)* • stripper spring

Abstreiferform f <metall> • stripper-plate mold

Abstreifergut n <ents> *(bei der Schwimmschlammräumung)* • skimmings pl

Abstreiferhülse f <metall> • stripping tube

Abstreiferklinge f <wz> • scraper blade; doctor blade

Abstreiferkolonne f <verf> *(Säule)* • stripping column; stripper column; stripper

Abstreifermesser n <verf> *(an Spaltsieb)* • doctor blade; solids discharge doctor blade; doctor cleaning blade

Abstreifermesser n <wz> *(allg.)* • scraper knife

Abstreiferteil m <verf> • stripping section

Abstreiffinger m <büro> *(in Kopierer; trennt Papier von der Trommel)* • separation claw

Abstreifkamm m <textil> *(für Baumwollflusen)* • noil stripping comb

Abstreifleiste f <verf> *(an Rechen; z. B. zur Abwasserreinigung)* • stripper; stripping device; scraper blade; wiper blade

Abstreifmeißel *m* <wz> • scraper chisel
Abstreifmesser *n* <prod.nahr> *(Speiseeis; an Freezer-Schlägerwelle)* • scraper blade; scraping blade; freeze blade; dasher blade; scraper
Abstreiföl *n* <prod.tribo> *(z. B. beim Stanzen, Tiefziehen)* • stripping oil
Abstreifplatte *f* <masch> *(z. B. für Formteile, Spritzlinge)* • stripper plate; stripping plate
Abstreifreaktion *f* <nukl> • stripping reaction
Abstreifregler mit zurücktretenden Stiften *m* <textil> • evener roller with receding spikes
Abstreifring *m* prakt <kfz.mot> *(an Kolben)* • oil scraper ring; scraper ring *ISO 7967-2*; oil control ring *ISO 7967-2*; oil ring
Abstreifring *m* <prod> *(in Abstreckpresse)* • stripper ring
Abstreifring *m* <tribo> *(allg. für Schmieröl)* • scraper ring
Abstreifschlitten *m* • stripping sledge
Abstreifschneide *f* <kfz.mot> • oil rail; oil ring
Abstreifsegment *n* <pack> *(Dosen-Abstreckpresse)* • stripper segment
Abstreiftest *m* <bekl.qualit> *(Helmprüfung)* • stability test :V
Abstreifvorrichtung *f* <verf> *(an Rechen; z. B. zur Abwasserreinigung)* • stripper; stripping device; scraper blade; wiper blade
Abstreifwalze *f* <druck> • scraper roller
Abstreifwelle *f* <druck> • scraper shaft
Abstreifzange *f* <phot> • film wiper; squeegee tongs *pl*; film squeegee
Abstrich *m* <med> • taking of a swab
Abstrich *m* <verf> *(z. B. von Abschaum)* • scum
Abstrichblei *n* <metall> • lead skim
abströmen *vi* <tech.allg> *(jedes Fluid; z. B. an Oberfläche, durch Öffnung)* • flow off *vi*; run off *vi*
Abströmöffnung *f* <kfz> *(Airbag)* • exhaust vent; discharge hole
Abstützbock *m* <kfz.wz> *(allg., dreibeinig, für Fahrzeug)* • jack stand *US*; safety stand; axle stand *GB*
abstützen *vt* <tech.allg> *(seitlich, schräg, gegen Umkippen; z. B. Wand, Schiff)* • shore (up) *vt*
abstützen *vt* <tech.allg> *(von unten nach oben; z. B. Bauteil, Träger, Last)* • support *vt*
abstützen *vt* <bau> *(gegen Durchhängen oder Umfallen, mit Stempeln, Stützen, Ständern; z. B.)* • prop (up) *vt*; stay *vt*
Abstützträger *m* <bau> *(auskragend; z. B. Gerüst, Vordach)* • outrigger beam
Abstützung *f* <tech.allg> *(von unten nach oben; z. B. für Bauteil, Träger, Last)* • support
Abstützung *f* <tech.allg> *(seitlich, schräg, gegen Umkippen; z. B. von Wand, Schiff)* • shore
Abstützung *f* <bau> *(von hinten)* • backup
Abstützung *f* <bau> *(gegen Durchhängen oder Umfallen)* • prop; stay
Abstützung des Hangenden *f* <min> • roof support
abstufen *vt* <tech.allg> *(bewertend)* • grade *vt*
abstufen *vt* <tech.allg> *(Qualität, Merkmale)* • graduate *vt*
abstufen *vt* <tech.allg> *(Größen, z. B. Belichtungszeit, Drehzahl)* • step *vt*
abstufen *vt* <bau> *(Gebäudeform)* • bench *vt*
Abstufung *f* <tech.allg> *(nach Grad, Rangfolge)* • graduation
Abstufung *f* <tech.allg> *(konkret)* • stepping
Abstufungsventil *n* <rls> • graduated valve
abstumpfen *vi* <obfl> *(Glanz, Lack)* • dull *vi*
abstumpfen *vi* <wz> *(Schneide)* • blunt *vi*; dull *vi*
abstumpfen *vt* <led> • raise the basicity *vt*
abstumpfen *vt* <prod> *(Kante)* • blunt *vt*; dull *vt*
Abstumpfungsfase *f* <wz> • wear land

Absturz *m* <tech.allg> *(z. B. Flugzeug, Schreib/Lese-Kopf)* • crash
Absturz *m* <geo> *(z. B. Klippe)* • precipice
Absturz *m* <verf> *(Wasser)* • cascade
Absturz des Magnetkopfes *m* <edv> • head crash
Absturzschacht *m* <min> • sinking well
absturzsicher <aerospace> *(z. B. Flugzeug)* • crashproof
Absturzstelle *f* <aerospace> • crash site
absuchen *vt* <tech.allg> *(systematisch; z. B. Gelände, mit Scheinwerfer, Radar)* • scan *vt*
absuchen *vt* <tech.allg> *(mit Schwenkbewegung, z. B. Gelände, mit Radar, Scheinwerfer)* • sweep *vt*
Absud *m* <chem> • decoction
Absud *m* ugs <pharm> *(Abkochung)* • decoction; decoctum
absüßen *vt* <chem> • edulcorate *vt*
ABS-Warnleuchte *f* <kfz.msr> • ABS warning light
Abszisse *f* <math> *(X-Koordinate eines Punktes)* • abscissa
Abszissenachse *f* <math> *(waagerecht)* • x-axis; abscissa axis *rare*
Abtafeln *n* <textil> • cuttling
abtakeln *vi/vt* <nav> • unrig *vi/vt*
abtakten *vt* <wz> • synchronize *vt*
Abtankzeit *f* <logist> • tank unloading time
Abtastauflösung *f* <av> *(Soundkarte, Musik)* • sampling resolution; resolution *pract*; sampling width; sampling range; sample width
Abtastauflösung *f* <edv> *(Scanner)* • spot resolution
Abtastausrüstung *f* <edv> • scanning equipment
Abtastband *n* <edv> *(von Barcode)* • scan band; scan area
Abtastbefehl *m* <el> • scan command
Abtastbereich *m* <edv> *(eines Scanners)* • scan range; range; scanner range; reading range; scanning range
Abtastbewegung *f* <edv> • scan movement; scan motion
Abtastblende *f* <edv> • scanning diaphragm
Abtastbreite *f* <edv> *(Scanner allg.)* • scanning width
Abtastbreite *f* <edv> *(von Strichcode)* • field of view (FOW) *stand*; scan width; field width; width of field; reading field width
Abtast-C-Rahmen *m* <pap> • scanning C-frame
Abtastebene *f* <edv> • scan plane
Abtasteinheit *f* <el> *(allg.)* • scan unit
Abtasteinheit *f* <el> *(Bauteil ohne Gehäuse)* • scanner engine; scanner subassembly; scan element
Abtasteinrichtung *f* <edv> *(Scanner)* • scanning device
Abtasteinrichtung *f* <msr> *(z. B. Fühler)* • sensing device
Abtastelement *n* <el> *(z. B. in Scanner, Kopierer)* • scan element
Abtastelement *n* <el> *(Bauteil ohne Gehäuse)* • scanner engine; scanner subassembly; scan element
Abtastelement *n* <msr> *(zur Probenahme; z. B. für Messdaten)* • sampling element; sampler
Abtasten *n* rar <edv> *(z. B. von Text, Bildern, Strichcode; Vorgang)* • scanning; scan; read-in *rare*
Abtasten *n* <msr> *(mit Fühler; z. B. elektrisch, mechanisch, optisch)* • sensing
Abtasten *n* <wz> *(von Konturen)* • tracing
abtasten *vt* <tech.allg> *(berührungslos; z. B. Oberfläche, Bild, Text, Zeile für Zeile)* • scan *vt*
abtasten *vt* <tech.allg> *(elektronisch, optisch; z. B. mit Schwingspiegel, Kathodenstrahl)* • sweep *vt*
abtasten *vt* <edv> *(maschinenlesbare Zeichen; z. B. Text, Strichcode)* • scan *vt*; machine-read *vt*; read *vt*
abtasten *vt* <msr> *(Probenahme, Datensampling)* • sample *vt*
abtasten *vt* <msr> *(mit Fühler)* • sense *vt*
abtasten *vt* <msr> *(z. B. Zustandsänderungen, Druck, Temperatur)* • sense *vt*; detect *vt*; register *vt* *rare*

abtasten vt <wz> (Kontur, Körper) • trace vt; follow vt rare
abtastender Elektronenstrahl m <el> • scanning electron beam
Abtasten durch Elektronenstrahl n <el> • electron-beam scanning
Abtastentfernung f <edv> • reading distance stand; scanning range; working distance; reading range
Abtaster m <el> (Aufnehmer) • pick-up
Abtaster m <msr> (für Probenahme, Datasampling) • sampler
Abtaster m <msr> (fühlend) • sensor
Abtaster m <wz> (zum Nachfahren von Konturen) • tracer; stylus
Abtasterauslenkung f <msr> (mechan. Tastkopf) • stylus excursion
Abtasterlinse f <edv> • scanning lens; scanner lens
Abtaster vom H-Typ m <navig> • H-scanner
Abtastfehler m <edv> (von Scanner, Strichcodeleser) • scan error; reading error
Abtastfehler m rar <edv> (bei Speichermedien; z. B. Band-, Plattenlaufwerk) • tracking error; mistracking
Abtastfehler m <msr> (bei Probenahme) • sampling error
Abtastfeld n <edv> (von Barcode) • scan band; scan area
Abtastfenster n <edv> • scan window
Abtastfenster n <edv> (Bereich vor dem Scanner) • scanning window stand; scanner window; reading window
Abtastfläche f <edv> (auf Objekt oder Scanner-Glasplatte) • scanning field; scanned area
Abtastfläche f <edv> (von Barcode) • scan band; scan area
Abtastfleck m <av> • scanning spot
Abtastfolge f <el> • scanning sequence
Abtastfrequenz f <av> (Tonaufzeichnung; z. B. von CD-Laufwerken) • sampling rate; sample rate
Abtastfrequenz f <edv> (von Scannern, CD-Laufwerken) • scan rate; scan frequency; read rate/frequency; scan repetition rate
Abtastgatter n <msr> • sampling gate
Abtastgerät n <edv> • scanning device
Abtastgeschwindigkeit f <tech.allg> (z. B. Scanner, Radar) • scanning speed; scanning rate
Abtastgeschwindigkeit f <edv> (Schwingspiegelscanner) • sweep rate
Abtastgeschwindigkeit f <el> (Schwenkbewegung; z. B. von Kathoden-, Radarstrahl, Schwingspiegel) • sweep speed
Abtastgeschwindigkeit f <msr> (von Sensoren) • sampling rate; sensing rate
abtastgesteuert <wz.masch> • tracer-controlled
Abtastglied n <msr> • sampling element; sampler
Abtast-Halte-Schaltung f <msr> (A/D-Wandler) • sample and hold circuit; sample and hold; sample/hold circuit; S/H circuit
Abtast-Halte-Verstärker m <el> • sample-and-hold amplifier
Abtasthöhe f <edv> • scan height
Abtastimpuls m <edv> (zum Auslesen) • read-out pulse
Abtastimpuls m <msr> (Datensampling) • sampling pulse; sample pulse
Abtastintervall n <msr> • sampling period; sample period; sampling interval
Abtastkopf m <edv> (von Scanner, Kopierer, Fax) • scan head; scanner head; scanning head; read head
Abtastkopf m <msr> (von Fühler, Sensor) • sensing head; sensor head
Abtastlichtfleck m <av> • scanning spot
Abtastlinie f <edv> (von Scanner, Lesegerät) • scan path; scan line; read path; scan trace
Abtastmatrix f <edv> • scan matrix

Abtastmethode f <edv> (Scanner) • scan method; reading method; scan process
Abtastmikroskop n <opt> • scanning microscope
Abtastmuster n <edv> • scan pattern; scanning pattern; scan beam pattern
Abtastnadel f <av> (Plattenspieler) • pick-up needle; stylus; needle coll
Abtastöffnung f <edv> • scanning aperture
Abtastoptik f <opt> • scanning optics
Abtastoszilloskop n <msr> • sampling oscilloscope
Abtastproblem n <msr> • sensing problem baumer WB
Abtastprofil n <edv> • scan reflectance profile norm; scan profile
Abtastpunkt m <edv> (von Scanner, Strichcodeleser) • scan spot
Abtastpunktauflösung f <edv> (Scanner) • spot resolution
Abtastpunktgröße f <edv> • scan spot size
Abtastrate f rar <av> (Tonaufzeichnung; z. B. von CD-Laufwerken) • sampling rate; sample rate
Abtastrate f <edv> (von Scannern, CD-Laufwerken) • scan rate; scan frequency; read rate/frequency; scan repetition rate
Abtastregelkreis m <msr> • sampling control circuit; sampled-data control loop rare; sampled-data control system rare
Abtastregelung f <msr> • sampling control; sampled-data control loop; sampled-data control system
Abtastrolle f <prod> (Nachformen) • sensing roller
Abtastschulter f norm <av> • porch
Abtastspannung f <el> • scanning voltage
Abtaststeuerung <wz.masch> (mit Schablone, Meisterstück) • duplicator control
Abtaststeuerung f <msr> (Datensampling) • sampling control
Abtaststift m <edv> • light pen; wand; light wand; wand scanner; scanning wand
Abtaststift m <wz> (zum Nachfahren von Konturen) • stylus; tracer
Abtaststrahl m <edv> • scan beam; scanner beam
Abtastsystem n <el> • scanning system
Abtastsystem n <msr> • sensing system
Abtasttheorem n <av> • sampling theorem; Shannon theorem; Nyquist theorem; Nyquist sampling theorem
Abtasttiefe f prakt <av> (Soundkarte, Musik) • sampling resolution; resolution pract; sampling width; sampling range; sample width
Abtast- und Haltekreis m <msr> (A/D-Wandler) • sample and hold circuit; sample and hold; sample/hold circuit; S/H circuit
Abtast- und Halteschaltung f <msr> (A/D-Wandler) • sample and hold circuit; sample and hold; sample/hold circuit; S/H circuit
Abtastung f <edv> (Resultat) • scan
Abtastung f rar <edv> (z. B. von Text, Bildern, Strichcode; Vorgang) • scanning; scan; read-in rare
Abtastung f <msr> (Datensampling) • sampling action
Abtastung mit Zeilensprung f <av> • progressive scanning
Abtastverfahren n <edv> (Scanner) • scan method; reading method; scan process
Abtastverhalten n <msr> (von Sensoren) • sensing behaviour; sensing characteristics
Abtastverstärker m <av> • scanning amplifier
Abtastvorhang m <edv.förd> (eines automatischen Scanners) • scan curtain; scanning curtain
Abtastvorrichtung f <tele> • hunting device
Abtastvorschub m <tele> • scanning traverse
Abtastweg m <edv> (von Scanner, Lesegerät) • scan path; scan line; read path; scan trace

Abtastwert m <edv> • sample value
Abtastwinkel m <tech.allg> (allg.) • scan angle; scanning angle
Abtastwinkel m <edv> (von Schwingspiegelscanner) • sweep angle; scan angle
Abtastwinkel m <edv> (von Einstrahlscanner) • read aperture; read angle
Abtastzeile f <av> (allg.) • scan line; scanning line
Abtastzeile f <el> (von Bildröhre) • active line
Abtastzeit f <el> (allg.) • scan time; scanning time
Abtastzeit f <msr> (Sensor) • action period; action phase
Abtastzeitpunkt m <msr> • sampling point; sampling instant
Abtastzone f <edv> • scan zone; scanning zone
Abtastzyklus m <av> • sampling cycle
Abtau-Einrichtung f <hlk> (z. B. Kühlschrank) • defrosting device
Abtauen n <hlk> • defrosting
abtauen vt <hlk> (Kühlschrank) • defrost vt
Abtauschale f <hlk> (Kühlschrank, Kühltruhe) • defrosting tray
Abtauung f rar <hlk> • defrosting
Abtauwasserschale f <hlk> (Kühlschrank, Kühltruhe) • defrosting tray
Abtauzone f <prod.nahr> (Speiseeis; Rundgefrierer) • defrosting zone
Abteil n <bahn> • compartment
abteilen vt <allg> (in Sektionen; z. B. organisatorisch, administrativ) • section vt
abteilen vt <bau> (Räume) • partition vt
abteilen vt <mech> (Material trennen) • part (off) vt
Abteilung f <geo> • series
Abteilung f <holz> (Wald) • compartment
Abteilung f <org> (Organisationseinheit) • section; department
Abteilung f <verf> (in Plattenwärmetauscher) • plate pack; stack of plates; section
Abteilungsstrecke f <min> • section road
Abteilwagen m <bahn> • compartment coach
a/b-Terminal-Adapter m <tele> (für Analogeräte an ISDN-Anschluss) • a/b interface
Abteufausrüstung f <min> • sinking equipment
Abteufbohrhammer m <min> • plugger drill; sinker pract
Abteufbühne f <min> • sinking scaffold
abteufen vt <min> (Schacht) • sink vt
abteufen vt <petr> (Bohrung) • drill vt; sink vt
Abteuffördergerüst n <min> • sinking headgear; sinking headframe
Abteuffördermaschine f <min> • sinking hoist; sinking engine
Abteuffortschritt m <min> • sinking advance [rate]
Abteufgreifer m <min> • lasher
Abteufhaspel f <min> • sinking hoist
Abteufkübel m <min> • bowk; kipple
Abteufleistung f <min> • sinking advance [rate]
Abteuftrum n <min> • sinking compartment
Abtönen n <obfl.holz> • painting-in
abtönen vt <obfl> (Farbe) • shade vt; tint vt
abtönen vt <phot> (Foto; z. B. mit Sepiatoner) • tone vt
Abtöner m <chem> • tinting agent
Abtönfarbton m <obfl> (Farbtonbestimmung) • tint tone
Abtönpaste f <chem> • tinting paste
Abtönungsfarbstoff m <textil> • shading dye; shading dyestuff
Abtöten n <textil> (Seide) • stifling; stiffling
abtöten vt <textil> (Seide) • stifle the chrysalis vt
abtoppen vt <petr> • skim vt
Abtrag m <masch> (abgetragene Partikel; z. B. Metallspäne, Bremsstaub) • wear debris; rubbings coll

abtragen vt <tech.allg> (allg.) • remove vt
abtragen vt <bekl> (Textilien, Schuhe) • wear vt
abtragen vt <min> (Gestein, Deckgebirge) • strip vt
abtragen vt <obfl> (durch Verschleiß) • wear away vt
abtragen vt <prod> (abrasiv; durch Reiben, Schleifen) • abrade vt
abtragen vt <prod> (mit Fräser) • mill (off) vt
abtragen vt <prod> (Werkstoff; spanend) • machine off vt
abtragen vt <verf> (schwimmende Schicht) • skim vt
abtragend <tech.allg> (durch Erosion, Erodieren) • eroding
abtragend <tech.allg> • abrasive adj
abtragendes Bearbeitungsverfahren n DIN 8590 <prod> • eroding process
Abtragleistung n VDI 3401 <prod> (z. B. Funkenerosion) • stock removal rate
Abtragsbeize f <obfl> • weight loss-metal etch; deep etching pract
Abtragshöhe f <bau> • digging height
Abtragsleistung f <tech.allg> (z. B. beim Graben, Spanen, Erodieren) • surface removal rate
Abtragsleistung f <bau> (beim Aushub) • digging capacity
Abtragsleistung f <min> (Tagebau; z. B. Braunkohle) • stripping capacity
Abtragsleistung f <wz.masch> (z. B. durch spanende Bearbeitung) • workpiece removal rate; rate of material removal
Abtragsquerschnitt m <bau> • section of cut
Abtragsrate f <tech.allg> (z. B. beim Graben, Spanen, Erodieren) • surface removal rate
Abtragssimulation f <wz.masch> (CAD/CAM) • machining simulation
Abtragsverhältnis n <prod> (beim Schleifen) • grinding ratio
Abtragswert m <obfl> (Aggressivität eines angreifenden Mediums) • surface removal rate
Abtragung f prakt <druck> (Offsetdruck) • printing plate abrasion; plate abrasion; abrasion pract
Abtragung f <geo> • abrasion
Abtragungsküste f <geo> • abrasion coast
Abtragverfahren n <prod> • abrading process
Abtragvolumen n VDI 3401 <prod> (z. B. Funkenerosion) • volume metal removal
Abtragwerkzeug n <wz> • abrasive tool
Abtreibearbeit f <min> • piling
abtreiben vi <nav> (vom Kurs, Liegeplatz; z. B. Schiff, Boot) • drift (off) vi; float off vi
abtreiben vt <bau> (Pfahl, Spundwand) • sink vt
abtreiben vt <chem.verf> (Destillat) • distil off vt
abtreiben vt <metall> (Treibofen) • cupel vt
Abtreibpfahl m <min> • pile
Abtreiberkolonne f <chem> (mit Dampf) • steam-stripping still
Abtreiberkolonne f <verf> (allg.) • stripping column; column stripper; stripping still; stripper pract
Abtreiberkolonne f <verf> (Säule) • stripping column; stripper column; stripper
Abtreibeteil m <verf> • stripping section
Abtreibeverfahren n <min> (mit Pfählen) • piling
abtrennen vt <tech.allg> (z. B. Durchschrift vom Original, Kapuze vom Mantel) • detach vt
abtrennen vt <tech.allg> (räumlich isolieren) • isolate vt
abtrennen vt <tech.allg> • separate vt
abtrennen vt <el> (von Stromkreis, Spannungsquelle) • cut off vt
abtrennen vt <phys> (durch Destillieren) • separate by distillation vt
abtrennen vt <prod> (mech., mit Wz.; z. B. Schere, Messer, Meißel) • cut off vt

abtrennen vt <prod> (mech., mit gewisser Kraft- und Gewalteinwirkung; z. B. mit Wz.) • part off vt; sever vt
Abtrennschalter m <tele> • splitting key
Abtrennung f <verf> • separation
Abtrennungsfläche f <verf> • separation surface
Abtrennungsgebiet n <verf> • separation zone
Abtrennung von magnetisierbarem Eisen f <verf> (mit Permanent- od. Elektromagnet) • magnetic separation; separation of ferrous materials
abtreppen vt <bau> • bench vt; step vt
abtreten vt <jur> (Rechte/Pflichten) • abandon vt; cede vt; give up vt coll
Abtrieb m <antr> (Getriebeausgang) • output
Abtrieb m <chem> • stripping; simple distillation
Abtrieb m <holz> (Forstwirtschaft) • felling
Abtrieb m <kfz.antr> (Zapfwelle) • power take-off (PTO)
Abtrieb m <phys> (aerodynamisch; z. B. bei Rennautos) • downforce
Abtrieb für den Allradantrieb m <kfz.antr> • four-wheel-drive output
Abtriebsalter n <holz> • removal age
Abtriebsdrehmoment n <masch> • output torque
Abtriebsdrehzahl f <masch> (z. B. von Motor, Getriebe) • output speed
Abtriebsglied n <masch> (z. B. in kinematischen Getrieben) • driven member; output member; output link; driven link; follower
Abtriebsleistung f <masch> • output power
Abtriebsrad n DIN 3998 <antr> (im Rädergetriebe) • driven gear; follower gear rare
Abtriebsscheibe f <antr> (Zugmittelgetriebe) • driven pulley
Abtriebsschlag m <holz> • clear felling
Abtriebsspindeldrehzahl f <wz.masch> • output spindle speed
Abtriebswelle f <antr> (allg.) • output shaft
Abtriebswelle f prakt <kfz.antr> • transmission output shaft; gearbox output shaft GB; driven shaft pract; output shaft pract; main shaft pract
abtrocknen vt <allg> (Waschgut, z. B. Geschirr) • dry vt
abtrommeln vt <tech.allg> (von Trommel/Rolle/Spule abwickeln; z. B. Papier) • reel off vt; run off vt
Abtropfbrett n <verf> • drain board
Abtropfen nsg <phot> • draining sg
abtropfen v <tech.allg> (z. B. Waschwasser, Farbe) • drain v
abtropfen vi <tech.allg> (z. B. Lack von Pinsel, Speiseeis) • drip (off) vi
Abtropfenlassen n <nahr> (Weinbau; Saft aus der Traubenmaische) • draining
abtropfen lassen v <tech.allg> • drain v
Abtropfgeschwindigkeit f <nahr> (von Speiseeis) • melting rate; rate of meltdown; speed of melting
Abtropfgestell n <verf> • drying rack
Abtropfgrad m <nahr> (von Speiseeis; tropffreie Zeit in Minuten) • time-to-drip
Abtropfrinne f <verf.hydr> (Abwasserreinigung) • collection hopper; trough; gully
Abtropfzeit f <tech.allg> • melting time
Abtropfzone f <obfl> (beim Heißwachsfluten) • drip-off zone
abtupfen vt <verf.med> (z. B. Blut aus Wunde) • swab away vt
AB Turbo f <obfl.wz> • AB turbo; Paasche turbo
A-Buffer m <edv> • A-buffer
Abutilonfaser f <kst> • abutilon fiber
ABUTT-Gewinde n <masch> • American buttress (ABUTT); American National Standard buttress inch screw thread

AB-Verstärker m <el> • class-AB amplifier
Abwachser m <obfl.holz> • wax remover
Abwälzbewegung f <masch> (Relativbewegung) • relative rolling motion
Abwälzbewegung f <mech> • relative rolling motion
abwälzen vr <masch> (von Zahnrädern) • roll vi
Abwälzfräsen n <prod> (z. B. von Gewinden) • hobbing
Abwärme f <verbr> • waste heat; exhaust heat
Abwärme abführen vt <verf> • reject waste heat vt; remove waste heat vt; dissipate waste heat vt
Abwärmeauskopplung f rar <energ> (Lieferung von mechanischer Leistung und Wärme) • combined heat and power (CHP) GB; cogeneration US
Abwärmeaustauscher m rar.ugs <turb> • waste heat exchanger
Abwärmekraftmaschine f <energ.therm> • waste-heat engine
Abwärmenutzung f <energ.therm> • waste heat recovery; exhaust heat recovery; waste-heat utilization; waste heat usage coll
Abwärmeofen m <verf> • regenerative furnace
Abwärmerückgewinnung f form <energ.therm> • waste heat recovery; exhaust heat recovery; waste-heat utilization; waste heat usage coll
Abwärmetauscher m <turb> • waste heat exchanger
Abwärmeturbine f DIN 4304 <energ.therm> • waste heat turbine
Abwärmeverwertungsanlage f <energ.therm> • waste-heat recovery plant
abwärts bewegen vi <tech.allg> • move downward vi
Abwärtsbewegung f <tech.allg> (einer Hubbewegung; z. B. von Kolben, Reinigungsrechen) • descending stroke; downward stroke
Abwärtsbewegung f <tech.allg> (z. B. Kolben, Werkzeug, Seilbahngondel) • downward movement; downward travel
Abwärtsbohrloch n <petr> • downhole
Abwärtsgas n <chem.verf> • downrun gas
Abwärtsgasen n <chem.verf> • down-running
abwärts gasen vi <verf> • steam downwards vi
Abwärtsgasen mit Dampfüberhitzung n <chem.verf> • back run
Abwärtsgasverfahren [mit Dampfüberhitzung] n <chem.verf> • back-run process
Abwärtshub m <masch> (z. B. Kolben, Ventil, Pressenstempel) • downstroke; downward stroke
abwärtskompatibel <edv> (Soft-, Hardware) • downward compatible; backward compatible rare
Abwärtskompatibilität f <edv> (von Soft-, Hardware) • downward compatibility; backward compatibility rare
Abwärtsmischung f <el> • downward modulation
Abwärtsmischung f <verf> • down conversion
Abwärtsregelung f <el> • reverse automatic gain control
Abwärtsschaltventil n <kfz.antr> (Automatikgetriebesteuerung) • downshift valve
Abwärtsschweißen n <füg> • downward welding; downhand welding
abwärtssprühende Düse f <verf> • downspray nozzle
abwärtssprühende Wasserverteilung f <verf> • downspray distribution system
Abwärtstransformation f <el> • step-down transformation
Abwärtstransformator m <el> • step-down transformer
Abwärtsumsetzer m <tele> • downconverter
Abwärtszähler m <msr> • down-counter
Abwärtszug m <mech> • downward pull
Abwässer npl <ents> • effluents
abwalzen vt <prod> • reduce [by rolling] vt
abwandeln vt <allg> • modify vt

abwandern *vi* <msr> *(Messwert, Signal)* • drift *vi*
abwaschen *vt* <verf> *(z. B. Produkte, Geschirr, Hände)*
• wash *vt*
Abwaschung *f* <min> • wash-out
Abwasser *n* <tech.allg> *(ablaufendes Wasser; z. B. Regenwasser, Brauchwasser)* • drain water
Abwasser *n* <ents> *(von chem. Prozessen)* • tail water
Abwasser *n* <ents> *(gebrauchtes Wasser)* • waste water; sewage *coll*; sewage water; liquid effluent *form*
Abwasser *n prakt* <pap> • white water; backwater
Abwasseranlage *f* <verf.hydr> • waste water system
Abwasseraufbereitung *f* <ents> • waste water treatment; sewage treatment; sewage purification; sewage clarification; wastewater purification
Abwasseraufbereitungsanlage *f* <ents.verf> • waste water treatment plant; effluent treatment plant; sewage treatment plant
Abwasserbehandlung *f* <ents> • waste water treatment; sewage treatment; sewage purification; sewage clarification; wastewater purification
Abwasserbehandlung in Teichen *f DIN EN 12255-5* <ents> • lagooning processes *DIN EN 12255-5*
Abwasserbehandlungsanlage *f* <ents.verf> • waste water treatment plant; effluent treatment plant; sewage treatment plant
Abwasserbehörde *f* <admin> • Sewage Authority
Abwasserbelastung *f* <ents> • waste water load
Abwasserbeseitigung *f* <ents> • waste water disposal; sewage disposal
Abwassereinlauf *m* <bau> • outfall
Abwassereinleitung *f* <ents> • waste water discharge; effluent discharge
Abwasserfahne *f DIN 4049-2* <ents.hydr> • waste water plume
Abwasserfaulraum *m* <ents.verf> • hydrolizing tank; privy tank; septic tank
Abwasser-Feinsiebtrommel *f* <verf> • rotafine screen
abwasserfrei <chem.verf> • effluent-free; without effluent discharge
abwasserfreie Reinigung *f* <verf> *(trocken, mit Gas)* • dry gas cleaning without a wet-process stage
Abwasserkanal *m* <ents> • sewer; sewer line
Abwasserkanalisation *f* <ents> *(für Schmutzwasser)* • sewerage; sewer system
Abwasserkanalnetz *n* <ents> *(betont: für Oberflächenwasser, Regenwasser)* • drainage system; drainage channel network
Abwasserklärung *f* <ents> • waste water treatment; sewage treatment; sewage purification; sewage clarification; wastewater purification
Abwasserlast *f* <ents> *(Schadstoffe im Abwasser)* • pollution burden; pollution load
Abwasserleitung *f* <ents> • sewer; sewer line
Abwassermenge *f* <pap.prod> • effluent volume
Abwassern *n* <aerospace> • water take-off
Abwassernorm *f* <verf> • effluent standard
Abwasserpumpe *f* <rls> • sewage pump; waste water pump; effluent pump
Abwasserreinigung *f* <ents> • waste water treatment; sewage treatment; sewage purification; sewage clarification; wastewater purification
Abwasserreinigungsanlage *f* <verf.ents> • sewage treatment works *pl*; sewage works *pl*; effluent treatment works *pl*; sewage treatment plant; waste water facilities *pl*
Abwasserrohr *n* <rls.ents> • sewage drain pipe; waste pipe
Abwassersammelbehälter *m* <verf.ents> • waste water collecting sump; waste water collecting tank; waste water storage sump; waste water storage tank

Abwasserschlamm *m* <ents> • sewage sludge; waste-water sludge
Abwasser-Siebtrommel *f* <verf> • sewage drum screen
Abwassertechnik *f norm* <verf.ents> • waste water engineering *norm*; sewage engineering; wastes engineering
Abwassertechnologie *f* <verf.ents> • waste water technology
Abwasserteich *m* <verf.ents> • oxidation pool; oxidation pond; stabilization pond; sewerage lagoon; lagoon *pract*
Abwasseruntersuchung *f* <ents> • sewage analysis
Abwasserverregnung *f* <ents> *(betont: zur Bewässerung)* • sewage irrigation
Abwasserverregnung *f* <ents> • sewage sprinkling
Abwasserverrieselung *f* <ents> • broad irrigation of sewage
Abwasserverwertung *f* <ents> • sewage utilization; utilization of waste water; waste water utilization
Abwedelmaske *f* <phot> • dodger
Abwedeln *n* <phot> *(beim Vergrößern)* • dodging; shading
abwedeln *vt* <phot> *(Bildpartien, beim Vergrößern)* • dodge *vt*; shade *vt rare*
Abwedelschablone *f* <phot> • dodger
Abwehrferment *n* <chem> • defensive enzyme
Abwehrrakete *f* <mil> *(gegen Raketen, Lenkwaffen)* • countermissile
abweichen *vi* <tech.allg> *(vom Sollweg; z. B. Werkzeug, Fahrzeug, Regelstrecke)* • deviate *vi*; depart *vi*
abweichen *vi* <navig> *(vom Kurs; z. B. Schiff, Flugzeug)* • veer (off) *vi*; deviate *vi*
abweichen *vi* <petr> *(Bohrer, Bohrrichtung)* • walk (off) *vi*; wander *vi*
Abweichung *f* <tech.allg> *(von Sollweg, -wert, Verfahrensvorschriften)* • departure
Abweichung *f* <tech.allg> *(Abkehr vom Normalen, Gewünschten; z. B. Istwert vs. Sollwert; Qualität)* • deviation; divergence
Abweichung *f* <math> • variance
Abweichung *f DIN 1319-1* <msr> *(eines Messinstruments)* • error; error of measurement *rar*
Abweichung *f* <navig> *(Abstand zw. Ist- und Sollposition)* • offset
Abweichung *f* <phys> *(magnetisch, aerodynamisch; z. B. von Kompass, Flugbahn)* • deviance
Abweichung *f* <wz> *(Bohrer)* • walk-off
Abweichungsanzeiger *m* <msr> • deviation indicator
Abweichungsanzeiger *m* <opt> • aberrometer
Abweichungsfehler *m* <edv.av> • offset error; gain error; fullscale error; offset voltage error
Abweichungsgenehmigung *f* <qualit> • deviation permit
Abweichungskoeffizient *m* <pap> • variation coefficient
Abweichungsquadrat *n* <math> *(Statistik)* • squared deviation
Abweichungsverhältnis *n* <tech.allg> • deviation ratio
Abweichungsverhältnis *n* <navig> • offset ratio
Abweichung vom Kreis der Lagerfläche *f* <masch> • bearing roundness deviation
Abweichung von der Normalausrichtung *f* <tech.allg> • misalignment; misorientation
Abweisbügel *m* <agri> • divider
Abweisefinger *m* <büro> *(in Kopierer; trennt Papier von der Trommel)* • separation claw
abweisen *vt* <obfl> *(Wasser; z. B. Gewebe, Lack, Wachs)* • repel *vt*
abweisen *vt* <qualit> *(mangelhafte Lieferung, Leistung)* • reject *vt*
abweisend <obfl> *(z. B. Schmutz, Wasser)* • repellent
Abweisendausrüstung *f* <textil> • repellent finish
Abweiser *m* <tech.allg> *(z. B. für Wind, Strömung, Partikel)* • deflector

Abweiser m <nav> *(z. B. an Schiffsrumpf, Kaimauer)* • fender; fender guard

Abweiser m <wz.masch> *(Schutz; z. B. vor Spänen)* • guard

Abweiserflügel m <led> *(Falzmaschine)* • spreading cylinder

abwelken vt <led> • sam vt; sammy vt; wring vt US

Abwelkflotte f <led> • samming float

Abwelkgewicht n <led> • samming weight

Abwelkmaschine f <led> • samming machine; wringer US

Abwelkpresse f <led> *(zur Entwässerung zwischen zwei Pressplatten)* • samming press; drying press

abwerfbares Bremsraketenbündel n <aerospace> • jettisonable retrorocket pack

abwerfen vt <tech.allg> *(z. B. Kleidung, Fördergut, Last)* • throw off vt

abwerfen vt <tech.allg> • shed vt

abwerfen vt <aerospace> *(Ballast)* • jettison vt

abwerfen vt <el> *(Last aus dem Netz)* • discharge vt

abwerfen vt <förd> *(Fördergut)* • drop vt

abwerfen vt <kst> *(Spritzling von Formwerkzeug-Kern)* • strip (off) vt; eject vt

abwerfen vt <mil> *(ausklinken; z. B. Bombe)* • release vt

abwerfen vt <textil> • press off [loops] vt

abwerten vt <tech.allg> • down-grade vt

Abwesenheit f <tech.allg> *(allg.; Nichtanwesenheit von erwünschten Merkmalen etc.; statisch)* • lack

Abwesenheitsschärfung f <alarm> • arming for external alarm :V

Abwesenheitsüberwachung f <alarm> • secure mode; secure condition; protection on; night operation; night setting

Abwetter pl <min> • vitiated air

abwettern vt <nav> • weather vt

abwickelbar <math> *(Fläche)* • developable

Abwickeleinrichtung f <prod> *(z. B. für Stahlcoils)* • decoiler; decoiling cradle

Abwickelkassette f <av> • feed magazine

abwickeln vt <tech.allg> *(von Bund, Coil, Trommel; z. B. Blech, Kabel)* • decoil vt; uncoil vt

abwickeln vt <tech.allg> *(von Spule; z. B. Band, Draht, Streifen)* • unreel vt; reel off vt

abwickeln vt <tech.allg> *(von Winde, Trommel; z. B. Seil, Band, Draht)* • wind off vt; unwind vt

abwickeln vt <math> *(gekrümmte Flächen in die Ebene)* • develop vt

abwickeln vt <textil> *(Faden)* • unwind vt; unreel vt; wind off vt; run off vt; reel off vt

Abwickelspule f <tech.allg> *(z. B. für Draht, Feinblech, Papier)* • supply spool; take-off reel

Abwickelspule f <av> *(Magnetband)* • feed reel; supply spool; feed spool; supply hub; supply reel

Abwickelvorrichtung f <prod> • let-off arrangement

Abwickelwalze f <textil> • lap roller

Abwicklung f <tech.allg> *(Vorgang; z. B. Band von Rolle)* • unwinding

Abwicklung f <doku> *(techn. Zeichnung)* • developed view

Abwicklung f <druck> *(von gegeneinander laufenden Druckwalzen)* • rolling

Abwicklung f <druck> *(Abwickelvorrichtung für Rollenpapier)* • unwind unit; unwinder

Abwicklung f <kst> *(Folienextrusion; Anlagenteil)* • unwinding station; pay-off unit

Abwicklung f <ökon> *(von Unternehmen)* • winding-up

Abwicklungskurve f <math> • involute [curve]

abwiegen vt <msr> • weigh vt

Abwind m <aerospace> *(z. B. Segelflug)* • downwash

Abwinden n <textil> • backing-off

abwinden vt <textil> *(Faden)* • unwind vt; unreel vt; wind off vt; run off vt; reel off vt

Abwindsegelfläche f <nav> • all-plain sail area

Abwindwinkel m <aerospace> • downwash angle

abwinkelbar <nfz> • offsetable

Abwinkelung f <förd> *(Kran; Winkel zwischen Mast und Ausleger)* • offset [angle]

abwischen vt <tech.allg> *(z. B. Flüssigkeit, Staub von Oberflächen)* • wipe off vt

abwischen vt rar <nav> *(mit Dweil; Deck)* • swab vt

abwittern vt <mat> • remove by weathering vt

abwracken vt <ents> *(Fahrzeug, Maschine, Anlage, Schiff)* • wreck vt; break up vt

Abwürgen n <kfz.mot> • stalling

abwürgen vt <mot> *(blockieren; z. B. Automotor)* • stall vt

Abwurf m <aerospace> *(von Ballast, abgebrannten Triebwerken etc.)* • jettisoning

Abwurf m <förd> *(z. B. Gurtförderer: Abwurf über Kopf)* • discharge

Abwurfausleger m <förd> • spreader belt arm

Abwurfbahn f <förd> *(Gurtförderer, Becherwerk)* • discharge curve

Abwurfband n <förd> *(z. B. Kiesgrube)* • discharging belt

Abwurfbehälter m <aerospace> • jettisonable tank; drop tank

Abwurfblech n <verf> *(an Rechen; z. B. zur Abwasserreinigung)* • stripper; stripping device; scraper blade; wiper blade

Abwurf des Lukendeckels m <aerospace> • exit hatch jettisoning

Abwurfende n <förd> *(Förderband)* • delivery point; terminal end

Abwurfgerät n <förd> • disposal unit

Abwurfhöhe f <förd> • discharge elevation; height of discharge

Abwurfhöhe f <mil> *(von Bomben etc.)* • bombing altitude

Abwurfkante f <verf.hydr> *(an Rechenrost, Abwurfschurre)* • knife edge

Abwurfleiste f <ents> • delivery strip; discharge strip

Abwurfmechanismus m <verf.hydr> *(Siebrechen)* • unloading device

Abwurföffnung f <förd> *(z. B. Trogkettenförderer)* • discharge door

Abwurfpunkt m <aerospace> *(z. B. von Material, Bomben)* • release point

Abwurfrinne f <verf.hydr> *(Abwasserreinigung)* • collection hopper; trough; gully

Abwurfschacht m <ents> *(für Müll)* • discharge chute

Abwurfschurre f <förd> *(z. B. Schüttgutentladung v. Silo, Waggon)* • discharge chute

Abwurftest m <kfz> • bead unseating test; rim push-off test

Abwurftrommel f <förd> • tripper pulley

Abwurfvorrichtung f DIN 15201 <förd> *(Förderband)* • belt tripper; tripper coil

Abwurfwagen m <förd> • terminal tripper

Abwurfwiderstand m <fz> *(von Reifen/Felgen)* • bead unseating resistance

Abyssalregion f <geo> • abyssal realm

abyssisch <geo> • abyssal

A-BZ <el> • alkaline fuel cell (AFC)

abzählbar <math> *(endliche Menge)* • countable; denumerable rare

abzählen vt <math> *(vorliegende Menge)* • count vt

abzapfen vt <rls> *(Flüssigkeit aus Gefäß, Rohr)* • draw off vt; tap vt

abzapfen vt <verf> • bleed off vt

Abzapfhahn m <rls> • tap [cock]

Abzapfventil n <rls> (für kleine Mengen) • bleeder [valve]

Abzapfventil n <rls> (allg.) • tap [valve]

Abzehrung f <obfl.qualit> (Emailfehler; Vorgang und Ergebnis) • burn-off; burning off

Abzeichnungen fpl <obfl.qualit> (Lackfehler) • sinkage; contouring; flat spots pl; porosity

abziehbarer Lack m <obfl> • strippable coating; peelable lacquer rare; strippable lacquer rare

Abziehbild n <doku> • decal

Abziehbilderdruck m <druck> • transfer printing

Abziehbilderpapier n <pap> • transfer paper

Abziehbildpinzette f <wz> • decal tweezer

Abziehbohle f <bau> • screed board; screeding plate; floating rule; derby float; patter

Abziehbrett n <bau> • screed board; screeding plate; floating rule; derby float; patter

Abziehbürste f <druck> • beating brush

Abziehemulsion f <chem.verf> • stripping emulsion

Abziehen n <verf.hlk> (Vorgang des Absaugens; z. B. von Dämpfen, Abgasen) • eduction

abziehen vi <aerospace> • bank vi

abziehen vi <emiss> (z. B. Rauch, Giftgaswolke) • escape vi

abziehen vt <tech.allg> (durch mech. Ziehen entfernen; z. B. Deckel, Schalterknopf, Zündkabel) • pull (off) vt; remove vt

abziehen vt <tech.allg> (von etwas; z. B. Schlüssel von Schloss) • withdraw vt

abziehen vt <agri> (Boden, Acker) • draw off vt

abziehen vt <bau> (mit Abziehlineal etc. glätten; z. B. Estrich, Putz) • screed vt

abziehen vt ugs.rar <büro> (Vorlage; z. B. Dokument) • copy vt

abziehen vt <druck> (Druckfahne) • proof vt; pull a proof vt

abziehen vt <druck> • strike off vt

abziehen vt <druck> (übertragen) • transfer vt

abziehen vt <ents> (Flüssigkeit; nach unten; z. B. Sicker-, Regenwasser) • drain (off) vt

abziehen vt <förd> (durch Unterdruck, Saugluft; z. B. Gase, Dämpfe, Schwebstoffe) • exhaust vt

abziehen vt ugs <led> • skin vt; flay vi

abziehen vt <math> (Rabatt, Ermäßigung, Abschlag) • deduct vt

abziehen vt ugs <math> (Zahlen) • subtract vt

abziehen vt <metall> (Schlacke, Metallschaum von Schmelze) • separate the dross vt

abziehen vt <min> • uncage vt

abziehen vt <mus> (Orgelregister) • push in vt; bring in vt; put in vt; throw off vt; draw off vt

abziehen vt <nahr> (auf Flaschen; Wein) • bottle vt

abziehen vt <nahr> (Wein) • rack vt

abziehen vt <obfl> (z. B. Folie, Film, Überzug) • peel off vt; strip vt; strip off vt; peel vt; strip away vt rare

abziehen vt <obfl.holz> (mit Ziehklinge schaben) • scrape vt

abziehen vt <pack> (auf Fässer) • barrel vt

abziehen vt <phot> (Bild, Fotografie) • print vt

abziehen vt <prod> (honen) • hone vt

abziehen vt <prod> (mit Ölstein) • oilstone vt

abziehen vt <prod> (mit Abziehstein; z. B. Schneide, Klinge) • stone vt

abziehen vt <prod> (Flüssigkeit, Schaum; z. B. Schlacke) • tap vt

abziehen vt <textil> (Faden) • draw off vt; take off vt

abziehen vt <textil> (Nadeln in die Ruhestellung) • take down vt

abziehen vt <textil> (Färberei) • strip vt

abziehen vt <textil> (fertige Maschenware) • take down [the fabric] vt

abziehen vt <textil> (Spule) • doff vt

abziehen vt <textil> (Seide) • degum vt; boil off vt

abziehen vt <verf> (z. B. Flüssigkeit, Schlacke, Schlamm) • draw off vt

abziehen vt <wz> (z. B. Schleifscheibe) • dress vt; true vt

abziehen vt <wz> (Rasiermesser; mit Riemen) • strop vt; strap vt

abziehen vt <wz> (z. B. Sense, Sichel) • whet vt

Abziehen und Rückspeichern n <edv> • dump and restore

Abzieher m <wz> (allg.) • puller

Abzieher für Polklemmen m <el.wz> • battery terminal puller; battery cable clamp puller; battery terminal lifter GB

Abzieher mit Schlaghammer m <wz> • slide hammer puller

Abziehfilm m <druck> (z. B. für die Retusche) • masking film

Abziehfilm m <obfl> (allg., abziehbare Folie) • stripping film

Abziehflotte f <textil> • stripping bath

Abziehformkasten m <metall> • snap flask

Abziehhilfsmittel n <chem> • stripping agent; stripping assistant rare

Abziehhülse für Wälzlager f <masch> • withdrawal sleeve for roller bearings

Abziehlack m <obfl> • strippable coating; peelable lacquer rare; strippable lacquer rare

Abziehmittel n <textil> (Färberei) • dyestuff stripping agent

Abziehpapier n <druck> • proofing paper

Abziehpresse f <druck> • proof press

Abziehriemen m <wz> (für Rasiermesser) • strop

Abziehschicht f <obfl> • stripping layer

Abziehstein m <wz> (zum Werkzeugschärfen) • whetstone; hone

Abziehstein m DIN ISO 603-11 <wz> • hand finishing stick ISO 603-11

Abziehvorrichtung f <wz> • pulling unit

Abziehwerk n <kst> (Folienextruder) • haul-off unit; take-off mechanism; pull rolls

Abziehwerkzeug n <wz> (für Schleifscheibe) • abrasive wheel dresser; abrasive wheel truer; truing device; dresser pract

Abzug m <bau> (für Gase, z. B. Rauch) • escape

Abzug m <druck> (zur Korrektur) • proof

Abzug m <hlk> (z. B. für Abluft, Dunst, Dämpfe, Rauch) • vent fume hood

Abzug m prakt <hlk> (allg.) • fume hood

Abzug m <kst> (Folienextruder) • haul-off [system]; take-off [equipment]

Abzug m <math> (z. B. als Rabatt, Preisnachlass) • deduction

Abzug m <mil> (Schusswaffe) • trigger

Abzug m prakt <phot> (Vergrößerung als Papierbild) • print

Abzug m prakt <phot> (Ergebnis) • enlargement; print pract; enlarged print form.rare

Abzug m <verf.hlk> (Vorgang des Absaugens; z. B. von Dämpfen, Abgasen) • eduction

Abzug m <verf.hlk> (Haube über Labortisch) • laboratory hood

Abzug betätigen vt <mil> • squeeze the trigger vt; pull the trigger vt

Abzuggewicht n <mil> • trigger pull

Abzug machen vt ugs <phot> (Bild, Fotografie) • print vt

Abzug mit breiter Zunge m <sport> (Schießen) • target trigger

Abzugsachse f <mil> (Schusswaffe) • trigger pin; trigger bar; sear bar

Abzugsband n <textil> • drawing-off band
Abzugsbaum m <textil> • take-up roller
Abzugsbegrenzung f <mil> *(Schusswaffe)* • trigger stop
Abzugsbegrenzungsschraube f <mil> • trigger stop screw; trigger overtravel stop screw
Abzugsblatt n <mil> • trigger tongue; trigger latch
Abzugsbügel m <mil> • trigger guard
Abzugsdraht m <mus> *(Orgel; zw. Abstrakte und Ventil)* • pallet pull-down [wire]; pull-down [wire]; pull-down hook; pulldown
Abzugseigenschaften fpl <mil> • trigger characteristics
Abzugseinheit f <mil> • trigger unit
Abzugseinrichtung f <mil> *(Schusswaffe)* • trigger mechanism; trigger assembly
Abzugseinrichtung f <textil> *(für fertiges Gewirk)* • take-up unit; fabric take-up mechanism; take-off device
Abzugselektrode f • drain electrode
Abzugsfeder f <mil> • trigger spring
Abzugsfehler m <led.qualit> *(Haut)* • flaying damage
Abzugsfehler m <mil> *(z. B. Verreißen)* • trigger release error
Abzugsfinger m <mil> • trigger finger
Abzugsgeschwindigkeit f <kst> *(Folienextrusion)* • haul-off rate; haul-off velocity
Abzugsgeschwindigkeit f <textil> *(Faden)* • draw-off speed; take-off speed
Abzugsgewicht n <mil> • trigger pull
Abzugsgewichtsmessung f <mil> • weighing the trigger
Abzugshaube f <hlk> *(allg.)* • fume hood
Abzugshebel m <mil> *(Feuerwaffe)* • trigger; firing lever rare
Abzugshebel des Zünders m <spreng> • detonator lever
Abzugskanal m <ents> *(für Wasserdrainage)* • draining trench
Abzugskanal m <hydr.bau> *(von Wasserturbine)* • trail race
Abzugskanal m <rls> *(allg. für Flüssigkeiten, Gase)* • discharge duct
Abzugskanal m <verbr> *(für Rauchgase)* • flue pipe
Abzugskontrolle f <mil> • trigger control
Abzugskraft f <prod> • die withdrawing force
Abzugslagerbolzen m <mil> • trigger pivot
Abzugslattentuch n <textil> • take-off apron
Abzugsmaschine f <led> *(Haut)* • hide puller
Abzugsmechanismus m <mil> *(Schusswaffe)* • trigger mechanism; trigger assembly
Abzugsmesser n <led> *(Haut)* • flaying knife
Abzugspapier n <pap> *(für Fahnenabzüge)* • galley proof paper; proof paper
Abzugsprüfgewicht n <mil> *(Schießen)* • trigger test weight; test weight
Abzugsregulierschraube <mil> • trigger pull adjustment screw
Abzugsrichtung f <kst.prod> *(Folie-Längsrichtung)* • web direction
Abzugsrillen fpl <mil> • trigger grooves pl
Abzugsrohr n <emiss> *(für Abgas, Abwasser)* • effluent pipe
Abzugsrohr n <hlk> *(für Abluft)* • exhaust pipe; air vent pipe
Abzugsrohr n <rls> *(allg., für Gase, Flüssigkeiten)* • discharge pipe
Abzugsrohr n <rls> *(für Gase)* • exhaust pipe
Abzugsrohr n <rls> *(zum Entlüften)* • vent pipe
Abzugsrohr n <verbr> *(für Rauchgase)* • flue pipe
Abzugsrohr n <verf> *(für Dämpfe, Rauch)* • fume pipe
Abzugsschaden n <led.qualit> *(Haut)* • flaying damage
Abzugsschrank m <verf.hlk> *(Laborentlüftung)* • laboratory fume hood; laboratory hood
Abzugsschuh m <mil> • trigger shoe

Abzugssicherung f <mil> • trigger safety; safety lock
Abzugsspannerrevolver m form <mil> • double-action revolver
Abzugsstange f <mil> *(Schusswaffe)* • trigger pin; trigger bar; sear bar
Abzugsstangensicherung f rar <mil> • trigger pin safety
Abzugsstollenfeder f <mil> *(Schusswaffe)* • sear spring
Abzugssystem n <mil> *(Schusswaffe)* • trigger mechanism; trigger assembly
Abzugsteil n <textil> *(Schlossteil zum Bewegen der Nadeln)* • stitch cam
Abzugsverbreiterung f <mil> • trigger shoe
Abzugsvorrichtung für Einschnittware f <holz> • cant kick-off
Abzugswalze f <kst> *(Folienextrusion)* • haul-off roll
Abzugswalze f <textil> • take-down roller; draw-off roller; takedown roll
Abzugsweg m <mil> *(Schusswaffe)* • trigger travel
Abzugswegbegrenzung f <mil> *(Schusswaffe)* • trigger stop
Abzugswerk n <textil> • capstan
Abzugswiderstand m <mil> • trigger pull
Abzugswinkel m <textil> • takedown angle
Abzugszüngel n <mil> • trigger tongue; trigger latch
Abzugszunge f <mil> • trigger tongue; trigger latch
Abzugszylinder m <textil> • draw box
Abzug vom Umfang m <textil> *(Faden)* • unrolling
abzundern vt <metall> *(z. B. Breitband im Walzwerk)* • descale vt; scale (off) vt
Abzweig m <tech.allg> • branch
Abzweig m <bahn> *(Streckenverzweigung)* • turnout
Abzweig m <rls> *(Behälter, Rohr, Turbine)* • tapping
Abzweigbefehl m <edv> • branch order
Abzweigdose f <el> • junction box; branch box
abzweigen vi <tech.allg> *(Leitung, Strecke)* • branch off vi
abzweigen vi <bahn> *(Strecke, Gleis)* • turn out vi
Abzweigfilter n <el> • ladder filter
Abzweigkabel n <el> • branch cable
Abzweigkabel n <tele> • stub cable
Abzweigkasten m <el> • junction box; branch box
Abzweigklemme f <el> *(allg.)* • branch terminal
Abzweigklemme f <el> *(T-Stück)* • T-joint
Abzweigklemme f <el> *(zum Anzapfen)* • tapping clamp
Abzweigklinke f <tele> • branching jack
Abzweigleiter m <el> • branch conductor
Abzweigleitung f <tech.allg> • branch line
Abzweigleitung f <tech.allg> *(im Nebenschluss; z. B. für Strom, Flüssigkeit, Gas)* • shunt line
Abzweigleitung f <el> • branch
Abzweigmuffe f <el> *(Kabel)* • cable joint sleeve; cable jointing sleeve
Abzweigmuffe f <opt.lwl> • branch closure
Abzweigmuffe f <rls> *(Rohrfitting)* • branch tee; T-joint
Abzweignetzwerk n <el> • branch network; branching network
Abzweigpunkt m <tech.allg> *(Leitung, Rohr)* • tapping point
Abzweigpunkt m <el> *(Anzapfung)* • tap point
Abzweigpunkt m <rls> • branch point
Abzweigrohr n <rls> • branch pipe; branch
Abzweigsammelschiene f <el> • branch bar
Abzweigschalter m <el> • branch switch
Abzweigschaltung f <el> • branch circuit; subcircuit; derived circuit rare
Abzweigschieber m <rls> • by-pass valve
Abzweigspule f <el> • tapped coil
Abzweigstecker m <el> • distribution plug
Abzweigstromkreis m <el> • branch circuit; subcircuit; derived circuit rare

Abzweigstück n <rls> (Rohr, Kanal) • Y-branch; pipe lateral; lateral pract; Y-joint rare

Abzweigung f <tech.allg> • branch

Abzweigung f <bahn> (Streckenverzweigung) • turnout

Abzweigung f <verk> (Straße) • turnoff; branchoff

Abzweigungsweiche f <bahn> • diverging points

Abzweigverbindung f <el> • branch connection

abzwicken vt <prod> (z. B. Draht) • nip off vt; pinch off v

Ac <chem> • actinium (Ac)

AC/AC-Wandler m rar <el> • transformer

ACC <av> • automatic color control (ACC)

Acceleratorchip m <edv> • accelerator chip; graphics accelerator chip; fixed-function graphics accelerator rare

Acceleratorkarte f <edv> (Grafik) • accelerator card; accelerator board; GUI accelerator; graphics engine rare

Access Grant Channel m (AGCH) <tele> • Access Grant Channel (AGCH)

Accessoire n <bekl> (zu Bekleidung, Innenarchitektur; real oder als Clipart) • accessory

Account m <edv> (von Netzwerk-User) • account

Account m prakt <werb> (in Werbeagentur) • account

Account Director m <werb> • account supervisor US; account director GB

ACCR <verf.ents> • activated-carbon catalytic reduction (ACCR); activated-coke catalytic reduction

AC/DC-Wandler m rar <el> • rectifier; AC/DC converter rare

Acetalharz n <chem> • acetal resin

Acetat n <chem> (allg.) • acetate

Acetat n prakt <kunst> (zum Maskieren) • acetate film; acetate pract

Acetatfaser f <textil> • acetate cellulose fiber

Acetatfilm m <kunst> (zum Maskieren) • acetate film; acetate pract

Acetatfilter m <phot> • acetate filter

Acetatfolie f <kunst> (zum Maskieren) • acetate film; acetate pract

Acetatpuffer m <verf> • acetate buffer

Acetatseide f <textil> • cellulose acetate rayon

Acetatstapelfaser f <textil> • acetate staple fiber

Aceticum acidum n wiss <chem> (allg.; z. B. Färberei, Herbizid, Photolabor) • acetic acid; aceticum acidum; ethanoic acid rar

Acetimeter n <msr> • acetimeter

Acetolyse f <chem.verf> • acetolysis

Aceton n <chem> • acetone; propanone thsc

Acetonharz n <chem> • acetone resin

Acetonlack m <obfl> • acetone lacquer

acetonlöslich <chem> • acetone-soluble

Acetophenon n <chem> • acetophenone

Acetylcellulose f <chem> • cellulose acetate; acetylated cellulose

Acetylchlorid n <chem> • acetyl chloride

Acetylen n <chem> • acetylene; ethyne thsc

Acetylenbrenner m <füg> • acetylene torch; acetylene blowpipe GB

Acetylendruckminderer m <füg> • acetylene pressure regulator

Acetylenentwickler m <chem.verf> • acetylene generator

Acetylenflamme f <füg> • acetylene flame

Acetylenflasche f <füg> • acetylene cylinder; acetylene gas bottle

Acetylengas n <chem> • acetylene gas

Acetylen-Sauerstoff-Brennschneiden n <füg> • oxyacetylene cutting

Acetylen-Sauerstoff-Brennschneidmaschine f <wz.masch> • oxyacetylene cutter

Acetylen-Sauerstoff-Schneidbrenner m <füg> • oxyacetylene cutting torch; oxyacetylene cutting blowpipe GB

Acetylen-Sauerstoff-Schweißbrenner m <füg> • oxyacetylene welding torch

Acetylen-Sauerstoff-Schweißen n <füg> (typ. Gasschweißverfahren) • oxyacetylene welding

Acetylenschleier m <füg> (Autogenschweißen) • acetylene feather

Acetylenschneidbrenner m <füg> • acetylene cutting torch; acetylene cutter pract

Acetylenschweißbrenner m <füg> • acetylene welding torch

Acetylenschweißen n <füg> • acetylene welding

Acetylenüberschuss m <füg> • acetylene excess

acetylieren vt <chem> • acetylate vt

acetyliertes LDL n <chem> • acetyl-LDL

Acetylierung f <chem> • acetylation; acetylization

Acetyl-LDL n <chem> • acetyl-LDL

Acetyl-LDL-Rezeptor m <med> • scavenger receptor; acetyl-LDL receptor

Acetylpapier n <pap> • acetylated paper

Acetylsalicylsäure f wiss <pharm> ($C_9H_8O_4$) • acetylsalicylic acid thsc; Aspirin ^{TM}Bayer.coll

Acetylzahl f <chem> • acetyl number

Achatmörser m <min> • agate mortar

Achatpapier n <pap> • agate paper

Achatplanlager n <msr> (Feinwaage) • agate plate

Achatpolierstein m <obfl> • agate burnisher

Acheson-Graphit m <el> • Acheson graphite; electrographite

Achillea millefolium f <bio> • milfoil; achillea millefolium

Achirastärke f <chem> • achira starch

a-Chlor-N-isopropylacetanilid n <chem.agri> • 2-chloro-N-isopropylacetanilide

Achondrit m <min> • achondrite

Achroit m <min> • achroite

Achromasie f wiss <phys> • achromaticity; colorlessness pract

Achromasiebedingung f <phys> • condition of achromatism

Achromat m DIN19040 <phot> • achromatic lens

achromatisch <phys> • achromatic

achromatische Farbe f <druck> (z. B. Druck- und Grafikfarben) • achromatic color

achromatische Linse f <phot> • achromatic lens

achromatisches Licht n <opt> • achromatic light

achromatisches Objektiv n <phot> • achromatic lens

Achs... <kfz> (in Komposita in Bezug auf Radaufhängungen) • suspension …

Achsabstand m DIN 3998 <masch> (z. B. Zahnradgetriebe) • center distance; center-to-center distance; axial distance

Achsabstandsempfindlichkeit f <masch> (Getriebemontage) • mounting sensitivity

Achsaggregat n <nfz> (Lkw-Hinterachse mit zwei Achsen und vier Rädern; gesamte Baugruppe) • bogie

Achsanordnung f <bahn> (von Loks; z. B. 2-8-4 oder o00000o) • wheel formula; wheel arrangement

Achsanordnung f <fz> (z. B. Lkw, Lokomotive) • axle arrangement

Achsantrieb m <kfz.antr> • final drive; axle drive

Achsantrieb der Hinterachse m <kfz.antr> (Differential, Halbwellen, Vorgelege etc.) • rear axle final drive

Achsantrieb der Vorderachse m <kfz.antr> • front axle final drive

Achsantriebsübersetzung f <kfz.antr> • final drive ratio; axle ratio pract; axle drive ratio; final drive reduction rare; final reduction gear ratio rare

Achsantriebs-Übersetzungsverhältnis *n wiss* <kfz.antr>
• final drive ratio; axle ratio *pract*; axle drive ratio; final drive
reduction *rare*; final reduction gear ratio *rare*

Achsaufhängung *f prakt* <kfz> • suspension mounting

Achsaufnahmepunkt *m* <kfz> • suspension mounting

Achsausgleichsgetriebe *n* <kfz.antr> • axle differential

Achsbolzen *m* <kfz> *(Lenkung)* • front-axle pivot pin;
steering-pivot pin

Achsbund *m* <masch> • axle collar

Achsdifferential *n* <kfz.antr> • axle differential

Achsdifferentialsperre *f* <kfz.antr> • axle differential
lock

Achse *f* <tech.allg> *(abstrakt, geometrisch; z. B. gedachte
Linie durch die Mitte)* • axis

Achse *f* <fz> *(Fahrzeugachse, auch metaphorisch)* • axle

Achse *f* <masch> *(Bauteil, um das sich etwas dreht)* • axle

Achselband *n Atlas* <kfz> *(Kindersitz)* • shoulder strap

Achsenabschnittsform *f* <math> *(Geradengleichung)*
• intercept form

Achsenabweichung *f* <masch> *(radial)* • radial offset;
axis offset

Achsenankerrelais *n* <el> • axial-armature relay

Achsenbeschriftung *f* <edv> • axis label; axis labelling

Achsenbezeichnung *f* <edv> • axis label; axis labelling

Achsenbild *n* <opt> • interference figure

Achsendrehmaschine *f* <wz.masch> • axle lathe

Achsenebene *f* <tech.allg> • axial plane

achsenentfernt <tech.allg> • abaxial

achsenferne Strahlen *mpl* <energ.sol> • rays incident
farther to the axis

Achsenfläche *f* <math> • axoidal surface; axoid

achsenfluchtend <masch> *(z. B. Kurbelwelle und Getrie-
bewelle)* • axially aligned; center-line-aligned

Achsenfluchtung *f* <masch> *(von Wellen)* • axial align-
ment; center-line alignment

Achsenkonfiguration *f* <autom> *(IR)* • configuration of
axes

Achsenkreuz *n* <math> • system of coordinates

Achsenregler *m* <msr> • shaft governor

Achsenrichtung *f* <tech.allg> • axial direction

Achsenschälmaschine *f* <wz.masch> • axle peeling
lathe

Achsenschnitt *m* <masch> • axial section

Achsenschnittform *f* <math> *(Geradengleichung)* • inter-
cept form

Achsenschnittpunkt *m DIN 3998* <masch> *(Kegelrad-
getriebe)* • common apex

achsenstabilisiert <phys> *(z. B. Kreisel, Seismograph)*
• attitude-controlled; attitude-stabilized

Achsensymmetrie *f* <tech.allg> • axial symmetry

achsensymmetrisch <math> • axially symmetric; axi-
symmetric; symmetrical about the axis

achsensymmetrisches Brillenglas *n* <opt> • spherical
lens

Achsentlastung *f* <kfz> *(beim Bremsen, Beschleunigen)*
• weight transfer [away from an axle]

Achsenverhältnis *n* <math> • axial ratio

Achsenverkippung *f* <lwl> • angular misalignment

Achsenversatz *m* <lwl> • axial misalignment

Achsenversatz *m* <masch> *(radial, seitlich; z. B. von
Rohren, Wellen, Leitungen)* • axial offset

Achsenwinkel *m DIN 3998* <masch> *(Kegelrad)* • shaft
angle

Achsfahrmasse *f* <fz> • axle load

Achsfeder *f* <fz> • axle spring

Achsfederung *f* <bahn> *(Drehgestell)* • primary suspen-
sion

Achsfolge *f* <bahn> *(von Loks; z. B. 2-8-4 oder o00000o)*
• wheel formula; wheel arrangement

Achsgehäuse *n* <kfz.antr> • axle housing; axle casing
GB; axle body; axle carrier

Achsgenerator *m* <bahn.el> • axle-driven generator

achsgerade einstellen *vt* <masch> *(betont: axial; z. B.
Wellen)* • align axially *vt*

Achsgetriebe *n* <kfz.antr> • axle drive; gear and pinion
US; ring and pinion *GB*

Achsgummifeder *f* <fz> • primary suspension rubber
spring

Achshals *m* <masch> • journal

Achshalter *m* <bahn> • axle guard

Achshalter *m DIN 15058* <masch> *(z. B. Kran)* • axle
holder

Achshaltergleitbacke *f* <bahn> • axle guard cheek plate;
horn-cheek

Achshaltergleitplatte *f* <bahn> • axle guard cheek plate;
horn-cheek

Achshaltersteg *m* <bahn> • axle guard stay; axle guard
tie bar

Achshebevorrichtung *f* <nfz> *(zur Verbesserung der
Traktion der belasteten Achse)* • traction-assist feature

Achshebevorrichtung *f* <nfz> *(allg.; zur Verminderung
von Verschleiß und Kraftstoffkosten)* • bogie-lift

Achskegelrad *n ZF* <kfz.antr> *(in Differential)* • drive pin-
ion; differential side gear; axle-drive bevel gear *rare*

Achskörper *m* <kfz.antr> • axle housing; axle casing *GB*;
axle body; axle carrier

Achskreuzungswinkel *m* <tech.allg> *(zw. Koordinaten-
achsen, Körperachsen)* • crossed-axes angle

Achskreuzwinkel *m* <tech.allg> *(zw. Koordinatenachsen,
Körperachsen)* • crossed-axes angle

Achslagefehler *m* <navig> *(z. B. von Lagekreisel)* • off-
axis position

Achslagefehler *m* <prod> • axis misalignment

Achslager *n* <bahn> *(Waggon)* • axle box

Achslager *n* <fz> *(allg.)* • axle bearing

Achslagerbock *m* <masch> • axle support

Achslagerdeckel *m* <bahn> • axle box cover

Achslagerführung *f* <bahn> • axle box guide; pedestal
frame *US*

Achslagerführung *f* <bau> *(Fensterbeschlag)* • hinge
guide

Achslagergleitplatte *f* <bahn> • axle guard cheek plate;
horn-cheek

Achslagerspiel *n* <fz> • axle bearing clearance

Achslagerstaubring *m* <bahn> • axle box dust guard

Achslagerstellkeil *m* <bahn> • axle box key

Achslast *f* <fz> • axle load; axle weight

Achslastausgleich *m* <nfz> • axle load compensation

Achslastverteilung *f* <kfz> • axle load distribution; weight
distribution *pract*

Achslenker *m* <kfz> • axle guide

Achsmanschette *f* <kfz> *(allg.)* • axle boot

Achsmanschette *f* <kfz> *(für Gleichlaufgelenke)* • CV-
joint boot

Achsmaß *n* <logist> *(Regal)* • bay length

Achsmitte *f* <masch> *(von Achsen und Wellen)* • center-
line

achsmittig aufgehängt <masch> • centerline supported

Achsmodul *n* <nfz> *(von Schwerlasttransporter)* • module

Achsmotor *m* <antr> *(betont: getriebelos)* • gearless mo-
tor

Achsmotor *m* <bahn> • yoke-suspended motor

Achsmotor *m* <fz.antr> *(Direktantrieb; z. B. Straßenbahn)*
• direct-drive motor

Achsmutter *f DIN ISO 8090* <fz> • hub axle nut *ISO 8090*

Achsmutter *f* <masch> • collar nut

Achsmutternschlüssel *m* <kfz.wz> *(Steckschlüsselein-
satz)* • axle nut socket

achsparallel <tech.allg> • axially parallel
Achsparallelitätsfehler *m* <tech.allg> • alignment error
Achsplatte *f* <msr> *(Fliehkraftversteller)* • support plate; cam driving plate
Achsprüflehre *f* <msr> • axle-testing gauge
Achsrohr *n* <kfz> *(Hinterachsbauteil)* • axle tube
Achsrohr *n* <kfz.emiss> *(Auspuffbogen über der Hinterachse)* • kick-up pipe; overaxle pipe
Achsrohr *n* <phot> *(Entwicklerdose)* • center tube
Achsschenkel *m* <kfz> *(gelenkte Achse)* • steering knuckle; hub carrier; steering swivel *GB*; knuckle *US. pract*; axle stub *rare*
Achsschenkelbolzen *m* <kfz> *(zum Schwenken des Radträgers)* • kingpin; fulcrum pin *GB*; steering swivel pin *GB*; knuckle pin; pivot pin
Achsschenkelbolzenlager *n* <kfz> • kingpin bearing
Achsschenkelbuchse *f* <kfz> • steering knuckle bushing; knuckle bushing; steering-swivel bush *GB*
Achsschenkelbund *m* <kfz> • axle journal collar
Achsschenkeldrehmaschine *f* <wz.masch> • axle journal lathe
Achsschenkelgehäuse *n* <kfz> • steering knuckle housing; knuckle housing; steering swivel housing *GB*
Achsschenkel-Lagerbuchse *f* <kfz> • steering knuckle bushing; knuckle bushing; steering-swivel bush *GB*
Achsschenkellenker *m* <kfz> • steering-knuckle pillar
Achsschenkellenkung *f* <kfz> • double-pivot steering; Ackermann steering *obs*; Jeantaud steering *obs*
Achsschenkelschleifmaschine *f* <wz.masch> • axle-journal grinding machine
Achsschenkelsturz *m rar* <kfz> *(Vorderachsgeometrie)* • steering axis inclination (SAI) *US*; kingpin inclination, KPI *GB*; swivel angle *GB*; steering-swivel inclination *GB*; balljoint inclination
Achsschnittprofil *n* <masch> *(Zahnradgetriebe)* • axial profile
Achsschub *m* <masch> *(auf Welle, Laufrad, schrägverzahntes Zahnrad)* • axial thrust; axial load; end thrust
Achsschubausgleich *m* <masch> *(Welle, Laufrad, schrägverzahntes Zahnrad)* • axial thrust balancing; axial balance; balancing of axial thrust
Achsschubkompensation *f* <masch> *(Welle, Laufrad, schrägverzahntes Zahnrad)* • axial thrust balancing; axial balance; balancing of axial thrust
achsseitig <bau> *(von Fensterflügel, Türblatt)* • on hinge side
achsseitig angeregt <fz> *(Fahrwerk; z. B. Schwingungen)* • induced by the wheels
Achsstand *m rar.ugs* <fz> • wheelbase
Achssturz *m* <kfz> • axle camber
Achsteilung *f* <masch> *(z. B. Getriebewellen)* • axial pitch
Achsträger *m* <kfz> • crossmember
Achstrampeln *n* <kfz> • axle tramp; tramp *pract*
Achstrieb *m* <bahn> • motor axle
Achsübersetzung *f prakt* <kfz.antr> • final drive ratio; axle ratio *pract*; axle drive ratio; final drive reduction *rare*; final reduction ratio *rare*
Achsverschränkung *f* <nfz> *(z. B. in schwerem Gelände)* • axle articulation
achsversetztes Getriebe *n* <masch> • hypoid gears
Achswaage *f* <msr> *(Kraftfahrzeug)* • axle weighbridge
Achswelle *f* <kfz.antr> *(im Differential)* • axle shaft; differential side shaft; side shaft
Achswelle *f prakt* <kfz.antr> *(zwischen Differential und Antriebsrädern)* • drive shaft; axle shaft *pract*; half shaft *pract*
Achswellendichtung *f* <masch> • axle-driving shaft gasket

Achswellenkegelrad *n* <kfz.antr> *(in Differential)* • drive pinion; differential side gear; axle-drive bevel gear *rare*
Achswinkel *m* <masch> *(z. B. Getriebe)* • shaft angle
Achszähleinrichtung *f* <bahn> • axle counter
Achszählmagnet *m* <bahn> • axle-counting magnet
Achszapfen *m* <kfz> • stud axle *US*; stub axle *GB*
Achszapfensturz *m* <kfz> • kingpin inclination
Acht *f ugs* <fz> *(Fahrradfelge)* • eccentricity; wobble *pract*
achtatomig <chem> • octatomic
achtbindig <textil> • eight-harness
Achteck *n* <math> • octagon
achteckig <math> • octagonal
Achter *m ugs* <fz> *(Fahrradfelge)* • eccentricity; wobble *pract*
achteraus <nav> *(rückwärts)* • astern
Achterausbewegung *f* <nav> • astern movement
achteraus fallen *vi* <nav> • fall astern *vi*
Achterbrassen *fpl* <nav> • afterbraces
Achterbrücke *f* <nav> • after bridge; warping bridge
Achtercharakteristik *f* <av> *(Mikrophon)* • bidirectional directivity
Achterdiagramm *n* <math> • figure-eight diagram; figure-eight pattern
Achterfeldantenne *f* <tele> • eight-element dipole array
achterförmige Schleife *f* <textil> *(Seidenraupenbewegung beim Einspinnen)* • figure-8-loop; figure-eight motion
Achtergeländer *n* <nav> • taffrail
Achtergruppe *f* <chem> • octet
achterlastig <nav> *(Schiff)* • stern-heavy; down by the stern
Achterlastigkeit *f* <nav> *(Schiff)* • trim by the stern
Achterlaterne *f* <nav> • stern lantern; poop lantern *coll*
Achterleine *f* <nav> • stern line; stern rope
Achterleitung *f* <tele> • superphantom circuit
Achterliektau *n* <nav> • afterleech rope
Achtermast *m* <nav> • mizzen-mast; mizen mast *rare*
Achtermikrofon *n* <av> • bidirectional microphone
achtern <nav> *(Ortsangabe, hinten; Schiff, Luftschiff, Raumschiff)* • aft; astern
Achternaht *f* <textil> • figure-of-eight suture
Achterschale *f* <phys> *(Atom)* • eight-electron shell; octet
Achterschaltung *f* <tele> • double-phantom circuit; octuple circuit
Achterschiff *n* <nav> • afterbody; afterquarter; aft ship *pract*; afterend arrangement *rare*
Achterspant *m* <nav> • stern frame; stern post; afterframe
Achterspiegel *m* <nav> *(senkrecht stehende Abschlussplatte eines Bootsrumpfes)* • stern transom; aft transom; transom
Achtersteven *m* <nav> • stern frame; stern post; afterframe
Achtersystem *n* <math> • octal number system
Achtertelegrafie *f* <tele> • double-phantom telegraphy; superphantom telegraphy
Achterturm *m* <druck> • four-high tower
achterverseiltes Kabel *n* <el> • quadruple pair cable
Achterverseilung *f* <el> • quad-pair twisting
Achterwicklung *f* <el> • figure-eight winding
Achterwindung *f* <textil> *(Seidenraupenbewegung beim Einspinnen)* • figure-8-loop; figure-eight motion
achtfach <allg> • eightfold; octuple *thsc*
Achtflach *n* <math> • octahedron
achtflächig <math> • octahedral
achtflächiger Turmhelm *m* <bau> *(Kirche)* • octagonal spire
Achtflächner *m* <math> • octahedron
achtgleisig <bahn> *(z. B. Bahnhof)* • eight-track
Acht-in-vierzehn Modulation *f* <edv> • eight-to-fourteen modulation (EFM)

Achtkanalkode *m* <edv> • eight-channel code

Achtkant *m* <füg> • octagon

achtkantig <tech.allg> • octagonal

Achtkantkopf *m* <füg> • octagonal head

Achtkantmutter *f DIN ISO 1891* <füg> • octagon nut

Achtkantschraube *f DIN ISO 1891* <füg> • octagon bolt; octagonal head bolt

Achtkantstahl *m* <mat> • octagon bar steel

Achtknoten *m* <nav> • figure of eight knot

Achtpolröhre *f* <el> • octode

Achtring *m* <chem> • eight-membered ring

Achtschlossflachstrickmaschine *f* <textil> • eightlock knitting machine

Achtschlossmaschine *f* <textil> • eight-lock machine; eight-cam machine

Achtschlossware *f* <textil> • eightlock fabric

Acht-Seiten-Belichter *m* <druck> *(Recorderformat)* • eight-up recorder; eight-up platesetter; 8-up platesetter; 8up recorder *pract*

Acht-Seiten-Format *n* (8up) <druck> *(Druckplattenformat)* • eight-up format size (8up); 8up format size; 8up plate *pract*

Achtspindelautomat *m* <wz.masch> • eight-spindle automatic

achtspindlig <wz.masch> *(z. B. Drehautomat)* • eight-spindle

achtspurig <av> *(Band)* • eight-track

achtspurig <verk> *(Straße)* • eight-lane

achtspuriges Lochband *n* <edv> • eight-track punched tape

Achtspurlochband *n* <edv> • eight-track punched tape

achtstellig <math> *(Zahl)* • eight-figure; eight-place

achtstiftig <el> • eight-pin

Achtstift-Röhrensockel *m* <el> • eight-pin valve base

Achtstiftsockel *m* <el> • eight-pin base; octal base

Achtstundenbetrieb *m* <prod> • eight-hour operation; eight-hour duty

achtsystemig <textil> • eight-feeder

Achtung! <doku> *(Signalwort von Sicherheitshinweisen: Sachschadenrisiko)* • CAUTION

Achtungssignal *n DIN EN 475* <med.tech> • medium priority alarm *ASTM F 1463*

achtwertig <chem> • octavalent

Achtwertigkeit *f* <chem> • octavalency

Achtzylinder *m ugs* <kfz> *(Fahrzeug mit Achtzylindermotor)* • eight cylinder *coll*

Achtzylinder *m prakt.ugs* <kfz.mot> • 8-cylinder engine; 8-pot motor *GB.coll*

Achtzylinder-Boxermotor *m* <kfz.mot> • flat eight-cylinder engine; flat eight *coll*

Achtzylinder in V-Anordnung *m did.rar* <kfz.mot> • V-eight engine (V8); Vee-eight *pract*; V-eight cylinder engine *rare*; eight-cylinder engine in a Vee configuration *did.rare*

Achtzylindermotor *m* <kfz.mot> • 8-cylinder engine; 8-pot motor *GB.coll*

Achtzylinderreihenmotor *m* <mot> *(nicht bei Pkw)* • eight-cylinder inline engine; straight-eight engine

Achtzylinder-V-Motor *m* (V8) <kfz.mot> • V-eight engine (V8); Vee-eight *pract*; V-eight cylinder engine *rare*; eight-cylinder engine in a Vee configuration *did.rare*

ACIA <msr> • asynchronous communications interface adapter (ACIA)

ACIA-Schaltkreis *m* <msr> • ACIA switching circuit

acidifizieren *vt wiss* <chem> *(allg.)* • acidify *vt*; acidulate *thsc*; sour *vt coll*; make acidic *vt rare*

Acidifizierung *f wiss* <chem> *(allg.; Erhöhung des Säuregrads)* • acidification; acidulation

Acidimeter *n* <chem.verf> • acidimeter; acidometer

Acidimetrie *f* <chem.verf> • acidimetry

Acidität *f wiss* <chem> *(z. B. von Wasser, Boden, Papier, Kosmetika, Chemikalien)* • acidity; acidity level; degree of acidity; acid content

Acidität *f wiss* <chem> • acid strength

Acidolyse *f* <chem.verf> • acidolysis; acyl exchange

Acidometer *n* <chem.verf> • acidimeter; acidometer

acidophil <chem> • oxyphilic; oxyphil; oxyphilous; acidophilic

acidophile Pflanze *f* <bio> *(sauren Boden anzeigend)* • acidophilic plant; acidophilous plant

Acidum clofibricum *n* <chem> • clofibric acid; chlorophenoxyisobutyrate; acidum clofibricum; fibric acid

Acidum laurinicum *n* <chem> *(Basis für Wasch-/Reinigungsmittel)* • lauric acid

Acinus *m* <bio> *(beerenförmiges Drüsenendstück)* • acinus

ACK <av> • automatic color killer (ACK); color killer

Acker *m* <agri> • field

Ackerboden *m* <agri> *(allg.; für Anbau geeignete Deckschicht)* • arable soil; topsoil; surface soil *rare*

Ackerboden *m* <agri> *(betont: bereits beackert)* • tilled soil

Ackeregge *f* <agri> • heavy harrow

Ackeret-Keller-Prozess *m* <therm> *(Vergleichsprozess für Gasturbinen)* • Ackeret-Keller process; Ericson process

Ackerflächenverhältnis *n* <agri> • acreage relations

Ackerfräse *f* <agri> • tiller; cultivator

Ackerkrume *f* <agri> *(betont: oberste Schicht)* • surface soil

Ackerkrume *f* <agri> *(betont: bereits beackert)* • tilled soil

Ackerland *n* <agri> *(pflügbar)* • arable land; plough land *coll*

Ackerland *n ugs* <agri> *(allg.)* • land fit for cultivation; arable land

Ackermann-Achse *f* <kfz> • Ackermann axle; Jeantaud axle *obs*

Ackermann-Lenkung *f* <kfz> • double-pivot steering; Ackermann steering *obs*; Jeantaud steering *obs*

Ackermann-Lenkzentrum *n* <kfz> • Ackermann steering center

Ackerschiene *f* <agri> *(am Traktor)* • tool bar; tractor linkage drawbar *form*

Ackerschleppe *f* <agri> • scrubber; leveler *US*; leveller *GB*; float

Ackerschlepper *m* <agri> *(für Landwirtschaftsgeräte etc.)* • tractor; agricultural motor tractor *form*; agricultural tractor; farm tractor

Ackerscholle *f* <agri> • clod

Ackerstriegel *m* <agri> • spring-toothed weeder

Ackerwagenreifen *m* <agri> • farm trailer tire

Ackerweide *f* <agri> • arable pasture

Ackerzwischennutzung *f* <agri> • intermediate cropping use

ACME <masch> • Acme thread (ACME) *ANSI B1.5*; Acme screw thread

Acme-Gewinde *n* <masch> • Acme thread (ACME) *ANSI B1.5*; Acme screw thread

Acme-Trapezgewinde *n* (ACME) <masch> • Acme thread (ACME) *ANSI B1.5*; Acme screw thread

AC-Netzteil *n* <navig> • AC adapter; AC adaptor

Aconitum napellus <bio> *(Pflanze)* • wolfsbane; aconitum napellus

Acoustic Control Induction System *n Toyota* <kfz.mot> • Acoustic Control Induction System (ACIS) *Toyota*

ACR <edv> • Attenuation-to-Crosstalk Ratio (ACR)

Acridinfarbstoff *m* <chem> • acridine dye

Acridonfarbstoff *m* <chem> • acridone dye

Acryl *n* <kst> • acrylic
Acrylabdeckung *f* <kst> *(klare Kunststoffhaube o.ä.; z. B. für Lampen, Solarkollekt.; typ. PMMA)* • acrylic cover
Acrylat *n* <chem> • acrylate
Acrylat-Bindemittel *n* <chem> • acrylate binder
Acrylatkautschuk *m* <kst> • acrylate-butadiene rubber
Acrylatklebstoff *m* <füg> • acrylate adhesive
Acrylatklebstoff der zweiten Generation *m* <füg> • second generation acrylic adhesive
Acrylatlack *m* *rar* <obfl> *(allg.)* • acrylic paint; acrylic
Acryl-Butadien-Kautschuk *m* <kst> • acrylate-butadiene rubber
Acrylfarbe *f* <kunst> *(Malerei)* • acrylic paint
Acrylfaser *f* <textil.kst> • acrylic fiber *US*; polyacrylonitrile fiber *thsc*; acrylic fibre *GB*
Acrylglas *n prakt* <kst> • polymethyl methacrylate (PMMA); acrylic glass; Lucite ^{TM}; Plexiglass ^{TM}; Perspex ^{TM}
Acrylharz *n* <kst> • acrylic resin
Acrylharz-Bindemittel *n* <chem> *(z. B. in Acryllack)* • acrylic-resin binding agent
Acryllack *m* <obfl> *(allg.)* • acrylic paint; acrylic
Acryllack *m* <obfl> *(trocknet durch Verdunstung und Oxidation; kein Nachpolieren nötig)* • acrylic enamel
Acryllack *m* <obfl> *(Allzwecklack, trocknet durch Verdunstung; Nachpolieren nötig)* • acrylic lacquer
Acrylnitril *n* <chem.petr> • acrylonitrile
Acrylnitril-Butadien-Kautschuk *m* <kst> • acrylonitrile-butadiene rubber
Acrylnitril-Butadien-Styrol *n* (ABS) <kst> • acrylonitrile-butadiene-styrene (ABS); acrylonitrile-butadiene-styrene polymer
Acrylnitril-Butadien-Styrol-Polymerisat *n* <kst> • acrylonitrile-butadiene-styrene (ABS); acrylonitrile-butadiene-styrene polymer
Acrylsäure *f* <chem> • acrylic acid
Acrylsäureester *m* <chem> • acrylic-acid ester; acrylic ester
Actinidenreihe *f* <chem> *(Kernladungszahl 89 bis 103)* • actinide series; actinoid elements
Actinium *n* (Ac) <chem> • actinium (Ac)
Actiniumreihe *f* <chem> *(Kernladungszahl 89 bis 103)* • actinide series; actinoid elements
Actinium-Zerfallsreihe *f* <chem> • actinium decay series
Actinoidenelemente *npl* <chem> *(Kernladungszahl 89 bis 103)* • actinide series; actinoid elements
Actinometer *n* <chem> • actinometer
actio et reactio *wiss* <phys> • action and reaction
Actionfoto *n ugs* <phot> *(fotografische Aufnahme)* • action shot; action picture
Actionfotografie *f* <phot> *(fotografische Aufnahme)* • action shot; action picture
Actionfotografie *fsg* <phot> *(Teilbereich der Fotografie)* • action photography *sg*
Activated-Carbon Catalytic Reduction *f* <verf.ents> • activated-carbon catalytic reduction (ACCR); activated-coke catalytic reduction
Activated-Coke Catalytic Reduction *f* <verf.ents> • activated-carbon catalytic reduction (ACCR); activated-coke catalytic reduction
Active Body Control *f MB* <kfz> • active body control (ABC)
Active Sensing *n* <el.mus> *(MIDI)* • active sensing; active sensing message
Active Sensing-Nachricht *f* <el.mus> *(MIDI)* • active sensing; active sensing message
ACTS <av> *(System)* • automatic tracking control system (ACTS); automatic tracking system
acyclisch <chem> • acyclic; non-cyclical; non-cyclic
Acyl *n* <chem> • acyl

Acylgruppe *f* <chem> • acyl group
acylieren *vt* <chem.verf> • acylate *vt*
Acylierung *f* <chem.verf> • acylation
Acylrest *m* <chem> • acyl residue
A/D <edv> • analog/digital (A/D)
AD <werb> • art director (AD)
Adamantan *m* <chem> *(diamantähnliche kristalline Verbindung)* • adamantane
Adaptationsbreite *f* <tech.allg> • range of adaptation
Adaptationsbrille *f* <opt> • adaptation goggles
Adaptationsleuchtdichte *f* <licht> • adaptation luminance
Adaptationsreiz *m* <opt> • adaptation stimulus
Adapter *m* <tech.allg> *(allg.; jede Form und Funktion)* • adapter
Adapter *m* <wz> *(für Steckschlüsseleinsätze)* • adapter; converter; drive adapter; socket converter
Adapter für DIN-Schienen *m* <el> *(zum Montieren von Komponenten auf DIN-Schienen; z. B. Sicherungen)* • DIN rail mounting bracket
Adapter für Kraft-Steckschlüsseleinsätze *m* <wz> • impact adapter; impact converter
Adapterkassette *f* <av> • adapter cassette
Adapterring *m* <phot> *(zur Anpassung; z. B. unterschiedl. Filtergewinde, Bajonett)* • adapter ring
Adapterschiene *f* <mil> *(für Zielfernrohr, Leuchtpunktzielgerät etc.)* • adapter rail
Adaption *f* <tech.allg> *(an Situation, Umgebung, Form, Anforderungen)* • adaptation; adjustment
adaptiv <tech.allg> *(angleichend)* • adaptive; adaptable
Adaptive Cruise Control *f ^{TM}ContiTeves* <kfz.msr> • Adaptive Cruise Control (ACC) *ContiTeves*; intelligent cruise control
Adaptive Delta Pulse Code Modulation *f* (ADPCM) <av> • adaptive delta pulse code modulation (ADPCM)
adaptive Drucksteuerung *f* <msr> *(z. B. von Automatikgetrieben)* • adaptive pressure control
adaptive Funktionen *fpl* <msr> *(z. B. einer Automatikgetriebesteuerung)* • adaptive functions
adaptive Geschwindigkeitsregelung *f* <kfz.msr> • Adaptive Cruise Control (ACC) *ContiTeves*; intelligent cruise control
adaptive Getriebesteuerung *f* (AGS) <kfz.msr> *(von Automatikgetrieben)* • adaptive transmission control (ATC)
adaptive Logik *f* <msr> • adaptive logic
adaptive Regelung *f* <msr> • adaptive control; self-optimizing control
adaptiver Flügel *m* <aerospace> • adaptive wing
adaptive Schaltpunktsteuerung *f* <kfz.msr> *(von Automatikgetrieben)* • adaptive shift point control
adaptive Schaltstrategie *f* <kfz.msr> *(von Automatikgetrieben)* • adaptive shift strategy
adaptives Dämpfungssystem *n MB* <kfz> • electronically controlled suspension (ECS); adaptive damping system, ADS *MB*; computer command ride system *coll*; electronic ride control *GM*; active suspension *pract*
adaptives Filter *n* <tech.allg> • adaptive filter
adaptives System *n* <msr> • adaptive system
Adaptivregelung *f* <msr> • adaptive control; self-optimizing control
adaptiv sensorgeführter Industrieroboter *m* <autom> • adaptive sensory-controlled robot
Adaptronik *f* <msr> • adaptronics
A-Darstellung *f* <navig> • A-display
ADAU <msr> • analog data acquisition unit (ADAU)
Adcock-Peiler *m* <navig> • Adcock direction finder
Adcock-Peilverfahren *n* <navig> • Adcock direction-finding system; Adcock system

Addend *m rar* <math> • addend
Addendenregister *n* <edv> *(Rechenwerk)* • addend register
Addierakkumulator *m* <edv> • adder accumulator
Addierbefehl *m* <edv> • add instruction; add statement
Addiereinrichtung *f* <tech.allg> • adder
addieren *vt* <math> *(Zahlen)* • add *vt*; sum (up) *vt coll*
addieren mit Übertrag *vi* <math> • add with carry *vi*
Addierer mit Impulskompensation *m* <edv> • pulse-bucking adder
Addierglied *n* <av> *(TV)* • adder; adding stage
Addiermaschine *f* <büro> • adding machine
Addierschaltung *f* <el> • adder; adding circuit
Addierstufe *f* <av> *(TV)* • adder; adding stage
Addier-Subtrahier-Werk *n* <edv> • adder-subtracter
Addier- und Subtrahierzählkette *f* <edv> • add-and-subtract counting chain
Addierwerk *n* <edv> • adder
Addierwerksgatter *n* <edv> • adder gate
Addierwerkzwischenspeicher *m* <edv> • adder accumulator
Addierzähler *m* <edv> • accumulating counter; adding counter
Addition *f* <edv> *(Boolesche Operation in Computergrafik)* • addition; union
Addition *f* <math> *(allg., Prozess und seine Aufzeichnung)* • addition
Additionsanweisung *f* <edv> • add instruction; add statement
Additionsbefehl *m* <edv> • add instruction; add statement
Additionsgesetz der Wahrscheinlichkeitsrechnung *n* <math> • addition law of probabilities
Additionsmaschine *f* <druck> • step-and-repeat contact printing machine
Additionspolymerisation als Kettenreaktion *f* (APK) *IUPAC* <kst> *(radikalisch, anionisch, kationisch oder stereospezifisch)* • addition polymerization *IUPAC*; chain-growth polymerization
Additionspolymerisation als Stufenreaktion *f* (APS) *IUPAC* <kst> • addition polymerization *IUPAC*; step-growth polymerization
Additionsprodukt *n* <chem> • addition product
Additionsreaktion *f* <chem> • addition reaction
Additionsregel *f* <math> • addition theorem
Additionssatz *m* <math> • addition theorem
Additionsschaltung *f* <el> • adder; adding circuit
Additionsstelle *f* <math> *(Zählstufe)* • counting stage
Additionsstelle *f* <math> *(Summierpunkt)* • summing point
Additionsstreifen *m* <büro> • tally roll
Additionsstufe *f* <av> *(TV)* • adder; adding stage
Additionstheorem *n* <math> • addition theorem
Additionsübertrag *m* <math> • add carry
Additionszeit *f* <math> • add time
Additiv *n* <tech.allg> *(allg.; z. B. in Öl, Kraftstoff, Kühl-, Schmierm., Farben, Kunststoff)* • additive
Additiv *n* <kst> *(z. B. Antiblockmittel, -statikum, Cling-Additiv, Gleitmittel)* • additive
Additiv *n* <tribo> *(zu Schmieröl)* • additive; agent; lubricant additive
additive Farben *fpl* <phys> • additive colors
additive Farbmischung *f* <phys> • additive color mixing
additive Klangsynthese *f* <av> *(Obertonaddition)* • additive sound synthesis; Fourier synthesis; additive synthesis
additive Modulation *f* <el> • upward modulation
additive Polykondensation *f* <chem.verf> • polyaddition
additives Farbfernsehverfahren *n* <av> • additive color television system

additive Synthese *f* <av> *(Obertonaddition)* • additive sound synthesis; Fourier synthesis; additive synthesis
additive Verbindung *f* <chem> • additive compound
Additivität der Varianzen *f* <math> *(Statistik)* • additivity of variances
Additivpackage *n* <chem.petr> *(z. B. zu Kraftstoff, Öl, Kunststoffen)* • additive package; additive system
Additivpaket *n* <chem.petr> *(z. B. zu Kraftstoff, Öl, Kunststoffen)* • additive package; additive system
Additiv-Response *fsg* <tribo> • additive response
Additivsystem *n* <chem.petr> *(z. B. zu Kraftstoff, Öl, Kunststoffen)* • additive package; additive system
Addon *m* <edv> *(Strichcodezusatz)* • supplemental code; add-on symbol; addendum
Addon *m* <edv> *(Zusatz-Barcode)* • supplement; addon [symbol]
Add-on-Code *m* <edv> *(Strichcodezusatz)* • supplemental code; add-on symbol; addendum
Add-On-System *n wiss* <tech.allg> • add-on system
Addon-Unterdrückung *f* <edv> • supplement suppression
Adressierungsart *f* <tech.allg> • addressing mode
Adduktion *f* <tech.allg> *(Heranziehen)* • adduction
Adduktkautschuk *m* <kst> • adduct rubber
adelig <nahr> *(Wein)* • noble
Adelsvorschub *m* <min> • ore shoot
Adelszone *f* <min> • ore shoot
Adenosindiphosphat *n* (ADP) <chem.agri> • adenosine diphosphate (ADP)
Adenosintriphosphat *n* (ATP) <chem.agri> • adenosine triphosphate (ATP)
Ader *f* <bio> • vein
Ader *f* <el> *(in einadrigem Kabel)* • cable core
Ader *f* <el> *(allg. Einzelleiter in Kabel)* • wire conductor
Ader *f* <min> • seam
Ader *f* <opt.lwl> • buffered fiber
Aderabschirmung *f* <el> • core screen; insulation screen[ing]; insulation shield[ing] *US*; dielectric screen
Aderdurchmesser *m* <el> • wire diameter
Aderendhülse *f* DIN46228 <el> • wire end sleeve; wire end ferrule; wire end tube
Aderhülle *f* <lwl> *(mechanischer Schutz)* • buffer tube; jacket
Aderisolierung *f* <el> • conductor insulation; core insulation
Adermarkierung *f* <el> • wire marking
Adernfarbe *f* <el> • core color
Adern-Isolation *f rar* <el> • conductor insulation; core insulation
Adernkapazität *f* <el> *(paarweise)* • pair-to-pair capacitance
Adernpaar *n* <el> *(z. B. in Twisted-Pair-Kabel)* • pair
Adernvertauschung *f* <tele> • reversed wires
Adernzählfolge *f* <el> • numbering of cable cores
Aderpapier *n* <pap> • batik paper
Aderquerschnitt *m* <el> • wire cross-section; core cross-section
Ader zum Stöpselkörper *f* <tele> • sleeve wire
Ader zur Stöpselspitze *f* <tele> • tip wire
ADG <alarm.mat> • wired glass
Adhärend *m wiss* <füg> • adherend
Adhärens *n* <chem> *(z. B. in Lack, Schädlingsbekämpfungsmittel)* • adhesive agent; sticking agent *coll*; anchoring agent; coupling agent
Adhäsionsarbeit *f* <phys> • adhesional work
Adhäsionsbeschleuniger *m rar* <obfl> *(allg.)* • adhesion promoter; bond
adhäsionsfähig <tech.allg> *(Oberfläche, Folie, Teil)* • adhesive *adj*; tacky *coll*

adhäsionsfeindlich <obfl> • abhesive
Adhäsionskleben n rar <füg> (allg.) • adhesive bonding; joining with adhesives did
Adhäsionsklebung f <füg> • adhesive bond
Adhäsionskoeffizient m <mech> • coefficient of adhesion
Adhäsionskräfte fpl <phys> • adhesive forces pl
Adhäsionsvermögen n wiss <füg> (Klebrigkeit) • adhesiveness; adhesivity
Adhäsionsverschleiß m <tribo> (Verschleiß) • welding; local welding
adhäsiv wiss <tech.allg> (Oberfläche, Folie, Teil) • adhesive adj; tacky coll
Adhäsiv n <prod> (Haftvermittler, z. B. an Robotergreifer) • adhesive
adhäsives Greifsystem n <prod> (z. B. an Roboter) • adhesive gripping system
adhäsiv verfestigter Vliesstoff m <textil> • adhesive-bonded non-woven; bonded fibre fabric GB
ADI <ents> (Wert der Weltgesundheitsorganisation WHO) • acceptable daily intake (ADI) WHO
Adiabate f <phys> (therm.) • adiabatic [curve]
Adiabatenexponent m DIN 1345 <therm> • adiabatic exponent; isentropic exponent; ratio of specific heats
Adiabatengesetz n <phys> • Poisson's relation
Adiabatengleichung f <phys> • adiabatic equation; Poisson's adiabatic equation; Poissons relation
Adiabatenprinzip n <phys> • adiabatic theorem; adiabatic principle
Adiabatensatz m <phys> • adiabatic theorem; adiabatic principle
adiabatisch <phys> • adiabatic
adiabatisch adv <phys> • adiabatically
adiabatische Invariante f <phys> • adiabatic invariance; parameter invariance; adiabatic invariant
adiabatische Invarianz f <phys> • adiabatic invariance; parameter invariance; adiabatic invariant
adiabatische Kompression f <phys> • adiabatic compression
adiabatische Kurve f <phys> (therm.) • adiabatic [curve]
adiabatische Näherung f <phys> • adiabatic approximation
adiabatischer Prozess m <therm> • isentropic process; adiabatic process, ideal gas only
adiabatisches Gefälle n <phys> • adiabatic gradient
adiabatisches Gleichgewicht n <phys> • adiabatic equilibrium
adiabatisches Temperaturgefälle n <phys> • adiabatic temperature gradient; adiabatic lapse rate
adiabatische Zustandsänderung f <phys> • adiabatic change [of state]
adiatherman <phys> • athermous; athermanous; adiathermic; non-diathermic
Adipinsäure f <chem.verf> • adipic acid
Adjazenzkontrast m norm <edv> (zwischen benachbarten Strichcode-Symbolen) • edge contrast (EC)
adjektiver Farbstoff m <obfl> • adjective dye
adjungieren vt <math> • adjoin vt
adjungiert <math> • adjoint
Adjungierung f <math> • adjunction
Adjunkte f <math> (Matrix) • adjugate matrix
Adjunkte f <math> (Determinanten) • cofactor
Adjunktion f <math> • adjunction
Adjustiertank m <nav> • reserve buoyancy tank
A/D-Konverter m rar <edv> • analog-digital converter (ADC) US; digitizer US; analog-to-digital converter US; analogue-digital converter GB
A/D-Konvertierung f <edv> (z. B. bei Soundkarten) • analog-to-digital conversion; AD conversion; A-to-D conversion; analog-digital conversion; digitization

ADLWR <nukl> • accelerator driven LWR (ADLWR)
ADM <edv> • asynchronous disconnected mode (ADM) ISO 3309
Admiralitätsanker m <nav> • admiralty anchor
Admiralitätskonstante f <nav> • admiralty coefficient; admiralty constant
Admiralitätsmessing n <metall> (korrosionsbeständig) • admiralty brass
Admissionsarbeit f <therm> (Dampfdiagramm) • work done during admission
Admissionsdruck m <turb> • admission pressure; initial pressure
Admittanz f wiss <el> • admittance; vector admittance
Admittanzmatrix f <el> • admittance matrix
Admittanzrelais n <el> • admittance relay
ADN <spreng> • ammonium dinitramide (ADN)
ADP <chem.agri> • adenosine diphosphate (ADP)
ADPCM <av> • adaptive delta pulse code modulation (ADPCM)
Adrenalin n <bio.chem> • epinephrine; adrenaline rar
Adrenalinrazemat n rar <pharm> • racemic epinephrine; racemic adrenaline
Adressänderung f <Post> • address change
Adressat m <logist> (von Postsendungen) • addressee US
Adressbefehl m <edv> • addressing instruction; addressing command; addressing order
Adressbereich m <edv> • address space; address range; memory address [space]
Adressbit n <edv> • address bit
Adressbuch n <Post> • directory
Adressbuchwerbung f <werb> • directory advertising; addressbook advertising
Adressbus m <edv> • address bus
Adreßdatei f <edv> • address file
Adressdekodierung f <edv> • address decoding
Adresse f <tech.allg> • address
Adresse f <edv> • storage address; address
Adresseingaberegister n <edv> • address input register
Adressenänderung f <Post> • address change
Adressenansteuerung f <edv> • address selection
Adressenaufruf m <edv> • address call
Adressenauswahl f <Post> • address selection
Adressenblockformat n <edv> • address block format
Adressendatei f <edv> • address file
Adressenformat n <allg> • address format
adressenfreier Befehl m <edv> • zero-address instruction
Adressenfreigabe f <edv> • address enable
Adressenindex m <edv> (Register) • address index [register]
Adressenleerstelle f <edv> • address blank
Adressenlesedraht m <edv> • address read wire
adressenlos <edv> • zero-address
Adressenmanager m <logist> • mailing list manager
Adressenschreibdraht m <edv> • address write wire
Adressenspeicherfreigabe f <edv> • address latch enable
Adressenstopp m <edv> • stop at selected address
Adressensubstitution f <edv> • address substitution
Adressenumsetzung f <edv> • address conversion
Adressenumwandlung f <edv> • address conversion
Adressenzugriff m <edv> • address access
Adressenzugriffszeit f <edv> • address access time
Adressenzuweisung f <edv> • address allocation; address assignment
Adressfeld n <edv> • address array
Adressfeld n DIN ISO 3309 <edv> • address field ISO 3309

Adressfeld n <Post> (auf Briefbogen, Umschlag) • address space

Adressfortschaltung f <edv> • address incrementation

adressierbar <allg> • addressable

adressierbarer Cursor m <edv> • addressable cursor

adressierbarer Speicher m <edv> • addressable memory

adressierbare Speicherstelle f <edv> • addressable location

adressieren vt <allg> • address vt

Adressiermaschine f <Post> • addressing machine

Adressierung f <allg> • addressing

Adressierungstechnik f <tech.allg> • addressing technique

Adresskeller m <edv> • address stack

Adresskode m <edv> • address code

Adresspegel m <edv> • addressing level

Adreßraum m <edv> • address space; address range; memory address [space]

Adressrechenwerk n <edv> • address arithmetic element

Adressrechnung f <edv> • address computation; address arithmetic

Adressregister n <edv> • address register

Adress Resolution Protocol n (ARP) <edv> • Address Resolution Protocol (ARP)

Adressspeicher m <edv> • address memory

Adressspur f <edv> • address track

Adresstabellierblockformat n <edv> • address tabulation block format

Adressverschiebung f <edv> • address relocation

Adressverzeichnis n <doku> • directory

Adresswert m <edv> • address value

Adresszähler m <edv> • address counter

Adresszuordnung f <edv> • address allocation; address assignment

Adriabindung f <textil> • diagonal rib [weave]

Adriabindung mit ungleichen Flottungen f <textil> • diagonal rib with irregular floats

adrig <kfz.el> (Kabel; in Zusammensetzungen) • strand adj

Adrigkeit f <led> (von Leder) • veininess; vascularity

A/D-Schaltkreis m <av> (auf Soundkarte) • AD circuitry; audio converter; digital voice channel; codec

Adsorbat n <verf> (nur die angelagerte Substanz im Ggs. zum Adsorbens) • adsorbate; adsorbed substance; adsorptive rare

Adsorbat n <verf> (System aus Adsorbat und Adsorbens) • adsorption complex; adsorption system; adsorbate rare

Adsorbend m <verf> • substance to be adsorbed

Adsorbens n <verf> (die aufnehmende Substanz; pl:-zien, -tia, -tien) • adsorbent; adsorbing substance

Adsorber m <verf> • adsorber

Adsorberharz m <verf.ents> • adsorber resin; scavenger resin

adsorbierbar <phys> • adsorbable

adsorbierbares organisch gebundenes Halogen n (AOX) <chem> • adsorbable organic halogen (AOX)

Adsorbierbarkeit f <phys> • adsorbability

adsorbieren vi <phys> (an der Oberfläche; z. B. von Filtern) • adsorb vt

adsorbierend <phys> • adsorbing; adsorptive adj

adsorbierender Stoff m <verf> (die aufnehmende Substanz; pl:-zien, -tia, -tien) • adsorbent; adsorbing substance

adsorbierter Stoff m <verf> (nur die angelagerte Substanz im Ggs. zum Adsorbens) • adsorbate; adsorbed substance; adsorptive rare

adsorbiertes Atom n <chem> • adatom; adsorbed atom

Adsorpt n <verf> (nur die angelagerte Substanz im Ggs. zum Adsorbens) • adsorbate; adsorbed substance; adsorptive rare

Adsorption f <phys> (allg.) • adsorption

Adsorption im Wechselbetrieb f <chem.verf> • cyclic adsorption; cyclic-operation adsorption

Adsorptionsanalyse f <verf> • adsorption analysis

Adsorptionsapparat m <verf> • adsorber

Adsorptionschromatographie f <chem.verf> • chromatographic adsorption [analysis]; adsorption chromatography

Adsorptionsenergie f <phys> • adsorption energy

Adsorptionsfähigkeit f <phys> • adsorption capacity; adsorption power

Adsorptionsfärbung f <obfl> (anodische Oxidation) • dip dyeing; immersion dyeing

Adsorptionsfilm m <verf> • adsorbed film

Adsorptionsgleichgewicht n <phys> • adsorption equilibrium

Adsorptionsisotherme f <phys> • adsorption isotherm

Adsorptionskälteanlage f <hlk> • adsorption refrigeration system

Adsorptionsklärmittel n <chem.verf> • sweetener

Adsorptionskohle f <verf> (allg.) • activated carbon; activated charcoal; absorbent carbon rare

Adsorptionskolonne f <verf> • adsorption column

Adsorptionsmittel n <verf> (z. B. Aktivkoks) • dry sorbent

Adsorptionsmittel n <verf> (die aufnehmende Substanz; pl:-zien, -tia, -tien) • adsorbent; adsorbing substance

Adsorptionsmittelschicht f <verf> (Filter) • adsorbent bed; adsorption layer

Adsorptionsrad n <ents> • rotary adsorber

Adsorptionssäule f <verf> • adsorption column

Adsorptionsschicht f <verf> (Filter) • adsorbent bed; adsorption layer

Adsorptionsstrom m <el.chem> • adsorption current

Adsorptionsstufe f <el.chem> • adsorption wave

Adsorptionsthermostat m <verf> • adsorption thermostat

Adsorptionsturm m <verf> • adsorption tower

Adsorptionsverbindung f <chem> • adsorption compound

Adsorptionsvermögen n <phys> • adsorption capacity; adsorption power

Adsorptionswaage f <verf> • adsorption balance

Adsorptionswärme f <phys> • adsorption heat; heat of adsorption

Adsorptionswirkung f <ents> • adsorption efficiency

Adsorption von Gamma-Strahlung f <nukl> • gamma ray attenuation

adsorptiv <phys> • adsorbing; adsorptive adj

Adsorptiv n <verf> (nur die angelagerte Substanz im Ggs. zum Adsorbens) • adsorbate; adsorbed substance; adsorptive rare

adsorptives Durchbruchverfahren n <nukl> • adsorptive break-through process

adsorptives Färben f <obfl> (anodische Oxidation) • dip dyeing; immersion dyeing

ADSR <av> (Hüllkurvenparameter) • Attack, Decay, Sustain, Release (ADSR)

ADSR-Hüllkurve f <av> • ADSR envelope; ADSR envelope curve; standard envelope

adstringierend <nahr> (z. B. Wein) • astringent

AD-Transistor m <el> • alloy-diffused transistor

ADU <edv> • analog-digital converter (ADC) US; digitizer US; analog-to-digital converter US; analogue-digital converter GB

A/D-Umsetzung f <edv> (z. B. bei Soundkarten) • analog-to-digital conversion; AD conversion; A-to-D conversion; analog-digital conversion; digitization

ADV <edv> • automatic data processing (ADP)

Advance-Booking-Charter m (ABC) <tour> *(Flugreise)* • advance booking charter (ABC)

Advanced Frequency Modulation f (AFM) <av> • advanced frequency modulation (AFM); advanced FM

Advanced Graphics Adapter m (AGA) <edv> • Advanced Graphics Adapter (AGA)

Advanced Modeling Extension f (AME) <edv> *(CAD)* • Advanced Modeling Extension (AME)

Advanced Peer-to-Peer Communications fpl (APPC) <edv> • Advanced Peer-to-Peer Communications (APPC)

Advanced Photo System n (APS) <phot> *(mit Magnetinformationen auf Film)* • Advanced Photo System (APS)

Advanced Research Projects Agency f (ARPA) <edv> • Advanced Research Projects Agency (ARPA)

Advanced Wave Effect m (AWE) <edv> *(z. B. Echo, Reverb, Chorus)* • advanced wave effect (AWE)

Advanced Wave Memory-Synthese f (AWM) <edv> • advanced wave memory synthesis (AWM); AWM synthesis; advanced wavetable synthesis

Advance-Wave-Synthese f (AWS) <edv> • advanced wave synthesis (AWS); AWS synthesis

Advektion f <phys> • advection

Advektionsnebel m <phys> • advection fog

Adventivwurzelbildung f <agri> • development of adventitious roots

A/D-Wandler m <edv> • analog-digital converter (ADC) *US*; digitizer *US*; analog-to-digital converter *US*; analogue-digital converter *GB*

AD-Wandler mit Spreizfunktion m :V <msr> • zooming analog/digital converter

A/D-Wandler mit Zoomfunktion m :V <msr> • zooming analog/digital converter

A/D-Wandlung f <edv> *(z. B. bei Soundkarten)* • analog-to-digital conversion; AD conversion; A-to-D conversion; analog-digital conversion; digitization

AE <astron> • astronomical unit

AE <av> *(von Ton- und/oder Videoaufnahmen)* • assemble editing (AE); assembling; assemble cut

AE <el.chem> *(Polarographie und Voltammetrie)* • working electrode (WE); controlled electrode; indicator electrode

AE-Aufnahmeprogramme npl <av> • program AE; AE record programs; program-controlled AE recording mechanism

Äderchen n <geo> • veinlet

ädern vt <obfl> *(lederartig; z. B. Kunststoff)* • grain vt

ähnliches Glied n <math> • similar term

Ähnlichkeit f <allg> • similarity

Ähnlichkeit f <math> *(Abbildung)* • similitude

Ähnlichkeitsgesetz n <med.pharm> *(similia similibus curantur)* • law of similars; law of equivalents *rar*

Ähnlichkeitsgesetz n <phys> *(allg.)* • similarity law

Ähnlichkeitsprinzip n <med.pharm> *(similia similibus curantur)* • law of similars; law of equivalents *rar*

Ähnlichkeitsprinzip n <phys> • similarity principle

Ähnlichkeitsregel f <med.pharm> *(similia similibus curantur)* • law of similars; law of equivalents *rar*

Ähnlichkeitssatz m <med.pharm> *(similia similibus curantur)* • law of similars; law of equivalents *rar*

Ähnlichkeitssatz m <phys> *(allg.)* • similarity theorem

Ähnlichkeitstheorie f <phys> • similarity theory

Ähnlichkeitstransformation f <math> • similarity transformation

ähnlichste Farbtemperatur f <licht> • correlated color temperature

Ähre f <bio> *(von Getreide)* • ear

Ährenaufnehmer m <agri> • gleaning elevator; tailings elevator; ear lifter

Ährendrescher m <agri> • stripper-harvester; stripper

Ährenelevator m <agri> • gleaning elevator; tailings elevator; ear lifter

Ährenheber m <agri> • gleaning elevator; tailings elevator; ear lifter

Ährenmäher m <agri> • header

Ährenrücklaufboden m <agri> • tail board

Ährenschnecke f <agri> • helical ear feeder

Älchen n <agri.bio> • eelworm

Änderung f <allg> *(z. B. an Dokument, Konstruktion, Planung, Organisation, Ablauf)* • change

Änderung f <allg> *(variierend)* • variation

Änderung f <tech.allg> *(eher geringfügig)* • modification

Änderung der Arbeitsrichtung f <hlk> • reversing of refrigerant flow

Änderung der Patentbeschreibung f <jur> • amendment of the patent specification

Änderungsband n <edv> • transaction tape; change tape

Änderungsbefehl m <edv> • alteration instruction

Änderungsbit n <edv> • change bit; modifier bit

Änderungsdatei f <edv> • change file; activity file

Änderungsgeschwindigkeit f <tech.allg> *(z. B. von Frequenz, Signal)* • rate of change

Änderungskarte f <edv> • change card; patch card

Änderungsprogramm n <edv> • update routine; update program; change program

Änderungsprotokoll n <doku> • activity log

Änderungsspeicher m <el> • modification memory

Änderungsstufe f <doku> • revision

Änderungszyklus m <edv> • updating cycle

äolischer Boden m <geo> • aeolian soil; eolian deposit

AE-Programm n <av> • program AE; AE record programs; program-controlled AE recording mechanism

Äquator m <geo> *(allg.; auch des Himmels)* • equator

Äquator der Rotation m <geo> • equator of spreading

Äquatorebene f <geo> • equatorial plane

Äquatorialebene f <astron> • equatorial plane

äquatoriales Flächenträgheitsmoment n obs <mech> • axial moment of area of the second order *ISO 7478*

Äquatorialkoordinatensystem n <math> • equatorial coordinate system

Äquatorialschnitt m <doku> • equatorial section

Äquatorialstrahl m <tech.allg> • equatorial ray

Äquidensite f <phot> • equidensity line

Äquidensitenkurve f <opt.licht> *(Linie gleicher Helligkeit; z. B. Scheinwerferlichtverteilung)* • isolux curve; equal-light-density curve *did*; isophotic line; isophote; isolux

Äquidensitometrie f <astron> • equidensitometry

äquidistant <tech.allg> • equidistant

Äquidistante f <edv> *(CAD)* • offset

Äquidistante f <edv> *(Kurve)* • offset curve

Äquidistante f <edv> *(Fläche)* • offset surface

Äquikohäsionstemperatur f <therm> • equicohesive temperature

äquimolar <chem> • equimolar; equimolecular

Äquinoktialpunkt m <astron> • equinox; equinoctial point

Äquinoktium n <astron> • equinox; equinoctial point

Äquipartitionstheorem n <phys> • equipartition theorem; equipartition law; equipartition principle; principle of equipartition; principle of equipartition of energy *rare*

Äquipotentialebene f <phys> • equipotential plane

Äquipotentialfläche f <phys> • equipotential surface

Äquipotentialkathode f <phys> • equipotential cathode

Äquipotentiallinie f <phys> • equipotential line

Äquipotentiallinienverfahren n <phys> • equipotential-line method

äquipotentiell <phys> • equipotential

äquivalent DIN4898 <tech.allg> *(z. B. Gleichungen, physikalische Größen, Wirkungen)* • equivalent

Äquivalent *n* <tech.allg> • equivalent
Äquivalentbrechwert *m ISO 13666* <opt> *(Brillenglas)* • equivalent power *ISO 13666*
Äquivalentbrennweite *f* <opt> • equivalent focal length
Äquivalentdosis *f* <nukl> • dose equivalent; biological dose
Äquivalentdosisleistung *f* <nukl> • dose equivalent rate; biological dose rate
Äquivalentdosisrate *f* <nukl> • biological dose rate; dose equivalent rate
äquivalente Belastung *f* <masch> *(Wälzlager: statisch oder dynamisch äquivalent)* • equivalent load *ISO 5593*
äquivalente Last *f DIN ISO 5593* <masch> *(Wälzlager: statisch oder dynamisch äquivalent)* • equivalent load *ISO 5593*
äquivalenter elektrischer Stromkreis *m* <el> • equivalent electric circuit; circuit analogy
äquivalenter Rauschwiderstand *m* <el> • equivalent noise resistance
äquivalente Schaltung *f* <tech.allg> *(elektrisch, hydraulisch, pneumatisch)* • equivalent circuit
äquivalente Strahlungsleistung *f* <phys> *(Halbwellenstrahler)* • effective radiated power
Äquivalentleitfähigkeit *f* <el> • equivalent conductivity
Äquivalentlinienbreite *f* <phys> *(Spektrum)* • equivalent width
Äquivalentmasse *f* <phys> *(Massenreduktion)* • equivalent weight
Äquivalenttemperatur *f* <astron> • apparent temperature
Äquivalentwiderstand des Steuerkreises *m* <msr> • equivalent control circuit resistance
Äquivalenz *f* <tech.allg> • equivalence
Äquivalenzgesetz *n* <math> • law of equivalence; theorem of equivalence; equivalence law
Äquivalenzglied *n* <msr> • equivalence element
Äquivalenzgrad *m* <term> *(Übersetzung)* • degree of equivalence
Äquivalenzklasse *f* <math> • equivalence class
Äquivalenzprinzip *n* <phys> *(Einstein)* • equivalence principle
Äquivalenzpunkt *m* <chem> • equivalent point; end point; point of neutrality
Äquivalenzvergleich *m* <msr> • comparison of equivalence
Äquiviskositätsbereich *m* <tribo> • equiviscosity range
Äquivokation *f* <math> *(Logik; Informationstheorie)* • equivocation
Ärmchen *n* <mus> *(Orgel)* • roller arm
Ärmel *m* <bekl> • sleeve
Ärmelbügelpresse *f* <textil> • sleeve press
Ärmelbündchen mit Reißverschluss *n* <bekl> • zippered sleeve
Ärmeleinnähmaschine *f* <textil> • sleeving machine
Ärmelsaum *m* <textil> • sleeve hem
aerob <ents> • aerobic; oxybiotic *rare*
aerobe biologische Abbaubarkeit organischer Stoffe *f DIN EN ISO 9888* <ents> • aerobic biodegradability of organic compunds *DIN EN ISO 9888*
aerober Abbau *m* <ents> • aerobic decomposition; aerobic degradation
aerober Rottevorgang *m* <ents> • aerobic rotting process
aerobe Zersetzung *f* <ents> • aerobic decomposition; aerobic degradation
Aerobiose *f* <ents> • aerobiosis; oxybiosis *rare*
Aerodispersion *f* <verf> • dispersion
Aerodynamik *f* <phys> • aerodynamics *pl*
Aerodynamik-Anbauteile *npl* <kfz> *(Spoiler, Schürzen etc.)* • ground effects package; body styling kit

aerodynamisch <tech.allg> • aerodynamic; aerodynamical
aerodynamische Beanspruchung *f* <mech> *(z. B. von Gebäuden, Masten, Rotorblättern)* • aerodynamic loads
aerodynamische Belastung *f* <mech> *(z. B. von Gebäuden, Masten, Rotorblättern)* • aerodynamic loads
aerodynamische Bremse *f* <energ.wind> • air brake
aerodynamische Gepäckbox *f* <kfz> *(auf Autodach)* • roof cargo box; roof box; luggage carrier *Jaguar*
aerodynamische Güte *f* <phys> *(z. B. von Tragflügelprofilen)* • fineness ratio
aerodynamische Kraft *f* <phys> • aerodynamic force
aerodynamischer Auftrieb *m* <phys> *(in Luft, Gasen)* • aerodynamic lift; aerodynamic buoyancy *thsc*; airlift *pract*
aerodynamischer Durchmesser *m* <verf> • aerodynamic diameter
aerodynamischer Mittelpunkt *m* <aerospace> *(eines Flügelprofils)* • aerodynamic center
aerodynamischer Neutralpunkt *m* <aerospace> *(eines Flügelprofils)* • aerodynamic center
aerodynamischer Widerstand *m wiss* <phys> • drag; aerodynamic drag *thsc*; air resistance *coll*
aerodynamisches Lager *n DIN ISO 4378-1* <masch> • aerodynamic bearing *ISO 4378-1*; air bearing *pract*
aerodynamisches Ruder *n* <aerospace> *(Rakete)* • aerodynamic controller
aerodynamisch gekoppelt <turb> • aerodynamically coupled
Aeroelastizität *f* <aerospace> • aeroelasticity
Aerofotogrammetrie *f wiss* <aerospace> • aerial photogrammetry; aerophotogrammetry
Aerogel *n* <chem> • aerogel
aerogen <phys> *(gasbildend oder durch Luft übertragen)* • aerogenic
Aerogeophysik *f* <geo> • aerogeophysics
Aeroklassierung *f* <verf> *(Trennung nach Gewicht im Luftstrom; z. B. Müll)* • air classification; air separation; winnowing *pract*
Aerolith *m* <min> • aerolite; meteorite; meteoric stone
Aeromagnetik *f* <geo> • aerial magnetometry; aeromagnetic surveying; aeromagnetics
aeromagnetische Vermessung *f* <geo> • aerial magnetometry; aeromagnetic surveying; aeromagnetics
Aeromechanik *f* <mech> • aeromechanics
Aerometer *n* <wz> *(Dichtemessung von Gasen, Luft)* • aerometer
Aerometer *n* <wz> *(Dichtemessung von Flüssigkeiten)* • hydrometer; densimeter; aerometer
Aeronavigation *f rar* <navig> • air navigation; aeronautical navigation
Aeronomie *f* <phys> • aeronomy
Aerosil *n* <chem> • aerosil
Aerosol *n* <tech.allg> *(Suspension von Partikeln mit vernachlässigbarer Sinkgeschwindigkeit)* • aerosol
Aerosolgenerator *m* <med.tech> • aerosol generator
Aerosolgerät *n* <med.tech> • aerosol generator
aerosolieren *vi/vt* <tech.allg> • nebulize *vi/vt*
aerosolieren *vt* <verf> • aerosolize *vt*
Aerosolsprühgerät *n* <tech.allg> • aerosol projector
Aerosoltherapiegerät *n* <med.tech> • aerosol therapy apparatus
Aerosoltreibmittel *n* <chem> • aerosol propellant
Aerosolzerstäuber *m* <tech.allg> • aerosol dispenser
Aerosplits *mpl* <kfz> *(Zubehör, auf v. Kotflügel)* • aerosplits
Aerostatik *f* <phys> • aerostatics
aerostatisch <phys> • aerostatic
aerostatisches Lager *n DIN ISO 4378-1* <masch> • aerostatic bearing *ISO 4378-1*; air bearing *pract*

Äscher *m* <led> • lime
Äscherbrühe *f* <led> • lime liquor
Äschergrube *f* <led> • lime pit
Äschern *n* <led> *(Gerbvorgang)* • liming
äschern *vt* <led> *(beim Gerben)* • lime *vt*
Ästigkeit *f* <holz> • branchiness
Ästung *f* <holz> • pruning
Äthan *n obs* <chem> *(Bestandteil von Erdgas)* • ethane
Äthanol *n obs* <chem> • ethanol; ethyl alcohol *pract*; grain alcohol *coll*
Äthen *n obs* <chem> • ethene; ethylene
Äther *m obs.ugs* <chem> • ether
Ätherdriftversuch *m* <phys> • ether drift experiment
Ätherhypothese *f* <astron> • ether hypothesis
ätherisch *ugs* <chem> *(allg.)* • ethereal
ätherisches Öl *n* <bio> • essential oil; volatile oil
Ätherophon *n* <el.mus> • Thereminvox; etherophone; theremin
Äthylalkohol *m obs* <chem> • ethanol; ethyl alcohol *pract*; grain alcohol *coll*
Äthylen *n obs* <chem> • ethene; ethylene
Äthylenglykol *n obs* <chem> • ethylene glycol (EG)
Äthylenglykolterephthalsäureester *m* <chem.petr> • ester of ethylene glycol terephthalic acid
Äthylenvinylazetat *n obs* <füg> *(Schmelzkleber; z. B. für Solarzellen)* • ethylene vinyl acetate (EVA)
Äthylvanillin *n obs* <nahr> • ethylvanillin
Ätzalkalien *npl* <chem> • caustic alkalies
Ätzausschnitt *m* <druck> • chalk etch overlay
Ätzbad *n* <metall> • etching bath
Ätzbild *n* <obfl> • etch pattern
Ätzdruck *m* <druck> • etch printing
Ätzdruck *m* <textil> *(Ergebnis)* • discharge print
Ätzdruck *m* <textil> *(Vorgang)* • discharge printing
Ätzen *n* <obfl> *(chem. Verfahren zum Verbessern des Haftens neuer Schichten)* • etching ISO 4618-3
Ätzen *n* <prod> *(starker, meist selektiver Oberflächenabtrag durch Lösungsmittel)* • etching
ätzen *vt* <chem.prod> *(allg.; z. B. Oberfl. von Metall, Glas; Muster)* • etch *vt*
ätzen *vt* <med> *(Wunde)* • cauterize *vt*
ätzen *vt* <textil> • discharge *vt*
ätzend <allg> *(Geruch, Gestank)* • acrid
ätzend <chem> *(Wirkung)* • caustic
ätzend <obfl> *(Oberfläche chemisch angreifend)* • etching
Ätzfaktor *m* <druck> • etching rate
Ätzfarbe *f* <druck> • etching ink
ätzfest <obfl> • etch-resistant
Ätzfigur *f* <metall> • etch figure
Ätzfigur *f* <qualit.mat> *(zerstörende Werkstoffprüfung)* • corrosion figure
Ätzflüssigkeit *f* <chem> *(allg.)* • etching fluid
Ätzflüssigkeit *f* <obfl> *(betont: für Ätzgravuren)* • engraver's acid
Ätzfolie *f* <druck> • chalk etch make-ready foil
Ätzgaszuführung *f* <verf> • etch gas supply
Ätzgeschwindigkeit *f* <prod> • etching rate; etch rate
Ätzgrube *f* <el> • etch pit
Ätzgrubendichte *f* <el> • etch pit density
Ätzgrübchen *n* <el> • etch pit
Ätzgrund *m* <el> • etching ground
Ätzhügel *m* <el> • etch hill; etch hillock; hillock
Ätzkali *n* <chem> • caustic potash; potassium hydroxide *thsc*
Ätzkalk *m ugs* <chem> *(CaO₂)* • calcium hydroxide; hydrated lime; slaked lime; slacklime
Ätzkalk *m prakt* <chem> *(CaO)* • calcium oxide; caustic lime; unhydrous lime; unslaked lime; quicklime
Ätzlösung *f* <chem.verf> • etching solution

Ätzmaschine *f* <druck> • etching machine; etcher
Ätzmaske *f* <prod> *(z. B. bei Chipherst.)* • etching mask; etch mask
Ätzmittel *n* <chem> *(allg.; z. B. für Oberflächenabtrag)* • etchant; etching solution; etch *rare*
Ätzmittel *n* <med> *(zur Wundbehandlung)* • cauterant; caustic agent; caustic
Ätzmittel *n* <obfl> *(betont: für Ätzgravuren)* • engraver's acid
Ätzmittel *n* <textil> • discharge agent
Ätzmuster *n* <prod> *(allg.; z. B. auf Metall, Glass, Wafer)* • etch pattern
Ätzmuster *n* <textil> • discharge pattern
Ätznadel *f* <druck> • etching needle; engraver's needle
Ätznäpfchen *n* <druck> • cell
Ätznatron *n* <chem> • caustic soda; sodium hydroxide
Ätzpaste *f* <textil> • discharge-printing paste; resist paste
Ätzpinsel *m* <druck> • etching brush
Ätzpolieren *n* <prod> • etch-polishing; polish attack *rare*
Ätzrate *f* <prod> • etching rate; etch rate
Ätzreaktor *m* <prod> *(z. B. bei Chipherst.)* • etching reactor; etch reactor
Ätzreserve *f* <chem.verf> • etch resist
Ätzreserve *f* <textil> • discharge resist
Ätzstern *m* <druck> • sunspot
Ätzstickerei *f* <textil> • burnt-out embroidery
Ätzstruktur *f* <prod> *(allg.; z. B. auf Metall, Glass, Wafer)* • etch pattern
Ätztechnik *f* <prod> *(als Methode)* • etching technique; etch process; etching process
Ätztiefe *f* <obfl> • etching depth; etched depth
Ätzverfahren *n* <prod> *(als Methode)* • etching technique; etch process; etching process
Ätzverfahren *n* <qualit.mat> *(metallographische Untersuchung)* • etch test
Ätzvorgang *m* <prod> • etching process; etch process
Ätzvorlage *f* <el> *(für Leiterplatten)* • printed circuit master; photomaster; artwork
äußere <tech.allg> • external; on the exterior; exterior *adj*; outside *adj*
äußere Abdeckung *f* <energ.sol> *(Kollektor)* • exterior glazing; outer cover
äußere Anschlagdichtung *f* <bau> *(Fenster, Tür)* • outer compression seal; outer seal
äußere Arbeit *f* <therm> *(z. B. Kompression)* • external work
äußere Asche *f* <chem> • extraneous ash
äußere Ballistik *f* <mil> • exterior ballistics
äußere Blattlage des Tambours *f* <pap> • outer sheet layer on the reel
äußere Deckelverschlussklappen *fpl* <pack> *(Karton)* • outer longitudinal flaps *pl*
äußere Glashalteleiste *f* <bau> *(Fenster)* • exterior stop; exterior glazing bead
äußere Glasleiste *f* <bau> *(Fenster)* • exterior stop; exterior glazing bead
äußere Hülle *f* <tech.allg> *(z. B. von Gebäuden, Schiffen, Flugzeugen, Raumsonden, Autos)* • outer skin; outer shell; shell *pract*; skin *coll*
äußere Induktivität *f* <el> • external inductivity
äußere Korrosion *f* <obfl> • external corrosion
äußere Kraft *f* <mech> *(z. B. Last)* • external force
äußere Kreisbahn *f* <ents> • outer vortex; outer spiral flow; main vortex
äußere leitfähige Schicht *f* <el> • core screen; insulation screen[ing]; insulation shield[ing] *US*; dielectric screen
äußere Leitschicht *f* <el> • core screen; insulation screen[ing]; insulation shield[ing] *US*; dielectric screen
äußere Mitkopplung *f* <el> • separate self-excitation

äußerer Anschlag *m* <mil> • physical stance
äußere Reibung *f* <mech> • external friction
äußerer Grenzschichtbereich *m* <nukl> • scrape-off layer; scrape-off region
äußerer Kollisionsraum *m* <autom> *(IR)* • external collision zone
äußerer Laufgang *m* <bau> • outer gallery
äußerer Leiter *m* • external conductor
äußerer lichtelektrischer Effekt *m* • external photoelectric effect
äußerer lichtelektrischer Effekt *m* <phys> • photoemissive effect
äußerer Photoeffekt *m* <phys> • external photoelectric effect; photoemissive effect
äußerer Ständerrahmen *m* <logist> *(von Regalen)* • end frame; rack end
äußerer Stromkreis *m* <el> • external circuit
äußerer Vorwiderstand *m* <msr> • instrument multiplier
äußeres Abdeckprofil *n* <bau> • external cover profile
äußeres Ärmelbündchen *n* <bekl> • outer sleeveband
äußeres Becken *n* <geo> • forearc basin
äußeres Core-Protein *n* <bio.chem> *(p17)* • outer core [protein]; matrix protein
äußeres Dorntraglager *n* <wz.masch> • outer arbor support
äußeres elektrisches Potential *n* <el> • outer electric potential; voltaic potential
äußeres Elektron *n* <phys> • external electron; outer electron
äußeres Feld *n* <el> • external field; extraneous field *thsc*; outer field *pract*
äußeres Felgenhorn *n* <fz> *(Rad)* • outer rim flange; outboard rim flange; outboard flange *pract*; front flange *pract*
äußeres Gleitmittel *n* <tribo> • external lubricant
äußeres Heizsystem *n* <agri.tech> • external heating system
äußeres Horn *n pract* <fz> *(Rad)* • outer rim flange; outboard rim flange; outboard flange *pract*; front flange *pract*
äußeres Hüllglykoprotein *n* <bio.chem> • surface envelope glycoprotein; outer surface glycoprotein
äußeres Kernrohr *n* <petr> • outer core tube; outer core barrel
äußeres lineares Voreilen *n* <masch> *(Strömungsmaschine)* • linear admission lead
äußere Spannung *f* <el> • external voltage
äußere Spannung *f* <mech> • external stress
äußeres Produkt *n* <tech.allg> • outer product
äußeres Programm *n* <tech.allg> • external program
äußeres Trennmittel *n* <kst> • external lubricant
äußere Stufung *f* <hlk> *(Luftzufuhr bei NOx-armen Brennern)* • external staging
äußere Totlage *f* <mot> *(bei Gegenkolbenmotor)* • outer dead center
äußere Triebwerkverkleidung *f did.ugs* <aerospace> *(Strahltriebwerk)* • C duct
äußere Überdeckung *f* <masch> *(Kolbendampfmaschine)* • steam lap; outer lap
äußere Ventilfeder *f* <kfz.mot> • outer valve spring
äußere Verluste *mpl* <mech> *(z. B. durch Reibung)* • mechanical losses *pl*
äußere Wicklung *f* <el> • outer winding
äußerste Elektronenschale *f* <phys> • outermost shell
äußerst effizient <tech.allg> • highly efficient
AF <opt> *(z. B. von Foto-, Videokameras, Projektoren, Belichtern)* • auto focus (AF); automatic focusing *US*; automatic focussing *GB*
AF <tele> *(Sender; z. B. Autoradio, Funkgerät)* • alternative frequency (AF)
AFC <av> *(Radio, TV)* • automatic frequency control (AFC)

AF-Code *m* <kfz.av> *(Autoradio)* • AF code
A-Fehler *m* <navig> *(Schiffskreiselkompass-Installation)* • alignment error
Affenschaukel *f prakt* <nav> • boom strop
Affichenpapier *n obs* <druck> • poster paper
affin <math> • affine *adj*
Affinade *f* <nahr> • affinated sugar
Affination *f* <nahr.prod> *(Zuckerreinigungsverfahren)* • affination
Affinationszentrifuge *f* <verf> • affination centrifuge
affine Abbildung *f* <math> • affine mapping
Affinerie *f* <metall> • refinery
Affinerie *f* <nahr> *(für Zucker)* • refinery
affinierter Zucker *m* <nahr> • affinated sugar
Affinität *f* <chem> *(einer chem. Reaktion)* • affinity
Affinitätsachse *f* <math> • affinity axis
Affinitätskonstante *f* <chem> • affinity constant
Affinitätsspektrum *n* <med> • host cell range
Affinitätstransformation *f* <math> • affine transformation
AF-Kontakt *m* <phot> • AF contact
AF-Kupplung *f* <phot> • AF coupling
AF-L Taste *f Nikon* <phot> • autofocus lock button
AFM <av> • advanced frequency modulation (AFM); advanced FM
AFM-Synthese *f* <av> • AFM synthesis
AFNOR-Test *m* <ökol> • AFNOR Test
afokal <opt> • afocal
AFT <av> • automatic fine tuning (AFT)
Aftercooler *m* <kfz.mot> *(zwischen zweitem Lader und Motor)* • aftercooler
Afterkristall *m* <mat> • pseudomorphous crystal; pseudomorph
Aftertouch *m* <edv.av> • channel pressure; monophonic aftertouch
Aftertouch *m* <mus> *(von Tasten)* • after-touch; aftertouch
A-Füllmasse *f* <nahr> *(Zucker)* • first fillmass; high-grade massecuite
AF-Vergrößerer *m* <phot> *(Labor)* • autofocus enlarger; AF enlarger
Ag <chem> • silver (Ag); argentuɔ metallicum
AGA <edv> • Advanced Graphics Adapter (AGA)
Ag/AgCl-Elektrode *f* <el.chem> • silver-silver chloride electrode; Ag/AgCl electrode
Agar *n* <nahr> *(Gel; Stabilisator, Verdickungsmittel, Klebstoff)* • agar (E 406); agar-agar
Agar-Agar *n* (E 406) <nahr> *(Gel; Stabilisator, Verdickungsmittel, Klebstoff)* • agar (E 406); agar-agar
Agar-Diffusionstest *m* <med.bio> • agar diffusion test
Agaricus muscarius <bio> • fly agaric; agaricus muscarius
Agarkeimzahl *f* <bio> • plate count on agar medium
Agarosegel-Elektrophorese *f* <med.tech> • agarose gel electrophoresis
Agarüberschichtungs-Prüfung *f DINENISO 9363-1* <med.opt> • agar over-lay test *ISO 9363-1*
AG-Beschleuniger *m* <nukl> • alternating-gradient accelerator
AGCH <tele> • Access Grant Channel (AGCH)
AgCl <min> • chlorargyrite; horn silver
Agens *n wiss* <chem> *(allg.)* • agent
AG-Fokussierung *f* <nukl> • alternating-gradient focusing/focussing *US/GB*
Agglomerat *n* <mat> *(zusammenhängende Partikel)* • agglomerate
Agglomeration *f* <tech.allg> • agglomeration
Agglomeration *f* <nahr> *(Fettkügelchen)* • agglomeration; clustering; clumping
Agglomeratkuchen *m* <metall> • sinter cake
Agglomeratkuchen *m* <verf> • agglomerated cake

Agglomerieranlage f <prod> • agglomerating plant
agglomerieren vi <nahr> (z. B. Fettkügelchen) • agglomerate vi; cluster vi; clump vi coll; nodulize vi
agglomerieren vt <tech.allg> • agglomerate vt
Agglutination f <tech.allg> • agglutination
agglutinieren vi/vt wiss <tech.allg> • agglutinate vt/vi
agglutinierend <mat> • agglutinant adj
Aggradation f <geo> (Flussbett, -ufer) • aggradation;
accretion; silting-up; silting
Aggregat n <masch> (Kraftmaschine plus Arbeitsmaschine, z. B. Notstrom~, Pumpen~) • unit; set; aggregate
rare
Aggregatbauweise f <druck> (z. B. Mehrfarben-Offset-
druckmaschine) • unit construction principle
Aggregation f <tech.allg> (von Partikeln) • aggregation
Aggregatneigungswinkel m <aerospace> • included
angle
Aggregat-Objekt n <edv> • aggregate object
Aggregatpolarisation f <el> • aggregative polarization
Aggregatzustand m <phys> (fest, flüssig oder gasförmig)
• physical state of matter; state of matter; state of aggregation; physical aggregation state
Aggregatzustandsänderung f <phys> (Schmelzen,
Verdampfen, Kondensieren, Erstarren) • change of state
aggressiv <tech.allg> (z. B. Chemikalie, Umgebung)
• aggressive
aggressive Flüssigkeit f <chem> • aggressive liquid
aggressives Medium n <verf> • aggressive medium; aggressive agent
aggressives Wasser n <verf> • aggressive-water
aggressive Umweltbedingungen f <tech.allg> • harsh
industrial environment
Aggressivität f <tech.allg> • aggressiveness
agil <fz> (Fahrzeug) • nimble; agile
Agitationsgranate f <mil> • propaganda shell
AgNO₃ <chem> • silver nitrate (AgNO₃); argentum nitri-
cum; lunar caustic coll
Agone f <phys> • agonic line
AG-Prinzip n <nukl> • alternating-gradient principle
AGR <kfz.emiss> (Vorgang) • exhaust gas recirculation
(EGR)
AGR-Abschaltventil n <kfz.emiss> • EGR cut-out valve;
EGR control valve
Agraffe f <led> • lacing hook
Agraffe f <logist> (Auflageträger) • beam-to-column con-
nector; hook connector
Agraffenmaschine f <led> • hook setting machine
Agraffensetzmaschine f <led> • hook setting machine
AGR-Anzeige f <kfz.emiss> • EGR indicator; EGR indi-
cator light
Agrarchemikalien fpl <chem> • agrochemicals
Agrarflugzeug n <aerospace> • agricultural aircraft
Agrarmeteorologie f <meteo> • agricultural meteorology
Agrartechnologie f <agri> • agricultural technology
Agrarwissenschaft f <agri> • agricultural science
Agrikulturchemie f <chem> • agricultural chemistry;
agrochemistry
AGR-Kontrolleuchte f <kfz.emiss> • EGR indicator; EGR
indicator light
Agrochemie f <chem> • agricultural chemistry; agroche-
mistry
agrochemisch <chem> • agrochemical
AGR-Relais n <kfz.emiss> • EGR solenoid
AGR-System n <kfz.emiss> (System) • exhaust gas recir-
culation; EGR system
AGR-Thermoventil n <kfz.emiss> • EGR temperature
valve; EGR thermovalve
AGR-Unterdruckverstärker m <kfz.emiss> • EGR vacuum amplifier; EGR vacuum booster

AGR-Ventil n prakt <kfz.emiss> • exhaust gas recirculation valve; EGR valve pract
AGR-Ventil für negativen Abgasgegendruck n
<kfz.emiss> • negative transducer EGR valve; negative
backpressure modulated EGR valve; negative backpressure EGR valve
AGR-Ventil für positiven Abgasgegendruck n
<kfz.emiss> • positive transducer EGR valve; positive
backpressure modulated EGR valve; positive backpres-
sure EGR valve
AGR-Ventil-Magnet m <kfz.emiss> • EGR solenoid
AGR-Ventilstellungsfühler m <kfz.emiss> • EGR valve
position sensor
AGS <kfz.msr> (von Automatikgetrieben) • adaptive trans-
mission control (ATC)
Ag₃SbS₃ <min> • pyrargyrite (Ag₃SbS₃); red silver ore coll
AG-Synchrotron n <nukl> • alternating-gradient synchro-
tron
AGZ <mil> (einer Schusswaffe) • total release time
A-Harz n <kst> • A-stage resin; resol
AHD-Tonplattensystem n <av> • audio high density
system; AHD system
AH-Felge f <fz> (Kfz-Rad) • AH rim; asymmetric double
hump rim; rim with asymmetric double hump
AHK <kfz> (für Anhänger an Pkw) • trailer hitch; tow bar
GB; trailer coupling; towing device; t/bar BE.advert
Ahle f <wz> (zum Lochstechen, z. B. in Leder) • awl; bod-
kin; pricker
Ahming f <nav> (Schiff) • draught mark
AHMT-Verfahren n VDI 3862-4 <emiss.msr> (Messen
von Formaldehyd) • AHMT method VDI 3862-4
A-Horizont m wiss <geo> • A horizon thsc; eluviated hori-
zon thsc; eluvial horizon; top-soil layer; top soil pract
Ahornsirup m <nahr> • maple syrup
Ahornzucker m <nahr> • maple sugar
Ahornzuckersirup m <nahr> • maple syrup
Ahrens-Verfahren n <verf> • Ahrens process
AH-Salz n <chem.petr> • nylon salt; nylon-66 salt
AID <el> • Alignment Indicating Device (AID)
AIDA-Formel f <werb> (attention, interest, desire, action)
• AIDA model; AIDA formula
AIDA Modell n <werb> (attention, interest, desire, action)
• AIDA model; AIDA formula
AIDA-Schema n <werb> (attention, interest, desire, ac-
tion) • AIDA model; AIDA formula
Aikinit m <min> • aikinite; needle ore pract
Ailanthusspinner m <textil> • ailanthus silkworm
AIM <org> • Automatic Identification Manufacturers (AIM)
Airbag m <kfz> (der eigtl. Sack) • air bag; air bag cushion
rare
Airbag-Einheit f <kfz> • air bag module; airbag unit
Airbag-Lenkrad m <kfz> • air bag steering wheel
Airbag-Modul n <kfz> • air bag module; airbag unit
Airbag-Rückhaltesystem n <kfz> (Gesamtsystem) • air
bag supplemental restraint system (SRS); air bag re-
straint system; supplemental restraint system; supple-
mental inflatable restraint system, SIR
Airbagtester m <kfz> • air bag tester
Airbag-Warnleuchte f <kfz.msr> • air bag warning light;
SRS warning light rare
Airboard n <fz> • airboard AUS
Airbrush f prakt <kunst.wz> (für Grafikarbeiten) • airbrush
gun; airbrush coll; air gun coll; spray gun form; spraying
pistol rare
Airbrush n prakt <kunst> (Maltechnik) • airbrushing; airbrush US; spray painting form; airbrush painting; air-
painting
Airbrush-Anwender m form <kunst> • airbrush artist; air-
brusher pract; brusher coll

Airbrush-Aufhänger *m* <kunst.wz> • airbrush stand; air-brush rack; table support; airbrush rest; airbrush hanger *Badger*

Airbrusher *m prakt* <kunst> • airbrush artist; airbrusher *pract*; brusher *coll*

Airbrush-Farbe *f* <kunst> • airbrush paint; concentrated pigmented fine airbrush paint *form*

Airbrushgrund *m* <obfl> • airbrush ground

Airbrushing *n* <kunst> *(Maltechnik)* • airbrushing; airbrush *US*; spray painting *form*; airbrush painting; airpainting

Airbrush-Kopf *m* <kunst.wz> • air head assembly

Airbrush-Künstler *m* <kunst> • airbrush artist; airbrusher *pract*; brusher *coll*

Airbrush mit abhängiger Doppelfunktion *f* <kunst. wz> • airbrush with dependent double action; airbrush with fixed double action

Airbrush mit Doppelfunktion *m* <kunst.wz> • airbrush with double action; double-action airbrush; double-function airbrush; dual-function airbrush

Airbrush mit doppelter Hebelfunktion *m* <kunst.wz> • airbrush with double action; double-action airbrush; double-function airbrush; dual-function airbrush

Airbrush mit einfacher Hebelfunktion *m* <kunst.wz> • airbrush with single action; single-action airbrush

Airbrush mit Einfachfunktion *m* <kunst.wz> • airbrush with single action; single-action airbrush

Airbrush mit gekoppelter Doppelfunktion *m* <kunst.wz> • airbrush with dependent double action; air-brush with fixed double action

Airbrush mit unabhängiger Doppelfunktion *m* <kunst.wz> • airbrush with independent double action

Airbrushpistole *f* <kunst.wz> *(für Grafikarbeiten)* • air-brush gun; airbrush *coll*; air gun *coll*; spray gun *form*; spraying pistol *rare*

Airbrush-Ständer *m* <kunst.wz> • airbrush stand; air-brush rack; table support; airbrush rest; airbrush hanger *Badger*

Airbrush-Technik *f* <kunst> *(Maltechnik)* • airbrushing; airbrush *US*; spray painting *form*; airbrush painting; air-painting

Aircon *f ugs* <hlk> *(allg.; z. B. in Wohnung, Hotel, Auto)* • air conditioning system (a/c); air conditioning; air conditioner *pract*; air cond *ad*; aircon *coll*

Aircraft Derivative *f* <turb> *(Gasturbinentyp)* • aircraft derivative; aircraft engine derived gas turbine *did*; aero-engine derivative; aero-derived gas turbine; lightweight gas turbine

Air-glow *m* <astron> • air-glow

Air-Gulp-System *n* <kfz.emiss> • air gulp system

Air-Gulp-Ventil *n* <kfz.emiss> *(gegen Auspuffknallen)* • air gulp valve; gulp valve *pract*; deceleration valve

Air-Knive *n prakt* <obfl> *(z. B. beim Feuerverzinken)* • air-jet knive; jet finishing nozzle; air knive *pract*

Airless-Spritzen *n* <obfl> *(betont: durch hydraul. Druck)* • hydraulic spraying

Airless-Spritzen *n DIN EN ISO 4618* <obfl> *(allg.)* • airless spraying *ISO 4618-3*

Airless-Spritzgerät *n* <obfl.wz> • airless spray gun

Airless-Spritzpistole *f* <obfl.wz> • airless spray gun

Airless-Verfahren *n* <obfl> *(allg.)* • airless spraying *ISO 4618-3*

Airlift *m* <förd> *(allg.)* • air-lift pump; mammoth pump *rare*

Airlift *m prakt* <petr> *(Erdölförderung)* • air-lift pump; air lift *pract*; mammoth pump *rare*

Airlift-Förderung *f* <petr.förd> *(Fördern mit dem Airlift-Verfahren)* • airlift

Airliftkrackverfahren *n* <chem.verf> • air-lift process

Airliftpumpe *f* <petr> *(Erdölförderung)* • air-lift pump; air lift *pract*; mammoth pump *rare*

Airliftpumpe mit Seiteneinlass *m* <förd> *(Pohlé-Bauart)* • Pohlé air-lift pump; side-inlet air lift

Airliner *m* <aerospace> • passenger airplane; commercial aeroplane *obs*

Air-Motion-Transformer *m* <av> *(dynamischer Folien-Lautsprecher)* • air-motion transformer

Air-Pump-System *n* (APS) <tech.allg> *(zum Füllen von Luftpolstern; z. B. in Sitzen, Schutzkleidung)* • air pump system (APS)

Air-slip-Verfahren *n* <kst> • air-slip forming

Airspeedmeter *m* <aerospace> • airspeed indicator (ASI); airspeed meter

Airtime *f* <spiel> *(Achterbahn; Momente mit negativer Erdbeschleunigung)* • air time

Air-toxic-Komponente *f* <chem.petr> • Air-toxic component

Air Traffic Control *f* <aerospace> • air traffic control (ATC)

Airway Pressure Release Ventilation *f* (APRV) <med.tech> • airway pressure release ventilation (APRV)

Airy'sches Beugungsscheibchen *n* <phys> • Airy diffraction disk; diffraction disk

Airy-Scheibchen *n* <phys> • Airy disk *US*; Airy disc *GB*

Airy-Spirale *f* <phys> • Airy spiral

AIS <edv> • automatic identification system (AIS)

AIS-Motor *m* :*V* <kfz.el> • AIS motor *Chrysler*

AIT-Streamer *m* <edv> • Advanced Intelligent Tape streamer; AIT streamer

Ajourmuster *n* <textil> • a jour pattern

AK <akust> • acoustic capacitance (AC)

AK <bau.innen> • tapered edge (T)

AK <fin> • original cost; acquisition cost; initial cost; prime cost; first cost

Akanthit *m* <min> • acanthite

Akanthusblattkranz *m* <bau> *(Schmuck; z. B. an Korinthischem Kapitell)* • ring of acanthus leaves

Akarizid *n* <chem> • acaricide

Akaroidharz *n* <kst> *(Gummi)* • acaroid resin; yacca gum

Akausalität *f* <phys> • non-causality

Akaziengummi *n* <chem> • Arabic gum; acacia gum; gum arabic

Akklimatisierung *f* <hlk> *(an Klimasituation)* • acclimatization

Akkolade *f* <bau> *(karniesartiges Ornament über Fenstern, Türen)* • accolade

Akkolade *f* <mech> *(Verstrebung)* • accolade

Akkommodation *f* <bio> *(Auge)* • accommodation

Akkommodationszustand *m* <opt> • state of accommodation

akkommodieren *vi* <bio> *(Auge)* • accommodate *vi*

Akkord *m* <mus> • chord

Akkordautomatik *f* <edv.mus> *(Keyboardfunktion)* • autochord; arranger

Akkordspeicher *m* <edv.mus> • chord memory

Akkreditierung *f* <qualit> • accreditation

Akkretion *f* <min> *(z. B. eines Kristalls)* • accretion

Akkretionskeil *m* <geo> • accretionary prism

Akkretionsscheibe *f* <astron> • accretion disk

Akkretionszone *f* <geo> • accretion zone

Akku *m prakt.ugs* <el> *(wiederaufladbar; z. B. Bleiakku, NiCd, NiMH)* • storage battery; secondary battery *thsc*; accumulator battery *form*; rechargeable battery *did*; battery *pract*

Akku-Auswurftaste *f* <av> *(z. B. an Videokameras)* • battery eject button

Akkubetrieb *m* <el> • battery operation

Akku-Bohrschrauber *m* <wz> • cordless drill/driver

Akku-Entriegelung *f prakt* <av> *(z. B. an Videokameras)* • battery eject button

Akku-Entriegelungstaste f <av> (z. B. an Videokameras) • battery eject button

Akku-Fugenpresse f <bau.wz> • power caulker

Akku-Kopf m <kst> (Blasformen) • accumulator head

Akkulturation f <allg> • acculturation

Akkumulation f wiss <verf> (von unerwünschten Ablagerungen etc.; z. B. in Apparaten und Leitungen) • accumulation; aggregation

akkumulatives Modell n <edv> • Boundary Representation Model (B-Rep); B-Rep model pract

Akkumulator m wiss <tech.allg> (für Energie; z. B. Druck, Wärme, Elektrizität) • accumulator

Akkumulator m <el> (wiederaufladbar; z. B. Bleiakku, NiCd, NiMH) • storage battery; secondary battery thsc; accumulator battery form; rechargeable battery did; battery pract

Akkumulator m <kfz.antr> (Automatikgetriebe-Steuerung) • accumulator; hydraulic accumulator; damper

Akkumulatorenbatterie f form <el> (wiederaufladbar; z. B. Bleiakku, NiCd, NiMH) • storage battery; secondary battery thsc; accumulator battery form; rechargeable battery did; battery pract

Akkumulatorenraum m <el> (z. B. Notstromversorgung, U-Boot) • battery space

Akkumulatorensäure f <el> • battery acid; storage battery acid

Akkumulatorgefäß n <el> • accumulator jar

akkumulatorgespeist <el> • battery-powered

Akkumulatorhartblei n <el> • battery lead

Akkumulatorkontrollventil n Opel <antr> (Automatikgetriebesteuerung) • accumulator control valve

Akkumulatorladegleichrichter m <el> • battery-charging rectifier

Akkumulatorlokomotive f <bahn> • battery-driven locomotive

Akkumulator mit elastischer Trennblase m <masch> • flexible-bag accumulator

Akkumulator mit gelantiniertem Elektrolyten m <el> • unspillable accumulator

Akkumulator mit Gummisack m <hydr> • rubber-sac accumulator

Akkumulatorplatte f <el> • battery plate

Akkumulatorplattenblock m <el> • subassembly of accumulator plates

Akkumulatorregister n <edv> • accumulator; accumulator register

Akkumulatorsäure f <el> • battery acid; storage battery acid

Akkumulatortriebwagen m <bahn> • battery-propelled coach

Akkumulatorzelle f <el> • battery cell; storage cell

akkumulierter Fehler m <math> • accumulated error; gross error

Akkupack m <el> (z. B. an Werkzeugen, Modellautos, Videokameras) • battery pack; power supply rar

Akku-Rasenschere f <agri.wz> • grass trimmer; grass shear

Akkurasierer m <hygi> (netzunabhängig) • rechargeable shaver

Akku-Schraubendreher m <wz> • cordless screwdriver

Akkuschrauber m <wz> • cordless screwdriver

Akku-Werkzeug n <wz> • electric tool battery driven (ETB); ETB tool

AKL <logist> • miniload AS/RS; mini load system; miniload system; automated small parts S/R system

Akline f <geo> • aclinic line; magnetic equator

A-Kohle f <verf> (allg.) • activated carbon; activated charcoal; absorbent carbon rare

Akonitsäure f <chem> • aconitic acid

Akquisition f <navig> (Positionsbestimmung) • satellite acquisition; acquisition

Akronym n <term> • acronym

akropetal <chem> • acropetal

Akte f <büro> (abgelegt; z. B. als Ordner, Mappe) • file

Akte f <büro> (als Aufzeichnung, Dokumentation eines Vorgangs) • record

Aktendeckel m <büro> • file cover

Aktendeckel m DIN 821 <büro> (Mappe, Ordner) • folder

Akteneinsicht f <doku> • inspection of files; insight into the official files

Aktenheftmaschine f <büro> • file stapler

Aktenkoffer m <doku> • briefcase

Aktennotiz f <doku> • memorandum; memo pract; file memo[randum]

Aktenordner m <büro> • file

Aktenschrank m <büro> • file cabinet; filing cabinet rare

Aktenvermerk m <doku> • memorandum; memo pract; file memo[randum]

Aktenvernichter m form <büro> (für Dokumente, Datenträger) • shredder

Aktenzeichen <jur> (von Patenten; Pos. 21) • Application No.

Aktfoto n ugs <phot> (konkretes Bild) • nude picture

Aktfotografie f <phot> (konkretes Bild) • nude picture

Aktfotografie fsg <phot> (Aktivität, Teilbereich der Fotografie) • nude photography sg

aktinisch <licht> • actinic

aktinisches Licht n <licht> • actinic light

aktinische Strahlung f <phys> • actinic radiation

Aktinität f <chem> • actinism

Aktinium n obs <chem> • actinium (Ac)

Aktion f <tech.allg> (allg.; z. B. Automation, Programmierung) • action

Aktionsblock m <edv> • action block

Aktionskraft f <mech> • applied force

Aktionsplan m <prod> • plan of action

Aktionspotential n <tech.allg> • action potential

Aktionsprinzip n <turb> (Turbine) • principle of action

Aktionsprogramm zum Umweltschutz n <ökol> (EG-Recht) • Programme of Action on the Environment

Aktionsrad n <turb> • impulse wheel

Aktionsradius m <fz> (allg.; zivil) • operating range; touring range GB; cruise range US

Aktionsradius m <kfz> (Reichweite; in km) • radius of operation; radius of action

Aktionsradius m <mil> (z. B. Panzer, Kampfflugzeug) • cruising radius; fuel endurance; radius of action

Aktions-Reaktions-Turbine f <turb> (z. B. Gegendruckdampfturbine mit vorgeschaltetem Curtis-Rad) • combination turbine; impulse reaction turbine

Aktionsturbine f <energ.hydr> • impulse turbine; action turbine

aktiv <tech.allg> (freigegeben, z. B. Funktion) • enabled

aktiv <tech.allg> • active

aktiv prakt <nukl> (Material, Komponente, Raum, Bereich) • radioactive; active pract; hot coll

Aktivabfälle mpl <nukl> • active effluents

Aktivanode f <obfl> (Kathodenschutz) • sacrificial anode; galvanic anode ISO 8044

Aktivator m <tech.allg> (allg., auch chem.) • activator; promoter; promoting agent

Aktivator m <chem> (für chem. Reaktionen) • accelerator; accelerating agent; reaction catalyst; booster coll; promoter

Aktivator m <mat> (Störstelle in Ionen- und Halbleiterkristallen) • sensitizer

Aktivator m <metall> (Kohlungsmittelzusatz) • energizer

Aktivator-Apolipoprotein n <med> • activator apolipoprotein

Aktivbox *f ugs <av> (mit eig. Verstärker)* • active loud-speaker; active speaker *coll*

Aktivchlorbedarf *m <pap>* • available chlorine demand

aktive Balglänge *f <rls> (von Balg-Kompensator)* • convoluted length; convolutions length; active convolutions portion; active length

aktive Belüftung *f <verf.ents>* • active aeration

aktive Fahrdynamikregelung *f <kfz.msr> (mit Bremseneingriff; z. B. ESP, CBC)* • dynamic drive control

aktive Federung *f <kfz>* • active body control (ABC)

aktive Fehlerdämpfung *f <tele>* • active balance return loss; hybrid balance

aktive Filterfläche *f <verf>* • specific filter surface area; specific surface area

aktive Fläche *f <msr> (Näherungsschalter)* • sensing face; active face; sensing head; active sensing face; sensing surface

aktive Flanke *f <masch> (Verzahnung)* • active profile

aktive Geräuschreduzierung *f <akust> (durch Gegengeräusch-Lautsprecher)* • active noise control; noise cancellation

aktive Korrosion *f <obfl>* • active corrosion

aktive Länge *f <rls> (von Balg-Kompensator)* • convoluted length; convolutions length; active convolutions portion; active length

aktive Masse *f <el> (Batterie)* • active material

aktive Modulfläche *f <energ.sol>* • module active area

aktive Oberfläche *f <tech.allg>* • active surface

aktive Phase *f wiss <chem>* • catalytic layer; catalyst coating; catalytically active surface [area]

aktiver Bereich *m <tech.allg> (konkret und abstrakt; auch nukl.)* • active area; active zone; active region

aktiver Bereich *m <msr> (eines Sensors; z. B. Näherungssensor)* • active zone; sensing range; active sensing zone; actuating area; sensing lobe

aktiver Bestandteil *m <tech.allg>* • active constituent

aktiver Bildschirm *m <edv>* • active screen

aktiver CPU-Kühler *m <edv> (mit Lüfter)* • fan heat sink

Aktiverde *f <chem>* • activated earth; active earth

aktiver Detektor *m <alarm> (Einbruchwarnanlage)* • active intrusion sensor; active detector; active sensor

aktiver Erddruck *m <min>* • active earth pressure; active thrust

aktiver Glasbruchmelder *m <alarm>* • active glassbreak detector *:V*

aktiver Glasbruchsensor *m <alarm>* • active glassbreak detector *:V*

aktiver Kontinentalrand *m <geo>* • active continental margin

aktiver Korrosionsschutz *m <obfl>* • corrosion protection by conditioning

aktiver Melder *m <alarm> (Einbruchwarnanlage)* • active intrusion sensor; active detector; active sensor

aktiver Sauerstoff *m <chem>* • active oxygen

aktiver Schaltkreis *m <el>* • active circuit

aktiver Sensor *m <msr>* • self-generating transducer; active transducer

aktiver Stall *m <energ.wind>* • active stall

aktiver Stoff *m <chem> (allg.)* • active substance

aktiver Strahler *m <phys>* • primary radiator; exciter

aktiver Wandler *m <el>* • active transducer

aktives Bandpassfilter *n <el>* • active notch filter

aktives Bauelement *n <el> (allg. spannungsführendes Bauteil)* • active component

aktives Bauelement *n <el.ic> (Signalverstärkung oder -steuerung)* • active device; active component

aktives Baustellen-Controlling *n (ABC) <bau>* • active construction-site controlling *:V*

aktives Bauteil *n rar <el.ic> (Signalverstärkung oder -steuerung)* • active device; active component

aktive Schaltzone *f <msr> (eines Sensors; z. B. Näherungssensor)* • active zone; sensing range; active sensing zone; actuating area; sensing lobe

aktives Chlor *n <chem>* • active chlorine

aktive Schutzfunktion *f <masch>* • active safeguard

aktive Seite *f <tech.allg>* • active side

aktive Selbstsuchlenkung *f <mil> (Flugkörper, Lenkwaffe)* • active homing; active homing guidance; fully active homing

aktives Element *n <el>* • active element; active circuit element

aktives Fahrwerk *n prakt <kfz>* • electronically controlled suspension (ECS); adaptive damping system, ADS *MB*; computer command ride system *coll*; electronic ride control *GM*; active suspension *pract*

aktives Gaspendelsystem *n <kfz.emiss>* • active vapor recovery system *:V*

aktives Geräuschreduzierungssystem *n* (ANS) *<kfz> (z. B. für Innengeräusch oder Auspufflärm)* • anti-noise system (ANS); noise cancellation system, NCS *Walker*; active noise-control system

aktives Hinterradlenksystem *n <kfz>* • active rear wheel steering [system]

aktive Sicherheit *f <sich>* • active safety

aktives Netzwerk *n <edv>* • active network

aktives/passives Gerät *n <edv> (Current-Loop-Applikationen)* • active/passive device

aktives Stromkreiselement *n <el>* • active element; active circuit element

aktive Stallregelung *f <energ.wind>* • active stall

aktive Stromschleife *f <el>* • active current loop

aktive Substanz *f <chem> (allg.)* • active substance

aktive Substanz *f <el> (Batterie)* • active material

aktive Wanksteuerung *f <kfz> (z. B. von Dreirad)* • Active Tilt Control (ATC)

aktive Windnachführung *f <energ.wind>* • active yaw; powered yaw

aktive Zahnbreite *f <masch>* • effective face width

aktive Zielsuchlenkung *f <mil> (Flugkörper, Lenkwaffe)* • active homing; active homing guidance; fully active homing

aktive Zone *f <tech.allg> (betont: Abschnitt von etwas)* • active section

aktive Zone *f <tech.allg> (konkret und abstrakt; auch nukl.)* • active area; active zone; active region

aktive Zone *f <msr> (eines Sensors; z. B. Näherungssensor)* • active zone; sensing range; active sensing zone; actuating area; sensing lobe

aktive Zone *f <verf> (in Elektroentstaubern, Abscheidern, Filtern)* • active zone

Aktivhobel *m <chem.verf>* • activated coal plough

Aktivieren *n <obfl> (allg.; vor dem Phosphatieren bzw. Chromatieren)* • activation

Aktivieren *n <obfl> (bei Aluteilen)* • activation

aktivieren *vt <allg>* • activate *vt*

aktivieren *vt <edv> (Funktion; z. B. in Setup/Schaltung, z. B. mit Brücke / DIP-Schalter)* • enable *vt*

aktivieren *vt <el> (el. Bauelemente, Verbraucher; z. B. E-Motor, Magnetventil, Relais)* • energize *vt*

aktivieren *vt <navig> (z. B. einen Wegpunkt)* • activate *vt*

aktivieren *vt <nukl> (Material; z. B. durch Bestrahlung)* • radio-activate *vt*

aktivieren *vt <obfl> (vor dem Phosphatieren bzw. Chromatieren)* • activate *vt*

aktivierender Zusatzbeschleuniger *m <chem>* • activating accelerator

Aktivierkleber *m <füg>* • adhesive that can be reactivated

Aktivimeter = dose calibrator

Aktivierklebstoff *m* <füg> • adhesive that can be reactivated

aktivierte Bleicherde *f* <chem> • activated clay

aktivierte Erde *f* <chem> • activated earth; active earth

aktivierte Kohle *f rar* <verf> *(allg.)* • activated carbon; activated charcoal; absorbent carbon *rare*

aktivierter Ton *m* <chem> • activated clay

aktiviertes Strukturmaterial *n* <nukl> • activated structural material

aktivierte Substanz *f* <nukl> • activated product; activation product; activate *pract*

aktivierte Tonerde *f* <chem> • activated alumina

Aktivierung *f* <tech.allg> • activation

Aktivierung *f* <nukl> *(radioaktiv)* • activation

Aktivierungsanalyse *f* <nukl> • activation analysis; radioactivation analysis

Aktivierungsausbeute *f* <nukl> • activation yield

Aktivierungsdetektor *m* <nukl> • activation detector

Aktivierungsenergie *f* <phys> • activation energy

Aktivierungsentropie *f* <metall> • activation entropy

Aktivierungsmittel *n* <tech.allg> *(allg., auch chem.)* • activator; promoter; promoting agent

Aktivierungsmittel *n* <metall> *(Kohlungsmittelzusatz)* • energizer

Aktivierungspotential *n* <obfl> *(Galvan.)* • activation potential

Aktivierungsprodukt *n* <nukl> • activated product; activation product; activate *pract*

Aktivierungsquerschnitt *m* <nukl> • activation cross-section

Aktivierungsspannung *f* <obfl> *(Galvan.)* • activation potential

Aktivierungsüberspannung *f* <obfl> *(Galvan.)* • activation overvoltage

Aktivierungswärme *f* <nukl> • heat of activation

Aktivität *f* <tech.allg> • activity

Aktivität *f prakt* <nukl> *(einer radioaktiven Substanz)* • radioactivity; activity *pract*

Aktivitätentabelle *f* <doku> • activity list

Aktivitätsbeiwert *m* <phys> • activity coefficient; activity factor

aktivitätsfrei <nukl> *(ohne radioaktive Strahlung; z. B. Material, Bereich)* • cold

Aktivitätsgrenzwert *m* <nukl> • activity threshold

Aktivitätsinventar *n* <nukl> • active inventory

Aktivitätskoeffizient *m* <phys> • activity coefficient; activity factor

Aktivitätskonzentration *f* <nukl> *(Aktivität je Volumeneinheit)* • activity concentration; concentration radioactvity

Aktivitätsschwelle *f* <nukl> • activity threshold

Aktivitätsüberwachung *f* <nukl.msr> • activity monitoring

Aktivitätsverlust *m* <nukl> • activity loss

Aktivkohle *f* <verf> *(allg.)* • activated carbon; activated charcoal; absorbent carbon *rare*

Aktivkohle *f* <verf> *(Entstickung)* • activated coke

Aktivkohlebehälter *m* <kfz.emiss> *(für Tankentlüftung in Autos; betont: Bauteil, Behälter)* • activated carbon canister; vapor canister *pract*; charcoal canister *pract*; activated charcoal trap; adsorption canister

Aktivkohlebehandlung *f* <chem.verf> • carbon absorbtion

Aktivkohlebett *n* <verf> • charcoal bed

Aktivkohlefaser *f* <verf> *(Adsorbens auf Aktivkohlebasis)* • activated carbon fiber (ACF); activated carbon fibre

Aktivkohlefilter *m* <kfz.emiss> *(für Tankentlüftung in Autos; betont: Bauteil, Behälter)* • activated carbon canister; vapor canister *pract*; charcoal canister *pract*; activated charcoal trap; adsorption canister

Aktivkohlefilter *m* <verf> *(allg.)* • activated carbon filter

Aktivkohlefüllung *f* <verf> • activated carbon bed; activated charcoal bed

Aktivkohlehobel *m* <chem.verf> • activated coal plough

Aktivkoks *m* <verf> *(Entstickung)* • activated coke

Aktivlautsprecher *m* <av> *(mit eig. Verstärker)* • active loudspeaker; active speaker *coll*

Aktivruß *m* <chem> • active black; reinforcing black

Aktivsauerstoff *m* <chem> • active oxygen

Aktivschaltung *f* <kfz.antr> *(Automatikgetriebesteuerung)* • active gear shift; active gear shifting

Aktivschlamm *m rar* <verf.ents> *(Abwasserreinigung)* • activated sludge; activated sewage sludge *form*; aerated sludge *rare*; bio sludge *rare*

Aktivtonerde *f* <chem> • activated alumina

Aktor *m* <msr> *(Betätigungsorgan; z. B. elektr., hydraul., mechan., pneumatisch)* • control element; actuator; control device; power element; final actuating device

aktualisieren *vt* <tech.allg> *(z. B. Dokument, Software)* • update *vt*

aktualisieren *vt* <tech.allg> *(z. B. Daten in flüchtigem Speicher)* • refresh *vt*

aktualisieren *vt* <edv> *(Bildschirmbild)* • redraw *vt*

aktualisierte Programmversion *f* <edv> *(Ergebnis des Aktualisierens)* • updated version [of a program]; update *pract*

Aktualisierung *f* <allg> • updating

Aktualisierung *f* <navig> *(von Karten, Daten, Datenbanken)* • updating

Aktualisierungsbefehl *m* <edv> • updating command; updating instruction

Aktualisierungsdatei *f* <edv> • update file

Aktualisierungslauf *m* <edv> • updating run

Aktualisierungsrate *f* <navig> *(von Karten etc.)* • update rate; update speed

Aktuator *m wiss* <msr> *(Betätigungsorgan; z. B. elektr., hydraul., mechan., pneumatisch)* • control element; actuator; control device; power element; final actuating device

Aktuator mit Linearmotor *m* <edv> *(Festplatte)* • voice coil actuator

Aktuator mit Lufthub *m* <msr> • air-stroke actuator

Aktuator/Sensor-Interface *n* (ASI) <msr> • actuator/sensor interface (ASI)

aktuelle Acidität *f* <chem> • active acidity

aktuelle Erhebung *f* <edv> • current elevation

aktueller Tambour *m* <pap> • current reel

aktuelles Befehlsregister *n* <edv> • current instruction register

Akustik *f* DIN 1320 <akust> *(allg.)* • acoustics

Akustik *f* DIN 1320 <akust> *(als Disziplin, Teilbereich der Physik)* • acoustics

Akustik *f* <akust> *(als technische Disziplin)* • acoustical engineering; sound engineering

Akustikdecke *f* <bau.innen> • acoustic ceiling

Akustikfliese *f* <bau> • acoustic tile

Akustikkoppler *m* <el> *(z. B. zwischen Computer und Telefonleitung)* • acoustic coupler

Akustik-Labor *n* <akust> • acoustic lab; sound lab *pract*; noise measurement laboratory *form*

Akustiklog *n* <akust> • acoustic velocity log

Akustiklog *n* <petr> *(Exploration, Bodenuntersuchung)* • sonic log; acoustic log

Akustikmelder *m* <alarm> *(Einbruchmeldeanlage)* • acoustic glassbreak detector; acoustic glassbreak sensor; non-contact acoustic detector; audio discriminator; sound discriminator

Akustikmodellierung *f* <akust> *(zur Schallemissionsanalyse; z. B. von Maschinen, Motoren)* • acoustic modeling; acoustic modelling

Akustikplatte f <akust> • acoustic board
Akustikverstärker m <av> • acoustic amplifier
akustisch <akust> (akustisches Phänomen; z. B. Schwingung) • acoustic
akustisch <akust> (die Akustik betreffend; z. B. Methode, Techniker, Symbol, Glossar) • acoustical
akustische Admittanz f <akust> • acoustic admittance; acoustic conductance
akustische Alarmeinrichtung f <alarm> • audible alarm device; sounder; sounding device; alarm sounding device
akustische Alarmierung f <msr> (Meldeart) • audible alarm; acoustic alarm
akustische Alarmmeldung f <msr> • acoustic alarm indication
akustische Alarmverifikation f <alarm> (Überprüfung der Echtheit eines Alarms) • audio verification; listen-in capability; audio listen-in [feature]; audio monitoring; passive acoustic monitoring
akustische Ausbreitungskonstante f <akust> • acoustic propagation constant
akustische Bake f <navig> • talking beacon
akustische Bezugswindgeschwindigkeit f IEV 415 <energ.wind> • acoustic reference wind speed IEV 415
akustische Bohrlochmessung f <petr> • acoustical borehole logging; acoustical well logging; acoustical logging
akustische Brücke f <el> • acoustic bridge
akustische Entfernungsmessung f <msr> • acoustic ranging
akustische Entfernungsmessung f <msr.akust> • sound ranging; phonotelemetry
akustische Feder f <av> • acoustic spring
akustische Federung f <el> • acoustic compliance
akustische Funkenkammer f <akust> • sonic chamber
akustische Impedanz f <akust> • acoustic impedance
akustische Kapazität f (AK) <akust> • acoustic capacitance (AC)
akustische Kopplung f <el> • acoustic coupling
akustische Masse f <phys> • acoustic mass
akustische Mikroskopie f <qualit.mat> (NDT-Verfahren) • acoustical microscopy :V
akustische Nachricht f <navig> (Empfänger) • acoustic spoken message; audible spoken message
akustische Programmierung f <autom> (z. B. von Industrierobotern) • acoustic programming; voice programming
akustischer Absorptionskoeffizient m <akust> • acoustic absorption coefficient
akustischer Akzeptanzpegel m (AAP) <akust> • acoustic comfort index (ACI)
akustischer Alarm m <msr> (Meldeart) • audible alarm; acoustic alarm
akustischer Alarmgeber m <alarm> • audible alarm device; sounder; sounding device; alarm sounding device
akustischer Anzeiger m <msr> • audible indicator
akustischer Blindwiderstand m <akust> • acoustic reactance; specific acoustical reactance
akustischer Durchgangsprüfer m <el.wz> • audible continuity tester
akustische Reaktanz f <akust> • acoustic reactance; specific acoustical reactance
akustischer Entfernungsmesser m <msr.akust> • sound ranger
akustische Resistanz f <akust> • acoustic resistance
akustische Resonanz f <akust> • acoustical resonance; sound resonance
akustischer Extern-Alarmgeber m <alarm> • external audible warning device; external audible alarm
akustischer Extern-Signalgeber m <alarm> • external audible warning device; external audible alarm

akustischer Intern-Alarmgeber m <alarm> • internal audible warning device; internal buzzer; internal sounder; internal audible alarm; interior sounding device
akustischer Koppler m DIN44302 <el> (z. B. zwischen Computer und Telefonleitung) • acoustic coupler
akustischer Kurzschluss m <av> • acoustic shortcircuiting
akustischer Laufzeitspeicher m <el> • acoustic delay-line memory; sonic delay-line memory
akustischer Leitstrahlsender m <navig> • talking beacon
akustischer Leitwert m (AL) <akust> • acoustic admittance; acoustic conductance
akustischer Scheinwiderstand m <akust> • acoustic impedance
akustischer Sensor m <msr> • acoustic sensor
akustischer Signalgeber m (SA) <alarm> • audible alarm device; sounder; sounding device; alarm sounding device
akustischer Speicher m <el> • acoustic memory
akustischer Staubabscheider m <verf> • sonic agglomerator
akustischer Strahler m <akust> • acoustic radiator
akustischer Träger m <el> • acoustic carrier
akustische Rückkopplung f <av> • acoustic feedback
akustischer Widerstand m <akust> • acoustic resistance
akustischer Wirkwiderstand m <akust> • specific acoustic resistance
akustisches Abscheiden n <verf> • sonic precipitation
akustisches Besetztzeichen n <tele> • audible busy signal
akustische Schwingung f <phys> • acoustic vibration
akustisches Filter n <el> • acoustic-wave filter
akustisches Innensignal n <alarm> • internal audible warning device; internal buzzer; internal sounder; internal audible alarm; interior sounding device
akustisches Interferometer n <msr> • acoustic interferometer
akustisches Laufzeitglied n <el> • acoustic delay line; sonic delay line
akustisches Lot n <msr> • echo sounder
akustisches Ortungsgerät n <navig> • auditory direction finder; auditory detector; sound locator; aural detector
akustisches Signal n <av> • acoustic signal
akustisches Tablett n <edv> • sonic tablet
akustische Streuung f <akust> • acoustic scattering
akustisches Warnsignal n <msr> • audible warning signal
akustisches Zeichen n <tech.allg> • aural signal
akustische Trägheit f <phys> • acoustic inertia
akustische Verzögerungsleitung f <el> • acoustic delay line; sonic delay line
akustische Verzögerungsstrecke f <el> • acoustic delay line; sonic delay line
akustisch-optisch <opt> • acoustooptic
akustisch-optischer Signalgeber m <alarm> • audible and visual warning device :V
akustisch träge <akust> • acoustically inert
akustisch unwirksam <akust> • acoustically inactive
Akustochemie f <chem> (Schallerzeugung durch chemische Reaktionen) • acoustochemistry
akustoelektrisch <el> • acoustoelectric
Akustoelektronik f <el> • acoustoelectronics
Akustooptik f <opt> • acoustooptics
Akut m <druck> • acute accent
Akzelerator m wiss <chem> (für chem. Reaktionen) • accelerator; accelerating agent; reaction catalyst; booster coll; promoter

akzelerierende Flowkurve f <med.tech> *(bei Inspiration)*
• accelerating flow; accelerating flow waveform; ascending ramp

akzelerierender Flow m <med.tech> *(bei Inspiration)*
• accelerating flow; accelerating flow waveform; ascending ramp

Akzentbuchstabe m <doku> • accented letter; accentuated letter

Akzentlicht n <licht> *(stark gebündeltes Licht; z. B. mit Spotscheinwerfer)* • key light; accent light; directional light

Akzentuierung f <el> *(Vorverzerrung)* • pre-emphasis

akzeptabel <qualit> *(allg.; Ware, Material, Fehler)* • acceptable

Akzeptanzwinkel m <opt.lwl> • acceptance angle

Akzeptor m wiss <tech.allg> • acceptor

Akzeptor m <phys> • acceptor

Akzeptordichte f <phys> • acceptor density

akzeptordotiert <chem> • acceptor-doped

Akzeptorniveau n <energ.sol> • acceptor level

Akzeptorstörstelle f <phys> • acceptor impurity

Akzeptorsubstanz f <chem> • acceptor substance

Akzeptorverunreinigung f <phys> • acceptor impurity

Akzidenzarbeit f <druck> • jobbing work

Akzidenzdruck m <druck> *(Privat-, Geschäfts- und Werbedrucksachen)* • job printing; commercial printing

Akzidenzdruck m <druck> *(Druck)* • commercial printing

Akzidenzdruckerei f <druck> • jobbing house

Akzidenzdruckfarbe f <druck> • jobbing ink

Akzidenzdruckmaschine f <druck> • jobbing press; commercial press; jobbing printing press

Akzidenzmaschine f <druck> • jobbing press; commercial press; jobbing printing press

Akzidenzsatz m <druck> • job composition

Akzidenzschrift f <druck> • jobbing type; jobbing typeface

AL <akust> • acoustic admittance; acoustic conductance

AL <druck> *(beim Querschneiden der Papierbahn)* • cut-off length; cut-off pract

Alabasterkarton m <bau> • alabaster board

Alachlor m <chem> • alachlor

ALAP <tech.allg> *(z. B. Emissionen)* • as low as possible (ALAP)

ALARA <tech.allg> *(z. B. Emissionen, Risiken, Kosten)*
• as low as reasonable achievable (ALARA)

Alarm m <msr> *(Signal, Meldevorgang)* • alarm signal; alarm; alert

Alarmanlage f <tech.allg> • alarm system

Alarmanlage f <alarm> • burglar alarm system (B.A.); burglar alarm

Alarmanlage f ugs <alarm> • intruder alarm system; intruder alarm; intrusion alarm [system]; intruder detection system; intrusion detection system

Alarmanlage f <kfz.alarm> *(für Kraftfahrzeuge)* • alarm system; security system; car alarm [system] GB; anti-theft alarm [system]

Alarmanlage mit Fernbedienung f <alarm> • remote arming alarm system

Alarmanlagen-Dummy m <kfz.alarm> • alarm system dummy

Alarmanzeige f <alarm> • latching alarm LED; alarm LED; latching indicator

Alarmauslöser m <alarm> • alarm actuator

Alarm bei Kursversatz m <navig> *(Empfänger)* • CDI alarm

Alarmbereitschaft f <alarm> *(Betriebszustand)* • alert condition; alarm readiness

Alarmdraht m <alarm> *(in Alarmfolie)* • lacing wire

Alarmdrahtbespannung f <alarm> *(Flächenüberwachung)* • lacing; continuous wiring GB

Alarmdrahtglas n (ADG) <alarm.mat> • wired glass

Alarmdrahttapete f <alarm> • wired wallpaper :V; alarm-triggering wallpaper :V

Alarmempfangsstelle f <alarm> *(für Einbruch, Überfall, Feuer)* • monitoring station; monitoring center; remote center

Alarm-Ereignis n <alarm> • alarm event

Alarmfolie f <alarm> *(dünne Metallstreifen)* • foil tape; window foil; window tape; window strip

Alarmfolie f prakt <alarm> *(Kunststofffolie mit Alarmdrahteinlage; typ. für Fensterglas)* • wired polyethylene sheeting :V; alarm polythene sheeting :V

Alarmfunktion f <tech.allg> • alarm function

Alarmgeberkombination f <alarm> • audible and vtsual warning device :V

Alarmglas n <alarm> *(Oberbegriff)* • alarm glass

Alarmglas n prakt <alarm> • one-layer safety glass with alarm loop :V

Alarmglas n prakt <alarm.mat> • wired glass

Alarmglocke f <alarm> *(allg.)* • alarm bell; warning bell; signalling bell

Alarmgrenze f <msr> *(Einstellwerte)* • alarm limit; alarm threshold; alarm set point[s]

Alarm hoher Priorität m DIN EN 475 <med.tech> • high priority alarm ASTM F 1463

alarmieren vt <alarm> *(z. B. Polizei, Feuerwehr, Sicherheitspersonal)* • alarm vt; alert vt; warn vt

Alarmierung f <msr> *(Signal, Meldevorgang)* • alarm signal; alarm; alert

Alarmkriterium n <alarm> • alarm criterion

Alarmleitung f <alarm> • alarm circuit

Alarmmelder m <alarm> *(erkennt und meldet ein Alarmereignis)* • detector; sensor; alarm; detection device; sensing device

Alarmmeldung f <alarm> *(Alarmierung mit Textnachricht)* • alarm message; message alert

Alarmmeldung f <msr> *(allg.)* • alarm indication; trouble indication; fault indication

Alarm mittlerer Priorität m DIN EN 475 <med.tech> • medium priority alarm ASTM F 1463

Alarm niedriger Priorität m DIN EN 475 <med.tech> • low priority alarm ASTM F 1463

Alarmschaltung f <alarm> • alarm circuit

Alarmselbsthaltung f <alarm> • alarm hold; alarm memory; latch

Alarm-Sicherheitsfolie f <alarm> *(Kunststofffolie mit Alarmdrahteinlage; typ. für Fensterglas)* • wired polyethylene sheeting :V; alarm polythene sheeting :V

Alarmsignal n <alarm> *(bei Lebensgefahr)* • danger signal

Alarmsignal n <msr> *(Signal, Meldevorgang)* • alarm signal; alarm; alert

Alarmsituation f <alarm> • alarm event

Alarmspeicher m <alarm> • alarm hold; alarm memory; latch

Alarmspeicherung f <alarm> • alarm hold; alarm memory; latch

Alarmstufe f <alarm> *(Betriebszustand)* • alert condition; alarm readiness

Alarmtapete f <alarm> • wired wallpaper :V; alarm-triggering wallpaper :V

Alarmtaster m <alarm> • personal attack button; PA button; panic button/switch priv; holdup button comm; emergency button

Alarmtauchtank m <nav> *(U-Boot)* • quick-diving tank; crash-diving tank

Alarmton m <tech.allg> • alarm tone

Alarmtonfolge f <msr> *(Gruppe von Impulsen mit einem erkennbaren Rhythmus; als Signal)* • alarm tone sequence; burst ASTM F 1463

Alarmübertragung f <alarm> • remote alarm; silent alarm; signalling GB; remote annunciation/signalling; alarm transmission

Alarmverglasung f <alarm> (Oberbegriff) • alarm glass

Alarmverifikationssystem n :V <alarm> • alarm verification system; alarm assessment system

Alarmverriegelung f <msr> • alarm locking

alarmverzögerte Linie f obs <alarm> • delay circuit; time-delay circuit; time delay circuit; entrance delay circuit; entry circuit

alarmverzögerte Meldergruppe f <alarm> • delay circuit; time-delay circuit; time delay circuit; entrance delay circuit; entry circuit

Alarmverzögerung f <alarm> • entry delay

Alarmverzögerungszeit f <alarm> • entry delay; entrance delay

Alarmzähleinrichtung f <alarm> • alarm counting device :V

Alarmzähler m <alarm> • alarm counting device :V

Alarmzeichen n <msr> (Signal, Meldevorgang) • alarm signal; alarm; alert

Alarmzeichenempfänger m <nav> (Seefunk) • alarm receiver

Alarmzeichengeber m <alarm> • alarm keying device

Alarmzentrale f <alarm> (für Einbruch, Überfall, Feuer) • monitoring station; monitoring center; remote center

Alarmzentrale f prakt <alarm> (zentrale Steuereinheit einer Alarmanlage) • burglar alarm control [unit]; alarm control unit; control unit pract

Alarmzustand m <alarm> • alarm condition

Alaun m <chem> • alum

Alaunerde f rare <silik> (Al_2O_3; z. B. als keramisches IC-Substrat) • alumina; aluminum oxide US

alaungar <led> • alum-tanned; alumed

alaungerben vt <led> • taw vt

Alaungerbung f <led> • alum tannage; tawing

Alaunleder n <bekl> • alum leather

Alaunlösung f <chem> • alum liquor

Alaunstein m <chem> • alunite; alumstone

Albedo f <phys> (z. B. von Planeten, Satelliten) • albedo

Albedodosimeter m <nukl> • albedo dosimeter

Albumformat n <druck> • half-plate

Albuminkleber m <füg> • albumin glue; blood glue coll.obs

Albuminleim m <füg> • albumin glue; blood glue coll.obs

Alcantara n <textil> (z. B. für Sitzbezug) • Alcantara

Alcator-Skalierung f <nukl> • Alcator scaling

Aldehyd m <chem> • aldehyde

aldehydfrei <chem> • aldehyde-free

Aldehydgerbung f <led> • aldehyde tannage

Aldehydharz n <chem> • aldehyde resin

Aldol n <chem> • aldol

Aldolkondensation f <chem.verf> • aldol condensation; aldolization

Alfapapier n <pap> • esparto paper

Alfin-Kautschuk m <kst> • Alfin polymer; Alfin-catalyzed polymer

Alfin-Polymerisation f <chem.verf> • Alfin polymerization US; Alfin polymerisation GB

Alfin-Verfahren n <metall> • Alfin process; Al-Fin process

Al-Fin-Verfahren n <metall> • Alfin process; Al-Fin process

Alfin-Zylinder m <kfz.mot> • Alfin cylinder; Alfin barrel; Al-Fin cylinder; Al-Fin barrel

Al-Fin-Zylinder m <kfz.mot> • Alfin cylinder; Alfin barrel; Al-Fin cylinder; Al-Fin barrel

Alfin-Zylinderfuß m <kfz.mot> • Alfin cylinder; Alfin barrel; Al-Fin cylinder; Al-Fin barrel

Al-Fin-Zylinderfuß m <kfz.mot> • Alfin cylinder; Alfin barrel; Al-Fin cylinder; Al-Fin barrel

Alfvén-Geschwindigkeit f <phys> • Alfvén speed

Alfvén-Welle f <phys> • Alfvén wave

AlGaAs-Laser m <opt> • AlGaAs laser; Aluminum Gallium Arsenid laser

Alge f <bio> • alga pl -ae

Algebra f <math> • algebra

Algebra der Logik f DIN 5473 <math> • algebra of logic; logic algebra; logical algebra

algebraisch <math> • algebraic

algebraische Gleichung f <math> • algebraic equation

algebraische Oberfläche f <edv> (z. B. bei CAD) • algebraic surface; virtual surface

Algenbekämpfung f <chem.verf> (z. B. in Tanks, Leitungen) • algae control

Algenbekämpfungsmittel n <chem> • algaecide; algicide

Algenkohle f <verf> • algal coal; boghead coal

Algenwachstum n <bio> • algal growth

Alginat n <nahr> (Stabilisator) • algin

Alginatfaser f <textil> • alginate fiber

Alginsäurefaser f <textil> • alginate fiber

algorithmisch <math> • algorithmic

Algorithmus m <edv> (formale Beschreibung eines Lösungswegs) • algorithm

Alhidade f <opt> (z. B. ein Peilgerät mit Skala, Peilaufsatz auf Kompass) • alidade; sight rule coll; index bar

Al-Honeycomb-Zelle f <fz.sich> • Al-honeycomb cell

Aliasing n <edv> (pixelbedingt gezackte Linien und Kanten) • aliasing

Aliasing n <edv.av> (unerwünschter Effekt beim Digitalisieren analoger Signale) • aliasing; foldover [effect]

Aliasing-Effekt m <edv.av> (unerwünschter Effekt beim Digitalisieren analoger Signale) • aliasing; foldover [effect]

Aliasingverzerrung f <edv.av> • aliasing distortion

Alicyclen pl <chem> • alicyclic compounds

Aliphaten pl <chem> • aliphatics

Aliphatenchemie f <chem> • aliphatic chemistry

aliphatisch <chem> (z. B. KW) • aliphatic

aliphatische Carbonsäure f <chem> • aliphatic acid

aliphatischer Kohlenwasserstoff m <chem> • aliphatic hydrocarbon

aliphatische Säure f <chem> • aliphatic acid

aliphatisches Polyamin n <kst> • aliphatic polyamine

aliphatische Verbindung f <chem> • aliphatic compound

alitieren vt <metall> • alitize vt

alitierter Stahl m <mat> • alitized steel

Alizarinfarbstoff m <chem> • alizarin dyestuff; alizarin dye

Alizarin-Krapplack m <obfl> • alizarin rose madder; alizarin lake

Alizarinprobe f <chem.verf> (Milchuntersuchung) • alizarin test

Alkali n <chem> (pl: Alkalien) • alkali

alkaliarm <chem> • low-alkali; poor in alkali

Alkalibehandlung f <pap> (Prozessstufe) • alkali extraction stage; caustic extraction stage; alkali stage pract; caustic stage pract

alkalibeständig <qualit> • alkali-resistant; resistant to alkali; alkali-fast; fast to alkali

alkalibildend <chem> • alkaligenous

Alkalicellulose f <chem> • alkali cellulose

alkaliecht <qualit> • alkali-resistant; resistant to alkali; alkali-fast; fast to alkali

Alkalielement n <el> • caustic soda cell

alkaliempfindlich <qualit> • alkali-sensitive; sensitive to alkali

Alkaligehalt m <chem> • alkali content

alkalihaltig <chem> • alkali-containing

Alkaliimprägniermaschine f <pap> • alkali impregnating machine

Alkalikochung f <pap> • alkaline cook
Alkalilauge f • lye
alkalilöslich <chem> • alkali-soluble; soluble in alkali
Alkalimetall n <metall> • alkali metal
Alkalimetallpolymer[isat] n <kst> • alkali metal polymer
Alkalimetrie f <chem.verf> • alkalimetry
Alkaliregenerat n <chem.verf> • alkali reclaim
Alkalisalz n <chem> • alkali salt
alkalisch <chem> • alkaline; basic
alkalisch aufgeschlossener Zellstoff m <pap> • alkali pulp; alkaline-cooked pulp
alkalische Batterie f <el> • alkaline battery; alkaline cell
alkalische Brennstoffzelle f (A-BZ) <el> • alkaline fuel cell (AFC)
alkalische Entfettung f <obfl> • alkaline degreasing
alkalische Laugung f <chem.verf> • alcaline leaching
alkalische Phosphatase f <chem> • alcaline phosphatase
alkalischer Aufschluss m <pap> • alkaline pulping
alkalische Reaktion f <chem.verf> • alkaline reaction
alkalischer Wasserkreislauf m <chem.verf> • alkaline water loop
alkalische Wäsche f <pap> • caustic extraction
alkalische Zelle f <el> • alkaline cell
alkalisch machen vt <chem> • alkalize vt; alkalinize vt; alkalify vt; make alkaline vt
alkalisieren vt <chem> • alkalize vt; alkalinize vt; alkalify vt; make alkaline vt
Alkalisierungsgrad m <chem> • alkalinity
Alkalisierungsturm m <verf> (z. B. Papierherst.) • alkaline extraction tower; caustic tower
Alkalität f <chem> • alkalinity
Alkaliveredlungslauge f <pap> • alkali refining liquor
Alkaliverfahren n <chem.verf> • alkali process
Alkaliverhältnis n <pap> • alkali ratio; chemical-to-wood ratio
Alkaliwäsche f <pap> • caustic wash
Alkalizusatz m <pap> • alkali make-up
Alkaloid n <chem> • alkaloid
Alkaloidvergiftung f <med> • alkaloid poisoning
Alkan n norm <chem> (allg.; gesättigter aliphatischer Kohlenwasserstoff; z. B. Methan, Ethan) • alkane; paraffin coll; paraffin hydrocarbon rare; saturated hydrocarbon rare
Alkanreihe f <chem> • alkane family; paraffine series
Alken n <chem> • alkene; olefin coll; olefin hydrocarbon
Alkenreihe f <chem> • alkene series; alkene family; olefin series
Alkin n <chem.petr> • alkyne; acetylenic hydrocarbon; unsaturated aliphatic hydrocarbon
Alkohol m <chem> • alcohol
Alkohol am Steuer <verk> • drinking and driving
Alkoholat n <chem> • alcoholate; alkoxide
Alkoholbildungsvermögen n <nahr> (Wein) • alcohol forming power
Alkoholdehydrogenase f <chem.verf> • alcohol dehydrogenase
Alkoholentwöhnungsmittel n <pharm> • alcohol deterrent
Alkoholfeuchtwerk n <druck> • alcohol dampening system
alkoholfrei <nahr> (z. B. Getränk) • non-alcoholic; alcohol-free
Alkoholgehalt m <chem> • alcohol content; alcohol concentration; alcoholic content rare
Alkoholgeschmack m <nahr> (Weinfehler) • burning taste
alkoholhaltig <nahr> (z. B. Getränk) • alcoholic
alkoholischer Auszug m <chem> • alcoholic extract

alkoholisieren vt <chem> • alcoholize vt
alkohollöslich <chem> • alcohol-soluble; soluble in alcohol
Alkoholometrie f <chem.verf> • alcoholometry
Alkoholprobe f <msr> (allg.) • alcohol test
Alkoholprobe f <nahr> (Milchuntersuchung) • alcohol coagulation test
Alkohol-Retuschierfirnis m <kunst> • alcoholic retouching varnish
Alkoholsensor m <kfz.msr> • alcohol sensor
Alkoholtest m <verk.chem> • breathalyzer test; breath test coll
Alkoholtester m <verk.chem> (zum Pusten) • breathalyzer
Alkoholthermometer n <msr> • alcohol thermometer
Alkoholzusatz m <nahr> (Wein) • fortification
Alko-Test m ugs.press <verk.chem> • breathalyzer test; breath test coll
Alkydharz n <chem> • alkyd; alkyd resin
Alkydharzanstrichstoff m <obfl> • alkyd paint
Alkydharzeinbrennlack m <obfl> • alkyd stoving enamel
Alkydharzlack m <obfl> • alkyd enamel
Alkyl n <chem> • alkyl
alkylieren vt <chem.verf> • alkylate vt
Alkylierung f <chem.verf> • alkylation
Alkylphenolharz n <chem> • alkylphenol resin
All nsg <astron> • space; cosmos; universe
Alldrehzahlregler m <kfz.mot> • variable-speed governor
alle Extras <kfz> (Gebrauchtwagen mit Sonderausstattungsmerkmalen) • all refinements; fully equipped
Alleinerfinder m <jur> • sole inventor
Alleinfuttermittel n <agri> • complete feed
alleinige Lizenz f <jur> (Patentrecht) • exclusive license; sole license
Alleinlizenz f <jur> (Patentrecht) • exclusive license; sole license
Alleinstellungsmerkmal n <werb> • unique selling proposition (USP)
Alleinverwertung f <jur> • exclusive right of exploitation
Allen-Kegel m <verf> (Klassierapparat) • Allen cone classifier
Allergen n <bio> • allergen
Allesförderer m <agri> (Gebläseförderer; z. B. für Häcksel, Heu) • universal blower
Allesförderer m <förd> (allg.) • general-purpose elevator
Alleskleber m <füg> (z. B. UHU) • general-purpose adhesive; all-purpose adhesive; universal adhesive rare
Alles-rot-Phase f <verk> (Lichtsignalsteuerung) • all-red period
allfarbenempfindlich <opt> (z. B. Film) • panchromatic
Allgebrauchslampe f <licht> • general-service lamp
allgemeine gegenseitige Vernichtung f rar <mil> (Doktrin; Abschreckungsprinzip durch gesicherte Zweitschlagkapazität) • mutually assured destruction (MAD)
allgemeine Geologie f <geo> • general geology
allgemeiner Datentyp m <edv> • generic data type
allgemeine Relativitätstheorie f <phys> • general theory of relativity
allgemeiner Klassenbauplan m <nav> • general class plan
allgemeiner Sweep-Körper m <edv> (CAD) • swept solid
allgemeiner Zug m RHV <edv> • string; polyline AUTODESK; polygon curve RHV
allgemeines Fernsprechwählnetz n <tele> • general switched telephone network
allgemeines Internet-Dateisystem n <edv> (CIFS) • common internet file system (CIFS)
allgemeine Strapazierfähigkeit f <textil.qualit> • overall wearability

allgemeine Sweep-Fläche f <edv> (CAD) • swept surface

allgemeine Systemnachricht f <edv> • system common message

Allgemeinstelle f <werb> (Werbeplatz; Litfasssäule, Plakatwand) • poster space used by several advertisers

Allgemeintoleranzen fpl DIN ISO 2768 <tech.allg> • general tolerances

Allglasflachgehäuse n <pack> • all-glass flat pack

Alligatorrohr- und -schraubenzange f <wz> • alligator pipe and nut wrench

Alligatorschere f <wz> • alligator shear

All-in-one-Kamera f <phot> (SLR mit fest eingebautem Zoomobjektiv) • all-in-one camera; bridge camera

All-In-View-Empfänger m prakt <navig> • GPS all-in-view receiver; all-in-view receiver pract

Allklauengetriebe n ZF <kfz.antr> • constant mesh transmission US; constant-mesh gearbox GB

All-Lagen-Kreiselgerät n <navig> • all-attitude gyro

allmählich abfallen vi <tech.allg> (Werte; z. B. Druck, Temperatur) • fall off gradually vi

allmählich abfallen vi <geo> (z. B. Gelände) • shelve vi

allmählich abnehmen vi <allg> • decrease gradually vi

allmählich abnehmen vi <tech.allg> (Dicke, Durchmesser; keil- oder kegelförmig) • taper off vi

Allmetall-Sensor m <msr> • sensor for all metals

allochthon <geo> • allochthonous

allogene Gefäßprothese f <med.tech> • allogenic vascular graft; vascular allograft; vascular homograft

allogene Herzklappe f <med.tech> (Herzklappenersatz) • allograft valve [substitute]; homograft valve [replacement]; allograft cardiac valve; tissue valve; cadaveric valve pract

allogene Prothese f <med.tech> • allograft; allogenic graft; homograft

allogener Gefäßersatz m <med.tech> • allogenic vascular graft; vascular allograft; vascular homograft; homologous vascular replacement rare

allogenes Transplantat n <med> • allograft; allogenic graft; homograft

Allonge f <druck> (angeklebtes Blatt) • fly-leaf

alloplastische Gefäßprothese f <med.tech> • synthetic vascular graft; synthetic vascular prosthesis

alloplastischer Gefäßersatz m <med.tech> (Gefäßprothese, Patch) • synthetic vascular graft; synthetic vessel substitute; synthetic vascular replacement; alloplastic vascular replacement rare

alloplastischer Patch m <med.tech> • synthetic patch graft

allotrop <chem> • allotropic

allotrope Modifikation f <chem> • allotrope; allotropic form

Allotropie f <chem> • allotropy; allotropism rare

Allpass m prakt <av> • all-pass filter (APF)

Allpassfilter n (APF) <av> • all-pass filter (APF)

Allpassnetzwerk n <el> • all-pass network

Allpassschaltung f <el> • all-pass circuit

Allradantrieb m <kfz.antr> (typ.; vier Räder) • four wheel drive (4wd); 4x4 drive; 4-by-4 drive

Allradantrieb m <kfz.antr> (allg.; jede Anzahl von Rädern) • all-wheel drive (awd)

Allradantrieb automatisch zuschalten vt <kfz> • switch automatically to all-wheel drive vt

Allradantrieb für die Straße m <kfz.antr> • road-going four wheel drive; road-going all-wheel drive

Allradantrieb manuell zuschalten vt <kfz> • select all-wheel drive manually vt; engage all-wheel drive vt

Allradantrieb mit Visko-Zentraldifferential m <kfz.antr> • four-wheel drive with viscous center differential

Allradbremse f <brems> (allg.) • all-wheel brake

Allradbremse f <brems> (auf vier Räder wirkend) • four-wheel brake

Allradfahrzeug n <kfz> (vierrädrig) • four wheel drive vehicle; four wheeler; 4wd vehicle; 4x4 vehicle; 4-by-4 [vehicle]

Allradfahrzeug n <kfz> (allg.; jede Radanzahl) • all-wheel drive vehicle; awd vehicle

Allradlenkung f <kfz> • all-wheel steering

Allradlenkung f <nfz> (z. B. von mehrachsigen Schwerlast-Lkw) • co-ordinated steer

Allradler m ugs <kfz> (allg.; jede Radanzahl) • all-wheel drive vehicle; awd vehicle

Allradschlepper m <nfz.agri> • all-wheel drive tractor; four-wheel drive tractor; 4x4 tractor

Allradstromabnehmer m <bahn> (Modellbahn) • all-wheel pickup

Allradtraktor m <nfz.agri> • all-wheel drive tractor; four-wheel drive tractor; 4x4 tractor

Allrichtungsempfang m <tele> • omnidirectional reception

Allrichtungsfunkfeuer n <navig> • omnidirectional radio beacon; omnirange radio beacon

Allroundreifen m <kfz> • all-terrain tire; town and country tire; all-surface tire

allseitig ausgedehnte Masse f <phys> • finite mass

allseitig bearbeiten vt <prod> • machine all over vt

allseitig vorgerichtetes Erz n <min> • positive ore

Allstrom m <el> • universal current (UC)

Allstrom-Betrieb m <el> • UC operation

Allstromempfänger m <el> • AC/DC receiver; all-mains receiver

Alltagstauglichkeit f <tech.allg> (von Produkten; z. B. eines Autos) • everyday practicality; suitability for day-to-day use; adaptability to everyday use; suitability for everyday purposes

All-Terrain-Bike n (ATB) <fz> (Fahrrad) • all-terrain bike (ATB)

Allterrainkran m <nfz> • all-terrain crane; all terrain crane

Allwellenempfänger m <av> • multirange receiver; all-wave receiver

Allwellenempfang m <tele> (Abdeckung aller Frequenzbereiche; Funk, Radio) • general radio coverage

Allwetterabfangjäger m <mil> • all-weather interceptor

Allwetter-Anzug f <bekl> (z. B. Arbeitsanzug, Motorradkombi) • all-weather suit

Allwetter-Hose f <bekl> • all season pants

Allwetter-Jacke f <bekl> • all season jacket

Allwetterkampfflugzeug n <mil> • all-weather fighter

Allwetterreifen m <prod> • all-season tire US; all-weather tire US; all-weather tyre GB

Allylharz n <kst> • allyl resin

Allylharzkunststoff m <kst> • allyl plastic

Allylumlagerung f <chem> • allyl rearrangement

Allzweckauto n ugs <kfz> • general purpose vehicle (GPV); allrounder coll

Allzweckdrehmaschine f <wz.masch> • all-purpose lathe

Allzweckgehäuse n <el> • utility cabinet

Allzweckkleber m <füg> (z. B. UHU) • general-purpose adhesive; all-purpose adhesive; universal adhesive rare

Allzweckkörper m <agri> (Scharfpflug) • general-purpose body

Allzweckpumpe f <förd> • general purpose pump; general duty pump; general service pump; all-purpose pump

Allzweckregister n <edv> • general-purpose register

Allzwecktragrahmen m <agri> • multipurpose implement frame

Allzwecktraktor m <nfz> • general-purpose tractor

Almanachdaten *npl* <navig> • almanac data
Al-Mantel *m* <el> • aluminum sheath
AlNiCo-Dauermagnet *m* <el> • alnico permanent magnet
Aloehanf *m* <textil> • aloe hemp
Alpakawolle *f* <textil> • alpaca wool; alpaca
Alpenraste *f ZF* <kfz.antr> *(Getriebe)* • detent ridge :V
Alpha-2-Lipoprotein *n* <med> *(das Makromolekül)* • very-low-density lipoprotein; prebeta-lipoprotein
Alpha-Aktivität *f* <nukl> • alpha activity
Alphaaktivität *f* <nukl> • alpha radioactivity
alpha-Anomalie *f wiss* <chem> *(Zustandsänderung viskos-elastisch in spröd-glasartig)* • second-order transition
Alpha-Bandführung *f DIN* <av> *(Videoband)* • alpha wrap; alpha tape guidance; a-wrap
alphabetischer Kode *m* <edv> • alphabetic code
alphabetischer Schlüssel *m* <edv> • alphabetic code
alphabetisches Zeichen *n* <tech.allg> • alphabetic character; letter *coll*
alphabetische Tabelliermaschine *f* <edv> • alphabetical accounting machine
Alphabetlocher *m* <edv> • alphabetic punch
Alphabetmischeinrichtung *f* <edv> • alphabetical collating device
Alpha-Blending *n* <edv> • alpha blending
Alphabronze *f* <mat> • alpha bronze
Alphacellulose *f* <pap> • alpha cellulose
Alpha-Channel *m* <edv> • alpha channel
Alpha-Daten *npl* <edv> • alpha data *pl*; transparency data *pl*
Alphadaten *pl* <edv> • alpha value; alpha data *pl*
Alphadetektor *m* <nukl.msr> • alpha detector; alpha-particle detector
Alphadial *n* <edv.av> • jogger wheel; alphadial
Alphaeisen *n* <metall> • alpha iron
Alphaeisenmischkristalle *mpl* <metall> • alpha-iron solid solution
Alphafaser *f* <textil> • alpha fiber *US*; alpha fibre *GB*
Alphagrenzfrequenz *f* <el> • alpha cut-off frequency
Alpha-Interferon *n* <bio.chem> • interferon-alpha
Alphakammer *f* <nukl> • alpha chamber; alpha ionization chamber
Alpha-Kanal *m* <edv> • alpha channel
Alpha-Maskierung *f* <edv> • alpha masking
Alphamessing *n* <mat> • alpha brass
alphanumerisch <edv> • alphanumeric (A/N); alphameric *rare*
alphanumerische Anzeige *f* <msr> • alphanumeric display
alphanumerische Darstellung *f* <msr> • alphanumeric representation
alphanumerische Kodierung *f* <edv> • alphanumeric coding
alphanumerischer Ausdruck *m* <math> • alphanumeric expression
alphanumerischer Code *m* <autom> • alphanumerical code
alphanumerisches Tastenfeld *n* <tech.allg> • alphanumeric keypad
alphanumerisches Zeichen *n* <tech.allg> • alphanumeric character
alphanumerische Taste *f* <edv> *(Tastatur)* • alphanumeric key
Alphaphase *f* <tech.allg> • alpha phase
Alphaspektrometer *n* <nukl.msr> • alpha spectrometer; alpha-particle spectrometer
Alphaspektrum *n* <nukl> • alpha-particle spectrum; alpha spectrum
Alpha-Stanzung *f* <edv> • alpha masking
Alphastrahl *m* <nukl> • alpha ray

Alphastrahlenquelle *f* <nukl> • alpha radiator; alpha emitter; alpha source; alpha-particle source; alpha-ray source
Alphastrahler *m* <nukl> • alpha radiator; alpha emitter; alpha source; alpha-particle source; alpha-ray source
Alphastrahlung *f* <nukl> • alpha radiation; alpha emission *rare*
Alphateilchen *n* <nukl> • alpha particle
Alphateilchenenergie *f* <nukl> • alpha-particle energy; energy of alpha-particles
Alphateilchenheizung *f* <nukl> • alpha heating; alpha-particle heating
Alphateilchenquelle *f* <nukl> • alpha radiator; alpha emitter; alpha source; alpha-particle source; alpha-ray source
Alphatron *n* <nukl> • alphatron
Alpha-Umschlingung *f* <av> *(Videoband)* • alpha wrap; alpha tape guidance; a-wrap
Alphawert *m* <edv> • alpha value; alpha data *pl*
Alphazähler *m* <nukl> • alpha counter; alpha-particle counter
Alphazählrohr *n* <nukl> • alpha counter tube
Alphazeichen *n* <edv> • non-numeric character
Alphazerfallsenergie *f* <nukl> • alpha disintegration energy
Al-Schaum *m* <mat> *(z. B. in Sandwichstrukturen)* • aluminum foam *US*; aluminium foam *GB*; alloy foam *pract*
als Fang einbinden *vt* <textil> • tuck *vt*
als Funktion von x auftragen *vt* <doku> • plot versus x *vt*; plot against x *vt*
Altablagerung *f* <ents> • abandoned waste disposal site *BMFT*
Altanlage *f* <tech.allg> *(Werk, Fabrik; betont: überholte Technik)* • old plant
Altanlage *f* <tech.allg> *(bereits bestehend, i. Ggs. zum Neubau)* • existing plant
Altarm *m* <geo.hydr> • bayou
Altauto *n* <kfz.ents> • junk car
Altazimutmontierung *f* <tele> • altazimuth mounting
Altblei *n* <ents> • lead scrap *[led]*; scrap lead *[led]*
alte Ausführung *f* <tech.allg> • early type
Alteisen *n* <ents> *(allg.)* • scrap iron; iron scrap
Alteisen *n ugs* <ents> • ferrous scrap; iron scrap; scrap iron
alte Masche *f* <textil> • old loop
Alter *n* <allg> • age
Alter des Tropfens *n* <el.chem> • drop age
Alter Mann *m* <min> • goaf; gob
altern *vi* <holz> • season *vi*
altern *vi* <qualit> *(reifen; besser werden; z. B. Wein)* • mature *vi*
altern *vi* <qualit> *(schlechter werden; z. B. Material)* • deteriorate *vi*
altern *vi* <qualit> *(allg.)* • age *vi*
altern *vt* <metall> *(Leichtmetall)* • age-harden *vt*
Alternativanweisung *f* <edv> • alternative statement
Alternativbedieneinheit *f* <msr> • alternate console
alternativer Antrieb *m* <kfz> • alternative drive
alternativer Kraftstoff *m* <kfz> *(als Ersatz für Benzin und Diesel)* • alternative fuel; alternate fuel
Alternativ-Frequenz *f* (AF) <tele> *(Sender; z. B. Autoradio, Funkgerät)* • alternative frequency (AF)
Alternativkraftstoff *m* <kfz> *(als Ersatz für Benzin und Diesel)* • alternative fuel; alternate fuel
Alternator *m* *ISAD* <kfz.el> *(Drehstromgenerator und Startermotor integriert)* • alternator
alternierender Gradient *m* <tech.allg> • alternating gradient
alternierender Zeilenversatz *m* <av> • alternating line displacement

Alter-Null-Hauptreihe f <astron> *(Diagramm von Stern-altersklassen)* • zero-age main sequence

Altersbestimmung f <phys> *(von Gegenständen)* • age determination; dating *pract*

Altersbestimmung nach der C-14-Methode f <geo> • carbon-14 dating; radiocarbon dating; radiocarbon dating method

Altersbestimmung nach der Rubidium-Strontium-Methode f <phys> • rubidium-strontium method of dating

alter Schlamm m <agri.tech> • digested sludge; digested slurry; effluent

Altersfirne f <nahr> *(Wein)* • oxidized; maderized

Altersgeschmack m <nahr> *(Wein)* • rancio taste

Altersgleichung f <nukl> • age equation

Altersklasse f <holz> • age class

Altersklassenstruktur f <holz> • age class structure; age class distribution

Altersklassenverhältnis n <holz> • age class structure; age class distribution

Altersklassenwald m <holz> • even-aged forest

Alterspatina f <obfl.holz> • patina of age

alterssichtig <med> • presbyopic

Alterssichtigkeit f <med> • presbyopia

Altersspuren fpl <obfl.holz> • age marks; signs of age

Alterstheorie f <phys> • age theory

Alterung f <holz> • seasoning

Alterung f <qualit> *(bei Alu; erwünschter Effekt)* • age-hardening

Alterung f DIN 50035 <qualit.mat> *(allg.; erwünscht oder unerwünscht; z. B. v. Kunststoff, Stahl, Wein, Öl)* • aging *US*; ageing *GB*

Alterung durch Lichteinwirkung f <mat> • light aging

Alterung im Wärmeschrank f <metall> • air oven aging; oven aging

Alterungsausfall m <qualit> *(von Verschleißteilen; z. B. Drahtseil, Elektronik, Keilriemen)* • wear-out failure

alterungsbeständig <qualit.mat> • resistant to aging; resistant to ageing; non-aging; non-ageing; stable

Alterungsbeständigkeit f <tech.allg> *(z. B. von Werk-, Anstrich-, Schmierstoffen)* • aging stability; aging characteristics

alterungsempfindlich <qualit.mat> • susceptible to aging

alterungsfähig <metall> *(Stahl)* • age-hardenable

Alterungsprüfung f <qualit.mat> • aging test; ageing test

Alterungsriss m <qualit.mat> • aging crack

Alterungsschutzmittel n <mat> *(allg.)* • antiaging agent; antiageing agent

Alterungsstabilität f <tech.allg> *(z. B. von Werk-, Anstrich-, Schmierstoffen)* • aging stability; aging characteristics

alterungsunempfindlich <mat> • insusceptible to aging

Alterungsverhalten n <tech.allg> *(z. B. von Werk-, Anstrich-, Schmierstoffen)* • aging stability; aging characteristics

Alterungsversuch m <qualit.mat> • aging test; ageing test

Alterungsvorbehandlung f <mat> • preaging

alter Wein m <nahr> • aged wine; old wine

altes Bad n <textil> • standing bath

altes Papier n ugs <pap.ents> *(Makulatur, Papier nach Gebrauch; z. B. im Papiermüll)* • waste paper; postconsumer waste paper *form*; old paper *coll*

Altfahrzeug n <kfz.ents> • junk car

Altfahrzeugverwerter m <kfz.ents> • vehicle recycling operator

Altfensterverwertung f <ents> • old window recycling

Altgas n <verbr> *(nach Verbrennung)* • spent gas; exhaust gas

Altgerbervache n <led> • unbleached barktanned leather

Altglas nsg <ents.silik> • waste glass

Altglascontainer m <ents> • bottle bank; waste glass container

Altglasrecycling nsg <ents.silik> • waste glass recycling

Altglasverwertung fsg <ents.silik> • waste glass recycling

Altgrad m DIN 1301 <phys> *(Winkelmaß; rechter Winkel: 90 Altgrad)* • degree

Altgradskale f <msr> • sexagesimal scale

Alt GrTaste f <edv> *(rechts)* • Alt Gr key; Alternate Gr key did

Altgummi m <ents> • scrap rubber; rubber waste; rubber scrap

Altholz n <holz> • mature wood

Altkatalysator m <ents> • used catalyst

Alt-Kfz n <kfz.ents> • junk car

Altkunststoff m did <kst> *(von Kunststoffteilen)* • regrind

Altlack m <obfl> • old paint

Altlast f <ents> *(Altablagerungen)* • abandoned hazardous waste site *US*; inactive hazardous waste site *US*

Altlast f <ents> *(Altablagerungen und Altstandorte)* • abandoned hazardous site *BMFT*

Altlasten fpl <allg> *(historische Belastung; metaphorisch)* • historical burdens

Altlasten fpl <ökol> *(potentiell oder tatsächlich kontaminierte Orte)* • abandoned hazardous sites; problem sites; polluted areas

Altlastensanierung f <ents> • hazardous waste cleanup; hazardous waste remediation; problem site cleanup

Altlast für die kein Verursacher vorliegt f <ents> • orphan site

Altlast für die kein Zustandsstörer vorliegt f <ents> • orphan site

altlastverdächtige Fläche f <ents> • possible hazardous site; suspect site; proposed site *Superfund*

Altmaterial n <ents> *(allg. gebraucht, benutzt)* • used material

Altmaterial n <ents> *(der Wiederverwertung zugeführt)* • secondary material; secondary raw material; reclaimed material; recovered material; salvaged material

Altmetall n <ents> • scrap metal; metal scrap

Altmungo m <textil> • mungo from old rags

Altöl n <tribo.ents> • used oil; waste oil

Altölaufbereitung f <ents> • oil reclamation

Altölbeseitigung f <tribo.ents> • used oil disposal

Altölverwertung f <ents> • recycling of used oil

Altpapier n DIN EN 643 <pap.ents> *(Makulatur, Papier nach Gebrauch; z. B. im Papiermüll)* • waste paper; postconsumer waste paper *form*; old paper *coll*

Altpapier n <pap.prod> *(betont: gesammelt zur Wiederverwertung, Grundstoff)* • recovered paper

Altpapierabfall m <pap.ents> • waste paper reject

Altpapieranteil m <pap.ents> *(in Recyclingpapier; variiert von Land zu Land)* • waste fiber content; waste paper content

Altpapieraufbereitung f <pap.prod> • waste-paper recovery; waste paper processing; waste paper stock preparation

Altpapieraufbereitungsanlage f <pap.prod> • waste paper preparation system; waste paper preparation plant

Altpapieraufbereitungssystem n <pap.prod> • waste paper preparation system; waste paper preparation plant

Altpapieraufkommen n <ents.pap> • amount of waste paper

Altpapierbündel n <pap.ents> • waste paper bundle

Altpapiercontainer m <pap.ents> • waste paper container

Altpapiereinsatzquote f <pap.ents> • waste paper utilization ratio; waste paper utilization rate

Altpapiereintrag *m* <pap.prod> • input of recycled fibers
Altpapiererfassung *f* <pap.ents> • waste paper reclamation
Altpapiergehalt *m* <pap.ents> *(in Recyclingpapier; variiert von Land zu Land)* • waste fiber content; waste paper content
Altpapierhändler *m* <ents> • waste paper merchant; paper stock dealer; waste paper dealer
altpapierhaltiges Papier *n* <pap> • paper containing recycled fibers
Altpapierhandel *m* <ents.pap> • waste paper trade
Altpapierindustrie *f* <pap.ents> • waste paper industry
Altpapiermarkt *m* <pap.ents> • waste paper market
Altpapiermenge *f* <ents.pap> • amount of waste paper
Altpapierpreis *m* <pap.ents> • waste paper price; recovered paper price
Altpapierpresse *f* <pap.ents> • waste-paper compressing press
Altpapierqualität *f* <pap.ents> • waste paper quality; quality of waste paper
Altpapierrecycling *n* <pap.ents> • waste paper recovery; waste paper recycling
Altpapier-Rücklaufquote *f* <pap.ents> • waste paper recycling ratio
Altpapiersammlung *f* <ents.pap> • waste paper collection
Altpapiersorte *f* <pap> • waste paper grade
Altpapiersortierung *f* <pap.ents> • waste paper sorting
Altpapierstoff *m* <pap.ents> • waste paper stock
Altpapierstoffsuspension *f* <pap.ents> • waste paper suspension
Altpapiersuspension *f* <pap.ents> • waste paper suspension
Altpapierverbrauch *m* <pap.prod> • waste paper consumption
Altpapierverwertung *f* <pap.ents> • waste paper recovery; waste paper recycling
Altreifen *m* <fz.ents> *(bereits ausgemustert)* • discarded tire; worn-out tire; worn tire *pract*; used tire *coll*; scrap tire *rare*
Altsand *m* <metall.ents> *(aus Gießerei)* • used foundry sand
Altsand *m* <prod.ents> *(allg.)* • used sand
Altsandaufbereitung *f* <metall> *(Gießerei)* • sand reclamation; sand recovery
Altsekunde *f* <msr> *(SI-fremde Einheit des ebenen Winkels)* • second
Altstandort *m* <ökol> • abandoned industrial site *BMFT*
Altstoff *m* <ents> *(der Wiederverwertung zugeführt)* • secondary material; secondary raw material; reclaimed material; recovered material; salvaged material
Altstoffgewinnung *f* <ents> • salvage; recovery; recuperation; reclamation
Altstoffindustrie *f* <ents> • reclamation industry
Alt-Taste *f* <edv> *(links)* • Alt-key; Alternate key *did*
Alttoner *n* <druck> *(betont: geklumpt, nicht mehr aktivierbar)* • caked toner
Alttoner *n* <druck> *(allg.; Laserdrucker, Kopierer)* • waste toner
Alttonersammelbehälter *m* <ents.pack> *(Kopiergerät)* • waste-toner bottle
Altwasser *n DIN 4047-3* <geo.hydr> • bayou
Altwolle *f* <ents> • reused wool
ALU <edv> *(Bestandteil der Zentraleinheit)* • arithmetic and logic unit (ALU); arithmetic logic unit; arithmetic logic section; arithmetic unit *pract*
Alu *n* ugs <chem> *(Element; betont: genau dieses Leichtmetall)* • aluminum (Al) *US*; aluminium *GB*
Alu *n* prakt.ugs <mat> *(betont: Alu oder ähnliches Leichtmetall)* • alloy

Alufelge *f* ugs <fz> • alloy wheel; mag *US.coll*
Alufelgen *fpl* ugs <kfz> • alloys *pl coll*; mags *pl US.coll*
Alufelgenreiniger *m* <kfz> • mag wheel cleaner
Alufibrat *n* <chem.pharm> *(Clofibratanalogon)* • aluminum clofibrate; alumumii clofibras
Alulegierung *f* prakt <metall> • aluminum alloy
Alumetieren *n* <obfl> • alumetizing
aluminatisches Material *n* <ents> • aluminia
Aluminatlauge *f* <verf> • aluminate liquor; aluminate solution
Aluminieren *n* <obfl> • aluminizing
Aluminii Clofibras *n* <chem.pharm> *(Clofibratanalogon)* • aluminum clofibrate; alumumii clofibras
aluminisiert <obfl> *(z. B. Auspuffrohre)* • aluminized
Aluminium *n* (Al) <chem> *(Element; betont: genau dieses Leichtmetall)* • aluminum (Al) *US*; aluminium *GB*
Aluminium *n* <mat> *(betont: Alu oder ähnliches Leichtmetall)* • alloy
Aluminiumarmierung *f* <tech.allg> • aluminum reinforcement
Aluminiumaussteifung *f* <tech.allg> • aluminum reinforcement
aluminiumbedampft <obfl> • aluminum-vacuum-coated
aluminiumbedampftes Papier *n* <pap> • aluminum-faced paper; aluminum-impregnated paper
aluminiumberuhigt <metall> • aluminum-killed
aluminiumberuhigter Stahl *m* <metall> • aluminum-killed steel
Aluminiumbildwand *f* <kino> *(für Kinofilme)* • silver screen
Aluminiumbildwand *f* <phot> *(zur Diaprojektion)* • aluminum screen
Aluminiumblech *n* <metall> • aluminum sheet; sheet aluminum
Aluminium-Bor-Silikat-Glas *n* <mat.silik> • aluminum-borosilicate-glass *US*
Aluminiumbronze *f* <mat> • aluninium bronze
Aluminiumbronze *f* <obfl> *(Anstrichstoff)* • aluminum paint; aluminum bronze *coll*
Aluminiumchinolat *n* <edv> *(für OLEDs)* • aluminum chelate *US*; aluminium chelate *GB*
Aluminiumclofibrat *n* <chem.pharm> *(Clofibratanalogon)* • aluminum clofibrate; alumumii clofibras
Aluminiumdrahtgitterantenne *f* <tele> • aluminum mesh aerial
Aluminiumdruckguss *m* <mat> • diecast aluminum *US*; die-cast aluminum *GB*
Aluminiumdruckguss *m* <metall> • aluminum die casting
Aluminiumfenster *n* <bau> • aluminum window
Aluminiumfolie *f* <mat> • aluminum foil
Aluminiumfolienkaschierpapier *n* <pap> • aluminum-foil backing paper
Aluminiumfolienkleber *m* <füg> • aluminum-foil adhesive
Aluminium-Gallium-Arsenid-Laser *m* <opt> • AlGaAs laser; Aluminum Gallium Arsenid laser
Aluminiumgehäuse *n* <tech.allg> • aluminum casing
Aluminiumgleichrichter *m* <el> • aluminum rectifier
Aluminiumguss *m* <metall> • cast aluminum
Aluminium-Gusslegierung *f* <mat> *(Gegensatz zur Knetlegierung)* • aluminium casting alloy
Aluminium-Gussrad *n* <fz> • cast alloy wheel; cast aluminum wheel *rare*
Aluminiumgussstück *n* <metall> • aluminum casting
Aluminiumgussteil *n* <metall> • aluminum casting
aluminiumhaltig <mat> • aluminous; aluminiferous
Aluminiumhydroxid *n* <med.chem> • aluminum hydroxide; aluminum hydrate
Aluminium-Karosserie *f* <kfz> • aluminum body; alloy body *pract*

Aluminiumknetlegierung f <mat> • aluminum wrought alloy

aluminiumlegiert <metall> • aluminum-alloyed

Aluminiumlegierung f DIN EN 12258 <metall> • aluminum alloy

Aluminiumlegierungsdruckguss m <metall> • aluminum alloy die casting

Aluminiumleiter m <el> • aluminum conductor

Aluminiumlot n <füg> • aluminum solder

Aluminium-Luft-Batterie f <kfz.el> • aluminum-air battery

Aluminiummantel m <el> • aluminum sheath

Aluminiummotor m <kfz.mot> • aluminum engine

aluminiumorganische Verbindung f <chem> • organoaluminum compound

Aluminiumoxid n <silik> (Al$_2$O$_3$; z. B. als keramisches IC-Substrat) • alumina; aluminum oxide US

Aluminiumoxidhydrat n <chem> • hydrous aluminum oxide

Aluminiumoxid-Kügelchen npl <chem> (z. B. in Schüttgutkatalysatoren) • alumina beads pl

Aluminiumoxidschneide f <wz> • aluminum-oxide tool tip

Aluminiumphosphat n <chem> • aluminum phosphate

Aluminiumplatte f <druck> (Druckplatte) • aluminum plate

Aluminiumplatte f <el.ic.prod> (von IC) • aluminum substrate

aluminiumplattiert <obfl> • aluminum-cladded US; alclad pract

Aluminiumplattierung f <obfl> (Vorgang und Ergebnis) • aluminum cladding

Aluminiumprofil n <tech.allg> • aluminum profile; aluminum section

Aluminiumraffination f <metall> • aluminum refining

Aluminiumraffinationselektrolyse nach Hoopes <metall> • Hoopes process; Hoopes electrolytic-refining process

Aluminium-Schaum m <mat> (z. B. in Sandwichstrukturen) • aluminum foam US; aluminium foam GB; alloy foam pract

Aluminiumschaum-Sandwich n (ASS) <kfz> • aluminum foam sandwich (AFS)

Aluminiumscheibe f <el.ic.prod> (von IC) • aluminum substrate

Aluminiumschrott m <ents> • aluminum scrap; scrap aluminum

Aluminiumschweißen n <füg> • aluminum welding

Aluminium-Stahl-Kabel n <el> • steel-reinforced aluminum cable

Aluminium-Strangpressprofil n <masch> • extruded aluminum section

aluminiumstrukturierte Fahrzeug-Technologie f <kfz> • aluminum-structured vehicle technology (ASVT)

Aluminiumsubstrat n <el.ic.prod> (von IC) • aluminum substrate

Aluminium-Thixoformen n <prod> (Umformprozess) • thixoforming of aluminum

Aluminiumtoxizität f <ökol> (Bodenversauerung) • aluminum toxicity

Aluminiumträger m <el.ic.prod> (von IC) • aluminum substrate

Aluminiumtürzarge f <bau> • aluminum door frame

aluminiumüberzogen <obfl> • aluminum-coated

Aluminiumüberzug m <obfl> • aluminum coating

aluminiumummantelt <tech.allg> (umhüllt) • aluminum-sheathed

aluminiumverkleidetes Holzfenster n <bau> • aluminum-clad wood window; aluminum-clad window

Aluminiumverkleidung f <bau> (z. B. von Holzbauteilen) • aluminum cladding

Aluminiumverstärkung f <tech.allg> • aluminum reinforcement

Aluminiumversteifung f <tech.allg> • aluminum reinforcement

Aluminiumwalzwerk n <metall> • aluminum rolling mill

Aluminium-Wasserwaage f <wz> • aluminum level US; aluminium level GB

Aluminiumzarge f <bau> • aluminum door frame

Aluminothermie f <füg> • thermic process; aluminothermic process; Goldschmidt's process

Aluminothermie f <metall> • aluminothermics; Goldschmidt's process

aluminothermisch <metall> • aluminothermic

aluminothermisches Schweißen n <füg> (ein Gießschmelzschweißverfahren) • thermit welding (TW); aluminothermic welding obs

aluminothermisches Verfahren n <metall> • aluminothermic process

Aluminothermschweißen n rar <füg> (ein Gießschmelzschweißverfahren) • thermit welding (TW); aluminothermic welding obs

aluplattiert prakt <obfl> • aluminum-cladded US; alclad pract

Alurad n prakt <fz> • alloy wheel; mag US.coll

Alurad im Gitterspeichendesign n <kfz> • cross-spokes alloy wheel

Alu-Ratsche f <sport> (Snowboard-Bindung) • alloy ratchet

Alus fpl ugs <kfz> • alloys pl coll; mags pl US.coll

Aluschicht f ugs <obfl> • aluminum coating

Alusil n <mat> • Alusil

Alu-Zarge f ugs <bau> • aluminum door frame

alveoläre Ventilation f <med.tech> • alveolar ventilation

Am <chem> • americium (Am)

Amagat-Einheit f <phys> (Molvolumen von Gasen) • Amagat unit

Amalgam n <mat> • amalgam

Amalgamation f <metall> • amalgamation

amalgamieren vt <prod> • amalgamate vt

Amalgamierfass n <metall> • amalgamating barrel

Amalgamierpfanne f <metall> • amalgamating pan; amalgamation pan

Amalgamiertisch m <metall> • amalgamating table

Amalgamleuchtstofflampe f <licht> • amalgam fluorescent lamp

Amalgamverfahren n <chem.verf> (Elektrolyse) • mercury-cell process

Amalgamverfahren n <metall> • amalgamation process

Amalgamzelle f <chem.verf> (Elektrolyse) • mercury cell

Amalgamzersetzer m <ents> • amalgam decomposer; denuder

am Apparat bleiben vi <tele> • hold the line vi

A-Mast m <el> • A-pole; A-type pole

A-Mast m <petr> (Bohrtechnik) • double mast; A-tower

Amateuraufnahme f <phot> (fotografische Aufnahme) • picture taken by an amateur

Amateurfoto n ugs <phot> (fotografische Aufnahme) • picture taken by an amateur

Amateurfotografie f <phot> (fotografische Aufnahme) • picture taken by an amateur

Amateurfotografie fsg <phot> (Teilbereich der Fotografie) • amateur photography sg

Amateurfrequenzband n <tele> • amateur band

Amateurfunk m <tele> • CB radio

Amateurfunkband n <tele> • amateur radio band; amateur radio frequency band

Amateurfunkdienst m <tele> • amateur radio service

Amateurfunkempfänger m <tele> • amateur radio receiver

Amateurfunksender m <tele> • amateur radio transmitter

Amber m <bio> • ambergris; ambra grisea

Ambient-Color f prakt <edv> • ambient color portion; ambient color pract

ambiente Farbe f prakt <edv> • ambient color portion; ambient color pract

ambiente Reflexion f <edv> (z. B. bei Computergrafik) • ambient reflection; surface reflection of ambient light

ambienter Farbanteil m <edv> • ambient color portion; ambient color pract

ambientes Licht n prakt <edv> (CAD, Computergrafik) • ambient light; background light

Ambiophonie f <akust> • ambiophony

ambipolar <phys> • ambipolar

ambipolare Diffusion f <phys> • ambipolar diffusion

ambipolares Potential n <nukl> • ambipolar potential

Amboss m <tech.allg> • anvil

Amboss m <kfz.el> (Unterbrecherkontakt) • stationary contact; fixed contact pract; stationary arm

Amboss m <kfz.wz> (Handfaust mit länglichem Griff) • mushroom-shaped dolly

Amboss m <msr> (Bügelmessschraube) • fixed end

Ambossbahn f <wz> (ebene Oberseite) • anvil top face

Ambosselektrodenkontakt m <el> • buffer contact

Ambossgesenk n <wz> • anvil tool

Ambosskontakt m <kfz.el> (Unterbrecherkontakt) • stationary contact; fixed contact pract; stationary arm

Ambossrundhorn n <wz> • anvil beak

Ambossrundloch n <wz> • anvil pritchel hole

Ambossstock m <wz> • anvil block; anvil body; anvil stand

Ambossuntersatz m <wz> • anvil base

Ambossvierkantloch n <wz> • anvil hardie hole; square hardie hole

Ambra f <bio> • ambergris; ambra grisea

Ambra grisea <bio> • ambergris; ambra grisea

Ambu-Beutel m prakt <med.tech> • resuscitator (AMBU); Air-Mask-Bag-Unit

Ambulanz f <med> • out-patient department

AME <edv> (CAD) • Advanced Modeling Extension (AME)

am Einbauort betoniertes Element n <bau> • cast-in-place element; poured-in-place element

Ameisenbekämpfungsmittel n <chem> • ant poison

Ameisensäure f <chem> • formic acid

American National Standards Institute n (ANSI) <org> • American National Standards Institute (ANSI)

American Society for Testing and Materials f (ASTM) <org> • American Society for Testing and Materials (ASTM)

American Standard Code for Information Interchange m (ASCII) <edv> • American Standard Code for Information Interchange (ASCII)

Americium n (Am) <chem> • americium (Am)

amerikanische Darstellungsweise f did <doku> (Technisches Zeichnen; Seitenansicht von links steht links) • third-angle orthographic representation; third angle projection ISO 10209-2

amerikanischer Polizeihelm m <kfz.bekl> • police style helmet US

Amerikanisches Buttress-Gewinde n <masch> • American buttress (ABUTT); American National Standard buttress inch screw thread

Amerikanisches Gasgewinde n <rls> • national gas outlet thread (NGO)

Amerikanisches Gewinde für Mikroskopobjektive n <masch> • American Standard microscope objective thread (AMO) ANSI B1.11

Amerikanisches kegeliges Gasgewinde n <rls> • national gas taper thread (NGT)

Amerikanisches kegeliges Rohrgewinde n <rls> (allg.) • American Standard taper pipe thread (NPT) ANSI B1.20.1; ANPT

Amerikanisches kegeliges Rohrgewinde n <rls> • American Standard taper pipe thread for railing joints (NPTR) ANSI B1.20.1; railing joint taper pipe thread

Amerikanisches kegeliges Rohrgewinde n <rls.aerospace> • aeronautical national form taper pipe thread (ANPT)

Amerikanisches Nummerngewinde n <masch> • American number thread; number thread

Amerikanisches Rohrgewinde n <masch> • American Standard hose coupling thread ANSI B1.20.7; hose coupling thread

amerikanisches Verdeck n <kfz> (aus Segeltuch; für Roadster etc.) • American canvas top

Amerikanisches zylindrisches Gasgewinde n (NGS) <rls> • national gas straight thread (NGS)

Amerikanisches zylindrisches Rohrgewinde n <rls> • American Standard straight pipe thread in pipe couplings (NPSH) ANSI B2.4; American Standard straight hose coupling thread

Amerikanisches zylindrisches Rohrgewinde n ANSI B1.20.1 <rls> (mechan. Rohrgew.) • American Standard straight pipe thread (NPSM) ANSI B1.20.1; free-fitting fixture thread

Amerikanisches zylindrisches Rohrgewinde n <rls> • American Standard straight pipe thread for couplings (NPSC) ANSI B1.20.1; straight pipe thread for couplings

Amerikanisches zylindrisches Rohrgewinde n ANSI B1.20.3 <rls> • dryseal American Standard fuel internal straight pipe thread (NPSF) ANSI B1.20.3; dryseal internal straight pipe thread for fuel; American Standard fuel internal straight pipe thread, dryseal

Amerikanisches zylindrisches Rohrgewinde n <rls> (allg.) • American Standard straight pipe thread (NPS) ANSI B1.20.1; American parallel pipe thread

Amerizium n obs <chem> • americium (Am)

Ames m <edv> (Strichcodetyp; Variante von Codabar) • Ames

Ames-Spachtelgerät n <bau.masch> (zur maschinellen Verfügung im Trockenbau) • banjo taper US; Ames taping tool TM; automatic taping and compounding tool did; Bazooka TM US

Ames-Test m <hydr.qualit> (Trinkwasser) • Salmonella microsome test; Ames test

Amid n <chem> • amide

Amin n <chem> • amine

Aminbeschleuniger m <chem> • amino accelerator

Amingruppe f <chem> (allg.) • amino group

Amingruppe f <chem> (Rest) • amino residue

Aminhärter m <kst> • amine-curing agent

aminieren vt <chem> • aminate vt

Aminocarbonsäure f <chem> • amino acid

Aminoplast m <kst> • amino resin

Aminosäure f <chem> • amino acid

Aminotriazol n <chem.agri> • aminotriazole

Aminozucker m <chem> • amino sugar

Ami-Schlitten m ugs.derog <kfz> • sled coll.derog; canoe coll.derog; ark coll.derog

Amitrol n <chem.agri> • amitrole

Ammoniak m <chem> (NH$_3$; stechend riechendes, farbloses Gas; stark alkalisch) • ammonia

Ammoniakabtreiber m <verf> • ammonia still

Ammoniakabwasser n <ents> • ammonia waste liquor; spent ammonia liquor

ammoniakalisch <chem> • ammoniac *adj*; ammoniacal *adj*

Ammoniakbegasung *f* <agri> • ammonia fumigation

Ammoniakdampf *m* <chem> • ammonia fume; ammonia vapor

Ammoniakflasche *f* <verf> • ammonia cylinder

Ammoniakgas *n* <chem> • ammonia gas

ammoniakhaltig <chem> • ammoniac *adj*; ammoniacal *adj*

Ammoniakhydrogensulfat *n* <chem> • ammonium hydrogen sulfate

Ammoniakkältemaschine *f* <verf> • ammonia refrigerator; ammonia refrigerating machine

Ammoniak-Konzentration *f* <chem> • ammonia level

Ammoniaklösung *f* <chem> *(NH₄OH; in Wasser gelöstes Ammoniakgas)* • ammonia solution; ammonium hydroxide *thsc*; aqueous ammonia *did*; household ammonia; ammonia water *coll*

Ammoniakmoleküluhr *f* <phys> • ammonia clock; ammonia atomic clock

Ammoniakschlupf *m* <emiss> • ammonia slip; NH₃-leakage; NH₃-slip

Ammoniakseife *f* <chem> • ammonium soap

Ammoniak-Soda-Verfahren *n* <chem.verf> • ammonia soda process; Solvay's ammonia soda process

Ammoniaksyntheseofen *m* <verf> • ammonia converter

Ammoniakverflüssiger *m* <verf> • ammonia condenser

Ammoniakwäsche *f* <chem.verf> • ammonia scrubbing

Ammoniakwäscher *m* <verf> • ammonia scrubber; ammonia washer *rare*

Ammoniakwasser *n* <chem> *(roh)* • crude ammonia liquor

Ammoniakwasser *n prakt* <chem> *(NH₄OH; in Wasser gelöstes Ammoniakgas)* • ammonia solution; ammonium hydroxide *thsc*; aqueous ammonia *did*; household ammonia; ammonia water *coll*

Ammonifizierung *f* <agri> *(Boden)* • ammonification

Ammonisator *m* <verf> • ammoniator

Ammonisierapparat *m* <verf> • ammoniator

ammonisieren *vt* <verf> • ammoniate *vt*

Ammonisiergranulator *m* <verf> • ammoniator-granulator

Ammonisiertrommel *f* <verf> • ammoniation drum

Ammonium *n* <chem> • ammonium

Ammoniumbisulfitkochsäure *f* <pap> • ammonia-base sulfite acid; ammonia-base sulfite liquor

Ammonium bromatum *n wiss* <chem> • ammonium bromide; ammonium bromatum *thsc*

Ammoniumbromid *n* <chem> • ammonium bromide; ammonium bromatum *thsc*

Ammonium carbonicum *n wiss* <chem> *(z. B. für Riechsalz, Backpulver)* • ammonium carbonate; ammonium carbonicum *thsc*; hartshorn *obs.coll*

Ammoniumchlorid *n* <chem> • ammonium chloride; ammonium muriaticum *thsc*; sal ammoniac *obs*

Ammoniumdinitramid *n* (ADN) <spreng> • ammonium dinitramide (ADN)

Ammoniumhydrogensulfat *n* <chem> • ammonium hydrogen sulfate

Ammoniumhydroxid *n wiss* <chem> *(NH₄OH; in Wasser gelöstes Ammoniakgas)* • ammonia solution; ammonium hydroxide *thsc*; aqueous ammonia *did*; household ammonia; ammonia water *coll*

Ammoniumkarbonat *n* <chem> *(z. B. für Riechsalz, Backpulver)* • ammonium carbonate; ammonium carbonicum *thsc*; hartshorn *obs.coll*

Ammonium muriaticum *n wiss* <chem> • ammonium chloride; ammonium muriaticum *thsc*; sal ammoniac *obs*

Ammoniumnitrat *n* <chem> • ammonium nitrate

Ammoniumphosphat *n* <chem> • ammonium phosphate

Ammoniumseife *f* <chem> • ammonium soap

Ammoniumsulfat *n* <chem> *(z. B. für Dünger)* • ammonium sulfate

Ammonnitrit *n* <chem> • ammonium nitrite

Ammonsalpetersprengstoff *m* <spreng> • ammonium nitrate explosive; ammonia dynamite *pract*

Ammonsalz *n* <chem> • ammonia salt

Ammonsalzküpe *f* <textil> • ammonia vat

Ammonsulfat *n* <chem> *(z. B. für Dünger)* • ammonium sulfate

Ammonsulfit *n* <chem> • ammonium sulfite

A-Modulator *m* <el> • class-A modulator

AMO-Gewinde *n* <masch> • American Standard microscope objective thread (AMO) *ANSI B1.11*

amorph <mat> • amorphous

amorpher Halbleiter *m* <el> • amorphous semiconductor

amorpher Stoff *m* <mat> • amorphous substance

amorpher Zustand *m* <phys> • amorphous state; vitreous state

amorphe Schicht *f* <mat> *(z. B. beim Phasenwechselverfahren)* • amorphous layer

amorphes Metall *n* <mat> • amorphous metal

amorphes Silizium *n* (a-Si) <mat> *(mit ungeordneter Kristallstruktur; z. B. f. Wafer, Photozellen)* • amorphous silicon (a-Si); hydrogenated amorphous silicon *obs*

Amortisation *f* <ökon> • repayment

amortisieren *vr* <ökon> • pay back *v*; pay off *v*

Amp *m ugs* <mus> *(Verstärkeranlage mit integriertem Lautsprecher)* • amplifier; combo *coll*

Ampelanlage *f ugs* <verk> • traffic lights; traffic light; traffic signals

Ampere'sche Schwimmerregel *f* <el> • Ampere's rule

Ampere'sches Gesetz *n* <el> • Ampere's law; Ampere's circuital law

Ampere'sches Verkettungsgesetz *n* <el> • Ampere's law; Ampere's circuital law

Ampere *n* (A) <el> • ampere (A); amp *coll*

Amperemeter *n* <msr> • ampere meter; ammeter *pract*

amperesches Verkettungsgesetz *n* <el> • Ampere's law; Ampere's circuital law

Amperesekunde *f* <phys> *(Einheit der elektr. Ladung)* • coulomb; ampere-second

Amperestab *m* <el> • ampere conductor

Amperestunde *f* <el> • ampere-hour

Amperestundenzähler *m* <msr> • ampere-hour meter

Amperewaage *f* <el> • ampere balance; electrodynamic balance

Amperewindungszahl *f* <el> • number of ampere turns

Amperezahl *f ugs.rare* <el> *(in Ampere)* • amperage (I)

Amperometrie *f* <chem.el> • amperometric titration; amperometry

amperometrisch <el> • amperometric

Amphibienfahrzeug *n* <kfz> • amphibious vehicle

Amphibienflugzeug *n* <aerospace> • amphibious aircraft

Amphibienpanzer *m* <mil> • amphibious tank

amphibisch <tech.allg> • amphibious

Amphibol *m* <min> *(als Oberbegriff; u. a. Asbest, Hornblende)* • amphibole

Amphibol *m* <min> *(i.e.S.)* • hornblende

Amphibolasbest *m* <mat> • amphibole asbestos

amphiphatische Helix *f* <bio> • amphiphatic helix

Amphitheater *n* <theat> • amphitheater *US*; amphitheatre *GB*

Ampho-Ion *n rar* <chem> • zwitterion; dual ion; dipolar ion; amphoteric ion *rare*

Ampholyt *m* <chem> • ampholyte

amphoter <chem> • amphoteric

amphoterer Elektrolyt *m* <chem> • ampholyte

amphotere Substanz f <chem> • amphoteric substance
Amphoterie f <chem> • amphoterism
amphotropes Retrovirus n <bio> • amphotropic retrovirus
Ampicillin n <pharm> • ampicillin
Amplidyne f <el> • amplidyne
Ampligen n <bio> (Immunmodulator) • ampligen
Amplitude f DIN IEC 50 <phys> (Größtwert einer sinusförmigen Größe; maximaler Schwingungsausschlag) • amplitude DIN IEC 50
Amplitude der Rechteckspannung f <el.chem> • square-wave pulse amplitude
Amplitudenabgleich m <el> • amplitude calibration
amplitudenanaloges Sensorsystem n <msr> • analog sensor system
amplitudenanaloges Signal n rare <msr> • analog signal
Amplitudenanalysator m <msr> • amplitude analyzer US; pulse-height analyzer US; amplitude analyser GB
Amplitudenauflösung f <msr> • amplitude resolution
Amplitudenauslenkung f <phys> • amplitude excursion
Amplitudenbegrenzer m <phys> • amplitude limiter; peak limiter
amplitudenbegrenzt <tech.allg> • amplitude-limited
amplitudenbegrenzte Sprache f <tele> • peak-clipped speech
Amplitudenbegrenzungskreis m <el> • amplitude-limiting circuit; clipper circuit; clipping circuit
Amplitudendichteverteilungsfunktion f <math> • amplitude density distribution function
Amplitudendiskriminator m <el> • amplitude discriminator
Amplitudenfrequenzgang m <av> (als Eigenschaft) • amplitude-frequency response
Amplitudenfrequenzgang m <av> (grafische Darstellung) • amplitude-frequency response characteristic; amplitude-frequency plot; amplitude-frequency response
Amplitudenfrequenzkennlinie f <av> (grafische Darstellung) • amplitude-frequency response characteristic; amplitude-frequency plot; amplitude-frequency response
Amplitudenfrequenzkurve f <av> (grafische Darstellung) • amplitude-frequency response characteristic; amplitude-frequency plot; amplitude-frequency response
Amplitudengang m <av> (als Eigenschaft) • amplitude-frequency response
Amplitudengitter n <opt> • amplitude diffraction grating
Amplitudenhub m <phys> • amplitude swing
Amplitudenhüllkurve f <av> (Lautstärkeverlauf eines Klanges) • amplifier envelope; amplifier contour; amplifier EG; volume contour; volume EG
Amplitudeninstabilität f <phys> • amplitude instability
Amplitudenkennlinie f <el> • amplitude characteristic
Amplitudenmaßstab m <el> (z. B. Oszilloskop) • amplitude scale factor
Amplitudenmodulation f (AM) <el> (Prinzip) • amplitude modulation (AM)
Amplitudenmodulationsrauschen n <el> • amplitude modulation noise
Amplitudenmodulator m <el> • amplitude modulator
amplitudenmoduliert <el> • amplitude-modulated
amplitudenmodulierter Sender m <el> • amplitude-modulated transmitter
Amplitudenort m <msr> • amplitude locus
Amplitudenquantisierung f <el> • amplitude quantization
Amplitudenrand m <el> (allg.) • amplitude margin
Amplitudenrand m <el> (von Verstärkung) • gain margin
Amplitudenregelung f <msr> • amplitude control
Amplitudenresonanz f <el> • amplitude resonance

Amplitudenschnittfrequenz f <el> • gain cross-over frequency
Amplitudenschrifttonspur f <av> • variable-area sound track
Amplitudenschwankung f <phys> • amplitude fluctuation
Amplitudensieb n <av> • amplitude separator; amplitude discriminator
Amplitudensiebung f <av> • amplitude separation
Amplitudensteuerung f <msr> • amplitude control
Amplitudensymmetrie f <el> • amplitude balance
Amplitudenumtastung f <tele> (digitales Modulationsverfahren) • amplitude shift keying
Amplitudenverlauf m <av> (grafische Darstellung) • amplitude-frequency response characteristic; amplitude-frequency plot; amplitude-frequency response
Amplitudenverzerrung f <el> • amplitude distortion
Amplitudenvibrato n <av> • amplitude vibrato
Amplitudenwerte mpl <phys> • amplitude values
Amplitude von Spitze zu Spitze <edv.av> • peak-to-peak amplitude; peak amplitude; peak-to-peak
Ampulle f <med.tech> • ampule; ampul; ampoule
AMR <edv> • anisotropic magnetoresistance (AMR)
AMR-Kopf m <edv> • AMR head; anisotropic magnetoresistive head
AMR-Schreib-/Lesekopf m <edv> • AMR head; anisotropic magnetoresistive head
Amt n ugs <tele> (Signal für freie Telefonleitung nach außen) • exchange tone
amtsberechtigt <tele> (Telephonanschluss) • unrestricted
Amtsberechtigung f <tele> • exchange access
Amtsfreizeichen n <tele> (Signal für freie Telefonleitung nach außen) • exchange tone
Amtsgespräch n <tele> • external call; exchange line call obs
Amtsklinke f • exchange jack
Amtsleitung f <tele> • outside line; exchange line; direct exchange line; central office line; CO line
Amtssprache f <allg> • official language
Amtsverbindungsleitung f <tele> • interoffice trunk
Amtszeichen n <tele> (Signal für freie Telefonleitung nach außen) • exchange tone
AMV <med.tech> • assisted ventilation (AV); assisted mechanical ventilation
Amwindkurs m <nav> • close-hauled course
am Wind segeln <nav> • sail close-hauled
Amylacetat n <chem> • amyl acetate
Amylase f <chem> • amylolytic enzyme; amylase
Amylaseaktivität f <chem> • amylolytic activity
Amylasewirkung f <chem> • amylolytic action
Amylgruppe f <chem> (allg.) • amyl group
Amylgruppe f <chem> (Rest) • amyl residue
Amylose f wiss <nahr> (($C6H10O5$)$_n$) • starch
an ugs <el> (in Betrieb; el. Verbraucher, Geräte; z. B. Lampen, PCs, Maschinen) • switched on; turned on; on coll
AN f <logist> (allg.; z. B. von Ersatzteilen in Stückliste) • part number (PN)
Anabolismus m <bio> • anabolism; constructive metabolism
Anämie f <bio> (Absinken der Erythrozytenzahl) • anemia US; anaemia GB
anaerob <bio.chem> (ohne Sauerstoff) • anaerobic
anaerobe Bakterien fpl <agri> • anaerobic bacteria pl
anaerobe Bakterientätigkeit f <ents> • anaerobic bacterial activity
anaerobe Fermentation f <agri.tech> • anaerobic fermentation; anaerobic digestion
anaerobe Gärung f <agri.tech> • anaerobic fermentation; anaerobic digestion

anaerober Abbau m <ents> • anaerobic decomposition; anaerobic degradation

anaerober Methacrylat-Klebstoff m <füg> • anaerobic methacrylate adhesive

anaerobe Zersetzung f <ents> • anaerobic decomposition; anaerobic degradation

Anaerobier mpl <agri> • anaerobic bacteria pl

Anaerobiose f <bio> • anaerobiosis

Anästhesie- und Beatmungsgeräte npl DIN EN 13014 <med.tech> • anaesthetic and respiratory equipment DIN EN 13014

Anästhetikum n <med> • anaesthetic

Anätzen n <obfl> (zur Pittingbildung) • etch pitting

Anätzen n <obfl> (z. B. als Vorbehandlung von Oberflächen) • pre-etching

Anaglyphenauswertegerät n DIN 6170-1 <phot> • anaglyphic plotting instrument

Anaglyphendruck m <druck> • anaglyphic print

Analgetikum n <pharm> • analgesic

anallaktisch <opt> • anallactic

analog <tech.allg> • analog adj US; analogue adj GB

Analoganzeige f <msr> • analog display

Analogaufzeichnung f <msr> • analog record[ing]

Analogausgabe f <el> • analog output

Analogausgang m <el> • analog output

Analogdarstellung f <msr> • analog representation

analog/digital (A/D) <edv> • analog/digital (A/D)

Analog-Digital-Konverter m rar <edv> • analog-digital converter (ADC) US; digitizer US; analog-to-digital converter US; analogue-digital converter GB

Analog-Digital-Rechensystem n <edv> • analog-digital computing system

Analog-Digital-Umsetzer m (ADU) <edv> • analog-digital converter (ADC) US; digitizer US; analog-to-digital converter US; analogue-digital converter GB

Analog-Digital-Wandler m <edv> • analog-digital converter (ADC) US; digitizer US; analog-to-digital converter US; analogue-digital converter GB

Analog/Digital-Wandler mit Lupenfunktion m :V <msr> • zooming analog/digital converter

Analog-Digital-Wandlung f <edv> (z. B. bei Soundkarten) • analog-to-digital conversion; AD conversion; A-to-D conversion; analog-digital conversion; digitization

analoge Daten pl <edv> • analog data

Analogeingabe f <el> • analog input

Analogeingang m <el> • analog input

analoge Messwerterfassung f <msr> • analog data logging

analoge oder digitale Istwertmessung f <msr> (in Regelkreisen) • analog or digital feedback

analoge Regelung f <msr> (mit Analogsignalen) • analog control

Analogerfassungsmodul n (ADAU) <msr> • analog data acquisition unit (ADAU)

analoger Messwert m <msr> • analog value

analoger Zustand m <el> • analog state

analoges Anzeigegerät n <msr> • analog display

analoge Schaltung f <el> • analog circuit

analoges Messsystem n <msr> • analog measuring system

analoges Mobilfunknetz n <tele> (C-Netz) • analog cellular radio system

analoges Sensorsystem n <msr> • analog sensor system

analoges Signal n <msr> • analog signal

analoge Steuerung f <msr> (mit Analogsignalen) • analog control

analoge Synthese f <edv.av> • subtractive synthesis; analog synthesis

analoge Verstärker-und Rechentechnik f <edv> • analog amplifier and computer technology

Analogfarbbildschirm m <edv> • color analog display

Analogfilter n/m (VCF) <el> • voltage-controlled filter (VCF); analog filter

Analoggeber m <msr> • analog output sensor US; sensor with analog output US; analogue output sensor GB

Analogie f <allg> • analogy

Analogieschaltung f <el> • equivalent electric circuit; circuit analogy

Analogkanal m <edv> • analog channel

Analog-Kombiinstrument n <kfz.msr> • analog cluster; needles-and-numbers cluster coll

Analogkopierer m <büro> • analog copier

Analogmessung f <msr> • analog measurement

Analogmonitor m <edv> • analog monitor

Analogon n <tech.allg> • analogue US.GB; analog rare

Analogoszillator m (VCO) <el> • analog oscillator (VCO); voltage-controlled oscillator

Analogproof m <druck> (Proof) • analog proof US; analogue proof GB; analog proofing AE; analogue proofing BE

Analogrechner m <edv> • analog computer

Analogschaltung f <el> • analog circuit

Analog-Sensor m <msr> • analog output sensor US; sensor with analog output US; analogue output sensor GB

Analogsequenzer m <el.mus> • analog sequencer

Analogsignal n <msr> • analog signal

Analogsignaltrenner m <el> • analog data transmitter

Analogstereoauswertegerät n <phot> • analog stereoplotter

Analogsynthese f <edv.av> • subtractive synthesis; analog synthesis

Analogsynthesizer m <el.mus> (spannungssteuerbarer Synthesizer) • analog synthesizer

Analogsynthesizer m <el.mus> • portable synthesizer; analog synthesizer; combo synthesizer obs

Analogtor n <el> • analog gate

Analoguhr f <msr> • analog clock

Analogverstärker m (VCA) <el> • voltage-controlled amplifier (VCA); analog amplifier; analogue amplifier

Analogvervielfacher m <el> • analog multiplier

Analogweggeber m rar <msr> • analog output sensor US; sensor with analog output US; analogue output sensor GB

Analysator m <tech.allg> • analyzer US; analyser 4GB

Analysator m <chem.verf> • analyzer US; analyser GB

Analyse f <tech.allg> (allg., Vorgang und Ergebnis) • analysis

Analyse f <metall> (von Legierungen und Erzen) • assay

Analyse f <qualit> (auf chem. Zusammensetzung, Gewicht u. ä.; Vorgang) • assay

Analysebox f <verbr.msr> (für Rauchgas) • analyzer unit US

Analyse der Phasenverschiebungen f <nukl> • phase-shift analysis

Analyse kleinster Quadrate f <math> • least-squares analysis

Analysenautomat m <msr> • automatic analyzer, /-ser US/GB

Analysenbefund m <qualit> • analytical result

Analysenfehler m <qualit> • analytical error

Analysengenauigkeit f <math> • accuracy of analysis

Analysenlösung f <el.chem> • solution to be analyzed /-sed US/GB; solution being studied; analysis solution

Analysenmethode f <msr> • method of analysis; analytical method

Analysenprobe f <chem.verf> • analytical sample; sample being analyzed, /-sed US/GB; sample to be analyzed, /-sed US/GB

analysenrein <chem> • analytical-grade; reagent-grade
Analysentrichter *m* <chem> • analysis funnel
Analysenverfahren *n* <msr> • method of analysis; analytical method
Analysenwaage *f* <chem.msr> • chemical balance
Analysenwaage *f* <metall.msr> • assay balance
Analysenwaage *f* <msr> *(allg.)* • analytical balance
Analysenwaage mit Luftdämpfung *f* <msr> • damped balance
Analyseprogramm *n* <edv> *(zur Fehlereingrenzung)* • analysis program
Analysesieb *n* <qualit.verf> • test sieve
Analyse unter Berücksichtigung sämtlicher Faktoren *f* <qualit> • total sensitivity analysis
analysieren *vt* <allg> *(kritisch, genau, im Detail)* • analyze *vt US*; analyse *vt GB*
analysieren *vt* <metall> • assay *vt*
Analysiergerät *n* <chem.verf> • analyzer *US*; analyser *GB*
Analysierküvette *f* <med.tech> • sample chamber; sample cell; test cell
Analysis *f* <math> • mathematical analysis
Analytik *f* <chem> • analytical chemistry
Analytiker *m* <tech.allg> • analyst
Analytiker *m* <chem> • analytical chemist
analytisch <allg> • analytic[al]
analytische Chemie *f* <chem> • analytical chemistry
analytische Fläche *f* <edv> • analytic surface
analytische Geometrie *f* <math> • analytical geometry
analytische Nachbildung *f* <edv> • analytical simulation
analytisches Trägheitsnavigationssystem *n* <navig> • strap down system; analytic inertial navigation system
analytische Waage *f* <msr> *(allg.)* • analytical balance
Analytizitätsbereich *m* <math> *(Theorie komplexer Funktionen)* • region of analyticity
Analytizitätsgebiet *n* <math> • region of analyticity
Anamnese *f* <med> *(Erfassen der Krankenvorgeschichte)* • case-taking
Anamnese *f* <med.bio> *(Krankenvorgeschichte)* • anamnesis
anamorphotisch <opt> • anamorphic
anamorphotisches Linsensystem *n* <opt> • anamorphic lens system
anamorphotisches Objektiv *n* <opt> • anamorphotic lens
Anamorphotvorsatz *m* <opt> • anamorphic attachment; anamorphotic attachment
Ananasfaser *f* <textil> • pineapple fiber
Ananasmuster *n* <textil> • shell-stitch fabric; shell-stitch
Anaphespinner *m* <textil> *(Seidenraupe)* • anaphe silkworm
Anaphorese *f* <chem> *(Teilchenwanderung)* • anaphoresis
Anaphorese *f* <obfl> *(allg.)* • anodic electropainting; anaphoresis
Anaphoresegrundierung *f* <obfl> *(Vorgang)* • anodic electro-priming; anodic electro-application of primer; anaphoretic priming
Anaphoresegrundierungslack *m* <obfl> • anodic electrocoat primer; anodic electrodeposition primer
Anaphoreselack *m* <obfl> • anodic electrocoat primer; anodic electrodeposition primer
Anaphoreseschicht *f* <obfl> • anaphoretic coat; anaphoretic coating
Anaphoresetauchgrundierung *f* <obfl> *(Schicht)* • anaphoretic dip primer coat
Anaphoresetauchgrundierung *f* <obfl> *(Vorgang)* • anaphoretic dip priming
anaphoretische Lackapplikation *f* <obfl> *(allg.)* • anodic electropainting; anaphoresis

anaphoretische Tauchgrundierung *f* <obfl> *(Vorgang)* • anaphoretic dip priming
anaphylaktischer Schock *m* <med.bio> • anaphylactic shock
Anaphylaxie *f* <med.bio> • anaphylaxis
Anastigmat *m* <opt> • anastigmatic lens
Anatas *m* <obfl> *(Titandioxidmodifikation; z. B. für Emaille)* • anatase; octahedrite
Anatexis *f* <geo> • partial melting
anatomischer Bypass *m* <med.tech> • anatomical bypass
anatomischer Griff *m* <mil> *(von Fausfeuerwaffen)* • anatomical grip
anatomische Selektivität *f* <agri.chem> • anatomical selectivity
anatomische Umleitung *f* <med.tech> • anatomical bypass
Anatoxin *n rar* <med> • toxoid
Anbackung *f* <rls> *(von Schlamm, Sedimenten; z. B. in Leitungen, Fittings, Filtern)* • sludge caking; caking
Anbau *m* <agri> *(z. B. von Getreide, Gemüse, Obst)* • cultivation; growing
Anbau *m* <bau> *(an Gebäude)* • annex; addition; extension
Anbau *m* <bau> *(betont: Hilfs- oder Ergänzungsfunktion eines Gebäudeanbaus)* • supplementary building
Anbau... <masch> *(angeschraubt)* • bolt-on ...
Anbaubeetpflug *m* <agri> • mounted general-purpose plough
Anbaublock *m* <agri> • attachment support
Anbaudrehpflug *m* <agri> • half-turn plough; mounted half-turn plough; mounted one-way plough
Anbaudrillmaschine *f* <agri> • tractor-mounted drill
Anbaueinheit *f* <tech.allg> • add-on unit
anbauen *vt* <agri> *(z. B. Getreide, Gemüse, Reis)* • cultivate *vt*; crop *vt*
anbauen *vt* <bau> *(an bestehendes Gebäude)* • add *vt*
anbauen *vt* <bau> *(Nebengebäude)* • add a supplementary building *vt*
anbauen *vt* <bau> *(an ein Gebäude)* • annex *vt*; build an annex *vt*; extend a building *vt*
anbauen *vt* <prod> *(z. B. Bauteil an Baugruppe)* • attach sth to sth *vt*; fit sth to sth *vt*; mount sth to sth *vt*
Anbaufederzinkengrubber *m* <agri> • mounted springtine cultivator
Anbaufeld *n* <logist> *(Regalfeld zum Anbau an ein Grundfeld)* • extension bay
Anbaufladenverteiler *m* <agri> • mounted dung-spreading harrow
Anbau-Fladenverteiler *m* <agri> • mounted dung-spreading harrow
Anbaufläche *f* <agri> *(z. B. für Obst, Gemüse, Getreide)* • cultivated acreage; acreage [under cultivation]
Anbauflansch *m* <tech.allg> *(z. B. an Rohren, Getrieben, Steckern)* • mounting flange; attachment flange; fixing flange; flange *pract*
Anbaugerät *n* <tech.allg> • attachment
Anbaugerät *n* <agri> *(z. B. an Traktor)* • mounted implement
Anbaugerät *n* <nfz> *(an Lkw, Unimog; z. B. Kran, Rasenmäher, Schneepflug)* • truck attachment
Anbauhobel *m* <min> • mounted coal plough
Anbaukopfstück *n* <agri> • attachment head piece
Anbaumähwerk *n* <agri> *(z. B. an Traktor, Unimog)* • mounted mower
Anbaumaschine *f* <agri> *(an Traktor)* • tractor-mounted machine
Anbaumaschine *f* <nfz> *(allg.)* • mounted machine
Anbaumöbel *n* <innen> • modular furniture; unit furniture

Anbaupflug m <agri> (an Traktor) • mounted tractor plough
Anbauplan m <agri> • cropping plan
Anbaurechen m <agri> (an Traktor) • tractor-mounted hay-rake; mounted hay-rake
Anbausatz m <kfz> • bolt-on kit
Anbauschälpflug m <agri> (an Traktor) • tractor-mounted skim plough; mounted skim plough
Anbauscheibenegge f <agri> • mounted disc plough; mounted disc tiller
Anbauscheibenpflug m <agri> • mounted disc plough; mounted disc tiller
Anbauscheibenschälpflug m <agri> • mounted disc plough; mounted disc tiller
Anbauschleuderstreuer m <agri> (z. B. für Saatgut, Dünger) • mounted broadcaster
Anbausprühgerät n <agri> (an Traktor) • tractor-mounted atomizer; mounted atomizer
Anbaustäubegerät n <agri> (an Traktor) • tractor-mounted duster; mounted duster
Anbaustrohpresse f <agri> • built-in straw baler
Anbausystem n <logist> (Regale) • extension system
Anbauteil n <tech.allg> • attachment
Anbauteilesatz m prakt <kfz> (Spoiler, Schürzen etc.) • ground effects package; body styling kit
Anbauvielfachgerät n <agri> • mounted tool-bar
Anbauvolldrehpflug m <agri> • mounted half-turn plough
Anbauwechselpflug m <agri> • mounted alternate plough
Anbauwinde f <nfz> (z. B. an Geländewagen, Unimog) • mounted winch
Anbauwinkel m <allg> • mounting bracket
Anbauwinkeldrehpflug m <agri> • mounted quarter-turn plough
anbeschriebener Kreis m <math> (Geometrie) • escribed circle; excircle
an bestimmte Anforderungen anpassen vt <qualit> • tailor to specific needs vt
anbiegen vt <prod> • prebend vt
Anbietezeichen n <tele> • offering signal
Anbindekette f <agri> • neck tie
anbinden vt <füg> • tie (to) vt
Anbindestall m <agri> • stall barn; stanchion barn
Anbindung f <verk> • road link
anbläuen vt <textil> • blue vt
anblasen vt <hlk> (mit Lüfter, Gebläse; z. B. zum Kühlen) • fan vt
anblasen vt <metall> (Hochofen) • blow in vt; start vt
Anblaston m <akust> • Aeolian tone
anblatten vt <prod> • halve vt
Anböschung [einer Deponie] f <ents> • sanitary landfill-slope; ramp landfill; slope landfill
anbohren vt <prod> • spot-drill vt
Anbohrer m <wz> • spotting drill; start drill
Anbohrkopf m <wz.masch> • trepanning-bar cutter head
an Bord gehen vi <allg> (Fahrgäste von Schiffen, Flugzeugen, Zügen, Reisebussen) • embark vi
Anbrennen n <metall> (Formsand) • burning-on
Anbringen n ugs <tech.allg> (von Etiketten, Aufklebern u. ä.) • application
anbringen vt <füg> (an bestimmter Stelle) • place vt
anbringen vt ugs <füg> (allg.; an/auf etw.) • fasten vt; mount vt; attach vt; install vt; fix vt coll
anbringen (an/auf) vt ugs <tech.allg> (an oder auf etw. anbringen) • install (at/on) vt
Anbruchpalette f <logist> • partial pallet
an das Gelände anpassen vt <bau> • match to grade vt US; match to ground level vt GB
andauerndes Brennen mit Flamme n ISO 13943 <verbr> • sustained flaming ISO 13943

an der Luft beständig <qualit.mat> • stable in air
an der Luft gehärtet <mat> • baked in air
Anderson-Messbrücke f <el> • Anderson bridge
Anderthalbdecker m <aerospace> • sesquiplane
Anderthalbdecker m <nfz> (Bus) • one-and-a-half-decker; one-and-a-half-deck bus; 1½-decker bus; 1½-deck bus
Anderthalbhüllen-U-Boot n <nav> • one-and-a-half hull submarine; one-and-a-half shell submarine
an die Luft setzen vt ugs.derog <ökon> (Personal, Mitarbeiter) • dismiss vt; lay off vt; fire vt coll.derog; give the pink slip vt US.coll
andocken vi <aerospace> (Raumfahrzeuge) • dock vi
Andrehapparat m <textil> • twisting-in frame
Andrehen n <textil> (Verbinden zweier Fäden) • piecing-up
andrehen vt <textil> (Faden) • piece vt; join by twisting vt; join up by twisting vt; piece a broken end vt; twist on/in vt
Andrehen der Kette n <textil> • chain twisting
Andrehhandkurbel f <masch> • handcrank
Andrehklaue f <masch> • starting dog
Andrehkurbel f <wz> • starting crank
Andruck m <tech.allg> (von Walze, Druckplatte) • pressure
Andruck m <bau> (von Fenster-, Türdichtungen) • closing pressure
Andruck m <druck> (zur Endkontrolle, Imprimatur) • hard-proof; final proof; proof pract
Andruck m <petr> (beim Bohren) • weight on bit (WOB); bit weight
Andruckbauelement n <el> • clip-on device
Andruckbügel m <druck> • paper bail; paper holder; roller shaft
andrucken vt <druck> • proof vt; pull a proof v
Andruckpapier n <druck> • proof paper; proofing paper
Andruckpresse f <druck> • proofing press; proof press
Andruckrolle f <tech.allg> (z. B. in Drucker, Kopierer) • pressure roller
Andruckrolle f <av> (in Bandgerät) • pinch roller; pressure roller; pinch wheel
Andruckskala f <druck> (Andruck) • color scale; progressive proofs
Andruckverstärker m <kfz> (für Scheibenwischer) • wiper aid; wiper wings pl
Andruckwalze f <tech.allg> (z. B. in Drucker, Kopierer) • pressure roller
Andruckwalze f <led> (Falzmaschine) • bolstered backing roller; guiding bolster
Andruckwalze f <led> (Spaltmaschine) • gauge roller
Andrückkufe f <prod> (auch als Schienenbremse bei Straßenbahn) • skid
Andrückrolle f <agri> (Pflanzmaschine) • press wheel
Andrückrolle f <av> (in Bandgerät) • pinch roller; pressure roller; pinch wheel
Andrückrolle f <masch> (Riemenscheibe) • snub pulley
Andrückwalze f <metall> • nip roller; nip roll
aneinander fügen vt ugs <füg> (allg.) • join vt; join together vt coll; fix together vt coll
Aneinanderhängen von Wellenformen n <edv.av> • wave sequencing
aneinander haften vi <tech.allg> • adhere vi
aneinander haften vi <kst> (ohne Klebstoff aneinander hängen bleiben; z. B. Frischhaltefolie) • cling vi
aneinander liegend <allg> (z. B. Flächen, Kristalle) • contiguous
aneinander liegend <tech.allg> (Teile, Oberflächen) • adjacent
aneinander passend <tech.allg> • mating
Aneinanderreihung f <tech.allg> • lining-up

Anelektrolyt m <chem> • non-electrolyte
anellieren vt <chem.verf> *(zu Ringverbindungen)* • anellate vt; fuse vt; annulize vt
Anemometer n wiss <meteo> • anemometer
Anemometer n <msr> *(für Luftströmung allg.)* • air flow meter
Anergie f <med> • skin test anergy
Anergie f <phys> *(nicht beliebig umwandelbarer Energieanteil)* • anergy
anerkannte internationale Norm f <norm> • recognized international standard
Aneroidbarometer n <meteo.msr> • aneroid barometer
Aneroidkalorimeter n <msr> • aneroid calorimeter
anextrudiert <kst> *(z. B. Dichtung an Profil)* • coextruded
anfachen vt <verbr> *(Feuer, Flamme)* • fan vt
Anfachung f <phys> *(Schwingung; z. B. Brücke durch Wind)* • building-up
Anfachzeit f <phys> *(bis zum stationären Zustand)* • building-up period; build-up time
anfällig <qualit> *(für Schaden, Fehler, Störung; z. B. Rissbildung)* • prone; susceptible
anfällig für Korrosion <qualit.mat> • susceptible to corrosion
Anfälligkeit f <tech.allg> *(betont: Verwundbarkeit)* • vulnerability
Anfälligkeit f <tech.allg> *(allg.; z. B. für Störungen, Schäden, Rissbildung)* • susceptibility
Anfänger m <allg> • novice
Anfänger m prakt <bau> *(Stein, Block; zw. Säulenplatte und Gewölbebogen)* • springer stone; springer block; springer *pract*
Anfänger m prakt <bau> *(Stein, Block zw. Säulenplatte und Gurtbogen)* • springer stone; springer block; springer *pract*; springing stone *rare*
Anfärbbarkeit f <textil.obfl> *(von Stoffen; z. B. von Seide, Synthetik)* • dye affinity; affinity to dyes; affinity to dyestuffs; dyeability; dye receptivity
Anfärben n <textil> *(von Stoffen)* • dyeing
anfärben vt <textil> • predye vt
Anfärbevermögen n <obfl> • tinctorial power; coloring strength
Anfahrabstützung f <kfz> *(Fahrwerk)* • anti-squat [system]; anti-squat device
Anfahrbeschleunigung f <fz> • starting acceleration
Anfahrdrehmoment n <kfz> • starting torque
Anfahreinrichtung f wiss/prakt <turb> *(Gasturbinen-Hilfseinrichtung)* • starting device; starting equipment
Anfahren n <masch> *(Maschine, Anlage, System)* • start-up
Anfahren n <verk> *(Annähern an ein Ziel)* • approach
anfahren vt <tech.allg> *(Maschine, System, Anlage)* • start up vt; start vt
anfahren vt <fz> *(zusammenstoßen, z. B. mit Hindernis, Fahrzeug)* • hit vt
anfahren vt <logist> *(Frachtgut; mit Lkw o.ä.)* • deliver vt
anfahren vt <metall> *(Hochofen)* • blow in vt; start vt
anfahren vt <min> *(Bergwerk)* • encounter vt; enter vt
anfahren vt <verk> *(ein Ziel)* • approach vt
Anfahren am Berg n <kfz> • hill start
Anfahren der Bahn n <autom.prod> *(Roboter-Teach-in)* • walkthrough
Anfahren und Speichern n <autom> • leadthrough
Anfahren von Reserveaggregaten npl <allg> • introduction of reserve power supplies
Anfahrgang m <kfz> • starting gear
Anfahrgenauigkeit f <autom> • positioning accuracy
Anfahrgeschwindigkeit f <tech.allg> • starting speed
Anfahrhilfe f <nfz> • traction-assist feature
Anfahrkraft f <fz> *(Kraftfahrzeug, Schienenfahrzeug, Schlepplift)* • breakaway force

Anfahrleistung f <bahn> • starting power
Anfahrmoment n <mech> *(beim Ingangsetzen drehender Teile)* • starting torque; break-away torque; start-up torque; initial torque
Anfahrmomentausgleich m <kfz> *(Fahrwerk)* • anti-squat [system]; anti-squat device
Anfahrnickabstützung f <kfz> *(Fahrwerk)* • anti-squat [system]; anti-squat device
Anfahrnickausgleich m <kfz> *(Fahrwerk)* • anti-squat [system]; anti-squat device
Anfahrnicken n <fz> *(Kraftfahrzeug, Schiff)* • squat
Anfahrperiode f <tech.allg> *(v. Stillstand bis Betriebszustand)* • start-up period
Anfahrregelung f <msr> • start-up control
Anfahrschlupfregelung f <kfz.msr> • traction control system (TCS); acceleration spin control, ASC; electronic traction control, ETC; anti-spin regulation, ASR; automatic slip reduction, ASR
Anfahrschutz m <logist> *(an Lagerregalen)* • collision protection; collision guard
Anfahrsteigfähigkeit f <kfz.antr> • startability on gradients; starting gradability ZF
Anfahrstrom m <el> *(E-Motor)* • starting current
Anfahrstufe f <aerospace> • preliminary stage
Anfahrt f <logist> *(von Transportgut)* • transport
Anfahr- und Stützfeuerung f <ents> *(Müllverbrennung)* • auxiliary firing [system]; supplementary firing [system]
Anfahrwandlung f <kfz.antr> *(Drehmomentwandler)* • starting torque multiplication
Anfahrwiderstand m <fz> *(z. B. von Zug)* • starting resistance
Anfahrwirbel m <phys> *(Strömungsmechanik; Wirbelablösung bei Bewegungsbeginn)* • cast-off vortex; initial vortex; starting vortex
Anfahrzugkraft f <bahn> • starting tractive effort
Anfallstelle f <ents> *(Entstehungsort von Abfall)* • source
Anfang m <allg> *(eines Vorgangs)* • beginning; commencement; onset; start
Anfangeisen n <silik> • punty iron; punty
Anfangsadresse f <edv> • initial adress; start adress
Anfangsaktivität f • initial activity
Anfangsbahn f <aerospace> • initial trajectory
Anfangsbeanspruchung f <tech.allg> • initial load; initial loading
Anfangsbeanspruchung f <mech> *(Zug- oder Druckspannung)* • initial stress
Anfangsbedingung f <tech.allg> • initial condition
Anfangsbeschleunigung f <mech> • initial acceleration
Anfangsbohrer m <min> • starting borer; spudding bit
Anfangsbohrer m <wz> • first bit
Anfangsboje f <navig> *(Wasserstraße)* • key buoy
Anfangsbuchstabe m <druck> • initial letter
Anfangsdruck m <tech.allg> • initial pressure
Anfangseinstellung f <prod> • initial adjustment
Anfangserregungsgeschwindigkeit f <el> • initial voltage response
Anfangsfestigkeit f <qualit.mat> • initial strength
Anfangsfeuchte f <verf> *(z. B. von Zuschlägen, Granulat)* • initial moisture content
Anfangsfeuchtebeladung f <verf> *(z. B. von Zuschlägen, Granulat)* • initial moisture content
Anfangsflugbahn f <aerospace> • initial trajectory
Anfangsförderung f <min> • initial output
Anfangsförderung f <petr> • initial rating [of well]; initial production
Anfangsgarnitur f <spiel> *(z. B. zum Basteln, Hobby)* • beginner's set
Anfangsgeschwindigkeit f <tech.allg> • initial speed; starting velocity; initial velocity

Anfangsgeschwindigkeit f <mil> (Projektil) • muzzle velocity; muzzle speed; initial velocity

Anfangskapazität f <el> (Kondensator) • minimum capacitance

Anfangskapazität f <verf> (allg. Fassungsvermögen) • initial capacity

Anfangskonzentration f <chem> (allg.) • initial concentration

Anfangskonzentration f <nukl> • initial enrichment

Anfangskonzentration f <verf> • feed enrichment

Anfangskraft f <qualit.mat> (Rockwell-Härteprüfung) • initial force

Anfangslader m <edv> • initial program loader

Anfangsladung f <el> • initial charge

Anfangslage f <prod> • initial position

Anfangslast f <mech> • initial load

Anfangsleistung f <tech.allg> • initial power

Anfangsmarkierung f <edv> • header marking

Anfangsmesslänge f (L0) <qualit.mat> (z. B. Zugversuch) • original gauge length (L0); initial gauge length

Anfangspermeabilität f <phys> • initial permeability

Anfangsphase f <tech.allg> • initial phase

Anfangsporenzahl f <mat> • initial void ratio

Anfangsposition f DIN ISO 2806 <tech.allg> (z. B. von beweglichen Maschinenteilen, Werkstücken, Werkzeugen) • home position ISO 2806; starting position; initial position

Anfangspotential n <el> • initial potential; starting potential

Anfangsprogrammladen n <edv> • initial program loading

Anfangspunkt m <tech.allg> (einer Bewegung) • starting point

Anfangsquerschnitt m <qualit.mat> (z. B. Zugversuch) • initial cross-section; initial section

Anfangsrautiefe f <obfl> • initial mean total height

Anfangsreibung f <mech> (z. B. von Stoßdämpfern) • initial friction; starting friction

Anfangssetzung f <bau> • initial settlement

Anfangsspannung f <el> • initial voltage

Anfangsspannung f <mech> (Zug- oder Druckspannung) • initial stress

Anfangsstabilität f <nav> • initial stability

Anfangssteigung f <aerospace> • initial climb

Anfangsstellung f <tech.allg> • initial position

Anfangsstrahlung f <nukl> • initial radiation; prompt radiation rare

Anfangsstrom m <el> • initial current

Anfangstemperatur f <tech.allg> (z. B. Heizung) • initial temperature

Anfangstonne f <navig> • key buoy

Anfangstraglast f <min> • setting load

Anfangsverdichtung f • initial compaction

Anfangsvorspannung f <bau> (Spannbeton) • initial prestress[ing]

Anfangsvorspannung f <el> • initial bias

Anfangswahrscheinlichkeit f prakt <math> • a-priori probability

Anfangswert m <tech.allg> • initial value

Anfangswertproblem n <math> • initial-value problem

Anfangswirkungsgrad m <energ.sol> (von Dünnschichtsolarzellen) • BOL efficiency; beginning-of-life efficiency did

Anfangszeichen n <edv> • start flag

Anfangszustand m <tech.allg> • initial state

Anfangszwischenraum m DIN 66010 <edv> (Zwischenraum zwischen Bandanfangsmaske und erstem Block) • initial gap

anfasen vt <tech.allg> (Kante abschrägen, typ. 45°) • chamfer vt

Anfasmaschine f <wz.masch> • chamfering machine

Anfasung f <tech.allg> (abgeschrägte Bauteilkante) • chamfer; chamfered edge; bevel

Anfasung f <wz> (an Gewindeschneidwerkzeugen) • taper start; starting taper; chamfer

anfechtbar <jur> (z. B. Beschluss, Vertrag) • voidable; contestable; disputable

anfechten vt <jur> • appeal (against) vt; contest vt; dispute vt; challenge vt

Anfeilhärteprüfung f <qualit.mat> • file hardness test; file scratch test

anfertigen vt <prod> (von Hand; behelfsmäßig) • fashion vt

anfertigen vt <prod> (allg.; Waren jeder Art, Teile, Produkte, Erzeugnisse) • produce vt; manufacture vt; fabricate vt; make vt coll

anfeuchten vt <tech.allg> (z. B. Luft, Papier) • humidify vt; moisten vt

anfeuchten vt <obfl> (mit viel Flüssigkeit) • wet vt

anfeuchten vt <textil> (Stoff) • dampen vt; make damp vt

Anfeuchter m rar <druck> • dampening system; dampener; dampening unit; damping unit; moistener

Anfeuchtmaschine f <textil> • damping machine

Anfeuchtmaschine f <verf> • humidifying machine

Anfeuchtwalze f <textil> • damping roller

anfeuern vt <obfl.holz> (Holzoberfläche, mit Polieröl) • prime with polishing oil

Anfeuerung f <obfl.holz> • primer mixture

Anfeuerung f <verbr> • ignition charge

Anfingermaschine f <textil> (für Handschuhe) • finger knitting machine

Anflächen n <prod> • spotfacing

Anflächwerkzeug n <wz.masch> • facing tool; spotfacing tool

anflanschen vt <prod> • flange vt; flange-mount vt; flange-connect vt

Anflanschglocke f <kfz.antr> (Automatikgetriebe) • torque converter housing; bell housing pract

Anflanschung f <füg> • flange connection

anfliegen vt <aerospace> (Ziel; z. B. Flughafen) • approach vt

Anflug m <aerospace> • approach (APPR); closing-in; landing approach

Anflug m <holz> • self-sown stand

Anflugbefeuerung f <aerospace> • approach lights

Anflugbefeuerungsanlage f <aerospace> • approach lighting system

Anflugbeginn m <aerospace> • initial approach

Anflugerlaubnis f <aerospace> • approach clearance; clearance for approach

Anflugfeuer n <aerospace> • approach light

Anflugfunkfeuer n <aerospace> • homing beacon

Anfluggrundlinie f <aerospace> (der Landebahn) • extended center line; principal course of approach

Anflughilfe f <aerospace> • approach aid

Anflughöhe f <aerospace> • approach altitude

Anflugkontrolle f <aerospace> • approach control

Anflugkurve f <aerospace> • pursuit path; pursuit curve; dog-leg path

Anflugradar n <aerospace> • approach control radar (ACR)

Anflugradaranlage f <aerospace> • radar approach control equipment

Anflugradargerät n <aerospace> • approach control radar

Anflugrichtungsbake f <aerospace> • runway localizer beacon

Anflugschneise f <aerospace> • approach lane; lane of approach

Anforderung f <tech.allg> *(durch Spezifikation, Vorschriften etc.)* • requirement

Anforderung f <edv> *(Programm, Befehl)* • call

Anforderung f <edv> • calling

Anforderung des Busses f <edv> • bus request

Anforderungprofil n <qualit> • performance profile; performance requirement

Anforderungsbetrieb m <edv> • request mode

Anforderungsbit zur Blocknummerkontrolle n *DIN ISO 7478* <edv> • sequence check option bit *ISO 7478*

Anforderungsfreigabe f <edv> • request release

Anforderungssignalspeicher m <edv> • request latch

Anforderungszeichen n <edv> • prompt character

Anfrage f <edv> • inquiry; request

anfressen vi <obfl> *(z. B. Kolben, Bohrer)* • seize vi; grab vi; hook vi; bind vi; eat vi

anfressen vt <obfl> *(Erosion, Pitting durch aggressives Medium)* • pit vt; erode vt

anfügen vt <füg> • adjoin vt

Anfügschnitt m <av> *(von Ton- und/oder Videoaufnahmen)* • assemble editing (AE); assembling; assemble cut

anführen vt <druck> • put in quote marks vt; put in quotes vt; quote vt

Anführungszeichen npl <druck> • quotation marks; quote marks *pract*; inverted commas *coll*

Angabe f <doku> *(z. B. techn. Daten, nähere Bezeichnung)* • indication; specification; declaration

Angaben fpl <doku> *(betont: Einzelinformationen; typ. in wiss. Texten)* • data pl

Angärung f <nahr> • primary fermentation; prefermentation

angeben vt <doku> *(Daten, Informationen; z. B. in Datenblättern, Formularen)* • indicate vt; state vt

angeblicher Besucher m <alarm> • bogus visitor

Angebot n <ökon> • tender *US.GB*; bid *GB*; offer *coll*

Angebot n <ökon> *(am Markt verfügbare Waren)* • supply

Angebot n <ökon> *(Vorschlag; nicht verbindlich; u.U. ohne Preise)* • proposal

Angebot n <tele> • offered traffic

Angebot und Nachfrage <ökon> • supply and demand

angefault <nahr> *(z. B. Obst, Gemüse)* • putrid; rotten *coll*

angefedert <mech> *(z. B. Hebel, Klappe, Deckel)* • spring loaded

angeflanschter Motor m <el> • flanged motor; flange-mounted motor

angegossen <prod> • cast-on; cast integrally

angegossener Probestab m <qualit.mat> • cast-on test bar

angegurtet <fz.sich> *(Person)* • restrained; buckled up *coll*; belted

angehängte Information f <edv> *(verkettetes Barcode-Symbol)* • appended message

angehängte Traktur f <mus> *(Orgel)* • suspended action; hanging action; hung action

angeheftet <füg> *(z. B. gelötet, geschweißt, geklebt)* • tacked in place

angehobener Träger m • exalted carrier

angehobenes Elektron n <phys> • promoted electron

angekoppelter Kreis m <el> • coupled circuit

Angel f <av> *(für Mikrofon; z. B. im Studio)* • boom arm; fishpole *pract*

Angel f <bau> *(Tür, Fenster)* • pintle

Angel f <holz> *(Gattersäge)* • buckle

Angel f <nahr> *(zum Fischen)* • fishing pole *US*; fishpole *US*; fishing rod

Angel f <wz> *(Feile)* • tang

angelassen <metall> • tempered

Angelbolzen m <masch> • fulcrum pin

Angelegenheit f <jur> • matter

angelegte Flügel mpl <bio> *(Tierpräp.)* • closed wings; cupped wings; folded wings

angelegte Spannung f <el> • applied voltage

angelenkt <mech> *(mit Scharnier)* • hinged to

angelernt <did> • semiskilled

Angelfischerei f <sport> • hook and line fishing

Angelhaken m <nahr> • fishhook; hook

angeliefertes Papier n <pap> • incoming paper

Angelleinenfahrzeug n <nav> • hooker

Angelnut f <wz> *(Feile)* • tang slot

Angelpunkt m <mech> *(eines Gelenks)* • fulcrum

Angelpunktkurve f <mech> • pivot-point curve

Angelrute f <nahr> *(zum Fischen)* • fishing pole *US*; fishpole *US*; fishing rod

Angelschnur f <nahr> • fish-line; fishing line

Angelzapfen m <bau> *(Tür, Fenster)* • pintle

Angelzeug n <nahr> • fishing tackle

angemeldet rar <jur> *(Waffe)* • registered

angemeldet <jur> *(Fahrzeug)* • registered

angemeldet im System <edv> • identified in the system

angemessen <tech.allg> • proportional; appropriate

angemieteter Bus m <nfz> • charter bus; charter coach

angenähert <math> • approximate

angenäherte Lösung f <math> • approximate solution

angenommener Mittelwert m <math> *(z. B. Qualitätssicherung)* • assumed mean

angenommener Mittelwert m <qualit> *(Statistik)* • working mean

angenommener Wert m <tech.allg> • assumed value

angepasster Scheinwiderstand m <el> • matched impedance

angepasster Übertrager m <el> • matched transformer

angepasstes Bauelement n <tech.allg> • matched component

angepasstes Verzweigungsglied n <el> • matched junction

angerben vt <led> *(vorfärben)* • pretan vt; color vt

Angerbfleck m <led.obfl> • tanning stain

angeregt <tech.allg> • excited

angeregte Emission f <phys> *(z. B. von Licht)* • stimulated emission; induced emission

angeregter Kern m <phys> • excited nucleus

angeregter Kernzustand m <phys> • excited nuclear state

angeregter Zustand m <phys> • excited state

angeregtes Atom n <phys> • excited atom

angeregtes Ion n <phys> • excited ion

angeregtes Niveau n <phys> *(Energieniveau)* • excited level

angereicherte Fraktion f <nukl> • enriched fraction

angereicherter Brennstoff m *DIN 25401-3* <nukl> • enriched fuel

angereicherter Kernbrennstoff m <nukl> • enriched nuclear fuel

angereichertes Gut n <min> • hutch product

angerosteter Bereich m <obfl> • rusted area; rust affected area

Anger-Prallmühle f <verf> • Anger mill

angeschärfter Äscher m <led> • sharpened lime

angeschlossen <tech.allg> *(mech., elektr. verbunden; z. B. elektr. Gerät, Pumpe, Rohrleitung)* • connected

angeschlossen <edv> *(an Netz, Standleitung, Internet)* • on-line

angeschlossene Einheit f <edv> • on-line unit

angeschmolzener Schweißspritzer m <füg> • fused-on spatter

angeschnallt <fz.sich> *(Person)* • restrained; buckled up *coll*; belted

angeschnittene Anzeige f (m.A.) <werb> • full bleed ad

angeschossener Ring *m* <mil> *(auf Schießscheibe)* • touched ring

angeschuhter Mast *m* <bau> • shoed pole

angeschwemmter Boden *m* <geo> • alluvial soil

angespritzte Leitung *f* <el> • potted-in cable

angesprochen <doku> *(Themenbereich)* • addressed

Angestellter *m* <org> • employee; nonmanual employee; salaried employee; salary worker; white-collar worker *coll*

angetrieben <tech.allg> *(allg.; z. B. ein Zahnrad durch ein anderes;)* • driven

angetrieben <tech.allg> *(betont: Kraft-, Energiequelle; Arbeitsmaschine durch Kraftmaschine)* • powered

angetriebene Achse *f* <kfz> • drive axle; driving axle; driven axle; powered axle

angetriebene Rolle *f* <förd> *(Rollenbahn)* • driven roller; live roller

angetriebenes Teil *n* <masch> • driven member

angetriebenes Zahnrad *n* <kfz> *(allg.; z. B. in Getriebe)* • driven gear

angetriebenes Zahnrad *n* <masch> *(in Zahnradölpumpe)* • driven gear; idler [gear]

angewandt <allg> • applied

angewandte Chemie *f* <chem> • applied chemistry

angewandte Geologie *f* <geo> • applied geology

angewandte Kernforschung *f* <nukl> • nucleonics

angewandte Kernphysik *f* <nukl> • nucleonics

angewandte Mathematik *f* <math> • applied mathematics

angewandte Physik *f* <phys> • applied physics

angewandte Seismik *f* <min> • seismic prospecting

angezapfte Spule *f* <el> • tapped coil

angezeigte Fluggeschwindigkeit *f* <navig> • indicated airspeed (IAS)

angezeigter Messwert *m* <msr> *(allg.)* • indicated value

angezeigter Messwert *m* <msr> *(bei anzeigendem Instrument; z. B. Voltmeter)* • meter reading

angießen *vt* <förd> *(Pumpe)* • prime *vt*

angießen *vt* <prod> *(stoffschlüssiges Fügen)* • cast on *vt*

Angiograph *m* <med.tech> • angiograph

AN-Glas *n* <phot> *(Diarähmchen)* • anti-Newton glass; AN glass

angleichen *vt* <tech.allg> *(z. B. an Umgebungsbedingungen)* • accommodate *vt*

angleichen *vt* <bau> *(aneinander anpassen; z. B. Oberflächen, Farben)* • match *vt*

angleichen *vt* <el> *(z. B. Spannungen, Widerstände, Ströme in div. Bauteilen)* • equalize *vt*

angleichen *vt* <obfl> *(Oberflächen)* • even *vt*

Angleichung *f* <allg> *(an Umgebungsbedingungen)* • accommodation

Angleichung *f* <tech.allg> *(an Situation, Umgebung, Form, Anforderungen)* • adaptation; adjustment

Angleichungszone *f* <obfl> *(in Bandverzinkungsanlagen)* • cooling furnace

Angle-Methode *f* <kst> • angle method

Angle-Probe *f* <qualit.mat> *(allg.)* • angle test piece

angreifen *vt* <obfl> • affect *vt*; attack *vt*

angreifende Flüssigkeit *f* <chem> • aggressive liquid

angreifende Kraft *f* <phys> • active force; acting force

Angreifen einer Kraft *n* <mech> • application of a force

angrenzen *vi* <allg> • adjoin *vt*; border *vt*

angrenzend <allg> • adjacent

angrenzendes Teil *n* <doku> *(in techn. Zeichng.)* • adjacent part

Angriff *m* <tech.allg> *(z. B. chemisch, militärisch, durch Hacker)* • attack

Angriff des Grundmetalls *m* <obfl> • base metal attack

angriffhemmende Verglasung *f* <silik> • high security glazing *:V*

Angriffsfläche *f* <wz> • working surface

Angriffslinie *f* <mech> *(von gepaarten Maschinenelementen, Zahnrädern)* • line of action; action line

Angriffsmittel *n* <chem> • corrosive agent *ISO 8044*

Angriffspunkt *m* <phys.wz> *(eines Werkzeugs)* • point of action; point of application

Angriffspunkt einer Kraft *m* <phys> • point of force application; point of applied force; point of application of force *rare*

Angriffspunkt einer Last *m* <mech> • application point of a load

Angriffstiefe *f* *DIN EN ISO 8044* <obfl> • corrosion depth *ISO 8044*

Angström *n* (A) <phys> • Angstrom unit (A)

Angularbewegung *f* <rls> *(unerwünschte Drehung von Rohren, Kompensatoren)* • angular rotation; angular movement

angulare Auslenkung *f* <rls> *(unerwünschte Drehung von Rohren, Kompensatoren)* • angular rotation; angular movement

angulare Verlagerung *f* *wiss.rar* <tech.allg> *(Winkelabweichung, Knick statt geradlinig; z. B. von Rohren)* • angular misalignment; alignment error; misalignment

angulare Verschiebung *f* <rls> *(unerwünschte Drehung von Rohren, Kompensatoren)* • angular rotation; angular movement

Angularkompensator *m* <rls> • angular expansion joint

Angular-Kompensator *m* *norm* <rls> • angular expansion joint

Angularkompensator mit Einfachgelenk *m* <rls> • single hinged expansion joint

Angularkompensator mit Kardangelenk *m* <rls> • single gimbal expansion joint

angurten *vr* *ugs* <fz.sich> • buckle up *vi coll*; belt up *vi GB*; fasten the seat belt *vt form*

Anguss *m* <kst> *(Kunststoff in der Angussbuchse)* • sprue

Anguss *m* <metall> *(an Gussteilen)* • lug

Angussabknipser *m* <wz> • despruing nippers

Angussausdrücken *n* <kst> • sprue ejection

Angussauswerfer *m* <kst> • sprue ejector

Angussauszieher *m* <kst> • sprue puller

Angussbalancierung *f* <kst> *(bei Spritzgussteilen)* • gate layout balancing

Angussbuchse *f* <kst> • sprue bush; sprue bushing

Angussdrückstift *m* <kst> • sprue ejector

Anguss entfernen *vt* <prod> *(von Gussteilen)* • degate *vt*

Angusskegel *m* *rar* <kst> *(Kunststoff in der Angussbuchse)* • sprue

angussloses Spritzgießen *n* <kst> • runnerless molding

angussloses Werkzeug *n* <kst> • runnerless mold; sprueless mold

Angussmarkierung *f* <kst> • gate mark; vestige *['westidsch]*

Angussmasse *f* <silik> • engobe

Angussproblem *n* <kst> *(bei Spritzgussteilen)* • gating problem

Angussspinne *f* <prod> • gate pattern

Angusssteg *m* <prod> *(Gießen)* • gate

Angussverteiler *m* <kst> • spreader

Angusszieher *m* <kst> • sprue puller

Anhängedraht *m* <mus> *(Orgel)* • tracker wire; trackerwire; tracker-hook

Anhängeetikett *n* <logist> *(für Ware, Gepäckstück)* • tag; tie-on label

Anhängefahrzeug *n* *rar* <fz> *(z. B. Lastanhänger, Wohnwagen, Boot)* • trailer

Anhängegerät *n* <nav> • towing unit

Anhängegewicht *n* *ugs* <kfz> *(tatsächlich)* • trailer load

Anhängegrubber *m* <agri> • trailed cultivator

Anhängekugelkopf *m* <kfz> *(Anhängekupplung)* • trailer hitch ball; hitch ball; trailer ball; tow ball; ball

Anhängekupplung *f* (AHK) <kfz> *(für Anhänger an Pkw)* • trailer hitch; tow bar *GB*; trailer coupling; towing device; t/bar *BE.advert*

Anhängekupplung *f* <nfz> *(Lastkraftwagen)* • trailer hitch; towing jaws *GB*; towing fork *GB*; towing device

Anhängekupplungshalterung *f rar.did* <kfz> *(fest montiert; trägt die Anhängekupplung)* • towing attachment

Anhängekupplung zur Stoßfängermontage *f* <kfz> • bumper trailer hitch

Anhängelast *f* <förd> *(an Kran, Hängebahn etc.)* • hauling load

Anhängelast *f* <kfz> *(spezifiziert)* • towing capacity

Anhängelast *f* <kfz> *(tatsächlich)* • trailer load

Anhängemähdrescher *m* <agri> • trailed combine; pull-type combine

anhängen *vt* <doku> *(Anlage, Anhang; z. B. an Dokument, E-Mail)* • attach *vt*

anhängen *vt ugs* <el> *(mit Kabel o.ä.; z. B. an Steckdose, Drucker an PC)* • connect *vt*; hook up *vt coll*

anhängen *vt ugs* <kfz> *(Anhänger)* • hitch up *vt*; couple up *vt coll*

Anhänger *m* <fz> *(z. B. Lastanhänger, Wohnwagen, Boot)* • trailer

Anhänger *m ugs* <logist> *(für Ware, Gepäckstück)* • tag; tie-on label

Anhängerbetrieb *m* <kfz> • trailer towing; trailering *coll*

Anhängerbremsanlage *f* <fz> • trailer braking system

Anhängerbremse *f DIN 70024-3* <fz> • trailer brake

Anhängerbremskraftregler *m* <kfz> • trailer-brake pressure regulator

Anhängerbremsventil *n* <kfz> • trailer-brake valve

Anhängerbuchse *f* <kfz.el> *(an Zugfahrzeug)* • 7-pin socket; seven-pin socket

Anhänger für Bootstransport *m* <kfz> • boat trailer

Anhänger für Kabeltransport *m* <nfz> • reel cable trailer

Anhängerkupplung *f* <kfz> *(für Anhänger an Pkw)* • trailer hitch; tow bar *GB*; trailer coupling; towing device; t/bar *BE.advert*

Anhänger mit abfahrbarem Schwanenhals *m* <nfz> • folding gooseneck trailer

Anhänger mit festem Aufbau *m* <nfz> • non-tipping trailer

Anhänger mit Kratzerboden *m* <agri> • moving-floor trailer

Anhänger mit Tiefbett *m* <nfz> • double drop platform trailer

Anhängersteckdose *f* <kfz.el> • trailer tow socket *US*; trailer lighting socket *GB*

Anhängerstecker *m ugs* <kfz.el> *(an Zugfahrzeug)* • 7-pin socket; seven-pin socket

Anhänger-Steuerventil *n* <nfz.brems> *(mit integriertem Drosselventil)* • breakaway valve; relay emergency valve *GB*

Anhängersteuerventil *n* <nfz.brems> *(mit integriertem Drosselventil)* • breakaway valve; relay emergency valve *GB*

Anhängersteuerventil mit Drosselventil *rar* <nfz. brems> *(mit integriertem Drosselventil)* • breakaway valve; relay emergency valve *GB*

Anhängertriebachse *f* <agri> *(Traktor)* • power-driven trailer axle

Anhängescheibenegge *f* <agri> • trailed disc harrow

Anhängeschiene *f* <agri> • tractor linkage drawbar

Anhängestraßenhobel *m* <bau.masch> • towed grader; towed-type grader

Anhängevibrationswalze *f* <bau.masch> • towed vibratory roller

Anhängevorratsroder *m* <agri> • trailed potato digger

Anhängevorrichtung *f* <kfz> *(fest montiert; trägt die Anhängekupplung)* • towing attachment

Anhängevorrichtung *f ugs* <kfz> *(für Anhänger an Pkw)* • trailer hitch; tow bar *GB*; trailer coupling; towing device; t/bar *BE.advert*

Anhängevorrichtung *f ugs* <nfz> *(Lastkraftwagen)* • trailer hitch; towing jaws *GB*; towing fork *GB*; towing device

Anhängewalze *f* <agri> • tractor-drawn roller

Anhängezugmaul *n* <agri> • clevis; yoke

Anhängsel *n* <led> *(Haut)* • appendage

anhäufeln *vt* <agri> *(Erde um Jungpflanze)* • earth up *vt*; ridge *vt*; hill *vt*

anhäufen *vt* <tech.allg> • heap *vt*; pile up *vt*

anhäufen *vt* <tech.allg> *(ansammeln)* • accumulate *vt*

Anhäufung *f* <tech.allg> *(von Partikeln)* • aggregation

Anhäufung *f ugs* <verf> *(von unerwünschten Ablagerungen etc.; z. B. in Apparaten und Leitungen)* • accumulation; aggregation

Anhäufungszeichen *n* <tele> • trunk congestion signal

Anhäufung von Versetzungen *f* <min> • piling of dislocations

anhaften *vi* <tech.allg> *(z. B. Partikel an Oberfläche)* • adhere *vi*; stick *vi*

Anhaftungen *fpl* <obfl> *(von Verunreinigungen)* • built-up [of deposits]

Anhaltdauer des Tisches *f* <wz.masch> • table dwell; period of table dwell

anhalten *vi* <meteo> *(weitermachen; z. B. Niederschlag, Wind, Überschwemmung, Sturmflut)* • continue *vi*

anhalten *vt* <tech.allg> *(Vorgang, Bewegung zum Stillstand bringen; z. B. Reaktion, Kfz, Zug, Uhr)* • stop *vt*; bring to rest *vt rare*; arrest *vt rare*

anhalten *vt* <kfz.verk> *(ein anderes Auto, bei einer Panne)* • flag down *vt*

anhaltend <allg> *(Niederschlag, Wirtschaftswachstum, Krankenstände)* • continuous

anhaltend <allg> • persistent

Anhalten des Formulars *n* <edv> • form stop

Anhaltepunkt *m* <edv> *(bedingter Programmstopp)* • conditional break-point; break-point; check-point

Anhalteweg *m ugs* <kfz.brems> • stopping distance

Anhalteweg *m* <verk.brems> *(Reaktionsweg+Bremsweg)* • stopping distance

Anhaltswert *m* <allg> • typical value

Anhang *m* <doku> *(am Dokumentende; z. B. Zeichnungen, Tabellen)* • appendix; *pl.* -dices

Anhang *m* <edv> *(Zusatz-Barcode)* • supplement; addon [symbol]

Anhangsroutine *f* <edv> • appendage routine

anharmonisch <phys> *(Schwingung)* • anharmonic

anhebbare Nachlaufachse *f* <nfz> • tag lift axle

anhebbare Vorlaufachse *f* <nfz> • pusher lift axle

Anhebeeinrichtung *f* <förd> *(z. B. Hubbühne, Plattform; meist geringer Hub)* • elevating device; lifting device

Anhebeeinrichtung *f rar* <förd> *(von oben; z. B. mit Hebegeschirr, Flaschenzug)* • hoisting device

Anhebekreis *m* <msr> *(Strom-, Hydraulikkreis, Pneumatik)* • lift circuit

Anhebekurve *f* <masch> *(Nocken)* • lift cam

Anheben *n* <tech.allg> *(z. B. Fahrzeug, Werkstück)* • elevation

anheben *vt* <tech.allg> *(Gegenstand, z. B. Fahrzeug)* • elevate *vt*; lift *vt*; raise *vt*

anheben *vt* <av> *(betonen; z. B. Höhen, Bässe)* • emphasize *vt*

anheben *vt prakt.ugs* <el> *(Spannung)* • step up *vt*; boost *vt*

anheben *vt* <förd> *(mit Hebegeschirr)* • hoist *vt*

Anheben [der Last] *n* <förd> *(z. B. durch Gabelstapler, Kran)* • lift off

Anheber *m* <akust> • emphasizer

Anhebeschaltung *f* <el> • accentuator; pre-emphasis network

Anhebeschlitten *m* <wz.masch> *(für Werkstück)* • elevating slide

Anhebung *f* <tech.allg> *(Verstärkung; z. B. von Signal, Effekt, Schub)* • boost

Anhebung *f* <akust> *(Betonung; z. B. von Höhen, Bässen)* • emphasis

anheften *vt* <füg> *(mit Nadeln)* • pin *vt*

anheften *vt A* <füg> *(mit Reißbrettstift)* • tack *vt*; tack to *vt*

anheften *vt* <textil> • baste *vt*

Anheizen *n* <tech.allg> • heating-up; heat-up

Anheizen *n* <verbr> *(Ofen)* • firing-up

anheizen *vt* <tech.allg> • heat up *vt*

Anheizgeschwindigkeit *f* <hlk> • heating speed

Anheizzeit *f* <el> *(von Elektronenröhren)* • warm-up period; warm-up time

Anheizzeit *f* <verf> *(Anlage, Prozess)* • heating-up period

Anheizzone *f rar* <tech.allg> *(z. B. beim Schweißen, Heißwachsfluten, Trocknen)* • preheating zone

anhenkeln *vt* <silik> • handle *vt*

anheuern *vi* <nav> • sign on *vi*

Anhörung *f* <jur> *(von Einzelpersonen, Gruppen)* • hearing

Anholetaster *m* <förd> *(Aufzug)* • call button

anholonom <phys> • non-holonomic

anhydrid <chem> • anhydrous

Anhydrid *n* <chem> • anhydride

anhydridisieren *vt form* <chem> • anhydridize *vt*; anhydrize *vt pract*

anhydrisieren *vt* <chem> • anhydridize *vt*; anhydrize *vt pract*

Anhydrit *m* <chem> • anhydrite

Anhydritbinder *m* <bau.mat> • anhydrite binder

Anhydrozucker *m* <chem> • anhydrosugar

Anilin *n* <chem> • aniline

Anilinblau *n* <chem> • aniline blue

Anilindruckfarbe *f* <druck> • aniline ink; flexographic ink *rare*

Anilindruckmaschine *f* <druck> • flexographic printing press

Anilinfarbstoff *m* <chem> • aniline dye

Anilinformaldehydharz *n* <chem> • aniline-formaldehyde resin

Anilingummidruck *m* <edv> *(konventionelles Druckverfahren)* • flexography; flexographic printing *rare*

Anilinharz *n* <chem> • aniline resin

Anilinpunkt *m* <chem.verf> • aniline point

Anilinschwarz *n* <chem> • aniline black

Anilox-Farbwerk *n* <druck> • anilox inking system

Anilox-Kurzfarbwerk *n* <druck> • anilox inking system

Anilox-Offset-Kurzfarbwerk *n* <druck> • anilox inking system

Aniloxwalze *f* <druck> • anilox roller

animalisieren *vt* <textil> *(Faser)* • animalize *vt*

Animateur *m* <edv> • animator

Animation *f* <edv> *(z. B. in Computergrafik, Film)* • animation

Animation hinzufügen *ugs* <edv> *(Objekt, Grafik)* • animate *vt*

Animations-Controller *m* <edv> • animation controller

Animationsdatei *f* <edv> *(Datei)* • animation file; flic file; flic *pract*

Animationsdesigner *m* <edv> • animator

Animations-Loop *m prakt* <edv> • animation loop; loop *coll*

Animationsprogramm *n* <edv> *(Software zum Erstellen von Animationen)* • animation program; animator *coll*

Animationsschleife *f* <edv> • animation loop; loop *coll*

Animationsverfahren *n* <edv> • computer animation technique; motion control system

animierbar <edv> *(Grafikobjekt)* • animatable

animieren *vt* <edv> *(Objekt, Grafik)* • animate *vt*

animierte Bildfolge *f* <edv> *(z. B. in Computergrafik, Film)* • animation

animierte Patches *pl* <edv> • patch modeling

animpfen *vt* <bio.chem> *(Nährmedium)* • inoculate *vt*

Anion *n* <chem> • anion

anionaktiv <chem> • anionic; anion-active

anionaktiver Stoff *m* <chem> • anionic agent

anionenaktiv <chem> • anionic; anion-active

Anionenaustauscher *m* <verf> • anion exchanger

Anionenaustauschharz *n* <chem.verf> • anion exchange resin

Anionenfehlstelle *f* <chem> • anion vacancy

Anionenstörstelle *f* <chem> • anion defect

anionisch <chem> • anionic; anion-active

anionische Polymerisation *f* <kst> • anionic polymerization *US*; anionic polymerisation *GB*

anionoid <chem> • anionoid

Anisoelastizität *f* <navig> • anisoelasticity

anisometrisch <math> • anisometric

Anisoträgheitseffekt *m* <navig> • anisoinertia effect

anisotrop <chem.phys> • anisotropic

anisotrope holografische Wärmeschutzverglasung *f* <kfz> • anisotropic holografic heat protection glazing

anisotroper Kristall *m* <mat> • anisotropic crystal

anisotroper Magnetowiderstand *m* (AMR) <edv> • anisotropic magnetoresistance (AMR)

Anisotropie *f* <chem.phys> • anisotropy

Anisotropiefaktor *m* <chem.phys> • anisotropy factor

Anisotropie in der Blattebene *f* <pap> • in-plane anisotropy

anisotropisches Ätzen *n* <prod> • anisotropic etching

anisotropisches Filtern *n* <edv> • anisotropic filtering

Ankathete *f* <math> *(im rechtw. Dreieck)* • adjacent leg; adjacent side; adjacent small side

Anker *m* <el> *(in Generator, Elektromotor)* • armature; rotor

Anker *m* <mech> *(jede Art mechanischer Verankerung; z. B. in Wand, Boden)* • anchor

Anker *m* <nav> *(von Schiff, Boot)* • anchor

Ankerabfall *m* <el> • armature release

Ankeralarm *m* <navig> *(Empfänger)* • anchor alarm; anchor drag alarm

Ankerausbau *m* <min> • roof bolting; strata bolting; roof-bolt support

Ankerball *m* <nav> • anchor ball; black ball

Ankerbandage *f* <el> • armature band

Ankerblech *n* <el> • armature lamination

Ankerblock *m* <bau> *(Spannbeton)* • anchor block

Ankerboje *f* <nav> *(verankerte Boje)* • cable buoy

Ankerboje *f* <nav> *(Liegeplatzmarkierung)* • mooring buoy

Ankerbolzen *m ugs* <füg> • anchor bolt

Ankerbolzen *m* <masch> *(in Gliederpumpe)* • tie bolt

Ankerbolzen *m* <min> • roof bolt

Ankerbuchse *f* <el> • armature hub

Anker-Code *m* <edv> • Anker Code

Ankerdrift *f* <navig> • anchor drag

Ankerdruckplatte *f* <el> • armature end plate

Ankereisen *n obs.ugs* <bau> *(zum Verankern)* • anchor rod

Ankereisen *n* <el> *(Wicklungskern)* • armature core

Ankereisen *n* <el> *(Material)* • armature iron

Ankerelektrode *f* <med.tech> • lead with tines

Ankerfahne f <el> • armature end connection
Ankerfallvorrichtung f <nav> • slipper
Ankerfederlagerung f <el> • armature-reed support
Ankerfeld n <el> • armature field
Ankerflunke f <nav> • anchor fluke; fluke
Ankerfluss m <el> • armature flux
Ankerformspule f <el> • formed coil
Ankerfuß m <bau> • stay block
Ankergebühr f <nav> (auf Reede) • anchorage; groundage
Ankergegenfeld n <el> • opposing magnetic field of armature
Ankergeschirr n <nav> • anchor gear; ground tackle
ankergesteuert <el> • armature-controlled
ankergesteuerter Motor m <el> • armature-controlled motor
Ankergrund m <nav> • anchorage ground
Ankerhand f <nav> • anchor fluke; fluke
Ankerhemmung f <masch> (in Uhrwerk) • escapement [mechanism]
Ankerhub m <el> (Relais) • armature stroke
Ankerkern m <el> • armature core
Ankerkette f <nav> • anchor chain
Ankerkettenkneifer m <nav> • chain stopper
Ankerkettenpoller m <nav> (an Deck) • chain bitt; chain bit
Ankerkettenschäkel m <nav> • joining shackle
Ankerkettenstopper m <nav> • controller; riding stopper
Ankerklotz m <el> (Leitungsbau) • stay block
Ankerklüse f <nav> • anchor hawse pipe; anchor hawse hole
Ankerklüsenwulst m <nav> • hawse bolster
Ankerkörper m <el> • armature body
Ankerkonus m <bau> (Spannbeton) • anchorage cone; anchoring cone
Ankerkühlschlitz m <el> • armature duct
Ankerleichter m <nav> • mooring lighter; chain boat
Ankerleiter m <el> • armature conductor
Ankerlicht n <nav> • riding light
Ankerloch n <bau> (allg.) • anchor hole
Ankerloch n <füg> (für Ankerschraube) • foundation bolt hole
Ankerloch n <min> • block hole
Ankerlochbohrmaschine f <min> • roof bolter
ankerloses Relais n <el> • relay without armature
Ankerluftspalt m <el> • armature gap
Ankermast m <aerospace> (für Luftschiff, Blimp) • mooring mast
Ankermast m <el> (klein; Pfahl) • anchor pole; terminal pole
Anker mit ausgeprägten Polen m <el> • armature with salient poles
Anker mit geschlossener Wicklung m <el> • closed-coil armature
Anker mit Hammerkopf m <bau.füg> (Schraube) • foundation bolt with hammerhead
Anker mit Keilverschluss m <bau.füg> • foundation bolt secured with a cotter
Anker mit Stabwicklung m <el> • bar-wound armature
Ankermooringwinde f <nav> • anchor windlass
Ankermutter f DIN ISO 1891 <füg> • foundation nut
Ankern n <nav> • anchoring; anchorage
ankern vi <nav> • anchor vi
Ankernabe f <el> • armature hub; armature quill obs
Ankernabenstern m <el> • armature spider
Ankernut f <el> • armature slot
Ankerpaket f <el> • armature lamination
Ankerpfahl m <bau> • anchor pile
Ankerpfahl m <bau.masch> (lokalisiert den Schwimmbagger) • anchor spad

Ankerpflug m <nav> • anchor fluke; fluke
Ankerplatte f <bau> (allg.; in Wand oder Boden; z. B. für Rohrhalterungen) • anchor plate
Ankerplatte f <bau> (Befestigungsplatte im oder am Boden) • foundation plate
Ankerplatte f <bau> (für Verstrebungen) • tie plate
Ankerplatz m <nav> • anchorage
Ankerprellen n <el> • armature chatter
Ankerprüfgerät n <el> • armature tester
Ankerpunkt m <obfl> (für Schichten) • anchor point; key
Ankerreaktanz f <el> • armature reactance
Ankerreibfeder f <el> • antichatter armature reed
Ankerrohr n <petr> (Bohrtechnik) • surface casing; surface pipe
Ankerrohrfahrt f <petr> • anchor string of casing; anchor string; surface casing
Ankerrohrtour f <petr> • anchor string of casing; anchor string; surface casing
Ankerrückwirkung f <el> • armature reaction
Ankerrührer m <verf> • anchor agitator; anchor mixer; horseshoe mixer
Ankersäule f <metall> (Schmelzofen) • buckstay
Ankerschäkel m <nav> • bending shackle
Ankerschaft m <nav> • anchor shank
Ankerschiene f <agri> (für Anbauaggregate) • tie bar
Ankerschiene f <agri> (für Winde) • winch sprag
Ankerschlipper m <nav> • anchor tripper
Ankerschraube f <füg> • anchor bolt
Ankerschraube f <füg> (mit Öse und Mutter) • lag bolt
Ankerschraube f <füg> (mit hakenförmigem Ende und Spitzgewinde) • lag screw hook
Ankerschraube f <füg> (für Beton, Stein etc.; div. Formen) • foundation bolt
Ankerschraube f <kfz.el> (längs durch Generator, Starter) • through bolt; anchor bolt
Ankerschraubenrohr n <masch> • anchor-bolt tube
Ankerseil n <tech.allg> (von Mast, Turm) • guy [rope]; stay [rope]
Ankerspalt m <el> • armature gap
Ankerspannschraube f rar <füg> (zum Straffen von Seilen, Drähten etc.) • turnbuckle; screw shackle rare; coupling nut rare
Ankerspannungsgleichrichter m <el> • armature-voltage rectifier
Ankerspiel n <el> • armature stroke
Ankerspill n DIN ISO 3828 <nav> • anchor capstan ISO 3828; capstan windlass
Ankerspule f <el> • armature coil
Ankerstab m <bau> (zum Verankern) • anchor rod
Ankerstab m <el> (in Spule) • armature bar
Ankerstange f <bau> (zum Verankern) • anchor rod
Ankerstange f <min> • roof bolt
Ankerstelle f <obfl> (für Schichten) • anchor point; key
Ankerstopper m <nav> • riding stopper
Ankerstreuung f <el> • armature leakage
ankerstromgesteuerter Motor m <el> • armature-controlled motor
Ankerstromregelung f <el> • armature current control
Ankersystem n <petr> (Ölplattform) • mooring system
Ankertau n <nav> • anchor cable; anchor rope
Ankertaumine f <nav.mil> • anchored mine; moored mine
Ankerturm m <aerospace> (für Luftschiff, Blimp) • mooring mast
Ankerverlegearbeiten f <petr> (Ölplattform) • anchor handling
Ankerversetzen n <petr> (Ölplattform) • anchor handling
Ankerwache f <navig> (Empfänger) • anchor alarm; anchor drag alarm
Ankerwand f <bau> • anchor wall

Ankerwelle f <kfz.el> *(im Starter oder Gleichstromgenerator)* • armature shaft

Ankerwicklung f <el> • armature winding

Ankerwinde f DIN ISO 3828 <nav> • windlass *ISO 3828*

Ankerziehschlepper m <petr> • anchor handling vessel

Ankerzweig m <el> • armature-winding path

anketten vt <füg> • chain vt

Ankipphöhe f <pack> *(Deckelrand)* • lip height

Ankippung f <pack> *(Vorformung des Dosendeckelrandes)* • lip

Anklage wegen Umweltverschmutzung m <jur.ökol> • environmental lawsuit

anklammern vt <bau> *(mit großen Bauklammern; z. B. Steine, Balken)* • fasten with cramps vt

anklammern vt <füg> *(mit kleinen Klemmverbindern; z. B. Verkleidungen, Blenden)* • clip vt; fasten by means of clips

Anklebemaschine f <druck> *(z. B. für Vorsatz)* • tipping machine

ankleben vt <füg> *(allg.; z. B. mit Klebestift)* • stick vt

anklemmen vt <el> *(Leitung, Kabel; an Klemme)* • connect vt

anklemmen vt <mech> *(mit Klammer befestigen)* • clamp to vt

Anklemmrührer m <verf> *(Labortechnik)* • portable mixer

anklicken vt <edv> *(mit Maus, Taste; z. B. Option in Menü, Fenster)* • click vt

anklippen vt rar <füg> *(mit kleinen Klemmverbindern; z. B. Verkleidungen, Blenden)* • clip vt; fasten by means of clips

anklipsen vt ugs <füg> *(mit kleinen Klemmverbindern; z. B. Verkleidungen, Blenden)* • clip vt; fasten by means of clips

Anklopfen n <tele> *(Zusatzdienst, Merkmal eines Komfortelefons)* • Call Waiting (CW)

Anklopfsignal n <tele> *(normalerweise ein Ton)* • call waiting signal

Anklopfton m <tele> • call waiting tone

anknöpfbarer Kragen m <bekl> • snap-down lapels pl

anknöpfbares Visier n <bekl> *(Schutzhelm)* • snap-on face shield

anknüpfen vt <textil> *(Fadenende)* • tie ends vt

Anknüpfmaschine f <textil> • tying-in machine

Ankochperiode f <pap> • penetration period

Ankörneinrichtung f <prod> • centering device

Ankörnen n <prod> *(der Bohrlochmitte; Vorgang)* • center punching US; centre punching GB

ankörnen vt <prod> *(mit Körner; z. B. Bohrung)* • centerpunch vt; center vt

Ankörner m rar <wz> • center punch US; centre punch GB; puncher coll; pointed punch rare

Ankörnung f <prod> *(Markierung der Bohrmitte; Resultat)* • center mark

Ankörnung f rar <prod> *(der Bohrlochmitte; Vorgang)* • center punching US; centre punching GB

ankolben vt <petr> *(schnelles Ziehen des Bohrstrangs; erzeugt Unterdruck)* • swab vt

ankommend <tech.allg> *(z. B. Anruf, Waren, Flugzeug)* • incoming

ankommend <verk> *(z. B. Bus, Zug, Fahrgäste)* • arriving

ankommende Leitung f <tele> • incoming line

ankommender Impuls m <el> • input pulse

ankommendes Leitungsbündel n <tele> • group of incoming lines

ankommendes Signal n <tele> • incoming signal

ankommende Verbindung f <tele> • incoming junction

ankommende Welle f <phys> • incoming wave

Ankoppelkreis m <el> • coupling network

ankoppeln vi <aerospace> *(Raumfahrzeuge)* • dock vi

ankoppeln vt <el> • couple vt

Ankopplung f <tech.allg> *(z. B. mech., elektr., akust.)* • coupling

Ankreis m <math> • excircle; exscribed circle

Ankreismittelpunkt m <math> • excenter

Ankreisradius m <math> • exradius

ankreuzen vt <doku> *(Kästchen; z. B. in Formular, Fragebogen)* • mark vt; check in appropriate space vi form; mark the appropriate box with a cross vt form; check off vt pract; tick off vt coll

Ankündigungssignal <tech.allg> • presignal

an Kundenwünsche anpassen vt <tech.allg> • customize vt

Ankunft f <logist> *(von Waren, Personen; z. B. im Lager, Bahnhof, Flughafen, Hafen)* • arrival

Ankunftsalarm m <navig> *(Empfänger)* • arrival alarm

Ankunftsbahnhof m <bahn> • arrival station

Ankunftshafen m <nav> • port of arrival; port of entry

Ankunftskreis m <navig> • arrival circle

Ankuppeln n <nfz> *(Anhänger an Zugmaschine)* • coupling; locking up GB

ankuppeln vt <bahn> *(Waggon)* • couple vt

ankuppeln vt <kfz> *(Anhänger)* • hitch up vt; couple up vt coll

ankuppen vt <metall> *(spitz)* • point vt

ankurbeln vt <masch> • crank vt

Anladung f <geo> *(Flussbett, -ufer)* • aggradation; accretion; silting-up; silting

Anladung von Grundöl f <petr> • alluvation of crude oil

Anlage f <tech.allg> *(z. B. Fabrik, Werk, Kläranlage)* • plant

Anlage f <tech.allg> *(größere Einrichtung; z. B. Montagehalle, Werk)* • facility

Anlage f <tech.allg> *(Installation; z. B. Druckluftnetz, Heizung)* • installation

Anlage f <tech.allg> *(für einen bestimmten Zweck aufgestellte Einrichtung, Apparatur)* • rig

Anlage f <tech.allg> *(komplexe, meist größere funktionale Einheit; z. B. Klima, Wasserenthärt)* • system

Anlage f <agri> *(Scharpflug)* • landside

Anlage f ugs <bahn> *(z. B. H0)* • model railroad layout; model railroad pract; layout coll

Anlage f <doku> *(zu einem Brief)* • attachment; enclosure

Anlage f <druck> *(Papierführung; z. B. an Drucker, Kopierer)* • feed guide; infeed

Anlage f <wz.masch> *(Anschlag für Werkstück)* • abutting piece

Anlagefeder f <kfz.brems> *(in Trommelbremse)* • tensioning spring

Anlagefläche f <tech.allg> *(von benachbarten Teilen)* • mating surface

Anlagefläche f <masch> *(Sitz)* • seat

Anlagefläche f <prod> *(zum Greifen)* • gripping surface

Anlagefläche f <prod> *(zum Positionieren)* • locating surface

Anlagefläche f <prod> *(zum Montieren)* • mounting surface

Anlageflächendurchmesser m <fz> *(von Rädern)* • attachment face diameter; mounting face diameter

Anlageleiste f <druck> *(Recorder)* • plate ledge

Anlagelineal n <prod> *(zum Zeichnen, Anreißen)* • contact rule

Anlage mit Abhitzeverwertung f <energ> *(Kraftwerk)* • combined heat and power plant GB; cogeneration plant US; total energy plant; CHP plant

Anlage mit Abwärmeauskopplung f <energ> *(Kraftwerk)* • combined heat and power plant GB; cogeneration plant US; total energy plant; CHP plant

Anlage mit Kraft-Wärme-Kopplung f <energ> *(Kraftwerk)* • combined heat and power plant GB; cogeneration plant US; total energy plant; CHP plant

Anlage mit liegendem Faulraum f <agri.tech> • plug flow-type digester; plug flow digester

Anlage mit stehendem Faulraum f <agri.tech> • stirred-tank digester

Anlagenase f <masch> • frog nose

anlagenbezogene Regelungen fpl <jur.emiss> • plant-related regulations pl; facility-related regulations pl

Anlagenfahrer m <tech.allg> (von größeren Systemen, Anlagen; meist in einer Warte) • operator

Anlagenflexibilität f <prod> • plant flexibility

Anlagenförderhöhe f <rls> • system head; total system head

Anlagen im Bau f <bau> • buildings under construction; plant under construction; construction in progress

Anlagenkennkurve f <tech.allg> • system curve; system characteristic curve

Anlagenkennlinie f <tech.allg> • system curve; system characteristic curve

Anlagenplan m <doku> (von Gebäuden) • layout [plan]

Anlagensteuerung f <msr> • plant control

Anlagenwirkungsgrad m <phys> (z. B. Klimaanlage, Kraftwerk) • system efficiency

anlagern vr <tech.allg> (z. B. Rückstände, Filterkuchen, Staubteilchen) • add vi

anlagern vr <tech.allg> (z. B. Sedimente, Kristalle) • accrete vr

anlagern vr <phys> (an der Oberfläche; z. B. von Filtern) • adsorb vt

anlagern vt <phys> (Elektron, Proton) • attach vt; gain vt; trap vt; capture vt

Anlagerung f <tech.allg> • accretion

Anlagerung f <phys> (von Elektronen, Protonen) • attachment; trapping

Anlagerung f <verf> (von Flüssigkeitstropfen an Staubteilchen im Gasstrom) • entrainment

Anlagerungsprodukt n <chem> • addition product

Anlagerungsprozess m <nukl> • capture process

Anlagerungsquerschnitt m <nukl> • attachment cross-section

Anlagerungsreaktion f <chem> • addition reaction

Anlagerungsreaktion f <nukl> • capture reaction

Anlagerungsrichtung f <chem> • direction of addition

Anlagerungsterm m <el> • trapping level

Anlagerungsverbindung f <chem> • additive compound

Anlagesteg m <druck> • gripper margin

Anlagetisch m <druck> • feedboard

Anlagewinkel m <druck> • lay angle

anlassbar <metall> (Stahl) • temperable

Anlassbatterie f <el> • starter battery

Anlassdrehmoment n <mot> • starting torque

Anlassdruckknopf m ugs.rar <el> (zum Starten von Maschinen, Motoren) • starting button; starting push-button; start button pract

Anlassdrucktaste f <el> (zum Starten von Maschinen, Motoren) • starting button; starting push-button; start button pract

Anlasseinspritzanlage f <mot> • priming fuel injection system

Anlasseinspritzpumpe f <mot> • primer pump

Anlasseinspritzung f <mot> (Verbrennungsmotor) • priming

Anlasselektromotor m <el> • starting motor

Anlassen n <metall> (Abbau von Spannungen, Steigerung der Zähigkeit auf Kosten der Härte) • tempering; drawing rare

Anlassen n <mot> (eines Motors) • starting; start-up rare; starting-up rare

anlassen vt ugs <kfz.mot> (Motor; mit dem Ziel, dass er anspringt) • start vt

anlassen vt <metall> (Teil des Vergütens) • draw the temper vt

Anlassen in Öl n <metall> • oil tempering

Anlassen mit Hilfsphase n <el> • split-phase starting

Anlassen mit Kondensator n <el> • capacitor starting

Anlassen mit Spartransformator n <el> • autotransformer starting

Anlassen mit Widerständen n <el> • rheostatic starting

Anlasser m <kfz.el> • starter; starting motor; self-starter obs

Anlasser für Direkteinschaltung m <el> • across-the-line starter

Anlasserkollektor m <el> • starter commutator

Anlasserleitung f <kfz.el> • starter cable

Anlassermagnet m <el> • starter magnet

Anlasser mit Tippbetrieb m <el> • inching starter

Anlasserwalze f <el> • starter drum

Anlasserzahnkranz m prakt <kfz.mot> • flywheel ring gear; starter [motor] ring gear

Anlassfarbe f <metall> • temper color

Anlassgasturbine f <aerospace> • starter gas turbine

Anlassgemisch n <kfz> • starting mixture

Anlasshärtung f <metall> • temper hardening

Anlasshäufigkeit f <el> • starting frequency

Anlasshebel m <masch> • starting lever

Anlassimpulsgenerator m <navig> • timing wave generator

Anlassknopf m <el> • starter push-button; starter button

Anlass-Kondensator m <el> (z. B. von Leuchtstoffröhre) • starter capacitor

Anlasskondensator m <el> • starting capacitor

Anlasskraftstoff einspritzen vt <kfz> • prime vt

Anlassleistung f <el> • starting capacity

Anlassluftflasche f <mot> (Notstromdiesel) • starting-air cylinder; starting-air bottle

Anlassmittel n <metall> • tempering medium

Anlassöl n <metall> • tempering oil

Anlassofen m <metall> • tempering furnace

Anlassrelais n <el> • starting relay

Anlassschalter m <el> (betont: Schalter nur für Starter) • starting switch

Anlassschaubild n EN 10052 <metall> • tempering curve EN 10052

Anlassschieber m <mot> • starting gate valve

Anlasssignal n <kfz.msr> (der Kurbelwelle) • crank signal

Anlasssperre f <kfz> • starting interlock; starter interlock; starter lockout; start inhibitor

Anlasssperrschalter m <kfz> (allg.) • starter inhibitor switch

Anlasssperrschalter m <kfz> (bei Automatikgetriebe) • park/neutral safety switch

anlasssspröde <qualit.mat> • temper-brittle

Anlasssprödigkeit f <qualit.mat> • temper brittleness

Anlassspule f <el> • starting coil

Anlasssteuerwalze f <el> • starting drum

Anlassstrom m <el> • starting current

Anlassstufe f <metall> • stage of tempering

Anlasstemperatur f <metall> • tempering temperature; drawing temperature

Anlasstransformator m <el> • starting transformer; transformer starter

Anlassventil n <masch> (z. B. Pumpenanlage) • starting valve

Anlassversprödung f <qualit.mat> • temper embrittlement

Anlassvorrichtung f <el> • starting device

Anlasswicklung f <el> • starting winding

Anlasswiderstand m <el> (als Bauteil) • starting resistor

Anlasswiderstand m <el> (elektr. Größe) • starting resistance

Anlasszündkerze f <mot> • igniter plug

Anlasszwillinge mpl <metall> • annealing twins

Anlauf m <licht> (Gasentladungslampe) • warm-up

Anlauf m <masch> (Maschinenstart) • start-up

Anlaufbedingungen fpl <masch> • starting-up conditions

Anlaufbewegung f <tech.allg> • starting motion; initial motion

Anlaufdrehmoment n <mech> (beim Ingangsetzen drehender Teile) • starting torque; break-away torque; start-up torque; initial torque

Anlaufen n <obfl> • blooming

anlaufen vi <masch> (in Gang kommen; z. B. Maschine, Anlage) • start vi

anlaufen vi DIN5090082 <obfl> (Metall; verfärben, stumpf werden; z. B. durch Oxidation) • tarnish vi; discolor vi

anlaufen vi ugs <phys> (Fenster, Glasscheibe) • fog vi; mist vi; steam up vi coll

anlaufen vi <textil> (Nadeln an einem Schlossteil) • enter vt **anlaufen** vt <nav> (Hafen) • call (at) vt; put (into) vt; run (into) vt

Anlauffarbe f <metall> • temper color

Anlaufflanke f <masch> (Nocke) • lifting flank

Anlaufgeschwindigkeit f <energ.wind> • start-up wind speed; start-up speed

Anlaufhafen m <nav> • port of call

Anlaufherzstück n <bahn> (Weiche) • run-over frog

Anlaufkondensatormotor m <el> • starter capacitor motor

Anlauflänge f <metall> (Walzwerk) • first loading coil section

Anlaufmoment n <mech> (beim Ingangsetzen drehender Teile) • starting torque; break-away torque; start-up torque; initial torque

Anlaufreibung f <masch> (von Lagern, beweglichen Teilen) • starting friction

Anlaufreibwert m <masch> (z. B. von Gleitlager) • starting friction coefficient

Anlaufring m <masch> (feststehender Ring von Gleitringdichtungen; z. B. in Pumpen) • stationary seal ring; stationary element; stationary seat; stationary seal face

Anlaufscheibe f <masch> (allg.; axial belastete Scheibe) • thrust washer; thrust plate

Anlaufschicht f <metall.obfl> • tarnish [layer]

Anlaufschiene f <bau> • facing rail

Anlaufschild m <verf.ents> (Räumschild) • trough-forming blade

Anlaufschritt m <tele> • start pulse; starting pulse

Anlaufschwierigkeit f <tech.allg> (z. B. Fertigungsprobleme) • initial difficulty

Anlaufschwierigkeit f <mech> (von Maschinen, Anlagen) • starting difficulty

Anlaufspannung f <bahn> • breakaway voltage

Anlaufspannung f <el> • starting voltage; initial voltage

Anlaufstrecke f <aerospace> (von Flugzeug) • take-off distance

Anlaufstrecke f <förd> (z. B. Förderband, Seilbahn) • starting distance

Anlaufstrom m <el> (allg.; z. B. von Motoren, Gasentladungslampen) • starting current; initial current

Anlaufüberbrückung f rar <msr> (erwünschte Funktion) • turn-on delay; power-on delay time; on-delay

Anlauf unter Last m <masch> • heavy starting

Anlaufverhalten n <tech.allg> (z. B.Anlage, Bauelement, Gerät, Maschine) • transient behaviour

Anlaufweg m <wz.masch> (Werkzeug; z. B. von Fräser) • approach

Anlaufwert m <msr> (von Zählern) • starting threshold; counter starting value

Anlaufwiderstand m <masch> (Maschine, Fahrzeug) • breakaway force

Anlaufwindgeschwindkeit f <energ.wind> • start-up wind speed; start-up speed

Anlaufwinkel m <bahn> • striking angle

Anlaufzeit f <tech.allg> (betont: bis Betriebstemperatur) • warm-up time

Anlaufzeit f <tech.allg> (betont: Beschleunigung, z. B. von Band- oder Plattenlaufwerk) • acceleration time

Anlaufzeit f <tech.allg> (allg.; eines Systems, einer Komponente, Maschine) • start-up time; starting time

Anlaufzeit f <licht> (von Lampen, insbes. Scheinwerfer, z. B. Xenon, Natrium etc.) • run-up time; warm-up time

Anlaufzeit f <masch> (betont: Hochfahren einer Maschine) • run-up time

Anlaufzeit f <masch> (von Maschinen, Anlagen; bis zum Erreichen der Betriebstemperatur) • warm-up time; warm-up phase

Anlaufzeit f <prod> (z. B. Phase in Projektplanung) • lead time

Anlaufzeitkonstante f <msr> • acceleration constant

Anlaufzustand m <el> • residual current state

Anlegeapparat m <druck> • feeder; sheet-feeder; sheet feeder; feed

Anlegebrett n <druck> • feed board

Anlegegoniometer n <msr> • contact goniometer

Anlegekante f <druck> (für Papier; z. B. in Drucker, Kopierer, Fax) • edge guide

Anlegemarke f <druck> (Papierzufuhr) • feeding mark

Anlegemarke f <prod> (für Werkstücke) • lay gauge; lay mark

Anlegemarkierung f <büro> (Kopierer) • guide marks

Anlegemaschine f <textil> (Flachsvlies) • spreading machine; spreader

Anlegen n <nav> (Schiff am Pier) • landing; berthing

Anlegen n <phys> (Kraft, Spannung, Magnetfeld, Signal) • application

anlegen vt <tech.allg> (z. B. Lineal, Werkzeug) • put against vt

anlegen vt <druck> (Bogen an Papiereinzug) • lay on vt; feed vt

anlegen vt <edv> (Verzeichnis, Ordner) • create vt

anlegen vt <logist> (Vorrat) • stockpile vt

anlegen vt <nav> (Schiff, Boot; an Liegeplatz, Kai, Ufer) • berth vt; wharf vt

anlegen vt <nav> (Schiff, Boot; festmachen, an Ufer, Kai) • moor vt

anlegen vt <nav> (Schiff, Boot; an ein anderes Wasserfahrzeug) • go alongside vt

anlegen vt <phys> (Spannung, Magnetfeld, Signal) • apply vt

anlegen vt <textil> (Flachsvlies) • spread vt

anlegen (auf) vi <mil> (mit Waffe auf Ziel) • aim (at) vi; point (at) vi; take aim (at) vi; sight (at) vt **Anlegen mit Politur** n <obfl.holz> (Arbeitsgang beim Handpolieren) • fadding-up

Anlegeplatte f <druck> • feed board

Anlegeponton m <nav> • landing stage pontoon; mooring pontoon

Anleger m <druck> • feeder; sheet-feeder; sheet feeder; sheet feed; feed

Anlegerahmen m <phot> • focal plane frame

Anleger mit Vorderkantentrennung m <druck> • front separation feeder

Anlegeschute f <nav> • dummy barge

Anlegestelle f <nav> • mooring place

Anlegestelle für U-Boote f <nav> • submarine nest

Anlegestift m <prod> • locating pin

Anlegethermometer n <msr> • surface temperature sensor

Anlegetisch m <druck> • feedboard

Anlegewandler *m* <el> • split-core-type transformer
Anlegewinkel *m* <doku.wz> *(zum Zeichnen, Markieren)*
  • square
Anlegewinkel *m* <druck> *(für Papierzufuhr)* • feed angle
Anlegewinkelmesser *m* <wz> • bevel protractor
Anlegezylinder *m* <druck> • feed cylinder
Anleimapparat *m* <füg.holz> • glue applicator; gluing machine; gluing apparatus *rare*
anleimen *vt* <füg> • glue on *vt*
Anleimmaschine *f* <füg.holz> • glue applicator; gluing machine; gluing apparatus *rare*
Anleiten *n* <did> *(von neuem Personal)* • coaching
anleiten *v* <did> • instruct *v*
anleiten *vt* <did> *(Person)* • guide *vt*
Anleitung *f* <did> *(Vorgang, Effekt)* • guidance
Anleitung *f* <did> *(von neuem Personal)* • coaching
Anleitung *f* <doku> *(z. B. Handbuch)* • guide; instruction
Anleitung *f* <doku> *(in Druckform, z. B. als Broschüre, Heft, Loseblattordner)* • manual
Anlenkbolzen *m* <masch> • knuckle pin; wrist pin
anlenken *vt* <masch> *(gelenkig verbinden)* • articulate *vt*; hinge *vt*
Anlenkpleuel *m* <masch> • articulated con-rod
Anlenkpunkt *m* <kfz.sich> *(für Sicherheitsgurt)* • belt anchorage location; seat belt anchorage point/location; belt mounting point; belt mounting eye
Anlernen *n* <did> *(von neuem Personal)* • coaching
anlernen *vt* <did> *(Personal)* • train *vt*; instruct *vt*
Anlernling *m obs* <did> • trainee
Anlieferhalle *f* <ents> *(zum Abkippen von Müll; z. B. in MVA)* • tipping hall; tipping building
anliefern *vt* <logist> *(Frachtgut; mit Lkw o.ä.)* • deliver *vt*
Anliefertisch *m* <wz.masch> *(für Rohlinge, Ausgangsmaterial)* • supply table
Anlieferungsfahrzeug *n* <ents> *(Müll)* • collection vehicle
Anlieferungsgut *n* <ents> *(Müll)* • incoming waste
Anlieferungstisch *m* <wz.masch> *(für Rohlinge, Ausgangsmaterial)* • supply table
Anlieferzustand *m* <prod> • as-delivered condition; as-received condition
anliegen an *vi* <mech> • bear against *vi*
anliegend <tech.allg> *(unmittelbar benachbart)* • adjacent
anliegende Kopfwelle *f* <phys> *(z. B. beim Überschallflug)* • attached shock wave
anliegender Kurs *m* <navig> • heading course
Anliegerstraße *f* <verk> • service road
Anliegerverkehr *m* <verk> • access traffic
Anliegewand *f* <phys> *(Strömung)* • attachment wall
Anlockstoff *m* <chem> *(für Insekten)* • attractant
anlösen *vt* <chem.obfl> *(z. B. oberste Schicht)* • dissolve partially *vt*
anlösen *vt* <chem.obfl> *(mit Ätzmittel)* • etch *vt*
Anlösung *f* <chem> • partial solution
anlöten *vt* <füg> *(hart)* • braze to *vt*; join by brazing *vt rare*
anlöten *vt* <füg> *(weich)* • solder to *vt*; join by soldering *vt rare*
Anlötsockel *m* <fz> • brazed on boss; boss
Anlötteil *n* <fz> *(an Fahrradrahmen)* • brazed-on part; braze-on *pract*
anmachen *vt* <bau.mat> *(z. B. Mörtel, Gips)* • temper *vt*
anmachen *vt ugs* <el> *(kleine Verbraucher; z. B. Licht, Lampen, Radio, Fernseher)* • switch on *vt*; turn on *vt coll*
anmachen *vt* <nahr> *(mischen, umrühren)* • mix *vt*
Anmachwasser *n* <bau.mat> *(z. B. für Mörtel)* • tempering water
Anmachwasser *n* <nahr> *(zum Mischen)* • mixing water
Anmachwasser *n* <silik> • water of plasticity
an Masse schalten *vt* <el> • connect to ground *vt US*; connect to earth *vt GB*

anmelden *vi* <edv> *(in System, LAN)* • log on *vi*; log in *vi*
anmelden *vt* <tele> *(Gespräch)* • place *vt*; book *vt*
Anmeldetag *m* <jur> *(von Patenten; Pos. 22)* • date of filing
Anmeldung *f* <jur> *(Patent)* • application
Anmeldungsfrist *f* <jur> *(Patent)* • period for filing an application
Anmeldungsgegenstand *m* <jur> *(Patent)* • subject-matter of the application
Anmeldungsunterlagen *f* <jur> *(Patent)* • application documents
anmessen *vt* <phot> *(ein Motiv; mit Belichtungs-, Entfernungsmesser)* • take a reading (from); read *vt*
Anmischbehälter *m* <nahr.prod> *(Speiseeis)* • premixer; mixing vat; blending tank; batching tank
anmustern *vi* <nav> • sign on *vi*
Annabergit *m* <min> • annabergite; nickel bloom *pract*
annähen *vt* <textil> *(Knopf)* • attach *vt*
annähern *vr* <allg> *(z. B. Wert)* • approximate *vi*; come close *vi*
annähern *vr* <navig> *(an einen Wegpunkt)* • approach *vt*
annähernd <allg> *(nicht ganz genau)* • approximate
Annäherung *f* <allg> • approach
Annäherungsalarm *m* <navig> *(beim Erreichen eines Wegpunkts)* • proximity alarm
Annäherungsgeschwindigkeit *f* <tech.allg> • approach speed; approach rate
Annäherungsgeschwindigkeit *f* <mil> *(an ein Ziel)* • closing rate
Annäherungsmelder *m* <alarm> • proximity detector
Annäherungsregime *n* <aerospace> • rendezvous regime
Annäherungsschalter *m* <el> • proximity switch
Annäherungsverfahren *n* <tech.allg> • approximation method; approximate method
annäherungsweise <allg> • approximate
Annäherungswert *m* <allg> • approximate value
Annäherungswinkel *m* <aerospace> • approach angle
Annäherungszünder *m* <mil> • proximity fuse
annageln *vt* <füg> • nail to *vt*
Annahme *f* <allg> • assumption; hypothesis; supposition
Annahme *f* <qualit> *(z. B. Wareneingang)* • acceptance; reception
Annahme der Gebührenübernahme *f* <edv> • local charging acceptance
Annahmegrenze *f prakt* <qualit> • acceptable quality level (AQL); limit of acceptability
Annahmekontrolle [durch Stichproben] *f* <qualit> • acceptance sampling
Annahmequalitätsregelkarte *f DIN 55350-33* <qualit> • acceptance control chart
Annahmeverfahren *n* <qualit> • acceptance procedure
Annahmewahrscheinlichkeit *f* <math> *(Qualitätssicherung)* • probability of acceptance
Annahmezahl *f* <qualit> • acceptance number
annehmbar <qualit> *(allg.; Ware, Material, Fehler)* • acceptable
annehmbare Qualitätsgrenzlage *f (AQL) form* <qualit> • acceptable quality level (AQL); limit of acceptability
annehmbare Qualitätslage *f* <qualit> • acceptable quality level (AQL); limit of acceptability
annehmen *vt* <allg> *(vermuten)* • assume *vt*
annehmen *vt* <qualit> • accept *vt*
Annehmlichkeit *f* <tech.allg> *(z. B. Whirlpool, Sitzheizung, Lederausstattung)* • amenity
annieten *vt* <füg> • rivet to *vt*; attach by riveting *vt*
Annihilation *f* <phys> *(von Paaren)* • annihilation; pair annihilation
Annihilationsstrahlung *f* <phys> • annihilation radiation; pair annihilation; positron-electron annihilation
Annonce *f* <werb> • advertisement; ad

Annullieranweisung f <edv> • cancel statement
annullieren vt <jur> (Vertrag, Klausel) • nullify vt
annullieren vt <ökon> (z. B. Auftrag, Reservierung) • cancel vt
Annulliertaste f <msr> • clear button; cancel button
Annullierung f <jur> (z. B. Vertrag) • nullification
Annullierung f <ökon> (z. B. Auftrag) • cancellation
Annulus m <petr> • base annulus
Anode f DIN EN ISO 8044 <el> (z. B. von galv. Element) • anode ISO 8044; positive electrode
Anode f <el> (Elektronenröhre) • plate
Anode f <med.tech> (Röntgenröhre) • target
Anodenabstimmkreis m <el> • anode-tuned circuit
Anodenanschluss m <el> (Leitung) • anode lead
Anodenanschluss m <el> • anode terminal; positive terminal
Anodenausgleichsdrossel f <el> • anode balancing coil
Anodenbasisschaltung f <el> • grounded-anode circuit; cathode follower
Anodenbasisverstärker m <el> • grounded-anode amplifier
Anodenbatterie f <el> • plate battery; anode battery
Anodenbelastung f <el> • anode load
Anodenblech n <el> • anode plate
Anodenbrücke f <el> • anode bridge; anode strap
Anodenbrumm m <el> • anode hum
Anodendrossel f <el> • anode reactor
Anodendunkelraum m <el> • anode dark space
Anodendurchführung f <el> • anode lead-in wire
Anodendurchgriff m <el> • inverse amplification factor
Anodeneffekt m <el> • anode effect
Anodeneingangsleistung f <el> • anode power input
Anodenfall m <el> • anode drop; anode fall
Anodenflamme f <el> • positive arc flame
Anodenfleck m <el> • anode spot
Anodenflügel m <el> • anode fin
Anodenflüssigkeit f <el> • anolyte
Anodenflüssigkeit f <el.chem> • anolyte
Anoden-Gitter-Kapazität f <el> • anode-to-grid capacitance; anode-grid capacitance
Anodengleichrichtung f <el> • anode bend rectification
Anodengleichspannung f <el> • DC anode voltage
Anodengleichstrom m <el> • DC anode current
Anodenglimmlicht n <el> • anode glow; positive glow
Anodenhülse f <el> (Blech) • anode shield
Anodenkapazität f <el> • anode capacitance
Anodenkappe f <el> (Röhre) • anode cap; top cap
Anoden-Kathoden-Strecke f <el> (Röhre) • anode-cathode gap; anode-cathode distance
Anodenklemme f <el> • anode terminal; positive terminal
Anodenkorb m <el> • anode basket; anode cage
Anodenkreis m <el> • anode circuit
Anodenkreisspule f <el> • anode coil
Anodenkreistastung f <tele> • anode circuit keying
Anodenleitwert m <el> • plate conductance
anodenmechanisch <prod> (z. B. Schleifen) • electrolytic
Anodenmetall n <el.mat> • anode metal
Anodenplatte f <el> • anode plate
Anodenpolarisation f <el> • anodic polarization
Anodenpotential n <el> • anode potential
Anodenraum m <el> • anode compartment
Anodenrauschen n <el> • anode noise
Anodenreaktion f <obfl.chem> • anodic corrosion reaction; anodic reaction ISO 8044; metal/metal ion reaction
Anodenrest m <el> • anode residue
Anodenrückkopplung f <el> • anode feedback
Anodenrückleitung f <el> • anode return
Anodenruhestrom m <el> • anode rest current; steady anode current

Anodenschirm m <el> (gitterförmig) • anode screen; anode guard net rare
Anodenschirm m <el> (Blech) • anode shield
Anodenschlamm m <el> • anode sludge; anode mud coll
Anodenschutz m DIN EN ISO 8044 <obfl> • anodic protection ISo 8044
Anodenschutznetz n <el> (gitterförmig) • anode screen; anode guard net rare
Anodenschutzwiderstand m <el> • anode feed resistance
Anodenschwamm m <el> • anode sponge
Anodenschwingkreis m <el> • tank circuit; tank oscillator
Anodenspannung f <el> • anode voltage
Anodenspannungs-Abblockkondensator m <el> • anode return bypass
Anodenspannungsabfall m <el> • anode voltage drop
Anodenspannungsamplitude f <el> • anode voltage swing
Anodenspannungsgegenkopplung f <el> • anode voltage degeneration
Anodenspannungskennlinie f <el> • anode voltage characteristic
Anodenspannungsmodulation f <el> • anode voltage modulation; constant-current modulation
Anodenspannungsnetzteil n <tele> • high-tension supply [unit]
Anodenspannungssiebkondensator m <el> • anode supply bypass capacitor
Anodenspannungsumformer m <el> • anode converter
Anodenspeisespannung f <el> • anode supply voltage
Anodensperrkreis m <el> • anode rejector circuit
Anodenspitzenspannung f <el> • peak anode voltage
Anodenspitzenstrom m <el> • peak anode current
Anodenspule f <el> • anode coil
Anodenspulenabgriff m <el> • anode tapping point
Anodenstrahl m <el> • anode ray
Anodenstrom m <el> • anode current; anodic current
Anodenstrom-Gitterspannungs-Kennlinie f <el> • grid-potential anode-current characteristic
Anodenstromkennlinie f <el> • anode current characteristic
Anodenstromlöschung f <el> • thyratron extinction
Anodenstromsparschaltung f <el> • anode current economy circuit
Anodenstromtastung f <tele> • anode current keying; high-tension keying
Anodenstumpf m <füg> • anode butt
Anodentastung f <tele> • anode keying
Anodenverlustleistung f <el> • anode dissipation
Anodenverstärker m <el> • anode follower
Anodenwinkel m <el> • target angle
Anodenwirkungsgrad f <el> • anode efficiency
Anodenzerstäubung f <el> • anode sputtering
Anodenzündspannung f <el> • anode breakdown voltage
Anodenzündung f <el> • anode starting
Anodic-Stripping-Voltammetrie f <el.chem> • anodic stripping voltammetry (ASV)
anodisch • anodic
anodische Behandlung f <obfl> • anodic treatment
anodische Differenzpulsinversvoltammetrie f <el.chem> • differential pulse anodic stripping voltammetry (DPASV)
anodische Differenz-Puls-Inversvoltammetrie f <el.chem> • differential pulse anodic stripping voltammetry (DPASV)
anodische Elektrotauchgrundierung f <obfl> (Vorgang) • anaphoretic dip priming
anodische Elektrotauchlackierung f (ATL) <obfl> (Vorgang) • anodic dip painting

anodische ETL f <obfl> (Vorgang) • anodic dip painting

anodische Inhibition f <chem> • anodic inhibition

anodische Inversvoltammetrie f <el.chem> • anodic stripping voltammetry (ASV)

anodische Korrosion f <obfl> • anodic corrosion

anodische Oxidation f <obfl> (von Alu, Magnesium) • anodic oxidation; anodizing ISO 4618-3; anodization; electrolytic oxidation rare

anodische Oxidschicht f <obfl> (auf Alu) • anodic oxide layer; anodic coating; anodic film

anodische Oxidschicht mit Sperrwirkung f <obfl> • barrier-type coating

anodische Reaktion f DIN EN ISO 8044 <obfl.chem> • anodic corrosion reaction; anodic reaction ISO 8044; metal/metal ion reaction

anodische Reinigung f <obfl> • anodic cleaning; anodic electrocleaning; reverse current cleaning rare

anodischer Korrosionsschutz m <obfl> • anodic protection ISo 8044

anodischer Schutz m <el> • plate protection

anodischer Teilprozess m <obfl.chem> • anodic corrosion reaction; anodic reaction ISO 8044; metal/metal ion reaction

anodisch erzeugte Oxidschicht f <obfl> • anodized oxide layer; anodized coating

anodisches Glänzen n <obfl> • electrobrightening; electropolishing; electrolytic brightening form; electrolytic polishing form

anodisches Polieren n rar <obfl> • electrobrightening; electropolishing; electrolytic brightening form; electrolytic polishing form

anodische Teilreaktion f <obfl.chem> • anodic corrosion reaction; anodic reaction ISO 8044; metal/metal ion reaction

anodisch oxidieren vt <obfl> (Aluminium, Magnesium) • anodize vt

Anodisierbad n <obfl> (Behälter) • anodizing tank; anodising bath; bath for anodic oxidation form

Anodisierbad n <obfl> (Tauchvorgang) • anodizing bath US; anodising bath GB

anodisierbar <obfl> • suitable for anodizing

Anodisieren n DIN EN ISO 4618 <obfl> (von Alu, Magnesium) • anodic oxidation; anodizing ISO 4618-3; anodization; electrolytic oxidation rare

anodisieren vt <obfl> (Aluminium, Magnesium) • anodize vt

anodisiertes Aluminium n <druck> (Druckplatte) • anodized aluminum US; electrochemically grained aluminum US; anodised aluminium GB

Anolyt m <el.chem> • anolyte

anomal <tech.allg> (z. B. Systemverhalten, Betrieb) • anomalous

anomale Diffusion des Plasmas f <nukl> • Bohm diffusion; anomalous diffusion of plasma

anomaler Zustand m <tech.allg> • anomaly; abnormal condition

anomales magnetisches Moment n <phys> • anomalous magnetic moment

Anomalie f <tech.allg> • anomaly; abnormal condition

Anomalie f <phys> (z. B. von Wasser) • anomaly

Anordnen n <tech.allg> (Vorgang des Platzierens; z. B. von Bauteilen) • placement

anordnen vt <allg> (Objekte, räumlich) • arrange vt

anordnen vt <tech.allg> (flächig; z. B. Text, Bilder im Druckerzeugnis; Beete im Garten; Räume) • lay out vt

anordnen vt <tech.allg> (z. B. Werkzeuge, Bauteile) • set out vt; place vt; locate vt

anordnen vt <jur> (verfügen) • prescribe vt

Anordnung f <tech.allg> (Vorgang des Platzierens; z. B. von Bauteilen) • placement

Anordnung f <tech.allg> (physisch; allg. Ergebnis des Anordnens von Teilen im Raum) • arrangement; configuration

Anordnung f <tech.allg> (physisch; betont: flächig) • layout

Anordnung in gerader Linie f <tech.allg> • alignment in straight line

Anordnungsgütegrad m <nav> (Propeller) • relative rotative efficiency

Anordnungsplan m <doku> (von Einzelkomponenten; z. B. Module im Schaltschrank) • location diagram

Anordnungsplan m <doku> (allg.; z. B. von Gebäuden, Anlagenteilen, Komponenten) • layout diagram; layout plan

Anordnungszeichnung f <doku> (allg.; z. B. von Gebäuden, Anlagenteilen, Komponenten) • layout diagram; layout plan

anorganisch <chem> • inorganic

anorganische Chemie f <chem> • inorganic chemistry

anorganische Faser f <textil> • inorganic fiber

anorganische Lauge f <chem> • inorganic base; inorganic lye

anorganischer Klebstoff m <füg> • inorganic adhesive; inorganic cement

anorganischer Stoff m <chem> • inorganic substance

anorganische Säure f <chem> • inorganic acid

anorganische Schicht f <obfl> • inorganic layer

anorganisches Herbizid n <agri.chem> • inorganic herbicide

anorganisches Pigment n <obfl> • inorganic pigment

anorganisches Salz n <chem> • inorganic salt

anorganische Verbindung f <chem> • inorganic compound

Anoxämie f <med> (mangelnder Sauerstoffgehalt des Blutes) • anoxemia US; anoxaemia GB

Anoxie f <med> (Sauerstoffmangel allg.; z. B. in Atemluft, Gewebe, Blut) • anoxia

anpappen vt <druck> • case in vt

Anpass... <tech.allg> • adjusting

Anpassbaugruppe f <tech.allg> • adapter module; matching module; conditioning module

Anpassbuchse f <masch> • adapter bushing

Anpasseinheit f <tech.allg> • matching unit

anpassen vt <tech.allg> (einstellen, verändern) • adjust vt

anpassen vt <tech.allg> (so bearbeiten, dass etw. passt) • condition vt

anpassen vt <tech.allg> (allg.; konkret und abstrakt; z. B. Form, Farbe, el. Spannung) • match vt

anpassen vt <tech.allg> (z. B. an Umgebungsbedingungen) • accommodate vt

anpassen vt <el> (via Schnittstelle) • interface vt

anpassend <tech.allg> (automatisch; z. B. Regelung, Bremse, Abtastung, Antenne) • adaptive

Anpassen mittels Stichleitung n <el> • stub matching

Anpasser m <autom> • measuring element

Anpassglied n <tech.allg> • interfacing device

Anpassmöglichkeit f <tech.allg> • matching option

Anpassregelung f <msr> • adaptive control; self-optimizing control

Anpassschaltung f rar <el> • interface circuit

Anpasssteuerung f <msr> • I/O-control; input/output control

Anpassstichleitung f <el> • matching stub

Anpassübertrager m <el> • matching transformer

Anpassung f <allg> (an Umgebungsbedingungen) • accommodation

Anpassung f <tech.allg> (an Situation, Umgebung, Form, Anforderungen) • adaptation; adjustment

Anpassung f <hlk> (an Klimasituation) • acclimatization

Anpassungsbaustein *m* <edv> • interface chip
Anpassungsblende *f* • matching plate
Anpassungsdämpfung *f* <el> • non-reflection attenuation
anpassungsfähig <tech.allg> *(angleichend)* • adaptive; adaptable
anpassungsfähig <tech.allg> *(verträglich)* • compatible
anpassungsfähig <tech.allg> *(flexibel)* • flexible
anpassungsfähig <tech.allg> *(variierbar)* • variable
anpassungsfähig <tech.allg> *(vielseitig)* • versatile
Anpassungsfähigkeit *f* <tech.allg> *(vielseitig)* • versatility
Anpassungsfähigkeit *f* <tech.allg> *(Verträglichkeit)* • compatibility
Anpassungsfähigkeit *f* <tech.allg> *(angleichend)* • adaptability
Anpassungsfähigkeit *f* <tech.allg> *(variierbar)* • variability
Anpassungsfähigkeit *f* <tech.allg> *(flexibel)* • flexibility
Anpassungsimpedanz *f* <el> • matching impedance
Anpassungskreis *m* <el> • matching circuit
Anpassungsleitung *f* <el> • matching line; matching section; matching stub
Anpassungsnetzwerk *n* <el> • matching network; impedance matching network
Anpassungsprogramm *n* <edv> *(z. B. für numerische Steuerung)* • postprocessor program
Anpassungsschaltung *f* <el> • matching circuit; interface circuit
Anpassungsscheinwiderstand *m* <el> • matching impedance
Anpassungssteuerung *f* <msr> • adaptive control; self-optimizing control
Anpassungssteuerung mit Optimierung *f* <msr> • adaptive control optimization (ACO); adaptive control with optimization; optimizing control; self-optimizing control
Anpassungstransformator *m* <el> • matching transformer; impedance matching transformer
Anpassungsübertrager *m* <el> • matching transformer; impedance matching transformer
Anpassungsvermögen *n* <tech.allg> *(z. B. an Einsätze, Umgebungsbedingungen, andere Komponenten)* • adaptability
Anpassungsvierpol *m* <el> • coupling network
anpeilen *vt* <navig> • take a bearing (from) *vt*; bear *vt*
Anpflanzung *f* <agri> • plantation
Anplanen *n* <prod> • initial facing; spotfacing
anpolymerisieren *vt* <kst> • graft *vt*
Anprall *m* <tech.allg> *(z. B. starker Wasserstrahl, Splitter)* • impingement
anprallen *vi* <tech.allg> *(hart, konkret; z. B. Geschoss, Splitter, Trümmer)* • impact *vi*
anprallen *vi* <tech.allg> *(konkret und abstrakt; eher nicht hart; z. B. Wasser- od. Lichtstrahl)* • impinge (on) *vi*
Anprallfestigkeit *f* <qualit> *(allg.; z. B. von Reifen)* • impact resistance
Anpressdruck *m* <tech.allg> *(zwischen Kontaktflächen allg.)* • contact pressure
Anpressdruck *m* <tech.allg> *(betont: auf Oberfläche wirkende Kraft)* • surface pressure
Anpressdruck *m* <tech.allg> *(von Walze, Druckplatte)* • pressure
Anpressdruck *m* <antr> *(Kupplung)* • clamping load
Anpressdruck *m* <bau> *(von Fenster-, Türdichtungen)* • closing pressure
Anpressdruck *m* <el.ic.prod> *(beim Verbinden von Draht und Bondpad)* • bonding force; bond force
Anpressdruck *m* <fz> *(zw. Fahrzeug und Fahrbahn; abhängig von Aerodynamik)* • ground pressure

Anpressdruck *m* <kfz> *(Reifenaufstandsfläche auf Fahrbahn)* • tread pressure
Anpressdruck *m* <masch> *(in Lagern)* • bearing pressure
Anpressdruck *m* <masch> *(zwischen verschraubten, vernieteten Bauteilen; im Gewinde)* • clamping pressure
Anpressdruck *m* <verf> *(Kegelstoffmühle)* • plug pressure
Anpressdruckregulierung *f* <bau> • closing pressure adjustment
anpressen an *vt* <tech.allg> • force against *vt*
Anpresskraft *f* <el.ic.prod> *(beim Verbinden von Draht und Bondpad)* • bonding force; bond force
Anpresskraft *f* <mech> *(z. B. zwischen Schraube und Mutter, Kopf und Unterlegscheibe)* • contact force
Anpressrolle *f* <förd> • snub pulley
Anpressung *f* <druck> • book backing
Anpresswalze *f* <tech.allg> *(z. B. in Drucker, Kopierer)* • pressure roller
anpunkten *vt* <füg> *(heften)* • spot-weld *vt*
anquetschen (an) *vt* <tech.allg> • crimp to *vt*
anrauen *vt* <bau.obfl> *(Straßendecke)* • skid-proof *vt*
anrauen *vt* <obfl> *(allg.)* • roughen *vt*
anregbar <tech.allg> *(z. B. durch Schwingungen)* • excitable
Anregefall *m* <msr> *(anomale Situation, auf die ein Fühler anspricht)* • fault situation
Anregekriterium *n* <msr> *(eines Sensors)* • triggering condition
Anregelzeit *f* <msr> *(bis zum Erreichen des Sollwerts)* • correction time; settling time
anregen *vt* <allg> *(Reaktionen, Handlungen, Vorstellungen, Fantasien)* • stimulate *vt*
anregen *vt* <tech.allg> *(Handlung, Prozess)* • initiate *vt*
anregen *vt* <phys> *(Schwingung)* • excite *vt*
anregen *vt* <phys> *(aktivieren; z. B. Atom)* • activate *vt*
Anregung *f* <allg> *(Stimulierung)* • stimulation
Anregung *f* <msr> *(eines Sensors)* • triggering; initiation
Anregung *f* <phys> *(Schwingung)* • excitation
Anregung *f* DIN 32511 <phys> *(Energieübertragung auf das aktive Medium im Laser)* • pumping
Anregungsband *n* <phys> • excitation band
Anregungsenergie *f* <phys> • excitation energy
Anregungsfunktion *f* <nukl> • excitation function
Anregungskurve *f* <nukl> • excitation curve
Anregungsleuchten *n* <phys> • excitation luminescence
Anregungsniveau *n* <phys> • excitation level
Anregungspotential *n* <el> • excitation voltage; excitation potential
Anregungsquelle *f* <phys> • excitation source
Anregungsquerschnitt *m* <nukl> • excitation cross-section
Anregungssignal *n* <msr> • forward signal
Anregungsspannung *f* <el> • excitation voltage; excitation potential
Anregungsspektrum *n* <opt> • excitation spectrum
Anregungsstativ *n* <phys> • excitation stand
Anregungsstoß *m* <phys> • excitation collision
Anregungsstrahlung *f* <nukl> • exciting radiation
Anregungswahrscheinlichkeit *f* <phys> • excitation probability
Anregungszustand *m* <phys> • excited state
Anreiben *n* <obfl> *(Selbstklebefolie; blasenfrei glätten)* • smoothing out
Anreiben *n* <obfl> *(leichtes Aufrauen der Oberfläche)* • grinding
anreiben *vt* <obfl> *(zur Haftverbesserung)* • grind *vt*
Anreibmaschine *f* <druck> • case-roughing machine
Anreichern *n* <tech.allg> • enrichment
anreichern *vr* <verf> *(ansammeln; z. B. Verunreinigungen, Ablagerungen)* • accumulate *vi*

anreichern *vt* <chem.verf> *(verbessern, verstärken)* • enhance *vt*
anreichern *vt* <chem.verf> *(allg.; z. B. Lösung)* • concentrate *vt*
anreichern *vt* <metall> *(Erz)* • beneficiate *vt*
Anreicherung *f* <tech.allg> • enrichment
Anreicherung *f* <chem.verf> *(Verstärkung; z. B. Kochsäure)* • fortification
Anreicherung *f* <nahr> *(Erhöhung des natürlichen Alkoholgehaltes durch Zusätze)* • enrichment; improvement; amelioration
Anreicherung *f* <verf> *(betont: Konzentrierung)* • concentration
Anreicherung mit Kohlendioxid *f* <nahr.verf> *(z. B. bei Wein)* • impregnation with carbon dioxide; carbon dioxide enrichment
Anreicherung mit Sauerstoff *f* <verf> • oxygenation
Anreicherungsanlage *f* <verf> • concentration plant; concentrator
Anreicherungsbecken *n* <agri> • recharge basin
Anreicherungsbetrieb *m* <el> *(Halbleiter)* • enhancement mode operation
Anreicherungsdose *f* <kfz.mot> *(Unterdruckversteller)* • enrichment unit
Anreicherungselektrolyse *f* <el.chem> *(Voltammetrie)* • preelectrolysis
Anreicherungsfaktor *m* <nukl> • enrichment factor
Anreicherungsgrad *m* <nukl> • degree of enrichment
Anreicherungsherd *m* <verf> • concentrating table
Anreicherungshorizont *m* <geo> • accumulate layer
Anreicherungshorizont *m* <min> • zone of concentration
Anreicherungs-MOSFET *m* <el> • enhancement MOSFET
Anreicherungsprozess *m* <el.chem> *(inverse Voltammetrie)* • preconcentration step; preconcentration process
Anreicherungsschalter *m* <kfz.mot> • Lean Authority Limit Switch *GM*
Anreicherungsschicht *f* <tech.allg> • accumulation layer; accumulation zone; enhancement layer; enriched layer
Anreicherungsschritt *m* <el.chem> *(inverse Voltammetrie)* • preconcentration step; preconcentration process
Anreicherungsspannung *f* <el.chem> *(Anreicherungselektrolyse; angelegte konstante Spannung)* • deposition potential
Anreicherungsstrom *m* <el.chem> *(Elektrolysestrom bei inverser Voltammetrie)* • deposition current
Anreicherungteil einer Kaskade *m* <nukl> • rectifying section; rectifier
Anreicherungstransistor *m* <el> • enhancement mode transistor
Anreicherungstyp *m* <el> • enhancement mode; enhancement type; enrichment type; enrichment mode
Anreicherungsventil *n* <kfz.mot> *(Vergaser)* • power valve
Anreicherungsvorgang *m* <el.chem> *(inverse Voltammetrie)* • preconcentration step; preconcentration process
Anreicherungszeit *f* <el.chem> *(inverse Voltammetrie)* • deposition time; deposition period
anreihbar <tech.allg> *(nebeneinander; Module; z. B. Sicherungsautomaten)* • mountable side by side
Anreihung *f rar* <msr> *(von Komponenten nebeneinander)* • series installation; installation in series; serial mounting; adjacent mounting
Anreißarbeit *f* <wz> • marking-out operation; laying-out operation
Anreißbezugsfläche *f* <wz> • setting-out datum
Anreißen *n* <prod> *(Markieren; z. B. von Schnittlinien, Montagepunkten, Bohrungen)* • marking-off; lining-out; marking-out; scribing; setting-out

anreißen *vt* <tech.allg> *(einritzen; z. B. mit Reißnadel)* • score *vt*; scribe *vt*
anreißen *vt* <prod> *(markieren allg.)* • mark off *vt*; line out *vt*; mark out *vt*; set out *vt*; lay out *vt*
anreißen [mit Schnur] *vt* <bau> *(gerade Linie markieren)* • snap *vt*
Anreißer *m* <prod> *(Person)* • marker; layout man
Anreißflüssigkeit *f* <prod> • marking fluid; layout fluid
Anreißhaken *m* <nav> • scrieve hook
Anreißkörner *m* <wz> • prick punch; marking punch
Anreißnadel *f prakt* <wz> *(zum Anritzen)* • scriber; scribe *rare*; marker
Anreißplatte *f* <prod> • marking-out plate; marking-off table; surface plate; bench plate
Anreißprisma *n* <wz> • V-block
Anreißschablone *f* <wz> • marking stencil; tracing pattern
Anreißschnur *f* <bau.wz> *(zum Anreißen, Markieren)* • chalkline; snapping line
Anreißwinkel *m* <wz> • flat square
Anreißzeug *n* <wz> • marking tool; marking-off tool
Anriss *m* <prod> *(Arbeitsmarkierungen auf Werkstück)* • layout; marking
Anriss *m* <qualit.mat> *(Vorgang; Beginn der Bildung eines Risses)* • incipient cracking; crack initiation
Anriss *m* <qualit.mat> *(beginnender Riss)* • incipient crack
Anrisslinie *f* <bau> *(mit Kreideschnur)* • snapping line
Anrisslinie *f* <prod> *(allg.)* • layout line
Anrisslinie *f* <prod> *(geritzt)* • scribed line
Anrollautomat *m* <pack> *(für Getränkedosendeckel)* • curler
Anrollbahn *f* <aerospace> • taxiway
Anrolldurchmesser *m* <pack> *(von Getränkedose)* • curl diameter
anrollen *vt* <pack> *(Dose)* • curl *vt*
Anroller *m* <fz> *(für Reifen)* • tread roller
Anroller *m* <pack> *(für Getränkedosendeckel)* • curler
Anrollfläche *f* <prod> *(Gewinderollwerk)* • rolling face
Anrollhöhe *f* <pack> *(Dosendeckelrand)* • curl thickness
Anrollseite *f* <prod> *(Gewinderollwerk)* • rolling face
Anrollstrecke *f* <aerospace> • unstick distance
Anrollung *f* <pack> *(Dosenprod.)* • curl
Anruf *m* <allg> • call
Anruf *m* <tele> *(via Telefon)* • telephone call; phone call *pract*; call *coll*
Anruf *m ugs* <tele> • telephone call; call *coll*
Anrufanzeiger *m* <tele> • call indicator
Anrufbeantworter *m* <tele> • answering machine; answering set; telephone answering set
Anrufblockierung *f* <tele> *(wg. Netzüberlastung)* • call congestion
Anrufbus *m* <nfz> *(allgemein)* • on-call bus; dial-a-ride bus
Anrufbus *m* <nfz> *(für Behinderte)* • paratransit bus *US*
Anrufeinheit *f* <tele> • call unit
anrufen *vt* <tele> *(via Telefon)* • call *vt*
anrufender Teilnehmer *m* <tele> • calling subscriber
Anruferidentifizierung *f* <tele> *(Zusatzdienst)* • malicious call identification (MCID)
Anruffeststeller *m* <tele> • call detector
Anrufhilfsrelais *n* <tele> • auxiliary calling relay
Anrufidentifizierung *f* <tele> • calling line identification
Anrufordner *m* <tele> • allotter
Anrufreihung *f* <tele> • call queuing
Anrufschauzeichen *n* <tele> • incoming-call light
Anrufsuchen *n* <tele> • finding action; hunting; call finding
Anrufsucher *m* <tele> • call finder; finder [switch]
Anrufumleitung *f* <tele> *(allg.; Vorgang und Gerätefunktion)* • call diversion; call transfer; call redirection
Anrufumleitung *f* <tele> *(Zusatzdienst, Telefon-Merkmal)* • Call Forwarding

Anrufumleitung bei Nichtmelden f <tele> *(Zusatz-dienst, Telefon-Merkmal)* • Call Forwarding No Reply (CFNR)

Anrufumleitung im Besetztfall f <tele> • call diversion upon busy signal

Anrufumleitung im Besetztfall f <tele> *(Zusatzdienst, Telefon-Merkmal)* • Call Forwarding Busy (CFB)

Anrufumleitungsdienst m <tele> • call diversion service; diversion service

Anrufumleitung wenn keine Antwort erfolgt f <tele> • call diversion upon no response

Anrufverfahren n <tele> • calling procedure

Anrufverteiler m <tele> • call distributor

Anrufwecker m <tele> • call bell

Anrufweiterschaltung f <tele> *(allg.; Vorgang und Gerätefunktion)* • call diversion; call transfer; call redirection

Anrufweiterschaltung f <tele> *(Zusatzdienst, Telefon-Merkmal)* • Call Forwarding

Anrufweiterschaltung bei Nichtmelden f <tele> *(Zusatzdienst, Telefon-Merkmal)* • Call Forwarding No Reply (CFNR)

Anrufweiterschaltung im Besetztfall f <tele> *(Zusatzdienst, Telefon-Merkmal)* • Call Forwarding Busy (CFB)

Anrufzeichen n <tele> • call signal

ANS <kfz> *(z. B. für Innengeräusch oder Auspufflärm)* • anti-noise system (ANS); noise cancellation system, NCS *Walker*; active noise-control system

ansäuern vt <chem> *(allg.)* • acidify vt; acidulate thsc; sour vt coll; make acidic vt rare

ansäuern vt <nahr> *(z. B. mit Zitronensäure)* • acidulate vt

Ansäuerung f <chem> *(allg.; Erhöhung des Säuregrads)* • acidification; acidulation

Ansagedienst m <tele> • recorded announcement service

Ansagegerät n <tele> • recorded announcement equipment

ansammeln vr <tech.allg> *(z. B. Rückstände, Ablagerungen)* • accumulate vi

ansammeln vt <allg> • accumulate vt

Ansammlung f <tech.allg> • accumulation

Ansammlung f <verf> *(von unerwünschten Ablagerungen etc.; z. B. in Apparaten und Leitungen)* • accumulation; aggregation

Ansatz m <allg> *(Methode, Weg)* • approach

Ansatz m <füg> *(Schraube)* • washer-faced portion; washer face

Ansatz m <masch> *(Vorsprung zum Halten, Heben, Stützen; z. B. Zapfen)* • lug

Ansatz m <masch> *(je nach Formähnlichkeit)* • nose; shoulder; nipple; tongue; lip

Ansatz m <masch> *(Vorsprung, vorstehendes Teil)* • projection

Ansatz m <masch> *(Stufe in Bohrung)* • step

Ansatz m <math> • statement

Ansatz m rar <nahr.prod> *(Speiseeis)* • mix; ice cream mix

Ansatz m <phot> *(von Verarbeitungsbädern)* • making-up; mixing

Ansatz m <prod> *(Ausgangsgemisch)* • batch; charge; charging stock; formulation

Ansatz m <rls> *(harte Ablagerung)* • crust

Ansatz m <verf> *(in Apparaten, Leitungen; unerwünscht; z. B. Schimmel, Algen)* • accretion

Ansatzbad n <textil> • starting bath

Ansatzbehälter m <nahr.prod> *(Speiseeis)* • premixer; mixing vat; blending tank; batching tank

Ansatzbohrung f <masch> • stepped hole; shouldered hole

Ansatzbuch n <prod.doku> • batch book

Ansatzdurchgangsbohrung f <prod> • stepped through hole; through bore with shoulder

Ansatzfräsen n <prod> • shoulder milling; shoulder cutting

Ansatzkamera f <phot> • photomicrographic camera

Ansatzkegel m <masch> • tapered end

Ansatzkuppe f <füg> *(Schraubenende)* • half dog point with rounded end

Ansatzpunkt m prakt <kfz> • jacking point; jacking position

Ansatzpunkt m <petr> *(einer Ölbohrung)* • surface location

Ansatzrohr n <masch> *(Strukturteil oder Bohrer)* • attached tube

Ansatzrohr n <rls> *(Mündungsstück)* • mouthpiece

Ansatzschaft m <füg> *(an Schraube)* • shoulder

Ansatzspitze f <füg> *(allg.)* • half dog point with cone end

Ansatzspitze f <füg> *(Schraubenende)* • half dog point with truncated cone end; half dog point with flat cone point

Ansatzstück n <masch> *(allg.; jede Form)* • attachment

Ansatzstück n <masch> *(Verlängerung)* • extension

Ansaugdruck m <masch> *(Unterdruck; z. B. von Motor, Pumpe)* • induction pressure; intake pressure; suction pressure rare

Ansaugen n <masch> *(bei Pumpen, Kolbenmotoren)* • suction

ansaugen vt <tech.allg> *(Luft, Gas)* • aspirate vt

ansaugen vt <masch> *(z. B. Luft, Flüssigkeit)* • draw in vt; induce vt form; suck in vt coll

Ansaugfilter n <masch> *(z. B. Pumpe, Verbrennungskraftmaschine)* • suction filter

Ansauggeräuschdämpfer m <mot> • air intake silencer; aspirator silencer

Ansaughub m <masch> *(von Kolbenpumpe, -motor)* • induction stroke; intake stroke pract; suction stroke rare

Ansaugkanal m <kfz.mot> *(im Zylinderkopf)* • intake port; inlet port GB; intake passage rare; inlet passage rare

Ansaugkanalgeometrie f <kfz.mot> • intake port geometry

Ansaugkorb m <masch> *(z. B. Brunnenpumpe)* • intake strainer

Ansaugkrümmer m <mot> • intake manifold; inlet manifold ISO 7967-4; induction manifold GB

Ansaugkrümmer m <rls> *(saugseitiger Rohrbogen; z. B. an Pumpe)* • inlet elbow

Ansaugkrümmerdichtung f <masch> • inlet manifold gasket

Ansaugkrümmer-Vorwärmung f <kfz.mot> • manifold heater; manifold heating

Ansaugleitung f rare <masch> *(allg., Rohr oder Schlauch)* • suction line; intake line rar

Ansaugluft f <tech.allg> *(allg. Einlass)* • intake air; inlet air; ingoing air rare

Ansaugluft f <tech.allg> *(betont: angesaugt; z. B. bei Kolbenmotor)* • induction air

Ansaugluftfilter m <kfz.mot> *(Motoransaugluft; gesamte Baugruppe)* • air cleaner; air filter assembly; engine air cleaner

Ansaugluftsammler m <kfz.mot> • intake plenum; intake air plenum; plenum pract; plenum chamber Ford

Ansaugluftsystem n <kfz.mot> • intake air system

Ansauglufttemperatur f <tech.allg> • air charge temperature (ACT)

Ansaugluft-Temperaturfühler m <kfz.msr> • manifold air temperature sensor

Ansauglufttemperaturregelung f <kfz.mot> • air intake temperature control

Ansaugluftvorwärmer m <mot> *(bei Vergasermotor)* • carburetor-air heater

Ansaugluft-Vorwärmleitung f <kfz.mot> • heat riser

Ansaugmengenzumessung f DIN ISO 7876 <mot> *(Kraftstoffeinspritzung)* • inlet metering ISO 7876

Ansaugmodul. *n* <kfz> • intake manifold unit
Ansaugöffnung *f* <tech.allg> • intake; suction intake
Ansaugphase *f* <kfz.mot> • induction period; inlet period
Ansaugrohr *n* <kfz.mot> *(für Verbrennungsluft)* • induction pipe; intake pipe *US*; inlet pipe *GB*; intake runner *US.Chrysler*
Ansaugrohr *n* <masch> *(z. B. von Ölbrenner, Motor-Ölpumpe)* • oil suction pipe; oil suction tube *rare*
Ansaugrohr *n* <obfl.wz> *(von Spritzpistole)* • fluid tube
Ansaugrohr *n* <rls> *(z. B. von Pumpen, Gebläsen)* • induction pipe; intake pipe *US*; inlet pipe *GB*; suction pipe *rare*
Ansaugrohr mit Resonanzaufladung *n* <kfz.mot> • intake manifold with resonance characteristics
Ansaugsammelleitung *f* DIN ISO 7967-4 <mot> • intake manifold; inlet manifold *ISO 7967-4*; induction manifold *GB*
Ansaugschlauch *m* <rls> • flexible suction hose; suction hose
Ansaugschlitz *m* <mot> *(2-Takter)* • induction port; inlet port
Ansaugsieb *n* <kfz.mot> *(am Saugrüssel der Ölpumpe)* • pickup screen; oil screen; filter screen; oil strainer *rare*
Ansaugstrecke *f* <kfz.mot> • induction path
Ansaugstufe *f* <förd> *(Pumpe)* • priming stage; self-priming stage
Ansaugstutzen *m* <masch> *(von Motor, Pumpe, Verdichter)* • suction connection; suction nozzle; intake nozzle
Ansaugtakt *m* <mot> *(Kolbenmotor; von OT nach UT)* • intake stroke *US*; intake cycle; inlet stroke; inlet cycle; induction stroke
Ansaugtemperatur *f* <masch> *(z. B. Motor, Pumpe, Gasturbine)* • suction temperature; air intake temperature
Ansaugtrichter *m* <kfz> *(Tuningteil, z. B. bei Rennwagen)* • velocity stack
Ansaugüberdruck *m* <masch> *(Pumpe)* • positive inlet pressure
Ansaugung *f* <phys> *(bei Kolbenmaschine; z. B. Motor, Pumpe)* • induction; suction
Ansaugunterdruckfühler *m* <kfz.mot> • manifold absolute pressure sensor; MAP sensor
Ansaugventil *n* prakt <kfz.emiss> • aspirator valve; pulsair valve
Ansaugventil *n* <masch> *(allg.; z. B. bei Motor, Pumpe)* • induction valve
Ansaugvolumen *n* <masch> *(gasförmiges Medium)* • aspirated volume
Ansaugvolumen *n* <masch> *(allg.; jedes Medium; z. B. bei Pumpe, Verdichter, Motor, Turbine)* • intake volume
Ansaugvorrichtung *f* <msr> *(für Messgas)* • aspirator sampling assembly
anschären *vt* <textil> • warp *vt*
anschärfen *vt* <led> • sharpen *vt*
anschärfen *vt* <prod> *(keil-, kegelförmig zuspitzen)* • taper *vt*
anschärfen *vt rar* <wz> *(z. B. Schleifscheibe)* • dress *vt*; true *vt*
Anschärfmittel *n* <led> • sharpening agent
Anschärfungsmittel *n* <led> • sharpening agent
Anschaffungskosten *pl* (AK) <fin> • original cost; acquisition cost; initial cost; prime cost; first cost
Anschaffungsnebenkosten *pl* <fin> • incidental acquisition cost
Anschaffungspreis *m* <fin> • original cost; acquisition cost; initial cost; prime cost; first cost
Anschaffungswert *m* <fin> • original cost; acquisition cost; initial cost; prime cost; first cost
Anschalte… <tele> *(z. B. Netz, Einrichtung, Koppler)* • access …

anschalten *vt rar* <tech.allg> *(Maschine, System, Anlage)* • start up *vt*; start *vt*
Anschaltklinke *f* <tele> • operator's jack
Anschaltleitung *f* <tele> • transfer circuit
Anschaltstöpsel *m* <tele> • operator's plug
Anschauungsmaterial *n* <did> *(Unterricht, Ausbildung)* • demonstration material; illustrative material; visual aid
Anschauungsmodell *n* <did> • instruction model
Anscheuerung *f* <prod> • chafing
Anschieben *n* <kfz> *(Fahrzeug mit entladener Batterie)* • push starting
anschieben *vt* <kfz> *(Fahrzeug mit entladener Batterie)* • push-start *vt*
anschießen *vt* <mil> • sight in *vt*; zero in *vt*
anschirren *vt* <textil> • warp *vt*
Anschirrhaken *m* <textil> • twisting hook
Anschläge pro Stunde <büro> *(auf Tastatur)* • keystrokes per hour
Anschläger *m* <förd> *(für Hebezeuge)* • slinger
Anschläger *m* <min> • bellman; cage-tender; groundman; bottom cager
Anschlag *m* <av> *(eines Tons, Klangs; erste Phase einer Hüllkurve)* • attack time; attack phase; fade-in time
Anschlag *m* <bau> *(für Tür, Fensterflügel etc., als Nut oder Falz in Holzrahmen)* • rabbet
Anschlag *m* <masch> *(mechanisch; betont: absolut, fest)* • dead stop
Anschlag *m* <masch> *(mechanisch; z. B. Stift)* • dog
Anschlag *m* <masch> *(betont: für Grenzposition)* • limit stop
Anschlag *m* <masch> *(betont: mechanisch)* • mechanical stop
Anschlag *m* <masch> *(betont: Auslöser einer Aktion)* • trip
Anschlag *m* <masch> *(betont: mechanischer Auslöser, z. B. Stift)* • trip dog
Anschlag *m* <masch> *(allg. Bauteil zur Bewegungsbegrenzung)* • stop; abutment; dog
Anschlag *m* <mil> *(Haltung einer Waffe)* • shooting position; firing position; stance; position
Anschlag *m* <min> *(Bergwerkstation)* • shaft station; station *pract*
Anschlag *m* <textil> *(erste Reihe eines Gestricks)* • setting-up course; net course
Anschlag *m* <büro> *(Vorgang, mittels Tastatur; z. B. Schreibmaschine)* • stroke
Anschlag *m* <kfz> *(Lenkung)* • lock; hard over *US*
Anschlagart *f* <mil> *(Haltung einer Waffe)* • shooting position; firing position; stance; position
anschlagbetätigt <masch> • dog-actuated
Anschlagblech *n* <masch> • stop plate
Anschlagblock *m* <masch> • stop block
Anschlagbolzen *m* <masch> *(fester Anschlag)* • stop pin
Anschlagbolzen *m* <masch> *(zum Auslösen von etw.)* • trip dog
Anschlagbund *m* <füg> *(Schraube)* • stop shoulder
Anschlagbund *m* <masch> *(allg.)* • stop collar
Anschlagdeckleiste *f* :V <bau> *(Fenster; auf Spalt zwischen griffseitigen Flügelholz und Rahmen)* • sash stop
Anschlagdichtung *f* <bau> *(von Fenster, Tür)* • compression seal; compression seal weatherstrip; compression weatherstrip; weather seal; weatherstrip *pract*
Anschlagdraht *m* <textil> • fabric comb wire
anschlagdrehen *vt* <wz.masch> • turn against a stop *vt*; trip *vt*
Anschlagdrucker *m* <druck> *(z. B. Nadeldrucker, Typenraddrucker)* • impact printer; mechanical printer
anschlagen *vi* <allg> • strike against *vi*; knock against *vi*
anschlagen *vt* <edv> *(Tastaturtaste)* • hit *vt*; strike *vt*; tap *vt*

anschlagen vt <förd> (Last, mit Seil, Kette etc.) • fasten vt; attach vt; lash (on) vt

anschlagen vt <mus> (Glocke, Saite, Taste) • strike vt

anschlagen vt <textil> (Weberei) • beat up vt

anschlagen (auf) vi <mil> (mit Waffe auf Ziel) • aim (at) vi; point (at) vi; take aim (at) vi; sight (at) vi

Anschlagfläche f <prod> • face

anschlagfreier Druck m prakt <edv> • non-impact printing

anschlagfreier Drucker m <druck> (z. B. Laser-, Tintenstrahl-, Thermotransferdrucker) • non-impact printer (NIP)

anschlagfreies Druckverfahren n <edv> • non-impact printing

Anschlag für Blendenkupplung m <phot> (an Nikkor-Objektiv) • aperture indexing post

anschlaggesteuert <masch> • dog-controlled

Anschlaghülse f <kfz.brems> (für gefesselte Kolbenfeder) • secondary piston stop; stop sleeve

Anschlagkamm m <textil> • fabric comb

Anschlagkette f <förd> (z. B. Last am Kranhaken) • lashing chain; sling chain

Anschlagklinke f <masch> • stop latch

Anschlagleiste f <bau> (Profil auf Fensterrahmeninnenseite) • stop; bead; stop bead; window stop

Anschlagleiste f <masch> (allg.) • stop bar

Anschlaglineal mit verstellbaren Führungen n <holz> • adjustable fence

Anschlag links m <bau> (Fenster, Tür) • left hinge; hinged left

anschlagloser Drucker m rar <druck> (z. B. Laser-, Tintenstrahl-, Thermotransferdrucker) • non-impact printer (NIP)

Anschlagmesser n <pap> (Querschneider) • bed knife

Anschlagmittel n <förd> (z. B. Karabinerhaken für Kette, Seil, Last) • lifting tackle

Anschlagplatte f <kfz.mot> (Membranventil) • reed stop; restrictor; stopper [plate]

Anschlagprofil n <bau> (an Fenster, Tür) • cover profile; stop profile

Anschlagpuffer m <kfz> (typ. ein Gummikegel) • bump stop; jounce bumper; snubber coll; height hamper pitch control rare

Anschlagpunkt für Gerüste m <bau> (Bauteil; z. B. permanent einbetoniert oder angedübelt) • scaffold anchor

Anschlagrahmen m <förd> (für Container) • spreader

Anschlag rechts m <bau> (Fenster, Tür) • right hinge; hinged right

Anschlagreihe f <textil> • commencing course

Anschlagring m <masch> (allg.) • stop ring

Anschlagring der Ventilführung m <kfz.mot> • valve guide stop ring; valve guide set ring

Anschlagrolle f <masch> • tappet roller

Anschlagschalter m <el> (mit langem Stiftkontakt) • plunger switch

Anschlagschiene f <bahn> (Weiche) • stock rail

Anschlagschnur f <bau.wz> (zum Anreißen, Markieren) • chalkline; snapping line

Anschlagschraube f <masch> • banking screw

Anschlagsdrucker m <druck> (z. B. Nadeldrucker, Typenraddrucker) • impact printer; mechanical printer

Anschlags-Druckverfahren n <edv> • impact printing; mechanical transfer printing; mechanotransfer printing

Anschlagsdynamik f <edv.mus> • velocity of key strokes

Anschlagsdynamikerkennung f <edv.av> (Tastaturmerkmal) • velocity sensivity; touch sensivity; touch response

anschlagsdynamisch <edv.mus> (Tastatur) • velocity-sensitive; touch-sensitive; key dynamic

Anschlagseil n <förd> • sling rope

Anschlagseite f <bau> (Scharnierseite; von Fenstern, Türen) • hinge side

Anschlagsgeschwindigkeit f <edv.mus> (auf Tastatur) • key velocity

Anschlagsleiste f <bau> (Profil auf Fensterrahmeninnenseite) • stop; bead; stop bead; window stop

Anschlagstärke f <druck> (bei Anschlagdruckern, Schreibmaschinen) • print impact

Anschlagstärke f <edv.mus> (auf Tastatur) • key velocity

Anschlagstelle f <werb> (Fläche für Werbeplakate) • poster panel; poster site

Anschlagsteuerung f <druck> • print impact control

Anschlagstift m <masch> • stop pin

Anschlagstift m <masch> (betont: als Wegbegrenzung) • stop pin

Anschlagstößel m <masch> • limit plunger

Anschlagsverzögerung f <av> (Ton nach Tastenanschlag) • fade-in delay

Anschlagszeit f <av> (eines Tons, Klangs; erste Phase einer Hüllkurve) • attack time; attack phase; fade-in time

Anschlagszeit f <av> (eines Tons, Klangs) • attack time

Anschlagtafel f <edv> • message board

Anschlagwalze f <wz.masch> (allg.) • stop roll

Anschlagwalze f <wz.masch> (für Revolverkopfposition) • turret position stop

Anschlagwinkel m <wz> • try square

Anschlag zum Umsteuern m <wz.masch> (einer Hin- und Herbewegung) • reversing stop

anschleiern vt <phot> (Pigmentpapier vorbelichten) • sensitize vt

Anschleifen n <obfl> (leichtes Aufrauen der Oberfläche) • grinding

anschleifen vt <obfl> (zur Haftverbesserung) • grind vt

Anschleppen n <kfz> • tow start

anschleppen vt <kfz> (Fahrzeug mit entladener Batterie) • tow-start vt

anschließen vt <tech.allg> (z. B. Gerät, Maschine, Kabel, Rohrleitung) • connect vt

anschließen vt <tech.allg> (mechanisch) • link vt; attach vt

anschließen vt <el> (mit Kabel o.ä.; z. B. an Steckdose, Drucker an PC) • connect vt; hook up vt coll

Anschliff m <obfl> • ground surface

Anschliff m <qualit.mat> (Mikroskopie; Querschnittsprobe aus Werkstoff) • polished specimen; polished section

Anschliff m <wz> (zum Nachschärfen; Schneide) • regrind

Anschliffverfahren n <qualit.mat> (Mikroskopie) • polishing technique

Anschluss m <tech.allg> (Kupplung; z. B. für Rohr, Schlauch) • coupling

Anschluss m <tech.allg> (Anbindung; z. B. elektrisch, mechanisch, verkehrstechnisch) • junction

Anschluss m <tech.allg> (Vorgang und Ergebnis des Anschließens) • connection; hook-up

Anschluss m <bau> (Installation; Fenster-, Türrahmen an Bauwerk) • installation

Anschluss m <el> (Kontakt) • contact

Anschluss m <el> (Stift, Zunge, in Steckverbinder) • pin

Anschluss m <el> (Leitung) • lead

Anschluss m <el> (Klemme u.ä.) • terminal

Anschluss m prakt <el> (Kabel, Draht; z. B. Netzkabel) • connecting lead; connection lead; lead pract

Anschluss m <hydr> (für Hydraulikleitungen) • port

Anschluss m <rls> (Endstück, Kopfstück) • end fitting; end connection

Anschlussadresse f <edv> (Plattenspeicher) • chaining address

Anschlussart f <el> (Modus) • connection mode; type of connection; method of connection

Anschlussart f <el> *(Stecker oder Buchse, männlich/ weiblich)* • gender

Anschlussbahnhof m <bahn> • connecting station

Anschlussband n <av> *(Vorspann)* • leader tape

Anschlussbasis f <edv> *(z. B. für Notebooks)* • docking station; communications unit; transceiver-charger

Anschlussbelegung f <el> *(bei Steckverbindern, Elektronikbausteinen)* • pin assignment; pin configuration; pin definition; pin allocation; contact configuration *rare*

Anschlussbereich m <tele> • service area; exchange area

Anschlussbewehrung f <bau.mat> *(Beton)* • starter reinforcement; connecting reinforcement

Anschlussbild f <el.doku> *(von el. Bauteilen)* • connection diagram; wiring diagram; connections

Anschlussblock m <el> • connecting block

Anschlussbolzen m <mot.el> *(Zündkerze)* • terminal stud; stud

Anschlussbrett n <el.bau> • connection board; connection terminal

Anschlussbuchse f <el> *(für Stecker; typ. an Geräterückseite)* • jack; socket

Anschlussbuchse für externes Mikrofon f <av> • external microphone socket

Anschlussdeich f <bau> • connecting dyke

Anschlussdichtung f <bau> *(zwischen Fenster, Tür und Bauwerk; z. B. Silikon)* • weatherseal

Anschlussdom m <kfz.el> *(auf Verteilerkappe)* • terminal tower; distributor tower; chimney *pract*; tower *pract*

Anschlussdorn m <petr> • tensioned connector

Anschlussdose f <el.bau> *(mit Klemmen; typ. oben in der Wand)* • junction box; connecting box; joint box

Anschlussdose f <el.bau> *(für Stecker; in oder an der Wand; z. B. für Telefon)* • jack *US*; wall socket; socket

Anschlussdraht m <el> • lead wire; connecting wire

Anschlusseinheit f <tech.allg> • connecting unit

Anschlusselement n <rls> *(Endstück, Kopfstück)* • end fitting; end connection

Anschlusserkennung f <tele> • subscriber's station identification

Anschlusserweiterung f <edv> • expansion feature

anschlussfähig <tech.allg> *(verträglich)* • compatible

Anschlussfahne f <el> *(an el. Bauteilen)* • solder tail; pigtail; soldering tag; soldering lug; solder tag terminal

Anschlussfaser f <lwl> • pigtail

anschlussfertig <el> • pre-wired

anschlussfertige Wärmepumpe f <hlk> *(komplette Einheit)* • unitary heat pump

Anschlussfläche f <el> *(gedruckte Schaltung)* • land

Anschlussflansch m <tech.allg> *(z. B. an Rohren, Getrieben, Steckern)* • mounting flange; attachment flange; fixing flange; flange *pract*

Anschlussflug m <tour> • connect flight

Anschluss für externe Batterie m <edv> *(an Hauptplatine)* • external battery connector

Anschluss für externes Netzteil m <av> *(z. B. bei Videokameras)* • DC input socket

Anschluss für Fernauslöser m <phot> • remote control jack

Anschluss für Fernbedienung m <msr> • remote control socket

Anschluss für Saugrohrdruck m <kfz> *(z. B. für Bremskraftverstärker, Unterdruckdosen)* • vacuum line union

Anschluss für Twisted-Pair-Kabel m <edv> • twisted pair jack

Anschluss für Unterdruckleitung m <masch> • vacuum line union

Anschlussgerät n <el> • connecting set

Anschlussgeräte npl <edv> *(z. B. Drucker, Scanner)* • peripherals

Anschlussgewinde n <kfz.el> *(Zündkerze)* • connection thread; threaded post

Anschlussgleis n <bahn> • branch line

Anschlusshaube f <el> • connector hood

Anschlusshülse f <füg> • ferrule terminal

Anschlusskabel n ugs <tech.allg> *(zwischen Verbraucher und Netzsteckdose; 230 V bzw. 110 V; flexibel)* • power cord; power supply cord; mains lead *coll*; supply cord *coll*; flex *GB.coll*

Anschlusskabel n <el> *(allg.)* • connecting cable; connection cable; connector cable; connecting cord *coll*

Anschlusskabel n <tele> *(zum Endgerät)* • subscriber's cable

Anschlusskamm m <ic> • lead frame

Anschlusskanal m <bau.hydr> *(allg.)* • connecting canal

Anschlusskanal m <ents> *(Abwasser)* • connecting sewer

Anschlusskante f <kfz> *(von Blechen)* • abutting edge

Anschlusskasten m <bau> *(allg.)* • conduit box

Anschlusskasten m <el.bau> • terminal box

Anschlussklemme f <el> *(für elektr. Anschlüsse allg.)* • terminal

Anschlussklemme f ugs <kfz.el> *(an Batteriekabel)* • cable clamp; clamp lug; terminal *coll*

Anschlussklemmen mit Filter fpl <el> • filtered terminal block

Anschlussklemmenraum m <el> • terminal chamber

Anschlussknotenpunkt m <verk> • access junction

Anschlusslasche f <el> • terminal lug

Anschlussleiste f <el> • terminal strip; connecting block

Anschlussleistung f <el> *(in Watt)* • connected load

Anschlussleitung f <el> *(Kabel, Draht; z. B. Netzkabel)* • connecting lead; connection lead; lead *pract*

Anschlussleitung f <el> *(unlösbar am Bauteil; relativ kurz)* • wiring pig-tail; pigtail *coll*

Anschlussleitung f <el> • connector cable

Anschlussleitung f <tele> • subscriber's line

Anschlusslitze f <el> • litz-connection

Anschlussmaß n <tech.allg> • fitting dimension; assembly dimension; mounting dimension

Anschlussmaßnahme f <allg> • follow-up action; follow-up measures

Anschlussmast m <el> • mast with feed wire

Anschlussmöglichkeit f <el> • connection facility

Anschlussmuffe f <el> • cable jointing sleeve

Anschlussmutter f <mot.el> *(Zündkerze)* • terminal nut

Anschlussnetz n <tele> • subscriber network

Anschlussniet m <füg> • connecting rivet

Anschlussöse f <el> • terminal lug

Anschlussplan m DIN ISO 10209-4 <el.doku> • connection diagram *ISO 10209-4*

Anschlussplatte f <el> • terminal board; connection plate

Anschlussplatte f <rls> *(Plattenwärmetauscher)* • intermediate piece; intermediate terminal; connecting plate; connector plate

Anschlussprofil n <bau> *(z. B. von Fensterrahmen, Türen)* • installation profile :V

anschlussprogrammierbar <msr> • programmable by connection

Anschlusspunkt m <tech.allg> • connection point

Anschlusspunkt m <el> *(Kontakt, Verdrahtung)* • contact point; wiring point

Anschlussraster n <el> *(Verlauf der Leiterbahnen auf einem Substrat)* • conductive pattern

Anschlussrohr n <rls> *(allg.)* • connecting pipe

Anschlussrohr n <rls.bau> *(zum Gebäude)* • service pipe

Anschlusssäule f <el/tour> *(auf Campingplätzen)* • electric hook-up point

Anschlussschema n <el.doku> *(von el. Bauteilen)* • connection diagram; wiring diagram; connections

Anschlussschiene f <bahn> • junction rail

Anschlussschläuche mpl <tech.allg> *(gebündelt, verzweigt; Schlauchsatz)* • hose harness

Anschlussschlauch m <tech.allg> • connecting hose

Anschlussschnur f ugs.obs <tech.allg> *(zwischen Verbraucher und Netzsteckdose; 230 V bzw. 110 V; flexibel)* • power cord; power supply cord; mains lead *coll*; supply cord *coll*; flex *GB.coll*

Anschlussschraube f • connector screw

Anschlussspannung f <el> • supply voltage; voltage; operating voltage *efector*

Anschlusssperrung f <tele> • service denial; freeze-out *coll*

Anschlussstecker m <el> • connecting plug

Anschlussstelle f <el> • connection point; contact point; port

Anschlussstelle f <verk> *(Haltestelle, Bahnhof)* • connection

Anschlussstelle f <verk> *(Autobahn, Schnellstraße)* • access point

Anschlussstift m <el> • pin; connecting pin; terminal pin

Anschlussstiftabstand m <el> • pin pitch; pin spacing; terminal spacing

Anschlussstrecke f <bahn> • terminating line

Anschlussstück n <tech.allg> *(jede Form)* • connecting piece

Anschlussstück n <masch> *(Kupplung)* • coupler

Anschlussstück n <mil> *(Schutzmaske)* • valve unit

Anschlussstück n <rls> *(für Rohr)* • union

Anschlussstutzen m <el> • cable gland

Anschlussstutzen m <msr> *(mit Gewinde; z. B. an Öldruckgeber)* • screw connection

Anschlussstutzen m <rls> *(kurzes Rohrstück an Behälter, Apparat etc., meist mit Flansch)* • pipe connection; pipe nozzle; nozzle *pract*

Anschlusstechnik f <el> • wiring technique

Anschlussteil n <tech.allg> *(jede Form)* • connecting piece

Anschlussteil n <rls> *(Endstück, Kopfstück)* • end fitting; end connection

Anschlussverschraubung f <el> • screwed connector

Anschluss von programmierbaren Steuerungen m <msr> • interfacing with PLCs

Anschlusswert m <el> *(in Watt)* • connected load

Anschlusszahl f <el> *(Anzahl der Pins)* • pin number

Anschlusszone f <obfl> *(in kontinuierlich arbeitenden Zinkaufdampfanlagen)* • connecting section

Anschlusszug m <tour> • connect train

Anschmelzung f <metall> • incipient fusion

anschmieden vt <prod> • forge on vt

anschmoren vi <nahr> • scorch vi

anschmutzen vt <textil> • soil vt

Anschmutzung f DIN ISO 2424 <textil> *(z. B. Teppich)* • soiling ISO 2424

anschnallen vr ugs <fz.sich> • buckle up vi *coll*; belt up vi *GB*; fasten the seat belt vt *form*

Anschnallpflicht f ugs <kfz.sich> • obligation to wear seat belts

anschneiden vt <bau> *(Fundament)* • underream vt

anschneiden vt <pap> • make initial cuts vt

anschneiden vt <prod> • start a cut vt

Anschneider m <wz> • starting tap

Anschneidgewindebohrer m <wz> • starting tap

Anschnitt m <bau> *(Straßenbau)* • road shelf

Anschnitt m <kst> *(zwischen Anguss und Spritzgussteil)* • gate

Anschnitt m <prod> *(Beginn des Schneidvorgangs)* • start of the cut

Anschnitt m <prod> *(der erste Schnitt, Schneidvorgang)* • starting cut; first cut

Anschnitt m DIN ISO 5419 <wz> *(am Spiralbohrer)* • bevel ISO 5419

Anschnitt m <wz> *(an Gewindeschneidwerkzeugen)* • taper start; starting taper; chamfer

Anschnitttechnik f <metall> *(Gussformen)* • gating and heading

Anschnittform f <wz> • chamfer form

Anschnittform A f <wz> *(5-6 Gänge)* • chamfer form A

Anschnittform B f <wz> *(4-5 Gänge; mit Schälanschnitt)* • chamfer form B

Anschnittform C f <wz> *(2-3 Gänge)* • chamfer form C

Anschnittform D f <wz> *(3,5-5 Gänge; ohne Schälanschnitt)* • chamfer form D

Anschnittform E f <wz> *(1,5-2 Gänge)* • chamfer form E

Anschnittkegel m <wz> *(an Gewindeschneidwerkzeugen)* • taper start; starting taper; chamfer

Anschnittlänge f <wz> • chamfer length; bevel-lead length

Anschnittschneide f <wz> • leading edge; chamfer cutting edge; bevel-lead cutting edge

Anschnittseite f <prod> *(eines Formwerkzeugs)* • entering end

Anschnittseite f <wz.masch> *(beim Spanen)* • approach side

Anschnittsystem n <metall> *(eines Formwerkzeugs)* • gating system; gate system

Anschnittweg m <wz.masch> • approach path

Anschnittwinkel m <füg> *(Schweißtechnik, Fugenvorbereitung)* • complementary angle of the bevel-lead angle

Anschnittwinkel m obs <wz> *(beim Gewindeschneiden)* • chamfer angle; chamfer lead angle

Anschnittwinkel m <wz.masch> • lead angle

Anschnittzahn m <wz> *(Räumwerkzeug)* • bumper tooth

anschnüren vt <textil> • tie up vt

anschrämen vt <min> • jib in vt

anschrauben vt <füg> *(mit Schrauben, insbes. Spitzschrauben befestigen)* • screw to vt

anschrauben vt <füg> *(mit Schrauben und Muttern befestigen)* • bolt to vt

anschrauben vt <füg> *(allg.)* • fasten vt; secure vt

Anschraubfläche f <masch> • bolting surface

Anschraubfläche für das Objektiv f <opt> • lens interface

anschütten vt <bau> *(verfüllen)* • fill vt

anschütten vt <bau> *(Böschung)* • embank vt

anschütten vt <min> *(Abraum)* • pile vt

Anschüttung f <bau> *(Bankett, Straßenrand, Uferbefestigung)* • embankment

Anschüttung f <bau> *(von Senken etc.; z. B. mit Mutterboden, Füllmaterial, Bauschutt)* • fill; earthfill; filling; made ground

anschuhen vt <masch> *(z. B. Mast)* • shoe vt

Anschwänzen n <prod> *(Schmieden)* • rough forging; preforging

anschwänzen vt <nahr> *(Gärungstechnologie)* • sparge vt

Anschwänzvorrichtung f <nahr> *(Gärungstechnologie)* • sparger

anschweißen vt <füg> • weld on vt; attach by welding vt

Anschweißende n <rls> *(von Rohren, Armaturen)* • weld end; pipe end

Anschweißkompensator m <rls> • weld end expansion joint

Anschweißmutter f norm <füg> • weld nut

Anschweißschraube f DIN ISO 1891 <füg> • weld stud; single end stud

Anschweißspitze f <agri> (Scharpflug) • welded share point

anschwellen vi <akust> (z. B. Lärm) • swell vi

Anschwellzeit f <av> (eines Tons, Klangs) • attack time

Anschwemmen n DIN 6730 <verf.pap> (einseitiges Beschichten, Streichen oder Färben) • deposition

anschwemmen vt <geo> (Schlamm, Sedimente) • silt vt; deposit vt

Anschwemmfilter n <verf> • precoat filter

Anschwemmgut n <verf> (Filtration) • precoat

Anschwemmklärfilter n <verf> • precoat clarifier

Anschwemmschicht f <verf> (Filtration) • precoat bed; precoat layer

Anschwemmung f <geo> (Flussbett, -ufer) • aggradation; accretion; silting-up; silting

Anschwemmungsablagerung f <geo> • aggradational deposit; accretion

Anschwingsteilheit f <el> • initial conductance; starting conductance

Anschwingstrom m <el> (Oszillatorkreis) • preoscillation current; transient state current; starting current

Anschwingzeit f <msr> • response time

anschwöden vt <led> • flood vt

ansengen vt <obfl> (oberflächlich anbrennen) • singe vt; scorch slightly vt

Ansenken n <prod> • spotfacing

ansenken vt <prod> (Bohrung anschrägen) • countersink vt; spotface vt

Ansenkwerkzeug n <wz> • spotfacing cutter; spotfacer

Ansetzbinder m <bau.innen> • bonding compound

Ansetzen n <phot> (von Verarbeitungsbädern) • making-up; mixing

ansetzen vi <rls> (Kesselstein) • scale vi

ansetzen vt <chem> (Chemikalie, Lösung etc.; nach Rezeptur) • formulate vt; prepare vt

ansetzen vt <mech> (Kraft, Hebel; z. B. mit Schraubenschlüssel) • apply vt

ansetzen vt <phot> (Entwickler, Fixierbad) • make up vt; mix (up) vt

ansetzen vt <wz> (Modul, Teil befestigen; z. B. Nuss oder Verlängerung an Knarre) • attach vt; fit vt

Ansetzer m <textil> (Gespinst) • piecer of yarn

Ansetzgips m <bau.innen> • bonding compound

Ansetzschnitt m <av> (von Ton- und/oder Videoaufnahmen) • assemble editing (AE); assembling; assemble cut

ANSI <org> • American National Standards Institute (ANSI)

Ansicht f <doku> (z. B. von vorn, hinten, rechts, links, oben, unten) • view

Ansichtsbreite f <bau> (Fenster, Tür) • sightline

Ansichtsfenster f <edv> (3D-Grafik) • viewport; view coll; view window

Ansichtspunkt m rar <edv> • camera view point; viewing point; camera view; view point; view pract

Ansichtszeichnung f DIN ISO 10209-4 <bau.doku> (senkrechte Bildebene) • elevation drawing ISO 10209-4

Ansiedelungsfläche m <agri.tech> (für Mikroorganismen; z. B. für Biogasentwicklung) • settling surface; contact surface

Ansiedlung an Ort und Stelle f <jur> • local settlement

anspannen vt <bio> (Muskel) • flex vt

anspannen vt rar <masch> (Kette, Riemen, Seil; z. B. Steuerkette, Fahrradkette) • tension vt; tighten vt

Anspielautomatik f <av> (Wiedergabe der ersten Sekunden, z. B. eines Musikstücks, Senders) • intro scan; intro search

anspinnen vt <textil> (Faden) • attach a thread vt; piece vt

anspitzen vt <tech.allg> • point vt

anspitzen vt <wz> (schärfen; z. B. Bleistift) • sharpen vt

Anspitzwalzwerk n <prod> • rolling mill for wire pointing; pointer

Ansprechabstand m <msr> (eines Sensors) • actuation zone; damping zone; response zone; range of sensitivity

Ansprechbereich m <el> (einer Schutzeinrichtung; z. B. Sicherung) • zone of protection

Ansprechbereich m <msr> (eines Sensors) • actuation zone; damping zone; response zone; range of sensitivity

Ansprechcharakteristik f <el> (z. B. Relais, Sensor, Sicherung) • response characteristic; operating characteristic; response curve

Ansprechdauer f <tech.allg> (z. B. System, Relais) • response time

Ansprechdauer f <brems> • initial response time

Ansprechempfindlichkeit f <alarm> (von Meldern) • sensitivity

Ansprechempfindlichkeit f <msr> (von reaktionsauslösenden Geräten) • response sensitivity; actuation characteristics

Ansprechempfindlichkeit f <msr> (von Messgeräten) • measuring sensitivity

Ansprechen n <el> (Reaktion; z. B. auf ein Signal) • response; answer rare

ansprechen vi <el> (z. B. Relais, Elektromagnet, System) • react vi; respond vi; operate vi; answer vi

ansprechen vi <msr> (Melder, Sensor; betont: Auslösung einer Aktion, z. B. Warnsignal) • trip vi

ansprechen auf vt <el> • react to vt

ansprechend <tech.allg> (reagierend; z. B. Bremse, Relais) • reacting; responsive; responding

ansprechend <nahr> (Wein: angenehm im Geschmack) • pleasant; savoury

Ansprechen des Motors n <kfz.mot> • reaction of the engine

Ansprechfläche f <msr> (Näherungsschalter) • sensing face; active face; sensing head; active sensing face; sensing surface

Ansprechgeschwindigkeit f <tech.allg> (Arbeitstempo) • operating speed

Ansprechgeschwindigkeit f <tech.allg> (Reaktionszeit) • response speed; responding speed

Ansprechgeschwindigkeit der Regelstrecke f <msr> • process reaction rate

Ansprechgrenze f <msr> (Erfassungsbereich von Sensoren; räumlich, physikalisch) • operation margin

Ansprechgrenze f <msr> (Reaktionsschwelle; z. B. eines Melders) • response threshold; threshold pract; minimum operating value rare

Ansprechpegel m <el> • operating level

Ansprechschwelle f <msr> (Reaktionsschwelle; z. B. eines Melders) • response threshold; threshold pract; minimum operating value rare

Ansprechsicherheit f <alarm> (von Meldern) • catch performance

Ansprechsicherheitsfaktor m <el> (Relais) • safety factor for pick-up

Ansprechspannung f <el> (minimale Betriebsspannung) • minimum operating voltage

Ansprechspannung f <el> (Relais) • pick-up voltage

Ansprechstrom m <el> (Mindest-Betriebsstrom) • minimum operating current

Ansprechstrom m <el> (Relais) • pick-up current

Ansprechstrom m <el> (Reaktionsschwelle; z. B. von Sicherung) • threshold current; response current

Ansprechvermögen n <tech.allg> • responsivity

ansprechverzögert <msr> (z. B. Sicherung, Relais) • slow-acting; with delay before action; with time delay

Ansprechverzug m norm <msr> • response time norm; make time rare

Ansprechverzug eines Näherungsschalters *m* <msr>
• response time for a proximity switch

Ansprechweg *m* <msr> *(eines Sensors)* • actuation zone; damping zone; response zone; range of sensitivity

Ansprechweg *m rar* <msr> • sensing distance; operating distance *norm, GB*; switching distance *GB*; actuation distance

Ansprechwert *m* <el> *(Relais)* • pick-up value

Ansprechwert *m VDI/VDE 2600* <msr> *(Sensorauflösung)* • threshold value; responding value

Ansprechzeit *f* <tech.allg> • response time

Ansprechzeit *f* <el> *(von Sicherungen)* • blow time

Ansprechzeit *f* <msr> *(Sensor; bis zur Ausgabe eines stabilen Messwerts)* • response time; time of response; answering time *rare*; pick-up time *rare*; settling time *rare*

Ansprechzeit *f* <phot> *(beim Entwickeln)* • build-up time; response time; reaction time

Ansprechzeitverhältnis *n* <el> • speed ratio

Ansprengen *n* <füg> • wringing [together]

ansprengen *vt* <füg> *(Endmaße)* • wring in contact *vt*; wring *vt*

ansprengen *vt* <opt.füg> *(Linsen)* • wring together in optical contact *vt*; wring together *vt*; contact optically *vt*

Ansprengfläche *f* <füg> • wringing face

Ansprengkraft *f* <füg> • wringing force

Anspringen *n* <chem.verf> *(unbeabsichtigtes Vernetzen bei Lagerung)* • bin curing; pile curing; precuring; prevulcanization *rare*

Anspringen *n* <chem.verf> *(vorzeitige Vulkanisierungsreaktion von Gummi, Brenneffekt)* • scorching; burning; setting-up; firing-up; precuring

anspringen *vi* <kfz.mot> • start *vi*

Anspringtemperatur *f* <kfz.emiss> • light-off temperature

Anspringverhalten *n* <kfz.emiss> *(Katalysator)* • light-off performance; light-off characteristics

Anspruch *m* <jur> *(in Patent)* • claim

Anspruchsberechtigter *m* <jur> • claimant; beneficiary

Anspruchsklasse *f ISO 9000* <qualit> • grade *ISO 9000*

anspülen *vt* <ents> *(z. B. Abfall, Unrat, Schwemmholz)* • wash ashore *vt*; wash up *vt*

Anstau *m* <energ> • impoundment; damming-up

Anstaubverfahren *n* <druck> • dusting process

Anstauchen *n DIN 8583-3* <metall> • upsetting

Anstauchen *n* <prod> • heading

anstauen *vt* <bau.hydr> *(Wasser, Fluss)* • stem *vt*; pond *vt*; dam up *vt*

anstechen *vt* <metall> *(Hochofen)* • tap *vt*; open the furnace *vt*

anstechen *vt* <nahr> *(Fass)* • tap *vt*

ansteckbares Mikrofon *n* <av> • clip-on mike; lapel microphone

anstecken *vt* <allg> *(mit Nadel; z. B. Namensschild)* • pin on *vt*

anstecken *vt* <med> *(jemanden mit einer Krankheit)* • infect *vt*

anstecken *vt* <min> • spile *vt*; pile *vt*; forepole *vt*

anstecken mit einer Krankheit *vr* <med> *(z. B. Grippe, Milzbrand)* • contract a disease *vi*

Ansteckmikrofon *n* <av> • clip-on mike; lapel microphone

Ansteckung *f ugs* <med> • infection

Ansteckverfahren *n* <min> *(Schachtabteufen)* • piling

anstehend <min.geo> *(Bodenschätze; z. B. Erz, Kohle)* • in place; in the solid; solid; in situ

anstehende Druckluft *f* <pneum> • incoming compressed air

anstehender Alarm *m* <alarm> • pending alarm

anstehender Boden *m* <bau> • natural soil

anstehender Boden *m* <geo> • in-situ soil

anstehender Fels *m rar* <geo> *(fester Fels oder Untergrund, z. B. als Fundament)* • bedrock; living rock; native rock

Anstehendes *n* <min.geo> • rock in place; rock in situ; solid bedrock

anstehendes Gestein *n* <geo> *(fester Fels oder Untergrund, z. B. als Fundament)* • bedrock; living rock; native rock

ansteigen *vi* <allg> *(z. B. Straße, Eisenbahntrasse, Temperatur, Druck, Kosten)* • climb *vi*; ascend *vi*; mount (up) *vi*; rise *vi*; go up *vi*

ansteigende Flanke *f* <el> *(Kurve)* • leading edge; positive-going slope; positive-going edge

ansteigendes Gelände *n* <geo> *(an Hügel, Berg)* • acclivity; upward slope *coll*

Anstell... <metall> *(Walzen)* • adjusting

Anstellbottich *m* <nahr> *(Gärung)* • pitching vessel

Anstellen *n* <wz.masch> *(z. B. von Walzen, Schneidwerkzeugen)* • adjustment

anstellen *vt* <metall> *(Walzenposition)* • adjust *vt*

anstellen *vt* <nahr> *(Hefe)* • pitch *vt*

anstellen *vt* <ökol> *(Personen, Beschäftigte)* • employ *vt*; engage *vt*; hire *vt*

anstellen *vt* <wz.masch> *(nach unten, mit Schraube; Schlitten, Werkzeug)* • screw down *vt*

Anstellhefe *f* <nahr> *(Gärung)* • inoculating yeast; pitching yeast

Anstelltemperatur *f* <verf> *(Gärung)* • fermenter set temperature; pitching temperature

Anstellwalze *f* <metall> • balanced roll

Anstellwinkel *m* <tech.allg> *(gegen Strömung allg.; z. B. Flugzeugruder, Propellerblatt)* • angle of incidence; angle of attack; attack angle *rare*; pitch angle *rare*

Anstellwinkel *m* <tech.allg> *(relativ zu einer Bezugsebene; z. B. von Solarkollektoren)* • inclination angle; angle of inclination *form*; tilt angle; tilt *coll*

Anstellwinkel *m* <energ.wind> *(Winkel zwischen Rotorblattprofilsehne und effektiver Windrichtung)* • angle of attack

Anstellwinkel *m* <wz> *(eines Meißels)* • setting angle

Anstellwinkelschablone *f* <pap> • pitch angle blade templet

ansteuerbar <msr> *(z. B. Stellglied)* • addressable

ansteuerbares thermostatisches Expansionsventil *n* (ATEV) <kfz.hlk> • controlled thermostatic expansion valve

Ansteuerelektronik *f rar* <msr> • control electronics

Ansteuerimpuls *m* <msr> • drive pulse

Ansteuerkreis *m* <msr> • control circuit

ansteuern *vt* <edv> • drive *vt*

ansteuern *vt* <el> *(Gatter; Transistor)* • gate *vt*

ansteuern *vt* <msr> *(betont: gezielt auswählen; z. B. ein bestimmtes Ventil)* • select *vt*

ansteuern *vt* <msr> *(auslösen, aktivieren; durch Impuls; z. B. einen Aktor)* • trigger *vt*

ansteuern *vt* <nav> *(Ziel; per Schiff)* • steer for *vt*

ansteuern *vt* <navig> *(ein Ziel; zu Fuß, mit Fahrzeug)* • head for *vt*

Ansteuersignal *n* <el> • select signal

Ansteuerungsbake *f* <navig> *(Licht, Funk)* • homing device

Ansteuerungsfeuer *n* <aerospace> • proximity light

Ansteuerungsfeuer *n* <navig> • landfall light; making light

Ansteuerungsfunkfeuer *n* <navig> • localizer; locator

Ansteuerungsstrom *m* <el> • drive current

Ansteuerungstonne *f* <navig.nav> • landfall buoy; making buoy; approach buoy

Anstich *m* <metall> *(Walzwerk)* • leading pass; initial pass; first pass

Antichquerschnitt m <metall> (Walzwerk) • leading pass section

Anstieg m <allg> (z. B. Gewinn, Temperatur, Kapazität) • increase

Anstieg m <tech.allg> (konkret; z. B. Straße, Eisenbahntrasse) • climb; ascend

Anstieg m <av> (eines Tons, Klangs; erste Phase einer Hüllkurve) • attack time; attack phase; fade-in time

Anstieg m <geo> (an Hügel, Berg) • acclivity; upward slope coll

Anstieg der Temperatur m <verf> • temperature increase; increase in temperature

Anstiegsantwort f <msr> • ramp response

Anstiegsflanke f <av> (Impuls) • leading edge

Anstiegsfunktion f <msr> • ramp function

Anstiegskante f <masch> • leading edge

Anstiegssteilheit f <phys> (räumlich) • gradation of rise

Anstiegssteilheit f <phys> (zeitlich) • rate of rise

Anstiegswinkel m <tech.allg> • ascent angle

Anstiegszeit f <av> (eines Tons, Klangs; erste Phase einer Hüllkurve) • attack time; attack phase; fade-in time

Anstiegszeit f <phys> (allg.; z. B. Druck, Signal) • build-up time; rise time

Anstiegszeit für Druckunterstützung f <med.tech> (künstl. Beatmung) • pressure rise time; pressure slope

anstiften vt <füg> (befestigen) • peg vt

anstiften vt <prod> (provisorisch fixieren, positionieren) • locate by pins vt

Anstirnen n <prod> • spotfacing

Anstoß m <tech.allg> • impingement

Anstoßatom n <phys> • knock-on atom; knocked-on atom

Anstoßelektron n <phys> • impact electron

Anstoßmarke f <druck> • side-mark

Anstoßprozess m <nukl> • knock-on process

Anstrahlung f <licht> (punktuell) • accent lighting

Anstrahlung f <licht> (flächig) • floodlighting

anstreichen vt <obfl> (betont: mit Pinsel) • brush vt

anstreichen vt <obfl> (betont: beschichten; z. B. mit Schutzlack) • coat vt

anstreichen vt <obfl> (mit Farbe anmalen) • paint vt

Anstrengungsverhältnis nach Bach n <mech> (Festigkeitshypothesen: Vergleichsspannung) • Bach's correction factor

Anstrich m <druck> (eines Buchstabens) • upstroke; upward line in writing

Anstrich m <obfl> (allg. Lackierung) • paint coat; paint

Anstrich m <obfl> (betont: mit Pinsel) • brushed paint coat

Anstrichaufbau m norm <obfl> • paint system; varnish system

Anstrichbehandlung f <obfl> (z. B. als Korrosionsschutz) • brush treatment

Anstrichbindemittel n <obfl> (fördert, sichert Zusammenhalt) • coating binder; coating vehicle

Anstrichfarbe f rar <obfl> • coating material; paint DIN EN 971; varnish

Anstrichfilm m <obfl> • paint film; surface coating film

Anstrichgerät n DIN 55 945 <obfl> • painting appliance

Anstrichlösungsmittel n <obfl> • coating solvent; paint solvent

Anstrichmittel n <obfl> • coating material; paint DIN EN 971; varnish

Anstrichstoff m DIN 7732 <obfl> • coating material; paint DIN EN 971; varnish

Anstrichstoff m <obfl> (betont: zum Pinselauftrag) • brushing paint

Anstrichstoff auf Ölbasis m <obfl> • oil-based paint

Anstrichstoff für Unteranstrich m <obfl> • undercoat material

Anstrichsystem n norm <obfl> • paint system; varnish system

Anströmboden m <ents> • distribution plate; gas distributor plate; air distribution plate

Anströmgeschwindigkeit f <phys> • velocity of approach; speed of advance

Anströmung eines Körpers mit Überschallgeschwindigkeit f <phys> • supersonic flow over bodies

Anströmungsblech n <fz> • fairing plate

Anströmungsgeschwindigkeit f <verf> (z. B. von Filtern, Rotorblättern, Tragflügeln) • face velocity; superficial velocity; approaching velocity

Anströmwäscher m <ents> • vortex scrubber; orifice scrubber; self-induced spray scrubber

Anströmwascher m <verf> • orifice-type scrubber; self-induced scrubber; vortex scrubber

Anströmwinkel m <tech.allg> (gegen Strömung allg.; z. B. Flugzeugruder, Propellerblatt) • angle of incidence; angle of attack; attack angle rare; pitch angle rare

Anteil m <allg> (betont: klein) • fraction

Anteil m <allg> (verhältnismäßig) • proportion; ratio; quota; contingent

Anteil m <chem> (einer Substanz; z. B. Komponente einer Lösung, eines Gemischs) • component

Anteil an freiem Fett m <nahr.prod> (Speiseeis) • free fat estimate (FFE); FFE-value

anteilmäßig <allg> • proportional

antenatal <med> • antenatal; prenatal; pre-birth

Antenne f DIN 45030 <tele> • antenna US; aerial GB

Antenne des Gleitstrahlempfängers f <aerospace> • glide slope antenna US; glide slope aerial GB

Antenne für Schwerewellen f <astron> • gravitational wave antenna US; gravitational wave aerial GB

Antenne mit Dachkapazität f <el> • top-loaded antenna

Antenne mit Deltaanpassung f <el> • delta-matched antenna US; delta-matched aerial GB

Antenne mit gestaffelten Strahlern f <el> • echelon antenna US; echelon aerial GB

Antenne mit periodischer Strahlschwenkung f <navig> • sweep antenna US; sweep aerial GB

Antenne mit starker Richtwirkung f <el> • highly directional antenna US; highly directional aerial GB

Antennenabschwächer m <el> • strong signal attenuator

Antennenabstimmgerät n <el> • antenna tuner US; aerial tuner GB; antenna tuning unit US; aerial tuning unit GB

Antennenabstimmspule f <el> • antenna tuning inductance (ATI) US; antenna tuning coil US; aerial tuning inductance GB; aerial tuning coil GB

Antennenabstimmung f <el> • antenna tuning US; aerial tuning GB

Antennenabstrahlwinkel m <el> • antenna angle of reflection US

Antennenanpassung f <el> • antenna matching US; aerial matching GB

Antennenanpassungskreis m <el> • antenna matching circuit US; aerial matching circuit GB

Antennenanschluss m <av> • antenna-in; antenna input US; antenna socket US; aerial input GB; aerial socket GB

Antennenanschluss m <el> • antenna terminal US; aerial terminal GB; antenna feedpoint US

Antennenaufhängung f <el> • antenna suspension US; aerial suspension GB

Antennenausgang m <av> (z. B. am VCR) • antenna-out US; antenna output US; antenna output socket US; aerial output socket GB

Antennenbau m <el> (Unternehmen, Leistung) • antenna erection service US

Antennenbelastung f <el> • antenna load US; aerial loading GB

Antennenbuchse f <av> (z. B. am VCR) • antenna-out US; antenna output US; antenna output socket US; aerial output socket GB

Antennenbuchse f <av> • antenna-in; antenna input US; antenna socket US; aerial input GB; aerial socket GB

Antennenbuchse f <el> (allg.; Ein- oder Ausgang) • antenna jack US; aerial jack GB; antenna socket US

Antennencharakteristik f <el> (Sendeantenne) • antenna radiation pattern US; aerial radiation pattern GB

Antennencharakteristik f <el> (allg. Sende- und Empfangsantenne) • directional characteristic

Antennendämpfung f <el> • antenna decrement US; aerial decrement GB

Antennendraht m <el> • antenna wire US; aerial wire GB

Antennendrehvorrichtung f <el> • antenna drive US; aerial drive GB

Antennendurchführungsisolator m <el> • down-lead insulator

Antennendurchhang m <el> • antenna dip US

Antenneneffekt m <tele> • antenna effect US; aerial effect GB

Antenneneinführung f <el> • antenna lead-in US; aerial lead-in GB

Antenneneingang m <av> • antenna-in; antenna input US; antenna socket US; aerial input GB; aerial socket GB

Antenneneingangsimpedanz f <el> • antenna input impedance US; aerial feed impedance GB

Antenneneingangskreis m <el> • antenna input circuit US; aerial input circuit GB

Antenneneingangssignal n <el> • antenna input signal US; aerial input signal GB

Antenneneinstellung f <el> • antenna adjustment US; aerial adjustment GB

Antennenerregung f <el> • antenna excitation US; aerial excitation GB

Antennenfehlanpassung f <el> • antenna mismatch US; aerial mismatch GB

Antennenfehler m <el> • antenna fault US; aerial fault GB

Antennenfeld n <astron> (Radioteleskope) • array of radio telescopes

Antennenfeld n <el> • antenna array US; aerial array GB

Antennenfrequenzwandler m <el> • antennaverter US

Antennengewinn m <el> • antenna gain US; aerial gain GB

Antennengewinn im freien Raum m <el> • primary gain of antennas

Antennengruppe f <el> • antenna array US; aerial array GB

Antennengüte f <el> • antenna field gain US; aerial field gain GB

Antennenhalterung f <tele> • antenna mount US; aerial mount GB

Antennenhaspel f <tele> • antenna reel US; aerial reel GB

Antennenimpedanz f <el> • antenna impedance US; aerial impedance GB

Antenneninduktivität f <el> • antenna inductance US; aerial inductance GB

Antennenisolator m <el> • antenna insulator US; aerial insulator GB

Antennenkabel n <el> • antenna cable US; aerial cable GB

Antennenkonstruktion f <el> • antenna design US; aerial design GB

Antennenkopf m <el> • antenna head US; aerial head GB

Antennenkopplungsleitung f <el> • antenna coupling feeder US; aerial coupling feeder GB

Antennenkopplungsspule f <el> • antenna coupling coil US; aerial coupling coil GB

Antennenkreisabgleich m <el> • antenna circuit alignment US; aerial circuit alignment GB

Antennenkreisdämpfung f <el> • antenna circuit damping US; aerial circuit damping GB

Antennenkreistastung f <el> • antenna circuit keying US; aerial circuit keying GB

Antennenkuppel f <navig> (Radarantenne) • radome; radar antenna dome coll; blister did

Antennenleistung f <el> • antenna power US; aerial power GB

Antennenleistungsverteiler m <el> • antenna power distributor US; aerial power distributor GB

Antennenlitze f <el> • stranded antenna wire US; stranded aerial wire GB

Antennenmast m <tele> • antenna mast US; aerial mast GB; antenna tower AE

Antennenmodulationsdrossel f <el> • high-power choke modulator

Antennenmontage f <el> (Unternehmen, Leistung) • antenna erection service US

Antennenrauschen n <el> • antenna noise US; aerial noise GB

Antennenreflektor m <el> • antenna reflector US; aerial reflector GB

Antennenrichtdiagramm n <el> • antenna directivity pattern US; aerial directivity pattern GB

Antennenrichtsystem n <tele> • antenna positioning system US; aerial positioning system GB

Antennenrichtwirkung f <el> • antenna directivity US; aerial directivity GB

Antennenschacht m <el> • aerial trunk US

Antennenschalter m <el> • antenna switch US; aerial switch GB

Antennenscheinwiderstand m <el> • antenna impedance US; aerial impedance GB

Antennenschüssel f <tele> • dish antenna; dish coll

Antennenspannung f <el> • antenna voltage US; aerial voltage GB

Antennenspeiseleitung f <el> • antenna feed line US; aerial feeder GB

Antennenspiegel m <el> • antenna reflector US; aerial reflector GB

Antennenspule f <el> • antenna coil US; aerial coil GB

Antennenstab m <tele> (von Stabantenne, z. B. Autoantenne, auch als Ersatzteil) • mast; antenna mast

Antennenstab m <tele> (Stabelement einer Antenne, z. B. von VHF-, UHF-Antenne) • antenna rod

Antennenstellung f <tele> • antenna position US; aerial position GB

Antennensteuergerät n <tele> • antenna control unit US; aerial control unit GB

Antennenstütze f <tele> • antenna support US; aerial support GB

Antennenträger m <tele> • antenna mast; aerial mast

Antennentuner m <el> • antenna tuner US; aerial tuner GB; antenna tuning unit US; aerial tuning unit GB

Antennenturm m <tele> • antenna tower US; aerial tower GB

Antennenüberspannungsschutz m <el> • antenna overload protection US

Antennenübersprechen n <tele> • antenna cross-talk US; aerial cross-talk GB

Antennenverkürzungsfaktor m <el> • antenna shortening coefficient US; aerial shortening coefficient GB

Antennenverkürzungskondensator m <el> • antenna shortening capacitor US; aerial shortening capacitor GB

Antennenverlängerungsspule f <el> • antenna loading coil US; aerial loading coil GB; antenna loading inductance AE

Antennenverlust *m* <el> • antenna loss *US*; aerial loss *GB*

Antennenverlustdämpfung *f* <el> • antenna loss damping *US*; aerial loss damping *GB*

Antennenverstärker *m* <el> • antenna amplifier *BE*; antenna booster *AE*

Antennenverstärkereinschub *m* <tele> • antenna amplifier insert *US*

Antennenverstärkung *f* <el> • antenna gain *US*; aerial gain *GB*

Antennenwand *f* <tele> • antenna curtain *US*; aerial curtain *GB*

Antennenweiche *f* <el> • combiner; antenna combining unit *AE.form*; aerial combiner *BE*

Antennenwirkfläche *f* <el> • capture area

Antennenwirkung *f* <tele> • antenna effect *US*; aerial effect *GB*

Antennenwirkungsgrad *m* <tele> • antenna efficiency *US*; aerial efficiency *GB*

Antennenzubehör *n* <tele> • antenna accessories *US*; aerial components *GB*

Antennenzuführung *f* <el> *(Steigleitung)* • antenna down lead *US*; aerial down lead *GB*

Antenne zur Zielverfolgung und Messwertaufnahme *f* <mil> • tracking and data-acquisition antenna *US*; tracking and data-acquisition aerial *GB*

Anteproszenium *n obs* <licht.theat> • front of house light (FOH(1)); ante-pro *coll.obs*; anteproscenium light *techn.obs*

Anteproszenium Licht *n techn.obs* <licht.theat> • front of house light (FOH(1)); ante-pro *coll.obs*; anteproscenium light *techn.obs*

Anthracen *n* <chem> • anthracene

Anthracenfarbstoff *m* <chem.obfl> • anthracene dye stuff; anthracene dye

Anthracenöl *n* <chem.obfl> *(z. B. als Bestandteil von Beschichtungen im schweren Korrosionsschutz)* • anthracene oil

Anthracenszintillator *m* <nukl> • anthracene scintillation detector; anthracene scintillator

Anthrachinon *n* <chem> • anthraquinone

Anthrachinonfarbstoff *m* <chem.obfl> • anthraquinone dye stuff; anthraquinone dye

Anthrachinonküpenfarbstoff *m* <chem.obfl> • anthraquinone vat dye

Anthracosis pulmonum *f wiss* <med.min> • anthracosis; collier's lung *coll*

Anthrakose *f* <med.min> • anthracosis; collier's lung *coll*

Anthrax *m wiss* <med> • anthrax; splenic fever; anthrax blain

Anthrazit *m* <min> *(Kohle mit dem höchsten Inkohlungsgrad; > 91,5 % C, höchster Heizwert)* • anthracite; hard coal *US.pract*

anthrazitisch <min> • anthracitic

anthrazitische Kohle *f* <min> • anthracitic coal

anthropogener Einfluss *m* <ökol> • anthropogenic influence

Anti-Abgleitleiste *f* <kfz> *(beim 30-Grad-Aufprall)* • anti-slide device

Antiabsetzmittel *n* <chem.verf> • antisettling agent; suspension agent

Anti-Aids-Handschuhe *mpl* <bekl> • anti-AIDS gloves

Anti-Aliasing *n prakt* <edv> • anti-aliasing

Anti-Aliasing-Filter *n* <edv> • antialiasing filter

Antibackmittel *n* <chem> *(für Granulat; z. B. Dünger)* • anticaking agent

Antibiotika *pl* <pharm> • antibiotics *pl*

Antibiotikum *n* <pharm> • antibiotic

Antiblockierbremse *f ugs* <kfz.brems> • anti-lock braking system (ABS); anti-lock brakes, ALB; anti-skid *coll*; electronic anti-locking; antilock brake system *SAE*

Antiblockiersystem *n* (ABS) <kfz.brems> • anti-lock braking system (ABS); anti-lock brakes, ALB; anti-skid *coll*; electronic anti-locking; antilock brake system *SAE*

Antiblockmittel *n* <kst> *(Additiv; für Folien)* • antiblock additive; anti-block additive; anti-blocking agent

Anti-Boden-Aufnahmefunktion *f* <av> *(Camcorder-Funktion)* • anti ground shooting

Antichlor *n* <textil.pap> • antichlor

Anticipation *f* <edv> • anticipation

Anticurlschicht *f* <phot> • anti-curl layer

Antideuteron *n* <nukl> • antideuteron

Anti-Dive-Fahrwerksgeometrie *f* <kfz> *(Fahrwerk)* • anti-dive; anti-dive system; anti-dive device

Antidive-Sicherheitssitze *mpl* <kfz.innen> • anti-dive seats; anti-submarining seats; anti-dive safety seats

Anti-Dive-Sitze *mpl* <kfz.innen> • anti-dive seats; anti-submarining seats; anti-dive safety seats

Antidivesitze *mpl* <kfz.innen> • anti-dive seats; anti-submarining seats; anti-dive safety seats

Antidot *n wiss* <med> *(bei Vergiftungen)* • antitoxin; toxolysin *thsc*; toxinicide *thsc*; antidote *pract*; counter-poison *coll*

Antidoton *n wiss* <med> *(bei Vergiftungen)* • antitoxin; toxolysin *thsc*; toxinicide *thsc*; antidote *pract*; counter-poison *coll*

Antidröhnmittel *n* <obfl> • antidrum compound; anti-drum material; antidrumming compound

Antielektron *n* <phys> • antielectron

Antifeedant *n* <chem.agri> • antifeedant; anti-feeding compound

antiferroelektrisch <mat> • antiferroelectric

Antiferromagnetikum *n* <mat> • antiferromagnetic substance

antiferromagnetisch <mat> • antiferromagnetic

Antiferromagnetismus *m* <phys> • antiferromagnetism

Anti-Fingerabdruck-... <obfl> • fingermark-resistant ...

Antifoulinganstrich *m* <obfl> *(z. B. von Booten, Schiffen)* • antifouling coating; anti-fouling paint

Anti-Fouling-Mittel *n* <obfl.nav> *(für Schiffsrumpf)* • anti-fouling agent

Antifriktionsbelag *m* <nfz> *(Sattelkupplung)* • anti-friction coating

antifungal <bio.chem> • fungicidal; antifungal

Antigas *n ZF* <kfz.antr> *(automatisches Getriebe)* • accelerator interlock; antigas *ZF*

Antigen *n* <bio> • antigen

Antigenbindungsfragment *n* <bio.chem> • Fab-fragment; antigen-binding fragment

Antigenbindungsstelle *f* <bio> • antigen binding site

antigene Determinante *f* <bio.chem> • epitope; antigenic determinant

Anti-Ground-Shooting *n* <av> *(Camcorder-Funktion)* • anti ground shooting

Antihaftmittel *n* <kst> • antiblocking agent

Anti-Haftmittel *n* <obfl> • anti-tack agent

Antihaftvermögen *n* • antistick properties

Antihaufenbildung *f* <astron> • anticlustering

Antihautbildungsmittel *n* <chem> *(z. B. Lackadditiv)* • antiskinning agent

Antihautmittel *n* <chem> *(z. B. Lackadditiv)* • antiskinning agent

Anti-Human-Immunglobulin *n* <bio.chem> *(Antikörpernachweis)* • anti-human immunoglobuline

Antikatalysator *m* <chem> *(unterbindet chem. Reaktion)* • anticatalyst; negative catalyst; inhibiting agent; inhibitor; retarder

antikatalytisch <chem> • anticatalytic
Antikathode f <el> (allg.) • anticathode
Antikathode f <phys> (in Röntgenröhre) • X-ray tube target
Antikern m <nukl> • antinucleus
antikes Theater n <theat> • ancient theater
Anti-Kipp- und Anti-Schleuderprogramm n <nfz> • roll-over prevention (ROP)
Antikisieren n <obfl.holz> • patination
antiklastisch <math> • anticlastic
Antiklebemittel n <chem> • antisticking agent
Antiklebvermögen n <qualit.mat> • antistick properties
Antiklinale f <geo> • anticline
Antiklinalgang m <geo> • saddle back reef
Antiklopfmittel n <chem.petr> (Benzinadditiv) • anti-knock additive; anti-knock agent; knock inhibitor; octane improver; anti-detonant
Antikoinzidenzanalysator m <nukl> • anticoincidence analyser
Antikoinzidenzschaltung f <el> • anticoincidence circuit
Antikoinzidenzzähler m <nukl> • anticoincidence counter
Antikorrosionszusatz m <chem> • anticorrosion agent
Antilipidämikum n <pharm> • lipid-lowering drug; antilipidemic drug; hypolipidemic drug; hypolipoproteinemic drug
Antilogarithmus m <math> • antilogarithm; inverse logarithm; antilog
antimagnetisch <mat> • antimagnetic
Antimaterie f <phys> • antimatter
Antimaterie-Falle f <phys> • anti-matter trap
antimikrobiell <bio.chem> • antimicrobial; microbicide
antimikrobielle Ausrüstung f <mat> • antimicrobial finish; antimicrobial treatment
Antimon n (Sb) <chem> • antimony (Sb)
Antimonblei n <mat> • antimonial lead; hard lead coll
Antimonblüte f <min> • antimony bloom; flowers of antimony
Antimonbronze f <mat> • antimony bronze
Antimonbutter f <chem> • antimony butter; mineral butter pract; butter of antimony; antimony(III) chloride thsc
antimondotiert <ic> (Halbleiter) • antimony-doped
Antimonemail n <obfl> • antimony frit; antimony opacified frit from
Antimonerstarrungspunkt m <phys> • antimony freezing point
Antimonfahlerz n <min> • tetrahedrite
antimongetrübtes Email n form <obfl> • antimony frit; antimony opacified frit from
Antimonglanz m <min> • antimonite (Sb_2S_3); stibnite; antimony glance; grey antimony
antimonhaltig <min> • antimonial; antimoniferous
Antimonit m (Sb_2S_3) <min> • antimonite (Sb_2S_3); stibnite; antimony glance; grey antimony
Antimonmetall n <mat> • metallic antimony
Antimonrotgülden n <min> • pyrargyrite (Ag_3SbS_3); red silver ore coll
Antimonsilberblende f ($Ag_3SbS<$) <min> • pyrargyrite (Ag_3SbS_3); red silver ore coll
Antimonspeise f <metall> • antimonial speiss; antimonial speise
Antimonvergiftung f <med> • stibialism
antimykotisch ausgerüstet <textil> • finished with a fungicidal agent
Antineutrino n <phys> • antineutrino
Antineutron n <phys> • antineutron
Anti-Newton-Glas n <phot> (Diarähmchen) • anti-Newton glass; AN glass
Anti-Noise-System n werb <kfz> (z. B. für Innengeräusch oder Auspufflärm) • anti-noise system (ANS); noise cancellation system, NCS Walker; active noise-control system

Antioxidans n wiss <chem> (Alterungsschutzmittel gegen Oxidation; z. B. in Öl, Reifengummi) • antioxidant; antioxidant agent; oxidation inhibitor; antioxidizer
Antioxidant m wiss <chem> (Alterungsschutzmittel gegen Oxidation; z. B. in Öl, Reifengummi) • antioxidant; antioxidant agent; oxidation inhibitor; antioxidizer
Antioxidationsmittel n <chem> (Alterungsschutzmittel gegen Oxidation; z. B. in Öl, Reifengummi) • antioxidant; antioxidant agent; oxidation inhibitor; antioxidizer
antiparallel <tech.allg> • antiparallel
Antiparallelgelenkviereck n <masch> (Kinematik) • non-parallel four-bar linkage; antiparallel four-bar linkage
Antiparallelkurbelgetriebe n <masch> (Kinematik, Getriebelehre) • non-parallel crank mechanism; antiparallel crank mechanism
Antiparallelschaltung f <tech.allg> • inverse-parallel connection; antiparallel connection; inverse-back-to-back connection
Antipartikel f <phys> • antiparticle
Antiphase f <phys> • reverse phase; opposite phase; antiphase
Antiphasenbereich m <phys> • antiphase domain
Antiphasengrenzfläche f <phys> • antiphase boundary
Antipol m <phys> • antipole
Antipolare f <math> (analytische Geometrie) • antipolar; reciprocal polar
antippen vt <edv> (z. B. Taste) • tap vt
Antiproton n <phys> • antiproton; negative proton
Antiprotonen-Abbremsring m <phys> • antiproton decelerator (AD)
Anti-Radar-Schutzhülle f <kfz> (für Fahrzeugbug; USA-Realium) • Stealth Bra TM
Anti-Radar-Überzug m <kfz> (für Fahrzeugbug; USA-Realium) • Stealth Bra TM
Antirakete f <mil> • antimissile missile; countermissile; antirocket missile; missile-defense missile
Antirakete zur Bekämpfung von Fla-Lenkraketen f <mil> • anti-antiaircraft missile
Antireflex... <obfl> (Bilderrahmenglas, Bildschirm etc.) • anti-reflect
Antireflexbelag m <obfl> (allg.; z. B. auf Linsen, Bildschirmen) • antireflection coating; antireflex coating; antireflective coating; antireflection layer; AR-coating
Antireflexbeschichtung f <obfl> (allg.; z. B. auf Linsen, Bildschirmen) • antireflection coating; antireflex coating; antireflective coating; antireflection layer; AR-coating
Antireflexschicht f <obfl> (allg.; z. B. auf Linsen, Bildschirmen) • antireflection coating; antireflex coating; antireflective coating; antireflection layer; AR-coating
antireflexvergütetes Objektiv n <phot> • coated lens
Antiresistant n <agri> • antiresistant
Anti-Rost-Gerät n did <obfl> • Corro-Stop
Antirostmittel n <obfl> • rust preventive; rust protective; rust-protective compound
Anti-Rutsch-Matte f <kfz> • anti-slip mat
Antisatellitenrakete f <mil> • countersatellite missile
Antischallsystem n Sennheiser <kfz> (z. B. für Innengeräusch oder Auspufflärm) • anti-noise system (ANS); noise cancellation system, NCS Walker; active noise-control system
Antischaumverhalten n <tribo> (von Öl) • foam characteristics pl
Antischaum-Wirkstoff m <tribo> (Additiv; z. B. in Motoröl) • antifoam agent; antifoam inhibitor; foam inhibitor
Antischleiermittel n <phot> • antifogging agent
Anti-Schleuder-Bremssystem n (ASBS) <kfz.brems> • anti-skid braking system (ASBS)
Anti Schlupf Control f, ASC <kfz.msr> • traction control system (TCS); acceleration spin control, ASC; electronic

traction control, ETC; anti-spin regulation, ASR; automatic slip reduction, ASR

Antischlupfregelung f <kfz.msr> • traction control system (TCS); acceleration spin control, ASC; electronic traction control, ETC; anti-spin regulation, ASR; automatic slip reduction, ASR

Antischlupfvorrichtung f <masch> • antislip device

Antiscorcher m prakt <kst> • antiscorching agent; antiscorcher; retarder

Antiserum n <bio> • antiserum

anti-slide device n <kfz> (beim 30-Grad-Aufprall) • antislide device

Anti-Spoofing n (AS) <navig> (Ersetzung des P-Codes durch geheimen Y-Code) • Anti-Spoofing (AS)

Antispritzmittel n <nahr> • antispatterer; antispattering agent

Anti-Squat-System n <kfz> (Fahrwerk) • anti-squat [system]; anti-squat device

Antistatikmittel n <chem> (Ausrüstung, Additiv; von Kunststoffen, Textilien) • antistatic agent; antistatic additive; antistatic pract; destaticizer rare

Antistatik-Schaumreiniger m <büro> (z. B. für Bildschirme) • foam surface cleaner

Antistatikschicht f <phot> • antistatic layer; anti-static coating

Antistatiktuch n <phot> • antistatic cloth

Antistatikum n wiss <chem> (Ausrüstung, Additiv; von Kunststoffen, Textilien) • antistatic agent; antistatic additive; antistatic pract; destaticizer rare

antistatisch <qualit.mat> • antistatic adj

antistatische Ausrüstung f <qualit.mat> • antistatic finish

antistatischer Kunststoff m <kst> (ladungsableitend) • static dissipative polymer

antistatische Schutzhülle f <edv.pack> (z. B. für bestückte Leiterplatten) • anti-static protective bag

Antistatisches Service-Set n <edv.wz> • antistatic service kit

anti-Stokes'sche Strahlung f <phys> • anti-Stokes radiation

antisymmetrisch <math> • antisymmetric

Antiteilchen n <phys> • antiparticle

Antitoxin n <med> (bei Vergiftungen) • antitoxin; toxolysin thsc; toxinicide thsc; antidote pract; counter-poison coll

antitoxisch <chem> • antitoxic

Antitrockner m <druck> • drying inhibitor

Antitrust-Klage f <jur> • anti-trust lawsuit

Antivalenz f <math> (Boolesche Algebra) • exclusive OR operation; non-equivalence operation

Antivalenzelektron n <phys> • antibonding electron

Antivalenzglied n <msr> (Boolesche Algebra) • exclusive-OR circuit; non-equivalence element; antivalence circuit

Antivalenzschaltung f <msr> (Boolesche Algebra) • exclusive-OR circuit; non-equivalence element; antivalence circuit

Antivergrauungsmittel n <textil> • antiredeposition agent

Antiverschleißadditiv n <tribo> (in Schmiermittel; z. B. Öl) • antiwear additive

Antiverwacklungsschaltung f <av> (Camcorder) • image stabilizer (IS); image stabilizing system; image stabilization; Automatic Image Stabilizer, AIS

Antiverwacklungssystem n <av> (Camcorder) • image stabilizer (IS); image stabilizing system; image stabilization; Automatic Image Stabilizer, AIS

Antivibrationssockel m <tech.allg> • antivibration base

Antivibrationssystem n Stihl <wz> (z. B. bei Kettensägen) • anti-vibration system

Antivirenprogramm n <edv> • anti-virus program; vaccine program

Antivirusprogramm n <edv> • anti-virus program; vaccine program

Antiwackeleinrichtung f <av> (Camcorder) • image stabilizer (IS); image stabilizing system; image stabilization; Automatic Image Stabilizer, AIS

Antiwasserstoff m <phys> • antihydrogen

Antizyklone f <verf> • anticyclone

Antonovgetriebe n <antr> • Antonov transmission

antreiben vt <tech.allg> (betätigen) • actuate vt

antreiben vt <tech.allg> (allg.; Arbeitsmaschine; z. B. Generator, Pumpe) • drive vt

antreiben vt <tech.allg> (betreiben) • operate vt

antreiben vt <tech.allg> (vorwärtsbewegen; z. B. Fahrzeug, Geschoss, Rakete) • propel vt

antreiben vt <tech.allg> (betont: mit Energie versorgen; z. B. mit Strom) • power vt

antreibendes Zahnrad n did <förd> (in Zahnradpumpe) • rotor gear; driving gear; impeller gear

Antreiber m <fz> (in Fahrradnabe) • driver

antreten vt <kfz> (Motor mit Kickstarter) • kick vt

Antrieb m <antr> (konkrete Baugruppe; z. B. Motor) • drive; drive mechanics; drive system; drive unit

Antrieb m <antr> (Getriebeeingang) • input

Antrieb m <füg> (von Schrauben; formschlüssig) • driving feature; driving medium

Antrieb m <mech> (Vorgang des Antreibens) • drive

Antrieb mit einstellbarer Drehzahl m <masch> • adjustable-speed drive

Antrieb mit großem Drehmoment m <antr> • high-torque drive

Antrieb mit Reibungskupplung f <antr> (z. B. als Sicherheitskupplung) • friction drive

Antrieb mit Rutschkupplung m <antr> (z. B. als Sicherheitskupplung) • friction drive

Antrieb mit Sicherheitskupplung m <masch> • safety drive

Antriebsachsbelastung f <kfz.antr> • driving axle load

Antriebsachse f <kfz> • drive axle; driving axle; driven axle; powered axle

Antriebsaggregat n <antr> (konkrete Baugruppe; z. B. Motor) • drive; drive mechanics; drive system; drive unit

Antriebsart f <masch> (z. B. von Kfz) • drive layout; drive concept

Antriebsbahn f <aerospace> • propulsion flight trajectory

Antriebsdauer f <aerospace> (Raumfahrzeug, Rakete) • duration of propulsion; duration of thrust; thrust duration

Antriebsdrehmoment n <masch> (von Motoren; in Nm) • drive torque; driving power coll

Antriebsdrehmoment n <masch> (eines Getriebes; in Nm) • input torque

Antriebsdrehzahl f <tech.allg> • driving speed

Antriebsdrehzahl f <masch> (Getriebe; in U/min) • input speed

Antriebseinflüsse mpl <kfz> (bei Vorderradantrieb) • torque steer

Antriebseinflüsse auf die Lenkung mpl <kfz> (bei Vorderradantrieb) • torque steer

Antriebseinheit f <antr> (konkrete Baugruppe; z. B. Motor) • drive; drive mechanics; drive system; drive unit

Antriebselement n <msr> • actuator; positioner; actuating drive; servo drive; servo [actuator]

Antriebsflansch m <masch> (z. B. am Spindelkopf von Drehmaschinen) • drive flange

Antriebsflug m <aerospace> • propelled flight; power-on flight

Antriebsform f <füg> (von Schrauben; formschlüssig) • driving feature; driving medium

Antriebsfrequenz f <el> • drive frequency

Antriebsgelenkgehäuse n <kfz> • universal-joint housing

Antriebsglied n <masch> (kinematische Kette) • driving link; input member

Antriebsgruppe f <wz.masch> • power unit

Antriebshebel m <masch> • actuating lever

Antriebshöhe f <füg> (bei Schrauben mit Außenantrieb) • wrenching height

Antriebsimpuls m <mech> • driving pulse

Antriebskegelrad n <antr> (allg.) • bevel drive gear

Antriebskegelrad n <kfz.antr> (in Differential) • drive pinion; differential side gear; axle-drive bevel gear rare

Antriebskette f <masch> (z. B. von Förderbändern, Fahrrädern, Nockenwellen) • drive chain

Antriebskonzept n <masch> (z. B. von Kfz) • drive layout; drive concept

Antriebskraft f <kfz> (von Reifen, Ketten) • tractive force

Antriebskraft f <mech> • driving force

Antriebskraftverteilung f <kfz.antr> (bei Allradantrieb) • power distribution; drive torque distribution form; torque distribution; torque split pract; power split coll

Antriebskupplung f <antr> • driving clutch

Antriebskurbel f <masch> • driving crank

Antriebslager n <kfz.el> (Lager an der Riemenscheibe, z. B. bei Generator) • drive end bearing

Antriebslagerschild n <kfz.el> (von Generator) • drive end fitting; drive end bracket GB; drive end frame US; drive end shield; drive end housing

Antriebsleistung f <tech.allg> • drive power; driving power

Antriebsleistung f <tech.allg> (Betriebsanforderung von Arbeitsmaschinen; z. B. einer Pumpe, eines Verd) • operating energy input

Antriebsleistung f <tech.allg> (von einem Motor abgegebene Leistung) • motor power output

Antriebsleistung f <fz> (vorwärtstreibende Energie) • propulsive power

Antriebsmagnet m <förd> (Magnetpumpe) • driving magnet; external magnet; drive magnet

Antriebsmaschine f <mot> (allg., jede Bauart; el., hydr., pneum.) • motor

Antriebsmaschine der Pumpe f <förd> • pump driver

Antriebsmechanik f <antr> (konkrete Baugruppe; z. B. Motor) • drive; drive mechanics; drive system; drive unit

Antriebsmechanismus m <tech.allg> • driving mechanism

Antriebsmodul n <tech.allg> • drive module

Antriebsmoment n <masch> (von Motoren; in Nm) • drive torque; driving power coll

Antriebsmomentverteilung f form <kfz.antr> (bei Allradantrieb) • power distribution; drive torque distribution form; torque distribution; torque split pract; power split coll

Antriebsmotor m <tech.allg> (allg.; jede Motorart) • drive motor

Antriebsmotor m <tech.allg> (betont: Verbrennungskraftmaschine) • drive engine

Antriebsmotor m <av> (Magnettongerät) • capstan motor

Antriebsorgan n <tech.allg> • drive element

Antriebsphase f <aerospace> • propulsion phase

Antriebsrad n <tech.allg> • drive wheel

Antriebsrad n VDI <edv> (Bandlaufwerk) • drive roller

Antriebsrad n <förd> (in Zahnradpumpe) • rotor gear; driving gear; impeller gear

Antriebsriemen m <antr> (V-förmiger Querschnitt, Reibschluss) • V-belt; Vee belt

Antriebsriemen m <kfz.mot> (für Zusatzaggregate) • accessory drive belt

Antriebsriemen m <masch> (allg.) • drive belt

Antriebsriemenscheibe f <masch> (für Keilriemen, Band, Gurt) • drive pulley

Antriebsritzel n <kfz> • drive sprocket

Antriebsritzel n <masch> (meist klein; z. B. von Automotor-Starter) • drive pinion; driving pinion rare

Antriebsritzel n <masch> (von Kettentrieb; z. B. Fahrrad) • drive sprocket

Antriebsrolle f <av> (Bandlaufwerk; z. B. Tonbandmaschine, Videorecorder) • capstan [roller]

Antriebsrolle f <masch> (allg.; z. B. Seilbahn, Elektrohängebahn) • drive roller; drive wheel

Antriebsscheibe f <masch> (allg.; z. B. Seilbahn, Elektrohängebahn) • drive roller; drive wheel

Antriebsschlupf m <masch> (z. B. zwischen Rad und Fahrbahn, Scheibe und Keilriemen) • drive slip; slip pract

Antriebsschlupfregelung f (ASR) <kfz.msr> • traction control system (TCS); acceleration spin control, ASC; electronic traction control, ETC; anti-spin regulation, ASR; automatic slip reduction, ASR

Antriebsschwinge f <antr> (z. B. Kurbelschwinge) • driving reciprocating link

Antriebsseil n <förd> • driving rope

Antriebsseite f <masch> (von Kraftmaschinen; meist die Rückseite; z. B. von Motoren) • drive side; drive end; power end; driving side

Antriebsseite f <masch> (von Arbeitsmaschinen; meist die Vorderseite; z. B. von Pumpen) • drive side; driven end; driven side

Antriebsspindel f <edv> (Welle; z. B. Plattenlaufwerk) • drive spindle

Antriebsspindel f <förd> (Schraubenspindelpumpe) • rotor screw; driving screw; power screw

Antriebsspindel f <masch> (mit Gewinde; z. B. Presse, Ventil) • drive screw

Antriebsstation f <tech.allg> (allg. größere Antriebseinheit) • drive unit

Antriebsstation f <förd> (von Stetigförderer) • drive head

Antriebsstation f <masch> (betont: Getriebekopf) • gearhead

Antriebssteuerung f <autom.msr> (von Robotern) • individual control

Antriebssteuerungsebene f <msr> • individual control level

Antriebsstrahl m <aerospace> • propulsion jet

Antriebsstrang m <antr> (konkrete Komponenten; z. B. Kupplung, Getriebe, Wellen) • drive train; power train; driveline GB; transmission GB.rare; power-transmission chain rare

Antriebssystem n <antr> (konkrete Baugruppe; z. B. Motor) • drive; drive mechanics; drive system; drive unit

Antriebstechnologie f <fz> (z. B. Verbrennungs-, Stirling-, Elektromotor, Brennstoffzelle) • propulsion technology

Antriebsteil n <tech.allg> (allg.) • driver

Antriebsteil n <fz> (in Fahrradnabe) • driver

Antriebsteil n norm <wz> (zum Betätigen von Steckschlüsseleinsätzen) • drive handle; drive tool; socket handle rare

Antriebstrommel f <förd> (Gurtförderer) • drive pulley; driving pulley

Antriebsturas m <förd> • driving tumbler

Antriebsvermögen n <kfz> • traction potential

Antriebsverteilung auf Vorder- und Hinterachse f <kfz> • power split between front and rear axles

Antriebswelle f <kfz.antr> (zwischen Differential und Antriebsrädern) • drive shaft; axle shaft pract; half shaft pract

Antriebswelle f <kfz.antr> (bei Kfz m. Frontmotor u. Heckantrieb; zw. Getriebe u. Achsdifferential) • propeller shaft; propshaft pract.coll; drive shaft

Antriebswelle *f* <kfz.antr> *(zwischen Kupplung und Getriebe)* • input shaft; primary shaft; clutch shaft; drive pinion

Antriebswelle *f* <masch> *(allg.)* • drive shaft; driving shaft *rar*

Antriebswelle für Zusatzaggregate *f* <kfz> • accessory drive shaft

Antriebswellenkegelrad *n* <kfz.antr> *(Differential)* • axle pinion

Antriebswellenschacht *m* <masch> *(Ventilatorrundkühlturm)* • drive shaft housing

Antriebswellenstumpf *m* <masch> • drive-shaft stub; drive-shaft spigot

Antriebswellenstumpf *m* <masch> *(Eingangswelle)* • input-shaft extension

Antriebswerk *n* <förd> *(Kran)* • travelling gear

Antriebswerkzeug *n* <wz> *(zum Betätigen von Steckschlüsseleinsätzen)* • drive handle; drive tool; socket handle *rare*

Antriebswinkel *m* <masch> • input angle

Antriebswirkungsgrad *m* <fz> *(Fortbewegung)* • propulsion efficiency

Antriebswirkungsgrad *m* <mech> *(allg.)* • drive efficiency

Antriebszahnrad *n* <kfz.mot> *(z. B. Ölpumpe)* • drive gear

Antriebszerren *n* <kfz> *(bei Vorderradantrieb)* • torque steer

Antriebszwitter *m press.did* <kfz> • hybrid electric vehicle (HEV); hybrid vehicle; hybrid car

Antrittspfosten *m* <bau> • newel; newel post

Antrittsstufe *f* <bau> • bottom step; stair foot; commode step

Antwort *f* <allg> *(z. B. auf Frage)* • answer; reply

Antwort *f* <tech.allg> *(Reaktion; z. B. auf Ereignisse, Maßnahmen)* • response

Antwortbake *f* <navig> • responder beacon

Antwort des Systems *f* <msr> • system response

Antwortempfänger *m* <navig> • responsor

Antwortflagge *f* <nav> *(Signal)* • code pennant

Antwortfrequenz *f* <tele> • reply frequency

Antwortgeber *m* <navig> • responder

Antwortimpulsgenerator *m* <tele> • reply pulse generator

Antwortkarte *f* <werb> • response card; reply card; return card

Antwortmeldung *f* <edv> • response message

Antwortsender *m* <kfz.tele> *(für automatische Mautverrechnung)* • transponding equipment

Antwortsender *m* <navig> *(Radartechnik)* • transponder

Antwort vom Speicher *f* <edv> • response from memory

Antwortzeit *f* <edv> • response time

anvisieren *vt* <mil> *(mit Waffe auf Ziel)* • aim (at) *vi*; point (at) *vi*; take aim (at) *vi*; sight (at) *vi*

Anvisiermikroskop *n* <opt> • locating microscope

Anvulkanisation *f* <chem.verf> *(unbeabsichtigtes Vernetzen bei Lagerung)* • bin curing; pile curing; precuring; prevulcanization *rare*

Anvulkanisation *f* <chem.verf> *(vorzeitige Vulkanisierungsreaktion von Gummi, Brenneffekt)* • scorching; burning; setting-up; firing-up; precuring

Anvulkanisieren *n* <chem.verf> *(unbeabsichtigtes Vernetzen bei Lagerung)* • bin curing; pile curing; precuring; prevulcanization *rare*

Anvulkanisieren *n* <chem.verf> *(vorzeitige Vulkanisierungsreaktion von Gummi, Brenneffekt)* • scorching; burning; setting-up; firing-up; precuring

anvulkanisieren *vi* <chem.verf> *(Gummi; unbeabsichtigt)* • cure up *vi*; precure *vi*; scorch *vi*; fire up *vi*; set up *vi*

Anwachsen *n* <allg> *(z. B. Bevölkerung, Gewinn)* • growth; increase

Anwachsen *n* <tech.allg> • increase; increment *form*; growth; rise *coll*

Anwachskeil *m* <geo> • accretionary prism

anwählen *vt* <tele> *(eine Nummer)* • dial *vt*

Anwärmbrenner *m* <füg> *(Schweißen)* • preheating blowpipe; preheating torch

anwärmen *vt* <tech.allg> *(z. B. Werkstück)* • pre-heat *vt*

Anwärmkegel *m* <kfz.rep> *(Schneidbrenner)* • pre-heat cone

Anwärmloch *n* <silik> • glory hole

Anwärmperiode *f* <tech.allg> • warming-up period

Anwärmzeit *f* <el> *(Bildschirm)* • coming-up time

Anwahl *f* <el> • dialup

anweben *vt* <textil> • start a new warp *vt*

anweichen *vt* <led> • presoak *vt*

anweisen *vt* <allg> *(Personen; etwas zu tun, zu unterlassen)* • direct *vt*

anweisen *vt* <allg> • command *vt*; order *vt*

anweisen *vt* <tech.allg> *(z. B. Frequenzen, Speicherplatz, Ort)* • allocate *vt*; assign *vt*

anweisen *vt* <did> *(belehrend)* • instruct *vt*

Anweisung *f* <allg> *(an Person)* • assignment

Anweisung *f* <doku> *(im Handbuch)* • instruction; operation; step

Anweisung *f* <edv> *(in Programm)* • statement

Anweisungsliste *f* (AWL) *norm* <edv> • instruction list (IL) *stand*

Anweisungslisten-Sprache *f norm* <edv> *(eine Textsprache)* • instruction list language *stand*; IL language *pract*

Anwelksilage *f* <agri> • wilted grass silage; wilted silage

anwendbare Normen *fpl* <norm> • applicable standards

anwendbar für/auf <allg> • applicable to; usable for; fit for

Anwendbarkeit *f* <tech.allg> *(Regeln, Verfahren, Technologie etc.)* • applicability

Anwendbarkeit *f* <jur> *(einer Erfindung)* • applicability; practicability; usability

anwenden *vt* <tech.allg> *(z. B. Methode, Werkzeug, Produkt)* • apply *vt*; employ *vt*; use *vt*

Anwender *m* <edv> *(von Software)* • user

Anwender-Byte *n* <edv> • user byte

Anwenderdatenbereich *m* <edv> • user data area

Anwenderdaten-Speicher *m* <edv> • user data storage

anwenderdefiniert <edv> • user-specified

anwenderdefinierter Befehl *m* <edv> • user-defined command

anwenderfreundlich <qualit> *(z. B. Fahrzeug, Gerät, Maschine, Werkzeug, Wörterbuch)* • user-friendly

anwenderfreundliche Bedienung *f* <navig.edv> • user-friendly operation

anwenderorientiert <tech.allg> *(z. B. Bedienung, Programm)* • user-oriented

Anwenderprogramm *n* <edv> • application program; user program

anwenderprogrammierbar <edv> • user-programmmable; field-programmable

Anwenderschnittstelle *f* <edv> • user interface

Anwender-Software *f* <edv> • user software

Anwendersoftware *f* <edv> *(z. B. für Textverarbeitung, Grafik, Datenbanken, Tabellenkalkulation)* • application software; application program; user software; user program *rare*

anwenderspezifisch <tech.allg> • user-defined; user-customized; user-oriented; user-specific; application-specific

Anwenderteil *m* <tele> • user part

Anwendung f <tech.allg> *(im Ggs. zu Theorie, Hypothese)* • practice

Anwendung f prakt <tech.allg> *(von Bauteilen, Systemen, Maschinen, Methoden, Software)* • application

Anwendung f <agri.chem> *(von Dünger, Herbiziden, Pestiziden)* • application

Anwendungsbeispiel n <tech.allg> *(für ein Produkt etc.)* • typical application; typical case of application; application example

Anwendungsbeispiel n <did> *(zur Illustration; in Lehrbuch)* • worked-out example

Anwendungsbereich m <tech.allg> *(eines Produkts, Verfahrens)* • range of application; field of application; fields of use

Anwendungsbereich m <doku> *(Überschrift)* • scope

anwendungsbereit <tech.allg> • ready-to-use

Anwendungsbericht m <doku> • utilization report

Anwendungsdiensteanbieter m <tele> • application service provider (ASP)

anwendungsgerecht <tech.allg> • application-oriented

Anwendungsnorm f <edv> • application standard

anwendungsorientiert <allg> *(z. B. Forschung)* • application-oriented

anwendungsorientierte Programmiersprache f <edv> • application-oriented programming language; application-oriented language

Anwendungsort m <agri> *(z. B. von Schädlingsbekämpfungsmitteln)* • site of application

Anwendungsprogramm n <edv> • user program

Anwendungsprogrammierer-Interface n (API) <edv> • Application Program Interface (API)

Anwendungsschicht f <tele> *(OSI-Modell)* • application layer

Anwendungssoftware f <edv> *(z. B. für Textverarbeitung, Grafik, Datenbanken, Tabellenkalkulation)* • application software; application program; user software; user program rare

Anwendungsspezifikation f <edv> • application standard

Anwendungsstandard m norm <edv> • application standard

Anwendungsumgebung f <edv> *(offene, geschlossene)* • application environment

Anwendungsverhalten nsg <tech.allg> • basic performance

Anwendungswahlschalter m <el> • application selector switch

Anwendungsweise f <allg> • mode of application

Anwendungszeitpunkt m <agri.chem> • application timing

Anwendungszweck m <allg> • application

anwerfen vt ugs <kfz> *(Hubkolbenmotor)* • crank vt

Anwesenheitsschärfung f <alarm> • part setting

Anwesenheitssicherung f <alarm> • part protection

Anwesenheitsüberwachung f <alarm> • part protection

Anwuchs m <nav> *(an Schiffsrumpf; allg.; Algen, Muscheln etc.)* • marine fouling; fouling

Anwuchs m <nav> *(an Schiffsrumpf; speziell Muscheln, Krustentiere)* • barnacles

Anwuchs m <verf> *(in Apparaten, Leitungen; unerwünscht; z. B. Schimmel, Algen)* • accretion

anwuchsverhindernd <obfl> *(Anstrich, Additiv)* • antifouling

anwuchsverhindernder Anstrich m • antifouling paint coating; antifouling paint

Anwurfmotor m <turb> *(Gasturbine)* • starter motor

Anwurfschalter m <mot> • motor-starting switch

Anwurfturbine f <energ> *(Gasturbinen-Kraftwerk)* • starting turbine

Anwurfvorrichtung f ppwiss <turb> *(Gasturbinen-Hilfseinrichtung)* • starting device; starting equipment

Anzahl f <allg> *(Stückzahl)* • number; quantity

Anzahl der Chore f <bau.innen> *(textiler Bodenbelag)* • frameage ISO 2424; number of frames

Anzahl der Freiheitsgrade f <tech.allg> *(z. B. Kinematik; Statistik)* • number of degrees of freedom

Anzahl der Nachkommastellen f <edv> • number of decimals; no of dec

Anzahl der Sitzplätze f <fz> • seating capacity

Anzahl der Teilungen auf 25,4 mm norm <masch> • threads per inch (TPI / tpi); number of threads coll

Anzahldichte der Teilchen f <nukl> • particle density

Anzahl fehlerhafter Einheiten f DIN 55350-31 <qualit> • nonconforming fraction

Anzahlkonzentration f <verf> • particle number concentration

Anzahlung f <fin> • payment on account; advance payment; down payment; part payment; deposit

Anzahlverteilungssumme f <verf> • number distribution

Anzapfdampf m <energ.therm> *(Dampferzeuger)* • bleed steam

Anzapfdrossel f <el> • tapped variable inductor

anzapfen vt <tech.allg> *(Leitung; z. B. Rohr, Kabel, Draht, Telefonleitung, Ölpipeline)* • tap vt

Anzapfschütz n <el> • tapping contactor

Anzapfspeisung f <rls> • feed of tapping point

Anzapfstelle f <tech.allg> *(an Leitung; z. B. Kabel, Rohr)* • tap; branch connection; tap connection

Anzapftransformator m <el> • tapped voltage transformer; split transformer

Anzapfturbine f DIN 4304 <energ.therm> *(nicht mit Entnahmeturbine verwechseln)* • turbine with uncontrolled extraction

Anzapfturbine f <turb> *(Dampfturbine)* • regenerative turbine; bleeder turbine

Anzapfumschalter m <msr> • ratio adjuster

Anzapfumschalter m <rls> • tap changer

Anzapfung f <tech.allg> *(z. B. elektr. Leitung, Fass, Rohr, Vorrat)* • tap

Anzapfung f <rls> *(zum Ablassen relativ kleiner Mengen; z. B. Flüssigkeit, Dampf, Luft)* • bleed connection

Anzapfung f <rls> *(Behälter, Rohr, Turbine)* • tapping

Anzapfventil n <rls> • extraction valve; bleeder valve

Anzapfwiderstand m <el> • tapped resistor

Anzeichen n <allg> • indication

Anzeichen n <petr> *(für Erdölvorkommen)* • show

Anzeichenschablone f <prod> • marking-off template

anzeichnen vt <prod> • mark out vt; mark off vt

Anzeichnung f <holz> • marking

Anzeige „Cassette eingelegt" f <av> • cassette-in indicator Panasonic

Anzeige „Kassette eingelegt" f <av> • cassette-in indicator Panasonic

Anzeige f <allg> *(Meldung, Ankündigung)* • announcement

Anzeige f <tech.allg> *(visuell wahrnehmbare Darstellung von Daten)* • display

Anzeige f <msr> *(Meldung von Zuständen; z. B. mit Signalleuchte, Tonsignal, Digitalcode)* • indication

Anzeige f DIN 2257 <msr> *(ablesbare Information, auf Skala, Display; z. B. von Messgerät, Zähler)* • reading; read-out

Anzeige f <msr> *(Einrichtung zum Melden; z. B. Signalleuchte, Tonsignal, Digitalcode)* • indicator

Anzeige f <werb> *(in Zeitungen etc.)* • advertisement; ad

Anzeigebaugruppe f <msr> • display module; indicating module

Anzeige/Bedieneinheit f <msr> *(z. B. von Fernbedienung, GPS-Empfänger)* • control display unit (CDU); control and display system; control/display panel

Anzeige/Bedienteil n <msr> *(z. B. von Fernbedienung, GPS-Empfänger)* • control display unit (CDU); control and display system; control/display panel

Anzeigebereich m <msr> *(eines digitalen Anzeigefeldes; z. B. LED-, LCD-Display)* • display range

Anzeigebereich m <msr> *(allg.)* • indicating range; indicating span

Anzeigebereich m <msr> *(betont: einer Skala)* • scale range

Anzeigebereich m <msr> *(betont: eines Instruments)* • instrument range

Anzeigebreite f <navig> *(Radar)* • displayed beamwidth

Anzeige der Anrufernummer f <tele> *(Zusatzdienst, Telefonmerkmal)* • calling-line identification (CLID)

Anzeige der Bandlauffunktionen f <av> • tape running display *Panasonic*

Anzeige der Kursabweichung f <navig> *(Display)* • course deviation indicator (CDI); course deviation scale; CDI display

Anzeige der Telefonnummer des Rufenden f <tele> *(Zusatzdienst, Telefonmerkmal)* • calling-line identification (CLID)

Anzeigeeinrichtung f • display device; display unit

Anzeigeeinrichtung f <msr> • indicating device; indicating element; indicator; read-out device

Anzeigefehler m <msr> • indication error; read-out error

Anzeigefeld n <msr> *(für Messwerte, Maschinendaten etc.)* • display panel; indicator panel; display *pract*; indicator board *rare*

Anzeigefenster n <msr> *(für Messwerte, Maschinendaten etc.)* • display window; read-out window

Anzeige für die Hintergrundbeleuchtung f <navig> *(Display)* • screen backlight indicator

Anzeigegenauigkeit f <msr> *(z. B. Anzahl der Nachkommastellen)* • indicating accuracy; reading accuracy

Anzeigegenauigkeit f <navig> *(Ortsbestimmung)* • accuracy; position accuracy; positioning accuracy

Anzeigegerät n <alarm> *(reine Meldetafel für Anlagenzustand)* • zone annunciator

Anzeigegerät n <msr> *(allg.)* • indicating device

Anzeigegeschwindigkeit f <edv/msr> • readout rate

Anzeigeeinstrument n <kfz.msr> *(in der Instrumentenanlage)* • gauge

Anzeigeeinstrument n <msr> *(allg.)* • indicating device; indicating instrument

Anzeigeeinstrumente npl <msr/doku> *(z. B. Überschrift im Handbuch)* • meters and gauges

Anzeigeeinstrument mit Spitzenwertanzeige n <msr> • peak-reading instrument; peak-reading meter

Anzeigekelle f <mil> *(Schießstand-Trefferanzeige)* • wand

Anzeigekonstanz f <msr> • indicating stability

Anzeigelampe f <msr> • indicator lamp; light indicator; tell-tale lamp *rare.coll*

Anzeige mit Anschnitt m <werb> • full bleed ad

Anzeigemittel n <qualit.mat> *(für Materialfehler etc.; z. B. Magnetpulver, Farbe, Nekal)* • detecting agent

Anzeigemodul m <msr> • display module; display device

Anzeigemodus m <edv> *(von Grafikkarte, Bildschirm)* • display mode

Anzeigen n <mil> *(von Treffern; auf Schießanlage)* • marking

anzeigen vi <msr> *(Messgerät)* • read vi

anzeigen vt <edv> *(Daten etc. auf dem Bildschirm)* • display vt; show vt *coll*

anzeigen vt <mil> *(Treffer; auf Zielscheibe)* • mark vt

Anzeigenblatt n <werb> *(kostenlos)* • advertising journal; give-away ad newspaper

anzeigender Drehmomentschlüssel m <wz> *(allg.)* • direct-reading torque wrench

anzeigender Regler m <msr> • indicating controller

anzeigendes Messgerät n <msr> • indicating instrument; indicating meter; read-out meter

Anzeigeneinrichtung f <alarm> *(zur opt. / akust. Statusanzeige von Überwachungssystemen)* • annunciator panel; alarm receiver; monitor panel; security monitor; annunciator

Anzeigenleitung f <werb> • advertising management

Anzeigensatz m <werb> • advertising composition

Anzeigenschluss m <werb> *(Termin)* • closing date; deadline

Anzeiger m <mil> *(Person am Schießstand)* • marker

Anzeiger m rar <msr> *(von Anzeigeinstrument; z. B. Tacho)* • pointer; needle *pract*; indicator; index

Anzeigerdeckung f <mil> • target pit; pit

Anzeigeregister n <edv> • display register

Anzeigeschaltung f <el> • display circuit; indicating circuit

Anzeigesteuerung f <msr> • display control

Anzeigetafel f <msr> *(für Messwerte, Maschinendaten etc.)* • display panel; indicator panel; display *pract*; indicator board *rare*

Anzeige- und Inspektions-Diode f (AID) <el> • Alignment Indicating Device (AID)

Anzeigevordergrund m <edv> • foreground image; foreground display

Anzeigevorrichtung f <msr> • indicating device

Anzeigewahltaste f <msr> *(bei Multifunktionsanzeigen)* • gauge select button

Anzeigewert m <msr> *(Skala, Zähler)* • reading; display reading; indicated value

Anziehdrehmoment n rar <füg> *(bei Schraubverbindungen, in Nm; z. B. 110 Nm für Radschrauben)* • torque; tightness *coll.rare*

anziehen vi <el> *(z. B. Relais, Elektromagnet)* • pick up vi

anziehen vt <tech.allg> *(befestigen, anzurren)* • fasten vt

anziehen vt <druck> *(Koronaentladung)* • adsorb vt

anziehen vt <el> *(Relais)* • become operative vi

anziehen vt <füg> *(Schraubverbindungen; allg.)* • tighten vt

anziehen vt <füg> *(Schraubverbindungen; betont: mit bestimmtem Drehmoment; z. B. mit 70 Nm)* • torque vt

anziehen vt <mat> *(durch Vernetzung; Spachtelmasse, Kleber)* • set vi; cure vi

anziehen vt <phys> *(elektrostatisch, magnetisch; z. B. Toner- oder Eisenpartikel)* • attract vt

Anziehmoment n <füg> *(bei Schraubverbindungen, in Nm; z. B. 110 Nm für Radschrauben)* • torque; tightness *coll.rare*

Anziehung f <phys> *(allg.)* • attraction

Anziehungskraft f <phys> • force of attraction

Anzuchtmethode f <agri> • method of propagation

anzünden vt <feuer> *(allg. brennbares Material; z. B. mit Streichholz, Feuerzeug)* • light vt

anzünden vt <feuer> *(insbes. durch Funken)* • ignite vt

anzünden vt <feuer> *(erste kleine Flamme, mit Reisig etc.; z. B. offener Kamin, Lagerfeuer)* • kindle vt

Anzug m prakt <kfz> *(Beschleunigungsvermögen)* • acceleration; getaway power *coll*

Anzug m <kst> *(Gesenk, Formwerkzeug; z. B. beim Spritzgießen)* • draft; taper

Anzug m <metall> *(von Gussteilen, Gussformen, Schmiedegesenken)* • draft; taper

Anzugschraube f <füg> • draw-in bolt; drawback bolt; drawbolt

Anzugsdrehmoment n rar <füg> *(bei Schraubverbindungen, in Nm; z. B. 110 Nm für Radschrauben)* • torque; tightness *coll.rare*

Anzugsgewinde *n* <füg> • draw-in bolt thread; draw-in thread

Anzugskennlinie *f* <el> • pull characteristic

Anzugsmoment *n* <füg> *(bei Schraubverbindungen, in Nm; z. B. 110 Nm für Radschrauben)* • torque; tightness *coll.rare*

Anzugsmoment *n rar* <mech> *(beim Ingangsetzen drehender Teile)* • starting torque; break-away torque; start-up torque; initial torque

Anzugsreibung *f* <füg> *(Mutter, Schraubenkopf)* • tightening friction

Anzugsreihenfolge *f* <füg> *(z. B. bei Flanschen, Zylinderkopfschrauben)* • tightening sequence; tightening pattern

Anzugsstoff *m* <textil> • suiting

Anzugstange *f* <masch> • drawbar

Anzugsvermögen *n* <kfz> *(Beschleunigungsvermögen)* • acceleration; getaway power *coll*

Anzugszeit *f* <el> *(Relais)* • pick-up time; pull-in time

Anzugwinkel *m* <masch> *(Keil, Kegel)* • angle of draft; angle of taper

anzwecken *vt* <füg> *(mit Reißbrettstift)* • tack *vt*; tack to *vt*

Aö <kfz.mot> • exhaust valve opens

A-Ofen *m* <obfl> • A-drier; A-shaped drier

Aorten-Bioprothese *f* <med.tech> • aortic bioprosthesis

Aortenklappenersatz *m* <med> • aortic valve substitute

AOW-Bauelement *n* <phys> • surface-acoustic wave device

AOX <chem> • adsorbable organic halogen (AOX)

Apastron *n* <astron> *(sternfernster Punkt einer Umlaufbahn)* • apastron

Apatit *m* <min> • apatite

APC <av> • automatic picture control (APC); auto picture function; automatic picture sharpness control

aperiodisch <tech.allg> *(Vorgang)* • acyclic

aperiodisch <phys> *(Schwingung)* • aperiodic; non-resonant; dead-beat *coll*

aperiodische Antenne *f* <el> • aperiodic antenna *US*; non-resonant antenna *US*; untuned aerial *GB*

aperiodische Dämpfung *f* <phys> • aperiodic damping

aperiodische Entladung *f* <el> • aperiodic discharge; impulsive discharge

aperiodische Leitung *f* <el> • non-resonant line

aperiodischer Vorgang *m* <phys> • aperiodic phenomenon; aperiodic process

aperiodische Schwingung *f* <phys> • aperiodic oscillation

aperiodisches Pendel *n* <phys> • aperiodic pendulum

aperiodisches System *n* <msr> • overdamped system

aperiodisches Verhalten *n* <phys> *(gedämpfte Schwingung)* • dead-beat response

aperiodisch gedämpft <phys> *(Schwingung)* • aperiodic; non-resonant; dead-beat *coll*

aperiodisch gedämpft <phys> • aperiodical; aperiodic; dead-beat

aperiodisch gedämpftes Instrument *n* <msr> • aperiodic instrument

aperiodisch gedämpftes Organ *n* <msr> • aperiodic element

Apertur *f* <energ.sol> *(von Solarkollektor u.ä.)* • aperture; entrance aperture; collector aperture

Apertur *f* <opt/astron> *(Öffnungsdurchmesser; Objektiv, Reflektorspiegel Antennenschüssel)* • aperture

Aperturblende *f* <opt> • aperture diaphragm

Aperturfläche *f* <energ.sol> • aperture area

Aperturkorrektur *f* <av> *(zum Schärfen des Videowiedergabesignals)* • crispening circuit; crispener

Aperturmodulfläche *f* <energ.sol> *(gesamte Oberfläche eines Solarzellenmoduls)* • module aperture area

Apertursynthese *f* <astron> • aperture synthesis

Aperturwinkel *m* wiss <opt> *(Objektiv)* • aperture angle; angular field; field angle

Apex *m* <astron> • apex

Apexdüse *f* <phys> *(Hydrozyklon)* • apex opening

APF <av> • all-pass filter (APF)

Apfelmännchen *n* ugs <math> *(Fraktal)* • Mandelbrot image

Apfelsäure *f* (C_4H_6) <nahr> • malic acid (C_4H_6)

Apfelsinenhaut *f* <obfl> *(Lackierfehler)* • orange-peel effect; orange-peel appearance; orange peel

Apfelsinenschaleneffekt *m* <obfl> *(Lackierfehler)* • orange-peel effect; orange-peel appearance; orange peel

Aphel *n* <astron> *(fernster Punkt einer Umlaufbahn; z. B. von Planeten, Satelliten)* • aphelion

Aphizid *n* <agri.chem> • aphicide

Aphthenkrankheit der Klauentiere *f* wiss <agri.med> • foot-and-mouth disease; aphthous fever *thsc*; hand-and-mouth disease; hoof-and-mouth disease

API <edv> • Application Program Interface (API)

apikal <chem> • apical

apikale Dominanz *f* <chem> • apical dominance

apikales Meristem *n* <chem> • apical meristem

API-Qualität *f* <tribo> *(von Öl; z. B. SF/CD ist eine höhere Qualität als SF/CC)* • API quality level

Apis mellifica <bio> • honey bee; apis mellifica

apitell *n* <bau> • chamfer

APK <kst> *(radikalisch, anionisch, kationisch oder stereospezifisch)* • addition polymerization *IUPAC*; chain-growth polymerization

Aplanasiebedingung *f* <opt> • condition of aplanatism

Aplanat *m* <opt> • aplanatic lens

aplanatisch <phot> *(Objektiv)* • aplanatic; aberrationless

aplanatisches Objektiv *n* <opt> • aplanatic lens

Apnoe *f* <med> • apnea

Apnoebeatmung *f* <med.tech> • apnea ventilation (AV); backup ventilation; apnea backup ventilation

Apnoe-Ventilation *f* <med.tech> • apnea ventilation (AV); backup ventilation; apnea backup ventilation

Apnoezeit *f* <med.tech> • apnea time; apnea interval

Apo-A *n* prakt <bio> • apolipoprotein A; apo-A *pract*

Apo-B,E-Rezeptor *m* <med> • LDL receptor; apo-B,E receptor

Apo-B *n* prakt <bio> • apolipoprotein B; VLDL apoprotein; apo B *pract*

Apo-B100 *n* prakt <bio> • apolipoprotein B-100; apo-LDL; big apo B; large apo B; apo B-100 *pract*

Apo-B48 *n* prakt <bio> • apolipoprotein B-48; little apo B; small apo B; apo B-48 *pract*

Apo-C *n* prakt <bio> • apolipoprotein C; apo C *pract*

Apochromat *m* <opt> • apochromatic lens; apochromat

apochromatisch <opt> • apochromatic

Apocynum cannabinum <bio> • hemp; apocynum cannabinum

Apo-D *n* prakt <bio> • apolipoprotein D; thin-line peptide; apo D *pract*

Apo-E *n* prakt <bio> • apolipoprotein E; arginine-rich [apo]protein *obs*; apo E *pract*

Apo-F *n* prakt <bio> • apolipoprotein F; apo F *pract*

Apo-G *n* prakt <bio> • apolipoprotein G; apo G *pract*

Apogäum *n* <astron> *(fernster Punkt einer elliptischen Umlaufbahn um die Erde)* • apogee

Apo-H *n* prakt <bio> • apolipoprotein H; apo H *pract*

Apolipoprotein A *n* <bio> • apolipoprotein A; apo-A *pract*

Apolipoprotein B *n* <bio> • apolipoprotein B; VLDL apoprotein; apo B *pract*

Apolipoprotein B100 *n* <bio> • apolipoprotein B-100; apo-LDL; big apo B; large apo B; apo B-100 *pract*

Apolipoprotein B48 *n* <bio> • apolipoprotein B-48; little apo B; small apo B; apo B-48 *pract*
Apolipoprotein C *n* <bio> • apolipoprotein C; apo C *pract*
Apolipoprotein D *n* <bio> • apolipoprotein D; thin-line peptide; apo D *pract*
Apolipoprotein E *n* <bio> • apolipoprotein E; arginine-rich [apo]protein *obs*; apo E *pract*
Apolipoprotein F *n* <bio> • apolipoprotein F; apo F *pract*
Apolipoprotein G *n* <bio> • apolipoprotein G; apo G *pract*
Apolipoprotein H *n* <bio> • apolipoprotein H; apo H *pract*
Apolipoproteinmuster *n* <bio> • apolipoprotein pattern
Apolipoproteinprofil *n* <bio> • apolipoprotein pattern
Apollonischer Kreis *m* <math> • Apollonius circle; Apollonius's circle
Apoplast *m* <chem> • apoplast
Aposelen *n* <astron> • apolune
Aposelenium *n* <astron> • apolune
A-posteriori-Wahrscheinlichkeit *f wiss* <math> • a-posteriori probability
Apostilb *n obs* <licht> *(Einheit der Leuchtdichte)* • candela per square metre (cd/m²); apostilb *obs*
AP-Papiere *npl* <pap> • papers with waste paper components *pl*
Apparat *m* <tech.allg> *(jede komplexe, z. B. mech., elektr. od. chem. Funktionseinheit)* • apparatus
Apparat *m* <tech.allg> *(mit spezieller Funktion, Applikation; eher komplex)* • apparatus; appliance
Apparat *m* <chem.verf> *(z. B. Säule, Filter, Ionenaustauscher)* • apparatus
Apparatebau *m* <chem.verf> • apparatus construction
Apparate-Email *n* <obfl> • apparatus enamel
Apparatekonstante *f* <chem.verf> • instrument constant; apparatus constant
Apparateverzerrung *f* <el> • inherent distortion
Apparatfärberei *f* <textil> • package dyeing
apparativ <tech.allg> • instrumental
apparativer Aufwand *m* <ökon> • instrumentation expenditure
apparativer Fehler *m* <msr> • instrumental error
Apparat Pensky-Martens *m* <msr> *(Flammpunktprüfgerät)* • Pensky-Martens flash-point apparatus; Pensky-Martens flash-point tester
Apparatur *f* <mech> *(Geräte, maschinelle Anlagen)* • machinery
Apparatur *f* <msr> *(Instrumente, messtechnischer Aufbau)* • instrumentation; equipment
Apparatur zur Strahlungsanalyse *f* <aerospace> • radiation effects instrumentation
Apparatwecker *m* <tele> • station ringer
APPC <edv> • Advanced Peer-to-Peer Communications (APPC)
Appeal *m* <kino> • appeal
Appetitlosigkeit *f ugs* <med> • inappetence; lack of appetite *coll*
Appleton-Schicht *f* <geo> *(Ionosphäre)* • Appleton layer
Application Program Interface *n* <edv> • Application Program Interface (API)
Applikation *f wiss* <tech.allg> *(von Etiketten, Aufklebern u. ä.)* • application
Applikation *f wiss* <tech.allg> *(von Bauteilen, Systemen, Maschinen, Methoden, Software)* • application
Applikation *f* <agri.chem> *(von Dünger, Herbiziden, Pestiziden)* • application
Applikation *f* <edv> *(Software)* • application
Applikationsbeispiel *n rar* <tech.allg> *(für ein Produkt etc.)* • typical application; typical case of application; application example
Applikations-Gateway *n* <edv> *(Firewall)* • application gateway

Applikationsgerät *n* <tech.allg> • applicator
Applikationslabor *n* <chem> • application laboratory
Applikationsmaschine *f* <pack> *(für Etiketten)* • applicator
Applikationsort *m* <agri> *(z. B. von Schädlingsbekämpfungsmitteln)* • site of application
Applikationsprogramm *n* <edv> • user program
Applikationsverfahren *n wiss* <obfl> *(für Beschichtungen und Überzüge)* • application method; method of application
Applikationswahlschalter *m* <el> • application selector switch
Applikation vor dem Auspflanzen *f* <agri.chem> *(z. B. von Herbiziden)* • preplanting application
Applikator *m* <pack> *(für Etiketten)* • applicator
applizieren *vt rar* <obfl> *(allg.; Schicht, Überzug; z. B. Farbe, Lack, Fett)* • apply *vt*; deposit *vt rare*
Appreteur *m* <textil> • finisher
appretieren *vt* <led> • polish *vt*
appretieren *vt* <led/textil> • season *vt*
appretieren *vt* <textil> • finish *vt*; dress *vt*
Appretiermaschine *f* <textil> • finishing frame; dressing frame
Appretur *f* <led/textil> • seasoning
Appretur *f* <textil> *(Stärke)* • starch
Appretur *f* <textil> *(allg.)* • finishing; finish; dressing
Appreturbrechmaschine *f* <textil> • finish-breaking machine
Appretureffekt *m* <textil> • finish effect
Appreturfoulard *m* <textil> • finishing padder
Appreturmittel *n* <textil> • finishing agent; finishing compound; finish; dressing agent; dressing
Appreturmittel *n* <textil.led> • sizing preparation; sizing material
Appreturmittel zur Griffverbesserung *n* <textil> • hand builder
Appreturöl *n* <textil> • textile oil
Approximation *f* <math> • approximation
Approximationsfunktion *f* <math> • approximation function
Approximationssatz *m* <math> • approximation theorem
approximativ <allg> • approximative; approximate
Aprilscherz *m* <edv> • April Fool's Joke (AFJ)
A-priori-Wahrscheinlichkeit *f wiss* <math> • a-priori probability
APRV <med.tech> • airway pressure release ventilation (APRV)
APS <tech.allg> *(zum Füllen von Luftpolstern; z. B. in Sitzen, Schutzkleidung)* • air pump system (APS)
APS <kfz.navig> • Auto Pilot System (APS) *MB*
APS <kst> • addition polymerization *IUPAC*; step-growth polymerization
APS <phot> *(mit Magnetinformationen auf Film)* • Advanced Photo System (APS)
Apside *f* <astron> • apse
Apsidenbewegung *f* <astron> • apsidal motion
Apsidenlinie *f* <astron> • apse line
Apsidiole *f* <bau> *(Kirche)* • apsidiole
Apsis *f* <bau> *(Kirche)* • apse
Apsiskalotte *f* <bau> • apse calotte
Apsis mit Blendarkadengliederung *f* <bau> • apse with blind arcading
APS-Scanner *m* <phot> • APS scanner
APTK-Dichtung *f obs* <bau> • EPDM gasket; Ethylene Propylene Diene Monomer
APTK-Kleber *m* <füg> • neoprene adhesive
AQL <qualit> • acceptable quality level (AQL); limit of acceptability
Aqua bidestillata *n wiss* <chem.verf> *(betont)* • fully demineralized water

Aqua dest. <chem> • distilled water

Aqua destillata *wiss* <chem> • distilled water

Aquaplaning *n* <fz> *(als Vorgang; z. B. auf Straßen, Start-, Landebahnen)* • aquaplaning; hydroplaning

Aquaplaning *n* <verk> *(als Verkehrsschild)* • aquaplaning

Aquaplaning-Eigenschaften *fpl* <fz> *(von Reifen, Fahrzeugen)* • aquaplaning characteristics *pl*; resistance against aquaplaning; resistance against hydroplaning

Aquarellfarbe *f* <kunst.obfl> • watercolor

Aquarellpapier *n* <kunst.pap> • aquarelle paper; watercolor paper

Aquarienleuchte *f* <licht> • aquarium lighting

Aquarienstaubsauger *m* <tech.allg> • hydro vacuum cleaner; aquarium vacuum cleaner

Aquarium *n* <allg> *(jede Größe)* • aquarium

Aquariumabdeckung *f* <tech.allg> • aquarium hood

Aquariumeinrichtung *f* <tech.allg> • aquarium setup; aquarium installation

Aquariumheizer *m* <tech.allg> • aquarium heating; aquarium heater

Aquariumheizung *f* <tech.allg> • aquarium heating; aquarium heater

Aquariumleuchte *f* <licht> • aquarium lighting

Aquariumpflege *f* <tech.allg> • aquarium maintenance; tank maintenance *US*

Aquariumsauger *m* <tech.allg> • hydro vacuum cleaner; aquarium vacuum cleaner

Aquariumstaubsauger *m* <tech.allg> • hydro vacuum cleaner; aquarium vacuum cleaner

Aquation *f* <chem> *(Komplexchemie)* • aquatization; aquotization; aquation

aquatische Lagerstätte *f* <min> • aquaeous deposit

Aquifer *m wiss* <geo> • aquifer; water-bearing bed; water layer *coll*

Aquoion *n* <chem> • hydrated ion; aquo-ion

Aquotisierung *f* <chem> *(Komplexchemie)* • aquatization; aquotization; aquation

Ar <chem> • argon (Ar)

Ar^{++}-Laser *m* <druck> *(Laser)* • argon-ion laser; argon laser *pract*; Ar^{++} laser

ARA-Bereich *m DIN 66010* <edv> *(Anfang des Magnetbandes)* • Automatic Read Amplification area

Aräometer *n* <chem> *(allg.)* • hydrometer; densimeter

Aramid *n* <kst> *(Duroplast)* • aramid

Aramidfaser *f* <bekl> • aramide fiber *US*; aramid staple fiber *US*; aramide fibre *GB*

aramidfaserverstärkter Kunststoff *m* (SFK) <kst> • aramid fiber re-reinforced plastic (SFRP)

Aramidspinnkabel *n* <textil> • aramid tow

Aramina *f* <textil> • aramina

Arbeit *f* <allg> *(jede produktive Aktivität)* • labor *US*; labour *GB*

Arbeit *f* <allg> *(Aufgabe; auferlegt, befohlen)* • task

Arbeit *f* <ökon> *(Beschäftigung, Anstellung)* • employment; occupation; work; labor *US*; job

Arbeit *f* (W) *DIN 1345* <phys> *(Größe; SI-Einheit: Joule)* • work (W)

arbeiten *vi* <allg> *(Mensch, Maschine)* • work *vi*

arbeiten *vi* <tech.allg> *(funktionieren)* • function *vi*

arbeiten *vi* <tech.allg> *(z. B. Anlage, Maschine)* • run *vi*; operate *vi*

arbeiten *vi* <mat> *(durch Schrumpfen und Ausdehnen; z. B. Holz)* • contract and expand *vi*

Arbeiten des Holzes *n* <obfl.holz> • movement due to shrinkage and swelling of wood; movement in the timber

Arbeiter *m* <allg> • worker

Arbeiter *m* <tech.allg> *(betont: Bedienungsperson)* • operator

Arbeitgeber *m* <ökon> • employer

Arbeitgeberlizenz *f* <jur> *(an der Erfindung eines Arbeitnehmers)* • shop right

Arbeit in drei Schichten *f* <prod> • 3-shift operation

Arbeit in zwei Durchgängen *f* <wz.masch> • two-pass operation

Arbeitnehmer *m* <ökon> • employee; employed person

Arbeitnehmererfinder *m* <jur> • employed inventor

Arbeitnehmererfinderrecht *n* <jur> • Act on employees invention

Arbeits-... *rar* <tech.allg> *(in Zusammensetzungen; z. B. -druck, -temperatur, -drehzahl)* • operating ...; design ...

Arbeitsablauf *m* <prod> *(allg.; zeitlich, linear)* • work process; workflow; flow of work

Arbeitsablauf *m* <prod> *(betont: zyklisch, wiederkehrende Takte etc.)* • operation cycle; work cycle

Arbeitsablauf *m* <prod> *(betont: Vorgehensweise)* • operating procedure

Arbeitsablauf *m* <prod> *(betont: Reihenfolge)* • sequence of operations; process sequence

Arbeitsablauf *m* <prod> *(Methode)* • operational procedure

Arbeitsablauf *m rar* <wz.masch> • machining cycle; working cycle

Arbeitsablaufkarte *f* <prod> • flow sheet

Arbeitsablaufplan *m* <doku> *(als Diagramm)* • work flow diagram

Arbeitsablaufplan *m* <prod> *(Terminplanung)* • operations schedule

Arbeitsabstand *m* <msr> *(von Sensoren)* • working sensing range

Arbeitsabstand *m* <prod> • working distance

Arbeitsanfall *m* <ökon> *(Bedarf)* • demand; required work

Arbeitsarm *m* <autom> *(Roboter)* • slave arm

Arbeitsaufnahme beim Berstversuch *f* <pap> • bursting energy absorption; burst energy absorption; bursting work

Arbeitsaufnahmevermögen in initial nassem Zustand *n* <pap> • initial wet web tensile energy absorption

Arbeitsaufwand *m* <ökon> *(Kosten)* • labour expenditure

Arbeitsaufwand *m* <prod> *(eines Produkts, Prozesses)* • amount of labour; labour content; work content

Arbeitsausnutzung *f DIN 25401-3* <nukl> *(Kernkraftwerk)* • load factor

Arbeitsbalg *m* <rls> • flow bellows

Arbeitsbedingungen *fpl* <tech.allg> *(für Menschen)* • working conditions

Arbeitsbedingungen *fpl* <masch> *(für Maschinen, Systeme, Anlagen)* • operating condition

Arbeitsbeginn *m* <allg> • work starting time; starting time

Arbeitsbegleitkarte *f* <prod> • route sheet; routing card

Arbeitsbekleidung *f* <bekl> • working clothes; work clothing

Arbeitsbelastung *f* <mech> *(von Maschinen)* • operating stress

Arbeitsbelastung *f* <prod> *(von Personal, Maschinen, Anlagen etc.)* • work load

Arbeitsbelastung *f* <psych> *(von Menschen)* • work load

Arbeitsbeleuchtung *f* <licht.theat> • working light; rest light

Arbeitsbereich *m* <tech.allg> *(Fläche oder Raum, in dem gearbeitet wird)* • work area

Arbeitsbereich *m* <tech.allg> *(maximales Leistungsvermögen)* • work capacity

Arbeitsbereich *m* <tech.allg> *(eher räumlich; z. B. von Personen, Robotern)* • working space

Arbeitsbereich *m* <tech.allg> *(betriebl. Einsatzbereich gemäß techn. Daten; von Maschinen, Anlagen)* • operating range

Arbeitsbereich *m* <edv> *(eines Scanners)* • scan range; range; scanner range; reading range; scanning range

Arbeitsbereich m <msr> *(eines Sensors; z. B. Näherungssensor)* • active zone; sensing range; active sensing zone; actuating area; sensing lobe

Arbeitsbereich m <msr> • sensing range (sd); switching range/distance/lobe; working distance; operating distance

Arbeitsbereich m <textil> *(Nadelbett etc., auf dem ein Gestrick gefertigt wird)* • knitting head; needle bed

Arbeitsbewegung f <masch> *(z. B. Kolben, Schlitten)* • travel

Arbeitsblatt n <prod.doku> • worksheet

Arbeitsblende f <phot> • working aperture

Arbeitsboden m <theat> *(unterhalb des Rollenbodens)* • fly loft; rigging loft; flys pl coll; drawing loft

Arbeitsbreite f <tech.allg> *(z. B. Baumaschine, Kehrmaschine, Papiermaschine, Webstuhl, Rasenmäher)* • working width

Arbeitsbühne f <tech.allg> *(jede Form, Größe, Bauart; z. B. schmaler Gittersteg, Betondecke)* • working platform; operating platform; operating floor; work platform

Arbeitsbühne f <petr> *(Bohrplattform)* • derrick floor; drill floor; rig floor; derrick platform

Arbeitsbütte f <pap> *(für Zellulose)* • pulp chest; machine chest

Arbeitsdargebot n <energ> *(von Kraftwerken)* • annual energy output (AEO) *IEV 415;* annual energy production

Arbeitsdatei f <edv> • work file; scratch file *coll*

Arbeitsdatenträger m <edv> • work file volume; scratch volume *coll*

Arbeitsdeck n <tech.allg> *(eher großflächig, eher geschlossene Oberfläche)* • working deck

Arbeitsdiagramm n <tech.allg> *(z. B. Motor, Pumpe)* • work diagram

Arbeitsdiagramm n <masch> *(mit Leistungsdaten; z. B. Leistungsabgabe, Drehmoment)* • performance diagram

Arbeitsdiagramm n <mot> • indicator diagram

Arbeitsdrehzahl f <tech.allg> • operating speed

Arbeitsdrehzahl f <textil> *(im stationären Dauerbetrieb; z. B. Großrundstrickmaschine)* • cruising speed

Arbeitsdruck m <tech.allg> *(z. B. von Behältern, Hydraulik-, Pneumatiksystemen)* • operating pressure; working pressure; service pressure

Arbeitsdruck m <kfz.antr> *(Automatikgetriebe-Steuerung)* • line pressure; mainline pressure; main pressure

Arbeitsdruck m <masch> *(Kolbenmaschine)* • effective pressure

Arbeitsdruck m <prod> *(Säge)* • feed pressure

Arbeitsebene f <min> • operating level

Arbeitseichkreis m <tele> • working reference system

arbeitseinsparend <ökon> • labor-saving

Arbeitselektrode f (AE) <el.chem> *(Polarographie und Voltammetrie)* • working electrode (WE); controlled electrode; indicator electrode

Arbeitselektrode f <msr> • sensing electrode; working electrode *rare*

Arbeitsende n <edv> • end of job

Arbeitserlaubnis f <jur> • work permit; permission to work

arbeitsfähig <tech.allg> *(Maschine, Anlage)* • operable

arbeitsfähig <jur> *(Person)* • fit for work

Arbeitsfenster n <edv> • action window

Arbeitsfläche f <tech.allg> *(Oberfläche, auf der gearbeitet wird)* • working surface

Arbeitsfläche f <autom> *(Roboter)* • working envelope

Arbeitsfläche f <phys> *(Dampfdiagramm)* • effective area

Arbeitsfläche f <prod> *(Fläche, an oder mit der gearbeitet wird; von Werkstück, Werkzeug)* • working face

Arbeitsflächengüte f <wz.masch> • quality of finish

Arbeitsflanke f DIN 868 <masch> *(Zahnradgetriebe)* • working flank

Arbeitsflüssigkeit f <hydr> • operating liquid; working liquid

Arbeitsfluid n <verf> *(Flüssigkeit, Gas; z. B. in Klimaanlage, Solaranlage, Wärmepumpe)* • working fluid

Arbeitsfluss m <prod> • work flow

Arbeitsfolge f <prod> *(Route beim Spanen)* • route

Arbeitsfolge f <prod> *(allg.; zeitlich, linear)* • work process; workflow; flow of work

Arbeitsfolge einstellen vt <prod> • sequence vt

Arbeitsfolgeplan m <wz.masch> • process layout; planning sheet; routing sheet

Arbeitsfortschritt beim Bohren m <petr> • drill penetration rate

Arbeitsfreiheit f <wz.masch> *(Abstand)* • working clearance

Arbeitsfrequenz f <el> • working frequency

Arbeitsfrequenz f <tele> • utility frequency

Arbeitsfrequenzbereich m <msr> • operating frequency range

Arbeitsfuge f <bau> • construction joint; daywork joint

Arbeitsfuge f <füg> *(Schweißen)* • working joint

Arbeitsfunktion f <holz.ökon> *(des Waldes)* • employment funktion

Arbeitsfuß m <textil> *(Jacquard-Rundstrickmaschine)* • raising butt

Arbeitsgalerie f <theat> *(Laufsteg zur Positionierung von Scheinwerfern)* • fly gallery; working gallery; gallery *pract*

Arbeitsgalerie f <theat> *(Teil der Obermaschinerie; zur Bedienung/Wartung der Züge)* • loading floor; loading platform; loading gallery; fly gallery; fly floor

Arbeitsgang m <prod> *(z. B. Vorbohren, Aufbohren, Senken, Gewindeschneiden)* • operation; step *pract*

Arbeitsgang m <prod> *(eine Bewegung über das Werkstück; z. B. eine Schweißlage, Spanabnahme)* • pass

Arbeitsgangnummer f <edv> • operating number

Arbeitsgangvoreinstellung f <prod> *(Zyklus)* • cycle presetting; cycle setting

Arbeitsgemeinschaft f <jur> • joint venture; special partnership; consortium

Arbeitsgenauigkeit f <qualit> • working accuracy

Arbeitsgenehmigung f <jur> • work permit; permission to work

Arbeitsgerüst n <bau> • scaffold; staging

Arbeitsgeschwindigkeit f <edv> *(Computersystem insgesamt)* • operating speed

Arbeitsgeschwindigkeit f <prod> *(allg.; von Personen, Maschinen)* • working speed; speed of work

Arbeitsgeschwindigkeit f <wz.masch> *(spanend)* • cutting speed

Arbeitsgeschwindigkeit der Maschine f <prod> • machine speed

Arbeitsgewinn m <phys> *(Dampfdiagramm)* • gain of work

Arbeitsgrube f <bau> *(z. B. für Störungssuche und Reparatur von Kabeln)* • operator pit

Arbeitshandschuhe mpl <bekl> • utility gloves; work gloves

Arbeitsherd m <prod> • hearth

Arbeitshub m <masch> *(von Feder- und Dämpferelementen)* • deflection range

Arbeitshub m <mot> *(beim Kolbenmotor; von OT nach UT)* • power stroke; expansion stroke; power cycle; expansion cycle; firing stroke

Arbeitshub m <wz.masch> *(beim Spanen, Trennen)* • working stroke; cutting stroke

Arbeitshub des Pressenstößels m <prod> • forward press travel

Arbeitsinformation f <wz.masch> *(für spanende Bearbeitung)* • machining data

Arbeitsinhalt m <verf> *(Destillationskolonne)* • operating hold-up

arbeitsintensiv <ökon> • labor-intensive

Arbeitskaliber n <prod> *(Walzwerk)* • live pass

Arbeitskarte f <prod> • operation sheet; process layout

Arbeitskennlinie f <tech.allg> *(von Maschinen, Bauteilen)* • performance characteristic; operating characteristic; working characteristic; dynamic characteristic

Arbeitskolben m <kfz> *(im Stoßdämpfer)* • working piston; damper piston

Arbeitskolben m <kfz.brems> *(im Unterdruckbremskraftverstärker)* • power piston

Arbeitskolben m <masch> *(im Ggs. zum Steuerkolben)* • power piston

Arbeitskolben m <masch> *(Hydraulik, Pneumatik)* • servo piston

Arbeitskolonne f <bahn> *(Personengruppe)* • group of workers

Arbeitskontakt m <msr/alarm> *(Melder; im Ruhezustand offen)* • normally open contact; make function contact; make contact; N/O contact; NO switch

Arbeitskoordinatensystem n <edv> • view coordinate system; working space

Arbeitskopie f <phot> • test print; sample print

Arbeitskopie f <werb.druck> • work print; rush <print>; interlock

Arbeitskreisprozess m <tech.allg> • operating cycle

Arbeitskurve f <masch> *(Führungsnocken; z. B. Analogsteuerung von Werkzeugmaschinen)* • lead cam

Arbeitslänge f <prod> *(beim Spanen)* • machining length

Arbeitslänge f <textil> *(von Zungennadeln; Abstand von Nadelkopf zu Nadelfuß)* • working length

Arbeitslage f <wz.masch> *(in der Maschine)* • working position

Arbeitslehre f <msr> • working gauge; manufacturing gauge; shop gauge

Arbeitsleuchte f <licht> • work light

Arbeitslicht n <licht.theat> • working light; rest light

Arbeitslinie f <el> • operating line

Arbeitsloch n <silik> • gathering hole

Arbeitslösung f <phot> • working solution; working-strength solution

Arbeitslohn m <doku.fin> *(Posten in Werkstattrechnung)* • labor charge

Arbeitsmanometer n <füg> *(Schweißen)* • regulator outlet pressure gauge; working-pressure gauge

Arbeitsmaschine f <masch> *(wandelt Kraft in Arbeit um; z. B. Pumpe, Generator)* • machine

Arbeitsmaske f <el.ic> *(Photolithographie)* • working mask

Arbeitsmedium n <hlk> *(in Kühlschränken, Klimaanlagen, Wärmepumpen)* • refrigerant; refrigerant fluid; working fluid; refrigeration medium *rare*; refrigerating medium *rare*

Arbeitsmedium n <verf> *(Flüssigkeit, Gas; z. B. in Klimaanlage, Solaranlage, Wärmepumpe)* • working fluid

Arbeitsmittel n <allg> *(Hilfsmittel zum Arbeiten)* • tool; implement; utensil

Arbeitsmittel n rar <hlk> *(in Kühlschränken, Klimaanlagen, Wärmepumpen)* • refrigerant; refrigerant fluid; working fluid; refrigeration medium *rare*; refrigerating medium *rare*

Arbeitsmittel n <verf> *(Flüssigkeit, Gas; z. B. in Klimaanlage, Solaranlage, Wärmepumpe)* • working fluid

Arbeitsmittelsammler m rar <hlk> *(in der Niederdruck/Saugdruckleitung)* • accumulator-drier; refrigerant acumulator *did*; suction-line accumulator *did*; accumulator *pract*

Arbeitsnorm f <norm> *(qualitative Vorgabe)* • working standard

Arbeitsnorm f <prod> *(quantitative Vorgabe)* • output quota

Arbeitsparameter m <prod> *(z. B. Drehzahl, Druck, Temperatur, Zykluszeit)* • operating variable; operating parameter

Arbeitsplan m <prod> *(Terminplan für Arbeitsschritte)* • work schedule

Arbeitsplanstamm- und Stücklistenfile m <edv> *(Netzplantechnik)* • tickler file

Arbeitsplanung f <tech.allg> *(terminlich)* • work scheduling; operations scheduling

Arbeitsplatte f <bau.innen> *(Küche)* • countertop US; tabletop

Arbeitsplatte f <druck> *(Teil der Editiertafel)* • tablet

Arbeitsplatte f <edv> • scratch disk

Arbeitsplattform f <petr> • working platform

Arbeitsplatz m <allg> *(Büro, Werkstatt, Labor etc.)* • workplace US; workplace GB

Arbeitsplatz m <allg> *(betont: Ort)* • work site

Arbeitsplatz m <prod> *(im Betrieb)* • work-station US; workstation GB

Arbeitsplatz m <wz.masch> *(Station an Taktstraße, Fließband)* • station

Arbeitsplatzabbau m <ökon> • job cuts

Arbeitsplatzbeleuchtung f <licht> • local lighting; spot lighting

Arbeitsplatzcomputer m DIN 32748-1 <edv> • personal computer (PC); micro computer *obs*

Arbeitsplatzerweiterung f <tech.allg> • work-station extension

Arbeitsplatzgestaltung f <tech.allg> • work-place layout

Arbeitsplatz mit kontrollierten Umgebungsbedingung m <prod> • controlled-environment work-station

Arbeitsplatzrechner m <edv> • workstation

Arbeitsprobe f <prod.qualit> • sample workpiece

Arbeitsprüfung f <el> • service test

Arbeitspumpe f <förd> • duty pump; service pump

Arbeitspunkt m <tech.allg> *(von Systemen, Maschinen, Bauteilen; z. B. von Pumpen, Turbinen)* • operating point; working point; duty point *rare*

Arbeitspunkt m DIN 45510 <av> *(Vormagnetisierung eines Aufnahmekopfes)* • bias setting

Arbeitspunkteinstellung f <el> • operating point adjustment

Arbeitspunktstabilisierung f <el> • stabilization of the operating point US; stabilisation of the operating point GB

Arbeitsradius m <prod> • coverage [radius]

Arbeitsraum m <tech.allg> *(Roboter, Kran etc.)* • working envelope; working space; sphere of influence *rare*

Arbeitsraum m <tech.allg> *(von Personen, Maschinen)* • working space

Arbeitsraum m <kfz> *(Zweirohr-Stoßdämpfer)* • working chamber; inner cylinder

Arbeitsregime n <tech.allg> • operating mode

Arbeitsregister n <edv> • working register; live register

Arbeitsrichtung fsg <hlk> *(Wärmepumpe; Strömungsrichtung des Kältemittels)* • direction of refrigerant flow

Arbeitsrichtwert m <tech.allg> • working recommendation

Arbeits-Ruhe-Zustand m <phys> • mark-space condition

Arbeitssatz m <phys> • energy equation

Arbeits-Schaltabstand m <msr> *(von Sensoren)* • effective sensing distance

Arbeitsscheinwerfer m <prod.licht> • work lamp

Arbeitsschritt m <doku> *(im Handbuch)* • instruction; operation; step

Arbeitsschritt m prakt <prod> *(z. B. Vorbohren, Aufbohren, Senken, Gewindeschneiden)* • operation; step *pract*

Arbeitsschritte *mpl* <verf> • process steps *pl*
Arbeitsschutzbestimmungen *fpl* <jur> *(betriebsspezifisch)* • safety-at-work factory regulations
Arbeitsschutzbestimmungen *fpl* <jur> *(allg.; betrieblich oder gesetzlich verankert)* • safety-at-work regulations
Arbeitsschutzbrille *f* <bekl> • safety goggles
Arbeitsschutzhandschuhe *mpl* <bekl> • safety gloves
Arbeitsschutzhelm *m* <bekl> • protective helmet
Arbeitsschutzkleidung *f* <bekl> • safety clothing *sg*; work protective clothing *sg*; protective clothing *sg*
Arbeitsschutzschuh *m* <bekl> • safety boot
Arbeitsschutzvorschriften *fpl* <jur> • safety regulations
Arbeitsspalt *m* <el> *(in Schreib/Lesekopf)* • head gap; recording gap; gap
Arbeitsspannung *f* <el> *(unter Last; Batterie, Generator)* • on-load voltage; closed-circuit voltage
Arbeitsspannung *f* <el> *(allg. elektr. Spannung beim Betrieb)* • operating voltage; service voltage; working voltage; running voltage *rare*
arbeitssparend <ökon> • labor-saving
Arbeitsspeicher *m* (RAM) DIN 44300 <edv> *(flüchtig)* • random access memory (RAM); memory *coll*; working storage *rare*
Arbeitsspiel *n* <masch> *(Abfolge von Takten; z. B. Kolbenmaschinen, Werkzeugmaschinen)* • work cycle; working cycle; cycle *pract*; duty cycle *rare*
Arbeitsspindel *f* <wz.masch> • work spindle; head spindle; stock spindle; main spindle
Arbeitsstation *f* IBM <edv> *(Netz)* • workstation
Arbeitsstelle *f* <textil> *(Nadelbett etc., auf dem ein Gestrick gefertigt wird)* • knitting head; needle bed
Arbeitsstellenbeleuchtung *f* <prod> *(Spotlicht; z. B. an Maschinen)* • spot lighting
Arbeitsstellung *f* <prod> *(von Maschine, Werkstück, Werkzeug)* • working position; operating position
Arbeitsstich *m* <prod> • live pass
Arbeitsstoff *m* <tech.allg> *(z. B. Dampf, Gas, Flüssigkeit)* • working substance
Arbeitsstoff *m* <hlk> *(in Kühlschränken, Klimaanlagen, Wärmepumpen)* • refrigerant; refrigerant fluid; working fluid; refrigeration medium *rare*; refrigerating medium *rare*
Arbeitsstrom *m* <el> *(allg.)* • operating current; working current; load current
Arbeitsstrom *m* <el> *(Röhre)* • space current
Arbeitsstromalarmgerät *n* <alarm> • open-circuit alarm device
Arbeitsstromauslöser *m* <el> • operating current release
Arbeitsstrombetrieb *m* <el> • open-circuit operation; open-circuit working
Arbeitsstromelement *n* <el> • cell for open circuits
Arbeitsstrommelder *m* <msr/alarm> *(Melder; im Ruhezustand offen)* • normally open contact; make function contact; make contact; N/O contact; NO switch
Arbeitsstromschaltung *f* <el> *(Relais)* • circuit-closing connection
Arbeitsstudie *f* <ökon> • work study; case study; method study; job analysis
Arbeitsstufe *f* <prod> *(Stufenumformautomat)* • pressing stage
Arbeitsstufe *f* <prod> *(allg.)* • stage of operation; operational step
Arbeitsstunde *f* <tech.allg> • man-hour (mhr)
Arbeitstakt *m* <tech.allg> *(allg. bei Kolbenmaschinen, zyklischen Produktionsprozessen)* • work cycle
Arbeitstakt *m* <mot> *(beim Kolbenmotor; von OT nach UT)* • power stroke; expansion stroke; power cycle; expansion cycle; firing stroke
Arbeitstemperatur *f* <tech.allg> • working temperature
Arbeitstisch *m* <led> *(Lederpresse)* • lower platen

Arbeitstisch *m* <prod> • work table; work stage
Arbeitstisch *m* <prod> *(Walzwerk)* • live pass
Arbeitstisch *m* <wz.masch> • machine table
Arbeitstrum *n* <antr> *(Riementrieb; gespannte Seite)* • tight side
Arbeits- und Lagertemperatur *f* <tech.allg> • operating and storage temperature
Arbeitsunfall *m* <sich> • occupational accident; industrial accident; accident at work; work accident
Arbeitsunterbrechung *f* <allg> • work interruption; break *coll*
Arbeitsvereinfachung *f* <tech.allg> • work simplification
Arbeitsvermögen *n* <tech.allg> *(Maschine, Mensch)* • working capacity
Arbeitsvermögen *n* <mat> • working ability
Arbeitsvermögen *n* <prod> • forming capacity
Arbeitsverrichtungen *fpl* <prod> *(Zusatz-, Nebenarbeiten)* • auxiliary work
Arbeitsverrichtungen *fpl* <prod> *(während der Maschinenlaufzeit)* • inside work
Arbeitsverzerrung *f* <qualit> • operational distortion
Arbeitsviskosität *f* <obfl> *(Lacke)* • spraying viscosity
Arbeitsvorbereitung *f* <tech.allg> *(terminlich)* • work scheduling; operations scheduling
Arbeitsvorbereitung *f* <prod> *(für Verlauf spanender Bearbeitungsschritte)* • routing
Arbeitsvorbereitung *f* <prod> *(allg.)* • work planning; operation planning; job planning; job preparation
Arbeitsvorgang *m* <tech.allg> • operation
Arbeitswalze *f* <metall> • working roll; work roll
Arbeitswanne *f* <silik> • refining chamber; glass-tank refining section; working chamber; refiner
Arbeitsweg *m* <wz.masch> *(Hub)* • working stroke; work length
Arbeitsweg der Achse *m* <wz.masch> • axis travel
Arbeitsweise *f* <tech.allg> • method of operation; mode of operation; procedure
Arbeitsweise *f* <tech.allg> *(Qualität, Leistung)* • performance
Arbeitsweise mit festem Zyklus *f* <tech.allg> • fixed-cycle operation
Arbeitswellenlänge *f* <phys> *(z. B. eines Scanners, Lasers)* • operating wavelength
Arbeitswiderstand *m* <el> • operating impedance; operating resistance; load resistance
Arbeitszahl *f* <hlk> • performance factor
Arbeitszeichnung *f* <doku> • working drawing
Arbeitszeit *f* <allg> *(Mensch)* • working hours
Arbeitszeit *f* <tech.allg> *(von Maschinen, Anlagen)* • operating period; operating time; operation time
Arbeitszeit *f* <masch> *(bei intermittierendem Betrieb)* • working period
Arbeitszeitaufwand *m* <ökon> • labor-time expenditure; time expenditure; labor consumption
Arbeitszeitnorm *f* <ökon> • time standard
Arbeitszeitstudie *f* <ökon> • time study
Arbeitszimmer *n* <büro> *(in der Wohnung, im Privathaus)* • study
Arbeitszyklus *m* <masch> *(Abfolge von Takten; z. B. Kolbenmaschinen, Werkzeugmaschinen)* • work cycle; working cycle; cycle *pract*; duty cycle *rare*
Arbeitszyklus *m* DIN ISO 2806 <prod.autom> • fixed cycle ISO 2806
Arbeitszylinder *m* <hydr> • operating cylinder; power cylinder; working cylinder
Arcatom-Schweißen *n* <füg> • atomic hydrogen welding
Arcatom-Schweißnaht *f* <füg> • atomic hydrogen weld
archimedische Schnecke *f* <verf.ents> *(Schneckenpresse)* • archimedean screw

Archimedische Schraube f <förd> • Archimedean screw pump

Archimedische Schraubenpumpe f <förd> • Archimedean screw pump

archimedische Spirale f <math> • Archimedean spiral

Architektur f <bau> • architecture

Architekturaufnahme f <phot> (fotografische Aufnahme) • architectural shot; architectural picture

Architekturfoto n ugs <phot> (fotografische Aufnahme) • architectural shot; architectural picture

Architekturfotografie f <phot> (fotografische Aufnahme) • architectural shot; architectural picture

Architekturfotografie fsg <phot> (Teilgebiet der Fotografie) • architectural photography sg

Architekturstahlbau m <bau> • architectural steel construction

Architekturvermessung f <bau> (Resultat) • architectural survey

Architekturvermessung f <bau> (Vorgang) • architectural surveying

Architrav m <bau> (Träger von Fries und Kranzgesims) • architrave

Archiv n <büro> (Raum) • file room; record office rare

Archiv n <edv> (z. B. mit Clipart) • library

Archivbeständigkeit f <doku> (z. B. von Fotos, Ausdrucken, magnet. Datenträgern, CDs) • archive stability; storage stability

archivfest <doku> (z. B. Fotopapier, Ausdrucke, magnetische Medien) • archive-proof; storage-proof

Archivfestigkeit f <doku> (z. B. von Fotos, Ausdrucken, magnet. Datenträgern, CDs) • archive stability; storage stability

Archivieren nsg <doku> (allg.) • filing sg

archivieren vt <büro> (allg.; z. B. Akten, Ordner) • file vt

archivieren vt <edv> (Dateien, an sicherem Ort) • archive vt

Archivierung f <edv> • data archiving; archiving

Archivierung fsg <doku> (allg.) • filing sg

Archivierungsmedium n <edv> (z. B. Band, CD, DVD) • archive medium

Archivierungssystem n <büro> • filing system

Archivolte f <bau> (ornamentale Einfassung von Rundbogenfenstern, -portalen) • archivolt

Archivzeichnung f <doku> • file drawing

Arcs pl prakt <edv> (Animationsprinzip; kurvenförmiger Verlauf natürlicher Bewegungen) • arcs pl

Ardenne-Duoplasmotron-Ionen- und Elektronenquelle f <phys> • Ardenne duoplasmotron and electron source; Ardenne duoplasmotron source; von Ardenne duoplasmotron and electron source; von Ardenne duoplasmotron source

Areafunktionen fpl <math> • inverse hyperbolic functions

Arenatheater n <theat> • arena theater US; theatre-in-the-round GB

Arge f <jur> • joint venture; special partnership; consortium

Argentum metallicum <chem> • silver (Ag); argentum metallicum

Argentum nitricum <chem> • silver nitrate ($AgNO_3$); argentum nitricum; lunar caustic coll

argininreiches Protein n obs <bio> • apolipoprotein E; arginine-rich [apo]protein obs; apo E pract

Argon n (Ar) <chem> • argon (Ar)

Argonarc-Schweißen n <füg> • TIG welding; GTAW welding; tungsten inert-gas welding

Argonflasche f <füg> • argon cylinder

Argonfüllung f <bau> (Isolierglas; im Scheibenzwischenraum) • argon filling

Argongas n <chem> • argon gas

Argon-Ionen-Laser m <druck> (Laser) • argon-ion laser; argon laser pract; Ar^{++} laser

Argon-Laser m prakt <druck> (Laser) • argon-ion laser; argon laser pract; Ar^{++} laser

Argonnachströmzeit f <füg> • after-welding argon-flow time

Argon-Sauerstoff-Gemisch n <füg> (Schweißen) • argon-oxygen mixture

Argument n <math> • argument; independent variable

AR-Hüllkurve f <el.mus> (aus Attack- und Releasephase) • AR envelope

ARI <kfz.av> • ARI driver information system :V

ARI-Anzeige f <kfz.av> • ARI indicator

ARI-Bereichskennungs-Anzeige f <kfz.av> • ARI zone indicator; ARI zone identification display

ARI-Funktion f <kfz.av> • ARI mode

Arioli-Dämpfer m <textil> • Arioli open steamer

ARI-Taste f <kfz.av> • ARI key

Arithmetik f <math> • arithmetic

Arithmetikeinheit f <edv> • arithmetic unit

Arithmetik- und Logikeinheit f rar <edv> (Bestandteil der Zentraleinheit) • arithmetic and logic unit (ALU); arithmetic logic unit; arithmetic logic section; arithmetic unit pract

arithmetisch <math> • arithmetical; arithmetic

arithmetische Folge f <math> • arithmetic progression; arithmetical series

arithmetische Mittelrauhtiefe f <obfl.qualit> (Maß für Oberflächengüte) • center-line average (CLA); Centre Line Average Height; CLA height

arithmetische Reihe f <math> • arithmetic progression; arithmetical series

arithmetischer Koprozessor m <edv> • math coprocessor

arithmetischer Mittelrauhwert m DIN 4762 <obfl.qualit> (Maß für Oberflächengüte) • center-line average (CLA); Centre Line Average Height; CLA height

arithmetisches Mittel n <math> • arithmetic average; arithmetic mean

arithmetische Verschiebung f <math> • arithmetic shift

Arkadengeschoss n <bau> • arcade storey

Arkansas-Abziehstein m <wz> (Schleifstein für feine Arbeiten) • Arkansas stone; grinding stone; grind stone

Arkansas-Ölstein m <wz> (Schleifstein für feine Arbeiten) • Arkansas stone; grinding stone; grind stone

Arkusfunktion f <math> • inverse trigonometric function

Arkuskosinus m <math> • arc cosine; inverse cosine

Arkuskotangens m <math> • arc cotangent; inverse cotangent

Arkussinus m <math> • arc sine; inverse sine

Arkustangens m <math> • arc tangent; inverse tangent

arm <chem> (Lösung) • weak

arm <min> (Erz) • lean; low-grade

arm <nahr> (Wein: im Geschmack) • poor

Arm m <tech.allg> (jeder armähnliche Gegenstand) • arm

Arm m <autom> (betont: beweglich; z. B. bei Roboter) • moving arm

Arm m <masch> (Ausleger) • arm; boom

Arm m <mil> (Revolvertrommel) • yoke; cylinder crane; crane pract

Arm m <navig> (Sextant) • limb

Arm m <verf> (Rührmaschine) • blade

Armabwärtsnähmaschine f <textil> • off-the-arm bed sewing machine

Armatur f <rls> (Rohrleitungseinbauteil; z. B. Hahn, Ventil) • fitting

Armatur f <rls> (zum Messen; an Rohr, Behälter etc.) • instrument

Armatur n <rls> (z. B. am Waschbecken, an Küchenspüle) • water faucet; water tap; water cock

Armaturen fpl DIN 25801-3 <rls> (Ventile, Schieber) • valves and fittings pl

Armaturenanlage f <kfz.msr> *(Gesamtheit der Bedie-nungselemente und Anzeigen)* • instrument panel; instrument board; dashboard; dash *US.coll;* fascia *GB*

Armaturenbrett n ugs.obs <kfz.msr> *(Gesamtheit der Bedienungselemente und Anzeigen)* • instrument panel; instrument board; dashboard; dash *US.coll;* fascia *GB*

Armaturenbrett-Plakette f <kfz> • dashboard plaque

Armaturenbrettschaltung f <kfz.antr> • dashboard gearchange; dashboard shift; dashboard change *GB*

Armaturenschrank m <nfz> *(von Silo- und Tank-Lkw)* • meter box; control cabinet

Armaturenträger m prakt <kfz> *(tragendes Karosserie-element)* • dash panel; dashboard support

Armatur mit Muffenanschluss f <rls> • socket fitting

Armatur mit Zapfenanschluss f <rls> • spigot fitting

Armauflage f <mil> *(zum Schießen)* • berm

Armbanddosimeter n <nukl> • wrist dosimeter; hand dosimeter

Armbanduhr f <msr> • wristwatch

Armeeausrüstung fsg <mil> • army accoutrements *pl*

armer Gang m <geo> • coarse lode

Armerz n <min> • lean ore; low-grade ore

Armerzlagerstätte f <min> • low-grade deposit

armes Erz n <min> • lean ore; low-grade ore

Armgas n <petr> • residue gas; lean gas

Armgas n rar <verbr> • lean gas; poor gas

armieren vt <bau> *(Stahlbeton)* • reinforce vt

armieren vt <el> *(Kabel)* • sheath vt; armor vt US; armour vt GB

armierte Dichtungsbahn f <ents> • reinforced liner sheet

armiertes Kabel n <el> • armored cable; sheathed cable

armierte Weichpackung f <masch> • fibrous and metallic packing

Armierung f <tech.allg> *(durch Faser- oder Gewebeeinlagen in Gussmassen)* • reinforcement

Armierung f <bau> *(von Kunststoffprofilen; z. B. für Fenster, Rollläden)* • reinforcement

Armierung f <bau.mat> *(von Beton)* • reinforcement

Armierung f <el> *(von Kabeln; meist aus Metall)* • armor US; armoring US; sheathing; armour GB

Armierung f <verf> *(von Filtergeweben)* • armament

Armierung im Bereich negativer Momente f <bau> • negative reinforcement

Armierungsanteil m <bau> *(in Stahl-, Spannbeton)* • percentage of reinforcement; percentage of rebar steel

Armierungsarbeiten fpl <bau> • reinforcement work; reinforcing work; rebar work *pract*

Armierungsstab m <bau.mat> • rebar; reinforcing bar; reinforcement bar

Armlauge f <chem.verf> *(Zyanidlaugerei von Gold)* • barren solution

Armlehne f <kfz.innen> • armrest

Armlehne vorn <kfz.innen> • front armrest (far)

Armmanschette f <bekl> • arm cuff

Armozement m <bau.mat> • ferrocement

Armozementbauweise f <bau> • reinforced cement-mortar construction

Armschützer m DIN EN ISO18814 <sport.sich> • arm protector *DIN EN ISO18814*

Armschwingen fpl <bio> *(Vogel)* • secondaries pl; secondary feathers *pl*

Armstütze f <kfz.innen> • arm rest

Armvorschub m <autom> *(Roboter)* • arm extention; boom extention

Arnica montana <bio> • leopard's bane; arnica montana

Aroma n <nahr> *(von Wein)* • aroma

Aroma n <nahr> *(allg. beim Essen, Trinken)* • flavor *US;* flavour *GB;* aroma

aromadicht <pack> • scent-tight

Aromakonzentrat n <nahr> • essence

Aromastoff m <nahr> • flavoring agent *US;* flavouring *GB;* flavor *US;* flavouring substance *GB;* aromatic substance *rare*

Aromat m <chem> • aromatic

Aromatenanlage f <chem.petr> • aromatics plant

aromatenreiches Testbenzin n <chem.obfl> *(Lösungs- und Verdünnungsmittel für Lack)* • white spirit; mineral spirit; varnish makers' and painters' naphtha *rare*

aromatisch <chem> • aromatic *adj*

aromatisch <nahr> • aromatic *adj*

aromatische Kohlenwasserstoffe mpl <chem> • aromatic hydrocarbons *pl*

aromatischer Kern m <chem> • aromatic nucleus; aromatic ring

aromatischer Kohlenwasserstoff m <chem> • aromatic hydrocarbon; benzene hydrocarbon *coll*

aromatisches Polyamid n <chem> • polyamide, aromatic

Aromatisieren n <chem.petr> • platforming

aromatisieren vt <nahr> • aromatize vt; flavor vt US; flavour vt GB

aromatisiert <nahr> • flavored *US;* flavoured *GB*

Aromaträger m <nahr> • flavoring source *US;* flavouring source *GB*

Aromaverstärker m <nahr> • flavor enhancer *US;* flavour modifier *GB*

Aromen fpl <nahr> • flavors *US;* flavours *GB*

Arons'sche Röhre f rar <licht> • mercury-vapor lamp

Aron-Schaltung f <el> • Aron measuring circuit

Aron-Zähler m <el> • Aron meter; pendulum meter

ARP <edv> • Address Resolution Protocol (ARP)

ARPA <edv> • Advanced Research Projects Agency (ARPA)

Arpeggiator m <el.mus> *(Gerät oder Synthesizerfunktion)* • arpeggiator

ARQ <edv> • Automatic Request for Retransmission (ARQ)

Arranger m <edv.mus> *(Keyboardfunktion)* • autochord; arranger

arrangieren vt <tech.allg> *(z. B. Werkzeuge, Bauteile)* • set out vt; place vt; locate vt

Array n <edv> • disk array *US.GB;* array

Array-Antenne f <tele> • array antenna *US;* array aerial *GB*

Array einzeln angesteuerter Mikrospiegel n did <kino> *(z. B. in XGA-, SVGA- und SXGA-Auflösung für digitale Kinoprojektoren)* • digital mirror device (DMD)

Array-Performance f <edv> • Array performance

arretierbare Taste f <edv> • stay-down key

Arretierbolzen m <masch> *(zum Verriegeln)* • locking bolt; locking pin

arretieren vt <tech.allg> • lock in position vt; lock in place vt; block vt; detent vt; fix vt

Arretierfeder f <masch> *(z. B. von Sperrklinke, Rastkugel)* • detent spring; click spring *rare*

Arretierhebel m <masch> *(allg.)* • arresting lever; locking lever; blocking lever

Arretierhebel m <masch> *(betont: zum Fangen, Stoppen einer Bewegung; z. B. als Klinke)* • catch

Arretierhebel m <masch> *(betont: als Sicherungsmaßnahme)* • safety catch

Arretierknopf m <masch> • lock-on button

Arretierleiste f <masch> • locking bar; stop bar

Arretierstift m <prod> *(zum Positionieren)* • locating pin

Arretierstift m <prod> *(zum Fixieren)* • locking pin; retention pin; stop pin

arretierter Propeller m <aerospace> • fixed propeller

Arretierung f <masch> *(Klinke, Schnappverschluss etc.; z. B. an Werkzeug, Deckel)* • catch

Arretierung f <masch> *(mit federbelastete Raste, Klinke o.ä.)* • detent

Arretierung f <masch> *(allg.)* • locking device

Arretierung f *IEV 415* <mech> • blocking *IEV 415*

Arretierungslöser m <masch> • latch release

arrondieren vt <prod> • round off vt

ARS <logist> • automatic high-rise stacker

AR-Schicht f <obfl> *(allg.; z. B. auf Linsen, Bildschirmen)* • antireflection coating; antireflex coating; antireflective coating; antireflection layer; AR-coating

Arsen n (As) <chem> • arsenic (As)

Arsendiffusionstechnik f <el.ic.prod> *(Halbleiter)* • arsenic diffusion technology

arsendotiert <el.ic.prod> *(Halbleiter)* • arsenic-doped

arsenhaltig <chem> • arsenic adj

Arsen(III)-oxid n <chem> • arsenic trioxide; white arsenic; arsenic(III) oxide

Arsenik n <chem> • arsenic trioxide; white arsenic; arsenic(III) oxide

Arsenikschwöde f <led> • arsenic paint

arsenimplantiert <el.ic.prod> *(Halbleiter)* • arsenic-implanted

Arsenkies m (FeAsS) <min> • arsenopyrite (FeAsS); mispickel

Arsenopyrit m <min> • arsenopyrite (FeAsS); mispickel

Arsenspeise f <metall> • arsenical speiss; arsenical speise

Arsenspiegel m <chem> *(Arsennachweis)* • stain of arsenic; arsenic mirror

Arsenvergiftung f <med> • arsenic poisoning

Art f <allg> *(Erscheinungsform von etwas; z. B. von Molekülen)* • sort; type; kind

Art f ugs <allg> *(von Produkten, Anforderungen)* • class; category

Art f ugs <allg> *(inhärente Eigenschaft einer Sache)* • nature

Art f <tech.allg> *(Modus; z. B. Betriebsart)* • mode

Art f ugs <tech.allg> *(gewählte technische Lösung; z. B. Heizungs~~)* • method

Art f <bio> *(biologische)* • species

Art f <math> *(Graphentheorie)* • variety

Art f <ökol> *(in e. Öko-System)* • species

Artähnlichkeit f <füg> *(des Zusatzwerkstoffes zum Grundwerkstoff; beim Löten, Schweißen)* • similarity to base metal

Art Buyer m <werb> • art buyer

Art Buying n <werb> • art buying

Art der Lizenz f <jur> • character of the license

Art Director m (AD) <werb> • art director (AD)

Artefakt n <edv> *(fehlerhafte visuelle Darstellung; z. B. eckige Falschfarbenflächen)* • artefact

Artemisia abrotanum <bio> • southern wood; artesimia abrotanum

Artemisia absinthium <bio> • absinth; Artemisia absinthium

Artenverzeichnis n <doku> • list of varieties

Arterie f <bio> *(fördert Blut vom Herzen)* • artery

arterielle Kohlendioxidspannung f <med> • partial pressure of arterial carbon dioxide (PaCO$_2$); arterial carbon dioxide pressure; arterial carbon dioxide tension

arterieller Kohlendioxiddruck m <med> • partial pressure of arterial carbon dioxide (PaCO$_2$); arterial carbon dioxide pressure; arterial carbon dioxide tension

arterieller Kohlendioxidpartialdruck m (PaCO$_2$) <med> • partial pressure of arterial carbon dioxide (PaCO$_2$); arterial carbon dioxide pressure; arterial carbon dioxide tension

arterieller Sauerstoffdruck m <med> • partial pressure of arterial oxygen (PaO$_2$); arterial oxygen pressure; arterial oxygen tension

arterieller Sauerstoffpartialdruck m (PaO$_2$) <med> • partial pressure of arterial oxygen (PaO$_2$); arterial oxygen pressure; arterial oxygen tension

arterielle Sauerstoffspannung f <med> • partial pressure of arterial oxygen (PaO$_2$); arterial oxygen pressure; arterial oxygen tension

Arterienpulsabnehmer m <med.tech> • arterial pulse receptor

Arteriographie f <med.tech> • arteriography

artesischer Brunnen m <geo> • artesian well

artesisches Wasser n <geo> • artesian water

artfremd <tech.allg> *(biologisch, chemisch, technisch)* • dissimilar

artfremder Zusatzwerkstoff m <füg> *(beim Schweißen)* • non-matching filler metal; non-matching filler

artfremde Substanzen fpl <pap.ents> • contraries pl; impurities pl

artgleich <tech.allg> • similar

artgleicher Zusatzwerkstoff m <füg> *(beim Schweißen)* • matching filler metal; matching filler

Artificial Reality f <edv> *(künstlerische Variante der Virtual Reality)* • artificial reality

artig <nahr> *(Wein; sortentypisch in Farbe, Aroma und Geschmack)* • varietal character; characteristic

artig <nahr> *(leichter Wein ohne besondere Gütemerkmale)* • light

Artikel m <allg> *(Gegenstand)* • article

Artikel m <tech.allg> *(konkret oder abstrakt, z. B. Gliederungspunkt oder Bauteil)* • item

Artikel m <logist> • stock keeping unit (SKU); item; line item; article; material US

Artikelbezeichnung f <logist> *(Etikettierung)* • designation of article

Artikeldesign n <ökon> • product design

Artikelkarte f <logist> • stock card; commodity card

Artikelmenge f <logist> • range of articles; assortment

Artikelnummer f <logist> *(EAN)* • item code; product code; product identifier; item ID

Artikelnummer f <logist> *(allg.; z. B. von Ersatzteilen in Stückliste)* • part number (PN)

artikelorientiertes Kommissionieren n <logist> • batch picking

Artikelübersicht f <ökon> • product range

artikelweises Kommissionieren n <logist> • batch picking

Artillerieaufklärer m <mil> • artillery airplane; gun spotter; spotter

Artilleriebegleitgeschütz n <mil> • accompanying artillery piece

Artilleriegeschütz n <mil> • piece of artillery; piece of ordnance; artillery piece; gun

Artillerierakete f <mil> • ordnance rocket

Artillerieschlepper m <mil> • artillery prime mover; artillery tractor

Artilleriezugmaschine f <mil> • artillery prime mover; artillery tractor

Art und Wahrscheinlichkeit von Schäden f <qualit> • failure mode and likelihood

Art und Weise f <allg> *(Methode)* • method; technique; way

artungleich <allg> • dissimilar

artungleich <mat> • of different composition

Arum triphyllum <agri> • turnip; arum triphyllum

Arylgruppe f <chem> *(bei substituierten Benzolderivaten)* • aryl group; aryl residue

arylieren vt <chem.verf> • arylate vt

Arylierung f <chemchem.verf> • arylation

Arzneibuch n <pharm> • pharmacopeia; pharmacopoeia

Arzneimittel n <pharm> • pharmaceutical preparation

Arzneimittelbild n <med> • remedy picture; drug picture
Arzneimittelfabrik f ugs <pharm> • pharmaceutical factory; drug company coll
Arzneimittelgesetz n <pharm> • Medical Preparations Act
Arzneimittelherstellung f <pharm> • pharmaceuticals manufacture; production of pharmaceuticals; drug production
Arzneimittelindustrie f <pharm> • pharmaceutical industry
Arzneimittelkunde f <pharm> • pharmaceutics
Arzneimittelprüfung f <pharm.med> (am Gesunden) • proving of remedies
AS <doku.transl> (von Übersetzungen) • source language (SL)
AS <navig> (Ersetzung des P-Codes durch geheimen Y-Code) • Anti-Spoofing (AS)
ASA/DIN-Vergleichsskala f <phot> • ASA/DIN conversion scale
A-Säule f <kfz> (allg.) • A-pillar; A post; front pillar
A-Säule f <kfz> (betont: Scharnierträger) • hinge pillar; hinge post
A-Säule-Innenblech n <kfz> • A-pillar reinforcement
ASA-Leder n prakt <led> • protective clothing leather; leather for protective wear
Asbest m <mat> • asbestos
asbestartig <mat> • asbestic
Asbestaufschlämmung f <chem> • asbestos suspension; asbestos milk
Asbestbeton m <bau.mat> • asbestos cement
Asbestdichtung f <masch> • asbestos packing; asbestos gasket
Asbestdraht m <bau.mat> • asbestos-covered wire
Asbestdrahtnetz n <bau.mat> • asbestos gauze
Asbestfaser f <mat> (gesundheitsschädlich) • asbestos fiber
Asbestfaserreibbelag m <tech.allg> • asbestos fiber friction lining
Asbestfeuerschutzanzug m <bekl> • asbestos fireproof suit
Asbestfilz m <mat> • asbestos felt
Asbestfingerling m <bekl> • asbestos finger cot
asbestfrei <tech.allg> (z. B. Brems-, Kupplungsbeläge, Dichtungen) • asbestos-free; non-asbestos
Asbestgarn n <textil> • asbestos yarn
Asbestgewebe n <textil> • asbestos cloth
Asbest-Graphit-Dichtungsring m <masch> • asbestos-graphite gasket
Asbesthandschuhe mpl <bekl> • asbestos gloves; asbestos mittens
Asbestmasseplatte f <bau.mat> • asbestos-pulp disc
Asbestmembran f <tech.allg> • asbestos diaphragm
Asbestpapier n <pap> • asbestos paper
Asbestpappe f <pap> • asbestos cardboard; asbestos board
Asbestrohr n <rls> • asbestos pipe
Asbestschiefer m <min> • asbestos slate
Asbestschirm m <tech.allg> • asbestos screen
Asbestschnur f <tech.allg> • asbestos cord; asbestos rope
Asbestvorkrempel f <textil> • asbestos breaker card
Asbestwolle f <mat> • asbestos wool
Asbestzement m (AZ) <bau.mat> • asbestos cement; Transite asbestos pract; Transite ™
Asbestzementdruckrohr n <bau> (Melioration) • asbestos-cement high-pressure pipe
Asbestzementplatte f <bau.mat> • asbestos-cement sheet
Asbestzementschiefer m <bau.mat> • asbestos shingle

Asbestzementwellplatte f <bau.mat> • corrugated asbestos; corrugated asbestos sheet
ASBS <kfz.brems> • anti-skid braking system (ASBS)
Asche fsg ISO 13943 <feuer.ents> (mineralischer Rückstand nach vollständiger Verbrennung) • ash ISO 13943
Ascheablagerung f <tech.allg> • ash deposition
Ascheabzug m <ents> • ash discharge; ash removal; slag extraction
aschearm <tech.allg> • low-ash
Ascheauswerfer m <verbr> • ash ejector
Aschebildner m <verbr> • ashy constituent; ashy component
Aschebunker m <ents> • slag pit; ash hopper; clinker pit
Ascheerweichungspunkt m <ents> • initial ash softening point; initial ash softening temperature; ash fluid temperature
aschefrei <tribo> • ashless; ash-free
Aschegehaltskurve f • ash content curve; ash curve
Aschenaustrag m <verbr> • ash removal
Aschenbecher m ugs <kfz.innen> • ash tray; ash receiver; ash receptacle US.Ford
Aschenbecheraufnahme f <kfz.innen> • ash receiver housing
Aschenbunker m <verbr> • ash silo
Aschenfall m <verbr> (Ofen) • ash pit; ash cave
Aschenfallklappe f <verbr> • ash pit damper
Aschenfallraum m <verbr> (Ofen) • ash pit; ash cave
Aschengrube f <verbr> (Ofen) • ash pit; ash cave
Aschenkasten m <verbr> • ash box; ash pan
Aschenprahm m <nav> • ash lighter
Aschensack m <verbr> • ash pocket
Aschenschieber m <verbr> • ash stop
Aschentrichter m <verbr> • ash hopper
Aschenwinde f <verbr> • ash hoist
Aschenzieher m <verbr> • ash drawer
Aschepartikel n <verf> • ash particle; ash particulate
Ascher m <kfz.innen> • ash tray; ash receiver; ash receptacle US.Ford
aschereich <tech.allg> • high-ash
Ascheschmelztemperatur f <verbr> • ash fusion temperature
asche- und wasserfrei <verbr> (Rauchgas) • dry and ash-free; dry ash-free; daf
Aschewert m DIN 51903 <math> (Kohlenstoffmaterialien) • ash value
aschfahle Gesichtsfarbe f <bio> • ashen gray complexion; ashen pallor of the face
A-Schirm m <navig> • A scope; range-amplitude display; range-amplitude display screen
A-Schrift f <jur> (Patentverfahren) • application document; unexamined laid-open patent application
A-Schweißen n <füg> • autogenous welding
ASCII <edv> • American Standard Code for Information Interchange (ASCII)
ASCII-Code m <edv> • ASCII code
ASCII-Datei f <edv> • ASCII file
ASD <kfz.antr> • automatic slip-control differential (ASD) :V; automatic limited-slip differential :V
ASD-Warnleuchte f <kfz.msr> • ASD warning light
aseismisch <geo> (Prospektion) • non-seismic
aseptisch <hygi> • aseptic
AS-Faser f <lwl> • AS-fiber
a-Si <mat> (mit ungeordneter Kristallstruktur; z. B. f. Wafer, Photozellen) • amorphous silicon (a-Si); hydrogenated amorphous silicon obs
ASI <msr> • actuator/sensor interface (ASI)
ASIC m <el.ic> • application-specific integrated circuit (ASIC)
Askarel n <el> (Isolierung) • ascarel

AS-Modul *n* <navig> • AS module
Aspartatprotease *f* <bio> • aspartic proteinase
Aspect-Ratio *f rar* <edv.av> *(Bildschirm)* • aspect ratio
Aspekt *m* <bio> *(Aussehen von Pflanzen)* • aspect
Aspektverhältnis *n rar* <tech.allg> *(Verhältnis von Höhe zu Breite von etw.; z. B. Autoreifen)* • aspect ratio; geometric relation
Aspektverhältnis *n norm* <edv.av> *(Bildschirm)* • aspect ratio
Aspekt von Darstellungselementen *m* <edv> *(Attribut)* • aspect of primitives
asphärisch <math> *(z. B. Fläche, Raum)* • aspherical; non-spherical
asphärische Fläche *f* <math> • aspherical surface; non-spherical surface
asphärische Linse *f* <opt> • aspherical lens; non-spherical lens
asphärischer Spiegel *m* <kfz> *(Rückspiegel)* • convex mirror; nonplanar rearview mirror *thsc*; large-radius convex rearview mirror *thsc*
asphärischer Spiegel *m* <opt> *(allg.)* • aspherical mirror; aspherical reflector
asphärisches Brillenglas *n ISO 13666* <opt> • aspheric lens *ISO 13666*
Asphaleia-System *n* <theat> • Asphaleia system
Asphalt *m* <bau.mat> *(Gemisch aus Bitumen und Zuschlägen)* • asphalt; road asphalt
Asphalt *m* <chem.petr> *(Raffinerieprodukt)* • asphalt; mineral pitch; artificial asphalt; petroleum asphalt
Asphalt *m* <min> *(natürl. Rohstoff)* • asphalt; asphaltum *thsc*; earth pitch; mineral pitch
asphaltbasisches Erdöl *n* <petr> • asphalt-base petroleum; asphalt-base crude oil; asphalt-base crude; asphaltic petroleum
Asphaltbasisöl *n* <petr> • asphalt-base petroleum; asphalt-base crude oil; asphalt-base crude; asphaltic petroleum
Asphaltbelag *m* <bau> *(Straßenbau)* • asphalt carpet; asphalting
Asphaltbeton *m* <bau.mat> • asphaltic concrete; asphalt concrete
Asphaltbitumen *n* <chem.petr> • asphaltic bitumen; asphalt bitumen
Asphaltdeckenerhitzer *m* <bau.masch> *(Straßenbau)* • road burner
Asphalten *n* <chem> • asphaltene
Asphaltfeinbeton *m* <bau.mat> • fine asphaltic concrete
Asphalt-Firniß *m* <druck> • naphtha-based varnish
asphalthaltig <tech.allg> • asphaltic
Asphalthartpappe *f* <bau.mat> • bitumen board
asphaltieren *vt* <bau.obfl> • asphalt *vt*
asphaltiertes Kabel *n* <el> • bitumen cable
asphaltischer Charakter *m* <chem.petr> *(Rohöl)* • asphalt base
Asphaltkocher *m* <bau.masch> *(Straßenbau)* • road kettle
Asphaltkopierverfahren *n* <druck> • asphalt process
Asphaltlack *m* <obfl> • asphalt varnish; asphalt enamel
Asphaltmakadam *m* <bau.mat> *(Straßenbelag)* • asphalt macadam
Asphaltmastix *m* <bau.mat> • mastic asphalt; bituminous mastic asphalt; bituminous mastic; asphalt mastic
Asphaltmix *m* <bau.mat> • mastic asphalt; bituminous mastic asphalt; bituminous mastic; asphalt mastic
Asphaltpapier *n* <pap> *(z. B. zum Verpacken, am Bau)* • asphalt paper; tarred brown paper; tarred paper; tar paper *coll*
Asphaltpflasterstein *m* <bau.mat> • asphalt block
Asphaltsand *m* <petr> • asphaltic sand; black sand; tar sand

Asphaltsperrpappe *f* <bau.mat> • insulating asphalt felt; insulating asphalt felting
Asphaltteer *m* <bau.mat> • asphalt tar; mineral tar
Asphaltzement *m* <bau.mat> • asphalt cement; asphaltic cement
Aspherix-Spiegel *m werb* <kfz> *(Rückspiegel)* • convex mirror; nonplanar rearview mirror *thsc*; large-radius convex rearview mirror *thsc*
Aspirateur *m* <agri> • winnowing machine
Aspirationspsychrometer *n* <msr> • aspiration psychrometer
Aspirin *n* ^{TM}Bayer.ugs <pharm> $(C_9H_8O_4)$ • acetylsalicylic acid *thsc*; Aspirin ^{TM}Bayer.coll
Asplund-Defibrator-Verfahren *n* <pap> • Asplund process
ASR <kfz.msr> • traction control system (TCS); acceleration spin control, ASC; electronic traction control, ETC; anti-spin regulation, ASR; automatic slip reduction, ASR
ASS <av> • auto sorting system (ASS); Automatic Sorting System *Sha*; Sort TV *Nok*; auto sorting system *Sha*
ASS <kfz> • aluminum foam sandwich (AFS)
Assemble Edit *n* <av> *(von Ton- und/oder Videoaufnahmen)* • assemble editing (AE); assembling; assemble cut
Assembler *m prakt* <edv> • assembler program; assembler routine; assembly program; assembly routine; assembler *pract*
Assembleranweisung *f* <edv> • assembler statement
Assemblerbefehl *m* <edv> • assembler instruction
Assemblerprogramm *n* <edv> • assembler program; assembler routine; assembly program; assembly routine; assembler *pract*
Assemblersprache *f* <edv> • assembler language; assembly language
Assemble-Schnitt *m* (AE) <av> *(von Ton- und/oder Videoaufnahmen)* • assemble editing (AE); assembling; assemble cut
Assembleschnitt *m* <av> *(von Ton- und/oder Videoaufnahmen)* • assemble editing (AE); assembling; assemble cut
assemblieren *vt rar* <tech.allg> *(allg., typ. mit Werkzeug; erstmals oder nach vorigem Zerlegen)* • assemble *vt*; put together *vt coll*
assemblieren *vt* <edv> *(Software)* • assemble *vt*
Assemblierer *m* <edv> • assembler program; assembler routine; assembly program; assembly routine; assembler *pract*
Assimilation *f* <chem> • assimilation
Assimilierbarkeit *f* <chem> • assimilability
assimilieren *vi/vt* <tech.allg> • assimilate *vi/vt*
assistierende Beatmung *f* <med.tech> • assisted ventilation (AV); assisted mechanical ventilation
assistierte Beatmung *f* (AMV) <med.tech> • assisted ventilation (AV); assisted mechanical ventilation
assistierte Exspiration *f* <med.tech> • assisted expiration
assistierte Spontanatmung *f* <med.tech> • pressure support ventilation (PSV)
Assouplieren *n* <textil> *(Seide)* • half-boiling; partial boiling-off
Assoziationsgrad *m* <chem> • degree of association
Assoziationskolloid *n* <chem> • micellar colloid
Assoziation von Sternen *f* <astron> • association of stars
assoziative Bemaßung *f* <edv> *(wird einer Geometrieänderung automatisch angepasst)* • associative dimensioning
assoziativer Speicher *m* <edv> • associative memory
assoziative Schraffur *f* <edv> *(wird einer Geometrieänderung automatisch angepasst)* • associative hatching

Assoziativgesetz n <math> • associative law
Assoziativspeicher m <edv> • associative memory; content-addressable memory; content-addressed memory; content-addressed store
assoziieren vi/vt <allg> • associate vi/vt
Ast m <tech.allg> • branch
Ast m ugs <holz> (besonders harte und sichtbare Stelle in Schnittholz) • knot
Ast m <textil> (Zwirnerei) • single[s] yarn; single[s] end; end
astabil <tech.allg> • astable
astabile Kippschaltung f <el> • astable multivibrator; free-running multivibrator
astabiler Multivibrator m <el> • astable multivibrator; free-running multivibrator
astabiler Zustand m <tech.allg> • astable state
Astacus fluviatilis m <bio> • freshwater crayfish; astacus fluviatilis
Astasierung f <phys> • astatization
Astat n (At) <chem> • astatine (At)
astatisch <el> • astatic
astatisches Instrument n <el> • astatic instrument
astatisches Organ n <msr> • astatic element
astatische Spule f <el> • astatic coil
astatisches System n <el> • astatic system
Asteriskus m <doku> • asterisk
Astfänger m <pap> • knot screen; knotter
Asthäufigkeit f <holz> • branchiness
Asthenosphäre f <geo> • asthenosphere
asthenosphärisch <geo> • asthenospheric
Asthma n <med> • asthma
Asthma bronchiale n <med> • bronchial asthma
astigmatisch <opt> • astigmatic
Astigmatismus m <opt> • astigmatism
Astigmatismus schiefer Bündel m <opt> • oblique astigmatism
Astknoten m <holz> (besonders harte und sichtbare Stelle in Schnittholz) • knot
ASTM <org> • American Society for Testing and Materials (ASTM)
ASTN-Datennetz n <tele> (typ. mit LWL) • automatically switched transport network (ASTN)
ASTN-Netz n prakt <tele> (typ. mit LWL) • automatically switched transport network (ASTN)
Aston'sche Isotopenregel f <phys> • isotope rule
Aston'scher Dunkelraum m <phys> • Aston dark space
Astralon n prakt <kunst> • astralone foil; astralone pract
Astralonfolie f <kunst> • astralone foil; astralone pract
astrein <holz.qualit> • knotless
Astreinigung f <agri> • natural pruning; self pruning
Astrofotografie f <astron.phot> • astronomical photography; astrophotography
Astrofunkortung f <navig> • astronomical navigation; navigation by celestial reference; stellar navigation
Astrograph m <astron> • astrograph
Astroide f <math> • asteroid; astroid; tetracuspid
Astrolenkung f <aerospace> • star-celestial guidance; stellar guidance; star-tracking guidance
Astrometrie f <aerospace> • astrometry
Astronaut m <aerospace> • astronaut; spaceman; cosmonaut in Russia
Astronautik f <aerospace> • astronautics; space flight; cosmonautics in Russia
Astronavigation f <navig> • astronomical navigation; astronavigation; celestial navigation; stellar navigation; star navigation
Astronomie f <astron> • astronomy
astronomisch <astron> • astronomical
astronomische Dämmerung f <astron> • astronomical twilight

Astronomische Einheit f (AE) <astron> • astronomical unit
astronomischer Äquator m <astron> • celestial equator
astronomischer Standort m <astron> • astronomical position
astronomisches Fernrohr n <astron> • astronomical telescope; inverting telescope; Keplerian telescope
astronomisches Koordinatensystem n <astron> • astronomical coordinate system
Astroorientierung f <aerospace> • star orientation
Astroorientierungsgeber m <aerospace> • star reference sensor
Astrophotometrie f <astron> • astronomical photometry
Astrophysik f <astron> • astrophysics
astrophysikalisch <astron> • astrophysical
Astrospektroskopie f <astron> • astronomical spectroscopy
Astschere f <agri.wz> • lopper; long-reach pruning shears; long-reach pruner; lopping shear; secateurs GB.rare
Astschneider m <agri.wz> • pruning tool
Astung f <holz> • pruning
ASU <av> • automatic FM interference suppression
ASU <kfz.emiss> • exhaust-emission check; annual exhaust test
ASU-Plakette f <kfz.emiss> • ASU sticker :V; emission control label :V
Asymmeter n <el> • asymmeter
Asymmetrie f <tech.allg> • asymmetry
Asymmetrie f <math> (Verteilung) • skewness
Asymmetriefehler m <opt.astron> • coma; asymmetric optical aberration
asymmetrisch <allg> • asymmetric; asymmetrical
asymmetrisch <tech.allg> • asymmetric; non-symmetric; non-symmetrical
asymmetrische Antriebskraftverteilung f <kfz>
• asymmetric power distribution; asymmetric torque distribution; asymmetric power split; asymmetric torque split; power split with bias to the front/rear wheels
asymmetrische Doppelhump-Felge f <fz> (Kfz-Rad)
• AH rim; asymmetric double hump rim; rim with asymmetric double hump
asymmetrische Felge f <fz> • asymmetric rim
asymmetrische Klasse f <min> • pedial class
asymmetrische Nachrichtenübertragung f <tele>
• asymmetric message transfer
asymmetrischer Ausschaltstrom m • asymmetric breaking current
asymmetrische Schlitzsteuerzeiten fpl <mot> (Steuerdiagramm) • asymmetrical port timing
asymmetrisches Gewinde n <masch> • asymmetrical thread
asymmetrisches Gewindeprofil n <füg> • asymmetrical thread profile
asymmetrisches Triazin n <chem> • asymmetrical triazine
asymmetrische Verteilung f <math> (Statistik) • asymmetric distribution; skew distribution
asymmetrisch geteilt <kfz.innen> (Rücksitze) • asymmetrically split
Asymptote f <math> • asymptote
Asymptotenkegel m <math> • asymptotic cone
asymptotische Spalterwartung f <nukl> • iterated fission expectation; iterated fission probability; iterated fission occurrence
asymptotisch [verlaufend] <math> • asymptotic
asynchron <tech.allg> • asynchronous; non-synchronous; out-of-step; async
Asynchronbetrieb m <edv.msr> • asynchronous operation; asynchronous working edp.i&c; variable-cycle operation edp

asynchrone Datenübertragung f • asynchronous data transfer

asynchrone Leitungsverstärkerkarte f <el> • async line driver card

asynchroner Datenübertragungsmodus m (ATM) <edv> • asynchronous transfer mode (ATM)

asynchroner Übertragungsmodus m edv <edv> • asynchronous transfer mode (ATM)

asynchroner Zähler m DIN 19237 <msr> • ripple counter

asynchrones Protokoll n <el> • asynchronous protocol

asynchrone Steuerung f <autom> • non-clocked control

asynchrone Übertragung f <edv> • asynchronous transmission

Asynchrongenerator m <el> • asynchronous alternator; asynchronous generator; induction generator

Asynchronlinearmotor m <el> • linear induction motor

Asynchronmaschine f <el> • asynchronous machine; induction machine

Asynchronmotor m <el.mot> (Drehstrommotor; Drehzahl uanbhängig von Netzfrequenz regelbar) • asynchronous motor

Asynchronmotor mit Kurzschlussläufer m did <el.mot> (Asynchronmotortyp) • squirrel-cage induction motor; squirrel-cage motor; cage motor

Asynchronmotor mit Repulsionsanlauf m <el.mot> • repulsion-start asynchronous motor

Asynchronmotor mit Schleifringläufer m <el.mot> • slip-ring induction motor; slip-ring motor

Asynchronphasenschieber m <el> • asynchronous phase compensator

Asynchronreaktanz f <el> • asynchronous reactance

Asynchronrechner m <edv> • asynchronous computer

Asynchrontachometergenerator m <msr> • drag-cup tachometer generator; drag-cup generator

Asynchron-Übertragungs-Schnittstellenanpasser m (ACIA) <msr> • asynchronous communications interface adapter (ACIA)

asynchron werden vi <tech.allg> • fall out of synchronism vi; fall out of step vi

AT <doku> (einer Übersetzung) • source text (ST)

AT <verbr.emiss> • flue gas temperature (FT); exit flue gas temperature EN 303,1; stack gas temperature US

ATA <edv> (IDE) • Advanced Technology Attachment (ATA) obs

ataktisches Polymer n <kst> • atactic polymer

ATAPI-Schnittstelle f <edv> • Advanced Technology Attachment Peripheral Interface (ATAPI); Advanced Technology Attachment Packet Interface; AT Attachment Peripheral Interface; ATAPI interface pract

ATA-Schnittstelle f obs <edv> • IDE interface; AT interface obs; AT-bus interface obs; ATA interface obs

AT Attachment n (ATA) obs <edv> (IDE) • Advanced Technology Attachment (ATA) obs

Ataxie f <med> • ataxia

ATB <fz> (Fahrrad) • all-terrain bike (ATB)

AT-Bus-Schnittstelle f obs <edv> • IDE interface; AT interface obs; AT-bus interface obs; ATA interface obs

ATE <qualit> (Geräte; z. B. im Testlabor) • automatic test equipment (ATE)

ATE <qualit> • automatic test equipment (ATE)

Atelektase f <med> • atelectasis

Atelierbeleuchtung f <licht> • studio lighting

Atelierbetrieb m <obfl> • studio operation

Atelierkamera f <phot> • studio camera

Atem-Alkohol-Prüfgerät n form <verk.chem> (zum Pusten) • breathalyzer

Atemantrieb m <med.tech> (Spontanatmung) • ventilatory drive; patient drive

Atemarbeit f <med.tech> (Atemmechanik) • work of breathing (WOB)

Atembeschwerden fpl <med> • difficulty in breathing

Atembeutel m prakt <med.tech> • resuscitator (AMBU); Air-Mask-Bag-Unit

Atemdepression f <med> • respiratory depression

Atemfilter n <sich> (z. B. für Staub- und Lackierarbeiten) • respiration filter

Atemfrequenz f <med.tech> • breath rate; ventilatory frequency; respiratory frequency

Atemfrequenzmesser m <med.tech> • respiratory rate meter

Atemfrequenzüberwachungsgerät n <med.tech> • respiratory frequency monitor

Atemgasanalysator m <med.tech> • respiratory gas analyzer US; respiratory gas analyser GB

Atemgasanfeuchter m <med.tech> • humidifier

Atemgasmischer m <med.tech> (Beatmungsgerät) • air-oxygen blender; oxygen proportioner; blender pract; mixer pract

Atemgasstrom m <med.tech> (Atemluft im Beatmungsgerät) • flow rate; flow pract

Atemgastemperatur f <med.tech> • breathing gas temperature

Atemgift n <med> • respiratory poison

Atemhubvolumen n <med.tech> • tidal volume; stroke volume ISO 10651-1

Atemmechanik f <med.tech> • lung mechanics pl; respiratory mechanics

Atemminutenvolumen n (AMV) <med.tech> • minute volume

Atemmitteldruck m <med.tech> • mean airway pressure

Atemschutz m <kfz> (Motorradkleidung) • breath guard; air mask; air masque; breath box

Atemschutzgerät n form <bekl.sich> (gegen giftige Gase, Dämpfe) • respirator; gas mask rare; respiratory protection mask rare

Atemschutzmaske f <bekl.sich> (gegen giftige Gase, Dämpfe) • respirator; gas mask rare; respiratory protection mask rare

Atemstillstand m <med> • apnea

Atemüberwachungsgerät n <med.tech> • respiratory monitor

Atemvolumen n <med.tech> • tidal volume; stroke volume ISO 10651-1

Atemvolumenmessgerät n <med.tech> • respiration volumeter

Atemwege mpl <bio> • anatomical airway

Atemwegsdruck m <bio> • airway pressure

Atemwegsdruckmessung f <med.tech> • airway pressure measurement; airway pressure monitoring

Atemwegseingang m <bio> • airway opening (ao)

Atemzeitverhältnis n <med.tech> (Beatmungsgerät) • I:E ratio

Atemzeitvolumen n <med.tech> • minute volume

Atemzüge/Atemhübe pro Minute <med.tech> • breaths per minute (bpm)

Atemzug m <med.tech> • spontaneous breath; demand breath

Atemzugvolumen n (AZV) <med.tech> • tidal volume; stroke volume ISO 10651-1

Atemzyklen pro Minute <med.tech> • breaths per minute (bpm)

Atemzyklus m <med.tech> • ventilatory cycle; ventilatory period ISO 4135; breathing cycle

ATEV <kfz.hlk> • controlled thermostatic expansion valve

ATF <av> • automatic track following (ATF); automatic track finding

ATF <tribo> • automatic transmission fluid (ATF)

ATF-Öl *n prakt* <tribo> • automatic transmission fluid (ATF)
ATG <kfz.antr.rep> • rebuilt transmission
atherman <phys> • athermous; athermanous; adiathermic; non-diathermic
athermische Scheiben *fpl wiss* <kfz> *(wärmedämmendes Glas)* • tinted windows; tinted glass; tints *coll*; t/glass *ad*
Atherolipin *n* <chem.pharm> *(Clofibratanalogon)* • aluminum clofibrate; alumumii clofibras
ATL <mot> • turbocharger *ISO 7967-3*; turbo-supercharger *form*; turbo blower *pract*; turbo *coll*; exhaust-driven [turbo-]supercharger *rare*
ATL <obfl> *(Vorgang)* • anodic dip painting
Atlas *m* <textil> *(schwerer, glänzender Baumwollstoff in Satin-Bindung)* • sateen
Atlasbindung *f* <textil> • satin weave
Atlasfarbe *f* <druck> • satin ink
Atlasgrat *m* <textil> • satin rib
Atlasspat *m* <min> • satin spar
ATM <edv> • asynchronous transfer mode (ATM)
ATM <kfz.mot.rep> • rebuilt engine; remanufactured engine; reconditioned engine; recon engine *pract.coll*
atmende Fabrik *f* <prod> *(z. B. durch Production on Demand)* • flexible factory
Atmolyse *f* <chem> *(Gasentmischung)* • atmolysis
Atmometer *n* • atmometer
atmophil <geo> *(zur Lufthülle gehörend)* • atmophile *adj*; atmophil *adj*
Atmosphäre *f* <geo> • atmosphere
Atmosphäre *f* <phot> • mood; atmosphere
Atmosphärendruck *m* <tech.allg> • atmospheric pressure; air pressure *coll*; barometric pressure
Atmosphäreneinstellungen *fpl* <edv> • atmosphere settings *pl*
Atmosphärengezeiten *fpl* <meteo> • atmospheric tides
Atmosphärilien *fpl* <meteo> *(Gesamtheit der in der Atmosphäre enthaltenen Stoffe)* • atmospheric constituents *pl*
atmosphärisch <phys> • atmospheric
atmosphärische Absorption *f* <phys> • atmospheric absorption
atmosphärische Beanspruchung *f* <obfl> *(durch Verwitterung, Korrosion)* • atmospheric exposure
atmosphärische Destillation *f* <chem.petr> • primary distillation
atmosphärische Elektrizität *f* <meteo> • atmospheric electricity
atmosphärische Entladung *f* <meteo> • atmospheric discharge; lightning discharge
atmosphärische Fließbettfeuerung *f* <verbr> • atmospheric fluidized bed combustion
atmosphärische Funkstörung *f* <meteo> *(z. B. Einfluss auf Funkverkehr)* • static interference; atmospheric interference; atmospherics
atmosphärische Korrosion *f DIN EN ISO 8044* <obfl> *(Erdatmosphäre als Korrosionsmedium)* • atmospheric corrosion *ISO 8044*
atmosphärische Optik *f* <meteo> • meteorological optics
atmosphärischer Brenner *m* <verbr> • atmospheric burner
atmosphärischer Destillationsrückstand *m* <chem.petr> • long residue
atmosphärischer Druck *m* <tech.allg> • atmospheric pressure; air pressure *coll*; barometric pressure
atmosphärischer Fehlereinfluss *m* <navig> • atmospheric error
atmosphärischer Gasbrenner *m* <verbr> • atmospheric gas burner
atmosphärischer Kühlturm *m* <verf> • atmospheric cooling tower

atmosphärischer Luftdruck *m* <tech.allg> • atmospheric pressure; air pressure *coll*; barometric pressure
atmosphärischer Niederschlag *m DIN 4045* <meteo> • atmospheric precipitation
atmosphärischer Stickstoff *m* <chem> • atmospheric nitrogen
atmosphärisches Aerosol *n* <meteo> • atmospheric aerosol
atmosphärische Schwebebettfeuerung *f* <verbr> • atmospheric fluidized bed combustion
atmosphärisches Rauschen *n* <el> • atmospheric noise
atmosphärische Störungen *fpl* <meteo> *(z. B. Einfluss auf Funkverkehr)* • static interference; atmospheric interference; atmospherics
atmosphärische Trocknung *f* <verf> • open-air drying
atmosphärische Überspannung *f* <meteo> • overvoltage of atmospheric origin
atmosphärische Verzögerungsparameter *mpl* <navig> • atmospheric delay parameters *pl*
atmosphärische Wirbelbettfeuerung *f* <verbr> • atmospheric fluidized bed combustion
atmosphärische Wirbelschichtfeuerung *f* (AWSF) <verbr> • atmospheric fluidized bed combustion (AFBC)
atmosphärische Wirbelschichtverbrennung *f* <verbr> • atmospheric fluidized bed combustion
atmungsaktiv <bekl> • breathable
atmungsaktives Gewebe *n* <bekl> • breathable fabric
Atmungsaktivität *f* <bekl> *(von Geweben)* • breathability
Atmungsindex *m* <agri> • respiration index
Atmungsraum *m* <kfz.el> *(Zündkerze)* • gas cavity; scavenging volume *Beru*; scavenging area *Bosch*; shell cavity *Champion*; clearance volume *Champion*
Atmungsstoffwechsel *m* <agri> • respiratory metabolism
Atom *n* <phys> • atom
Atom... *ugs* <nukl> *(in Zusammensetzungen)* • nuclear
Atomabsorptionsspektrometrie *f* (AAS) *DIN 51401-1* <chem.verf> • atomic absorption spectrometry (AAS) *DIN 51401-1*
Atomabsorptionsspektroskopie *f* (AAS) *DIN 51401-1* <chem.verf> • atomic absorption spectroscopy (AAS)
Atomabstand *m* <phys> *(z. B. Kristallgitter)* • interatomic distance; interatomic distance
Atomanordnung *f* <phys> • atomic configuration; atomic arrangement
Atomanregung *f* <phys> • atomic excitation
atomar <phys> • atomic
atomare Abschirmkonstante *f* <phys> • atomic screening constant
atomare Gitterstörstelle *f* <mat> • point defect
atomare Größenordnung *f* <phys> • atomic order
atomare Konstante *f* <phys> • atomic constant
atomare Masseeinheit *f* <phys> • atomic mass unit
atomarer Sprengkopf *m* <mil> • atomic warhead
atomarer Wasserstoff *m* <chem> • active hydrogen; monohydrogen
atomarer Wirkungsquerschnitt *m* <phys> • atomic cross-section
atomarer Zustand *m* <phys> • atomic state
atomares Bremsvermögen *n* <phys> • atomic stopping power
atomares magnetisches Moment *n* <phys> • atomic magnetic moment
Atomartillerie *f* <mil> • nuclear artillery; atomic artillery; nuclear ordnance
Atomaufbau *m* <phys> • atomic structure; atom structure
Atombahnfunktion *f* <phys> • atomic orbital
Atombatterie *f* <mil> • nuclear battery
Atombau *m* <phys> • atom structure; atomic structure

Atombindung f <chem> • atomic bond; homopolar bond; covalent bond; nonpolar bond; electron-pair bond

Atombindungszahl f <chem> • covalence; covalency

Atombombe f <mil.nukl> • A-bomb; atom bomb; fission bomb *rare*

atombombensicherer Bunker m <bau> • atomic bomb shelter; atomic shelter

Atombunker m <bau> • atomic bomb shelter; atomic shelter

Atomdurchmesser m <phys> • atomic diameter

Atomeisbrecher m <nav> • nuclear-powered icebreaker

Atomenergie f <energ.nukl> • nuclear power; nuclear energy; atomic energy; atomic power *coll*

Atomflugzeugträger m <nav> • nuclear aircraft carrier

Atomformfaktor m <nukl> • atomic form factor; atomic scattering factor

Atomforschung f ugs <nukl> • nuclear research; atomic research

Atomfrequenznormal n <phys> • atomic frequency standard

Atomfunktion f <phys> • atomic orbital

Atomgewicht n <phys> • atomic weight

Atomgitter n <phys> • atom lattice; atomic lattice

Atomgruppe f <chem> • group of atoms

Atomhülle f <phys> • atomic electron shell

Atomiseur m rar <kunst.wz> *(für Fixativ, z. B. auf Kohlezeichnungen)* • atomizer; diffuser

atomistisch <tech.allg> • atomistic

Atomkern m <phys> *(aus Protonen und Neutronen)* • core; atomic nucleus; nucleus

Atomkernabstand m <phys> • internuclear distance

Atomkonfiguration f <phys> • atomic configuration; atomic arrangement

Atomkonstante f <phys> • atomic constant

Atomkoordinaten fpl <phys> • atomic coordinates

Atomkraft f ugs <energ.nukl> • nuclear power; nuclear energy; atomic energy; atomic power *coll*

atomkraftbetrieben ugs <nukl> *(z. B. U-Boot, Eisbrecher)* • nuclear-powered; nuclear-driven; atomic-powered *coll*

Atomkraftwerk n ugs <energ.nukl> • nuclear power plant (NPP) *US*; nuclear power station *GB*

Atomkristall m <phys> • covalent crystal; valence crystal

Atommasse f <phys> *(absolut)* • atomic mass

Atommasseneinheit f <phys> • atomic mass unit

Atommodell n <phys> • atom model; atomic model

Atommüll m ugs <nukl.ents> *(allg., jede Art)* • radioactive waste; nuclear waste; active waste *pract*; radwaste *pract*; hot waste *jarg*

Atommülldeponie f <nukl.ents> • nuclear waste disposal site; radioactive waste disposal site; radwaste disposal site; atomic waste dumping site *coll.derog*

Atommüllentsorgung f <nukl.ents> • radioactive waste disposal

Atomniveau n <phys> • atomic energy level

Atomorbital n <phys> • atomic orbital

Atomphysik f <nukl.phys> • nuclear physics

Atompilz m <mil> • atomic cloud

Atompolarisation f <phys> • atomic polarization

Atomprozent n <phys> • atomic percentage; atomic percent

Atomradius m <phys> • atomic radius

Atomreaktor m ugs <nukl> • nuclear reactor; atomic reactor; reactor

Atomrumpf m <phys> • atomic core; atomic kernel; atomic torso; atomic trunk

Atomschiff n ugs <nav> • nuclear-powered ship

Atomspektroskopie f <phys> • atomic spectroscopy

Atomspektrum n <phys> • atomic spectrum

Atomsprengkopf m <mil> • nuclear warhead

Atomstrahlresonanzmethode f <phys> • atomic-beam resonance technique

Atomstrom m ugs.derog <energ.nukl> • electricity generated in nuclear power plants

Atomstruktur f <phys> • atomic structure

Atomsuszeptibilität f <phys> • atomic susceptibility

Atomtheorie f <phys> • atomic theory

Atom-U-Boot n <nav.mil> • nuclear submarine; nuclear-powered submarine *rar*

Atomuhr f <msr> • atomic clock; atomic timing device

Atomumlagerung f <phys> • atomic shift

Atomverband m <phys> • atomic union

Atomvolumen n <phys> • atomic volume

Atomwärme f <phys> • atomic heat

Atomwaffe f ugs <mil> • nuclear weapon

atomwaffenfähig <nukl.mil> *(Spaltmaterial)* • weapons-grade

Atomwertigkeit f <chem> • covalence; covalency

Atomzeit f <navig> • atomic time

Atomzerfall m <phys> • atomic disintegration; atomic decay

Atomzertrümmerung f <nukl> • atomic fragmentation; nuclear fragmentation

atopische Diathese f <med> • atopic diathesis; atopic disposition

ATP <chem.agri> • adenosine triphosphate (ATP)

ATP-Bildung f <chem> • ATP formation

Atramentieren n <obfl> • atramentizing; atrament phosphating

atramentieren vt <obfl> • atramentize vt

Atrazin n <chem> • atrazine

atro obs <pap> • bone-dry (b.d.); ovendry

A-Trockner m <obfl> • A-drier; A-shaped drier

Atropa belladonna <bio> • deadly nightshade; atropa belladonna

Atrophie f <bio> • atrophy

Atropinspritze f <mil> • atropine syringe; atropine syrette

ATS <qualit> • automatic test system (ATS); tester *pract*

ATSC <av> • automatic tape tensioning control (ATSC)

AT-Schmelzschweißen n <füg> *(ein Gießschmelzschweißverfahren)* • thermit welding (TW); aluminothermic welding (TW) *obs*

AT-Schnittstelle f obs <edv> • IDE interface; AT interface *obs*; AT-bus interface *obs*; ATA interface *obs*

AT-Schweißen n <füg> *(ein Gießschmelzschweißverfahren)* • thermit welding (TW); aluminothermic welding *obs*

Attack, Decay, Sustain, Release (ADSR) <av> *(Hüllkurvenparameter)* • Attack, Decay, Sustain, Release (ADSR)

Attackphase f <av> *(eines Tons, Klangs)* • attack time

Attacksample n <el.mus> • attack sample

attenuiert <med> • attenuated

attestieren vt <jur> • attest vt

Attestierungstabelle f <agri> • attestation table

Attika f <bau> • parapet wall

Attische Basis f <bau> *(einer Säule)* • Attic base

Attische Basis mit Ecksporen f <bau> • Attic base with angle spurs

Atto... (a) <phys.msr> *(SI-Vorsilbe; z. B. Attofarad = 10^{-18} Farad)* • atto (a)

Attractant n <agri.chem> • attractant

attraktiv <ökon> *(Preis, Angebot)* • attractive

Attrappe f <allg> *(die Realität simulierender Gegenstand)* • dummy; mock-up

Attrappe f <werb> *(für Werbeaufnahmen, Ausstellungszwecke etc.)* • dummy

Attribut n <allg> • attribute

Attribut *n prakt* <edv> *(z. B. System, versteckt, nur Lesen)*
• file attribute; attribute *pract*
Attributenkontrolle *f* <qualit> • inspection by attributes
Attributmerkmal *n DIN 53804-4* <math> *(Statistik; Qua-
litätssicherung)* • attribute characteristic
Attributprüfung *f* <qualit> • inspection by attributes
Attribut-Verzeichnis *n* <navig> *(GIS)* • data dictionary;
dictionary
atypischer Geschmack *m* <nahr> *(Speiseeisfehler)*
• foreign flavour; off-flavour
atypisch (mit Zusatzbezeichnung) *DLG* <nahr> *(Spei-
seeisfehler)* • foreign flavour; off-flavour
Au <chem> • gold (Au); aurum metallicum
AuC <tele> *(mit Teilnehmerzugangsberechtigungen)* • Au-
thentication Centre (AuC)
Audio-Anlage *f* <kfz.av> *(Stereoanlage)* • audio system;
sound system *ad*
Audioanschluss *m* <edv> *(OUT)* • audio output; audio out
Audioanschluss *m* <edv> *(IN)* • audio input; audio input
jack; line-in jack; line input
Audioanschluss *m* <edv.av> *(allg.)* • audio connection
Audio-Anschluss *m* <edv.av> *(z. B. an Soundkarte)*
• audio output connector; audio connector; audio-out con-
nector; sound output
Audioanwendung *f* <av> • audio application
Audioausgabe *f* <av> • sound output
Audioausgang *m* <edv> *(Speaker-Buchse an Sound-
karte)* • audio output; phone-out; speaker-out; speaker
output; phone output
Audioausgang *m* <edv> *(OUT)* • audio output; audio out
Audio-Ausgang *m* <edv.av> *(z. B. an Soundkarte)*
• audio output connector; audio connector; audio-out con-
nector; sound output
Audioausgangsbuchse *f* <edv> *(OUT)* • audio output;
audio out
Audio-Ausgangsbuchse *f* <edv.av> *(z. B. an Sound-
karte)* • audio output connector; audio connector; audio-
out connector; sound output
Audio-Aussteuerungsanzeige *f* <av> • audio level me-
ter
Audiobandbreite *f* <akust> *(hörbar)* • frequency spec-
trum; frequency band; audio frequency spectrum; range
of sounds; frequency of audio
Audioboard *n* <edv> • sound card; audio board; sound
board; audio card
Audio-CD *f* <av> *(für Tonwiedergabe; typ. Musik)* • com-
pact audio disc; digital audio disc; audio disc *pract*; CD
coll
Audio-Chip *m* <edv.av> • audio controller; audio chip;
audio controller chip; audio control chip
Audio-Compact-Disc *f rar* <av> *(für Tonwiedergabe; typ.
Musik)* • compact audio disc; digital audio disc; audio disc
pract; CD *coll*
Audio-Controller *m* <edv.av> • audio controller; audio
chip; audio controller chip; audio control chip
Audio Dub *n* <av> • audio dub; audio dubbing
Audio Dubbing *n Hit,Sha,Sie* <av> • audio dub; audio
dubbing
Audio-Dub-Taste *f* <av> • audio dub button
Audioeffekte *mpl* <av> • sound effects; audio effects
Audio-Eingang *m* <av> • audio-in; audio input; sound in-
put
Audioeingang *m* <edv> *(IN)* • audio input; audio input
jack; line-in jack; line input
Audio-Eingang/Ausgang *m* <edv> • audio input/output
Audio-Eingangsbuchse *f* <av> • audio-in; audio input;
sound input
Audioformat *n* <av> • sound format; audio format; sample
(data) format; audio file; sound output format

Audiofrequenz *f* <av> *(Audioband 16 Hz – 20 kHz)* • audio
frequency (AF); sound frequency; audible frequency; voice
frequency *rare*; sonic frequency *rare*
Audiogramm *n* <akust> • audiogram
Audiokabel *n* <av> • audio cable; audio connecting cable
Audiokanal *m* <av> • audio channel; sound channel
Audiokarte *f* <edv> • sound card; audio board; sound
board; audio card
Audio-Konferenz *f* <tele> • audio conference
Audio-Längsspur *f* <av> • linear audio track; linear audio;
longitudinal audio track; longitudinal sound track
Audioleistung *f* <av> • audio performance
Audiometer für Reihenuntersuchungen *n* <med.tech>
• screening audiometer
Audiometrie *f* <akust> • audiometry
Audio Mixing *n* <av> • audio mixing; audio mix; sound
mixing; sound mix
Audion *n* <tele> • audion; grid detector
Audionempfänger *m* <tele> • audion receiver
Audiongleichrichter *m* <tele> • audion rectifier; grid de-
tector; grid-leak detector; amplifying detector
Audiongleichrichtung *f* <tele> • grid detection; grid-leak
detection; amplifying detection
Audionrückkopplung *f* <tele> • detector reaction cou-
pling
Audio-Pegelmeter *m* <av> • audio level meter
Audioqualität *f form* <av> *(Güte der Tonwiedergabe; z. B.
von Lautsprechern)* • audio quality; tone; sound quality
pract; sound *coll*
Audioquelle *f* <edv.av> • sound source; audio source
Audio Select *n* <av> • audio select
Audiosignal *n* <edv.av> • audio signal; audible signal;
aural signal; sound signal
Audiospur *f* <av> • sound track; audio track
Audiostandard *m* <av> • sound standard; audio standard
Audiostimulator *m* <med> • phonostimulator
Audio-/Synchronkopf *m* <av> • audio/control head; A/C
head; sound/sync head
Audiosystem *n* <kfz.av> *(Stereoanlage)* • audio system;
sound system *ad*
Audioverbindung *f* <edv.av> *(allg.)* • audio connection
Audioverbindungskabel *n* <av> • audio cable; audio
connecting cable
Audio-Video-Ausgang *m* <av> • AV-out; AV output;
audio/video output
Audio-Video-Eingang *m* <av> • AV-in; AV input; audio/
video input
Audio-Video-Interleave *n* (AVI) <edv> *(Ton- bzw. Bild-
format; Windows-Standard für Animationsdateien)* • Audio
Video Interleave (AVI)
Audio-Video-Laufwerk *n* <edv> • audio video hard disk
drive (AVHDD)
audiovisuell <av> • audio-visual
Auditauftraggeber *m ISO 9000* <qualit> • audit client
ISO 9000
Auditierter *m ISO 9000* <qualit> • auditee *ISO 9000*
auditiver Sensor *m* <msr> • acoustic sensor
Auditnachweis *m ISO 9000* <qualit> • audit evidence
ISO 9000
Auditumfang *m ISO 9000* <qualit> • audit scope
ISO 9000
auf Abstand gewickelt <el> • space-wound
AUF/AB-Taste *f* <msr> • UP/DWN-button
aufarbeiten *vt* <tech.allg> *(Originalzustand wiederher-
stellen, zur Wiederverwendung; z. B. Formsand)* • recon-
dition *vt*
aufarbeiten *vt* <rep> *(Instandsetzung in optisch guten
Zustand; z. B. Gebrauchtwagen)* • refurbish *vt*; furbish
vt

aufarbeiten *vt* <verf> *(verbrauchtes Material mit Restwert)* • reprocess *vt*

Aufarbeitung *fsg* <verf> *(z. B. von Altöl, abgebrannten Brennelementen)* • reprocessing

Aufarbeitungsanlage *f* <verf> *(z. B. für Brennelemente)* • reprocessing plant

aufbäumen *vr* <agri> *(Traktor)* • rear *vi*

aufbäumen *vr* <wz> *(unerwünscht)* • lift *vr*

aufbäumen *vt* <textil> *(Weberei)* • beam *vt*

Aufbäummaschine *f* <textil> • beaming machine

auf Band aufzeichnen *vi* <av> • record on tape *vi*; tape-record *v*

Aufbau *m* <tech.allg> *(Vorgang des Ansammelns, Anschwellens; z. B. von Druck, Schwingungen)* • building-up; build-up

Aufbau *m* <tech.allg> *(Gefüge, Komposition)* • composition

Aufbau *m* <tech.allg> *(z. B. eines Computers)* • configuration

Aufbau *m* <tech.allg> *(Konzeption, Struktur; z. B. von Plänen, Maschinen, Baugruppen)* • design

Aufbau *m* <tech.allg> *(Vorgang; z. B. Errichten einer Bühne, Plakatwand, eines Gerüstes)* • erection

Aufbau *m* <tech.allg> *(Vorgang des Errichtens; z. B. eines Systems, von Möbel, Apparaten)* • setting-up; set-up

Aufbau *m* <tech.allg> *(innere Struktur; z. B. von Werkstoffen, Bauteilen, Baugruppen, Systemen)* • structure

Aufbau *m rar* <tech.allg> *(aus einzelnen zusammengebauten Komponenten)* • assembly (assy); unit *pract*; group *rare*; package *rare*; assemblage *rare*

Aufbau *m* <chem> *(von Verbindungen)* • synthesis

Aufbau *m* <kfz> *(bei Pkw und Lkw; insbes. bei Rahmenbauweise)* • bodywork; body *pract*; coachwork *GB.obs*

Aufbau *m* <kfz> *(eines Caravans)* • body shell

Aufbau *m* <petr> *(von Bohranlagen)* • rigging-up

Aufbau an der Schneide *m* <wz.masch> *(unerwünscht)* • chip build-up

Aufbaubereich *m* <kfz.prod> • framing complex

Aufbaubreite *f* <kfz> *(z. B. von Lkw, Caravan)* • overall width

aufbauchen *vi* <tech.allg> • bulge *vi*

Aufbauchung *f* <tech.allg> *(Ergebnis)* • bulge

Aufbauchung *f* <tech.allg> *(Vorgang)* • bulging

Aufbaudeck *n* <nav> • superstructure deck

Aufbau eines Decküberzugs *m* <obfl.holz> • bodying

Aufbaueinheit *f* <tech.allg> *(genormtes Modul)* • standard unit

Aufbauelement *n* <min> *(von Kohle)* • maceral; structural component

Aufbauen *n* DIN 16529 <druck> *(reliefartiges Anhäufen von Druckfarbe)* • piling-up

aufbauen *vi* <druck> *(Druckfarbe)* • pile *vi*

aufbauen *vi* <verf> *(Schichten)* • build up *vi*

aufbauen *vr* <tech.allg> *(Spannung, Druck)* • build up *vi*

aufbauen *vt* <tech.allg> *(ein größeres Gebilde; z. B. Gebäude, Brücke, Turmdrehkran)* • erect *vt*

aufbauen *vt* <tech.allg> *(montieren, aus Einzelteilen; z. B. Bausatz, Mitnahmemöbel)* • assemble *vt*

aufbauen *vt* <tech.allg> *(z. B. Vorrichtung, System)* • construct *vt*

aufbauen *vt* <tech.allg> *(Druck)* • generate *vt*; produce *vt*

aufbauen *vt* <el> *(elektr. Feld)* • activate *vt*

aufbauen *vt* <petr> *(Bohranlage)* • rig up *vt*

aufbauen *vt* <theat> *(Bühne, Kulisse)* • set up *vt*

Aufbaufaktor *m* DIN EN 1330-3 <nukl> *(z. B. bei Durchstrahlungsprüfung)* • build-up factor

Aufbaugarnitur *f* <petr> • building assembly

Aufbaugehäuse *n* <msr> • installation housing

Aufbaugerippe *n* <nfz> *(Bus)* • body framework; body framing

Aufbauinstrument *n* <kfz.msr> *(Zubehör)* • pod-mounted gauge

Aufbauinstrument *n* <msr> *(allg.)* • surface-mounted instrument

Aufbaulänge *f* <kfz> *(eines Caravans)* • body length

Aufbaulautsprecher *m* <kfz.av> • surface-mount speaker

Aufbaulautsprecher für Heckablage *m* <kfz.av> • rear deck-mount speaker

Aufbaumagnetkontakt *m* <alarm> • surface mounted magnetic switch

Aufbaumagnetschalter *m* <alarm> • surface mounted magnetic switch

Aufbaumaschine *f* <wz.masch> • building-block machine

Aufbau mit Schiebeplane *m* <nfz> • curtainsider

Aufbaumontage *f* <tech.allg> • surface mounting

Aufbaunetz *n* <masch> *(Grundschema eines Getriebes; z. B. in Werkzeugmaschinen)* • modular network

Aufbaupflegemittel *n* <kfz> *(für Caravans etc.)* • body cleaning compound

Aufbauplatte *f* <prod> *(z. B. für Vorrichtungen)* • mounting plate

Aufbaurate *f* <petr> *(Zunahme der Bohrlochneigung in Winkelgrad pro 10 m)* • buildup rate

Aufbaurichtlinien *fpl* <nfz> • body mounting directives; equipment mounting directives

Aufbauschalter *m* <el> • base-mounted switch

aufbauschen *vt* <textil> • bulk *vt*

Aufbauschmelze *f* <metall> • build-up heat

Aufbauschneide *f* <wz.masch> *(am Werkzeug; unerwünschter Effekt)* • built-up cutting edge

Aufbauspant *n* <nav> • superstructure frame

Aufbausteckdose *f* <el> • mounting receptacle

Aufbaustoff *m* <hygi> *(für synthetische Waschmittel)* • builder; detergency builder

Aufbauten *mpl* <nav> • superstructure

Aufbautrommel *f* <fz> *(Reifenprod.)* • building drum

Aufbauvorgang *m* <kfz.prod> • framing operation

Aufbauwerkzeughalter *m* <wz.masch> • double-deck tool holder

Aufbauzeit *f* <el> *(Gasentladungslampe)* • ionization time

Aufbauzeit *f* <prod> *(Montage)* • mounting time

Aufbauzeit *f* <prod> *(zum Einrichten)* • set-up time

Aufbauzeit einer Verbindung *f* <chem> • set-up time

auf beiden Seiten verzinkt <obfl> • two-side galvanized; two-sided galvanized; double-sided galvanized; galvanized on both sides

aufbereiten *vt* <tech.allg> *(für Folgeprozess vorbereiten)* • prepare *vt*

aufbereiten *vt* <edv> *(Daten)* • edit *vt*

aufbereiten *vt* <ents> *(verbessern)* • improve *vt*

aufbereiten *vt* <metall> *(Erz; vor dem Schmelzen)* • beneficiate *vt*

aufbereiten *vt* <min> *(reinigen, waschen; Kohle)* • clean *vt*

aufbereiten *vt* <msr> *(Signal)* • condition *vt*; preprocess *vt* *rare*

aufbereiten *vt* <pap> *(Hadern)* • break *vt*

aufbereiten *vt* <prod> *(schärfen, in Form bringen; Werkzeuge)* • dress *vt*; recondition *vt*

aufbereiten *vt* <verf> *(als Vorstufe für Folgeprozess)* • process *vt*; treat *vt*

aufbereiten *vt* <verf> *(reinigen; z. B. Wasser)* • purify *vt*

aufbereiten *vt* <verf> *(wiederverwerten, nutzen; Abfall, Altstoff)* • reclaim *vt*

aufbereiten *vt* <verf> *(durch waschen)* • wash *vt*

aufbereitetes Erz *n* <min> • dressed ore

Aufbereitung *f* <tech.allg> *(Vorbereitung)* • preparation

Aufbereitung *f* <edv> *(von Daten)* • editing

Aufbereitung f <metall> *(von Erz, vor dem Schmelzen)* • beneficiation
Aufbereitung f <metall> *(von Erz)* • processing
Aufbereitung f <min> *(reinigen von Kohle, Erz)* • cleaning
Aufbereitung f <min> *(Aufkonzentration von Erz)* • concentration
Aufbereitung f <pap> *(von Hadern)* • breaking; breaking-in
Aufbereitung f <pap> *(von Fasern)* • preparation; stock preparation
Aufbereitung f <pap.ents> *(von Frischwasser)* • preparation
Aufbereitung f <textil> *(Flachs)* • preparing
Aufbereitung f <verf> *(Reinigung)* • purification
Aufbereitung f <verf> *(zur Wiedergewinnung von etw.)* • recovery
Aufbereitung f <verf> *(jede Form der Vorbehandlung)* • treatment
Aufbereitung f DIN 4046 <verf.hydr> *(von Wasser)* • conditioning; treatment
Aufbereitung auf nassem Wege f <min> *(Erz, Kohle)* • wet cleaning; wet separation; washing
Aufbereitung auf trockenem Wege f <min> *(Erz, Kohle)* • dry cleaning; dry treatment
Aufbereitung in Spülrinnen f <min> *(von Erz, Kohle)* • sluicing
Aufbereitungsanlage f <ents> *(für Abfälle)* • waste reclamation plant; waste recovery plant; recovery plant
Aufbereitungsanlage f <min> *(für Erz)* • mineral processing plant; concentration plant; beneficiation plant; ore dressing plant; milling plant
Aufbereitungsanlage f <pap.prod> • preparation plant; stock preparation plant
Aufbereitungsanlage f <verf> *(zum Reinigen)* • cleaning plant
Aufbereitungsanlage f <verf> *(für Wasser)* • treatment plant; treatment works
Aufbereitungsanlage für Spaltprodukte f <nukl> • fission-product refining plant
Aufbereitungsbefehl m <edv> • edit command
Aufbereitungsfunktion f <edv> • editorial function
Aufbereitungsgeräte npl <ents> • reclamation and separation equipment
Aufbereitungsherd m <metall> *(für Erze)* • concentrating table
Aufbereitungskonzentrat n <min> *(Erz)* • preparation concentrate
Aufbereitungsschaltung f <el> • processing circuit
Aufbereitungsverfahren n <pap.prod> • preparation process; stock preparation process
Aufbereitungswort n <edv> • edit word
Aufbereitungszentrale f <agri> *(für Landwirtschaftsprodukte)* • central grading plant
Aufbereitung von Abfall f <ents> • processing of waste
Aufbereitung von Altöl f <ents> • reclaiming of used oil; reclamation of used oil
Aufbeton m <bau> • concrete topping; screed
aufbewahren vt <edv> *(Daten)* • store (on) vt; place (on) vt; pack (into) vt
aufbewahren vt <logist> *(vor dem Verfall, Verderb retten; z. B. Lebensmittel)* • preserve vt
aufbewahren vt <logist> *(in Lagerbestand aufnehmen; Handelsware, Ersatzteile)* • stock vt
aufbewahren vt <logist> *(lagern)* • store vt
aufbewahren vt <pack> *(nicht wegwerfen; z. B. Verpackung, Originalkarton)* • keep vt
Aufbewahrung f <logist> • storage
Aufbewahrungshülle f <pack> • storage case
Aufbewahrungstemperatur f <logist> *(z. B. Nahrungsmittel, Medikamente)* • holding temperature

Aufbewahrungstemperatur f <logist> *(z. B. von Lebensmitteln)* • storage temperature
Aufbewahrungszeitraum m <edv> *(von Daten, Dokumenten)* • retention period
aufbiegen vt <prod> • bend up vt; upturn vt; turn up vt
Aufbiegung f <msr> *(unerwünschtes Nachgeben einer Messschraube)* • springing
auf Biegung und Längskraft beansprucht <mech> • under bending and axial stress
aufblähen vr <tech.allg> • swell vi
Aufblähungsmittel n <chem> • inflating agent
Aufblähungsmittel n <kst> • expanding agent; blowing agent
Aufblättern n <mat> *(von Schichtstoffen, Laminat; z. B. durch Feuchtigkeit)* • delamination
aufblättern vr <mat> *(Schichtstoffe; z. B. durch Feuchtigkeit)* • delaminate vi
aufblasbare Dichtung f <masch> • inflatable seal
aufblasbarer Schlauchkörper m <nav> *(Schwimmhilfe)* • inflatable air bag
aufblasbares Dichtprofil n <masch> • inflatable sealing strip
Aufblasdruck m <tech.allg> *(von Ballons; z. B. von Ballon-Gasspeichern)* • inflation pressure
Aufblasekonverter m <metall> *(z. B. LD-Konverter)* • top-blown basic oxygen converter; basic oxygen converter *pract*
aufblasen vr <kfz> *(Airbag)* • inflate vi
aufblasen vt <tech.allg> *(z. B. Ballon)* • inflate vt
aufblasen vt <kst> *(beim Blasformen, bei Schlauchfolienextrusion)* • blow up vt
Aufblassilo m <logist> • inflatable silo
Aufblasverhältnis n <kst> • blow-up ratio; blowup ratio; blow ratio
aufblenden vi <licht> *(stufenlos heller werden)* • fade in vi
aufblenden vi <phot> • open the diaphragm vt; increase the aperture vt; open up the aperture vt
aufblitzen vi <licht> • flash vi
aufbocken vt <rep> *(z. B. Kfz, Boot)* • jack up vt
aufbördeln vt <prod> *(Blech)* • flange at the edge vt; flange at the edges vt
Aufbohren n <kfz.mot> *(von verschlissenen oder beschädigten Zylinderlaufbuchsen)* • reboring
Aufbohren n <prod> *(allg.)* • boring
aufbohren vt <prod> • bore vt
aufbohren vt <prod> *(vorhandene Bohrung aufweiten)* • bore vt
Aufbohren tiefer Bohrungen n <prod> • deep-hole boring
Aufbohren von Grundbohrungen n <prod> • blind-hole boring
Aufbohren vorgegossener Löcher n <prod> • boring of cored holes; truing of cored holes; core boring
Aufbohrer für vorgegossene Löcher m DIN ISO 5419 <wz> • core drill *ISO 5419*
Aufbohrleistung f <prod> • boring capacity
Aufbohrmaschine f <wz.masch> • boring machine
Aufbohrwerkzeug n <wz> • boring tool; borer
aufbougieren vt <med.tech> *(Gefäßverengung; mit einem stabförmigen Instrument aufdehnen)* • dilate with a bougie vt
aufbrauchen vt <tech.allg> *(Vorräte, Ressourcen; z. B. Trinkwasser, Öl, Kohle)* • deplete vt; exhaust vt
aufbrauchen vt <nahr> *(Vorräte)* • consume completely vt
aufbrausen vi <chem> *(aufschäumende Reaktion; z. B. Brausepulver in Wasser)* • effervesce vi
aufbrechen vt <tech.allg> *(z. B. verriegelte Klappe, Deckel, Tür, Kiste, Container)* • force open vt; break open vt

aufbrechen vt <bau> (Straßenbelag) • break open vt
aufbrechen vt <chem> (Verbindungen) • break down vt
aufbrechen vt <min> • break up vt
aufbrennen vt <silik> (z. B. Email, Dekor) • fire vt; fuse vt
Aufbrenntemperatur f <silik.obfl> (Emaillierung) • firing temperature
Aufbringen n <tech.allg> (von Etiketten, Aufklebern u. ä.) • application
Aufbringen n <obfl> (von Beschichtungen, Überzügen) • application
Aufbringen n <obfl> (einer Schicht, nass od. trocken, z. B. mit Pinsel od. Spray; z. B. Lack) • application
aufbringen vt <mech> (Kraft in ein Gefüge, Tragwerk) • apply vt
aufbringen vt <obfl> (allg.; Schicht, Überzug; z. B. Farbe, Lack, Fett) • apply vt; deposit vt rare
Aufbringen der Versiegelungsschicht n <bau> (Straße) • surface dressing treatment; application of seal coat
Aufbringen der Vorspannung n <bau> (von Spannbeton) • transfer of prestress; prestressing
Aufbringen einer Last n <mech> (Vorgang) • loading; application of a load
Aufbringen einer neuen Decklage n <bau> (Straße) • resurfacing
Aufbringen einer neuen Oberfläche n <obfl> (allg.; z. B. auf Fahrbahn, Werkzeugen) • resurfacing
Aufbringen einer Schutzschicht n <obfl> (z. B. Schutzlack, Firnis) • coating application
Aufbringen einer Verschleißschicht n <obfl> • hard-facing
Aufbringen von Metallüberzügen n rar <obfl> (Vorgang) • metal coating; metalization US; metallization GB
Aufbringen von Überzügen im Walzverfahren n <obfl> • roll coating
Aufbringungsverfahren n rar <obfl> (für Beschichtungen und Überzüge) • application method; method of application
aufbuchsen vt <masch> • bush on vt
Aufbuchtungsmoment n <nav> • hogging moment
Aufbügelfolie f <druck> • hot transfer film
Aufdampfanlage f <obfl.prod> • evaporation coating plant
Aufdampfapparat m <verf> • evaporator
aufdampfen vt <obfl> (einen Beschichtungswerkstoff, Überzug, Film; im Vakuum) • vapor-deposit vt; vacuum-deposit vt; deposit by evaporation vt rare; evaporate vt rare
Aufdampfen im Vakuum n <obfl> (zum Aufbringen sehr dünner Schichten; z. B. auf Wafern) • physical vapor deposition (PVD); plasma vapor deposition process; vacuum evaporation; vapor deposition; PVD process
Aufdampfen im Vakuum n <verf> (zum Konzentrieren) • vacuum evaporation
Aufdampfkathode f <el> • evaporation cathode
Aufdampfmaske f <obfl> (z. B. für Wafer) • deposition mask; evaporation mask
Aufdampfrate f <obfl> • deposition rate; evaporation rate
Aufdampfschicht f <obfl> • evaporated film; film deposited by evaporation; vapor-deposited coating; evaporated coating; vapor coating
Aufdampftechnik f <obfl> • evaporation technique; vapor deposition technique
Aufdampfung f <obfl> (allg.) • vapor deposition
auf das Höchstmaß bringen vt <allg> • maximize vt
auf das Sieb auflaufen vi <pap> • enter onto the wire vi
Aufdatierung f <navig> (von Karten, Daten, Datenbanken) • updating
Aufdatierungsrate f form <navig> (von Karten etc.) • update rate; update speed

Aufdatung f <navig> (von Karten, Daten, Datenbanken) • updating
Aufdatungsrate f <navig> (von Karten etc.) • update rate; update speed
Aufdeckmaschine f <textil> (Stricken) • eyelet machine
Aufdeckplatine f <textil> (Stricken) • eyelet jack
aufdehnen vt <med.tech> (Gefäßverengung; mit einem stabförmigen Instrument aufdehnen) • dilate with a bougie vt
auf dem Boden aufschlagen vi <allg> • strike the bottom vi; hit the bottom vi
auf dem Wasser landen vi <aerospace> • alight on water vi
auf den neuesten Stand bringen vi <allg> • update vi
auf der Baustelle gemischter Beton m <bau.mat> • job-mixed concrete; job-mix concrete
auf der Faser erzeugter Azofarbstoff m • ingrain dye
auf der Stelle drehen vr • pivot vi
auf die andere Seite bringen v <math> • transpose v
auf die Kontakt gesehen <el> • contact view
aufdocken vt <nav> (Schiff) • dock (up) vt
Aufdomung f <geo> (Vorgang) • doming
Aufdomung f <geo> (Ergebnis) • dome
Aufdoppelungsprofil n : V <bau> • extension jamb; jamb extender; jamb lining
aufdornen vt <prod> (Rohrenden aufweiten) • expand tube ends vt
aufdornen vt <prod> (auf einen Dorn, eine Pinole od. Spindel aufspannen) • force on a mandrel vt
aufdornen vt <prod> (durchlöchern) • pierce vt
Aufdornversuch m EN 10236:94 <qualit.mat> • drift test; expansion test
aufdrallen vr <förd> (Drahtseil) • untwist vi
aufdrehen, sich vr <textil> (Zwirn) • untwist vi
aufdrehen vi <nav> • luff into the wind vi
aufdrehen vt <rls> (z. B. Hahn, Ventil, Wasser) • turn on vt
aufdringlich <emiss> (z. B. Motor-, Auspuffgeräusch) • obtrusive
Aufdruck m <druck> • imprint
Aufdruck m <phys> • pressure on submerged surfaces
auf Druck ansprechend <msr> • pressure-responsive
Aufdruckbolzen m <alarm> • plunger
aufdrucken vt <druck> (allg.) • imprint vt
aufdrucken vt <druck> (stempeln) • stamp vt
aufdrücken vt <el> (Spannung, Signal) • impress vt
aufdrücken vt <mech> (Tür, Fenster, Deckel) • force open vt
aufdrücken vt <prod> (kräftig; mit Presssitz; z. B. Hülse, Kappe, Klemmdeckel, Dichtung) • press on vt
Aufdrücker für Ventilschaftdichtungen m <kfz.wz> • valve stem seal installer
aufeinander <allg> • on top of each other
aufeinander abgestimmt <allg> (z. B. in Farbe, Form, Größe) • matched; compatible; complementary; attuned
Aufeinanderabrollen n <masch> (Relativbewegung) • relative rolling motion
aufeinander abrollen vi <tech.allg> (Walzen, Zahnräder etc.) • roll upon one another vi; roll together vi; revolve together vi
aufeinander abstimmen vt <allg> (allg.; inhaltlich od. zeitlich; z. B. Tätigkeiten, Verfahren, Pläne) • coordinate vt
aufeinander abstimmen vt <tech.allg> (zeitlich; z. B. Verkehrsampeln, Werkzeuge) • synchronize vt
aufeinander abwälzen vi <tech.allg> (Walzen, Zahnräder etc.) • roll upon one another vi; roll together vi; revolve together vi
aufeinander einwirken vi <allg> • interact vi
Aufeinanderfolge f <allg> • sequence; succession

aufeinander folgend <tech.allg> *(z. B. Daten, Signale, Befehle, Arbeitsschritte)* • consecutive
aufeinander folgend <tech.allg> *(Ereignisse, Schritte)* • consecutive; sequential; successive
aufeinander legen vt <logist> *(flache Objekte; z. B. Papier, Platten, Bleche)* • stack vt
aufeinander passen vi <soz> • register vi
aufeinander passen vt/vi <prod> • match vt/vi
aufeinander stapeln vt <logist> *(z. B. Kisten, Container, Reifen)* • stack vt
aufeinander stoßen vi <tech.allg> *(von Zahnradzähnen)* • abut vi
Aufeinanderstoßen von Teilchenstrahlen n <nukl> • collision of particle beams
Aufeinandertreffen n <antr> *(von Zahnradzähnen)* • abutment
aufeinander treffen vi <tech.allg> *(von Zahnradzähnen)* • abut vi
aufeinander treffen vi <tech.allg> *(allg.; bewegte Objekte)* • collide vi; come into collision with vi
Aufeinandertürmen n <tech.allg> • pile-up
auf eine Linie konzentrieren vt <energ.sol> • focus to a line vt
auf einen Mittelwert bringen vt <tech.allg> • average vt
auf einen Randwert einstellen vt <tech.allg> • margin vt
auf einer Umlaufbahn bewegen vr <aerospace> • orbit vi
auf eine Umlaufbahn bringen v <aerospace> • place into orbit v; put into orbit v; orbit v
auf ein Nebengleis abstellen v <bahn> • shunt to a side track v; shunt v
auf Empfang bleiben vi <tele> • stand by vi
auf Endmaß bringen vt <prod> • finish-size vt
aufentern vi <nav> • go aloft vi
Aufenthalt m <verk> *(Reiseunterbrechung)* • stopover; stop
Aufenthalt außerhalb des Raumflugkörpers m <aerospace> • space walk
Aufenthaltsbahnhof m <bahn> • intermediate stopping station
Aufenthaltsbereichskennung f (LAI) <tele> *(via BCCH)* • Location Area Identification (LAI)
Aufenthaltserlaubnis f <jur> • residence permit; permit of residence
Aufenthaltsraum m <bau> *(z. B. in Schule, Krankenhaus)* • common room
Aufenthaltsrufnummer f (MSRN) <tele> • Mobile Station Roaming Number (MSRN)
Aufenthaltsschalter m <förd> *(Fahrstuhl, Aufzug)* • station stop control
Aufenthaltszeit f <verf> *(Medium in einem Apparat)* • retention period; retention time
auferlegen vt <jur> *(Maßnahmen, Einschränkungen)* • impose vt
auffächern vt <edv.druck> *(Papierstapel)* • fan vt
Auffänger m <tech.allg> • interceptor
Auffärben n <textil> *(von Stoffen)* • dyeing
auffärben vt <textil> • redye vt
auf Fässer abfüllen vt <pack> • barrel vt
Auffahren n <kfz.verk> *(zu dichtes Hintereinanderherfahren)* • tailgating
auffahren vt <bau> *(Tunnelbau)* • drive vt
auffahren vt <fz> *(Kollision mit vorderem Fahrzeug)* • drive into the back vt
auffahren vt <min> • open vt; drift vt
Auffahrgleis n <bahn> • exit track
Auffahrrampe f <kfz.wz> *(zur Zugänglichmachung der Fz-Unterseite)* • ramp; drive-on ramp; drive-up ramp
Auffahrrampe f <nfz> • ramp

Auffahrt f <verk> *(Zufahrtstraße allg.; z. B. zu Privatgrundstück)* • approach road
Auffahrt f <verk> *(zu Autobahn, Schnellstraße)* • access ramp; ramp lane
Auffahrt f ugs <verk> *(Autobahn, Schnellstraße)* • access point
Auffahrt f <verk> *(zu einem Gebäude etc.)* • driveway
Auffahrtsklappe f <kfz> *(z. B. auf Rollenprüfstand, Autotransportwaggon, Tieflader)* • drive-on flap
Auffahrtsrampe f <verk> • access ramp
Auffahrunfall m <kfz.verk> • rear-end collision
auffallendes Licht n <licht> • incident light
Auffallwinkel m <phys> *(Licht)* • incidence angle
Auffalzen n <pack> • seaming on
auffalzen vt <pack.dose> • seam on vt
Auffanganlage f <nav.mil> *(Flugzeugträger Flugdeckeinrichtung)* • arrest barrier; arresting barrier; arresting gear; deck arrester gear
Auffanganode f <el> *(Elektrolyse)* • collector anode; collecting anode; gathering anode; collector plate
Auffangbecken n <verf> *(unter Kühlturm; zum Auffangen des gekühlten Wassers)* • cold water basin; collection basin; collecting pond GB
Auffangbecken n <verf> *(allg.)* • catch basin; catch pit
Auffangbehälter m <verf> *(für Flüssigkeiten)* • receiver tank; receptacle; receiver
Auffangdiode f <el> • catching diode
Auffangebene f <opt> • image plane
Auffangeinrichtung des Divertors f <nukl> • target
Auffangelektrode f <el> • collecting electrode; gathering electrode; electron collector; collector
auffangen vt <allg> • catch vt
auffangen vt <el> *(gezielt; Signal, Funkspruch)* • pick up vt
auffangen vt <phys> *(z. B. Druck, Gewicht, Strahl, Welle)* • receive vt
auffangen vt <phys> *(erwischen; kleines, schnelles, kurzlebiges Objekt)* • trap vt
Auffangfaktor m <energ.sol> • intercept factor
Auffangfläche f <verf> *(z. B. von Auffanggefäßen in Sprühnebelprüfkammern)* • collecting area
Auffangflipflop m <edv> • latch flip-flop
Auffanggesellschaft f <jur> • receiving system
Auffangkanal m <verf.hydr> *(Abwasserreinigung)* • collection hopper; trough; gully
Auffangkörper m <kfz.sich> *(Kindersitz)* • impact cushion :V
Auffangschale f <verf> • collecting tray
Auffangschirm m <nukl> • target
Auffangschirm m <opt> • receiving screen
Auffangspeicher m <edv> • latch
Auffangtrichter m <verf> • cone collector
Auffangtuch n <agri> *(Ernte; z. B. für Obst)* • catching sheet
Auffangvorrichtung f <tech.allg> • catching device
Auffangvorrichtung f <tech.allg> *(betont: zum Sammeln)* • collecting device; collector
Auffangvorrichtung f <tech.allg> *(betont: zum Aufnehmen)* • receiving device
Auffangvorrichtung f <mil> *(für Patronenhülsen)* • case catcher; case collector
Auffangwinkel m <phys> • acceptance angle
Auffassbereich m <navig> • pick-up range; range
auffedern vt/vi <wz> *(elastisch aufbiegen; meist unerwünscht)* • expand vt/vi
Auffederung des Pressenkörpers f <metall> • arc spring
auf Feinlage einstellen vt <prod> • fine-position vt
auf Fertigmaß bearbeiten vt <prod> *(spanend)* • finish to size vt; machine to size vt; finish-machine vt
auffieren vt <nav> • ease away vt; ease off vt; ease out vt

Auffinden n <tech.allg> *(versteckte, schwer sichtbare Objekte; z. B. v. Fehlern, Lagerstätten)* • detection; detecting

Auffinden n <tech.allg> *(Feststellen des Orts; z. B. von Personen, Fahrzeugen)* • location; locating

auffinden vt <tech.allg> *(versteckte, schwer sichtbare Objekte; z. B. Fehler, Lagerstätten)* • detect *vt*; discover *vt*

auffinden vt <tech.allg> *(Ort feststellen; z. B. Personen, Fahrzeuge)* • locate *vt*; spot *vt coll*

aufflammen vi <feuer> • flare up *vi*; flare *vi*; flash *vi*

Aufforderung f <edv> • prompt; prompt line; input prompt

Aufforderungsbetrieb m DIN ISO 3309 <edv> • normal response mode *ISO 3309*

Aufforderungsmeldung f <edv> • prompting message; prompt message

Aufforderungszeichen n <edv> • prompt character

auf Format beschnitten <pap> • full-size trimmed

aufforsten vt <holz.ökon> • afforest *vt*

Aufforstung f <holz> • afforestation; planting

Aufforstungsbeihilfe f <holz> • planting grant

aufforstungsfähiges Land n <holz> • land suitable for afforestation

Aufforstungsgenehmigung f <holz> • licence for new planting

Auffrieren n <bau> *(Anheben des Bodens durch Frost)* • frost-lifting

Auffrischadresse f <edv> • refresh address

Auffrischanforderung f <edv> • refresh request

Auffrischen n <tech.allg> *(z. B. von Daten)* • refreshing

auffrischen vt <tech.allg> *(z. B. Daten in flüchtigem Speicher)* • refresh *vt*

auffrischen vt <textil> *(Stoffe, Fasern)* • regenerate *vt*; revive *vt*

Auffrischen von Wein n <nahr> • freshening a wine; refreshening a wine

Auffrischimpfung f <med> • re-immunization *US*; re-immunisation *GB*; booster inoculation; booster injection

Auffrischintervall n <edv> • refresh time interval; time between refresh

Auffrischoperation f <edv> • refresh operation

Auffrischregister n <edv> • refresh register

Auffrischspeicher m <edv> • refresh memory; refresh store

Auffrischung f <tech.allg> *(z. B. von Daten)* • refreshing

Auffrischung f <med> • regeneration

Auffrischung f <textil> *(von Fasern, Stoffen)* • revivification

Auffrischungsimpfung f <med> • re-immunization *US*; re-immunisation *GB*; booster inoculation; booster injection

Auffrischungskurs m <did> • refresh course

Auffrischwiederholzeit f <edv> • refresh time interval; time between refresh

Auffrischzyklus m <edv> • refresh cycle

Auffüllen n <tech.allg> • filling

Auffüllen n <pack> *(zum Polstern; z. B. Verpackung)* • padding

auffüllen vt *(Behälter, fehlende Menge bis zum Sollstand; z. B. Öl, Kühlmittel)* • top up *vt*

auffüllen vt <tech.allg> *(vorher entleertes Gefäß wieder füllen; z. B. Kühlsystem mit Kühlmittel)* • refill *vt*

auffüllen vt <logist> *(Lager, Vorräte)* • replenish *vt*; resupply *vt*; restock *vt*

auffüllen vt <pack> *(Hohlraum in Verpackung, zum Polstern)* • pad *vt*

Auffüllen mit Mustern n <edv> *(Zeichnungsflächen; z. B. Schraffieren)* • pattern-filling

Auffüllung f <bau> *(von Senken etc.; z. B. mit Mutterboden, Füllmaterial, Bauschutt)* • fill; earthfill; filling; made ground

Aufgabe f <allg> *(Funktion; von Personen, Systemen, Maschinen)* • function

Aufgabe f <allg> *(Arbeit, Pflicht einer Person)* • assignment; task *pract*; job *coll*

Aufgabe f <ents> *(Einspeisung; z. B. in Trichter)* • infeed

Aufgabe f <förd> *(Vorgang des Aufbringens von Ladegut)* • charging; feeding

Aufgabe f <förd> *(Beschickung)* • loading

Aufgabe f <math> *(zum Berechnen)* • problem

Aufgabeapparat m <förd> *(z. B. Paketförderanlage)* • feeding mechanism; feed mechanism; charging mechanism

Aufgabe außerhalb des Raumfahrzeugs f <aerospace> • extravehicular activity (EVA)

Aufgabeband n <förd> • infeed conveyor

Aufgabebecherwerk n <förd> • directly fed bucket elevator

Aufgabebehälter m <förd> • feed tank

Aufgabeboden m <förd> • feed tray

Aufgabeeinrichtung f <förd> • feeder

Aufgabegut n <förd> *(allg.; fest od. flüssig; z. B. in Hochofengicht)* • charge

Aufgabegut n <prod> *(fest)* • charge stock; feed stock

Aufgabegut n <verf> *(Schlämme)* • feed slurry

Aufgabegut n <verf> *(Filtrieren)* • prefilt

Aufgabenauswahleinrichtung f <edv> • task selection mechanism

Aufgabengröße f <msr> • variable to be controlled; ultimately controlled variable

aufgabenorientiert <tech.allg> *(z. B. Programm, Person)* • task-oriented; job-oriented *coll*

aufgabenspezifisch <tech.allg> *(z. B. Software)* • customized

Aufgabenstellung f <allg> *(an Person)* • assignment

Aufgabenstellung f <tech.allg> *(Formulierung)* • problem formulation

Aufgabensteuerblock m <edv> • task control block

Aufgabentafel f <edv> *(Analogrechner)* • problem board

Aufgabenteilung f <edv> • task sharing

Aufgabenüberwachung f <edv> • task supervision

Aufgabenvariable f <edv> • problem variable

Aufgabenverwaltung f <edv> • task management

Aufgabenwert m rare.obs <msr> *(eingestellter Wert, z. B. von Regelung; z. B. eine bestimmte Temperatur)* • set value; setpoint; setting; control input

Aufgabeöffnung f <förd> *(mit Deckel, Klappe; z. B. Ofen)* • charging door

Aufgabeöffnung f <förd> *(allg.)* • charging hole; feed inlet; filling inlet

Aufgabeplattenband n <förd> • apron feeder

Aufgabeplatz m <logist> *(für ausgelagerte Ladeeinheiten eines RFZ)* • output station; delivery station; discharge station; deposit station; dispatch stand

Aufgabeplatz m <logist> *(für einzulagernde Ladeeinheiten eines RFZ)* • pick-up station; input station; pick-up extension; pick-up stand

Aufgaberutsche f <förd> *(Zubringerrinne für Schüttgut; z. B. von Silo)* • feed chute; feeding chute; charging chute

Aufgabeschieber m <ents> *(in MVA; befördert Müll vom Aufgabetisch in die Feuerung)* • ram feeder; charging ram

Aufgabeschieber m <förd> *(Absperreinrichtung; z. B. an Trichter)* • feed gate

Aufgabeseite f <logist> *(Regal)* • loading face

Aufgabestelle f <logist> *(z. B. Postamt)* • office of origin

Aufgabestelle f <min> • feeding point

Aufgabeteller m <prod> • feed plate

Aufgabetrichter m <verf> *(sehr groß; für Prozessmaterial; z. B. für Zuschläge, Kohle, Müll)* • feed hopper; charging hopper; input hopper; hopper *pract*

Aufgabevorrichtung f <ents> (z. B. Rutsche, Schurre, Schütte, Trichter) • feeding device; feeding mechanism; feeder

Aufgabewalze f <förd> • feed roll; roll feeder

aufgalvanisieren vt <obfl> • electrodeposit vt; plate on vt

aufgearbeitetes Altöl n <tribo> • rerun oil

aufgebauter Absatz m <bekl> (Schuh) • built-up heel

aufgeben vi <psych> (vor Erreichen des Zieles) • give up vi

aufgeben vt <allg> (allg.; z. B. Projekt, Vorhaben, Bohrung, Bergwerk, Schiff) • abandon vt

aufgeben vt <förd> (Material in einen Prozess; z. B. Zuschläge, Kohle, Müll) • feed vt

aufgeben vt <förd> (Gut auf Fördereinrichtung; z. B. auf Band) • load vt; charge vt

aufgeben vt <jur> (Recht) • waive vt

aufgeben vt <logist> (Brief, Paket, Gepäck, Frachtgut) • dispatch vt

aufgeben vt <petr> (Bohrung) • abandon vt

Aufgeber m <förd> • loader; feeder; charger

aufgebesserter Zeitungsdruck m <druck> • enhanced newsprint

aufgebogener Bewehrungsstab m <bau.mat> • bent bar; inclined bar

aufgebogener Federring m did <füg> (mit aufgebogenen Enden) • spring lock washer with tang ends DIN ISO 1891; single coil spring lock washer with tang ends stand; nonlink-positive helical spring washer; split washer pract; safety washer obs.coll.rare

aufgebohrt <kfz.mot> (Zylinder) • blown out

aufgebrachte Beanspruchung f <mech> • applied load; applied stress

aufgebrachte Last f <mech> • applied load; applied stress

aufgebrachte Schicht f <obfl> (z. B. Schmiermittel, Lack) • applied coat

aufgedampft <obfl> • vapor-deposited; evaporated

aufgedampfte Schicht f <obfl> • vapor-deposited film

aufgedrückte Schwingung f <phys> • forced oscillation; constraint oscillation

aufgedrückte Spannung f <el> • impressed voltage

aufgefülltes Baugelände n <bau> • made ground

aufgehängte Traktur f <mus> (Orgel) • suspended action; hanging action; hung action

aufgehen vi <led> (Blößen) • plump vi

aufgehen vi <math> (ohne Rest; Division) • divide without remainder vi; leave no remainder vi

aufgehen vi <nahr> (Teig) • swell vi; rise vi

aufgehen vi <textil> (Fäden, Gestrick, Gewirke) • unravel vt

aufgehen lassen vt <nahr> (Teig; durch Zusatz von Backpulver, Treibmittel) • leaven vt

aufgeklebte Sprosse f <bau> (Fenster) • applied muntin

aufgeklipst <tech.allg> (z. B. Zierleiste) • snap-on ...

aufgekohlte Randzone f <metall> (einsatzgehärtet) • case-hardened layer; case-hardened boundary zone; carburized case; case coll

aufgeladener Motor m <mot> (mit Turbolader oder Kompressor) • supercharged engine; blown engine coll; forced-induction engine rare

aufgelastet <nfz> (Fz. mit einer durch ein verstärktes Fahrwerk erhöhten Nutzlast) • up-rated

aufgelegt <tele> (Hörer) • on-hook

aufgelötete Schneidplatte f <wz> (z. B. Steinbohrer, Drehmeißel) • brazed-on tip

aufgemotzt ugs.press <kfz> (Showtuning) • souped up coll.press; dolled up

aufgenietet <füg> • riveted-on

aufgenommene Leistung f <tech.allg> • input power

aufgenommene Wirkleistung f <el> • active input

aufgeprägter Strom m <obfl> (Kathodenschutz) • impressed current

aufgeprägte Verdrahtung f <ic> • embossed wiring

aufgepresste Aluminium-Lamellen fpl <hlk> • mechanically bonded aluminum fins

aufgeräumt <kfz.msr> (Instrumentenanlage) • uncluttered

aufgerastet <tech.allg> (z. B. Zierleiste) • snap-on ...

aufgerauht obs <bekl> (Gewebe) • napped

aufgeraut <bekl> (Gewebe) • napped

aufgeraute Walze f <prod> • ragged roll

aufgerollter Span m <prod> • curled chip

aufgerufene Prozedur f <edv> • invoked procedure

aufgesattelter Anhänger m obs.rar <nfz> • semitrailer; semi sl; trailer

aufgeschlämmte Masse f <verf> (z. B. Zement oder Kohle in Wasser; dünnflüssiger als Brei) • slurry

aufgeschleudert <prod> (Gussteil) • spin-cast; spun-on

aufgeschmolzene Zone f <füg> (Schweißen) • molten zone

aufgeschnittene Darstellung f <doku> (normalerweise nur teilweise aufgeschnitten) • cutaway view; cutaway illustration

aufgeschrumpft [auf] <masch> (z. B. Hülse, Kragen, Ring, Nabe auf Welle) • shrunk-on

aufgeschütteter Boden m <bau> • made-up ground; filled ground

aufgeschweißte Raupe f <füg> • bead-on-plate weld

aufgesetzte Tasche f <bekl> • patch pocket

aufgesiegelte Sprosse f <bau> (Fenster) • applied muntin

aufgespülter Erddamm m <bau> • hydraulic-fill earth dam

aufgeständert <bau.verk> (z. B. Straße, Bahnstrecke) • elevated; stilted

aufgeständerte Bahn f <verk> • elevated track

aufgeständerte Straße f <bau.verk> • elevated highway; stilted highway; stilted road

aufgesteckt <tech.allg> (mit Raste; z. B. Werkzeug) • snap-on ...

aufgestelzt <bau.verk> (z. B. Straße, Bahnstrecke) • elevated; stilted

aufgestelzte Straße f <bau.verk> • elevated highway; stilted highway; stilted road

aufgeweiteter Abtaststrahl m <edv> • diverging scan beam

aufgewickelte Länge f <textil> (Etikettierung) • wound length

aufgezeichnetes Material n <av> • pre-recorded material; canned material coll

aufgezeichnete Wellenlänge f <av> • recorded wavelength; wavelength on tape

Aufglasur f <obfl> • overglaze; on-glaze

Aufglasurdekor n <obfl> • on-glaze decoration

Aufglasurfarbe f <obfl> • overglaze color; enamel color

auf gleicher Höhe <allg> • at the same level

aufgleisen vt <bahn> (entgleiste Waggons, Lok) • rerail vt; retrack vt

Aufgleisgerät n <bahn> • rerailer; retracker

Aufgleisvorrichtung f <bahn> • rerailer; retracker

aufgliedern vt <allg> • subdivide vi; subdivide into vt; break down vi; break down into vt

Aufgliederung f <allg> • breakdown; subdivision

Aufhängebügel m <bau> (aus Stahl) • steel hanger

Aufhängebügel m <tele> (Schalterhaken für Hörer) • telephone switch hook

Aufhängefeder f <tech.allg> • suspension spring

Aufhängeisolator m <el> • suspension insulator

aufhängen vt <allg> • hang up vt

aufhängen vt <tech.allg> *(an etwas)* • suspend vt
Aufhängen zu anodisierender Teile n <obfl> • jigging of anodizing parts
Aufhängeöse f <masch> *(Blattfeder)* • extension spring eye
Aufhängepunkt m <masch> *(allg.; z. B. von Lagekreisel)* • suspension point; center of suspension; fulcrum of suspension
Aufhänger m <tech.allg> • hanger
Aufhängeseil n <theat> • wire cable; line
Aufhängevorrichtung f <theat> *(für Bühnenvorhang; dicht unter dem Schnürboden)* • curtain carrier; curtain track; traveller track GB; traveler track US
Aufhängevorrichtung mit Kette und Haken f <phot> • hook and chain set; hook and chain assembly
Aufhängung f <bahn> *(Gesamtheit der Feder- und Dämpfungselemente)* • suspension gear
Aufhängung f prakt <kfz> *(vorne und hinten)* • wheel suspension; suspension pract
Aufhängung f <masch> *(allg.; Befestigung, Lagerung; eher von oben)* • suspension
Aufhängung f <rls> *(von Rohren; an der Decke, am Unterboden; z. B. Kfz-Abgasleitung)* • hanger
Aufhängung f <theat> *(für Bühnenvorhang; dicht unter dem Schnürboden)* • curtain carrier; curtain track; traveller track GB; traveler track US
Aufhängungspunkt m <tech.allg> *(von Stützlagern, Federn, Puffern, Hängern u. dgl.)* • suspension mount
aufhärten vt <metall> • add hardness vt
Aufhärtung f <metall> • adding of hardness
aufhäufeln vt <agri> *(Erde um Jungpflanze)* • earth up vt; ridge vt; hill vt
aufhäufen vt <tech.allg> *(ansammeln)* • accumulate vt
aufhalden vt <tech.allg> *(z. B. Aushub, Kohle, Kali)* • heap vt
aufhalden vt <min> *(Abraum)* • bank out vt
aufhalten vt <allg> *(durch Hindernisse, Widrigkeiten; Vorgang, Bewegung)* • impede vt
aufhalten vt <allg> *(einen zeitlichen Ablauf; z. B. Fortschritt, Vorgang)* • retard vt; delay vt
aufhalten vt <allg> *(Bewegung; Objekt bis zum Stillstand abbremsen)* • stop vt; arrest vt
aufhalten vt <allg> *(eine Öffnung weiterhin geöffnet halten)* • keep open vt
aufhalten vt <allg> *(Öffnung manuell spreizen)* • spread vt
aufhaspeln vt <masch> *(z. B. Blech, Draht, Faden)* • reel up vt; wind on reels vt; wind upon reels vt
Aufhaspeln des Seidenfadens n <textil> • silk reeling
Aufhauen n <min> • rise heading; upraise
aufhauen vt <min> • raise vt
aufheben vt <allg> *(Last, Belastung; z. B. Gewicht, Verbot, Embargo)* • lift vt
aufheben vt <allg> *(kleines Objekt, ohne Schwierigkeiten; z. B. Münze vom Boden)* • pick up vt; take up vt
aufheben vt <tech.allg> *(eine Wirkung)* • neutralize vt
aufheben vt <jur> *(Abmachung, Vertrag)* • cancel vt
aufheben vt ugs <jur> *(Vertrag, Klausel)* • nullify vt
aufheben vt <math> *(sich wechselseitig ausgleichen)* • equalize vt; balance vt; cancel out vt
Aufheben der Auswahl n <edv> *(im Menü)* • deselect vt
Aufhebungszeichen n <edv> • cancel character
Aufheizcharakteristik f <verf> • heating-up characteristic
aufheizen vt/vr <tech.allg> • heat up vi/vt
Aufheizperiode f <tech.allg> • heating-up period; heating phase; warm-up time
Aufheizperiode f <el> *(bis Betriebsbereitschaft v. Komponenten, Geräten; z. B. Röhre, Kopierer)* • coming-up time; coming-up period
Aufheizphase f <tech.allg> • heating-up period; heating phase; warm-up time

Aufheiz-Station f <verf> • evaporating station; autoclave
Aufheizung f <verf> • reheating
Aufheizzeit f <el> *(bis Betriebsbereitschaft v. Komponenten, Geräten; z. B. Röhre, Kopierer)* • coming-up time; coming-up period
Aufheizzone f <verf> *(eines Trockenofens)* • come-up zone
Aufhellblitz m <phot> • fill-in flash
Aufhellblitzen n <phot> • using fill-in flash
aufhellen vt <obfl> • brighten vt
aufhellen vt <phot> *(Bild, Schatten)* • light vt; lighten up vt; light up vt
aufhellen vt <textil> *(z. B. bleichen)* • clear vt
Aufheller m <obfl.chem> *(z. B. in Waschmittel, Textilien, Papier)* • fluorescent brightener; optical bleaching agent; optical brightening agent; brightener pract
Aufheller m <phot.wz> *(Reflexschirm, -wand)* • reflecting screen
Aufhellicht n <phot> • fill-in light
Aufhellimpuls m <av> • bright-up pulse
Aufhellleuchte f <licht> • fill-in lamp
Aufhellschirm m <phot> *(weiß oder silber)* • umbrella reflector
Aufhellungssteuerung f <el> *(Kathodenstrahlröhre)* • Z-axis modulation
aufhören vi/vt <allg> *(mit etw.)* • stop vi/vt; discontinue vi/vt; finish vi/vt; cease vi/vt
Aufholleine f <nav> • tripping line
aufkämmen vt <bau.holz> • cog vt
Aufkantung f <masch> *(an Blechen; z. B. von Regalfachböden)* • upward lip
Aufkedern n <led> • rand laying
aufkeilen vt <füg> • key to vt; key vt; feather to vt
aufkimmen vt <nav> • raise vt
Aufkimmung des Schiffsbodens f <nav> • rise of bottom; dead rise of bottom; rise of floor
aufkitten vt <füg> • cement on vt
aufkitten vt <opt> *(Linsen miteinander)* • block vt
Aufklärungsballon m <mil> • photoreconnaissance ballon
Aufklärungsflugzeug n <aerospace> • photoreconnaissance aircraft; reconnaissance aircraft
Aufklärungskamera f <phot.mil> • reconnaissance camera
Aufklärungsradar n <mil> • search radar
Aufklärungsrakete f <aerospace> • reconnaissance missile
Aufklärungssatellit m <aerospace> • photoreconnaissance satellite; reconnaissance satellite
aufklappbar <tech.allg> *(mit horizontaler Achse; z. B. Deckel, Fenster)* • swinging upwards; folding upwards; hinge-type; hinged
aufklappbare Schutzhaube f <masch> • hinged cover; hinged hood
aufklappbares Frontteil n <bekl> *(Helm)* • detachable chin guard
aufklappbares Kinnteil n <bekl> *(Helm)* • detachable chin guard
aufklappen vt <tech.allg> • turn upwards vt; tip up vt
aufklappendes Menü n <edv> • pulldown menu
Aufklappkaliber n <metall> *(Walzwerk)* • butterfly pass
aufklauen vt <bau.holz> • birdsmouth vt
Aufklebeetikett n rar <doku> *(selbstklebend)* • sticker; adhesive label form; decal coll.obs
aufkleben vt <füg> *(mit Leim)* • glue on vt
aufkleben vt <füg> *(mit Kleister)* • paste on vt
aufkleben vt <füg> *(allg.; z. B. Selbstklebefolie, Etikett)* • stick on vt
Aufkleber m <doku> *(selbstklebend)* • sticker; adhesive label form; decal coll.obs

aufklettern *vi* <bahn> *(Spurkranz auf Schiene)* • override *vi*

aufklettern *vi* <masch> *(Kette auf Kettenrad, Ritzel)* • ride the sprocket *vi*; ride on the teeth *vi*

aufklotzen *vt* <druck> • block *vt*; mount *vt*; pad *vt*

Aufklotzung *f* <nav> *(für Schiff im Dock)* • shell chock; blocking

auf Knopfdruck <tech.allg> • push-button

aufkochen *vt* • boil up *vt*

Aufkochofen *m* <petr> • reboiler

Aufkochung *f* <obfl.qualit> *(Emailfehler; blasige Ober-fläche durch Gasentwicklung beim Brennen)* • boiling; carbon boiling

Aufkohlen *n* DIN 17014 <metall> *(von Stahl; beim Ein-satzhärten)* • carburization; carburizing; cementation

aufkohlen *vt* <metall> *(Stahl; beim Einsatzhärten)* • car-burize *vt*; carbonize *vt*; cement *vt*

Aufkohlen im Salzbad *n* <metall> *(Vorbereiten zum Härten)* • bath carburization; bath carburizing

Aufkohlen in festen Kohlungsmitteln *f* <metall> • solid carburization; solid carburizing

Aufkohlung *f* <metall> *(von Stahl; beim Einsatzhärten)* • carburization; carburizing; cementation

Aufkohlungsmittel *n* <metall> *(zum Einsatzhärten; z. B. Graphitpulver, Cyansalz)* • carburizer; carburizing me-dium; case-hardening carburizer

Aufkohlungsmittel *n* <metall> *(beim Einsatzhärten von Stahl; z. B. Graphit, Cyansalz)* • carburizing medium; car-burizing material; case-hardening carburizer

Aufkohlungsofen *m* <metall> • carburizing furnace

Aufkohlungstiefe *f* <metall> • carburizing depth

Aufkohlungszone *f* <metall> *(einsatzgehärtet)* • carbur-ized case; case *pract*

Aufkonzentration *f* <verf> *(von Flüssigkeiten; z. B. durch Verdunstung)* • concentration; inspissation *thsc*; thicken-ing *coll*

aufkonzentrieren *vt* <chem.verf> *(allg.; z. B. Lösung)* • concentrate *vt*

aufkonzentrieren *vt* <chem.verf> *(Säure)* • fortify *vt*

aufkratzen *vt* <bau> *(Putz)* • devil *vt*

aufkratzen *vt* <textil> • nap *vt*

aufkrausen *vt* <led> • pommel *vt*

aufkugeln *vt* <prod> *(Bohrung)* • ballize *vt*

aufladbar <el> *(Akku)* • rechargeable

Aufladedruck *m* <kfz.mot> *(Aufladung)* • boost pressure; supercharging pressure; supercharge pressure; charging pressure; boost *pract.coll*

Aufladegebläse *n* <mot> • blower; booster

Aufladegerät für Herzschrittmacher *n* <med.tech> • pacemaker charger

Auflademotor *m* rar <mot> *(mit Turbolader oder Kom-pressor)* • supercharged engine; blown engine *coll*; forced-induction engine *rare*

Aufladen *n* <el> *(Vorgang; Aufbau statischer Elektrizität)* • charging

Aufladen *n* <mot> *(von Motoren)* • supercharging; forced induction *did*

aufladen *vt* <el> *(elektrostatisch)* • charge *vt*

aufladen *vt* <el> *(Energiespeicher; z. B. Akku, Starterbat-terie, Kondensator)* • charge *vt*

aufladen *vt* <el> *(Akku; betont: nach vorheriger Entladung)* • recharge *vt*

aufladen *vt* <mot> *(Motor; z. B. mit Turbolader)* • super-charge *vt*; boost *vt coll*

Aufladen durch tribomechanische Vorgänge *n* <tech.allg> • tribo-charging

Aufladestrom *m* rar <el> *(von Batterien; in Ampere)* • charging current; charging amperage; charging rate *coll*

Aufladezeit *f ugs* <el> *(Batterie)* • charging time

Aufladezeit *f norm.rar* <kfz.el> *(Primärstrom Zündspule)* • dwell period

Aufladung *f* <el> *(Ergebnis; statische Elektrizität)* • charge

Aufladung *f* <el> *(Vorgang; Aufbau statischer Elektrizität)* • charging

Aufladung *f* <mot> *(von Motoren)* • supercharging; forced induction *did*

Aufladungsgeschwindigkeit *f* <verf> *(von Filtern, Ab-scheidern)* • charging velocity

Aufladungsstörungen *fpl* <navig> *(durch atmosphäri-sche Niederschläge)* • precipitation interference; precipi-tation noise

Aufläufer *m* <textil> • dog

Auflage *f* <tech.allg> *(gepolstert)* • support pad

Auflage *f* <bau> *(Unterlage)* • base; footing

Auflage *f* rar <doku> *(Film, Folie; bei Grafiken)* • overlay

Auflage *f* <druck> *(Anzahl gedruckter Expl.; von Büchern, Zeitschriften, Druckschriften)* • print run; run; printrun; im-pression; circulation

Auflage *f* <druck> *(Buchausgabe, Edition; z. B. 2. überar-beitete Auflage)* • edition

Auflage *f* <jur> *(behördliche Forderung)* • authority requi-rement

Auflage *f* <obfl> *(Schutzschicht auf Verschleißflächen; z. B. auf Kanten, Zähnen)* • facing

Auflage *f ugs* <obfl> *(metallische Schicht, allg.)* • metallic coating

Auflage *f* <prod> *(Belag, Futter; z. B. Gummi)* • lining

Auflage *f* <prod> *(Stütze, Halter; z. B. für Werkzeug, Werkstück)* • support

Auflage *f* <prod> *(Exemplare in einem Fertigungslauf)* • production run; run

Auflage *f* <wz.masch> *(an Schleifmaschine)* • rest

Auflagebrücke *f* <kfz> *(für Rücksitze)* • heel board

Auflagedruck *m* <av> *(Plattenspieler-Tonabnehmer)* • tracking force

Auflagedruck *m* DIN 16500/2 <druck> *(Drucken der Auf-lage nach dem Einrichten der Druckmaschine)* • produc-tion printing; print run

Auflagedruck *m* <edv> *(von Plotterstiften)* • pen force; pen pressure

Auflagedruck *m* <mech> *(vertikale Kraft auf Stützlagern)* • vertical force

Auflageebene *f* <logist> *(Regal)* • storage level

Auflagefläche *f* norm <füg> *(bei Schraubenkopf ohne Bund o.ä.)* • bearing face; bearing surface

Auflagefläche *f* norm <füg> *(bei Schraubenkopf mit Bund, Flansch o.ä.)* • washer face

Auflagefläche *f* <füg> *(bei Muttern ohne Bund o.ä.)* • bearing face; bearing surface

Auflagefläche *f* <füg> *(bei Muttern mit Bund, Flansch o.ä.)* • washer face

Auflagefläche *f* <masch> *(kraftaufnehmende Fläche von Lagern, Stützen etc.)* • bearing surface; supporting surface

Auflagefläche *f* <masch> • bearing area

Auflagefläche *f* <mech> *(betont: Größe, Abmessungen; z. B. in mm²)* • support area; bearing area; load-carrying area

Auflagefläche *f* <prod> *(zum An- oder Auflegen von Teilen, Werkstücken)* • locating surface

Auflagefläche *f* <prod> *(zur Montage)* • mounting surface

Auflagegummi *n* <tech.allg> *(als Puffer; z. B. für Motor-hauben, Kofferraumdeckel)* • bumper

Auflagekraft *f* <edv> *(von Plotterstiften)* • pen force; pen pressure

Auflagenbeständigkeit *f* <druck> *(Druckplatte)* • print run stability; run length; length of run

Auflagendruck *m* <druck> *(Drucken der Auflage nach dem Einrichten der Druckmaschine)* • production printing; print run

Auflagenfestigkeit f <druck> *(des Druckstocks beim Auf-lagendruck)* • plate life

Auflagenfestigkeit f <druck> *(Druckplatte)* • print run stability; run length; length of run

Auflagenpapier n <druck> • printing stock

Auflagenstabilität f DIN 16620 <druck> *(Druckplatte)* • print run stability; run length; length of run

Auflageplatte f <masch> • bolster plate

Auflageplatte f <wz> • seat

Auflageprisma n <prod> *(z. B. für Proben, Werkstücke)* • prismatic support

Auflagepunkt m <mech> *(Modellbildung: punktförmig an-genommene Streckenlast)* • contact center

Auflagepunkt m <mech> • point of contact

Auflager m <qualit.mat> *(für Probenkörper)* • support; anvil plate

Auflager n • bed

Auflager n <tech.allg> *(Brücke, Träger, Achse, Welle)* • end bearing

Auflager n <bau.masch> • support

Auflager n <masch> • pedestal

Auflagerbank f <bau> *(Brücke)* • bridge seat

Auflagerbedingungen fpl <mech> *(z. B. eingespannt; gelenkig gelagert)* • bearing conditions; support conditions

Auflagerbiegemoment n <mech> • bending moment at the support

Auflagerblock m <masch> • bearing pad

Auflagerdruck m <masch> • bearing pressure; support pressure

auf Lager halten vt <logist> • stock vt; keep in stock vt

Auflagerkonsolen fpl <masch> • bearing brackets pl

Auflagerkräfte fpl <bau> *(von Brückenträgern, Balken)* • reaction at the supports; end reactions

Auflagerkraft f <mech> • supporting reaction; supporting force

Auflagerplatte f <masch> • bearing plate; bedplate

Auflagerreaktion f <mech> • supporting reaction; support reaction

Auflagerschräge f <bau> *(Stahlbeton)* • tapered haunch

Auflagerspannung f <bau> • bearing stress

Auflagerstein m <bau> • padstone

Auflagerung f <geo> • superposition

Auflagerverschiebung f <bau> • support displacement

Auflageschiene f <wz.masch> • work rest; support blade; rest blade

Auflagetisch m <led> *(Spaltmaschine)* • feed table

Auflageträger m <logist> *(für Paletten, z. B. im Hochre-gal)* • load-supporting beam; load beam

Auflagetraverse f <logist> *(in Längstraversenregal)* • horizontal rack beam; horizontal shelf beam; horizontal beam; rack beam; shelf beam

Auflagetrommel f <led> *(Trommelmaschine)* • drum support

Auflagewalze f <led> *(Ausreck- und Falzmaschine)* • support roller

Auflagewerkstoff m <obfl> • coating material

Auflagewinkel m <masch> • support rail; load rail

Auflandung f <geo> *(Flussbett, -ufer)* • aggradation; accretion; silting-up; silting

auflassen vt <min> *(Bergwerk)* • abandon vt; give up vt

Auflast f <bau> • superimposed load; applied load

Auflaufbacken m <brems> *(Trommelbremse)* • leading shoe

Auflauf-Bremsanlage f <kfz.brems> *(von kleinen An-hängern)* • inertia braking system; overrunning brake pract

Auflaufbremse f prakt <kfz.brems> *(von kleinen An-hängern)* • inertia braking system; overrunning brake pract

Auflaufbremse mit eingebauter Rücklaufautomatik f <kfz.brems> • auto-reverse braking system

Auflaufbrücke f <kfz.brems> • bridge piece

Auflaufen n <kfz> *(Anhänger auf Zugfahrzeug)* • overrun

auflaufen vi <nav> *(auf Grund, Sandbank etc.)* • ground vi; strand vi

auflaufen vi <textil> *(Faden)* • be wound onto vi

auflaufende Bremsbacke f <kfz.brems> • primary shoe; forward shoe rare; leading shoe rare; self-energizing breake shoe rare

auflaufende Bürstenkante f <el> • leading brush edge; entering edge

auflaufende Polkante f <el> *(E-Motor)* • leading pole horn; leading pole tip

Auflaufgeschwindigkeit f <bahn> • shunting speed

Auflaufhaspel f <prod> *(Band, Draht)* • capstan

Auflaufkasten m <pap> • flow box; stuff box

Auflaufrahmen m <pap> • deckle

Auflaufseite f <antr> *(von Riemen, Kette)* • approach side

Auflaufspule f <textil> • take-up bobbin; take-up package

Auflaufversuch m <bahn> • shunting test

auflecken vt <allg> *(mit der Zunge, etw. von einer Ober-fläche; z. B. eine Flüssigkeit)* • lick vt; lick up vt

auflegen vi <tele> *(Telefon; Gespräch beenden)* • hang up vi

auflegen vt <allg> *(ein Objekt auf ein anderes)* • place on vt

auflegen vt <allg> *(z. B. CD, Schallplatte, Schminke)* • put on vt

auflegen vt <antr> *(Riemen auf Riemenscheibe)* • fit vt

auflegen vt <druck> *(Buch)* • publish vt

auflegen vt <nav> *(Schiff; außer Dienst stellen)* • lay up vt

auflegen vt <tele> *(Telefonhörer)* • replace vt; hang up vt; put down vt; put back vt

Auflegen und Abnehmen n <wz.masch> *(Werkstück)* • loading and unloading

Aufleger m <druck> • contact mask

Auflegerschießen n <min> • plaster shooting; mudcapping

Auflegerschuss m <min> • adobe shot; cap shot; mudcap shot

Auflegezeit f <nav> • lay-up time

aufleimen vt <füg> • glue on vt

aufleisten vt <led> • relast vt; insert the last vt

aufleuchten vi <licht> *(blinkend; z. B. Warnleuchte)* • flash vi

aufleuchten vi <licht> *(Lampe; vom ausgeschalteten in den eingeschalteten Zustand)* • light up vi

Auflicht n <opt> • incident light; reflected light

Auflichtbeleuchtung f <licht> • incident illumination; vertical illumination

Auflichtdensitometer n <druck> • reflection densitometer

Auflichtmikroskop n <opt> • reflected-light microscope

Auflichtverfahren n <autom> *(bei der Teileerkennung)* • incident lighting

aufliegen auf vi <tech.allg> • bear on vi; rest on vi; be supported by vi

aufliegender Kopf m <füg> *(Schraube, Niet)* • head with flat bearing face; head with flat seating

aufliegende statische Last f <pap> • applied static load

Auflieger m ugs <nfz> • semitrailer; semi sl; trailer

Aufliegerplatte f <nfz> *(am Sattelanhänger)* • upper fifth-wheel; upper fifth wheel plate; upper coupler plate; rubbing plate GB

auf Linkslauf umschalten vi/vt <wz> *(bei Werkzeug mit Drehbewegung, z. B. Bohrmaschine)* • reverse vt

auflisten vt <allg> • list vt

auflisten vt <doku> *(in eine Liste; z. B. Teile, Messwerte)* • list vt

Auflistung f <doku> • listing
auflockern vt <tech.allg> *(zum Belüften; z. B. Boden, Formsand)* • aerate vt
auflockern vt <agri> *(mit Hacke; Boden, Erdreich)* • hoe vt; loosen vt
auflockern vt <agri> *(Erdreich, mit Vertikutierer)* • scarify vt
auflockern vt <metall> *(Formsand)* • fluff vt
Auflockerungsfaktor m <obfl> • scarifying factor
auflösbar <chem> *(Feststoff in Flüssigkeit; z. B. Salz in Wasser)* • dissoluble; dissolvable
auflösbar <math> *(Gleichung)* • solvable
auflösbar <opt> *(Bild, in Bildpunkte)* • resolvable
Auflöseeffekt m <av> • dissolving effect
Auflöseholländer m <pap> • breaker beater; broke beater
Auflösekapazität f <ents> *(Altpapier-Recycling)* • slushing capacity
auflösen vr <tech.allg> *(in Teile, Bruchstücke)* • disintegrate vi; decompose vi
auflösen vt <av/opt> *(Bild; z. B. in Bildpunkte)* • resolve vt
auflösen vt <chem> *(Feststoff in Flüssigkeit in Lösung bringen; z. B. Salz in Wasser)* • dissolve vt; put into solution vt
auflösen vt <ents> *(Altpapier)* • repulp vt
auflösen vt <math> *(Gleichung)* • solve vt
auflösen nach vt <math> • solve in terms of vt; solve for vt
Auflöser m <pap> • pulper; slusher
Auflösetrommel f <pap.ents> • drum pulper; disintegration drum
Auflösewalze f <textil> • sliver opening roll; combing roll
Auflösung f <tech.allg> *(Signal, Bild; z. B. in Anzahl Bildpunkte pro Fläche oder Winkelgrad zw.)* • resolution; definition
Auflösung f ugs <av> *(Soundkarte, Musik)* • sampling resolution; resolution *pract*; sampling width; sampling range; sample width
Auflösung f <chem> *(einer Substanz in Lösungsmittel; Vorgang)* • dissolution
Auflösung n prakt <opt> *(z. B. Objektiv, Mikroskop, Scanner, Druckplatte)* • resolving power; resolution capability; resolution *pract*
Auflösung des Ausgabegerätes f <druck> • output resolution (res)
Auflösungsbegrenzung f <opt> • resolution limitation
Auflösungsgeschwindigkeit f <chem.verf> *(z. B. des Absorbens)* • dissolution rate
Auflösungskeil m <av> • resolution wedge
Auflösungsleistung f <opt> • resolution performance
Auflösungspotential n <el.chem> *(eines kathodisch angereicherten Stoffes; bei inverser Voltammetrie)* • re-oxidation potential; re-dissolution potential
Auflösungspotential n <el.chem> *(eines anodisch angereicherten Stoffes; bei inverser Voltammetrie)* • re-reduction potential; re-dissolution potential
Auflösungsstrom m <el.chem> • stripping current
Auflösungsstromdichte f <chem> • dissolution current density
Auflösungsvermögen n <el> • electric resolution
Auflösungsvermögen n <opt> *(z. B. Objektiv, Mikroskop, Scanner, Druckplatte)* • resolving power; resolution capability; resolution *pract*
Auflösungsvermögen n <tele> *(Signaltrennung; z. B. Funkortung)* • discrimination
Auflösungszeit f <edv.msr> • resolving time; resolution time
auflöten vt <füg> *(hart)* • braze on vt
auflöten vt <füg> *(weich)* • solder on vt

auflöten vt <wz> *(Plättchen)* • tip vt
aufmachen vt <allg> • open vt
aufmachen vt <bekl> *(Knöpfe)* • undo vt
aufmachen vt <werb> • make up vt
Aufmachung f <textil> *(Wickelei)* • make-up
Aufmachungseinheit f <textil> *(Wickelei)* • make-up package
Aufmachungsmaschine f <textil> *(Wickelei)* • making-up machine
Aufmahlungsfeinheit f <verf> • fineness of grinding
Aufmaß n form <tech.allg> *(z. B. beim Abmessen, Dimensionieren, Zuschneiden von etw.)* • allowance
aufmauern vt <bau> *(Mauerwerk)* • cope vt
auf Maximum einstellen vt <tech.allg> • maximize vt
Aufmerksamkeitssignal n DIN EN 475 <med.tech> • low priority alarm ASTM F 1463
auf Mikrofilm aufnehmen vt <phot> • microfilm vt
auf Minimum einstellen vt <tech.allg> • minimize vt
aufmodulieren vt <el> *(Signale auf eine Trägerfrequenz)* • modulate vt
aufmontieren vt <prod> • mount on vt; fit on vt; fit to vt; fix to vt
aufmontierter Transformator m <prod.autom> *(Roboter)* • transformer mounted on the robot arm
Aufnäher m <bekl> • sew-on badge
Aufnähmuster n <textil> • appliqué pattern
Aufnahme f <allg> *(z. B. Person in Haus, Gegenstand in Gehäuse, Medium in Behälter)* • accommodation
Aufnahme f <tech.allg> *(Gehäuse, in das etw. eingesetzt wird)* • housing
Aufnahme f <tech.allg> *(z. B. von Wasser, Kraftstoff beim Befüllen, Betanken eines Fz.)* • intake
Aufnahme f <tech.allg> *(Gefäß, Vertiefung; für Flüssigkeiten, Module, Stecker)* • receptacle
Aufnahme f <av> *(Fernsehen, Film)* • shooting
Aufnahme f <av> *(Vorgang und Ergebnis: Ton-, Videosignale; z. B. auf Band, CD-ROM, Festp)* • recording
Aufnahme f <bio> *(z. B. von Nahrung, Schadstoffen, Radioaktivität)* • incorporation; intake
Aufnahme f <kino> • take
Aufnahme f <logist> *(von Fördergut, Last)* • uptake
Aufnahme f <masch> *(physisch; von etw in etw)* • acceptance
Aufnahme f <masch> *(Vertiefung, Sackbohrung)* • socket
Aufnahme f <msr> *(Vermessung)* • surveying
Aufnahme f <phot> *(für Objektiv, Filter)* • mount
Aufnahme f <phot> *(fotografische Aufnahme)* • photograph; photo; picture; shot *coll*; exposure
Aufnahme f <phys> *(Verschlucken von Energie; z. B. Wärme, Kraft, Leistung)* • absorption
Aufnahme f <psych> *(z. B. e. Buchs, Theaterstücks; neuen Wissens)* • reception
Aufnahme f <verf> *(z. B. von Farbe, Flüssigkeit)* • take-up
Aufnahme f <wz> *(Sitz)* • seat
Aufnahmeabstand m <phot> • shooting distance; camera-to-subject distance; object distance
Aufnahmeachse f <phot> • optical axis
Aufnahmeanzeige f <av> • recording indicator
Aufnahme aus der freien Hand f <av> • handheld shot
Aufnahmebildröhre f <av> • camera tube; picture tube; pick-up tube
Aufnahmebohrung f <prod> *(z. B. in Vorrichtung)* • mounting hole; seating hole; seating bore
Aufnahmebolzen m <prod> • locating pin
Aufnahmedampfmaschine f <masch> • steam engine with receiver
Aufnahmedauer f <edv.av> • recording time
Aufnahmedorn m <pack> *(Haspel)* • mandrel arm
Aufnahmedorn m <prod> • horn

Aufnahmedorn *m* <wz.masch> • mounting mandrel

Aufnahmeentfernung *f* <phot> • shooting distance; camera-to-subject distance; object distance

Aufnahmeentzerrung *f* <el> • pre-equalization

Aufnahmefähigkeit *f* <tech.allg> *(z. B. Behälter, Fahrzeug, Brücke)* • capacity

Aufnahmefähigkeit *f* <psych> • receptive capacity

Aufnahmefähigkeit *f* <tele> *(von Leitungen)* • traffic capacity

Aufnahmefähigkeit *f* <verf> *(eines Gefäßes)* • receiving capacity

Aufnahmefeld *n* <phot> • subject field

Aufnahmeformat *n* <phot> • camera format

Aufnahmefrequenz *f* <av> • input sample rate; input sampling rate; sample rate of the input; recording sample rate; recording frequency

Aufnahmefrequenzgang *m* DIN 45510 <av> • recording frequency response; recording characteristic

Aufnahmegefäß *n* <verf> *(z. B. im Labor)* • receptacle

Aufnahmegegenstand *m* <phot> *(Gegenstand einer Photographie; z. B. Person, Landschaft)* • subject; scene

Aufnahmegenauigkeit *f* <edv.av> • recording fidelity

Aufnahmegerät *n* <av> *(allg., Bild und Ton)* • recording unit; recorder

Aufnahmegerät *n* <av> *(nur Bild)* • camera

Aufnahmegeschwindigkeit *f* <av> • recording speed

Aufnahmegeschwindigkeit *f* <phot> *(Bilder pro Sek.)* • exposure rate

Aufnahmegesellschaft *f* <jur> • receiving system

Aufnahmegewinde für Gewindeeinsätze aus Draht *n* DIN 8140 <masch> • EG-ISO Metric coarse thread (EG-M); helical coil thread for wire thread inserts; helicoil thread *pract*

Aufnahmehaspel *f* <agri> • pick-up reel

Aufnahmekanal *m* <av> • recording channel

Aufnahmekapazität *f* <fz> *(Bus, Bahn)* • passenger capacity; passenger-carrying capacity

Aufnahmekegel *m* <tech.allg> • receiving taper

Aufnahmekegel *m* <wz.masch> • mounting taper; machine taper

Aufnahmekette *f* <nahr> • gathering chain

Aufnahmekörper *m* <qualit.mat> *(für Probenkörper)* • support; anvil plate

Aufnahmekopf *m* <av> *(von Magnetbandgeräten; z. B. Videorecorder)* • recording head; record head

Aufnahmelänge *f* <edv.av> • recording time

Aufnahmeloch *n* <tech.allg> *(zur Montage von etw.)* • mounting hole

Aufnahmeloch *n* <prod> *(Sitz von etw.)* • seating hole; locating hole

Aufnahmemaßstab *m* <phot> • taking scale

Aufnahmematerial *n* <phot> • film material

Aufnahmeobjektiv *n* <phot> *(betont: für die Filmbelichtung; im Ggs. zu Sucherobjektiv)* • picture-taking lens; taking lens; camera lens

Aufnahmeort *m* <chem> *(Aufnahme von Substanzen)* • site of uptake

Aufnahmeort *m* <werb> *(von Fotos, Videoclips etc.)* • location

Aufnahmepegel *m* <av> • recording level

Aufnahmepegelanzeige *f* <av> *(z. B. bei Bandgeräten)* • recording level indicator; signal level indicator; level indicator

Aufnahmeprofil *n* <bau> • pocket profile

Aufnahmequalität *f* <av> • recording quality

Aufnahmeröhre *f* <av> • camera tube; picture tube; pick-up tube

Aufnahmeröhre mit äußerem Photoeffekt *f* <av> • photoemissive camera tube

Aufnahmeröhre mit innerem Photoeffekt *f* <av> • photoconductive camera tube

Aufnahme-Rückschau *f* <av> • record review; rec review *Panasonic*; ReView *JVC*

Aufnahmesamplerate *f* <av> • input sample rate; input sampling rate; sample rate of the input; recording sample rate; recording frequency

Aufnahmeschicht *f* <edv> *(Leseschicht von magn. od. opt. Speichermedien)* • recording layer; storage layer *Mitsumi*; recorded layer *ISO*; information layer; memory layer

Aufnahmeschlitz *m* <prod> *(tief)* • locating slot; mounting slot; seating slot

Aufnahmeschlitz *m* <prod> *(Kerbe)* • location notch; seating notch

Aufnahme-Schnellstart *m* <av> *(VCR-Funktion)* • quick start recording (QSR); direct record; instant record; record what you see; immediate recording

Aufnahmesituation *f* <phot> • shooting situation; photographic situation

Aufnahmespeicherröhre *f* <av> • camera storage tube

Aufnahmesperre *f* <av> *(an Kassette; allg., auch mit Schieber)* • erasure lock; lug

Aufnahmesperre *f* <av> *(Audio-, Videocassette; zum Ausbrechen)* • erasure prevention tab; erasure lock

Aufnahmespitze *f* <wz.masch> • work-holding center

Aufnahmespule *f* <av> *(Magnetband; Audio-, Video-, Datenband)* • take-up spool; take-up reel; take-up hub; TU spool; T spool

Aufnahmespule *f* <textil> *(für Garn, Faden)* • winding bobbin

Aufnahme-Standby-Funktion *f* <av> *(beim Camcorder)* • recording lock function

Aufnahme-Start/Stop-Taste *f* <av> • recording start/stop button

Aufnahmestartsuchlauf *m* <av> • blank search; seek function *JVC*

Aufnahmestrom *m* <av> • recording current; record current

Aufnahmestudio *n* <av> • television studio; television studio room

Aufnahmesuchlauf *m Can* <av> • record search; scene search

Aufnahmesystem *n soz* <jur> • receiving system

Aufnahmetaste *f* <av> • record button

Aufnahmetaste mit Sperre <av> *(Tonbandgerät)* • recording key with safety lock

Aufnahmetechnik *f* <phot> • picture-taking technique *:V*

Aufnahmetreue *f* <edv.av> • recording fidelity

Aufnahmetrommel *f* <prod> • feed roller

Aufnahmetubus *m* <med> • radiographic cone

Aufnahme und Wiedergabe *f* <av> • record and play; recording and playback; audio recording and playback; sampling record and playback

Aufnahmevermögen *n* <el> *(magnetisch)* • susceptibility

Aufnahmevermögen *n* <phys> *(einer Substanz; z. B. von Putzlappen, Aktivkohle)* • absorbability; absorbency

Aufnahmeverweigerung *f* <jur> • refusal of admission

Aufnahme von Rauschstörungen *f* <av> • noise pick-up

Aufnahme von Wärmebildern *f* <bau.phot> • thermal imaging

Aufnahmevorrichtung *f* *(z. B. Mähdrescher)* • header

Aufnahmevorrichtung *f* <av> • phonograph recorder

Aufnahmevorrichtung *f* <prod> *(Spannzange (Werkzeugmaschine))* • collet

Aufnahmevorrichtung *f* <prod> • work-holding fixture; work-supporting fixture; holding fixture

Aufnahmewagen *m* <av> *(groß; Sattelschlepper)* • recording truck

Aufnahmewagen m <av> (kleiner Kastenwagen) • recording van

Aufnahme-/Wiedergabekopf m <av> • recording/playback head; record/playback head; recording/reproducing head; combination head

Aufnahmewiederholung f <av> • retake

Aufnahmewiederholung täglich/wöchentlich f <av> • every day/every week function Nok; every day/every week Gru; daily/weekly programmable Sha; daily/weekly repeat Phi; frequent recording options

Aufnahmewinkel m <phot> • shooting angle; camera angle; taking angle rare

Aufnahmezähler m <phot> • exposure counter

Aufnahmezeit f <edv.av> • recording time

Aufnahmezeit f <msr> • recording time

Aufnahmezinken m <agri> • pick-up tine

aufnehmbare Last f <förd> • load-carrying capacity; load capable of being carried

aufnehmbares Moment n <bau> (z. B. eines Trägers, eine Kranes) • moment capacity

aufnehmen vi <edv> (Daten auf Speichermedium; z. B. 4 GB auf DAT-Kassette) • hold vt; take vi

aufnehmen vt <allg> (z. B. Person in Haus, Gegenstand in Gehäuse, Medium in Behälter) • accommodate vt

aufnehmen vt <allg> (kleines Objekt, ohne Schwierigkeiten; z. B. Münze vom Boden) • pick up vt; take up vt

aufnehmen vt <tech.allg> (etw in etw; genau passend; z. B. Welle in Bohrung) • accept vt

aufnehmen vt <tech.allg> (verbrauchen; z. B. Strom, Leistung, Energie, Arbeit) • consume vt

aufnehmen vt <av> (Bilder allg.: Fotos, Video, Film) • shoot vt

aufnehmen vt <av> (Ton, Video; auf beliebiges Medium) • record vt

aufnehmen vt <av> (Ton, Video; auf Band) • record vt; tape vt

aufnehmen vt <bau> (Spannungen, Zugkräfte) • absorb tension

aufnehmen vt <chem> (z. B. Elektronen) • gain vt

aufnehmen vt <förd> (z. B. mit Baggerschaufel, Schürfkübel, Greifer) • grab vt

aufnehmen vt <masch> (Kraft, Last) • carry vt; support vt

aufnehmen vt <msr> (Datenmapping) • map vt

aufnehmen vt <msr> (Messwerte, Signale) • pick up vt

aufnehmen vt <msr> (Vermessungsdaten) • survey vt

aufnehmen vt <phot> (Foto, Standbild) • take a photograph vt; shoot a picture vt coll; make an exposure vt form.rare

aufnehmen vt <phys> (Energie; z. B. Wärme) • collect vt; pick up vt pract.coll

aufnehmen vt <prod> (Kontur, Umriss, Form) • trace vt

aufnehmen vt <textil> (z. B. Farbstoff, Imprägnierung) • take up vt

aufnehmen vt <wz.masch> (z. B. Werkstück in Spannvorrichtung, Palette, Träger) • mount vt

aufnehmen vt <wz.masch> (empfangen; z. B. Werkstück) • receive vt

aufnehmende flüssige Phase f <ents> • liquid acceptor phase

aufnehmende gasförmige Phase f <ents> • gaseous acceptor phase

aufnehmendes Medium n <tech.allg> • acceptor

aufnehmendes Teil n <tech.allg> • female part; female piece

Aufnehmen in Abwesenheit n <av> • unattended recording; absentee recording

Aufnehmen schneller Bildfolgen n <av> (mit dem Camcorder) • rapid fire multi-exposure effect

Aufnehmer m <agri> • pick-up cylinder

Aufnehmer m <kfz.antr> (Automatikgetriebe-Steuerung) • accumulator; hydraulic accumulator; damper

Aufnehmer m <metall> (für Brammen, Walznüppel) • billet container

Aufnehmer m <msr> • detecting element

Aufnehmer m <msr> (für Signale) • pick-up

Aufnehmer m <msr> • sensor; sensing element

Aufnehmer m <prod> (für Extrudat) • extrusion container

Aufnehmerdampf m <energ> (Dampferzeuger) • receiver steam

Aufnehmergehäuse n <kfz.antr> (Automatikgetriebe) • accumulator housing

Aufnehmerspule f <el> • pick-up coil

Aufnehmersystem n <kfz.antr> • accumulator system

Aufnehm- und Ablegeeinheit f <prod.nahr> (Speiseeis; Extruder) • pick-and-place unit

auf Niveau hochpumpen vt <kfz> (Auto mit Niveauregulierung) • level vt; pump to level vt

auf Niveau pumpen vt <kfz> (Auto mit Niveauregulierung) • level vt; pump to level vt

auf Null abfallen vi <tech.allg> (z. B. Instrumentenanzeige, Spannung im Netz) • decrease to zero vi

auf Null abgleichen vt <msr> • adjust to zero vt

auf Null abgleichen vt <msr> (zurücksetzen) • restore to zero vt

auf Null absinken vi <allg> (z. B. Gewinn, Druck, Instrumentenanzeige) • decrease to zero vi

auf Null einstellen vt <msr> (z. B. Zähler) • set to zero vt; reset to zero vt; zero vt pract

auf Null setzen vt prakt <msr> (z. B. Zähler) • set to zero vt; reset to zero vt; zero vt pract

aufpanzern vt <obfl> • hard-face vt

aufpappen vt <druck> • case in vt

aufpflocken vt <led> (Haut) • peg out vt

aufpfropfen vt <agri> • graft vt

aufpfropfen vt <kst> (Polymer auf ein anderes) • join vt

auf PKW-Basis aufgebaut <nfz> (auf der Struktur eines Pkw aufgebautes Nfz; z. B. kleine Kastenwagen) • car-derived

Aufplattierung f <textil> (Stricken) • wrap plating

Aufpolieren n <obfl> (z. B. von Holz, Möbel) • refinishing

Aufpolsterung f rar <kfz.innen> (weiche Unterfütterung zur passiven Sicherheit; z. B. Instrumentenanlage) • padding

aufprägen vt <el> (Signale auf eine Trägerfrequenz) • modulate vt

Aufprall m <tech.allg> (gegen ein Hindernis; z. B. Auto gegen Eiche, Flugzeug auf Boden) • impact

Aufprall m <verf> (von Schwebstoffen in Trägheits-Schwebstoffabscheidern) • impaction; inertial impaction; impingement

Aufpralldetektor m <bahn.msr> • impact detector; impact sensor

Aufprallen n <phys> • impingement

aufprallen auf vi <tech.allg> (bes. hart; z. B. Fahrzeuge, Flugkörper, Splitter auf Oberfläche, Hinder) • impact on vi

aufprallen auf vi <phys> (allg.) • impinge on vi

Aufprallenergie f <phys> • impact energy

aufprallschluckender Asphalt m <bau.mat> (Belag, z. B. für Spiel- und Sportplätze) • impact-absorbing asphalt :V; Sureflex TM

Aufprallsensor m <kfz.msr> (von Airbag-System) • crash sensor; impact sensor; shock sensor

Aufpreis m <ökon> • extra cost

Aufpreisliste f ugs <doku> • list of options

aufpreispflichtige Sonderausstattung f <ökon> • cost option

aufpressen vt <füg> (mit Hammer klopfend, schlagend) • drive on vt

aufpressen vt <prod> (kräftig; mit Presssitz; z. B. Hülse, Kappe, Klemmdeckel, Dichtung) • press on vt

aufpressen vt rar <prod> (z. B. Folien, Laminate, Gewebe) • calender vt

Aufprojektion f <doku> • front projection

aufpudern vt <obfl> (Puderemail auf heiße Werkstücke) • dust on vt; powder vt; dredge vt

aufpumpen vt <tech.allg> (z. B. Reifen, Schlauchboot) • inflate vt; pump up vt; blow up vt

Aufpunkt m <phys> • field point; test point

aufpunkten vt <füg> (z. B. Haltewinkel auf Blech) • spot-weld vt

Aufputz... <bau> (z. B. Dose, Verteiler, Schalter, Leitung; im Ggs. zu Unterputz) • surface-mount ...; over-plaster ...

Aufputzinstallation f <bau> (z. B. von Rohren, Leitungen, Steckdosen) • over-plaster installation; surface installation; surface mounting

Aufputzschalter m <el.bau> • surface switch

Aufputzsteckdose f <el.bau> • surface socket

Aufputzverlegung von elektrischen Leitungen f <bau.el> • surface wiring

Aufputz-Wanddose f <el.bau> • surface-mount wallplate

aufquellen vi <mat> • swell vi

aufquetschen vt <phot> (z. B. Vergrößerung auf Hochglanzfolie) • squeegee to vt; squeegee on vt

aufräufeln vr ugs <textil> (Fäden, Gestrick, Gewirke) • unravel vt

Aufrahmen n <nahr> • creaming; rising of cream

Aufrahmen n <textil> • stentering

aufrahmen vi <obfl> (eine milchige Schicht bilden) • form a creamy layer vi

Aufrahmungsmittel n <chem> • creaming agent

Aufrastprofil n <bau> • snap-on profile

Aufrauen n <obfl> • roughening

aufrauen vt <obfl> (bel. Material) • rough vt; roughen vt; roughen up vt

aufrauen vt <prod> (Schleifscheibe) • sharpen vt

aufrauen vt <textil.obfl> (Stoff) • nap vt; raise a nap on vt

Aufraumaschine f <wz> (für Oberflächen; z. B. für Furniere) • roughing-up machine; roughing machine

Aufrauung f <obfl> • roughening

aufrecht <allg> (im Ggs. zu liegend) • erect

aufrecht <allg> (vertikal) • standing upright; upstanding; upright

aufrechte Körperhaltung f <bio> • erect posture

auf rechten Winkel bearbeiten vt <prod> • square vt; square off vt

aufrechterhalten vt <allg> (unterstützen; z. B. Entwicklung, ökologisches Gleichgewicht) • sustain vt

aufrechterhalten vt <allg> (Istzustand) • maintain vt

Aufrechterhaltung f <allg> (eines Zustands, Rechts, Anspruchs) • maintenance; maintaining

Aufrechterhaltungsgebühren f <jur> (Patent) • maintenance fees

aufrechtes Flügelholz n DIN <bau> (vertikales Element eines Tür- od. Fensterflügelrahmens) • stile

aufrechtes Flügelprofil n <bau> (vertikales Element eines Tür- od. Fensterflügelrahmens) • stile

aufrechtstehend <allg> (vertikal) • standing upright; upstanding; upright

aufreiben vt <prod> (Bohrung) • ream vt

aufreihen vt <tech.allg> (in einer Reihe, Linie) • line up vt

aufreihen vt <tech.allg> (in bestimmter Reihenfolge) • sequence vt

Aufreißband n <pack> • tab

Aufreißbecken n <geo> • pull-apart basin

Aufreißdeckel m <pack> (von Dosen) • easy-opening end; easy-open end; EO-end

Aufreißen n <bau> (von Strassendecken) • scarfying

aufreißen vi <tech.allg> (wg. Überfüllung; z. B. Papiersack, Kunststofffolie) • burst vi

aufreißen vi <mat> (Risse bilden) • crack vi

aufreißen vt <bau> (Boden, Belag, Wände) • rip up vt; break up vt

aufreißen vt <bau> (Straße, Fahrbahnbelag) • scarify vt

aufreißen vt <doku> (skizzieren) • delineate vt

aufreißen vt <pack> (Umschlag, Hülle etc.) • rip open vt

Aufreißer m <bau.masch> • scarifier

Aufreißhaken m <bau.masch> (für Boden, Fahrbahn) • ripper

Aufreißmaschine f <bau.masch> • scarifier

Aufreißvorrichtung f <ents> (für Müllsäcke) • bag burster

aufribbeln vr ugs <textil> (Fäden, Gestrick, Gewirke) • unravel vt

Aufrichtemaschine f <pap> • erecting machine

Aufrichten n <navig> (Kreiselorientierung) • erection

aufrichten vr <allg> • erect vi

aufrichten vr <nav> • right vi

aufrichten vr/vt <allg> (nach Sturz, Umfallen etc.) • restore the upright position vi/vt

aufrichten vt <tech.allg> (aus liegender Position, z. B. Mast, Turmkran) • erect vt

aufrichten vt <tech.allg> (montieren; z. B. Antenne, Mast) • mount vt

aufrichten vt <textil> (Flor) • raise vt

aufrichtender Hebelarm m <nav> • righting lever; righting arm

aufrichtendes Moment n <phys> (z. B. bei Booten, Schiffen) • righting moment; restoring moment

Aufrichteprisma n <opt> • erecting prism; inverting prism

Aufrichtfehler m <navig> (Lotkreisel) • acceleration error

Aufrichtmoment n <phys> (z. B. bei Booten, Schiffen) • righting moment; restoring moment

Aufriss m <doku> • front view

Aufriss m <nav> (Schiffszeichnung) • sheer draught

Aufrollapparat m <pap.druck> • reeling machine; winder

Aufrollautomat m <kfz.sich> (Sicherheitsgurt) • retractor; belt retractor

Aufrollautomatik f <kfz.sich> (Sicherheitsgurt) • retractor; belt retractor

aufrollbares Abschleppseil n <kfz> • automatic tow rope; self-rolling tow rope

auf Rollen <büro> (z. B. Kleinmöbel) • castered

aufrollen vr <kfz.sich> (Automatik-Sicherheitsgurt) • retract vi

aufrollen vt <tech.allg> (auf schmale Spulen; z. B. Draht, Faden, Band) • reel vt

aufrollen vt <tech.allg> (mit Winde; z. B. Seil) • wind vt

aufrollen vt <tech.allg> (auf breite Rollen; z. B. Papier, Blech, Folie) • roll vt

aufrollen vt <prod> (Rohgummi) • up-end vt; fold back vt

Aufroller m <pap> • reel-up reeler

Aufrolltrommel f <pap> • reeling drum; reel-up drum

Aufrollvorrichtung f <kfz.sich> (Sicherheitsgurt) • retractor; belt retractor

auf Rotglut erhitzen vt <metall> • make red-hot vt

Aufrührbagger m <bau.masch> (lockert den Gewässergrund auf) • agitation dredger

aufrühren vt <tech.allg> • agitate vt

aufrühren vt <verf> (z. B. Anstrichstoff, Pigmente) • stir vt

aufrüstbar <edv> (auf neue Version, um neue Komponenten) • expandable; upgradable; open-ended

Aufrüstbarkeit f <tech.allg> • upgradabiltiy; updateability

Aufrüsten n <mil> • armament

aufrüsten vi/vt <edv> (Speicherkapazität) • expand to vt; expand vi/vt; upgrade to vt; upgrade vi/vt

aufrüsten vt <edv> (Hardwareleistung; z. B. von CPU mit 550 MHz auf CPU mit 1 GHz) • upgrade vt

aufrüsten *vt* <edv> *(Speicherkapazität; z. B. von 64 MB auf 256 MB RAM)* • expand *vt*
aufrüsten auf *vt* <edv> *(Speicherkapazität)* • expand to *vt*; expand *vi/vt*; upgrade to *vt*; upgrade *vi/vt*
Aufrüstoption *f* <tech.allg> *(von Hardware)* • upgradeability; upgrade option
Aufruf *m* <edv> *(Programm)* • invocation; call
Aufrufanweisung *f* <edv> • call statement
Aufrufbefehl *m* <edv> • call instruction
Aufrufbetrieb *m* <edv> • polling mode; polling; selecting mode
aufrufen *vt* <edv> *(z. B. ein Programm, Makro etc.)* • invoke *vt*; call *vt*
aufrufende Prozedur *f* <edv> • invoking procedure
Aufrufverfahren *n* <edv> • call procedure
Aufrufzahl *f* <edv> • call number
Aufrunden *n* <math> • rounding-up; rounding-off upward; round up; half correction
aufrunden *vt ugs* <math> *(Zahl; typ. auf das nächsthöhere Vielfache von 5)* • round *vt*; round off *vt*
Aufrundung *f* <math> • rounding- up; rounding-off upward; round up; half correction
aufsättigen *v* <chem> *(i.S. von Konzentration bis zur Sättigung steigern)* • resaturate *v*
aufsättigen *vt* <chem> *(Konzentration steigern)* • reconcentrate *vt*
Aufsammelfeldhäcksler *m* <agri> • pick-up forage-harvester loader; pick-up loader
Aufsammelpresse *f* <agri> • baling press
Aufsammel-Rübenvollerntemaschine *f* <agri> • tank-type beet harvester
Aufsammeltrommel *f* <agri> • pick-up cylinder
Aufsammelverluste *mpl* <agri> • gathering losses
Aufsasse *m VDI* <kfz> • motorcyclist; motorcycle operator
Aufsatteldrehpflug *m* <agri> • semimounted reversible plough
Aufsattelhöhe *f* <nfz> • fifthwheel height
Aufsattelmaschine *f* <agri> • semimounted machine
Aufsattelpflug *m* <agri> • semi-integral plough; semi-mounted plough
Aufsattelscheibenegge *f* <agri> • offset disc harrow
Aufsattelwinkeldrehpflug *m* <agri> • semimounted quarter turn plough
Aufsatz *m* <bau> *(Straßenablauf)* • road inlet top
Aufsatz *m* <verbr> *(Schornsteinhaube)* • bonnet
Aufsatzbacke *f* <wz> *(für Schraubstock, Spannvorrichtung)* • jaw pad; false jaw
Aufsatzentfernung *f* <mil> *(Artillerie)* • firing range
Aufsatzfenster *n* <bau> • storm sash; storm window
Aufsatzkopf *m* <metall> • dozzle
Aufsatzkreisel *m* <navig> *(Vermessungstechnik)* • gyro attachment
Aufsatzlibelle *f* <msr> • longitudinal level
Aufsatzrahmen *m* <metall> *(Formerei)* • filling frame
Aufsatzstange *f* <masch> • lengthening rod
Aufsatztraktor *m* <druck> • tractor drive assembly
Aufsatzventil *n* <rls> • bolted-bonnet valve
aufsaugen *vt* <tech.allg> *(absorbieren, z. B. Flüssigkeit)* • absorb *vt*; imbibe *vt*; suck *vt coll*
aufschäumbar <tech.allg> • foamable
aufschäumbar *f* <kst> *(z. B. Polystyrol)* • expandable; foamable *coll*
Aufschäumen *n* <kfz> *(Öl; z. B. Stoßdämpfer-Ölfüllung, Motoröl)* • aeration; foaming; churning
Aufschäumen *n rar* <nahr.prod> *(Speiseeis)* • whipping
aufschäumen *vi* <chem.verf> *(z. B. Öl, Abwasser)* • froth *vi*
aufschäumen *vi* <metall> *(Schmelze)* • bubble *vi*
aufschäumen *vt* <kst.prod> *(z. B. Polystyrol)* • expand *vt*; foam *vt*

aufschäumen *vt rar* <nahr.prod> *(Speiseeis)* • whip *vt*
aufschäumen *vt* <prod> *(beschichten mit Schaumstoff)* • foam onto *vt*
aufschäumen *vt* <silik> • reboil *vt*
aufschäumen *vt* <verf> *(als Vorstufe)* • prefoam *vt*
Aufschalten *n* <tele> *(mit einem bereits besetzten Anschluss verbinden)* • intrusion; offering; trunk offer; entering; breaking-in
Aufschalteschutz *m* <tele> • intrusion protection; monitoring protection
Aufschalteton *m* <tele> • intrusion tone
Aufschaltezeichen *n* <tele> • offering signal
Aufschaltung *f* <el> *(Einblenden eines externen, zusätzlichen Signals)* • blending-in
Aufschaltung *f* <tele> *(direkte Weiterleitung)* • feedforward
Aufschaukeln *n* <el> *(von Spannung; unerwünscht)* • voltage escalation
Aufschaukeln *n* <kfz> *(Bewegung zum Flottmachen eines festsitzenden Autos)* • rocking
Aufschaukeln *n* <phys> *(von Schwingungen)* • build-up
aufschaukeln *vr* <phys> *(Schwingung)* • build up *vr*
aufschaukeln *vt* <kfz> *(Auto; z. B. zum Flottmachen)* • rock *vt*
Aufschaukeln eines Verstärkers *n* <av> *(durch Feedback)* • howling
auf Scherkräfte beanspruchen *vt* <mech> • subject to shear *vt*; shear *vt*
aufschichten *vt* <bau> *(als Haufen)* • pile up *vt*
aufschichten *vt* <logist> *(als Stapel)* • stack *vt*
aufschiebbar <allg> *(zeitlich)* • postponable
aufschiebbar <mech> *(konkret; z. B. Hülse)* • slip-on
Aufschieben *n* <min> • caging; decking; onsetting
aufschieben *vt* <allg> *(auf später; jede Art von Handlung, Entscheidung; z. B. Zahlung)* • defer *vt*
aufschieben *vt* <allg> *(verzögern; z. B. Lieferung)* • delay *vt*
aufschieben *vt* <allg> *(Aktion, auf späteren Termin; z. B. Besprechung, Entscheidung)* • postpone *vt*
aufschieben *vt* <tech.allg> *(öffnen; z. B. Schiebetür)* • slide open *vt*
aufschieben *vt* <mech> *(kräftig, ein Teil auf ein anderes)* • push on *vt*
aufschieben *vt* <mech> *(leichtgängig; z. B. Muffe auf Rohr)* • slip on *vt*
Aufschieber *m* <min> *(Gerät)* • caging device; pushing device; decking device; onsetting machine; cager
Aufschiebling *m* <bau> • firring
Aufschiebung *f* <geo> • thrust fault; upthrust
aufschießen *vi* <nav> • shoot into the wind *vi*
aufschießender Verschluss *m* <mil> • blow-back action; blowback action
Aufschläger *m* <pap> • refining machine; refining engine; refiner *pract*
aufschlämmen *vt* <verf> • suspend in a liquid *vt*; suspend *vt*
Aufschlämmflüssigkeit *f* <verf> • liquid vehicle
Aufschlämmung *f* <verf> • suspension
Aufschlämmung *f* <verf> *(betont: auf Wasserbasis)* • water slurry
Aufschlag *m* <tech.allg> *(eher von oben nach unten; z. B. Partikel, Splitter, Geschoss, Rakete)* • impact; impingement
Aufschlag *m* <holz> • self-sown stand
Aufschlag *m* <nahr> *(Speiseeis)* • overrun; over-run
Aufschlagdetonation *f* <mil> • graze burst
Aufschlagen *n* <nahr.prod> *(Speiseeis)* • whipping
aufschlagen *vi* <allg> *(hart auftreffen)* • impact *vi*; impinge on *vi*

aufschlagen vt <allg> *(auf dem Boden; z. B. Bombe, Person bei Unfall)* • strike vt
aufschlagen vt <nahr.prod> *(Speiseeis)* • whip vt
aufschlagen vt <pap> *(Zellstoff)* • break down vt; clear vt; refine vt
Aufschlagen von Zellstoff n <pap> • pulp disintegration
aufschlagfähig <nahr.prod> *(Speiseeis)* • whippable
Aufschlagfähigkeit f <nahr.prod> *(Speiseeis)* • whipping ability; whippability; whipping property; whipping quality
Aufschlaggerät n <pap> • pulp integrator
Aufschlaggeschwindigkeit f <nahr.prod> *(Speiseeis)* • whipping rate
Aufschlaghöhe f <nahr> *(Speiseeis)* • amount of overrun
Aufschlagkern m <metall> • splash core
Aufschlagkontrolle f <nahr.prod> *(Speiseeis; Freezer)* • overrun control
Aufschlagkraft f <mech> • impact force
Aufschlagmenge f <nahr> *(Speiseeis)* • amount of overrun
Aufschlagsteuerung f <nahr.prod> *(Speiseeis; Freezer)* • overrun control
Aufschlagvermögen n <nahr.prod> *(Speiseeis)* • whipping ability; whippability; whipping property; whipping quality
Aufschlagvolumen n <nahr> *(Speiseeis)* • amount of overrun
Aufschlagzünder m <mil> *(Röhrchen)* • percussion tube
Aufschlagzünder m <mil> *(Kapsel)* • percussion cap; impact fuze; percussion primer rare
Aufschleppdock n <nav> • slip dock
Aufschleppe f <nav> • slipway; hauling slip
Aufschlepphelling f <nav> • railway dry dock; marine railway; patent slip
Aufschleppwagen m <nav> *(auf Schienen)* • railway cradle
Aufschleudern n <obfl> *(Beschichtungsverfahren; z. B. von Photolack auf Wafer)* • spin coating
aufschleudern vt <obfl> *(z. B. Photolack auf Wafer)* • spin coat vt; spin on vt rare; apply by spinning vt rare
Aufschließblockierung f <alarm> • unlocking blockage :V
aufschließen vt <bau> *(Tür, Zimmer)* • unlock vt
aufschließen vt <min> *(Bergwerk)* • open vt; open up vt; approach vt; develop vt
aufschließen vt <verf> *(z. B. Zellstoff, Abfall)* • comminute vt
aufschließen vt <verf> *(biochemisch od. physikalisch zersetzen, zerlegen)* • disintegrate vt
aufschlitzen vt <allg> *(reißend)* • rip up vt
aufschlitzen vt <allg> *(tief, klaffend)* • scotch vt; gash vt
aufschlitzen vt <prod> *(scharf)* • slit vt
Aufschlüsselung f <allg> *(v. Summenwerten; z. B. von Lieferungen, Leistungen)* • breakdown
Aufschlüsselung des Arbeitsumfangs f <prod> • scope of work breakdown
Aufschluss m <chem> *(mit Aufschlussreagenzien)* • digestion
Aufschluss m <min> *(z. B. eines Flözes)* • development; exposure; opening-up; opening
Aufschluss m <pap> *(von Zellstoff)* • pulping; cooking
Aufschlussarbeiten fpl <tech.allg> • exploratory work; initial work; dead work
Aufschlussarbeiten fpl <min> • development work; opening-up work
Aufschlussbohrung f <bau/petr> *(Resultat)* • exploratory borehole; stratigraphic test hole; test hole pract
Aufschlussbohrung f DIN 4021 <bau/petr> *(Vorgang; z. B. für Ölsuche, Baugrunduntersuchung)* • exploratory drilling; exploratory boring

Aufschlussbohrung f <petr> *(Erdölsuche)* • exploration well; new-field wildcat; wildcat pract
Aufschlussgrad m <pap> *(Zellstoff)* • degree of cooking
Aufschlusslösung f <pap> • cooking liquor; cooking agent; pulping liquor
Aufschlussmittel n <chem> • digesting chemical; digesting agent
Aufschlussmittel n <pap> • pulping agent
Aufschlussmittelgemisch n <chem> • digestion mix
Aufschlussstelle f <min> • site of development
Aufschlussverfahren n <geo.min> • prospecting method
Aufschlussverfahren n <min> • development method; opening method
Aufschlussverfahren n <pap> • pulping process
aufschmelzbares Futter n <textil> • fuse lining
aufschmelzen vi <metall> • fuse vi
aufschmelzen vt <kst> • plasticize vt US.GB; plasticate vt US; melt vt; plastisise vt GB.rare
aufschmelzen vt <silik> *(z. B. Email, Dekor)* • fire vt; fuse vt
Aufschmelzleistung f <kst> • plasticising capacity; melting capacity
Aufschmelzlöten n <füg> • reflow soldering
Aufschmelzverfahren n <füg> *(Löten)* • reflow process
Aufschmelzzone f <füg> *(an Schweißnaht)* • weld metal zone
Aufschmelzzone f <metall> *(allg.)* • melted zone
Aufschnappmontage f <el> *(z. B. in Verteilerkästen, Schaltschränken)* • snap-on installation
Aufschneider m <kfz> *(Karosseriebau)* • chop shop
aufschnüren vt <füg> *(z. B. Paket, Mieder)* • unlace vt; untie vt
aufschnüren vt <nav> *(Schnürbodenarbeit)* • lay off vt; lay down vt
Aufschnüren des Schiffskörpers n <nav> • ship lofting; ship laying-off
aufschraubbar <füg> *(mit Gewinde zu befestigen)* • screw-on
aufschrauben vt <füg> *(schraubend befestigen; z. B. Mutter, Schraubverschluss, Deckel)* • screw vt; screw on vt
aufschrauben vt <füg> *(schraubend öffnen)* • unscrew vt
aufschrauben vt <füg> *(mit Schrauben befestigen)* • screw on vt
Aufschraubflansch m <rls> • screw flange
Aufschraubverlängerung f <füg> • screwed-on extension
aufschreiben vt <doku> • write down vt; record vt
aufschrumpfen vt <tech.allg> *(Bauteile, Verpackungen)* • shrink on vt
Aufschrumpfen unter Vakuum n <kst.pack> • vacuum snap-back forming
Aufschrumpfsitz m <masch> • shrinkage fit; shrink fit
aufschütten vt <bau> *(Graben, Böschung, Grube, Bodensenke)* • fill vt; make up vt
aufschütten vt <logist> *(Schüttgut)* • pile vt
Aufschüttung f <bau> *(allgemein)* • aggradation
Aufschüttung f <bau> *(allg.; z. B. Uferdamm, Deich, Fahrbahndamm, Hügel)* • embankment
Aufschüttung f <bau> *(von Senken etc.; z. B. mit Mutterboden, Füllmaterial, Bauschutt)* • fill; earthfill; filling; made ground
Aufschwefelung f <chem.verf> • addition of sulfur
Aufschweißbiegeprobe f <qualit.mat> • bead bend specimen
Aufschweißbiegeversuch m <qualit.mat> • bead bend test
aufschweißen vt <füg> *(befestigen)* • weld onto vt
aufschweißen vt <rep> *(Auftragen mehrerer Schweißlagen)* • build up with weld vt

Aufschweißen von Bolzen *n* <füg> • stud welding
Aufschweißen von Bolzen von Werkzeugschneiden
<füg> • tip welding
Aufschweißflansch *m* <füg> • weld-on flange
Aufschweißlegierung *f* <mat> • surfacing alloy
Aufschweißung auf den Schneidflächen *f* <wz.masch>
(*Aufbauschneide, unerwünscht*) • welding to the cutting
faces
Aufschweißwerkstoff *m* <füg.mat> • weld-surfacing
material; surfacing material
Aufschwemmen des Zinns *n* <kfz.rep> (*Verzinnen von
Karosserieblech*) • paddling the lead
Aufschwemmung *f* <verf> • suspension
Aufschwimmen *n* <fz> (*als Vorgang; z. B. auf Straßen,
Start-, Landebahnen*) • aquaplaning; hydroplaning
Aufschwimmen *n* <obfl.qualit> (*Trennen von Pigmenten
aus einer Beschichtung*) • flooding
aufschwimmen *vi* <verf> • float *vi*
aufschwimmendes Gut *n* <verf> (*Flotation*) • float material; floats
auf Sendung bleiben *vi* <av> • stay on the air *vi*
Aufsetzen *n* <aerospace> • ground contact; landing;
touchdown
Aufsetzen *n* <kfz> (*Kontakt zwischen Fahrzeugunterboden und Fahrbahn*) • bottoming
aufsetzen *vi* <aerospace> • touch down *vi*; contact *vi*; land
vi
aufsetzen *vi* <kfz> • bottom *vi*; have ground contact *vi*
aufsetzen *vt* <allg> (*z. B. Brille, Hut, Topf; Lächeln*) • put
on *vt*
aufsetzen *vt* <prod> (*z. B. Werkstück, Mutter*) • place on
vt; mount on *vt*
aufsetzen *vt* <rep> (*Flicken*) • patch *vt*
Aufsetzen der Plattform *n* <petr> • landing of the platform
Aufsetzpuffer *m* <förd> • car buffer
Aufsetzpunkt *m* <aerospace> • touchdown point
Aufsetzrahmen *m* <logist> (*Palette*) • pallet collar
Aufsetzvorrichtung *f* <min> • bearing-up stop; cage seat;
landing chair; chair
Aufsetzwägestück *n* <msr> (*bei alten Waagen*) • rider
Aufsichtdensitometer *n* <msr> • reflection densitometer
Aufsichtschwärzung *f* <druck> • reflection density
Aufsichtsrat *m* <ökon> • supervisory board; board of di-
rectors
Aufsichtsucher *m* <phot> • waist-level finder
Aufsichtvorlage *f* <druck> • reflection copy
auf Siliconbasis <chem> • silicone-based; silicone-base …
Aufsitzen! <mil> (*auf Fahrzeug; Befehl*) • mount!
Aufsitzen *n* <kfz> (*Kontakt zwischen Fahrzeugunterboden
und Fahrbahn*) • bottoming
aufsitzen *vi* <kfz> • bottom *vi*; have ground contact *vi*
aufsitzen *vi* <masch> (*ein Teil auf einem anderen*) • rest
on *vi*; be seated on *vi*; sit on *vt*
aufsitzen *vi* <nav> • be grounded; be aground
aufspachteln *vt* <bau> • trowel *vt*; trowel on *vt*
aufspalten *vr* <tech.allg> (*in zwei oder mehrere Teile*)
• split *vi*; part *vi*
aufspalten *vr* <tech.allg> (*in zwei Teile; meist entlang
natürlicher Trennlinie*) • cleave *vi*
aufspalten *vr* <chem> (*Verbindung*) • decompose *vi*
aufspalten *vr* <mat> (*Schichtstoffe; z. B. durch Feuchtigkeit*) • delaminate *vi*
aufspalten *vt* <chem> (*Verbindung*) • crack *vt*; crack up *vt*;
break up *vt*
Aufspaltung *f* <chem> (*chemische Verbindung*) • breaking; breakdown
Aufspaltung *f* <mat> (*von Schichtstoffen, Laminat; z. B.
durch Feuchtigkeit*) • delamination

Aufspaltung *f* <phys> (*Trennung einer Atomverbindung*)
• split-up; splitting-up
Aufspaltung *f* <phys> (*von Spektrallinien, Multiplett*) • line
splitting; splitting
Aufspaltung *f* <prod> (*in zwei Teile; meist entlang natürlicher Linien*) • cleaving; cleavage
Aufspaltungsfaktor *m* <phys> (*Atomspektren*) • splitting
factor g; g factor
aufspannen *vt* <druck> (*Druckplatte*) • mount *vt*
aufspannen *vt* <textil> • stenter *vt*
aufspannender Baum *m* <math> (*im Ggs. zum Hamil-
tonkreis*) • spanning tree
Aufspannplatte *f* <kst> • platen; clamping platen; mold
platen; machine platen
Aufspannplatte Düsenseite *f* <kst> • stationary platen
Aufspannplatte Schließseite *f* <kst> • moving platen;
moveable platen
Aufspanntransformator *m* <el> • step-up transformer
Aufspannung *f* <wz.masch> • set-up; setting
Aufspannung in Reihe *f* <prod> • line set-up
Aufspannvorrichtung *f* <prod> (*z. B. für Rohlinge, Werk-
stücke*) • clamping device; set-up fixture
Aufsprechkopf *m* <av> (*von Magnetbandgeräten; z. B.
Videorecorder*) • recording head; record head
Aufsprechstrom *m* <av> • recording current; record cur-
rent
Aufspreizung des Meeresbodens *f* <geo> (*Plattentek-
tonik*) • sea floor spreading
aufsprengen *vt* <tech.allg> (*von innen heraus*) • burst *vt*
aufspringen *vi* <bau> (*Fenster; durch Windstoß*) • pop
open *vi*
Aufspritzen *n* <obfl> • spraying
aufspritzen *vt* <obfl> (*als Sprühnebel*) • apply by spraying
vt; spray-apply *vt*
aufspritzen *vt* <obfl> (*in größeren Spritzern; z. B. Wasser*)
• splash on *vt*
aufsprühen *vt* <obfl> (*z. B. Lack mit Spühdose, Spritz-
pistole*) • spray on *vt*
aufsprühen *vt rar* <obfl> (*im Vakuum zerstäuben; Dünn-
schichttechnik*) • sputter *vt*; sputter on *vt*; deposit by
sputtering *vt*
Aufspülung *f* <min> (*Tagebau*) • hydraulic fill
Aufspüren von Drogen *n* <msr> • drug detection
aufspulen *vt* <tech.allg> (*auf schmale Spulen; z. B. Kino-
film, Tonband*) • reel up *vt*; wind on reels *vt*
aufspulen *vt* <tech.allg> (*z. B. Draht, Faden, Film*) • wind
vt
aufspulen *vt* <phot> (*Film, in Entwicklerdose*) • load *vt*;
reel *vt*
aufspulen *vt* <textil> (*Faden allg.*) • bobbin *vt*; spool *vt*
aufspulen *vt* <textil> (*Garn auf hohle Garnspule*) • quill *vt*;
wind on a quill *vt*
aufspulen *vt* <textil> (*Faden*) • wind *vt*
aufstäuben *vt* <obfl> (*sehr fein*) • dust *vt*; powder *vt*
aufstäuben *vt* <obfl> (*im Vakuum zerstäuben; Dünn-
schichttechnik*) • sputter *vt*; sputter on *vt*; deposit by
sputtering *vt*
Aufstampfbrett *n* <prod> • moldboard; pattern board
aufstampfen *vt* <metall> (*Formsand*) • ram up *vt*
Aufstandsellipse *f wiss* <prod> (*von Reifen*) • contact
patch; contact area/zone; foot print; tire contact area/
zone; ground contact area
Aufstandsfläche *f* <kfz> (*gesamtes Fahrzeug; Spur x
Radstand*) • vehicle footprint *:V*
Aufstandsfläche *f* <prod> (*von Reifen*) • contact patch;
contact area/zone; foot print; tire contact area/zone;
ground contact area
Aufstandspfahl *m* <bau> (*Pfahlgründung*) • end-bearing
pile

aufstapeln vt <tech.allg> *(relativ hoch; z. B. Steine, Kisten)* • pile up vt

aufstapeln vt <logist> *(quaderförmige oder flache Objekte; z. B. Steine, Kisten, Bleche)* • stack vt

auf Stapel reißen vt <textil> *(Elementarfasern)* • staple vt

Aufstau m <energ> *(Wasserkraftwerk)* • damming

aufstauen vt <energ.hydr> • impound vt; dam up vt; bank vt

Aufstauung f <energ.hydr> • banking; banked-up water; damed-up water

Aufsteck... <tech.allg> *(mit Raste; z. B. Werkzeug)* • snap-on ...

aufsteckbar <tech.allg> *(mit Schnappverschluss, Clip)* • clip-on

aufsteckbar <tech.allg> *(ohne Raste aufgleitend)* • slip-on

aufsteckbarer Deckel m <tech.allg> • detachable lid

aufsteckbare Zugentlastung f <el> • clip-on strain relief

Aufsteckbauelement n <tech.allg> • clip-on element; clip-on device

Aufsteckbohrer m DIN ISO 5419 <wz> • shell drill ISO 5419

Aufsteckclip m <el> • clip-on

aufstecken vt <tech.allg> *(etw. auf etw. befestigen; z. B. mit Clips, Stiften)* • fit on vt

aufstecken vt <tech.allg> *(einführen; Stift etc. in eine Öffnung, Vertiefung)* • insert vt

aufstecken vt <tech.allg> *(durch Andrücken befestigen; z. B. Objektiv-Schutzdeckel)* • push on vt

aufstecken vt <füg> *(Hohlkörper; z. B. Hülse, Kappe, Muffe)* • slip over vt

aufstecken vt <obfl> *(Werkstücke auf Gestell; Galvanotechnik)* • rack vt

aufstecken vt <textil> *(Spulen)* • creel vt

aufstecken vt <textil> *(Spule)* • creel vt; pin up vt

aufstecken vt <textil> *(leere Hülse)* • recreel vt

Aufsteckfilter n <opt> *(Kamera, Scheinwerfer)* • push-on filter

Aufsteckflansch m <rls> • slip-on flange

Aufsteckfräser m <wz> • arbor milling cutter; arbor cutter

Aufsteckgatter n <textil> *(Stufen-Zwirnmaschine)* • supply creel; creel

Aufsteckgewindebohrer m <wz> • shell tap

Aufsteck-Gewindebohrer m <wz> • shell tap

Aufsteck-Gewindefräser m DIN 852 <wz> • shell-type thread-milling cutter

Aufsteckgrundreibahle f <wz> • rose shell reamer

Aufsteckhalter m <av> *(Zubehörschuh; z. B. für Mikrofon)* • mounting holder

Aufsteckhalter m <wz.masch> *(mit Kegelsitz)* • arbor

Aufsteckhalter mit Abdrückmutter m <wz> • easy starting arbor

Aufsteckkarte f <edv> • piggyback board

Aufsteckreibahle f <wz> • shell reamer

Aufsteck-Ringschlüssel m <wz> *(Einringschlüssel mit Aufsteckrohr)* • heavy-duty ring wrench

Aufsteckrohr n <wz> *(für Schraubenschlüssel, zum Verlängern des Hebelarms)* • tubular handle; detachable handle

Aufsteckschlüssel m rar <wz> *(allg.; komplett mit Griff oder nur als Einsatz, Nuss)* • socket wrench; socket spanner GB

Aufsteckschuh m rar <phot> *(allg.; typ. für Blitz, mit Kontakt[en])* • accessory mount; accessory shoe; hot shoe pract; flash shoe coll

Aufsteckskala f <msr> • clip-on scale

Aufsteckskale f rar <msr> • clip-on scale

Aufsteckspindel f <textil> *(Spul-, Zwirnmaschine)* • mandril; skewer

Aufsteckstift m <textil> *(Spul-, Zwirnmaschine)* • mandril; skewer

Aufsteckverbindung f <el> • push-on connection

Aufsteckvorrichtung f <textil> *(Spul-, Zwirnmaschine)* • mandril; skewer

Aufsteckzeug für Kettschären n <textil> • warping creel

aufsteigen vi <allg> • ascend vi

aufsteigen vi <aerospace> *(z. B. Flugzeug)* • climb vi

aufsteigen vi <meteo> *(z. B. Rauch, Wolken)* • rise vi

aufsteigend <allg> • ascending

aufsteigende Bewetterung f <min.hlk> • antitropal ventilation; ascensional ventilation

aufsteigende Destillation f <chem.verf> • distillation by ascent

aufsteigender Ast m <mil> *(Flugbahn)* • ascending branch

aufsteigende Reihenfolge f <allg> *(alphanumerisch; z. B. 1, 2, 3 ...; a, b, c ... z)* • ascending order; ascending sequence

aufsteigender Hang m <geo> *(an Hügel, Berg)* • acclivity; upward slope coll

aufsteigender Knoten m <astron> • ascending node

aufstellen vt <allg> *(z B. Plan, Organisation, Theorie)* • establish vt

aufstellen vt <tech.allg> *(z. B. Arbeitsbühne, Gerüst, Mast)* • erect vt

aufstellen vt <tech.allg> *(montieren; z. B. Gerüst, Werkzeugmachine)* • mount vt

aufstellen vt <tech.allg> *(Anlagen, Ausrüstungen)* • rig vt

aufstellen vt <tech.allg> *(z. B. Bude, Messestand, Maschine)* • set up vt

aufstellen vt <tech.allg> *(Hubdach oder Dachhaube)* • lift vt

aufstellen vt <tech.allg> *(Formel)* • formulate vt

aufstellen vt <bau> *(Gerüst)* • scaffold vt

aufstellen vt <bio> *(Tierpräparat)* • mount vt; set up vt; prepare vt

aufstellen vt <kfz> *(Motorhaube)* • prop up vt

aufstellen vt <petr> *(Bohrgerüst, -plattform)* • rig up vt

aufstellen vt <tour> *(Zelt, Caravan auf dem Standplatz)* • pitch vt; site vt

Aufstellhaube f <kfz> *(in Caravandach)* • rooflight; skylight

Aufstellstrecke f <bau> • lineup distance

Aufstellung f <doku> *(von einzelnen Positionen, in Liste, Rechnung)* • itemization

Aufstellungsfehler m <navig> *(Schiffskreiselkompass-Installation)* • alignment error

Aufstelzung f <bau> *(Straße)* • stilting

aufsteppen vt <textil> • quilt on vt

aufsteuern vt <el> *(z. B. Transistor)* • bias into conduction vt

Aufsticken n DIN 17014 <metall> *(Wärmebehandlung von Stahl)* • nitrogen content increase

Aufstiegsbahn f <aerospace> *(allg.)* • ascending path

Aufstiegsbahn f <mil> *(z. B. eines Geschosses)* • ascending trajectory; ascent trajectory

Aufstiegsgeschwindigkeit f <meteo> *(z. B. von Messballon, Wolken)* • ascension rate

aufstocken vt <bau> *(Gebäude)* • raise by a storey vt; add a storey vt

aufstocken vt <logist> *(Lagerbestand)* • restock vt

aufstocken vt <logist> • resupply vt

Aufstockrahmen m <logist> *(für Lagerregal)* • frame extension

Aufstockschiene f <bau.mat> *(Schaltechnik)* • extension rail

Aufstoßen n <textil> *(Maschenware auf eine Nadelbarre; jede Nadel mit e. Masche versehen)* • running-on; jobbing-on; bodging-on

aufstoßen vt <textil> • bar on vt; knock up vt
Aufstoßnadel f <textil> • point
Aufstoßnadelbarre f <textil> • points bar
Aufstoßstellung f <textil> • running-on position
aufstreichen vt <obfl> (Anstrichstoff; z. B. Farbe) • apply by brushing vt; apply by brush vt; brush on vt; brush vt
Aufstreichverfahren n <druck> • wipe-on process
aufstreifen vt <tech.allg> (z. B. Gummitülle, Manschette) • slip on vt
aufstreuen vt <tech.allg> (feines Pulver, Puder) • dust on vt
aufstreuen vt <tech.allg> (verteilen; z. B. Dünger) • spread on vt
aufstreuen vt <agri> (Heu u. dgl.) • strew on vt
Aufstrich m <nahr> (auf Brot u. dgl.) • spreading
Aufstrom m <phys> • upward current; ascending current
Aufstromklassieren n <verf> (in Wasserströmung) • hydraulic classification
Aufstromklassieren n <verf> (allg.) • upward-current classification
Aufstromklassierer m <ents.verf> (Bodenwäsche) • countercurrent classifier
Aufstromklassierer m <verf> (mit Wasserströmung) • hydraulic classifier
Aufstromklassierer m <verf> (allg.) • upward-current classifier
Aufstromsortierer m <ents.verf> (Bodenwäsche) • countercurrent classifier
aufsuchen vt <geo> (Bodenschätze) • detect vt
auf Systemplatine integrierter Bildschirmadapter m <edv> • built-in display adapter; built-in video on the motherboard; on-board display adapter; integrated display adapter
auftakeln vt <nav> • rig vt; rig up vt
auftanken vt <fz> (erneut auffüllen; z. B. Auto, Flugzeug) • refuel vt
auftasten vt <el> • gate vt
auftasten vt <el> (Impulstechnik) • pulse on vt
auftasten vt <msr> • strobe vt
Auftastgenerator m <el> (Radar) • gate generator
Auftastimpuls m <el> • gating pulse; strobe pulse; gate pulse
Auftastkreis m <av> • interval-selector circuit
Auftastschaltung f <el> • gate circuit
Auftaubehälter m <nahr> • thawing tank
Auftauchen n <nav> (U-Boot) • surfacing
auftauchen vi <nav> (U-Boot) • break surface vi; surface vi
auftauen vi/vt <nahr> • thaw vi/vt
auftauen vt <hlk> (Gefriergut, Eisbelag; z. B. Lebensmittel) • defrost vt
Auftausalz n <chem> (allg.; z. B. als Streusalz für Straßen, Start- u. Landebahnen) • de-icing salt
Auftauzone f <prod.nahr> (Speiseeis; Rundgefrierer) • defrosting zone
aufteilen vt <allg> (konkret; z. B. Gewinn, Material) • split up vt; split vt
aufteilen vt <allg> (konkret oder abstrakt; in Einzelteile, Untergruppen) • break up vt
aufteilen vt <allg> (abstrakt; in Unterkagorien, Gruppen, Klassen) • subdivide vt
aufteilen vt <edv> (Festplatte) • partition vt
aufteilen vt <tech> (z. B. Budget, Finanzmittel) • split up vt; allocate vt; apportion vt; divide vt
Aufteilquerschnittsägen n <prod> • dimension cross-cutting
Aufteilungsmuffe f <lwl> • branch closure
Aufteilungsverhältnis n <nukl> • cut
auftoppen vt <nav> • top vt; top up vt

auf Torsion beanspruchen vt <mech> (z. B. Karosserie in Längsachse, Drehstabfeder) • subject to torsion vt; subject to torsional forces vt; subject to torsional moments vt; twist vt coll
Auftrag m <logist> (im Lager, beim Kommissionieren; Summe aller gewünschten Artikel) • order; pick order; pick
Auftrag m <mil> • mission; task
Auftrag m <obfl> (einer Schicht, nass od. trocken, z. B. mit Pinsel od. Spray; z. B. Lack) • application
Auftrag m <ökon> • purchase order; sales order; order pract
Auftragen n <doku> (von Messwerten, Punkten in Diagramm) • plotting
Auftragen n <obfl> (einer Schicht, nass od. trocken, z. B. mit Pinsel od. Spray; z. B. Lack) • application
Auftragen n <textil> (von Maschen auf die Nadelspitzen) • landing
auftragen vt <doku> (graphisch, Werte in Diagramm) • plot vt
auftragen vt <doku> (Maße, Objekte, Linien in techn. Zeichnung) • protract vt
auftragen vt <obfl> (allg.; Schicht, Überzug; z. B. Farbe, Lack, Fett) • apply vt; deposit vt rare
auftragen vt <obfl> (gleichmäßig über eine Fläche; viskose Masse; Putz, Estrich, Butter) • spread vt
auftragend <pap> • voluminous
Auftragen einer Tonspur n <av> • striping
Auftrag erteilen für vt <ökon> (Lieferungen, Leistungen; z. B. mit Katalog, im Internet) • order vt; place an order for vt
Auftraggeber m DIN 8402 <ökon> • purchaser ISO 8402; buyer; acquirer rare
auftraggeschweißt <obfl> • surfaced by welding
Auftragmetall n <mat.obfl> • surfacing metal; deposit metal
Auftragnehmer m DIN EN ISO 8402 <ökon> • contractor ISO 8402
Auftragraupe f <obfl> • surfacing bead; padding bead
Auftragsabrechnung f <edv> • job accounting
Auftragsabwicklung f <edv> • job handling
Auftragsabwicklung f <logist> • order processing
Auftragsanreicherung f <nukl> • toll enrichment
Auftragsarbeit f <ökon> • jobbing work; jobbing
Auftragsbestände mpl <ökon> • orders at hand
auftragsbezogen <tech.allg> • job-oriented
Auftragschweißen n <obfl> (Aufbringen harter, verschleißfester Schichten) • hard-face welding
Auftragschweißen n <obfl> (Vorgang; zum Verstärken oder Panzern) • weld cladding; weld-deposit cladding; deposit-welding; weld-facing; building-up by welding rare
auftragschweißen vt <obfl> (allg.) • deposit-weld vt; weld-surface vt; weld-face vt; surface vt pract
auftragschweißen vt <obfl> (zum Erhöhen der Wandstärke) • build up by welding vt
auftragschweißen vt <obfl> (zum Aufbringen verschleißfester Schichten; z. B. an Kanten, Zähnen) • hard-face vt
Auftragschweißen von Schienen n <bahn.rep> • rail resurfacing
Auftragschweißlegierung f <füg> • surfacing alloy; build-up alloy
Auftragsdienst m <tele> • telephone answering service
Auftragsdienstumschaltung f <tele> • service interception
Auftragsdurchführung f <edv> • job execution
Auftragsdurchlaufzeit f <logist> • turnaround time [on customer orders]
Auftragseingabe f <edv> • job entry
Auftragsende n <edv> • job end

Auftragsferneingabe f <edv> • remote job entry
Auftragsfilz m <tech.allg> (zum Auftragen von Farbe, Kleber, Schmiermittel etc.) • felt applicator
Auftragsforschung f <ökon> • sponsored industrial research; sponsored research
Auftragskopf m <prod> (für Kleber; z. B. beim Einkleben von Windschutzscheiben) • dispenser head; dispensing unit; application head
Auftragslage f <ökon> • order situation
Auftragsmasse f <obfl> (beim Tauchlackieren aufgenommene Beschichtungsmenge) • weight pick up; application weight; dipping weight
Auftrags-Nr. f <ökon> • Order No.
Auftragsnummer f <edv> • job number
Auftragsnummer f <ökon> • order number
Auftragsquerschnitt m <bau> • section of fill
Auftragsschweißen n rar <obfl> (Vorgang; zum Verstärken oder Panzern) • weld cladding; weld-deposit cladding; deposit-welding; weld-facing; building-up by welding rare
Auftragssteuerung f <edv> • job control
Auftragstasche f <druck> • job bag
Auftragsverfahren n <obfl> (für Beschichtungen und Überzüge) • application method; method of application
Auftragswalze f <druck> • ink form roller; contact roller; form roller; inking roller; inker
Auftragswalze f rar <obfl> (allg.) • applicator roll
Auftragswalze f <pack> (im Dosen-Decorator-Farbwerk) • form roll; form roller
Auftragswarteschlange f <edv> • job queue
auftragsweises Kommissionieren n <logist> • single order picking; discrete order picking
Auftragventil n <prod> (für mittelviskose Flüssigkeiten; z. B. Kleber) • dispensing valve
Auftragwalze f <druck> • ink form roller; contact roller; form roller; inking roller; inker
Auftragwalze f <metall> (Blech-Lubricator; sorgt für gleichmäßigen Ölfilm) • wiper roll; squeegee roll
Auftragwalze f <obfl> (allg.) • applicator roll
Auftragwalze f <prod> (für flächige Beschichtungen; z. B. Farbe, Anstrich) • coating roller
Auftragwalze f <verf> (zum Zuführen) • feed roll
Auftragwalze mit Gummimantel f <druck> • rubber roller
auftreffen vt <phys> (Strahlung; z. B. Licht) • be incident vt
auftreffen auf vi <mech> • impact on vi; impinge on vi
auftreffen auf dem Grund vi <allg> • strike the bottom vi; hit the bottom vi
auftreffender Strahl m <phys> • impinging ray; impinging beam
Auftreffgeschwindigkeit f <tech.allg> • impact velocity
Auftreffgeschwindigkeit f <wz> (z. B. Hammer) • striking velocity; striking speed
Auftreffgrad m <verf> • target efficiency
Auftreffplatte f <nukl> (für beschleunigte Teilchen) • target
Auftreffpunkt m <tech.allg> • point of impact; impact point; point of impingement
Auftreffpunkt m <phys> (von Strahlen; z. B. Licht) • incidence point
Auftreffpunkt eines Streifschusses m <mil> • point of graze
Auftreffwinkel m <tech.allg> • impact angle; angle of impact
Auftreffwinkel m <mil> (Ballistik) • striking angle
Auftreffwinkel m <phys> (z. B. von Licht, Strahlung) • angle of incidence; angle of entry
auftreiben vt <prod> (Teil mit Presssitz; z. B. Hülse, Kragen, Nabe auf Welle) • force on vt

auftreiben vt <textil> (Nadel mit Schloss auf ihren Einschlusspunkt zubewegen) • raise vt
auftrennen vt <füg> (durch Reißen) • rip vt
auftrennen vt <füg> (eine Schweißnaht) • break vt
auftrennen vt <füg> (durch Schneiden; z. B. Bleche, Profile, Hohlräume) • cut vt
auftrennen vt <textil> (genähte Naht) • unstitch vt
auftrennen vt <textil> (Gewebe) • unrove vt
Auftrenntechnik f <tele> • sectional toll switching
Auftrennung f <verf> (von Dichteklassen; z. B. durch Destillation, Ultrazentrifugation) • fractionation; separation coll
Auftrennverzögerung f <tele> • splitting delay
auftreten vi <allg> (z. B. Ereignis, Fehler) • occur vi
Auftreten von Fahnen n <av> (überzeichneter Kontrast) • hangover
Auftrieb m <phys> (in Flüssigkeiten) • buoyancy
Auftrieb m <phys> (statisch od. aerodynamisch; in Luft, Gasen) • lift; uplift
Auftrieb m prakt.ugs <phys> • hydrostatic lift; buoyant lift; buoyancy pract
Auftriebsbeiwert m <phys> (aerodynamisch; z. B. Tragflügel) • lift coefficient
Auftriebsklappe f <aerospace> (Flugzeug) • lift flap
Auftriebskörper m <msr> (Niveauregulierung; z. B. im Vergaser, Tank) • float
Auftriebskörper m <nav> • buoyancy unit; buoyancy element
Auftriebskörperabdeckung f <nav> • buoyancy cover
Auftriebskörpergurt m <nav> • buoyancy unit strap
Auftriebskorrektur f <nav> • buoyancy correction
Auftriebskraft f <phys> (in Flüssigkeit) • buoyant force; buoyancy force
Auftriebskraft f <phys> (in Luft, Gasen) • lift force; uplift force
Auftriebskraft durch Kapillarwirkung f <phys> • capillary rise; elevation
Auftriebsläufer m <energ.wind> • lift device; lift-type device; lifting translator obs
Auftriebsmittelpunkt m <nav> (Angriffspunkt der resultierenden Auftriebskraft) • center of buoyancy
auftriebsnutzende Windkraftanlage f <energ.wind> • lift device; lift-type device; lifting translator obs
Auftriebsplattform f <petr> • buoyancy platform
Auftriebsturbine f <energ.wind> • lift device; lift-type device; lifting translator obs
Auftriebszahl f <phys> • lift coefficient
Auftriebszentrum n <nav> • center of buoyancy
Auftritthöhe f <nfz> • step-up height
Auftrittsbreite f <bau> (Treppe) • foothold
auftrommeln vt <prod> (aufwickeln zu großen Coils; z. B. Blechband, Papier) • coil vt
auftürmen vt <tech.allg> (relativ hoch; z. B. Steine, Kisten) • pile up vt
auf Typ bringen vt <prod> • bring to standard vt
auf- und abbewegen vt <masch> • raise and lower vt; reciprocate vertically vt
auf- und abbeweglich <tech.allg> (vertikal justierbar) • vertically adjustable
Auf- und Abbewegung f <tech.allg> (wogend; z. B. Schiff durch Wellenbewegung) • heave; up-and-down movement
Auf- und Abbewegung f <masch> (linearer Hub) • vertical reciprocating movement
Auf- und Abfahrtsvorrichtung f <bahn> (für Autoreisezug) • drive-on-drive-off equipment
Auf- und Abfahrtsvorrichtung f <nav> (Fähre) • Ro-Ro equipment
Auf- und Abspannen n <prod> • clamping and unclamping

Auf- und Abspannen n <wz.masch> • loading and unloading

auf unendlich einstellen vt <opt> (Objektiv) • set to infinity vt

auf Vollausschlag einstellen vt <msr> (Instrument) • adjust for full-scale deflection vt

Aufwachsrate f <mat> • growth rate

Aufwachsverfahren n <mat> • epitaxial growth process; epitaxial growth technique

aufwältigen vt <min> • clear vt; reopen vt

Aufwältigen von Erdöl- und Erdgasbohrungen n <petr> • workover of oil and gas wells

Aufwärmphase f <tech.allg> (z. B. von Lampen, Bildschirmen, Geräten, Maschinen) • warm-up time; warm-up phase

Aufwärmphase f <masch> (von Maschinen, Anlagen; bis zum Erreichen der Betriebstemperatur) • warm-up time; warm-up phase

Aufwärmung f DIN 4049-2 <hydr.qualit> (nicht: Aufheizung) • thermal pollution

Aufwärmzeit f <tech.allg> (z. B. von Lampen, Bildschirmen, Geräten, Maschinen) • warm-up time; warm-up phase

Aufwärmzeit f <el> (nach Abkühlung, Ausschaltzeit) • reheating time

Aufwärmzeit f <masch> (von Maschinen, Anlagen; bis zum Erreichen der Betriebstemperatur) • warm-up time; warm-up phase

Aufwärts-Abwärts-Zähler m <msr> • up-down counter

Aufwärts-Abwärts-Zählkette f <edv> • count-up count-down chain

aufwärts arbeiten vi <förd> • give service in up direction vi

aufwärts bewegen vr <allg> (z. B. Aufzug, Wolke) • rise vi; ascend vi

aufwärts bewegen vr/vt <tech.allg> (z. B. Kolben, Stempel) • move upward vi/vt

Aufwärtsbewegung f <tech.allg> • upward movement; up-movement

Aufwärtsbewegung f <tech.allg> (eines konkreten Objekts; z. B. Kolben, Flugzeug) • ascent

Aufwärtsbewegung f <masch> (von zyklischen Auf- und Abbewegungen; z. B. von Kolben, Ventilen) • ascending stroke; upward stroke; upward travel

Aufwärtsbewetterung f <min.hlk> • ascensional ventilation

Aufwärtsbohrloch n <petr> (Bohrtechnik) • up-hole

aufwärts durchströmter Reaktor m <agri.tech> (Biogas) • upflow reactor

Aufwärtsfrequenz f <tele> (Nachrichtensatellit) • up-link frequency

Aufwärtsgasen n <verf> • uprunning; uprun

Aufwärtsgasen n <verf> (Wassergasgenerator) • upsteaming

aufwärts gasen vi <verf> • steam upwards vi

Aufwärtshub m <masch> (von zyklischen Auf- und Abbewegungen; z. B. von Kolben, Ventilen) • ascending stroke; upward stroke; upward travel

Aufwärtskläranlage f <ents> (Abwasserbehandlung) • up-flow unit

aufwärtskompatibel <edv> • upward compatible

Aufwärtskomponente f <phys> (einer vektoriellen Größe; z. B. Geschwindigkeit, Kraft) • upward component

Aufwärtsregelung f <msr> • forward automatic gain control

Aufwärtsschweißen n <füg> • upward welding; uphand welding

aufwärtsschweißen vi/vt <füg> • weld upward vi/vt; weld uphand vi/vt

aufwärtssprühende Düse f <verf> • upspray nozzle

aufwärtssprühende Wasserverteilung f <verf> • upspray distribution system

Aufwärtsstrecke f <tele> (zu Satellit) • uplink

Aufwärtsstrom m <phys> • upward current; ascending current

Aufwärtstransformation f <el> • step-up transformation; upward transformation

Aufwärtszähler m <msr> • up-counter

Aufwärtsziehen n <silik> • updrawing

Aufwärtszug m <kfz.rep> (Karosseriereparatur) • upward pull

aufwallen vi <tech.allg> (schäumende, kochende Flüssigkeit) • boil up vi; bubble up vi; bubble vi

aufwallend <phys> (siedende Flüssigkeit) • ebullient

aufwalzen vt <prod> • roller-coat vt; roll on vt

Aufwalzen einer neuen Decke n <bau> (Straße) • resurfacing

Aufwand m <allg> (aufgewendete Energie, physische oder mentale Leistung) • effort; power input

Aufwandmenge f <tech.allg> (beim Streuen, Beschichten; z. B. Lack, Farbe, Pestizid, Dünger) • rate of application; application rate

Aufwandskennzahl f <ökon> • input index

aufweichen vt/vi <mat> (z. B. Papier) • soften vt/vi

auf Weißglut erhitzen vt <metall> • incandesce vt

aufweitbar <tech.allg> (Öffnung; durch Dehnen nach und nach größer zu machen) • dilatable

aufweiten vr <tech.allg> • bulge vi

aufweiten vt <tech.allg> (nach außen ausstellen; z. B. Kotflügel) • flare vt

aufweiten vt <tech.allg> (z. B. Rohr, Schuh) • expand vt; widen vt

aufweiten vt <tech.allg> (e. Öffnung; durch Dehnen nach und nach größer machen) • dilate vt

aufweiten vt <kst> (Schlauchfolie, nach Extruder; durch Aufblasen) • expand vt; inflate vt

aufweiten vt <prod> (Muffe, Rohrende) • bell vt

Aufweitewalzwerk n <metall> • becking mill; expanding mill

Aufweitung f <tech.allg> (Vergrößern von Öffnungen; meist elastisch) • dilatation

Aufweitung f <rls> (z. B. Muffe an Rohrende) • bell mouth

Aufweitungsräumer m <min> • underreamer lug

Aufweitungsräumer m <wz> • expanding reamer

Aufweitversuch m <qualit.mat> (z. B. an Rohren) • drift expanding test

aufwerten vt <pap.ents> (Altpapier) • up-grade vt

Aufwertung f <pap.ents> (von Altpapier) • up-grading

Aufwickelkassette f <av> • take-up cassette

Aufwickelklaue f <phot> • take-up claw

Aufwickeln n <tech.allg> • reeling; reeling-up

Aufwickeln n <tech.allg> (z. B. Band, Blech, Draht, Faden, Seil) • winding

aufwickeln vt <tech.allg> (allg.) • wind vt

aufwickeln vt <tech.allg> (auf schmale Spulen; z. B. Draht, Faden, Band) • reel vt

aufwickeln vt ugs <tech.allg> (auf breite Rollen; z. B. Papier, Blech, Folie) • roll vt

aufwickeln vt <prod> (z. B. Draht, Blech) • coil vt

aufwickeln vt <textil> (Faden, Garn; als konische Spule) • cop vt

aufwickeln vt <textil> (Faden, Garn; auf Spule) • spool vt

Aufwickelprobleme npl <pap> • reel-up problems

Aufwickelspannung f <masch> (in Band, Draht, Kabel, Seil, Faden) • winding tension

Aufwickelspule f <av> (Magnetband; Audio-, Video-, Datenband) • take-up spool; take-up reel; take-up hub; TU spool; T spool

Aufwickelspule f <phot> *(Film, in Kamera)* • take-up spool

Aufwickelspule f <textil> *(für Garn, Faden)* • winding bobbin

Aufwickeltrommel f <masch> • winding drum

Aufwickeltrommel f <pap> • reeling cylinder; reel cylinder; reel-up drum; reeling drum

Aufwickeltrommel f <phot> *(für Film, in Kamera)* • take-up drum

Aufwickelvorrichtung f <masch> *(allg.)* • take-up mechanism; winder

Aufwickelvorrichtung f <pap> • reeling device; winder

Aufwinden n <textil> *(Faden)* • winding

aufwinden vt <förd> • hoist up vt

Aufwinder m <textil> *(Selfaktor)* • winding faller

Aufwinderdraht m <textil> *(Selfaktor)* • winding faller wire

Aufwindevorrichtung f <textil> *(Zwirnmaschine)* • spindle

auf Windows basierende Software f <edv> • Windows based software

Aufwirkmaschine f <nahr> *(Teigkneter)* • dough forming machine

aufwölben vi <tech.allg> *(anschwellen)* • swell vi

aufwölben vr <tech.allg> *(von innen nach außen hervortreten, -quellen)* • bulge vi

aufwölben vt <geo> • arch vt

Aufwölbung f <geo> *(Vorgang)* • doming

Aufwölbung f <geo> *(Ergebnis)* • dome

auf Wunsch ohne Mehrpreis [lieferbar] <tech.allg> • no-cost option; option at no extra cost

Aufzehreffekt m <phys> • clean-up effect

Aufzehrung f <phys.el> *(Vakuumtechnik)* • gettering

Aufzehrungseffekt m <phys> • clean-up effect

Aufzeichnen n <edv> *(Vorgang; z. B. auf Band, Festplatte)* • data storage; storage

aufzeichnen vt <tech.allg> *(Abläufe, Ereignisse, logbuchartig)* • log vt

aufzeichnen vt <av> *(Ton, Video; auf beliebiges Medium)* • record vt

aufzeichnen vt <av> *(Ton, Video; auf Band)* • record vt; tape vt

aufzeichnen vt <doku> *(in Tabellen, Grafiken erfassen)* • chart vt

aufzeichnen vt <doku> *(Linien, Kurve, Diagramme, Werte; mit Plotter)* • plot vt

aufzeichnen vt <doku> *(registrieren)* • register vt

aufzeichnen vt <doku> *(Werte; z. B. in Listen, Tabellen)* • record vt; register vt

aufzeichnen vt <edv> *(Daten; z. B. auf Platte)* • store vt; record vt; write vt

aufzeichnen vt <msr> *(aufzeichnen; z. B. statistisch)* • record vt

Aufzeichnung f <av> *(Vorgang und Ergebnis: Ton-, Videosignale; z. B. auf Band, CD-ROM, Festp)* • recording

Aufzeichnung f <av> • storage; recording

Aufzeichnung f <doku> *(Dokumentation; z. B. schriftliches Protokoll)* • record

Aufzeichnung f <druck> *(Ergebnis der Plotterausgabe)* • plot

Aufzeichnung f <edv> *(Vorgang; z. B. auf Band, Festplatte)* • data storage; storage

Aufzeichnung f <msr> *(Vorgang der Plotterausgabe, grafisch, in Diagrammform)* • plotting

Aufzeichnung f <msr> *(von Messdaten; Vorgang)* • recording

Aufzeichnung auf Film f <phot> • film recording

Aufzeichnung auf Platten f <av> • disc recording

Aufzeichnungen fpl <doku> *(dokumentiert, protokolliert; z. B. von Geschäftsvorgängen, Laborwerten)* • records; books and records; notes

Aufzeichnung in Amplitudenschrift f <akust.el> • variable-area recording

Aufzeichnung in Seitenschrift f <akust.el> • lateral recording

Aufzeichnung in Sprossenschrift f <akust.el> • variable-density recording

Aufzeichnung in Tiefenschrift f <akust.el> • hill-and-dale recording

Aufzeichnung mit konstanter Amplitude f <av> • constant-amplitude recording

Aufzeichnung mit konstanter Schnelle f <av> • constant-velocity recording

Aufzeichnung mit Rückkehr zu Null f <av> • return-to-zero recording

Aufzeichnung ohne Rückkehr zu Null f <av> • non-return-to zero recording

Aufzeichnungsbereich m <edv> • recording area

Aufzeichnungscode m <edv> • channel code; modulation code

aufzeichnungscodiertes Videosignal n <av> *(für Aufnahme und Wiedergabe)* • coded video signal

Aufzeichnungsdichte f <edv> *(Streamer-Backup)* • packing density

Aufzeichnungsdichte f <edv> *(allg.; jed. Datenträger)* • recording density; character density; storage density; data density

aufzeichnungsfähige CD f form <edv> • CD-Recordable (CD-R); CD-R disk

Aufzeichnungsformat n <av> • recording format; recording system

Aufzeichnungsformat n <edv> • data format; data configuration; data allocation; format

Aufzeichnungsfrequenz f <av> • input sample rate; input sampling rate; sample rate of the input; recording sample rate; recording frequency

Aufzeichnungsfrequenzgang m <av> • recording frequency response; recording characteristic

Aufzeichnungsgerät n <msr> *(allg.)* • recorder

Aufzeichnungsgeschwindigkeit f <av> • recording speed

Aufzeichnungsgeschwindigkeit f form <av> *(von Speichermedien)* • writing speed; recording speed form; write speed pract; writing velocity rare

Aufzeichnungsgeschwindigkeit f <msr> • recording speed

Aufzeichnungsintervalle npl <edv> • logging intervals pl

Aufzeichnungskanal m <av> • recording channel

Aufzeichnungskopf m <av> *(von Magnetbandgeräten; z. B. Videorecorder)* • recording head; record head

Aufzeichnungskopf m <edv> *(von Speichermedien)* • write head; recording head; writing head

Aufzeichnungslücke f <av> *(bei Bandaufzeichnungen)* • gap

Aufzeichnungsmedium n <tech.allg> *(Mittel zur Aufbewahrung von Daten; z. B. Disketten, Festplatten, CDs)* • storage medium; data storage medium rare; recording medium

Aufzeichnungsmethode f <edv> *(von Plattenlaufwerken)* • recording method; recording technology; encoding method; recording code

Aufzeichnungsqualität f <av> • recording quality

Aufzeichnungssamplerate f <av> • input sample rate; input sampling rate; sample rate of the input; recording sample rate; recording frequency

Aufzeichnungsschicht f <edv> *(Leseschicht von magn. od. opt. Speichermedien)* • recording layer; storage layer Mitsumi; recorded layer ISO; information layer; memory layer

Aufzeichnungsspalt m <av> *(zwischen Schreibkopf und magnetischer Schicht)* • recording gap

Aufzeichnungsspur f <av> • recording track
Aufzeichnungstechnik f <edv> *(von Plattenlaufwerken)* • recording method; recording technology; encoding method; recording code
Aufzeichnungsverfahren n <tech.allg> *(z. B. von Ton-, Videosignalen auf Bändern)* • recording method
Aufzeichnungsverfahren n <edv> *(von Plattenlaufwerken)* • recording method; recording technology; encoding method; recording code
Aufzeichnungsverstärker m <av> • recording amplifier
Aufzeichnungsvorgang m <edv> • write cycle; write [process]; Transaction *ECMA*; recording process; write operation
Aufzeichnungs-/Wiedergabekopf m <av> • recording/playback head; record/playback head; recording/reproducing head; combination head
Aufzeichnungszeit f <msr> • recording time
Aufzeichnung und Wiedergabe f <av> • record and play; recording and playback; audio recording and playback; sampling record and playback
Aufzeichungssystem n <av> • recording format; recording system
Aufziehen nsg <phot> *(Bild)* • mounting sg
aufziehen vi <textil> *(Färberei; auf die Faser)* • be absorbed
aufziehen vr <textil> *(Fäden, Gestrick, Gewirke)* • unravel vt
aufziehen vt <chem> *(Farbstoff absorbieren)* • absorb vt
aufziehen vt <förd> *(Seil; auf Rollen, Hebezeug u. dgl.)* • reeve vt
aufziehen vt ugs.rar <förd> • hoist vt
aufziehen vt ugs <fz> *(Reifen auf Felge/Rad)* • install vt; mount vt
aufziehen vt <masch> *(Uhrwerk)* • wind vt; wind up vt
aufziehen vt <phot> *(Foto; z. B. auf Karton, Hartschaumplatte)* • mount vt
Aufzieher m <bau.wz> • beveled trowel; curved trowel; bow trowel *US*
Aufziehfolie f <phot> • dry mounting film
Aufziehgeschwindigkeit f <obfl> • rate of absorption; speed of absorption
Aufziehpresse f <phot> • mounting press
Aufziehvlies n <phot> • dry mounting tissue
Aufziehvorrichtung für Kratzenbänder f <textil> • card mounting machine
aufzinnen vt <kfz.rep> *(Blech)* • build up with lead vt
Aufzuchtkokon m <textil> *(Seide)* • breeding cocoon
Aufzug m <druck> • rubber packing
Aufzug m <förd> *(für Lasten)* • hoist
Aufzug m prakt <förd> • passenger elevator *US*; passenger lift *GB*; elevator *US.coll*; lift *GB.coll*
auf Zug beanspruchen vt <mech> • subject to tension vt; subject to tensile stress vt; tension vt
auf Zug beansprucht <mech> • subjected to tensile stress; under tensile stress; tensile-stressed; tensioned pract; stressed coll
Aufzugbogen m <druck> • tympan sheet
Aufzugdicke f <druck> • packing thickness; packing height
Aufzugkübel m <förd> *(z. B. von Hochofen-Gichtaufzug)* • charging hopper; skip
Aufzug mit Selbststeuerung m <förd> • self-service elevator *US*; self-service lift *GB*
Aufzugschacht m <bau> • elevator shaft *US*; elevator well *US*; lift shaft *GB*
Aufzugseil n <nav> • halyard
Aufzugsfeder f <masch> *(von Uhrwerk; z. B. Spielzeug, Uhr)* • power spring
Aufzugshebel m <phot> *(spannt Verschluss und transportiert Film weiter)* • cocking lever; winding lever

Aufzugshöhe f <druck> • packing thickness; packing height
Aufzugsmaschine f <förd> • hoisting machine; traction machine
Aufzugsrakel m <obfl.wz> *(zum Farbauftrag)* • bar coater
Aufzugsstärke f <druck> • packing thickness; packing height
Aufzugstärke f <druck> • packing thickness; packing height
Aufzugsteuerschalter m <förd> • lift controller
Aufzugsteuerung f <förd.msr> • elevator control; lift control
Aufzugswinde f <förd> • hoisting winch
Aufzugüberdrehzahlmesseinrichtung f <förd.msr> • hoist overspeed device; lift overspeed device
Auf-Zu-Steuerung f <pack.msr> *(von Beschickungs-, Füllanlagen)* • on-off control; batching control
Auf/Zu-Taste f <edv> *(CD-, DVD-Laufwerk)* • open/close button
aufzwicken vt <led> • last vt
Augapfel m <bio> • eyeball
Auge n <allg> • eye
Auge n prakt <edv> *(Scanner; Raum um einen Abtastpunkt)* • eye-opening; eye n pract
Auge n <metall> *(Ornament)* • boss
Auge n <nav> • lacing eye; metal eye; stirrup
Augenabstand m <opt> • interpupillary distance; interocular distance; interocular separation
Augenabstandsmesser m <msr> • interpupillometer
Augenachse f <bio> • optic axis
Augenblick m <allg> *(Zeitpunkt)* • instant; moment
augenblicklich <allg> *(sofort)* • instantaneous
augenblicklich <allg> *(momentan)* • momentary
augenblickliche Bremsleistung f <brems> • instantaneous braking power
Augenblicksfrequenz f <phys> • instantaneous frequency
Augenblicksleistung f <tech.allg> • instantaneous power
Augenblicksspannung f <el> • instantaneous voltage
Augenblicksstrom m <el> • instantaneous current
Augenblickswert m <tech.allg> • instantaneous value
Augenbreite f <el> *(im Augenoszillogramm; horizontale Ausdehnung der Augenöffnung)* • eye width
Augend m <math> • augend
Augendiagramm n <el> • eye diagram; eye pattern
Augendraht m <textil> *(Litze)* • mail wire
Augendruckmesser m <med.tech> • ophthalmotonometer
Augenelektromagnet m <doku> • eye magnet
Augenempfindlichkeit f <bio> *(Reaktion gegenüber Veränderungen; z. B. Bewegungen)* • eye response
Augenempfindlichkeit f <bio> *(gegenüber Einflüssen; z. B. Licht, Druck)* • eye sensitivity
Augenfenster n <edv> *(Scanner; Raum um einen Abtastpunkt)* • eye-opening; eye n pract
Augenglas n ISO 13666 <opt.mat> *(für Mess-, Korrektur- und/oder Schutzzwecke)* • ophthalmic lens ISO 13666
Augenhintergrundkamera f <med.tech> • fundus camera
Augenhintergrundspiegelung f <med> • retinoscopy
Augenhöhe f <tech.allg> • eye level
Augenlinse f <bio> *(des Auges)* • crystalline lens
Augenlinse f rar <opt> *(allg.; z. B. an Kamera, Mikroskop, Fernrohr)* • eyepiece; ocular; eye lens rare
Augenmagnetsonde f <med.tech> • eye magnet probe
Augenmuschel f <av> *(z. B. an Kamerasucher)* • eyecup
Augenmuster n <el> • eye diagram; eye pattern
Augenöffnung f <edv> *(Scanner; Raum um einen Abtastpunkt)* • eye-opening; eye n pract

Augenoptik f <opt> • ophthalmic optics
Augenoszillogramm n <el> • eye diagram; eye pattern
Augenpunkt m rar <edv> • camera view point; viewing point; camera view; view point; view pract
Augenpunkt m <math> • center of projection; center of vision
augenreizend <chem> • lachrymatory
Augenreizstoff m <chem> • lachrymator
Augenschraube f DIN 444 <masch> (zum Einhängen von Hebegeschirr etc.; betont: mit Einschraubgewinde) • eyebolt US
Augenschutz m <bekl> • eye protection; eyewear
Augenschutzfilter n <opt> • filter lens
Augenspiegel m <med.tech> • ophthalmoscope
Augenstab m <masch> (z. B. bei Kettenbrücke) • eyebar
Augentropfen mpl <pharm> • eyedrops
Augentrost m <bio> • eyebright; euphrasia officinalis
Auger-Effekt m <phys> • Auger effect
Auger-Elektron n <nukl> • Auger electron
Auger-Elektronenausbeute f <phys> • Auger electron yield; Auger yield
Auger-Elektronenspektroskopie f <phys> • Auger electron spectroscopy
Auger-Übergang m <nukl> • Auger transition; radiationless transition
Augspleiß m <nav> • eye-splice
Aulakogen n <geo> • aulacogen
a-Umschlingung f <av> (Videoband) • alpha wrap; alpha tape guidance; a-wrap
A- und T-Bock m <nukl> • erection and transport frame
A- und T-Rahmen m <nukl> • erection and transport frame
Aural Exciter m <edv.av> (Dynamikprozessor) • exciter; aural exciter
Aureole f <astron> (um Sonne, Mond etc.) • aureole
Aureole f <min> • gas cap; gas show; firedamp cap
Auripigment n <min> • orpiment yellow; orpiment; yellow arsenic
Auroraspektrallinie f <phys> • auroral line
Aurum metallicum n <chem> • gold (Au); aurum metallicum
Aurum muriaticum n <chem> • gold chloride; aurum muriaticum
aus <el> (ausgeschaltet) • off
ausarbeiten vt <tech.allg> (z. B. Plan, Studie, Theorie) • work out vt; elaborate vt
ausarbeiten vt <doku> (z. B. Besprechungsbericht, Präsentation) • prepare vt
ausarbeiten vt <prod> (Vertiefung; z. B. mit manuell mit Stechbeitel, maschinell mit Fräser) • rout vt
ausbacken vi <obfl> (z. B. Lack) • bake vi
ausbaggern vt <bau> (allg.) • excavate vt; dig vt; scoop vt
ausbaggern vt <bau> (mit Schürfkübel) • dredge vt
Ausbalancieranlage f <metall> (Pressenstößel) • balancing device
ausbalancieren vt <mech> (betont: durch ein Gegengewicht) • counterbalance vt
ausbalancieren vt <mech> (allg. Massen) • balance vt; equilibriate vt
Ausballmasse f <led> • bottom filler
Ausbau m <tech.allg> (Einzelteil aus einer Baugruppe; z. B. Festplatte aus PC) • removal
Ausbau m <bau> (Vergrößerung eines bestehenden Gebäudes) • extension
Ausbau m <bau> • interior work; finishing work; finishing and completion
Ausbau m <doku> (als Überschrift in Werkstattliteratur) • removal; removing
Ausbau m <edv> (von Speichern) • expansion

Ausbau m <min> (Stützen, Streben etc.) • support
Ausbauanker m <min> • roof bolt; strata bolt
ausbaubar <rep> • removable
ausbauchen vr <nav> (Segel) • belly vi
ausbauchen vt <nav> (Segel) • belly vt
ausbauchen vt DIN 8583-3 <prod> • bulge vt; expand vt
Ausbauchung f <tech.allg> (Resultat des Vorganges) • outward bulge; lateral expansion form; belly coll
Ausbauchung f <tech.allg> (Vorgang) • outward bulging
Ausbauchwerkzeug mit Ölpuffer n <wz> • hydraulic bulging die
Ausbaudurchfluss m <energ.hydr> • rated discharge; rated flow
Ausbau einbringen vt <min> (ursprüngl. mit Holzstützen) • prop vt; timber vt
ausbauen vt <tech.allg> (Teile aus einer Baugruppe) • remove vt
ausbauen vt <bau> (z. B. schlüsselfertig, bezugsfertig) • complete and finish vt
ausbauen vt <edv> (Speicherkapazität; z. B. von 64 MB auf 256 MB RAM) • expand vt
ausbauen vt <min> (allg.) • set supports vt; set support vt; prop vt
ausbauen vt <min> (insbes. mit Holzstützen, -streben) • timber vt
ausbauen vt <petr> (Bohrstrang; aus dem Bohrloch ziehen) • trip out vt
ausbaufähig <edv> (Speicher) • expandable
ausbaufähiges System n <edv> • expandable system
Ausbaufallhöhe f <energ.hydr> (Kraftwerksfallhöhe) • rated head; design head
Ausbaugestell n <min> • powered support assembly
Ausbaugeviert n <min> • frame
Ausbauholz n <min> • support timber; mine timber
Ausbau im Abbau m <min> (ursprgl. mit Holzstützen) • face support; face timbering
Ausbaukolonne f <min> • support team
Ausbauleistung f <energ.hydr> • rated capacity
Ausbau mit Spritzbeton m <bau> (Tunnelbau) • permanent lining of shotcrete; shotcrete lining
Ausbaurahmen m <bau> • frame set
Ausbaurahmen m <min> • powered support frame; support frame
Ausbaurahmen m <min> (aus Holz) • timber set
Ausbaustoff m <min> • support material
Ausbaustufe f <tele> (Netz) • stage of completion
Ausbauverband m <bau.min> • bracing
Ausbauzug m <min> • push-pull support
ausbeinen vt ugs <ents.kfz> (bes. in Bezug auf Ersatzteile; z. B. Autos) • break for spares vt coll; part out vt US.coll; cut up for spares vt coll; cannibalize vt coll
ausbeißen vi <geo> (z. B. Kohle, Flöz, Erz) • crop out vi; come out to the day vi; outcrop vi
ausbessern vt <metall> (Herd, SM-Ofen) • fettle vt
ausbessern vt <rep> (kleinere Schäden; z. B. Löcher, Risse, Leitungen, Kabel) • repair vt; patch vt; mend vt
ausbessern vt <textil> (Löcher in Gewebe) • mend vt; repair vt
Ausbesserung kleinerer Lackschäden f <obfl.rep> • spot repair
Ausbesserungsarbeiten fpl <bau> • snagging
Ausbesserungsgleis n <bahn> • maintenance siding; repair siding
Ausbesserungslack m <obfl> • touch-up paint; repair enamel
Ausbesserungslackierung f <obfl.rep> • touch-up paint job pract
Ausbesserungsschweißen n <füg> • repair welding; corrective welding

Ausbesserungswerk n <bahn> • repair shop
Ausbeulen n <rep> (von Blech; z. B. von Karosserien)
• dent removal; panel beating GB
ausbeulen vi <mech> (geknickt werden; Blech, Platte,
Schale) • buckle vi
ausbeulen vt <mech> (Blech, allg., mit beliebiger
Methode; z. B. Karosserieblech) • remove dents vt; flatten
vt; planish vt; straighten vt
ausbeulen vt <mech> (Blech, durch Hämmern) • beat out
dents vt; hammer out dents vt
Ausbeulen mit der Handfaust n <rep> (Blech) • dollying
Ausbeulen mit direkt unterlegter Handfaust n <rep>
(Blech) • on-the-dolly panel beating; hammer-on dolly
technique; direct hammering/beating; bumping on technique; dolly-on method pract
Ausbeulen mit indirekt unterlegter Handfaust n
<rep> (Blech) • off-the-dolly panel beating; hammer-off
dolly technique; indirect hammering/beating; bumping-off
technique; dolly-off method pract
Ausbeulhammer m <kfz.wz> • bumping hammer; body
hammer
Ausbeulhammer m <kfz.wz> (allg.) • panel hammer;
dinging hammer US; panel beating hammer; panel beater
GB; bumping hammer
Ausbeul-Hebeleisen n <kfz.wz> • pry and surfacing
spoon
Ausbeulung f <tech.allg> (Beule nach außen; z. B. in Hosen, Kartons, Blech, Leder) • bulge
Ausbeulwerkzeug n <kfz.wz> • body tool; panel beating
tool GB
Ausbeute f <tech.allg> (z. B. an nutzbarer Energie, Produktion) • yield
Ausbeute f <min> (eines Bergwerks) • production; produce; output
Ausbeute an epithermischen Neutronen f <nukl>
• epithermal neutron yield
Ausbeute-Masse-Verteilung f <nukl> • yield-mass distribution
ausbeuten vt <min> (Lagerstätten, Bodenschätze; komplett abräumen, bis zur Neige) • deplete vt
ausbeuten vt <min> (abbauen; z. B. Kohle, Erz) • mine vt
ausbeuten vt <ökon> (Ressourcen; z. B. Rohstoffe, Bodenschätze) • exploit vt
Ausbeuterate f <ents> • recovery rate
Ausbeuteverbesserung f <ökon> • yield improvement;
yield enhancement
Ausbeutung f <min> (Abbau von Bodenschätzen) • mining
Ausbeutung f <ökon> (von Ressourcen; z. B. von Material, Arbeitskraft) • exploitation
ausbilden vr <allg> (entwickeln; z. B. Merkmale, Eigenschaften) • develop vi; form vi
ausbilden vt <did> (Personal, Arbeitskräfte; z. B. Maschinenführer) • train vt
Ausbilder m <did> (allg.) • trainer; instructor
Ausbilder m <mil> • drill instructor (DI)
Ausbildung f <tech.allg> (Entwicklung; von Eigenschaften
etc.) • development; formation
Ausbildung f <did> (Schulung; z. B. am Arbeitsplatz)
• training
Ausbildung f <did> (schulisch) • education
Ausbildungsgerät n <did.tech> • training device
Ausbildungsplan m <did> • training scheme
Ausbildungswerkstatt f <did> • apprentice training
workshop
ausbinden vt <druck> (Kolumnen) • tie up vt
Ausbindeschnur f <druck> • tying-up cord; page cord
Ausbiss m <geo> (von Kohle, Erz) • outcrop
Ausbiss m <geo> (von Erdöl, Asphalt) • seepage

Ausbläser m <min> (Sprengarbeit) • blown-out shot
Ausblasbehälter m <pap.verf> • receiving tank; blow tank
ausblasen vt <tech.allg> (z. B. Kessel, Rohre, Pumpen,
Turbinen) • blow out vt
ausblasen vt <metall> (Hochofen) • blow down vt
ausblasen vt <pap.verf> (Kocher) • blow vt
Ausblaseventil n <turb> (Verdichterbauteil) • air bleed
valve; bleed valve; blow-off valve
Ausblasevermögen n <rls> (eines Überdruck-, Sicher-
heitsventils) • safety valve relieving capacity
Ausblasgas n <pap> • gaseous blow-off; blow-pit gas
Ausblasöffnung f <kfz> (Airbag) • exhaust vent; dischar-
ge hole
Ausblaspistole f <obfl> (zum Reinigen mit Druckluft)
• blow gun
Ausblasprüfung f <rls> (z. B. als Überdruckventil-Funk-
tionsprüfung) • pressure-relief test
Ausblasrohr n <verf> • blowpipe
Ausblasschieber m <rls> • blow-off valve
Ausblassicherung f <el> • expulsion fuse
Ausblasstück n <agri> (am Elevator) • delivery chute
Ausblasventil n <rls> • blow-off valve
Ausbleichen n <obfl.qualit> (einer Beschichtung) • fading
ausbleichen vi <obfl> (allg.; z. B. Farbe, Ausdrucke, Fotopapier) • fade vi; bleach vi
Ausbleichen durch Lufteinwirkung n <textil> • atmospheric fading
Ausbleien n <prod> (Innenflächen) • lead lining
ausbleien vt <prod> • line with lead vt
Ausblendbefehl m <edv> • extract instruction
ausblenden vt <akust> (Ton, allmählich) • fade down vt
ausblenden vt <el> (z. B. Impulse, Signale) • gate vt
ausblenden vt <licht> (allmählich dunkler werden lassen)
• fade out vt
ausblenden vt <licht.theat> (allmählich dunkler machen)
• fade down vt
ausblenden vt <opt> (völlig abschirmen) • block out vt
ausblenden vt <opt> (abdecken, mit Maske abschirmen)
• mask out vt
ausblenden vt/vi <av> (Bild, Ton) • fade out vt/vi
Ausblenden verdeckter Flächen n <edv> • hidden
surface removal (HSR)
Ausblenden verdeckter Kanten n <edv> • hidden line
removal (HLR); hidden-edge removal
Ausblendung f <el> (Unterdrücken; von Störeinflüssen,
Bauelementen) • suppression
Ausblendung f <licht.theat> (allmähliche Verminderung
der Lichtstärke) • fade down
Ausblendungsverhältnis n <tele> • front-to-back ratio
Ausblühen n DIN EN ISO 4618 <obfl> (Austreten von
Ablagerungen aus einer Beschichtung, Oberfläche)
• blooming ISO 4618; efflorescence
ausblühen vi <obfl> • bloom vi; effloresce vi
Ausblühung f <obfl> (Austreten von Ablagerungen aus
einer Beschichtung, Oberfläche) • blooming ISO 4618;
efflorescence
Ausbluten n <obfl> (Lackfehler) • bleeding; staining; migratory staining
Ausbluten n DIN 55 945 <obfl> (von Farben) • bleeding
ISO 183
ausbluten vi <obfl> (Farbstoffe) • bleed through vi; bleed
vi
Ausbluttrichter m <nahr> (Geflügelschlachtung) • bleeding funnel
ausbohren vt <prod> • bore cored holes vt; enlarge cored
holes vt
Ausbohr- und Stirndrehmaschine f <wz.masch> • boring and facing mill
ausbojen vt <nav> • buoy vt

Ausbrand *m* <nukl> *(von Kernbrennstoff)* • burn-up
Ausbrand *m* <verbr> *(von Brennstoff)* • burn-out; complete combustion
Ausbrandzone *f* <verbr> *(bei gestufter Verbrennung)* • burn-up zone; burn-out zone
Ausbrechen *n* <kfz> *(eines Fahrzeugs)* • breakaway
ausbrechen *vi* <kfz> *(Fahrzeug)* • come off-line *vi*; swerve *vi*
ausbrechen *vi* <prod> *(absplittern; z. B. Teile der Schneide)* • chip *vi*
ausbrechen *vi* <wz> *(Schleifkorn)* • tear out *vi*; break loose *vi*
Ausbrechmaschine *f* <druck> • waste stripping machine
Ausbrechzunge *f* <av> *(Audio-, Videocassette; zum Ausbrechen)* • erasure prevention tab; erasure lock
ausbreiten *vr* <allg> *(in der Fläche)* • expand *vi*
ausbreiten *vr* <phys> *(Welle)* • propagate *vi*
ausbreiten *vt* <allg> *(Nachrichten etc.)* • broadcast *vt*
ausbreiten *vt* <allg> *(z. B. Arme, Flügel, Abdeckplane)* • spread *vt*
Ausbreiter *m* <agri> *(für Saatgut oder Folien)* • spreader
Ausbreiter *m* <textil> • expander
Ausbreitmaß *n* <bau.qualit> *(Betonprüfung; kulturspez. Messmethoden)* • slump
Ausbreitung *f* <tech.allg> *(z. B. von Feuer, Wellen, Korrosion)* • spreading
Ausbreitung *f* <phys> *(von Wellen; z. B. von Licht in Leitern)* • propagation
Ausbreitung des Ultraschall-Impulses *f* <qualit.mat> • spread of the ultrasonic pulse
Ausbreitungsform *f* <phys> *(z. B. von Wellen)* • mode of propagation
Ausbreitungsfunktion *f* <phys> • propagator
Ausbreitungsgeschwindigkeit des Universums *f* <astron> • rate of expansion of the universe
Ausbreitungsgeschwindigkeit eines Signals *f* <tele> • propagation speed of a signal
Ausbreitungsgeschwindigkeit im freien Raum *f* <phys> *(von Wellen)* • free-space propagation velocity
Ausbreitungsgeschwindigkeit von Wellen *f* <phys> • propagation speed of waves; propagation velocity of waves
Ausbreitungskonstante *f* <phys> *(Wellenübertragungsmaß)* • propagation constant
Ausbreitungsmedium *n* <phys> *(z. B. für Schall)* • propagation medium
Ausbreitungsrichtung *f* <phys> *(Wellen)* • propagation direction
Ausbreitungsrichtung der Bodenwelle *f* <tele> • tangential wave path
Ausbreitungsspektrum eines Signals *n* <navig> • spread spectrum of a signal
Ausbreitungsverlust *m* <phys> • propagation loss
Ausbreitungsweg in der Ionosphäre *m* <tele> *(Funkwellen)* • ionospheric path
Ausbreitversuch *m* <bau.qualit> *(Beton)* • slump cone test; flow test; slump test
Ausbreitwalze *f* <prod> • expanding roller
ausbrennen *vi* <tech.allg> • burn out *vi*
ausbrennen *vt* <med> *(Wunde)* • cauterize *vt*
Ausbrenner *m* <textil> • burnt-out fabric
Ausbrennzone *f* <verbr> *(bei gestufter Verbrennung)* • burn-up zone; burn-out zone
Ausbringen *n* <agri> *(Saatgut)* • placement
Ausbringen *n* <agri.chem> *(von Dünger, Herbiziden, Pestiziden)* • application
Ausbringen *n* <verf> *(Output von Reaktionsprodukten etc.)* • output; discharge; discharging
Ausbringen *n* <wz.masch> *(Werkstück)* • unloading

ausbringen *vt* <agri> *(z. B. Sämereien, Herbizide, Dünger)* • apply *vt*; place *vt*
ausbringen *vt* <wz.masch> *(Werkstück)* • unload *vt*
Ausbringung *f* <agri.chem> *(von Dünger, Herbiziden, Pestiziden)* • application
Ausbringungsgerät *n* <agri> • applicator; application apparatus
Ausbröckeln *n* DIN ISO 4378-2 <obfl> *(durch Ermüdungsverschleiß; z. B. in Gleitlagern)* • spalling *ISO 4378-2*
ausbröckeln *vi* <obfl> • crumble *vi*
Ausbruch *m* <astron> *(von Materie oder Strahlung)* • outburst
Ausbruch *m* <el> *(Entladung)* • burst
Ausbruch *m* <geo> *(Vulkan)* • eruption
Ausbruch *m* <petr> *(Bohrloch)* • blowout; blow-out
Ausbruch *m* <prod> *(abgebrochenes, abgeplatztes Werkstoffteilchen)* • chip
Ausbruch *m* <prod> *(Stelle, an der etw. ausgebrochen ist; z. B. an Wz-Schneide)* • chipped spot
Ausbruch kosmischer Strahlung *m* <astron> • cosmic-ray burst
Ausbruchsicherung *f* <petr> • blowout preventer; preventer
Ausbruchsquerschnitt *m* <bau> • full section
ausbuchsen *vt* <prod> *(allg.)* • bush *vt*
ausbuchsen *vt* <rep> *(neue Buchsen einsetzen)* • rebush *vt*
ausbuchten *vt* <edv> • bulge *vt*
Ausbuchtung in der Motorhaube *f* <kfz> • power dome
Ausbuttern *n* <nahr> *(von Speiseeis)* • churning; churning out
ausbuttern *vi* <nahr> *(Speiseeis)* • churn *vi*; churn out *vi*
ausdämpfen *v* <chem> • strip off *v*
ausdämpfen *vt* <chem.verf> *(Destillation)* • strip *vt*
Ausdämpfkolonne *f* <verf> • steam-stripping still; stripping still; stripping column
ausdampfen *vi* <verf> • evaporate *vi*
Ausdampfnukleon *n* <nukl> • evaporation nucleon
Ausdampf-Station *f* <verf> • evaporating station; autoclave
Ausdampfungstheorie *f* <nukl> • evaporation theory
Ausdauer *f* <allg> • endurance
ausdehnen *vr* <allg> *(größer werden; z. B. Stadt, Straßennetz, Einzugsgebiet, Markt)* • expand *vi*
ausdehnen *vr* <phys> *(Stoffe bei Erwärmung)* • expand *vi*
ausdehnen *vt* <allg> *(z. B. Zuständigkeitsbereich, Angebot, Kundenkreis)* • extend *vt*; expand *vt*
ausdehnen *vt* <tech.allg> *(e. Öffnung; durch Dehnen nach und nach größer machen)* • dilate *vt*
ausdehnen *vt* <prod> *(länger machen)* • lengthen *vt*
Ausdehnung *f* <allg> *(zweidimensional; z. B. eines Fabrikgeländes)* • extension
Ausdehnung *f* <tech.allg> *(Vergrößern von Öffnungen; meist elastisch)* • dilatation
Ausdehnung *f* <phys> *(dreidimensional; von Stoffen bei Erwärmung)* • expansion
Ausdehnung des Meeresbodens *f* <geo> *(Plattentektonik)* • sea floor spreading
ausdehnungsfähige Verbindung *f* <mat> • expansive compound
Ausdehnungsfuge *f* rar <bau> *(von Gebäuden, Brücken etc.)* • expansion joint; movement control joint *rare*; expansion gap *rare*; joint clearance *rare*; contraction joint *rare*
Ausdehnungsgefäß *n* <el> *(Transformator)* • conservator
Ausdehnungsgefäß *n* <rls> *(in geschlossenen Kreisläufen; z. B. Kühlkreislauf, Heizanlage)* • expansion tank
Ausdehnungskoeffizient *m* <phys> • coefficient of expansion; expansion coefficient

Ausdehnungskompensator *m* <rls> *(in geschlossenen Kreisläufen; z. B. Kühlkreislauf, Heizanlage)* • expansion tank

Ausdehnungsmesser *m* <msr> • dilatometer; extensometer

Ausdehnungsspannung *f* <mech> • expansion stress

Ausdehnungsthermometer *n* <msr> • expansion thermometer; filled-system thermometer

aus dem Gleichgewicht bringen *vt* <tech.allg> *(Systeme, Menschen)* • unbalance *vt*

aus dem Vollen bohren *vt* <prod> • drill from the solid *vt*

aus der Form lösen *vt rar* <prod> *(Gussteil, Spritzling, Blasformling; aus Formwerkzeug)* • demold *vt US*; demould *vt GB*; release *vt*; remove *vt*

aus der Gasphase chromieren *vt* <obfl> • gas-chromize *vt*

aus der Schmelze gezüchtet <prod> • melt-grown

aus der Schmelze ziehen *vt* <silik> • pull from the melt *vt*; grow from the melt *vt*

ausdestillieren *vt* <chem.verf> • distil out *vt*

ausdiffundieren *vi* <phys> *(Gas, Flüssigkeit; z. B. aus Holz, Textilien, Kunststoffen)* • diffuse outwards *vi*

Ausdiffusion *f* <phys> • outdiffusion

ausdistanzieren *vt* <kfz.mot> • shim *vt*

ausdocken *vi/vt* <nav> • dock out *vi/vt*; undock *vi/vt*

ausdornen *vt* <prod> *(Loch; mit Räumnadel etc.)* • broach *vt*; drift *vt*

ausdrehen *vt* <prod> *(Innendrehen tiefer Öffnungen; mit Drehmaschine)* • turn inside diameters *vt*; bore with single-point tool *vt*

Ausdrehmeißel *m* <wz.masch> • internal turning tool

Ausdrehstütze *f* <kfz> *(von Caravans)* • corner steady; steady leg

Ausdruck *m* <edv> *(ausgedruckte Computerdaten; z. B. Text auf Papier)* • printout; hardcopy

Ausdruck *m* <math> • term

Ausdruck *n* <msr> *(Ergebnis einer Messung)* • printout

Ausdruckeinrichtung *f* <edv> • print-out facility; printing facility

ausdrucken *vt* <edv> *(Text, Daten)* • print out *vt*

Ausdruckpapier *n* <druck> • print-out paper

Ausdrucksignal *n* <edv> • print-out signal

Ausdruck über die Perforation *m* <druck> • printing across the perforation

Ausdrücken *n* <kst> • ejection

ausdrücken *vt* <allg> *(Begriff, Ideen, Gedanken; in Worten)* • express *vt*

ausdrücken *vt* <allg> *(quetschen; z. B. Schwamm, Tube)* • squeeze out *vt*

Ausdrücken von Hand *n* <prod> • hand ejection

Ausdrücken von unten *n* <prod> • bottom ejection

Ausdrücker *m rar* <prod> *(z. B. ein Stift)* • ejector; knock-out

Ausdrücker für Spurstangenköpfe *m* <kfz.wz> • tie rod separator; tie rod puller

Ausdrückklinke *f* <masch> • pusher pawl

Ausdrückkolben *m* <kst> *(in Formwerkzeug)* • ejection ram

Ausdrückmaschine *f* <verf> *(Kokerei)* • pusher machine; pusher *pract*

Ausdrückmaschinengleis *n* <verf> *(Kokerei)* • ram track

Ausdrückplatte *f* <prod> *(z. B. in Spritzgießwerkzeug)* • ejector plate; knock-out plate

Ausdrückseite *f* <verf> *(Kokerei)* • pusher side

Ausdrückstange *f* <kst> *(z. B. Spitzgießmaschine)* • ejector bar; knock-out bar

Ausdrückstange *f* <verf> *(z. B. Kokerei, Ofen)* • pusher ram; pusher rack; ram bar

Ausdrückstempel *m* <prod> • ejection pad

Ausdrückstift *m* <prod> • ejector pin; knock-out pin; lifting pin

Ausdünnen *n* <ökol> *(der Ozonschicht)* • thinning

ausdünnen *vt* <agri> *(Pflanzen beschneiden; z. B. Obstbäume)* • thin out *vt*

Ausdünner *m* <agri> *(Rüben)* • gapper

ausecken *vt* <prod> • notch *vt*

Auseckmaschine *f* <wz.masch> • notching machine

auseinander <allg> *(räumlich getrennt)* • apart; separate

auseinander driften *vi* <geo> • diverge *vi*

Auseinanderdriften der Ozeanböden *n* <geo> *(Plattentektonik)* • sea floor spreading

auseinander drücken *vt* <tech.allg> • force apart *vt*

auseinander fallen *vt* <allg> • fall apart *vt*

auseinander gezogene Darstellung *f* <doku> • exploded view

auseinander klappen *vt* <tech.allg> *(Schachtel, Stativ)* • unfold *vt*

auseinander laufen *vi* <allg> *(z. B. Linien, Entwicklungen, Messwerte)* • diverge *vi*

auseinander laufen *vi* <obfl> *(Farbe)* • spread *vi*

auseinander laufend <allg> *(z. B. Linien, Gleise, Entwicklungen)* • diverging

auseinander laufender Verkehr *m* <verk> • diverging traffic

auseinander nehmen *vt* <tech.allg> *(Gefügtes, ohne Zerstörung; z. B. Baugruppe in Einzelteile)* • dismantle *vt*; disassemble *vt*; take apart *vt coll*; break down *vt rare*

Auseinanderschlag *m* <agri> *(Pflügetechnik)* • splitting

auseinander spreizen *vt* <wz> *(Honsteine)* • feed out *vt*; expand *vt*; spread apart *vt*

Auseinanderziehen *n* <textil> *(Spinnerei)* • drawing; drafting

auseinander ziehen *vt* <allg> *(allg.)* • draw apart *vt*

auseinander ziehen *vt* <prod> *(spannen)* • stretch *vt*

Auseinanderziehen der Kette *n* <textil> • drawing apart of the warp

aus einem Stück gefertigt <prod> • one-piece

aus einer Warteschlange entfernen *vt* <edv> *(z. B. Datenblock, Anruf, Druckauftrag)* • dequeue *vt*

aus Einzelstangen bestehendes Bohrgestänge *n* <petr> • sectional drill rod

ausentwickeln *vt* <phot> • fully develop *vt*

ausentwickelt <phot> • fully developed

Ausentwicklung *f* <phot> • full development

ausethern *vt* <chem.verf> • extract with ether *vt*; shake out with ether *vt*

ausfachen *vt* <innen> *(mit Fächern; z. B. Kasten)* • shelve *vt*

Ausfachung *f* <bau> *(allg.; z. B. Fachwerkstruktur mit Mauerwerk)* • infilling

Ausfachung *f* <bau> *(Türblatt)* • panel

Ausfachungstafel *f* <holz> • infill panel

Ausfächerung *f* <el> • fan-out

ausfädeln *vt* <av> *(Magnetband)* • unthread *vt*; unload *vt*

Ausfädelung *f* <av> *(Magnetband)* • unthreading; unloading

Ausfädelvorgang *m* <av> *(Magnetband)* • unthreading; unloading

ausfällbar <chem.verf> • precipitable

ausfällen *vi* <chem.verf> *(am Boden absetzen)* • settle *vi*; precipitate *vi*; deposit *vi*; sediment *vi*

ausfällen *vt* <verf> *(suspendierte Feststoffe)* • precipitate *vt*

ausfällend <chem> • precipitative

Ausfällung *f* <chem.verf> *(Vorgang)* • precipitation

Ausfällungsmittel *n* <chem> • precipitant; precipitator

Ausfärben *n* <textil> *(von Stoffen)* • dyeing

ausfahrbarer Langhaarschneider *m* <hygi> *(Rasierer)* • retractable long-hair trimmer

ausfahrbarer Spoiler m <kfz> • retractable spoiler
ausfahrbarer Stützfuß m <nfz> (z. B. von Autokran)
• outrigger
ausfahren vi <min> (Grubenbelegschaft) • climb up vi;
come up vi
ausfahren vt <tech.allg> (auf volle Länge bringen; z. B.
Mast, Teleskopantenne) • extend vt
ausfahren vt <tech.allg> (aus etwas heraus bewegen;
z. B. Tieflochbohrer) • retract vt; move out vt
ausfahren vt <nukl> (Steuerstäbe aus Kern heraus)
• withdraw vt
Ausfahren des Bohrgestänges n <petr> (heraus aus
dem Bohrloch) • rod pulling
Ausfahrgleis n <bahn> • departure track
Ausfahrgruppe f <bahn> (Gleise) • departure sidings
Ausfahrt f <bahn> (Zug aus d. Bahnhof) • departure
Ausfahrt f <min> (aus Grube nach oben) • ascent; climb-
ing-up
Ausfahrt f <nav> (Hafen) • mouth
Ausfahrt f <verk> (allg.; z. B. Autobahn, Parkhaus) • exit
Ausfahrt f <verk> (Autobahn, Schnellstraße) • exit point;
exit ramp
Ausfahrtkurve f <verk> • exit turn
Ausfahrtsrinne f <nav> (Hafen) • egress channel
Ausfall m <tech.allg> (Zusammenbruch, totale Funk-
tionsstörung; z. B. von Anlagen, Systemen) • breakdown;
failure
Ausfall m <tech.allg> (völliger Verlust einer Funktion od.
eines Merkmals; z. B. Bild, Ton) • loss
Ausfall m <el> (kurzzeitig; z. B. Signalausfall, Bildausfall)
• drop-out
Ausfallanzeige f <msr> • failure indication
Ausfallart f <qualit> • failure mode; mode of failure
Ausfalldauer f <qualit> • breakdown period
Ausfall der Stromversorgung m form <energ> • power
outage; loss of power; blackout coll
Ausfall des ABS-Systems m <brems> • anti-lock failure
Ausfall des Fileservers m <edv> • file-server crash; loss
of the file server
Ausfall des Telefonnetzes m <tele> (Betriebsstörung)
• telephone breakdown
Ausfalldiagnose f <qualit> • failure diagnosis
Ausfall durch Ermüdung m <qualit.mat> • fatigue failure
Ausfall durch Fading m <tech.allg> • fading outage
Ausfall durch Verschleiß m <qualit> (z. B. Kupplung,
Lager, Werkzeug) • wear-out failure
Ausfalleffektanalyse f <qualit> • failure mode and effects
analysis (FMEA)
Ausfalleisen n <metall> • off-grade iron; off-iron
ausfallempfindliche Elektronik f <el> • fail hard electronics
ausfallen vi <tech.allg> (versagen; z. B. Bauteile, Systeme, Anlagen, Funktionen) • fail vi; become unavailable
vi; go out of service vi; break down vi
ausfallen vi <edv> (Festplatte) • fail vi; crash vi
ausfallen vi <ökon> (Arbeitsstunden) • get lost vi
ausfallen vi <phys> (Strahl) • emerge vi
ausfallend <phys> (Strahl) • emergent
Ausfallende n <fz> (Fahrradgabel) • fork end; dropout;
road end; end tip; fork tip
ausfallender Strahl m <phys> • emergent ray
ausfallfrei <qualit> • failure-free
Ausfallhäufigkeit f <qualit> • failure frequency; failure
rate
Ausfallklappe f <prod> • discharge door
Ausfallkörnung f <bau.mat> (Abstufung der Korngrößen
im Betonzuschlag) • gap grading; discontinuous gradation; off-grade size; gap gradation
Ausfallkonus m <rls> (Kegelverschluss) • discharge cone

Ausfallkriterien npl <qualit> • failure criteria pl
Ausfallöffnung f <prod> (z. B. für Fertigteile) • discharge
opening
Ausfallrate f <qualit> • failure frequency; failure rate
Ausfallrechenzentrum n <edv> • back-up processing
center
Ausfallrutsche f <metall> (für Brammen, Knüppel) • billet
chute
ausfallsicher ugs <tech.allg> (Ausfall führt sicheren
Zustand herbei; z. B. durch autom. Abschaltung) • fail-
safe
ausfallsicher ugs.falsch <tech.allg> (Bauteil, System,
Funktion; der Ausfall gefährdet nicht die Sicherheit) • fail-
safe
Ausfallsicherheit f <tech.allg> (d.h. ein Ausfall gefährdet
nicht die Sicherheit) • fault tolerance
Ausfallstatistik f <qualit> • failure statistics
Ausfallstraße f <verk> (führt aus der Stadt hinaus) • exit
road; arterial road
Ausfallswinkel m <opt> • reflection angle; angle of reflec-
tion
Ausfalltest m <qualit> • test to failure
Ausfallüberwachung f <qualit> • failure monitoring
ausfallunempfindlich <el> (Elektronik, Instrumente)
• fail-soft
Ausfallursache f <qualit> (Modus) • failure mode
Ausfallursache f <qualit> (Grund) • cause of failure
Ausfallverluste mpl <agri> • shatter losses
Ausfallvorwarnung f <msr> • advance warning of failure
Ausfallwahrscheinlichkeit f <qualit> • failure probability;
probability of failure; failure likelihood
Ausfallwahrscheinlichkeitsdichteverteilung f <math>
• probability density distribution of failure
Ausfallwarnleuchte f <msr> • failure warning light
Ausfallwechselteil n <qualit> • failure change item (FCI)
Ausfallwinkel m <phys> (Strahl) • emergence angle
Ausfallzeit f <qualit> (allg., durch Störung, Wartung, In-
standsetzung etc.; z. B. bei Lkw) • downtime; down time;
outage time
Ausfallzeit durch Reparatur und Wartung f <qualit>
• servicing time
Ausfaulgrube f <ents> • septic tank
Ausfaulung f <ents> • digestion
ausfedern bis zum Anschlag vi <kfz> (Federelemente)
• top out vi
Ausfeuereinrichtung f <wz.masch> • spark-out equip-
ment
ausfeuern vi <prod> (Schleifkörper) • spark vi
ausfiltern vt <el> (Signale, Frequenzen) • filter out vt
ausfiltern vt <qualit> (verwerfen) • reject vt
ausfiltern vt <verf> (Schwebstoffe) • filter out vt
Ausfischen n <nahr> (Gewässer, Fischbestände) • over-
fishing
Ausflecken nsg <phot> (z. B. von Staub) • spotting; spot-
ting-in; spotting-out
ausflecken vt <phot> (z. B. Staub) • spot vt; spot in vt;
spot out vt
Ausfleckretusche f <phot> (z. B. von Staub) • spotting;
spotting-in; spotting-out
ausfließen vi <tech.allg> (Flüssigkeit, Schüttgut) • flow out
vi; discharge vi form; run out vi coll; issue vi rare
ausfließender Strahl m <verf> • outflowing jet
ausflocken vi <chem.verf> • coagulate vi; flocculate vi
Ausflockung f <chem.verf> • flocculation; coagulation;
clotting coll
Ausflockungsmittel n • flocculant; coagulant
Ausfluchtung f <tech.allg> (z. B. von Kanten, Flächen,
Gebäuden) • alignment
Ausflugsbus m <nfz> • excursion bus

Ausflugslöcher *npl* <obfl.holz> *(der geschlüpften Käfer)*
• insect holes; flight holes; exit holes
Ausfluss *m* <tech.allg> *(Drainageöffnung)* • drain
Ausfluss *m* <tech.allg> *(ausströmendes Medium; z. B. aus Behälter, Rohrleitung)* • outflow; effluence *form*; efflux *rare*
Ausfluss *m* <rls> *(Rohr, Stutzen u. dgl.; aus Gefäß, Leitung)* • discharge
Ausflussbürette *f* <verf> *(Laborgerät)* • gravity-flow burette
Ausflussgeschwindigkeit *f* <tech.allg> • outflow velocity; efflux velocity
Ausflussgeschwindigkeit des Quecksilbers *f* <el. chem> • rate of flow of mercury; rate of mercury flow; mercury flow rate
Ausflusskanal *m* <bau> • escape channel
Ausflusskanal *m* <ents> • outfall channel; waste channel
Ausflusskoeffizient *m* <phys> *(Strömungslehre)* • outflow coefficient; discharge coefficient; exhaust coefficient
Ausflussmenge *f* <tech.allg> *(Volumen pro Zeiteinheit)* • discharge rate
Ausflussmenge *f* <tech.allg> *(Volumen)* • quantity discharged
Ausflussöffnung *f* <tech.allg> • discharge opening; outlet
Ausflussrate des Quecksilbers *f* <el.chem> • rate of flow of mercury; rate of mercury flow; mercury flow rate
Ausflussrohr *n* <rls> • discharge pipe; effluent pipe
Ausflussstrahl *m* <tech.allg> • issuing jet
Ausflussviskosimeter *n* <msr> • efflux viscosimeter; efflux viscometer
Ausformen *n* <kst> *(nicht mit „Entformen" verwechseln)* • final shaping
ausformen *vt* <textil> *(in endgültige Form bringen)* • shape out *vt*
ausfräsen *vt* <prod> *(Vertiefungen, Aussparungen, Nuten)* • mill out *vt*; rout off *vt*
ausfräsen *vt* <prod> *(Formwerkzeug)* • die-sink *vt*
Ausfransen *n* <textil> *(Gewebekante)* • fraying
ausfressen *vi* <obfl> *(Lochfraß)* • pit *vi*
ausfressen *vt* <verbr> *(Ofenfutter)* • scour *vt*
ausfrieren *vi* <chem> *(Öle)* • demargarinate *vi*; destearinate *vi*; destearinize *vi*; winterize *vi*
ausfrieren *vt* <nahr.prod> *(Wasser in Speiseeis)* • freeze out *vt*
Ausfrierfalle *f* <verf> • low-temperature trap
Ausführband *n* <druck> • delivery tape
ausführbar <edv> *(Programm, Datei; z. B. EXE-Datei)* • executable
ausführbares Programm *n* <edv> • executable program
ausführen *vt* <allg> *(Tätigkeit)* • perform *vt*
ausführen *vt* <tech.allg> *(z. B. Anweisungen, Messungen, Versuche)* • execute *vt*; carry out *vt*
ausführen *vt* <tech.allg> *(Konstruktion realisieren)* • engineer *vt*
ausführen *vt* <tech.allg> *(Plan, Projekt)* • realize *vt*; implement *vt*
ausführen *vt* <druck> *(ausgeben; Bogen)* • deliver *vt*
ausführen *vt* <ökon> *(Waren, Güter)* • export *vt*
ausführliche Beschreibung *f* <doku> • detailed description
Ausführtrommel *f* <druck> • delivery drum
Ausführung *f* <allg> *(z. B. von Anweisungen, Befehlen, Arbeiten)* • execution
Ausführung *f* <tech.allg> *(Vorgang; z. B. von Konstruktionen)* • design
Ausführung *f* <tech.allg> *(der Oberflächenqualität; z. B. verchromt, lackiert, gummiert)* • finish
Ausführung *f* <tech.allg> *(Produktvariante mit bestimmten Designmerkmalen; z. B. Türstil)* • style

Ausführung *f* <tech.allg> *(Produktvariante mit best. Merkmalen; z. B. Infrarot- od. Funksender)* • type; model
Ausführung *f* <tech.allg> *(handwerkliche Qualität, Fertigungsqualität; z. B. gute oder schlechte ~)* • workmanship
Ausführung *f* <tech.allg> *(z. B. eines Plans, Projekts)* • realization; implementation
Ausführung *f* <tech.allg> *(Realisierung mit bestimmten Merkmalen; z. B. robust, ex-geschützt)* • construction
Ausführung *f* <tech.allg> *(eine von mehreren Ausführungsmöglichkeiten eines Produkts)* • model; version; type; style; build *rare*
Ausführung einer Erfindung *f* <jur> *(Patentschrift)* • embodiment of an invention
Ausführung für Gestelleinbau *f* <tech.allg> • rack-mounting version; rack-mount design
Ausführung in Zollmaßen *f* <tech.allg> *(Abmessungen in Zoll)* • inch style
Ausführung mit Dampfdruckausgleichsöffnung *f* :*V* <bau> *(Doppelverglasung)* • pressure-equalized design
Ausführung mit Führerstand vorn *f* <bahn> *(Lok)* • cab-forward design
Ausführung nach bisherigem Stand der Technik *f* <jur> *(in Patentschriften)* • known art; prior art
Ausführungsanweisung *f* <edv> • execute statement; executive instruction
Ausführungsbefehl *m* <edv> • execute statement; executive instruction
Ausführungsbestimmungen *fpl* <jur> • implementing regulations; implementing provisions
Ausführungsform *f* <masch> *(Maschinenbauart)* • machine construction
Ausführungsgeschwindigkeit *f* <edv> *(von Programmen, Routinen)* • execution speed; executing speed *rare*
Ausführungsmuster *n* <prod> • prototype
Ausführungssteuersystem *n* <edv> • executive control system
Ausführungsstriche *mpl* <druck> • inverted commas
Ausführungsunterdrückung *f* <edv> • skip
Ausführungszeit *f* <tech.allg> *(für Programmschritte, Arbeitsvorgänge)* • execution time
Ausführungszyklus *m* <tech.allg> • execution cycle
ausfüllen *vt* <doku> *(Formular)* • complete *vt*; fill in *vt*
ausfüllen *vt* <edv> *(Grafikflächen)* • fill *vt*
ausfüttern *vt* <bau> *(mit Unterlagen, Polstern, Füllmaterial)* • pad *vt*
ausfüttern *vt* <masch> *(mit Buchse)* • bush *vt*
ausfüttern *vt* <textil> *(Kleidung)* • line *vt*
ausfugen *vt* <bau> *(Natursteinmauerwerk)* • joint *vt*; point *vt*
ausfugen *vt* <bau> *(Fliesen, Kacheln)* • fill in *vt*
ausfugen *vt* <masch> • groove *vt*; groove out *vt*
Ausfuhr *f* <ökon> *(Waren, Güter)* • export
Ausfuhrbescheinigung *f* <ökon> • certificate of export; certificate of exportation
Ausfuhrdokument *n* <logist> • export document
Ausfuhrland *n* <ökon> • exporting country; country of export; country of exportation; export country
Ausfuhrlieferungen *fpl* <logist> • export deliveries; export shipments
Ausfuhrpapier *n* <logist> • export document
ausfunken *vt* <prod> *(Werkstoffabnahme)* • spark-machine *vt*
ausfunken *vt* <wz> *(Schleifkörper)* • spark *vt*
Ausfunkgerät *n* <wz.masch> • spark-erosion machine
Ausgabe *f* <tech.allg> *(Ausgabestelle; z. B. für Gepäck, Ersatzteile, Werkzeug)* • desk
Ausgabe *f* <druck> *(Version eines Buchs; z. B. als Taschenbuch oder bibliophil, in Leder)* • edition

Ausgabe f <druck> *(von periodischen Publikationen; z. B. Tageszeitung, Wochenmagazin)* • issue

Ausgabe f <edv> *(von Daten)* • output

Ausgabe f <edv> • write-out

Ausgabe f rar <msr> *(ablesbare Information, auf Skala, Display; z. B. von Messgerät, Zähler)* • reading; read-out

Ausgabeanzeige f <msr> • output display

Ausgabeauflösung f <edv> • output resolution

Ausgabeaufzeichnung f <edv> • output record

Ausgabebaugruppe f <msr> • output module

Ausgabebefehl m <edv> • output instruction; output command

Ausgabebildschirm m form <edv> *(Gerät insgesamt)* • monitor (VDU); display; display device; visual display unit *form*; visual display terminal *rare*

Ausgabeblock m <edv> • output block

Ausgabedatei f <edv> • output file

Ausgabedaten pl <edv> • output data

Ausgabedrucker m <edv.msr> • terminal printer; output printer

Ausgabeeinheit f <msr> • output unit

Ausgabeeinrichtung f <edv> • output equipment

Ausgabefach n <druck> • output paper tray; output bin; print tray

Ausgabeformat n <edv> • output format

Ausgabefunktion f <edv> • output function

Ausgabegerät n <edv> *(allg.)* • output device

Ausgabegerät n <edv> *(mit Anzeige, Display)* • read-out device

Ausgabegerät n <prod> *(für Kleinteile, Material)* • dispensing unit

Ausgabegeschwindigkeit f <tech.allg> • output rate; output speed

Ausgabeglied n <msr> • output element; output unit

Ausgabeintervall n <tech.allg> • output interval

Ausgabekanal m <el> • output channel

Ausgabekode m <edv> • output code

Ausgabelautstärkeregelung f <av> • output level control

Ausgabelautstärkesteuerung f <av> • output level control

Ausgaben fpl <fin> • expenditure; expenses

Ausgaben für F+E pl <ökon> *(Bilanz)* • research and development cost; cost of research and development; R&D expenses; expenses for R&D; cost of R&D

Ausgaben für Öffentlichkeitsarbeit pl <werb> • publicity expenses

Ausgabeprogramm n <edv> • output program; output routine

Ausgabeprotokoll n <msr> *(Ergebnis einer Messung)* • printout

Ausgabepuffer m <edv> • output buffer; output synchronizer *rare*

Ausgabepufferspeicher m rar <edv> • output buffer; output synchronizer *rare*

Ausgaberegister n <edv> • output register

Ausgaberinne f <wz.masch> • unloading chute

Ausgabesamplerate f <edv.av> • output sample rate; output sampling rate; sample rate of the output; playback sample rate; playback sampling rate

Ausgabesignal n <el> • output signal

Ausgabesperre f <edv> • output disable; output inhibit *rare*

Ausgabesteuerprogramm n <edv> • output control program

Ausgabesteuerung f <msr> • output control

Ausgabetag m <jur> *(Patent)* • publication of the grant of the patent *EPS*

Ausgabetaste f <av> *(an Kassettengerät)* • eject button

Ausgabeverstärker m <msr> • output amplifier

Ausgabeverzeichnis n <edv> • output directory

Ausgabewarteschlange f <edv> • output queue

Ausgabezeilendrucker m <druck> • output line printer

Ausgabezeit f <edv> • output time

Ausgang m ugs <allg> *(z. B. einer Entwicklung)* • result; outcome *coll*

Ausgang m <el> *(für Daten, Signale; z. B. als Klemme, Buchse)* • output

Ausgang m <verk> *(für Fußgänger)* • exit

Ausgangs... <tech.allg> *(Startpunkt, am Anfang eines Wegs, Vorgangs)* • initial ...

Ausgangs... <tech.allg> *(Endresultat eines Vorgangs; z. B. Messwert, Welle)* • output ...

Ausgangsachse f <navig> *(Lagekreisel)* • output axis (OA)

Ausgangsadmittanz f <el> • output admittance

Ausgangsadresse f <edv> • original address

Ausgangsatom n <nukl> • parent atom

Ausgangsauffächerung f <el> • fan-out

Ausgangsbasis f <allg> *(Grundlage; z. B. von Überlegungen, Entscheidungen)* • basis

Ausgangsbedingung f <tech.allg> • initial condition

Ausgangsbereich m <msr> *(Messgerät)* • output range

Ausgangsbuchse f <el> • output jack

Ausgangsdämpfung f <el> • output attenuation

Ausgangsdaten npl <doku> *(ursprüngliche Angaben)* • original data; original information

Ausgangsdaten pl <edv> *(ausgegebene oder auszugebende Daten)* • output data

Ausgangsdatenleitung f <edv> • bus-out

Ausgangsdrehmoment n <masch> • output torque

Ausgangsdrehwähler m <el> • rotary cut-trunk switch

Ausgangsdrehzahl f <masch> *(ursprüngliche Drehzahl)* • initial speed

Ausgangsdrehzahl f <masch> *(am Getriebeausgang)* • output speed

Ausgangsdruck m <pneum> *(eingestellter Druck einer Druckluftquelle)* • outgoing pressure

Ausgangsfeld n <el> • parent field

Ausgangsfestigkeit f <qualit.mat> • initial strength

Ausgangsflüssigkeit f <chem.verf> *(Destill.)* • feed liquor

Ausgangsfraktion f <chem.verf> • parent fraction

Ausgangsfreigabe f <edv> • output enable

Ausgangsfrequenz f <el> • output frequency

Ausgangsfunktion f <msr> • output function; output mode; output logic *rare*

Ausgangsgesamtheit f <math> *(Statistik)* • parent population

Ausgangsgestein n <geo> • parent rock

Ausgangsgleichung f <math> • initial equation

Ausgangsgröße f <tech.allg> *(am Anfang)* • initial quantity

Ausgangsgröße f <msr> *(Output)* • output quantity; final quantity *rare*

Ausgangsgrößenvektor m <msr> • output vector

Ausgangshohlraumresonator m <el> • output cavity resonator

Ausgangsimpedanz f <el> • output impedance

Ausgangsimpuls m <el> • output pulse

Ausgangsinformation f <doku> *(ursprüngliche Angaben)* • original data; original information

Ausgangsinformation f <msr> *(ausgegebene Information)* • output information

Ausgangsintensität f <el> • output intensity

Ausgangskapazität f <el> • output capacitance

Ausgangskennlinie f <el> • output characteristic

Ausgangskern m <nukl> • parent nucleus

Ausgangsklemme f <el> • output terminal

Ausgangskolumne f <druck> • short page

Ausgangskontrolle f <logist> *(funktional)* • outbound inspection; outbound quality audit; delivery check; dispatch control

Ausgangskonzentration f <chem> *(zu Beginn)* • original concentration; initial concentration

Ausgangskreis m <el> • output circuit

Ausgangslage f rar <tech.allg> *(z. B. von beweglichen Maschinenteilen, Werkstücken, Werkzeugen)* • home position *ISO 2806*; starting position; initial position

Ausgangsleistung f <tech.allg> *(in Watt)* • output power; power output; output *pract*

Ausgangsleistungsmesser m <av> • output meter

Ausgangsleistungsverstärker m <edv.av> • output power amplifier

Ausgangsleitwert m <el> • output admittance

Ausgangslösung f <chem> • initial solution

Ausgangsmaß n <tech.allg> • basic size

Ausgangsmaterial n <prod> • parent material; starting material; base material

Ausgangsmaterial für Krackverfahren n <chem.petr> • cracking feedstock; cracking feed

Ausgangsmaterialien npl <pap> • furnishes

Ausgangsmaterialien für die Papierherstellung npl <pap> • papermaking furnishes pl

Ausgangsmatrix f <edv> • output matrix

Ausgangsmoment n <masch> • output torque

Ausgangsobjekt n <edv> • source object; original object; origin object

Ausgangsöffnung f <opt> *(Laser)* • output aperture

Ausgangsparameter m <tech.allg> • output parameter

Ausgangspegel m <av> • output level

Ausgangsposition f <tech.allg> *(z. B. von beweglichen Maschinenteilen, Werkstücken, Werkzeugen)* • home position *ISO 2806*; starting position; initial position

Ausgangspotentiometer n <el> • output potentiometer

Ausgangsprodukt n <prod> *(am Beginn eines Prozesses)* • initial product

Ausgangspunkt m <allg> *(Grundlage; z. B. von Überlegungen, Entscheidungen)* • basis

Ausgangspunkt m <tech.allg> *(für Bewegungen, Zustandsänderungen, Kurven etc.)* • starting point; point of initiation; point of origin; origin *coll*

Ausgangspunkt m <navig> • observed position

Ausgangspunkt m <prod> *(Bezugspunkt, -maß; z. B. bei Teilefertigung)* • datum

Ausgangsquerschnitt m <metall> *(vor der Bearbeitung)* • initial section

Ausgangsrauschen n <av> *(am Ausgang)* • output noise

Ausgangsregler m <av> • output control

Ausgangsrelais n <el> • output relay

Ausgangsresonator m <el> • output resonator; output cavity resonator

Ausgangsrestwelligkeit f <el> *(nach Gleichrichtung)* • output ripple

Ausgangsschaltung f <el> • output circuit

Ausgangsscheinwiderstand m <el> • output impedance

Ausgangsschieberegister n <edv.av> • barrel shifter

Ausgangsschwankung f <tech.allg> • output variation

Ausgangsseite f <tech.allg> • exit side

Ausgangssignal n <msr> • output signal; output *pract*

Ausgangssignal der Regelstrecke n <msr> • loop output signal

Ausgangsspannung f <el> *(Output)* • output voltage

Ausgangsspannungsbrumm m <el> • output voltage ripple

Ausgangsspannungsteiler m <el> *(betont: Dämpfungseffekt)* • output attenuator

Ausgangsspannungsteiler m <el> *(allg.)* • output voltage divider

Ausgangssperre f rar <edv> • output disable; output inhibit *rare*

Ausgangssprache f (AS) <doku.transl> *(von Übersetzungen)* • source language (SL)

Ausgangsstellung f <tech.allg> *(z. B. von beweglichen Maschinenteilen, Werkstücken, Werkzeugen)* • home position *ISO 2806*; starting position; initial position

Ausgangsstellung f <mil> *(von Wende-Zielscheiben; Kante zeigt zum Schützen)* • edge-on position

Ausgangsstoff m <pap.ents> • raw material

Ausgangsstoff m <prod> • source material

Ausgangsstrom m <el> • output current

Ausgangsstromkreis m <el> • output circuit

Ausgangsstufe f <el> • output stage

Ausgangsteil n rar <prod> *(allg. vorgeformtes, noch nicht bearbeitetes Teil; z. B. für Schlüssel)* • blank

Ausgangstext m (AT) <doku> *(einer Übersetzung)* • source text (ST)

Ausgangstransistor m <el> • output transistor

Ausgangstreppe f <bau> • exit stair

Ausgangstrift f <agri> *(Melkstand)* • exit gate; cow exit gate

Ausgangsverbindung f <chem> • initial compound; parent compound

Ausgangsverstärker m <el> • output amplifier

Ausgangsverstärker m <tele> • outgoing repeater

Ausgangswelle f <antr> *(allg.)* • output shaft

Ausgangswelle f prakt <kfz.antr> • transmission output shaft; gearbox output shaft *GB*; driven shaft *pract*; output shaft *pract*; main shaft *pract*

Ausgangswellenform f <el> • output waveform

Ausgangswert m <tech.allg> *(vor weiterer Bearbeitung)* • initial value

Ausgangswert m <tech.allg> *(ausgegebener Wert)* • output value

Ausgangswicklung f <el> • output winding

Ausgangswiderstand m <el> *(Bauteil)* • output impedance resistor

Ausgangswiderstand m <el> *(Größe)* • output impedance; output resistance

Ausgangswinkel m <opt> • output angle

Ausgangswirkwiderstand m <el> *(Größe)* • output impedance; output resistance

Ausgangszeile f <druck> • short line

Ausgangszustand m <tech.allg> • initial state

Ausgarzeit f <metall> *(Stahlschmelze)* • killing period; quiescent period

Ausgasen n rar <chem> *(Austreten von Gasen; z. B. beim Laden von Bleiakkus)* • gassing; outgassing *rare*

ausgasen vi <tech.allg> • outgas vi

ausgasen vi <chem> *(Material, Oberfläche)* • gas vi; liberate gas vi

ausgasendes Flöz n <min> *(Kohlebergwerk)* • fiery seam

Ausgasung f <tech.allg> • gas evolution; gas emission

ausgebaggerte Fahrrinne f <nav> • dredged navigation channel; dredged channel

ausgebaucht <tech.allg> • bulged; convex

ausgebaut <nahr> *(Wein)* • mature; ready for bottling; ripe

ausgebauter Abbau m <min> • timbered stope

ausgebauter Abbauraum m <min> • timbered stope

ausgebauter Transporter m :V <nfz> • van conversion; modified van; converted van

ausgeben vt <allg> *(z. B. Befehl, Banknoten)* • issue vt

ausgeben vt <tech.allg> *(Ware etc. durch Automaten, Maschinen)* • deliver vt

ausgeben vt <av> *(eine Kassette)* • eject vt

ausgeben vt <edv> *(Daten etc., in bel. Form)* • output vt

ausgeben vt prakt <edv> *(Daten etc. auf dem Bildschirm)* • display vt; show vt coll

ausgeben vt <msr> *(via Anzeige, Display; z. B. Mess-werte)* • read out vt

ausgeben vt <wz.masch> *(Werkstück)* • unload vt

ausgebeult <pap> *(Papier, Taschen, Kleidung)* • baggy

ausgebeultes Blech n <kfz> *(Karosserieschaden; Blech nach außen gedrückt)* • bowed-out panel

ausgebeultes Blech n <kfz.rep> *(Blechreparatur; ge-richtetes, entbeultes Blech)* • straightened panel

ausgeblasen <kfz> *(Düsen)* • blown out

ausgebreitete Flügel mpl <bio> *(Vogel)* • spread wings

ausgebrochene Bohrung f <petr> • well out of control; wild well

ausgedehnter Luftschauer m <meteo> • extensive air shower

ausgedruckte Datei f <edv> • printed file

ausgedruckter Bericht m <doku> • printed report

ausgedrückt in <tech.allg> *(Währungen, Maßeinheiten; z. B. in USD, Euro m³/h etc.)* • expressed in

ausgefahren <bau.verk> *(Strassendecke; z. B. mit Spur-rillen)* • rutted; rutty pract

ausgefaulter Schlamm m <agri.tech> • digested sludge; digested slurry; effluent

ausgefaultes Material n <agri.tech> • digested sludge; digested slurry; effluent

ausgeflossenes Öl n <ökol.nav> *(auf dem Meer; z. B. aus Havarie)* • oil spill; oil layer rare

ausgeformt <kfz> *(Sitze)* • shaped

ausgefressene Lichter npl <phot> *(bei Überbelichtung oder zu starkem Kontrast)* • burned-out highlights pl; washed-out highlights pl

ausgegebene Position f <navig> • output position

ausgeglichen <nahr> *(Wein)* • well-balanced; harmonious

ausgeglichene Flamme f <kfz.rep> *(Autogenschweißen)* • neutral flame

ausgegossene Kabelmuffe f <el> • filled cable joint

ausgehärteter Leim m <obfl.holz> • cured glue

ausgehärteter Zustand m <obfl> *(von Lackierungen etc.)* • hard-dry condition

Ausgehanzug f <mil.bekl> • dress uniform

Ausgehanzug m <bekl> *(Uniform)* • dress coat

ausgehen vi <allg> *(z. B. Feuer, Licht)* • go out vi

ausgehen vi ugs <kfz.mot> *(Motor)* • stall vi

ausgehen vi <logist> *(Ware im Lager)* • run short vi

Ausgehendes n <geo/min> • outcrop

ausgehendes Signal n <tele> • outgoing signal

ausgekleidet mit hitzebeständigem Material <bau> *(z. B. Öfen)* • refractory-lined

ausgelaufen <masch> *(Gleitlager)* • worn-out; worn

ausgelaufenes Lager n <masch> • worn-out bearing

ausgelaufenes Öl n <ökol.nav> *(auf dem Meer; z. B. aus Havarie)* • oil spill; oil layer rare

ausgelaugte Gerberlohe f <led> • spent bark

ausgelegt für <tech.allg> *(Einsatzzwecke, Betriebsbedin-gungen, Nenn-Belastungen etc.)* • designed for; rated for

ausgemauert mit hitzebeständigem Material <bau> *(z. B. Öfen)* • refractory-lined

ausgeprägter Pol m <el> • salient pole

ausgeprägtes Merkmal n <allg> • distinct feature

ausgepresstes Spannglied n <masch> • bonded tendon

ausgereift <tech.allg> *(Produkt etc.)* • matured; advanced; sophisticated; perfected

ausgerichtet <tech.allg> *(Antenne, Satellitenschüssel, Solarabsorber, Rinnenspiegel etc.)* • oriented

ausgerollte Gewindespitzen fpl <prod> *(nach dem Ge-windewalzen)* • filled-out thread crests

ausgerückt <masch> *(Kupplung allg.; Mitnehmer, Sperr-klinke)* • disengaged; thrown out coll.rare

ausgerückt <masch> *(nicht im Eingriff; z. B. formschlüs-sige Kupplung, Zahnräder)* • out-of-mesh

ausgerüstet <textil> *(z. B. wasserabweisend, knitterfrei, flammhemmend)* • finished

ausgerüstetes Papier n <pap> • finished paper

ausgerüstet (mit) <tech.allg> *(Personen, Anlagen; z. B. Fotograf, Taucher, Schiff)* • equipped (with)

ausgerundeter Gewindegrund m <masch> *(Gewinde)* • rounded root; radiused root; curved root rare

ausgerundetes Ecksel n <bau> • cove

ausgeschaltet <el> *(Kleinverbraucher; z. B. Licht, Haus-geräte)* • switched off; turned off

ausgeschaltet rar <el> *(größere elektr. Anlage, System, Komponente)* • switched off; shut down

ausgeschalteter Zustand m <tech.allg> • OFF state

ausgeschalteter Zustand m <el> • off-state

ausgeschiedene Vierung f <bau> *(Kirche)* • detached crossing

ausgeschlagen <masch> *(z. B. Gelenk, Kugelkopf, Schmiedegesenk)* • worn-out

ausgeschlagene Bolzenlöcher npl <fz> *(in Rädern)* • pounded-out stud holes pl

ausgeschlossenes Volumen n <phys> • excluded vol-ume

ausgesetzt <allg> *(Bedingungen, Einflüssen)* • subjected to

ausgesetzt <obfl> *(z. B. Licht, Strahlung)* • exposed to

ausgesetzte Gewindegänge mpl <wz> *(Gewindebohrer)* • interrupted threads

ausgesetzte Zähne mpl <wz> *(Gewindebohrer)* • inter-rupted threads

ausgesolter Hohlraum m <min> • solution-mined space

ausgespart <prod> *(vertieft)* • recessed

ausgesperrt <tech.allg> *(Person draußen, Tür verriegelt, Schlüssel drinnen)* • locked out

ausgespitzt <wz> *(Spiralbohrer)* • point-thinned

ausgesprochenes Kennzeichen der Erfindung n <jur> • marked feature of the invention

ausgestrahlte Welle f <phys> • radiated wave

ausgetrockneter Boden m <agri> • dried-up soil

ausgetrocknetes Seebett n <geo> • lacustrine plain

ausgewählter Wegpunkt m <navig> *(in Navigations-system)* • destination waypoint; TO waypoint

ausgewählte Verfügbarkeit f <navig> • Selective Avail-ability (SA); S/A

ausgewaschene Lichter npl <phot> *(bei Überbelichtung oder zu starkem Kontrast)* • burned-out highlights pl; washed-out highlights pl

ausgewiesener Erzvorrat m <min> • measured ore

ausgewogen <qualit> *(Eigenschaften; z. B. eines Fahr-zeugs, von Reifen)* • well-balanced

ausgewuchtet <masch> *(rundlaufende Teile; statisch, dynamisch; z. B. Räder, Wellen)* • balanced; in balance

ausgezeichnetes Preis-Leistungsverhältnis n <ökon> • higher performance at no extra cost

ausgezogen <doku> *(Linie)* • solid

ausgezogen <obfl> *(ohne Überzug, Beschichtung etc.)* • exposed; stripped

ausgezogene Linie f rar.obs <doku> • continuous line; solid line

ausgießen vt <tech.allg> *(Flüssigkeit, Schüttgut)* • pour out vt

ausgießen vt <el> *(abdichten; z. B. Starkstromkabel, Ka-belmuffen)* • seal vt

ausgießen vt rar <el> *(Elektronikkomponenten, Gehäuse; mit Vergussmasse)* • pot vt

ausgießen vt <metall> *(Gleitlager; mit Lagermetall)* • bush vt; line vt

Ausgießraum m <el> *(Kabelendverschluss)* • plugging space

Ausgießverfahren n <metall> • pour-out method

ausglasen *vi* <led> • scour *vi*
Ausgleich *m* <allg> *(elektrisch, mechanisch, thermisch, finanziell)* • compensation
Ausgleich *m* <tech.allg> *(Eliminieren von Unterschieden)* • equalization
Ausgleich *m* <tech.allg> *(durch Nachjustieren, Einstellen)* • adjustment
Ausgleich *m* <tech.allg> *(von Kräften, Wirkungen)* • neutralization
Ausgleich *m* <masch> *(von Verschleiß; z. B. durch automatisches Nachstellen)* • take-up
Ausgleich *m* <mech> *(von Massen)* • counterbalance
Ausgleich *m* <msr> • compensation
Ausgleich *m* <msr> *(von Störeinflüssen, Messfehlern)* • correction; compensation
Ausgleich... <tech.allg> • adjusting
Ausgleichbatterie *f* <el> • balancing battery
Ausgleichbecken *n rar* <bau.hydr> *(z. B. Speicherkraftwerk, Kläranlage)* • compensation reservoir; compensation basin; equalizing reservoir; balancing basin; regulation tank *rare*
Ausgleichbehälter *m* <rls> • equalization tank; compensating tank; equalizing tank
Ausgleichbogen *m* <rls> • expansion bend
Ausgleichbohrung *f* <brems> *(in Hauptbremszylinder; im Ggs. zur Nachlaufbohrung)* • compensating port; vent port
Ausgleichbolzen *m* <kfz.antr> *(Differential)* • pinion shaft; pinion gear shaft; differential pinion shaft; cross pin *GB*; planet pin *GB*
Ausgleichbrückenschaltung *f* <el> • balanced bridge transition
Ausgleichbügel *m VW* <kfz.brems> *(für Handbremszüge)* • equalizer; compensating bar; compensator
Ausgleichdrossel *f* <el> • interphase reactor
Ausgleichdüse *f* <mot> *(Vergaser)* • compensating jet
Ausgleicheinrichtung *f* <tech.allg> • compensating device; correcting device; compensator
ausgleichen *vt* <allg> *(z. B. Nachteile, Kosten, Konstruktionsmängel)* • offset *vt*; adjust *vt*; equalize *vt*; balance *vt*; compensate *vt*
ausgleichen *vt* <tech.allg> *(Unterschiede; durch Abhilfe-, Korrektur-, Einstellmaßnahmen)* • adjust *vt*
ausgleichen *vt* <tech.allg> *(Verluste; z. B. Verdunstungsverluste durch Zusatzwasser)* • make up for *vt*
ausgleichen *vt* <tech.allg> *(ins Gleichgewicht bringen)* • balance *vt*; compensate *vt*
ausgleichen *vt* <masch> *(Verschleiß; z. B. durch automatische Nachstellung)* • take up *vt*
ausgleichen *vt* <mech> *(allg. Massen)* • balance *vt*; equilibriate *vt*
ausgleichen *vt* <obfl> *(Unebenheiten)* • level *vt*
ausgleichen *vt* <phys> *(Kräfte, Wirkungen)* • neutralize *vt*
ausgleichen *vt rar* <phys> *(Schwingungen, Wellen)* • cancel *vt*; cancel out *vt*; absorb *vt*
Ausgleichereinrichtung *f* <mil> *(Artillerie)* • equilibrator
Ausgleichfeder *f* <masch> *(z. B. von Klappen)* • balancing spring
Ausgleichgetriebe *n rar* <kfz.antr> • differential; diff *coll*
Ausgleichglied *n* <masch> *(Getriebekette)* • hunting link
ausgleichglühen *vt* <metall> • soak *vt*
Ausgleichhebel *m MB* <kfz.brems> *(für Handbremszüge)* • equalizer; compensating bar; compensator
Ausgleichinstrument *n* <msr> • null-balance instrument; null instrument
Ausgleichkanal *m* <therm> • equalization passage
Ausgleichkapazität *f* <el> • balancing capacitance
Ausgleichkegelrad *n* <antr> *(in Differential)* • differential bevel pinion; axle-drive bevel pinion
Ausgleichkolben *m* <masch> • balance piston

Ausgleichkondensator *m* <el> • balancing capacitor
Ausgleichleitung *f* <el> • balancing network
Ausgleichleitung *f* <rls> • balance pipe
Ausgleichlineal *n* <wz> • correction bar
Ausgleichluftdüse *f rar* <kfz.mot> *(Vergaser)* • air correction jet
Ausgleichmasse *f* <masch> *(zum Auswuchten von Rotationsteilen; z. B. an Wellen, Rädern)* • compensating mass; balancing mass; counterweight *coll*
Ausgleichmoment *n* <mech> • balancing moment
Ausgleichplatte *f* <tech.allg> *(z. B. für Bodenunebenheit, Fertigungstoleranzen)* • compensating plate
Ausgleichraum *m* <kfz> *(Zweirohr-Teleskopstoßdämpfer)* • reservoir; outer chamber
Ausgleichregler *m* <el> • balancer-booster
Ausgleichritzel *n* <antr> *(im Differential)* • differential pinion
Ausgleichsachse *f* <mil> • balancing axle
Ausgleichsbalg *m* <rls> • opposed bellows
Ausgleichsbecken *n* <bau.hydr> *(z. B. Speicherkraftwerk, Kläranlage)* • compensation reservoir; compensation basin; equalizing reservoir; balancing basin; regulation tank *rare*
Ausgleichsbehälter *m* <tech.allg> *(zum Auffangen der Volumenvergrößerung bei Erwärmung)* • compensation tank
Ausgleichsbehälter *m prakt* <kfz> *(im geschlossenen Kühlkreislauf)* • coolant recovery bottle; expansion tank; recovery bottle/tank; coolant reserve tank *Chrysler*; coolant expansion reservoir *Ford*
Ausgleichsbehälter *m prakt* <kfz.brems> *(verbunden mit Bremshauptzylinder)* • brake fluid reservoir; reservoir *prakt*
Ausgleichsbehälter *m* <nukl> *(im Primärkreis von DWR)* • surge tank
Ausgleichsbehälter *m* <prod.nahr> • balance tank; surge tank; buffer tank
Ausgleichsbohrung *f* <tech.allg> • balance hole; balancing hole; pressure relief hole; compensating hole
Ausgleichschicht *f* <bau> • leveling course *US*; levelling layer *GB*; levelling course *GB*
Ausgleichschlangenrohr *n* <rls> • coiled expansion pipe
Ausgleichschleife *f* <rls> *(z. B. in Pipelines)* • loop expansion pipe; expansion loop
Ausgleichschleife mit drehbarem Flansch *f* <rls> • expansion loop with rotary flange; expansion loop with swivel joint
Ausgleichschleife mit Kugelgelenk *f* <rls> • expansion loop with spherical joint
Ausgleichseinrichtung *f* <förd> • balancing device; hydraulic balancing device
Ausgleichsentwickler *m* <phot> • balancing developer
Ausgleichsfeder *f* <tech.allg> *(als Gegenkraft; z. B. von Garagenkipptor, Motorhaube)* • balance spring
Ausgleichsgehäuse *n* <kfz.antr> *(innerhalb des Differentials)* • differential cage; differential carrier *US*; differential body *GB*; differential case; differential casing
Ausgleichsgerade *f* <math> • regression line
Ausgleichsgetriebe *n* <kfz.antr> • differential; diff *coll*
Ausgleichsgetriebegehäuse *n rar* <kfz.antr> • differential housing; differential casing *GB*
Ausgleichsgetriebe mit begrenztem Schlupf *n form* <kfz.antr> *(mit Differentialbremse, automatisch; z. B. Viskose- od. Lamellenkupplun)* • limited-slip differential
Ausgleichsgewicht *n* <bau> *(in Vertikalschiebefenstern)* • sash weight; counterweight; weight *pract*; counterbalance *rare*
Ausgleichsgewicht *n* <kfz> *(an Felgen)* • balance weight; balancing weight; lead weight *pract*; weight *pract*

Ausgleichsgewicht n <kfz.mot> *(von Kurbelwellen)*
• counterweight
Ausgleichsglas n ISO 13666 <opt> *(Brille)* • balancing
lens *ISO 13666*
Ausgleichshalde f <min> • surge pile
Ausgleichsimpuls m <av> • equalizing pulse; equalizer
pulse
Ausgleichskegelrad n <kfz.antr> *(Differential)* • differential pinion; differential free gear; pinion gear; free gear
Ausgleichskolben m <förd> *(bei mehrstufigen Pumpen)*
• balance piston; dummy piston *rare*
Ausgleichskreuz n <kfz.antr> *(Differential)* • pinion shaft;
pinion gear shaft; differential pinion shaft; cross pin *GB*;
planet pin *GB*
Ausgleichskurve f <math> *(Statistik)* • regression curve;
regression line
Ausgleichsladung f <el> *(zwischen einzelnen Batterien)*
• equalization charge
Ausgleichsmasse f DIN ISO 1925 <mech> *(Auswucht-
technik)* • correction mass *ISO 1925*; balancing mass
Ausgleichspendel n <phys> • compensated pendulum
Ausgleichspule f <el> • compensating coil; balance coil
Ausgleichspunkt m <ökon> *(von Ausgaben und Einnah-
men)* • break-even point
Ausgleichsrad n <kfz.antr> *(Differential)* • differential
pinion; differential free gear; pinion gear; free gear
Ausgleichsradachse f <kfz.antr> *(Differential)* • pinion
shaft; pinion gear shaft; differential pinion shaft; cross pin
GB; planet pin *GB*
Ausgleichsradwelle f <kfz.antr> *(Differential)* • pinion
shaft; pinion gear shaft; differential pinion shaft; cross pin
GB; planet pin *GB*
Ausgleichsrechnung f <math> *(mathematische Statistik,
Wahrscheinlichkeitsrechnung)* • computation of adjust-
ment
Ausgleichsschalter m <el> • equalizer switch
Ausgleichsschaltung f <el> • compensating circuit; cor-
rective network; correcting network
Ausgleichsschicht f <bau> *(Straßenbelag)* • leveling
course; regulation course *GB*; regulation layer *GB*; level-
ing layer
Ausgleichsschicht f <ents> • compensation layer
Ausgleichsschieber m <rls> • equalizing valve
Ausgleichssignal n <msr> • correction signal
Ausgleichsspannung f <el> *(allg.; zur Kompensation
von etw.)* • compensating voltage
Ausgleichsspannung f <el> *(Spannung bei Ausgleichs-
vorgängen, Transienten)* • transient voltage
Ausgleichsspannung f <el> *(als Gegenreaktion)* • com-
pensating voltage; balancing voltage; bucking voltage;
offset voltage; backing-off potential *rare*
Ausgleichssperre f <kfz.antr> *(formschlüssig; blockiert
das Differential)* • differential lock; power lock *coll*; diff lock
coll
Ausgleichsstern m <kfz.antr> *(Differential)* • pinion shaft;
pinion gear shaft; differential pinion shaft; cross pin *GB*;
planet pin *GB*
Ausgleichsstrom m <el> *(bei Transienten)* • compensat-
ing current; balancing current; equalizing current; tran-
sient current
Ausgleichsstrom m <msr> *(Synchro zur Winkelübertra-
gung)* • equalizing current
Ausgleichstasche f <förd> *(Zahnradpumpe)* • discharge
pocket
Ausgleichstirnrad n <antr> • differential spur gear
Ausgleichstopfbüchse f <rls> • expansion stuffing box
Ausgleichsverbindung f <el> • equalizing connection;
equipotential connection *form*; equalizer *pract*
Ausgleichsvorgang m <el> • transient reaction

Ausgleichsvorgang m <msr> *(Übergang von einem sta-
tionären Zustand in einen anderen)* • transient
Ausgleichsvorrichtung f <förd> • balancing device; hy-
draulic balancing device
Ausgleichswelle f <kfz.mot> • balancer shaft; balancer
coll; silencer shaft *rare*; balance shaft *Chrysler*, equalizing
shaft *BMW*
Ausgleichsystemsteuerung f <nav> *(U-Boot)* • trim
system control
Ausgleichszeit f <druck> • build-up time
Ausgleichszeit f <metall> *(beim Glühen)* • soaking time
Ausgleichszustand m <el> • transient state
Ausgleichszylinder m <pack> *(Cupper)* • counterbalance
cylinder
Ausgleichteilen n <prod> *(Teilapparat)* • differential in-
dexing
Ausgleichtransformator m <el> • balanced differential
transformer; balance transformer; static balancer
**Ausgleichung nach der Methode der kleinsten Qua-
drate** f <math> • least-squares adjustment
Ausgleichwaage f <kfz.brems> *(für Handbremszüge)*
• equalizer; compensating bar; compensator
Ausgleichwellrohr n <rls> • corrugated expansion pipe
Ausgleichwicklung f <el> • compensating winding; com-
pensation winding
Ausgleichwiderstand m <el> • compensating resistor
Ausgleichzustellung f <wz.masch> • equalization
Ausgleichzylinder m <masch> • counterbalance cylinder
ausglühen vt obs.rar <prod> *(Metall, Keramik, Glas; zum
Entfernen innerer Spannungen)* • anneal *vt*
Ausguss m <innen> • kitchen sink; sink
Ausgussbeton m <bau> • prepacked concrete
Auguss-Shredder m :V <innen> *(im Wasserablauf der
Spüle integrierter Shredder für Küchenabfall)* • disposer
Ausgusstülle f <prod> • spout
aushämmern vt <kfz> *(Blechschaden; z. B. Beule, Delle)*
• dress *vt*; true up *vt*
aushämmern vt <prod> *(in Form bringen)* • hammer-dress
vt
aushämmern vt <prod> *(Feinarbeit mit der Hammerfinne)*
• peen *vt*
aushämmern vt <rep> *(Beulen, Dellen in Blech beseiti-
gen)* • hammer out *vt*; beat out *vt*
Aushängebogen m <druck> • proof sheet; final proof; re-
vise proof; specimen sheet
Aushängebühne f <petr> *(Plattform im Bohrturm)* • mon-
key board
Aushängeexemplar n <doku> • sample copy
aushängen vt <mech> *(von Haken, Kupplung)* • hook off
vt
aushärtbar <kst> *(durch Vernetzung)* • curable
aushärtbar <metall> *(Stahl)* • age-hardenable
aushärtbar durch Dispersionshärtverfahren <metall>
• precipitation-hardenable
Aushärten n <kst> *(von Kunststoff; z. B. Acrylharz, Spach-
telmasse, 2K-Kleber)* • hardening; curing; setting
Aushärten n <prod> *(durch Vernetzen; z. B. von Lacken,
Farben)* • curing; cure
aushärten vi <kst> *(Duroplaste)* • thermoset *vi*
aushärten vi <kst> *(Kunststoff; z. B. Acrylharz, Spachtel-
masse, 2K-Kleber)* • harden *vi*; set *vi*; cure *vi*
aushärten vi <kst> *(betont: vernetzen)* • cure *vi*
aushärten vi <obfl> *(Lack)* • harden *vi*
aushärten vt <metall> *(Stahl; durch Altern)* • age-harden
vt
aushärten vt <metall> *(durch Ausscheidungshärten)* • pre-
cipitation-harden *vt*
aushärten vt <metall> *(betont: durch Abschrecken)*
• quench-age *vt*

Aushärtung f <kst> *(durch Vernetzen)* • curing; setting
Aushärtung f <metall> *(betont: durch Altern)* • age-hardening
Aushärtung bei Raumtemperatur f <füg> *(z. B. 2-Komponenten-Kleber)* • curing at room temperature
Aushärtungsdauer f <kst> *(Spachtelmasse, Lack)* • curing time; hard drying time
Aushärtungsprozess m <nahr.prod> *(Speiseeis)* • hardening; final freezing
Aushärtzeit f <kst> *(Spachtelmasse, Lack)* • curing time; hard drying time
aushaken vr/vt <tech.allg> • unhook vi/vt
aushalten vt <tech.allg> *(Einflüsse jeder Art; z. B. Kraft, Strahlung, Temperatur, Witterung)* • withstand vt; resist vt
aushalten vt <min> *(sortieren)* • pick out vt; sort out vt; separate vt
Aushaltung f <holz> *(in Spezialsorten)* • wood sorting
aushauen vt <prod> *(Feilen)* • cut vt
Aushaumaschine f <wz.masch> *(für Blanks)* • blanking machine
Aushauschere f <prod> • high-speed shear
Aushaustempel m <metall> *(betont: allseitig)* • all-side cutting punch
Aushaustempel m <wz> *(allg.)* • punching die
Aushebegetriebe n <masch> • jack gearbox
ausheben vt rar <tech.allg> *(aus Vertiefung)* • pry out vt
ausheben vt <bau/alarm> *(Fenster, Tür; bei Einbruch)* • lift out vt
Aushebelsicherung f <bau> *(von Fenstern, Türen)* • anti-lift device
Aushebemagnet m <ents> • suspension magnet
Ausheben n <bau> *(Vorgang; Boden oder Grube ausgraben)* • excavation; excavating; digging-out rare
Ausheben n <ents> • extraction
ausheben vt <bau> *(z. B. Graben, Baugrube)* • excavate vt; dig out vt coll; sink vt rare
ausheben vt <bau> *(aus den Angeln; z. B. Tür)* • unhinge vt
ausheben vt <prod> *(Gussteil aus Form)* • lift off vt; extract vt
ausheben vt <wz.masch> *(Werkzeug; z. B. Bohrer)* • retract vt; withdraw vt
Ausheben der Baugrube n <bau> • foundation excavation
Ausheber m <led> *(Abzugsschaden)* • gash; gouge
Ausheber für Gussstücke m <prod> • lifter for castings
aushebern vt <verf> • siphon vt
Aushebescheider m <ents> • suspension magnet
Aushebeschräge f <metall> *(von Gussteilen, Gussformen, Schmiedegesenken)* • draft; taper
Aushebesicherung f <logist> *(zwischen Regalelementen)* • connection locking device
Aushebewinkel m <prod> *(Winkel der Formschräge)* • draft angle
ausheilen vt <metall> *(Gefügefehler etc., durch Wärmebehandlung)* • anneal out vt; correct with annealing vt
Ausheiltemperatur f <metall> • annealing temperature
Ausheilungstemperatur f <metall> • annealing temperature
ausheizen vt <kst> *(beim Vulkanisieren)* • cure completely vt
Ausheizung f <kst> *(von Gummi)* • complete cure; complete vulcanization; full cure
aushöhlen vt <geo> *(durch massive Erosion; z. B. Böschungen, Brückenpfeilerfundamente)* • scour vt; underwash vt
aushöhlen vt <prod> • hollow out vt
Aushöhlung f <bau> *(durch Wasserströmung; z. B. unter Brückenpfeilern)* • undermining; washout
Aushub m <bau> *(Vorgang und Ergebnis; z. B. Baggern und Baugrube)* • excavation

Aushub m <bau> *(Vorgang; Boden oder Grube ausgraben)* • excavation; excavating; digging-out rare
Aushub m <bau.mat> *(das ausgegrabene Bodenmaterial)* • excavated material; excavated soil; excavated earth; excavated ground; spoil
Aushub m <prod> *(zum Entfernen von Spänen)* • swarf-clearing stroke
Aushubboden m <bau.mat> *(das ausgegrabene Bodenmaterial)* • excavated material; excavated soil; excavated earth; excavated ground; spoil
Aushubmasse f <bau.mat> *(das ausgegrabene Bodenmaterial)* • excavated material; excavated soil; excavated earth; excavated ground; spoil
Aushubplan m DIN ISO 10209-4 <bau.doku> • excavation plan ISO 10209-4
Aushubsicherung f <logist> *(zwischen Regalelementen)* • connection locking device
Aushubsprengung f <spreng> • excavation blasting
auskaschieren vt <obfl> *(Innenseite, Hohlraum)* • line vt
auskehlen vt <bau> *(Nut, Kerbe)* • groove vt
auskehlen vt <prod> *(Innenecke, Eckverbindung)* • fillet vt
auskehlen vt <prod> *(tiefe, lange Längsnut)* • channel vt
auskehlen vt <prod> *(Längsnuten, -rillen)* • flute vt
auskehlen vt <prod> *(Passfeder)* • hollow vt
auskehlen vt <prod> *(vertiefen)* • recess vt
Auskehlung f <tech.allg> • fillet; round corner
auskeilen vi <geo.min> *(Gesteinsschicht, Erzader, Kohleflöz)* • edge away vi; pinch out vi; peter out vi coll
auskesseln vt <spreng> • squib vt
Auskesselung f <geo> *(Oberflächenform; z. B. Vulkan, Mar)* • cauldron; caldron
Auskesselung f <geo> *(Prozess; durch Erosion, Auswaschung)* • wash-out
auskippen vt <tech.allg> *(Flüssigkeit, Schüttgut)* • pour out vt
auskippen vt <logist> *(Schüttgut aus Lkw, Kippwaggon etc.; z. B. auf Halde)* • dump vt; dump out vt
auskitten vt <obfl> *(z. B. Riss)* • stop vt; fill vt
ausklammern vt <tech.allg> *(irrelevante Faktoren, Einflüsse)* • factor out vt; leave aside vt; disregard vt; ignore vt
ausklappbares Chassis n <masch> • hinge-out chassis
ausklappen vt <tech.allg> *(z. B. Fenster, Liegestuhl)* • unfold vt
ausklauben vt <tech.allg> *(bestimmtes Material)* • pick out vt; select vt; sort out vt
auskleiden vt <obfl> *(Innenseite; mit bel. Material; z. B. Stoff, Gummi, Leder, Edelstahl)* • line vt
Auskleiden mit Blei n <prod> *(Innenflächen)* • lead lining
Auskleidung f <tech.allg> *(mit bel. Material; z. B. Behältergummierung, Plattierung)* • lining; liner
Auskleidung f <bau> • lining
ausklingen vi <akust> *(Ton)* • die away vi
Ausklingphase f (RT) <av> *(eines Klangs)* • release time (RT)
Ausklingzeit f <av> *(eines Klangs)* • release time (RT)
Ausklinken n DIN 8588 <prod> *(einhubiges Herausschneiden von Flächenteilen)* • notching
ausklinken vr <nukl> *(z. B. Steuerstäbe in Kernreaktor)* • drop out of engagement vi
ausklinken vt <aerospace> *(Abwurflast, geschlepptes Segelflugzeug)* • release vt
ausklinken vt <doku> *(bestimmte Bildelemente abschneiden)* • trim vt
ausklinken vt <masch> *(z. B. Mitnehmer, Sperre, Verriegelung, Last)* • disengage vt; trip out vt; unlatch vt
ausklinken vt <masch> *(Antrieb; unterbrechen)* • interrupt vt
ausklinken vt <nukl> *(Steuerstäbe in DWR)* • unlatch vt

ausklinken vt rar <prod> (Material, für eine Nut- und Feder- oder Zapfenverbindung) • mortise vt

Ausklinkkupplung f <kfz> (Sicherheitslenksäule) • shear capsule

Ausklinkmaschine f <wz.masch> • notching machine

Ausklinkschnitt m <prod> • notching cut

Ausklinkstelle f <aerospace> (eines Segelflugzeugs nach dem Hochziehen) • knock-out point

Ausklinkung f <masch> (Vorgang des Entriegelns) • trip-out

Ausklinkung f <prod> (Kerbe, Nut, Aussparung) • notch

Ausklopfer m <verf.hydr> (zum Säubern von Rechen, Räumern etc.) • knocker

Ausknicken n <mech> (Vorgang; seitl. Ausweichen unter axialer Druckspannung; z. B. Balken) • buckling

ausknicken vi <mech> (unter Last; Balken, Träger, Rohr, Stabelement) • buckle vi

Ausknickung f <mech> (Vorgang; seitl. Ausweichen unter axialer Druckspannung; z. B. Balken) • buckling

Ausknickungsfestigkeit f <mat> • buckling strength

Aus-Knopf m <tech.allg> • stop button

Ausknospen n <bio> (Ausschleusen eines Viruspartikels aus der Zelle) • budding

auskochen vi <tech.allg> • boil off vi

auskochen vt <tech.allg> • boil out vt

auskochen vt <nahr> (um Aromen herauszulösen) • decoct vt

Auskocher m <min> (Sprengtechnik) • blow-out shot; buller shot

Auskocher m <obfl.qualit> (Fehler beim Einbrennen durch Ausgasen) • solvent pop

Auskörner m <agri> • sheller

Auskoffern n <bau> (Straßenunterbau) • roadbed excavation

Auskoffern n <bau> (Vorgang; Boden oder Grube ausgraben) • excavation; excavating; digging-out rare

auskoffern vt <bau> (Tiefbau; z. B. Fundamente für Brücken, Straßen) • excavate vt

Auskofferung f <bau> (Straßenunterbau) • roadbed excavation

auskohlen v <textil> (Wolle) • carbonize v

auskohlen vt <min> (Vorkommen) • extract the coal vt

auskolken vi <wz.masch> (Spanfläche am Werkzeug; durch Verschleiß, Spanreibung) • erode vi; cup vi; crater vi; groove out vi; pit vi

auskolken vt <geo> (durch massive Erosion; z. B. Böschungen, Brückenpfeilerfundamente) • scour vt; underwash vt

auskolken vt <hydr> (z. B. Uferböschungen) • undermine vt

Auskolkung f <tech.allg> (Vertiefungsbildung durch Wind, Wasser, Verschleiß) • erosion

Auskolkung f <bau> (durch Wasserströmung; z. B. unter Brückenpfeilern) • undermining; washout

Auskolkung f <geo> (befreiend, glättend, reinigend) • scouring; scouring-out; scour

Auskolkstelle f <wz.masch> (Krater in der Werkzeug-Spanfläche) • crater

Auskolkung f <wz.masch> (Vorgang; Kraterbildung in der Spanfläche) • crater wear; pitting; surface cratering

Auskoppelfenster n DIN 32511 <phys> (Laser) • output window

auskoppeln vt <phys> (Strahl) • couple out vt

Auskoppelraum m <phys> (Klystron) • catcher space; output gap

Auskoppelspalt m <phys> (Klystron) • catcher space; output gap

Auskoppelspiegel m <astron> • pick-off mirror

Auskoppelspiegel m <opt> (Laser) • output mirror

Auskopplungsfeld n <el> • catcher field

auskragen vi <tech.allg> • cantilever vi; overhang vi; protrude vi; project vi

Auskragung f <tech.allg> (z. B. an einer Wand) • overhang; cantilever; projection

auskratzen vt <obfl> (Behälter etc.) • scrape out vt; scratch out vt

Auskratztechnik f <kunst> (Farbabtrag, zur Fehlerkorrektur od. für Spitzlichter) • scratching technique; scratching

Auskreiden n <obfl> (Entstehen einer pudrigen Oberfläche auf Anstrichen, Kunststoffteilen) • chalking

auskreiden vi <obfl> (Anstriche, Kunststoffe) • chalk vi

Auskreuzen n <füg> (von Fugen) • back chipping; chipping

auskreuzen vt <prod> (Schweißfuge) • chip vt; chip out vt

auskristallisieren vt <chem> • crystallize vi; crystallise vi

Auskunft f <allg> • information

Auskunftsersuchen n <allg> • request for information

auskuppeln vi <kfz.antr> (betont: durch Treten des Kupplungspedals) • step on the clutch pedal vi

auskuppeln vi <kfz.antr> • declutch vi; de-clutch vi GB; disengage the clutch vt

auskuppeln vt <masch> (Antrieb allg.) • disconnect vt

auskuppeln vt <masch> (ausrückbare Kupplung allg.) • disengage vt

Auskuppelvorrichtung f <förd> (z. B. für Gondeln von Umlaufseilbahnen) • jockey

ausladen vt <logist> (etwas komplett leermachen; z. B. Lkw) • empty vt

ausladen vt <logist> (Carrier oder Ware; z. B. Lkw, Waggon, Schiff, Flugzeug; Kisten, Contain) • unload vt; discharge vt

ausladend <tech.allg> (über normalen Umriss hinausgehend; z. B. Lkw-Ladung) • projecting

Ausladerampe f <logist> (z. B. Bahnhof) • unloading platform

Ausladung f <bau> (von Kragträgern, Balken, Balkons etc.) • outreach

Ausladung f <förd> (Kran) • radius

Ausladung f <füg.prod> (Punktschweißzange) • throat; depth of throat; throat clearance

Ausladung f <metall> (Presse) • daylight

ausländisch <allg> (Produkt; z. B. Fahrzeug) • foreign

ausländische Betriebsstätte f <prod> • permanent establishment abroad

Ausläufer m <bio> (einer Pflanze) • runner

Ausläufer m <geo> (eines Gebirges) • foothill

Ausläufer m <geo> (eines Erdbebens) • coda

Ausläufer m CH <logist> (allg.) • courier; express delivery man; courier service man; dispatch service man

Ausläufer m <phys> (Plasma) • streamer

Ausläufer m <verk> (Kurve) • tail

Ausläufer mpl <meteo> (von Hoch- und Tiefdruckgebieten) • fringes pl

Auslage f <druck> (allg.) • delivery

Auslage f <druck> (einer Druckmaschine) • delivery; sheet delivery

Auslage f <werb> (im Schaufenster gezeigte Ware und Werbung) • window display; goods on display

Auslage f <werb> (eines Geschäfts) • shop front US.GB; store front US

Auslagegreifer mpl <druck> • delivery grippers pl

Auslagerbahnhof m <logist> (für ausgelagerte Ladeeinheiten eines RFZ) • output station; delivery station; discharge station; deposit station; dispatch stand

auslagern vt <edv> (Dateien; vom RAM auf Festplatte) • swap vt

auslagern vt <holz> • season vt

auslagern vt <logist> (Ladeeinheiten aus Lager abziehen) • retrieve vt

Auslagerung f <logist> *(von Ladeeinheiten)* • retrieval; output

Auslagerungsanweisung f <logist> *(abstrakt)* • retrieval direction

Auslagerungsanweisung f <logist> *(konkret, ausgedruckt)* • retrieval document

Auslagerungsauftrag m <logist> *(abstrakt)* • retrieval direction

Auslagerungsbereich m <edv> • swapping area

Auslagerungsdatei f <edv> • swap file

Auslagerungsförderer m <logist> *(HRL)* • output conveyor

Auslagerungspuffer m <logist> *(HRL)* • output line

Auslagerungsseite f <logist> • picking face

Auslagerungsspiel n <logist> *(RFZ)* • retrieval cycle

Auslagerungsversuch m <qualit.mat> • exposure test

Auslageverlängerung f <druck> • delivery extension

Auslandsamt n <tele> • international exchange

Auslandsaussteller m <ökon> • foreign exhibitor

Auslandsgespräch n <tele> • international call

Auslandsgespräch mit Durchwahl n <tele> • international directly dialled call

Auslass m ugs <kfz.mot> • exhaust port; outlet *coll*; exhaust passage

Auslass m prakt <rls> *(allg. Auslassöffnung)* • outlet

Auslassbauwerk n <verf> *(von Kanälen; z. B. für Abwasser)* • outlet structure; outfall structure; outfall works *pl*; outlet works *pl*

Auslassbohrung f <kfz.mot> • outlet bore

Auslassdämpfer m prakt.ugs <kfz.emiss> *(Sekundärluftsystem)* • air pump muffler *pract*; air pump diverter muffler *form*

Auslassemissionen fpl <kfz.emiss> • outlet emissions *pl*

auslassen vt <allg> *(bewusst weglassen; z. B. Textstelle, Zahlen)* • omit *vt*

auslassen vt ugs.rar <tech.allg> *(Luft, Gas; z. B. ins Freie)* • vent *vt*

auslassen vt ugs.rar <tech.allg> *(eher große Mengen; z. B. Wasser aus Speicher)* • discharge *vt*

auslassen vt <tech.allg> *(Flüssigkeit ablaufen lassen; z. B. aus Behälter, Rohr)* • drain *vt*; drain off *vt*

auslassen vt <chem.verf> *(Fett)* • render *vt*

auslassen vt <edv> *(Arbeitsschritt, Menüoption)* • skip *vt*

auslassen vt ugs.rar <rls> *(Flüssigkeit ablaufen lassen; z. B.: Öl, Kühlmittel)* • drain *vt*

auslassen vt ugs.rar <verf> *(kleine Mengen; Gas oder Flüssigkeit; z. B. Luft, Dampf)* • bleed *vt*

Auslasshub m <mot> *(4. Takt beim Viertaktmotor)* • exhaust stroke; exhaustion

Auslasskanal m <kfz.mot> • exhaust port; outlet *coll*; exhaust passage

Auslasskanalverkleidung f <kfz.mot> • exhaust-port liner

Auslasskante f <masch> *(z. B. an Steuerkolben, in Zylindern)* • exhaust edge

Auslassnocken m <kfz.mot> • exhaust cam

Auslassnockenwelle f <kfz.mot> • exhaust camshaft

Auslassnockenwellenrad n <kfz.mot> *(für Steuerkette)* • exhaust camshaft sprocket; exhaust cam sprocket

Auslassnockenwellenritzel n <kfz.mot> *(für Steuerkette)* • exhaust camshaft sprocket; exhaust cam sprocket

Auslass öffnet prakt <kfz.mot> • exhaust valve opens

Auslassöffnung f <kfz.emiss> *(an Abgaskatalysator, Schalldämpfer)* • rear opening; outlet

Auslassöffnung f <kfz.mot> *(im Wankelmotor)* • exhaust port

Auslassöffnung f <rls> *(allg. Auslassöffnung)* • outlet

Auslasspumpe f <nahr.prod> *(Speiseeis; Freezer)* • ice cream pump; discharge pump; product discharge pump

Auslassschieber m <rls> • outlet valve

Auslassschleuse f <nav> • outlet sluice

Auslass schließt prakt <kfz.mot> • exhaust valve closes

Auslassschlitz m <mot> *(im Zylinder bei Zweitaktmotor)* • exhaust port; delivery port

Auslassschlitzeinstellung f <holz> *(Sägeapparat)* • gate setting

Auslassseite f <kfz.mot> • exhaust side

Auslasssteuerung f <kfz.mot> • exhaust timing; exhaust control

Auslassstutzen m <hlk> • exhaust connecting branch

Auslassstutzen m <rls> • outlet connection

Auslasstemperatur f Hoyer <prod.nahr> *(Speiseeis)* • drawing temperature; draw temperature; outlet temperature *Hoyer*; freezer discharge temperature; discharge temperature

Auslassüberdeckung f <mot> • exhaust lap

Auslassung f <allg> *(z. B. eines Zeichens, Worts, von Ziffern, Informationen)* • omission

Auslassventil n rare <förd> *(in Pumpe)* • discharge valve; delivery valve; outlet valve; pressure valve; head valve

Auslassventil n (AV) <kfz.mot> *(für Abgas)* • exhaust valve; outlet valve

Auslassventil n <rls> *(für alle Fluide; z. B. Abgas, Wasser, Schlämme)* • outlet valve; discharge valve

Auslassventilabschlussdeckel m <turb> • exhaust-valve lid

Auslassventilführung f <kfz.mot> • exhaust valve guide

Auslassventil mit Natriumfüllung n <mot> • sodium cooled exhaust valve; sodium filled exhaust valve

Auslassventil öffnet (Aö) <kfz.mot> • exhaust valve opens

Auslassventil öffnet vor UT <kfz.mot> • exhaust valve opens BBDC

Auslassventil schließt (As) <kfz.mot> • exhaust valve closes

Auslassventil schließt vor OT <kfz.mot> • exhaust valve closes BTDC

Auslassverlust m <phys> *(z. B. Strömungsmaschine)* • outlet loss

Auslasszeichen n <edv> • ignore character

auslasten vt <ökon> *(Maschinen, Anlagen)* • utilize to full capacity *vt*; use to full capacity *vt*; use to capacity *vt*

Auslastung f <ökon> *(in Prozent der Vollauslastung)* • degree of utilization; utilization

Auslastung f <prod> *(von Personal, Maschinen, Anlagen etc.)* • work load

Auslastung je Kanal f <tele> • per channel loading

Auslastungsfaktor m <ökon> *(allg.; z. B. von Maschinen, Arbeitsräumen, Verkehrsflächen, Betten)* • coefficient of utilization; commercial efficiency; utilization factor

Auslastungsgrad m <ökon> *(in Prozent der Vollauslastung)* • degree of utilization; utilization

Auslastungsplan für eine Maschine m <prod> • machine loading schedule

Auslastungsregelung f <msr> *(Form der adaptiven Regelung)* • adaptive control constraint (ACC); adaptive control with constraint

Auslauf m <tech.allg> *(Öffnung, Ventil; z. B. für Wasser)* • run-off; outlet; drain

Auslauf m <masch> *(Bewegung bis Stillstand; z. B. von Fahrzeug, Maschine)* • coast-down; coming to rest

Auslauf m <metall> *(Schnabel für Flüssigkeit; z. B. von Schmelztiegel)* • spout

Auslaufbahnstück n <logist> *(von Durchlaufregal)* • tiltshelf; tilt-rack

Auslaufbauwerk n <energ> *(von Kraftwerk; für Kühlwasser)* • cooling water discharge structure

Auslaufbauwerk n <verf> *(von Kanälen; z. B. für Abwasser)* • outlet structure; outfall structure; outfall works *pl*; outlet works *pl*

auslaufen vi <tech.allg> *(langsam, mit geringem Volumenstrom)* • bleed vi

auslaufen vi <tech.allg> *(bis Stillstand; z. B. Maschine, Fahrzeug, Schwungrad)* • coast down vi; come to rest vi

auslaufen vi <tech.allg> *(Flüssigkeit aus Gefäß, Rohr etc.; unbeabsichtigt, als Leckage)* • leak vi; leak out vi

auslaufen vi <tech.allg> *(Flüssigkeit aus Behälter, Rohr)* • flow out vi; run out vi

auslaufen vi <masch> *(verschleißen; Gleitlager)* • wear out vi

auslaufen vi <nav> *(Schiff aus Hafen)* • clear the port vi; leave the port vi

auslaufen vi <prod> *(abflachen; z. B. Nut, Rille)* • shallow out vi

auslaufen vt <tech.allg> • flow out vt

auslaufende Flanke f <masch> *(Verzahnung)* • coast side

auslaufende Seite f <prod> • leaving side

auslaufende Seite f <textil> • tail

Auslauffähigkeit f <tech.allg> • fluidity; flowability

Auslauffase f <wz> *(Gewindewalzen)* • runout bevel

Auslaufgeschwindigkeit f <tech.allg> *(z. B. Behälter, Silo)* • discharge velocity

Auslaufgeschwindigkeit f <pap> • stock velocity; speed of the stock

Auslaufgeschwindigkeit f <prod> • delivery speed

Auslaufgeschwindigkeit f <verf> *(an einem Auslassstutzen, Zapfhahn etc.)* • spouting velocity

Auslaufkanal m <kst> *(Folienextrusionsdüse)* • final land

Auslaufklausel f <jur> *(Patentrecht)* • transitional provision

Auslaufmodell n <ökon> • run-out version

Auslaufquotient m <pap> • discharge ratio

Auslaufrille f <prod> • lead-out groove

Auslaufrinne f <förd> • shoot

Auslaufrohr n <rls> • discharge pipe

Auslaufrutsche f <logist> *(von Durchlaufregal)* • tilt-shelf; tilt-rack

Auslaufschräge f <wz> *(Gewindewalzen)* • runout bevel

Auslaufschurre f <nfz> *(für Beton aus Mischtrommel)* • discharge chute; chute pract

Auslaufseite f <tech.allg> • outgoing side

Auslaufseite f <förd> *(Pumpe, Verdichter)* • delivery side

Auslaufseite f <led> *(Maschine)* • feed-out side

Auslaufsicherung f <tech.allg> *(gegen Leckage; z. B. von Batterien)* • leakage protection

Auslaufspur f <edv.av> *(von Speichermedien)* • lead-out; lead-out track; lead-out area; run-out section

Auslaufstern m <pack> *(Dosenprod.)* • outfeed star; discharge turret; outfeed turret

Auslauftrichter m <logist> *(z. B. von Silos)* • outlet hopper; outlet cone

Auslaufverfahren n <el> *(elektrische Maschinen)* • retardation method

Auslaufversuch m <masch> *(z. B. zum Bestimmen der Lagerreibung)* • deceleration test; coast-down test

Auslaufwälzwinkel m <masch> *(Zahnrad)* • angle of recess

Auslaufwinkel m <masch> *(Zahnrad)* • angle of recess

Auslaufzeit f <navig> *(Kreiselparameter)* • run-down time

Auslaugbarkeit f <ents> • leachability

Auslaugbedingung f <ents> • leaching condition

Auslaugbehälter m <verf> • leaching tank; leaching vessel; leaching vat; leach tank

Auslaugbottich m <verf> • leaching tank; leaching vessel; leaching vat; leach tank

Auslaugen n <obfl.holz> • leaching out

auslaugen vt <chem.verf> *(extrahieren)* • extract vt

auslaugen vt <chem.verf> • leach vt; leach out vt; lixiviate vt rare

auslaugen vt <geo> *(Boden)* • eluviate vt

Auslauglösung f <chem> • leaching solution

Auslaugmechanismus m <ents> • leaching mechanism

Auslaugpotential nsg <ents> • leaching potential

Auslaugprüfung f <ents> • leaching test; leachability test; leach test

Auslaugrate f <ents> • leaching rate; leach rate

Auslaugtest m <ents> • leaching test; leachability test; leach test

Auslaugung f <ents> • leaching

Auslaugung des Farbstoffs f <nahr> *(Wein)* • color extraction

Auslaugungshorizont m wiss <geo> • A horizon thsc; eluviated horizon thsc; eluvial horizon; top-soil layer; top soil pract

Auslaugungszone f <geo> • zone of eluviation; leached zone

Auslaugverfahren n <ents> • leaching process

Auslaugverfahren zur Toxizitätskennzeichnung nsg <ents> • Toxicity Characteristic Leaching Procedure (TCCLP)

Auslaugverhalten n <ents> • leaching property

ausleeren vt <allg> *(Behälter; z. B. Flasche, Mülleimer)* • empty vt

auslegen vt <tech.allg> *(für bestimmte Belastungen konstruieren; z. B. eine Brücke)* • design vt

auslegen vt <doku> *(zur Ansicht; z. B. öffentlich)* • put on display vt

auslegen vt <druck> *(Bogen)* • deliver vt

auslegen vt <innen> *(Boden; z. B. mit Teppichbelag)* • cover vt

auslegen vt <mil> *(Minen)* • lay vt

auslegen vt <nav> *(Fischereinetze)* • put out vt

auslegen vt <psych> *(Texte, Bilder)* • interpret vt

Auslegepunkt m <tech.allg> • design point

Ausleger m <tech.allg> *(einseitig befestigter, relativ dünner Arm, Balken, Träger)* • outrigger

Ausleger m <av> *(für Mikrofon; z. B. im Studio)* • boom arm; fishpole pract

Ausleger m <el> *(Hochspannungsmasten)* • cross arm

Ausleger m <kfz> *(Rahmenteil zwischen Längsträger und Fz-Außenkante)* • outrigger

Ausleger m <logist> *(im Kragarmregal)* • cantilever arm

Ausleger m <masch> *(Kran)* • jib; boom

Ausleger m <masch> *(betont: seitlich auskragend)* • side arm

Ausleger m <mil> *(Revolvertrommel)* • yoke; cylinder crane; crane pract

Ausleger m rar <nav> • boom; derrick

Ausleger m <wz.masch> *(radialer Arm; z. B. von Radialbohrmaschine)* • radial arm

Auslegerarm m <logist> *(im Kragarmregal)* • cantilever arm

Auslegerband n <förd> • boom conveyor

Auslegerbohrinsel f <petr> • outrigger drilling platform; outrigger drilling rig

Auslegerbohrmaschine f <wz.masch> • radial drilling machine

Ausleger einziehen vt <förd> *(Derrick-Kran)* • derrick the jib in vt

Auslegerfeder f <masch> • cantilever spring

Auslegergerüst n <bau> • cantilever scaffolding

Auslegerhöhenverstellung f <masch> *(z. B. Kran)* • arm elevation

Auslegerkette f <druck> • delivery chain

Auslegerklemmung f <wz.masch> • arm clamping

Auslegerkopf m <förd> *(Kran)* • boom nose; jib nose

Auslegerkragbrücke f <bau> • cantilever bridge

Auslegerkran m <förd> *(mit kippbarerem Ausleger)* • jib crane

Auslegerkran *m* <förd> *(mit Kragarm-Ausleger)* • cantilever crane

Auslegerkreissäge *f* <wz.masch> • radial-arm circular saw

Ausleger-Kreissäge *f :V* <wz.masch> • radial-arm saw; radial saw

Auslegermast *m* <el> • bracket pole

Auslegerrad *n* <druck> • delivery wheel

Auslegerrechen *m* <druck> • delivery gate

Auslegerregal *n* <logist> • cantilever rack; cantilever racking

Auslegerseil *n* <förd> *(Kran)* • jib cable

Auslegertrommel *f* <druck> • delivery drum

Auslegerverlängerung *f* <förd> *(Kran)* • intermediate jib section; boom extension

Auslegerwinkel *m* <förd> • boom elevation; jib angle

Auslegerwippkran *m* <förd> • derrick

Auslegerzwischenstück *n* <förd> *(Kran)* • intermediate jib section; boom extension

Auslegetisch *m* <druck> • delivery table

Auslegeware *f* <bau.innen> • wall-to-wall carpeting ISO 2424

Auslegung *f* <tech.allg> *(konstruktiv, rechnerisch; z. B. für bestimmte Lastfälle)* • design

Auslegungs... <tech.allg> *(Nennbelastung + Sicherheitszuschlag; z. B. ~druck, ~temperatur)* • design ...

Auslegungsbetrachtungen *fpl* <prod> • design considerations

Auslegungsdaten *pl* <tech.allg> • design data

Auslegungsdruck *m* <tech.allg> *(z. B. Rohr, Dampferzeuger, Gasflasche, Verdichter)* • design pressure

Auslegungsfehler *m* <qualit> *(falsch dimensioniert)* • design fault; dimensioning error

Auslegungsklausel *f* <jur> • application clause

Auslegungslast *f* <tech.allg> • design load

Auslegungsparameter *mpl* <tech.allg> • design parameters *pl*

Auslegungspunkt *m* <tech.allg> • design point

Auslegungsschnelllaufzahl *f* <energ.wind> • design tip sped ratio

Auslegungswasserspiegel *m* <bau.hydr> • design water level

Auslegungswerte *mpl* <tech.allg> • design data

Auslegungswindgeschwindigkeit *f* <energ.wind> • survival wind speed; survival speed; design wind speed *rar*; design speed *rar*; extreme wind speed *IEV 415*

ausleisten *vt* <led> • delast *vt*

Ausleitungskraftwerk *n DIN 4048-2* <energ.hydr> • canal power plant; diversion canal plant; diversion power plant

auslenken *vi* <mech> *(unter Druckspannung seitl. ausweichen; z. B. knicken)* • deflect *vi*

auslenken *vt* <mech> *(aus Ruheposition verdrängen)* • displace *vt*

auslenken *vt* <mech> *(aus Ruhestellung; seitlich, durch Krafteinwirkung; z. B. einen Kragarm)* • deflect *vt*

Auslenkung *f* <mech> *(Schwingung)* • swing

Auslenkung *f* <mech> *(unter Druckspannung; z. B. Knicken)* • deflection

Auslenkung *f* <mech> *(Verdrängung aus Ruheposition)* • displacement

Auslese *f* <tech.allg> • selection

Ausleseband *n* <förd> • sorting conveyor

Auslesen *n DIN 44300* <edv> *(von Daten)* • read-out

Auslesen *n* <edv> • read cycle; reading process; read process; read operation; read *coll*

auslesen *vt DIN 44300* <edv> *(Daten)* • read out *vt*; read *vt pract*

auslesen *vt* <qualit> *(nach Kriterium: gut)* • select *vt*; pick out *vt*

auslesen *vt* <qualit> *(nach Kriterium: schlecht)* • sort out *vt*

Auslesepaarung *f* <prod> • selective assembly

Ausleseprüfung *f* <qualit> • screening inspection; screening test

Ausleserate *f* <av> *(Tonaufzeichnung; z. B. von CD-Laufwerken)* • sampling rate; sample rate

Ausleserichtung *f* <edv.av> *(z. B. von Sampledaten)* • play direction

Ausleseschicht *f* <edv> • read layer

Auslesung in Reflexion *f* <edv> *(opt. Speichermedien)* • reflective read

ausleuchten *vt* <phot> *(z. B. Szene, Studio, Stillleben, Model)* • illuminate *vt*

Ausleuchtung *f* <phot> *(z. B. einer Szene, eines Studios, Stilllebens, Models)* • illumination *sg*

auslichten *vt* <agri> *(Pflanzen vereinzeln)* • single *vt*

auslichten *vt* <agri> *(Bäume)* • thin *vt*

Auslichter *m* <agri> *(Rüben)* • root thinner

Auslieferkontrolle *f* <qualit> • delivery inspection

ausliefern *vt* <logist> *(fertiges Produkt; z. B. Auto, Dampferzeuger)* • ship *vt*

Auslieferung *f* <logist> *(z. B. ab Werk, Lager)* • shipment

Auslitern *n* <kfz> *(Kofferraumvolumen)* • cargo capacity measurement *:V*

Auslitern *n* <kfz.mot> *(Hubraum)* • cc-ing *pract*

auslöschen *vr* <opt> *(Strahlen)* • interfere destructively *vi*

auslöschen *vt* <tech.allg> *(absolut ausradieren, völlig tilgen)* • obliterate *vt*

auslöschen *vt* <el> *(Lichtbogen; z. B. zwischen Leistungsschalterkontakten)* • quench *vt*

auslöschen *vt ugs.rar* <feuer> *(Flammen, Feuer, Brand)* • extinguish *vt*

Auslöschung *f* <tech.allg> *(jedweder Spuren von etw.)* • obliteration

Auslöschung *f* <tech.allg> • extinction

Auslöschung *f* <bio> *(von Species; z. B. einer Tierart)* • extinction

Auslöschung *f* <opt> *(von Strahlen)* • destructive interference

Auslöschung benachbarter Störer *f* <tele> • infinite adjacent-channel rejection

Auslöseader *f* <tele> • release wire

Auslöseeinrichtung *f* <masch> • tripping mechanism; kick-out

Auslöseelektrode *f* <el> • trigger electrode

Auslöseelektronen *pl* <phys> *(Koronaentladung)* • trigger electrons *pl*

Auslösefeder *f* <masch> • release spring

Auslösefunkenstrecke *f* <el> • exciting spark gap; trigger gap

Auslösefunktion *f* <el> • triggering function

Auslösegerät *n* <kfz.sich> *(Airbag, Gurtstraffer)* • triggering unit; triggering device

Auslösegesamtzeit *f* (AGZ) <mil> *(einer Schusswaffe)* • total release time

Auslösegriff *m* <masch> • release handle

Auslösehebel *m* <agri> *(Kehrpflug)* • turning link rod

Auslösehebel *m* <masch> *(allg.)* • release lever; trip lever; actuating lever; actuating arm

Auslösehebel *m* <masch> *(bei Sperrklinkenmechanismus o.ä.)* • detent lever

Auslöseimpuls *m* <el> *(zum Initiieren von Vorgängen)* • initiating pulse; trigger pulse

Auslöseimpuls *m* <el> *(betont: erster Impuls, Vorsteuerimpuls)* • pilot pulse

Auslöseimpuls *m* <el> *(zum Freigeben, Entriegeln von etw.)* • release pulse

Auslöseimpuls für Ablenkspannung *m* <el> *(Bildröhre)* • sweep-initiating pulse

Auslöseklinke *f* <masch> • release pawl; trip pawl
Auslöseknopf *m* <msr> *(allg.)* • release button; action key
Auslöseknopf *m* form <phot> *(für Kameraverschluss)*
• shutter release button; operating button; shutter release
Auslöseknopf für Motorbetrieb *m* <phot> *(bei Motorkameras, im Ggs. zu mech. Auslöser)* • operating button
Auslösekontakt *m* <el> • release contact
Auslösekurvenhebel *m* <masch> • trip cam lever
Auslösemagnet *m* <el> • release magnet; trigger magnet
Auslösemagnet für Verschlussvorhang *m* <phot>
• shutter curtain release magnet
Auslösen *n* <kfz> *(des Airbags)* • deployment; triggering
auslösen *vi/vt* <kfz.sich> *(Airbag)* • deploy *vi/vt*; actuate *vi/vt*; trigger *vt*
auslösen *vt* <tech.allg> *(z. B. Kettenreaktion, Riss)* • initiate *vt*
auslösen *vt* <tech.allg> *(z. B. Aktion, Signal, Impuls)*
• trigger *vt*; actuate *vt*
auslösen *vt* <mech> *(z. B. Endschalter, Mechanismus)*
• trip *vt*
Auslösenadel *f* <msr> *(Signal, Impuls)* • triggering spike
auslösender Drehmomentschlüssel *m* <wz> *(typ. mit Mikrometerskala am Griff und mit fühl-, hörbarer Auslösung)* • click type torque wrench; micrometer [type] torque wrench; automatic cut-out torque wrench *GB*; break-away torque wrench *US.rare*; clutch type torque wrench *US.rare*
Auslösen des Schaltsignals eines Näherungsschalters *n* <msr> • actuation of a proximity switch; attenuation of a proximity switch; operating of a proximity switch
auslösendes Signal *n* <msr> • trip signal; actuating signal
Auslösequittungszeichen *n* <tele> • release guard signal
Auslöser *m* <tech.allg> *(elektrisch, mechanisch)* • trigger
Auslöser *m* <edv> *(Handscanner, Hand-Lesepistole, EIN/AUS-Schalter)* • trigger switch
Auslöser *m* <masch> *(z. B. Sperre, Klinke, Endschalter)*
• release; tripping device; trip
Auslöser *m* prakt <phot> *(für Kameraverschluss)* • shutter release button; operating button; shutter release
Auslöserelais *n* <el> *(zum Starten eines Vorgangs)* • initiating relay
Auslöserelais *n* <el> *(zum Freigeben, Entriegeln)* • release relay; tripping relay
Auslöseschalter *m* <el> *(zum Freigeben, Entriegeln)*
• release switch; tripping switch; trip switch
Auslöseschalter *m* <el> *(zum Starten eines Vorgangs)*
• trigger switch
Auslöseschaltung *f* <el> *(mit Freigabefunktion)* • release circuit; tripping circuit; trip circuit
Auslöseschwelle *f* <msr> *(Messwert, Impulsamplitude; für Sensoren, Warnmelder etc.)* • minimum triggering level; threshold
Auslösesicherung *f* <el> *(Schmelzsicherung)* • tripping fuse
Auslösesignal *n* <el> • initiate signal; trigger signal; initiating signal
Auslösespannung *f* <el> • release voltage; tripping voltage
Auslösesperre *f* <phot> *(verhindert Doppelbelichtungen)*
• double-exposure lock
Auslösespule *f* <el> • trip coil
Auslösestab *m* <druck> *(Setzmaschine)* • key rod
Auslösestift *m* <masch> • detent pin
Auslösestrom *m* <el> • release current; tripping current
Auslösestromkreis *m* <el> *(mit Freigabefunktion)* • release circuit; tripping circuit; trip circuit
Auslösetaste *f* <msr> *(allg.)* • release button; action key

Auslöseventil *n* <rls> • release valve
Auslöseverzug *m* <msr> • release delay; tripping delay
Auslösevorgang *m* <masch> • releasing action
Auslösewählbarkeit *f* <el> • trigger selectability
Auslösezähler *m* <nukl> • self-quenching counter
Auslösezählrohr *n* <nukl> • Geiger-Müller counter; Geiger-Müller counter tube; release counter
Auslösezeichen *n* <tele> • release guard signal; clear-forward signal; release signal
Auslösezeit *f* <el> • release time
Auslösezeit *f* <nukl> • time of liberation
Auslösezeitpunkt *m* <msr> • trigger time; time of triggering
Auslösung *f* <tech.allg> • actuation; triggering
Auslösung *f* <tech.allg> *(z. B. e. Kettenreaktion)* • initiation
Auslösung *f* <tech.allg> *(Freigabe; z. B. einer Feder)*
• release
Auslösung *f* <chem> *(von Stoffen, mit Lösungsmitteln)*
• dissolving-out
Auslösung *f* <mech> *(z. B. von Endschaltern)* • tripping
Auslösung *f* <tele> *(einer Leitung, Verbindung)* • disconnection; clear-down; clearing
Auslösungsanschlag *m* <wz.masch> • trip dog
Auslösungseinrichtung des Fallschirmsystems *f*
<aerospace> • parachute deployment device
auslöten *vt* <el> *(Bauteile aus einem Schaltkreis)* • unsolder *vt*
ausloggen *vr* prakt <edv> *(aus System, LAN)* • log off *vi*; log out *vi*
ausloten *vt* <allg> *(Tiefe; Meer, tiefes Loch; Situation, Ansichten von Personen)* • sound *vt*; plumb *vt*
ausloten *vt* <nav> *(Tiefe)* • fathom *vt*
Ausmahlungsgrad *m* <verf> • fineness degree
Ausmaß *n* <allg> *(Reichweite; z. B. von Schäden, Einflüssen)* • extent
Ausmaß *n* <tech.allg> *(Größenordnung; z. B. von Schäden)* • amount; degree
Ausmaß der Verschmutzung *n* <ökol> • pollution level
Ausmaß der Verseuchung *n* <ökol> • level of contamination
Ausmaß eines Mangels *n* <qualit> • size of a defect
ausmauern *vt* <bau> *(Gebäude, Ofen, Herd)* • brick-line *vt*
Ausmauerung *f* <bau> *(allg.; Gebäude, Ofen, Herd)*
• brick lining; brickwork; bricking *pract*
Ausmauerung *f* <bau> *(Fachwerk)* • nogging
Ausmauerung *f* <metall> *(eines Ofens, Konverters)* • refractory lining; lining
ausmessen *vt* <msr> *(z. B. Zimmer, Behälter, Raum)*
• check the dimension of *vt*; check the dimensions of *vt*; measure *vt*
ausmitteln *vt* <math> *(Durchschnittswert bilden)* • average *vt*
ausmitten *vt* rar <tech.allg> *(z. B. Werkstück, Werkzeug, Text, Bild)* • center *vt*
ausmustern *vt* <ökon> • remove from service *vt*; take out of service *vt*
ausnähen *vt* <textil> • mend *vt*; darn *vt*
Ausnähmaschine *f* <textil> • mending machine
Ausnahme *f* <allg> • exception
Ausnahmebedingung *f* <edv> • exceptional condition; exception condition
Ausnahmebedingungskode *m* <edv> • exceptional condition code
Ausnahmefall *m* <allg> • exceptional case
Ausnebeln *n* <obfl> • fading the edge
Ausnehmenadel *f* <textil> • designer's needle
Ausnehmerglas *n* <textil> • pick glass; pick counter

Ausnehmung *f rar* <tech.allg> *(Vorgang und Ergebnis; z. B. nutförmig)* • recess

Ausnutwerkzeug *n* <wz> • grooving tool

ausnutzbarer Bereich aerodynamischen Auftriebs *m* <aerospace> • effective aerodynamic atmosphere

ausnutzbares Gefälle *n* <energ.hydr> *(Höhenunterschied zw. zwei Wasserspiegeln)* • head; potential head; fall

ausnutzen *vt* <ökon> *(ausbeuterisch; Personen)* • exploit *vt*

Ausnutzungsfaktor *m* <tech.allg> • plant load factor

Ausnutzungsfaktor *m* <el> *(Transformatorwicklung)* • space factor

Ausnutzungsfaktor *m rar* <ökon> *(allg.; z. B. von Maschinen, Arbeitsräumen, Verkehrsflächen, Betten)* • coefficient of utilization; commercial efficiency; utilization factor

auspechen *vt* <obfl> *(z. B. Fässer)* • pitch *vt*

auspflocken *vt* <geo> *(Vermessungswesen)* • stake *vt*

Auspolieren *n* <obfl.holz> *(von Schelllackresten)* • spiriting-out

auspoliert <obfl> *(z. B. Möbelstücke)* • polished; microfinished *rare*

ausportionieren *vt* <nahr> *(Speiseeis)* • dip *vt*; scoop *vt*

Auspressen *n rar* <nahr> *(von Weintrauben)* • pressing

auspressen *vt* <tech.allg> • press out *vt*

auspressen *vt* <masch> *(z. B. Keil, Stift)* • drive out *vt*; force out *vt*

auspressen *vt* <nahr> *(Frucht, Saft)* • squeeze out *vt*

Auspressgeschwindigkeit *f* <prod> • discharge speed

Auspressverfahren *n* <bau> • pressure grouting

ausprobieren *vt* <qualit> *(versuchsweise etwas tun)* • try *vt*; check *vt*

ausprüfen *vt* <qualit> • test out *vt*; check out *vt*; debug *vt coll*

Auspuff *m ugs* <kfz.emiss> *(von Kfz)* • exhaust system

Auspuffanlage *f prakt* <kfz.emiss> *(von Kfz)* • exhaust system

Auspuffbetrieb *m* <masch> *(Dampfmaschine)* • noncondensing working

Auspuffdampfmaschine *f* <bahn> • non-condensing steam engine; non-condensing engine

Auspuffdichtung *f* <mot.emiss> *(in Abgasanlagen; z. B. von Kfz-Motoren, Schiffs-, Notstromdieseln)* • exhaust gasket

Auspuffendrohr *n* <kfz.emiss> *(Abgasanlage)* • tailpipe; tailspout; spout *coll*; outlet *GB*

Auspuffflammendämpfer *m* <kfz> • exhaust flame damper

Auspuffgas *n ugs* <kfz.emiss> *(aus Kfz)* • exhaust gas; exhaust *coll*

Auspuffgeräusch *n* <kfz.emiss> • exhaust noise

Auspuffhub *m rar* <mot> *(Kolbenmotor; von UT nach OT)* • exhaust stroke; exhaust cycle

Auspuffkanal *m* <mot> • exhaust passage

Auspuffkitt *m* <kfz> • muffler cement

Auspuffklappe *f* <kfz> • muffler cut-out

Auspuffklappenbremse *f* <nfz.mot> • exhaust brake; exhaust brake retarder; engine retarder

Auspuffknallen *n* <kfz.el> *(in der Auspuffanlage; außerhalb des Fz. sehr laut hörbar)* • backfire; backfiring; misfiring; misfire; false firing *rare.obs*

Auspuffkrach *m derog* <kfz.emiss> • exhaust noise

Auspuffkrümmer *m ugs.prakt* <mot> • exhaust manifold ISO 7967-4

Auspufflack *m* <kfz.obfl> • enamel for exhaust systems

Auspufflärm *m ugs* <kfz.emiss> • exhaust noise

Auspuffleitung *f prakt.ugs* <kfz.emiss> • exhaust pipe

Auspuff-Lösewerkzeug *n* <kfz.wz> • muffler-tailpipe tool

Auspufföffnung *f ugs* <kfz.emiss> *(Abgasanlage)* • tailpipe; tailspout; spout *coll*; outlet *GB*

Auspuffpatschen *n* <kfz.el> *(in der Auspuffanlage; ausserhalb des Fz. sehr laut hörbar)* • backfire; backfiring; misfiring; misfire; false firing *rare.obs*

Auspuffrohr *n ugs* <kfz.emiss> • exhaust pipe

Auspuff-Rohrabschneider *m* <kfz.wz> • exhaust and tailpipe cutter; tailpipe cutter

Auspuff-Rohrerweiterer *m* <kfz.wz> • exhaust and tailpipe expander; tailpipe expander *pract*

Auspuffrückstau *m* <mot> *(bei Zweitaktmotoren)* • exhaust backpressure

Auspuffschlitz *m* <mot> *(im Zylinder bei Zweitaktmotor)* • exhaust port; delivery port

Auspuff-Sound *m ugs.werb* <kfz.akust> *(angenehm; z. B. von Ferrari-Motoren oder V8-Brabbeln)* • exhaust note

Auspuffstaudruck *m* <mot> *(bei Zweitaktmotoren)* • exhaust backpressure

Auspuff-Stoßaufladung *f* <kfz.emiss> • exhaust pulsecharging

Auspuffsystem *n* <kfz.emiss> *(von Kfz)* • exhaust system

Auspufftakt *m* <mot> *(Kolbenmotor; von UT nach OT)* • exhaust stroke; exhaust cycle

Auspuffton *m* <kfz.akust> *(angenehm; z. B. von Ferrari-Motoren oder V8-Brabbeln)* • exhaust note

Auspufftopf *m prakt-ugs* <kfz> *(Auspuffsystem)* • muffler *US*; silencer *GB*

Auspufftopf *m prakt.ugs* <kfz.emiss> *(Auspuffanlage)* • muffler *US*; silencer *GB*; box *BE.coll*

Auspufftopfaufhängung *f prakt.ugs* <kfz.emiss> • muffler hanger assembly

Auspuff-Trennmeißel *m* <kfz.wz> • muffler and tailpipe chisel; muffler tool

auspumpen *vt* <förd> *(Behälter, Raum, System; betont: völlig leer; auch luftleer)* • evacuate *vt*

auspumpen *vt* <förd> *(eine Flüssigkeit, einen Behälter, Raum; z. B. einen überfluteten Keller)* • pump out *vt*

ausquetschen *vt* <verf> *(z. B. Frucht, Schwamm)* • squeeze out *vt*

ausräuchern *vt* <hygi> *(Schädlinge)* • fumigate out *vt*; fumigate *vt*

ausräuchern *vt* <verf> *(z. B. Fass)* • smoke *vt*

ausrasten *vt* <masch> *(z. B. Stift, Klinke)* • disengage *vt*

ausrechnen *vt* <allg> *(z. B. Summe, Preis, Wahrscheinlichkeit)* • calculate *vt*; compute *vt*

ausrechnen *vt ugs* <math> • compute *vt*; calculate *vt*

ausrecken *vt* <led> *(Leder)* • set out *vt*; put out *vt US*; strike out *vt*; cank *vt*

ausrecken *vt* <prod> • lengthen *vt*; stretch *vt*

Ausreckmaschine *f* <led> • setting-out machine; putting-out machine *US*; striking-out machine

Ausreckschlicker *m* <led> • setting-out slicker; setting-out sleeker

Ausrecktisch *m* <led> • setting-out table

Ausreckwalze *f* <led> • setting-out cylinder

Ausreckzylinder *m* <led> • setting-out cylinder

ausregeln *vr* <msr> *(System)* • settle *vi*

ausregeln *vt* <msr> *(Abweichungen korrigieren)* • correct *vt*

Ausregelzeit *f* <msr> • correction time; settling time

ausreiben *vi* <druck> *(Klischee)* • rub out *vi*

ausreiben *vt* <wz> *(Bohrung)* • ream *vt*; ream out *vt*

ausreifen *vi* <bio> *(allg.)* • ripen fully *vi*

ausreifen *vi rar* <nahr> *(z. B. Käse, Wein)* • mature *vi*; age *vi*

ausreißen *vt* <allg> *(z. B. Haar)* • pull out *vt*; tear out *vt*

ausreißen *vt* <masch> *(Gewinde allg.)* • strip *vt*

ausreißen *vt* <masch> *(Außengewinde)* • strip off *vt*

ausreißen *vt* <masch> *(Innengewinde)* • strip out *vt*

Ausreißer m <mil> *(Schuss, der abseits einer Gruppe von Schüssen auf der Scheibe liegt)* • stray bullet; flyer
Ausreißer m DIN ISO 5725-1 <qualit.msr> *(in statistischer Reihe; z. B. Messreihe)* • outlier *ISO 5725-1*
ausreiten vi <nav> *(beim Segeln)* • sit out vi
Ausreitgurt m <nav> *(Segelboot)* • toe strap; hiking strap US
Ausrichtemarke f <büro> *(allg.; z. B. auf Kopiergerät)* • guide mark
Ausrichtemarke f <druck> *(auf Bögen, Platten, Filmen, Overlays)* • register mark
Ausrichten n <tech.allg> *(in eine Reihe/Linie bringen)* • alignment
ausrichten vr/vt <phys> *(Magnetpartikel; z. B. auf magn. Datenträgern)* • orient vi/vt; align vi/vt
ausrichten vt <tech.allg> *(auf ein entferntes Objekt oder eine Richtung; z. B. nach Norden)* • orient vt; orientate vt
ausrichten vt <tech.allg> *(in einer Linie; z. B. Projektor und Leinwand)* • align vt
ausrichten vt <bau> *(symmetrisch, horizontal etc.; z. B. Rahmen, Balken)* • true vt
ausrichten vt <büro> *(Abstimmung des Kopierpapiers auf den Fotoleiter)* • register vt
ausrichten vt <büro> *(Papier auf dem Vorlagenglas bei Scanner oder Kopierer)* • position vt
ausrichten vt <druck> *(Papierbogen, Filme, Druckplatten)* • register vt
ausrichten vt <mil> *(in einer Linie; z. B. Soldaten beim Antreten, Fahrzeuge)* • line up vt; arrange in line vt
ausrichten vt <min> *(Schacht, Grube)* • develop vt
ausrichten vt <prod> *(Formen, Komponenten aneinander angleichen)* • fair vt
ausrichten vt <kfz> *(Blechschaden; z. B. Beule, Delle)* • dress vt; true up vt
Ausrichten der Druckposition n <druck> • print position adjustment
Ausrichtkante f <prod> • match edge
Ausrichtmarkierung f <kfz.mot> *(für Nockenwellenstellung)* • timing mark; alignment mark; indexing mark
Ausrichtschranke f <druck> *(z. B. in Kopierer)* • registration gate
Ausrichtung f <tech.allg> *(Lage von Objekten zueinander; z. B. Fasern, Magnetpartikel, Gebäude)* • alignment; orientation
Ausrichtung f <tech.allg> *(direktionale Verteilung)* • directional distribution
Ausrichtung f <tech.allg> *(in einer Ebene)* • leveling US; levelling GB
Ausrichtung f <tech.allg> *(Orientierung; z. B. nach Osten, Norden etc.)* • orientation
Ausrichtung f <bau> *(Vorgang; von Bauteilen, z. B. von Fenster-, Türrahmen)* • orientation
Ausrichtung f <min> *(Bergwerk)* • development; opening-up
Ausrichtung f <phys> *(von Teilchen)* • orientation; magnetic alignment; alignment
Ausrichtung f <textil> *(Webstuhlteile)* • gating
Ausrichtung auf integrale Grenzen f <edv> • boundary alignment
Ausrichtungsbau m <min> • development opening; development drift
Ausrichtungsberge mpl <min> • development rock
Ausrichtungsfehler m <prod> • error of alignment
ausrollen vi <kfz> *(ohne zu bremsen, bis zum Stillstand; z. B. Pkw)* • coast down vi
ausrollen vt <tech.allg> *(z. B. Verlängerungskabel, Teppich)* • roll out vt
Ausrollfinger m <textil> *(Ausbreitvorrichtung)* • uncurling finger

Ausrollstrecke f <aerospace> • rolling distance; touch-down-to-stop distance
Ausrückanschlag m <masch> • disengagement stop
ausrückbare Kupplung f <antr> *(allg. Oberbegriff für formschlüssige und Reibungskupplungen)* • clutch
Ausrückeinrichtung f <masch> *(z. B. Klaue, Gabel, Nocke)* • disengagement device; disengaging device; cut-out device; throwout
ausrücken vt <masch> *(Reibungskupplung)* • declutch vt; release vt
ausrücken vt <masch> *(z. B. Kupplung, Schlossmutter, Schnecke)* • disengage vt; disconnect vt; cut out vt; throw out vt
ausrücken vt <prod> *(Zahnräder, Getriebe)* • demesh vt; unmesh vt
Ausrücker m prakt <kfz.antr> • clutch release bearing; throwout bearing pract; release bearing pract
Ausrückgabel f <kfz.antr> • clutch release lever/yoke; throwout lever/fork/yoke; release lever; clutch fork; actuating lever
Ausrückhebel m prakt <kfz.antr> • clutch release lever/yoke; throwout lever/fork/yoke; release lever; clutch fork; actuating lever
Ausrückhebel m <masch> *(allg.)* • release lever; disengaging lever; disconnecting lever
Ausrückknagge f <masch> • stopping pawl
Ausrückkupplung f <antr> *(allg. Oberbegriff für formschlüssige und Reibungskupplungen)* • clutch
Ausrücklager n <tech.allg> *(allg.)* • release bearing
Ausrücklager n prakt <kfz.antr> • clutch release bearing; throwout bearing pract; release bearing pract
Ausrückmuffe f <masch> • disengaging sleeve
Ausrückplatte f <kfz.antr> • clutch thrust plate; thrust plate pract
Ausrückung f <masch> *(von in Eingriff stehenden Teilen)* • disengagement
Ausrückwelle f <antr> • clutch release shaft
ausrüsten vt <tech.allg> *(z. B. Gebäude, Schiff)* • equip vt; fit out vt
ausrüsten vt <nav> *(Schiff)* • rig up vt
ausrüsten vt <textil> *(mit Appretur etc.)* • finish vt
Ausrüstung f <tech.allg> *(für einen Zweck, für Handlungen; z. B. Werkstatt, Freizeit, Sport)* • equipment; outfit coll
Ausrüstung f <tech.allg> *(Gerätetechnik, Anlagen)* • rig
Ausrüstung f <bau> • outfit
Ausrüstung f <nav> *(von Schiffen)* • outfit
Ausrüstung f <textil> *(z. B. Appretur)* • finishing; finish
Ausrüstung für gleislosen Betrieb f <min> • off-track equipment
Ausrüstung mit Minimalauftrag von Ausrüstungsflott f <textil> • low add-on finish; low add-on treatment
Ausrüstungsarbeiten fpl <bau> • outfitting
Ausrüstungsarbeiten fpl <nav> • fitting-out work
Ausrüstungsart f <textil> *(z. B. flammwidrig, wasserabweisend)* • finishing treatment
Ausrüstungsbecken n <nav> • outfitting berth; fitting-out berth; outfitting basin; fitting-out basin
Ausrüstungs- bzw. Einrichtungssysteme npl <petr> • equipment and accommodation systems pl
Ausrüstungsdock n <nav> • outfitting berth; fitting-out berth; outfitting basin; fitting-out basin
Ausrüstungsgegenstände mpl <tech.allg> • equipment
Ausrüstungskai m <nav> • outfitting quay; fitting-out quay
Ausrüstungskran m <nav> • fitting-out crane
Ausrüstungsmethode f <textil> • finishing method
Ausrunden n <prod> *(von Ecken)* • radiusing
ausrunden vt <edv> *(Linie, Ecke; z. B. per CAD)* • fillet vt; round vt

ausrunden *vt* <prod> *(scharfe Kante)* • ease *vt*
ausrunden *vt* <prod> *(Ecke, Kante)* • radius *vt*
ausrunden *vt* <prod> *(Kehlnaht, Innenseite eines Eck-stoßes)* • fillet *vt*
Ausrundung *f* <tech.allg> *(einer Ecke, innen oder außen; z. B. Abrundung, Hohlkehle)* • round corner
Ausrundung *f* <edv> *(konkav; Hohlkehle)* • fillet
Ausrundung am Gewindegrund *f* <masch> *(Gewinde)* • rounded root; radiused root; curved root *rare*
Ausrundungsfläche *f* <edv> • fillet surface
Aussaat *f* <agri> *(von Saatgut)* • sowing
Aussaatmenge *f* <agri> • seed rate
Aussaattiefe *f* <agri> • depth of sowing; depth of drilling; sowing depth
Aussaat vom Flugzeug aus *f* <agri> • aerial seeding
aussäen *vt* <agri> *(Saatgut)* • sow *vt*
Aussage *f* <math> • statement; proposition
aussagekräftig <allg> *(mit Informationswert; z. B. Mess-, Testergebnisse)* • meaningful
aussagekräftig <math> *(realistisch; z. B. Stichprobe, Umfrage)* • representative
Aussagenkalkül *m* <math> • sentential calculus; propositional calculus
Aussagenlogik *f* <math> • logic of propositions; propositional logic; sentential logic
Aussalzeffekt *m* <chem> • salting-out effect
aussalzen *vi* <chem> • salt out *vi*; grain *vi*
ausschachten *vt* <bau> • excavate *vt*
Ausschachtung *f* <bau> • excavation; excavation of soil
ausschärfen *vt* <led> *(Kanten)* • skive *vt*
ausschäumen *vt* <tech.allg> *(z. B. Hohlräume in Booen)* • fill with foam *vt*
Ausschäummasse *f* <kfz> *(Produkt für Hohlraumver-siegelung)* • pour-and-set foam *pract*
Ausschäumschutz *m* <alarm> • foam detector; anti-foam system
Ausschäumüberwachung *f* <alarm> • foam detector; anti-foam system
Ausschäumung *f prakt* <kfz> *(Produkt für Hohlraumver-siegelung)* • pour-and-set foam *pract*
Ausschalen *n* <bau> • form stripping
ausschalen *vt* <bau> *(Beton-Schalung entfernen)* • strike formwork *vt*; strip formwork *vt*; dismantle the formwork *vt*
Ausschaltbefehl *m* <el> • switch off command; breaking command
Ausschaltdauer *f* <el> • total break time
ausschalten *vt* <tech.allg> *(eliminieren; z. B. Störungsur-sachen, Fehlerquellen)* • eliminate *vt*
ausschalten *vt ugs* <tech.allg> *(komplexes System; z. B. Anlage, Maschine, Betriebssystem)* • shut down *vt*; close down *vt*
ausschalten *vt* <el> *(Kleingeräte; z. B. Licht, Geschirrspüler, Fernseher)* • switch off *vt*; turn off *vt coll*
ausschalten *vt* <el> *(trennen, z. B. Maschine vom Netz)* • cut off *vt*; disconnect *vt*
ausschalten *vt* <el> *(betont: Stromversorgung trennen; kleine und große Verbraucher)* • de-energize *vt*
ausschalten *vt* <el> *(allg.; z. B. Anlagen, Systeme, Ge-räte, Verbraucher)* • switch off *vt*
ausschalten *vt* <masch> *(abkoppeln; z. B. Antrieb)* • dis-engage *vt*
ausschalten *vt* <masch> *(betont: laufenden Vorgang stoppen; z. B. Maschine, Förderband)* • interrupt *vt*
Ausschalter *m* <el> *(unterbricht die Stromzufuhr)* • inter-rupter
Ausschalter *m* <el> • circuit breaker; contact breaker; breaker; cut-out; disconnecting switch *rare*
Ausschalter für Notfälle *m* <sich> • emergency cut-out; emergency stop

Ausschaltimpuls *m* <el> • off-impulse
Ausschaltknopf *m* <tech.allg> • stop button
Ausschaltkurve *f* <el> • switch-off graph; release curve
Ausschaltleistung *f* <el> • breaking capacity
Ausschaltlichtbogen *m* <el> • break arc
Ausschaltpotential *n DIN 50900-2* <el> • off-potential
Ausschaltpunkt *m* <msr> • switch-off point; release point
Ausschaltrelais *n* <el> • cut-off relay
Ausschaltstellung *f* <tech.allg> • off-position
Ausschaltstrom *m* <el> *(Stromstärke beim Ausschalten)* • interrupting current; breaking current
Ausschaltstrom *m* <el> *(als Kenngröße von Unterbre-chern; maximal schaltbare Stromstärke)* • breaking capa-city *km*
Ausschaltstromstoß *m* <el> • circuit-breaking transient current
Ausschalttor *n* <el> • switch-off gate
Ausschaltung *f* <el> *(z. B. von Geräten, Maschinen)* • switching-off; circuit breaking; turning-off; cut-off; cut-out
Ausschaltung *f* <mech> • disengagement
Ausschaltvermögen *n* <el> *(von Relais, Unterbrechern, Leistungsschaltern)* • circuit-breaking capacity; contact current-breaking capacity
Ausschaltverzögerung *f* <el> *(von Relais, Unterbre-chern)* • off-delay; shut-off delay; turn-off delay
Ausschaltverzug *m* <el> *(von Relais, Unterbrechern)* • off-delay; shut-off delay; turn-off delay
Ausschaltverzug eines photoelektrischen Nähe-rungsschalters *m EN 60947* <el> • turn off time of a photoelectric proximity switch *EN 60947*
Ausschaltwindgeschwindigkeit *f IEV 415* <energ. wind> • cut-out wind speed *IEV 415*; cut-out speed; furling speed *obs*
Ausschaltzeit *f* <tech.allg> *(Zeitraum, in dem etw. aus-geschaltet ist)* • off-period
Ausschaltzeit *f* <av> *(Ende von Timer-Aufnahmen)* • end-ing time
Ausschaltzeit *f* <el> *(Zeitpunkt der Kontaktunterbrechung)* • break time; turn-off time
Ausschaltzustand *m* <el> • off-state
ausschaufeln *vt* <bau> *(mit kleiner Handschaufel)* • scoop *vt*
Ausscheiden *n* <phys> *(von Sedimenten, Schwebstoffen; Vorgang)* • settling; settlement
ausscheiden *vi* *(durch kleine Öffnungen, Poren; typ. Flüs-sigkeit)* • exude *vt*; ooze (out) *vt coll*; sweat *vt*
ausscheiden *vt* <tech.allg> *(entfernen; z. B. Ausschuss)* • eliminate *vt*
ausscheiden *vt* <bio> *(aus Drüsen etc.; Exkremente)* • excrete *vt*
ausscheiden *vt rar* <verf> *(chemisch/physikalisch tren-nen/entfernen; z. B. Staub, Schadstoffe)* • remove *vt*
ausscheiden *vt rar* <verf> *(allg. sammeln in Filter/Ab-scheider; z. B. Staub, Verunreinigungen)* • collect *vt*; re-move *vt*; separate *vt*; trap *vt*; catch *vt*
ausscheiden *vt rar* <verf> *(als Niederschlag, Beschich-tung, Überzug)* • deposit *vt*
Ausscheidung *f* <chem> *(Trennung, z. B. von Emulsio-nen; z. B. Lacke und Spachtelmasse)* • separation
Ausscheidung *f* <obfl> *(aus feinen Poren; z. B. von Feuchtigkeit)* • exudation; exudate
Ausscheidung *f rar* <obfl> *(Ergebnis; an Wandung, Bo-den; z. B. Rückstände, Schlacke, Kalk)* • deposit
Ausscheidung *f* <qualit> *(Vorgang; Auswahl schlechter Objekte)* • elimination
Ausscheidung *f rar* <verf> *(Ergebnis; am Boden; z. B. von Behälter, See)* • sediment; crud
Ausscheidung *f rar* <verf> *(Vorgang und Ergebnis; am Boden; z. B. von Behälter, See)* • sedimentation

Ausscheidungen *fpl* <bio.ents> *(aus den Därmen)* • excrements *pl*; feces *pl*

Ausscheidungsgrad *m* <verf> *(von Filtern, Abscheidern)* • separation efficiency; collection efficiency

Ausscheidungshärten *n* <metall> • precipitation hardening; structural hardening *rare*; hardening by precipitation *rare*

ausscheidungshärten *vt* <metall> • precipitation-harden *vt*; age-harden *vt*

Ausscheidungsrate *f* <nukl> • clearance rate

Ausscheidungstrübung *f* <obfl> *(von Email)* • opacification

ausscheren *vi* <aerospace> *(aus Verband, Formation)* • peel off *vi*

ausscheren *vi* <kfz> • swing off *vi*

ausscheren *vi* <nav> • sheer *vi*; sheer off *vi*

ausschieben *vt* <masch> *(Teleskoparm etc.)* • extend *vt*

Ausschießen *n* <druck> *(von Seiten)* • imposition

ausschießen *vt* <bau> *(Putz)* • render *vt*

ausschießen *vt* <druck> *(Seiten, Kolumnen)* • impose *vt*

Ausschießproof *m* <druck> • imposition proof

Ausschießschema *n* <druck> • imposition scheme

Ausschiffen *n* <nav> *(von Passagieren, Ladung)* • disembarkation; debarkation

Ausschiffen *n* <verk> *(Passagiere)* • disembarkation

ausschiffen *vr* <nav> *(Fahrgäste gehen von Bord)* • disembark *vi*

ausschiffen *vt* <nav> *(Fahrgäste, Ladung)* • disembark *vt*

Ausschiffung *f* <nav> *(von Passagieren, Ladung)* • disembarkation; debarkation

ausschlachten *vt* <ents> *(allg.; brauchbare Teile aus einer stillgelegten Einheit entfernen)* • cannibalize *vt*; salvage *vt*

ausschlachten *vt* <ents.kfz> *(bes. in Bezug auf Ersatzteile; z. B. Autos)* • break for spares *vt coll*; part out *vt US.coll*; cut up for spares *vt coll*; cannibalize *vt coll*

ausschlacken *vi* <metall> • slag *vi*

ausschlacken *vt* <metall> • slag off *vt*

ausschlämmen *vt* <verf> *(schlammfrei machen; z. B. durch Dekantieren, Waschen, Filtern)* • elutriate *vt*; levigate *vt*

Ausschlag *m* <msr> *(z. B. Zeiger, Nadel, Schreibstift)* • deflection

Ausschlag *m* <phys> *(Pendel, Oszillographkurve)* • swing

Ausschlag der Anhängerzuggabel *m* <nfz> • drawbar turn angle

Ausschlag der Deichsel *m prakt* <nfz> • drawbar turn angle

Ausschlagen *n* <led> *(Häuteabzug)* • hammer flaying; fell-beating *US*

ausschlagen *vi* <mech> *(Pendel)* • swing *vi*

ausschlagen *vi* <prod> • beat out *vi*

ausschlagen *vt* <allg> *(Angebot)* • decline *vt*

ausschlagen *vt* <prod> *(auskleiden; z. B. Schublade, Kiste, Sarg, mit Papier, Stoff)* • line *vt*

Ausschlagkompensator *m* <msr> • deflection potentiometer

Ausschlagmethode *f* <msr> • deflection method

Ausschlagsamplitude *f* <msr> *(z. B. Zeiger, Nadel)* • deflection amplitude; deflection

Ausschlagsweite *f* <msr> *(z. B. Zeiger, Nadel)* • deflection amplitude; deflection

Ausschlagwinkel *m* <tech.allg> • angle of deflection

Ausschleifen *n* <kfz.mot> *(von verschlissenen oder beschädigten Zylinderlaufbuchsen)* • reboring

ausschleifen *vt* <mot.rep> *(Zylinderbohrungen)* • rebore *vt*

ausschleifen *vt ugs* <mot.rep> *(Zylinderbohrungen, mit Honahle)* • hone *vt*

ausschleifen *vt* <obfl.qualit> *(Oberflächenfehler beseitigen; z. B. Kratzer, Schrammen)* • regrind *vt*

ausschleifen *vt* <prod> *(Innenoberfläche, Bohrung etc.)* • grind internally *vt*

ausschleppen *vt* <obfl> *(von Tauchbädern; z. B. in Galvanotechnik)* • drag out *vt*

Ausschleppverlust *m* <obfl> *(aus Tauchbädern)* • drag-out loss

Ausschleusen *n* <mil> • exfiltration

ausschleusen *vi* <nav> • lock out *vi*

ausschleusen *vt* <nukl> *(durch Ablenkung; z. B. beschleunigte Partikel)* • deflect *vt*

ausschleusen *vt* <verf> *(extrahieren)* • extract *vt*

Ausschleuser *m* <förd> *(angetriebene Rollenbahnweiche)* • diverter

Ausschleusstrecke *f* <logist> *(HRL)* • reject spur; reject line

Ausschleussystem *n* <logist> *(HRL)* • output system

Ausschleusvorrichtung *f* <phys> *(für Strahlen)* • beam extractor

ausschließen *vt* <allg> *(z. B. Möglichkeit, Fehler, Aktion)* • exclude *vt*; rule out *vt*

ausschließen *vt* <druck> • justify *vt*

ausschließendes ODER *n* <msr> *(Boolesche Algebra)* • exlusive OR

Ausschließgestänge *n* <druck> • justification rods

Ausschließhebel *m* <druck> • justification lever

Ausschließkeil *m* <druck> • space band

ausschließliche Lizenz *f* <jur> *(Patentrecht)* • exclusive license; sole license

Ausschließtrommel *f* <druck> • justifying drum; justifying scale

Ausschließungschromatographie *f* <chem.verf> • gel permeation chromatography

Ausschließungsprinzip *n* <phys> • Pauli exclusion principle; exclusion principle

Ausschließungsrecht *n* <jur> • exclusive privilege

Ausschluss *m* <allg> *(z. B. der Öffentlichkeit)* • exclusion

Ausschluss *m* <druck> *(Freifläche)* • blank space

Ausschluss *m* <druck> • justification

Ausschlusskasten *m* <druck> • space and quad case

Ausschlusstaste *f* <druck> • spacing key

ausschmelzbares Modell *n* <prod> • investment pattern

ausschmelzen *vt* <metall> *(Legierungsbestandteil)* • liquate *vt*

ausschmelzen *vt* <prod> • melt out *vt*

ausschmelzen *vt* <verf> *(z. B. Fett)* • render *vt*

Ausschmelzkerntechnik *f* <kst> *(z. B. für Ansaugkrümmer)* • fusible core process

Ausschmelzmodell *n* <prod> • investment pattern

Ausschmelzverfahren *n* <prod> *(Feinguss)* • investment molding process; investment casting

ausschmieden *vt* <metall> *(in die Breite)* • spread *vt*

ausschmieden *vt* <metall> *(dünner machen)* • thin *vt*

ausschmieden *vt* <prod> *(in der Fläche)* • draw out *vt*

Ausschmieden in Querrichtung *n* <metall> • lateral spreading

Ausschneidbohrer *m* <wz> • hole cutter

Ausschneiden *n* <prod> *(Blechzuschnitt)* • blanking

ausschneiden *vt* <prod> *(allg., jedes Material; z. B. Papier, Holz, Blech, von Hand o. maschinel)* • cut out *vt*

ausschneiden *vt* <prod> *(Vertiefung, Furche etc., mit einem Hohlmeißel u. dgl.)* • rout *vt*

Ausschneiden schwieriger Umrisse *n* <doku> • figure cutting

ausschneiden und einfügen *vt* <edv> • cut and paste *vt*

Ausschneiden von Formteilen *n* <prod> • shape cutting

Ausschneidpresse *f* <wz.masch> *(betont: für Rohlinge, Blanks)* • blanking press

Ausschneidpresse f <wz.masch> (allg.; Stanzmaschine)
• punch press
Ausschnitt m <tech.allg> (z. B. aus Bildern, Blechen)
• cut-out
Ausschnitt m <doku> (techn. Zeichnung) • section
Ausschnitt m <el> (Trafoblech) • window
Ausschnitt m <math> (Kreis) • sector
Ausschnitt m <phot> (betont: beschnitten, befreit von
unerwünschter Umgebung) • frame
Ausschnitt m <prod> (Vorgang des Ausstanzens von
Rohlingen, Blanks) • blanking
Ausschnittbestimmung f <phot> • framing sg
Ausschnittvergrößerung f <phot> (Ergebnis) • sectional
enlargement; selective enlargement
Ausschnittvergrößerung fsg <phot> (Vorgang) • sec-
tional enlarging sg; cropping sg
Ausschnittwahl fsg <phot> • framing sg
ausschöpfen vt <tech.allg> (Wasser) • bail vt
ausschöpfen vt <förd> (mit Kelle, Eimer etc.) • scoop vt;
ladle vt
ausschrauben vt <füg> • remove vt
ausschreiben vt <ökon> (zum Einholen von Angeboten)
• invite tenders vt
Ausschreiben druckfertig aufbereiteter Daten n
<edv> • slave printing
Ausschreibungszeichnung f <doku> • bidding drawing
ausschruppen vt <prod> • rough out vt
Ausschubleisten f <prod.nahr> (Speiseeis; Chargen-
freezer) • expelling lugs
ausschütten vt <allg> (ausgießen, z. B. Flüssigkeit) • pour
out vt
ausschütten vt <tech.allg> (Flüssigkeit, Schüttgut;
größere Mengen, absichtlich) • dump vt
ausschütten vt <tech.allg> (Flüssigkeit, Schüttgut) • pour
out vt
Ausschütthöhe f <förd> • discharging height; dumping
height
Ausschuss m <admin> (Personengruppe) • board
Ausschuss m ugs <druck.ents> (defektes Druck-Erzeug-
nis; z. B. fehlerhafte Bögen) • paper spoilage; spoilage
pract; paper wastage; wasted paper; spoiled sheets
Ausschuss m <ents> (betont: weggeworfener oder weg-
zuwerfender Gegenstand) • discard
Ausschuss m <prod.ents> (Abfall) • rejects; scrap work;
scrap; broke
Ausschussanteil m <pap> • broke percentage
Ausschussarbeitslehre f DIN 2282-1 <msr> • NOT GO
workshop gauge DIN 2282-1
Ausschuss-Auflöser m <pap.ents> • broke pulper
Ausschussbogen m <druck> • spoil; spoil sheet
Ausschussbütte f <druck> • broke chest
ausschussfrei <prod.qualit> • without defectives; without
rejects; scrapless
Ausschussgewindelehrdorn m <msr> • no-go thread
plug gauge
Ausschussgrenze f <msr> (bei Lehren) • no-go limit
Ausschussgrenze f <qualit> (allg.) • rejectable quality
level; rejection limit
Ausschusslehre f <msr> • no-go gauge
Ausschusslehrenkörper m DIN 2249-1 <msr> • NOT
GO gauging member DIN 2249-1
Ausschusslehrring m <msr> • no-go ring gauge
Ausschusspapier n <pap> • machine broke; mill broke;
brokes; broke
Ausschussquote f <qualit> • reject rate; scrap rate
Ausschussquote der Gutlage f <qualit> • allowable
percentage of defectives
Ausschussrachenlehre f DIN 234-1 <msr> • no-go snap
gauge; gap gauge "NOT GO"

Ausschussrate f <qualit> • reject rate; scrap rate
Ausschussseite f <msr> (Lehre) • no-go end
Ausschussteil n <ents> (schrottreif) • scrap component
Ausschussteil n <qualit> (unterhalb der Qualitätsgrenze)
• rejected part; defective; reject
Ausschusstrommel f <druck> • set drum
Ausschussware fsg <prod.ents> (Abfall) • rejects; scrap
work; scrap; broke
Ausschussziegel m <bau.mat> • chuff
Ausschwärzen n <edv> (Entfernen sensitiver Informa-
tionen) • sanitizing
ausschweben vi <aerospace> • hold off vi; flatten out vi
Ausschweißlinie f <prod> (allg.; z. B. Karosserieferti-
gung) • finish welding line
Ausschweißlinie f <prod> (beim Punktschweißen)
• respot line
Ausschweißstraße f <prod> (allg.; z. B. Karosserieferti-
gung) • finish welding line
ausschwenkbar <tech.allg> (z. B. Arm, Fenster, Platt-
form, Rückspiegel) • swing-out; swing-away; swivelling
ausschwenkbarer Spiegel m <kfz> • swing-out mirror
ausschwenken vi/vt <tech.allg> (z. B. Brücke, Kran)
• swing out vi/vt; swivel out vi/vt
Ausschwimmen n <obfl.qualit> (von Pigmenten an der
Oberfläche; Lackfehler) • floating
ausschwimmen vi <obfl> (Pigmente an Lackoberfläche)
• float vi; flood vi
Ausschwimmverhütungsmittel n <obfl> • antiflooding
agent
Ausschwingen n <textil> • return swing
ausschwingen vi <phys> (einer Schwingung, Welle) • de-
cay vi; die away vi
Ausschwingkonstante f <phys> • dying-out constant
Ausschwingstrom m <el> • decay current; decaying cur-
rent
Ausschwingungsverzerrung f <tele> • facsimile tran-
sient distortion
Ausschwingvorgang m <phys> • dying-out process
Ausschwingzeit f <av> (von Nachhall) • decay
Ausschwingzeit f <el.av> (vom Amplitudenmaximum zum
Sustain-Niveau) • decay time; decay phase; fade-out time
Ausschwingzeit f <mech> (z. B. eines Roboterarms)
• dying away of oscillations
Ausschwingzeit f <phys> (allg.; von Schwingungen,
Wellen) • fall time; decay time
ausschwitzen vt (durch kleine Öffnungen, Poren; typ.
Flüssigkeit) • exude vt; ooze (out) vt coll; sweat vt
Ausschwitzung f <tech.allg> (von Feuchtigkeit etc.; Vor-
gang) • exudation; exuding
Ausschwitzung f <obfl> (Ergebnis; z. B. Feuchtigkeit)
• exudate
Aussehensfehler m <nahr> (Speiseeis) • defects in ap-
pearance; defects in color and appearance; defects iden-
tified by sight
ausseigern vi <mat> • liquate vi
Ausseigerung f <mat> • liquation
Außen... <prod> (z. B. -fräsen, -schneiden; -strehler) • ex-
ternal thread ... (OD ...); external ...; outside diameter ...
Außenabmessungen fpl <tech.allg> • outside dimen-
sions; outer dimensions
Außenabschäumer m <verf> (von Aquarien) • outside
protein skimmer :V
Außenabzieher m <wz> • external puller
Außenangriff m <füg> • external drive
Außenanlage f <tech.allg> • outdoor installation
Außenanlage f <el> • outdoor substation
Außenanlagenzeichnung f DIN ISO 10209-4 <bau.doku>
(Gelände für Straßen, bepflanzte Flächen usw.) • land-
scape drawing ISO 10209-4

Außenanstrich m <obfl> (z. B. von Gebäuden) • outdoor finish; exterior finish
Außenanstrichstoff m <obfl> • exterior paint
Außenantenne f <av> • outdoor antenna; outdoor aerial
Außenantrieb m <füg> • external drive
Außenanwendung f <tech.allg> • outdoor application
Außenarbeiten fpl <tech.allg> • field-work
Außenarbeiten fpl <bau> • external work; outdoor work
Außenatomisation f <obfl.wz> (Spritzpistole, Airbrush) • external atomization; external mix pract
Außenaufnahme f <av> (Aufzeichnung von Ton, Bild) • outdoor recording; field recording
Außenaufnahmen f <phot> (z. B. Werbe-, Modefotos) • location shooting
Außenaufstellung fsg <hlk> • outdoor installation
Außenbackenbremse f <brems> • external-contracting shoe brake; external-contracting brake; external shoe brake; outside shoe brake pract
Außenbahn f <phys> (von Elektronen, Satelliten, Planeten) • outer orbit
Außenbahn f <phys> (Atommodell) • valence orbit
Außenbahnmessanlage f <msr> • external trajectory-measurement system
Außenballistik f <mil> • exterior ballistics; external ballistics
Außenbandbremse f <brems> • external band brake :V
Außenbearbeitung f <prod> (von Rundmaterial) • machining of external diameters; machining of outside diameters
Außenbearbeitung f <prod> (allg.) • external machining; machining of external surfaces
außenbeheizter Ofen m <prod> • externally heated furnace
Außenbeheizung f <hlk> • external heating
Außenbekleidung f <bau> • outside casing; outside facing; outside trim; exterior casing
Außenbelag m <brems> (Vollkontakt-Scheibenbremse) • outboard pad
Außenbeleuchtung f <licht> • exterior lighting; outdoor lighting
Außenbeplattung f <nav> • shell plating; skin plating; skin
außenbeständig <qualit.mat> • outdoor-durable; weatherproof pract
Außenbeständigkeit f <mat> • exterior durability; outdoor durability
Außenbewitterung f <obfl> (von Material, Oberflächen; z. B. von Lack) • outdoor exposure; exterior exposure; outdoor weathering; natural weathering; exterior weathering
Außenbewitterungsprüfung f <qualit.mat> • outdoor exposure test
Außenblech n <kfz> (bei doppelwandigen Blechen) • outer panel
Außenblende f <bau> • external cover profile
Außenbogenweiche f <bahn> • turn-out with contraflexive curve
Außenbohrung f <petr> • outpost well
Außenbonden n <füg> • outer lead bonding
Außenbord m <rls> • cup end; cup neck
Außenbordanschlüsse mpl <nav> (z. B. für Seeventile) • sea connections
Außenbordlöschung f <nav> • discharging overside
Außenbordmotor m <nav.mot> • outboard engine; outboard motor rare
Außenbordmotorenöl n <tribo> • outboard engine oil
außenbords <nav> • outboard
Außendamm m <bau> • outer embankment
Außendeich m <bau> • outer dyke
aussenden vt <phys> (allg.; z. B. Strahlung) • emit vt; emanate vt

aussenden vt <phys> (Strahlung, Licht; von einem Punkt aus) • radiate vt; emit vt
Außendichtung f <bau.hydr> (auf Wasserseite von Dämmen, Uferböschungen, Kanälen etc.) • facing
Außendienst m <werb> • sales force
Außendienstmitarbeiter m <werb> • sales representative; salesman
Außendienststelle f <admin> • field office
Außendom m <kfz.el> • outer tower; plug HT chimney Lucas
Außendrehen n <prod> • turning of external diameters; external turning
Außendruck m <phys> • external pressure
außendruckbeaufschlagt <rls> • externally pressurized
Aussendung f <werb> • mailing
Außendurchmesser m <tech.allg> • outside diameter (OD); external diameter; outer diameter
Außendurchmesser m <masch> (größter Durchmesser von Innengewinden) • root diameter; major diameter; major thread diameter; nominal thread diameter ISO thrd.
Außendurchmesser m <masch> (größter Durchmesser von Außengewinden) • crest diameter (OD); major diameter; outside diameter; nominal thread diameter; major thread diameter
Außendurchmesser m <prod> (von Reifen) • overall diameter
Außeneckspachtel m <wz> • exterior corner tool US; external corner tool GB
Außeneinsatz m <tech.allg> • outdoor use
Außen-Einsprengzange f <wz> • external snap ring pliers US; external retaining ring pliers US; external circlip pliers GB
Außenelektrode f <el> • outer electrode
Außenelektrode f <kfz.el> • outer terminal; outer electrode; fixed electrode; distributor segment GB
Außenelektron n <chem> (in bezug auf Valenz) • valence electron
Außenelektron n <phys> • outermost electron; outer electron
Außenerprobung f <qualit> • field test[ing]; outdoor test[ing]
Außenfedertaster m <wz> • outside spring-joint caliper
Außenfehler m <qualit> • outside flaw
Außenfensterbank f <bau> • outside sill
Außenfilter m <verf> • external filter
Außenfläche f <tech.allg> • external surface
Außenfläche f <aerospace> • outboard wing
Außenfläche f <pack> (z. B. Dose, Flasche, Koffer, Tasche) • surface
Außenflügel m <aerospace> • outer wing; outer wing
Außenführung f <masch> • outside guide; side guide; flange guide
Außenfurnier n <holz> • face veneer
Außenganghaus n <bau> • gallery block; balcony access block
Außengehäuse n <kfz.antr> (Gleichlaufgelenk) • outer race; outer housing
Außengehäuse n <turb> • outer casing
Außengeräusch n <akust.emiss> • exterior noise
Außengetriebe n <masch> • external gear drive
Außengewinde n <füg> (von Schrauben) • external thread; male thread; bolt thread; screw thread; A thread US
Außengewinde n DIN 2244 <masch> (allg.; an der Außenfläche eines Zylinders od. Kegels) • external thread; male thread
Außengewinde... <prod> (z. B. -fräsen, -schneiden; -strehler) • external thread ... (OD ...); external ...; outside diameter ...

Außengewindedrehmeißel *m* <wz> • external threading tool

Außengewindeherstellung *f* <prod> • external threading; OD threading

Außengewinden *n rar* <prod> • external threading; OD threading

Außengewindeschleifen *n* <prod> • external thread grinding

Außengewindeschneideinrichtung *f* <wz> • stock and die

Außengewindeschneideinrichtung *f* <wz.masch> • external threading attachment

Außengewindeschneiden *n* <prod> • external threading

Außengewindestrehler *m* <wz> • external thread chaser

außengezahnte Fächerscheibe *f* <füg> • serrated external tooth lock washer

außengezahnte kegelige Fächerscheibe *f DIN ISO 1891* <füg> • countersunk serrated external tooth lock washer; countersunk serrated external toothed lock washer *stand*

außengezahnte kegelige Zahnscheibe *f DIN ISO 1891* <füg> • countersunk external tooth lock washer; countersunk external toothed lock washer *stand*

außengezahnte Zahnscheibe *f* <füg> • external tooth lock washer; external lock washer

Außenhaken *m* <pack> *(SOT-Deckel-Nomenklatur)* • hang-on hook

Außenhalmteiler *m* <agri> • outer divider

Außenhandel *m* <ökon> • foreign trade

Außenhaupt *n* <nav> *(Schiffsschleuse)* • outer gates

Außenhaut *f* <tech.allg> *(z. B. von Gebäuden, Schiffen, Flugzeugen, Raumsonden, Autos)* • outer skin; outer shell; shell *pract*; skin *coll*

Außenhaut *f* <alarm> *(physische Begrenzung eines überwachten Bereichs)* • interior perimeter; inside perimeter; perimeter

Außenhaut *f* <logist> *(HRL)* • wall; siding

Außenhaut *f* <nav> *(Bootsschale, Schiffsrumpf)* • shell

Außenhaut *f* <obfl> *(Lackschichten; z. B. einer Karosserie)* • outer skin

Außenhautabwicklung *f* <doku> • shell development; skin development

Außenhautbeplattung *f* <nav> • shell plating

Außenhautdichtung *f* <bau> • external damp-proofing coating; external damp-proofing coat

Außenhautfüllstück *n* <nav> *(Spantnische)* • shell chock

Außenhautlängsspant *n* <nav> • shell longitudinal

Außenhautmelder *m* <alarm> • perimeter detector; perimeter sensor; perimeter guarding sensor

Außenhautpforte *f* <nav> • shell door

Außenhautsicherung *f* <alarm> • interior perimeter protection; perimeter protection

Außenhautüberwachung *f* <alarm> • interior perimeter protection; perimeter protection

Außenhülle *f* <tech.allg> *(z. B. von Gebäuden, Schiffen, Flugzeugen, Raumsonden, Autos)* • outer skin; outer shell; shell *pract*; skin *coll*

Außenhülle *f* <el> • oversheath; over-sheath; extruded oversheath; plastic oversheath; protective sheath[-ing]

Außenhülle *f* <pack> • outer cover

Außeninspektion *f* <qualit> • external inspection

Außenisolator *m* <el> • outdoor insulator

Außenjalousie *f* <kfz> *(auf Heckfenster)* • rear window louvers *pl*; rear louvers

Außenkabel *n* <el> • external cable; outside cable

Außenkante *f* <tech.allg> • outside edge; exterior edge; outer edge

Außenkardan *m* <navig> *(Kreisel)* • surrounding gimbal

Außenkegel *m* <masch> • external taper; male taper

Außenkernrohr *n* <petr> • outer core barrel

Außenkippe *f* <min> • external spoil heap

Außenkolben *m* <licht> *(von Gasentladungslampen)* • outer envelope; outer jacket; outer bulb

Außenkontaktsockel *m* <el> • external contact base

Außenkorrosion *f* <obfl> • external corrosion

Außenkranz *m* <turb> *(am Laufrad)* • runner band

Außenkranz-Rohrturbine *f* <energ.hydr> • Straflo turbine; straight flow turbine

Außenkrempe *f* <rls> *(Wellenkrempe eines Wellbalgs)* • outer knuckle

Außenkühlung *f* <kst> *(Folienextrusion)* • external cooling

Außenlackieren *n* <obfl> *(Vorgang; z. B. bei Getränkedosen)* • outside coating; external coating

Außenlackierung *f* <obfl> *(Beschichtung; z. B. von Getränkedosen)* • outside coat[ing]; external coat[ing]

Außenläufermotor *m* <el> *(z. B. für Ventilator)* • external-rotor motor

Außenlage *f* <tech.allg> *(Ort)* • exterior position

Außenlage *f* <tech.allg> *(Schicht)* • external layer; outside layer

Außenlage *f* <rls> *(von Metallbalg-Kompensatoren)* • outside ply

Außenlagenleiterzug *m* <el> *(Leiterplatten)* • surface conductor; outer layer conductor

Außenlager *n* <masch> • external bearing; outside bearing

Außenlaminat *n* <kst> • outer laminate

Außenlangträger *m* <bahn> • side sill

Außenlasthubwagen *m* <förd> • outboard lift truck

Außenleiter *m* <el> • outer conductor

Außenleiterstrom *m* <msr> • phase current

Außenleiterzug *m* <el> *(Leiterplatten)* • external track

Außenlenker *m obs.did* <kfz> • landaulet; landau

Außenleuchte *f* <licht> *(im Freien montiert)* • outdoor lighting fitting

Außenlicht *n* <licht> *(im Freien)* • outdoor light

Außen-Lichtschaltgerät *n* <alarm> • light control system; lighting control

Außenlichttoleranz *f* <edv> *(Scanner)* • ambient light tolerance

außenliegender Wärmetauscher *m* <agri.tech> • external heat-exchanger

außenliegendes Heizsystem *n* <agri.tech> • external heating system

Außenluft *fsg* <tech.allg> *(freie Atmosphäre)* • outdoor air; outside air; ambient air

Außenluftdurchlass *m VDI 6022* <hlk> • outside air inlet

Außenlufteinheit *f* <hlk> • outdoor unit

Außenlufttemperatur *f* <hlk> • outdoor temperature; outside air temperature; outdoor air temperature; outside ambient air temperature; outside temperature

Außenluft-Wärmepumpe *f* <hlk> • air source heat pump

Außenluftwärmepumpe *f* <hlk> • air-source heat pump

Außenluft-Wärmetauscher *m* <hlk> • outdoor coil

Außenluftwärmetauscher *m* <hlk> • outdoor coil; outdoor heat exchanger

Außenlunker *m* <metall> *(in Gussteil)* • surface blow-hole

Außenmagnet *m* <förd> *(Magnetpumpe)* • driving magnet; external magnet; drive magnet

Außenmantel *m* <tech.allg> *(Hülle, Abdeckung; hart oder weich; z. B. Rohrisolierung)* • covering

Außenmantel *m* <el> *(Kabel)* • outer cable jacket

Außenmantel *m* <masch> *(hart; z. B. ein Gehäuse)* • outer casing

Außenmantel *m* <rls> *(auf der Außenseite eines Kompensators)* • external sleeve; shroud

Außenmantel *m* <turb> *(Brennkammerkomponente)* • outer air casing

Außenmantelfläche f <math> • external cylindrical surface

Außenmantelheizung f <agri.tech> • heater jacket

Außenmaß n <tech.allg> • external dimension

Außenmauer f <bau> • external wall

Außenmelkkarussell n <agri.tech> • external milking system

Außenmesser n <pack> (einer Rotationsbeschneidemaschine von Dosen) • outer knife

Außenmessschraube f form <wz> (für Außenmessungen) • outside micrometer; external micrometer; micrometer caliper; micrometer pract; outside mike coll

Außenmessung f <msr> (an der Außenseite) • external measurement

Außenmessung f <msr> (im Freien) • outdoor measurement

Außenmessung f <msr> (vor Ort) • field measurement

Außenmikrometer n prakt <wz> (für Außenmessungen) • outside micrometer; external micrometer; micrometer caliper; micrometer pract; outside mike coll

Außenmischdüse f <obfl.wz> (Spritzpistole) • external mix air cap

Außenmisch-Luftkappe f <obfl.wz> (Spritzpistole) • external mix air cap

Außennaht f <füg> (Schweißen) • outseam

Außennebenstelle f <tele> • off-premises extension station

Außennut f <masch> (Gleitlager) • oil outer groove ISO 4378-1

außenöffnend <bau> (Tür, Fensterflügel) • swing-out; outward opening; projecting out [when opened]; swinging out

Außenorbit m <phys> (von Elektronen, Satelliten, Planeten) • outer orbit

Außenpassteil n <masch> • external member

Außenplanetenachse f <nfz> • hub-reduction axle

Außenplatz m <fz> (Sitzplatz am Fenster) • outboard seating position

Außenpolgenerator m <el> • external-pole generator

Außenposition f <tech.allg> (Ort) • exterior position

Außenputz m <bau.mat> • external plaster; external rendering

Außenrad n DIN 3998 <kfz.antr> (im Planetenradsatz) • internal gear; internal ring gear; annulus gear; ring gear

Außenradius m <prod> (abgerundete Kante, Ecke) • external radius

Außenräumen n <prod> • external broaching; external surface broaching rare

Außenräummaschine f <wz.masch> • external surface broaching machine; external broaching machine

Außenräumwerkzeug n <wz> • external broach

Außenrahmen m <logist> (von Regalen) • end frame; rack end

Außenrahmen m <navig> (äußere Aufhängung) • outer gimbal

Außenrahmen m <navig> • outer gimbal

Außenreede f <nav> • outer roads

Außenring m DIN ISO 5593 <masch> (Wälzlager) • outer ring ISO 5593; outer race pract

Außenrohr n <bau> (von Säulen) • column sleeve

Außenrohr n <kfz> (Zweirohr-Stoßdämpfer) • reservoir tube; outer tube

Außenrohr n <rls> (Rohrumhüllung, Schutzrohr) • outer sleeve

Außenrückspiegel m <kfz> • external mirror; outside mirror; outside rear view mirror; exterior mirror; rear mirror

Außenrüttler m <verf> • external vibrator; form vibrator

Außenrundreibschleifen n <prod> • external cylindrical lapping

Außenrundschleifen zwischen Spitzen n <prod> • center-type external cylindrical grinding

Außenrundschleifmaschine f <wz.masch> • external cylindrical grinding maschine

Außenrundtiefschleifen n <prod> • cylindrical creep-feed grinding

Außensäule f <tech.allg> • outer column

Außenschale f <bekl> (Helm) • outer shell; external shell; shell coll

Außenschale f <kfz.emiss> (Katalysator) • outer wrap

Außenschale f <phys> (der Elektronen) • outer shell; valence shell; outermost shell rar

Außenschere f <wz> • exterior cutter

Außenschicht f <mat> (Laminat) • outer layer; outside layer

Außenschleifen n <prod> • external grinding

Außenschott n <nav> • wing bulkhead

Außenschweller m <kfz> • outer sill

Außenschwenktür f <nfz> • outward-swinging door; outward opening slide-glide door

Außenschwingtür f <nfz> • outward-swinging door; outward opening slide-glide door

Außensechskant m <füg> (von Schrauben und Muttern) • hexagon; hexagon drive; hex drive pract; external hexagon

Außenseite f <tech.allg> • exterior; outside

außenseitig <tech.allg> • external; on the exterior; exterior adj; outside adj

außenseitige Glashalteleiste f <bau> (Fenster) • exterior stop; exterior glazing bead

außenseitige Glasleiste f <bau> (Fenster) • exterior stop; exterior glazing bead

außenseitiger Flat-Hump m <kfz> (Radfelge) • outboard flat hump (FH); flat hump on outer bead seat form

außenseitiger Rund-Hump m <fz> (Radfelge) • outboard round hump (H); round hump on outer bead seat form

außenseitiges Contre Pente n <fz> (Radmerkmal) • outboard contre pente (CP); contre pente on outer bead seat form

außenseitiges Flat-Pente n <fz> (Radfelge) • outboard flat pente (FP); flat pente on outer bead seat

außenseitiges Sprossengitter n <bau> (auf Fenstern) • exterior grille

außenseitige Verglasung f <bau> • outside glazing

Außen-Sicherungszange f <wz> • external snap ring pliers US; external retaining ring pliers US; external circlip pliers GB

Außensicke f <pack> (SOT-Deckel-Nomenklatur) • outer bead

Außensirene f <alarm> • outdoor siren

Außensohle f <led> (Schuh) • outsole

Außenspeicher m <edv> • external memory; secondary memory

Außenspiegel m <kfz> • external mirror; outside mirror; outside rear view mirror; exterior mirror; rear mirror

Außenspiegelschutzüberzug m <kfz> • mirror bra

Außensteckdose f <kfz.el> (zum Netzanschluss von Caravans) • caravan inlet

Außensteg m <druck> • fore edge

Außensteuerung f <förd> (von den Stationen aus) • lift landing control

Außenströmung f <phys> (Freistrom) • free-stream flow

Außenströmung f <phys> (allg.) • outer flow

Außenstromturbine f <aerospace> • ram-air turbine

Außenstütze f <bau> • perimeter column

Außentätigkeit f <ökon> • operational activities

Außentank m <logist> • open vessel

Außentasche f <bekl> • outside pocket; outer pocket

Außentaster m <wz> (zum Messen von Außenmaßen) • outside caliper; machinists' outside caliper US; outside calliper GB

Außentaster mit Schraubenscharnier m <msr> • stiff-jointed outside caliper

Außentaster mit Spannfeder m <msr> • spring-joint outside caliper

Außenteil n <tech.allg> (allg.) • external member; outer member

Außenteil n <tech.allg> (einer Steckverbindung) • female member

Außenteile npl <bau> • exterior parts

Außentemperatur f <hlk> • outdoor temperature; outside air temperature; outdoor air temperature; outside ambient air temperature; outside temperature

Außentemperatur f <therm> (an einer Außenoberfläche: bestimmend für Wärmeübergang) • skin temperature

Außentemperaturanzeige f <kfz.msr> • outdoor temperature gauge/display (otg)

Außentemperaturschalter m <kfz.hlk> • ambient temperature switch; ambient switch pract

Außenthermometer n <msr> • outdoor thermometer

Außentorx m <füg> • external TORX; external TORX drive

Außentrittwebstuhl m <textil> • outside treading loom

Außentrombe f <ents> • outer vortex; outer spiral flow; main vortex

Außentrommelbelichter m <druck> (Recorderarchitektur) • external drum recorder; external drum platesetter; ex-drum recorder

Außentrommelrecorder m <druck> (Recorderarchitektur) • external drum recorder; external drum platesetter; ex-drum recorder

Außen-Türgriff m <tech.allg> • door outside handle

Außenverankerung f <bau> • external tie rods; external tie bars

Außenvergabe f <ökon> (von Aufträgen) • outsourcing; farming-out rare

Außenverkleidung f <obfl> • exterior lining

außenverzahnt <masch> (Zahnrad) • externally toothed; with external teeth

außenverzahnte Zahnradpumpe f did <förd> • external gear pump

Außenverzahnung f <masch> • external toothing; external teeth

Außenvorderteil n <led> (Schuhfertigung) • vamp

Außen-Wärmetauscher m <agri.tech> • external heat-exchanger

Außenwand f <bau> (von Gebäuden) • external wall

Außenwand f <logist> (HRL) • wall; siding

Außenwand f <rls> (von Metallbalg-Kompensatoren) • outside ply

Außenwand f <verf> (in Zyklonen) • outer wall; cyclone wall

Außenwandheizung f <agri.tech> • heater jacket

Außenwand-Klimagerät n <hlk> (typ. in USA und Asien) • thru-the-wall room air conditioner; room air conditioner for thru-the-wall installation

Außenwandplatte f <bau> • facade panel

Außenwange f <bau> (Treppe) • outer string

Außenwerbung f <werb> • outdoor advertising; out-of-home advertising

Außenwinkel m <math> • exterior angle

Außenzahnradpumpe f <förd> • external gear pump

Außenzentrierung f <masch> • major-diameter fit

Außenzentrierung f <wz> (Gewindebohrer) • external center; male center rare

Außenziehschleifen n <prod> • external honing

Außenzug m <verbr> • external flue; outer flue

außer Acht lassen vt <tech.allg> (irrelevante Faktoren, Einflüsse) • factor out vt; leave aside vt; disregard vt; ignore vt

außeraxial <tech.allg> • abaxial

außeraxial <opt> • extra-axial

außeraxialer Strahl m <opt> • extraaxial ray; abaxial ray

Außerbandsignalisierung f <av> • outband signalling

außer Betrieb <tech.allg> (Einrichtung; z. B. Geldautomat, Fahrstuhl; z. B. wg. Störung) • out of order; out-of-duty

außer Betrieb <tech.allg> (größere Anlage, System; Komponente einer Anlage) • off-line adj

Außerbetriebnahme f <tech.allg> (endgültige Stilllegung von Systemen, Anlagen; z. B. Fertigungsstraße) • closing-down; shut-down

Außerbetriebnahme f <tech.allg> (offizielle Stilllegung genehmigungspflichtiger Objekte; z. B. Kraftwerk) • de-commissioning

außer Betrieb nehmen vt <tech.allg> (endgültig; z. B. Anlage, Werk) • close down vt; shut down vt; put out of service vt; put out of operation vt

Außer-Betrieb-Schild n <tech.allg> • out-of-order sign

außer Betrieb setzen vt <tech.allg> (endgültig; z. B. Anlage, Werk) • close down vt; shut down vt; put out of service vt; put out of operation vt

Außerbetriebsetzung f <tech.allg> (offizielle Stilllegung genehmigungspflichtiger Objekte; z. B. Kraftwerk) • de-commissioning

außer Dienst stellen vt <nav> • put out of commission vt

außer Druckbereitschaft f <druck> • off-line mode; de-select state; off-line state

außer Eingriff bringen vt <masch> (Zahnräder, Schnecke/Schneckenrad) • disengage vt; demesh vt

außergalaktisch <astron> • extragalactic

außerhalb der Arbeitszeiten <ökon> • during off-hours

außerhalb der Sortenspezifikation <pap> • out of grade limits

außerhalb der Spezifikationsgrenzen <qualit> • out of specification

außer Haus <tech.allg> (betont: nicht vor Ort) • off-site …

Außerhausdruck m <druck> • off-site printing

außerirdisch <tech.allg> (z. B. Strahlung, Applikation von Systemen etc.) • extraterrestrial

Außermittebohrung f <prod> • eccentric bore

Außermittedrehen n <prod> • eccentric turning

Außermittemaß n <tech.allg> • eccentricity

Außermittespannen n <prod> • eccentric chucking

Außermittespannfutter n <wz.masch> • eccentric chuck

Außermittezapfen m <masch> • eccentric pin

außermittig <tech.allg> • eccentric; off-center US; off-centre GB

außermittiges Einspritzen n <kst> • off-center molding US; off-centre moulding GB

Außermittigkeit f <tech.allg> • eccentricity

Außerortsfahrzyklus m <kfz.emiss> • Extra Urban Driving Cycle (EUDC)

außerplanmäßige Wartung f <rep> • non-regular maintenance

außer Tätigkeit <textil> • inactive adj

außerterrestrisch rar <tech.allg> (z. B. Strahlung, Applikation von Systemen etc.) • extraterrestrial

Außertrittfallen n <antr> • falling out of synchronism; falling out of step

außer Tritt fallen vi <antr> • fall out of synchronism vi; fall out of step vi

Außertrittfallen des Bildgleichlaufs n <av> • phase swinging

Außertrittfallmoment n <el.mot> (Synchronmotor) • pull-out torque; breakdown torque

Außertrittfallrelais *n* <el> • out-of-step relay
Außertrittfallversuch *m* <el> • pull-out test
Aussetzbetrieb *m* <tech.allg> *(eher längere Intervalle; z. B. von Kompressoren)* • periodic duty; intermittent duty; intermittent service
Aussetzbetrieb *m rar* <tech.allg> *(eher kurze Intervalle; z. B. Scheibenwischer)* • intermittent operation; interval operation; on/off operation
Aussetzen *n* <allg> *(z. B. einer Strahlung, dem Tageslicht, der Witterung)* • exposure
Aussetzen *n* <allg> *(Unterbrechung)* • interruption
Aussetzen *n* <tech.allg> *(kurzfristig)* • intermittence
Aussetzen *n* <nav> *(von Rettungsbooten, -inseln etc.)* • lowering
Aussetzen *n* <qualit> *(vorübergehender Ausfall; z. B. Motor, Stromversorgung)* • failure
aussetzen *vi* <allg> *(Betrieb, Vorführungen etc.; bis auf weiteres)* • discontinue *vi*
aussetzen *vi* <allg> *(Betrieb; vorübergehend)* • interrupt *vi*
aussetzen *vi* <tech.allg> *(versagen, ausfallen)* • fail *vi*
aussetzen *vi* <tech.allg> *(in kurzen Abständen; z. B. Motor)* • intermit *vi*
aussetzen *vi* <el> *(Amplitudenabfall)* • drop out *vi*
aussetzen *vi* <kfz.el> *(Zündfunke)* • miss *vi*
aussetzen *vt* <tech.allg> *(z. B. einer Strahlung, dem Licht)* • expose *vt*
aussetzen *vt* <jur> *(z. B. Strafvollzug, Urteil, Verfahren)* • suspend *vt*
aussetzen *vt* <mat> *(der Witterung)* • weather *vt*
aussetzen *vt* <nav> *(z. B. Rettungsboote von e. Schiff)* • lower *vt*
aussetzen *vt* <qualit.mat> *(äußeren Einflüssen; z. B. Belastung, Klima)* • subject to *vt*
aussetzende Belastung *f* <tech.allg> • intermittent load
aussetzender Betrieb *m* <tech.allg> *(eher längere Intervalle; z. B. von Kompressoren)* • periodic duty; intermittent duty; intermittent service
aussetzender Betrieb mit veränderlicher Belastung *m* <el.förd> • variable intermittent duty
aussetzender Signalfluss *m* <el> • chopped-up signal flow
Aussetzer *m DIN 45510* <av> *(Magnettontechnik)* • dropout
Aussetzer *m* <av> *(Bild oder Ton)* • drop-out; dropout
Aussetzer *m* <edv> *(Überspringen)* • skip
Aussetzer *m* <kfz.el> • misfiring *sg*; misfire *sg*; ignition miss
Aussetzvorrichtung *f* <nav> *(für Rettungsboote)* • launching arrangement
Aussetzzeit *f* <tech.allg> • off-time
Aussichtsfernrohr *n* <opt> • terrestrial telescope
Aussichts-Schlusswagen *m* <bahn> • observation tail car
Aussichtswagen *m* <bahn> *(mit Kuppel)* • siteseeing car; observation coach; vista dome car; dome car
Aussickern *n* <mil> • exfiltration
aussieben *vt* <tech.allg> *(nach Korngrößen; z. B. Sand, Kies)* • classify *vt*; screen *vt*; screen in sizes *vt*
aussieben *vt ugs* <el> *(Signale, Frequenzen)* • filter out *vt*
aussieben *vt* <verf> *(betont: eine Substanz von anderen trennen, isolieren)* • screen out *vt*
aussondern *vt* <tech.allg> *(z. B. einzelne Werkstücke, Teile)* • single out *vt*
aussondern *vt* <qualit> *(eliminieren; z. B. fehlerhafte Einheiten)* • eliminate *vt*; remove *vt*
aussondern *vt* <qualit> *(verwerfen)* • reject *vt*
aussondern *vt* <qualit> *(nach best. Kriterien auswählen, separieren)* • sort out *vt*
Aussortierung *f* <tech.allg> • sorting out

Aussortierung *f* <ents> *(Entfernen; z. B. von Verunreinigungen in sortenreinem Müll)* • removal
Aussortierung der Eisenteile *fsg* <ents> • ferrous metal extraction
ausspachteln *vt* <bau> *(glätten)* • smooth *vt*; level out *vt*
Ausspänen *n* <wz.masch> • chip clearing; chip relief; swarf removal
ausspannen *vt* <prod> *(freigeben allg.; z. B. ein Werkstück)* • release *vt*; unclamp *vt*
ausspannen *vt* <wz> *(aus Spannfutter; Werkstück, Werkzeug)* • unchuck *vt*
aussparen *vt* <bau> *(Betonbau)* • block out *vt*
aussparen *vt* <druck> *(z. B. Zeile)* • omit *vt*
aussparen *vt* <prod> *(Vertiefung)* • recess *vt*
Aussparung *f* <tech.allg> *(Vorgang und Ergebnis; z. B. nutförmig)* • recess
Aussparung *f* <bau> *(Betonbau)* • block-out
Aussparung *f* <bau> *(Vertiefung, Loch)* • hole
Aussparung *f* <prod> *(in einem Werkstück; jede Form)* • cut-out
Aussparung *f* <prod> *(kleine Vertiefung, Höhlung)* • pocket
Aussparungen in der Papierfläche *f* <pap> • cavities in paper surface
Ausspinnen *n* <textil> • fine spinning; final spinning
Ausspitzeinrichtung *f* <wz.masch> • point-thinning attachment; web-thinning attachment
ausspitzen *vt* <prod> • thin the web *vt*; thin *vt*
ausspitzen *vt* <wz> • point *vt*
Ausspitzschleifmaschine *f* <wz.masch> • point grinding machine
Ausspitzung *f* <prod> • end reduction
Ausspitzung *f* <wz> • drill-point thinning
Aussprache *f* <term> • pronunciation
ausspringende Ecke *f* <bau> • arris
ausspritzen mit *vt* <obfl> *(Hohlräume; z. B. Karosseriehohlräume mit Wachs)* • inject *vt*
aussprühen *vt* <agri> *(Sprühmittel; z. B. Herbizid)* • spray *vt*
ausspülen *vt* <verf> *(heftig, mit viel Flüssigkeit; z. B. Toilette, Siebanlagen)* • flush out *vt*
ausspülen *vt* <verf> *(langsam, mit relativ wenig Flüssigkeit; z. B. Haare mit Wasser)* • rinse *vt*; rinse out *vt*
ausspülen *vt* <verf> *(zum Reinigen, Schrubben; mit Reibeeffekt)* • scour *vt*
ausspülen *vt* <verf> *(mit Materialabtrag; auch unerwünscht; z. B. mit Auskolkung)* • wash out *vt*
ausspuren *vt* <kfz.el> *(Starterritzel)* • disengage *vt*
Ausstanzen *n* <prod> • diecutting
ausstanzen *vt* <prod> *(allg., jede Form; z. B. Blech, Karton, Folie; z. B. Disketten, Konfetti)* • punch out *vt*; die-cut *vt*
ausstanzen *vt* <prod> *(Rohling; z. B. Bleche, Tailored Blanks)* • blank *vt*
ausstanzen *vt* <prod> *(Löcher)* • perforate *vt*
ausstanzen *vt* <prod> • punch out *vt*
Ausstanzmaschine *f* <druck> • punching machine
Ausstanzung *f* <logist> *(in Regalständern, zur Aufnahme der Fachböden)* • perforation; hole pattern; slot pattern
Ausstattung *f* <tech.allg> *(allg.; eher stationär; z. B. für Komfort)* • equipment
Ausstattung *f rar* <tech.allg> *(für einen Zweck, für Handlungen; z. B. Werkstatt, Freizeit, Sport)* • equipment; outfit *coll*
Ausstattung *f* <kfz.innen> *(des Innenraums; Teppiche, Sitze, Verkleidungen; z. B. Leder, Wurzholz)* • upholstery
Ausstattung *f* <nav> *(von Schiffen)* • outfit
Ausstattung mit Instrumenten *f* <msr> • instrumentation
Ausstattung mit Möbeln *f* <innen> • furnishing

Ausstattungsänderungsverzeichnis n <mil> • equipment modification list

ausstattungsbereinigt <econ> (Preis; z. B. von Autos) • options-adjusted :V; adjusted for options :V

Ausstattungscode m <kfz> • trim code

Ausstattungsdetails npl <kfz.innen> (im Innenraum; z. B. Intarsien in Wurzelholz, beleuchteter Kosmetikspieg) • interior touches

Ausstattungsgegenstände mpl <tech.allg> • equipment

Ausstattungsgegenstände mpl <innen> (komplett; Möbel, Bilder, Arbeitsmittel) • furnishings

Ausstattungsgrad m <tele> • equipment level

Ausstattungspaket n <kfz> • equipment package

Ausstattungspapier n <werb> • fancy paper

Ausstattungssoll n <mil> • basis of issue

Ausstattungsstufe f <kfz> (betont: Niveau) • trim level

Ausstattungsvariante f <kfz> (betont: Vielfalt) • trim line

Ausstecher m <nahr> (für Plätzchen) • cookie cutter

Ausstechmeißel m <wz> • tool bit

aussteifen vt <tech.allg> (durch Verstrebungen u. dgl.; z. B. Rahmen) • brace vt

aussteifen vt <tech.allg> (verstärken) • reinforce vt

aussteifen vt <tech.allg> (steif machen; eher von innen; z. B. durch Stäbe, Einlagen) • stiffen vt

aussteifen vt <min> (Ausschachtung) • timber vt

aussteifende Trennwand f <bau> • tie wall

Aussteifung f <bau> (von Kunststoffprofilen; z. B. für Fenster, Rollläden) • reinforcement

Aussteifung f <logist> (Regal) • brace US; bracing US; tie GB

Aussteifungsprofil n <bau.mat> (zur Schalldämmung) • resilient bar; resilient channel; metal furring channel

Aussteifungsträger m <bau> • diaphragm beam

Aussteigen n <nfz> (aus einem Bus; Vorgang) • disembarking; egress; alighting; exiting; exit

aussteigen (aus) vi <kfz> (aus einem Auto, Lkw, Bus) • step vi (from)

Ausstelldreiecksfenster n <kfz> • quarter window; quarter light; vent window

ausstellen vt <tech.allg> (öffnen; z. B. Kippfenster, Drehfenster) • open vt

ausstellen vt <doku> (z. B. Rechnung, Frachtpapiere) • issue vt; draw up vt; make out vt; prepare vt

Ausstellfenster n ugs <bau> (oben angeschlagener Flügelrahmen) • awning window

Ausstellfenster n <kfz> (Dreiecksfenster in der Vordertür) • quarter vent; door vent; vent; flipper window AUS; door window ventilator US.rare

Ausstellfenster n <kfz> (hintere Seitenscheibe) • hinged quarter window; opening rear side window

Ausstellfenstergummi m <kfz> (Dichtprofil) • vent rubber; vent window rubber

Ausstellscheibe hinten f <kfz> (hintere Seitenscheibe) • hinged quarter window; opening rear side window

Ausstellschere f <bau> (Dreh- und Klappfenster) • arm awn; arm operator

Aus-Stellung f <tech.allg> • off-position

Ausstellung f <doku> (Datum) • issue; making out; drawing; completion; preparation

Ausstellung f <phot> • exhibition; exposition

Ausstellungsfläche f <werb> (Ort) • exhibition area

Ausstellungsfläche f <werb> (Flächengröße; typ. in m^2) • exhibition surface area

Ausstellungsgelände n <werb> • exhibition site

Ausstellungshalle f <werb> • exhibition hall

Ausstellungsland n <doku> (z. B. Reisepass, Zeugnis) • issuing country

Ausstellungsraum m <werb> (z. B. eines Autohändlers) • showroom

Ausstellungsstück n <werb> (z. B. in Gallerie, Museum) • exhibit

ausstemmen vt <prod> (Material, für eine Nut- und Feder- oder Zapfenverbindung) • mortise vt

ausstemmen vt <prod> (betont: mit Meißel, Stemmeisen) • chisel out vt

Aussteuerbarkeit f DIN 45510 <av> (Magnettontechnik) • maximum output level

Aussteuerbereich m <av> (bei Aufnahmen) • recording level band; range of modulation; dynamic range

aussteuern vt <av> (einen Aufnahmepegel) • control [a recording level] vt

aussteuern vt <el> (allg.; etw. modulieren) • modulate vt

Aussteuerung f <el> (allg.) • modulation

Aussteuerung f <el> (Pegel) • level control

Aussteuerung der Höhen und Tiefen f <av> • tone control

Aussteuerung der Lautstärke f <av> • volume level control

Aussteuerungsabhängigkeit f <el> • amplitude response

Aussteuerungsanzeige m <av> (z. B. bei Bandgeräten) • recording level indicator; signal level indicator; level indicator

Aussteuerungsautomatik f <av> (für Bild- und/oder Tonsignale) • automatic level control (ALC)

Aussteuerungsbereich m <av> (bei Aufnahmen) • recording level band; range of modulation; dynamic range

Aussteuerungsgrad m <av> • phase control factor

Aussteuerungsgrad m <el> • modulation percentage

Aussteuerungsgrad m <tele> • degree of modulation; depth of modulation

Aussteuerungskontrolle f <av> (z. B. bei Bandgeräten) • recording level indicator; signal level indicator; level indicator

Aussteuerungsmesser m <av> (z. B. bei Bandgeräten) • recording level indicator; signal level indicator; level indicator

Aussteuerungsoptimierung f <edv.av> (z. B. von Samplern, MP3-Konvertern) • normalize function; maximize function; optimize function

Aussteuerungsreserve f <edv.av> • headroom

Ausstieg m <aerospace> (aus einem Raumfahrzeug) • space walk

Ausstieg m <bau> (Tür, Klappe, Luke, Öffnung; z. B. aus Schacht, Tunnel) • exit door

Ausstieg m <nfz> (aus einem Bus; Vorgang) • disembarking; egress; alighting; exiting; exit

Ausstieg aus der Kernenergie m <nukl> • withdrawal from the nuclear energy program US; backing out of the nuclear energy programme GB

Ausstiegsbeleuchtung f <kfz.el> • illuminated entry system; exit lights; door exit lights

Ausstiegsleuchte f <kfz.el> (unten in der Türverkleidung) • curb light

Ausstiegsluke f <aerospace> (Raumfahrzeug) • escape hatch

ausstopfen vt <tech.allg> (z. B. Tiere, Plüschtiere, Kissen) • stuff vt

ausstopfen vt <tech.allg> (mit kleinem Bausch; z. B. mit Watte) • wad vt

Ausstoß m <prod> (von Abwässern, Abgasen u. dgl.) • discharge

Ausstoß m <prod> (eines fertigen Teils; z. B. Spritzgussteil) • ejection

Ausstoß m <prod> (in Produktionseinheiten pro Zeiteinheit) • rate of production; production output pract

Ausstoß m <prod> (Ertrag des Aufwandes) • yield; turnout

Ausstoßeinheit f <prod.nahr> *(Speiseeis; Extruder)*
• push-off unit
Ausstoßeinrichtung f <prod> • ejection fixture
ausstoßen vt <emiss> *(Abgas, Rauch etc.; z. B. aus einem Kamin)* • emit vt
ausstoßen vt <kfz.emiss> *(aus dem Abgassystem)* • exhaust vt
ausstoßen vt <led> *(mit dem Schlicker; Glätten)* • slick out vt; sleek out vt
ausstoßen vt <led> *(Häute)* • strike out vt; flesh vt
ausstoßen vt <led> *(Leder)* • set out vt; put out vt US; strike out vt; cank vt
ausstoßen vt <mech> *(allg.)* • push out vt
ausstoßen vt <mil> *(Patronenhülse)* • eject vt; expel vt
ausstoßen vt <phys> *(puls-, schlagartig; z. B. Strahl)* • eject vt
ausstoßen vt <prod> *(entladen; z. B. Werkstücke, Ladung, Produkte, Speicherinhalt)* • discharge vt
ausstoßen vt <prod> *(schlagartig, mit Auswerfer; z. B. Werkstück)* • knock out vt
ausstoßen vt <prod> *(Werkstücke)* • turn out vt
Ausstoßer m <mil> *(in Schusswaffe; für Patronenhülse)* • ejector; ejector pin; rod ejector; cartridge ejector
Ausstoßer m <prod> *(z. B. ein Stift)* • ejector; knock-out
Ausstoßerplatte f <prod> • ejector plate
Ausstoßerstange f <mil> *(in Schusswaffe; für Patronenhülse)* • ejector; ejector pin; rod ejector; cartridge ejector
Ausstoßerstift m <mil> *(in Schusswaffe; für Patronenhülse)* • ejector; ejector pin; rod ejector; cartridge ejector
Ausstoßfinger m <prod> *(z. B. für Werkstück)* • ejector blade
Ausstoßhebel m <masch> • ejector lever
Ausstoßladung f <mil> • bursting charge; opening charge; burster
Ausstoßmaschine f <min> *(Kohle)* • pusher machine
Ausstoßrate f <prod> • output rate
Ausstoßschlitten m <prod> • ejector slide
Ausstoßstift m <prod> • ejector pin; knock-out pin; lifting pin
Ausstoßtakt m <mot> *(Kolbenmotor; von UT nach OT)* • exhaust stroke; exhaust cycle
Ausstoßverfahren n <metall> • ejection process
Ausstoßvorrichtung für Nebelbüchsen f <mil> • smokepot ejector
Ausstoßvorrichtung für Nebeltöpfe f <mil> • smokepot ejector
Ausstoßzone f <kst> *(Spritzgießschnecke)* • metering section; pumping section; metering zone
ausstrahlen vi <licht> *(von einer Quelle aus)* • emanate vi
ausstrahlen vt <phys> *(von einem Punkt aus radial)* • radiate vt
ausstrahlen vt <tele> *(gerichtet; z. B. mit Richtfunk)* • beam vt
ausstrahlen vt <tele> *(über Sender; z. B. Signale, Radio-, TV-Programme)* • broadcast vt
Ausstrahlöffnung f <edv> *(für Scanner-Abtaststrahl)* • output port; scanner window; scan window
Ausstrahlung f <phys> *(allg.; von Strahlung, Partikeln, Wellen)* • emission; emittance *rare*
Ausstrahlung f <phys> *(von sich aus, von einer Quelle aus ausströmend; eher allmählich)* • emanation
Ausstrahlung f <phys> *(eher von einer punktförmigen Quelle aus)* • radiation
Ausstrahlungsvermögen n <nukl> *(Gase)* • emanating power
Ausstrahlungsvermögen n <phys> • radiating capacity; emissivity
Ausstrahlungswinkel m <phys> • radiation angle
Ausstrahlwinkel m allg <licht> • cut-off angle

ausstreben vt <bau> • truss vt
ausstrecken vt <allg> *(z. B. Arm)* • extend vt
ausstreichen vt <doku> *(betont: völlig unleserlich machen)* • blot out vt
ausstreichen vt <doku> *(z. B. Name auf einer Liste, TOP auf Tagesordnung)* • cancel vt
ausstreichen vt ugs <doku> *(Zeichen, Wörter, Zeilen)* • delete vt
ausstreichen vt <geo> • crop out vt; outcrop vt
ausstreichen vt <obfl> *(Anstrichstoffe, aus Pinsel)* • brush out vt
ausstreuen vt ugs <tech.allg> *(z. B. Heu im Stall, Saatgut, Streusalz, Sand, Sägemehl)* • strew vt; spread vt
ausstreuen vt <agri> *(z. B. Futter, Samen)* • spread vt
Ausstrich m <geo> • outcrop
Ausstrichpräparat n <qualit> *(Mikroskopie)* • smear
Ausstrippen mit Dampf n <chem.verf> • steam stripping
Ausstrippen mit Luft n <ents> • air stripping
Ausströmarbeit f <therm> *(Dampfdiagramm)* • work done during exhaust
Ausströmdiagramm n <mot> • exhaustion diagram
Ausströmelektrode f <ents> • discharge electrode [wire]; ionizing electrode; emitting electrode
Ausströmelektrode f <verf> • discharge electrode; corona [discharge] electrode; emitting electrode
ausströmen vi <tech.allg> • flow out vi
ausströmen vi <tech.allg> *(unbeabsichtigt, als Leckage; Flüssigkeit, Gas)* • leak vi
ausströmen vi <hlk> *(z. B. kalte Luft, Frischluft aus Luftauslass)* • discharge vi
ausströmen vi <rls> *(unbeabsichtigt; z. B. Gas, Dampf)* • escape vi
ausströmendes Medium n <tech.allg> *(Flüssigkeit, Gas; z. B. aus Behälter, Rohr)* • effluent
Ausströmer m <hlk> *(allg.)* • air outlet
Ausströmer m <hlk> *(mit Gitterblende)* • air outlet; air register
Ausströmer m <hlk> *(mit Lamellen)* • air outlet
Ausströmer m <hlk> *(betont: Punktdüse, gezielter, kühlender Luftstrom)* • spot cooler
Ausströmer m <verf> *(für Luft im Aquarium)* • airstone
Ausströmerstein m <verf> *(für Luft im Aquarium)* • airstone
Ausströmgeschwindigkeit f <tech.allg> *(z. B. aus Düse, Schornstein)* • exit velocity; discharge velocity; efflux velocity
Ausströmgeschwindigkeit f <tech.allg> *(eines Strahls)* • jet velocity
Ausströmgeschwindigkeit f <mot> *(Abgase; z. B. von Motor, Strahl- od. Raketentriebwerk)* • exhaust velocity
Ausströmgeschwindigkeit des Quecksilbers f <el.chem> • rate of flow of mercury; rate of mercury flow; mercury flow rate
Ausströmgeschwindigkeit des Stoffs f <pap> • speed of the stock
Ausströmrate f prakt <tech.allg> *(betont: Ausströmgeschwindigkeit)* • leak rate
Ausströmrohr n <verf> *(in Zyklonen)* • inner pipe; exit pipe; tubular guard; outlet tube; discharge tube
Ausströmungslinie f <phys> • exhaust curve
Ausströmungsmesser m <msr> • effusiometer
Aussüßen n <pap> • recausticizing
austakten vt <edv> • clock out vt
austakten vt <prod> • synchronize vt; synchronize with vt; bring into correct time relation with vt
austarieren vt <tech.allg> *(Gewicht)* • tare vt
Austastblende f <opt> • blanking aperture
austasten vt <av> • blank vt
austasten vt <el> *(Zeitsignale)* • gate vt
austasten vt <kfz.el> *(Zündfunke)* • suppress vt

Austastgemisch n <av> • mixed blanking pulses
Austastimpuls m <av> • blanking pulse; black-out pulse
Austastlücke f <av> • blanking interval
Austastlücke f <edv> • reserved
Austastpegel m <av> • blanking level; pedestal level; black-out level
Austastschulter f <av> • front porch-back porch
Austastsignal n <av> • blanking signal
Austastsignal n <tele> • extraction signal
Austast-Synchron-Signal n <av> • blanking and synchronization signal
Austastung f <av> • blanking; black-out
Austastung f <el> (Zeitsignale) • gating
Austastwert m <av> • blanking level; pedestal
Austausch m <allg> (wechselseitig) • interchange
Austausch m <allg> • replacement
Austausch m <allg> (Ersetzen) • substitution
Austausch m <tech.allg> (z. B. von Daten, Wärme, Ionen) • exchange
Austausch m <chem.nukl> (von Masse) • mass transfer
Austausch m <math> • permutation
Austausch... <rep> (in Zusammensetzungen; z. B. Motor, Ersatzteil) • rebuilt ...; reconditioned ...; remanufactured ...; recon ... pract.coll
Austauschadsorption f <chem> • exchange adsorption
Austauschanisotropie f <chem> • exchange anisotropy
Austauschazidität f <chem> (Bodenkunde) • exchange acidity
austauschbar <tech.allg> (wechselweise, gegenseitig; z. B. Ionen, Ersatzteile, Module) • exchangeable
austauschbar <tech.allg> (ersetzbar nach Verschleiß, Verbrauch, Schaden; z. B. Farbpatrone) • replaceable
austauschbar <tech.allg> (ersetzbar durch anderes, gleichartiges Teil; z. B. Handoberschale) • exchangeable
austauschbar <edv> (Datenträger) • removable; changeable
austauschbare Batterie f <el> • replaceable battery
austauschbarer Protektor m <bekl> (z. B. in Motorradbekleidung an Ellenbogen, Schultern, Knien etc.) • removable armour; armour kit GB
austauschbares Polster n <bekl> (Helm) • removable padding; replaceable padding; exchangeable padding
Austauschbarkeit f DIN EN ISO 8402 <tech.allg> (z. B. von Ersatzteilen) • interchangeability ISO 8402
Austauschbarkeit f <edv> (eines Datenträgers) • removability
austauschbar während des Betriebs <edv> • hot swappable
Austauschbau m <prod> • interchangeable manufacture
Austauschbaueinheit f <tech.allg> • interchange assembly
Austauschbefehl m <edv> • exchange instruction
Austauschboden m <verf> (Destillation) • exchange plate; exchange tray
Austauschchromatographie f <chem.verf> • ion- exchange chromatography; exchange chromatography
Austauschdüngung f <agri> • exchange fertilization
Austauscheffekt m <phys> • exchange effect
Austauschen n <edv> (von Hardwarekomponenten, Geräten; z. B. Speichermedien) • swapping
austauschen vt <allg> (z. B. Daten, Nachrichten, Wärme, Ionen) • exchange vt
austauschen vt <allg> (ersetzen; z. B. Zeichen) • substitute vt
austauschen vt <tech.allg> (defekte Teile, Baugruppen; z. B. Generator, Motor) • replace vt
austauschen vt <edv> (Datenträger) • remove vt
austauschen vt <math> (Ziffern, Zeichenfolgen, von vorne nach hinten und umgekehrt) • permute vt

Austauschenergie f <phys> • exchange energy
Austauschentartung f <phys> • exchange degeneracy
Austauscher m <verf> (z. B. für Ionen, Wärme) • exchanger
Austauscherfläche f rar <verf> • heat-exchanger surface
Austauscherharz n <verf> • ion-exchange resin
Austauschersäule f <verf> • ion-exchange column; exchange column
Austauschfehler m <edv> • substitution error
Austauschfehlerrate f <edv> • substitution error rate (SER)
Austauschfenster n <bau.rep> • replacement window
Austauschgerbstoff m <led> • exchange syntan; integral tannin
Austauschgetriebe n (ATG) <kfz.antr.rep> • rebuilt transmission
Austauschglocke f <verf> (Destillation) • bubble cap; dome
Austauschinstabilität f <nukl> • flute instability; interchange instability; Kruskal-Schwarzschild instability; conventive instability
Austauschkopplung f <phys> • exchange coupling
Austauschkraft f <phys> • exchange force
Austauschmischkristall m <mat> • substitutional solid solution
Austauschmotor m (ATM) <kfz.mot.rep> • rebuilt engine; remanufactured engine; reconditioned engine; recon engine pract.coll
Austauschoperator m <phys> • exchange operator
Austauschprogramm n <edv> • alternate program
Austauschprogrammierbare Steuerung f <msr> • programmable controller with interchangeable memory
austauschprogrammierbare Steuerung mit unveränderbarem Speicher f <autom> • ROM-programmed controller; PROM-programmed controller
austauschprogrammierbare Steuerung mit veränderbarem Speicher f DIN 19237 <autom> • RPROM-programmed controller
Austauschprotein n prakt <bio> • cholesteryl ester transfer protein (CETP); cholesteryl ester exchange protein
Austauschpufferung f <edv> • exchange buffering
Austauschrahmen m <bau> • replacement frame
Austauschreaktion f <chem> • exchange reaction; substitution reaction; replacement reaction
Austauschregister n <edv> • exchange register
Austauschstoff m <mat> • substitute material; substitute
Austauschsystem n <tech.allg> • replacement system
Austauschteil n <tech.allg> • replacement; exchange item
Austauschteleskop n <av> (für Antenne) • replacement mast
Austauschvernickelung f <obfl> • nickel flash; nickel dip
Austausch von Systemkomponenten während des Betriebs m <edv> • hot swapping of system components
Austauschwechselwirkung f <phys> • exchange interaction
Austauschzeichen n <edv> • replacement character
Austenit m <metall> • austenite
Austenitbildung f <metall> • austenite formation; austenitizing
Austenitformhärten n <metall> • ausforming
austenitisch <metall> • austenitic
austenitischer Stahl m <metall> • austenitic steel
Austenitisierungstemperatur f <metall> • austenitization temperature; austenitizing temperature
Austenitkorngrenze f <metall> • austenite grain boundary
Austenitzerfall m <metall> • austenite dissociation

Austernbank f <geo> • oyster bed

austesten vt <qualit> • test out vt; check out vt; debug vt coll

austiefen vt <prod> • deepen vt

Austräger m <kfz> • scavenger

Austrag m <förd> (geförderte Menge) • discharge

Austrag m <obfl> (aus Bad herausgeschleppt; z. B. in Galvanotechnik) • drag-out

Austrag m <ökol> (von Schad- oder Nährstoffen) • export

Austrag m <verf> (Aufbereitungsgut) • removal

Austragdüse f <verf> • discharge nozzle

austragen vt <förd> (Fördergut abtransportieren) • remove vt

austragen vt <verf> (z. B. Asche, Rußpartikel) • discharge vt

Austragklappe f <ents> • discharge door

Austragkonus m <verf> • discharge cone

Austragmesser n <agri> • discharge knife; unloader knife

Austragrohr n <rls> • discharge pipe

Austragrutsche f <förd> • discharge chute

Austragsband n <verbr> (für Asche) • discharging belt

Austragschieber m <ents> • discharge gate

Austragschleuse f <ents> (für Flüssigkeiten) • outlet sluice

Austragschleuse f <verf> (allg.; z. B. für Asche) • exit lock

Austragschnecke f <agri> • grain discharge auger

Austragschurre f <förd> • discharge chute

Austragsleistung f <förd> (z. B. Volumen oder Masse pro Zeiteinheit) • discharge rate

Austragspflug m <agri> • plough

Austragsregler m <verf> (Aufbereitung) • reject gate

Austragszone f <kst> (Spritzgießschnecke) • metering section; pumping section; metering zone

Austragventil n <verf> • discharge valve; outlet valve

Austragwalze f <masch> • discharge roll

Austreibekolonne f <chem.verf> (Destillation) • stripper column

Austreiben n <textil> • clearing

austreiben vt <chem> (Gase, flüchtige Stoffe) • dispel vt; expel vt; sweep out vt

austreiben vt <chem.phys> (Stoff aus einem Gemenge durch Destillation) • strip out vt; strip vt

austreiben vt <edv> (Zeilen) • quad vt

austreiben vt <masch> (z. B. Keil, Stift) • drive out vt

austreiben vt <prod> (z. B. Dorn, Keil) • drift out vt

austreiben vt <textil> (Nadel mit Schloss auf ihren Einschlusspunkt zubewegen) • raise vt

Austreiber m <wz> (z. B. Stanzvorrichtung, Körnerspitze) • center key

Austreiber m <wz> (Bohrer) • drill drift

Austreiber m <wz> (Kegel, Konus) • taper drift; taper key

Austreiberlappen m <wz.masch> (an Wz-Schaft, z. B. Spiralbohrer) • tang; flat driving tang; tanged end

Austreiberschlitz m <wz> • tang slot

Austreibstift m <kfz.wz> (für Türbolzen-Ausschlagwerkzeug) • pulling pin

austreten vi <tech.allg> (unbeabsichtigt, als Leckage, eher allmählich; Flüssigkeit, Gas) • leak vi; leak out vi

austreten vi <emiss> (unbeabsichtigt, aus geschlossenen Kreisläufen, insbes. unter Druck) • escape vi

austreten vi <phys> (zum Vorschein kommen, insbes. auch unerwartet; z. B. Lichtstrahl aus Li) • emerge vi

austreten vi <prod> (Blech aus Walzenstraße) • leave the pass vi

Austreten vt <tech.allg> (Vorgang; von Flüssigkeit, Gas) • exit

austretend <phys> (Strahl) • emergent

austretendes Sickerwasser n <ents> • migrating leachate

austretende Welle f <phys> • outgoing wave

Austreten von Klebstoff n <edv> (an Etikettenrändern) • glue ooze

Austrieb m rar <kst> (sehr dünn, flächig; Spritzgießfehler in der Wz-Trennebene) • flash; web; webbing

Austriebsexzenter m <prod> (z. B. Werkstückausstoß, Abfallausstoß) • clearing cam

Austriebsnut f <kst> • spew groove

Austriebsstellung f <textil> • clearing position

Austriebsteil n <masch> • clearing element

Austriebsteil n <textil> (bewegt Nadel in Einschließstellung) • clearing cam

Austriebsteil n <textil> (allg.; Schlossteil, das eine Nadel nach oben austreibt) • raising cam

Austritt m <tech.allg> (Vorgang; ungewollt, von Flüssigkeit, Gas; meist unter Druck) • escape

Austritt m <tech.allg> (Vorgang; von Flüssigkeit, Gas) • exit

Austritt m <tech.allg> (infolge einer Undichtigkeit; z. B. von Schmieröl, Kühlmittel) • leakage

Austritt m <opt> (Vorgang; Erscheinen von etw.; aus einer Oberfläche herauskommen) • emergence

Austritt m <turb> (Bauteil) • outlet; exhaust

Austritt des Bohrers auf der Werkstückrückseite m <wz> • break-through of the drill bit

Austrittsarbeit f <phys> • work function

Austrittsarbeit bei Glühemission f <phys> • thermionic work function

Austrittsdosis f <nukl> • exit dose

Austrittsdrall m <masch> (Strömungsmaschine) • outlet swirl

Austrittsdruck m <förd> (Pumpe, Verdichter) • delivery pressure

Austrittsdruck m <masch> (z. B. Pumpe, Verdichter) • discharge pressure; delivery pressure; output pressure; discharge-line pressure

Austrittsdurchmesser m <tech.allg> • exit diameter

Austrittsfeld n <nukl> • exit portal

Austrittsfenster n <tech.allg> (z. B. für Lüftung, Röntgenröhre) • exit window

Austrittsfenster n <edv> (für Scanner-Abtaststrahl) • output port; scanner window; scan window

Austrittsgefälle n <hydr> • exit gradient

Austrittsgeschwindigkeit f <tech.allg> (eines Strahls; z. B. bei Strahltriebwerken, Einspritzventilen) • exit velocity; jet velocity

Austrittsgeschwindigkeit f <emiss> (von Gasen; z. B. von Rauchgas) • emission velocity; emission rate

Austrittsgeschwindigkeit f <energ> (Turbosatz) • terminal velocity

Austrittsgeschwindigkeit f <förd> (z. B. an Pumpenausgang) • delivery speed

Austrittsgeschwindigkeit f <turb> (Strahltriebwerk) • nozzle exhaust velocity; exhaust velocity

Austrittsgeschwindigkeit f <verf> (von flüssigen oder gasförmigen Stoffen; z. B. Abgas, Abwasser) • efflux velocity; efflux rate

Austrittskammer f <emiss> • exhaust chamber

Austrittskante f <masch> (Laufradschaufel) • outlet edge; trailing edge

Austrittskonus m <aerospace> (Düse) • exit taper

Austrittskonus m <metall> (am Ziehstein) • reverse taper

Austrittsleitradpumpe f <masch> • guide-vane pump

Austrittsöffnung f <tech.allg> • exit opening; outlet opening; outlet port; exit

Austrittsöffnung f <edv> (für Scanner-Abtaststrahl) • output port; scanner window; scan window

Austrittspfosten m <bau> • newel; newel post

Austrittspotential n <el> • exit potential

Austrittspupille f <opt> • exit pupil
Austrittsquerschnitt m <verf> • outlet cross sectional area
Austrittsquerschnitt der Pumpe m <energ.hydr> • cross section of the pump outlet
Austrittsquerschnitt der Turbine m <energ.hydr> • cross section of the turbine outlet
Austrittsrohr n <tech.allg> *(für Strahl)* • jet pipe
Austrittsrohr n <rls> *(allg.)* • discharge pipe; offtake pipe; outlet pipe
Austrittsschlitz m <mot> *(Zweitakter)* • exhaust port
Austrittsseite f <tech.allg> • exit side; outgoing side
Austrittsseite f <förd> *(von Pumpen, Verdichtern)* • delivery side; outlet side; discharge side; discharge end; outlet end
Austrittsspalt m <pap> *(Stoffauflauf)* • slot; gate
Austrittsstrahl m <opt> *(betont: erscheinend)* • emerging beam; emergent light beam; emergent beam; emerging ray
Austrittsstrahl m <phys> *(allg.; z. B. Lichtstrahl)* • exit beam; exit ray
Austrittsstufe f <bau> *(Treppe)* • stair head
Austrittsstutzen m <förd> *(an Pumpe, Verdichter)* • discharge nozzle; pressure nozzle; discharge branch *rare*; delivery branch *rare*
Austrittsstutzen m <verf> *(allg.)* • outlet nozzle
Austrittstemperatur f <prod.nahr> *(Speiseeis)* • drawing temperature; draw temperature; outlet temperature *Hoyer*; freezer discharge temperature; discharge temperature
Austrittstemperatur f <verf> • outlet temperature; exit temperature
Austrittstutzen m <nukl> *(Schmiedeteil; z. B. am RDB)* • outlet nozzle forging
Austrittswinkel m <tech.allg> • outlet angle
Austrittswinkel m <opt> *(z. B. Licht an der Linse)* • emergence angle; exit angle
austrocknen vi <holz> • season *vi*
austrocknen vi/vt <allg> *(Mauerwerk, Gewässer, Sumpf)* • dry up *vi/vt*
austrocknen vi/vt <bau> *(Neubau)* • dry out *vi/vt*
austrocknen vi/vt <verf> *(durch Wasserentzug; z. B. mit Silikagel)* • exsiccate *vi/vt*
Austrockner m <led> *(Ofen)* • drying oven
Austrocknung f <tech.allg> *(aktiv oder passiv)* • desiccation; drying
austuchen vt <mus> *(Orgellager etc., zur Reduzierung von Reibung und Geräuschen)* • cloth-line *vt*; cloth bush *vt*
Ausübungspflicht f <jur> • obligation to exploit the license
Aus- und Einbau m (A+E) <doku> *(z. B. Überschrift in Rep. Handbuch oder Position auf Rep. Rechnung)* • remove and refit; remove and install; replacement
Ausvulkanisation f <kst> • full vulcanization; complete cure; full cure *pract*
ausvulkanisiert <kst> • fully cured
auswählen vt <allg> *(betont: einzelne, wenige Exemplare)* • pick out *vt*
auswählen vt <allg> • select *vt*
Auswähler m <textil> *(Strickmaschine)* • selector
auswärtsöffnend <bau> *(Tür, Fensterflügel)* • swing-out; outward opening; projecting out [when opened]; swinging out
auswässern vt <phot> • wash *vt*; rinse *vt*
Auswässerungsbeschleuniger m <phot> • hypo clearing agent; hypo eliminator; clearing agent; hypo neutralizer
Auswässerungshilfe f <phot> • hypo clearing agent; hypo eliminator; clearing agent; hypo neutralizer

Auswahl f <allg> *(Spektrum verschiedener Exemplare; z. B. feine Confiserie-Pralinen)* • assortment; selection; choice
Auswahl f <allg> *(Entscheidung für eine von mehreren Optionen)* • choice; selection
Auswahl f <qualit> *(Vorgang der Probenahme)* • sampling
Auswahlaxiom n <math> • axiom of choice
Auswahl des Optimums f <tech.allg> • optimum selection
Auswahl durch Stromkoinzidenz f <edv> • coincident current selection
Auswahleinheit f <msr> *(bei Majoritätssystemen)* • selection element
Auswahlentscheidung f <edv> • selection decision
Auswahlernte f <agri> • selective harvesting
Auswahl fehlerhafter Einheiten f DIN 55350-31 <qualit> • nonconforming fraction
Auswahlfunktion f <math> *(Mengentheorie)* • selection function
Auswahlimpuls m <edv> • selection pulse
Auswahlkode m <edv> • option code
Auswahlkontrolle f <edv> • selection check
Auswahllogik f <msr> *(z. B. 2 von 4, bei 4facher Geräteredundanz)* • coincidence logic; concurrency logic; selection logic *rare*
Auswahllogikschaltung f <msr> *(z. B. 2 von 4, bei 4facher Geräteredundanz)* • coincidence logic; concurrency logic; selection logic *rare*
Auswahlmenü n <edv> *(mit Auswahloptionen)* • menu
Auswahlpriorität f <edv> • dispatching priority
Auswahlprüfung f <qualit> • screening inspection; screening test
Auswahlreihe f <masch> • selected series; recommended series; preferred series
Auswahlsatz m DIN 55350-14 <math> *(Statistik)* • sampling function; sampling ratio
Auswahlschaltung f <msr> *(z. B. 2 von 4, bei 4facher Geräteredundanz)* • coincidence logic; concurrency logic; selection logic *rare*
Auswahlsteuerung f <msr> • selective control
Auswahlsystem n <msr> *(bei Majoritätssystemen)* • voting system
Auswahlüberprüfung f <edv> • selection check
auswalzen vt <metall> *(Brammen)* • bloom *vt*
auswalzen vt <metall> *(Bleche)* • sheet *vt*
auswalzen vt <prod> *(allg.)* • roll out *vt*
Auswandern n <tech.allg> *(z. B. eines Zeigers, Bohrers)* • wandering
Auswandern n <msr> *(von Regelgrößen, Istwerten)* • excursion
Auswandern n <msr> *(allmähliches Weglaufen vom Sollwert, Sollzustand)* • runaway
Auswanderung f <msr> *(allmähliches Weglaufen vom Sollwert, Sollzustand)* • runaway
auswaschbar <büro> *(z. B. Tinte, Klebstoff)* • washable
Auswaschbarkeit f <ents> • leachability
auswaschen vt <chem.verf> *(auslaugen)* • leach out *vt*
auswaschen vt <geo> *(durch massive Erosion; z. B. Böschungen, Brückenpfeilerfundamente)* • scour *vt*; underwash *vt*
auswaschen vt <geo> *(eher oberflächlich; z. B. Uferböschung, Felsen durch Fluss)* • erode *vt*
auswaschen vt <geo> *(Nährstoffe aus dem Boden, Schadstoffe aus Abfall; z. B. durch Sickerwas)* • dilute *vt*; leach out *vt*; lixiviate *vt rare*
auswaschen vt <verf> *(Hohlgebinde reinigen; z. B. Mehrwegflaschen)* • wash *vt*; wash out *vt*
Auswaschen mit Waschöl n <chem.verf> • oil washing
Auswaschfolie f <druck> • relief developing foil

Auswaschung f <agri> *(von Nährstoffen aus dem Boden)* • dilution

Auswaschung f *DIN ISO 11074-1* <ents> *(durch Sickerwasser; z. B. von deponiertem Abfall)* • leaching *ISO 11074-1*

Auswaschung f <geo> *(im Boden; z. B. durch Grundwasserströme)* • eluviation

Auswaschung f <geo> *(durch Fließgewässer, Gezeiten, Brandung)* • erosion

Auswaschung f <geo> *(grabenartiges Erosionsresultat)* • erosion channel

Auswaschung f <min> • wash-out

auswechselbar <tech.allg> *(ersetzbar durch anderes, gleichartiges Teil; z. B. Handoberschale)* • exchangeable

auswechselbar <tech.allg> *(ersetzbar nach Verschleiß, Verbrauch, Schaden; z. B. Farbpatrone)* • replaceable

auswechselbar <edv> *(Datenträger)* • removable; changeable

auswechselbar <phot> *(Objektiv)* • interchangeable

auswechselbare Buchse f <masch> • renewable bush; renewable bushing

auswechselbare Platte f <edv> *(Festplatte)* • removable disk

auswechselbarer Farbbehälter m <wz> *(Spritzpistole, Airbrush)* • interchangeable paint reservoir

auswechselbares Abtastsystem n <el> • pick-up cartridge

auswechselbare Speicherplatte f <edv> *(Festplatte)* • removable disk

auswechselbare Spule f <el> • plug-in coil

auswechselbares Zoomobjektiv n <av> • interchangeable zoom lens

auswechselbar im laufenden Betrieb <edv> • hot-swappable

Auswechselbarkeit f <edv> *(eines Datenträgers)* • removability

Auswechseln n <edv> *(von Hardwarekomponenten, Geräten; z. B. Speichermedien)* • swapping

auswechseln vt <allg> *(ersetzen; Teile, Personen)* • substitute vt

auswechseln vt <allg> *(kreuzweise)* • interchange vt

auswechseln vt <tech.allg> *(z. B. Handyoberschale)* • exchange vt

auswechseln vt prakt.ugs <tech.allg> *(Verschleißteile; z. B. Luftfilter, Beläge)* • replace vt; renew vt GB

auswechseln vt ugs <tech.allg> *(z. B. Gerät, Werkzeug, CD-ROM, Tintenpatrone)* • change vt

auswechseln vt <edv> *(Datenträger)* • remove vt

Auswechselteil n <tech.allg> • replacement [part]

Ausweich... <aerospace> *(Landemöglichkeit; Flughafen, Flugplatz etc.)* • alternate ...

Ausweichartikel m <logist> *(z. B. ähnliches Ersatzteil)* • substitute item

Ausweiche f <verk> *(an schmaler Straße)* • turnout US; lay-by GB; passing place rare

ausweichen vi <tech.allg> • back away vi

Ausweichflughafen m <aerospace> *(betont: für Notfall)* • emergency airport

Ausweichflughafen m <aerospace> *(alternativer Landeplatz)* • alternate airport

Ausweichflugplatz m <aerospace> • diversion landing field; diversion field

Ausweichfrequenz f <tele> *(Sender; z. B. Autoradio, Funkgerät)* • alternative frequency (AF)

Ausweichgleis n <bahn> • passing track; siding; turn-out

Ausweichkanal m <tele> • alternate channel

Ausweichleitstelle f <msr> • back-up control center

Ausweichmanöver n <verk> *(Luftfahrt, Schifffahrt)* • emergency turn

Ausweichreaktion f <chem> • evasion reaction; dodge reaction

Ausweichstelle f <verk> *(an schmaler Straße)* • turnout US; lay-by GB; passing place rare

Ausweichtasche f <förd> *(Zahnradpumpe)* • discharge pocket

Ausweichvermittlung f <tele> • emergency exchange

Ausweidemaschine f <nahr> *(Fischverarbeitung)* • gutting machine

Ausweitdorn m <wz> • drift

Ausweiten n <tech.allg> *(Vergrößern von Öffnungen; meist elastisch)* • dilatation

ausweiten vr <ökon> *(Markt)* • expand vi; develop vi

ausweiten vr/vt <allg> *(eine Öffnung)* • widen vi/vt

ausweiten vt <allg> *(ausdehnen)* • extend vt; draw outward vt; stretch outward vt

ausweiten vt <tech.allg> *(in der Fläche, abstrakt oder konkret; z. B. Einflussbereich, Material)* • enlarge vt

ausweiten vt <ökon> *(Produktion, Markt)* • expand vt

Auswerfeinrichtung f <tech.allg> *(für Kassette, Werkstück)* • ejection mechanism

Auswerfeinrichtung f <prod> *(für Werkstücke)* • work ejector mechanism

auswerfen vt <tech.allg> *(z. B. Kassette, Patronenhülse, Spritzling, Fadenspule)* • eject vt

auswerfen vt <av> *(eine Kassette)* • eject vt

auswerfen vt <mil> *(Patronenhülse)* • eject vt; expel vt

Auswerfer m <druck> *(am Tiegel)* • card dropper

Auswerfer m <kst> *(in Spritzgießwerkzeug)* • ejector pin; knock-out pin; stripper; KO pin; ejector

Auswerfer m <mil> *(in Schusswaffe; für Patronenhülse)* • ejector; ejector pin; rod ejector; cartridge ejector

Auswerfer m <prod> *(z. B. ein Stift)* • ejector; knock-out

Auswerfer m <prod> *(ziehend)* • extractor

Auswerferhebel m <el> *(Stecker)* • ejector latch

Auswerferhülse f <kst> *(im Spritzgießwerkzeug)* • ejector bushing

Auswerferkasten m <kst> • ejector frame

Auswerferplatte f <kst> • knockout plate

Auswerferschieber m <prod> • ejector slide

Auswerferschiene f <prod> • ejector bar

Auswerferstange f <kst> *(in Spritzgießmaschinenwerkzeug)* • knockout bar; KO bar; ejector rod

Auswerferstift m <kst> *(in Spritzgießwerkzeug)* • ejector pin; knock-out pin; stripper; KO pin; ejector

Auswerfstempel m <prod> • ejection pad

Auswerfwalze f <druck> *(Kopierer)* • exit roller

Auswerteeinheit f <alarm> *(Prozessor in Alarmzentrale)* • processor

Auswerteeinheit f <msr> *(von Näherungsschaltern)* • analyzer unit US; interfacing unit

Auswerteeinheit f <msr> *(allg.)* • evaluation unit; evaluator

Auswerteeinheit f <msr> • trigger

Auswerteeinrichtung f <msr> *(allg.)* • evaluation unit; evaluator

Auswerteelektronik f <el> • evaluation circuit

Auswertegerät n <geo> • mapping instrument

Auswertegerät n <msr> • plotting instrument; plotter

Auswertegerät n <qualit> • evaluating instrument

Auswertekammer f <phot> • restitution camera; plotting camera

Auswertelogik f <edv.sport> *(für Punktezahl von Wettkämpfen, Spielständen etc.)* • scoring logic

Auswertelogik f <msr> *(für Auswahlschaltungen)* • decision logic

Auswertelogik f <msr> *(von Messergebnissen, Analysen)* • analyzer logic US; evaluation logic

Auswertemaßstab m <msr> • compilation scale; plotting scale

auswerten vt <tech.allg> *(Daten aller Art; z. B. Statistiken, Luftaufnahmen)* • evaluate vt

auswerten vt <tech.allg> *(interpretieren; Resultate, Messergebnisse)* • interpret vt

Auswerteprogramm n <edv> • evaluation program

Auswerterechner m <edv> • evaluating computer

Auswertergebnis n <allg> • evaluation result

Auswertestation f <msr> *(allg.)* • evaluation unit; evaluator

Auswerte-System n <msr> • evaluation system

Auswertetisch m <navig> • plotting table

Auswertschaltung f <msr> *(zur Signalaufbereitung)* • signal-conditioning circuitry

Auswertung f <allg> *(z. B. von Testergebnissen)* • evaluation

Auswertung f <jur> *(von Patentrechten)* • exploitation; utilization

Auswertungsformular n <doku> *(Fragebogen zum Ankreuzen)* • answer sheet; scoring sheet

auswickeln vt <pack> *(Paket etc.)* • unwrap vt

Auswirkung f <allg> *(Einflüsse aller Art)* • consequence; effect

Auswirkung auf die Umwelt f <ökol> • environmental effect; environmental impact

Auswölbung der Motorhaube f <kfz> • power dome

Auswuchs m <bio.tech> *(auf der Haut, auf Blechen)* • wart

Auswuchsfestigkeit f <agri> *(Getreide)* • resistance to sprouting

Auswuchtbock m <masch> • balancing stand

Auswuchtbohrung f <kfz.mot> *(Kurbelwelle)* • balance hole

Auswuchtdorn m <masch> • balancing arbor; balancing mandrel

Auswuchten n prakt <fz> *(von Rädern)* • balancing; wheel balancing

auswuchten vt <masch> *(Rotationskörper; Rad, Welle etc.)* • balance vt

Auswuchten am Fahrzeug n <kfz> *(von Rädern)* • on-the-car balancing

Auswuchten bei demontiertem Rad n <kfz> • off-the-car balancing

Auswuchtgewicht n <kfz> *(an Felgen)* • balance weight; balancing weight; lead weight *pract*; weight *pract*

Auswuchtgewichtzange f <kfz.wz> • wheel weight tool; wheel weight pliers

Auswuchtmaschine f <kfz.wz> *(für Räder)* • wheel balancer; balancer *pract*; wheel balancing machine *form*

Auswuchtmaschine f <masch> *(allg.)* • balancing machine; balancer

Auswuchtpulver n <kfz> *(für Reifen; z. B. Easybalance)* • balancing powder

Auswuchtscheibe f <masch> • balancing washer

Auswuchttechnik f DIN ISO11342 <masch> • balancing [technology]

Auswuchttechnik f DIN IS0 1925/A1 <masch> • balancing DIN IS0 1925/A1

Auswuchtung f DIN ISO 1925 <fz> *(von Rädern)* • balancing; wheel balancing

Auswuchtwaage f <masch> • balancing stand

Auswuchtzange f <kfz.wz> • wheel weight tool; wheel weight pliers

Auswurf m <metall> *(Konverter)* • spittings

Auswurf m <pap.ents> • reject

Auswurfeffekt m <füg> *(Herausrutschen des Schraubendrehers nach oben aus dem Kreuzschlitz)* • camout

Auswurfeinrichtung f <tech.allg> *(z. B. für Tonband/Video-Kassette, Werkstück)* • ejector

Auswurfeinrichtung f <prod> *(von Formwerkzeugen)* • knock-out

Auswurfkanal m <agri> • spout duct

Auswurfklappe f <agri> • deflector

Auswurfklappe f <textil> *(Baumwollöffner)* • grid door

Auswurfknopf m <edv> *(Laufwerk; z. B. Diskette, CD)* • eject button

Auswurfkrümmer m <agri> • spout

Auswurfkrümmer m <förd> *(z. B. Becherwerk, Kratzerförderer, Trogkettenförderer)* • deflector

Auswurfmechanismus m <edv> • ejector

Auswurfrohr n <ents> *(Schneckenpresse)* • discharge tube; discharge pipe; outlet chute

Auswurftaste f <av> *(an Kassettengerät)* • eject button

Auswurftaste f <edv> *(Laufwerk; z. B. Diskette, CD)* • eject button

Auswurftrockengehalt m <pap.ents> • reject dryness

auszacken vt <bau.holz> *(z. B. Kante)* • jag vt

auszacken vt <led/textil> • gimp vt

auszacken vt <prod> • indent vt

auszacken vt <textil> *(Stoffkante)* • pink vt

auszeichnen vt <ökon> *(Waren, mit Preisangabe)* • label vt

Auszeichnungsschrift f <druck> • display face; display type; titling face

Auszeichnungssprache f ISO/IEC 2382-23 <edv> • markup language ISO/IEC 2382-23

Auszeichnungszeile f <druck> • display line

Auszieharm m <prod.nahr> *(Speiseeis; Rundgefrierer)* • remover arm; extractor arm; extractor

ausziehbar <masch> *(allg.; z. B. teleskopartig)* • extendable; extendible; extractable

ausziehbar <wz> *(bei Werkzeugen)* • telescoping…; telescopic…

ausziehbarer Radmutternschlüssel m <kfz.wz> • telescoping lug wrench US; extending wheel nut wrench GB

ausziehbarer Sattelanhänger m <nfz> • telescopic semitrailer; extendable semitrailer

ausziehbare Säule f <kst> *(entfernbar; Spritzgießmaschine)* • removable tie bar

ausziehbares Stativ n <phot> • extending-leg tripod

Ausziehbolzen m <kfz.wz> *(für Türbolzen-Ausschlagwerkzeug)* • pulling pin

Ausziehdorn m <kfz.wz> *(für Türbolzen-Ausschlagwerkzeug)* • pulling pin

Auszieheinrichtung f <prod> • extractor

Ausziehen n <kfz.rep> *(von Beulen in der Karosserie u.ä.)* • pulling; dent pulling

ausziehen vt <agri> *(Wurzelfrüchte)* • lift vt

ausziehen vt <doku> *(z. B. punktierte Linie als Volllinie; Bleistiftskizze mit Tusche)* • draw solid lines vt

ausziehen vt <doku> *(Linien)* • trace vt

ausziehen vt <kst> *(Folien, auf Sollstärke)* • draw down vt; stretch down vt; draw out vt; thin out vt

ausziehen vt <masch> *(z. B. Teleskop, Antenne)* • extend vt

ausziehen vt <mil> *(Hülse oder Patrone aus der Kammer)* • extract vt

ausziehen vt <textil> *(Spinnerei; Faden)* • draw vt; draft vt

ausziehen vt <verf> *(z. B. Flüssigkeit)* • extract vt; abstract vt

ausziehen [mit Tusche] vt <doku> *(Linien, Zeichnung)* • ink vt

Ausziehen von Platten n <kst> *(am Kalander)* • sheeting-out; sheet calendering

Auszieher m <wz> • extractor; puller

Auszieher mit Schlaghammer rar <kfz.wz> • slide hammer puller

Auszieher mit Schlaghammer m rar <kfz.wz> • slide hammer puller

Auszieherrille f <mil> • cannelure

Ausziehfärben n <verf.obfl> • exhaust dyeing
Ausziehfallschirm m <aerospace> • pilot parachute; drogue parachute
Ausziehhaken m <kfz.wz> • brake pad remover Vf
Ausziehkoje f <nav> • telescopic berth
Ausziehschacht m <min> • upcast shaft; air shaft; uptake
Ausziehschirm m <mil> (Fallschirm) • extraction parachute
Ausziehsperre f <logist> (Schublade) • back stop
Ausziehtubus m <phot> (Objektiv) • draw tube
Ausziehtusche f <doku> • drawing ink
Ausziehversuch m <bau.qualit> (Stahlbetonprüfung) • pull-out test
Ausziehvorrichtung f <prod.nahr> (Speiseeis; Rundgefrierer) • remover arm; extractor arm; extractor
Ausziehvorrichtung f <wz> • extractor; puller
Ausziehwalze f <textil> • drawing roller
Auszubildender m <ökon> • apprentice; trainee; business apprentice; business trainee
Auszug m <chem> • extract
Auszug m <chem> (als Resultat von Auslaugungsprozessen) • leachate
Auszugsbalgen m <phot> • extension bellows
Auszugssicherung f <rls> (Stopfbuchskompensator) • limit stop
Aus-Zustand m <el> • off-state
Auszwirn m <textil> (Stufen-Zwirnverfahren) • final ply-twist
Auszwirnen n <textil> (Stufen-Zwirnverfahren) • additional-twisting; after-twisting
Auszwirnmaschine f <textil> (Stufen-Zwirnverfahren) • uptwister
autarke elektronische Getriebesteuerung f BMW <kfz.antr> • independent electronic transmission control
Authentication Centre n <tele> (mit Teilnehmerzugangsberechtigungen) • Authentication Centre (AuC)
Authentisierung im Sprechverkehr f <mil> • voice authentication
Authentisierungsregister n (AuC) <tele> (mit Teilnehmerzugangsberechtigungen) • Authentication Centre (AuC)
AUTO <tech.allg> • automatic (AUTO); automatical; self-acting
Auto n prakt.ugs <kfz> • automobile US; passenger car form; motor car GB; car pract.coll; auto US.coll.rare
Autoabdeckung f <kfz> (z. B. für Liebhaberfahrzeuge und Museumsexponate) • car cover
Autoabdeckung aus wasserabstoßendem, atmungsaktivem Baumwoll-Flanell <kfz> • water-repellent, breathable cotton-flannel car cover
Autoabdeckung in kräftigen Farben f <kfz> • car cover in bold colors
Autoabdeckung mit Initialen f <kfz> • personalized car cover
Autoabgase npl prakt.ugs <kfz.emiss> • automotive exhaust emissions pl
Autoabgasemissionen fpl ugs <kfz.emiss> • automotive exhaust emissions pl
Autoabgaskatalysator m rar <kfz.emiss> (Bauteil der Auspuffanlage) • catalytic converter (CC); automotive exhaust gas [catalytic] converter form; catalytic exhaust gas converter form; cat press.coll; converter
Autoalarmanlage f <kfz.alarm> (für Kraftfahrzeuge) • alarm system; security system; car alarm [system] GB; anti-theft alarm [system]
Autoalarmgerät n <nav> (Seefunk) • autoalarm device
Autoalarmzeichen n <navig> • autoalarm signal
Autoantenne f <kfz> • automobile antenna US; car antenna US; car aerial GB

Autoapotheke f ugs <kfz> (im Auto) • first aid kit
Autoatlas m <kfz.navig> • road atlas
Autoaufkleber m <kfz> • bumper sticker
Autoausstellung f prakt.ugs <kfz> • automobile show US; auto show US; motor show GB
Autobahn f <verk> (mit Bezug auf das deutsche Autobahnnetz) • autobahn; German superhighway US; German freeway US; German motorway GB
Autobahn f <verk> (funktionale Äquivalente) • superhighway US; expressway US; freeway US; motorway GB
autobahnähnliche Schnellstraße f <bau> • divided highway
Autobahnbrücke f <bau> • expressway bridge; motorway viaduct GB
Autobahn[-Darstellung] f <navig> (Display) • graphic highway; moving highway; highway
Autobahngeschwindigkeit f <verk> (120–250 km/h; typ. 130 km/h) • expressway speeds
Autobahn mit Gebührenautomatik f <verk> • all-electronic tolled highway
Autobahn mit vollelektronischer Gebührenerhebung f <verk> • all-electronic tolled highway
Autobahn-Vignette f <verk.fin> • toll sticker :V
Autobahnzubringer m <verk> • feeder [road] US; slip road GB
Autobastler m <kfz> (bei Autos) • DIY mechanic; non-professional mechanic
Autobatterie f <kfz.el> • car battery; lead-acid car battery form; automotive battery; starter battery; battery coll
Autobranche f <kfz.ökon> • auto sector US
Autobumsen n <verk> (Versicherungsbetrug durch Fälschung von Unfällen und Rep.-Rechnungen) • car banging :V
Autobumser m <verk> • car banger :V
Autobus m rar <nfz> (allg.) • bus stand; coach US; motorbus rare; autobus obs; omnibus obs
Autocar m CH <nfz> • coach; tour bus; tour coach; motorcoach US; long-distance coach stand
Autochord-Funktion f <edv.mus> (Keyboardfunktion) • autochord; arranger
Autochromverfahren n <druck> • autochrome system
autochthon <geo> • autochthonous
Autocreme f <kfz> (pastös, reinigt und konserviert) • polishing compound; paste car polish
Auto Date n Sony <av> (Camcorder-Funktion) • date/time Sony; auto date Sharp
Autodieb m <kfz> (jemand, der Autos stiehlt) • car thief; car burglar
Autodiebstahl m <kfz> • car theft
Autodiskrimination f <edv> (Strichcode-Lesegerät-Merkmal) • autodiscrimination; automatic distinguishing
autodiskriminative Umgebung f <edv> • autodiscriminative environment
autodiskriminieren vi <edv> • autodiscriminate vi; autodistinguish vi
autodiskriminierend <edv> • autodiscriminative; autodiscriminating; autodistinguishing
Autodrehkran m <nfz> • truck-mounted mobile crane
autodynamische Messung f <phot> • TTL direct OTF light measurement
autodynamischer Blattformer m <pap> • auto-dynamic sheet former
Autodyndetektor m <el> • autodyne detector
Autodynempfang m <el> • autodyne reception
Auto-Elektroniksystem n <kfz.el> • automotive electronics [system]
Autoempfang m <tele> (z. B. Radiosignale) • in-car reception
Autoersatzteil n <rep> • car spare

Autofähre *f* <nav> • car ferry; vehicular ferry *rare*
Auto fahren *vt* <kfz> *(selbst)* • drive [a car] *vt*
Auto fahren *vt* <kfz> *(als Mitfahrer)* • go by car *vt*
Autofahrer *m* <kfz> • car driver; motorist *GB*
Autofahrerin *f* <kfz> • woman driver; lady driver
Autofahrer-Rundfunk-Information *f* (ARI) <kfz.av>
• ARI driver information system *:V*
Autofell *n* <kfz> • sheepskin seat cover
Autofensterleder *n* <kfz> *(Fz-Wäsche)* • chamois
[shammy]; English chamois *US*
Auto-Fernbedienung *f :V* <kfz.msr> • remote key; re-
mote starter
Auto-Fertigdach aus Kunststoff *n* <kfz> • pre-formed
plastic car roof
Autofokus *m* (AF) <opt> *(z. B. von Foto-, Videokameras,
Projektoren, Belichtern)* • auto focus (AF); automatic fo-
cusing *US*; automatic focussing *GB*
Autofokus-Abschalter *m* <av> • auto focus override switch
Autofokus-Fenster *n* <phot> • autofocus window
Autofokus-Kontakt *m* <phot> • AF contact
Autofokus mit löschbarem Fokusspeicher *m* <phot>
• autofocus with cancelable focus hold
Autofokusvergrößerer *m* <phot> *(Labor)* • autofocus
enlarger; AF enlarger
Autofriedhof *m* <kfz> • scrapyard; junkyard *US*; wrecking
yard *US*; breaker's [yard] *GB*; salvage yard *GB*
Auto-Funktion *f* <tech.allg> • auto function
Autogas *n* (LPG) <chem.petr> • liquified petroleum gas
(LPG); liquid petroleum gas
autogen <füg> *(Schweißen)* • autogenous
Autogenbrennschneiden *n* <prod> • autogenous cutting; oxygen-gas cutting; flame cutting
autogener Patch *m* <med.tech> • autogenous patch graft
autogenes Brennschneiden *n* <prod> • flame cutting;
torch cutting; gas cutting; oxygen cutting
autogenes Einziehen *n* <kfz.rep> *(von Blech-Beulen)*
• heat shrinking; spot shrinking; hot shrinking
autogenes Fugenhobeln *n* DIN 8522 <prod> • flame
gouging; torch gouging; gas gouging
autogenes Schneiden *n* <prod> • flame cutting; torch
cutting; gas cutting; oxygen cutting
autogenes Trennen *n* <prod> • flame cutting; torch cutting; gas cutting; oxygen cutting
Autogenfugenhobeln *n* <prod> • flame gouging
Autogenhärten *n* <metall> • flame hardening
Autogenschmelzen *n* <metall> • autogenous smelting
Autogenschneidbrenner *m* <prod> • autogenous cutting
torch
Autogenschweißen *n* prakt <füg> • gas welding (OFW);
oxy-fuel gas welding *form*; torch welding *pract*
autogen schweißen *vi/vt* <füg> • weld autogenously *vi/vt*;
torch-weld *vi/vt*; gas-weld *vi/vt*
Autogiro *n* <aerospace> • autogiro
Autographie *f* <druck> • autography
Autohalter *m* ugs <kfz> *(eines Kraftfahrzeugs)* • registered keeper *GB.form*; keeper; car keeper *coll*
Autohartwachs *n* <kfz.obfl> *(Lackschutz, z. B. mit Carnauba, ohne Reiniger)* • car wax; non-abrasive car wax;
automobile polish; car polish
Autohersteller *m* <kfz> • car manufacturer *US.GB*; carmaker *US.GB*; automaker *US*; automobile manufac-
turer/producer *US*; car manufacturer/producer *GB*
Autohof *m* <kfz> *(Raststätte mit speziellen Einrichtungen
für Lkw und Lkw-Fahrer)* • truck stop
Auto-ID *f* <edv> *(von Personen, Objekten)* • automatic
identification; auto ID
Autoindustrie *f* ugs <ökon> • automotive industry; automobile industry; motor industry *GB*; auto industry *pract*;
car industry *coll*

Auto Install *n* <av> *(Programmeinstellung bei der Erst-
installation)* • automatic tuning system; automatic tuning;
intelligent-tuner preset; auto set-up; auto install
Autoionisation *f* <phys> • autoionization
Auto-Isopathika *f* <pharm> • auto-isopathics
Auto-Jumble *m* ugs <kfz> • auto jumble
Autokarosserie *f* <kfz> • automotive body; motor-vehicle
body; car body; body *coll*
Autokatalyse *f* <chem> • autocatalysis; self-catalysis
autokatalytisch <chem> • autocatalytic
Autokesselwagen *m* <nfz> • tank truck
Autokindersitz *m* <kfz> *(Kombination aus Sitzschale,
Gurtsystem und/oder Fangkörper)* • child seat; child's
safety seat *GB*; child restraint seat *Chrysler*; child car
seat; child safety seat
Autoklav *m* <verf> *(allg.)* • autoclave
Autoklav *m* <verf> • evaporating station; autoclave
Autoklavbehandlung *f* *(Beton)* • high-pressure steam
curing
Autoklavbehandlung *f* <verf> *(allg.)* • autoclaving
autoklavenfest <med.tech> *(sterilisierbar im Autoklaven)*
• autoclaveable
Autoklavhärtung *f* <bau> *(von Beton)* • steam curing;
autoclaving
Autoklavheizpresse *f* <kst> • vulcanizing autoclave;
autoclave press; pot heater vulcanizer; pot heater
Autoklavkocher *m* <pap> • autoclave digester
Autoknacker *m* ugs <kfz> *(jemand, der Autos stiehlt)* • car
thief; car burglar
Autokode *m* <edv> • autocode
Autokoder *m* <edv> • autocoder
Autokollimation *f* <opt> • autocollimation
Autokollimationsfernrohr *n* <opt> • autocollimation
telescope; self-collimating telescope; autocollimator
Autokollimationsokular *n* <opt> • autocollimating eye-
piece
Autokolorisationsverfahren *n* form <obfl> • integral
color anodizing; hard color anodizing
Autokorrelationsfunktion *f* <msr> • autocorrelation
function; self-correlation function
Autokovarianzfunktion *f* <msr> • autocovariance func-
tion
Autokran *m* <nfz> • truck crane *US*; mobile crane *GB*;
truck-mounted crane *US*; self-propelled mobile crane *rare*
Autolack *m* <obfl.kfz> • automotive paint
Autolackiererei *f* <kfz> *(Betrieb)* • paint shop; painters *pl*
coll; auto paint shop
Autolackierung *f* <kfz.obfl> *(die lackierte Oberfläche)*
• paintwork
Autolampen-Box *f* <kfz> • spare bulb box *:V*
Autoleder *n* <kfz> *(Fz-Wäsche)* • chamois *[shammy]*;
English chamois *US*
Autolederimitat *n* <kfz> *(für Fahrzeugwäsche)* • chamois
[shammy]; man made chamois
Auto-Lichtprüfer *m* rar <kfz> • test light *US.coll*; trouble
light *AE.pract.coll*; test lamp *BE.pract.coll*; circuit tester
form; circuit tracer *rare*
Autoline-Profilmessgerät *n* <pap> • Autoline profile
meter
Autoloopfunktion *f* <edv.av> • autoloop; loop-find; loop
find
Autolyse *f* <chem> • autolysis
Automarder *m* obs.rar <kfz> *(jemand, der Autos stiehlt)*
• car thief; car burglar
Automarder *m* <kfz.bio> *(insbes. Steinmarder; knabbert
Kfz-Gummiteile an)* • marten
Automarke *f* <kfz> • make [of car]
Auto-Massagematte *f* <kfz> • bead seat mat; beaded
seat cushion

Automat *m* <tech.allg> • automatic machine; automaton *obs.rare*

Automat *m* <el> *(Sicherung)* • quick-break cut-out

Automat *m ugs* <masch> *(z. B. als Münz-, Geldschein-, Geldkarten-, Kreditkartenautomat)* • vending machine

automat. Datum/Uhrzeit *Canon* <av> *(Camcorder-Funktion)* • date/time *Sony*; auto date *Sharp*

Automatendrehen *n* <prod> • turning on automatic lathes

Automatengewindebohrer *m* <wz> • screw machine tap

Automatenlehrprogramm *n* <wz.masch> • teach-in program for automatic machine tools

Automatenmessing *n* <mat> *(leicht zerspanbar)* • leaded brass; free-cutting brass

Automatennietung *f* <prod> • automatic riveting

Automatenschweißen *n* <füg> • automatic welding

Automatenstahl *m* <mat> *(allg.)* • free-cutting steel; free machine steel

Automatenstahl *m* <mat> *(betont: zur Massenherstellung von Schrauben)* • automatic screw steel

Automatgetriebe *n ZF* <kfz.antr> *(Getriebevollautomat)* • automatic transmission *US/GB*; auto transmission *US/GB.pract*; automatic gearbox *GB.rare*; auto trans *US.coll*; auto box *GB.coll*

Automatic Colour Control *f* (ACC) <av> • automatic color control (ACC)

Automatic Contour Control *f* (ACC) <av> • automatic contour control (ACC)

Automatic Fine Tuning *n* (AFT) <av> • automatic fine tuning (AFT)

Automatic Frequency Control *f* (AFC) <av> *(Radio, TV)* • automatic frequency control (AFC)

Automatic Identification Manufacturers (AIM) <org> • Automatic Identification Manufacturers (AIM)

Automatic Loudness *f* <av> *(Anhebung von Tiefen und Höhen bei geringer Lautstärke)* • automatic loudness; loudness *pract*

automatic mounting by robots <el> • automatische Montage durch Roboter *f*

Automatic Muting *n* <kfz.av> • automatic muting

Automatic Picture Control *f* (APC) <av> • automatic picture control (APC); auto picture function; automatic picture sharpness control

Automatic Request for Retransmission *f* (ARQ) <edv> • Automatic Request for Retransmission (ARQ)

Automatic Sorting System *n Sha* <av> • auto sorting system (ASS); Automatic Sorting System *Sha*; Sort TV *Nok*; auto sorting system *Sha*

Automatic Tracking Control System *n* <av> *(System)* • automatic tracking control system (ACTS); automatic tracking system

Automatik *f prakt.ugs* <kfz.antr> *(Getriebevollautomat)* • automatic transmission *US/GB*; auto transmission *US/GB.pract*; automatic gearbox *GB.rare*; auto trans *US.coll*; auto box *GB.coll*

Automatik *m ugs.werb* <kfz> • car with automatic transmission; automatic *pract*; auto *coll*

Automatik-Abisolierzange *f* <wz.el> • automatic wire stripper

Automatikantenne *f* <kfz> • fully automatic power antenna

Automatikbetrieb *m* <logist> *(RFZ)* • automatic operation

Automatikbetrieb *m* <wz.masch> *(numerische Steuerung)* • program mode

Automatikblitz *m* <phot> • automatic flash; auto flash *pract*; automatic flashlight *rare*

Automatikgasse *f* <kfz> *(im Ggs. zur Schaltgasse)* • automatic track

Automatikgetriebe *n* <kfz.antr> *(Getriebevollautomat)* • automatic transmission *US/GB*; auto transmission

US/GB.pract; automatic gearbox *GB.rare*; auto trans *US.coll*; auto box *GB.coll*

Automatikgetriebe mit Overdrive *n* <kfz.antr> • automatic overdrive transmission (AOT)

Automatikgurt *m* <kfz.sich> • automatic seat belt; retractor seat belt; automatic-reel seat belt; inertia seat belt *US*; inertia reel seat belt *US*

Automatik-Innenspiegel *m :V* <kfz.innen> • electrochromic mirror *Jaguar*

Automatikklappe *f* <av> *(an Videorecorder-Kassettenschlitz)* • automatic door; Magic Door *TM Hitachi*

Automatikkontakt *m* <phot> • automatic flash contact

Automatik-Sicherheitsgurt *m* <kfz.sich> • automatic seat belt; retractor seat belt; automatic-reel seat belt; inertia seat belt *US*; inertia reel seat belt *US*

Automatikstapler *m* <logist> • automatic high-rise stacker

Automatikwählhebel *m* <kfz> *(Automatikgetriebe)* • selector lever; transmission selector lever *form*; selector *coll*; shifter *coll*; gearshift *Ford*

Automation *f* <tech.allg> • automation

Automationselektronik *f* <el> • automation electronics

automatisch (AUTO) <tech.allg> • automatic (AUTO); automatical; self-acting

automatisch abgleichende Brücke *f* <el> • autobalance bridge

automatisch abtasten *vt* <navig> *(Frequenzen, Kanäle, Signale)* • scan *vt*

automatisch angepasste Drehmomentverteilung *f* <kfz.antr> • variable power distribution

automatisch aufrichtend <mech> *(Moment, z. B. Flugzeug, Schiff)* • self-righting

automatisch betrieben <tech.allg> • automatically operated; automatically driven

automatisch-dynamische Spurnachführung *f* <av> • dynamic track following (DTF)

automatische Abisolierzange *f* <wz.el> • automatic wire stripper

automatische Analyse *f* <msr> • automatic analysis

automatische Anbindekette *f* <agri> • self-locking neck tie

automatische Anlagenreinigung *f* <prod> *(ohne Demontage; z. B. von Nahrungsmittelproduktionsanlagen)* • cleaning-in-place (CIP)

automatische Anrufeinheit *f* <tele> • automatic call unit

automatische Antwort *f* <tele> *(E-Mail-Funktion)* • autoresponder

automatische Auflaufbremse *f* <kfz.brems> • automatic overrun brakes *pl*

automatische Ausgleichvorrichtung *f* <textil> *(einer Karde)* • autoleveller unit

automatische Aussteuerung *f* <av> *(für Bild- und/oder Tonsignale)* • automatic level control (ALC)

automatische Banderkennung *f* <av> • auto tape recognition [system] (ATR); automatic tape length recognition; Automatic Tape Time Select, ATTS

automatische Bandgeschwindigkeit *f Philips* <av> • automatic speed-switching; automatic speed record mode; automatic tape-speed record mode; auto longplay; Time Limit Plus *Sharp*

automatische Bandgeschwindigkeitsumschaltung *f* <av> • automatic speed-switching; automatic speed record mode; automatic tape-speed record mode; auto longplay; Time Limit Plus *Sharp*

automatische Bandlängenerkennung *f* <av> • auto tape recognition [system] (ATR); automatic tape length recognition; Automatic Tape Time Select, ATTS

automatische Bandspannvorrichtung *f* (ATSC) <av> • automatic tape tensioning control (ATSC)

automatische Bandvorspannung f <masch> (z. B. Förderband) • automatic belt tensioning

automatische Belichtung f <tech.allg> (Funktionseigenschaft, Betriebsart von Kameras, Kopierer etc.) • automatic exposure (AE); automatic exposure control form; autoexposure

automatische Belichtungssteuerung f <tech.allg> (Funktionseigenschaft, Betriebsart von Kameras, Kopierer etc.) • automatic exposure (AE); automatic exposure control form; autoexposure

automatische Bereichsumschaltung f <msr> • autoranging

automatische Bergung f <aerospace> • automatic recovery

automatische Berichtigung f <edv> • autocorrection

automatische Beschickung f <prod> (von Maschinen, Öfen) • automatic loading; automatic feeding; autofeed

automatische Betriebsart für Leihkassetten f <av> • auto rental mode

automatische Bildschärferegelung f <av> • automatic picture control (APC); auto picture function; automatic picture sharpness control

automatische Blitzzuschaltung f <phot> • automatic switch-over flash

automatische Blockeinrichtung f <bahn> • automatic block installation; automatic block

automatische Brandbekämpfung f <feuer> • automatic fire fighting

automatische Brandentdeckung f <feuer> • automatic fire detection

automatische Bremsanlage f ISO611 <brems> • automatic braking system ISO611

automatische Cassetten-Typ-Erkennung f <av> • auto tape recognition [system] (ATR); automatic tape length recognition; Automatic Tape Time Select, ATTS

automatische Chromaregelung f <av> • automatic color control (ACC); automatic chroma control

automatische Codeauswahl f <edv> (Strichcode-Lesegerät-Merkmal) • autodiscrimination; automatic distinguishing

automatische Codeerkennung f <edv> (Strichcode-Lesegerät-Merkmal) • autodiscrimination; automatic distinguishing

automatische Coderekonstruktion f <edv> • automatic code reconstruction

automatische Datenerfassung f <edv> • automatic data acquisition; automatic data capture

automatische Datenverarbeitung f (ADV) <edv> • automatic data processing (ADP)

automatische Differentialsperre f <kfz.antr> (reduziert die Differentialwirkung; z. B. Viskose- od. Lamellenkupplung) • differential brake

automatische Duplexfunktion f <druck> (Kopierer) • automatic duplex

automatische Einstellung f <tech.allg> • automatic adjustment; self-adjustment; auto adjustment

automatische Einstellung von Sommer-/Winterzeit f <av> • automatic summer/winter time adjust; auto summer/winter time adjust; summer/winter time adjust

automatische Endbearbeitung f <druck> (Kopierermodul, das Kopiensätze selbständig sortiert und heftet) • finisher [module]

automatische Energieeinsparung f <el> (von batteriebetriebenen Geräten; z. B. Camcorder, Notebook) • power save function; auto power saver; auto power save; power save

automatische Entfernungseinstellung f <opt> (z. B. von Foto-, Videokameras, Projektoren, Belichtern) • auto focus (AF); automatic focusing US; automatic focussing GB

automatische Entnahme f <logist> (Lager) • automatic picking; automatic order picking

automatische Erkennung f <edv> (von Personen, Objekten) • automatic identification; auto ID

automatische Fadenbruchbehebung f <textil> • automatic piecing unit; automatic thread piecing

automatische Fahrsteuerung f <bahn> • automatic driving control; automatic train control

automatische Fahrzeugidentifizierung f <verk> • automatic vehicle identification (AVI)

automatische Fahrzeugortung f <navig> • automatic vehicle location

automatische Farbabschaltung f (ACK) <av> • automatic color killer (ACK); color killer

automatische Farbkontrolle f rar <av> • automatic color control (ACC); automatic chroma control

automatische Farbregelung f (ACC) <av> • automatic color control (ACC); automatic chroma control

automatische Farbsperre f <av> • automatic color killer (ACK); color killer

automatische Feinabstimmung f <av> • automatic fine tuning (AFT)

automatische Feuchtigkeitskompensation f <pap> • moisture correction

automatische Filmempfindlichkeitseinstellung f <phot> • automatic film speed setting; auto film speed setting

automatische Fließbettfeuerung f <verbr> • automatic fluidized bed combustion

automatische Flusskontrolle f <edv> • automatic flow control

automatische Gasumschaltung f <med.tech> (Sicherheitseinrichtung) • gas supply switch over; automatic gas switch-over

automatische Geschwindigkeitsregelung f did <kfz.msr> • cruise control; cruise advert; speed control [system]

automatische Gittervorspannung f <el> • self-bias

automatische Himmelsnavigation f <navig> • automatic celestial navigation (ACN)

automatische Hintergrundumschaltung f <pap> • automatic background switching function

automatische Identifikation f <edv> (von Personen, Objekten) • automatic identification; auto ID

automatische Identifizierung f <edv> (von Personen, Objekten) • automatic identification; auto ID

automatische Informationsaufnahme f <edv> • automatic information pick-up

automatische Initialisierung f <tech.allg> • automatic reset

automatische Initialisierung f <tech.allg> (von Geräten, z. B. von Instrumenten) • automatic reset

automatische Klimaanlage f <kfz.hlk> (hält eine gewählte Temperatur durch Heizen/Kühlen selbsttätig aufrecht) • automatic climate control system (ACC); climate control system; automatic climate control; automatic air conditioning system; automatic air conditioning

automatische Kontrolleinrichtung f <tech.allg> • automatic checking device

automatische Kontrolleinrichtung f <msr> (integrierte Eigenfunktionsprüfung) • self-test facility

automatische Kopfreinigung f <av> • auto head cleaner; automatic head cleaner; automatic head cleaning system; auto head cleaning system

automatische Korrektur f <edv> • autopatch

automatische Kupplung f <bahn> • automatic coupling

automatische Kurssteueranlage f rar <navig> (allg.) • autopilot; automatic pilot rare; robot pilot rare

automatische Kurssteuerung f <aerospace> • automatic flight control

automatische Kurzunterbrechung f <msr> • automatic reclosure

automatische Lagestabilisierung f <mil> (z. B. Panzerkanone) • automatic leveling US; automatic levelling GB

automatische Landung f <aerospace> • automatic landing

automatische Lautstärkeregelung f <av> (zum Ausgleich von Signalschwankungen) • automatic volume control

automatische Lautstärkeregelung f <kfz.av> • automatic volume control (AVC)

automatische Leerlaufdrehzahl f :V <kfz.el> • automatic idle speed (AIS) Chrysler

automatische Leuchtweitenregulierung f <kfz.el> • adaptive vertical aim control

automatische Luftregelung f <obfl.wz> (Spritzpistole, Airbrush) • automatic air regulating control

automatische Messbereichswahl f <msr> • autorange

automatische Nachführung f <tech.allg> • automatic tracking

automatische Nahterfassung f <textil> • seam detector

automatische Nebenstellenanlage f <tele> • private automatic branch exchange (PABX)

automatische Niveauregulierung f <kfz> (Vorgang und System) • automatic level control; self-leveling suspension; automatic leveling; electronic load-leveling Chrysler; ride levelling GB.Jaguar

automatische Nullpunkteinstellung f <msr> • automatic zero adjustment; autozero pract

automatische Nullpunktkorrektur f <msr> • automatic zero adjustment; autozero pract

automatische Nullstellung f <tech.allg> (von Geräten, z. B. von Instrumenten) • automatic reset

automatische Papierformatwahl f <druck> (Kopiererfunktion) • auto paper select

automatische Papierrollenbeschickung f <druck> • automatic paper coil feeder

automatische Pause-Funktion f <av> (Camcorder-Funktion) • anti ground shooting

automatische Pegelregelung f <av> (Signalstärke; z. B. Lautstärke) • automatic level control; automatic power control; automatic level regulation; automatic power regulation

automatische Phasenregelung f (APC) <av> • automatic phase control (APC)

automatische Programmierung f <edv> • automatic programming

automatische Programmkorrektur f <edv> • autopatch

automatische Prozesssteuerung f <edv> • automatic process control

automatische Prüfeinrichtung f (ATE) <qualit> (Geräte; z. B. im Testlabor) • automatic test equipment (ATE)

automatische Prüfeinrichtung f <qualit> • automatic test equipment (ATE)

automatischer Abgleich m <el.msr> • automatic balancing

automatischer Alarmzeichenempfänger m <nav> (Seefunk) • autoalarm

automatischer Anflug und Landung <mil> • automatic approach and landing

automatischer Anlasser m <mot> • self-starter

automatischer Beantworter m <tele> (E-Mail-Funktion) • autoresponder

automatischer Betrieb m <av> (Wiedergabestart nach Einlegen der Videokassette) • auto start; automatic start; auto operation; auto play

automatischer Blockierverhinderer m ABV form <kfz.brems> • anti-lock braking system (ABS); anti-lock brakes, ALB; anti-skid coll; electronic anti-locking; antilock brake system SAE

automatischer Bonder m <el.ic.prod> • automatic bonder

automatischer Bremsgestängenachsteller m <nfz. brems> • automatic slack adjuster; auto slack adjuster AUS; auto slack sl

automatischer Bypass m <med.tech> (Sicherheitseinrichtung) • gas supply switch over; automatic gas switch-over

automatischer Drehmomentschlüssel m <wz> (typ. mit Mikrometerskala am Griff und mit fühl-, hörbarer Auslösung) • click type torque wrench; micrometer [type] torque wrench; automatic cut-out torque wrench GB; break-away torque wrench US.rare; clutch type torque wrench US.rare

automatischer Farbabschalter m <av> • automatic color killer (ACK); color killer

automatischer Filmrücklauf am Filmende m <phot> • auto stop and rewind at end of roll

automatischer Filmtransport m <phot> • auto film advance; auto winding

automatischer Funkpeiler m <mil.navig> • automatic direction finder

automatischer Hochregalstapler m <logist> • automatic high-rise stacker

automatischer Hülsenauswurf m <mil> • automatic ejection

automatischer Kannenwechsler m <textil> • automatic can changer

automatischer Körner m <wz> • automatic center punch US; automatic centre punch GB

automatischer Kompressor m <pneum> (für Druckluftsysteme) • automatic compressor

automatischer Leistungsschutzschalter m <el> • automatic cut-out; safety cut-out; automatic circuit breaker

automatischer Melder m norm <alarm> • intrusion detection device; intrusion detector; intrusion sensor

automatischer Navigationsrechner m <navig> • automatic navigator

automatischer Niveauausgleich m <kfz> (Vorgang und System) • automatic level control; self-leveling suspension; automatic leveling; electronic load-leveling Chrysler; ride levelling GB.Jaguar

automatischer Ölbrenner m <verbr> • fully automatic oil burner

automatischer Palettenwechsler m <prod> • automatic pallet changer (APC)

automatischer Papiereinzug m <edv> • automatic sheet feed

automatischer Peilanzeiger m <mil.navig> • automatic direction finder

automatischer Rechen m <verf.hydr> • bar screen; mechanical bar screen

automatischer Regalstapler m (ARS) <logist> • automatic high-rise stacker

automatischer Reset m prakt <tech.allg> (von Geräten, z. B. von Instrumenten) • automatic reset

automatischer Rücklauf m Nor <av> • automatic tape rewind; tape-end auto rewind mechanism

automatischer Rückruf m <tele> • automatic call-back

automatischer Rückspulmechanismus m <av> • automatic tape rewind; tape-end auto rewind mechanism

automatischer Rückspulstop m <phot> • auto rewind stop

automatischer Ruf m <tele> • keyless ringing

automatischer Schaltablauf m <edv> • automatic switching

automatischer Schreibpegel m <av> • automatic recording level

automatischer Selbsttest *m* <msr> *(integrierte Eigen-funktionsprüfung)* • self-test facility
automatischer Sicherungsablauf *m* <edv> • automatic backup routine
automatischer Stehbolzensetzer *m* <wz> • automatic stud insertion machine
automatischer Timer *m* <msr> • automatic timer
automatischer Trakturspanner *m* <mus> *(Orgel)* • floating beam springs *pl*; floating beam weights *pl*
automatischer Überrollbügel *m* <kfz> • pop-up roll bar; pop-up safety bar
automatische Rufeinheit *f* <tele> • automatic calling unit
automatischer Verdunstungsausgleich *m* <tech.allg> • automatic evaporation regulation
automatischer Verstärkungsregler *m* <av> • automatic gain control amplifier
automatischer Vorlageneinzug *m* <büro> *(von Kopierer, Scanner)* • automatic document feeder (ADF)
automatischer Vorlagenwechsler *m* <büro> *(Kopierer)* • recirculating document feeder (RDF)
automatischer Wählbetrieb *m* <tele> • automatic telephone switching
automatischer Weißabgleich *m* <av> *(Camcorder)* • automatic white balance
automatischer Werkzeugwechsler *m* <wz.masch> • automatic tool changer (ATC); quick tool changer
automatischer Wiedergabebeginn *m* <av> *(Wiedergabestart nach Einlegen der Videokassette)* • auto start; automatic start; auto operation; auto play
automatischer Wiedergabestart nach Rückspulen *m* <av> • rewind playback
automatisches Alarmzeichen *n* <nav> *(Seefunk)* • auto-alarm signal
automatisches Antwortgerät *n* <kfz.tele> *(für automatische Mautverrechnung)* • transponding equipment
automatisches Auswählen *n* <tech.allg> • auto-select
automatisches Auswerfen *n* <prod> • automatic ejection
automatisches Auswuchtsystem *n* *(für schnell rotierende Systeme; z. B. Trommelbelichter)* • automatic balance system; auto-balance system; auto-balancer *pract*
automatisches Beschneiden *n* <kst> *(z. B. von Blasformteilen, Spritzlingen)* • automatic deburring; automatic flash removal; automatic deflashing; automatic flash-trimming
automatisches Blitzlicht *n* *rar* <phot> • automatic flash; auto flash *pract*; automatic flashlight *rare*
automatisches Booten *n* <edv> • automatic booting
automatisches Capping *n* <edv.druck> *(Drucker, Plotter)* • automatic pen capping
automatische Scharfabstimmung *f* *rar* <av> *(Radio, TV)* • automatic frequency control (AFC)
automatische Scharfeinstellung *f* <opt> *(z. B. von Foto-, Videokameras, Projektoren, Belichtern)* • auto focus (AF); automatic focusing *US*; automatic focussing *GB*
automatische Scharfstellung *f* <opt> *(z. B. von Foto-, Videokameras, Projektoren, Belichtern)* • auto focus (AF); automatic focusing *US*; automatic focussing *GB*
automatische Schranke *f* <bahn> *(vom herannahenden Zug gesteuert)* • automatic gate
automatische Schwebebettfeuerung *f* <verbr> • automatic fluidized bed combustion
automatisches dynamisches Auswuchtsystem *n* *(für schnell rotierende Systeme; z. B. Trommelbelichter)* • automatic balance system; auto-balance system; auto-balancer *pract*
automatisches Einlesen von Sendernamen *n* <av> • automatic scanning of station names
automatische Senderabstimmung *f* <av> *(Radio, TV)* • automatic frequency control (AFC)

automatische Senderprogrammierung *f* <av> *(Programmeinstellung bei der Erstinstallation)* • automatic tuning system; automatic tuning; intelligent-tuner preset; auto set-up; auto install
automatisches Entbutzen *n* <kst> *(z. B. von Blasformteilen, Spritzlingen)* • automatic deburring; automatic flash removal; automatic deflashing; automatic flash-trimming
automatisches Entgraten *n* <kst> *(z. B. von Blasformteilen, Spritzlingen)* • automatic deburring; automatic flash removal; automatic deflashing; automatic flash-trimming
automatisches Filmeinfädeln *n* <phot> • auto advance to the first frame
automatisches Gebärdesprachdolmetschsystem *n* <transl> • body tracking system
automatisches Getriebe *n* *did.MB.VW* <kfz.antr> *(Getriebevollautomat)* • automatic transmission *US/GB*; auto transmission *US/GB.pract*; automatic gearbox *GB.rare*; auto trans *US.coll*; auto box *GB.coll*
automatisches Getriebe mit drei Gängen *n* *did* <kfz.antr> *(Getriebevollautomat)* • 3-speed automatic transmission *US/GB*; three-speed auto transmission *US/GB.pract*; automatic gearbox with three speeds *GB.rare*; 3-speed auto trans *US.coll*; 3-speed auto box *GB.coll*
automatisches Getriebe mit fünf Gängen *n* *did* <kfz.antr> *(Getriebevollautomat)* • 5-speed automatic transmission *US/GB*; five-speed auto transmission *US/GB.pract*; automatic gearbox with five speeds *GB.rare*; 5-speed auto trans *US.coll*; 5-speed auto box *GB.coll*
automatisches Getriebe mit sechs Gängen *n* *did* <kfz.antr> *(Getriebevollautomat; z. B. mit Shift by Wire)* • 6-speed automatic transmission *US/GB*; six-speed auto transmission *US/GB.pract*; automatic gearbox with six speeds *GB.rare*; 6-speed auto trans *US.coll*; 6-speed auto box *GB.coll*
automatisches Getriebe mit vier Gängen *n* *did* <kfz.antr> *(Getriebevollautomat)* • 4-speed automatic transmission *US/GB*; four-speed auto transmission *US/GB.pract*; automatic gearbox with four speeds *GB.rare*; 4-speed auto trans *US.coll*; 4-speed auto box *GB.coll*
automatisches Hochregallager *n* <logist> • automatic storage/retrieval warehouse
automatische Sicherung *f* <edv> • automatic backup
automatisches Identifikationssystem *n* (AIS) <edv> • automatic identification system (AIS)
automatisches Identifizierungssystem *n* <edv> • automatic identification system (AIS)
automatische Silbentrennung *f* <doku> • automatic hyphenation
Automatisches Kleinteilelager *n* (AKL) <logist> • miniload AS/RS; mini load system; miniload system; automated small parts S/R system
automatisches Kopfparken *n* <edv> *(Schreib-/Leseköpfe)* • automatic head parking; auto park feature; auto park
automatisches Kopfreinigungssystem *n* *Philips* <av> • auto head cleaner; automatic head cleaner; automatic head cleaning system; auto head cleaning system
automatisches Messen *n* <msr> • automated testing
automatisches Messer *n* <tech.allg> *(z. B. Etikettenabschneider, Rollenpapier)* • automatic knife
automatisches Ortsfernsprechamt *n* <tele> • community automatic exchange (CAX)
automatische Speicherplatzbelegung *f* <av> • automatic presetting and storage
automatische Sperrung *f* <antr> *(z. B. Lamellensperrdifferential, Viskose-Kupplung)* • automatic lock-up
automatische Springblende *f* <phot> • instant-return iris
automatisches Prüfsystem *n* (ATS) <qualit> • automatic test system (ATS); tester *pract*

automatische Spurlagenregelung f (ACTS) <av> *(System)* • automatic tracking control system (ACTS); automatic tracking system

automatische Spurlagenregelung f <av> *(Vorgang)* • automatic tracking; auto tracking

automatische Spurnachführung f (ATF) <av> • automatic track following (ATF); automatic track finding

automatische Spurregelung f <av> *(System)* • automatic tracking control system (ACTS); automatic tracking system

automatische Spurregelung f <av> *(Vorgang)* • automatic tracking; auto tracking

automatisches Regalförderzeug n <logist> *(Kleinteilelager)* • miniload S/R machine; miniload storage/retrieval machine

automatisches Riemengetriebe n <kfz.antr> • variable belt transmission; continuously variable belt transmission; Variomatic transmission *DAF.Volvo*; Variomatic *DAF.Volvo*

Automatisches Sperrdifferential n (ASD) *MB* <kfz.antr> • automatic slip-control differential (ASD) *:V*; automatic limited-slip differential *:V*

automatisches Spureinstellungssystem n <av> *(System)* • automatic tracking control system (ACTS); automatic tracking system

automatisches Such/Stör-Gerät n <mil> • automatic search jammer

automatische Stabilitäts-Controlle f, ASC <kfz.msr> • traction control system (TCS); acceleration spin control, ASC; electronic traction control, ETC; anti-spin regulation, ASR; automatic slip reduction, ASR

automatisches Tanken n <kfz> • automatic fueling; auto auto fueling; automatic automobile fueling

automatische Starteinrichtung f *form.did* <kfz.mot> • automatic choke; autochoke *pract.coll*

automatische Starterklappe f *prakt* <kfz.mot> • automatic choke; autochoke *pract.coll*

automatisches Testsystem n <qualit> • automatic test system (ATS); tester *pract*

automatische Steuerung f <msr> • automatic control

automatische Steuerungseinrichtung f <msr> • automatic control device

automatische Stiftabdichtung f <edv.druck> *(Drucker, Plotter)* • automatic pen capping

automatisches Tk-System n <tele> • private automatic branch exchange (PABX)

automatisches Tracking n <av> *(Vorgang)* • automatic tracking; auto tracking

automatische Stromabschaltung f <edv> • automatic power down

automatische Stromsparschaltung f <el> *(von batteriebetriebenen Geräten; z. B. Camcorder, Notebook)* • power save function; auto power saver; auto power save; power save

automatische Stummschaltung f <kfz.av> • automatic muting

Automatisches Tuning-System n <av> *(Programmeinstellung bei der Erstinstallation)* • automatic tuning system; automatic tuning; intelligent-tuner preset; auto set-up; auto install

automatisches Übersetzungssystem n <transl> • machine translation system; automatic translation system; MT system *pract*

automatisches Wählgerät n <tele> • telephone dialer *US*; dialer *US*; automatic telephone dialer *US*

automatisches Wähl- und Ansagegerät n (AWAG) <alarm> *(allg.)* • voice dialer *US*; automatic dialling equipment *GB.stand*; teledialler *GB*

automatisches Wähl- und Ansagegerät n (AWAG) <alarm> *(mit Tonband)* • tape dialer *US*; tape dialler *GB*; telephone tape dialer *US*

automatisches Wähl- und Ansagegerät n (AWAG) <alarm> *(mit Tonband und digitaler Rufnummernspeicherung)* • electronic dialling machine *GB*; digital dialler *GB.rare*

automatisches Wähl- und Ansagegerät n (AWAG) <alarm.tele> *(digitale Sprachaufzeichnung)* • solid state voice dialer *US*

automatisches Wähl- und Übertragungsgerät n (AWUG) <alarm> • digital communicator; digital dialer *US*; digital telephone dialer *US*

automatisches Zeilenfinden n <edv> • automatic line finding

automatische Telekommunikationsanlage f <tele> • private automatic branch exchange (PABX)

automatische Temperaturregelung f <hlk> • automatic temperature control (ATC)

automatische Testeinrichtung f (ATE) <qualit> • automatic test equipment (ATE)

automatische Testeinrichtung f <qualit> *(Geräte; z. B. im Testlabor)* • automatic test equipment (ATE)

automatische Titelfunktion f <av> *(Camcorder)* • auto titler function

automatische Tk-Anlage f *prakt* <tele> • private automatic branch exchange (PABX)

automatische Tonerzugabe f <büro> *(Kopiergerät)* • toner density control

automatische Überlastregelung f <tech.allg> • automatic overload control

automatische Übersetzung f <transl> • machine translation (MT); automatic translation

automatische Uhreinstellung f <av> • automatic clock setting [system] (ACSS); auto clock setting; self-setting clock; synchro time

automatische Uhrzeiteinstellung f <av> • automatic clock setting [system] (ACSS); auto clock setting; self-setting clock; synchro time

automatische UKW-Stör-Unterdrückung f (ASU) <av> • automatic FM interference suppression

Automatische Umluftkontrolle f (AUC) *BMW* <kfz.hlk> • automatic air recirculation [control] [system]

automatische Umluftregelung f <kfz.hlk> • automatic air recirculation [control] [system]

automatische Unterscheidung f <edv> *(Strichcode-Lesegerät-Merkmal)* • autodiscrimination; automatic distinguishing

automatische Verstärkungsregelung f (AVR) <av> *(z. B. für Licht, Bild, Ton)* • automatic gain control (AGC); automatic gain control amplification *rare*

automatische Videokopfreinigung f <av> • auto head cleaner; automatic head cleaner; automatic head cleaning system; auto head cleaning system

automatische Waage f <msr> • automatic weighing device

automatische Wahl des Abbildungsmaßstabes f <opt> *(Kopierer)* • automatic magnification ratio

automatische Wiedereinschaltung f (AWE) <msr> • automatic reclosure

automatische Wiederholung f <tech.allg> • automatic repetition

automatische Wirbelbettfeuerung f <verbr> • automatic fluidized bed combustion

automatische Wirbelschichtfeuerung f <verbr> • automatic fluidized bed combustion

automatische Wirbelschichtverbrennung f <verbr> • automatic fluidized bed combustion

automatische Zeilenwahl f <edv> • automatic line selection

automatische Zeiteinstellung f <av> • automatic clock setting [system] (ACSS); auto clock setting; self-setting clock; synchro time

automatische Zeitumstellung f Sanyo <av> • automatic summer/winter time adjust; auto summer/winter time adjust; summer/winter time adjust

automatische Zielsuchsteuerung f <mil> • automatic homing

automatische Zielverfolgung f <mil> • automatic tracking of a target; locking-on to a target

automatische Zugprüfmaschine f <qualit.mat> • automatic tensile strength tester

automatisch geregelte Beatmung f <med.tech> • closed-loop ventilation

automatisch hergestellter Auszug m <doku> • auto-abstract

automatisch schaltendes Datenübertragungsnetz n did <tele> (typ. mit LWL) • automatically switched transport network (ASTN)

automatisch suchen vt <navig> (Frequenzen, Kanäle, Signale) • scan vt

automatisch unterscheiden vi <edv> • autodiscriminate vi; autodistinguish vi

automatisch unterscheidend <edv> • autodiscriminative; autodiscriminating; autodistinguishing

automatisch zuschaltender Allradantrieb m <kfz. antr> • real-time four wheel drive; automatically engaging four wheel drive

automatisieren vt <tech.allg> (einen Vorgang, Ablauf) • automate vt

automatisiert <tech.allg> • automated

automatisierte Beatmung f :V <med.tech> • closed-loop ventilation

automatisierte Fertigungskontrolle f <qualit> • automated process control

automatisierte Installation f <edv> (von Software) • auto setup

automatisierter Zugbetrieb m <bahn> • automatic train operation

automatisiertes Behälterregal n <logist> • miniload AS/RS; mini load system; miniload system; automated small parts S/R system

automatisiertes Hochregallager n <logist> • automated storage/retrieval system (AS/RS); automated high-rise storage system; high-rise S/R system; unit load AS/RS; AS/R system pract

automatisiertes Schaltgetriebe n <kfz.mot> • automated transmission :V

Automatisierung f <msr> • automation

Automatisierung privater Haushalte f <msr> • home automation

Automatisierungsgerät n <msr> • programmable controller

Automatisierungsgrad m <prod> (z. B. Teilautomatisierung, Vollautomatisierung) • degree of automation; level of automation; automaticity

Automatisierungstechnik f <autom> • industrial control and automation; automation technology; automatic control engineering

Automechaniker m ugs.prakt <kfz> • automobile mechanic; car mechanic coll; motor mechanic rare

Autominute f <kfz.verk> • minute's drive

Auto mit Automatikgetriebe m <kfz> • car with automatic transmission; automatic pract; auto coll

Auto mit Schaltgetriebe n ugs <kfz.antr> • passenger car with manual transmission form; manual car; manual coll; shifter US.coll; handshaker US.coll

Auto mit stillgelegter Abgasreinigungseinrichtung n <kfz.emiss> • desmogged car

Automobil n form <kfz> • automobile US; passenger car form; motor car GB; car pract.coll; auto US.coll.rare

Automobilabgase npl <kfz.emiss> • automotive exhaust emissions pl

Automobilausstellung f <kfz> • automobile show US; auto show US; motor show GB

Automobilclub m <org> • automobile association

Automobil-Direktverglasung f <füg> • direct glazing of vehicles

Automobilhersteller m form <kfz> • car manufacturer US.GB; carmaker US.GB; automaker US; automobile manufacturer/producer US; car manufacturer/producer GB

Automobilindustrie f <ökon> • automotive industry; automobile industry; motor industry GB; auto industry pract; car industry coll

Automobilklebstoff m <füg> • automotive adhesive

Automobil-Salon m gehob.Genf <kfz> • automobile show US; auto show US; motor show GB

Automobilscheinwerfer mit Gasentladungslampe m <kfz.licht> • gas discharge headlight; motor vehicle headlight with a gas discharge lamp; gaseous discharge headlight; discharge-type headlight

Automobilwerk n <kfz.prod> • automobile manufacturing plant

Auto-Mode-Erkennung f <edv> • auto mode detection

automorph <min> (Kristalle) • idiomorphic; automorphic

autonome Arbeitsweise f <allg> • autonomous working

autonome Lenkung f <aerospace> • preset guidance

autonome Regelung f <msr> • independent control

autonomer Roboter m <autom> • autonomous robot

autonomes Gerät n <tech.allg> • stand-alone unit; standalone unit

autonomes System n <tech.allg> • autonomous system

autonomes System n <energ> (z. B. Notstromaggregat, Sonnenfarm) • stand-alone power system; off-the-grid power system US; autonomous power system

Autonomie f <tech.allg> • autonomous working; non-interaction

Autonomie von Robotern f <autom> • robot autonomy; autonomy of robots

Autonummer f prakt.ugs <kfz> (die Nummer) • license plate number US

Auto-Öffnungs-Set n <kfz.wz> • lock picker set

Auto ohne Abgasentgiftung n press.ugs <kfz.emiss> • uncontrolled vehicle

Autooxidation f <chem> • autoxidation

Auto-Paletot m TM <kfz> (z. B. für Liebhaberfahrzeuge und Museumsexponate) • car cover

Autopanne f <verk> • roadside emergency

Auto-Panning n <edv.av> • panner; auto-panner; auto-panning

Autopark m <edv> (Schreib-/Leseköpfe) • automatic head parking; auto park feature; auto park

Autopaster m <druck> • autopaster; flying paster; Autopaster

Autopflegemittel n <kfz> • car care product

Autophorese f <obfl> • autophoresis

Autopilot m <navig> (betont: mit Lagekreisel) • gyropilot

Autopilot m <navig> (allg.) • autopilot; automatic pilot rare; robot pilot rare

Auto-Pilot-System n (APS) MB <kfz.navig> • Auto Pilot System (APS) MB

Auto Play n <av> (Wiedergabestart nach Einlegen der Videokassette) • auto start; automatic start; auto operation; auto play

Autopolitur f <kfz.obfl> (zur Grundreinigung verwitterter Lacke) • finish restorer; cleaner

Autopolsterleder n <led> • automotive leather; car upholstery leather

Auto Power Save Sensor *m* <el> *(von batteriebetriebenen Geräten; z. B. Camcorder, Notebook)* • power save function; auto power saver; auto power save; power save

Auto-Programmierung *f* <av> *(Programmeinstellung bei der Erstinstallation)* • automatic tuning system; automatic tuning; intelligent-tuner preset; auto set-up; auto install

Auto-Prüflampe *f* <kfz> • test light *US.coll*; trouble light *AE.pract.coll*; test lamp *BE.pract.coll*; circuit tester *form*; circuit tracer *rare*

Autopunch *m* <av> *(von Sequenzern und Bandmaschinen)* • autopunch

Autopunch-Funktion *f* <av> *(von Sequenzern und Bandmaschinen)* • autopunch

Autoradio *n* <kfz.av> • car radio; automobile radio; car stereo

Autoradio-Cassettenspieler *m* <kfz.av> • radio/cassette deck (r/c); r/cass *ad*

Autoradiochromatographie *f* <chem> • autoradiochromatography

Autoradiofach *n* <kfz> • radio compartment

Autoradiographie *f* <chem> • autoradiography

autoradiographisch <chem> • radioautographic

autoradiographische Aufnahme *f* <phys> • radioautograph

Autoradio mit Quick-Out-Halterung *f* <kfz.av> • pull-out car stereo

Autoregressionsmodell *n* <msr> • autoregression model

Autoreisezug *m* <bahn> *(Nachtzug mit Schlafwagen und PKW-Beförderung)* • car-sleeper train

Auto-Relaisschalter *m* <edv> • auto relay switch

Autorenexemplar *n* <doku> • author's copy

Autoreparaturwerkstatt *f* <kfz.rep> • garage *US.GB*; motor-car repair shop

Auto-Reverse-Betrieb *m* <av> • auto reverse mode

Autorisierungszentrale *f* <tele> *(mit Teilnehmerzugangsberechtigungen)* • Authentication Centre (AuC)

Autorotation *f* <aerospace> • autorotation

Autosafe *m* <kfz> • car safe

Autoscheinwerfer *m ugs* <kfz.el> • headlight[s]; head-lamp[s]

Autoschild *n ugs* <kfz> *(das Schild)* • license plate *US*; numberplate *GB*

Autoschlosser *m ugs* <kfz> • automobile mechanic; car mechanic *coll*; motor mechanic *rare*

Autoschlüssel *m* <kfz> • car key

Autoschnellstraße mit Richtungsfahrbahnen *f* <bau> • dual expressway; divided highway

Autoschwamm *m* <kfz> • car sponge

Autoshampoo *n* <kfz> • car wash

Auto-Sortierung *f Tho* <av> • auto sorting system (ASS); Automatic Sorting System *Sha*; Sort TV *Nok*; auto sorting system *Sha*

Autospengler *m ugs* <kfz> • body repair man; body man *coll*; body and fender man *US*

Autospenglerei *f ugs* <kfz> • body repair shop; body shop *pract*; smash repair shop *AUS.sl*

Autostart *m* <tech.allg> *(z. B. eines Navigationsgeräts)* • automatic start-up

Auto Start *m* <av> *(Wiedergabestart nach Einlegen der Videokassette)* • auto start; automatic start; auto operation; auto play

Autostaubsauger *m* <kfz> *(separates Gerät; z. B. an Tankstelle)* • car vacuum cleaner; car vac

Autostaubsauger *m* <kfz> *(zum Anschluss an Bordnetz)* • hand vacuum cleaner

Autostick-Getriebe *n Chrysler* <kfz.antr> • Autostick transmission *Chrysler*

Autostunde *f* <verk> • hour's drive

auto-switch-off <tech.allg> • auto-switch-off

Autotelefon *n* <kfz.tele> • car phone

Autotelefonantenne *f* <kfz.tele> • car phone antenna

Autotelefon mit Freisprecheinrichtung *n* <kfz.tele> • hands-free car phone [system]

Autotest *m* <kfz> *(gründlicher Test, auf Testgelände o.ä.)* • car test

Autotest *m ugs* <kfz> *(z. B. in Autozeitschrift; Test im Straßenverkehr)* • road test; car test *coll*

Auto Tracking *n* <av> *(Vorgang)* • automatic tracking; auto tracking

Auto-Transformator *m* <el> *(z. B. E-Lok)* • auto transformer

Autotransportwagen *m* <bahn> • auto transport car; auto carrier; car carrier; rack car *US*

Autotypie *f* <druck> • half-tone; autotype

Autotypiedruckpapier *n* <pap> • half-tone paper; autotype paper

Autotypieraster *m* <druck> • half-tone screen; autotype screen

Auto-Ventil *n* <fz> *(Fahrrad)* • Schraeder valve; American valve; Auto valve

Autoverkäufe *mpl* <kfz.prod> • auto sales *US*; car sales *GB*

Autoverkehr *m ugs* <kfz> • traffic

Autoverlad *m CH* <bahn> • transport of motor vehicles on railway cars *:V*

Autoverladung *f* <bahn> • transport of motor vehicles on railway cars *:V*

Autoverwerter *m* <kfz.ents> • scrap dealer

Autoverwertung *f* <kfz> • scrapyard; junkyard *US*; wrecking yard *US*; breaker's [yard] *GB*; salvage yard *GB*

Auto Vorsortierung *f Aka* <av> • auto sorting system (ASS); Automatic Sorting System *Sha*; Sort TV *Nok*; auto sorting system *Sha*

Autowachs *n* <kfz.obfl> *(Lackschutz, z. B. mit Carnauba, ohne Reiniger)* • car wax; non-abrasive car wax; automobile polish; car polish

Autowaschanlage *f* <kfz> • car wash; automatic car wash

Autowaschbürste *f* <kfz> • car wash brush

Autowerkzeug *n ugs* <kfz.wz> • automotive tool; car tool *coll*

Autowerkzeugkasten *m* <kfz.wz> • car tool-kit

Autowrack *n* <kfz.ents> • junked car; derelict car

Autoxidation *f* <chem> • autoxidation

Autozubehör *n* <kfz> • motor-car accessories

Autozug *m ugs* <bahn> *(Nachtzug mit Schlafwagen und PKW-Beförderung)* • car-sleeper train

autozytotoxisch <bio> *(gegen körpereigene Zellen gerichtet)* • autocytotoxic

Auxin *n* <chem.agri> • auxin

Auxochrom *n* <chem.obfl> • auxochrome; auxochromic group

AV <kfz.mot> *(für Abgas)* • exhaust valve; outlet valve

Available-Light-Aufnahme *f* <phot> *(Bildresultat)* • available-light picture; available-light photograph

Available-Light-Foto *n* <phot> *(Bildresultat)* • available-light picture; available-light photograph

Available-Light-Fotografie *f* <phot> *(Bildresultat)* • available-light picture; available-light photograph

Available-Light-Fotografie *fsg* <phot> *(Teilbereich der Fotografie)* • available-light photography *sg*

Avalanchediode *f* <el> • avalanching diode

Avalanche-Effekt *m* <el> *(in Halbleitern)* • avalanche effect

Avalanche-Photodiode *f* <el> • avalanche detector; avalanche photodiode

Avalanche-Spannung *f* <el> • avalanche voltage

AV-Ausgang *m* <av> • AV-out; AV output; audio/video output

AV-Eingang *m* <av> • AV-in; AV input; audio/video input

Avena sativa <nahr> • oat; avena sativa

A-Verstärker *m* <el> • class-A amplifier

Avgas *n prakt* <aerospace> • aviation gasoline *ASTM D910*; avgas *US.pract*; aviation petrol *UK*

AVI <edv> *(Ton- bzw. Bildformat; Windows-Standard für Animationsdateien)* • Audio Video Interleave (AVI)

aviotechnisch <aerospace> • aerial

avirulent <bio> • avirulent

Avivage *f* <textil> • avivage; brightening

avivierecht <textil> • fast to brightening

avivieren *vt* <textil> • brighten *vt*

Avogadro'sche Konstante *f* <chem> • Avogadro constant (N)

Avogadro'sche Regel *f* <chem> • Avogadro's law; Avogadro's hypothesis

Avogadro'sches Gesetz *n* <chem> • Avogadro's law; Avogadro's hypothesis

Avogadro'sche Zahl *f* <chem> • Avogadro number; Loschmidt's number *obs*

Avogadro-Gesetz *n* <chem> • Avogadro's law; Avogadro's hypothesis

Avogadro-Hypothese *f* <chem> • Avogadro's law; Avogadro's hypothesis

Avogadro-Konstante *f* (N) <chem> • Avogadro constant (N)

Avogadro-Zahl *f* <chem> • Avogadro number; Loschmidt's number *obs*

AVR <av> *(z. B. für Licht, Bild, Ton)* • automatic gain control (AGC); automatic gain control amplification *rare*

AWAG <alarm> *(allg.)* • voice dialer *US*; automatic dialling equipment *GB.stand*; tedialler *GB*

AWAG <alarm> *(mit Tonband)* • tape dialer *US*; tape dialler *GB*; telephone tape dialer *US*

AWAG <alarm> *(mit Tonband und digitaler Rufnummernspeicherung)* • electronic dialling machine *GB*; digital dialler *GB.rare*

AWAG <alarm.tele> *(digitale Sprachaufzeichnung)* • solid state voice dialer *US*

AWE <edv> *(z. B. Echo, Reverb, Chorus)* • advanced wave effect (AWE)

AWE <msr> • automatic reclosure

a-Wert <bau> • air leakage rate; A-value *:Roto*

AWIDAT <ents> • recycling index

AWL <edv> • instruction list (IL) *stand*

AWL-Sprache *f prakt* <edv> *(eine Textsprache)* • instruction list language *stand*; IL language *pract*

AWM <edv> • advanced wave memory synthesis (AWM); AWM synthesis; advanced wavetable synthesis

AWM-Synthese *f* <edv> • advanced wave memory synthesis (AWM); AWM synthesis; advanced wavetable synthesis

AWP <ents> • waste disposal programme

AWS <edv> • advanced wave synthesis (AWS); AWS synthesis

AWSF <verbr> • atmospheric fluidized bed combustion (AFBC)

AWS-Synthese *f* <edv> • advanced wave synthesis (AWS); AWS synthesis

AWUG <alarm> • digital communicator; digital dialer *US*; digital telephone dialer *US*

axial <tech.allg> *(z. B. Krafteinleitung, Zuführung)* • axial

axial angeordnet <tech.allg> • on-axis

axial beansprucht <mech> *(Zug oder Druck)* • axially stressed; stressed in axial direction; axially loaded; stressed endwise; loaded endwise

Axialbeanspruchung *f* <mech> • axial stress

Axialbeaufschlagung *f* <förd> *(Pumpenlaufrad)* • axial admission

axial belastet <mech> *(Zug oder Druck)* • axially stressed; stressed in axial direction; axially loaded; stressed endwise; loaded endwise

axial belastetes Wellenlager *n* <masch> • thrust-loaded shaft bearing; axially loaded shaft bearing

Axialbelastung *f* <masch> *(auf Welle, Laufrad, schrägverzahntes Zahnrad)* • axial thrust; axial load; end thrust

Axialbelastung *f* <mech> *(auf Bauteile jeder Art; Zug oder Schub)* • axial load; longitudinal load

Axialbereich *m* <geo> • axis

Axialbewegung *f* <masch> • axial movement; axial displacement; axial deflection; end movement

Axialdruck *m* <masch> *(z. B. Turbinenwelle)* • axial pressure; axial thrust; end thrust

Axialdruck aufnehmen *vi* <masch> *(z. B. Pumpe, Turbine)* • take thrust *vi*

Axialdruckkraft *f* <mech> • pressure thrust; pressure end load

Axialdrucklager *n* <masch> • thrust bearing

Axial-Drucklager *n rar* <masch> *(Gleitlager oder Wälzlager; nimmt Axialkräfte auf)* • thrust bearing; axial bearing *rare*; end-thrust bearing *rare*

Axial-Durchlaufverfahren *n rar* <prod> *(Gewindewalzen)* • through-feed thread-rolling; through-feed rolling; thru-feed rolling *US*; continuous rolling *rare*; end-feed rolling *rare*

axiale Annäherung *f EN 60947* <msr> *(in Bezug auf die Stirnfläche eines Sensors)* • axial approach *EN 60947*; head-on [approach]

axiale Auslenkung *f* <masch> • axial movement; axial displacement; axial deflection; end movement

axiale Druckkraft *f* <mech> • pressure thrust; pressure end load

axiale Empfindlichkeit *f* <el> • axial response

axiale Kreiselpumpe *f* <förd> *(Bauart von Kreiselpumpen)* • axial-flow pump; propeller pump; axial-flow propeller pump; screw-propeller pump *rare*; axial pump

axiale Lagerluft *f* <masch> • axial internal clearance

axiale Propellerpumpe *f* <förd> *(Bauart von Kreiselpumpen)* • axial-flow pump; propeller pump; axial-flow propeller pump; screw-propeller pump *rare*; axial pump

axialer Druck *m* <masch> *(z. B. in Kolbenmaschinen)* • axial pressure

axialer Propeller *m* <masch> *(von Verdichter, Pumpe, Turbine)* • axial-flow impeller; axial impeller; axial-flow propeller; axial-flow rotor; axial-flow wheel *rare*

axialer Stoßversatz *m DIN ISO 6621* <mot> *(von Kolbenringen)* • wind *ISO 6621*

axialer Übertragungsfaktor *m* <el> • axial response

axialer Vektor *m* <math> • axial vector

axialer Versatz *m* <lwl> • axial misalignment

axiales Flächenträgheitsmoment *n ISO 7478* <mech> • axial moment of area of the second order *ISO 7478*

axiales Widerstandsmoment *n* <mech> • section modulus of bending

axiale Symmetrie *f* <phys> • rotational symmetry; dynamical balance

Axialfaktor *m* <masch> *(Berechnung von Wälzlagern)* • axial factor

Axialfluss-Anhängemähdrescher *m* <agri> • axial flow pull-type combine

Axialgebläse *n* <masch> • axial-flow blower

axial geteiltes Gehäuse *n* <masch> *(z. B. Pumpe, Turbine, Getriebe)* • axially split casing; horizontally split casing; horizontal-split casing; longitudinally split casing

Axial-Gewinderollen *n* <prod> • axial thread-rolling

Axial-Gewinderollkopf *m* <wz> • axial thread-rolling head; axial thread-rolling attachment; end-feeding attachment; end-feeding head

Axial-Gewindewalzkopf *m* <wz> • axial thread-rolling head; axial thread-rolling attachment; end-feeding attachment; end-feeding head

Axialgleitlager *n DIN ISO 4378-1* <masch> • plain thrust bearing *ISO 4378-1*

Axialgleitlager mit Kippsegment *n* <masch> • pivoted segmental thrust bearing

Axialhub *m* <masch> *(z. B. von Kolben)* • axial travel; linear travel; stroke

Axialität *f* <prod> • alignment; linear accuracy

Axialkegelrollenlager *n* <masch> • taper-roller thrust bearing

Axial-Kegelrollenlager *n DIN ISO 5593* <masch> • thrust tapered roller bearing *ISO 5593*

Axial-Kippsegmentlager *n DIN 31696* <masch> • pivoted pad thrust bearing; tilting pad thrust bearing *ISO 4378-1*

Axialkolbenhydraulikmotor *m* <hydr.mot> • axial-cylinder hydraulic motor

Axialkolbenmotor *m* <mot> • axial piston motor

Axialkolbenpumpe *f* <förd> • axial piston pump; axial plunger pump

Axialkompensator *m* <rls> • axial expansion joint

Axial-Kompensator *m norm* <rls> • axial expansion joint

Axialkompensator mit innerem Führungsrohr *m* <rls> • internally guided expansion joint

Axialkompressor *m* <turb> *(Verdichterart)* • axial-flow compressor; axial compressor

Axialkompressorrotor *m* <masch> *(Verdichterbaugruppe)* • axial-flow compressor rotor

Axialkraft *f* <masch> *(auf Welle, Laufrad, schrägverzahntes Zahnrad)* • axial thrust; axial load; end thrust

Axialkraftausgleich *m* <masch> *(z. B. durch Pfeilverzahnung)* • end balance

Axialkreiselpumpe *f* <förd> *(Bauart von Kreiselpumpen)* • axial-flow pump; propeller pump; axial-flow propeller pump; screw-propeller pump *rare*; axial pump

Axialkreiselradpumpe *f* <förd> • axial-flow pump

Axialkugellager *n DIN ISO 5593* <masch> • thrust ball bearing *ISO 5593*; axial ball bearing

Axialläufer *m* <masch> *(von Verdichter, Pumpe, Turbine)* • axial-flow impeller; axial impeller; axial-flow propeller; axial-flow rotor; axial-flow wheel *rare*

Axiallager *n* <masch> *(Gleitlager oder Wälzlager; nimmt Axialkräfte auf)* • thrust bearing; axial bearing *rare*; end-thrust bearing *rare*

Axiallager mit Bund *n* <masch> • collar thrust bearing

Axiallast *f* <mech> *(auf Bauteile jeder Art; Zug oder Schub)* • axial load; longitudinal load

Axiallaufrad *n* <masch> *(von Verdichter, Pumpe, Turbine)* • axial-flow impeller; axial impeller; axial-flow propeller; axial-flow rotor; axial-flow wheel *rare*

Axiallüfter *m* <hlk> • propeller fan; axial-flow fan; axial fan

Axialmoment *n* <mech> • axial moment

Axial-Pendelrollenlager *DIN ISO 5593* <masch> • thrust spherical roller bearing *ISO 5593*

Axialpendelrollenlager *n* <masch> • spherical-roller thrust bearing

Axialprofil *n DIN 3998* <masch> *(Zahnradgetriebe)* • axial profile

Axialpropeller *m* <masch> *(von Verdichter, Pumpe, Turbine)* • axial-flow impeller; axial impeller; axial-flow propeller; axial-flow rotor; axial-flow wheel *rare*

Axialpumpe *f* <förd> *(Bauart von Kreiselpumpen)* • axial-flow pump; propeller pump; axial-flow propeller pump; screw-propeller pump *rare*; axial pump

Axialrad *n* <masch> *(von Verdichter, Pumpe, Turbine)* • axial-flow impeller; axial impeller; axial-flow propeller; axial-flow rotor; axial-flow wheel *rare*

Axial-Rillenkugellager *n* <masch> • deep-groove ball bearing

Axialrillenkugellager *n* <masch> • deep-groove thrust ball bearing

Axialrollenlager *n* <masch> • roller thrust bearing

Axial-Rollkopf *m* <wz> • axial thread-rolling head; axial thread-rolling attachment; end-feeding attachment; end-feeding head

Axialschaufel *f* <masch> *(in Verdichter, Pumpe, Turbine)* • axial blade; axial vane

Axialschlag *m* <masch> *(allg. von Rotationskörpern; z. B. Rad, Bremsscheibe)* • lateral runout; side-to-side wobble *did*; wobble *pract.coll*

Axialschnitt *m* <masch> *(Technische Zeichnung)* • axial section; axial plane

Axialschräglager *n DIN ISO 5593* <masch> *(Nennberührungswinkel über 45 Grad bis 90 Grad)* • angular contact thrust bearing *ISO 5593*; angular contact thrust rolling bearing

Axialschub *m* <masch> *(auf Welle, Laufrad, schrägverzahntes Zahnrad)* • axial thrust; axial load; end thrust

Axialschubausgleich *m* <masch> *(Welle, Laufrad, schrägverzahntes Zahnrad)* • axial thrust balancing; axial balance; balancing of axial thrust

Axialschubkompensation *f* <masch> *(Welle, Laufrad, schrägverzahntes Zahnrad)* • axial thrust balancing; axial balance; balancing of axial thrust

Axialsegmentlager *n DIN 31653* <masch> • pad thrust bearing *ISO 4378-1*; taper land bearing

Axialspiel *n* <masch> *(von Wellen)* • end play; axial clearance; end clearance; side shake *coll*; end float *coll*

Axialspiel der Kurbelwelle *n* <kfz.mot> • crankshaft end play; crankshaft side clearance

Axialspiel der Nockenwelle *n* <kfz.mot> • camshaft end play; camshaft side clearance

Axialspiel der Pleuelstange *n* <kfz.mot> *(seitlich)* • connecting rod end play; connecting rod side clearance; con rod side clearance; con rod end play

Axialstrahl *m* <phys> • axial ray; axial beam

Axialströmung *f* <phys> • axial flow

Axialsymmetrie *f* <tech.allg> • axial symmetry

axialsymmetrisch <math> • axially symmetric

Axialtheater *n wiss* <theat> • amphitheater *US*; amphitheatre *GB*

Axialturbine *f* <turb> *(Turbinenart)* • axial-flow turbine

Axialturbinenläufer *m* <turb> *(Turbinenbaugruppe)* • axial-flow turbine rotor

Axialturbinenrotor *m* <turb> *(Turbinenbaugruppe)* • axial-flow turbine rotor

Axialventilator *m* <hlk> • propeller fan; axial-flow fan; axial fan

Axialverdichter *m* <turb> *(Verdichterart)* • axial-flow compressor; axial compressor

Axialverdichterläufer *m* <masch> *(Verdichterbaugruppe)* • axial-flow compressor rotor

Axialverdichterrotor *m* <masch> *(Verdichterbaugruppe)* • axial-flow compressor rotor

Axialverfahren *n* <prod> *(Schneckenradherstellung)* • tangential feed method

Axialverfahren *n* <prod> *(Gewindewalzen)* • through-feed thread-rolling; through-feed rolling; thru-feed rolling *US*; continuous rolling *rare*; end-feed rolling *rare*

Axialversatz *m* <masch> *(z. B. von Wellen, Rohren)* • axial offset

Axialverschiebung *f* <masch> • axial movement; axial displacement; axial deflection; end movement

Axialweg *m* <masch> *(z. B. von Kolben)* • axial travel; linear travel; stroke

Axialzone *f* <geo> • axis

Axialzyklon *m* <verf> • axial-type cyclone; axial-type separator; axial flow cyclone

Axialzyklon mit Strömungsumkehr in axialer Richtung *m* <verf> • returned flow type of axial cyclone

Axialzyklon mit Umkehr der Hauptströmungsrichtung *m* <verf> • returned flow type of axial cyclone

Axialzyklon ohne Umkehr der Hauptströmungsrichtung *m* <verf> • uniflow axial-type cyclone; straight through axial-type cyclone

Axial-Zylinderrollenlager *n* DIN ISO 5593 <masch> • thrust cylindrical roller bearing ISO 5593

axillobifemorale Prothese *f* <med.tech> • axillo-bifemoral graft

Axiom *n* <math> • axiom

axiomatisch <philos> • axiomatic

axiomatische Quantenfeldtheorie *f* <phys> • axiomatic quantum field theory

Axoid *n* <math> • axoidal surface; axoid

axonometrisch <norm> (Darstellung in technischen Zeichnungen) • axonometric

axonometrische Ansicht *f* <doku> • axonometric representation ISO 10209-2; axonometric perspective

axonometrische Darstellung *f* DIN ISO 10209-2 <doku> • axonometric representation ISO 10209-2; axonometric perspective

axonometrische Zeichnung *f* <doku> • axonometric drawing

AXP-Prozess *m* <edv> • Animated Stand-In External Process (AXP)

Axt *f* <wz> • ax US; axe GB

AZ <bau.mat> • asbestos cement; Transite asbestos pract; Transite ^{TM}

AZDU <pharm> • azidouridine (AZDU)

azeotrop <chem> • azeotropic; constant-boiling

Azeotropdestillation *f* <chem> • azeotropic distillation

azeotrope Mischung *f* <chem> • azeotrope; azeotropic mixture

azeotroper Punkt *m* <chem> • azeotropic point

azeotropes Gemisch *n* <chem> • azeotrope; azeotropic mixture

Azeotropie *f* <chem> • azeotropy

Azetat *n* <chem> (allg.) • acetate

Azetsäure *f* rar <chem> (allg.; z. B. Färberei, Herbizid, Photolabor) • acetic acid; aceticum acidum; ethanoic acid rar

azidophil <chem> • oxyphilic; oxyphil; oxyphilous; acidophilic

Azidose *f* <med> • acidosis

Azidothymidin *n* (AZT) <pharm> • azidothymidine (AZT); 3'-azido-2',3'-dideoxythymidine

Azidouridin *n* (AZDU) <pharm> • azidouridine (AZDU)

Azimut *m* prakt <av> (Magnetkopf) • azimuth angle; head azimuth

Azimut *n* <astron> • azimuth

Azimut *n* <energ.sol> • azimuth

Azimut *n* <navig> • azimuth; bearing

Azimut *n* <petr> • azimuth

azimutal <tech.allg> • azimuthal

Azimutalkreis *m* <math> • azimuth circle

Azimutalprojektion *f* <geo> • azimuthal equidistant projection; azimuthal map projection

Azimutantrieb *m* rar <energ.wind> • yaw drive; azimuth drive rar

Azimutanzeiger *m* <navig> • azimuth indicator; omnibearing indicator

Azimutauflösung *f* <navig> (Funkpeiler) • bearing discrimination

Azimutfehler *m* <av> (Schreib/Lesekopf) • azimuth misalignment

Azimuthaufzeichnung *f* <av> • slant azimuth technique; slanted azimuth technique; slanted azimuth recording technique

Azimutheinstellung *f* <av> (Schreib/Lesekopf) • azimuth adjustment; azimuth alignment

Azimutkreisel *m* <navig> • azimuth gyroscope; azimuth gyro

Azimutverlust *m* <av> • azimuth loss

Azimutvisier *n* <mil> • azimuth sighting device

Azimutwinkel *m* <tech.allg> • azimuth angle

Azimutwinkel *m* <av> (Magnetkopf) • azimuth angle; head azimuth

Azimutwinkel *m* rar <energ.wind> (zwischen Windrichtung und einer horizontalen Rotorachse) • yaw angle; azimuth angle rar

Azinfarbstoff *m* <chem> • azine dye

Azofarbstoffe *mpl* <chem> (z. B. in Textilien, Lebensmitteln) • azo dyes

azoisch DIN 4049-2 <bio> (Lebensraum ohne tierische Besiedlung) • azoic

Azotometer *n* <chem.verf> • azotometer; nitrometer

Azowalkrot *n* <chem> • milling azo red

AZT <pharm> • azidothymidine (AZT); 3'-azido-2',3'-dideoxythymidine

azurblau <obfl> (Farbton RAL 5009) • azure blue; mountain blue; azure

A-Zustand *m* <kst> • A-stage

AZV <med.tech> • tidal volume; stroke volume ISO 10651-1

azyklisch <tech.allg> (Vorgang) • acyclic

azyklisch obs.ugs <chem> • acyclic; non-cyclical; non-cyclic

azyklische Verbindung *f* <chem> • aliphatic compound

B

Backup-Diskette *f* <edv> • backup disk

Backup-Generator *m* <energ.sol> • backup generator

Backup-Gerät *n* <edv> • backup device; backup system; data backup system; backup unit

Backupgeschwindigkeit *f* <edv> • backup rate; backup speed; backup time

Backupleitung *f* <edv> • backup line

Backup-Medium *n* <edv> • backup medium; backup storage medium; peripheral memory; backing store

Backup-Programm *n* <edv> • back-up software

Back-up-Rechenzentrum *n* <el> • back-up processing center

Back-up-Software *f* <edv> • back-up software

Backup-Software *f* <edv> • back-up software

Backup-Speicher *m* <edv> • backup medium; backup storage medium; peripheral memory; backing store

Backup-System *n* <edv> • backup device; backup system; data backup system; backup unit

Backupzeit *f* <edv> • backup rate; backup speed; backup time

Backverhalten *n* <verf> • caking properties

Backverluste *mpl* <nahr> • bake-out losses; baking losses; oven losses

Backward-Beam-Tracing *n* <edv> • backwards beam tracing

Backward-Diode *f* <el> • backward diode

Backward-Raytracing *n* <edv> (Renderingverfahren) • backwards ray tracing; reverse ray tracing

BaCl₂ <chem> • barium chloride (BaCl$_2$); baryta muriatica

BaCO₃ <chem> • barium carbonate (BaCO$_3$); baryta carbonica

Bacon-Hochdruckzelle f <chem> • Bacon high-pressure hydrogen cell

Bad n ugs <bau> • bathroom

Bad n <füg> (Schweißbad) • puddle; pool

Bad n <obfl> (Tauchvorgang) • bath; dipping

Bad n prakt <obfl> (Lösung; z. B. zum Verchromen) • electroplating solution; electroplating bath; plating solution; plating bath pract

Bad n <textil> • liquor; bath

Bad n prakt <verf> (Behälter zum Eintauchen von Teilen; z. B. zum Abschrecken, Beschichten) • dipping tank; dip tank; dipping bath; tank; bath pract

Badablauf m DIN 4045 <ents.hydr> • bath drainage

Badaufkohlen n <metall> • liquid carburizing; bath carburizing

Badbewegung f <obfl> (Galvanotechnik) • solution agitation

Badebekleidung fsg <textil> • swimwear sg; swimming wear sg

Badewanne f <bau.innen> (im Badezimmer) • bathtub US; bath GB; tub US.GB.coll

Badewannenkondensator m <el> • bath-tub capacitor

Badewannenkurve f <qualit.doku> (typ. für Fehler vs. Zeit) • bathtub curve

Badezimmer n <bau> • bathroom

Badezimmerbeleuchtung f <licht.innen> • bathroom lighting

Badezimmerleuchte f <licht.innen> • bathroom light

Badezimmerwaage f <msr> • bathroom scales pl

Badflüssigkeit f <tech.allg> • bath liquid

Badge Engineering n <prod> (unterschiedl. Marken, gleiche Technik) • badge engineering

Badkühlung f <verf> • bath cooling

Badlöten n <füg> (Hartlöten) • dip-brazing

Badlöten n <füg> (Weichlöten) • dip-soldering

Badnitrieren n <metall> (zum Härten) • liquid nitriding; bath nitriding

Bad-Sector-Mapping n <edv> (Festplatte) • bad sector mapping

Badsicherung f <metall> • molten metal control

Badsicherung f <verf> • pool back-up

BAd-Sockel m <licht> • BAd-cap; Bd-cap

Badspannung f <obfl.el> (Galvanotechnik) • bath voltage; tank voltage; cell voltage

Badstandzeit f <verf> (z. B. beim Galvanisieren) • bath life

Badstrecke f <textil> • bath travel

Badstrom m <obfl.el> (Galvanotechnik) • bath current

Badwiderstand m <el> (Elektrolyse) • bath resistance

Badzusammensetzung f <chem> • bath composition

Bäckereimaschine f <nahr> • bakery machine

Baekeland-Verfahren n <kst> (Bakelitherstellung) • Baekeland process

Bändchendraht m <el.ic.prod> • ribbon wire

Bändchengalvanometer n <msr> • band galvanometer

Bändchen-Hochtöner m <av> • ribbon loudspeaker; ribbon tweeter

Bändchen-Lautsprecher m <av> • ribbon loudspeaker; ribbon tweeter

Bändchenlautsprecher m <av> • ribbon loudspeaker

Bändchenmikrofon n <av> • ribbon microphone

Bändchenstickerei f <textil> • braid embroidery

Bändchenwebstuhl m <textil> • smallware loom

Bänderbibliothek f <edv> • tape library

Bändererz n <min> • banded ore

Bändermodell n <phys> • band model; energy band model; band theory of solids

Bändertheorie f <phys> (Festkörper) • band theory

Bändertisch m <druck> • tape feed board

Bändsel n <nav> (kurzes Seil) • lanyard

Bär m <metall> (Fallhammerkopf) • tup; salamander; ram

Bärführung f <metall> • tup guide; tup slide

Bärgewicht n <prod> (Hammer) • falling weight

Bärkolben m <metall> • hammer piston

Bärmasse f <prod> (Hammer) • falling mass [of tup]; tup mass

Bärrückprall m <metall> • tup rebound

Bäumen n <textil> • beaming

Bäummaschine f <textil> • beaming machine

Bäummaschine für gewickelte Ketten f <textil> • ball warp beaming machine

Bäumsägenverlängerung f <agri.wz> • pruner pole

Bäumstuhl m <textil> • beaming frame

Bagasse f <bio> (Einjahrespflanze) • bagasse

Bagassefeuerung f <verbr> • bagasse furnace

Bagatellunfall m <verk> • minor accident

Bagger m <bau.masch> (allg.) • excavator; excavating machine rare

Baggerboje f <navig> • dredging buoy

Baggereimer m <bau.masch> (Schwimmbagger-Schürfkübel) • dredger bucket; dredging bucket

Baggereimer m <bau.masch> (allg.) • excavator bucket

Baggereimer mit Bodenklappe m <förd> • dump bucket

Baggergleis n <bau.masch> • excavator track

Baggergreifer m <bau.masch> • excavator grab; digging grab

Baggergut n <bau> (beim Trockenbaggern) • excavation spoil

Baggergut n <ents> (beim Nassbaggern) • dredging spoil; dredgings

Baggerguttransportschiff n <nav> • dredging barge

Baggerkübel m <bau.masch> • shovel bucket

Baggerlöffel m <bau.masch> • dipper

Baggerlöffel m <bau.masch> (Entleeren durch Bodenklappe) • scoop; dredging scoop

Baggern n <bau> (Nassbaggern) • dredging

Baggern n <bau> (Trockenbaggern) • excavation

Baggern n <bau> (Gräben) • trenching

baggern vi/vt <bau> (nass) • dredge vi/vt

baggern vi/vt <bau> (trocken) • excavate vi/vt

baggern vt <bau> (Gräben) • dig trenches vt; dig ditches vt; trench vi

Baggerplanum n <bau> (nass) • dredger track level

Baggerplanum n <bau> (trocken) • excavator track level

Baggerpumpe f <förd> • dredging pump

Baggerschute f <nav> (zum Transport des Baggergutes) • hopper barge; dredging barge

Baggerversorger m <nav> (selbstfahrendes Schiff, zum Verlegen der Baggeranker) • dredge tender

Baggerwand f <bau.masch> • working face

Bag-in-Bottle-System n <med.tech> (Beatmungsgerät) • bag-in-bottle system; bellows-in-bottle system; bag-in-a-chamber system; bag-in-a-box system

Bag-O-Matic-Presse f <prod> (Vulkanisierpresse für Reifen) • Bag-O-Matic press; bagomatic press

Bahn f ugs <bahn> • railroad US; railway GB

Bahn f <bau.mat> (aus Dämmaterial etc.; z. B. Glaswolle, Folie) • blanket

Bahn f <led> • range

Bahn f <masch> (Führungsbahn) • way

Bahn f prakt <masch> (z. B. eine Führungsschiene) • guideway; slideway; guide pract; way pract.coll; track pract.coll

Bahn f <pap> • paper web; web

Bahn f <pap/textil> (fortlaufend, endlos; z. B. Stoffbahn aus Maschine) • continuous web

Bahn *f prakt* <phys> *(ballistische Kurve; z. B. Geschoss)*
• trajectory; flight trajectory *rare*
Bahn *f* <sport> *(im Stadion)* • track
Bahn *f* <textil> *(Stoff, Tuch; z. B. für Segel, Fallschirm,*
Gleitschirm) • panel
Bahn *f* <wz> *(flache Hammer-Stirnfläche)* • face
Bahn *f* <wz> *(Amboss)* • top face
Bahn *f prakt* <wz.masch> *(z. B. Drehmaschine)* • bed
slideway; bedway; bed guide; bed track; way *pract*
Bahnabnahme [mit Oberfilz] *f* <pap> • lick-up
Bahnabriss *m* <pap> • sheet break; web break
Bahnberechnung *f* <aerospace> • path computation;
trajectory computation
Bahnbeschleunigung *f* <phys> • path acceleration
Bahnbetriebswagenwerk *n* <bahn> • car maintenance
and overhaul shop
Bahnbetriebswerk *n* <bahn> • engine terminal; engine
facilities
Bahnbewegung *f* <astron> • orbital motion
Bahnbild *n* <aerospace> • trajectory chart
Bahnbildung *f* <pap> *(in Papiermaschine)* • web formation
Bahnbreite *f* <druck> • web width
Bahnbruch *m* <druck> • paper web breaking; paper web
break; web break
Bahnbruchverhütung *f* <pack> • web break prevention
Bahndaten *mpl* <navig> *(eines Satelliten)* • orbital data *pl*
Bahndatenermittlung *f* <aerospace> • trajectory param-
eter finding
Bahndienstwagen *m* <bahn> • service wagon; railroad
work car
Bahndrehimpuls *m* <phys> • orbital angular momentum
Bahndrehimpulskopplung *f* <phys> • orbital momentum
coupling
Bahndrehimpulsquantenzahl *f* <phys> • orbital angular
momentum quantum number
Bahndruck *m* <turb> *(Turbine)* • pressure normal to blade
surface
Bahnebene *f* <aerospace> *(von Satelliten, Planeten)*
• orbit plane; trajectory plane
Bahneinlenkung *f* <aerospace> • return to standard path
Bahnelement *n* <aerospace> • orbit element
Bahnenergieversorgungssystem *n* <bahn> • railway
energy supply system; traction supply system
Bahnentrockner *m* <prod> *(Papier, Textilien)* • web drier;
sheeting drier
Bahnephemeriden *fpl form* <navig> • ephemeris; orbital
ephemeris; ephemerides *pl rare*
Bahnfehler *m* <aerospace> • trajectory error
Bahn-Feuchtigkeitsquerprofil *n* <pap> • cross web
moisture profile
Bahnführung *f* <druck> • web lead; web travel
Bahnführungsvorrichtung *f* <druck> • web guiding
equipment
Bahngenauigkeit *f* <aerospace> • trajectory accuracy
Bahngenauigkeit *f* <autom> *(von Roboterbewegungen)*
• path playback
Bahngenauigkeit *f* <phys> • path accuracy; track accu-
racy
Bahngerade *f* <mech> • rectilinear path
Bahngeschwindigkeit *f* <tech.allg> *(von Objekten im*
Orbit; z. B. Elektronen, Satelliten, Planeten) • orbital
velocity
Bahngeschwindigkeit *f* <aerospace> *(von Flugobjekten*
allg.) • flight-path velocity; flight-path speed
Bahngeschwindigkeit *f* <phys> *(allg.)* • path velocity
bahngesteuert <msr> *(Werkzeugmaschine, Roboter)*
• continuous-path-controlled; contouring
bahngesteuerter Industrieroboter *m* <autom> • con-
tiuous path controlled robot

Bahnhöhe *f* <navig> • orbit altitude
Bahnhof *m* <bahn> • railway station; station
Bahnhof für Personenzüge *m* <bahn> • passenger ter-
minal *US*
Bahnhofsanlagen *fpl* <bahn> • station premises
Bahnkantendetektor *m* <pap.msr> • web edge detector
Bahnkantenregelung *f* <druck> • web alignment
Bahnkantensteuerung *f* <druck> • web edge control
Bahnkörper *m* <bahn> • track bed; track formation; road
bed; subgrade
Bahnkorrektur *f* <aerospace> • trajectory correction
Bahnkraft *f* <mech> • path force
Bahnkurve *f* <masch> *(allg.; z. B. Führungsschiene, -rille)*
• path curve; track curve
Bahnkurve *f* <phys> *(ballistische Kurve; z. B. Geschoss)*
• trajectory; flight trajectory *rare*
Bahnlänge *f* <el> • mean free path
Bahnlauf *m* <druck> • web lead; web travel
Bahnleiteinrichtung *f* <druck> • web guiding equipment
Bahnlinie *f* <aerospace> • flying path
Bahnlinie *f* <bahn> • railway line
Bahnlinie *f* <mil> • flight trajectory
Bahnlinie *f* <phys> *(Strömung)* • path element
Bahnmagnetismus *m* <phys> • orbital magnetic moment
Bahnmeistereiwagen *m* <bahn> • service railcar
Bahn mit Kreuzhieb *f form* <kfz.wz> *(Karosserieham-*
mer) • cross-milled serrated face; cross-hatched face;
cross-grooved face; corrugated face; serrated face *pract*
Bahnmoment *n* <phys> • orbital angular momentum
Bahnmotor *m* <bahn> • railway traction motor; traction
motor
Bahnneigung *f* <aerospace> • path inclination
Bahnneigungswinkel *m* <aerospace> • path angle
Bahnnetz *n* <bahn> • railway network
Bahnnormale *f* <aerospace> • perpendicular to the tra-
jectory plane
bahnparallel <tech.allg> • parallel to the path
Bahnparameter *m* <aerospace> *(ballistisch)* • trajectory
parameter
Bahnparameter *mpl* <aerospace> *(Umlaufbahn)* • orbital
parameters; sorbit parameters *pl*
Bahnquantenzahl *f* <nukl> • orbital quantum number
Bahnrad *n* <fz.sport> *(Rennrad)* • track bicycle
Bahnräumer *m* <bahn> • rail guard
Bahnriss *m* <druck> • paper web breaking; paper web
break; web break
Bahnriss-Überwachung *f* <druck.alarm> • web break
detector; web break detection system
Bahnschranke *f* <bahn> • railway gate
bahnsenkrecht <tech.allg> • normal to the path
Bahnspannung *f* <druck> *(Papierbahn; z. B. beim Rollen-*
offsetdruck) • web tension; paper tension
Bahnspannung *f* <mat> *(allg.; Gewebe, Kunststofffolie,*
Papier) • web tension
Bahnspur *f* <nukl> • nuclear track
Bahnstabilität *f* <fz> *(Zweirad)* • directional stability; track
stability
Bahnsteig *m* <bahn> • platform
Bahnsteigunterführung *f* <bahn> • platform subway
Bahnsteuerung *f* <msr.autom> *(z. B. Werkzeugma-*
schine, Roboter) • continuous-path control; contouring
control system *ISO 2806*
Bahnstrecke *f* <bahn> • route; line
Bahnstromgenerator *m* <bahn.el> • traction generator
Bahnstromversorgung *f* <bahn.el> • traction supply;
railway power supply
Bahntangente *f* <aerospace> • trajectory tangent
Bahntanken *n* <aerospace> • orbital refueling *US*; orbital
refuelling *GB*

Bahntaxi n <bahn> • rail taxi
Bahntrocknung f <pap.verf> • web drying
Bahnübergang m <bahn/verk> • railway crossing; level crossing; grade crossing
Bahnübergang in getrennten Ebenen m <bahn/verk> • railway crossing with grade separation
Bahnübergang mit Haltlichtanlage f <bahn> • warning light crossing
Bahnunterwerk n <bahn> (Elektrotraktion) • railway traction substation; traction substation
Bahnverfolgung f <aerospace> • path tracking
Bahnverstellung f <druck> • web adjustment
Bahnwerk n <bahn> (Bürogebäude) • yard office
Bahnwiderstand m <el> • bulk resistance
Bahnwinkeländerung f <aerospace> • path angle variation
Bainit m <metall> • bainite
Bainithärtung f <metall> • bainitic hardening
Baird Televisor m <av> • Baird Televisor
Bajonettanschluss m <phot> • bayonet mount
Bajonettentriegelung f <phot> (für Objektiv) • lens release
Bajonettentriegelungsknopf m <phot> (für Objektiv) • lens release button
Bajonettfassung f <tech.allg> • bayonet mount; bayonet socket; bayonet holder; twist-lock socket
Bajonettfassung f <el.licht> (von Lampen) • bayonet fitting
Bajonettfassung f <phot> (für Wechselobjektive) • bayonet mount [for lens]
Bajonettkupplung f <phot> • bayonet coupling
Bajonettrahmen m <tech.allg> • bayonet frame
Bajonettsockel m <el> (von Lampen) • bayonet base; bayonet cap GB
Bajonettverschluss m <autom> (für Schnellwechsel von Werkzeugen, Greifern etc.) • bayonet lock; bayonet joint; bayonet socket; bayonet fixing; bayonet catch
Bajonettverschluss m <füg> • slide lock; slide catch
Bake f <navig> • beacon
Bake f <verk> (am Straßenrand) • distance marker
Bake-Hardening-Stahl m <prod> • bake-hardening steel
Bakelit n <TM> <kst> (Phenolharz; dunkelbraun bis schwarz, spröd) • bakelite <TM>
Bakenantenne f <navig> • beacon antenna US; beacon aerial GB
Bakenboje f <navig> (Schifffahrt) • beacon buoy
Bakenempfänger m <navig> • radio beacon receiver
Bakenklippe f <navig> (Schifffahrt) • beaconed rock
Bakenkurs m <navig> • beacon course
Bakensender m <navig> • radio beacon; beacon station; beacon; beacon transmitter; beacon carrier
Bakentonne f <navig> (Boje) • beacon buoy; topmark buoy
Baker-Nathan-Effekt m <chem> • hyperconjugation; no-bond resonance
Bakterie f pl: -n <bio> • bacterium pl: -ia
bakteriell <bio> • bacterial
bakterieller Abbau m <agri.tech> • bacterial decomposition
bakterieller Angriff m <ökol> • microbial attack
Bakterienbombe f <mil> • germ bomb
bakteriendichtes Filter n <verf> • bacteriological filter; germ-tight filter
Bakterienfilter m <verf> • trickle filter; bacterial filter; drip filter; wet/dry filter
Bakterienfilter n/m <med.tech> • bacterial filter ISO 4135; bacteria filter; bacteriological filter rare; germ-tight filter rare; microbial filter rare
Bakterienlaugung f <bio.chem> • bacterial leaching

Bakterientätigkeit f <ents> • bacterial activity
bakteriologisch <bio> • bacteriological
bakteriologische Bombe f <mil> • germ bomb
bakteriostatisch <bio> (wachstumshemmend) • bacteriostatic
bakteriostatische Ausrüstung f <obfl> • bacteriostatic finish
bakterizid <pharm> • bactericidal
Bakterizidausrüstung f <textil> • antibacterial finish
Balanceregler m <av> (für linken und rechten Kanal) • balance control
Balanceschweberuder n <nav> • balanced underhung rudder
balancierte Traktur f <mus> (Orgel) • balanced action; balanced key action
Balatariemen m <antr> • balata belt
Baldachinstrebe f <aerospace> • wing center-section strut; wing canopy strut
Balemer-Serie f <astron> • Balmer series
Balg m <tech.allg> (Membran~, Well~, Falten~ etc.; z. B. an Kameras, Gelenkmanschetten) • bellows sg = pl
Balg m <bio> (präparierte Tierhaut, Fell; zum Ausstellen) • cabinet skin; thsctific skin; study skin
Balg m <bio> (abgezogene Tierhaut, Fell; z. B. ein Biberbalg) • skin
Balg m <chem> • bladder; diaphragm
Balgabdichtung f <masch> • bellows-type mechanical seal; bellows mechanical seal
Balgbord m <rls> (ungewellter Teil an den Enden eines Metallbalgkompensators) • neck BS 6129; end sleeve; tangent; cuff; tail
Balgbrett n <wz> (Tierpräparierung) • wooden stretcher; stretching frame
Balgdosierpumpe f <förd> • bellows-type pump; bellows-type metering pump; bellows pump
Balgdruckwandler m <msr> • bellows transducer
Balgen m <tech.allg> (Membran~, Well~, Falten~ etc.; z. B. an Kameras, Gelenkmanschetten) • bellows sg=pl
balgen vt <led> • skin vt; flay vt
Balgende n <rls> (ungewellter Teil an den Enden eines Metallbalgkompensators) • neck BS 6129; end sleeve; tangent; cuff; tail
Balgeneinstellgerät n rar <phot> (für Nahaufnahmen) • bellows; extension bellows attachment rare; extension bellows rare
Balgen-Gaszähler m <msr> • bellows-type gas flow meter
Balgengerät n <phot> (für Nahaufnahmen) • bellows; extension bellows attachment rare; extension bellows rare
Balgenkupplung f <msr> (für Wellen) • bellows coupling
Balgenleder n <led> (für Blase-, Orgel- und Kamerabälge) • bellows hide
Balgenmantel m <el> (für Kabel) • corrugated cable sheathing
Balgfederdurchflussmesser m <msr> • bellows flowmeter
Balgfederrate f <rls> • bellows spring rate
Balggeometrie f <tech.allg> • bellows geometry
Balgkompensator m <rls> • bellows expansion joint; bellows unit; bellows assembly
Balglage f <tech.allg> (Einzellage eines mehrlagigen Balgs) • ply
Balgpumpe f <förd> • bellows-type pump; bellows-type metering pump; bellows pump
Balg-Saugzeit f <pap> • bellows suction time
Balgwand f <tech.allg> • bellows wall
Balgwanddicke f <tech.allg> • bellows wall thickness
Balgwelle f <tech.allg> (kleinstes flexibles Element eines Wellbalgs) • convolution; corrugation

Balgwelle f <tech.allg> *(Gummibalg)* • arch; sphere
Balken m <bau.mat> *(auf Biegung belasteter Träger, meist massiv, groß, schwer)* • beam
Balken m <edv> *(in Strichcode)* • bar stand
Balken m prakt <licht> *(mit Spotleuchten)* • bar-type tracker; bar-type swivel
Balken m <opt> *(Licht)* • bar
Balkenanker m <bau> • beam tie
Balkenauflage f <bau> • corbel piece
Balkenauflager n <bau> *(für Deckenbalken)* • joist bearing
Balkenbiege- und -richtmaschine f <wz.masch> • beam bending and straightening machine
Balkenbreite f <edv> • bar width stand
Balkenbreitenreduktion f <edv> • bar width reduction (BWR) stand
Balkenbreitenreduzierung f selten <edv> • bar width reduction (BWR) stand
Balkenbreitenverbreiterung f <edv> • bar width increase stand
Balkenbreitenverhältnis n <edv> • bar width ratio; wide-to-narrow bar ratio
Balkenbrücke f <bau> • girder bridge; beam bridge
Balkencode m <edv> • bar code
Balkendecke f <bau> *(mehrere parallele Beton-, Holz- oder Stahlträger)* • joist floor
Balkendiagramm n <doku> • bar chart
Balkeneinmauerung f <bau> *(Vertiefung als Auflager für Deckenbalken)* • wall pocket
Balkenelement n <edv> • bar element
Balkengenerator m <av> • bar generator
Balkengerüst n <bau> • framing
Balkengrafik f <edv> *(z. B. Statistik)* • bar graph
Balkengraphik f rar <edv> *(z. B. Statistik)* • bar graph
Balkenhöhe f <edv> • bar height stand; bar length
Balkenkode m <edv> *(für Waren)* • universal product code; bar code
Balkenkodedrucker m <edv> • bar-code printer
Balkenkodeleser m <edv> • bar-code reader
Balkenkopf m <bau> • beam end
Balkenkorn n <mil> *(rechteckiges Korn)* • post front sight; post sight; square post; rectangular sight blade
Balkenlänge f <edv> • bar height stand; bar length
Balkenlage f <bau> • decking
Balkenleuchte f <licht> *(mit Spotleuchten)* • bar-type tracker; bar-type swivel
Balkenmodul m [módul] <edv> • bar module
Balkenmuster n <av> • bar pattern
Balkenpumpe f <min> • beam pump
Balkenrost m <tech.allg> *(Bauwesen, Maschinenbau)* • beam grid; beam grillage
Balkenrost m <verbr> • grid iron
Balkenrührer m <verf> *(Kläranlage)* • paddle agitator; straight-arm paddle agitator; paddle mixer
Balkenstärke f <edv> • bar width stand
Balkenstich mit Kopfschlag m <bau> *(Seil)* • timber hitch and half hitch
Balkenstringer m <nav> • beam stringer
Balkenüberschrift f <doku> • banner headline
Balkenverhältnis n <edv> • bar width ratio; wide-to-narrow bar ratio
Balkenwaage f <msr> • weigh beam-balance; beam-balance
Balkenwerk n <bau> • framing
Balkon m <bau> • balcony
Ball m <el.ic.prod> *(an Drahtbond)* • ball
Ballard-Verfahren n <druck> • Ballard process
Ballast m <tech.allg> *(allg.)* • ballast
Ballast m <tech.allg> *(Metall; z. B. Eisenschrott)* • kentledge

Ballast m <nav> *(Metallballast im Rumpf, Kiel)* • kentledge
Ballastfahrt f <nav> • ballast voyage
Ballastgewicht n <tech.allg> *(Metall; z. B. Eisenschrott)* • kentledge
Ballastgüter npl <nav> • kentledge goods
Ballastkiel m <nav> • ballast keel
Ballastkohle f <verbr> • impure coal; low-grade coal
ballastreiche Kohle f <min> • dirty coal
ballastreiche Kohle f <verbr> • high-ash coal
Ballaströhre f <el> • ballast tube; ballast valve
Ballastspanneinrichtung f <förd> *(z. B. Sessellift)* • gravity-operated take-up device
Ballaststoff m <kst> • diluent
Ballaststoff m <min> *(in Kohle)* • inerts
Ballaststoff m <nahr> • bulk sg; roughage sg thsc; crude fiber US.coll; fibre GB.coll
Ballaststoffgehalt m <min> *(in Kohle)* • inerts content
Ballaststoffgehalt m <nahr> • bulk content; content of inert ingredients; crude fiber content US; fiber content US; fibre content GB
Ballasttank m <nav> • ballast tank
Ballasttriode f <el> • ballast triode
Ballastwasserlinie f <nav> • ballast water-line
Ballastwiderstand m <el> *(Messgröße)* • ballast resistance
Ballastwiderstand m <el> *(Bauteil)* • ballast resistor (BALRES); load resistor
Ball-Bond m <el.ic.prod> • ball bond
Ball-Bonden nsg <el.ic.prod> • ball bonding; ball-wedge bonding
Ballempfänger m <tele> • relay receiver; repeater receiver
Ballempfang m <tele> • relay reception
Ballen m <allg> *(sehr klein; zum Tupfen, Abtupfen; z. B. Wattebausch)* • dabber
Ballen m <bio> *(Hand, Fuß)* • ball
Ballen m <pack> *(große Packungseinheit von weichem Material; Stroh, Papier, Stoff)* • bale; bail rare
Ballenabbaumaschine f <textil> • bale plucker
Ballenauftrag m <obfl.holz> • application by wad
Ballenbildung f <pack> • baling; bale formation
Ballenbrecher m <textil> • bale breaker; bale opener
Ballenbrecher mit Kastenspeicher m <textil> • hopper bale breaker
Ballenbrecher mit Lattentüchern m <textil> • bale breaker with travelling lattices
Ballenbrecher mit Pedalvorrichtung m <textil> • pedal bale breaker
Ballendraht m <pack> • bale wire
Ballengabel f <förd> • bale fork
Ballengebläse n <agri> • pneumatic bale conveyor
Ballengriff m <wz> • ball handle
Ballenkarre f <förd> • bale truck
Ballenlänge f <pack> • body length; barrel length
Ballenlager n <mil> *(von Schusswaffen; Teil des Griffes)* • heel rest; hand support; palm rest
Ballenleistung f <pack> *(Sammelpresse)* • baling capacity
Ballenöffner m <ents> • bale twine cutting machine; bale opener
Ballenpacker m <agri> • bale packer
Ballenpackpresse f <tech.allg> *(Heu, Stroh, Altmaterial)* • baling press; baler; bundling press
Ballenpresse f <tech.allg> *(Heu, Stroh, Altmaterial)* • baling press; baler; bundling press
Ballenpressung f <pack> • baling
Ballensammelwagen m <agri> • trailer-type bale collector; bale retriever
Ballensatz m <pap> • bale set

Ballensatzauslauf *m* <pap> • bale set discharge
Ballenschleppe *f* <agri> • sledge bale collector; bale sledge
Ballenschleuder *f* <agri> • bale thrower
Ballenschnur *f* <pack> • bale twine
Ballensilage *f* <agri> • bale silage
Ballenspalter *m* <agri> • bale cutter
Ballenwerfer *m* <agri> • bale thrower
Ballenzähler *m* <pack> • bale numbering device
Ballenzerteiler *m* <verf> *(zerkleinert Klumpen; z. B. in Mischer)* • agglomerate breaker; lump breaker
Ballenzwicken *n* <bekl> *(Schuhfertigung)* • forepart lasting
ballförmiges Fulleren *n* <chem> *(dritte Form des reinen Kohlenstoffs neben Diamant und Graphit)* • bucky ball
Ballformpresse *f* <prod> • ball molding press
Ball-Grid-Array *n* (BGA) <el.ic.prod> *(Gehäuseform)* • ball grid array (BGA)
Ballhupe *f* <fz> • air horn
Ballhupe *f* ugs <kfz> • Cornet horn
ballig <obfl> *(ausgeprägte Wölbung)* • spherical; hemispherical
ballig <obfl> *(eher geringe Wölbung)* • domed; convex; cambered
ballig bearbeiten *vt* <prod> • camber *vt*
Balligdreheinrichtung *f* <wz.masch> • convex turning attachment; spherical turning attachment
ballige Fläche *f* <prod> • spherical surface
ballige Laufbahn *f* DIN ISO 5593 <masch> • crowned raceway ISO 5593
ballige Rolle *f* <masch> *(Wälzlager)* • crowned roller ISO 5593
Balligkeit *f* <masch> • convexity; camber; crowning; doming
Balligläppen *n* <prod> • crown lapping
Balligmachen *n* <prod> • crowning
Balligschaben *n* <prod> • crown shaving; gear-tooth crowning
Balligschleifen *n* <prod> *(Vorgang)* • crowned grinding; convex grinding
Balligschliff *m* <prod> *(Vorgang und Ergebnis)* • crowned grinding; convex grinding
Balligtragen *n* <masch> *(von Zahnrädern)* • localized tooth bearing
balligtragendes Zahnrad *n* <masch> • gear with localized tooth bearing
Balligwerden *n* <verf> *(klumpen)* • caking
Ballistik *f* <navig> *(Schwerefesselung eines Kreiselkompasses)* • ballistic; liquid ballistic
Ballistik *f* <phys> • ballistics
Ballistikbehälter *m* <navig> *(Kreiselkompass)* • control pot; ballistic pot; pot *pract*
ballistisch <phys> *(z. B. Raumfahrt, Artillerie)* • ballistic
ballistische Flugbahn *f* <phys> • free-flight path; free-flight trajectory
ballistische Kurve *f* <phys> *(Flugbahn eines Geschosses etc.)* • ballistic curve; trajectory
ballistische Methode *f* <ents> • ballistic method
ballistische Rakete *f* <mil> • ballistic missile
ballistischer Flugkörper *m* <mil> • ballistic missile
ballistischer Wind *m* <mil> • ballistic wind
ballistisches Dreieck *n* <phys> • ballistic triangle
ballistisches Galvanometer *n* <msr> • ballistic galvanometer
ballistische Sichtung *f* <ents> • ballistic separation
ballistisches Pendel *n* <phys> • ballistic pendulum
Ballistokardiographie *f* <med.tech> • ballistocardiography
Ballon *m* <allg> • balloon

Ballon *m* <chem> *(Laborgerät)* • balloon flask
Ballon *m* <chem> *(für Säuren etc.)* • carboy
Ballonausgießer *m* <chem> • carboy pourer; carboy emptier
Ballonbildung *f* <textil> • ballooning
Ballonentleerer *m* <chem> • carboy pourer; carboy emptier
ballonexpandierbarer Stent *m* <med.tech> • balloon-expandable stent; balloon expanding stent *rare*
ballonexpandierender Stent *m* <med.tech> • balloon-expandable stent; balloon expanding stent *rare*
Ballongasspeicher *m* <agri.tech> • balloon gas-holder
Ballonhülle *f* <aerospace> • balloon envelope
Balloninstabilität *f* <nukl> • ballooning mode
Ballonkipper *m* <chem> • carboy tipper
Ballonkontrollring *m* <textil> • balloon control ring
Ballonreifen *m* <fz> • balloon tire
Ballonsatellit *m* <aerospace> • inflatable satellite; balloon-borne satellite
Ballonsender *m* <meteo> • balloon-borne transmitter
Ballonsonde *f* <meteo> • meteorological balloon; balloon sonde; recording balloon; sounding balloon
Ballonspeicher *m* <agri.tech> • balloon gas-holder
Ballonsperre *f* <mil> • balloon barrage; balloon curtain; balloon apron
Ballontrichter *m* <druck> • balloon former
Ballonwerbung *f* <werb> • hot-air balloon advertising
Ballsenden *n* <av> • rebroadcasting
Ballsender *m* <tele> • radio repeating station; retransmitter
Ballung *f* <verk> *(z. B. Luftverkehr)* • bunching
Ballungsgebiet *n* <geo> • conurbation
Ballungsmaß *n* <el> • bunching parameter
Ballungsraum *m* <tech.allg> • metropolitan area
Ball-Wedge-Verfahren *nsg* <el.ic.prod> • ball bonding; ball-wedge bonding
Balmer-Serie *f* <phys> • Balmer series
Balmer-Sprung *m* <phys> • Balmer discontinuity
Balneotherapie *f* <med> • balneotherapy
Balsaholz *n* <mat> • balsa wood
Balsamharz *n* <mat> • pine resin; pine rosin
Balsamterpentinöl *n* <obfl> • gum spirit of turpentine; oil balsam of turpentine
Baltic-Liner *m* <nav> • Baltic liner
Baluster *m* <bau> *(dicht beieinander stehend, eher dick; typ. bei Balustrade)* • baluster
Balustrade *f* <bau> • balustrade
Bambus *m* <bio> *(Einjahrespflanze)* • bamboo
Banach-Raum *m* <math> • Banach space
Banane *f* <agri> *(zu den Beeren gehörende Frucht)* • banana
Banane *f* ugs <kfz> *(Schutzblech im Radkasten)* • wheel house panel; inner fender skirt *AE.did*; fender liner *AE.pract*; fender shield *AE.pract*; fender house splash shield *US*
Bananenanbau *m* <agri> • banana cultivation
Bananenbahn *f* <nukl> • banana orbit
Bananenbüschel *n* <agri> • bunch [of bananas]; bushel [of bananas]
Bananendicke *f* <nukl> • banana thickness
Bananeneffekt *m* <kfz> *(Rahmenschaden)* • center section damage
Bananenextrakt *m* <agri> • banana essence
Bananenmehlkäfer *m* <agri> • banana mealy bug
Bananenpüree *n* <agri> • banana puree
Bananenroller *m* ugs <druck> *(zur Steuerung von papierbedingten Passerproblemen)* • image corrector; bow roller
Bananensattel *m* DIN ISO 8090 <fz> *(bes. bei Polorädern)* • high-rise saddle *ISO 8090*; banana saddle

Bananenschaden *m* <kfz> *(Rahmenschaden)* • center section damage
Bananensoftware *f* <edv> • banana software
Bananenstecker *m* <el> • banana plug
Bananensteckerbuchse *f* <el> • banana jack
Bananenwalze *f* <led> *(Abwelkmaschine)* • banana roller
BANARG *n* <agri.chem> *(Gasgemisch für Bananenreifung; 95 % Stickstoff + 5 % Ethen)* • BANARG
Band *m* <druck> *(eines mehrbändigen Werkes)* • volume
Band *n* <tech.allg> *(z. B. Isolierband, Klebeband, Magnetband)* • tape
Band *n* prakt <av> *(für Ton, Video, Daten)* • magnetic tape; tape *pract*
Band *n* prakt <av> *(ohne Kassette)* • video tape; magnetic video tape *form*; tape *pract*
Band *n* ugs <av> *(Kassette einschl. Band)* • video tape; video cassette; cassette *pract*; tape *coll*
Band *n* <bau> *(Scharnier)* • hinge
Band *n* <bio> *(Bindegewebe)* • ligament
Band *n* prakt <förd> • conveyor belt; conveying belt; belt *pract*
Band *n* <metall> *(z. B. Bandstahl)* • strip
Band *n* prakt <tele> *(z. B. von CB-Funk, Radiosender)* • frequency band; band *pract*
Band *n* <textil> • ribbon
Band *n* <textil> *(Faserband)* • sliver
Bandabhebung *f* <av> • tape lifting
Bandabrieb *m* <av> • tape abrasion; tape particles *Pan*
Bandabrieb *m* <av> *(von Magnetbändern)* • oxide shedding
Bandabsetzer *m* <förd> • boom stacker
Bandabstand *m* <energ.sol> • band gap; energy gap; forbidden band; forbidden energy gap
Bandabstand *m* <phys> • energy gap
Bandabstreicher *m* <förd> *(Förderband)* • belt cleaner; scraper
Bandabwickeln *n* <av> • tape unreeling
Bandage *f* <tech.allg> *(z. B. zum Schutz von Kabeln, Transportgut)* • wrapping; bandage
Bandage *f* <bio> *(Vogelbalg)* • wrapping
Bandage *f* <bio> *(als Präparat aufgestelltes Tier; typ. Vogel)* • carding
Bandage *f* <el> • bandage
Bandage *f* <led> *(Spaltmaschine)* • knife backing plate
Bandage *f* <masch> • shroud ring
Bandage *f* <med.tech> *(elastische Binde)* • wrap
Bandagenblock *m* <prod> • tire ingot
Bandagenbohr- und -drehmaschine *f* <wz.masch> • tire boring and turning mill
Bandagendraht *m* <bau.mat> *(Bewehrungsstahl)* • binding wire
Bandagenglühofen *m* <metall> • tire heating furnace
Bandagenverluste *mpl* <el> *(bei Kabeln)* • band losses
bandagieren *vt* <bio> *(Tierpräparate; mit Kartonstreifen)* • card *vt*; pin *vt*
bandagieren *vt* <bio> *(Tierpräparate; mit Garn)* • bind *vt*
bandagieren *vt* <el> *(Kabel)* • bandage *vt*
Bandagierung *f* <bio> *(von Tierpräparaten; mit Kartonstreifen)* • carding
Bandandruck *m* <av> • tape-to-head pressure; head-to-tape pressure
Bandanfang *m* <av> • beginning of tape; beginning of the tape; leading end
Bandanfangsmarke *f* <av> *(Magnetband)* • load mark
Bandanodisieren *n* <obfl> • coil anodizing; coil anodising; strip anodizing; strip anodising
Bandanschnitt *m* <kst> *(Spritzgussteil)* • film gate; flash gate
Bandantrieb *m* <av> *(Magnetbandgerät allg.)* • tape drive

Bandantrieb *m* <av> • capstan drive
Bandantrieb *m* <msr> *(Registriergerät, Bandschreiber)* • chart drive
Bandantriebsservo *m* <av> • capstan servo system; capstan servo; capstan servo control; capstan speed servo system; capstan speed system
Bandantriebsservosystem *n* <av> • capstan servo system; capstan servo; capstan servo control; capstan speed servo system; capstan speed system
Bandantriebswelle *f* <av> *(von Tonbandgeräten und Cassettenrecordern)* • capstan wheel shaft; capstan shaft; capstan
Bandantriebswelle *f* <el> *(Bandlaufwerk allg.; z. B. Audio-, Video-, Datenband, Streamer)* • capstan; tape drive capstan; driving capstan; drive capstan
Bandarchiv *n* <av> • tape archive; tape file
Bandarchivnummer *f* <edv> • tape reel file number; tape file number; reel serial number
Bandarmierung *f* <el> *(Kabel)* • tape armoring
Bandaufhängung *f* <bau> *(bandförmige Hänger)* • strip suspension
Bandaufnahme *f* <av> *(Resultat)* • tape record
Bandaufnahme *f* <av> *(Vorgang)* • tape recording
Bandaufnahmegerät *n* <av> • tape recorder
Bandaufnahmespule *f* <av> *(Magnetband; Audio-, Video-, Datenband)* • take-up spool; take-up reel; take-up hub; TU spool; T spool
Bandausgleichswagen *m* <obfl> *(bei Bandverzinkungsanlagen)* • looper; loop car
Bandausleger *m* <druck> • tape delivery
Band-Band-Übergang *m* <phys> • interband transition; band-band transition
Bandbebauung *f* <bau> *(Siedlungsplanung)* • ribbon development
Bandbefehl *m* <edv> • tape command; tape instruction
Bandbegrenzung *f* <av> • band limiting
Bandbesäumen *n* <metall> • strip trimming
Bandbeschichten *n* <metall.obfl> *(allg.; kontinuierliche Oberflächenveredelung von Endlosbändern)* • coil-coating; strip coating
bandbeschichten *vt* <obfl> • coil-coat *vt*; strip-coat *vt*
Bandbeschichtung *f* <av> *(Magnetband; z. B. Audio-, Videoband)* • tape coating
Bandbeschichtungsanlage *f* <metall.obfl> • coil coating line; strip coating plant; strip coater
Bandbeschicker *m* <förd> • belt feeder
Bandbeschneidung *f* <av.akust> • bandwidth limitation
Band beschreiben *vt* <edv> • write data to a tape *vt*
Bandbetätigung *f* <edv.av> • tape operation
Bandbetriebssystem *n* <edv.av> • tape operating system
Bandbewässerung *f* <agri> • ribbon check irrigation
bandbewehrtes Kabel *n* <el> • band-armored cable
Bandbewehrung *f* <el> • tape armor (STA) *US*; steel tape armour *GB*
Bandbezugskante *f* <av> • reference edge
Bandblock *m* <edv> • tape block
Bandbreite *f* <av> *(Magnetbandbreite)* • tape width
Bandbreite *f* <av> *(Frequenzbereich)* • frequency range; waveband
Bandbreite *f* <el> *(allg.; z. B. eines Filters, einer Frequenzgruppe)* • bandwidth
Bandbreite *f* <förd> *(Förderband)* • belt width
Bandbreite *f* <metall> *(Blechband; z. B. Bandstahl)* • strip width
Bandbreitenbegrenzung *f* <tele> • bandwidth limitation
Bandbreiteneinengung *f* <av> • bandwidth limitation
Bandbreitenkompression *f* <tele> • bandwidth compression

Bandbreitenregelung f <tele> • bandwidth control
Bandbremse f <brems> • band brake; strap brake *obs*
Bandbrücke f <förd> • belt conveyor bridge
Bandbügelmaschine f <led> • continuous-feed plating machine
Banddatei f <edv> • tape file
Banddehnung f <tele> • band spreading; band spread
Banddicke f <tech.allg> *(Klebeband, Magnetband)* • tape thickness
Banddicke f <metall> *(Blech)* • strip thickness
Banddrucker m <druck> • tape printer
Banddurchhang m <förd> • belt sag
Bande f <bau.sport> *(Spielfeldumgrenzung; z. B. Eisstadion)* • boards *pl*; barriers *pl coll*
Bande f <bau.sport> *(Bobbahn-Bahnbegrenzung)* • wall lining
Bande f <phys> *(Spektrum)* • band
Bandeinfädelsystem n <av> • loading system; loading mechanism; tape loading system; tape loading mechanism
Bandeinfädelung f <av> *(Vorgang, bei Cassetten)* • tape threading; tape loading; threading *pract*; loading *coll*
Bandeinfädelung f <av> • loading system; loading mechanism; tape loading system; tape loading mechanism
Bandeinfädelungssystem n <av> • loading system; loading mechanism; tape loading system; tape loading mechanism
Bandeingabe f <av> • magnetic tape input; tape input
Bandeinlegeschlitz m <av> *(Magnetband)* • drop-in tape loading slot
Bandendabschaltung f <av> • shut-off mechanism
Bandende n <av> *(tatsächliches Ende eines Magnetbands)* • end of tape; end of the tape
Bandende n <av> *(Nachspann)* • trailing end
Bandendemarke f <av> • end-of-tape mark; end-of-reel mark
Bandenfolge f <phys> *(Spektrum)* • band sequence
Bandenkante f <phys> *(Spektrum)* • band edge; band head
Bandenkopf m <phys> *(Spektrum)* • band edge; band head
Bandenspektrum n <phys> • band spectrum
Banderder m <el.bau> • strip earth conductor
Banderoliermaschine f <druck> • banderoling machine
Bandfeder f <masch> • strip spring
Bandfehler m <av> • tape fault
Bandfehlstelle f (DO) <av> *(bei Tonbandaufzeichnungen)* • dropout (DO); drop-out
Bandfeinheitsschwankungen fpl <textil> • sliver weight variations
Bandfilter n <el> • band-pass filter; band filter
Bandfilter n <verf> • linear belt filter; belt filter
Bandfilterkopplung f <el> • band-pass coupling; band-pass tuning
Bandfilterpresse f <verf> • belt-type press
Bandfilterresonanzkurve f <el> • band-pass response
Bandfilterverstärker m <el> • band-pass amplifier
Bandflechtmaschine f <textil> • braid-plaiting machine
Bandförderer m <förd> *(mit profiliertem Fördergurt)* • apron conveyor
Bandförderer m DIN 22101 <förd> • belt conveyor; band conveyor *rare*
Bandförderer m <förd> • belt conveyor
Bandformat n <edv/av> • magnetic tape format; tape format
Bandfournisseur m <textil> • tape positive feed device
Bandführung f <av> • tape guide; tape guidance
Bandführung f <wz.masch> *(Bandsäge)* • saw-band guide

Bandführungselement n <av> • tape guide element
Bandführungsfehler m <av> • mistracking; tracking fault
Bandführungsmechanismus m <edv> *(Magnetband)* • tape path mechanism; tape path; tape guidance
Bandführungsrolle f <av> • tape guide [roller]; guide roller
Bandführungsrolle f <masch> • guide pulley
Bandführungstrommel f norm <av> • video head drum; head drum; drum
Band für Tonaufzeichnungen n form <av> • audio tape; magnetic sound recording tape *form*
Bandgenerator m <el> • belt generator; Van de Graaff generator
Bandgerät n <av> *(allg.)* • tape deck; tape recorder; magnetic tape recorder *rare*; magnetic-tape deck *rare*
Bandgerät n <av> *(auch zur Aufnahme)* • tape recorder
Bandgerüst n <förd> • belt conveyor structure
Bandgeschwindigkeit f <av> • tape speed; tape transport speed
Bandgeschwindigkeit f <prod> *(Fließband, Montagestraße)* • line speed
Bandgeschwindigkeitsanzeige f <av> • tape speed indicator
Bandgeschwindigkeitsumschalter m <av> • tape speed selector
Bandgeschwindigkeitsumschaltung f <av> • speed switching; tape-speed switching
Bandgeschwindigkeitswahlschalter m <av> • tape speed selector
bandgesteuert <msr> • tape-controlled; tape-operated
bandgesteuert prakt <msr> • magnetic-tape-controlled; tape-controlled *pract*; tape-driven *coll*
Bandgreiferwebautomat m <textil> • flexible rapier loom
Bandheizkörper m <hlk> • ribbon heater; strip heater
Bandholzschleifmaschine f <wz.holz> • travelling-belt sander; band sander
Bandhubwagen m <prod> *(für Coilwechsel)* • coil car
Bandkabel n rar <el> *(z. B. Verbindungskabel zwischen Controller und Lfw.)* • flat ribbon cable; flat cable *pract*; ribbon cable *rare*
Bandkante f <phys> *(Bändermodell)* • band edge
Bandkapazität f <edv> *(z. B. Streamer)* • tape capacity
Bandkassette f <av/edv> *(allg.)* • magnetic tape cartridge; tape cartridge; magnetic tape cassette
Bandklassierer m <verf> • drag classifier
Bandklebemittel n <füg> • tape cement
Bandkleber m <füg> • tape cement
Bandkondensator m <el> • tape capacitor
Band/Kopf-Frequenzgang m <av> • head-to-tape frequency response; tape-to-head frequency response
Band/Kopf-Geschwindigkeit f <av> • tape-to-head speed; tape-to-head velocity; head-to-tape speed
Band/Kopf-Kontakt m <av> • tape-to-head contact; head-to-tape contact
Bandkratzer m <verf> *(Kläranlage)* • chain scraper; chain-type scraper; conveyor sludge collector *US*
Bandkrispelmaschine f <led> • belt boarding machine
Bandkupplung f <masch> • band clutch; rim clutch
Bandlackieren n DIN EN ISO 4618 <metall.obfl> *(kontinuierliche Lackapplikation in Walzstraße)* • coil coating ISO 4618-3
Bandlader m <förd> *(z. B. für LKW, Waggon)* • conveyor belt loader
Bandlänge f <av> *(auf Spule oder Cassette)* • tape length
Bandlängenanzeige f <av> • tape length indicator
Bandlauf m <av> • tape run
Bandlaufgeschwindigkeit f <av> • tape speed; tape transport speed
Bandlaufrichtung f <av> • tape transport direction

Bandlaufweg *m* <av> • tape path; tape guidance
Bandlaufwerk *n* <av/edv> *(allg.)* • magnetic tape drive;
tape drive
Bandlaufwerk *n* <edv> *(zur Datensicherung)* • magnetic
tape drive; magnetic tape cartridge drive *form*; magnetic
tape cassette drive; tape backup system; streamer *pract*
Bandlaufzeit *f* <av> • running time
Bandlaufzeit *f* <prod> *(Fließband, Montagestraße)* • line
speed
Bandlaufzeitanzeige *f* <av> • running time display
Bandlautsprecher *m* <akust> • ribbon-type dynamic
speaker
Bandleitelement *n* <av> • tape guide element
Bandleiter *m* <el> • flat-strip conductor; strip conductor
Bandleitung *f* <el> • strip transmission line
Bandleser *m* <edv> • tape reader
Bandlocher *m* <edv> • paper tape punch; tape perforator;
tape punch
Bandlöscher *m* <av> • tape eraser
Bandlücke *f* <energ.sol> • band gap; energy gap; forbid-
den band; forbidden energy gap
Bandlücke *f* <phys> • band gap
Bandmagnetscheider *m* <ents> • magnetic separating
belt
Bandmarke *f DIN 66010* <edv> • tape mark
Bandmaschine *f prakt* <av> *(meist mit großen, freiste-
henden Spulen; Studiogerät; z. B. revox)* • tape deck;
tape recorder *coll.rare*
Bandmaschinenprinzip *n* <av> • tape recorder method;
multi-track method
Bandmaß *n* <wz.msr> • tape measure; measuring tape;
tape rule *US*; tape *coll*
Band-Master *m* <edv> • master tape; tape master; pro-
duction master
Bandmaterial *n* <metall> • strip stock
Bandmaterial *n* <pack> *(in Form von Rollen)* • coil stock;
coiled stock
Bandmesser *m* <led> *(Spaltmaschine)* • band knife; belt
knife
Bandmesser-Kopfspaltmaschine *f* <led> • band knife
cheeking machine; belt knife cheeking machine
Bandmessermaschine *f* <wz.masch> • band knife cut-
ting machine
Bandmesser-Spaltmaschine *f* <led> • band knife split-
ting machine; belt knife splitting machine
Bandmesserspaltmaschine *f* <wz.masch> • band knife
splitting machine
Bandmesserzuschneidemaschine *f* <wz.masch>
(Textiltechnik) • band-saw-type cloth cutter
Bandmittenfrequenz *f* <el> • mid-band frequency
Bandmontage *f* <prod> • line assembly work; line assem-
bly
Band nach dem LTO-Standard *n* <edv> • LTO tape
Bandoberfläche *f* <edv> • magnetic tape surface; tape
surface
Bandpass *m* <av> • band-pass filter (BPF) *DIN IEC 50*;
bandpass filter; bandpass; passband filter *rare*
Bandpassfilter *n/m* (BPF) *DIN IEC 50* <av> • band-pass
filter (BPF) *DIN IEC 50*; bandpass filter; bandpass; pass-
band filter *rare*
Bandpass-Gehäuse *n* <av> • band pass enclosure
Bandpassrauschen *n DIN 1320* <akust> • band-limited
noise
Bandpfad *m* <av> • tape path; tape guidance
Bandpoliermaschine *f* <wz.masch> • abrasive-belt polishing machine; band polishing machine
bandprogrammierbar <edv> • tape-programmable
Bandräumer *m* <verf> *(Kläranlage)* • chain scraper; chain-
type scraper; conveyor sludge collector *US*

Bandrauschen *n DIN 45510* <av> • tape noise; tape
background noise *rare*; bias noise
Bandrechen *m* <verf.hydr> • band screen; travelling band
screen *GB*; travelling water screen *US*; band-type screen
Bandrechwender *m* <agri> • chain-side delivery rake;
chain-side rake
Bandrestanzeige *f Son* <av> • tape remaining display
Sha; tape remaining indicator *Sha,Son*; time elapsed/
remaining indicator *Phi*; remaining time counter *Nok*;
Time Limit Call *Sha*
Bandrestzeit-Anzeige *f* <av> • remaining tape time indi-
cator
Bandrichtmaschine *f* <metall> • strip straightening ma-
chine
Bandriss *m* <av> *(z. B. Tonband)* • tape breakage
Bandriss *m* <förd> • belt breakage
Bandriss-Meldung *f* <msr> • band-crack indication
Bandrolle *f* <förd> *(Gurtbandförderer)* • roller idler; idler
roller
Bandrost *m* <verbr> • endless grate
Bandrücklauf *m* <av> • tape rewind
Bandrücklauf bei Metalldetektion *m* <förd> • conveyor
reverse after metal detection
Bandrührer *m* <verf> • ribbon-blade agitator
Bandsäge *f* <wz> • bandsaw
Bandsägeblatt *n* <wz> • bandsaw blade
Bandsägenschleifmaschine *f* <wz.masch> • bandsaw
sharpener
Bandscheider *m* <ents> • belt separator
Bandschelle *f* <füg> • ribbon clip
Bandschleife *f* <av> *(Bandgerät)* • tape loop
Bandschleife *f* <förd> • loop take-up
Bandschleifen *n* <prod> • abrasive-band grinding
Bandschleifer *m* <wz> *(Handgerät)* • belt sander
Bandschleifmaschine *f* <wz> *(Handgerät)* • belt sander
Bandschleifmaschine *f* <wz.masch> *(Standgerät)* • belt
sander; abrasive-band grinding machine
Bandschlüssel *m* <kfz.wz> *(z. B. für Ölfilter)* • strap
wrench; strap spanner *GB*
Bandschlupf *m* <av> • tape slip
Bandschlupf *m* <förd> • belt slip
Bandschnecke *f* <förd> • ribbon-flight screw conveyor;
ribbon screw
Bandschneckenförderer *m* <förd> • ribbon-flight screw
conveyor; ribbon screw
Bandschneckengang *m* <förd> • ribbon flight
Bandschneckenmischer *m* <bau.masch> • ribbon blen-
der; ribbon mixer
Bandschnitt *m* <av> • tape editing
Bandschräglauf *m* <av> *(Magnetband)* • tape skew; skew
Bandschräglauf *m* <förd> *(Förderband)* • sideways
movement
Bandschreiber *m* <msr> *(auf Papierstreifen)* • strip-chart
recorder; paper tape recorder
Bandseil *n* <masch> • flat rope
Bandseite *f* <bau> *(Scharnierseite; von Fenstern, Türen)*
• hinge side
Bandseite links *f* <bau> *(Fenster, Tür)* • left hinge; hinged
left
Bandseite rechts *f* <bau> *(Fenster, Tür)* • right hinge;
hinged right
Bandsendung *f* <av> • prerecorded broadcast; pre-
recorded transmission
Bandservo *n* <av> • capstan servo system; capstan
servo; capstan servo control; capstan speed servo system; capstan speed system
Bandservoschaltung *f* <av> • capstan servo system;
capstan servo; capstan servo control; capstan speed
servo system; capstan speed system

Bandservosystem n <av> • capstan servo system; capstan servo; capstan servo control; capstan speed servo system; capstan speed system

Bandsieb n <verf> (allg.) • band screen

Bandsieb n <verf> (endloses, umlaufendes Gewebeband) • belt screen; endless-belt screen

Bandsorte f <av> (z. B. Beschichtung) • tape type

Bandsortenwahlschalter m <av> (Bandlänge; relevant für die Zählwerkanzeige) • tape select switch; manual playing time input Grundig

Bandsortenwahlschalter m <av> (Beschichtungsart etc.; z. B. FeO, CrO₂, MP-Band, ME-Band) • tape type selector [switch]

Bandspan m <wz.masch> • ribbon chip

Bandspanneinrichtung f <förd> • belt take-up

Bandspannrolle f <förd> • belt idler

Bandspannung f <av> • tape tension

Bandspannung f <förd> • belt tension

Bandspeicher m <edv> • magnetic tape storage; tape storage

Bandsperre f DIN IEC 50 <av> • band-stop filter DIN IEC 50; band elimination filter; band exclusion filter; band-reject filter; band suppressor

Bandsperrfilter n <av> • band-stop filter DIN IEC 50; band elimination filter; band exclusion filter; band-reject filter; band suppressor

Band spreizendes Modulationsverfahren n <tele> • spread spectrum technique

Bandspreizung f <tele> • band spread; band spreading

Bandspritzgerät n <agri> • band sprayer

Bandsprosse f DIN 66010 <edv> • tape row

Bandspule f <av> • tape reel

Bandspule f <druck> • ribbon coil

Bandspule f <edv.av> (aufgewickeltes Magnetband) • reel; reel of tape; tape reel

Bandspur f <av> • tape track

Bandstacheldraht m <mil> • razor barbed wire GB; razor barb GB.pract

Bandstahl m DIN EN 10140 <mat> (Halbzeug; betont: kaltgewalzt) • cold-rolled steel strip; cold-rolled narrow steel strip

Bandstahl m <mat> (Halbzeug) • steel strip; strip steel

Bandstahlbewehrung f <el> • tape armor (STA) US; steel tape armour GB

Bandsteuerung f <msr> • tape control

Bandstopp bei Metalldetektion m <förd> • conveyor stop upon metal detection

Bandstreuegerät n <agri> • granules band applicator

Bandstruktur f <phys> • band structure

Bandtellerbremse f <av> • tape reel brake; reel brake

Bandtraggerüst n <förd> • belt conveyor structure

Bandtransport m <av> • tape transport; tape feed

Bandtransport m <av.edv> • tape transport

Bandtransportgeschwindigkeit f <av> • tape speed; tape transport speed

Bandtransportmechanismus m <av.edv> • tape transport mechanism

Bandtransportrichtung f <av> • tape transport direction

Bandtrichter m <textil> • coiler trumpet

Bandtrockner m <verf> • belt drier; conveyor drier

Bandtrommel f <förd> (Bandantrieb, Bandumleitung) • conveyor drum; conveyor pulley; belt drum

Bandüberlappung f <tele> • band overlap

Bandüberschreitung f <el> • out-of-band operation

Bandübertragung mit Kreuzung f <textil> • cross ribbon feed

Bandübertragung mit Kreuzung ohne Kreuzung <textil> • straight ribbon feed

Bandumkehrantrieb m <av> • reversible tape drive

Bandumschnitt m <av> • tape-to-tape dubbing

Bandunterteilung f <av> • track configuration; recording pattern; track system; tape pattern

Bandverbrauch m <av> • tape consumption

Bandverlauf m <av> • tape path; tape guidance

Bandverschiebung f <el> (Halbleiter) • band shift

Bandverschluss m <masch> (Spannband mit Kniehebel) • band clamp

Bandverzinken n <obfl> • continuous sheet galvanizing; continuous strip galvanizing

bandverzinken vt <obfl> • galvanize continuously vt

Bandverzinkungsanlage f <obfl> • continuous sheet galvanizing line; continuous strip galvanizing line

Bandvorschub m <av> • tape feed; tape feeding

Bandvorschubapparat m <prod> • strip-feeding device

Bandwaage f <förd.msr> (Fördertechnik) • belt conveyor scale; conveyor scale; belt weigher; beltweigher

Bandwahlschalter m <av> (Bandlänge; relevant für die Zählwerkanzeige) • tape select switch; manual playing time input Grundig

Bandwahlschalter m <tele> (Frequenzband; z. B. am Funkgerät) • band selector switch; band selector; band switch; change-tune switch rare; change-wave-range switch rare

Bandwalze f <förd (Bandantrieb, Bandumleitung) • conveyor drum; conveyor pulley; belt drum

Bandwalzen n <metall> • strip rolling

Bandwalzwerk n <metall> • strip rolling mill; strip mill

Bandware f <textil> • narrow fabric; narrow braid

Bandweberei f <textil> • narrow-fabric weaving; ribbon weaving

Bandwebmaschine f <textil> • narrow fabric weaving machine; narrow-fabric loom; ribbon loom

Bandweg m <av> • tape path; tape guidance

Bandwellenlänge f <av> • recorded wavelength; wavelength on tape

Bandwickel m <edv.av> (aufgewickeltes Magnetband) • reel; reel of tape; tape reel

Bandwickel m <textil> • comber lap

Bandwickelmaschine f <metall> • strip coiler

Bandwickelmaschine f <textil> • sliver lap machine; derby doubler

Bandzähler m rar <av> (z. B. von Tonband- oder Cassettengeräten) • tape counter; counter coll

Bandzählwerk n <av> (z. B. von Tonband- oder Cassettengeräten) • tape counter; counter coll

Bandzählwerk auf dem Bildschirm n <av> • on-screen tape counter

Bandzählwerk-Rückstelltaste f <av> (für Zählwerk) • reset button; counter reset button

Bandzellenfilter n <chem> • travelling-pan filter

Bandzerteilanlage f <pack> • coil cut-up line

Bandziellauf m <av> • go-to function

Band-zu-Band-Kopie f <av> • tape-to-tape dubbing

Bandzug m <av> • skew

Bandzugregelung f <av> • skew

Band-zu-Kopf-Geschwindigkeit f <av> • tape-to-head speed; tape-to-head velocity; head-to-tape speed

Band-zu-Kopf-Kontakt m <av> • tape-to-head contact; head-to-tape contact

Banjoachse f <kfz> (angetriebene Starrachse) • banjo axle

Bank f <el> (Bauteilgruppe; z. B. von SIMMs) • bank

Bank f <geo> (Stein, Sand; z. B. Sandbank) • bank

Bank f <geo> (Schicht) • layer; stratum thsc; bed coll

Bank f DIN 68880-1 <innen> • bench

Bank f <meteo> (Wolken, Nebel) • bank

Bank f <prod.silik> • siege; bench

Bank f prakt <sport.tech> (z. B. im Sportstudio) • workout bench; bench pract

Bankamboss *m* <metall> • hand anvil

Bankautomat *m* <autom.fin> • automatic telling machine (ATM) *US*; cash dispenser *GB*; automatic teller *US.coll*; automated cash dispenser *GB*; ACD *GB*

Bankett *n* <bau> *(befahrbar oder nicht)* • shoulder; side-strip; berm; verge; margin

Bankformen *n* <prod> • bench molding

Bankloader *m* <edv.mus> • bank loader

Bankmanager *m* <edv.av> *(Klangprogramm)* • librarian; bank manager

Bankmaßstab *m* • flat wood bench rule

Banknotenpapier *n* DIN 6730 <druck> • banknote paper; bond paper; bank paper

Bankomat *m rar* <autom.fin> • automatic telling machine (ATM) *US*; cash dispenser *GB*; automatic teller *US.coll*; automated cash dispenser *GB*; ACD *GB*

Bankpostpapier *n* <druck> • banknote paper; bond paper; bank paper

bankrecht <geo> • normal to the stratification

bankrecht <min> • perpendicular to the seam

Bankschere *f* <wz> • bench shear

Bankschraubstock *m* <wz> • bench vice

Bank-Select-Befehl *m prakt* <edv.mus> *(MIDI)* • bank select message; bank select *pract*

Bankwechselbefehl *m* <edv.mus> *(MIDI)* • bank select message; bank select *pract*

Bannerwerbung *f* <werb> *(als Schleppfahne hinter Flugzeug)* • advertising on aerial banners

Bannerwerbung *f* <werb> *(allg.; z. B. im Internet, auf Web-Seiten)* • banner advertising

Bantamröhre *f* <el> • bantam valve; bantam

BaO₂ <chem> • barium peroxide (BaO₂)

bar *prakt* <fin> • cash payment; in cash *pract*; hard cash *coll*

Bar *m rar* <edv> *(in Strichcode)* • bar *stand*

Bar *n* <phys> *(Einheit des Druckes; 100 000 Pascal)* • bar

Baratte *f* <textil> *(Sulfidiertrommel)* • baratte; churn; xanthator

Barchentgarn *n* <textil> • woollen spun yarn

Barchentrauhmaschine *f* <textil> • top gig

Barcode *m* <edv> • bar code

Barcodeleser *m* <logist> • bar code reader; bar-code reader; barcode reader

Barcode-Lesestift *m* <av> • bar code reader

Barcoding *n selten* <edv> • bar coding

Barend *n* <fz> *(am Fahrradlenker)* • bar end

bare Stent *m Boston Scientif* <med.tech> • bare stent

Bar/Half Bar-Strichcodetyp *m* <edv> • Bar/Half Bar symbology

barisches Windgesetz *n* <meteo> • Buys-Ballot's law

Baritflintglas *n* <silik> • barium flint glass; barium flint

Baritkronglas *n* <silik> • barium crown glass; barium crown

Barittdiode *f* <el> • barrier injection transit-time diode

Barium *n* (Ba) <chem> • barium (Ba)

Bariumchlorid *n* (BaCl₂) <chem> • barium chloride (BaCl₂); baryta muriatica

Bariumferroxidpartikel *f* <edv> • barium ferrite particle; Ba ferrite particle

Bariumgetter *m* <phys> • barium getter

bariumhaltig <mat> • barytic

Bariumkarbonat *n* (BaCO₃) <chem> • barium carbonate (BaCO₃); baryta carbonica

Bariumperoxid *n* (BaO₂) <chem> • barium peroxide (BaO₂)

Bariumsulfat *n* <min> • barite (BaSO₄); barium sulfite; heavy spar *coll*

Bariumsuperoxid *n ugs* <chem> • barium peroxide (BaO₂)

Bariumtitanat *n* <msr> • barium titanate

Barker-Turm *m* <pap> • Barker tower

Barkhausen-Effekt *m* <el> • Barkhausen effect

Barkhausen-Kurz-Röhre *f* <el> • Barkhausen positive-grid oscillator valve; positive-grid oscillator valve

Barkhausen-Kurz-Schwingungen *fpl* <el> • Barkhausen-Kurz oscillations; Barkhausen-Kurz retarding-field oscillations *scient*

Barkhausen-Sprung *m* <el> • Barkhausen jump

Barkometer *n* <led> *(zur Gerbsäuremessung)* • barkometer; barktrometer

Barn *n* (b) <nukl> *(Maßeinheit des Wirkungsquerschnittes)* • barn (b)

barocke Kulissenbühne *f* <theat> • chariot-and-pole-system; chariot-wing-system; carriage-and-frame-system; wing-and-border-system

Barograph *m* <meteo> • barograph

Barograph *m* <msr> *(z. B. Meteorologie, Ballonfahrt)* • barograph; recording barometer

baroklin <phys> • baroclinic

Barometer *n* <meteo.msr> *(für atmosphärischen Luftdruck; z. B. in Wetterstation)* • barometer

Barometereffekt *m* <meteo> • barometric effect

Barometerformel *f* <phys> • barometric equation

Barometerstand *m* <meteo> • barometer reading

barometrisch <meteo> • barometric

barometrischer Höhenmesser *m* <msr> • barometric altimeter; pressure altimeter; aneroid altimeter

barotrop <phys> • barotropic

Barrel *n GB* <phys> *(Volumenmaß; 163,66 Liter)* • barrel *GB*

Barrel *n US* <phys> *(Volumenmaß; 119,23 Liter)* • barrel *US*

Barrel *n* <phys> *(Volumenmaß für Erdöl; 158,97 Liter)* • barrel

Barrelätzer *m* <el.ic> • barrel reactor; barrel etcher

Barrel-Reaktor *m* <el.ic> • barrel reactor; barrel etcher

Barren *m* <mat> *(Gold oder Silber)* • bullion bar; bullion

Barren *m* <metall> • ingot

Barrenguss *m* <metall> • ingot casting

Barrenkokille *f* <metall> • ingot mold

Barrenrahmen *m* <bahn> • bar frame

Barretiefe *f* <nav> • bar draught

Barretonne *f* <nav> • bar buoy

Barriere *f* <tech.allg> • barrier

Barriere-Effekt *m* <obfl> • barrier effect; barrier protection

Barrierenabsenkung *f* *(Halbleiter)* • barrier lowering

Barriereschutzwirkung *f* <obfl> • barrier effect; barrier protection

Barrierewirkung *f* <obfl> • barrier effect; barrier protection

Bart *m* <metall> *(nach dem Walzen)* • burr

Bart *m* <textil> • tuft

Bartbildung *f* DIN ISO 2424 <bau.innen> *(z. B. textiler Bodenbelag)* • cobwebbing *ISO 2424*

Barter-Geschäft *n* <jur> • barter transaction; exchange transaction; exchange deal; swap deal *coll*; swap *coll*

Bartlett-Filter *m* <edv> • Bartlett filter

Bartschneider *m* <el> *(an Rasierapparat)* • mustache trimmer

Bartschneider *m* <hygi> *(sep. Gerät)* • beard trimmer

Baryon *n* <phys> • baryon

Baryonendekuplett *n* <phys> • baryon decuplet

Baryonenspektroskopie *f* <phys> • baryonic spectroscopy

Baryonenzahl *f* <phys> • baryon number

baryonisch <phys> • baryonic

baryonische Ladung *f* <phys> • baryon number

Baryt *m* (BaSO₄) <min> • barite (BaSO₄); barium sulfite; heavy spar *coll*

Baryta carbonica <chem> • barium carbonate ($BaCO_3$); baryta carbonica
Barytageschicht f <phot> • barite coating; baryta layer
Baryta muriatica <chem> • barium chloride ($BaCl_2$); baryta muriatica
Barytbeton m <bau.mat> • barite concrete
Baryterde f <mat> • baryta
Barytpapier n <phot> • fiber-base paper; barite-coated paper; baryta paper; paper-based paper
Barytweiß n <obfl> • permanent white; fixed white; blanc fixe
baryzentrisch <phys> • barycentric; centrobaric
baryzentrisches Bezugssystem n <phys> • barycentric reference system; barycentric system
Baryzentrum n <aerospace> • barycenter US; barycentre GB
Barzahlung f <fin> • cash payment; in cash pract; hard cash coll
Basalt m <geo> • basalt
basaltartig <geo> • basaltic
basaltisch <geo> • basaltic
basaltische Gänge mpl <geo> (Schicht) • sheeted dike complex
basaltischer Gang m <geo> (einzelne Spalte) • dike
basaltische Schwelle f <geo> (zwischen Kruste und Mantel) • basaltic swell; mantle swell
Basaltwolle f <mat> • basalt wool
Base f <bio> (Molekularbiologie) • guanine (G); base
Base f <chem> • alkaline solution; basic solution; liquor; base; lye
Baseball-Spule f <phys> • baseball coil
Basenaustausch m <chem> • base exchange
Basengehalt m <chem> • basicity
basengesättigt <chem> • base-saturated
basenkatalysiert <chem> • base-catalyzed
Basenschönung f <druck> (in Druckfarbe) • clearing base; fining agent
basenungesättigt <chem> • base-unsaturated
Basenzahl f (TBN) <tribo> (Maß für das Neutralisations-vermögen eines Detergentadditivs) • Total Base Number (TBN); base number
Base-Station System n (BSS) <tele> • base station system (BSS)
Basic Input-Output System n (BIOS) <edv> • Basic Input-Output System (BIOS)
BA-Signal n <av> • blanked-picture signal; picture-and-blanking signal
basipetal <bio> • basipetal
Basis f <allg> (konkret und abstrakt; z. B. Fundament von Maschinen, Ideen) • basis
Basis f <tech.allg> (unteres Ende; z. B. Sockel) • bottom
Basis f <tech.allg> (allg.; Grundplatte etc., z. B. von Sitzen) • base; riser
Basis f <el> • base
Basis f <geo> (Bezugslinie; z. B. bei Vermessung) • base line
Basis f <math> (geometrische Figur) • base
Basis f <math> (Potenz, Zahlensystem) • radix
Basisabdichtung f <ents> (von Deponien) • bottom sealing
Basisadresse f <edv> • base address; presumptive address
Basisanschluss m <el> • base terminal; base contact
Basisanschluss m (BaAs) <tele> (ISDN; 3 Nummern; 2 B-Kanäle je 64 kbit/s, 1 D-Kanal mit 16 kbits/s) • Basic Rate Access (BRA); Basic Rate Interface; 2B+D pract; basic access coll; basic rate coll
Basisanschlusskanal m <tele> • basic access channel; basic access

Basisausbreitungswiderstand m <el> (Halbleiter) • base spreading resistance
Basisbahnwiderstand m <el> (Halbleiter) • base bulk resistance
Basisband n <av> • baseband
basisbezogene Zahl f norm <edv> • based number stand
Basisbreite f <el> • base width
Basisbruch m <bau> (Grundbau) • toe failure
basisch <chem> • alkaline; basic
basisch ausgekleidet <metall> (Ggs.: sauer; z. B. Konverter, Ofen, Reaktionsapparat) • basic; basic-lined
basische Auskleidung f <verf> (z. B. Konverter) • basic lining
basisches Futter n <verf> (z. B. Konverter) • basic lining
basisches Oxid n <chem> • basic oxide
basisches Salz n <chem> • basic salt
basische Zustellung f <verf> (z. B. Konverter) • basic lining
basisch zugestellt <metall> (Ggs.: sauer; z. B. Konverter, Ofen, Reaktionsapparat) • basic; basic-lined
Basis-Crimpzange ohne Einsatz f <el.wz> • blank crimp tool frame
Basisdatei f <navig> • base file
Basisdiffusion f <ic> (Halbleiter) • base diffusion
Basisdotierung f <ic> (Halbleiter) • base doping
Basisdränung f <ents> • bottom drainage layer
Basisdruck m <med.tech> • baseline pressure
Basisdurchmesser m <verf> • base diameter
Basisebene f <phys> • basal plane
Basisebene des menschlichen Kopfes f <kfz.sich> (Helmprüfung) • basic plane of the human head
Basisebene des Prüfkopfes f <kfz.sich> (Helmprüfung) • basic plane of the headform
Basiseinheit f DIN 1301-1 <norm> (im SI-System: z. B. Meter, Kilogramm, Sekunde) • basic unit; elementary unit; fundamental unit rare
Basiselektrode f <el> (Transistor) • base electrode
Basis-Emitter-Schaltung f <el> • base-emitter circuit
Basis-Emitter-Übergang m <el> • base-emitter junction
Basisempfänger m <navig> • base receiver
Basisfilm m <edv> • base film
Basisflüssigkeit f <tribo> • base oil ISO 4378-3; base [fluid]; base stock
Basisgerät n <edv> • main unit
Basisgröße f <phys> (im Ggs. zu abgeleiteten Größen) • basic quantity
Basisgummi m/n <kfz> (von Reifen) • undertread
Basishalter m <wz.masch> • collar
Basisinnenwiderstand m <el> • internal base resistance
Basiskanal m <tele> (allg.) • basic access channel; basic access
Basiskanal m <tele> (ISDN) • B channel; bearer channel; information channel
Basiskarte f <mil> • base map
Basisklemme f <el> • base terminal
Basiskomma n <edv> • radix point
Basiskomplementkode m <edv> • radix complement code
Basiskontakt m <el> • base contact
Basiskurve f rar <math> (CAD) • B-spline; basis spline rare
Basislack m <obfl> (Material für Metallic-Lackierungen) • base coat paint; base paint
Basislack m <obfl> (Schicht) • base coat; base coat finish
Basislackschicht f <obfl> (Schicht) • base coat; base coat finish
Basislatte f <geo.msr> (Vermessung) • subtense bar
Basislaufzeit f <el> (Transistor) • base transit time
Basislinie f <tech.allg> • base line
Basislinie f <edv> (Strichcode) • base line

Basislinienbemaßung f <doku> (Maßlinien beziehen sich auf eine gemeinsame Basislinie) • baseline dimensioning; absolute dimensioning; datum dimensioning; reference-line dimensioning

Basislinienmaß n <doku> (technische Zeichnung) • baseline dimension; absolute dimension

Basismetall n <mat> (einer Legierung) • main metal; base metal; parent metal

Basismodell n <tech.allg> (Grundausführung eines Produkts; z. B. eines Autos) • base model

Basisöl n <tribo> • base oil ISO 4378-3; base [fluid]; base stock

Basisplatte f <bau> • substructure

Basisplatte f <kst> • base plate

Basisposition f <navig> • reference position; reference location

Basisprimärgruppe f <tele> • basic group

Basisprofil n <bau> (Dämmteil zwischen Fenster und Wand bzw. Fensterbank) • insulating installation profile :V

Basisprogramm n <edv> • basic program

Basispunkt m <edv> (CAD) • hook

Basisraum m <el> (Transistor) • base region

Basisregister n <edv> • base register

Basisring m <msr> (Kraft-Moment-Sensor) • base ring

Basisschaltung f <el> (von Transistoren) • common base circuit; common-base configuration; common-base connection; common base pract; CB circuit pract

Basisschaltung f <el> (allg.) • basic circuit; grounded-base connection US; earthed-base connection GB

Basisschicht f <el> (Transistor) • base layer

Basisschreibweise f <edv> • base notation

Basissekundärgruppe f <tele> • basic supergroup

Basis-Sende-/Emfangsstation f <tele> (einer Funkzelle) • Base Transceiver Station (BTS)

Basissoftware f <edv> • basic software

Basisspannung f <el> • base voltage

Basis-Spline n rar <math> (CAD) • B-spline; basis spline rare

Basisstation f <tech.allg> • base station

Basisstation f prakt <navig> • DGPS reference station; reference station pract; base station pract; DGPS station pract; differential station

Basisstation f (BTS) prakt <tele> (einer Funkzelle) • Base Transceiver Station (BTS)

Basisstations-Steuereinheit f (BSC) <tele> • Base Station Controller (BSC)

Basisstationssteuerung f <tele> • Base Station Controller (BSC)

Basisstationssteuerungszentrale f <tele> • Base Station Controller (BSC)

Basisstations-Subsystem n <tele> • base station system (BSS)

Basisstationswechsel m <tele> (Mobilfunkverbindung) • handover; hand-over

Basisstecker m <msr> • base connector

Basisstrom m <el> • base current

Basissymbol n <doku> • basic symbol

Basisvektor m <math> • base vector

Basisverbreiterung f <tech.allg> • base widening

Basisversion f <edv.tech.allg> • basic version

Basisverstärker m <el> • grounded-base amplifier

Basisvorspannung f <el> • base bias

Basiswagen m <msr> (Vermessung) • base carriage

Basiswandler m <edv> • radix converter

Basiswelle f <phys> (allg.) • fundamental component; fundamental oscillation; fundamental harmonic; first harmonic; fundamental

Basiswiderstand m <el> • base bulk resistance; base resistance

Basiswinkel m <math> • base angle

Basiswolke f <phys> • base surge

Basiszeichensatz m <edv> • standard character set; standard code set

Basiszeitraum m <math> • base period

Basiszone f <el> (Transistor) • base region

Basiszugriff m <edv> • basic access

Basizität f <chem> • alkalinity

Basizitätsbestimmung f <led> • precipitation figure test

Basküle f <tech.allg> • bascule

Baskülebrücke f <bau> (Klappbrücke mit Gegengewichten) • bascule bridge

BaSO$_4$ <min> • barite (BaSO$_4$); barium sulfite; heavy spar coll

Bass- <av> • low frequency- (LF); bass-

Bassanhebung f <akust> • bass boosting; low-note accentuation; bass boost

Bassausgleich m <akust> • bass compensation

Basselisse-Webstuhl m <textil> • low warp loom

Bassentzerrer m <akust> • bass compensator; bass corrector

Bassfilter n <akust> • bass-cut filter

BAS-Signal n <av> (SW-Bild) • composite signal; composite video signal GB; composite picture signal US

Bassin n rar <verf> (Behälter) • basin; tank; pool

Bassinkondensator m <rls> (Dampferzeuger) • submerged condenser

Basslautsprecher m <av> • bass reflex loudspeaker; bass reflex speaker; woofer

BAs-Sockel m <licht> • BAs-cap; Bs-cap

Basspedal n <el.mus> (aus Pedalen bestehende Tastatur) • pedalboard

Bassreflexbox f <av> • bass reflex enclosure; bass reflex speaker cabinet; bass reflex box; vented enclosure; vented box

Bassreflex-Gehäuse n <av> • bass reflex enclosure; bass reflex speaker cabinet; bass reflex box; vented enclosure; vented box

Bassreflexöffnung f <av> • vent; port; duct; tunnel

Bassregler m <av> • bass control; tone control for bass rare

Basstöne mpl <av> • bass notes; bass pract

Bass-Treiber m <av> • bass loudspeaker; LF unit; woofer; bass driver

Bassverdeckung f <av> • bass masking

Basswiedergabe f <av> • bass response

Bast m prakt <bio> (Siebteil der Leitbündel) • phloem

Bastardfell n <led> • Persian

Bastardierung f <chem> • hybridization

Bastardisierung f <chem> • hybridization

Bastardorbital n <chem> • hybrid bond orbital; hybrid orbital

Bastbündel n <textil> (Flachs) • bast bundle

Bastfaser f <textil> (Flachs) • bast fiber US; bast fibre GB

Bastfaserbündel n <textil> • bast fiber bundle US; bast fibre bundle GB

Bastgewebe n <bio> (Siebteil der Leitbündel) • phloem

Bastseide f <textil> • unscoured silk; raw silk

Batch m <kst> (Granulat-Vormischung) • batch

Batch-Anlage f <agri.tech> • batch-load digester; batch digester

Batch-Betrieb m <edv> • batch processing; batch processing mode; batch mode

Batch-File f <edv> (Stapelverarbeitung) • batch file

Batch-off-Vorrichtung f <prod> (Reifenprod.) • sheet take-off equipment

bathochrom <chem.opt> • bathochrome; bathochromic

Bathochromie f <chem> (Farbstofftheorie) • bathochromic shift

Bathymeter *n* <nav.msr> *(Tauchtiefe)* • bathometer; bathochromic

Bathythermograph *m* <tauch> • bathythermograph

Batikdruck *m* <textil> • batik printing

Batikfärberei *f* <textil> • batik dyeing

Batikpapier *n* <pap> • batik paper

Batikreserve *f* <textil> • batik resist

Batist *m* <textil> *(feines Gewebe)* • batiste

Batschemulsion *f* <textil> • batching medium

batschen *vt* <textil> • batch *vt*

Batschmaschine *f* <textil> • batching machine

Batschöl *n* <textil> • batching oil

Batschreife *f* <textil> • batching ripeness

Batterie *f* <tech.allg> *(Gruppe parallel angeordneter Einzelelemente; z. B. Zellen, Geschütze)* • battery

Batterie *f* <agri> *(Geflügelhaltung)* • battery cage

Batterie *f* <el> *(nicht wiederaufladbar; eine oder mehrere Primärzellen)* • battery; primary battery *thsc*

Batterie *f* ugs <kfz.el> • car battery; lead-acid car battery *form*; automotive battery; starter battery; battery *coll*

Batterie *f* <metall> *(Koksofen)* • bench

Batterie *f* <mil> *(von Geschützen)* • battery

Batterie-... <el> *(elektr. Gerät mit Batteriestromversorgung)* • battery-powered; battery-operated

Batterieanschlussklemme *f* <el> *(allg.)* • battery terminal

Batterieanschlussklemme *f* <el> *(eher klein, federnd)* • battery clip

Batterieantrieb *m* <el> • battery drive

Batterieanzeige *f* <el> *(allg.)* • battery indicator

Batterieausgangsleistung *f* <el> • battery output

Batteriebetrieb *m* <el> • battery operation

batteriebetrieben <el> *(elektr. Gerät mit Batteriestromversorgung)* • battery-powered; battery-operated

batteriebetriebenes Messgerät *n* <el> • battery-powered instrument

Batteriedauer *f* <el> • battery life

Batteriedurchlüfter *m* <verf> *(in Aquariumbecken)* • battery-powered airstone

Batterieempfänger *m* <av> • portable battery-operated receiver; battery-operated receiver

Batterie-Entladeanzeige *f* <el> • battery state of charge indicator

Batterieentladewächter *m* <el> • battery discharge controller

Batteriefach *n* <el> • battery chamber

Batteriefachdeckel *m* <el> • battery cover; battery chamber cover

Batteriefach-Verriegelung *f* <el> • battery cover release

Batteriefahrzeug *n* <förd> • electric battery vehicle

Batteriefertigung *f* <bau.mat> *(Betonfertigteile)* • vertical multimolding

Batterieform *f* <bau> *(Betonvorfertigung)* • battery mold

Batteriefüller *m* <el.wz> *(z. B. für Starterbatterien)* • battery filler; filler bulb

Batteriegefäß *n* <el> *(von Bleiakkus)* • battery jar

batteriegepuffertes RAM *n* <edv> • battery-buffered RAM

batteriegespeist <el> *(elektr. Gerät mit Batteriestromversorgung)* • battery-powered; battery-operated

Batteriegestell *n* prakt <kfz.el> • battery removal trolley; battery trolley *pract*; battery rack *pract*

Batteriehalter *m* <kfz> • battery tray; battery carrier *rare*

Batteriehalter zur Onboard-Montage *f* <el> *(z. B. für Knopfzellen)* • SMT battery retainer

Batteriehaltung *f* <agri> *(Geflügelhaltung)* • battery keeping

Batteriehauptschalter *m* <kfz.el> • battery disconnect switch; battery master switch; power cut off switch; battery safety switch; power cut off *pract*

Batteriekapazität *f* <el> *(von Akkus, Batterien; in Ah oder mAh)* • battery capacity; rated battery capacity; ampere-hour capacity; Ah capacity *pract*; capacity *pract*

Batteriekasten *m* <fz> *(z. B. in Auto, Wohnwagen, Boot)* • battery box; battery case; battery container *rare*

Batteriekessel *m* <verf> • battery boiler

Batterieklemme *f* <el> *(allg.)* • battery terminal

Batterieklemme *f* <kfz.el> *(an Batteriekabel)* • cable clamp; clamp lug; terminal *coll*

Batterieklemmen-Abzieher *m* <el.wz> • battery terminal puller; battery cable clamp puller; battery terminal lifter *GB*

Batteriekontrollanzeige *f* <el> *(z. B. an Kameras)* • battery check indicator

Batterieladeanzeige *f* <kfz.el> *(von Elektroautos)* • battery discharge indicator; battery charge indicator; battery discharge meter; battery state indicator; discharge indicator *pract.coll*

Batterie-Ladegerät *n* <el> • battery charger

Batterieladegerät *n* <el> • battery charger; charger *pract*

Batterieladekontrollleuchte *f* <kfz.el> • alternator charging light (ALT CHG LI); battery charge indicator; charge indicator *pract*

Batterielader *m* <el> • battery charger; charger *pract*

Batterieladestation *f* <kfz.el> *(für Elektrofahrzeuge)* • battery charging station; charging point *pract*

Batterieladezustand *m* <el> *(von Akkus, Batterien)* • state of charge (SOC); battery state of charge; battery condition; charge condition; charge state

Batterieladezustandsanzeige *f* form <kfz.el> *(von Elektroautos)* • battery discharge indicator; battery charge indicator; battery discharge meter; battery state indicator; discharge indicator *pract.coll*

Batterie mit Röhrchenplatten *f* <el> • tubular plate battery

Batterie-Mutternzange *f* <kfz.wz> • battery nut pliers; battery pliers; angle-nose pliers

Batterien für Belichtungssteuerung *f* <phot> • exposure control batteries

Batteriepol *m* <el> *(Plus- od. Minuspol zum Anklemmen)* • terminal post

Batteriepolklemmen-Abziehzange *f* <el.wz> • battery clamp remover

Batterie-Polklemmenzange *f* <el.wz> • battery clamp remover

Batterieprüfer *m* <el.wz> *(allg.)* • battery charge tester; charge tester *pract*

Batterieprüfer *m* <kfz.el.wz> *(für Starterbatterie-Belastungsprüfung)* • battery tester

Batterieprüfschalter *m* <el> *(z. B. an Kameras)* • battery-check switch

Batterieraum *m* <el> • battery compartment; battery cabinet

Batterie-Restanzeige *f* <el> *(z. B. in Camcordern)* • battery remaining indicator; remaining battery power indicator

Batteriesäureheber *m* form <kfz.wz> *(für Blei/Säure-Batterien)* • hydrometer; battery tester; battery checker; battery syringe; electrolyte tester

Batteriesäureprüfer *m* form <kfz.wz> *(für Blei/Säure-Batterien)* • hydrometer; battery tester; battery checker; battery syringe; electrolyte tester

Batterieschalter *m* <kfz.el> • battery disconnect switch; battery master switch; power cut off switch; battery safety switch; power cut off *pract*

Batterieschalter für Sucher *m* <phot> • finder power switch

Batteriesockel *m* rar <kfz> • battery tray; battery carrier *rare*

Batteriespannung f <el> *(allg.; Gesamtbatterie od. Monozelle)* • battery voltage

Batteriespannung f <el> *(Monozelle)* • cell voltage

Batteriesparschaltung f <el> • battery saver mode

Batteriespeicher m <energ.sol> • battery bank

Batteriespeisung f • battery supply

Batterie-Spulenzündung f <kfz.el> • battery ignition [system]; battery coil ignition [system]; coil and battery ignition; coil ignition

Batteriestecker m <kfz.el> • battery connector; battery plug

Batterieteil n <el> *(z. B. abnehmbar)* • battery pack

Batterietester m <kfz.el.wz> *(für Starterbatterie-Belastungsprüfung)* • battery tester

Batterieträger m <kfz> • battery tray; battery carrier *rare*

Batterietragegurt m <kfz.wz> • battery carrying strap; battery carrier strap; battery strap

Batterieverfahren n <bau> *(Fertigteilherstellung)* • cassette method

Batterie vom Geltyp f <el> • gelled battery

Batteriewechselgestell n <kfz.el> • battery removal trolley; battery trolley *pract*; battery rack *pract*

Batteriewechselwagen m <kfz.el> • battery removal trolley; battery trolley *pract*; battery rack *pract*

Batteriezange f <kfz.wz> • battery nut pliers; battery pliers; angle-nose pliers

Batteriezelle f <el> *(Batterie)* • battery cell; cell *pract*

Batteriezellenschalter m <el> • battery cell switch

Batteriezündanlage f <kfz.el> • battery ignition [system]; battery coil ignition [system]; coil and battery ignition; coil ignition

Batteriezündsystem n <kfz.el> • battery ignition [system]; battery coil ignition [system]; coil and battery ignition; coil ignition

Batteriezündung f <kfz.el> • battery ignition [system]; battery coil ignition [system]; coil and battery ignition; coil ignition

Batteur m <textil> *(Spinnerei)* • scutcher

Batzen m <silik> • blank; clot

Batzen mpl <bau.innen> *(zum Verkleben von Gipskartonplatten)* • dabs; bonding dabs

Bau m <bau> *(Vorgang; z. B. von Häusern, Brücken, Türmen, Masten)* • erection; construction; building

Bau m <bau> *(Resultat des Hochbaus; Privat-, Geschäftshaus, Brücke etc.)* • structure

Bauablaufplan m <bau> *(z. B. Netzplan)* • construction schedule; construction time schedule; progress chart

Bauabnahme f <bau.qualit> • final inspection

Bauabsatz m <led> • built-up heel

Bauabstand m <min> • clear interval

Bauakustik f <bau> • architectural acoustics

Bauart f <tech.allg> *(Realisierung mit bestimmten Merkmalen; z. B. robust, ex-geschützt)* • construction

Bauart f <tech.allg> *(konzeptionell)* • design

Bauart f rar <tech.allg> *(eine von mehreren Ausführungsmöglichkeiten eines Produkts)* • model; version; type; style; build *rare*

bauartgeprüft <qualit> • certified; design-approved

Bauart geprüft <qualit> • design approved; certified design

bauartgeprüfte Sicherheitstechnik f <tech.allg> *(ausfall- bzw. folgeschadensicher)* • certified fail-safe technique

Bauartmerkmale npl <tech.allg> • constructional features

Bauartzulassung f <jur> • type approval

Bauaufzug m <bau> • construction elevator; mechanical platform; hoist

Bauausführung f <bau> *(Vorgang)* • building construction

Bauausführung f <bau.qualit> *(Resultat der Bauarbeiten)* • build quality

Baubeschläge mpl <bau.mat> • builders' hardware; constructional hardware; building hardware

Baubüro n <bau> • site office; construction site office; on-site office

Bauch m <tech.allg> *(Aufwölbung)* • bulge

Bauch m <led> *(Haut)* • belly

Bauch m <nav> *(im Segel)* • belly

Bauch m <nav> *(von Schiffen)* • bilge

Bauch m *DIN IEC 50* <phys> *(einer stehenden Welle)* • antinode *DIN IEC 50*; antinodal point

Bauchfreiheit f <kfz.antr> *(Fahrzeugaufbau)* • ramp breakover angle; breakover angle

Bauchgurt m rar <fz.sich> *(z. B. in Autos, Flugzeugen)* • lap belt; hip belt *rare*

bauchig <tech.allg> *(birnenförmig; insbes. ein Ende schlank, das andere ballonförmig)* • bulbous; bulb-shaped

bauchig <tech.allg> • bulged; convex

Bauchlandung f <aerospace> • wheels-up landing; wheels-gear-up landing; belly landing

Bauchstäuber m <agri> • chest-type hand duster

Bauch und Klauen falzen vt <led> • belly-shave vt

Baud n (Bd) <tele> *(1 bit/s)* • baud

Baudock n <nav> • building dock

Baudockmontage f <nav> • building-dock assembly; building-dock erection; dry-dock assembly

Baudot n <tele> *(Datenübertragungscode)* • Baudot

Baudot-Kode m <tele> • Baudot code

Baudrate f <msr> • baud rate

Baueinheit f <tech.allg> • unit

Baueinheit f <tech.allg> *(aus einzelnen zusammengebauten Komponenten)* • assembly (assy); unit *pract*; group *rare*; package *rare*; assemblage *rare*

Baueinheit f <tech.allg> *(vereinheitlicht, genormt)* • standardized component; standardized unit; standard element

Bauelement n <tech.allg> *(betont: als Teil einer Konstruktion, Baugruppe)* • component part; construction element

Bauelement n <el> *(in Schaltkreisen, ICs, auf Leiterplatten)* • circuit element; component; element; device *pract*

Bauelementabmessungen fpl <el> • device geometries; device dimensions

Bauelementanordnung f <el> • component layout

Bauelementausfall m <el> • device failure

Bauelement-Crimp-Kontakt m <el> • component crimp contact

Bauelementdichte f <el> • packing density [of microcircuitry]

Bauelemente-Test m <qualit> • components test

Bauelement mit Anschlussdrähten n <el> • wire-ended component

bauen vt <tech.allg> • build vt

bauen vt <bau> *(allg.; Hoch- und Tiefbauprojekte; z. B. Straße, Brücke, Haus)* • construct vt; build vt

bauen vt <bau> *(Hochbauprojekte; z. B. Brücke, Halle, Turm)* • erect vt

bauen vt <bau> *(Gerüst)* • scaffold vt

bauen vt ugs <prod> *(komplexere Produkte; z. B. Computer, Autos)* • manufacture vt; produce vt; make vt coll

Bauer-Mühle f <verf> • Bauer double-disc refiner

Bauernhof m <agri> *(größeres landwirtsch. Anwesen)* • farmyard

Bauernwald m <holz> • state forests; farm woodlands

baufällig <bau> • dilapidated; in disrepair

Baufälligkeit f <bau> • dilapidation; disrepair

Baufahrzeug n <nfz> • building vehicle

Bauflucht f <bau> • building line; property line

Bauform f <tech.allg> • construction; configuration; design

Bauform f <edv> *(Größe eines Speichermediums; z. B. 3,5")* • form factor; profile

Bauformel f <chem> • constitutional formula

Baufortschrittsplan m <bau.doku> (für Errichtung) • construction progress chart

Baugebiet n <bau.jur> • development area

Baugebühr f <nav> • building fee; international class fee

Baugebührenplakette f <nav> (der Intern. Yacht Racing Union) • building fee plaque; building plaque; IYRU-plaque

Baugelände n <bau> (für geplante oder beginnende Bauarbeiten) • building site; building area

Baugenehmigung f <bau.jur> • construction permit

Baugerüst n <bau> • scaffold; staging

Baugesetzgebung f <jur.bau> • building legislation

Baugips m <bau.mat> • plaster of Paris

Bauglas n <silik> • construction glass; structural glass

Bauglied n <tech.allg> • structural component; structural element; structural member; structural unit

Baugliedplan m <doku> (allg.) • component diagram; element graph

Baugröße f <tech.allg> • physical size; size pract

Baugröße f <edv> (Größe eines Speichermediums; z. B. 3,5") • form factor; profile

Baugrube f <bau> • building pit; building excavation; foundation pit; excavation

Baugrubenaufzug m <bau.masch> • building pit hoist

Baugrubenpumpe f <bau.masch> • contractors' pump; building site pump

Baugrubensohle f <bau> • foundation level

Baugrund m <bau> (unterhalb eines Fundaments) • subgrade; subsoil

Baugrundentwässerung f <bau> • foundation drainage

Baugrunderkundung f <bau> • foundation investigation; soil investigation; site investigation

Baugrundmechanik f <bau> • geotechnics; soil mechanics

Baugrundstabilisierung f <bau> • artificial soil solidification; soil solidification; soil stabilization; ground stabilization; artificial cementation

Baugrunduntersuchung f <bau> • foundation investigation; soil investigation; site investigation

Baugrundverbesserung f <bau> • soil improvement; ground improvement

Baugrundverdichtung f <bau> • ground consolidation; soil consolidation

Baugrundverfestigung f <bau> • artificial soil solidification; soil solidification; soil stabilization; ground stabilization; artificial cementation

Baugruppe f <tech.allg> (aus einzelnen zusammengebauten Komponenten) • assembly (assy); unit pract; group rare; package rare; assemblage rare

Baugruppe elektronischer Bauelemente f <el> • assembly of electronic components

Baugruppenaustauschbarkeit f <tech.allg> • group interchangeability

Baugruppentechnik f <el> • modulized-circuit technique

Baugruppenträger m <el> (Einschubmodul etc. im Schaltschrank) • subrack

Baugruppenübersicht f <doku> • list of assemblies; overview of assemblies

Baugruppenverzeichnis n <doku> • list of assemblies; overview of assemblies

Baugüte f <bau.qualit> • build quality :V

Bauhaus n <kunst> (Kunstrichtung) • Bauhaus school

Bauhelling f <nav> • slipway

Bauhöhe f <tech.allg> (betont: über alles) • overall height; total height

Bauhöhe f <bau> (betont: zu bauende oder gebaute Höhe) • construction height

Bauhöhe f <bau> (lichte Weite bis zur Decke) • headroom

Bauhöhe f <edv> (von PC-Baueinheiten; z. B. von Laufwerken) • height

Bauholz n <holz.bau> (Material) • structural timber; construction timber; timber

Bauholz n <holz.bau> (betont: bereits geschnitten; z. B. Bretter, Bohlen, Balken etc.) • lumber

Bauholzindustrie f <holz> • timber industry

Bauhütte f <bau> • shed

Baujahr n (Bj.) <prod> • year of manufacture

Baukalk m DIN 1060-1 <bau.mat> • building lime

Baukarton m <pap> • construction board

baukastenartig <tech.allg> • unit-type

baukastenartig zusammensetzen vt <prod> • assemble from modules vt; assemble from units vt

Baukastenbauweise f <tech.allg> (abstrakt) • modular design principle (UCP); module principle of construction; unit/unitized principle of construction; units construction principle; building-block principle

Baukastenkonzept n <tech.allg> • modular concept

Baukastenmöbel n <innen> • modular furniture; unit furniture

Baukastenprinzip n <tech.allg> (abstrakt) • modular design principle (UCP); module principle of construction; unit/unitized principle of construction; units construction principle; building-block principle

Baukastensystem n DIN 30798-1 <tech.allg> (konkret) • modular system; modular design; modular construction; unitized construction; unit construction

Baukastensystem n <prod> • modular concept

Baukeramik f <silik> • structural ceramics; building ceramics

Bauklammer f <bau> • clamping iron; cramp iron; cramp; bitch

Baukleber m <füg> • construction adhesive; building construction adhesive rare

Bauklebstoff m <füg> • construction adhesive; building construction adhesive rare

Baukonstruktion f <bau> • building construction

Baukonstruktionslehre f <bau> • theory of structure; structural theory

Baukonstruktionszeichnung f DIN ISO 10209-4 <bau.doku> • construction drawing ISO 10209-4

Baulänge f <tech.allg> • construction length

Baulänge f <rls> (im entspannten Zustand) • face-to-face dimension; assembly length; overall length

Bauland n <bau.jur> (i. Ggs. zu Ackerland; gem. Bebauungsplan) • building land

baulich <tech.allg> • structural

bauliche und mechanische Sicherung f <alarm> • physical security

Baum m <aerospace> (Ausleger; z. B. an Raumfähre, Raumstation) • boom

Baum m <el> (Streckenkomplex) • tree

Baum m <nav> (Mastausleger) • boom

Baum m prakt <nav> • boom; derrick

Baum m <textil> • beam

Baumabsonderungen fpl <kfz.obfl> (z. B. auf Autolack) • tree sap sg

Baumann-Abdruck m <chem> (Schwefelnachweis) • sulfur print

Baumann-Hammer m <qualit.mat> • Baumann-Steinrück impact hardness tester

Baumart f <holz> • tree species

Baumartenwahl f <holz> • choice of tree species

baumartig <mat> • arborescent

Baumaschinenindustrie f <ökon> • construction machinery and equipment industry; building machinery and equipment industry

Baumastschüttler m <agri> (Obsternte) • branch shaker

Baumbandage f <agri> • tree wrap; tree guard
Baumé-Skale f <chem> *(Aräometer)* • Baumé scale
Baumfärben n <textil> • beam dyeing
Baumfarbe f <agri.obfl> • tree paint
Baumfenster n WERU <bau> • wood window
Baumgabel f <nav> • boom jaw
Baumhöhenmesser m <geo.msr> *(zur Vermessung; z. B. als Lasergerät)* • hypsometer
Baumhöhenmessung f <holz.msr> • measurement of tree heights
baumkantiges Nutzholz n <holz> • rough-edged timber
Baumkristall m <mat> • dendrite crystal; dendrite
Baumkurre f <nav> • beam trawl
Baumkurrenkutter m <nav> • beam trawler
Baumnetz n <nav> • beam trawl
Baumniederhalter m <nav> *(Draht zwischen Mast und Baum)* • boom downhaul; boom vang US; kicking strap; downhaul *pract*
Baumniederholder m <nav> *(Draht zwischen Mast und Baum)* • boom downhaul; boom vang US; kicking strap; downhaul *pract*
Baumnock f <nav> • boom head
Baumrodemaschine f <agri> • tree-grubbing machine; stump extractor
Baumsäge f <agri.wz> • framed pruning saw
Baumschären n <textil> • beam warping
Baumschere f <agri.wz> • lopper; long-reach pruning shears; long-reach pruner; lopping shear; secateurs GB. *rare*
Baumschüttler m <agri> *(Obsternte)* • tree fruit shaker
Baumschützer m <agri> • tree guard
Baumschulen-Schnur f <agri.wz> • nursery twine
Baumschulpflanzmaschine f <agri> • nursery tree planter
Baumstammschüttler m <agri> *(Obsternte)* • tree trunk vibrator
Baumstropp m <nav> • boom strop
Baumstruktur f <edv> • tree structure
Baumstumpfzieher m rar <agri> • tree-grubbing machine; stump extractor
Baumtoppnant f <nav> • boom lift
Baumuster n <tech.allg> *(Modell)* • model
Baumuster n <tech.allg> *(Prototyp)* • prototype; preproduction prototype *rare*
Baumuster n <tech.allg> *(Prototyp etc.; z. B. einer Erfindung)* • exemplary embodiment
baumustergeprüft <jur> • approved
Baumwachs n <agri> • grafting wax
Baumwollabfallspinnerei f <textil> • cotton waste spinning
Baumwollanbaufläche f <agri> • cotton-growing area
baumwollarmierter Schlauch m <rls> • cotton-braided hose; cotton-braid hose
Baumwollatlas m <textil> • sateen
Baumwollballen m <textil> • cotton bale
Baumwollballenpresse f <textil> • cotton baling press
Baumwollbüschel n <textil> • cotton tuft
Baumwollbuntspinnerei f <textil> • spinning of colored cotton yarn
Baumwolldichtung f <rls> • cotton packing
Baumwolle f <textil> • cotton
Baumwolleinlage im Schritt f <bekl> *(in Slips)* • cotton lined crotch
Baumwollentkörnungsmaschine f <textil> • cotton gin
Baumwollfarbstoff m <textil.obfl> • cotton dye; cotton dyestuff
Baumwollfaser f <textil> • cotton fiber
Baumwollfeinheit f <textil> • cotton count
Baumwollfilz m <textil> • cotton felt

Baumwollfilz mit Asbestzusatz m <textil> • asbestos felt
Baumwollflocke f <textil> • cotton flock
Baumwollgewebe n <textil> • cotton fabric; cotton cloth
Baumwollgewebe für Etiketten n <textil> • label cloth; label cotton cloth
Baumwollhadern mpl <pap> • cotton rags
Baumwollhalbstoff m <pap> • cotton rag pulp; cotton pulp
Baumwollinters pl <textil> • cotton linters
Baumwollkämmaschine f <textil> • cotton combing machine
Baumwollkalanderwalze f <pap> • cotton bowl; cotton roll
Baumwollkapsel f <bio> • cotton boll
Baumwollkapselsammelmaschine f <agri> • stripper-type cotton harvester
Baumwollkapselschalen fpl <bio> • cottonseed hulls
Baumwollkardieren n <textil> • cotton carding process; cotton carding
Baumwollkernöl n <bio> • cottonseed oil
Baumwollkord m <textil> *(z. B. für Reifen)* • cotton cord
Baumwollkurzhaar n <textil> • cotton fuzz
Baumwollmantel m <textil> *(Umspinnungsgarn)* • cotton sheath
Baumwollmischgewebe n <bekl> • cotton blend fabric; cotton mixture *rare*
Baumwollnähfaden m <textil> • cotton thread
Baumwollpackung f <rls> *(Dichtung)* • cotton packing
Baumwollpflückmaschine f <agri> • cotton picking machine; cotton picking stripper; cotton picker
Baumwollpresse f <agri> • cotton baling press
Baumwollsaatfett n <nahr> • cottonseed fat
Baumwollsaatkuchen m <verf> • cotton cake
Baumwollsämaschine f <agri> • cotton planter
Baumwollsamenöl n <bio> • cottonseed oil
Baumwollsatin m <textil> • sateen
Baumwollschläger m <textil> *(Spinnerei)* • scutcher
Baumwollschnur f <textil> • cotton cord
Baumwollseidenkabel n <el> • silk-and-cotton-covered cable
Baumwollspeiser m <textil> • automatic cotton feeder; cotton feeder
Baumwollspinnerei f <textil> *(Anlage)* • cotton spinning mill
Baumwollspinnerei f <textil> *(Prozess)* • cotton spinning
Baumwollstreichgarn n <textil> • condenser cotton yarn
baumwollumsponnenes Kabel n <el> • cotton-covered cable
Baumwollvliesstoff m <textil> • non-woven cotton
Baumwollvollerntemaschine f <agri> • cotton combine
Baumwollwalze f <pap> • cotton bowl; cotton roll
Baumwollwatte f <mat> • cotton wadding
Baumwollweberei f <textil> *(Prozess)* • cotton weaving
Baumwollweberei f <textil> *(Anlage)* • cotton weaving mill
Baumwollzwirn m <textil> • cotton twine
Baunivellier n <bau.wz> • engineer's level
Baunummer f <masch> • constructor's number
Bauordnung f <jur> • building code
Baupappe f <bau.mat> • building paper board; building board
Baupassung f <masch> • dimensional fit
Bauplan m <bau.doku> • construction plan; construction diagram; structural drawing; architect's plan; building plan
Bauplan m <doku> *(Montagezeichnung)* • assembly plan
Bauplatte f <bau.mat> • building board; structural board; panel *pract*
Bauplatte f ugs <bau.mat> • standard wallboard; regular wallboard

Bauplatz *m* ugs <bau> *(für geplante oder beginnende Bauarbeiten)* • building site; building area
Bauprojekt *n* <bau> • building project; construction project
Baupumpe *f* <bau.masch> • contractors' pump; building site pump
Bauraster *m* <bau> • structural module
Baurecht *n* <jur> • building legislation
baureife Planung *f* <bau> • final constructing design
Baureihe *f* <tech.allg> *(betont: Kategorie, Wertung; z. B. Mercedes S-Klasse)* • class
Baureihe *f* <bahn> *(von Loks)* • class
Baureihe *f* <prod> *(Modellreihe allg., ohne Wertung; z. B. BMW 7er Reihe)* • series; production series; type
Bausatz *m* <tech.allg> • kit
Bausatzhersteller *m* <prod> • kit manufacturer
Bausatzmontage *f* <bahn> *(Modellbau)* • kitbashing
Bausch *m* <allg> *(sehr klein; zum Tupfen, Abtupfen; z. B. Wattebausch)* • dabber
Bausch *m* <textil> *(z. B. aus Watte)* • wad
Bauschaltplan *m* <el> • internal wiring and assembly diagram
Bauschaltplan *m* <el.doku> • wiring diagram; wire map *rare*
Bauschaum *m* ugs <bau.mat> *(PU-Schaum aus der Dose)* • PU-foam *pract*; 1-component PU foam
Bauschein *m* <nav> • builders' certificate
Bauschelastizität *f* <qualit.mat> • pad elasticity
bauschen *vi* <textil> • bulge *vt*
Bauschentwicklung *f* DIN ISO 2424 <textil> *(Bodenbelag)* • pile bursting *ISO 2424*
Bauschgarn *n* <textil> • bulk yarn
bauschig <textil> • bulky
Bauschrauber *m* ugs <wz.bau> *(für Schnellbauschrauben)* • power screw gun; electric screw gun; electric screw driver
Bauschreiner *m* <holz> • carpenter
Bauschutt *m* <bau.ents> *(betont: von Abbrucharbeiten)* • demolition debris; demolition rubble; construction waste
Bauschutt *m* <bau.ents> *(allg. von Baumaßnahmen, Baustellen)* • construction waste; waste building material; builders' rubble; building rubbish; rubble *coll*
Bauspant *n* <nav> • constructional section
Bauspantenriss *m* <nav> • framing body plan; framing plan
Baustähle *f* <metall> *(diffuser Oberbegriff)* • constructional steels
Baustahl *m* <mat> *(Stahlprofile; z. B. L, T, U, I)* • structural steel; sectional steel; steel shape
Baustahl *m* <metall> *(0,03% bis 0,2% Kohlenstoff; relativ weicher Massenstahl)* • carbon steel *pract*; plain carbon steel; low-carbon steel; structural steel; structural carbon steel
Baustahlgewebe *n* <bau.mat> *(für Stahlbeton)* • steel mesh fabric
Baustahlgewebematte *f* <bau.mat> *(für Stahlbeton)* • rebar mat; reinforcement bar mat *form*; bar mat *rare*
Baustatik *f* <bau.mech> • structural statics
baustatische Berechnung *f* <bau.mech> • structural calculation
Baustein *m* ugs <tech.allg> *(austauschbare Baueinheit)* • module; modular component; module component; modular unit *pract*; building block *coll.rare*
Baustein *m* ugs <bau.mat> *(z. B. Stein, Poroton, Hohlblock)* • building block
Bausteinprinzip *n* <tech.allg> *(abstrakt)* • modular design principle (UCP); module principle of construction; unit/unitized principle of construction; units construction principle; building-block principle
Baustelle *f* <bau> • construction site; building site; erection site *rare*; field *rare*

Baustellenaufschluss *m* <bau> • site preparation
Baustellenaufwand *m* <bau> • on-site labor
Baustellenbeton *m* <bau.mat> • job-mixed concrete; site-mixed concrete; job-mix concrete
Baustelleneinrichtung *f* <bau> *(Vorgang)* • construction site erection
Baustelleneinrichtung *f* <bau> *(Geräte, Material)* • construction site equipment
Baustellenfertigung *f* <prod> • on-site manufacturing; site manufacturing; site work
Baustellenlabor *n* <bau> • field laboratory
Baustellenmontage *f* <bau> *(Errichtung größerer Objekte; z. B. von Anlagen, Rohrleitungssystemen)* • field erection; erection in the field
Baustellenmontage *f* <bau> *(Assemblierung, z. B. von Komponenten, Maschinen)* • site assembly; on-site assembly; in-situ assembly; field assembly; field assy
Baustellennaht *f* <füg> *(vor Ort geschweißt)* • field weld; site weld
Baustellenniet *m* <füg> • field rivet; site rivet
Baustellenprüfung *f* <bau.qualit> • site test; on-site test; in-situ test; field test; at-site testing
Baustellenpumpe *f* <bau.masch> • contractors' pump; building site pump
Baustellenräumung *f* <bau> • site clearance; site clearing
Baustellenschweißarbeit *f* <füg> • field welding; site welding
Baustellenschweißnaht *f* <füg> *(vor Ort geschweißt)* • field weld; site weld
Baustellensilo *n* <logist> • site hopper
Baustellenstraße *f* <verk> • construction site road; temporary road; site road *pract*
Baustellenvermessung *f* <bau> *(Resultat)* • site survey
Baustellenvermessung *f* <bau> *(Vorgang)* • site surveying
Baustellenverteiler *m* <bau.el> • construction site distribution panel
Baustellenverteilertafel *f* <bau.el> • construction site distribution panel
Baustellenvorfertigung *f* <bau> *(Betonfertigteile)* • site precasting
Baustellenwagen *m* <bahn> • work shed car
Baustil *m* <bau> • architectural style
Baustoff *m* <bau.mat> • building material; construction material; structural material
Baustoffindustrie *f* <bau> • industry of building materials
Bautechnik *f* <bau> *(Teilgebiete: Tiefbau, Hochbau, Wasserbau…)* • construction engineering
bautechnisch <bau> • constructional
Bauteil *n* <tech.allg> *(als Bestandteil z. B. von Baugruppen, Systemen, Anlagen, Maschinen)* • component part; component; part *pract*
Bauteil *n* <tech.allg> *(betont: als Teil einer Konstruktion, Baugruppe)* • component part; construction element
Bauteil *n* <el> *(in Schaltkreisen, ICs, auf Leiterplatten)* • circuit element; component; element; device *pract*
Bauteilabmessungen *fpl* <tech.allg> • component dimensions
Bauteilabmessungen *fpl* <nav> • scantlings
Bauteilausfall *m* <tech.allg> • component failure; part failure
Bauteilauslegung *f* <prod> • component design
Bauteilbemessung *f* <tech.allg> *(Festlegen der Maße)* • dimensioning of the constructional elements
Bauteil des Emissionsbegrenzungssystems *n* <kfz.emiss> • emission control device
Bauteileausfall *m* <tech.allg> • component failure; part failure

Bauteileauswahl f <tech.allg> • selection of components
Bauteilliste f <doku> (Stückliste) • component list; parts list; list of parts
Bauteilprüfung f <qualit.mat> • component testing
Bauteilversagen n <tech.allg> • component failure; part failure
Bauterrakotta f <bau.mat> • architectural terracotta
Bautischler m <holz> • carpenter
Bautyp I <edv> (PCMCIA) • type I
Bautyp II <edv> (PCMCIA) • type II
Bautyp III <edv> (PCMCIA) • type III
Bautyp IV <edv> (PCMCIA) • type IV
Bauübergabe f <bau> (z. B. schlüsselfertig) • handover; handing over
Bauuntergruppe f rar <tech.allg> • subassembly; subunit; subassy pract
Bauunternehmer m <bau> • building contractor
Bauvermessung f <bau> • construction surveying
Bauverordnung f <bau.jur> • building code
Bauvorhaben n <bau> • building project; construction project
Bauvorschriften fpl <bau.jur> • building specifications; building regulations
Bauweise f <tech.allg> (Realisierung mit bestimmten Merkmalen; z. B. robust, ex-geschützt) • construction
Bauweise f <bau> (Methode; z. B. Ortbeton, Lieferbeton, Fertigteilmontage etc.) • constructional method; construction method
Bauweise mit Fertigbetonteilen f <bau> (Beton) • precast construction
Bauwerk n <bau> • structure
Bauwerksabdichtung f <bau> • waterproofing [of building structures]
Bauwerksbelastung f <bau> (Eigengewicht plus Verkehrslasten, Windlast etc.; z. B. einer Brücke) • structural loading; structural load
Bauwerkslast f <bau> (Eigengewicht plus Verkehrslasten, Windlast etc.; z. B. einer Brücke) • structural loading; structural load
Bauwerksschwingung f <bau.phys> • structure vibration
Bauwerkssteifigkeit f <bau> • structural stiffness; structural rigidity coll
Bauwesen n DIN 1080-1 <bau> (Tiefbau, Hochbau, Wasserbau…) • civil engineering; construction engineering
Bauwinde f <förd> • hand power winch
bauwürdig <min> (Lagerstätte, Vorkommen, Bodenschätze) • exploitable; workable; productive; payable; minable
bauwürdige Lagerstätte f <min> • exploitable deposit; workable deposit; mineable deposit; payable deposit
bauwürdiger Gang m <min> • workable vein
bauwürdiger Gangteil m <geo> • pay seam; vestry
bauwürdiges Flöz n <min> (Kohlenbergwerk) • workable seam
Bauwürdigkeitsgrenze f <min> • payability limit; pay limit
Bauxit m <min> • bauxite
bauxitisch <min> • bauxitic
Bauzaun m <bau> • hoarding; site fence
Bauzeichnung f rar <bau.doku> • construction plan; construction diagram; structural drawing; architect's plan; building plan
Bauzeit f <bau> • construction period
Bauzug m <bahn> • service train; work train
Bauzustand m <bau.qualit> (z. B. von Gebäuden, Brücken) • structural condition
BAW <ents> • biodegradable material :V; biologically degradable substance
BAW-Verpackung f <pack> • packaging made of biodegradable materials

Bayer-Verfahren n <metall> (Bauxitaufschluss) • Bayer process
Bayes'sche Formel f <math> (Statistik) • Bayes formulation; Bayesian formulation
Bayes-Näherung f <math> • Bayesian approach
Bay-Window-Einrichtung f <druck> • bay-window [facility]
Bay-Window-Wendeeinrichtung f <druck> • bay-window [facility]
Bazillus m <bio> • bacillus
BBA <kfz.brems> • service brake system; service brakes pl pract; foot brake coll
BBD-Element n <el> (Eimerkettenschaltung) • bucket brigade device
BBSP-Prinzip n <mil> (Bauprinzip; z. B. von Sturmgewehren) • blowback shifted pulse (BBSP)
BCC <edv> • block character check (BCC)
BCCH <tele> • Broadcast Control Channel (BCCH) norm/rare
BCD <edv> • binary coded decimal (BCD); binary code decimal rare
BCD-Code m <edv> • BCD code; binary-coded-decimal code did
BCD-Darstellung f <edv> • binary-coded decimal representation; binary-coded decimal notation
BCD-Kode m rar <edv> • BCD code; binary-coded-decimal code did
BCG-Impfstoff m <pharm> (Bacillus Calmette-Guérin) • BCG vaccine; bacillus Calmette-Guérin vaccine
BCG-Impfung f <med> • BCG vaccination
B-C-H-Kraftstoffe mpl <chem> • boron-carbon-hydrogen fuels
BC-Solarzelle f <energ.sol> (ohne Abschattung) • laser-grooved buried-grid solar cell (LGBG); buried-grid solar cell; LGBG cell pract
BCS-Theorie f <phys> (Supraleitfähigkeit) • Bardeen-Cooper-Schrieffer theory
BCT-Prüfmethode f <pap> • box compression test method
BCT-Wert <pap> • box compression strength; BCT value
Bd <tele> (1 bit/s) • baud
BDE <edv> • industrial data collection
Bd-Sockel m <licht> • BAd-cap; Bd-cap
Be <chem> • beryllium (Be)
beabsichtigte Funkstörung f <mil> • radio jamming
Beach-Cruiser m <fz> (Fahrradtyp) • beach cruiser; cruiser pract
beackern vt ugs <agri> (Feld, Acker; betont: mit Mühe, durch Hacken, Pflügen etc.) • till vt
Beacon-Empfänger m ugs <navig> • DGPS beacon receiver (DBR); differential beacon receiver; differential GPS beacon receiver; differential signal receiver; beacon receiver pract
Beamer m ugs <av> (Drei-Farbenprojektion) • large-screen television projector; TV beamer
Beam-Lead n <el.ic.prod> • beam lead
Beam-Lead-Bauteil n <el.ic.prod> • beam lead device
Beam-Lead-Bonden nsg <el.ic.prod> • beam lead bonding
Beam-lead-Lamellentechnik f <el.ic.prod> (Halbleiter) • beam-lead laminar technology
Beamter m <admin> • civil servant; public servant; public official; government employee; officer
Beam-Tracing n <edv> • beam tracing
Beamtracing n <edv> • beam tracing
BEAN <kfz.el> • body electronics area network (BEAN)
beanspruchen vt <tech.allg> (z. B. mechanisch, elektr., thermisch, durch Witterung, Strahlung) • load vt
beanspruchen vt <jur> (z. B. Patent, Land, Schürfrecht) • claim vt

beanspruchen vt <mech> (durch Zug- od. Druckspannung) • stress vt; load vt

beansprucht <tech.allg> (betont: unter Last allg.) • loaded

beansprucht <mech> (Zug, Druck, Biegung, Abscherung, Torsion) • stressed

beanspruchtes Papier n <pap> • stressed paper

Beanspruchung f <tech.allg> (Zustand, statisch; z. B. durch Kräfte, Temperatur, Strahlung, Witterung) • load

Beanspruchung f <mech> (Vorgang, dynamisch; durch Kräfte) • loading

Beanspruchung f <mech> (durch Zug- od. Druckspannung) • stress

Beanspruchung auf Torsion f <mech> • torsional strain; torsional stress

Beanspruchung im Schwellbereich f <mech> • repeated-cycle stress; repeated-cycle load; repeated-cycle loading; one-way stress

Beanspruchung im Wechselbereich f <mech> • repeated stress reversal; reversed loading

Beanspruchungsfrequenz f <qualit.mat> • load frequency

Beanstandungsquote f <qualit> • complaint rate

beantragen vt <jur> (Patent) • apply for vt; claim vt

bearbeitbar <mat> (spanend; mit Werkzeugmaschine) • machinable

bearbeitbar <mat> (durch Umformen; z. B. Tiefziehen) • workable

Bearbeitbarkeit f <mat> (spanend, mit Werkzeugmaschine) • machinability

Bearbeitbarkeit f <mat> (Umformbarkeit, z. B. durch Tiefziehen) • workability

Bearbeiten n <allg> (von Vorgängen, Angelegenheiten; z. B. durch Behörden) • handling

Bearbeiten n <admin> (von Akten, Vorgängen) • processing

Bearbeiten n <agri> (von Land, Äckern etc.) • cultivation

Bearbeiten n <av.kino> (Vorgang des Bearbeitens von Videos, Filmen) • editing; cutting

Bearbeiten n <doku> (von Texten, Dokumenten) • editing

Bearbeiten n <obfl> (z. B. von Holz, mit Wachs, Fungizid) • treatment

Bearbeiten n <prod> (spanend) • machining

Bearbeiten n <prod> (z. B. Glätten, Richten) • dressing

bearbeiten vt <av> (Film, Video, Tonband) • edit vt; cut vt

bearbeiten vt <edv> (z. B. Text, Bild, Programm, Datei) • edit vt

bearbeiten vt <jur> (z. B. einen Fall, eine Causa) • process vt

bearbeiten vt <obfl> (behandeln, z. B. Holz) • treat vt

bearbeiten vt <prod> (Oberfläche richten, glätten etc.) • dress vt

bearbeiten vt <prod> (spanend; z. B. mit Dreh-, Fräsmaschine) • machine vt

bearbeiten vt <prod> (thermisch, elektrochemisch abtragen) • erode vt

bearbeiten vt <prod> (umformen, z. B. Tiefziehen) • work vt

bearbeitete Fläche f <obfl> (spanend) • machined surface

Bearbeitung f <allg> (von Vorgängen, Angelegenheiten; z. B. durch Behörden) • handling

Bearbeitung f <admin> (von Akten, Vorgängen) • processing

Bearbeitung f <agri> (von Land, Äckern etc.) • cultivation

Bearbeitung f <av> (Ergebnis des Editierens, von Filmen etc.; z. B. Director's Cut) • cut; edit

Bearbeitung f <av.kino> (Vorgang des Bearbeitens von Videos, Filmen) • editing; cutting

Bearbeitung f <doku> (von Texten, Dokumenten) • editing

Bearbeitung f <obfl> (z. B. von Holz, mit Wachs, Fungizid) • treatment

Bearbeitung f <prod> (spanend) • machining

Bearbeitung f <prod> (z. B. Glätten, Richten) • dressing

Bearbeitung f <prod> (Vorgang; Bearbeitung von Material) • processing

Bearbeitung auf Fertigmaß f <prod> • final sizing

Bearbeitung in Querrichtung f <prod> • cross operation

Bearbeitung mit Laser f <prod> • laser machining

Bearbeitung mit Messsteuerung f <prod> • autosizing

Bearbeitung mit Messsteuerung f <wz.masch> • machining with automatic size control; machining with automatic size control and compensation

Bearbeitung mit NC-Streckensteuerung f <prod> • line machining

Bearbeitungsablauf m <wz.masch> • machining cycle; machining sequence

Bearbeitungsangabe f <prod> (in techn. Zeichnungen) • machining symbol; machining datum; finish mark

Bearbeitungsaufmaß n <wz.masch> • machining allowance

Bearbeitungseinheit f <wz.masch> • machining unit

Bearbeitungsfolge f <tech.allg> • processing sequence; sequence of operations

Bearbeitungsgenauigkeit f <wz.masch> • machining accuracy

Bearbeitungsgeschwindigkeit f <wz.masch> • machining rate

Bearbeitungslinie f <pap> • converting line

Bearbeitungsoptimierung f <edv> • job optimization

Bearbeitungsplan m <prod> • operation sheet

Bearbeitungsprogramm n <edv> • handler program; handler routine

Bearbeitungsrichtwerte mpl <wz.masch> • machining data

Bearbeitungsriefe f <prod> • tool mark; tool ridge

Bearbeitungsspalt m <prod> (Erodieren) • working gap

Bearbeitungsstand m <doku> (z. B. von techn. Zeichnungen, Produktdokumentationen) • revision status

Bearbeitungsstand m <term> (Terminologienormung) • process status ISO DIS 12620

Bearbeitungsstand m <term> (einer Benennung in einem Terminologieeintrag) • term status ISO DIS 12200

Bearbeitungsstation f <allg> • machining station

Bearbeitungsstation f <wz.masch> (als Teil einer Fertigungszelle) • work station

Bearbeitungsstellung f <wz.masch> • operating position

Bearbeitungstoleranz f <wz.masch> • machining tolerance

Bearbeitungsverfahren n <edv> • processing procedure

Bearbeitungsvorgang m <wz.masch> • machining operation

Bearbeitungszentrum n DIN ISO 10791 <wz.masch> (allg.) • machining center ISO 10791; work center

Bearbeitungszentrum n <wz.masch> (als Teil einer Fertigungszelle) • work station

Bearbeitungszugabe f <prod> • machining allowance; stock-removal allowance

Bearbeitungszyklus m <wz.masch> • machining cycle; working cycle

Beatmung mit negativem Druck f (NPV) <med.tech> • negative pressure ventilation (NPV)

Beatmung mit positivem Druck f <med.tech> • positive pressure ventilation (PPV)

Beatmung mit umgekehrtem Atemzeitverhältnis f <med.tech> • inverse ratio ventilation (IRV)

Beatmungsbeutel m <med.tech> • resuscitator (AMBU) Air-Mask-Bag-Unit

Beatmungsdruck *m* <med.tech> • inspiratory pressure

Beatmungsform *f* <med.tech> • mode of ventilation; ventilation mode; ventilatory mode

Beatmungsfrequenz *f* <med.tech> *(Einstellparameter)* • CMV-frequency; machine rate

Beatmungsgerät *n* <med.tech> • lung ventilator *ISO 4135*; mechanical ventilator; ventilator *pract*

Beatmungshub *m* <med.tech> • mandatory breath; mechanical breath; machine breath

Beatmungsmodus *m pl:*-modi <med.tech> • mode of ventilation; ventilation mode; ventilatory mode

Beatmungsmuster *n* <med.tech> • flow, pressure and volume waveform; ventilatory pattern *rare*

Beatmungsparameter *m* <med.tech> • ventilation parameter

Beatmungsschlauch *m* <med.tech> • ventilation hose

Beats per Minute *pl* <edv.av> • beats per minute (BPM)

Beattie-Bridgman-Gleichung *f* <phys> *(thermische Zustandsgleichung)* • Beattie-Bridgman equation

Beaufortskala *f* <meteo> *(Windstärke)* • Beaufort wind scale

beaufschlagen mit *vt* <energ.hydr> *(Laufrad; z. B. Turbine mit Triebwasser)* • impinge on *vt*

beaufschlagen mit *vt* <rls> *(mit Druck; z. B. Behälter, Rohrleitungen)* • pressurize *vt*

beaufschlagen mit *vt* <turb> *(Turbine; z. B. mit Wasser, Dampf, Gas)* • admit *vt*

beaufschlagen mit *vt* <verf> *(belasten; z. B. mit Chemikalien, Dampf, Druck)* • load *vt*

Beaufschlagung *f* <energ.hydr> *(Wasserturbine; z. B. volle ~)* • gateage

Beaufschlagung *f* <turb> *(z. B. mit Wasser, Dampf, Gas)* • admission; inlet *rare*

Beaufschlagung *f* <verf> *(Ausgesetztsein; z. B. widrigen Einflüssen, Chemikalien, Witterung)* • exposure

Beaufschlagung mit Druck *f* <rls> *(z. B. Kessel, Leitungen)* • pressurization

Beaufschlagungsebene *f* <turb> *(Turbine)* • plane of admission

beaufsichtigen *vt* <tech.allg> *(Anlagen; Maschinen, Prozesse)* • attend *vt*

beaufsichtigen *vt* <tech.allg> *(Personal)* • supervise *vt*

beaufsichtigen *vt* <prod> *(z. B. Maschine, Prozess, Arbeit, Arbeiter)* • supervise *vt*; oversee *vt*; superintend *vt* form; watch over *vt coll*; monitor *vt rare*

bebaken *vt* <navig> • beacon *vt*

Bebakung *f* <nav> • beaconing

bebauen *vt* <agri> *(z. B. Acker, Feld)* • cultivate *vt*

bebauen *vt* <bau> • build up *vt*

bebautes Gebiet *n* <geo> • built-up area

bebildern *vt* <druck> *(wärmeempfindliche Druckplatte)* • expose *vt*; image *vt*

Bebilderung *f* <druck> *(wärmeempfindliche Druckplatte)* • exposure; imaging

Bebilderungsdauer *f* <druck> *(Thermaltechnologie)* • imaging time; exposure time; expose time *Luscher*

Bebilderungskopf *m* <druck> *(Thermaltechnologie)* • imaging head; exposure head; expose head *Luscher*

Bebilderungsoptik *f* <druck> *(Thermaltechnologie)* • imaging optics *pl*; exposure optics *pl*

Bebilderungsrückstand *m* <druck> *(Ablation-Technologie)* • remaining debris; debris

Bebilderungszeit *f* <druck> *(Thermaltechnologie)* • imaging time; exposure time; expose time *Luscher*

bebrüten *vt (z. B. Bakterienkulturen)* • incubate *vt*

Becher *m* <tech.allg> *(Trinkgefäß od. Objekt mit ähnlicher Form)* • cup

Becher *m* <tech.allg> *(zum Auslöffeln)* • scoop

Becher *m* <tech.allg> *(eher klein)* • cup

Becher *m DIN 15231-15236* <förd> *(Becherwerk)* • bucket

Becher *m* <nahr.pack> *(für Speiseeis; groß)* • tub; cup

Becher *m* <nahr.pack> *(z. B. für Speiseeis, Joghurt, Quark)* • cup

becherartige Schaufel *f* <energ.hydr> *(Peltonturbine)* • Pelton wheel bucket *US*; bowl of the Pelton wheel

Becher des Peltonrades *m* <energ.hydr> *(Peltonturbine)* • Pelton wheel bucket *US*; bowl of the Pelton wheel

Becherelektrode *f* <el> • cup electrode

Becherfließzahl *f* <kst> • cup flow figure; molding index

Becherförderer *m* <förd> • bucket conveyor

becherförmige Schaufel *f* <energ.hydr> *(Peltonturbine)* • Pelton wheel bucket *US*; bowl of the Pelton wheel

Becherfüller *m* <prod.nahr> *(z. B. für Eiscreme)* • cup filler; tub filler

Becherfüllung *f* <prod.nahr> *(z. B. Eiscreme)* • cup filling; tub filling

Becherglas *n* <chem> • beaker; jar

Becherhalter *m* <kfz.innen> *(z. B. in Mittelkonsole)* • beverage holder; cup holder

Becherinnenraum *m* <agri> • teat cup vacuum chamber

Becherkondensator *m* <el> • encased capacitor; potted capacitor

Becherschaufel *f* <energ.hydr> *(Peltonturbine)* • Pelton wheel bucket *US*; bowl of the Pelton wheel

Becherstrang *m* <förd> • bucket line

Becherturbine *f rar* <energ.hydr> • Pelton turbine; Pelton wheel; impulse water turbine; Pelton free-jet turbine *rare*; free-jet turbine *rare*

Becherversprüher *m* <verbr> *(Ölfeuerung)* • spinning-cup atomizer; rotary-cup atomizer

Becherwerk *n DIN 15231-15236* <förd> • bucket elevator; bucket conveyor

Becherwerkextrakteur *m* <förd> • basket band extractor; basket extractor

Becherwerk für Schrägförderung *n* <förd> • bucket conveyor operating on a steep incline

Becherwerk für Senkrechtförderung *n* <förd> • bucket conveyor operating on a vertical path

Becherwerk mit pendelnd aufgehängten Bechern *n* <förd> • pivot-bucket conveyor

Becherwerkslader *m* <förd> • bucket loader

Becherzählrohr *n* <nukl> • bell counter

Becherzwischenraum *m* <agri> *(Melkmaschine)* • pulse chamber; annular chamber

Becken *n* <bau> *(betont: Vorrat, z. B. für Trinkwasser)* • reservoir

Becken *n* <bio> • pelvis

Becken *n* <geo> • basin

Becken *n* <nav> *(Liegeplatz; z. B. Jachthafenbecken)* • basin

Becken *n* <verf> *(Behälter)* • basin; tank; pool

Beckenbewässerung *f* <agri> • basin method of irrigation

Beckenboden *m* <verf> • basin floor

Beckendurchmesser *m* <ents> *(Rundbecken)* • tank diameter

Beckengurt *m* <fz.sich> *(z. B. in Autos, Flugzeugen)* • lap belt; hip belt *rare*

Beckengurtteil *n/m* <kfz.sich> *(eines Dreipunktgurtes)* • lap belt portion

Beckenheizung *f* <verf> *(im Kaltwasserbecken von Kleinkühltürmen)* • immersion heater; cold water basin heater

Beckenkrone *f* <ents> *(z. B. Kläranlage)* • tank crest

Beckenüberlauf *m DIN 4045* <ents.hydr> • tank overflow structure

Beckmann'sche Umlagerung *f* <chem> • Beckmann rearrangement

Becquerel *n DIN 1301* <nukl> *(Einheit der Radioaktivität: 1 Zerfall/Sekunde)* • becquerel

Becquerel-Strahlen *mpl* <nukl> • Becquerel rays
bedämpfen *vt* <msr> *(Oszillator)* • attenuate *vt*
bedämpfter Näherungssensor *m* <msr> • damped sensor
bedämpfter Zustand *m* <msr> *(von Näherungssensor)* • damped state; target present mode
Bedämpfung *f* <msr> *(Aktivierung von Sensoren)* • attenuation; damping
Bedämpfungselement *n* <msr> • damping object; attenuating object
Bedämpfungsfahne *f* <msr> • target
Bedämpfungsfläche *f* <msr> *(Näherungsschalter)* • sensing face; active face; sensing head; active sensing face; sensing surface
Bedämpfungsgrad *m* <msr> *(Oszillator, Näherungssensor)* • degree of damping; state of damping; damping 'ratio; degree of coverage; degree of covering
Bedämpfungsmaterial *n* <msr> • damping material
Bedämpfungsstück *n* <msr> • damping object; attenuating object
Bedämpfungszustand *m* <msr> • state of damping; degree of damping
Bedämpfungszustand *m* <msr> *(Oszillator, Näherungssensor)* • degree of damping; state of damping; damping ratio; degree of coverage; degree of covering
Bedampfen *n* <obfl> *(zum Aufbringen sehr dünner Schichten; z. B. auf Wafern)* • physical vapor deposition (PVD); plasma vapor deposition process; vacuum evaporation; vapor deposition; PVD process
bedampfen *vt* <obfl> *(eine Oberfläche)* • vapor-coat *vt*
bedampfen *vt* <verf> *(Beton)* • steam-cure *vt*
Bedampfungsanlage *f* <prod> • vacuum coating unit; vacuum coating plant; high-vacuum evaporator
Bedampfungstechnik *f* <obfl.verf> • vacuum deposition techniques; vapor deposition techniques; vacuum deposition
Bedarf *m* <ökon> • demand
Bedarfsbetrieb *m* <verk> • demand-responsive service; non-fixed route service; demand-responsive transportation
Bedarfsbündelung *f* <logist> *(von Artikeln, Ersatzteilen; im Lager)* • family grouping; storage by similarity
Bedarfsbuslinie *f* <verk> • demand-response bus service
Bedarfsdränung *f* <agri> • random interception system; partial drainage
bedarfsgesteuerte Kanalzuteilung *f* <tele> • demand assignment (DA)
Bedarfshaltestelle *f* <verk> • request stop; flag stop *US*
Bedarfsinformation *f* <logist> *(im Lager, beim Kommissionieren; Summe aller gewünschten Artikel)* • order; pick order; pick
Bedarfsschrittmacher *m* <med.tech> • demand pacemaker
Bedarfsspitze *f* <ökon> • maximum demand
Bedarfsspitze *f* <ökon> *(z. B. Strom-, Wasser-, Gasverbrauch, Osterhasen)* • peak demand
Bedarfsventil *n* <med.tech> • demand valve
Bedarfsverkehr *m* <verk> • demand-responsive service; non-fixed route service; demand-responsive transportation
bedecken *vt* <tech.allg> *(ab-, zudecken; z. B. Boden mit Matten, Steinen, Platten)* • cover *vt*
bedecken *vt* <tech.allg> *(mit Kappe, Deckel u.ä.)* • cap *vt*
bedecken *vt* <tech.allg> *(Oberfläche; ganz obenauf mit Überzug versehen)* • top *vt*
bedecken *vt* <bau> *(Mauerwerk)* • cope *vt*
bedeckt <meteo> • overcast
Bedeckung *f* <astron> *(von Sternen)* • coverage
Bedeckung *f* <msr> *(Oszillator, Näherungssensor)* • degree of damping; state of damping; damping ratio; degree of coverage; degree of covering

Bedeckung *f* <navig> *(eines Gebiets durch Satelliten)* • coverage
Bedeckung *f* <tele> • coverage degree; degree of coverage
Bedeckungsgeometrie *f* <navig> *(der verwendeten Satelliten; GPS)* • system geometry; satellite geometry; geometry *pract*
Bedeckungsgrad *m rar* <energ.wind> • solidity; blade solidity; solidity ratio
Bedeckungsgrad *m* <msr> *(Oszillator, Näherungssensor)* • degree of damping; state of damping; damping ratio; degree of coverage; degree of covering
Bedeckungsgrad *m* <tele> • coverage degree; degree of coverage
bedeckungsveränderliche Sterne *mpl* <astron> • eclipsing variable stars *pl*
bedeutsame Stelle *f* <math> • significant digit; significant figure
bedeutsames Zeichen *n* <edv> • significant character
bedeutsame Ziffer *f* <math> • significant digit; significant figure
bedeutsamste Ziffer *f* <edv> • most significant digit (MSD)
Bedeutung *f* <allg> *(Relevanz)* • significance
Bedeutung *f* <jur> *(eines Argumentes, Beweises, Gesichtspunktes)* • weight
Bedeutung *f* <transl> • meaning
bedienbares Dachfenster *n* <bau> • operable skylight; pivoting skylight; vent/tilt roof window; venting roof window
bedienbares Fenster *n* <bau> • operable window
Bedienbarkeit *f* <tech.allg> • operability
Bedienbühne *f* <tech.allg> *(z. B. Ofen)* • operator platform; operating floor *rare*
Bedienelement *n rar* <msr> *(z. B. Schalter, Knopf, Taste, Hebel)* • control; control element *rare*
bedienen *vt* <tech.allg> *(eine Maschine, ein Gerät)* • operate *vt*
bedienen *vt* <logist> *(Regalgänge durch RFZ)* • work *vt*; service *vt*
Bediener *m ugs* <tech.allg> *(z. B. einer Maschine)* • operator
Bediener *m* <tech.allg> *(von Werkzeug-, Spritzgießmaschinen etc.)* • operator; machine operator
Bedienerantwort *f* <edv> • operator response
bedienerbezogen <tech.allg> • operator-related
Bedienereingriff *m* <edv> • operator intervention; intervention *pract*
bedienerfreundlich <tech.allg> *(Gerät, Maschine, Werkzeug)* • easy to handle
Bedieneroberfläche *f* <tech.allg> • operator interface; user interface
Bedienerschnittstelle *f* <tech.allg> • operator interface; user interface
Bedienersprache *f* <edv> • menu language
bedienerunabhängig <tech.allg> • operator-independent
bedienerunfreundlich <tech.allg> • difficult to handle
Bedienerverständigung *f* <edv> • operator communication
Bedienfehler *m* <qualit> • operator error
Bedienfeld *n* <msr> *(allg.; z. B. an Druckern, Kopierern, Spritzgießmaschinen)* • control panel; operator control panel; operating panel
Bedienfeld *n* <msr> *(betont: an der Gerätevorderseite)* • front panel
Bediengerät *n* <msr> *(mit Tastatur, Bedienungselementen, Kontrollleuchten, Display etc.)* • control station; system keypad; user interface; system pad
Bediengriff *m* <wz> • operating handle

Bedienhandrad n <tech.allg> (z. B. Ventil) • control handwheel

Bedienhebel m <tech.allg> • control lever; operating lever

Bedienhörer m rar <tele> • handset; telephone handset; telephone receiver; receiver; earphone obs.rare

Bedienknopf m <tech.allg> (eher dick; eher zum Drehen) • control knob; operating knob

Bedienknopf m <tech.allg> (zum Drücken) • operating push-button; push-button

Bedienkonzept n <msr> • theory of operation; concept of operation

Bedienoberfläche f <tech.allg> • operator interface; user interface

Bedienphilosophie f <msr> • theory of operation; concept of operation

Bedienplatz m <msr> • operator's station

Bedienpult n <msr> • control desk; control console; operating desk; operation console

Bedienschalter m <msr> • operating switch

Bedienschalttafel f <msr> (mit Drucktasten) • push-button panel

Bedienschnittstelle f <tech.allg> • operator interface; user interface

Bedienseite f <msr> (von Geräten, Maschinen; meist die Vorderseite) • operating side; operator side

Bedientableau n <msr> (hängend; z. B. für Elektrozüge, Ladekräne, Werkzeugmaschinen) • pendant control panel; pendant push-button control panel; pendant pract

Bedientableau n <msr> (mit Tastatur, Bedienungselemente, Kontrollleuchten, Display etc.) • control station; system keypad; user interface; system pad

Bedientaste f <msr> • control key; push-button

Bedienteil n <msr> (betont: konkretes Teil, Modul; z. B. abnehmbar) • user interface; control panel

Bedienteil n <msr> (mit Tastatur, Bedienungselementen, Kontrollleuchten, Display etc.) • control station; system keypad; user interface; system pad

Bedien- und Anzeigeteil n <msr> (mit Tastatur, Bedienungselementen, Kontrollleuchten, Display etc.) • control station; system keypad; user interface; system pad

Bedienung f <tech.allg> (Handhabung; z. B. von Hebeln) • handling; manipulation

Bedienung f <tech.allg> (eines Gerätes etc. durch Anwender, Operator) • operation

Bedienung f <ökon> (z. B. in Laden, Restaurant, Tankstelle) • service

Bedienung f <prod> (eines laufenden Systems; z. B. einer Maschine) • running

Bedienungsanforderung f <tech.allg> • service request

Bedienungsanleitung f <doku> (für kleinere Produkte; z. B. Taschenrechner, Hifi-Anlage, Camcorder) • operating instructions; operating manual; operation manual; user manual

Bedienungseinheit f <tech.allg> (größere Einrichtung oder Anlage) • service facility

Bedienungseinheit f <tech.allg> (allg.; eher klein) • service unit

Bedienungselement n <msr> (z. B. Schalter, Knopf, Taste, Hebel) • control; control element rare

Bedienungselemente npl <msr> • controls pl

Bedienungselemente an der Lenksäule npl <kfz.msr> • steering column controls pl

Bedienungselemente für Heizung/Lüftung/Klima npl <kfz.msr> • climate controls pl

Bedienungselemente im Lok-Führerhaus npl <bahn> • engineman's controls

Bedienungsfehler m <tech.allg> • operator error; operating fault; faulty operation

Bedienungsfehler m <kfz> (des Fahrers) • driver error

Bedienungsfeld n <msr> (allg.; z. B. an Druckern, Kopierern, Spritzgießmaschinen) • control panel; operator control panel; operating panel

Bedienungsflur m <verf.hydr> • operating floor; deck level; coping level; coping

Bedienungsform f <füg> (von Schrauben; formschlüssig) • driving feature; driving medium

bedienungsfrei <autom> (z. B. Tankstelle, Aufzug) • unattended

bedienungsfreundlich <tech.allg> • ergonomically friendly

Bedienungsgalerie f <masch> (an Großmaschinen, z. B. Druckmaschine, Kran, Papiermaschine) • walkway; catwalk

Bedienungsgang m <logist> (in Regallager) • aisle; gangway

Bedienungsgangbreite f <logist> (in Regallager) • aisle width

Bedienungsgerät n <tech.allg> • operating device

Bedienungsgerät n <msr> (mit Tastatur, Bedienungselemente, Kontrollleuchten, Display etc.) • control station; system keypad; user interface; system pad

Bedienungshebel m <masch> (allg.) • operating lever

Bedienungshebel m <obfl.wz> (Spritzpistole) • control lever; control button; trigger

Bedienungskomfort m <tech.allg> • operational comfort

Bedienungskräfte fpl <tech.allg> • operating force

Bedienungskraft f <tech.allg> (z. B. einer Maschine) • operator

bedienungslos <autom> (z. B. Tankstelle, Aufzug) • unattended

bedienungslos arbeiten vi <prod.autom> (Maschine, Anlage) • operate unattended vi

bedienungsloses Kraftwerk n <energ> • unattended power station; automatic power station

bedienungsloses Umspannwerk n <el> • unattended substation; automatic substation

Bedienungsperson f <tech.allg> (z. B. einer Maschine) • operator

Bedienungsperson f <tech.allg> (von Werkzeug-, Spritzgießmaschinen etc.) • operator; machine operator

Bedienungspersonal n <tech.allg> • operating staff; operating personnel

Bedienungsplattform f <tech.allg> • operating platform

Bedienungsplattform f <mil> (Geschütz) • gunner's platform

Bedienungspodest n <tech.allg> • operating platform

Bedienungsseite f <logist> (Regal) • loading face

Bedienungsseite f <masch> (Seite mit Bedienungselementen) • operating side

Bedienungssicherheit f <bau> • reliable operation

Bedienungssteg m <bau> (meist hoch oben, schmal) • catwalk

Bedienungstheorie f <math> • queueing theory

Bedienungs- und Wartungsanweisung f <did> • operating and maintenance instruction; service instruction

Bedienungs- und Wartungsfeld n <tele> • operating and maintenance panel

Bedienungsweg m <alarm> • entry/exit route; entry/access route

Bedienung von Hand f <tech.allg> • manual operation; manual control; hand operation

bedingt <edv> (z. B. Befehl) • conditional

bedingt abbauwürdig <min> (Bodenschätze; z. B. Kohleflöz) • marginal

bedingt bauwürdig <min> (Bodenschätze; z. B. Kohleflöz) • marginal

bedingt durch <allg> • as a result of

bedingte Anweisung f <edv> • conditional statement; IF-statement

bedingter Befehl *m* <edv> • conditional instruction
bedingter Bemessungskurzschlussstrom *m EN 60947* <msr> • rated conditional short-circuit current *EN 60947*
bedingter Haltbefehl *m* <edv> • conditional stop instruction
bedingter Programmstopp *m* <edv> • conditional breakpoint
bedingter Sprung *m* <edv> • conditional jump
bedingter Sprungbefehl *m* <edv> • conditional jump instruction
bedingtes Gegensprechen *n* <tele> *(Funkfernsprechen)* • half-duplex operation
bedingte Sprunglogik *f* <edv> • conditional branch logic
bedingte Verteilung *f DIN 55350-21* <math> *(Statistik)* • conditional distribution
bedingte Verzweigung *f* <edv> *(Programm)* • conditional branch; conditional jump
bedingte Verzweigungslogik *f* <edv> • conditional branching logic; conditional branch logic
bedingte Verzweigungsoperation *f* <edv> • if-operation
bedingte Wahrscheinlichkeit *f* <math> • conditional probability
bedingt-gleiche Farben *fpl* <obfl> • metameric colors
Bedingung *f* <allg> • condition
Bedingung *f* <edv> *(ALGOL)* • if-clause
Bedingungen *fpl* <jur> • conditions; terms
Bedingungen der umgekehrten Isolation <med> *(Isolierstation mit umgekehrtem Infektionsschutz)* • reverse isolation precautions
Bedingungen für die technische Realisierbarkeit *fpl* <tech.allg> • feasibility conditions
Bedingungen für thermisches Gleichgewicht *fpl* <therm> • zero heat-transfer conditions
Bedingungsgleichung *f* <math> • conditional equation; condition equation; equation of condition
Bedingungskode *m* <edv> • condition code
Bedingungsschlüssel *m* <edv> • condition code
Bedplate *f* <mot> *(im Kurbelgehäuse)* • bedplate
bedrahtete Ausführung *f* <el> *(im Ggs. zur SMD-Ausführung)* • thru-hole style; wired style
Bedrohung für die Umwelt *f* <ökol> • ecological menace
Bedrohungscode *m* <alarm> • ambush code; duress code
Bedroom-Sharing *n* <med> *(Teilen des Schlafzimmers mit mindestens einer Person)* • bedroom sharing
bedruckbar <mat> • printable
bedruckbarer Bereich *m* <edv> *(Etikett)* • print area
Bedruckbarkeit *f DIN 16500/2* <druck> • printability
Bedruckbarkeitsprüfer *m* <druck> • printability tester
Bedrucken *n* <textil> • printing
bedrucken *vt* <druck> *(Oberfläche, Material)* • print *vt*; print on *vt*
bedrucken *vt* <pack> *(Dosen)* • decorate *vt*
Bedruckstoff *m* <druck> • printing substrate; printing material; substrate *pract*; stock
Bedüsung *f* <min> • spraying
beeinflussen *vt* <allg> *(nachteilig)* • affect *vt*
beeinflussen *vt* <allg> *(Einfluss nehmen auf etwas)* • influence *vt*
beeinflussen *vt* <allg> • influence *vt*
beeinflussen *vt* <tech.allg> *(unzulässig; z. B. Geräte, Messungen)* • manipulate *vt*
beeinsprucht <jur> *(Maßnahme, Entscheidung)* • protested
beeinträchtigen *vt* <allg> *(durch Interferenz)* • interfere with *vt*
beeinträchtigen *vt* <qualit> *(einschränken; z. B. Funktionen)* • impair *vt*
Beeinträchtigung *f* <allg> • impairment

beenden *vt* <allg> *(Prozess, Vorgang, Tätigkeit, Aufenthalt)* • terminate *vt*
beenden *vt* <tech.allg> *(komplett zu Ende bringen; z. B. Auftrag, Lieferung, Montagearbeit)* • complete *vt*
beenden *vt* <tech.allg> *(Vorgang, Arbeit zu Ende bringen; auch vorzeitig)* • finish *vt*; end *vt*
beenden *vt* <chem> *(Kettenwachstum b. Polymerisation)* • terminate *vt*
beendet <allg> *(Vorgang; am Ende, zu Ende geführt; z. B. Zusammenbau, Prüfung, Errichtu)* • finished; complete
Beendigung *f* <tech.allg> *(eines Prozesses, Vorgangs, Aufenthalts etc.)* • termination
Beendigung *f* <tech.allg> *(Vorgang)* • termination
beengt <tech.allg> *(Platzverhältnisse)* • space-critical
beengte Platzverhältnisse im Innenraum <kfz.innen> • cramped seating conditions
beengter Raum *m* <tech.allg> • tight space
Beerdigungsindustrie *f* <ents> • funeral industry
Beere *f* <bio> • berry
beerenförmig <allg> • aciniform
Beerenhülse *f* <nahr> • skin; grape skin
beeteln *vt* <textil> • beetle *vt*
Beetlekalander *m* <textil> • beetle calender
Beettiefpflug *m* <agri> • conventional deep digger plough
Befähigungsnachweis *m* <qualit> • qualification attest; qualification
befahrbar <bahn> *(Strecke, für bestimmte Waggontypen, Züge)* • negotiable
befahrbar <nav> *(Gewässer)* • navigable
befahrbar <verk> *(Straße, Strecke; z. B. für normale Limousinen)* • passable; practicable
befahrbare Schachtabdeckung *f* <bau> • passable manhole cover; roadway-type margin
befahren *vt* <fz> *(Straße, Weg)* • drive along *vt*; ride along *vt*; use *vt*
befahren *vt* <nav> *(Gewässer)* • navigate *vt*
befallen *adj* <agri> *(von Schädlingen, Insekten)* • insect-infested
Befallsmerkmale *npl* <obfl.holz> *(von tierischen Holzschädlingen)* • signs of attack
Befehl *m* <allg> • command; order
Befehle abarbeiten *vt* <edv> • execute instructions *vt*
Befehle einfügen *vt* <edv> • insert instructions *vt*
befehlen *vt* <allg> • command *vt*; order *vt*
Befehl für Programmstopp *m* <edv> • break-point instruction; stop instruction
Befehl mit mehreren Adressen *m* <edv> • multiple-address instruction
Befehlsabarbeitung *f* <edv> • instruction execution
Befehlsabbruch *m* <edv> • instruction abort
Befehlsablauf *m* <edv> • instruction cycle
Befehlsabruf *m* <edv> • instruction fetch; instruction call
Befehlsabrufzyklus *m* <edv> • instruction fetch cycle
Befehlsadresse *f* <edv> • instruction address
Befehlsadressenregister *n* <edv> • instruction address register (IAR)
Befehlsänderung *f* <edv> • instruction modification
Befehlsausführung *f* <edv> • instruction execution
Befehlsausführungsprogramm *n* <edv> • command handler
Befehlsblock *m* <edv> • instruction block
Befehlsdatei *f* <edv> • command file
Befehlsdekodierer *m* <edv> • instruction decoder
Befehlseinheit *f* <edv> • command unit
Befehlsfolge *f* <edv> • instruction sequence
Befehlsfolgeregister *n* <edv> • sequence control register
Befehlsformat *n* <edv> • instruction format
Befehlsgeräte <el> *(z. B. Taster, Schalter)* • operator controls *:V*

befehlsgesteuert <msr> *(z. B. Fertigungsstraße)* • command-controlled
Befehlskennzeichen *n* <edv> • instruction label
Befehlskette *f* <mil> • command chain; chain of command; command channel
Befehlskettung *f* <edv> • command chaining
Befehlskode *m* <edv> • instruction code; operation code
Befehlskodierer *m* <edv> • instruction encoder
Befehlslänge *f* <edv> • instruction length
Befehlslenkung *f* <aerospace> • command guidance
Befehlsliste *f* <edv> • instruction list
Befehlsmakro *n* <edv> • macro; script
Befehlsmenü *n* <edv> • command menu
Befehlsprozessor *m* <edv> • basic processing unit; command processor
Befehlsregister *n* <edv> • instruction register
Befehlssatz *m* <edv> • instruction set; instruction repertoire
Befehlsschalter *m* <el> • control switch
Befehlsschleife *f* <edv> • instruction loop; loop of instructions
Befehlsschlüssel *m* <edv> • instruction code
Befehlssignal *n* <el> • command signal
Befehlsspeicher *m* <edv> • instruction memory; instruction store
Befehlssprache *f* <edv> • command language
Befehlsstand *m* <mil> • control center
Befehlssteuereinheit *f* <edv> • instruction control unit
Befehlsübermittlungsanlage *f* <mil> *(z. B. in Panzer)* • intercom
Befehlsverarbeitungszeit *f* <edv> *(zwischen Controller-Signal und Plattenreaktion)* • command overhead; command processing overhead time; controller time; overhead
Befehlsverkettung *f* <edv> • command chaining
Befehlsverknüpfung *f* <edv> • command chaining
Befehlsvorrat erweitern *vt* <edv> • expand the instruction set *vt*
Befehlsweg *m* <mil> • command chain; chain of command; command channel
Befehlswort *n* <edv> • instruction word; instruction code
Befehlszähler *m* <edv> • instruction counter; program counter
Befehlszählerregister *n* <edv> • instruction counting register
Befehlszeile *f* <edv> • command line
Befehlszeit *f* <edv> • instruction time
Befehlszyklus *m* <edv> • instruction cycle
Befehl variabler Länge *m* <edv> • variable-length instruction
Befensterung *f* <bau> • fenestration
befestigen *vt* <bau> *(Böschung; mit Mauerwerk, Beton)* • revet *vt*
befestigen *vt* <bau> *(Böschung, Seitenstreifen, Bankette; durch Verdichten, Schotter)* • shoulder *vt*
befestigen *vt* <füg> *(an bestimmter Stelle)* • place *vt*
befestigen *vt* <füg> *(allg.; an/auf etw.)* • fasten *vt*; mount *vt*; attach *vt*; install *vt*; fix *vt coll*
befestigen *vt* <füg> *(mit Klammern, Clips)* • clip *vt*
befestigen *vt* <füg> *(etwas Loses, Lockeres)* • fix *vt*
befestigen *vt* <füg> *(mit Passfeder, Keil)* • key (to) *vt*
befestigen *vt* <füg> *(mit Stift)* • pin *vt*
befestigen *vt* <füg> *(sichern, festmachen; z. B. mit Schrauben)* • secure *vt*
befestigen *vt* <wz> *(Modul, Teil befestigen; z. B. Nuss oder Verlängerung an Knarre)* • attach *vt*; fit *vt*
befestigt <tech.allg> • fixed
befestigte Fläche *f* <bau> *(Straße, Weg, Parkplatz)* • paved area

befestigte Fläche *f* <mil> • hardstand
befestigter Seitenstreifen *m* <bau> *(befahrbar)* • hard shoulder
befestigte Straße *f* <bau.verk> • paved road (hwy) *US*; highway *US.coll*; pavement *rare*
befestigte Straße *f* <verk> • highway (hwy) *US*; paved road *rare*; pavement *rare*
Befestigung *f* <tech.allg> *(Vorgang des Anbringens)* • attachment
Befestigung *f* <tech.allg> *(allg., an/ auf etwas)* • fastening
Befestigung *f* <tech.allg> *(von etwas Losem, Lockerem)* • fixing
Befestigung *f* <tech.allg> *(Vorgang; z. B. einer Schleifscheibe)* • mounting
Befestigung *f* <tech.allg> *(Festmachen; z. B. mit Schrauben)* • securing
Befestigung *f* <bau> *(von Böschungen)* • revetment
Befestigungs… <tech.allg> *(in Zusammensetzungen)* • mounting …; attaching …
Befestigungsarm *m* <füg> • mounting bracket
Befestigungsbohrung *f* <masch> • mounting hole
Befestigungsbohrung *f* <wz.masch> • mounting bore; locating bore; fixing bore
Befestigungsbord *m rar* <rls> *(ungewellter Teil an den Enden eines Metallbalgkompensators)* • neck *BS 6129*; end sleeve; tangent; cuff; tail
Befestigungsbügel *m* <masch> • fastening bow
Befestigungsbügel *m* <masch> *(längliches Teil zum Befestigen; z. B. Lichtmaschine an Motor)* • bracket; mounting bracket; support bracket
Befestigungsbügel für Anhängekupplung *m :V* <kfz> • utility trailer hitch
Befestigungselemente *npl* <masch> • mounting hardware
Befestigungselemente zur Aufnahme von Bögen *npl* <med.tech> *(Kieferorthopädie)* • attachments for seating archwires
Befestigungsflansch *m* <tech.allg> *(z. B. an Rohren, Getrieben, Steckern)* • mounting flange; attachment flange; fixing flange; flange *pract*
Befestigungsgewinde *n* <masch> • fastening thread; fastening screw thread
Befestigungskegel *m* <wz.masch> • mounting taper; machine taper; receiving taper
Befestigungsklemme *f* <masch> • fixing clamp
Befestigungslappen *m* <füg> • fastening lug
Befestigungslasche *f* <masch> *(kleine Zunge, Fortsatz; z. B. an Blechen)* • tab
Befestigungsloch *n* <edv> *(Langloch für Laufwerke etc.)* • keyhole slot
Befestigungsloch *n* <wz.masch> *(Bohrstange)* • bar slot
Befestigungsmutter *f* <füg> • fixing nut; retaining nut
Befestigungsplatte *f* <tech.allg> • mounting plate
Befestigungspunkt *m* <tech.allg> *(von Stützlagern, Federn, Puffern, Hängern u. dgl.)* • suspension mount
Befestigungsring *m* <füg> • fastening ring; retainer ring
Befestigungsschelle *f* <tech.allg> *(eher klein, aus Kunststoff oder Metall; z. B. für Kabel, Schlauch)* • fixing clip
Befestigungsschelle *f* <tech.allg> *(aus Metall, eher groß; z. B. für Regenwasser-Fallrohr)* • mounting bracket; fixing clamp; mounting clamp
Befestigungsschelle *f* <masch> • fixing clamp
Befestigungsschiene *f* <edv> *(im Gehäuse, für Laufwerke)* • mounting rail; side rail
Befestigungsschlitz *m* <prod> *(Langloch etc.)* • mounting slot
Befestigungsschraube *f* <edv> *(für Laufwerke)* • mounting screw; drive mounting screw

Befestigungsschraube f <masch> *(ohne Mutter, eher klein; typ. mit Spitzgewinde)* • mounting screw

Befestigungsschraube f <masch> *(mit Mutter, eher groß)* • mounting bolt

Befestigungsseitenrahmen m <edv> • mounting sled

Befestigungssockel m <kfz.msr> *(für Aufbauinstrumente)* • mounting pod; pod

Befestigungsstift m <masch> *(allg.)* • securing pin; mounting pin; fastening pin; fixing pin

Befestigungsteile npl <kfz> • attaching parts

Befestigungsunterlage f <nav> *(für Beschläge)* • fixing pad

Befestigungsvorrichtung f <tech.allg> • fastening device; fixing accessory; fixing device

Befestigungswerkstoffe aus Kunststoff mpl DIN EN ISO 4049 <mat> • luting materials DIN EN ISO 4049

Befestigung von Wanderdünen f <bau> • stabilization of wandering dunes

befeuchten vt <tech.allg> *(z. B. Luft, Papier)* • humidify vt; moisten vt

befeuchten vt <obfl> *(mit viel Flüssigkeit)* • wet vt

befeuchten vt <textil> *(Stoff)* • dampen vt; make damp vt

Befeuchter m <hlk> *(allg.)* • humidifier; moistener

Befeuchter m rar <hlk> *(für Zigarren)* • humidor

Befeuchter m <pap> • wetting machine

Befeuchtung f <hlk> • humidification

Befeuchtung f <verf> • moistening

Befeuchtung f <verf> *(sehr nass)* • wetting

Befeuchtungsmaschine f <textil> • damping machine

Befeuchtungsmittel n <chem> • moisturizer; humectant

Befeuchtungs- und Trocknenanlage f <led> • heat setting and drying equipment; setting plant

befeuern vt <aerospace> *(z. B. Startbahn)* • light vt

befeuern vt <hlk> *(Heizung; z. B. mit Kohle, Öl, Erdgas)* • heat vt

befeuern vt <navig> *(mit Baken, Signalen etc.)* • beacon vt

befeuern vt <verbr> *(Öfen)* • fire vt

Befeuerung f <navig> • beaconage; beaconing

Befeuerung f <navig> *(Beleuchtung; z. B. von Startbahnen, Hindernissen)* • lighting

Beflammen n DIN EN ISO 4618 <obfl> *(Oxidieren einer Kunststoffoberfläche vor dem Beschichten)* • flame treatment ISO 4618-3

beflammen vt <tech.allg> • flame vt

beflammen vt <qualit> • apply a test flame to a test specimen

beflecken vt <obfl> • stain vt; spot vt

Beflocken n <kst.obfl> • electrostatical flocking; flock spraying; flocking

beflocken vt <kst.obfl> • flock vt

beflockt <obfl> • with grass flock

beflockte Erzeugnisse npl <textil> • flocked products; flockeds

beflocktes Garn n <textil> • flocked yarn

Beflockung f <textil> *(Vorgang)* • flock printing; flocking

Beflockungsklebstoff m <füg> • flocking adhesive

Beflockungsmaschine f <textil> • flocking plant

befördern vt <tech.allg> *(z. B. Fahrgäste, Güter)* • carry vt

befördern vt <aerospace> *(einen Satelliten, ins All)* • launch vt

befördern vt <förd> *(mit Förderanlage; z. B. mit Förderband)* • convey vt

befördern vt <förd> *(innerbetrieblich)* • handle vt

befördern vt <förd> *(allg.)* • transport vt

befördern vt <logist> *(mit LKW)* • haul vt

befördern vt <logist> *(Waren etc.; mit Schiff, Flugzeug, Bahn, Lkw)* • ship vt

befördern vt <tele> *(übertragen; z. B. E-Mail, Telefax, Telegramm)* • transmit vt

Beförderung f <förd> *(mit LKW)* • haulage

Beförderung f <logist> • transport; transportation; carriage; movement; transport operation

Beförderung f <logist> *(z. B. Eisenbahn, Fluggesellschaft)* • carriage

Beförderung f <logist> *(mit Schiff oder Bahn)* • shipping

Beförderung f <verk> • conveyance

Beförderung f <verk> *(Fracht und Personen zu Land und zu Luft)* • transport; transportation

Beförderungskanal m <druck> *(Setzmaschine)* • distributor channel

Beförderungskapazität f <fz> *(Bus, Bahn)* • passenger capacity; passenger-carrying capacity

Beförderungsleistung f <verk> • transport operations; transport services

Beförderungsmittel n <mil> *(für Mannschaften, Gerät etc.)* • transport

Beförderungsmittel n <verk> • means of transport[ation]; transport; transportation US; mode of transportation; mode *form*

Beförderungsmittel npl <förd> • means of transport; means of conveyance

Beförderungszeit f <verk> *(z. B. per Bus)* • journey time; travel time US

befohlener Übertrag m <edv> • separately instructed carry

befolgen vt <allg> *(z. B. Gesetze, Vorschriften, Normen)* • comply with vi; observe vt; respect vt; follow vt; meet vt

Befolgung f <allg> *(von Gesetzen, Vorschriften, Regeln, Normen)* • compliance (with); observance (of)

befrachten vt <logist> *(mit Ladegut; z. B. Schiff, Lkw)* • freight vt

befrachten vt <verbr> *(Ofen; z. B. Hochofen, Müllverbrennung)* • load

befrachtet <ents> *(Adsorbens; z. B. mit Schadstoffen)* • used; spent

Befrachtung f <logist> *(von Transportmitteln)* • freighting

Befrachtung f <verbr> *(eines Ofens; z. B. Hochofen, Müllverbrennung)* • furnace charge; furnace load; burden

befreien vt <allg> *(von etwas)* • free vt

befreien vt <jur> *(z. B. von Verantwortung, Verpflichtung)* • release vt

befreien vt <jur> *(z. B. Gefangenen)* • set free vt

Befüllanlage f <tech.allg> • filling station

Befüllen n <allg> • filling

Befüllpumpe f <förd> • feeding pump; feed pump; input pump; loading pump

Befüllung f <allg> • filling

Befugnisebene f <admin> • authorization level

begasen vt <agri> • fumigate vt; gas vt

Begasung f <agri> • fumigation

Begasung f <verf> • gassing

Begasungsautomat m <metall> *(Kernhärtung)* • automatic gassing machine

Begasungsmittel n <agri> *(Schädlingsbekämpfung)* • fumigant

Begasungsrohr n <agri> • fumigating tube

Begazemaschine f <textil> • gauzing machine

begehbar <allg> *(z. B. Kühlraum, Kanal)* • walk-in

begehbar <verk> *(z. B. Weg, Eingang)* • passable

begehbarer Bilgetank m <nav> • conduit bilge tank

Begehungsfrequenz f <bau> • door-opening frequency

begichten vt <metall> *(Kupolofen)* • burden vt

begichten vt <metall> *(Hochofen)* • charge vt; fill vt

Begichtung f <metall> *(eines Hochofens; Material)* • charge; batch

Begichtung f <metall> *(eines Hochofens; Vorgang)* • charging operation; charging; filling

Begichtungsbühne *f* <metall> *(Hochofen)* • charging platform; charging gallery; charging floor; blast-furnace charging gallery; blast-furnace charging floor
Begichtungskran *m* <metall> • charging crane
Begichtungswagen *m* <metall> *(Gichtaufzug)* • charging barrow
Beginn *m* <allg> *(eines Vorgangs)* • beginning; commencement; onset; start
Beginn *m* <allg> *(Ausgangspunkt)* • origin
beginnen *vi/vt* <allg> *(z. B. Arbeit, Vorgang)* • commence *vi/vt*
beginnen *vi/vt* <allg> *(Bewegung, Prozess, Tätigkeit)* • start *vi/vt*; begin *vi/vt*; commence *vi/vt*
beginnen *vt* <allg> *(initiieren)* • initiate *vt*
beginnen *vt* <tech.allg> *(Vorgang, Prozess initiieren; z. B. Reaktion, Gespräche)* • initiate *vt*
beginnen *vt* <petr> *(Bohrung)* • spud in *vt*
beginnende Vorentflammung *f* Bosch <kfz.el> • incipient pre-ignition
Beginn-Kochpunkt *m* <phys> • initial boiling point
Beginn-Siedepunkt *m* <phys> • initial boiling point
Beginnzeichen *n* <av> *(z. B. Abspielgerät)* • start signal
beglaubigen *vt* <jur> *(offiziell; Urkunde, Dokument, Verfahren)* • certify *vt*; authenticate *vt*; attest *vt*; legalize *vt*; acknowledge *vt*
beglaubigt <jur> • certified; authenticated; attested
Beglaubigung *f* <jur> • certificate
Beglaubigungsdatei *f* <tele> *(mit Teilnehmerzugangsberechtigungen)* • Authentication Centre (AuC)
Begleitautomatik *f* <el.mus> • auto accompaniment; automatic accompaniment
Begleitbatterie *f* <mil> • escort battery
Begleitelement *n* <min> • accompanying element; impurity element; impurity
begleitender Dreikant *m* <math> • moving trihedral
begleitendes Dreibein *n* <math> • moving trihedral
Begleiterscheinung *f* <med> • side effect; accompanying symptom *thsc*
Begleitfahrzeug *n* <fz> • escort vehicle
Begleitjagdflugzeug *n* <mil> • escort fighter
Begleitkarte *f* <doku.qualit> *(eines Produkts während der Produktion)* • transfer ticket
Begleitmatrix *f* <math> • companion matrix
Begleitmetall *n* <metall> • accompanying metal impurity; foreign metal impurity
Begleitmineral *n* <min> • accompanying mineral; associated mineral
Begleitpanzer *m* <mil> • infantry tank
Begleitperson *f* <nfz> *(zum manuellen Steuern von Spezialtransportern)* • tillerman
Begleitschiff *n* <nav> • tender
Begleitstoff *m* <tech.allg> • accompanying substance; companion
Begleitstoff *m* <geo> *(in Erz; neutral)* • admixture
Begleitstrecke *f* <min> • companion heading; parallel heading; back entry
Begleitwagen *m* <bahn> • caboose
begradigen *vt* <tech.allg> *(z. B. Mauer, Straße, verbogenes Teil)* • straighten *vt*
begradigen *vt* <bau> *(z. B. Baufluchtlinie, Trasse)* • true *vt*
Begradigung *f* <bau> *(Begradigung einer Trasse)* • straightening; rectification
Begräbnisgewerbe *n* <ents> • funeral industry
begrenzbar *vt* <allg> • limitable
begrenzen *vt* <allg> *(Gebiet, Bewegungsfreiheit, Zuständigkeit)* • limit *vt*; restrict *vt*; bound *vt*
begrenzen *vt* <allg> *(Fläche)* • border *vt*
begrenzen *vt* <allg> *(Umrisse, Flächen, Bereiche)* • delimit *vt*

begrenzen *vt* <allg> *(nach bestimmten Kriterien; z. B. Zugang)* • restrict *vt*
begrenzen *vt* <tech.allg> *(strikt; z. B. Platz, Thema, Dehnung)* • confine *vt*
begrenzen *vt* <tech.allg> *(Werte; z. B. Druck, Durchsatz, Last, Temperatur)* • limit *vt*
begrenzen *vt* <el> *(Spitzen abschneiden; z. B. Spannungsspitzen, Stromstöße, Grenzpegel)* • clip *vt*
Begrenzer *m* <el> *(für Grenzpegel)* • limiter; clipper; delimiter
Begrenzer *m* prakt <kfz.msr> • engine speed limiter; rev limiter *pract*; limiter *pract*
Begrenzer *m* <msr> *(Zeit; Abschaltung nach Zeitdauer)* • timer
Begrenzer *m* <msr> *(für max. UpM; mech.)* • governor
Begrenzerdiode *f* <el> • limiter diode; clipper diode
Begrenzerschaltung *f* <el> • limiter circuit; cut-clipper circuit; cut-off circuit
Begrenzerschaltung *f* <tele> • suppressor circuit
Begrenzerstufe *f* <msr> • limiting stage; limiter stage
Begrenzerverstärker *m* <el> • limiter amplifier
begrenzt <allg> *(eingeengt; z. B. Bereich, Zugang)* • restricted
begrenzt <allg> *(endlich, nicht endlos vorhanden; z. B. Mittel, Budget)* • finite; limited
begrenzt <tech.allg> *(Mittel, Werte; z. B. max. Drehzahal, Höchstgeschwindigkeit)* • limited
begrenzt <math> • bounded
begrenzte Lauflänge *f* (RLL) <edv> *(Aufzeichnungsverfahren)* • Run Length Limited (RLL); Run Length Limited code
begrenzte Mischbarkeit *f* <mat> • partial miscibility; incomplete miscibility
begrenzte Mittel *pl* <allg> *(finanzieller oder anderer Art)* • limited resources
begrenzte Sicht *f* <verk> • limited visibility
Begrenztheit *f* <allg> *(durch Grenzen; z. B. von Ressourcen, Mitteln)* • limitation
Begrenzung *f* <allg> *(einer Fläche)* • boundary; bounds
Begrenzung *f* <allg> • limitation; limit
Begrenzung *f* <allg> *(von Optionen, Rechten; z. B. des Zugangs)* • restriction
Begrenzung *f* rar <tech.allg> *(räumlich; Verhindern des Austritts; z. B. von Strahlung, Magnetfeldern)* • confinement
Begrenzung *f* <av> *(eines Sound-Samples)* • truncation; trimming
Begrenzung *f* rar <doku> *(techn. Zeichnung)* • outline; part edge *rare*
Begrenzung *f* <el> *(von Pegeln, Amplituden, Spannungsspitzen, Einschaltstrom etc.)* • limiting; clipping
Begrenzung *f* <med.tech> *(des Drucks, Flows oder Volumens)* • limit
Begrenzung *f* <verk> *(Durchfahrtshöhe, -breite; z. B. Brückendurchfahrt)* • clearance
Begrenzungsanschlag *m* <masch> • limit stop; mechanical stop; bump stop *coll*
Begrenzungsbalken *mpl* <edv> *(Strichcode)* • guard bars *pl*; guard pattern; guard bar pattern
Begrenzungsblende *f* <opt> • limiting aperture
Begrenzungsdeich *m* <bau> • border dike
Begrenzungsdiode *f* <el> • clamping diode
Begrenzungsdrossel *f* <el> • current-limiting reactor
Begrenzungsfläche *f* <tech.allg> • limiting face; bounding face
Begrenzungsflächenmodell *n* <edv> • Boundary Representation Model (B-Rep); B-Rep model *pract*
Begrenzungsflächen-Repräsentation *f* <edv> • boundary representation (b-rep); surface modeling *pract*

Begrenzungskennlinie f <tech.allg> (z. B. Motor, Pumpe) • limiting characteristic; limiting characteristic line

Begrenzungsleuchte f <kfz> (NICHT mit „side marker light" übersetzen!) • sidelight; sidelamp; front parking lamp US

Begrenzungslicht n <nav> • side-marking light; side light

Begrenzungslinie f <doku> (z. B. technische Zeichnung) • boundary line

Begrenzungslinie f <edv> (in Strichcode) • bearer bar

Begrenzungslinie f <msr> • gauge line

Begrenzungsordnung f <edv> • boundary alignment

Begrenzungsrahmen m <edv> (rechteckige Markierung um ein komplexes Bildobjekt) • bounding box; boundary box

Begrenzungsschalter m <el> (für Bewegungen; z. B. an Kran, Werkzeugmaschine) • limit switch; overtravel limit switch rare

Begrenzungsschaltung f <el> • limiting circuit; clipper circuit

Begrenzungsschraube f <masch> (z. B. Vorrichtung, Messgerät) • check screw

Begrenzungssymbol n <edv> • delimiter; data delimiter

Begrenzungsteil n <textil> (Nocken) • guard cam

Begrenzungsverstärker m <el> • limiting amplifier

Begrenzungsverzerrung f <el> • limiting distortion; clipping distortion

Begrenzungswiderstand m <el> • current-limiting resistor

Begrenzungszeichen n <edv> • delimiter; data delimiter

Begrenzungszeichen npl <edv> (Strichcode) • guard bars pl; guard pattern; guard bar pattern

Begriff m <allg> (Idee, Vorstellung) • notion

Begriff m DIN 2342 <term> (im Ggs. zu Benennung) • concept ISO 1087

Begriffsbestimmung f <term> • definition ISO 704, 1087

Begriffserklärung f <term> • explication

begründen vt <allg> (mit Gründen belegen; z. B. eine Entscheidung, Konstruktion) • substantiate vt; justify vt; give reasons for

begründen vt <jur> (Grundlage liefern für etw.; z. B. für Ansprüche, Produkthaftung) • establish vt; constitute vt; create vt

begründete Furcht f <jur> (z. B. vor Risiken) • well-founded fear

Begrünung f <bau> • vegetation

Begussmasse f <silik> • engobe

Behälter m <tech.allg> (oben offen, eher klein) • bin

Behälter m <tech.allg> (allg.; jede Größe, jeder Inhalt; rundum geschlossen) • container

Behälter m <tech.allg> (betont: Auffanggefäß) • receptacle

Behälter m <tech.allg> (für Flüssigkeit und Gase; relativ groß, offen oder geschlossen) • tank

Behälter m <tech.allg> (eher klein, transportabel, dünnwandig aus Blech oder Kunststoff) • canister

Behälter m <tech.allg> (eher groß, jeder Inhalt; rundum geschlossen, auch für Druck) • vessel

Behälter m <logist> (betont: Speicher für Flüssigkeiten/Gase) • storage tank

Behälterauflage f <logist> (Palettenregal) • skid supporting member; skid support; pallet foot support

Behälterboden m <verf> (oberes oder unteres Ende; z. B. Kalottenboden) • head

Behälterboden m <verf> (unten) • tank bottom

Behälterdruck m <verf> • container pressure

Behälterfassungsvermögen n rar <tech.allg> • tank capacity

Behälterfüllstand m <verf> • tank level

Behälterfüllstandsmesser m <verf.msr> • tank gauge

Behälter für Lagerung und Transport von radioaktivem Material m did <nukl.logist> • cask for storage and transport of radioactive material (Castor)

Behälter für menschliche Ausscheidungen m DIN EN ISO 1588 <med.tech> • human waste container DIN EN ISO 1588

Behälterglas n <silik> • container glass

Behälterglasindustrie f <silik> • container glass industry

Behälterpumpe f <förd> • container pump

Behälterrohr n <kfz> (Zweirohr-Stoßdämpfer) • reservoir tube; outer tube

Behältersterilisation f <med.tech> • container sterilization

Behältersumpf m <verf> • tank sump

Behältertragwagen m obs.rar <bahn> • container wagon

Behälterwaage f <msr> • bin-type weighing device

Behälterwagen m <bahn> (Silo für Schüttgut) • silo wagon

Behälterwand f <verf> • tank wall; wall of the tank

Behälterwiegen n <msr> • tank weighing

Behaglichkeit f <innen> (Wohnung, Hotelzimmer, Raumklima) • comfort

Behaglichkeitsbereich m <bau> (z. B. Flughafen, Bahnhof) • comfort zone

Behaglichkeitskurve f <hlk> • comfort curve

Behaglichkeitstemperatur f <hlk> • comfort temperature

Behandeln n <tech.allg> (z. B. von Oberflächen) • treating; treatment

behandeln vt <allg> (abstrakt; z. B. Thema, Gegenstand, Problem) • concentrate on vt; focus on vt; deal with vt; cover vt

behandeln vt <ents> (aufbereiten; z. B. Abwasser) • treat vt

behandeln vt <nahr> (verarbeitend) • process vt

behandeln vt <prod> (z. B. eine Oberfläche) • treat vt

behandeln vt <verf> (als Vorstufe für Folgeprozess) • process vt; treat vt

behandeln mit Wachs vt <obfl> (z. B. Holz, Fahrzeugunterboden, Hohlräume) • wax vt

Behandlung f <tech.allg> (z. B. von Oberflächen) • treating; treatment

Behandlung im Autoklaven f <verf> • autoclaving

Behandlung im Spritzverfahren ugs <obfl> • spray treatment

Behandlung im Spritzverfahren f <obfl> • spray treatment

Behandlung in der Küpe f <obfl> • vatting

Behandlung in Schrotbeize f <led> • drenching

Behandlung mit Chlorwasserstoff f <chem.verf> • hydrochlorination

Behandlung mit Ozon f <chem.verf> • ozonization US; ozonisation GB

Behandlung mit Salzlake f <chem.verf> • brining

Behandlung mit Schwefel f <chem.verf> • sulfurization

Behandlung nach dem Schweißen f <füg> • postweld treatment

Behandlungsgut n <verf> • load charge

Behandlungslösung f <verf> • solution

Behandlungssymbol fürTextilerzeugnisse n <textil> • care labelling code

Behandlung vor dem Schweißen f <füg> • preweld treatment

Beharrlichkeit f <allg> (von Personen; z. B. bei Arbeiten, Forschungen) • persistence

Beharrungsfahrt f <bahn> • normal running

Beharrungsstrecke f DIN 4049-3 <geo> (Abschnitt eines Fließgewässers ohne Erosion und Sedimentation) • persisting stretch

Beharrungsvermögen n <mech> • inertness; inertia

Beharrungswert *m* <msr> • steady-state value
Beharrungszustand *m* <tech.allg> *(Prozesse aller Art)*
• stationary state; steady-state condition; steady state
beharzen *vt* <kst> • resin *vt*
behauen *vt* <obfl> *(Stein)* • dress *vt*
behauen *vt* <prod> *(Stein)* • chisel off *vt*; hew *vt*
behauen *vt* <prod> *(allg.; Steine, Holz)* • hew *vt*
Behavioral-Animation *f* <edv> *(für verhaltensbezogene Bewegungen)* • behavioral animation; behavioural animation *GB*
beheben *vt* <rep> *(z. B. Fehler, Pannen)* • eliminate *vt*; clear up *vt*
beheben *vt* <rep> *(entfernen; z. B. Schaden)* • remove *vt*
beheben *vt* <rep> *(Schaden)* • repair *vt*
beheizbar <tech.allg> • heatable
beheizen *vt* <tech.allg> *(allg. Objekt; z. B. Lambdasonde, Ansaugkrümmer, Glasscheiben)* • heat *vt*
beheizen *vt* <verbr> *(Ofen)* • fire *vt*
beheizt <tech.allg> • heated
beheizte Heckscheibe *f* <kfz.el> *(betont: Scheibe)* • heated rear window; heated backlight *US.rare*
beheizte Kleidung *f* <bekl> *(z. B. Motorradhandschuhe)* • heated apparel
beheizte Lambda-Sonde *f* <kfz.emiss> • HEGO sensor; heated exhaust gas oxygen sensor *form*
beheizter Außenspiegel *m* <kfz> • heated mirror; mirror with defogging
beheizter Fahrsitz *m Opel.rar* <kfz.el> *(nur Fahrersitz)* • heated front seat
beheizter Handschuh *m* <bekl> • heated glove
beheizter Schlauch *m* <rls> *(elektrisch)* • heated hose
beheizter Vordersitz *m* <kfz.el> *(nur Fahrersitz)* • heated front seat
beheiztes Fahrertürschloss *n* <kfz> • heated drivers's door lock
beheizte Vordersitze *mpl* <kfz.el> *(beide Vordersitze)* • heated front seats
beheizte Wascherdüse *f* <kfz> • heated washer nozzle
beheizte Windschutzscheibe *f* <kfz> • heated windshield; Insta-Clear heated windshield [TM] *Ford*
Beheizung *fsg* <hlk> *(Vorgang)* • heating
Beheizungsgas *n* <verbr> • heating gas
Behelf *m* <tech.allg> • makeshift
Behelfsantenne *f* <tele> • emergency aerial
Behelfsbeleuchtung *f* <licht> • standby lighting
Behelfsbrücke *f* <mil> • emergency bridge
Behelfsbrücke auf Pontons *f* <bau> *(Schwimmbrücke)* • pontoon bridge
Behelfseinrichtung *f* <tech.allg> • makeshift device
Behelfsflugplatz *m* <aerospace> • airstrip
behelfsmäßig <tech.allg> *(vorübergehend)* • temporary; provisional
behelfsmäßige Lösung <tech.allg> *(minderwertiger Behelf)* • makeshift solution
Behelfsstraße *f* <mil> • emergency road
behelmt <bekl> • helmeted
behelmter Prüfkopf *m* <qualit.mät> • helmeted headform
beherrschbar <allg> • controllable
Beherrschbarkeit *f* <kfz> *(von Reifen, Fahrzeug)* • control
beherrschen *vt* <tech.allg> *(Abläufe, Grenzwerte, Systeme; Störfälle)* • control *vt*
beherrschende Gesellschaft *f* <ökon> • controlling company; controlling corporation *US*
beherrschendes Gelände *n* <mil> • dominant terrain
beherrschte Gesellschaft <ökon> • controlled company; controlled corporation *US*
beherrschter Prozess *m DIN 55350-33* <qualit> • process in control

beherzte Fahrweise *f* <kfz> *(besonders zügig, flott; im Grenzbereich)* • spirited driving style
beherzte Gangart *f* <kfz> • spirited driving
behindern *vt* <allg> *(hemmen)* • impede *vt*
behindern *vt* <allg> *(nachteilig, bremsend beeinflussen)* • interfere with *vt*
behindern *vt* <allg> *(konkret, massiv; z. B. Zugang)* • obstruct *vt*
behindern *vt* <mech> *(eingrenzen, einengen; z. B. Dehnung, Bewegung)* • constrain *vt*
behindert <tech.allg> *(körperlich und/oder geistig; z. B. Anwender, Benutzer; von Systemen, Ge)* • handicapped
Behindertenbus *m* <nfz> • handicap bus; handicapped-accessible bus
behindertengerecht <bau> *(Zugang)* • suitable for the handicapped; catering for [the needs of] people with disabilities; wheelchair-accessible
behindertengerechter Bus *m* <nfz> • handicap bus; handicapped-accessible bus
behindertengerechte Toilette *f* <bau> • wheelchair-accessible toilet
Behindertenlift *m* <nfz> • wheelchair lift
Behindertenparkplatz *m* <verk> • disabled parking; parking space for the disabled; disabled drivers car space *GB*
behinderte Schwindung *f* <kst> *(bei kastenförmigem Formteil)* • restricted shrinkage *:V*
Behinderung *f* <allg> *(konkret, massiv; z. B. des Zugangs)* • obstruction
Behinderung *f* <tech.allg> *(z. B. einer Bewegung, Dehnung)* • constraint
Behinderung *f* <tech.allg> *(durch Interferenz)* • interference
Behörde *f* <admin> • authority; public authority; authorities; public agency; administrative agency
bei Bedämpfung <msr> • when damped
bei beengten Einbauverhältnissen <tech.allg> • where space is critical
beibehalten *vt* <tech.allg> *(Zustand, Wert)* • maintain *vt*
Beibehalten des vorhergehenden Abtastmusters *n* <edv> *(Fehlerverdeckung)* • previous word hold
bei Berührung von <tech.allg> • upon making contact with
Beibremsen *n* <kfz> *(Bremsmethode bei Bergabfahrt)* • snubbing; intermittent braking
beibremsen *vt* <kfz.brems> • snub *vt*
beidäugig <opt> • binocular; two-eyed
beidohrig <akust> • binaural
beidrehen *vi* <nav> *(in eine bestimmte Position gehen)* • heave *vi*
beidrehen *vi* <nav> *(Fahrt verlangsamen)* • slow down *vi*
beidrücken *vt* <prod> *(flanschen)* • flange *vt*
beidseitig <tech.allg> *(z. B. bearbeiten)* • on both sides
beidseitig beaufschlagte Siebtrommel *f form* <verf. hydr> • cup screen *Brac*; single entry cup screen *form*
beidseitig beaufschlagtes Siebband *n* <verf.hydr> • dual flow band screen
beidseitig beschreibbare Diskette *f* <edv> *(Diskette)* • double-sided floppy [disk]; DS diskette; 2S diskette
beidseitige Datenübermittlung *f DIN ISO 3309* <edv> • two-way simultaneous data communication *ISO 3309*; TWS data communication
beidseitige Einkehlung *f* <pap> • waist
beidseitig eingespannt <mech> *(z. B. Träger, Werkzeug)* • fully restrained; fixed at both ends
beidseitig eingespannter Träger *m* <mech> *(Bauwesen, Maschinenbau)* • beam fixed at both ends
beidseitiger Flat-Hump *m* <kfz> *(Radfelge)* • flat hump on both bead seats (FH2)

beidseitiger Rund-Hump m <kfz> (Radfelge) • double hump (H2); round hump on both bead seats

beidseitiges Contre Pente n <fz> (Radmerkmal) • contre pente on both bead seats (CP2)

beidseitiges Drucken n <druck> • duplex printing; duplex print

beidseitig gelagertes Laufrad n <förd> • impeller mounted between bearings; impeller with bearings either side

beidseitig kaschierte Leiterplatte f <el> • double-face printed circuit board; double-faced printed circuit board; two-sided board; 2-sided pcb

beidseitig kegelig <prod> • tapered on both sides

beidseitig schneidendes Bohrmesser n <wz> • double-ended cutter

beidseitig verzinkt <obfl> • two-side galvanized; two-sided galvanized; double-sided galvanized; galvanized on both sides

beidseitig wirkende Presse f <prod> • double-action press

Beifahrer m <kfz> (Motorrad) • passenger

Beifahrer m <kfz> (auf Vordersitz) • front-seat passenger; front passenger

Beifahrer-Airbag m <kfz.sich> • passenger-side air bag; front passenger airbag

Beifahrerin f <kfz> (Motorrad, Roller) • passenger

Beifahrer vorne rechts m <kfz> • right-front passenger

Beifang m <nahr> (beim Hochseefischen, mit Schleppnetzen etc.; z. B. Delfine) • wrong fish :V; inadvertent catch :V; unwanted catch :V

bei freier Fläche <msr> • undamped; unoperated

Beigeschmack m <nahr> • foreign taste; foreign flavor

Beil n <wz> (kleine Axt) • hatchet

beilackieren vt ugs <obfl> (Lackierungsfehler) • touch up vt

Beiladung f VW <kfz.sich> (Airbag-Gasgenerator) • priming charge VW

Beiladung f <logist> (Fracht, z. B. auf Lkw) • additional load

Beiläufer m <druck> • auxiliary roller

Beilage f <bau> (an Stirnfläche, Kopfende; Zwischenstück in/an Widerlager o.ä.) • abutting piece

Beilage f A <doku> (zu einem Brief) • attachment; enclosure

Beilage f <druck> (meist Werbung) • inset

Beilage f <druck> (zu einer Zeitung) • supplement

Beilage f <masch> (allg.; jede Form, meist dünn, aus Blech) • shim

Beilageneinsteckmaschine f <druck> • inserting machine; insetting machine

Beilagescheibe f <kfz.mot> • valve shim; valve adjustment shim

Beilagscheibe f A <masch> (allg.; jede Form, meist dünn, aus Blech) • shim

Beilauf m prakt <el> (von Kabeln) • filler insulation; cable filler; filler pract

Beilaufdraht m <el> • drain wire

Beilauffaden m <el> (in Kabel) • tracer

Beilegescheibe f <masch> (allg.; jede Form, meist dünn, aus Blech) • shim

Beilegscheibe f <masch> (allg.; jede Form, meist dünn, aus Blech) • shim

Beiluft f <verbr> (z. B. Ofen, Vergaser) • admixed air

beimengen vt <tech.allg> (z. B. Additive, Zuschläge) • admix vt; add vt coll

Beimengung f <tech.allg> • admixture

Beimengung f <chem.verf> • addition

Beimengungen fpl <tech.allg> (Verunreinigungen) • impurities

Beimengungen fpl <agri> (im Getreide) • trash

beimischen vt <nahr> (Zutaten) • add vt

Beimischung f <chem.verf> • addition

beimpfen vt <bio.chem> (Nährmedium) • inoculate vt

Bein n <allg> (auch metaphorisch) • leg

Bein n <bau> (Türstock) • arm

Bein n <min> (Kohlenbein) • fender

Beinahe-Katastrophe f press <aerospace> • near miss

Beinahewürfel m ugs <math> • cuboid

Beinahe-Zusammenstoß m <aerospace> • near miss

Beine npl <petr> • jacket legs

Beinfreiheit f <kfz.innen> (vorne und hinten) • legroom

Beinschützer m DIN EN ISO18814 <sport.sich> • leg protector

Beinschutz m <bekl> (Motorrad) • legshield

Beinschwarz n <obfl> • bone black; ivory black; animal black; drop black

Beinstütze f <kfz.sich> (Kindersitz) • leg rest; leg support

Beinzwinge f <agri> • kicking strap; hock-strap

beiordnen vt <allg> (Person; z. B. als Assistent) • assign to vt

beiordnen vt <allg> • coordinate vt

Beipacklösung f <tech.allg> • by-pack solution; by-pack method; by-pack approach

Beiprodukt n rar <prod> (meist nützlich) • by-product; side product rare

bei Raumtemperatur abbindender Klebstoff m <füg> • room temperatur curing adhesive; room-temperature-curing adhesive; room temperature setting adhesive; room-temperature-setting adhesive

bei Raumtemperatur härtender Klebstoff m <füg> • room temperatur curing adhesive; room-temperature-curing adhesive; room temperature setting adhesive; room-temperature-setting adhesive

bei Raumtemperatur verfestigender Klebstoff m <füg> • room temperatur curing adhesive; room-temperature-curing adhesive; room temperature setting adhesive; room-temperature-setting adhesive

bei Raumtemperatur vernetzender Klebstoff m <füg> • room temperatur curing adhesive; room-temperature-curing adhesive; room temperature setting adhesive; room-temperature-setting adhesive

Beischlag m <bau> (Treppenvorbau, oberhalb einer Freitreppe) • perron

Beischleifen n DIN EN ISO 4618 <obfl> (abtragendes Angleichen der Beschichtung an den Rändern) • feather edging ISO 4618-3

beischleifen vi/vt <obfl> (Handschliff von Spachtel, Lack usw.) • flat vt; scuff back vt; rub down vt

beiseite räumen vt <tech.allg> (hinderliche, unerwünschte Gegenstände) • clear away vt

Beispiele sind … <allg> • examples include …

beispielhafte Ausführung f <tech.allg> (Prototyp etc.; z. B. einer Erfindung) • exemplary embodiment

Beispritzen kleiner Flächen n <obfl.rep> (Reparaturlackierung) • spot painting; touch-up spraying; spotting in

Beißbacke f <wz> • grip

beißend <allg> (Geruch, Gestank) • acrid

Beißkeil m <wz> • wedge grip

Beißzange f Süddt. <wz> • pincers; carpenters' pincers; end-cutting nippers; nippers

Beistellbett n <innen> • cot

beistellen vt <wz> (Schleifscheibe) • feed vt; feed laterally vt

Beistellgerät n <tech.allg> • add-on unit

Beistellung f <wz> (Schleifscheibe) • lateral feed

Beistoff m <chem> (in Wirkstoffgemischen) • corrective

Beistrich m rar <druck> (allg.; in Text) • comma

Beitel n DIN 5155 <wz.holz> • chisel; wood chisel

beitragen *vt* <allg> *(finanziell, ideell, thematisch)* • contribute *vt*

Beitragseinstufung *f* <kfz.vers> • grouping

Beiwagen *m* <bahn> *(Straßenbahn)* • trailer

Beiwagen *m* <kfz> *(Motorrad)* • side-car

Beiwert *m* <math> • coefficient

Beiwert *m prakt* <verbr> • fuel specific factor

Beizabtrag *m* <obfl> *(Gewichtsverlust; beim Emaillieren)* • pickle weight loss; etching weight loss

Beizangriff *m* <obfl> • pickling attack

Beizanlage *f* <metall> • pickling plant; pickler

Beizbad *n* <obfl> *(allg.)* • pickling bath

Beizbad *n* <obfl> *(bei Alu; Behälter und Vorgang)* • etching bath

Beizbad *n* <textil> • mordanting bath

Beizbast *m* <obfl.metall> • pickling sludge; etching smut

Beizbehälter *m* <metall> • pickling tank; pickling vat

Beizbelag *m* <obfl.metall> • pickling sludge; etching smut

Beizbottich *m* <metall> • pickling tank; pickling vat

Beize *f* <led> • bate

Beize *f* <obfl.holz> • stain

Beize *f* <obfl.metall> *(allg.; sauer od. alkalisch)* • pickling solution; etching solution; etchant; pickle

Beize *f* <obfl.metall> *(sauer)* • pickling acid

Beize *f* <textil> • mordant

Beizen *n* <obfl> *(Entfernen einer Oxidschicht; z. B. von Alu)* • deoxidizing *US*; deoxidising *GB*; desoxidising *GB.obs*

Beizen *n* <obfl> *(mit Natronlauge)* • caustic etching

Beizen *n DIN EN ISO 4618* <obfl> *(Entfernen von Rost/Walzhaut/Zunder mit saurer Lösung)* • pickling *ISO 4618-3*

Beizen *n* <obfl> *(chem. Verfahren zum Verbessern des Haftens neuer Schichten)* • etching *ISO 4618-3*

Beizen *n* <obfl.holz> • staining

Beizen *n* <textil> • mordanting

beizen *vt* <agri> *(Saatgut)* • pellet *vt*

beizen *vt* <holz> • stain *vt*

beizen *vt* <led> • bate *vt*

beizen *vt* <metall> • pickle *vt*

beizen *vt* <obfl> • pickle *vt*

beizen *vt* <prod> • dress *vt*

Beizenfärberei *f* <textil> • mordant dyeing

Beizenfarbstoff *m* <obfl> • adjective dye

Beizenfarbstoff *m* <textil> • lake dye; mordant dye; lake

Beizenverfahren *n* <textil> • chromate dyeing method; chromate process

Beizereiabwasser *n* <ents> • pickling wastes

Beizfarbentabelle *f* <obfl.holz> • chart of stains

Beizflüssigkeit *f* <metall> • pickling liquid; pickling solution; pickling fluid

beizfreies Email *n* <obfl> • pickle-free ground coat; no-pickle frit; no-pickle ground coat; no-nickel ground coat

beizfreies Grundemail *n* <obfl> • pickle-free ground coat; no-pickle frit; no-pickle ground coat; no-nickel ground coat

Beizinhibitor *m* <obfl.chem> • pickling inhibitor

Beizkorb *m* <metall> • pickling basket; pickle basket

Beizlinie *f* <metall> *(Bandproduktion)* • etching station

Beizlösung *f* <obfl.metall> *(allg.; sauer od. alkalisch)* • pickling solution; etching solution; etchant; pickle

Beizmittel *n* <agri> • seed dressing powder; seed dressing

Beizmittel *n* <chem.verf> *(Tabak)* • sauce

Beizmittel *n* <led> • bate

Beizmittel *n* <obfl.metall> *(allg.; sauer od. alkalisch)* • pickling solution; etching solution; etchant; pickle

Beizmittel *n* <obfl.metall> *(sauer)* • pickling acid

Beizmittel *n* <textil> • mordant

Beizpulver *n* <obfl.holz> • powdered stain

Beizreiniger *m* <obfl> • cleaner with solvent action

Beizsprödigkeit *f DIN 50900* <qualit.mat> • acid brittleness; hydrogen brittleness; plating brittleness; pickle brittleness

Beizverfahren *n* <obfl.holz> • staining technique

Beizvergoldung *f* <obfl> • pigment gilding

Beizversprödung *f* <metall> • acid embrittlement; hydrogen embrittlement; pickling embrittlement

Beizwirkung *f* <obfl.holz> • staining effect

bekämpfen *vt* <allg> *(z. B. Arbeitslosigkeit, Umweltverschmutzung)* • counteract *vt*

bekämpfen *vt* <mil> • combat *vt*

bekämpfen *vt* <ökol> *(Lärm)* • control *vt*

Bekämpfung *f* <emiss> *(von unerwünschten Effekten; z. B. Staub, Lärm)* • suppression; abatement

Bekämpfungszone *f* <mil> • engagement zone

Bekämpfung von Funkstörungen *f* <tele> • radio interference control; radio interference abatement

Bekämpfung von Hindernissen *f* <mil> • counterobstacle operations

bekannte Ausführung *f* <jur> *(in Patentschriften)* • known art; prior art

bekannte Größe *f* <math> • known quantity

Bekanntgabe *f* <allg> *(z. B. von internen Daten)* • disclosure; publication

Bekanntmachung *f* <jur> *(Patent)* • official publication

Bekanntmachungstag *m* <jur> *(von Patenten; Pos. 44)* • Complete Specification Published

Bekernung *f* <mat> • prenucleation

Bekk-Prüfgerät *n* <pap> • Bekk tester

Beklebepapier *n DIN 6730* <pap> • lining paper; pasting paper; liner paper

Bekleidung *f* <bau> • window casing; window trim; casing *pract*; trim *pract*

Bekleidung *f* <bau.innen> *(von Wänden)* • lining

Bekleidung *fsg* <bekl> • clothing *sg*; apparel *sg*; garments *pl*

Bekleidungsgewerbe *n* <bekl> • clothing trade

Bekleidungsindustrie *f* <bekl> • clothing industry; garment industry

Bekleidungskontrolle *f* <mil> • clothing inspection

Bekleidungsleder *nsg* <led> • clothing leather *sg*; garment leather *sg US*

Bekleidungsnappa *n* <led> • clothing nappa

Bekleidungssektor *m* <textil> • apparel sector

Bekleidungsvelours *n* <led> • clothing suede

Bekleidungsvorschriften *fpl* <mil> • clothing rules

Bekohlungsanlage *f* <förd> • coal-handling plant; coaling plant

Bekohlungsanlage *f* <nav.logist> • coal bunkering quay; coal bunkering wharf

Bel *n* <phys> *(Einheit)* • bel

BE-Ladebühne *f prakt* <nukl> • fuel handling bridge

Beladebunker *m* <logist> • loading bunker

beladen *adj* <ents> *(Adsorbens; z. B. mit Schadstoffen)* • used; spent

beladen *vt* <logist> *(Trichter, Silo, Bunker)* • fill *vt*

beladen *vt* <logist> *(z. B. Fahrzeug mit Fracht)* • load *vt*

Beladeöffnung *f* <tech.allg> *(z. B. Silo, Bunker, Tankwagen)* • charging hole; filling hole

Beladeplan *m* <logist> • loading plan

Beladevorgang *m* <logist> • loading operation

Beladevorrichtung *f* <förd> • loading device; loader

Beladung durch die Bugöffnung *f* <nav> *(Fähre)* • bow loading

Beladungsprofil *n* <verf.ents> *(Adsorption, Aktivkoks)* • adsorption profile *:V*

Belästigung *f* <emiss> *(z. B. durch Lärm)* • nuisance

Belästigung durch Schall *f DIN 1320* <emiss> • noise pollution; sound pollution *rare*; disturbance caused by noise *rare*; noise nuisance *rare*

Belag m <bau> (z. B. Straßenbelag) • coating; coat
Belag m <bau> (Abdeckung; z. B. Teppichboden) • cover; covering
Belag m <bau> (Fußboden; z. B. Fliesen, Teppich) • flooring
Belag m <bau> (Straße) • pavement surface
Belag m <masch> (z. B. Reibbelag) • lining
Belag m <obfl> (Ausblühung; z. B. auf Schokolade) • bloom
Belag m <obfl> (betont: oberste Schicht, Nutzschicht; z. B. gehärtet) • facing
Belag m <obfl> (Schicht, Lage) • layer
Belag m <obfl> (unerwünschte Schicht, z. B. Schmutz, Beizbelag) • smut
Belagbildung f <obfl> (z. B. bei Lebensmitteln) • blooming
Belagbohle f <logist> • chess
Belagbrecher m <bau.masch> • scarifier
Belaghaltefeder f <brems> (Scheibenbremse) • anti-rattle spring
Belagsegment n rar <kfz.brems> (Belagträger mit Bremsbelag von Scheibenbremsen) • brake pad; friction pad
belastbar <el> • loadable
Belastbarkeit f <av> (von Lautsprechern; in Watt) • power handling capacity
Belastbarkeit f <el> (Nennwert, in Watt) • power rating
Belastbarkeit f <fz> (von Reifen; in kg) • load rating; tire load carrying capacity; load carrying capacity; tire carrying capacity; carrying capacity
Belastbarkeit f <masch> • loadability; load-bearing capacity; carrying capacity; load capacity
Belastbarkeit f <mech> (in Masse-, Gewichts- od. Krafteinheiten) • permissible load; maximum loadability
Belastbarkeit f <mech> (in N/mm²) • stressability
belasten vt <tech.allg> (z. B. mechanisch, elektr., thermisch, durch Witterung, Strahlung) • load vt
belasten vt <masch> (allg. einer Last aussetzen; z. B. Brücke, Lkw, Motor) • load vt
belasten vt <mech> (Werkstoffe, Strukturteile) • stress vt
belasten vt <mech> (durch Zug- od. Druckspannung) • stress vt; load vt
belasten vt <phys> (Druck, Gewicht aufbringen; z. B. den Talski) • put weight onto vt
belastet <mech> (unter Last; z. B. Strukturteil) • loaded
belastet <ökol> (z. B. Abwasser, Böden, Nahrung) • contaminated; polluted; loaded
belastete Antenne f <tele> • loaded antenna
Belastung f <tech.allg> (Zustand, statisch; z. B. durch Kräfte, Temperatur, Strahlung, Witterung) • load
Belastung f DIN 1305 <el> (z. B. für Netz, Generator) • load
Belastung f <mech> (Vorgang) • loading; application of a load
Belastung f <mech> (allg.; z. B. von Strukturteilen) • load; stress
Belastung f <mech> (durch Zug- od. Druckspannung) • stress
Belastung f <tele> • intensity of traffic carried
Belastung außerhalb der Spitzenzeit f <el> • off-peak load
Belastung der Umwelt f <ökol> • environmental pollution; pollution load on the environment; pollution of the environment
Belastung mit Schmutzstoffen f <ökol> • pollution load
Belastungsannahme f <mech> (Festigkeitsberechnung) • load assumption
Belastungsanzeiger m <el> • load indicator
Belastungsausgleich m <energ.hydr> • load compensation
Belastungsbild n <tech.allg> • load diagram; loading diagram; load scheme

Belastungsfähigkeit f <masch> • loadability; load-bearing capacity; carrying capacity; load capacity
Belastungsfähigkeit in Achsrichtung f <masch> (Lager) • thrust rating
Belastungsfaktor m <el> • loading factor; load factor
Belastungsfall m <mech> • loading case
Belastungsfrequenz f <qualit.mat> • load frequency
Belastungsgeschwindigkeit f <qualit.mat> • rate of loading
Belastungsgewicht n <agri.tech> • loading weight
Belastungsgrad m <energ> (Kraftwerk) • plant capacity factor
Belastungsgrenze f <tech.allg> • load limit; loading limit; capability margin; maximum permissible load
Belastungsgüte f <el> • loaded Q; working Q
Belastungskapazität f <el> • load capacitance
Belastungskennlinie f <el> • load characteristic; load line
Belastungskraft f <phys> • active force; acting force
Belastungskreis m <el> • load circuit
Belastungskurve f <el> • load curve
Belastungsrahmen m <qualit.mat> • load frame
Belastungsregelung f <el> • load control
Belastungsschild n <tech.allg> (auf Gerät) • load sign
Belastungsschwankung f <energ.hydr> • load fluctuation
Belastungsspannungsmesser m rar <kfz.el.wz> (für Starterbatterie-Belastungsprüfung) • battery tester
Belastungsspitze f <el> • load peak
Belastungsspitze f <energ> • peak load; peakload; peak-load demand
Belastungsverhalten n <tech.allg> (z. B. einer Maschine) • behavior under load
Belastungsversuch m <tech.allg> • load test
Belastungswiderstand m <el> (Größe) • load resistance
Belastungswiderstand m <el> (Bauteil) • ballast resistor (BAL RES); load resistor
Belastungszeit f <tech.allg> • load time; loading time; load period
Belastungszeitverhältnis n <tech.allg> • duty factor
belaufen auf vr <allg> (i.a. bezogen auf Geldbeträge) • total to vt
beleben vt <verf.ents> (Flotation, Abwasser, Schlamm) • activate vt
belebendes Mittel n <verf.ents> (Flotation) • activator; flotating agent
Beleber m <verf.ents> (Flotation) • activator; flotating agent
Belebtbecken n prakt <verf.ents> • activated-sludge basin; activated-sludge tank
Belebtschlamm m <verf.ents> (Abwasserreinigung) • activated sludge; activated sewage sludge form; aerated sludge rare; bio sludge rare
Belebtschlammanlage f <verf.ents> • activated-sludge plant
Belebtschlammbecken n <verf.ents> • activated-sludge basin; activated-sludge tank
Belebtschlammflocken fpl <verf.ents> • activated sludge flocculi
Belebtschlammverfahren n <verf.ents> • activated sludge process
Belebung f <verf.ents> (Schlamm) • activation
Belebungsanlage f <verf.ents> • activated-sludge plant
Belebungsbecken n <ents> (Frischwasser) • aeration basin; aeration tank
Belebungsbecken n <verf.ents> (Abwasser) • activation basin
belederte Abreißwalze f <textil> • leather detaching roller
Belederung f <prod> • leather facing
Beleg m <doku> • voucher; evidence; record; slip

Belegablage f <edv> • document file; document stacker rare

Beleganstoßwarnsignal n <edv> • jam anticipation signal

Belegdatenverarbeitung f <edv> • document data processing

belegen vt (z. B. einen Sitzplatz) • reserve vt

belegen vt <bau> (Boden; z. B. mit Matten, Platten) • cover vt

belegen vt <edv> (z. B. Speicherplatz; Steckplätze) • occupy vt

belegen vt <nav> (Leine) • belay vt

belegen vt <verf> (verstopfen; Filter) • clog vt

Belegen der Krempel mit Kratzenbändern n <textil> • card mounting

Belegexemplar n <werb> • checking copy; file copy

Belegfolgeprüfung f <edv> • document position checking

Belegkodiermaschine f <edv> • document inscriber

Belegleser m <edv> • document reader

beleglose Kommissionierung f <logist> • paperless order-picking

Belegsortierer m <edv> • document sorter

Belegsortierleser m <edv> • document sorter reader

Belegspeicher m <edv> • document store

belegt <tech.allg> (z. B. Telephonleitung) • busy; engaged

belegter Abbau m • manned face

belegt halten vt <edv> • hold vt

Belegtmelder m <logist> (RFZ) • load sensor

Belegtsignal n <edv> • busy signal

Belegung f <tech.allg> (Auslastung) • loading

Belegung f <tech.allg> (z. B. von Speicherplätzen, Sitzen) • occupancy

Belegung f <el> (bei Steckverbindern, Elektronikbausteinen) • pin assignment; pin configuration; pin definition; pin allocation; contact configuration rare

Belegung f <tele> (Inanspruchnahme, von Leitungen, Kanälen) • seizure; holding

Belegung f <verf> (Ausmaß des Zusetzens von Filtern, Abscheidern) • clogging; clogging rate; blockage

Belegung pro Kanal f <tele> • per channel loading

Belegungsdauer f <tele> (eines Anschlusses) • call duration

Belegungsdichte eines Datenbestandes <edv> • file packing

Belegungserkennung f <kfz.msr.sich> (von Fahrzeugsitzen; für Airbagauslösung) • occupant sensing

Belegungsfaktor m <tele> (Netz) • utilization factor

Belegungsfaktor m <verf> (Ausmaß des Zusetzens von Filtern, Abscheidern) • clogging; clogging rate; blockage

Belegungsgrad m <verf> (Ausmaß des Zusetzens von Filtern, Abscheidern) • clogging; clogging rate; blockage

Belegungsminute f <tele> • call minute

Belegungsplan m <el> (Leiterplatte) • components layout; components layout diagram

Belegungsplan m <el> (Pins) • pin assignment plan

Belegungsproblem n <math> (Statistik) • occupancy problem

Belegungsversuch m <tele> • call attempt

Belegungszähler m <tele> • position meter

Belegungszahl f <tele> • telephone traffic unit

Belegungszeichen n <tele> • seizing signal

Belegungszeit f <tele> • holding time

Belegungszustand m <tele> • busy/idle status

Belegzähler m <edv> • document counter

beleuchten vt <tech.allg> (allg.; z. B. Raum, Instrumente, Studio, Szene, Model) • illuminate vt; light vt

Beleuchter m <licht.theat> • electrician; juicer coll; lamp man coll

Beleuchterbrücke f <theat> • footlight bridge; light bridge

beleuchtet <tech.allg> (allg.; z. B. Display, Handschuhfach, Zigarettenanzünder etc.) • illuminated

beleuchtet <el> (Display, von hinten) • backlit

beleuchtete Bedienungselemente npl <msr> • illuminated controls

beleuchteter Kippschalter m <el> • illuminated handle toggle switch; lighted handle toggle switch

beleuchteter Kosmetikspiegel m <kfz.innen> (z. B. für Fahrer und Beifahrer) • illuminated vanity mirror; illuminated visor vanitor mirror; illuminated sunvisor; lighted vanity mirror; lighted vanity coll

beleuchteter Wippschalter m <el> • lighted rocker switch; illuminated rocker switch

Beleuchtung fsg <licht> (allg.; z. B. eines Raums, Studios, einer Werkstatt, Bühne) • lighting sg; illumination sg

Beleuchtung fsg <licht> (Vorrichtung, Vorgang des Beleuchtens, Ergebnis) • illumination sg; lighting sg

Beleuchtung durch gerichtetes Licht f <licht> • directional lighting; directional illumination

Beleuchtung mittels Lichtleitfaser f <lwl> • fiber-optic lighting

Beleuchtungsabdeckung f <licht> (z. B. auf Aquarien) • light hood

Beleuchtungsanlage f <licht> (z. B. Bühnenbeleuchtung, Studio) • lighting installation; lighting system

Beleuchtungsapparat m <opt> (Mikroskopie) • substage illuminator; substage light

Beleuchtungsart f <licht> • type of illumination

Beleuchtungsbrücke f <licht.theat> • lighting bridge; bridge pract

Beleuchtungseffekt m <kunst> • lighting effect

Beleuchtungseinrichtung f <phot> (Vergrößerer) • enlarger lighting system

Beleuchtungsintensität f <licht> • lighting level; illumination level

Beleuchtungskegel m <licht> • illuminating cone

Beleuchtungskörper m form <licht.innen> (allg.; z. B. Decken-, Wand-, Steh-, Tischleuchte) • light; luminaire

Beleuchtungskontrast m <phot> • lighting contrast

Beleuchtungskopf m <phot> • enlarger head; enlarging head; enlarger housing

Beleuchtungsmesser m <msr> • illuminometer; luxmeter

Beleuchtungsmodell n <edv> • illumination model; shading model pract; lighting model rare

Beleuchtungspartitur f <licht.theat> • lighting layout plan; lighting plan

Beleuchtungsplan m <licht.theat> • lighting layout plan; lighting plan

Beleuchtungsprobe f <licht.theat> • lighting rehearsal

Beleuchtungsquelle f <licht> • lighting source; source of illumination

Beleuchtungsregelung f <licht> • illumination control; lighting control

Beleuchtungssituation f <phot> • lighting conditions pl; lighting condition; lighting situation; light situation

Beleuchtungsspiegel m <opt> (Mikroskop; unter Objektträger) • illuminating mirror; substage mirror

Beleuchtungsstärke f <licht> (Lumen pro Flächeneinheit; in Lux) • illuminance; illumination intensity did; illumination coll

Beleuchtungsstandort m <licht.theat> • lighting position

Beleuchtungsstellwerk n <licht.theat> • lighting control system; control board

Beleuchtungssteuerfeld n <licht> • dimmer bank

Beleuchtungsstimmung f rar <licht.theat> • cue state

Beleuchtungsstrahl m <licht> • illuminating beam

Beleuchtungssystem n <phot> (Vergrößerer) • enlarger lighting system

Beleuchtungstechnik f <licht> • illumination engineering; lighting engineering

Beleuchtungsverhältnisse npl <phot> (gute oder schlechte) • lighting conditions pl

Beleuchtungsvorschriften fpl <licht> • lighting regulations

Beleuchtungswechsel m <licht.theat> (Veränderung einer Lichtstimmmung) • lighting cue (Q)

Beleuchtungszug m <licht.theat> • spot bar

Belichten nsg <phot> (Produkt aus Beleuchtungsstärke und Belichtungsdauer) • exposure

belichten vt <druck> (Druckplatte) • image vt; expose vt

belichten vt <phot> (Film, Fotopapier) • expose vt; expose to light vt

Belichtergehäuse n <druck> (Recorder) • recorder housing; platesetter housing

Belichtertisch m <druck> (Flachbettrecorder) • platen Luscher

belichtet <phot> (Film, Fotopapier) • exposed

belichteter Film m <phot> • exposed film

Belichtung f <druck> (Druckplattenherstellung) • imaging; exposure

Belichtung f <phot> (Produkt aus Beleuchtungsstärke und Belichtungsdauer) • exposure

Belichtung durch eine Belichtungsreihe einkreisen <phot> • bracket an exposure vt

Belichtungsautomat m <druck> • light-integrating timer

Belichtungsautomatik f <tech.allg> (Funktionseigenschaft, Betriebsart von Kameras, Kopierer etc.) • automatic exposure (AE); automatic exposure control form; autoexposure

Belichtungsautomatik f <tech.allg> (betont: das System; von Kamera, Kopierer etc.) • automatic exposure control system

Belichtungsautomatik mit Blendenvorwahl f <phot> (Belichtungsautomatik) • aperture priority

Belichtungsautomatik mit Verschlusszeitvorwahl f did <phot> (Belichtungsautomatik) • shutter priority

Belichtungsdauer f <druck> (Druckplattenherstellung) • imaging time; exposure time

Belichtungsdauer f <phot> • duration of the exposure; exposure time

Belichtungsebene f <phot> • exposure plane

Belichtungseinstellring m <phot> • exposure setting ring

Belichtungsfehler m <phot> • exposure error

Belichtungsgeschwindigkeit f <druck> • exposure speed

Belichtungsknopf m <phot> • exposure button

Belichtungskopf m <druck> (Recorder) • imaging head; exposure head

Belichtungskorrektur f <phot> • exposure compensation; exposure correction

Belichtungskorrekturknopf m ugs <phot> (zum Drehen) • exposure-compensation dial

Belichtungskorrekturscheibe f <phot> (zum Drehen) • exposure-compensation dial

Belichtungskorrekturtaste f <phot> • exposure compensation button

Belichtungslampe f <druck> (in Kopierer, Scanner) • illuminant; exposure lamp

Belichtungsmesser m <phot> • exposure meter US; exposure metre GB; light meter

Belichtungsmessung f <phot> • exposure measurement; exposure metering; exposure reading; meter reading

Belichtungsmessung durch das Objektiv f <phot> • through-the-lens metering

Belichtungsoptik f <druck> (Belichtungskopf) • imaging optics pl; exposure optics pl

Belichtungsprobe f <phot> • test strip

Belichtungsprogramme npl <av> • program AE; AE record programs; program-controlled AE recording mechanism

Belichtungsrahmen m <phot> • enlarging easel; masking frame; masking easel; paper easel; easel pract

Belichtungsraum m <druck> (im Kopierer) • optics cavity

Belichtungsregelung f <phot.msr> (Kameraelektronik) • exposure control

Belichtungsregler m <druck.msr> (an Kopierer) • manual contrast control

Belichtungsreihe f <phot> • bracketing

Belichtungsreihe anfertigen vt <phot> • bracket an exposure vt

Belichtungsschalter m <phot> (Belichtungsschaltuhr) • light-operating switch

Belichtungsschaltuhr f <phot> (zur Belichtungssteuerung beim Vergrößern) • exposure timer; enlarger timer; enlarging timer; timer

Belichtungsschleier m <phot> • optical fog

Belichtungsspielraum m <phot> • exposure latitude; latitude pract

Belichtungssteuerung f <av> • exposure control; exposure adjustment

Belichtungsstufe f <phot> (auf einem Probestreifen) • exposure band

Belichtungssysteme npl <druck> (z. B. von Kopierern) • imaging systems pl

Belichtungstabelle f <phot> • exposure meter calculator; exposure table

Belichtungstrommel f <phot> • exposure drum

Belichtungsuhr f <phot> (zur Belichtungssteuerung beim Vergrößern) • exposure timer; enlarger timer; enlarging timer; timer

Belichtungsumfang m <phot> • exposure range

Belichtungswert m <phot> • exposure value; light value

Belichtungszeit f <druck> (Druckplattenherstellung) • imaging time; exposure time

Belichtungszeit f <phot> • duration of the exposure; exposure time

beliebig <allg> • arbitrary

beliebiges Viereck n <math> • trapezoid; trapezium US

beliebige Taste f <edv> • any key

beliebige Taste drücken <edv> • press any key

Beliebigkeit f <allg> (einer Reihenfolge, Position, von Ereignissen etc.) • randomness

Bellows-in-Bottle-System n <med.tech> • compressor driven bellows; compressor-bellows drive mechanism; bellows-in-bottle system

belüftet <bekl> (z. B. Helm) • air vented

belüften vt <tech.allg> (allg.; z. B. Räume, Hohlräume, Wände, Böden, Mülldeponien) • ventilate vt

belüften vt <tech.allg> (z. B. Formsand, Boden, Abwasser) • aerate vt

belüften vt <hlk> (mit Gebläse, Lüfter) • fan vt

Belüfter m <prod.nahr> (für Speiseeis) • preaerator; prefreezer aerator; aerator; air aerator rare

Belüfter m <verf> (für Flüssigkeit, typ. Wasser) • aerator

belüfteter Kontakt m <kfz.el> • ventilated points

belüfteter Motor m <el> • ventilated motor

belüftete Spülung f <petr> • aerated mud sg

Belüftung f <tech.allg> (von Räumen, Kleidung) • ventilation

Belüftung f <tech.allg> • ventilation

Belüftung f <min.hlk> • aeration; ventilation; artificial ventilation rare

Belüftung f <prod.nahr> (Speiseeismix) • pre-aeration; aeration

Belüftung f <verf> (Anreicherung mit Sauerstoff; z. B. Wasser) • aeration

Belüftungsanlage f <hlk> • ventilation system
Belüftungsanlage f <verf> (z. B. Kläranlage) • aeration system
Belüftungsbecken n <ents> (Frischwasser) • aeration basin; aeration tank
Belüftungsbewässerung f <agri> • aeration irrigation
Belüftungsbohrung f <masch> (z. B. in Verschlussdeckeln) • vent hole
Belüftungsdränung f <verf> • aeration drainage
Belüftungsdüse f <hlk> (allg.) • air outlet
Belüftungseinsatz m <hlk> (allg.) • air outlet
Belüftungselement n DIN 5090084 <obfl> • differential aeration cell ISO 8044; aeration cell
Belüftungsfenster n <kfz> (in Felgen) • ventilation slot; ventilating slot; vent slot pract; through hole rare
Belüftungskolben m <verf> • aeration flask
Belüftungsöffnung f <tech.allg> (allg.) • vent opening; vent
Belüftungsöffnung f <bekl> • ventilation hole; air vent
Belüftungsöffnung f <kfz.emiss> (Lambda-Sonde) • ventilation aperture
Belüftungsperforation f <bekl> • ventilation holes pl
Belüftungsreiter m <agri> • duct system
Belüftungsrohr n <verf> • aerator pipe; aeration pipe; air pipe
Belüftungsschlauch m <kfz> • ventilation hose
Belüftungsschlitz m <edv> (Festplattenlaufwerk) • ventilation slit; cooling opening
Belüftungsschlitz m <hlk> (mit Luftleitlamellen) • ventilation louver
Belüftungsschlitz m <kfz> (in Felgen) • ventilation slot; ventilating slot; vent slot pract; through hole rare
Belüftungssilo m <agri> • ventilated silo
Belüftungstrocknung f <verf> • aeration drying; forced-air drying; forced-ventilation drying
Belüftungsventil n <verf> • air valve
Belüftungswinterlagerung f <agri> • ventilated winter storage
Belüftung von Karosseriehohlräumen f <kfz> • ventilation of body cavities
bemannt <aerospace> (z. B. Raumfahrzeug) • manned; piloted
bemannt <logist> (RFZ) • man-on-board; man-ride; person-on-board; operator-ride; person-aboard
bemannte Raumfahrt f <aerospace> • manned space flight
bemannter erdumkreisender Raumflugkörper m <aerospace> • manned orbiting spacecraft
bemaßen vt <doku> (techn. Zeichnung) • dimension vt
Bemaßung f DIN 406-10 <doku> (techn. Zeichnung) • dimensioning
Bemaßungsregeln fpl <doku> • standard rules for dimensioning drawings
Bemaßungssystem n <doku> (z. B. absolut, inkremental) • dimensioning system
Bemaßungstoleranzen pl <doku> • dimension tolerances
bemehlt <nahr> (z. B. Arbeitsfläche, Nudelholz) • floured; lightly floured
Bemerkung f <allg> • comment
Bemerkungsfeld n <edv> • comment field
bemessen vt <tech.allg> (Festlegen von Maßen) • dimension vt; size vt coll
bemessen vt <msr> (dosieren, Flüssigkeitsmengen) • meter vt
bemessen vt <prod> (Zuschläge, Losgrößen) • batch vt
bemessen vt <tech> (Preis) • rate vt
bemessert <pap> (Holländer) • fitted with knives
Bemessung f <tech.allg> (z. B. Leistung, Durchsatz) • rating

Bemessung f <msr> (Dosieren; insbes. Flüssgkeitsmengen, Zuschläge) • metering; metering-out
Bemessung f <prod> (von Zuschlägen, Losgrößen) • batching
Bemessung f <prod> (von Bauteilen, Wandstärken etc.) • dimensioning; sizing
Bemessungsausschaltvermögen n <msr> • rated making capacities
Bemessungsbetriebsspannung f norm.rar <msr> • rated operating voltage; rated operational voltage norm. rare; nominal operating voltage
Bemessungsbetriebsstrom m norm, rar <msr> • rated operating current; rated operational current norm, rare
Bemessungsdaten npl <tech.allg> (z. B. bzgl. Leistungsaufnahme, -abgabe, Druck, Temperatur, Drehzahl) • ratings pl; nominal ratings pl
Bemessungsein- und Ausschaltvermögen n norm, rar <msr> • rated making and breaking capacities norm
Bemessungsfrequenz des Versorgungsnetzes f <el> • rated supply frequency
Bemessungsisolationsspannung f <el> • rated insulation voltage
Bemessungskurzschlussstrom m <el> • rated short-circuit current
Bemessungsleistung f IEV 415 <energ> (von Stromerzeugungsanlagen) • rated power; installed capacity; rated capacity
Bemessungsniederschlag m DIN 4049-3 <meteo> (als Planungsgrundlage) • design depth of precipitation
Bemessungsschaltabstand m <msr> • nominal sensing distance; rated operating distance; nominal sensing range
Bemessungsstoßspannungsfestigkeit f <el> • rated impulse withstand voltage
Bemessungstabelle f <doku> (z. B. für Normprofile, Rohre) • design chart; design table
Bemessungstafel f <doku> (z. B. für Normprofile, Rohre) • design chart; design table
Bemessungs- und Grenzwerte mpl <msr> • rated and limiting values
Bemessungsvorschrift f <doku> (Norm, Lehrbuch, Kundenauftrag) • dimensioning specification
Bemessungswindgeschwindigkeit f IEV 415 <energ.wind> • rated wind speed IEV 415
Bemessungsziffer f <bau> • design index
Bemessung von Schwarzdecken f <bau> • flexible pavement design
bemöllern vt <metall> • burden vt
BE-Montagevorrichtung f <nukl> • FA assembly fixture; assembly fixture for fuel assemblies; assembly fixture for fuel elements
bemustern vt <tech.allg> • sample vt
benachbart <allg> • adjacent; adjoining; neighbouring
benachbart <tech.allg> (Teile, Oberflächen) • adjacent
benachbart <tech.allg> (z. B. Flächen, Speicherbereich) • contiguous
benachbart <chem> • vicinal
benachbarte Gewindeprofile npl DIN 2244 <masch> • adjacent threads pl
benachbarter Sprechweg m form <tele> • adjacent channel
benachbarter Truppenteil m <mil> • adjacent unit
Benachrichtigungsdienst m <tele> • message service
Benadelung des Nadelstabs f <textil> • needling of the comb strip
benannte Zahl f <math> • denominate number
Benchmarking n <werb> • benchmarking
Benchmark-Programm n <edv> • benchmark program; benchmark routine
Bender m <el.mus> • bender; pitchbender

Bender-Prozess *m* <chem.petr> *(Entschwefelung von Erdöldestillaten)* • lead-sulfide process
Bendixanlasser *m* <kfz.el> • bendix starter
Bendix-Schlittenanlage *f* <kfz.qualit> *(Crash-Test)* • Bendix accident simulator
Bendix-Weiss-Gleichlaufgelenk *n* <kfz.antr> • Bendix-Weiss constant velocity universal joint; Bendix-Weiss constant velocity joint
Bendtsen-Einheit *f* <pap> • Bendtsen unit
Bendtsen-Messgerät *n* <pap.qualit> • Bendtsen tester
Bendtsen-Rauhigkeit *f* <pap.qualit> • Bendtsen roughness
Benefit *m* <werb> • benefit
Benefit Area *f* <werb> • benefit area
benennen *vt* <term> *(Begriff mit Benennung, Terminus)* • designate *vt*; denominate *vt*
Benennung *f DIN 2342* <term> • term *ISO 1087*
Benennungs... <allg> • rated
benetzbar <phys.obfl> *(z. B. mit Wasser)* • wettable
Benetzbarkeit *f* <obfl> *(Haften einer Flüssigkeit an fester Oberfläche)* • wettability
Benetzbarkeit einer Oberfläche *f* <obfl> • wettability of a surface
Benetzbarkeit einer Waschflüssgkeit *f* <verf> • wettability of a scrubbing liquid
Benetzbarkeitsprüfung *f* <qualit> • wettability test
benetzen *vt* <verf> • wet *vt*
benetzte Oberfläche *f* <obfl> • wetted surface
benetzter Umfang *m* <obfl> • wetted perimeter
Benetzung *f* <verf> • wetting
Benetzungsbeizapparat *m* <agri> *(Saatgut)* • spray treater
Benetzungsbeizung *f* <agri> *(Saatgut)* • wet powder seed dressing
Benetzungsfähigkeit *f* <chem> *(allg.; z. B. von Schmiermitteln, Herbiziden, Pestiziden)* • wettability; wetting ability; wetting power
Benetzungsgleichgewicht *n* <phys> • wetting equilibrium
Benetzungskompensation *f* <msr> • humidity compensation
Benetzungsmittel *n* <chem> • wetting agent
Benetzungsverhalten *nsg* <tribo> • wettability
Benetzungswärme *f* <phys> • wetting heat
Benetzungswinkel *m* <phys> • wetting angle
Benioff'sche Zone *f* <geo> • Benioff zone; Benioff plane
Benioff-Fläche *f* <geo> • Benioff zone; Benioff plane
Benioffzone *f* <geo> • Benioff zone; Benioff plane
Bennett-Kaskade *f* <med.tech> • cascade humidifier; Bennett-cascade
Bennett-Kaskadenbefeuchter *m* <med.tech> • cascade humidifier; Bennett-cascade
benötigte Aufstellungsfläche *f* <logist> • floor space required
benötigte Wärmeenergie *f* <tech.allg> • heat requirement; required heat
Bensonkessel *m* <energ> *(Dampferzeuger)* • Benson boiler; once-through boiler
Bentonit *m* <bau.mat> *(feines Tonmineral, Schichtsilikat; u.a. Basis für Katzenstreu)* • bentonite; bentonite clay *rare*
Bent Sub *m* <petr> • bent sub; angle sub; deflection sub; deviation sub; off-set sub
benutzen *vt* <allg> *(allg.; z. B. Füllhalter, Fahrzeug, Formel, Verfahren, Werkzeug)* • use *vt*
benutzen *vt ugs* <tech.allg> *(für einen best. Zweck; z. B. Gerät, Maschine, Werkstoff)* • employ *vt*; use *vt coll*
Benutzer *m* <allg> • user
Benutzer *m* <edv> *(von Software)* • user

Benutzeranleitung *f* <doku> *(für Kleingeräte und einfache Produkte; z. B. für eine Salatschleuder)* • user instructions; instructions for use; operating instructions
Benutzeranschluss *m* <edv> • user terminal
Benutzerbefehl *m* <edv> • user command
Benutzerbetrieb *m* <edv> • open-shop mode
Benutzerbibliothek *f* <edv> • user library
Benutzerdatei *f* <edv> • user data file; user file
Benutzerdaten *pl* <edv> • user data
benutzerdefinierbarer Test *m* <edv> • user-definable test
benutzerdefiniertes Koordinatensystem *n* <prod> • user coordinate system (UCS); user-defined coordinate system
benutzereigener Standardkennsatz *m* <edv> • user standard label
benutzerfreundlich <qualit> • user friendly; easy-to-use
Benutzerfreundlichkeit *f* <tech.allg> • ease-of-use
benutzergesteuert <msr> *(z. B. Fahrstuhl, Rolltreppe, Schranken)* • user-controlled
Benutzerhandbuch *n* <doku> • user manual
Benutzer-Identifikation *f* <edv> • user identification; user ID *pract*
benutzerindividuelle Zeichengabe *f* <tele> *(Zusatzdienst)* • user-to-user signalling (UUS)
Benutzerkennsatz *m* <edv> • user label
Benutzerklasse *f* <tele> • user class of service
Benutzerkoordinatensystem *n* (BKS) <prod> • user coordinate system (UCS); user-defined coordinate system
Benutzername *m* <edv> • username
benutzerorientiert <tech.allg> • user-oriented
Benutzerprogramm *n rar* <edv> *(z. B. für Textverarbeitung, Grafik, Datenbanken, Tabellenkalkulation)* • application software; application program; user software; user program *rare*
benutzerprogrammierbar <edv> • user-programmable
Benutzerschnittstelle *f* <edv> • user interface; man/machine interface
Benutzerschnittstelle *f* <msr> *(betont: konkretes Teil, Modul; z. B. abnehmbar)* • user interface; control panel
Benutzersoftware *f rar* <edv> *(z. B. für Textverarbeitung, Grafik, Datenbanken, Tabellenkalkulation)* • application software; application program; user software; user program *rare*
Benutzerstation *f DIN 44300* <edv> *(z. B. ein Bildschirmgerät mit Tastatur oder Touchscreen)* • user terminal; terminal *pract*
Benutzerzeit *f* <edv> • operating time; up-time
Benutzerzugriff *m* <edv> • user access
Benutzung *f* <allg> *(von Geräten, Mitteln, Werkzeugen)* • employment; usage; use
Benutzungsgebühr *f* <verk> *(für Verkehrswege; z. B. für Autobahnen, Tunnels, Brücken)* • toll
Benutzungslizenz *f* <jur> • license to use
Benutzungszähler *m* <edv> • usage meter
Benzin *n ugs* <chem.petr> *(Benzinfraktion für techn. Zwecke; Siedebereich 90 – 120 °C)* • naphtha
Benzin *n prakt.ugs* <chem.petr> • gasoline *US*; gas *US. pract*; petrol *GB*
Benzinabscheider *m* <ents> • gasoline trap *US*; petrol separator *GB*
benzinbeständig <mat> • gasoline-resistant *US*; petrol-resistant *GB*
Benzinbeständigkeit *f* <qualit.mat> *(z. B. von Dichtungen, Lack)* • gasoline resistance *US*; petrol resistance *GB*; resistance against petrol attack *GB*; resistance against gasoline *US*
Benzin-Direkteinspritzer *m* <kfz.mot> • direct injection SI engine *SUS SP-1314*; gasoline engine with direct fuel

injection *US.did*; DI gasoline engine *US*; direct-injection gasoline engine *US*; DISI engine

Benzin-Direkteinspritzung *f* <kfz.mot> • gasoline direct injection (GDI)

Benzindirekteinspritzung *f* <kfz.mot> • gasoline direct injection (GDI)

Benzin-Direkteinspritzung mit Schichtladung *f* <kfz> • fuel stratified injection (FSI)

Benzin-Direkteinspritzungstechnologie *f* <kfz.mot> • direct injection spark ignition technology (DISI)

Benzineinfüllstutzen *m* <kfz> • gasoline filler; petrol filler

Benzineinspritzanlage *f* <mot> • gasoline-injection system *US*; petrol-injection system *GB*

Benzineinspritzmotor *m* <mot> • gasoline-injection engine *US*; petrol-injection engine *GB*

Benzineinspritzung *f* <mot> • gasoline injection *US*; petrol injection *GB*

benzinelektrisch <kfz> • gasoline-electric *US*; petrol-electric *GB*

Benziner *m* <kfz> • gasoline engine[d] car

Benzinfestigkeit *f* <qualit.mat> *(z. B. von Dichtungen, Lack)* • gasoline resistance *US*; petrol resistance *GB*; resistance against petrol attack *GB*; resistance against gasoline *US*

Benzingenerator *m* <energ> *(Notstromerzeuger)* • gasoline-operated generator *US*; petrol-operated generator *GB*; gas generator *US.coll*

benzingetrieben <tech.allg> • gasoline-propelled; petrol-propelled

Benzing-Sicherungsscheibe *f rar* <füg> *(rund, außen C-förmig, innen etwa E-förmig)* • E-clip

Benzinhahn *m ugs* <kfz> *(Motorrad)* • fuel valve; petcock; fuel cock; petrol tap *GB*; fuel tap *GB*

Benzinhahn *m ugs.prakt* <kfz> • fuel cock; fuel tap *GB*; petrol tap *GB*

Benzinkanister *m* <kfz.logist> *(aus Metall oder Kunststoff)* • gasoline can *US*; gas can *US.pract*; petrol can *GB*

Benzinkanister aus Kunststoff *m* <kfz.logist> • poly gas can

Benzinkocher *m* <verbr> • petrol stove

Benzinlötlampe *f* <füg> • petrol torch *GB*

Benzinmotor *m ugs* <kfz.mot> *(im Ggs. zu Dieselmotor)* • SI engine; spark-ignition engine; gasoline engine *US*; petrol engine *GB*; Otto engine *rare*

benzinmotorgetrieben <tech.allg> *(z. B. Kfz, Rasenmäher, Baumsäge)* • gasoline-engined *US*; petrol-engined *GB*

Benzinmotor-Kettensäge mit Einmannbedienung *f* <wz> • one-man gasoline-engined chain saw *US*; one-man petrol-engined chain saw *GB*

Benzinmotorsäge *f* <wz> *(z. B. Kettensäge)* • gasoline-engined saw *US*; petrol-engined saw *GB*

Benzinpumpe *f prakt.ugs* <kfz> *(Ottokraftstoff)* • fuel pump

Benzinqualität *f* <chem.petr> *(Güte)* • gasoline quality

Benzinqualität *f* <chem.petr> *(Sorte; z. B. Normal, Super, verbleit, unverbleit)* • type of fuel; type of gas[oline] *US*; type of petrol *GB*

Benzinrückgewinnung *f* <petr> • naphtha recovery

Benzinrückstand *m* <ents> • gasoline combustion product

benzinschluckend *ugs* <kfz> *(Motor, Fahrzeug)* • gas-guzzling *US.coll*

Benzinstand *m* <kfz> • gasoline level *US*; petrol level *GB*; gas level *US.coll*

Benzinstandsanzeiger *m* <kfz.msr> • gasoline gauge; petrol gauge

Benzintank *m* <kfz> • gasoline tank *US*; petrol tank *GB*

Benzinverbrauch *m nicht b. Diesel* <kfz> • mileage *formal-coll*; fuel economy *in specs*; fuel consumption *formal*

Benzinwäscher *m* <verf> • naphtha wash tower

Benzoapyren *n* <chem> • benzopyrene

Benzoesäure *f* <chem> • benzoic acid; benzoicum acidum; benzenecarboxylic acid

Benzoicum acidum <chem> • benzoic acid; benzoicum acidum; benzenecarboxylic acid

Benzol *n* (C$_6$H$_6$) <chem> • benzene (C$_6$H$_6$); benzol *obs*

Benzolabkömmling *m* <chem> • benzene derivative

Benzol abscheiden *vt* <chem.verf> • debenzolize *vt*

Benzolabscheider *m* <verf> • benzol separator

Benzolabtreiber *m* <verf> *(Destillationsanlage)* • benzol still

Benzolderivat *n* <chem> • benzene derivative

Benzolkohlenwasserstoff *m* <chem> • benzene hydrocarbon; aromatic hydrocarbon

Benzolreihe *f* <chem> • benzene series

Benzolring *m* <chem> • benzene ring; aromatic ring; benzene nucleus

Benzolvorlauf *m* <chem.verf> *(Destillation)* • benzol forerunnings

Benzolwäscher *m* <verf> • benzol washer; benzol scrubber

Benzopyren *n* <chem> • benzopyrene

Benzoylecgoninmethylester *m wiss* <chem> • cocaine; coke *coll*; snow *coll*

benzoylieren *vt* <chem.verf> • benzoylate *vt*

Benzoylmethylecgonin *n wiss* <chem> • cocaine; coke *coll*; snow *coll*

Benzpyren *n* <chem> • benzopyrene

Benzylcellulose *f* <chem> • benzyl cellulose; dibuthylphthalate

BeO <chem> • beryllia; beryllium oxide

beobachtbar <allg> • observable

beobachtbare Vorgänge *mpl* <tech.allg> *(z. B. bei Betriebsstörungen)* • phenomenological events

beobachten *vt* <allg> • observe *vt*

beobachten *vt* <allg> *(typ. visuell; auch akustisch)* • watch *vt*

Beobachterfehler *m* <msr> • personal error

Beobachtersystem *n* <phys> • frame of reference; laboratory system

beobachtetes Feuer *n* <mil> • observed fire

Beobachtung *f* <allg> • observation

Beobachtung *f* <opt> *(durch opt. Instrumente; z. B. Mikroskop, Teleskop)* • viewing

Beobachtungsballon *m* <meteo> • observation balloon

Beobachtungsbereich *m* <mil> *(z. B. optisch, elektronisch)* • detection range

Beobachtungsblock *m* <mil> *(Panzer)* • vision block

Beobachtungsbrunnen *m* <ents> • monitoring well; monitor well; inspection well; observation well

Beobachtungsfahrzeug *n* <mil> • observation vehicle

Beobachtungsfehler *m* <msr> • observational error; observation error

Beobachtungsfehlertoleranz *f* <msr> • observational limits

Beobachtungsfenster *n* <tech.allg> *(z. B. in Brennkammer, heißes Labor)* • observation window

Beobachtungsfernrohr *n* <opt> • observation telescope

Beobachtungsgerät *n* <mil> • observing device; observing instrument

Beobachtungsglas *n* <opt.mil> *(für Schusslöcher)* • telescope; spotting telescope; spotting scope

Beobachtungshubschrauber *m* <aerospace> • observation helicopter

Beobachtungsöffnung *f* <rls> *(z. B. Behälter)* • observation port; observation hole; viewing port

Beobachtungsokular *n* <opt> • viewing eyepiece

Beobachtungsprisma *n* <opt> • observing prism

Beobachtungspunkt *m* <mil> • observation point
Beobachtungsreihe *f* <soz> *(z. B. im Labor)* • series of observations
Beobachtungsrohr *n* <tech.allg> *(Endoskop; in Technik und Medizin)* • observing tube
Beobachtungssatellit *m* <aerospace> • observation satellite
Beobachtungsspalt *m* <mil> *(Sehschlitz, z. B. im Panzer)* • observation slit
Beobachtungsspiegel *m* <opt> • viewing mirror
Beobachtungsstand *m* <mil> • observation post
Beobachtungsturm *m* <bau> • observation tower
Beobachtungswerte *mpl* <tech.allg> • observational data
Beplankung *f* <bau> *(Fußboden)* • planking
Beplankung *f* <bau.innen> *(von Wänden, Decken; z. B. mit Gipskartonplatten, Paneelen)* • layer of boards
Beplankung *f* <kfz> *(Karosserieverkleidung etc.; z. B. Kunststoff-Formteile, Rammschutz)* • cladding
Beplankung *f* <nfz> *(Lkw-Aufbau)* • paneling
Beplattung *f* <nav> • plating
Bepuderung *f* <silik> *(von Verbundglasscheiben)* • powder application
bequem angeordnet <tech.allg> *(gut zugänglich; z. B. Bedienungselemente)* • conveniently placed
bequemer Einstieg *m* <tech.allg> *(in Fahrzeuge, Kleidung)* • easy accessibility
Bequemlichkeit *f* <allg> *(z. B. Sitzmöbel, Arbeitsplatz, Fahrzeugkabine)* • comfort
beräuchern *vt* <agri> *(Pflanzenschutz)* • fumigate *vt*
beräumen *vt* <allg> • clear *vt*
beranden *vt* <prod> *(Münzen)* • rim *vt*
Berandungsflächenmodell *n* <edv> • Boundary Representation Model (B-Rep); B-Rep model *pract*
Berappen *n* <bau> • pargetting; pargeting
Beratungsdienst *m* <jur> • consultancy services
berechenbar <tech.allg> *(voraussehbar; z. B. Systemverhalten, Fahrverhalten)* • predictable
berechenbar <math> *(tatsächlich ausrechenbar)* • calculable; computable
berechnen *vt form.* <edv> • render *vt*; smoothen *vt*; shade *vt*
berechnen *vt* <math> • compute *vt*; calculate *vt*
berechnete Biegesteifigkeit *f* <qualit.mat> • calculated bending stiffness
berechnete Position *f* <navig> • computed position; calculated position
berechnete Position in geographischer Länge/ Breite *f* <navig> • computed latitude/longitude position
berechneter Wert *m* <msr> • calculated value
Berechnung *f* <math> • calculation; computation
Berechnung *f* <math> *(von Abmessungen, Flächen, Körpern)* • mensuration
Berechnung nach der Elastizitätstheorie *f* <mech> • elastic design
Berechnungsannahmen *fpl* <tech.allg> • design assumptions
Berechnungsdruck *m* <rls> • design pressure
Berechnungsfehler *m* <math> • error in calculation; mistake in calculation
Berechnungsprogramm *n* <edv> • calculation program
Berechnungspunkt *m* <tech.allg> • design point
Berechnungstafel *f* <doku> • calculation chart
Berechnungstemperatur *f* <rls> • design temperature
Berechnungstiefgang *m* <nav> • designed draught
Berechnungsverfahren *n* <tech.allg> *(Konstruktion)* • design procedure
Berechnungsverfahren *n* <math> *(z. B. Statik, Steuer)* • calculation method; computation method

berechtigter Zugriff *m* <edv> • authorized access
Berechtigung *f* <jur> *(z. B. für den Zugang zu Gebäuden, daten)* • authorization
Berechtigungszertifikat *n* <kfz.jur> *(zum Kauf eines Kfz in Singapur)* • Certificate of Entitlement (COE)
beregnen *vt* <verf> • sprinkle *vt*; wet *vt*
beregnete Grundfläche *f* <verf> *(in Kühlturm)* • wetted surface
Beregnung *f* <agri> • sprinkler irrigation
Beregnungsanlage *f* <agri> • sprinkler irrigation system
Beregnungsdichte *f* <agri> • sprinkler intensity
Beregnungsdüngung *f* <agri> • dressing by spray irrigation
Beregnungsfläche *f* <agri> • irrigation surface
Beregnungshäufigkeit *f* <agri> • irrigation frequency
Beregnungspumpe *f* <agri> • spray irrigation pump; irrigation pump; spray pump
Beregnungsversuch *m* <qualit.mat> *(Materialprüfung)* • rain test
Beregnungszeitraum *m* <agri> • irrigation period
Bereich *m* <allg> *(zeitlich)* • interval
Bereich *m* <allg> *(räumlich, zeitlich)* • span
Bereich *m* <tech.allg> *(abgedeckt, z. B. durch Erfassung, Versorgung)* • coverage
Bereich *m* <tech.allg> *(z. B. Wissensbereich, Fachgebiet; Wertebereich)* • domain
Bereich *m* <doku> *(thematisch)* • scope; field
Bereich *m* <edv> • partition; disk partition
Bereich *m* <geo> *(Gebiet)* • area; zone; region
Bereich *m* <math> *(z. B. Werte)* • range
Bereich *m* <math> • region
Bereich *m* <mil> *(z. B. eines Geschützes)* • reach
Bereich *m* <tele> *(Frequenz)* • band; range
Bereich ausgeglichener Flussverteilung *m* <nukl> • flattened zone
Bereich der kritischen Machzahlen *m* <aerospace> *(meist transonischer Bereich)* • choking region
Bereich des fadenförmigen Raumes *m* <opt> • paraxial region; Gaussian region
Bereich guten Empfangs *m* <tele> • good service area
Bereich maximaler Intensität *m* <phys> *(im Beugungsgitter)* • blazed region; blaze
Bereich mit explosionsfähiger Atmosphäre *m form* <tech.allg> • explosion-hazardous area; hazardous area; potentially explosive atmospheres; explosion-risk area
Bereichsadresse *f* <edv> • area address
Bereichsanzeige *f* <msr> • range read-out
Bereichsdehnung *f* <msr> • range expansion
Bereichsdifferentialschutz *m* <tele> • zone comparison protection
Bereichseinengung *f* <msr> • range suppression
Bereichseinstellung *f* <msr> • range adjustment; range setting
Bereichserweiterung *f* <msr> • range extension
Bereichsfaktor *m* <msr> • multiplying factor
Bereichsfehler *m* <edv> • extent error
Bereichsschalter *m* <msr> *(allg.; z. B. Messbereich)* • range selector; range switch
Bereichsschalter *m rar* <tele> *(Frequenzband; z. B. am Funkgerät)* • band selector switch; band selector; band switch; change-tune switch *rare*; change-wave-range switch *rare*
Bereichsstruktur *f* <phys> • domain structure
Bereichsüberschreitung *f* <tech.allg> • overflow; overrange *rare*
Bereichsumschaltung *f* <msr> *(Messbereich)* • range switching
Bereichsumschaltung *f* <tele> *(Frequenzband)* • band switching

Bereichsunterschreitung f <edv> • underflow
Bereichswähler m <msr> (Messbereich) • range selector
Bereichswähler m <tele> (Frequenzband; z. B. am Funkgerät) • band selector switch; band selector; band switch; change-tune switch rare; change-wave-range switch rare
Bereichswahl f <msr> (Messbereich) • range selection
Bereichswahl f <tele> (Frequenz) • band selection
Bereichswechsel m <tele> (mit Handy) • roaming
Bereichszählung f <edv> • extent counting
bereifen vt <agri> (z. B. Nutzpflanzen zum Frostschutz) • frost over vt; frost vt
bereifen vt <kfz> (Räder) • tire vt
bereifen vt <pack> (z. B. Fass, Ballen) • hoop vt
Bereifung f <kfz> • tires pl US; tyres pl GB; tire equipment
bereinigen vt <allg> (z. B. Konflikt, Inkompatibilität) • clear vt; clear away vt
bereißen vt <min> • rip vt; bar down vt; bar vt; scale vt
Bereißer m <min> • scale cleaner
Bereißstange f <min.wz> • scaling bar; bar
bereiten vt <chem> (z. B. eine Lösung) • prepare vt; make up vt; make vt
bereiter Flugkörper m <mil> • prepared missile
Bereithalteplatz m <mil> (betont: versteckt) • hide area
bereits bespieltes Band n <av> • prerecorded tape
Bereitschaft f <allg> • readiness
Bereitschaft f <tech.allg> (Betriebszustand) • stand by
Bereitschaftsanzeigelampe f <el> (z. B. Kopierer) • ready lamp
Bereitschaftsautomatik f <el> • auto power stand-by
Bereitschaftsmeldung f <edv> • sign-on message
Bereitschaftsmodus m <edv> • standby mode
Bereitschaftsrechner m <edv> • stand-by computer
Bereitschaftsregler m <msr> • stand-by controller
Bereitschaftsschalter m <el> • stand-by switch
Bereitschaftssignal n <tele> • proceed-to-send signal
Bereitschaftsstellung f <el> • stand-by position
Bereitschaftsstufe f <alarm> (Betriebszustand) • alert condition; alarm readiness
Bereitschaftssystem n <tech.allg> (als Ersatz bei Ausfall des Hauptsystems) • back-up system; stand-by system
Bereitschaftstasche f <tech.allg> (z. B. Arzt, Rotkreuzhelfer, Pannenhelfer) • everready carrying case; everready case
Bereitschaftsverzögerung f <msr> (von Sensoren) • readiness delay; time delay before availability; availability delay; response delay; time delay pract
Bereitschaftsverzug m <msr> (von Sensoren) • readiness delay; time delay before availability; availability delay; response delay; time delay pract
Bereitschaftswarteschlange f <tele> • ready queue
Bereitschaftszeitraum m <tele> • Guard Period (GP)
Bereitschaftszustand m <tech.allg> (z. B. Bildschirm, Kopierer) • ready state; stand-by state; stand-by condition
bereitstellen vt <allg> (zugänglich machen) • provide vt; place at disposal vt; make available vt
Bereitstellplatz Auslagerung m <logist> (für ausgelagerte Ladeeinheiten eines RFZ) • output station; delivery station; discharge station; deposit station; dispatch stand
Bereitstellplatz Ein-/Auslagerung m <logist> (für einzulagernde und ausgelagerte Ladeeinheiten) • P/D station; P&D station; pick & deposit station; pick-up & dispatch station; I/O station
Bereitstellplatz Einlagerung m <logist> (für einzulagernde Ladeeinheiten eines RFZ) • pick-up station; input station; pick-up extension; pick-up stand
Bereitstellungsoperation f <edv> • locate operation
Bereitstellungsplan m <mil> • marshaling plan

Bereitstellungsraum m <mil> • staging area
Bergab-Fahrhilfe f <kfz> • Hill Descent Control Rover
Bergahorn m <obfl.holz> • sycamore maple US; sycamore GB
Bergarnika f <bio> • leopard's bane; arnica montana
Bergbahn f <bahn> • mountain railway
Bergbau m <min> • mining
Bergbauabfälle mpl <ents> • mining and quarrying waste
bergbaufremder Abfall m <ents> • non-mining waste :V; non-mining-related waste
bergbaufremde Rückstände mpl <ents> • non-mining waste :V; non-mining-related waste
Bergbaumaschinen fpl <min> • mining machinery; mining machines
Bergbaumörtel m <min.mat> • coal-mining mortar
Bergbaurevier n <min> • mining district
Bergbausenkung f <min.geo> • mining subsidence
Bergbausprengstoffe mpl <spreng> • mining explosives; permitted explosives
Bergbautechnik f <min> • mining engineering
Bergbau über Tage m <min> • opencast mining
Bergbau unter Tage m <min> • underground mining; deep mining
bergbehördlich genehmigt <min.jur> • certified by the mine authorities
Berge mpl <min> (taubes Gestein, i. Ggs. zu Erz, Kohlenflöz) • dead rock; waste material; debris; waste; dirt
Berge mpl <min> (nach Aufbereitung) • discard; refuse; tailings; rejects
Berge mpl <min> (Versatz) • filling material
Bergeaustrag m <min> • tailing discharge; refuse discharge
Bergeaustragskammer f <min> • refuse extraction chamber
Bergeaustragsvorrichtung f <min> • refuse extractor
Bergeböschung f <min> • stowing slope
Bergegge f <agri> • upland harrow
Bergehalde f <min> • dirt heap; mine waste heap; refuse heap; refuse tip; rock heap
bergehaltig <min> • dirty
Bergekipper m <min.fz> • waste whipper; tip-wagon
Bergemittel n DIN 22005-2 <geo.min> (von Gestein; z. B. zwischen Kohleflözen) • intercalation; interstratification; interbedding; parting; dirt band
bergen vt <allg> (Unfallopfer, havariertes Fahrzeug) • recover vt
bergen vt <nav> (Segel einholen) • furl vt
bergen vt <navig> (Schiff) • salvage vt
bergen vt <sich> (retten) • rescue vt
Bergepanzer m <mil> • recovery tank; tank recovery vehicle
Bergerhoff-Probenahme f VDI 2090-1 <verf> • Bergerhoff sampling VDI 2090-1
Bergeschiff n <nav> • salvage vessel
Bergetrupp m <mil> • recovery party
Bergeversatz m <min> • mine filling; rock filling
Bergeversatz m <min> (von Hand) • packing
Bergeversatz m <min> (maschinell) • stowage
Bergfahrt f <tech.allg> • uphill run
Bergfahrt f <nav> (Flussschifffahrt) • upstream navigation
Bergfeste f <min> • barrier pillar
Bergfeste f <min> (beim Schachtabteufen) • rock pentice
Berggang m <kfz.antr> (Automatikgetriebe) • Low (L); hill-climbing gear; braking gear; hill-climbing and braking gear ZF
Bergganggetriebe n <kfz> • hill gear
bergiges Gelände n <geo> • mountainous terrain
Bergius-Hydrierverfahren n <chem.verf> • Bergius hydrogenation process; Bergius process

Bergkristall *m* <min> • mountain crystal; rock crystal
bergmännisches Risswerk *n* DIN 21913-11 <min> • mine plans
bergmännisch hergestellter Hohlraum *m* <min> • mined space
Bergmann *m* <min> • miner
Bergmann-Serie *f* <phys> *(Atomspektren)* • Bergmann series; fundamental series
Bergrecht *n* <jur.min> • mining legislation; mining laws
Bergrennen *n* <kfz.sport> • hillclimb
Bergschaden *m* <min> *(Senkung)* • surface damage; subsidence damage; damage due to mining
Bergschlipf *m* <geo> • rock slide; rock slip
Bergsteigerausrüstung *f* <tech.allg> • mountaineering equipment
Bergstrich *m* <doku> *(Kartographie)* • hachure
Bergstütze *f* <agri> *(Forsttechnik)* • sprag anchor
Bergstütze *f* ugs <kfz.antr> • hillholder; automatic climb lock
Bergstutzen *m* <mil> • over-under short rifle
Berg- und Bremsgang *f* ZF <kfz.antr> *(Automatikgetriebe)* • Low (L); hill-climbing gear; braking gear; hill-climbing and braking gear ZF
Bergung *f* <allg> *(von Personen, Sachen)* • recovery
Bergung *f* <nav> *(von Schiffen)* • salvage
Bergungsarbeiten *fpl* <tech.allg> • recovery operations
Bergungsarbeiten *fpl* <min> • rescue work; rescuing operation
Bergungsdienst *m* <verk> • salvage service
Bergungsfahrzeug *n* <nav> *(Bergungsschiff)* • salvage ship; salvage vessel
Bergungsfahrzeug *n* <nfz> *(z. B. Feuerwehr, Militär)* • recovery vehicle
Bergungsfallschirm *m* <aerospace> • recovery parachute
Bergungsgut *n* <allg> • salvage
Bergungshebeschiff *n* <nav> • salvage lifting ship
Bergungsverfahren *n* <tech.allg> • recovery procedure; salvage procedure
Bergverfahren *n* <ents> • area-method of landfilling
Bergvermessungswesen *n* <min> • mine surveying
Bergversatz *m* <ents> • mine filler :V
Bergwachs *n* <mat> • earth wax; ozokerite; native paraffin; mineral wax; fossil wax
Bergwachs *n* <min> • earth wax; ozokerite
Bergwerk *n* <min> • mine
Bergwohlverleih *n* <bio> • leopard's bane; arnica montana
berichten *vt* <allg> *(z. B. Ereignis, Störfall)* • report *vt*
Berichterstellung *f* <edv> • report generating
berichtigen *vt* <tech.allg> *(Defekte, Fehler)* • correct *vt*; adjust *vt rare*
berichtigen *vt* <msr> *(durch Neujustierung)* • re-adjust *vt*
berichtigend <allg> • corrective
berichtigt angezeigte Eigengeschwindigkeit *f* <aerospace> • calibrated airspeed
berichtigte Fluggeschwindigkeit *f* <aerospace> • calibrated airspeed (CAS)
Berichtigung *f* <allg> *(von Fehlern, Abweichungen)* • correction; adjustment *rare*
Berichtigungs... <tech.allg> • adjusting
Berichtigungsfaktor *m* <tech.allg> • correction factor; corrective factor
Berichtigungstaste *f* <tele> • error key; reset key
Bericht in Tabellenform *m* <doku> *(z. B. über Messungen)* • tabular report
Bericht nach einem Einsatz *m* <tech.allg> • debriefing
Berichtsausgabesystem *n* <edv> • reporting system
Berichtsbogen *m* <doku> • report sheet

Berichtstabelle *f* <edv> • report table
Bericht über einzelne Messungen *m* <doku> • individual readings report
Bericht-Verknüpfungstabelle *f* <doku> • report link table
berieseln *vt* <verf> • wet *vt*; sprinkle *vt*
berieseln mit Öl *vt* <tribo> • flood with oil *vt*
Berieselung *f* <agri> • surface irrigation; flood irrigation
Berieselung *f* <verf> • sprinkling
Berieselung mit Öl *f* <tribo> • flooding with oil
Berieselungsanlage *f* <verf> • sprinkling system; sprinkler system; drencher system
Berieselungskondensator *m* <verf> • atmospheric condenser
Berieselungskühler *m* <hlk> • spray cooler
Berieselungsturm *m* <verf> • spray tower
Berieselungsverteilerleitung *f* <verf> • spray header
beringte Prothese *f* <med.tech> *(alloplastische Gefäßprothese)* • ringed graft
Berkeley-Ionenquelle *f* <nukl> • Berkeley ion source
Berkelium *n* (Bk) <chem> • berkelium (Bk)
Berliner Auge *n* <kfz> *(Blattfederende)* • Berlin eye
Berliner Blau *n* <obfl> *(Farbstoff)* • Prussian blue; Berlin blue
Berl-Sattel *m* <verf> • Berl-saddle
Berme *f* <bau> *(waagerecht)* • berm; bench; terrace; set-off
Berme *f* <ents> • segregation berm
Bernoulli'sche Gleichung *f* <math> *(Wahrscheinlichkeitstheorie)* • Bernoulli's differential equation; Bernoulli's equation; Bernoulli's theorem
Bernoulli'sche Verteilung *f* <qualit> *(Wahrscheinlichkeitsverteilung)* • binomial distribution
Bernoulli-Box *f* <edv> • Bernoulli drive; Bernoulli box
Bernoulli-Diskette *f* <edv> • Bernoulli disk; Bernoulli cartridge; Bernoulli box
Bernoulli-Gleichung *f* <phys> *(Energieerhaltungssatz für Strömungen)* • Bernoulli's Equation
Bernoulli-Kassette *f* <edv> • Bernoulli disk; Bernoulli cartridge; Bernoulli box
Bernoulli-Laufwerk *n* <edv> • Bernoulli drive; Bernoulli box
Bernoulli-Platte *f* <edv> • Bernoulli disk; Bernoulli cartridge; Bernoulli box
Bernoullische Differentialgleichung *f* <math> *(Wahrscheinlichkeitstheorie)* • Bernoulli's differential equation; Bernoulli's equation; Bernoulli's theorem
Bernoullische Gleichung *f* <phys> *(Energieerhaltungssatz für Strömungen)* • Bernoulli's Equation
Bernoulli-Scheibe *f* <edv> • Bernoulli disk; Bernoulli cartridge; Bernoulli box
Bernoullische Polynomialverteilung *f* <math> *(Statistik)* • multinomial distribution; polynomial distribution
Bernoulli-Technologie *f* <edv> • Bernoulli technology
Bernoulli-Wechselplatte *f* <edv> • Bernoulli disk; Bernoulli cartridge; Bernoulli box
Bernstein *m* <mat> • amber; succinite
bernsteinfarben <tech.allg> • amber *adj*
Bernsteinlack *m* <obfl> • amber varnish
Bernsteinsäure *f* <chem> • succinic acid
Berstarbeitsaufnahmeprüfer *m* <pap.qualit> • burst energy absorption tester
Berstdruck *m* <rls.qualit> *(von Druckbehälter, Druckrohr; z. B. bei Festigkeitsprüfung)* • burst pressure; bursting pressure *rare*
bersten *vi* <masch> *(z. B. Rohr, Gasflasche)* • burst *vi*; rupture *vi*
Berstfaktor *m* <pap> • bursting index
Berstfestigkeit *f* <qualit.mat> • bursting strength

Berstfestigkeit nach Mullen f <pap.qualit> • Mullen bursting strength

Berstfestigkeitsprüfgerät n <pap.qualit> • bursting strength tester

Berstfestigkeits- und Berstarbeitsaufnahmeprüfer m <pap.qualit> • bursting strength and burst energy absorption test

Berstgrenze f <qualit.mat> (Druckbehälter) • bursting limit

Berstlining n <bau> (Kanalsanierung) • burstlining

Berstwiderstand m <qualit.mat> • bursting resistance; crack resistance

BERT <edv> • bit error rate (BERT)

Berthelot'sche Bombe f <phys> • Berthelot's bomb calorimeter; oxygen bomb calorimeter; Berthelot bomb

berücksichtigen vt <allg> • take into consideration vt; consider vt

Berücksichtigung f <allg> • taking into consideration

berühren vt <allg> • touch vt

berühren vt <tech.allg> (mechanisch, elektrisch, chemisch) • contact with vt; contact vt

berührend arbeitend <tech.allg> • contacting

berührend arbeitender Sensor m <msr> • contact sensor

berührendes Messverfahren n <msr> • contacting measuring method

berührter Ring m <mil> (auf Schießscheibe) • touched ring

Berührung f <allg> • touch

Berührung f <tech.allg> (mech., chem., elektr.) • contact

Berührung f <math> • tangency

Berührungsbogen m <masch> (z. B. Seil auf Seilrolle) • arc of contact

Berührungsdichtung f <masch> • friction seal

Berührungsdruck m <masch> • contact pressure

Berührungselektrizität f <el> • contact electricity

Berührungs-EMK f <phys> • contact electromotive force

berührungsempfindlicher Bildschirm m <edv> • touch screen; touch-sensitive screen; touch panel

Berührungsfläche f <tech.allg> • surface of contact; area of contact; contact face

berührungsfrei <tech.allg> (z. B. messen, scannen, lesen, abdichten) • non-contact; contactless; without contact; non-contacting

berührungsfrei arbeitend <tech.allg> • non-contacting

berührungsfreie Etikettierung f <pack> • non-contact labeling; non-contact labelling GB

berührungsfreie Messung f <msr> • non-contacting measurement; non-contact measurement

berührungsfreies Etikettieren n <pack> • non-contact labeling; non-contact labelling GB

Berührungsgefahr f <tech.allg> • accidental contact hazard

berührungsgeschützt <tech.allg> • accidental-contact-protected; contact-protected; screen-protected

berührungsgeschütztes Gerät n <el> • screened apparatus

Berührungsgift n <bio/chem> • direct contact poison; contact toxicant; contact poison

Berührungsgift für Insekten n <agri> • contact insecticide

Berührungsheizfläche f <hlk> • contact heating surface; convection heating surface; convective surface

Berührungskorrosion f <obfl> (elektrochemisch) • contact corrosion

Berührungslinie f <math> (zwischen Flächen, Körpern) • contact line

Berührungslinie der Walzen <wz> • roll nip

berührungslos <tech.allg> (z. B. messen, scannen, lesen, abdichten) • non-contact; contactless; without contact; non-contacting

berührungslos arbeitender Sensor m <msr> • remote sensor

berührungslos arbeitendes Messverfahren n <msr> (z. B. pneumatisch) • non-contact measurement

berührungslose Dickenmessung f <msr> • non-contact thickness measurement

berührungsloser Drucker m <edv> • non-impact printer

berührungsloser Schalter m <el> • proximity switch

berührungsloses Messverfahren n <msr> (z. B. induktiv, pneumatisch) • non-contacting measuring method; noncontacting measuring method

berührungslos prüfen vt <msr> • check without contact vt

berührungslos wirkender Positionsschalter m <el> • non-contact sensing position switch

Berührungspunkt m <tech.allg> • contact point; point of contact

Berührungspunkt m <math> (Tangente an Kreis) • tangency point

Berührungsschalter m <el> • touch switch

Berührungsschutz m <tech.allg> • accidental-contact protection; protection against contact

Berührungsschutz m <el> (gegen Stromschlag) • shock protection

Berührungsschutz m <pap.prod> • nip guard

Berührungsschutzkondensator m <el> • shock-protection capacitor

berührungssensitiver Bildschirm m <edv> • touch-screen

Berührungssensor m <msr> • touch sensor

berührungssicher <el> (spannungsführende Teile; z. B. Steckverbindung) • shockproof

berührungssicherer Schalter m <el> (voll gekapselt) • all-insulated switch; shock-proof switch

Berührungsspannung f <el> • contact voltage; touch voltage; touch potential

Berührungsstelle f <tech.allg> • contact zone

Berührungsstrom m <el> • contact current

Berührungsthermometer n <msr> • contact thermometer

Berührungstrocknung f <verf> • contact drying

Berührungsüberhitzer m <verf> • convection superheater

Berührungswinkel m <masch> (Seilrolle, -trommel, Riemenscheibe, Wälzlager) • contact angle

Berührungszwillinge mpl <phys> • juxtaposition twins

beruflich <allg> • occupational; professional

berufliche Strahlenexposition f <nukl> • occupational radiation exposure

berufliche Umschulung f <did> • retraining

beruflich nicht strahlenexponierte Person f <nukl> • non-occupational exposed person; non-occupational irradiated person

beruflich strahlenexponierte Person f <nukl> • occupational exposed person; occupational irradiated person

Berufsausbildung f <did> • vocational training

berufsbedingte Exposition f <nukl> • occupational exposure

berufsbedingte Strahlungsdosis f <nukl> • occupational radiation dosage

Berufsbild n <ökon> • career specification; job specification

Berufsdosis f <nukl> • occupational radiation dosage

Berufskrankheit f <med> • professional disease

Berufspendelverkehr m <verk> • commuter traffic

Berufsschulausbildung f <did> • vocational education

Berufsschule f <did> • apprentice training school

Berufs- und Sportkleidung fsg (BESPO) <bekl> • workwear and sportswear sg

Berufung f <jur> *(Rechtsmittel)* • appeal
beruhigen vr <tech.allg> *(z. B. Zeiger, aufgewirbelter Staub)* • settle vi
beruhigen vr <phys> *(z. B. Schwingung, Schlingern)* • stabilize vi
beruhigen vr <phys> *(z. B. Schwingung, Strömung)* • steady vi
beruhigen vt <metall> *(Stahl)* • kill vt
beruhigen vt <metall> *(Schmelzbad)* • quiet vi
beruhigter Stahl m <metall> • killed steel
beruhigtes Gebiet n <geo> *(Bodenmechanik)* • settled ground
Beruhigungsbecken n <bau.hydr> *(Wasserkraftwerk)* • stilling basin; stilling pool
Beruhigungskammer f <verf> *(Schwerkraftabscheider)* • settling chamber; sedimentation chamber; drop-out box; expansion chamber
Beruhigungskondensator m <el> • smoothing capacitor
Beruhigungskreis m <el> • stabilizing circuit; stabilizing network; antihunting circuit
Beruhigungsmittel n <metall> • killing agent
Beruhigungsschwelle f A <verk> *(z. B. Berliner Kissen)* • speed bump
Beruhigungstopf m form <kfz> *(Kraftstoffbehälter)* • swirl pot
Beruhigungswiderstand m <el> *(als Größe)* • smoothing resistance
Beruhigungszeit f <msr> • transient response
Beruhigungszeit f <phys> *(Schwingungen)* • damping period
Beruhigungszeit f <verf> *(von Schwebstoffen)* • settling time
Beruhigungszone f <geo> *(Gebirgsmechanik)* • recalming zone
berußen vt <verf> • soot vt
Beryllerde f (BeO) <chem> • beryllia; beryllium oxide
Beryllium n (Be) <chem> • beryllium (Be)
Berylliumbronze f <mat> *(Lagermetall)* • beryllium bronze
Berylliumkupferkontakte mpl <el> • beryllium copper contacts
Berylliummoderator m <nukl> • beryllium moderator
Berylliumreaktor m <nukl> • beryllium-moderated reactor
Berylliumröntgenfenster n <phys> • beryllium X-ray window
besäumen vt <metall> *(Bandstahl)* • side-trim vt
besäumen vt <prod> *(Blechkanten)* • plane vt
besäumen vt <prod> *(Holz)* • square up vt
besäumen vt <textil> • edge vt
Besäumgatter n <wz.holz> • side saw-blade frame
Besäumkreissägemaschine f <wz.holz> • straight-line edger saw
Besäummaschine f <wz> • trimming machine; trimmer
Besäummesserscheibe f <wz> • trimming rotary cutter
Besäumschere f <wz> • trimming shears; trimming shear
besaiten vt <mus> *(mit Saiten; z. B. Violine)* • string vt
besaiten vt <sport> *(mit Saiten, z. B. Tennisschläger)* • string vt
Besanmast m <nav> • jiggermast; mizzen-mast; mizen mast *rare*
Besatz m <bekl> *(am Rand)* • bordering; border; edging
Besatz m <bekl> *(allg.)* • ornament; trimming; bordering; border
Besatz m <led> • trimming; trim
Besatz m <min> • burden
Besatz m <min.spreng> *(Sprengarbeit)* • tamping; stemming
Besatz m <silik> • setting
Besatz m <textil> • trimmings and edgings
Besatzdichte f <silik> • setting density

Besatz einbringen vt <min> • tamp vt
Besatzgerät n <min.spreng> *(Sprengarbeit)* • loader; stemmer
Besatzpatrone f <min.spreng> • tamping bag; stem bag
Besatzraum m <silik> • setting space
Besatzstärke f <agri> *(Weidewirtschaft)* • carrying capacity
Besatzstein m <metall> *(Siemens-Martin-Ofen)* • filler brick
Besatzstock m <min.spreng> • tamping bar; tamper
beschädigen vt <allg> • damage vt
beschädigt <edv> *(z. B. Datei, Datenkopf, Datenpaket-Header, FAT)* • corrupted
Beschädigung f <tech.allg> *(mech.; z. B. durch Schlag, Reibung, Verschleiß)* • damage
Beschädigung der Sonde f <tech.allg> • probe damage
beschäftigen vt <ökon> *(Mitarbeiter, Personal, Arbeitskräfte)* • employ vt
Beschäftigte mpl <ökon> • employed persons; employees; wage and salary earners; wage and salary workers
Beschäftigung f <ökon> • employment; occupation; work coll
Beschaffenheit f rar <tech.allg> *(von Personen, Gegenständen; z. B. Fahrzeugen, Maschinen, Geräten)* • condition
Beschaffenheit f <qualit> • quality
Beschaffenheit f <qualit> *(innere Struktur, Gefüge; z. B. geschmeidig, weich)* • consistency
Beschaffenheitsmerkmale npl <tech.allg> • physical characteristics
Beschaffenheitsprüfung f <qualit.mat> • material testing
Beschaffungssoll n <logist> • authorized acquisition objective
beschallen vt <akust> • expose to sound vt; irradiate acoustically vt
Beschallungsanlage f <av> *(für Ankündigungen, Meldungen)* • announce loudspeaker system
Beschallungstechnik f <av> • sound reinforcement
beschalten vt <edv> *(Patchpanels)* • do terminations vt
beschalten vt <el> • wire vt
Beschaltungsblock m <edv> • punchblock
Beschaltungsleiste f <edv> • punchdown block
Beschaltungsplan m <el.doku> • wiring scheme; wiring pattern
Beschaltungswerkzeug n <el.wz> • punchdown block tool
beschatten vt <opt> • shade vt; shadow vt
Beschattung f <tech.allg> *(z. B. von Solarkollektoren, Parkplätzen, Gebäuden)* • shading; shadowing rare
beschaufeln vt <turb> *(Turbinenläufer)* • blade vt
Beschaufelung f <masch> *(von Turbinen etc.)* • blading
Beschaufelung einer Turbine f <turb> • turbine blading
bescheidener Stromverbrauch m <el> • modest power consumption
Bescheidleitung f <tele> • information line
Bescheidzeichen n <tele> • information tone
bescheinigen vt <doku> *(durch Attest u. ä.)* • certify vt; attest vt
bescheinigende Stelle f <admin> • certifying body
Bescheinigung f <doku> • certificate; certification; attestation
Beschichten n <edv> *(Vorgang)* • coating; coating process
Beschichten n DIN 6730 <obfl> *(Vorgang, allg.)* • coating
Beschichten n DIN5090275 <obfl> *(Applikation einer nichtmetallischen Schicht)* • coating with non-metallic materials
beschichten vt <kfz.obfl> *(Katalysator; mit einem Washcoat)* • washcoat vt

beschichten *vt* <obfl> *(nichtmetallische Schutzschicht aufbringen)* • coat *vt*
beschichten *vt* <obfl> *(durch Ablagerung, Abscheiden)* • deposit *vt*
beschichten *vt* <obfl> *(laminieren)* • laminate *vt*
beschichtet <obfl> • coated
beschichtete Gipskartonplatte *f* <bau.mat> • foil-backed gypsum board; foil back
beschichtetes Brillenglas *n* ISO 13666 <opt> • coated lens ISO 13666
beschichtetes Gewebe *n* <textil> • coated fabric
beschichtetes Glas *n* <silik> *(mit Metall- oder Metalloxidbeschichtung)* • low E glass; low emissivity glass; low-e glass; heat-absorbing glass
beschichtetes Papier *n* <pap> • coated paper
Beschichtung *f* <edv> *(Vorgang)* • coating; coating process
Beschichtung *f* <lwl> *(direkt auf der Manteloberfläche aufgebrachte Schutzschicht)* • coating
Beschichtung *f* <obfl> *(oberste Schicht; z. B. bei Lacken)* • topcoat; overlay
Beschichtung *f* <obfl> *(betont: nichtmetallisch, im Ggs. zu Überzug)* • non-metallic coating
Beschichtung durch thermische Verschmelzung *f* <textil> • melt coating
Beschichtung für Schreiboperation *f* <edv> • recording layer
Beschichtungsanlage *f* <prod> • coating plant; coater
Beschichtungsaufbau *m* <obfl> • coating system
Beschichtungsdicke *f* <obfl> • coating thickness
Beschichtungskabine *f* <obfl> *(allg.)* • spray booth; spraying booth; spray cabin
Beschichtungskalander *m* <pap> • lining calender
Beschichtungskammer *f* <obfl> *(in kontinuierlich arbeitenden Zinkaufdampfanlagen)* • deposition chamber
Beschichtungsmaschine *f* <prod> • coating machine
Beschichtungsmittel *n* <chem> • coating agent
Beschichtungsstoff *m* form <obfl> • coating material; paint DIN EN 971; varnish
Beschichtungssystem *n* <obfl> • coating system
Beschichtungsträger *m* <mat> *(z. B. Papier)* • coating substrate
Beschichtungsverfahren *n* <obfl> • coating method; coating process
Beschichtungsvorgang *m* <edv> *(Vorgang)* • coating; coating process
Beschichtung textiler Flächengebilde *f* <textil> • fabric coating
beschicken *vt* <tech.allg> *(Maschine, Lkw, Behälter, mit Material; z. B. Granulat via Fülltrichter)* • charge *vt*; load *vt*; feed *vt*
beschicken *vt* <verbr> *(Ofen)* • stoke *vt*
beschicken *vt* <verbr> *(Ofen; z. B. Hochofen, Müllverbrennung)* • load
beschicken *vt* <wz.masch> *(Maschine, Revolver, Gestell, Trichter etc.; mit Werkstücken, Material)* • load *vt*
Beschicker *m* <prod> *(z. B. für Bearbeitungszentren)* • charging device; feeding device; loading device; charger
Beschickertrog *m* <förd> • feeding trough
Beschickschurre *f* <förd> *(Zubringerrinne für Schüttgut; z. B. von Silo)* • feed chute; feeding chute; charging chute
Beschickung *f* <ents> • infeed; feeding; charge
Beschickung *f* <förd> *(Vorgang)* • feeding; loading; charging; filling
Beschickung *f* <förd> *(Feuerung, z. B. Ofen)* • stoking
Beschickung *f* <metall> *(eines Hochofens; Material)* • charge; batch
Beschickung *f* <metall> *(eines Hochofens; Vorgang)* • charging operation; charging; filling

Beschickung *f* <verbr> *(eines Ofens; z. B. Hochofen, Müllverbrennung)* • furnace charge; furnace load; burden
Beschickung *f* <verf> *(zugeführtes Material)* • charge stock; feed stock; batch; feed
Beschickung durch natürlichen Zulauf *f* <förd> • gravity feeding
Beschickung durch Trichter *f* <förd> • hopper feed
Beschickung durch Vibrationsförderer *f* <wz.masch> • vibratory loading
Beschickungsaufzug *m* <förd> • feeder skip hoist
Beschickungsautomat *m* <wz.masch> • automatic feeder
Beschickungsbehälter *m* <logist> *(für Flüssigkeiten)* • feed tank
Beschickungsbehälter *m* <logist> *(für Kleinteile)* • feed tray
Beschickungsbehälter *m* <verf> *(für Schüttgut; Trichter)* • hopper
Beschickungsbühne *f* <metall> *(Hochofen)* • charging deck; charging platform
Beschickungsbunker *m* <förd> *(z. B. für Kohle)* • feed hopper
Beschickungsdiagramm *n* <verbr> • stoking diagram
Beschickungseinrichtung *f* <ents> *(z. B. Rutsche, Schurre, Schütte, Trichter)* • feeding device; feeding mechanism; feeder
Beschickungseinrichtung *f* <förd> *(für Feuerung)* • stoker
Beschickungseinrichtung *f* <prod> *(z. B. für Bearbeitungszentren)* • charging device; feeding device; loading device; charger
Beschickungseinrichtung *f* <wz.masch> • unload-load unit
Beschickungsförderer *m* <förd> • loading conveyor
Beschickungsgut *n* <agri.tech> *(für Biogasgenerator)* • raw sludge; influent; feed material; input slurry
Beschickungshöhe *f* <förd> • charge level; charge stock level
Beschickungskran *m* <förd> • charging crane
Beschickungslage *f* <förd> • loading position
Beschickungsmaterial *n* <agri.tech> *(für Biogasgenerator)* • raw sludge; influent; feed material; input slurry
Beschickungsmenge *f* <förd> • batch
Beschickungsoberkante *f* <förd> *(z. B. Hochofen)* • stock line
Beschickungspumpe *f* <förd> • feeding pump; feed pump; input pump; loading pump
Beschickungsrate *f* <förd> • feed rate; loading rate
Beschickungsrinne *f* <förd> • charging chute
Beschickungsrohr *n* <förd> • feed pipe
Beschickungssäule *f* <metall> *(z. B. Kupolofen)* • stock column
Beschickungsschleuse *f* <förd> • entry sluice; entry lock; inlet sluice
Beschickungsschurre *f* <förd> • charging chute
Beschickungsseite *f* <logist> *(Regal)* • loading face
Beschickungstrichter *m* <verf> *(sehr groß; für Prozessmaterial; z. B. für Zuschläge, Kohle, Müll)* • feed hopper; charging hopper; input hopper; hopper *pract*
Beschickungstür *f* <metall> *(z. B. Glühofen)* • charging door; filling door
Beschickungsvorrichtung *f* <prod> *(z. B. für Bearbeitungszentren)* • charging device; feeding device; loading device; charger
Beschickungswaage *f* <msr> • feeder scale
Beschickungswagen *m* <förd> *(z. B. Gichtaufzug)* • charging car; charge car
Beschickungszone *f* <förd> • feed section; feed zone
Beschickvorrichtung *f* <prod> *(z. B. für Bearbeitungszentren)* • charging device; feeding device; loading device; charger

beschießen vt <mil> • shell vt
beschildert <verk> (z. B. Straße) • signposted
Beschläge mpl <innen> (z. B. an Möbeln) • fittings
beschlämmt <licht> (Lampeninnenkolben) • coated
Beschlämmung f <licht> (Beschichtung eines Lampenkolbens mit Leuchtstoffen) • welling up and draining process
Beschlag m <nav> • fitting
Beschlag m <textil> (Trommel) • clothing
Beschlagen n <bau> (von Fenstern) • fogging
beschlagen vi <phys> (Fenster, Glasscheibe) • fog vi; mist vi; steam up vi coll
beschlagen vt <prod> (mit Blech etc. verstärken, schützen; z. B. Eck, Kante) • shoe vt
beschlagene Fensterscheibe f <hlk> • fogged window glass
beschlagfrei <obfl> (z. B. Brille, Visier, Linse) • anti-fog
beschlaghemmend <obfl> (z. B. Brille, Visier, Linse) • anti-fog
Beschlaghemmung f <obfl> (Brille etc.) • resistance to misting up
Beschlagnahme f <mil> • seizure
Beschlagnut f <bau> • hardware groove
Beschlagresistenzwert m :V <bau> • condensation resistance factor (CRF)
Beschlagsaufnahme f <bau> • hardware groove
Beschleifen n <prod> (von Glas-Schnittkanten) • grinding
beschleunigen vt <allg> (allg.; konkreter Gegenstand oder Vorgang, auch chem. Prozess) • accelerate vt; speed up vt
beschleunigen vt <chem> (Reaktion) • promote vt
beschleunigendes Feld n <el> • accelerating field
Beschleuniger m <tech.allg> (allg.) • accelerator
Beschleuniger m <aerospace> • boost rocket engine; boost engine; missile booster; booster
Beschleuniger m prakt <chem> (für chem. Reaktionen) • accelerator; accelerating agent; reaction catalyst; booster coll; promoter
Beschleunigeraktivator m <kst> (Vulkanisation) • activator; accelerator activator
Beschleunigerchip m <edv> • accelerator chip; graphics accelerator chip; fixed-function graphics accelerator rare
Beschleunigerchip mit Videointegration m <edv> • dual-purpose accelerator; single-chip accelerator; double-duty accelerator coll
Beschleunigerdosierung f <kst> • accelerator level
beschleunigerfrei <chem.verf> • non-accelerated
Beschleunigerkarte f <edv> (Grafik) • accelerator card; accelerator board; GUI accelerator; graphics engine
Beschleunigerpumpe f <kfz> (Vergaser) • accelerator pump
Beschleunigervormischung f <chem.verf> • accelerator masterbatch
beschleunigt <allg> • accelerated
beschleunigt <qualit.mat> (Prüfung) • accelerated; rapid; quick
beschleunigte Alterung f <qualit.mat> • accelerated aging
beschleunigte Bewegung <mech> • non-uniform motion; accelerated motion
beschleunigter Test m <qualit> • accelerated test; rapid test; short-time test rare
beschleunigte Testmethode f <qualit> • accelerated test method
beschleunigt gealtert <qualit.mat> • artificially aged
Beschleunigung f (a) <tech.allg> (allg.; eines konkreten Gegenstands, Vorgangs) • acceleration (a)
Beschleunigung f <chem> (von Reaktionen) • promotion
Beschleunigung in Richtung Brust-Rücken f <aerospace> • back-to-chest acceleration

Beschleunigung in Richtung Kopf-Fuß f <aerospace> • head-to-foot acceleration
Beschleunigungs... <tech.allg> (in Zusammensetzungen) • accelerating ...
Beschleunigungsanode f <el> • accelerating anode; additional gun anode; post acceleration anode
Beschleunigungsanreicherung f <kfz> • acceleration enrichment
Beschleunigungsanzeiger m <msr> (für Gravitationskraft) • g-meter
Beschleunigungsaufnehmer m <msr> • acceleration sensor; accelerometer; acceleration pick-up
Beschleunigungsdüse f <mot> (Vergaser) • acceleration nozzle
Beschleunigungselektrode f <el> • accelerating electrode
Beschleunigungsfehler m <navig> (Kreiselkompass) • maneuvering error; ballistic deflection [error]
Beschleunigungsfehler m <navig> (Lotkreisel) • acceleration error
Beschleunigungsfeld n <el> • accelerating field
Beschleunigungsfläche f <aerospace> • acceleration area
Beschleunigungshöhe f <förd> • acceleration head
Beschleunigungskammer f <phys> • accelerating chamber
Beschleunigungskraft f <phys> • accelerating force; accelerative force
Beschleunigungskriechen n <metall> • accelerating flow; tertiary creep
Beschleunigungslinse f <el> • accelerating electronic lens
Beschleunigungsmaßstab m <mech> • acceleration scale
Beschleunigungsmesser m <msr> • acceleration sensor; accelerometer; acceleration pick-up
Beschleunigungsmessung f <msr> • acceleration measurement
Beschleunigungsmoment n <phys> • accelerating couple
Beschleunigungspol m <mech> • acceleration center; instantaneous center of acceleration
Beschleunigungspotential n <tech.allg> • acceleration potential
beschleunigungsproportionale Drift f <navig> (Lagekreisel) • acceleration-sensitive drift rate
Beschleunigungspumpe f <kfz> (Vergaser) • accelerator pump
beschleunigungsquadratische Drift f <navig> (Lagekreisel) • acceleration-squared-sensitive drift
Beschleunigungsraum m <tech.allg> (z. B. Elektronenröhre) • acceleration space
Beschleunigungsrohr n <phys> • accelerating tube
Beschleunigungsschreiber m <msr> • recording accelerometer; accelerograph
Beschleunigungssensor m <msr> • acceleration sensor; accelerometer; acceleration pick-up
Beschleunigungssensor in Mikromechanik-Si-Technik m <msr> • silicon microstructure accelerometer
Beschleunigungsspannung f <el> (Elektronenstrahlröhre) • acceleration voltage
Beschleunigungssprung m <phys> • sudden acceleration
Beschleunigungsspur f ugs <verk> • acceleration lane
Beschleunigungsstoß m <phys> • accelerating impact
Beschleunigungsstreifen m <verk> • acceleration lane
beschleunigungsunabhängige Drift f <navig> (Lagekreisel) • acceleration-insensitive drift rate
Beschleunigungsvektor m <mech> • acceleration vector

Beschleunigungsverluste *mpl* <tech.allg> • accelerating loss

Beschleunigungsversuch *m DIN 81208-4* <nav> • acceleration trial *DIN 81208-4*

Beschleunigungs-Zeit-Diagramm *n* <mech> • acceleration-time diagram

beschmutzen *vt* <obfl> • smudge *vt*; soil *vt*; stain *vt*; smear *vt*; foul *vt*

Beschneideabfall *m* <ents> • trimmings

Beschneidekopf *m* <pack.wz> *(Trimmerwerkzeug)* • trimming head; cutting head

Beschneidekopfspindel *f* <pack> *(Trimmerwerkzeug)* • trimming spindle

Beschneidemaschine *f* <prod> • trimming machine; clipping machine; trimmer

Beschneiden *n* <av> *(eines Sound-Samples)* • truncation; trimming

Beschneiden *n DIN EN ISO 4618* <obfl> *(Aufpinseln von Beschichtungsstoff bis zu e. festgelegten Grenze)* • cutting-in *ISO 4618-3*

Beschneiden *n* <prod> • trimming

beschneiden *vt* <tech.allg> *(Material, Bilder; z. B. Abschneiden überstehender Ränder)* • crop *vt*; trim *vt*

beschneiden *vt* <agri> *(Blätter, Kraut)* • top *vt*

beschneiden *vt* <el> • lop off *vt*

beschneiden *vt* <prod> *(Kanten, Ecken etc.; z. B. Fingernagel)* • trim *vt*; clip *vt*; pare *vt*

Beschneideschnitt *m* <prod> • trimming cut

Beschneidesegment *n* <pack> *(einer Rotationsbeschneidemaschine von Dosen)* • outer knife

Beschneidestation *f* <prod> • trimming station

Beschneidewerkzeug *n* <wz> • trimming tool

Beschneidezahnrad *n* <prod> *(Trimmerwerkzeug)* • scrap gear

Beschneidezugabe *f* <prod> • trimming allowance

Beschneidungsfrequenz *f* <av> *(Frequenz, bei der ein Filter ein Signal um 3 dB abschwächt)* • cutoff frequency; cutoff point

Beschnitt *m* <tech.allg> *(z. B. von Photos, Drucksachen)* • trimming; trim

Beschnitt *m* <prod> *(Abfall; z. B. Bleche, Leder)* • trimmings *pl*

beschnittene Probe *f* <pap> • trimmed sample

Beschnittkante *f* <tech.allg> • trimming edge

Beschnittsteg *m* <druck> • side stick

beschottern *vt* <bau> *(Straße, Fahrbahn)* • ballast *vt*; metal *vt*

Beschotterung *f* <bau> *(Straße, Fahrbahn)* • ballasting; metalling

beschränken *vt* <allg> *(Anzahl, Wert; z. B. Drehzahl, Emissionen, Auflage)* • limit *vt*

beschränken *vt* <allg> *(z. B. Zutritt)* • restrict *vt*

beschränken *vt* <tech.allg> *(Spielraum, Bewegungsmöglichkeit)* • confine *vt*

beschränken *vt* <math> • bound *vt*

beschränkt <allg> *(endlich, nicht endlos vorhanden; z. B. Mittel, Budget)* • finite; limited

beschränkt <tech.allg> *(Mittel, Werte; z. B. max. Drehzahl, Höchstgeschwindigkeit)* • limited

Beschränktheit *f* <math> • boundedness

Beschränkung *f* <allg> *(durch Grenzen; z. B. von Ressourcen, Mitteln)* • limitation

Beschränkung *f* <allg> *(mechanisch)* • restraint; constraint

Beschränkung *f* <jur> *(durch äußere Einflüsse, Gesetze)* • restriction

Beschränkungszeichen *n* <verk> *(Straßenverkehr)* • restrictive sign

beschrankter Bahnübergang *m* <bahn> • guarded level crossing

beschreibbar <edv> *(Datenträger)* • writable; recordable; writeable

beschreibbare optische Speicherplatte *f* <edv> • writeable optical disk

beschreiben *vt* <aerospace> *(Umlaufbahn)* • circle *vi*

beschreiben *vt* <doku> *(z. B. Liefer- und Leistungsumfang; System)* • describe *vt*

beschreiben *vt* <edv> *(Datenträger; z. B. Band, Platte)* • write data *vt*

beschreibend <doku> *(z. B. Funktion, Schaubild, Sprache)* • descriptive

beschreibende Anweisung *f* <edv> • declarative statement

beschreibender Befehl *m* <edv> • declarative instruction

beschreibende Sprache *f* <doku> • descriptive language

Beschreibung *f* <doku> • description

Beschreibung *f* <jur> *(Patent)* • specification

Beschreibungsfehler *m* <qualit> • description error

Beschreibungsfunktion *f* <math> • describing function

beschriebenes Magnetband *n* <edv> • recorded magnetic tape

beschriften *vt* <doku> *(Zeichnung)* • letter *vt*

beschriften *vt* <druck> *(Etikett, Aufkleber)* • mark *vt*

Beschriftung *f* <tech.allg> *(von Gegenständen, z. B. von Modellbahnen)* • lettering

Beschriftung *f* <doku> *(von Abbildungen)* • legend

Beschriftungseinrichtung *f* <edv> • card print

Beschriftungsfeld *n* <edv> *(auf Diskette, Cassette)* • label area; user label area

Beschriftungsleiste *f* <logist> *(Fachbodenregal)* • labelholder *US*; card holder *GB*

Beschriftungsplättchen *n* <büro> • lettering panel

Beschriftungsschild *n* <tech.allg> *(z. B. Maschine)* • legend plate

Beschriftungsstation *f* <pack> • lettering station

Beschriftungsstelle *f* <wz.masch> *(Spiralbohrer)* • mark recess

beschusshemmend <bau> *(Verglasung)* • bullet-resistant; bulletproof

Beschussteilchen *n* <nukl> • bombarding particle

Beschusszeichen *n* <mil> *(auf Waffe)* • proof mark

Beschwereisen *n* <metall> • mold weight

beschweren *vt* <tech.allg> *(z. B. Papier, Werkstück)* • load *vt*

beschweren *vt* <textil> *(Seide)* • weight *vt*; load *vt*

beschweren *vt* <textil/pap> *(mit Füllstoffen)* • load *vt*

Beschwerungsappretur *f* <textil> • filling finish

Beschwerungsmaterial *n* <petr> *(erhöht die Spülmitteldichte)* • weighting material

Beschwerungsmaterial *n* <textil/pap> • weighting material; loading material; loading; load

Beschwerungsmittel *n* <petr> *(erhöht die Spülmitteldichte)* • weighting material

Beschwerungsmittel *n* <textil> *(im Faden eingelagerte Metallsalze)* • weighting agent; loading agent; weighting substance

Beschwerungsmittel *n* <textil/pap> • weighting material; loading material; loading; load

Beschwerungsstoff *m* <mat> *(allg.)* • high-gravity solid; heavy solid

Beschwerung über pari *f* <textil> *(Seide)* • weighting over par; loading over par

Beschwerung unter pari *f* <textil> *(Seide)* • weighting below par; weighting below par

Beschwerwalze *f* <druck> • tension roll

Besegelungsplan *m* <nav> • sail plan

beseitigen *vt* <allg> *(z. B. Fleck, Gefahr, Geruch, Hindernis, Schutt, Spuren)* • remove *vt*; eliminate *vt*; clear *vt*

beseitigen *vt* <tech.allg> *(Probleme, Schäden, Systemstörungen)* • sort out *vt*

beseitigen vt <ents> (Abfall) • dispose of vt
Beseitigung f <tech.allg> • elimination
Beseitigung f <ents> • removal
Beseitigung einer Störung f <tech.allg> • fault clearance
Beseitigung radioaktiver Abfälle f <ents> • radioactive waste disposal
Beseitigung radioaktiver Abwässer f <ents> • radioactive effluent disposal
Beseitigungsanlage f <ents> • disposal facility
Beseitigungsart f <ents> • disposal method
Beseitigungseinrichtung f <ents> • disposal facility
Beseitigungsmöglichkeit f <ents> • disposability
beseitigungspflichtige Behörde f <ents> • disposal authority
beseitigungspflichtige Körperschaft f <ents> • disposal authority
Beseitigung von Störungen f <tech.allg> (in Systemen, Anlagen etc.) • fault removal; fault clearance
Besen m <hygi.wz> • broom
Besen m <nfz> (von Kehrfahrzeugen) • brush
Besenschrank m <innen> • broom cupboard
Besenverankerung f <bau> (in Spannbeton) • fan anchorage
besetzen vt <min.spreng> (Sprengloch schließen) • tamp vt; stem vt; ram vt
besetzen vt <ökon> (mit Arbeitskräften; z. B. Baustelle, Fabrik, Maschine) • man vt
besetzen vt <phys> (Elektronenschalen mit Elektronen) • populate vt; fill vt
besetzen vt <textil> (mit Applikationen; z. B. mit Strass, Dekormaterial) • trim vt
besetzt <hygi> (Toilette) • occupied
besetzt <phys> (Energieband) • filled
besetzt <tele> (Leitung) • busy; engaged form
besetzte Leitung f <tele> • busy line; engaged line
besetztes Band n <phys> • filled band; fully populated band
Besetztflackerzeichen n <tele> • busy-flash signal
besetzt halten vt <tele> (Leitung) • hold vt
Besetztprüfung f <tele> • busy testing; engaged testing
Besetztrelais n <tele> • busy relay
Besetztton m <tele> • busy tone; engaged tone; busy-back tone; number-unobtainable tone
Besetztzeichen n <tele> • busy tone; engaged tone; busy-back tone; number-unobtainable tone
Besetzung f <tech.allg> (mit Personal) • manning
Besetzung f <tech.allg> (Gebiet, Plätze) • occupation
Besetzung f <phys> (Lücken) • filling
Besetzung f <phys> (der Elektronenschalen) • population
Besetzungsgrad m <tech.allg> (von Plätzen) • occupancy
Besetzungsgrad m <phys> • degree of filling; degree of population
Besetzungsverteilung f <phys> • population distribution
Besetzungszahl f <math> • absolute frequency
Besetzungszahl f <phys> • occupation number
Besichtigungsbus m <nfz> (Tourismus) • sightseeing bus; tour bus
Besitzzersplitterung f <jur.agri> • land fragmentation
besonderes Merkmal n <allg> (Charakteristik, z. B. eines Produkts; meist ein Vorteil) • characteristic feature; distinguishing feature; special feature; feature pract
Besonderheit f <allg> • characteristic; property; peculiarity
besonders abgasarmes Auto n :V <kfz.ökol> • ultra low emission vehicle (ULEV)
besonders flache Ausführung f <tech.allg> • ultra low-profile design

besonders gefährlicher Abfall m <ents> • toxic waste; poisonous waste GB
besonders problematischer Sonderabfall m <ents> • toxic waste; poisonous waste GB
besonders überwachungsbedürftige Abfälle mpl <ents.jur> (BRD Gesetzgebung) • wastes requiring special monitoring
besonnen vt <phys> • insolate vt
Besonnung f <phys> • insolation
bespannter Umschrank m <alarm> (um einen Safe) • cabinet-for-safe; safe cabinet
Bespannung f <av> (Lautsprecher) • baffle cloth; grille cloth
Bespantung f <nav> • ship's framing; framing
bespielbar <edv> (Datenträger) • writable; recordable; writeable
bespielbare CD f ugs <edv> • CD-Recordable (CD-R); CD-R disk
bespielt <av> (Band) • pre-recorded; recorded
bespikter Reifen m rar <kfz> • studded tire
BESPO <bekl> • workwear and sportswear sg
besprengen vt rar <agri> (Grünanlagen) • sprinkle vt; water vt
bespritzen vt <obfl> (schwallweise od. in einzelnen Spritzern; z. B. mit Wasser) • splash vt
besprühen vt <obfl> (z. B. mit Wasser, Öl, Farbe, Pestizid) • spray vt
Besprühen aus der Luft n <agri> • aerial spraying
bespulen vt <el> • coil-load vt
bespulen vt <textil> (mit Pupinspule) • pupinize vt
bespulte Leitung f <el> • coil-loaded line
Bespulung f <el> • coil loading; series loading
Bespulung f <textil> • pupinization
Bespulung für Musikübertragung f <av> • programme circuit loading
Bessel-Funktion f <math> • Bessel function
Bessemerkonverter m <metall> • Bessemer converter; acid Bessemer converter; acid-lined converter; acid converter
bessemern vt <metall> (Stahl) • bessemerize vt US; bessemerise vt GB
Bessemerroheisen n <metall> • Bessemer pig iron; acid Bessemer pig; Bessemer pig
Bessemerschlacke f <metall> • Bessemer slag; acid slag
Bessemerstahl m <metall> • Bessemer steel; acid converter steel; acid Bessemer steel; acid steel
Bessemerverfahren n <metall> • Bessemer process; acid converter process; acid Bessemer process; acid process
Bestände mpl <logist> • stocks; inventories; stores
beständig rar <allg> (gleichbleibend; z. B. Auslastung, Nachfrage, Entwicklung) • continuous; constant
beständig <chem> (nicht zerfallend; z. B. Verbindung) • stable
beständig <qualit> (haltbar; z. B. lichtechte Farbe, Textilien) • durable; permanent; fast
beständige Emulsion f <tribo> • tight emulsion
beständige Linie f <phys> (Spektralanalyse) • ultimate line; persistent line
beständige Strömung f <phys> (z. B. Wasserkraftwerk) • steady flow
beständig gegen <tech.allg> (z. B. Licht, Wasser, Säure) • resistant to
Beständigkeit f <allg> (betont: Existenz über lange Zeiträume) • permanence
Beständigkeit f <tech.allg> (gegen äußere Einflüsse; z. B. Abrieb, Hitze, Korrosion) • resistance
Beständigkeit f <tech.allg> (Stabilität gegen Zerfall; z. B. Stoff, Zustand) • stability

Beständigkeit f <chem> (Widerstandsfähigkeit eines Stoffes gegen chem. Veränderung) • persistence ISO 11074-1; stability

Beständigkeit f <mat> (gegenüber Licht, Wasser, Chemikalien) • fastness

Beständigkeit f <obfl> (gegen Strahlung; z. B. Lichtechtheit von Farben) • fastness

Beständigkeit f <qualit> (z. B. von Farben, Aufdrucken, Oberflächen) • durability

Beständigkeit gegen hohe Temperaturen f <qualit. mat> • high-temperature resistance; high-temperature stability

Beständigkeit gegen Lösungsmittel f <qualit.mat> • solvent resistance

Beständigkeit gegen Strahlung f <qualit.mat> • radiation resistance; radioresistance; radiation stability

bestätigen vt <tech.allg> (gültig machen; validieren) • validate vt

bestätigen vt <tech.allg> (vergewissern, dass etw. zutrifft) • verify vt

bestätigen vt <tech.allg> (Erhalt, Eingang; z. B. von Meldungen, Nachrichten) • acknowledge vt

bestätigen vt <tech.allg> (z. B. Passwortabfrage, PIN-Eingabe, Entscheidung, Einstellwerte) • confirm vt

bestätigen vt <jur> • attest vt

bestätigen Sie diese Wahl durch Drücken der Taste X <doku> • confirm by pressing the X key; confirm by pressing the X; confirm by pressing X

bestätigen Sie diese Wahl mit der Eingabetaste <doku> • confirm with Enter

bestätigen Sie durch Drücken der Taste X <doku> • confirm by pressing the X key; confirm by pressing the X; confirm by pressing X

bestätigen Sie mit der Eingabetaste <doku> • confirm with Enter

Bestätigung f <tech.allg> (z. B. von Passwortabfrage, PIN-Eingabe, Entscheidung, Einstellwerte) • confirmation

Bestätigung f <tech.allg> (gültig machen; Validierung) • validation

Bestätigung f <tech.allg> (Vergewisserung, dass etw. zutrifft) • verification

Bestätigung f <tech.allg> (des Erhalts, Eingangs; z. B. von Meldungen, Nachrichten) • acknowledgement

Bestätigungstest m <med> (Antikörpernachweis) • confirmatory test

Bestätigungszeichen n <msr> • confirmatory sign

Bestäuben n <druck> • powder application

bestäuben vt <bio/agri> (mit Pollen) • pollinate vt

bestäuben vt <nahr> (z. B. mit Mehl, Zucker) • dust vt

bestäuben vt <obfl> (mit Pulver bedecken) • powder vt

Bestäubungsapparat m <druck> • dusting apparatus

Bestand m <agri> (Pflanzen) • population

Bestand m <holz> (Baumbestand) • forest stand; stand

Bestand m <logist> • inventory

Bestand aufnehmen vt <logist> • take inventory; take stock; draw up an inventory

Bestandesbegründung f <holz> • stand establishment

Bestandsdatei f <edv> • inventory file

Bestandsdaten pl <logist> • inventory data

Bestandsführung f <logist> • inventory control; inventory maintenance; record keeping

Bestandskarte f <logist> (mit Ein- und Ausgang) • stock card; inventory card; balance card

Bestandskontrolle f <logist> • inventory control; inventory maintenance; record keeping

Bestandsliste f <logist.doku> (Lagerbestand) • inventory list; stock list

Bestandsnachweis m <logist> • stock inventory

Bestandsspeicher m <edv> • inventory store

Bestandsveränderung f <logist> • inventory changes; inventory increase or decrease; increase or decrease in inventory; stock change

Bestandsverwaltung f <logist> • inventory management; stock management

Bestandszeichnung f DIN ISO 10209-4 <bau.doku> (stimmt mit Bauausführung überein) • as-built drawing ISO 10209-4; record drawing

Bestandteil m <tech.allg> (allg.; z. B. von Material, Methoden) • constituent

Bestandteil m <chem> (von Verbindungen) • component

Bestandteil m <masch> (von Baugruppen) • component part

Bestandteil m <mat> • constituent

Bestandteil m <nahr> • ingredient

Bestandteile fpl <nahr> • ingredients

Bestattungsgewerbe n <ents> • funeral industry

Bestattungswagen m <nfz> • funeral car; hearse; funeral van NZ

bestausraffiniert <chem.verf> • super-refined

Bestechen der Hinterteile n <led> • heel seam closing

Bestechnaht f <led> • heel seam; back seam

Besteck n <gastr> (Messer, Gabel, Löffel etc.) • cutlery US.GB; flatware US

Besteck n <navig> (Seefahrt) • ship's position; position; reckoning

Besteck n <navig> (zur Positionsbestimmung) • set of instruments

Besteckrechnung f <navig> (Schifffahrt) • dead reckoning

bestehen aus vi <tech.allg> (unter anderem enthalten, umfassen) • comprise vt

bestehen aus vi <tech.allg> (sich zusammensetzen aus etw., aus etw. gefertigt) • consist of vt

bestellen vt <agri> (Feld, Garten) • cultivate vt

bestellen vt <agri> (Feld, Acker; betont: mit Mühe, durch Hacken, Pflügen etc.) • till vt

bestellen vt <ökon> (Lieferungen, Leistungen; z. B. mit Katalog, im Internet) • order vt; place an order for vt

Bestellkombination f <agri> • cultivating and sowing combination

Bestellnummer f <ökon> • order number

Bestellung f <agri> (eines Felds, Ackers, von Böden) • tillage

Bestellung f <ökon> • purchase order; sales order; order pract

beste verfügbare Technik f <tech.allg> • best available technology (BAT); best available technique rare

bestimmen vt <allg> (entscheiden, berechnen, festlegen) • determine vt

bestimmen vt <tech.allg> (z. B. Datum, Termin) • fix vt

bestimmen vt <tech.allg> (Lage, Ort) • localize vt

bestimmen vt <tech.allg> (z. B. Größen, Mengen) • determine vt; establish vt

bestimmen vt <navig> (Position) • acquire vt; determine vt

bestimmen und korrigieren vt <qualit> • analyze and adjust vt

bestimmtes Integral n <math> • definite integral

bestimmt verzögerte Abschaltung f <msr> • definite time-lag circuit breaking

Bestimmung f <tech.allg> (feststellen von Werten, Zahlen; z. B. durch Messung, Zählung) • determination

Bestimmung f <tech.allg> (Identifizierung von Teilen, Defekten, Zuständen etc.) • identification

Bestimmung f <logist> (Zielort) • destination

Bestimmung der Deposition von schwerflüchtigen organischen Substanzen VDI 2090-1 <emiss> • deposition measurement of low-volatile organic compounds VDI 2090-1

Bestimmung der Entfernung Satellit-Empfänger *f* <navig> • satellite ranging

Bestimmung der Entfernung zum Satelliten *f* <navig> • satellite ranging

Bestimmung der Geruchsstoffkonzentration *f* *DIN EN 13725* <emiss.msr> • determination of odour concentration *DIN EN 13725*

Bestimmung der Geruchsstoffkonzentration mit dynamischer Olfaktometrie *DINEN 13725* <emiss.msr> • determination of odour concentration by dynamic olfactometry *DINEN 13725*

Bestimmung des Mischungsverhältnisses *f* <bau.mat> *(Beton)* • mix design

Bestimmungen *fpl* <jur> *(eines Vertrags)* • provisions; regulations; rules; terms; stipulations

Bestimmungsbahnhof *m* <bahn.logist> • destination station

Bestimmungsgleichung *f* <math> • conditional equation; condition equation; equation of condition

Bestimmungsgröße *f* <tech.allg> *(für Entscheidungen, Schätzungen, Prozesse)* • parameter; determinant

Bestimmungshafen *m* <nav.logist> • port of destination

Bestimmungsort *m* <logist> *(Zielort)* • destination

Bestimmungsort *m* <navig> • destination (DEST)

Bestimmungswegpunkt *m* <navig> *(in Navigationssystem)* • destination waypoint; TO waypoint

bestmögliche Mittel, die keine übermäßigen Kosten verursachen <ents> *(UK-Gesetzgebung)* • Best Available Techniques not Entailing Excessive Cost (BATNEEC)

Bestockung *f* <agri> *(Ackerland, Felder)* • tillering

Bestockung *f* <holz> *(Wald)* • forest stocking; tree crop

bestoßen *vt* <druck> *(Kanten abschneiden)* • trim *vt*

bestoßen *vt* <holz> *(Kanten)* • edge *vt*

bestoßen *vt* <prod> *(rechtwinklig)* • square off *vt*

Bestoßhobel *m* <wz> • trimming plane

Bestpunkt *m* <masch> *(z. B. von Kraft-, Arbeitsmaschinen)* • best efficiency point; point of best efficiency

bestrafen *vt* <jur> *(z. B. Vertrags-, Patentverstöße, Lieferverzug)* • penalize *vt*

bestrahlen *vt* <metall> *(mit flüssigem Schmiermittel)* • drench *vt*

bestrahlen *vt* <phys> *(einer Strahlung aussetzen; z. B. mit UV, IR, Gamma)* • expose to radiation *vt*; irradiate *vt*

bestrahlt <phys> • irradiated

bestrahltes Brennelement *n* <nukl> • irradiated fuel element

bestrahltes Brennstoffelement *n* <nukl> • irradiated fuel element

Bestrahlung *f* *ugs* <energ.sol> *(durch Sonnenlicht; in MJ/m² oder kWh/m²)* • insolation; radiant exposure; irradiation *pract*; sunlight exposure *coll*

Bestrahlung *f* <phys> • exposure

Bestrahlung *f* <phys> *(mit ionisierender Strahlung)* • exposure to radiation; irradiation

Bestrahlung *f* <phys> *(an einem Punkt einer Fläche)* • radiant exposure

Bestrahlung mit Grenzstrahlen *f* <med> • grenz-ray therapy; grenz-ray irradiation

Bestrahlungsart *f* <phys> *(allg., jede Strahlung)* • type of irradiation

Bestrahlungsdichte *f* <energ.sol> • irradiance; radiation intensity

Bestrahlungsdosis *f* <nukl> • irradiation dose

Bestrahlungsdosis *f* <nukl.bio> *(in Coulomb je Kilogramm, früher in Röntgen)* • exposure dose; ion dose; ion dosage

Bestrahlungskammer *f* <med.tech> • irradiation chamber; irradiation room; treatment room

Bestrahlungskammer *f* <phys> • exposure chamber

Bestrahlungskanal *m* *DIN 25401-3* <nukl> • irradiation channel

Bestrahlungsraum *m* <med.tech> • irradiation chamber; irradiation room; treatment room

Bestrahlungsreaktor *m* <nukl> • irradiation reactor

Bestrahlungsschaden *m* <nukl.bio> • irradiation injury; irradiation damage

Bestrahlungsstärke *f* <energ.sol> • irradiance; radiation intensity

Bestrahlungsstärke *f* <med> • exposure rate

Bestrahlungsstärke *f* <phys> *(Strahlungsgröße)* • radiant flux density; irradiance

Bestrahlungssyndrom *n* <med> • radiation syndrome; radiation sickness

Bestrahlungsversprödung *f* <qualit.mat> • radiation-induced embrittlement; irradiation embrittlement

Bestrahlungszeit *f* <nukl> • irradiation time; exposure time

Bestrahlungszelle *f* <nukl> • radiation chamber

Bestrahlungszelle *f* <phys> • exposure cavity

bestreichen *vt* <mil> *(z. B. Gelände mit Gewehrfeuer, Radar)* • sweep *vt*

bestreichen *vt* <obfl> *(Oberfläche beschichten; betont: mit Pinsel; z. B. Farbe auftragen)* • coat by brushing *vt*; brush on *vt*

bestreichen *vt* <obfl> *(bedecken)* • cover *vt*

bestreichen *vt* <obfl> *(z. B. mit Butter, Farbe)* • spread *vt*

Bestreichmaschine *f* <led> *(für Kleber)* • cement applying machine

Bestreichungsfeuer *n* <mil> • grazing fire

bestreiten *vt* <jur> • appeal (against) *vt*; contest *vt*; dispute *vt*; challenge *vt*

bestreuen *vt* <verf> *(z. B. Gehsteig mit Sand, Kuchen mit Zucker)* • strew *vt*

bestreuen mit Trockenstoffen *vt* <nahr.prod> *(Speiseeis)* • dry coat *vt*; dry enrobe *vt*

bestrichene Fläche *f* *rar* <energ.wind> *(Rotorfläche bezogen auf den Windstrom)* • swept area *IEV 415*; capture area *rare*; area of swept circle *rare*; intercept area *rare*; reference area *rare*

bestrichene Kreisfläche *f* *rar* <energ.wind> *(Rotorfläche bezogen auf den Windstrom)* • swept area *IEV 415*; capture area *rare*; area of swept circle *rare*; intercept area *rare*; reference area *rare*

Bestseller *m* <logist> *(Artikel)* • fast mover *pract*; fast-moving product *pract*; high traffic item *pract*; high usage value item *form*

bestücken *vt* <tech.allg> *(ausrüsten; z. B. Leiterplatte, Fertigungszelle)* • equip *vt*

bestücken *vt* <prod> *(einsetzen)* • insert *vt*

bestücken *vt* <wz> *(mit Spitze, Schneide)* • tip *vt*

bestücken *vt* <wz.masch> *(z. B. Maschine mit Rohlingen, Revolverkopf mit Werkzeugen)* • load *vt*

bestückt <edv> *(auf der Platine vorhanden; z. B. Baustein, Funktion)* • on-board; on-chip; built-in; embedded

bestückte Leiterplatte *f* <el> • component-carrying printed circuit board; assembled printed circuit board

Bestückung *f* <msr> *(mit Geräten, Messfühlern etc.)* • instrumentation

Bestückung *f* <wz> *(mit Werkzeugschneide)* • tipping

Bestückungsautomat *m* <prod> • automatic insertion equipment

Bestückungsbild *n* <el.doku> *(von Leiterplatten; z. B. von Mainboards)* • component location drawing; component mounting diagram

Bestückungsloch *n* <el> *(z. B. in Leiterplatte)* • component mounting hole; mounting hole

Bestückungsplan *m* <el.doku> *(von Leiterplatten; z. B. von Mainboards)* • component location drawing; component mounting diagram

Bestückungsseite f <el> (Leiterplatte) • component side; part side

Bestückungsstraße f <el.prod> (Leiterplattenfertigung) • assembly line

Bestuhlungs-Anordnung f <innen> (z. B. in Konferenzräumen, Vans) • seating configuration; seating arrangement; seating floor plan; seating plan; internal/interior layout

Bestwert m <allg> • optimum value; optimum

Bestwertregelung f <msr> • optimum control

Bestzeitprogramm n <edv> • optimally coded program; minimum-access routine; optimum program

Bestzeitprogrammierung f <edv> • optimum programming; minimum-access programming

Besucherdatei f (VLR) <tele> (Mobilfunk) • Visitor Location Register (VLR)

Besucherregister n <tele> (Mobilfunk) • Visitor Location Register (VLR)

Besucherstandortregister n <tele> (Mobilfunk) • Visitor Location Register (VLR)

Beta+-Zerfall m <nukl> • beta+decay; beta + disintegration; beta positron emission

Beta n <nukl> • beta

Beta-2-Glykoprotein-I n <bio> • apolipoprotein H; apo H pract

Betaabsorptionsdickenmesser m <msr> • beta absorption gauge; beta transmission gauge

betaaktive Substanz f <nukl> • beta-radioactive substance

Betaaktivität f <nukl> • beta radioactivity; beta activity

Beta-Begrenzung f <nukl> • beta limit

Betacam f Sony <av> • Betacam Sony

Betacam-SP f Sony <av> • Betacam-SP Sony

Betacellulose f <chem> • beta cellulose

Beta-Cholesterin n <med> • LDL cholesterol

Betadefektoskopie f <qualit.mat> • beta-particle materials testing; beta radiography

Beta des Plasmas n <nukl> • beta of plasma; beta

Betadickenmesser m <msr> • beta-ray backscatter thickness gauge; beta thickness gauge; beta gauge

Betadosimeter n <nukl.msr> • beta dosimeter

Betaeisen n <metall> • beta iron

betätigen vt <tech.allg> (allg.; z. B. Schalter) • actuate vt

betätigen vt <masch> (von Hand, manipulieren; z. B. Greifer, Spanner) • manipulate vt

betätigen vt <msr> (Sensor aktivieren, bedämpfen) • actuate vt; activate vt; attenuate vt

Betätigung f <el> (z. B. eines Schalters) • actuation; operation

Betätigung eines Analoggebers f <msr> • actuation of a sensor with analogue output

Betätigung eines Näherungsschalters f <msr> • actuation of a proximity switch; attenuation of a proximity switch; operating of a proximity switch

Betätigung mit Hilfsenergie f <tech.allg> (z. B. Bremse, Kupplung) • power operation

Betätigungs... <tech.allg> (z. B. Hebel, Kolben, Platte, Spannung, Spindel, Stange) • actuating ...

Betätigungsbedingungen fpl <msr> • operating conditions

Betätigungseinrichtung f <masch> (allg.) • actuating mechanism; operating mechanism

Betätigungselement n <tech.allg> • operating element

Betätigungselement n <msr> (von einem Sensor erfasster Gegenstand) • actuating device; sensing target; operating device

Betätigungsfolge f <msr> • sequence of operations

Betätigungsglied n <el> • operating mechanism

Betätigungshebel m <masch> • operating lever; actuating lever

Betätigungsimpuls m <msr> • activating impulse

Betätigungsknopf m <tech.allg> (zum Drehen) • control knob

Betätigungsknopf m <el> (zum Drücken; z. B. Gerät, Schaltpult, Führerstand) • control button

Betätigungsmagnet m <el> • actuating solenoid

Betätigungsmoment n <masch> (z. B. Schraubenschlüssel) • operating torque

Betätigungsnocken m <masch> • actuating cam

Betätigungsorgan n <msr> (z. B. ein Elektromagnet, Schrittmotor) • actuator; effector; operator

Betätigungsschalter m <el> • actuating switch

Betätigungsseil n <bahn> (z. B. zum Stellen von Signalen, Weichen) • control wire

Betätigungsspindel f <wz.masch> • actuating screw

Betätigungsstrom m <el> • actuating current

Betätigungswerkzeug n <wz> (zum Betätigen von Steckschlüsseleinsätzen) • drive handle; drive tool; socket handle rare

Beta-Grenze f <nukl> • beta limit

Betagrenzfrequenz f <phys> • beta cut-off frequency

Beta-Interferon n (IFN-β) <med> • interferon-beta (IFN-β); interferons

Beta-Lipoprotein n <bio> (Makromolekül) • low-density lipoprotein (LDL); beta-lipoprotein

Beta-Lyrae-Stern m <astron> • Beta Lyrae-type star

Betamax n <av> • betamax Sony; betamax system

Betamax-System n Sony <av> • betamax Sony; betamax system

beta-Messing n <mat> • beta brass

Betamessing n <mat> • beta brass

Betamovie f Sony <av> • Betamovie Sony

betanken vt <tech.allg> (z. B. Auto, Flugzeug) • fuel vt

betanken vt <fz> (erneut auffüllen; z. B. Auto, Flugzeug) • refuel vt

Betankung in der Luft f <aerospace> • in-flight refueling US; midair refueling US; midair refuelling GB; in-air-to-air refuelling GB

Betankungsausrüstung f <kfz> • fuel-loading equipment

Betankungskupplung f <kfz> (z. B. Rennwagen) • filler-neck coupling

Betankungsstutzen m <kfz> • filler neck

Betaquelle f <nukl> • beta radiation source; beta-particle source; beta source

Betarückstreuung f <nukl> • beta-particle backscatter; beta backscattering; beta backscatter

Betarückstreuverfahren n DIN EN ISO 3543 <msr> (Dickenmessung von Schichten) • beta backscatter method ISO 3543

Beta-Sitosterin n <chem> • beta-sitosterol

Beta-Software f <edv> • beta software; pre-release software

Betaspektrometer n <msr> • beta-particle spectrometer; beta-ray spectrometer; beta spectrometer

Betaspektrum n <nukl> • beta-particle spectrum; beta-ray spectrum; beta spectrum

Beta-Spline n <math> • beta-spline

betastabil <nukl> • beta-stable

Betastrahl m <nukl> • beta ray

Betastrahlen mpl <nukl> • beta-rays

Betastrahler m <nukl> • beta emitter; beta-radioactive substance; beta radiator

Betastrahlung f <nukl> • beta radiation; beta emission

Betateilchen n <nukl> • beta particle

Betatestphase f <edv> • beta testing

Betatron n <nukl> • induction electron accelerator; induction accelerator; betatron

Betatronflussstäbe mpl <nukl> • betatron flux bars

Betaübergang m <nukl> • beta transition

Betauung f <allg> • dew
Beta-VLDL n <bio.chem> • beta-migrating VLDL; broad beta lipoprotein; broad beta; beta VLDL; hypertriglyceridemic VLDL rare
Betazähler m <nukl> • beta counter tube; beta counter
Beta-Zerfall m <nukl> • beta-decay; beta disintegration; beta electron emission
Betazerfall m <nukl> • beta decay; beta disintegration
Betazoid m <edv> • Betazoid
beteiligen vr <tech.allg> (z. B. an Unternehmen) • participate in vt; take part in vt; acquire an interest in vt; take an equity stake; share in vt
Beteiligung f <fin> • participation; investment; interest; holding; shareholding
BET-Gleichung f <chem> • Brunauer-Emmett-Teller equation; BET equation
Bethe'sche Methode f <nukl> • Bethe approximation method
Bethe-Weizsäcker-Zyklus m <nukl> • Bethe-Weizsäcker cycle; carbon-nitrogen cycle; carbon cycle
Beton m <bau.mat> • concrete
Betonabschirmung f <bau> • concrete shield
Betonaufbruchhammer m <bau.masch> • concrete breaker
Betonauskleidung f <bau> • concrete lining
Betonbau m <bau> • concrete engineering
Betonbewehrung f <bau.mat> • concrete reinforcement
Betonblock m <bau.mat> • concrete block
Betonblockstein m <bau.mat> • concrete block
Betonbohle f <bau> • concrete slab
betonbrechender Aufschlagzünder m <mil> • concrete-piercing fuze
Betonbrecher m <bau.masch> • concrete breaking machine; concrete breaker
Betondachstein m <bau> • concrete roofing tile
Betondamm m <bau.hydr> • concrete dam
Betondeck n <bau> (Brücke) • concrete deck
Betondecke f <bau> (Straße) • concrete pavement
Betondeckenfertiger m <bau.masch> • concrete paver; concrete finisher
Betondeckung f <bau> (als Schutz vor etwas) • concrete protection
Betondeckung f <bau.mat> (über Bewehrungsstahl) • concrete cover
Betondichtungsmittel n <bau.mat> • concrete waterproofing compound
Betondränrohr n <bau.mat> • concrete drain pipe
Betoneinbringanlage f <bau.masch> • concrete placing plant
Betoneinbringung f <bau> (Vorgang) • concrete placement; concrete placing; placing of concrete; pouring of concrete
Betonestrich m <bau> • concrete floor; concrete topping
Betonfertiger m <bau.masch> • concrete finisher; concrete finishing machine
Betonfertigpfahl m <bau.mat> • pre-cast concrete pile
Betonfertigteil n <bau.mat> • pre-cast concrete element
Betonfertigteile npl <bau.mat> • precast concrete
Betonformstein m <bau.mat> • pre-cast concrete block
Betonformsteinausbau m <bau> • concrete-block walling
Betonfuge mit Versatz f <bau> • keyed concrete joint
Betonfundament n <bau> • concrete foundation
Betongefüge n <bau> • concrete texture
Betongleitblech n <bau> • concrete chute
Betongleitfertiger m <bau.masch> • concrete extruding machine
Betongleitschaltungsfertiger m <bau.masch> (Straßenbau) • slipform paver

Betongrasstein m <bau.mat> • lawn paving block
Betongüte f <bau> • concrete grade; concrete quality
Betonhärtungsmittel n <bau.mat> • concrete hardener; concrete hardening agent
Betonhohlblockstein m <bau.mat> • hollow concrete block
Betonierbett n <bau> • casting bed
betonieren vt <bau> (gießen) • cast concrete vt
betonieren vt <bau> (allg.) • concrete vt
betonieren vt <bau> (betont: einbringen) • place concrete vt
Betonierplatz m <bau> • casting yard
Betonierung f <bau> (Vorgang) • concrete placement; concrete placing; placing of concrete; pouring of concrete
Betoninsel f <petr> • concrete platform
Betonkarren m <bau.mat> • concrete cart
Betonkastenkonstruktion f <bau> (z. B. Brücke) • concrete box-type construction :V
Betonkernaktivierung f <bau.hlk> • concrete core cooling (CCC) :V
Betonkernkühlung f <bau.hlk> • concrete core cooling (CCC) :V
Betonkippkarren m <bau.masch> • concrete cart
Betonkörper m <petr> • concrete platform structure
Betonmauerstein m <bau.mat> • aggregate concrete masonry unit
Betonmischer m <bau.masch> (allg.; fahrbar od. stationär) • concrete mixer
Betonmischer m prakt <bau.masch> (stationär od. als Anhänger) • concrete mixer
Betonmischer m <nfz> (Lkw) • concrete mixer; transit-agitator truck; transit-truck mixer; ready-mix truck; truck mixer
Betonmischmaschine f <bau.masch> (stationär od. als Anhänger) • concrete mixer
Betonmischung f <bau.mat> • concrete mix; mixed batch
Betonmischung mit niedrigem Wasser-Zement-Faktor f <bau.mat> • low W/C mix
Beton mit gerissener Zugzone m <qualit.mat> • cracked concrete
Betonnung f <nav> (Fahrrinne) • buoyage
Betonpfahl m <bau.mat> • concrete pile
Betonplattengleis n <bahn> • concrete slab track
Betonplattform f <petr> • concrete platform
Betonpumpe f <bau.masch> • concrete pump
Betonriegel m <bau> • concrete slab
Betonrüttler m <bau> (zum Einführen in nassen Beton) • concrete vibrator; vibrator pract
Beton-Rundstahl m <bau.mat> • plain rebar steel
Betonsäge f <bau.masch> • concrete saw
Betonsand m <bau.mat> • concrete sand
Betonsanierung f <bau.rep> • concrete repair
Betonschalung f <bau> • concrete formwork
Betonschleifmaschine f <bau.masch> • concrete grinder
Betonschwelle f <bahn> • concrete sleeper
Betonspritzgerät n <bau.masch> • concrete gun
Betonstahl m <bau.mat> (für Stahlbeton) • rebar steel; concrete reinforcement steel; reinforcement steel; reinforcing steel; rebars
Betonstahlbiegemaschine f <bau.masch> • reinforcement bending machine
Betonstahlgewebe n <bau.mat> • mesh reinforcement
Betonstahlmatte f <bau.mat> • reinforcing sheet; reinforcing mat
Betonstahlschweißen n <füg> • reinforcing bar welding
Betonstampfer m <bau.masch> • concrete rammer; concrete tamper
Betonstaumauer f <bau.hydr> • concrete dam
Betonstein m <bau.mat> • cast concrete stone; concrete stone; concrete block

Betonstraßenfertiger m <bau.masch> • concrete road finisher; concrete paver

Betontransportfahrzeug n <nfz> • mixer conveyor

Betontrichter m <bau.masch> • concrete placement hopper; concrete placement funnel; tremie

Betonturm m <bau> • concrete tower

Betonüberdeckung f <bau.mat> *(über Bewehrungsstahl)* • concrete cover

betonummantelt <obfl> • concrete-encased

Betonung f <allg> *(z. B. auf ein Wort, Thema)* • emphasis

Betonverdichter m <bau.masch> • concrete compactor

Betonverdichtung f <bau> • concrete compaction

Betonverflüssiger m (BV) <bau.mat> • concrete plasticizer; plasticizer

Betonverkleidung f <bau.obfl> • concrete lining

Betonverteiler m <bau.masch> *(allg.)* • concrete spreader; concrete spreading machine

Betonverteiler m <bau.masch> *(betont: am Fülltrichter)* • hopper spreader

Betonwalzverfahren n <bau> • concrete rolling technique

Betonwand f <bau> • concrete wall

Betonwerk n <bau> *(für Fertigteile)* • pre-casting factory; pre-casting plant

Betonzusatz m <bau.mat> *(Volumenanteil; z. B. Flugasche, Gesteinsmehl)* • concrete additive *rare*

Betonzusatzmittel n <bau.mat> *(kein Volumenanteil; z. B. Betonverflüssiger; Verzögerer)* • concrete admixture

Betonzusatzstoff m <bau.mat> *(Volumenanteil; z. B. Flugasche, Gesteinsmehl)* • concrete additive *rare*

Betonzuschläge mpl <bau.mat> *(z. B. Kies)* • concrete aggregate; aggregate

Betonzuschlag m <bau.mat> *(z. B. Kies)* • concrete aggregate; aggregate

betrachten vt <allg> *(abstrakt; z. B. Thema, Gegenstand, Problem)* • concentrate on vt; focus on vt; deal with vt; cover vt

betrachten vt <opt> *(anschauen)* • view vt

Betrachter m <opt> • viewer

Betrachterstandpunkt m <edv> • camera view point; viewing point; camera view; view point; view *pract*

Betrachtungsabstand m <opt> • viewing distance

Betrachtungsapparat m <phot> *(z. B. für Diapositive)* • viewing device; viewing apparatus; viewer

Betrachtungseinheit f <qualit> • item; unit

Betrachtungskegel m DIN ISO 10209-2 <doku.opt> • vision cone *ISO 10209-2*

Betrachtungsschirm m <el> *(Oszilloskop)* • oscilloscope screen; oscilloscope face

Betrachtungsschirm m <opt> *(allg.)* • viewing screen

Betrag m <math> *(einer Größe)* • amount

Betrag m <math> *(einer komplexen Zahl)* • value

Betragsfeld n <doku> *(auf Formularen, in Masken)* • amount field

betreffen vt <jur> *(Patent; Erfindung)* • relate to vi; be concerned with vi

betreiben vt <tech.allg> *(Maschine, System, Anlage, Geschäft)* • operate vt; run vt *coll*

betreiben vt <tech.allg> *(Maschine, System, Anlage etc.)* • operate vt; run vt

Betreiber m <tech.allg> *(einer Anlage, z. B. Kraftwerk)* • operator

Betreiber m <alarm> *(eines Systems mit Servicevertrag)* • subscriber

Betreiber m prakt <tele> *(Mobilfunk)* • mobile carrier; carrier *pract*

Betreuung f <did> *(von neuem Personal)* • coaching

Betrieb m VDI 2264 <tech.allg> *(von Anlagen, Systemen)* • operation

Betrieb m <ökon> *(für Produkte oder Dienstleistungen)* • business; enterprise; firm

Betrieb m <ökon> *(Fertigungsstätte für Produkte)* • plant; works; shop; mill

Betrieb der Land- und Forstwirtschaft m <agri> • agricultural and forestry establishment; agricultural and forestry enterprise

betrieblicher Wirkungsgrad m <tech.allg> • operating efficiency

betrieblicher Zweck m <ökon> • business purpose

betriebliche Vorgehensweise f <prod> *(Methode)* • operational procedure

Betrieb mit natürlicher Erregung m <el> • free-current operation

Betrieb mit Trägerübertragung m <el> • transmitted-carrier operation

Betrieb mit veränderlichem Zyklus m <edv> • variable-cycle operation

Betrieb rund um die Uhr m <ökon> *(ohne Pausen, Stillstandszeiten)* • continuous operation; non-stop operation; 24-hour operation

Betriebs-... <tech.allg> *(in Zusammensetzungen; z. B. -druck, -temperatur, -drehzahl)* • operating ...; design ...

Betriebsabsperrorgan n <energ.hydr> • operating valve

Betriebsanalyse f <ökon> • process analysis

Betriebsanalysenmesseinrichtung f <msr> • process analyzer *US*; process analyser *GB*

Betriebsanlage f <prod> • industrial plant

Betriebsanlage f <verf> • process plant

Betriebsanleitung f (BA) <doku> *(allg., jede Form; z. B. gedruckt, auf CD, Online)* • operator instructions; operating instructions

Betriebsanleitung f <doku> *(gedruckt)* • operator manual; operating manual; manual *coll*

Betriebsanleitung f <doku.kfz> *(von Kfz)* • owner's manual *GM etc.*; driver's handbook *Jaguar*; operating information *Chrysler*; owner guide *Ford*; operating instructions & product information *Chrysler obs.*

Betriebsanschlussgleis n <bahn> • spur track

Betriebsanweisung f <doku> *(mit Weisungsbefugnis; z. B. für Vertragswerkstatt-Einrichtungen)* • operator instructions; operating instructions

Betriebsanzeige f <edv> *(von Laufwerken)* • operation indicator lamp; drive-activity LED; power on/busy LED indicator

Betriebsanzeige f <el.msr> *(Stromversorgung eingeschaltet)* • power lamp

Betriebsanzeige f <el.msr> *(allg.)* • equipment-on indicator lamp

Betriebsanzeigelampe f <el.msr> *(allg.)* • equipment-on indicator lamp

Betriebsart f <tech.allg> *(z. B. manuell, automatisch)* • mode of operation; operating mode; mode *pract*

Betriebsart f <msr> *(von Fühlern, Sensoren, Detektoren)* • mode of detection

Betriebsart f <ökon.holz> *(forstwirtschaftliche Bewirtschaftungsart)* • silvicultural system

Betriebsart f <verf> *(einer größeren Anlage)* • operation mode; operating mode; mode of operation

Betriebsart-Anzeigefeld n <msr> *(auf Display)* • mode field

Betriebsart des Beatmungsgerätes f <med.tech> • mode of ventilation; ventilation mode; ventilatory mode

Betriebsart-Einrichtungsseite f <edv> *(Setup)* • operation setup page

Betriebsarteinstellung f <msr> • operation setup

Betriebsartenschalter m <msr> • mode selector switch; operating-mode switch

Betriebsartsteuerung f <msr> • mode control

Betriebsaufgabe f <ökon> *(z. B. wg. Konkurs)* • termination of a business; abandonment of the enterprise; closing down of the plant; closing down of operations

Betriebsaufspaltung f <ökon> • splitting up of a business; split of a unitary enterprise; splitting of a company

Betriebsausfall m <qualit> • operation failure

Betriebsausgaben fpl (BA) <fin> • business expenses; business related expenses; business expenditure; operating expenses

Betriebsauslass m <energ.hydr> • service outlet

Betriebsausrüstung f <prod> • factory equipment; plant equipment; mill equipment *coll*

Betriebsbeanspruchung f <tech.allg> • service load; working load

Betriebsbedingungen fpl <tech.allg> • operating conditions *pl*; working conditions *pl*

Betriebsbedingungen fpl <tech.allg> *(betont: äußere Einflüsse, wie z. B. Staub, Feuchtigkeit, Temperatur)* • environmental requirements; field conditions

Betriebsbelastung f <tech.allg> • operating load; service load

Betriebsbereich m <tech.allg> *(betriebl. Einsatzbereich gemäß techn. Daten; von Maschinen, Anlagen)* • operating range

betriebsbereit <tech.allg> • operational; in operating condition; ready to operate; serviceable; operable

betriebsbereite Leitung f <tele> • ready line

betriebsbereit halten vt <tech.allg> • keep ready for service vt

Betriebsbereitschaft f <tech.allg> *(betriebsfähiger Zustand; verfügbar)* • operational availability; readiness for operation; operability; serviceability; readiness

Betriebsbereitschaft f <tech.allg> *(Modus; sofort aktivierbar)* • stand-by

Betriebsbereitschaft f <druck> *(Betriebszustand, Status eines Druckers)* • online mode

Betriebsbereitschaft von Satelliten f <navig> • satellite health

Betriebsbremsanlage f (BBA) <kfz.brems> • service brake system; service brakes *pl pract*; foot brake *coll*

Betriebsbremse f *prakt* <kfz.brems> • service brake system; service brakes *pl pract*; foot brake *coll*

Betriebsbremsung f <fz> • service braking

Betriebscharakteristik f <qualit> • operating characteristic

Betriebsdämpfung f <tele> • composite loss; overall attenuation loss; operative attenuation; transmission loss

Betriebsdampf m <verf> • process steam

Betriebsdatei f <edv> • service file

Betriebsdaten pl <tech.allg> *(in Bezug auf Kapazität; z. B. Volumen, Förderstrom)* • capacity rating

Betriebsdaten pl <tech.allg> • operating data

Betriebsdatenerfassung f (BDE) <edv> • industrial data collection

Betriebsdauer f <tech.allg> • operating time

Betriebsdrehzahl f <tech.allg> *(von Wellen etc.; z. B. in U/min)* • operating speed

Betriebsdruck m <tech.allg> *(z. B. von Behältern, Hydraulik-, Pneumatiksystemen)* • operating pressure; working pressure; service pressure

Betriebseigenschaften fpl <tech.allg> • operation characteristics; performance

Betriebseingriffswinkel m <masch> *(Zahnrad)* • operating pressure angle

Betriebseinrichtung f <holz> • forest planning

Betriebserde f <el> • service ground *US*; service earth *GB*; system earth *GB*

Betriebserfahrung f <allg> • practical experience

Betriebserfahrung f <tech.allg> *(betont: vor Ort)* • field experience

Betriebserfahrung f <tech.allg> *(allg.)* • operating experience

betriebsfähig <tech.allg> • operational; in operating condition; ready to operate; serviceable; operable

Betriebsfähigkeitsfaktor m <tech.allg> • availability factor

Betriebsfehler m <prod> • error in operation; operational error

Betriebsfestigkeit f <qualit.mat> • engineering strength

Betriebsflüssigkeit f <tech.allg> • operating liquid

Betriebsflüssigkeit für Automatikgetriebe n form <tribo> • automatic transmission fluid (ATF)

Betriebsförderhöhe f <förd> • pump operating head

Betriebsfrequenz f <el> • operating frequency; working frequency

Betriebsfrequenzbereich m <tech.allg> *(auch mech.)* • operating frequency range; frequency range of operation

Betriebsführungssystem n <energ.wind> • control system; power control system

Betriebsführungs- und -überwachungszentrale f <tele> • operating and monitoring center

Betriebsgeheimnis n <jur> • trade secret

Betriebsgenauigkeit f <qualit> • performance accuracy

Betriebsgenehmigung f <jur> • operating approval

Betriebsgerät n <msr> • plant instrument; field instrument

Betriebsgerät n <verf> • operational apparatus

Betriebsgesellschaft f <ökon> • operating unit; operating company

Betriebsgewicht n <tech.allg> • operating weight

betriebsgewöhnliche Nutzungsdauer f <ökon> • useful life expectancy; average useful life; ordinary useful life; average life; economic life

Betriebsgießerei f <metall> *(statt Zukauf von Gussteilen)* • captive foundry

Betriebsgipfelhöhe f <aerospace> • service ceiling

Betriebsgrenzwerte mpl <tech.allg> *(von Komponenten, Anlagen)* • operating limits

Betriebshandbuch n <doku> *(für komplexere Produkte, Systeme; z. B. eines Kraftwerks)* • operating manual

Betriebsingenieur m <prod> • plant maintenance engineer

Betriebsinhalt m <chem.verf> *(Destillationskolonne)* • column hold-up; operating hold-up

betriebsintern <ökon> • in-house

betriebsinterne Anlage f <prod> • in-plant system

Betriebskanal m <tele> • operating channel; service channel

Betriebskapazität f <el> *(von Kabeln)* • capacitance

Betriebskenndaten pl <tech.allg> • operating characteristic data; operating characteristics

Betriebskenngröße f <wz> • performance characteristic parameter; performance characteristics

Betriebskennlinie f <tech.allg> • operating characteristic; operating characteristic curve

Betriebskennung f <prod> • load index and speed symbol

Betriebskosten fpl <ökon> *(z. B. einer Anlage, Maschine)* • operating expenses; operating costs; operational costs; operating expense; running costs *pract*

Betriebslast f <tech.allg> • operating load; service load

Betriebslautsprecheranlage f <av> • factory public-address system; mill public-address system *coll*

Betriebslebensdauer f <qualit> *(allg.)* • operating life; service life; use life

Betriebslebensdauer f <qualit> *(vorgegeben)* • rated life

Betriebslebensdauerprüfung f <qualit> • operational life test; operating life test

betriebsleise <akust> *(Arbeiten von techn. Geräten)* • silent-running

Betriebsleistung f <tech.allg> • operating power

Betriebsleitung f <ökon> *(Management einer Fabrik)*
• factory management
Betriebsleitung f <ökon> *(allg.)* • company management
Betriebsleitung f <ökon> *(Management einer Anlage;
z. B. Kraftwerk)* • plant management
Betriebsleuchte f <edv> *(von Laufwerken)* • operation
indicator lamp; drive-activity LED; power on/busy LED
indicator
Betriebslinie f <verf> *(Destillation)* • operating line
Betriebsmasse f <bahn> • load in running order; weight in
running order
Betriebsmasse f <fz> • operating mass
Betriebsmeldung f <msr> • status message; status signal
Betriebsmessgerät n <msr> • plant instrument; field in-
strument
Betriebsmittel npl <tech.allg> *(Ausrüstungen, Einrichtun-
gen)* • resources
Betriebsmittel npl <tribo> *(Öle, Fette, Kraftstoffe)* • serv-
ice fluids
Betriebsmittelbau m <wz> • tool and fixture construction
Betriebsmittelkonstrukteur m <wz> • tool, jig and fix-
ture designer
Betriebsmodus m <tech.allg> *(z. B. manuell, automa-
tisch)* • mode of operation; operating mode; mode *pract*
Betriebsmoduswahlschalter m rar <msr> • mode
selector switch; operating-mode switch
Betriebsmodus-Wahltaste f <msr> • mode key
Betriebsnennleistung f <tech.allg> *(z. B. Elektromotor)*
• operation rating; service rating
Betriebsordnung f <tech.allg> • operating regulations
Betriebsparameter m <tech.allg> • operation parameter;
operating parameter; performance parameter
Betriebspraxis f <tech.allg> *(Fertigung)* • manufacturing
practice; shop practice
Betriebsprogramm n <edv> • operating program
Betriebsprüfung f <qualit> *(von Komponenten, Anlagen)*
• operating test; functional test
Betriebspumpe f <förd> • duty pump; service pump
Betriebspunkt m <tech.allg> *(von Systemen, Maschinen,
Bauteilen; z. B. von Pumpen, Turbinen)* • operating point;
working point; duty point *rare*
Betriebsrauschen n <av> • tape noise; tape background
noise *rare*; bias noise
Betriebssäurewecker m <nahr> • bulk starter
Betriebsschalter m <el> *(meist ein Ein/Aus-Schalter)*
• operation switch
Betriebsschaltung f <tele> • service connection
Betriebsschutz m <sich> *(Fabrik)* • factory security
guards; mill security guards
Betriebsschwingversuch m <qualit> • fatigue test under
service conditions; service fatigue test
Betriebsseil n <förd> • running rope
Betriebssetzmaschine f <prod> *(Aufbereitung)* • commercial jig
betriebssicher <allg> *(betont: Unfallsicherheit)* • secure;
safe
betriebssicher <tech.allg> *(betont: störungsfrei verfügbar
im Einsatz, Betrieb)* • reliable; operationally reliable; dependable
Betriebssicherheit f <qualit> *(von Bauteilen, Systemen)*
• operational reliability; operational dependability
Betriebssicherheit f <sich> *(für das Personal)* • occupational safety
Betriebssicherheit der Bauelemente f <qualit> • component reliability
Betriebssicherung f <el> • active fuse
Betriebsspannung f <el> *(allg. elektr. Spannung beim
Betrieb)* • operating voltage; service voltage; working
voltage; running voltage *rare*

Betriebsspannung f <el> *(betont: Spannung der Strom-
quelle)* • supply voltage
Betriebsspannung f <licht> *(von Gasentladungslampen)*
• arc voltage; lamp operating voltage
Betriebsspannung f <mech> *(mechanische Belastung)*
• operating stress; service stress; working stress
Betriebsspannungsanzeige f <msr> • power-on indica-
tion
Betriebsspannungsbereich m <el> • operating voltage
range
Betriebsspiel n <masch> *(Abstand beim Betrieb; Spalt,
Luft)* • operating clearance
Betriebsspiel n <masch> *(Abfolge von Takten; z. B. Kol-
benmaschinen, Werkzeugmaschinen)* • work cycle;
working cycle; cycle *pract*; duty cycle *rare*
Betriebssprache f <edv> • operating language
Betriebsstätte f <ökon> *(für Produktion etc.)* • permanent
establishment; fixed establishment
Betriebsstandard m <qualit> • works standard specifica-
tion
Betriebssteilheit f <el> *(Leitfähigkeit)* • mutual conduc-
tance slope
Betriebsstellung f <tech.allg> • operating position; running position
Betriebsstilllegung f <ökon> • factory closing-down;
factory closure
Betriebsstillstand m <tech.allg> • shut-down period;
down period; down time; outage
Betriebsstörung f <tech.allg> *(eines Systems; z. B. Lift)*
• service failure
Betriebsstörung f <prod> *(Ausfall einer ganzen Fertigungsanlage)* • breakdown of the operations; interruption
of operations
Betriebsstoffe mpl <logist> *(Versorgungsgüter für Produktion)* • supplies; operating supplies; factory supplies
Betriebsstoffe mpl <logist> *(für Fahrzeuge)* • fuels and
lubricants
Betriebsstoffergänzung f <aerospace> • aircraft replenishing
Betriebsstofflager n <logist> • fuel and lubricants storage
facility; petrol and lubricant bulk-storage plant *GB*
Betriebsstoffvorrat m <mil> *(Kraftstoff)* • fuel supply
Betriebsstrom m <el> *(allg.)* • operating current; working
current; load current
Betriebsstundenzähler m <mot> *(für Verbrennungsmotoren)* • engine-hour indicator
Betriebsstundenzähler m <msr> *(allg.)* • working hour
meter; operating hour meter; elapsed time indicator;
elapsed-time meter; time totalizing meter
Betriebssystem n <edv> *(z. B. DOS, Windows NT)*
• operating system (OS)
Betriebssystem DOS n <edv> • disk operating system
(DOS)
Betriebssystemumgebung f <edv> *(z. B. DOS, Windows)* • operating system environment; environment *coll*
betriebssystemunabhängig <edv> • autonomous;
stand-alone
Betriebstechnik f <tech.allg> • engineering operations
and maintenance
Betriebstemperatur f <tech.allg> • operating temperature; service temperature
Betriebstemperaturbereich m <tech.allg> • operating
temperature range
Betriebstemperaturbereich m <tribo> • service temperature
Betriebstiefgang m <nav> • service draft *US*; service
draught *GB*
Betriebsüberwachung f <msr> • operational control;
operational monitoring

Betriebsüberwachungsanlage f <msr> *(in Produktionsanlagen, Fabriken)* • factory monitoring system; mill monitoring system

Betriebsüberwachungsanlage f <msr> *(allg.; jede Art von Werk)* • plant monitoring system

Betriebsumgebungstemperatur f <tech.allg> • operating ambient temperature

Betriebs- und Geschäftsausstattung f <fin> • fixtures, furniture and office equipment; office and plant equipment; furnitures and fixtures; fixtures and fitting; fixtures and furnishings *US*

Betriebs- und Wartungskosten pl <tech.allg> • operating and maintenance cost

Betriebs- und Wartungszentrum n <tele> *(GSM)* • Operation and Maintenance Center (OMC)

betriebsunfähig <tech.allg> *(z. B. Bauteil, System, Anlage)* • inoperable; unserviceable

Betriebsunfallquote f <sich> • toll of factory accidents; toll of industrial accidents; toll of mill accidents

Betriebsunregelmäßigkeit f <tech.allg> • operational irregularity

Betriebsunterbrechung f <tech.allg> *(z. B. Telefon, U-Bahn)* • service interruption; operational interruption

Betriebsunterbrechung f <tech.allg> *(Anhalten von Anlagen, Abläufen, Prozessen)* • stoppage

Betriebsunternehmen n <ökon> • operating unit; operating company

Betriebsveräußerung f <ökon> • sale of a business; disposal of an enterprise

Betriebsverhalten n <tech.allg> *(von Maschinen, Anlagen, Fahrzeugen)* • operating behaviour; operational behaviour; service behaviour

Betriebsverhalten n <tech.allg> • performance

Betriebsverhalten n <kfz> *(eines Fahrzeugs, Motors im konkreten Fahrbetrieb)* • drivability

Betriebsvermögen n (BV) <fin> • business property; business assets; business capital; business assets and liabilities; assets of an enterprise

Betriebsverpachtung f <ökon> • lease of a business

Betriebsverschluss m <energ.hydr> • operating valve

Betriebsversuch m <tech.allg> *(im Anlagenmaßstab)* • plant-scale test

Betriebsversuch m <qualit> *(Einsatz vor Ort; kein Mockup)* • field testing; field test; field trial; test under service conditions

Betriebswälzkreis m <masch> *(Zahnrad)* • operating pitch circle

Betriebswälzkreisdurchmesser m <masch> *(Zahnrad)* • operating pitch diameter

betriebswarm <tech.allg> • warmed up

betriebswarmes System n <tech.allg> • system at operating temperature

Betriebswasser n <ökon> • water for industrial use; industrial water; service water

Betriebswasser n <verf> • process water

Betriebsweise f <tech.allg> *(z. B. manuell, automatisch)* • mode of operation; operating mode; mode *pract*

Betriebsweise f <verf> *(einer größeren Anlage)* • operation mode; operating mode; mode of operation

Betriebswellenlänge f <tele> • operating frequency wavelength; operating wavelength

Betriebswerk n <agri> *(für Waldarbeit)* • working plan

Betriebswerk n prakt <bahn> • engine terminal; engine facilities

Betriebswert m <tech.allg> • operating value

Betriebswiderstand m <el> • on-resistance

betriebswirtschaftlich <ökon> • economic

Betriebswirtschaftslehre f <ökon> • business economics; thscce of business economics *GB*; science of business administration *US*; management studies

Betriebszeit f <tech.allg> *(von Maschinen, Anlagen)* • operating period; operating time; operation time

Betriebszeit f <tech.allg> *(betont: unter Aufsicht)* • attended time

Betriebszeit f <tech.allg> *(betont: Zeit im eingeschalteten Zustand)* • power-on time; up-time

Betriebszeitfaktor m <tech.allg> • operating time ratio

Betriebszustand m <tech.allg> *(von Bauteilen, Maschinen, Anlagen)* • operating condition; operating state

Betriebszustand m <tech.allg> *(gute oder schlechte Verfassung)* • working order

Betriebszustand m <msr> *(Gesamtheit der beeinflussenden äußeren Bedingungen)* • regime

Betriebszustandsalarm m <msr> • condition alarm

Betriebszuverlässigkeit f <qualit> • operational reliability; service reliability

betroffener Bereich m <tech.allg> *(nachteilige Wirkungen; z. B. von Schweißwärme)* • affected zone

betrügerisch <jur> • fraudulent; deceitful

Betrug m <jur> • fraud

Bett n <bau> • bedding; underbed

Bett n <fz> *(Radfelge)* • rim well; well [base]; rim base

Bett n <wz.masch> *(z. B. Drehmaschine)* • bed

Bett n <wz.masch> *(trägt den Bettschlitten)* • lathe bed; bed *pract*

Bettbreite f prakt <fz> • rim well width; well width *pract*

Bettfeder f <masch> *(z. B. in Federkernmatratzen)* • bed spring

Bettfilter m <verf> • bed filter

Bettführungsbahn f <wz.masch> *(z. B. Drehmaschine)* • bed slideway; bedway; bed guide; bed track; way *pract*

Bettschlitten m <wz.masch> *(mit Schlosskasten; läuft auf Drehmaschinenbett, trägt Planschlitten)* • carriage; saddle; sliding saddle *rare*; carriage saddle *rare*

Bettstabilisierung f <bau.hydr> • gradation

Bettsteife f <wz.masch> • bed stiffness

Betts-Verfahren n <chem.verf> *(Bleiraffination)* • Betts process

Betttiefe f prakt <fz> • rim well depth; well depth *pract*

Bettung f <bahn> • bed

Bettung f <bau> • bedding; foundation

Bettungsreinigung f <bahn> *(Oberbau)* • screening of ballast

Bettungsschicht f <bau> • bedding layer; underlay; footing

Bettungszahl f <geo.mech> *(Bodenmechanik)* • subgrade modulus

Bettverlängerung f <wz.masch> • bed extension

Bettverrippung f <wz.masch> • bed ribbing

Bettwäsche fsg <textil> • bed linen sg

Bettwange f <wz.masch> • bed cheek

Bettzahnstange f <wz.masch> *(Drehmaschine)* • bed rack

Beuche f <textil> • kier-boiling; bucking; buck

beuchecht <textil> • fast to kier-boiling

beuchen vt <textil> • kier-boil vt; kier vt; buck vt; bowk vt

Beuchflotte f <textil> • kier liquor; kier lye; bucking liquor

Beuchkessel m <textil> • kier

beugen vt <bio> *(z. B. Arm)* • flex vt

beugen vt <opt> *(Strahl; z. B. Licht)* • diffract vt

beugen vt <phys> *(Wellen; z. B. Licht)* • diffract vt

Beugung f <phys> *(von Wellen; z. B. Licht, Wasser, an Hindernis, Spalt)* • diffraction

Beugung mit langsamen Elektronen f <phys> *(z. B. zur Strukturuntersuchung)* • low-energy electron diffraction

Beugung nullter Ordnung f <phys> • zeroth-order diffraction

Beugungsbild n <phys> • diffraction pattern

Beugungsebene f <phys> • diffraction plane

Beugungserscheinungen fpl <phys> • diffraction phenomena

Beugungsfleck m <phot> (im Röntgenbild; unerwünscht) • diffraction spot; diffraction mottle

Beugungsfleck m <phys> • Poisson's spot; diffraction spot

Beugungsgitter n <phys> • diffraction grating

Beugungsgitteraufstellung f <phys> • diffraction grating mounting

beugungsoptisch <opt> • diffraction-optical

beugungsoptisches Auflösungsvermögen n <opt> • diffraction-optical resolving power

Beugungsring m <phys> (betont: Randerscheinung) • diffraction fringe; diffracting edge

Beugungsring m <phys> • diffraction ring

Beugungsscheibchen n <phys> • Airy diffraction disk; diffraction disk

Beugungsschirm m <opt> • diffracting screen

Beugungsspektrograph m <phys> • diffraction spectrograph

Beugungsspektroskop n <phys> • diffraction spectroscope

Beugungsspektrum n <phys> • diffraction spectrum

Beugungsstreifen m <phys> • diffraction fringe; diffracting edge

Beugungsstreuung f <phys> • diffraction scattering

Beugungswinkel m <phys> • diffraction angle

Beugung von Licht f <opt> • diffraction of light

Beugung von Röntgenstrahlen f <phys> • X-ray diffraction

Beule f rar <tech.allg> (konkav, in Blech; z. B. in Karosserie) • dent

Beulen n DIN ISO 2424 <bau.innen> (textiler Bodenbelag) • rucking ISO 2424

Beulen n <mech> (bei Platten und Schalen; entspricht dem Knicken) • buckling

Beulenauszieher m form <wz> (Karosseriewerkzeug) • dent puller; body dent puller; body dent remover; panel puller

Beulen-Ausziehgerät n form <wz> (Karosseriewerkzeug) • dent puller; body dent puller; body dent remover; panel puller

Beulfestigkeit f <qualit.mat> • buckling strength

Beullast f <mech> • buckling load

Beulsicherheit f <mech> • safety against buckling

Beulsteifigkeit f <prod> (z. B. von Karosserieblechen) • dent resistance :V

Beulversuch m <qualit.mat> • buckling test

Be- und Entladerampe f <logist> • loading bay

Be- und Entladung f <logist> • loading and unloading

Be- und Entlüftung f <hlk> (Vorgang) • ventilation

Be- und Entlüftungsöffnung f <hlk> • vent opening; vent

Be- und Entlüftungsventil n <rls> • vent valve; breather pract

Beurkundung f <doku> • authentication

Beurteilung der Lage f <mil> • estimate of the situation; appreciation of the situation

Beutel m <tech.allg> (relativ robust, für kleine Mengen; typ. aus Stoff, Leder) • pouch

Beutel m <bio> (bei Beuteltieren) • pouch

Beutel m <pack> (allg.) • bag

Beutel m <pack> (groß) • sack; bag

Beutelelement n <el> (Batterie) • sack element

beutelige Kante f <pap> • baggy edge

beuteln vt <textil> (Naht) • pucker vt

beuteln vt <verf> (Müllerei; sieben; z. B. Mehl) • bolt vt; sift vt

Beutelnetz n <sport> (Angeln) • purse seine

Beutelpapier n <pap> • bag paper

Beutelschweißmaschine f <pack> • bag sealing machine

Beuteltee m <nahr> • bagged tea; tea in bags

Beutelverpackungsmaschine f <pack> • bagging machine

Beutelwerk n <verf> (Müllerei) • flour sifting and dressing machine

Bevölkerungserwartungsdosis f <nukl> • collective dose commitment

Bevollmächtigter m <jur> • authorized person; agent; proxy

Bevorratung f <logist> • stockage

Bevorratungshöhe f <logist> • level of supply

Bevorratungskosten pl <ökon> • inventory cost

Bevorratungssollliste f <logist> • authorized stockage list

bevorrechtigter Arbeitsplatz m <jur> • privileged workstation

bevorzugt <tech.allg> (z. B. Maße, Toleranzen) • preferential; preferred

bevorzugte Abfertigung beim Check-in f <tour> • priority check-in

bevorzugte Behandlung beim Einsteigen f <tour> • priority boarding

bevorzugte Gepäckabfertigung f <tour> • priority baggage handling

Bevorzugungsbereich m <math> (Statistik) • zone of preference

bewachsen <nav> (Rumpf; Boot, Schiff) • foul; fouled

bewachsener Schiffsboden m <nav> • foul bottom

bewährt <allg> • proven

bewährte Fertigungspraxis f :V <prod> • good manufacturing practice (GMP)

bewässern vt <agri> • irrigate vt

Bewässerung f DIN 4047-6 <agri> • irrigation

Bewässerung durch Gräben f <agri> • furrow irrigation

Bewässerung mit Mineraldüngerlösungen f <agri> • fertilizer-water irrigation

Bewässerungsanlage f <agri> • irrigation plant

Bewässerungsfutterbau m <agri> • irrigated forage growing

Bewässerungsgabe f <agri> • application of irrigation water

Bewässerungsgraben m <agri> • irrigation ditch

Bewässerungskanal m <agri> • irrigation canal

Bewässerungspumpe f <agri> • spray irrigation pump; irrigation pump; spray pump

Bewässerungspumpe f <förd> (Hebebetrieb) • irrigation pump

bewaffnete Aufklärung f <mil> • armed reconnaisance

bewaffneter Hubschrauber m <mil> • armed helicopter

bewaffneter Konflikt m <mil> • armed conflict

Bewaffnung f <mil> • armament; arming

bewaldet <geo> • wooded; forested

Bewaldungsprozent n <holz> • percentage of forest cover

BE-Wechselbühne f prakt <nukl> • fuel handling bridge

Bewegen nsg <phot> (eines Behälters oder Tankinhalts; z. B. Entwicklerdose) • agitation sg

bewegen vi/vt <verf> (Wirbelbewegung) • swirl vi/vt

bewegen vr <allg> • move vi

bewegen vr <tech.allg> (quer zu etwas) • traverse vt

bewegen vr <masch> (geradlinig; z. B. Schlitten auf Bett, Schiene) • travel vi

bewegen vt <allg> • move vt

bewegen vt <tech.allg> (Flüssigkeit in Behälter; z. B. durch Schütteln, Rühren) • agitate vt

bewegen <allg> (von sich aus bewegend) • moving

beweglich <tech.allg> (locker; eher unerwünscht) • loose

beweglich <tech.allg> (leichtgängig, eher erwünscht; z. B. auf Rollen, Rädern verfahrbar) • mobile

beweglich <tech.allg> (irgendwie positionsveränderbar; z. B. durch Schieben, Ziehen) • movable

beweglich <tech.allg> (im Ggs. zu steif, starr) • movable

beweglich <tech.allg> (gelenkig) • articulated

beweglich <tech.allg> (nicht stationär; z. B. Klimagerät, Notstromaggregat) • transportable; portable rare

bewegliche Bohrinsel f <petr> • mobile drilling platform

bewegliche Bohrplattform f <petr> • mobile barge; mobile platform

bewegliche Brücke f <bau> • movable bridge; opening bridge

bewegliche Flugabwehr f <mil> • mobile air defense

bewegliche Funkstelle f <mil> • mobile radio station

bewegliche Hämmer mpl <ents> • moving hammers

bewegliche Halterung des Prüfkopfs f <qualit.mat> (Stoßdämpfungsprüfung) • headform support dolly

bewegliche Karte f <navig> (Display) • moving map; moving field

bewegliche Kupplung f <masch> (von Wellen) • flexible coupling

bewegliche Last f <mech> • moving load

bewegliche Phase f <phys> (Chromatographie) • mobile phase

bewegliche Platten fpl <el> (Drehkondensator) • rotor vanes; moving vanes

bewegliche Plattform f <petr> • mobile platform

beweglicher Ballast m <nav> • shifting ballast

beweglicher Bolzen m <masch> • movable bolt

beweglicher Flügel m <bau> (Fenster) • active sash; operating sash; operative sash

beweglicher Kontakt m <chem> (Bewegtbettverfahren) • moving catalyst

beweglicher Kontakt m <el> • movable contact; moving contact

beweglicher Kopf m <av> • moving head

beweglicher Ladungsträger m <phys> • mobile charge carrier; mobile carrier

beweglicher Rost m <verbr> • shaking grate

beweglicher Seefunkdienst m <tele> • maritime mobile service

bewegliche Schalung f <bau> • moving formwork

bewegliches chirurgisches Heereslazarett n <mil.med> • mobile army surgical hospital

bewegliche Schultergurtverankerung f :V <kfz> • shoulder belt sliding anchor

bewegliches Feld n <el> • moving field

bewegliches Fenster n <bau> • opening light

bewegliches Glied n <masch> • movable component

bewegliches Glied n <mech> (Kinematik) • moving member

bewegliches Herzstück n <bahn> (Weiche) • switch diamond

bewegliches Karosserieteil n <kfz> • hang-on part

bewegliches Kinnteil n <bekl> (Helm) • detachable chin guard

bewegliche Sprechstelle f <tele> • mobile telephone station

bewegliches Rohr n <mil> (Waffe) • movable barrel

bewegliches Teil n <masch> • moving member

bewegliches Vorlagenglas f <druck> (Kopierer) • moveable platen

bewegliches Wehr n <bau.hydr> • movable weir; movable barrage

bewegliche Teile npl <tech.allg> • moving parts

Beweglichkeit f <tech.allg> • movability; mobility

beweglichkeitshemmende Operation f <mil> • countermobility operation

Beweglichkeit von Ladungsträgern f <phys> • mobility of charge carriers

Beweglichkeit von Partikeln f <verf> • mobility of particles; mobility of particulates; particulate mobility

Bewegtbett n <chem> • moving bed

Bewegtbettverfahren n <chem.verf> • moving-bed process

Bewegtbild n <av> • moving image; motion picture

bewegte Polbahn f <mech> (Kinematik) • moving centrode; space centrode

bewegter Lichtpunkt m <phys> • flying spot

bewegtes Bild n <av> • moving image; motion picture

bewegtes Feststoffbett n <verf> • moving bed

bewegtes Objekt n <phot> • moving subject

Bewegung f <masch> (typ. geradlinig; z. B. auf Schienen, Führungsbahnen) • travel

Bewegung f <phys> • motion; movement

Bewegung fsg <phot> (eines Behälters oder Tankinhalts; z. B. Entwicklerdose) • agitation sg

Bewegung der Erde f <geo> • earth's movement; earth's motion; movement of the earth

Bewegung des freien Massepunkts f <mech> • particle motion

Bewegung in Längsrichtung f <tech.allg> • longitudinal movement

Bewegung in Querrichtung f <tech.allg> • transverse movement; transverse traverse

Bewegungsablauf m <tech.allg> (bei einem Zyklus) • cycle of motions

Bewegungsablauf m <tech.allg> (allg.) • sequence of motions

Bewegungsachse f <autom> • axis of motion

Bewegungsanweisung f <msr> (Numerik) • motion statement

Bewegungsaufnahme f <med> • radiocinematogram

Bewegungsautomat m <autom> • handling device

Bewegungsbahn f <mech> • path of motion; track of motion

Bewegungsbahn f <mech> (nicht geschlossen) • trajectory

Bewegungsbestrahlungsgerät n <med.tech> • moving-field therapy unit

Bewegungsdatei f <edv> • change file; activity file

Bewegungsebene f <mech> • plane of motion

Bewegungseinrichtung f <autom> • handling device

Bewegungseinschränkung f <mech> (Kinematik) • restraint of motion

Bewegungselement n <mech> (Kinematik) • moving member

Bewegungsenergie f DIN 1354 <phys> • energy of motion; kinetic energy

bewegungsfähig <tech.allg> • movable; capable of being moved

Bewegungsfolge f <tech.allg> • order of movements; sequence of movements

Bewegungsfreiheit f <tech.allg> • freedom of movement; freedom of motion

Bewegungsfreiheit f <bekl> • freedom of movement; flexibility

Bewegungsfreiheit f <mil> • freedom of maneuver

Bewegungsfuge f <bau> • movement joint

Bewegungsgeber m <msr> • movement transducer

Bewegungsgeometrie f <mech> • geometry of kinematics

Bewegungsgeschwindigkeit f <tech.allg> (allg.)
• speed
Bewegungsgesetz n <mech> • law of motion
Bewegungsgewinde n (z. B. Trapezgewinde einer Spindel) • translation thread; power-transmission thread; motion transmitting screw thread
Bewegungsgleichung f <mech> • equation of motion
Bewegungsgröße f <mech> (Masse mal Geschwindigkeit) • linear momentum; momentum
Bewegungsgröße f <mech> (allg.) • quantity of motion
Bewegungsgruppe f <phys> • group of motions; group of movement
Bewegungshaufen m <astron> • open cluster
Bewegungsimpedanz f <el> • motional impedance
Bewegungskollektiv n <rls> • combination of movements; combination of deflections
Bewegungskombination f <rls> • combination of movements; combination of deflections
Bewegungskomponente f <mech> (zusammengesetzte Bewegung; z. B. Schiebung plus Drehung) • component motion
Bewegungskopplung f <mech> • coupling of motion; coupling of motions
Bewegungskrieg m <mil> • mobile warfare
Bewegungslehre f <phys> (z. B. in Bezug auf Roboter) • kinematics pl; theory of motion
bewegungslos <tech.allg> • motionless
Bewegungsmelder m <alarm> • motion sensor; movement detector GB; motion detector
Bewegungspause f <masch> (z. B. Schlitten, Ventil, Vorschub, Kontakt) • dwell
Bewegungspause f <masch> (betont: die Zeitspanne) • period of dwell; time of dwell
Bewegungspause bei der Umsteuerung f <wz.masch> • reversal dwell
Bewegungspfad m <tech.allg> • motion path
Bewegungspfad-Beschreibung f did <edv> • motion-path definition
Bewegungsprotokoll n <logist> • transaction history
Bewegungsrate f <geo> (Plattentektonik) • rate of plate motion; rate of motion
Bewegungsraum m <autom> (Roboter) • working range
Bewegungsraum m <förd> • travel space
Bewegungsreibung f <mech> • dynamic friction; sliding friction; slip friction coll; friction of motion rare; kinetic friction rare
Bewegungsrichtung f <tech.allg> • direction of movement; direction of travel; direction of motion; movement direction rare
Bewegungsrichtung f <geo> (Plattentektonik) • direction of plate motion; direction of plate movement
Bewegungsrichtungsumkehr f <masch> (z. B. Kolben, Schlitten, Laufkatze, Fördergurt) • direction reversal; travel direction reversal rare
Bewegungsrichtungsumkehr der Gewindeschneidspindel f <wz.masch> • reversal of the tapping spindle; tapping reverse
Bewegungssitz m <masch> • working fit
Bewegungssteuerung f <msr> • motion control
Bewegungsstudie f <tech.allg> (z. B. Ergonomie, Sport) • motion study
Bewegungstest m <alarm> • walk-test; walk test
Bewegungsunschärfe f <edv> (Computergrafik) • motion blur
Bewegungsunschärfe f <phot> • motion blur
Bewegungsverzerrung f <edv> (Computergrafik) • motion blur
Bewegungsvorwegnahme f <edv> • anticipation
Bewegungszählung f <tech.allg> • activity count

Bewegungszyklus m <autom> (z. B. Industrieroboter)
• movement cycle
bewehren vt <bau> (Stahlbeton) • reinforce vt
bewehren vt <el> (Kabel) • sheath vt; armor vt US; armour vt GB
bewehrtes Kabel n <el> • armored cable; sheathed cable
Bewehrung f <bau.mat> (von Beton) • reinforcement
Bewehrung f <el> (von Kabeln; meist aus Metall) • armor US; armoring US; sheathing; armour GB
Bewehrung im Bereich negativer Momente f <bau> • negative reinforcement
Bewehrungsanteil m <bau> (in Stahl-, Spannbeton) • percentage of reinforcement; percentage of rebar steel
Bewehrungsarbeiten fpl <bau> • reinforcement work; reinforcing work; rebar work pract
Bewehrungsgrenze f <bau> • reinforcing limit
Bewehrungskorb m <bau> • reinforcement cage
Bewehrungsmaschine f <el> (für Kabel) • armouring machine
Bewehrungsmatte f <bau.mat> (für Stahlbeton) • rebar mat; reinforcement bar mat form; bar mat rare
Bewehrungsmatte f <kst> (z. B. für GFK) • fabric reinforcement
Bewehrungsplan m <bau.doku> (Stahlbetonbau) • reinforcement drawing ISO 10209-4; reinforcement plan
Bewehrungsschelle f <el> • armor clamp US; armour clamp GB
Bewehrungsschlaufe f <bau> • steel loop
Bewehrungsstab m <bau.mat> • rebar; reinforcing bar; reinforcement bar
Bewehrungsstab mit Endhaken m <bau.mat> • hooked bar
Bewehrungsstahl m <bau.mat> (für Stahlbeton) • rebar steel; concrete reinforcement steel; reinforcement steel; reinforcing steel; rebars
Bewehrungsstreifen m <bau> • joint tape; reinforcing tape
Bewehrungsverschiebung f <bau> • displacement of reinforcement; reinforcement displacement
Bewehrungszeichnung f DIN ISO 10209-4 <bau.doku> (Stahlbetonbau) • reinforcement drawing ISO 10209-4; reinforcement plan
Beweis m <allg> (durch Vorführen, Vorrechnen) • demonstration
Beweis m <jur> (Gegenstand; z. B. eine Materialprobe) • evidence; proof
Beweis m <jur> (Schriftstück) • documentary evidence
Beweis m <math> • proof
Beweisbarkeit f <allg> (z. B. Behauptung, Hypothese, mathemat. Ableitung) • demonstrability; provability
Beweisdokument n <jur> (Schriftstück) • documentary evidence
beweisen vt <allg> (Hypothese, Ursache-Wirkung-Beziehung demonstrieren) • demonstrate vt
beweisen vt <allg> (experimentell, mathematisch als wahr bestätigen) • verify vt
beweisen vt <math> • prove vt
Beweislast f <jur> (z. B. bei Schadensersatzklagen) • burden of proof; onus of proof; onus probandi
Beweismittel n <jur> • evidence; proof
Beweispflicht f <jur> (z. B. bei Schadensersatzklagen) • burden of proof; onus of proof; onus probandi
bewerfen vt <bau> (mit Putz) • plaster vt; daub vt
bewerten vt <allg> (Wert einschätzen; z. B. eine Erfindung) • assess vt
bewerten vt <tech.allg> (z. B. Testergebnisse) • evaluate vt; rate vt
bewerten vt <fin> (finanziellen Wert bestimmen) • value vt; appraise vt; evaluate vt; assess vt

bewertete Gleichlaufschwankungen *fpl* <av>
• weighted root mean square (WRMS)
bewerteter Schallpegel *m* <av.akust> • weighted sound
pressure level
bewerteter Störspannungsabstand *m* <av> • weighted
signal-to-noise ratio
Bewertung *f* <allg> *(Beurteilung, Einschätzung des Werts
von etw.)* • assessment
Bewertung *f* <ents> *(Beurteilung nach Auswertung)*
• evaluation
Bewertung *f* <werb> *(Einstufung v. Produkten, Dienstleistungen; z. B. in Skala)* • rating
Bewertungsfaktor *m* <math> *(Statistik)* • weighting factor
Bewertungsfaktor *m* <nukl> • quality factor
Bewertungsfilter *n* <tele> • weighting network; weighting
filter
Bewertungskriterium *n* <allg> • evaluation criterion
Bewertungsprogramm *n* <edv> • benchmark program
Bewertungsziffer *f* <edv> • severity code
bewettern *vt* <min.hlk> • air *vt*; ventilate *vt*
Bewetterung *f* <min.hlk> • aeration; ventilation; artificial
ventilation *rare*
bewickeln *vt* <prod> • wrap *vt*
bewickelter Kern *m* <el> • wound core
Bewicklungsmasse *f* <textil> • package weight
bewirken *vt* <allg> • cause *vt*; effect *vt*
Bewirtschaftungssystem *n* <agri> • farming system
bewittern *vt* <obfl> • weather *vt*
Bewitterung *f* <obfl> • weathering
Bewitterungsprobe *f* <qualit.mat> • exposure test speci-
men; test specimen
Bewitterungsprüfung *f* <qualit.mat> • outdoor exposure
test; exposure test; weathering test
bewölkt <meteo> • overcast; cloudy
Bewölkungsgrad *m* <energ.sol> • cloudiness
Bewoid-Leim *m* <pap> • Bewoid size
Bewuchs *m* <obfl.nav> *(am Schiffskörper)* • fouling
Bewuchsfestigkeit *f* <obfl> *(von Anstrichstoffen; z. B.
von Schiffslack)* • fouling resistance
Bewuchshemmer *m* <obfl.nav> *(für Schiffsrumpf)* • anti-
fouling agent
Bewuchsschutz *m rar* <obfl.nav> *(für Schiffsrumpf)* • anti-
fouling agent
bewuchsverhindernd <obfl> *(Anstrich, Additiv)* • anti-
fouling
Bewurzlung *f* <agri> • root system
bewusste Schussabgabe *f* <mil> • conscious trigger
release; intentional trigger release
bewusst ignorieren *vt* <tech.allg> *(irrelevante Faktoren,
Einflüsse)* • factor out *vt*; leave aside *vt*; disregard *vt*;
ignore *vt*
Bewusstsein *n* <allg> • awareness
Bezafibrat *n* <pharm> *(Clofibrinsäurederivat)* • bezafi-
brate; bezafibratum; Bezalip ^{TM}
Bezafibratum *n* <pharm> *(Clofibrinsäurederivat)* • bezafi-
brate; bezafibratum; Bezalip ^{TM}
Bezahlfernsehen *n ugs* <av> • pay television; pay TV *coll*
bezeichnen *vt* <allg> *(beim Namen nennen)* • name *vt*
bezeichnen *vt rar* <allg> *(z. B. mit Etikett, Aufschrift)*
• mark *vt*; sign *vt rare*
bezeichnen *vt* <term> *(einen Begriff; mit einem Ausdruck,
einer Benennung)* • denote *vt*; designate *vt*
Bezeichner *m* <edv> • identifier
bezeichnetes Element *n* <edv> • named element
Bezeichnung *f* <edv> • identifier
Bezeichnung *f DIN 2342* <term> • designation *ISO 1087*;
designator *rare*
Bezeichnungskodierung *f* <edv> • notation coding
Bezeichnungsschild *n* <tech.allg> • legend plate

Bezeichnungssystem *n rar* <tech.allg> • identification
system; ID-System
Bezeichnungssystem *n* <edv> • notation system
Bezeichnungsweise *f* <doku> • notation
beziehen *vt* <fin> *(Einkommen)* • derive *vt*; receive *vt*
beziehen *vt* <sport> *(mit Saiten, z. B. Tennisschläger)*
• string *vt*
beziehen *vt* <textil.obfl> *(Möbel; z. B. Sessel, Sofa)*
• cover *vt*; face *vt*
beziehen auf *vr* <allg> • relate to *vt*
beziehen auf *vr* <jur> *(Patent; Erfindung)* • relate to *vi*; be
concerned with *vi*
Beziehung *f* <allg> *(z. B. mathematisch, sozial)* • relation;
relationship
beziehungslos <allg> *(zu etwas)* • unrelated
Beziehung zwischen X und Y *f* <allg> • relation be-
tween x and y
Bézier-Fläche *f* <math.edv> • Bézier surface; Bezier sur-
face
Bézier-Kurve *f* <math.edv> • Bézier curve; Bézier spline;
Bezier curve
Bezierkurve *f* <math.edv> • Bézier curve; Bézier spline;
Bezier curve
Bézier-Patch *n* <math.edv> • Bézier patch
Bézier-Spline *n* <math.edv> • Bézier curve; Bézier spline;
Bezier curve
beziffern *vt* <math> • denumerate *vt*; specify the number
of *vt*; number *vt*; figure *vt*
Bezirk *m* <tech.allg> *(lokal)* • zone
Bezirk *m* <geo> • region
Bezirk *m* <phys> • domain
Bezirkskabel *n* <el> *(Fernleitung)* • district cable
Bezirkslizenz *f* <jur> *(Patent)* • territorial license
Bezirkssender *m* <tele> *(allg.)* • district transmitter
Bezirkssender *m* <tele> *(für Rundfunk, Fernsehen)*
• regional broadcasting station
Bezirksstruktur *f* <phys> • domain structure; domain
arrangement
bezogener Wellenwiderstand *m* <el> • normalized im-
pedance
bezogenes Drehmoment *n* <mech> • torque-weight ratio
Bezug *m* <allg> *(Referenz auf etw.)* • reference
Bezug *m* <textil> *(z. B. von Polstermöbeln)* • cover
Bezugnahme auf Abbildungen *f* <doku> *(z. B. in Patent-
schriften, Anleitungen)* • reference to figures
Bezugs... <tech.allg> *(in Zusammensetzungen)* • refer-
ence ...; fiducial ... *rare*
Bezugsabstand *m* <tech.allg> *(z. B. Bemaßung, Ferti-
gungsautomation)* • datum offset
Bezugsachse *f* <tech.allg> • reference axis; axis of refer-
ence
Bezugsachse *f* <av> *(Lautsprecher-Chassis)* • chassis
reference axis; reference axis
Bezugsachse *f* <edv> *(techn. Zeichnung, Grafik)* • refer-
ence axis; reference line
Bezugsachse *f* <wz.masch> *(NC, CIM)* • reference direc-
tion
Bezugsadresse *f* <edv> • base address; reference address
Bezugsausgangsachse *f* <navig> *(Lagekreisel)* • output
reference axis (ORA)
Bezugsband *n DIN 66010* <edv> *(zum Vergleich oder
zum Einstellen von Magnetbandlaufwerken)* • reference
tape
Bezugsbasis *f* <allg> *(z. B. Statistik)* • basis of reference;
reference basis; basis
Bezugsbemaßung *f* <doku> *(Maßlinien beziehen sich auf
eine gemeinsame Basislinie)* • baseline dimensioning;
absolute dimensioning; datum dimensioning; reference-
line dimensioning

Bezugsbohrung f <prod> (z. B. für Fertigungsautomation, CN, CIM) • reference hole; datum hole

Bezugsbuchstabe m <doku> • reference letter

Bezugsdämpfung f <tele> • transmission equivalent; reference equivalent; volume equivalent

Bezugsdämpfung für die Verständlichkeit f <tele> • articulation reference equivalent

Bezugsdämpfung pro Längeneinheit f <tele> • volume loss per unit length

Bezugsdaten pl <allg> • reference data

Bezugsebene f <tech.allg> (z. B. Geodäsie, Bemaßung, CNC) • reference plane; plane of reference

Bezugsebene f <bau> • reference plane

Bezugsebene f <kfz> (Helmprüfung) • reference plane

Bezugsebene f <wz.masch> (an spanenden Werkzeugen; z. B. zur Definition v. Flächen, Winkeln) • datum plane

Bezugseingangsachse f <navig> • input reference axis (IRA)

Bezugselektrode f DIN EN ISO 8044 <el> (Elektrochemie) • reference electrode ISo 8044; comparison electrode

Bezugselektrode f <el.chem> (Zweielektrodenanordnung) • reference electrode (RE); counter electrode

Bezugserde f <el> • reference earth

Bezugsfläche f <tech.allg> (z. B. zur Definition von Rauheitsmaßen, Formtoleranzen) • datum surface

Bezugsform f <wz.masch> • master form; model

Bezugsfrequenz f <tele> • reference frequency

Bezugsgitter n <tech.allg> • reference grid

Bezugsgröße f <tech.allg> (eher geometrisch; z. B. Bezugsmaß, Koordinate) • datum

Bezugsgröße f <tech.allg> (allg.) • reference quantity; reference value; reference magnitude rare

Bezugshöhe f <tech.allg> (allg. Vermessung; z. B. Meeresspiegel) • datum level

Bezugshöhe f <bau> (über Normalnull; üNN) • reference elevation

Bezugskante f <doku> (Maßeintragung) • reference edge

Bezugskantenbemaßung f <doku> (Maßlinien beziehen sich auf eine gemeinsame Basislinie) • baseline dimensioning; absolute dimensioning; datum dimensioning; reference-line dimensioning

Bezugskantenmaß n <doku> (technische Zeichnung) • baseline dimension; absolute dimension

Bezugskassette f DIN 66010 <av.qualit> (zum Vergleich zwischen Kassetten) • reference cassette ISO/IEC 2382-23

Bezugskoordinatensystem n <wz.masch> (NC, CAD, CIM) • reference coordinate system

Bezugskraftstoff m <chem.petr> (z. B. für Oktanzahl) • reference fuel

Bezugskreis m <el> • reference circuit

Bezugslänge f <tech.allg> • reference length; characteristic length rare

Bezugslage f <tech.allg> • reference location; reference position; basic location

Bezugslaufachse f <navig> (Lagekreisel) • spin reference axis (SRA)

Bezugslautstärke f <akust> • reference volume

Bezugslinie f <tech.allg> • reference line

Bezugslinie f <doku> (für Bemaßung, Toleranzen, Fertigung) • datum line

Bezugslinie f <edv> (Strichcode) • base line

Bezugslinie f DIN 4762 <msr.obfl> (Oberflächenrauheit) • reference line

Bezugsloch n <edv> • datum hole

Bezugsmarke f <tech.allg> (z. B. Geodäsie, Hochwasser) • reference mark

Bezugsmarkengeber m Bosch <kfz.el> (elektronische Zündung) • reference mark sensor; firing point sensor VW; reference pickup Chrysler

Bezugsmaß n <doku> (technische Zeichnung) • baseline dimension; absolute dimension

Bezugsmaß n <msr> (Standard) • standard of reference

Bezugsmaßsystem n <tech.allg> (z. B. Kartesische Koordinatenachsen) • datum system

Bezugsmaßsystem mit festem Nullpunkt n <wz.masch> (z. B. CAD, CIM) • fixed-zero system; reference absolute system; reference line system

Bezugsmaßverarbeitung f <prod> (Fertigungsautomation) • datum processsing

Bezugsmessung f <msr> • comparative measurement; reference measurement

Bezugsniveau n <bau> • reference level

Bezugsnormal n <msr> • reference standard; reference gauge

Bezugsnormal für Endmaße n <msr> • end standard

Bezugsnullpunkt m <prod> (z. B. von Werkzeugen, Maschinen) • datum point

Bezugsnullpunktverschiebung f <prod> (CNC-Werkzeugmaschinen, CIM) • datum offset; zero offset

Bezugsoberfläche f DIN 4762 <obfl> (Oberflächenrauheit) • reference surface ISO 8785

Bezugspapier n <pap> • covering paper

Bezugspegel m <akust> (Lautstärke) • reference volume

Bezugspegel m <el> (allg. Signal) • reference level

Bezugspeilung f <navig> • relative bearing

Bezugsphase f <el> • reference phase

Bezugspotential n <tech.allg> (z. B. Spannung) • reference potential

Bezugspotentiometer n <el> • reference potentiometer; standardizing potentiometer

Bezugsprofil n <masch> (z. B. Gewinde, Verzahnung, Tragflügel) • datum profile; datum line; basic profile

Bezugsprofil n <masch> (Zahnrad) • basic rack outline

Bezugsprofil n DIN 867 <prod> (Bezugszahnstange) • basic rack tooth profile DIN 867; standard basic rack tooth profile DIN 3998

Bezugspunkt m <tech.allg> (allg.) • reference point; point of reference

Bezugspunkt m <tech.allg> (eher geometrisch, räumlich, zeitlich) • reference point

Bezugspunkt m rar <edv> (zur Beschreibung von Objekten) • reference point; pivot point

Bezugspunkt m <el> (Netzknotenpunkt) • reference node

Bezugspunkt m <prod.autom> • reference position ISO 2806

Bezugsrauschpegel m <phys> • reference noise level

Bezugsregister n <edv> • base register

Bezugsrichtung f <tech.allg> (z. B. techn. Zeichnung, Messwerterfassung) • datum direction

Bezugsrichtung f <navig> • reference direction

Bezugs-Sauerstoffgehalt m <emiss> • reference oxygen content

Bezugsschalldruckpegel m <akust> • reference sound pressure level

Bezugssender m <tele> • master transmitter; master station

Bezugssignal n <el> • reference signal

Bezugsspannung f <el> • reference voltage

Bezugssprechkopf m <av> (Magnettontechnik) • reference standard for recording sound heads

Bezugsstoff m <druck> (für Bücher) • book cloth

Bezugsstoff m <textil> (für Möbel) • cover fabric

Bezugsstrecke f DIN 4762 <obfl> (für Rauheit) • sampling length; roughness-width cut-off

Bezugsstrom m <el> • reference current

Bezugsstück n <prod> • full-form model; reference model; master piece; master

Bezugssubstanz f <chem> • reference substance; standard substance

Bezugssystem n <tech.allg> (z. B. Koordinatensystem) • frame of reference; reference frame

Bezugssystem n <navig> (z. B. für GPS) • reference datum; chart datum; geodetic datum; reference frame; datum

Bezugstemperatur f <tech.allg> (z. B. Meteorologie, Heizung, Kühlung, Glühen) • reference temperature; fiducial temperature

Bezugston m <akust> • reference tone

Bezugstonhöhe f <edv.av> • original pitch

Bezugsverbindung f <tele> • hypothetical reference connection

Bezugsverzerrung f <tele> • reference distortion

Bezugsvorschaltgerät n <licht> • reference ballast; fixed impedance-type ballast

Bezugsweiß n <av> (autom. Weißabgleich; z. B. Camcorder) • reference white

Bezugsweißpegel m <av> • reference white level

Bezugswellenlänge f <phys> • reference wavelength

Bezugswert m <tech.allg> (allg.) • reference quantity; reference value; reference magnitude rare

Bezugszahl f <tech.allg> • reference number

Bezugszahnstange f DIN 3998 <masch> (Ausgangsprofil für Zahnprofil) • basic-rack tooth shape; basic rack

Bezugszeichen n <tech.allg> • reference mark

BE-Zwischenlager n <nukl> • facility for interim storage of spent nuclear fuel; interim storage facility for spent fuel elements; intermediate storage site for spent fuel assemblies; FE interim storage site

B-Frame <edv> • bidirectional frame (B-frame)

Bg <füg> • tapping-screw thread (ST) ISO 1478; spaced thread

BGA <el.ic.prod> (Gehäuseform) • ball grid array (BGA)

BGF <prod> • thrilling pract; thread mill drilling in patent appl.; drill/threadmilling

BGM <chem.verf> (z. B. für Bio-Waffenherstellung) • biological growth medium (BGM)

Bh <chem> • bohrium (Bh); unnilseptium obs

B-Harz n <kst> • B-stage resin; resitol

BHKW <energ> • combined heat and power plant (CHP) US; combined heat and power station GB; CHP plant

BHKW-Anlage f <energ> • combined heat and power plant (CHP) US; combined heat and power station GB; CHP plant

BH mit Formbügeln m <bekl> • underwire bra; underwire pract

B-Horizont m <geo> • B horizon

B-Horn n <kfz> (Felgentyp) • B-flange

BHP <nukl> • biological hazard potential (BHP)

BHT-Koks m <energ> • brown-coal high-temperature coke

BH-Träger m <bekl> • bra strap

Bi <mat> (weißgrau-rötliches, sprödes Metall) • bismuth (Bi)

Bianchi-Syndrom n <med> (sensorische Aphasie) • Bianchi's syndrome

biangular <math> • biangular

Bias-Belted-Reifen m <fz> • bias belted tire US; bias-belted tyre GB

biatrialer Schrittmacher m <med.tech> • biatrial pacemaker

biaxial <phys> • biaxial

biaxial <phys> (in einer Ebene wirkend; z. B. Spannung, Dehnung) • biaxial

biaxial orientiertes Polypropylen n (BOPP) <kst> • biaxially oriented polypropylene (BOPP)

Bibby-Kupplung f <masch> • worm-spring coupling

Bibeldruckpapier n <druck> (dünn, leichtgewichtig, hohe Opazität und Festigkeit) • Bible paper; bibulous paper

Biberhaar n <textil> • beaver hair

Biberlamm n <led> • beaver lamb

Biberschwanz m <bau.mat> (Dachziegel) • plain tile; flat tile

Biberschwanzantenne f <tele> • fanned-beam antenna US; fanned-beam aerial GB

Bibliothek f <edv> (z. B. mit Programmiertools, Cliparts) • library

Bibliotheksdatei f <edv> • library file

Bibliotheksname m <edv> • library name

Bibliotheksprogramm n <edv> • library program; library routine

Bibliotheksverwaltungsprogramm n <edv> • library manager

bicyclisch <chem> • bicyclic; dicyclic

Bidirectional-Frame m (B-Frame) <edv> • bidirectional frame (B-frame)

bidirektional <tech.allg> (z. B. Druck, Scannen) • bidirectional; boustrophedon

bidirektionale Abtastung f <edv> • boustrophedon scanning [bu:stre'fi:dn]; bidirectional scan mode

bidirektionale Datenleitung f <edv> • bidirectional data bus

bidirektionale Nachrichtenübertragung f <edv> • bidirectional message transfer

bidirektionaler Bus m <edv> • bidirectional bus

bidirektionaler Thyristor m <el> • bidirectional thyristor

bidirektionales Scannen n <edv> • boustrophedon scanning [bu:stre'fi:dn]; bidirectional scan mode

bidirektionale Triggerdiode f <el> • diac; diode alternating-current switch

biegbar <mech> • bendable

Biegbarkeit f <qualit.mat> • bending property

Biegeachse f <mech> • bend axis

Biegeachse f <qualit.mat> (Biegeversuch) • neutral axis

Biegebalken m <msr> (Federkörper zur Kraftmessung) • cantilever beam

Biegebeanspruchung f <mech> • bending stress; bending load; bending strain; flexural load

Biegebeständigkeit f <textil> (Faden) • resistance to flexing

Biegebolzen m <wz> • mandrel

Biegedauerfestigkeit f <qualit.mat> • bending fatigue strength; transverse rupture strength

Biegedauerschwellfestigkeit f <qualit.mat> • repeated bending strength

Biegedauerschwingversuch m <qualit.mat> • transverse fatigue test

Biegedorn m <prod> • bending mandrel

Biegedrillknickung f <mech> • torsional flexural buckling

Biegedruckzone f <mech> (Querschnittsteil unter Druckspannung) • moment compression zone

Biegeeigenschaften fpl <kst.qualit> • flexural properties

Biegeeinspannvorrichtung f <qualit.mat> • bending fixture

Biegeeisen n <kfz.wz> • levering bar; flange tool; pry bar US; pry rod US; fender flange tool US

Biegeentzunderung f <prod> • mechanical descaling

Biegefaltversuch m <qualit.mat> • single-bend test

Biegefestigkeit f norm <qualit.mat> (von Gusseisen) • transverse rupture strength norm

Biegefestigkeit f norm <qualit.mat> (allg.; z. B. von Blech, Holz, Kunststoff, Karton) • flexural strength norm; bending strength; deflective strength; flexural resistance

Biegefestigkeit f norm <qualit.mat> (Probekörper nur einseitig eingespannt) • bending strength norm

Biegefestigkeit f norm <qualit.mat> (Probekörper zweiseitig eingespannt) • transverse strength norm

Biegegeschwindigkeit f <qualit.mat> • bending speed

Biegegleitung f <phys> • flexural glide
Biegeglied n <mech> • flexural member
Biegekante f <prod> • forming edge
Biegekoppler m <lwl> • bending coupler
Biegekraft f <mech> • bending force
Biegekraftmessgerät n <qualit.mat> • bending resistance tester
Biegelänge f <tech.allg> • bending length
Biegelast f <mech> • bending stress; bending load; bending strain; flexural load
Biegelehre f <mech> *(Theorie)* • flexure theory
Biegelehre f <wz> • bending gauge
Biegelinie f <mech> *(Auslenkung)* • deflection curve
Biegelinie f <mech> *(allg.)* • bending line
Biegelinie f <mech> *(elastischer Bereich bei Biegebelastung; z. B. eines Trägers)* • elastic curve
Biegemaschine f <bau.wz> *(für Stahlbetonbewehrung)* • rod bender
Biegemaschine f <prod> *(allg.)* • bending machine
Biegemaschine f <wz> *(für Stabmaterial)* • angle bender; bar bending machine; bar bender
Biegemessgerät n <msr> • flexometer
Biegemodul m <mech> • flexural modulus
Biegemoment n <mech> • bending moment; flexural moment; bending momentum *rare*
Biegen n <tech.allg> • bending
Biegen n <prod> • bend forming; forming by bending; bending *pract*
biegen vt <tech.allg> • bend vt
biegen vt <mech> *(aus Ruhestellung; seitlich, durch Krafteinwirkung; z. B. einen Kragarm)* • deflect vt
Biegeplan m <prod.doku> • bending schedule
Biegeplatz m <bau> *(für Bewehrungsstahl)* • steel bending yard
Biegepresse f <wz.masch> • bending press
Biegeprobe f <qualit.mat> • bending test specimen; bend specimen
Biegeprüfer m <pap> • bending tester
Biegeprüfung f norm <qualit.mat> • bend test *norm*; bending test
Biegeradius m <tech.allg> • bending radius; bend radius; radius of bend
Biegeriss m <qualit.mat> • flexural crack
Biegerissbildung f <qualit.mat> • flexural cracking
Biegerissfestigkeit f <qualit.mat> • flexural-cracking resistance
Biegeschablone f <prod> • bending form
Biegeschlagversuch m <qualit.mat> • bending impact test
Biegeschneide f <qualit.mat> • bending edge
Biegeschutztülle f <el> *(Geräteschnur)* • cord guard
Biegeschwellfestigkeit f <qualit.mat> • bending fatigue strength under fluctuating load; bending fatigue strength under pulsating load
Biegeschwinger m <el> *(Schwingquarz)* • flexural quartz crystal resonator
Biegeschwingfestigkeit f <qualit.mat> • endurance bending strength
Biegeschwingprüfung f <qualit.mat> • flexural loading fatigue test
Biegeschwingung f <mech> *(allg.)* • bending vibration; flexural vibration
Biegeschwingung f <phys> *(seitlich)* • lateral vibration
Biegeskizze f <prod> • bending sketch
Biegespannung f <mech> • bending stress; bending load; bending strain; flexural load
Biegestab m <tech.allg> *(konkret oder bei FIM)* • flexural member; flexural bar
biegesteif <mech> • rigid

Biegesteife f <mech> *(z. B. von Trägern, Kranauslegern, Roboterarmen)* • resistance to deflection; bending stiffness; bending resistance; stiffness under flexural load; bending rigidity *rare*
biegesteife Form f <tech.allg> • rigid mold
biegesteife Probe f <qualit> • rigid sample
biegesteifer Knoten m <mech> *(z. B. in einem Fachwerkträger, Rahmen)* • fixed joint; moment-resisting joint; stiff joint
biegesteifer Knotenpunkt m <mech> *(z. B. in einem Fachwerkträger, Rahmen)* • fixed joint; moment-resisting joint; stiff joint
biegesteifer Rahmen m <tech.allg> • rigid frame
Biegesteifheit f <mech> *(z. B. von Trägern, Kranauslegern, Roboterarmen)* • resistance to deflection; bending stiffness; bending resistance; stiffness under flexural load; bending rigidity *rare*
Biegesteifheit senkrecht zur Biegeebene f <mech> • lateral rigidity; lateral stiffness
Biegesteifigkeit f <mech> *(z. B. von Trägern, Kranauslegern, Roboterarmen)* • resistance to deflection; bending stiffness; bending resistance; stiffness under flexural load; bending rigidity *rare*
Biegesteifigkeit nach dem Resonanzlängenverfahren f <qualit.mat> • resonance bending stiffness
Biegesteifigkeitsindex m <qualit.pap> • bending stiffness index
Biegesteifigkeitsprüfer m <qualit.mat> • bending stiffness tester
Biegesteifigkeitsprüfer nach dem Resonanzlängenverfahren m <qualit.mat> • resonance stiffness meter
biegesteifigkeitswirksam <tech.allg> • relevant to bending stiffness
Biegesteifigkeit und Biegefestigkeit f <qualit.pap> • bending stiffness and resistance
biegesteif verbunden <tech.allg> • rigid-jointed; rigidly connected
Biegestelle f <lwl> • bend
Biegestempel m <prod> • bending punch
Biegeteil n <masch> • bent part
Biegeteil n <prod> *(zu biegendes Bauteil)* • component to be bent; part to be bent
Biegeteil n <prod> *(Bauteil, das gerade gebogen wird)* • component being bent; part being bent
Biegeträger m <kfz> *(hinter Stoßfänger)* • bumper bracket
Biegeträgheitsmoment n <mech> • bending moment of inertia
Biegeumformen n DIN 8586 <prod> • bend forming; forming by bending; bending *pract*
Biege- und Richtmaschine f <wz> • bending and straightening machine
Biege- und Schlitzautomat m <wz.masch> • bending and slotting machine; automatic bending and slotting machine
Biegeverlust m <lwl> • bend loss
Biegeversuch m <qualit.mat> • bend test *norm*; bending test
Biegevorrichtung f <qualit.mat> • bending fixture
Biegewalze f <druck> • former roller
Biegewalze f <metall> • roll bending machine
Biegewalze f <wz> • bending roll
Biegewalzen n <metall> • roll bending
Biegewechselfestigkeit f <qualit.mat> • reverse bending strength
Biegewechselzahl f <qualit.mat> • number of bending cycles; bending cycles
Biegewelle f <masch> • flexible shaft
Biegewelle f <phys> • bending wave; flexural wave
Biegewerkzeug n <wz> • bending die

Biegewiderstandsprüfer *m* <qualit.mat> *(z. B. für Papier, Karton)* • bending resistance instrument

Biegewinkel *m* <tech.allg> • bending angle; angle of bend

Biegewinkel *m* norm <rls> *(von Rohren)* • bend angle

biegewirksam <pap> • bending-effective

biegewirksame Dicke *f* <pap> • bending-effective thickness

biegewirksame Steifigkeit *f* <pap> • bending-effective stiffness

biegewirksame Steifigkeitsdicke *f* <pap> • bending-effective stiffness thickness

Biegewulst *m* <druck> • bending crease

Biegezahl *f* <mat> • bending value

Biegezahl *f* <pack> • bend number

Biegezange *f* <wz> • bending pliers

Biegezugfestigkeit *f* <qualit.mat> • tensile bending strength

Biegezugspannung *f* <mech> • flexural stress

biegsam <tech.allg> *(allg.)* • flexible

biegsam <mat> *(mit sehr geringem Kraftaufwand)* • pliable; pliant

biegsamer Leiter *m* <el> • flexible conductor

biegsamer Wellenleiter *m* <lwl> • flexible waveguide

biegsames Kabel *n* <el> • flexible cable

biegsames Rohr *n* <rls> • pliable conduit

biegsame Verlängerung *f* <wz> • flexible extension bar; flex extension bar; flex extension

biegsame Welle *f* <tech.allg> *(mech., zur Drehmomentübertragung; flexibel geführt)* • cable

Biegsamkeit *f* <tech.allg> *(allg.)* • flexibility

Biegsamkeit *f* <mat> *(mit sehr geringem Kraftaufwand)* • pliability

Biegung *f* <masch> *(Ergebnis des Biegens; Kurve, Krümmung)* • bend

Biegung *f* <mech> *(Vorgang)* • flexure; bending

Biegung *f* <mech> *(Auslenkung infolge Biegebeanspruchung)* • deflection

Biegung der Kraftmesszelle *f* <msr> • load cell deflection

Biegung der Rotorblätter *f :V* <mech> • blade flexure; blade bending

Biegung mit Längskraft *f* <mech> • combined bending and axial load

Biegungselastizität *f* <mech> • elasticity of bending; elasticity of flexure

biegungsfrei gezogen <prod> • dead-drawn

Biegungshöhe *f* <prod> • bending height

Biegungswiderstandsmoment *n* <mech> • section modulus of bending

Biegungszentrum *n* <mech> • center of flexure

Bienenhandschuh *m* <bekl> • bee glove

Bienenkorbofen *m* <verbr> • beehive coke oven; beehive oven

Bienentoxizität *f* <agri.chem> • bee toxicity

Bienenwabenmuster *n* <textil> • honeycomb pattern

Bienenwachs *n* <obfl> *(z. B. zur Holzbehandlung)* • beeswax

bienn <bio> • biennial

Bierbeschauglas *n* <nahr.verf> • beer inspection glass

Bierbrauerei *f* <nahr> • beer brewery; brewery

Bierhefe *f* <nahr> • beer yeast; brewer's yeast; barm

Bierkläre *f* <nahr> • beer fining

Biertreber *pl* <nahr> • malt spent grains; brewer's grains

Bierwagen *m* <bahn> • beer reefer

Bierwürze *f* <nahr> • beer wort

Biesenkordel *f* <led> • filled cording

Biesenschnellnäher *m* <textil> • high-speed cording machine

Biet *n* <nahr> *(Winzerei)* • press bottom

Bifacial-Modul *n* <energ.sol> • bifacial module

Bifacial-Solarzelle *f* <energ.sol> • bifacial solar cell

Bifilaraufhängung *f* <phys> • bifilar suspension

bifilare Wicklung *f* <el> • bifilar winding

bifilar gewickelt <el> • double-wound

Bifilarwicklung *f* <el> • bifilar winding

Bifocal-Profilscheinwerfer *m* <licht.theat> • bifocal spot; bifocal profile spot[light] *form*

bifokaler Schrittmacher *m* <med.tech> • dual chamber pacemaker; bifocal pacemaker

Bifokalglas *n* ISO 13666 <opt> *(zum Sehen in die Ferne und in die Nähe)* • bifocal lens ISO 13666; bifocal

Bifurkationsstent *m* <med.tech> • bifurcation stent; bifurcated stent

Bigramm *n* <edv> • two-digit group

biharmonisch <phys> • biharmonic

Bikefindersystem *n* <fz> • bike finder system

Bikomponentenfaser *f* <textil> • bicomponent fiber; conjugate fiber

Bikomponententexturierverfahren *n* <textil> • crimping by fiber conjugation; cotexturing

bikonkave Linse *f* <opt> • biconcave lens

Bikonkavlinse *f* <opt> • biconcave lens

Bikonus *m* <textil> • pineapple cone

Bikonusspulmaschine *f* <textil> • pineapple cone wind

bikonvex <phot> • biconvex; bi-convex

bikonvexe Linse *f* <opt> • biconvex lens

Bikonvexlinse *f* <opt> • biconvex lens

Bikristall *m* <mat> • bicrystal

Bilanzabschlusslinie *f* <druck> • oblique rule

Bilanzkarte *f* <edv> • balance card

bilateral form <allg> • two-sided; bilateral *form*; double-sided

bilateraler Manipulator *m* <autom> • bilateral manipulator

Bild *n* <allg> *(Abbild)* • image; pictorial representation *form*

Bild *n* <av> *(auf Fernsehbildschirm, Monitor)* • picture

Bild *n* <av> *(Teil einer Sequenz; z. B. aus Film, Fotoserie)* • frame; individual frame; individual picture; picture; image

Bild *n* <doku> *(jegliche sichtbare Abbildung)* • picture

Bild *n* <doku> *(Grafik, Diagramm)* • graph

Bild *n* <doku> *(betont: zur visuellen Verdeutlichung)* • illustration

Bild *n* <doku> *(Schaubild)* • plot

Bild *n* <opt> *(Reflektion im Spiegel)* • image

Bild *n* <phot> *(Vergrößerung als Papierbild)* • print

Bild *n* ugs <phot> *(fotografische Aufnahme)* • photograph; photo; picture; shot *coll*; exposure

Bild *n* <tech.doku> *(Muster; z. B. Bohrbild, Leiterbild)* • pattern

Bildablenkgenerator *m* <av> • vertical time-base generator; framing oscillator

Bildablenkschaltung *f* <av> • frame time-base circuit

Bildablenkspule *f* <av> *(auf Bildröhre)* • frame coil

Bildablenkung *f* <av> • frame deflection

Bildablenkung *f* <av> *(in den Zeilen)* • vertical sweep

Bildabschattung *f* <av> *(typ. in den Ecken)* • shading

Bild-ab-Taste *f* <edv> • PgDn key; Page-Down key

Bildabtastfrequenz *f* <edv> *(Raster- od. Bildscanner; in Bildern/Sek.)* • frame rate

Bildabtastrate *f* <edv> *(Raster- od. Bildscanner; in Bildern/Sek.)* • frame rate

Bildabtaströhre *f* <av> • scanning tube

Bildabtastung *f* <av> • image scanning

Bildabtastung mit hoher Anfangszerlegungsgeschwindigkeit *f* <av> • high-velocity scanning

Bildamplitudenregler *m* <av> • frame amplitude control

Bildanschluss *m* <phot> *(an das Folgebild)* • bridging

Bildaufbau *msg* <phot> *(Komposition seitens des Foto-grafen)* • picture composition; arrangement of the picture elements

Bildaufbau *msg* <phot> *(Entstehen des Bildes durch techn. Prozesse)* • image formation

Bildaufbereitungssystem *n* <edv> *(Computergrafik)* • picture editing system

Bildaufklärung *f* <mil> • photographic intelligence; photo-reconnaissance

Bildauflösung *f* <opt> *(z. B. Photographie, Fernsehen, Druck)* • image definition; image resolution; picture defini-tion

Bildaufnahme *f* <av> • television pick-up; vision pick-up

Bildaufnahme *f* <phot> • picture taking

Bildaufnahmefrequenz *f* <kino> • picture-taking rate

Bildaufnahmeröhre *f* <av> *(alte Fernsehkamera)* • tele-vision camera tube; video pick-up tube; video pick-up tube; camera tube

bildaufrichtender Tubus *m* <av> • image-erecting tube

Bildaufrichtung *f* <opt> • image erection

Bild-auf-Taste *f* <edv> • PgUp key; Page-Up key

Bildaufzeichnung *f* <av> • image recording

Bildausgabefunktion *f* <edv> • viewing function

Bildausgangstransformator *m* <el> • frame output transformer

Bildausreißen *n* <av> • picture break-up

Bildaussage *fsg* <phot> • visual message *sg*; visual statement *sg*

Bildausschnitt *m* <doku> *(betont: Einzelheit in einem Bild)* • image detail

Bildausschnitt *m* <opt> *(von Kameras, Objektiven)* • picture angle; shooting angle

Bildausschnitt *m* <phot> *(gewählter Ausschnitt der Wirk-lichkeit; z. B. im Sucher)* • picture area; image area

Bildausschnitt *m* <phot> *(betont: beschnitten, befreit von unerwünschter Umgebung)* • frame

Bildausschnitt wählen *vt* <phot> • frame a picture *vt*; crop *vt*; compose a picture *vt*; choose a frame

Bildausschnitt wählen *vt* <phot.doku> *(als Handbuch-Überschrift)* • framing *vt*

Bildaustastimpuls *m prakt.ugs* <av> • vertical blanking pulse; field blanking pulse

Bildaustastlücke *f* <av> • vertical blanking interval

Bildaustastsignal *n* <av> • blanked picture signal

Bildaustastsynchronsignal *n* <av> • composite video signal

Bild-Austast-Synchron-Signal *n* <av> *(SW-Bild)* • com-posite signal; composite video signal *GB*; composite pic-ture signal *US*

Bildaustastung *f* <av> • frame suppression

Bildbahnregler *m* <druck> *(zur Steuerung von papier-bedingten Passerproblemen)* • image corrector; bow roller

Bildbegrenzer *m* <av> • vertical shaper

Bildberechnung *f* <edv> *(allg.)* • image calculation

Bildberechnung *f* <edv> • rendering; image calculation

Bildberechnungsprogramm *n form.* <edv> • renderer *pract.*; rendering program *rare*; rendering module *rare*

Bildbereich *m* <druck> *(Druckplatte)* • image area; image-bearing area

Bildbereich *m* <math> • Laplace transform space

Bildbreite *f* <phot> • picture width

Bildbreiteregelung *f* <av> • width control

Bildbreiteschrumpfung *f* <av> • underlap

Bildbrennweite *f* <opt> • back focal length; second focal length; back focal distance

Bildbühne *f* <phot> *(in Vergrößerer)* • negative carrier; negative stage; negative holder; film carrier

Bildbühneneinstellung *f* <kino> *(Kinofilm)* • framing

Bild-CD *f* <edv> • Photo CD (PCD)

Bilddatei *f* <edv> • image file; picture file

Bilddatenbank *f* <edv> • image data base; pictorial data base

Bilddatensuche *f :V* <edv> *(Einzelbilder und Videos)* • video data mining

Bilddeckung *f* <druck> • image registration

Bilddetail *n* <doku> *(betont: Einzelheit in einem Bild)* • image detail

Bilddezentrierung *f* <navig> *(Radar)* • off-centering *US*; off-centring *GB*

Bilddurchlauf *m* <av> *(TV; unerwünscht)* • frame roll; picture roll; rolling

Bildebene *f* <math> • picture plane; image plane; projec-tion plane

Bildebene *f* <opt> *(von Kameras, Teleskopen)* • image plane; focal plane *rare*

Bildeinstellung *f* <av> *(allg.; z. B. vertikale, horizontale Pos.; Größe, Helligkeit, Kontrast)* • picture adjustment

Bildeinstellung vorne *f* <edv> • front-panel image posi-tioning

Bildelektrode *f* <el> *(Bildröhre)* • image plate

Bildelement *n* <edv> *(beim Scannen)* • scanning element; scanning point

Bildelement *n DIN* <edv> • picture element; pixel *pract*; pel *IBM.rare*

Bildempfänger *m* <tele> • facsimile receiver; picture receiver

bilden *vr* <el> *(Lichtbogen)* • arc *vi*

bilden *vr* <obfl> *(z. B. Rost)* • form *vi*

bilden *vt* <allg> *(z. B. Vermögen)* • generate *vt*

bilden *vt* <allg> *(schaffen; z. B. eine Gruppe, Fahrgemein-schaft)* • create *vt*

bilden *vt* <chem> *(Komplex)* • complex *vi*

bilden *vt* <edv.tele> *(Warteschlange)* • queue *vi*

bilden *vt* <obfl> *(Kruste)* • encrust *vi*

bilden *vt* <phys> *(Spitzenwert)* • peak *vi*

bilden *vt* <prod> *(etwas Konkretes; z. B. eine Verbindung, Bogen, Brücke)* • form *vt*

bilden *vt* <prod> *(formen)* • shape *vt*

bilden *vt* <verf> *(etwas Abstraktes; z. B. Geruch, Abgase, Lärm)* • produce *vt*

Bildendkontrolle *f* <phot.qualit> • final picture quality check

Bildendröhre *f* <av> • video output tube; video output valve

Bildendstufe *f* <av> • video output stage

Bildendverstärker *m* <av> • video amplifier

Bildentstehung *f* <opt> *(betont: Prozess)* • image forma-tion

Bilderdruckpapier *n* <druck> • illustration printing paper; two-side machine coated printing paper; art paper *prakt*

Bilderform *f* <druck> • picture form

Bilderkennung *f* <edv> • image recognition; picture recognition

Bilderkennungssystem *n* <autom> • pattern recognition system (PRS); vision system

Bildermelder *m* (BM) <alarm> *(in Kunstgalerien, Museen)* • detector for paintings *:V*

Bildermeldersystem *m* <alarm> *(in Kunstgalerien, Museen)* • detector for paintings *:V*

Bilder pro Sekunde *npl* <tech.allg> • frames per second *pl*; frames/sec

Bilderrahmen *m* <phot> • picture frame; frame

Bilder/s *npl* <tech.allg> • frames per second *pl*; frames/sec

Bilder/Sekunde *npl* <tech.allg> • frames per second *pl*; frames/sec

Bilderserie *f* <phot> *(allg. Folge von Aufnahmen)* • sequence of shots; picture series

Bilderzange f <phot.wz> (Labor) • tongs pl; print tongs pl
Bilderzeugungssystem n <opt> • image-forming system
Bildfangregler m <av> (an Fernsehgerät) • vertical hold control; vertical hold; hold control; frame hold control
Bildfangtaste f <av> (an Fernsehgerät) • V-lock button; vertical lock button
Bildfehler m <av> • picture fault
Bildfehler m <opt> • image error
bildfehlerfrei ugs <phot> (Objektiv) • aplanatic; aberrationless
Bildfeld n <opt> • image field; picture field
Bildfeldebnung f <opt> • field flattening
Bildfeldkrümmung f <opt> • field curvature
Bildfeldlinse f <opt> • field lens
Bildfeldverzerrung f <opt> • field distortion
Bildfeldwinkel m <opt> • field angle
Bildfeldwinkel m <opt> (Objektiv) • aperture angle; angular field; field angle
Bildfeldwölbung f <opt> • field curvature
Bildfenster n <kino> (Projektor) • projector gate
Bildfenster n <phot> • picture gate; film gate; gate aperture
Bildfenstergröße f <kino> (Kinotechnik) • camera aperture size
Bildfenstergröße f <phot> • picture area
Bildfernsprecher m <tele> • video telephone; videophone
Bildfläche f <tech.allg> • image area
Bildflug m <aerospace> (für Luftaufnahmen; z. B. für Kartographie) • photographic flight; survey flight
Bildflugzeug n <aerospace> • photographic aircraft
Bildfolge f <kunst> (Bilder allg.; z. B. bei Animation, in Comics) • image sequence; frame sequence
Bildfolge f <phot> (allg. Folge von Aufnahmen) • sequence of shots; picture series
Bildfolgefrequenz f <av> (übertragene Fernsehbilder/Sek; nach CCIR-Norm 25 Hz, nach US-FCC-Norm) • frame rate; picture frequency GB; picture repetition rate GB; frame repetition rate US; frame frequency US
Bildfolgefrequenz f <phot> (in Bilder/Sek) • frame rate; wind-on rate; firing rate
Bildfolgeregler m <phot.msr> • intervalometer
Bildformat n <allg> • image format; image size; picture size
Bildformat n <phot> (Größe des fertigen Bildes; z. B. 13 × 18 cm, 50 × 70 cm) • picture format; print format; photo format; photo size
Bildformat n <phot> (Größe eines Bildes auf dem Film) • film size; frame size
Bildfrequenz f <av> • video frequency
Bildfrequenz f <av> (übertragene Fernsehbilder/Sek; nach CCIR-Norm 25 Hz, nach US-FCC-Norm) • frame rate; picture frequency GB; picture repetition rate GB; frame repetition rate US; frame frequency US
Bildfrequenz f <edv> (in Bildern/sec) • graphic frame rate
Bildfrequenzwähler m <phot> (Motorkamera) • frame-rate selector
Bildfunktion f <math> • image function
bildgebende Diagnostik f <med.tech> • imaging diagnostics
bildgenauer Schnitt m <av> (z. B. von Videos) • accurate frame editing
bildgenaues Schneiden n <av> (z. B. von Videos) • accurate frame editing
Bildgestaltung fsg <phot> • composition
Bildgewebe n <textil> • figured fabric
Bildgleichlaufimpuls m <av> • frame synchronizing impulse
Bildgleichrichter m <av> • video detector
Bildgröße f <allg> • image size

Bildgröße f <av> • picture size; frame size
Bildgüte f <tech.allg> (z. B. Schärfe, Kontrast) • image quality
Bildhauermarmor m <mat> • statuary marble
Bildhauptebene f <opt> • second principal plane
Bildhauptpunkt m <opt> • second principal point; principal point
Bildhelligkeit f <av> • picture brightness
Bildhelligkeit f <phot> • image brightness
Bildhelligkeitseinsteller m <av> • picture brightness control; brightness control
Bildhelligkeitssignal n <av> (Farbbild) • luminance signal; y-signal; composite signal; composite video signal; composite picture signal
Bildhöhe f <allg> • image height
Bildhöhe f <av> • frame height; picture height
Bildhöheneinstellung f <av> • height control
Bildimpuls m <av> • picture sync impulse; sync impulse; sync signal; frame pulse; frame synchronizing pulse rare
Bildinformation f <av> (Daten zur Bilderzeugung) • picture information
Bildinformation f <av> (Video) • video information
Bildinformation f <doku> (Informationsgehalt eines Bildes) • image information
Bildinstabilität f <av> • jitter
Bildkante f <av> • frame border
Bildkarte f <phot> • photomap
Bildkippeinheit f <av> • frame sweep unit
Bildkippfrequenz f <av> • frame sweep frequency
Bildkippschwingung f <av> • frame time-base oscillation
Bildkompression f <edv> • image compression; picture compression
Bildkomprimierung f <edv> • image compression; picture compression
Bildkonservierung f <el> • image retention
Bildkontrast m <av> • picture contrast
Bildkontrast m <phot> • image contrast
Bildkontrollröhre f <av> • monitoring tube
Bildkoordinatensystem n <phot> • photograph-coordinate system
Bildkraft f <el> • image force
Bildkristallgleichrichter m <av> • crystal video detector; crystal video rectifier
Bildlage f <tech.allg> • image location; image position
Bildlagejustierung f <av> • television framing
Bildlauffenster n <edv> • slider window
Bildlauf rückwärts m rar <av> • review
Bildlauf vorwärts m rar <av> • cue
Bildleiteigenschaft f <lwl> (Faseroptik) • image transmission property
Bildleitkabel n <lwl> • coherent fiber bundle; image-carrying fiber bundle; imaging bundle; image guide; coherent guide
Bildleitung f <lwl> • image transmission
bildliche Darstellung f form <allg> (Abbild) • image; pictorial representation form
bildliche Übertragungskonstante f <el> • electrical-image transfer constant
Bildlöschung f <edv> • image erasure
Bildmaske f <av> • framing mask
Bildmaßstab m <allg> • image scale
Bildmaßstab m <phot> • photograph scale; photo scale
Bildmaterial n <doku> • visual material; illustrations and photos; pictorial material; art pract; imagery rare
Bildmesskammer f <phot> • photogrammetric camera; mapping camera
Bildmessung f <geo> (zur Landvermessung; Kartographie) • photogrammetric surveying

Bildmessung f <phot> (allg.) • photogrammetry; photo-measurement
Bildmischpult n <av> • video mixer
Bildmittelpunkt m <phot> • center of the image
Bildmonitor m <av> • picture monitor
Bildmontage f <druck> (Kopiererfunktion) • image overlay
Bildmustergenerator m <av> • test pattern generator
Bildneuaufbau m <edv> (CAD; nach Zeichnungsänderung) • repaint; redraw
bildorganisierter Flächensensor m <autom> • CCD-matrix array with frame transfer
bildorientierter Scanner m <edv> (für Strichcode; z. B. ein CCD-Scanner) • imaging scanner; image-oriented scanner
bildorientiertes Abtastsystem n <edv> (für Strichcode; z. B. ein CCD-Scanner) • imaging scanner; image-oriented scanner
Bildplan m <phot> • photomap
Bildplastik f <av> • stereoscopic effect; relief effect
Bildplatte f DIN IEC 1 1155 <edv> (Vorläufer der Video-CD; obsolet) • videodisk US; videodisc Philips.GB; laser videodisc obs; optical video disc rare
Bildplatte mit kapazitiver Abtastung f <av> • capacitance videodisc; capacitive videodisc
Bildplattenspeicher m rar <edv> (Vorläufer der Video-CD; obsolet) • videodisk US; videodisc Philips.GB; laser videodisc obs; optical video disc rare
Bildplattenspeicherung f <edv> (obsolet) • optical disc storage
Bildplattenspieler m <av> (obsolet) • videodisc player
Bildprojektionslampe f <phot> • picture-projection lamp
Bildprozessor m <druck> • raster image processor (RIP)
Bildpuffer m prakt <edv> • image repetition memory (IRM); refresh buffer pract
Bildpufferspeicher m <edv> • frame buffer memory; video buffer memory
Bildpunkt m <edv> • picture element; pixel pract; pel IBM.rare
Bildpunkt m <opt> (allg.) • image point; image spot
Bildpunktfrequenz f <av> • dot frequency
Bildpunktunterteilung f <edv> (Anti-Aliasing-Technik) • pixel subdivision
Bildpunktverschiebung f <opt> • image point displacement; image point shift
Bildqualität f DIN EN 1330-1 <tech.allg> (von Fotos, Röntgenaufnahmen etc.) • image quality; picture quality
Bildqualität f <av> (auf Bildschirm; z. B. Fernsehbild) • picture quality
Bildrahmenmarke f <phot> • fiducial mark
Bildrand m <phot> (Fotoabzug) • print border; picture border; border
Bildraster m <av> • image raster
Bildrasterwandler m <druck> • scan converter
Bildrate f <edv> • frame rate
Bildraum m <opt> • image space
Bildrauschen n <av> (Störeffekt bei Kathodenstrahlröhren) • interference; picture noise; snow pract
Bildregelung f <av> • framing control
Bildregler m <druck> (zur Steuerung von papierbedingten Passerproblemen) • image corrector; bow roller
Bildreihenkamera f <phot> • framing camera
Bildröhre f prakt <av> (z. B. in Fernseher, Monitor, Oszilloskop) • cathode ray tube (CRT)
Bildröhren-Phosphorbeschichtung f <el> • CRT phosphor
Bildrücklauf m <av> (des Abtaststrahls) • vertical flyback; field flyback; vertical retrace; field retrace; frame flyback
bildsam rar <metall> (relativ leicht umformbar; durch Umformverfahren) • ductile; flowable rare

Bildschärfe f <opt> (Auflösung; z. B. abhängig von Objektiv, Film-Korngröße, Raster) • image definition; image acuity; image distinctness; image sharpness; definition
Bildschärfe f <phot> (in Bezug auf Fokussierung) • image sharpness
Bildschärfe-Einstellung f <av> • picture sharpness control; picture sharpness adjustment
Bildschärferegler m <av> • picture sharpness control; picture sharpness adjustment
Bildschaukeln n <av> • image drift
Bildschirm m <edv> (Anzeigefläche bei Monitor mit Elektronenstrahlröhre) • screen
Bildschirm m <edv> (Anzeigefläche bei Geräten ohne Elektronenstrahlröhre; z. B. LCD, TFT) • panel
Bildschirm m <edv> (Gerät insgesamt) • monitor (VDU); display; display device; visual display unit form; visual display terminal rare
Bildschirmadapter m rare <edv> (Schnittstelle zw. CPU and monitor) • graphics card; graphics board; display adapter; graphics adapter; video board obs
Bildschirmanzeige f (OSD) <av> (von aktuellen Funktionen oder Menüs) • on-screen display (OSD)
Bildschirmanzeige f <edv> (Computer) • screen display; on-screen display
Bildschirmarbeitsplatz m DIN 66233 <edv> • display work station; display console
Bildschirmauflösung f <edv> (LCD oder TFT Display) • display resolution
Bildschirmauflösung f <edv> (Monitor mit Bildröhre) • screen resolution
Bildschirmausdruck m <edv> (Ausdruck der Bildschirmanzeige) • hardcopy; printed screenshot; screenshot printout; screen capture printout
Bildschirmausgabe f <msr> (Oszilloskop) • oscilloscope display; cathode-ray tube display
Bildschirmausgabe-Taste f did <edv> • PrtScr key; Print Screen key did
Bildschirmauszug m rar <edv> (Speicherung des Bildschirminhalts, ganz oder teilweise; z. B. als BMP) • screen shot; screen capture; screen dump rare
Bildschirmbeleuchtung f <edv> (allg.; von vorn, von den Kanten, von hinten) • display light; display illumination
Bildschirmbeleuchtung f prakt <edv> (Display) • backlighting; screen backlighting; display light pract; backlight
Bildschirmdatei f • display file
Bildschirmeinheit f <edv> • visual display unit
bildschirmfüllend <edv> • full-screen
Bildschirmgerät n <edv> • visual display unit (VDU)
Bildschirmgerät n form <edv> (Gerät insgesamt) • monitor (VDU); display; display device; visual display unit form; visual display terminal rare
Bildschirmhintergrundbeleuchtung f form <edv> (Display) • backlighting; screen backlighting; display light pract; backlight
Bildschirminhalt m <edv> (Computer) • screen display; on-screen display
Bildschirmkoordinatensystem n <edv> • display coordinate system; screen coordinate system
Bildschirmkopie f <edv> (Speicherung des Bildschirminhalts, ganz oder teilweise; z. B. als BMP) • screen shot; screen capture; screen dump rare
Bildschirmmeldung f <edv> • screen message; on-screen message
Bildschirmmenü n <edv/av> (z. B. PC, TV, Geldautomat) • on-screen menu; display menu; screen menu
Bildschirm mit Nullkreisdarstellung m <el> • open-center display; open-center plan position display
Bildschirmoberfläche f <edv> • screen surface
bildschirmorientiert <edv> • screen-oriented

Bildschirmprogrammierung *f* <av> *(von TV, VCR)*
• on-screen programming (OSP)
Bildschirmraster *n* <edv> *(gitterförmig)* • grid; raster
Bildschirmschoner *m* <edv> • screen saver
Bildschirmschrift *f* <edv> • screen font
Bildschirm-Seekarte *f* <navig> • electronic map; electronic chart
Bildschirmspeicher *m* <edv> • screen memory; screen store *rare*
Bildschirmterminal *n* <edv> *(mit Röhrenbildschirm)*
• CRT terminal
Bildschirmtext *m* <av> • videotext
Bildschirmtreiber *m* <edv> • display driver
Bildschlupf *m* <av> • frame slip; picture slip
Bildschnittweite *f rar* <opt> • back focal length; second focal length; back focal distance
bildschwächend <astron> • image degrading
Bildschwankungen *fpl* <av> • picture jitter
Bildseiteneinstellung *f* <av> • horizontal centering control
Bildseitenverhältnis *n* <edv.av> *(Bildschirm)* • aspect ratio
bildseitig <opt> • image-side
bildseitiger Scheitelbrechwert *m* DIN EN ISO 9337 <opt.med> *(von Kontaktlinsen)* • back vertex power DIN EN ISO 9337
bildseitiger Schweitelbrechwert *m* ISO 13666 <opt> *(Brillenglas)* • back vertex power ISO 13666
bildseitige Schnittweite *f rar* <opt> • back focal length; second focal length; back focal distance
Bildsender *m* <av> • video transmitter; vision transmitter
Bildsensor *m* <av> *(in Camcorder, Digitalkamera; typ. ein CCD-Element)* • image converter; image sensor; image device; picture sensor
Bildsensor mit PC-Interface *m* <msr> • PC-interface camera-based sensor
Bildsequenz *f* <phot> *(allg. Folge von Aufnahmen)*
• sequence of shots; picture series
Bildsignal *n* <av> • picture signal; video signal *coll*
Bildsignal mit Austastung *n* <av> • picture-and-blanking signal
Bildsignal-Stör-Abstand *m* <av> • picture signal-to-interference ratio
Bildsignalverstärkung *f* <av> • picture signal intensification
Bildsondenröhre *f* <astron> • image dissector tube; image dissector
Bildspeicher *m* <edv> *(auf Grafikkarte)* • display memory; frame buffer; video memory; frame memory
Bildspeicherbildschirm *m* <edv> • storage CRT; storage [tube] display
Bildspeichereinheit *f* <druck> *(Kopierer; Speichereinheit für Abtastwerte)* • retention memory unit
Bildspeicherfenster *n* <edv> • memory aperture feature
bildspeichernder Bildschirm *m* <edv> • storage CRT; storage [tube] display
bildspeichernder Vektorbildschirm *m* <edv> • storage CRT; storage [tube] display
Bildspeicherröhre *f* <edv> • storage tube (DVST); direct view storage tube; storage CRT
Bildspeicherung *f* <av> • image storage
Bildspeicherzugriff *m* <edv> • display memory access
Bildsprung *m* <av> • image jump; picture jump; roll-over
Bildspurzeit *f* <phot> *(beim Entwickeln)* • build-up time; response time; reaction time
Bildstabilisator *m* <av> *(Camcorder)* • image stabilizer (IS); image stabilizing system; image stabilization; Automatic Image Stabilizer, AIS

Bildstabilisierer *m* <av> *(Camcorder)* • image stabilizer (IS); image stabilizing system; image stabilization; Automatic Image Stabilizer, AIS
Bildstandfehler *m* <av> • picture instability
Bildstandregelung *f* <av> • centering control
Bildstandschwankung *f* <av> • picture jitter
Bildstelle *f* <opt> • image location
Bildsteuerung *f* <av> • picture control
Bildstörung *f* <av> *(Störeffekt bei Kathodenstrahlröhren)*
• interference; picture noise; snow *pract*
Bildstörung *f* <textil> *(Aufspulen)* • antipatterning
Bildstörung durch Flugzeuge *f* <av> • aircraft flutter
Bildstop *m rar* <av> • still [image]; still frame/picture; field still; field freeze; freeze frame
Bildstreifen *m* <av> • interference strip; noise bar
Bildstreifen *m* <phot> • strip photo; photo strip
Bildstreifentriangulation *f* <phot> • continuous strip triangulation
Bildstrich *m* <av> • frame line
Bildstricheinstellung *f* <av> • frame adjustment; framing
Bildsucher *m rar* <phot> • viewfinder; finder *pract*; camera viewfinder *rare*
Bildsuchlauf *m* <av> *(zum schnellen Auffinden bestimmter Bandstellen)* • picture search; video search; shuttle search
Bildsuchlaufanzeige *f* <av> • search indicator
Bildsuchlaufgeschwindigkeit *f* <av> • search speed
Bildsuchlauf rückwärts *m* <av> • review
Bildsuchlauf-rückwärts-Taste *f* <av> • review button
Bildsuchlauf vorwärts *m* <av> • cue
Bildsuchlauf-vorwärts-Taste *f* <av> • cue button
Bildsynchronimpuls *m* <av> • picture sync impulse; sync impulse; sync signal; frame pulse; frame synchronizing pulse *rare*
Bildsynchronisierimpuls *m rar* <av> • picture sync impulse; sync impulse; sync signal; frame pulse; frame synchronizing pulse *rare*
Bildsynchronisierlücke *f* <av> • blank bar
Bildtafel *f* <math> • picture plane; image plane; projection plane
Bildtelefon *n* <tele> • videophone; picture phone; picture telephone; visual telephone
Bildtelefondienst *m* <tele> • video telephony; videphone function
Bildtelefonie *f* <tele> • video telephony; videphone function
Bildtext *m* <doku> • legend
Bildtitel *m* <doku> • caption
Bildton *m* <phot> *(kalt, warm)* • tone
Bildträger *m* <av> • video carrier; vision carrier
Bildträger *m* <phot> *(zum Aufziehen)* • photograph carrier; photo carrier; picture carrier
Bildträgerrest *m* <av> • vestigial vision carrier
Bildträgerschleife *f* <druck> *(Kopierer)* • image loop
Bildtransfer *m* <tech.allg> • image transfer; image transmission
Bildüberblendeeinrichtung *f* <av> • fade-in-and-out control
Bildüberdeckung *f* <phot> • overlap
Bildübertragung *f* <tech.allg> • image transfer; image transmission
Bildüberwachungssystem *n* <alarm> *(in Kunstgalerien, Museen)* • detector for paintings *:V*
Bildumkehr *f* <druck> *(z. B. in Kopierer)* • image erection
Bildumkehr *f* <phot/edv> *(positiv/negativ)* • image inversion; image reversal
Bildumkehrelement *n* <opt> • image inverter
Bild- und Tonschaltraum *m* <av> • vision and sound switching area

Bild- und Zeilenablenkung f <av> (Bildröhre) • vertical and horizontal deflection

Bildung f <tech.allg> (z. B. von Wolken, Dämpfen, Ablagerungen) • formation

Bildungsgewebe n <bio> • meristem

Bildungswärme f <chem> • heat of formation

Bildung von Dämpfen f <chem> • vapor formation; formation of vapors

Bildunschärfe f <opt> (verschwommenes Photo, Fernsehbild) • image blurring

Bildunschärfe f <opt> (mangelnde Auflösung) • lack of image definition

Bildverarbeitung f <edv> • image processing; picture processing

Bildverarbeitungssystem n <tech.allg> • image processing system; image processor

Bildverbesserungssystem n <av> • picture enhancement system; picture improvement system

Bildverdopplung f <av> (durch fehlerhafte Synchronisation) • split image

Bildverriegelung f <av> • picture lock

Bildverschiebung f <av> • image displacement; image shift

Bildverstärker m <astron> • image intensifying device; image intensifier device; image intensifier; image amplifier; video amplifier

Bildverstärker m <av> (beim Camcorder) • image processor; video amplifier; picture amplifier; image intensifier

Bildverstärker m <opt> (Vorverstärker) • head amplifier

Bildverstärker-Durchleuchtungsgerät n <med.tech> • image-intensifier fluoroscopic unit

Bildverstärker-Fernsehkette f <av> • image-intensifier television unit; image-intensifier television system

Bildverstärkerröhre f <av> • image intensifier tube

Bildverstärkung f <opt> • image intensification

Bildvervielfältigung f <druck> • image replication

Bildverzeichnung f <opt> • image distortion

Bildvorlage f <doku> (reproreife Druckvorlage; z. B. Illustration) • camera-ready art

Bildvorlage f <edv> (Bild, das einem Objekt zugewiesen wird) • map; image map

Bildvorlage f <edv.kunst> (fertiges Bildmaterial aus Bildbibliotheken) • clip art

Bildvorverarbeitung f <autom> • image preprocessing

Bildwackler m <av> (beim Aufnehmen mit Camcorder; durch Mensch verursacht) • jitter; shake coll

Bildwagen m <phot> • photo carriage

Bildwand f <av> (allg.; Film, Standbild; z. B. OHP-, Dia-, Videoprojektion) • projection screen; screen coll

Bildwand f <kino> (betont: für Filme) • motion-picture screen

Bildwanderungsausgleich m <el> • image-motion compensation

Bildwand für Rückprojektion f <phot.kino> • translucent screen

Bildwandler m <av> (in Camcorder, Digitalkamera; typ. ein CCD-Element) • image converter; image sensor; image device; picture sensor

Bildwandlerröhre f <tele> • image converter; image converter tube; image-viewing tube

Bildwandlersystem n <tele> • image converter

Bildwandlung f <av> • image conversion

Bildweberei f <textil> • fancy weaving

Bildwechselfrequenz f <av> (übertragene Fernsehbilder/Sek; nach CCIR-Norm 25 Hz, nach US-FCC-Norm) • frame rate; picture frequency GB; picture repetition rate GB; frame repetition rate US; frame frequency US

Bildwechselfrequenz f <edv> (Anzahl Vollbilder pro Sek. von Monitor, Grafikkarte; in Hz; z. B. 70 Hz) • refresh rate; scanning frequency; video refresh cycle; vertical refresh rate; screen refresh rate

Bildwechselfrequenz f <el> • image frequency

Bildwechselfrequenzregelung f <av> • frame frequency control

Bildwechselimpuls m <av> • frame pulse

Bildwechselzahl f rar <av> (übertragene Fernsehbilder/Sek; nach CCIR-Norm 25 Hz, nach US-FCC-Norm) • frame rate; picture frequency GB; picture repetition rate GB; frame repetition rate US; frame frequency US

Bildwechselzahl f <kino> • projection rate

Bildweichheit f <av> (verschleiertes Bild) • bloom

Bildwerfer m obs.rar <phot> • slide projector; transparency projector rare

Bildwerfer für Kinosäle m obs.rar <kino> • cine projector; motion-picture theatre projector GB; cinema movie projector

bildwichtige Stellen fpl <phot> • image-relevant areas pl; subject-relevant areas pl

Bildwiedergabe f <druck> • picture reproduction

Bildwiedergaberöhre f <av> • picture tube

Bildwiederholbildschirm m <edv> (im Ggs. zu Speicherbildschirm) • refresh CRT; refresh display

bildwiederholender Bildschirm m <edv> (im Ggs. zu Speicherbildschirm) • refresh CRT; refresh display

bildwiederholender Vektorbildschirm m <edv> • vector refresh CRT

Bildwiederholfrequenz f <edv> (Anzahl Vollbilder pro Sek. von Monitor, Grafikkarte; in Hz; z. B. 70 Hz) • refresh rate; scanning frequency; video refresh cycle; vertical refresh rate; screen refresh rate

Bildwiederholrate f <edv> (Anzahl Vollbilder pro Sek. von Monitor, Grafikkarte; in Hz; z. B. 70 Hz) • refresh rate; scanning frequency; video refresh cycle; vertical refresh rate; screen refresh rate

Bildwiederholröhre f <edv> • refresh tube

Bildwiederholspeicher m <edv> • image repetition memory (IRM); refresh buffer pract

Bildwiederholzyklus m <edv> • refresh cycle

Bildwinkel m <alarm> (Überwachungskamera) • angle of coverage

Bildwinkel m <opt> (von Kameras, Objektiven) • picture angle; shooting angle

Bildwinkel m <opt> (Objektiv) • aperture angle; angular field; field angle

Bildwirkung f <phot> (Aussagekraft) • impact of a picture :V

Bildwurfweite f <opt> • throw distance

Bildzähler m <phot> (in Kamera; belichtete Bilder oder noch verfügbare Aufnahmen) • exposure counter; frame counter; film frame counter; film exposure counter

Bildzählung f <av> • frame count; frame counting

Bildzählwerk n <phot> (in Kamera; belichtete Bilder oder noch verfügbare Aufnahmen) • exposure counter; frame counter; film frame counter; film exposure counter

Bildzeile f <av> (Bildschirmanzeige) • horizontal line; scanning line; line

Bildzentrierung f <av> (Regler am Bildschirm) • shift control

Bildzerleger m <el> • image dissector; dissector

Bildzerlegerröhre f <el> • image dissector tube

Bildzerlegung f <el> • image dissection; picture analysing GB

Bildzerreißung f <av> • tearing

Bi-Level-Code m <edv> • bilevel code

Bilge f <nav> • bilge

Bilgehahn m <nav.rls> • bilge cock

Bilgeleitung f <nav.rls> • bilge main

Bilgelenzbrunnen m <nav.rls> • bilge well

Bilgelenzpumpe *f* <nav.förd> • direct bilge pump; bilge pump

Bilgepumpe *f prakt* <nav.förd> • direct bilge pump; bilge pump

Bilgetank *m* <nav> • bilge water tank; bilge tank

Bilgewegerung *f* <nav> • bilge ceiling; limber board; limber boards

bilineares Filtern *n* <edv> • bilinear texture filtering; bilinear filtering

Bilinearform *f* <math> *(Polynom)* • bilinear form

Bilinearität *f* <math> • bilinearity

Billerud-ECT-Cutter *m* <pap> • Billerud ECT cutter

Billet'sche Halblinsen *fpl* <opt> • Billet split lens

Billettdruckmaschine *f* <druck> *(z. B. für Theater, Oper, Konzert, Zoo)* • ticket printing machine; ticketing printer

Billigflagge *f* <nav> • flag of convenience

Billigflug *m* <aerospace> • cheap flight; low-budget flight

Billing *n* <werb> • billing

Billion *f* <math> *(1.000.000.000.000)* • trillion *US.GB*; million millions *GB.coll*; billion *GB.obs*

Biluxlampe *f* <kfz.el> • double-antidazzle headlamp; double-dipping headlamp; bilux headlamp *pract*

Bimetall *n* <mat> *(z. B. in Bimetallfeder)* • bimetal

Bimetallauslöser *m* <msr> • bimetallic release; bimetallic trip *pract*

Bimetalldraht *m* <mat> • bimetallic wire

Bimetalldruckplatte *f* <druck> • bimetal plate

Bimetallfeder *f* <msr> • bimetal spring

bimetallisch <tech.allg> • bimetallic

Bimetallkontakt *m* <msr> *(z. B. in Regelgeräten)* • bimetallic contact

Bi-Metall-Streifen *m* <tech.allg> • bimetal strip

Bimetallstreifen *m* <msr> *(z. B. in Ein-Aus-Regler)* • bimetallic strip

Bimetall-Temperaturfühler *m* <msr> • bi-metal temperature sensing spring

Bimetalltemperaturregler *m* <msr> • bimetallic thermostat

Bimetallthermometer *n* <msr> • bimetallic thermometer

bimodales Fahrzeug *n* <fz> *(für Schiene und Straße)* • bimodal vehicle

bimolekular <chem> • bimolecular

Bims *m* <bau.mat> • pumice

bimsen *vt* <led> *(Fleischseite)* • pumice *vt*; fluff *vt*

Bimskiesbeton *m* <bau.mat> • pumice concrete

Bimsmehl *n* <obfl.holz> • pumice powder; powdered pumice; pumice; pounce *rare*

Bimsstein *m* <bau.mat> • pumice; pumice stone

bimssteinartig <bau.mat> • pumiceous

Bimssteinmehl *n* <obfl.holz> • pumice powder; powdered pumice; pumice; pounce *rare*

Bimssteinpulver *n* <obfl.holz> • pumice powder; powdered pumice; pumice; pounce *rare*

binär <math> *(Zahlen; Logik)* • binary

Binäraddierer *m* <edv> • binary adder

Binärausgang *m* <msr> • binary output; event output

Binärbild *n* <autom> *(z. B. zur Robotersteuerung)* • binary image

Binärcode *m* <edv> • binary code; digital code

Binärcode für Dezimalziffern *m did* <edv> • BCD code; binary-coded-decimal code *did*

binär codierte Dezimalzahl *f* (BCD) <edv> • binary coded decimal (BCD); binary code decimal *rare*

Binärcodierung *f* <edv> • binary coding

Binärdarstellung *f* <math> • binary notation; binary representation

binär-dezimal <edv> • binary-decimal

Binär-Dezimal-Code *m* <edv> • binary-coded decimal code; BCD code

Binär-Dezimal-Umsetzer *m* <el> • binary-decimal converter; binary-to-decimal converter

Binär-Dezimal-Umsetzung *f* <edv> • binary-decimal conversion; binary-to-decimal conversion

binäre Daten *npl* <edv> • binary data

Binäreingang *m* <el> • binary input

binäre Legierung *f* <mat> • binary alloy; two-component alloy

Binärentscheidungsprogramm *n* <msr> • binary decision program

binärer Digitalrechner *m* <edv> • binary computer

Binärerfassungsmodul *n* <msr> • binary data acquisition unit (BDAU)

binärer Festwertspeicher *m* <edv> • binary read-only memory; binary ROM

binärer Speicherauszug *m* <edv> • binary dump

binärer Zähler *m* <edv> • binary scaler

binäre Schnittstelle *f* <edv> • binary interface

binäre Schreibweise *f* <math> • binary notation; binary representation

binäres Gasgemisch *n* <chem> *(aus zwei Komponenten bestehendes Gasgemisch)* • binary gas mixture; two-gas mixture *pract*

binäres Identifikationsverfahren *n* <math> • binary identification procedure

binäres Komma *n* <math> • binary point

binäre Speicherzelle *f* <edv> • binary cell

binäres Signal *n* <msr> • binary signal

binäres Speicherelement *n* <edv> • binary memory element

binäres Suchen *n* <edv> • binary search

binäres System *n* <tech.allg> *(z. B. Ziffern, Werte, Material)* • binary system

binäres System *n* <tech.allg> *(betont: mit zwei Zuständen; z. B. EIN/AUS)* • two-state system

binäre Steuerung *f* <msr> • binary control

binäre Suche *f* <edv> *(durch Mitteneinstich)* • binary search

binäres Wort *n* <edv> • binary word

binäre Symbologie *f* <edv> *(Strichcode aus schmalen und breiten Elementen)* • two-width symbology *stand*; binary symbology *stand*; two-level symbology; two-level code

binäres Zahlensystem *n* <math> • binary number system

binäre Variable *f* <math> • binary variable

binäre Verbindung *f* <mat> • binary compound

binäre Zeichenfolge *f* <edv> *(z. B. Striche und Lücken in einem Strichcode)* • binary pattern

binäre Ziffer *f* <math> • binary digit

binäre Zustandsregelung *f form* <msr> • on-off control; two position control; bang-bang control *coll*

binär gewichtet <edv> *(z. B. Kode)* • binary-weighted

Binärkanal *m* <msr> • binary channel; event channel

Binärkapazität *f* <msr> • binary capacity; event capacity

Binärkode *m obs* <edv> • binary code; digital code

binär kodierte Adresse *f* <edv> • binary-coded address

binär kodierte Dezimaldarstellung *f* <edv> • binary-coded decimal notation

binär kodierte Dezimalzahl *f* <edv> • binary-coded decimal number; binary-coded decimal *pract*

binär kodiertes Zeichen *n* <edv> • binary-coded character

Binärkomma *n* <math> • binary point

Binärmuster *n* <edv> *(z. B. Striche und Lücken in einem Strichcode)* • binary pattern

Binär-Oktal-Umsetzung *f* <edv> • binary-octal conversion; binary-to-octal conversion

Binärschreibweise *f* <math> • binary notation; binary representation

Binärsignal *n* <tech.allg> *(allg.)* • binary signal
Binärsignal *n* <msr> *(von Sensor)* • binary signal; event signal
Binärsystem *n* <math> • binary system; binary number system *rare*
binär verschlüsselte Dezimalziffer *f* <edv> • binary coded decimal (BCD); binary code decimal *rare*
Binärverschlüsselung *f rar* <edv> • binary coding
Binärwort *n* <edv> • binary word
Binärzähler *m* <edv> • binary counter; modulo-radix-two counter; modulo-two counter; scale-of-two circuit
Binärzählstufe *f* <edv> • binary counter; modulo-radix-two counter; modulo-two counter; scale-of-two circuit
Binärzählwerk *n* <edv> • binary counter; modulo-radix-two counter; modulo-two counter; scale-of-two circuit
Binärzahl *f* <edv> • binary number
Binärzeichen *n form* <edv> *(0 oder 1)* • binary digit (bit); binary character; data bit; information bit; bit
Binärzeichenfolge *f* <edv> • bit string
Binärzelle *f* <edv> • binary cell
Binärziffer *f rar* <edv> *(0 oder 1)* • binary digit (bit); binary character; data bit; information bit; bit
Binärziffernaddierer *m* <edv> • binary adder
Binary Code *m* <edv> *(Strichcodetyp)* • Binary Code
Binary Coded Decimal *m* <edv> *(Strichcodetyp)* • Binary Coded Decimal
binaural <akust> • binaural
Bindedraht *m* <tech.allg> *(allg.)* • binding wire
Bindedraht *m* <bau.mat> *(für Stahlbetonbewehrung)* • splicing wire
Bindedraht *m* <el> *(für Kabel)* • tie wire
Bindedraht *m* <pack> *(für Ballen)* • baling wire
Bindefaden *m* <textil> *(spez. bei Plüschherstellung)* • ground yarn
Bindefaden *m* <textil> *(allg.)* • binding yarn; backing yarn
Bindefadenfutter *n* <textil> • single-yarn backing
Bindefehler *m DIN EN ISO 6520* <qualit> *(beim Schweißen)* • lack of fusion *ISO 6520-1*; incomplete fusion; poor fusion
Bindegarn *n* <agri> *(für Ballen; z. B. Stroh, Heu)* • bale twine; binder twine
Bindegarn *n* <ents> *(Sammelpresse)* • binding thread
Bindegarn *n* <textil> • lacing twine
Bindegarnbrücke *f* <agri> *(Mähbinder)* • twine holder
Bindegewebe *n* <bio> *(Haut)* • connective tissue
Bindegewebserkrankung *f* <med> • connective tissue disease; collagenosis; collagen disease
Bindeglied *n* <tech.allg> *(z. B. mech., chem., elektr., funktionell)* • link
Bindekette *f* <textil> • binder warp
Bindekräfte *fpl* <phys> • adhesive forces *pl*
Bindekraft *f* <tech.allg> • binding force
Bindelader *m* <edv> *(Programm)* • linking loader; link loader *rare*
Bindemäher *m* <agri> • grain binder
Bindemittel *n* <tech.allg> • binding material; binding agent; binder *pract*
Bindemittel *n* <tech.allg> *(zum Vergießen, Verkleben; z. B. Zement, Kleber)* • cementing material; cementing agent
Bindemittel *n* <bau.mat> • fillerized binder
Bindemittel *n* <nahr> *(z. B. in Speiseeis)* • stabilizer; stabilizing agent
Bindemittel *n DIN 55650* <obfl> *(nichtflüchtiger Bestandteil von Beschichtungsstoffen)* • binder *ISO 4618, BS 2015*; binding medium *rare*
bindemittelfrei <tech.allg> • binderless
Bindemittellösung *f* <obfl> *(für Farben, Lacke)* • binding medium solution; medium *ISO 4618/1*; vehicle *ISO 4618/1*

Bindemittelspritzmaschine *f* <obfl.wz> • binder distributor
Bindemittelsystem *n* <ents> *(zur Fixierung von Abfall)* • binder system
Binden *n* <verf> *(von SO$_2$)* • capturing
binden *vi/vt* <tech.allg> • agglutinate *vt/vi*
binden *vt* <tech.allg> *(durch irgendeine Verbindung; z. B. Atome, Papierblätter)* • bind *vt*
binden *vt* <bekl> *(z. B. Schuhe)* • lace *vt*; tie *vt*
binden *vt* <bekl> *(Mieder, Korsett)* • lace up *vt*
binden *vt* <chem> *(Atome)* • link *vt*; bond *vt*
binden *vt* <chem> *(Stoffe)* • bind *vt*
binden *vt* <druck> *(z. B. Buch, Diplomarbeit)* • bind *vt*
binden *vt* <füg> *(mit Schnur, Draht; z. B. Bündel, Ballen, Schuhe)* • tie *vt*
binden *vt* <mat> *(verfestigen)* • harden *vt*
Bindenaht *f* <kst.füg> • weld line
binden an *vt* <ents> • bind to *vt*; bind *vt*
binden aneinander *vt* <tech.allg> • agglutinate *vt/vi*
bindendes Rechtsinstrument *n* <jur> • binding legal instrument
binden in *vt* <chem> • consolidate in *vt*
binden in *vt* <ents> • bind to *vt*; bind *vt*
Bindepunkt *m* <textil> • interlacing point; binding point; stitching point *US*
Binder mit abgerundeter Vorderkante *m* <bau> • bull header
Binder mit Füller *m* <bau.mat> • fillerized binder
Bindersparren *m* <bau> • truss rafter
Binderstecker *m* <el> • Binder plug
Binderstein *m* <bau> *(Mauerwerk)* • header; binding stone
Binderücken *m* <doku> *(Plastikteil für Spiralbindung)* • binding comb
Bindeschuss *m* <textil> • binding pick
Bindestrich *m* <doku> • hyphen
Bindestrichschreibung *f* <doku> • hyphenation
Bindetechnik *f* <füg> • bonding technique
Bindetisch *m* <agri> *(Mähbinder)* • binder deck
Bindeton *m* <bau.mat> • bond clay
Bindetuch *n* <agri> • binding cloth
Bindfaden *m* <tech.allg> *(relativ dünn, zum Binden, Verpacken)* • string; binder twine
bindig <mat> • cohesive
bindiger Boden *m* <geo> • cohesive soil; cohesional soil
bindiges Abdeckmaterial *n* <ents> • cohesive cover material
Bindigkeit *f* <chem> • covalence; covalency
Bindigkeit des Bodens *f* <bau> • soil cohesion
Bindigkeit von Kohle *f* <min> • cohesion of coal
Bindung *f* <chem> *(zwischen Atomen, Elementen; Zustand)* • link; chemical bond; linkage; bond
Bindung *f* <chem> *(Vorgang)* • linking; bonding
Bindung *f* <füg> *(z. B. durch Kleben, Schweißen)* • bond
Bindung *f* <füg> *(Fixierung an etw.)* • fixation
Bindung *f* <füg> *(durch Verschmelzung)* • fusion
Bindung *f prakt* <sport> *(Ausrüstung)* • ski binding; binding *pract*
Bindung *f DIN 61101-1* <textil> • weave
Bindung *f* <textil> *(Struktur einer Maschenware)* • structure
Bindung der Oberware *f* <textil> • top cloth weave
Bindung der Unterware *f* <textil> • bottom cloth weave
Bindung durch Vertrag *f* <jur> • bond by contract
Bindung für Doubles *f* <textil> • backed-cloth weave
Bindung für Würfelmuster *f* <textil> • chequer-board weave
Bindung in Broché *f* <textil> • swivel weave
Bindungsanalyse *f* <textil> • weave analysis

Bindungsart f <chem> • type of bond; kind of bond

Bindungsbild n <textil.doku> *(Darstellung der Gewebebindung auf Patronenpapier)* • weave diagram; point paper design; weave pattern

Bindungsbruch m <chem> • bond breaking

Bindungselektron n <chem> • bonding electron; valency electron; outermost electron

Bindungselement n <textil> • structure building element

Bindungsenergie f <phys> • binding energy; nuclear binding energy; bonding energy; bond energy

Bindungsenergie eines Protons f <phys> • proton binding energy

bindungsfähig <chem> • bondable

Bindungsfehler m <textil> • wrong lift

Bindungsfestigkeit f <tech.allg> • binding strength; bonding strength; bond strength

Bindungsgruppe f <textil> • basic face type of construction

Bindungskraft f <phys> • binding force; bonding force; bond force

Bindungslänge f <füg> • bond length; bond distance

Bindungsordnung f <chem> • mobile bond order; bond order

Bindungspatrone f <textil.doku> *(Darstellung der Gewebebindung auf Patronenpapier)* • weave diagram; point paper design; weave pattern

Bindungspunkt m <textil> • interlacing point; binding point; stitching point *US*

Bindungsrapport m <textil> • repeat; pattern repeat; binding repeat; weave repeat; structured repeat

Bindungsschicht f <masch> *(sehr dünne Schicht zwischen Einlaufschicht und Gleitschicht)* • interlayer *ISO 4378-1*; bonding layer; nickel dam

Bindungsstelle f <textil> • intermeshing point

Bindungsstrich m <doku> • dash

Bindungstheorie f <chem> • valence-bond theory; chemical-bond theory

Bindungstheorie der Valenzstrukturen <chem> • valence-bond theory; chemical-bond theory

Bindungsvermögen n <chem> • binding power; bonding power; combining power

Bindungsvermögen n <füg.obfl> • bondability

Bindungswechsel m <textil> • weave change

Bindungswertigkeit f <chem> • covalence; covalency

Bindungswinkel m <tech.allg> • bond angle

Bindungswirkung f <jur> *(von Vereinbarungen, Verträgen)* • binding effect; binding authority; binding force

Bindungszahl f <chem> • bond valence; bond number

Bindungszustand m <chem> • binding state; bonding state

Bingham-Zahl f <phys> *(nicht-Newtonsche Flüssigkeit)* • Bingham number; plasticity index; plasticity number

Binistor m <el> • binistor

Binnen... <allg> *(z. B. Handel, Verkehr, Flug)* • domestic ...; inland ...; internal ...

Binnenböschung f <bau> • inner slope

binnenbords <nav> • inboard

Binnencontainer m <nfz.logist> *(Breite: 2500 mm)* • domestic container

Binnendruck m <phys> • cohesion pressure; intrinsic pressure; internal pressure

Binnenfischerei f <nav> • freshwater fishing; inland waters fishing

Binnengewässer npl <geo> • inland waters; continental waters *US*

Binnenhafen m <nav> • inland port; river port; inland harbor *US*; inland harbour *GB*; close port

Binnenhaupt n <energ.hydr> • upper gate

Binnenklassenvarianz f <math> *(Statistik)* • intraclass variance

Binnenlotse m <nav> • river pilot

Binnenmarkt m <ökon> • domestic market; internal market; inland market; home market

Binnenreede f <nav> *(teilweise geschützter Ankerliegeplatz an der Küste)* • inner roadstead; inner road

Binnenschifffahrtskanal m <nav> • interior navigation canal

Binnenschifffahrtsunternehmen n <ökon> • inland waterways transport enterprise; enterprise engaged in inland waterways transport; enterprise engaged in inland navigation; inland waterway carrier

Binnenschifffahrt f <nav> • inland navigation; interior navigation; inland waterways traffic; inland waters navigation

Binnenschiffstransport m <nav.logist> • inland waterway transportation; inland waterway transport; inland water transport; inland waterway shipping

Binnenschlepper m <nav> • river tug

Binnenseehafen m <nav> • lake port; lake harbor *US*; lake harbour *GB*

Binnenverkehr m rar <verk> • local traffic

Binnenwasserstraße f <nav> • inland waterway

Binnenwasserstraßennetz n <nav> • network of inland waterways

Binnenwasserstraßentransport m rar <nav.logist> • inland waterway transportation; inland waterway transport; inland water transport; inland waterway shipping

binokular <opt> • binocular

Binokularmikroskop n <opt> • binocular microscope

Binom n <math> • binomial

Binomialentwicklung f <math> • binomial expansion

Binomialformel f <math> • binomial formula; binomial theorem

Binomialkoeffizient m <math> • binomial coefficient

Binomialpapier n <math> • binomial probability paper

Binomialreihe f <math> • binomial series

Binomialverteilung f <math> *(Wahrscheinlichkeit)* • binomial distribution

binomisch <math> • binomial

binomischer Lehrsatz m <math> • binomial theorem

binomisch verteilt <qualit> *(Statistik)* • binomially distributed

Binormale f <math> • binormal

bioabbaubar <ökol> • biodegradable

bioabbaubarer Werkstoff m <ents> • biodegradable material :V; biologically degradable substance

Bio-Abbaubarkeit f <ökol> • biodegradability

Bioabfall m prakt <ents> • organic waste; putrescible waste; bio waste *coll*; vegetabilities *pl rare*

Bioaktinität f <opt.bio> *(bewirkt chemische Veränderung in biologischen Geweben)* • bioactinism

Bioanode f <el> • bioanode

Bioassay m <med> • bioassay

Biobanane f <agri> • organic banana

Biobatterie f <chem> • biochemical battery; biobattery *pract*

Bio-Bauer m <agri> • organic farmer

Biochemie f <chem.bio> • biochemistry

biochemisch m <chem> • biochemical

biochemische Abbaubarkeit f <ökol> • biodegradability

biochemischer Sauerstoffbedarf msg (BSB) <ökol> • biochemical oxygen demand (BOD); biological oxygen demand *obs*

biochemisches Brennstoffelement n <chem.bio> • biofuel cell; biocell *pract*

biochemische Selektivität f <chem.bio> • biochemical selectivity

Biochip m <pharm> • biochip

Biodiesel m ugs <chem> *(Kraftstoff z. B. aus Raps, Sonnenblumen, Soja, Oliven)* • vegetable methyl ester (VME);

vegetable oil methyl ester; green diesel fuel *pract*; biodiesel *coll*

Biodiesel *m* ugs <kfz> *(als Kraftstoff für Dieselmotoren)*
 • rape seed methyl ester (RME); green diesel fuel *pract*;
biodiesel *SP-1545*

bioelektrisch <el> • bioelectric

bioelektrischer Wandler *m* <el> • bioelectrical transducer

bioelektrisches Potential *n* <el> • biopotential

Bioelektrode *f* <el> • bioelectrode

Bioelektronik *f* <el> • bioelectronics

Biofilter *m* <ents> • biological filter; biofilter

Biogas *n* <agri.tech> • biogas; manure gas; fermentation gas

Biogasanlage *f* <agri.verf> • biogas plant; digester; reactor

biogen <geo> • biogenetic; biogenous; biogenic

biogene Entkalkung *f* <chem> • biogenous decalcification

biogeochemisch <chem> • biogeochemical

Biogeozönose *f* <bio/geo> • biogeocoenosis

Biokatalysator *m* <bio.chem> • biochemical catalyst; biocatalyst; ergone

Biokathode *f* <el> • biocathode

Biokeramik *f* <mat> • bio ceramics

Bioklimatologie *f* <meteo> • bioclimatology; bioclimatics

Biokonzentrationsfaktor *m* <geo.qualit> *(Bodenbeschaffenheit)* • bio concentration factor

Biokristall *m* <mat> • biocrystal

Biokybernetik *f* <msr> • biological cybernetics; biocybernetics

Biolith *m* <geo> • biolith; biogenic rock

Biolöslichkeit *f* <bau> *(z. B. von Steinwolle)* • bio solubility

biologisch <bio> • biological

biologisch abbaubar <ökol> • biodegradable; bilogically degradable

biologisch abbaubarer Wertstoff *m* (BAW) <ents>
 • biodegradable material *:V*; biologically degradable substance

biologisch abbauen *vr* <ents> • biodegrade *vi*

biologisch bewirtschaftete Landwirtschaftsflächen
fpl <agri> • organic-farm land

biologische Abbaubarkeit *f* <ökol> • biodegradability

biologische Abbau-Untersuchung *f* <ökol> • biodegradability test; test for biodegradability; test for ready biodegradability

biologische Abgasreinigung *f* <ents> • biological waste gas purification

biologische Abschirmung *f* <nukl> *(KKW)* • biological shield

biologische Abwasserbehandlung *f* <ents> • biological sewage clarification; biological wastewater clarification; biological sewage/wastewater purification; biological sewage/wastewater treatment; biological purification of sewage

biologische Abwasserreinigung *f* <ents> • biological sewage clarification; biological wastewater clarification; biological sewage/wastewater purification; biological sewage/wastewater treatment; biological purification of sewage

biologische Abwehr *f* <mil> • biological defense *US*;
biological defence *GB*

biologische Aktivität *f* <ents> • biological activity

biologische Bekämpfung *f* <agri> • biological control

biologische Belastung *f* <ents> • biological load

biologische Chemie *f* <chem.bio> • biochemistry

biologische Dekontamination *f* <ents> • biological decontamination

biologische Grundmasse *f* (BGM) <chem.verf> *(z. B. für Bio-Waffenherstellung)* • biological growth medium (BGM)

biologische Halbwertszeit *f* <bio> • biological half-life

biologische Kläranlage *f* <ents> • biological treatment plant

biologische Klärung *f* <ents> • biological clarification; biological purification; biological treatment

biologische Landwirtschaft *f* <agri> • organic farming

biologisch eliminierbar *rar* <ökol> • biodegradable; bilogically degradable

biologische Prothese *f* <med.tech> *(Gefäßersatz)* • biologic vascular graft; bioprosthesis; biologic graft

biologische Prothese *f rar* <med.tech> *(Herzklappenersatz)* • tissue valve; bioprosthesis; xenograft valve [replacement]; heterograft valve [substitute]; xenograft valvular prosthesis

biologischer Abbau *m DIN ISO 11074-1* <ents> • biodegradation *ISO 11074-1*; microbial degradation; microbial breakdown; biotic decomposition

biologischer Abbautest *m* <ökol> • biodegradability test; test for biodegradability; test for ready biodegradability

biologische Reinigung *f* <ents> • biological clarification; biological purification; biological treatment

biologischer Nährboden *m* <chem.verf> *(z. B. für Bio-Waffenherstellung)* • biological growth medium (BGM)

biologischer Sauerstoffbedarf *m* (BSB) <ents> • biological oxygen demand (BOD)

biologischer Schild *m* <nukl> *(KKW)* • biological shield

biologischer Schirm *m* <nukl> *(KKW)* • biological shield

biologisches Aufbereitungsverfahren *n* <ents> • biological treatment; biological process

biologische Schädlingsbekämpfung *f* <agri> • biological pest control

biologisches Dekontaminationsverfahren *n* <ents>
 • biological decontamination process

biologisches Gefährdungspotential *n* (BHP) <nukl>
 • biological hazard potential (BHP)

biologisches Röntgenäquivalent *n* (rem) <phys>
 • roentgen equivalent man (rem)

biologisches Verfahren *n* <ents> • biological treatment; biological process

biologische Umsetzung *f* <ents> • biodegradation *ISO 11074-1*; microbial degradation; microbial breakdown; biotic decomposition

biologische Umwandlung *f* <ents> • biological conversion

biologische Umwandlungsrate *f* <ents> • biological conversion rate

biologische Zersetzung *f* <ents> • biodegradation *ISO 11074-1*; microbial degradation; microbial breakdown; biotic decomposition

Biolumineszenz *f* <bio.licht> • bioluminescence

Biomasse *f* <agri> • biomass

Biomembranreaktor *m* (BMR) <verf> • bio membrane reactor (BMR)

Biometrie *f* <bio> • biometrics; biometry

Biometrik *f* <bio> • biometrics; biometry

Biomüll *m* ugs <ents> • organic waste; putrescible waste; bio waste *coll*; vegetabilities *pl rare*

Bionik *f* <edv> • bionics

bionischer Computer *m* <edv> • bionic computer

Biopersistenz *f* <bau.med> *(z. B. Asbestfaserverweildauer in Lunge)* • bio persistence

Biophysik *f* <phys> • biophysics

Biopotential *n* <bio> • biopotential

Bioprothese *f* <med.tech> *(Gefäßersatz)* • biologic vascular graft; bioprosthesis; biologic graft

Bioprothese *f* <med.tech> *(Herzklappenersatz)* • tissue valve; bioprosthesis; xenograft valve [replacement]; heterograft valve [substitute]; xenograft valvular prosthesis

Bioprothese mit Bügel f <med.tech> (Herzklappenersatz) • stented tissue valve; stented bioprosthesis
Bioprothese mit Rahmen f <med.tech> (Herzklappenersatz) • stented tissue valve; stented bioprosthesis
Bioprothese mit Stent f <med.tech> (Herzklappenersatz) • stented tissue valve; stented bioprosthesis
Bioradar m <navig> • bio radar
BIOS <edv> • Basic Input-Output System (BIOS)
Bioschlamm m <ents> • bio sludge
Biosphäre f <ökol> • biosphere; ecosphere
Biostatistik f <bio> • biometrics; biometry
biosynchronisiert <med> • biocontrolled
Biosynthese f <bio> • biosynthesis
Biotechnik f <bio.tech> • bioengineering
Biotechnologie f <bio.tech> • biotechnology; biotech coll
Biotelemetrie f <msr> • biotelemetry
Biotest m <med> (Toxikologie) • bioassay
Biotest m <ökol> • biodegradability test; test for biodegradability; test for ready biodegradability
biotisch <chem> • biotic
biotische Schäden pl <holz> • biotic damage
Biotop m <ökol> • biotope
Biotop n <bio> (von Pflanzen, Tieren) • habitat
Biotred-Verfahren n <mat> (für Reifenlaufflächen; ersetzt Silica teilweise durch Maisstärke) • Biotred process TMGoodyear
Biot-Savart-Gesetz n <phys> • Biot-Savart law
Biot-Savartsches Gesetz n <phys> • Biot-Savart law of vortex; Biot-Savart law; Laplace's theorem
Bioverfügbarkeit f <ents> • bio-availability
Biowäscher m <ents> • bio washer
Biozid n <tribo> • biocide
Bi-Phase Shift Keying n (BPSK) <edv> • bi-phase shift keying (BPSK); bi-phase modulation
biplan <licht> • biplane
Biplan-Lampe f <licht> • biplane lamp
Bipodmast m <nav> • bipod mast
bipolar <allg> • bipolar
bipolarer Transistor m <el> • bipolar transistor
Bipolarkoordinaten fpl <math> • bipolar coordinates
Bipolarschaltkreis m <el> • bipolar integrated circuit
Bipolarspeicher m <edv> • bipolar memory
Bipolartechnik f <el> • bipolar technology
Bipolartransistor m <el> • bipolar transistor
Biprisma n <edv> • biprism
Bipyramide f <math> • bipyramid
Bipyridyle npl <chem> • bipyridyliums; dipyridyliums
biquadratisch <math> (Gleichung) • biquadratic
Biquinärcode m <math> • biquinary code
Biquinärdarstellung f <math> • biquinary notation; biquinary representation
biquinärer Code m <math> • biquinary code
biquinäre Schreibweise f <math> • biquinary notation; biquinary representation
biquinärverschlüsselt <edv> • biquinary-coded
Birke f <holz> (Laubbaum) • birch
Birkenholz n <holz> (Hartholz) • birch; birchwood
Birkenteeröl n <bio> • birch tar oil
Birnbaumholz n <holz> • pearwood
Birne f ugs <licht> (mit Glühfaden; im Ggs. zu Leuchtstoff-, Gasentladungslampen) • incandescent lamp; incandescent filament lamp form; lamp pract; light bulb coll; bulb coll
birnenförmig <allg> • pear-shaped
B-ISDN <tele> • Broadband Integrated Services Digital Network (BISDN); broadband ISDN pract; B-ISDN
bisherige Ausführung f <prod> • previous design
Biskuit m <obfl> • bisque
Biskuitbrand m <silik> • biscuit firing

Biskuitbrandware f <silik> • biscuit-fired ware; biscuit
Biskuitware f <silik> • biscuit-fired ware; biscuit
Bismut m rar.obs <mat> (weißgrau-rötliches, sprödes Metall) • bismuth (Bi)
Bismutum n wiss <mat> (weißgrau-rötliches, sprödes Metall) • bismuth (Bi)
Bisphenol A n (BPA) <chem.ökol> (Ausgangsstoff für Polycarbonat und Epoxidharze; Umwelthormon) • bisphenol A
bissig <nahr> (Wein) • acrid; biting
bistabil <msr> (Zustand, Sensor; Signal oder kein Signal, 1 oder 0; ohne Zwischenwerte) • bistable
bistabile Kippschaltung f <el> • bistable circuit; flip-flop circuit; trigger element; toggle; flip-flop pract
bistabile Kippstufe f <el> • bistable circuit; flip-flop circuit; trigger element; toggle; flip-flop pract
bistabiler Code m <edv> • on-off code
bistabiler Funktionsbaustein m <el> • bistable function block
bistabiler Multivibrator m <el> • bistable multivibrator; Eccles-Jordan multivibrator; bistable circuit; flip-flop circuit; flip-flop pract
bistabiler Näherungsschalter m <msr> • bi-stable proximity switch
bistabiler Sensor m <msr> • bistable sensor; bi-stable sensor
bistabiler Trigger m <msr> • bistable trigger device
bistabiles Bauelement n <el> (allg.) • bistable device; two-state device; bistable pract; flip-flop pract
bistabile Schaltung f <el> • bistable circuit; flip-flop circuit; trigger element; toggle; flip-flop pract
bistabiles Element n <el> (allg.) • bistable device; two-state device; bistable pract; flip-flop pract
Bister m <kunst> (Malerfarbe) • manganese brown
Bisulfit n <chem> • bisulfite
Bisulfitzellstoff m <pap> • sulfite pulp
bis weit in ... <allg> • way into the next century
bisynchrone Übertragung f (BSC) <edv> • bisynchronous transmission (BSC)
bis zum Einrasten <tech.allg> • until it clicks into place
bis zur Weißglut erhitzen vt <metall> • incandesce vt
Bit n <edv> (0 oder 1) • binary digit (bit); binary character; data bit; information bit; bit
Bitabfolge f <edv> (zeitlich) • bit sequence
Bitadapter m <wz> (Verbindungsstück) • bit holder; bit adapter/or; hex socket; insert bit socket rare
Bitadresse f <edv> • bit location
bitadressierbarer Speicher m <edv> • bit-mapped memory
Bitadressierung f <edv> • bit addressing
Bit-Blitting n <edv> • bit-block transfer (BitBlt); bit blitting
Bit-Block-Transfer m (BitBlt) <edv> • bit-block transfer (BitBlt); bit blitting
BitBlt <edv> • bit-block transfer (BitBlt); bit blitting
BitBlt-Engine f <edv> • BitBlt engine; blitter pract; raster blaster coll
Bitdichte f DIN 66010 <edv> (Bits pro Flächeneinheit auf einem Datenträger) • bit density; linear bit density; linear density
Bitebene f <edv> • digit plane
Bit-Einsatz m prakt <wz> (mit Außensechskantantrieb) • screwdriver bit; driver bit pract; insert bit; screwdriver insert bit
Bit Error Rate f (BERT) <edv> • bit error rate (BERT)
Bitfehler m <edv> • bit error
Bitfehlerrate f <edv> • bit error rate (BER)
Bit-Fehlerrate f <edv> • bit error rate (BER)
Bitfehlerwahrscheinlichkeit f <edv> • bit error probability

Bit-Folge f <edv> • bit string
Bitfolge f <edv> (als binäre Zeichenkette) • bit string
Bitfolge f <edv> (zeitlich) • bit sequence
Bit für Innensechskantschrauben n <wz> • hex bit US; hexagon bit GB
Bit für Kreuzschlitzschrauben n <wz> (Phillips) • Phillips bit US/GB; cross slot bit GB
Bit für Schlitzschrauben n <wz> • slotted bit; flat tip bit US; plain slot bit GB
Bit für Vielzahnschrauben n <wz> (Bit mit 12-eckiger Antriebsspitze) • triple square bit
bitgeteilt <edv> • bit-sliced
Bithalter m <wz> (Verbindungsstück) • bit holder; bit adapter/or; hex socket; insert bit socket rare
Bitkapazität f <edv> • bit capacity
Bitkette f <edv> • bit string
Bitleitung f <edv> • bit line
Bitmap f <edv> (ohne Kompression, nicht vektorisiert; *.bmp) • bitmap; raster graphics
Bit-Map f prakt <edv> (Bildwiederholspeicher für Rasterbildschirme) • bit map memory; bit map refresh buffer; frame buffer; bit map pract
Bitmap-Datei f <edv> • bit map file
Bitmap-Grafik f <edv> (ohne Kompression, nicht vektorisiert; *.bmp) • bitmap; raster graphics
Bitmap-Hintergrund m <edv> • bitmap background
Bit-Map-Memory n <edv> (Bildwiederholspeicher für Rasterbildschirme) • bit map memory; bit map refresh buffer; frame buffer; bit map pract
Bitmap-Platzierung f <edv> • bitmap placement
Bitmap-Position f <edv> • bitmap placement
Bitmap-Textur f <edv> • bitmap texture; pixel texture
Bitmuster n <edv> (z. B. Striche und Lücken in einem Strichcode) • binary pattern
bitorganisiert <edv> • bit-organized
bitorganisierter Speicher m <edv> • bit-organized memory
bitorientiert <edv> • bit-oriented
bitorientierte Steuerungsverfahren zur Datenübermittlung npl (HDLC) DIN ISO 3309 <edv> • high-level data link control procedures (HDLC) ISO 3309
bitparallel <edv> • bit-parallel
Bitplane f <edv> • bitplane
Bit pro Quadratzoll <edv> • bits per square inch (bpsi)
Bit pro Sekunde f rar <edv> (Datenübertragungsrate; z. B. 56000 bps od. 56 kbps) • bits per second (bps); bits/sec rare
Bit pro Zoll rar <edv> • bits per inch (bpi); bit per inch
Bitrate f prakt <edv> (DFÜ; meist in bps; z. B. 115200 bps) • transfer rate; data transfer rate; transfer speed; data bit rate; bit rate pract
bit/s rar <edv> (Datenübertragungsrate; z. B. 56000 bps od. 56 kbps) • bits per second (bps); bits/sec rare
Bitscheibenmikroprozessor m <ic> • bit-slice microprocessor; bit-slice processor
Bitscheibenprozessor m <ic> • bit-slice microprocessor; bit-slice processor
Bitsequenz f <edv> (zeitlich) • bit sequence
bitseriell <edv> • bit-serial
Bits-Halter m <wz> (Verbindungsstück) • bit holder; bit adapter/or; hex socket; insert bit socket rare
Bits-Halter m <wz> (Halter mit Innensechskantaufnahme für Schraubendreherbits) • magnetic screwdriver handle; magnetic tip screwdriver handle form; magnetic screwdriver; bit holder
Bits-Handhalter m prakt <wz> (Halter mit Innensechskantaufnahme für Schraubendreherbits) • magnetic screwdriver handle; magnetic tip screwdriver handle form; magnetic screwdriver; bit holder

Bit-Shifting n <edv> (Festplatte) • bit shifting
Bit-Slice-Prozessor m <edv> • bit-slice processor
Bit-Slip m <edv> • bit-slip
Bits-Magazin-Halter m <wz> • magnetic screwdriver with magazine handle
Bitspeicherplatz m <edv> • bit location
Bits pro Sekunde (bps) <edv> (Datenübertragungsrate; z. B. 56000 bps od. 56 kbps) • bits per second (bps); bits/sec rare
Bits pro Zeichen <edv> • bits per character
Bits pro Zoll (bpi) <edv> • bits per inch (bpi); bit per inch
Bitstelle f <edv> • bit position; bit location
Bitstream m <edv> • bitstream
Bitstream-Recorder m <av> • bitstream recorder
Bitstruktur f <edv> • bit pattern
Bittakt m <edv> (eines Taktgebers) • clock (CP); clock pulse; bit clock; clock cycle
Bittakt m <tele> • bit timing
Bitte nicht stören <tour> (Schild an Hotelzimmertür) • Privacy please
Bitterstoffwert m <nahr> (Hopfen) • bitterness value
Bitter-Streifen m <phys> • Bitter powder pattern; Bitter pattern; Bitter figure
bitte warten Sie <tele> • hold the line, please
Bit-Tiefe f <edv> • color depth; bit depth; color bit depth
Bitübertragungsrate f rar <edv> (DFÜ; meist in bps; z. B. 115200 bps) • transfer rate; data transfer rate; transfer speed; data bit rate; bit rate pract
Bitübertragungsschicht f <tele> (OSI-Modell) • physical layer
Bitumen n DIN 55946 <chem.petr> • bitumen
Bitumenanstrichstoff m <obfl> • bituminous paint
Bitumenbahn f DIN52129-52133 <bau.mat> • bitumen sheeting
Bitumendachpappe f <bau.mat> • asphaltic felt US; bituminous felt GB
bitumengetränkt <mat> • bitumen-impregnated
bitumenhaltig <mat> (asphalt-, pech- oder teerhaltig; z. B. Kohle, Straßenbelag) • bituminous
Bitumenkocher m <bau.masch> • bitumen road kettle; bitumen kettle
Bitumenlack m <obfl> • bituminous varnish; bitumen varnish; bituminous paint
Bitumenmakadam <bau.mat> • bituminous macadam
Bitumen mit Mineralmehl n <bau.mat> • filled bitumen
Bitumenmörtel m <bau.mat> • bitumen mortar
Bitumenpapier n <bau.mat> • asphalt paper; tar paper; pitch paper
Bitumenpappe f <bau.mat> • bitumen board
Bitumenpressmasse f <bau.mat> • bituminous plastic
Bitumenspritzmaschine f <bau.masch> • bitumen tank sprayer; bitumen sprayer
Bitumierung f <ents> • bituminization
bituminiertes Papier n <bau.mat> • asphalt paper; tar paper; pitch paper
bituminös <mat> (asphalt-, pech- oder teerhaltig; z. B. Kohle, Straßenbelag) • bituminous
bituminöse Braunkohle f <min> (dunkelbraun-schwarz; flüchtig: 19–28 %; Wasser: 2–4 %; hoher Heizwert) • bituminous coal; soft coal; hard coal GB.rare
bituminöse Decke f <bau> • flexible pavement; non-rigid pavement
bituminöse Dichtungsbahn f <bau.mat> (z. B. als Deponiesohlabdichtung) • bituminous liner sheet
bituminöse Einstreudecke f <bau> • dry penetration pavement
bituminöse Kohle f <min> (dunkelbraun-schwarz; flüchtig: 19–28 %; Wasser: 2–4 %; hoher Heizwert) • bituminous coal; soft coal; hard coal GB.rare

bituminöser Lignit m <min> *(schwarzglänzende, spröde, bituminöse Kohle)* • bituminous lignite; pitch coal *pract*; black lignite

bituminöser Schiefer m <geo> • bituminous shale; oil shale

bituminöses Bindemittel n <bau.mat> • bitumen binder

bitveränderbar <edv> • bit-alterable

Bitversatz m DIN 66010 <edv.tele> • skew

bitverschachtelt <edv> • bit-interleaved

Bitverschiebung f <edv> *(Festplatte)* • bit shifting

bitweise <edv> • bitwise; bit-by-bit

Bitzuweisung f <edv> • bit assignment

Biuret n <chem> • biuret

Biuretprobe f <chem> *(Harnstoffnachweis)* • biuret reaction

Biuretreaktion f <chem> *(Harnstoffnachweis)* • biuret reaction

BIV <agri.med> *(Immunschwäche-Erkrankung bei Rindern)* • Bovine immunodeficiency Virus (BIV)

bivalent <chem> • bivalent; divalent

bivalent-alternative Betriebsweise f <hlk> *(Heizung)* • alternative tandem operation

bivalente Betriebsweise f <hlk> *(Wärmepumpe)* • tandem operation V

bivalenter Antrieb m <kfz.mot> • bivalent prime mover

bivalenter Telegrafenkode m <tele> • two-condition telegraph code

bivalent-parallele Betriebsweise f <hlk> • parallel tandem operation

bivalent-teilparallele Betriebsweise f <hlk> *(Wärmepumpe)* • restricted parallel tandem operation

Bivalenz f <chem> • bivalence; divalence

Bivalenzpunkt m <hlk> *(zum Zuschalten einer Zusatzwärmequelle)* • balance point; switch-over point

bivariant <tech.allg> • bivariant

Bi-Xenon-Scheinwerfer m <licht> • bi-xenon projection system

Bj. <prod> • year of manufacture

Bk <chem> • berkelium (Bk)

B-Kanal m <tele> *(ISDN)* • B channel; bearer channel; information channel

BKKS <energ> • brown-coal coke; lignite coke

BKS <prod> • user coordinate system (UCS); user-defined coordinate system

BL <ic> • bond length (BL)

Black n <druck> *(Grundfarbe)* • key; black

Black Box [zum Aufzeichnen der Cockpit-Gespräche] f ugs <aerospace> *(Ton)* • cockpit voice recorder (CVR); voice recorder *pract*; Black Box [for cockpit voice recording] *coll*; flight recorder [for voice data]; data recorder [for cockpit voice data] *rare*

Black Box [zur Aufzeichnung der Flugdaten] f ugs <aerospace> *(Daten)* • flight data recorder (FDR); cockpit flight data recorder; flight recorder *pract*; Black Box [for the recording of flight data] *coll*

Blackoutverschluss m <licht.theat> • blackout disc; black-out

Blähbeton m <bau.mat> • expanded aggregate concrete

blähen vr <nav> *(Segel)* • belly vi

blähen vt <nav> *(Segel)* • belly vt

blähen vt <verf> *(expandieren)* • expand vt

Blähgrad m <mat> *(Kohle)* • swelling index

Blähindex m <mat> *(Kohle)* • swelling index

Blähmittel n <kst> • expanding agent

Blähschiefer m <min> • expanded shale

Blähschlacke f <mat> • foamed slag aggregate

Blähschlackenbeton m <bau.mat> • foamed slag concrete

Blähschlamm m <ents> • bulking sludge

Blähton m <bau.mat> • expanded clay; light-weight expanded clay; foamclay *pract*

Bläser m prakt <kst> • blow molder

Blättchen n <allg> • flake

Blätterdach n <agri> • foliage

Blätter-Dike-Komplex m <geo> *(Schicht)* • sheeted dike complex

Blättergips m <mat> *(M$_2$SeO$_3$; kristallin, transparent)* • selenite

Blätterkohle f <verbr> • slaty coal; foliated coal

blättern vi <edv> *(durch Bildschirmanzeige)* • scroll vt

blättern vt <edv> • page vt

bläuen vt <obfl> *(Metall)* • blue vt

Bläuungsmittel n <obfl> • blueing agent; blueing

Blaine-Feinheit f <bau.mat> *(Baustoffprüfung)* • Blaine fineness

Blanc fixe n <obfl> *(Pigment)* • permanent white; blanc fixe

Blanchiereisen n <led.wz> • whitening blade; whitening slicker; whithening steel

blanchieren vt <led> • whiten vt

blanchieren vt <nahr> *(Gemüse)* • blanch vt

Blanchiermaschine f <led.wz> • whitening machine

Blanchiermesser n <led.wz> • whitening blade; whitening slicker; whitening sleeker; whithening steel

Blanchierspäne npl <led> • whitenings pl; whitening shavings pl

Blanchierwalze f <led> • whitening cylinder

blank <el> *(Draht, Kabel ohne Isolierung)* • uninsulated; bare; naked

blank <nahr> *(Wein)* • limpid; clear

blank <obfl> *(ungeschützt, unisoliert, nackt)* • bare

blank <obfl> *(unbeschichtet; z. B. unlackiert)* • uncoated

blank <obfl> *(z. B. Metall, Lack)* • polished

blank <obfl.metall> *(glänzend, unlackiert, nicht korrodiert; z. B. Stahl)* • bright

blank <obfl.metall> *(betont: bearbeitet; z. B. blankgedreht, poliert)* • bright-finished

Blankbrennen n <obfl> • bright-dip finishing

Blankdraht m <füg> *(zum Schweißen)* • bare wire; blank metallic welding wire *pract*; blank wire; naked wire

Blankdrahtelektrode f <füg> *(Schweißtechnik)* • bare wire electrode

blanke Elektrode f <füg> *(Schweißen)* • bare electrode; uncoated electrode

blanker Draht m <mat.el> *(ohne Isolierung)* • uninsulated wire; bare wire; naked wire

blanker Leiter m <el> *(ohne Isolierung)* • bare conductor; plain conductor

Blanket n prakt <nukl> *(z. B. Lithiumdioxid im Laser-Fusionsreaktor)* • breeding blanket; breeder blanket; blanket *pract*; fertile blanket *rare*

Blanketkühlung f <nukl> • blanket cooling

Blanket mit flüssigem Moderator n <nukl> • liquid metal blanket

Blanketstruktur f <nukl> • blanket structure

Blankfilter n <chem> • polishing filter

blankfiltrieren vt <chem.verf> • polish vt

blankgeglüht <metall> • bright-annealed

blankgeglühter Draht m <mat> • bright-annealed wire

blank gewienert ugs <obfl> • immaculately cleaned

blankgezogen <metall> • bright-drawn

blankgezogener Draht m <prod> • bright-drawn wire; grease-drawn wire

Blankglühen n DIN 17014 <metall> • bright annealing

Blankglühmuffel f <metall> • bright-annealing muffle furnace; bright-annealing muffle

Blankglühofen m <metall> • bright-annealing furnace; scaling furnace

Blankkochen *n* <nahr> *(Zuckergewinnung)* • blank boiling
blanklegen *vt* <el> *(z. B. Draht, Kabel)* • strip [insulation] *vt*; bare *vt*
Blankloch *n* <msr> *(Leiterplatten)* • bare hole
blankschmelzen *vt* <prod> • found *vt*
Blankstahl *m* <mat> • bright steel
blankstoßen *vt* <led> • glaze *vt*
Blankziehen *n* <prod> *(Draht)* • bright drawing
Blasanlage *f prakt* <kst> • blow molding plant; blow molding equipment
Blasarbeit *f* <kunst> • blow job
Blasbitumen *n* <bau.mat> • blown asphalt *US*; blown bitumen *GB*
Blasdauer *f* <verf> *(z. B. LD-Tiegel)* • blowing period
Blasdruck *m* <verf> • blowing pressure
Blase *f* <tech.allg> *(z. B. Gas-, Luft-, Dampfblase)* • bubble
Blase *f* <med> • blister
Blase *f* <metall> • blow-hole
Blase *f* <obfl> *(zwischen Schicht und Substrat)* • blister
Blase *f* <pap> *(Fehler)* • bell
Blase *f* <verf> *(Destilliergefäß)* • boiler; reboiler; still pot
Blasebalg *m* <prod> • bellows
Blasebalgtasche *f* <bekl> • bellows pocket
Blasen *fpl* <verf> • bubbles *pl*
Blasen *n* <verf> *(z. B. Glas, Schlauchfolien, Stahl)* • blowing
blasen *vt* <allg> • blow *vt*
Blasenbaustein *m* <el> • bubble module
Blasen bilden *vi* <bau.obfl> *(Anstrich)* • blister *vt*
Blasen bilden *vi* <med> *(auf der Haut)* • vesicate *vi*
Blasen bilden *vi* <prod> *(in Flüssigkeiten)* • bubble *vi*
blasenbildende Wirbelschichtfeuerung *f rar* <ents> • bubbling [bed] FBC; dense-phase AFBC; fixed bed FBC
Blasenbildung *f* <druck> *(beim Offsetdruck)* • blistering
Blasenbildung *f* <kfz> *(blockiert Kraftstoffleitungen)* • vapor lock *US*; fuel vapor lock *US*; fuel vapour lock *GB*; vapour lock *GB*
Blasenbildung *f* <metall> • blistering
Blasenbildung *f* DIN EN ISO 8044 <obfl> *(an der Oberfläche fester Stoffe)* • blistering *ISO 8044, 4617*; formation of blisters
Blasenbildung *f* <verf> *(in Flüssigkeiten)* • formation of bubbles; bubble formation; bubbling
Blasenbildungsgeschwindigkeit *f* <verf> • formation velocity of bubbles
Blasenbildungspunkt *m* <chem.verf> • bubble point
blasende Bewetterung *f* <min.hlk> • blowing ventilation
Blasendruck *m* <tech.allg> • bubble pressure
Blasendruckmethode *f* <prod> • maximum bubble pressure method; bubble method
Blasenflüssigkeit *f* <chem.verf> *(Destillation)* • reboiler liquid
blasenfrei <kfz.mot> *(Kraftstoff)* • bubble-free; free of air bubbles
blasenfrei <mat> *(z. B. Gussteil)* • non-porous
blasenfrei <obfl> *(Anstrich, Lackierung)* • non-blistered
blasenfreier Stahl *m* <qualit.mat> • sound steel
Blasengärung *f* <chem.verf> • bubble fermentation
Blasengewebe *n* <textil> • blister fabric
Blasengröße *f* <tech.allg> • bubble size
Blasen im Konverter *n* <metall> • Bessemer blowing
Blasenkammer *f* <phys> • bubble chamber
Blasenkammerdetektor *m* <phys> • bubble-chamber detector
Blasenkammerflüssigkeit *f* <phys> • bubble-chamber liquid
Blasenkavitation *f* <hydr> • bubble cavitation
Blasenkorrosion *f* <chem> • tuberculation
Blasenkupfer *n* <mat> • blister copper

Blasen mit Bodenwind *n* <metall> • bottom blowing
Blasenprüfung *f* DIN EN 1330-8 <qualit.mat> *(Dichtheitsprüfung)* • bubble test
Blasenregelung *f* <nukl> • bubble control
Blasenspeicher *m* <edv> • magnetic bubble memory; bubble memory; magnetic bubble store; bubble store
Blasen-Speicherung *f* <edv> *(Aufzeichnungsverfahren)* • bubble-forming; bubble formation
Blasenstahl *m* <metall> • blister steel
Blasenstruktur *f* <mat> • bubble structure
Blasentechnik *f* <edv> *(Verfahren)* • bubble technology; bubble forming recording
Blasen- und Schaumbildung *f* <chem.verf> • foaming; foam formation
Blasen werfen *vi* <bau.obfl> *(Anstrich)* • blister *vt*
Blasen ziehen *vi* <bau.obfl> *(Anstrich)* • blister *vt*
Blaseperiode *f* <prod> *(allg.)* • blow period
Blaseperiode *f* <verf> *(Luft)* • air blow phase
Blasflügel *m* <tech.allg> *(Strömung)* • blow wing
Blasflügel *m* <aerospace> • jet flap
Blasfolie *f* <kst> • blown film; blown tubing
Blasform *f* <metall> *(Hochofen)* • tuyere
Blasform *f* <prod> *(Glas)* • blow die
Blasformanlage *f* <kst> • blow molding plant; blow molding equipment
Blasformen *n* <kst> • blow molding
Blasformen von Folienhalbzeug *n* <kst> • sheet blow molding
Blasformer *m* <kst> • blow molder
Blasformling *m rar* <kst> • blow molding
Blasformteil *n* <kst> • blow molding
blasgeformter Artikel *m* <kst> • blow-molded product; blow-molded article
blasgeformter Hohlkörper *m* <kst> • blow-molded product; blow-molded article
blasgeformtes Produkt *n* <kst> • blow-molded product; blow-molded article
blasig <mat> *(z. B. Gussteil)* • porous
blasig <obfl> *(z. B. Anstrich, Lack)* • blistered; blistery
blasig <qualit.mat> *(schlecht gegossen, geschwächt; z. B. Glas, Stahl)* • unsound
blasiger Stahl *m* <qualit.mat> • unsound steel
blasig werden *vi* <bau.obfl> *(Anstrich)* • blister *vt*
Blaskopf *m* <masch> *(Luftauslass, Ausströmer)* • outlet; deflector
Blaskopf *m* <metall> • blow head
Blaslanze *f* <metall> *(Sauerstofflanze; z. B. für LD-Verfahren)* • oxygen lance; lance
Blasloch *n* <verbr> • heating gate
Blasluftanlage *f* <energ.hydr> *(Druckluft)* • compressed air installation
Blasluftrahmen *m* <druck> • blower frame
Blaslunker *m* <metall> • blow-hole
Blasmagnet *m* <el> *(zum Lichtbogenlöschen)* • blowing magnet; arc deflector; magnetic blow-out
Blasmagnetfeld *n* <el> • blow-out magnetic field
Blasöl *n* <metall> *(Anblasöl)* • blowing oil; blown oil
Blasofen *m* <metall> • wind furnace
Blasphase *f* <prod> *(allg.)* • blow period
Blasrohr *n* <bahn> *(Ejektor bei Dampflokomotiven)* • exhaust pipe nozzle
Blasrohr *n* <verf> *(Gewebefilterreinigung)* • air nozzle pipe
blass <nahr> *(Wein)* • pale in color
blass <obfl> *(Farbe; z. B. Haut)* • pale; light
blass <phot> *(Lichter im Negativ)* • thin
blassfarbig <nahr> *(Wein)* • pale in color
blassgraue Gesichtsfarbe *f* <bio> • ashen gray complexion; ashen pallor of the face

Blasspendekopf *m* <pack> *(Etikettenapplikator)* • airblow dispensing head; air blow dispenser

Blasspule *f* <el> • blow-out coil

Blasstahlverfahren *n* <metall> • converter steel process

blass-zyanotische Gesichtsfarbe *f* <bio> • pale cyanotic complexion

Blastank *m* <verf> *(Papierprod.)* • blow tank; wash tank; blow pit

Blasverfahren *n* <metall> • pneumatic process

Blasverfahren *n* <verf> *(allg.; z. B. beim Blasformen)* • blowing process

Blasversatz *m* <min> • pneumatic stowing; pneumatic filling

Blasversatzmaschine *f* <min> • pneumatic stowing machine; pneumatic stower

Blaswandler *m* <el.mus> • breath controller

Blaswerkzeug *n* <kst> • blow mold

Blaswerkzeug *n* <silik> *(Glasblasen)* • blow mold; blowing mold

Blaswirkung *f* <verf> • blowing action

Blaswolle *f* <mat> • blowing wool

Blaszeit *f* <kst> *(Blasformen)* • blow time

Blaszone *f* <obfl> *(Station in der Lackierstraße)* • blower zone

Blatt *n* <allg> *(Pflanze, Papier, Feder, Tür)* • leaf

Blatt *n* <druck> *(bedruckte Seite)* • page

Blatt *n* prakt <energ.wind> • rotor blade; blade *pract*

Blatt *n* <led> *(Schuhfertigung)* • vamp

Blatt *n* <masch> *(Rotor; z. B. Schiffsschraube, Flugzeugpropeller, Hubschrauberrotor)* • blade

Blatt *n* <masch> *(schlank, schmal; z. B. Propeller, Turbine, Ventilator)* • vane

Blatt *n* <pap> *(Papier und Karton, ungefalzt; < A3)* • sheet

Blatt *n* <textil> • reed; sley; comb

Blattaluminium *n* <mat> • leaf aluminum *US*; leaf aluminium *GB*

Blattanschlag *m* <textil> • reed beat

Blattanstellwinkel *m* <energ.wind> *(Winkel zwischen Rotorblattprofilsehne und effektiver Windrichtung)* • angle of attack

Blatta orientalis *f* <bio/tour> • cockroach; blatta orientalis

Blattapplikation *f* <agri.chem> *(Schädlingsbekämpfung)* • leaf application; foliar application; foliage application

Blattaußenbereich *m* <energ.wind> *(Rotorblatt)* • leading edge

Blattauswurf *m* <druck> • paper output

Blattbeschnittbereich *m* <pap> • sheet trim area

Blattbildung *f* <pap> • sheet forming; sheet making

Blattbildungsanlage *f* <pap> • sheet former system

Blattbildungsgerät *n* <pap> • sheet-making apparatus

Blattbildungsteil *m* <pap> • sheet forming section

Blattbinden *n* <textil> • reed binding

Blattbreite *f* <aerospace> • blade width

Blattbreite *f* <textil> • reed space

Blattchlorose *f* <agri> • leaf chlorosis

Blattdiagnose *f* <agri> • foliar diagnosis

Blattdicke *f* <pap> • thickness per sheet

Blattdünger *m* <agri.chem> • foliar fertilizer

Blattdüngung *f* <agri.chem> • foliar dressing

Blattebene *f* <pap> • sheet plane

Blattebene-Rissbildungsmodus *m* <pap> • in-plane cracking mode

Blatteinsatz *m* <led> *(in Schuh)* • apron

Blatteinstellwinkel *m* IEV 415 <energ.wind> • pitch angle *IEV 415*; rotor blade pitch angle *form*; blade pitch angle; blade pitch *pract*; blade angle *pract*

Blatt einziehen <textil> *(Einbringen der Kettfäden in das Webblatt)* • reed *vt*; sley *vt*; bob the reed; enter the reed

Blatteinziehmaschine *f* <textil> • denting machine

Blatteinzug *m* <textil> *(Einbringen der Kettfäden in das Webblatt)* • reeding; sleying

Blatteinzugfehler *m* <qualit> • wrong denting

Blattelektroskop *n* <opt> • leaf electroscope

Blatter *f* <silik.qualit> *(Fehler)* • blister

Blattfall *m* <agri> • leaf fall

Blattfaser *f* <bio> • leaf fiber

Blattfeder *f* <fz> • leaf spring; semi-elliptic [leaf] spring; half-elliptic spring; flat spring; cart spring *coll*

Blattfederaufnahme *f* <fz> *(Blattfeder)* • spring hanger; spring bracket; spring mounting

Blattfederelement *n* <masch> • spring leaf

Blattfederhammer *m* <wz.masch> • spring hammer

Blattfedern hinten *fpl* <kfz> *(z. B. bei der Corvette Z06)* • rear leaf springs

Blattfederventil *n* <rls> • laminated spring valve

Blattfeuchtigkeit *f* <pap> • sheet moisture

Blattfilm *m* <phot> • sheet film; cut film; flat film *rare*

Blattfilter *n* <verf> • leaf filter

Blattfläche *f* <masch> *(Gesamtfläche der Rotorblätter; z. B. Windkraftanlage, Propeller)* • blade area

Blattflächendichte *f* <energ.wind> • solidity; blade solidity; solidity ratio

Blattflächenindex *m* <agri> • leaf area index

Blattfliegereinrichtung *f* <textil> • loose-reed mechanism

Blattförderschnecke *f* <förd> • leaf auger

blattförmiges Material *n* <mat> • sheet material

Blattformer *m* <pap> • sheet former

Blattformermaschine *f* <silik> • bat-making machine

Blattformersieb *n* <pap> • grid plate

Blattfresser *mpl* <agri> • defoliator; foliage feeders *pl*

Blattfries *n* <bau> *(z. B. Korinthisches Kapitell)* • foliated frieze

Blattfungizid *n* <agri.chem> • foliar fungicide

Blattfutter *n* <led> *(Schuh)* • vamp lining; inside vamp

Blattgemüse *n* <agri.nahr> • leafy green vegetables *pl*; greens *pl*

Blattgemüsewaschanlage *f* <agri> • leafy-greens washer

Blattgewebe *n* <bio> • leaf tissue

Blattgold *n* <mat> *(echtes Gold)* • leaf gold; gold leaf

Blattgold *n* <mat> *(unecht)* • gilding metal

Blattgoldfirnis *m* <obfl> • gold-leaf printing varnish; gold size

Blattgoldschlagen *n* <prod> • leaf-gold hammering

Blattgröße *f* <pap> • sheet size

Blattgrün *n* ugs <bio> • chlorophyll; leaf green *coll*

Blatthalter *m* <wz> *(Säge)* • blade holder

Blattherbizid *n* <agri.chem> • foliar-acting herbicide; foliar-applied herbicide

Blattherstellung *f* <pap> • sheeting process

Blatthinterkante *f* <energ.wind> *(Rotorblatt)* • trailing edge

Blatthöhe *f* <textil> • reed depth

Blattinnenbereich *m* <energ.wind> *(Rotorblatt)* • trailing edge

Blattklappkorn *n* <mil> • folding front sight; folding leaf sight

Blattkonsistenz *f* <pap> • sheet consistency

Blattkrone *f* <agri> • leaf crown

Blattlänge *f* <druck> • page length

Blattlänge *f* <energ.wind> *(Rotor)* • span

Blattlängeneinstellung *f* <druck> • page length setting

Blattlager *n* <mech> *(an Rotornabe)* • blade bearing

Blattlaus *f* <agri> • aphid

Blattleser *m* <edv> • page reader

Blattmarkierung *f* <textil> *(Gewebefehler)* • reediness; reed marking

Blattmeißel m <min/petr> • spudding bit; scraper bit; drag bit

Blattmetall n <mat> • leaf metal; metal leaf

Blattnaht f <led> • front seam

Blattnase f <energ.wind> (Rotorblatt) • leading edge

Blattnekrose f <agri> • leaf necrosis

Blattnumerierung f <textil> • reed counting

Blattoberfläche f <bio> • leaf surface

Blattprofil n <energ.wind> • airfoil US; aerofoil GB; airfoil section US; blade section

Blattrand m <agri> • leaf margin

Blattrand m <druck> • margin

Blattrichtungsorientierung f <pap> • sheet directionality

Blatt-Rohdichte f <pap> • apparent sheet density

Blattrücken m <aerospace> (Propeller) • blade back

Blattrücken m <wz> (Säge) • back

Blattrührer m <verf> • leaf agitator

Blattrührwerk n <verf> • paddle-type agitator; paddle agitator; paddle-type stirrer; paddle stirrer

Blattscheibe f <silik> • bat-making machine

Blattschraube f DIN ISO 1891 <füg> • flat leaf screw

Blattsehne f <energ.wind> (Rotor) • chord line

Blattspitze f <bio> • leaf tip

Blattspitze f <masch> (Rotor; z. B. Propeller, Windkraftanlage) • blade tip

Blattspitzengeschwindigkeit f <masch> (eines Rotors; z. B. Propeller, Windkraftanlage) • tip speed; blade tip speed

Blattspitzenumlaufgeschwindigkeit f <masch> (eines Rotors; z. B. Propeller, Windkraftanlage) • tip speed; blade tip speed

Blattstab m <textil> • reed blade

Blattstadium n <agri> • leaf stage

Blattstanze f <pap> • sheet punch

Blatt stechen <textil> (Einbringen der Kettfäden in das Webblatt) • reed vt; sley vt; bob the reed; enter the reed

Blattstechen n <textil> (Einbringen der Kettfäden in das Webblatt) • reeding; sleying

Blattstecher m <textil> • reed hook

Blattstechmaschine f <textil> • denting machine

Blattstiel m <bio> • leafstalk; petiole

Blattstreifen m <textil> (Gewebefehler) • reed mark

blattstreifig <textil> • reedy

Blatttiefe f <masch> (Rotorblatt) • chord

Blatttragfeder f rare <fz> • leaf spring; semi-elliptic [leaf] spring; half-elliptic spring; flat leaf spring; cart spring coll

Blatt-Trockenheit f <pap> • sheet dryness

Blatttrockner m <pap> • sheet dryer

Blattverbrennungen fpl <agri> (durch Pflanzenschutzmittel) • foliage burn

Blattvergoldung f <obfl> • gold blocking

Blattverschiebung f <geo> • horizontal displacement; strike-slip fault

Blattverstellantrieb m <masch> • pitch drive

Blattverstellmechanismus m <masch> (eines Rotors, Propellers) • pitch mechanism

Blattverstellung f <energ.wind> • pitch control

Blattverwindung f <energ> (Windenergie) • twist; blade twist

Blattvorschub m <druck> • page feed

Blattwinkelregelung f <energ.wind> • pitch control

Blattwinkelverstellung f <energ.wind> • pitch control

Blattwurzel f <masch> (Rotor) • blade root

Blattzahl f <masch> (Rotor, Propeller) • blade number

Blattzellstoff m <pap> • sheeted pulp; sheet pulp

Blattzuführung f <druck> (z. B. Druckmaschine, Kopierer) • sheet feeding

blau anlassen vt <metall> • blue-finish vt

Blauausblendung f <büro> (Kopiererfunktion) • blue erase

Blaubeimischer m <av> • blue adder

Blaublech n <mat> • blue steel plate

Blaubrenne f <obfl> (Galvanotechnik) • blue dip

Blaubruchgebiet n <metall> • blue-brittle range

blaubrüchig <metall.qualit> • blue-brittle; blue-short

Blaubrüchigkeit f <metall.qualit> • blue brittleness; blue shortness

Blaudifferenzsignal n (B-Y) <av> • blue color difference signal; blue-minus-luminance color difference signal; B-Y signal pract

blauempfindlich <phot> • blue-sensitive; blue sensitive

Blauer Engel m <ents> (Umweltzeichen) • German Blue Angel [ecology mark]; Blue Angel [ecology mark]

Blaufäule f <holz> • blue stain

Blaufilter m <opt> • blue filter

Blaugel n <verf> • silica-gel desiccant

Blauglas n <silik> • blue glass

Blauglühen n <metall> • blue annealing; open annealing

Blaupause f <doku> (techn. Zeichnung) • blueprint; cyanotype

Blaupause f <doku> • diazo print; diazo copy; print

blaupausen vt <doku> • blueprint vt

Blaupauspapier n <doku.pap> • blueprint paper

Blaupauspapier n <pap> • ferroprussiate paper

Blaurauch m <kfz.mot> • blue smoke

Blausäure f (HCN) <chem> • hydrocyanic acid (HCN); hydrogen cyanide

Blauschimmel-Weichkäse m <nahr> (z. B. Gorgonzola) • soft blue cheese

Blauschönung f <nahr> • blue fining

Blausignal-Luminanzsignal n (U) <av> • luminance-minus-red signal (U)

Blauskala f DIN 54003 <obfl> • blue-scale

Blaustich m <phot> • blue cast; blue tinge; tinge of blue

blaustichig <phot> • blue-tinged

Blausucht f <med> (bläuliche Verfärbung von Haut und Schleimhäuten) • cyanosis

Blauverschiebung f <astron> • blue shift

blauviolett <kunst> • delta violet

Blauwärme f <metall> • blue heat range; blue heat

Blaze m <opt> • blaze

Blaze-Gitter n <opt> • blazed grating

Blaze-Winkel m <opt> • blaze angle

Blech n <metall> (allg. dünngewalztes Metall; z. B. aus Stahl, Alu, Messing, Kupfer) • sheet metal; sheet

Blech n <metall> (ein bestimmtes Blechteil, -stück) • metal sheet

Blech n <metall> (Mittel-, Grobblech; als Tafel, nicht als Coil geliefert) • plate

Blech n prakt.ugs <metall> (Feinblech und Mittelblech aus Stahl; wickelbar auf Coils) • steel sheet; sheet steel pract; tin coll

Blechabkanten n <prod> • sheet-metal folding; sheet folding; plate folding

Blechanisotropie f <mat> • anisotropy in sheet metal

Blechanstechbohrer m <wz> • fly cutter for holes in thin metal

Blecharbeiten fpl <kfz.rep> (allg.) • panel work

Blech aus mehreren Einzelblechen unterschiedlicher Merkmale n did <prod> • tailored blank

Blechausschneidbohrer m <wz> • sheet-metal hole cutter; hole cutter pract

Blechausschnitt m <prod> • sheet metal blank

Blechbeilage f <masch> • shim

Blechbiegemaschine f <wz.masch> • sheet-metal bending machine; sheet bending machine; plate bending machine

Blechbiegen n <prod> • sheet bending; plate bending
Blechbiegewalze f <wz.masch> • plate bending roll; plate bending rolls
Blechbördelmaschine f <wz.masch> • sheet bordering machine; plate flanging machine
Blechbördel- und -biegepresse f <wz.masch> • plate flanging and bending press
Blechbohrer m <wz> • sheet drill
Blechdickenmesser m <msr> • sheet-metal gauge; sheet thickness-measuring gauge; sheet gauge pract; plate gauge pract
Blechdoppler m <metall> • plate doubling machine; plate doubler; sheet doubler
Blechdruck m <druck> • metal decorating; tin-printing
Blechdruckmaschine n <druck> • tin printing press
Blechdrücken n <prod> • sheet-metal spinning
Blechduo n <metall> • two-high plate mill
Blechemail n prakt <obfl> • sheet steel frit; sheet steel enamel; porcelain enamel for sheet steel; vitreous enamel for sheet steel
blechen vt <el.prod> (z. B. Trafokern, Anker eines Elektromotors) • laminate vt
Blechfalte f <kfz> (Karosserieschaden) • crease
Blechfalzmaschine f <wz.masch> • seaming machine
Blechflicken m <rep> • sheet-metal patch
Blechfundament n <masch> • sheet-iron foundation
Blechgehäuse n <tech.allg> • sheet-metal case
blechgekapselt <tech.allg> • sheet-metal-enclosed
Blechgewinde n rar <füg> • tapping-screw thread (ST) ISO 1478; spaced thread
Blechglühofen m <metall> • plate heating furnace
Blech-Gripzange f <wz> (Kfz-Spengler) • sheet metal clamp
Blechhaltedruck m <pack> • blankholder pressure; hold-down pressure
Blechhalter m <pack> (Cupper) • blankholder
Blechhalter m <prod> (Presse) • hold-down device; blank hold-down; blank holder; hold-down
Blechhalterdruck m <pack> • blankholder pressure; hold-down pressure
Blechhandschere f <wz> • snips
Blechhobelmaschine f <wz.masch> • plate planing machine; plate planer
Blechhülse f <masch> • sheet-metal tube
Blechkantenhobelmaschine f <wz.masch> • plate-edge planing machine; plate-edge planer
Blechkantennachformen n <wz.masch> • plate-edge profiling
Blechkantenvorbereitung f <füg> (zum Schweißen) • plate-edge preparation
Blechkastenträger m <bau> • box plate girder
Blechkern m <el> (z. B. Trafo, Anker eines Elektromotors) • laminated core; sheet pack; sheet packet
Blech-Klemmzange f rar <wz> (Kfz-Reparatur) • sheet metal tool; bending tool AE.form; sheet metal clamp GB; self-grip sheet metal clamp GB
Blechknabber m <kfz.wz> • nibbler; sheet metal cutter form.rare; Monodox-type cutter
Blechkörper des Ständers m <el> (Generator) • stator core
Blechlasche f <masch> (kleine Zunge, Fortsatz; z. B. an Blechen) • tab
Blechlehre f <wz> • sheet-metal gauge; sheet gauge; plate gauge
Blechlupfer m ugs <prod> • sheet floater
Blechmantel m <el> (Kabel) • metal armoring US; metal sheath; metal armour GB
Blech mit unterschiedlicher Blechdickenabstufung n <prod> (Tailored Blank) • panel with varying thickness

Blechmutter f <füg> • speed nut; single-thread nut; single-thread engaging nut rare
Blechpaket n <el> (z. B. Trafo, Anker eines Elektromotors) • laminated core; sheet pack; sheet packet
Blechpaketbohren n <prod> • packet drilling
Blechrahmen m <bahn> • plate frame
Blechrahmen m ugs <fz> (Fahrrad; typ. aus Stahlblech) • panel frame :V
Blechrichten n <prod> • sheet-metal straightening; sheet straightening; plate straightening; plate levelling
Blechrichtmaschine f <wz.masch> • sheet-metal straightening machine; sheet straightening machine; plate straightening machine; plate levelling machine
Blechrichtwalze f <wz.masch> • plate straightening roller
Blechrolle f did <metall> • coil
Blechronde f <prod> (z. B. zum Tiefziehen, Napfziehen) • circular metal-sheet blank; circular blank
Blechrundbiegemaschine f <wz.masch> • sheet-metal bending roll; sheet-metal bending rolls
Blechrundung f <kfz> (gerine Wölbung) • crown
Blechschablone f <prod> • sheet-metal template
Blechschere f <wz> (kleines Handwerkzeug) • snips pl; tinmen's shears pl GB.form; tinners' snips pl; metal snips pl; metal shears pl US
Blechschere f <wz> (für dicke Bleche, stationär) • plate shears
Blechschere mit Übersetzung f form <wz> (mit zusätzlicher Hebelübersetzung für höhere Schneidkraft) • compound leverage snips US; cantilever action shears GB
Blechschneidgewinde n rar <füg> • tapping-screw thread (ST) ISO 1478; spaced thread
Blechschraube f DIN 7961 <füg> (sehr spitz; sehr grobes Gewinde; verschiedene Kopfarten) • sheet metal screw ISO 1891; tapping screw; self-tapping screw
Blechschraubengewinde n (Bg) DIN EN ISO 1478 <füg> • tapping-screw thread (ST) ISO 1478; spaced thread
Blechschraubenspitze f DIN ISO 1891 <füg> • tapping screw type AB point; end for self-tapping screw
Blechschraubenzapfen m <füg> • tapping screw type B point; end for self-tapping screw
Blechschrott m <ents> • sheet scrap; plate scrap
blechstärkenreduziert <mat> (z. B. Stahl; z. B. zur Gewichtseinsparung) • reduced-gauge sheet
Blechstanzpresse f <wz.masch> • sheet stamping press
Blechstapel m <prod> (Blechrohlinge für Presswerk) • stack of blanks; pile of blanks
Blechstreifen m <mat> • sheet-metal strip
Blechtafelschere f <wz.masch> • plate shears; plate shear; guillotine shear; guillotine shears; plate shearing machine
Blechträger m <bau> • plate girder
Blechumformung f <prod> • sheet-metal forming; plate forming
Blechung f <el> (von Kernen, Ankern) • core lamination
Blechung f <prod> • lamination
Blechversteifung f <tech.allg> (z. B. Fahrzeug, Maschinengestell) • sheet-metal stiffener
Blechwalzen n <metall> (Tafeln) • plate rolling
Blechwalzen n <metall> (wickelbare Bleche; bis ca. 30 mm) • sheet rolling
Blechwalzwerk n <metall> (Tafeln) • plate rolling mill; plate mill
Blechwalzwerk n <metall> • sheet metal rolling mill; sheet rolling mill; sheet mill pract
Blechzuschnitt m <metall> • metal-sheet blank; sheet blank
Blei n (Pb) DIN 1719 <chem.mat> • lead (Pb) [led]; plumbum metallicum

Bleiabguss *m* <prod> • lead cast
Bleiablagerung *f* <mil> *(im Lauf)* • lead fouling
Bleiabschirmung *f* <nukl> • lead shielding
Bleiabstrich *m* <metall> • lead scum
Bleiacetat *n* wiss <chem> *(giftig)* • sugar of lead; acetic acid lead salt; lead acetate; salt of saturn
Bleiacetatpapier *n* <pap> • lead-acetate paper
Bleiakkumulator *m* <el> *(z. B. als Starterbatterie in Kfz; ca. 35 Wh/kg)* • lead-acid battery; lead-acid storage battery
Bleialter *n* <geo> • lead age
Bleianode *f* <el> • lead anode
Bleiasche *f* <metall> • lead ashes; lead dross
Bleiauskleidung *f* <prod> *(Vorgang und Ergebnis)* • lead lining
Bleiazid *n* <spreng> *(Initialsprengstoff)* • lead azide
Bleibad *n* <metall> • lead bath
Bleibadhärtung *f* <metall> • lead-bath quenching
Bleibadpatentierung *f* <metall> • lead-bath patenting
Bleibatterie *f* <el> *(z. B. als Starterbatterie in Kfz; ca. 35 Wh/kg)* • lead-acid battery; lead-acid storage battery
Bleibaum *m* <chem> • lead tree
bleiben *vi* <allg> • remain *vi*; stay *vi*
bleiben *vi* <tech.allg> *(z. B. Verformung)* • be permanent *vi*
bleibend <mech> *(Verformung)* • permanent
bleibende Änderung *f* <doku> • permanent change
bleibende Dehnung *f* <mat> • permanent strain
bleibende Formänderung *f* <mat> • irreversible deformation; permanent deformation
bleibende Härte *f* <qualit.mat> • permanent hardness; non-carbonate hardness
bleibende Längenänderung *f* <qualit.mat> *(Zugversuch)* • permanent linear deformation
bleibende Regelabweichung *f* <msr> • steady-state deviation; steady-state offset; sustained deviation; steady-state error
bleibender Magnetismus *m* <phys> • remanent magnetism; residual magnetism
bleibende Setzung *f* <bau> • permanent settlement
bleibende Sollwertabweichung *f* <qualit> • steady-state error
bleibende Spannung *f* <el> • remanent voltage
bleibende Spannung *f* <mech> *(z. B. nach Schweißen, Wärmebehandlung)* • internal stress; self-contained stress; residual stress
bleibende Verformung *f* <qualit.mat> *(betont: zurückbleibend, permanent)* • plastic deformation; residual deformation
bleiben Sie bitte am Apparat <tele> • hold the line, please
bleiben Sie bitte in der Leitung <tele> • hold the line, please
Bleibenzin *n* ugs <chem.petr> *(für alte Ottomotoren ohne Katalysator)* • leaded gasoline *US*; leaded petrol *GB*; leaded fuel; ethylized fuel *rare*
Bleiblech *n* <mat> • lead sheet; sheet lead
Bleiblockprobe *f* <spreng> *(Sprengstoffprüfung)* • Trauzl lead-block test; lead-block expansion test; Trauzl test
Bleibronze *f* <mat> *(z. B. für Gleitlager)* • leaded bronze; lead bronze
Bleibüchse *f* <masch> • lead bushing
bleich <obfl> *(Farbe; z. B. Haut)* • pale; light
Bleichanlage *f* <pap> *(für Zellstoff)* • pulp-bleaching plant
Bleichanlage *f* <textil> • bleaching plant; bleachery
Bleichartikel *mpl* <textil> • bleached goods
Bleichbad *n* <phot> • bleaching bath; bleach; bleacher
Bleichbottich *m* <verf> • bleaching vat; bleaching chest

Bleichchemikalie *f* rar <chem> *(z. B. für Holz, Papier, Textilien)* • bleaching agent; bleach *pract*; bleaching chemical *rare*; decolorizing agent *rare*
Bleiche *f* prakt <chem> *(z. B. für Holz, Papier, Textilien)* • bleaching agent; bleach *pract*; bleaching chemical *rare*; decolorizing agent *rare*
bleichecht <qualit.mat> *(z. B. Farbe)* • resistant to bleaching; fast to bleaching; bleach-fast *pract*
Bleichechtheit *f* <qualit.mat> • bleaching fastness; bleach fastness
Bleichen *n* <chem.verf> *(allg.; z. B. von Zellstoff, Textilien, Holz)* • bleaching
bleichen *vt* <chem.verf> *(allg.)* • bleach *vt*
bleichen *vt* <pap> *(weiß machen)* • whiten *vt*; brighten *vt*
Bleichen im Strang *n* <textil> • rope bleaching
Bleicherde *f* <chem> • decolorizing earth; bleaching earth; bleaching clay
Bleicherdebehandlung *f* <chem.verf> • clay treatment; clay treating
Bleicherdebehandlung nach dem Kontaktverfahren *f* <chem.verf> • clay contacting
Bleicherdeboden *m* <geo> • podzolic soil; podzol soil; podzol
Bleicherdekatalysator *m* <chem> • clay catalyst
Bleicherdekontakt *m* prakt <chem> • clay catalyst
Bleicherdevorratsbehälter *m* <verf> • clay bin
Bleichfixierbad *n* <phot> • bleach fixing bath
Bleichflotte *f* <chem> • bleaching liquid; bleaching solution; bleaching bath; bleaching lye
Bleichgrube *f* <textil> • bleaching pit
Bleichholländer *m* <pap> • bleaching potcher
Bleichkalk *m* <chem> • bleaching lime; chlorinated lime
Bleichkufe *f* <verf> • bleaching vat
Bleichlauge *f* <chem.verf> • bleaching lye; bleaching liquor; bleaching liquid
Bleichmittel *n* <chem> *(z. B. für Holz, Papier, Textilien)* • bleaching agent; bleach *pract*; bleaching chemical *rare*; decolorizing agent *rare*
Bleichmittelsättiger *m* <textil> • bleaching-agent saturator
Bleichmoostorf *m* <verbr> • moss peat
Bleichpulver *n* <chem> • bleaching powder
Bleichromat *n* <chem> • lead chromate
Bleichsoda *f* <chem> • bleaching soda
Bleichstabilisator *m* <textil> • bleaching stabilizer
Bleichturm *m* <verf> • bleaching tower
Bleichverhältnis *n* <pap> • bleach ratio
Bleidiacetat *n* wiss <chem> *(giftig)* • sugar of lead; acetic acid lead salt; lead acetate; salt of saturn
Bleidichtung *f* <masch> • lead packing; lead joint
Bleidruckgusslegierung *f* <mat> • lead-base die-casting alloy
Bleidruckplatte *f* <druck> • lead plate
Bleiempfindlichkeit *f* <med> • lead susceptibility; lead response
bleifarbig <nahr> *(Wein)* • leaden appearance; lead-colored
Bleifolie *f* <mat> • lead foil
bleifrei <chem.petr> *(Kraftstoff)* • unleaded *US*; lead-free *GB*; non-leaded; nonleaded; non-lead
bleifrei <mat> *(allg.)* • lead-free
bleifreier Kraftstoff *m* <chem.petr> • unleaded fuel
bleifreies Benzin *n* ugs <chem.petr> *(Benzinsorte, MOZ $\geq$ 82,5 und ROZ $\geq$ 91)* • regular unleaded *US*; unleaded *GB.on gas pumps*; unleaded premium *GB.BS7070*; regular *US*
bleifreies Löten *n* <füg> • leadfree soldering
bleifreies Lot *n* <füg> • leadfree solder
Bleifrei (Normal) *n* prakt <chem.petr> *(Benzinsorte, MOZ $\geq$ 82,5 und ROZ $\geq$ 91)* • regular unleaded *US*;

unleaded *GB.on gas pumps*; unleaded premium
GB.BS7070; regular *US*
Bleigehalt *m* <tech.allg> • lead content
Bleigewicht *n prakt* <kfz> *(an Felgen)* • balance weight;
balancing weight; lead weight *pract*; weight *pract*
Bleigitter *n* <kfz.el> *(allg. und bei wartungsfreien Batterien)* • grid; plate grid
Bleiglätte *f* <min> • litharge; massicot
Bleiglanz *m* <min> • lead glance; galena
Bleiglas *n* <silik> • lead glass; lead silicate
Bleiglasur *f* <obfl> • lead glazing; lead glaze
Bleiglasziegel *m* <bau.mat> • lead-glass brick
Bleigleichwert *m* <nukl> • lead equivalent
Bleigummischürze *f* <nukl.med> *(Schutz gegen Röntgenstrahlen)* • lead-rubber apron; body apron; lead
apron
bleihaltig <tech.allg> *(z. B. Benzin)* • leaded
bleihaltig <mat> *(allg.)* • lead-containing
bleihaltige Legierung *f* <mat> *(z. B. als Lot)* • lead alloy
bleihaltiges Bodenzink *n* <metall> • leady spelter
Bleihütte *f* <metall> • lead smelting plant
Blei(II,IV)-Oxid *n wiss* <chem> *(als Korrosionsschutzmittel verwendet)* • red lead; lead tetroxide *thsc*; red lead
oxide; minium
Bleikabel *n* <el> • lead-covered cable; lead cable
Bleikammerkristalle *mpl* <chem> • chamber crystals
Bleikammerverfahren *n* <chem.verf> *(Schwefelsäuregewinnung)* • lead-chamber process; chamber process
Bleikappe *f* <mil> *(Mine)* • lead horn
Bleikappenmine *f* <mil> • electrochemical mine; horn
mine
Bleikern *m* <mil> *(Munition)* • slug
Bleikrätze *f* <metall> • lead ashes; lead dross
Bleikristallbehang *m* <licht> *(Lüster)* • lead crystal
drapes
Bleikristallglas *n* <silik> • lead crystal glass
Bleilagermetall *n* <mat> • lead-base bearing metal
Bleilegierung *f* <mat> *(z. B. als Lot)* • lead alloy
Bleilinie *f* <druck> • lead rule
Bleilot *n* <bau> *(zum Loten)* • plumb bob
Bleilot *n* <füg> *(zum Löten)* • lead solder
Bleimantel *m* <el> *(Kabel)* • lead sheath; lead sheathing;
lead jacket
Bleimantelkabel *n* <el> • lead-sheathed cable; lead-covered cable; lead cable
Bleimantelverbinder *m* <el> • bonding strip
Bleimantelvulkanisation *f* <kst> *(Gummi)* • lead press
technique; lead press cure
Bleimassel *f* <metall> • lead pig
Bleimatrize *f* <prod> • lead matrix
Bleimennige *f* <chem> *(als Korrosionsschutzmittel verwendet)* • red lead; lead tetroxide *thsc*; red lead oxide;
minium
Bleimine *f* <wz> *(zum Schreiben; allg. z. B. aus Graphit,
enthält kein Blei)* • pencil lead
Bleimuffe *f* <rls> *(für Bleirohr)* • lead sleeve
Bleioriginal *n* <doku> *(Technisches Zeichnen)* • original
pencilled drawing
Bleipatentieren *n* <obfl> • lead patenting
Bleiplombe *f* <pack> • lead seal
Bleipulpete *f* <mus> *(Orgel)* • lead disc; lead collar
Bleiraffination *f* <metall> • lead refining
Bleirohr *n* <rls> *(z. B. für Trinkwasserleitungen)* • lead
pipe
Blei-Säure-Akkumulator *m rar* <el> *(z. B. als Starterbatterie in Kfz; ca. 35 Wh/kg)* • lead-acid battery; lead-acid storage battery
Bleischaum *m* <metall> • lead ashes; lead dross
Bleischeibe *f* <mus> *(Orgel)* • lead disc; lead collar

Bleischlamm *m* <el> *(in Bleiakku, Starterbatterie)* • lead
deposit; lead sludge
Bleischnitt *m* <prod> • lead engraving
Bleischürze *f* <nukl.bekl> • leaded apron
Bleischutz *m* <tech.allg> *(z. B. als Strahlenschutz)* • lead
protection
Bleischutzglas *n* <nukl> *(Strahlenschutz)* • protective
lead glass
Bleispiegel *m* <metall> • specular galena
Bleisprosse *f* <bau> *(Fenster)* • came
Bleisteg *m* <druck> • lead furniture
Bleistein *m* <mat> • leady matte; lead matte
Bleistereo *n* <druck> • lead stereo
Bleistiftfüller *m* <nahr.prod> *(Speiseeis)* • pencil filler
Hoyer
Bleistift-Füllmaschine *f Hoyer* <nahr.prod> *(Speiseeis)*
• pencil filler *Hoyer*
Bleistiftmine *f* <wz> • pencil lead
Bleistiftröhre *f* <el> • pencil tube; pencil valve
Bleistiftspitzmaschine *f* <büro.wz> • pencil sharpener
Bleistiftzeichnung *f* <doku> • penciled drawing; pencil
drawing
Bleisulfidsüßen *n* <petr> • lead-sulfide treating; lead-sulfide sweetening
Bleisulfidzelle *f* <el> *(Photoelement)* • lead-sulfide cell
Bleitetraäthyl *n obs* <chem> *(Antiklopfmittel im Benzin;
weitgehend verboten)* • tetraethyl lead (TEL)
Bleitetraethyl *n* <chem> *(Antiklopfmittel im Benzin; weitgehend verboten)* • tetraethyl lead (TEL)
Bleitetramethyl *n* <chem> • tetramethyl lead (TML)
Bleiüberzug *m* <obfl> • lead coating
bleiummantelt <prod> *(z. B. Kabel)* • lead-sheathed;
lead-jacketed
Bleivergiftung *f* <med> • lead poisoning; plumbism; saturnism
Bleiwalzwerk *n* <metall> • lead rolling mill; lead mill
bleiweiß *DIN 55 914* <kunst> • white lead; lead white;
céruse
Bleiweiß *n* <obfl> • white lead; basic carbonate white lead;
ceruse
Blei-Zinn-Weichlot *n* <füg> • lead-tin solder; wiper solder
Blei-Zirkonat-Titanat-Faser *f did* <mat> • PZT fiber
Bleizucker *m* <chem> *(giftig)* • sugar of lead; acetic acid
lead salt; lead acetate; salt of saturn
Blendarkade *f* <bau> • blind arcade
Blendarkade mit rundbogigen Muldennischen *f*
<bau> • blind arcade with vaulted niches
Blendbogen *m* <bau> • blind arch
Blende *f* <av> *(Fernsehen)* • wipe; scene transition
Blende *f* <kino> *(verschlussartig)* • shutter
Blende *f* <licht> *(Sonnenschutz, zum Abschatten)* • shade
Blende *f* <logist> *(z. B. an Regal, unten)* • base plate *US*;
plinth *GB*
Blende *f* <masch> *(zum Verdecken unattraktiver Technikteile; z. B. über Hebelgelenk)* • hider
Blende *f* <opt.el> *(LWL)* • matching diaphragm
Blende *f* <phot> *(von der Hardware freigegebene Öffnung;
z. B. von Objektiv)* • aperture
Blende *f* <phot> *(auf Blendenring angegebene Zahl)*
• f-stop; f-number; f/stop; f/number; focal ratio *rare*
Blende *f prakt* <rls> *(z. B. zur Durchflussmessung)* • orifice
plate; orifice *pract*
Blende *f* <opt> *(Hardware; Lamellen)* • diaphragm
blenden *vi* <licht> • glare *vi*
blenden *vt* <allg> *(durch grelles Gegenlicht)* • dazzle *vt*
blenden *vt* <petr> *(mischen; Erdöl)* • blend *vt*
Blendenaufnahme *f* <med.tech> *(Bucky)* • Bucky exposure; Bucky radiograph
Blendenaufnahmetisch *m* <med.tech> • Bucky table

Blendenautomatik f <phot> (Belichtungsautomatik)
• shutter priority
Blendenbild n <opt> • stop image
blendendes Licht n <licht> • dazzle light; glare
Blendendurchflussmengenmesser m form <rls.msr>
• orifice plate flowmeter
Blendeneinschub m <licht.theat> • gate runner; gate slot
coll
Blendeneinstellring m <phot> • aperture ring; diaphragm
setting ring rare
Blendeneinstellung f <av> • aperture control; aperture
adjustment; aperture setting; iris control Sony
Blendenelektrode f <el> • diaphragm electrode
Blendenflügel m <phot> (Irisblende) • diaphragm leave;
blade
Blendenlamelle f <phot> (Irisblende) • diaphragm leave;
blade
Blendenmaske f <licht> • aperture mask
Blendenmischer m <msr> • orifice mixer
Blendenöffnung f <licht.theat> (von Scheinwerferblende)
• gate
Blendenöffnung f <phot> (von der Hardware freigege-
bene Öffnung; z. B. von Objektiv) • aperture
Blendenprisma n <phot> • aperture information prism
Blendenrad n <emiss.msr> (NDIR-Gasanalysegerät)
• chopper
Blendenrechner m <phot> • calculator dial
Blendenregulierung f <av> • aperture control; aperture
adjustment; aperture setting; iris control Sony
Blendenring m <phot.av> • aperture ring; aperture control
ring; aperture setting ring
Blendenrotor m rar <kfz.el> (des Induktionsgebers im
Zündverteiler) • trigger wheel; reluctor Chrysler.Lucas;
armature Ford; timer core; rotating pole piece rare
Blendenschieber m <licht.theat> • beam shaping shutter
form; shutter coll
Blendenschieberebene f <licht.theat> • gate area
Blendensimulator m <phot> • aperture signal lever
Blendenskala f <phot> • aperture scale
Blendenskale f rare <phot> • aperture scale
Blendensteuerung f <av> • aperture control; aperture
adjustment; aperture setting; iris control Sony
Blendenverschluss m <phot> • aperture shutter; shutter
Blenden-Verschlusszeit-Kombination f <phot> • ex-
posure combination; shutter speed/f-stop combination
Blendenwert m <phot> (auf Blendenring angegebene
Zahl) • f-stop; f-number; f/stop; f/number; focal ratio rare
Blendenzahl f <phot> (auf Blendenring angegebene Zahl)
• f-stop; f-number; f/stop; f/number; focal ratio rare
Blende öffnen vt <phot> • open the diaphragm vt;
increase the aperture vt; open up the aperture vt
blendfrei <licht> (z. B. Beleuchtung, Autoscheinwerfer)
• non-dazzling; dazzle-free; antiglare; non-glare
blendfrei <obfl> (z. B. Rückspiegel) • anti-glare; non-glare
Blendlicht n <licht> • dazzle light; glare
Blendrahmen m DIN <bau> (Fenster, Tür; sichtbar, nicht
durch Abdeckrahmen überdeckt) • frame
Blendrahmenaussteifungsprofil n <bau> • frame rein-
forcement profile
Blendrahmenentwässerung f <bau> • frame drainage
Blendrahmenverbreiterung f <bau> • frame extension
Blendschirm m <füg> (Schweißen) • portable screen;
screen
Blendschutz m <tech.allg> • glare protection; glare
screen; light screen
Blendschutz m <kfz> (oben an Windschutzscheibe)
• windscreen visor
Blendschutz m <opt> • antiglare device
Blendschutz m <prod> • antidazzle device

Blendschutzbrille f <bekl> • antidazzle goggles; antiglare
goggles
Blendschutzscheibe f <kfz> • antidazzle windshield US;
antiglare windscreen GB
Blendsystem n <kst> (z. B. PC/ABS) • blend system
Blendung f <licht> • glare
Blendung f <opt> • dazzlement; dazzle
blendungsfreie Beleuchtung f <licht> • glareless light-
ing
Blendungswinkel m <licht> • glare angle
BLERT <edv> • block error rate testing (BLERT)
Blickfeld n <tech.allg> • field of view (FOV); vision range;
vision field
Blickfelddarstellungsgerät n <navig> • head up display
(HUD)
Blickrichtung f <edv> (Computerspiel) • gaze direction
Blickwinkel m <phot> • viewing angle; aspect angle;
angle of view
blind <tech.allg> • blind
blind <tech.allg> (funktionslos, als Attrappe dienend)
• dummy adj
blind <tech.allg> (nicht in Betrieb) • inoperative
blind <bau> (z. B. Tür, Fenster) • blank
blind <bau> (Blindboden) • false
blind <el> (Blindkomponente, Blindstrom) • idle
blind <obfl> (Spiegel, Lack) • dull
blind <obfl.metall> (z. B. korrodiert) • tarnished
blind <prod> (Walzen: blinder Stich) • dead
Blindanflug m <aerospace> • blind approach; instrument
approach
Blindanflugsystem n <aerospace> • radio approach
system
Blindanschlag m <bau> (Fenster) • blind stop
Blindanschlagsverbreiterung f <bau> • extension blind
stop; blind stop extender; blind casing
Blindanschlagsverbreiterungsprofil n <bau> • exten-
sion blind stop; blind stop extender; blind casing
Blindanteil m <msr> • reactive component
Blindbacke f <petr> • blind ram
Blindband m <werb> (Buchprototyp, Buchattrappe)
• dummy volume; dummy
Blindbefehl m <edv> • dummy instruction
Blindbelegung f <tele> • dummy connection
Blindbestimmung f <chem> • blank determination
Blindboden m <bau> • false bottom; false floor
Blindbohren n <petr> • blind drilling
Blinddaten pl • dummy data
Blinddeckel m <masch> • false cover
Blindeinschub m <el> • dummy module
Blindelement n DIN 25401-3 <nukl> (Kernreaktor)
• dummy element
Blindelement n <opt.lwl> • dummy
blinde Mauer f <bau> • dead wall
blinde Naht f <füg> (Schweißen) • false seam
blinde Naht f <textil> • mock seam
Blindenergie f <el> • reactive energy; wattless energy
Blindenleitgerät n <sich> • guiding aid for blinds
Blindenschreibmaschine f <druck> • Braille typewriter
Blindenschrift f <druck> • Braille alphabet
blinder Alarm m ugs <alarm> • false alarm; nuisance
alarm; unwanted alarm; unwanted alarm signal
blindes Kaliber n <prod> (Walzwerk) • false pass
Blindflansch m <rls> • blind flange; blank flange
Blindflug m ugs <aerospace> • instrument flight; blind
flight
Blindgeber m <msr> • dummy probe
Blindhärteversuch m <qualit.mat> • blank hardness test
Blindholz n <bau> • furring
Blindholz n <holz> (Sperrholz) • center ply

Blindholz *n* <nav> • base timber; base wood
Blindholz *n* <obfl.holz> • carcass wood; main wood
Blindkaliber *n* <prod> *(Walzstich ohne Querschnittsänderung)* • dead pass; inoperative pass; blind pass; dummy pass
Blindkomponente *f* <el> *(z. B. Strom)* • idle component; wattless component; quadrature component; reactive component
Blindküvette *f* <msr> *(Absorptionsspektrometrie)* • reference cell
Blindkupplung *f* <bahn> • dummy coupling
Blindlandung *f* <aerospace> • zero-zero landing; blind landing
Blindlast *f* <el> • reactive load; wattless load
Blindlastkennlinie *f* <el> • reactive load characteristic
Blindlastprüfung *f* <el> • zero power-factor test
Blindlastregler *m* <el> • reactive load regulator
Blindlauf *m* <nav> *(Schiffsschraube)* • racing
Blindlaufen *n* <nav> *(Schiffsschraube)* • racing
Blindleistung *f* (Q) <el> *(in Kilovoltamperereaktiv; [Q] = 1 kW = 1kvar)* • reactive power; wattless power; idle power
Blindleistung der Gegenkomponente *f* <el> • negative-sequence reactive power
Blindleistung des mitläufigen Systems *f* <el> • positive-sequence reactive power
Blindleistung in VA *f* <el> • reactive volt-amperes
Blindleistungsfaktor *m* <el> • reactive power factor
Blindleistungsfaktormesser *m* <el> • reactive power factor meter; reactive factor meter
Blindleistungskompensation *f* <el> • reactive power compensation; power-factor compensation
Blindleistungsmesser *m* <el> • reactive volt-ampere meter; idle-current wattmeter; varmeter
Blindleistungsrelais *n* <el> • reactive power relay
Blindleitung *f* <lwl> *(Wellenleiter)* • variable reactance line
Blindleitwert *m* <el> • susceptance
Blindloch *n* <prod> • blind hole
Blindmaterial *n* <druck> • spacing material; furniture
Blindmatrize *f* <prod> • blank matrix
Blindnaht *f* DIN 32511 <füg> *(Schmelznaht, die keine Werkstücke verbindet)* • bead on plate weld
Blindniet *m* <füg> • blind rivet
Blindöse *f* <led> • blind eyelet
Blindort *n* <min> • dummy road; dummy gate; dead end
Blindortversatz *m* <min> • dummy-road packing
Blindpermeabilität *f* <el> • reactive permeability
Blindplatte *f* <tech.allg> • dummy panel; blanking plate
Blindplatte *f* <druck> • blank plate; dud plate; filler plate
Blindprägung *f* <prod> • relief embossing
Blindprobe *f* <chem> • blank experiment; blank
Blind Product Test *m* <werb> • blind product test
Blindraupe *f* <füg> • bead-on-plate weld
Blindröhre *f* <el> • reactance tube; reactance valve; valve resistor
Blindröhrenfrequenzmodulation *f* <el> • reactance tube modulation
Blindröhrenmodulation *f* <el> • reactance tube modulation
Blindrohr *n* <rls> • dummy tube
Blindschacht *m* <geo> • rock hole
Blindschacht *m* <min> • stable shaft
Blindschaltbild *n* <el> • mimic diagram
Blindschnüre *fpl* <bekl> *(Schuh)* • mock-tie trim
Blindschraube *f* <masch> • grub screw
Blindsicherung *f* <el> • dummy fuse
Blindsignal *n* <edv> • dummy signal
Blindspannung *f* <el> • reactive voltage; wattless voltage; idle voltage

Blindspannungsabfall *m* <el> • reactive voltage drop; reactance drop
Blindstab *m* <masch> • idle bar
Blindstecker *m* <el> • dummy plug
Blindstich *m* <prod> *(Walzwerk)* • dead pass; blind pass; dummy pass
Blindstich *m* <textil> • blind stitch
Blindstrom *m* <el> • reactive current; wattless current; idle current
Blindstromamperemeter *n* <el> • idle-current meter
Blindstrom-Kompensation *f* <el> *(Merkmal von Netzteilen)* • power factor correction (PFC)
Blindstrommesser *m* <el> • idle-current meter
Blindtext *m* <werb> • Greek type *US*
Blindverbrauchszähler *m* <el> • reactive power meter; reactive volt-ampere-hour meter; var-hour meter
Blindverkehr *m* <tele> • waste traffic
Blindversuch *m* <chem> • blank experiment; blank
Blindversuch *m* <nukl> *(Reaktor)* • cold run
Blindwalze *f* <prod> *(Walze ohne Werkstückberührung)* • dead roll; dummy roll; idle roll
Blindwelle *f* <masch> • jack shaft
Blindwerden *n* DIN EN ISO 8044 <obfl> *(Metalloberfläche, infolge Korrosion)* • tarnishing *ISO 8044*
Blindwert *m* <med> *(Toxikologie)* • predosage level
Blindwert *m* <msr> • blank reading
Blindwiderstand *m* (X) <el> *(Imaginärteil eines Scheinwiderstands)* • reactance (X); reactive impedance
Blindwiderstand der Gegenkomponente *m* <el> • negative-sequence reactance
Blindzeichen *n* <edv> • idle character; dummy character
Blindzeile *f* <druck> • white line
Blindzone *f* EN 60947 <allg> • blind zone *EN 60947*
blinken *vi* <licht> • flash *vi*
Blinken der Anzeige *n* <tech.allg> • flashing of the display
Blinker *m* ugs <el> *(steuert das Blinkintervall; typ. ein Steckmodul)* • flasher unit; flasher relay; flasher; blinker *US*
Blinker *m* <kfz> • direction indicator
Blinkerhebel *m* <kfz.msr> • turn signal lever *US*; turn signal lights switch lever *US*; direction indicator control *GB*; direction indicator lever *GB*
Blinkerkontrollleuchte *f* <kfz.msr> • turn signal indicator; flashing direction-indicator light *rare*
Blinker-Kontrollleuchte *f* <kfz.msr> • turn signal indicator; flashing direction-indicator light *rare*
Blinkerrelais *n* <el> *(steuert das Blinkintervall; typ. ein Steckmodul)* • flasher unit; flasher relay; flasher; blinker *US*
Blinkerschalter *m* <el> • flasher switch
Blinkfeuer *n* <navig> *(z. B. an Landebahn, auf Hochhaus)* • flashing light; blinker light *US*; intermittent light
Blinkfolge *f* <licht> • flash sequence
Blinkfrequenz *f* DIN EN 475 <msr> *(optischer Alarm; z. B. Blinkleuchten)* • flashing frequency *ASTM F 1463*; indicator pulse rate; rate of flash; pulse rate
Blinkgeber *m* <el> *(steuert das Blinkintervall; typ. ein Steckmodul)* • flasher unit; flasher relay; flasher; blinker *US*
Blinkgerät *n* <bahn> *(Signal)* • signal lamp; signalling lamp
Blinkgruppenfeuer *n* <aerospace> • group flashing light
Blinkkomparator *m* <el> • blink comparator; blink microscope
Blinkkontrollleuchte *f* <msr> *(betont: blinkend)* • flasher warning light
Blinkleuchte *f* <licht> *(allg. irgendeine blinkende Lichtquelle; z. B. Leuchtturm, Kontrolllampe)* • flashlight

Blinkleuchte f rar <licht> (mit Blitzröhre; u.U. Strobe-Blitz; z. B. Baustellensicherung, Flughafen) • flashing beacon; flasher; strobe light coll; strobe coll
Blinklicht f <licht> (allg., irgendein blinkendes Licht) • flashlight; flashing light; intermittent light
Blinklichtanlage f <bahn> (Bahnübergang) • blinker
Blinkmarkiertonne f <navig> • flashing marker
Blinkmotor m <el> • flasher motor
Blinkrelais n <el> • flasher relay
Blinksignal n <verk> (Verkehrszeichen; z. B. an Bahnschranken, Straßenkreuzung) • flashing signal
Blinksignalrelais n rar <el> (steuert das Blinkintervall; typ. ein Steckmodul) • flasher unit; flasher relay; flasher; blinker US
Blinkspruch m <nav> • blinker lamp message
Blinn-Schattierung f <edv> • Blinn shading
Blinn-Shading n <edv> • Blinn shading
Blisterung n <nukl> • blistering
Blitter m prakt <edv> • BitBlt engine; blitter pract; raster blaster coll
Blitz m <allg> (kurzer intensiver Lichtstoß; z. B. Gewitter, Blitzlampe, Explosion) • flash
Blitz m <meteo> • lightning
Blitz m ugs <phot> • flash unit; photoflash; flash coll; flash gun rare; flasher rare
Blitz m ugs.prakt <phot> • electronic flash [unit]; flashgun rare; flash pract.coll
Blitzableiter m <bau> (außen am Gebäude) • lightning arrester; lightning conductor; lightning rod
Blitzadapter m <phot> • flash adapter
Blitzautomatik f <phot.msr> • auto flash control; automatic flash control
Blitzbelichtung f <druck> (Kopierer) • flash illumination
Blitzbereitschaft f <phot> • flash readiness
Blitzbereitschaftsanzeige f <phot> (typ. eine LED) • flash readiness indicator; flash ready LED
Blitzbinder m <pack> (typ. aus Kunststoff; z. B. für Beutel, Kabelbündel) • adjustable plastic tie; German Blitzbinder tie
Blitzdauer f <phot> (Elektronenblitz) • flash duration
Blitzdränung f <agri> • zigzag system
Blitzeinbruch m <alarm> (Einbruchdiebstahl) • hit and run attack; smash and grab attack
Blitzeinschlag m <meteo> • lightning stroke; stroke of lightning; lightning discharge
blitzen vi <licht> • flash vi
blitzende Sternchen npl <phot/av> • starburst highlights
Blitzentfernung f <phot> • flash-to-subject distance
Blitzentladungsstoß m <el> • lightning discharge stroke
Blitzer m <druck> (Farbmanagement) • thin white line
Blitzfeuer n <navig> • quick-flashing light; short-flashing light
Blitzfolgezeit f <phot> • recycle time
Blitzgerät n <phot> • flash unit; photoflash; flash coll; flash gun rare; flasher rare
Blitzgespräch n <tele> • top-priority call
Blitzkabel n <phot> • flash cable
Blitzkanal m <meteo> (im Boden, Baum, Gebäude) • lightning path; lightning track; discharge path
Blitzkleber m werb <füg> (Cyanacrylat) • superfast adhesive; instant-set adhesive; fast adhesive; superglue Loctite
Blitzkontakt m <phot> (im Zubehörschuh) • flash contact
Blitzlampe f <druck> (Kopierer) • flash tube
Blitzlampe f <licht> (mit Blitzröhre; u.U. Strobe-Blitz; z. B. Baustellensicherung, Flughafen) • flashing beacon; flasher; strobe light coll; strobe coll
Blitzlampe f form <phot> (bei alten Blitzgeräten; kein Elektronenblitz) • flashbulb; photoflash lamp; flash bulb

Blitzlampenstecker m <phot> • flash plug
Blitzleuchte f <licht> (mit Blitzröhre; u.U. Strobe-Blitz; z. B. Baustellensicherung, Flughafen) • flashing beacon; flasher; strobe light coll; strobe coll
Blitzlicht n ugs.rar <phot> • flash unit; photoflash; flash coll; flash gun rare; flasher rare
Blitzlicht nsg <licht> (von Blitzlichtquelle abgegebenes Licht) • flash light sg; flash sg
Blitzlichtaufnahme f <phot> • flash photograph; flash exposure; flash picture; flash shot pract
Blitzlichtbirne f ugs <phot> (bei alten Blitzgeräten; kein Elektronenblitz) • flashbulb; photoflash lamp; flash bulb
Blitzlichtfotografie f <phot> • flash photography
Blitzlichtkabel n rar <phot> • flash cable
Blitzlichtphotolyse f <chem.phot> • flash photolysis
Blitzlichtpulver n <phot> (historisch) • flash powder; flashing powder
Blitzlichtquelle f <licht> • flash source
Blitzlichtquelle f <phot> (Blitzröhre) • photoflash lamp
Blitz mit kurzer Blitzfolgezeit m <phot> • flash with fast recycling
Blitzreflektor m <phot> • flash head
Blitzröhre f <geo> (Einschlagröhre in Sandboden) • fulgurite
Blitzröhre f <phot> • electronic flash tube; flash tube
Blitzröstofen m <metall> • flash roaster
Blitzröstung f <metall> • flash roasting
Blitzröstung f <prod> • shower roasting
Blitzrohrzange f <wz> • grip wrench
Blitzschlag m <meteo> • lightning stroke; stroke of lightning; lightning discharge
Blitzschuh m prakt.ugs <phot> (allg.; typ. für Blitz, mit Kontakt[en]) • accessory mount; accessory shoe; hot shoe pract; flash shoe coll
Blitzschutz m <el> (allg.; z. B. Blitzableiter, Überspannungsschutz) • lightning protection; lightning proofing
Blitzschutz m prakt <el> (betont: gegen Blitzschlag) • lightning arrester
Blitzschutzanlage f <el> • lightning protective system
Blitzschutzausfall m <el> • shielding failure
Blitzschutzerde f <el> • protective earth
Blitzschutzrelais n <el> • lightning arrester relay
Blitzschutzschalter m <el> • lightning arrester cut-out switch
Blitzschutzseil n <el> (Erdseil bei Freileitungen) • overhead ground wire US; overhead earthing wire GB
Blitzschutzwinkel m <el> • shielding angle
Blitzstrom m <el> • lightning current
Blitzsynchronisation f <phot> • flash synchronization
Blitzsynchronzeit f <phot> (für Blitzaufnahmen; z. B. 1/60 sek) • synchronization speed; synchronization shutter speed form; sync speed pract
Blitzüberspannung f <el> • lightning surge
Blitzweg m <phot> (vom Blitzgerät zum Motiv; z. B. über die Decke) • distance the flash travels :V
Blob m <edv> • blob
Blobdichte f <nukl> • blob density
Blob-Modeling n <edv> • blob modeling
Bloch'sche Gleichungen fpl <phys> • Bloch equations
Bloch'sche Wand f <phys> • Bloch wall; domain wall; domain boundary
Bloch-Band n <phys> (Energieband) • Bloch band
Bloch-Funktion f <phys> • Bloch function
Blochsches Theorem n <phys> • Bloch equations
Bloch-Wand f <phys> • Bloch wall; domain wall; domain boundary
Bloch-Welle f <phys> • Bloch wave
Block m <bahn> (Streckenabschnitt) • block; block section

Block m <bau.mat> *(z. B. Stein, Poroton, Hohlblock)* • building block

Block m <büro.pap> *(Papier)* • pad

Block m prakt <edv> • data block; block of data; chunk [of data] *coll*

Block n <edv> *(als Einheit zusammengefasste Bildelemente)* • display group; segment; block

Block m <edv> • group; block

Block m <energ> *(Kraftwerkseinheit)* • unit

Block m prakt <hlk> *(z. B. von Kühler, Heizung, Klimaanlage)* • heat exchanger core; core *pract*

Block m <holz> *(größerer Abschnitt, meist des Baumstammes)* • log

Block m <metall> • ingot

Block m <nav> *(Schiff)* • block

Blockabbruch m <edv> • block abort

Blockabschnitt m <bahn> *(Streckenabschnitt)* • block; block section

Blockabstand m <edv> • interblock gap; interrecord gap

Blockabstand m <verk> *(z. B. Eisenbahn)* • block interval

Blockabstechdrehmaschine f <wz.masch> • ingot slicing lathe

Blockabstechmaschine f <metall> • ingot parting machine

Blockabstreifer m <metall> • ingot stripper

Blockade f <druck> • turned letter

Blockade f <mil> • blockade

Blockadresse f <edv> • block address

Blockanlage f <bahn> • block signal post

Blockanzahl f <edv> • block count

Blockausdrücker m <metall> • ingot pusher; furnace pusher

Blockauslasszeichen n <edv> • block ignore character

Blockauswahl f <edv> • block selection

Blockauszieher m <metall> • ingot withdrawing device

Blockbandsäge f <wz.masch> • log band saw

Blockbauweise f <tech.allg> • unitized system; block-unit system; unitized design

Blockbauweise f <tech.allg> *(als Prinzip)* • unit construction

Blockbauweise f <masch> *(von Aggregaten; z. B. Motor und Pumpe)* • close-coupled design; monobloc design; compact design; block-type construction

Blockbefehl m <edv> • block command

Blockbegrenzung f DIN ISO 3309 <edv> • flag *ISO 3309*

Blockbildungsprinzip n <edv> • block principle

Blockblei n <mat> • pig lead

Blockbodenbeutel m <druck> • block bottom bag

Blockbodenbeutelmaschine f <druck> • block bottom bag machine

Blockbruchbau m <min> • block caving

Block-Code m <edv> • block code

Block-Copolymer m <kst> • block copolymer

Blockcopolymer n <kst> • block copolymer

Blockcopolymerisat n <kst> • block copolymer

Blockcopolymerisation f <chem> • block copolymerization

Blockdiagramm n <doku> • block diagram

Blockdiode f <el> • blocking diode

Blockdruck m <druck> • block print; block printing

Blockeingabe f <edv> • block input

Blockeinsetzen n <metall> • ingot charging

Blockeinsetzkran m <metall.förd> • ingot charging crane

Blockeinsetzwagen m <metall.förd> • ingot charging bogie; ingot charging carriage

Blockeinspritzung f <mot> *(Dieselmotor)* • unit injection

Blockeis n <geo> • block ice

Blockeisen n <metall> *(Armco)* • ingot iron; Armco iron

Blocken n DIN EN ISO 4618 <obfl> *(unerwünschtes Haften zwischen beschichteten Oberflächen)* • blocking *ISO 4618-2*

blocken vt <tech.allg> *(z. B. Arbeitsvorgänge)* • block *vt*

Blockendemarke f prakt <edv> • end-of-block character; end-of-block mark; block mark *pract*

Blockende-Zeichen n <edv> • end-of-block character; end-of-block mark; block mark *pract*

Block Error Rate Testing n (BLERT) <edv> • block error rate testing (BLERT)

Blockfehlerwahrscheinlichkeit f <edv> • block error rate

Blockfettschmierung f <tribo> • bricquetted grease lubrication; block grease lubrication

Blockflämmen n <metall> • ingot scarfing; scarfing

Blockform f <metall> • ingot mold

Blockformat n <edv> • block format

Blockformatspezifikation f <wz.masch> • block format specification

Blockform-Copolymer n rar <kst> • block copolymer

Blockfundament n <bau> • foundation block; foundation pad

Blockfundament n <bau> *(betont: nur ein einziger Sockel)* • single footing

Blockgerüst n <metall> • blooming stand

Blockgeschwindigkeit f <aerospace> • average flight speed

Blockgießen n <metall> • ingot casting

Blockglimmer m <silik> • mica blocks; block mica

Blockgreifer m <metall> • ingot gripper

Blockgröße f <edv> • block size

Blockguss m <metall> • ingot casting; ingot pouring

Blockheftmaschine f <druck> • block stitching machine

Blockheizkraftwerk n (BHKW) <energ> • combined heat and power plant (CHP) *US*; combined heat and power station *GB*; CHP plant

Blockhobelmaschine f <wz.masch> • ingot planer

Blockierautomatik f Opel <kfz.sich> • retractor; emergency locking retractor; automatic locking retractor; seat belt web locker; inertia sensitive belt webbing retractor *Chrysler*

Blockierdraht m <tech.allg> • inhibit wire

Blockiereinrichtung f <kfz.sich> • retractor; emergency locking retractor; automatic locking retractor; seat belt web locker; inertia sensitive belt webbing retractor *Chrysler*

Blockieren n <tech.allg> *(System)* • jamming

Blockieren n <brems> • locking; binding

blockieren vi <brems> • lock *vi*; bind *vi rare*

blockieren vt <allg> *(massiv behindern; z. B. Straße, Verhandlungen)* • obstruct *vt*

blockieren vt <tech.allg> *(unterbrechen; z. B. Betrieb, Verkehr)* • interrupt *vt*

blockieren vt <tech.allg> *(unterbinden)* • inhibit *vt*

blockieren vt <tech.allg> *(lahmlegen, verstopfen; z. B. Leitung, Internet)* • jam *vt*

blockieren vt <tech.allg> *(allg.; z. B. Durchgang)* • block *vt*

blockieren vt <masch> *(verriegeln; z. B. Tür, Abdeckung, Deckel)* • interlock *vt*; lock *vt*

blockieren vt <mech> *(absolut festhalten, verriegeln; z. B. Tür im Eisenbahnwagen)* • block *vt*

blockieren vt <mech> *(mit Bremsklotz, Hemmschuh; auch fig.)* • scotch *vt*

Blockieren der Räder n <fz> • wheel lock; locking of wheels

Blockierimpuls m <edv> • inhibit pulse

Blockierkennlinie f <el> *(Thyristor)* • blocking characteristic

Blockiermoment *n* <el> *(Motor)* • stalling torque

Blockierrelais *n* <el> • locking relay; interlocking relay; blocking relay

Blockierschaltung *f* <el.edv> • clamping circuit

Blockierschutz *m* <el> • antiplugging protection

Blockiersignal *n* <edv> • inhibiting signal

Blockierspannung *f* <el> • blocking voltage

blockiert <tech.allg> *(funktionsunfähig; z. B. Leitung, Gerät, Sicherung)* • disabled

blockierte Blockstrecke *f* <bahn> • closed block

blockierter Motor *m* <mot> • stalled motor; stalled engine

blockierter Rotor *m* <masch> • locked rotor

Blockierung *f* <allg> *(Behinderung)* • obstruction

Blockierung *f* <tech.allg> *(auch Verstopfen von Leitungen)* • blockage

Blockierung *f* <tech.allg> *(Unterbinden)* • inhibition

Blockierung *f* <tech.allg> • interlocking

Blockierung *f* <tech.allg> *(z. B. eines Zuganges)* • locking

Blockierung *f* <mech> • blocking

Blockierung *f* <prod> *(Lahmlegen)* • jamming

Blockierungsfaktor *m* <edv> • blocking factor

blockierungsfrei <tele> • non-blocking

Blockierungs-Mach-Zahl *f* <aerospace> *(Fluggeschwindigkeitsbegrenzung)* • choking Mach number

Blockierungsrelais *n* <el> • interlocking relay

Blockierzustand *m* <el> *(Transistor)* • voltage-blocking state; voltage-blocking condition; off-state

Block IIA-Satellit *m* <navig> • block IIA satellite

Block IIF-Satellit *m* <navig> • block IIF satellite

Block IIR-Satellit *m* <navig> • block IIR satellite

Block II-Satellit *m* <navig> • block II satellite

Block I-Satellit *m* <navig> • block I satellite

Blockkaliber *n* <metall> *(Walzwerk)* • cogging pass; blooming pass; roughing pass

Blockkasten *m* <el> *(Batterie)* • monobloc container

Blockkette *f* <antr> • block chain

Blockkettenrad *n* <antr> • block-chain sprocket

Blockkipper *m* <metall.förd> • ingot tilter; ingot tipper

Blockkokille *f* <metall> • ingot mold

Blockkokillenschlichte *f* <metall> • ingot mold dressing material

Blockkondensator *m* <el> • blocking capacitor

Blockkonizität *f* <metall> • ingot taper

Blockkonstruktion *f* <tech.allg> *(als Prinzip)* • unit construction

Blockkraftwerk *n* <el> • unit-system power station; unitized power station

Blocklänge *f* <rls> *(Membranbalg bei maximaler Stauchung)* • solid length; solid height; nested length

Blocklänge *f* <verk> *(z. B. Eisenbahn)* • block length

Blocklager *n* <masch> • plummer block

Blocklager *n* <metall.logist> • ingot yard

Blocklagerung *f* <logist> • high-density storage; block stacking

Blockleser *m* <edv> • block reader

Blocklücke *f* <edv> • interblock gap

Blocklückenzeit *f* <edv> • gap time

Blockmarke *f* <edv> • block mark

Blockmarkierungsspur *f* <edv> • block marker track

Blockmultiplexkanal *m* <edv> • block multiplex channel

blockorientiert <edv> • block-oriented

Blockpedal *n* DIN ISO 8090 <fz> *(Fahrrad)* • block pedal ISO 8090; roadster pedal

Blockprüfung *f* DIN ISO 3309 <edv> • frame checking ISO 3309; longitudinal redundancy check

Blockprüfzeichen *n* <edv.allg> • block check character

Blockprüfzeichenfolge *f* (FCS) DIN ISO 3309 <edv> • frame checking sequence (FCS) ISO 3309

Blockpumpe *f* <förd> • close-coupled pump

Blockreedkontakt *m* <alarm> • steel door magnetic contact

Blockregister *n* <edv> • block register

Blockrückenleimmaschine *f* <druck> • spine gluing machine; spine glueing machine

Blockschachtelung *f* <edv> • block nesting

Blockschaltbild *n* <doku> *(allg.)* • block diagram; functional block diagram

Blockschaltbild *n* <doku.el> *(betont: gesamte Schaltung, Verdrahtung)* • comprehensive wiring diagram

Blockschaltung *f* <energ> *(Kraftwerk)* • unit connection

Blockschaum *m* <metall> • ingot scum

Blockscheibe *f* <förd> • sheave

Blockschema *n* <doku> *(allg.)* • block diagram; functional block diagram

Blockschere *f* <metall> • ingot shears

Blockschloss *n* (SM) <alarm> *(in der zuletzt begangenen Tür)* • block lock *:V*; blocking lock *:V*

Blockschutz *m* <el> *(allg.)* • block protection

Blockschutz *m* <el> *(spezieller Schutz)* • block protector

Blockseigerung *f* <metall> • macrosegregation; ingotism

Blocksignal *n* <bahn> • block signal

Blockspannbock *m* <holz> • log dogging block

Blockspannzange *f* <holz.wz> • log dog

Blockstein *m* <bau.mat> *(Vollblock oder Hohlblock)* • building block

Blockstelle *f* <bahn> • block post

Blockstellenautomatik *f* <bahn> • automatic blocks

Blocksteuerpult *n* <energ.msr> • boiler-turbogenerator control console

Blockstoßofen *m* <metall> • ingot pusher-type furnace

Blockstraße *f* <metall> • cogging train; blooming train; slabbing train

Blockstrecke *f* <bahn> • block section

Blockstrecke *f* <bahn> *(Streckenabschnitt)* • block; block section

Blockstreckenanschnitt *m rar* <bahn> *(Streckenabschnitt)* • block; block section

Blockstreckensystem *n* <bahn> • block system

Blockstufe *f* <bau> • massive tread

Blocksuchbefehl *m* <edv> • block search instruction

Blocksystem mit Signalverschluss *n* <bahn> • interlocked block [system]

Blocktransportvorrichtung *f* <metall.förd> • ingot conveying roll

Blocktrio *n* <metall> *(Walzstraße)* • three-high blooming mill

Blockübertragung *f* <edv> • block transfer

Blockverkettung *f* <edv> • block chaining

Blockvorspann *m* <edv> • block header

Blockwärmofen *m* <metall> • ingot heating furnace

Blockwagen *m* <holz.förd> • sawmill carriage

Blockwagen *m* <metall.förd> • ingot buggy

Blockwagen mit ortsfestem Bedienungsstand *m* <holz> • riderless sawmill carriage

Blockwahl *f* <tele> *(erst wählen, dann Hörer abnehmen; im Ggs. zu Sofortwahl)* • block dialing *US*; block dialling *GB*; en-block dialing *Siemens.rare*; en-bloc dialing *Siemens.rare*

Blockwalze *f* <metall> • cogging roll; blooming roll; slabbing roll

Blockwalzen *n* <metall> • roll cogging

Blockwalzwerk *n* <metall> • cogging mill; blooming mill; slabbing mill

blockweise <tech.allg> *(z. B. Fertigung, Abfertigung)* • block-by-block

blockweise Abarbeitung *f* <prod> • batch running

blockweises Sortieren *n* <tech.allg> • block sorting

Blockzange *f* <metall> • ingot tongs; ingot dog

Blockzeichenprüfung *f* (BCC) <edv> • block character check (BCC)

Blockzeit *f* <aerospace> *(Wasserflugzeug)* • buoy-to-buoy time

Blockzeit *f* <aerospace> • chock-to-chock time

Blockzeit *f* <prod> • block time

Blockzurichterei *f* <metall> • ingot dressing shop

Blöße *f* <led> • pelt

bloß <allg> *(z. B. Oberfläche)* • bare; naked

bloß <opt> *(Auge; ohne Brille, Fernrohr)* • naked; unaided

bloßes Auge *n* <opt> • unaided eye; naked eye

bloßlegen *vt* <tech.allg> *(bisher Verdecktes; z. B. Schicht, Bild, Wunde, Erzader, Kohleflöz)* • uncover *vt*; lay bare *vt*; expose *vt*

blotten *vt* <med> • blot *vt*

Blotting-Technik *f* <med> • Northern blotting; blotting

Blotting-Technik *f* <med.tech> • blotting; blot transfer

Blot-Transfer *m* <med.tech> • blotting; blot transfer

Blouson *m* <bekl> • bomber jacket

Blowbygase *npl* <kfz.emiss> *(im Kurbelgehäuse)* • crankcase blow-by gases; crankcase blow-by; blow-by gases

Blow-out *m* <petr> • Blow-out

Blowout *m* <petr> *(Bohrloch)* • blowout; blow-out

Blowout-Preventer *m* <petr> • blowout preventer; preventer

Blow-out Preventer *m* <petr> • blow-out preventer

Blow-up *n* <kunst> *(runder Farbfleck; Airbrush-Fehler)* • blow-up

Blubbergeräusch *n* <av> • bubbling noise

Blueboxing *n* <av> • blueboxing

Blütenöl *n* <bio> • flower oil

Blütenstand *m* <bio> • inflorescence

Blütenstengel *m* <bio> • peduncle; flowerstem

Blütenstiel *m* <bio> • peduncle; flowerstem

Bluetooth-... <tele> *(Kurzstreckenfunktechnik, typ. bis 10 m; z. B. zur Gerätekommunikation)* • Bluetooth ...

Bluetooth-Gerät *n* <edv> • Bluetooth device

Blume *f* <bio> • flower

Blume *f* <bio> *(von Hase, Kaninchen)* • tail; scout

Blume *f* <led> • bloom; exudate

Blume *f* <nahr> *(auf Bier)* • head

Blume *f* <nahr> *(von Wein)* • bouquet; aroma; flower; nose

Blumendünger *m* <agri> • flower fertilizer

Blumenfenster *n* <bau> • box bay window

Blumenkohlerntemaschine *f* <agri> • cauliflower harvester

Blumenkohlstruktur *f* <obfl> *(z. B. Kokskuchen)* • cauliflower appearance

Blumenverpackungsmaschine *f* <pack> • flower wrapper

blumig <nahr> *(Wein)* • flowery

Blurring *n* <edv> • blurring

Bluse *f* <bekl> • blouse

Blutalbumin *n* <bio> • blood albumen

Blutalbuminleim *m* <füg> • blood albumen glue; blood-albumin glue

Blutcholesterin *n* <bio> *(Anteil im Blut)* • cholesterol concentration; cholesterol level; cholesterol value; cholesterol; blood cholesterol

Blutderivat *n* <pharm> • blood derivative

Blutdialysegerät *n* <med.tech> • haemodialyzer

Blutdoping *n* <sport.med> • blood packing; blood doping

Blutdruckmanschette *f* <med.tech> • blood pressure cuff

Blutdruckmessgerät *n* <med.tech> • haemadynamometer; sphygmomanometer; tonometer

Blutdruckschreiber *m* <med.msr> • blood pressure recorder

Blutdrucküberwachungsgerät *n* <med.msr> • blood pressure monitor

Bluten *n* <bau.mat> • bleeding

Bluten *n* <bio> *(Flüssigkeitsabscheidung f)* • exudation

Bluten *n* <obfl> *(von Farben)* • bleeding *ISO 183*

bluten *vi* <obfl> *(Farbstoffe)* • bleed through *vi*; bleed *vi*

Blutfett *n* <led> • blood lipid

Blutflussmessgerät *n* <med.tech> • blood flowmeter

Blutgasanalyse *f* <med.tech> • blood gas analysis; blood gas determination; blood gas study

Blutgasanalysegerät *n* <med.tech> • blood gas analyzer *US*

Blutgerinnung *f* <bio> • blood coagulation

Blutgerinnungszeitmesser *m* <med.msr> • blood coagulation timer

Blutgeschwindigkeitsmessgerät *n* <med.msr> • blood flow velocity meter

Blut-Hirn-Schranke *f* <bio> • blood-brain barrier (BBB)

Blutjaspis *m* <min> • heliotrope; bloodstone

Blutkörperchenzählgerät *n* <med.msr> • haemacytometer; blood cell counter

Blutkörperchenzählkammer *f* <med.tech> • hemacytometer chamber *US*; haemacytometer chamber *GB*

Blutlaugensalz *n* <chem> • potassium prussiate; potassium ferrocyanide(II); yellow prussiate of potash; yellow prussiate

Blutlaugensalzabschwächer *m* <phot> *(kontraststeigernder Abschwächer)* • Farmer's reducer

Blut-Liquor-Schranke *f* <bio> • blood-brain barrier (BBB)

Blutsenkungsgerät *n* <med.tech> • blood sedimentation apparatus

Blutserum *n* <med> • serum

Bluttransfusion *f* <med> • blood transfusion

Blutung *f* <med> • hemorrhage *US*; haemorrhage *GB*; bleeding *wiss, ugs*

Blutverlustkontrollgerät *n* <med.msr> • blood loss monitor

Blutvolumenmessgerät *n* <med.msr> • blood volume meter

B-Lymphozyt *m* <bio> • B-lymphocyte; B cell

BM <alarm> *(in Kunstgalerien, Museen)* • detector for paintings *:V*

BMC <kst> • bulk molding compound (BMC)

B-Meson *n* <nukl> • B meson

B-Modulation *f* <el> • class-B modulation

B-Modulator *m* <el> • class-B modulator

BMR <verf> • bio membrane reactor (BMR)

BMW 3er Reihe *m* <kfz> • BMW 3 Series; 3 Series [BMW] *pract*

BMW 5er Reihe *m* <kfz> • BMW 5 Series; 5 Series [BMW] *pract*

BMW 7er Reihe *m* <kfz> • BMW 7 Series; 7 Series [BMW] *pract*

BMW-Fans *mpl* <kfz> • Bimmer aficionados *coll.US*

BNC-Stecker *m prakt* <el> *(z. B. für Antenne)* • BNC connector

BNC-Steckverbindung *f* <el> *(z. B. für Antenne)* • BNC connector

Board *n prakt* <el> *(Platine, bestückt, mit Kontaktkamm zum Einstecken)* • card; printed-circuit board; board *pract*; plug-in board *rare*

Board *n prakt* <el> *(geätzt, unbestückt oder bestückt, gebohrt od. ungebohrt)* • printed circuit board (pcb); printed circuit; board *pract*

Board-Test *m* <qualit> *(in Elektrotechnik und Elektronik)* • board test; PCB test

Bob *m* <sport> • bobsleigh; sled *pract*; bob *pract*

Bobine *f* <förd> • bobbin; flat rope drum

Bobine *f* <textil> *(Garnspule von Spinnmaschinen)* • bobbin; reel

Bobinenfördermaschine *f* <förd> • reel-drum hoist

Bobinetmaschine f <textil> • bobbinet frame
Bobschlitten m rar <sport> • bobsleigh; sled pract; bob pract
Bock m <tech.allg> (Gestell; A-Stützen mit Querträger) • horse; buck; trestle
Bock m <masch> (Rahmen) • frame
Bock m <masch> (Sockel; z. B. Lagerbock) • pedestal
Bock m prakt <rep> (z. B. zum Aufbocken eines Motors, Getriebes) • stand
Bock m <sport> (Sportgerät) • vaulting horse; buck
Bockausbau m <min> • chock-type support
Bockbrücke f <bau> • trestle bridge
Bockdoppelbüchse f <mil> (Jagd) • over-under shotgun; superposed shotgun; over-under rifle; superposed rifle
Bockdoppelflinte f <mil> (Jagd) • over-under shotgun; superposed shotgun; over-under rifle; superposed rifle
Bockdrilling m <mil> (Jagd) • bockdrilling
bocken vi <kfz> (Motor, Fahrzeug) • buck vi; jolt vi
Bockgestänge n <petr> (Bohrtechnik) • double mast; A-tower
Bockkran m <förd> • frame crane; gantry crane
Bocklager n <masch> • pedestal bearing; plummer block
Bocklagermotor m <el> • pedestal-type motor
Bockprahm m <nav> • shear hulk
Bockschere f <wz> • bench shear; bench shears
Bocksprung-Prüfprogramm n <edv> • leap-frog test
Bockstraße f <kfz.prod> • body framing line
Bockwinde f <förd> • crab winch
Bode-Diagramm n <msr> • log-magnitude and phase diagram; Bode diagram
Boden m <allg> (Erde) • ground; earth
Boden m <tech.allg> (Basis) • base
Boden m <tech.allg> (ganz unten, unteres Ende) • bottom
Boden m <agri> (z. B. Ackerboden) • soil
Boden m <bau> (begehbar) • floor
Boden m <bau> (ganz oben, unter dem Dach) • loft; garret
Boden m <bau> • floor
Boden m ugs <bau> (unterhalb eines Fundaments) • subgrade; subsoil
Boden m <bau> (im Freien) • soil
Boden m prakt <navig> (als Bezugsfläche, -ebene) • ground (GND)
Boden m <rls> (Metallbalgkompensator) • closed end; blank end; blind end
Boden m <verf> (in Destillationskolonne) • tray; plate
Bodenablassventil n <verf> • bottom valve
Bodenablauf m DIN 4045 <ents.hydr> • floor drainage
Bodenablösung f <geo> • detachment of soil
Bodenabsorption f <el> • ground absorption
Bodenabstand m <tech.allg> • ground clearance
Bodenabstand m <kfz> • road clearance
Bodenabtrag m <geo> • soil erosion
Bodenabtragung f <geo> • soil erosion
Bodenaggregat n <bau> • soil aggregate
Bodenamboss m <wz> • bottom anvil
Bodenanalyse f <chem> • soil analysis
Bodenanker m <bau> • floor anchor; foundation anchor
Bodenanker m <bau> (für Erdrutschsicherungen) • ground anchor
Bodenanker m <kfz> (im Werkstattboden; für Richtarbeiten) • anchor pot; tie-down pot; floor pot; pothole
Bodenanlage f <aerospace> (z. B. Flugsicherung) • ground installation; ground installations
Bodenannäherungs-Warnsystem n (GPWS) <navig> (schaut nur nach unten; Vorwarnzeit ca. 10 sek) • ground proximity warning system (GPWS); screamer coll; terrain, terrain, pull up annunciator did.rare; terrain clearance indicator rare

Bodenannäherungs-Warnsystem EGPWS n <aerospace> (schaut auch nach vorne; Vorwarnzeit 60 sek) • enhanced ground proximity warning system (EGPWS)
Bodenantenne f <navig> • ground antenna US; earth aerial GB
Bodenapplikation f <agri> (z. B. Schädlingsbekämpfungsmittel) • soil application
Bodenart f <geo/agri/bau> (z. B. Eignung für Bebauung, Gebäudegründung) • soil quality ISO 11074-1; character of soil; nature of soil; soil type
Bodenatmung fsg <ents> • soil respiration; soil breathing
Bodenatmungsrate f <ents> • soil breathing rate
Bodenaufstandsfläche f <prod> (von Reifen) • contact patch; contact area/zone; foot print; tire contact area/zone; ground contact area
Bodenauftrag m <bau> • filled ground
Bodenaushub m <bau> • digging-out; excavation
Bodenaussaugsystem n <kunst.wz> (Airbrush) • base piston action
Bodenbalken m <agri> (Scharpflug) • furrow slice
Bodenbeanspruchung f <bau> • ground load
Bodenbearbeitung f <agri> • soil working; soil cultivation; tillage
bodenbearbeitungsloser Anbau m <agri> • no-tillage; zero tillage
Bodenbearbeitungswerkzeug n <agri> • soil engaging tool
Bodenbefestigung f <bau> • stabilization of earthwork; soil stabilization
Bodenbegasung f <agri> • soil fumigation
Bodenbehandlung f <ents> (Mülldeponie) • soil treatment
Bodenbehandlungsmethode f <ents> (Deponie) • soil treatment method
bodenbeheizt <verf> • bottom-heated
Bodenbeheizung f <hlk> • floor heating system; underfloor heating
Bodenbelag m <bau.innen> • floor cover; floor surface
Bodenbelagstoffe mpl <textil> • carpeting
Bodenbelastbarkeit f <bau> (Statik) • floor-load allowance
Bodenbelastbarkeit f <geo> • soil stress limit
Bodenbelastung f <bau> • ground load
Bodenbelastungsfähigkeit f <logist> (Container) • floor loading capability
Bodenbeplankung f <nav> (Schiff) • bottom planking
Bodenbeschaffenheit fsg DIN ISO 11074-1 <geo/agri/bau> (z. B. Eignung für Bebauung, Gebäudegründung) • soil quality ISO 11074-1; character of soil; nature of soil; soil type
Bodenbeschickungsmaschine f <verf> • bottom charging machine
Bodenbestandteil m <ents> • soil constituent
Bodenbewegung f <bau> • teaming
Bodenbewegung f <mil> (von Truppen) • ground movement; earth movement
Bodenbildung f <geo> • soil formation; pedogenesis
Bodenbiologie f <bio.agri> • soil biology
Bodenblasen n <metall> • bottom blowing
bodenblasender Konverter m <metall> • bottom-blown converter
Bodenblech n <tech.allg> • base plate; bottom plate
Bodenblech n <kfz> (Karosserie) • floor pan
Bodenblechaufnahme f <kfz> (Karosserie) • floor bearer
Boden-Boden-Rakete f <mil> • ground-to-ground missile; land-to-land missile
Boden-Bord-Funkverkehr m <aerospace> • ground-air communication; ground-to-aircraft communication; ground-air radiotelephony

Bodenbrett *n* <tech.allg> • floorboard
bodenbündig <bau> • flush with the floor
bodenbürtig <chem.agri> • soil-borne
Bodenbutzen *m* <kst> *(an Blasformteil)* • bottom flash; bottom scrap
Bodenchemie *f* <agri.chem> • soil chemistry
Bodendeckel *m* <masch> • bottom cover
Bodendecker *m* <bio.agri> • ground cover
Bodendekontamination *f* <ents> • soil decontamination; soil purification
Bodendesinfektion *f* <agri> • soil disinfection; soil sterilization
Bodendesinfektion durch Vergasungsmittel *f* <agri.chem> • soil fumigation
Bodendesinfektionsmittel *n* <agri> *(allg.)* • soil disinfectant; soil sterilant
Bodendesinfektionsmittel *n* <agri.chem> *(Vergasung)* • fumigant
Bodendichtheitsprüfdruck *m* <qualit> • head proof test pressure
Bodendicke *f* <füg> *(Schraubverbindung)* • thickness between driving feature and bearing face
Bodendruck *m* <bau> *(Mechanik des Baugrundes)* • foundation pressure
Bodendruck *m* <fz> *(zw. Fahrzeug und Fahrbahn; abhängig von Aerodynamik)* • ground pressure
Bodendruck *m* <geo> *(Bodenmechanik)* • earth pressure; ground pressure; soil pressure
Bodendruck *m* <verf> *(in Behältern)* • bottom pressure
Bodendüse *f* <el> *(Staubsauger)* • floor nozzle
Bodendurchbruch *m* <verf> *(Fließpressen)* • bottom opening
Bodendurchlässigkeit *f* <ents> • soil permeability
Bodendynamik *f* <geo> • soil dynamics
Bodenecho *n* <navig> *(Radar)* • ground return; land return
Bodenecho *n* <qualit.mat> *(Ultraschallmessung)* • backface reflection; back-surface echo
Bodeneffektfahrzeug *n* form.rar <fz> • air-cushion craft; ground-effect craft *form*; surface-effect craft; hovercraft *pract*; air-cushion vehicle *rare*
Bodeneinfluss *m* <phys> • ground effect
Bodeneinsetzen *n* <prod> • bottoming
Bodeneinsetzmaschine *f* <prod> • bottom charging machine
Bodenelektrode *f* <el> *(allg. am Boden)* • bottom electrode
Bodenelektrode *f* <el.chem> *(im Bad)* • pool electrode
Bodenelektrode *f* <metall> *(SM-Ofen)* • hearth electrode
Bodenentlader *m* <bahn> • hopper wagon; hopper bottom car; bottom dump truck; drop bottom car
Bodenentleerer *m* <nfz> *(Lastkraftwagen)* • bottom dumper; belly dumper *sl*
Bodenentleerung *f* <verf> *(z. B. Behälter, Fahrzeug)* • bottom discharge; bottom dump
Bodenentleerungsventil *n* <rls.verf> • bottom drain valve
Bodenentwässerung *f* <agri/bau> • soil drainage; land drainage
Bodenerhaltung *f* <agri> • soil conservation
Bodenerkundung *f* <geo> • soil survey
Bodenerosion *f* <geo> • soil erosion
Bodenerschütterung *f* <phys> *(Schwingungen)* • ground vibration; earth vibration
Bodenerschütterung *f* <phys> *(einmaliger Schlag; z. B. durch Aufprall)* • shock to the ground
Bodenfahrgerät *n* <logist> *(zur Bedienung von Hochregallagern)* • aisle-based S/R machine; floor running S/R machine; bottom-running S/R machine
Bodenfahrschiene *f* <logist> *(für Flurförderzeuge)* • floor rail; ground-level rail; bottom track

Bodenfase *f* <masch> *(an Radial-Wellendichtring)* • rear chamfer
Bodenfeuchte *f* <agri> • soil moisture content; soil moisture; moisture content of the soil
Bodenfeuchte *f* <geo> • ground moisture content; ground moisture
Bodenfeuchtemesser *m* <agri> • soil wetness meter
Bodenfeuchtigkeit *f* <agri> • soil moisture content; soil moisture; moisture content of the soil
Bodenfilter *m* <ents.hydr> • undergravel filter; sub-gravel filter; soil filter
Bodenfiltration *f* <geo> • land filtration
Bodenfläche *f* <bau> *(allg.; z. B. von Wohnhäusern, Bürogebäuden)* • floor space; floor area
Bodenfliese *f* <bau.mat> • floor tile
Bodenfließen *n* <geo> • soil flow; solifluction
Bodenförderanlage *f* <logist> • floor mounted conveyor; floor conveyor
Bodenförderer *m* <logist> • floor mounted conveyor; floor conveyor
Bodenfördersystem *n* <logist> • floor mounted conveyor; floor conveyor
Bodenförderung *f* <bau> *(Erdbau)* • earth movement; earth moving
Bodenform *f* <metall> *(Gießerei)* • open sand mold
Bodenformen *n* <metall> • floor molding
Bodenformstempel *m* <pack> *(Abstreckpresse)* • domer
Bodenfräse *f* <agri> • rotary cultivator; rotary tiller
Bodenfraktion *f* <chem.verf> *(Destillation)* • bottom fraction
bodenfrei <tech.allg> *(z. B. aufgeständert)* • raised clear of the ground; clear of the ground
Bodenfreiheit *f* <fz> *(Fahrrad; z. B. Mountain Bike)* • chainring-to-ground clearance; chainring clearance; ground clearance; underclearance
Bodenfreiheit *f* <kfz> • ground clearance; chassis clearance; road clearance; clearance height; ride height *pract.coll*
Bodenfreiheitsensor *m* <kfz.msr> *(für autom. Niveauregulierung)* • ground-clearance sensor; ride-height sensor
Bodenfrost *m* <agri> • soil frost
Bodenfrost *m* <bau> • ground frost
Bodenfruchtbarkeit *fsg* DIN ISO 11074-1 <agri> • soil fertility *ISO 11074-1*
Bodenfüller *m* <prod.nahr> *(Speiseeis)* • bottom filler; bottom-up filler; bottom filling machine
Bodenfüllmaschine *f* <prod.nahr> *(Speiseeis)* • bottom filler; bottom-up filler; bottom filling machine
Bodenfüllung *f* <prod.nahr> • bottom filling
Bodenfütterung *f* <agri> • floor feeding
Bodenfungizid *n* <agri.chem> • soil fungicide
Bodenfunkfeuer *n* <navig> • ground radio beacon
Bodenfunkstelle *f* <tele> • ground radio station; ground station; ground controller; aeronautical station *rare*
Bodenfunktion *f* <ents> • soil function
Bodengang *m* <nav> • bottom strake
bodengebundener Transport *m* <verk> • ground transport
bodengefährdender Stoff *m* <ents> • substance hazardous to soil
bodengeformt <metall> • floor-molded
Bodengefüge *n* <geo> • soil structure
Bodengerippe *n* <nfz> *(Bus-Unterbau; skelettartige Struktur aus mehreren Gitterrahmen)* • chassis frame; underframe; substructure frame
bodengesteuerte Radarlandung *f* <aerospace> • ground-controlled approach landing; ground-controlled landing

bodengleich <bau> *(Soll-Aufzugsposition beim Türöffnen)* • floor-levelled

bodengleich halten *vi* <förd> *(Aufzug)* • stop exactly opposite the floor landing *vi*

Bodengrund *m* <geo> *(z. B. als Nährmedium für Pflanzen)* • substrate; substratum *thsc*

Bodengrundheizer *m* <hlk> *(für Aquarien, Terrarien etc.)* • heating cable; cable heater

Bodengrundheizung *f* <hlk> *(für Aquarien, Terrarien etc.)* • heating cable; cable heater

Bodengruppe *f* <kfz> *(gesamter tragender Unterbau einer Pkw-Karosserie)* • underbody [structure]; undercarriage *form*; substructure; platform *pract*; floor pan *coll*

Bodengruppe *f* <nfz> *(Fahrgestell mit Antrieb und Fahrwerk, ohne Aufbau, Fahrerkabine)* • underbody; understructure; substructure; floor assembly

Bodenguss *m* <metall> • bottom casting; uphill casting

Bodenhaftung *f* <fz> *(Fz. insgesamt)* • ground adhesion

Bodenhaftung *f* <kfz> *(Reifen)* • wheel grip; road adhesion *thsc*; roadholding *coll*

Bodenhebung *f* <bau> *(Untergrund)* • uplift of soil; uplift *pract*

Bodenheftung *f* <druck> • bottom stitching

Bodenheizkabel *n* <agri.el> • soil warming cable

Bodenheizung *f* <hlk> • floor heating

Bodenherbizid *n* <agri.chem> • soil-applied herbicide

Bodenheu *n* <agri> • field-cured hay

Bodenheutrocknung *f* <agri> • field drying of hay; field drying; field curing of hay; field curing

Bodenhindernisanzeiger *m rar* <navig> *(schaut nur nach unten; Vorwarnzeit ca. 10 sek)* • ground proximity warning system (GPWS); screamer *coll*; terrain, terrain, pull up annunciator *did.rare*; terrain clearance indicator *rare*

Bodenhobel *m* <bau.masch> • scraper; grader

Bodenhobel mit Eigenantrieb *m* <bau.masch> • tractor scraper

Bodenhöhe *f* <aerospace> • ground level

Bodenhöhe *f* <bau> • floor level

Bodenhorizont *m* <agri> • soil horizon

Bodeninjektion *f* <bau> *(Bodenstabilisierung, z. B. bei Tunnelbau)* • soil injection

Bodenkanzel *f* <mil.aerospace> • undergun position; floor gun mount; belly turret

Bodenklappe *f* <allg> • bottom opening

Bodenklappe *f* <agri> • gate

Bodenklappe *f* <fz> *(z. B. Boot, Hubschrauber, Seilbahngondel)* • trap door

Bodenklappe *f* <logist> *(z. B. Behälter, Fahrzeug)* • drop bottom

Bodenklappe *f* <logist> *(Silo)* • hopper door; hinged hopper bottom *rare*

Bodenklappe *f* <pack> *(z. B. Schachtel)* • bottom flap

Bodenklappe *f* <verf> • bottom door

Bodenklappe *f* <verf> *(z. B. Behälter)* • bottom dump hatch

Bodenklassifikation *f* <agri.bau> • soil classification

Bodenkörnung *f* <agri> • soil separates

Bodenkörper *m* <chem> • precipitate; bottom sediment; bottom settlings

Bodenkörpermenge *f* <chem> • quantity of precipitate

Bodenkolonne *f* <chem.petr> *(Destillation)* • plate column; tray column

Bodenkolonnenwäscher *m* <verf> • plate scrubber; tray column scrubber

Bodenkontakt *m* <el> *(Lampenfassung)* • eyelet

Bodenkontakt *m* <el> • floor contact

Bodenkontakt *m* <licht> • contact plate

Bodenkontakt haben *vi* <kfz> • bottom *vi*; have ground contact *vi*

Bodenkontamination *f* <ents> • soil contamination; soil pollution

Bodenkontrollsegment *n* <navig> • control segment; ground segment; ground control segment; monitor and control segment

Bodenkontur *f* <geo> *(z. B. abgetastet von Flugkörpersteuerung)* • ground contour

Bodenkrümler *m* <agri> • soil miller

Bodenkühleinrichtung *f* <nukl> *(in KKW, unter dem Reaktorkern)* • core catcher system; core catcher *pract*

Bodenkunde *f* <geo> • pedology; soil thscce

bodenkundlich <geo> • pedological; pedologic

Bodenlängsspant *n* <nav> • bottom longitudinal

Bodenlängsträger *m* <masch> • bottom runner

Bodenlängsträger *m* <nav> • bottom longitudinal

Bodenlagerung *f* <logist> • bulk storage on ground level; floor storage

Bodenlagerung im Block *f* <logist> • block stacking

Bodenlandung *f* <aerospace> • alighting on ground *US*; alighting on earth *GB*

Bodenleder-Rollmaschine *f* <led> • bend rolling machine

Bodenleiste *f* <kfz> *(für Batterie)* • mounting rail

Bodenleitfähigkeit *f* <agri.el> • bulk soil conductivity

Bodenleitfähigkeit *f* <el> • earth conductivity

Bodenleitsystem *n* <aerospace> • ground-based navigation system

Bodenlockerung *f* <agri.bau> • soil loosening

Bodenlüfter *m* <nfz.hlk> *(z. B. Wohnwagen)* • bottom vent; floor vent

Bodenluft *f* <ents> • soil air

Bodenluftabsaugung *f* <ents.hlk> • vacuum extraction

Bodenluftabsaugungsverfahren *n* <ents> • vacuum extraction process

Bodenluftentnahme *f* <ents> • soil air withdrawal

Bodenluftpyknometer *n* <agri> • soil air pycnometer

Boden-Luft-Rakete *f* <mil> • ground-to-air missile; ground-to-air rocket

Bodenmaterial *n* <ents> • soil material

Bodenmatte *f* <kfz> • floor mat

Bodenmatten-Spannriemen *m* <kfz> • floor mat anchor

Bodenmechanik *f DIN 1080-6* <geo> • soil mechanics

Bodenmelioration *f* <agri> • soil improvement

Bodenmikrobiologie *f* <agri.bio> • soil microbiology

Bodenmikroorganismen *mpl* <bio> • soil microorganisms

Bodenmine *f* <mil> • ground mine

Bodenmontage *f* <energ.sol> *(zum Installation am Boden; Kollektor)* • ground-mount

Bodenmontage *f* <prod> *(Montage von Böden; z. B. in Destillierkolonnen)* • bottom assembly

Bodenmüdigkeit *f* <agri> • soil exhaustion

Bodennadel *f* <metall> *(Konverter)* • plug pin

Bodennährstoff *m* <agri> • soil nutrient

Bodennagel *m* <agri> *(zum Fixieren von Abdeckfolien auf Erdreich)* • anchor pin

bodennahe Fortpflanzung *f* <phys> *(von Wellen)* • duct propagation

Bodennavigation *f* <navig> • ground navigation

Bodennebel *m* <meteo> • ground fog

Bodenniederschlag *m* <verf> *(Niederschlag am Boden; z. B. in Behälter)* • sediment; bottom settlings; bottoms *pract*; settlings *coll*

Bodennutzung *f* <ökon> • land use

Bodennutzungsarten *pl* <agri.ökon> • types of land use

Bodennutzungsfaktor *m* <energ.sol> • fill factor

Bodennutzungsplanung *f* <ökon> • land use planning; land-use planning

Bodennutzungspolitik *f* <ökon> • land use policy

Bodenoberfläche *f* <geo> • soil surface; ground surface

Bodenöffnung f <tech.allg> • bottom opening
Bodenorganismus m <bio> • soil organism
Bodenorientierungspunkt m <navig> • prominent ground object
Bodenpacker m <agri> • furrow presser
Bodenpartikel m <tech.allg> (Erdreich) • soil particle
Bodenpartikelverlagerung fsg <ents> • particle translocation; soil migration
Bodenpeiler m <navig> • ground direction finder
Bodenpersonal n <aerospace> • ground staff
Bodenphysik f <geo.phys> • soil physics
Bodenplanierer m <bau.masch> • bed leveller
Bodenplanke f <nav> • bottom panel
Bodenplatte f <tech.allg> • bottom plate
Bodenplatte f <agri> • track shoe
Bodenplatte f <bau> (von Bauwerk) • foundation slab; foundation mat; base plate
Bodenplatte f <bau.innen> (z. B. Holzbretter, Bohlen) • floor board
Bodenplatte f <logist> (Palette) • bottom board
Bodenplatte f <logist> (von Ständerregal) • base plate US; footplate GB; load bearing plate US; bearing plate US
Bodenplatte f <masch> (z. B. einer Maschine) • baseplate
Bodenplatte f <phot> (Kamera) • bottom plate
Bodenplatte f <verf> (Umlaufrechen) • bootplate
Bodenporosität f <geo.agri.bau> • soil porosity
Bodenprägestempel m <pack> (Abstreckpresse) • domer
Bodenpressung f <bau> (durch Fundament, Sockel, Pfeiler etc.) • foundation pressure; ground pressure; bearing pressure
Bodenpressung f <fz> (durch Fahrzeugrad) • effective track pressure; track bearing pressure
Bodenpressung f <mech> (Druckbelastung auf Fußboden oder Baugrund; z. B. in N/mm²) • bearing pressure
Bodenprobenehmer m <agri> • soil sampler
Bodenprodukt n <chem.petr> (am Destillationsende) • bottom fraction; bottom product
Bodenprofil n <geo> • soil profile
Bodenprofilwerkzeug n <pack> (Abstreckpresse) • doming tool; doming die; domer tooling
Bodenprojektion f <phot> • floor projection
Bodenpunkt m <navig> • ground point
Bodenquetschnaht f <kst> (Blasformteil; z. B. an Kunststoffflasche, Benzinkanister) • bottom pinch-off line; bottom pinch-off weld
Bodenradantrieb m <agri> • land wheel take-off drive; ground wheel drive
Bodenradargerät n <navig> • ground-based radar equipment; ground radar set; ground radar
Bodenräumschild m <verf.hydr> • bottom sludge scraper blade; bottom scraper blade
Bodenrahmen m <masch> • floor frame
Bodenrahmen m <nfz> (Bus-Unterbau; skelettartige Struktur aus mehreren Gitterrahmen) • chassis frame; underframe; substructure frame
Bodenreflexion f <tele> (z. B. Radar) • ground reflection
Bodenreinigung f <ents> • soil decontamination; soil purification
Bodenreinigungsanlage f <ents> (für verseuchtes Erdreich; mobile oder stationäre Anlage) • soil decontamination system; soil treatment system; soil purification system; soil cleaning system
Bodenreißer m <metall> • bottom tearer
Bodenreißer m <pack> (Cupper) • crack
Bodenriegel m <logist> (Kragarmregal) • cantilever foot
Bodenrückstreuung f <tele> (z. B. Radar) • ground backscattering

Bodensatz m <nahr> (Niederschlag in Weinfässern, -flaschen) • lees; wine lees; bottoms
Bodensatz m ugs <verf> (Niederschlag am Boden; z. B. in Behälter) • sediment; bottom settlings; bottoms pract; settlings coll
Bodensau f <metall/verbr> • furnace bear; salamander
Bodenschädigung f DIN ISO 11074-1 <ökol> • soil damage ISO 11074-1
Bodenschätze mpl <ökon> • natural resources; mineral resources; mineral wealth; wealth underground
Bodenschicht f <geo> • soil layer; soil stratum thsc
Bodenschiene f <logist> (für Flurförderzeuge) • floor rail; ground-level rail; bottom track
Boden-Schiff-Rakete f <mil> • ground-to-sea missile; ground-to-ship missile
Bodenschild m <verf.hydr> • bottom sludge scraper blade; bottom scraper blade
Bodenschlamm m <verf.hydr> (Kläranlage) • bottom deposit; bottom sludge
Bodenschlitz m <ents> • slit trench
Bodenschutz msg <ents> (Deponie) • soil protection
Bodenschutzmaßnahmen fpl <ökol> • soil conservation measures
Bodenschwelle f <bau> • ground beam; ground plate
Bodensegment n <navig> • control segment; ground segment; ground control segment; monitor and control segment
Bodensenke f <geo> (Geländemulde) • depression; dip pract.coll; sink
Bodensenkung f <geo> (z. B. durch Grundwasserabsenkung, Bergbau) • ground settlement; surface subsidence; subsidence; settlement; settling
Bodensetzung f <geo> (z. B. durch Grundwasserabsenkung, Bergbau) • ground settlement; surface subsidence; subsidence; settlement; settling
Bodensetzungsgeschwindigkeit f <geo> • ground settling velocity; soil settling rate
Bodensonde f <msr> • soil probe; penetrometer
Bodenspant m <nav> • transom bottom frame; bottom frame
Bodenspant des Spiegels m <nav> • transom bottom frame; bottom frame
Bodenstabilisator m <bau.mat> • soil stabilizer; soil stabilizing agent
Bodenstabilisierung f <bau> • soil stabilization; soil solidification
Bodenstampfmaschine f <bau.masch> • bottom ramming machine; bottom rammer
Bodenstandardwert m <ents> • soil standard
Bodenstein m <bau.mat> (Herd) • hearth bottom
Bodenstein m <pap> (Kollergang) • bedstone; base stone
Bodenstein m <verf> (Mühle) • bottom millstone; lower millstone
Bodenstelle f <tele> (z. B. für Funkverkehr) • earth station; ground station
Bodenstempel m <pack> (Abstreckpresse) • domer
Bodenstörsignal n <tele> (z. B. Radar) • ground clutter
Bodenstöße mpl <kfz> • bumps; road bumps
Bodenstrahl m <aerospace> • ground ray
Boden-Stress m <pack.silik> (Glasflasche) • bottom stress
Bodenströmung f <tech.allg> • bottom current
Bodenstruktur f <geo> • soil structure
Bodenstrukturverbesserung f <agri> • soil conditioning
Bodenstückhebel m <mil> (zum Verschlussspannen) • automatic cocking lever
Bodenteil des Hauptspants n <nav> • midship bottom frame; bottom frame
Bodentemperatur f <agri> • soil temperature

Bodenthermometer *n* <agri.msr> • soil thermometer; earth thermometer

Bodentrocknung von Heu *f* <agri> • field curing of hay; field curing

Bodentyp *m* <geo/agri/bau> *(z. B. Eignung für Bebauung, Gebäudegründung)* • soil quality *ISO 11074-1*; character of soil; nature of soil; soil type

Bodenüberwachungsradar *n* <navig> • ground surveillance radar set; ground surveillance radar

Bodenüberwachungsradargerät *n* <navig> • ground surveillance radar set; ground surveillance radar

bodenunabhängiges Navigationssystem *n* <navig> • self-contained navigation system

Boden- und Deckelauffalzmaschine *f* <wz.masch> • double-ended seaming machine

Bodenunebenheit *f* <bau> • floor unevenness

Bodenuntersuchung *f* <tech.allg> *(z. B. Gebäudefundament, Landwirtschaft, Mülldeponie)* • soil testing

Bodenuntersuchung *f* <bau> *(Baugrund)* • site investigation; site survey

Bodenuntersuchung *f* <ents> • soil investigation

Bodenvektor *m* <navig> • ground vector

Bodenventil *n* <kfz> *(in Zweirohr-Stoßdämpfern)* • bottom check valve; foot valve; cylinder base valve; base valve

Bodenventil *n* <kfz.brems> *(im Hauptzylinder für Trommelbremsen)* • residual pressure valve; residual check valve; check valve

Bodenventil *n* <nfz> *(Silobehälter-Ablassventil)* • discharge outlet

Bodenventil *n* <verf> *(von Behältern, Tanks)* • bottom valve; foot valve

Bodenventil *n* <verf> • bottom valve

bodenverankerte Bodenmatte *f* <kfz.innen> • positive location floor mat *Ford*

Bodenverbesserung *f* <agri> • amelioration; soil conditioning; land improvement; soil improvement

Bodenverbesserungsmittel *n* <agri> • soil ameliorant; soil conditioner

Bodenverdichtung *f* <agri> • soil compression

Bodenverdichtung *f* <bau> • soil consolidation; soil compaction

bodenverfahrbares Regalförderzeug *n* <logist> *(zur Bedienung von Hochregallagern)* • aisle-based S/R machine; floor running S/R machine; bottom-running S/R machine

Bodenverfestigung *f* <bau> • soil solidification; soil stabilization

Bodenverfestigungspfahl *m* <bau> • consolidating pile

Bodenverfestigungswalze *f* <bau.masch> • compactor

Bodenverformung *f* <bau> • soil deformation

Bodenverkleidung *f* <kfz> • underside paneling

Bodenvermessung *f* <geo> • ground survey

Bodenvermörtelung *f* <bau> *(Wegebau)* • road mix

Bodenvermörtelung *f* <ents> *(zum Stabilisieren)* • soil grouting

Bodenvermörtelungsmaschine *f* <bau.masch> *(Wegebau)* • road mixer

Bodenversalzung *f* DIN ISO 11074-1 <geo> • soil salinization *ISO 11074-1*; soil salination

Bodenverschmutzung *f* <ents> • soil contamination; soil pollution

Bodenverstärkung *f* <mot> *(im Kurbelgehäuse)* • bedplate

Bodenverunreinigung *f* <ents> • soil contamination; soil pollution

Bodenwäsche *f* <ents> • soil washing

Bodenwanne *f* <kfz> *(Karosserie)* • floor pan

Bodenwaschverfahren *n* <ents> • soil washing process

Bodenwasser *n* <chem> • soil water

Bodenwegerung *f* <nav> • bottom ceiling

Bodenwelle *f* <phys> *(Wasser, Funk)* • ground wave

Bodenwelle *f* <verk> *(in Straße; konvex nach oben)* • road bump

Bodenwelle *f* <verk> *(in Straße; konkav nach unten)* • road dip

Bodenwerkzeug *n* <pack> *(Abstreckpresse)* • doming tool; doming die; domer tooling

Bodenwind *m* <meteo> • surface wind

Bodenwindkonverter *m* <metall> *(Bessemer-, Thomasbirne)* • bottom-blowing converter

Bodenwirkungsgrad *m* <chem.verf> *(Destillationskolonne)* • plate efficiency factor; plate efficiency; tray efficiency

Bodenwölbung *f* <pack> *(im Dosenboden)* • dome

Bodenwrange *f* <nav> • frame floor

Bodenwrangenplatte *f* <nav> • floor plate

Bodenzahl *f* <verf> *(Destillationskolonne)* • number of plates; number of trays; plate number

Bodenzement *m* <bau.mat> *(zum Stabilisieren)* • soil cement

Bodenzementierung *f* <ents> • cement stabilization; soil cementation

Boden-zu-Boden-Zeit *f* <prod> • floor-to-floor time

Bodenzünder *m* <mil> • base fuse

Bodenzwirn *m* <bekl> *(Schuhe)* • outsole stitching thread

Bodenzwirn *m* <textil> *(für Schuhsohlen)* • machine sewing thread

Bodenzwirn *m* <textil> *(Schuhe: Goodyear)* • welt machine thread

Bodenzwischenstück *n* <kfz> *(in Bodengruppe)* • floor panel connector

Body Copy *f* werb <doku> • body copy

Body Painting *n* <kunst> • body painting

Body-Shaker *m* <av> *(Tiefbass-Lautsprecher)* • body shaker

Body Temperature, Pressure, Saturated (BTPS) <med.tech> • body temperature, pressure, saturated (BTPS)

Bö *f IEV 415* <meteo> • gust *IEV 415*; wind gust; wind gusting

Böckchen *n* prakt <nfz> *(an Spurverstellfelgen)* • lug

Böe *f* <meteo> • gust *IEV 415*; wind gust; wind gusting

Böenmesser *m* <meteo> • gust meter

Böenschreiber *m* <meteo> • gust recorder

Bögchen *n* <textil> *(Spitzennadel)* • small bend

Bördel *f* <prod> • edge-flange; flange

Bördelblech *n* <mat> • flanged sheet

Bördeleisen *n* <wz> • bordering tool

Bördelgerät *n* <rls.wz> *(für Rohre; z. B. für Hydraulikleitung-Verschraubungen)* • flaring tool; pipe flaring tool

Bördelmaschine *f* <wz> *(für Bleche)* • flanging press; flanging machine; clinching machine; bordering machine; beading machine

Bördeln *n* <prod> *(Umbiegen einer Blechkante zum Entschärfen und Versteifen)* • beading; bead forming; edge-beading; clinching; bordering

Bördeln *n* <rls> *(Rohrenden flanschartig aufweiten; z. B. Hydraulikleitungen)* • flaring; flanging

bördeln *vt* <prod> *(Blechkante ganz umbiegen, dadurch entschärfen und versteifen)* • clinch *vt*; edge-bead *vt*; bead *vt*; flange *vt*; border *vt*

bördeln *vt* <rls> *(Rohrenden flanschartig aufweiten; z. B. Hydraulikleitungen)* • flare *vt*; flange *vt*

Bördelnaht *f* <füg> *(Bleche Bördelkante an Bördelkante verschweißt)* • flanged butt weld; flange weld; coach joint

Bördelnahtklebstoff *m* <füg> • hem-flange adhesive

Bördelnietung *f* <füg> • flanged-seam riveting

Bördelpresse f rar <rls.wz> (für Rohre; z. B. für Hydraulikleitung-Verschraubungen) • flaring tool; pipe flaring tool

Bördelrand m <masch> (ganz umgefalzte Blechkante) • clinched edge; flange edge; bead

Bördelriss m <qualit.mat> • fracture at the flange

Bördelrolle f <pack> (Pre-Necker/Necker) • necking disc; necking roll

Bördelstoß m <füg> (Bleche Bördelkante an Bördelkante verschweißt) • flanged butt weld; flange weld; coach joint

Bördelverbindung f <füg> • flared-fitting joint

Bördelversuch m <qualit.mat> • flanging test; flange test

Böschung f <bau> (z. B. eines Dammes, i.d.R. steil) • escarp

Böschung f <bau> (allg. Hang) • slope

Böschung f <bau> (an Ufer) • bank

Böschung f <bau> • earthslope

Böschungsabsatz m <bau> (waagerecht) • berm; bench; terrace; set-off

Böschungsabschwemmung f <bau> • slope wash

Böschungsaustritt m <bau> (z. B.einer Rigole) • roadside outlet

Böschungsbelag m <bau> • revetment; slope revetment

Böschungsbruch m <bau> • slope failure

Böschungsbruch m <bau> (in Tagebauen) • toe failure

Böschungsendstück n <bau> • mitered endpiece US; mitred endpiece GB

Böschungsfuß m <bau> • toe of slope; toe

Böschungshobel m <bau.masch> • slope grader; backsloper

Böschungslinie f <math> • slope line

Böschungsmäher m <agri> • verge grass cutter; verge mower

Böschungsmauer f <bau> • retaining wall

Böschungsneigung f <bau> (Damm) • batter

Böschungsprofil n <el> (Impuls) • sloped-wall profile

Böschungsrutschung f <bau> (allg., von oben herab) • earth slide

Böschungsrutschung f <bau> (betont: Versagen des Böschungsfußes) • toe failure

Böschungsschutz m <bau> • slope protection

Böschungsverhältnis n <bau> • gradient

Böschungsverkleidung f <bau> • revetment; slope revetment

Böschungswaage f <kfz.msr> • clinometer; inclinometer

Böschungswinkel m <bau> • sidewall slope angle; sidewall angle; slope angle

Böschungswinkel m <kfz> • entry angle to gradients; approach angle; departure angle

Böttcherei f <prod> • cooperage

Bogen m <allg> • arc

Bogen m <tech.allg> (gebogene, gekrümmte Linie, Form) • curvature

Bogen m <bahn> (Gleisbogen) • curve

Bogen m <bau> • arch

Bogen m <druck> (unbedruckt; z. B. Papier, Karton) • sheet

Bogen m <edv> • arc

Bogen m <masch> (Biegung) • bend

Bogen m <pap> (Papier) • sheet of paper; sheet

Bogen m <pap> (Karton) • board sheet

Bogen m <rls> (z. B. Rohr, Lüftungskanal) • conduit elbow; elbow

Bogenableger m <pap> • lay-boy

Bogenabzug m <bahn> (Oberleitung) • side span wire

Bogenanlegeapparat m <druck> • feeder; sheet-feeder; sheet feeder; sheet feed; feed

Bogenanleger m <druck> • feeder; sheet-feeder; sheet feeder; sheet feed; feed

Bogenanregung f <el> • arc excitation

Bogenanzahl f <textil> (Kräuselungsbogen) • number of crimping arcs

Bogenaufspannklaue f <druck> • U-clamp

Bogenaufstoßmaschine f <druck> • jogging machine; jogger

Bogenausbau m <min> • arch girder set

Bogenauslage f <druck> (einer Druckmaschine) • delivery; sheet delivery

Bogenausleger m <druck> (einer Druckmaschine) • delivery; sheet delivery

Bogenausrichtung f <druck> • sheet registering

Bogenbildung f <el> • arcing

Bogenbinder m <bau> • arched girder; arch girder

Bogenbrücke f <bau> • arched bridge; arch bridge

Bogendreieckläufer m <masch> (Drehkolben) • three-lobed rotor

Bogendruckmaschine f <druck> • sheet-fed printing machine; sheet-fed printing press

Bogendurchlass m <bau> • arch culvert

Bogenentladung f <el> • arc discharge

Bogen-Entroller m <druck> • sheet decurler; decurler

Bogenfachwerk n <bau> • tied-arch truss; arched truss

Bogenfänger m <druck> • sheet flyer; sheet stopper; taker-off

Bogenfahrt f <verk> • turn

Bogenfenster n <bau> • arch window; arched window

bogenförmig <bau> • arched; arcuate

Bogenformat n <pap> • sheet size

Bogenführung f <druck> (Führung für Bögen) • sheet guiding; sheet guide

Bogenführung f <prod> (gekrümmter Schlitz) • circular slot

Bogenführungstrommel f <druck> • sheet guide cylinder; conveyor roller

Bogengeradstoßmaschine f <druck> • jogging machine; jogger

Bogengewichtsmauer f <bau.hydr> • arch gravity dam; gravity arch dam

Bogengewichtsstaumauer f <bau.hydr> • arch gravity dam; gravity arch dam

Bogenglätteinrichtung f <druck> • sheet decurler; decurler

Bogenglätter m <druck> • sheet decurler; decurler

Bogen-Glättvorrichtung f <druck> • sheet decurler; decurler

Bogenglattstoßmaschine f <druck> • jogging machine; jogger

Bogengleis n <bahn> • curved track

Bogengrad m ugs <math> (Wissenschaft: Einheit Radiant) • degree of arc

Bogengreifer m <druck> • sheet gripper; frisket finger

Bogengrindel m <agri> • beam with curved section

Bogengröße f <pap> • sheet size

Bogenhalbmesser m <bahn> (Bogengleis) • radius of curvature

Bogenhalbstoff m <pap> • lapped pulp

Bogen-Handfaust f <kfz.wz> • comma dolly; curved dolly

Bogenkämpfer m <bau> • arch springer

Bogenkalander m <pap> • sheet calender

Bogenklammerschraube f DIN ISO 1891 <füg> • mushroom head anchor bolt

Bogenkohle f <füg> • arc lamp carbon; arc carbon

Bogenlänge f <math> • arc length

Bogenläufigkeit f <bahn> • curve passability

Bogenlampe f <licht> (allg.) • carbon-arc lamp; arc lamp

Bogenlampe f <theat.licht> (typ. Verfolgungsscheinwerfer) • arc light; arc lantern GB; arc follow spot; arc coll

Bogenlehrgerüst n <bau> • arch centering US; arch centring GB

Bogenleibung f <bau> • intrados
Bogenlineal n <doku> *(zum Zeichnen)* • circle guide
Bogenlöschung f <el> • arc extinction
Bogenmaß n <math> • radian measure
Bogenmaß n <msr> *(Einheit: Radiant)* • circular measure
Bogenminute f <phys> • arc minute
Bogen mit Zugband m <bau> • bowstring arch; tied arch
Bogenniederhalter m <druck> • sheet hold-down device
Bogenoffsetdruck m <druck> • sheet-fed offset printing; sheet-fed offset *pract*
Bogenoffset-Druckmaschine f <druck> • sheetfed press; sheet fed press; sheet-fed offset press; sheet-fed press
Bogenoffsetdruckmaschine f <druck> • sheetfed press; sheet fed press; sheet-fed offset press; sheet-fed press
Bogenoffsetmaschine f <druck> • sheetfed press; sheet fed press; sheet-fed offset press; sheet-fed press
Bogenpfeilermauer f <hydr> • multiple-arch dam
Bogenplasma n <nukl> • unipolar arc
Bogen pro Stunde <druck> *(Produktionsgeschwindigkeit)* • sheets per hour (sph)
Bogenrahmen m <bau> *(über Tür, Fenster)* • arched frame
Bogenrechen m <verf.hydr> *(allg.)* • curved bar screen *GB*; arc screen *US*
Bogenrechen m <verf.hydr> • radial bar screen; fully rotary arc screen *form*; arc screen *US*
Bogenrichter m <wz> • bow straightening roll
Bogenrohr n <rls> • elbow pipe; pipe bend *coll*
Bogenrotationsmaschine f <druck> • sheet-fed rotary printing press; sheet-fed rotary press
Bogenrundung f <bau> *(Zimmerei)* • centring
Bogensäge f <wz> • coping saw
Bogensatinage f <pap> • sheet calendering
Bogenschablone f <kunst> *(Zubehör)* • French curve; curve template; curve templet
Bogenschaftkolben m :V <kfz.mot> • slipper piston; trunk piston; full slipper
Bogenschalung f <bau> • arch form *US*; arch formwork
Bogenschenkel m <tech.allg> • haunch
Bogenschiene f <bahn> • curved rail
Bogenschrämmaschine f <min> • radial-type coal cutter
Bogenschubkurbel f <antr> • curved slider crank
Bogenschüttelmaschine f <druck> • jogging machine; jogger *pract*
Bogensekunde f <phys> *(SI-fremde Einheit des ebenen Winkels)* • arc second; second of arc; second *pract*
Bogensieb n <verf> • curved screen; bent sieve *rare*
Bogensignatur f <druck> • sheet signature; folio signature
Bogenspannung f <el> • arc voltage; arc potential
Bogenspannungsbreite f <wz.masch> • equivalent chip width
Bogenspannungsdicke f <wz.masch> • equivalent chip thickness
Bogenspektrum n <phys> • arc spectrum
Bogenstabilität f <füg> • loop stability
Bogenstaumauer f <bau.hydr> • arch dam
Bogenstreichmaschine f <pap> • sheet coater
Bogenstück n <rls> *(allg., Rohr oder Kanal; 1 bis 90°; e.g. 45-Grad-Bogen)* • elbow
Bogentiefdruckmaschine f <druck> • sheet-fed gravure press; sheet-fed gravure printing press
Bogenträger m <bau> • arched beam
Bogentrennung f <druck> • sheet separation
Bogenübergabe f <druck> • sheet transfer
Bogenüberschlag m <el> • arcing-over
Bogenverlust m <el> • arc-drop loss
Bogenverschalung f <bau> • arch form *US*; arch form-work; arch falsework *rare.obs*

bogenverzahnt <masch> *(Zahnräder)* • spiral-cut
bogenverzahntes Zahnrad n <antr> • spiral teeth gear; curved-tooth gear *rare*
Bogenverzahnung f <masch> *(Zahnräder)* • spiral teeth; curved teeth *rare*
Bogenverzug des Schussfadens m <textil> • bowed weft
Bogenweiche f <bahn> • bent switch *US*; curved points *GB*
Bogenwendeeinrichtung f <druck> *(für Druckbögen; z. B. Papier)* • sheet turning device
Bogenwendung f <druck> *(für Druckbögen; z. B. Papier)* • sheet turning device
Bogenwiderlager n <bau> • arch abutment; arch bearing
Bogenzähler m <druck> • sheet counter
Bogenzahnkegelrad n <antr> *(sehr ähnlich wie Hypoidkegelrad)* • spiral-tooth bevel gear
Bogenzirkel m <wz> • bow compass; wing divider
Bogenzündung f <el> • arc striking; arc initiation
Bogenzuführung f <druck> • sheet feeding
Bogenzuführungstisch m <druck> • feedboard
Bogenzwickel m <bau> *(Brückenbau)* • spandrel
Bogenzwickel m <bau> • spandrel
Bohle f <bau.mat> *(allg. aus Holz)* • plank
Bohle f <bau.mat> *(aus Tannen- od. Kiefernholz)* • deal
Bohle f <holz> • square plank
Bohlenbelag m <bau> • planking; decking
Bohm-Diffusion f <nukl> • Bohm diffusion; anomalous diffusion of plasma
Bohnenenthülser m <nahr> • bean sheller
Bohnermaschine f <innen> • electric floor polisher; floor polisher
Bohnerz n <min> • bean ore; pisolitic ore; pea ore
Bohr'scher Radius m <phys> • Bohr radius
Bohr'sches Atommodell n <chem.phys> • Bohr atom model; Bohr atom
Bohr'sches Auswahlprinzip n <phys> • Bohr selection principle; Bohr selection rule
Bohr'sches Korrespondenzprinzip n <phys> • Bohr correspondence principle; correspondence principle
Bohr'sches Magneton n <phys> • Bohr magneton
Bohr'sches Sandsackmodell n <phys> *(Atomkern)* • sandbag model
Bohr-, Fräs- und Gewindeschneidmaschine f <wz.masch> • drilling, boring, milling and tapping machine
Bohranlage f <petr> *(Gesamtanlage inkl. Turm, Kran etc.)* • drilling rig; drilling system; drilling unit; drilling outfit; drill rig
Bohransatzpunkt m <petr> *(einer Ölbohrung)* • surface location
Bohrarbeiten fpl <tech.allg> • drilling operations *pl*
Bohrausleger m <wz.masch> • radial drill arm
Bohrauslegerhöhenverstellung f <wz.masch> • arm elevation
Bohrautomat m <wz.masch> • automatic drilling machine; automatic boring machine
Bohrbericht m <petr> • drill log; boring journal; drilling journal
Bohrbild n <prod> • hole layout; hole pattern
Bohrbrunnen m <bau> *(Wasserversorgung)* • drilled well; bore well
Bohrbuchse f DIN 172 <prod> • press fit jig bush
Bohrbuchse f <wz> • drill guide bush; drill guide bushing
Bohrbühne f <petr> • derrick platform; derrick floor
Bohrbühne f <petr> *(mit drei Beinen)* • shear legs
Bohrdiamant m <wz> *(Bortgranulat oder -pulver auf Bohrkronen)* • drilling diamond; boring diamond; black diamond; bort

Bohrdrehmoment n <prod> • drill torque
Bohrdrehmomentmesser m <msr> • drill dynamometer
Bohrdrehzahlbereich m <wz.masch> • drilling speed range; boring speed range
Bohrdruck m <petr> *(allg.)* • drilling pressure
Bohrdruck m <prod> *(beim Aufbohren)* • boring pressure
Bohreinheit f <petr> *(Gesamtanlage inkl. Turm, Kran etc.)* • drilling rig; drilling system; drilling unit; drilling outfit; drill rig
Bohreinrichtung f <petr> *(Gesamtanlage inkl. Turm, Kran etc.)* • drilling rig; drilling system; drilling unit; drilling outfit; drill rig
Bohren n <tech.allg> *(Prozess)* • drilling process
Bohren n <petr> *(nach Bodenschätzen; z. B. Erdöl)* • drilling
Bohren n <prod> *(allg.; ins Volle)* • drilling
Bohren n <prod> *(im Gegensatz zum Schlagbohren)* • drill-only action
Bohren n <prod> *(vorhandene Bohrung aufweiten)* • boring
bohren vt <min> *(Kern holen)* • core vt
bohren vt ugs <petr> *(Bohrung)* • drill vt; sink vt
bohren vt <prod> *(allg.; in jedes Material, ins Volle; z. B. in Holz, Metall, nach Erdöl)* • drill vt
bohren vt <prod> *(vorhandene Bohrung aufweiten)* • bore vt
Bohren im Schelfgebiet n <petr> • offshore drilling
Bohren mit Dreirollenmeißel n <petr> • tricone drilling
Bohren mit Düsenmeißel n <petr> • jet bit drilling
Bohren mit Gasspülung n <petr> • gas drilling
Bohren mit Handhebelvorschub n <wz.masch> • sensitive drilling
Bohren mit Luftspülung n <petr> • air drilling
Bohren mit Rücklauf zum Ausspanen n <prod> • relief drilling
Bohren mit Sauerstofflanze n <prod> • oxygen lancing
Bohren mit Schlagbaum n <min> • spring-pole drilling
Bohren mittels Elektronenstrahls n <prod> • electron-beam drilling
Bohren mittels Stoßwellen n <prod> • shock-wave drilling
Bohren mit Verkehrtspülung n <petr> • reverse circulation drilling
Bohren mit Vorortantrieb n <petr> • mud motor drilling
Bohren ohne Schlagwerk n <prod> *(im Gegensatz zum Schlagbohren)* • drill-only action
Bohrer m <wz> *(Küfnerei)* • piercer
Bohrer m <wz> *(austauschbarer Werkzeug-Einsatz)* • drill bit; drill
Bohrer m <wz> *(allg.; manuell oder z. B. elektrisch, groß oder klein)* • drill; drilling tool *form*
Bohrer m ugs <wz> *(Elektrogerät für Handgebrauch)* • drill *pract*; power drill; electric drill *rare*; portable drill *rare*
Bohrer m ugs <wz> *(für sehr kleine Löcher in Holz; mit Handgriff)* • gimlet
Bohrer m ugs <wz> *(manuell, zum Kurbeln)* • hand drill; hand-held drill; drill *coll*
Bohrerachse f <wz> • drill axis
Bohreranschliff m <wz> • drill grind
Bohrerausspitzen n <prod> • drill pointing
Bohreraustreiber m <wz> • drill drift
Bohrerbruch m <prod> *(Resultat)* • drill break
Bohrerbruch m <prod> *(Vorgang)* • drill breakage
Bohrerdrehachse f <wz> • axis of drill rotation; rotating drill axis
Bohrerdrehung f <wz> • drill rotation
Bohrerdurchtritt m <prod> • drill breakthrough
Bohrereinspannen n <prod> • drill chucking
Bohrerführungsbuchse f <prod> • drill guide bush

Bohrer für Glasbearbeitung m <wz> • glass drill
Bohrerhülse f <prod> • drill sleeve; drill socket
Bohrerkern m <wz> • drill web; drill core
Bohrerlänge f <wz> • overall drill length
Bohrerlehre f <msr> • drill gauge
Bohrerlippe f <wz> • rib US; drill lip
Bohrer mit äußerer Ölzuführung m <wz> • drill with exterior oil channel; oil-groove drill
Bohrer mit Führungszapfen m <wz> • pin drill
Bohrer mit hartgelötetem Hartmetallplättchen n <wz> *(Steinbohrer)* • drill with brazed carbide tip
Bohrer mit Hartmetallspitze m <wz> • carbide-tipped drill bit
Bohrer mit Innenanzugsgewinde m <wz> • threaded-shank drill
Bohrer mit innerer Ölzuführung m <wz> • drill with interior oil channel; oil-hole drill
Bohrernachschliff m <wz> • drill regrinding
Bohrernut f <wz> • drill flute
Bohrerrücklauf m <prod> • drill return
Bohrerschaft m <wz> • drill shank
Bohrerscharfschleifmaschine f <wz.masch> • drill sharpening machine; drill grinding machine; drill sharpener; bit sharpener
Bohrerschlag m <prod> • drill whipping
Bohrerschleiflehre f <msr> • drill grinding gauge
Bohrerschneidkopf m <wz> • drill point
Bohrerspitze f <wz> • drill point
Bohrerspitzenwinkel m <wz> • drill point angle
Bohrerstandzeit f <prod> • bit life; drill life
Bohrerstauchmaschine f <wz.masch> • drill upsetting machine
Bohrervorschub m <prod> • drill feed
Bohrfeldgröße f <petr> • drilling range
Bohrfortschritt m <petr> • drilling progress; penetration advance; penetration rate; drilling rate; drill rate
Bohrfortschrittsschreiber m <petr> • penetrometer
Bohrfutter n <wz> *(von Bohrmaschinen mit Spannfutter)* • drill chuck; chuck
Bohrfutterkegel m <wz> • drill-chuck taper sleeve
Bohrfutterschlüssel m <wz> • drill chuck key; chuck key
Bohrfutterschlüsselhalter m <wz> • chuck key holder
Bohrgarnitur f <petr> *(Bohrkopf)* • bottomhole assembly (BHA); bottom hole assembly; bottom assembly
Bohrgarnitur f <petr> *(komplett, Gestänge mit Bohrkopf)* • drill assembly; drill stem with bit; string of tools; drill fittings
Bohrgarnitur mit Bohrturbine f <petr> • turbodrill assembly
Bohrgarnitur mit Vorortantrieb f <petr> • downhole motor assembly
Bohrgenauigkeit f <prod> • drilling accuracy; boring accuracy
Bohrgerät n <min> • drilling rig
Bohrgerät n <petr> • drilling system; drill rig
Bohrgerät n <wz.masch> • drill
Bohrgerät mit mehreren Bohrmaschinen n <wz.masch> • gang drill
Bohrgerüst n <min> • boring frame; boring trestle
Bohrgerüst n <petr> *(Turm über dem Bohrloch)* • derrick
Bohrgerüst n <petr> *(Gesamtanlage inkl. Turm, Kran etc.)* • drilling rig; drilling system; drilling unit; drilling outfit; drill rig
Bohrgeschwindigkeit f <petr> • drilling progress; penetration advance; penetration rate; drilling rate; drill rate
Bohrgestänge n <petr> *(zw. Bohrmaschine und Bohrwerkzeug)* • drill pipe; drill string; drill rod
Bohrgestängezange f <petr> • casing tongs; power tongs

Bohrgewindefräsen n <prod> • thrilling pract; thread mill drilling in patent appl.; drill/threadmilling

Bohrgewindefräser m <wz> • thriller pract; thread milling drill in patent appl.; drill/threadmill; combined drilling and thread-milling tool

Bohrgrat m <prod> • drilling burr

Bohrgut n <tech.allg> • drill cuttings pl; cuttings pl; drillings pl

Bohrhaken m <wz> • rotary hook; tool hook; spring hook

Bohrhammer m <bau.wz> • pneumatic drill; hammer drill

Bohrhammer m <min.wz> • percussion drill; reciprocating rock drill; jackhammer; stoper pract

Bohrhubinsel f <petr> • jack-up oil rig; off-shore self-elevating drilling platform; self-elevating drilling platform; jack-up drilling platform

Bohrhülse f <prod> • drilling-spindle sleeve

Bohrinsel f <petr> (Offshore) • drilling rig; oil-rig; drilling platform; boring platform; oil production platform

Bohrinselbeine npl <petr> • jacket legs

Bohrinselknoten m <petr> • point of a drilling platform

Bohrinselversorger m <nav.petr> (Offshore) • drilling rig supply ship; offshore supply vessel; oil-rig supply vessel

Bohrium n (Bh) <chem> • bohrium (Bh); unnilseptium obs

Bohrjournal n <min> • boring journal

Bohrjournal n <petr> • drilling journal; drill log; log

Bohrkasten m <prod> • box drill jig

Bohrkeller m <petr> • cellar

Bohrkern m <tech.allg> (als Gesteinsprobe; z. B. Boden-probe, Beton) • drill core; core pract; center core rare; center plug rare

Bohrkerne ziehen vt <tech.allg> (z. B. aus Boden, Fels, Beton) • core vt

Bohrkernprobe f <qualit> (z. B. zur Dokumentation der Betonqualität) • core sample

Bohrkernuntersuchung f <geo> (z. B. für Tiefbaupla-nung, Forschung, Erdölprospektion) • drill core analysis; core analysis pract

Bohrklein nsg <tech.allg> • drill cuttings pl; cuttings pl; drillings pl

Bohrklein nsg <geo> (Fels) • rock cuttings; debris

Bohrknarre f <wz> • ratchet bit brace; ratchet brace

Bohrknarrenbohrer m <wz> • ratchet brace bit

Bohrknecht m <min> • drill leg; air leg; feed leg

Bohrkörner m rar <wz> • center punch US; centre punch GB; puncher coll; pointed punch rare

Bohrkopf m <min> • boring head

Bohrkopf m <petr> • drilling head; bit crown; drill bit

Bohrkopf m <wz> (Meißelhalter) • boring tool-holder

Bohrkopfabschluss m <petr> • wellhead

Bohrkopf für veränderliches Bohrbild m <petr> • adjustable-type drill head

Bohrkopf mit eingesetzten Meißeln m <wz> • inserted-tooth boring cutter head; inserted-tooth cutter head

Bohrkopf mit Gelenkwellenantrieb m <petr> • univer-sal-joint drill head

Bohrkopf mit mehreren Meißeln m <wz> • multiple cutter head

Bohrkopfplatte f <wz.masch> • multispindle plate; cluster plate

Bohrkrone f <min> • boring head

Bohrkrone f <petr> • drilling head; bit crown; drill bit

Bohrkronenabschlagvorrichtung f <petr> • detaching device for taper joint drill bits

Bohrkronendrehzahl f <petr> • bit speed

Bohrkronenstandzeit f <wz> (Erdöl, Bergbau, Tunnel-bau) • depth per bit

Bohrlehre f <msr> • boring jig

Bohrloch n rar <tech.allg> (Resultat des Bohrens) • bore; boring; hole coll; borehole rare

Bohrloch n <petr> (Ergebnis des Bohrens vor Projekt-abschluss) • well; borehole; bore; hole; wellbore

Bohrlochablenkung f <petr> (Bohrlochrichtung) • deflec-tion; kick-off

Bohrlochabsperrvorrichtung f <petr> • blow-out pre-venter

Bohrlochabweichung f <petr> • hole drift; wandering; wander; walk; drift

Bohrlochbergbau m <min> • in-situ leaching; solution mining; underground leaching; leaching in place

Bohrlochdurchmesser m <petr> • hole caliber; hole gauge; hole diameter

Bohrloch entrohren vt <petr> • remove the casing vt; pull the casing vt

Bohrloch erweitern vt <min> • ream out vt

Bohrlochfertigstellung f <petr> • completion [of an oil well]; well completion

Bohrlochfußpunkt m <petr> (unteres Ende des Bohrlochs) • bottomhole location

Bohrlochkaliber n <petr> • hole caliber; hole gauge; hole diameter

Bohrlochkaliber n <petr.msr> (Bohrloch-Messeinrich-tung) • caliber; calliber rare

Bohrlochkern m <petr> • drill core; well core

Bohrlochknick m <petr> • dogleg

Bohrlochkomplettierung f <petr> • completion [of an oil well]; well completion

Bohrlochkopf m <petr> • wellhead

Bohrlochkreiselpumpe f <förd> (Kreiselpumpe) • bore-hole pump; borehole centrifugal pump

Bohrlochkrümmung f <petr> • hole curvature; curva-ture

Bohrlochkrümmung f <petr> (Stärke der Bohrlochkrüm-mung) • dogleg severity :V

Bohrlochlog n <doku> • borehole log

Bohrloch-Messdiagramm n <petr.doku> (von Bohrun-gen) • log; borehole log

Bohrlochmessung f <petr> (Ermittlung von Gesteins-eigenschaften und Formationsinhalt) • log; well log

Bohrlochmessung f <petr> (Ermittlung von Neigung und Richtung des Bohrlochs) • well survey; survey pract; borehole survey rare

Bohrlochmessung nach der Neutronen-Gamma-Methode f <petr> • neutron-gamma well logging

Bohrlochmesswagen m <petr.nfz> • logging truck

Bohrloch mit gestreckter Ladung n <spreng> • slick hole

Bohrloch mit Nenndurchmesser n <petr> • full-gauge hole

Bohrlochmund m <petr> • borehole mouth; well mouth

Bohrlochmund m <prod> • hole collar

Bohrlochneigung f <petr> • inclination

Bohrlochpfeife f <petr> • dead hole; blown-out hole

Bohrlochpumpe f <förd> (Kreiselpumpe) • borehole pump; borehole centrifugal pump

Bohrlochpumpe f <förd> (Kolbenpumpe) • borehole pis-ton pump; borehole pump

Bohrlochräumer m <petr> • reamer shell; broaching bit; cleanser pract

Bohrlochrichtung f <petr> • well direction; direction of the well; hole direction

Bohrlochrichtungswinkel m <petr> • azimuth

Bohrlochringraum m <petr> • well annulus

Bohrlochsicherung f <petr> (als Maßnahme) • blowout prevention

Bohrlochsicherung f <petr> • blow-out preventer

Bohrlochsohle f <petr> • well bottom; bottom of the well; bottom of the hole

Bohrlochsohle f <prod> • hole bottom

Bohrlochsohlenreinigung f <petr> *(durch die Bohrspülung)* • bottomhole cleaning

Bohrlochteufe f <petr> • depth of the hole

Bohrlochtorpedierung f <petr> • well shooting

Bohrlochtorpedo m <petr> • torpedo

Bohrlochverflanschung f <petr> • well head

Bohrlochverlauf m <petr> *(allg.)* • course of the well; course of the borehole; hole course; well path; well course

Bohrlochverlauf m <petr> *(bei Richtbohrungen)* • wellbore trajectory

Bohrlochvermessung im offenen Bohrloch f <petr> • open hole survey

Bohrlochverrohrung f <petr> • borehole casing

Bohrlochwand f <petr> • borehole wall

Bohrlochwandkratzer m <petr> • wall scratcher; scratcher

Bohrlochwandung f <prod> • drill hole wall

Bohrlochwellenpumpe f <petr.förd> • vertical turbine pump; shaft-driven borehole pump; vertical-shaft turbine pump; borehole pump

Bohrlöffel m <bau.masch> • shell auger

Bohrlöffel m <petr> • sludger

Bohrlokation f <petr> • well location; drilling location; well site; drill site

Bohrmaschine f <wz> *(Elektrogerät für Handgebrauch)* • drill *pract*; power drill; electric drill *rare*; portable drill *rare*

Bohrmaschine mit selbsttätiger Positionierung f <wz.masch> • automatically positioning boring machine

Bohrmaschine mit Spindelvorschub f <wz.masch> • screwfeed machine; drifter

Bohrmaschine mit stufenloser Drehzahl und Rechts/Links-Lauf f <wz> • variable-speed reversible drill; VSR drill

Bohrmehl n <obfl.holz> • borer dust; flourlike bore dust; frass

Bohrmeißel m <petr.geo> *(für Erdbohrungen)* • drill bit; drilling bit; rotary bit; bit *pract*

Bohrmeißel m <wz.masch> *(Ein-Schneiden-Werkzeug)* • single-point boring tool

Bohrmeißelhalter m <wz.masch> • boring-tool holder

Bohrmeißelverbindungsstück n <petr> • bit rotating sub; bit sub *pract*

Bohrmesser n <wz.masch> *(zum Tiefbohren)* • boring-bar cutter; boring tool; boring bit

Bohrmethode f <petr> • drilling system

Bohrmotor m <petr> • downhole motor; mud motor; drilling motor

Bohröl n <tribo> • drilling oil; boring oil

Bohrpfahl m DIN 4014 <bau> • bored pile

Bohrpfahl m <bau> *(einbetoniert)* • cast-in-place bored pile

Bohrpfahlwand f <bau> • bored diaphragm

Bohrplatte f <prod> • jig plate

Bohrplatte f <prod> *(Mehrspindelmaschine)* • multiple-spindle plate; cluster plate

Bohrplattform f <petr> *(Offshore)* • drilling rig; oil-rig; drilling platform; boring platform; oil production platform

Bohrprobe f <min> *(Erdölprospektion, Tiefbauvorbereitung, Forschung)* • core sample

Bohrprobe f <petr> • drill sample

Bohrpunkt m <petr> *(einer Ölbohrung)* • surface location

Bohrraster m <min> • drilling pattern

Bohrratsche f <wz> • ratchet bit brace; ratchet brace

Bohrrechteck n <prod> • area of drilling

Bohrring m <wz> • hollow milling tool; hollow mill

Bohrrohr n <petr> • drill pipe; casing pipe

Bohrrohr n <wz.masch> • trepanning bar

Bohrrohrfangkeil m <petr> • drill pipe slip

Bohrschablone f <prod> • drilling template; hole director; drilling jig

Bohrschere f <wz.masch> • drilling jars; drill jars

Bohrscher Wasserstoffradius m <phys> • Bohr radius

Bohrschiff n <nav> • drilling ship

Bohrschlamm m <petr> • drilling mud; rotary mud; slime sludge; sludge

Bohrschlammischer m <bau.masch> • mud mixer; jet mixer

Bohrschlitten m <min> • drilling saddle

Bohrschlitten m <wz.masch> • spindle head; spindle slide

Bohrschraube f <füg> • self-drilling screw; self-cutting screw

Bohrschrauber m <wz> • cordless drill/driver

Bohrschutzgerüst n <petr> • well protector

Bohrschwengel m <petr> *(Seilbohren)* • walking beam

Bohrseil n <petr> • drill wire cable; drill cable; drill rope; bull rope

Bohrsetzstock m <wz.masch> • boring stay

Bohrspan m <prod> • drilling chip; boring chip

Bohrspindel f <wz.masch> • drilling spindle; boring spindle

Bohrspindelanordnung f <wz.masch> • drilling spindle arrangement; drill spindle arrangement

Bohrspindelhülse f <wz.masch> • drill spindle sleeve

Bohrspindelschlitten m <wz.masch> • drilling head slide; boring head slide

Bohrspitze f <masch> *(einer Schraube)* • drill point

Bohrspülprobe f <petr> • sludge sample

Bohrspülung f <petr> *(Vorgang)* • bore hole flushing

Bohrspülung f <petr> *(Material)* • mud fluid; drilling fluid; mud flush *pract*; mud *pract*

Bohrspülungsfiltrat n <petr> • drilling fluid filtrate; mud filtrate

Bohrständer m <wz.masch> *(zum stationären Gebrauch einer Handbohrmaschine)* • drill stand attachment

Bohrstange f <petr> • drill stem; drill rod

Bohrstange f <wz.masch> • boring bar

Bohrstangenführungslager n <wz.masch> • boring-bar steady bracket; boring-bar steady bearing

Bohrstangenmesser n <wz> • boring-bar cutter

Bohrstaub m <petr> • drill dust

Bohrstelle f <petr> *(Ort der Bohrung)* • well location; well site; drill site

Bohrstock m <wz> • auger

Bohrstrang m <petr> • drill string; drilling string; drilling column; drilling line; drill stem *rare*

Bohrstück n <petr> • cutting head; drill bit; drill tip

Bohrstütze f <min> • drill stand

Bohrsupport m <wz.masch> • boring head

Bohrtender m <petr> *(Offshore)* • drilling tender

Bohrtiefe f <petr> *(allg.; Soll und Ist)* • drill depth

Bohrtiefe f <petr> *(tatsächlich)* • drilled depth

Bohrtiefe f <prod> *(allg.)* • bore depth; boring depth; drilling depth

Bohrtiefenanschlag m <prod> • drilling depth stop; boring depth stop

Bohrtiefenanzeiger m <prod> • drilling depth indicator; boring depth indicator

Bohrtiefenbegrenzer m <prod> • drilling feed depth gauge; boring feed depth gauge

Bohrtiefenbegrenzung f <prod> • drilling feed depth limitation; boring feed depth limitation

Bohrtiefenmesseinrichtung f <msr> • drilling depth measuring device; boring depth measuring device

Bohrtiefenrundskale f <msr> • drilling depth dial; boring depth dial

Bohrtiefenskale f <msr> • graduated depth gauge

Bohrtisch m <prod> • rotary table; turntable; table

Bohrtisch m <wz.masch> • drilling machine table; boring machine table

Bohrtrommel f <prod> • bull wheel

Bohrturbine f <petr> • turbine; turbo drill

Bohrturm m <petr> • drill tower; drill derrick

Bohrturmbühne f <petr> • drilling derrick platform

Bohr- und Arbeitsplattform f <petr> • working and production platform

Bohr- und Ausbohrarbeiten fpl <prod> • drilling and boring operations

Bohr- und Fräsgerät n form <wz> (zum Bohren, Schleifen, Trennen, Fräsen, Polieren, Gravieren) • precision drilling and grinding tool; Dremel ᵀᴹpract

Bohr- und Fräswerk n <wz.masch> • horizontal boring and milling machine

Bohr- und Hubinsel f <petr> • drilling and lifting platform

Bohr- und Plandrehmaschine f <wz.masch> • boring and facing lathe

Bohr- und Produktions-Plattform f <petr> • drilling and production platform; drill and production platform; rigs and production platforms

Bohrung f <tech.allg> (Resultat des Bohrens) • bore; boring; hole coll; borehole rare

Bohrung f <tech.allg> (Prozess) • drilling process

Bohrung f <logist> (in Regalständern, zur Aufnahme der Fachböden) • perforation; hole pattern; slot pattern

Bohrung f <masch> (Innendurchmesser eines Zylinders; z. B. Kolbenmaschine, Hydraulik) • bore; cylinder bore rare

Bohrung f <masch> (sehr fein; z. B. von Einspritzdüsen, Verzögerungsventilen) • metered port; metered drilling; metered bore; bore

Bohrung f <petr> (Ergebnis aller Bohrarbeiten, Gesamtprojekt) • well

Bohrung f <petr> (Ergebnis des Bohrens vor Projektabschluss) • well; borehole; bore; hole; wellbore

Bohrung f <petr> (Ort der Bohrung) • well location; well site; drill site

Bohrung M10 f <masch> • M10 threaded hole

Bohrung mit Innengewinde f <füg> (mit Gewinde versehen) • tapped hole; threaded hole; taphole rare; pretapped hole rare

Bohrung niederbringen vi <petr> • bore a well vi

Bohrungsdurchbruch m <prod> • borehole exit; hole exit

Bohrungsdurchmesser m <masch> • bore diameter

Bohrungsdurchmessertoleranz f <qualit> • bore diameter limits

Bohrungsflucht f <prod> • alignment of bores

Bohrungsgrund m <prod> • hole bottom

Bohrungsgrund bearbeiten vt <prod> • bottom vt

Bohrungsgrundbearbeitung f <prod> • bottoming

Bohrungslehre f <msr> • bore gauge

Bohrungsmantel m <masch> • inner cylinder surface

Bohrungsmessgerät n <msr> • bore measuring gauge; bore meter rare

Bohrungsmessung f <msr> • bore gauging

Bohrungsmittenabstand m <prod> • hole-center distance

Bohrungsschaber m rar <wz> (mit drei Schneiden) • triangular scraper

Bohrungstiefe f <petr> • bore depth

Bohrungstiefe f <prod> • hole depth

Bohrungswandung f <prod> • hole wall

Bohrverfahren n <petr> • drilling system

Bohrvorgang m <tech.allg> (Prozess) • drilling process

Bohrvorrichtung f <wz.masch> • drilling jig; boring jig

Bohrvorschub m <prod> • drilling feed; boring feed

Bohrvorschubbereich m <wz.masch> • boring feed range

Bohrwagen m <min> • mobile drill; drill carriage; wagon drill

Bohrwerk n <wz.masch> • boring mill

Bohrwerkzeug n <petr.wz> (Erdölbohrung) • bit; drilling bit; rotary bit; reamer; core head

Bohrwerkzeug n form <wz> (allg.; manuell oder z. B. elektrisch, groß oder klein) • drill; drilling tool form

Bohrwinde f <wz> • breast drill; bit brace

Bohrzeug n <petr> • drilling assembly; drill stem with bit; drill assembly; string of tools

Bohrzusatzeinrichtung f <wz.masch> • drilling attachment; boring attachment

Bohrzyklus m <prod> • canned cycle

Bohrzylinder m <min> • drill cylinder

Boileremaillierung f <obfl.hlk> • hot water tank enamelling

Boje f <nav> (Markierung, Navigationshilfe) • buoy

Bojeanker m <nav> • mooring anchor

Bojenleger m prakt <nav> • buoy-laying ship

Bojenlegeschiff n <nav> • buoy-laying ship

Bojenschiff n <nav> • buoy-laying ship

Bok'sche Globulen mpl <astron> • Bok globules pl

Bollwerk n <bau> (als Wellenbrecher oder Pier) • mole; jetty; harbor mole

Bolometer n <astron> (Gerät zur Messung der Gesamtstrahlung eines Sterns) • bolometer

Bolometerbrücke f <msr> • bolometer bridge

Bolometermessbrücke f <msr> • bolometer bridge

bolometrisch <msr> • bolometric

Boloskop n <aerospace> (Endoskop für Triebwerke) • boloscope

Bolt-Snap-Haken m <füg> (an Riemen, Ketten; z. B. typ. an Hundeleinen) • bolt snap

Boltzmann-Faktor m <phys> • Boltzmann factor

Boltzmann-Gleichung f <phys> • Boltzmann's transport equation; Boltzmann transport equation; Boltzmann equation; Maxwell-Boltzmann equation

Boltzmann-Konstante f (k) <phys> • Boltzmann atomic constant (k); Boltzmann constant; Boltzmann's constant

Boltzmann-Näherung f <phys> • Boltzmann approximation

Boltzmannsche Konstante f <phys> • Boltzmann atomic constant (k); Boltzmann constant; Boltzmann's constant

Boltzmann-Statistik f <phys> • Boltzmann statistics; Maxwell-Boltzmann statistics

Boltzmann-Wlassow-Gleichung f <phys> • Boltzmann-Vlasov equation

Bolzen m ugs. <füg> (allg.) • stud; stud bolt rare

Bolzen m prakt.ugs <kfz> (zur Radbefestigung) • wheel bolt; wheel lug bolt US

Bolzen m prakt <masch> (erlaubt Schwenk-, Kippbewegung; z. B. an Generator, in Schäkel) • pivot bolt; pivot pin; hinge pin; fulcrum pin GB; pintle

Bolzenachse f <füg> • thread axis; axis of thread did; axis

Bolzenaufschweißen n <füg> • stud welding

Bolzenauge n <mot> • gudgeon-pin hole

Bolzenausdreher m rar <kfz.wz> • stud extractor; stud remover and installer form; stud setter and extractor BE.form; stud remover

Bolzenfeder f <kfz.mot> (Wankelmotor-Kantendichtung) • corner seal spring

Bolzengelenk n <masch> • pinned hinge; pinned joint

Bolzengewinde n <füg> (von Schrauben) • external thread; male thread; bolt thread; screw thread; A thread US

Bolzengewindeschneidmaschine f <wz.masch> • bolt thread cutting machine

Bolzenkäfig m DIN ISO 5593 <masch> (Wälzlager) • pin cage ISO 5593

Bolzenloch n <kfz> *(z. B. im Rad)* • stud hole; bolt hole

Bolzenlochanzahl f <kfz> *(Rad)* • number of stud holes

Bolzenlochausführung f <fz> *(Kfz-Rad)* • type of stud holes; stud hole type

Bolzenlochkreis m <kfz> *(Felge)* • pitch circle (PC); pitch circle of bolt holes *did*; stud hole circle; stud circle; bolt hole circle *rar*

Bolzenlochkreisdurchmesser m <kfz> *(Felge)* • pitch circle diameter (PCD); pitch circle diameter of bolt holes; stud hole circle diameter; stud circle diameter; bolt hole circle diameter

Bolzenlochtyp m <fz> *(Kfz-Rad)* • type of stud holes; stud hole type

Bolzenlochzahl f <kfz> *(Rad)* • number of stud holes

Bolzenlochzentrierung f <kfz> *(Rad; im Ggs. zur Mittenzentrierung)* • stud centering; stud hole centering; stud hole mounting; stud mounting

Bolzen mit Splint m <füg> • cotter bolt

Bolzenschaftfräsmaschine f <wz.masch> • bolt milling machine

Bolzenschießgerät n DIN 7260-1 <wz> • explosive-actuated tool

Bolzenschneider m <wz> *(mit Kniehebelmechanik)* • bolt cutter; cable cutter *US*; bolt clipper

Bolzenschraube f DIN 918 <füg> *(allg.)* • stud; stud bolt *rare*

Bolzenschrotausbau m <min> • prop-crib timbering

Bolzenschussgerät n <bau.wz> • cartridge hammer; explosive-cartridge fastening tool *did*

Bolzenschussgerät n <wz> • bolt firing device; bolt gun *pract*

Bolzenschweißen n <füg> • stud welding

Bolzenschweißgerät n <füg> • stud-welding head

Bolzenschweißpistole f <füg.wz> • stud welding gun

Bolzensetzer m <wz> • stud driver

Bolzensetzgerät n <wz> • explosive-actuated tool

Bolzenspitzmaschine f <wz.masch> • bolt pointer

Bolzenzentrierung f <kfz> *(Rad; im Ggs. zur Mittenzentrierung)* • stud centering; stud hole centering; stud hole mounting; stud mounting

Bombage f <masch> *(allg. ballige Fläche; z. B. Walze, Flachriemenscheibe)* • crown; crowning; camber

Bombage f <nahr> *(bei Konservendosen mit verdorbenem Inhalt)* • buckling

Bombardement n <mil> • bombardment

bombardieren vt <mil> • bomb vt; bombard vt

Bombe f <mil> • bomb

Bombenabdrift f <mil> • bomb inclination

Bombenabwurfgerät n <mil> • bomb dropping device; bomb-release assembly; bomb rack *pract*

Bombenabwurfhöhe f <mil> • bombing altitude

Bombenabwurfschacht m <mil> • bomb chute

Bombenabwurfwinkel m <mil> • tangent angle

Bombenaufhängung f <mil> • bomb carrier; bomb-bay rack

Bombenauslösehebel m <mil> • bomb-release handle; bomb-release lever

Bombenauslösepunkt m <mil> • point of bomb release

Bombenflugzeug n <mil> • bombing aircraft; bomber *coll*

Bombenkalorimeter n <msr> • bomb calorimeter; calorimetric bomb

Bombenluke f <mil> • bomb door

Bombennotabwurfplatz m <mil> • emergency bomb-jettison field

Bombenofen m <verbr> • Carius furnace; tube furnace

Bombenpunktwurf m <mil> • pinpoint bombing

Bombenraum m <mil> • bomb bay; bomb compartment

Bombenreihenwurf m <mil> • stick bombing; train release [of bombs]

Bombenrohr n <chem> • bomb tube

Bombenrohr nach Carius n <chem> • Carius tube; Carius bomb tube

Bombenschacht m <mil> • bomb bay; bomb compartment

Bombenträger m <mil> • bomb carrier

Bomben- und Torpedoflugzeug n <mil> • torpedo bomber

Bombenvisier n <mil> • bombsight

Bombenwurfrechner m <mil> • tangent angle computer

Bombenzielfernrohr n <mil> • optical bombsight

Bomber m ugs <mil> • bombing aircraft; bomber *coll*

bombieren vt <prod> *(nach außen wölben; z. B. Bleche)* • camber vt; crown vt

bombiert <tech.allg> *(Blech)* • convex

bombierte Rolle f DIN ISO 5593 <masch> *(Wälzlager)* • crowned roller *ISO 5593*

Bombierung f <masch> *(konvexe Wölbung von Flächen)* • crown

Bombierung von Presswalzen f <masch> • crowning of press rolls

Bombyx mori m <bio.textil> • bombyx mori; mulberry silkworm; domesticated silkworm; cultivated silkworm; silk worm moth

Boms m <silik> *(Einlagekörper)* • case

Bond m <füg> *(el. od. mech. Verbindung)* • bond

Bondabdruck m <füg> • bond impression

Bondabheber m <füg> *(Defekt)* • bond lift-off; bond off *pract.coll*

Bondabhebung f <füg> *(Defekt)* • bond lift-off; bond off *pract.coll*

Bondage-Seil n <spiel> • bondage rope

Bondbarkeit fsg <füg> • bondability

Bonddraht m <ic> • bonding wire; bond wire

Bonddruck m <el.ic.prod> *(beim Verbinden von Draht und Bondpad)* • bonding force; bond force

Bonden n <ic> *(von Chips und Anschlussdrähten)* • bonding

bonden vt <ic> *(Anschlussdrähte an Chip)* • bond vt

Bonden bei tieferliegendem ersten Bond n <ic> • up-bonding

Bonden der Außenanschlüsse n <el.ic.prod> • outer lead bonding (OLB)

Bonden mit der aktiven Seite des Chips nach oben n <ic> *(typ. Methode)* • face-up bonding; back bonding

Bonden mit der aktiven Seite nach oben n <ic> *(typ. Methode)* • face-up bonding; back bonding

Bonder m <ic.wz.masch> *(Chip-Prod.)* • bonder

bonderisieren vt <obfl> *(Oberflächenvergütung)* • bonderize vt

bondern vt <obfl> *(Oberflächenvergütung)* • bonderize vt

Bonder-Verfahren n <obfl> • Bonder process

Bondfläche f <füg> • bonding area; bond surface

Bondfleck m K&S <füg> • bonding pad; bonding island; bond site; bond pad *pract*

Bondfuß m <ic> • bonding foot

Bondheel m <ic> *(Chip-Drahtverbindung)* • heel

Bondhöcker m <ic> *(auf Chip)* • bump

Bondhügel m <ic> *(auf Chip)* • bump

Bondinsel f <füg> • bonding pad; bonding island; bond site; bond pad *pract*

Bondkapillare f <el.ic.prod> *(Bondwerkzeug beim Ball-Bonden)* • capillary

Bondkeil m <ic.wz> *(Bondwerkzeug beim Wedge-Wedge-Verfahren)* • bond wedge; wedge

Bondkopf m <füg> • bonding head

Bondkraft f <el.ic.prod> *(beim Verbinden von Draht und Bondpad)* • bonding force; bond force

Bondlänge f (BL) <ic> • bond length (BL)

Bondmethode *f* <füg> • bonding process; bonding technique

Bondpad *m prakt* <füg> • bonding pad; bonding island; bond site; bond pad *pract*

Bondparameter *m* <füg> • bonding parameter

Bondstation *f K&S* <füg> • workholder

Bondstelle *f* <füg> • bonding area; bond surface

Bondstellenzahl *f* <el> • bond count

Bondtechnologie *f* <füg> • bonding technology

Bondtemperatur *f* <füg> • bonding temperature

Bondverfahren *n* <füg> • bonding process; bonding technique

Bondverformung *f* <ic> • bond deformation; wire deformation

Bondvorgang *m* <füg> • bonding process

Bondwedge *m* <ic.wz> *(Bondwerkzeug beim Wedge-Wedge-Verfahren)* • bond wedge; wedge

Bondwerkzeug *n* <füg.wz> • bonding tool; bonding device

Bondzeit *f* <füg> • bonding time

Bondzuverlässigkeit *f* <füg> • bonding reliability

Bondzyklus *m* <ic> • bonding cycle

Bonusmeilen *fpl* <tour> • bonus miles *pl*

Bookbinder-Technologie *f* <el.ic.prod> *(für starrflexible Multilayer)* • bookbinder technology

Boole'sche Operation *f* <edv> • Boolean operation

Boole'sche Algebra *f* <math> • Boolean algebra; switching algebra

Boole'sche Ergibtanweisung *f* <edv> • logical assignment statement

Boole'sche Operation *f* <edv> • Boolean operation

Boole'scher Ausdruck *m* <math> *(z. B. für Software, Abfragen, Leittechnik)* • conditional expression; Boolean expression; logical expression

Boole'scher Ausdruck *m* <term> • logical expression; Boolean expression

Boole'sche Verknüpfung *f* <math> *(z. B. für Software, Abfragen, Leittechnik)* • Boolean operation

boolescher Ausdruck *m* <term> • logical expression; Boolean expression

Boolesches Modell *n* <edv> • Constructive Solid Geometry Model; CSG model

Booster *m* <el> • power booster; booster

Boosterdiode *f* <el> • booster diode; efficiency diode

Booster-Effekt *m* <tech.allg> • booster effect

Booster-Plattform *f prakt* <petr> • booster station

Boosterpumpe *f* <förd> • booster pump

Booster-Station *f prakt* <petr> • booster station

Boostersteuerung *f* <msr> • boost control

Boot *n ugs* <kfz> *(Motorrad)* • side-car

Boot *n* <nav> • boat

booten *vi/vt* [bu:ten] <edv> *(Computersystem)* • boot *vi/vt*

Bootsanhänger *m* <kfz> • boat trailer

Bootsausrüstung *f* <nav> • boat's outfit; boat equipment

Bootsbau *m* <nav> • boatbuilding

Bootsbausperrholz *n* <nav.mat> • marine plywood

Bootshaken *m* <nav> • grappling hook; boat hook

Bootsheißmaschine *f* <nav.förd> • boat hoist

Bootsklasse *f* <nav> • class

Bootskörper *m* <nav> *(klein)* • hull

Bootslack *m* <obfl.nav> *(allg.)* • marine varnish; boat varnish

Bootslack *m* <obfl.nav> *(betont: für Holzteile, Sparren)* • spar varnish

Bootslaterne *f ugs.obs* <nav> *(grün auf Steuerbord, rot auf Backbord)* • navigation light

Bootsmotor *m* <mot.nav> • marine engine

Bootsmotorenöl *n* <tribo.nav> • marine engine oil

Bootsname *m* <nav> • name of craft

Bootssteg *m* <nav> • landing stage; boat-walk

Bootstrap-Assessment *n* <qualit> *(von Unternehmensabläufen)* • bootstrap assessment

Bootstrap-Lader *m* <edv> • bootstrap loader

Bootstrap-Modell *n* <edv> • bootstrap scheme

Bootstrap-Programm *n* <edv> • bootstrap program; bootstrap routine

Bootstrap-Schaltung *f* <edv> • bootstrap circuit

Bootstrap-Verstärker *m* <el> • bootstrap amplifier

Bootswerft *f* <nav> • boatbuilding yard

Bootswinde *f* <nav.förd> • boat winch

BOPP <kst> • biaxially oriented polypropylene (BOPP)

Bor *n* (B) <chem> • boron (B)

Boracicum acidum *n wiss* <chem> • boracic acid; boracicum acidum *thsc*; boric acid

Boran *n* <chem> • borane; boron hydride

Borat *n* <chem> • borate

Borax *n* <chem> • borax; sodium tetraborate decahydrate

Boraxperle *f* <chem> • borax bead

Boraxprobe *f prakt* <chem> *(Vorprobe)* • borax bead test

Borcarbid *n* (B_4C) <chem> *(härtester Stoff nach Diamant)* • boron carbide

Bord *m* <fz> *(Schiff, Flugzeug)* • board

Bord *m DIN ISO 5593* <masch> *(Wälzlager)* • restraining flange *ISO 5593*; guide flange; rim; rib

Bord *m* <rls> *(ungewellter Teil an den Enden eines Metallbalgkompensators)* • neck *BS 6129*; end sleeve; tangent; cuff; tail

Bord *n ugs* <logist> *(in Regal; aus Blech, Holz)* • shelf *pl*: shelves

Bord-... <aerospace> *(in einem Flugzeug etc. mitfliegend)* • airborne

Bordabfangradar *n* <mil> • airborne intercept radar

Borda-Mündung *f* <phys> • Borda mouthpiece

Bordanlage *f* <aerospace> • on-board system; airborne system

bordautonom <tech.allg> *(ohne Hilfe von außen arbeitend; z. B. Stromversorgung, Trägheitsnavigat)* • without external aids; self-contained

bordautonome Integrity-Prüfung *f* <navig> • receiver autonomous integrity monitoring (RAIM)

Bordbewaffnung *f* <mil.aerospace> • aircraft armament

Bord-Boden-Rakete *f rar* <mil> • air-to-ground missile

Bord-Boden-Verkehr *m* <aerospace> • air-to-ground communication; air-to-ground radio communication

Bord-Bord-Umschlag *m* <logist> • board-board transshipment; overside delivery

Bord-Bord-Verbindung *f* <tele.aerospace> • plane-to-plane communication; air-to-air communication

Bord-Bord-Verbindung *f* <tele.nav> • ship-to-ship communication

Bordbuch *n* <aerospace> *(betont: für Flugzeug)* • aircraft log

Bordbuch *n* <aerospace> *(betont: Flugaufzeichnungen)* • flight log

Bordbuch *n* <navig.doku> *(allg.)* • logbook

Bordbuch *n* <navig.doku> *(betont: Navigationseintragungen)* • navigation log

Bordeaux-Brühe *f* <chem.agri> *(Fungizid)* • Bordeaux mixture

Bordeinfassung *f* <bau> • kerb

Bordelaiser Brühe *f* <chem.agri> *(Fungizid)* • Bordeaux mixture

Bordelektronik-Autonetzwerk *n* (BEAN) *:V* <kfz.el> • body electronics area network (BEAN)

Bordentfernungsmessradar *n* <navig> • airborne range only radar

Bordfeuerleitradar *n* <mil> • airborne gun laying radar

Bordflak *f* <mil> • ship-based antiaircraft artillery

Bordflugzeug n <mil> (auf Flugzeugträgern) • carrier-based aircraft; carrier-deck-based aircraft

Bordfunkanlage f <tele.aerospace> • aircraft radio installation; airborne radio installation

Bordfunkanlage f <tele.nav> • ship's radio equipment; ship's wireless equipment

Bordgepäck nsg <tour> • carry-on luggage; carry-on [bag]

Bordgepäckstücke npl <tour> • carry-on items; carry-ons pract

Bordjagdflugzeug n <mil> (Flugzeugträger) • carrier-based fighter; deck fighter; shipboard fighter rare

Bordjournal n <aerospace> (betont: für Flugzeug) • aircraft log

Bordjournal n <aerospace> (betont: Flugaufzeichnungen) • flight log

Bordjournal n <navig.doku> (allg.) • logbook

Bordjournal n <navig.doku> (betont: Navigationseintragungen) • navigation log

Bordkamera f <aerospace> • airborne camera

Bordkante f ugs <bau.mat> (zwischen Straße und Gehweg) • curb US; kerb GB

Bordkarte f <aerospace> • boarding pass

Bordkran m <nav> • shipboard crane

Bord-Land-Verkehr m <verk> • ship-to-shore traffic

Bordleiste f <bau> • wale

Bordliteratur f <doku.kfz> (z. B. Betriebsanleitung für Fz, Radio, Pannenhilfe, Inspektionsheft) • information kit

Bordnetz n <el> (allg.; Stromnetz in Fahrzeug etc.) • on-board power supply

Bordnetz n <el.aerospace> (betont: in Fluggerät) • airborne power supply system

Bordnetz n <el.fz> (12 Volt) • 12-volt electrical system

Bordnetz n <el.fz> (de facto 14 Volt; wird aber oft noch als 12-Volt-Bordnetz bezeichnet) • 14-volt electrical system

Bordnetz n <el.fz> (42 Volt; neuer Standard) • 42-volt electrical system

bordotiert <chem> • boron-doped

Bordpanoramagerät n <aerospace> • airborne all-around search apparatus

Bordpeilanlage f <navig.aerospace> (Flugzeug etc.) • aircraft direction finder system; airborne direction finder system

Bordpeilanlage f <navig.nav> (Schiff) • ship direction finding system; ship direction finder

Bordradar n <navig.aerospace> (von Flugzeug, Hubschrauber) • aircraft radar; airborne radar

Bordradar n <navig.mil> (von Rakete, Flugkörper) • missile-borne radar

Bordradar für bewegliche Ziele n <mil> • airborne moving target indicator

Bordradargerät n <navig.aerospace> (von Flugzeug, Hubschrauber) • aircraft radar; airborne radar

Bordradargerät n <navig.mil> (von Rakete, Flugkörper) • missile-borne radar

Bordrakete f <mil> • air-launched missile; air-fired missile

Bordrechner m <msr> • on-board computer

Bordring m <masch.bahn> (Rollenachslager) • shoulder ring

Bordscheibe f <masch> • shoulder ring

Bordsender m <tele.aerospace> (in Fluggerät) • airborne transmitter

Bordsprechanlage f <tele> (allg.) • intercom system; intercom

Bordsprechanlage f <tele.mil> (Panzer) • tank intercom system; tank intercom

Bordstein m <bau.mat> (zwischen Straße und Gehweg) • curb US; kerb GB

Bordsteinfühler m <kfz> (für Vorwärtseinparker etc.) • curb feeler

Bordstörsender m <mil> • airborne barrage jammer

Bordsuchradar n <navig> (im Flugzeug) • airborne search radar

Bordüngemittel n <agri.chem> • boron fertilizer

Bordüre f <druck> (Umrandung; z. B. von Urkunde) • ornamental border

Bordüre f <textil> (dekorative Einfassung) • border; braid; edging

Bordüre f <textil> (Besatz; meist am Rand) • trimming

Bordürenmuster n <textil> • edge pattern

Bordunterhaltungsanlage f <aerospace> • inflight entertainment system (IES)

Bordwaffen fpl <mil.aerospace> • aircraft armament

Bordwagenheber m ppwiss-prakt <kfz.wz> (einfache Form mit Querarm) • side-lift jack

Bordwand f <bahn> (Güterwagen) • wall

Bordwand f <nav> (Schiff) • shipboard; ship's side

Bordwand f <nfz> (Lkw) • side board

Bordzeit f <tech.allg> • board time

Bordzeit f <aerospace> • plane time

Bordzeit f <nav> • ship's time

Bordzielanfluggerät n <navig> • aircraft homing device

Bore f <hydr> (stromaufwärtsgerichtete Welle; Gezeitenwelle) • bore

Borfaser f <chem> • boron fiber US; boron fibre GB

Borieren n <chem.verf> (Härten) • boronizing

borieren vt <chem.verf> • boronize vt

Borkammer f <nukl> • boronlined ionization chamber; boron chamber

Borke f <bio> (Hautauflagerung) • crust; crusta rar

Borkefahlleder n <led> • russet leather

Borkenkrepp m <textil> • bark crepe; crepon

Born'sche Näherung f <phys> (Quantenmechanik) • Born approximation

Born-Haber-Kreisprozess m <chem.phys> • Born-Haber thermochemical cycle; Born-Haber cycle

Born-Haberscher Kreisprozess m <chem.phys> • Born-Haber thermochemical cycle; Born-Haber cycle

Born-Oppenheimer-Näherung f <phys> • Born-Oppenheimer approximation

Born-van-Kármán-Grenzbedingung f <phys> • Born-van Kármán boundary condition

Borosilicatglas n <silik> (temperaturbeständiges Glas; typ. für Labor od. Küche) • borosilicate glass; oven-proof glass coll; fire-proof glass; heat-resisting glass

Boroxid n (B_2O_3) <chem> • boric oxide (B_2O_3)

Borsäure f <chem> • boracic acid; boracicum acidum thsc; boric acid

Borstahl m <mat> • boron steel

Borste f <allg> (z. B. für Bürsten, Pinsel, Besen) • bristle

Borsten fpl <pap> (als Störstoff im Faserstoff) • bristles pl

Borstenpinsel m <kunst.wz> • bristle brush

Bort m <min> (minderwertiger Diamant) • bort

Borte f <textil> (dekorative Einfassung) • border; braid; edging

Borte f <textil> (Besatz; meist am Rand) • trimming

Bortenwirkstuhl m <textil> (Spitze) • lace loom

Bortgranulat n <mat> • diamond grit; bort grit

Bortitanemail n <obfl> (sehr weiß und deckfähig) • boron titanium vitreous enamel; boron titanium porcelain enamel; boron titanium white vitreous enamel; boron titanium white porcelain enamel

Bor-Titanemail n <obfl> (sehr weiß und deckfähig) • boron titanium vitreous enamel; boron titanium porcelain enamel; boron titanium white vitreous enamel; boron titanium white porcelain enamel

Bortpulver n <wz> (hart, aber nicht schmucktauglich) • bort powder

Bortrifluoridionisationskammer f <nukl> • boron tri-fluoride chamber; boron trifluoride ionization chamber; BFE3 chamber
Bortrifluoridkammer f <nukl> • boron trifluoride chamber; boron trifluoride ionization chamber; BFE3 chamber
Bortrioxid n <chem> • boric oxide (B_2O_3)
Bort-Schleifmittel n <wz> • diamond abrasive; bort abrasive
Borttrifluoridzählrohr n <nukl> • boron trifluoride counter tube; boron trifluoride-filled counter tube *scien*; BFE3 counter
Borwasserstoff m <el.ic> • hydroboron
Borzählrohr n <nukl> • boron counter tube; boron-filled counter tube *scien*
Bose-Einstein-Kondensation f <phys> • Bose-Einstein condensation; Einstein condensation
Bose-Einstein-Statistik f <phys> • Bose-Einstein statistics
Bose-Gas n <phys> • Bose-Einstein gas; Bose gas
Boson n <phys> • boson; Bose-Einstein particle
bossieren vt <bau> • boss vt
bossieren vt <silik> • emboss vt
Bossierhammer m <wz> • embossing hammer; embossing iron
Boten-RNA f <chem.bio> *(dient als Matrize für die Proteinsynthese)* • messenger RNA (mRNA)
Boten-RNS f <chem.bio> *(dient als Matrize für die Proteinsynthese)* • messenger RNA (mRNA)
Bottich m <pack> *(Wanne)* • tub
Bottich m <pack.nahr> *(Fass)* • vat
Bottich m <verf> *(Tank; typ. ca. 1000 Liter bzw. 1 Tonne; bes. für Wein, Bier)* • tun
Bottomzelle f <energ.sol> • bottom cell
Boucherie-Verfahren n <obfl.holz> • Boucherie process
Boucherisierung f <obfl.holz> • boucherizing
Bouclé n <textil> • bouclé yarn; bouclé *pract*
bougieren vt <med.tech> *(Gefäßverengung; mit einem stabförmigen Instrument aufdehnen)* • dilate with a bougie vt
Bouguer-Lambert'sches Gesetz n <opt> • Bouguer-Lambert law of absorption; Lambert's absorption law; Bouguer-Lambert law
Bouillonkultur f <bio.chem> *(Bakterienkultur)* • broth culture
Boundary-Box f <edv> *(rechteckige Markierung um ein komplexes Bildobjekt)* • bounding box; boundary box
Bounding-Box f <edv> *(rechteckige Markierung um ein komplexes Bildobjekt)* • bounding box; boundary box
Bouquet n <nahr> *(von Wein)* • bouquet; aroma; flower; nose
Bourdon-Rohr n <msr> *(Manometer)* • Bourdon tube; Bourdon gauge
Bourdonrohr n rare <msr> *(Manometer)* • Bourdon tube; Bourdon gauge
Bourette f <textil> *(Seide)* • bourrette silk; bourrette; silk noil; noil silk; noils
Bourrettegarn n <textil> *(Seide)* • bourrette yarn
Bourretteseide f <textil> *(Seide)* • bourrette silk; bourrette; silk noil; noil silk; noils
Bourrettespinnerei f <textil> *(Vorgang; Seide)* • bourrette spinning
Bourrettespinnerei f <textil> *(Seide; Verarbeitungsstätte)* • bourrette spinning mill
Bovine Immunodeficiency Virus n (BIV) <agri.med> *(Immunschwäche-Erkrankung bei Rindern)* • Bovine immunodeficiency Virus (BIV)
bovine spongiforme Enzephalopathie f (BSE) <agri.med> *(schwammartige Hirnerkrankung bei Rin-*

dern) • bovine spongiform encephalopathy (BSE); mad-cow disease *coll*; MCD
Bowdenzug m form <tech.allg> *(Drahtseele mit Hülle)* • cable; control cable; control wire
Bowdenzug der Feststellbremse m rar <kfz.brems> • parking brake cable; hand-brake cable *pract.coll*
Bowdenzug der Gangwahlsteuerung m <kfz.antr> • gearshift control cable
Bowdenzug der Heizung m rar <kfz.hlk> • heater control cable
Bowdenzug der Kupplung m rar <kfz.antr> *(mechanische Kupplungsbetätigung)* • clutch cable
Bowdenzug der Lüftungsklappe m rar <kfz.hlk> • vent control cable
Bowdenzughülle f <fz> *(z. B. von Gaszug, Fahrradbremsenzug)* • outer cable; outer casing; sheath
Bowdenzugklemmschraube f <fz> *(zum Festklemmen des Bowdenzug-Drahts; z. B. f. Handbremse)* • cable anchor screw
Box f <agri> *(z. B. für Pferde)* • box stall
Box f <agri> *(z. B. für Geflügel, Schafe)* • pen
Box f <agri> *(im Stall)* • stall
Box f <phot> • box camera
Box-Compression-Test m <pap> • box compression test
Boxenentladegerät n <agri> • box unloader
Boxenlaufstall m <agri> *(z. B. für Rinder, Pferde)* • cubicle barn
Boxenstop m obs <kfz.sport> • pit stop
Boxenstopp m <kfz.sport> • pit stop
Boxer m prakt <kfz.mot> *(typ. in VW-Käfer, Porsche 911, BMW-Motorrad)* • flat engine; horizontally-opposed engine *form*
Boxerfeuerung f <verbr> • horizontally opposed firing
Boxermotor m <kfz.mot> *(typ. in VW-Käfer, Porsche 911, BMW-Motorrad)* • flat engine; horizontally-opposed engine *form*
Boxfilter m <kfz.mot> • box-filter
Boxkalb n <led> • box calf
Boxpalette f <logist> • box pallet
Boyle-Mariotte'sches Gesetz n <phys> *(Aerostatik)* • Boyle and Mariotte law; Mariotte law; Boyle's law
BPA <chem.ökol> *(Ausgangsstoff für Polycarbonat und Epoxidharze; Umwelthormon)* • bisphenol A
BPA <jur> • Federal Patent Office (FPO)
BPA-Punkt m :V <chem.petr> *(Beginn der Paraffin-Ausscheidung von Diesel)* • cloud point (cp)
BPF <av> • band-pass filter (BPF) *DIN IEC 50*; bandpass filter; bandpass; passband filter *rare*
bpi <edv> • bits per inch (bpi); bit per inch
BPM <edv.av> • beats per minute (BPM)
bps <edv> *(Datenübertragungsrate; z. B. 56000 bps od. 56 kbps)* • bits per second (bps); bits/sec *rare*
BPSK <edv> • bi-phase shift keying (BPSK); bi-phase modulation
Br <chem> • bromine (Br)
Brache f <agri> • fallow
Brachistochrone f <math> • brachistochrone
Brachland n <agri> • fallow
Brachlandaufforstung f <holz> • bare land afforestation
Bracket-Serie f <phys> *(Wasserstoffspektrum)* • Bracket series
brackig <allg> *(Wasser)* • brackish
Bracktee f <bio> • bract; bractea *obs*
Brackwasserzone f <geo> • brackish water region
Bräunen n rar <metall> *(blauschwarz; z. B. Stahl von Waffen)* • black-finishing; browning treatment; browning
bräunen vt <nahr> • brown vt
bräunen vt rar <obfl> *(blauschwarz; z. B. Stahl von Waffen)* • black-finish vt; brown vt

Bräunierung f rar <obfl.metall> • blueing; bluing; browning

Bräunungszusatz m <metall> • browning aid; browning ingredient; browning addition

Bragg'sche Reflexionsbedingung f <phys> • Bragg reflection condition

Bragg'sches Drehkristallverfahren n <phys> • Bragg rotating-crystal method

Bragg-Kurve f <phys> • Bragg curve

Bragg-Spektrometer n <phys> • Bragg spectrometer; ionization spectrometer

Braille-Schrift f <druck> • Braille alphabet; Braille

Braille-Ziffern fpl <druck> • Braille numerals

BRAM <ents.verbr> • waste derived fuel (WDF); refuse derived fuel; RDF

Bramme f <metall> (quadratisch) • bloom

Bramme f EN 10079 <metall> (Rohbramme; eher rechteckiger Querschnitt) • slab ingot EN 10079; plate slab; sheet slab; slab

Brammenform f <metall> • slab mold

Brammenkaliber n <metall> • slabbing pass

Brammenquetsche f <metall> • slab squeezer

Brammenschere f <metall> • slab shears; slab shear

Brammentiefofen m <metall> • slab heating furnace

Brammenwalzen n <metall> • slab rolling

Brammenwalzstraße f <metall> • slabbing mill train

Branch-and-Bound-Verfahren n <math> • branch & bound method

Branch-Divertor m <nukl> • branch divertor

branchenübergreifende elektronische Geldbörse f DINEN 1546-1 <edv.fin> • inter-sector electronic purse DINEN 1546-1

Brand m <agri> (Pflanzenkrankheit) • blight

Brand m <agri> (Getreidekrankheit) • smut

Brand m ISO 13943 <feuer> (räumlich und zeitlich unkontrollierte selbständige Verbrennung) • fire ISO 13943

Brand m prakt <obfl> (Brennen von Emailbeschichtungen) • firing of porcelain enamel; firing of vitreous enamel

Brand m <silik> (von Keramik) • baking; firing

Brandabschnitt m ISO 13943 <feuer> • fire compartment ISO 13943; fire-cell

Brandabschnittszeichnung f DIN ISO 10209-4 <bau.doku> (zeigt Unterteilung in Brandabschnitte) • fire-cell drawing ISO 10209-4

Brand Awareness f <werb> • brand awareness

Brandbekämpfung f <feuer> • fire fighting

Brandbekämpfungsabschnitt m <feuer> • fire compartment ISO 13943; fire-cell

Brandbombe f <mil> • incendiary bomb

Branddamm m <bau> • fire dam; fire seal; fire wall

Branddamm m <min> • break

Brandeisen n <agri> (Markieren von Tieren) • branding iron

Brandfall m <feuer> • case of fire

Brandflasche f <mil> • Molotov cocktail; gasoline bomb US; petrol bomb GB; incendiary bottle

Brandfleck m <allg> • scorch; burn

Brandgase fpl <feuer> • fire effluent ISO 13943; fire gases

Brandgefahr f ISO 13943 <feuer> • fire hazard ISO 13943

Brandgemisch n <verbr> • flaming mixture

Brandgeschoss n <mil> • incendiary projectile; incendiary shell; flame projectile

Brandgiebel m <bau> • gable end; end wall

brandig <nahr> (Weinfehler) • burning taste

brandig <nahr> (Speiseeisfehler) • burnt

Brand im Antriebssystem m <mot.feuer> • engine burn

Brandlast f ISO 13943 <feuer> • fire load ISO 13943

Brandmarke f <wz.masch> (z. B. durch Schleifen) • burning mark

Brandmarkenbildung f <wz.masch> • burning; formation of burning marks

Brandmauer f <bau.feuer> (über alle Stockwerke) • fire-division wall; fire partition; fire-proof wall; party wall; fire wall coll

Brandmelder m <alarm.feuer> • fire detection device; fire warning device

Brandmelde-Zeichnung f DIN ISO 10209-4 <bau.doku> • fire-alarm drawing ISO 10209-4

Brand Park m <ökon> (z. B. die VW-Autostadt) • brand park

Brandprobe f <feuer> • fire assay

Brandrisiko n ISO 13943 <feuer> • fire risk ISO 13943

Brandriss m <bau> • fire crack

Brandsatz m <feuer> • incendiary material; incendiary composition; incendiary agent

Brandschaden m <feuer.vers> • fire damage

Brandschäden pl <feuer.vers> • damage by fire sg

Brandschiefer m <mat> • black bat; carbonaceous shale; bat

Brandschott n <nav> (Metall) • fire bulkhead; fire wall

Brandschutz m <feuer> (allg.; Prävention und Eindämmung) • fire control

Brandschutz m <feuer> (Vorbeugung, Prävention; Verhindern von Feuer) • fire prevention

Brandschutz m <feuer> (Schutz vor Feuer) • fire protection

Brandschutzanstrich m <bau.obfl> • fire-proof coating; fire-coat

Brandschutzausrüstung f <kst> • flame retardant

Brandschutzbestimmungen fpl <feuer.jur> • fire regulations

Brandschutzfarbe f <obfl> • fire-retarding paint

Brandschutzmaßnahme f <feuer> • fire precaution

Brandschutzmauer f <bau.feuer> (erstreckt sich nicht unbedingt über mehrere Stockwerke) • fire wall; fire barrier

Brandschutzstreifen m <bau> • fire-break

Brandschutztechnik f <feuer> • fire technology

Brandschutzübung f <feuer> • fire drill

Brandschutzverglasung f <bau> • fire-retardant glass; fire-resistant glass; fire-resistant glazing

Brandschutzvorkehrung f <feuer> • fire control

Brandschutzwand f <bau.feuer> (erstreckt sich nicht unbedingt über mehrere Stockwerke) • fire wall; fire barrier

brandsicher <bau> • fireproof

Brandsohle f <led> (Schuh) • insole

Brandsohlenheftmaschine f <led> • insole tacking machine

Brandsohlenrissmaschine f <led> • insole channelling machine

Brandsohlleder n <led> • insole leather

Brandspant m <aerospace> • firewall

Brandstelle f <kst> (Spritzfehler) • burnt spot

Brandstreifen m <pap> • wad burn streaks

Brandtür f <bau> • fire door; emergency door

Brandung f DIN 4049-3 <geo> (alle Vorgänge beim Brechen von Wellen) • surf

Brandungsströmung f DIN 4044 <geo> • longshore current

Brandungszone f DIN 4044 <geo> • surf zone

Brandursache f <feuer> • cause of a fire

Brandverhalten n ISO 13943 <qualit.mat> • fire behavior ISO 13943; fire performance

Brandverhalten n DIN 19538-10 <qualit.mat> • fire behaviour DIN EN 1566-1

Brandversicherung f <vers.feuer> • fire insurance

Brandzeichen n <agri> (als Tierkennzeichnung) • brand

Brandzeichen n <led> (Hautfehler) • brand mark

Branntkalk *m* <mat> • anhydrous lime; unhydrated lime; caustic lime; burnt lime; quicklime
Brasilianischer Druckversuch *m* <geo> *(Bodenmechanik)* • Brazilian test; indirect test
Brasse *f* <nav> • brace
brauchbar <allg> *(anwendbar)* • applicable
brauchbar <tech.allg> *(nützlich)* • serviceable; usable
Brauchbarkeit *f* <allg> • usability
Brauchbarkeit *f* <tech.allg> • serviceability
Brauchbarkeit *f* <ökon> *(z. B. eines Gerätes, Patentes)* • usefulness
Brauchbarkeitsdauertest *m* <qualit> • life utility test
Brauchwasser *n* <ents> • industrial water; water for industrial use; process water
Brauchwasser *n* <hlk> *(z. B. für Waschen, nicht Trinken und Kochen)* • domestic water
Brauchwasseraufbereitung *f* <ents> • industrial-water treatment
Brauchwasserbereitung *f* <hlk> *(z. B. mit Sonnenkollektoren, Wärmepumpen)* • water heating
Brauchwassererwärmung *f* <hlk> *(z. B. mit Sonnenkollektoren, Wärmepumpen)* • water heating
Brauchwasserspeicher *m* thsc <hlk> • domestic hot water storage tank
Brauchwasserversorgung *f* <verf> • industrial-water supply
Brauchwasser-Wärmepumpe *f* <hlk> • hot water heat pump; heat pump water heater
brauen *vt* <nahr> • brew *vt*
Brauereiabwasser *n* <ents> • brewery waste water
Brauereichemie *f* <nahr.chem> • brewing chemistry
Brauerpech *n* <nahr> • brewer's pitch
Braugerste *f* <nahr> • brewing barley; malting barley
Brauhopfen *m* <nahr> • brewing hop
Braukessel *m* <nahr> • brew kettle
Braukessel *m* <verf> • brew kettle
Braumalz *n* <nahr> • brewer's malt
Braun'sche Röhre *f* <av> *(z. B. in Fernseher, Monitor, Oszilloskop)* • cathode ray tube (CRT)
braunbeizen *vt* <obfl.metall> • brown *vt*; bronze *vt*
Brauneisenerz *n* <min> • brown iron ore; limonite
Braunentwickler *m* <phot> • warm-tone developer
brauner Holzschliff *m* <prod> • brown mechanical pulp
braunes Papier *n* <pap> • brown paper
Braunfäule *f* <holz> • brown rot
Braunglas *n* <silik> • amber glass
Braunkohle *f* <min> *(braun bis schwarz; faserig; Wasser bis 67%; wenig C; niedriger Heizwer)* • lignite; brown coal coll
braunkohlegefeuert <energ> *(Kessel, Kraftwerk)* • brown-coal-fired; lignite-fired
Braunkohlenaktivkoks *m* <verf.ents> • activated lignite coke
Braunkohlenaufbereitungsanlage *f* <verf> • brown-coal dressing plant; lignite dressing plant
Braunkohlenbergbau *m* <min> • brown-coal mining; lignite mining
Braunkohlenbrennstaub *m* <verbr> • pulverized brown coal
Braunkohlenbrikett *n* <verbr> • brown-coal briquette
Braunkohlengaserzeuger *m* <energ> • brown-coal generator
braunkohlenhaltig <min> • lignite-bearing; lignitic
Braunkohlenhochtemperaturkoks *m* <energ> • brown-coal high-temperature coke
Braunkohlenkokerei *f* <verf> • brown-coal cokery; brown-coal coke plant; lignite coke plant
Braunkohlenkoks *m* (BKKS) <energ> • brown-coal coke; lignite coke

Braunkohlenschwelkoks *m* <energ> • brown-coal low-temperature coke
Braunkohlenschwelteer *m* <energ> • brown-coal low-temperature distillation tar
Braunkohlenstaub *m* <verbr> • pulverized brown coal
Braunkohlentagebau *m* <min> *(Verfahren)* • brown-coal opencast mining; lignite opencast mining
Braunkohlentagebau *m* <min> *(Anlage)* • opencast brown-coal mine; opencast lignite mine; lignite opencast; lignite opencut
Braunkohlenteer *m* <chem> • brown-coal tar; lignite tar
Braunkohlerevier *n* <min> • brown-coal mining area
Braunkohlevorkommen *n* <min> • brown-coal deposit; lignite deposit
Braunrost *m* <agri> • brown rust
Braunschliff *m* <pap> • brown mechanical pulp
Braunschliffpappe *f* <pap> • brown mechanical pulp board
Braunstein *m* (MnO$_2$) <chem> • manganese dioxide
Braunstich *m* <druck> *(von schwarzen Druckfarben)* • brownish shade
Braupfanne *f* <verf> *(Bier)* • brew kettle
Brause *f* <prod> *(z. B. zum Abkühlen von Werkstücken)* • sprinkler; sprayer; spray
Brausekabine *f* DIN 4486.4488 <bau> *(allg.)* • shower cabinet
Brausen *fpl* <verf> *(in Sprühdüsenwaschern)* • sprays *pl*
brausen *vi* <allg> *(aufschäumen; z. B. Cola beim Eingießen)* • effervesce *vi*
brausen *vt* <verf> *(fein besprühen)* • spray *vt*
brausen *vt* <verf> *(grob besprühen; z. B. zur Kühlung)* • sprinkle *vt*
brausend <allg> *(aufschäumend)* • effervescent
Brausenische *f* <bau> • shower stall
Brausesieb *n* <verf> *(Aufbereitung)* • spraying screen; rinsing screen
Brausetasse *f* rar <bau> • shower tray
Brausewasser *n* <verf> *(Aufbereitung)* • spray water; rinsing water
Brauwasser *n* <nahr> • brewing water; brew water
Brauzucker *m* <nahr> • brewer's sugar
Bravais'che Indizes *mpl* <mat> • Bravais indices
Bravais'sches Gitter *n* <mat> • Bravais lattice; translation lattice
Bravais'sches Symbol *n* <mat> • Bravais-Miller index
Bravais-Gitter *n* <mat> • Bravais lattice; translation lattice
Bravais-Symbol *n* <mat> • Bravais-Miller index
bra-Vektor *m* <phys> • bra vector
Breakdown-Diode *f* <el> • breakdown diode
Breakermischung *f* <kst> • breaker stock; breaker compound
Breath Control *f* <el.mus> • breath control
Breathcontroller *m* <el.mus> • breath controller
Brechanlage *f* <verf> *(allg., jedes Material)* • crushing plant; breaking plant; crusher
Brechanlage *f* <verf> *(für Gestein, Fels)* • rock breaker; stone breaker
Brechbacke *f* <verf> • crusher jaw; breaker jaw
Brecheisen *n* <metall> *(zum Entformen)* • mold-breaking jack
Brecheisen *n* <wz> • wrecking bar; crow bar; pry
Brechen *n* <min> *(durch Zusammendrücken zerkleinern; z. B. Gestein, Kohle)* • crushing
brechen *vi* <tech.allg> *(z. B. Werkzeug, Träger, Knochen)* • break *vi*
brechen *vi* <tech.allg> *(besonders bei sprödem Material)* • fracture *vi*
brechen *vi* <textil> *(Faden)* • break *vi*
brechen *vt* <bau> *(im Steinbruch)* • quarry *vt*

brechen *vt* <ic> *(Chips, nach dem Ritzen)* • break *vt*
brechen *vt* <opt> *(Strahl; z. B. Licht)* • diffract *vt*
brechen *vt* <phys> *(Licht, Schall)* • refract *vt*
brechen *vt* <textil> *(Flachs, Hanf)* • beat *vt*; brake *vt*; swingle *vt*
brechen *vt* <verf> *(durch Zusammendrücken; z. B. Gestein; Kohle)* • crush *vt*
brechen *vt* <verf> *(im Kollergang)* • mill *vt*
brechend <phys> *(Strahlen)* • refractive
brechender Winkel *m* <opt> • apical angle
brechendes Medium *n* <opt> • refractive medium
Brecher *m* <chem.verf> • cracker
Brecher *m* <ents> *(durch Schlag)* • impact crusher; crusher
Brecher *m* DIN 4049-3 <geo> *(instabile Welle in Brandung)* • breaker
Brecher *m* <min> *(für Gestein)* • crusher; crushing machine; rock breaker; breaker
Brecherwalzwerk *n* <verf> • breaking mill; breakdown mill; cracker mill
Brechgut *n* <verf> *(bereits behandeltes Material)* • crushed material
Brechgut *n* <verf> *(noch zu behandelndes Material)* • material being crushed; crushing material
Brechkegel *m* <masch> • crushing cone
Brechkraft *f* <mech> *(in Newton)* • crushing force
Brechkraft *f* <opt> *(von Glas, Linsen etc.)* • refractive power
Brechmaschine *f* <min> *(für Gestein)* • crusher; crushing machine; rock breaker; breaker
Brechnuss *f* <bio> *(Samen strychninhaltig)* • poison nut tree; nux vomica
Brechplatte *f* <verf> • breaker plate
Brechpunkt *m* <bahn> *(Ablaufberg)* • crest
Brechpunkt *m* <masch> • breaking-point
Brechsand *m* <bau.mat> • quarry sand
Brechschwinge *f* <bau.masch> *(Backenbrecher)* • swing jaw; moving jaw
Brechstange *f* <wz> • wrecking bar; crow bar; pry
Brechtrommel *f* <verf> • breaker drum; breaking drum
Brechung *f* <opt> *(von Lichtstrahlen an Grenzfläche; z. B. an Prisma)* • refraction of light; refraction
Brechung *f* <opt> • refraction
Brechung *f* <phys> *(allg.; von Wellen an Grenzfläche von Medien unterschiedl. Dichte)* • refraction
Brechungsfaktor *m* prakt <opt> • refractive index; refraction index; refraction coefficient *form*; index of refraction
Brechungsfehler *m* <opt> • refraction error; refractive error
Brechungsgesetz *n* <opt> • law of refraction
Brechungsindex *m* <astron> • optic index; refraction index
Brechungsindex *m* <edv> • refractive index
Brechungsindex *m* allg <opt> • refractive index; refraction index; refraction coefficient *form*; index of refraction
Brechungskoeffizient *m* rare <opt> • refractive index; refraction index; refraction coefficient *form*; index of refraction
Brechungsmesser *n* <optik> • refractometer; refractionometer
Brechungsvermögen *n* <opt> • refractivity
Brechungswinkel *m* <phys> • angle of refraction; refracting angle
Brechungszahl *f* obs <opt> • refractive index; refraction index; refraction coefficient *form*; index of refraction
Brechwalze *f* <textil> *(Ballenbrecher)* • toothed roller
Brechwalze *f* <verf> • crusher; crushing roll
Brechwerkzeug *n* <min> • muller
Brechwert *m* <opt> • optical power; dioptric power

Brechwirkung *f* <ents> • impact effect
Brechwurzelsirup *m* ugs <pharm> • syrup of ipecac[uanha]; ipecac syrup
Brechzahl *f* <opt> • refractive index; index of refraction
Brechzahlbestimmung *f* <opt> • refractive index determination
Brechzahlmesser *m* <opt> • refractometer
Brechzahlmessung *f* <phys> • refractometry
Brechzahlprofil *n* <opt> • index profile
Bredt'sche Formel *f* <mech> *(für dünnwandige Hohlquerschnitte unter Torsion)* • Bredt-Batho theory
B-Register *n* <edv> • B-register
Bréguetfeder *f* <mech> *(z. B. in Uhrwerken)* • Bréguet spring
Bréguetspiralfeder *f* <mech> *(z. B. in Uhrwerken)* • Bréguet spring
Brei *m* <tech.allg> *(jede weiche, feuchte und zusammenhängende Masse.)* • pulp
Brei *m* <nahr> • paste
breit <edv> *(Element)* • wide
breit <licht.theat> • wide
breit <nahr> *(Wein)* • coarse
breitband <tele> • broadband
Breitband *n* <metall> *(Blech)* • wide strip; wide band
Breitband *n* <tele/el> *(Frequenz)* • broadband; wide frequency band; wide band
Breitbandantenne *f* <tele> • broadband antenna
Breitbanddatenübertragung *f* <tele> • broadband data transmission
Breitbandempfang *m* <tele> • broadband reception
Breitbandfilter *n* <tele> • broadband filter
breitbandiges Netz *n* <tele> • wide-band network
Breitband-ISDN *n* (B-ISDN) <tele> • Broadband Integrated Services Digital Network (BISDN); broadband ISDN *pract*; B-ISDN
Breitbandkanal *m* <tele> • broadband channel
Breitbandkommunikationsnetz *n* <tele> • broadband communications network
Breitband-Lautsprecher *m* <av> • broadband loudspeaker; full range loudspeaker
Breitbandlautsprecher *m* <av> • broadband loudspeaker; full range loudspeaker
Breitbandleistungsverstärker *m* • broadband power amplifier
Breitbandmikrofon *n* <av> • wide-response microphone
Breitbandnetz *n* <tele> • wide-band network
Breitbandoszillograph *m* <el> • wideband oscillograph
Breitbandpegelmesser *m* • broadband level meter
Breitbandrauschen *n* • broadband noise
Breitbandrundstrahler *m* <tele> • discone aerial
Breitbandschleifmaschine *f* <wz.masch> *(Holz)* • wide-belt sander
Breitbandspektrometer *n* <astron> • wide-band spectrometer
Breitbandtelegrafie *f* <tele> • broadband telegraphy
Breitbandverfahren *n* <kino> • wide-screen process
Breitbandverstärker *m* <el> • wideband amplifier; broadband amplifier
Breitbandwalzwerk *n* <metall> • wide-strip mill
Breitbasistransistor *m* <el> • wide-base transistor
Breitbett *n* (WB) <kfz> *(Rad)* • wide base (WB)
Breitbettausführung *f* <wz.masch> • wide-bed construction
Breitbettfelge *f* <kfz> • wide wheel rim; wide rim
Breitbild... *Bildformat* <av> • wide-screen *picture format*; letter-box *picture format*
breitblättrig <chem.agri> • broad-leaved *GB*; broadleaved *US*; broadleaf *US*
Breitbrenner *m* <verbr> • flat-flame burner

Breitbrenneraufsatz *m* <verbr> • flat burner head; flame spreader

Breitdrescher *m* <agri> • broad thresher

Breitdüngerstreuer *m* <agri> • fertilizer broadcaster; manure broadcaster

Breite *f* <allg> • breadth

Breite *f* <tech.allg> • lateral dimension

Breite *f* <edv> *(eines Strichcodes)* • width; symbol width

Breite *f ugs* <geo> • latitude (LAT); geographical latitude

Breite der Abflachung *f :V* <masch> *(Gwd.-spitze od. -grund)* • flat

Breite der Augenöffnung *f* <el> *(im Augenoszillogramm; horizontale Ausdehnung der Augenöffnung)* • eye width

Breite der breiten Balken *f* <edv> • wide bar width

Breite der Gewindespitze *f :V* <masch> *(Gwd.-spitze od. -grund)* • flat

Breite der schmalen Balken *f* <edv> • narrow bar width

Breite des Gewindegrundes *f :V* <masch> *(Gwd.-spitze od. -grund)* • flat

Breite des Kimmenausschnittes *f* <mil> • rear sight notch width

breite Hardwarebasis *f* <edv> • multi-platform support

Breiteinstellung *f* <licht.theat> • flat field; flat distribution

Breiteisen *n* <mat> • semifinished flat

Breite/Länge *f* <navig> • latitude/longitude (Lat/Long)

breiten *vt DIN 8583-3* <prod> *(Schmieden)* • spread *vt*

Breitenballigkeitstoleranz *f* <masch> *(Zahnrad)* • lead crown tolerance

Breiteneffekt *m* • latitude effect

Breiteneinstellung *f* <textil> • setting in width

Breitenfehler *m* <navig> • latitude error; damping error; settling error

Breitengrad *m* <geo> • latitude degree; degree of latitude

Breitengrad *m prakt* <geo> • latitude (LAT); geographical latitude

Breitenkreis *m* <geo> • latitude circle; parallel of latitude; parallel

Breitenmaßstab *m* <nav> • scale of breadths

Breitenmetazentrum *n* <nav> • transverse metacenter

Breitenmodulation *f* <el> • width modulation

breitenmoduliert <edv> • width-modulated

Breitenrapport *m* <textil> • horizontal repeat

Breitenreihe *f DIN ISO 5593* <masch> *(Wälzlager)* • width series *ISO 5593*

Breitenschrumpfung *f* <tech.allg> • shrinkage in width

Breitenschrumpfung *f* <textil> • width shrinkage

Breitenträgheitsmoment *n* <nav> • lateral inertia moment

Breiter *m* <förd> • spreader

breiter Gang *m* <tech.allg> *(z. B. im Zug oder Flugzg.)* • wide aisle

breiter Walzenfräser *m* <wz> • slab mill

breites Beta *n* <bio.chem> • beta-migrating VLDL; broad beta lipoprotein; broad beta; beta VLDL; hypertriglyceridemic VLDL *rare*

breites Elektronenbündel *n* <phys> • extended electron beam

breites Frequenzband *n* <tele> • wide frequency band; wide band

breite Strichlinie *f* <doku> *(im D nicht üblich)* • dashed thick line

breite Strichlinie *f* <doku> *(Schnittebene, Behandlungsart etc.)* • thick chain line

Breite über alles *f* <fz> *(allg.)* • overall width

breite Vollinie *f* <doku> *(für sichtbare Kanten, Umrisse)* • continuous thick line

Breite-zuerst-Suche *f (künstliche Intelligenz)* • breadth-first search

Breitfärbemaschine *f* <textil> • padder; padding machine; pad

Breitfalzmaschine *f* <led> • full-width shaving machine; open-end shaving machine

Breitfelge *f* <kfz> • wide base rim; WB rim *prakt*

Breitfelge mit Doppeltiefbett *f rar* <nfz> • double wide base rim; DW rim; double drop center wide base rim *rare*

Breitflansch *m* <bau> *(Träger)* • wide flange

Breitflanschprofil *n* <bau> *(Stahlbau)* • H-section

Breitflanschschiene *f* <bahn> • flat-bottomed rail; flanged rail

Breitflanschspule *f* <füg> • wide flange spool

Breitflanschträger *m* <bau> *(breiter als ein Doppel-T-Träger)* • H-beam; wide-flange beam; wide-flange girder; H-girder

Breitflanschträger *m* <bau.mat> *(schwerer Stahlträger)* • broad flanged heavy section *EN 10079*

Breitformat *n* <druck> *(Druckplatte)* • landscape format

Breitfußschiene *f DIN 5901* <bahn> *(auch für Krane)* • flat bottom rail

Breitgewebe *n* <textil> • broadcloth

breithalten *vt* <textil> • expand *vt*; stretch *vt*

Breithalter *m* <kst> *(z. B. Folienblasen)* • spreader roll; Mount Hope roll *pract*; expander roll

Breithalter *m* <kst> *(gekrümmt, bei Kunststofffolien-Extrusion)* • banana roll; curved roll

Breithalter *m* <prod> • expander

Breithalter *m* <textil> • temple; cloth temple; tempet *US*; stretcher

Breithaltermarkierung *f* <textil> *(Webfehler)* • temple mark

Breithalterschere *f* <textil> • temple blade

Breithalterstreifen *m* <textil> *(Webfehler)* • temple mark

Breitkanalwehr *n* • broad-crested weir

Breitkeilriemen *m* <antr> • wide-angle V-belt

Breitmaul-Gripzange *f* <wz> *(Kfz-Reparatur)* • sheet metal tool; bending tool *AE.form*; sheet metal clamp *GB*; self-grip sheet metal clamp *GB*

Breitorf *m* <min> • dredge peat

Breitreifen *m* <kfz> • wide-profile tire; wide tire

Breitsaat *f* <agri> • broadcast sowing; broadcasting

Breitsaatschar *m* <agri> • broad shoe coulter

Breitsämaschine *f* <agri> • seed broadcaster

Breitschargrubber *m* <agri> • wide-blade sweep

Breitschirmisolator *m* <el> • wide-petticoat insulator

Breitschleifband *n* <wz> • wide abrasive belt

Breitschlichten *n* <prod> • broadnose machining *US*; broad-cut finishing; wide finishing

Breitschlichtmeißel *m* <wz> • broadnose finishing tool *US*; broad finishing tool *US*; wide-finishing tool

Breit-Schmalverhältnis *n* <edv> *(Strichcode)* • element width ratio; wide:narrow ratio; wide to narrow ratio; wide-to-narrow element ratio; WE:NE ratio

Breitschwelle *f* <bahn> • double sleeper

Breitseifen *n* <textil> • soaping in full width

Breitseite *f* • broadside

Breitspachtel *m* <bau.wz> • taping knife 10 inches

Breitspritzrohr *n* <agri> • spray lance boom

Breitspülen *n* <textil> • full width rinsing

Breitspur *f* <bahn> • wide gauge; broad gauge

Breitstampfer *m* <bau.masch> • butt rammer

Breitstrahl *m* <obfl> *(Strahlbild der Spritzpistole)* • oval pattern; flat [spray] jet

Breitstrahldüse *f* <masch> • flat-spray nozzle

Breitstrahler *m* <licht> • wide-angle lighting fitting; broad-beam lamp; broad-beam reflector

Breitstreckwalze *f* <kst> *(z. B. Folienblasen)* • spreader roll; Mount Hope roll *pract*; expander roll

Breitstreckwalze f <kst> *(gekrümmt, bei Kunststofffolien-Extrusion)* • banana roll; curved roll

Breitstrich m <bau> • wide stripe

Breitung f <metall> *(Schmieden)* • spreading

Breitwand... *Bildformat* <av> • wide-screen *picture format*; letter-box *picture format*

Breitwandbild n <av.kino> • wide-screen picture

Breitwandfilmprojektion f <kino> • wide-screen motion picture projection

Breitwaschmaschine f <textil> • open-width scouring machine; open-width washing machine

Breitwebmaschine f <textil> • wide loom

Breit-Wigner-Formel f <nukl> • Breit-Wigner formula

Breitwinkelstreuung f <phys> • wide-angle diffusion

breitwürfiges Ausbringen n <agri> • broadcasting

Breit-zu-schmal-Verhältnis n <edv> *(Strichcode)* • element width ratio; wide:narrow ratio; wide to narrow ratio; wide-to-narrow element ratio; WE:NE ratio

Brekzie f <geo> • breccia

brekzienartig <geo> • brecciated

brekziös <geo> • brecciated

Bremsanker m <nav> • drag anchor

Bremsanlage f DIN ISO 611 <kfz.brems> *(z. B. von Kraftfahrzeugen)* • brake system; braking system ISO 611

Bremsanpressdruck m <brems> • brake pressure

Bremsanschlag m <brems> • brake buffer

Brems-Antiblockiersystem n <kfz.brems> • anti-lock braking system (ABS); anti-lock brakes, ALB; anti-skid *coll*; electronic anti-locking; antilock brake system SAE

Bremsarbeit f <kfz.brems> • braking work

Bremsassistent m (BA) <brems> • brake assistant (BA)

Bremsausgleichhebel m <brems> • brake-compensating lever

Bremsausgleichwelle f <brems> • brake-compensating shaft

Bremsausrüstung f <brems> • brake gear

Bremsausrüstung f <kfz.brems> • braking equipment

Bremsbacke mit aufgeklebtem Bremsbelag f <kfz.brems> *(bei Trommelbremsen)* • brake shoe with bonded brake lining

Bremsbacke mit aufgenietetem Bremsbelag f <kfz.brems> *(bei Trommelbremsen)* • brake shoe with rivetet brake lining

Bremsbacke mit Selbstverstärkung f rar <kfz.brems> • primary shoe; forward shoe *rare*; leading shoe *rare*; self-energizing breake shoe *rare*

Bremsbacken m <brems> • brake jaw

Bremsbacken m <kfz.brems> *(nur bei Trommelbremsen)* • brake shoe; brake-shoe

Bremsbackenandrückung f <brems> • brake drag

Bremsbackenauszieher m <kfz.wz> • brake pad remover Vf

Bremsbackenlager n <brems> • brake-shoe pin bushing

Bremsbackenlagerbolzen m <brems> • brake anchor pin

Bremsbacken-Niederhalter m <kfz.brems> *(bei Trommenbremsen)* • break-shoe hold-down; shoe hold-down; break-shoe retaining spring; shoe steady

Bremsbackenrückholfeder f <brems> • brake-shoe return spring

Bremsband n <brems> • brake collar; brake strap

Bremsband n <kfz.antr> *(Automatikgetriebe)* • brake band; braking band; band *pract*

Bremsbandkolben m <kfz.antr> *(im Automatikgetriebe)* • brake band piston

Bremsbeläge erneuern vt <kfz.brems> • reline vt

Bremsbelag m <kfz.brems> *(bei Trommelbremsen)* • brake lining

Bremsbelag m <kfz.brems> *(Belagträger mit Bremsbelag von Scheibenbremsen)* • brake pad; friction pad

Bremsbelaghalterstift m form.rar <kfz.brems> *(für Bremsklötze und/oder Sattel)* • pad retainer pin; pad retainer; retainer pin; retainer

Bremsbelagklebstoff m <füg> • brake-lining adhesive

Bremsbelagrückenplatte f Teves <kfz.brems> *(von Scheibenbremsbelägen)* • brake pad plate; brake shoe rare

Bremsbelagverschleißanzeige f <kfz.brems> • brake pad wear indicator

Bremsbelagwarnleuchte f <kfz.msr> • brake wear warning light

Bremsbelastung f <brems> • brake load

Bremsberg m <min> • brake incline; gravity incline; self-acting incline; inclined plane

Bremsberghaspel f <min> • lowering winch

Bremsbetrieb von Motoren <antr> *(E-Motor, Verbrennungsmotor)* • dynamic braking

Bremsbetrieb von Motoren m <brems> • electrical braking of motor drives

Bremsblock m DIN ISO 8090 <fz> *(am Fahrrad)* • brake block ISO 8090

Bremsblock m <nukl> • moderating block

Bremsbolzen m <fz> *(Felgenbremse am Fahrrad)* • pivot bolt

Bremsbüchse f <brems> • brake bushing

Bremsbügel m <fz> *(Fahrradbremse)* • brake arm

Bremsdauer f <kfz.brems> • total braking time

Bremsdichte f <nukl> • slowing-down density

Bremsdreieck n <bahn> • brake triangle; triangular brake beam

Bremsdruck m <brems> • brake pressure

Bremsdruckleitung f <brems> *(Fahrzeuge)* • brake pressure line

Bremsdruckregler m <brems> • brake pressure regulator

Bremsdruckregler m <kfz.brems> • proportioning valve; brake pressure limiting valve *ppwiss-mdl*; load-dependent rear valve *ppwiss-mdl*; braking force regulator Teves; brake pressure regulator

Bremsdruckventil n <brems> • brake pressure valve

Bremsdüse f <energ.hydr> • brake jet; brake nozzle

Bremsdynamometer n <msr> • brake dynamometer

Bremse f <kfz.brems> • brake

Bremseigenschaften fpl <kfz.brems> *(Fahrverhalten beim Bremsen)* • braking response; braking performance *ppwiss-mdl*

Bremseinstellhebel m <kfz.wz> • brake adjusting tool; brake adjustment tool; brake spoon

Bremseinstellschlüssel m <kfz.wz> • brake wrench US; brake adjuster GB; brake adjusting spanner GB; brake adjuster spanner GB; brake spanner GB

Bremseinstellvorrichtung f <wz> • brake-adjusting mechanism

Bremselektrode f <av> • decelerating electrode; retarding electrode

bremsen vt <allg> *(durch Hindernisse, Widrigkeiten; Vorgang, Bewegung)* • impede vt

bremsen vt <tech.allg> • brake vt; apply the brake vt

bremsen vt <tech.allg> *(unerwünscht; z. B. Vorgang, Fortschritt)* • inhibit vt

bremsen vt <brems> *(z. B. Fahrzeug, Kran, Hauptspindel, Schlitten)* • decelerate vt

bremsen vt <nukl> • moderate vt; slow down vt

Bremsendienst m <kfz.brems> *(z. B. Schild an Tankstelle)* • brake service; relining

Bremsen-Einstellschlüssel m form <kfz.wz> • brake wrench US; brake adjuster GB; brake adjusting spanner GB; brake adjuster spanner GB; brake spanner GB

Bremsen mit Bremskraftverstärker *fpl* <kfz.brems>
• power brakes (pb)
Bremsen ohne Bremskraftverstärkung *fpl*
<kfz.brems> • unboosted brakes
Bremsenprüfung *f* <kfz.qualit> • brake test
Bremsenquietschen *n* <kfz.brems> • brake squeal *SUS SP-1339*
Bremsentlüfter *m prakt* <brems.wz> • brake bleeder
Bremsentlüfterschlüssel *m* <kfz.wz> • brake bleeder wrench; bleed screw spanner *GB*
Bremsenwarnleuchte *f* <kfz.brems.msr> • brake warning light; brake system warning light; brake alarm indicator light
Bremsenwarnleuchtschalter *m* <kfz.brems.el> • brake warn light switch; brake failure warning switch
Bremserhäuschen *n* <bahn> • brake house
Bremserhaus *n* <bahn> • brakeman's cab
Bremsfading *n* <kfz.brems> • brake fade; fading
Bremsfallschirm *m* <aerospace> *(Flugzeuglandung)*
• brake parachute; drag parachute; deceleration parachute; retarder parachute
Bremsfallschirm *m* <energ.wind> • parachute
Bremsfederwerkzeug *n* <kfz.wz> *(für Trommelbremsen)*
• brake spring tool
Bremsfederzange *f* <kfz.wz> • brake spring pliers
Bremsfeld *n* <el> • retarding field
Bremsfeldaudion *n* <el> • retarding-field detector; reverse-field detector
Bremsfeldoszillator *m* <el> • retarding-field oscillator
Bremsfeldröhre *f* <el> • retarding-field tube; positive-grid oscillator valve
Bremsfeldschaltung *f* <el> • Barkhausen-Kurz circuit; Barkhausen circuit
Bremsfeldschwingungen *fpl* <el> • Barkhausen-Kurz oscillations; Barkhausen oscillations; retarding-field oscillations
Bremsfläche *f* <brems> • brake-contact surface; brake-contact area
Bremsflüssigkeit *f* <kfz.brems> • brake fluid
Bremsflüssigkeits-Ausgleichsbehälter *m form* <kfz.brems> *(verbunden mit Bremshauptzylinder)* • brake fluid reservoir; reservoir *prakt*
Bremsflüssigkeitsbehälter *m* <kfz.brems> *(verbunden mit Bremshauptzylinder)* • brake fluid reservoir; reservoir *prakt*
Bremsflüssigkeitswarnleuchte *f* <kfz.msr> • low brake fluid level warning light
Bremsflugbahn *f* <aerospace> • braking trajectory
Bremsförderer *m* <min> • retarding conveyor; braking conveyor
Bremsfußhebel *m* <kfz> • service brake pedal
Bremsfußhebel *m* <kfz.brems> *(Kfz)* • brake pedal
Bremsfutter *n* <brems> • brake lining
Bremsgang *m* <kfz.antr> *(Automatikgetriebe)* • Low (L); hill-climbing gear; braking gear; hill-climbing and braking gear *ZF*
Bremsgerät *n form.rar.MB* <kfz.brems> • power brake; power brake unit; brake servo; brake servo unit
Bremsgestänge *n DIN 25607* <bahn> • brake gear
Bremsgestänge *n* <brems> *(Eisenbahn)* • brake leverage; brake linkage; brake rigging
Bremsgestänge *n* <kfz.brems> • brake linkage
Bremsgestängesteller *m* <brems> *(Eisenbahn)* • brake rod adjuster
Bremsgestängeübersetzung *f* <bahn> • multiplication of brake gear ratio
Bremsgitter *n* <el> • retarding grid; suppressor grid
Bremsgittermodulation *f* <el> • suppressor-grid modulation

Bremsgitterregelröhre *f* <el> • exponential pentode
Bremsgitterspeicherröhre *f* <el> • barrier-grid storage tube
Bremsgleichung *f* <nukl> • slowing-down equation
Bremsgriff *m* <fz> *(Fahrradbremse)* • brake lever
Bremsgriffgummi *n* <fz> *(Bremsgriffe von Fahrrädern)*
• hooded lever; rubber cover
Bremsgriffhebel *m* <fz> *(Fahrradbremse)* • brake lever
Bremshängeeisen *n* <brems> *(Eisenbahn)* • brake suspension link
Bremshandhebel *m* <brems> *(Kfz)* • brake hand lever
Bremshebel *m* <fz> *(Fahrradbremse)* • brake lever
Bremshebelführung *f* <brems> • brake-lever guide
Bremshilfe *f* <brems> • brake power assistance; power assistance
Bremshilfsgerät *n form.rar* <kfz.brems> • power brake; power brake unit; brake servo; brake servo unit
Bremshundertstel *n* <bahn.brems> • percentage of brake power; percentage brake power; effective brake power; effective braking power
Bremskabel *n* <fz> *(Fahrradbremse)* • brake cable
Bremskeil *m* <bahn> *(zum Sichern gegen Wegrollen, Abbremsen am Ablaufberg)* • scotch; drag shoe; stop block; skid
Bremskennlinie *f* <brems> • braking characteristic; braking curve
Bremsketten *fpl* <nav> • launching drags
Bremsklappe *f* <aerospace> • brake flap; air deflector; air brake
Bremsklappen *f* <energ.wind> • flaps; ailerons
Bremsklotz *m* <bahn> *(Magnetschienenbremsung)*
• brake shoe
Bremsklotz *m* <brems> • brake block; brake chock
Bremsklotz *m* <fz> *(am Fahrrad)* • brake block *ISO 8090*
Bremsklotz *m prakt* <kfz.brems> *(Belagträger mit Bremsbelag von Scheibenbremsen)* • brake pad; friction pad
Bremsklotzschuh *m DIN ISO 8090* <brems.fz> *(Fahrradbremse)* • brake block holder *ISO 8090*
Bremsklotzsohle *f* <brems> • brake block shoe
Bremsknüppel *m* <brems> • sprag
Bremskolben *m* <brems> • brake piston
Bremskolbendrehwerkzeug *n* <kfz.wz> • brake piston wind-back tool
Bremskontrollleuchte *f MB* <kfz.brems.msr> • brake warning light; brake system warning light; brake alarm indicator light
Bremskonus *m Fichtel & Sachs* <fz> • brake actuator *Sturmey Archer*
Bremskraft *f* <brems> • braking force; retarding force
Bremskraft *f* <nukl> • moderating power; slowing-down power; slowing-down force
Bremskraftbegrenzer *m* <kfz.brems> • braking force limiter *Teves*
Bremskraftregelventil *n* <nfz.brems> • load sensing valve
Bremskraftregler *m* <kfz.brems> • proportioning valve; brake pressure limiting valve *ppwiss-mdl*; load-dependent rear valve *ppwiss-mdl*; braking force regulator *Teves*; brake pressure regulator
Bremskraftverstärker *m* <kfz.brems> • power brake; power brake unit; brake servo; brake servo unit
Bremskreis *m* <brems> • brake circuit; braking circuit
Bremskupplung *f* <wz.masch> • brake coupling
Bremskupplungshalter *m* <wz.masch> • brake coupling holder
Bremslänge *f* <nukl> • slowing-down length
Bremsleiste *f* <agri> *(Sammelpresse)* • bale chamber wedge
Bremsleistung *f* <brems> • brake power; brake horsepower; braking power

Bremsleitung f <bahn.brems> • brake air conduit; brake pipe; train pipe

Bremsleitung f *DIN 74234* <kfz.brems> • brake line

Bremsleitungsschaber m <kfz.wz> • brake line scraper *Vf*

Bremsleitungsschlüssel m <kfz.wz> *(offener Ringschlüssel)* • line wrench

Bremsleitungswagen m <bahn> • piped wagon; wagon with through-brake pipe

Bremsleuchte f <kfz.el> *(betont: die Baueinheit)* • brake lamp *GB.rare*; brake light *GB.rare*; rear brake lamp *GB.rare*; rear brake light *GB.rare*

Bremslicht n <kfz.el> *(betont: das Licht)* • stop light; brake light *GB.rare*

Bremslicht n ugs <kfz.el> *(betont: die Baueinheit)* • stop lamp *US*; stop light *US*; rear stop light *US*; rear stop lamp *US*

Bremslichtdrehschalter m <kfz> • stop-light rotating switch

Bremslichtöldruckschalter m <brems> • hydraulic stop-light switch

Bremslichtschalter m <kfz.brems.el> • stop lights switch; brake stop switch *GB*; brake lights switch *AE*

Bremslichtzugschalter m <kfz> • stop-light pull switch

Bremslüfter m <brems> *(z. B. Kran)* • brake magnet; brake solenoid

Bremsluftbehälter m <brems> • compressed-air brake cylinder

Bremsluftschraube f <aerospace> • brake airscrew; static airscrew

Bremsluftschraube f <brems> • fan brake

Bremsmagnet m <brems> *(z. B. Kran)* • brake magnet; magnetic brake

Bremsmagnet m <msr> • meter damping element; meter damping magnet

Bremsmanöver n <aerospace> • braking manoeuvre; deceleration manoeuvre

Bremsmanöver n <brems> *(Kraftfahrzeug)* • deceleration manoeuvre

Bremsmanschette f • brake sealing cup

Bremsmantel m *Fichtel & Sachs* <fz> • brake band *Sturmey Archer*; brake shoes *Shimano*

Bremsmasse f <tech.allg> • brake mass

Bremsmasse f <brems> • brake weight

Bremsmittel n <nukl> • moderator

Bremsmoment n <brems> *(z. B. an der Kurbelwelle, an der Motorwelle (Kran))* • deceleration torque

Bremsmoment n <kfz> • braking torque; braking moment *ppwiss-mdl*

Bremsmoment n <mech> • retarding torque

Bremsmoment n <mot> • stalling torque

Bremsmomentabstützung f <kfz> *(Fahrwerk)* • anti-dive; anti-dive system; anti-dive device

Bremsmomentausgleich m <kfz> *(Fahrwerk)* • anti-dive; anti-dive system; anti-dive device

Bremsmotor m <el> • brake motor

Bremsnabe f <brems> • brake hub

Bremsneutron n <nukl> • slowing-down neutron

Bremsnickabstützung f <kfz> *(Fahrwerk)* • anti-dive; anti-dive system; anti-dive device

Bremsnickausgleich m <kfz> *(Fahrwerk)* • anti-dive; anti-dive system; anti-dive device

Bremsnicken n <kfz> *(Fahrwerk)* • brake dive; dive; nose dive *coll*; tail lift *coll*

Bremsnockenhebel m <brems> • brake cam lever

Bremsnockenlager n <brems> • brake cam bushing

Bremsnockenwelle f <brems> • brake camshaft; brake-actuating rod

Bremsnutzung f <nukl> • resonance escape probability

Bremsöl n *obs.ugs.rar* <kfz.brems> • brake fluid

Bremspedal n <kfz.brems> • brake pedal; service brake pedal

Bremspedalspiel n <kfz.brems> • brake pedal free play

Bremspedalweg m <kfz.brems> • brake pedal travel

Bremspotential n <el> • retarding potential; stopping potential

Bremsprobe f <bahn> • standing brake test; stationary brake test

Bremsprobe f <qualit> *(Kfz, Eisenbahn)* • brake test

Bremsprozent n <bahn.brems> • percentage of brake power; percentage brake power; effective brake power; effective braking power

Bremsprozess m <nukl> • slowing-down process

Bremsprüfung f <bahn> • standing brake test; stationary brake test

Brems-PS f <kfz> • brake horsepower (bhp)

Bremsquerschnitt m <nukl> • slowing-down cross-section

Bremsrakete f <aerospace> • brake rocket; retardation rocket; retrorocket

Bremsraketentriebwerk n <aerospace> • retrorocket system; retrothrust system; forward-firing system

Bremsregulierlager n • brake-adjusting bearing

Bremsring m • brake band; brake rim

Bremsrubbeln n <kfz.brems> • brake judder

Bremsrubbeln beim Abbremsen aus hohen Geschwindigkeiten n did <kfz.brems> • high-speed brake judder

Bremssäule f <nukl> • moderating column

Bremssattel m <kfz.brems> *(Scheibenbremse)* • brake caliper; caliper *pract.coll*; disc brake caliper

Bremssattelfeile f <kfz.wz> • brake caliper file *VF*

Bremssattelführungsstift m <kfz.brems> • caliper guide pin

Bremsschalter m <el> • braking controller

Bremsschalter m <kfz.brems.el> • stop lights switch; brake stop switch *GB*; brake lights switch *AE*

Bremsschaltung f <el> • braking circuit

Bremsscheibe f <brems> *(bei Scheibenbremsen)* • brake disk *US*; brake disc *GB*; brake rotor; rotor *pract*; disk *pract*

Bremsscheibe f <förd> *(von Riementrieben)* • brake wheel; brake pulley

Bremsscheibenabdeckung f <kfz.brems> *(von Scheibenbremsen)* • splash shield; dust shield; disc shield

Bremsscheiben-Messschieber m <kfz.wz> • disc brake gauge; disc brake rotor gauge

Bremsscheiben-Schieblehre f <kfz.wz> • disc brake gauge; disc brake rotor gauge

Bremsschenkel m <fz> *(Fahrradbremse)* • brake arm

Bremsschere f <bau> *(Fensterbeschlag)* • friction brake

Bremsschiene f <bahn> • rail brake; wagon retarder

Bremsschild m <nav> *(Stapellauf)* • braking mask; braking shield

Bremsschild n rar <kfz.brems> *(von Trommelbremsen)* • braking plate; brake support plate *Chrysler*

Bremsschirm m <aerospace> *(Flugzeuglandung)* • brake parachute; drag parachute; deceleration parachute; retarder parachute

Bremsschlauch m <kfz.brems> • brake hose; brake air hose; flex hose *coll*

Bremsschlauchleitung f rar <kfz.brems> • brake hose; brake air hose; flex hose *coll*

Bremsschlüssel m *(Motorrad)* • cam spindle

Bremsschlupf m <kfz> *(zwischen Reifen und Fahrbahn)* • brake slip; brake skid

Brems-Schluss-Kennzeichenleuchte f <kfz> • combined stop-tail-number plate lamp

Bremsschub *m* <aerospace> *(Schubumkehrvorrichtung)*
• backward thrust; reverse thrust

Bremsschubrakete *f* <aerospace> • reverse-thrust
rocket; retrothrust rocket

Bremsschuh *m* <bahn> *(Magnetschienenbremsung)*
• brake shoe

Bremsschuh *m* <brems> • chock

Bremsschuh *m* <fz> *(Fahrradbremse)* • brake shoe

Bremsschuhschraube *f* <fz> *(Fahrrad)* • brake shoe bolt

Bremsschutzkappe *f* <brems> • brake guard

Bremsschutzwiderstand *m* <el> • protective resistance
for rheostatic braking

Bremsschwelle *f* <verk> *(z. B. Berliner Kissen)* • speed
bump

Bremsschwund *m form* <kfz.brems> • brake fade; fading

Bremssegment *n* <brems> • brake quadrant; brake-lever
sector

Bremsseil *n* DIN ISO 8090 <fz> *(Bowdenzug am Fahrrad)*
• inner cable *ISO 8090*

Bremsseil *n* <kfz.brems> *(mechanische Bremse, Feststellbremse)* • brake cable; brake wire

Bremsseil *n* <nav> *(Flugzeugträger)* • flight-deck arresting
cable; arresting cable

Bremsseilzug *m* <brems> *(Kfz, Fahrrad)* • brake cable
assembly

Bremssohle *f* <brems> *(typ. aus GG, neu auch Kunststoff)* • brake lining carrier

Bremsspannung *f* <el> • retarding potential; negative anode potential *scien*; stopping potential *pract*

Bremsspektrum *n* <phys> • bremsspectrum; bremsstrahlung spectrum; retardation spectrum

Bremsspiel *n* <brems> • brake clearance

Bremsspindel *f* <brems> • brake screw; brake rod

Bremsspur *f* <kfz> • braking marks; tire marks; skid mark

Bremsstabilität *f* <kfz.brems> • braking stability

Bremsstange *f* <brems> • brake rod

Bremssteg *m* <fz> *(Fahrrad)* • stay bridge; seatstay bridge

Bremssteg *m* <min> • scraper

Bremsstempeln *n* <kfz.brems> • judder; wheel hop;
brake tramp

Bremsstrahl *m* <aerospace> *(Raumfahrzeug)* • retardation jet; decelerating jet

Bremsstrahlung *f* <phys> • bremsstrahlung collision radiation; continuous x-ray radiation; braking deceleration;
slowing-down radiation

Bremsstrahlungsverluste *mpl* <nukl> • energy loss by
emission of bremsstrahlung

Bremsstrecke *f* <brems> • braking distance; stopping
distance

Bremsstrom *m* <bahn> • braking current

Bremssubstanz *f* <nukl> • moderator

Bremssystem *n rar* <kfz.brems> *(z. B. von Kraftfahrzeugen)* • brake system; braking system *ISO 611*

Bremssystem *n* <logist> *(RFZ)* • braking system

Bremstauchen *n* <kfz> *(Fahrwerk)* • brake dive; dive;
nose dive *coll*; tail lift *coll*

Bremsträger *m* <kfz.brems> *(von Trommelbremsen)*
• braking plate; brake support plate *Chrysler*

Bremsträger *m rar* <kfz.brems> *(Scheibenbremse allg.)*
• adapter

Bremstriebwerk *n* <aerospace> • brake engine; braking
engine

Bremstrommel *f* <kfz.brems> • brake drum

Bremstrommelabzieher *m* <kfz.wz> • brake drum puller

Bremstrommel-Messschieber *m* <kfz.wz> • brake drum
gauge; brake resetting gauge

Bremstrommelnabe *f* <brems> • brake drum hub

Bremstrommel-Schieblehre *f* <kfz.wz> • brake drum
gauge; brake resetting gauge

Bremsung *f* <tech.allg> • braking

Bremsung *f* <tech.allg> *(Fahrzeug, Kran)* • deceleration

Bremsung *f* <nukl> • moderation; slowing-down

Bremsung *f* <phys> *(z. B. Elektronen, Neutronen)* • retardation

Bremsung durch Gegenmagnetisierung *f* <el> *(Motor)*
• capacitor braking

Bremsventil *n* <brems> • brake actuator valve; brake
valve

Bremsverhältnis *n* <nukl> • moderating ratio

Bremsverhalten *n* <kfz.brems> *(Fahrverhalten beim
Bremsen)* • braking response; braking performance
ppwiss-mdl

Bremsverlust in Nassdampfstufen *m* <turb> • wetness
loss

Bremsvermögen *n* <fz> • stopping power; braking ability;
braking power

Bremsvermögen *n* <nukl> • moderating power; slowing-
down power

Bremsversagen *n* <kfz.brems> • brake failure

Bremsverzögerung *f* <kfz.brems> • braking deceleration;
deceleration due to braking

Bremsweg *m* <kfz.brems> • braking distance; stopping
distance; brake path; brake path length

Bremsweg bis zum Stillstand *m* <kfz.brems> • stopping
distance

Bremswelle *f* <brems> • brake cross shaft; brake shaft

Bremswiderstand *m* <el> *(phys. Größe)* • braking resistance

Bremswiderstand *m* <el> *(Bauteil: Zusatzwiderstand)*
• braking resistor

Bremswirkungsdauer *f* <kfz.brems> • active braking
time

Bremszange *f* <kfz.brems> *(Scheibenbremse)* • brake
caliper; caliper *pract.coll*; disc brake caliper

Bremszaum *m* <masch> *(Prüfstand: Messung des Dreh-
momentes)* • Prony brake dynamometer; Prony brake

Bremszeit *f* <tech.allg> • braking time

Bremszeit *f* <brems> *(Fahrzeug, Welle, Kran, Fördergurt)*
• deceleration time

Bremszeit *f* <kfz> *(Kfz, Eisenbahn; Kran)* • brake application time

Bremszeit *f* <nukl> • slowing-down time

Bremszug *m* <fz> *(Fahrradbremse)* • brake cable

Bremszugführung *f* <fz> • cable guide

Bremszugstange *f* <brems> *(z. B. Kran)* • brake bar

Bremszugstange *f* <brems> *(Eisenbahn)* • brake-lever
connecting rod

Bremszylinder *m* <brems> • brake cylinder; dashpot
pract

Bremszylinder *m* <nfz.brems> *(Druckluftbremsanlage)*
• brake actuator

Bremszylinderpaste *f* <kfz.brems> • brake cylinder paste

Brennachse *f* <opt> • focal axis

brennbar <tech.allg> *(allg. brennfähig)* • combustible;
burnable *coll*

brennbar <ents> *(Abfall; zur Veraschung)* • combustible;
incinerable

brennbar *ugs* <qualit.mat> *(fähig, unter festgelegten
Bedingungen mit Flamme zu brennen)* • flammable
ISO 13943; inflammable *coll*; combustible *rare*

brennbare Abfallflüssigkeit *f* <ents> • combustible
waste liquid

brennbare Gase *npl* <nfz> • combustibles *pl*

brennbarer Anteil *m* <ents> • combustible fraction

Brennbares *n* <verbr> • combustible matter; combustible

brennbares Gas *n* <verbr> • combustible gas

brennbare Stäube *mpl* <sich> *(Explosions-, Verpuffungs-
gefahr)* • combustible dust

Brennbarkeit f <qualit.mat> *(von Stoffen; z. B. von Textilien, Bau-, Kunst- oder Schmierstoffen)* • flammability *ISO 13943*; inflammability *coll*

Brennbarkeit f <verbr> *(betont: zum Verbrennen; z. B. Brennstoff, Abfall)* • combustibility; burnability

Brennbeständigkeit f <obfl> • refire stability

Brennbock m <textil> • crabbing jack

Brennbohren n DIN 8522 <prod> • flame boring

Brenndauer f <aerospace> *(Rakete)* • combustion time; combustion duration; burning time

Brenndauer f <chem.verf> *(Erz)* • roasting time

Brenndauer f <el> *(Lichtbogen)* • arc duration

Brenndauer f <el> *(Stromrichter)* • conduction time

Brenndauer f <el> *(Glühlampe)* • burning life; operating life; service life

Brenndauer f <kfz.el> *(von Zündkerzen)* • spark duration

Brenndauer f ugs <licht> • rated life; lamp life

Brenndauer f <mat> *(Kalkstein)* • calcining time

Brenndauer f <nukl> • burning time

Brenndauer f <qualit.mat> *(von Kunststoffen)* • duration of burning

Brenndauer f <silik> *(Einbrennlack)* • baking time; firing time

Brenndauer f <verbr> *(Ofen)* • burning life

Brennebene f <opt> *(von Linsen, Spiegeln)* • focal plane

Brennebene f rar <opt> *(von Kameras, Teleskopen)* • image plane; focal plane *rare*

Brennelement n (BE) DIN 25401-3 <nukl> • fuel assembly (FA); nuclear fuel assembly *form*; nuclear fuel element *form*; fuel element; fuel bundle *rare*

Brennelementhandhabung f <nukl> • fuel element handling

Brennelement-Handhabungsmaschine f <nukl> • fuel handling machine

Brennelementkreislauf m <nukl> • fuel element loop

Brennelementlagerung f <nukl> • fuel assembly storage; fuel element storage; FA-storage; FE-storage

Brennelement-Leckrate f <nukl> • fuel element leakage rate

Brennelement-Wechselbühne f <nukl> • fuel handling bridge

Brennelementwiederaufbereitung f <nukl> • fuel assembly reprocessing; nuclear fuel assembly reprocessing; fuel element reprocessing

Brennelement-Zwischenlager n (BZ) <nukl> • facility for interim storage of spent nuclear fuel; interim storage facility for spent fuel elements; intermediate storage site for spent fuel assemblies; FE interim storage site

brennen vt <chem.verf> *(z. B. Kohle)* • roast *vt*

brennen vt <edv> *(Daten auf CD)* • burn *vt*

brennen vt ISO 13943 <feuer> *(Zustand der Verbrennung)* • burn *vt ISO 13943*

brennen vt <led> *(Kanten)* • burnish *vt*

brennen vt <med> *(Blutung durch Hitzeeinwirkung stoppen)* • cauterize *vt*

brennen vt <nahr> *(Alkohol)* • distil *vt*

brennen vt <silik> *(Ziegel)* • burn *vt*

brennen vt <silik> • fire *vt*; bake *vt*

brennen vt <textil> • crab *vt*

brennen vt <verf> *(Kalk)* • calcine *vt*

brennend ugs <chem> *(Wirkung)* • caustic

brennender Schwefelfaden m <verf> *(zur Lecksuche in Ammoniakkälteanlagen)* • sulfur candle

Brenner m <füg> *(Schweißbrenner)* • blowpipe; torch

Brenner m prakt <licht> • discharge tube; arc tube *rare*; gas discharge tube *rare*

Brenner m <verbr> *(z. B. Teil der Brennkammer in Öfen, Gasturbinen)* • burner

Brennerdüse f <füg> *(Schweißbrenner)* • blowpipe nozzle; torch nozzle; blowpipe tip; torch tip

Brennerdüse f <verbr> • burner nozzle

Brennerei f <nahr> • distillery; alcohol plant

Brennereimaische f <nahr> • distillery mash

Brennereinbruch m <min> *(Sprengarbeit)* • burn-hole cut; burn cut; parallel cut; shatter cut

Brennereintritt m <mot.verbr> • burner inlet

Brennereischlempe f <nahr> *(verbrauchte Maische)* • distillery slop; spent mash

Brennerflamme f <füg> *(Schweißbrenner)* • blowpipe flame; torch flame

Brennerflamme f <verbr> • burner flame

Brennergeschränk n <verbr> *(Dampferzeuger)* • burner box

Brennerhaus n *(Rußherstellung)* • burner house

Brennerkopf m <füg> *(Schweißbrenner)* • blowpipe head; torch head

Brennerkopf m <verbr> • burner head

Brennerlanze f <verbr> *(Dampferzeuger)* • burner gun

Brennerleitschaufeln fpl <verbr> *(Dampferzeuger)* • burner register

Brennermündung f <emiss> *(NOx)* • burner throat

Brennermündung f <silik> • port mouth; port opening

Brennermundstück n <füg> *(Schweißbrenner)* • blowpipe nozzle; torch nozzle; blowpipe tip; torch tip

Brennermundstück n <verbr> • burner tip

Brennerrohr n <füg> *(Schweißbrenner)* • blowpipe conduit; blowpipe tube; torch conduit; torch tube

Brennerrohr n <tech> *(Bunsenbrenner)* • barrel

Brennerrohr n <verbr> • burner pipe

Brennerschlauch m <füg> *(Schweißbrenner)* • blowpipe hose; torch hose

Brennertechnologie f • burner technology

Brenner vom Typ Monoblock m DIN EN 267 <verbr> • burner of the monobloc type; monobloc burner

Brennerzulaufleitung f <verbr> *(Dampferzeuger)* • burner supply line

Brennerzunge f <silik> • tongue tile; tongue

Brennessel f <bio> • stinging nettle; urtica urens

Brennfläche f <opt> • focal surface

Brennflämmen n <prod> • flame scarfing; hot scarfing; flame deseaming; flame chipping

Brennfleck m <av> *(Kamera, Bildschirm)* • hot spot

Brennfleck m <el> *(Lichtbogen)* • arc spot

Brennfleck m <opt> • focal spot

Brennfleck m <phys> *(Laser)* • cross-over point

Brennfleck der Kathode <phys> • cathode spot

Brennfleck der Röntgenröhre <phys> • X-ray focal spot

Brennfleckwähler m <med> • focal spot selector

Brennflotte f <textil> • crabbing liquor

Brennfront f <nukl> • front of burning material

Brenngas n <verbr> • combustible gas; fuel gas *pract*

Brenngasflasche f <logist> • fuel-gas cylinder

Brenngas-Sauerstoff-Flamme f <füg> • oxy-fuel gas flame

brenngehärtet <metall> • flame-hardened

Brenngemisch n <kfz.mot> • air/fuel mixture; A/F mixture; air/fuel mix *coll.press*

Brenngemisch n <verbr> • flaming mixture

brenngeschnitten <prod> • flame-cut; gas-cut

Brenngeschwindigkeit f <verbr> • burning rate; burning velocity; combustion rate

Brennglas n <opt> • burning glass; burning-glass

Brenngut n <ents> • incinerator charge

Brennhärtemaschine f <metall> • flame-hardening machine

Brennhärten n <metall> • flame hardening

Brennhobeldüse f <wz> • gouging tip
Brennintervall n <obfl> • firing range; fusing range
Brennkammer f <tech.allg> *(getrennte Kammer)* • combustion chamber
Brennkammer f <aerospace> *(Rakete)* • combustion chamber; blast chamber; combustor
Brennkammer f <msr> *(FID-Bestandteil)* • ionization chamber
Brennkammer f <turb> *(Gasturbinenkomponente)* • combustion chamber; combustor
Brennkammer f <verbr> *(Industrieofen)* • firing box; firing chamber
Brennkammer f <verbr> *(in Rostfeuerungen)* • furnace; combustion chamber
Brennkammer f <verbr> *(von Feuerungsanlagen)* • combustion chamber; fire box *rare*; furnace
Brennkammerdruck m <turb> *(Gasturbine)* • chamber pressure; combustion-chamber pressure
Brennkammereinsatz m <aerospace> *(Rakete)* • combustor inner liner; combustor liner
Brennkammereinsatz m <turb> *(Gasturbine)* • combustion-chamber liner
Brennkammerleistung f <verbr> • combustion unit performance
Brennkammertemperatur f <turb> *(Gasturbine)* • combustion-chamber temperature
Brennkammervolumen n <aerospace> • combustion-chamber volume
Brennkammerziegel m <turb> *(Teil e. großen Einzelbrennkammer)* • finned segment; ribbed tile
Brennkanal m *(Winderhitzer)* • combustion chamber
Brennkanal m <silik> • firing channel
Brennkapsel f <silik> • fireclay box; saggar
Brennkegel m <silik> • Seger cone
Brennkegel m <verf> • fusible cone; pyrometric cone; melting cone
Brennkegelprüfer m <verbr> • flame cone tester
Brennkopf m <aerospace> • igniter chamber
Brennlinie f <energ.sol> • focal line; line focus
Brennlinie f <opt> • focal line
Brennmalz n <nahr> • distillery malt
Brennöl n <petr> • burning oil
Brennofen m prakt <obfl> • enameling furnace *US*; enamelling furnace *GB*; firing furnace *pract*; fusing furnace
Brennofen m <prod> • stove
Brennofen m <silik> • baking kiln; burning kiln; firing kiln; kiln
Brennofen m <verf.mat> *(Kalkbrennen)* • lime kiln
Brennphase f <nukl> • burning time
Brennplatte f <silik> • bat
Brennpunkt m <chem> *(von Brenn-, Treibstoff)* • fire point; burning point
Brennpunkt m <opt> *(von Linsen, Spiegeln)* • focal point; focus
Brennpunktachse f <math> *(Hyperbel)* • transverse axis
Brennputzen n DIN 8522 <prod> • flame scarfing; hot scarfing; flame deseaming; flame chipping
Brennrahmen m <qualit.mat> *(Elektronenröhrenherstellung)* • testing screen
Brennraum m <kfz.mot> *(in Kolbenmotor)* • combustion chamber
Brennraum m <verbr> *(von Feuerungsanlagen)* • combustion chamber; fire box *rare*; furnace
Brennraumform f <mot> • shape of combustion chamber; combustion chamber geometry
Brennriss m <silik> • fire crack
Brennschacht m <verbr> • combustion chamber
Brennschluss m <aerospace> *(Rakete)* • burn-out

Brennschluss m <verbr> *(durch Abschalten gestoppte Verbrennung)* • combustion cut-off; combustion termination; firing termination
Brennschlussanlage f <verbr> • combustion cut-off system
Brennschluss der zweiten Raketenstufe m <aerospace> • second-stage burn-out
Brennschlussgeschwindigkeit f <aerospace> *(Rakete)* • burn-out speed; burn-out velocity
Brennschlusshöhe f <aerospace> *(Rakete)* • burn-out altitude
Brennschlussmasse f <aerospace> *(Rakete)* • combustion cut-off mass; cut-off mass; weight at combustion cut-off; weight at combustion termination
Brennschlusssignal n <aerospace> *(Rakete)* • combustion cut-off signal
Brennschneiden n DIN 8522 <prod> • flame cutting; torch cutting; gas cutting; oxygen cutting
Brennschneider m <prod> • flame-cutting torch
Brennschneidmaschine f <wz.masch> • flame-cutting machine; oxygen-cutting machine; oxy-cutting machine
Brennschnitt m DIN 8522 <prod> • flame cut
Brennschnittflächenriefe f <prod> • dragline
Brennschwindung f <silik> • firing contraction; firing shrinkage
Brennsoftware f ugs <edv> *(zur Datenaufzeichnung auf CD-Rohlingen)* • CD-R recording software; CD-R software; recording software *coll*
Brennspannung f <el> *(Lichtbogen)* • burning voltage; operating voltage; running voltage
Brennspannung f <el> *(Gasentladungsröhre)* • maintaining voltage
Brennspannung f <licht> *(von Gasentladungslampen)* • arc voltage; lamp operating voltage
Brennspannung f <licht> *(von Entladungslampen)* • tube voltage; lamp voltage
Brennspiegel m <energ.sol> • burning-mirror
Brennspiritus m <mat> • methylated spirit; mineralized methylated spirit
Brennstab m DIN 25401-3 <nukl> • fuel rod; fuel pin; nuclear fuel rod; rod-type fuel element *rare*
Brennstabhüllrohr n <nukl> • fuel rod cladding; cladding tube; fuel cladding *pract*
Brennstabilität f <obfl> • refire stability
Brennstabumhüllung f <nukl> • fuel rod cladding; cladding tube; fuel cladding *pract*
Brennstand m <aerospace> • static firing stand; static test firing stand
Brennstaub m <verbr> • pulverized fuel; powdered fuel
brennstaubgefeuert <verbr> • pulverized-fuel-fired
Brennstelle f <opt> • lighting outlet
Brennstellung f <licht> • burning position; working position
Brennstempel m <agri> • branding iron
Brennstoff m <tech.allg> • fuel
Brennstoff m <nukl> • reactor fuel; nuclear fuel
Brennstoff m <verbr> *(Feuerung (nicht Motoren), im Ggs. zu Treibstoff, Kraftstoff)* • combustion fuel
Brennstoffabbrand m <nukl> • fuel burn-up
Brennstofffabrik f <nukl> • fuel factory
Brennstoffabsperrschieber m <tech.allg> • fuel cut-off valve
Brennstoff aufnehmen vi <logist> • fuel *vi*
Brennstoff aus Müll m (BRAM) <ents.verbr> • waste derived fuel (WDF); refuse derived fuel; RDF
brennstoffbedingtes NO$_x$ n <ents> • fuel NO$_x$
Brennstoffbehälter m <fz> • fuel tank
Brennstoffbehälter m <logist> • fuel container
Brennstoff-Beiwert m <verbr> • fuel specific factor

Brennstoffbeladung f <nukl> • reactor charging; reactor loading; reactor fuelling

Brennstoffbeschickung f <nukl> • reactor charging; reactor loading; reactor fuelling

Brennstoffbett n <verbr> • fuel bed

Brennstoffchemie f <verbr> • fuel chemistry

Brennstoffdüse f <mot> • fuel-injection nozzle

Brennstoffdüse f <turb> (Brennkammerbauteil) • fuel nozzle

Brennstoffdurchsatz m <verbr> • fuel throughput

Brennstoffeinsatz m <nukl> • fuel charge

Brennstoffeinsatz m DIN 25401-3 <nukl> (Kernreaktor) • fuel inventory

Brennstoffeinsparung f <ökol> • fuel saving

Brennstoffeinspritzer m <mot> • fuel injector

Brennstoffelement n <nukl> • fuel assembly (FA); nuclear fuel assembly form; nuclear fuel element form; fuel element; fuel bundle rare

Brennstoffelement n <verbr> • fuel cell

Brennstoffelementkreislauf m <nukl> • fuel element loop

Brennstoffelement-Leckrate f <nukl> • fuel element leakage rate

brennstoffgebunden <emiss> • fuel-bound

brennstoffgefeuerter Dampferzeuger m <rls> • fuel-fired steam generator; fuel-fired boiler pract

Brennstoffgemisch n <mot> • fuel mixture

Brennstoffgitter n <nukl> • fuel lattice

Brennstoffhülle f <nukl> • element can; element jacket; fuel cladding

Brennstoffhülle f DIN 25401-3 <nukl> (Kernreaktor) • cladding

Brennstoffilter n <verf> • fuel strainer

Brennstoffkreislauf m <nukl> • fuel cycle; nuclear fuel cycle

Brennstoffkreislauf m prakt <nukl> • nuclear fuel cycle; fuel cycle pract

Brennstofflager n <logist> • fuel dump

Brennstofflebensdauer f <nukl> • fuel lifetime

Brennstoffleistung f DIN 25401-3 <nukl> (Kernreaktor) • fuel power

Brennstoffleitung f <rls> • fuel supply line; fuel supply pipe

Brennstoffmengen fpl <nukl> • fuel reserves

Brennstoff mit hohem Energiegehalt m <energ> • high-energy fuel; fuel with high calorific value

Brennstoff-Moderator-Verhältnis n <nukl> • fuel moderator ratio

Brennstoffnachladung f <nukl> • fuel reload; fuel make-up

Brennstoffnebenwegregler m <msr> • fuel bypass regulator

Brennstoff-NOₓ n <ents> • fuel NO$_x$

Brennstofförderpumpe f <masch> • fuel feed pump

Brennstoffforschung f • fuel research

Brennstoffpellet n <nukl> • pellet

Brennstoffplatte f DIN 25401-3 <nukl> (Kernreaktor) • fuel plate

Brennstoffpumpe f <masch> • fuel pump

Brennstoffregeneration f <nukl> • nuclear fuel regeneration; nuclear fuel reprocessing

brennstoffreich <emiss> • fuel-rich

Brennstoffreserve f <aerospace> • spare fuel capacity

Brennstoffreserven fpl <nukl> • fuel reserves

Brennstoffrückführung f <nukl> • fuel recycling; nuclear fuel recycling; fuel recycle

Brennstoffschadensgrenze f <nukl> • fuel damage limit

Brennstoffschicht f <verbr> • fuel bed

Brennstoffschlamm m <nukl> • fuel slurry; slurry fuel

Brennstoffschütttrichter m <verf> • fuel hopper

brennstoffspezifischer Faktor m <verbr> • fuel specific factor

Brennstoffstaub m <verbr> • pulverized fuel; powdered fuel

Brennstofftablette f DIn 25401-3 <nukl> • fuel pellet; pellet

Brennstofftabletten-Hüllrohr-Wechselwirkung f <nukl> • pellet-cladding interaction

Brennstofftank m <fz> • fuel tank

Brennstoffübernahme f <fz> • fuelling

Brennstoffumhüllungsmaterial n <nukl> • fuel canning material; fuel sheathing material

Brennstoffverbrauch m <tech.allg> • fuel consumption

Brennstoffvorratsraum m <verbr> • fuel storage chamber

Brennstoffvorventil n <aerospace> • first propellant valve

Brennstoffvorwärmer m <mot> (z. B. Dieselkraftstoff) • fuel oil preheater

Brennstoffwiederaufbereitungsanlage f <nukl> • fuel reprocessing plant

Brennstoffzelle f (BZ) <el> • fuel cell (FC)

Brennstoffzelle mit Polymermembran f <energ> • polymer electrolyte membrane fuel cell (PEMFC); proton exchange membrane fuel cell

Brennstoffzellenantrieb m <kfz.mot> • fuel cell drive

Brennstoffzellenauto n ugs <kfz.el> • fuel cell electric vehicle (FCEV)

Brennstoffzellenfahrzeug n <kfz.el> • fuel cell electric vehicle (FCEV)

Brennstoffzellenkatalysator m <emiss> • fuel-cell catalyst

Brennstoffzerstäubersystem n <mot> • fuel-atomizer system

Brennstoffzuführung f <tech.allg> • fuel supply

Brennstoffzuführung f <nukl> • fuel feed

Brennstoffzuführung durch Gefälle <verbr> • gravity fuel supply

Brennstoffzuführungsleitung f <rls> • fuel supply line; fuel supply pipe

Brennstoffzufuhr f <tech.allg> • fuel supply

Brennstoffzufuhr f <nukl> • fuel injection

Brennstoffzyklus m <nukl> • fuel cycle; nuclear fuel cycle

Brennstütze f <silik> • upright; post; pin

Brenntemperatur f <silik> (allg. von Keramik etc.) • firing temperature

Brenntemperatur f <silik.obfl> (Emaillierung) • firing temperature

Brenntemperatur f <verbr> • burning temperature

Brenntorf m <verbr> • fuel peat

Brennunterlage f <silik> • bat

Brennverhalten n <ents> (von Brennstoff, Abfall u. a.) • combustion characteristics

Brennverhalten n <kfz.kst> • burning characteristics

Brennverhalten n ISO 13943 <mat.feuer> • burning behaviour ISO 13943

Brennverhalten n <qualit.mat> • fire behaviour DIN EN 1566-1

Brennweite f <astron> • focal depth; focal distance; focal length

Brennweite f <opt> • focal length; focal distance

Brennweite f <phot> (eines Objektivs) • focal length

Brennweitenbereich m <opt> (von Zoomobjektiven) • zoom range

Brennweitenbereich m <opt> • focal range

Brennweitenbereich m <phot> • focus range

Brennweiteneinstellung f <opt> • focusing adjustment; focussing adjustment

Brennweiteneinstellung f <phot> (bei Zoomobjektiven) • focal-length setting

Brennweitenindex m <phot> (auf Zoomobjektiv) • focal length index

Brennwert m (Ho) DIN 5499 <verbr> • gross calorific value; higher heating value; gross combustion heat rare

Brennwertanlage n <verbr> • condensing furnace

Brennwertkessel m <verbr> • condensing boiler; condensation boiler

Brennwerttechnik f <verbr> • condensing technology

Brennzeit f <kst.feuer> • burning time

Brennzeit f <nukl> • burning time

Brennzone f (Kalzinierofen) • calcining zone; calcining compartment

Brennzone f <obfl> • firing zone; fusing zone; hot zone

Brennzone f <verf> (Ofen) • combustion zone

Brennzünder m <mil> • ignition cartridge

Brennzünder m <spreng> • exploder; primer

Brenscenario <nukl> • front of burning material

Brenzcatechin n <chem> • pyrocatechol; catechol

brenzlig <psych> (Geruch) • empyreumatic

B-Rep-Modell n prakt <edv> • Boundary Representation Model (B-Rep); B-Rep model pract

Brett n <bau> (Diele) • batten

Brett n <bau> • board

Brett n <bau.mat> (größere Abmessung) • plank

Brett n <bau.mat> (lang und schmal, stabil; meist begehbar) • plank

brettartig <textil> (Griff) • boardy

Brettbinder m <bau> • build-up truss; sandwiched truss

Bretter n prakt/ugs <sport> (Sportgerät) • ski; slats coll

Bretterverkleidung f <bau> • boarding; siding; sheathing

Bretterverkleidung f <bau> (Betonbau) • plank lining

Bretterzaun m <bau> • hoarding; hoard

Brettfallhammer m <prod> • drop-board hammer

Brett für Dachhaut n <bau> • roofer

Brettschaltung f <el> • breadboard circuit; breadboard model

Brettschichtholz n (BSH) <bau.mat> • laminated wood

Brettschichtholzträger m <bau> • laminated wood beam

Brewster'scher Winkel m <opt> • Brewster's angle; polarizing angle

Brewster'sches Gesetz n <opt> • Brewster's law

Brewster'sche Streifen mpl <opt> • Brewster's bands

Bride f <fz.füg> (von Blattfedern) • U-bolt; spring U-bolt; spring U-clamp

Bridge-Disk f <edv> (CD, die von unterschiedlichen CD-ROM-Systemen gelesen werden kann) • bridge disk

Bridge-Kamera f <phot> (SLR mit fest eingebautem Zoomobjektiv) • all-in-one camera; bridge camera

briefen vt <werb> • brief vt

Briefhülle f DIN 16551 <werb> • envelope

Briefing n <edv> • briefing

Briefing n <werb> • briefing

Briefkasten m <edv> (Speicherbereich zum Aufbewahren von Informationen) • mailbox

Briefkastenfirma f <jur> • letter-box company; paper company; bogus firm; conduit company; accommodation company

Briefmarkenpapier n <pap> • postage stamp paper

Briefmarkenperforiermaschine f <wz.masch> • stamp perforating machine

Briefordner m <büro> • letter file

Briefpapier n <pap> • note paper; letter paper

Briefqualität f <druck> (Druckerleistung) • correspondence quality; letter quality

Brieftasche f <allg> • wallet US.GB; pocketbook GB

Briefträgerproblem n <math> • Chinese postman's problem

Briefumschlagfutterseidenpapier n <pap> • envelope lining tissue; envelope lining

Briefumschlagklappe f • envelope sealing flap; sealing flap

Briefumschlagmaschine f <wz.masch> • envelope making machine; envelope machine

Brigg'scher Logarithmus m <math> • common logarithm

Brightstock m <chem.petr> • bright stock; brightstock

Brikett n <verbr> (allg., jeder Brennstoff) • brick fuel; pressed fuel

Brikett n <verbr> (Kohle) • briquette; briquet; coal briquette; coal briquet

Brikettdruckfestigkeit f <verbr> • briquette compression strength; briquette crushing strength

Brikettfabrik f <verbr> • briquetting factory; briquetting plant

brikettierbar <verf> • briquettable

Brikettierbarkeit f <verf> • briquettability; briquetting quality; briquetting properties

Brikettieren n <verf> • briquetting

brikettieren vt <verf> • briquette vt

Brikettierkohle f <verbr> • briquette coal; briquetting coal

Brikettierpresse f <agri> (für Pellets) • pelletizing press

brikettierte Kohle f <verbr> • briquetted coal

Brikettierung f • briquetting

Brikettpresse f • briquette press; briquetting press

Brikettwalzenpresse f <prod> • roll-type briquette machine; roll-type briquetting machine

brillant <phot> (Licht, Farben) • brilliant

Brillantfarbstoff m <chem> • brilliant dye

Brillantschliff m <prod> • brilliant cutting

Brillantsucher m <phot> • brilliant viewfinder; brilliant camera viewfinder

Brillanz f <allg> • brilliance; brilliancy

Brille f ugs <bekl> (fest anliegend, dicker Rand; z. B. Schweißerbrille) • safety goggles; goggles

Brille f ugs <hygi> • toilet seat

Brille f prakt <kfz> • front panel; radiator support panel

Brille f <masch> (über Stopfbuchse) • gland

Brille f <opt> • glasses; eyeglasses; spectacles

Brille f <textil> (Wirkmaschine) • dividing cam

Brille f <wz.masch> • center rest

Brillenbandhalterung f <bekl> (Helm) • goggle strap kit

Brillenfach n <kfz.innen> • sunglass storage compartment; sunglass storage

Brillenfassung f <opt> • spectacle frame; ophthalmic frame

Brillenfutter n <masch> (Stopfbuchse) • gland lining

Brillenglas n ISO 13666 <opt> (Augenglas, das vor dem Auge aber nicht im Kontakt getragen wird) • spectacle glass ISO 13666

Brillengreifer m <textil> • hook for rotary machine with bobbin-case holder

Brillenhalteschlaufe f <bekl> (Helm) • goggle strap kit

Brillenofen m <metall> • spectacle furnace

brilliant <kunst> • brilliant; vibrant

Brillianz f <av> (Fernseh- bzw. Videobild) • brilliance

Brillianz f <obfl> • brilliance

Brillouin-Streuung f <phys> • Brillouin scattering

Brillouin-Zone f <mat> • Brillouin zone

Brinellhärte f (HB) norm <qualit.mat> • Brinell hardness (HB) norm; Brinell hardness number

Brinellhärteprüfer m <qualit.mat> • Brinell hardness tester

Brinellhärteprüfung f DIN EN ISO 6506 <qualit.mat> • Brinell hardness test[ing] ISO 6506; ball-indentation test[ing]

Brinell-Härteprüfung f <qualit.mat> • Brinell hardness test[ing] *ISO 6506*; ball-identation test[ing]
Brinellkugel f <qualit.mat> • Brinell ball penetrator
Brinell-Zahl f *rar* <qualit.mat> • Brinell hardness (HB) *norm*; Brinell hardness number
Bringegreifer m <förd> • giver
Bringegreifer m <textil> *(Weben)* • giver; presenter
bringen vt <allg> • bring vt
Bringsystem n <pap.ents> *(für Altpapier)* • bring system; bring scheme; drop-off scheme
brisant <spreng> • highly explosive; explosive
brisanter Sprengstoff m <spreng> • high-strength explosive; high explosive
Brisanz f <spreng> • brisance; shattering force; shattering power
Brisanzwert m <spreng> • brisance index
Bristolkarton m <pap> • Bristol board; Bristol
Britisches Buttress-Gewinde n <masch> • British Standard buttress thread (BBUTT) *BS 1657*; British buttress thread
Britisches Elektrogewinde n *:V* <el> • British Standard Electrical Conduit Thread
Britisches Feingewinde n <masch> • Whitworth fine thread (BSF) *BS 84*; British Whitworth fine thread; British Standard fine thread
Britisches Gewinde n *ugs* <masch> *(allg.; Grobreihe)* • Whitworth thread (BSW) *BS 84*; British Standard Whitworth thread; British Standard thread; British thread *coll*; English thread *coll*
Britisches Grobgewinde n (BSC) <masch> • British Standard Coarse (BSC)
Britisches kegeliges Rohrgewinde n (BSPT) <rls.füg> • British taper pipe thread (BSPT)
Britisches Rohrgewinde n <rls.füg> • Whitworth pipe thread; British Standard pipe thread; RC / Rc
Britisches Spezialgewinde n <masch> • British Whitworth special (WHIT) *BS 84*
Britisches Whitworth-Feingewinde n <masch> • Whitworth fine thread (BSF) *BS 84*; British Whitworth fine thread; British Standard fine thread
Britisches zylindrisches Rohrgewinde n (BSPP) <rls> • British straight pipe thread (BSPP) *obs*
British-Association-Gewinde n <masch> • British Association thread (BA) *BS 93*; B.A. thread
British Standards Institute n (BSI) <norm> • British Standards Institute (BSI)
British-Standard-Whitworth-Gewinde n <masch> *(allg.; Grobreihe)* • Whitworth thread (BSW) *BS 84*; British Standard Whitworth thread; British Standard thread; British thread *coll*; English thread *coll*
British thermal unit f (Btu) <verbr> • British thermal unit (Btu)
Broadcast Control Channel m (BCCH) *norm* <tele> • Broadcast Control Channel (BCCH) *norm / rare*
Broadsheet n <druck> • broadsheet
Broadsheet-Format n <druck> • broadsheet
Broad-sheet-Format n <druck> • broadsheet
Broadsheetformat n <druck> • broadsheet
Brocken m <tech.allg> *(eher groß, fest, schwer)* • lump
Brockenfänger m <petr> • junk basket; basket
Brodeln n <phys> • bubble
Brodeln n <tele> *(Funkempfangstechnik)* • boiling noise
bröckelig <nahr> *(Speiseeisfehler)* • crumbly; brittle; friable; flaky
bröckeln vt <allg> • crumble vt
Bröckelspan m <prod> • discontinuous chip; segmental chip
bröcklig <mat> • crumbly
Bröckligkeit f <kst> • friability
Bröckligkeit f <mat> • crumbliness

Brokat m <textil> • brocade
Brom n (Br) <chem> • bromine (Br)
Brom abspalten vt <chem> • debrominate vt
Bromabspaltung f <chem> • debromination
Bromaceton n *(starker Tränenreizstoff, heute als chem. Ausgangsstoff verwendet)* • bromoacetone
Bromacil n <chem.agri> *(Pflanzenschutzmitten)* • bromacil
Bromargyrit m <min> • bromargyrite; bromyrite
Brombenzol n <chem> • bromobenzene
bromhaltig <mat> • bromine-containing
Bromidpapier n <phot> • bromic-silver paper; bromide paper; bromide
bromieren vt <chem.verf> • brominate vt
bromierter Flammhemmer m <kst.el> *(z. B. für Leiterplatten; z. B. TBBA, PBB, PBDE)* • bromide-based flame retardant *:V*
Bromierung f <chem> • bromination
Bromometrie f *(Maßanalyse (Redoxtitration))* • bromometry
Bromoxynil n <chem.agri> *(Totalherbizid)* • bromoxynil
Bromsäure f <chem> • hydrogen bromide; bromic acid
Bromsilber n <phot> *(eines der Silberhalogenide)* • silver bromide
Bromsilberdruck m <druck> • bromide print[ing]
Bromsilberpapier n <phot> • bromic-silver paper; bromide paper; bromide
Bromumdruck m <druck> • bromide oil transfer
Bromwasserstoff m (HBr) <chem> • hydrogen bromide; bromic acid
Bromzahl f *(Fettanalyse)* • bromine number
Bronchialasthma n <med> • bronchial asthma
Bronchialtoilette f <med.tech> • bronchial suction; suction *ISO 4135*; aspiration *ASTM F 960*
Bronchiektase f <med> • bronchiectasia
Bronchiektasie f <med> • bronchiectasia
Bronchitis f <med> • bronchitis
Bronchopneumonie f <med> • bronchopneumonia; bronchial pneumonia
Bronchusabsaugegerät n <med.tech> *(zur Bronchialtoilette)* • suction device *ISO 4135*
Bronchusabsaugung f <med.tech> • bronchial suction; suction *ISO 4135*; aspiration *ASTM F 960*
Bronze f <metall> *(Legierung Kupfer-Zinn)* • bronze
Bronzeausfütterung f <obfl> • bronze lining
Bronzeblech n <mat> • bronze plate
Bronzedruck m <druck> • bronze printing
Bronzedruckfarbe f <druck> • metallic ink
Bronze-Feuchtpaste f <obfl> • wet bronze powder
Bronzefleck m <pap> *(Papierfehler)* • bronze speck
Bronzegießerei f <metall> • bronze foundry
Bronzeglanz m <obfl> • bronziness
Bronzelager n <masch> • bronze bearing
Bronzelamellenkohlebürste f <el> • bronze leaf brush
Bronzepapier n <pap> • bronze paper
Bronzeschweißen n <füg> • bronze welding
Bronzieren n DIN EN ISO 4618 <obfl> *(Farbänderung einer Beschichtung)* • bronzing *ISO 4618-2*
bronzieren vt <obfl> • bronze vt
Bronziermaschine f <wz.masch> • bronzing machine
broschieren vt <druck> • bind booklets vt; stitch vt
Broschiermaschine f <druck> • bookletting machine; brochure binding machine
Broschierstich m <druck> • plain stitching; plain sewing
broschiert <druck> • paperback
Broschierweberei f <textil> • swivel weaving
Broschierwebstuhl m <textil> • swivel loom; embroidery loom; clip-spot loom
Broschüre f <doku> • booklet; brochure

Broschüre in edler Aufmachung f <werb> • slick brochure

Broschürenheftmaschine f <druck> • booklet stitching machine

Broschürenheftung f <druck> • plain stitching; plain sewing

Broschur f <druck> • stitching

Brotschrift f <druck> • body type

Brown'sche Molekularbewegung f <chem.phys> • Brownian motion; Brownian movement

Brown-Goldstein-Pathway m selten <med> • LDL-receptor pathway; LDL-receptor system; Brown-Goldstein pathway rare

Brownsche Bewegung f <chem.phys> • Brownian motion; Brownian movement

Brown-und-Sharpe-Kegel m <masch> • Brown and Sharpe taper

BRT <nav> • gross register ton (GRT); gross ton

Bruch m (Werkzeug) • breakage

Bruch m <bau> (Glasscheibe) • breakage

Bruch m <edv> (Computersicherheit) • breach

Bruch m <geo> (Resultat) • fault

Bruch m <math> • fraction

Bruch m <mech> • break

Bruch m <nahr> (z. B. Käse) • curd

Bruch m <petr> • twist-off

Bruch m <qualit> • fracture; failure

Bruch m <qualit.mat> (Trennbruch) • rupture

Bruch m <silik> • cullet

Bruchanfälligkeit f <qualit> • fracture susceptibility

Brucharbeitsvermögen n <qualit.mat> (Festigkeit) • unit rupture work; ultimate resilience

Bruchbau m <min> • controlled caving; caving

Bruchbelastung f <qualit.mat> (Belastung beim Bruch) • breaking stress; fracture stress; ultimate stress; fracture load; load at failure

Bruchbelastung f <qualit.mat> • breaking stress; fracture stress; rupture stress; ultimate stress; ultimate breaking stress

Bruchbereitung f <nahr> (z. B. in der Käsebereitung) • curd preparation

Bruchbiegespannung f <qualit.mat> • transverse strength; transverse modulus of rupture; flexural strength

Bruchbild n <qualit> • fracture pattern

Bruchbildung f <nahr> • curd formation

Bruchbildung f <qualit.mat> • fracturing; rupturing

Bruchdehnung f <qualit.mat> • fracture strain; strain at failure; strain at break

Bruchdehnung f <qualit.mat> (beim Zugversuch ermittelte Verlängerung der Messlänge) • elongation at break; elongation at fracture; elongation at rupture; elongation at failure; ultimate elongation

Bruchdehnung in initial nassem Zustand f <pap> • initial wet web stretch

Bruchdetektorniveau n <pap> • rupture level

Bruchebene f <qualit.mat> • rupture plane

Brucheinschnürung f <qualit.mat> (Zugversuch) • reduction of area; percentage reduction at fracture; percentage reduction of area; necking at fracture

Brucheinschnürung f <qualit.mat> • reduction of area; reduction in area; necking pract

bruchempfindlich <mat> (z. B. Glas, Porzellan, Kristallleuchter) • fragile; brittle; frail

Bruchfalte f <geo> • fold fault

Bruchfeld n <min> • caved area; caved goaf; caved waste

bruchfest <qualit> • fracture-proof; with high fracture strength; unbreakable

Bruchfestigkeit f <energ.sol> • resistance to breakage

Bruchfestigkeit f <qualit.mat> • breaking strength; rupture strength; fracture strength; ultimate strength

Bruchfestigkeit f rar <qualit.mat> (maximale Belastbarkeit, vor Einschnürung, vor Bruch) • ultimate tensile strength (UTS); tensile strength pract

Bruchfestigkeit in inital nassem Zustand f <pap> • initial wet web tensile strength

Bruchfläche f <qualit.mat> • fracture area; fracture surface

Bruchgefahr f <min> • danger of breaking edges on the surface

Bruchgefahr f <qualit.mat> • risk of breakage; danger of breakage

Bruchglas n <silik> • cullet

Bruchgrenze f <qualit.mat> • fracture limit; fracture strength limit; breaking limit

Bruchhypothese f <mech> (Bruchmechanik) • failure hypothesis

Bruchhypothese f <qualit.mat> (Bruchmechanik) • failure theory; theory of failure

Bruchkante f <doku> (Techn. Zeichen) • break line

Bruchkante f <edv> • limit of partial view

Bruchkante f <min> (im Hangenden) • breaking edge

Bruchkante f <textil> • irreversible fold

Bruchlandung f <aerospace> • crash landing

Bruchlast f <qualit> • fracture load; failing load; rupture load; ultimate load; breaking load

Bruchlast f <textil> (Prüfen) • breaking load

Bruchlastspielzahl f <qualit.mat> • number of cycles to failure

Bruchlastspielzahl f <rls> (eines Kompensators) • cyclic life; fatigue life expectancy; fatigue life; life expectancy; number of cycles to failure

Bruchlinie f <doku> (Techn. Zeichen) • break line

Bruchlinie f <edv> • limit of partial view

Bruchlinie f <geo> • faulting line; fault line

Bruchlinie f <mech> • break line

Bruchlinie f <mech> (Bruchmechanik) • failure line; failure envelope

Bruchlinientheorie f <bau> • yield-line method

Bruchlochwicklung f <el> • fractional-slot winding

Bruchmechanik f <mech> • fracture mechanics

Bruchmechanik f <qualit.mat> • mechanics of failure

Bruchmechanik-Theorie f <mech> • fracture-mechanics theory

Bruchmodul m <qualit.mat> • modulus of rupture

Bruchmodus m <mech> (Bruchmechanik) • mode of fracture

Bruchprobe f <qualit.mat> • failure test specimen; fracture test specimen; breaking test specimen

Bruchprüfung f <qualit.mat> • fracturing test; breaking test

Bruchpunkt m <qualit.mat> (Kst.) • breaking point; brittle point

Bruchquerschnitt m <qualit.mat> • cross-section at fracture

Bruchreibungswinkel m <mech> (Bodenmechanik) • peak point friction angle

Bruchscherfestigkeit f <mech> (Bodenmechanik) • peak shear strength

Bruchschieferung f <geo> • fracture cleavage

Bruchschild m/n <min> • gob shield

Bruchschlagenergie f <qualit.mat> • fracturing energy

bruchsicher <bau> (Verglasung) • high-impact resistant

bruchsicher <qualit> • fracture-resistant; breakproof

bruchsicher <qualit.mat> (Glas) • shatterproof

Bruchsicherheit f <qualit.mat> • safety against fracture; safety against failure; safety against rupture

Bruchspalte f <geo> • fault fissure; fissure

Bruchspan *m* <prod> • discontinuous chip; segmental chip

Bruchspannung *f* <qualit.mat> • breaking stress; fracture stress; rupture stress; ultimate stress; ultimate breaking stress

Bruchstein *m* <bau> • quarry stone

Bruchstein *m* <bau.mat> • rubblestone

Bruchsteinbeton *m* <bau.mat> • rubble concrete

Bruchsteinbettung *f* <bau> *(Grundbau)* • rubble bed

Bruchsteinfüllung *f* <bau> *(Grundbau)* • rubble fill; rock fill

Bruchsteinmauerwerk *n* <bau> • rubble masonry

Bruchsteinpflaster *n* <bau.mat> • riprap pavement

Bruchstelle *f* <qualit.mat> • fracture area; fracture point; fracture spot; point of fracture; point of rupture

Bruchstempel *m* <min> • breaker prop

Bruchstrich *m* <math> • fraction stroke; fraction bar

Bruchstück *n* <tech.allg> • fragment

Bruchstufe *f* <geo> • step

Bruchsystem *n* <geo> • fault system

Bruchteil *m* <allg> *(betont: klein)* • fraction

Bruchverhalten *n* <mat> • fracturing properties

Bruchverhalten *n* <qualit.mat> • break behaviour

Bruchwinkel *m* <mech> • fracturing angle; breaking angle

Bruchzähigkeit *f* ISO 12737 <qualit.mat> • fracture toughness ISO 12737

Bruchzähigkeitsmethode STFI *f* <pap.qualit> • fracture toughness method according to STFI

Bruchzähigkeitsprüfgerät *n* <pap.qualit> • fracture toughness tester

Bruchzeit *f* <kst> • flex-life time

Bruchzone *f* <geo> *(inaktive Verlängerung einer Transformstörung)* • fracture zone

Brucinpapier *n* <pap> *(Reagenzpapier)* • brucine paper

Brüche in der Abschirmung *f* <edv> • breaks in shielding

brüchig <mat> *(krümelig, leicht zerkrümelnd)* • crumbly; friable

brüchig <metall> *(sehr spröde, relativ leicht brechend)* • brittle; short

brüchig <textil> *(Seide)* • bitty

Brüchigkeit *f* <mat> *(Zerbrechlichkeit)* • fragility

Brüchigkeit *f* <mat> *(Krümeligkeit)* • friability

Brüchigkeit *f* <metall> *(Sprödigkeit)* • brittleness; shortness

Brüchigwerden *n* <qualit.mat> • cracking

brüchig werden *vi* <qualit.mat> *(Risse bekommen)* • crack *vi*

Brücke *f* <tech.allg> *(Bauwesen, Kran, Elektrotechnik, Chemie)* • bridge

Brücke *f* <bau.innen> *(Teppich)* • rug ISO 2424

Brücke *f* <druck> *(Bogenausführung)* • shoe fly

Brücke *f* prakt <druck> *(Druckplattenhandling)* • conveyor; bridge *pract*

Brücke *f* <el> *(von Klemmen, Kontakten; mit Draht, Kabel, Steckbrücke)* • jumper

Brücke *f* <kst> *(Bindung zwischen den einzelnen Monomeren)* • cross-linkage; cross-link

Brücke *f* prakt <licht.theat> • lighting bridge; bridge *pract*

Brücke *f* <theat> • catwalk; cat-walk

Brücke *f* <wz.masch> *(Drehmaschine)* • gap bridge

Brücke mit Gleitkontakt *f* <el> • slide bridge

Brücke mit obenliegender Fahrbahn *f* <bau.verk> • deck bridge

Brücke mit untenliegender Fahrbahn *f* <bau.verk> • trough bridge

Brückenabgleich *m* <el> • bridge balance

Brückenabgleichpunkt *m* <el> • bridge balance point

Brückenatom *n* <chem> • bridge atom

Brückenauffahrt *f* <bau.verk> • bridge approach road; bridge approach

Brückenausleger *m* <nav> • bridge sponson

Brückenbau *m* <bau> • bridge engineering; bridge building

Brückenbildung *f* <el> • arching

Brückenbildung *f* <verf> *(von Schüttgut; z. B. in Silo, Trichter, Plastifiziereinheit)* • bridging

Brückenbindung *f* <chem> • bridge bond; bridging bond

Brückenduplexschaltung *f* <tele> • bridge duplex connection

Brückendurchfahrtshöhe *f* <verk> • bridge clearance height; bridge underclearance

Brückenendschott *n* <nav> • bulkhead at after end of bridge

Brückenfilter *n* <el> • bridge network

Brückenflügel *m* <bau> • leaf

Brückenförderer *m* <förd> • bridge conveyor

Brückenfrontschott *n* <nav> • bulkhead at front of bridge

Brückengegenkopplung *f* <el> • bridge feedback

Brückengegensprechen *n* <tele> • bridge duplex

Brückengeländer *n* <bau> • bridge railing

Brückengleichrichter *m* <el> • bridge rectifier

Brückenglied *n* <kst> • bridge cross-link; bridge-type cross-link

Brückenglühzünder *m* <mil> • electric detonator

Brückenhammer *m* <metall> • bridge-type hammer

Brückenhilfsrelais *n* <tele> • assistant holding bar relay

Brückenkamera *f* <phot> • gallery camera

Brückenkörper *m* <metall> *(SM-Ofen)* • bridge wall

Brückenkontakt *m* <el> • bridge contact

Brückenlager *n* <bau> • bridge bearing

Brückenlaufkran *m* <förd> • bridge crane; overhead travelling bridge crane

Brückenlegepanzer *m* <mil> *(Pioniere)* • bridge-laying tank; bridging tank

Brückenmessung *f* <el> • bridge measurement

Brückenmethode *f* <el> • zero method

Brückenmethode *f* <msr> • bridge method

Brückenmischer *m* <bau> • mixer-spreader

Brückenmodulationsmesser *m* <el> • differential modulation meter

Brückenmontage *f* <mil> *(Visieroptik; z. B. mit Weaver-Schiene)* • bridge-mount

Brückennock *f* <nav> • bridge wing; bridge sponson

Brückenoszillator *m* <el> • bridge oscillator

Brückenpfeiler *m* <bau> • bridge pillar; bridge support; bridge pier

Brückenrahmen *m* <kfz> *(Motorrad)* • bridge frame

Brückenring *m* <chem> • bridge ring; bridged ring

Brückenrost *m* <bau> • framed-bridge floor system; stringer and transverse floor beam system

Brückenschaltung *f* <el> • bridge circuit; bridge connection; bridge

Brückenspeisespannung *f* <el> • bridge supply voltage; bridge driving voltage

Brückenspeisung *f* <el> • bridge supply; bridge feeding

brückenstabilisiert <el> • bridge-stabilized

Brückenstanze *f* <wz.masch> • beam cutting press

Brückenstecker *m* <msr> • jumper plug

Brückentafel *f* <bau> • bridge deck; bridge decking

Brückenträger *m* <bau> • bridge girder

Brückenübertrager *m* <el> • bridge transformer; differential transformer; hybrid transformer

Brückenverstärker *m* <el> • bridge amplifier

Brückenwaage *f* <msr> • platform scale

Brückenwaage *f* <msr.kfz> • weighbridge

Brückenwalze *f* <druck> • stripper roller

Brückenweiche *f* <el> • bridge diplexer

Brückenwiderlager n <bau> • bridge abutment
Brückenzünder m <min.spreng> • low-tension detonator; low-tension electric detonator
Brückenzufahrt f <bau.verk> • bridge approach
Brückenzweig m <el> *(Widerstandsmessbrücke)* • bridge arm; bridge leg; bridge branch
Brückenzwischenstück n <tech.allg> • bridge adapter
Brüden m <chem.verf> • vapors
Brüdenabzug m <verf> • vapor escape
Brüdendämpfe mpl <chem.verf> • vapors
Brüdenhaube f <verf> *(z. B. in Chemielabor)* • air dome; vapor hood
Brüdenkondensator m <verf> • vapor condenser
Brüdenraum m <verf> *(Entspannungsverdampfer)* • vapor chamber; flash chamber
Brüdenschlottrockner m <verf> • cascade drier; tower drier
Brühanlage f <nahr> *(Geflügelverarbeitung)* • scalder
Brühe f <agri.chem> *(Schädlingsbekämpfung)* • wash
Brühe f <bio.chem> *(für Bakterienkulturen)* • broth
Brühe f <led.chem> • liquor
brühen vt <nahr> *(z. B. Geflügel, Shrimps)* • scald vt
brühen vt rar <textil> • kier-boil vt; kier vt; buck vt; bowk vt
Brühengerbung f <led> • liquor tanning
Brühenmesser m <led> • barkometer; barktrometer
Brühkessel m <nahr.verf> • scalding vat
Brühschaden m <led> • scalding damage
Brühschnitzel npl <agri> • scalding process pulp; scalding pulp; Steffen sugar pulp
brüllen vt <akust> *(besonders laut; z. B. Strahltriebwerke)* • roar vi
Brünieren n <metall> *(blauschwarz; z. B. Stahl von Waffen)* • black-finishing; browning treatment; browning
brünieren vt <obfl> *(blauschwarz; z. B. Stahl von Waffen)* • black-finish vt; brown vt
brüniert <obfl> • black-finished
Brünierung f <obfl.metall> • blueing; bluing; browning
Brüstung f <bau> *(allg.)* • parapet wall; parapet; breastwork
Brüstungshöhe f <bau> • breast height; waistline height; sill to floor height
Brüstungsstab m <bau> • baluster
brütbar <nukl> *(Material)* • fertile
Brütbarkeit f <nukl> • fertility
brüten vt <bio> • hatch vt; incubate vt
brüten vt <nukl> *(Spaltmaterial)* • breed vt
Brüter m prakt <nukl> • breeder reactor; nuclear breeder; breeder pract
Brumm m <el> • hum; ripple
Brummabstand m <av> • signal-to-hum ratio
brummarm <av> • low-ripple
brummen vi <av> • hum vi; ripple vi
Brummfaktor m <el> • hum factor; ripple factor
Brummfilter n <av> • hum eliminator
brummfrei <av> • hum-free
Brummfrequenz f <av> • hum frequency; ripple frequency
Brummgeräusch n <av> • ripple
Brummi m werb.rar <nfz> *(allg.)* • truck US.GB; lorry GB
Brummkompensationsspule f <el> • hum-bucking coil
Brummschleife f <el> • hum pickup; ripple pickup
Brummsiebung f <av> • hum reduction
Brummspannung f <el> • hum voltage; ripple voltage
Brummspannungsverhältnis n <el> • percent ripple voltage
Brummstörung f <av> • hum trouble
Brummverzerrung f <av> • ripple effect
Brunauer-Emmett-Teller-Gleichung f <phys/chem> • Brunauer-Emmett-Teller equation; Brunauer-Emmett-Teller adsorption equation; BET equation

Brunnen m <bau.hydr> • well
Brunnenbau m <bau> • well sinking
Brunnenbohrer m <bau> • well drill
Brunnenbohrgerät n <bau> • well rig
Brunnengründung f <bau> • well foundation; sunk well foundation; open caisson foundation; shaft foundation
Brunnenring m <bau> • well lining segment
Brunnenschaum m <bau.mat> • well foam
Brusher m ugs <kunst> • airbrush artist; airbrusher pract; brusher coll
Brust f <allg> • breast
Brust f <agri> *(Pflug)* • moldboard front portion; moldboard shin
Brust f <metall> *(Hochofen)* • front
Brustbaum m <textil> *(Weberei)* • breast beam
Brustbein n <bio> • sternum
Brustbohrmaschine f <wz> • breast drill
Brustelektrode f <med.tech> • chest electrode
Brustfallschirm m <aerospace> *(Rettungsgerät, Reservefallschirm)* • chest-pack parachute; lap-pack parachute
Brustgurt m rar <kfz> • shoulder belt; diagonal belt; shoulder harness rare
Brusthöhendurchmesser m <holz> • diameter at breast hight; breast hight diameter
Brustholz n <bau> *(Grabenverbau)* • waler; waling
Brustinnentasche f <bekl> • inside vest pocket
Brustkorb m <bio> • rib cage
Brustkorbschützer m DIN EN ISO18814 <sport.sich> • chest protector DIN EN ISO18814
Brustmaschine f <sport.tech> • pec deck
Brustmikrofon n <av> • breast-plate microphone; breast transmitter
Brustpanzer m <kfz.bekl> *(Moto-Cross-Biking)* • chest protector; chest armor
Brustriemen m <led> *(Geschirr)* • breast collar
Brustschild m <bau.masch> *(Bulldozer)* • moldboard; pusher blade
Brusttasche f <bekl> • vest pocket; chest pocket
Brustwalze f <metall> • breast roll
Brustzipfel m <led> *(Haut)* • breast edge
Brutanstalt f <agri> • hatchery
Brutapparat m <agri.tech> • incubator
Brutausbeute f <nukl> • breeding yield
Brutgewinn m <nukl> • breeding gain
Brutmantel m <nukl> *(z. B. Lithiumdioxid im Laser-Fusionsreaktor)* • breeding blanket; breeder blanket; blanket pract; fertile blanket rare
Brutmaterial n <nukl> • breeding material; fertile material
Brutrate f <nukl> • breeding ratio
Brutreaktor m DIN 25401-3 <nukl> • breeder reactor; nuclear breeder; breeder pract
Brutschrank m <med.tech> • cabinet incubator; incubator
Bruttodurchsatz m <tech.allg> • gross throughput
Bruttofallhöhe f <energ.hydr> • gross head
Bruttoformel f <chem> • empirical formula; total molecular formula
Bruttogleichung f <chem> *(Reaktion)* • overall equation
Bruttokapazität f <edv> • unformatted capacity; raw capacity
Bruttomasse f <tech.allg> • gross weight
Bruttoregistertonne f (BRT) <nav> • gross register ton (GRT); gross ton
Bruttotonnage f <nav> • gross register tonnage; gross tonnage
Bruttotonnenkilometer mpl <logist> *(Gütertransport)* • gross tonnage kilometres
Brutvorgang m <nukl> • fertilization
Brutwabe f <agri> *(Bienenhaltung)* • brood comb

Brutzone f <nukl> (z. B. Lithiumdioxid im Laser-Fusions-reaktor) • breeding blanket; breeder blanket; blanket pract; fertile blanket rare

B-Säule f <kfz> (Autokarosserie) • B-pillar; B-post; center pillar; lock pillar; door latch pillar

B-Säulen-Innenblech n <kfz> • B-pillar inner panel

B-Säulen-Verkleidung f <kfz> • center pillar molding US; centre pillar molding GB

B-Säulen-Verstärkung f <kfz> • B-pillar reinforcement

BSA-Gewinde n <masch> • BSA thread

BSB <ents> • biological oxygen demand (BOD)

BSB <ökol> • biochemical oxygen demand (BOD); biological oxygen demand obs

BSC <edv> • bisynchronous transmission (BSC)

BSC <masch> • British Standard Coarse (BSC)

BSC <tele> • Base Station Controller (BSC)

B-Schirm m <navig> • B scope

B-Schirmbild n <navig> • range-bearing display

BSE <agri.med> (schwammartige Hirnerkrankung bei Rindern) • bovine spongiform encephalopathy (BSE); mad-cow disease coll; MCD

BSF <energ.sol> • back surface field (BSF)

BSF <masch> • Whitworth fine thread (BSF) BS 84; British Whitworth fine thread; British Standard fine thread

BSF-Schicht f <energ.sol> • back surface field (BSF)

BSH <bau.mat> • laminated wood

BSI <norm> • British Standards Institute (BSI)

B-Spline n <math> (CAD) • B-spline; basis spline rare

B-Spline-Fläche f <edv> (CAD) • B-spline surface

B-Spline-Kurve f <math> • B-spline curve

BSPP <rls> • British straight pipe thread (BSPP) obs

BSPT <rls.füg> • British taper pipe thread (BSPT)

BSR <energ.sol> • back surface reflector (BSR)

BSS <tele> • base station system (BSS)

Bs-Sockel <licht> • BAs-cap; Bs-cap

BSW <masch> (allg.; Grobreihe) • Whitworth thread (BSW) BS 84; British Standard Whitworth thread; British Standard thread; British thread coll; English thread coll

BTAB-Verfahren nsg <ic> (Wire-Bonding) • bumped-tape automated bonding

BTPS <med.tech> • body temperature, pressure, saturated (BTPS)

BTS <tele> (einer Funkzelle) • Base Transceiver Station (BTS)

Btu <verbr> • British thermal unit (Btu)

Bubble-Forming n <edv> (Aufzeichnungsverfahren) • bubble-forming; bubble formation

Buchausstattung f <druck> (Merkmale eines Buches) • book design

Buchbildbühne f <phot> (in Vergrößerer) • negative carrier; negative stage; negative holder; film carrier

Buchbinderbogen m <druck> • bookbinding sheet

Buchbinderei f <druck> (Bereich eines Großbetriebs) • bookbinding operations; bindery

Buchbinderei f <druck> (Werkstatt oder kleines Geschäft) • bookbinding shop

Buchbinderhobel m <druck.wz> • plough knife

Buchbinderklebstoff m <druck> • bookbinding adhesive; bookbinding glue

Buchbinderleder n <druck> • bookbinding leather

Buchbinderleim m <druck> • bookbinding adhesive; bookbinding glue

Buchbinderleinen n <druck> • bookbinder's calico; binding cloth

Buchbindermusselin m <druck> • bookbinding muslin; binding muslin

Buchbinderpappe f <druck> • bookbinder's board; binder's cardboard; binder's board

Buchbinderpresse f <druck> • binding press; binding screw press

Buchblock m <druck> • book block; book body

Buchblockfälzelmaschine f <druck> • block backbone lining-up machine

Buchdecke f <druck> • binding; case; cover; book case; book cover

Buchdeckenherstellung f <druck> • book-cover making

Buchdeckenmaschine f <druck> • book-cover making machine

Buchdruck m <druck> • letterpress printing; book printing; letterpress

Buchdruckerei f <druck> • book printing plant; printing plant

Buchdruckfarbe f <druck> • book printing ink; printing ink; letterpress ink

Buchdruckpapier n <druck.pap> • book printing paper; book paper

Buchdruckrotationsmaschine f <druck> • rotary letterpress

Buchdruckschnellpresse f <druck> • high-speed book printing press

Buche f <bio.holz> (Laubbaum) • beech

Bucheinhängemaschine f <druck> • casing-in machine

Buchenholz n <obfl.holz> • beechwood; beech

Buchenholzschieber m <kfz.wz> • solder paddle; lead paddle; leading paddle; wooden paddle coll

Bucherhaltung f <druck> • book conservation

Buchformat n <druck> • book size; book format

Buchgestaltung f <druck> (Layout, Typographie) • book design

Buchherstellung f <druck> (technische Aspekte; Satz, Filme, Drucken, Binden) • book production; book manufacturing

Buchholz-Auslösung f <el> • Buchholz tripping device

Buchholz-Relais n <el> • Buchholz relay

Buchholz-Schutzsystem n <el> • Buchholz protective device; gas-bubble protective device

Buchholz-Warnung f <el> • Buchholz alarm

Buchhülsenklebemaschine f <druck> • hollows pasting machine

Buchpapier n <druck.pap> • book paper

Buchproduktion f <druck> (technische Aspekte; Satz, Filme, Drucken, Binden) • book production; book manufacturing

Buchrücken m <druck> • back; spine; binding edge rare

Buchrückenrundemaschine f <druck> • book-back rounding machine

Buchschnitt m <druck> • book edge

Buchse f <el> (für Stecker) • female connector; socket

Buchse f <masch> (allg.; z. B. in Gleitlager, Rollenkette) • bush; bushing

Buchse f <masch> (zum Auskleiden; z. B. in Bohrung, Zylinder) • liner

Buchse f <masch> (außen; z. B. auf Welle, eher lose) • sleeve; quill

Buchseite f <druck> • book page; page

Buchse mit Maßeinteilung f <wz> (z. B. an Drehmomentschlüssel) • graduated collar

Buchsenauszieher m <wz> • bush extractor

Buchsenfeld n <el> (zum Stöpseln; alte Telefonanlage) • patch panel; jack field; patchboard; pegboard; jack panel

Buchsenkette f DIN 8164 <antr> • bush chain; bush roller chain

Buchsenkontakt m <el> • socket contact

Buchsenlager n <masch> • bush bearing

Buchsenleiste f <el> • socket strip

Buchsenrollenkette f <antr> • bush roller chain

Buchstabe *m ugs* <tech.allg> • alphabetic character; letter *coll*

Buchstabenausstoßer *m* <druck> • type pusher

Buchstabenbuna *m* <mat> • lettered buna rubber

Buchstabengießmaschine *f* <druck> • single-type casting machine

Buchstabengleichung *f* <math> • literal equation

Buchstabenkennzeichnung *f* <tech.allg> • lettering; letter marking

Buchstabenschrägung *f* <edv> • character skew

Buchstabenstempel *m rare* <wz> *(zum Markieren, z. B. von Werkzeug, Werkstücken)* • steel letter

Buchstabensuppe *f* <nahr> • alphabet soup

Buchstabenumschaltung *f* <edv> *(auch Schreibmaschine)* • letters shift

Buchstabenwechselzeichen *n* <edv> *(auch Schreibmaschine)* • letters-shift signal

Bucht *f* <agri> *(für Schweine)* • pen

Bucht *f* <agri> *(im Stall)* • stall

Bucht *f* <geo> • bay

Buchtenkraftwerk *n* <energ.hydr> • block type run-of-river plant with bed enlargement

Buchtentür *f* <agri> • stall gate

Buchtschäkel *m* <nav> • harp-shape shackle

Buchungsbeleg *m* <tour> *(z. B. für Hotel, Mietwagen, Schiffspassage)* • voucher

Buchungsmaschine *f* <druck> • posting machine

Buchungs- und Fakturiersoftware *f* <edv> • accounting and invoicing software

Buckel *m ugs.rar* <allg> *(Vorsprung)* • boss

Buckel *m* <füg> *(Schweißbuckel)* • projection

Buckel *m* <kfz> *(Felge)* • hump; rim ridge; ridge

Buckel *m DIN ISO 8785* <obfl.qualit> • raising *ISO 8785*

Buckelblech *n* <mat> • embossed plate; buckled plate; dished plate

Buckeldurchmesser *m* <füg> *(Schweißen)* • projection diameter

Buckelelektrode *f* <füg> • projection-welding electrode block; projection-welding electrode

Buckelfreiheit *f* <kfz.antr> *(Fahrzeugaufbau)* • ramp breakover angle; breakover angle

buckelgeschweißt <füg> • projection-welded

Buckelhöhe *f* <füg> *(Schweißbuckel)* • projection height

Buckelschweißen *n* <füg> *(ein Widerstands-Pressschweißverfahren)* • projection welding

buckelschweißen *vt* <füg> • projection-weld *vt*

Buckelschweißmaschine *f* <füg> • projection-welding machine

Buckelschweißnaht *f* <füg> • projection weld

Buckling *n [bakling]* <nukl> *(Flussdichtewölbung)* • buckling

Bucklingvektor *m [bakling]* <nukl> • buckling vector

Buckskinkurbelwebstuhl *m* <textil> • buckskin crank loom

Bucky-Aufnahme *f* <med.tech> • Bucky exposure; Bucky radiograph

Bucky Ball *m* <chem> *(dritte Form des reinen Kohlenstoffs neben Diamant und Graphit)* • bucky ball

Bucky-Blende *f* <med.tech> • Potter-Bucky diaphragm

Bucky-Raster *m* <med.tech> • Potter-Bucky grid

Bucky-Tisch *m* <med.tech> • Bucky table

Bucky Tube *f* <msr> *(z. B. als Aktuator)* • bucky tube; carbon muscle *coll*

Budding *n* <bio> *(Ausschleusen eines Viruspartikels aus der Zelle)* • budding

Budgetsplit *m* <werb> • budget split

Bücherpapier *n* <druck.pap> • book paper

Büchse *f* <mil> *(Jagd)* • rifle

Büchsenfilter *n* <verf> • canister filter

Büchsenführung *f* <masch> • ring bushing

Büchsenlauf *m* <mil> • rifled barrel

Büchsflinte *f* <mil> *(kombiniertes Gewehr)* • rifle/shotgun combination

bücken *vr* <allg> *(Person)* • bend over *vi*

Büffel-Crust *n* <led> • crusted buffalo

Büffelleder *n* <led> • buffalo leather; buff leather; buff *coll*

Büffelnarbenplatte *f* <led> • buffalo grain plate

Bügel *m* <tech.allg> *(henkelartige dünne Querspange, typ. klappbar)* • bail

Bügel *m* <allg.tech> *(U-förmiger Halter)* • stirrup

Bügel *m* <allg.tech> *(an Vorhängeschloss)* • shackle

Bügel *m ugs* <bahn> *(E-Lok)* • pantograph; current collector *rare*

Bügel *m* <bau> • binder

Bügel *m* <bau> *(Stahlbeton)* • stirrup

Bügel *m* <masch> • bow

Bügel *m* <masch> *(U-förmiges Teil zum Einhängen, Ankuppeln)* • clevis

Bügel *m* <masch> *(längliches Teil zum Befestigen; z. B. Lichtmaschine an Motor)* • bracket; mounting bracket; support bracket

Bügel *m* <opt> *(Brille)* • side

Bügel *m* <wz> *(Messschraube)* • C-frame

Bügel *m* <wz> *(Säge)* • frame; bow

Bügelabstand *m* <bau> • pitch of links

bügelarm <textil> • minimum-iron

Bügelaufbiegung *f* <wz> *(Bügelmessschraube)* • frame springing

Bügelbewehrung *f* <bau> *(Stahlbeton)* • stirrup reinforcement

Bügel-BH *m prakt* <bekl> • underwire bra; underwire *pract*

bügelecht <textil> • fast to ironing

Bügelelektrode *f* <el> • bow electrode

Bügelfalle *f* <allg> *(Jagd)* • jaw-trap

Bügelfalte *f* <bekl> *(z. B. in Hosen)* • crease

bügelfrei <textil> • non-iron

Bügelfreiausrüstung *f* <textil> • no-iron finish

Bügel-Gripzange *f* <kfz.wz> *(C-Form)* • long reach C-clamp

Bügelhacke *f* <agri> • bow hoe

Bügelmaschine *f* <led> • plating machine

Bügelmaschine *f DIN 44561* <textil> • pressing machine; ironing machine; ironing press; ironer

Bügelmaschine für Oberbekleidung *f* <textil> • garment press

Bügelmessschraube *f DIN 863* <wz> *(für Außenmessungen)* • outside micrometer; external micrometer; micrometer caliper; micrometer *pract*; outside mike *coll*

Bügelmutter *f DIN ISO 1891* <füg> • lifting nut

Bügeln *n* <textil> • pressing; ironing; hot pressing

bügeln *vt* <led> • plate *vt*

bügeln *vt* <silik> • flatten *vt*

bügeln *vt* <textil> • press *vt*; iron *vt*

Bügeln des Kleidungsrumpfes *n* <textil> • body pressing

Bügeln von Seitenteilen *n* <textil> • side pressing

Bügelplatte *f* <led> • smooth plate

Bügelpresse *f* <led> • plating machine

Bügelpresse *f* <textil> • pressing machine; ironing machine; ironing press; ironer

Bügelpresse für Hosenbeine *f* <textil> • trouser-leg press

Bügelpresse für Strick- und Wirkwaren *f* <textil> • knitwear press

Bügelpressenbock *m* <textil> • pressing buck

Bügelpressenpolster *n* <prod> • press padding

Bügelsäge *f prakt.ugs* <wz> • hacksaw

Bügelsäge *f* <wz.masch> • hack sawing machine; power hacksaw

Bügelsägeautomat m <wz.masch> • automatic hack-sawing machine

Bügelsägeblatt n rar <wz> (zum Sägen von Metall) • hacksaw blade

Bügelsägemaschine f <wz.masch> • hack sawing machine; power hacksaw

Bügelschloss n <fz> (für Zweirad) • shackle lock

Bügelschraube f DIN ISO 1891 <füg> • stirrup bolt; U-bolt

Bügeltiefe f <textil> • throat depth

Bügeltisch m <textil> • pressing bed

Bügelwalze f <led> • plating roller

Bügelzughacke f <agri> • bow draught hoe

Bühne f <tech.allg> (Arbeitsbühne, temporär oder fest installiert) • platform

Bühne f <logist> (von Hochregallager) • platform; raised storage area; raised storage platform

Bühne f <theat> • stage

Bühnenbelag m <bau> (z. B. in Fabrikhallen) • floor plates

Bühnenbeleuchtung f <licht.theat> • stage lighting

Bühnenbeleuchtungsregler m <theat> • stage-lighting control system

Bühnenboden m <theat> • stage floor; floor coll

Bühnenfall m <theat> (Bodenneigung) • rake; stage rake

Bühnengeländer n <bau> • railing

Bühnengerüst n <theat> • stage scaffold

Bühnenhaus n <theat> • stage block

Bühnenhimmel m <theat> • cyclorama; cyc; cyke; horizon cloth

Bühnenmaschinerie f <theat> • stage machinery

Bühnenmitte f <theat> • center stage

Bühnenöffnung f <theat> • proscenium opening

Bühnenpodium n <theat> • plateau; plateau bridge; bridge pract

Bühnenportal n <theat> • fourth wall; proscenium opening

Bühnenrahmen m <theat> (Bühnenbegrenzung aus Zuschauersicht) • proscenium arc; proscenium frame; proscenium opening

Bühnenrahmen m <theat> (zwischen Vor- und Spielbühne) • tormentors and teasers US; proscenium wings and border GB

Bühnenscheinwerfer m <licht.theat> • stage projector

Bühnenstellwerk n <licht.theat> • lighting control system; control board

Bühnentechnik f DIN 56920 <theat> • stage craft; stage enginering

Bühnenwagen m <theat> • stage wagon US; scenery waggon GB; boat truck GB; float GB; truck US

Bühnloch n <min> • hitch; holling

Bülte f <agri> (Bodenerhebung) • tussock

Bültensäge f <agri> • tussock saw

Bünde mpl <druck> • bands; cords

Bündel n <allg> • bunch

Bündel n <tech.allg> (weiches, längliches Material; z. B. Fasern, Adern, Reisig, Stoff) • bundle

Bündel n <agri> (Maß für Heu oder Stroh) • truss

Bündel n <phys> (Strahlen) • beam; pencil; bundle

Bündel n <tele> (Leitungen) • group of lines

Bündel n <textil> (z. B. von Kleidungsstücken) • pack; bundle

Bündelader f <lwl> • bundle tube

Bündelbreite f <phys> • beam width

Bündelendröhre f <el> • aligned-grid tube; aligned-grid valve obs; beam-power valve rare

Bündelfehler m <edv> • burst error; error burst; burst; block error; multiple error

Bündelfunk m <tele> • trunked radio

Bündelfunknetz n <tele> • trunking network; trunked mobile radio network

Bündelheizfläche f <verf> • boiler bank

Bündelindex m <edv> • bundle index

Bündelkabel n <el> • bunched cable; bank cable

Bündelleiter m <el> • bundle conductor

Bündelleitung f <tele> • trunk circuit

Bündelmaschine f <agri> • bundling mechanism

bündeln vt <tech.allg> • bundle vt

bündeln vt <opt> (Lichtstrahlen sammeln, in Brennpunkt) • focus vt; bring into focus vt; collimate vt

bündeln vt <pack> (packen) • package vt

bündeln vt <pack> (zu Ballen verarbeiten) • bale vt

bündeln vt <pap.ents> (Zeitungen etc.) • bundle up vt; tie into bundles vt; tie into a bundle vt; bundle vt

bündeln vt <phys> (Strahlen, Energie) • concentrate vt

Bündelpfeiler m <bau> • clustered column

Bündelpotential n <phys> • electron-stream potential

Bündelpresse f <pack> • baling press

Bündelrevolver m <mil> • pepperbox GB

Bündelrohrverdampfer m <rls> • shell-and-tube evaporator

Bündelschweißen n <füg> • multiple-electrode welding

Bündeltabelle f <edv> • bundle table

Bündeltetrode f <el> • beam tetrode

Bündelung f <allg> • bunching

Bündelung f <tech.allg> (in Gruppen) • grouping

Bündelung f <opt> (Sammlung von Strahlen, auch parallel) • collimation

Bündelung f <phys> (von Strahlen) • focusing US; focussing GB; concentration

Bündelung f <tele> (im Bündelfunk) • trunking

Bündelung im Linearbeschleuniger f <nukl> • bunching in linear accelerators

Bündelungselektrode f <el> • focusing electrode; focussing electrode

Bündelungsgewinn m <tele> • directive gain

Bündelungsgrad m DIN 1320 <akust> • front-to-random factor

Bündelungsindex m <tele> • directivity index; directional gain

Bündelungskreis m <el> • convergence circuit

Bündelungslinse f <opt> • condensing lens; condenser

Bündelungsmaß n <tele> • directional gain; directivity index

Bündelungspotential n <phys> (Elektronenstrom) • electron-stream potential

Bündelungsschärfe f <tele> • directivity sharpness

Bündelungsspule f <el> • convergence coil

Bündelung von Jets f <astron> • collimation of jets

bündig <obfl> • flush adj

bündig abschließend eingebaut <tech.allg> • installed flush (with sth)

bündig einbaubarer Näherungsschalter m <msr> • flush mountable proximity switch; shielded proximity switch US; embeddable proximity switch rare

bündige Mauerseite f <bau> • fair face; facework

bündiger Einbau m <prod> • flush mounting

bündig machen vt <tech.allg> • flush vt

bündig mit <tech.allg> • flush with

Bündigstellen n <förd> (von Fahrstuhlboden und Etagenboden) • accurate floor leveling US

Bünn f <nahr> • life-fish well; fish well; fish box

Bünnschiff n <nav> • well boat

Bürde f <el> • load; burden

Bürette f <chem> • burette

Bürettenklemme f <chem.verf> (z. B. bei Titration) • burette clamp; burette holder

Bürettenquetschhahn m <chem.verf> • burette pinchcock

Bürettensperrhahn m <chem.verf> • burette stopcock

bürgerliche Dämmerung f <aerospace> (Sichtflug-
bedingungen) • civil twilight
Bürgersteig m <bau.verk> (Fußweg neben Straße, meist
gepflastert) • sidewalk US; pavement GB
Büroabfall m <ents> • office waste
Büroautomatisierung f <büro> • office automation
Bürobedarf m <büro> • office supplies
Bürocomputer m <edv> • office computer
Bürodiktiergerät n <büro> • office dictating machine
Bürodrucker m <büro> • office printer
Bürofläche f <bau> (von Bürogebäuden) • office area;
floor area; floor space
Bürogebäude n <bau> • office building
Bürojob m <allg> • clerical job
Büroklammer f <büro> (von Hand aufgesteckt; aus Metall
od. Kunststoff) • paper clip
Büroklammer f A <büro> (mit Hefter eingeschlagen)
• staple
Bürokommunikation f <büro> • office communication
Bürokopierer m <büro> • office copy machine; office
copier
Bürolocher m <büro> • office punch
Büromaschine f <büro> • office machine
Büromodul n <bau> (modulare Gebäudeeinheit; für
Büros) • office module
Büromöbel npl DIN 4553 <büro> • office furniture
büroorientiert <büro> • office-oriented
Büroschreibmaschine f <büro> • office typewriter
Büroumgebung f <büro> • office environment
Bürste f <el> (in E-Motor oder Generator) • carbon brush;
brush; graphite brush rare
Bürste f <wz> (allg.; jede Sorte) • brush
Bürsten n <obfl> (allg.; zum Reinigen oder zur Effekt-
erzielung) • brushing
Bürsten n <textil> (Seidenkokons; durch Schlagbesen im
Einweichbecken) • brushing of the cocoons
Bürsten n <textil> • brushing
bürsten vt <tech.allg> (z. B. reinigen) • brush vt
Bürstenabhebevorrichtung f <el> • brush lifting device
Bürstenabnehmer m <el> • brush lifter
Bürstenabtaster m <edv> • brush scanner
Bürstenabtastung f <edv> • brush scanning; brush
sensing
Bürstenabzug m <druck> (Korrekturabzug bei Bleisatz)
• brush proof
Bürstenandruckfeder f <el> (elektr. Maschine) • brush-
holder spring
Bürstenblock m <el> • brush block
Bürstenbrücke f <el> (drehbar) • brush rocker ring; brush
rocker
Bürstenbrücke f <el> (stellbar) • brush yoke
Bürstendichtung f <bau> (Dichtung bei Schiebekon-
struktionen) • brush seal; weather pile seal
Bürstendruck m <el> • brush pressure
Bürstendruckfeder f <el> • brush spring
Bürsteneinstellung f <el> (elektr. Maschine) • brush
adjustment
Bürstenentstauber m <verf> • brush sifter
Bürstenfasen fpl <el> • brush chamfers
Bürstenfeder f <el> • brush spring
Bürstenfeuchter m <pap> • brush damper
Bürstenfeuchtwerk n <druck> • brush-type inking sys-
tem
Bürstenfeuchtwerk n <textil> • brush sheet remoistener
Bürstenfeuer n <el> • brush sparking; brush spark
Bürstenfördersystem n <förd> • brush-conveyor system
Bürstengalvanisierung f <obfl> • brush plating
Bürstengestell n <el> • brush gear
Bürstenglättung f <pap> • brush polishing

Bürstenhalter m DIN EN 60276 <el> (z. B. E-Motor, Gen-
erator) • brush holder
Bürstenhalterfinger m <el> • brush finger
Bürstenhalterkasten m <el> • brush box
Bürstenkontakt m <el> • brush contact
Bürstenkontrolle f <el> • brush compare check
bürstenlos <el> (E-Motor) • brushless
bürstenloser Gleichstrommotor m <el> • brushless DC
motor
bürstenloser Motor m <el> • brushless motor
Bürsten mit Fiberrundbürste n <obfl> • Tampico
brushing
Bürstenmotor m <el> • brushed motor
Bürstenputz m <bau> • dinging
Bürstenreibungsverlust m <el> • brush friction loss
Bürstenreinigungsmaschine f <agri> (Kartoffelauf-
bereitung) • dry-brush cleaner
Bürstenschaber m <pap> • brush doctor
Bürstenschalter m <el> • laminated brush switch; brush
switch
Bürstenscheibe f <wz> • brushing wheel
Bürstenstellmotor m <el> • brush-shifting motor
Bürstenstellung f <el> • brush position
Bürstenstern m <el> • brush rocker ring; brush rocker
Bürstenstreichmaschine f <obfl> • brush coater; brush
spreader; brush spreading machine
Bürstenstrom m <el> • brush current
Bürstenträger m <el> • brush collar
Bürstenübergangsverlust m <el> • brush contact loss
Bürstenübergangswiderstand m <el> • brush contact
resistance
Bürstenvergleichsprüfung f <el> • brush compare check
Bürstenverschiebung f <el> • brush shifting; brush shift;
brush displacement
Bürstenverstellmotor m <el> • brush-shifting motor
Bürstenverstellung f <el> • brush shifting; brush shift;
brush displacement
Bürstenwähler m <tele> • brush selector
Bürstenwalze f <druck> • brush roller
Bürstenwalze f <verf> • rotating brush; rotary brush
Bürstenzungenöffner m <textil> • brush latch opener
Bürstfärbung f <led> • staining; brush dyeing
Bürstmaschine f <led.textil> • brushing machine
Bürstwalze f <textil> • brushing roller
Büschel n <math> • family
Büschel n <phys> (z. B. Strahlen) • pencil
Büschelentladung f <el> • brush discharge; bunch dis-
charge
Büschellicht n <licht> • brush light
Bütte f <nahr> (Wein) • butt
Bütte f <pap.verf> • vat; chest; tub
Büttenleimung f <pap> • tub sizing
Büttenpapier n DIN 6730 <pap> • vat paper; genuine
paper; hand-made paper; deckle edge paper
Büttenpapierfabrik f <pap> • vat mill; hand-made paper
mill
Büttenrand m <pap> • deckle edge; water edge
Buffer m <edv> (zur vorübergehenden Speicherung von
Daten) • buffer; buffer memory; data buffer
Buffer m <edv> • buffer memory; intermediate memory;
temporary memory; scratch-pad memory coll.rare
Buffetwagen m <bahn> • buffet car
buffieren vt <led> • buff vt
Bufo rana <bio> • toad; Bufo rana
Bug m prakt <kfz> (Vorderseite des Autos) • front end;
front pract.coll; nose coll
Bug m <nav> • bow; forebody
Bug m ugs [ba:g] <qualit.edv> (Defekt in Programmen,
Software) • bug

Buganker *m* <nav> • bower anchor; bower
Bugankergeschirr *n* <nav> • headgear
Bugankerklüse *f* <nav> • bow hawse hole
Bugaufklotzung *f* <nav> *(im Dock)* • bow chock
Bugaußenhautplatte *f* <nav> • bow plate
Bugfigur *f* <nav> • figure head
Bugflagge *f* <nav> • jack flag; jack
Buggeinschlag *m* <led> • beaded edge; folded edge
buggen *vt* <led> • bead *vt*; fold over *vt*
Buggkantenzementiermaschine *f* <led> • beading edge cementing machine; folding edge cementing machine
Buggrand *m* <led> • folding margin
Buggzugabe *f* <led> • folding allowance
Bugkanzel *f* <aerospace> • forward cabin
Bugkegel *m* <prod> • nose cone
Bugklüse *f* <nav> • bow hawse-hole
buglastig <fz> *(Flugzeug, Fahrzeug)* • nose-heavy
buglastig <nav> *(Schiff)* • bow-heavy
Buglastigkeit *f* <tech.allg> *(Flugzeug, Fahrzeug)* • nose heaviness
Buglastigkeit *f* <nav> *(Schiff)* • bow heaviness
Bugleine *f* <nav> • bow line; bow rope
Buglicht *n* <nav> *(grün/rot)* • bow light
Bugmaschinengewehr *n* <mil> • bow machine gun; front machine gun
Bug-MG *n* <mil> • bow machine gun; front machine gun
Bugpforte *f* <nav> *(z. B. Fährschiff)* • bow port; bow door
Bugrad *n* <aerospace> • nose wheel
Bugrad *n* <kfz> *(von Caravans)* • jockey wheel
Bugradfahrwerk *n* <aerospace> • nose-wheel landing gear
Bugradschacht *m* <aerospace> • nose-wheel well
Bugraum *m* <aerospace> • nose cone
Bugraum *m* <fz> *(Flugzeug, Schiff)* • nose
Bugraum *m* <nav> • bow compartment
Bugschott *m* <nav> • forward bulkhead
Bugschürze *f* <kfz> *(mit Spoilerfunktion; eher senkrecht als schräg)* • air dam
Bugschutzgerät *n* <mil> *(an Schiffen, gegen Minen)* • paravane
Bugsee *f* <nav> • head sea
bugsieren *vt* <nav> • tow *vt*; tug *vt*
Bugsierlohn *m* <nav> • towage; tug charge
Bugsierschlepper *m* <nav> • ship handling tug
Bugspiegel *m* <nav> • bow transom; forward transom
Bugspriet *m* <nav> • bowsprit
Bugsprietwanten *fpl* <nav> • bowsprit shrouds
Bugstrahl-Manövriersystem *n* <nav> • bow thrust manoeuvring system
Bugstrahlruder *n* <nav> • traversal bow thruster; bow thruster
Bugtorpedoraum *m* <nav.mil> • forward torpedo room
Bug- und Heckvertäuung *f* <nav> • fore-and-aft moorings
Bugverkleidungsblech *n* <fz> • front fairing
Bugwelle *f* <nav> • bow wave
Bugzelle *f* <aerospace> • nose cone
Buhne *f* <hydr> *(Fluss: Dämme quer zur Strömung, unter Wasser)* • groin *US*; groyne *GB*
Buhnenbau *m* <bau> • groyning
Builder *m* <chem> • builder
Bukett *n* <nahr> *(von Wein)* • bouquet; aroma; flower; nose
bukettreich <nahr> *(Wein)* • full bouquet; full nose
Bukettweine *m* <nahr> • aromatic wines
Bulbwinkel *m* <nav> • angle bulb; bulb angle
Bulk Dump *m* <el.mus> *(Speicherinhalt)* • dump
Bulkfrachtschiff *n* <nav> • bulk carrier; dry-bulk carrier; dry-bulk cargo ship

Bulkladung *f* <nav> • bulk dry cargo; dry-bulk cargo
Bulk-Moulding-Compound *n* (BMC) <kst> • bulk molding compound (BMC)
Bullauge *n* <nav> • bull's eye; side light; port light; porthole
Bullaugen-Code *m* ugs. <edv> • circular bar code; bull's eye bar code; bull's eye symbol
Bullaugen-Etikett *n* <edv> • bull's eye label
Bullaugen-Symbol *m* ugs. <edv> • circular bar code; bull's eye bar code; bull's eye symbol
Bulldozer *m* <bau.masch> • bulldozer; dozer
Bullenhaut *f* <led> • bull hide; steer hide
Bullenringlochzange *f* <agri.wz> • cattle nose pliers
Bullenspalt *m* <led> • bull split
bullig <led> • lumpy
Bullseye-Code *m* <edv> *(Strichcodetyp)* • Bullseye Code
Bump *m* prakt <ic> *(auf Chip)* • bump
Bump *n* <edv> *(im Ggs. zu Pit)* • bump
Bumphöhe *f* <ic> • bump height
Bump-Map *f/n* <edv> • bump map
Bump-Mapping *n* <edv> • bump mapping
Bunakautschuk *m* <kst> • buna rubber; buna
Bu-Na-Kautschuk *m* <mat> • sodium-butadiene rubber
Buna-Kautschuk *m* <mat> • sodium-butadiene rubber
Bunchy-Top-Krankheit *f* <agri> *(Bananen)* • bunchy top
Bund *m* <admin> • Federal Government; federation
Bund *m* <füg> *(unter Schraubenkopf)* • collar; underhead collar; washer
Bund *m* <masch> *(flanschartig; z. B. an Wellen)* • flange
Bund *m* <masch> *(zur Aufnahme axialer Lagerkräfte)* • thrust collar
Bund *m* <masch> *(z. B. an Welle, Achse)* • collar
Bund *m* <textil> • welt
Bund *n* <mat> *(Lieferform von Draht; aufgehaspelt)* • coil; coiled material
Bundaxt *f* <bau.wz> • carpenter's axe
Bundbalken *m* <bau> • joining beam
Bundbolzen *m* <masch> • flange bolt
Bundbuchse *f* <masch> • flange bushing
Bunddicke *f* <füg> *(z. B. Schraube)* • thickness of the collar
Bunddurchmesser *m* <füg> • collar diameter; washer diameter
Bundes-... <admin> • Federal ...
Bundespatentamt *n* (BPA) <jur> • Federal Patent Office (FPO)
Bundeswald *m* <holz> • forest owned by the Central Government
Bundeswaldgesetz *n* <jur.holz> • Federal Forest Law
Bundgatter *n* <wz.masch> • gang saw; multiple-blade frame [saw]; frame saw; frame
Bundhubwagen *m* <prod> *(für Coilwechsel)* • coil car
Bundkopf *m* <füg> • washer head
Bund-Länder-1000-Dächer-Photovoltaikprogramm *n* <energ.sol> • 1000-roofs program
Bundlager *n* DIN ISO 4378-1 <masch> • flanged half-bearing ISO 4378-1; collar end bearing
Bundle-Divertor *m* <nukl> • bundle divertor
bundlos <masch> *(z. B. Achse, Welle, Stift)* • collarless; shoulderless
Bundmutter *f* <füg> *(allg.)* • collar nut
Bundmutter *f* <füg> • hexagon nut with collar
Bundring *m* <prod> • end ring
Bundring *m* <wz> *(beim Strangpressen)* • die backer
Bundschraube *f* <füg> • washer head bolt; bolt with collar; collar screw *pract*
Bundseite *f* <bau> • exterior side; fair-faced side
Bundstahl *m* <mat> • faggot steel; fagot steel

Bundsteg *m* <druck> • gutter-stick; gutter margin; binding margin
Bundzeichen *n* <bau> • jointing mark
Bunker *m* <logist> • bin
Bunker *m* <logist> *(für Schüttgut)* • bunker
Bunker *m* <logist> *(trichterförmig)* • hopper
Bunker *m* <logist> *(Silo)* • silo
Bunker *m* <logist> *(Treibstoffbunker)* • tank
Bunker *m* <mil> *(Personenschutz)* • shelter
Bunker *m* <verf> *(großer Trichter)* • hopper; bunker; container
Bunkerabzugsrinne *f* <förd> • bin discharge conveyor
Bunkerblende *f* <verf> • hopper plate
Bunker-C-Öl *n* <chem.petr> • bunker C fuel oil; bunker C fuel; bunker fuel oil; diesel fuel oil
Bunkerdosierapparat *m* <msr> • bin batcher
Bunkerentleerungswagen *m* <förd> • bunker discharger
Bunkerfüllstandsanzeiger *m* <msr> • bin level indicator
Bunkerhafen *m* <nav> • bunkering port
bunkern *vt* <logist> *(allg.)* • bunker *vt*
bunkern *vt* <logist.nav> *(Kraftstoff)* • fuel *vt*
Bunkeröl *n* <chem.petr> • bunker oil
Bunkerschiff *n* <nav> • bunkering boat; refuelling ship
Bunkerschott *n* <logist> • bunker bulkhead
Bunkerzug *m* <min> • bunker train
Bunsen'sches Element *n* <el> • Bunsen cell
Bunsenbrenner *m* <chem.petr> • Bunsen burner
Bunsenphotometer *n* <msr> • Bunsen photometer; grease-spot photometer
Bunsen-Roscoe'sches Gesetz *n* <chem.bio> *(photochem. Reaktion)* • Bunsen-Roscoe law; Bunsen-Roscoe reciprocity law
Bunsentrichter *m* <chem.verf> • Bunsen funnel; long-stemmed funnel
bunt <obfl> • many-colored; colored
Buntätzdruck *m* <textil> • colored discharge printing
Buntätze *f* <textil> • color discharge
Buntbleichartikel *mpl* <textil> • colored bleach goods
Buntbleiche *f* <textil> • bleaching of colored goods
Buntbleierz *n* <min> • pyromorphite
Buntdruck *m* <druck> *(Vorgang)* • color printing
bunte Akten *fpl* <pap.ents> *(Altpapiersorte)* • colored letters *pl*
bunte Druckfarbe *f* <druck> *(für Druckmaschinen)* • chromatic ink
bunte Farbe *f* <druck> *(für Druckmaschinen)* • chromatic ink
bunte Farbe *f* <obfl> *(allg.)* • chromatic color
Buntfärbeverfahren *n* <verf> • random dyeing
Buntfarbe *f* *prakt* <druck> *(für Druckmaschinen)* • chromatic ink
Buntglas *n* <silik> • colored glass
Buntkette *f* <textil> • multicolor warp
Buntkupferkies *m* <min> • peacock ore; purple copper ore; bornite
Buntmetall *n* <min> • non-ferrous metal
Buntpapier *n* <pap> • colored paper; tinted paper
Buntpappe *f* <pap> • tinted cardboard
Buntpigment *n* <kunst> • colored pigment
Buntreserve mit Küpenfarbenüberdruck *f* <textil> • color resist under vat printing; colored resist under vat printing
Buntreserve mit Küpenfarbenüberdruck von Anilinschwarz *f* <textil> • color resist under aniline black; colored resist under aniline black
Buntsandstein *m* <geo> • mottled sandstone; variegated sandstone
Buntsignal *n* <av> • chrominance signal
Buntspinnerei *f* <textil> • colored yarn spinning

Buntton *m* <kunst> *(Farbspektrum)* • color
Buntton *m* DIN 5033 <kunst> *(Tönung)* • hue; shade; color-tone; tint; tinge
Burgers-Körper *m* <phys> • Burgers material
Burgers-Vektor *m* <phys> • Burgers vector
Buried Layer *m* <el.ic> • buried layer
Burkitt-Lymphom *n* <med> • Burkitt's lymphoma
burmesisches Eisenholz *n* <holz> • acle
Burn-In *m* <ic.qualit> *(von Elektronikkomponenten, PCs u. dgl.)* • burn-in
Burnishen *n* <obfl> *(magn. Datenträger; z. B. Disketten)* • burnishing
burnishen *vt* <edv> *(Magnetplatte)* • burnish *vt*
Burst *m* *rar* <av> • burst [signal]; color synchronizing burst *form*; color burst signal; color burst; color sync *pract*
Burst *m* <edv> *(maximal erreichbare Geschwindigkeit bei der Datenübertragung)* • maximum data transfer rate; external transfer rate; raw data rate; burst transfer rate; burst rate *pract*
Burstaustaststufe *f* <av> • burst gate
Burst-Fehler *m* <edv> • burst error; error burst; burst; block error; multiple error
Burstgate *n* <av> • burst gate
Burstimpulsgeber *m* <av> • burst gate
Burst-Mode *m* <edv> • burst mode
Burstrate *f* <edv> *(maximal erreichbare Geschwindigkeit bei der Datenübertragung)* • maximum data transfer rate; external transfer rate; raw data rate; burst transfer rate; burst rate *pract*
burstsynchronisierter Oszillator *m* <av> • burst-locked oscillator; burst-controlled oscillator
Bursttastschaltung *f* <av> • burst gate
Bursttorschaltung *f* <av> • burst gate
Burst-Transferrate *f* <edv> *(maximal erreichbare Geschwindigkeit bei der Datenübertragung)* • maximum data transfer rate; external transfer rate; raw data rate; burst transfer rate; burst rate *pract*
burtonisieren *vt* <nahr> *(Brauwasser)* • burtonize *vt*; gypsum *vt*
burtonisieren *vt* <nahr> *(Brauwasser, mit CaSO₄)* • burtonize *vt*
Bus *m* <el> *(für elektrische Signale; Sammelleitung)* • data bus; bus
Bus *m* <nfz> *(allg.)* • bus *stand*; coach *US*; motorbus *rare*; autobus *obs*; omnibus *obs*
Bus *m* *ugs* <nfz> • passenger van; van *coll*
Busanforderung *f* <edv> • bus request
Busanhänger *m* <nfz> • bus trailer
Busarchitektur *f* <edv> • bus architecture
Busbahnhof *m* <verk> *(allg.)* • bus terminal; bus station; bus depot *US*; terminal; depot *US*
Busbahnhof *m* <verk> *(nur für Überlandbusse und Reisebusse)* • intercity bus terminal *US*; intercity bus station *US*; coach station *GB*
Busbelegung *f* <edv> • bus occupancy
Busbereitschaftssignal *n* <edv> • bus available signal
Busbestätigung *f* <edv> • bus acknowledge; bus acknowledgement
Busbetreiber *m* <verk> • bus operator
Busbetrieb *m* <verk> *(allg.)* • bus company; bus carrier; bus operator
Busbetriebshof *m* <nfz> • bus garage; bus depot *GB*; depot *GB*; bus maintenance facility *US*
Busbreite *f* <edv> • bus width
Busbucht *f* <verk> *(für Linienbus)* • bus bay; bus-stop bay; curb cut *US*
Buschbau *m* <hydr> • brush mattress construction; brush revetment mattress construction; brushwood mattress construction

Buschotter f <bio> • bush master; trigonocephalus lachesis

Buschpackung f <hydr> • brush mattress; fascines

Busdepot n <nfz> • bus garage; bus depot GB; depot GB; bus maintenance facility US

Busdienst m <nfz> • bus service

Busfreigabe f <edv> • bus enable

Bushaltebucht f <verk> (für Linienbus) • bus bay; bus-stop bay; curb cut US

Bushaltestelle f <verk> • bus stop

Bushersteller m <nfz> (Unternehmen) • bus manufacturer; bus builder; bus maker; bus producer

Businessanwendung f <edv> • business application

Bus in Rahmenbauweise m <nfz> • body-on-chassis bus

Bus in selbsttragender Bauweise m <nfz> • integral bus

Buskompatibilität f <edv> • bus compatibility

Buskopplerbaugruppe f <msr> • bus coupler module; bus interface module

Busleitung f <edv> • bus line

Buslinie f <verk> (Strecke) • regular bus route; regular service bus route; bus line

Buslinie f <verk> (Verkehr) • regular bus service; scheduled bus service; regular bus transportation service; bus line; fixed-route bus service US

Buslinienverkehr m <verk> (Verkehr) • regular bus service; scheduled bus service; regular bus transportation service; bus line; fixed-route bus service US

Bus-Maus f <edv> • bus mouse

Busmaus f <edv> • bus mouse

Bus mit Einstiegshilfe m :V <nfz> • accessible bus

Bus mit Kneeling-Einrichtung f <nfz> • kneeling bus US

Bus mit Rollstuhleinstieg m <nfz> • wheelchair-accessible bus

Bus mit Sonderlänge m <nfz> • stretch bus US

Bus mit Überlänge m <nfz> • stretch bus US

Bus-Netzwerk n <edv> • bus network

busorientiert <edv> • bus-oriented

Busplatine f <msr> • bus board; wiring backplane

Busruhezustand m <edv> • bus idle

Bus-Schnittstelle f <edv> • data bus interface

Busschnittstelle f <edv> • bus interface

Bussenbetrag m CH <jur> • penalty; fine; monetary fine

Busservice m <nfz> • bus service

Bußgeld n <jur> • penalty; fine; monetary fine

Bus-Shuttle n <nfz.verk> (zwischen zwei beliebigen Verkehrsmitteln; z. B. zw. City und Flughafen) • shuttle bus; shuttle

Bus-Shuttle n <nfz.verk> (kostenlose Beförderung; z. B. zu Mietwagenfirma, Hotel) • courtesy bus; courtesy coach

Bussole f <navig> • box compass; compass dial

Bussolenrichtkreis m <navig> • compass aiming circle; compass aiming director

Bussonderspur f <verk> (allg.) • bus lane

Busspur f <verk> (allg.) • bus lane

Busspur f <verk> (eigener Fahrweg) • busway; dedicated busway; exclusive busway

Busspur im Richtungswechselbetrieb f <verk> • reversible bus lane

Busstation f <verk> • bus stop

Bussteig m <verk> • bus platform; loading platform

Bussteuerlogik f <edv> • bus control logic

Bussteuerrechner m <edv> • bus control computer

Bussteuerung f <edv> • bus control

Busstraße f <verk> • bus street; bus-only street; bus mall US; bus transit mall US

Bussystem n <edv> • bus system

Bustier n <bekl> • crop top; cami top

Bustier n <bekl> (nahtlos) • pullover bra

Bustrasse f <nfz> • bus guideway; bus trackway

Bustreiber m <edv> • bus driver

Busunternehmen n <verk> (allg.) • bus company; bus carrier; bus operator

Busunternehmen n <verk> (Unternehmen, das eine Buslinie betreibt) • bus line

Busunternehmer m <verk> • bus operator

Busverbindung f <verk> • bus service

busverbunden <el> (Schaltung, System) • bussed

busverriegelt <edv> • bus-interlocked

Buszuweisung f <edv> • bus allocation

Butadien n (C_4H_6) <chem> • butadiene

Butadien-Acrylnitril-Kautschuk m <kst> (Copolymer) • nitrile-butadiene rubber (NBR)

Butadienkautschuk m <kst> • butadiene rubber (BR)

Butadienmischpolymerisat n <kst> • butadiene co-polymer

Butadien-Natrium-Kautschuk m <mat> • sodium-butadiene rubber

Butadien-Styrol-Kautschuk m <kst> • styrene-butadiene rubber

Butan n <chem> (einfacher Kohlenwasserstoff) • butane

Butanabtrennung f <chem.verf> • debutanization

Butandisäure f <chem> • succinic acid

butanfrei <chem> • butane-free

butanhaltig <chem> • butane-containing

Butansäure f norm.wiss <chem> • butyric acid; butanoic acid

Butantrennkolonne f <chem.verf> • debutanizer

Butter f <nahr> • butter

Butterblume f <bio> • buttercup; ranunculus bulbosus

Butterbrotpapier n <pap> • greaseproof paper; grease-proof food-wrapping paper

Butterfertiger m <nahr> • butter manufacturing churn; butter manufacturing equipment

Butterfett n <nahr> • butterfat

Butterfly-Gerät n <sport.tech> • pec deck

Butterformmaschine f <nahr> • butter molding machine

Butterherstellung f <nahr.prod> • butter making; butter manufacture; churning

butterig <nahr> (Speiseeisfehler) • buttery; greasy

Butterkneter m <nahr> • butter churner; butter treatment machine

Butterkühler m <nahr> • butter cooler

Buttermilch f <nahr> • buttermilk

Buttermilcherzeugnis n <nahr> • buttermilk product

Buttermilchpulver n <nahr> • buttermilk powder (BMP); dry buttermilk; dried buttermilk

buttern vi <nahr> • churn vt; churn to butter vt; make butter vi

Butteröl n <nahr> • butteroil

Butterreinfett n <nahr> • butter fat Schöller

Buttersäure f <chem> • butyric acid; butanoic acid

Butterschale f <gastr> • butter dish

Butterschmalz n <nahr> • dry butter fat

Butterschmelzer m <nahr.prod> • butter liquefier; butter melter

Butterungsverfahren n <nahr> • churning process

butterweich ugs <kfz.innen> (Lederpolsterung) • ultra-soft ad; butter-soft coll

Butterzubereitung f <nahr> • butter preparations

Buttress-Gewinde n <masch> • buttress thread (BUTT) ANSI B1.9; buttress screw-thread

Butyl n <chem> • butyl

Butylacetat n <chem> • butyl acetate

Butyldichtung f <bau> • butyl seal

Butylester m <chem> • butyl ester

Butylkautschuk *m* <kst> • butyl rubber
Butylkautschukvulkanisat *n* <kst> • butyl vulcanizate
Butyllösung *f* <kst> • butyl cement
Butylregenerat *n* <kst> • butyl reclaim
Butzen *m* <min> • pocket of ore
Butzen *m* <prod> *(Lochen)* • slug
Butzen *mpl* <druck> • hickeys *pl*
Butzenfänger *m* <druck> • hickey picker
Butzenkammer *f* <kst> *(Blasformen)* • flash chamber
butzenlos <metall> *(Gießen)* • burrless
BV <bau.mat> • concrete plasticizer; plasticizer
BV <fin> • business property; business assets; business
capital; business assets and liabilities; assets of an enter-
prise
B-Verstärker *m* <el> • class-B amplifier
B-Warnung *f* <mil> • biological warning
BW-Rangierlokomotive *f* <bahn> *(klein)* • yard switcher
B-Y <av> • blue color difference signal; blue-minus-lumi-
nance color difference signal; B-Y signal *pract*
Bypass *m* <tech.allg> • by-pass line; by-pass
Bypass *m* <druck> *(Druckplattenhandling)* • bypass
Bypassbohrung *f* <kfz.mot> *(Vergaser)* • bypass bore
Bypassdiode *f* <el> • bypass diode; shunt diode *rar*
Bypass-Füllstandsanzeiger *m* <msr> *(seitlich an
Außenwand montiert)* • bypass level indicator; side-mount
liquid level indicator
Bypass-Füllstandsschalter *m* <msr> *(allg.; jede Mess-
methode)* • bypass level switch; side-mounted level-sens-
ing switch
Bypass-Füllstandsschalter mit Schwimmer *m* <msr>
• side-mount liquid level float switch
Bypassleitung *f* <tech.allg> • by-pass line; by-pass
Bypass-Luftschraube *f* <kfz> *(Kraftstoffeinspritzung)*
• bypass air screw
Bypass-Niveauschalter *m* <msr> *(allg.; jede Messmethode)* • bypass level switch; side-mounted level-sensing
switch
Bypassregelung *f* <förd> *(z. B. von Pumpen)* • bypass
control; bypass regulation
Bypassrelais für Luft-Umleitventil *n* <kfz.emiss>
• diverter valve by-pass relay
Bypasstriebwerk *n* <aerospace> *(typ. Flugzeugtriebwerk)* • bypass engine; turbofan engine; double-fan jet
engine *rare*; ducted-fan jet engine *rare*; double-flow
engine *rare*
Bypassventil *n* <tech.allg> *(allg.)* • bypass valve
Bypassventil *n rar* <kfz.mot> *(insbes. bei Turbolader;
abgasseitig angeordnet)* • wastegate; wastegate valve;
exhaust dump valve *rare.did*; wastegate boost actuator
rare
Bypassventil *n* <rls> • bypass valve
Bypassverhältnis *n* <aerospace> *(Zweistrom-Turbinen-
luftstrahltriebwerk)* • bypass ratio
B-Y-Signal *n prakt* <av> • blue color difference signal;
blue-minus-luminance color difference signal; B-Y signal
pract
Byte *n* <edv> *(8 bit)* • byte
byteadressiert <edv> • byte-addressed
Byteanzahl *f* <edv> • byte count
Bytekette *f* <edv> • byte string
byteorientiert <edv> • byte-oriented
byteparallel <edv> • byte-parallel
Byteprüfprotokoll *n* <edv> • byte control protocol
byteseriell <edv> • byte-serial; serial by byte
byteweiser Datenaustausch *m* <edv> • byte-by-byte
data exchange
Bytezähler *m* <edv> • byte counter
B/Y-Verhältnis *n* <textil> *(Texturieren)* • belt-yarn ratio
BZ <el> • fuel cell (FC)

BZ <nukl> • facility for interim storage of spent nuclear fuel;
interim storage facility for spent fuel elements; intermedi-
ate storage site for spent fuel assemblies; FE interim
storage site
B-Zelle *f* <bio> • B-lymphocyte; B cell
B-Zell-Epitop *n* <bio> • B cell epitope
Bz-Scheibe *f* <füg> *(rund, außen C-förmig, innen etwa
E-förmig)* • E-clip
BZT-Zulassung *f* <navig> • BZT approval
B-Zustand *m* <kst> • B stage

C

C <av> • chrominance signal (C); C-signal; chroma signal
C <chem> • carbon (C)
C <el> • electric capacitance (C)
C <licht> *(Eigenschaft jeder Farbe, die Blau enthält; z. B.
kalte Beleuchtung)* • cool (C); cold
C <med.tech> *(Lungenmechanik)* • compliance (C); lung
compliance
C <phys> *(SI-Einheit der elektrischen Ladung; 1 C = 1 As)*
• coulomb (C); coul
C <therm> • radiation constant (C)
C&D Bits *npl* <edv> • subcode; C&D bits; control and dis-
play information
C14 *m* <chem> • radiocarbon; carbon-14; C14
C-14-Altersbestimmung *f* <geo> • carbon-14 dating;
radiocarbon dating; radiocarbon dating method
C14-Methode *f* <geo> • carbon-14 dating; radiocarbon
dating; radiocarbon dating method
C1-Codierer *m* <edv> • C1 encoder
C1-Decoder *m* <edv> • C1 decoder
C2-Codierer *m* <edv> • C2 encoder
C2-Decoder *m* <edv> • C2 decoder
C$_4$H$_6$ <chem> • butadiene
C$_4$H$_6$ <nahr> • malic acid (C$_4$H$_6$)
C$_6$H$_6$ <chem> • benzene (C$_6$H$_6$); benzol *obs*
c$_w$-Wert <mech> *(z. B. für Tragflügel, Kraftfahrzeug)* • drag
coefficient
Ca <chem> • calcium (Ca)
CAA <prod> *(Einsatz von Robotern in der Baugruppen-
und Produktmontage)* • Computer-Aided Assembling
(CAA)
CAB <kst> • cellulose acetate butyrate (CAB)
Cable-Select (CSEL) <edv> *(Laufwerk-Konfig.-Option)*
• cable select (CSEL)
Cabochon *m* <min> *(Edelsteinschliff)* • cabochon
Cabretta *n* <led> *(südamerikanisches Haarschaffell; für
Handschuh- und Schuhoberleder)* • cabretta
Cabrio *n ugs* <kfz> *(allg., jede Variante)* • convertible
(conv); open-air automobile *press*; topless automobile
press; droptop *pract*; ragtop *coll*
Cabrio-Gepäckträger *m* <kfz> *(auf Kofferraumdeckel,
für Cabrios)* • rear-deck luggage rack; trunk mount rack
Ford
Cabriolet *n* <kfz> *(betont: im Ggs. zu anderen Varianten
offener Autos)* • cabriolet
Cabriolet *n obs.form* <kfz> *(allg., jede Variante)* • convertible (conv); open-air automobile *press*; topless automobile *press*; droptop *pract*; ragtop *coll*
Cabrio-Pickup *m* <kfz> • convertible pickup [truck]; pickup
convertible; ragtop pickup *coll*

Cabrioverdeck *n* <kfz> *(betont: von Cabrios, im Ggs. zu Roadstern u.ä.)* • convertible top
Cabrioverdeck *n* ugs <kfz> *(allg., von offenen Autos)* • convertible top; top *pract.coll*; canvas top; hood *GB*
Cabrio-Windschutz *m* <kfz> *(hinter Cabrio-Vordersitzen)* • anti-buffet screen; draft stop *MB*; wind blocker
Cache *m prakt* <edv> • cache memory; cache *pract*; cache buffer
Cache-Speicher *m* <edv> • cache memory; cache *pract*; cache buffer
Caching *n* <edv> • caching
CACIS-Zündung *f* <kfz.el> • Continuous AC Ignition System (CACIS); CACIS ignition
C/A-Code <navig> • Coarse/Acquisition code (C/A code); Clear/Acquisition code; Civil Access Code; civilian code; Common Access Code
CAD <prod> • computer-aided design (CAD)
Caddy *n/m prakt* <edv> *(für CD-ROM)* • disc caddy *US.GB*
C-Ader *f* <tele> • C-wire
Cadmieren *n* <obfl> • cadmium plating
Cadmium *n* (Cd) <chem> • cadmium (Cd)
Cadmiumelement *n* <el> • cadmium cell
Cadmiumgelb *n* <obfl> • cadmium yellow
Cadmiumgrenze *f* <nukl> • cadmium cut-off
Cadmiumisotopenlampe *f* <licht> • cadmium isotope lamp
Cadmiumlampe *f* <licht> *(Leuchtstofflampe)* • cadmium lamp
Cadmiumlinie *f* <phys> *(Spektralanalyse)* • cadmium red line
Cadmiumlot *n* <füg> • cadmium solder
Cadmiumnormalelement *n* <el> • cadmium standard cell
Cadmiumselenidwiderstandszelle *f* <el> • cadmium selenide photoresistance cell
Cadmiumsulfat *n* <chem> • cadmium sulfate; cadmium sulfuratum
Cadmiumsulfid *n* (CdS) <energ.sol> *(n-leitendes Material; z. B. für Dünnschichtsolarzellen)* • cadmium sulfide (CdS)
Cadmiumsulfit-Zelle *f* <phot> • cadmium sulfide cell; CdS-cell
Cadmium sulphuratum *n* <chem> • cadmium sulfate; cadmium sulfuratum
Cadmiumtellurit *n* (CdTe) <energ.sol> *(für Solarzellen)* • cadmium tellurite (CdTe)
Cadmiumverhältnis *n* <nukl> • cadmium ratio
CAE <el.ic.prod> *(z. B. computergestütztes IC-Design)* • Computer-Aided Electronics (CAE)
CAE <prod> • Computer-Aided Engineering (CAE)
Caesium *n* (Cs) <chem> • cesium (Cs); caesium *GB*
Caesiumphotozelle *f* <energ.sol> • caesium photoelectric cell
Caesiumtherapieeinrichtung *f* <med.tech> • caesium therapy unit
CaF$_2$ <obfl> • fluorspar; fluorite
Caisson *m* <tech.allg> *(f. Unterwasserarbeiten)* • caisson; air caisson; air working chamber
Caissongründung *f* <bau> *(Tiefbau)* • caisson foundation; compressed air foundation
Caissonkrankheit *f* <med> *(durch Außenluftdruckabfall)* • caisson disease; compressed-air disease
Caissonverfahren *n* <min> • pneumatic sinking method
CAL <licht.prod> • computer-aided lighting (CAL) *Bosch*
Calamin *n* <min> • hemimorphite; calamine
Calcarea carbonica <chem> • calcium carbonate; calcarea carbonica
Calcarea fluorata <chem> • calcium fluoride; calcarea fluorata
Calcarea iodata <chem> • calcium iodide; calcarea iodata

Calcarea phosphorica <chem> • calcium phosphate; calcarea phosphorica
Calcarea silicata <chem> • calcium silicate; calcarea silicata
Calcarea sulphurica <chem> • calcium sulfate; calcarea sulfurica
calcinierte Magnesia *f* <chem> • calcined magnesium oxide
Calcium *n* (Ca) <chem> • calcium (Ca)
Calciumalginatfaser *f* <mat> • calcium alginate fiber
Calciumbicarbonat *n* <chem.verf> *(gelöster Kalkstein; z. B. als Absorptionsmittel)* • calcium hydrogen carbonate; calcium bicarbonate
Calciumbisulfit *n* <chem> • calcium bisulfite
Calciumbisulfitkochsäure *f* <pap> • calcium bisulfite cooking liquor; calcium-base acid
Calciumcarbid *n* <chem> • calcium carbide
Calciumcarbonat *n* <chem> • calcium carbonate
Calciumcyanamid *n* <chem.agri> • calcium cyanamide
calcium-dotiert <msr> • calcium-stabilized; calcium-doped
calcium-dotiertes Zirkoniumdioxid *n* <mat> • calcium-stabilized zirconium dioxide; calcium-doped zirconium dioxide
Calciumfluorid *n* <chem> • calcium fluoride; calcarea fluorata
Calciumhärte *f* <hydr> *(Wasser)* • calcium hardness
calciumhart <hydr> *(Wasser)* • calcium-hard
Calciumhydrogencarbonat *n* <chem.verf> *(gelöster Kalkstein; z. B. als Absorptionsmittel)* • calcium hydrogen carbonate; calcium bicarbonate
Calciumhydrogensulfit *n* <chem.verf> • calcium hydrogen sulfite
Calciumhydroxid *n* <chem> *(CaO$_2$)* • calcium hydroxide; hydrated lime; slaked lime; slacklime
Calciumhypochlorit-Bleichlauge *f* <pap> • calcium hypochlorite bleach liquor
Calciumjodid *n* <chem> • calcium iodide; calcarea iodata
Calciumkarbonat *n* <chem> • calcium carbonate; calcarea carbonica
Calciumnitrat *n* <chem> • calcium nitrate
Calciumoxid *n* <chem> *(CaO)* • calcium oxide; caustic lime; unhydrous lime; unslaked lime; quicklime
Calciumphosphat *n* <chem> • dicalcic phosphate; oenophosphate
Calciumseifen-Schmierfett *n* <tribo> • calcium soap grease
Calciumsilicat *n* <chem> • calcium silicate
Calciumsilicatschlacke *f* <chem.verf> *(Abprodukt bei Phosphorgewinnung)* • phosphate slag
Calciumsilicatstein *m* <bau> • calcium-silicate brick
Calciumsilikat *n* <chem> • calcium silicate; calcarea silicata
Calciumsilikatplatte *f* <bau.innen> • calcium silicate board *:V*
calcium-stabilisiert <msr> • calcium-stabilized; calcium-doped
calcium-stabilisiertes Zirkoniumdioxid *n* <mat> • calcium-stabilized zirconium dioxide; calcium-doped zirconium dioxide
Calciumsulfat *n* <chem> • calcium sulfate; calcarea sulfurica
Calciumsulfat-2-Wasser *n* <chem> *(CaSO$_4$ × 2 H$_2$O)* • calcium sulfate dihydrate; selenite; gypsum *coll*
Calciumsulfatdihydrat *n* <chem> *(CaSO$_4$ × 2 H$_2$O)* • calcium sulfate dihydrate; selenite; gypsum *coll*
Calciumsulfid *n* <chem> • calcium sulfide; hepar sulfuris calcareum
Calciumsulfit *n* <chem> • calcium sulfite

California-Look *m* <kfz> *(Karosseriestil)* • Cal-look
California Test *m* <kfz.emiss> • California Cycle
Californium *n* (Cf) <chem> • californium (Cf)
Calipper *n prakt* <agri.wz> *(für Bananen)* • caliper
Call-Center *n* <tele> • call center; telephone information service *rare*
Callier-Quotient *m* <phot> *(fotografische Schwärzung)* • Callier's Q factor
Cal-Look *m* <kfz> *(Karosseriestil)* • Cal-look
Calyx-Bohrgerät *n* <wz> *(Schrotbohren)* • calyx drill
Calzaöl *n* <tribo> • rapeseed oil; rape oil; colza oil
CAM <prod> • computer-aided manufacturing (CAM)
Cambridgewalze *f* <agri> • Cambridge roller
Camcorder *m* <av> *(Videokamera mit integriertem Recorder)* • camcorder; camera recorder; video camera *coll*; movie camera *coll*; cam *rare*
Camcorder mit LCD-Monitor *m* <av> • camcorder with LCD monitor
Camelback-Prinzip der Quervliesbildung *n* <textil> • camel-back web cross-lapping principle
Cameradecoder *m* <edv> *(für Strichcode)* • video bar-code decoder; video decoder; camera decoder; video camera decoder
Camera Obscura *f* <phot> • camera obscura
Cam-out-Effekt *m* <füg> *(Herausrutschen des Schraubendrehers nach oben aus dem Kreuzschlitz)* • camout
CAN-Bus *m* <msr> • CAN bus
CAN-Bus-Netzwerk *n* <edv> • controller area network (CAN)
Candela *f* (cd) <licht> *(Si-Basiseinheit der Lichtstärke)* • candela (cd); candlepower *coll*
Candela je Quadratmeter *f* (cd/m^2) <licht> *(Einheit der Leuchtdichte)* • candela per square metre (cd/m^2); apostilb *obs*
CANDU-Natururanreaktor *m* <nukl> • CANDU natural-uranium-fueled reactor; CANDU natural-uranium-reactor
Candy-Lackierung *f* <obfl> *(Effektlack)* • candy paint job; candy *coll*
Cannabis indica <bio> • hashish; cannabis indica
Cannelkohle *f* <verbr> • cannel coal; candle coal; jet coal
Canning *n* <kfz.emiss> *(Katalysatoreinbau in das Gehäuse)* • canning
Cantharis Lytta vesicatoria <bio> • Spanish fly; cantharis Lytta vesicatoria
Cantileverbremse *f* <brems> *(z. B. bei Fahrrad)* • cantilever brake
Cantileverfederung *f* <fz> • cantilever suspension
Cantileverschwinge *f* <kfz> *(Motorrad)* • cantilever-type pivoted fork; triangulated pivoted fork
CaOH$_2$-Suspension *f* <ents> *(allg.)* • milk of lime; slaked lime; lime water
CAP <druck> • Computer-Aided Publishing (CAP)
CAP <prod> *(von Arbeitsabläufen in der Fertigungsvorbereitung)* • computer-aided production planning (CAP); computer-aided production scheduling *rare*
CAPI-Schnittstelle *f* <edv/tele> • Common ISDN Application Program Interface (CAPI); Common ISDN API
Caprinsäure *f* <chem> • capric acid; decanoic acid
Caprolactam *n* <chem> • caprolactam
Capronsäure *f* <chem> • caproic acid; hexanoic acid
Capstan *m* <el> *(Bandlaufwerk allg.; z. B. Audio-, Video-, Datenband, Streamer)* • capstan; tape drive capstan; driving capstan; drive capstan
Capstanbelichter *m* <druck> *(Flachbettrecorder)* • capstan recorder
Capstanrecorder *m* <druck> *(Flachbettrecorder)* • capstan recorder
Capstanwelle *f* <av> *(von Tonbandgeräten und Cassettenrecordern)* • capstan wheel shaft; capstan shaft; capstan

caput mortuum *n* <obfl> *(Pigment)* • caput mortuum
CAQ <qualit> • Computer-Aided Quality Assurance (CAQ)
CAR <autom> *(Einsatz von Robotern in Fertigung und Montage)* • Computer-Aided Robotics (CAR)
CAR <prod> *(um EDV-Daten erweitertes Arbeitsumfeld)* • computer-augmented reality (CAR)
Carathéodory-Prinzip *n* <therm> • Carathéodory's principle
Caravan *m* DIN 7941 <kfz.tour> *(Pkw-Anhänger, der für Wohnzwecke bestimmt und eingerichtet ist)* • travel trailer US; house trailer US; touring caravan GB; trailer caravan GB; caravan GB
Caravangespann *n* <kfz.tour> • outfit
Caravaning *nsg* <kfz.tour> • caravanning
Caravanspiegel *m* <kfz> • trail-view mirror
Carbamate *npl* <chem.agri> • carbamates
Carbamidharz *n* <kst> *(z. B. Resopal)* • ureaformaldehyde plastic (UF); ureaformaldehyde resin; urea resin *pract*
Carbamidkunststoff *m* <kst> • urea plastic
Carbamidsäure *f* <chem.agri> • carbamic acid
Carbazolfarbstoff *m* <obfl> • carbazole dye
Carbid *n* <chem> • carbide
Carbidausscheidung *f* <metall> *(Vorgang bei der Wärmebehandlung von Stahl)* • carbide precipitation
Carbidausschlackung *f* <metall> • carbide slagging
Carbidbehälter *m* <füg> *(Trichter, Silo)* • carbide hopper
carbidbildend <mat> *(Eigenschaft von Legierungsbestandteilen)* • carbide-forming
Carbidbildner *m* <metall> *(Stahllegierung)* • carbide former; carbide forming constituent
Carbideinfallentwickler *m* <füg> *(Schweißen)* • carbide-feed generator; carbide-to-water generator
Carbidgerüst *n* <metall> *(Werkstoffgefüge)* • carbide skeleton
Carbidhartmetall *n rar* <mat> *(z. B. für Schneidwerkzeuge)* • cemented hard metal; cemented hard carbide; cemented carbide; sintered carbide; hard metal
Carbidkalk *m* <chem> • acetylene lime
Carbidofen *m* <metall> • carbide furnace; calcium carbide furnace
Carbidschlamm *m* <füg> • carbide sludge
Carbidseigerung *f* <metall> *(Vorgang bei der Wärmebehandlung von Stahl)* • carbide segregation
Carbidzeile *f* <metall> • carbide band
Carbidzeiligkeit *f* <metall> • carbide banding
carbocyclisch <chem> • carbocyclic; isocyclic
carbofunktionell <chem> • carbon-functional; organofunctional
Carbolicum acidum <chem> • phenol; carbolicum acidum
Carbolineum *n* <chem> • carbolineum
Carbolsäure *f* <chem> • carbolic acid; phenol
Carbonado *m* <mat> *(Diamant)* • carbonado
Carbonamidgruppe *f* <chem> • carboxyl amide group
Carbonat *n* <chem> • carbonate
Carbonatation *f* <nahr> *(Zuckergewinnung)* • carbonation
Carbonatationsschlamm *m* <chem.verf> • carbonation scum; carbonation mud; defecation scum
Carbonatationstrübe *f* <chem.verf> • carbonation juice; scum juice
Carbonathärte *f* (KH) <qualit.mat> • carbonate hardness; temporary hardness
Carbonatisierung *f* <bau.mat> • carbonation
Carbon-Band *n prakt* <druck> • carbon ribbon
Carbonfaser *f* <mat> *(hochfestes, leichtes Verstärkungsmaterial)* • carbon fiber US; carbon fibre GB; C-fiber US; C-fibre GB
carbonfaserverstärkter Kunststoff *m* <kst> • carbon fiber reinforced plastic (CFRP) US; carbon fibre reinforced plastic GB

carbonisieren vt <nahr> (Getränk) • carbonate vt; aerate vt rare

carbonisieren vt <textil> • carbonize vt

Carbonisierfleck m <textil> • carbonization stain

Carbonisierflotte f <textil> • carbonization bath

Carbonisierkammer f <textil> • carbonization chamber

Carbonisierlauge f <textil> • carbonization liquor

Carbonisiermaschine f <textil> • carbonization machine

Carbonisierofen m <textil> • carbonization stove

Carbonisiertrommel f <textil> • carbonization drum

Carbonisierung f <chem.verf> • carbonization

Carbonisierungskolonne f <verf> • carbonation tower

Carbonpapier n <el> • carbon paper; carbon-black paper; semi(–)conducting carbon paper; semiconducting paper; carbon loaded paper

Carbonsäure f <chem> • carboxylic acid

Carbonsilicid n <chem> • carbon silicide

Carbonyl n <chem> • carbonyl

Carbonyleisen n <chem> • carbonyl iron

Carbonylgruppe f <chem> • carbonyl group; keto group

Carbonylverbindungen fpl <chem> • carbonyl compounds

Carborundum n <mat> (Schleifstoff) • carborundum; silicon carbide

Carbo vegetabilis wiss <chem> • charcoal; carbo vegetabilis thsc

Carboxylat n <chem> • carboxylate

Carboxylgruppe f <chem> • carboxyl group

Carboxylkautschuk m <kst> • carboxylic rubber; acid rubber

Carboxylmethylcellulose f <nahr> (Stabilisator) • carboxymethyl cellulose (CMC); sodium carboxymethyl cellulose; cellulose gum

Carboxymethylcellulose f (CMC) <nahr> (Stabilisator) • carboxymethyl cellulose (CMC); sodium carboxymethyl cellulose; cellulose gum

Card Information Structure f (CIS) <edv> • Card Information Structure (CIS)

Cardox-Verfahren n <min> • carbon dioxide blasting

Cargon n prakt <füg> (Schutzgasschweißen; Gemisch von Argon und Kohlendioxid) • argon/carbon dioxide mix; cargon gas

Cargongas n <füg> (Schutzgasschweißen; Gemisch von Argon und Kohlendioxid) • argon/carbon dioxide mix; cargon gas

Caril n Shell <kst> • expanded polyethylene foam

Carius-Methode f <chem> • Carius method

Carnallit m <min> • carnallite

Carnaubawachs n <obfl> (z. B. für Holz-, Lackschutz) • carnauba wax; hard wax; carnauba

Carnot'scher Wirkungsgrad m <therm> • efficiency of Carnot cycle

Carnot-Maschine f <therm> (theoret. Wärmekraftmaschine mit Carnot-Prozess) • Carnot heat engine; Carnot engine

Carnot-Prozess m <therm> (thermischer Vergleichsprozess) • Carnot working cycle; Carnot cycle

Carnotscher Kreisprozess m <therm> (thermischer Vergleichsprozess) • Carnot working cycle; Carnot cycle

Carotin n (E 160a) <nahr> (Farbstoff) • carotene (E 160a); carotin

Carpool m NL <verk> • car pool :V

Carpool-Sex m <kfz.verk> (Prostitution auf Carpool-Parkplätzen) • carpool sex

Carrageen n <nahr> (Stabilisator) • carrageen; Irish moss

Carrageenan n (E 407) <nahr> (Stabilisator; aus Carrageen extrahiert) • carrageenan (E 407)

Carrier n <textil> (Färberei) • carrier

Carrier-Frequenz f <edv.av> • carrier frequency; fundamental frequency stand.; original frequency

Carrier Sense Multiple Access/Collision Detection (CSMA/CD) <edv> (Zugriffsmethode eines lokalen Netzwerks) • Carrier Sense Multiple Access/Collision Detection (CSMA/CD)

Carrier Tracking Receiver m <navig> • carrier tracking receiver; carrier-phase tracking receiver

Carry-Flag n <edv> • carry flag

cartesianisch <math> (Koordinatensystem; rechtwinklig) • Cartesian

Cartesianischer Taucher m <phys> • Cartesian diver; Cartesian devil

Cartesischer Taucher m <phys> • Cartesian diver; Cartesian devil

carthaminrot <kunst> • rose carthame

Cartoon m <kunst> • cartoon

Cartridge n <av> • cartridge

Carubin n <nahr> (Stabilisator) • locust bean gum (LBG); carob bean gum; carob gum

Carus m <bio> • carus; deep coma

Carver m prakt <sport.tech> • carving ski

Carvingkante f <sport.tech> (Ski) • carving edge

Carvingski m <sport.tech> • carving ski

Casein n <bio.chem> (Milchprotein) • casein

Caseinanstrichstoff m <obfl> • casein paint

Caseinat n <chem> • casenate

Casein-Bindemittel n <kunst> • casein binding medium

Caseindeckfarbe f <led> • casein coating color

Caseinfarbe f ugs <obfl> • casein paint

Caseinfaser f <nahr> • casein fiber; casein staple

Caseinfaser f <textil> • casein fiber

Caseinklebstoff m <füg> • casein cement

Caseinleim m <füg> • casein glue; casein adhesive

Caseinleim m <obfl.holz> • casein glue; cold glue

Cassata f <nahr> (Speiseeis) • Cassata

Cassegrain'sches Spiegelteleskop n <astron> • Cassegrain reflecting telescope; Cassegrain telescope

Cassegrain-Gitterspektrograph m <astron> • Cassegrain grating spectrograph

Cassegrain-Reflektor m <astron> • Cassegrain reflecting telescope; Cassegrain telescope

Cassegrain-System mit Ritchey-Crétin-Optik f <astron> • Ritchey-Crétin type of Cassegrain optical system

Cassettenausschub-Taste f <av> • cassette eject button; eject button coll

Cassettenauswurftaste f <av> • cassette eject button; eject button coll

Cassettenfach n <av> • cassette compartment

Cassettenhalter m <kfz.av> • cassette storage unit

Cassetten-Radio n (RC) <kfz.av> • radio/cassette deck (r/c); r/cass ad

Cassettenradio mit Quick-Out-Halterung n <kfz.av> • pull-out radio/cassette player

Cassettenrecorder m (CR) <kfz.av> • cassette recorder (CR)

Cassettenrollo n <kfz> • cassette blind

Cassettenschacht m <kfz.av> • cassette compartment

Cassettensuchlauffunktion f <av> (automatische Wiedergabe ausgewählter Musikstücke) • cassette program search (CPS)

Cassettentoilette f <kfz.tour> • cassette toilet

Cassettenwahlschalter m <av> (Bandlänge; relevant für die Zählwerkanzeige) • tape select switch; manual playing time input Grundig

Cassette Program Search (CPS) <av> (automatische Wiedergabe ausgewählter Musikstücke) • cassette program search (CPS)

Cassiterit m <min> (Zinnstein mit holzartiger Struktur) • fibrous cassiterite; wood tin

Castanospermin n <pharm> • castanospermine

Casting n <werb> *(von Schauspielern etc.; z. B. für Werbespots)* • casting

Castor m prakt <nukl.logist> • cask for storage and transport of radioactive material (Castor)

Castor-Behälter m <nukl.logist> • cask for storage and transport of radioactive material (Castor)

Casual Friday m <büro> • Casual Friday; Dress Down Day; Casual Dress Day; Business Casual Day; Mufti Friday *coll*

CAT <med.tech> • Computer-Aided Tomography (CAT)

CAT <qualit> *(Testen eines Produkts noch vor der Produktion)* • computer-aided testing (CAT)

CAT <transl> • computer-aided translation (CAT); computer-assisted translation

Cat-Benzin n <chem.petr> • cat-cracked gasoline

Catcracken n <chem.petr> • cat cracking; catalytic cracking

Catechin n <chem> • catechin; catechol

Catechol n <chem> • pyrocatechol; catechol

Catering n prakt <gastr> *(z. B. auf Messen, Tagungen, in der Bahn, im Flugzeug)* • catering

Cathodic-Stripping-Voltammetrie f (CSV) <el.chem> • cathodic stripping voltammetry (CSV)

Cathoguard n ᵀᴹBASF <obfl> *(bleifreier Elektrotauchlack f. kathodische Elektrotauchlackierung)* • Cathoguard ᵀᴹBASF

Catmull-Rom-Spline n <edv> • Catmull-Rom spline *pract*; cardinal spline; Overhauser spline

CATS <transl> • Computer-Aided Terminology System (CATS) ᵀᴹ

Cauchy'sche Integralformel f <math> • Cauchy's integral formula; Cauchy integral formula

Cauchy'scher Hauptwert m <math> • Cauchy's principal value

Cauchy'scher Integralsatz m <math> • Cauchy's integral theorem; Cauchy integral theorem

Cauchy'sche Ungleichung f <math> • Cauchy's inequality

Cauchy'sche Verteilung f <math> • Cauchy's frequency distribution; Cauchy's distribution

Cauchy-Riemann'sche Differentialgleichungen fpl <math> • Cauchy-Riemann differential equations; Cauchy-Riemann equations

cauchysche Integralformel f <math> • Cauchy's integral formula; Cauchy integral formula

cauchyscher Hauptwert m <math> • Cauchy's principal value

cauchyscher Integralsatz m <math> • Cauchy's integral theorem; Cauchy integral theorem

cauchysche Ungleichung f <math> • Cauchy's inequality

cauchysche Verteilung f <math> • Cauchy's frequency distribution; Cauchy's distribution

Cauchy-Verteilung f <math> • Cauchy's frequency distribution; Cauchy's distribution

CAV <edv> *(Zugriffsverfahren für Laufwerke)* • constant angular velocity (CAV)

C-Bandführung f <av> • C-wrap

CBC <kfz> • cornering brake control (CBC)

CB-Funk m <tele> • CB radio

CB-Funkantenne f <tele> • CB radio antenna US; CB radio aerial GB

CB-Funkgerät n <tele> • CB radio; mobile two-way radio

CB-Greifer m <textil> • central bobbin looper

C-Brennen n <nukl> • Carbon-Nitrogen cycle; carbon cycle

CBR-Verfahren n <kfz.mot> • CBR process

CBR-Wert m <bau> *(Vergleichswert für Fahrbahnbelastung)* • California bearing ratio

CC <ic> • chip carrier (CC)

CCC <chem.agri> • chlorocholine chloride (CCC)

CCCH <tele> *(umfasst AGCH, PCH, RACH)* • Common Control Channel (CCCH)

CCD-Bildsensor m <av> • CCD-image sensor

CCD-Einheit f <av> • CCD engine

CCD-Element n <el> *(Bildwandler; z. B. in Kameras, Scannern)* • charge-coupled device (CCD)

CCD-Kamera f <av> • CCD-camera

CCD-Leser m <edv> • CCD scanner; CCD-array scanner

CCD-Scanner m <edv> • CCD scanner; CCD-array scanner

CCD-Sensor m <el> • CCD-sensor

C-Check m <aerospace> • C check

CCIR-Norm f <av> • CCIR-standard

CCP <prod.nahr> *(HACCP)* • critical control point (CCP)

CCS-System n GM <kfz.emiss> • controlled combustion system (CCS) GM

CCT m prakt <pap.qualit> *(für Wellpappe)* • Corrugated Crush Test

CCT-Test m <pap.qualit> *(für Wellpappe)* • Corrugated Crush Test

Cd <chem> • cadmium (Cd)

CD f ugs <av> *(für Tonwiedergabe; typ. Musik)* • compact audio disc; digital audio disc; audio disc *pract*; CD *coll*

CD f ugs <edv> *(für digitale Daten)* • Compact Disc-Read Only Memory (CD-ROM); read-only optical data disk *ISO/IEC*; CD-ROM disk; CD-ROM disc; CD disk

CD f prakt.ugs <edv> *(allg.; für Ton, Daten, Bild)* • compact disc (CD)

cd.sr <licht> *(Einheit des Lichtstromes; pl Lumen oder Lumina)* • lumen (lm); candela.steradian; spherical flow of light

CD4+-Zelle f <bio> • helper T cell; T4-cell; CD4+-cell

CD8-Zelle f <bio> • suppressor T cell; T8+-cell; CD8+-cell

CD-Audio-in m <edv.av> • CD audio in

CD-Brenner m <edv> • CD-R drive; CD recorder system *form*; CD-ROM recorder *form*; CD-R unit; CD-R device *rare*

CD-Brennersoftware f <edv> *(zur Datenaufzeichnung auf CD-Rohlingen)* • CD-R recording software; CD-R software; recording software *coll*

CD-BRIDGE f <edv> *(CD, die von unterschiedlichen CD-ROM-Systemen gelesen werden kann)* • bridge disk

CDC <med.hygi> *(Amerikanische Gesundheitsbehörde in Atlanta, Georgia)* • Centers for Disease Control (CDC)

CD-Caddy n/m prakt <edv> *(für CD-ROM)* • disc caddy US.GB

CD-DA <edv> *(Red-Book-Standard)* • CD digital audio (CD-DA)

CD-Digital Audio (CD-DA) <edv> *(Red-Book-Standard)* • CD digital audio (CD-DA)

CD-E <edv> • Compact Disc-Erasable (CD-E)

CD-E-Laufwerk n <edv> • CD-E drive; CD-E optical drive

CD-Halter m <av> *(im Laufwerk)* • CD tray; compact-disc tray

CD-Halter m rar <edv> *(von CD-Laufwerk)* • disk tray US; disc tray GB; CD tray *pract*; drawer *coll*; tray *coll*

CD-Halter m <kfz.av> *(zum Aufbewahren)* • CD storage unit

CD-I <edv> *(Green Book)* • CD-Interactive (CD-I)

CDI <kfz.mot> • common-rail direct injection (CDI)

CDI <navig> *(Display)* • course deviation indicator (CDI); course deviation scale; CDI display

CDI-Bereich m <navig> *(Display)* • CDI range

CDI-Navigation f <navig> • CDI navigation

CD-Interactive f (CD-I) <edv> *(Green Book)* • CD-Interactive (CD-I)

CD-Interface n <edv.av> *(D-SUB-Anschluss an Soundkarte)* • CD-ROM interface; CD interface

CD-I-Player *m* <edv> • CD-I player
CDI-Skaleneinstellung *f* <navig> *(Display)* • CDI scale
setting
CDI-Technik *f* <el> • collector diffusion insulation tech-
nique
CD-Klangqualität *f* <av> • CD-quality sound
CD-Laufwerk *n* <edv> • CD-ROM drive; CD-ROM reader;
CD-ROM player; CD-ROM unit; CD drive
CDMA-Technik *f* <tele> *(Band spreizendes Modulations-
verfahren)* • Code Division Multiple Access (CDMA)
cd/m^2 <licht> *(Einheit der Leuchtdichte)* • candela per
square metre (cd/m^2); apostilb *obs*
CD-Player *m prakt* <av> • compact disc player; CD player
pract
CD-R <edv> • CD-Recordable (CD-R); CD-R disk
CD-R-Aufzeichnungssoftware *f* form <edv> *(zur Da-
tenaufzeichnung auf CD-Rohlingen)* • CD-R recording
software; CD-R software; recording software *coll*
CD-Recordable *f* (CD-R) <edv> • CD-Recordable (CD-R);
CD-R disk
CD-Recorder *m rar* <edv> • CD-R drive; CD recorder
system *form*; CD-ROM recorder *form*; CD-R unit; CD-R
device *rare*
CD-Rewritable *f* <edv> • rewritable CD (CD-RW); rewri-
table optical disk; CD-Erasable *obs*; CD-E *obs*
CD-R-Laufwerk *n form* <edv> • CD-R drive; CD recorder
system *form*; CD-ROM recorder *form*; CD-R unit; CD-R
device *rare*
CD-Rohling *m* <edv> • blank CD-R
CD-ROM <edv> *(für digitale Daten)* • Compact Disc-Read
Only Memory (CD-ROM); read-only optical data disk
ISO/IEC; CD-ROM disk; CD-ROM disc; CD disk
CD-ROM *f* <edv> *(compact disc read-only memory)*
• CD-ROM; data CD
CD-ROM *f prakt* <edv> *(für digitale Daten)* • Compact
Disc-Read Only Memory (CD-ROM); read-only optical
data disk *ISO/IEC*; CD-ROM disk; CD-ROM disc; CD disk
CD-ROM-Drive *n* <edv> • CD-ROM drive; CD-ROM
reader; CD-ROM player; CD-ROM unit; CD drive
CD-ROM Extended Architecture *f* (CD-ROM XA) <edv>
• CD-ROM Extended Architecture (CD-ROM XA)
CD-ROM-Laufwerk *n* <edv> • CD-ROM drive; CD-ROM
reader; CD-ROM player; CD-ROM unit; CD drive
CD-ROM-Laufwerk mit 40facher Geschwindigkeit *f*
<edv> • 40-speed CD-ROM drive; 40× CD drive
CD-ROM-Laufwerk mit doppelter Geschwindigkeit *n*
<edv> *(obs.)* • double-speed CD-Rom drive; double-
speed drive; dual-speed CD-ROM drive; dual-speed drive
**CD-ROM-Laufwerk mit sechsfacher Geschwindig-
keit** *f* <edv> • six-speed CD-ROM drive; six-speed drive;
6× drive
CD-ROM-Player *m* <edv> • CD-ROM drive; CD-ROM
reader; CD-ROM player; CD-ROM unit; CD drive
CD-ROM-Schalter *m* <el> • CD-ROM switch
CD-ROM-Schnittstelle *f* <edv.av> *(D-SUB-Anschluss an
Soundkarte)* • CD-ROM interface; CD interface
CD-ROM-Spieler *m* <edv> • CD-ROM drive; CD-ROM
reader; CD-ROM player; CD-ROM unit; CD drive
CD-ROM-Wechsler *m* <edv> • CD-ROM changer
CD-ROM XA <edv> • CD-ROM Extended Architecture
(CD-ROM XA)
CD-R-Rohling *m* <edv> • blank CD-R
CD-R-Scheibe *f ugs.rar* <edv> • CD-Recordable (CD-R);
CD-R disk
CD-R-Software *f* <edv> *(zur Datenaufzeichnung auf CD-
Rohlingen)* • CD-R recording software; CD-R software;
recording software *coll*
CD-RW *f prakt* <edv> • rewritable CD (CD-RW); rewritable
optical disk; CD-Erasable *obs*; CD-E *obs*

CdS <energ.sol> *(n-leitendes Material; z. B. für Dünn-
schichtsolarzellen)* • cadmium sulfide (CdS)
CD-Schnittstelle *f* <edv.av> *(D-SUB-Anschluss an Sound-
karte)* • CD-ROM interface; CD interface
CD-Schublade *f* <edv> *(von CD-Laufwerk)* • disk tray *US*;
disc tray *GB*; CD tray *pract*; drawer *coll*; tray *coll*
CdS/Cu2S-Dünnschicht-Solarzelle *f* <energ.sol>
• CdS/Cu2S thin film solar cell
CD-Spieler *m ugs* <av> • compact disc player; CD player
pract
CdS-Zelle *f* <phot> • cadmium sulfide cell; CdS-cell
CdTe <energ.sol> *(für Solarzellen)* • cadmium tellurite
(CdTe)
CD-Tonqualität *f* <av> • CD-quality sound
C-Duct *m* <aerospace> *(Strahltriebwerk)* • C duct
CD-Video *f* <av> • CD-Video
CD-Wechsler *m* <av> • CD changer; jukebox *f coll*
CD-WORM *f* <edv> • WORM; WORM disk; WORM optical
disk; write-once [optical] disk; CD-WO [disk] *ECMA*
CD-Writer *m rar* <edv> • CD-R drive; CD recorder system
form; CD-ROM recorder *form*; CD-R unit; CD-R device
rare
CD-Writer-Software *f* <edv> *(zur Datenaufzeichnung auf
CD-Rohlingen)* • CD-R recording software; CD-R soft-
ware; recording software *coll*
Ce <chem> • cerium (Ce)
CEC-Abbautest *m* <ökol> • CEC test; CEC-L-33-T-82 test
CEC-Methode *f* <ökol> • CEC test; CEC-L-33-T-82 test
CEC-Test *m* <ökol> • CEC test; CEC-L-33-T-82 test
CED-Bildplatte *f* <av> • CED videodisc; capacitance
electronic disc
CED-Bildplattensystem *n* <av> • CED videodisc system
Cedille *f* <druck> • cedilla
Cedur *n TM* <pharm> *(Clofibrinsäurederivat)* • bezafibrate;
bezafibratum; Bezalip *TM*
CEG-Chip <edv> • continuous edge graphics chip (CEG-
Chip)
Cel-Animation *f* <edv> • cel animation
Celazole *n TM* <kst> *(Hochleistungskunststoff)* • polyben-
zimidazole (PBI); Celazole *TM*
Cell-Animation *f prakt* <kino> • cell animation
Cell Broadcast *m* <tele> *(als Teledienst eingestufter
Kurznachrichtendienst)* • cell broadcast
Cellonfenster *n* <pack> • Cellon window
Cellophanfolie *f* <pack> • cellophane film
Celluloid *n* <kst> • celluloid
Celluloidprägung *f* <druck> • celluloid molding
Cellulose *f* <pap> • cellulose
Celluloseacetat *n* (CA) <kst> • cellulose acetate (CA)
Celluloseacetatbutyrat *n* (CAB) <kst> • cellulose acetate
butyrate (CAB)
Celluloseacetatfaser *f* <textil> • cellulose acetate fiber
US; cellulose acetate fibre *GB*
Celluloseacetatseide *f* <textil> • acetate filament yarn;
cellulose acetate rayon
Celluloseacetatspinnlösung *f* <textil> • cellulose ace-
tate dope
Cellulosechemiefaser *f* <kst> • cellulosic fiber
Cellulosechemiefaserstoff *m* <kst> • cellulosic fiber
Cellulosederivat *n* <chem> • cellulose derivate
Cellulosederivat-… <chem> • cellulosic
Cellulosefabrik *f* <prod> • woodpulp works
Cellulosefarbe *f* <obfl> • cellulose paint
Cellulosefaser *f* <mat> • cellulose fiber *US*; cellulose fibre
GB; cellulosic fiber *US.rare*
cellulosehaltig <mat> • cellulosic
Celluloselack *m* <obfl> • cellulose lacquer
Celluloseleim *m* <füg> • cellulose glue
Cellulosenitrat *n* <chem> • cellulose nitrat; nitrocellulose

Cellulosenitrat n <chem> (löslich; weniger nitriert als Schießbaumwolle; hauptsächlich C6H7N3O1) • nitrocellulose (NC); cellulose nitrate; collodion wool; soluble gun cotton; pyroxylin
Cellulosepropionat n <chem> • cellulose propionate
Celluloseregeneratfaser f <pap> • regenerated cellulose fiber US; regenerated cellulose fibre GB
Celsiusgrad n rar.ugs <msr> (Temperatureinheit; Wassergefrierpunkt 0 °C) • degree centigrade; degree Celsius
Celsiusskala f <msr> (Thermometer) • Celsius temperature scale; centigrade temperature scale; centigrade scale
Celsiustemperatur f <msr> (Siedepunkt des Wassers: 100 Grad Celsius) • Celsius temperature; centigrade temperature
Center Loading n AE/Nor,Gol <av> • mid-drive; mid-mount-drive; center-drive AE; mid-drive chassis Son; mid-mount Ten
Centermuffe f <fz> (verbindet das Oberrohr eines Damenradrahmens mit dem Sitzrohr) • loop lug
Centernbasisschaltung f <el> • grounded-cathode circuit
Centernbasisverstärker m <el> • grounded-cathode amplifier
Centers for Disease Control f pl (CDC) <med.hygi> (Amerikanische Gesundheitsbehörde in Atlanta, Georgia) • Centers for Disease Control (CDC)
Centesimalpotenz f <chem> • centesimal potency
Centre Mechanism m Tos <av> • mid-drive; midmount-drive; center-drive AE; mid-drive chassis Son; mid-mount Ten
Centricleaner m <pap.ents> • cleaner; centricleaner
Cer n (Ce) <chem> • cerium (Ce)
CERCLA <jur.ents> (US-Gesetz; regelt Altlastensanierung, -Haftung etc.) • CERCLA; Superfund Act
Ceresin n <chem> (Wachs) • ceresin; ceresin wax; ceresine
Ceriterde f <min> • cerite earth
Cerium n <chem> • cerium (Ce)
Cermet n <metall.silik> (metallkeramischer Werkstoff) • cermet; ceramal
Cer-Mischmetall n <chem> (Legierung aus Seltenerdmetallen) • cerium misch metal; misch metal
Certificate of Entitlement n <kfz.jur> (zum Kauf eines Kfz in Singapur) • Certificate of Entitlement (COE)
Cerussit m <min> • cerussite
Cetaceum n <pharm> (vom Pottwal stammende Salbengrundlage) • cetaceum
Cetanindex m <petr.mot> • cetane index
Cetanzahl f (CZ) <petr> (von Diesel) • cetane rating; cetane number
CETC <bio> • cholesteryl ester transfer complex (CETC); cholesterol transfer complex
CETP <bio> • cholesteryl ester transfer protein (CETP); cholesteryl ester exchange protein
Cf <chem> • californium (Cf)
CFIT-Unfall m <aerospace> (controlled flight into terrain) • CFIT accident
CFK <kst> • carbon fiber reinforced plastic (CFRP) US; carbon fibre reinforced plastic GB
C-förmiger Läufer m <textil> • C-shaped traveler US; C-shaped traveller GB
C-Form Klemmzange f <wz> (Zangentyp) • C-clamp; vise grip C-clamp US; self-grip C-clamp GB; C-clamp pliers
CFR-Prüfmotor m <mot> (Klopffestigkeit) • CFR knock-test engine; cooperative fuel research knock-test engine
C-Füllmasse f <nahr> (Zuckerprod.) • aftermassecuite; low-grade massecuite

CGA <edv> (überholter Grafikstandard) • color graphics adapter (CGA) obs
CGA-Karte f <edv> • Color Graphics Adapter (CGA)
C-Gehalt m <metall> (z. B. von Stahl) • carbon content
C-Gestell n <masch> (allg.; ausladendes, offenes, C-förmiges Gestell) • C-frame; gap frame rare
C-Gestell-Presse f <masch> • C-frame press
CGM <edv> • Computer Graphics Metafile (CGM)
CGM-Graphikstandard m (CGM) <edv> • Computer Graphics Metafile (CGM)
C-Gripzange f <wz> (Zangentyp) • C-clamp; vise grip C-clamp US; self-grip C-clamp GB; C-clamp pliers
CGS <navig.org> • Civil GPS Service (CGS)
CGSIC <navig.org> • Civil GPS Service Interface Committee (CGSIC)
CGS-System n obs <phys> (altes Einheitensystem; cf. MKSA, SI) • cgs system (CGS) obs; centimeter-gram-second system US; centimetre-gramme-second system GB
CH <kfz> • combination hump (CH)
CH <med.tech> (Tubusdurchmesser; 1 Charr = 1/3 mm) • French size (fr); French scale; french
CH₄ <chem> (Hauptbestandteil aller Erdgase; z. B. als Grubengas, Sumpfgas) • methane (CH₄); methane gas
Chagrinierrolle f <led> • embossing roll
Chagrinleder n <led> • shagreen
Chagrinpapier n <pap> • shagreen paper
Chalkanthit m <min> • chalcanthite; copper vitriol; blue vitriol; bluestone
Chalkogen n <chem> • chalcogen
Chalkogenidgläser npl <silik> (amorphe Halbleiter) • chalcogenide materials
Chalkopyrit m <min> • chalcopyrite; yellow copper ore
Chalkosin m <min> • chalcosine; chalcocite; copper glance
chamois <phot> (Papierfarbe) • chamois [shamwa:]; cream-white
Chamoispapier n <phot> • cream paper
Chamomilla vulgaris <bio> • chamomile; chamomilla vulgaris; camomile rare
Champignonhaus n <agri> • mushroom-house
Chance-Kegel m <verf> (Aufbereitung) • Chance cone
Chance-Sandschwimmverfahren n <verf> (Aufbereitung) • Chance sand-floatation process; Chance process
Chance-Sandverfahren n <verf> (Aufbereitung) • Chance sand-floatation process; Chance process
Changeanteffekt m <textil> • shot effect; iridescent effect
changieren vi <prod> (seitliches Hin- und Herbewegen; z. B. von Walzen, Wickeln) • oscillate vi; traverse vi
changierend <obfl> (Farbton; z. B. von Lack, Textilien) • iridescent
changierend <textil> (Textilien; z. B. Seide, Teppich) • shot
changierende Seide f <textil> • shot silk
Changierspannrahmentrockenmaschine f <textil> • jig stenter
Channeling n <el.ic.prod> (Ionenimplantation) • channeling
Channel Service Unit f (CSU) <edv> • Channel Service Unit (CSU)
chaotische Lagerung f <logist> • randomized storage
Chaps fpl <bekl> (Überziehhosen für Motorradfahrer) • chaps pl
Chaptalisieren n <nahr> (Wein) • chaptalization
Character m <kino> (Mensch, Tier oder andere Figur in einem Film bzw. Trickfilm) • character
Character-Animation f <edv> • character animation
Charaktergruppe f <math> • character group
Charakterisierung f <allg> • characterization US.GB; characterisation GB

Charakteristik f <allg> *(typ. Merkmal von Objekten, Lebewesen)* • characteristic

Charakteristik der nichtlinearen Verzerrung f <akust> • harmonic distortion characteristic

Charakteristikenverfahren n <math> • method of characteristic curves

charakteristische Gleichung f <math> • Killing's equation; Killing equation; characteristic equation

charakteristische Impedanz f <el> • characteristic impedance

charakteristische Kurve f rar <tech.allg> *(z. B. Leistung, Temperatur, Druck, Frequenzgang, Spannung)* • characteristic [curve]

charakteristische Kurve f <math> *(Statistik)* • curve of density

charakteristischer Leitungswiderstand m <el> • characteristic impedance

charakteristische Röntgenstrahlung f <phys> • characteristic X-ray emission

charakteristischer Wert m <tech.allg> • characteristic value

charakteristischer Winkel m <lwl> • characteristic angle

charakteristische Strahlung f <chem> • characteristic radiation

charakteristische Temperatur f <chem> • characteristic temperature

Charge f <metall> *(Inhalt einer Gusspfanne, ein Abstich)* • heat; ladle; melt

Charge f DIN 55350-31 <prod> *(Menge eines Produktes, die unter einheitlichen Bedingungen entsteht)* • batch; production run; lot

Charge f <prod> *(Materialeinspeisung; z. B. zur Weiterverarbeitung)* • charge; feed

Charge f <prod> *(zudosierte Materialmenge)* • batch

Charge f <textil> *(im Faden eingelagerte Metallsalze)* • weighting agent; loading agent; weighting substance

Charge f <verbr> *(eines Ofens; z. B. Hochofen, Müllverbrennung)* • furnace charge; furnace load; burden

Charge-Balance-Verfahren n <av> *(Analog-Digital-Wandlung)* • delta sigma; charge balance

Chargenbearbeitung f <prod> • batch processing

Chargenbedampfung f <obfl> • batch evaporation

Chargenbetrieb m <prod> • batch operation; discontinuous operation

Chargendestillation f <chem.verf> • batch distillation

Chargeneisbereiter m rar <nahr.prod> *(Speiseeis)* • batch freezer; batch type freezer

Chargeneisfreezer m <nahr.prod> *(Speiseeis)* • batch freezer; batch type freezer

Chargenfreezer m <nahr.prod> *(Speiseeis)* • batch freezer; batch type freezer

Chargengröße f <metall> *(z. B. Schmelzofen)* • charge size

Chargenkennzeichnung f <prod> • batch marking; batch coding

Chargenmarkierung f <prod> • batch marking; batch coding

Chargenmischer m <verf> • batch mixer

Chargenpasteur m <nahr.prod> • batch pasteurizer

Chargenpasteurisierung f <nahr.prod> *(von Speiseeis-Mix-Chargen)* • batch pasteurization; batch heating process; vat pasteurization; long-hold pasteurization

Chargenrührer m <verf> • batch mixer

Chargentrockner m <verf> • batch drier

Chargentrocknung f <verf> • batch drying

Chargenverfahren n <prod> • batch process

Chargenverfolgung f <prod> • batch tracking

Chargenwaage f <prod.msr> • batch scale

chargenweise <prod> • batchwise

chargenweise betriebene Anlage f <agri.tech> • batch-load digester; batch digester

chargenweises Gefrieren n <nahr.prod> • batch freezing

chargenweises Pasteurisieren n <nahr.prod> *(von Speiseeis-Mix-Chargen)* • batch pasteurization; batch heating process; vat pasteurization; long-hold pasteurization

Chargenzähler m <prod.msr> • batch counter

Chargierbühne f <verf> *(z. B. Hochofen)* • charging floor

Chargierbunker m <verf> • batch bin

chargieren vt <pap> *(Holländer)* • furnish vt

chargieren vt <prod> *(Material einspeisen; z. B. zur Weiterverarbeitung)* • charge vt; feed vt

chargieren vt <prod> *(Materialmenge zudosieren)* • batch vt

chargieren vt <textil> *(Seide)* • weight vt; load vt

chargieren vt <verbr> *(Ofen; z. B. Hochofen, Müllverbrennung)* • load

Chargierkran m <förd> • charging crane

Chargierlöffel m <metall> *(Ofenbeschickung)* • charging peel; charging spoon

Chargiermulde f <metall> • charging box

Chargieröffnung f <metall> • charging door; charging opening

Chargiertrichter m <prod> • feeding hopper

Chargierwagen m <metall> *(Hüttenwerk)* • charging barrow

Charpy-Kerbschlagbiegeprobe f <qualit.mat> • Charpy notched-bar impact test specimen; Charpy test specimen *pract*

Charpy-Probekörper m prakt <qualit.mat> • Charpy notched-bar impact test specimen; Charpy test specimen *pract*

Charpy-Prüfung f prakt <qualit.mat> *(Probestab horizontal, Pendelschlag mittig)* • impact resistance test according to Charpy method; Charpy impact resistance test; Charpy test *pract*

Charpyscher Kerbschlagbiegeversuch m <qualit.mat> *(Probestab horizontal, Pendelschlag mittig)* • impact resistance test according to Charpy method; Charpy impact resistance test; Charpy test *pract*

Charpy-Schlagzähigkeit f ISO 179 <qualit.mat> *(von Kunststoff)* • Charpy impact strength ISO 179

Charr n <med.tech> *(Tubusdurchmesser; 1 Charr = 1/3 mm)* • French size (fr); French scale; french

Charrière n (CH) <med.tech> *(Tubusdurchmesser; 1 Charr = 1/3 mm)* • French size (fr); French scale; french

Charrière-Skala f <med.tech> • Charrière scale; French scale

Charterbuchung im Voraus f did <tour> *(Flugreise)* • advance booking charter (ABC)

Charterschiff n <nav> • chartered ship

C-Harz n <kst> • C-stage resin; resite

Chassis n <tech.allg> *(allg.; Rahmen, Grundplatte u. ä.)* • chassis

Chassis n <av> *(Lautsprecher)* • frame; chassis; basket; bucket

Chassis n <kfz> *(betont: Tragwerk; z. B. von Pkw)* • running gear; chassis frame; chassis GB; frame US

Chassis n <textil> *(Zeugdruck)* • color trough

Chassisantenne f <fz> • under-car antenna

Chassisaufbau m <kfz> • chassis mounting

Chassisauflage f <masch> • chassis support

Chassisbaugruppe f <tech.allg> • chassis assembly

Chassisbaukastensystem n <kfz> *(typ. für Lkw)* • modular chassis system

Chassis-Bezugsachse f <av> *(Lautsprecher-Chassis)* • chassis reference axis; reference axis

Chassis-Dynamometer *n wiss* <kfz> • chassis dynamometer

Chassis mit Fahrerhaus *n* <nfz> • chassis-cab; chassis and cab

Chassismontage *f* <prod> • chassis assembly; chassis mounting *rare*

Chassisrahmen *m rar* <kfz> *(betont: Tragwerk; z. B. von Pkw)* • running gear; chassis frame; chassis *GB*; frame *US*

Check-Control *f BMW* <kfz.msr> *(in der Instrumentenanlage)* • message center *Chrysler*; system scanner *Ford*

CHECK ENGINE-Warnleuchte *f* <kfz.msr> • check engine warning light

Check-in *n prakt* <tour> *(von Reisenden, Gepäck)* • check-in

Check-Liste für Fehlerdiagnose *f* <qualit> • troubleshooting check list

Checkwert *m* <pap> • check value

Cheddit *m* <spreng> • cheddite

Chef-Sekretär-Anlage *f* <tele> • manager-and-secretary station; executive-secretary system

Chelat *n* <chem> • chelate compound; chelate complex; chelate; crab's claw complex *coll*

Chelatbildung *f* <chem> • chelation; chelate formation

Chelatbindung *f* <chem> • chelate linkage

Chelatometrie *f* <chem> • chelatometric titration

Chelatverbindung *f* <chem> • chelate compound; chelate complex; chelate; crab's claw complex *coll*

Chemcoater *m* <obfl> • roll coating system

CHEMFIX-Verfahren *n* <ents> • CHEMFIX-Process

Chemie *f* <chem> • chemistry

Chemieabfall *m* <ents> • chemical waste

Chemieanlagen *fpl* <chem.verf> • chemical processing equipment; chemical processing plants

Chemieanlagenbau *m* <chem.verf> • chemical engineering; chemical plant construction

Chemie der Hochpolymeren *f* <chem> • high polymeric chemistry; polymer chemistry

Chemiefaser *f* <kst.textil> • chemical fiber *US*; chemical fibre *GB*; synthetic fiber *US*; synthetic fibre *GB*; man-made fiber *US.rare*

Chemiefaseranteil *m* <textil> • synthetic fiber content *US*; synthetic fibre content *GB*; staple fiber content *US*; staple fibre content *GB*

Chemiefaserindustrie *f* <kst> • chemical fiber industry *US*; chemical fibre industry *GB*; synthetic fiber industry *US*; synthetic fibre industry *GB*; man-made fibers industry *US.rare*

Chemiefaserwerk *n* <kst> • chemical fibers production plant *US*; chemical fibres production plant *GB*; synthetic fibers production plant *US*; synthetic fibres production plant *GB*; synthetic fibers factory *US*

Chemieindustrie *f* <chem> • chemical industry; chemical processing industry

Chemieingenieurtechnik *f* <chem> • chemical engineering technology; engineering chemistry

Chemieklo *n ugs* <hygi.ents> • chemical toilet; chemical closet

Chemiepumpe *f* <verf.förd> *(z. B. Laugenpumpe, Säurepumpe)* • chemical pump; chemical process pump; process pump

Chemieschliff *m* <pap> • chemigroundwood

Chemieseide *f* <textil> • synthetic continuous filament yarn; man-made continuous filament yarn

Chemietechnik *f rar* <chem> • chemical engineering; industrial chemistry; chemical technology *rare*

Chemiezellstoff *m* <pap> • rayon pulp; dissolving pulp

Chemigraphie *f* <druck> • chemigraphy; photoengraving; process engraving

Chemikalie *f (allg.)* • chemical

Chemikalie *f* <ents> *(betont: als Reaktionspartner)* • chemical reagent

chemikalienbeständig <qualit.mat> *(z. B. Werkstoff, Überzug, Baustoff, Textilfasern)* • chemical-resistant; resistant to chemicals

Chemikalienbeständigkeit *f* <qualit.mat> • resistance to chemicals; resistance to chemical attack; resistance against chemical attack

chemikalienfest <qualit.mat> *(z. B. Werkstoff, Überzug, Baustoff, Textilfasern)* • chemical-resistant; resistant to chemicals

Chemikalienflasche *f* <phot> *(Labor)* • chemical storage bottle

Chemikalienfleck *m* <phot> *(auf Abzug)* • contamination mark

Chemikalienregenerierung *f* <chem.verf> *(z. B. Fotoentwickler)* • recovery of chemicals; conservation of chemicals; chemical recovery

Chemikalienrückgewinnung *f* <chem.verf> *(z. B. Fotoentwickler)* • recovery of chemicals; conservation of chemicals; chemical recovery

Chemikalientoilette *f* <hygi.ents> • chemical toilet; chemical closet

Chemikalienverhältnis *n* <pap> • chemical-to-wood ratio; chemical ratio

Chemikalienverschäumungsmaschine *f* <textil> • chemical foamer

Chemikalienzugabe *f* <chem.verf> • addition of chemicals

Chemilumineszenz *f* <phys> • chemiluminescence

Chemilumineszenz-Analysator *m* <msr.emiss> *(misst NOx-Gehalt in Verbrennungsgasen)* • chemiluminescence analyzer *US*; chemiluminescent analyser *rare*

Chemilumineszenzanalyse *f* <msr.emiss> • chemiluminescent analysis

Chemilumineszenz-Strahlung *f* <phys> • chemiluminescence

chemisch <chem> • chemical

chemisch adsorbieren *vt* <chem> • chemisorb *vt*; chemosorb *vt*

chemisch aufschließen *vt* <chem> *(zersetzen; mittels Hitze od. Aufschlussreagenzien)* • digest *vt*; decompose *vt*

chemisch aufschließen *vt* <pap> *(zu Halbstoff)* • pulp *vt*; reduce to pulp *vt*

chemisch aufschließen *vt* <pap> *(Altpapier)* • repulp *vt*

chemisch aufschließen *vt* <verf> *(durch kochen; z. B. Zellstoff)* • cook *vt*

chemisch binden *vt* <ents> • combine chemically *vt*

chemische Abwehr *f* <mil> • chemical defense *US*; chemical defence *GB*

chemische Adsorption *f* <chem> • chemisorption; chemical adsorption; chemosorption

chemische Aggression *f* <obfl> • chemical aggression

chemische Analyse *f* <chem> • chemical analysis

chemische Aufdampfung *f (CVD)* <obfl> • chemical vapor deposition (CVD)

chemische Aufklärung *f* <mil> • chemical detection

chemische Bedampfung *f* <obfl> • chemical vapor deposition (CVD)

chemische Beize *f* <obfl.holz> • chemical stain

chemische Beschichtung *f* <obfl> • chemical deposition

chemische Beständigkeit *f* <qualit> *(z. B. gegen Säure, Lauge, Seewasser)* • resistance to chemical attack; chemical resistance; chemical stability

chemische Bindung *f* <chem> • chemical bond

chemische Desinfektionsmittel und Antiseptika *npl DIN EN 13713 19* <med.tech> • chemical disinfectants and antiseptics *DIN EN 13713 19*

chemische Erdstabilisierung *f* <ents> • chemical solidification; soil stabilization by solution injection

chemische Fällung *f* <chem.verf> • chemical precipitation

chemische Fixierung *f* <ents> • chemical fixation; chemical stabilization

chemische Immobilisierung *f* <ents> • chemical fixation; chemical stabilization

chemische Industrie *f* <chem> • chemical industry; chemical processing industry

chemische Kinetik *f* <chem> • reaction kinetics; chemical
kinetics

chemische Korrosion *f DIN EN ISO 8044* <obfl> • chemical corrosion *ISO 8044*; non-electrochemical corrosion; direct chemical corrosion

chemische Oberflächenbehandlung *f* <obfl> • chemical surface treatment

chemische Oxidation *f* <obfl> • chemical conversion
coating

chemischer Aufbau *m* <chem> • chemical structure;
chemical construction; chemical conformation

chemischer Aufschluss *m* <pap.prod> • chemical pulping

chemische Reaktion *f* <chem> • chemical reaction

chemische Reaktionsbereitschaft *f* <chem> • chemical
reactivity

chemische Reinigung *f* <allg> *(Geschäft)* • dry cleaners

chemische Reinigung *f prakt* <textil> *(Vorgang)* • dry
cleaning *ISO 3175*

chemischer Fallout *m* <emiss> *(als Niederschlag auf
Oberflächen im Freien; z. B. auf Autolack)* • industrial fallout; environmental fallout; chemical fallout; fallout *sg coll*

chemischer Grundstoff *m* <chem> • chemical element;
element

chemischer Holzschliff *m* <pap> • chemigroundwood

chemischer Sauerstoffbedarf *msg* (CSB) <ökol>
• chemical oxygen demand (COD)

chemischer Vorgang *m* <chem> • chemical reaction

chemischer Wirkstoff *m* <chem> • chemical agent

chemischer Zellstoff *m* <pap> • chemical pulp

chemischer Zusatzstoff *m* <chem> *(z. B. zu Beton)*
• chemical admixture

**chemisches Abscheiden von Feststoffen aus der
Gasphase** *n* <obfl> • chemical vapor deposition (CVD)

chemisches Element *n* <chem> • chemical element;
element

chemisches Erdstabilisierungsmittel *n* <ents> • soil
stabilizer; soil stabilizing agent

chemisches Fräsen *n* <prod> • chemical milling

chemisches Glänzen *n* <obfl> • chemical brightening;
chemical polishing

chemisches Gleichgewicht *n* <chem> • chemical equilibrium

chemisches Polieren *n* <obfl> • chemical brightening;
chemical polishing

chemisches Potential *n* <chem> • chemical potential

chemisches Schweißen *n* <füg> • solvent bonding; solvent cementing; solvent welding

chemisches Standardpotential *n* <chem> • standard
chemical potential

chemisches Verfahren *n* <chem> • chemical process

chemisches Vernickeln *n* <obfl> • electroless nickel
plating

chemisches Zeichen *n* <chem> • chemical symbol;
chemical sign

chemisches Zusatzmittel *n* <chem> *(z. B. zu Beton)*
• chemical admixture

chemische Technik *f* <chem> • chemical engineering;
industrial chemistry; chemical technology *rare*

chemische Umsetzung *f* <chem> • chemical transformation

chemische Verbindung *f* <chem> • chemical compound

chemische Verbindung *f* <druck> *(Polymer-Technologie)* • chemical bond

chemische Verschiebung *f* <chem> • chemical shift

chemische Verwitterung *f* <obfl> *(z. B. von Stahl, Lack)*
• chemical weathering

chemische Wechselwirkung *f* <chem> • chemical interaction

chemische Widerstandsfähigkeit *f ugs* <qualit> *(z. B.
gegen Säure, Lauge, Seewasser)* • resistance to chemical attack; chemical resistance; chemical stability

chemische Zusammensetzung *f* <chem> *(von Stoffen)*
• chemical composition; chemistry

chemisch fixieren *vt* <ents> • fix chemically *vt*; stabilize
chemically *vt*

chemisch gebunden <chem> • chemically bonded

chemisch gebundenes Wasser *n* <chem> • combined
water

chemisch hergestellte Faser *f did.rar* <kst.textil>
• chemical fiber *US*; chemical fibre *GB*; synthetic fiber *US*;
synthetic fibre *GB*; man-made fiber *US.rare*

chemisch inaktiv <chem> • inert; chemically inert; chemically indifferent; chemically inactive

chemisch indifferent <chem> • inert; chemically inert;
chemically indifferent; chemically inactive

chemisch-physikalische Behandlung *f* <chem.verf>
• physico-chemical treatment; chemical treatment; physical treatment

chemisch rein <mat> • chemically pure

chemisch reinigen *vt* <bekl> • dry-clean *vt*

Chemischreinigung *f DIN EN ISO 3175* <textil> *(Vorgang)* • dry cleaning *ISO 3175*

chemisch wirksames Agens *n* <chem> • chemical
agent

chemisorbieren *vt* <chem> • chemisorb *vt*; chemosorb *vt*

Chemisorption *f* <chem> • chemisorption; chemical adsorption; chemosorption

Chem-mill-Verfahren *n prakt* <prod> • chemical milling

Chemoprophylaxe *f* <med> • chemoprophylaxis

Chemotechnik *f* <chem> • chemical engineering; industrial chemistry; chemical technology *rare*

Chenille *f* <textil> • chenille yarn; chenille

Chenillegarn *n* <textil> • chenille yarn; chenille

Chevillieren *n* <textil> • chevilling

Chevreau *n* <led> • glazed kid; glacé kid

Chevrette *n* <led> • imitation kid; chevrette

Chiffre *f* <doku> *(Geheimzeichen)* • cipher

Chiffre *f* <druck> *(in Anzeigen)* • box number

Chiffreanzeige *f* <werb> • keyed advertisement

Chiffresystem *n* <doku> • ciphering system

chiffrieren *vt obs.rar* <edv> *(geheime, vertrauliche Nachricht, Daten)* • encrypt *vt*; code *vt pract*; encode *vt*; encipher *vt obs.rare*

chiffrieren *vt* <tele> *(Nachricht)* • cipher *vt*; code *vt*

Chiffrierschlüssel *m* <doku> • encryption code; encryption key

Chiffriersystem *n* <doku> • ciphering system

chiffrierte Sprache *f* <doku> • coded language

Chiffrierung *f obs* <edv> *(von Daten, als Datenschutz;
z. B. im Internet, Mobilfunk)* • encryption; encipherment

Child-Object *n* <edv> *(Computergrafik)* • child object

Chilesalpeter *m* <chem> *(NaNO₃)* • Chile saltpeter; Chile nitrate;
Chile niter *US*; Chile nitre *GB*; soda nitre

Chilesalpeter *m* <chem> *(NaNO₃)* • sodium nitrate; soda
niter; Chile saltpeter; Chile niter; soda nitre *GB*

Chilesalpeter *m* <chem> *(natürlich vorkommend)* • natural
Chilean salpeter; caliche

Chilling Injury *f prakt* <agri> *(von Obst, Gemüse etc.; z. B. von Bananen)* • chilling injury; chilling
chimäres Molekül *n* <bio> • chimeric molecule
Chi-Maßzahl *f* <math> • chi statistic
Chinagras *n* <textil> • ramie; China grass
Chinaholzöl *n* <chem> • China wood oil; tung oil
China officinalis <bio> • cinchona [bark]; china officinalis
Chinarinde *f* <bio> • cinchona [bark]; china officinalis
Chinasilber *n* <obfl> *(Legierung)* • China silver; Chinese silver
chinesisches Briefträgerproblem *n* <math> • Chinese postman's problem
Chinhydronelektrode *f* <el> • quinhydrone electrode
Chinhydronhalbzelle *f* <el> • quinhydrone half-cell
Chinin *n* <pharm> *(aus Chinarinde)* • quinine
chinoid <chem> • quinoid; quinonoid
Chinolin *n* <chem> • quinoline
Chinolinfarbstoff *m* <obfl> • quinoline dye
Chinolumlagerung *f* <chem> • quinol rearrangement
Chinon *n* <chem> • quinone
Chinonfarbstoff *m* <obfl> • quinonoid dye
Chintz *m* <textil> • chintz
Chintzausrüstung *f* <textil> • chintz finish
Chintzkalander *m* <textil> • chintz-finish calender
Chintz mit Dauerglanzausrüstung *m* <textil> • permanent-glazed chintz
Chip *m* <av.edv> • chip
Chip *m prakt* <edv.ic> *(Mikrochip mit integrierter Halbleiterschaltung)* • integrated circuit (IC); chip *pract*; microcircuit *rare*; monolith *rare*
Chip *m* <ic> *(einzelnes viereckiges Plättchen mit Schaltung, aber unverdrahtet)* • die; chip; dice *pl*
Chip-and-Wire-Technik *fsg* <el.ic.prod> • chip and wire technology
Chipansteuerlogik *f* <edv> • chip-select logic
Chipantenne *f* <edv> *(für WLAN, Bluetooth)* • ceramic chip antenna
Chipauswahl *f* <edv> • chip select
Chipbauelement *n* <el> • chip device
Chipbonden *n* <el.ic.prod> • chip bonding
Chip-Bonden *nsg* <el.ic.prod> • die bonding
Chip Carrier *m* (CC) <ic> • chip carrier (CC)
Chipdesign *n* <el> • circuit design; chip design
Chipdesign *n* <el.ic.prod> *(Schaltungsentwurf)* • chip design; chip layout
Chip-Encoder *m* <edv> • chip card encoder
Chipentwurf *m* <el.ic.prod> *(Schaltungsentwurf)* • chip design; chip layout
chipextern <el> • off-chip
Chipfläche *f* <ic> *(Größe)* • chip area
Chipfläche *f* <ic> *(Oberfläche)* • chip surface
Chipfreigabe *f* <edv> • chip enable
chipintegriert <el> • on-chip
chipintern <el> • on-chip
Chipkarte *f* <edv> *(Kunststoffkarte mit eingebautem Speicherchip)* • chip card; integrated-circuit card *rare*; IC-card *rare*; smart card *rare*
Chipkarte mit Mikroprozessor *f* <edv> • smart card
Chipkarten-Encoder *m* <edv> • chip card encoder
Chipkartenleser *m* <edv> • chip card reader
Chipmontagetechnik *f* <el> • chip mounting technology
Chip-on-Board-Technik *f* (COB) <el.ic.prod> • chip-on-board technology (COB)
Chip-on-Glass-LCD-Modul *n* <el> • chip-on-glass LCD module
Chip-Packaging *n* <el.ic.prod> • chip packaging
Chipprüfung *f* <el.ic.prod> • chip testing; chip inspection
Chipsatz *m* <edv> • chip set
Chipscale-Package *f* <edv> • chipscale package (CSP)

Chip-Scale-Package *f* (CSP) <el.ic> • chip-scale package (CSP)
Chipschaltung *f* <ic> • chip circuit
Chipstruktur *f* <ic> • chip pattern
Chiptechnik *f* <ic> • chip technology
Chipträger *m* <ic> • chip carrier
Chipüberdeckungsmarke *f* <el.ic.prod> • chip registration mark
Chipvereinzelung *f* <el.ic.prod> *(Zerteilen eines Wafers in einzelne Chips)* • dicing
Chi-Quadrat-Minimummethode *f* <math> *(Statistik)* • minimum chi-squared method
Chi-Quadrat-Test *m* <qualit> • chi-squared test
Chi-Quadrat-Verteilung *f* <math> *(Statistik)* • chi-squared probability distribution
Chiralität *f* <chem/nukl> • chirality
Chireix-Modulation *f* <tele> • Chireix modulation; outphasing modulation [system]
Chiropraktik *f* <med> • chiropractic; chirotherapy
Chirotherapie *f* <med> • chiropractic; chirotherapy
chirurgische Gefäßprothese *f* <med.tech> *(chirurgische Prothese)* • prosthetic graft; vascular graft; vascular prosthesis; surgical vascular graft
chirurgischer Edelstahl *m* <mat.med> • medical grade [stainless] steel; surgical grade [stainless] steel; 316L stainless steel; medical steel; 316L steel *pract*
Chladni'sche Klangfiguren *fpl* <akust> • Chladni's acoustic figures; Chladni's figures; sound pattern; acoustic figures
Chloanthit *m* <min> • chloanthite; white nickel [ore]
Chlor *n* (Cl) <chem> • chlorine (Cl)
Chloralhydrat *n* <chem> • chloral hydrate
Chloralkalielektrolyse *f* <chem.verf> • electrolysis of alkali-metal chlorides
Chloralum hydratum *n* <chem> • chloral hydrate
Chloramben *n* <chem.agri> • chloramben
Chloranilelektrode *f* <el> • chloranile electrode
Chlorargyrit *m* <min> • chlorargyrite
Chlorargyrit *n* (AgCl) <min> • chlorargyrite; horn silver
Chlorat *n* <chem> • chlorate
Chloratsprengstoff *m* <spreng> • chlorate explosive; chlorate powder
Chloraufschluss *m* <pap> • pulping with chlorine
Chloraufschluss nach Pomilio-Celdecor *m* <chem.verf> • Celdecor-Pomilio process
Chlorbenzol *n* <chem> • chlorobenzene
Chlorbleiche *f* <chem.verf> *(Prozess)* • chlorine bleaching
Chlorbleiche *f* <textil> *(Mittel)* • chemick; chemic
Chlorbromsilberpapier *n* <phot> • chlorobromide paper
Chlorcalciumrohr *n* <verf> • calcium chloride tube
Chlorcalciumzylinder *m* <verf> • gas drying jar; drying jar
Chlorcholinchlorid *n* (CCC) <chem.agri> • chlorocholine chloride (CCC)
Chlordioxidbleiche *f* <pap> • chlorine dioxide bleaching
chlorecht <textil> • fast to chlorine
Chlorechtheit *f* <textil> • chlorine fastness
chloren *v* <tech.allg> *(z. B. Trinkwasser)* • chlorinate *v*
chloren *vt* <textil> *(Fasern, Stoff)* • chemick *vt*; chemic *vt*
chlorfrei <pap.qualit> • totally chlorine free (TCF)
chlorhaltig <mat> • chlorine-containing
Chlorid *n* <chem> • chloride
Chlorid *n prakt* <chem> • hydrogen chloride (HCl)
Chloridazon *n* <chem.agri> • chloridazon
Chloridflussmittel *n* <füg> *(Löten)* • chloride flux
chloridfrei <mat> • chloride-free
Chloridpapier *n* <phot> • silver-chloride paper; chloride paper
chloridverseuchter Stahlbeton *m* <bau> • chloride-contaminated reinforced concrete

Chlorieranlage f <verf> • chlorination plant

chlorieren v (Chlor in Verbindungen einführen) • chlorinate v

chlorieren vt <chem.verf> (mit Chlor oder Chlorid behandeln) • chloridize vt

chlorierte Kohlenwasserstoffe mpl <chem> • chlorinated hydrocarbons

chloriertes Polyethylen n (CPE) <chem> • chlorinated polyethylene (CPE)

chloriertes Polyvinylchlorid n (PVC-C) <kst> • chlorinated polyvinyl chloride (PVC-C)

Chlorierung f <chem> (Einführg. von Chlor in Verbindungen) • chlorination

Chlorierung f <chem.verf> (Chlor- od. Chloridbehandlg.) • chloridization; chloridation

Chlorierung bei niedriger Stoffdichte f <pap> • low-density chlorination

Chlorierung in saurem Medium f <pap> • acidic chlorination

Chlorierungskessel m <verf> • chlorinator

Chlorierungsturm m <pap> • reaction tower

Chlorierungsturm m <verf> • chlorination tower; chlorinator

Chlorierung von Kohlewasserstoffen f <chem> • chloration of hydrocarbons

Chlorit m <min> (Mineralgruppe) • chlorite

Chlorit n <chem> • chlorite

Chloritgestein n <min> • chloritic rock

Chloritisierung f <min> • chloritization

Chloritschiefer m <min> • chlorite schist; chlorite slate

Chlorkalk m <chem> • chlorinated lime

Chlorkautschuk m <kst> • chlorinated rubber

Chlorkautschukanstrichstoff m <obfl> • chlorinated rubber paint

Chlorkautschuklack m prakt <obfl> • chlorinated rubber paint

Chlorknallgas n <chem> • chlorine detonating gas

Chlorkohlenwasserstoff m <chem> • chlorinated hydrocarbon

Chlorlignin n <pap> • chlorolignin; chlorinated lignin

Chlorlog n <petr> • chlorine logging

Chlormequat-chlorid n (CMC) <chem.agri> • chlormequat chloride (CMC)

Chloroform n <chem> • chloroform; trichloromethane

chloroformlöslich <chem> • soluble in chloroform

Chlorophenoxyisobutyrat n <chem> • clofibric acid; chlorophenoxyisobutyrate; acidum clofibricum; fibric acid

Chlorophyll n <bio> • chlorophyll; leaf green coll

Chloroplast m <chem.agri> • chloroplast

Chloroprenkautschuk m <kst> • chloroprene rubber (CR)

Chlorose f <agri> • chlorosis

chlorosulfoniertes Polyethylen n <chem> • chlorosulfonated polyethylene

chlorotisch <agri> • chlorotic

Chlorpropham n (CIPC) <chem.agri> • chlorpropham (CIPC)

Chlorrückhaltevermögen n <chem> • chlorine retention

Chlorsäure f (HClO$_3$) <chem> • chloric acid

Chlorsilberpapier n <phot> • silver-chloride paper; chloride paper

Chlorstörstellen fpl <el> • chlorine impurities

chlorsulfoniert <chem> • chlorosulfonated

Chlorsulfonierung f <chem.verf> • chlorosulfonation

Chlorthiamid n <chem.agri> • chlorthiamid

Chlortriazine npl <chem.agri> • chlorotriazines

Chlortrocknung f <chem.verf> • chlorine drying

Chlorturm m <verf> • chlorination tower; chlorinator

Chlorung f <chem.verf> (z. B. von Trink-, Badewasser) • chlorination

Chlorverbindung f <chem> • chlorine compound

Chlorverflüssigung f <chem.verf> • chlorine liquefaction

Chlorwasser n <chem> • chlorine water [solution]

Chlorwasserechtheit f <textil> (Färberei) • fastness to chlorinated water

chlorwasserfest <textil> (Faden) • resistant to chlorinated water

Chlorwasserstoff m (HCl) <chem> • hydrogen chloride (HCl)

Chlorwasserstoffkorrosion f <obfl> • corrosion due to hydrogen chlorides

Chlorwasserstoffsäure f (HCl) <chem> • hydrochloric acid (HCl); muriaticum acidum thsc; hydrogen chloride; muriatic acid

Chlorzelle f <verf> • chlorine cell; electrolyzer

Chlorzink n <chem> • zinc chloride

Choke m <kfz.msr> (Bedienungselement der Starterklappe; meist Zugknopf) • choke control knob; mixture control knob form; choke control pract; choke coll

Choke m prakt <mil> (Flintenlauftyp) • choke bore [barrel]

Chokebohrung f <mil> (Flintenlauftyp) • choke bore [barrel]

Choke-Hebel m <kfz> • choke lever

Chokezug m <kfz.msr> (Bowdenzug der Starterklappe) • choke control cable

Cholesterin n <bio> (Anteil im Blut) • cholesterol concentration; cholesterol level; cholesterol value; cholesterol; blood cholesterol

Cholesterinester-Exchange-Protein n wiss <bio> • cholesteryl ester transfer protein (CETP); cholesteryl ester exchange protein

Cholesterinestertransfer-Komplex m (CETC) <bio> • cholesteryl ester transfer complex (CETC); cholesterol transfer complex

Cholesterinestertransfer-Protein n (CETP) <bio> • cholesteryl ester transfer protein (CETP); cholesteryl ester exchange protein

Cholesterinkonzentration f <bio> (Anteil im Blut) • cholesterol concentration; cholesterol level; cholesterol value; cholesterol; blood cholesterol

Cholesterinrücktransport m <bio> • reversed cholesterol transport; reverse cholesterol flow

Cholesterinspiegel m <bio> (Anteil im Blut) • cholesterol concentration; cholesterol level; cholesterol value; cholesterol; blood cholesterol

Cholesterinsynthesehemmer m <pharm> (Gruppe von Lipidsenkern) • cholesterol synthesis inhibitor; HMG-CoA reductase inhibitor; reductase inhibitor; statin rare

Cholesterinwert m <bio> (Anteil im Blut) • cholesterol concentration; cholesterol level; cholesterol value; cholesterol; blood cholesterol

Cholestyramin n <pharm> • cholestyramine

choppen vt prakt <kfz> (Verkürzen der Dachpfosten) • top chop vt pract; chop vt coll

Chopper m <emiss.msr> (NDIR-Gasanalysegerät) • chopper

Chopper m <kfz> (Motorrad) • chopper

Chopperhandschuh m <bekl> • cut-off touring glove; fingerless glove

Chopperstiefel m <bekl> • engineer boot

Chopperverstärker m <el> • chopper amplifier

Chor m <bau> (Kirche) • choir

Chorbrett n <textil> • comber board; lower-hole board; harness reed

Chordale f <math> • radical axis

Chordalpunkt m <math> • radical center

Chorigkeit f DIN ISO 2424 <bau.innen> (textiler Bodenbelag) • frameage ISO 2424; number of frames

Chorisia speciosa f <bio> • floss silk tree

C-Horizont m <geo> • C-horizon

Chorus m <el.mus> • chorus
Choruseffekt m <el.mus> • chorus
CH-Profil n <bau.mat> • CH-stud
Christbaum m jarg <petr> • christmas tree; oil and gas well Christmas tree
Christiansen-Filter n <opt> • Christiansen filter; dispersion filter
Christoffel-Symbole npl <math> • Christoffel symbols
Chrom n (Cr) <chem> • chromium (Cr)
Chroma m <av> (durch einen Grauton definierter Helligkeitsunterschied) • chroma
chromaffine Zelle f <bio> • chromaffine cell
Chromakanal m <av> • chrominance channel; chroma channel
Chroma-Keying n <av> • chromakeying
Chromalaun m <chem> • chrome alum
Chromasignal n <av> • chrominance signal (C); C-signal; chroma signal
Chromatätze f <chem> • chromate discharge
Chromatgelatine f <druck> • chrome gelatine; bichromated gelatine
Chromatierbad n <obfl> • chromating bath; chromate-treating bath
Chromatieren n EN ISO 4618 <obfl> (chem. Vorbehandlung, nicht mit „Verchromen" verwechseln) • chromating ISO 4618-3; chromatizing; chromate coating; chromate treatment; chromate conversion treatment
chromatieren vt <obfl> • chromate vt; chromatize vt US; chromatise vt GB
Chromatierlösung f <obfl> • chromating solution
Chromatierschicht f <obfl> • chromate coating; chromate film; chromate conversion coating
Chromatierzone f <obfl> • chromate section
chromatisch <mus> (Tonleiter, Tonfolge) • chromatic
chromatisch <opt> (Licht) • chromatic
chromatische Aberration f <opt> • chromatic aberration
chromatische Längsaberration f <opt> • longitudinal chromatic aberration
chromatisches Auflösungsvermögen n <opt> • chromatic resolving power
Chromatismus m <opt> • chromatism
Chromatnachbehandlung f <obfl> (allg.) • chromate passivation treatment
Chromatnachbehandlung im Sprühverfahren f <obfl> • chrome spray rinse
Chromatnachbehandlungszone f <obfl> • chromate sealing section
Chromatogramm n <msr> • chromatogram
Chromatographie f <msr> • chromatography
Chromatographieschreiber m <msr> • chromatography recorder
chromatographisch <msr> • chromatographic
chromatographische Trennsäule f form <msr> • separation column
Chromatometrie f <msr> (Maßanalyse) • chromatometry; dichromate titration
chromatometrisch <msr> • chromatometric
Chromatopackverfahren n <msr> (Papierchromatographie) • chromatopack method
Chromatopileverfahren n <msr> (Papierchromatographie) • chromatopile method
Chromatron n <av> • chromatron; Lawrence tube
Chromatverfahren n <textil> • chromate process; chromate dyeing method
Chromazofarbstoff m <textil> • chrome azoe dye
Chrombad n <obfl> (Galvanotechnik) • chromium plating bath; chromium plating solution
Chrombeizenfarbstoff m <textil> • chromium mordant dye; chrome mordant dye

Chrombrühe f <led> • chrome liquor
chromdiffundieren vt <metall> • chromize vt
Chromdiffusionsverfahren n <chem.verf> • chromizing process; chromic diffusion process
Chromdioxidband n <av> • chrome dioxide tape; chromium dioxide tape
Chromdioxidpartikel f <mat> • chromium dioxide particle
Chromeisenstein m <min> • chrome iron ore; chromite
Chromeiweißlösung f <druck> • chrome-albumen solution
Chromentwicklungsfarbstoff m <textil> • chrome-developed dye
Chromfarbenteig m <textil> • chrome-dye printing paste
Chromfarbstoff m <led> • chrome dye
chromfeucht <led> • blue-wet
chromfreie Passivierung f <obfl> • chromium-free passivation
chromfrei passivierte Magnesiumoberfläche f <obfl> • magpass coat
chromgar <led> • chrome-tanned
Chromgelb n <obfl> (Farbpigment) • chrome yellow; lemon chrome
Chromgerbbrühe f <led> • chrome liquor
chromgerben vt <led> • chrome vt
Chromgerbung f <led> • chrome tanning; chrome tannage; chroming
Chromgrubengerbung f <led> • chrome pit tannage
Chromgrün n <obfl> (Farbpigment) • chrome green
chromieren v <metall> • chromize v
chromieren vt <obfl> • chrome vt
Chromierfarbstoff m <obfl> • chrome dye
Chromierung f <obfl> (Schicht/Vorgang) • chromium plating
Chromierungsfarbstoff m <obfl> • chrome dye
Chrominanz-Decoder m <av> (bei Wiedergabe) • chrominance decoder
Chrominanz-Encoder m <av> (bei Aufnahme) • chrominance encoder
Chrominanzkanal m <av> • chrominance channel; chroma channel
Chrominanzsignal n (C) <av> • chrominance signal (C); C-signal; chroma signal
Chrominanzträger m <av> • chrominance carrier
Chromitstein m <bau.mat> • chromite brick; chromite refractory; chrome brick
Chromkalbleder n <led> • chrome calfskin
Chromkomplex m <chem> • chrome complex; chromium complex
Chromkomplexfarbstoff m <chem> • chromium complex dye
Chromlaufschicht f <kfz.mot> (auf der Zylinderlauffläche) • chrome-plated cylinder wall
Chromleder n <led> • chrome leather
Chromleim m <füg> • chrome glue
Chrommagnesitstein m <mat> • chrome magnesite brick
Chrom-Molybdän-Stahl m <mat> • chromium molybdenum steel; chrome molybdenum steel
Chrommolybdän-Stahl m <mat> • chromium molybdenum steel; chrome molybdenum steel
Chromnickeldraht m <mat> • chromium-nickel wire
Chromnickelstahl m <mat> (nichtrostend, austenitisch) • chromium-nickel steel
Chromodruck m <druck> • multicolor printing; color printing
Chromoduplexkarton m <pap> • chromo duplex board
Chromoersatzkarton m <pap> • imitation chromo board; simili-chromo paperboard; chromo paperboard
Chromokarton m <pap> • chromo paperboard; chromo board

Chromolithographie f <druck> • chromolithography

Chromopapier n <pap> • chromo paper

chromophor <chem> • chromophoric

Chromophor m <chem> • chromophore; chromophoric group

Chromosphäre f <astron> • chromosphere

chromoxidgrün RAL 6020 <obfl> (olivgrüner Farbton) • viridian

Chromoxidgrün n <obfl> (Farbpigment) • chrome oxide green; chrome green; green cinnabar

Chromoxidhydratgrün n <obfl> • chrome green; emerald green; Guignet's green; transparent chromium oxide

Chrompassivierung f <obfl> (allg.) • chromate passivation treatment

Chrompassivierungszone f <obfl> • chromate sealing section

Chromphotomaske f <prod> • chrome photomask; chromium photomask

Chromrot n <obfl> (Farbpigment) • chrome red

Chromsäure f <chem> • chromic acid

Chromsäure-Anodisation f (CSA) <obfl> • chromic acid anodizing US; chromic acid anodising GB

Chromsäurebad n <chem> (CrVI und Schwefelsäure; zum Verchromen) • chromium acid bath; CrVI-sulfuric-acid bath

Chromsäurenachspülung f <obfl> • chromic acid rinse

Chromschicht f <obfl> • chromium coating; chromium film; chromium layer

Chromstahl m <mat> • chromium steel; chrome steel

Chromteile npl <tech.allg> (typ. an Autos) • chrome work

Chromüberzug m <obfl> • chromium coating

Chromveloursleder n <led> • chrome suede

chronisch <med> • chronic

chronische Exposition f <nukl> (z. B. durch ionisierende Strahlung; Gamma-, Röntgenstrahlung) • chronic exposure; permanent radiation exposure

chronische Strahlenbelastung f <nukl> (z. B. durch ionisierende Strahlung; Gamma-, Röntgenstrahlung) • chronic exposure; permanent radiation exposure

Chronocoulometrie f <msr> • chronocoulometry

Chronograph m <msr> • chronograph; time recorder

chronologische Folge f <tech.allg> • chronological order

chronologische Reihenfolge f <tech.allg> • chronological order

Chronometer m <msr> (Uhr mit hoher Ganggenauigkeit und Messfunktionen) • chronometer

Chronometer m obs <msr> (jede Art) • time piece

Chronometerhemmung f <msr> • chronometer escape-[ment]

Chronometrie f DIN 8236 <msr> • chronometry

chronometrisch <msr> • chronometric

Chrysalide f <bio> (z. B. der Seidenraupe) • chrysalis thsc; pupa

Chrysalidenrückstände mpl <textil> (auf Seide) • chrysalis residues

Chrysler-Stern m <kfz> • pentastar Chrysler

Chrysokoll m <min> • chrysocolla

Chrysotil m <min> • chrysotile

Chrysotilasbest m <bau.mat> • chrysotile asbestos; chrysotile; Canadian asbestos; serpentine asbestos

CHTML-Sprache f <edv> • Compact Hypertext Markup Language (CHTML)

Chuck m <el.ic.prod> (Waferhalter bei Waferbelichtungssystemen) • chuck

Chylomikron n (CYM) <bio> • chylomicron (CYM)

Chylomikronenremnant m <bio> • chylomicron remnant (CMr)

Chylo-Remnant m <bio> • chylomicron remnant (CMr)

CI <werb> • corporate identity (CI)

CIC-Hörgerät n <med.tech> (komplett innerhalb des äußeren Gehörgangs) • CIC hearing aid; CIC device

CID <el> • charge-injection device (CID)

CID-Fernsehkamera f <av> • CID-camera

CIE-Farbenraum m <licht> • CIE diagram; chromaticity table

CIE-Farbmaßsystem n <opt> • standard colorimetric system

CIH-Motor m <kfz.mot> • CIH engine

CIM <prod> • computer-integrated manufacturing (CIM)

Cimicifuga racemosa <bio> • black snakeroot; cimicifuga racemosa

CI-Modul n <av> (Pay-TV) • Common Interface (CI)

Cina Artemisia maritima <bio> (Botanik) • wormseed; cina Artemisia maritima

Cinch-Steckverbinder m <el> (2-polig) • cinch connector

Cinema-Effekt m <av> • cinema effect

Cinema-Mode m Telefunken <av> (VCR/Camcorder, Vorgang) • 16:9 wide record mode Sony; auto 16:9 format

Cinnabaris n <chem> (Mineral) • mercuric sulfide (HgS); mercuric sulphide; cinnabar

Cinnabaris n <obfl> (Pigment) • red mercuric sulfide; cinnabar; vermilion

CIP <edv> (Strichcodetyp) • CIP

CIP <prod> (ohne Demontage; z. B. von Nahrungsmittelproduktionsanlagen) • cleaning-in-place (CIP)

CIP/39-Strichcodetyp m <edv> • CIP/39 symbology

CIPC <chem.agri> • chlorpropham (CIPC)

CIP/HR-Strichcodetyp <edv> • CIP/HR-symbology

CIP-Reinigung f <prod> (ohne Demontage; z. B. von Nahrungsmittelproduktionsanlagen) • cleaning-in-place (CIP)

Ciprofibrat n <chem> (Clofibrinsäurederivat) • ciprofibrate

CIRC-Codierung f <edv> • CIRC encoding

CIRC-Fehlerkorrekturcode m <edv> • cross interleaved Reed-Solomon code (CIRC); CIRC-code

CIR-Codierung f <edv> • CIRC encoding

CIRC-Verschlüsselung f <edv> • CIRC encoding

CIS <edv> • Card Information Structure (CIS)

CIS <el> (Verbindungshalbleiter) • copper indium diselenide (CIS)

cis-aktiv <pharm> (aus der Nähe wirkend) • cis-acting

CISC <edv> • Complex Instruction Set Computer (CISC)

cis-Form f <chem> • cis form

cis-Stellung f <chem> • cis position

CIS-Zelle f <energ.sol> • CIS cell

Citronensäure f (E 330) <nahr> • citric acid (E 330)

Citrullus colocynthis <bio> • bitter cucumber; citrullus colocynthis

City Bike n <fz> (Fahrradtyp) • city bike

Citybus m <nfz> • city shuttle bus :V

City-Roller m <fz> (Tretroller, kompakt, typ. aus Alu, klappbar) • miniscooter; funscooter

Civil GPS Service m (CGS) <navig.org> • Civil GPS Service (CGS)

Civil GPS Service Interface Committee n (CGSIC) <navig.org> • Civil GPS Service Interface Committee (CGSIC)

C-Klemmzange f <wz> (Zangentyp) • C-clamp; vise grip C-clamp US; self-grip C-clamp GB; C-clamp pliers

Cl <chem> • chlorine (Cl)

Cladding n <lwl> (den Kern umhüllendes optisches Material eines LWL) • cladding; cladding glass; sheath glass

Claim m <werb> (herausgestellte Produktmerkmale) • claim

Claisen-Kolben m <chem> • Claisen flask; Claisen distilling flask

Clamcleat f <nav> • clam cleat

Clamping-Schaltung f <el> • clamping circuit
Clamp-on-Methode f <msr> • clamp-on method
Clapeyron'sche Dreimomentengleichung f <mech> (Berechnung v. Trägern auf drei od. mehr Stützen) • Clapeyron's equation; Clapeyron's theorem
Class-A-Außenhautqualität f <prod.kfz> (fehlerfrei lackierfähige Oberfläche) • Class-A body panel finish
Class-A-Finish n <obfl> (höchster Auto-Standard) • Class-A finish
Class-I-Geräte npl <el> • Class I Equipment IEC 60601-1
Class-II-Geräte npl <el> • Class II Equipment IEC 60601-1
Claus-Anlage f <verf.emiss> • Claus plant
Clausius'scher Kreisprozess m <therm> (Vergleichsprozess, idealer Prozess) • Clausius cycle
Clausius-Clapeyron'sche Gleichung f <phys> • Clausius-Clapeyron equation; Clapeyron-Clausius equation
Clausius-Mosotti'sche Gleichung f <phys> • Clausius-Mosotti equation
Clausius-Rankine-Prozess m <therm> • Rankine cycle
Clausprozess m <chem.petr> • claus process
Claus-Reaktor m <verf.emiss> • Claus reactor
Clean Air Act m <jur.ökol> (US-Gesetzgebung) • Clean Air Act (CAA)
Clean-Air-Turbulenz f wiss <aerospace> • clean-air turbulence (CAT)
Cleaner m <pap.ents> • cleaner; centricleaner
Clean-room m <prod> (extreme Luftreinhaltung; z. B. Fabrik für Computerchips) • clean room
Click m <edv.av> • metronome; click
Clickschalter m <fz> (Fahrradschaltung) • trigger control; trigger lever
Clip m <tech.allg> (kleines Befestigungselement mit Schnappeffekt; typ. aus Kunststoff) • clip
Clipart f <edv.kunst> • clipart
Clipart f <edv.kunst> (fertiges Bildmaterial aus Bildbibliotheken) • clip art
Clipboard n prakt <edv> • clipboard
Clipping n <edv> (Ausschnitt einer Grafik) • clipping
Clipping n <edv> (Algorithmus) • clipping
Clipping-Ebene f <edv> • clipping plane
Clock f rare <edv> (eines Taktgebers) • clock (CP); clock pulse; bit clock; clock cycle
Clock f prakt <el.mus> • clock pulse
Clockfrequenz f <edv> • clock rate
Clock-Impuls m <el.mus> • clock pulse
Clofibrat n <pharm> • clofibrate; clofibratum
Clofibratanalogon n <pharm> • fibric acid derivative; fibrate derivative
Clofibrinsäure f <chem> • clofibric acid; chlorophenoxyisobutyrate; acidum clofibricum; fibric acid
Clofibrinsäurederivat n <pharm> • fibric acid derivative; fibrate derivative
Closed-Bottle-Test m <ökol> • closed bottle test
Closed-Deck-Bauweise f <kfz.mot> (von V-Motoren) • closed-deck design
Close-up n <av> • close-up; close-up shot
Clostridium tetani n <bio> (Erreger des Wundstarrkrampfes) • clostridium tetani
Cloud Point m <tribo> • cloud point
CLT-Versuch m <pap> • Crush Liner Test
Club-Ball-Bond m <el.ic.prod> • club ball bond
Clubstander m <nav> • burgee
Clusius'sches Trennrohr n <nukl> • Clusius column; Clusius-Dickel column; thermal diffusion column
Clusius-Trennrohr n <nukl> • Clusius column; Clusius-Dickel column; thermal diffusion column
Cluster m <agri> (von Bananen) • cluster; clump
Cluster m <edv> (auf Platte; Teil einer Spur, bestehend aus Sektoren) • cluster

Cluster m <tele> • cluster
Clusterinjektion f <nukl> • cluster injection
Clusterion n <phys> • cluster ion
Clustermodell n <phys> (Atomkern) • cluster model
Cluster-Technologie f <edv> • cluster technology
CLV <edv> (von Datenträgern) • constant linear velocity (CLV)
Cm <chem> • curium (Cm)
C-matic f ᵀᴹCitroën <kfz.antr> (Halbautomatikgetriebe) • C-matic transmission; C-matic ᵀᴹCitroën
C-matic-Getriebe n <kfz.antr> (Halbautomatikgetriebe) • C-matic transmission; C-matic ᵀᴹCitroën
CMB-Verfahren n <prod> (automatisch) • controlled metal buildup (CMB)
CMC <chem.agri> • chlormequat chloride (CMC)
CMC <nahr> (Stabilisator) • carboxymethyl cellulose (CMC); sodium carboxymethyl cellulose; cellulose gum
CMF <edv.av> • Creative music file (CMF); CMF format; CMF audio file format
CMF-Audioformat <edv.av> • CMF format; CMF audio file format
CMF-Datei f <edv.av> • Creative music file (CMF); CMF format; CMF audio file format
CMF-Format n <edv.av> • CMF format; CMF audio file format
CMOS-Bildsensor m <edv> • CMOS image sensor
CMOS-Halbleiter m <el> • complementary metal oxide semiconductor (CMOS)
CMOS-Technik f <el> • CMOS technique; complementary metal-oxyde semiconductor technique did
CMOS-Transistor m <el> • CMOS transistor
CMP <pap.ents> • chemo mechanical pulp (CMP)
CMRR <el> (Messgröße) • common-mode rejection ratio (CMRR)
CMT-Widerstand m <pap.qualit> (von Wellpappe) • CMT-strength
CMV-Frequenz f Siemens <med.tech> (Einstellparameter) • CMV-frequency; machine rate
CMYK <druck> (Farbmodell) • cyan, magenta, yellow, and key (black) (CMYK); cyan-magenta-yellow-key
CNC-Steuerung f <wz.masch> • computer numerical control (CNC)
CNG <chem.petr> • compressed natural gas (CNG)
CNO-Zyklus m <nukl> • Carbon-Nitrogen cycle; carbon cycle
CNR-Zelle f <energ.sol> • CNR-cell; Comsat nonreflective cell
C-N-Zyklus m <nukl> • carbon-nitrogen cycle
Co <chem> • cobalt (Co)
CO₂-armes Kraftwerk n <energ.emiss> • low-CO₂ power plant :V; power plant with low CO₂ emissions :V; CO₂-controlled power plant :V
CO₂-Durchflussreaktor m <verf> (reichert Aquariumwasser mit CO₂ an) • CO₂-flow reactor; CO₂-reactor
CO₂-Flasche f <tech.allg> (Druckgasbehälter) • CO₂ cylinder; CO₂ gas cylinder; carbon dioxide cylinder
CO₂-Formverfahren n <prod> • CO₂ molding process
CO₂-Gehalt m prakt <verbr> (im Abgas) • carbon dioxide content; CO₂ content pract
CO₂-getrieben <tech.allg> (z. B. Blockschaum, Dosenschlagsahne, Diabolos) • carbon-dioxide-driven
CO₂-Laser m prakt <opt> • carbon-dioxide laser; CO₂ laser
CO₂-Löscher m <feuer> • carbon dioxide fire extinguisher
CO₂-Luftpistole f <mil> • CO₂ air pistol; CO₂ pistol
CO₂-Messer m <msr> • carbon dioxide indicator; carbon dioxide meter; CO₂ meter
CO₂-Pistole f <mil> • CO₂ air pistol; CO₂ pistol
CO₂-Reaktor m <verf> (reichert Aquariumwasser mit CO₂ an) • CO₂-flow reactor; CO₂-reactor

CO$_2$-Schusswaffe f <mil> • CO$_2$ firearm; CO$_2$ gun coll

CO$_2$-Schutzgas n <füg> (Metall-Aktivgasschweißen) • CO$_2$ shielding gas

CO$_2$-Schutzgasschweißen n <füg> • CO$_2$-shielded arc welding; CO$_2$-shielded welding; CO$_2$ welding pract

CO$_2$-Schweißen n prakt <füg> • CO$_2$-shielded arc welding; CO$_2$-shielded welding; CO$_2$ welding pract

CO$_2$-Strahlen n <obfl> • CO$_2$-blasting; blast cleaning with carbon dioxide pellets

CO$_2$-Waffe f <mil> • CO$_2$ gun

CO$_2$ <chem> (farbloses, unbrennbares, schwach säuerlich schmeckendes/riechendes Gas) • carbon dioxide (CO$_2$)

CO$_2$-Eis n <verf> • dry ice; carbon dioxide ice; solid carbon dioxide

CO$_2$-Handel m <ökol> • carbon-dioxide commerce; CO$_2$ commerce

CO$_2$-Kapsel f <tech.allg> (z. B. für CO$_2$-Pistolen, selbstgemachtes Sprudelwasser) • CO$_2$ capsule

CO$_2$-Kapselspanner m <tech.allg> • cartridge lock

CO$_2$-Schnee m <verf> • carbon dioxide snow

CO$_2$-Sensor m <msr> • CO$_2$ sensor

Coanda-Effekt m <phys> (Ausbreitungsbehinderung eines Luftstrahles) • Coanda effect; wall-attachment effect

Coarse/Acquisition Code m (C/A-Code) <navig> • Coarse/Acquisition code (C/A code); Clear/Acquisition code; Civil Access Code; civilian code; Common Access Code

Coater m prakt <pack> • coater; coating machine

Coating n <lwl> (direkt auf der Manteloberfläche aufgebrachte Schutzschicht) • coating

COB <el.ic.prod> • chip-on-board technology (COB)

Co-Bahn f <phys> • co-orbit

Cobalt n (Co) <chem> • cobalt (Co)

Cobalt-60 n <nukl> • cobalt-60

Cockcroft-Walton-Generator m <el> • Cockcroft-Walton cascade generator; voltage-mutiplier rectifier

Cockpit n <aerospace> (Pilotenraum) • cockpit

Cockpit n <fz.msr> (der gesamte Fahrerplatz mit Bedienungslementen) • cockpit

Cockpit n rar <kfz.msr> (Gesamtheit der Bedienungselemente und Anzeigen) • instrument panel; instrument board; dashboard; dash US.coll; fascia GB

Cockpit n ugs <nfz> • driver's compartment; driver's workstation form; driver's station; driver's area; cockpit coll

Cockpitschiebehaube f <aerospace> • sliding cockpit enclosure

Cockpittonband n ugs <aerospace> (Ton) • cockpit voice recorder (CVR); voice recorder pract; Black Box [for cockpit voice recording] coll; flight recorder [for voice data]; data recorder [for cockpit voice data] rare

Codabar ABC n <edv> • ABC Codabar decoding; Codabar ABC

Code m <tech.allg> • code

Code 3/9 Pharmaceutical m <edv> • Pharmacode; Code 3/9 Pharmaceutical; Pharmaceutical Code 3/9; 3/9 Base 32; Pharma 32/39

Codealphabet n <tech.allg> • code alphabet

Codeaufbau m <tech.allg> • code structure

Codebake f <navig> • code beacon

Codebalken m <edv> (in Strichcode) • bar stand

Codec m <av> (Video-Compression/Decompression) • codec; coder-decoder rare

Codec m <av> (auf Soundkarte) • AD circuitry; audio converter; digital voice channel; codec

Codedrehgeber m <msr> • rotary encoder

Code-Duplikat n <navig> (der Satelliten-ID) • receiver code; code replica; receiver-generated code replica

Codeelement n <tech.allg> • code element

codeerzeugendes Programm n <edv> • code generator

Codefeld n <edv> (allgemein) • encoded area; bar code area; symbol area

Codefläche f <tech.allg> • code area

Codefolge f <tech.allg> • code sequence

Codeformat n <tech.allg> • code format

Codegenerator m <navig> • code generator

codegesteuert <tech.allg> • code-operated

codegesteuerter Switch m <edv> • code-operated switch

Codehöhe f <edv.druck> • symbol height; code height

Codeinum n <bio> • codeine; codeinum

Code-Kopie f <navig> (der Satelliten-ID) • receiver code; code replica; receiver-generated code replica

Codelänge f <edv> (Anzahl Zeichen) • code length

Codeleser m <tech.allg> (z. B. für Strichcode, Magnetstreifen) • code reader

Codelineal n <wz.masch> (Messsystem) • linear encoder

Codemaster-Generator m <prod> (Gerät, mit dem Filmmaster hergestellt werden) • code master generator; film master generator

Codemedium n <tech.allg> • code medium

Codemessung f <navig> • code phase tracking; code tracking

Code mit fester Symbollänge m <edv> (Strichcode) • fixed-length code

Code mit variablen Adressen m <edv> • variable address code

codemoduliert <tech.allg> • code-modulated

Code-Multiplex n <navig> • code multiplex

Codemuster n <edv> • bar code pattern; code pattern

Codemuster n <msr> (z. B. für Winkelkodierer) • code pattern; coding pattern

Codeprüfung f <tech.allg> • code checking; code check

Coder-Decoder m rar <av> (Video-Compression/Decompression) • codec; coder-decoder rare

Coderekonstruktion f <edv> • code reconstruction

Codesatzauswahlzeichen n <edv> • code subset change character

Codescheibe f <tech.allg> • code disk

Codescheibe f <msr> (z. B. von Winkelkodierer) • code disk; coded disk

Codeschlüssel m <tech.allg> • key

Codesequenz f <tech.allg> • code sequence

Codesicherung f <tech.allg> • code protection

Codesignal n <tech.allg> • code signal

Codesprache f <tech.allg> • code language

Code-Sprach-Wandler m <tele> • voice encoder-decoder; vocoder

Codespreizung f <edv> • data interleaving

Codestruktur f <tech.allg> • code structure

Codesystem n <edv> (zur Verschlüsselung) • encryption system; encoding system; key system

Codeträger m <msr> • code carrier

Codeumsetzer m <tech.allg> • code converter

Codeumsetzung f <tech.allg> • code conversion

Codeverschiebung f <navig> • code phase tracking; code tracking

Codevielfachzugriff m <tele> • code-division multiple access

Codewähler m <tech.allg> • code selector

Codewiederholungsfunktion f <edv> • code-repeat feature

Codewort n norm <edv> • codeword norm

Codex für Speiseeis m <nahr> • code for edible ices

Codezeichen n <tech.allg> • code character

Codezeichen n <edv> • symbol character stand; bar code character stand; code character; cipher

codierbarer Zeichensatz *m* <edv> • encodable character set

Codierblock *m* <edv> • code block

codieren *vt* <tech.allg> *(allg. Nachricht in Zeichen umsetzen; ohne Verschlüsselung)* • encode *vt*; code *vt*

codieren *vt* <edv> *(geheime, vertrauliche Nachricht, Daten)* • encrypt *vt*; code *vt pract*; encode *vt*; encipher *vt obs.rare*

Codierer *m* <tech.allg> • coding device; encoder

Codierer *m* <druck> *(in Kopierer; steuert die Verstellmechanik der Objektive)* • encoder board

Codierer *m* <el> *(Code-Umsetzer mit mehreren Eingängen und Ausgängen)* • signal converter; signal transducer; coder

Codierer-Decodierer *m* <tech.allg> • coder-decoder

Codiermatrix *f* <tech.allg> • encoding matrix; coding matrix

Codiermethode *n* <tech.allg> • coding method

Codierschaltung *f* <el> • coding circuit

Codierscheibe *f* <msr> *(z. B. von Winkelkodierer)* • code disk; coded disk

codierte Fläche *f* <tech.allg> • encoded area; coded area

codierte Scheibe *f* <msr> *(z. B. von Winkelkodierer)* • code disk; coded disk

Codierung *f* <tech.allg> • coding; encoding; encodation *rare*

Codierungsfehler *m* <tech.allg> • coding error

Codierungsfolge *f* <tech.allg> • coding sequence

Codierungsregel *f* <tech.allg> • encodation rule

Codierungsvorschrift *f* <tech.allg> • coding scheme

Codierverfahren *n* <edv> *(von Plattenlaufwerken)* • recording method; recording technology; encoding method; recording code

Codierzeile *f* <tech.allg> • coding line

Codleine *f* <nav> • draw rope; cod line

CO-Einstellschraube *f* <kfz.mot> *(an Vergaser, Jetronic)* • mixture control screw

cölinblau <kunst> • cerulean blue

COE-Lizenz *f* <kfz.jur> *(zum Kauf eines Kfz in Singapur)* • Certificate of Entitlement (COE)

CoEX-Kopf *m prakt* <kst> • coextrusion head

coextrudiert <kst> • co-extruded

Coextrusionswerkzeug *n* <kst> • coextrusion tool

Coffea cruda <nahr> • unroasted coffee; coffea cruda

Coffein *n* <chem> • caffeine

Coffeinentzug *m* <chem.verf> • decaffeination

coffeinfrei <chem> *(allg. Merkmal)* • caffeine-free

coffeinfrei <nahr> *(Kaffee)* • decaffeinated

coffeinhaltig <chem> • caffeinic

Cogenerationsanlage *f* <energ> *(Kraftwerk)* • combined heat and power plant *GB*; cogeneration plant *US*; total energy plant; CHP plant

Coil *n/m* <metall> • coil

Coil-Coating *n prakt* <metall.obfl> *(allg.; kontinuierliche Oberflächenveredelung von Endlosbändern)* • coil-coating; strip coating

Coil-Coating *n* <metall.obfl> *(kontinuierliche Lackapplikation in Walzstraße)* • coil coating *ISO 4618-3*

Coil-Coating-Anlage *f* <metall.obfl> • coil coating line; strip coating plant; strip coater

Coil-Linie *f* <prod> *(zur Herstellung von Press-, Tiefziehteilen; z. B. Dosen)* • coil line; coil processing line

Coil-Material *n* <pack> *(in Form von Rollen)* • coil stock; coiled stock

Coilmulde *f* <nfz> *(Mulde in Längsrichtung der Pritsche für den Transport von Coils)* • coil well

Coilmuldenabdeckung *f* <nfz> • coil-well cover

Coil-Stent *m* <med.tech> • coil stent; coiled stent

Coil-Tisch *m* <prod> *(Coil-Wagen)* • saddle

Coil-Wagen *m* <prod> *(für Coilwechsel)* • coil car

Coilwanne *f* <nfz> *(Mulde in Längsrichtung der Pritsche für den Transport von Coils)* • coil well

Co-Injektion *f* <nukl> • co-injection

Co-knit-Stent *m* <med.tech> • co-knit stent; co-knit stent graft

Cola-Automat *m ugs* <tech.allg> *(für kalte Getränke)* • soft drink machine

Cold Box *f* <verf> *(Heliumkältekammer, t < 10 K)* • cold box

Cold-box-Verfahren *n* <metall> • cold-box process

Coldset-Druck *m* <druck> *(ohne Trockner)* • coldset

Cold-Set-Druck *m* <druck> *(ohne Trockner)* • coldset

Colestyramin *n* <pharm> • cholestyramine

coliforme Keime *fpl* <nahr> • coliforms *pl*

Collage *f* <geo> • geologic collage

Collage *f* <kunst> • collage

Colomb'sche Kraft *f* <phys> • Coulomb force

Color Books *npl* <norm.edv> *(Normen zur Standardisierung optischer Speichermedien)* • Color Books *pl*

Colorcoat-Stahl *m* TM <metall> *(im Coil-Coating-Verfahren beschichtetes Stahlblech von British Steel)* • Colourcoat steel *TMBritishStee*; colourcoat prefinished steel

Colorcycling *n* <edv> • color cycling

Colordiapositivfilm *m* <phot> • color transparency film; film for color transparencies *form*; color slide film *coll*; color reversal film *rare*; reversal film *rare*

Colorfilm *m* <phot> • color film *US*; colour film *GB*

Color Graphics Adapter *m* (CGA) *obs* <edv> *(überholter Grafikstandard)* • color graphics adapter (CGA) *obs*

Color-Key *m* <edv> • color key

Color-Keying *n* <edv> • color keying

Color Lookup Table *f* <edv> *(Grafikkarte)* • color lookup table (CLUT); color palette *pract*

Color-Management *n* <druck> *(Druckvorstufe)* • color management *US*; colour management *GB*

Colornegativfilm *m* <phot> • color negative film; film for color prints; color print film

Color Print *m* <werb.druck> • color print; c-print

Color-Proof *m AE* <druck> *(Proofverfahren)* • color proof *US*; colour proof *GB*

Colorpult *n* <druck> • color desk; color console

Colorsteuerpult *n* <druck> • color desk; color console

Color-under-Verfahren *n* <av> • color-under recording; color-under video recording; color-under video system

Colorverglasung *fsg* (CV) <kfz> *(wärmedämmendes Glas)* • tinted windows; tinted glass; tints *coll*; t/glass *ad*

Colour-Proof *m BE* <druck> *(Proofverfahren)* • color proof *US*; colour proof *GB*

Colpitts-Oszillator *m* <el> • Colpitts oscillator

Colpitts-Schaltung *f* <el> • Colpitts circuit

Combination *f* <edv.av> • multi mode sound program; performance; combination; multi mode program; multi mode sound

Combination-Hump *m LMZ* <kfz> • combination hump (CH)

Combine-Funktion *f* <el.mus> *(Funktion in Samplern)* • combine; splice

Combo *f ugs* <mus> *(Verstärkeranlage mit integriertem Lautsprecher)* • amplifier; combo *coll*

Combosynthesizer *m obs* <el.mus> • portable synthesizer; analog synthesizer; combo synthesizer *obs*

Comboverstärker *m* <mus> *(Verstärkeranlage mit integriertem Lautsprecher)* • amplifier; combo *coll*

CO-Messzellenabschaltung *f* <msr.emiss> • CO measuring cell switch-off

Comicstrip *m* <kunst> *(sequenzielle Grafik; mit oder ohne Verbaltext; jede Thematik)* • comic strip; cartoon; strip cartoon *GB.rare*

Commercial-Skip-Funktion *f* <av> • commercial skip function; commercial advance function

Comminutor *m* <verf.hydr> *(Rechengutzerkleinerer)* • comminutor

Comminutor-Zerkleinerer *m* <verf.hydr> *(Rechengutzerkleinerer)* • comminutor

Common Carrier *m* <tele.ökon> • Common Carrier

Common Control Channel *m* (CCCH) <tele> *(umfasst AGCH, PCH, RACH)* • Common Control Channel (CCCH)

Common-ISDN-API *f rar* <edv/tele> • Common ISDN Application Program Interface (CAPI); Common ISDN API

Common-Rail-Direkteinspritzung *f* (CDI) <kfz.mot> • common-rail direct injection (CDI)

Common Rail [HDI-Einspritzsystem] *n* (CR) <kfz.mot> • Common Rail [HDI fuel injection] (CR)

Common-Rail-Hochdruck-Direkteinspritzung *f* <kfz.mot> *(mit bis zu 1600 bar Einspritzdruck)* • common-rail high-pressure direct injection (HDI)

Common-Use-Systeme *npl* <navig> • common use systems *pl*

Compact-Disc *f* <edv> *(allg.; für Ton, Daten, Bild)* • compact disc (CD)

Compact Disc Digital Audio *n* <av> • Compact Disc Digital Audio

Compact Disc-Erasable *f* (CD-E) <edv> • Compact Disc-Erasable (CD-E)

Compact Disc-Read Only Memory *n* (CD-ROM) <edv> *(für digitale Daten)* • Compact Disc-Read Only Memory (CD-ROM); read-only optical data disk *ISO/IEC*; CD-ROM disk; CD-ROM disc; CD disk

Compact-Disc-Spieler *m* <av> • compact disc player; CD player *pract*

Compact Disk-Technologie *f* <edv> • compact disk technology

Compact Drive System *n* BMW <kfz> *(Motorrad)* • Compact Drive System *BMW*

Compact Video Cassette *f* (CVC) <av> • Compact Video Cassette (CVC)

Compiler *m* <edv> *(übersetzt Programmiersprache in Maschinensprache)* • compiler; compiling program; compiling routine

Compilerprogramm *n* <edv> *(übersetzt Programmiersprache in Maschinensprache)* • compiler; compiling program; compiling routine

Compilersprache *f* <edv> • compiler language

Complex Instruction Set Computer *m* (CISC) <edv> • Complex Instruction Set Computer (CISC)

Compliance *f* <tech.allg> *(allg.)* • compliance

Compliance *f* (C) <med.tech> *(Lungenmechanik)* • compliance (C); lung compliance

COM-Plotter *m* <edv> • COM unit; COM device; COM printer; computer output microfilm unit; computer output microfilm printer

COM-Port *m* <EDV> • COM port

Composerprogramm *n* <edv.av> • composer program; composer *pract*; composer software; song writing software; sequencer software

Composite *n* <kst> • composite

Composite-Behälter *m* <kfz.antr> • composite container

Composite Graft *m* <med.tech> *(Gefäßersatz)* • composite graft

Composite Graft *m* <med.tech> *(Herzklappen- und Gefäßersatz)* • composite graft

Composite-Kardanwelle *f* <kfz.antr> • composite propeller shaft

Compositing *n* <edv> • compositing

Compound *m prakt* <pack> *(als Dichtmasse)* • sealing compound; compound *pract*

Compound *n* <kst> • compound; premix

Compoundierung *f* <kst> • pre-compounding; compounding

Compoundkern *m* <nukl> • compound nucleus

Compound Vortex Controlled Combustion Motor *m* <kfz.mot> • CVCC engine *Honda*

Compoundzustand *m* <nukl> • compound state; intermediate state

Compressed Natural Gas <chem.petr> • compressed natural gas (CNG)

Comprex-Druckwellenlader *m* TM <kfz> • Comprex pressure wave supercharger TM; Comprex supercharger *pract*; pressure wave supercharger *form*

Comprex-Lader *m prakt* <kfz> • Comprex pressure wave supercharger TM; Comprex supercharger *pract*; pressure wave supercharger *form*

Compton-Effekt *m* <phys> • Compton effect; Compton scattering

Compton-Elektron *n* <el> • Compton electron; Compton recoil electron

Compton-Rückstoß *m* <phys> • Compton recoil

Compton-Spektrometer *n* <phys> • Compton spectrometer

Compton-Stoß *m* <phys> • Compton collision

Compton-Streuung *f* DIN EN 1330-3 <phys> *(z. B. Durchstrahlungsprüfung)* • Compton scattering; Compton scatter

Compton-Verschiebung *f* <phys> • Compton shift

Compton-Wellenlänge *f* <phys> • Compton wavelength

Compur-Verschluss *m* <phot> • Compur shutter

Computer *m* <edv> *(typ. ein PC)* • computer

computerabhängig <tech.allg> • computer-dependent

Computer-Aided Assembling *n* (CAA) <prod> *(Einsatz von Robotern in der Baugruppen- und Produktmontage)* • Computer-Aided Assembling (CAA)

Computer-Aided Design *n* (CAD) <prod> • computer-aided design (CAD)

Computer-Aided Electronics (CAE) <el.ic.prod> *(z. B. computergestütztes IC-Design)* • Computer-Aided Electronics (CAE)

Computer-Aided Engineering *n* (CAE) <prod> • Computer-Aided Engineering (CAE)

Computer-Aided Lighting *n* (CAL) Bosch <licht.prod> • computer-aided lighting (CAL) *Bosch*

Computer-Aided Manufacturing *n* (CAM) <prod> • computer-aided manufacturing (CAM)

Computer-Aided Planning *n* <prod> *(von Arbeitsabläufen in der Fertigungsvorbereitung)* • computer-aided production planning (CAP); computer-aided production scheduling *rare*

Computer-Aided Production Planning *n* (CAP) <prod> *(von Arbeitsabläufen in der Fertigungsvorbereitung)* • computer-aided production planning (CAP); computer-aided production scheduling *rare*

Computer-Aided Publishing *n* (CAP) <druck> • Computer-Aided Publishing (CAP)

Computer-Aided Quality Assurance *f* (CAQ) <qualit> • Computer-Aided Quality Assurance (CAQ)

Computer-Aided Quality Control *f* (CAQ) <qualit> • computer-aided quality control (CAQ)

Computer-Aided Robotics (CAR) <autom> *(Einsatz von Robotern in Fertigung und Montage)* • Computer-Aided Robotics (CAR)

Computer-Aided Terminology System *n* (CATS) TM <transl> • Computer-Aided Terminology System (CATS) TM

Computer-Aided Testing *n* (CAT) <qualit> *(Testen eines Produkts noch vor der Produktion)* • computer-aided testing (CAT)

Computer-Aided Tomography *f* (CAT) <med.tech> • Computer-Aided Tomography (CAT)

Computer-Aided Translation f (CAT) <transl> • computer-aided translation (CAT); computer-assisted translation

Computeranimation f <edv> • computer animation; computer-generated animation

Computer-Animationsverfahren n <edv> • computer animation technique; motion control system

Computeranlage f ugs <edv> • data-processing system; DP system did; computer system pract

Computerarbeitsplatz m <tech.allg> • computer-based work-station; computerized workplace

Computerarchitektur f <edv> • computer architecture

Computer-Augmented Reality f (CAR) <prod> (um EDV-Daten erweitertes Arbeitsumfeld) • computer-augmented reality (CAR)

Computerausfall m <qualit> • computer failure

Computerausfallzeit f <edv> • computer down time

Computerband n <edv> • computer tape

computerbasiert <edv> (auf Computer angewiesen) • computer-based

Computerbauelement n <edv> • computer component

Computerbaugruppe f <edv> • computer component

Computerbefehl m <edv> • computer instruction

Computerblitz m <phot> • automatic flash [unit]; autoflash [unit]

Computerblitzgerät n <phot> • automatic flash [unit]; autoflash [unit]

Computerboard n rar <edv> (mit CPU, BIOS, RAM, Steckplätzen etc.) • mainboard; motherboard

Computerbrief m <werb> • personalized solicitation

Computerdiagnose f <med.tech> • computer diagnosis

Computerdirektsteuerung f <wz.masch.msr> • direct numerical control (DNC); computerized numerical control rare

Computereinheit f <edv> • computer unit

Computer-Endlosformular n <pap> • continuous pin-feed form

Computer-Endlospapier n <pap.edv> (mit Zickzack-Falzung) • continuous fanfold media pl; fanfold paper; zig-zag fold paper; z-fold paper

Computerfamilie f <edv> • computer family

Computerfernwartung f <edv> • remote access computer service

Computergeneration f <edv> • computer generation

computergenerierte Animation f <edv> • computer animation; computer-generated animation

computergeprägte Produktionsstruktur f rar <prod> • computer-integrated manufacturing (CIM)

computergesteuert <msr> (Prozess, Objekt) • computer-controlled

computergesteuerte Navigationseinrichtungen fpl <aerospace> • computerized navigation devices

computergesteuerte Regelung f <msr> • computer control

computergesteuertes Fahrwerk n <kfz> • electronically controlled suspension (ECS); adaptive damping system, ADS MB; computer command ride system coll; electronic ride control GM; active suspension pract

computergesteuerte Zündeinstellung f <kfz.el> • computer controlled ignition timing

computergestützt <edv> (auf Computer angewiesen) • computer-based

computergestützte Beratung f <did> • computer-aided consulting (CAC)

computergestützte Fertigung f <prod> • computer-aided manufacturing (CAM)

computergestützte Fertigungsplanung f <prod> (von Arbeitsabläufen in der Fertigungsvorbereitung) • computer-aided production planning (CAP); computer-aided production scheduling rare

computergestützte Fertigungsvorbereitung f <prod> (von Arbeitsabläufen in der Fertigungsvorbereitung) • computer-aided production planning (CAP); computer-aided production scheduling rare

computergestützte Konstruktion und Fertigung f • computer-aided designing and manufacturing

computergestützte medizinische Entscheidungsfindung f <med.tech> • computer-assisted clinical decision making; computer-assisted medical decision making

computergestützte Navigations-Software f <navig> • PC-based navigation software

computergestützte numerische Steuerung f DIN ISO 2806 <msr> (z. B. Werkzeugmaschine) • computerized numerical control (CNC) ISO 2806

computergestützte Produktion f <prod> • computer-aided manufacturing (CAM)

computergestützte Regelung f <msr> • Computer-Aided Control (CAC)

computergestütztes Lernen n <did> • computer-aided learning (CAL)

computergestütztes Publizieren n <druck> • Computer-Aided Publishing (CAP)

computergestützte Typographie f <druck> • computer-aided typography (CAT)

computergestützte Unterweisung f <did> • computer-aided instruction

computergezeichnet <doku> • computer-drawn

Computergleichung f <edv> • computer equation; machine equation

Computergrafik f <edv> • computer graphics; graphical processing

Computergraphik f <edv> • computer graphics

Computerhierarchie f <edv> • computer hierarchy

Computerindustrie f <edv> • computing industry

Computer-Integrated Manufacturing n (CIM) <prod> • computer-integrated manufacturing (CIM)

computerintegrierte Fertigung f <prod> • computer-integrated manufacturing (CIM)

computerintegrierte Produktion f <prod> • computer-integrated manufacturing (CIM)

computerisiert <edv> • computerized US; computerised GB

Computerkasse f <edv> • computer cash register

Computerkode m <edv> • computer code

Computerkriminalität f <jur> • computer crime

Computerlauf m <edv> • computer run

Computerleistung f <edv> • computer power

computerlesbar <edv> (z. B. Diskette, Schriftart) • computer-readable

Computerlinguistik f <edv> (Anwendung der EDV auf linguistische Probleme) • computational linguistics

Computerlogik f <edv> • computer logic

Computerminiaturisierung f <edv> • computer miniaturization

Computer mit Folgesteuerung m <edv> • sequence-controlled computer

Computernetzwerk n <edv> • computer network

Computeroperation f <edv> • computer operation

Computeroptimierung f <edv> • computer optimization

computerorientiert <edv> (z. B. Ausbildung, Büroorganisation, Fertigung) • computer-oriented

computerorientierte Programmiersprache f <edv> • computer-oriented programming language; computer-oriented language; machine-oriented language

computerorientierte Prozesskette f <prod> • computeroriented process chain

Computerprogramm n <edv> • computer program

Computerschnittstelle f <edv> • computer interface

Computersicherheit f <edv> • computer security; COMPUSEC US

Computersichtgerät n <edv> • computer display

Computerspiel n <spiel> • computer game

Computersprache f <edv> • computer language; machine language

Computersteuerung f <msr> • computer control

Computerstraftat f <jur> • computer crime

Computerstromkabel n <edv> • computer power supply cable

Computersynthesizer m <el.mus> • digital synthesizer

Computersystem n <edv> (allg.) • computer system; computing system

Computertechnik f <edv> • computer technology

Computertelefonie f (CT) <tele> • computer telephony (CT)

Computer-Telefon-Integration f (CTI) <tele> • computer telephony integration (CTI)

Computer-to-conventional-Plate f (CTCP) <druck> (Druckvorstufe) • computer-to-conventional-plate (CTCP)

Computer-to-Film-Recorder m <druck> (Recorder) • computer-to-film recorder; ctf recorder; imagesetter

Computer-to-Film-Technik f (CTF) <druck> (typ. Offsetverfahren) • computer-to-film (CTF); imagesetting; ctf technology

Computertomograph m <med.tech> • computer tomograph; computer-assisted tomograph; CT scanner

Computertomographie f (CT) DIN EN 1330-3 <phys> (zerstörungsfreie Werkstoffprüfung; Medizin) • computer tomography (CT); computerized tomography

Computer-to-plate (CTP) <druck> • computer-to-plate (CtP); direct to plate; direct-to-plate

Computer-to-Plate-Recorder m <druck> (zur Direktbebilderung von Offset-Druckmedien ohne Filmbelichtung) • computer-to-plate recorder; direct-to-plate recorder; ctp recorder pract; platesetter pract; recorder pract

Computer-to-Plate-Technologie f (CtP) <druck> (Druckvorstufe) • computer-to-plate technology (ctp); ctp technology

computer-to-press <druck> (digitale Druckplattenbelichtung direkt in der Druckmaschine) • direct to press (dtp); computer-to-press

Computer-to-Press-Technologie f (DI) <druck> • computer-to-press technology (DI); ctPress technology; direct imaging technology; direct-on-press technology

computerunabhängig <edv> • computer-independent

computerunterstützt <edv> (mit optionaler Hilfe eines Computers; z. B. zur Beschleunigung) • computer-aided; computer-assisted

computerunterstützte Animation f obs <edv> • computer-assisted animation obs

computerunterstützte Ausbildung f <did> • computer-aided training; computer-assisted training

computerunterstützte menschliche Übersetzung f <transl> • machine-aided human translation (MAHT); machine-assisted human translation

computerunterstützter Fremdsprachenerwerb m <did> • computer-aided language learning (CALL)

computerunterstütztes Fremdsprachenlernen n <did> • computer-aided language learning (CALL)

computerunterstütztes Lernen n <did> • computer-aided learning (CAL)

computerunterstütztes Übersetzen n <transl> • computer-aided translation (CAT); computer-assisted translation

computerunterstützte Tomographie f <med.tech> • Computer-Aided Tomography (CAT)

Computervariable f <edv> • computer variable; machine variable

Computervirus m <edv> • virus; computer virus

Computerwort n <edv> • computer word; machine word; information word

Computer-Zahlkarte f <edv> (z. B. für Maut) • stored-value "smart card"

Concept-Auto n press <kfz> • concept car

Concept Car n press <kfz> • concept car

Conchiolinum n <bio.mat> • mother-of-pearl; conchiolinum; nacre

Concho m <bekl> • concho

Coning-Effekt m <navig> (beim Lagekreisel) • coning effect

Conolly-Leder n <kfz.innen> • Conolly leather; Conolly hide GB

Conradson-Test m <tribo.qualit> (Öl- u. Schmierstoffprüfg.) • Conradson test; Conradson carbon test; carbon residue test

Conradson-Zahl f <qualit> • Conradson value; Conradson coke number; Conradson number

Constant Angular Velocity f <edv> (Zugriffsverfahren für Laufwerke) • constant angular velocity (CAV)

Constant-Source-Diffusion f <el.ic.prod> • constant-source diffusion

Constructive Solid Geometry f (CSG) <edv> (Objektbeschreibung) • constructive solid geometry (CSG); set-theoretic modeling

Consumer Research f <werb> • consumer research

Container m <logist> • container

Container m <nukl.logist> (für Brennelemente) • cask

Containerbahnhof m <bahn> • container terminal

Containerhafen m <nav> • container port

Containerhubstapler m <fz.logist> • lift-on/lift-off container carrier; LO/LO container carrier

containerisieren vt <logist> (Ladung) • containerize vt

Containerladefähigkeit f <nav> (Containerschiff) • container capacity

Containerladesystem n <nfz> • sideloader

Containerladung f <logist> • container cargo; containerized cargo; container load

Container mit Maschinenkühlung m <logist> • mechanically refrigerated container

Container mit Seitentüren m <logist> • side-doors container

Containersammlung f <ents> • container collection

Containerschiff n <nav> • container ship

Containertragwagen m <bahn> • container carrier; container car; freightliner vehicle

Containerumschlag m <logist> (z. B. Hafen, Bahnhof) • container handling

Containerverkehr m <logist> • container traffic

Containerwagen m <bahn> • container wagon

Containerwaggon m <bahn> • container wagon

Containment n <nukl> (als Vorgang, Effekt: dichte Umschließung aktiver Anlagenteile) • containment

Containment n <nukl> (Teil des Reaktorgebäudes; meist kugelförmig) • reactor containment

Containment-Kühlsystem n <nukl> • containment fan cooler [system]

Containment-Wärmeabfuhr f <nukl> • containment heat removal

Contention <edv> • Contention

Continuously Regenerating Trap-System n (CRT) <kfz.emiss> (Konzept für eine Partikelnachbehandlung beim Dieselmotor) • continously regenerating trap system (CRT)

Continuity f <edv> (Keyframing; beeinflusst das flüssige Durchlaufen eines Keys) • continuity

Continuous Edge Graphics-Chip m (CEG-Chip) <edv> • continuous edge graphics chip (CEG-Chip)

Continuous-Flow-System n <med.tech> *(Beatmungs-system)* • constant-flow system; continuous-flow system
Conti-Rad/Reifen-System n <kfz> • Conti Tire System (CTS); CTS *pract*
Conti-Tire-System n (CTS) <kfz> • Conti Tire System (CTS); CTS *pract*
Contour f <edv.av> *(zeitlicher Verlauf verschiedener Klangparameter, als Grafik dargest.)* • envelope; contour *form*; envelope curve
Contre Pente n (CP) <fz> *(Radmerkmal; Sicherheitskontur auf der Felgenschulter)* • contre pente (CP)
Contre Pente auf beiden Felgenschultern n <fz> *(Radmerkmal)* • contre pente on both bead seats (CP2)
Contre Pente auf der Felgenaußenschulter n form <fz> *(Radmerkmal)* • outboard contre pente (CP); contre pente on outer bead seat *form*
Control-and-Display-Bits npl <edv> • subcode; C&D bits; control and display information
Controller m <edv.av> • MIDI controller; controller
Controller m <med.tech> • controller
Controller-Editor m <edv.av> • controller editor; hyper editor
Controller in Halbleitertechnik m <msr> *(betont: vollelektronisch)* • solid-state controller
Controllerkarte f <edv> • controller board; controller card
Control-Vertex n (CV) <edv> • control vertex (CV); control point *pract*; anchor point
Convenience Food n <nahr> *(z. B. tiefgefroren, in Dosen)* • convenience food
Convenienceprodukt n <nahr> • convenience product
Conversion Franchising n <econ> *(Umwandlung von Filialen in Franchise-Betriebe)* • conversion franchising
Conversi-Zähler m <nukl> • hodoscope
Convertiplan m <aerospace> • convertiplane
Conveyor m <druck> *(Druckplattenhandling)* • conveyor; bridge *pract*
Cookie n <edv> • cookie
Cook-Norteman-Verfahren n <obfl> • Cook-Norteman-Process
Coolidge-Röhre f <el> *(Hochvakkum-Röntgenröhre)* • Coolidge tube
Coons-Algorithmus m <edv> • Coons algorithm
Coons-Fläche f <edv> • Coons surface
Cooper-Hewitt-Lampe f <licht> • Cooper-Hewitt lamp
Cooper-Lampe f <licht> • Cooper-Hewitt lamp
Cooper-Paar n <phys> • Cooper pair
Cop m <textil> *(Spinnerei)* • cop
Copolymer n <kst> • copolymer
Copolymer in Blockanordnung f <kst> • block copolymer
Copolymer in Blockform f <kst> • block copolymer
Copolymerisat n <kst> • mixed polymer
Copolymerisation f <chem> • copolymerization
copolymerisieren vt <chem> • copolymerize vt
Cops m <textil> *(Spinnerei)* • cop
Copy f <werb> • copy
Copy-Platform f <werb> • copy platform
Copy Plattform f <werb> • copy platform
Copyright n <jur> • copyright
Copyrightvermerk m <jur> • copyright imprint
Copy Strategy f <werb> • copy strategy; creative strategy
Copytest m <werb> • copy test
Copywriter m <werb> • copywriter; copy writer
Corallium rubrum <bio> • red coral; corallium rubrum
Cord m <fz> *(Reifen; Gewebeeinlage)* • cord
Cord m <rls> *(von Schläuchen, Kompensatoren)* • reinforcement fabric; tire cord US; tyre cord GB; carcass *rare*
Cordablösung f <fz> *(Reifen)* • cord separation
Cordfaden m <fz> *(in Reifen)* • cord filament

Cordfadengewebe n <prod> • cord fabric
Cordfadenrichtung f <prod> • direction of cords
Cordfestigkeit f <prod> • cord strength
Cordgewebeeinlage f <fz> *(in Reifen)* • ply; carcass ply; casing ply
Cordierit n [TM] <kfz.emiss> • Cordierite [TM]
Cordlage f <fz> *(in Reifen)* • ply; carcass ply; casing ply
Core m prakt <nukl> *(bei DWR, SWR)* • reactor core; core *pract*
Core Catcher m prakt <nukl> *(in KKW, unter dem Reaktorkern)* • core catcher system; core catcher *pract*
Core-Envelope-Verbindung f <bio> *(Proteinverbindung)* • core-envelope link (CEL)
Core-Garn n DIN 60900 <textil> • core-spun yarn; core yarn
Core-Package-Verfahren n <prod> *(Niederdruck-Gießprinzip)* • core package process
Core-Protein n <bio> • core protein
Coresta-Einheit f <pap> • Coresta
Coriolis-Beschleunigung f <phys> *(Relativbewegung)* • Coriolis acceleration
Coriolis-Kraft f <phys> *(Relativbewegung)* • Coriolis force
Corliss-Dampfmaschine f <energ> • Corliss engine
Corliss-Steuerung f <masch> • Corliss valve gear
Corliss-Ventil n <masch> • Corliss valve
Cornering Brake Control f (CBC) BMW <kfz> • cornering brake control (CBC)
Cornet n <kfz> • Cornet horn
Cornu-Prisma n <opt> • Cornu prism; Cornu quartz prism
Cornwallkessel m <energ> *(Dampferzeuger)* • Cornish boiler
Corona f <astron> *(der Sonne, besteht aus ionisierten Gasen)* • corona; aureole
Corporate Air f <hlk> *(Raumluft; z. B. Duftnote)* • corporate air
Corporate Culture f <werb> • corporate culture
Corporate Design n <werb> • corporate design
Corporate Identity f (CI) <werb> • corporate identity (CI)
Corrodkote-Korrosionsprüfung f DIN EN ISO 4541 <obfl.qualit> • thio acetamide corrosion test ISO 4541; TAA test
Corro-Stop n <obfl> • Corro-Stop
cos-phi-Messgerät n <el> • reactive factor meter
cos-phi-Regler m <msr> • power-factor regulator
CO-Spürgerät n <msr.emiss> • carbon monoxide detector
Cotal-Getriebe n <kfz.antr> • Cotal transmission; Cotal gearbox GB; Cotal pre-selector transmission
Cotal-Vorwählgetriebe n <kfz.antr> • Cotal transmission; Cotal gearbox GB; Cotal pre-selector transmission
Cottonmaschine f <textil> *(Flachkulierwirkmaschine nach William Cotton 1817–1887)* • Cotton machine; Cotton's patent full-fashioned knitting machine; Cotton's patent flat knitting machine
Cotton-Mouton-Effekt m <phys> • Cotton-Mouton effect
Cottonöl n <chem> • cottonseed oil
Cottrell'sche Versetzung f <mat> • Cottrell dislocation
Cottrell-Entstaubungsverfahren n <verf> • Cottrell process; Cottrell electric precipitation process
Couette-Strömung f • Couette flow
Coulomb'sche Abstoßung f <phys> • Coulomb repulsion
Coulomb'sche Kräfte fpl <phys> • Coulomb forces
Coulomb'scher Potentialwall m <phys> • Coulombbarrier; Coulomb potential barrier
Coulomb'sches Gesetz n <phys> *(allg.)* • Coulomb's law
Coulomb'sches Gesetz n <phys> *(in Bezug auf elektrostat. Anziehung)* • law of electrostatic attraction
Coulomb'sches Gesetz n <phys> • Coulomb's law

Coulomb'sches Gesetz des Magnetismus *n* <phys>
• Coulomb's law of magnetism

Coulomb *n* (C) *DIN 1301* <phys> *(SI-Einheit der elektri-schen Ladung; 1 C = 1 As)* • coulomb (C); coul

Coulomb-Anregung *f* <nukl> • Coulomb excitation

Coulomb-Barriere *f* <phys> • Coulombbarrier; Coulomb potential barrier

Coulomb-Bereich *m* <phys> • Coulomb range

Coulombfeld *n* <phys> • Coulomb field

Coulomb-Gesetz *n* <phys> • Coulomb's law

Coulomb-Kraft *f* <phys> • Coulomb force

Coulombsche Wechselwirkung *f* <phys> • Coulomb interaction; electro magnetic ineraction

Coulomb-Streuung *f* <phys> • Coulomb scattering

Coulomb-Wall *m* <phys> • Coulombbarrier; Coulomb potential barrier

Coulomb-Wechselwirkung *f* <phys> • Coulomb interaction; electro magnetic ineraction

Coulomb-Zweierstoß *m* <phys> • Coulomb binary collision

Coulometer *n* <msr> • coulombmeter; coulometer

Coulometrie *f* <msr> • coulometry; coulometric analysis

coulometrisch <msr> • coulometric

Countdown *m* <tech.allg> • count-down

Counter-Bahn *f* <phys> *(von Elektronen)* • counter-orbit

CO unverdünnt *prakt* <msr.emiss> *(Abgasmesswert)* • CO value undiluted (uCO); CO undiluted

Coupé *n* <kfz> *(zweitüriger Karosseriestil; zumindest optisch ohne B-Säule)* • coupe *US.GB*; sport sedan *US*; hardtop *US*; coupé *GB*

Coupé-Dach *n MB* <kfz> *(auf Roadster, Spider)* • hardtop

Coupon *m* <werb> *(Rücksendeabschnitt; z. B. auf Werbemails)* • return coupon; coupon

Coupon-Anzeige *f* <werb> • coupon ad

Coursware *f* <did> *(Unterrichtsprogramm)* • teachware

Couturier *m* <textil> • apparel designer

Covellin *m* <min> • covellite; indigo copper

Covellit *m* <min> • copper sulfide (CuS); Covellite

CO-Wert unverdünnt *m* (uCO) <msr.emiss> *(Abgasmesswert)* • CO value undiluted (uCO); CO undiluted

Cowper *m* <verf> *(Ofentyp)* • Cowper stove; Cowper hot-blast stove; blast heating apparatus

CP <fz> *(Radmerkmal; Sicherheitskontur auf der Felgenschulter)* • contre pente (CP)

CP <fz> *(Radmerkmal)* • outboard contre pente (CP); contre pente on outer bead seat *form*

CP2 <fz> *(Radmerkmal)* • contre pente on both bead seats (CP2)

C-Parität *f* <el> • charge parity

CPC-Kollektor *m* <energ.sol> • CPC collector

CPC-Konzentrator *m* <energ.sol> • compound parabolic concentrator (CPC); compound parabolic collector

CPE <chem> • chlorinated polyethylene (CPE)

CPF-Verfahren *n* <verf> *(Verpulverung von Flüssigkeiten)* • concentrated powder form [process] (CPF)

CPI <druck> • characters per inch (CPI)

CP-Invarianz *f* <phys> • CP invariance

CPM-Verfahren *n* <prod> *(Netzplantechnik; z. B. Produktionsplanung)* • critical path method

C-Presse *f* <masch> • C-frame press

C-Print *m* <werb.druck> • color print; c-print

C-Profilschiene *f* <tech.allg> • C-rail

CPS <av> *(automatische Wiedergabe ausgewählter Musikstücke)* • cassette program search (CPS)

CPT-Invarianz *f* <phys> • CPT invariance

CPT-Theorem *n* <phys> • CPT theorem

CPU <edv> • central processing unit (CPU); central processor

CPU-Kühler *m* <edv> *(allg., aktiv oder passiv)* • CPU cooler

CPU-Kühler *m* <edv> *(aktiv; typ. 5 bis 16 m^3/h Luftdurchsatz)* • CPU cooler; CPU fan

CPU-Lüfter *m* <edv> *(aktiv; typ. 5 bis 16 m^3/h Luftdurchsatz)* • CPU cooler; CPU fan

CR <kfz.av> • cassette recorder (CR)

CR <kfz.mot> • Common Rail [HDI fuel injection] (CR)

Cracken *n* <chem.petr> *(in Raffinerie)* • cracking

C-Rad *n* <turb> • Curtis wheel

Craquelé *n* <obfl> • crackle pattern

Crash *m prakt* <kfz.qualit> • crash test; crash *pract*

Crashbox *f* <kfz> *(Aufprallenergieabsorber)* • crash box; crush box *:V*

Crash-Computer *m press* <kfz.msr> • crash recorder *:V*; iron witness *:V coll*; black box *:V coll*

crashen *vt* <kfz.sich> *(z. B. Pkw)* • crash *vt*

Crash-Hai *m* <verk> • car banger *:V*

Crash-Kind *n* <kfz> *(minderjähriger Autodieb)* • crash kid *:V*

Crash-Sensor *m* <kfz.msr> *(von Airbag-System)* • crash sensor; impact sensor; shock sensor

Crashtauglichkeit *f* <kfz.qualit> • crashworthiness

Crashtest *m* <kfz.qualit> • crash test; crash *pract*

Crash-Vorschriften *fpl* <kfz.sich> • crash regulations

Cratagus oxycantha <bio> • hawthorn; cratagus oxycantha

Crawler *m prakt* <bau.masch> *(langsam; z. B. Baumaschine, Schaufelradbagger)* • crawler

Crawler *m prakt* <fz> *(Schwerlasttransportmittel)* • crawler vehicle

CRC <edv> *(zur Datenfehlererkennung; z. B. bei ZIP-Dateien, DFÜ)* • cyclic redundancy check (CRC)

CRCC <edv> • cyclic redundancy check code (CRCC)

CRC-Steuerung *f* <autom> *(von Industrierobotern)* • computer robot control (CRC)

Creamer *m* <kst> *(Mischkopf)* • creamer

Creation *f* <werb> • creative department

Creative Director *m* <autom> • creative director

Creative Music File *n* (CMF) <edv.av> • Creative music file (CMF); CMF format; CMF audio file format

creatives Team *n* <werb> • creative team; creative group

Creative Strategy *f* <werb> • copy strategy; creative strategy

Creative Voice File Format *n* <av.edv> • VOC file format; VOC file; Creative voice file format

Cremeeis *n* <nahr> • ice cream containing eggs *V:*

Creme-Pumpe *f* <nahr.prod> *(Speiseeis; Freezer)* • ice cream pump; discharge pump; product discharge pump

cremig-fließende Farbkonsistenz *f* <obfl> • creamy-flowing paint consistency

Cremonaplan *m* <mech> *(zeichnerische Ermittlung der Stabkräfte in Fachwerken)* • Maxwell diagram

Crescent Bond *m prakt* <el.ic.prod> *(zweiter Bond beim Ball-Bonden)* • crescent bond

Cresol *n* <chem> • cresol

Cresolharz *n* <chem> • cresol resin; cresylic resin

Creutzfeldt-Jakob-Krankheit *f* <med> *(tödliche BSE-Variante beim Menschen)* • Creutzfeldt-Jakob disease (CJD)

Crimpanschluss *m* <el> • crimp connector

crimpen *vt* <el> *(Kontaktschuh, Steckverbinder an Kabel)* • crimp *vt*

Crimper *m* <bau.wz> *(für Montage von Metallständerwänden)* • stud crimper; crimping tool *LAF*

Crimp-Snap-in-Technik *f* <el> *(Kabelverbindung)* • crimp technique

Crimpung *f* <edv> • crimping

Crimpwerkzeug *n* <edv> • crimp tool

Crimpzange f prakt <el.wz> (zum Schneiden, Abisolieren, Crimpen von Kabeln) • wire stripper/crimper tool; terminal crimper/stripper; crimping tool; crimping pliers

Crimp-Zange für Western-Stecker f <wz.tele> (Telefon, LAN) • telephone plug crimping tool

Crispening n <av> (zum Schärfen des Videowiedergabesignals) • crispening circuit; crispener

Crispening-Schaltung f <av> (zum Schärfen des Videowiedergabesignals) • crispening circuit; crispener

Critical Control Point m <prod.nahr> (HACCP) • critical control point (CCP)

CrO₂-Band n <av> • chrome dioxide tape; chromium dioxide tape

cronicus <med> • chronic

Croning-Formmaskenverfahren n <prod> • shell-molding process

Crookes' Radiometer n <phys> • lightmill; light-mill; Crooke's radiometer; solar engine

Crookes'scher Dunkelraum m <phys> (tritt in elektrischen Entladungen durch verdünnte Gase auf) • Crookes dark space; Hittorf dark space; cathode dark space

Crookes'sches Radiometer n <phys> • lightmill; light-mill; Crooke's radiometer; solar engine

crookesscher Dunkelraum m <phys> (tritt in elektrischen Entladungen durch verdünnte Gase auf) • Crookes dark space; Hittorf dark space; cathode dark space

Crookröhre f <phys.el> (Gasentladungsröhre) • Geissler tube; Crooks tube

Crossbar-Transferpresse f <metall> • crossbar transfer press

Crossbelt-Sorter m <logist> • crossbelt sorter

Crossbelt-Sortieranlage f <logist> • crossbelt sorter

Crossbrille f <kfz.sport> (Moto-Cross) • sport goggles

Cross-Country-Maschine f <kfz> • cross-country motorcycle; cross-country bike

Cross-Country-Motorrad n <kfz> • cross-country motorcycle; cross-country bike

Cross-Draw-Holstertragweise f <mil> (für Faustfeuerwaffen) • cross-draw method of holster carriage

Crossfade n <av> (stufenloser Übergang von einem Klang zu einem anderen) • crossfade

Crosshelm m <kfz> • off-road helmet

Crosskillwalze f <agri> • crosskill roller

Cross-Lenker m <kfz> • straight across handlebar

Crossover m <edv> • crossover

Crossover-Auspuffrohr n <kfz> (bei V-Motoren, Flammrohrzusammenführung der Bänke) • exhaust cross over pipe; exhaust cross over; cross over pipe; cross over pract

Crossover-Rohr n :V <kfz.emiss> (bei V-Motoren) • exhaust cross over [pipe]; cross over [pipe]

Cross-Resistenz f <agri.chem> • crosslinked resistance; cross resistance

Cross-Stiefel m <kfz.bekl> (für Motorrad) • off-road boot

Cross-Verfahren n <bau> (Statik) • Hardy-Cross method of moment distribution; method of moment distribution

Croupon m <led> (Teil der Haut nach Entfernung von Bauch, Flanken und Hals) • butt

crouponieren vt <led> • butt vt; crop vt; round vt

Crouponiermesser n <led> • rounding knife

Crouponiertafel f <led> • rounding table

Croupon-Rollpresse f <led> • rolling press

Crouponstreifen m <led> • bend range

crown rot <agri> (Bananenkrankheit) • crown rot

CRS-Rad n <kfz> (Rad mit Notlaufeigenschaften) • CTS wheel ᵀᴹ

CRT <kfz.emiss> (Konzept für eine Partikelnachbehandlung beim Dieselmotor) • continously regenerating trap system (CRT)

Crue f <textil> • unscoured silk; écru silk; hard silk; crude silk

Cruiser m <kfz> (tourentaugliches Straßenmotorrad mit klassischem Aussehen) • cruiser

Cruising n <verk> (Balzverhalten) • cruising US

Cruseide f <textil> • unscoured silk; écru silk; hard silk; crude silk

Crusta f <bio> (Hautauflagerung) • crust; crusta rar

Crustleder n <led> • crust material

Cryotron n <edv> • cryotron

Crystal Clear n Pan <av> • Crystal Clear Pan

CRYSTAL Fonts mpl <edv> • CRYSTAL Fonts pl

Cs <chem> • cesium (Cs); caesium GB

CSA <obfl> • chromic acid anodizing US; chromic acid anodising GB

CSB <ökol> • chemical oxygen demand (COD)

CSE-Hemmer m <pharm> (Gruppe von Lipidsenkern) • cholesterol synthesis inhibitor; HMG-CoA reductase inhibitor; reductase inhibitor; statin rare

CSEL <edv> (Laufwerk-Konfig.-Option) • cable select (CSEL)

CSG <edv> (Objektbeschreibung) • constructive solid geometry (CSG); set-theoretic modeling

CSG-Baum m <edv> (für Volumenmodell) • CSG tree

CSG-Modeling n <edv> • CSG modeling US; CSG modelling GB; solid modeling US; solid modelling GB

CSG-Modell n <edv> • Constructive Solid Geometry Model; CSG model

c-Si <energ.sol> • crystalline silicon (c-Si)

C-Signal n <av> • chrominance signal (C); C-signal; chroma signal

CSMA/CD <edv> (Zugriffsmethode eines lokalen Netzwerks) • Carrier Sense Multiple Access/Collision Detection (CSMA/CD)

CSP <el.ic> • chip-scale package (CSP)

CSP-Baustein m <el.ic> • chip-scale package (CSP)

CSP-Prozess m <metall> • compact strip production (CSP)

CSP-Technologie f <metall> • compact strip production (CSP)

C-Stahl m prakt <mat> (harter Werkzeugstahl mit hohem C-Gehalt) • high-carbon steel; high steel pract; hard steel coll.rare

CSU <edv> • Channel Service Unit (CSU)

CSV <el.chem> • cathodic stripping voltammetry (CSV)

CT <phys> (zerstörungsfreie Werkstoffprüfung; Medizin) • computer tomography (CT); computerized tomography

CT <tele> • computer telephony (CT)

CTCP <druck> (Druckvorstufe) • computer-to-conventional-plate (CTCP)

CTF <druck> (typ. Offsetverfahren) • computer-to-film (CTF); imagesetting; ctf technology

CtF-Belichter m <druck> (Recorder) • computer-to-film recorder; ctf recorder; imagesetter

CTF-Technik f <druck> (typ. Offsetverfahren) • computer-to-film (CTF); imagesetting; ctf technology

CTF-Verfahren n <druck> (typ. Offsetverfahren) • computer-to-film (CTF); imagesetting; ctf technology

CTI <tele> • computer telephony integration (CTI)

CTL-Spur f <av> • synchro track; synchronous track; synch track; control track; CTL track

CTMP <pap.ents> • chemo thermo mechanical pulp (CTMP); chemi-thermo mechanical pulp

CTP <druck> • computer-to-plate (CtP); direct to plate; direct-to-plate

CtP-Recorder m prakt <druck> (zur Direktbebilderung von Offset-Druckmedien ohne Filmbelichtung) • computer-to-plate recorder; direct-to-plate recorder; ctp recorder pract; platesetter pract; recorder pract

CtPress-Technologie f <druck> • computer-to-press technology (DI); ctPress technology; direct imaging technology; direct-on-press technology

CtP-Technologie f <druck> (Druckvorstufe) • computer-to-plate technology (ctp); ctp technology

CTS <kfz> • Conti Tire System (CTS); CTS pract

CTS-Rad n TM <kfz> (Rad mit Notlaufeigenschaften) • CTS wheel TM

C-Typ m <msr> (Bourdon Rohr) • C-shaped tube; circular Bourdon tube

Cu <chem> • copper (Cu); cuprum metallicum

Cu-Be-Legierung f <mat> • copper-beryllium alloy

Cue-Spur f <av> • cue track

Cue-Taste f <av> • cue button

Cuiteseide f <textil> • cuite; boiled-off silk

Culatte f <led> (hinterer Teil einer Großviehhaut) • culatta

Culling n <edv> • backface removal; backface elimination; backface culling; culling

Cumarin n <chem> • coumarin; 1,2-benzopyrone

Cumaron n <chem> • coumarone; benzofuran

Cumaronharz n <chem> • coumarone resin; coumarone-indene resin

C-Umschlingung f <av> • C-wrap

Cup <bekl> (BH; z. B. 75 B) • cup size

Cupper m prakt <pack> • cupping press; cupper pract; cupmaker

Cuprum metallicum <chem> • copper (Cu); cuprum metallicum

Curie n (Ci) obs <phys> (alte Einheit für Strahlung) • curie (Ci) obs

Curie-Punkt m <phys> • Curie point; Curie temperature; magnetic transition point

Curie-Temperatur f <phys> • Curie point; Curie temperature; magnetic transition point

Curium n (Cm) <chem> • curium (Cm)

Cursor m <edv> (Positionsmarkierung auf dem Bildschirm; z. B. ein Pfeil) • cursor; screen cursor

cursorgesteuert <edv> • cursor-controlled; curser-driven rare

Cursorpfeil m <edv> • cursor arrow

Cursor-Schrittgröße f <edv> • cursor step size

Cursortaste f <edv> (auf Tastatur) • cursor control key; cursor key; arrow key; direction key

Curtainsider m <nfz> • curtainsider

Curtisrad n <turb> • Curtis wheel

CuS <min> • copper sulfide (CuS); Covellite

Cusp-Geometrie f <nukl> • cusp geometry; cusped geometry

Custom m ugs. <kfz> • custom car; custom coll

Custom-Bike n <kfz> • custom bike

Custom Car m <kfz> • custom car; custom coll

Customer-Relations-Management n <org> • customer relations management (CRM)

Customer Satisfaction Index m wiss <prod> • customer satisfaction index (CSI)

Custom-Painting n <kfz> (Individualisierung; z. B. durch Airbrush-Motive) • custom painting; vehicle decorating

Cut m <av/kino> (harter Bildmotivwechsel) • cut

Cuticula f <bio> (Wachsschicht eines Blattes) • cuticle

Cutoff-Frequenz f <av> (Frequenz, bei der ein Filter ein Signal um 3 dB abschwächt) • cutoff frequency; cutoff point

Cutoff-Frequenz f <phys> • cut-off frequency

Cutoff-Punkt m <nukl> • cut-off point

Cutter m ugs <wz> (mit sehr scharfen, abbrechbaren Klingen) • cutter

Cuttermesser n prakt <wz> (mit sehr scharfen, abbrechbaren Klingen) • cutter

Cutter mit drehbarer Klinge m <wz> • swivel type knife

Cutter mit schwenkbarer Klinge m <wz> • swivel type knife

CuZn15 <metall> (Legierung aus 85 % Kupfer und 15 % Zink, zum Vergolden) • gilding metal

CV <edv> • control vertex (CV); control point pract; anchor point

CV <el> • control voltage (CV)

CV <kfz> (wärmedämmendes Glas) • tinted windows; tinted glass; tints coll; t/glass ad

CVC <av> • Compact Video Cassette (CVC)

CVCC-Motor m Honda <kfz.mot> • CVCC engine Honda

CVD <obfl> • chemical vapor deposition (CVD)

CVD-Technik f <obfl> • Chemical Vapour Deposition (CVD)

CVD-Verfahren n <obfl> • Chemical Vapour Deposition (CVD)

C-Verbrennung f <nukl> • Bethe-Weizsäcker cycle; carbon-nitrogen cycle; carbon cycle

C-Verstärker m <el> • class-C amplifier

CV/Gate-Interface n <edv.av> • CV/gate interface

CV/Gate-Schnittstelle f <edv.av> • CV/gate interface

CV-Gelenk n <antr> (z. B. in Antriebswellen von Pkw mit Frontantrieb) • constant velocity joint (CVJ); constant velocity universal joint form; homokinetic joint; CV-joint pract

CVS <kfz.emiss> • constant volume sampling (CVS)

CVS-Methode f (CVS) <kfz.emiss> • constant volume sampling (CVS)

CV-Spannung f <el> • control voltage (CV)

CVS-Probenahmesystem n <emiss> • constant volume sampler (CVS); CVS system

CVS-Test m <kfz.emiss> • CVS Test

CVT-Getriebe n prakt <kfz.antr> • continuously variable automatic transmission; stepless automatic transmission; stepless gearbox GB; stepless 'box BE.coll; CVT transmission

C-Welle f <pap> • C-flute

Cw-optimiert <kfz> (Karosserieteile; in bezug auf Luftwiderstand) • aero adj

CW-Radar n <navig> • continuous-wave radar

Cyan <druck> (Primärfarbe; Blaugrün) • cyan; process blue

Cyan, Magenta, Yellow and Key fpl (CMYK) <druck> (Farbmodell) • cyan, magenta, yellow, and key (black) (CMYK); cyan-magenta-yellow-key

Cyanacrylatklebstoff m <füg> • cyanoacrylate adhesive

Cyanbadhärten n <metall> • cyanide hardening; cyanide case-hardening; cyaniding

Cyanidlaugung f <chem.verf> • cyanide process; cyaniding; cyanidation

Cyaninfarbstoff m <obfl> • cyanine dye

Cyanoacrylatklebstoff m <füg> • cyanoacrylate adhesive

Cyanosis f <med> (bläuliche Verfärbung von Haut und Schleimhäuten) • cyanosis

Cyanotypie f <doku> (von technischen Zeichnungen) • blue-printing; blue-print; cyanotype

Cyberbat m <edv> (VR-Steuergerät) • cyberbat

Cybercafé n <edv/gastr> • cybercafé

Cybercowboy m <edv> (Hacker im Cyberspace) • cyberpunk; cybercowboy

Cyberia-Projekt n <edv> • Cyberia project

Cybernaut m <edv> • cybernaut

Cyberpunk m <edv> (Hacker im Cyberspace) • cyberpunk; cybercowboy

Cybersex m <edv> • cybersex

Cyberspace m <edv> • cyberspace

Cybersquatter m <edv> • cybersquatter

Cyberware f <edv> • cyberware

Cycle m <edv.av> (Sequenzerfunktion) • loop; cycle

Cyclecrossrennrad f <fz.sport> • cycle-cross bicycle; cyclo cross bicycle

Cyclic Redundancy Check *m* <edv> *(zur Datenfehler-erkennung; z. B. bei ZIP-Dateien, DFÜ)* • cyclic redundancy check (CRC)
Cyclic-Redundancy-Check-Code *m* <edv> • cyclic redundancy check code (CRCC)
cyclisch <chem> *(z. B. organische Verbindungen)* • cyclic
cyclischer Kohlenwasserstoff *m* <chem> • cyclic hydrocarbon
cyclische Verbindung *f* <chem> • cyclic compound; ring compound
Cyclisieren *n* <chem.petr> • platforming
cyclisieren *vt* <chem> • cyclize *vt*
Cyclisierung *f* <chem> • cyclization; ring closure
cycloaliphatisch <chem> • cycloalphatic
Cycloalkan *n* <chem.petr> • cycloalkane
Cycloat *n* <agri.chem> • cycloate
Cyclocomputer *m* <fz.msr> • cyclocomputer
Cyclohexanonharz *n* <chem> • cyclohexanone resin
Cyclokautschuk *m* <chem> • cyclorubber; cyclized rubber
Cycloparaffin *n* <chem.petr> • cycloalkane
Cyclorama *n rar* <licht.theat> • cyclorama *form*; cyclo *coll*; cyc *coll*; backdrop *form*
Cyclorama *n* <theat> • cyclorama; cyc; cyke; horizon cloth
CYM <bio> • chylomicron (CYM)
Cytidin *n* <chem> • cytidine
CZ <el.ic> • Czochralski process (CZ); Czochralski pulling process
CZ <petr> *(von Diesel)* • cetane rating; cetane number
c-Zahl *f* <phys> *(Quantenmechanik)* • commutative number
Czochralski-Verfahren *n* (CZ) <el.ic> • Czochralski process (CZ); Czochralski pulling process
CZ-Si <energ.sol> • monocrystalline silicon (CZ-Si)
C-Zustand *m* <kst> • C stage

D

D <chem> • deuterium (D); heavy hydrogen
D <el> • electric flux density (D)
D <füg> *(ein Pressschweißverfahren)* • diffusion welding (DFW)
d'Alembert'sches Paradoxon *n* <phys> • d'Alembert's paradox
d'Alembert'sches Prinzip *n* <phys> • d'Alembert's principle
d'Alembert-Kraft *f* <phys> *(Trägheitskraft)* • d'Alembert's auxiliary force
D1-Lampe *f* <kfz.el> *(Gasentladungslampe)* • D1 lamp
D1-Standard *m* <av> • D1 standard
D4T <pharm> • didehydrothymidine (D4T)
D8-Band *n* <edv> *(für Datensicherung)* • D8 tape
D/A <edv> • digital/analog (D/A)
da <phys.msr> *(Vorsilbe für Einheiten: 10)* • deca (da)
dabei gilt: <did> *(Gleichungserklärung)* • wherein:; where:
D-Abgriff *m* <navig> • rate pick-off
DAB-Technik *f* <tele> • digital audio broadcasting (DAB)
DAC <edv> • Dynamic Astigmatism Control (DAC) *Toshiba*
Dach *n* <tech.allg> *(von Gebäuden, Fahrzeugen etc.)* • roof
Dachabsorber *m* <energ.sol> • roof-mounted heat collector
Dachabspannmast *m* <bau.el> • roof standard

Dachabspannstange *f* <bau.el> • house pole
Dach abtragen <bau> *(Dachdeckung entfernen)* • untile *vt*; unroof *vt*
Dachantenne *f* <tele> *(allg.; z. B. auf Haus, Auto)* • roof antenna; roof aerial *GB*
Dacharmaturen *fpl* <bau> • roof attachments
Dachaufbau *m* <kfz> *(verglaster Teil der Fahrgastzelle)* • greenhouse
Dachaufsatz *m* <kfz.kst> *(Kunststoffverkleidung)* • roof cap
Dachaufsichtsplan *m* DIN ISO 10209-4 <bau.doku> *(Dach von oben gesehen)* • roof plan ISO 10209-4
Dachaufständerung *f rar* <bau> *(z. B. Antenne, Sat-Schüssel, Solarkollektor)* • roof-mount
Dachaufstellung *f* <verf> • roof installation; roof top installation
Dachaussteigluke *f* <bau> • roof trap door
Dachbalken *m* <bau> • roof beam
Dachbalkenlage *f* <bau> • roof supporting beams
Dachbaugruppe *f* <kfz> • roof-panel assembly
Dachbelastung *f* <bau> • roof load
Dachbeplankung *f* <bau> • roof panel
Dachbinder *m* <bau> • roof truss
Dachblech *n* <kfz> • roof panel; top panel; roof sheet *pract*
Dachboden *m* <bau> *(oberstes Stockwerk, direkt unter dem Dach)* • attic; loft; garret
Dachboden *m* <bau> *(ganz oben, unter dem Dach)* • loft; garret
Dachbodenantenne *f* <tele> • attic antenna *US*; loft aerial *GB*
Dachbodenausschalung *f* <bau> • ashlaring
Dachdurchführung *f* <el> *(Mast, Kabel)* • roof bushing; roof penetration
Dacheindeckung *f* <bau> • roofing; roof covering; roof decking
Dacheindeckungsstoff *m* <bau.mat> • roofing material
Dachelektrode *f* <kfz.el> *(Zündkerze)* • front electrode; top electrode
Dachentlüfter *m* <hlk> • ventilation cowl
Dacherker *m* <bau> • gabled dormer window
Dachfachwerk *n* <bau> • roof truss
Dachfasenring *m* <masch> • wedge-section ring
Dachfenster *n* <bau> *(in einem kleinen Dachboden; jede Orientierung)* • garret window
Dachfenster *n* <bau> *(in Flachdach; horizontale Fensterebene; auch als Kuppel)* • skylight; roof window
Dachfenster *n ugs* <bau> *(schräge Fensterfläche; z. B. zum Kippen)* • roof window; roof-light
Dachfirst *m* <bau> • roof ridge
Dachflächenfenster *n* <bau> *(schräge Fensterfläche; z. B. zum Kippen)* • roof window; roof-light
dachförmige Nadelbettanordnung *f* <textil> • V-bed arrangement
dachförmiger Brennraum *m* <kfz.mot> • pent-roof combustion chamber; dome-shaped combustion chamber; penthouse chamber
dachförmiger Einsatz *m* <textil> • mirror repeat butt set-out
dachförmiger Verbrennungsraum *m* <kfz.mot> • pent-roof combustion chamber; dome-shaped combustion chamber; penthouse chamber
Dachgalerie *f* <kfz> • roof rails *pl*
Dachgaube *f* <bau> *(Dachvorsprung mit senkrechter Fensterfläche)* • dormer
Dachgaupe *f rar* <bau> *(Dachvorsprung mit senkrechter Fensterfläche)* • dormer
Dachgepäckträger *m* <kfz> *(z. B. für Koffer, Fahrrad, Ski, Kajak)* • roof rack; roof carrier; roof top carrier; luggage rack; roof luggage rack

Dachgestänge n <el> • roof standard
Dachhaken m <bau> • roof hook
Dachhammer m <wz> • slater's hammer
Dachhaube f <kfz> (in Caravandach) • rooflight; skylight
Dachhaut f <bau> • roofing; roof covering; roof decking; roof sheathing
Dachhaut f prakt <kfz> • roof panel; top panel; roof sheet pract
Dachhimmel m <kfz.innen> • roof liner; headliner
Dachholm m <kfz> (verbindet A-, B- und C-Säule) • roof rail; cant rail GB
dachintegrierter Kollektor m <energ.sol> • structurally integrated collector
Dachkammer f <bau> (kleiner Dachboden) • garret
Dachkante f <bau> • roof edge
Dachkantenspoiler m :V <kfz> (für Cab-Aufsatz von Pickups) • cab spoiler
Dachkantprisma n <opt> (pl.: -en) • pentaprism; pentagonal prism
Dachkantprisma n <phot> • pentaprism; pentagonal prism
Dachkapazität f <el> (Antenne) • top-loading capacitance
Dachkappe f <kfz> (vorderster Spriegel eines Cabrioverdecks) • header bow; convertible top bow no. 1 :V
Dachkassettenplatte f <bau> • coffered roofing slab
Dachkehle f <bau> • valley
Dachkolben m <kfz.mot> • pent crown piston
Dachkollektor m <energ.sol> • rooftop collector
Dachkonsole f <kfz.innen> • overhead console; overhead consolette rare
Dachkonstruktion f <bau> • roof construction; roof structure
Dachlast f <tech.allg> (auf Gebäuden, Fahrzeugen) • roof load
Dachlaterne f <licht> • lantern light; roof lantern light; rooflight
Dachlatte f <bau> • roof batten; roofing batten
Dachlinie f <tech.allg> (z. B. von Autos) • roof line
Dachlüfter m <bahn> (Lok) • roof fan
Dachlüfter m <hlk> (allg.) • roof ventilator; stationary roof ventilator
Dachlüfter m <kfz> (in Caravandach) • rooflight; skylight
Dachluke f <bau> (in Dach oder Dachboden) • access trap
Dachluke f <bau> (zum Beladen) • loading hatch
Dachluke f <kfz> (in Caravandach) • rooflight; skylight
Dachmontage f <bau> (z. B. Antenne, Sat-Schüssel, Solarkollektor) • roof-mount
Dachneigung f <bau> • roof pitch; roof slope
Dachpappe f <bau.mat> • coated roofing felt; building board; building felt; roofing felt
Dachpappeneindeckung f <bau> • felt roofing
Dachpappennagel m <bau.mat> • felt nail; clout nail; roofing nail
Dachpfanne f <bau> • pantile
Dachpfanne f <bau> (S-förmiger Dachstein) • pantile
Dachpfette f <bau> • purlin; side waver
Dachpfosten m <kfz> (zwischen Gürtellinie und Dach) • pillar; post
Dachprisma n <tech.allg> • roof prism
Dachprismenführung f <wz.masch> (Schlitten) • inverted vee-guide
Dachprismenführung f <wz.masch> • slideway of inverted V-shape
Dachpyramide f <bau> • roof pyramid
Dachrahmen m <kfz> (verbindet A-, B- und C-Säule) • roof rail; cant rail GB
Dachrahmenverstärkung f <kfz> • roof rail reinforcement
Dachregion f <geo> • roof of a formation; roof rock

Dachreling f <kfz> • roof rails pl
Dachrinne f <bau> • eaves gutter
Dachrinnenheizung f <bau> • roof gutter heater; gutter de-icer
Dachrinnen- und Winkeleisen n <kfz.wz> (spez. Löffeleisen) • drip molding spoon
Dachrippenmesser n <agri> • ribroof knife; ridge knife
Dachrost m <verbr> • ridge grate; roof-shaped grate
Dachrostfeuerung f <verbr> • ridge-grate furnace
Dachsbeil n <wz.holz> • adze
Dachschale f <tech.allg> • roof shell
Dachschalung f <bau> • roof boarding; roof board; roof sheathing
Dachschicht f <min> • overlaying strata
Dachschiefer m <bau.mat> • roof slate; roofing slate
Dachschindel f <bau.mat> (jedes Material; z. B. Schiefer, Eternit, Blech, Holz) • roofing shingle; shingle pract
Dachschräge f <el> (unerwünschter Impuls-Kurvenverlauf) • pulse flatness deviation
Dachsieb n <verf> (Siebmaschinen) • roof-type panel; V-shaped panel
Dachsparren m <bau> • rafter
Dachspoiler m <kfz> • deflector vane
Dachspriegel m <kfz> (Verdeck) • roof bow
Dachstahltragwerk n <bau> • roof truss structure
Dachstrebe f <kfz> • roof brace
Dachstromabnehmer m <bahn> (E-Lok) • pantograph; current collector rare
Dachstuhl m <bau> (Holzkonstruktion) • roof timbering; roof frame work
Dachträger m <kfz> (z. B. für Koffer, Fahrrad, Ski, Kajak) • roof rack; roof carrier; roof top carrier; luggage rack; roof luggage rack
Dachträgerbrücke f <kfz> (Dachtraversen) • top carriers pl; carrying bars pl; roof bars pl Jaguar
Dachtragwerk n <bau> • roof structure
Dachtraufe f <bau> • eaves pl; eave rare
Dachtrennschalter m <el> • roof disconnector
Dachwehr n <bau.hydr> • roof weir; beartrap weir
Dachziegel m DIN 456 <bau.mat> (typ. aus gebranntem Ton) • roof tile; roofing tile
DAC-Palette f <edv> (Grafikkarte) • color lookup table (CLUT); color palette pract
Dacrometisierung f <obfl> • dacrometization US; dacrometisation GB
Dacron n ^TMDuPont <textil> • Dacron ^TMDuPont; Trevira n ^TMHoechst; Terylene ^TMICI; Diolen ^TM
Dacron-Netz n <med.tech> (Gefäßprothese) • dacron mesh
Dacron-Patch m <med.tech> • dacron patch graft
Dacron-Prothese f <med.tech> (alloplastische Gefäßprothese) • dacron graft; dacron prosthesis; PET-graft; polyester graft
DAE <el> • venting device :V
Dämmbeton m <bau.mat> (Gasbeton) • insulating concrete
Dämmeigenschaft f <mat> • insulating property
Dämmelement n <kfz> (allg.; jedes Schalldämmteil) • silencer
Dämmen n <akust> (Schall) • absorption
dämmen vt <bau> (akustisch, thermisch) • insulate vt
dämmend <bau.mat> (akustisch, thermisch) • insulating
Dämmerlicht n <licht> • subdued light
Dämmerung f <licht> • twilight
Dämmerungsbereich m <phot> • twilight region
Dämmerungseffekt m <navig.tele> • night effect; night error
Dämmerungslicht n <licht> • twilight
Dämmerungsschalter m <msr> (schaltet z. B. Straßenbeleuchtung ein) • daylight control

Dämmerungssehen n <opt> • mesopic vision; twilight vision

Dämmgrad m <akust> • absorptance

Dämmkissen n <mat> • insulating jacket

Dämmmasse f <mat> • insulating compound

Dämmmaterial n <bau.mat> (für Wärme, Schall; z. B. Mineralwolle) • insulation; insulating material; insulant

Dämmmatte f <bau.mat> • blanket insulator

Dämmpaket n <kfz> • noise attenuation package :V

Dämmplatte f <bau.mat> (aus Fasermaterial) • batt

Dämmplatte f <bau.mat> (steif; z. B. aus Hartschaum) • insulating board

Dämmputz m <bau.mat> • insulating plaster

Dämmschicht f <bau.mat> • insulating layer; insulating course

Dämmschichtbildner m <obfl> • intumescent paint

Dämmstoff m <bau.mat> (für Wärme, Schall; z. B. Mineralwolle) • insulation; insulating material; insulant

Dämmstoffplatte f <bau.mat> (aus Fasermaterial) • batt

Dämmstoffplatte f <bau.mat> (steif; z. B. aus Hartschaum) • insulating board

Dämmung f <bau.mat> (für Wärme, Schall; z. B. Mineralwolle) • insulation; insulating material; insulant

Dämmung f <phys> (von Wärme, Schall; abstrakt; Vorgang, Funktion) • insulation

Dämmzahl f <akust> • sound absorption coefficient; sound insulation coefficient

Dämmzahl f <phys> (allg.) • insulation coefficient

Dämmziegel m <bau.mat> • insulating brick

Dämmzopf m <bau.mat> • insulating rope

Dämpfanlage f <agri> • feed steamer

Dämpfanlage f <verf> • steaming plant

Dämpfapparat m <verf> • steamer

Dämpfegge f <agri> • steaming grid

Dämpfen n <holz> • steam-heating

Dämpfen n <textil> (Fixieren von Drucken oder Färbungen) • ageing; aging

Dämpfen n <verf> • steaming

dämpfen vt <akust> (Geräusche, Lärm) • silence vt; quiet vt

dämpfen vt <akust> (Lärm; durch physische Maßnahmen quasi ersticken) • muffle vt

dämpfen vt <av> (Lautstärke) • mute vt

dämpfen vt <el> (Oszillationen) • damp vt; damp down vt

dämpfen vt <el.chem> (Maxima) • suppress vt

dämpfen vt <masch> (puffern) • cushion vt; buffer vt

dämpfen vt <nahr> (Gemüse; z. B. Kartoffeln, Kohl) • steam vt

dämpfen vt <pap> (Vorbehandlung) • presteam vt

dämpfen vt <phys> (Schwingungen) • attenuate vt

dämpfen vt <phys> (Schwingungen, Stoß, Schlag) • absorb vt

dämpfen vt <textil> (altern) • age vt

dämpfen vt <verf> (in Dampfatmosphäre erhitzen; z. B. Holz) • heat in steam vt

dämpfender Werkstoff m EN 60947 <msr> (in Bezug auf Sensoren) • damping material EN 60947

Dämpfentwicklung f <textil> • age development

Dämpfer m <tech.allg> (Prallblech) • baffle plate; baffle

Dämpfer m <tech.allg> (allg.; Anschlag- oder Schwingdämpfung; mit Gummi, Feder o.ä.) • snubber; buffer rare

Dämpfer m <akust> (Schall allg.) • silencer; muffler; sound damper

Dämpfer m <bekl> (Helm) • protective padding; impact-absorbing liner; shock-absorbing liner; crushable liner

Dämpfer m ugs <kfz> (Radaufhängung) • shock absorber; shock coll; damper; shocker GB

Dämpfer m <masch> (mech.; betont: stoßabsorbierend) • absorber

Dämpfer m <masch> (Anschlaggummi; für Klappen und Deckel) • bumper

Dämpfer m <mech> (für mech. Schwingungen allg.) • damper; vibration absorber

Dämpfer m <mech> (für Schwingungen) • attenuator

Dämpfer m <mus> (auf Musikinstrument; z. B. auf Geige, in Trompete) • mute

Dämpfer m <textil> • steam ager; steamer; ager

Dämpferbein n <kfz> • damper strut

Dämpferbeinachse f <kfz> • damper strut suspension

Dämpferkäfig m <el> • squirrel cage

Dämpferkolben m <kfz> (im Stoßdämpfer) • working piston; damper piston

Dämpferpassage f <textil> • steaming

Dämpferrate f <kfz> • damping rate

Dämpferschraube f <kfz.mot> (oben am Deckel von SU- oder Stromberg-Vergaser) • damper screw

Dämpferstange f <kfz> (in Teleskopstoßdämpfer, Federbein) • shock absorber shaft; damper rod pract; shock rod jarg

Dämpferwicklung f <el> • damper winding

Dämpfglocke f <agri> • steaming cover

Dämpfkammer f <textil> • steam chamber

Dämpfkasten m <textil> • steaming box; steam box; cottage steamer

Dämpfkolonne f <verf> • steamer column; sterilization column

Dämpfschrank m <textil> (Leder) • mulling plant

Dämpf- und Pressmaschine f <textil> • steaming and pressing machine

Dämpfung f <tech.allg> (allg.; absichtlich oder unabsichtlich; z. B. von Schall, Signalen, Lich) • attenuation; damping

Dämpfung f <msr> (Aktivierung von Sensoren) • attenuation; damping

Dämpfung f <opt.lwl> (des Lichts in LWL) • loss; attenuation

Dämpfung f <phys> (mech.; absorbieren von Schwingungen, Stoß, Schlag) • absorption; attenuation

Dämpfung durch Luftreibung f <phys> • air friction damping

Dämpfung in Grundkörpern f <wz> • structural damping

Dämpfungsaufteilung f <tele> • attenuation allocation

Dämpfungsausgleich m <tele> • attenuation correction; attenuation equalization

Dämpfungsbelag m <el> • attenuation constant; attenuation per unit length

Dämpfungsblech n <kfz.brems> (gegen Bremsenquietschen) • silencer shim

Dämpfungsdekrement n <phys> (Schwingung) • damping decrement

Dämpfungsdekrement n <phys> • decay constant

Dämpfungsdraht m <av> (in Trinitron-Masken; horizontal) • damper wire

Dämpfungsdrossel f <phys> • damping restriction

Dämpfungseffekt m <mech> • damping effect

Dämpfungseinrichtung f <mech> (mechanisch) • damper; damping device

Dämpfungselement n <tech.allg> (z. B. Gummipuffer) • isolator

Dämpfungselement n <kfz> (Teil des Stoßfängers, insbes. US-Ausführung) • absorber

Dämpfungsentzerrer m <av> • attenuation equalizier

Dämpfungsentzerrer m <tele> • attenuation compensator

Dämpfungsfähigkeit f <mat> • damping capacity

Dämpfungsfahne f <el> • damper vane

Dämpfungsfaktor m <navig> • damping factor; attenuation factor; damping percentage

Dämpfungsfläche f <aerospace> • stabilizer

Dämpfungsfläche f <rls> (Strömung) • vane
Dämpfungsflosse f <nav> (Schiff) • damping fin
Dämpfungsflüssigkeit f <tech.allg> • damping liquid
Dämpfungsfrequenzgang m <el> • attenuation response; frequency response of attenuation
Dämpfungsfrequenzkurve f <el> • attenuation frequency curve
Dämpfungsfunktion f <phys> • attenuation function; damping function
Dämpfungsglied n <el> • attenuator; attenuator pad
Dämpfungsglied n <masch> (Unterdruckdose) • dashpot
Dämpfungsglied n <msr> • damper
Dämpfungsglied n <phys> • damping element
Dämpfungsglied n <tele> • resistive attenuator
Dämpfungsglimmer m <mat> • damping mica; antivibration mica
Dämpfungsgrad m <el> • attenuation ratio; damping ratio
Dämpfungskammer f <kfz.mot> (L-Jetronic) • cushioning volume
Dämpfungskennlinie f <el> • attenuation characteristic; attenuation curve
Dämpfungskoeffizient m <phys> • damping coefficient; attenuation coefficient
Dämpfungskörper m <msr> • damping element
Dämpfungskolben m <kfz> (im Stoßdämpfer) • working piston; damper piston
Dämpfungskolben m <kfz.mot> (in SU- oder Stromberg-Vergaser) • piston damper; damper piston; carburetor damper pract
Dämpfungskonstante f <navig> • damping factor; attenuation factor; damping percentage
Dämpfungskonstante f <phys> • attenuation constant; attenuation equivalent; attenuation factor; attenuation ratio; damping constant
Dämpfungskonstruktion f <petr> (Plattform) • damping system
Dämpfungskreis m <el> • damping circuit
Dämpfungslänge f <phys> • attenuation distance; attenuation length
Dämpfungsleistung f <phys> • damping capacity
Dämpfungsmagnet m <msr> • damping magnet
Dämpfungsmaß n <opt.lwl> (des Lichts in LWL) • loss; attenuation
Dämpfungsmaß n <phys> • attenuation constant; attenuation equivalent; attenuation factor; attenuation ratio; damping constant
Dämpfungsmesser m <msr> (dB-Messung) • attenuation measuring set; transmission measuring set; decremeter; decibel meter; attenuation meter
Dämpfungsmessung f <el> • attenuation test; attenuation measurement
Dämpfungsmoment n <aerospace> (Flugzeug) • damping torque
Dämpfungs-Nebensprechverhältnis n (ACR) <edv> • Attenuation-to-Crosstalk Ratio (ACR)
Dämpfungsplan m <tele> • transmission plan
Dämpfungsregler m <msr> • damping device; damper; attenuator
Dämpfungsschalter m <el> • attenuation switch
Dämpfungsschaltung f <el> • damping circuit
Dämpfungsschaltung f <tele> • attenuation network; anti-sidetone circuit
Dämpfungssteller m <el> • adjustable attenuator
Dämpfungsverbesserung f <edv> • attenuation improvement
Dämpfungsverbreiterung f <tele> • broadening by damping
Dämpfungsverhältnis n <phys> • damping ratio; relative damping; subsidence ratio

Dämpfungsverhältnis n <phys> (Schwingung) • decrement; subsidence ratio
Dämpfungsversteilerung f <el> • attenuation increase
Dämpfungsverzerrung f <av> • frequency distortion
Dämpfungsverzerrung f <el> • attenuation distortion; damping distortion
Dämpfungsvorrichtung f <masch> • damping device
Dämpfungswaage f <msr> • damped balance
Dämpfungswicklung f <el> • damper winding
Dämpfungswiderstand m <el> (abstrakt) • damping resistance; loss resistance
Dämpfungswiderstand m <el> (konkret) • damping resistor
Dämpfungszahl f <phys> • damping coefficient; attenuation coefficient
Dämpfungszeit f <phys> • attenuation time
Dämpfungszylinder m <masch> • dashpot cylinder
Dämpfverfahren n <textil> • steaming process; steam developing process
Dämpfzeit des Reglers f <msr> • regulator damping time
Dänisches Konzept n <energ.wind> • Danish concept
dagegenatmen vi <med.tech> (Beatmungsgerät) • fighting the ventilator
Daguerreotypie f <phot> • daguerreotype
dahinter angeordnet <verf> (in Strömungsrichtung dahinter) • downstream
Dahlander-Wicklung f <el> • Dahlander pole-changing winding
Daisy-Chain-Verkettung f <edv.av> • MIDI daisy chain network
DAK <navig> • dry tuned gyro (DTG); tuned rotor gyro
D/A-Konverter m <el> • digital-to-analog converter (DAC) US; digital-to-analogue converter GB; D/A converter
D/A-Konvertierung f <el> • digital-to-analog conversion; digital-analog conversion; D-to-A conversion; DA conversion
Dalapon n <chem.agri> • dalapon
Dalben m prakt <bau.hydr> (in den Hafengrund gerammte Pfahlgruppe) • pile dolphin; dolphin pract
Dalbenpfahl m <bau> • dolphin pile
Dalitz-Diagramm n <phys> • Dalitz plot
Dalitz-Plot n <phys> • Dalitz plot
Dalton'sches Gesetz n <phys> • Dalton's law; Dalton law of partial pressures
Daltonsches Partialdruckgesetz n <phys> • Dalton's law; Dalton law of partial pressures
DA-Lüfter-Front f <edv> • DA frontfan
DA-Lüfter Front f <edv> • DA frontfan
DA-Lüfter-Rückseite f <edv> • DA backfan
DA-Lüfter Rückseite f <edv> • DA backfan
Damastbindung f <textil> • damask weave
Damastwebstuhl m <textil> • damask loom
damaszieren vt <obfl.metall> • damascene vt
Damenhandtasche f <bekl> • pocketbook US; handbag GB; purse GB
Damenkonfektion f <bekl> (Abteilung im Kaufhaus) • ladies' wear department
Damenoberbekleidung fsg (DOB) <bekl> • ladies' outerwear sg
Damenrad n <fz> (Fahrrad) • ladies' bicycle
Damen-Rahmen m DIN ISO 8090 <fz> (Fahrrad) • lady's frame ISO 8090
Damenrasierer m <hygi> • lady shaver
Damenunterwäsche f <bekl> • lingerie sg; ladies' underwear
Damm m <tech.allg> (jede Art) • dam
Damm m <bau> (weniger hoch als ein Deich; an Fluss, Bewässerungsfläche, Reisterrasse) • levee
Damm m <bau> (zur Um- od. Begrenzung von etwas; typ. aus Erde) • dam; embankment

Damm *m* <bau> *(als Wellenbrecher oder Pier)* • mole; jetty; harbor mole

Damm *m ugs* <bau.hydr> *(Küstenschutz)* • dike; dyke

Damm *m ugs* <energ.hydr> • dam structure :V

Damm *m* <min> • stopping

Dammar *m* <kunst> • dammar; dammar gum; dammar resin

Dammarharz *n* <kunst> • dammar; dammar gum; dammar resin

Dammauflager *n* <bau> *(Straße)* • fill base

Dammaufnahme *f* <agri> • ridge lifting

Dammbalken *m* <energ.hydr> • stop log; stoplog; bulkhead

Dammbalkenschlitz *m* <energ.hydr> • stop log slot; stop log recess

Dammbalkenverschluss *m* <energ.hydr> • stop log; stoplog; bulkhead

Dammbau *m* <bau> *(Straße)* • embankment construction; embanking

Dammbruch *m* <bau> *(allg.)* • dam break

Dammdrillmaschine *f* <agri> • ridge drill

Dammfuß *m* <bau> • dam toe

Dammhöhe *f* <bau> • dam height

Dammkern *m* <bau> • core wall

Dammkörper *m* <bau> • dam embankment

Dammkrone *f* <bau> • dam crest

Damm mit einseitiger Steinschüttung *m* <bau> • composite rock-fill dam

Dammriff *n* <geo> • barrier reef

Dammsaat *f* <agri> • ridge drilling

Dammschüttung *f* <bau> *(Vorgang)* • embanking

Dammschüttung *f* <bau> *(Straße)* • earthfill; embankment

Dammstraße *f* <bau> • causeway

Dammtafel *f* <energ.hydr> • stop log; stoplog; bulkhead

Dammwalze *f* <bau.masch> • ridge roller

Dampf *m* <tech.allg> *(allg.)* • vapor US; vapour GB

Dampf *m ugs* <phys> *(sichtbar, z. B. als Wolke)* • wet steam; water vapor US; water vapour GB; steam coll

Dampf *m ugs* <phys> *(unsichtbar)* • steam; water vapor US; water vapour GB

Dampfabblasrohr *n* <rls> • exhaust-steam blow-off pipe; exhaust-steam pipe; steam blow-off pipe; waste-steam blow-off pipe

Dampfabführstutzen *m* <rls> • steam offtake connection

Dampfabgangsventil *n* <rls> • eduction valve

Dampfablassrohr *n* <rls.emiss> • waste-steam pipe; exhaust-steam pipe

Dampfabscheider *m* <verf> *(Wasserdampf)* • steam separator

Dampfabscheider *m* <verf> *(Dämpfe allg.)* • vapor separator US; vapour separator GB

Dampfabsperrorgan *n* <rls> • steam shut-off device

Dampfabsperrventil *n* <rls> • steam isolation valve; steam stop valve rare

Dampfabstreifer *m* <verf> • steam stripper

Dampfabstreiferkolonne *f* <verf> • steam stripping column

dampfangetrieben <tech.allg> *(z. B. Lokomotive, Schiff)* • steam-driven

Dampfantrieb *m* <tech.allg> • steam drive

Dampfaschenwinde *f* <förd> • steam ash hoist

Dampfaufmachen *n* <energ> • steam raising

Dampfauslassohr *n* <rls.emiss> • waste-steam pipe; exhaust-steam pipe

Dampfauslassseite *f* <turb> • exhaust-port side

Dampfaustrittskanal *m* <turb> • exhaust-steam passage

Dampfaustrittsöffnung *f* <verf> • steam exhaust port

Dampfaustrittsperiode *f* <masch> *(Kolbendampfmaschine)* • steam exhaust period

Dampfaustrittsrohr *n* <rls.emiss> • waste-steam pipe; exhaust-steam pipe

Dampfautoklav *m* <verf> • steam autoclave

dampfbehandelt <mat> *(vernetzt, ausgehärtet durch Dampf; z. B. Beton)* • steam-cured

Dampfbehandlung *f* <bau> *(Beton)* • steam curing; atmospheric pressure curing; low pressure curing

Dampfbehandlung *f* <textil> • steaming

Dampfbehandlung mit Chemikalien *f* <textil> *(Bleichen)* • steam chemicking

dampfbeheizt <hlk> • steam-heated

dampfbeheizter Luftvorwärmer *m* <rls> • steam-coil air heater

dampfbeständig <qualit.mat> • steam-proof; vapor-proof

Dampfbetrieb *m* <fz> *(z. B. Lokomotive, Schiff)* • steam operation

dampfbetrieben <fz> *(Lokomotive, Schiff)* • steam-powered; steam-driven

Dampfbildung *f* <phys> *(Wasserdampf)* • steam formation

Dampfbläser *m* <bahn> *(Lokomotive)* • steam ejector

Dampfblase *f* <tech.allg> *(z. B. in Kraftstoffleitung, Bremsleitung)* • steam bubble; vapor bubble

Dampfblase *f* <phys> *(z. B. Kavitation bei Wasserturbinen)* • vapor-filled cavity

Dampfblasenbildung *f* <kfz> *(blockiert Kraftstoffleitungen)* • vapor lock US; fuel vapor lock US; fuel vapour lock GB; vapour lock GB

Dampfblasenbildung *f* <therm> • vaporous cavitation

Dampfblasenstrahl *m* <edv> • bubble jet

Dampfbremse *f* <bau.mat> *(Material; im Ggs. zu Dampfsperre)* • vapor-retarder US; vapour-retarder GB

Dampfbügeleisen *n* <textil> • steam iron

Dampfdehnung *f* <phys> • steam expansion

Dampfdekatur *f* <textil> • steam blowing

Dampfdestillation *f* <chem.phys> • steam distillation

Dampfdiagramm *n* <therm> • steam diagram; Mollier diagram for steam

dampfdicht <tech.allg> • steam-tight

dampfdicht <bau> • vapor-tight

Dampfdichte *f* <phys> • vapor density

Dampfdom *m* <bahn> *(Dampflokomotive)* • steam dome

Dampfdrosselung *f* <energ> • steam throttling

Dampfdruck *m* <tech.allg> *(Wasserdampf; heiß)* • steam pressure

Dampfdruck *m* <tech.allg> *(Dämpfe allg.; jede Temp.)* • vapor pressure

Dampfdruck *m* <phys> *(im Gleichgewicht mit der flüssigen Phase)* • vapor pressure; steam pressure; vapor tension

Dampfdruckausgleichsöffnung *f* <bau> *(in Fenstern)* • ventilation slot :V; glass rebate ventilation :V; glazing rebate ventilation :V

Dampfdruckausgleichsstanzung *f* <bau> *(in Fenstern)* • ventilation slot :V; glass rebate ventilation :V; glazing rebate ventilation :V

Dampfdruckdiagramm *n* <therm> • vapor-pressure diagram

Dampfdruckerniedrigung *f* <energ.therm> • vapor-pressure lowering

Dampfdruckkurve *f* <therm> • steam line; steam pressure line; vapor-pressure curve; vapor-pressure diagram

Dampfdruckminderventil *n* <rls> • steam pressure reducer; steam pressure reducing valve; steam-reducing valve

Dampfdruckpumpe *f* <masch> • pulsometer pump; pulsometer steam pump

Dampfdruckregler *m* <msr> • steam pressure regulator

Dampfdrucksterilisator *m* <med.tech> • autoclave sterilizer

Dampfdruckthermometer n <msr> • vapor-pressure thermometer

Dampfdrucktopf m <gastr> • pressure cooker

Dampfdüse f <masch> • steam nozzle

Dampfdynamo m <el> *(historisch)* • steam dynamo

Dampfeinlassbüchse f <masch> *(Kolbendampfmaschine)* • steam chest

Dampfeinlassventil n <rls.turb> • admission steam valve; steam supply valve; steam inlet valve

Dampfeinlassventil n <turb> *(Dampfturbine)* • controlling steam valve; controlling valve

Dampfeinspeisesystem n <kfz> *(zur Leistungssteigerung)* • steam injection system

Dampfeinströmlinie f <turb> • steam admission line

Dampfeintrittskanal m <turb> • admission steam port

Dampfeintrittsrohr n <rls> *(z. B. zu einer Dampfturbine)* • supply steam pipe

Dampfeintritts- und -austrittskanal m <rls> *(allg.)* • steam admission and exhaust port

Dampfeintrittsventil n <rls.turb> • admission steam valve; steam supply valve; steam inlet valve

dampfen vi <tech.allg> • steam vi; emit steam vi

Dampfentfettung f <obfl> • vapor degreasing

Dampfentladungslampe f <licht> • vapor discharge lamp

Dampfentlüfter m <masch> • steam deaerator

Dampfentnahme f <turb> *(Dampfturbine)* • steam offtake; steam extraction

Dampfentnahme f <verf> • bleeding

Dampfentnahmestutzen m <turb> • steam offtake connection

Dampfentnahmeventil n <turb> • steam supply valve

Dampfentöler m <masch> • oil separator

Dampfer m <nav> • steamer; steamship

dampferhärtet <bau.mat> *(Beton)* • steam-cured

Dampferzeuger m <energ> *(in Wärmekraftwerk)* • steam generator; boiler

Dampferzeugereintrittsleitung f <tech.allg> *(allg.)* • steam generator inlet pipe

Dampferzeugereintrittsleitung f <energ.nukl> *(nur bei Geradrohr-DE; spazierstockähnlich)* • sugar cane B&W

Dampferzeuger mit Zwangsdurchlauf m <energ> *(Geradrohr- od. U-Rohr-DE)* • once-through steam generator (OTSG)

Dampferzeugerwirkungsgrad m <energ> • steam generator efficiency

Dampferzeugung f <energ> • steam generation

Dampferzeugungsanlage f <energ> • steam-generating plant

Dampffeuerlöschanlage f <feuer> • steam fire-extinguishing plant

Dampffeuerlöschleitung f <feuer> • steam smothering line

Dampffeuerlöschung f <feuer> • steam fire-extinguishing; steam smothering

dampfflüchtig <phys> • steam-volatile

dampfförmig <phys> • vaporous

dampfförmige Phase f <phys> • vapor phase

dampfförmiger Zustand m <phys> • vapor state

dampfförmiges Kältemittel n <hlk> • refrigerant vapor US; vapor refrigerant

Dampfgefäß n <verf> • steam autoclave

Dampfgesenkschmiedehammer m <wz.masch> *(historisch)* • steam drop; steam drop stamp

dampfgetrocknet <verf> • steam-dried

Dampfgrenzkurve f <therm> • steam-limit curve

Dampfhärtung f <bau> *(von Beton)* • steam curing; autoclaving

Dampfhals m <chem> • riser tube

Dampfhammer m <bau.masch> *(hist.)* • steam hammer

Dampfhammer m ugs <kfz> *(großvolumiges Einzylinder-Motorrad)* • big banger coll

Dampfheizmantel m <verf> • steam-heated jacket

Dampfheizschlange f <verf> • steam coil; steam heating coil

Dampfheizung f <hlk> • steam heating

Dampfheizungsrohr n <hlk> • steam pipe; steam heating pipe

Dampfheuler m <nav> • steam hailer

dampfhydraulisch <masch> • steam-hydraulic

Dampfkalorimeter n <msr> • steam calorimeter

Dampfkammer f <masch> • steam chamber

Dampfkanal m <masch> *(Öffnung)* • steam port

Dampfkanal m <rls> *(Leitung)* • steam passage

Dampfkasten m <masch> • steam chest; steam box; steam case

Dampfkavitation f <therm> • vaporous cavitation

Dampfkessel m <rls> • steam boiler

Dampfkesselarmaturen fpl <rls> • steam-boiler fittings; boiler fittings

Dampfkesselmanometer n <msr> • steam-boiler gauge; boiler gauge

Dampfknetwerk n <silik> *(z. B. für Lehm)* • pug

Dampfkolbenpumpe f <masch> • steam pump; steam-driven pump

Dampfkolbenventil n <rls> • steam piston valve

Dampfkondensat n <tech.allg> *(Wasserdampf)* • steam condensate

Dampfkracken n <chem.petr> • steam cracking; hydrocracking

Dampfkraftanlage f <energ> • steam power plant US; steam power station GB

Dampfkraftwerk n <energ> • steam power plant US; steam power station GB

Dampfkreislauf m <energ> • steam power cycle

Dampfkühler m <rls> • desuperheater

Dampfleistung f <rls> *(Dampferzeuger)* • steam output; steam-raising capacity

Dampfleitung f <rls> • steam line; steam conduit

Dampflöffelbagger m <bau.masch> *(hist.)* • steam shovel

Dampflok f ugs <bahn> • steam locomotive; steamer coll

Dampflok für den Forstbetrieb f <bahn> • logging engine

Dampflokomotive f <bahn> • steam locomotive; steamer coll

Dampfluftpumpe f <masch> • steam air pump

Dampfmachen n <led> • tempering

Dampfmantel m <verf> • steam jacket

Dampfmaschine f <masch> • steam engine

Dampfmaschine mit kombinierten Dämpfen f <masch> • binary vapor engine

Dampfmaschine mit Schiebersteuerung f <masch> *(z. B. Dampflokomotive)* • steam engine with slide valve

Dampfmaschine mit Umsteuerung f <masch> *(z. B. Dampfschiff)* • reversing steam engine

Dampfmaschine mit Ventilsteuerung f <masch> • steam engine with drop valve gear

Dampfmaschinen-Generator-Satz m <energ> • steam-electric generating set

Dampfmaschinensteuerung f <masch> • steam-engine control gear

Dampfmaschine ohne Expansion f <masch> • steam engine working without expansion

Dampfmaschine ohne Kondensation f <masch> • non-condensing steam engine

Dampfmenge f <tech.allg> • amount of steam

Dampfmenge f <therm> • quantity of steam

Dampfmengenmesser *m* <msr> • steam gauge; steam meter

Dampfmesser *m* <msr> • steam gauge; steam meter

Dampföffnung *f* <tech.allg> • steam port

Dampfphase *f* <therm> • vapor phase

Dampfphasekracken *n* <chem.petr> • vapor-phase cracking

Dampfphasenchromatographie *f* <chem> • vapor-phase chromatography

Dampfphaseninhibitor *m* <obfl> • vapor-phase inhibitor (VPI)

Dampfpinne *f* <nav> • steam tiller

Dampfplissieren *n* <textil.prod> • steam pleating

Dampfprahm *m* <nav> • steam lighter

Dampfpumpe *f* <masch> • pulsometer steam pump; pulsometer pump; steam pump

Dampfpunkt *m* <phys> • steam point

Dampframme *f* <bau.masch> • steam hammer; steam pile driver

Dampfraum *m* <verf> *(Wasserdampf)* • steam chamber; steam chest; steam space

Dampfraum *m* <verf> *(Dämpfe allg.)* • vapor chamber

Dampfregelventil *n* <rls> • steam-regulating valve

Dampfregister *n* <rls> • steam battery

Dampffreibungsarbeit *f* <therm> • steam friction work

Dampfreiniger *m* <verf> • steam purifier

Dampfreinigung *f* <obfl> • steam cleaning

Dampfreinigung *f* <verf> • steam purification

Dampfreinigungssieb *n* <verf> • steam strainer

Dampfrohr *n* <rls> • steam pipe

Dampfrudermaschine *f* <nav> • steam steering gear

Dampfsammler *m* <bahn> *(Dampflokomotive)* • steam collector; steam dome

Dampfsammler *m* <verf> *(Dampfkessel allg.)* • steam accumulator; steam receiver; steam collector; steam drum

Dampfschieber *m* <masch> • steam slide valve

Dampfschiff *n* <nav> • steamship; steamer

Dampfschlange *f* <verf> • steam coil

Dampfschleierfeuerung *f* <verbr> • steam-fan furnace

Dampfschmierapparat *m* <tribo> • steam lubrication apparatus

Dampfsieb *n* <verf> • steam strainer

Dampfspannung *f* <phys> *(im Gleichgewicht mit der flüssigen Phase)* • vapor pressure; steam pressure; vapor tension

Dampfspannungsthermometer *n* <msr> • vapor-pressure thermometer

Dampfspeicher *m* <tech.allg> *(z. B. Dampferzeuger, Papierfabrik)* • steam accumulator

Dampfspeicherlokomotive *f* <bahn> • fireless steam locomotive

Dampfspeisepumpe *f* <masch> *(für Dampfkessel)* • steam feed pump

Dampfsperre *f* <tech.allg> • baffle plate; baffle

Dampfsperre *f* <bau.mat> *(Material)* • vapor barrier *GB*; vapor-barrier *US*

Dampfsterilisation *f* <med> • steam sterilization

Dampfstoßverfahren *n* <kst> • steam-molding process

Dampfstrahl *m* <tech.allg> • steam jet

dampfstrahlbetrieben <tech.allg> • steam-jet-operated

Dampfstrahlbrenner *m* <verbr> • steam-jet burner

Dampfstrahlejektor *m* <bahn> *(Lokomotive)* • steam-jet ejector; steam-operated ejector

Dampfstrahlen *n* DIN EN ISO 4618 <obfl> • steam cleaning ISO 4618-3

Dampfstrahlgebläse *n* <masch> • steam-jet blower

Dampfstrahlinjektor *m* <masch> • steam-jet injector

Dampfstrahlkälteanlage *f* <hlk> • steam-jet refrigeration system

Dampfstrahlkühlung *f* <hlk> • steam-jet refrigeration

Dampfstrahlpumpe *f* <förd> *(speziell zur Kesselspeisung)* • injector; steam injector

Dampfstrahlpumpe *f* <masch> *(allg.)* • steam jet pump; steam ejector; steam-jet ejector; steam-jet pump; steam-jet vapor pump

Dampfstrahlreinigung *f* <obfl> • steam cleaning ISO 4618-3

Dampfstrahlverdichter *m* <masch> • ejector assembly; steam-jet ejector assembly

Dampfstrippen *nsg* <ents> *(von kontaminiertem Erdreich)* • steam stripping

Dampfstutzen *m* <rls> *(Ein- oder Auslass)* • steam connection; steam nozzle

Dampfsublimation *f* <phys> • sublimation in steam

Dampftabelle *f* <therm> • steam table

Dampftemperaturregelung *f* <msr> • steam temperature control

Dampftraktion *f* <bahn> • steam traction

Dampftrockenfarbe *f* <druck> • steam-set ink

Dampftrockentrommel *f* <textil> • steam-heated can; steam-heated can cylinder; steam-heated cylinder

Dampftrockenzylinder *m* <textil> • steam-heated can; steam-heated can cylinder; steam-heated cylinder

Dampftrockner *m* <verf> *(Wasserdampf)* • steam drier; steam drying apparatus

Dampftrockner *m* <verf> *(Dämpfe allg.)* • vapor drier

Dampfturbine *f* DIN 4304 <turb> • steam turbine

Dampfturbinenöl *n* <tribo> • steam turbine oil

Dampfturbinenprozess *m* <therm> • steam turbine cycle

Dampfturbogebläse *n* <masch> • steam-driven turbo-blower

Dampfturbosatz *m* DIN 4304 <energ> • steam turbine generator set

Dampfüberdruck *m* <therm> • steam pressure above atmospheric

Dampfüberhitzer *m* <energ> *(Dampfkessel)* • steam superheater

Dampfüberhitzung *f* <therm> • steam superheating

Dampfumsteuerung *f* <masch> • steam-reversing gear

dampfundurchlässig <qualit.mat> • steam-tight; vapor-tight

Dampfung *f* <verf> • steaming

Dampfventil *n* <rls> • steam valve

Dampfverbrauchsmesser *m* <msr> • steam consumption meter

Dampfversorgung *f* <tech.allg> • steam supply; steem feed

Dampfverteilungskanal *m* <masch> *(z. B. Kolbendampfmaschine)* • steam distribution passage

Dampfvorwärmer *m* <verf> • steam pre-heater

Dampfvulkanisation *f* <kst> *(Gummi)* • steam curing; steam vulcanization

Dampfwalze *f* <bau.masch> *(hist.)* • steam roller

Dampfweg *m* <rls> *(Leitung)* • steam passage

Dampfwinde *f* <förd> • steam winch; steam windlass

Dampfzählrohr *n* <nukl> • steam-filled counter tube

Dampfzerstäuber *m* <verf> • steam atomizer

Dampfzuführung *f* <tech.allg> • steam supply; steem feed

Dampfzufuhr *f* <tech.allg> • steam supply; steem feed

Dampfzufuhr *f* <prod> *(in den Knet-Disperger)* • feed of steam

Dampfzuleitung *f* <tech.allg> • steam supply line; steam feed line

Dampfzustand *m* <phys> • vapor state

Dampfzutritt *m* <tech.allg> *(z. B. Dampfturbine)* • steam admission

Dampfzylinder *m* <masch> • steam cylinder

Dampfzylinderöl *n* <tribo> • steam-cylinder lubricating oil; steam-cylinder oil

Danforth-Anker *m* <nav> • Danforth anchor

Daniell-Element *n* <phys> • Daniell cell

Danksagung *f* <doku> • acknowledgement

dann und nur dann, wenn <math> • if and only if (iff)

DAO <edv> • disc at once (DAO) *US.GB*

Daphne mezereum <bio> • mezereon; Daphne mezereum

Dardik-Prothese *f* <med.tech> *(Gefäßersatz)* • human umbilical cord vein allograft (HUVAG); umbilical vein graft; umbilical cord vein; umbilical vein; Dardik graft *rare*

Dardiksche Prothese *f rar* <med.tech> *(Gefäßersatz)* • human umbilical cord vein allograft (HUVAG); umbilical vein graft; umbilical cord vein; umbilical vein; Dardik graft *rare*

Dargebot *n* <tech.allg> *(verfügbare Wassermenge)* • water resources

Darlingtonschaltung *f* <el> • Darlington connection; darlington [configuration]

Darmsaite *f* <mus> • catgut string

Darre *f* <agri> *(allg.)* • drying room; drying chamber

Darre *f* <agri> *(für Hopfen)* • hop drying kiln

Darre *f* <agri> *(Trockner für Hopfen od. Malz)* • oast; oasthouse

Darre *f* <holz> • seed extractory; cone extractory

Darre *f* <nahr> *(für Malz)* • malt drying kiln; malt kiln

Darren *n* <textil> *(Seide)* • baking the cocoon

darren *vt* <nahr> *(im Trockenofen)* • desiccate *vt*; kiln-dry *vt*; dry *vt*

darren *vt* <nahr.verf> *(mit großer Hitze)* • torrefy *vt*; kiln *vt*

Darrhaus *n* <agri> *(Trockner für Hopfen od. Malz)* • oast; oast-house

Darrhorde *f* <agri> • kiln floor

Darrieus-Rotor *m* <energ.wind> *(ein VAWK)* • Darrieus rotor; troposkien type rotor *thsc*; eggbeater *coll*

Darrmalz *n* <nahr> • kiln-dried malt

Darrmasse *f* <tech.allg> *(z. B. bei Nahrung, Papier)* • moisture-free weight

Darrmasse *f* <pap> • dry wood weight

Darrofen *m* <verf> • kiln drier; drying kiln

Darrtemperatur *f* <nahr> • kiln temperature

darrtrocken <tech.allg> *(z. B. Lebensmittel, Textilien)* • oven-dry

Darrtrockenreißkraft *f* <textil> • kiln-dry strength

Darrtrommel *f* <verf> • kilning drum

darstellen *vt* <allg> *(stehen für etw.)* • represent *vt*

darstellen *vt* <chem> *(Verbindung, Reaktionsprodukt)* • prepare *vt*

darstellen *vt* <doku> *(als Text, Bild präsentieren)* • display *vt*; show *vt*

darstellen *vt form* <edv> *(Daten etc. auf dem Bildschirm)* • display *vt*; show *vt coll*

darstellen *vt rar* <edv> • render *vt*; smoothen *vt*; shade *vt*

darstellende Geometrie *f* <doku> • descriptive geometry

Darstellung *f* <chem> *(von bestimmten Substanzen, Präparaten)* • preparation

Darstellung *f* <chem.verf> *(Separierung, Produktion einer einzelnen Substanz)* • isolation; preparation

Darstellung *f DIN ISO 10209-2* <doku> • representation *ISO 10209-2*

Darstellung *f rar* <doku> *(in Dokument; z. B. Grafik, Foto)* • figure (fig.)

Darstellung *f* <doku> *(z. B. von vorn, hinten, rechts, links, oben, unten)* • view

Darstellung *f* <doku> *(System grafischer Symbole und Zeichen)* • notation

Darstellung im Schnitt *f* <doku> • sectional view

Darstellungsattribut *n* <edv> • primitive attribute

Darstellungselement *n* <edv> *(grundlegende Bildelemente; z. B. Punkt, Linie, Quadrat, Kreis, Würfel)* • primitive; output primitive; graphic primitive; display element

Darstellungsfeld *n norm.IBM* <edv> *(3D-Grafik)* • viewport; view *coll*; view window *rare*

Darstellungsgerät *n* <edv> • graphics device; presentation device

Darstellungsgruppe *f* <edv> *(als Einheit zusammengefasste Bildelemente)* • display group; segment; block

Darstellungsindex *m DIN 8805* <edv> *(Attribut)* • view index *ISO 8805*

Darstellungslogik *f* <edv> *(auf Grafikkarten)* • look-up table digital-to-analog converter (LUT-DAC)

Darstellungsmatrix *f* <doku> • chart matrix

Darstellungsmethode *f* <chem> *(von Verbindungen, Reaktionsprodukten etc.)* • method of preparation; preparative method

Darstellungsschicht *f* <tele> *(OSI-Modell)* • presentation layer

Darstellungstabelle *f DIN 8805* <edv> • view table *ISO 8805*

Darstellungsweise *f* <doku> • representation

Darstellungsweise *f* <edv> • notation

DA-Schaltnetzteil *n* <edv> • DA power module

Dasselbeule *f* <led> *(Hautfehler)* • warble lump

Dasselfliege *f* <bio/led> • warble fly

Dassellarve *f* <bio/led> • warble grub

Dassellarvenloch *n* <led> • warble grub boil; warble hole; grub boil; grub damage; warble fly damage

Dasselschaden *m* <led> • warble grub boil; warble hole; grub boil; grub damage; warble fly damage

DA-Stromversorgungsmodul *n* <edv> • DA power module

Dasymeter *n* <msr> • dasymeter

DAT <edv> • digital audio tape (DAT); DAT tape

Data-Acquisition-Card *f* <edv.msr> *(mit mehreren Ein- und Ausgängen für Messaufgaben)* • data acquisition card

Data Cartridge *f* <edv> *(zur Datensicherung)* • data cartridge; magnetic tape cartridge; streamer cartridge; tape cartridge

Data-Cartridge *f* <edv> • standard cartridge; standard data cartridge; data cartridge

Data Communications Equipment *n* (DCE) <edv> • Data Communications Equipment (DCE)

Data Decrement-Controller *m* <el.mus> • data decrement

Data Entry-Regler *m* <av.edv> *(zur Dateneingabe)* • slider; data entry slider

Dataglove *m prakt* <edv> • data glove

Data Increment-Controller *m* <edv.av> *(MIDI)* • data increment

Data-Interleaving *n* <edv> • data interleaving

Datalogger *m* <msr> • data logger

DATA MiniDisc *f* (MD) <edv> • DATA MiniDisc (MD); MiniDisc

Data Mining *n prakt* <edv> • knowledge discovery in databases (KDD); data mining *pract*

Dataphone Digital Service *m* (DDS) *AT&T* <edv> • Dataphone Digital Service (DDS) *AT&T*

Data Set Ready (DSR) <edv> *(RS 232-Signal)* • Data Set Ready (DSR)

Datasuit *m* <edv> • data suit

DAT-Band *n* (DAT) <edv> • digital audio tape (DAT); DAT tape

DAT-Bandlaufwerk *n rar* <edv> *(zur Datensicherung)* • DAT drive; DAT streamer; DAT data streamer; DAT device; DAT unit

Datei *f* <edv> *(gespeicherte Dateneinheit; z. B. eine Textdatei text.doc)* • file; data file

Dateiabtastfunktion f <edv> • file scan function; file scanning function
Dateiabtastung f <edv> • file scanning
Dateiaktualisierung f <edv> • file updating
Dateianfangskennsatz m <edv> • beginning-of-file label; file header label
Dateianordnung f DIN <edv> • file system; file structure ECMA
Dateiarchivnummer f <edv> • file serial number
Dateiattribut n <edv> (z. B. System, versteckt, nur Lesen) • file attribute; attribute pract
Dateiausdruck m <edv> • printed file
Datei-Backup n <edv> • back-up file; file back-up [copy]
Dateibearbeitung f <edv> • file processing
Dateibelegungstabelle f <edv> • file allocation table (FAT)
Dateibereich m <edv> • file area
Dateibeschreibung f <edv> • file description
Dateibeschreibungssprache f <edv> • file description language
Dateibestandsmaske f <edv> • file mask
Dateibezeichnung f <edv> • file identification
Dateibezugsnummer f <edv> • file reference number
Dateiende n <edv> • file end; end of file
Dateiendeanzeiger m <edv> • last record indicator; end-of-file indicator
Dateiendeaufzeichnung f <edv> • end-of-file record
Dateiendekennsatz m <edv> • end-of-file label; end-of-file marker; file trailer label; EOF marker; EOF label pract
Dateiendemarke f prakt <edv> • end-of-file label; end-of-file marker; file trailer label; EOF marker; EOF label pract
Dateienverbund m <edv> • file combination
Dateierstellung f <edv> • file creation; file generation
dateierzeugendes Programm n <edv> • file generator
Dateifolgenummer f <edv> • file sequence number
Dateiformat n <edv> • file format
Datei-Header m <edv> • file header
Dateiinhalt m <edv> • file contents
Dateikennsatz m <edv> • file label
Dateikennzeichnung f <edv> • file designation; file identification
Dateikontrolle f <edv> • file checking
Dateikonvertierung f <edv> • file conversion
Dateimanager m <edv> • file maintenance utility
Dateimaske f <edv> • file mask
Datei mit mehreren Datenträgern f <edv> • multivolume file
Dateiname m <edv> • file name; file identifier
Dateinameerweiterung f <edv> • file-name extension
Dateinummer f <edv> • file reference number; data-set number rare
Datei ohne Kennsätze f <edv> • unlabelled file
Dateiorganisation f <edv> • file organization
Dateipflege f <edv> • file maintenance
Dateiprotokoll n <edv> • file protocol
Dateischreibring m <edv> • file protect ring
Dateischutz m <edv> • file protection
Dateischutz über Kennwort <edv> • password protection
Dateisicherheit f <edv> • file security
Dateisicherungskopie f <edv> • back-up file; file back-up [copy]
Datei-Speicherverwaltungstabelle f <edv> • file allocation table (FAT)
Dateisperrung f <edv> • file locking
Dateistruktur f <edv> • file structure
Dateisuche f <edv> • file scan; file search
Dateisystem n <edv> • file system; file structure ECMA
Dateityp m <edv> • file type
Dateiumwandlung f <edv> • file conversion

Dateiverarbeitung f <edv> • file processing
Dateiverriegelung f <edv> • file locking
Dateiverwaltung f <edv> • file management; file handling
Dateiverwaltungsprogramm n <edv> • file manager
Dateiverzeichnis n <edv> (eines Datenträgers; z. B. Festplatte) • directory
Dateivorspann m <edv> • file header
Dateiwartungsprogramm n <edv> • file maintenance utility
Dateizugriff m <edv> • file access
Dateizugriffszeit f <edv> (Summe aus Befehlsverarbeitungszeit, Positionerzeit und Übergabezeit) • access time; file access time; data access time
Dateizuordnungstabelle f (FAT) <edv> • file allocation table (FAT)
Daten pl DIN 44300 <tech.allg> (betont: einzelne Angaben; in bel. Form) • data pl
Daten pl <tech.allg> (betont: Datenmenge als Gesamteinheit) • data sg
Daten pl rar <doku> (dokumentiert, protokolliert; z. B. von Geschäftsvorgängen, Laborwerten) • records; books and records; notes
Datenablage f <doku> • data filing; filing of data
Datenabruf m <edv> • data polling; polling of data
Datenabtastsystem n <el> • data sampling system
Datenabwurf m <el.mus> (Speicherinhalt) • dump
Datenadresse f <edv> • data address
datenadressiert <edv> • data-addressed
Datenalarmschalter m <edv> • data alarm switch
Datenanforderung f <edv> • data request
Datenanzug m rar <edv> • data suit
Datenarchivierung f <edv> • data archiving; archiving
Datenaufbereitung f <tech.allg> • data preparation
Datenauflösung f <edv> • data resolution
Datenaufteilung f <edv> • data striping
Datenaufzeichnung f <edv> (Vorgang; z. B. auf Band, Festplatte) • data storage; storage
Datenausgabe f <edv> • data output
Datenausgabegerät n <edv> • data terminal
Datenausgabekanal m <el> • data output channel
Datenausgang m <edv> • data output
Datenausgangsleitung f <edv> • bus-out
Datenaustausch m <edv> • data interchange; data exchange; information interchange
Datenauswahl f <tech.allg> • data selection
Datenauswerter m <tech.allg> • data evaluator
Datenauswertung f <edv> • data evaluation; data interpretation
Datenautobahn f <tele> • information superhighway (Iway); data superhighway; Information Highway; electronic highway; Information Autobahn rare
Datenbank f <edv> (Datenbasisdateien und zugehörige Datenbankmaschine) • data bank
Datenbankabfragesprache f <edv> • query language
Datenbank aktualisieren <edv> • update the database
Datenbankindex m <edv> • data base index
Datenbankmaschine f <edv> (Kern einer Datenbank) • database engine
Datenbankrechner m <edv> • data base computer
Datenbankschlüssel m <edv> • data base key
Datenbanksprache f <edv> • data base language
Datenbanksystem n <edv> • data base system
Datenbankverbundsystem n <edv> • data base combination system
Datenbankverwaltungsprogramm n <edv> • data base manager
Datenbankverwaltungssystem n (DBMS) <edv> • data base management system

Datenbasis *f* <edv> *(enthält die Datendateien einer Datenbank)* • data base

Datenbasisdatei *f* <edv> *(enthält die Daten einer Datenbank)* • data base file

Datenbegrenzungszeichen *n* <edv> • data limiter

Datenbereich *m* <edv> • data area

Datenbereitstellung *f* <edv.logist> • data delivery

Datenbezeichner *m* <edv> • data identifier (DI)

Datenbit *n* <edv> *(0 oder 1)* • binary digit (bit); binary character; data bit; information bit; bit

Datenbitfolge *f* <edv> • data bit stream

Daten-Bit-Rate *f* <edv> *(DFÜ; meist in bps; z. B. 115200 bps)* • transfer rate; data transfer rate; transfer speed; data bit rate; bit rate *pract*

Datenblatt *n* <doku> • data sheet; specification sheet; spec sheet *coll*

Datenblock *m* <edv> • data block; block of data; chunk [of data] *coll*

Datenbunker *m* <edv> • data fortress

Datenbus *m* <edv> • data bus

Datenbus *m* <el> *(für elektrische Signale; Sammelleitung)* • data bus; bus

Datenbyte *n* <edv> • data byte

Daten-CD *f* <edv> *(compact disc read-only memory)* • CD-ROM; data CD

Datencode *m* <edv> • data code

Datendarstellung *f* • data representation

Datendichte *f* <edv> *(allg.; jed. Datenträger)* • recording density; character density; storage density; data density

Datendisplay *n* <edv> • data display; data display panel

Datendrucker *m* <edv.druck> • data printer

Datendurchlauf *m* <allg> • data throughput

Datendurchsatz *m* <edv> *(einer Verbindung; Signale pro Zeiteinheit)* • data transfer rate; transfer rate; throughput rate; data rate *ugs*; data throughput

Datendurchsatz Buffer-to-host *m Quantum* <edv> *(zwischen Festplattenpuffer und CPU; in MBytes/s)* • external transfer rate *Seagate*; data transfer rate buffer to host *Western Digital*; interface transfer rate *Hitachi*; I/O data-transfer rate *Seagate*

Dateneingabe *f* <edv> *(Vorgang)* • data entry; data input

Dateneingabebus *m* <edv> • data input bus (DIB)

Dateneingabegerät *n* <edv> • data input unit; data entry device

Dateneingabestation *f* <edv> • data input station

Dateneingabetastatur *f* <edv> • data entry keyboard

Dateneingabeterminal *n* <edv> • data entry terminal

Dateneingang *m* <edv> • data input; input *pract*

Dateneinheit *f* <edv> • data unit

Dateneinheit konstanter Länge *f* <edv> • constant-length data unit

Datenelement *n* <edv> • data item

Datenendeinrichtung *f* (DEE) <edv> *(z. B. Bildschirm, Tastatur, Drucker)* • data terminal equipment (DTE); data processing terminal; processing terminal; terminal device

Datenendgerät *n* DIN 9762 <edv> *(z. B. Bildschirm, Tastatur, Drucker)* • data terminal equipment (DTE); data processing terminal; processing terminal; terminal device

Datenendstation *f* <edv> *(z. B. Bildschirm, Tastatur, Drucker)* • data terminal equipment (DTE); data processing terminal; processing terminal; terminal device

Datenentnahme *f* <tech.allg> *(komplett)* • data withdrawal

Datenentnahme *f* <tech.allg> *(teil-, stichprobenweise)* • data sampling

Datenerfassung *f* <tech.allg> *(allg. Vorgang des Sammelns von Informationen)* • data acquisition; data collection; data capture *rare*; data gathering *rare*; gathering of data

Datenerfassung *f* <tech.allg> *(betont: protokollieren, z. B. chronologisch)* • data logging

Datenerfassungsgerät *n* <tech.allg> • data acquisition device

Datenerfassungsgerät *n* <edv> • data recorder

Datenerfassungsgerät *n* <edv> *(betont: zum Protokollieren von Ereignissen, z. B. chronologisch)* • data logger

Datenerfassungskarte *f* <edv.msr> *(mit mehreren Ein- und Ausgängen für Messaufgaben)* • data acquisition card

Datenerfassungsplatz *m* <edv> • data acquisition terminal

Datenerfassungssystem *n* <edv.allg> • data collection system; data capture system; data acquisition system; data gathering system *rare*

Datenerfassungsterminal *n* <edv> *(z. B. Scanner am POS)* • data collection terminal; data collector

Datenerhebung *f* <statist> • data polling

Datenermittlung *f* <tech.allg> *(allg. Vorgang des Sammelns von Informationen)* • data acquisition; data collection; data capture *rare*; data gathering *rare*; gathering of data

Datenexport *m* <edv> *(z. B. aus Datenbanken)* • data export; export of data

Datenfehler *m* <edv> • data error

Datenfehlerrate *f* <edv> • bit error rate (BER)

Datenfeld *n* <edv> • data field

Datenfeldbeschreibung *f* <edv> • data field descriptor

datenfeldorientiert <edv> • data-field oriented

Datenfenster *n* <navig> *(Empfänger)* • data window

Datenfernaufzeichnung *f* <msr> • remote data recording

Datenfernerfassung *f* <msr> • remote data acquisition; remote data collection

Datenfernübertragung *f* (DFÜ) <edv.tele> *(meist über das Telefonnetz)* • long-distance data transmission; remote data transmission; telecommunication

Datenfernverarbeitung *f* <edv> • remote data processing; data teleprocessing *rare*; teleprocessing *rare*

Datenfernverarbeitung im Stapelbetrieb *f* <edv> • remote batch processing

Datenfernverarbeitung über das Fernsprechnetz *f* <edv.tele> • data link through the telephone network

Datenfluss *m* <edv> • data flow; data stream *rare*; data flowing; information stream

Datenflussplan *m* <doku> • data flow chart; data flow diagram

Datenformat *n* DIN 44300 <edv> • data format; data configuration; data allocation; format

Datenformatierung *f* <edv> *(eines Datenträgers; z. B. einer Festplatte; Vorgang und Resultat)* • formatting *ISO 2382-2*; data formatting

Datenfreigabe *f* <edv> • data enable

Datenfreigabesignal *n* <edv> • data enable signal

Datenfunk *m* <edv.tele> • radio frequency data transmission; RF data transmission

Datengeber *m* <msr> • data transmitter

Datengeschwindigkeit *f* <tele> • data signalling rate

datengesteuert <tech.allg> • data-controlled; data-driven

datengesteuerter Relaisschalter *m* <el> • data-enabled relay switch

Datengewinnung *f* rar <tech.allg> *(allg. Vorgang des Sammelns von Informationen)* • data acquisition; data collection; data capture *rare*; data gathering *rare*; gathering of data

Datenhandschuh *m* <edv> • data glove

Datenhelm *m* (HMD) *form* <edv> • Head-Mounted Display (HMD); eye phone; head set

Datenhierarchie *f* <edv> • data hierarchy

Daten-Highway *m* <tele> • information superhighway (Iway); data superhighway; Information Highway; electronic highway; Information Autobahn *rare*

Datenimport *m* <edv> *(Daten; z. B. in Datenbank)* • import

Datenintegrität *f* <edv> *(Zustand, bei dem gespeicherte Daten vor Fehlern geschützt sind)* • data integrity; data reliability; reliability of data *rare*

datenintensiv <edv> *(Anwendungen)* • storage-intensive; data-intensive; memory-intensive; storage-hungry *coll*; information-intensive *rare*

Datenkabel *n* <edv> • data cable

Datenkanal *m* <edv> • data channel

Datenkanalanschluss *m* <edv> • data channel adapter

Datenkassette *f* <edv> *(zur Datensicherung)* • data cartridge; magnetic tape cartridge; streamer cartridge; tape cartridge

Datenkeller *m* <edv> • data stack [memory]

Datenkellerspeicher *m* <edv> • data stack [memory]

Datenkennung *f* <edv> • data identifier (DI)

Datenkennungszeichen *n* <edv> • data identifier (DI)

Datenkennzeichen *n* DIN 1571 <edv> • data identifier (DI)

Datenkettung *f* <edv> • data chaining

Datenkode *m* rar <edv> • data code

Datenkommunikation *f* DIN V 44302-2 <tele> • data communication; data communications

Datenkompression *f* <edv> *(von Daten, Dateien; verlustfrei oder mit Verlust; z. B. ZIP vs. JPEG, M)* • data compression; compression; data compaction; data reduction; packing

Datenkomprimierung *f* <edv> *(von Daten, Dateien; verlustfrei oder mit Verlust; z. B. ZIP vs. JPEG, M)* • data compression; compression; data compaction; data reduction; packing

Datenkonvention *f* <tech.allg> • data convention

Datenkonverter *m* <edv> • data converter

Datenkonvertierung *f* <edv> • data conversion

Datenkoordination *fsg* <tech.allg> • data coordination

Datenlänge *f* <tech.allg> • data length; length of data

Datenlängenschlüssel *m* <edv> • data length count

Datenleitung *f* <el> *(z. B. ein Bus)* • data line

Datenleitungssteckdose *f* <tele> *(z. B. für Notebookanschluss)* • data socket

Datenleser *m* <edv> • data reader

Datenlichtschranke *f* <msr> • optical data coupler

Datenlink *n* <edv> • data link

Datenlöscher *m* <edv> • data eraser

Datenlogger *m* <msr> • data logger

Daten-Memory-Adresse *f* (DMA) <edv> • data memory address (DMA)

Datenmenge *f* <edv> • amount of data; volume of data; aggregate

Datenmissbrauch *m* <jur> • data abuse

Daten-Mitteilung *f* rar <navig> • navigation message (NAV-msg); nav message; data message; navigation data message; system data message

Datennetz *n* <edv> • data network

Datenoase *f* <tech.allg> • data heaven; data oasis

Datenpaket *n* <edv> • information packet; data packet

Datenpaketvermittlung *f* <tele> • packet switching (PS)

Datenpit *n* <edv> *(in der Speicherschicht einer optischen Platte; z. B. CD)* • pit; recording mark; mark

Datenprotokoll *n* <edv> • data protocol

Datenprotokollierung *f* <edv> • data logging

Datenprozessor *m* <edv> • data processor

Datenprüfung *f* <tech.allg> • data validation

Datenprüfung *f* <edv> • data checking; data check

Datenprüfzeichen *n* <edv> *(alphanumerisch)* • data check character; message check character

Datenprüfziffer *f* <edv> *(numerisch)* • data check digit; message check digit

Datenpuffer *m* <edv> *(für Druckerdaten)* • print buffer

Datenpuffer *m* <edv> *(zur vorübergehenden Speicherung von Daten)* • buffer; buffer memory; data buffer

Datenpunkt *m* <tech.allg> • data point

Datenquelle *f* <tech.allg> • data source

Datenrate *f* <tech.allg> • data rate

Datenreduktion *f* <tech.allg> • data reduction

Datenredundanz *f* <tech.allg> • data redundancy

Datenreduzierung *f* <tech.allg> • data reduction

Datenregister *n* <edv> • data register

Datenregistriergerät *n* <msr> • data logger

Datenregistrierung *f* <msr> • data logging; data recording

Datenregler *m* <av.edv> *(zur Dateneingabe)* • slider; data entry slider

Datenrekonstruktion *f* <edv> *(auf einer Festplatte)* • HDD data recovery; drive rebuild; salvaging of drive data

Datenrekonstruktion *f* <edv> *(allg.)* • data reconstruction

Datenrekorder *m* prakt <edv> • data recorder

Datenrestauration *f* <edv> *(z. B. nach Backup, Festplattenschaden)* • data restoration ISO/IEC 2382-8; data recovery

Datenrettung *f* <edv> *(nach massiver Störung, Absturz, Headcrash etc.)* • disaster recovery

Datenrichtungsregister *n* <edv> • data direction register

Datenrückgewinnung *f* <edv> *(allg.)* • data reconstruction

Datenrückwandler *m* rar <msr> *(Code-Umsetzer)* • decoder

Datensammelleitung *f* rar <edv> • data bus

Daten-Sammelsystem *n* <edv> • data collection system; data gathering system

Datensammlung *f* <tech.allg> *(Vorgang und Ergebnis; z. B. in Form einer Datenbasis)* • data collection

Datensammlung *f* <tech.allg> *(Vorgang)* • data gathering

Datensammlungssystem *n* rar <edv.allg> • data collection system; data capture system; data acquisition system; data gathering system *rare*

Datensatz *m* <edv> *(in Datenbasis)* • record; data record *rare*

Datensatzname *m* <edv> • record name

Datensatznummer *f* <edv> *(Datenbasis)* • record number

Datensatztyp *m* <edv> *(Datenbasis)* • record type

Datensatzverwaltung *f* <edv> *(bei Datenbanken)* • record management

Datensatzzugriff *m* <edv> *(bei Datenbanken)* • record access

Datenschalter *m* <edv> • data switch

Datenschicht *f* <edv> *(Leseschicht von magn. od. opt. Speichermedien)* • recording layer; storage layer *Mitsumi*; recorded layer *ISO*; information layer; memory layer

Datenschnittstelle *f* <msr> • data interface

Datenschreiber *m* <aerospace> *(Daten)* • flight data recorder (FDR); cockpit flight data recorder; flight recorder *pract*; Black Box [for the recording of flight data] *coll*

Datenschreiber *m* <edv.druck> • data printer; data recorder

Datenschutz *m* <edv> *(Maßnahmen zur Datensicherheit)* • data protection

Datenschutz *m* <jur> *(von Personen)* • privacy protection; data protection

Datenschutzgesetz *n* <jur> • data protection act

Datensegment *n* <edv> • data block; block of data; chunk [of data] *coll*

Datensende- und -empfangsgerät *n* <tele> • data transmitter-receiver

Datensenke *f* <edv> • data sink; data drain

Datensicherheit f DIN 44300-1 <edv> (Sachlage, bei der Daten so weit wie möglich sicher sind) • data safety

Datensicherheit f <edv> (Zustand, bei dem Daten vor unberechtigtem Zugriff geschützt sind) • data security

Datensicherheit f <edv> (Zustand, bei dem gespeicherte Daten vor Fehlern geschützt sind) • data integrity; data reliability; reliability of data rare

Datensicherung f <edv> (Gesamtheit aller Maßnahmen) • data security; data securing

Datensicherung f <edv> (konkreter Sicherungsvorgang) • backup; data backup

Datensicherungsgerät n <edv> • backup device; backup system; data backup system; backup unit

Datensicherungskopie f <edv> (zweites Exemplar von Dateien, Datenträgern) • back-up copy; back-up

Datensicherungsmedium n <edv> • backup medium; backup storage medium; peripheral memory; backing store

Datensicherungsprogramm n <edv> • back-up software

Datensichtgerät n form <edv> (Gerät insgesamt) • monitor (VDU); display; display device; visual display unit form; visual display terminal rare

Datensignal n <el> • data signal

Datenslider m <av.edv> (zur Dateneingabe) • slider; data entry slider

Datensortiergerät n <tech.allg> • data sorter

Datenspeicher m <edv> • data memory; data store; data storage; data storage unit

Datenspeicher m <edv> (für Daten, nichtflüchtig; Massenspeicher) • storage device; data storage system; storage; data storage device; store GB

Datenspeicherbereich m <edv> • data area

Datenspeichermedium n <tech.allg> (Mittel zur Aufbewahrung von Daten; z. B. Disketten, Festplatten, CDs) • storage medium; data storage medium rare; recording medium

Datenspeicherung f <edv> (Vorgang; z. B. auf Band, Festplatte) • data storage; storage

Datenspeicherungsregister n <edv> • data storage register

Datenspeicherzeit f <edv> • data retention time

Datenspreizung f <edv> • data interleaving

Datenspur f <edv> • data track

Datenstack m <edv> • data stack

Datenstation f <edv> (z. B. Bildschirm, Tastatur, Drucker) • data terminal equipment (DTE); data processing terminal; processing terminal; terminal device

Datensteuereinheit f <edv> • data control unit

Datensteuersprache f <edv> • data control language

Datensteuerung f <edv> • data control

Datenstrom m <edv> • data stream

Datenstromlänge f <edv> • data stream length

Datenstruktur f <edv> • data structure

Datensuche f <edv> • file scan; file search

Datensuchsystem n <edv> • data retrieval system

Datensystem für Ausbildungszwecke n <edv.did> • educational data system

Datentakt m <edv> (eines Taktgebers) • clock (CP); clock pulse; bit clock; clock cycle

Datenterrorismus m <edv> • information terrorism

Datenträger m DIN <tech.allg> (Mittel zur Aufbewahrung von Daten; z. B. Disketten, Festplatten, CDs) • storage medium; data storage medium rare; recording medium

Datenträgerarchiv n <doku> • data archive

Datenträgerarchivnummer f <edv> • volume serial number

Datenträgerauswurfknopf m <edv> (Laufwerk; z. B. Diskette, CD) • eject button

Datenträgerbox f form <edv> (für CD-ROM) • disc caddy US.GB

Datenträgerende n <edv> • end of volume

Datenträgerendekennsatz m <edv> • end-of-volume label

Datenträgererkennung f <edv> • data-carrier recognition

Datenträgerfach n <edv> • cartridge insertion slot; cartridge slot

Datenträgerfolgenummer f <edv> • volume sequence number; data-carrier sequence number

Datenträgerkennsatz m <edv> • volume label

Datenträgerverzeichnis n <edv> • volume table of contents

Datentransfer m <edv> (z. B. via Kabel, Funk) • data transfer; data transmission

Datentransferrate f <edv> (einer Verbindung; Signale pro Zeiteinheit) • data transfer rate; transfer rate; throughput rate; data rate ugs; data throughput

Datentransferrate f <edv> (DFÜ; meist in bps; z. B. 115200 bps) • transfer rate; data transfer rate; transfer speed; data bit rate; bit rate pract

Datentrennzeichen n <edv> • data separator character

Datentrennzeichen n <edv> (Hilfszeichen, das Datenelemente trennt) • data separator character; data separator

Datentyp m <edv> • data type

Datenübermittlung f <edv> (z. B. via Kabel, Funk) • data transfer; data transmission

Datenübermittlungsdienst m <tele> • bearer service

Datenübertragung f DIN 44302 <edv> (z. B. via Kabel, Funk) • data transfer; data transmission

Datenübertragungsanlage f <tele> • data communications equipment (DCE); data transmission equipment

Datenübertragungsblock m DIN ISO 3309 <edv> • frame ISO 3309

Datenübertragungseinheit f <edv> • data transfer module

Datenübertragungseinrichtung f (DÜE) <tele> • data communications equipment (DCE); data transmission equipment

Datenübertragungsendgerät n <tele> • data transmission terminal

Datenübertragungskanal m <edv> • data channel; data transmission channel

Datenübertragungsleitung f <tele> • data transmission line

Datenübertragungsrate f <edv> (einer Verbindung; Signale pro Zeiteinheit) • data transfer rate; transfer rate; throughput rate; data rate ugs; data throughput

Datenübertragungsstation f <edv> (z. B. für Notebooks) • docking station; communications unit; transceiver-charger

Datenübertragung via Stromnetzkabel f did <tele> • powerline communication technology (PLC); powerline technology

Datenübertragung von Medium zu Medium f <edv> • media conversion

Datenumsetzer m <edv> • data converter; data translator rare

Datenumsetzung f <edv> • data conversion

datenverarbeitend <edv> • data-processing

Datenverarbeitung f (DV) <edv> • data processing (DP)

Datenverarbeitungsanlage f <edv> (meist komplexeres System; z. B. Großrechner od. PC-Netzwerk) • electronic data processing system; EDP-system; computer system

Datenverarbeitungseinheit f <edv> • data-processing unit

datenverarbeitungsgerecht <edv> • suitable for data processing

datenverarbeitungsgerecht vorbereitet <edv> • adapted for data processing

Datenverarbeitungsmaschine f <edv> • data-processing machine

Datenverarbeitungsperipheriegerät n <edv> • data-processing peripheral

Datenverarbeitungssystem n did <edv> • data-processing system; DP system did; computer system pract

Datenverarbeitungszentrum n (RZ) <edv> • data-processing center US; data-processing centre GB; computer center US

Datenverfügbarkeit f <edv> • data availability

Datenverkehr m <edv> • data traffic

Datenverkettung f <edv> • data chaining

Datenverknüpfung f <edv> • data linkage

Datenverlust m <edv> • data loss; loss of data

Datenvermittlung f <edv> • data switching

Datenverschiebung f <edv> • data movement

datenverschlüsselt <edv> • data-encrypted

Datenverschlüsselung f <tele> (als Datenschutzmaßnahme) • data encryption; data encipherment rare

Datenverteilungsebene f <autom> • data distribution level

Datenverwaltung f <edv> • data management

Datenverwaltungssystem n <edv> • data management system

Daten-VHS n (D-VHS) <av> • data VHS (D-VHS); digital VHS

Daten-VHS-Recorder m (D-VHS VCR) <av> • data VHS video cassette recorder (D-VHS VCR); digital VHS video cassette recorder

Datenwandler m <edv> • data converter

Datenweg m <edv> • data path

Datenwiederherstellung f DIN ISO 2382-8 <edv> (z. B. nach Backup, Festplattenschaden) • data restoration ISO/IEC 2382-8; data recovery

Datenwort n <edv> (Dateneinheit mit festgelegter Länge; typ. 8 Datenbits, 1 Byte) • data symbol; data word; item

Datenzeichen n <edv> • data character

Datenzeiger m <edv> • pointer; data pointer

Datenzellenfeld n <edv> • data cell array

Datenzugriff m <edv> (auf gespeicherte Informationen) • data access

Datenzugriffsgeschwindigkeit f <edv> • speed of data access

Datenzugriffsspeicher m <edv> • data access register

Datenzuverlässigkeit f <tech.allg> • data reliability

Datex-L n <tele> • Circuit Switched Public Data Network (CSPDN)

Datex-Netz n <tele> • datex network

Datex-P n <tele> • Packet Switched Public Data Network (PSPDN)

DAT-Gerät n <av> (HiFi-Audiogerät) • DAT recorder; digital audio tape recorder rare

Datieren n <doku> (Datum angeben; z. B. von Dokumenten, Dateien, Datensätzen) • dating

Datieren n <phys> (von Gegenständen) • age determination; dating pract

dative Bindung f <chem> • dative bond; dative covalence; dative covalency

DAT-Kassettenrecorder m <av> (HiFi-Audiogerät) • DAT recorder; digital audio tape recorder rare

DAT-Laufwerk n <edv> (zur Datensicherung) • DAT drive; DAT streamer; DAT data streamer; DAT device; DAT unit

DAT-Recorder m <av> (HiFi-Audiogerät) • DAT recorder; digital audio tape recorder rare

DAT-Streamer m <edv> (zur Datensicherung) • DAT drive; DAT streamer; DAT data streamer; DAT device; DAT unit

DAT-Technik f <edv> • DAT technology

DAT-Technologie f <edv> • DAT technology

Datum n <allg> • date; calendar date form

Datum n <navig> (z. B. für GPS) • reference datum; chart datum; geodetic datum; reference frame; datum

Datumdrucker m <druck> (z. B. Bankwesen, EDV-Systeme) • date printer

Datumsangaben erfolgen im Format Tag/Monat/Jahr <allg> • dates are in day/month/year format

Datumsanzeige f <av> • date display

Datumsaufzeichnung f Sharp <av> (Camcorder-Funktion) • date/time Sony; auto date Sharp

Datumserfassung f <edv> • date stamping

Datumsfalle f <edv> (1999–2000 Jahrtausendwende) • millenium gap

Datumsgrenze f <geo> (im pazifischen Ozean) • date line; international date line

Datum-/Uhrzeiteinblendung f Panasonic <av> (Camcorder-Funktion) • date/time Sony; auto date Sharp

Datum-Uhrzeit-Geber m <el> (Baustein) • date/time generator

Datum-/Uhrzeitgenerator m Siemens <av> (Camcorder-Funktion) • date/time Sony; auto date Sharp

Datum-/Uhrzeitgenerator m <el> (Baustein) • date/time generator

Datum-/Uhrzeit-Taste f <msr> (z. B. von Camcordern) • date/time button; date/time selector

Datum und Uhrzeit <allg> • date and time

DAU <edv> • stupiest imaginable user coll.

DAU <el> • digital-to-analog converter (DAC) US; digital-to-analogue converter GB; D/A converter

Daubenabrichtmaschine f <wz.masch> • stave dressing machine

Daubenfräsmaschine f <wz.masch> • stave shaping machine

Dauer f <allg> (Zeitraum, in dem etwas stattfindet; z. B. eines Ereignisses) • duration

Dauer f <tech.allg> (abgeschlossener Zeitraum; Periode) • period

Dauer f <jur> (z. B. Dienstzeit, Amtsdauer) • term

Dauerablauf m <prod> • continuous cycling

Daueranriss m <qualit.mat> • fatigue crack; endurance crack

Daueranrissfläche f <qualit.mat> • fatigue area; fatigue-cracked area

Daueraufzeichnung f <msr> • permanent record

Daueraufzeichnungsmodus m <msr> • continuous recording mode

Dauerausfall m <qualit> • permanent fault; permanent failure

Dauerausrüstung f <textil> • durable finish; permanent finish

dauerbeansprucht <mech> (führt u.U. zu Materialermüdung) • continuously loaded; continuously stressed; fatigue-loaded; subjected to continuous load; permanently stressed

Dauerbeanspruchung f <mech> (führt u.U. zu Materialermüdung) • continuous load; continuous stress; fatigue load; fatigue loading; permanent stress

dauerbelastet <mech> (führt u.U. zu Materialermüdung) • continuously loaded; continuously stressed; fatigue-loaded; subjected to continuous load; permanently stressed

Dauerbelastung f <bau> • sustained load; sustained loading

Dauerbelastung f <mech> (führt u.U. zu Materialermüdung) • continuous load; continuous stress; fatigue load; fatigue loading; permanent stress

Dauerbelastung f prakt <nukl> (z. B. durch ionisierende Strahlung; Gamma-, Röntgenstrahlung) • chronic exposure; permanent radiation exposure

Dauerbelastung f <qualit.mat> (z. B. Dauerschwingversuch) • continuous test

Dauerbeständigkeit f <qualit> • endurance
Dauerbetrieb m <tech.allg> (z. B. von Bauteilen, Funktionseinheiten, Systemen, Anlagen) • continuous operation; continuous running; continuous duty; continuous service; continuous use
Dauerbetrieb m <phot> (Kamera mit gewählter Bildfrequenz) • continuous operation
Dauerbetrieb m <prod> (Produktion) • continuous production
Dauerbetrieb mit periodisch veränderlicher Belastung m <el> • periodic duty
Dauerbetrieb [mit ständiger Wiederholung] m <prod> • continuous repetition work
Dauerbiegebeanspruchung f <qualit.mat> • fatigue bending; flexing
Dauerbiegefestigkeit f <qualit.mat> • flexing life; bending stress fatigue limit; repeated flexural strength; bending endurance; flex life
Dauerbiegeversuch m <qualit.mat> • fatigue bending test
Dauerbogenerzeuger m <el> • permanent-arc producer
Dauerbrandbogenlampe f <licht> • enclosed-arc lamp
Dauerbremsanlage f <nfz.brems> • auxiliary brake retarder; auxiliary retarder; additional retarding braking system ISO 611
Dauerbruch m <qualit.mat> • fatigue fracture; fatigue failure; endurance failure
dauerbruchgefährdet <qualit.mat> • fatigue-weak; susceptible to fatigue failure
dauerbruchgefährdete Stelle f <qualit.mat> • fatigue-weak spot
Dauerbruchrastlinie f <qualit.mat> • fatigue crescent
Dauerbruchzone f <qualit.mat> • fatigue nucleus
Dauercamper m <kfz.tour> • resident camper; static camper
Dauercamping n <tour> • residential camping; static camping
Dauerdehngrenze f <qualit.mat> • fatigue yield limit
Dauer der Einschaltung f <el> • on-period
Dauer des Antriebsflugs f <aerospace> • power duration
Dauer des freien Ausflusses f <petr> • flowing life
Dauer des Gesprächs f <tele> • call duration; length of conversation
Dauer des Patentschutzes f <jur> • patent term; term of a patent
Dauerdruck m <tech.allg> • standing pressure; permanent pressure
Dauerdurchschlagspannung f <el> • asymptotic voltage
Dauer einer periodischen Impulsfolge f <el> • pulse recurrence period
Dauereingriff m <masch> (z. B. von Zahnrädern) • permanent mesh
Dauereinsatz m <tech.allg> (z. B. von Bauteilen, Funktionseinheiten, Systemen, Anlagen) • continuous operation; continuous running; continuous duty; continuous service; continuous use
dauerelastische Nahtdichtmasse f <tech.allg> • mastic seam sealant
Dauerelektrode f <el> • self-baking electrode; continuous electrode
Dauerempfänger m <navig> • multichannel receiver; multi-channel receiver; continuous tracking receiver; continuous receiver; parallel receiver
Dauerentladung f <el> • continuous discharge; steady discharge
Dauererdschluss m <el> • continuous ground US; permanent earth GB
Dauererhitzungsverfahren n <nahr> (allg.) • low-temperature pasteurization [process]

Dauererhitzungsverfahren n <nahr.prod> (von Speiseeis-Mix-Chargen) • batch pasteurization; batch heating process; vat pasteurization; long-hold pasteurization
Dauerexposition f <nukl> (z. B. durch ionisierende Strahlung; Gamma-, Röntgenstrahlung) • chronic exposure; permanent radiation exposure
Dauerfalte f <bekl> (z. B. Bügelfalte in Hosen) • permanent crease
Dauerfalte f <textil> (z. B. in Faltenrock) • durable pleat
Dauerfehler m <qualit> • permanent error; permanent fault
dauerfest <qualit> (haltbar, widerstandsfähig gegen Dauerbelastung) • durable; enduring; fatigue-resisting; antifatigue rare
dauerfestigkeit f • cyclic lifetime; cyclic life
Dauerfestigkeit f <qualit.mat> (mech.; bei statischer od. dynamischer Dauerbelastung) • fatigue strength; fatigue limit; endurance strength; endurance limit
Dauerfestigkeit f <qualit.mat> (max. Spannung, mit der ein Mat. beliebig oft zyklisch belastbar ist) • fatigue limit; endurance limit; fatigue strength; dynamic strength
Dauerfestigkeit f <qualit.mat> (bei statischer Last) • fatigue strength; endurance strength; creep rupture resistance; limiting creep stress
Dauerfestigkeit im Schwellbereich f <qualit.mat> • fatigue strength under repeated stress
Dauerfestigkeit im Wechselbereich f <qualit.mat> • fatigue strength under load varying in both directions
Dauerfestigkeitsabminderung f rar <qualit.mat> • fatigue-strength reduction
Dauerfestigkeitsminderung f <qualit.mat> • fatigue-strength reduction
Dauerfestigkeitsprüfmaschine f <qualit.mat> (allg.; stat. od. dynam. Last) • fatigue-strength testing machine
Dauerfestigkeitsprüfmaschine f <qualit.mat> (dynamische Wechselbelastung) • alternate-strength testing machine
Dauerfestigkeitsschaubild n <qualit.mat> (z. B. nach Smith) • fatigue strength diagram; stress-number curve rare
Dauerfixierung f <textil> • permanent set
Dauerform f <metall> • gravity die; permanent mold US; permanent mould GB
Dauerformguss m <metall> • gravity die casting process; gravity die casting [process]; casting with permanent dies; permanent-mold casting [process]
Dauerformgussstück n <metall> • gravity die casting
Dauerfrostboden m <geo> • permafrost
dauergeschmiert <tribo> • lubricated-for-life
dauergeschmiertes Kugellager n <masch> • prelubricated life-sealed ball bearing
Dauergeschwindigkeit f <fz> (z. B. 130 km/h, 900 km/h) • cruising speed
Dauerglanzausrüstung f <textil> • permanent sheen finish
Dauergrünland n <agri> • permanent grassland
dauerhaft <allg> (bleibend) • long-lasting; lasting
dauerhaft befestigt <tech.allg> • permanently fixed
dauerhafte Lösung f <allg> • durable solution; permanent solution
dauerhaftes Bild n <druck> • permanent image
Dauerhaftigkeit f <allg> (einer Wirkung) • permanence
Dauerhaftigkeit f <tech.allg> (gegen äußere Einflüsse; z. B. Abrieb, Hitze, Korrosion) • resistance
dauerhaltbar <qualit.mat> (z. B. Bekleidung, Nahrung) • durable
Dauerhaltbarkeit f • cyclic lifetime; cyclic life
Dauerhaltbarkeit f rar <qualit.mat> (mech.; bei statischer od. dynamischer Dauerbelastung) • fatigue strength; fatigue limit; endurance strength; endurance limit

Dauerhaltbarkeitslinie f <qualit.mat> • fatigue line
Dauerhub m <masch> • continuous stroking; cycling
Dauerhumus m <agri> • mull
Dauerimplantation f <tech.allg> • permanent implant
Dauerinstallation f <tech.allg> • permanent installation
dauerklebrig bleibender Klebstoff m <füg> • permanently tacky adhesive; aggressively tacky adhesive
dauerklebriger Klebstoff m <füg> • permanently tacky adhesive; aggressively tacky adhesive
Dauerkultur f <agri> • perennial crop
Dauerkurzschlussstrom m <el> • sustained short-circuit current
Dauerlast f <tech.allg> *(im Ggs. zu transienter Belastung)* • constant load; permanent load; steady load; steady-state load
Dauerlauf m <tech.allg> *(z. B. von E-Motoren, Lüftern)* • continuous running
Dauerlauf m <tech.allg> *(von Maschinen, Anlagen)* • continuous working
Dauerleistung f <allg> *(von Arbeitskräften, Personal)* • long-term performance
Dauerleistung f <tech.allg> *(abgegebene Leistung, in Watt; z. B. von Triebwerken, Kraftwerken)* • constant power output
Dauerleistung f <prod> *(von Produktionsprozessen; z. B. Teile od. Volumen pro Zeiteinheit)* • continuous output
Dauerlicht nsg <phot> *(im Fotolabor)* • permanent light sg
Dauerlösung f <allg> • durable solution; permanent solution
Dauerlüftung f <bau.hlk> • ventilating system; permanent ventilating system; permanent ventilation; night vent
Dauerlüftungssystem n <bau.hlk> • ventilating system; permanent ventilating system; permanent ventilation; night vent
Dauermagnet m <phys> • permanent magnet
Dauermagnetfeld n <phys> • permanent magnetic field
Dauermagnetspannplatte f <wz.masch> • permanent magnetic chuck
Dauermagnetwerkstoff m <mat> • hard-magnetic material
Dauermessung f <msr> • long-term measurement
Dauermilchwaren fpl <nahr> • milk preserves
Dauermoment n <antr> *(Getriebe)* • continous torque rating; continous torque
Dauernennleistung f <el> • continuous power rating
Dauernetzausfall m <el> • sustained outage
Dauerpasteurisierung f <nahr.prod> *(von Speiseeis-Mix-Chargen)* • batch pasteurization; batch heating process; vat pasteurization; long-hold pasteurization
Dauerprüfmaschine f <qualit.mat> • fatigue testing machine
Dauerprüfmaschine für Umlaufbiegeversuch f <qualit.mat> • rotating-beam fatigue testing machine
Dauerprüfung f <qualit.mat> *(betont: zur Ermittlung der Ermüdungsfestigkeit)* • fatigue test; endurance test; fatigue testing
Dauerregelung f <msr> • continuous control
Dauerruf m <tele> • permanent ring
Dauerschaden m <vers> • permanent damage
Dauerschallpegel m <akust> • continuous sound level
Dauerschlagbiegefestigkeit f <qualit.mat> • repeated impact bending strength
Dauerschlagbiegeversuch m <qualit.mat> • repeated impact bending test
Dauerschlagfestigkeit f <qualit.mat> • impact fatigue limit
Dauerschlagprüfmaschine f <qualit.mat> • impact fatigue testing machine
Dauerschlagversuch m <qualit.mat> • impact fatigue test; repeated impact test

Dauerschlagzugversuch m <qualit.mat> • repeated impact tensile test
Dauerschliff m <led> • continuous grinding
Dauerschmierlager n <masch> • self-lubricating bearing; oilless bearing
Dauerschmierung f <förd> • for-life lubrication
Dauerschmierung f <masch> • for-life lubrication; permanent lubrication
Dauerschnittgeschwindigkeit f <wz> • sustained cutting speed
dauerschwingbeansprucht <mech> • fatigue-loaded
Dauerschwingbeanspruchung f <mech> • fatigue loading
Dauerschwingbruch m <qualit.mat> • fatigue failure; fatigue fracture
dauerschwingfest <qualit.mat> • fatigue-resisting
Dauerschwingfestigkeit f <qualit.mat> *(max. Spannung, mit der ein Mat. beliebig oft zyklisch belastbar ist)* • fatigue limit; endurance limit; fatigue strength; dynamic strength
Dauerschwingspannung f <qualit.mat> • fatigue stress
Dauerschwingung f <mech> • maintained vibration
Dauerschwingung f <msr> • steady oscillation; continuous oscillation
Dauerschwingversuch m DIN 15100 <qualit.mat> • fatigue test; continuous vibration test
Dauerschwingversuch bei Biegebeanspruchung f <qualit.mat> • bending fatigue test; flexural fatigue test
Dauerschwingversuch bei Druck-Zug-Beanspruchung f <qualit.mat> • push-pull fatigue test
Dauerschwingversuch bei Verdrehbeanspruchung f <qualit.mat> • torsional fatigue test
Dauersignal n <tech.allg> • sustained signal
Dauerspannung f <el> • constant voltage; continuous voltage
Dauerspeicher m rar <edv> • non-volatile storage; non-volatile memory; permanent storage rare; permanent memory rare
dauerstandfest <qualit> • durable
Dauerstandfestigkeit f wiss <tech.allg> *(betont: Haltbarkeit von Bauteilen und Material)* • durability; service life; life coll
Dauerstandfestigkeit f <qualit.mat> *(bei statischer Last)* • fatigue strength; endurance strength; creep rupture resistance; limiting creep stress
Dauerstandverhalten n <qualit.mat> • creep behaviour
Dauerstandversuch m obs <qualit.mat> • constant-stress test; creep test pract; creep-rupture test; stress-rupture test
Dauerstellplatz m <kfz> *(für Caravan)* • residential pitch
Dauerstörung f <el> • continuous interference
Dauerstrahlenbelastung f <nukl> *(z. B. durch ionisierende Strahlung; Gamma-, Röntgenstrahlung)* • chronic exposure; permanent radiation exposure
Dauerstrich m <el> *(unmoduliertes Signal, z. B. auf Oszilloskop)* • unmodulated signal
Dauerstrich m <phys> *(z. B. Laser, Radar)* • continuous wave (CW)
Dauerstrichbetrieb m <tele> • continuous-wave operation; continuous-wave mode; CW operation
Dauerstrichlaser m DIN EN ISO 1114 <phys> • continuous-wave laser ISO 11145; continuous wave laser; CW laser
Dauerstrichmagnetron n <phys> • continuous-wave magnetron
Dauerstrichmodulation f <tele> • continuous-wave modulation; CW modulation
Dauerstrichradar n <navig> • continuous-wave radar; CW radar

Dauerstrichstörsender *m* <tele> • continuous-wave jammer; CW jammer

Dauerstrom *m* <el> • continuous current; steady current; permanent current; persistent current; continuous load current

Dauerstrombelastbarkeit *f* <el> • continuous current rating

Dauertauchversuch *m* <qualit.mat> • total immersion test; permanent immersion test

Dauertest *m* <qualit.mat> *(betont: zur Ermittlung der Ermüdungsfestigkeit)* • fatigue test; endurance test; fatigue testing

Dauerton *m* <akust> *(allg.)* • continuous tone; continuous sound; sustained audio signal

Dauerton *m* <av> *(ständiges Brummen)* • steady hum

Dauerton *m* <mus> • permanent note

Dauertonzone *f* <navig> • equisignal zone

Dauertorsionswechselversuch *m* <qualit.mat> • alternating torsion fatigue test

Dauertransferrate *f* <edv> • sustained data transfer rate; sustained transfer rate; sustainable data transfer rate; sustainable transfer rate; internal transfer rate

Dauerüberlastung *f* <tech.allg> • continuous overload

Dauerverdrehfestigkeit *f* <qualit.mat> • torsional fatigue limit

Dauerverdrehversuch *m* <qualit.mat> • fatigue torsion test

Dauerversuch *m* <qualit.mat> *(betont: über lange Zeit)* • long-time test; extended-time test

Dauerversuch *m* <qualit.mat> *(betont: zur Ermittlung der Ermüdungsfestigkeit)* • fatigue test; endurance test; fatigue testing

Dauerversuchsprobe *f* <qualit> *(für Materialermüdung)* • fatigue specimen

Dauerversuchsprobe *f* <qualit> *(für Langzeitversuch)* • long-time test specimen

Dauerwälzversuch *m* <qualit.mat> • rolling-contact fatigue test

Dauerwärmebeständigkeit *f* <mat> • continuous heat resistance

Dauerwechselschlagwerk *n* <qualit.mat> • alternating impact machine

Dauerwerbung *f* <werb> *(außen fest installiert; z. B. an Hauswänden, auf Dächern)* • long-term residential advertising

Dauerwert *m* <tech.allg> • steady-state value

Dauerzelllinie *f* <bio.chem> • continuous cell line

Dauerzugfestigkeit *f* <qualit.mat> • endurance tensile strength; tensile fatigue strength

Daumenablage *f* <kfz> *(am Lenkrad)* • thumb rest

Daumenauflage *f* <mil> *(an Faustfeuerwaffe)* • thumb rest; thumb support

Daumenlager *n* <mil> *(an Faustfeuerwaffe)* • thumb rest; thumb support

Daumenrad *n* obs <masch> • tappet wheel *obs*

Daumenrad *n* <msr> *(Bedienungselement)* • thumb wheel

Daumenradeinstellung *f* <msr> • thumbwheel control

Daumenregel *f* <tech.allg> • thumb rule; rule of thumb

Daumenregel *f* prakt <el> • Ampere's rule

Daumenregister *n* <doku> *(z. B. von Wörterbüchern)* • thumb index

Daumenschalter *m* <fz> *(Fahrradschaltung)* • thumb lever; thumbshifter; fingershifter

Daumenschraube *f* <masch> *(Folterinstrument)* • thumb screw

Daumenstütze *f* <mil> *(an Faustfeuerwaffe)* • thumb rest; thumb support

Daumentaste *f* <kfz.msr> *(kleine Taste auf Lenkradspeiche)* • horn button

D/A-Umsetzer *m* <el> • digital-to-analog converter (DAC) *US*; digital-to-analogue converter *GB*; D/A converter

D/A-Umsetzung *f* <el> • digital-to-analog conversion; digital-analog conversion; D-to-A conversion; DA conversion

D/A-Umwandlung *f* <el> • digital-to-analog conversion; digital-analog conversion; D-to-A conversion; DA conversion

daunendichte Appretur *f* <textil> • downproof finish

Davit *m* <nav> *(für Rettungsboot)* • boat davit; davit

davor angeordnet <verf> *(in Strömungsrichtung davor)* • upstream

DA-Wandler *m* <el> • digital-to-analog converter (DAC) *US*; digital-to-analogue converter *GB*; D/A converter

D/A-Wandlung *f* <el> • digital-to-analog conversion; digital-analog conversion; D-to-A conversion; DA conversion

Day-to-day-Drift *f* <navig> *(von Lagekreiseln)* • day-to-day drift

dazugehörige Fragenblöcke *mpl* <doku> • subsequent sub-questions

dB <phys.akust> • decibel (dB)

D-Bit-Markierung *f* <edv> • delivery bit; D-bit

DBMS <edv> • data base management system

DC <agri> • drainage coefficient (DC)

DC <el> • direct current (DC)

DCA <el> • digitally controlled amplifier (DCA)

DC/AC-Wandler *m* <el> *(z. B. bei Solarstromanlagen)* • inverter; DC-AC inverter; DC to AC inverter *rare*; grid-tie inverter *rare*; power conditioning unit *rare*

DC-BUS *m* <kfz.el> • DC databus; DC-BUS

DCC <msr> • differential scanning calorimetry (DSC)

DCCH <tele> • Dedicated Control Channel (DCCH)

DC-Datenbus *m* <kfz.el> • DC databus; DC-BUS

DC/DC-Trenner *m* <msr> • DC/DC-isolator

DCE <edv> • Data Communications Equipment (DCE)

DC-Erfassungsmodul *n* (DDAU) <msr> • direct current acquisition module (DDAU); dc acquisition module

DCF <edv.av> • digitally controlled filter (DCF)

DCI <edv> • Display Control Interface (DCI)

DCLC <nukl> • DCLC mode (DCLC); drift cyclotron loss cone mode

DCLC-Instabilität *f* (DCLC) <nukl> • DCLC mode (DCLC); drift cyclotron loss cone mode

DCO <el.mus> • digitally controlled oszillator (DCO)

DCP <el.chem> • DC polarography (DCP); direct current polarography; d.c. polarography

DC-Polarographie *f* <el.chem> • DC polarography (DCP); direct current polarography; d.c. polarography

dc-polarographisch <el.chem> • DC polarographic

DCS 1800 <tele> • Digital Cellular System 1800 (DCS 1800)

DCT <kst> • decor cutting technology (DCT)

DCTL-Schaltkreis *m* <el> • direct-coupled transistor logic circuit

DD <bau> • double strength glass

DD <edv> *(obs.; bei Disketten)* • double density (DD)

D-Darstellung *f* <navig> • D-display

DDAU <msr> • direct current acquisition module (DDAU); dc acquisition module

DDC <msr> • direct digital control (DDC)

DDD <tele> *(Telefondienst in Nordamerika)* • Direct Distance Dialing (DDD)

DD-Diskette *f* <edv> *(hist.)* • DD diskette; double density floppy disk; DD floppy disk

DDE <kfz.msr> • digital diesel electronics (DDE)

DDI <kfz.mot> • diesel direct injection (DDI)

DDOP <navig> *(Maß für die Qualität eines DGPS-Positionsfixes)* • differential dilution of precision (DDOP)

d-d-Prozess *m* <chem> • d-d reaction; deuteron-deuteron reaction

DDR <edv> • double-data RAM (DDR)

d-d-Reaktion f <chem> • d-d reaction; deuteron-deuteron reaction

DD-Reaktion f <nukl> • DD-reaction

D-Drossel f <tech.allg> • derivative restriction

DDR-Speicher m <edv> • DDR memory

DDR-Unterstützung f <edv> (Chipsatz-Merkmal) • DDR support

DDS <edv> • Dataphone Digital Service (DDS) AT&T

DDS-Format n <edv> • DDS format; Digital Data Storage format

DDS-Streamer n <edv> • DDS streamer

DDT <chem.agri> • dichlorodiphenyltrichloroethane (DDT)

DDW <brems> • pressure differential warning indicator :V

DDW-Warnlampe f <brems> • pressure differential warning indicator :V

DD-Zwirnmaschine f DIN ISO 9947 <textil> • two-for-one twister ISO 9947

DE <druck> • printing unit; unit; print unit

DE <kfz.el> (von Scheinwerfern) • double ellipsoid (DE)

DE <nahr> • dextrose equivalent (DE)

Deadweight n <nav> • deadweight; capacity

deaktivieren vt <edv> (Funktion, Baustein etc.) • disable vt; inactivate vt

deaktivieren vt <tele> (z. B. Leitung, Verbindung, System) • deactivate vt

Deaktivierungsgebühr f <tele> • deactivation fee

Deakzentuierung f <tech.allg> • de-emphasis

dealkylieren vt <chem> • dealkylate vt

DEALS-Konzept <nukl> • DEALS system

Debora-Zahl f <tech.allg> • Debora number

De-Broglie-Beziehung f <phys> • de Broglie relation

De-Broglie-Welle f <phys> • de Broglie wave; matter wave

De-Broglie-Wellenlänge f <phys> • de Broglie wavelength

Debugger m • debugger

Debugger m <autom> • debugging routine

Debugging n <edv> (Software) • debugging

debutanisieren vt <chem.verf> • debutanize vt

Debutanisierkolonne f <verf> • debutanizer

Debye'sche Abschirmung f <nukl> • Debye screening

Debye'sche Kugel f <nukl> • Debye sphere

Debye'sche Maximalfrequenz f <phys> • cut-off frequency

Debye'scher Abschirmradius m <phys> • Debye length; Debye-Hückel screening radius

Debye-Einheit f <nukl> • debye unit

Debye-Hückel-Onsagersche Gleichung f <chem> • Onsager equation

Debye-Hückelscher Parameter m <nukl> • Debye-length; Debye shielding distance; Debye-Hückel parameter; screening radius; radius of the ionic atmosphere

Debye-Hückel-Theorie f <nukl> • Debye-Hückel theory

Debye-Kugel f <nukl> • Debye sphere

Debye-Länge f <nukl> • Debye-length; Debye shielding distance; Debye-Hückel parameter; screening radius; radius of the ionic atmosphere

Debye-Potential n <nukl> • Debye potential

Debye-Radius m <nukl> • Debye-length; Debye shielding distance; Debye-Hückel parameter; screening radius; radius of the ionic atmosphere

Debye-Scherrer-Aufnahme f <phys> • Debye-Scherrer photograph; Debye-Scherrer pattern; X-ray powder pattern; powder diagram; powder pattern pract

Debye-Scherrer-Verfahren n <phys> • Debye-Scherrer method; powder method coll

Debye-Sears-Effekt m <phys> • Debye-Sears effect

Debye-Temperatur f • Debye temperature

Debye-Temperatur f <phys> • characteristic temperature

decarbonisieren vt <chem.verf> • decarbonize vt; decoke vt

decarboxylieren vt <chem.verf> • decarboxylate vt

Decayphase f prakt <av> (Hüllkurvenintensität, nach der Einschwingphase) • decay time (DT)

Decay-Zeit f <el.av> (vom Amplitudenmaximum zum Sustain-Niveau) • decay time; decay phase; fade-out time

Decca-Empfänger m <navig> • DECCA receiver; DECCA navigator

Decca-Kette f <navig> • DECCA chain; DECCA chain

Decca-Navigationssystem n <navig> • DECCA navigation system; DECCA system

Decca-Navigator m <navig> • DECCA receiver; DECCA navigator

Decca-System n <navig> • DECCA navigation system; DECCA system

Decca-Verfahren n <navig> • DECCA navigation system; DECCA system

dechiffrieren vt <doku> (verschlüsselte Nachricht) • decode vt; decipher vt

Dechsel f <wz.holz> • adze

dechseln vi <holz> • adze vi

dechseln vt <holz> • dub vt

Deck n <nav> • deck

Deck n prakt <nfz> (Bus) • passenger deck; deck pract

Deckablauf m <nahr.prod> (Zucker) • high-wash syrup; wash syrup

Deckanstrich m DIN 55 945 <obfl> (allg.; Farbe, Lack, mit Pinsel aufgetragen) • top coat; finishing coat; final coat

Deckartillerieanlage f <mil.nav> • deck gun

Deckaufbauten mpl <nav> • deck superstructure

Deckausgangsluke f <nav> • companion hatch

Deckbad n <obfl> • striking bath

Deckband n <masch> (Laufrad) • shroud band; shroud ring

Deckbaustein m <petr> (Bohrinsel) • deck module

Deckbelag m <nav> • decking

Deckblatt n <agri> (Zigarre) • wrapper

Deckblatt n <bio> • bract; bractea obs

Deckblech n <kfz> (allg.) • closing panel

Deckblümchen n <textil> • fashion mark

Deckbogen m <druck> • drawsheet; top blanket

Deckbogen m <kst> • surfacing sheet

Deckbrand m <obfl> • firing of cover coat enamel

Deckbrandsohle f <led> (Schuh) • insole; sock lining

Deckdruck m <textil> • blotch printing

Decke f <bau> (z. B. Zimmer, Büro, Tunnel) • ceiling

Decke f <bau.mat> • pavement US; road surfacing; carriageway surfacing GB; topping

Decke f <fz> (von Reifen) • outer cover; outer casing; tire cover; cover pract

Decke f <geo> (Überschiebung) • overthrust nappe; overthrust sheet

Decke f <masch> (von großen Gehäusen etc.) • roof

Decke f <metall> (eines Schmelzofens, Herds) • roof

Decke f <obfl> (Deckschicht) • cover coat; finish coat; top coat; cover enamel coat; finishing enamel coat

Decke f <textil> • blanket

Deckeigenschaft f <obfl> (von Färbemitteln, Farbstoffen) • tinting power; coloring power; hiding power; opacity; staining power

Deckel m <tech.allg> (allg.; meist leicht entfernbar; jede Form/Größe) • cover; lid

Deckel m ugs <tech.allg> (jede Form; z. B. von Gehäuse-öffnungen, Mechanikteilen) • cover

Deckel m ugs <tech.allg> (z. B. von Behältern; eher klein) • cap

Deckel m <bau> (Platte; z. B. über Schacht, Maueröffnung) • cover plate

Deckel m <pack> (einer Getränkedose) • end
Deckelabhebekontakt m <alarm> (meldet unbefugtes Öffnen des Gehäuses) • tamper switch; anti-tamper switch
Deckelausputz m <textil> • flat strips; flat waste
Deckelbeschlag m <masch> • flat covering
Deckel der Kurbelgehäuseentlüftung m <kfz.mot> • breather cover
Deckeldichtung f <kfz.mot> (Flachdichtung; z. B. Vergaserdeckel) • cover gasket
Deckelement n <petr> (Bohrinsel) • deck module
Deckelfeder f <tech.allg> • case spring
Deckelflansch m <masch> • cover flange
Deckelgehäuse n <kfz.brems> (Festsattelbremse) • outer caliper housing
Deckelhacker m <textil> • flat comb
Deckelkarde f <textil> • flat card
Deckelkontakt m <alarm> (meldet unbefugtes Öffnen des Gehäuses) • tamper switch; anti-tamper switch
Deckellabyrinth n Jobo <phot> (im Deckel der Entwicklungsdose) • light trap Jobo; baffle system
Deckelleitrad n <pap> • deckle pulley
Deckel mit Feder m <tech.allg> • spring-loaded cover
deckeln vt <prod> • lid vt
Deckelputzapparat m <textil> • flat stripping apparatus
Deckelraste f <tech.allg> • lid arrester
Deckelriemen m <pap> • deckle strap; boundary strap
Deckelriemenführungsrad n <pap> • deckle pulley
Deckelriemenrolle f <pap> • deckle pulley
Deckelring m <mot> • junk ring; follower plate; follower
Deckelsatinage f <pap> • board-glaze process
Deckelschalter m <alarm> (meldet unbefugtes Öffnen des Gehäuses) • tamper switch; anti-tamper switch
Deckelschalter m <el> • lid-operated switch
Deckelschraubenkreis m <masch> • junk-ring bolt circle
Deckelspiegel m <pack> (SOT-Deckel-Nomenklatur) • end panel
Deckelwölbung f <nahr> (bei Konservendosen mit verdorbenem Inhalt) • buckling
Deckemail n <obfl> (Deckschicht) • cover coat; finish coat; top coat; cover enamel coat; finishing enamel coat
Deckemail n <obfl> (Material) • cover coat enamel; coating enamel
Deckemailbrand m <obfl> • firing of cover coat enamel
Deckemailfritte f <obfl> (Material) • cover coat enamel; coating enamel
Deckemailschicht f <obfl> (Deckschicht) • cover coat; finish coat; top coat; cover enamel coat; finishing enamel coat
Decke mit Vertäfelung f <bau.innen> (typ. Holz, Kunststoff, Metall; geklebt od. abgehängt) • panel ceiling; paneled ceiling US; panelled ceiling GB; pan ceiling pract
decken vr <allg> (zeitlich; z. B. Ereignisse, Abläufe) • coincide vi
decken vr <allg> (inhaltlich; z. B. Meinungen) • coincide vi; agree vi
decken vr <mech> (genau gegenüberliegen, fluchten; z. B. Verbindungselemente) • register with vi; agree with vi
decken vt <tech.allg> (kompensieren; z. B. Verdunstungsverluste durch Zusatzwasser) • make up for vt
decken vt <bau> (Dach allg.; z. B. mit Schindeln, Wellblech, Dachpappe) • roof vt
decken vt <bau> (Dach, mit Schindeln; z. B. aus Schiefer, Ziegel, Beton) • tile vt; slate vt
decken vt <fin> (Kosten, Risiko; z. B. Budget, Versicherung) • cover vt
decken vt <obfl> (Farbauftrag) • opacify vt
decken vt <ökon> (Bedarf, Nachfrage) • meet vt; satisfy vt

Deckenanker m <min> • roof bolt
Deckenaufhängung f <bau> • ceiling suspension
Deckenaufhängung f <theat> (z. B. Scheinwerfer, Akustikplatten) • mounting on a suspended frame
Deckenbalken m <bau> (allg.; z. B. aus Stahl, Stahlbeton, Holz) • ceiling beam; floor beam
Deckenbalken m <bau> (einer von mehreren parallelen Balken in einer Decke) • joist; filler joist
Deckenbalkenkopf m <bau> • joist end
deckenbeheizter Ofen m <metall> • top-fired furnace
Deckenbekleidung f <bau> • ceiling lining
Deckenbelastung f <bau> • floor load
Deckenbeleuchtung f <licht> • ceiling lighting
Deckenbezugsmaterial n <druck> • book cloth
Deckenbrücke f <licht.theat> • ceiling slot
deckend <obfl> (Farbauftrag) • opaque; totally covering
deckende Glasur f <obfl> • opaque glaze
Deckendruckmaschine f <textil> • blanket printing machine
Deckendurchführung f <bau> • floor penetration sleeve; floor collar; floor bushing
Deckendurchführung f <bau.el> (als Rohr, Kanal) • ceiling duct
Deckeneinbau m <bau> (Straße) • paving; surfacing
Deckeneinbauleuchte f <licht> • recessed luminaire
Deckenerneuerung f <bau> (Straße) • resurfacing
Deckenfahrgerät n <logist> • top-running S/R machine; top-running storage/retrieval machine rare
Deckenfaltung f <geo> • nappe tectonics; overthrust folding
Deckenfertiger m <bau.masch> (Fahrbahn) • road finisher; road finishing machine; paver-finisher; paver; spreader finisher
Deckenfläche f <bau> (Straße, Weg, Parkplatz) • paved area
Deckenfluter m <licht> • torchiere lamp US; uplighter
Deckenförderer m <förd> • overhead conveyer; overhead mechanical handling system rare
Deckenfüllkörper m <bau.mat> • ribbed slab filler; clay-tile filler
Deckenfutterrohr n <bau> • floor penetration sleeve; floor collar; floor bushing
Deckenheizstrahler m <hlk> (IR-Heizstrahler) • ceiling-mounted radiant heater; radiant ceiling heating; ceiling heating
Deckenheizung f <hlk> (IR-Heizstrahler) • ceiling-mounted radiant heater; radiant ceiling heating; ceiling heating
Deckenhohlkörper m <bau.mat> (Beton) • hollow concrete block
Deckenkassettenplatte f <bau.mat> • coffered flooring slab
Deckenkranaufzug m <förd> • overhead crane lift
Deckenlaufkran m <förd> • travelling overhead crane; ceiling travelling crane rare
Deckenleitung f <bau> (in der Decke bzw. im Fußboden verlegt) • underfloor duct
Deckenleuchte f <kfz.el> (diffuse Innenraumbeleuchtung) • dome lamp; roof lamp
Deckenleuchte f <licht> (in Gebäuden) • ceiling light fitting; ceiling fitting; ceiling light
Deckenlicht n <licht> • ceiling light
Deckenmanipulator m <autom> • overhead-type robot
Deckenmelder m <alarm> • ceiling-mounted detector
decken mit vr <math> • be congruent with v
Deckenmontage f <bau> • ceiling mounting
Deckennagel m <bau.mat> • anchor pin
Deckenplan m DIN ISO 10209-4 <bau.doku> • ceiling drawing ISO 10209-4
Deckenplatte f <bau> • floor panel

Deckenputz m <bau> • ceiling plaster
Deckenreflexion f <licht> • ceiling reflection
Deckenschalung f <bau> (Betonbau) • ceiling formwork; ceiling shuttering rare; ceiling boardwork rare
Deckenschauer m <hygi> • ceiling shower
Deckenstrahler m <licht> • ceiling reflector
Deckenstrahlungsheizung f <hlk> • radiant ceiling heating
Deckenstrahlungsheizung f <hlk> (IR-Heizstrahler) • ceiling-mounted radiant heater; radiant ceiling heating; ceiling heating
Deckentafel f <bau> • floor panel
Deckenträger m <bau> • floor joist; floor beam
Deckentransmission f <masch> • overhead transmission
Deckenunterzug m rar <bau> (unterhalb einer Decke sichtbarer Träger; typ. Beton) • binding beam; sleeper; floor beam rare
Deckenventilator m <hlk> • ceiling fan; propeller fan
Deckenventilator-Lampenkombination f <el.innen> • lighted ceiling fan; fan and light kit
deckenverfahrbares Regalförderzeug n <logist> • top-running S/R machine; top-running storage/retrieval machine rare
Deckenverkleidung f <bau> • ceiling covering
Deckenverschalung f <bau> (Betonbau) • ceiling formwork; ceiling shuttering rare; ceiling boardwork rare
Deckenversiegelung f <bau> (auf Straße) • sealing coat; seal coat; surface dressing
Deckenweberei f <textil> • blanket weaving
Deckfaden m <textil> • covering thread
Deckfähigkeit f <obfl> (von Lack, Malfarbe, Anstrichstoffen) • covering quality; opacifying power; covering properties; covering capacity; hiding power coll
Deckfähigkeit f <textil> (Faden) • plating power; covering power
Deckfähigkeit im nassen Zustand f <obfl> (Anstrich, Farbe) • wet opacity
Deckfaktor m <textil> • cover factor
Deckfarbe f <druck> (gut deckende Druckfarbe) • opaque ink
Deckfarbe f <kunst> (deckende Wasserfarbe; für Gouachen) • gouache color
Deckfarbe f <obfl> • covering color
Deckfarbe f <obfl> (zum Abdecken bestimmter Flächen, Maskieren) • masking ink
Deckfarbe f <obfl.holz> (deckender Anstrich) • opaque paint
Deckfurnier n <holz> • decorative veneer; face veneer
Deckgebirge n <geo.min> • overlying rock; cover rock; cap rock; overburden; rock capping
Deckglas n <tech.allg> (z. B. Feuermelder, Zähler, Anzeigeinstrument) • cover glass
Deckglas n <chem> (Labor) • cover slip
Deckglas n <kfz> • aero headlight lens; headlight cover
Deckglas n <opt> (Mikroskop) • microscope cover slip
Deckglas n <phot> • glass insert
Deckgrün n <kunst> • chrome green
Deckjäger m <mil.nav> • shipboard fighter
Deckkappe f <phot> • top cover
Deckkappenprofil n <bau> • cover cap profile
Deckkraft f <obfl> (von Lack, Malfarbe, Anstrichstoffen) • covering quality; opacifying power; covering properties; covering capacity; hiding power coll
Decklack m <obfl> (Material) • finishing enamel; finishing paint
Decklack m <obfl> (Schicht) • top coat; final paint coat; top paint coat; finish; finish coat
decklackieren vt <obfl> • apply the top coat; apply the finish paint coat; apply the final coat; finish vt pract

Decklackierung f <obfl> (Schicht) • top coat; final paint coat; top paint coat; finish; finish coat
Decklackschicht f <obfl> (Schicht) • top coat; final paint coat; top paint coat; finish; finish coat
Decklacktrockner m <verf.obfl> (z. B. Kfz-Fertigung) • top coat oven; top coat drier
Decklage f <bau> (Bretter, Bohlen) • layer of boards
Decklage f <füg> (beim Schweißen, oberste Schweißraupe) • finishing pass; final pass
Decklage f <holz> (sichtbare Fläche) • face
Decklage f <obfl> (oberste Schicht) • top layer
Decklage f DIN 6730 <pap> (Außenhaut von Wellpappe) • topliner; liner
Decklage f <pap> (bei Mehrschichtpapier) • surface layer; surface ply
Decklandung f <aerospace> (Flugzeugträger) • deck-landing
Decklasche f <masch> • cover plate
Deckleiste f <bau> (betont: in Hohlkehle) • fillet strip; cover fillet
Deckleiste f <bau> (allg.) • tringle
Deckleiste f <mat> (aus Kunststoff) • trim molding
Deckleiste f <wz> • protective gib
Deckmaschine f <textil> (feine Gewirke; z. B. Strümpfe) • tickler machine
Deckmaschine f <textil> (Gestricke) • narrowing machine
Deckmaschinen fpl DIN ISO 3828 <petr.nav> • deck machinery ISO 3828
Deckmaterial n rar <tech.allg> • cover material; covering material
Deckmaterial n <bau.mat> • facing material
Deckmetall n <mat> (z. B. zum Plattieren) • covering metal
Deckmetall n <obfl> (allg.) • coating metal
Deckmetall n <obfl> (betont: galvan. Überzug) • deposited metal; electroplate
Deckmetall n <obfl> (Plattierung) • metal cladding
Deckmittel n <chem.verf> (z. B. Schutzgas) • covering medium; covering agent
Deckmuster n <textil> (Petinet) • stitch transfer design
Decknadel f <textil> (auf Strick- und Wirkmaschinen; überträgt Maschen) • transfer point; point pract; covering needle rare
Decknadel f <textil> (Maschenübertragung auf Cotton-Maschinen) • fashioning point
Decknadel f <textil> (für die Musterung) • lacing point
Deckname m <mil> • cover name
Deckoperation f <math.phys> • symmetry operation; symmetry transformation
Deckpeilung f <nav.navig> • alignment bearing
Deckpeilung f <navig> • transit bearing
Deckplatte f <tech.allg> (horizontal od. vertikal) • cover plate
Deckplatte f <tech.allg> (horizontal, ganz oben) • top plate
Deckplatte f <bau.innen> (aus Holz; Vertäfelungselement) • coping
Deckplatte f <logist> (Palette) • deckboard; deck board; top deck
Deckpolieren n <obfl.holz> (beim Handpolieren mit Schelllackpolitur) • further bodying-up
Deckring m <tech.allg> (z. B. an Stirnseite, Ende) • end ring
Decksaufbau m <nav> • deck superstructure
Decksaufbau m <nav.prod> (Vorgang) • deck erection
Decksbalken m <nav> • deck beam
Decksbalkenweger m <nav> • deck-beam clamp
Decksbaustein m <petr> (Bohrinsel) • deck module
Decksbeplattung f <nav> • deck plating

Decksbreite f <nav> • beam of deck; breadth of deck

Deckscheibe f <energ.sol> *(äußere Glasscheibe auf Flachkollektor)* • cover plate; cover sheet; cover window; outer cover

Deckscheibe f <masch> *(an Pumpenlaufrad)* • shroud; sidewall

Deckscheibensystem n <energ.sol> • cover system

Deckschicht f <tech.allg> • cover layer

Deckschicht f <obfl> *(auf Alu; poröser Teil der anodischen Oxidschicht)* • top layer

Deckschicht f <obfl> *(allg. Beschichtung, Überzug; z. B. Farbe, Lack, Gummi, Zuckerguss)* • final coating; finish coating

Deckschicht f <obfl> *(allg.; auch Oxidschicht)* • surface film; surface layer

Deckschicht aufbauen vt <obfl.holz> • body vt

Deckschraube mit Vierkantansatz f DIN ISO 1891 <füg> • cover screw

Deckselement n <petr> *(Bohrinsel)* • deck module

Decksfahrstand m <nav> • deck control

Decksfläche f <nav> • deck area; deck space

Deckshaussüll m <nav> • deck house coaming; house coaming

Deckshilfen fpl <nav/petr> *(auf Schiffen, Bohrinseln)* • auxiliary equipment on deck; deck auxiliaries

Deckshilfsmaschinen fpl <nav/petr> *(auf Schiffen, Bohrinseln)* • auxiliary equipment on deck; deck auxiliaries

Deckskran m <nav> • deck-mounted crane; deck crane

Decksladung f <nav> • deck cargo

Deckslängsbalken m rar <nav> • deck longitudinal; deck strongback

Deckslängsspant n <nav> • deck longitudinal; deck strongback

Deckslängsträger m <nav> • deck longitudinal; deck strongback

Decksmodul n <petr> *(Bohrinsel)* • deck module

Decksohle f <led> *(Schuh)* • insole; sock lining

Decksplan m <nav> • deck plan; floor plan

Decksruderstopper m <nav> • deck stops

Deckssprunglinie f <nav> • deck sheer line; sheer line

Decksstrak m <nav> • sheer curve; sheer line; sheer of the deck; sheer

Decksstütze f <nav> • deck pillar

Deckstand m <agri> • service crate

Deckstation f <agri> *(Tierzucht)* • service station

Deckstein m <allg> *(Schmuck)* • cap jewel

Deckstein m <bau> *(letzter, oberster)* • end stone

Deckstein m <bau> *(einer von mehreren; z. B. alsTeil einer Mauerkrone)* • coping stone

Deckswrange f <nav> • deck transom

Decktransformation f <math.phys> • symmetry operation; symmetry transformation

Deckung f ugs <math> *(z. B. von geometr. Figuren)* • congruence

Deckung f <mil> *(Schutz gegen Sicht, Beschuss)* • cover

Deckung f <mil> *(gegen Sicht)* • concealment

Deckung f <mil> *(Ort, Position, die Deckung bietet)* • covered position

Deckung f ugs <mil> *(Feuerunterstützung)* • covering fire; coverage

Deckung f <phot> *(von Negativen, Diapositiven; Farbsättigung, Schwärzung)* • density

Deckung f <vers> *(durch Versicherung, Vertrag)* • coverage

Deckung aus der Luft f <mil> • air cover

Deckung im Vollton f <druck> • coverage in solid areas

Deckungsgenauigkeit f <tech.allg> *(z. B. von benachbarten Teilen mit Indexmarkierungen, z. B. Overlays)* • accuracy of registration

deckungsgleich <math> *(z. B. geometr. Figuren, Flächen, Formen)* • congruent

Deckungsgleichheit f <math> *(z. B. von geometr. Figuren)* • congruence

Deckungslinie f <opt> • line of sight

Deckungsloch n <mil> • foxhole

Deckvermögen n <obfl> *(von Lack, Malfarbe, Anstrichstoffen)* • covering quality; opacifying power; covering properties; covering capacity; hiding power *coll*

Deckvermögen n <obfl> *(von Färbemitteln, Farbstoffen)* • tinting power; coloring power; hiding power; opacity; staining power

Deckwand f <masch> *(an Pumpenlaufrad)* • shroud; sidewall

Deckwein m <nahr> • red wine for blending

Deckweiß n <obfl.kunst> • opaque white

Deckwerk n <bau> • revetment; slope revetment

Decoder m <edv> *(allg.; Signalwandler; z. B. analogdigital)* • decoder

Decoder m <msr> *(Code-Umsetzer)* • decoder

Decoderbox f <edv> *(extern)* • decoder box

Decoder-Chip m <edv> • decoder chip; chip decoder; chip level decoder

Decoderlogik f <edv> • decode logic; decoder logic; decoding logic

Decodieralgorithmus m <edv> • decode algorithm; decoding algorithm

decodieren vt <edv> *(Daten)* • decode vt

Decodierer m <msr> *(Code-Umsetzer)* • decoder

Decodierung f <edv> • decoding

Decolleté n <bekl> *(der bei tiefem Halsausschnitt sichtbare Teil der weibl. Brust)* • cleavage

Decorator m prakt <pack> *(für Dosen)* • decorator

Decorator-Farbwerk n <pack> *(z. B. für Getränkedosen)* • decorator inking system

Decrement-Controller m <el.mus> • data decrement

Dederon n DDR <kst> *(Markenname für sehr elast. Polyamidfaser)* • perlon; nylon GB

Dederon n DDR <textil> • Nylon (PA)

Dedicated Control Channel m (DCCH) <tele> • Dedicated Control Channel (DCCH)

Dedicated-Servo-System n <edv> *(Schreib/Lesekopf-Positionierung)* • dedicated servo

DeDion-Achse f <kfz> • DeDion axle

DeDion-Rohr n <kfz> • DeDion tube

dedizierter Fileserver m <edv> • dedicated file server

dediziertes Paritätslaufwerk n <edv> • dedicated parity drive

Deduktion f <math/philos> *(Logik)* • deduction

deduktiv <philos> *(Gedankengang, Methode; im Ggs. zu induktiv)* • deductive

Deduzierbarkeit f <philos/math> • deducibility

deduzieren vt <philos/math> *(Aussagenlogik)* • deduce vt

DEE <edv> *(z. B. Bildschirm, Tastatur, Drucker)* • data terminal equipment (DTE); data processing terminal; processing terminal; terminal device

Deemphasis f <av> • de-emphasis; post-equilization; post-emphasis

deemulgieren vt <nahr> *(Fett in Speiseeis; zur Strukturverbesserung)* • deemulsify vt; destabilize vt

Deemulgierung f <nahr> *(Fett in Speiseeis; im Freezer)* • de-emulsification; deemulsification; destabilization

Deep-UV n <phys> *(Teil des UV-Spektrums; Wellenlänge 248 nm)* • deep UV

deethanisieren vt <chem.verf> • de-ethanize vt

DEF <kfz.hlk> *(entfernt Beschlag innen und Vereisung außen)* • defroster (DEF); defogger; demister

Defäkation f <bio> • defecation

defekt <qualit> *(Bauteil, System)* • faulty; defective; faulted *rare*

Defekt *m* <tech.allg> *(im Betrieb; z. B. Fahrzeug unterwegs)* • breakdown; glitch *coll*

Defekt *m* <tech.allg> *(z. B. Fahrzeug, Maschine, Anlage)* • defect

Defekt *m* <qualit.edv> *(in der Funktion von Hardware, Software)* • error

Defekt *m* <qualit.tech> *(Technik allg.: Zustand)* • fault; nonconformance *form*; defect; trouble *coll*; bug *coll*

defektarm <qualit> • low-defect

defekt bei Lieferung (DOA) <qualit> *(Reklamationsgrund)* • Dead on Arrival (DOA)

Defektbogen *m* <druck> • defective sheet

Defektbogen *m* <pap> • faulty sheet

Defektcluster *n* <nukl> • defect cluster; cluster defect

Defektdichte *f* <el> • defect density

Defektdichte *f* <metall.qualit> *(in Gussteil; Anzahl der Feinlunker)* • pinhole density

Defektelektron *n* <phys> • defect electron; electron vacancy; deficiency electron; electron hole; hole

Defektelektronenbeweglichkeit *f* <phys> • hole mobility

Defektelektronendichte *f* <phys> • hole density

Defektelektronenleitung *f* <el> • p-type conduction; defect electron conduction; hole conduction; p-conduction

Defektelektronenstrom *m* <phys> • hole current

Defektenkasten *m* <druck> • sorts box

defekter Kontakt *m* <el> • defective contact

defekter Signalausgang *m* <el> • faulty signal output

defektfrei <qualit> • defect-free

Defektgitter *n* <mat> *(Kristallgefüge)* • defect lattice

Defekthalbleiter *m* <el> • p-type conductor; p-type semiconductor; defect semiconductor; hole semiconductor

Defektimmunopathie *f* <bio> • immunodeficiency; immunity deficiency

Defektkontrollgerät *n* <qualit> • defect inspection equipment

defektleitend <el> • p-type conducting; p-conducting; p-type

Defektleitfähigkeit *f* <el> • hole conductivity

Defektleitung *f* <el> • p-type conduction; defect electron conduction; hole conduction; p-conduction

Defektoskop *n* <qualit.mat> • defectoscope; flaw detector

Defektoskopie *f* <qualit.mat> • defectoscopy; flaw detection.

defensives Fahren *n* <verk> • defensive driving

Defibrator *m* <pap.verf> • pulpwood grinder

defibrieren *vt* <pap.verf> • defibrate *vt*; defiber *vt*

Defibrierung *f* <pap.verf> • defibration

Defibrillator *m* <med.tech> • defibrillator

Defibrillator zur internen Anwendung *m* <med.tech> • internal defibrillator

defibrillieren *vt* <pap.verf> • fibrillate *vt*

definieren *vt* <tech.allg> *(z. B. Sollwerte, Verfahren, Reihenfolge)* • define *vt*

definieren *vt* <term> *(Begriff)* • define *vt*

definierte Schwachstelle *f* <tech.allg> • predetermined breaking point; defined weak point *rare*; rated breaking point *rare*

definites Ereignis *n* <tech.allg> • definite event

Definition *f* DIN 2342 <term> • definition ISO 704, 1087

Definitionsanweisung *f* <edv> • definition instruction

Definitionsbereich *m* <math> • domain of definition

Definitionsgleichung *f* <math> • defining equation

definitiv <allg> • definite

Defizit *n* <qualit> *(qualitativ; biologisch, medizinisch, physikalisch, chemisch, technisch)* • deficiency; shortcoming *coll*

Deflagration *f* ISO 13943 <feuer> *(Verbrennungswelle infolge einer Explosion)* • deflagration ISO 13943

deflagrieren *vi* <feuer> *(brennen; plötzlich und heftig)* • deflagrate *vi*

Deflation Warning System *n* (DWS) Dunlop <fz> *(Reifen)* • Deflation Warning System (DWS) Dunlop

Deflektor *m* <tech.allg> • deflector

Deflektor *m* wiss <tech.allg> *(allg. für Förderströme; z. B. Luft, Schüttgut)* • deflector [plate]; deflection plate

Deflektorkolben *m* <mot> *(2-Taktmotor)* • deflector piston; deflector-type piston; deflector-topped piston

Deflektorplatte *f* wiss <tech.allg> *(allg. für Förderströme; z. B. Luft, Schüttgut)* • deflector [plate]; deflection plate

defokussieren *vi/vt/vr* <opt> • defocus *vi/vt/vr*

defokussiert <opt> • out-of-focus

Defokussierung *f* <edv> *(bei opt. Speichermedien; z. B. CD, CD-ROM)* • focusing error *US*; focussing error *GB*; focus error; defocusing *US*; defocussing *GB*

Defokussierung *f* <opt> • defocusing *US*; defocussing *GB*

Defokussierung bei Ablenkung *f* <phys> • deflection defocusing *US*; deflection defocussing *GB*

Defoliant *n* <chem.agri> • defoliant

Deformation *f* <tech.allg> *(Vorgang und Ergebnis; absichtlich oder unabsichtlich)* • deformation

Deformationsalterung *f* <mat> • strain age hardening; strain aging

Deformationsdoppelbrechung *f* <opt> *(Spannungsoptik)* • strain birefringence

Deformationselement *n* wiss <kfz> • deformation element

Deformationsenergie *f* <phys> • deformation energy

Deformationskomponente *f* <mech> • strain component

Deformationsschwingung *f* <mat> *(im Gefüge)* • deformation vibration

Deformationszone *f* <tech.allg> • deformation zone

Deformationszustand *m* <mech> *(z. B. elastisch gedehnt)* • state of strain

deformieren *vt* <tech.allg> • deform *vt*

defragmentieren *vt* <edv> *(Daten auf Festplatte)* • defragment *vt*

Defragmentierer *m* ugs <edv> • defragmentation program

Defragmentierprogramm *n* <edv> • defragmentation program

Defroster *m* (DEF) <kfz.hlk> *(entfernt Beschlag innen und Vereisung außen)* • defroster (DEF); defogger; demister

Defrosterdüse *f* <kfz.hlk> *(Ausströmer in Scheibennähe)* • defroster nozzle

Defrosterklappe *f* <kfz.hlk> • defroster door

Defroster-Spray *n* <kfz> *(zum Auftauen vereister Scheiben oder Türschlösser)* • de-icing spray; defroster spray *rare*

Degenrohr *n* <rls> *(innerer Teil eines Stopfbuchskompensators)* • slip; sliding slip

Deglitcher *m* <el> • deglitcher

Degradation *f* <bio> *(in lebenden Organismen; das Aufbrechen komplexer Stoffe in einfachere)* • catabolism; degradation; destructive metabolism

Degradation *f* <geo.agri> • degradation

degradieren *vt* <allg> • degrade *vt*

Degras *m* <led> *(Fettungsmittel)* • moellon degras; moellon; degras

Degummieren *n* <textil> *(Seide)* • scouring; degumming; boiling-off; discharging; cooking

degummieren *vt* <textil> *(Seide)* • scour *vt*; degum *vt*; boil off *vt*; cook *vt*

De-Haas-van-Alphen-Effekt *m* <phys> • de-Haas-van-Alphen effect

Dehalogenierung *f* <chem.verf> • dehalogenation

dehnbar <tech.allg> *(Öffnung; durch Dehnen nach und nach größer zu machen)* • dilatable

dehnbar <mat> *(durch Ziehen elastisch oder plastisch verformbar)* • expandable; expansible; expandible; extensible; extensile *rare*
dehnbar <mat> *(durch Dehnung belastbar)* • strainable
dehnbar <mat> *(mit relativ geringer Kraft; z. B. Gummi, Stretch-Textilien)* • stretchable
Dehnbarkeit f <mat> *(mit relativ geringer Kraft; z. B. von Gummi, Stretch-Textilien)* • stretchability
Dehnbarkeit f <mat> *(durch Dehnung belastbar)* • strainability
Dehnbarkeit f <mat> *(durch Ziehen elastisch oder plastisch verformbar)* • expandability; expansibility; expandibility; extensibility
Dehnen n <edv> *(Grafik-Funktion zum Verschieben und Vergrößern eines Bildelements)* • stretching
Dehnen n <edv> *(von Bildelementen)* • extending
dehnen vt <tech.allg> *(elastisches Material)* • stretch vt
dehnen vt <tech.allg> *(durch Zugspannung elastisch oder plastisch verformen)* • strain vt
dehnen vt <bekl> *(größer machen; z. B. Hut, Schuh)* • expand vt
dehnen vt <edv> *(Bildelement)* • extend vt
Dehnen und Stauchen n <edv> • squash and stretch
Dehnen und Stauchen n <kino> • squash and stretch
Dehner m <tech.allg> • expander
Dehnfolieneinschlag m <logist.pack> *(Ladungssicherung)* • stretch film wrapping; stretch wrapping
Dehnfolienverpackung f <logist.pack> *(Ladungssicherung)* • stretch film wrapping; stretch wrapping
Dehnfuge f rar <bau> *(von Gebäuden, Brücken etc.)* • expansion joint; movement control joint *rare*; expansion gap *rare*; joint clearance *rare*; contraction joint *rare*
Dehnfugenprofil n <bau.mat> • expansion joint channel; control joint channel; movement control channel
Dehngeschwindigkeit f <prod> • strain rate
Dehngrenze f <qualit.mat> *(allg. bei 0,2 % Dehnung, wenn Fließgrenze nicht ausgeprägt)* • yield strength; percentage proof stress *rare*
Dehnkrepp m *DIN 6730* <pack> • extensible creped paper
Dehnmessstreifen m (DMS) <msr> • strain gauge
Dehnpresspassung f <masch> • expansion press fit; expansion fit
Dehnreibahle f <wz> • expanding reamer
Dehnschaft m <füg> *(Dehnschrauben)* • waisted shank
Dehnschaftkolben m <kfz.mot> • slipper piston; trunk piston; full slipper
Dehnschaftschraube f <füg> *(mit Mutter)* • uniform strength bolt; bolt with waisted shank
Dehnschlupf m <antr> *(von Flachriemen, Keilriemen)* • creep
Dehnschraube f prakt <füg> *(mit Mutter)* • uniform strength bolt; bolt with waisted shank
Dehnschraube f <msr> *(piezoelektrischer Kraftsensor)* • preloading bolt
Dehnstoßprofil n <bau> • expansion joint
Dehnung f <mech> *(elastische Verformung aufgrund von Zugspannung)* • strain; tensile strain
Dehnung f <mech> *(bleibende Längenzunahme aufgrund von Zugspannung)* • elongation; permanent strain
Dehnung f ugs.rar <phys> *(dreidimensional; von Stoffen bei Erwärmung)* • expansion
Dehnung beim Bruch f <qualit.mat> *(beim Zugversuch ermittelte Verlängerung der Messlänge)* • elongation at break; elongation at fracture; elongation at rupture; elongation at failure; ultimate elongation
Dehnungsarbeit f <therm> *(z. B. im p-V-Schaubild)* • work done during expansion

Dehnungsaufnehmer m <msr> *(allg.)* • strain gauge; displacement transducer; strain transducer; extensometer; strainometer *rare*
Dehnungsausgleich m <tech.allg> • compensation for expansion; compensation for expansion and contraction
Dehnungsausgleicher m rar <rls> *(zum Ausgleich von Rohrbewegungen)* • expansion joint; compensator *rare*
Dehnungsbecken n <geo> • pull-apart basin
Dehnungsbruch m <qualit.mat> *(im Ggs. zum Sprödbruch)* • ductile fracture
dehnungsfrei <mech> • strain-free
Dehnungsfuge f <bau> *(von Gebäuden, Brücken etc.)* • expansion joint; movement control joint *rare*; expansion gap *rare*; joint clearance *rare*; contraction joint *rare*
Dehnungsfugenprofil n <bau.mat> • expansion joint channel; control joint channel; movement control channel
Dehnungsgeber m <msr> • strain pick-up
Dehnungsgeschwindigkeit f <qualit.mat> *(Zugversuch)* • rate of elongation
Dehnungsgröße f <mech> • strain level
Dehnungskluft f <geo> • tension joint
Dehnungskoeffizient m <phys> • coefficient of expansion
dehnungslos <mech> *(ohne innere Dehnspannung)* • strainless
Dehnungsmessbrücke f <msr> • strain-gauge measuring bridge; strain bridge
Dehnungsmesser m <msr> *(allg.)* • strain gauge; displacement transducer; strain transducer; extensometer; strainometer *rare*
Dehnungsmessstreifen m (DMS) <msr> *(Folie oder Draht)* • strain gauge *US.GB*
Dehnungsmessung f <msr> • strain measurement
Dehnungsmessung f <qualit.mat> *(im Zugversuch)* • relative elongation measurement; expansion measurement; elongation measurement
Dehnungsmodell n <mech> • strain pattern
Dehnungsprüfapparat m <qualit.mat> • extensibility tester
Dehnungsrest m <mat> *(bleibende Verformung)* • permanent strain; set
Dehnungsriss m <qualit.mat> • extension crack; expansion crack
Dehnungsrohr n <rls> *(zum Ausgleich von Wärmedehnung)* • compensating pipe; expansion pipe
Dehnungsschlaufe f <rls> *(z. B. in Pipelines)* • expansion bend
Dehnungsschlechte f <geo> • tension joint
Dehnungsschlitz m <bau> • slip joint
Dehnungsschwingung f <phys> • dilatation mode
Dehnungs-Spannungs-Kurve f <qualit.mat> • strain-stress curve
Dehnungsstopfbuchse f <rls> • stuffing-box expansion joint
Dehnungsstück n rar <rls> *(zum Ausgleich von Rohrbewegungen)* • expansion joint; compensator *rare*
Dehnungswelle f <phys> • dilatation wave; extensional wave
Dehydratation f <chem.verf> • dehydration
Dehydrationsmittel n <chem> • dehydrator; dehydrating agent
dehydratisieren vt <chem.verf> • dehydrate vt
Dehydratisierungsmittel n <chem> • dehydrating agent
dehydrieren vt <chem> *(Material)* • dehydrate vt
dehydrieren vt <chem.verf> • dehydrogenate vt; dehydrogenize vt
Dehydrierung f <chem.verf> • dehydrogenation
dehydrohalogenieren vt <chem> • dehydrohalogenate vt

dehydrohalogenieren vt <chem.verf> • dehydrohalogenate vt

Dehydrohalogenierung f <chem.verf> • dehydrohalogenation

Deich m <bau.hydr> *(Küstenschutz)* • dike; dyke

Deichbruch m <bau.hydr> • dike break; dike burst

Deichschleuse f <bau.hydr> • dike lock

Deichsel f <fz> *(beim Caravan oder Kleinanhänger)* • drawbar; tow bar; shaft *rare*; pole *rare*

Deichselachse f <nfz> *(zum Ankuppeln eines Sattelanhängers an einen normalen Lkw)* • converter dolly; dolly *pract*

Deichselachse f <nfz> *(Schwanenhals-Zusatzachse für besonders schwere Sattellasten)* • jeep dolly; dolly *coll*; bogie trailer

Deichselanhänger m <nfz> *(mit einer Vorder- und einer oder mehreren Hinterachsen)* • full trailer; drawbar trailer GB; pony trailer US.coll; dog trailer AUS.coll

Deichselausschlag m prakt <nfz> • drawbar turn angle

deichselgelenkter Anhänger m <fz> • walk-along trailer

Deichselgestell n <nfz> • bissel bogie

Deichselkasten m <kfz> *(Caravaning)* • bottle locker

Deichsellast f <kfz> *(Anhänger)* • tongue load; noseweight

Deichsellastwaage f <kfz> • noseweight indicator

Deichsellaufrad n <kfz> *(von Caravans)* • jockey wheel

Deichselstange f <fz> *(beim Caravan oder Kleinanhänger)* • drawbar; tow bar; shaft *rare*; pole *rare*

Deichselwaage f <kfz> • noseweight indicator

deinken vt <pap.ents> • deink vt

Deinking n <pap.ents> • deinking; ink removal

Deinkinganlage f <pap.ents> • deinking plant

Deinking-Anlage f <pap.ents> • deinking plant

Deinkingbereich m <pap.ents> • deinking area

Deinkingschaum m <pap.ents> • deinking foam

Deinkingschlamm m <pap.ents> • deinking sludge

Deinkingstoff m <pap.ents> • deinked pulp (DIP); deinked stock; deinking pulp

Deinkingware f <pap.ents> • deinking furnish

deinktes Altpapier n <pap.ents> • deinked pulp (DIP); deinked stock; deinking pulp

De-Interleaving n <edv> • de-interleaving; deinterleaving

Deionat n <chem.verf> *(allg.)* • deionized water; demineralized water

Deionisationspotential n <phys> • deionization potential

Deionisationsschalter m <el> • deion circuit breaker; deionization circuit breaker; quenched-arc circuit breaker

deionisieren vt <chem.verf> *(Wasser; mit Ionenaustauscher)* • deionize vt; demineralize vt

Deionisierung f <chem.verf> *(von Wasser)* • deionization; demineralization

Deionisierung f wiss <chem.verf> *(von Wasser)* • demineralization; deionization thsc

Deionisierungsgitter n <verf> • deionizing grid

DEIS <av> • digital-electronic image stabilizer (DEIS); digital-electronic image stabilization [system]

Deisobutanisator m <chem> • deisobutanizer

deisobutanisieren vt <chem.verf> • deisobutanize vt

Deka... (da) <phys.msr> *(Vorsilbe für Einheiten: 10)* • deca (da)

Dekade f <allg> • decade

dekadenabgestimmt <el> • decade-tuned

Dekadendrehschalter m <el> • rotary decade switch

Dekadenimpulsgeber m <el> • decade pulse generator

Dekadenkontakt m <el> • decade contact

Dekadenmessbrücke f <el> • decade measuring bridge; decade bridge

Dekadenschalter m <el> • decade switch

Dekadenschaltung f • decade switching

Dekadenschaltung f <el> • decade circuit

Dekadenteiler m <el> • decade divider

Dekadenuntersetzer m <el> • decade scaler; scale-of-ten circuit

Dekadenvervielfacher m <el> • decade multiplier

Dekadenwiderstand m <el> • decade resistor

Dekadenzähler m <el> • decade counter

Dekadenzählröhre f <el> • decade counter tube; decade counting tube

dekadisch <tech.allg> • decadic

dekadisch abgestimmt <el> • decade-tuned

dekadische Impulswahl f <el> • decimal pulsing

dekadisch einstellbarer Empfänger m <av> • receiver with decade frequency setting

dekadischer Zähler m <el> • decade counter

Dekaeder n <math> • decahedron

dekaedrisch <math> • decahedric

Dekaleszenz f <metall> • decalescence

Dekameterwellen fpl <phys> • high-frequency waves; HF waves; decametric waves *rare*

Dekameterwellenbereich m <phys> • high-frequency range

Dekansäure f <chem> • capric acid; decanoic acid

Dekantat n <chem> • decantate

Dekantierapparat m <verf> • decanter

Dekantieren n <chem.verf> • decantation; decanting; pouring off *coll*

dekantieren vt <chem.verf> *(Flüssigkeit, ohne Sedimente aufzuwirbeln)* • decant vt; pour off vt *coll*

dekantieren vt <gastr> *(Wein)* • decant vt

Dekantiergefäß n <verf> • decanting jar

dekantierte Flüssigkeit f ugs <chem> • decantate

dekapieren vt <metall> • clean by pickling vt; clean vt; pickle vt

Dekapierlösung f <metall> • pickling solution; pickle

dekatieren vt <textil> • decate vt; decatize vt; hot-press vt

Dekatiermaschine f <textil> • decatizing machine

Dekatiertuch n <textil> • decatizing blanket

Dekatur f <textil> • decating; decatizing; hot-pressing

Dekaturechtheit f • fastness to decatizing

Deklaration f <edv> • declaration

Deklination f <astron> *(Breitenangabe in Grad für Himmelsobjekte)* • declination

Deklination f wiss <navig> *(Kompass)* • magnetic variation (VAR); magnetic declination; declination *pract*; variation *pract*

Deklinationsachse f <astron> • declination axis

Deklinationsmessgerät n <msr> • compass declinometer; declinometer

Dekoder m <edv> *(allg.; Signalwandler; z. B. analogdigital)* • decoder

Dekodieralgorithmus m <edv> • decode algorithm; decoding algorithm

Dekodieranalyse f <edv> • decoding diagnostics

dekodierbar <edv> • decodable

Dekodierbarkeit f <edv> • decodability

Dekodierbarkeitsgrenze f <edv> • decodability limit

Dekodierbarkeitswert m <edv> • decodability value

Dekodierbereich m <edv> • decode zone; read zone

Dekodieren n <edv> • decoding

dekodieren vt <druck> *(Digitalkopierer; Bildsignale)* • reconvert vt

dekodieren vt <tele> *(ein Signal)* • decrypt vt

Dekodierer m <edv> *(allg.; Signalwandler; z. B. analogdigital)* • decoder

Dekodier-Firmware f <edv> • decoding firmware

Dekodiergatter n <el> • decoding gate

Dekodiergeschwindigkeit f <edv> • decoding speed; decoding rate

Dekodierlogik f <edv> • decode logic; decoder logic; decoding logic

Dekodiermatrix f <doku> • decoding matrix

Dekodierrate f <edv> • decoding speed; decoding rate

Dekodierroutine f <edv> • decode routine; decoding routine

Dekodierschaltung f <el> • decoding circuit; decoder circuit

Dekodier-Schlüssel m <edv> • cryptographic key

Dekodierung f <edv> • decoding

Dekodierungsalgorithmus m <edv> • decoding algorithm

Dekodierungsgerät n <edv> (extern) • decoder box

Dekodierungszone f <edv> • decode zone; read zone

Dekodierzone f <edv> • decode zone; read zone

Dekokt n <pharm> (Abkochung) • decoction; decoctum

Dekolletee n <bekl> (der bei tiefem Halsausschnitt sichtbare Teil der weibl. Brust) • cleavage

Dekollimationslinse f <opt> • decollimating lens

Dekompression f <tech.allg> (z. B. Druckluftanlage, Bremszylinder, Taucherglocke) • decompression

Dekompression f <edv> • decompression

Dekompressionsventil n <mot> • decompressor [valve]

Dekompressor m <mot> • decompressor [valve]

Dekomprimieren n <edv> • decompression

dekomprimieren vt <edv> (Daten) • decompress vt; unpack vt

Dekomprimierung f <edv> • decompression

Dekonnektion f <med.tech> (unbeabsichtigte Schlauchverbindungsunterbrechung) • disconnection

Dekontamination f <nukl> (von radioaktiv verseuchten Flächen) • radioactive decontamination; decontamination

Dekontamination f <ökol> (allg.; z. B. von chemisch belasteten Flächen, Böden, Erdreich) • decontamination

Dekontaminationsanlage f <nukl> • decontamination plant

Dekontaminationsergebnis n <ents> • decontamination result

Dekontaminationsfaktor m <ents> • decontamination factor

Dekontaminationsverfahren n <ents> • decontamination process

dekontaminierbar <obfl> • decontaminable

dekontaminieren vt <nukl> (Oberflächen, Boden, Personen) • decontaminate vt

dekontaminieren vt <obfl> • decontaminate vt

dekontaminierter Boden m <ents> • decontaminated soil; clean soil

Dekontaminierung f <nukl> • decontamination; radioactive decontamination

Dekontaminierung f <nukl> (von radioaktiv verseuchten Flächen) • radioactive decontamination; decontamination

Dekontaminierung f <ökol> (allg.; z. B. von chemisch belasteten Flächen, Böden, Erdreich) • decontamination

Dekontaminierungsmittel n <ents> • decontamination agent; decontaminating substance; decontaminating agent; decontaminant

Dekontaminierungsmittel npl <mil> • decontamination equipment

Dekontaminierungsplatz m <mil> • decontamination area

Dekontaminierungszone f <hygi> • decontamination area

Dekontaminierzone f <hygi> • decontamination area

Dekontmaterial n prakt <mil> • decontamination equipment

Dekontstation f <mil> • decontamination area

Dekor m <allg> • decoration

Dekor m <textil> • pattern

Dekorationspapier n <pap> • decorating paper; fancy paper

Dekorationsseidenpapier n <pap> • decorating tissue paper; decorating tissue

Dekorationsstoff m <textil> (eher teuer, aufwändige Gewebe; z. B. für Vorhänge, Möbel etc.) • furnishing fabric; tapestry rare

Dekorationsstoff m <textil> (eher einfaches, billiges Stretchmaterial; z. B. für Schaufensterdekorat) • decorative cloth; decorative fabric

Dekorationszug m <theat> • rigging system

dekorativ <allg> • decorative

dekorativ <kunst> • ornamental

Dekorativchrombad n <obfl> • decorative chromium bath

dekorative Leuchte f <licht> • decorative luminaire

Dekorbrandofen m <verf> • decoration-firing kiln; decorating kiln

Dekor-Cuttechnik f (DCT) <kst> • decor cutting technology (DCT)

Dekorfolie f <holz> (auf Spanplatten) • overlay

Dekorfolie f <kfz> (Streifen über Haube, Dach und Kofferraumdeckel; typ. auf Cobra) • deck stripes

Dekorformteil n <kst> • garnish molding

dekorieren vt <bio> (Aquarium; mit Pflanzen, Steinen, Holz etc.) • aquascape vt

Dekorlackierung f <obfl> (z. B. Airbrushmotiv) • mural

Dekorpistole f <obfl.wz> (Airbrush) • decorating gun

Dekorporation f <nukl> • decorporation

Dekorporationstherapie f <nukl> • decorporation therapy

Dekorporierung f <nukl> • decorporation

Dekorporierungstherapie f <nukl> • decorporation therapy

Dekor-Sonnenschutzfolie f :V <kfz> • sun screen murals; sun shield murals

Dekostoff m <textil> (eher einfaches, billiges Stretchmaterial; z. B. für Schaufensterdekorat) • decorative cloth; decorative fabric

Dekrement n wiss.rar <tech.allg> (positiv oder negativ; z. B. von Unfall-, Umsatz-, Verkaufszahlen) • decrease; drop; drop-off; decrement rare

Dekrement n <phys> (Schwingung) • decrement; subsidence ratio

dekrementieren vt <tech.allg> (reduzieren; eher stufenweise) • decrement vt

Dekrementmesser m <msr> • decremeter

Dekrepitation f <phys/mat> • decrepitation

dekrepitieren vt <phys/mat> • decrepitate vt

Dekupiersäge f <wz.masch> • scroll saw; jigsaw

Delaborne-Prisma n <opt> • Delaborne prism

Delay n <el.mus> (Effekt eines Effektprozessors) • delay; echo effect; delay effect; echo

Delayzeit f <edv.av> • delay time; lag time

Deleatur n <doku> • deletion mark

D-Elektrode f <el> • duant; dee

DELETE-Flag <edv> • DELETE flag

Deletion f <bio> (von DNA-Abschnitten) • deletion

delignifizieren vt <pap> • delignify vt

Delignifizierung f <pap> • delignification

Delle f <tech.allg> (Vertiefung, Eindruck; kleine, leicht konkave Stelle) • depression

Delle f <tech.allg> (konkav, in Blech; z. B. in Karosserie) • dent

Delle f <obfl.holz> (z. B. in Möbeloberflächen) • dent; indenture; pit

Delle f <obfl.qualit> (Emailfehler; flache Vertiefung) • dimple

Dellenlifter m TMWürth <wz.rep> • dent puller

Delon-Gleichrichter m <el> • Delon rectifier

Delphinium staphisagria <bio> • stavesacre; delphinium staphisagria

Delta A IBM <edv> *(symbology)* • Delta Distance A
Deltaanpassung *f* <tech.allg> • delta matching; delta match
Deltaantenne *f* <el> • delta-matched impedance antenna *US*
Delta Distance A (-Code) *m* <edv> *(symbology)* • Delta Distance A
Delta Distance B (-Code) *m* <edv> • Delta Distance B
Delta Distance C (-Code) *m* <edv> • Delta Distance C
Delta-Distance-Verfahren *n* <edv> *(Strichcode)* • Delta Distance method
Delta-Eisen *n* EN 10052 <metall> • delta iron
Deltaelektron *n* <nukl> • delta electron; delta particle
Deltaflügel *m* <aerospace> • delta wing; triangular wing *coll*
Deltaflugzeug *n* <aerospace> *(mit Dreieckflügel)* • delta aircraft; delta-wing aircraft
deltaförmig <tech.allg> *(z. B. Zeichen, Flugdrachen, Tragflügel)* • deltoid *adj*
Delta-Information *f* <edv> *(zwischen Frames)* • delta information
Delta-Kompression *f* <edv> *(für Animationen)* • delta compression [method]
Delta-Link-Hinterachse *f* Volvo <kfz> • Delta Link rear axle *Volvo*
Deltamesonenresonanz *f* <phys> • delta-meson resonance
Deltametall *n* <mat> • delta metal
Deltamodulation *f* <phys> • delta modulation
Deltaoperator *m* <math> • delta operator; Laplacian operator
Delta p *n* prakt <msr> *(über zwei Messpunkte)* • pressure difference; pressure differential *thsc*; differential pressure; delta p *pract*; pressure drop *rare*
Deltaphase *f* <obfl> • delta layer
Delta Pulse Code Modulation *f* (DPCM) <edv.av> • delta pulse code modulation (DPCM)
Deltaschicht *f* <obfl> • delta layer
Delta-Sigma-Verfahren *n* <av> *(Analog-Digital-Wandlung)* • delta sigma; charge balance
Deltastrahl *m* <nukl> • delta ray
Delta t *n* wiss <phys> • temperature gradient; heat gradient *pract*; heat drop *coll*
Deltatragflügel *m* <aerospace> • delta wing; triangular wing *coll*
Deltoid *n* <math> *(geometr. Figur)* • deltoid
Deltoiddodekaeder *n* <math> *(geometr. Körper)* • deltohedron; deltoid dodecahedron
Demand-Flow-System *n* <med.tech> • demand-flow system
Demandschrittmacher *m* <med.tech> • demand pacemaker
demarganieren *vi* <chem> *(Öle)* • demarginate *vi*; destearinate *vi*; destearinize *vi*; winterize *vi*
demargarinieren *vi* <nahr> • demarginate *vi*; destearinate *vi*
demethanisieren *vt* <chem.verf> • demethanize *vt*
demineralisieren *vi/vt* <tech.allg> • demineralize *vi/vt*
demineralisieren *vt* <chem.verf> *(Wasser; mit Ionenaustauscher)* • deionize *vt*; demineralize *vt*
Demineralisierung *f* <chem.verf> *(von Wasser)* • demineralization; deionization *thsc*
dem Kreislauf wieder zuführen *vt* <tech.allg> *(Luft, Schmieröl, Wasser; Leergut)* • return to the circuit *vt*
Demoband *n* <edv> • demo tape
Demodulation *f* <tech.allg> • demodulation
Demodulation *f* <navig> • demodulation
Demodulationsstufe *f* <el> • demodulating stage
Demodulator *m* <av> • demodulator

Demodulator *m* <el> • demodulator
Demodulator mit Frequenzmodulation *m* <el> • frequency discriminator
Demodulatorröhre *f* <el> • detector valve; detecting valve
Demodulatorschaltung *f* <el> • demodulator circuit
demodulieren *vt* <phys> *(z. B. Signale)* • demodulate *vt*
Demonstrationsanlage *f* <ents> • demonstration plant
Demonstrationsanlage *f* <prod> • demonstration facility
Demonstrationsbus *m* <nfz> • demonstration bus; demonstrator *pract*
Demonstrationsmodell *n* <did> *(z. B. Motor)* • demonstration model
Demonstrations-Zentrifugen-Anreicherungsanlage *f* <nukl.verf> • demonstration centrifuge enriching plant; DCEF-plant
Demonstrationszweck *m* <did> • demonstration purpose
Demontage *f* <tech.allg> *(von zerlegbaren Konstruktionen jeder Größe)* • disassembly
Demontage *f* <tech.allg> *(Zerlegen größerer Objekte; z. B. Gerüst, Turmdrehkran)* • dismantling
Demontage *f* <tech.allg> *(von Aufsätzen, Aufbauten; z. B. Luftfiltergehäuse, Podium, Tribüne)* • demounting
Demontage *f* <füg> *(von Schrauben)* • disassembly
Demontagegabel *f* <kfz.wz> • ball joint separator; ball joint remover; tie rod [end] separator; pitman arm wedge
Demontagesystem *n* <ents> • disassembly system
demontierbar <tech.allg> *(entfernbar)* • removable
demontierbar <tech.allg> *(Teil, das auf einem anderen Teil sitzt; z. B. Antenne)* • detachable
demontieren *vt* <tech.allg> *(Anbauten; z. B. Wandhalterung)* • detach *vt*
demontieren *vt* <tech.allg> *(Gefügtes, ohne Zerstörung; z. B. Baugruppe in Einzelteile)* • dismantle *vt*; disassemble *vt*; take apart *vt* coll; break down *vt* rare
dem Sonnenlicht aussetzen *vt* <phys> • insolate *vt*
dem Sprachband überlagerte Datenübermittlung *f* <tele> • data over voice (DOV)
Demulgator *m* <tribo> • demulsifier
demulgierbar <chem> • demulsible
demulgieren *vi/vt* <chem> • demulsify *vi/vt*
Demulgierverhalten *nsg* <tribo> *(von Schmieröl)* • demulsibility; demulsification capacity; water separation capacity
Demulgiervermögen *nsg* <tribo> *(von Schmieröl)* • demulsibility; demulsification capacity; water separation capacity
Demultiplexer *m* <el> • demultiplexer
den <textil> • denier (den)
denaturieren *vt* <chem.verf> *(z. B. Alkohol)* • denature *vt*; denaturize *vt*
denaturierter Alkohol *m* <chem> • denatured alcohol; methylated spirit
Denaturierung *f* <chem.verf> *(allg.)* • denaturation
Denaturierung *f* <nahr> *(von Eiweiß; irreversible Strukturänderung)* • denaturation
Denaturierungsmittel *n* <chem> • denaturant
Denavit-Hartenberg Matrix *f* <autom> • Denavit-Hartenberg Matrix
Dendrit *m* <mat> *(z. B. in Gussteilen)* • dendrite; fir-tree crystal
Dendritenstruktur *f* <mat> *(z. B. in Gussteilen)* • dendritic structure; arborescent structure; fir-tree structure
dendritisch <mat> • dendritic
dendritischer Streifenprozess *m* <energ.sol> *(Photozellen)* • dendritic web method; web-dendritic growth process; web-dendrite growth process; web-dendrite crystal growth process; dentritic web growth
Dendrochronologie *f* <geo> • dendrochronology

Denevo-Felge f Dlp.Mich <kfz> • TD rim; TR-Denloc rim Dlp.Mich; Denevo rim Dlp.Mich

Dengelamboss m <agri.wz> • scythe anvil

Denier n (den) <textil> • denier (den)

Denim m <textil> (ursprgl. aus Nîmes: de Nîmes) • denim

denitrieren vt <chem.verf> • denitrate vt

Denitrierung f <nukl> • product take-off station

Denitrierungsturm m <verf> • denitration tower

Denitrifikation f <chem.verf> • denitrification

Denitrifikationsbakterien fpl <bio.chem> • denitrifying bacteria

denitrifizieren vt <chem.verf> • denitrify vt

denkende Radarfalle f <verk> • smart radar trap

Denkmalschutzfenster n <bau> • preservation window

Denloc-Felge f <kfz> (mit Notlaufeigenschaften) • Denloc rim

Denloc-Rille f <kfz> (in Denloc-Felgen) • Denloc groove; bead lock did; tire bead lock did

De-Novo-Synthese f <ents> • de novo synthesis

Denovo-Synthese f <ents> • de novo synthesis

DeNOx-Katalysator m <kfz.emiss> • NOx catalytic converter; DeNOx catalytic converter

DeNOx-Verfahren n <ents> • DeNOx process

Densimeter n <msr> • densimeter; density gauge; density indicator

Densimetrie f <msr> • densimetry

Densitometer n <phot.msr> • densitometer

Densograph m <opt.msr> • recording densitometer; recording photometer

Densometer m <pap.msr> • air permeance tester

den Standards entsprechen v <allg> (Qualität, Technologie, Sicherheit) • conform to standards v

Dentalaufnahme f <med.phot> • dental exposure

Dentalbehandlungsstuhl m <med.tech> • dental chair

dentale metallische Werkstoffe mpl DIN EN ISO 1027 <med.tech> • dental metallic materials DIN EN ISO 1027

dentales restaurative Metallkeramiksystem n DIN EN ISO 9693 <med.tech> • metal-ceramic dental restorative system DIN EN ISO 9693

Dentalleuchte f <med.licht> • dental light

Dentalporzellan n <med.mat> • dental porcelain

Dentalröntgeneinrichtung f <med.tech> • dental X-ray unit

Dentalröntgenfilm m <med> • dental X-ray film

Deo n ugs <hygi> (z. B. Spray, Roller) • deodorant

Deodorant n <hygi> (z. B. Spray, Roller) • deodorant

Depalettierer m <logist> • depalletizer US; depalletiser GB

Depalettiermaschine f <logist> • depalletizer US; depalletiser GB

Department of Transportation n (DOT) <org> • Department of Transportation (DOT)

Depassivierung f DIN EN ISO 8044 <obfl> • depassivation ISO 8044

Dephlegmator m <verf> (betont: Gegenstromapparat) • counter-current partial condenser

Dephlegmator m <verf> (allg.) • dephlegmator

dephlegmieren vt <med> • dephlegmate vt

depilieren vt <hygi> • depilate vt

depilierend <hygi> • depilatory

Deplacementschwerpunkt m <nav> • center of displacement; buoyancy centre GB

Depletion-FET m <el> • depletion type; depletion mode

Depolarisation f <el.chem> • depolarization

Depolarisationsfaktor m <el.chem> • depolarization factor

Depolarisationspotential n <el.chem> (Spannung, die die Reduktion bzw. Oxidation eines Stoffes ermöglicht) • decomposition voltage; decomposition potential

Depolarisator m <el.chem> • depolarizer; depolariser GB

Depolarisatorkonzentration f <el.chem> • depolarizer concentration; depolariser concentration GB

depolarisieren vt <licht> • depolarize vt

Depolymerisation f <kst> • depolymerization

depolymerisieren vi/vt <kst> • depolymerize vi/vt

Deponie f <ents> (betont: Ort der Endablagerung) • disposal site

Deponie f <ents> (von Müll; Vorgang) • sanitary landfilling; sound disposal; safe disposal; proper disposal

Deponie f <ents> (betont: für geordnete, sichere Ablagerung von Abfällen) • sanitary landfill [site] form; secure landfill [site]; controlled tip; landfill site; landfill coll

Deponieabdichtung f <ents> (Vorgang) • sealing of a landfill site

Deponieabdichtungsfolie f <ents> (Deponieabdichtung) • membrane liner

Deponieabschluss m <ents> • site closure

Deponiebasis f <ents> • landfill base

Deponieboden m <ents> (Erdreich-Untergrund) • landfill soil

Deponiegas n <ents> • landfill gas

Deponiegasverströmung f <ents> • power generation from landfill gas

Deponiegut n <ents> • waste mass; fill mass

Deponiekapazität f <ents> • landfill space; disposal space; fill volume

Deponiekörper m <ents> • landfill; fill pract

Deponieoberfläche f <ents> • working face; operating face

deponierbar <ents> (Abfall) • landfillable

deponieren vt <ents> (auf Mülldeponie) • landfill vt

deponieren vt <logist> (geordnet; z. B. Baumaterial, Müll) • deposit vt

deponierfähig <ents> (Abfall) • landfillable

deponierfähiger Behälter m <ents> • disposable container; landfillable container

Deponiermethode f <ents> • waste deposition method

Deponierung f form <ents> (von Müll; Vorgang) • sanitary landfilling; sound disposal; safe disposal; proper disposal

Deponiesickerwasser n <ents> • leachate

Deponiesickerwasserbehandlung f <ents.verf> • leachate treatment

Deponiesohle f <ents> • landfill base

Deponietyp m <ents> • landfill type; landfill design

Deponievolumen n <ents> • landfill space; disposal space; fill volume

Depot n <logist> (groß; typ. mehrere Gebäude auf großem Gelände) • depot; storage facility

Depot n <logist> (Zwischenlager, z. B. für Umzugsgut, Möbel etc. im Zollbereich) • depository; warehouse

Depot n rar <logist> (betont: Gebäude; zum Aufbewahren von Gütern; eher groß) • warehouse (whse); warehousing facility; stores building; storehouse

Depot n <pharm> • depot

Depot n <verk> (Halle für Straßenbahnen, Busse) • depot; garage

Depression f <geo> (tiefer als Meeresspiegel; z. B. Totes Meer) • depression

Depressionswinkel m <phys> • depression angle

depropanisieren vt <chem.verf> • depropanize vt

deproteinisieren vt <chem.verf> • deproteinize vt

Deputatkohle f <min.fin> • miner's allowance coal; allowance coal; concessionary coal

Derating-Kurve f <el> • derating curve

Derberz n <min> • high-grade ore; rich ore

Derbholz n <holz> • compact wood

Dériazturbine f <energ.hydr> • Dériaz turbine

Derivat n <chem> • derivative

Dermis f <bio> (dick; unter der Epidermis) • dermis; derma

Dermoplastik f <prod.bio> *(von Tieren)* • taxidermy; animal stuffing *coll*
Dermoplastiker m <prod.bio> • taxidermist; preparator
dermoplastisch <prod.bio> • dermoplastic
Derrick m <förd> • derrick; stiff-leg derrick; boom crane; post crane
Derrickkran m <förd> • derrick; stiff-leg derrick; boom crane; post crane
Derrick-Kran m <förd> • derrick; stiff-leg derrick; boom crane; post crane
desachsiert <tech.allg> • offset
Desaktivator m <chem> *(allg.)* • deactivator; passivator
Desaktivator m <tribo> *(Oxidationshibitor)* • metal desactivator
desaktivieren vt <chem> • deactivate vt; inactivate vt; block vt
desaminieren vt <chem.verf> • desaminate vt; deaminate vt
Desander m <petr> • desander
desaxierte Kurbelwelle f <kfz.mot> • offset crankshaft
DE-Scheinwerfer m <kfz.el> • DE headlight
Desensibilisator m <tech.allg> • desensitizer
desensibilisieren vt <tech.allg> • desensitize vt
Desensibilisierung f <tech.allg> • desensitization
Designerfarbe f <kunst> *(Farbe)* • gouache; poster paint
Design-Lackierung f <kfz> *(Individualisierung; z. B. durch Airbrush-Motive)* • custom painting; vehicle decorating
Design-to-Cost-Methode f <prod> • design-to-cost method (DTC); design-to-cost approach; DTC philosophy
desilifizieren vi <geo> • desilicate vi
Desilter m <petr> • desilter
Desinfektion f <hygi> • disinfection
Desinfektionsmittel n <hygi> • disinfectant
desinfizieren vt <hygi> • disinfect vt
desinfizierend <hygi> • disinfectant; germicidal
Desintegration f <tech.allg> • disintegration
Desintegrator m <pap> • chip crusher; rechipper
Desintegrator m <verf> • disintegrator scrubber; dynamic type scrubber; disintegrator washer
Desintegratorgaswäscher m <verf> • disintegrator scrubber; dynamic type scrubber; disintegrator washer
Desintegratormühle f <verf> • cage disintegrator; cage mill; bar mill
De-Sitter-Kosmos m <phys> • Einstein-de Sitter universe
Desk-Research n <werb> • desk research
Desktop-Publishing n (DTP) <edv.druck> • desktop publishing (DTP)
Desmodromik f <kfz.mot> • desmodromic; desmodromic valve operation *Ducati*
desmodromisch <kfz.mot> • desmodromic adj
desmodromische Ventilbetätigung f <kfz.mot> • desmodromic; desmodromic valve operation *Ducati*
Desodorans n <chem> *(Mittel zur Beseitigung übler Gerüche)* • deodorant; deodorizer *pract*
desodorieren vt <chem.verf> • deodorize vt
desorbierbar <chem.verf> • desorbable
desorbieren vt <chem.verf> • desorb vt; strip off vt; strip vt
Desorientierung f <allg> • desorientation
Desorption f <chem.verf> *(aktiv; Austreiben sorbierter Gase)* • stripping
Desorption f <chem.verf> *(passiv; Entweichen sorbierter Gase)* • desorption
DESOX-DENOX-Verfahren n <emiss> • DESOX-DENOX process
Desoxidation f <chem.verf> • deoxidization; deoxidation; reduction
Desoxidation f <obfl> *(Entfernen einer Oxidschicht; z. B. von Alu)* • deoxidizing US; deoxidising GB; desoxidising GB.obs

Desoxidationsmittel n <chem> • deoxidant; deoxidizer; reductant
desoxidieren vt <chem.verf> *(Sauerstoff entziehen)* • deoxidize vt; deoxidate vt; reduce vt; deoxygenate vt *rare*
Desoxyribonucleinsäure f <chem> • deoxyribonucleic acid (DNA)
Desoxyribonukleinsäure f (DNS) <chem> • deoxyribonucleic acid (DNA)
desozonisieren vt <chem.verf> • deozonize vt
Dessert n <gastr> • dessert
Dessertgabel f <gastr> • dessert/salad fork
Dessertteller m <gastr> • dessert plate
Dessert- und Salatteller m <gastr> • dessert/salad plate
Dessin n <textil> *(z. B. Hahnentritt, Millefleurs, Nadelstreifen)* • design; pattern
Dessindruck m <textil> • pattern printing
Dessinierung f <textil> • patterning
destabilisieren vt <nahr> *(Fett in Speiseeis; zur Strukturverbesserung)* • deemulsify vt; destabilize vt
Destabilisierung f <nahr> *(Fett in Speiseeis; im Freezer)* • de-emulsification; deemulsification; destabilization
Destillat n <chem> • distillate
Destillatabnahme f <chem.verf> • distillate take-off; product take-off; distillate drain
Destillatbenzin n <chem.petr> • distillate gasoline; distillate petrol; distillate naphtha; straight-run gasoline; straight-run benzine
Destillatfraktion f <chem> • distillate fraction
Destillatheizöl n <chem.petr> • distillate fuel oil
Destillation f <chem.verf> • distillation
Destillation im Vakuum f <chem.verf> • vacuum distillation; distillation under reduced pressure
Destillationsanlage f <verf> • distillation plant; distillery
Destillationsapparat m <verf> • distillation apparatus; distiller; still
Destillationsapparat für Benzolvorprodukt m <verf> • once-running still; once-run still
Destillationsapparat mit rotierender Verdampferfläche m <verf> • rotary still
Destillationsgas n <chem> • distillation gas
Destillationsprodukt n <chem> • distillation product; running
Destillationsrückstand m <chem> • distillation residue; still residue
Destillationsturm m <verf> • distillation tower; distillation column
Destillationsvorlage f <chem> • distillate receiver; distillation receiver; still receiver
Destillation unter vermindertem Druck f did <chem.verf> • vacuum distillation; distillation under reduced pressure
Destillatkühler m <verf> • distillate cooler
Destillatsammelrinne f <verf> • distillate collection gutter; distillate gutter
Destillatschmieröl n <tribo> • distillate lubricating oil; g
Destillieraufsatz m <verf> • distillation head; still head; still dome
Destillierblase f <verf> • distillation boiler; reboiler; still pot
Destillierblase mit direkter Beheizung f <verf> • direct-fired reboiler
destillieren vt <chem.verf> • distil vt
Destilliergefäß n <verf> • distilling vessel; reboiler; still pot
Destilliergut n <chem> • distilland
Destillierkolben m <verf> • distillation flask
Destillierkolonne f <verf> • distillation tower; distillation column
Destillierkolonne mit Glockenböden f <verf> • bubble-cap distillation column; bubble-cap column

Destillierofen *m* <chem> • distillation furnace; retort furnace

destilliertes Wasser *n* <chem> • distilled water

Destilliervorstoß *m* <verf> • adapter

Destriau-Effekt *m* <phys> • Destriau effect

destruktive Bearbeitung *f* <tech.allg> *(nicht rückgängig zu machen)* • destructive processing

Desublimator-Station *f* <nukl> • product take-off station

desulfurieren *vt* <chem.verf> • desulfurize *v*

desulfurierende Bakterien *fpl* <ökol.bio> • sulfate-reducing bacteria; sulfate reducers

Desulfurierung *f* <chem.verf> • desulfurization; desulfuration

detachieren *vt* <textil> • remove stains *vt*

Detachiermittel *n* <textil> • stain remover; spot remover

Detachierpistole *f* <textil> • cleaning gun

Detachur *f* <textil> • stain removal

Detail *n* <allg> *(z. B. in techn. Zeichnungen)* • detail

Detailaufnahme *f* <av.phot> • detail shot

Detailauswertung *f* <allg> • detailing

Detailkontrast *m* <av.phot> • detail contrast

detaillieren *vt* <tech.allg> • specify in detail *vt*; enumerate *vt*

detaillieren *vt* <doku> *(aus Zusammenstellungszeichnung)* • detail *vt*

detailliert <tech.allg> *(mit vielen Details; z. B. Modellbau)* • finely detailed

detailliert angeben *vt* <tech.allg> • specify *vt*

detaillierte Aufschlüsselung *f* <allg> *(v. Summenwerten; z. B. von Lieferungen, Leistungen)* • detailed breakdown

detaillierte Prüfung *f* <qualit> • detailed examination

Details *npl* <phot.qualit> *(Schärfe von Fotos)* • detail *sg*

Detailschärfe *f* <av.phot> • detail sharpness

detailunterdrückende Beleuchtung *f* rar <licht> *(von Räumen)* • indirect lighting; cove lighting; bounced lighting *rare*; diffuse lighting

Detailzeichnung *f* <doku> • detail drawing

Detailzurichtung *f* <druck> • final make-ready

detektieren *vt* <msr> *(z. B. Zustandsänderungen, Druck, Temperatur)* • sense *vt*; detect *vt*; register *vt* *rare*

Detektionsbereich *m* <alarm> *(eines Alarmsensors; z. B. IR-Bewegungsmelder)* • detection zone; detection pattern; detection field; coverage

Detektionsempfindlichkeit *f* <alarm> *(von Meldern)* • sensitivity

Detektionssicherheit *f* <alarm> *(von Meldern)* • catch performance

Detektionszeit *f* <alarm> • detection time *:V*

Detektionszuverlässigkeit *f* <alarm> *(von Meldern)* • catch performance

Detektor *m* <alarm> *(erkennt und meldet ein Alarmereignis)* • detector; sensor; alarm; detection device; sensing device

Detektor *m* <nukl> • radiation detector; detector

Detektor *m* <opt> • quaddetector; 4-division detector; detector

Detektordrähtchen *n* <msr> • cat whisker

Detektoreinheit *f* <opt> • quaddetector; 4-division detector; detector

Detektorempfänger *m* <el> • crystal receiver set; crystal set

Detektor für schnelle Neutronen *m* <nukl.msr> • fast-neutron detector

Detektor mit linearer Charakteristik *m* <msr> • linear-response detector

Detektorphotowiderstand *m* <el> • photoconductive detector

Detektorröhre *f* <el> • detector valve

Detektorschaltung *f* <el> • detector circuit

Detergens *n* pl: **-zien** wiss <chem> *(z. B. Waschpulver, -flüssigkeit)* • detergent; cleansing agent

Detergensöl *n* <tribo> *(für Verbrennungsmotoren)* • detergent oil

Detergent *m* pl: **-tien** <tribo> *(Öladditiv)* • detergent; detergency additive

Detergentaddiv *n* <tribo> *(Öladditiv)* • detergent; detergency additive

Detergentia pl wiss <chem> *(als Oberbegriff)* • detergents pl

Detergenzien pl <chem> *(als Oberbegriff)* • detergents pl

Determinante *f* <math> *(Algebra)* • determinant

Determinantensatz *m* <math> • determinant theorem

Determinante n-ter Ordnung *f* <math> • determinant of order n

Determinantentheorie *f* <math> • theory of determinants

determinieren *vt* <allg> *(entscheiden)* • determine *vt*

determiniert <allg> • determinate

Determiniertheit *f* <allg> • determinacy

deterministische Drift *f* <navig> *(Kreisel)* • systematic drift rate

deterministisches Signal *n* <el> • deterministic signal

Detonation *f* ISO 13943 <feuer.spreng> • detonation ISO 13943

Detonationsdruck *m* <spreng> • detonation pressure; blast pressure

detonationsfähig <tech.allg> • detonable

Detonationsgeschwindigkeit *f* <spreng> • detonation velocity

Detonationsübertragungsfähigkeit *f* <spreng> • propagating power

Detonationswelle *f* <spreng> • detonation wave; burst wave; blast wave; shock wave

Detonationswellenfront *f* <spreng> • detonation front

Detonator *m* <spreng> • detonator; exploder

detonieren *vi* <spreng> • detonate *vi*

detonierende Zündschnur *f* <spreng> • detonating fuse

Detoxifikation *f* <ents> • detoxification; detoxication; decontamination

Detoxikation *f* <ents> • detoxification; detoxication; decontamination

detritisch <geo> • detrital

Detritus *n* <geo> • detritus; detrital material

deuterieren *vt* <chem.verf> • deuterize *vt*; deuterate *vt*

Deuterierung *f* <chem.verf> • deuteration

Deuterium *n* (D) <chem> • deuterium (D); heavy hydrogen

deuteriummoderierter Reaktor *m* <nukl> • deuterium-moderated reactor

Deuteriumoxid *n* <chem> • deuterium oxide; heavy water coll

Deuteron *n* <phys> • deuteron

Deuteroneinfang *m* <phys> • deuteron capture

Deuteroneneinfang *m* <phys> • deuteron capture

Deutlichkeit *f* <allg> *(Unterscheidbarkeit, Kontrast; z. B. von Details)* • distinctness

Deutlichkeit *f* <doku> *(Klarheit von Text, Bild; gut wahrnehmbar und/oder verständlich)* • clearness

Deutlichkeit *f* rar <doku> *(Detailreichtum, Auflösung; von Bildern)* • sharpness

deutlich lesbar <doku> *(z. B. Schriftart, -größe)* • easily legible; clearly readable

deutsche Einheitsverfahren *npl* DIN 38415-4 <ents> *(zur Wasser-, Abwasser- und Schlammuntersuchungen)* • German standard methods

Deutsches Band *n* <bau> • indented moulding

Deutsches Institut für Normung e.V. *n* (DIN) <org> • Deutsches Institut für Normung (DIN); German standards institute, DIN; German national organization for standardization, DIN

Deutsches Patentamt *n* (DPA) <jur> • German Patent Office (GPO)
Deviation *f* <navig> *(Ablenkung; von Kurs, Kompass)* • deviation
Deviationsboje *f* <nav> • swing buoy
Deviationsboje *f* <navig> • deviation buoy
Deviationsmoment *n* <mech> • product of inertia
Deviationstabelle *f* <msr> *(betont: zur Justierung, Kalibrierung)* • calibration table
Deviationstabelle *f* <navig> • deviation table
Deviatorspannung *f* <metall> • deviator stress
Device Independent Bitmaps (DIB) <edv> • Device Independent Bitmaps (DIB)
Dewar-Gefäß *n* <chem> • Dewar flask; Dewar vacuum flask
Dexamethason *n* <pharm> • dexamethasone
Dexamethasonnatriumphosphat *n* <pharm> • dexamethasone sodium phosphate
Dextransulfat *n* <pharm> • dextrane sulfate
Dextrin *n* <chem> • dextrin; artificial gum; starch gum
Dextrinbildung *f* <chem> • dextrinization
Dextrinkernbinder *m* <metall> • dextrin core binder; dextrin binder
Dextrinkleber *m* <füg> • dextrin adhesive; dextrin-based adhesive; dextrin glue *pract*
Dextrinklebstoff *m* <füg> • dextrin adhesive; dextrin-based adhesive; dextrin glue *pract*
Dextrinleim *m* *prakt* <füg> • dextrin adhesive; dextrin-based adhesive; dextrin glue *pract*
Dextrinstärke *f* <chem> • soluble starch
Dextrose *f* <nahr> • dextrose; dextroglucose; grape sugar *obs*
Dextroseäquivalent *n* (DE) <nahr> • dextrose equivalent (DE)
Dextrothroxin *n* <pharm> • dextrothyroxine; d-thyroxine
dezelerierend <med.tech> *(Flow)* • decelerating; descending ramp
dezellerierend <med.tech> *(Flow)* • decelerating; descending ramp
dezenter Farbton *m* <obfl> • subtle tone; subtle shade
dezentrale Abfrage *f* <tech.allg> • decentralized request
dezentrales System *n* <tech.allg> *(z. B. EDV, Organisation)* • distributed system
dezentrale Steuerung *f* <logist> *(computergesteuerte Lagerhaltung)* • distributive computer concept; multicomputer concept
dezentralisierte Datenerfassung *f* <edv> • decentralized data acquisition
dezentralisierte Datenverarbeitung *f* <edv> • decentralized data processing
dezentrieren *vr* <tech.allg> *(z. B. Werkzeug, Werkstück; meist unerwünscht)* • decenter *vi*
dezentrieren *vt* <tech.allg> *(absetzen)* • offset *vt*
dezentriert <tech.allg> • off-center
dezentriert <prod> *(abgesetzt)* • offset
Dezentrierung *f* <tech.allg> • decentering *US*; decentring *GB*; off-centering *US*; off-centring *GB*
Dezi... (d) <phys.msr> *(Vorsilbe für Einheiten: 10^{-1})* • deci (d)
Dezibel *n* (dB) <phys.akust> • decibel (dB)
Dezil *n* <math> *(Statistik)* • decile
dezimal <math> *(Zahl, Bruch, Stelle)* • decimal
Dezimalanzeige *f* <msr> • decimal read-out
Dezimalausgabe *f* <tech.allg> *(z. B. Messwertanzeige, Schreiber)* • decimal output
dezimalbinär <edv> • decimal-binary
Dezimal-Binär-Umwandlung *f* <edv> • decimal-binary conversion; decimal-to-binary conversion
Dezimalbruch *m* <math> • decimal fraction

Dezimalcode *m* <edv> • decimal code
Dezimaldämpfungsregler *m* <msr> • decimal attenuator
Dezimaldarstellung *f* <tech.allg> *(Anzeige; z. B. Skala, Anzeige, Schreiber)* • decimal representation
Dezimaldarstellung *f* <math> *(z. B. i. Ggs. zu Brüchen)* • decimal notation
Dezimale *f* <math> • decimal
Dezimaleingabe *f* <edv> • decimal input
dezimale Schreibweise *f* <math> *(z. B. i. Ggs. zu Brüchen)* • decimal notation
dezimales Zahlensystem *n* <math> • decimal number system
Dezimalexponent *m* <math> • decimal exponent
Dezimalklassifikation *f* <term> *(Ordnen von Begriffen)* • decimal classification
Dezimalkode *m* <edv> • decimal code
Dezimalkomma *n* <math> *(bei Dezimalzahlen; dem entspricht im Engl. ein Punkt)* • decimal point
Dezimalkorrektur *f* <edv> • decimal adjust
Dezimalpotenz *f* <math> • decimal potency
Dezimalpunktautomatik *f* <math> • automatic decimal point indication
Dezimalrechnung *f* <math> • decimal arithmetic
Dezimalschreibweise *f* <math> *(z. B. i. Ggs. zu Brüchen)* • decimal notation
Dezimalschritt *m* <edv> • decimal step
Dezimalstelle *f* <math> • decimal place
Dezimalwaage *f* <msr> • decimal balance
Dezimalzähler *m* <msr> • decimal counter
Dezimalzahl *f* <math> • decimal; decimal number; decimal digit
Dezimeterrichtfunktechnik *f* <av> • microwave radio relay technique
Dezimetersystem *n* <bau> • decimetric system
Dezimeterwelle *f* <av.tele> • ultra high frequency (UHF)
Dezimeterwellen *fpl* <av.tele> • ultrahigh frequency waves; UHF waves
Dezimeterwellen *fpl* <phys> *(elektromagnetische Wellen; z. B. Radar)* • decimetric waves
Dezimeterwellenbereich *m* <av.tele> • ultrahigh-frequency range; UHF range *pract*
Dezimeterwellenbereich *m* <phys> *(z. B. Radar)* • decimetric range
Dezitex *n* (dtex) <textil> *(Titrierung)* • decitex (dtex)
Dezitonne *f* <phys> • quintal
DFB <qualit.mat> • fire resistance under load; refractoriness under load
DFC <av> • digital frequency control (DFC)
D-Flipflop *m* <el> • D-type flip-flop; D flip-flop; delay flip-flop
d-förmiges Plasma *n* <nukl> • doublet principle
d-Form *f* <nukl> • doublet principle
DFÜ <edv.tele> *(meist über das Telefonnetz)* • long-distance data transmission; remote data transmission; telecommunication
D-Glied *n* <msr> *(Regler)* • differentiating element; derivative element; rate time element
DGPS <navig> *(Verfahren)* • differential GPS (DGPS); differential global positioning system
DGPS <navig> *(Empfänger)* • differential GPS (DGPS)
DGPS-Bakenempfänger *m* <navig> • DGPS beacon receiver (DBR); differential beacon receiver; differential GPS beacon receiver; differential signal receiver; beacon receiver *pract*
DGPS-Beacon-System *n* <navig> • DGPS beacon system
DGPS-Bodenstation *f* <navig> • DGPS reference station; reference station *pract*; base station *pract*; DGPS station *pract*; differential station

DGPS-Daten *npl* <navig> • DGPS data *pl*; differential GPS data *pl*

DGPS-Eingang *m* <navig> *(Empfänger)* • DGPS input; differential GPS input

DGPS-Empfänger *m* <navig> • DGPS receiver; differential GPS receiver; differential receiver; digital GPS receiver *rare*

DGPS-fähig <navig> *(GPS-Empfänger)* • differential-ready; differential-capable

DGPS-kompatibel <navig> *(Empfänger)* • DGPS compatible; differential GPS compatible

DGPS-Korrekturen *fpl* <navig> • DGPS corrections *pl*; differential GPS corrections *pl*; differential corrections *pl*

DGPS-Korrekturwerte *mpl* <navig> • DGPS corrections *pl*; differential GPS corrections *pl*; differential corrections *pl*

DGPS-Radio-Beacon *m* <navig> • radio beacon; beacon station; beacon; beacon transmitter; beacon carrier

DGPS-Referenzempfänger *m* <navig> • DGPS reference receiver; reference receiver; reference station receiver

DGPS-Referenzstation *f* <navig> • DGPS reference station; reference station *pract*; base station *pract*; DGPS station *pract*; differential station

DGPS-Signal *n* <navig> • DGPS signal; differential GPS signal; differential signal

DGPS-Status *m* <navig> • DGPS status; differential GPS status

DGPS-tauglich <navig> *(GPS-Empfänger)* • differential-ready; differential-capable

DGPS-vorbereitet <navig> *(GPS-Empfänger)* • differential-ready; differential-capable

DH-Matrix *f* <autom> • Denavit-Hartenberg Matrix

Dhrystone *m* <edv> *(PC-Performance-Massstab)* • Dhrystone

DI <druck> • computer-to-press technology (DI); ctPress technology; direct imaging technology; direct-on-press technology

DI <kfz.mot> *(bei Diesel- und Benzinmotoren)* • direct injection (DI)

DI <kfz.mot> *(Diesel oder Benziner)* • engine with direct injection (DI); directly injected engine; DI engine *pract*

Dia *n* ugs <phot> • transparency; slide *coll*

Diaabtaster *m* rar <phot/edv> • slide scanner

Diabetes *m* <med> • diabetes

Diabetes mellitus *m* <med> • diabetes mellitus

Diabetes verus *m* <med> • diabetes mellitus

Diabetikereis *n* <nahr> • diabetic ice cream

Diabetrachter *m* <phot> • slide viewer; transparency viewer

Diabolo *n* <mil> *(Munition f. Luft- od. CO_2-Waffen)* • waisted pellet; air gun pellet; pellet *pract*; diablo pellet *Walther*

Diabolo-Handfaust *f* <kfz.wz> • round dolly

Diabolokugel *f* <mil> *(Munition f. Luft- od. CO_2-Waffen)* • waisted pellet; air gun pellet; pellet *pract*; diablo pellet *Walther*

Diac *m* <el> • diac; diode alternating-current switch

Diäteis *n* <nahr> • dietetic ice cream

Diät-Eis *n* <nahr> • dietetic ice cream

Diätetik *f* <med/nahr> • dietetics

Diätjoghurt *n* <nahr> • diet yoghurt

Diätprodukt *n* <nahr> • diet product

Diafilm *f* <phot> *(SW oder Farbe; meist Farbe)* • transparency film

Diafilm *m* prakt <phot> • color transparency film; film for color transparencies *form*; color slide film *coll*; color reversal film *rare*; reversal film *rare*

Diagnose *f* <tech.allg> • diagnosis

Diagnosealgorithmus *m* <math> • diagnostic algorithm

Diagnoseanschluss *m* <kfz.msr> • diagnostic link (DL); assembly line diagnostic link, ALDL *GM*

Diagnose-Center *n* <tech.allg> *(z. B. Werkstatt)* • diagnostic center

Diagnosedisplay *n :V* <kfz.msr> *(in der Instrumentenanlage)* • message center *Chrysler*; system scanner *Ford*

Diagnoseeinrichtung *f* <msr> • diagnostic device

Diagnosefeld *n* <tech.allg> • diagnosis section

Diagnose-Handgerät *n* <kfz.wz> • portable diagnostic unit (PDU)

Diagnoseprogramm *n* <edv> • diagnostic check program; diagnostic test program; diagnostic program; diagnostic routine

Diagnose-Sensor *m* <msr> • diagnostics sensor

Diagnosespeicher *m* <kfz.el> *(On-Board-Diagnosesystem)* • keep alive memory (KAM); fault memory

Diagnosestecker *m* prakt.ugs <kfz.msr> • diagnostic link (DL); assembly line diagnostic link, ALDL *GM*

Diagnosesystem *n* prakt <kfz.msr> • on-board diagnostic system (OBD); diagnostic system; self-diagnostic system

Diagnostik *f* <nukl> • diagnostics of plasma; plasma diagnostics

Diagnostik des Plasmas *f* <nukl> • diagnostics of plasma; plasma diagnostics

Diagnostikgerät *n* <msr> • diagnostic unit

Diagnostikröntgenröhre *f* <med.tech> • diagnostic X-ray tube

diagnostizieren *vt* <tech.allg> *(z. B. Fehlerursache, Einflussfaktoren, Zusammenhänge)* • diagnose *vt*

diagonal <tech.allg> • diagonal

Diagonal-Aufteilung *f DIN74000* <kfz.brems> • diagonal split

Diagonale *f* <math> • diagonal

Diagonalelemente *npl* <tech.allg> • diagonal elements

diagonales Lesen *n* <edv> *(Strichcode-Lesefehler)* • diagonal reading

diagonale Zweikreisbremsanlage *f* <kfz.brems> • diagonal-split dual circuit braking system

Diagonalfahrt *f* <logist> *(RFZ)* • diagonal travel; simultaneous horizontal and vertical travel

Diagonalfahrt *f* <nfz> *(Autokran)* • crab steer mode; crab steer *pract*; dog's movement *rare*

Diagonalgruppierung *f* <tele> • wiring in diagonal pairs

Diagonal-Gürtelreifen *m* <fz> • bias belted tire *US*; bias-belted tyre *GB*

Diagonalgurt *m* <kfz> • shoulder belt; diagonal belt; shoulder harness *rare*

Diagonalkluft *f* <geo> • diagonal joint

Diagonalköper *m* <textil> • upright twill

Diagonalkreuz *n* <logist> *(von Lagerregalreihen; Aussteifung in Längs- und Tiefenrichtung)* • cross brace; cross bracing; diagonal brace; diagonal bracing; diagonal tie

Diagonalmatrix *f* <math> • diagonal matrix

Diagonalmessung *f* <kfz.rep> *(Vermessung von Karosserien)* • cross measurement; X-check *pract*

Diagonalpumpe *f DDR* <förd> • mixed-flow pump; diagonal pump; diagonal flow pump; cone flow pump

Diagonalrad *n* <förd> • mixed-flow impeller

Diagonalreifen *m* <prod> *(i. Ggs. zu Gürtelreifen)* • cross ply tire; bias angle tire *thsc*; bias ply tire *rare*; diagonal tire *rare*; conventional tire *obs.rare*

Diagonalrippe *f* <tech.allg> • diagonal rib

Diagonalschaben *n* <prod> • diagonal shaving

Diagonalschichtung *f* <geo> • false bedding; inclined bedding

Diagonalschneidemaschine *f* <wz.masch> *(allg.)* • angle cutter; angle cutting machine

Diagonalschnittpapier *n* <pap> • angle-cut paper
Diagonalstab *m* <bau> *(in Fachwerk; z. B. Gebäude, Brücke, Kran)* • diagonal brace; diagonal tie; diagonal cross brace; diagonal strut
Diagonalstrebe *f* <tech.allg> • diagonal rod
Diagonalstrebe *f* <bau> *(betont: gegen Schwanken)* • sway rod
Diagonalstrebe *f* <bau> *(in Fachwerk; z. B. Gebäude, Brücke, Kran)* • diagonal brace; diagonal tie; diagonal cross brace; diagonal strut
Diagonalverband *m* <tech.allg> *(zur Aufnahme von Schubkräften)* • bracing
Diagonalverband *m* <bau> *(V-förmig)* • raking bond
Diagonalverband *m* <logist> *(von Lagerregalreihen; Aussteifung in Längs- und Tiefenrichtung)* • cross brace; cross bracing; diagonal brace; diagonal bracing; diagonal tie
Diagonalverrippung *f* <tech.allg> • diagonal cross-ribbing
Diagonalverspannung *f* <bau> *(z. B. von Masten)* • diagonal bracing; cross bracing
Diagonalzeile *f* <druck> • slanting line
Diagramm *n* <doku> *(von Werten; z. B. Linien-, Balken-, Säulen-, Tortendiagramm)* • diagram; graph; chart
Diagrammantrieb *m* <msr> *(Schreiber, Registriergerät)* • paper drive; chart drive
Diagramm der Verformungsgrenzen *n* <prod> *(Pressen, Tiefziehen)* • forming limit diagram (FLD)
Diagramm für Komfortbedingungen *n* <hlk> • comfort chart
Diagrammkarte *f* <math> • cartogram
Diagrammkurve *f* <doku> • diagram curve
Diagrammleser *m* <edv> • graph reader
Diagrammpapier *n* <mot> • indicator card
Diagrammpapier *n* <pap> • graph paper
Diagrammstreifen *m* <msr> *(z. B. Barograph, Temperaturschreiber)* • strip chart
Diagrammtransportwerk *n* <msr> *(Schreiber, Registriergerät)* • paper drive; chart drive
Diagrammvoreilwinkel *m* <msr> • diagram lead angle
Diagrammwalze *f* <msr> • chart drum
Diakopiergerät *n* <phot> • slide copying adapter *Nikon*
diakritisch <tech.allg> • diacritic; diacritical
Dialog *m* <allg> • dialog *US*; dialogue *GB*
Dialogabfrage *f* <edv> • interactive query
Dialogbetrieb *m* <edv> • conversational mode; interactive mode
Dialogbox *f* <edv> • dialog box
dialogfähig <tech.allg> *(z. B. EDV, Fernsehen)* • interactive
Dialogfeld *n* <edv> • dialog box
Dialogfenster *n* <edv> • dialog box
Dialoggerät *n* <edv> • interactive terminal; dialogue terminal *GB*
dialogorientiert <tech.allg> • interactive; conversational
Dialogprogramm *n* <edv> • interactive program; interactive routine
Dialogprogrammierung *f* <edv> • conversational-mode programming
Dialogrechner *m* <edv> • interactive computer
Dialogsprache *f* <edv> • interactive language; conversational language
Dialogstation *f* <edv> • interactive terminal; dialogue terminal *GB*
Dialogsteuerung *f* <edv> • dialog control *US*; dialogue control *GB*
Dialogverkehr *m* <tech.allg> • interactive communication
Dialogverkehr zwischen Bediener und Maschine *m* <tech.allg> • operator/system interaction

Dialysator *m* <med.tech> • dialyzer *US*; dialyser *GB*; dialysis machine; artificial kidney *coll*; kidney machine *coll*
Dialyse *f* <med> • dialysis
Dialysegerät *n* <med.tech> • dialyzer *US*; dialyser *GB*; dialysis machine; artificial kidney *coll*; kidney machine *coll*
dialysierbar <chem.verf> • dialyzable
dialysieren *vt* <chem.verf> • dialyze *vt*
Dialysiermembran *f* <verf> • dialyzing membrane
Diamagnetikum *n* DIN EN 1330-1 <mat> • diamagnetic substance; diamagnetic material; diamagnetic
diamagnetisch <phys> • diamagnetic *adj*
diamagnetische Resonanz *f* <phys> • diamagnetic resonance
diamagnetischer Stoff *m* <mat> • diamagnetic substance; diamagnetic material; diamagnetic
Diamagnetismus *m* <phys> • diamagnetism
Diamant *m* <mat> • diamond
Diamant... <qualit.mat> • adamantine
Diamantabrichteinrichtung *f* <prod> • diamond dressing device; diamond truing device
Diamantabrichten *n* <prod> *(von Schleifkörpern)* • diamond truing; diamond dressing
Diamantabrichter *m* <wz> *(für Schleifscheiben)* • diamond wheel dresser; diamond dresser
Diamantabrichtrolle *f* <wz> • diamond-coated dressing roll
diamantartig <qualit.mat> • adamantine
diamantbestückt <wz> *(Spitze, Kante, Schneide)* • diamond-tipped
Diamantbestückung *f* <wz> *(von Spitzen, Schneidkanten)* • diamond tipping
Diamantbohren *n* <prod> • diamond drilling; diamond boring
Diamantbohrer *m* <wz> • diamond drill
Diamantbohrkrone *f* <petr> *(diamantbesetzter Kranz um große Öffnung für den Bohrkern)* • diamond core head; diamond core bit; diamond bit crown *rare*
Diamantbohrkrone *f* <wz> *(betont: mit Bort besetzt)* • diamond bit; bort-set bit; bort bit
Diamant-Bohrmeißel *m* <petr> • diamond bit; diamond drilling bit
Diamantbohrmeißel *m* <wz> • diamond-drill bit
Diamanteindringkörper *m* <qualit.mat> *(Härteprüfung nach Vickers, Rockwell)* • diamond indenter
Diamanteinrollvorrichtung *f* <prod> • diamond wheel crushing device
diamantführend <min> • diamondiferous
diamantgeschliffen <prod> • diamond-ground
Diamantgitter *n* <mat> • diamond cubic lattice; diamond lattice
Diamantgittertyp *m* <el> • lattice with a diamond structure
Diamantglanz *m* <obfl> • adamantine luster *US*; adamantine lustre *GB*
diamanthart <qualit.mat> • adamantine
diamantharte Schicht *f* <wz> *(Verschleißschutz)* • DLC coat
diamantimprägniert <wz> • diamond-impregnated
diamantimprägnierte Krone *f* <wz> • diamond-impregnated bit
Diamantkegel *m* <masch> *(als Lager)* • diamond cone
Diamantkegel *m* <mat> • brale penetrator; brale
Diamantkernbohren *n* <petr> • diamond coring
Diamantkörnung *f* <mat> • diamond grit; bort grit
Diamantkristall *m* <mat> • diamond grain
Diamantmeißel *m* <petr> • diamond bit; diamond drilling bit
Diamantmörser *m* <verf> *(Laborgerät)* • percussion mortar

Diamantmörser *m* <wz> • diamond mortar
Diamantnadel *f* <av> • diamond stylus
Diamantpyramide *f* <qualit.mat> *(Vickers-Härteprüfung)* • pyramidical diamond indenter; diamond pyramid indenter
Diamantpyramidenprüfkörper *m* <qualit.mat> *(Vickers-Härteprüfung)* • pyramidical diamond indenter; diamond pyramid indenter
Diamantrahmen *m* <fz> *(Herrenfahrradrahmen in typischer Rautenform)* • diamond frame
Diamantritzwerkzeug *n* <wz> *(z. B. für Glas)* • diamond scriber
Diamantschleifmittel *n* <wz> • diamond abrasive; bort abrasive
Diamantschleifscheibe *f* <wz> • diamond grinding wheel; bort grinding wheel
Diamantschlot *m* <geo> • diamond pipe
Diamantschneider *m* <wz> • diamond cutter
Diamantspitze *f* <masch> *(z. B. als Lager)* • diamond point; diamond tip
Diamantstaub *m* <mat> *(Abfallprodukt beim Schleifen)* • diamond dust
Diamantstaub *m* <wz> *(Schleifmittel)* • diamond powder
Diamantstaub *m* <wz> *(hart, aber nicht schmucktauglich)* • bort powder
Diamantstruktur *f* <mat> • diamond structure
Diamantsynthese *f* <prod> • diamond synthesis
Diamantteilwerkzeug *n* <wz> • diamond ruling tool
Diamanttrennscheibe *f* <wz> • diamond saw
Diamantwerkzeug *n* <wz> • diamond tool
Diamantziehstein *m* <wz> *(z. B. Drahtziehen f. Wolfram)* • diamond drawing die
Dia-Meißel *m* prakt <petr> • diamond bit; diamond drilling bit
Diameter-Indexed Safety System *n* (DISS) <med.tech> • diameter-indexed safety system
Diametralebene *f* <masch> *(z. B. Zahnrad, Schnecke)* • diametric plane; diametrical plane
diametral entgegengesetzt <allg> • diametrically opposite
Diamin *n* <chem.petr> • diamine
diaminvernetzt <chem> • diamine-cross-linked
diaphan <opt> • diaphanous
Diaphaniepapier *n* <pap> • diaphanic paper
Diaphotofarbe *f* <phot> • diaphoto paint; diaphoto; retouching paint
Diaphragma *n* wiss <tech.allg> *(z. B. in Lautsprechern, Pumpen, Unterdruckdosen)* • diaphragm; membrane
Diaphragma *n* wiss <bio> • diaphragm; diaphragma; midriff
Diaphragma *n* <med.tech> • contraceptive diaphragm; vaginal diaphragm; diaphragm; pessary
Diaphragmaelement *n* <chem> • diaphragm cell
Diaphragmaverfahren *n* <chem.verf> • diaphragm process
Diapir *m* <geo> • diapir
diaplazentar <med> • transplacental; diaplacental; via the placenta
Diapositiv *n* <phot> • transparency; slide *coll*
Diaprojektion *f* <phot> • slide projection
Diaprojektor *m* <phot> • slide projector; transparency projector *rare*
Diarähmchen *n* <phot> • slide holder; transparency frame; transparency mount
Diascanner *m* <phot/edv> • slide scanner
Dia-Scanner *m* <phot/edv> • slide scanner
Diaschieber *m* <phot> *(Diaprojektor)* • slide carrier
Diaskop *n* <opt> • diascope
diatherman <therm> • diathermanous; diathermic
Diathermansie *f* <therm> • diathermancy

Diathermiegerät *n* <med.tech> • diathermy machine; diathermy apparatus
Diatomeenerde *f* <verf> *(aus den Panzern von Kieselalgen gewonnenes Pulver; Filtermaterial)* • diatomaceous earth; infusorial earth; mountain flour; kieselguhr; fossil meal
Diatomeenerdeziegel *m* <bau.mat> *(aus Gerüsten der Kieselalge)* • diatomaceous brick
Diatomeenfilter *m* <verf> *(für Aquarien)* • diatom filter; diatomaceous earth filter
Diaträger *m* <phot/edv> *(Diascanner)* • slide carrier
Diawechsler *m* <phot> • slide changer
Diazepam *n* <pharm> • diazepam
Diazine *npl* <chem.agri> • pyridazines
Diazobeschichtung *f* <druck> • diazo coating
Diazoechtfarbstoff *m* <obfl> • diazo fast dye
Diazofarbstoff *m* <obfl> • diazo dye
Diazomikrofilm *m* <doku> • diazo microfilm
Diazoniumsalz *n* <textil> *(Färberei)* • diazonium salt
Diazoniumsalzlösung *f* <textil> *(Färberei)* • diazo solution
Diazopapier *n* <pap> • diazotype paper
Diazotieren *n* <textil> *(Färberei)* • diazotisation; diazotation
diazotieren *vt* <textil> *(Färberei)* • diazotize *vt*
Diazotierungsfarbstoff *m* <textil> *(Färberei)* • diazo dyestuff
Diazotypie *f* <druck> • diazo printing; diazotype photocopying process; diazotype process; white-print process
Diazoverbindung *f* <chem> *(z. B. bei Lichtpausverfahren)* • diazo compound; diazo
DIB <edv> • Device Independent Bitmaps (DIB)
Dibbelmaschine *f* <agri> • dibbling machine
DI-Benziner *m* <kfz.mot> • direct injection SI engine *SUS SP-1314*; gasoline engine with direct fuel injection *US.did*; DI gasoline engine *US*; direct-injection gasoline engine *US*; DISI engine
Dibromäthan *n* obs <chem> *(giftiger Benzinzusatz gegen Bleiablagerungen)* • 1.2 dibromethane
Dibromethan *n* <chem> *(giftiger Benzinzusatz gegen Bleiablagerungen)* • 1.2 dibromethane
dibromieren *vt* <chem.verf> • dibrominate *vt*
Dibutylphthalat *n* <chem> • benzyl cellulose; dibuthylphthalate
Dicarbonsäure *f* <chem.petr> • dicarboxylic acid
Dichloräthan *n* obs <chem> *(Benzinzusatz)* • 1.2 dichlorethane
Dichlorbenzol *n* <chem> • dichlorobenzene
Dichlordiethylsulfid *n* <chem.mil> *(Kampfstoff)* • dichlorodiethyl sulfide; mustard gas *pract*
Dichlordifluormethan *n* wiss <hlk> *(Kältemittel)* • Freon (R-12); dichlorodifluoromethane
Dichlordiphenyltrichloräthan *n* obs <chem.agri> • dichlorodiphenyltrichloroethane (DDT)
Dichlordiphenyltrichlorethan *n* (DDT) <chem.agri> • dichlorodiphenyltrichloroethane (DDT)
Dichlorethan *n* <chem> *(Benzinzusatz)* • 1.2 dichlorethane
Dichlormethan-Extraktion *f* DIN EN12918 <chem.verf> • dichloromethane extraction *DIN EN12918*
Dichlorprop *n* <chem> • dichlorprop
Dichroismus *m* <opt.phys> • dichroism
dichroitisch <phys> • dichroic
dichroitischer Interferenzfilter *m* ugs <phot> • dichroic interference filter
dichroitisches Interferenzfilter *n* <phot> • dichroic interference filter
Dichromasie *f* <med.opt> • dichromatism; dichromasy
Dichromat *n* <chem> • dichromate
dichromatisch <chem> • dichromatic; dichroic

dicht <tech.allg> *(undurchdringlich)* • impervious; impermeable

dicht <tech.allg> *(verschlossen)* • sealed

dicht <tech.allg> *(gegen Witterungseinflüsse)* • weathertight

dicht <tech.allg> *(Dichtungen, Schläuche etc.)* • tight

dicht <tech.allg> *(betont: gegen Wassereintritt; z. B. Cabrioverdeck, Regenjacke)* • waterproof

dicht ugs <tech.allg> *(betont: kein Austritt von Flüssigkeit)* • leak-proof; leak-tight; leak-free; leakage-free; zeroleakage

dicht <phot> *(Lichter im Negativ)* • dense

dicht <phys> *(hohes spezifisches Gewicht)* • dense

dicht abschließend <tech.allg> • tight-fitting

dicht am Wind <nav> • close to the wind

Dicht-an-Dicht-Aufzeichnung *f* <av> • high-density recording; zero-guard-band recording

dichtbebautes Gebiet *n* <geo> • closely built-up area; closely built-up district

dicht bewehrt <bau.mat> • heavily reinforced

Dichtbuchse *f* Wernert <förd> • rotating seal ring; rotating element; rotating seal face

Dichte *f* <tech.allg> *(z. B. Erdreich, Anordnung von Lagergut)* • compactness; denseness

Dichte *f* <phot> *(von Negativen, Diapositiven; Farbsättigung, Schwärzung)* • density

Dichte *f* DIN 1306 <phys> *(Masse pro Raumeinheit)* • density; mass density *obs.rare*

Dichteanreicherung *f* <verf> • gravity concentration

Dichtebestimmung *f* <msr> • densimetry

Dichte der Energieniveaus *f* <phys> • level density

Dichte der magnetischen Feldlinien *f* <phys> • flux density

Dichte des Wassers *f* <phys> • density of water

Dichtefaktor *m* <textil> • cover factor

Dichtefunktion *f* <math> • density function

Dichtegefälle *n* <energ.sol> • density gradient

dichtegesteuert <el> • density-controlled

Dichtegradient *m* <nukl> • density gradient

Dichtejektorpumpe *f* <pap> • sealing ejector

dichte Kammer *f* DINEN1330-8 <qualit.mat> *(Dichtheitsprüfung)* • tight chamber

Dichtekorrektur *f* <allg> • density correction

Dichtematrix *f* <phys> • density matrix

Dichtemesser *m* <msr> • densimeter

Dichtemessung *f* <msr> • densimetry

Dichtemodulation *f* <el> • density modulation

dichtemoduliert <el> • density-modulated

dichten *vt* <tech.allg> *(Spalt mit Dichtmasse zustopfen)* • caulk *vt*; calk *vt rare*

dichten *vt* <rls> *(Leck, undichte Stelle)* • stop a leak *vt*

Dichte nach dem Brand *f* <silik> • fired density

Dichteprüfer *m* <wz> *(Dichtemessung von Flüssigkeiten)* • hydrometer; densimeter; aerometer

dichter Nebel *m* <meteo> • heavy fog

dichtes Aufwickeln *n* <prod> *(z. B. Blech, Draht, Seil)* • tight winding

Dichteschrift *f* <akust> • variable-density sound track; variable-density track

Dichteschwankung *f* <phys> • density fluctuation

dichtes Gefüge *n* <mat> • dense structure

dichtes Gefüge *n* <wz> • close spacing

dichtes Medium *n* <lwl> • dense medium

Dichtesortierung *f* <verf> • density separation; gravity concentration

Dichtespektrum *n* <phys> • density spectrum

dichteste gitterförmige Packung *f* <mat> *(z. B. kubisch-flächenzentriert)* • close packing

dichteste gitterförmige Packung *f* <metall> *(z. B. kubisch-flächenzentriertes Kristallgitter)* • close-packed structure

Dichteunterschied *m* <Mech.> • difference in density; density differential

Dichteverhältnis *n* <phys> • relative density; density ratio

Dichte von Wasser *f* <energ.hydr> • density of water

Dichtewaage *f* <phys> • density balance

Dichtewellen *fpl* <astron> • density waves *pl*

Dichtewert *m* <math> • modal value; mode

Dichtfläche *f* <tech.allg> • gasket surface

Dichtfläche *f* <tech.allg> *(an Nahtstellen)* • joint face

Dichtfläche *f* <tech.allg> • sealing surface; mating surface; gasket surface; seal face

Dichtfläche *f* <rls> *(von Packungsdichtungen)* • packing surface

Dichtfolie *f* <tech.allg> *(Dampfsperre)* • vapor barrier

Dichtfolie *f* <ents> *(Deponieabdichtung)* • membrane liner

Dichtfuge *f* <bau> • caulk perimeter

dichtgefügt <mat> *(Gefüge, räumliche Struktur; z. B. von Gussteilen)* • close-grained; fine-grained; fine-grain

dichtgepackt <tech.allg> *(z. B. Atome im Kristallgitter)* • close-packed; closely packed; densely packed

dichtgepackter Kode *m* <edv> • close-packed code

Dichtgewinde *n* <rls> • dryseal thread; thread for pressure-tight joints; self-sealing thread; dryseal pipe thread; jointing thread

Dichtheit *f* <tech.allg> *(Undurchdringlichkeit)* • imperviousness

Dichtheit *f* <tech.allg> *(gegen Auslaufen)* • leakproofness

Dichtheit *f* <tech.allg> *(von Fenstern, Türen)* • weathertightness

Dichtheit *f* <qualit> *(allg.)* • tightness

Dichtheit *f* <qualit> *(betont: von Dichtungen)* • seal tightness

Dichtheit *f* <textil> *(Gewebe)* • closeness

Dichtheitsprüfdruck *m* <qualit> • proof test pressure

Dichtheitsprüfung *f* <tech.allg> *(auf Dichtigkeit prüfen)* • leak testing; testing for leak tightness

Dichtheitsprüfung *f* DIN EN 1330-8 <qualit> *(allg.)* • leak test; leakage test; seal test

Dichtheitsprüfung *f* <qualit> *(mit Nektal)* • soap bubble test

Dichtheitsprüfung *f* <qualit> *(Druckprobe mit Wasser)* • hydrostatic test *form*; system hydro *coll*

Dichtheitsprüfung *f* <qualit> *(Druckprobe mit Helium)* • helium leak test

Dichtheitsprüfung mit Druckluft *f* <qualit> • air-pressure test

Dichtigkeit *f* <tech.allg> *(von Fenstern, Türen)* • weathertightness

Dichtigkeit *f* prakt.ugs <qualit> *(allg.)* • tightness

Dichtigkeit *f* prakt.ugs <qualit> *(betont: von Dichtungen)* • seal tightness

Dichtigkeitstest *m* <med.tech> *(Schlauchsystem)* • leaktest

dicht in Kunststofffolie einpacken <pack> • seal in plastic wrap

Dichtkanal *m* <kfz> • sealing channel

Dichtkeder *m* <tech.allg> • weatherstrip; sealing strip

Dichtkeder *m* <tech.allg> *(betont: Witterungsschutz, gegen Zugluft; z. B. an Türen)* • weatherstrip *US*; draught excluder *GB*; draught seal *GB.AUS*

Dichtkegel *m* <kfz.mot> • sealing cone

Dichtkörper *m* <bau> • sealing element

Dichtleiste *f* <tech.allg> *(betont: steif, hart)* • seal rail

Dichtleiste *f* <bau> • sealing strip

Dichtleiste *f* <kfz.mot> *(mehrteilig, in Wankelmotor-Rotorkante; 3 je Rotor)* • apex seal; corner seal

Dichtlippe *f* <bau> *(an Außentür-Unterkante; als Bürste oder flexible Kunststofflippe)* • wipe; wipe seal

Dichtlippe f <masch> (allg.; z. B. an Hydraulikkolben)
• sealing lip
Dichtlippenfeder f <masch> (ringförmige Schrauben-
zugfeder im Radialwellendichtring) • garter spring
Dichtmasse f <tech.allg> (allg.) • sealing compound
Dichtmasse f <tech.allg> (betont: zum Verstopfen; z. B.
von Ritzen, Spalten) • caulking compound; calking com-
pound rare
Dichtmasse aufbringen vt <tech.allg> • apply sealant to vt
Dichtmittel n <rls> (Rohrgewinde) • dryseal material;
sealing component
Dichtmittel auftragen n <tech.allg> • apply sealant to vt
Dichtnietung f <füg> (minimaler Abstand der Niete)
• close riveting
Dichtpolen n <metall> • dense poling
dichtpolen vt <metall> • pole down vt
Dichtprofil n <bau> (allg.) • gasket; sealing gasket; seal
Dichtprofil n <bau> (Abdichtung zwischen Fenster-, Tür-
rahmen und Flügel) • weatherstrip; weatherstripping
Dichtring m <tech.allg> (eher flach, scheibenförmig)
• seal washer
Dichtring m <tech.allg> (allg.) • sealing ring
Dichtring m prakt <hydr/pneum> (zw. Kolben und Zylin-
der) • piston seal
Dichtring m <kfz.el> (unverlierbar an Zündkerze) • gasket;
seal Lucas
Dichtring m <masch> (Teil einer Stopfbuchspackung)
• packing ring; sealing ring
Dichtring m <rls> (zwischen Rohrflanschen) • joint ring;
sealing ring; ring seal; O-ring pract
Dichtscheibe f <masch> (feststehender Ring von Gleit-
ringdichtungen; z. B. in Pumpen) • stationary seal ring;
stationary element; stationary seat; stationary seal face
Dichtschieber m <druck> (an Tonerpatronen) • positive
seal
Dichtschleuse f <obfl> (in kontinuierlich arbeitenden
Zinkaufdampfanlagen) • vacuum sealing apparatus;
sealing apparatus
Dichtschlitz m <pap> • sealing slot
Dichtschluss m <tech.allg> (von Fenstern, Türen)
• weathertightness
dichtschweißen vt <kst> (z. B. Folienbeutel) • seal-weld vt
Dichtschweißnaht f <füg> • seal weld
Dichtsitz m <masch> (z. B. von Ventilen) • seat; seating
Dichtspeichertechnik f <av> • high-density recording;
zero-guard-band recording
Dichtstoff m <tech.allg> (z. B. für Nähte, Fugen, Risse)
• sealant; sealer; sealing compound; sealing agent; joint-
ing compound
Dichtstoff m <bau> (formlose Dichtmasse) • caulking
Dichtstoff m <bau> (zur Glasabdichtung) • glazing com-
pound; sealant
Dichtstoffstreifen m DIN 52 460 <bau> (Kitt u. dgl. zw.
Fensterglas und -rahmen) • caulking bead; bead
Dichtstreifen m <bau> (Kitt u. dgl. zw. Fensterglas und
-rahmen) • caulking bead; bead
Dichtstreifen m <kfz.mot> (Wankelmotor; Teil der
Seitenabdichtung; 6 Stück je Rotor) • side seal
Dichtstumpfschweißnaht f <füg> • tight butt weld
Dichtung f DIN 3750 <tech.allg> (Bauteil) • seal
Dichtung f <tech.allg> (Flachdichtungen und besonders
profilierte Dichtungen) • gasket
Dichtung f prakt <tech.allg> (Funktion des Dichtens)
• seal
Dichtung f prakt <bau> (von Fenster, Tür) • compression
seal; compression seal weatherstrip; compression weath-
erstrip; weather seal; weatherstrip pract
Dichtung f prakt <bau> (zwischen Fenster, Tür und Bau-
werk; z. B. Silikon) • weatherseal

Dichtung f <bau> (allg.) • gasket; sealing gasket; seal
Dichtung f <bau> (Abdichtung zwischen Fenster-, Tür-
rahmen und Flügel) • weatherstrip; weatherstripping
Dichtung des Stößelstangengehäuses f <kfz.mot>
• push rod housing gasket; push rod gasket
Dichtung für Teile mit Längs- und Drehbewegung f
<masch> • reciprocating and rotary packing; sliding-
contact packing
Dichtungsbahn f <ents> (von Deponien) • liner sheet;
liner; membrane
Dichtungsband n <bau> • sealing strip
Dichtungsband n <pack> • sealing tape
Dichtungsbinde f <rls> • packing bandage
Dichtungsdraht m <mat> • sealing wire
Dichtungsfett n <tribo> • joint grease
Dichtungsflüssigkeit f <tech.allg> • sealing liquid
Dichtungsflüssigkeit f <verf> • confining liquid
Dichtungsfuge f <bau> • sealant joint
Dichtungsgewinde n <masch> • sealing thread
Dichtungsgewinde n <rls> • dryseal thread; thread for
pressure-tight joints; self-sealing thread; dryseal pipe
thread; jointing thread
Dichtungshaut f <bau> • damp-proof membrane
Dichtungskegel m <masch> (bei Packungsdichtungen)
• packing cone
Dichtungskegel m <pap> • sealing cone
Dichtungskern m <hydr> • core wall
Dichtungskitt m <bau.mat> (z. B. Fensterkitt) • luting;
luting agent; lute pract
Dichtungslager n <masch> (mit Stopfbuchse) • stuffing-
box bearing
Dichtungsmanschette f <tech.allg> (typ. aus gummiähnl.
Mat.; z. B. Staubschutzm.) • boot
Dichtungsmasse f <tech.allg> (z. B. für Nähte, Fugen,
Risse) • sealant; sealer; sealing compound; sealing
agent; jointing compound
Dichtungsmasse f <masch> (dauerelastische Masse aus
der Tube) • liquid gasket; room temperature vulcanizing
gasket sealer; room temperature vulcanizing sealer; gas-
ket in a tube; RTV gasket
Dichtungsmaterial n <tech.allg> (für Stopfbuchsen)
• packing material
Dichtungsmaterial n <tech.allg> (allg.) • sealant; sealing
agent
Dichtungsmaterial n <bau.mat> (betont: zum Zustopfen)
• plugging
Dichtungsmaterial n <mat> (allg.) • sealing material
Dichtungsmaterial für Rohrgewindeverbindungen n
<rls> • pipe dope
Dichtungsmembran f <tech.allg> • sealing membrane
Dichtungsmembrane f rar <tech.allg> • sealing mem-
brane
Dichtungsmittel n <tech.allg> (für Stopfbuchsen)
• packing material
Dichtungsmittel n <tech.allg> (allg.) • sealant; sealing
agent
Dichtungsmittel n <bau.mat> (betont: gegen eindrin-
gende Nässe) • waterproofing agent
Dichtungsmuffe f <rls> (von Stopfbuchspackungen; z. B.
an Ventil) • gland nut
Dichtungsmutter f <rls> (von Stopfbuchsen; z. B. an
Ventil) • packing nut
Dichtungspaste f <masch> (dauerelastische Masse aus
der Tube) • liquid gasket; room temperature vulcanizing
gasket sealer; room temperature vulcanizing sealer; gasket in a tube; RTV gasket
Dichtungsprofil n <tech.allg> (betont: Witterungsschutz,
gegen Zugluft; z. B. an Türen) • weatherstrip US; draught
excluder GB; draught seal GB.AUS

Dichtungsprofil n <bau> (allg.) • gasket; sealing gasket; seal

Dichtungsprofil n <bau> (Abdichtung zwischen Fenster-, Türrahmen und Flügel) • weatherstrip; weatherstripping

Dichtungsrahmen m <bau> (umlaufende Fensterdichtung) • gasket frame :V

Dichtungsraupe f <masch> • bead of gasket; bead of RTV gasket

Dichtungsrille f <masch> • packing groove

Dichtungsring m <masch> (Teil einer Stopfbuchspackung) • packing ring; sealing ring

Dichtungsring m <rls> (zwischen Rohrflanschen) • joint ring; sealing ring; ring seal; O-ring pract

Dichtungsring mit rundem Querschnitt m rar <tech.allg> (z. B. auf Wellen, in Flanschen) • O-ring

Dichtungssatz m <tech.allg> (allg.; Flachdichtungen, O-Ringe etc.) • gasket and seal kit; gasket and seal set; gasket and seal package

Dichtungssatz m <tech.allg> (nur Flachdichtungen) • gasket kit; gasket set; gasket package

Dichtungssatz für das Kurbelgehäuse m <kfz.mot> • bottom end gasket set

Dichtungssatz für Zylinder und Zylinderkopf m <mot> • top end gasket set; top end gasket kit

Dichtungsschaber m <wz> • gasket scraper

Dichtungsscheibe f <masch> (Teil einer Stopfbuchspackung) • packing ring; sealing ring

Dichtungsschleier m <hydr> • grouted cut-off wall; grout curtain

Dichtungsschnur f <rls> • packing cord

Dichtungsschürze f <bau> • blanket

Dichtungsspundwand f <bau> • sheet pile screen

Dichtungsstreifen m <bau> • sealing strip

Dichtungsstreifen n <edv.druck> (Folie; z. B. an Tonercassette) • sealing tape

Dichtungsverträglichkeit f <tribo> (z. B. von Erdölprodukten) • seal compatibility

Dichtungswand f <ents> (zur Isolierung von kontaminiertem Gelände) • slurry trench cutoff wall; slurry wall

Dichtungswerkstoff m <tech.allg> (von festen Dichtungen) • seal material

Dichtungszopf m <rls> • packing cord

Dichtunterdruck m <pack> • sealing vacuum

Dichtwand f <ents> (zur Isolierung von kontaminiertem Gelände) • slurry trench cutoff wall; slurry wall

Dicing n <el.ic.prod> • dicing

dick <tech.allg> (Rohr, Schlauch mit großem Durchmesser) • large

dick <tech.allg> (Kabel, Blech) • heavy; heavy-gauge

dick ugs <tech.allg> (Flüssigkeit; z. B. Öl) • high-viscosity; highly viscous rare

dick <nahr> (Wein) • thick

Dick... <obfl> (Lackierungen u. dgl.) • high-build ...; heavy

dickbankig <geo> • heavy-bedded

dickdrähtig <el> (Kabel) • heavy-gauge

Dickdraht m <el.ic.prod> (zum Drahtbonden von ICs; Drahtstärke 0,1 mm bis max 0,5 mm) • heavy wire

Dickdruckpapier n <pap> • thick paper; stout paper; bulking paper

Dicke f <allg> • thickness

Dicke f <tech.allg> (von Blech, Folien) • gauge

Dicke f <pap> • substance

Dicke eines Blattes f <pap> • single sheet thickness

Dicke in Mikrometer f <pap> • thickness micro m

Dickemessung f <msr> • thickness measurement

Dickenabnahme f <metall> • reduction

Dickenabnahme pro Durchgang f <metall> (Walzen) • pass reduction

Dickenabweichung f <prod.qualit> • thickness variation

Dickenabweichung f <prod.qualit> (spez. dünne Materialien) • gauge variation

dickenfräsen vt <prod> • thickness vt

Dickenfräsmaschine f <wz.masch> • thicknesser; double surfacer

Dickenlehre f rar <kfz.wz> (mit Metallblättchen) • feeler gauge; thickness gauge

Dickenlehre f <msr> • thickness gauge

Dickenmesser m <msr> • lateral extensometer

Dickenmesser m <msr> (mit Messuhr) • thickness gauge; dial thickness gauge

Dickenmessgerät n <msr> • thickness tester

Dickenmessgerät n <kst.msr> (Durchstrahlgerät für Folien) • nucleonic thickness gauge

Dickenmessung f <msr> (allg.) • thickness measurement; thickness gauging US.GB

Dickenmessung f <prod.qualit> (spez. dünne Materialien; Folien) • gauge measurement

Dickenmessung am Stapel f <pap.msr> • measurements of bulking thickness

Dickenmessung im Durchstrahlungsverfahren f <phys.msr> • transmission gauging

Dickenmessung mit Gammastrahlen f <msr> • gamma-ray thickness gauging; X-ray thickness gauging

Dickenmessung mittels Röntgendurchstrahlung f <msr> • gamma-ray thickness gauging; X-ray thickness gauging

Dickenprofil n <prod> (z. B. Blech, Napf, Rohr) • thickness profile

Dickenprofil n <prod> (von Folien; z. B. über die Breite einer Folienbahn) • gauge profile

Dickenschwinger m <prod> • thickness expander; thickness resonator; thickness vibrator

Dickenschwingung f <phys> • thickness vibration

Dickensteuerung f <prod.msr> (z. B. Walzwerk, Folienextrusion) • thickness control

Dickentoleranz f <prod.qualit> (allg.) • thickness tolerance

Dickentoleranz f <prod.qualit> (bei Folien) • gauge tolerance

Dickenwerte mpl <pap> • thickness data

dicker werden vi ugs <chem> (z. B. durch Verdunstung) • inspissate vi; thicken vi coll

Dickeschwankungen fpl <prod.qualit> (z. B. Blech, Papier, Rohr) • thickness variations

dicke Teppichbodenmatte f <kfz> • deep-pile carpet mat

Dickfilm m <el> • thick film

Dickfilmschaltung f <el.ic> • thick film circuit; thick film integrated circuit form

Dickfilmtechnik f <el.ic.prod> • thick-film technology

dickflüssig prakt <phys> (Flüssigkeit) • viscous

Dickflüssigkeit f ugs.rar <phys> (von Flüssigkeiten) • viscosity

dickflüssig werden vi <chem> (z. B. durch Verdunstung) • inspissate vi; thicken vi coll

Dickgriffigkeit f <pap> • bulk

Dickgülle f <agri> • thick slurry

Dickkernfaser f <lwl> • fat core fiber

Dicklauge f <pap> • thick black liquor; evaporated black liquor; concentrated black liquor

Dickmilch f <nahr> • set milk

Dickmilcherzeugnis n <nahr> • set milk product

Dicksaft m <pap> • thick juice

Dicksaftkocher m <verf> • thick-juice blow-up

Dickschicht f <el.ic.prod> • thick film

Dickschicht... <el.ic> (bei integrierten Schaltkreisen) • thick-film ...

Dickschicht... <obfl> (Lackierungen u. dgl.) • high-build ...; heavy

Dickschichtanstrich *m* <obfl> • high-build coating
Dickschicht-Drucksensor *m* <msr> • thick-film pressure transducer
Dickschichtfarbe *f* <obfl> • high-build paint
Dickschichthybridtechnik *f* <el> • thick-film hybrid technology
Dickschichtkataphoresegrundierung *f* <obfl> *(Schicht)* • high-build cathodic electrocoat (HBCE)
Dickschichtkondensator *m* <el> • thick-film capacitor
Dickschichtphosphatierung *f* <obfl> *(Vorgang)* • heavy phosphating; thick-film phosphating
Dickschichtschaltung *f* <el.ic> • thick film circuit; thick film integrated circuit *form*
Dickschichtsolarzelle *f* <energ.sol> • crystalline solar cell
Dickschichttechnik *f* <el.ic.prod> • thick-film technology
Dickschichtwiderstand *m* <el> • thick film resistor
Dickschlamm *m* <ents> • thickened liquor; thickened sludge; thickened slurry
Dickschlammaustrag *m* <ents> • thickened-liquor outlet
Dickspülung *f* <petr> • fluid mud
Dickstelle *f* <textil> • thickness fault
Dickstelle *f* <textil> *(Gespinst)* • bead place; thick place
Dickstoff *m* <pap> • high-density pulp; thick stock
Dickstoff *m* <pap.ents> • high-consistency stock; high-density stock
Dickstoff-Abwärtsbleichturm *m* <pap.verf> • downflow high-density tower
Dickstoff-Aufwärtsbleichturm *m* <pap.verf> • upflow high-density tower
Dickstoffbereich *m* <ents> *(Anlagenteil)* • high-consistency system
Dickstoffbleiche *f* <pap> • high-density bleaching
Dickstoffmahlung *f* <verf> • high-consistency refining
Dickstoffpumpe *f* <ents> • sludge pump; slurry pump
Dickstoffpumpe *f* <förd> *(allg.)* • slush pump; solids handling pump
Dickstoffpumpe *f* <pap> • thick-stock pump
Dickstoffreiniger *m* <verf> • high-consistency cleaner; high-consistency purifier
Dickte *f* <druck> • width
Dickteerabscheider *m* <verf> • thick-tar decanter
Dicktrübe *f* <chem> *(Regenerat)* • regenerated dense medium
Dicktrübe *f* <chem> *(allg.)* • sludge
Dick- und Dünnschichttechnik *f* <ic> • thick-and-thin-film circuit technology
Dickung *f* <agri> *(Forstwirtschaft)* • thicket-stage crop
Dickungsmittel *n* <chem> *(allg.)* • thickener
Dickungsmittel *n* <nahr> *(z. B. in Speiseeis)* • stabilizer; stabilizing agent
Dickverzinkung *f* <obfl> • high-build galvanizing
dickwandig <tech.allg> • thick-walled
dickwandige Prothese *f* <med.tech> *(alloplastische Gefäßprothese)* • thick-walled graft; thick wall graft
dickwandiges Rohr *n* <rls> *(als Halbzeug; Rohling)* • hollow blank
Dicyan *n* <chem> • dicyanogen; cyanogen gas; cyanogen
Didehydrothymidin *n* (D4T) <pharm> • didehydrothymidine (D4T)
Dideoxyinosin *n* <pharm> • dideoxyinosine
DI-Diesel *m prakt* <kfz.mot> • diesel engine with direct injection; directly injected diesel engine; directly injected diesel; auto ignition DI engine; DI diesel *pract*
Didot-System *n* <druck> • Didot point system; Didot system
Die *m [dai]* <ic> *(einzelnes viereckiges Plättchen mit Schaltung, aber unverdrahtet)* • die; chip; dice *pl*
Die *n [dai]* <ic> *(einzelnes viereckiges Plättchen mit Schaltung, aber unverdrahtet)* • die; chip; dice *pl*

die-away-Test *m* <ökol> *(biol. Abbautest)* • die-away test
Die-Bonden *nsg* <el.ic.prod> • die bonding
diebstahlhemmender Radbolzen *m* <kfz> *(Radbolzen)* • anti-theft wheel lug bolt; anti-theft lug bolt
diebstahlsicher <sich> • theft-proof
diebstahlsicheres Rad *n* <kfz> • lockable wheel
Diebstahlsicherung *f* <kfz> • theft protection; theft-deterrent system; anti-theft security system
Diebstahl-Warnanlage *f MB* <kfz.alarm> *(für Kraftfahrzeuge)* • alarm system; security system; car alarm [system] *GB*; anti-theft alarm [system]
Dieder *n* <math> • dihedron
Diele *f* <bau> *(Fußbodenbrett)* • floor board
Diele *f* <bau> *(Vorraum einer Wohnung; breiter als ein Flur)* • hall; vestibule
Diele *f* <bau.mat> *(aus Tannen- od. Kiefernholz)* • deal
Diele *f* <bau.mat> *(lang und schmal, stabil; meist begehbar)* • plank
Dielektrikum *n wiss* <el> • dielectric; non-conducting material; nonconductor; insulating material; insulator *pract*
dielektrisch <el> • dielectric *adj*; non-conducting
dielektrische Absorption *f* <el> • dielectric absorption
dielektrische Beanspruchung *f* <el> • dielectric stress ⟨
dielektrische Diode *f* <el> • dielectric diode
dielektrische Erwärmung *f* <el> • dielectric heating
dielektrische Festigkeit *f* <el> *(betont: gegen Durchbruch)* • breakdown strength; insulating capacity
dielektrische Festigkeit *f* <el> *(eines Dielektrikums)* • dielectric strength; electric strength; insulating strength; breakdown strength; puncture strength
dielektrische Mehrfachschicht *f* <el> • dielectric multi-layer
dielektrische Nachwirkung *f* <el> • dielectric relaxation; dielectric fatigue
dielektrischer Durchschlag *m* <el> • dielectric breakdown
dielektrischer Erhitzer *m* <el> • dielectric heater
dielektrischer Lichtwellenleiter *m* <lwl> • dielectric optical waveguide
dielektrischer Tensor *m* <phys> • dielectric tensor; tensor of permittivity
dielektrischer Verlust *m* <el> • dielectric loss; loss of insulating properties *coll*
dielektrischer Wellenleiter *m* <el> • dielectric waveguide
dielektrischer Widerstand *m* <el> • dielectric resistance; insulation resistance
dielektrische Schicht *f* <el> • dielectric layer
dielektrische Verlustzahl *f* <el> • loss index
dielektrische Verschiebung *f* <el> • dielectric displacement
Dielektrizitätskonstante *f* <el> *(je höher, desto besser die elektr. Isolierung)* • dielectric constant; permittivity *rare*; relative permittivity *rare*
Dielektrizitätsverlust *m prakt* <el> • dielectric loss; loss of insulating properties *coll*
Dielektrizitätszahl *f rar* <el> *(je höher, desto besser die elektr. Isolierung)* • dielectric constant; permittivity *rare*; relative permittivity *rare*
dielen *vt* <bau> *(Fußboden)* • board *vt*; plank *vt*
Dielenfußboden *m* <bau> • boarded floor
Diels-Aldersche Diensynthese *f* <chem> • Diels-Alder diene synthesis; Diels-Alder synthesis; Diels-Alder reaction
Dielung *f* <bau> • floor boarding; floor planking
Dien *n* <chem> • diene
dienen als *vi* <allg> • act as *vi*; serve as *vi*; be used for *vi*; be utilized for *vi*
Dienkautschuk *m* <mat> • diene rubber
dienlich <tech.allg> *(nützlich)* • serviceable; usable

Dienst *m* <allg> *(Aufgabe, Pflicht; z. B. von Personen, Maschinen)* • duty

Dienst *m* <tele> • service

Dienstabfrageklinke *f obs* <tele> • order-wire jack *obs*

Dienstabteil *n* <bahn> • attendant's compartment

Dienstanrufzeichen *n* <tele> • order-wire signal

Dienstanschluss *m* <tele> • service telephone; official telephone

Diensteanbieter *m* <tele> *(z. B. AOL, CompuServe, Psinet, Uunet)* • Internet Service Provider (ISP)

diensteintegrierendes digitales Fernmeldenetz *n* <tele> • integrated services digital network (ISDN)

diensteintegriertes digitales Netz *n* (ISDN) <tele> • integrated services digital network (ISDN)

diensteintegriertes Digitalnetz *n* <tele> • integrated services digital network (ISDN)

Dienstelement *n* <tele> • primitive

Dienstemerkmal *n* <tele> *(seitens Telefonnetzbetreiber, Anbieter)* • supplementary service

Diensterfinder *m* <jur> • employed inventor

Dienstgeschwindigkeit *f* <nav> • service speed

Dienstgeschwindigkeit *f* <verk> • commercial speed

Dienstgespräch *n* <tele> • service call

Dienstgipfelhöhe *f* <aerospace> • service ceiling

Dienstgüte *f* <tele> • quality of service

diensthabend <allg> *(z. B. Steuermann, Offizier)* • on duty

Dienstkanal *m* <tele> • service channel

Dienstleister *m* <ökon> • service provider

Dienstleistung *f* <ökon> *(immaterielles Produkt)* • service

Dienstleistungen erbringen <ökon> • render services; provide services; supply services; perform services

Dienstleistungen im Transportwesen *fpl DIN EN 13671* <logist> • transportation services *DIN EN 13671*

Dienstleistungsanbieter *m* <ökon> • service provider

Dienstleistungsbetrieb *m* <ökon> • service industry

Dienstleistungsmarke *f* <jur> • service mark

Dienstleistungssektor *m* <ökon> • services sector

Dienstleistungsunternehmen *n* <ökon> • service industry

Dienstleitung *f* <tele> • service circuit; order circuit; traffic circuit; service line; order wire

Dienstleitungssprechtaste *f* <tele> • order-wire speaking key

Dienstleitungswähler *m* <tele> • order-wire selector

Dienstmasse *f* <bahn> • weight in running order; weight in working order; load in running order

Dienstmerkmal *n* <tele> • service attribute

Dienstprogramm *n* <edv> • utility program; utility *pract*

Dienstprogrammfunktion *f* <edv> • utility function

Dienstreise *f* <admin> *(öffentlicher Dienst)* • official journey

Dienstsignal *n* <tele> • service signal; call progress signal

Diensttelefon *n* <tele> • official telephone; service telephone

Dienstwagen *m* <bahn> • service coach

Diensynthese *f* <chem> • diene synthesis

Diergol *n* <chem> • diergol

Diescher-Schrägwalzwerk *n* <prod> • Diescher mill; Diescher elongator

Diesel'scher Kreisprozess *m* <therm> • diesel cycle

Diesel *m prakt.ugs* <kfz> *(Fahrzeug mit Dieselmotor)* • diesel *pract*; diesel-engined car

Diesel *m ugs* <kfz.mot> *(im Ggs. zu Ottomotor)* • diesel engine; compression-ignition engine; CI engine; diesel *coll*; constant-pressure engine *thsc.rare*

Diesel *n ugs* <chem.petr> *(Gasöl-Destillat Siedeber. 170…350 °C; Kraftstoff für Dieselmotoren)* • diesel fuel; diesel oil *pract*; diesel *coll*

Dieselabgase *npl ugs* <kfz.emiss> • diesel engine emissions; diesel fumes *coll*

Diesel-Abgaskatalysator *m* <kfz.emiss> • diesel exhaust catalytic converter; diesel cat *press.coll*

Dieselaggregat *n* <energ> *(Stromerzeuger, Kleinkraftwerk)* • diesel-electric generating set

Dieselameise *f DDR.prakt.ugs* <kfz> • Multicar *DDR*

Dieselantrieb *m* <mot> *(z. B. Kraftfahrzeug, Lokomotive, Schiff, Notstromaggregat)* • diesel drive

Diesel-Direkteinspritzer *m prakt* <kfz.mot> • diesel engine with direct injection; directly injected diesel engine; directly injected diesel; auto ignition DI engine; DI diesel *pract*

Diesel-Direkteinspritzung *f* (DDI) <kfz.mot> • diesel direct injection (DDI)

Dieseleffekt *m* <tech.allg> *(Selbstentzündung; meist unerwünscht; z. B. in Spritzgießwerkzeugen)* • diesel effect

Diesel-Effekt *m* <kst> *(Spritzgießproblem)* • autoignition

dieselelektrisch <antr> • diesel-electric

dieselelektrische Lokomotive *f* <bahn> • diesel electric locomotive; diesel-electric locomotive

dieselelektrischer Antrieb *m* <antr> *(Dieselmotor plus Generator plus E-Motor)* • diesel-electric drive; oil-electric drive

Dieselfahrerstandwagen *m* <förd> *(Flurförderer)* • diesel-driven industrial truck

Dieselgenerator *m* <energ> *(typ. Notstromdiesel)* • diesel generator; diesel generator set

dieselgetrieben <mot> • diesel-driven

Dieselhorst-Martin-Kabel *n* <el> • multiple-twin cable

Dieselhorst-Martin-Verseilung *f* <förd> • multiple-twin formation

dieselhydraulisch <mot> • diesel-hydraulic

dieselhydraulische Lokomotive *f* <bahn> • diesel hydraulic locomotive

Dieselindex *m* <chem.petr> • diesel index

Diesel-Kat *m press.ugs* <kfz.emiss> • diesel exhaust catalytic converter; diesel cat *press.coll*

Dieselkompressorschlepper *m* <bau.masch> • mobile diesel-powered air compressor

Dieselkraftstoff *m* (DK) DIN51601 <chem.petr> *(Gasöl-Destillat Siedeber. 170…350 °C; Kraftstoff für Dieselmotoren)* • diesel fuel; diesel oil *pract*; diesel *coll*

Dieselkraftwerk *n* <energ> • diesel engine power plant *US*; diesel engine power station *GB*

Dieselkreisprozess *m* <phys> *(Thermodynamik)* • diesel cycle

Diesellok *f ugs* <bahn> • diesel locomotive; diesel loco *coll*

Diesellokomotive *f* <bahn> • diesel locomotive; diesel loco *coll*

Diesellokomotive mit hydromechanischer Kraftübertragung *f* <bahn> • diesel-hydromechanical locomotive

dieselmechanisch <mot> • diesel-mechanical

Dieselmotor *m* <kfz.mot> *(im Ggs. zu Ottomotor)* • diesel engine; compression-ignition engine; CI engine; diesel *coll*; constant-pressure engine *thsc.rare*

Dieselmotoremissionen *fpl* (DME) <kfz.emiss> • diesel engine emissions; diesel fumes *coll*

Dieselmotor mit Direkteinspritzung *m* <kfz.mot> • diesel engine with direct injection; directly injected diesel engine; directly injected diesel; auto ignition DI engine; DI diesel *pract*

Dieseln *n prakt* <kfz.mot> *(beim Ottomotor)* • dieseling; running-on; run-on; postignition *rare*; afterfire *rare*

Dieselnageln *n* <kfz> • diesel knock; diesel rattle *coll*

Dieselöl *n* <chem.petr> • gas oil

Dieselpartikelfilter *m* <kfz.emiss> • diesel particulate filter (DPF); diesel exhaust particulate filter *thsc.did*; diesel filter *pract*; PM trap; diesel trap *coll*

Dieselprinzip n <kfz.mot> • Diesel engine principle

Dieselramme f <bau> • diesel hammer

Dieselruß m <kfz.emiss> *(betont: Partikel im Dieselabgas)* • diesel exhaust particulate; particulate emissions *pl*; particulate matter *sg*; particulates *pl*

Dieselrußfilter m <kfz.emiss> • diesel particulate filter (DPF) *SUS-SP1313*; diesel soot filter *SAE-SP1313*

Diesel-Rußfilter m <kfz.emiss> • diesel particulate filter (DPF); diesel exhaust particulate filter *thsc.did*; diesel filter *pract*; PM trap; diesel trap *coll*

Diesel-Rußfilter mit katalytischer Abbrenneinrichtung m <kfz.emiss> • catalytically activated diesel filter; catalytically activated diesel exhaust filter

Dieselschmieröl n <tribo> • diesel engine oil

Dieseltriebfahrzeug n <bahn> • diesel traction unit; diesel-electric locomotive

Dieseltriebwagen m <bahn> • diesel railcar

Diesel-U-Boot n <nav> • diesel-driven submarine

Diesel-Wärmepumpe f <hlk> • diesel fired heat pump

Dieselwärmepumpe f <hlk> • diesel fired heat pump

Diesel-Winteradditiv n <chem.petr> • diesel fuel anti-gel liquid

Diesel-Zapfsäule f <kfz> • diesel fuel pump

Dieselzugförderung f <bahn> • diesel traction

Diethylether m <chem> • diethyl ether

Differential n <tech.allg> *(Mathematik, Physik)* • differential

Differential n *prakt* <kfz.antr> • differential; diff *coll*

Differentialachse f <kfz> • differential pinion shaft

Differentialanalysator m <edv> • differential analyser

Differentialantrieb m <antr> • differential drive

Differentialausdruck m <math> • differential expression

Differential-Backup n <edv> • differential backup

Differentialbalgendurchflussmesser m <msr> • bellows differential flowmeter

Differentialbandbremse f <brems> • differential band brake

differentialbereit <navig> *(GPS-Empfänger)* • differential-ready; differential-capable

Differentialbewegung f <phys> • differential motion

Differentialbremse f <kfz.antr> *(reduziert die Differentialwirkung; z. B. Viskose- od. Lamellenkupplung)* • differential brake

Differential Dilution of Precision f (DDOP) <navig> *(Maß für die Qualität eines DGPS-Positionsfixes)* • differential dilution of precision (DDOP)

Differentialdrehmelder m <el> • differential resolver

Differentialdrossel mit Längsanker f <msr> • inductance-bridge; variable-coupling transducer

Differentialdrossel mit Queranker f <msr> • variable-reluctance transducer; variable reluctance transducer

Differentialdrossel mit Tauchanker f <msr> • inductance-bridge; variable-coupling transducer

Differentialentzerrungsgerät n <phot> • differential rectifier

Differentialerregung f <el> • differential excitation

Differentialfaktor m <msr> • D action factor; D factor

Differentialflaschenzug m <förd> • differential tackle; differential pulley block; differential pulley chain block

Differentialflyer m <textil> • differential-motion flyer

Differentialgalvanometer n <chem.verf> • differential galvanometer

Differentialgeber m <msr> • differential transducer

differentialgeeignet <navig> *(GPS-Empfänger)* • differential-ready; differential-capable

Differentialgegensprechsystem n <tele> • differential duplex system

Differentialgehäuse n <kfz.antr> • differential housing; differential casing *GB*

Differentialgehäuse n <kfz.antr> *(innerhalb des Differentials)* • differential cage; differential carrier *US*; differential body *GB*; differential case; differential casing

Differentialgeometrie f <math> • differential geometry

Differentialgetriebe n *form* <kfz.antr> • differential; diff *coll*

Differentialgleichung f <math> • differential equation

Differentialglied n <math> • differential term; derivative term

Differentialglied n <msr> • differential element; derivative element; rate time element; rate element

Differential-GPS n (DGPS) <navig> *(Verfahren)* • differential GPS (DGPS); differential global positioning system

Differential-GPS n (DGPS) <navig> *(Empfänger)* • differential GPS (DGPS)

Differential-GPS-Bakenempfänger m <navig> • DGPS beacon receiver (DBR); differential beacon receiver; differential GPS beacon receiver; differential signal receiver; beacon receiver *pract*

Differential-GPS-Beacon-Empfänger m <navig> • DGPS beacon receiver (DBR); differential beacon receiver; differential GPS beacon receiver; differential signal receiver; beacon receiver *pract*

Differential-GPS-Daten npl <navig> • DGPS data *pl*; differential GPS data *pl*

Differential-GPS-Eingang m <navig> *(Empfänger)* • DGPS input; differential GPS input

Differential-GPS-Empfänger m <navig> • DGPS receiver; differential GPS receiver; differential receiver; digital GPS receiver *rare*

Differential-GPS-kompatibel <navig> *(Empfänger)* • DGPS compatible; differential GPS compatible

Differential-GPS-Korrekturwerte mpl <navig> • DGPS corrections *pl*; differential GPS corrections *pl*; differential corrections *pl*

Differential-GPS-Signal n <navig> • DGPS signal; differential GPS signal; differential signal

Differential-GPS-Status m <navig> • DGPS status; differential GPS status

Differentialhebel m <masch> • floating link

Differentialintegrator m <math> • differential integrator

Differentialionisationskammer f <phys> • differential ionization chamber

Differentialkolben m <masch> *(Kolbenpumpe)* • differential piston; double-diameter piston

Differentialkolbenmanometer n <msr> • differential piston gauge

Differentialkorb m <kfz.antr> *(innerhalb des Differentials)* • differential cage; differential carrier *US*; differential body *GB*; differential case; differential casing

Differential-Korrekturwerte mpl <navig> • DGPS corrections *pl*; differential GPS corrections *pl*; differential corrections *pl*

Differentialkreuz n <kfz.antr> • differential spider; differential star piece; spider *pract*

Differentiallagerkasten m <masch> • differential carrier

Differentialmanometer n <msr> • differential manometer

Differentialmessbrücke f <el> • differential bridge

Differential mit Teilsperrung f *rar* <kfz.antr> *(mit Differentialbremse, automatisch; z. B. Viskose- od. Lamellenkupplun)* • limited-slip differential

Differential-Modus m <navig> *(Empfänger)* • differential mode

Differential-NAVSTAR-GPS n <navig> • differential NAVSTAR GPS

Differentialoperator m <math> • differential operator

Differentialpräzipitation f <chem.verf> • differential precipitation

Differential-Pulse-Polarographie f <el.chem> • differential pulse polarography; dpp

Differentialpulspolarographie *f* <el.chem> • differential pulse polarography; dpp
Differentialquerruder *n* <aerospace> *(Flugzeug)* • differential aileron
Differentialquotient *m* <math> • differential quotient; derivative
Differentialrechnung *f* <math> • differential calculus
Differentialregelung *f* <msr> • D action control; D control; derivative-action control
Differentialregler *m* <msr> • D action controller; D controller; derivative-action controller
Differentialrelais *n* <el> • differential relay; balancing relay; balanced-current relay
Differentialschaltung *f* <el> • differential circuit
Differentialschutz *m* <el> • differential protection
Differentialschutzwandler *m* <el> • biasing transformer
Differentialseitenwelle *f* <kfz.antr> • inner axle shaft
differentialseitig <kfz.antr> *(Wellengelenk)* • inboard; inboard-mounted
Differentialspektralphotometer *n* <phys> • differential spectrophotometer
Differentialsperre *f* <kfz.antr> *(formschlüssig; blockiert das Differential)* • differential lock; power lock *coll*; diff lock *coll*
Differentialsperre *f* ugs <kfz.antr> *(reduziert die Differentialwirkung; z. B. Viskose- od. Lamellenkupplung)* • differential brake
Differentialstern *m* <kfz.antr> • differential spider; differential star piece; spider *pract*
Differentialstirnrad *n* <antr> • differential spur gear
Differentialteilen *n* <prod> • differential indexing
Differentialteilgerät *n* <prod> • differential indexing head
Differentialthermoanalyse *f* <phys> • differential thermal analysis
Differentialthermoelement *n* <msr> • differential thermocouple
Differentialtransformator *m* <el> • hybrid transformer; hybrid repeater
Differentialtransformator *m* (LVDT) <msr> *(induktiver Sensor)* • linear variable differential transformer (LVDT); differential transformer *pract*
Differentialtransport *m* <förd> • differential transport system
Differentialtransport *m* <textil> • differential feed
Differential- und Integralrechnung *f* <math> • differential and integral calculus; infinitesimal calculus; calculus
Differentialverhältnis *n* <textil> • differential feed ratio
Differentialverhalten *n* <msr> *(eines Reglers, Regelkreises)* • derivative action; differential action; derivative behaviour; rate behaviour; rate action
Differentialverstärker *m* <el> • differential amplifier
Differentialwasserschloss *n* <energ.hydr> • differential surge tank
Differentialweg *m* <msr> *(von Näherungsschaltern; in Prozent des Realschaltabstands)* • hysteresis; switching hysteresis; differential travel
Differentialwicklung *f* <el> • differential winding; counteracting winding
Differentialzeit *f* <msr> • derivative-action time; differential-action time; differential time
Differentialzylinder *m* <autom> • differential cylinder
Differentiation *f* <math> • differentiation; derivation
Differentiator *m* <math> • differentiator
differentiell <math> • differential
differentielle anodische Puls-Inversvoltammetrie *f* <el.chem> • differential pulse anodic stripping voltammetry (DPASV)
differentielle kathodische Puls-Inversvoltammetrie *f* <el.chem> • differential pulse cathodic stripping voltammetry (DPCSV)

differentielle Korrektur *f* <navig> • differential correction
differentielle Korrekturdaten *npl* <navig> • DGPS corrections *pl*; differential GPS corrections *pl*; differential corrections *pl*
differentielle Krumpfung *f* <prod> • differential shrinkage
differentielle Positionierung *f* <navig> • differential positioning
differentielle Positionsbestimmung *f* <navig> • differential positioning
differentielle Puls-Inversvoltammetrie *f* <el.chem> • differential pulse stripping voltammetry
differentielle Pulsinversvoltammetrie *f* <el.chem> • differential pulse stripping voltammetry
differentielle Puls-Polarographie *f* <el.chem> • differential pulse polarography; dpp
differentielle Puls-Voltammetrie *f* <el.chem> • differential pulse voltammetry
differentieller GPS-Navigator *m* <navig> *(Empfänger)* • differential GPS (DGPS)
differentieller Hystereseverlust *m* <phys> • incremental hysteresis loss
differentieller Übertragungsfaktor *m* <msr> • rate factor
differentieller Widerstand *m* <el> • differential resistance; incremental resistance
differentieller Wirkungsquerschnitt *m* <phys> • differential cross-section
differentielles Absorptionsverhältnis *n* <nukl> • differential absorption ratio
differentielles Backup *n* <edv> • differential backup
differentielles GPS *n* <navig> *(Verfahren)* • differential GPS (DGPS); differential global positioning system
differentielles Pulse-Polarogramm *n* <el.chem> • differential pulse polarogram
differentielle Verstärkung *f* <el> • differential gain
differentielle Wärme *f* <therm> • differential heat
Differenz *f* <allg> *(Restbetrag, übrige Kosten, Fehlendes zu einem Gesamtbetrag)* • difference; balance
Differenz *f* <allg> • difference
Differenz-Analogmesser *m* <msr> • differential analog meter
Differenzaussteuerung *f* <el> • differential mode driving
Differenzbetrag *m* <fin> • differential amount; balance; residual balance
Differenzdiagramm *n* <doku> • differential diagram
differenzdrehzahlabhängig <kfz.antr> • depending on the difference in rotational speeds
Differenzdruck *m* wiss <msr> *(über zwei Messpunkte)* • pressure difference; pressure differential *thsc*; differential pressure; delta p *pract*; pressure drop *rare*
Differenzdruckanzeiger *m* <msr> • differential manometer; differential pressure gauge; differential pressure indicator
Differenzdruckaufnehmer *m* <msr> • differential sensing device; differential pressure sensor
Differenzdruckdurchflussgeber *m* <msr> • differential pressure flow transducer
Differenzdruckdurchflussmesser *m* <msr> • differential flowmeter
Differenzdruckfühler *m* <msr> • differential sensing device; differential pressure sensor
Differenzdruckgeber *m* <msr> • differential pressure transducer; differential pressure measuring transducer *rare*
Differenzdruckhöhe *f* <förd> • differential head
Differenzdruckmanometer *n* <msr> • differential manometer; differential pressure gauge; differential pressure indicator

Differenzdruckmesser m <msr> • differential manometer; differential pressure gauge; differential pressure indicator

Differenzdruckmessgerät n <msr> • differential manometer; differential pressure gauge; differential pressure indicator

Differenzdruckmessumformer m <msr> • differential pressure transducer; differential pressure measuring transducer rare

Differenzdrucksensor m <msr> • differential sensing device; differential pressure sensor

Differenzdruckströmungsmesser m <msr> • differential flowmeter

Differenzdruckventil n <kfz.mot> (Einspritzanlage; K-Jetronic) • pressure regulating valve

Differenzdruckventil n <rls> (allg.) • differential pressure valve

Differenzdruckwandler m <msr> • differential pressure transducer; differential pressure measuring transducer rare

Differenzeingang m <el> • differential input

Differenzengleichung f <math> • difference equation

Differenzenmethode f <math> • difference method

Differenzergebnis n <math> • differential output

Differenzfrequenz f <msr> • difference frequency

Differenzgeschwindigkeit f <masch> (von Wellen; z. B. Achs-Antriebswellen) • difference in the rotational speeds

Differenzial n rar <kfz.antr> • differential; diff coll

differenzierbar <math> • differentiable

Differenzierbarkeit f <math> (einer Funktion) • differentiability

differenzieren vi/vt <math> • differentiate vi/vt

differenzierender Abgriff m <navig> • rate pick-off

differenzierender Eingang m <el> • differential input

differenzierender Wendekreisel m did <navig> • rate differentiating gyro

differenzierendes Glied n <msr> (Regler) • differentiating element; derivative element; rate time element

differenzierendes Netzwerk n <el> • differentiating network

Differenzierglied n <msr> • advance element

Differenzierglied n <msr> (Regler) • differentiating element; derivative element; rate time element

Differenzierkreisel m <navig> • rate gyroscope; rate gyro

Differenzierschaltung f <el> • differentiating circuit

differenziertes Verhalten n <msr> • D action; derivative action

Differenzierungszeitkonstante f <msr> (Regelung) • derivative time constant

Differenzmesser m <msr> • differential measuring instrument

Differenzmessung f <msr> • differential measurement; differential measuring

Differenzpulsinversvoltammetrie f (DPIV) <el.chem> • differential pulse stripping voltammetry

Differenz-Puls-Inversvoltammetrie f <el.chem> • differential pulse stripping voltammetry

Differenzpulspolarogramm n <el.chem> • differential pulse polarogram

Differenz-Pulspolarogramm n <el.chem> • differential pulse polarogram

Differenzpulspolarograph m <el.chem> • differential pulse polarograph

Differenzpulspolarographie f (DPP) <el.chem> • differential pulse polarography; dpp

Differenz-Pulspolarographie f <el.chem> • differential pulse polarography; dpp

Differenzpulsvoltammetrie f (DPV) <el.chem> • differential pulse voltammetry

Differenzschaltung f <el> • differential connection

Differenzschrumpfverfahren n <textil> • differential shrinkage process

Differenzsignal n <el> • difference signal

Differenzspannungsmesser m <el> • differential voltmeter

Differenzstrom m <el> • differential current

Differenzton m <av> • difference tone; intermodulation frequency

Differenzträger m <tele> • intercarrier; subcarrier

Differenzträgerfrequenz f <tele> • intercarrier frequency; subcarrier frequency

Differenzträgermodulator m <av> • intercarrier demodulator

Differenzträgerverfahren n <av> • intercarrier sound system

Differenzverfahren n <math> • method of finite differences

Differenzverstärker m <el> • differential amplifier; difference amplifier

Differenzverstärkung f <el> • differential amplification

differenzverzinntes Weißblech n <pack> • differentially coated tinplate

Differenzzugmesser m <msr> • differential draft gauge US; differential draught gauge GB

Differenz zwischen AT und VT f <verbr> • net stack temperature; net temperature rare

differieren vi <allg> • differ vi

Diffraktion f <phys> (von Wellen; z. B. Licht, Wasser, an Hindernis, Spalt) • diffraction

Diffraktionsstreuung f <opt> • diffraction scattering

Diffraktometermethode f <opt> • diffractometer method

diffundieren vi <chem/phys> • diffuse vt

diffundierter Transistor m <el> • diffused transistor

diffundierter Übergang m <ic> • diffused junction

diffundierte Schicht f <obfl> • diffused layer

diffus <tech.allg> (z. B. Licht) • diffuse; diffused

diffuse Beleuchtung f <licht> (von Räumen) • indirect lighting; cove lighting; bounced lighting rare; diffuse lighting

diffuse Doppelschicht f <obfl> • diffused double layer; diffuse double layer

diffuse Farbe f prakt <licht> • diffuse color portion US; diffuse color US.pract; proportion of diffuse colour GB

diffuse Himmelsstrahlung f <energ.sol> • diffuse solar radiation; scattered solar radiation; sky diffuse radiation; diffuse sky radiation; diffuse sky light

diffuse Reflexion f <licht> • diffuse reflection norm; bounce light coll; diffuse reflectance rare

diffuser Farbanteil m <licht> • diffuse color portion US; diffuse color US.pract; proportion of diffuse colour GB

diffuser Röntgenhintergrund m <astron> • diffuse background radiation

diffuser Schatten m <licht> • diffuse shadow

diffuses Hallfeld n <akust> • diffuse sound field; reverberant sound field; diffuse field pract

diffuses Licht n <licht> • diffused light; diffuse light

diffuses Licht n <phot> • soft light; diffused light

diffuse Sonnenstrahlung f <energ.sol> • diffuse solar radiation; scattered solar radiation; sky diffuse radiation; diffuse sky radiation; diffuse sky light

diffuses Schallfeld n <akust> • diffuse sound field; reverberant sound field; diffuse field pract

diffuse Strahlung f <phys> (allg.; z. B. Licht) • diffuse radiation; scattered radiation; stray radiation

diffuse Transmission f <opt> • diffuse transmission

Diffuseur m <chem> • diffuser; diffusion cell

Diffusfeld n prakt <akust> • diffuse sound field; reverberant sound field; diffuse field pract

Diffusfeldempfindlichkeit f <akust> • diffuse-field sensitivity

Diffusion f <el.ic.prod> *(Dotierungsverfahren in der Halb-leitertechnologie)* • diffusion; diffusion process
Diffusion f <phys> *(allg.)* • diffusion
Diffusion innerhalb von Festkörpern f <mat> *(z. B. beim Diffusionsglühen)* • intersolid diffusion
Diffusionsabwasser n <ents> • diffusion waste water; diffusion water
Diffusionsabwasser n <pap> • pulp water
Diffusionsabwasser n <pap.ents> • beet pulp water; pulp water
Diffusionsanlage f <verf> • diffusion plant
Diffusionsaufdampfverfahren n <obfl> • diffusion coating process
Diffusionsaufladung f <verf> • diffusion charging
Diffusionsbarriere f <tech.allg> *(z. B. in elektrochemischem Sensor)* • diffusion barrier; diffusion membrane
diffusionsbedingt <el> • diffusion controlled; diffusion-controlled
diffusionsbegrenzt <el> • diffusion limited; diffusion-limited
Diffusionsbrenner m <hlk> • catalytic burner; catalytic hydrogen burner; diffusion burner
diffusionsdotiert <obfl> • diffusion-doped
Diffusionseffekt m <ents> • diffusion effect; diffusional capture mechanism; diffusional mechanism
Diffusionselement n <phys> • diffusion element
diffusionsfähig <mat> • diffusible; diffusive
Diffusionsfähigkeit f <mat> • diffusibility; diffusivity
Diffusionsfenster n <el.ic.prod> • diffusion window
Diffusionsfilter m <licht.theat> • diffusion medium; diffusion gel; diffuser *pract*; frost *pract*
Diffusionsfilter n <av.licht> *(weißes Tuch)* • scrim
Diffusionsfläche f <phys> • diffusion area
Diffusionsflächentransistor m <el> • diffused-junction transistor
Diffusionsflamme f <verbr> • diffusion flame
Diffusionsgeschwindigkeit f <tech.allg> • diffusion rate; rate of diffusion; diffusion velocity
Diffusionsgeschwindigkeit f <nukl> • diffusion velocity
Diffusionsgeschwindigkeit f <phys> • diffusion velocity; diffusion rate
Diffusionsgleichung f <phys> • diffusion equation
Diffusionsglühen n <metall> *(Seigerungen verringern)* • diffusion annealing; homogenization
Diffusionsgrenze f <phys> • diffusion limit
Diffusionsgrenzstrom m <el> • limiting diffusion current; maximum diffusion current
Diffusionsgrenzstromdichte f <el> • limiting diffusion-current density; diffusion-limited current density
Diffusionshartlöten n <füg> • diffusion brazing
Diffusionskammer f <phys> • diffusion chamber
Diffusionskapazität f <el> • diffusion capacitance
Diffusionskern m <phys> • diffusion kernel; Yukawa kernel
Diffusionsklebung f <kst> • diffusion gluing
Diffusionskoeffizient m <phys> • diffusion coefficient
Diffusionskonstante f <phys> • diffusion coefficient
diffusionskontrolliert <el> • diffusion controlled; diffusion-controlled
Diffusionskühlung f <chem.verf> • diffusion cooling
Diffusionslänge f <phys> *(Weglänge bis zur Absorption)* • diffusion length
diffusionslegierter Transistor m <el> • diffused-alloy transistor
Diffusionslegierungstransistor m <el> • diffused-alloy transistor
Diffusionslegierungsverfahren m <mat> • alloy-diffusion technique

Diffusionslegierungsverfahren m <prod> • diffused-base alloy technique
Diffusionsleitwert m <el> • diffusion conductance
Diffusionslichthof m <opt> • diffuse halo
Diffusionsmarkenverschiebung f <phys> • marker shift in diffusion
Diffusionsmaske f <el.ic.prod> *(maskierende Schicht auf Wafer)* • diffusion mask
Diffusionsmembran f <tech.allg> *(z. B. in elektrochemischem Sensor)* • diffusion barrier; diffusion membrane
Diffusionsmetallisieren n <obfl> • diffusion metallization
Diffusionsmischen n <chem.verf> • diffusive mixing
Diffusionsnebelkammer f <nukl> • diffusion cloud chamber; diffusion chamber
Diffusionsofen m <el.ic.prod> • diffusion furnace; barrel furnace
diffusionsoffenes Material n <bau.mat> • non-vapor retarder *US*; non-vapour retarder *GB*
Diffusionspotential n <tech.allg> • diffusion potential
Diffusionspotential n <chem.phys> *(Spannungspotential einer Flüssigkeit)* • diffusion potential; liquid-junction potential
Diffusionspotential n <energ.sol> *(Photozelle)* • diffusion voltage; diffusion potential; junction built-in voltage
Diffusionspumpe f <förd> • diffusion pump; condensation pump
Diffusionspumpe mit Quecksilberfüllung f <förd> • mercury-vapor pump
Diffusionsquerschnitt m <phys> • diffusion cross-section
Diffusionsrohr n <phys> • diffusion tube
Diffusionssaft m <nahr> • raw juice
Diffusionssaft m <prod> • diffusion juice
Diffusionsschicht f DIN EN ISO 8044 <el> *(Elektrode)* • diffusion layer *ISO 8044*
Diffusionsschicht f <füg> • bond interface
Diffusionsschicht f <obfl> • diffused layer
Diffusionsschnitzel npl <pap> • wet pulp
Diffusionsschnitzel npl <prod> • diffusion cosettes
Diffusionsschweißen n (D) DIN 1910 <füg> *(ein Pressschweißverfahren)* • diffusion welding (DFW)
Diffusionsspannung f <el> • diffusion voltage
Diffusionsspannung f <energ.sol> *(Photozelle)* • diffusion voltage; diffusion potential; junction built-in voltage
Diffusionssperrschicht f <obfl> • diffusion barrier layer
Diffusionssprung m <phys> • diffusional jog
Diffusionsstrom m <el> • diffusion current
Diffusionsstromstärke f <el> • diffusion current
Diffusionsstufe f <verf> • diffusion stage
Diffusionstechnik f • diffusion technology
Diffusionstechnik f <verf> • diffusion technique; diffusion techniques
Diffusionstheorie f <phys> • diffusion theory
Diffusionsthermoeffekt m <phys> • Dufour effect
Diffusionstiefe f <obfl> *(z. B. beim Glühen in Metallpulver)* • diffusion depth
Diffusionstransistor m <el> • diffusion transistor; diffused-base transistor
Diffusionstrennkolonne f <verf> • diffusion separating column
Diffusionsübergang m <ic> • diffused junction
Diffusionsüberzug m <obfl> • diffusion coating; diffusional coating
Diffusionsverbinden n <füg> • diffusion bonding
diffusionsverchromen vt <metall.obfl> • chromize *vt*; chromize in a powdered mixture of chromium and alumina
Diffusionsverfahren n <el.ic.prod> *(Dotierungsverfahren in der Halbleitertechnologie)* • diffusion; diffusion process

Diffusionsvermischen *n* <verf> • diffusive mixing

Diffusionsvermögen *n* <phys> • diffusivity; diffusing power

Diffusionsvorgänge *mpl* <chem.verf> • diffusion processes *pl*

Diffusionsweichlöten *n* <füg> • diffusion soldering

Diffusionszone *f* <obfl> • diffusion region; diffusion zone

Diffusion von Festkörpern *f* <chem> • solid diffusion

Diffusion von Fremdatomen *f* <mat> • impurity diffusion

Diffusität *f* <akust> • diffusivity

Diffusor *m* <tech.allg> *(für strömende Medien, Strahlen; z. B. für Gas, Wasser, Licht)* • diffuser; diffusor *rare*

Diffusor *m* <förd> *(Spiralgehäusepumpe)* • recuperator section; diffuser section

Diffusor *m* <masch> *(an Pumpe, Turbine; zur Rückgewinnung von Druckenergie)* • recuperator; diffuser

Diffusor *m* <masch> *(zur Reduzierung der Strömungsgeschwindigkeit und Druckerhöhung)* • diffuser; recuperator; diffusing system; diffuser system; vaned diffuser

Diffusor *m* <phot> *(für Handbelichtungsmesser, Blitzgeräte)* • diffusor

Diffusor *m* <verf> *(auf Ventilatorkühlturm)* • velocity-recovery stack; venturi fan cylinder; fan venturi

Diffusor *m* <verf> *(Aquarium)* • air diffusor nozzle

diffusorförmiger Übergangsstutzen *m* did <förd> *(Spiralgehäusepumpe)* • recuperator section; diffuser section

Diffusorhals *m* <masch> • diffuser throat

diffusorisch <tech.allg> • diffusional

Diffusorkanal *m* <förd> • diffuser passage; diffusing channel; diffusing passage

Diffusorlinse *f* <phot> • soft-focus lens

Diffusor mit Profilnadel *m* <aerospace> • spike diffuser

Diffusorpumpe *f* <förd> • diffuser pump

Diffusorschaufeln *fpl rare* <förd> • guide vanes *pl*; diffuser vanes *pl*; diffusion vanes *pl*; diffusing vanes *pl*

Diffusor-Schnorchel *m* BMW <kfz> *(konusförmiger Luftfiltereinlass)* • air-cleaner snorkel; diffusor snorkel

Diffusortank *m* <verf> • diffusor container

Diffusorverdichter *m* <aerospace> *(Umsetzung von Geschwindigkeitsenergie in Staudruck)* • diffuser compressor

Diffusschall *m* <akust> • diffuse sound

Digerieren *n* <chem.verf> • digestion

digerieren *vt* <chem.verf> • digest *vt*

Digestorium *n* <chem> • fume hood

Digestorium *n* <verf> • fume chamber

Digicon-Sensor *m* <astron> • Digicon sensor; Digicon

Digifant-Einspritzanlage *f* VW/Audi <kfz.mot> • Digifant fuel injection system; Digifant fuel injection

DIGIFIZ *n* TM VW <kfz.msr> • digital information system

Digiplex-Zündung *f* Fiat/Lancia <kfz.el> • Digiplex ignition system; Digiplex ignition

digital <edv> • digital

digital-absoluter Ausgang *m* <msr> • digital-absolute output

Digitalabsolutmesssystem *n* <msr> *(Messmaschine, CNC-Werkzeugmaschine)* • digital absolute measuring system

digital/analog (D/A) <edv> • digital/analog (D/A)

Digital-Analog-Wandler *m* (DAU) <el> • digital-to-analog converter (DAC) *US*; digital-to-analogue converter *GB*; D/A converter

Digital-Analog-Wandler *m* <el> • digital-to-analog converter (DAC) *US*; digital-to-analogue converter *GB*; D/A converter

Digital-Analog-Wandlung *f* <el> • digital-to-analog conversion; digital-analog conversion; D-to-A conversion; DA conversion

Digitalanalysator *m* <tech.allg> • digital analyzer *US*; digital analyser *GB*

Digitalanzeige *f* <msr> *(im Ggs. zu Analoganzeige)* • digital display; digital read-out

digital anzeigen *vt* <tech.allg> • display digitally *vt*

Digital Audio-Karte *f* <edv.mus> *(Soundkarte ohne A/D-Wandler)* • sampleplayer card (a); sampling card; digital audio recording card; sample player card; sampling sound card

Digital-Audio-Stufe *f* <av> *(auf Soundkarte)* • AD circuitry; audio converter; digital voice channel; codec

Digital Audio Tape *n* <edv> • digital audio tape (DAT); DAT tape

Digitalaufzeichnung *f* <edv> • digital recording

Digitalausgabe *f* <el> • digital output

Digital Auto Tracking *n* <av> • digital tracking; digital auto tracking; twin digital auto tracking

Digitalbaustein *m* <el> • digital module

Digital Betacam *f* <av> • Digital Betacam

Digital Cellular System 1800 *n* (DCS 1800) <tele> • Digital Cellular System 1800 (DCS 1800)

Digitalcode *m* <edv> • binary code; digital code

digital darstellen *vt* <tech.allg> • show digitally *vt*

Digitaldarstellung *f* <edv> • digital representation; digital notation

Digitaldaten *pl* <edv> • digital data

Digital-Differential-Analysator *m* <el> • digital differential analyser

Digital-Digital-Umsetzer *m* <el> • digital-to-digital converter; digital-digital converter; D/D converter

Digital-Digital-Wandler *m* <el> • digital-to-digital converter; digital-digital converter; D/D converter

Digitaldrehgeber *m* <msr> *(z. B. Radarantenne)* • digital shaft encoder

Digitaldruck *m* <druck> *(Druck)* • digital printing

Digitaldrucker *m* <druck> • digital printer

Digitaldruckmaschine *f* <druck> • digital press

digitale Anzeige *f* <msr> *(betont: in Ziffern)* • numerical display; numerical readout

digitale Anzeige *f* <msr> *(im Ggs. zu Analoganzeige)* • digital display; digital read-out

digitale Audioverarbeitung *f* <av> • digital audio signal processing; digital sound processing; digital audio processing

digitale Außenmessschraube *f* form <wz> *(für Außenmessungen)* • digital outside micrometer; digital external micrometer; digital micrometer caliper; digital micrometer *pract*; digital outside mike *coll*

digitale Bildregelung *f* <av> • digital picture control

digitale Bildverarbeitung *f* <edv> • digital image processing

digitale Bügelmessschraube *f* DIN 863 <wz> *(für Außenmessungen)* • digital outside micrometer; digital external micrometer; digital micrometer caliper; digital micrometer *pract*; digital outside mike *coll*

digitale Daten *npl* <edv> • digital data; digital information; digitized information

digitale Datenaufzeichnung *f* <edv> • digital data recording

Digitale Diesel Elektronik *f* (DDE) BMW <kfz.msr> • digital diesel electronics (DDE)

digitale Frequenzregelung *f* <av> • digital frequency control (DFC)

digitale Geschwindigkeitsanzeige *f* <kfz.msr> • digital speedometer

digitale Informationen *fpl* <edv> • digital data; digital information; digitized information

Digitaleingabe *f* <edv> • digital input

digitale Klangaufzeichnung f <av> *(digitale Tonaufnahme)* • sampling; sound sampling; digital recording; sample recording

digitale Klangverarbeitung f <av> • digital audio signal processing; digital sound processing; digital audio processing

digital-elektronischer Bildstabilisator m (DEIS) <av> • digital-electronic image stabilizer (DEIS); digital-electronic image stabilization [system]

digital-elektronischer Bildstabilisierer m <av> • digital-electronic image stabilizer (DEIS); digital-electronic image stabilization [system]

Digitalelement n <edv> • digit

digitale Logik fsg <msr> *(z. B. in Fotokameras)* • digital logic sg

Digitale Motor Elektronik f (DME) *BMW* <kfz.el> • digital engine electronics (DEE)

Digital-Ensemble n <el.mus> • digital ensemble

digitale Preisanzeige f <ökon> *(an Verkaufsregalen)* • digital price display

digitale Pressform f <edv> *(für CDs; zweites Negativreplikat der Masterplatte)* • stamper; son

digitale Prototypsimulation f <prod> *(3D-CAD; z. B. Simulation von Montage, Betrieb, Verschleiß, Demontage)* • digital mock-up (DMU)

digitaler Analysenautomat m <chem.verf> • digital automatic analyzer *US*; digital automatic analyser *GB*

digitaler Audio-Ein-/Ausgang m <edv.av> • digital interface; digital audio input/output; digital input/output connector

digitaler Bildstabilisator m (DIS) <av> • digital image stabilizer (DIS); digital image stabilization; digital image stabilizing system

digitaler Bildstabilisierer m <av> • digital image stabilizer (DIS); digital image stabilization; digital image stabilizing system

digitaler Code m <edv> • binary code; digital code

Digitaler-Differenzen-Summator m <autom> • digital differential analyzer (DDA)

digitale Regelung f <msr> • digital control

digitaler Ein-/Ausgang m <edv.av> • digital interface; digital audio input/output; digital input/output connector

digitaler Full-Range-Autofokus m <av/phot> • digital full range auto focus; digital full range AF

digitaler GPS-Empfänger m rar <navig> • DGPS receiver; differential GPS receiver; differential receiver; digital GPS receiver *rare*

digitaler Leerlaufstabilisator m <kfz.msr> • digital idle stabilizer (DIS)

digitaler Leitungsabschnitt m <tele> • digital line termination

digitaler Lesestift m <edv> • digital light pen; digital wand

digitaler Messschieber m <wz> • digital caliper; electronic caliper

digitaler Regler m <msr> • digital controller

digitaler Scanner m <edv> • digital scanner

digitaler Signalprozessor m (DSP) <edv.av> • digital signal processor (DSP); digital sound processor; digital audio processor; audio signal processor

digitaler Soundkanal m <av> *(auf Soundkarte)* • AD circuitry; audio converter; digital voice channel; codec

digitaler Soundprozessor m <edv.av> • digital signal processor (DSP); digital sound processor; digital audio processor; audio signal processor

digitaler Speicher m <edv> • digital memory

digitaler Störungsmelder m <alarm> • digital communicator; digital dialer *US*; digital telephone dialer *US*

digitaler Summenwert m (DSV) <edv> • digital sum value (DSV)

digitaler Tachometer m <kfz.msr> • digital speedometer

digitales Außenmikrometer n prakt <wz> *(für Außenmessungen)* • digital outside micrometer; digital external micrometer; digital micrometer caliper; digital micrometer pract; digital outside mike coll

digitale Schnittstelle f <edv.av> • digital interface; digital audio input/output; digital input/output connector

digitale Seekarte f <navig> • electronic map; electronic chart

digitales Fahrer-Informationssystem n <kfz.msr> • digital information system

digitales Fernsehen n <av> • digital television

digitales Filter n <edv.av> • digitally controlled filter (DCF)

digitale Signalverarbeitung f <edv> *(allg.)* • digital signal processing

digitale Signatur f <edv> • digital signature

digitales Informationssystem n <kfz.msr> • digital information system

digitales Messsystem n <msr> • digital measuring system

digitalesMikrometer n prakt.ugs <wz> *(für Außenmessungen)* • digital outside micrometer; digital external micrometer; digital micrometer caliper; digital micrometer pract; digital outside mike coll

digitales Mockup n (DMU) <prod> *(3D-CAD; z. B. Simulation von Montage, Betrieb, Verschleiß, Demontage)* • digital mock-up (DMU)

digitale Speicherung f <edv> • digital storage

Digitales Programmsuchlauf-System n <av> • Digital Programme Search System (DPSS)

digitale Spur f <av> • digital tracking; digital auto tracking; twin digital auto tracking

digitale Spurlagenregelung f <av> • digital tracking; digital auto tracking; twin digital auto tracking

digitales Selektivrufsystem n <tele> • digital selective calling

digitales Sensorsystem n <msr> • digital sensor system

digitales Signal n <el> • digital signal

digitales Sortierverfahren n <edv> • radix sorting

digitales Stichprobendatensystem n <edv> • digital sampled-data system

digitale Steuerung f <msr> • digital control

digitale Steuerung f <msr> *(z. B. von Wz-Maschinen, Robotern)* • digital control

digitales Tracking n <av> • digital tracking; digital auto tracking; twin digital auto tracking

digitale Straßenkarte f <navig> • electronic map

digitales Übertragungsgerät n <alarm> • digital communicator; digital dialer *US*; digital telephone dialer *US*

digitales Video n <av> *(allg.; jede Technologie mit digitaler Bildwiedergabe)* • digital video

digitales Wählgerät n <alarm> • digital communicator; digital dialer *US*; digital telephone dialer *US*

digitales Wähl- und Übertragungsgerät n <alarm> • digital communicator; digital dialer *US*; digital telephone dialer *US*

digitale Unterschrift f <edv> • digital signature

digitale Vermittlung f <tele> • digital switching center *US*; digital switching centre *GB*

digitale Wiedergabe f <edv.av> • sampling playback; sample playback; digitized playback; audio playback; sound playback

Digitalfilter n (DCF) <edv.av> • digitally controlled filter (DCF)

Digital Frequency Control f (DFC) <av> • digital frequency control (DFC)

Digital Full Range AF m <av/phot> • digital full range auto focus; digital full range AF

Digital Full Range Auto Focus *m* <av/phot> • digital full range auto focus; digital full range AF

digital gesteuerter Oszillator *m* <el.mus> • digitally controlled oszillator (DCO)

digital gesteuerter Verstärker *m* <el> • digitally controlled amplifier (DCA)

digital gesteuertes Filter *n* <edv.av> • digitally controlled filter (DCF)

Digital-Grundleitungsabschnitt *m* <tele> • digital line section

digital-inkrementales Messen *n* <msr> • digital incremental measuring

digitalisieren *vt* <edv> *(Analogsignal)* • digitize *vt US*; digitise *vt GB*

digitalisieren *vt* <edv.av> • sample *vt*; record samples *vt*; record digitally *vt*; digitize *vt*; digitalize *vt*

digitalisieren *vt* <msr> *(Signal)* • digitize *vt*

Digitalisieren von Sprache *n rar* <edv> • voice recording; speech recording; digitization of speech; digitizing of speech

Digitalisierer *m* <edv> • digitizer; digitizing tablet; graphics tablet; digitizer board; tablet *pract*

Digitalisiergerät *n* <edv> • digitizer

Digitalisierkanal *m* <tele> *(ISDN)* • D channel; data channel; delta channel; signalling channel

digitalisiert <edv> • digitized

Digitalisiertablett *n form* <edv> • digitizer; digitizing tablet; graphics tablet; digitizer board; tablet *pract*

digitalisierte Navigationskarte *f* <navig> *(allg.)* • electronic map

digitalisierter Klang *m* <edv.av> *(digitalisierter Klang)* • sample; waveform; digitized sound

digitalisierte Seekarte *f* <navig> • electronic map; electronic chart

digitalisiertes Signal *n* <el> • digitized signal

Digitalisierung *f* <edv> *(z. B. bei Soundkarten)* • analog-to-digital conversion; AD conversion; A-to-D conversion; analog-digital conversion; digitization

Digitalkamera *f* <phot> • digital camera

Digitalkopierer *m* <druck> • digital copier

Digital Linear Tape *n* (DLT) <edv> *(Datenspeichermedium)* • Digital Linear Tape (DLT)

Digital-Mastering *n* <prod> *(von CDs)* • mastering; master-recording

Digitalmessgerät *n* <msr> • digital meter; digital measuring device

Digital-Messschieber *m* <wz> • digital caliper; electronic caliper

Digitalmessuhr *f* <pap> • digital dial gauge

Digital Mirror Device *n* <kino> *(z. B. in XGA-, SVGA- und SXGA-Auflösung für digitale Kinoprojektoren)* • digital mirror device (DMD)

digital Mockup *n* (DMU) <edv.prod> *(CAD)* • digital mockup (DMU)

Digitalmonitor *m* <edv> • digital monitor

Digital-Multimeter *n* <msr.wz> • digital multimeter

Digitaloszillator *m* (DCO) <el.mus> • digitally controlled oszillator (DCO)

Digitalpiano *n* <el.mus> • digital piano; electronic piano

Digital Programme Search System *n* (DPSS) <av> • Digital Programme Search System (DPSS)

Digitalproof *m* <druck> *(Proof)* • digital proof; digital proofing

digital Prototyping *n* <edv.prod> *(CAD)* • digital mockup (DMU)

Digitalrechner *m* <edv> • digital computer

Digitalrechner mit variabler Wortlänge *m* <edv> • variable-word-length computer

Digitalrechnerprogrammierung *f* <edv> • digital computer programming

Digital-Referenzwert *m* <qualit> • digital reference

Digitalregelung *f* <msr> • digital control

Digitalregler *m* <msr> • digital controller

Digitalschaltung *f* <el> • digital circuit

Digitalseismik *f* <geo> *(Erdbebenmessung, Lagerstättensuche)* • digital seismics

Digital Service Unit *f* (DSU) <edv> • Digital Service Unit (DSU)

Digitalsignal *n* <el> • digital signal

Digitalsimulator *m* <prod> • digital simulator

Digitalspeicher *m* <edv> • digital memory; digital store *rare*

Digitalsteuerung *f* <msr> • digital control

Digitalsynthesizer *m* <el.mus> • digital synthesizer

Digitaltechnik *f* <edv> *(Binärmethode, im Ggs. zur Analogtechnik)* • digital technique

Digitaltechnik *f* <edv> • digital technology

Digitalteilung *f* <tech.allg> • digital division

Digitalthermometer *n* <msr> • digital thermometer

Digital-Tonplatte *f rar* <av> *(für Tonwiedergabe; typ. Musik)* • compact audio disc; digital audio disc; audio disc *pract*; CD *coll*

Digital Tracer *m* <av> • digital tracer

Digital Tracking *n* <av> • digital tracking; digital auto tracking; twin digital auto tracking

Digitaluhranzeige *f* <msr> • digital clock display

Digitalverknüpfung *f* <msr> • digital logic operation

Digital Versatile Disc *f* (DVD) <edv> *(für Bild-, Ton- und andere Daten)* • digital versatile disc (DVD); digital video disc *rare*

Digitalverstärker *m* (DCA) <el> • digitally controlled amplifier (DCA)

Digital-VHS *n* <av> • data VHS (D-VHS); digital VHS

Digital-VHS-Recorder *m* <av> • data VHS video cassette recorder (D-VHS VCR); digital VHS video cassette recorder

Digital Video *n* (DV) <av> • Digital Video (DV)

Digital Video Disc *f rar* <edv> *(für Bild-, Ton- und andere Daten)* • digital versatile disc (DVD); digital video disc *rare*

Digital-Video-Disc-Abspielgerät *n form* <av> • digital video disc player; DVD player *coll*

Digital-Video-Disc-Player *m* <av> • digital video disc player; DVD player *coll*

Digitalvielfachmesser *m obs.rar* <msr.wz> • digital multimeter

Digitalvoltmeter *n* <msr.wz> • digital voltmeter

Digitalwandler *m* • digital transducer

Digitalwandler *m* <el> • digital converter

Digitalwert *m* <tech.allg> • digital value

Digitalzähler *m* <msr> • digital counter

Digitalzoom *n* <av> • digital zoom

Digitizer *m* <edv> • digitizer; digitizing tablet; graphics tablet; digitizer board; tablet *pract*

Digitleitung *f* <tele> • digit line

Digitperiode *f* <tele> • digit period

Dihydrogenphosphat *n* <chem> $(H_2PO_4^-)$ • dihydric phosphate

Dihydrogensalz *n* <chem> • dihydrogen salt

Dihydrostufe *f* <chem> • dihydric stage

Dihydroxid *n* <chem> • dihydroxide

Diisocyanat *n* <chem> • diisocyanate

Dikekomplex *m* <geo> *(Schicht)* • sheeted dike complex

dikotyl <chem.agri> • dicotyledonous

Dikotyledone *npl* <chem.agri> • dicotyledons

Diktatwiedergabe *f* <büro> • dictation reproduction

Diktiergerät *n* <büro> • dictating machine

Dilatanz *f* <chem> • dilatancy

Dilatation *f* • dilation

Dilatation *f* <tech.allg> • dilatation

Dilatationswelle f <phys> • dilatation wave
Dilatometer n <msr> • dilatometer
dilatometrisch <msr> • dilatometric; dilatometrical
dilatometrische Messung f <msr> • dilatometry
Diluent n <chem> • diluent
Dilution f <chem> • dilution
Dimension f <tech.allg> *(Maße, Größe)* • dimension; size
Dimension f <phys> *(von Größen)* • dimension
dimensionieren vt <tech.allg> *(Festlegen von Maßen)* • dimension vt; size vt coll
Dimensionierung f <prod> *(von Bauteilen, Wandstärken etc.)* • dimensioning; sizing
Dimensionsanalyse f <phys> • dimensional analysis
dimensionsbeständig <qualit> • dimensionally stable
Dimensionshaltigkeit f <qualit.mat> *(eines gegebenen Objekts; z. B. von Kunststoffformteilen)* • dimensional stability
dimensionslos <phys> *(Größe, z. B. Radiant, Reibungszahl, Wirkungsgrad)* • dimensionless; non-dimensional; zero-dimensional; non-dimensionalized
dimensionslose Größe f <phys> *(z. B. Radiant)* • dimensionless quantity
dimensionslose Konstante die annähernd X beträgt <phys> • dimensionless constant close to X
dimensionslose Koordinaten fpl <tech.allg> *(z. B. Pumpenkennfeld)* • dimensionless coordinates
dimensionsloser Parameter m <tech.allg> *(z. B. Reynolds-Zahl)* • non-dimensional parameter
Dimensionsstabilität f <qualit.mat> *(eines gegebenen Objekts; z. B. von Kunststoffformteilen)* • dimensional stability
Dimensionsveränderung f <tech.allg> • dimensional changes
Dimer n <chem> • dimer
Dimeres n <chem> • dimer
Dimethoxymethan n (DMM) <chem.petr> *(Kraftstoff)* • dimethoxy methane (DMM)
Dimethylbenzol n <chem.petr> • dimethyl benzene; xylene
Dimethylether m <chem> • dimethyl ether
Dimethylketon n wiss <chem> • acetone; propanone thsc
Dimethylterephthal n (DMT) <chem.petr> • dimethyl terephthalic acid (DMT)
Dimetrie f <doku> *(techn. Zeichnung)* • dimetric representation
dimetrische Axonometrie f rar <doku> *(techn. Zeichnung)* • dimetric representation
dimmen vt <licht> *(Lichtquelle dunkler machen)* • dim vt
dimmen vt ugs <licht> *(Licht; etwas dunkler)* • dim vt
Dimmer m <el.licht> • dimmer
Dimmer m <kfz.msr> *(für Instrumentenbeleuchtung)* • dimmer control; illumination control; dimmer
DIMM-Modul n prakt <edv> • dual in-line memory module (DIMM)
DIMM-Speichermodul n <edv> • dual in-line memory module (DIMM)
dimolekular <chem> • bimolecular
dimorph <mat> • dimorphic; dimorphous
DI-Motor m prakt <kfz.mot> *(Diesel oder Benziner)* • engine with direct injection (DI); directly injected engine; DI engine pract
d-Impfstoff m <pharm> • tetanus and diphteria toxoids, adult type
DIN <org> • Deutsches Institut für Normung (DIN); German standards institute, DIN; German national organization for standardization, DIN
Dinasstein m <silik> • dinas rock brick; dinas brick; silica refractory
Dinatriumsalz n <chem> • disodium salt

Dinatriumtetraborat n <chem> • disodium tetraborate decahydrate
DIN-Band n DIN 45513 <av> *(zum Einstellen des Wiedergabeteiles)* • calibration tape
DIN-Empfindlichkeit f <phot> • DIN photographic film speed factor
Dinett n <kfz.tour> • dinette
Dineutron n <phys> • dineutron
DIN-Farbenkarte f DIN 6164 <obfl> • DIN color chart
Dingbrennpunkt m <opt> • first principal focus; front principal focus
Dingbrennweite f <opt> • first focal length; front focal length
Ding-Dong m <kfz> • Bermuda bell; electric "ding-dong" coll
Ding-Dong-Glocke f <fz> *(Fahrrad)* • ding-dong bell
Dingebene f <phot> • object plane
Dinghi n <nav> • dinghy
Dinghy n <nav> • dinghy
Dingi n <nav> • dinghy
Dingpunkt m <phot> • object point
Dingraum m <opt> • object space
Dingsbums n ugs <tech.allg> *(kleines Bauteil mit unbekannter Funktion oder Bezeichnung)* • widget coll
Dingsbums n ugs <tech.allg> *(kleines Bauteil unbekannten Namens)* • device; widget coll
dingseitig <opt> • object-side
Dingweite f obs.rar <phot> • shooting distance; camera-to-subject distance; object distance
DIN-Hutschiene f DIN EN 50 022 <el> *(zur Schnappbefestigung von Geräten, z. B. in Schaltschränken)* • DIN mounting rail DIN EN 50 022
Dinitrilfaser f <chem> • polyvinylidene cyanide fiber; dinitrile fiber
Dinitroanilin n <chem> • dinitroaniline
Dinitromischsäure f <chem> • dinitro mixed acid
Dinitrophenol n <chem> • dinitrophenol
DIN-Kabel n <el> • DIN cable
DIN-Norm f <norm> • DIN-standard
DIN-Normen fpl <norm> • German DIN standards
Dinosebacetat n <chem> • dinoseb acetate
Dinoterb n <chem> • dinoterb
DIN-PS <kfz.mot> • DIN-bhp
DIN-Schiene f <el> *(für Komponentenmontage; z. B. Hutschiene 35 mm)* • DIN rail
DIN-Schienen-Adapter m <el> *(zum Montieren von Komponenten auf DIN-Schienen; z. B. Sicherungen)* • DIN rail mounting bracket
DIN-Schienenmontage f <el> *(von Modulen)* • mounting on DIN rails; installation on DIN rails
DIN-Verbrauch m <kfz> • fuel mileage according to DIN :V
Diode f <el> *(allg.)* • diode
Diode f <el> *(Röhre)* • diode; two-electrode tube
Diode mit kurzer Erholzeit f <el> • fast recovery-time diode
Diodenbegrenzer m <el> • diode clipper; diode limiter
Diodenbelastungswiderstand m <el> • diode load resistance
Diodenfunktionsgeber m <el> • diode function generator
Diodengatter n <el> • diode gate
diodengekoppelte Widerstandslogikschaltung f <el> • diode-resistor logic
Diodengleichrichter m <el> • diode rectifier
Diodenkennlinie f <el> • diode characteristic
Diodenklemmschaltung f <el> • diode clamp circuit
Dioden-Kondensator-Dioden-Gatter n <el> • diode-capacitor-diode gate
Diodenkondensatorspeicher m <edv> • diode-capacitor memory; diode-capacitor store rare

Diodenkühlkörper m <kfz.el> *(Drehstromgenerator)* • diode heat sink

Diodenlaser m <opt> • diode laser; semiconductor laser; laser diode

Diodenlaserbarren m <prod> • diode laser bar

Diodenmatrix f <el> • diode matrix; diode array

Diodenmatrixverschlüssler m <el> • diode matrix encoder

Diodenplatte f <kfz.el> *(Drehstromgenerator)* • diode heat sink

Diodenprüfgerät n <el.wz> • diode tester

Diodenrauschen n <el> • diode noise

Diodenscanner m <edv> • laser diode scanner

Diodenschaltsystem n <el> • diode switch system

Diodenschaltung f <el> • diode circuit

Diodenspannung f <el> • diode voltage

Diodenstecker m <el> • diode plug

Diodenstrom m <el> • diode current

Diodentargetvidikon n <av> • silicon diode vidicon

Diodentor n <el> • diode gate

Diodentorschaltung f <el> • diode gate

Diodenträger m <kfz.el> *(Drehstromgenerator)* • diode heat sink

Diodenträger komplett mit Dioden m <kfz.el> *(Drehstromgenerator)* • rectifier pack; rectifier assembly

Dioden-Transistor-Logik f (DTL) <el> • diode-transistor logic (DTL)

Diodenverstärker m <el> • diode amplifier

Diodenvoltmeter n <el> • diode voltmeter

Diodenwiderstand m <el> • diode resistor

Dioden-Z-Dioden-Transistor-Logik f <el> • diode-Z-diode transistor logic

Diodenzerstäubung f <el> • diode sputtering

diolefinisch <chem> • diolefinic

Diolen n ^{TM} <textil> • Dacron ^{TM}DuPont; Trevira n ^{TM}Hoechst; Terylene ^{TM}ICI; Diolen ^{TM}

diophantisch <math> • diophantine

diophantische Gleichung f <math> • diophantine equation

Dioptas m <mat> • emerald copper; dioptase

Diopter n <opt> • sighting hole; peep-sight

Dioptrie f (dpt) <opt> *(Einheit des Brechwertes einer Linse)* • diopter (dpt) *ISO 13666*; dioptre *GB*

Dioptrienausgleich m <av> • diopter control; diopter compensation; eyepiece corrector control; dioptric control

Dioptrieneinstellung f <opt> • diopter adjustment; dioptre adjustment *GB*

Dioptrienteilung f <opt> • diopter scale *US*; dioptre scale *GB*

Dioptrik f <opt> • dioptrics

dioptrisch <opt> • dioptric

dioptrische Wirkung f <opt> *(Sammelbegriff für fokussierende und prismatische Wirkung)* • dioptric power

Diorama n <bio> • habitat group

Dioscorea villosa <nahr> • wild yam; dioscorea villosa

Dioxid n <chem> • dioxide

Dioxin n <chem> • dioxin

Dioxine f <ents> • dioxins

dioxinverseucht <ökol> *(z. B. Böden, Nahrung)* • dioxin-contaminated

DIP <edv> • Dual In-Line Package (DIP)

Diphenylfarbstoff m <chem> • diphenyl dye

Diphterie-Tetanus-Impfstoff m (DT) <pharm> • diphteria-tetanus vaccine

Diphterie-Tetanus-Pertussis-Impfstoff m (DTP) <pharm> • diphteria-tetanus-pertussis vaccine; diphteria and tetanus toxoids and pertussis; vaccine combined

Diplexer m <el> *(z. B. für Antennensignal)* • diplexer

Diplextelegrafie f <tele> • diplex telegraphy

Dipol m <av> • dipole

Dipol m <el> *(Ladungen)* • dipole; electric doublet; doublet

Dipol m <el> *(Antenne)* • dipole; dipole antenna

Dipolachse f <el> • dipole axis

Dipolanregung f <el> • dipole excitation

Dipolantenne f <el> *(Antenne)* • dipole; dipole antenna

dipolar <el> • dipolar

Dipol-Dipol-Wechselwirkung f <el> • dipole-dipole interaction; dipole interaction

Dipolfeld n <el> • dipole field

Dipolgruppe f <el> • dipole array; array of dipole aerials *GB*

Dipolion n <phys> • dipolar ion; dual ion

Dipollinie f <el> • array of collinear dipoles

Dipolmolekül n <chem> • dipole molecule; dipolar molecule

Dipolmoment n <phys> • dipole moment

Dipolschicht f <phys> • dipole layer

Dipolschwingung f <phys> • dipole oscillation

Dipolstrahlung f <el> • dipole radiation

Dipolströmung f <el> • dipole current flow

Dipolübergang m <phys> • dipole transition

Dipolwand f <el> • dipole curtain

Dipolzeilenantenne f <el> • collinear antenna

Dipper m <nahr> *(Speiseeis)* • dipper; ice cream dipper

Diproton n <phys> • diproton

DIP-Schalter m <edv> • DIP switch; setup switch *rare*; dipswitch *rare*; dual in-line package switch *rare*

DIP-Schalterblock m <edv> • DIP switch; setup switch *rare*; dipswitch *rare*; dual in-line package switch *rare*

DIP-Schalter SW1 m <edv> • DIP SW 1 selector

Dipyridyle npl <chem> • dipyridyliums

Diquatdibromid n <chem> • diquat dibromide

Dirac'sche Deltafunktion f <phys> • Dirac delta function

Dirac'sche Dichtematrix f <phys> • density matrix

Dirac'sche Gammamatrizen fpl <phys> • Dirac gamma matrices

Dirac'sche Löchertheorie f <phys> • Dirac hole theory

Dirac'sche Matrizen fpl <phys> • Dirac matrices

Dirac'sche Wechselwirkung f <phys> • Dirac interaction

Dirac'sche Wellenfunktion f <phys> • Dirac wave function

Dirac-Feld n <phys> • Dirac field

Dirac-Funktion f <phys> • Dirac delta function

Dirac-Gleichung f <phys> • Dirac equation

Dirac-Impuls m <phys> • Dirac impulse; unit impulse

Dirac-Matrix f <nukl> • Dirac matrix; Dirac gamma matrix; Dirac spin matrix

Direct 3D m <edv> • Direct 3D

Directcolor n <edv> • directcolor

Direct Distance Dialing n (DDD) <tele> *(Telefondienst in Nordamerika)* • Direct Distance Dialing (DDD)

Direct-Drive-Motor m <av> • direct drive motor

Direct Imaging-Technologie f <druck> • computer-to-press technology (DI); ctPress technology; direct imaging technology; direct-on-press technology

Direct Mail n <werb> • direct mail; direct advertising

Direct-Mailing n <werb> • direct mail; direct advertising

Direct-Marketing n <werb> • direct marketing

Direct Overwrite-Verfahren n (DOW) <edv> • direct overwrite (DOW)

Direct Record n <av> *(VCR-Funktion)* • quick start recording (QSR); direct record; instant record; record what you see; immediate recording

Direct Recording n <av> • longitudinal recording system; longitudinal scanning system; linear recording system; linear scanning system; direct recording

Direct-to-Plate Recorder m <druck> *(zur Direktbebilderung von Offset-Druckmedien ohne Filmbelichtung)* • computer-to-plate recorder; direct-to-plate recorder; ctp recorder *pract*; platesetter *pract*; recorder *pract*

direct-to-press (dtp) <druck> *(digitale Druckplattenbe-lichtung direkt in der Druckmaschine)* • direct to press (dtp); computer-to-press

direkt <tech.allg> *(in Richtung auf etwas)* • direct

Direktablenkung f <edv> • random scan; direct scan

Direktablesegenauigkeit f <msr> • direct-reading accu-racy

Direktablesung f <msr> • direct reading

Direktabschrecken n <metall> • direct quenching

Direktabzug m <mil> • single-stage trigger

Direktadresse f <edv> • absolute address; machine ad-dress; actual address; direct address

direktadressierbar <edv> • direct-addressable

direkt adressierbarer Speicher m <edv> • direct-addressable memory

Direktadressierungsbefehl m <edv> • direct-addressing instruction

Direktanformverfahren n <prod> • direct molding pro-cess

direkt angekoppelt <mech> • directly coupled

direkt angetriebener Generator m <el> • direct-drive generator

Direktanruf m <tele> • direct call

Direktanschluss m <tele> • direct access

Direktantrieb m <tech.allg> • direct drive (DD)

Direktanzeige f <msr> • direct indication

direkt anzeigen vt <msr> • read directly vt

direktanzeigendes Instrument n <msr> • direct-reading instrument

direktarbeitender Drucker m <druck> • direct printer

direkt aufliegen auf vi <mech> • bear directly on vi

Direktaufnahme f <med.tech> *(Röntgen)* • direct radio-graphy

Direktaufzeichnung f <av> • direct recording

Direktaustausch von Gütern zwischen Kunden m <ökon.edv> *(Tauschbörsen im Internet)* • peer-to-peer exchange; P2P trade

Direktbefehl m <edv> • direct instruction; immediate instruction

direktbefestigte Vorsatzschale f <bau> • direct wall lining; dryliner

Direktbelichter m <el.ic.prod> *(für Wafer, mit Eximerlaser und Lichtmodulatorspiegel)* • direct-light wafer printer :V

Direktbelichter m <el.ic.prod> *(für Wafer, mit Elektronen-strahlschreiber)* • electron-beam wafer printer :V

Direktbelichtung f <prod> • direct exposure

Direktbestrahlung f <prod> • direct exposure

Direktbetrachtung f <tech.allg> • direct viewing

Direktblendung f <licht> • direct glare

Direktdampf m <verf> • direct steam; live steam; open steam

Direktdestillat n <chem.petr> • straight-run distillate

Direktdruck m <textil> • direct printing; application printing

Direktdruckwerk n <edv> • direct printer

direkte Ablesung f <msr> • direct reading

direkte Abstraktenführung f <mus> *(Orgel)* • splayed backfall action; radiating key action

direkte Abstraktur f <mus> *(Orgel)* • splayed backfall action; radiating key action

direkte Adresse f <edv> • direct address; first-level address

direkte Adressierung f <edv> • direct addressing; first-level addressing

direkte Aufschaltung f <alarm> *(Direktverbindung zwi-schen Alarmanlage und Überwachungsstelle)* • direct connect; direct line/wire; direct connect system; dedicated line/circuit; dedicated transmission path

direkte Aufzeichnung von Computerinformationen auf Mikrofilm <edv> • computer output microfilming

direkte Beleuchtung f <phot> • flat lighting; direct lighting

direkte Betriebsweise f <tech.allg> • on-line mode

direkte Blendung f <licht> • direct glare

direkte Bonddistanz f <el.ic.prod> • bond-to-bond dis-tance

direkte Darstellung f <edv> • direct representation

direkte Datenbereitstellung f <edv> • on-line data feeding

direkte Datenerfassung f <edv> • direct data capture

direkte Datenfernverarbeitung f <edv> • on-line tele-processing

direkte Datenverarbeitung f <edv> • on-line data pro-cessing

direkte digitale Regelung f (DDC) <msr> • direct digital control (DDC)

direkte Druckbildübertragung f <druck> • direct imag-ing (DI)

direkte Einspritzung f rar <kfz.mot> *(bei Diesel- und Benzinmotoren)* • direct injection (DI)

direkte Energiewandlung f <energ> • direct conversion of energy

direkte Erhitzung f <tech.allg> • direct heating

direkte Erwärmung f <tech.allg> • direct heating

direkte Fernsehübertragung f <av> • live television

direkte Feuchtung f <druck> • direct dampening

direkte Gemischeinblasung f <kfz.mot> • direct mixture injection (DMI)

direkte Heizung f <hlk> • direct heating

direkt einfallendes Signal n <el> • primary signal

direkteinspritzender Diesel m <kfz.mot> • diesel engine with direct injection; directly injected diesel engine; di-rectly injected diesel; auto ignition DI engine; DI diesel pract

direkteinspritzender Dieselmotor m <kfz.mot> • diesel engine with direct injection; directly injected diesel engine; directly injected diesel; auto ignition DI engine; DI diesel pract

direkteinspritzender Motor m <kfz.mot> *(Diesel oder Benziner)* • engine with direct injection (DI); directly in-jected engine; DI engine pract

direkteinspritzender Ottomotor m <kfz.mot> • direct injection SI engine SUS SP-1314; gasoline engine with direct fuel injection US.did; DI gasoline engine US; direct-injection gasoline engine US; DISI engine

direkteinspritzender Turbo-Diesel m <kfz.mot> • turbo diesel engine with direct injection (TDI); directly injected turbo diesel; directly injected turbo diesel engine

direkteinspritzender Turbo-Dieselmotor m <kfz.mot> • turbo diesel engine with direct injection (TDI); directly injected turbo diesel; directly injected turbo diesel engine

Direkteinspritzer m prakt <kfz.mot> *(Diesel oder Benzi-ner)* • engine with direct injection (DI); directly injected engine; DI engine pract

Direkteinspritzung f (DI) <kfz.mot> *(bei Diesel- und Benzinmotoren)* • direct injection (DI)

Direkteinspritzung durch Common Rail f <kfz.mot> • common-rail direct injection (CDI)

direkte Luftkondensation f <verf> *(Trockenkühlver-fahren)* • direct dry-type cooling system; direct dry cooling system; GEA dry cooling system; GEA system

Direktemail n <obfl> • direct-on enamel; direct-on porce-lain enamel US; direct-on vitreous enamel GB; one-coat porcelain enamel US; one-coat enamel pract

Direktemaillierung f <obfl> • direct-on enameling; direct-on porcelain enameling US; one-coat vitreous enamelling GB; one-coat porcelain enamelling US; single-coat enam-eling/enamelling US/GB

direkte Notrufübermittlung f <alarm> • direct line sig-naling US; direct line signalling GB

direkte numerische Steuerung *f* <wz.masch.msr> • direct numerical control (DNC); computerized numerical control *rare*

direkte Produktcodierung *f* <edv> • direct product coding

direkte Programmierung *f* <autom> • direct programming

direkter Betrieb *m* <edv> • on-line operation

direkter Dampf *m* <energ> *(Dampfturbine)* • live steam; open steam

direkter Datenzugriff *m* <edv> • direct memory access (DMA); random access; direct access

direkter Durchtrieb *m* <antr> • direct drive

direkte Regelung *f* <msr> • direct control; in-line control; on-line control

direkter Erhitzer *m* <turb> *(Gasturbinenkomponente)* • combustion chamber; combustor

direkter Gang *m* <antr> • direct drive

direkter Halbleiter *m* <energ.sol> • direct-bandgap semiconductor; direct absorber

direkter Kode *m* <edv> • direct code

direkter Membrankompressor *m* <masch> *(für Druckluft; z. B. für Airbrush)* • direct membrane compressor; direct diaphragm compressor

direkter Schaden *m* <kfz> *(Unfallschaden der Karosserie)* • direct damage

direkter Übergang *m* <phys> • direct transition

direkter Zugriff *m* <edv> • direct memory access (DMA); random access; direct access

direktes Blitzen *n* <phot> • using flat flash; using direct flash

direktes Blitzlicht *n* <phot> • flat flash; direct flash

direktes elektrostatisches Kopierverfahren *n* <druck> • direct electrostatic copying process

direktes Heizsystem *n* <agri.tech> • direct heating system

direktes Licht *n* <licht.theat> • direct light

direktes Metall-Lasersintern *n* (DMLS) <wz.masch> *(Rapid Tooling)* • direct metal laser sintering (DMLS); direct metal laser sintering process

direktes Seitenband *n* <tele> • erect sideband

direkte Strahlung *f* <energ.sol> • direct radiation; beam radiation

direkte Wärmeübertragung *f* <verf> • direct heat transfer

direkte Wahl *f* <tele> • direct dialing *US*; direct dialling *GB*

direkte Welle *f* <phys> • direct wave

direkte Zuführung *f* <mus> *(Orgel)* • splayed backfall action; radiating key action

direkt färben *vt* <textil> • dye directly *vt*

Direktfärbung *f* <textil> • substantive dyeing

Direktfarbstoff *m* <obfl.textil> • direct dye; direct dyestuff; substantive dye

Direktflug *m* <aerospace> • non-stop flight; direct flight

direkt geheizte Kathode *f* <el> • directly heated cathode; filament cathode; filament-type cathode

direktgekoppelt <tech.allg> • direct-coupled

direkt gekoppelt <el> • on-line

direktgekoppelter Verstärker *m* <el> • direct-coupled amplifier

Direktionskraft *f* <phys> • directing force

Direktionswagen *m* <kfz> • directors car

Direktkablieren *n* <textil> • direct cabling

Direktkode *m* <edv> • direct code

Direktkonversion *f* <energ> • direct conversion of energy

Direktkopie *f* <phot> • direct copy

Direktleuchte *f* <licht> • direct-lighting fitting

Direktlicht *n* <licht> • key light

Direktmarketing *n* <werb> • direct marketing

Direktmessung *f* <msr> • direct measurement

Direktmethanol-Brennstoffzelle *f* (DMFC) <energ.chem> • direct methanol fuel cell (DMFC)

Direktoperand *m* <edv> • immediate operand; literal operand

Direktor *m* <el> *(Antenne)* • director

Direktorelement *n* <el> *(Antenne)* • director element

Direkt-Positiv-Prozess *m* <phot> • reversal process

direkt proportional <math> • directly proportional

Direktregler *m* <msr> • direct-acting controller; self-actuated controller

Direktrix *f* <math> *(Leitlinie von Kegelschnitten)* • directrix

Direktsaatgrubber *m* <agri> • direct drilling cultivator

Direkt-Scherprüfung *f* <qualit.mat> • direct shearing test

Direktscherprüfung *f rar* <qualit.mat> • direct shearing test

Direktschmelzverfahren *n* <verf> • direct-melt process; direct melt process

Direktschreiber *m* <msr> • direct-writing recorder; direct-acting recorder; pen recorder

Direktsichtspeicherröhre *f* <el> • display storage tube; direct-view storage tube

Direktspinnverfahren *n* <textil> • direct-spinning method; tow-to-yarn method

Direktstart *m* <licht> *(Leuchtstofflampe; ohne Vorheizung)* • instant start; cold start

Direktstartlampe *f* <licht> • instant-start lamp

Direktsteuerung *f* <msr> • direct control

Direktteilscheibe *f* <prod> *(im Ggs. zum Differentialteilen)* • direct index plate; direct indexing plate; rapid index plate

Direkt-Thermodruck *m* <edv> • thermal direct printing; direct thermal printing

Direkt-Thermoverfahren *n* <edv> • thermal direct printing; direct thermal printing

Direktübertragung *f* <av> • live broadcast

Direktübertragung *f* <tele> • direct transmission

Direktumkehrfilm *m* <phot> • direct positive film

Direktverbindung *f* <tele> • direct connection; direct line

Direktverkauf *m* <ökon> • direct selling

Direktversicherung *f* <vers> • direct insurance

Direktversturz *m* <min> • overcasting

direkt von der Kurbelwelle angetrieben... <kfz.mot> *(z. B. Ölpumpe, Kraftstoffpumpe)* • direct crankshaft driven ...

Direktwahl *f* <tele> • direct dialing *US*; direct dialling *GB*

Direktwahlsystem *n* <tele> • direct dialing system *US*; direct dialling system; direct switching system

Direktweißemail *n* <obfl> • direct-on white enamel; direct-on white porcelain enamel *US*; direct-on white vitreous enamel *GB*

Direktweißemaillierung *f* (DWE) <obfl> • direct-on white enameling (DWE) *US*; white direct-on enamelling *GB*

direktwirkend <tech.allg> *(unmittelbar; z. B. Steuerung, Armatur, Einflussgröße)* • direct-acting

direktwirkend <msr> *(selbstständig; autonom)* • self-actuated; self-operated

direktwirkende Pumpe *f* <förd> *(Kolbenpumpe)* • direct-acting pump

direktwirkendes Ventil *n* <rls> • direct-acting valve

Direkt-Zellenverbinder *m* <el> *(Batterie)* • inter-cell link; cell connector

Direktzerstäuberbrenner *m* <verbr> • direct injection burner; direct nebulizer burner; total consumption burner

direktziehender Farbstoff *m* <obfl.textil> • direct dye; substantive dye

Direktzündspule *f* DIN ISO 6518-1 <mot.el> • plug-top coil *ISO 6518-1*

Direktzündung f <kfz.el> • distributorless ignition [system] (DIS); distributorless semiconductor ignition, BSI *Bosch*; direct ignition [system] *GM.Saab*; fully electronic ignition [system] *:V*; solid-state ignition [system] *:V*

Direktzugriff m <edv> • direct memory access (DMA); random access; direct access

Direktzugriffsdatei f <edv> • direct-access file; random-access file

Direktzugriffsspeicher m <edv> (*z. B. der Arbeitsspeicher*) • random access memory (RAM); direct-access memory

Dirk f <nav> • boom lift; topping lift

DIS <av> • digital image stabilizer (DIS); digital image stabilization; digital image stabilizing system

Disaccharid n <chem> • disaccharid; disaccharide

Disacharid n <chem> • disaccharid; disaccharide

Disazofarbstoff m <chem> • disazo dye; disazo dyestuff

Disc f <edv> (*opt.*) • disc *US.GB*; storage disc; recording disc

Disc-At-Once-Modus m (DAO) <edv> • disc at once (DAO) *US.GB*

Disc-Film m <phot> • disc film *US.GB*

Dischwefelsäure f <chem> • disulfuric acid

Disc-Kamera f <phot> • disc camera *US.GB*

Disc-Master m <edv> • glass master

Disc-Schublade f <edv> (*von CD-Laufwerk*) • disk tray *US*; disc tray *GB*; CD tray *pract*; drawer *coll*; tray *coll*

Disc-Substrat n <edv> • disc substrate

Disgregationsarbeit f <phys> • work done during change of state

Disinfektionsmittel n <chem> • desinfectant

disjunkt <math> • disjoint

Disjunktion f <math> (*Boolesche Algebra*) • disjunction; Or operation; inclusive Or operation; logical addition; logic sum

Disjunktionsschaltung f <msr> • OR circuit

disjunktiv <math> (*Verknüpfung; Boolesche Algebra, Logik*) • disjunctive

disjunktive Normalform f <math> • disjunctive normal form

Disk f <edv> (*magnet.*) • disk *US.GB*; storage disk; recording disk

Disk-Array n <edv> • disk array *US.GB*; array

Diskenbohrer m <wz> • disc bit

Diskette f (FD) <edv> • floppy disk (FD); diskette *pract*; floppy *coll*; flexible disk cartridge *rare*

Diskettencontroller m <edv> • floppy disk controller; floppy controller *pract*; FDD controller

Diskettenetikett n <edv.doku> • disk label

Diskettenformat n <edv> • diskette format; FDC format *rare*

Diskettenhülle f <edv> • jacket; disk jacket

Diskettenlaufwerk n <edv> (*z. B. 3,5"*) • floppy-disk drive (FDD) *US.GB*; flexible disk drive; diskette drive; FD drive

Diskettenlaufwerkscontroller m rar <edv> • floppy disk controller; floppy controller *pract*; FDD controller

Diskettenverschluss m rar <edv> (*über Schreib-/Leseöffnung von 3,5"-Disketten*) • shutter

Disk-Lade f rar <edv> (*von CD-Laufwerk*) • disk tray *US*; disc tray *GB*; CD tray *pract*; drawer *coll*; tray *coll*

diskoidales HDL n <bio> • discoidal HDL

Diskonnektion f <med.tech> (*unbeabsichtigte Schlauchverbindungsunterbrechung*) • disconnection

Diskonnektionsüberwachung f <med.tech> • pressure disconnect alarm

diskontinuierlich <tech.allg> (*in Intervallen; z. B. Betrieb, Last*) • intermittent

diskontinuierlich <prod> (*chargenweise; z. B. Zufuhr, Bestückung*) • batchwise

diskontinuierliche Abreinigung f <verf> (*z. B. von Filtern, Sieben*) • intermittent cleaning; off-line cleaning

diskontinuierliche Anlage f <agri.tech> • batch-load digester; batch digester

diskontinuierliche Destillation f <chem.verf> • batch distillation

diskontinuierliche Fertigung f <prod> • intermittent production

diskontinuierliche Kornabstufung f <verf> • gap grading; discontinuous grading

diskontinuierliche Messung f <msr> • intermittent measurement; intermittent sampling

diskontinuierliche Phase f <nahr> (*Speiseeis*) • dispersed phase

diskontinuierlicher Betrieb m <tech.allg> (*zeitlich; z. B. Aufzug*) • intermittent operation; intermittent action

diskontinuierlicher Betrieb m <prod> (*mengenmäßig; chargenweise*) • batch operation; batch process

diskontinuierliche Regelung f <msr> • intermittent control; discontinuous control

diskontinuierliche Reinigung f <pap> (*chargenweise*) • batch cleaning

diskontinuierlicher Freezer m rar <nahr.prod> (*Speiseeis*) • batch freezer; batch type freezer

diskontinuierlicher Zeitraffer m <av> • discontinuing high-speed picture

diskontinuierliches Eingangssignal n <msr> • intermittent input [signal]

diskontinuierliches Glied n <msr> (*z. B. Totzeit-Glied*) • discontinuous element

diskontinuierliche Steuerung f <msr> • batching control; discontinuous control

diskontinuierliches Verfahren n <prod> (*chargenweise*) • batch process

diskontinuierliche Wirkung f <tech.allg> • intermittent effect

Diskontinuität f <geo> • discontinuity

Diskontinuitätsfläche f <math> • discontinuity surface

Diskontinuum n <tech.allg> • discontinuum

diskordant <akust> • discordant

diskordant <geo> • disconformable; non-conformable

Diskordanz f <akust> (*Missklang*) • discordance

Diskordanz f <geo> • non-conformity

diskret <tech.allg> • discrete

Diskretalarm m <alarm> • holdup alarm; hold-up alarm

diskrete äußere Spulen fpl <el> • discrete coils

diskreter 2/5-Code m <edv> • discrete 2/5 code

diskrete Radioquelle f <astron> • discrete radio source

diskreter Code m <edv> • discrete code

diskreter Impuls m <el> • discrete pulse

diskreter Rasterscanner m <edv> • discrete raster scanner

diskreter Transistor m <el> • discrete transistor

diskretes Bauelement n <el.ic> • discrete device; discrete component

diskretes Ereignis n <math> (*Statistik*) • discrete event

diskretes Merkmal n <math> (*Statistik; Qualitätssicherung*) • countable characteristic; discrete characteristic

diskretes Signal n <el> • discrete signal

diskretes Spektrum n <phys> • discrete spectrum

diskrete Windungen fpl <emiss> • discrete windings

diskrete Zufallsgröße f <math> (*Statistik*) • discrete random variable

Diskretisierung f <edv> (*beim Digitalisieren*) • quantization; quantification; quantizing

Diskretisierung f <el> • discretization

Diskretzeitsystem n <msr> • discrete-time system

Diskriminante f <math> • discriminant

Diskriminator m <el> • discriminator

Diskriminator nach Foster und Seely *m* <el> • Foster-Seely discriminator

Diskriminierpegel *m* <msr> • discrimination level

Diskriminierschwelle *f* <msr> • discrimination level

Dislokation *f* <metall> *(Verschiebung, Versetzung im Kristallgefüge)* • dislocation; disturbance

Dislokationsbeben *n* <geo> • tectonic earthquake; dislocation earthquake

dislozieren *vt wiss.rar* <verf> *(festhängende Teile lockern, entfernen; z. B. Filterkuchen)* • dislodge *vt*

Dismutation *f* <chem> • dismutation

Disparität *f* <tech.allg> • disparity

Dispenser *m* <prod> • dispenser; dispensing unit; dispensing device

Dispenservorrichtung *f* <prod> • dispenser; dispensing unit; dispensing device

Dispergator *m* <tribo> *(in Öl)* • dispersant

Disperger *m* <chem> • disperger

Dispergieranlage *f* <verf> • dispersion plant

dispergierbar <chem> • dispersible

Dispergieren *n* <chem.verf> • dispersion; dispersion process

dispergieren *vi/vt* <chem.verf> • deflocculate *vi/vt*

dispergieren *vt* <verf> • disperse *vt*

dispergierendes Element *n* <opt> • dispersing element; dispersing component; disperser

Dispergiermittel *n* <chem> • deflocculating agent; deflocculant; dispersing agent; dispersant

Dispergierprozess *m* <chem.verf> • dispersion; dispersion process

dispergierte Phase *f* <tech.allg> • disperse phase; dispersed phase; continuous phase

dispergierter Kleber *m* <füg> • dispersion adhesive

dispergierter Klebstoff *m* <füg> • dispersion adhesive

dispergierter Staub *m* <verf> • dispersed dust

Dispergierung *f* <chem.verf> *(feine Verteilung, Auflösung von Ausfällungen in Flüssigkeiten)* • deflocculation

Dispergierung *f* <chem.verf> • dispersion; dispersion process

Dispergierung *f* <pap.ents> *(allg.)* • dispersion; dispersing

Dispergierverhalten *n* <obfl.qualit> *(z. B. Farbstoffe und Füllstoffe)* • dispersion characteristics

Dispergierzone *f* <verf> *(in einem Disperger)* • dispersing zone

dispers <chem> • disperse

Dispersant *n* <druck> • disperser

Dispersant *n* <tribo> *(in Öl)* • dispersant

Dispersantadditiv *n* <tribo> *(in Öl)* • dispersant

disperse Phase *f* <tech.allg> • disperse phase; dispersed phase; continuous phase

disperse Phase *f* <nahr> *(Speiseeis)* • dispersed phase

disperses System *n* <chem> • disperse system

Dispersion *f* <tech.allg> *(z. B. Chemikalien, Farbstoffe, Licht)* • dispersion

Dispersion *f* <math> *(statistischer Daten)* • variance

Dispersion *f ISO 13666* <opt> *(Geschwindigkeitsveränderung der monochromatischen Strahlung)* • dispersion *ISO 13666*

Dispersion *f* <verf> *(Ergebnis der Dispergierung)* • dispersion

Dispersionsanalyse *f* <math> • variance analysis

Dispersionsanstrichstoff *m* <obfl> • emulsion coating material; emulsion coating; emulsion paint; latex paint

Dispersionsbeschichtung *f* <obfl> • dispersion coating

Dispersionsbeziehung *f* <phys> • dispersion relation; dispersion law

Dispersionsfarbstoff *m* <textil> *(Färberei)* • dispersion dyestuff; dispersed dyestuff; disperse dyestuff; disperse dye

Dispersionsformel *f* <opt> • dispersion formula; theoretical dispersion formula

Dispersionsgesetz *n* <phys> • dispersion relation; dispersion law

Dispersionsgitter *n* <opt> • dispersion grating

Dispersionsgleichung *f* <phys> • dispersion relation; dispersion law

Dispersionsgrad *m* <phys> • dispersion degree; dispersity

dispersionshärtbar <metall> • hardenable by dispersion; hardenable by precipitation; dispersion-hardenable

Dispersionshärten *n* <metall> • precipitation hardening; structural hardening *rare*; hardening by precipitation *rare*

dispersionshärten *vt* <metall> • harden by dispersion *vt*

Dispersionskleber *m* <füg> • dispersion adhesive

Dispersionsklebstoff *m* <füg> • dispersion adhesive

Dispersionskoeffizient *m* <phys> • dispersion coefficient

Dispersionslichtfilter *n* <opt> • dispersion filter; Christiansen filter; scattering filter

Dispersionsmittel *n* <chem> • dispersion medium

Dispersionsoptik *f* <opt> • dispersive optics

Dispersionsphase *f* <tech.allg> • disperse phase; dispersed phase; continuous phase

Dispersionsprisma *n* <opt> • dispersing prism

Dispersionsrelation *f* <phys> • dispersion relation; dispersion law

Dispersionsschicht *f* <obfl> • dispersion coating

Dispersionssystem *n* <opt> • dispersing system

Dispersionstheorie *f* <phys> • dispersion theory

Dispersionsüberzug *m* <obfl> • dispersion coating

Dispersionsvermögen *n* <chem> • dispersing power; dispersive power

Dispersionswascher *m* <verf> • integral scrubbers *pl*; induced spray scrubbers *pl*

dispersiv <tech.allg> • dispersive

Dispersoidanalyse *f* <chem> • dispersoid analysis

dispers verteilte Phase *f* <tech.allg> • disperse phase; dispersed phase; continuous phase

Displacement-Mapping *n* <edv> • displacement mapping

Display *n prakt* <msr> *(für Messwerte, Maschinendaten etc.)* • display panel; indicator panel; display *pract*; indicator board *rare*

Display *n* <werb> *(Verkaufsförderungsmaßnahme; z. B. an Kasse, Theke)* • display; silent salesman *coll*

Displaybeleuchtung *f* <edv> *(allg.; von vorn, von den Kanten, von hinten)* • display light; display illumination

Display Control Interface *n* (DCI) <edv> • Display Control Interface (DCI)

Display-Einheit *f* <edv> • display unit

Display-Liste *f* <edv> • display list

Displaymaterial *n* <werb> • display material

Display-Material *n* <werb> • display material

Display Power Management Signaling *n* (DPMS) <edv> *(VESA-Norm für Bildschirm-Stromsparschaltung)* • Display Power Management Signaling (DPMS)

Disproportionierungsreaktion *f* <chem> • disproportionation reaction

DISS <med.tech> • diameter-indexed safety system

Dissektorröhre *f* <av> • image dissector; Farnsworth tube; Farnsworth image dissector tube

Dissipation *f* <phys> *(allg.)* • dissipation

Dissipationsfunktion *f* <phys> • dissipation function

Dissipation von Energie *f* <phys> • energy dissipation; power dissipation

dissipativ <phys> • dissipative

DISS-Konnektor *m* <med.tech> • DISS connector

dissonant <akust> • discordant

Dissonanz *f* <akust> • discord

Dissousgas *n* <füg> *(Schweißtechnik)* • dissolved acetylene

Dissousgasflasche *f* <füg> *(Schweißtechnik)* • dissolved-acetylene cylinder

Dissoziation *f* <chem> • dissociation

Dissoziationsarbeit der Moleküle *f* <phys> • molecular dissociation work; molecular dissociation energy

Dissoziationsenergie *f* <phys> • dissociation energy

Dissoziationsgleichgewicht *n* <phys> • dissociation equilibrium

Dissoziationsgrad *m* • degree of ionization

Dissoziationsgrad *m* <phys> • degree of dissociation

Dissoziationsgrenze *f* <phys> • dissociation limit

Dissoziationskonstante *f* • ionization constant

Dissoziationskonstante *f* <chem> • affinity constant

Dissoziationskonstante *f* <phys> • dissociation constant

Dissoziationspotential *n* <phys> • dissociation potential

Dissoziationswärme *f* <phys> • dissociation heat

dissoziative Rekombination *f* <phys> • dissociative recombination

dissoziieren *v* <chem> • dissociate *v*

dissoziieren *vt* <phys> • ionize *vt*

Distanz *f* form <tech.allg> *(allg.; zwischen zwei Punkten, Orten)* • distance (DIST)

Distanzablesen *n* <edv> *(von Strichcode)* • distance scanning; distant scanning; distance reading; distant reading

Distanzadresse *f* <edv> • displacement address

Distanzbuchse *f* <masch> • spacer bush; distance bush *rare*

Distanzfeder *f* <kfz.mot> *(in Kolbenring)* • expander spacer; expander ring; ring expander; spacer [ring] *pract*

Distanzhalter *m* <bau> *(zwischen Glasscheibe und Rahmen)* • spacer; glass spacer; distance piece *rare*

Distanzhalter *m* <masch> • separator; spacer

Distanzhülse *f* <masch> • spacer sleeve; distance sleeve *rare*

Distanzhülse *f* <pump> *(mehrstufige Kreiselpumpe)* • interstage sleeve

Distanzklötzchen *n* <bau> • distance block *:V*

Distanzklotz *m* <bau> • distance block *:V*

Distanzlesegerät *n* <edv> *(Barcode-Scanner)* • distance reader; remote reader

Distanzlesen *n* <edv> *(von Strichcode)* • distance scanning; distant scanning; distance reading; distant reading

Distanzmesser *m* <msr> • range finder; telemeter

Distanzmessstriche *mpl* <msr> • staff lines; stadia lines

Distanzmessung *f* <msr> • distance measurement

Distanzplatte *f* <pap> • spacer plate

Distanzrelais *n* <el> • distance relay

Distanzring *m* <masch> *(allg.)* • spacer ring; annular spacer; distance ring; spacing ring; circular spacer

Distanzscannen *n* <edv> *(von Strichcode)* • distance scanning; distant scanning; distance reading; distant reading

Distanzscanner *m* <edv> • distance scanner; remote scanner

Distanzscheibe *f* <tech.allg> *(allg.)* • spacer; spacer washer

Distanzscheibe *f* <kfz> *(zwischen Radträger und Rad)* • wheel spacer

Distanzschutz *m* <el> • distance protection; impedance protective system

Distanzschutz mit Stufenkennlinie *m* <masch> • stepped-curve distance-time protection

Distanzstück *n* form <tech.allg> *(jede Art und Form)* • spacer

Distickstoffmonoxid *n* (N_2O) <chem> • nitrous oxide (N_2O); dinitrogen oxide; laughing gas *coll*

Distickstoffoxid *n* <chem> • nitrous oxide (N_2O); dinitrogen oxide; laughing gas *coll*

Distorsion *f* <math> *(z. B. Vektor, Ellipse)* • distorsion

Distribution *f* <ökon> • distribution

Distribution *f* wiss <ökon> *(von Waren, Nachrichten, Daten usw., meist gegen Entgelt)* • distribution

Distributionspolitik *f* <werb> • distribution policy

distributiv <math> • distributive

Distributivgesetz *n* <math> • distributive law; distributive law of algebra

Distributivität *f* <math> • distributivity

disubstituiert <chem> • disubstituted

disulfonieren *vt* <chem.verf> • disulphonate *vt*

Disulfonsäure *f* <chem> • disulphonic acid

Disulfosäure *f* <chem> • disulphonic acid

Disulphidbrücke *f* <chem> • disulfide bridge

Disziplin *f* <did> *(Studienrichtung, Arbeitsgebiet)* • discipline; field

Dither *m* <edv> *(Grafikfunktion)* • dither

Dithering *n* <edv> • dithering

Dithiocarbamatbeschleuniger *m* <chem> • dithiocarbamate accelerator

Dithioverbindung *f* <chem> • dithio compound

Diuron *n* <chem.agri> *(Bodenherbizid, Photosynthesehemmer)* • diuron

divergent <tech.allg> *(Linien, Reihen, Strömungsquerschnitt, Frequenzen)* • divergent

divergente Krone *f* <verf> *(Kühlturm)* • divergent top

Divergenz *f* <tech.allg> • divergence

Divergenzwinkel *m DIN EN 1330-4* <akust> • divergence angle

Divergenzzone *f* <geo> • boundary of divergence; diverging plate boundary; accreting plate boundary

divergieren *vi* <tech.allg> *(z. B. Linien, Reihen, Entwicklungen, Strömungen)* • diverge *vi*

divergieren *vi* <geo> • diverge *vi*

divergierend <allg> • diverging

divergierende Bogenweiche *f* <bahn> • turn-out with contraflexive curve

divergierende Plattengrenze *f* <geo> • boundary of divergence; diverging plate boundary; accreting plate boundary

divergierende Strömung *f* <phys> • diverging flow; broomy flow *coll.rare*

Diversity-Empfang *m* <tele> • diversity reception

Diversity-Übertragung *f* <tele> • diversity

Divertor *m* <nukl> • divertor

Divertor mit einem Staupunkt *m* <nukl> • divertor featuring a single null

Dividend *m* <math> • dividend

Dividiereinrichtung *f* <prod> • divider

dividieren *vt* <math> • divide *vt*

Divis *n* form <doku> • hyphen

Division *f* <math> • division

Divisionsalgebra *f* <math> • division algebra

Divisionsanweisung *f* <edv> • divide statement; divide instruction; division command

Divisionsbefehl *m* <edv> • divide statement; divide instruction; division command

Divisionsstelle *f* <msr> • division local

Divisionsunterprogramm *n* <edv> • division subroutine

Divisionszeichen *n* <math> • division sign

Divisor *m* <math> • divisor

Divisorregister *n* <edv> • divisor register

Diwasserstoff *m* <chem> • dihydrogen

DK <chem.petr> *(Gasöl-Destillat Siedeber. 170…350 ℃; Kraftstoff für Dieselmotoren)* • diesel fuel; diesel oil *pract*; diesel *coll*

DK <kfz.mot> *(im Motor-Ansaugtrakt; z. B. im Vergaser)* • throttle valve; throttle

DKA <kfz.mot> *(für Leerlaufdrehzahl)* • throttle jacking device; throttle kicker *pract*

DKA <kfz.mot> *(Leerlaufdrehzahlanhebung mit Unterdruckdose)* • fast idle capsule

DKA <kfz.mot> *(Leerlaufdrehzahlanhebung mit Elektromagnet)* • fast idle solenoid

DKA <kfz.mot> *(Leerlaufstabilisierung)* • idle speed stabilizer; idle stabilizer

D-Kanal m <tele> *(ISDN)* • D channel; data channel; delta channel; signalling channel

D-Kanal-Protokoll n <tele> *(ISDN)* • access protocol; primary access protocol; user-network access protocol

DK-Beschlag m <bau> • tilt-turn hardware; tilt and turn hardware; tilt turn hardware; tilt/turn hardware

DK-Feder f <kfz.mot> • throttle return spring

DK-Fenster n <bau> *(ein Doppelfunktionsfenster)* • tilt-turn window; tilt and turn window; tilt/turn window; inswing tilt-turn window *rare*

DK-Schere f <bau> • tilt-turn scissor; tilt-turn sash stay

DLC-Beschichtung f <av> • diamond-like carbon coating

DLC-Schicht f <av> • diamond-like carbon coating

DLC-Schicht f <wz> *(Verschleißschutz)* • DLC coat

DLD-Treiber m <edv> • display list driver (DLD); DLD driver

DLT <edv> *(Datenspeichermedium)* • Digital Linear Tape (DLT)

DLT-Band n <edv> • digital linear tape (DLT)

DLT-Streamer m <edv> • DLT drive; digital linear tape drive

DM <alarm> • pressure alarm

DM <edv> *(Meldungsblock)* • disconnected mode (DM) ISO 3309

DMA <edv> • data memory address (DMA)

DMA-Anfrage f <edv> • DMA request

DMA-Betrieb m <edv> • DMA mode

DMA-Kanal m <edv> • direct memory access channel; DMA channel

DMA-Pufferung f <edv> • DMA buffering; DMA-based buffering

DMA-Zugriff m <edv> • direct memory access (DMA); random access; direct access

DMD-Bus m <edv> • data memory data bus (DMD)

DME <kfz.el> • digital engine electronics (DEE)

DME <kfz.emiss> • diesel engine emissions; diesel fumes *coll*

DME-Elektrode f <el.chem> • dropping mercury electrode (DME); mercury drop electrode

DMFC <energ.chem> • direct methanol fuel cell (DMFC)

DMLS <wz.masch> *(Rapid Tooling)* • direct metal laser sintering (DMLS); direct metal laser sintering process

DMM <chem.petr> *(Kraftstoff)* • dimethoxy methane (DMM)

DMS <msr> • strain gauge

DMS <msr> *(Folie oder Draht)* • strain gauge US.GB

DMS-Kraftaufnehmer m <msr> *(z. B. für Crashtest-Dummies)* • DMS load sensor

DMT <chem.petr> • dimethyl terephthalic acid (DMT)

DMU <edv.prod> *(CAD)* • digital mockup (DMU)

DMU <prod> *(3D-CAD; z. B. Simulation von Montage, Betrieb, Verschleiß, Demontage)* • digital mock-up (DMU)

DN <förd> • nominal diameter (DN); nominal width

DN <rls> • nominal pipe size (DN); nominal size

DNC <wz.masch.msr> • direct numerical control (DNC); computerized numerical control *rare*

DNC-Steuerung f prakt <wz.masch.msr> • direct numerical control (DNC); computerized numerical control *rare*

DNR <av> • dynamic noise reduction (DNR)

DNS <av> • dynamic noise suppressor (DNS)

DNS <chem> • deoxyribonucleic acid (DNA)

DO <av> *(bei Tonbandaufzeichnungen)* • dropout (DO); drop-out

DO <el> • dropout (DO); drop out; missing signal

DOA <qualit> *(Reklamationsgrund)* • Dead on Arrival (DOA)

DOB <bekl> • ladies' outerwear *sg*

DOC <av> *(Verfahren)* • drop-out compensation (DOC); dropout compensation

DOC <av> *(Vorrichtung)* • dropout compensator (DOC); dropout compensation circuit; DO compensator

DOC <ökol> • Dissolved Organic Carbon (DOC)

Docht m <tech.allg> *(z. B. Lampe, Öler)* • wick

Dochtapplikator m <tech.allg> • rope wick applicator

Dochtkohle f <el> • cored carbon electrode; cored carbon

Dochtöler m <tribo> • wick oiler

Dochtschmierung f DIN ISO 4378-3 <tribo> • wick lubrication ISO 4378-3; wick-feed lubrication; capillary lubrication

Dochtwirkung f <allg> *(Weiterleitung von Flüssigkeit durch Kapillarwirkung)* • wicking

Dock n <nav> • dock; wet dock

Dockanlage f <nav> • dock installation

Dockbrücke f <nav> • docking bridge; warping bridge

Dockdrempel m <nav> • dock still

Docke f <prod> • mandrel

Docke f <textil> • skein

Docke f <wz> • poppet head

Dockeinfahrt f <nav> • dock entrance

docken vi/vt <nav> • dry-dock vi/vt; dock vi/vt

Dockenkasten m <druck> • batch box

Dockenstock m <prod> • mandrel

Dockgebühren fpl <nav.fin> • dockage; dock fees

Dockhaupt n <nav> • dock still

Docking-Station f <edv> *(z. B. für Notebooks)* • docking station; communications unit; transceiver-charger

Dockkiel m <nav> • docking keel

Docklandungsschiff n <nav> • dock landing ship

Dockschleuse f <bau.hydr> • tide lock

Docksohle f <nav> • dock floor; dock bottom

Docktor n <nav> • dock gate

Dockverholwinde f <nav> • dock winch

Dockverschlussponton m <nav> • dock pontoon

Dockvorhafen m <nav> • forebay

Doctor blade f <druck> *(Kopierer; Bürstenhöhebegrenzer)* • doctor blade

Document-Film m Tesa <büro> *(beschriftbar)* • invisible tape; Magic Tape ™Scotch

DOD <el> *(Batterie; in Prozent der Kapazität)* • depth of discharge (DOD)

Dodekaeder n <math> • dodecahedron

Dodekaedergleitung f <mat> *(Fließen)* • dodecahedral slip

dodekaedrisch <math> • dodecahedral

Dodekagon n <math> • dodecagon

Dodekansäure f <chem> • dodecoic acid; dodecanoic acid

DO-Detektor m <av> • drop-out detector; DO detector

Döckchen n <mus> *(Orgel)* • rollerboard stud; roller bracket

Döpper m <wz> *(Nieten)* • rivet set; punch dolly

dörren vt <nahr> *(z. B. Getreide, Obst)* • dry vt; desiccate vt

dörren vt <nahr> *(im Ofen)* • kiln-dry vt; kiln vt; dry-cure vt

DOHC <kfz.mot> • double overhead camshaft (dohc); twin overhead camshaft *rare*

DOHC-Motor m <kfz.mot> • dohc engine; double overhead camshaft engine; twin overhead camshaft engine

DOHC-Motor m prakt <kfz.mot> • double overhead camshaft engine; twin camshaft engine; twin cam engine; dohc engine *pract*; dual cammer *jarg*

DOHC-Vierventilmotor m <kfz.mot> • dohc four-valve engine

DO-Kompensationsschaltung f <av> *(Vorrichtung)*
• dropout compensator (DOC); dropout compensation circuit; DO compensator

DO-Kompensator m <av> *(Vorrichtung)* • dropout compensator (DOC); dropout compensation circuit; DO compensator

Doktorbehandlung f <petr> • doctor treatment; doctor
sweetening

Doktorlösung f <petr> • doctor solution

doktornegativ <petr> • doctor-sweet

doktornegatives Öl n <petr> • sweet oil

doktorpositiv <petr> • sour

doktorpositives Öl n <petr> • sour oil

Dokument n <doku> *(allg.)* • document

Dokumentarfilm m <kino> • documentary film

Dokumentation f <doku> • documentation

dokumentenecht <doku> *(nicht löschbar; z. B. Tinte,
Stempelfarbe)* • indelible

dokumentenecht <doku> *(langzeitstabil; z. B. Papier,
Druckfarbe, Bild)* • archival quality

Dokumentenpapier n *DIN 6730* <pap> • document paper; archival paper

Dokument ohne Formatierung n <doku> • unformatted
text; unformatted document

Dolby-C-Ton m <av> • Dolby-C sound

Doline f <geo> • doline; collapse sink; sink hole; sink

Dollbord n <nav> *(Ruderboot)* • gunwale

Dollbordstringer m <nav> • gunwale stringer

Dolle f <nav> *(in Ruderboot-Dollbord)* • rowlock

dollieren vt <led> • fluff vt; buff vt

Dolly m prakt <nfz> *(zum Ankuppeln eines Sattelanhängers an einen normalen Lkw)* • converter dolly; dolly pract

Dolly m prakt <nfz> *(Schwanenhals-Zusatzachse für besonders schwere Sattellasten)* • jeep dolly; dolly coll;
bogie trailer

Dolmetscher m <doku> *(für Gespräche, Konferenzen)*
• interpreter

Dolmetscheranlage f <transl> • interpreting facilities;
interpreter installation

Dolmetscherin f <doku> *(für Gespräche, Konferenzen)*
• interpreter

Dolomit m <min> • dolomite; dolomite rock

dolomitisch <min> • dolomitic

dolomitisieren vi <min> • dolomitize vi

Dolomitstein m <bau.mat> • dolomite brick

Dolomitzustellung f <metall> • dolomite lining

Dom m <bahn> *(auf Dampflok)* • dome

Dom m prakt <kfz.el> *(auf Verteilerkappe)* • terminal tower;
distributor tower; chimney pract; tower pract

Dom m <verf> *(auf Destillationskolonne)* • still-head

Domäne f <tech.allg> *(z. B. Wissensgebiet, Einfluss- oder
FuE-Bereich)* • domain

Domäne f <chem> • domain

Domäne f <edv> *(im Internet, WWW)* • domain

Domäne f <edv> • domain; magnetic domain

Domäne f <phys> *(kleiner magnetisierbarer Bereich; z. B.
auf Datenträger)* • domain; magnetic spot

Domänenbesetzer m <edv> • cybersquatter

Domänengrenze f <phys> • domain boundary

Domänengrenzfläche f <phys> • domain boundary

Domänenstruktur f <edv> *(www)* • domain structure

Domänentransportspeicher m <edv> • magnetic domain storage device; magnetic domain store

Domänentriggerung f <el> • domain triggering

Domänenwand f <phys> • domain wall

Domain Wall Displacement Detection (DWDD) <edv>
(für magnetooptische Speichermedien) • Domain Wall
Displacement Detection (DWDD)

domartig <tech.allg> *(domförmig)* • dome-shaped

domartig <tech.allg> *(mit einem Dom versehen)* • domed

Dombildung f <geo> • doming

Domstrebe f <kfz> • front suspension brace; cross-brace

Domtar-Aufschlaggerät für TMP n <pap> • Domtar
disintegrator

Domtar-Hochkonsistenzindikator m <pap> • Domtar
high consistency indicator

Donator m <phys> *(Elektronenabgabe)* • donor; donor
atom; donor impurity; electron donor

Donator-Akzeptor-Bindung f <chem> • donor-acceptor
bond; dative bond; semipolar bond

Donatoratom n <phys> *(Elektronenabgabe)* • donor; donor atom; donor impurity; electron donor

Donatordichte f <phys> • donor density

Donatoreinbau m <phys.mat> • donor addition

Donatorion n <phys> • donor ion

Donatorniveau n <phys> • donor level

Donatorplatz m <phys> • donor site

Donatorstörstelle f <phys> • donor impurity

Donatorstörstellendichte f <phys> • donor impurity density

Donatorwanderung f <phys> • donor migration

Donatorzentrum n <phys> • donor center

Dongle m prakt <edv> • dongle

Donkey m <verf> • donkey boiler

Donnan'sches Membrangleichgewicht n <chem.el>
(Elektrolyse) • Donnan membrane equilibrium; Donnan
equilibrium

Donnan-Gleichgewicht n <chem.el> *(Elektrolyse)*
• Donnan membrane equilibrium; Donnan equilibrium

Donut m rar <edv> • torus; ring; donut coll.

Doorslammer m ugs <kfz> • doorslammer

DOP <navig> *(Maß für die Signalbedeckungsgeometrie)*
• dilution of precision (DOP); geometric quality

Dope-Mittel n <chem> • dope

dopen vt <med> • dope vt

Dope-Stoff m <chem> • dope

Doping n <med> • doping

Dopingkontrolle f <med> • dope control; doping control

Dopingmittel n <med> • dope

Doppel-6-kant Steckschlüsseleinsatz m form <wz>
• 12-point socket; double hex socket US.pract; bi-
hexagon socket GB

Doppelabdeckung f <energ.sol> *(Kollektor)* • double
glazing

Doppelableger m <druck> • double distributor

Doppelabnehmerkrempel f <textil> • double-doffer card;
split-web two-coiler card

Doppelabtastung f <tech.allg> • double scanning

Doppelachsaggregat n <nfz> • tandem axle bogie; two-
axle bogie

Doppelachse f <kfz> *(Anhänger)* • twin axle; tandem axle

Doppelachse f <nfz> • tandem axle; tandem coll

Doppelachser m <kfz> *(Anhänger)* • twin axle

Doppelader f <el> • pair; twin wire

doppeladrig <el> *(Kabel)* • twin-wire; twin-wired; bifilar

doppeladriges Kabel n <el> • double-core cable; double-
conductor cable; two-conductor cable; twin cable

Doppelamplitude f <el> • peak-to-peak amplitude

Doppelamplitudenvoltmeter n <el.msr> • peak-to-peak
voltmeter

Doppelanker m <el> • double armature

Doppelanschluss m <el> • twin-connector

Doppelarbeitskontakt m <el> • double-make contact;
make-make contact

Doppelarmkneter m <nahr.verf> • double-arm mixer

Doppelaufhängung f <phys> • bifilar suspension

Doppelausschlag m <tech.allg> • double deflection

Doppel-Azimuth-4-Kopf-System n <av> • four-head
long play system

Doppelbackenbremse *f* <brems> • double-shoe brake; double-block brake

Doppelbackenpreventer *m* <petr> • double-ram-type preventer

Doppelbahnablauf *m* <nav> • two-way launching

doppelbahnig <pap> • double-faced

Doppelbahnkreisförderer *m* <förd> • double I-beam track and trolley

Doppelbalgkompensator *m* <rls> • double expansion joint

Doppelbalkenbett *n* <nfz> • double-beam frame

Doppelband *n* <textil> • double sliver

Doppelbandschleifmaschine *f* <wz.masch> • dual-belt sander

Doppelbasisdiode *f* <el> • double base diode; two base diode; double-base diode; unijunction transistor

Doppelbasistransistor *m* <el> • double base transistor; two base transistor

Doppelbass-Gehäuse *n* <av> *(Lautsprecher)* • double chamber enclosure

Doppelbelastung *f* <mech> • double loading

Doppelbelichtung *f* <phot> *(bei Aufnahme)* • double exposure

Doppelbelichtung *f* <phot> *(im Labor; zwei Negative auf ein Blatt)* • double printing *sg*; combination printing *sg*

Doppelbelichtungssperre *f* <phot> • double-exposure lock

Doppelbereichmessgerät *n* <msr> • dual-range meter

Doppelbereifung *f* <kfz> • dual tires

Doppelbespielung *f* <av> *(Tonüberlagerung)* • sound-on-sound

Doppelbett *n* <tour> *(Bett für zwei Personen mit einer oder zwei Matratzen)* • double bed

Doppelbett-Katalysator *m rar* <kfz.emiss> • dual-bed catalytic converter

Doppelbettvariante *f* <ents> • twin interchanging fluidized bed; TIF-Type CFB

Doppelbiegebalken *m* <qualit.mat> • proving frame

Doppelbiegung *f* <mech> • double bend

Doppelbild *n* <av> • echo image

Doppelbild *n* <phot> • double image

doppelbindiger Atlas *m* <textil> • double-stitched satin

Doppelbindung *f* <chem> • double bond; double link; covalent bond

Doppelbit *n* <edv> • dibit

Doppelblatt *n* <pap> • four-page folder

Doppelboden *m* <bau> • false bottom

Doppelboden *m* <bau.mat> *(Bodenfertigteile für Trockenbauweise)* • drywall double floor *:V*

Doppelboden *m* <nav> • double bottom

Doppelboden mit offenen Bodenwrangen *m* <nav> • open-floor double bottom

Doppelbodentank *m* <rls> • double-bottom tank

Doppelbördelgerät *n* <wz> • double flaring tool

Doppelbogen *m* <pap> • double sheet

Doppelbogenabführung *f* <druck> • double sheet detector; doubles detector; 2-sheet detector

Doppelbogenanlage *f* <druck> • two-up feeding

Doppelbogenkontrolle *f* <druck> • double sheet control

Doppelbohrsäule *f* <prod> • double drill column

doppelbrechend <opt> • birefringent; double-refracting

doppelbrechender Keil *m* <opt> • birefringent wedge

doppelbrechender Kristall *m* • birefringent crystal

Doppelbrechung *f* <opt> • birefringence; double refraction

Doppelbreitbandempfänger *m* <tele> • dual diversity receiver

Doppelbreitbett *n* (DW) <nfz> *(Felgenbettkontur für einteilige Nfz-Felgen)* • double wide base (DW)

Doppelbreitbettfelge *f* <nfz> • double wide base rim; DW rim; double drop center wide base rim *rare*

Doppelbruch *m* <math> • compound fraction

Doppelbrücke *f* <tech.allg> • twin bridge; double bridge

Doppelbrückenschaltung *f* <tele> • bridge duplex connection

Doppelbuchse *f* <el> • duplicate sockets

Doppelbuchstabe *m* <druck> • ligature

Doppelbuckelinstabilität *f* <nukl> • double-humped instability

Doppelbundgatter *n* <holz> • double-log frame

Doppelcontainment *n* <nukl> • double containment

Doppeldachzelt *n* DIN ISO 7152 <tour> • double-skin tent ISO 7152

Doppeldampfraumkessel *m* <verf> • double steam-space boiler

Doppeldeckbrücke *f* <bau> • double-deck bridge *:V*

Doppeldeckbus *m* <nfz> • double-decker; double-decker bus; double-deck bus

Doppeldecker *m* <aerospace> • biplane

Doppeldecker *m ugs* <druck> *(Setzmaschine mit zwei Magazinen)* • two-magazine composing machine

Doppeldecker *m* <nfz> • double-decker; double-decker bus; double-deck bus

Doppeldeckerbus *m* <nfz> • double-decker; double-decker bus; double-deck bus

Doppeldecker-Reisebus *m* <nfz> • double-deck coach; double-decker coach; double-deck touring coach

Doppeldeck-Flachpalette *f* <logist> • double-deck pallet; double-faced pallet

Doppeldeck-Gelenkomnibus *m* <nfz> • articulated double-decker

Doppeldeckkomnibus *m* <nfz> • double-decker; double-decker bus; double-deck bus

Doppeldeck-Reisebus *m* <nfz> • double-deck coach; double-decker coach; double-deck touring coach

Doppeldeckung *f* <tech.allg> • double coverage

Doppel-Density-Verfahren *n* <edv> • double-density process

doppeldiffundiert <chem> • double-diffused

Doppeldiffusionstransistor *m* <el> • double-diffused transistor

Doppeldiode *f* <el> • twin diode; duplex diode; double diode

Doppeldiode-Endpentode *f* <el> • double-diode output pentode

Doppeldipolantenne *f* <el> • double-dipole antenna *US*; double-dipole aerial *GB*

Doppel-D-Kinnriemen-Verschluss *m* <bekl> *(Motorradhelm)* • double "D" ring chin strap fastening; D-ring retention system; chin strap with "D" rings; standard two-ring closure

Doppeldrän *m* <agri> • double drain

Doppeldraht *m* <el> • twin wire

Doppeldrahtzwirnmaschine *f* DIN ISO 9947 <textil> • two-for-one twister ISO 9947

Doppeldrehkondensator *m* <el> • two-gang capacitor

Doppeldrehregler *m* <msr> *(induktiv)* • double-rotor induction regulator

Doppeldrehwiderstand *m* <el> • dual-ganged potentiometer

Doppeldreieckschaltung *f* <el> • double-delta connection

Doppel-D-Ring-Verschluss *m* <bekl> *(Motorradhelm)* • double "D" ring chin strap fastening; D-ring retention system; chin strap with "D" rings; standard two-ring closure

Doppeldruckknopf *m* <füg> • dual snap fastener

Doppeldrucksystem *n* <tech.allg> • dual-pressure system

Doppeldruckwerk *n* <druck> • blanket-to-blanket printing unit

Doppeldüsenvergaser *m* <mot> • double-jet carburettor

Doppelduowalzgerüst *n* <metall> • double-duo stand

Doppelduowalzwerk *n* <metall> • double-duo mill; double two-housing mill *rare*

Doppeleis *n* <nahr> • twin-stick ice cream

Doppelelektronenanregung *f* <el> • double-electron excitation

Doppelelektronenstrahl *m* <el> • split electron beam

Doppelelektronenübergang *m* <el> • double-electron transition

Doppelelement *n* <alarm> • dual element; dual-opposed sensor element

Doppel-Element-Sensor *m* <alarm> • dual-element passive infrared sensor

Doppel-Ellipsoid *n* (DE) <kfz.el> *(von Scheinwerfern)* • double ellipsoid (DE)

Doppelempfang *m* <tele> • dual reception; double reception

Doppelenden-Handfaust *f* <wz> • double-end dolly

Doppelenderkessel *m* <verf> • double-ended boiler; double ender

Doppelendfähre *f* <nav> • double-ended ferry

Doppelendrohr *n* <kfz> *(Auspuff)* • dual outlet; dual tips *pl*

Doppelentnahmeturbine *f* <mot> • automatic double-extraction turbine

doppelepitaxial <obfl> • double-epitaxial

Doppelerdschluss *m* <el> • double earth fault

Doppelfadenaufhängung *f* <phys> • bifilar suspension

Doppelfadenführerschiene *f* <textil> • double prism bar

Doppelfadenlampe *f* <licht> • double filament lamp; twin filament lamp

Doppelfahrdraht *m* <el.fz> • double contact wires; twin contact wires

Doppelfallstromregistervergaser *m* <kfz.mot> • two-barrel progressive downdraft carburetor

Doppelfallstromvergaser *m* <kfz.mot> • two-barrel downdraft carburetor; twin downdraught carburettor *GB.obs*

Doppelfaltversuch *m* <qualit.mat> • doubling test; doubling-over test; double-folding test

Doppelfalzen *n* <pack> • double seaming

Doppelfalzer *m* <qualit.mat> • double-folding instrument

Doppelfalz-Prüfgerät *n* <qualit.mat> • double-folding instrument

Doppelfarbigkeit *f* <phys> • dichroism

Doppelfederring *m* DIN ISO 1891 <füg> • double coil spring lock washer

Doppelfederzinken *m* <agri> • double-spring collecting finger

Doppelfeinflyer *m* <textil> • fine roving frame; jack frame

Doppelfeldmotor *m* <el> • double-field induction motor

Doppelfelgen-Gestängebremse *f* <fz> *(Fahrrad; über Zuggestänge betätigt, wirkt auf Felgeninnenseite)* • roller lever brake; rim brake

Doppelfenster *n* DIN 68 121 <bau> *(mit Innen- und Außenflügel und zwei hintereinander liegenden Glasebenen)* • dual sash window

Doppelfernrohr *n* <opt> • binocular telescope

Doppel-Flachstecker *m* <el> • double male tab

Doppelflachstromregistervergaser *m* <kfz.mot> • two-barrel progressive side-draft carburetor

doppelflächige Ware *f* <textil> • double faced structure

Doppelflammrohr *n* <kfz> *(Abgassystem, typ. Flammrohrbauart)* • Y-pipe; twin headpipe; twin header; twin front pipe

Doppelflankenmodulation *f* <el> • double-edge modulation

doppelflanschig <rls> *(z. B. Rohr, Armatur, Pumpe)* • double-flange; double-flanged

Doppelflinte *f* <mil> *(Quer- oder Bock~)* • double shotgun

Doppelflor *m* <textil> • double pile

Doppelflorzweikrempelsatz *m* <textil> • two-doffer two-card set

Doppelflügelprothese *f* <med.tech> *(Herzklappenersatz)* • bileaflet valve; bileaflet tilting disk valve *US*; bileaflet tilting disc valve *GB*

Doppelflügelwäscher *m* <verf> *(Trogläuterapp.)* • log washer

doppelflutig <förd> *(Pumpe)* • double-suction; double-inlet; double-entry; twin suction; twinstream

doppelflutige Abgasanlage *f* <kfz> • dual-flow exhaust system

doppelflutige Schalldämpferanlage *f* <kfz> • dual-flow exhaust system

Doppelfokusröhre *f* <el> • double-focus valve

Doppelfokussierung *f* <el> • double focusing; double focussing

Doppelfrequenzhärtung *f* <metall> • dual-frequency hardening

Doppelfrequenz-Hohlraumresonator *m* <el> • dual-frequency cavity resonator

Doppelfrequenzinduktionshärtung *f* <metall> • dual-frequency hardening

Doppelführung *f* <masch> *(Kolben, Schnittwerkzeug)* • double guide; double guides; double ways

Doppelfunktionsfenster *n* <bau> *(z. B. Drehkippfenster)* • dual-action window

Doppelfunktionshebel *m* <tech.allg> • dual-function lever

Doppelgabelläufer *m* <textil> • double-armed traveller

Doppelgabelschlüssel *m* <wz> • double open-end wrench *US.GB*; double open-end spanner *GB*; double-ended open-jawed spanner *GB.obs*

doppelgängig <masch> *(Gewinde, Schnecke)* • double-thread; double-threaded; double-start

Doppelganggewinde *n rar* <masch> • double-start thread; double thread; double-lead thread; double-pitch thread; two-start thread

Doppelgarn *n* <bekl> *(Schuhe)* • outsole stitching thread

Doppelgasgenerator *m* <verf> • predistillation producer; predistillation gas producer

Doppelgebläse *n* <masch> • double-bulb blower

Doppelgegenschreiben *n* <tele> • quadruplex telegraphy

Doppelgegensprechbetrieb *m* <tele> • quadruplex operation

Doppelgehäusepumpe *f* <förd> • barrel pump; barrel casing pump; double casing pump; barrel-type pump

Doppelgelenk *n* <kfz.antr> • double-cardan universal joint

Doppelgelenkarm *m* <masch> *(z. B. Baumaschine, Mobilkran)* • double-hinged arm

Doppelgelenkbus *m norm* <nfz> • bi-articulated bus

Doppel-Gelenkzug *m* <nfz> • bi-articulated bus

Doppelgenerator *m* <tech.allg> • dual generator

Doppelgewebebindung *f* <textil> • double-cloth weave

Doppelgewebe mit Ausfüllungsfäden *n* <textil> • double cloth with stuffing threads

Doppelgewinde *n rar* <masch> • double-start thread; double thread; double-lead thread; double-pitch thread; two-start thread

Doppelgitterröhre *f* <el> • bigrid valve; double-grid valve; negatron

Doppelgitterspektrograph *m* <phys> • twin grating spectrograph; dual grating spectrograph

Doppelglas *n ugs* <tech.allg> • double-glazing; dual-pane windows

Doppelglasscheiben *fpl* <tech.allg> • double-glazing; dual-pane windows

doppelgleisig <bahn> • double-track; double-tracked

Doppel-Gleitringdichtung *f* <masch> • double mechanical seal; double seal

Doppelgleitung *f* <mat> *(Fließen des Werkstoffes)* • duplex slip

Doppelglockenisolator *m* <el> • double petticoat insulator; double-cup insulator

Doppelhakenschlüssel *m* <wz> • double-hook spanner

Doppelhaus *n* <bau> • semi-detached house

Doppelhebel *m* <masch> • double lever

Doppelhechelfeldstrecke *f* <textil> • gill box with double set of fallers; intersecting gill box

Doppelhecht *m* <led> *(Hauptteil der Haut nach Entfernung von Kopf- und Bauchteilen)* • back

Doppelheizer *m* <prod> *(zum Vernetzen, Vulkanisieren; z. B. von Reifen)* • twin curing unit; twin heater

Doppelherzstück *n* <bahn> *(in Weiche)* • double frog; diamond crossing

Doppelhiebfeile *f* <wz> • double-cut file

Doppelhobelmaschine *f* <wz.masch> • duplex planer; duplex planing machine

doppelhöckerig <tech.allg> • double-humped

Doppelholmtragfläche *f* <aerospace> • double-longeron wing

Doppelhub *m* <masch> *(von OT zu UT und zurück; z. B. von Kolbenpumpe)* • double stroke; reciprocation

Doppelhub *m* <wz.masch> *(hin und zurück; ein Zyklus)* • work cycle

Doppelhubjacquardmaschine *f* <textil> • double-lift jacquard machine; double-lift jacquard

Doppelhubmast *m* <logist> *(Hochregalstapler)* • double lift mast

Doppelhübe pro Minute *mpl* <masch> • rate of reciprocation; speed cycles per minute; speed cycles per min

Doppelhump *m* (H2) <kfz> *(Radfelge)* • double hump (H2); round hump on both bead seats

Doppelimpuls *m* <phys> • double pulse

Doppelimpulsauswertung *f* <alarm> • double-knock analyzer

Doppelimpulsgeber *m* <el> • double pulse generator

Doppelimpulsschreibverfahren *n* <el> • double-pulse recording method

Doppelinjektionsdiode *f* <el> • double-injection diode

Doppelinjektor *m* <masch> • double-tube injector

Doppelintegral *n* <math> • double integral

Doppelionisationskammer *f* <nukl> • double ionization chamber; back-to-back ionization chamber

Doppelionisationskammer nach Rutherford *f* <nukl> • double ionization chamber; back-to-back ionization chamber

Doppelisolatorkette *f* <el> • double insulator string

Doppel-J-Naht *f* <füg> *(Schweißtechnik)* • double-Jet butt weld

Doppelkabine *f* <nav> • two-berth cabin

Doppelkabine *f* <nfz> • crew cab; double cab *AUS*

Doppelkäfig *m* <el> • double cage; double squirrel cage

Doppelkäfiganker *m* <el> • double cage armature; double squirrel-cage armature

Doppelkäfiginduktionsmotor *m* <el> • double cage induction motor; double squirrel-cage induction motor

Doppelkäfigläufer *m* <el> • double cage rotor; double squirrel-cage rotor

Doppelkäfigwicklung *f* <el> • double cage winding; double squirrel-cage winding

Doppelkalorimeter *n* <msr> • twin calorimeter

Doppelkammer-Aktivdose *f did* <pack> • widget can

Doppelkammer-Gehäuse *n* <av> *(Lautsprecher)* • double chamber enclosure

Doppelkammer-Teebeutel *m* <nahr> • dual-chamber tea bag

Doppelkammleitung *f* <el> • interdigital line

Doppelkappenisolator *m* <el> • double-cap insulator

Doppelkappnahtnähmaschine *f* <textil> • double flat fell seaming machine

Doppelkapselmikrofon *n* <av> • differential microphone

Doppelkarde *f* <textil> • double card

Doppelkaskade *f* <verf> • double cascade

Doppelkassettensystem *n* <phot> • cartridge-to-cartridge film feed

Doppelkegel *m* <math> • double cone; bicone

Doppelkegelantenne *f* <el> • biconical antenna *US*; biconical aerial *GB*

Doppelkegelbindung *f* <chem> • sandwich bond

Doppelkegelfeder *f* <masch> • double-cone spring

doppelkegelförmig <tech.allg> • double-conical

Doppelkegelkupplung *f* <masch> • double-cone friction clutch

Doppelkegelmühle *f* <prod> • conical ball mill

Doppelkehlnaht *f* <füg> *(Schweißtechnik)* • double fillet weld

Doppelkeil *m* <bau> • folding wedges

Doppelkeilanker *m* <min> • sliding-wedge roof bolt

Doppelkeilfangvorrichtung *f* <förd> • jaw-type safety device

Doppelkernrohr *n* <petr> • double tube core barrel; double-tube core barrel

Doppelkernrohr mit feststehendem Innenrohr *n* <petr> • rigid double-tube core barrel

Doppelkernrohr mit mitdrehendem Innenrohr *n* <petr> • swivel double-tube core barrel

Doppelkette *f* <el> • double string

Doppelkette *f* <masch> • double-strand chain

Doppelkettenförderer *m* <förd> • armored flexible conveyor *US*

Doppelketten-Kratzförderer *m* <förd> • double-chain scraper conveyor; double-chain scraper

Doppelkettenstich *m* <textil> • double locked stitch; double thread sewing; double chain-stitch; two-thread chain-stitch; double in-and-out stitch

Doppelkettenstichnähmaschine *f* <textil> • double chainstitch sewing machine

Doppelkettenstuhl *m* <textil> • double-warp loom

Doppelkettenwebstuhl *m* <textil> • double-warp loom

Doppelklappe *f DIN 4048* <bau.hydr> • roof weir; beartrap weir

Doppelklappspitze *f* <nfz> *(Autokran)* • two-part folding jib

Doppel-Klebepolteppich *m* <bau.innen> • face-to-face bonded-pile carpet

Doppelklick *m* <edv> • double-click

doppelklicken *vt* <edv> • double-click *vt*

Doppelklotzbremse *f* <brems> • double-shoe brake

Doppelknopfeinsteller *m* <msr> • concentric control

Doppelknopfsteller *m* <msr> • concentric control

Doppelköperbindung *f* <textil> • double twill weave

Doppelkohlemikrophon *n* <akust> • push-pull carbon microphone

Doppelkoinzidenzspektrometer *n* <phys> • double-coincidence spectrometer

Doppelkokon *m* <textil> *(Seide)* • douppion; double cocoon; doupion; twin cocoon

Doppelkolbenmotor *m* <kfz.mot> *(obs.)* • dual piston engine; double-barrelled engine *rare*; double-cylinder engine; U-cylinder engine; twin-piston engine

Doppelkolbenpresse *f* <wz.masch> • double-ram press

Doppelkondensator *m* <el> • twin capacitor

Doppelkondensor *m* <phot> *(in Vergrößerer)* • double condenser; twin condenser

doppelkonisch <tech.allg> • double-conical; tapered on both sides

doppelkonischer Garnkörper *m* <textil> • pineapple cone

doppelkonische Spule *f* <textil> • pineapple cone

Doppelkontakt *m* <el> • double contact; twin contact

Doppelkontaktrelais *n* <el> • double-make relay

Doppelkontrollkarte *f* <qualit> • joint control chart

Doppelkontur *f* <av> *(Bildschirmfehler)* • ghosting

Doppelkonusantenne *f* <el> • biconical antenna *US*; biconical aerial *GB*

Doppelkonusdichtung *f* <masch> • biconical seal

Doppelkonuskupplung *f* <antr> • bicone coupling

Doppelkonuslautsprecher *m* <av> • duplex loudspeaker; duo-cone loudspeaker

Doppelkonusmischer *m* <verf> • double-cone blender; double-cone mixer

Doppelkonusspulmaschine *f* <textil> • pineapple cone wind

Doppelkonusstrahler *m* <tele> • biconical radiator

Doppelkopfhörer *m* <av> • double headphone

Doppelkopfnadel *f* <textil> • double-ended needle; double headed needle

Doppelkopfschiene *f* <bahn> *(auch für Krangleise)* • bull-head rail; bull-headed rail; double-head rail

Doppelkopfschweißen *n* <füg> • twin head welding

Doppelkreischarakteristik *f* <av> • figure-eight pattern

Doppelkreislaufsystem *n* <verf> • double-loop system; two-loop system

Doppelkreisrichtcharakteristik *f* <tele> • bilateral characteristic

Doppelkreisschutzsystem *n* <el> • double-circuit system

Doppel-Kreuzgelenk *n* <kfz.antr> • double-cardan universal joint

Doppelkreuzrahmenantenne *f* <el> • double crossed-loop antenna *US*; double crossed-loop aerial *GB*

Doppelkristall *m* <mat> • twin crystal; bicrystal

Doppelkrümmer *m* <rls> *(S-förmiges Rohrstück)* • S-bend

Doppelkuppeln *n* <kfz> • double-clutching

Doppelkurbel *f* <kfz> *(Fahrwerk)* • drag link

Doppelkurbel *f* <masch> • double crank

Doppelkurbelachse *f* <kfz> • parallel trailing link suspension

Doppelkurbelmechanismus *m* <masch> • drag-link mechanism

Doppelkurbelpresse *f* <wz.masch> • double-crank press

Doppelkurve *f* <tech.allg> • double curve

Doppel-Längslenkerachse *f* <kfz> • parallel trailing link suspension

Doppelläufer-Wankelmotor *m* <kfz.mot> • twin-rotor rotary engine; twin-rotor Wankel engine

doppelläufig <mil> *(Waffe)* • double-barrel

doppellagige Abtastung *f* <msr> • bilateral detection

Doppellaschenverbindung *f* <füg> *(typ. genietet)* • double-strap butt joint

Doppel-Laser *m* <edv> • dual laser

Doppelleiter *m* <el> • twin conductor; two-core cable

Doppelleitung *f* <el> *(zweiadriges Kabel)* • double line; two-wire line; pair of leads; pair

Doppellimes *m* <math> • double limit

Doppellinie *f* <doku> • double line; parallel rules *rare*

Doppellinie *f* <opt> *(Spektralanalyse)* • doublet

Doppellinienschneider *m* <kunst.wz> • double-line scalpel

Doppel-Linsenoptik *f* <edv> *(DVD-Lfw.)* • dual lens system; dual lens optic head

Doppellitze *f* <el> • twin flex; twin flexible cord; stranded two-wire lead

Doppellochsucheinrichtung *f* <edv> *(obs.)* • double punch detection device

Doppelloch- und Leerspaltenkontrolle *f* <edv> *(obs.)* • double punch and blank column checking

Doppellochung *f* <prod> • double punching

doppelmäulig <wz> *(Schraubenschlüssel)* • double-ended

Doppelmanometer *n* <msr> • double manometer

Doppelmantel *m* <verf> *(Tank)* • jacket; cylinder jacket

Doppelmantelbehälter *m* <prod> • double shell tank; double-walled tank; jacketed tank

Doppelmantel des Gefrierzylinders *m* <prod.nahr> *(Speiseeis; Freezer)* • freezing cylinder jacket

Doppelmantelheizung *f* <agri.tech> • heater jacket

doppelmanteliger Tank *m* <prod> • double shell tank; double-walled tank; jacketed tank

Doppelmantelrohr-Verflüssiger *m* <hlk> *(Wärmepumpe)* • coaxial condenser; tube-in-tube condenser

Doppelmantelrohrverflüssiger *m* <hlk> *(Wärmepumpe)* • coaxial condenser; tube-in-tube condenser

Doppelmantelrohr-Wärmetauscher *m* <hlk> *(Wärmepumpe)* • coaxial heat exchanger; tube-in-tube heat exchanger

Doppelmasche *f* <textil> • eyelet loop

Doppelmaschine *f* <bekl> • lockstitch outsole stitcher

Doppelmast *m* <el> • double pole; H-pole

doppelmatte Polyesterfolie *f* <kst> • double-matte polyester film; double-matt polyester film *GB*

Doppelmaulschlüssel *m DIN 898* <wz> • double open-end wrench *US.GB*; double open-end spanner *GB*; double-ended open-jawed spanner *GB.obs*

Doppelmaul-Schraubenschlüssel *m rar* <wz> • double open-end wrench *US.GB*; double open-end spanner *GB*; double-ended open-jawed spanner *GB.obs*

Doppelmembranpumpe *f* <förd> • double diaphragm pump; twin diaphragm pump; double membrane pump

Doppelmembranrelais *n* <el> • double-diaphragm relay

Doppelmesserschalter *m* <el> • double-bladed knife switch

Doppelmesserschneidwerk *n* <agri> • dual knife assembly

Doppelmodulation *f* <tele> • double modulation; dual modulation

Doppelmolekül *n* <chem> • double molecule; doubled molecule

Doppelmotor *m* <el> • double motor; twin motor

Doppelmotor *m* <mot> • double engine; twin engine

Doppelmustereinrichtung *f* <textil> • double-pattern attachment

Doppeln *n* <led> *(Sohle)* • sole stitching

Doppeln *n* <prod> *(Schichten aufeinander legen; z. B. Blech, Leder)* • doubling

Doppeln *n* <textil> *(Vernähen)* • lockstitching

Doppeln *n* <textil> *(Seide)* • doubling; folding

doppeln *vt* <druck> • mackle *vt*

doppeln *vt* <edv> • duplicate *vt*

doppeln *vt* <led> • stitch *vt*

doppeln *vt* <prod> • ply *vt*

doppeln *vt* <prod> *(z. B. Blech, Leder, Stofflagen)* • double *vt*

doppeln *vt* <textil> *(Seide)* • double *vt*; fold *vt*

Doppelnadelmaschine *f* <textil> • double-needle machine

Doppelnadelstabstrecke *f* <textil> • intersecting frame

Doppelnadeltrieurzylinder *m* <agri> • dual-needle cylinder

Doppelnadelwalzenstrecke f <textil> • double-head porcupine drawing

Doppelnadler m <textil> • intersecting gill box

Doppelnaht f <led> *(mit zwei Nadeln genäht)* • twin seam; two-needle seam

Doppelnaht f <textil> *(übereinander)* • superposed seam

Doppelneutron n <phys> • dineutron; bineutron

Doppelnippel m <tech.allg> • double nipple

Doppelnippel m <masch> • shoulder nipple

Doppelnockenwellenmotor m <kfz.mot> • double overhead camshaft engine; twin camshaft engine; twin cam engine; dohc engine *pract*; dual cammer *jarg*

Doppel-Nockenwellen-Motor m <kfz.mot> • dohc engine; double overhead camshaft engine; twin overhead camshaft engine

Doppelnutläufer m <el> • double-slot squirrel-cage rotor

Doppelnutmotor m <el> • double-slot motor

Doppelnutzenproduktion f <druck> • two-up production

Doppelpaarbildung f <phys> • double pair creation

Doppelpack m <pack> • double pack

Doppelpaddelmischer m <verf> • double-arm mixer

Doppelparallelfalz m <druck> • double parallel fold

Doppelparallelkurbel f <antr> • double-parallel crank

Doppelpedalsteuerung f <aerospace> • double-pedal control system

Doppelpendel n <mech> • double pendulum

Doppelpentodenendröhre f <el> • double-output pentode

Doppelpfeilverzahnung f <masch> • triple-helical teeth

Doppel-Piloteinspritzung f <kfz.mot> • double pilot injection *:V*

Doppelpistole f <obfl> • two-nozzle spray gun; two-nozzle gun

Doppelplanrost m <verbr> • double horizontal grate

doppelpolig <phys.el> • bipolar

doppelpolig <textil> • double-face pile

doppelpoliger Motor m <el> *(zwei Nenndrehzahlen)* • bipolar motor; double-pole motor

Doppelpotentiometer n <el> • dual-operated potentiometer; tandem-ganged potentiometer

Doppelprisma n • double prism

Doppelprisma n <opt> • biprism; double-image prism

Doppelproduktion f <druck> • straight production; straight run

Doppelproton n <phys> • diproton

Doppelprozessor m <edv> • dual processor

Doppelpulsgenerator m <el> • double pulse generator

Doppelpunkt m <doku> • colon

Doppelpunktschweißen n <füg> • duplex spot welding

Doppelquarz m <mat> • biquartz

Doppelquerlenker m <kfz> • double transverse link

Doppelquerlenkerachse f <kfz> *(gleich lange Dreiecksquerlenker oben und unten)* • parallelogram suspension; twin A-arm suspension *US*; double wishbone axle *GB.pract*; equal-length wishbone suspension *GB*; parallel transverse link suspension *form.rare*

Doppelquerlenkerachse mit ungleich langen Lenkern f <kfz> • short arm/long arm suspension; SALA suspension; unequal length A-arm suspension *US*; unequal-length wishbone suspension *GB*; unequal wishbones [axle] *BE.coll*

Doppelrad n <nfz> • twin wheel

Doppelrakel f <druck> • double squeegee

Doppelrand m <textil> • inturned welt

Doppelrandumhängen n <textil> • welt turning

Doppelregalzeile f <logist> *(Lagerregal)* • double row; double entry run; back-to-back row

Doppelregelung f <energ.hydr> • double regulation

Doppelreifen m <kfz> • twin tire; dual tire

Doppelreifeneinzelheizer m <prod> • twin tire press; double tire press

Doppelreihenbefeuerung f <aerospace> *(Flughafen)* • double-row lighting

Doppelreihenentwicklung f <math> • double series expansion

Doppelreihenmotor m <kfz.mot> • twin-bank engine; double-tandem engine

Doppelreihennietung f <füg> • double riveting

doppelreihig <tech.allg> *(z. B. Nietung)* • double-row

doppelreihig rar <textil> *(Anzug)* • double-breasted

doppelreihiges Lager n <masch> • double-row bearing

Doppelresonanz f <phys> • double resonance

doppelrichtend <tele> *(Antenne)* • bidirectional

Doppelriemenantrieb m <antr> • two-belt drive

Doppelringschlüssel m <wz> • double-end box wrench *US*; double-end ring spanner *GB*; double-ended ring wrench *US*

Doppelröhre f <el> • twin valve; duplex valve; double valve

Doppelröhrenverstärker m <el> • two-valve amplifier

Doppelrohrbohrsäule f <wz> • double drill column

Doppelrohrkondensator m <verf> • double-pipe condenser

Doppelrohrkristallisator m <verf> • double-pipe crystallizer

Doppelrohr-Stoßfänger m <kfz> • double-tube bumper

Doppelrohrverdampfer m <verf> • double-pipe evaporator

Doppelrohrverflüssiger m <verf> • double-pipe condenser

Doppelrohrwärmeaustauscher m <verf> • double-pipe heat exchanger

Doppelrohrwärmetauscher m <verf> • double-pipe heat exchanger

Doppelrollenkette f <antr> *(z. B. Nockenwellenantrieb)* • double roller chain; two-strand roller chain

Doppelrückschlagventil n <rls> • double check valve

Doppelrührwerk n <verf> • double agitator

Doppelrumpf m <aerospace> • twin fuselage

Doppelrumpf m <nav> • double hull

Doppelrumpfboot n <nav> • catamaran; double-hull ship

Doppelrumpfflugzeug n <aerospace> • twin-fuselage aircraft

Doppelrundtischflächenschleifmaschine f <wz.masch> • twin rotary-table surface grinding machine; twin rotary-table grinding machine

Doppelsäule f <tech.allg> • twin column; double column

Doppelsalz n <chem> • double salt

Doppelsammelkontakt m <tele> • master number double contact

Doppelsammelschiene f <el> • double bus bar; double bus

Doppelsamt m <textil> • double-woven pile fabric

Doppelsamtwebstuhl m <textil> • double-velvet loom

Doppelsaugrohr n <masch> • double-throat Venturi tube

Doppelschacht m <min> • twin shaft

Doppelschachttrockner m <agri.verf> • double shaft drier

Doppelschalter m <el> *(Unterbrecher)* • double cut-out

Doppelschalter m <el> *(allg.)* • dual switch

Doppelschaltung f <el> • double circuit

Doppelschaltwerk n <mech> *(mit Sperrklinken)* • double-action ratchet mechanism

Doppelschaufel f <turb> *(Pelton-Turbine)* • double bucket

Doppelscheibenblock m <nav> • double sheave block

Doppelscheibenegge f <agri> • double-section disc harrow

Doppelscheibenmühle f <pap.verf> • double-disc refiner

Doppelscheibenrefiner *m* <pap.verf> • double disc refiner

Doppelscheibenschar *n* <agri> • double-disc coulter

Doppelscheinwerfer *m* <kfz.el> • twin headlamp

Doppelschicht *f* <obfl> *(allg.)* • double layer

Doppelschichtfilm *m* <phot> • dual film; double-coated film

Doppelschichtkapazität *f* <el.chem> • double-layer capacitance; double layer capacitance

Doppelschichtpotential *n* <el> • double-layer potential

Doppelschichtverbindung *f* <el> • double-layer interconnection

Doppel-Schiebehebedach *n* (DSHD) *BMW* <kfz> • dual tilt/slide sunroof (DTSR) :V

Doppelschieber *m* <masch> • double slider mechanism

Doppelschiebermotor *m* <mot> • double-sleeve valve engine

Doppelschleife *f* <masch> *(kinematisches Getriebe)* • double slider

Doppelschleifenrahmen *m* <kfz> *(Motorrad-Rohrrahmen mit jeweils zwei Unter- und Oberzügen)* • double cradle frame

Doppelschleifer *m* <wz> • bench grinder

Doppelschleifmaschine *f* <wz> • bench grinder

Doppelschleuse *f* <hydr> • twin lock

Doppelschlichtfeile *f* <wz> • dead-smooth cut file

Doppelschlitzbunker *m* <logist> • double-slot bunker

Doppelschlossflachstrickmaschine *f* <textil> • twin-cam flat knitting machine

Doppelschlusserregung *f* <el> • compound excitation

Doppelschlussgenerator *m* <el> *(Hauptschluss- und Nebenschlusscharakteristik)* • compound-wound generator

Doppelschlussmotor *m* <el> • compound motor

Doppelschlussverhalten *n* <el> *(Hauptschluss- und Nebenschlussverhalten)* • compound characteristic

Doppelschlusswicklung *f* <el> *(el. Maschinen: Hauptschluss und Nebenschluss)* • compound winding

Doppelschnecke *f* <masch> • twin screw; twin worm

Doppelschneckenextruder *m* <kst> • twin-screw extruder

Doppelschneider *m* <kunst.wz> • double-line scalpel

doppelschneidig <wz> • two-bladed; double-bladed; double-blade

Doppelschnittstelle *f* <edv> • dual interface

Doppelschraubenschiff *n* <nav> • twin-screw ship

Doppelschraubstock *m* <wz> • double-screw vice

Doppelschuss *m* <textil> • double picks

Doppelschutz-System *n* did <obfl> • duplex system; dual protection method did

Doppelschutztrichter *m* <tech.allg> • double guard cone

Doppelschwelle *f* <bahn> • twin sleeper; double sleeper

Doppelschwellenstoß *m* <bahn> • double-sleeper rail joint

Doppelschwimmer *m* <kfz.mot> *(im Vergaser)* • dual float

Doppelschwinge *f* <masch> • double rocker mechanism; double rocker linkage; double rocker

Doppelschwinggetriebe *n* <masch> *(z. B. Schwingförderer)* • double-swing mechanism

Doppelsegelprothese *f* <med.tech> *(Herzklappenersatz)* • bileaflet valve; bileaflet tilting disk valve *US*; bileaflet tilting disc valve *GB*

Doppelseilfangvorrichtung *f* <förd> • rope safety gear

doppelseitig <allg> • bilateral

doppelseitig <tech.allg> *(mit zwei gleichen Enden)* • double-ended

doppelseitig <pap> *(mit zwei Oberflächen)* • double-faced

doppelseitige Leiterplatte *f* <el> • double-sided printed circuit board; double-sided pcb

doppelseitiger Anschluss *m* <el> • double-ended connection

doppelseitiger Druck *m* <druck> • printing on both sides

doppelseitiger Flat-Hump *m* (FH2) <kfz> *(Radfelge)* • flat hump on both bead seats (FH2)

doppelseitiges Abflächen *n* <prod> *(mit Fräser)* • double-end milling

doppelseitiges Contre Pente *n* (CP2) <fz> *(Radmerkmal)* • contre pente on both bead seats (CP2)

doppelseitiges Flat-Pente *n* (FP2) <fz> *(Radmerkmal)* • flat pente on both bead seats (FP2)

doppelseitiges Kopieren *n* <druck> • two-sided copying; duplex copying

doppelseitiges Material *n* <mat> • two-sided material

doppelseitig klebendes Band *n* <füg> • double-faced tape; double-faced pressure sensitive tape; double-coated tape; double-coated pressure sensitive tape

doppelseitig kopieren *vt* <druck> • duplex *vt*

doppelseitig mattierte Polyesterfolie *f* <kst> • double-matte polyester film; double-matt polyester film *GB*

doppelsinnige Bewegung *f* <tech.allg> • bidirectional movement

doppelsitziges Ventil *n* <rls> • double-seat valve; double-seated valve

Doppelsitzregelventil *n* <rls> • double-ported control valve

Doppelsitzventil *n* <rls> • double-seat valve; double-seated valve

Doppelsonde *f* <msr> • double probe

Doppelspalt *m* <tech.allg> • double slit; double slot

Doppelspaltinterferometer *n* <msr> • two-slit interferometer; Young's two-slit interferometer

Doppelspaltklappe *f* <aerospace> *(Auftriebshilfe)* • double-slotted flap

Doppelspalt-Kopf *m* <av> • twin-gap head; split head

Doppelspalt-Löschkopf *m* <av> • split erase head

Doppelspannfutter *n* <wz.masch> • dual-grip chuck

Doppelspannpratze *f* <wz> • double-finger clamp

Doppelspannvorrichtung *f* <prod> • duplicate work holding fixture

Doppelspat *m* <min> • Iceland spar; calc-spar; optical calcite; calcite

Doppelsperrklinke *f* <masch> • double dog; pair of pawls

Doppelsperrschicht *f* <tech.allg> • double barrier layer

Doppelspiegel *m* <opt> • bimirror

Doppelspindel *f* <masch> • twin screw

Doppelspindel… <förd> *(z. B. Schraubenverdichter)* • double-spindle; two-spindle

Doppelspindelautomat *m* <wz.masch> • two-spindle automatic

Doppelspindelgesenkfräsmaschine *f* <wz.masch> • two-spindle die-sinking machine

Doppelspindelkonsolstützung *f* <wz.masch> • twin-screw knee support

Doppelspindelmaschine *f* <wz.masch> • duplex machine; double-spindle machine; double-head machine

Doppelspindelplanfräsmaschine *f* <wz.masch> • duplex-head milling machine; duplex-head manufacturing-type milling machine; two-spindle bed-type milling machine

Doppelspindeltieflochbohrmaschine *f* <wz.masch> • double-spindle deep-hole drilling machine; double-spindle deep-hole boring machine

Doppelspindler *m* <wz.masch> • duplex machine; double-spindle machine; double-head machine

Doppelspirale *f* <förd> *(Pumpe)* • double volute casing; twin volute casing; double volute; twin volute; dual volute

Doppelspiralgehäuse *n* <förd> *(Pumpe)* • double volute casing; twin volute casing; double volute; twin volute; dual volute

Doppelspiralgehäusepumpe f <förd> • double volute pump; twin volute pump

Doppelsprechschaltung f <tele> • phantom telephone connection

Doppelspritzpistole f <obfl> • two-nozzle spray gun; two-nozzle gun

Doppelspule f <el> • double coil; compound coil; twin coil

Doppelspulenantrieb m <el> • double-solenoid operated

Doppelspulenzündung f <kfz.el> • dual coil ignition

Doppelspuler m <prod> *(für Draht)* • double wire spooling machine; double-spool wire spooling machine

Doppelspuraufzeichnung f <av> • double-track recording; twin-track recording

Doppelspurtonbandgerät n <av> • double-track recorder; double-track tape recorder

Doppel-SS-Anlage f <el> • double-bus switching system

Doppelständer m <wz.masch> • double column; double standard

Doppelständerbauart f <wz.masch> • double-column construction

Doppelständerhammer m <metall> • arch-type hammer; two-column hammer

Doppelständerhobelmaschine f <wz.masch> • double-column planing machine; double-column planer; double-housing planing machine; standard planer

Doppelständermaschine f <wz.masch> • double-column machine; two-column machine

Doppelständerpresse f <wz.masch> • double-sided press

Doppelständerwand f <bau.innen> • double stud wall

Doppelstatordrehkondensator m <el> • split-stator variable capacitor

Doppelstauchung f <prod> • backward extrusion

Doppelstecker m <el> • biplug; double plug; twin plug

Doppelsteckschlüssel m DIN 898 <wz> • Tee-handled double-end socket wrench

Doppelsteppstichflachnähmaschine f <textil> • lock-stitch flat-bed sewing machine

Doppelsteppstichschnellnäher m <textil> • high-speed double-lockstitch sewing machine

Doppelstern m <astron> • binary star; double star

Doppelstern m <mot> *(Flugkolbenmotor)* • double star

Doppelsternschaltung f <el> • duplex star connection

Doppelsternsystem n <astron> • binary star system

Doppelsternverseilung f <el> • quad pair formation; spiral-eight twisting

Doppelsteuerung f <aerospace> *(Flugzeug, Hubschrauber)* • dual control; double control

Doppelstichprobenplan m <qualit> • double sampling plan

Doppel-Stichprobenprüfung f <qualit> • double sampling inspection

Doppelstockbrücke f <bau> • double-deck bridge

Doppelstockbühne f <theat> • double stage; double-deck stage

Doppelstockbus m <nfz> • double-decker; double-decker bus; double-deck bus

Doppelstockdrehbühne f <theat> • double-deck revolving stage

Doppelstockgliederzug m <nfz> • double-deck articulated train

Doppelstock-Reisebus m <nfz> • double-deck coach; double-decker coach; double-deck touring coach

Doppelstock-Viehwagen m <bahn> • double-deck stock car

Doppelstockwagen m <bahn> • double deck car; double-deck coach

doppelstöckig <bau> *(z. B. Brücke)* • two-tier

doppelstöckig <fz> *(Bus, Eisenbahnwagen)* • double-deck

doppelstöckige Autobahn f <bau.verk> • double-deck expressway US; double-decked motorway GB

Doppelstößel m <wz.masch> • double ram; twin ram

Doppelstößelmaschine f <wz.masch> • double-ram machine; double head machine

Doppelstößelräummaschine f <wz.masch> • double-ram broaching machine; double-ram broach; dual-ram vertical broaching machine; dual-ram broaching machine; double-slide broaching machine

Doppelstrahllichtpunktabtastgerät n <msr> • dual-beam flying-spot scanning device

Doppelstrahlröhre f <el> • double-beam cathode-ray tube

Doppelstrecke f <min> • double entry

Doppelstreuung f <phys> • double scattering

Doppelstrich m <tele> • double dash

doppelströmig <förd> *(Pumpe)* • double-suction; double-inlet; double-entry; twin suction; twinstream

Doppelstrombetrieb m <bahn> *(Lokomotive)* • double-current operation

Doppelstromgegensprechen n <tele> • polar duplex operation; polar duplex

Doppelstromtor-Strahlsteuerungsröhre f <el> • gated-beam tube

Doppelstrom-Turbostrahltriebwerk n <aerospace> • dual-flow turbojet engine; two-circuit turbine jet engine; two-circuit turbine jet unit

Doppelstütze f <bau> • twin support

Doppelsuperhet-Empfänger m <tele> • dual superheterodyne receiver

Doppelsuperphosphat n <chem> • double superphosphate

doppelsymmetrisch <tech.allg> • double-balanced

doppelsystemige Schlossanordnung f <textil> • double cam system arrangement

doppelt abgedeckt <energ.sol> *(Kollektor)* • double-glazed

Doppel-T-Anker m <el> • shuttle armature; H-armature

doppeltanzeigend <msr> • dual-reading

Doppeltarifzähler m <msr> • double-tariff meter; two-rate meter

Doppeltasten-Steckschloss n <bekl> *(an Riemen, Taschen)* • quick-lock buckle; quick-lock closure system

Doppeltaster m <msr> • double caliper; double-ended firm-joint outside caliper

Doppeltastung f <tele> • double-pole keying

doppelt baumwollumsponnen <el> *(Kabel, Litze)* • double-cotton-covered

doppeltbelichtet <phot> • doubly exposed

doppeltbewehrt <bau> • overreinforced

doppelte Ablenkung f <opt> • double deflection

doppelte Dichte f (DD) <edv> *(obs.; bei Disketten)* • double density (DD)

doppelte Frequenzüberlagerung f <tele> • double frequency changing

doppelte Gleisverbindung f <bahn> • scissors crossover

doppelte Gleitringdichtung f <masch> • double mechanical seal; double seal

Doppelteig m <nahr> • double-strength paste

doppelte Krümmung f <math> • double curvature

doppelte Naht f <bekl> • double stitching; double-stitched seam

doppelte obenliegende Nockenwelle f <mot> • twin camshaft

Doppelteppich m DIN ISO 2424 <bau.innen> • face-to-face carpet ISO 2424

Doppelteppichwebmaschine f <textil> • carpet double loom

doppelte Produktion f <druck> • straight production; straight run

doppelter Boden n <bau> • false bottom

doppelter Sturzbalken m <bau> • double header

doppelte Schicht f <obfl> • double layer

doppelte Speicherdichte f <edv> *(obs.; bei Disketten)* • double density (DD)

doppelte Strahlablenkung f <energ.hydr> *(Düsenstrahl bei Pelton-Turbine)* • divided deflection of the stream jet

doppelt gefälzt <bau> *(Flügel- oder Rahmenprofil)* • double rebated

doppelt gefaste Kante f <bau> • double-beveled edge *US*; double-bevelled edge *GB*

doppelt gefaste Längskante f <bau> • double-beveled edge *US*; double-bevelled edge *GB*

doppelt gekröpfte Kurbelwelle f <masch> • two-throw crankshaft

doppelt gekröpfter Rahmen m <fz> • double drop frame

doppelt gekrümmte Schaufel f <förd> • double-curvature vane

doppelt geleimt <füg> • double-sized

doppelt gerader Kern m <phys> • even-even nucleus

doppeltgespeister Asynchrongenerator m <el> • double fed induction generator

doppeltgestaucht <fz> *(Fahrradrahmen)* • double butted

doppelt gewendelt <prod> • coiled-coiled

doppelt gewendelter Leuchtdraht m <el> *(in Glühlampe)* • coiled-coil filament

Doppel-T-Glied n <el> • twin-T network; magic tee; magic T

doppeltgroßer Druckzylinder m <druck> • double surface impression cylinder

Doppel-T-Holm m rar <bau> *(schmaler als ein H-Träger)* • double-T beam; I-beam; I-girder

doppelt integrierender Wendekreisel m didakt <navig> • double-integrating gyro

doppelt kaschierte Leiterplatte f <el> • double-face printed circuit board; double-faced printed circuit board; two-sided pcb

doppelt konifiziert <fz> *(Fahrradrahmen)* • double butted

doppeltlogarithmisch <math> *(Schaubild-Achsen)* • log-log; full-logarithmic

doppeltlogarithmische Skala f <math> • log-log scale

doppeltlogarithmische Skala f rar <math> • log-log scale

Doppeltondruck m <druck> • duo-tone printing; double-tone printing

Doppeltondruckfarbe f <druck> • double-tone ink

Doppel-T-Querschnitt m did <masch> • I-section

Doppeltragdrahtaufhängung f <bahn> • double-catenary suspension

Doppeltraktion f <bahn> • double heading

doppeltrapezförmig <aerospace> *(Flügelform)* • double-taper; double taper; double-trapezoid; double trapezoid

Doppeltreibstoffbehälter m <aerospace> • two-propellants tank

doppeltrichterförmig <tech.allg> *(z. B. Düse)* • converging-diverging

Doppeltrikot m <textil> • double knit fabric

Doppeltriode f <el> • double triode; twin triode

Doppeltrommel-Dreschwerk n <agri> • double-drum thresher; two-cylinder thresher

Doppeltrommel-Fördermaschine f <förd> • double-drum hoist

Doppeltrommelkrempel f <textil> • double card

doppeltrunder Zylinder m <druck> • two-plate cylinder

Doppel-T-Schaltung f <el> • parallel-T network

Doppel-T-Stoß m DIN EN 12345 <füg> *(z. B. geschweißt, geschraubt)* • double-T joint; cruciform joint *DIN EN 12345*

Doppel-T-Träger m <bau> *(schmaler als ein H-Träger)* • double-T beam; I-beam; I-girder

doppelt ungerader Kern m <phys> • odd-odd nucleus

doppelt verglast <bau> *(Fenster)* • double glazed; dual glazed

doppelt verglast <energ.sol> *(Kollektor)* • double-glazed

doppelt verkettete Streuung f <el> • double-linkage leakage

Doppel-T-Verzweigung f <tech.allg> • hybrid junction

doppeltwirkend <tech.allg> *(z. B. Presse, Pumpe, Verdichter)* • double-acting; dual-acting

doppeltwirkende Gleitringdichtung f <masch> • double mechanical seal; double seal

doppeltwirkende Presse f <prod> • double-action press; double-acting press

doppeltwirkende Pumpe f <förd> • double-acting pump

doppeltwirkende Unterdruckdose f <kfz.el> • dual diaphragm distributor; dual-acting diaphragm distributor; vacuum advance retard assembly; double-acting vacuum unit *Lucas*

Doppelüberlagerungsempfang m <tele> • double superheterodyne reception

Doppel-U-Lager n <masch> • double-U shear mount

Doppel-U-Naht f <füg> *(Schweißtechnik)* • double-U butt weld

Doppelung f <qualit> *(Lösung von Schichten, Trennung von Laminaten)* • lamination

Doppelunterbrecher-Verteiler m <kfz.el> • dual contact point distributor

Doppeluntersetzungsgetriebe n <antr> • double-reduction gear

Doppel-V-Antenne f <el> • double-V antenna *US*; double-V aerial *GB*

Doppelveloursprothese f <med.tech> *(textile Gefäßprothese)* • double velour graft

Doppelverchromen n <obfl> • duplex chromium plating

Doppelvergaser m <kfz.mot> • two-barrel carburetor; 2-BBL carburetor; duplex carburettor *GB.obs*

Doppelverglasung f <bau> *(Fenster)* • double glazing

Doppelverglasung f <energ.sol> *(Kollektor)* • double glazing

Doppelverglasung f <fz> *(bei Luxusautos, Reisezugwagen)* • double glazing

Doppelverhältnis n <math> • anharmonic ratio

Doppelvernickeln n <obfl> • duplex nickel plating

Doppelwalzenkessel m <verf> • double cylindrical boiler

Doppelwalzenpresse f <prod> • double-roll press

Doppelwalzen-Schrämlader m <min> • double drum shearer

Doppelwalzenschrämlader m <min> • double-drum cutter loader

Doppelwalzentrockner m <verf> • double-drum drier; twin-drum drier

Doppelwalzwerk n <metall> • two-high mill

doppelwandig <tech.allg> *(z. B. Behälter)* • double-walled

doppelwandig <masch> *(äußere Umhüllung; z. B. Schallschutzgehäuse)* • double-jacket

doppelwandig <nav> *(Schiffsrumpf)* • double walled

doppelwandige Laufbuchse f <masch> • double liner

doppelwandiger Abgaskrümmer m <kfz> • dual-wall air-gap exhaust manifold

doppelwandiger Kolben m <masch> • box piston

doppelwandiger Tank m <prod> • double shell tank; double-walled tank; jacketed tank

doppelwandiges Blech n <kfz> • double panel

Doppelwandung f <tech.allg> *(z. B. Behälter)* • double wall; jacketed wall

Doppelwebstuhl m <textil> • double-cloth weaving loom

Doppelweggleichrichter *m* <el> • full-wave rectifier
Doppelweggleichrichtung *f* <el> • full-wave rectification
Doppelwegthyristor *m* <el> • bidirectional thyristor
Doppelweiche *f* <bahn> • tandem turn-out; three-throw turn-out
Doppelwellenmischer *m* <verf> • double-shaft mixer; twin-shaft mixer
Doppelwellenmuldenmischer *m* <verf> • twin-rotor mixer
Doppelwendel *f* <el> *(z. B. in Lampe)* • coiled-coil filament; coiled coil filament; coiled coil
Doppelwendellampe *f* <licht> • coiled-coil lamp
Doppelwendel-Tunnel *m* <nahr.prod> *(Speiseeis)* • spiral tunnel; spiral freezer
Doppelwicklung *f* <el> • duplex winding
Doppelwippe *f* <mus> *(Orgel)* • double rocker; double lever
Doppelwirbelbrennraum *m* <kfz.mot> • twin swirl combustion chamber (TSCC) *Suzuki*
Doppelwirkung *f* <tech.allg> • double action
Doppelwort *n* <edv> • double word
Doppelwortbefehl *m* <edv> • double-word command; double-word instruction
Doppelwurzel *f* <math> • double root
Doppelzeichen *n* <navig> *(z. B. Radar)* • split response
Doppelzeile *f* <logist> *(Lagerregal)* • double row; double entry run; back-to-back row
Doppelzellenschalter *m* <el> • double cell switch; double battery switch
Doppelzimmer *n* <tour> *(für zwei Personen)* • double room
Doppelzünder *m* <spreng> • double-action fuse
Doppelzündung *f* <kfz.el> • double ignition [system]; dual ignition [system]; twin ignition [system]; twin-plug ignition *Porsche*; twin spark ignition
Doppelzugriff *m* <edv> • dual access
Doppelzungennadel *f* <textil> • double-headed latch needle; double-headed needle
Doppelzylinderkessel *m* <rls> • double cylindrical boiler
Doppelzylinderstrickmaschine *f* <textil> • double-cylinder knitting machine
Doppelzylinderstrumpfautomat *m* <textil> • automatic double-cylinder hosiery knitting machine
Doppler *m* <edv> *(für Lochkarten; obs.)* • duplicator; card-to-card duplicator; duplicating punch; reproducing punch; card reproducer
Doppler-Breite *f* <phys> • Doppler width
Dopplereffekt <alarm> • Doppler effect; Doppler shift; Doppler frequency shift
Doppler-Effekt *m* <alarm> • Doppler effect; Doppler shift; Doppler frequency shift
Doppler-Frequenzverschiebung *f* <alarm> • Doppler effect; Doppler shift; Doppler frequency shift
Doppler-Navigationssystem *n* <navig> • Doppler navigation system
Doppler-Radar *n* <navig> • Doppler radar
Doppler-Verbreiterung *f* <phys> • Doppler broadening; Doppler spectral-line broadening; Doppler widening
Doppler-Verschiebung *f* <alarm> • Doppler effect; Doppler shift; Doppler frequency shift
Doppler-Verzerrungen *f* <av> • Doppler distortion
Doppler-Wirkungsquerschnitt *m* <phys> • Doppler averaged cross-section
Dopplung *f* <prod> *(z. B. Blech, Leder, Textil)* • duplication
Dorn *m* <bau> *(in Schloss)* • pin
Dorn *m* <kfz.wz> • drift; driver; punch
Dorn *m* <kst> *(in Schlauchfolien-Extruderdüse)* • mandrel; extruder core; tapered mandrel
Dorn *m* <kst> *(Blasnadel beim Blasformen)* • piercer

Dorn *m* <prod> *(Fließpressen, Rohrwalzen)* • core bar
Dorn *m* <prod> *(zum Stanzen)* • punch
Dorn *m* <wz> *(Räumnadel)* • broach
Dorn *m* <wz> *(zum Austreiben)* • drift
Dorn *m* <wz.masch> *(zum Aufspannen von Fräsern etc.)* • arbor
Dorn einsetzen *vt* <wz.masch> • insert the mandrel *vt*
Dornelektrode *f* <el> • barbed electrode; barbed wire; barbed-wire electrode; barbed wire electrode
dornen *vt* DIN 8583-5 <prod> • expand *vt*; open out *vt*
dornen *vt* <prod> *(an-, einstechen)* • pierce *vt*
dornen *vt rar* <prod> • punch out *vt*
Dornendraht *m* <verf> *(Form von Sprühelektroden in Elektoentstaubern)* • barbed wire
Dorn für Ventilführungen *m* <wz.mot> *(zum Einpressen)* • valve guide driver
Dorn für Ventilführungen *m* <wz.mot> *(zum Auspressen)* • valve guide remover
Dornhubwagen *m* <förd> • ram-type lift truck
Dornmutter *f* <wz.masch> • arbor nut; fixing nut
Dornpresse *f* <wz.masch> • piercing press; mandrel press; broaching press
Dornriss *m* <led> • thorn scratch
Dornschaft *m* <wz.masch> • arbor shank
Dornschnalle *f* <bekl> • rollerbar buckle
Dornschraubzwinge *f* <wz> • arbor clamp
Dornsegment *n* <pack> *(Haspel)* • mandrel segment
Dornstange mit Dorn *f* <wz> *(z. B. Rohrherstellung)* • bar mandrel; forming mandrel; mandrel bar; mandrel supporting rod
Dorntraglager *n* <wz.masch> • arbor support
Dornwalze *f* <prod> • mandrel roll
Dorr-Eindicker *m* <ents> • Dorr thickener
Dorr-Rechenklassierer *m* <ents> • Dorr classifier; Dorr rake classifier
Dortmunder Brunnen *m* <verf> • Dortmund tank
Dory-Guest-Harris-Instabilität *f* <nukl> • Dory-Guest-Harris-mode instability
Dos-à-Dos *m* <kfz> *(Karosserietyp)* • Dos-à-Dos
Dosator *m rar* <msr> *(allg.)* • metering device; dosing device
DOS-Betriebssystem *n* <edv> • disk operating system (DOS)
Dose *f prakt* <el.bau> *(für Stecker; in oder an der Wand; z. B. für Telefon)* • jack *US*; wall socket; socket
Dose *f* <mot.msr> *(Zündregelung)* • vacuum capsule; vacuum chamber [assembly]; vacuum control unit; vacuum unit; dashpot *coll*
Dose *f* <msr> • cell
Dose *f* <nahr.prod> *(für Speiseeis)* • bulk can; can
Dose *f* <pack> *(für Konserven, Getränke, etc.)* • can *US*; tin *GB*
Dosenbarometer *n* <meteo.msr> • aneroid barometer
Dosenboden *m* <pack> • can bottom; can base
Dosendeckel *m* <pack> • can lid
Dosen-Decorator-Farbwerk *n* <pack> • can decorator inking system
Dosenentwicklung *f* <phot> • tank development
Dosenfüllmaschine *f* <pack> • can filler
Dosenfüllung *f* <pack> • can filling; canning
Dosenhöhe *f* <pack> • can height
Dosenkonserve *f* <nahr> • canned food
Dosenlibelle *f* DIN 2277 <msr> • box level; circular bubble; circular level *DIN 2277*
Dosenlibelle *f* <msr> • circular spirit level; circular bubble *coll*
Dosenlinie *f* <pack> • can line
Dosenrelais *n* <el> • box relay
Dosenrumpf *m* <pack> • can body; tin body *GB*

Dosenschalter *m* <el> • box switch
Dosenschalter für Unterputzmontage *m* <el> • recessed switch
Dosensextant *m* <navig> • box sextant
Dosensicherung *f* <el> • box fuse
Dosenspindel *f* <textil> • can spindle; pot spindle
Dosenspinnen *n* <textil> • can spinning
Dosenspinnmaschine *f* <textil> • can spinning frame
Dosentasche *f* <pack> • can pocket
Dosenträger *m* <pack> *(Trimmerwerkzeug; mit Unterdruck)* • loading nose; vacuum chuck
Dosenträgerspindel *f* <pack> *(Trimmerwerkzeug)* • loading spindle
Dosenverarbeitung *f* <phot> • tank processing
Dosenverschließmaschine *f* <pack> • can seaming machine; tin seaming machine *GB*; tin closing machine *GB*; closing machine; double seamer
Dosenzarge *f* <pack> • can body; tin body *GB*
Dosenzuführung *f* <pack> • can feed
Dosieraerosol *n* <pharm> • controlled dosage aerosol
Dosieranlage *f* <verf> *(eher größere Mengen; z. B. für Zuschläge)* • batching plant; batcher
Dosieranlage *f* <verf> *(allg.; eher geringe Mengen)* • dosing plant
Dosierapparat *m* <verf> *(betont: mechanisch)* • metering mechanism; dosing mechanism
Dosierband *n* <förd> • feed-regulating conveyor
Dosierbandwaage *f* <msr> • balanced-weight belt; constant-rate feed scale
Dosierbarkeit von Bremsen *f* <fz.brems> • brake control
Dosierblende *f* <druck> • dampening shutter
Dosierbunker *m* <verf> *(mit Trichter)* • batching hopper
Dosiereinrichtung *f* <msr> *(allg.)* • metering device; dosing device
Dosiereinrichtung *f* <verf> *(betont: mechanisch)* • metering mechanism; dosing mechanism
Dosiereinrichtung *f* <verf> *(betont: zum Portionieren)* • portioning device
Dosiereinrichtung *f* <verf> *(betont: zum Proportionieren)* • proportioning device
Dosieren *n* <verf> *(allg.; Zumessen von Flüssigkeiten, Gasen; z. B. mit Pumpen, Ventilen)* • metering
dosieren *vt* <kfz> *(Gas, Bremsen)* • modulate *vt*
dosieren *vt* <verf> *(allg.; relativ kleine Mengen zugeben; z. B. Arznei, Chemikalien)* • dose *vt*
dosieren *vt* <verf> *(bestimmte Mengen; z. B. Chemikalien, Zuschläge)* • batch *vt*; meter out *vt*; measure out *vt*
dosieren *vt* <verf> *(anteilig)* • proportion *vt*
Dosiergerät *n* <msr> *(allg.)* • metering device; dosing device
Dosierkasten *m* <tech.allg> *(für Zuschläge etc.)* • batch box
Dosierlöffel *m* <chem> *(klein)* • measuring spoon
Dosierlöffel *m* <verf> *(groß)* • meter ladle
Dosierpumpe *f* <förd> • metering pump; proportioning pump; dosing pump; metering and proportioning pump *rare*; controlled-volume pump *rare*
Dosierschnecke *f* <prod.nahr> *(Speiseeis; Fruchtmischer)* • auger; auger screw; screw conveyor; conveyor worm
Dosierschraube *f* <msr> • proportioning screw
Dosierschraube *f* <prod.nahr> *(Speiseeis; Fruchtmischer)* • auger; auger screw; screw conveyor; conveyor worm
dosiert abgeben *vt* <verf> • meter out *vt*
dosierte Einspeisung *f* <verf> *(z. B. von Additiven, Chemikalien)* • metered feeding
dosierte Zuführung *f* <verf> *(z. B. von Additiven, Chemikalien)* • metered feeding
dosierte Zufuhr *f* <verf> *(z. B. von Additiven, Chemikalien)* • metered feeding

Dosiertrichter *m* <verf> • scale hopper
Dosiertülle *f* <gastr> *(z. B. für Schlagsahne, Senf, Tomatenketchup)* • spout for dosage; spout
dosiert zuführen *vt* <verf> • meter in *vt*
dosiert zugeben *vt* <verf> • meter in *vt*
Dosierung *f* <verf> *(Vorgang; allg.)* • metering; proportioning
Dosierung *f* <verf> *(Vorgang; eher kleinere Mengen)* • dosage; dosing
Dosierung des Aufgabeguts *f* <förd> • feed regulation
Dosierung nach Masseteilen *f* <msr> • weigh-batching
Dosierung nach Raumteilen *f* <msr> • volumetric batching
Dosierventil *n* <rls.msr> • metering valve; proportioning valve; dosing valve
Dosierventil *n* DIN ISO 4135 <rls.msr> *(Durchflussregelung)* • flow control valve *ISO 4135*
Dosiervorrichtung *f* <bau> *(Betonzuschläge)* • batcher
Dosierwaage *f* <bau.msr> • weigh-batcher
Dosierwaage *f* <msr> *(allg.)* • metering balance; dosage balance *rare*
Dosierwaage *f* <msr> *(zur Sack-, Beutel-, Tütenabfüllung)* • bag-filling scale
Dosierzähler *m* <msr> • batching counter
Dosigrenzwert *m* <nukl> • dose limit; tolerance dose
Dosimeter *n* <nukl.msr> *(Strahlung)* • dose meter; dosage meter; dosimeter
Dosimeterplakette *f* <nukl.sich> • dosemeter badge
Dosimetrie *f* <nukl.msr> • radiation dosimetry; dosimetry; dosage measurement *rare*
Dosis *f* prakt <nukl> • radiation dose; dose *pract*; radiation dosage; irradiation dose
Dosis *f* <pharm> *(Arzneigabe)* • dose
dosisabhängig <med> • dose-related
Dosisäquivalent *n* <nukl> • dose equivalent
Dosisaufbaufaktor *m* <nukl> • dose build-up factor
Dosisberechnung *f* <nukl> • dose calculation; dosage calculation
Dosisbereich *m* <nukl> • dose range
Dosis-Effektbeziehung *f* <phys> • dose-effect relationship; dose-response relationship
Dosis-Effekt-Kurve *f* <phys> • dose-effect curve; dose response curve
Dosis für innere Bestrahlung *f* <nukl> • internal dose
Dosisgrenzwert *m* <nukl> • dose limit
Dosisgröße *f* DIN 6814-3 <nukl> • kinetic energy released in material (KERMA)
Dosiskonstante *f* <nukl> • dosage constant
Dosiskonstante für Gammastrahlen *f* <nukl> • specific gamma-ray constant
Dosisleistung *f* <nukl> • dose rate; dosage rate
Dosisleistungsmesser *m* <nukl> • dose rate meter; roentgen meter; R-meter
Dosisleistungsregelung *f* <med.tech> • dose rate control
Dosismessung *f* <nukl.msr> • radiation dosimetry; dosimetry; dosage measurement *rare*
Dosisrate *f* <nukl> • dose rate; dosage rate
Dosisverringerungsfaktor *m* <nukl> • dose reduction factor
Dosisverteilung *f* <nukl> • dose distribution
Dosis-Wirkungsbeziehung *f* <phys> • dose-effect relationship; dose-response relationship
DOT <org> • Department of Transportation (DOT)
Dotand *m* rar <el.ic.prod> *(für Halbleiter)* • dopant; impurity; foreign atom *rare*; dope
DOT-Code *m* <prod> • DOT Code
Dotieren *n* <el> *(Vorgang)* • doping
dotieren *vt* <el> • dope *vt*

Dotierstoff *m* <el.ic.prod> *(für Halbleiter)* • dopant; impurity; foreign atom *rare*; dope
dotierter Kristall *m* <mat> • doped crystal
dotierter Übergang *m* <el> • doped junction
Dotierung *f* <el> *(Vorgang)* • doping
Dotierungsatom *n* <el.ic.prod> • doping atom
Dotierungsdichte *f* <phys> • doping density
Dotierungsdiffusionsverfahren *n* <el.ic.prod> • dopant diffusion process
Dotierungshalbleiter *m* <el> • extrinsic semiconductor; defect semiconductor; impurity semiconductor
Dotierungskonzentration *f* <phys> • doping concentration
Dotierungsmittel *n rar* <el.ic.prod> *(für Halbleiter)* • dopant; impurity; foreign atom *rare*; dope
Dotierungsniveau *n* <phys> • doping level
Dotierungspegel *m* <phys> • doping level
Dotierungsstöratom *n* <el.ic.prod> • doting impurity
Dotierungstechnik *f* <el.ic.prod> • doping technique
Dots per Inch *fpl* <edv> *(Maßeinheit)* • dots per inch (dpi)
Doublé *n* <textil> • backed cloth
Double-Action-Only-Pistole *f* <mil> • double-action-only pistol
Double-Action-Revolver *m* <mil> • double-action revolver
Double-Buffering *n* <edv> • double buffering
Double-Data-RAM *n* (DDR) <edv> • double-data RAM (DDR)
Double-Density-Diskette *f* <edv> *(hist.)* • DD diskette; double density floppy disk; DD floppy disk
Double-face *n* <textil> • double-faced fabric
Double-Loop-Verfahren *n* <verf> • double-loop system; two-loop system
double-pumped <edv> *(Prozessor)* • double-pumped
Doublespeed-CD-ROM-Laufwerk *n* <edv> *(obs.)* • double-speed CD-Rom drive; double-speed drive; dual-speed CD-ROM drive; dual-speed drive
Doublespin-CD-ROM-Laufwerk *n* <edv> *(obs.)* • double-speed CD-Rom drive; double-speed drive; dual-speed CD-ROM drive; dual-speed drive
Doublespin-Laufwerk *n* <edv> *(obs.)* • double-speed CD-Rom drive; double-speed drive; dual-speed CD-ROM drive; dual-speed drive
Doublet-Form *f* <nukl> • doublet principle
Doublet-Spule *f* <nukl> • doublet-coil
Doublieren *n* <textil> *(Seide)* • doubling; folding
doublieren *vt* <textil> *(Seide)* • double *vt*; fold *vt*
doubliertes Garn *n* <textil> • doubled yarn; folded yarn
Douglas-Tanne *f* <holz> • Douglas fir
Doupion *m* <textil> *(Seide)* • douppion; double cocoon; doupion; twin cocoon
Douppion *m* <textil> *(Seide)* • douppion; double cocoon; doupion; twin cocoon
DOV <tele> • data over voice (DOV)
DOW <edv> • direct overwrite (DOW)
Down-Cycling *n* <kfz.ents> • down-cycling
Downlight *n* <licht> *(Leseleuchtenart; z. B. in Autos, Eisenbahn, Flugzeug)* • downlight; spot light
Dozer *m prakt* <kfz.rep> *(Richtbalken für Richtsysteme)* • dozer *pract*; Pulldozer *TM*
DPA <jur> • German Patent Office (GPO)
DPCM <edv.av> • delta pulse code modulation (DPCM)
dpi <edv> *(Maßeinheit)* • dots per inch (dpi)
DPIV <el.chem> • differential pulse stripping voltammetry
DPMS <edv> *(VESA-Norm für Bildschirm-Stromsparschaltung)* • Display Power Management Signaling (DPMS)
DPP <el.chem> • differential pulse polarography; dpp
DPSS <av> • Digital Programme Search System (DPSS)
dpt <opt> *(Einheit des Brechwertes einer Linse)* • diopter (dpt) *ISO 13666*; dioptre *GB*

DPV <el.chem> • differential pulse voltammetry
DQ-Achse *f* <kfz> *(gleich lange Dreiecksquerlenker oben und unten)* • parallelogram suspension; twin A-arm suspension *US*; double wishbone axle *GB.pract*; equal-length wishbone suspension *GB*; parallel transverse link suspension *form.rare*
Drachenantenne *f* <tele> • kite aerial
Drachenblut *n* <obfl.holz> • dragon's blood
Drän *m* <bau> *(allg.)* • land drainage; artificial drainage; drainage
Drän *m* <bau.mat> *(keramisch)* • drain tile; draintile
Dränabstand *m* <agri> *(z. B. von Pflanzreihen)* • drain spacing
Dränage *f* <bau> *(allg.)* • land drainage; artificial drainage; drainage
Dränage *f* <bau> *(betont: unterirdisch)* • subsoil drainage; subsoil drain; underdrainage
Dränage *f* <bau> *(z. B. von Boden, Mauerwerk)* • drainage; draining
Dränagebewässerung *f* <agri> • subirrigation
Dränageleitung *f* <bau> • drain line
Dränageschlitz *m* <bau> *(in Fensterprofilen)* • drain slot; drainage slot; weepslot
Dränagesystem *n* <bau> • drainage system
Drängefälle *n* <bau> • gradient of drains
Drängewasser *n DIN 4047-2* <bau.hydr> *(sickert durch Deich oder unter ihm hindurch)* • seep
Drängkraft *f* <wz> *(Biegebeanspruchung der Fräserspindel)* • radial bending force on milling spindle
Drängraben *m* <agri> *(Trockenlegung von Gelände)* • drainage ditch; drain ditch; drainage swale; drainage trench; drainage channel
Drängrabenfräse *f* <bau.masch> • rotary wheel trencher
Drängschiene *f* <textil> • displacement pin bar
Drängstift *m* <textil> • displacement pin
dränieren *vt* <bau> *(Untergrund, Boden, Landflächen)* • drain *vt*
Dränkoeffizient *m* (DC) <agri> • drainage coefficient (DC)
Dränkopf *m* <bau> • drain head
Dränmaschine *f* <bau.masch> *(z. B. Drainagerohrverlegungsmaschine)* • draining machine; tile machine
Drännetz *n* <agri> *(z. B. auf Plantage)* • drainage system; drainage network
Dränpflug *m* <bau.masch> *(zieht Entwässerungsgräben)* • draining plough
Dränrohr *n* <bau> *(Entwässerung von Gelände, Gebäude)* • drain; drain pipe; field drain pipe; field drain tile
Dränrohr *n* <bau> *(allg.)* • drainage pipe; drainage tile
Dränrohr *n* <bau> *(zur Drainage; z. B. für Regenwasser)* • drainage pipe
Dränrohr *n* <bau.mat> *(keramisch)* • drain tile; draintile
Dränrohrstrang *m* <ents> *(Bodenentwässerung)* • drain pipeline
Dränspaten *m* <wz> • ditching spade
Dräntiefe *f* <agri> • depth of drainage
Dränumhüllungsmaterial *n* <bau.mat> • drain envelope material
Dränung *f* <bau> • subsoil drainage; subdrainage
Drag and Drop <edv> • drag and drop
Dragganker *m* <nav> • drag anchor; grapnel
Draggen *m* <nav> • drag anchor; grapnel
Dragierkessel *m* <pharm.verf> • pan
Dragster *m* <kfz.sport> • dragster
Dragster mit Türen *m* <kfz> • doorslammer
Dragster-Rennen *n* <kfz.sport> • drag racing
Draht *m* <el> *(elektrische Leitung)* • wire; electric wire
Draht *m* <füg.mat> *(Schweißen)* • rod; welding wire
Draht *m* <mat> *(allg.; belieb. Zweck/Metall)* • wire
Draht *m* <textil> • twist

Drahtabfall *m* <ents> • scrap wire
Drahtabisolierung *f* <el> • wire stripping
Drahtabisolierzange *f* <wz> • wire-stripping pliers
Drahtabschneider *m* <wz> • wire cutter
Drahtanspitzen *n* <metall> • wire-end chamfering
Drahtanspitzmaschine *f* <prod> • wire swager; wire pointing machine
Drahtantenne *f* <el> • wire aerial
Drahtauge *n* <el> • wire eye
Drahtauslöser *m* <phot> • wire release; release cable
Drahtaustritt *m* <el.ic.prod> *(Ball-Bond)* • wire exit
Drahtausziehkorb *m* <innen> *(in Schrank)* • pull-out basket
Drahtbandförderer *m* <förd> • grid-wire belt conveyor
Drahtbarren *m* <metall> • wire bar
Drahtbefehlssteuerung *f* <aerospace> • wire command guidance; fly by wire *pract*
Drahtbelastung *f* <füg> • wire drag
drahtbewehrtes Kabel *n* <el> • wire-armored cable *US*; wire-armoured cable *GB*
Drahtbewehrung *f* <bau.mat> *(z. B. Glas)* • wire armoring *US*; wire armouring *GB*
Drahtbinden *n* <agri> • wire tying
Drahtbinder *m* <agri> • wire knotter
Drahtbindung *f* <agri> *(z. B. Heu)* • wire tie
Drahtbonden *nsg* <el.ic.prod> *(von Chips)* • wire bonding
drahtbonden *vt* <el.ic.prod> *(Chips)* • wire-bond *vt*
Drahtbonder *m* <el.ic.prod> • wire bonder
Drahtbondfestigkeit *f* <ic.qualit> • wire-bond strength
Drahtbondverfahren *n* <el.füg> • wire-bonding process
Drahtbruch *m* <el> • wire breakage; wire break
Drahtbruchausschalter *m* <el.sich> • wire break cut-out; conductor break cut-out
Drahtbruchrelais *n* <el> • wire break relay; line break relay
drahtbruchsicher <el> • safe against broken power supply connections
Drahtbruchsicherheit *f* <el> • wire-breakage protection; wire-break protection
Drahtbrücke *f* <el> • wire jumper; wiring jumper; wire bridging link; wire link
Drahtbügel *m* <bio> *(Tierpräparation)* • wire stretcher; stretching frame
Drahtbügel *m* <kfz.el> *(für Scheinwerferglühlampe)* • bulb retaining spring; retaining spring clip; retaining clip
Drahtbündel *n* <el.mat> • wire bundle
Drahtbürste *f* <mil.wz> *(für Gewehrläufe)* • wire brush
Drahtbürste *f* <wz> *(für Handgebrauch)* • wire brush; wire scratch brush; wire hand brush
Drahtbürste *f* <wz> *(zum Einspannen in Bohrmaschine)* • wire brush
Drahtbund *n* <el.mat> • wire bundle
Drahtdehnmessstreifen *m* <msr> • wire strain gauge
Drahtdehnungsmessstreifen *m* <msr> • wire strain gauge
Draht-Dehnungsmessstreifen *m* <msr> • wire strain gauge *US.GB*; wire gauge *US.GB*
Drahtdicke *f ugs* <tech.allg> • wire gauge; wire diameter; wire size; gauge *pract*
Draht-DMS *m* <msr> • wire strain gauge *US.GB*; wire gauge *US.GB*
Drahtdrehwiderstand *m* <el> • wire-wound variable resistor; variable wire wound resistor
Drahtdurchlaufglühofen *m* <metall> • continuous wire annealer
Drahtdurchmesser *m* <tech.allg> • wire gauge; wire diameter; wire size; gauge *pract*
Drahteinlage *f* <mat> • wire core
Drahteinlegemaschine *f* <wz.masch> • wiring machine

Drahtelektrode *f DIN 8571* <füg> *(Schweißen)* • wire electrode
drahten *vt* <prod> *(Tierpräparat)* • wire *vt*
drahten *vt* <tele> *(obs.)* • wire *vt*; cable *vt*
Drahterodieren *n* <prod> • wire spark eroding; wire spark erosion; wire electrical discharge machining
Drahtfestwiderstand *m* <el> • fixed wirewound resistor
Drahtflechtmaschine *f* <wz.masch> • wire braiding machine
Drahtführung *f* <el> • wire guide
Drahtfunk *m* <tele> • wire broadcasting; line broadcasting; line radio
Drahtfunkenkammer *f* <phys> • wire chamber
Drahtfunkleitung *f* <tele> • carrier line; carrier circuit
Drahtgaze *f* <mat> • wire gauze
drahtgebundene Nachrichtentechnik *f* <tele> • wire communication
drahtgebundenes Alarmsystem *n* <alarm> • hard-wire alarm system
Drahtgebung *f* <textil> • twist; twisting
Drahtgeflecht *n* <el> *(z. B. über Schaumdichtprofilen)* • knitted wire
Drahtgeflecht *n* <kfz.emiss> *(Monolith-Kat.)* • wire mesh; metal mesh; stainless steel mesh
Drahtgeflecht *n* <mat> • wire netting; wire screen
Drahtgeflechtmatte *f* <bau.mat> • metal mesh blanket; wired mat
Drahtgeflecht-Schlauchhülle *f* <kfz> • braided hose cover
drahtgenäht <füg> *(z. B. Karton, Leder)* • wire-sewn
Drahtgeschwindigkeit *f* <füg> *(Schutzgasschweißgerät)* • wire speed
Drahtgestrick *n* <kfz.emiss> *(Monolith-Kat.)* • wire mesh; metal mesh; stainless steel mesh
Drahtgewebe *n* <mat> *(grobmaschig; z. B. für Sicherheitsglas)* • wire mesh
Drahtgewebe *n* <mat> *(feinmaschig)* • wire cloth; woven wire
Drahtgewebe *n* <verf> *(feinmaschig; z. B. Filter, Sieb)* • metal cloth; metal fabric
Drahtgewebebandförderer *m* <förd> • grid-wire belt conveyor
drahtgewickelt <el> • wire-wound
drahtgewickelter Widerstand *m* <el> • wire-wound resistor
drahtgewickeltes Potentiometer *n* <el> • wire-wound potentiometer
Drahtgießen *n* <prod> • wire casting
Drahtgitter *n* <mat> • wire grating; wire screen
Drahtglas *n* <bau.mat> • wire glass; wired glass; armoured glass *GB*
Drahtglüheinrichtung *f* <metall> • wire annealer
Drahtglühkerze *f* <kfz.el> • wire glow plug; open coil glow plug; exposed coil glow plug; open element glow plug
Drahthaken *m* <tech.allg> *(allg.)* • hooked wire
Drahthakenverbindung *f* <wz> • wire hook lacing
Drahthalterung *f* <füg> • wire holder
Draht-Handbürste *f* <wz> *(für Handgebrauch)* • wire brush; wire scratch brush; wire hand brush
Drahthaspel *f* <masch> • wire spool; wire reel
Draht-Haspel *f* <prod> • wire reel
Drahtheftklammer *f DIN 7405* <büro.füg> • wire staple
Drahtheftmaschine *f* <büro.füg> • wire stitcher
Drahtheftung *f* <druck> • stapling; wire stitching
Drahtheizkörper *m* <hlk.el> • wire-wound heating element
Draht in der Mitte *f ugs* <el> *(Koaxialkabel)* • center conductor; center core; middle conductor *coll*; inner conductor *coll*; central wire *coll*

Drahtkern m <tech.allg> (allg.) • wire core

Drahtkern m <fz> (Drahteinlage im Reifenwulst) • bead bundle; bead core GB; bead wires

Drahtklammer f <füg> • wire clamps

Drahtkommandolenkung f <mil> (Lenkwaffe) • wire command guidance

Drahtkorb m <tech.allg> (z. B. Mikrophon) • wire basket

Drahtkorb m <masch> (Pumpeneintritt) • wire crate

Drahtkorb m <min> • wire gauze

Drahtkorn n <obfl> (zum Strahlen) • cut steel shot

Drahtkreuzung f <el> • wire crossing; transposition of wires

Drahtkryotron n <el> • wire-wound cryotron

Drahtkugel f <el.ic.prod> (an Drahtbond) • ball

Drahtlack m <obfl> • wire enamel; wire coating varnish

Drahtlehre f <msr.wz> • wire gauge

Drahtlichtbogenspritzen n <obfl> • arc metal spraying

Drahtlitzenschaft m <textil> • wire heald shaft

drahtlos <tele> • wireless

drahtlose Alarmanlage f <alarm> • wireless alarm system; wire-free alarm system; radio alarm system; radio-controlled alarm system

drahtlose Anwendung f <el> (z. B. Funk- oder IR-Steuerung) • wireless application

drahtlose Bildtelegrafie f <tele> (obs.) • radiophotography; radio facsimile

drahtlose Kommunikation f <tele> • wireless communication

drahtloser Überfalltaster m <alarm> • radio panic button; hand-held panic button; portable duress sensor

drahtloses Alarmsystem n <alarm> • wireless alarm system; wire-free alarm system; radio alarm system; radio-controlled alarm system

drahtlose Signalübertragung f <av> (z. B. zw. Camcorder und TV) • optical link

drahtloses lokales Netzwerk n <edv> (z. B. Funk; Bluetooth) • wireless local area network (WLAN); wireless-LAN

drahtloses Mikrofon n <av> • radio microphone

drahtlose Telegrafie f <tele> • wireless telegraphy; radiotelegraphy

drahtlose Verbindung f <tele> (z. B. Funk, Infrarot) • wireless link

Drahtmagazin n <füg> (Rollendrahtschweißen) • wire reel case

Drahtmaschenschutz m <tech.allg> • wire mesh guard

Drahtmattenschweißmaschine f <füg.autom> • wire screen welder

Draht mit dem günstigsten Durchmesser m <msr> (Dreidrahtmethode zur Gewindeprüfung) • best-size wire

Drahtmodell n <edv> (im 3D-Grafikprogramm; CAD) • wire-frame model; mesh object; wire model

Drahtnachlaufschweißen n <füg> • backhand welding; backward welding; right-hand welding

Drahtnetz n <mat> • wire mesh; wire netting

Drahtnetzfingerschutzeinrichtung f <wz.sich> • wire finger guard

Drahtnetzschweißanlage f <füg.autom> • wire-mesh welding plant

Drahtornamentglas n <bau.mat> • wired figured glass :V

Drahtpatentierofen m <metall> • wire patenting furnace

Drahtpotentiometer n <el> • wire-wound potentiometer

Drahtregelwiderstand m <el> • wire-wound rheostat

Drahtreifen m <fz> (Fahrrad) • wired-on tire; wire-on tire

Drahtreuter m <agri> • wire drying rack; drying monopod

Drahtrichten n <metall> • wire straightening

Drahtrissprüfgerät n <qualit.mat> • wire-crack test instrument

Drahtrückenheftung f <druck> • spine wire stitching

Drahtrundbürste f <wz> (zum Einspannen in Bohrmaschine) • wire wheel brush; rotary wire brush

Drahtschirm m <el> • wire screen

Drahtschlaufe f <el> • mesh noose

Drahtschleife f <tech.allg> • wire loop

Drahtschneidezange f <wz> • wire nippers; wire pliers

Drahtseil n <förd> (allg., aus Metall, typ. Stahl) • wire cable; wire rope; cable

Drahtseil n <prod> (in Reifen) • cable wire

Drahtseilbahn f <förd> (für Personen und/oder Güter) • cableway US.UK; aerial cableway; ropeway US; tramway US.rare; telpherage obs

Drahtseilbahn mit Umlaufbetrieb f <förd> • continuously running ropeway

Drahtseilklemme f DIN 1142 <füg> • wire rope clip; wire rope grip

Drahtseilrollenwagen m <bahn> • cable coil car

Drahtseiltrieb m <masch> • steel-rope drive

Drahtsicherung f <el> (Schmelzsicherung) • wire fuse

Drahtsicherung f <füg> (von Schraubverbindungen) • wire locking

Drahtsieb n <verf> • metal screen; wire screen

Drahtsiebmaschenweite f <verf> • wire cloth mesh

Drahtspanner m <tech.allg> (allg.) • wire stretcher

Drahtspanner m <masch> (Spannschloss) • tackle block wire stretcher

Drahtspannrahmen m <pap> • wire tightening frame

Drahtspannungsüberwachung f <metall> • wire tension control

Drahtspeiche f <fz> (von Drahtspeichenrad) • wire spoke; spoke pract

Drahtspeichenrad n <fz> (z. B. von Fahrrad, Oldtimer) • wire spoke wheel; wire-spoked wheel; wire wheel

Drahtspeichenrad-Reiniger m <kfz.wz> • wire wheel cleaner

Drahtspeicher m <edv> • wire memory; plated wire store

Drahtspeichergerät n <el> • magnetic wire recorder; wire recorder

Drahtspiegelglas n <bau.mat> • wired plate glass :V

Drahtspiralheftung f <druck.füg> • wire-spiral binding

Drahtsprengring m <füg> (C-förmiger Drahtring, Querschnitt rund od. eckig) • circlip

Drahtspule f <füg> (Schutzgasschweißgerät) • wire reel; wire feed reel

Drahtspule f <masch> (allg.) • wire reel; wire bobbin; wire spool

Drahtspulmaschine f <wz.masch> • wire winder

Drahtstärke f <tech.allg> • wire gauge; wire diameter; wire size; gauge pract

Drahtstift m <füg> (ohne Kopf) • sprig; headless brad

Drahtstift m <füg> (allg.) • wire nail

Drahtstift m <füg> (mit kleinem, angestauchtem Kopf) • brad

Drahtstiftmaschine f <wz.masch> • nail-making machine

Drahtstrangpresse f <wz.masch> • wire extruder

Drahtstrangpressen n <prod> • wire extrusion

Drahtstraße f <prod> • wire mill

Drahttauwerk n <nav> • wire ropes

Drahttelegrafie f <tele> • wire telegraphy; line telegraphy

Drahttransportrolle f <füg> (Schutzgasschweißgerät) • wire reel; wire feed reel

Drahttrommel f <füg> (Schutzgasschweißgerät) • wire reel; wire feed reel

Drahtumflechtmaschine f <wz.masch> • wire braiding machine

Drahtummantelung f <obfl> • wire coating; wire covering

Drahtverbindung f <füg> • wire connection; wire bond; wire joint

Drahtverformung f <ic> • bond deformation; wire deformation
Drahtverlegeeinheit f <metall> • spooler traverse system
drahtverspannt <bau> • wire-braced
Drahtverwindeversuch m <qualit.mat> • wire torsion test
Drahtverzinken n <obfl> • wire galvanizing
Drahtverzinkung f <obfl> • wire galvanization
Drahtverzinnung f <obfl> • wire tinning
Drahtvorlaufschweißen n <füg> • forward welding; forehand welding; left-hand welding
Drahtvorschub m <füg> (Schweißen) • rod feed; wire feed
Drahtvorschubgerät n <füg> (Schutzgasschweißgerät) • wire feeder
Drahtvorschubgeschwindigkeit f <füg> (Schutzgasschweißgerät) • wire speed
Drahtwalzwerk n <metall> • wire-rod mill; wire mill
Drahtwebautomat m <wz.masch> • automatic wire weaver
Drahtweberei f <prod> • wire-cloth weaving
Drahtwebmaschine f <prod> • wire weaving machine
Drahtwebmaschine für Feingewebe f <prod> • Fourdrinier wire weaving loom
Drahtwelle f <phys> • axial line wave
Drahtwendel f <licht> (Glühlampe) • wire helix; wire filament
Drahtwendel f <verf> (Füllkörper in Abscheidern) • wire spiral
Drahtwendelleiter m <el> • helical conductor
Drahtwickel m <el.füg> • wire wrap
Drahtwickelleiterplatte f <el> • wire-wrap board
Drahtwickelmaschine f <wz.masch> • wire winder
Drahtwiderstand m <el> • wire-wound resistor
Drahtzähler m <textil> • twist counter
Drahtzaun m <bau> • wire fence
Drahtzaunpfosten m <bau> • straining standard
Drahtziehdüse f <metall.prod> • wire drawing die
Drahtziehen n <metall.prod> • wire drawing
Drahtzieherei f <metall> • wire-drawing mill
Drahtziehmaschine f <metall.prod> • wire-drawing machine
Drahtziehschmiermittel n <metall.tribo> • wire-drawing lubricant
Drahtzuführloch n <prod> • wire feed hole
Drahtzuführungswinkel m <füg> (Schweißen) • wire feed angle
Drahtzug m <tech.allg> (Drahtseele mit Hülle) • cable; control cable; control wire
Drahtzug m <bahn> (zum Stellen von Signalen und Weichen) • wire gear; signal and point wire
Drahtzug m rar <metall.prod> • wire drawing
Drain m <el.ic> (Zone beim Feldeffekttransistor) • drain
Drainage f <tech.allg> (Wasser; insbes. Regenwasser; Vorgang, System, Medium) • drainage; run-off coll
Drainage f <bau> (z. B. von Boden, Mauerwerk) • drainage; draining
Drainagekanal m <ents> • drainage channel
Drainageöffnung f <tech.allg> (z. B. für Regenwasser) • drain opening; drainage aperture
Drainagepumpe f <förd> • drainage pump; dewatering pump
Drainagerohr n <ents> (für Regenwasser) • drainage pipe
Drainageschlitz m <bau> (in Fensterprofilen) • drain slot; drainage slot; weepslot
Drainagesystem n <ents> • drainage system; underdrain system
Drainleitung f <el> • drain wire
Drainleitwert m <el> • drain conductance
Drainschaltung f <el> • common drain; common drain configuration; common drain connection

Drain-source-Durchlassspannung f <el> • drain-source on-state voltage
Drainspannung f <el> • drain voltage
Drainstrom m <el> • drain current
Draisine f <bahn> (mit Motorantrieb) • track motor car; line inspection trolley
Draisine mit Handantrieb f <bahn> • gandy dancer handcar
Drall m <tech.allg> (betont: schnelle Drehung, um freie oder feste Achse; z. B. Elektronen) • spin
Drall m <tech.allg> (von Flüssigkeiten und Gasen) • swirl
Drall m <kfz.mot> (Frischgas im Brennraum) • turbulence swirl
Drall m <mech> • intrinsic angular momentum
Drall m <mil> (Züge und Felder in gezogenem Lauf) • twist; rifling
Drall m <mil> (Geschoss) • spin
Drall m <textil> (Zwirnerei) • torsion
Drallabweichung f <tech.allg> • drift
Drallapparat m <textil> (Prüfen) • twist tester; twist counter; torsion apparatus
Drallapparate mpl <masch> (Strömungsmaschinen) • guide vanes
Drallbleche npl <turb> (Brennkammerbauteil) • swirl vanes pl
Drallbrennkammer f <aerospace> (Triebwerk) • swirl combustion chamber
Dralldüse f <kfz.mot> (z. B. im Kaltstartventil) • swirl nozzle
Dralldüse f <verbr> (z. B. Brenner) • swirl nozzle
Dralldüse f <verf> • hollow-cone nozzle
Drallerzeuger m <turb> (Brennkammerbauteil) • swirl vanes pl
Drallfräsen n <prod> • milling of helical grooves; milling of helical flutes; helical-groove milling
drallfrei <tech.allg> (z. B. Kabel, Seil) • non-twisting; twist-free
drallfrei <phys> (z. B. Strömung) • irrotational
drallfreies Seil n <förd> • non-rotating rope
drallfreie Strömung f <phys> • irrotational flow
drallgebend <kfz.mot> (z. B. Einlasskanal) • swirl-inducing :V
drallgenutet <prod> • helically grooved; helically fluted; twist-fluted
drallgenuteter Gewindebohrer m <wz> • spiral-flute tap; spiral-fluted tap; helical-fluted tap
drallgenutete Spannut f <wz.masch> • helical flute; flute helix
Drallgröße f <masch> (Gewinde, Spiralbohrer) • helix angle
Drallkammer f <mot> • swirl chamber
Drallklappe f <emiss> • swirl device
Drallkörper m <masch> (z. B. Brecher, Brenner, Mischer) • swirl plate; swirler
Drallkörper m <turb> (Brennkammerbauteil) • swirl vanes pl
Dralllänge f <mil> • rate of twist; length of twist; length of rifling
Drallnut f <wz> (z. B. in Spiralbohrer) • flute; clearing groove rare; chip room rare; chip groove rare
Drallnut f <wz.masch> • helical flute; flute helix
Drallnutenräumen n <prod> • helical broaching
Drallorgan n <textil> (Zwirnerei; Falschdrahtverfahren) • false-twist spindle
Drallprüfer m <textil> (Prüfen) • twist tester; twist counter; torsion apparatus
Drallregelung f <masch> (Strömungsmaschine; z. B. Bläser, Verdichter, Pumpe) • pre-rotational swirl control
Drallregler m <masch> (Kreiselverdichter, Gebläse) • controllable incidence entry guide vanes; variable-inlet guide vanes

Drallrichtung *f* <masch> • hand of helix
Drallrichtung *f* <masch> *(Spannut)* • hand of flute
Drallrichtung *f* <masch> *(Gewinde)* • hand of thread; thread direction
Drallrichtung *f* <textil> *(Zwirnerei)* • twist direction
Drallrohr *n* <textil> *(Falschdrahtverfahren)* • hollow false-twist spindle
Drallschleifarbeit *f* <prod> • helical-flute grinding operation
Drallsteigung *f* <wz> • lead of helix
Drallsteigungswinkel *m* <masch> • flute helix angle
Drallsteller *m* <navig> • control moment gyro
Drallstift *m* <textil> • twist peg; twist pin
Drallstopprädchen *n* <textil> • twist stop
Drall- und Drucksprühen *n* <verf> • swirl and hydraulic spraying
Drallvektor *m* <mech> • angular momentum vector
Drallwinkel *m* <masch> *(Gewinde, Spiralbohrer)* • helix angle
Drallwinkel *m* <mil> • drift angle
Drallwinkel *m* <wz> *(der Spannut)* • flute lead angle; flute angle; helix angle
Drallzahl *f* <kfz.mot> • swirl number
Drallzüge *mpl* <mil> *(in Waffenlauf)* • grooves *pl*; rifling grooves *pl*; rifling
DRAM <edv> • dynamic random access memory (DRAM); dynamic RAM; DRAM chip *pract*
DRAM-Baustein *m* <edv> • dynamic random access memory (DRAM); dynamic RAM; DRAM chip *pract*
DRAM-Chip *m prakt* <edv> • dynamic random access memory (DRAM); dynamic RAM; DRAM chip *pract*
Drang *m* <bio/psych> *(starke inhärente Motivation)* • compulsion; urge *coll*
Drapierung *f* <led> • draping
Draufbohrer *m* <wz> • brace
Draufsicht *f* <doku> *(technische Zeichnung)* • top view; plan view; top plan view
Drawing Exchange Format *n* (DXF) <edv> • Drawing Exchange Format (DXF)
DRAW-Verfahren *n* <edv> • direct read after write technique; DRAW-technique; DRAW procedure
DRBW-Prüfschritt *m* <edv> *(bei Festplatten)* • direct read before write (DRBW)
DRDW-Verfahren *n* <edv> • DRDW-technique; direct read during write-technique
Drechsel-Drehbank *f* <wz.masch> • wood lathe
drechseln *vt* <prod.holz> • turn wood *vt*
Drechslerbank *f* <wz.masch> • wood-turning lathe
Drechslermeißel *m* <wz> • turning chisel
Drechslerröhre *f* <wz> • gouge
Dreckschleuder *f ugs.derog* <kfz.emiss> • uncontrolled vehicle
Dregg *m* <nav> • drag anchor; grapnel
Dregge *f* <nav> • drag anchor; grapnel
Dreggnetz *n* <nav> *(Fischerei)* • dredge trawl; dredge
Dreh *m* <kino> *(Filmszene, auch Industrievideos)* • shoot
Dreh *m* <werb> *(Filmaufnahmen)* • shooting; film shooting
Drehachse *f* <tech.allg> *(Gelenk)* • pivot; fulcrum
Drehachse *f* <tech.allg> • rotation axis; rotational axis; axis of rotation
Drehachse *f* <agri> • pivot beam; tilting beam
Drehachse *f* <astron> *(für schnelle Drehung)* • spin axis
Drehachse *f* <masch> *(Gelenk, Scharnier)* • hinge
Drehachse *f* <mech> *(eines Drehmoments)* • moment axis
Drehachse *f* <phys> *(von rotierenden Körpern; z. B. Planet, Kreisel)* • axis of rotation
Drehachse *f ugs.rar* <phys/math> • symmetry axis; axis of symmetry

Drehachse der Hinterradschwinge *f* <fz> *(Motorrad)* • fork pivot
Drehachse der Weblade *f* <textil> • rocking shaft
Drehachse des Stangenstromabnehmers *f* <el> *(Oberleitungsbus)* • trolley pivot
Drehachse eines Kreisels *f* <tech.allg> • gyroscope spin axis
Drehankermagnet *m* <el> • rotary armature magnet; revolving armature magnet
Drehanlage *f* <mil> • turning target installation
Drehanodenröhre *f* <el> • rotating anode tube
Drehantenne *f* <navig> *(z. B. Radar)* • scanner unit; rotating aerial *GB*
Drehantrieb *m* <energ.wind> • yaw drive; azimuth drive *rar*
Drehantrieb *m* <masch> • rotary actuator
Dreharbeit *f* <av> • shooting
Dreharbeit *f* <prod> • turning operation; lathe work
Dreharm *m* <masch> • moment arm
Dreharm *m* <prod> *(Roboter, Werkzeugmaschine)* • radius arm
Drehausleger *m* <masch> *(z. B. Kran, Manipulator)* • hinged cantilever
Drehautomat *m* <wz.masch> *(allg.)* • automatic lathe; fully automatic lathe
Drehautomat *m* <wz.masch> *(zur Schraubenherstellung)* • automatic screw machine
Drehbacken *m* <kfz> • pivoted shoe
Drehbandkolonne *f* <verf> • rotating-strip column; spinning band column
Drehbank *f ugs* <wz.masch.metall> • lathe; engine lathe *obs*; turning machine *rare*
Drehbankfutter *n ugs.rar* <wz.masch> • lathe chuck
Drehbankkopf *m* <wz.masch> • lathe headstock
drehbar <tech.allg> *(um mehr als 360 Grad)* • revolving; rotatable; rotating
drehbar <tech.allg> • free to rotate
drehbar <masch> *(z. B. Kranausleger)* • slewing; swivelling
drehbar angelenkt <tech.allg> *(mit Scharnier etc.; Drehung um weniger als 360 Grad)* • hinge-mounted; hinged; pivoted
drehbar ausgeführter Ständer *m* <wz.masch> • swivelling column
drehbar befestigen *vt* <tech.allg> *(mit Scharnier etc.)* • hinge *vt*; pivot *vt*
drehbar befestigt <tech.allg> *(mit Scharnier etc.; Drehung um weniger als 360 Grad)* • hinge-mounted; hinged; pivoted
drehbare Antenne *f* <tele> • rotatable antenna
drehbare Rahmenantenne *f* <tele> • moving frame aerial; rotating frame aerial
drehbarer Bandabstreicher *m* <förd> • rotary belt cleaner
drehbarer Blitzreflektor *m* <phot> • twisting flash head
drehbarer Farbbehälter *m* <verf> • turnable paint reservoir
drehbarer Gichtverteiler *m* <metall> *(Hochofen)* • rotating distributor; revolving distributor
drehbarer Spiegel *m* <msr> • index mirror
drehbarer Tisch *m* <prod> • rotary table
drehbarer Versenkungstisch *m* <theat> • revolving table
drehbarer Zeichenkopf *m* <wz> *(Zeichenmaschine)* • protractor
drehbare Wellenleiterkupplung *f* <lwl> • rotary waveguide joint
drehbar gelagert <tech.allg> *(mit Scharnier etc.; Drehung um weniger als 360 Grad)* • hinge-mounted; hinged; pivoted

drehbar gelagert <masch> • journaled
Drehbeanspruchung f <mech> • torsional strain; torsional stress
Drehbehinderung f <tech.allg> • torsional restraint
Drehbelastung f <mech> • torsion forces
Drehbereich m <tech.allg> • range of turning
Drehbereich m <masch> (z. B. Kran, Drehbrücke) • range of rotation
Drehbereich m <masch> (z. B. Roboter) • range of swivelling
Drehbeschleunigung f <mech> • angular acceleration
Drehbeschleunigungsaufschaltung f <el> • mixing ratio for angular acceleration signal
drehbeweglich <tech.allg> • free to rotate
Drehbewegung f <tech.allg> • rotary motion; angular motion thsc; rotational motion rare
Drehbewegung f <förd> (Kran) • slewing
Drehbewegung im Linkssinn f obs.rar <tech.allg> (allg.; z. B. Welle, Hebel, Regler) • counter-clockwise rotation US; ccw rotation US; anticlockwise rotation GB; left-hand rotation rare; LH rotation rare
Drehbewegung weg vom Schützen f <mil> (von Zielscheiben) • edging movement; edging
Drehbewegung zum Schützen f <mil> (von Zielscheiben) • facing movement; facing
Drehblende f <opt> • rotary diaphragm
Drehblinkleuchte f <alarm> • rotating beacon; rotating mirror beacon
Drehbohren n <petr> • rotary drilling
Drehbohren n <prod> • rotary drilling
Drehbohrer m <wz> • rotary drill
Drehbohrmeißel m <petr> • rotary boring tool
Drehbohrtisch m <prod> • rotary table
Drehbohrverfahren n <petr> • rotary drilling
Drehbolzen m <masch> • fulcrum pin; knuckle pin; pivot pin
Drehbrücke f <bau> • pivot bridge
Drehbühne f <petr> • rotary deck
Drehbühne f <theat> • revolving stage; revolve; turnable stage
Drehdorn m <wz.masch> • lathe mandrel; lathe arbor
drehdorngespannt <prod> • mandrel-held
Drehdornpresse f <wz.masch> • mandrel press
Drehdrücksteller m <kfz.msr> (Multifunktionsknopf) • iDrive ^{TM}BMW
Drehdurchführung f <masch> (überträgt Medium in rotierendes Maschinenteil) • rotating union
Drehdurchmesser m <prod> (am Werkstück) • turning diameter
Drehebene f <mech> • plane of rotation
Dreheinheit f <prod> • rotating unit
Dreheinrichtung f <wz.masch> • turning attachment
Dreheisenamperemeter n <el> • moving-iron amperemeter
Dreheiseninstrument n <el> • moving-iron meter; moving-iron instrument; iron-vane meter; soft-iron meter; soft-iron instrument
Dreheiseninstrument mit Magnet n <el> • permanent-magnet moving-iron instrument
Dreheisenmesswerk n <el> • moving-iron meter; moving-iron instrument; iron-vane meter; soft-iron meter; soft-iron instrument
Dreheisenspannungsmesser m <el> • moving-iron voltmeter
Dreheisenstrommesser m <el> • moving-iron amperemeter
drehelastisch <masch> (z. B. Kupplung) • flexible
drehelastische Kupplung f <masch> • flexible coupling
Drehellipsoid n <mech> • ellipsoid of revolution

Drehen n DIN 8589-1 <prod> (Zerspanung auf Drehmaschine) • turning
Drehen n <textil> (Spinnerei, Zwirnerei) • twisting
drehen vr <tech.allg> (um weniger als 360 Grad; z. B. Kranausleger) • swing vi
drehen vr <tech.allg> (um weniger als 360 Grad; z. B. um Gelenk) • swivel vi; pivot vi
drehen vr <tech.allg> (um mehr als 360 Grad; sehr schnell; z. B. Festplatten, CD-Laufwerke) • rotate vi; spin vi
drehen vr <masch> (um mehr als 360 Grad; jede Drehgeschwindigkeit; z. B. Antriebswellen) • rotate vi
drehen vr/vt <tech.allg> (um die Hochachse, langsam; eher weniger als 360 Grad; z. B. Mast) • slew vi/vt
drehen vt <tech.allg> (von Hand oder mit Antrieb, jedes Objekt; z. B. Regler, Welle) • rotate vt; turn vt
drehen vt <edv> (Computergrafik; Objekt drehen, z. B. um 90 Grad) • rotate vt; revolve vt rare
drehen vt <füg> (Schrauben, Muttern; anziehen, lösen) • drive vt; turn vt
drehen vt <kino> (Filmszene, auch Industrievideos) • shoot vt
drehen vt <prod> (spanend; auf Drehmaschine) • turn vt
drehen vt <textil> (Zwirnerei; zusammendrehen) • twist vt; ply vt; double vt; twine vt rare
drehende Bewegung f <tech.allg> • rotary motion; angular motion thsc; rotational motion rare
drehende elektrische Maschine f <el> • rotating machine
drehend-schlagendes Bohren n <prod> (Gestein, Beton) • rotary-percussive drilling
Drehen nichtzylindrischer Werkstücke n <prod> • non-parallel turning
Dreher m <kfz> (bei schleuderndem Fahrzeug) • spin-out
Dreherbindung f <textil> • leno weave; doup weave; gauze weave
Dreherleiste f <textil> • leno selvage
Drehfalttür f <nfz> (Bus) • folding hinged coach door
Drehfassung f <phot> (für Objektiv) • rotary mount
Drehfeder f <masch> • torsion spring
Drehfeld n <el> • rotating field; rotating magnetic field
Drehfeldempfänger m <el> • torque-synchro receiver; synchro receiver; selsyn receiver
Drehfeldgeber m <el> • synchro transmitter; selsyn transmitter
Drehfeldhysterese f <el> • rotary hysteresis
Drehfeldimpedanz f <el> • cyclic impedance
Drehfeldinstrument n <msr> • rotary-field instrument
Drehfeldleistungsmesser m <el> • Ferraris instrument; Ferraris wattmeter; induction wattmeter
Drehfeldprüfung f <el> • phase-sequence test
Drehfeldrichtungsanzeiger m <el> • phase-sequence indicator; three-phase sequence indicator
Drehfeldtransformator m <el> • rotary-field transformer
Drehfeldumformer m <el> • rotary-field converter
Drehfenster n <bau> (nach innen öffnend) • casement window; inswing casement window; side-hung window; flange-hung unit
Drehfenster n VW <kfz> (Dreiecksfenster in der Vordertür) • quarter vent; door vent; vent; flipper window AUS; door window ventilator US.rare
drehfest gelagert <kfz> (Lamelle in Lamellen- oder Viskosekupplung) • splined
Drehfestigkeit f <qualit.mat> • torsion strength; torsional strength
Drehfeuer n <nav> • rotating beacon
Drehfeuer n <navig> • rotating light; revolving light
Drehfilter n <verf> • rotary filter; revolving filter
Drehflammofen m <metall> • revolving reverberatory furnace

Drehflansch *m* <masch> • rotary flange
Drehflügel *m* <aerospace> • rotor; rotating wing
Drehflügel *m* <bau> *(seitlich angeschlagener Fenster-flügelrahmen)* • casement; casement sash; side-hung sash *rare*; pivoted sash *rare*
Drehflügel *m* <masch> *(Flügelzellenpumpe)* • turning vane
Drehflügelfenster *n* <bau> *(nach innen öffnend)* • casement window; inswing casement window; side-hung window; flange-hung unit
Drehflügelflugzeug *n* *form* <aerospace> • helicopter; rotating-wing aircraft; rotary-wing aircraft; rotor aircraft; gyrodyne [aircraft]
Drehflügelpumpe *f* <förd> • sliding-vane pump; guided-vane pump; internal vane pump; vane-in-rotor pump
Drehflügelzähler *m* <msr> • rotating vane flowmeter
Drehflügler *m* <aerospace> • helicopter; rotating-wing aircraft; rotary-wing aircraft; rotor aircraft; gyrodyne [aircraft]
drehfreudig <kfz.mot> • willing to rev; revving willingly; spinning willingly; free-revving
Drehfreudigkeit *f* <kfz> • revving ability
Drehfunkenstrecke *f* <el> • rotary discharger
Drehfunkfeuer *n* <navig> • omnidirectional radio beacon; rotating radio beacon; rotating-loop radio beacon
Drehfutter *n* <wz.masch> • lathe chuck
Drehgeber *m* <msr> • rotary encoder; shaft encoder; angular sensor; rotary pulse generator
Drehgefäßwaage *f* <msr> • rotating-bin weighing machine
Drehgelenk *n* <masch> *(mit Stift, Bolzen)* • pin joint
Drehgelenk *n* <masch> *(für Schwenkbewegungen; z. B. Scharnier)* • pivot joint
Drehgelenk *n* <masch> *(eher mit Kugelkopf)* • swivel joint
Drehgelenk *n* <masch> *(Roboter)* • revolute joint
Drehgelenk *n* <nfz> *(Bus)* • articulated joint; joint
drehgelenkig <masch> • pivoted; pivoting
drehgelenkig angeordnet <masch> • pivotally mounted
drehgelenkig verbunden <masch> • pivotally jointed
Drehgeschwindigkeit *f* *rar* <masch> *(von Wellen etc.; typ. in Umdrehungen/Minute)* • speed (n); rpm *pract*; rev *coll*; rotational speed *rare*; speed of rotation *rare*
Drehgeschwindigkeit *f* *rare* <msr> *(in Grad pro Sekunde oder Radiant pro Sekunde)* • angular velocity
Drehgeschwindigkeit *f* <prod> *(Schnittgeschwindigkeit auf Drehmaschine)* • turning speed
Drehgeschwindigkeitsvektor *m* *rar* <phys> • angular velocity vector
Drehgestell *n* *DIN 25604* <bahn> *(unter Lok oder Wagen)* • swivel truck *US*; bogie *GB*; truck *US.pract*
Drehgestell *n* <masch> *(drehbarer Fuß, Sockel; z. B. von Roboter)* • rotating base
Drehgestellaufhängung *f* <bahn> • swivel truck suspension *US*; bogie suspension *GB*; truck suspension *US*
Drehgestellausschlag *m* <bahn> • truck swing *US*; bogie displacement *GB*
Drehgestellausschlagdämpfer *m* <bahn> *(verhindert Schlingern)* • truck swing damper *US*; bogie displacement damper *GB*
Drehgestellfahrzeug *n* <fz> • bogie vehicle *GB*; bogie-type vehicle *GB*
Drehgestellgleitstück *n* <bahn> • side friction block
Drehgestell-Güterwagen *m* <bahn> • swivel-truck railroad freight car *US*; swivel-truck freight car *US*; bogie freight wagon *GB*
Drehgestell-Lokomotive *f* <bahn> • swivel-truck locomotive *US*; bogie locomotive *GB*
Drehgestellrahmen *m* <bahn> • truck sideframe *US*; bogie frame *GB*
Drehgestellrahmenwange *f* <bahn> • truck sideframe lateral *GB*; bogie solebar *GB*

Drehgestellreisezugwagen *m* <bahn> • swivel truck coach *US*; bogie coach *GB*
Drehgestell-Schwingungsdämpfer *m* <bahn> *(verhindert Schlingern)* • truck swing damper *US*; bogie displacement damper *GB*
Drehgestellzapfen *m* <bahn> *(von Drehgestell)* • swivel truck pin *US*; bogie pin *GB*; bogie pivot *GB*; center pivot
Drehgreifer *m* <förd> • rotary grab
Drehgrubber *m* <agri> • rotary cultivator
Drehgruppe *f* <tech.allg> • rotation group
Drehhalbautomat *m* <wz.masch> • semiautomatic lathe
Drehherd *m* <metall> • revolving table; rotating hearth
Drehherdofen *m* <metall> • rotary hearth furnace
Drehherz *n* <wz.masch> *(Mitnehmer, Spitzendrehmaschine)* • drive carrier; lathe drive carrier; driving dog; driver
Drehimpuls *m* <phys> • angular momentum; moment of momentum
Drehimpulserhaltungssatz *m* <phys> • principle of conservation of angular momentum; angular-momentum conservation law
Drehimpulsgeber *m* <msr> • rotary encoder; shaft encoder; angular sensor; rotary pulse generator
Drehimpulsgeber *m* <msr> *(betont: mit Rotor)* • pulse tachometer
Drehimpulsoperator *m* <phys> • angular-momentum operator
Drehimpulsquantenzahl *f* <phys> • rotational quantum number; secondary quantum number; azimuthal quantum number; angular momentum quantum number
Drehimpulssatz *m* <phys> • angular momentum equation; theorem of angular momentum; combined rotation and inversion
Drehinversion *f* <mat> *(Kristallographie)* • rotation and inversion
Drehkanne *f* <textil> • coiler
Drehkastenwechsel *m* <textil> • circular box motion
Drehkeilkupplung *f* <masch> • rolling key clutch
Drehkippbeschlag *m* <bau> • tilt-turn hardware; tilt and turn hardware; tilt turn hardware; tilt/turn hardware
Dreh-Kippbeschlag *m* <bau> • tilt-turn hardware; tilt and turn hardware; tilt turn hardware; tilt/turn hardware
Drehkippfenster *n* <bau> *(ein Doppelfunktionsfenster)* • tilt-turn window; tilt and turn window; tilt/turn window; inswing tilt-turn window *rare*
Drehkipp-Fenster *n* <bau> *(ein Doppelfunktionsfenster)* • tilt-turn window; tilt and turn window; tilt/turn window; inswing tilt-turn window *rare*
Drehkippflügelfenster *n* <bau> *(ein Doppelfunktionsfenster)* • tilt-turn window; tilt and turn window; tilt/turn window; inswing tilt-turn window *rare*
Drehkipp-Getriebe *n* <bau> *(DK-Beschlag für Fenster)* • tilt gear mechanism; tilt gear; turn gear mechanism; turn gear
Drehkipp-Lager *n* <bau> *(DK-Beschlag)* • stay arm hinge; hinge
Drehkippschere *f* <bau> • tilt-turn scissor; tilt-turn sash stay
Drehklappe *f* <hlk> • revolving damper; swivel damper
Drehklinke *f* <masch> • turning pawl
Drehkloben *m* <wz> • turning jaw
Drehknopf *m* *ugs* <av> • shuttle ring
Drehknopf *m* <msr> *(betont: zum Einstellen)* • adjusting knob
Drehknopf *m* *ugs* <msr> *(allg.)* • control knob
Drehknotenfänger *m* <pap.verf> • rotary screen; rotary strainer; full drum revolving strainer
Drehkörper *m* <math> • body of revolution; solid of revolution

Drehkörperpaar *n* <phys> • turning pair

Drehkolben *m* <masch> *(allg.)* • rotary piston

Drehkolben *m* <masch> *(in Rootsgebläse)* • rotor

Drehkolbengebläse *n* <masch> • rotary blower; positive-displacement blower

Drehkolbenlader *m* <kfz> • lobe-type supercharger; displacement supercharger

Drehkolbenmotor *m* <kfz.mot> • rotary piston engine; rotary engine *pract*; Wankel engine *rare*

Drehkolbenpumpe *f* <förd> • rotary pump; rotary positive displacement pump; positive displacement rotary pump; rotary displacement pump; positive rotary pump

Drehkolbenpumpe *f* <kfz> *(Ölpumpe)* • rotor-type pump; Eaton pump; eccentric rotor pump *did*; trochoid pump *rare*

Drehkolbenschieber *m* <rls> • circular cylindrical valve

Drehkolbentrieb *m* <masch> • rotary actuator

Drehkolbenumsteuerschieber *m* <masch> • barrel selector

Drehkolbenventil *n* <hydr> • rotary valve; rotary piston valve

Drehkolbenverdichter *m* <masch> *(z. B. ein Roots-Gebläse)* • rotary piston compressor; rotary compressor

Drehkolbenzähler *m* <msr> • rotating-lobe meter; lobed-impeller meter

Drehkolbenzylinder *m* <mot> • rotary piston cylinder

Drehkondensator *m* <el> • variable capacitor

Drehkondensator mit quadratischer Kennlinie *m* <el> • square-law capacitor

Drehkopf *m* <doku.wz> *(auf Zeichenmaschine, mit Linealen)* • protractor head; protractor

Drehkopf *m* <masch> *(schwenkbar)* • swivel head

Drehkopf *m* <prod> *(drehbar)* • revolving head

Drehkraft *f* <mech> • torsional force; twisting force

Drehkraftdiagramm *n* <masch> *(Dynamik des Kurbeltriebes)* • tangential pressure diagram; crank effort diagram

Drehkran *m* <förd> • slewing crane; rotary crane; revolving crane; swing crane; jib crane

Drehkran mit Raupenfahrwerk *m* <förd> • tractor crane

Drehkranraupenfahrwerk *n* <förd> *(Mobilkran, selbstfahrend)* • crane crawler

Drehkranz *m* <förd> *(für eher langsame Schwenkbewegungen; z. B. Kran)* • slewing ring

Drehkranz des Lukendeckels *m* <mil> • door race plate

Drehkranzlafette *f* <mil> • ring mounting; gun ring

Drehkreis *m* <fz> • turning circle

Drehkreisversuch *m* <kfz> • turning circle test

Drehkreuz *n* <masch> • capstan handle; capstan; spider

Drehkreuz *n* <verk> *(zur Eingangskontrolle; z. B. in Supermarkt, U-Bahnstation)* • turnstile

Drehkreuz der Luftfahrt *n form* <aerospace> *(sehr großer Flughafen)* • hub

Drehkreuztür *f rar* <bau> *(Luftschleusentür mit drei oder mehr Flügeln, Drehwinkel beliebig)* • revolving door

Drehkristallaufnahme *f* <phot> • rotating-crystal photograph; X-ray rotation photograph

Drehkristallkamera *f* <phot> • rotating-crystal camera

Drehküken *n* <rls> *(Absperrhahn)* • cone plug cock

Drehkuppel *f* <bau> *(z. B. Observatorium, Radarstation)* • turret

Drehkupplung *f* <masch> • rotating joint

Drehkurbel *f* <bau> *(zum Betätigen von Dreh- und Klappflügelfenstern)* • roto handle; crank handle; rotary-gear operator

Drehkurbelfenster *n* <bau> *(nach außen öffnend, mit Handkurbel)* • casement window; down-sized casement; side-hung window; flange-hung unit

Drehlänge *f* <prod> *(am Werkstück)* • turning length

Drehlager *n* <bau> *(Fensterbeschlag)* • pivot shoe; tilt plate

Drehlaufkatze *f* <förd> • slewing trolley

Drehleiterfahrzeug *n* <nfz.feuer> • turntable-ladder vehicle

Drehmagnet *m* <el> • moving magnet; rotating magnet; rotating electromagnet

Drehmagnetgalvanometer *n* <el> • moving-magnet galvanometer

Drehmagnetinstrument *n* <el> • moving-magnet instrument

Drehmagnetspannungsmesser *m* <el> • moving-magnet voltmeter

Drehmaschine *f* <wz.masch.metall> • lathe; engine lathe *obs*; turning machine *rare*

Drehmaschine *f* <wz.masch.silik> • jigger

Drehmaschine mit Brücke *f* <wz.masch> • gap lathe

Drehmaschine mit Futteraufspannung *f* <wz.masch> • chuck lathe

Drehmaschine mit Gleitkröpfung *f* <wz.masch> • break lathe

Drehmaschine mit Kastenfuß *f* <wz.masch> • cabinet lathe

Drehmaschinenbett *n* <wz.masch> *(trägt den Bettschlitten)* • lathe bed; bed *pract*

Drehmaschinenfutter *n* <wz.masch> • lathe chuck

Drehmaschinenkopf *m* <wz.masch> • lathe headstock

Drehmaschinenleitspindel *f* <wz.masch> • lathe leadscrew

Drehmaschinenreitstock *m* <wz.masch> • lathe tailstock

Drehmaschinenschlossplatte *f* <wz.masch> • lathe apron

Drehmaschinenspanndorn *m* <wz.masch> • lathe mandrel

Drehmaschinenspindelstock *m* <wz.masch> • lathe headstock

Drehmaschinenspitze *f* <wz.masch> • lathe center

Drehmasse *f* <mech> • rotating mass

Drehmeißel *m DIN 495x-496x* <wz.masch> • lathe tool; turning tool

Drehmelder *m* <el> *(z. B. Drehfeldgeber, Resolver)* • synchro

Drehmelder *m* <msr> • resolver; selsyn; synchro

Drehmelderanzeigeempfänger *m* <el> • synchro indicator; resolver indicator

Drehmelderdifferentialempfänger *m* <el> • synchro differential receiver; resolver differential receiver

Drehmelderdifferentialgeber *m* <msr> • synchro differential transmitter; resolver differential transmitter

Drehmelderempfänger *m* <el> • synchro receiver; resolver receiver

Drehmeldergeber *m* <msr> • synchro transmitter; resolver transmitter

Drehmelderrückmelder *m* <el> • synchro control transformer; resolver control transformer

Drehmeldersteuerempfänger *m* <el> • synchro control receiver; resolver control receiver

Drehmoment, mit einem ~ von x anziehen <füg> *(Mutter, Schraube, Spannschloss)* • torque to *vt*

Drehmoment *n* <füg> *(bei Schraubverbindungen, in Nm; z. B. 110 Nm für Radschrauben)* • torque; tightness *coll.rare*

Drehmoment *n* (T) <mech> *(allg.)* • torque (T); rotation moment *rare*

Drehmomment *n* <mot> *(von Motoren; z. B. 440 Nm bei 3600 U/min)* • torque

Drehmomentanzeige *f* <msr> • torque indicator

Drehmomentausgleichseinrichtung *f* <masch> • torque balancer

drehmomentbegrenzende Kupplung *f* <masch> • torque limiting coupling

Drehmomentbegrenzer *m* <kfz.wz> *(für Zündkerzenschlüssel)* • torque limiter

Drehmomentbegrenzer *m* <msr> *(allg.)* • torque limiter

Drehmomentbegrenzung *f* <msr> • torque control

Drehmoment bei festgebremstem Läufer *n* <phys> • static torque

Drehmoment bei Volllast *n* <mot> • full-load torque output

Drehmoment-Drehzahl-Kennlinie *f* <masch> *(z. B. Motor, Turbine)* • torque-speed characteristic

Drehmomentdurchflussmesser *m* <rls.msr> • angular momentum flowmeter

Drehmomenteinstellrad *n* <wz.msr> • torque control selector

Drehmomenteinstellung *f* <wz> • torque adjustment

drehmomentenfreier Kreisel *m* <navig> • torque free gyro

Drehmomentensatz *m* <phys> • law of moment of momentum

Drehmomenterhöhung *f* <kfz.antr> • torque multiplication; torque increase

Drehmomenterzeuger *m* norm. <navig> *(Kreisel)* • torquer

Drehmomentfeder *f* <wz> • spring steel bracket

Drehmoment im mittleren Drehzahlbereich *n* <mot> • midrange torque

Drehmoment im unteren Drehzahlbereich *n* <mot> • low-end torque

Drehmomentkennlinie *f* <mot> • torque curve

Drehmomentkurve *f* <mot> • torque curve

Drehmomentmesser *m* <msr> *(für Motoren)* • dynamometer

Drehmoment-Messflansch *m* <msr> • torque-sensing flange

Drehmomentmessgerät *n* <msr> *(allg.; für Motoren, Schraubverbindungen)* • torquemeter

Drehmomentmessung *f* <msr> • torque measurement

Drehmomentmesswelle *f* <msr> *(für Drehmomentmessungen)* • torque shaft; torsion shaft; sensing shaft

Drehmomentminderer *m* <antr> • automatic torque-limiting device; torque-limiting device

Drehmomentmotor *m* <antr> • torque motor

Drehmoment-Prüfgerät *n* <wz.qualit> • torque tester

Drehmomentprüfstand *m* <mot.msr> • torque stand

Drehmomentregelung *f* <msr> *(allg.; z. B. von Akkuschraubern)* • torque control

Drehmomentschlüssel *m* DIN 898 <wz> • torque wrench; torque handle *rare*; torque-controlled spanner *GB.rare*; torque-limiting wrench *US.rare*

Drehmomentschlüssel für Einsteckwerkzeuge *m* <wz> • interchangeable head torque wrench; torque wrench body

Drehmomentschlüssel-Prüfgerät *n* <wz.qualit> • torque tester

Drehmomentschraubendreher *m* <wz> *(Schraubendreher mit Drehmomentmessung)* • torque driver; torque screwdriver

Drehmomentschrauber *m* <wz> *(Schraubendreher mit Drehmomentmessung)* • torque driver; torque screwdriver

drehmomentschwach <kfz.mot> *(Motor)* • low-torque

Drehmomentschwankung *f* <mot> • torque fluctuation

Drehmomentsensor *m* <msr> • torque transducer

Drehmomentsensor auf Wirbelstrombasis *m* did <msr> • eddy-current torque transducer; torque transducer (eddy-current type) *did*

Drehmomentsensor mit Differentialtransformator *m* <msr> • torsional variable differential transformer (TVDT)

Drehmomentsensor mit DMS *m* <msr> • strain-gauge torque transducer *US.GB*

Drehmomentsensor mit schwingender Saite *m* <msr> • vibrating-element torque transducer; vibrating-wire torque transducer

Drehmomentsensor mit Schwingsaite *m* <msr> • vibrating-element torque transducer; vibrating-wire torque transducer

Drehmomentstab *m* <kfz.wz> *(für Elektro- und Druckluftschrauber)* • torquing adapter/or

drehmomentstark <kfz.mot> *(Motor)* • high-torque; torquey *rare*

Drehmomentsteigerung *f* <kfz.antr> • torque multiplication; torque increase

Drehmomentsteuerung *f* <wz.msr> • torque control

Drehmomentstütze *f* did.rar <kfz.antr> *(im Strömungswandler, Automatikgetriebe)* • stator; reactor; torque multiplier; reaction member

Drehmomentübertragungsvermögen *n* <antr> • torque transmission capacity

Drehmoment- und Drehzahlregelung *f* <mot.msr> *(von Motoren; z. B. mit analoger oder digitaler Istwertmessung)* • torque and speed control

Drehmomentverlauf *m* <kfz.mot> • torque band

Drehmomentverstärker *m* <mech> • torque amplifier

Drehmomentvorwahl *f* <wz> *(z. B. Funktion von Akkuschraubern)* • torque control

Drehmomentwaage *f* <msr> • torque weighing mechanism

Drehmomentwählschalter *m* <wz.msr> • torque control selector

Drehmomentwandler *m* <antr> • torque converter

Drehmomentwandler mit Überbrückungskupplung *m* <kfz.antr> • lock-up torque converter; locking torque converter

Drehmomentwandler mit Wandlerüberbrückung *m* <kfz.antr> • lock-up torque converter; locking torque converter

Drehmomentwandler-Überbrückung *f* <kfz.antr> *(Vorgang, Funktion)* • torque converter lockup; converter lockup

Drehmomentwandler-Überbrückungskupplung *f* <kfz.antr> • direct-drive clutch (DDC); torque converter lockup clutch; torque converter clutch; lockup clutch

Drehmomentwelle *f* <msr> *(für Drehmomentmessungen)* • torque shaft; torsion shaft; sensing shaft

Drehmomentwerkzeuge *pl* <wz> • torque wrenches and equipment

Drehofen *m* rar <verbr> *(allg.; z. B. zur Müllverbrennung, Zementproduktion)* • rotary kiln; rotary furnace *rare*; revolving kiln *rare*; revolving cylindrical furnace *rare*; revolving tubular kiln *rare*

Drehort *m* <werb> *(von Fotos, Videoclips etc.)* • location

Drehpaar *n* <phys> • turning pair

Drehpeiler *m* <navig> • rotary direction finder

Drehpendel *n* <phys> • torsional pendulum; torsion pendulum

Drehpfahl *m* <bau.masch> *(für Schwimmbagger; ermöglicht Pendelbewegungen)* • guide spad

Drehpfanne *f* <bahn> • swivel ring

Drehpfanne *f* <masch> • bearing socket; pivot bearing

Drehpfannenträger *m* <bahn> • center pin bolster

Drehpflug *m* <agri> • reversible plough

Drehphasenschieber *m* <el> • rotary phase changer; rotary phase shifter

Drehpistole *f* obs <mil> • revolver; wheelgun *coll.rare*; revolving pistol *obs*

Drehplattform *f* <petr> • rotary deck

Drehpol *m* <mech> • center of rotation *US*; center of gyration *US*; centre of rotation *GB*

Drehpotentiometer n <msr> (Spannungsteiler) • rotary potentiometer; control knob coll

Drehpotentiometer-Einstellwerkzeug n <el.wz> • trimpot adjuster

Drehprisma n <theat> • revolving prism; revolving panel; triangular prism; periaktos; telaro

Drehpuddelofen m <metall> • rotary puddling furnace

Drehpunkt m <tech.allg> • rotation point; rotational point; point of rotation

Drehpunkt m <mech> (einer schnellen Drehung; z. B. bei Kreisel) • center of gyration

Drehpunkt m <mech> (Angelpunkt) • fulcrum

Drehpunkt m <mech> (eines Drehmoments) • moment center

Drehpunkt m <mech> (eines Gelenks) • fulcrum

Drehpunkt m <mech> • center of rotation US; center of gyration US; centre of rotation GB

Drehpunkt des Kipphebels m <mot> (Mittellinie der Kipphebelachse) • rocker arm pivot

drehpunktgelagert <masch> • pivoted; fulcrumed

Drehrahmenantenne f <tele> • rotating-loop antenna US; rotating-loop aerial GB

Drehrahmenpeiler m <navig> • loop direction finder

Drehrampe f <förd> • turntable platform

Drehraster m <druck> • circular screen

Drehrauchgasschieber m <verbr.hlk> • swivel damper

Drehrauchschieber m <verbr.hlk> • swivel damper

Drehregler m <av> (typ. an Videorecordern) • jog/shuttle; jog/shuttle control

Drehregler m <msr> (allg.) • control knob

Drehregler m ugs <msr> (Spannungsteiler) • rotary potentiometer; control knob coll

Drehrevolverkopf m <wz.masch> • four-way turret tool post

Drehrichtung f <tech.allg> • direction of rotation (d.o.r.); sense of rotation

Drehrichtungserkennung f <msr> • detection of rotation direction

Drehrichtungsmelder m <msr> • rotation direction indicator

Drehrichtungsumkehr f <masch> • reversal of rotation; reversal of the direction of rotation; d.o.r. reversal

Drehrichtungsumschalter m <msr> • reversing controller

Drehrichtungswechsel m <masch> • reversal of rotation; reversal of the direction of rotation; d.o.r. reversal

Drehriefe f <prod> • turning groove

Drehring m <förd> (für eher langsame Schwenkbewegungen; z. B. Kran) • slewing ring

Drehröhrchen n <textil> • scroll tube

Drehrohr n <verf> (allg.; z. B. von Drehrohröfen) • rotating cylinder; revolving barrel

Drehrohr n <verf> (betont: zum Umwälzen, Mischen des Inhalts) • tumbler barrel

Drehrohrofen m <verbr> (allg.; z. B. zur Müllverbrennung, Zementproduktion) • rotary kiln; rotary furnace rare; revolving kiln rare; revolving cylindrical furnace rare; revolving tubular kiln rare

Drehrohrofen m <verbr.ents> (zur Sondermüllverbrennung, Veraschung) • rotary kiln incinerator

Drehrohrsinterofen m <prod> • rotary sintering kiln

Drehrost m <verbr> • revolving grate; rotary grate

Drehrostgenerator m <verf> • revolving-grate gas producer; revolving-grate producer

Drehschablone f <metall> • strickle sweep; strickle board

Drehschalter m <msr> (betont: Schaltfunktion; eher ein EIN/AUS-Schalter) • rotary switch; turn switch coll; revolving switch rare

Drehschalter m <msr> (allg.; zum Schalten, Einstellen; meist mit mehreren Schaltstellungen) • rotary control

Drehschar n <agri> • blade

Drehscheibe f rar <tech.allg> (Plattform; z. B. zum Aufspannen) • rotary table; revolving table

Drehscheibe f <bahn> (für Loks) • turntable

Drehscheibe f <förd> (z. B. von Elektrohängebahn) • turntable

Drehscheibe f <masch> (sich drehende Scheibe, eher klein) • rotary disc

Drehscheibe f <mil> (Ziel auf Schießstand) • turning target

Drehscheibe f <silik> (zum Herstellen runder Gefäße) • potter's wheel

Drehscheibe f <theat> (Bühne) • revolving platform; turnable platform

Drehscheibe f <wz.masch> • swivel-head plate

Drehscheibenextrakteur m <chem.verf> • rotary-disc extractor; rotary-disc contactor

Drehscheibenlafette f <mil> • turning platform mounting

Drehscheibenmagazin n <wz.masch> (für Werkzeuge) • rotating disc magazine; circular magazine

Drehscheibenmischer m <verf> • mixer-settler

Drehscheibenverschluss m <masch> • rotary-disc shutter

Drehschemel m <masch> • bolster

Drehschemel m <nfz> (Anhänger) • turntable

Drehschemellenkung f <nfz> (bei Lkw-Anhängern, alten Kutschen) • single-pivot steering; bolster-and-king-pin steering; bolster steering

Drehschemelwagen m <fz> • turning cradle wagon; cradle car

Drehschieber m <kfz> (allg.; z. B. in Getriebhydraulik oder Jetronic) • rotary valve; rotary gate valve; rotary slide valve; rotary sliding valve; rotary disc valve

Drehschieber m GM <kfz> (elektronisch verstellbare Stoßdämpfer) • selector valve

Drehschieber m prakt <mot> (bei Zweitaktern) • rotary valve

Drehschiebervakuumpumpe f <masch> • rotary slide-valve vacuum pump

Drehschieberventil n <kfz> (allg.; z. B. in Getriebhydraulik oder Jetronic) • rotary valve; rotary gate valve; rotary slide valve; rotary sliding valve; rotary disc valve

Drehschieberventil n <mot> (bei Zweitaktern) • rotary valve

Drehschieberverdichter m <förd> • vane compressor

Drehschlagbohren n <min> • rotary-percussive drilling

Drehschlagbohrmaschine f <min.wz> • rotary-percussive drill; jumper drill

Drehschlaggesteinsbohrmaschine f <min.wz> • rotary-percussive drill; jumper drill

Drehschlupf m <masch> • rotary slip

Drehschranke f <bahn> • swing gate

Drehschrauber m <wz> • nut runner

Drehschritt m <tech.allg> • rotary step

Drehschubgelenk n <bau> (Fenster) • turning-and-sliding joint

Drehschweißen n <füg> • spin friction welding; spin welding

Dreh-Schwenktür f <kfz> • rotating-swiveling door MB

Drehschwingmaschine f <qualit.mat> • torsional fatigue machine

Drehschwingung f <phys> • rotational vibration; torsional vibration; rotary oscillation

Drehschwingungsdämpfer m <tech.allg> (allg.) • torsion damper; torsional damper; torsional vibration damper

Drehschwingungszahl f <phys> • torsional frequency

Drehsicherung f <förd> (Turmkran; bei Sturm zu entriegeln) • slew lock

Drehsieb n <verf.hydr> *(gesamte Maschine)* • drum screen; rotary screen; revolving screen *ISO 9045*; rotary type screen; rotating drum screen

Drehsinn m <tech.allg> • direction of rotation (d.o.r.); sense of rotation

Drehsitz m ugs <fz> *(z. B. in Vans)* • swivel seat

Drehspäne mpl <prod.ents> • turning chips pl; turnings pl

Drehspan m <prod.ents> • chip

Drehsperre f <bau.sich> *(Fenster-Schließbeschlag)* • child safety lock; children lock; safety device

Drehspiegel m <opt> *(allg.)* • rotating mirror

Drehspiegel m <opt.druck> *(in Belichtungseinheit)* • rotating mirror; spinning mirror; spin mirror

Drehspiegelachse f <phys.math> • rotation-reflection axis

Drehspiegelebene f <math> • rotation-reflection plane

Drehspiegelung f <math> • rotation reflection

Drehspindel f <wz.masch> • lathe spindle

Drehsprenger m <agri> • rotating distributor

Drehspul-Anzeigeinstrument n rar <el> • moving-coil instrument; moving-coil meter *rare*; moving-coil indicator *rare*

Drehspulaufhängung f <el> • moving-coil suspension; moving-coil support

Drehspulaufnehmer m obs <msr> • synchro

Drehspule f <el> • moving coil

Drehspulgalvanometer n <el> • moving-coil galvanometer; d'Arsonval galvanometer

Drehspulgalvanometer mit Fadenaufhängung n <el> • suspended coil-type galvanometer

Drehspulinstrument n <el> • moving-coil instrument; moving-coil meter *rare*; moving-coil indicator *rare*

Drehspulinstrument mit Nullpunkteinstellung n <msr> • adjustable-coil instrument

Drehspulleistungsmesser m <el> • moving-coil wattmeter

Drehspulmesswerk n <msr> • moving-coil element; permanent-magnet moving-coil element

Drehspulrelais n <el> • moving-magnetoelectric relay; moving-coil relay

Drehspulschnellschreiber m <msr> • moving-coil high-speed recorder

Drehspulspannungsmesser m <el> • moving-coil voltmeter

Drehspulspiegelgalvanometer n <el> • moving-coil mirror galvanometer

Drehspulstrommesser m <el> • moving-coil ammeter

Drehspultragkonstruktion f <el> • moving-coil support

Drehspulvariometer n <msr> • rotating-coil variometer

Drehspulvibrationsgalvanometer n <el> • moving-coil vibration galvanometer

Drehstab m <masch> • torsion bar; torsion spring; torsion bar spring

Drehstabaufhängung f <kfz> • torsion-bar suspension

Drehstabfeder f <masch> • torsion bar; torsion spring; torsion bar spring

Drehstabfederung f <kfz> • torsion-bar springing

Drehstabstabilisator m <kfz> • torsion-bar stabilizer

Drehstab-Stabilisator m rar <kfz> • stabilizer; anti-roll bar *GB*; anti-sway bar *US*; sway bar *US*; sway eliminator *US*

Drehstabventilfeder f <kfz.mot> • torsion bar valve spring

Drehständer m <tech.allg> • carousel

Drehstahl m ÖN <wz.masch> • lathe tool; turning tool

Drehstangenverschluss m <bau> *(Balkontür)* • espagnolette bolt

drehstarr <mech> • rigid

drehstarre Kupplung f <masch> • rigid coupling

drehsteif <mech> • torsionally stiff; stiff against torsion

Drehsteife f <qualit> • torsional stiffness

Drehstellung f <bau> *(Drehkippfenster)* • turn position; turn mode; swing-in cleaning position; cleaning position

Drehstern m <masch> • pivotal center

Drehstift m <masch> • fulcrum pin

Drehstift m <wz> *(für Steckschlüssel)* • cross bar; tommy bar *GB*

Drehstrahlregner m <agri> • rotating sprinkler

Drehstrahlregnersystem n <agri> • rotating sprinkler system

Drehströmung f <phys> • rotational flow

Drehströmungsentstauber m (DSE) <verf> • rotary flow dust collector; tornado dust collector

Drehstrom m <el> • three-phase alternating current; three-phase current; three-phase AC

Drehstromanlasser m <kfz.el> • three-phase starter

Drehstromasynchronmotor m <el> • three-phase asynchronous motor

Drehstrombrückenschaltung f <el> • three-phase bridge circuit

Drehstromdreileiternetz n <el> • three-phase three-wire circuit

Drehstromdreileiterzähler m <el> • three-phase three-wire meter

Drehstromgenerator m <el> • alternator (ALT); three-phase-current generator *form*; three-phase alternator *rare*; AC generator *rare*

Drehstrominduktionsmotor m <el> • three-phase induction motor

Drehstromkommutatormotor m <el> • three-phase commutator motor

Drehstromkreis m <el> • three-phase circuit

Drehstromleistung f <el> • three-phase power

Drehstrommagnet m <el> • three-phase magnet

Drehstrommotor m <el> • three-phase a.c. motor

Drehstromnebenschlussmotor m <el> • three-phase shunt commutator motor

Drehstromnetz n <el> • three-phase network; three-phase system

Drehstromnetz mit Nullleiter n <el> • three-phase four-wire system

Drehstromnetz ohne Nullleiter n <el> • three-phase three-wire system

Drehstrom-Reihenschluss-Kurzschlussmotor m <el> • three-phase series wound squirrel cage motor

Drehstromreihenschlusskurzschlussmotor m rar <el> • three-phase series wound squirrel cage motor

Drehstromschalter m <el> • three-phase switch

Drehstromsiebenleiternetz n <el> • seven-wire three-phase system

Drehstromsteckdose f <el> • three-wire receptacle

Drehstromtransformator m <el> • three-phase transformer

Drehstromvierleiteranlage f <el> • three-phase four-wire system

Drehstromwicklung f <el> • three-phase winding

Drehstromzähler m <el.msr> • three-phase meter

Drehstütze f <kfz> *(von Caravans)* • corner steady; steady leg

Drehsupport m <wz.masch> • swivel head

Drehsymmetrie f <math> • rotational symmetry

Drehsymmetrieachse f <math> • axis of symmetry

drehsymmetrisch <math> • rotationally symmetric; axisymmetric

Drehtablett n <gastr> • lazy Susan

Drehteil n <tech.allg> *(drehbares Bauteil)* • turning part

Drehteil n <prod> *(Rohling vor dem Drehen)* • part to be turned

Drehteil n <prod> *(gedrehtes Werkstück)* • turned component; turned part

Drehteilefertigung f <prod> • manufacture of turned parts; production of turned parts

Drehteller m <prod> (mit Indexierung) • dial

Drehteller-Vakuumfilter n <verf> • rotary vacuum filter

Drehtellerzuführung f <prod> • dial feed

Drehtisch m <tech.allg> (Plattform; z. B. zum Aufspannen) • rotary table; revolving table

Drehtisch m <förd> (Rollenbahn) • turntable

Drehtisch m <petr> (in Rotary-Bohranlage) • rotary table; kelly drive table

Drehtisch m <wz.masch> (zum Aufspannen) • rotary stage

Drehtischhaupteinsatz m <petr> • master bushing

Drehtopfvorrichtung f <textil> • coiler

Drehtransformator m <el> • rotary transformer

Drehtrommel f <verf> (allg.) • rotating drum

Drehtrommel f <verf> (betont: zum Umwälzen, Mischen des Inhalts; z. B. Wäschetrockner) • tumbler

Drehtrommelofen m rar <verbr> (allg.; z. B. zur Müllverbrennung, Zementproduktion) • rotary kiln; rotary furnace rare; revolving kiln rare; revolving cylindrical furnace rare; revolving tubular kiln rare

Drehtrommelofen m <verbr.ents> (zur Sondermüllverbrennung, Veraschung) • rotary kiln incinerator

Drehtrommelprüfung f <pap> • rotating drum test

Drehtrommelröstofen m <prod> • rotary calcining kiln

Drehtrommelsieb n Nogg <verf.hydr> (gesamte Maschine) • drum screen; rotary screen; revolving screen ISO 9045; rotary type screen; rotating drum screen

Drehtrommeltrockner m <verf> • rotary drum drier

Drehtür f <bau> (Luftschleusentür mit drei oder mehr Flügeln, Drehwinkel beliebig) • revolving door

Drehturm m <mil> (Geschütz) • rotating turret; turret pract

Drehübertrager/-transformator m <av> • rotary transformer

Drehumformer m <el> • rotary converter; motor alternator

Dreh- und Neigvorrichtung f <edv> (Bildschirmfuß) • tilt and swivel base

Dreh- und Schwenkfuß m <edv> (Bildschirmfuß) • tilt and swivel base

Drehung f <tech.allg> (um weniger als 360 Grad; z. B. eines Kranauslegers) • swing

Drehung f <tech.allg> (um weniger als 360 Grad; z. B. um Gelenk) • swiveling motion; pivoting motion

Drehung f <tech.allg> (um die Hochachse, langsam; eher weniger als 360 Grad; z. B. Mast) • slew

Drehung f <tech.allg> (von Hand oder mit Antrieb, jedes Objekt; z. B. eines Regler, einer Well) • rotation; turn

Drehung f <edv> • rotation prakt; revolution rare

Drehung f <masch> (um mehr als 360 Grad; jede Drehgeschwindigkeit; z. B. Antriebswellen) • rotation

Drehung f <textil> (Zwirnerei) • twisting

Drehung f <textil> (Zwirn) • turn

Drehung der Polarisationsebene f <opt> (z. B. mit Zirkularpolfilter) • rotation of the plane of polarization; rotary polarization

Drehungen pro Meter fpl (T/m) <textil> (Zwirn) • turns per meter (t.p.m.) US; twist level in turns per metre GB; twist level

Drehung entgegen dem Uhrzeigersinn f <tech.allg> (allg.; z. B. Welle, Hebel, Regler) • counter-clockwise rotation US; ccw rotation US; anticlockwise rotation GB; left-hand rotation rare; LH rotation rare

Drehung gegen den Uhrzeigersinn f <tech.allg> (allg.; z. B. Welle, Hebel, Regler) • counter-clockwise rotation US; ccw rotation US; anticlockwise rotation GB; left-hand rotation rare; LH rotation rare

Drehung im Uhrzeigersinn f <tech.allg> (allg.; z. B. Welle, Hebel, Regler) • clockwise rotation US; cw rotation US; right-hand rotation rare; RH rotation rare

Drehung nach links f <tech.allg> (allg.; z. B. Welle, Hebel, Regler) • counter-clockwise rotation US; ccw rotation US; anticlockwise rotation GB; left-hand rotation rare; LH rotation rare

Drehung nach rechts f <tech.allg> (allg.; z. B. Welle, Hebel, Regler) • clockwise rotation US; cw rotation US; right-hand rotation rare; RH rotation rare

Drehungselastizität f <qualit.mat> • torsional elasticity

Drehungserteilung f <textil> • twist insertion

Drehungsfaktor m <textil> • twist multiplier; twist factor

drehungsfixiert <textil> • twist-set

drehungsfrei <phys> • irrotational

drehungsfrei <textil> • twistless

Drehungsrichtung f <textil> (Zwirnerei) • direction of twist; twist direction

Drehungstexturieren n <textil> • twist crimping

Drehungswechselrad n <textil> • twist change wheel

Drehungswinkel m <textil> • twist angle

Drehungszähler m <textil> • twist counter

Drehungszahl f <textil> • number of turns; twist [number]

Drehungszone f <textil> (Zwirnerei) • twisting zone

Drehung um 360° f <tech.allg> • full-circle rotation; full rotation; full circle coll

Drehung um die Hochachse f <fz> • yaw turn

Drehung um einen Punkt f <mech> • rotation about a point; spherical motion

Drehung von Garnen f DIN EN ISO 2061 <textil> • twist in yarns ISO 2061

Drehunterteil n <wz> • swivel base

Drehvektor m <mech.math> • torsion vector

Drehvermögen n <phys> • rotatory power

Drehverteiler m <metall> • revolving distributor

Drehvollautomat m <wz.masch> • fully automatic lathe

Drehvorgang m <textil> (Spinnerei) • twisting process

Drehvorgang m <textil> (Zwirnerei) • twisting process; twisting operation

Drehvorrichtung f <förd> (Werkzeugmaschine, Transferstraße) • change-over mechanism; turnover mechanism

Drehvorrichtung f <masch> • rotating mechanism; turning mechanism

Drehwaage f <msr> • torsion balance

Drehwähler m <tele> (Vorwähler) • rotary line switch

Drehwähler m <tele> • rotary selector; uniselector

Drehwählersystem n <tele> • rotary automatic telephone system; rotary dial system

Drehwechsel m <tech.allg> • reversal of the direction of rotation; reversal

Drehweiche f <förd> (Elektrohängebahn) • split switch

Drehwerk n <förd> (Kran) • slewing mechanism; slewing gear

Drehwerk n <wz.masch> • vertical turret lathe

Drehwerkzeug n <wz.masch> • lathe tool; turning tool

Drehwiderstand m <el> • rotary rheostat

Drehwinkel m <tech.allg> • angle of rotation; rotational angle; rotation angle

Drehwinkelmessgerät n form <wz.msr> • torque angle gauge; angular torque gauge; torque setting angular gauge form; angular tightening device rare

Drehwuchs m <holz> • spiral grain

drehwüchsig <holz> • spiral-grained; spiral-grain

Drehzahl f ugs <edv> (von Festplatten, CD-Laufwerken) • rotational speed; spindle speed Seagate; spin rate coll; spin speed; disk rotation speed

Drehzahl f ugs. <kfz.mot> (beim Verbrennungsmotor) • engine speed; rpm

Drehzahl f (n) <masch> (von Wellen etc.; typ. in Umdrehungen/Minute) • speed (n); rpm pract; rev coll; rotational speed rare; speed of rotation rare

Drehzahlabfall m <tech.allg> • speed drop

drehzahlabhängig <tech.allg> • speed-dependent; speed-sensitive

drehzahlabhängiges Relais *n* <el> • tachometric relay

Drehzahländerung *f* <tech.allg> • change of speed; speed variation

Drehzahlanstieg *m* <tech.allg> • speed rise

Drehzahlanzeiger *m* <msr> • speed indicator; rpm indicator

Drehzahlbeeinflussungsschalter *m* <msr> • speed override switch

Drehzahlbegrenzer *m* <kfz.msr> • engine speed limiter; rev limiter *pract*; limiter *pract*

Drehzahlbegrenzer *m* <msr> *(für max. UpM; mech.)* • governor

Drehzahlbegrenzer *m* <msr> *(allg.; mech. od. elektr.)* • overspeed limiter; speed limiter

Drehzahlbereich *m* <tech.allg> *(z. B. von Motoren)* • speed range; rpm range; rev range

Drehzahldifferenz *f* <kfz> *(z. B. zwischen den Antriebsrädern)* • speed difference

Drehzahl-Drehmoment-Kennlinie *f* <el> *(E-Motor)* • speed-torque characteristic

Drehzahleinstellung *f* <masch> • speed adjustment

Drehzahl erhöhen *vi* <mot> • rev up *vt*

Drehzahlgeber *m* <kfz.el> *(elektronische Zündzeitpunktverstellung)* • engine speed sensor; rpm sensor *rare*

Drehzahlgeber *m* <msr> • angular speed transducer

drehzahlgeregelter Motor *m* <el> *(E-Motor)* • speed-controlled motor; motor with speed control

Drehzahlgrenzwert *m* <tech.allg> • speed limit; rpm limit

drehzahlkonstanter Betrieb *m* <energ.wind> • fixed-speed operation; constant-speed operation

Drehzahlmesser *m* <kfz.msr> *(zeigt Motordrehzahl an; in U/min)* • tachometer; revolution counter *form*; revcounter *GB*; tacho *coll*; tach *coll*

Drehzahlmesser *m* <msr> *(betont: Überwachung; z. B. von Maschinenwellen)* • rotation speed monitor; rpm monitor; speed sensor

Drehzahlmessung *f* <msr> *(U/min)* • speed measurement

Drehzahlpendelung *f* <el> • hunting

drehzahlproportional <tech.allg> • speed-proportional

drehzahlregelbar <tech.allg> • speed-controllable; with adjustable speed

drehzahlregelbarer Antrieb *m* <msr> • variable speed drive

drehzahlregelbarer Schraubenverdichter *m* <masch> • variable-speed rotating screw compressor

Drehzahlregelung *f* <msr> • speed control; speed control; rpm control

Drehzahlregelwiderstand *m* <el> • speed-regulating rheostat

Drehzahlregler *m* <kfz.mot> *(für Leerlaufdrehzahl)* • throttle jacking device; throttle kicker *pract*

Drehzahlregler *m* <msr> *(für Drehzahl, allg.)* • governor; speed controller; speed regulator; rotational speed controller

Drehzahlschalter *m* <el> *(schließt bzw. öffnet bei einer bestimmten Drehzahl)* • tachymetric switch

Drehzahlschaltgetriebe *n* <antr> • change-speed mechanism

Drehzahlschalthebel *m* <wz.masch> • change-speed lever

Drehzahl-Schaltsignal *n* <kfz.antr> *(Automatikgetriebe-Steuerung)* • speed control signal

Drehzahlschaubild *n* <wz.masch> *(für Getriebe von Werkzeugmaschinen)* • speed diagram

Drehzahlschreiber *m* <msr> • speed recorder

Drehzahlschwankung *f* <masch> • fluctuation in rotational speed; speed fluctuation

Drehzahlstabilisator *m prakt.* <kfz.mot> *(allg.)* • idle speed stabilizer; idle stabilizer; IDLE SPD STAB

Drehzahlsteuerung *f* <msr> • speed control; speed control; rpm control

Drehzahlstufe *f* <wz.masch> *(Zunahme)* • speed increment

Drehzahlstufengetriebe *n* <antr> • speed-change gear box

Drehzahlstufung *f* <antr> • speed graduation

Drehzahltabelle *f* <wz.masch> • table of speeds

Drehzahlüberholsteuerung *f* <msr> • override speed control

Drehzahlüberwachung *f* <msr> • rotational speed monitoring

Drehzahlüberwachungsgerät *n rar* <msr> *(betont: Überwachung; z. B. von Maschinenwellen)* • rotation speed monitor; rpm monitor; speed sensor

drehzahlvariabler Betrieb *m* <energ.wind> • variable-speed operation

drehzahlveränderlich <tech.allg> • variable-speed

Drehzahlverhalten *n* <tech.allg> *(z. B. Motor, Pumpe)* • speed characteristic

Drehzahl-Verstellhebel *m* <kfz.mot> • engine-speed control lever

Drehzahlvorwahl *f* <wz> • speed preselection

Drehzahlvorwahlscheibe *f* <wz> *(z. B. Bohrmaschine)* • speed preselection dial

Drehzahlwächter *m* <msr> *(betont: Überwachung; z. B. von Maschinenwellen)* • rotation speed monitor; rpm monitor; speed sensor

Drehzahlwähler *m* <msr> • speed selector

Drehzahlwahl *f* <tech.allg> • speed selection

Drehzahlwechsel *m* <tech.allg> • speed change

Drehzahlwechselrad *n* <wz.masch> • speed change gear; spindle change gear

Drehzahn *m* <wz> • lathe insert blank; lathe insert

Drehzapfen *m* <bahn> *(von Drehgestell)* • swivel truck pin *US*; bogie pin *GB*; bogie pivot *GB*; center pivot

Drehzapfen *m* <masch> *(allg.)* • center pin; fulcrum; pivot; gudgeon; king pin

Drehzapfen *m* <masch> *(senkrecht; für Schwenkbewegung)* • slewing journal

Drehzapfen *m* <masch> *(horizontal; Lagerzapfen)* • trunnion

Drehzapfen *m* <masch> *(in Gelenk, Scharnier)* • pivot

Drehzapfenlafette *f* <mil> • pivot carriage

Drehzapfenlager *n* <masch> • trunnion bearing

Drehzentrum *n* <wz.masch> • turning center

Drehzerstäuber *m* <ents> • rotating atomizer; rotary atomizer; centrifugal disc atomizer; plate atomizer; rotary-cup atomizer

Drehzoom *n* <phot> • two-touch zoom

Drehzugabe *f* <prod> • turning allowance

Dreiachsenbearbeitung *f* <prod> • three-axis working

Dreiachsenmontierung *f* <tech.allg> • three-axis mounting

dreiachsig <tech.allg> • three-axis; triaxial

dreiachsiger Beschleunigungsaufnehmer *m* <msr> • tri-axial accelerometer

dreiachsiger Lastkraftwagen *m* <nfz> • six-wheeler

dreiachsige Sattelzugmaschine *f* <nfz> • three-axle tractor; two-axle tractor *US.EastCoast*

dreiachsiges Ellipsoid *n* <kfz.el> *(von Scheinwerfern)* • double ellipsoid (DE)

dreiachsiges Weben *n* <textil> • triaxial weaving

Dreiadressbefehl *m* <edv> • three-address instruction

Dreiadresskode *m* <edv> • three-address code

dreiadrig <el> *(Kabel, Leitung)* • 3-core; three-core; three-wire

dreiadrige Leitung f <el> • 3-core cable; 3-wire cable; three-wire cable; three-conductor cable

dreiadriger Anschluss m <el> (z. B. V+, Masse, Steuersignal) • three-wire connection

dreiadriges Kabel n <el> • 3-core cable; 3-wire cable; three-wire cable; three-conductor cable

Dreiäschersystem n <led> • three-pit liming system; three pit system

Dreiarm-Abzieher m <kfz.wz> • three-way puller; three-jaw puller; triple grip puller GB; triple leg puller GB

Dreiarmflansch m <masch> • three-armed flange

dreiarmiger Abzieher m <kfz.wz> • three-way puller; three-jaw puller; triple grip puller GB; triple leg puller GB

Dreiarmnabe f <masch> • triple-sector clutch hub

Dreiarm-Y-Schlüssel m <fz.wz> (Fahrrad) • y-wrench US; three-way spanner GB; Y-type wrench JAP

dreiatomig <chem> • triatomic

Dreiaxialgerät n <msr> • triaxial compression cell; triaxial apparatus

Dreibackenfutter n <wz> • three-jaw power chuck

Dreibackenkraftspannfutter n <wz> • three-jaw power chuck

Dreibackenlünette f <wz.masch> • three-jaw steady

Dreibahnenbett n <wz.masch> • triple-slideway bed; triple-track bed

dreibahnig <masch> (Führungsbahn, -bett) • triple-track; three-way

Drei-Banden-Lampe f <licht> • triphosphor lamp

Dreibandenlampe f <licht> • triphosphor lamp

Dreibandenspektrum n <phys> • three-banded spectrum

dreibasig <chem> • tribasic

dreibasige Säure f <chem> • tribasic acid; triacid

Dreibein n rar <tech.allg> (z. B. für Kamera, Blitz, Theodolit) • tripod

Dreibein n <math> • trihedral

Dreibeinkran m <förd> • three-leg crane; sheer-legs

Dreibeinlafette f <mil> • tripod mounting

Dreibeinstativ n <tech.allg> (z. B. für Kamera, Blitz, Theodolit) • tripod

dreibindig <textil> • three-leaf; three-shaft

dreibindiger Köper m <textil> • three-end twill

Dreiblattrotor m <energ.wind> • three-bladed rotor

Dreibock m rar <kfz.wz> (allg., dreibeinig, für Fahrzeug) • jack stand US; safety stand; axle stand GB

Dreibockreuter m <agri> • tripod

Dreibreitencode m <edv> • three-width code; three-level code

Dreibreitensymbologie f <edv> • three-width code; three-level code

Dreibruchbogen m <druck> • three-folded sheet

Dreichip-Camcorder m <av> • three-CCD camcorder

Dreidecker m <aerospace> • triplane

Dreideckschiff n <nav> • three-deck ship; triple-deck ship

dreidimensional (3D) <allg> (Gegenstand, Darstellung, CAD-System) • three-dimensional (3D)

dreidimensionale Gefriertüllen f <nahr.prod> (für Speiseeis) • three dimensional molds

dreidimensionaler Körper m <edv> (Computergrafik) • three-dimensional object; 3D object pract

dreidimensionaler Raster m <bau> • modular space grid

dreidimensionaler Raum m <phys> • three-dimensional space

dreidimensionales CAD-System n <edv> • 3D CAD system; three-dimensional CAD system

dreidimensionales Gitter n <mat> • three-dimensional lattice; space lattice

dreidimensionales Koordinatensystem n <edv.math> • three-dimensional coordinate system

dreidimensionales Modell n <prod> • three-dimensional model; full-form model

dreidimensionales Objekt n <edv> (Computergrafik) • three-dimensional object; 3D object pract

dreidimensionale Testpuppe für seitlichen Aufprall f <kfz.sich> • anthropomorphic side impact dummy ISO/TR 9790-1

dreidimensional geformt <bekl> (Motorrad-Helmvisier) • aerodynamically shaped

Dreidrahtgewindemessung f <msr> • three-wire thread measurement; measurement over three wires; three-wire measurement; three-wire method; over wire method

Dreidraht-Gewindemessverfahren n <msr> • three-wire thread measurement; measurement over three wires; three-wire measurement; three-wire method; over wire method

Dreidrahtmethode f <msr> • three-wire thread measurement; measurement over three wires; three-wire measurement; three-wire method; over wire method

Dreidraht-Näherungssensor m <msr> • 3-wire proximity sensor

Dreidrahtverfahren n <msr> • three-wire thread measurement; measurement over three wires; three-wire measurement; three-wire method; over wire method

Drei-D-Werbemittel n <werb> • three dimensional advertising material

Drei-Ebenen-Architektur f <edv> • three-tier architecture; 3-tier architecture

Dreieck n <math> • triangle

Dreieckantenne f <tele> • triangular antenna US; triangle aerial GB

Dreieckaufhängung f <tech.allg> • three-point suspension

Dreieckbinder m <bau> • triangular truss; Belgian truss; pitched truss

Dreieckfeder f <masch> • triangular plate spring; flat triangular spring

dreieckförmig <allg> • triangle-shaped

dreieckgeschaltet <el> • delta-connected

Dreieckgewinde n rar <masch> • V thread; vee thread; sharp V thread obs; sharp vee thread obs

Dreieckhartmetallwendeplatte f <wz> • triangular throw-away carbide tip

dreieckig <allg> • triangular

Dreieckimpuls m <el> • triangular transient pulse; triangular pulse

Dreieckkettenfahrleitung f <bahn> • double-catenary suspension line

Dreieck-Masseelektrode f <kfz.el> • triangular ground electrode

Dreieckmodulationssystem n <el> • delta modulation system

Dreieckplatte f <wz> • triangular insert

Dreieckrückstrahler m <kfz> • triangular reflector

Dreiecksanordnung f <bau> (z. B. Fachwerk) • diagonal system

Dreieckschaltung f <el> (Dreiphasenwechselstrom) • delta connection

Dreieckschar n <agri> • triangular share; shin share

Dreieckschwinge f <kfz> (Motorrad) • cantilever-type pivoted fork; triangulated pivoted fork

Dreieckschwingung f <phys> • triangular oscillation

Dreieckseinbruch m <min> • triangle cut

Dreiecksfenster n <kfz> • quarter window; quarter light; vent window

Dreiecksflügel m ugs <aerospace> • delta wing; triangular wing coll

Dreiecksgegenkolbenmotor m <mot> • triangulated engine

Dreieckslenker *m prakt* <kfz> • A-arm *US*; wishbone *GB*
Dreieckslenkeraufhängung *f* <kfz> • A-arm suspension; wishbone suspension
Dreiecksmasseelektrode *f* <kfz.el> • triangular ground electrode
Dreiecksmatrix *f* <math> • triangular matrix
Dreiecksnetz *n* <geo.msr> *(Vermessung)* • triangulation system
Dreieckspannung *f* <el> • mesh voltage; delta voltage
Dreieckspunkt *m* <geo.msr> *(trigonometrischer Punkt)* • triangulation point; triangulation station
Dreiecksquerlenker *m* <kfz> • A-arm *US*; wishbone *GB*
Dreiecksquerschnitt *m* <tech.allg> • triangular cross-section
Dreiecksschaltung *f* <el> • delta configuration
Dreiecksschwingung *f* <phys> • triangular wave; triangle wave
Dreieck-Stern-Schaltung *f* <el> *(Anlaufautomatik v. E-Motoren)* • delta-star connection
Dreiecksstufen *fpl* <bau> • spandrel steps
Dreieckteilung *f* <pap> • triangular pitch
Dreiecktragfläche *f* <aerospace> • triangular wing; delta wing
Dreieckverband *m* <tech.allg> *(z. B. Fachwerk, Turmdrehkran)* • diagonal tieing; diagonal bracing
Dreieckwelle *f* <phys> • triangular wave; triangle wave
Dreieckwellenform *f* <phys> • triangular waveform
Dreieckwicklung *f* <el> • delta winding
Dreieckzahn *m* <wz> • common tooth; peg tooth
Dreielektrodenanordnung *f* <el.chem> • three-electrode cell; three-electrode system; three-electrode circuit; three-electrode configuration; three-electrode arrangement
Drei-Elektroden-Anordnung *f* <el.chem> • three-electrode cell; three-electrode system; three-electrode circuit; three-electrode configuration; three-electrode arrangement
Dreielektroden-Anordnung *f* <el.chem> • three-electrode cell; three-electrode system; three-electrode circuit; three-electrode configuration; three-electrode arrangement
Dreielektrodenröhre *f* <el> • three-electrode valve
Drei-Elektroden-Sensor *m* <msr> • three electrode sensor
Dreier *m ugs* <kfz> • BMW 3 Series; 3 Series [BMW] *pract*
Dreieradresse *f* <edv> • triple address
Dreierbündel *n* <el> • triple-bunch conductor
Dreiergespräch *n* <tele> *(mit Komforttelefon)* • third party call; 3 party call
Dreierkonferenz *f* <tele> *(mit Komforttelefon)* • third party call; 3 party call
Dreierkonferenz *f* <tele> *(Zusatzdienst, Telefonmerkmal)* • Three-Party Service (3PTY); three-party call
Dreierschaltung *f* <tele> *(Zusatzdienst, Telefonmerkmal)* • Three-Party Service (3PTY); three-party call
Dreierservice *m* <tele> *(Zusatzdienst, Telefonmerkmal)* • Three-Party Service (3PTY); three-party call
Dreierspaltung *f* <nukl> • ternary fission
Dreierstoß *m* <phys.nukl> • three-three-particle collision; three-body collision; triple collision
Dreierstoßrekombination *f* <nukl> • non-radiative recombination
Dreierverbindung *f* <tele> *(Zusatzdienst, Telefonmerkmal)* • Three-Party Service (3PTY); three-party call
Dreietagenofen *m* <verbr> • three-storeyed furnace
dreietagige Wicklung *f* <el> • three-range winding
Dreiexzesskode *m* <edv> • three-excess code
dreifach <allg> • threefold; treble; triple
dreifach <phys.chem> • ternary
Dreifachabdeckung *f* <energ.sol> *(von Kollektoren)* • triple glazing

dreifach abgesetzt <prod> • three-step
Dreifachachse *f* <nfz> • tri-axle; tridem *rare*
Dreifachbandfilter *n* <tele> • three-section band-pass filter; triple band-pass filter
Dreifachbindung *f* <chem> • triple bond; triple link
Dreifachdiffusionstransistor *m* <el> • triple-diffused transistor
Dreifachdrehkondensator *m* <el> • three-gang capacitor
dreifacher Zwirn *m* <textil> • three-ply thread
dreifache Säulenarkade *f* <bau> • triple column arcade
Dreifachexpansionsdampfmaschine *f* <masch> • triple-expansion steam engine; triple-expansion engine
dreifach gebrannt <gastr> *(Keramikgeschirr)* • fired three times
dreifach gekröpfte Kurbelwelle <masch> • three-throw crankshaft
Dreifachhubmast *m* <logist> *(Hochregalstapler)* • triple lift mast
Dreifachintegral *n* <math> • triple integral
Dreifachkabel *n rar* <el> • 3-core cable; 3-wire cable; three-wire cable; three-conductor cable
Dreifachkäfigmotor *m* <el> • triple squirrel-cage motor
Dreifachkette *f* <antr> • triple-strand chain
Dreifachkettenblatt *n* <fz> *(Fahrrad)* • triple chainwheel
Dreifachkoinzidenzzähler *m* <msr> • triple coincidence counter
Dreifachläppverfahren *n* <prod> *(Zahnrad)* • three-lap method
dreifach rechtwinklig <math> • trirectangular
Dreifachrollenkette *f* <antr> • triple roller chain
Dreifachsammelschienen-Schaltanlage *f* <el> • triple-bus switching system
Dreifachschalter *m* <el> • three-point switch
Dreifachschieber *m* <masch> • open-center slide valve; bypass slide valve
Dreifachschnur *f obs* <el> • triple cord *obs*
Dreifachschreiber *m* <msr> • three-channel recorder
Dreifachspaltung *f* <nukl> • ternary fission
Dreifach-SS-Anlage *f* <el> • triple-bus switching system
Dreifach-Strahlenleiter *m* <phot> • triple beam splitter
Dreifachtarifzähler *m* <msr> • three-rate meter
Dreifachteleskophubgerüst *n* <logist> *(Hochregalstapler)* • triple lift mast
Dreifachumschalter *m* <el> • triple-throw switch
Dreifachumschalter *m rar* <el> • three-way switch; three-position switch; three-point switch
Dreifachverglasung *f* <bau> *(Fenster)* • triple glazing; triple glass glazing
Dreifachverglasung *f* <energ.sol> *(von Kollektoren)* • triple glazing
Dreifachverteiler *m* <tech.allg> *(z. B. in Druckluft-, Rohr- oder Stromleitungen)* • 3-way distributor
Dreifachverzweigungsmuffe *f* <el> • trifurcating box
Dreifachwicklung *f* <el> • triplex winding
dreifachwirkend <tech.allg> • triple-acting
Dreifachzeilensprungabtastung *f* <av> • triple interlaced scanning
Dreifadenaufhängung *f* <mech> • trifilar suspension
Dreifadenlampe *f* <licht> • three-filament lamp
Dreifarbenbildröhre *f* <av> • tricolor picture tube
Dreifarbendruckverfahren *n* <druck> • three-color printing process; three-color printing
Dreifarbenjacquard *m* <textil> • three-color jacquard
Dreifarbenröhre *f* <av> • tricolor tube
Dreifarbenröhre mit Indexsteuerung *f* <el> • beam-indexing tube
Dreifarbenschreiber *m* <msr> • three-color recorder
Dreifarbensystem *n* <licht.theat> • three color system; three-lamp system *obs*

Dreifarbentheorie f <opt> • trichromatic theory
Dreifarbenverfahren n <phys> *(Farbenlehre)* • three-color additive method
dreifarbig <obfl> • three-colored
dreifarbig <phys> • trichromatic
Dreifarbigkeit f <phys> • trichroism
Dreifeldrahmen m <bau> • three-bay frame
dreifeldrig <bau> • three-bay
Dreifingerregel der linken Hand f <el> *(elektromagnetische Induktion: Generator)* • left-hand rule
Dreifingerregel der rechten Hand f <el> • right-hand rule
dreiflächig <mat.math> • trihedral
Dreiflächner m <math> • trihedron
dreiflammig <verbr> • three-torch
Dreiflammkocher m <gastr> • three-burner hob
Dreiflammrohrkessel m <verf> • triple-flue boiler
dreiflügelig <bau> *(Fenster)* • three sash
dreiflügelige Kreiskolbenpumpe f <förd> • three-lobe pump
Dreiflügel-Kreiskolbenpumpe f <förd> • three-lobe pump
Dreiflügler m <energ.wind> • three-bladed rotor
dreiflüglig <masch> *(Propeller)* • three-bladed
dreifurchiger Anhängepflug m <agri> • three-furrow trailed plough
Dreifuß m <chem> *(Laborgerät)* • tripod; tripod stand
Dreifuß m <silik> *(Brennhilfsmittel)* • stilt
dreigabelig <tech.allg> *(Verzweigung; z. B. Leitung, Rohr)* • trifurcate; trifurcated
dreigängig <masch> *(Gewinde)* • triple-threaded; three-start
dreigängig <masch> *(siehe auch: ...gängig)* • triple...; three...
dreigängiges Gewinde n <masch> • triple-start thread; triple thread; triple-lead thread; triple-pitch thread; three-start thread
Dreigang-Automatik f prakt <kfz.antr> *(Getriebevollautomat)* • 3-speed automatic transmission *US/GB*; three-speed auto transmission *US/GB.pract*; automatic gearbox with three speeds *GB.rare*; 3-speed auto trans *US.coll*; 3-speed auto box *GB.coll*
Dreigangdrehkondensator m <el> • three-gang capacitor
Dreiganggetriebe n <kfz.antr> • three-speed transmission; three-speed gearbox *GB*; three-speed drive
Dreiganggetriebe mit Overdrive n <kfz.antr> • three-speed transmission with overdrive (3+O); three-speed gearbox with overdrive *GB*; 3+O transmission; 3+O gearbox *GB*
Dreigang-Overdrivegetriebe n <kfz.antr> • three-speed transmission with overdrive (3+O); three-speed gearbox with overdrive *GB*; 3+O transmission; 3+O gearbox *GB*
Dreigelenkbogen m <bau> • three-hinged arch; three-pin arch
Dreigelenkbogenscheibe f <bau> • three-hinged arch slab
Drei-Gelenk L-System n <rls> • three hinge "L" system; three hinge "L" bend
Dreigelenkrahmen m <bau> • three-hinged frame
Drei-Gelenk U-System n <rls> • three hinge "U" system; three hinge "U" bend
Drei-Gelenk Z-System n <rls> • three hinge "Z" system; three hinge "Z" bend
dreigestaltig <chem> • trimorphous; trimorphic
Dreigitterröhre f <el> • three-grid valve; triple-grid tube; three-grid tube
dreigleisig <bahn> • triple-tracked; triple-track
dreigliedrig <tech.allg> • three-membered
dreigliedrig <math> • three-term; trinomial; ternary
Dreigrubenäschersystem n <led> • three-pit liming system; three-pit system
Dreigutscheider m <verf> • three-product separator
Dreihalskolben m <chem> *(Laborgerät)* • three-necked bottle; three-necked flask
Drei-Jahres-Vollgarantie f <ökon> • three-year full guarantee; three-year complete guarantee *GB*
Dreikammerkreiselkolbenpumpe f <förd> • three-lobed pump; three-lobe pump
Drei-Kammern-System n Audi <obfl.qualit> • three-chamber system *Audi*
Dreikanalmotor m <mot> *(Zweitaktmotor)* • three-port engine
Dreikanalrad n <masch> *(Pumpe)* • three-blade impeller; three bladed impeller; three-channel impeller; 3-blade impeller *werb*
Dreikant m <masch> *(z. B. Halbzeug, Schraubenkopf)* • triangle
Dreikant n <mat> *(Stangenmaterial)* • trihedral angle
Dreikantbohrer m <wz> • three-cornered drill
Dreikantfeile f <wz> *(für die Metallbearbeitung)* • three-square file; three-cornered file *coll*; three-square engineers' file *ISO*; triangular file
Dreikantführungsholm m <masch> • triangular guide tube
dreikantig <tech.allg> • three-cornered; three-square; three-edged; three-edge
Dreikantkopf mit Bund m <füg> • triangle head with collar
Dreikantleiste f <bau> *(Hohlkehle)* • chamfer strip; angle fillet
Dreikantlitzenförderseil n <förd> • triangular-strand winding rope
Dreikant-Löffelschaber m <wz> *(mit drei Schneiden)* • triangular scraper
Dreikantmutter f <füg> • triangle nut
Dreikantmutter mit Bund f DIN ISO 1891 <füg> • triangle nut with collar
Dreikantprofil-Führungsholm m <masch> • triangular guide tube
Dreikantschaber m <kfz.wz> • three-square scraper; three square scraper; triangular scraper
Dreikantschraube f DIN ISO 1891 <füg> • triangle head bolt
Dreikantschraube f <füg> • triangle head bolt with collar
Dreikantschraube mit Bund f <füg> • triangle head bolt with collar
Dreikant-Werkstattfeile f norm <wz> *(für die Metallbearbeitung)* • three-square file; three-cornered file *coll*; three-square engineers' file *ISO*; triangular file
Dreikegelrollenmeißel m <petr> *(Tiefbohrtechnik)* • tricone roller bit; three-cone bit; tricone bit
dreikernig <phys> • trinuclear
Dreikörperproblem n <phys> • three-body problem
Dreikörperstoß m <nukl> • three-body collision
Dreikolbenpumpe f <förd> • three-cylinder pump; three-piston pump; 3-piston pump *werb*; triplex pump
Drei-Komponenten-Kraftmessaufnehmer m <msr> • three-component force transducer
Drei-Komponenten-Kraftsensor m <msr> • three-component force transducer; 3-component force transducer
Dreikomponenten-Kraftsensor m <msr> • three-component force transducer; 3-component force transducer
Dreikomponentensystem n <mat> • three-component system; ternary system
Dreikrempelsatz m <textil> • three-card set
dreikurbelig <masch> • three-throw
Dreilagenwicklung f <el> • triplex winding

dreilagig beplankt <bau.innen> • triple layer of boards; triple-ply US

dreilagige Beplankung f <bau.innen> • triple layer of boards; triple-ply US

dreilagiger Putz m <bau> • three-coat work

Dreilampensystem n obs <licht.theat> • three color system; three-lamp system obs

dreilappig <el> (z. B. Antennenkeule) • three-lobe

Dreileistungsmesserverfahren n <el> • three-wattmeter method

Dreileiterendverschluss m <el> • trifurcating box

Dreileiterkabel n <el> • 3-core cable; 3-wire cable; three-wire cable; three-conductor cable

Dreileitersystem n <el> • three-wire system

Dreilichtspitzenbeleuchtung f <bahn> • triple headlights

dreilippig <wz> • three-lipped; three-lip

Drei-Liter-Auto n <kfz> • three-liter car US; three-litre car GB; hundred-miles-per-gallon car VW

dreilitzig <el> (Leitung) • three-strand

Dreilochinterferometer n <opt> • three-aperture interferometer

Dreilochmontage f <tech.allg> (z. B. Rad) • three-hole mounting

Dreilochspeicherkern m <edv> • three-hole memory core

Dreimaskentechnik f <el> • tri-mask technique

Dreimesserschnellschneider m <druck> • three-knife trimmer

Dreimetallplatte f <mat> • tri-metallic plate

Dreimomentengleichung f <mech> (Berechnung von Biegemomenten) • three-moment equation; three-moment theorem

dreimotorig <aerospace> • three-engine

Dreinadel-Überdeckstichnähmaschine f <textil> • three-needle coverstitch machine

Dreiniveaulaser m <phys> • three-level laser

Dreiniveaumaser m <phys> • three-level maser

dreinutig <wz> • three-fluted; three-flute

Dreiphasendrehtransformator m <el> • three-phase regulator

Dreiphaseneinspritzung f <prod> (Druckguss) • three-phase injection

Dreiphasenelektrode f <el> • three-phase electrode

Dreiphasenernte f <agri> • three-stage harvesting

Dreiphasengleichgewicht n <mat> • three-phase equilibrium

Dreiphasenleitung f <el> • three-phase line

Dreiphasenmotor m <el> • three-phase motor

Dreiphasenofen m <metall> • three-phase furnace

Dreiphasenschieberegister n <edv> • three-phase shift register

Dreiphasensteckdose f <el> • three-wire receptacle

Dreiphasenstrom m <el> • three-phase current

Dreiphasensystem n <el> • three-phase system

Dreiphasensystem n <nahr> (Speiseeis) • three-phase system; 3-phase system

Dreiphasentransformator m <el> • three-phase transformer

Dreiphasenwechselstrom m <el> • three-phase alternating current; three-phase current; three-phase AC

dreiphasig <el> • three-phase

dreiphasiger Stromkreis m <el> • three-phase circuit

Dreiplungerpumpe f <förd> • three-plunger pump; 3-plunger pump; triplex plunger pump; triplex ram pump

dreipolig <el> (allg.; z. B. Stecker, Anschluss) • three-pole; three-terminal; triple-pole; tripolar; three-pin

dreipoliger Kurzschluss m <el> • three-pole short circuit to ground

dreipoliger Schalter m <el> • three-pole switch

dreipoliger Stecker m <el> • three-pin plug

dreipoliges Netzwerk n <el> • three-terminal network

dreipolige Zündkerze f <kfz.el> • three-pin spark plug

Dreipolröhre f <el> • triode

Dreipolschalter m <el> • triple-pole switch

Dreipolstecker m <el> • three-pole plug; three-pin plug

Dreipressenschleifer m <pap> • three-pocket grinder

Dreiprismenspektrograph m <opt> • three-prism spectrograph

Dreiproduktscheider m <verf> • three-product separator

dreiprofilig <wz> (Schleifscheibe) • three-ribbed; triple-edge

dreiprofilige Scheibe f <wz> • three-ribbed wheel

Dreiprofilscheibe f <wz> • three-ribbed wheel

Dreipunktanbau m <agri> (Traktor) • three-point linkage

Dreipunktanlage f <druck> • three-point lay

Dreipunktanlage f <masch> • three-point bearing

Dreipunktaufhängung f <tech.allg> • three-point suspension

Dreipunktauflage f <prod> (z. B. Werkstück) • three-point support

Dreipunktbock m <agri> • headstock

Dreipunktboot n <nav> • three-point hydroplane

Dreipunkteinspannung f <wz> • three-point grip

Drei-Punkte-Registriersystem n <druck> (Druckplattenregistrierung) • three-point register system; 3-point register system; 3-point system pract

Dreipunktgurt m <kfz.sich> (mit oder ohne Aufrollautomatik) • 3-point seat belt; lap-shoulder belt; unibelt Chrysler, 3-point safety belt Ford; three-point seat belt Volvo

dreipunktig berührend <masch> (Lager) • with three-point contact

Dreipunktkugellager n DIN ISO 5593 <masch> • three-point-contact ball bearing ISO 5593

Dreipunktlager n <masch> • three-point-contact ball bearing ISO 5593

Dreipunktlagerung f <masch> • three-point support; three-point bearing

Dreipunktlandung f <aerospace> • three-point landing; tail-low landing

Dreipunktmessung f <msr> • three-point measurement

Dreipunktregelung f <msr> • three-position control; three-step control; dead-zone control

Dreipunktregler m <msr> • three-position controller

Dreipunktsackheber m <agri> (hinten an Traktor) • rear-mounted jib-type sack loader

Dreipunktschaltung f <el> • three-point connection

Dreipunkt-Sicherheitsgurt m <kfz.sich> (mit oder ohne Aufrollautomatik) • 3-point seat belt; lap-shoulder belt; unibelt Chrysler, 3-point safety belt Ford, three-point seat belt Volvo

Dreipunktsicherheitsgurt m rar <kfz.sich> (mit oder ohne Aufrollautomatik) • 3-point seat belt; lap-shoulder belt; unibelt Chrysler, 3-point safety belt Ford, three-point seat belt Volvo

Dreipunkt-Statikgurt m <kfz.sich> • 3-point static belt :V

Dreipunktverhalten n <msr> • three-point action; three-level action; three-step action

Dreiquartier n <bau> • three-quarter bat

Dreirad n <fz> • tricycle

Dreiradbauweise f <logist> (Stapler) • three-wheel design

Dreiradflurförderer m <förd> • three-wheeled truck; three-wheel truck

Dreiradlieferwagen m <nfz> • three-wheeler van; three-wheel van

Dreiradwalze f <bau.masch> (Straßenwalze) • three-wheeled roller; three-wheel roller

Dreiräderblock m <masch> (Getriebe) • triple gear

Dreiräderschiebeblock *m* <masch> • sliding triple gear
Dreireihennietung *f* <füg> • triple riveting
dreireihig <tech.allg> • three-row; triple-row
dreireihig genietet <füg> • triple-riveted
Dreiring *m* <chem> • three-membered ring
Dreiröhrenfarbfernsehkamera *f* <av> • three-tube television color camera; three-tube color camera
Dreiröhrenfarbkamera *f* <av> • three-tube television color camera; three-tube color camera
Dreirollenmeißel *m* <petr> *(Tiefbohrtechnik)* • tricone roller bit; three-cone bit; tricone bit
Drei-Rollen-Walzmaschine *f* <wz.masch> *(Gewindewalzen)* • three-die machine; three-roll machine
Dreirumpfschiff *n* <nav> • trimaran
dreisäurig <chem> • triacid
Dreisatz *m* <math> • rule of three
dreischäftig <textil> • three-strand
Dreischaufelrad *n* <masch> *(Pumpe)* • three-blade impeller; three bladed impeller; three-channel impeller; 3-blade impeller *werb*
dreischenkliger Zirkel *m* <wz> • triangular compass
Dreischichtenelektrolyse *f* <chem.verf> • three-layer electrorefining process
Drei-Schicht-Lacksystem *n* <obfl> • three-coat paint layer
Dreischicht-Lacksystem *n* <obfl> • three-coat paint system; three-coat system
Dreischichtplatte *f* <bau.mat> • three-layer slab; sandwich slab
dreischiffig <bau> *(Gebäude)* • three-span; three-bay
Dreischleifenwicklung *f* <el> • triplex winding
Dreischlitzmagnetron *n* <el> • three-slot magnetron
Dreischneidenbohrer *m* <wz> • three-lipped drill; three-flute drill; three-lip drill
Dreischneider *m* <druck> • three-side trimmer
dreischneidig <wz> • three-lipped; three-lip
dreischneidiger Löffelschaber *m* <wz> *(mit drei Schneiden)* • triangular scraper
Dreischussbindung *f* <textil> • three-weft binding
Dreiseitenbeschneidemaschine *f* <druck> • three-side trimmer
Dreiseitenkipper *m* <nfz> *(Lastkraftwagen, Anhänger)* • three-way tipping trailer; three-way dump truck; three-way tipper *GB*; three-way dumper
dreiseitig <tech.allg> • trilateral
dreiseitige Pyramide *f* <math> • triangular pyramid
Dreisektionsbremsklappe *f* <aerospace> • three-petal brake
Dreispannungsmesserverfahren *n* <el> • three-voltmeter method
Dreispiegelhaftglas *n* <opt> • three-mirror contact lens
Dreispindelautomat *m* <wz.masch> • three-spindle automatic
Dreispindelfräsmaschine *f* <wz.masch> • three-spindle milling machine; triplex milling machine
dreispindelig <wz.masch> • triple-spindle; three-spindle; three-screw
dreispindelige Schraubenspindelpumpe *f* <förd> • three-screw pump; triple screw pump; three-rotor screw pump; three-spindle screw pump
Dreispindelpumpe *f* <förd> • three-screw pump; triple screw pump; three-rotor screw pump; three-spindle screw pump
Dreispindelschraubenpumpe *f* <förd> • three-screw pump; triple screw pump; three-rotor screw pump; three-spindle screw pump
Dreispindler *m* <wz.masch> • three-spindle automatic; three-spindle machine

dreispitzige Hypozykloide *f* <math> • tricuspid
dreispurig <verk> *(Straße)* • three-lane
Dreiständerumformautomat *m* <prod> • three-column transfer press
Dreistärkenglas *n* <opt> *(Brille)* • trifocal lens
dreistellig <math> • three-figure; three-place
Dreistiftstecker *m* <el> • three-pin plug
dreistöckig <bau> • three-floor *US*; three-story *US.GB*; three-storey *GB*
Dreistofflegierung *f* <mat> • three-component alloy; ternary alloy
Dreistoffsystem *n* <aerospace> *(Rakete)* • tripropellant
Dreistoffsystem *n* <mat> • three-component system; ternary system
dreistrahliges Flugzeug *n* <aerospace> • three-jet airplane; tri-jet
Dreistrahlmesstechnik *f* <phys.msr> • triple beam technology
Dreistufenfilter *n* <verf> • three-step filter
Dreistufenkaltstauchautomat *m* <wz.masch> *(z. B. für Schrauben)* • triple-stroke automatic cold header; three-blow automatic cold header
Dreistufenrakete *f* <aerospace> • three-stage rocket
Dreistufenverdampfer *m* <verf> • triple-effect evaporator
dreistufig <tech.allg> • three-stage
dreistufig <metall> *(Stauchen)* • three-blow
dreistufig <verf> • three-step
dreistufige Verbrennung *f* <verbr> • three-stage combustion
dreistufige Verstärker- und Kompensatorschaltung *f* <el> *(AD-Wandler)* • three-stage amplification and compensation circuit
Dreitafelprojektion *f* <math> *(techn. Zeichnen)* • three-plane projection
dreiteilen *vt* <math> *(Winkel)* • trisect *vt*
dreiteilig <tech.allg> • three-piece; three-part; tripartite
dreiteilige 5-Grad-Schrägschulterfelge *f* did <kfz> • three-piece tapered bead seat rim; three-piece 5 degree tapered bead seat rim; 3P tapered bead seat rim; 3P 5 degree tapered bead seat rim
dreiteilige Dose *f* <pack> • three-piece can
dreiteilige Felge *f* <nfz> • three-piece rim; 3P rim *pract*
dreiteilige Ringfelge *f LMZ* <nfz> • three-piece tapered bead seat rim; three-piece 5 degree tapered bead seat rim; 3P tapered bead seat rim; 3P 5 degree tapered bead seat rim
dreiteiliger Ölabstreifring *m* <kfz.mot> • three-piece oil ring
dreiteiliger Panorama-Innenspiegel *m* <kfz> • 3-panel panoramic mirror
dreiteilige Schrägschulterfelge *f* <nfz> • three-piece tapered bead seat rim; three-piece 5 degree tapered bead seat rim; 3P tapered bead seat rim; 3P 5 degree tapered bead seat rim
dreiteiliges geschmiedetes Leichtmetallrad *n* <kfz> • three-piece forged alloy wheel
dreiteiliges geschmiedetes LM-Rad *n* <kfz> • three-piece forged alloy wheel
dreiteiliges Gesims *n* <bau> • triple moulding
dreiteiliges Leichtmetallrad *n* <kfz> • three-piece alloy wheel
dreiteiliges LM-Rad *n* <kfz> • three-piece alloy wheel
dreiteiliges Schmiederad *n* <kfz> • three-piece forged alloy wheel
Dreiteilung *f* <allg> • tripartition
Dreiteilung *f* <math> *(Winkel)* • trisection
Dreitorverzweiger *m* <lwl> • three-port coupler
Dreitürer *m* prakt.ugs <kfz> • two-door hatchback; two-door hatch

dreitürig <kfz> • three-door

dreitürig <kfz> *(Karosserieausführung)* • three-door …; 3-door

dreitürige Limousine f <kfz> • two-door hatchback; two-door hatch

Dreiüberschusskode m <edv> • excess three code

Dreiventiler m ugs <kfz.mot> • three-valve engine; three valver *coll*; three-valve

Dreiventilmotor m <kfz.mot> • three-valve engine; three valver *coll*; three-valve

Dreiviertellänge f <bekl> • three-quarter length; 3/4 length

dreiviertel lange Jacke f <bekl> • three-quarter length jacket

Dreiviertelringsteil n <led> • three-quarter cut vamp

Dreiviertelsäule f <bau> • three-quarter column

Dreiviertelziegel m <bau.mat> • three-quarter bat; king closer

Dreivoltmeterverfahren n <el> • three-voltmeter method

Dreiwalzenauftragwerk n <textil> • three-roll coater

Dreiwalzenbiegemaschine f <metall> • pyramid-type plate bending rolls; three-roll bender

Dreiwalzenblechbiegemaschine f <metall> • pyramid-type plate bending rolls; three-roll bender

Dreiwalzen-Doppelriemchenstreckwerk n <textil> • three-roll two-tape drafting system

Dreiwalzengerüst n <metall> • three-high rolling stand

Dreiwalzenkalander m <prod> *(Reifen)* • three-roll calender; three-bowl calender

Dreiwalzenmühle f <verf> • three-roll mill

Dreiwalzenrundmaschine f <prod> • three-roll circling machine

Dreiwalzenstreckwerk n <textil> • set of three pairs of drawing rollers

Dreiwalzenstuhl m <metall> • three-roll mill

dreiwandiger Balg m <rls> • triple ply bellows; triple-ply bellows

Dreiwattmetermethode f <el> • three-wattmeter method

Dreiwege-Box f ugs <av> • three-way loudspeaker; three-way system; 3-way system; three-way box *coll*

Drei-Wege-Conveyor m <druck> *(Druckplattenhandling)* • multi-conveyor

Dreiwegehahn m <rls> • three-way cock

Dreiwegekat m <kfz.emiss> • computer-controlled three-way catalytic converter

Drei-Wege-Katalysator m <kfz.emiss> *(chemische Funktionseinheit)* • three-way catalyst (TWC); 3-way catalyst

Drei-Wege-Katalysator m <kfz.emiss> *(Bauteil der Auspuffanlage)* • three-way catalytic converter; 3-way catalytic converter

Dreiwege-Lautsprecher m <av> • three-way loudspeaker; three-way system; 3-way system; three-way box *coll*

Dreiwegemaschine f <wz.masch> • three-way machine

Dreiwegeschalter m <el> • three-way switch; three-position switch; three-point switch

Dreiwegestecker m <el> • three-way plug

Dreiwegestück n <rls> • three-way pipe

Dreiwegesystem n <tech.allg> • three-way system; 3-way system

Dreiwege-System n <av> • three-way loudspeaker; three-way system; 3-way system; three-way box *coll*

Dreiwegetechnik f <tech.allg> • three-way technique

Dreiwegeventil n <rls> • three-way valve

Drei-Wege-Ventil n <rls> • three-way valve

Dreiwege-Ventil n <rls> • three-way valve

Dreiweg-Kat m <kfz.emiss> *(Bauteil der Auspuffanlage)* • three-way catalytic converter; 3-way catalytic converter

Dreiweg-Katalysator m <kfz.emiss> *(chemische Funktionseinheit)* • three-way catalyst (TWC); 3-way catalyst

Dreiweg-Katalysator m <kfz.emiss> *(Bauteil der Auspuffanlage)* • three-way catalytic converter; 3-way catalytic converter

Dreiwegsystem n rar <av> • three-way loudspeaker; three-way system; 3-way system; three-way box *coll*

Dreiweg-Verfahren n <kfz.emiss> • three-way method

Drei-Weg-Weiche f <bahn> • three-way switch

Dreiwegweiche f <bahn> • three-way switch

Dreiwellengetriebe n <antr> • triple gearing

dreiwellige Pappe f <pap> • triple-wall board

dreiwertig <chem> • trivalent

dreiwertige Atomgruppe f <chem> • triad

dreiwertige Logik f <msr> • three-valued logic

dreiwertiges Eisen n <chem> • trivalent iron; ferric iron

dreiwertiges Element n <chem> • trivalent element

Dreiwertigkeit f <chem> • trivalency; tervalency

dreizählige Drehachse f <mat> • threefold axis of symmetry

Dreizahl f <math> • triad

dreizeiliger Aufbau m <allg> • three-tier configuration

Dreiziffernanzeige f <edv> • three-digit read-out

dreiziffrig <math> • three-digit

Dreizonenschnecke f <kst> *(Spritzgießen)* • metering screw; three-section screw

Dreizustandslogik f <msr> • three-state logic

Dreizylinder m ugs <mot> • three-cylinder engine; 3-cylinder engine

Dreizylinderholzschleifmaschine f <wz.masch> • three-drum sander

Dreizylindermotor m <mot> • three-cylinder engine; 3-cylinder engine

Dreizylinderpumpe f <förd> • three-cylinder pump; three-piston pump; 3-piston pump *werb*; triplex pump

dreizylindrig <masch> • three-cylindrical; triple-cylinder

Drell m <textil> *(Gewebeart)* • drill; drilling

Dremel m TMprakt <wz> *(zum Bohren, Schleifen, Trennen, Fräsen, Polieren, Gravieren)* • precision drilling and grinding tool; Dremel TMpract

Drempel m <hydr> • lock sill; clap sill

Drempelmauer f <bau> • jamb wall

Dreschen n <agri> *(Vorgang)* • threshing; threshing-out

Dreschkanalbreite f <agri> • threshing channel width

Dreschkorb m <agri> • thresher concave

Dreschmaschine f <agri> • threshing machine; thresher

Dreschtrommel f <agri> • threshing cylinder; threshing drum; drum

Dreschtrommeldrehzahlvariator m <agri> • threshing speed variator

Dreschtrommeldurchsatz m <agri> • dragging-in-capacity of the drum

Dreschtrommelgetriebe n <agri> • threshing cylinder gears

Dreschtrommelvariator m <agri> • drum speed variator

Dreschwerksverlust m <agri> • threshing losses; threshing loss

dress vt <prod> *(Schleifscheibe)* • true vt

Dressieren n <metall> • skin pass rolling; cold finishing; skin rolling; rerolling

Dressieren n <metall> *(feuerverzinktes Feinblech)* • temper rolling

dressieren vt <metall> • pinch-pass vt; cold-finish vt; skin-roll vt; reroll vt; kill vt

Dressiergerüst n <metall> *(Walzwerk)* • rerolling stand

Dressierstich m <metall> • skin pass

Dressierwalze f <metall> • cold roll

Dressierwalzwerk n <metall> • skin pass mill; temper mill

driegenäht <led> • inverted seam-sewn

DRI-Eisen n <metall> • direct reduced iron (DRI)
Drift f <tech.allg> (allg.; allmählichen Abweichen vom Sollzustand, Kurs etc.) • drift
Drift f <geo> • drift; epeirogeny thsc
Drift f <msr> (allmähliches Weglaufen vom Sollwert, Sollzustand) • runaway
Drift f <msr> (wärmebedingt) • temperature-induced drift; thermal runaway
Driftanker m <nav> • drift anchor
driftarmer Verstärker m <el> • low-drift amplifier
Driftausfall m <msr> • drift failure; gradual failure; degradation failure; failure due to instrument degradation
Driftbeweglichkeit f <ic> (Halbleiter) • drift mobility
Driftbewegung f <navig> (Schiff, Luftfahrzeug) • drift; drift motion
driften vi <allg> • drift vi
driften vi <msr> (langsames Auswandern eines Messwerts) • drift vi
Driften des Nullpunkts n <msr> • zero-run
Driftfehler m <msr> • drift error
Driftfeld n <msr> • drift field
Driftgeschwindigkeit f <phys> • drift speed; drift velocity
Driftgrad m <qualit> • drift percentage
Driftkanal m <holz> (für Baumstämme) • drift canal
Driftkompensation f <msr> • drift compensation
driftkompensiert <msr> • drift-corrected; drift-balanced
Driftkomponente f <navig> (Wegvektor, Geschwindigkeitsvektor) • drift component
driftkorrigierter Verstärker m <el> • drift-corrected amplifier
Driftlänge f <tech.allg> • drift length
Driftraum m <el> (Laufzeitröhren) • drift space
Driftschalenaufspaltung f <phys> (Magnetosphäre) • drift shell splitting
Driftsprühen n <agri> • drift spraying
Driftströmung f <navig> • drift current
Driftstrom m <energ.sol> • drift current; field current
Drifttransistor m <el> • graded-base transistor; drift transistor
Driftverlustkegel m <phys> • drift loss cone
drillen vt <textil> (Zwirnerei; zusammendrehen) • twist vt; ply vt; double vt; twine vt rare
Drillfähigkeit f <agri> (z. B. von Düngemitteln) • drillability
Drillich m <textil> (Gewebeart) • drill; drilling
Drillingsdampfmaschine f <masch> • three-cylinder steam engine; triple-cylinder steam engine
Drillingsgeschützturm m <mil> • three-gun turret; triple turret
Drillingskristall m <mat> • triplet crystal; trilling
Drillingswalzwerk n <metall> • trio mill
Drillkasten m <agri> • seeding hopper; seeding box
Drillknicklast f <mech> • torsional buckling load; twist buckling load
Drillknickung f <mech> • torsional buckling; twist buckling
Drillmaschine f <agri> • drill
Drillmaschine mit Zellenrad f <agri> • plate feed drill
Drillrohr n <agri> • delivery tube
Drillschar m <agri> • planter runner; drill coulter
Drillschraubendreher m <wz> • spiral ratchet screwdriver
Drilling f <prod> • torsion; twist
Drillung f <textil> (Zwirnerei) • torsion
Drillungswiderstandsmoment n <mech> • section modulus of torsion
dringendes Gespräch n <tele> • express call
dringendes Telegramm n <tele> • urgent telegram
Dringlichkeitsgrad m <allg> • degree of urgency; degree of priority
Dringlichkeitszeichen n <tele> • urgency signal

dritte Achse f <nfz> (zusätzliche Achse) • trailing axle; auxiliary axle
dritte Bremsleuchte f <kfz.el> (serienmäßig oder Sonderausst. gemäß USA-Spezifikation) • center high-mounted stop light (CHMSL); high-mount stop light pract; center-mounted stop light pract; high-mount brakelamp Ford; hi-mount stoplamp Ford
dritte Hand f <wz> • third hand; third hand tool
dritte kosmische Geschwindigkeit f <astron> • third cosmic speed; solar escape velocity
Drittel n <math> • third
Drittelmix m prakt <kfz> • Euromix formula
Drittelpunkt m <bau> • third point
Dritter m <jur> • third party; third person
dritter Gang m <antr> • third gear
dritter Hauptsatz der Thermodynamik m <phys> • third law of thermodynamics; Nernst heat theorem; Nernst law
dritter Überströmkanal m <kfz.mot> (Schnürle-Umkehrspülung) • third scavenging port; third transfer port
drittes Galvano n <edv> (für CDs; zweites Negativreplikat der Masterplatte) • stamper; son
dritte Sitzreihe f <kfz> • 3rd row seats
drittes Newton'sches Gesetz n <phys> • principle of action and reaction; law of action and reaction; third law of motion; Newton's third law; interaction law
drittes thermodynamisches Gesetz n <therm> • Nernst heat theorem; third law of thermodynamics
dritte Umschlagseite f <druck> • inner back cover (IBC)
dritte Wurzel f <math> • cube root
Drittluft f <tech.allg> • tertiary air
Drive n <edv> (Diskette oder Band) • drive; drive unit
Drive-in Regal n <logist> • drive-in rack; drive-in racking
Drive-Loop-Kabel n <edv> • drive loop cable
DRMS-Wert m <navig> • distance root mean square (drms); distance rms
dröhnen vi <akust> (hohl, dumpf; durch Resonanzschwingungen) • drone vi
dröhnen vi <akust> (besonders laut; z. B. Strahltriebwerke) • roar vi
Dröhngeräusch n <akust> (tiefes Wummern; z. B. in Autos im Fond, bei offenen Fenstern) • booming noise
Dröhngeräusche npl <akust> (allg.) • droning noise; boom and drone
Drogenkunde f <pharm> • pharmacognosy
Drohnenfalle f <mil> • drone trap
Drop-Hitch-Stoßfänger m <kfz> • drop-hitch bumper
Drop-in n <av> (Bild oder Ton) • drop-in
Drop-in-Ladeautomatik f <phot> (Film, APS) • drop-in loading
Dropout m <av> (bei Tonbandaufzeichnungen) • dropout (DO); drop-out
Drop-Out m <el> • dropout (DO); drop out; missing signal
Drop-out n <av> (Bild oder Ton) • drop-out; dropout
Dropout n <av> (Bild oder Ton) • drop-out; dropout
Dropout-Detektor m <av> • drop-out detector; DO detector
Dropout-Erkennung f <av> • drop-out detector; DO detector
Dropout-Erkennungsschaltung f <av> • drop-out detector; DO detector
Drop-out-Kompensation f (DOC) <av> (Verfahren) • drop-out compensation (DOC); dropout compensation
Dropout-Kompensation f <av> (Verfahren) • drop-out compensation (DOC); dropout compensation
Drop-Out-Kompensator m (DOC) <av> (Vorrichtung) • dropout compensator (DOC); dropout compensation circuit; DO compensator
Droschke f obs <kfz> • taxi; cab coll; taxicab obs; taximeter cab obs

Drosera rotundifolia <bio> • sundew; drosera rotundifolia

Drossel *f prakt* <el> *(Induktanz)* • choking coil; choke *pract*

Drossel *f rar* <hlk> *(z. B. Ofen, Lüftungsrohr)* • damper

Drossel *f prakt* <licht> *(von Entladungslampen)* • choke ballast; choke *pract*; ballast *pract*

Drossel *f* <rls> *(Verengung)* • restrictor; restriction

Drossel *f* <rls> *(Verengung mit Klappe)* • throttle

Drosselblende *f* <rls> *(eine Lochblende)* • orifice plate

Drosselbohrung *f* <kfz.brems> *(im Spezialbodenventil)* • relief passage; bypass

Drosselbohrung *f :V* <mot> *(Drosselscheibe)* • restriction hole

Drosseldurchflussmesser *m* <rls.msr> • differential-pressure flowmeter

Drosselelement *n* <rls> *(Verengung mit Klappe)* • throttle

Drosselerdung *f* <el> • inductive earthing

Drosselflansch *m* <masch> • choke flange

Drosselkalorimeter *n* <msr> • throttling calorimeter

Drosselklappe *f* <hlk> *(z. B. Ofen, Lüftungsrohr)* • damper

Drosselklappe *f* <hydr> • paddle

Drosselklappe *f* (DK) <kfz.mot> *(im Motor-Ansaugtrakt; z. B. im Vergaser)* • throttle valve; throttle

Drosselklappe *f* <nfz> *(Motorstaudruckbremse)* • shut-off valve

Drosselklappenachse *f* <kfz.mot> • butterfly throttle spindle

Drosselklappenanhebung *f* <kfz.mot> *(Vorgang)* • throttle jacking

Drosselklappenansteller *m* (DKA) <kfz.mot> *(für Leerlaufdrehzahl)* • throttle jacking device; throttle kicker *pract*

Drosselklappenansteller *m* (DKA) <kfz.mot> *(Leerlaufdrehzahlanhebung mit Unterdruckdose)* • fast idle capsule

Drosselklappenansteller *m* (DKA) <kfz.mot> *(Leerlaufdrehzahlanhebung mit Elektromagnet)* • fast idle solenoid

Drosselklappenansteller *m* (DKA) <kfz.mot> *(Leerlaufstabilisierung)* • idle speed stabilizer; idle stabilizer

Drosselklappenanstellung *f* <kfz.mot> *(Vorgang)* • throttle jacking

Drosselklappendämpfer *m :V* <kfz.mot> • anti-stall dashpot

Drosselklappengehäuse *n* <kfz.mot> • throttle body

Drosselklappenhebel *m* <kfz.mot> • throttle lever

Drosselklappenkugelgelenk *n* <kfz.mot> • throttle linkage ball joint

Drosselklappenrelais *n* <kfz.mot> • throttle solenoid

Drosselklappen-Rückstellfeder *f* <kfz.mot> • throttle return spring

Drosselklappenschalter *m* <kfz.mot> *(Kraftstoffeinspritzung)* • throttle position sensor (TPS); throttle valve switch; butterfly valve switch; throttle switch

Drosselklappensteuerung *f* <kfz.mot> • throttle control

Drosselklappenventil *n* <tech.allg> *(Klappe mit mittiger Schwenkachse)* • butterfly valve; throttle valve

Drosselklappenwelle *f* <kfz.mot> • throttle valve shaft; throttle spindle; throttle shaft

Drosselklappenwinkelgeber *m* <kfz.mot> • throttle potentiometer; throttle position sensor

Drosselkolben *m* <masch> • choke piston

Drosselkolbenschieber *m* <rls> • spool-type throttling valve

Drosselkopplung *f* <el> • impedance coupling; choke coupling

Drosselkreis *m* <el> • choking circuit

Drosselkurve *f* <tech.allg> *(allg.; z. B. von Pumpen, Turbinen)* • throttling curve

Drosselkurve *f prakt* <förd> *(zeigt Förderstrom Q als Funktion der Förderhöhe H)* • head-capacity curve; HQ curve

Drosselleitung *f* <petr> *(am Blowout-Preventer)* • choke line

Drossellinie *f rar* <förd> *(zeigt Förderstrom Q als Funktion der Förderhöhe H)* • head-capacity curve; HQ curve

Drossel mit einstellbarer Induktivität *f* <el> *(mit verstellbarem Magnetkern)* • adjustable choke; adjustable inductor; variable inductance coil; slug-tuned inductor; permeability-tuned inductor

Drossel mit Eisenkern *f* <el> • iron-cored choke

Drossel mit stellbarer Anzapfung *f* <el> • tapped variable inductor

Drosselmodulation *f* <tele> • constant-current modulation; Heising modulation

drosseln *vt* <tech.allg> *(Strom, Strömung verringern)* • choke *vt*

drosseln *vt* <tech.allg> *(Luftzufuhr, mit Klappe; z. B. zu Verbrennungsmotor)* • throttle *vt*

drosseln *vt* <rls> *(Strömung)* • restrict *vt*

Drossel ohne Eisenkern *f* <el> • air-core choke; air-cored choke

Drosselorgan *n* <hlk> *(allg.; z. B. eine Klappe)* • throttling element; throttling device

Drosselorgan *n* <hlk> *(Klimaanlage; reduziert den Kältemitteldruck)* • expansion device

Drosselregelung *f* <förd.msr> *(Regelart bei Kreiselpumpen)* • discharge throttling; throttling

Drosselregelung *f* <turb.msr> • throttle governing

Drosselrelais *n* <el> • high-impedance relay

Drosselring *m* <kfz> • throttle ring

Drosselröhre *f* <el> • choking valve; choking tube

Drosselrückschlagventil *n* <kfz> • throttle check valve

Drosselscheibe *f* <antr> *(Hydraulik)* • restriction washer; valve orifice *ZF*; governor screen

Drosselschieber *m* <kfz.antr> *(Automatikgetriebe-Steuerung)* • throttle valve (TV); modulator; modulator valve

Drosselschleife *f* <hlk> *(Kältetechnik)* • expansion loop

Drosselspule *f* <el> *(Induktanz)* • choking coil; choke *pract*

Drosselspule *f* <licht> *(von Entladungslampen)* • choke ballast; choke *pract*; ballast *pract*

Drosselstoß *m* <el> *(bei Isolierschienen)* • impedance bond

Drosseltür *f* <min> • weather door; trap door

Drosselturbine *f* <turb> • throttling turbine

Drosselung *f* <tech.allg> *(Verengung, Einschnürung, Verringerung)* • choking

Drosselung *f* <tech.allg> • throttling

Drosselung *f* <phys> *(Strömung)* • restriction; throttling

Drosselventil *n* <kfz.antr> *(Automatikgetriebe-Steuerung)* • throttle valve (TV); modulator; modulator valve

Drosselventil *n* <petr> *(im BOP)* • choke

Drosselventil *n* <rls> *(allg.)* • throttle valve; throttling valve

Drosselventil *n* <rls> *(betont: Durchflussregelung, -begrenzung)* • flow control valve; throttle valve; restriction valve *rare*; volume-control valve *rare*

Drosselverfahren *n* <rls.msr> *(mit Lochblende)* • differential pressure flow metering

Drosselverluste *fpl* <kfz.mot> • throttle losses *pl*

Drosselverstärker *m* <el> • choke-coupled amplifier

Drosselvorgang *m* <tech.allg> • throttling

Drosselvorrichtung *f* <tech.allg> • throttle

Drosselweg *m* <tech.allg> • throttling path

Drosselwelle *f* <kfz.mot> • throttle shaft

Drosselwiderstand *m* <el> • choke impedance

Drosselwirkung *f* <tech.allg> *(auf eine Strömung)* • throttling effect

Droussierwolf *m* <textil> • willow

Druck *m* <druck> *(Erzeugnis)* • print

Druck *m* <druck> *(Vorgang)* • printing

Druck *m* <mech> *(Beanspruchungsart, im Ggs. zu Zug, Torsion)* • compression

Druck *m* (p) *DIN 1314* <phys> *(Kraft pro Flächeneinheit; z. B. N/mm²)* • pressure (p)

Druckabdichtung *f* <masch> • pressure seal; pressure sealing

Druckabfall *m* <msr> *(allg.; erwünscht oder als Störfall)* • pressure drop

Druckabfall *m* <verf> *(unbeabsichtigt; als Störfall)* • pressure loss; pressure drop

druckabhängig <tech.allg> • pressure-dependent

Druckabhängigkeit *f* <tech.allg> • pressure dependence

Druckablassventil *n* <rls> • pressure relief valve

Druckabnahme *f* <msr> *(allg.; erwünscht oder als Störfall)* • pressure drop

Druckabschäumer *m* <verf> *(in Aquarien)* • pressure protein skimmer

Druckabstellung *f* <druck> • impression throw-off

Druckadaption *f* <msr> *(z. B. von Automatikgetrieben)* • adaptive pressure control

Druck am Fließwegende *m* <kst> *(im Spritzgießwerkzeug)* • pressure at the far end of the mold cavity

Druck am Umfang *m* <masch> *(Laufrad)* • peripheral pressure

Druckanfang *m* <druck> • leading edge

Druckanfangsposition *f* <druck> • print start position

Druckanlage *f* <pneum> • pressure system

Druckanschlag *m* <kfz> *(oben im Stoßdämpfer bzw. Federbein)* • compression buffer *US*; jounce buffer *GB*; jounce bumper *US*

Druckanschluss *m* <msr> *(an Druckfühler)* • pressure port

Druckanschluss *m* <rls.msr> *(Anzapfung; an Leitung, Behälter etc.)* • pressure tap

Druckanstellung *f* <druck> • impression throw-on

Druckanstieg *m* <tech.allg> • pressure build-up; rise in pressure

Druckanstieg *m* <verf> • pressure increase; rise in pressure *rare*

Druckanstiegszeit *f* <med.tech> *(künstl. Beatmung)* • pressure rise time; pressure slope

Druckanweisung *f* <edv> • print statement

Druckanzeige *f* <kfz.msr> • pressure indicator (PI)

Druckanzeige *f* <msr> • pressure reading

Druckanzeiger *m* <msr> *(für Gas- oder Flüssigkeitsdruck)* • pressure gauge; manometer; pressure indicator

Druckanzug *m* <aerospace> *(für Piloten, Raumfahrer)* • high-pressure suit; high-altitude suit; pressure suit

Druckaquarium *n* <bio.verf> • pressure aquarium *:V*

Druckart *f* <druck> • print style

Druckaufbau *m* <tech.allg> • pressure build-up; rise in pressure

Druckaufbereitung *f* <edv> • editing

druckaufgeladene WSF *f* <verbr> • pressurized fluidized bed combustion (PFBC)

Druckauflösung *f* <druck> • printer resolution

Druckauflösung *f* <druck> *(Punktdichte)* • print density; print resolution; impression density *rare*

Druckaufnehmer *m* <msr> • pressure sensor

Druckauftrag *m* <edv> *(z. B. auch vom PC an Drucker, in Druckerwarteschlange)* • printing job; print job

Druckausbreitung *f* <edv> *(Strichcode-Problem)* • print gain; bar width gain; bar gain; ink spread

Druckausgabe *f* <edv> *(ausgedruckte Computerdaten; z. B. Text auf Papier)* • printout; hardcopy

Druckausgleich *m* <tech.allg> • equalization of pressure

Druckausgleich *m* <hlk> *(in Klimaanlage)* • refrigerant circuit equalization

Druckausgleich *m* <masch> *(z. B. bei Strömungsmaschinen)* • pressure compensation; pressure balance

Druckausgleichblase *f* <tech.allg> • breather bag

Druckausgleichdose *f* <msr> • expansion bellows

Druckausgleichgefäß *n* <hydr> • pressure-compensating vessel

Druckausgleichkolben *m* <masch> • dummy piston

Druckausgleichselement *n* (DAE) <el> • venting device *:V*

Druckausgleichsloch *n* <tech.allg> • balance hole; balancing hole; pressure relief hole; compensating hole

Druckausgleichtank *m* <verf> • surge tank

Druckausgleichventil *n* <rls> • pressure-compensating valve

Druck ausüben *vt* <allg> • exert pressure *vt*

Druckbalken *m* <holz> • pressure bar

Druckbauch *m* <phys> *(Welle)* • pressure antinode

druckbeansprucht <tech.allg> • pressure-loaded

Druckbeanspruchung *f* <mech> • pressure loading

Druckbeanspruchung *f* <mech> *(im Ggs. zu Zugbeanspruchung)* • axial compression

druckbeaufschlagter Behälter *m* <rls> • pressurized vessel

Druckbeaufschlagung *f* <masch> • application of pressure; pressure application

Druckbeaufschlagung *f* <min> • pressure-loading

Druckbecherpistole *f* <obfl> • pressure-feed spray gun

Druckbefehl *m* <edv> • print instruction; print command

druckbegrenzte Beatmung *f* <med.tech> • pressure control ventilation (PCV); pressure-controlled ventilation *PB*; pressure targeted ventilation

Druckbegrenzungsventil *n* <tech.allg> • pressure-limiting valve *ISO 4135*

Druckbegrenzungsventil *n* <rls> *(allg.; in Hydraulik, Pneumatik)* • pressure-limiting valve; relief valve

Druckbehälter *m* <förd> *(auf der Druckseite einer Pumpenanlage; im Ggs. zum Saugbehälter)* • pressure tank; outlet tank; delivery tank

Druckbehälter *m* <mil> *(kleine Patrone; von Druckluft-, CO₂-Waffen)* • pressure cylinder

Druckbehälter *m* (DB) <rls> *(meist groß)* • pressure vessel (PV); pressure tank

Druckbeistellung *f* <druck> • printing pressure adjustment

druckbeladene Wirbelschichtfeuerung *f* (DWSF) <verbr> • pressurized fluidized bed combustion (PFBC)

Druckbelüfter *m* <verf> *(Kläranlage)* • forced-draft aerator

druckbelüfteter Kühlturm *m* <verf> • forced-draft cooling tower *US*; forced-draught cooling tower *GB*

Druckbelüftung *f* <hlk> • pressure ventilation; forced ventilation

Druckbereich *m* <tech.allg> • pressure range

Druckbereich *m* <druck> • print area

Druckbereich *m* <edv> *(Etikett)* • print area

Druckbereitschaft *f* <druck> *(Betriebszustand, Status eines Druckers)* • online mode

Druckberg *m* <masch> *(z. B. Gleitlager)* • maximum pressure area

Druckbestäuber *m* <druck> • sprayer

Druckbestäubung *f* <druck> • dry spraying

druckbetätigt <masch> • pressure-operated; pressure-actuated

Druckbewehrung *f* <bau> *(Stahlbeton)* • compression reinforcement; compression bars

Druckbild *n* <druck> *(gedrucktes Bild)* • printed image

Druckbild *n* <druck> *(auf Druckplatte)* • image

Druckbild *n* <druck.qualit> • print quality

Druckblende *f* <opt> • pressure diaphragm

Druckbogen *m* <druck> • printed sheet

Druckbolzen *m* <masch> • thrust pillar

Druckbolzen *m* <prod> *(Spannvorrichtung, Schnittwerkzeug)* • clamping bolt

Druckbreite *f* <druck> • printing width

Druckbuchstabe *m* <druck> • printed character

Druckdampfbehandlung *f* <bau> • autoclaving

Druckdauerstandversuch *m* <qualit.mat> • creep test in compression

Druckdeckel *m* <förd> • discharge cover; pressure cover

Druckdeckenwäscher *m* <druck> • printer's blanket washing machine; blanket washing machine; blanket washer

Druckdefekt *m* <edv.druck> • print defect; print imperfection; imperfection in print; print aberration

druckdessiniert <kst> • with printed design

Druckdestillation *f* <chem.verf> • pressure distillation

Druckdezimalpunkt *m* <druck> • actual decimal point

Druckdiagramm *n* <mot> • compression-test diagram; indicator diagram

druckdicht <tech.allg> • pressure-sealed; pressure-tight

Druckdichte *f* <druck> *(Punktdichte)* • print density; print resolution; impression density *rare*

druckdichte Kabine *f* <aerospace> • normal-sealed cabin; normal-air cabin; airtight cabin

druckdichte Kapsel *f* <aerospace> • pressurized capsule

Druckdichtheit *f* <tech.allg> • pressure tightness

Druckdifferential *n* <msr> *(über zwei Messpunkte)* • pressure difference; pressure differential *thsc*; differential pressure; delta p *pract*; pressure drop *rare*

Druckdifferenz *f* <msr> *(über zwei Messpunkte)* • pressure difference; pressure differential *thsc*; differential pressure; delta p *pract*; pressure drop *rare*

Druckdifferenzgeber *m* <msr> • pressure difference transducer

Druckdifferenzschalter *m* <kfz.brems> • pressure differential switch; distributor switch *Pontiac*

Druckdifferenz-Warnanzeige *f* (DDW) <brems> • pressure differential warning indicator *:V*

Druckdose *f* <msr> *(Barometer)* • pressure capsule

Druckdose *f* <wz> *(zum Antrieb kleiner Druckluftgeräte, z. B. von Airbrushes)* • canned propellant; propellant can; propel can; air can

Druckdüse *f* <turb> • pressure nozzle

Druckdurchtränkung *f* <pap> • pressure impregnation; forced penetration

Druckdynamik *f* <mus> *(von Tasten)* • after-touch; after-touch

Drucke *mpl* <druck> • impressions (imps); prints

Druckeigenschaften *fpl* <qualit.mat> • compressive properties *pl*

Druckeinheit *f* (DE) <druck> • printing unit; unit; print unit

Druckeinspritzung *f* <mot> *(Dieselmotor)* • pressure injection

Druckeinstellscheibe *f* <kfz.mot> • pressure adjusting shim

Druckeinstellventil *n* <rls> • pressure regulator

Druckelektrolyser *m* <energ.sol> • pressure electrolyzer

Druckelektrolyseur *m* <energ.sol> • pressure electrolyzer

Druckelement *n* <druck> • print element

Druckempfang *m* <tele> • printing reception

druckempfindlich <tech.allg> • pressure-sensitive

druckempfindlicher Schalter *m* <el> • pressure-sensitive switch

Druckempfindlichkeit *f* <obfl> • pressure sensitivity

Drucken *n* <druck> *(Vorgang)* • printing

Drucken *n* <druck> • printing process; printing

drucken *vi/vt* <druck> • print *vi/vt*

Drucken auf Anforderung *n* ugs <druck> *(Digitaldruck)* • print on demand (PoD); print-on-demand; on-demand printing

druckende Addiermaschine *f* <büro> • adding-listing machine

druckender Bereich *m* <druck> *(Druckplatte)* • printing area

druckende Tabelliermaschine *f* <druck> • printing tabulator

Drucken im Hochformat *n* <druck> • portrait printing

Drucken im Querformat *n* <druck> • landscape printing

Drucken mit Magnettinte *n* <druck> • magnetic printing

Drucken nach Bedarf *n* ugs <druck> *(Digitaldruck)* • print on demand (PoD); print-on-demand; on-demand printing

druckentlastet <tech.allg> *(durch Druckablassen; z. B. Rohr, Ventil, Druckbehälter)* • decompressed; pressure-relieved

druckentlastet <masch> *(beidseitig mit gleichem Druck beaufschlagt)* • balanced

druckentlastetes Ventil *n* <rls> • balanced valve

Druckentlastung *f* <tech.allg> *(Vorgang und Ergebnis)* • decompression

Druckentlastung *f* <kfz.mot> • pressure relief

Druckentlastung *f* <masch> *(Strömungsmaschine)* • pressure relief

Druckentnahmestelle *f* <rls.msr> *(Durchflussmessung)* • pressure tap

Druckentsafter *m* <nahr.prod> • compression-type juice separator

Drucke pro Stunde *mpl* <druck> • impressions per hour *pl* (iph)

Drucker *m* DIN 9784-1 <druck> *(Gerät)* • printer

Drucker *m* <druck> *(Person)* • printer; press operator

Druckeranschluss *m* <edv> • printer interface

Druckerei *f* <druck> *(privatwirtschaftlich)* • printing company; printer; printing shop; print shop; printing house

Druckerei *f* <druck> *(staatlich)* • printing office

Druckereiabfall *m* <ents> • printing waste

Druckereihilfsmittel *n* <druck> • printing additive

Druckerelektronik *f* <druck> • printer electronics

Druckerfunktion *f* <druck> • printer function

Druckergehäuse *n* <druck> • printer case

Druckerhitzung *f* <phys> • heating under pressure

Druckerhöhung *f* <bau> *(Wasserversorgung)* • pressure increase

Druckerhöhungspumpe *f* <bau> *(Hauswasserversorgung)* • booster pump

Druckerhöhungspumpe *f* <förd> • booster pump

Druckerhöhungsstation *f* <petr> • booster station

Druckerkabel *n* <edv> • printer cable

Druckerlaubnis *f* <druck.jur> • imprimatur

Druckerlehre *f* <druck.wz> • printer's gauge; printability gauge

Druckermechanik *f* <druck> • printer mechanics

Drucker mit fliegendem Druck *m* <druck> • on-the-fly high-speed line printer; on-the-fly printer

Drucker mit Typenkette *m* <druck> • chain printer

Drucker mit vorgeformten Typen *m* <druck> • formed-font impact printer; preformed character impact printer; formed character printer

Druckerpapier *n* <druck> • printing paper

Drucker/Plotter *m* <edv> • printer/plotter; raster plotter

Druckerpresse *f* <druck> *(Offsetdruck)* • printing machine DIN 8730; printing press; press *pract*

Druckerschwärze *f* <druck> • printer's black; printer's ink; black ink; printing black

Druckerständer *m* <büro> • printer stand

Druckerstellmöglichkeit *f* <büro> • printer shelf space

Drucker-Steuerterminal *n* <edv> • printer control terminal

Druckersteuerung f <druck> • printer control
Druckertest m <druck> • selftest; test mode; print test; printer test
Druckertrommel n <druck> *(Digitalkopierer)* • printing drum
Druckerwartung f <druck> • printer maintenance
Druckerweichung f obs <qualit.mat> • fire resistance under load; refractoriness under load
Druckerzeuger m <hydr> • pressure generator
Druckerzeugnis n <druck> • print product; printed product
Druckerzeugung f <verf> • generation of pressure
Druckfähigkeit f <pap> • printability
Druckfähigkeitslehre f <druck.qualit> • printability gauge
Druckfähigkeitstest m <druck.qualit> • printability test
Druckfahne f <druck> *(abgesetzter Text, einspaltig fortlaufend, breiter Rand, ohne Umbruch)* • galley proof
Druckfarbe f <druck> *(flüssig oder pastös)* • printing ink; printer's ink; wet ink; ink
Druckfarbe auftragen vt <druck> • ink *vt*
Druckfarbe auf Wasserbasis f <druck> • water-base ink
Druckfarbe entfernen vt <druck> • deink *vt*
Druckfarbe für Lichtdruck f <druck> • photogelatin ink
Druckfarbenaufnahmevermögen n <druck> • ink receptivity
Druckfarbenentfernung f <pap.ents> • deinking; ink removal
Druckfarbenhersteller m <druck> • manufacturer of printing inks
Druckfarbenreinigung f <pap.ents> • deinking; ink removal
Druckfarbentechniker m <druck> • printing-ink specialist
Druckfarbenteilchen n <ents> • printing-ink particle
Druckfarbentrocknung durch UV-Bestrahlung f <druck> • ultraviolet ink drying
Druckfass n <chem.verf> • acid elevator; acid blowcase; blowcase; montejus; acid egg
Druckfeder f <tech.allg> *(z. B. in Kugelschreiber)* • compression spring
Druckfederspanner m <kfz.wz> *(Werkzeug für Trommelbremsen)* • brake spring tool; brake shoe retaining spring tool; retainer spring tool
Druckfehlerverzeichnis n <doku> • list of misprints; errata
druckfest <tech.allg> • pressure-resistant; pressure-tight
Druckfestigkeit f <mech> *(allg. Widerstand gegenüber Druckbleastung)* • pressure resistance
Druckfestigkeit f <qualit.mat> *(Druck unter dem ein Probekörper kollabiert; analog Zugfestigkeit)* • compressive strength; crushing strength *pract.coll*
Druckfestigkeit f <qualit.mat> *(Fließgrenze/Fließspannung, analog zur Streckgrenze im Zugversuch)* • compressive yield strength; compression yield point; compression yield strength; crushing yield strength
Druckfestigkeit bei behinderter Querdehnung f <qualit.mat> • confined compressive strength
Druckfestigkeitsprüfmaschine f <qualit.mat> • compressive strength testing machine; compression testing machine; compression tester *pract*
Druckfeuerbeständigkeit f (DFB) <qualit.mat> • fire resistance under load; refractoriness under load
Druckfilter n <verf> • pressure-type filter; pressure filter
Druckfilternutsche f <chem> *(Labortechnik)* • pressure nutsche; pressure nutsch
Druckfilterung f <verf> • pressure filtration
Druckfinger m <förd> *(Schlauchpumpe)* • mechanical finger; shoe
Druckfinger m <masch> *(Kupplungshebel)* • strut
Druckfixierung f <druck> *(Fixierung)* • cold pressure fusing; pressure fusing *pract*

Druckfläche f <druck> • print area
Druckfläche f <masch> *(z. B. zwischen Bolzen- und Mutterngewinde, Kugel und Prüfstück)* • contact surface
Druckfläche f <masch> *(Kolben)* • pushing area
Druckfläche f <masch> *(Propeller)* • leading face; driving face; thrust face
Druckflasche f <verf> • compressed-gas cylinder; pressure cylinder
Druckflüssigkeit f <hydr> • pressure liquid
Druckflüssigkeitsgetriebe n <hydr> • hydraulic drive
Druckform f <druck> *(Offsetdruck)* • medium
Druckformat n <edv> *(z. B. Randeinstellungen)* • print format
Druckformat n ISO/IEC 2382-23 <edv> *(Vorlage, Stil)* • style ISO/IEC 2382-23
Druckformenzylinder m <druck> • plate cylinder
Druckformträger m <druck> • bed
Druckformvorbereitung f <druck> • forme preparation; prepress work
Druckformzylinder m <druck> • plate cylinder
Druckfortpflanzung f <phys> • pressure propagation
Druckfreistrahlgebläselanze f <metall> • air lance
Druckfreistrahlgebläse zum Gussputzen n <metall> • air-blast cleaning unit
Druckfühler m <msr> • pressure sensor
druckführendes Medium n <tech.allg> *(Flüssigkeit oder Gas)* • pressure fluid; pressure medium
Druckfundament n <druck> • type bed
Druckfuß m <pap> • pressure foot
Druckgas n <tech.allg> *(z. B. Sauerstoff, Argon)* • compressed gas
Druckgas n <hlk> *(am Kompressorausgang)* • compressor discharge gas; hot gas
druckgasbelastet <tech.allg> • gas-loaded
druckgasbelasteter Akkumulator m <tech.allg> • gas-loaded accumulator
druckgasbelasteter Speicher m <pneum> • compressed-gas accumulator
Druckgasbelastung f <tech.allg> • gas loading
Druckgasfeuerung f <verbr> • supercharged furnace
Druckgasflasche f <tech.allg> • compressed gas cylinder
Druckgaskabel n <el> • gas-pressure cable; gas-filled cable; gas cable
Druckgasleitung f <hlk> *(für Kältemittel; zwischen Verdichter und Verflüssiger)* • vapor line
Druckgasschalter m <el> • compressed-gas circuit breaker; gas-blast circuit breaker; gas-blast switch
Druckgaswaffe f <mil> • CO_2 gun
Druckgeber m <msr> • pressure transducer; pressure transmitter
Druckgefälle n <phys> • pressure gradient; pressure difference
Druckgefäß n <rls> *(meist groß)* • pressure vessel (PV); pressure tank
Druckgehäuse n <förd> *(mehrstufige Kreiselpumpe)* • discharge casing; pressure casing
Druckgehäuse n <förd> *(vertikale Tauchpumpe)* • discharge bowl
Druckgeräusch n <druck> • printing noise
druckgeregelte volumenkontrollierte Ventilation f (PRVC) Siemens <med.tech> • pressure regulated volume control (PRVC) Siemens
druckgeschmiert <tribo> • pressure-lubricated; force-lubricated
druckgeschmiertes Lager n <masch> • pressure-lubricated bearing
Druckgeschwindigkeit f <druck> • printing speed; printing rate; print speed

druckgespannte Verbindung f <rls> • pressure-seal joint
druckgesteuert <med.tech> *(Umschaltung von Insp. auf Exsp.)* • pressure-cycled
druckgesteuert <msr> • pressure-responsive; pressure-controlled
Druckgewölbe n <mech> *(Bodenmechanik)* • pressure arch
Druckgewölbetheorie f <mech> *(Bodenmechanik)* • pressure arch theory
Druckgießautomat m <prod> • automatic die-casting machine
druckgießen vt <prod> • die-cast vt
Druckgießform f <prod> • die-casting die; die
Druckgießmaschine f <wz.masch> • die-casting machine; die caster
Druckgießmaschine mit kalter Druckkammer f <prod> • cold-chamber die-casting machine
Druckgießmaschine mit Warmkammer f <prod> • hot-chamber die-casting machine
Druckglied n <mech> *(Bauteil unter Druckbeanspruchung)* • compression member; strut
Druckglocke f <kst> *(Thermoformen)* • bell jar; pressure bell [housing] :V
Druckgradientenmikrofon n <av> • pressure gradient microphone; velocity microphone
Druckgurt m <bau> *(Biegeträger, bes. Fachwerk: unter Druckbeanspruchung)* • compression member; compression chord; compression boom
Druckguss m <metall> *(Einspritzdruck bis 1000 bar; Alu, Zink, Magnesium)* • die casting
Druckgusslegierung f <mat> • die-casting alloy
Druckgussteil n <tech.allg> *(z. B. aus Aluminium; z. B. Getriebegehäuse)* • die casting
Druckhaltung f <nukl> • pressurizing
Druckhammer m <druck> *(in Typenraddruckern)* • print hammer; impression hammer
Druckhebel m <kunst.wz> *(Airbrushpistole)* • back lever; rocker
Druckhebewinde f <förd> • hydraulic jack
Druckhelm m <aerospace> • pressure helmet
Druckhöhe f <förd> • pump head *pract*; pump operating head; total head; head *pract*
Druckhöhe f <masch> *(von Pumpen)* • delivery head; head
Druckhöhenmesser m <msr> • pressure altimeter; head meter
Druckhub m <förd> *(Kolbenpumpe)* • discharge stroke; delivery stroke; pressure stroke; outgoing stroke; down stroke
Druckhydrierung f • hydrogenation under pressure
Druckimprägnierung f <obfl> *(z. B. Holz, Papier)* • pressure impregnation; forced impregnation
Druck in Angussnähe m <kst> *(beim Spritzgießen)* • pressure near the sprue
Druckindustrie f <druck> • printing industry
Druckionisation f <phys> • pressure ionization
Druckjob m <edv> *(z. B. auch vom PC an Drucker, in Druckerwarteschlange)* • printing job; print job
Druckkabine f <aerospace> • pressurized cabin; positive-pressure cabin; pressure cabin; normal-sealed cabin; normal-air cabin
Druckkalander m <textil> • swissing calender
Druckkammer f <tech.allg> • pressure chamber; compression chamber
Druckkammer f <kst.prod> • transfer chamber
Druckkammer f <masch> • pressure chamber
Druckkammer f <prod> *(Druckguss)* • casting chamber
Druckkammerlautsprecher m <av> • pressure-chamber loudspeaker; pneumatic loudspeaker

Druckkanal m <tech.allg> • pressure passage
Druckkante f <kfz> *(Karosserieschaden)* • pressure ridge; ridge
Druckkapsel f <tech.allg> • pressurized capsule
Druckkennlinie f <druck> *(Offsetdruck)* • printing characteristics; characteristic printing curve; characteristic curve of printing
Druckkessel m <obfl> *(zum Spritzlackieren)* • pressure feed paint tank; pressure feed tank; pressure pot
Druckkessel m <prod> *(Autoklav)* • pressure vessel; pressure tank; autoclave
Druckkette f <edv> • print chain
Druckkontakt m <el> • pressure contact; butt contact
Druckklemmverbindung f <füg> • pressure-clip connection
Druckklischee n <pack> *(Decorator)* • printing plate
Druckknopf m ugs <el> *(Schaltelement)* • push button; press button *rare*; press key *rare*; pushbutton key *rare*
Druckknopf m <füg> *(Verschluss; z. B. an Kleidung, Roadsterverdeck)* • snap fastener *US*; press stud *GB*; snap *US.coll*
druckknopfgesicherter Kragen m <bekl> • snap-down lapels *pl*
Druckknopf[hand]melder m <alarm> • personal attack button; PA button; panic button/switch *priv*; holdup button *comm*; emergency button
Druckknopfkappe f <füg> • snap fastener cap; press-stud cap; upper part of snap fastener
Druckknopfkugelteil n <füg> • press stud; lower part of snap fastener
Druckknopfoberteil n <füg> • snap fastener cap; press-stud cap; upper part of snap fastener
Druckknopftaste f <el> • push-button; plunger key
Druckknopftaster m <el> • push-button switch
Druckknopfunterteil n <füg> • press stud; lower part of snap fastener
Druckknopfverschluss m <textil.led> • snap-button fastener
Druckknopfwähler m <tele> • auto-dial
Druckknoten m <phys> *(Welle)* • pressure node
Druckkochen n <textil> • pressure boiling
Druckkochtopf m <gastr> • pressure cooker
Druckkoeffizient m <phys> • pressure coefficient
Druckkörper m <nav> *(U-Boot)* • pressure hull
Druckkörper m <verf> *(Druckfiltration)* • pressure cylinder; pressure case
Druckkolben m <kfz.mot> • pressure plunger
Druckkolben m <wz.masch> *(Presse)* • ram
Druckkolbenfeder f <kfz.brems> *(eine Rückstellfeder)* • primary piston spring; primary piston return spring
Druckkompensation f <tech.allg> • pressure compensation
druckkompensiert <tech.allg> • pressure-compensated; pressure-stabilized
Druckkondensator m <el> • pressure-type capacitor
Druckkontrast m <druck> • print contrast
Druckkontrastsignal n <edv> • print contrast signal (PCS); print contrast ratio
Druckkontrastzahl f <edv> • print contrast signal (PCS); print contrast ratio
Druckkontrollgerät n <edv> • print verifier
druckkontrollierte Beatmung f (PCV) <med.tech> • pressure control ventilation (PCV); pressure-controlled ventilation *PB*; pressure targeted ventilation
Druckkopf m <druck> • print head; printing head
Druckkopfabstand m <druck> • print head gap
Druckkopfbewegung f <druck> • print head movement
Druckkopfkabel n <druck> • print head cable
Druckkopfkassette f <druck> • print head cartridge

Druckkopflebensdauer f <druck> • print head file
Druckkopfspalt m <druck> • print head gap
Druckkopie f <doku> • hard copy
Druckkraft f <mech> (im Ggs. zur Zugkraft) • compressive force
Druckkraftmessdose f <msr> (Schub) • thrust capsule
Druckkristallisation f <mat> • piezocrystallization
Druckkühler m <hlk> • pressure cooler
Druckkugellager n <masch> • thrust ball bearing
Druckkurve f <bau> • line of thrust
Druckkurve f <phys> • reversible-pressure curve; equilibrium curve
Drucklänge f <druck> • printing length
Drucklage f <min> • pressure parting
Drucklager n <masch> • thrust-loaded shaft bearing; axially loaded shaft bearing
Drucklager n <masch> (Gleitlager oder Wälzlager; nimmt Axialkräfte auf) • thrust bearing; axial bearing rare; end-thrust bearing rare
Drucklager einer Welle n <masch> • thrust-loaded shaft bearing; axially loaded shaft bearing
Drucklager mit geneigtem Polster n <masch> • tilted-pad thrust bearing
Drucklagerring m <masch> • thrust bearing collar
Drucklagerwelle f <masch> • thrust shaft
Drucklast f <mech> • compressive load
Drucklaugung f <chem.verf> • pressure leaching
Druckleiste f <kst> (in Formbackenwerkzeug) • positioning pad
Druckleiste f <kst> • pressure pad
Druckleiste f <prod> • thrust strip
Druckleistung f <druck> • print rate
Druckleitung f <tech.allg> (jedes Medium, jede Leitung) • pressure line
Druckleitung f <förd> (betont: zur Einspeisung) • delivery line
Druckleitung f <förd> (am Pumpenausgang) • outlet pipe; discharge pipe; delivery pipe; discharge line; delivery line
Druckleitung f <förd> (Schlauch auf Pumpenausgangsseite) • discharge hose; delivery hose
Druckleitung f <hlk> (für Kältemittel; zwischen Verdichter und Verflüssiger) • vapor line
drucklimitierte Beatmung f (PLV) <med.tech> • pressure limited ventilation (PLV)
Drucklinie f <bau> • pressure line; axis line of pressure
Drucklinie f <druck> • line of impression; printing line
Drucklitze f <textil> • lowering heald
Drucklöten n <füg> • resistance soldering with dual electrode; resistance soldering
drucklos <tech.allg> • pressureless
druckloses Filter n <verf> • hydrostatic head filter
drucklose Speicher fpl <verf> • unpressurized storage tanks
Drucklüftung f <hlk> • forced ventilation
Druckluft f <tech.allg> • compressed air
Druckluft... <wz> (Dauerbetrieb mit Druckluft; z. B. Schlagschrauber, Spritzpistole) • air ...; air-operated; air-powered; compressed-air operated rare
Druckluftabreinigung f <verf> • higher compressed reversed air; pulse-jet cleaning
Druckluftabreinigung bei angeschaltetem Betrieb f <verf> • pulse jet on-stream cleaning
Druckluft-Abschaltschrauber m <prod> • torque-controlled air wrench; air wrench with torque control
Druckluftadapter m <pneum> (Schlauchanschluss) • air hold fitting
Druckluftakkumulator m <pneum> • hydropneumatic accumulator
Druckluftanlage f <pneum> • compressed-air system

Druckluftanschluss m <pneum> (z. B. zum Anschluss von Schlagschraubern) • air-supply nipple
Druckluftantrieb m <pneum> • air drive; compressed-air drive
Druckluft-Applikation f <pack> (von Etiketten) • air-blow application
Druckluftarmatur f <pneum> • air pipe fitting; compressed-air pipe fitting
Druckluft aus der Dose f <phot> • canned air US; tinned air GB
Druckluftbeatmungsgerät n <med.tech> • compressed-air respirator
Druckluftbehälter m <tech.allg> (allg.; z. B. stationär oder in Druckluftbremsanlagen) • compressed air tank; air tank pract; air reservoi
Druckluftbehälter m <tech.allg> (tragbar/transportierbar) • compressed-air bottle; air bottle pract
druckluftbelüftet <hlk> • forced-draft-ventilated
Druckluftbesatzgerät n <min> • pneumatic stemmer
druckluftbetätigt <msr> (betont: aktiviert durch Druckluft) • air-actuated
druckluftbetätigt <pneum> • air operated; compressed-air operated
druckluftbetätigtes Ventil n <rls> • air-operated valve
Druckluftbetätigung f <pneum> • compressed-air actuation
Druckluftbetrieb m <prod> (z. B. von Steuerungen) • compressed-air operation
druckluftbetrieben <wz> (Dauerbetrieb mit Druckluft; z. B. Schlagschrauber, Spritzpistole) • air ...; air-operated; air-powered; compressed-air operated rare
Druckluftbohrer m <wz> • air drill; air-driven drill; pneumatic drill
Druckluftbohrhammer m <min> • pneumatic hammer; pneumatic pick
Druckluft-Bohrmaschine f <wz> • air drill; air-driven drill; pneumatic drill
Druckluftbremsanlage f <nfz.brems> • air brake system; air brakes pl pract
Druckluftbremsanlage mit ABS f <nfz.brems> • anti-lock air brakes pl; anti-lock air brake system
Druckluftbremse f DIN 25609-1 <bahn> • compressed-air brake
Druckluftbremse f prakt <nfz.brems> • air brake system; air brakes pl pract
Druckluftbremsen mit ABS fpl <nfz.brems> • anti-lock air brakes pl; anti-lock air brake system
Druckluftdifferentialkolbenakkumulator m <pneum> • differential-piston accumulator; differential accumulator
Druckluftdose f <wz> (zum Antrieb kleiner Druckluftgeräte, z. B. von Airbrushes) • canned propellant; propellant can; propel can; air can
Druckluftdüse f <pneum> • compressed-air nozzle; air nozzle
Druckluftdüse f <verf> (zum Zerstäuben) • air-atomizing nozzle; pneumatic atomizer; two-fluid nozzle
Druckluftentleerung f <förd> • compressed air unloading
Drucklufterzeuger m form <tech.allg> (zum Füllen von Druckluftanlagen) • air compressor
Druckluft-Etikettieren n <pack> • air-blast labeling US; air-blast labelling GB
Druckluftfanfare f rar <fz> (z. B. auf Lkw, Bus, Lok, Schiff) • air horn; air trumpet; air-blast horn
Druckluftfeinzeiger m <msr> • pneumatic micrometer
Druckluftfeuerung f <verbr> • forced-draft furnace US; forced-draught furnace GB
Druckluftfilter m <verf> • pulse-jet fabric filter (PJFF); pulse-jet baghouse; reverse-jet filter; reverse pulse baghouse; pulse jet filter

Druckluftfilter n <pneum> • compressed-air cleaner

Druckluftflasche f <tech.allg> *(tragbar/transportierbar)* • compressed-air bottle; air bottle *pract*

Druckluftflotationszelle f <min> • pneumatic floatation cell

Druckluftflüssigkeitsspeicher m <hydr> • air-hydraulic accumulator

Druckluftförderer m <förd> • pneumatic conveyor

Druckluftförderhaspel f <förd> • pneumatic hoist

Druckluftförderung f <förd> *(allg.)* • pneumatic conveying

Druckluftförderung f <petr> *(Erdöl)* • air lifting

Druckluftformen n <kst> • pressure forming

Druckluftformen mit Vorstreckung n <prod> • plug-assist pressure forming

Druckluftformmaschine f <prod> • pneumatic molding machine

Druckluftfutter n *prakt* <wz.masch> • air-operated chuck; air chuck *pract*

druckluftgekühlter Transformator m <el> • air-blast transformer

druckluftgeschmiert <tribo> • air-lubricated

druckluftgesteuert <msr> • pneumatically controlled; air-controlled

Druckluftgründung f <bau> *(Tiefbau)* • caisson foundation; compressed air foundation

Druckluft-Gussputzgerät n <metall> • air-blast cleaning unit

Drucklufthammer m <metall> *(Schmieden)* • air hammer

Drucklufthandbohrmaschine f <wz> • compressed-air motor hand drill

Druckluftheber m <förd> • air hoist

Druckluftheber m <förd> *(allg.)* • air-lift pump; mammoth pump *rare*

Drucklufthebezeug n <förd> • air hoist

Drucklufthebung f <petr.förd> *(Fördern mit dem Airlift-Verfahren)* • airlift

Druckluftimpuls m <ents> *(Gewebefilter-Abreinigung)* • jet of high-pressure air; pulsed jet of air; jet of compressed air

Druckluftkammer f <tech.allg> *(f. Unterwasserarbeiten)* • caisson; air caisson; air working chamber

Druckluftkettenzug m <förd> • pneumatic chain hoist

Druckluft-Knabber f *prakt* <wz> • air nibbler; nibbler *pract*

Druckluftkolbenakkumulator m <pneum> • separator-piston accumulator

Druckluftkrankheit f <med> *(von Tauchern)* • caisson disease; compressed-air disease; decompression illness; decompression sickness

Druckluftkühlung f <hlk> • forced-air cooling

Druckluftleistungsschalter m <el> *(mit Lichtbogenlöschung durch Luftstoß)* • air-blast circuit breaker

Druckluftleistungsschalter mit Selbstbeblasung m <el> • autopneumatic circuit breaker

Druckluftleitung f <prod> *(z. B. zum Anschluss von Druckluftwerkzeugen)* • air line; compressed-air line

Druckluftleuchte f <min> • compressed-air lamp

druckluftloses Spritzen n <obfl> *(allg.)* • airless spraying ISO 4618-3

Druckluftmeißel m <wz> • pneumatic chipping hammer

Druckluftminderer m <rls> • air regulator

Druckluftmotor m <pneum> • compressed-air motor; air motor *pract*

Druckluft-Nagelpistole f <bau.wz> • air nail gun; pneumatic nail gun

Druckluftnagler m <bau.wz> • air nail gun; pneumatic nail gun

Druckluftnibbler m <wz> • air nibbler; nibbler *pract*

Druckluftniethammer m <wz> • pneumatic riveting hammer; compressed-air riveting hammer; pneumatic riveter *pract*

Druckluftnietpresse f <wz> • pneumatic riveting press

Druckluftölsperre f <pneum> • pneumatic oil stop

Druckluftpistole f <mil> *(zum Schießen)* • compressed-air pistol

Druckluftpistole f <obfl> *(Sprühpistole)* • compressed-air spray gun; air-atomizing spray gun

Druckluftpoleintrag m <textil> • compressed-air tuft insertion

Druckluftpresse f <nahr> *(Wein)* • pneumatic Willmes press; Willmes-type bag or bladder press; Willmes press

Druckluftpressformmaschine f <wz.masch> • air-operated squeezer

Druckluftprüfung f <qualit> • air-pressure test

Druckluft-Putzstrahlen n <obfl> • air blast cleaning

Druckluftputzstrahlen n <prod> *(z. B. von Gussteilen)* • air blast cleaning; compressed-air blast cleaning

Druckluftramme f <bau.masch> • pneumatic rammer; pneumatic ram; air hammer; air rammer

Druckluftregler m <msr> • pneumatic governor

Druckluftreinigungsgerät n <obfl> • air-blast cleaning unit

Druckluftrüttler m <bau.masch> *(z. B. für Beton)* • air-driven vibrator; pneumatic vibrator

Druckluftschalter m <el> *(mit Lichtbogenlöschung durch Luftstoß)* • air-blast circuit breaker

Druckluftschaltung f <kfz> • pneumatic change

Druckluftschaltzylinder m <pneum> • compressed-air shift cylinder

Druckluftschießen n <bau> • compressed-air blasting

Druckluftschlauch m <pneum> • compressed-air hose

Druckluftschleuse f <bau> • caisson lock

Druckluft-Schnellkupplung f <rls> • quick-acting pneumatic coupling

Druckluft-Schnellnagler m <bau.wz> • air nail gun; pneumatic nail gun

Druckluftschrauber m <wz> • air-powered screwdriver; pneumatic screwdriver; compressed-air screwdriver

Druckluftschütz n <el> • electropneumatic contactor

Druckluftsenkkasten m <tech.allg> *(f. Unterwasserarbeiten)* • caisson; air caisson; air working chamber

Druckluftspanndorn m <wz> • pneumatic expanding mandrel

Druckluftspannfutter n <wz.masch> • air-operated chuck; air chuck *pract*

Druckluftspannung f <wz.masch> *(Werkzeug in Spannfutter)* • compressed-air chucking; air chucking *pract*; pneumatic chucking

Druckluftspannung f <wz.masch> *(Werkstück in Spannvorrichtung)* • compressed-air clamping

Druckluftspaten m <bau.wz> • air spade; pneumatic spade

Druckluftspatenhammer m <bau.wz> • air spade; pneumatic spade

Druckluftspeicher m <pneum> • air accumulator

Druckluftspeicher mit elastischer Trennblase m <masch> • flexible-bag accumulator

Druckluftspritzen n <obfl> • compressed-air spraying; air-atomization spraying

Druckluftspritzpistole f <obfl> • air spray gun

Druckluftstampfer m <bau.masch> *(zum Bodenverfestigen)* • air tamper; air rammer; pneumatic rammer

Druckluftstand m <mil> *(Schießstand für Druckluft- und CO2-Waffen)* • air gun range

Druckluftstellwerk n <pneum> • electropneumatic signal box

Druckluftsteuerschalter m <pneum> • electropneumatic controller

Druckluftsteuerung f <msr> • pneumatic control system; air control

Druckluftstoß m <ents> *(Gewebefilter-Abreinigung)* • jet of high-pressure air; pulsed jet of air; jet of compressed air

Druckluftstrahl m <verf> • air blast; compressed-air blast; compressed-air jet

Druckluftstrom m <verf> • air blast; compressed-air blast; compressed-air jet

Druckluftstück n <pneum> *(Schlauchanschluss)* • air hold fitting

Drucklufttür f <nfz> • air-operated door

Druckluftunterstützung f <tech.allg> • air assistance

Druckluftventil n <pneum> • pneumatic valve

Druckluftvernebler m <verf> • power sprayer; air atomizer

Druckluftversorgung f <prod> *(z. B. zum Anschluss von Druckluftwerkzeugen)* • air supply [system]

Druckluftversorgungsanschluss m <pneum> *(z. B. zum Anschluss von Schlagschraubern)* • air-supply nipple

Druckluftversprühung f <verf> • pneumatic atomization; pneumatic spraying

Druckluftvibrator m <bau.masch> *(z. B. für Beton)* • air-driven vibrator; pneumatic vibrator

Druckluftwaffe f <mil> • air gun

Druckluftwasserheber m <förd> • air-lift pump

Druckluftwerkzeug n <wz> *(z. B. Schlagschrauber)* • air tool; pneumatic tool; compressed-air tool

Druckluftzange f <wz> • pneumatic collet

Druckluftzerstäuber m <pap> • spray gun

Druckluftzerstäuber m <verf> • air-assisted pressure jet atomizer; high-pressure air atomizer; pneumatic atomizer

Druckluftzerstäubung f <verf> *(z. B. Brenner)* • pneumatic-nozzle atomization; pneumatic atomization; two-fluid atomization

Druckluftziehkissen n <wz> • pneumatic die cushion

Druckluftzylinder m <msr> • compressed-air cylinder; air cylinder

Druckmagnet m <tele> • printer magnet

Druckmanometer n <msr> • pressure manometer *:V*

Druckmanschette f <med.tech> *(Blutdruckprüfung)* • pressure cuff

Druckmaschine f DIN 8730 <druck> *(Offsetdruck)* • printing machine *DIN 8730*; printing press; press *pract*

Druckmaschine f <pack> *(für Dosen)* • decorator

Druckmaschine für Eintrittskarten f <druck> *(z. B. für Theater, Oper, Konzert, Zoo)* • ticket printing machine; ticketing printer

Druckmaschinengeschwindigkeit f <druck> • press speed

Druckmaschinenhersteller m <druck> • press manufacturer

Druckmaschinenstanze f <druck> *(Druckmaschine)* • printing press punch; press punch

Druckmaschinenstanzung f <druck> *(Druckplattenregistrierung)* • printing press register notches *pl*; press notches *pl pract*

Druckmassel f <metall> • feeding head

Druckmatrix f <druck> • dot matrix; print matrix

Druckmechanismus m <druck> • print mechanism

Druckmedium n <tech.allg> *(Flüssigkeit oder Gas)* • pressure fluid; pressure medium

Druckmedium n <hydr> *(Flüssigkeit)* • hydraulic medium

Druckmedium n <pneum> *(Gas; z. B. Luft)* • pneumatic medium

Druckmelder m (DM) <alarm> • pressure alarm

Druckmelder m <msr> • pressure indicator

Druckmelder zur Objektüberwachung m *:V* <alarm> • detector cell; spot switch; pressure switch

Druckmenü n <edv> • print menu

Druckmessblende f <rls.msr> • orifice plate

Druckmessdose f <msr> • shearbeam load cell

Druckmesser m DIN EN 472 <msr> *(für Gas- oder Flüssigkeitsdruck)* • pressure gauge; manometer; pressure indicator

Druckmessglied n <msr> *(pneum.)* • pneumatic receiving element

Druckmessleitung f <med.tech> *(Messung des Atemwegsdrucks)* • proximal pressure line; proximal airway pressure monitoring line *form*; proximal airway pressure line; proximal airway line; pressure sense line *pract*

Druckmessschlauch m <med.tech> *(Messung des Atemwegsdrucks)* • proximal pressure line; proximal airway pressure monitoring line *form*; proximal airway pressure line; proximal airway line; pressure sense line *pract*

Druckmesssonde f <energ.hydr> • pressure pick-up

Druckmessumformer m <msr> • pressure transducer; pressure transmitter

Druckmessung f <msr> • pressure measurement

Druckmethode f <druck> • printing process; printing method

Druckmikrophon n <akust> • pressure microphone

Druckminderer m <rls> • pressure-reducing valve; pressure reducer

druckmindernd <tech.allg> • pressure-reducing

Druckminderung f <msr> *(allg.; erwünscht oder als Störfall)* • pressure drop

Druckminderventil n <rls> • pressure-reducing valve; pressure reducer

Druckminuszeichen n <druck> • actual minus sign

Druckmitläufer m <textil> • print back cloth

Druckmittelpunktkoeffizient m <phys> *(Aerodynamik)* • center of pressure coefficient

Druckmodulation f <kfz.antr> *(Automatikgetriebesteuerung)* • pressure modulation

Druckmodus m <druck> • type style; type face; print style; character font; type font

Druckmuster n <druck> • printing design

Drucknadel f <druck> *(Nadeldrucker)* • pin

Drucknadel f <verf> *(steiler Druckanstieg, z. B. in Druckkurve)* • pressure spike

Drucknietmaschine f <füg> • compression riveting machine; compression riveter

Drucknietung f <füg> • compression riveting

Drucknutsche f <chem> • pressure nutsche; pressure nutsch

Drucköffnung f <förd> *(rotierende Verdrängerpumpe)* • discharge port; delivery port

Drucköl n ugs <antr> • hydraulic fluid; hydraulic oil

Drucköl n <druck> • printing oil

Drucköl n <hydr> • pressure oil; hydraulic oil

druckölbetätigt <hydr> • pressure-oil-actuated

Druckölbetätigung f <hydr> • pressure-oil actuation; oil actuation

Druckölkabel n <el> • oilostatic cable

Druckölpumpe f <hydr> • hydraulic pump; hydraulic pressure pump; hydraulic oil pump; oil-hydraulic pump

Druckölregler m <msr> • oil pressure governor

Druckölschaltung f <hydr> • hydraulic gear change

Druckölschmierung f <tribo> • pressure-feed oil lubrication; forced-feed oil lubrication

Druckölzylinder m <hydr> • oil pressure cylinder

Druckoption f <edv.druck> • printing option; printing capability

druckorientierte Beatmung f <med.tech> • pressure control ventilation (PCV); pressure-controlled ventilation *PB*; pressure targeted ventilation

Druckpapier n <druck> • printing paper

Druckpapiersorte f <pap> • printing paper grade; printing grade
Druckpaste f <textil> • printing paste; print paste
Druckpastenauftrag m <textil> • print paste add-on
Druckpfahl m <bau> (Tiefbau) • bearing pile
Druckpfanne f DIN ISO 7967-3 <mot> (Teil des Kipphebels, z. Aufnahme des Stoßstangendruckes) • thrust cup ISO 7967-3
Druckplateau n <msr> • pressure plateau
Druckplatte f <agri> • tongue
Druckplatte f <druck> (Offsetdruck) • offset printing plate; printing plate; plate pract
Druckplatte f <kfz> (Kupplung) • pressure plate; presser plate rare
Druckplatte f <masch> • bearing block
Druckplatte f <pack> (Decorator) • printing plate
Druckplatte f <qualit.mat> • compression plate; loading platen
Druckplatte f <verf> (Plattenwärmetauscher) • pressure plate
Druckplattenabtragung f <druck> (Offsetdruck) • printing plate abrasion; plate abrasion; abrasion pract
Druckplattenanemometer n <meteo> • pressure-plate anemometer
Druckplattenbeschichtung f <druck> (Druckplatte) • printing plate coating; plate coating
Druckplattenchemie f <druck> (Flüssigkeit) • process chemistry; printing plate chemistry; developer pract
Druckplattendurchsatz m <druck> (Recorderproduktivität) • printing plate throughput; plate throughput
Druckplattenentwickler m <druck> (Gerät) • printing plate processor; plate processor; developer pract
Druckplattenentwicklung f <druck> (Vorgang) • printing plate development
Druckplattenentwicklungschemie f <druck> (Flüssigkeit) • process chemistry; printing plate chemistry; developer pract
Druckplattenformat n <druck> • printing plate size; plate size; printing plate format; plate format
Druckplattenhandhabung f <druck> (Druckplattenherstellung) • printing plate handling; plate handling
Druckplattenhandling n <druck> (Druckplattenherstellung) • printing plate handling; plate handling
Druckplattenherstellung f <druck> (Druckvorstufe) • printing plate production; plate production; plate making; platemaking; block making
Druckplattennase f <kfz> • pressure-plate lug
Druckplattenregistrierung f <druck> (Recorder) • printing plate registration; plate registration
Druckplattenrotator m <druck> (Druckplattenhandling) • printing plate rotator; plate rotator; rotator pract
Druckplattenschicht f <druck> (Druckplatte) • printing plate layer; plate layer
Druckplattenstärke f <druck> (Druckplatte) • printing plate thickness; plate thickness; plate gauge
Druckplattenstapler m <druck> (Druckplattenhandling) • printing plate stacker; plate stacker; stacker pract
Druckplattenvorratskassette f <druck> (Druckplattenhandling) • printing plate cassette; plate cassette; plate magazine
Druckplattenwagen m <druck> (Druckplattenhandling) • light-tight trolley
Druckplattenzylinder m <druck> • plate cylinder
Druckpluszeichen n <druck> • actual plus sign
druckpolieren vt <obfl> • burnish vt
Druckposition f <druck> • print position
Druckpresse f <druck> (Offsetdruck) • printing machine DIN 8730; printing press; press pract
Druckprinzip n <druck> • printing process; printing method

Druckprobe f <tech.allg> (Vorgang; Kontrolle auf Dichtheit) • pressure test; leak test
Druckprobe f <qualit.mat> (Probenkörper für Druckversuch) • compression specimen
Druckprobe f <rls> (Vorgang; Prüfung auf Systemintegrität) • pressure test
Druckprogramm n <edv> • print program; print routine
Druckprüfmaschine f prakt <qualit.mat> • compressive strength testing machine; compression testing machine; compression tester pract
Druckprüfung f <qualit.mat> (analog zum Zugversuch; bis zum Kollaps des Probenkörpers) • compression test; pressure test; collapse test
Druckprüfung f <rls> (Vorgang; Prüfung auf Systemintegrität) • pressure test
Druckprüfungswert m <bau> (der Zuschlagstoffe) • aggregate crushing value
Druckpuffer m <edv> (für Druckerdaten) • print buffer
Druckpulsationsprinzip n did <kfz.emiss> (Sekundärluftsystem) • pulse air principle
Druckpumpe f <hydr> • hydraulic pump; hydraulic pressure pump; hydraulic oil pump; oil-hydraulic pump
Druckpunkt m <tech.allg> • tight spot
Druckpunkt m <mil> • let-off point; pull-off
Druckpunktabzug m <mil> • double-stage trigger; two-stage trigger; double-pull trigger
Druckpunktkraft f <mil> • let-off force
Druckpunktregulierschraube f <mil> • let-off force adjustment screw
Druckqualität f <druck> (von Schrift und Bildern) • print quality; printing quality
Druckqualitätskriterium n <druck> • print quality criterion
Druckqualitätsmerkmal n <druck> • print quality criterion
Druckqualitätstest m <druck.qualit> • printability test
Druckqualitätstestmarke f <druck.qualit> • printability gauge
Druckrad n rar <druck> • daisy wheel; type wheel rare
Druckraum m <tech.allg> (allg.; z. B. in Bremshauptzylinder) • pressure chamber
Druckraum m <förd> (rotierende Verdrängerpumpe) • delivery chamber; discharge chamber; output zone; pressure zone; pressure chamber
Druckraumabschluss m <masch> • pressure seal
Druckreduzierschlauch m <pneum> • pressure relief hose
Druckreduzierventil n <rls> • pressure-reducing valve; pressure-relief valve
Druckregelung f <msr> • pressure control
Druckregelventil n <tech.allg> • pressure control valve; pressure regulating valve
Druckregelventil n <kfz> (Motorölpumpe) • pressure regulating valve; pressure relief valve
Druckregelventil n <kfz.antr> (Automatikgetriebe) • pressure regulator; pressure regulating valve; main pressure regulator
Druckregelventil n <kfz.mot> (Einspritzanlage; K-Jetronic) • pressure regulating valve
Druckregister n <edv> • printing register
Druckregler m <brems> (von Druckluftbremse) • unloader valve
Druckregler m <kfz.antr> (Automatikgetriebe) • pressure regulator; pressure regulating valve; main pressure regulator
Druckregler m <msr> (manuell oder automatisch) • pressure controller
Druckregler m <msr> (betont: Begrenzer) • pressure governor
Druckregler m <msr> (allg.) • pressure regulator

Druckreglerhülse f <kfz.antr> • pressure regulator sleeve; boost valve sleeve; pressure boost bushing

Druckreglerventilkolben m <kfz.antr> • pressure regulator plug; pressure boost valve

druckregulierte Beatmung f <med.tech> • pressure control ventilation (PCV); pressure-controlled ventilation *PB*; pressure targeted ventilation

Druckrelais n <el> • pressure relay

Druckrichtung f <druck> • print direction

Druckring m *prakt* <kfz.antr> • clutch thrust plate; thrust plate *pract*

Druckring m <masch> • pressing ring; reaction ring; thrust collar

Druckring m <masch> *(allg.; axial belastete Scheibe)* • thrust washer; thrust plate

Druckring m <verf> • compression ring

Druckröhrenreaktor m *DIN 25401-3* <nukl> • pressure tube reactor

Druckrohr n <förd> *(Pumpe)* • pressure pipe; delivery pipe

Druckrohr n <förd> *(am Pumpenausgang)* • outlet pipe; discharge pipe; delivery pipe; discharge line; delivery line

Druckrohranemometer n <meteo> • pressure-tube anemometer

Druckrohr der Speisepumpe n <rls> • feed delivery pipe

Druckrohrleitung f <energ> • pressure pipeline

Druckrohrstutzen m <rls> *(Pumpe, Turbine)* • pressure pipe nozzle

Druckrolle f <tech.allg> • pressure roller

Druckrolle f <agri> • depth-control roller; press roller wheel

Druckrolle f <druck> • print roll

Druckrolle f <förd> *(Förderelement von Schlauchpumpen)* • roller

Druckrolle f <led> *(Spaltmaschine)* • pressure roller

Drucksaal m <druck> • machine room; pressroom

Drucksache f <druck> • printed matter

Drucksäurebehälter m <pap.verf> • pressure acid accumulator; pressure acid container

Druckschacht m <energ.hydr> • pressure shaft; vertical shaft

Druckschalter m <el> • pressure switch; press switch

Druckscheibe f <masch> *(allg.; axial belastete Scheibe)* • thrust washer; thrust plate

Druckschieferung f <geo> • induced cleavage; flow cleavage

Druckschienenkontakt m <el> • electrical depression bar

Druckschlauch m <förd> *(Schlauch auf Pumpenausgangsseite)* • discharge hose; delivery hose

Druckschlauch m <hydr.pneum> • delivery pipe

Druckschlauch m <rls> • pressure hose

Druckschlechten fpl <geo> • thrust cleavage

Druckschlitten m <druck> • printer carriage

Druckschmerzhaftigkeit f <med> • tender on pressure; tender on touch

Druckschmierapparat m <tribo> • high-pressure grease gun; pressure grease gun

druckschmieren vt <tribo> • force-lubricate vt

Druckschmierkopf m <tribo> • pressure grease fitting; pressure grease cup; pressure greaser

Druckschmierung f <tribo> • pressure-feed lubrication; force-feed lubrication; pressure lubrication

Druckschraube f <aerospace> *(schiebt das Flugzeug)* • thrust propeller

Druckschraube f <masch> • pressing screw; forcing screw

Druckschraube f <metall> *(zum Einstellen; Walzwerk)* • adjusting screw

Druckschraube f <prod> *(zum Einspannen)* • clamping nut

Druckschreiber m <msr> • recording manometer; pressure recorder

Druckschrift f <pap.ents> *(Altpapiersorte)* • pamphlet; pam

Druckschrumpfen n <textil> • compressive shrinking

Druckschrumpfung f <edv> *(Strichcode-Problem)* • print loss; ink shrinkage; bar width loss

Druckschutz m <el> *(für Kabel)* • reinforcement; reinforcing tape; pressure-reinforcing tape; sheath reinforcing tape; cable reinforcement

Druckschutzband n <el> *(für Kabel)* • reinforcement; reinforcing tape; pressure-reinforcing tape; sheath reinforcing tape; cable reinforcement

Druckschutzbandage f <el> *(für Kabel)* • reinforcement; reinforcing tape; pressure-reinforcing tape; sheath reinforcing tape; cable reinforcement

Druckschutzwendel f <el> *(für Kabel)* • reinforcement; reinforcing tape; pressure-reinforcing tape; sheath reinforcing tape; cable reinforcement

Druckschwankung f <tech.allg> • pressure fluctuation

Druckschweißen n *DIN EN ISO 6520* <füg> *(im Ggs. zu Schmelzschweißen; keine äquivalente Kategorie in USA)* • welding processes involving mechanical pressure *US*; pressure welding *GB*; welding with pressure *rar*

Druckschwellbeanspruchung f <mech> • fluctuating compressive loading

Druckschwelle f *rar* <alarm> • pressure mat; tread mat; under-carpet mat/pad/sensor/switch; floor mat; step mat

Druckschwierigkeit f <druck> • printing difficulties *pl*

Druckschwimmer m <tech.allg> • pressure float

Druckschwingungsdämpfer m <masch> *(z. B. Pumpe)* • pulsation damper

Druckschwingungsfrequenz f <phys> • pressure-oscillation frequency

Druckseite f <aerospace> *(Tragflügel)* • working face; driving face

Druckseite f <förd> *(von Pumpen, Verdichtern)* • delivery side; outlet side; discharge side; discharge end; outlet end

Druckseite f <masch> *(z. B. Pumpe, Verdichter)* • side under compression

Druckseite f <pap> • rush side

druckseitig <förd> *(z. B. Pumpe, Verdichter)* • on the delivery side

druckseitig <masch> *(z. B. Hydraulik-, Pneumatik-Zylinder)* • on the pressure side

Drucksensor m <msr> • pressure sensor

Drucksensor für Ladeluft m <kfz.mot> *(Turboaufladung)* • boost sensor

Drucksensor in Dickschichttechnik m <msr> • thick-film pressure transducer

Drucksensor mit DMS m <msr> • strain-gauge pressure transducer

Drucksensor mit Dünnfilm-DMS m <msr> • pressure transducer with thin-film strain gauge; thin-film pressure transducer

Drucksensor mit Folien-DMS m <msr> • metal-foil strain gauge pressure transducer; pressure transducer with metal-foil strain gauges

Drucksensor mit Halbleiter-DMS m <msr> • pressure transducer with semiconductor strain gauge; semiconductor strain-gauge pressure transducer

Drucksensor mit Metallfolien-DMS m <msr> • metal-foil strain gauge pressure transducer; pressure transducer with metal-foil strain gauges

Drucksetzungskurve f <mech> • load-consolidation curve

Drucksintern n <prod> • pressure sintering
Drucksondierung f <bau> (Bodenmechanik) • static sounding
Drucksorte f <pap> • printing paper grade; printing grade
Drucksortierer m <ents> • pressure screen
Druckspalte f <druck> • print column
Druckspaltung f <mat> • compression cleaving
Druckspannung f <druck> • printing pressure
Druckspannung f <mech> • compressive stress; compression stress
druckspannungsfrei <mech> • free from compressive stress
Druckspannungs-Stauchungs-Schaubild n <qualit.mat> (Druckversuch) • diagram for compression
Druckspannzange f <wz> • push-type collet
Druckspeicher m <tech.allg> (jedes Medium) • pressure accumulator; pressure tank pract
Druckspeicher m <agri> (Mittel- und Hochdruckgasspeicher) • pressure-type gas holder
Druckspeicher m <edv> (für Druckerdaten) • print buffer
Druckspeicher m <kfz> (Niveauregulierung) • accumulator; pressure canister; canister; pressure reservoir; surge tank
Druckspeicher m <kfz.antr> (Automatikgetriebe-Steuerung) • accumulator; hydraulic accumulator; damper
Druckspeichereinrichtung f <rls> • pressure storage device
Druckspeicherkolben m <kfz.antr> (Getriebehydraulik) • damper plunger; damper piston ZF; accumulator piston
Druckspeicherspritzgerät n <agri> • compression sprayer
Druckspeicherventil n <kfz.antr> (Automatikgetriebe) • accumulator valve
Druckspeisung f <hydr> • pressure feed
Druckspindel f <masch> • pressing screw
Druckspitze f <tech.allg> • pressure peak
Drucksprühgerät n <obfl> (mit Hydraulikdruck) • compression sprayer; hydraulic sprayer
Drucksprung m <tech.allg> • pressure jump
druckspülen vt <verf> • pressure-flush vt
Druckspüler m <bau.hydr> (Toilette) • flushing valve
Druckstab m <edv> • print bar
Druckstab m <mech> (Bauteil unter Druckbeanspruchung; eher senkrecht) • compression column
Druckstab m <mech> (Bauteil unter Druckbeanspruchung; allg.) • compression member
Druckstab m <qualit.mat> (Probekörper im Druckversuch) • compression test bar; compression bar; column
druckstabilisiert <tech.allg> • pressure-stabilized
Druckstärke f <druck> (bei Anschlagdruckern, Schreibmaschinen) • print impact
Druckstange f <kfz> (an Stabilisator) • stabilizer link
Druckstange f <kfz.brems> (in Hauptzylinder oder Bremskraftverstärker) • push rod; hydraulic push rod rare
Druckstange f <kfz.brems> (in Trommelbremse, zwischen Bremsbacken) • push bar; strut rod Cadillac; parking brake lever strut Chrysler
Druckstange f <masch> (an Tauchkolben) • plunger rod
Druckstange f <masch> • pusher rack; pusher ram; ram bar
Druckstangenkolben m <kfz.brems> (im Tandem-Hauptzylinder) • primary piston assembly
Druckstangenkolben-Bremskreis m <kfz.brems> • primary brake circuit
Druckstangenkolbenfeder f <kfz.brems> (eine Rückstellfeder) • primary piston spring; primary piston return spring
Druckstartposition f <druck> • print start position
Druckstauwirkung f <mot> • pressure boost action; boost action

Drucksteife f <mech> (Verhältnis von Druckkraft zur verursachten Stauchung) • compression stiffness; compression rigidity
Drucksteiger m <metall> (Gießen) • relief sprue
Drucksteigerung f <masch> (z. B. Pumpanlage) • pressure increase; pressure rise
Druckstelle f <agri.logist> (bei Obst) • bruise
Druckstelle f <kfz> (Blechschaden; flache, mittelgroße Delle ohne verfestigte Ränder) • gouge
Druckstelle f <obfl.holz> (z. B. in Möbeloberflächen) • dent; indenture; pit
Druckstellenanzeiger m <edv> • print position indicator
Drucksteller m <kfz.mot> (KE-Jetronic) • electro-hydraulic fuel controller; fuel controller
Druckstellexzenter m <druck> • pressure-adjusting excenter
Druckstempel m <förd> (Schlauchpumpe) • mechanical finger; shoe
Druckstempel m <masch> (Kolbenpresse) • plunger piston; pressure piston; plunger
Druckstempel m <qualit.mat> (Druckprüfung) • punch
Drucksterilisator m <med.tech> • autoclave sterilizer
Drucksteuereinheit f <edv> • printing control unit
Drucksteuerung f <edv> • printing control
Drucksteuerung f <msr> (allg.) • pressure control
Drucksteuerung f <msr> (zyklische Druckänderung) • pressure cycling
Druckstock m <druck> • printing block; plate
Druckstock m rar <el> (für Leiterplatten) • printed circuit master; photomaster; artwork
Druckstockhöhenprüfer m <msr> • block-height gauge
Druckstollen m <energ.hydr> (geneigte Wasserleitung zu den Wasserturbinen) • pressure tunnel; power tunnel; penstock; pressure tube; gallery
Druckstoß m <phys> (allg., jedes Medium; z. B. in Hydraulik) • pressure surge
Druckstoß m <rls> (in Wasserleitungen) • water hammer
Druckstoßfilter m <verf> • pulse-jet fabric filter (PJFF); pulse-jet baghouse; reverse-jet filter; reverse pulse baghouse; pulse jet filter
Druckstrahlläppen n <prod> • liquid honing
Druckstrahlpumpe f <förd> • injector pump
Druckstrebe f <bau> • strut
Druckstreifen m <druck> • printing nip
Druckstreifen m <tele> • printing tape
Druckstück n <kfz> (Getriebesynchronisierung) • synchronizing key; clutch key; blocker bar GB; shifting plate GB; slipper coil
Druckstück n <prod> (Spannvorrichtung, Schnittwerkzeug) • clamping pad; pad
Druckstütze f <bau> • compression column
Druckstufe f <kfz> (Stoßdämpfer) • compression stage US; compression US; jounce stage GB; bump [stage] GB; jounce GB
Druckstufe f <turb> • pressure stage
Druckstufenscheidewand f <förd> (Pumpe) • guide-blade disc; diaphragm
Druckstutzen m <förd> (an Pumpe, Verdichter) • discharge nozzle; pressure nozzle; discharge branch rare; delivery branch rare
Druckstutzen m <rls> (Anschluss für Druckleitung) • pressure connection
Drucksystem n <verf> • positive pressure system
Drucktakt m <agri> • squeeze
Drucktakt m <edv> • printing cycle
Drucktank m <agri.tech> • pressurized tank US; pressurised tank GB
Drucktaste f <tech.allg> • operating key
Druck-Taste f <edv> • PrtScr key; Print Screen key did

Drucktaste f <el> (Schaltelement) • push button; press button rare; press key rare; pushbutton key rare
Drucktaste für Höhenverstellung f <msr> • raise-lower push-button; up/down push button
Drucktastenabstimmung f <av> (z. B. Radio, Fernseher) • push-button tuning; touch tuning
Drucktastenabstimmvorrichtung f <tele> • push-button tuner
Drucktasten-Außentürgriff m <kfz> • pushbutton type door outside handle
Drucktasten-Automatik f <kfz.antr> • pushbutton electronic transmission; pushbutton automatic transmission
Drucktastenbedientafel f <wz.masch> • push-button panel
drucktastenbetätigt <msr> • push-button-actuated
Drucktastenbetätigung f <msr> • push-button actuation
Drucktastenfeld n rar <tech.allg> (eher klein, oft nur numerisch) • keypad
Drucktastenfernsprecher m <tele> • push-button telephone
drucktastengesteuert <msr> • push-button-controlled
Drucktastenhängetableau n <msr> (z. B. Kran, Werkzeugmaschine) • push-button pendant
Drucktastenreihe f <tech.allg> • row of keys
Drucktastenschalter m <el> • push-button switch; press-button switch
Drucktasten-Schließe f <bekl> • quick-lock buckle; quick-lock closure system
Drucktasten-Schloss n <bekl> • quick-lock buckle; quick-lock closure system
Drucktasten-Schloss und aufklappbares Kinnteil n <bekl> (Motorradhelm) • detachable chin bar with quick-lock buckle :V
Drucktastenschnellverschluss n <bekl> • quick-lock buckle; quick-lock closure system
Drucktastensperre f <allg> • push button lock
Drucktasten-Steckschloss n <bekl> • quick-lock buckle; quick-lock closure system
Drucktastenstellwerk n <bahn> • push-button signal box
Drucktastensteuerung f <msr> • push-button control
Drucktaster m form <el> (Schaltelement) • push button; press button rare; press key rare; pushbutton key rare
Drucktechnik f DIN 16500 <druck> • printing technology
Drucktelegraf m <tele> • printing telegraph system; printing telegraph
Drucktelegrafie f <tele> • printing telegraphy
Drucktest m <druck> • selftest; test mode; print test; printer test
Druckthermometer n <msr> • pressure thermometer
Drucktisch m <druck> • printing table
Drucktoleranz f <edv> • printing tolerance
Druckträger m <druck> • stock
Druckträger m <rls> (von Schläuchen, Kompensatoren) • reinforcement fabric; tire cord US; tyre cord GB; carcass rare
Drucktränkung f <obfl> (z. B. von Holz, Papier) • pressure impregnation
Drucktransmitter m <msr> • pressure transducer; pressure transmitter
Drucktrigger m <msr> • pressure trigger
Drucktrockner m <textil> • printing dryer
Drucktrommel f <druck> • print drum
Drucktuch n DIN 16529 <druck> (von Offsetdruckmaschinen) • blanket; printing blanket; offset blanket; rubber blanket
Drucktuchwäscher m <druck> • printer's blanket washing machine; blanket washing machine; blanket washer
Drucktuchwaschmaschine f <druck> • printer's blanket washing machine; blanket washing machine; blanket washer

Druckturbine mit Druckabstufung f <turb> • multistage action turbine
Druckturm m <druck> (mehrere Druckeinheiten übereinander) • print tower; printing tower; tower pract
Drucktype f <druck> • printing type
Druckübertragung f <tech.allg> • pressure transmission
Druckübertragungsfaktor m <akust> • pressure sensitivity; pressure response
Drucküberwachungssteuerung f <msr> • pressure controls
Druckumformen n DIN 8583 <prod> • forming under compressive conditions; forming by compression; compression-forming
druckumformen vt DIN 8583 <prod> (walzen, freiformen, gesenkformen, eindrücken, durchdrücken) • form by compression vt; compress-form vt
Druckumlauf m <tech.allg> (z. B. Wasser, Schmieröl) • forced-feed circulation; pressure circulation; feed forcing
Druckumlaufschmierung f <tribo> • forced-feed circulation lubrication; force-feed circulation lubrication; pressure circulation lubrication
Druckumlaufschmierung mit Hauptstromfilter f <tribo> • pressure feed lubrication with full flow filtration; pressure-feed full-flow filtration lubrication
Druckumlaufschmierung mit Nasssumpf f norm <kfz.mot> (Viertaktmotor) • wet sump lubrication; wet sump press.coll
Druckumlaufschmierung mit Trockensumpf f form <kfz.mot> • dry sump lubrication
Druckumsetzer m DIN ISO 7967-4 <mot> (glättet den pulsierenden Abgasstrom) • pulse converter ISO 7967-4
druckunabhängig <tech.allg> • pressure-independent
Druckunterlage f (DU) <druck> (z. B. Aufsichtvorlage oder Film) • printing material US
Druckunterschied m ugs <msr> (über zwei Messpunkte) • pressure difference; pressure differential thsc; differential pressure; delta p pract; pressure drop rare
druckunterstützte Spontanatmung f <med.tech> • pressure support ventilation (PSV)
Druckventil n <förd> (in Pumpe) • discharge valve; delivery valve; outlet valve; pressure valve; head valve
Druckventilhalter m <kfz.mot> • pressure valve holder
Druckverbreiterung f <phys> • pressure broadening
Druckverdampfer m <verf> • pressure evaporator
Druckverdickungsmittel n <textil> • printing thickener
druckverdüsen vt <verf> • atomize vt US.GB; atomise vt GB.rare
Druckverdüsung f <verf> • pressure atomization; atomization
Druckveredelung f <druck> • surface finishing
Druckverfahren n <druck> • printing process; printing method
Druckverformung f <mech> (innere Spannung durch Stauchung) • compression strain
Druckverformungsrest m <bau> • permanent set; compression set
Druckvergasung f <verf> • elevated-pressure gasification; high-pressure gasification; pressure gasification
Druckverglasung f <bau> • pressure glazing :V
Druckverhältnis n <edv> • print contrast signal (PCS); print contrast ratio
Druckverhältnis n <phys> • pressure ratio
Druckverlauf m <tech.allg> • pressure pattern
Druckverlust m <edv> (Strichcode-Problem) • print loss; ink shrinkage; bar width loss
Druckverlust m <förd> (Pumpe) • loss of head
Druckverlust m <verf> (unbeabsichtigt; als Störfall) • pressure loss; pressure drop
Druckverlusthöhe f <förd> • loss of head; head loss

Druckversatz m <druck> • print misalignment
Druckverschiebung f <geo> • pressure shift
Druckversprüher m <verf> • pressure atomizer
Druckversprühung f <verf> • pressure atomization
Druckverstärker m <tech.allg> • booster
Druckverstärker m <pneum> • pneumatic amplifier
Druckverstärkerpumpe f <tech.allg> *(Wasserversorgung)* • booster pump
Druckversuch m <qualit.mat> *(analog zum Zugversuch; bis zum Kollaps des Probenkörpers)* • compression test; pressure test; collapse test
Druckversuch mit behinderter Querdehnung m <qualit.mat> • confined compression test
Druckversuch mit behinderter Seitenausdehnung m <qualit.mat> • direct shear test
Druckversuch mit unbehinderter Querdehnung m <qualit.mat> • unconfined compression test
Druckverteilsystem n <verf> • pressure-spray distribution system; pressure-type distribution system
Druckverteilungskurve f <masch> *(Gleitlager)* • pressure-distribution curve
Druck-Volumen-Diagramm n <phys> *(Thermodynamik)* • pressure-volume diagram; pv diagram
Druck-Volumenstrom-Diagramm n <mot> • cylinder pressure CFM diagram
Druckvoranzeige f ISO/IEC 2382-23 <edv> • print preview ISO/IEC 2382-23
Druckvorgänge pro Minute mpl <druck> *(Geschwindigkeitsangabe)* • impressions per minute pl
Druckvorgang m <druck> • printing process; printing
Druckvorgang läuft ... <druck> *(Anzeige, Meldung)* • Printing ...
Druckvorlage f <druck> *(von Bildmaterial)* • artwork sg
Druckvorlage f <druck> *(Reinzeichnung)* • master drawing
Druckvorlage f <druck> *(z. B. Aufsichtvorlage oder Film)* • printing material US
Druckvorlage f <druck> *(Text und/oder Bild)* • copy; original
Druckvorlage f <el.prod> *(von gedruckten Schaltungen)* • master pattern; photomaster
Druckvorlage f <msr> *(Schutz von Drucksensoren)* • transfer fluid; fill fluid
Druckvorlagenschluss m <werb> *(Termin)* • material closing [deadline] US; closing date for printing material
Druckvorrichtung f <edv> • printing device
Druckvorschau f prakt <edv> • print preview ISO/IEC 2382-23
Druckvorstufe f <druck> • prepress; pre-press
Druckwaage f <msr> *(Manometer)* • piston manometer
Druckwaage f <rls> *(Ventil)* • pressure-maintaining valve
Druckwächter m <msr> • overpressure switch; manostat
Druckwalze f <druck> *(zum Drucken)* • printing roller; print roll
Druckwalze f <led> *(Spaltmaschine)* • pressure roller
Druckwalze f <masch> *(betont: Druck ausübend)* • pressure roll
Druckwalze f <prod> *(betont: verdichtend)* • compression roll
Druckwalzenstreichmaschine f <druck> • print-roll coater
Druckwandler m prakt <kfz.emiss> *(EGR-System)* • exhaust back pressure transducer valve (EPT) *form*; exhaust back pressure transducer *pract*; back pressure valve
Druckwandler m <msr> • pressure transducer; pressure transmitter
druckwandlergesteuerte AGR f <kfz.emiss> • exhaust back pressure modulated EGR

Druckwaschanlage f <agri.tech> *(mit CO$_2$-Druck)* • carbon dioxide scrubber
Druckwasser n <tech.allg> • pressurized water
druckwasserdicht <qualit.mat> • water pressure tight
Druckwasserkreislauf m <nukl> • pressurized water cycle
Druckwasserprüfung f <rls> • hydraulic boiler test
Druckwasserputzstrahlen n <prod> • high-pressure water cleaning; liquid blast cleaning
Druckwasserreaktor m (DWR) DIN 25401-3 <nukl> • pressurized-water reactor (PWR)
Druckwasserspeicher m <hydr> • hydraulic accumulator
Druckwasserstoffraffination f <chem> • hydrorefining
Druckwasserstrahl m <verf> • pressure-water jet
Druckweiterverarbeitung f <druck> • postpress; postpress
Druckwelle f <phys> *(betont: durch Ausdehnung)* • expansion wave
Druckwelle f <phys> *(allg.; z. B. bei Explosionen, in Auspuffgasen, bei Überschallknall)* • pressure wave
Druckwelle f <spreng> *(einer Explosion, Sprengung, Bombe)* • blast wave
Druckwellenfront f <phys> *(bei Überschallbewegung)* • shock wave front; shock front
Druckwellenlader m form <kfz> • Comprex pressure wave supercharger *TM*; Comprex supercharger *pract*; pressure wave supercharger *form*
Druckwerk n (DW) <druck> *(von Bogen- od. Rollenoffset-Druckmaschinen)* • printing couple
Druckwerk n <edv.druck> *(Teil eines Druckers; mehr od. weniger mechanisch)* • printing unit
Druckwiderstand m <phys> *(umströmter Körper; Wirbelstrom verursachend)* • eddymaking resistance; pressure resistance; pressure drag
Druckwindkessel m <förd> *(Kolbenpumpe)* • receiving tank; delivery air chamber; delivery air vessel; receiver
Druckwinkel m <tech.allg> • contact angle
Druckwirbelschichtfeuerung f <verbr> • pressurized fluidized bed combustion (PFBC)
Druckzahl f <energ.hydr> • pressure gradient
Druckzeile f <druck> • print line; printing line
Druckzementierung f <min> • squeeze cementation; squeeze cementing
Druckzerstäuber m <verf> • pressure-jet atomizer US.GB; pressure-jet atomiser GB.rare
Druckzerstäubung f <verf> • pressure-jet atomizing US-GB; pressure-jet atomising GB.rare
Druckziffer f <energ.hydr> • pressure gradient
Druckzone f <bau> • pressure zone
Druckzone f <druck> • printing nip
Druckzone f <förd> *(rotierende Verdrängerpumpe)* • delivery chamber; discharge chamber; output zone; pressure zone; pressure chamber
Druckzone f rar <kst> *(Spritzgießschnecke)* • metering section; pumping section; metering zone
Druckzone f <mech> *(unter Druckspannung)* • compression zone
Druckzonenmikrofon n <av> • pressure zone microphone (PZM)
Druckzuggebläse n <hlk> • forced-draft blower US; forced-draught blower GB
Druck-Zug-Schalter m <el> • push-pull switch
Druckzunahme f <edv> *(Strichcode-Problem)* • print gain; bar width gain; bar gain; ink spread
Druckzuwachs m <edv> • dot gain
Druckzuwachs m <edv> *(Strichcode-Problem)* • print gain; bar width gain; bar gain; ink spread
Druckzwiebel f <phys> • pressure bulb
Druckzwilling m <phys> • pressure twin

Druckzylinder *m* <druck> *(Offsetdruckmaschine)* • impression cylinder; printing cylinder; rubber cylinder

Druckzylinder *m* <kfz.rep> *(Richtsystem)* • body jack; power unit; ram

Druckzylinder *m* <kst> • pressure cylinder

drückbar <mat> *(Blech)* • spinnable

Drücken *n* <kfz> *(Motorrad-Kurventechnik)* • swerving

Drücken *n* DIN 8585 <prod> *(Zugdruckumformen von Blechen; z. B. Dosenherstellung)* • sheet-metal spinning; spinning

Drücken *n* <prod> *(allg.)* • pressing

drücken *vt* <tech.allg> *(nach unten)* • press down *vt*

drücken *vt* <tech.allg> *(z. B. Knopf, Taste)* • press *vt*

drücken *vt* <aerospace> *(Steuersäule)* • pull out the control stick *vt*; push the stick forward *vt*; push forward *vt*; pull out *vt*

drücken *vt* <kunst> *(Metall; zur Reliefherstellung)* • pounce *vt*

drücken *vt* <prod> • chase *vt*

drücken *vt* <prod> *(Umformtechnik für Blech-Hohlkörper; z. B. Getränkedosen)* • spin *vt*

drücken *vt* <wz> *(Werkzeug auf Werkstückoberfläche; unerwünscht)* • drag *vt*; rub *vt*

drückend angeordneter Ventilator *m* <hlk> • forced draft fan *US*; forced draught fan *GB*; blower fan

drückender Sammler *m* • depressant

drückender Ventilator *m* <hlk> • forced draft fan *US*; forced draught fan *GB*; blower fan

drücken Sie eine beliebige Taste *f* <edv> • press any key

Drücken von Hand *n* <prod> • manual spinning

Drücker *m* • latch key

Drücker *m* <bau> • handle

Drücker *m* <chem.verf> *(Flotation)* • depressing agent; depressant

Drücker *m* <masch> *(Stößel)* • pusher

Drücker *m* <mus> *(Orgel)* • sticker

Drücker *m* <pack> *(Dosenherstellung)* • pusher

Drücker *m* <phot> *(Auslöser)* • trigger

Drückerfuß *m* <druck> • pressure foot

Drückerkissen *n* <pack> *(Pre-Necker/Necker)* • pusher pad

Drückerkurve *f* <pack> *(Pre-Necker/Necker)* • pusher cam

Drückerrevolver *m* <pack> *(Pre-Necker/Necker)* • pusher star; pusher turret

Drückerspindel *f* <pack> *(Pre-Necker/Necker)* • pusher spindle

Drückerstab *m* <pack> *(Pre-Necker/Necker)* • pusher rod

Drückerstern *m* <pack> *(Pre-Necker/Necker)* • pusher star; pusher turret

drückgewalzt <prod> • spin-rolled *:V*

Drückmaschine *f* <wz.masch> • metal-spinning lathe; spinning lathe

Drückrolle *f* <wz.masch> • metal-spinning roller; spinning roller

Drückteil *n* <prod> *(nach dem Formen)* • spun part

Drückwalze *f* <wz> *(Gewindedrücken)* • pressing roller

Drückwalzen *n* <prod> • metal spinning

Drückwerkzeug *n* <wz.masch> • metal-spinning tool; spinning tool

Drumcomputer *m* <el.mus> • drum machine; rhythm machine

Drumexpander *m* <el.mus> • drum module; drum sound module; drum expander

Drummodul *n* <el.mus> • drum module; drum sound module; drum expander

Drummond'sches Kalklicht *n* <licht.theat> • Drummond's limelight; Drummond light; calcium light; limelight

Drumpad *n* <edv.av> • pad; drum pad; drum control pad

Drumsound *m* <edv.av> • drum sound

Drusch *m* <agri> *(Vorgang)* • threshing; threshing-out

Drusch *m* <agri> *(Ertrag; gedroschenes Getreide)* • threshed grain

Druse *f* <geo> • pocket; geode; druse; vugg; vug

Drusen *pl* <nahr> *(Niederschlag in Weinfässern, -flaschen)* • lees; wine lees; bottoms

Drusenraum *m* <geo> • drusy cavity; loch

drusig <geo> • pockety; vuggy; drusy

Dry-on-wet-Prozess *m* <obfl> • dry-on-wet process

Drywell *n* prakt <nukl> • drywell

D-Säule *f* <kfz> *(bei Kombis)* • D-pillar

DSD <ents> • Duales System

DS-Diskette *f* <edv> *(Diskette)* • double-sided floppy [disk]; DS diskette; 2S diskette

DSE <verf> • rotary flow dust collector; tornado dust collector

DSF <av> • dynamic signal filter (DSF)

DSHD <kfz> • dual tilt/slide sunroof (DTSR) *:V*

DSL-Telefonie *f* (VoDSL) <edv> • voice over DSL (VoDSL)

DSP <edv.av> • digital signal processor (DSP); digital sound processor; digital audio processor; audio signal processor

DSP-Chip *m* <edv.av> • digital signal processor (DSP); digital sound processor; digital audio processor; audio signal processor

DSP-Microcontroller *m* <edv.av> • digital signal processor (DSP); digital sound processor; digital audio processor; audio signal processor

DSR <edv> *(RS 232-Signal)* • Data Set Ready (DSR)

DSU <edv> • Digital Service Unit (DSU)

DSV <edv> • digital sum value (DSV)

DT <pharm> • diphteria-tetanus vaccine

DTC-Ansatz *m* <prod> • design-to-cost method (DTC); design-to-cost approach; DTC philosophy

DTC-Philosophie *f* <prod> • design-to-cost method (DTC); design-to-cost approach; DTC philosophy

dtex <textil> *(Titrierung)* • decitex (dtex)

DTF <av> • dynamic track following (DTF)

DTF-Spurnachführung *f* <av> • dynamic track following system (DTF); dynamic track following; DTF system

DTF-System *n* <av> • dynamic track following system (DTF); dynamic track following; DTF system

D-Thyroxin *n* <pharm> • dextrothyroxine; d-thyroxine

DTL <el> • diode-transistor logic (DTL)

DT-Logik *f* <el> • diode-transistor logic (DTL)

DTMF <edv> *(Audiosignalfrequenz auf Tastentelephonen)* • Dual Tone Multiple-Frequency (DTMF)

DTP <edv.druck> • desktop publishing (DTP)

DTP <pharm> • diphteria-tetanus-pertussis vaccine; diphteria and tetanus toxoids and pertussis; vaccine combined

D-T-Reaktor *m* <nukl> • D-T reactor; deuterium-tritium reactor

DTV <verk> • average daily traffic (ADT)

DU <druck> *(z. B. Aufsichtvorlage oder Film)* • printing material *US*

dual <allg> • dual

dual <tech.allg> • binary

Dual-Akustikmelder *m* <alarm> • dual glassbreak detector

Dual-Bewegungsmelder *m* <alarm> • dual technology detector; dual intruder detector; dual detection device; combination detector/sensor; combined technology detector

Dual-Boot-Maschine *f* <edv> *(z. B. für Windows + Linux)* • dual-boot machine

Dualbruch *m* <math> • dual fraction

duale Gruppe f <math> • character group; dual group
duale Kodierung f <edv> • dual coding
Dualelement n <alarm> • dual element; dual-opposed sensor element
Dualelement-Sensor m <alarm> • dual-element passive infrared sensor
duale Operation f <tech.allg> • dual operation
dualer Satz m <math> • reciprocal theorem; dual theorem
dualer Zerfall m <phys> • dual decay
duales Netzwerk n <el> • reciprocal network; dual network
Duales System Deutschland n (DSD) <ents> • Duales System
duale Steuerung f <msr> • dual control
Dualgitter n <mat> *(Kristallographie)* • reciprocal lattice
Dual-Glasbruchmelder m <alarm> • dual glassbreak detector
Dual-Image-Filter m ugs <phot> • dual-image filter
Dual-Image-Filter n <phot> • dual-image filter
Dual-In-Line-Gehäuse n <el.ic.prod> • Dual-In-Line Package (DIP)
Dual In-Line Package n (DIP) <edv> • Dual In-Line Package (DIP)
Dualismus m <phys> • wave-corpuscle duality; dualism
Dualismus von Welle und Teilchen m <phys> • wave-corpuscle duality; dualism
Dualitätsprinzip n <math> • duality principle
Dualitätssatz m <math> • duality theorem
Dualkode m <math> • binary code; dual code
dualkodiert <edv> • binary-coded
Dual-Layer-DVD f <edv> • dual layer disk; DL disk
Dualmelder m <alarm> • dual technology detector; dual intruder detector; dual detection device; combination detector/sensor; combined technology detector
Dual Mode-Antrieb m <kfz.antr> • dual mode mover
Dual-Mode-Modell n <tech.allg> *(z. B. Handy)* • dual-mode model
Dual-Mode-Shuttle n <av> • dual-mode shuttle
Dualnetzwerk n <el> • reciprocal network
Dual-Phasen-Stahl m <mat> • dual-phase steel
Dualphasenstahl m <metall> *(z. B. weicher Ferrit mit harten Martensitinseln)* • dual-phase steel
Dualphasen-Stahl m <metall> *(z. B. weicher Ferrit mit harten Martensitinseln)* • dual-phase steel
Dual-Ported-RAM n form. <edv> • video RAM (VRAM); dual-ported RAM form.
Dual-Port-Konverter m <edv> • Dual-Port Converter
Dualrechner m <edv> • binary computer
Dualschaltung f <edv> • dual circuit
Dualschreibweise f <math> • binary notation
Dualsystem n <math> • binary number system; binary system
Dualtechnologie-Sensor m <alarm> • dual technology detector; dual intruder detector; dual detection device; combination detector/sensor; combined technology detector
Dual Tone Multifrequency n <tele> • Dual Tone Multifrequency (DTMF)
Dual-Tone Multiple-Frequency f (DTMF) <edv> *(Audiosignalfrequenz auf Tastentelephonen)* • Dual Tone Multiple-Frequency (DTMF)
Dual Variables Ansaugsystem n Nissan <kfz.mot> • Dual Variable Induction system; Dual Variable Induction
Dual-Verstärker m <el> • dual-driver
Dual-VGA Grafikadapter m <edv> • dual-VGA graphics adapter
Dual-VGA-Grafikkarte f <edv> • dual-VGA graphics adapter
Dual-Voltage-CPU f <edv> • dual voltage CPU

Dualzähler m <math> • binary counter; binary scaler
Dualzahl f <math> • binary number
Dualziffer f <math> • binary digit
Duane-Hunt'sches Gesetz n <phys> • Duane and Hunt's law
Duant m <phys> • D-shaped cyclotron electrode; duant; dee
Dublee n <druck> • mackling
Dublee n <mat> • gold-filled plate
Dublett n <phys> • duplet; doublet
Dublettabstand m <phys> • doublet separation
Dublettaufspaltung f <phys> • doublet splitting
Dublette f <tech.allg> • doublet
Dublettenprüfung f <edv> • duplication check; twin check
Dublett-Term m <math> • doublet term
Dublettzustand m <phys> • doublet state
Dublieren n DIN 16529 <druck> • doubling
dublieren vt <druck> • mackle vt; double vt
dublieren vt <textil> • double vt; ply vt
dublieren vt <textil> *(Seide)* • double vt; fold vt
Dubliermaschine f <textil> • doubling winding frame; doubling winder; doubler
Dublier-Mess-Legemaschine f <textil> • doubling-measuring folder
Dubnium n (Db) <chem> • dubnium (Db); unnilpentium obs
Dubonnet-Vorderachse f <kfz> • Dubonnet suspension
Duchesse-Bindung f <textil> • satin weave
Duckdalbe f <bau.hydr> *(in den Hafengrund gerammte Pfahlgruppe)* • pile dolphin; dolphin pract
Duckdalben m <bau.hydr> *(in den Hafengrund gerammte Pfahlgruppe)* • pile dolphin; dolphin pract
Dübel m <bau> *(zum Befestigen an Wänden)* • dowel pin; dowel
Dübel m <füg> *(allg.; Stift aus Metall, Holz)* • plug; peg
Dübel m <füg.holz> *(Stift; zum Fixieren, Führen, Zentrieren)* • joggle
Dübelbeschichtung f <bau> • dowel coating; dowel coating compound
Dübelbeschichtungsmasse f <bau> • dowel coating; dowel coating compound
Dübeleinpressmaschine f <holz> • dowel driver
Dübelkorb m <bau> • dowel chair
Dübellochbeleimmaschine f <holz> • dowel gluer
dübeln v <prod> • dowel v
dübeln vt <holz> • peg vt
Dübelstein m <bau> • fixing block; fixing brick
DÜ-Block m <edv> • frame ISO 3309
Dückdalbe f rar <bau.hydr> *(in den Hafengrund gerammte Pfahlgruppe)* • pile dolphin; dolphin pract
DÜE <tele> • data communications equipment (DCE); data transmission equipment
Düker m DIN 4047-5 <bau.hydr> *(Gewässer wird unter einem Hindernis durchgeleitet)* • inverted siphon; siphon
Dükersohle f <ents> • bottom of drain
Dükerzulauf m <hydr> • siphon feed
dümmster anzunehmender User m (DAU) ugs. <edv> • stupiest imaginable user coll.
Düne f DIN 4047-2 <geo> • dune
Düngekalk m <agri> • fertilizing lime
Düngelanze f <agri> • fertilizer injector; soil injector
Düngemaschine f <agri> • fertilizing machine
Düngemischkalk m <agri> • compound lime fertilizer
Düngemittel n DIN 11513-11 <agri> • fertilizer; manure; dung
Düngemittelbedarf m <agri> • fertilizer requirement; fertilizer needs
Düngemittelindustrie f <agri> • fertilizer industry
Düngemittelsilo m <agri> • fertilizer storage hopper

Düngemittelstreuorgan n <agri> • fertilizer distributor mechanism; fertilizer spreading mechanism

Düngemittel und Calcium-/Magnesium-Bodenverbesserungsmittel mpl DIN 11513-19 <agri.chem> • fertilizers and liming materials DIN 11513-19

düngen vt <agri> • fertilize vt

düngen vt <agri> (organischer Dünger) • manure vt; dung vt

Dünger m <agri> • fertilizer; manure; dung

Dünger m <agri> (organisch) • dung

Düngerdosierer m <agri> (allg.; für Flüssig- oder Granulatdünger) • fertilizer applicator

Düngerdrillhebel m <agri> • fertilizer drill lever

Düngereinleger m <agri> • manure attachment; manure skimmer; manure coulter

Düngerkasten m <agri> • fertilizer hopper

Düngerlagerraum m <logist> • fertilizer shed

Düngerlösung f <agri> • fertilizer solution

Düngerstreuanhänger m <agri> • trailer fertilizer spreader; trailer spreader

Düngerstreuer m <agri> • fertilizer distributor

Düngerstreuwanne f <agri> • hand fertilizer distributor

Düngerverregnung f <agri> • fertilizer application by irrigation

Düngerwert m • manurial value

Düngung f <agri> • fertilization

dünn <allg> (Dimension) • thin

dünn ugs <tech.allg> (z. B. Öl, Lack, Lasur) • low-viscosity; thin-bodied; thin pract; easily flowing coll

dünn <nahr> (z. B. Wein) • thin; meager; weak

dünn <phot> (Lichter im Negativ) • thin

dünn <phys.chem> (Flüssigkeit) • dilute; weak

dünn <textil> (Stoff, Gewebe) • light

Dünnablauge f <pap> • weak black liquor; dilute black liquor

Dünnbandgießen n <metall> • thin-sheet casting

Dünnbandguss m <metall> • thin-sheet casting

dünnbankig <geo.min> • thin-bedded

Dünnblech n <mat> • light-gauge sheet metal; thin sheet metal; thin panel; thin steel

Dünnblechschweißen n <füg> • light-gauge welding; thin-sheet welding

Dünnbrammenguss m <metall> (Warmband mit Stärken von 6,35 bis 0,8 mm, Breiten 900 – 1600 mm) • strip casting :V; sheet casting :V; thin-slab casting :V

Dünnbrammentechnologie f <metall> (Warmband mit Stärken von 6,35 bis 0,8 mm, Breiten 900 – 1600 mm) • strip casting :V; sheet casting :V; thin-slab casting :V

Dünndraht m <el.ic.prod> (zum Drahtbonden von ICs; Drahtstärke 0,008 bis max 0,1 mm) • fine wire

Dünndrahtschweißen n <füg> • small-diameter-wire welding; small-wire welding; thin-wire welding

Dünndruckpapier n DIN 6730 <pap> • India paper; light weight printing paper; thin-printing paper rare

dünne Feststoffschicht f <tech.allg> • thin solid film

dünner Draht m <mat> • fine wire

dünner Gang m <geo> • seam

dünner werden vi <allg> • thin vi

dünner werden vi <chem> (Lösung) • weaken vi

dünner werden vi <min> • spoon out vi; pinch out vi; die out vi

dünner werden vi <obfl> (z. B. Schichten an den Kanten) • thin out vi

dünne Schicht f <tech.allg> • thin film; film

dünne Schicht f <geo> • band

Dünnfilm-DMS m <msr> • thin-film strain gauge US/GB; thin-film gauge US/GB

Dünnfilmkopf m <edv> (Festplatte) • thin film inductive head (TFI head) Western Digital; thin-film inductive read-write head Seagate; thin film head Quantum

Dünnfilm-/magnetoresistiver Kopf m <edv> (Magnetband) • thin film/magneto resistive head; TF/MR head

Dünnfilmschaltung f <el.ic> • thin-film circuit; thin-film integrated circuit form

Dünnfilmsolarzelle f obs <energ.sol> • thin-film solar cell

Dünnfilmtechnik f <el.ic.prod> (für Hybridschaltungen) • thin-film technology

dünnflüssig <tech.allg> (z. B. Öl, Lack, Lasur) • low-viscosity; thin-bodied; thin pract; easily flowing coll

Dünngusstechnik f <prod> (Verfahren) • thin-wall casting method; thin-wall casting

Dünnsäure f <chem> (z. B. Nebenprodukt aus Titandioxidproduktion) • dilute acid

Dünnsäureverklappung f <chem.ents> (seit 1989 verboten) • dumping of dilute acid

Dünnsaft m <nahr.prod> (Zuckergewinnung) • thin juice

Dünnsaftendschwefelung f <nahr.prod> • final sulfitation of thin juice

Dünnsaftfilter n <verf> • thin-juice filter

Dünnschaft m <füg> (z. B. an Dehnschraube) • reduced shank; relieved shank; scant shank

Dünnschaftschraube f <füg> • bolt with reduced shank; bolt with scant shank; bolt with relieved shank

dünnschalig <tech.allg> • thin-shell

Dünnschicht f <tech.allg> (allg.) • thin layer; thin film

Dünnschicht f <el.ic.prod> (typ. auf Glas- oder Keramiksubstrat) • thin film

Dünnschicht... <el.ic> (bei integrierten Schaltkreisen) • thin-film ...

Dünnschicht... <el.ic.prod> • thin-film ...

Dünnschichtabsorber m <verf> • wetted-wall absorber

Dünnschichtaufdampftechnik f <obfl> • thin-film vacuum deposition

Dünnschichtauftragverfahren n <el.ic.prod> (Vakuumverfahren) • thin-film deposition technique; thin-film vacuum deposition technique

Dünnschicht-Chromatographie f (TLC) <chem> • thin-layer chromatography (TLC)

Dünnschichtchromatographie f <chem> • thin-layer chromatography

Dünnschichtdestillation f <verf> • thin-layer distillation

Dünnschicht-DMS m <msr> • thin-film strain gauge US/GB; thin-film gauge US/GB

Dünnschicht-FET m <el> • thinfilm fet

Dünnschichtfilm m <phot> • thin-emulsion film; thin-layer film

Dünnschichthalbleiter m <el> • thin-film semiconductor

Dünnschichthybridschaltkreis m <el> • thin-film hybrid circuit

Dünnschichthybridtechnik f <el> • thin-film hybrid technique

Dünnschichtinterferometer n <phys> • pellicle interferometer

Dünnschichtkondensator m <el> • thin-film capacitor

Dünnschichtmikroelektronik f <el> • thin-film microelectronics

Dünnschichtmikrominiaturisierung f <el> • thin-film microminiaturization

Dünnschichtschaltung f <el.ic> • thin-film circuit; thin-film integrated circuit form

Dünnschichtsolarzelle f <energ.sol> • thin-film solar cell

Dünnschichtsolarzelle f :V <energ.sol> (betont: durch Epitaxie hergestellt) • epitaxial solar cell

Dünnschicht-Solarzelle aus amorphem Silizium f <energ.sol> • amorphous silicon thin film solar cell

Dünnschichtspeicher m <edv> • thin-film memory; thin-film store rare

Dünnschichttechnik f <el> (bei ICs) • thin-film technology

Dünnschichttechnik f <el.ic.prod> *(für Hybridschaltungen)* • thin-film technology

Dünnschichttransistor m <el> • thin-film transistor

Dünnschichttrockner m <verf> • film drier; thin-layer drier *rare*

Dünnschichttrocknung f <verf> • film drying; thin-layer drying

Dünnschichtverdampfer m <verf> • film evaporator; thin-layer evaporator

Dünnschichtverdampfer mit rotierenden Wischern m <verf> • agitated-film evaporator

Dünnschichtverdampfung f <verf> • thin-film evaporation

Dünnschichtwachstum n <prod> • thin-film growth

Dünnschichtwiderstand m <el> • thin-film resistor

Dünnschliff m <min> • thin ground section

Dünnschnitt m <prod> *(allg.)* • thin-cut section

Dünnschnitt m <qualit.mat> *(betont: transparent; für Materialprüfung im Durchlichtmikroskop)* • transparent cut

Dünnsole f <chem> • weak brine

Dünnstelle f <textil> *(Gespinst)* • thin place

Dünnstoffbereich m <pap.ents> • low-consistency range

Dünnstoffbleiche f <pap> • low-density bleach

Dünnstoffreiniger m <pap.ents> • low-consistency cleaner

Dünntrübe f <chem> *(Aufbereitung)* • dilute medium

dünnumhüllt <obfl> • lightly coated

dünnwandig <tech.allg> *(z. B. Gehäuse, Behälter, Rohr)* • thin-walled; thin-wall

dünnwandige Prothese f <med.tech> *(alloplastische Gefäßprothese)* • thin-walled graft; thin wall graft

dünnwandige Schale f <tech.allg> • thin shell

Dünnwandlagerschale f <masch> • thin-wall bearing shell

Dünnwandrohr n <rls> • thin-walled pipe

Dünnwandzähler m <msr> • thin-wall counter

Dünung f DIN 4049-3 <geo> • swell

Düppel m <mil> *(zur Störung gegnerischen Radars)* • radar chaff; chaff

Düppelung f <mil> *(Störung feindlichen Radars)* • chaff dropping; flasher dropping; window dropping

Düse f <tech.allg> *(Öffnung, aus der etwas mit hoher Geschwindigkeit austritt)* • nozzle

Düse f <druck> • ink nozzle; nozzle

Düse f <energ.hydr> • nozzle; jet nozzle

Düse f <kfz.mot> *(Vergaser)* • jet

Düse f <kfz.mot> *(eines Einspritzventils)* • nozzle; injector nozzle

Düse f <kfz.mot> *(in Öl-Steigleitung zwischen Zylinder und Zylinderkopf)* • oil control orifice valve

Düse f <kst> *(Extruder)* • die; extrusion die

Düse f <metall> *(Hochofen)* • tuyere

Düse f <wz> *(Schneidbrenner)* • tip

Düse mit Temperaturkompensation f did. <kfz.mot> *(Vergaser)* • capstat temperature controlled jet

Düsenabscheider m <agri> • dust nozzle deflector

Düsenabstreifverfahren n <obfl> • jet process of Sendzimir galvanizing; jet process of galvanizing; air-knife process; jet process

Düsenanlagekraft f <kst> • nozzle contact force

Düsenanordnung f <druck> • nozzle arrangement

Düsenanpresskraft f <kst> • nozzle contact force

Düsenanstellwinkel m <turb> • nozzle inclination

Düsenausströmgeschwindigkeit f <phys> • nozzle exhaust velocity

Düsenaustritt m <aerospace> • nozzle outlet

Düsenaustritt m <masch> • nozzle exit

Düsenaustrittsquerschnitt m <masch> • nozzle exit section

Düsenbeiwert m <phys> *(Strömungslehre)* • nozzle coefficient

Düsenblasverfahren n <verf> • jet process

Düsenblock m <aerospace> • nozzle unit; nozzle set

Düsenblock m <turb> *(Dampfturbine)* • nozzle block

Düsenboden m <ents> • distribution plate; gas distributor plate; air distribution plate

Düsenboden m <metall> • tuyere bottom

Düsenbohrmaschine f <wz.masch> • nozzle drilling machine

Düsenbohrung f <tech.allg> • nozzle bore; nozzle hole; jet bore

Düsenbohrungsdurchmesser m <kst> *(der Spritzeinheit)* • orifice diameter

Düsenbrenner m <verbr> • nozzle burner

Düsendecke f <verf> • oven deck pad

Düsendichtring m <masch> • nozzle washer

Düsendorn m <kst> • core

Düsenebene f <verf> • spray bank

Düseneinsatz m <turb> • set of nozzles

Düseneinschnürung f <energ.hydr> • nozzle-throat

Düseneintritt m <turb> • nozzle entry; nozzle inlet

Düsenfärbemaschine f <verf> • jet dyeing machine

Düsenfärbung f <textil> • dope dyeing; spin dyeing

Düsenfeuchtwerk n <druck> • jet spray dampening system

Düsenfilter n <verf> • nozzle filter

Düsenflugzeug n <aerospace> • jet airplane; jet *coll*

Düsengarnitur f <turb> • nozzle fittings

düsengefärbt <textil> • solution-dyed; dope-dyed; spin-dyed

Düsenhals m <kfz> *(Vergaser)* • jet throat

Düsenhals m <masch> • nozzle throat

Düsenhalter m <kfz.mot> *(für Düse im Stromberg-Vergaser)* • jet bearing

Düsenhalter m <kst> • die adapter

Düsenhalter m <masch> *(allg.)* • nozzle holder

Düsenhalterkombination f <kfz.mot> • nozzle-holder assembly

Düsenhalterung f <agri> • nozzle boss

düsenhochdruckgekühlt <hlk> • mist-cooled

düsenhochdruckgeschmiert <tribo> • mist-lubricated

Düsenhochdruckkühlung f <hlk> • mist cooling

Düsenhochdruckschmierung f <tribo> • mist lubrication

Düsenkanal m <turb> • nozzle channel

Düsenkappe f <kst> *(vorderstes Teil einer Spritzdüse)* • nozzle tip

Düsenkappe f <wz> *(Schutzkappe für Spritzpistole, Airbrush)* • nozzle cap

Düsenklappe f <aerospace> • nozzle flap

Düsenkondensableiter m <chem> • orifice trap

Düsenkondensatableiter m <chem> • orifice trap

Düsenkühler m <hlk> • nozzle radiator

Düsenlehre f <kfz.wz> *(für Vergaser)* • throttle gauge *:V*

Düsenlochboden m <prod> *(Glasfaserherstellung)* • base plate of the bushing; base of the bushing

Düsenmanifold n <petr> • choke manifold

Düsenmeißel m <petr> • jet bit

Düsenmischer m <verf> • nozzle mixer

Düsenmündung f <masch> • nozzle tip

Düsenmund m <tech.allg> • nozzle orifice; nozzle opening

Düsennadel f <energ.hydr> *(Pelton-Turbine)* • nozzle valve; needle

Düsennadel f <kfz.mot> *(SU- oder Stromberg-Vergaser)* • jet needle; needle *pract*

Düsennadel f <kst> • needle; sealing needle; pin

Düsennadel f <masch> *(zum Reinigen, gegen Verstopfung)* • jet cleaning needle; cleaning needle

Düsennadel f <mot> *(Dieselmotor)* • pintle
Düsenöffnung f <tech.allg> • nozzle orifice; nozzle opening
Düsenöffnung f <metall> *(Hochofen)* • tuyere opening
Düsenpassstück n <kst> • die adapter
Düsenplättchen n <masch> • nozzle disc
Düsenplatte f <druck> • nozzle plate
Düsen-Prallplatten-System n <verf> • flapper-nozzle unit; nozzle-baffle unit
Düsen-Prallplatten-Verstärker m <verf> • nozzle-flapper amplifier
Düsenpropeller m <fz> *(Schiff, Flugzeug)* • shrouded propeller; ducted propeller; nozzle propeller
Düsenradius m <kst> • nozzle radius
Düsenreinigungsnadel f <wz> *(für Autogenbrenner)* • nozzle cleaning reamer
Düsenring m <kst> *(Blasformen)* • die ring
Düsenring m <turb> • nozzle ring
Düsenringpropeller m <fz> *(Schiff, Flugzeug)* • shrouded propeller; ducted propeller; nozzle propeller
Düsenrohr n <agri> *(Pflanzenschutzgerät)* • spray boom
Düsenrohr n <agri> *(Beregnungsanlage)* • sprinkler lateral
Düsenrohr n <kst> *(verschiebbares Element der Schiebeverschlussdüse)* • sliding element
Düsenrohr n <rls> • nozzle pipe
Düsenrohr n <verf> *(Gewebefilterreinigung)* • air nozzle pipe
Düsenrohrberegnung f <agri> • nozzle-line irrigation
Düsenrohrtrockner m <verf> • jet-type chip drier
Düsenrücklauf m <kst> • nozzle return
Düsensatz m <turb> • nozzle ring segment
Düsenschlüssel m <wz> • nozzle wrench *US*; nozzle spanner *GB*
Düsenschweißen n *DIN 1910* <füg> • orifice welding
düsenseitig <kst> • on the nozzle side
düsenseitige Aufspannplatte f <kst> • stationary platen
Düsensieb n <verf> • nozzle filter
Düsensitz m <masch> • nozzle seat
Düsenspalt m <kst> *(Folienextruder)* • die gap; die opening; die lip slot; lip opening
Düsenspannmutter f <masch> • nozzle retaining nut
Düsenspannung f <turb> • nozzle pressure
Düsenspitze f <kst> • nozzle tip; hot tip
Düsenstock m <kfz.mot> *(Vergaser)* • jet carrier; jet head
Düsenstock m <metall> *(Hochofen)* • tuyere stock
Düsenstock m <mot> *(Vergaser)* • jet carrier; jet block *BMW*
Düsenstock m <petr> • choke manifold
Düsenstock m <verf> • spray manifold; penstock
Düsenstrahl m <tech.allg> • jet
Düsenstrahlbohren n <prod> • thermic drilling; jet piercing
Düsenstrangwaschmaschine f <verf> • jet-type hank scouring machine
Düsensystem n <kfz.mot> *(Vergaser)* • jet system
Düsentexturieren n <textil> • air-jet crimping; air-jet texturing
Düsenthermostat m <kfz.mot> *(Vergaser)* • temperature compensator; capstat
Düsenträgerrohr n <druck> • nozzle bar
Düsen-Tränkverfahren n <verf> • pultrusion process; pultrusion
Düsentreibstoff m ugs.rar <aerospace> *(Treibstoff für Strahltriebwerke, kein Benzin)* • jet fuel *pract*; kerosine *rare*; aviation turbine fuel *ASTM D1655*
Düsentrockner m <verf> • jet drier
Düsenüberwurfmutter f <masch> • nozzle cap nut
Düsenverfahrmechanismus m <pap> • nozzle travel mechanism

Düsenvergaser m <mot> • jet carburettor
Düsenverkleidung f <aerospace> • nozzle cowling
Düsenverschleiß m <druck> • nozzle wear
Düsenverschmutzung f <druck> • nozzle blockage; nozzle fouling
Düsenverteilersystem n <agri> • gas diffusor system
Düsenvorlauf m <kst> • nozzle approach
Düsenwebautomat m <textil> • jet loom
Düsenweg m <kst> • nozzle stroke
Düsenweite f <wz> *(Sprühpistole, Airbrush)* • jet width
Düsenwirkungsgrad m <phys> *(Strömungslehre)* • nozzle efficiency
Düsenzapfen m <kst> *(erstarrter Kunststoff in der Maschinendüse)* • nozzle plug
Düsenzapfen m <mot> *(Dieselmotor)* • pintle
Düsenzerstäuber m <verf> • spray nozzle atomizer; nozzle atomizer; nozzle sprayer; jet atomizer
Düsenziehverfahren n <prod> • mechanical drawing
Düsenzunge f <turb> • nozzle flap
Düsenzwischenboden m <verf> • nozzle diaphragm
Düse/Prallplatte f <autom> • flapper and nozzle
Dufrenit m <min> • dufrenite; green iron ore
duftend <nahr> *(Wein)* • fragrant; scented
duftig <nahr> *(Wein)* • fragrant; scented
Duftlockstoff m <bio> • scent attractant
Duftmarke f <prod> *(gegen Produktpiraterie)* • scent mark
Duftmarkierung f <prod> *(gegen Produktpiraterie)* • scent marking
Duftnote f <hygi> *(z. B. von Parfum)* • scent
Duka f <phot> • darkroom; photo laboratory; photo lab
duktil <metall> *(relativ leicht umformbar; durch Umformverfahren)* • ductile; flowable *rare*
duktiles Eisen n <mat> • ductile iron
Duktilität f <metall> • ductility
Duktor m <druck> • ductor roller; duct roller; ductor
Duktor m <druck> *(im Farbkasten)* • ink fountain roller; ink duct roller; duct roller; ink ductor *US*; ductor
Duktor m <druck> *(z. B. in Decorator)* • fountain roller; fountain roll
Duktor m <druck> *(im Wasserkasten)* • water fountain roller; dampening fountain roller; water-duct roller; fountain roller
Duktorkasten m <druck> • ductor box; duct box
Duktorlineal n <druck> • ductor blade; ductor knife
Duktorwalze f <druck> *(im Farbkasten)* • ink fountain roller; ink duct roller; duct roller; ink ductor *US*; ductor
duldbare tägliche Aufnahmemenge f (ADI) *WHO* <ents> *(Wert der Weltgesundheitsorganisation WHO)* • acceptable daily intake (ADI) *WHO*
Duldungspegel m <nukl> • admissible level
Dulong-Petit'sche Regel f <phys> • law of Dulong and Petit
Dumb-Frame-Buffer m <edv> • dumb frame buffer
dummes Endgerät n <edv> • nonprogrammable terminal; dumb terminal
Dummi m <werb> *(für Werbeaufnahmen, Ausstellungszwecke etc.)* • dummy
Dummy m <edv> • dummy object; dummy
Dummy m <kfz> *(Crashtests)* • dummy
Dummy m <werb> *(für Werbeaufnahmen, Ausstellungszwecke etc.)* • dummy
Dummybauer m <werb> • dummy builder
Dummy-Objekt n <edv> • dummy object; dummy
Dump m prakt <el.mus> *(Speicherinhalt)* • dump
Dumper m prakt <nfz> • dumper *US.GB*
Dumping n <ökon> • dumping
Dungbahn f <agri> • overhead manure carrier
Dunggreifer m <agri> • manure grab
Dunglagerteich m <agri> • manure storage lagoon

Dungräumer *m* <agri> • cowshed cleaner
Dungschieber *m* <agri> • dung scraper; slurry dozer; dung dozer
dunkel <akust> *(Klang)* • dull
dunkel <edv> *(Strichcodelement)* • dark; printed; non-reflective; inked
dunkel <licht> • dim
dunkel <obfl> *(Farbe; z. B. Dunkelblau)* • deep
dunkel <phot> *(Bild)* • dark
Dunkeladaptation *f* <opt> • dark adaptation
Dunkelelement *n* <edv> • dark element
Dunkelemission *f* <phys> • dark emission
Dunkelentladung *f* <el> • cold-electronic discharge; dark discharge
Dunkel-Feld *n* <msr> *(optoelektronischer Winkelkodierer)* • opaque segment; opaque section; opaque area
Dunkelfeld *n* <opt> • dark field
Dunkelfeldbeleuchtung *f* <opt> • dark-field illumination
Dunkelfeldblende *f* <opt> • dark-field aperture
Dunkelfeldkondensor *m* <opt> • dark-field condensor
Dunkelfeldleuchte *f* <opt> • dark-field illuminator
Dunkelfeldmikroskop *n* <opt> • dark-field microscope
dunkelgelb <obfl> • dark-straw
Dunkelhärtung *f* <druck> • dark reaction
Dunkelimpuls *m* <phys> • dark pulse
Dunkelkammer *f* <phot> • darkroom; photo laboratory; photo lab
Dunkelkammerausrüstung *f* <phot> • darkroom equipment
Dunkelkammerbeleuchtung *f* <phot> • darkroom illumination; darkroom lighting; safelighting
Dunkelkammerlampe *f ugs* <phot> • darkroom light; safelight
Dunkelkammerleuchte *f* <phot> • darkroom light; safelight
Dunkelkammertechnik *f* <phot> • darkroom technology
Dunkelkammerthermometer *n* <phot> *(zum Messen der Verarbeitungstemperaturen)* • darkroom thermometer; lab thermometer
Dunkelkammeruhr *f* <phot> *(zum Messen der Verarbeitungszeiten)* • darkroom timer; timer
Dunkelkammerzubehör *nsg* <phot> • darkroom accessories *pl*
Dunkelkeim *m* <agri> • dark sprout
Dunkelleitfähigkeit *f* <el> • dark conductivity
Dunkelleitung *f* <el> • dark conduction
dunkeln *vi* <meteo> *(Dämmerung)* • darken *vi*
Dunkelnebel *m* <astron> • dark nebula
Dunkelperiode *f* <tech.allg> • dark interval; dark period
Dunkelpunkt *m* <navig> • black-out marker
Dunkelraum *m* <phys> • dark space
Dunkelreaktion *f* <chem> • dark reaction
Dunkelrotglut *f* <metall> • dull red heat
dunkelschaltend <tech.allg> • dark operated
Dunkelschriftröhre *f* <el> • dark-trace tube; skiatron
Dunkelschriftschirm *m* <el> • dark-trace screen
Dunkelsignal *n* <edv> • dark signal
Dunkelspannung *f* <el> • dark voltage
Dunkelsteuerimpuls *m* <av> • blanking pulse
dunkelsteuern *vt* <el> • blank *vt*
Dunkelsteuersignal *n* <av> • blanking signal
Dunkelsteuerung *f* <av> • retrace blanking; blanking; shading
Dunkelsteuerung *f* <el> *(Kathodenstrahlröhre)* • Z-axis modulation
Dunkelstrahler *m* <obfl> • dark radiator
Dunkelstrahler *m* <phys> • dark-ray radiator; infrared radiator; infrared emitter; dark radiator
Dunkelstrahleranlage *f* <hlk> • radiant tube heater unit

Dunkelstrahlung *f* <astron> • obscure radiation; dark radiation
Dunkelstrom *m* <el> • dark current
dunkeltasten *vt* <el> • blank *vt*
Dunkeltastverstärker *m* <el> • blanking amplifier
Dunkelwerden *n* <allg> • darkening
Dunkelwiderstand *m* <el> • dark resistance
Dunkelwolken *fpl* <astron> • dark clouds *pl*
Dunkelzeit *f* <tech.allg> • dark interval
Dunkelzerfall *m* <phys> • dark decay
Dunkelziffer *f* <stat> *(z. B. von Straftaten, Mängeln, Krankheiten, Betriebsstörungen)* • estimated number of undetected cases; estimated number of unreported cases
Dunkelzonen *fpl* <astron> • dark areas *pl*
dunkle Bildstelle *f* <phot> *(im Ggs. zu Lichtern)* • shadow
dunkle Einfärbungen *fpl* <kst> *(von Spritzgussteilen)* • colored to dark shades
dunkle Entladung *f* <el> • silent discharge; dark discharge
Dunkle Materie *f* <astron> • Dark Matter
dunkle Stelle *f ugs* <phot> *(im Ggs. zu Lichtern)* • shadow
Dunlop-Ventil *n* <fz> *(Fahrradreifen)* • dunlop valve; Woods valve *GB*; English pattern valve *JAP*
Dunst *m* <meteo> *(Sichtweite 1 bis 2 km)* • mist *ISO 4225*; haze
Dunst *m* <phot> • haze
Dunstabzug *m* <hlk> *(allg.)* • fume hood
Dunstabzugshaube *f* <hlk> *(allg.)* • fume hood
Dunstabzugshaube *f* <hlk> *(Küche; über Herd)* • cooking hood; hood *coll*
Dunstabzugshaube *f* <verf.hlk> *(Labor)* • extractor hood
Duststreuung *f* <opt> • haze scattering
Duoblockwalzwerk *n* <metall> • two-high blooming mill
Duo-Bus *m norm* <nfz> • dual-mode bus; dual-mode trolley bus; dual-mode trolley coach *US*
Duobus *m* <nfz> • dual-mode bus; dual-mode trolley bus; dual-mode trolley coach *US*
Duodezimalsystem *n* <math> • duodecimal number system; duodecimal system
Duodiode *f* <el> • double diode; twin diode; duodiode
Duoelement *n* <alarm> • dual element; dual-opposed sensor element
Duo-Fanfare *f* <kfz> • dual-trumpet horn *US*; twin-trumpet horn; dual-tone horns *GB*
Duo-Gelenkbus *m* <nfz> • dual-mode articulated bus
Duoplasmotron-Ionen- und Elektronenquelle *f* <phys> • duoplasmotron ion source
Duoreversierwalzwerk *n* <metall> • two-high reversing mill
Duoschaltung *f* <licht> *(Leuchtstofflampen)* • twin-lamp circuit; twin circuit
Duo-Servobremse *f* <kfz.brems> • duo-servo brake
Duoservobremse *f* <kfz.brems> • duo-servo brake
Duotondruck *m* <druck> • duo-tone printing; double-tone printing
Duotriode *f* <el> • double triode; twin triode
Duowalze *f* <metall> • two-high roll; duo roll
Duowalzgerüst *n* <metall> • two-high rolling stand; two-high stand
Duowalzstraße *f* <metall> • two-high rolling train; two-high train; duo train
Duowalzwerk *n* <metall> • two-high rolling mill; duo rolling mill; duo mill
Duozickzackstraße *f* <metall> *(Walzwerk)* • staggered mill
Duplexautotypie *f* <druck> • duplex half-tone
Duplex-Betrieb *m* <lwl> • duplex operation
Duplexbetrieb *m* <tele> • duplex operation
Duplexbremse *f* <kfz.brems> • non-servo brake; double-anchor non-servo brake

Duplexdruck *m* <druck> • double-face printing; duplex printing; duplex print

Duplexdruckmaschine *f* <druck> • duplex printing machine

Duplexfilmdruckmaschine *f* <druck> • duplex screen printer

Duplexgerät *n* <tele> • duplexer

Duplexkanal *m* <tele> • duplex channel

Duplexkarton *m DIN 6730* <pap> • duplex card board; duplex board

Duplexkette *f* <mot> *(z. B. als Steuerkette)* • double roller chain; dual roller chain; duplex chain

Duplexleitung *f* <tele> • duplex circuit

Duplexnachbildung *f* <tele> • duplex artificial circuit

Duplexpumpe *f* <förd> • two-throw pump; duplex pump

Duplexschicht *f* <obfl> *(anodische Oxidschicht)* • duplex layer; duplex film; porous-type coating

Duplexschmelzverfahren *n* <metall> • duplex process melting

Duplexspritzmaschine *f* <fz> *(für Reifen)* • dual tuber; tread and sidewall extruder *form*; tuber *pract*

Duplexstahl *m* <mat> • duplex steel; compound steel

Duplexsystem *n* <obfl> • duplex system; dual protection method *did*

Duplexsystem mit Brückenschaltung *n* <av> • bridge duplex system

Duplexverbindung *f* <tele> • duplex circuit

Duplexverfahren *n* <metall> *(Stahl)* • duplex smelting process; duplex process

Duplexverfahren *n* <prod> *(Kegelradherstellung)* • duplex spread-blade method; duplex method

Duplexverfahren *n* <tele> • duplex send-receive method; duplex method

Duplexverkehr *m* <tele> • duplex communication

Duplexzylinder *n* <kfz.brems> *(für Duplexbremse, mit nur einem Kolben)* • single-end wheel cylinder

Duplikat *n* <doku> *(von Dokument; z. B. von Quittungsbeleg, Zeugnis, Geburtsschein)* • copy; duplicate

Duplikat anfertigen *vt* <tech.allg> *(z. B. von einem Schriftstück, Bauteil)* • duplicate *vt*

Duplikation *f* <allg> • duplication

Duplikator *m* <wz.masch> • duplicating machine

Duplikatplatte *f* <druck> • duplicate plate; duplicate block

Duplikatprüfung *f* <edv> • duplication check; twin check

Duplizierautomat *m* <edv> • automatic card duplication punch

Duplizieren *n* <edv> • duplication; disc duplication; replication

duplizieren *vt* <edv> • duplicate *vt*

Duplizierkontrolle *f* <edv> • duplication check; twin check

Duplizierlocher *m* <edv> • alphabetical duplicating punch; duplicating punch

Duplizierprogramm *n* <edv> • duplication program

Dural *n* <mat> • Duralumin

Duraluminium *n* <mat> • Duralumin

durch Belüftung entfernen *vt* <tech.allg> • air out *vt*

durchbeuteln *vt* <verf> *(Müllerei)* • sift *vt*

Durchbiegefestigkeit *f* <qualit.mat> • cross-breaking strength

durchbiegen *vr* <mech> *(z. B. Balken, Träger, Brücke)* • deflect *vi*

durchbiegen *vr* <mech> *(quer; z. B. Träger, Balken)* • deflect transversely *vi*

durchbiegen *vr* <mech> *(elastisch nachgeben)* • flex *vi*

Durchbiegung *f* <tech.allg> *(nach unten)* • bending-down

Durchbiegung *f* <tech.allg> *(seitliches Ausweichen unter Last; z. B. Träger, Balken, Achse)* • deflection

Durchbiegung *f* <tech.allg> *(federnd)* • flexure

Durchbiegung *f* <tech.allg> *(betont: quer zur Längsachse)* • transverse deflection

Durchbiegung *f* <tech.allg> *(nach unten; z. B. von Decken, Seilen)* • sagging; sag

Durchbiegung *f* <av> *(CD, Schallplatte)* • warp; radial tilt; sag

Durchbiegung *f* <kfz> *(vertikale, elastische Karosseriebeanspruchung)* • vertical flexing; flexing

Durchbiegung durch eigene Schwerkraft *f* <mech> *(z. B. lange Träger, Decken, Hochspannungsleitungen)* • natural sag

Durchbiegungsdiagramm *n* <mech> • load-deflection diagram; load-deflection curve

Durchbiegungskontakt *m* <el.bahn> • treadle

Durchbiegungsmesser *m* <msr> *(z. B. in Talsperren)* • deflectometer

Durchbiegungsradius *m* <mech> • bending radius; bend radius

Durchbinder *m* <tech.allg> *(Stein)* • perpend

Durchblättern *n ISO/IEC 2382-23* <edv> • browsing *ISO/IEC 2382-23*

Durchblasedampf *m* <verf> • purging steam

Durchblasegase *npl* <kfz.emiss> *(im Kurbelgehäuse)* • crankcase blow-by gases; crankcase blow-by; blow-by gases

durchblasen *vt* <tech.allg> • blow through *vt*

durchblasen *vt* <metall> • purge *vt*

Durchblasen am Kolben *n* <mot> *(Verbrennungsgase)* • piston-ring blow-by

Durchblasen der Gase *n* <mot> • gas blow-by

Durchblasreiniger *m* <tech.allg> • cleansing blower

Durchblickpunkt *m ISO 13666* <opt> *(Schnittpunkt d. Fixierlinie mit Rückfläche des Brillenglases)* • visual point *ISO 13666*

Durchbluten *n* <obfl> *(Lackfehler)* • bleeding; staining; migratory staining

durchbluten *vi* <obfl> *(Farbstoffe)* • bleed through *vi*; bleed *vi*

Durchblutungströpfchen *fpl* <nahr> *(Speiseeisfehler)* • drops of ice cream coming through the coating

durchbohren *vt* <tech.allg> *(löchern; meist unabsichtlich)* • puncture *vt*

durchbohren *vt* <prod> *(mit Bohrer)* • drill through *vt*; bore through *vt*; through-drill *vt rare*

durchbohren *vt* <prod> *(Loch stechen, mit Nadel etc.)* • pierce *vt*

durchbrechen *vi* <tech.allg> *(z. B. Isolierung, Funke)* • break through *vi*

Durchbrechung *f* <textil> *(Mustereffekt)* • aperture

Durchbrechung *f* <textil> *(Teil der Kettenware)* • open shed

Durchbrechungsmuster *n* <textil> • fancy lancing stitch

Durchbrennen *n* <el> *(Sicherung)* • fuse blowing; blow-out

Durchbrennen *n* <füg> *(Schweißnaht)* • burn-through

durchbrennen *vi* <el> • blow out *vi*; fuse *vi*

durchbrennen *vi* <licht> *(Lampe)* • burn out *vi*

durchbrennen *vt* <füg> *(Schweißfehler; erzeugt Loch)* • burn through *vt*; burn holes *vt*

Durchbrennpunkt *m* <nukl> • burn-out point

Durchbruch *m* <tech.allg> *(z. B. in FuE)* • breakthrough

Durchbruch *m* <tech.allg> *(Loch, in Wand etc.)* • through hole

Durchbruch *m* <el> *(Isolierung)* • breakdown

Durchbruch *m* <metall> *(Schmelzofen)* • breakout

Durchbruch *m* <min> • opening

Durchbruch *m* <phys> *(Adsorption)* • break point

Durchbruch *m* <prod> *(Bohrer)* • breakthrough

Durchbrucharbeit *f* <min> • open-work

Durchbrucharbeit f <textil> • cagework
Durchbruchdiode f <el> • avalanche diode
Durchbruchfeldstärke f <el> • breakdown field strength
durchbruchhemmende Verglasung f DIN <bau>
• glazing resistant to breakage :V; glass resistant to breakage :V
Durchbruchhemmung f <bau> (Glas) • resistance to breakage
Durchbruchkennlinie f <el> • breakdown characteristic
Durchbruchköper m <textil> • open-texture twill
Durchbruchmelder m <alarm> • penetration detector; building penetration detector; barrier penetration detector
Durchbruchsäge f <wz> • compass saw
Durchbruchsfeldstärke f <el> • breakdown strength; electrical breakdown strength
Durchbruchspannung f <el> (Diode) • avalanche voltage
Durchbruchspannung f <el> (allg.) • flashover voltage; sparkover voltage; breakdown voltage
Durchbruchspannung in Sperrrichtung f <el> (Thyristor) • reverse breakdown voltage
Durchbruchspotential n DIN 50900-2 <el> • breakthrough potential
Durchbruchstrom m <el> • breakdown current
Durchbruchüberwachung f <alarm> • barrier penetration protection
Durchbruch zweiter Art m <el> • second breakdown; secondary breakdown
durchdrehen vt <kfz.mot> (Motor; ohne Zündung, z. B. bei Kompressionstest) • crank vt; crank over vi
Durchdrehen der Antriebsräder n <fz> (durch Leistungsüberschuss; z. B. Pkw, Lokomotive) • wheel spin; wheelspin
Durchdrehen der Räder n <fz> (durch Leistungsüberschuss; z. B. Pkw, Lokomotive) • wheel spin; wheelspin
Durchdrehen der Räder n <kfz.verk> (durch losen/rutschigen Untergrund) • tire spinning
Durchdrehen der Reifen n <kfz.verk> (durch losen/rutschigen Untergrund) • tire spinning
Durchdrehkontakt m <el> • overflow contact
Durchdrehmotor m <el> • barring motor
Durchdrehstellung f <el> (Schalter) • overflow position
Durchdrehzähler m <msr> • overflow meter
durchdringbar <allg> • permeable
durchdringbar <mat> (z. B. für Strahlen, Gase) • penetrable
Durchdringen n <tech.allg> (Vorgang) • penetration
Durchdringen n :V <ents> (von Abwasser-Rechengut zwischen den Siebfeldern) • debris bypass
durchdringen vi <phys> • intersect vi
durchdringen vt <tech.allg> (durch feinste Poren) • permeate vt
durchdringen vt <textil> (Färbeflotte) • penetrate vt
durchdringend <tech.allg> • penetrating; penetrative
durchdringend <akust> (Geräusch, z. B. Sirene von Alarmanlage) • ear-piercing
durchdringend <phys> (Strahlung) • high-energy; hard
durchdringende Strahlung f <phys> • penetrating radiation
Durchdringung f <tech.allg> (Vorgang) • penetration
Durchdringung f <tech.allg> (Vorgang; allmählich, durch feine Poren) • permeation
Durchdringung f <bau> (von Wänden, Decken; z. B. für Rohrleitungen) • penetration
Durchdringung f prakt <bau> (z. B. für Rohre, Lüftungskanäle) • wall penetration
Durchdringung f <math> (von Körpern) • intersection
Durchdringungsfähigkeit f <phys> (von Strahlung) • penetration ability

Durchdringungsfaktor m <tech.allg> • penetration factor
Durchdringungsfaktor m <phys> • barrier penetration factor; barrier factor
Durchdringungsfestigkeit f <tech.allg> • resistance to penetration
Durchdringungslinie f <math> (zwei Körpern gemeinsam) • intersection line
Durchdringungsmittel n <textil> • penetrating agent
Durchdringungsvermögen n <phys> (Strahlung) • hardness
Durchdringungsvermögen n <phys> • penetrating capacity; penetrating power; permeativity
Durchdringungswahrscheinlichkeit f <nukl> • penetration probability; potential barrier penetration probability; probability of tunneling US; Gamov factor
Durchdringungswahrscheinlichkeit f <phys> • penetration probability
Durchdringungswinkel m <doku> (Technisches Zeichnen) • intersection angle
Durchdringungszwilling m <mat> • interpenetration twin; penetration twin
Durchdruck m <druck> (Druckverfahren) • screen printing; silk-screen printing
Durchdrucken n <druck> (von Druckfarbe von der Vorderseite zur Rückseite) • printing through
durchdrücken vt <prod> • force through vt
Durcheinanderbrennen n <obfl> (von Werkstücken mit Grund- bzw. Deckemail) • simultaneous firing of ground and cover coats
durch ein Signal anzeigen vt <tech.allg> • signal vt
durch Ein- und Ausgabegeschwindigkeit begrenzt <edv> • input-output limited
durch epitaktisches Abscheiden aufbringen vt <obfl> • deposit epitaxially vt
Durchfärbbarkeit f <textil> (von Textilien, Leder) • penetration ability; penetrability
Durchfärbehilfsmittel n <textil> • penetrating agent
Durchfärbung f <textil> • penetration dyeing
durchfahren vi <nav> (durch Schiffsschleuse) • lock through vi
durchfahren vi/vt <verk> • pass through vi/vt
Durchfahrregal n <logist> • drive-through racking; drive-thru racking US; drive-thru rack US
Durchfahrschalter m <el> • non-stop switch
Durchfahrt f <verk> (Vorgang) • passage
Durchfahrt f <verk> (Straße, Kanal etc.) • thoroughfare; passage
Durchfahrtshöhe f <verk> (Tunnel, Unterführung, Brücke, Gebäudeeinfahrt) • clearance height
Durchfahrtslücke in einer Sperre f <nav> • thoroughfare in a barrage
Durchfahrtsöffnung f <nav> • fairway span
Durchfahrtsprofil n <verk> (z. B. Tunnel, Unterführung, Gebäudeeinfahrt, Tiefgarage) • clearance limit
Durchfahrweiche f <bahn> • through-point
durchfallen vi <verf> (Sieb) • pass through vi; pass vi
durchfallender Schaft m rar <wz> (Gewindebohrer od. -furcher) • reduced-diameter shank; reduced shank
durch Federbelastung geregelt <masch> (z. B. Absperrventil) • spring-controlled
durchfedern vi <masch> (z. B. Werkzeug, Werkstück, elastische Aufhängung) • deflect vi
Durchfedern bis zum Anschlag n <fz> (Federelemente) • bottoming out; bottoming
Durchfederung f <masch> (elastische Auslenkung aus Normal- od. Ruhelage) • deflection
durch Feldselektion gewinnen vt <edv> • field-select vt

durchfließen *vi/vt* <tech.allg> *(z. B. Wasser ein Sieb)*
• flow through *vi/vt*
durch Flotation aufbereiten *vt* <min> • float *vt*
durch Flüssigkeitsspiegel betätigt <msr> • float-operated
Durchfluggeschwindigkeit *f* <msr> *(eines Objekts relativ zu einem Ringsensor)* • target velocity
Durchfluss *m* <tech.allg> *(Vorgang allg.)* • flow
Durchfluss *m* prakt <tech.allg> *(von Flüssigkeiten, Gasen in Rohren, Filtern etc.; z. B. in m³/sec, t/h)* • flow rate; flow velocity
Durchfluss *m* <el> *(im Ggs. zu Sperrung)* • passage
Durchfluss *m* <silik> *(Öffnung)* • flow hole; throat
Durchflussanzeige *f* <msr> • flow indicator (FI)
Durchflussanzeiger mit Rotor *m* <msr.verf> • rotor-type flow indicator
Durchflussanzeiger mit Rotor und Wischer *m* <msr.verf> *(selbstreinigend)* • rotor-type flow indicator with wiper
Durchflussbegrenzer *m* <verf> • flow restrictor; flow limiter
Durchflussbehandlung *f* <prod> • flow-through treatment
Durchflusserhitzer *m* <tech.allg> *(für bel. Flüssigkeiten)* • flow heater
Durchflusserhitzer *m* DIN 4708-1 <hlk> *(Warmwasserversorgung)* • instant water heater; instanteneous water heater; flow heater
Durchflussgeber *m* <msr> • flow transducer
durchflussgeregelte Drossel *f* • flow-controlled restrictor
Durchflussgeschwindigkeit *f* <tech.allg> *(von Flüssigkeiten, Gasen in Rohren, Filtern etc.; z. B. in m³/sec, t/h)* • flow rate; flow velocity
Durchflussgesetz *n* <phys> *(Strömungslehre; Volumenstrom, Massenstrom, Massenbilanz)* • continuity equation
Durchflusskennlinie *f* <masch> *(von Düsen)* • flow characteristic
Durchflusskoeffizient *m* <phys> *(Strömungslehre)* • flow coefficient; discharge coefficient
Durchflusskühlung *f* <verf> • straight-through cooling
Durchflusskühlwasser *n* <verf> • expendable cooling water
Durchflussküvette *f* <opt> • flow-through cuvette; flow-through cell
Durchflussmenge *f* <tech.allg> • flow volume
Durchflussmengenregler *m* <tech.allg> *(als Ventil)* • flow control valve
Durchflussmessblende *f* <rls.msr> • orifice plate flowmeter
Durchflussmesser *m* <msr> • flow meter; ratemeter; fluid meter *rare*; flow-rate meter *rare*; rate-of-flow meter *rare*
Durchflussmesser mit Kapselfeder-Wirkdruckgeber *m* <msr> • aneroid flowmeter
Durchflussmesser mit Messkolben *m* <msr> • piston-type flow meter
Durchflussmesser mit Pitot-Rohr *m* <msr> • Pitot-tube flow meter
Durchflussmessgerät *n* form <msr> • flow meter; ratemeter; fluid meter *rare*; flow-rate meter *rare*; rate-of-flow meter *rare*
Durchflussmessgerät mit variablem Messbereich *n* <msr> • variable area flowmeter
Durchflussmessung *f* DIN EN 24006 <msr> • flow rate metering; flow measurement; measurement of fluid flow DIN EN 24006; fluid-flow metering
Durchflussmessung *f* <msr> • flow measurement
Durchflussmesszelle *f* <msr> • continuous-flow cell

Durchflussproportionalzählrohr *n* <msr> • flow proportional counter
Durchflussrate *f* <tech.allg> *(von Flüssigkeiten, Gasen in Rohren, Filtern etc.; z. B. in m³/sec, t/h)* • flow rate; flow velocity
Durchflussreaktor *m* <verf> *(z. B. zur Wasseraufbereitung)* • flow reactor
Durchflussregelung *f* <msr> • flow control; flow regulation
Durchflussregler *m* <msr> • flow controller; flow regulator
Durchflussrichtung *f* <förd> *(von Pumpen)* • flow direction; direction of flow; direction of discharge; discharge direction; direction of delivery
Durchflussrichtung *f* <verf.hydr> *(in Wasseraufbereitungssystemen)* • flow direction; flow pattern; flow
Durchflussrichtungsanzeiger *m* <msr> • flow indicator
Durchflussschreiber *m* <msr> • flow recorder
Durchflusssensor *m* <med.tech> • flow sensor; flow transducer
Durchflussspeicherung *f* <verf> • throughflow storage
Durchflusstrockner *m* <verf> • flow drier
Durchflusswächter *m* <msr.rls> • flow monitor
Durchflusswassererwärmer *m* rare <hlk> *(Warmwasserversorgung)* • instant water heater; instanteneous water heater; flow heater
Durchflusswiderstand *m* <verf> *(z. B. eines Filters, Siebs, Gitters)* • resistance to flow; passage resistance
Durchflusszähler *m* <msr> • flow counter; volumetric flowmeter
Durchflusszahl *f* <energ.hydr> *(einer Wasserturbine)* • discharge capacity
Durchflusszahl *f* <phys> *(Strömungslehre allg.)* • discharge coefficient; flow coefficient
Durchflusszeit *f* <phys> • time of passage
Durchflusszentrifuge *f* <verf> • concurrent centrifuge
Durchflusszerkleinerer *m* <verf.hydr> • in-line comminutor; in-channel comminutor
Durchflussziffer *f* <energ.hydr> *(einer Wasserturbine)* • discharge capacity
durchfluten *vt* <tech.allg> *(z. B. Wasser durch Kanäle, Abscheider)* • flow through *vt*
durchflutende Optik *f* <edv> *(von Strichcode-Scannern)* • flood illumination with focused receive optics
Durchflutung *f* <phys> *(magnetisch)* • magnetomotive force
Durchflutungsgesetz *n* <el> • Ampere's law; Ampere's circuital law
Durchforstung *f* <holz> *(von Wäldern)* • thinning
Durchforstungsholz *n* <agri.ökon> *(Forstwirtschaft)* • wood removed in thinnings
Durchforstungsschere *f* <agri.wz> • forest pruning shears
Durchforstungsturnus *m* <agri> • thinning cycle
Durchfracht *f* <logist> • transit freight
Durchfressen *n* <obfl> *(Säure, Korrosion; z. B. Rost)* • eating-through
durchfressen *vt* <chem> *(durchlöchern)* • perforate *vt*
durchfressen *vt* <obfl> *(z. B. Rost durch Blech)* • eat through *vt*
durchführbar <tech.allg> *(z. B. Vorschlag, Lösung, Konstruktion)* • feasible; practicable; doable *coll*
Durchführbarkeitsstudie *f* <tech.allg> • feasibility study; project feasibility study *rare*
Durchführbarkeitsuntersuchung *f* <tech.allg> • feasibility study; project feasibility study *rare*
Durchführdichtung *f* <msr> • grommet *Siemens, 5/0*
durchführen *vt* <allg> *(Auftrag, Aufgabe, Projekt, Experiment, Versuch etc.)* • carry out *vt*; perform *vt*; conduct *vt*; execute *vt*

durchführen vt <tech.allg> *(Plan, Maßnahme; z. B. Verbesserungen)* • implement vt

durchführen vt <tech.allg> *(z. B. Kabel durch eine Öffnung, Rohr durch eine Wand)* • lead through vt; pass through vt

Durchführung f <allg> *(Tätigkeit)* • performance

Durchführung f <tech.allg> *(z. B. Messung, Prüfung, Versuch, Zusammenbau)* • execution

Durchführung f <el> *(Ableitung)* • down-lead bushing

Durchführung f rar <el> *(für Kabeldurchführungen durch Blechwände)* • grommet; rubber grommet

Durchführung f <el.bau> • wall bushing

Durchführung f <masch> *(Buchse, Futterrohr; z. B. für Kabel, Rohr)* • bushing

Durchführung f <prod> *(beim Drahtziehen)* • feed-through

Durchführungsbestimmungen fpl <jur> • implementing regulations; implementing provisions

Durchführungsbuchse f <masch> • lead-through bushing

Durchführungsisolator m <el> • wall bushing insulator; down-lead insulator; wall tube insulator; insulated bushing

Durchführungsklemme f <el> • bushing clamp

Durchführungskondensator m <el> • feed-through capacitor; bushing-type capacitor

Durchführungsperle f <el> • beading

Durchführungsprüfklemme f <el> • bushing test tap

Durchführungsstecker m <el> • feed-through connector

Durchführungsstromwandler m <el> • bushing transformer

Durchführungstülle f <msr> • grommet *Siemens, 5/0*

durchgängig <obfl> *(Schicht)* • continuous

durchgängige Genauigkeit f <qualit> • through-the-day accuracy

durchgängige Schicht f <min> • persistent stratum

durchgären vi <nahr> *(Wein)* • ferment out vi

Durchgärung f <nahr> • complete fermentation

Durchgang m <allg> *(von beliebigen Objekten durch beliebige Räume)* • transit

Durchgang m <bau> *(lichte Weite)* • daylight

Durchgang m <el> • current passage; throughput

Durchgang m <metall> *(relativ langsame Bewegung; z. B. Walzgut durch Walzstraße)* • travel

Durchgang m <phys> *(Durchdringung von etw.; z. B. Strahlung durch eine Wand)* • penetration

Durchgang m <phys> *(Strahlung, durch Feststoffe)* • transmission

Durchgang m <prod> *(Produktionsschritt, Maschinenoperation)* • run

Durchgang m <prod> *(Arbeitsablauf, über od. durch ein Werkstück)* • pass

Durchgang m <prod> *(spanender Bearbeitungsschritt)* • machining operation

Durchgang m <verk> *(für Personen; z. B. eine Passage)* • passageway

Durchgang des Walzguts m <metall> *(im Walzwerk)* • roll pass; pass pract

Durchgangsamt n <tele> • through exchange; tandem exchange; transit exchange

Durchgangsbohrung f <prod> • through hole; through bore

Durchgangsdämpfung f <tele> • via net loss

Durchgangsdose f <el> • through-connection junction box

Durchgangsdrehzahl f <tech.allg> • runaway speed

Durchgangsdurchmesser m <wz> • diametral capacity

Durchgangsfernamt n <tele> • through-trunk exchange; trunk control center

Durchgangsfernplatz m <tele> • through-switching position

Durchgangsfernschrank m <tele> • through-switching board

Durchgangsgespräch n <tele> • transit call

Durchgangsgewinde n <masch> • through-hole thread; through-tapped hole

Durchgangsgewindebohrer m <wz> • through-hole tap

Durchgangshafen m <nav> • intermediate port

Durchgangshöhe f <tech.allg> *(z. B. von Öffnungen, Toren, Klappen)* • clearance height

Durchgangshöhe f <verk> *(für Personen, Fahrzeuge)* • passage height

Durchgangslager n <logist> • transit center US; transit centre GB

Durchgangsleitung f <tele> • through circuit; through line; transit line; via circuit

Durchgangsloch n <el> *(zw. zwei Leitungsebenen)* • contact hole; via pract; contact via rare; via hole rare

Durchgangsloch n ugs <prod> • through hole; through bore

Durchgangsmatrix f <phys> • transmission matrix

Durchgangsmesskopf m <msr> *(zum Einführen)* • straight-through probe; insertion probe

Durchgangsmuffe f <tech.allg> • straight-through joint; joint sleeve

Durchgangsofen m <verf> • continuous oven

Durchgangsplatz m <tele> • through position; tandem position

Durchgangsprüfung f <msr.el> *(typ. mit Ohmmeter)* • continuity test; continuity testing; circuit continuity test rare

Durchgangsquerschnitt m <min> • section of passage

Durchgangsscheinleitwert m <el> • transadmittance

Durchgangsschleifen n <prod> • through grinding

Durchgangsstraße f <verk> • through road; thoroughfare GB

Durchgangssummenverteilung f <verf> • cumulative percentage undersize

Durchgangstaktwäschetrockner m <textil> • through-type laundry batch drier

Durchgangstransformator m <el> • throughput transformer

Durchgangstülle f <el> *(für Kabeldurchführungen durch Blechwände)* • grommet; rubber grommet

Durchgangsventil n <rls> • straight-way valve

Durchgangsverbindung f <tech.allg> • through connection

Durchgangsverkehr m <tech.allg> • transit traffic; through traffic

Durchgangsvermittlung f <tele> • transit switching

Durchgangswaage f <agri.msr> *(Tierwaage)* • walk-through weigher

Durchgangswähler m <tele> • tandem selector

Durchgangswagen m <bahn> • vestibule coach; corridor coach

Durchgangswahl f <tele> • tandem dialling

Durchgangswiderstand m <el> • volume resistivity

Durchgangszeit f <phys> *(Elektronen)* • transit time

Durchgangszug m <bahn> • through train

durch Gas verunreinigt <obfl> • gas-contaminated

durchgeblasen <kfz> *(Düsen)* • blown out

durchgebrannt <el> *(Sicherung)* • blown

durchgebrannt <el> *(Glühfaden)* • burnt-out

durchgebrannt <masch> *(Dichtung; z. B. Zylinderkopfdichtung)* • blown

durchgefärbtes Glas n <silik> *(z. B. für Flaschen, Fenster)* • colored glass; tinted glass

durchgegoren <nahr> *(Wein)* • fully fermented out; bone-dry coll

durchgehärtet <mat> *(erstarrt, fest; z. B. Kunststoff, Kleber)* • hardened all through; hard all through

durchgehärtet <metall> • through-hardened; fully hardened
Durchgehen n <masch> • runaway
durchgehen vi <tech.allg> (durch eine Öffnung passen) • pass vi
durchgehen vi <masch> (gewünschte Drehzahl überschreiten; z. B. Turbine, Motor) • overspeed vi; run away vi; race vi
durchgehen vi <msr> (Gutlehre) • pass through vi
durchgehend <allg> (zeitlich und räumlich; z. B. Vorgang, Träger) • continuous; full-length
durchgehende Bohrung f <prod> • through hole; through bore
durchgehende Brücke f <verf.hydr> (Rundräumer) • full bridge
durchgehende Leitung f <tele> • transit line
durchgehender Fahrstreifen m <verk> • straight-through lane
durchgehender Rahmen m <mech> • continuous frame
durchgehender Riss m <tech.allg> • through crack
durchgehender Riss m <holz> (parallel zur Faserrichtung) • split
durchgehender Sprung m <silik> (in Glas, Porzellan) • through crack
durchgehender Strecker m <tech.allg> (Stein) • perpend
durchgehender Strich m <verk> (Fahrbahnmarkierung) • continious stripe
durchgehender Träger m <bau> • continuous girder; continuous beam
durchgehender Tragflügel m <aerospace> • one-piece wing
durchgehendes Gewindeloch n <masch> • through-hole thread; through-tapped hole
durchgehende Verbindung f <tele> • circuit-switched connection
durchgehende Verglasung f <bau> (Fenster ohne Sprossenunterteilung) • single lite sash
durchgehende Welle f <masch> • through shaft
durchgehende Zugeinrichtung f DIN 25605-2 <bahn> • continuous draw-gear DIN 25605-2
durchgehend gefüttert <bekl> • fully-lined
durchgehend geschweißte Schienen fpl <bahn> • long welded rails; ribbon rails
durchgeladen <mil> (Waffe) • fully loaded
durchgelassene Welle f <phys> • transmitted wave
durchgenäht <led> • through-sewn
durchgerben vt <led> • tan thoroughly vt
Durchgerbung f <led> • tanning-through; leathering
durchgeschaltet <el> (Stromkreis) • switched through; switched on; switched
durchgescheuert <fz> (Sicherheitsgurt) • frayed; worn
durchgesteuert <el> (Stromkreis) • switched through; switched on; switched
durchgezeichnet <phot> (Lichter, Schatten) • showing detail
durchgezogene Naht f <füg> (Schweißen) • continuous weld
durchgießen vt <verf> (Flüssigkeit durch Sieb, Filter) • pour through vt; strain vt; colander vt
Durchgreifeffekt m <el> • punch-through effect
Durchgreifen n <el> (Transistor) • punch through
Durchgreifloch n <tech.allg> • hand hole
Durchgreifspannung f <el> • punch-through voltage; penetration voltage; reach-through voltage
Durchgriff m <el> • reciprocal of amplification factor; inverse amplification factor; reciprocal of amplification; durchgriff
Durchgriffeffekt m <el> • punch-through effect

Durchgriffspannung f <el> • punch-through voltage; penetration voltage; reach-through voltage
Durchgriffsüberwachung f <alarm> • protection against reaching through
Durchgriffüberwachung f <alarm> • protection against reaching through
durch Hängekommandotafel betätigt <tech.allg> • pendant-actuated
Durchhängen n <tech.allg> (nach unten; z. B. von Decken, Seilen) • sagging; sag
durchhängen vi <tech.allg> (z. B. Gurt, Seil) • slack vi
durchhängen vi <kfz> (des Karosseriemittelteils) • droop vi
durchhängen vi <mech> (z. B. Träger, Drahtseil, Dach) • sag vi
durchhängend <tech.allg> (locker; z. B. Seil, Leitung, Kette) • slack
durchhängend <bau> (z. B. Träger, Decke, Dach) • sagging
Durchhängen von Karosserieteilen n <kfz> (z. B. bei Unfallfahrzeugen, massiver Korrosion) • body panel droop
durchhärten vi <kst> (Kunststoff; z. B. Acrylharz, Spachtelmasse, 2K-Kleber) • harden vi; set vi; cure vi
durchhärten vi <metall> • harden throughout vi; harden through vi; harden fully vi
durchhärten vt <mat> • harden thoroughly vt
Durchhärtung f <metall> • through-hardening; full hardening
Durchhärtzeit f <kst> (Spachtelmasse, Lack) • curing time; hard drying time
durchhalten vi <geo.min> • persist vi
Durchhalten einer Schicht n <geo.min> • persistence of a bed; continuity of a bed
Durchhang m <tech.allg> (Freileitung, Seil, Förderband) • dip
Durchhang m <bau> • sagging; sag
Durchhang m <kfz> (Karosserie-Rahmenschaden) • sag
Durchhang m <kfz.sich> (Sicherheitsgurt) • belt slack; slack
Durchhang m <phot> (Belichtungskurve) • foot; toe
Durchhang ausgleichen vt <tech.allg> (Freileitung, Seil) • take up slack vt
Durchhangberechnung f <bau> • sag calculation
Durchhang durch eigene Schwerkraft m <mech> • natural sag
durch Heckfallschirm abbremsen vt <aerospace> • para-brake vt
durch Heckschirm abbremsen vt <aerospace> • para-brake vt
Durchhieb m <agri> (Forst) • trimming
Durchhieb m <min> • break-through; cut-through
durch Kautschukgifte beschleunigte Autoxidation npl <chem> • metallic poisoning
durchkneten vt <verf> • knead thoroughly vt; knead vt
durchkontaktiert <el> • plated-through
durchkontaktierte Platte f <el> • through-hole plated board
durchkontaktiertes Loch n <el> • plated-through hole
durchkontaktierte Verbindung f <el> • plated-through interconnection; through-hole interconnection
Durchkontaktierung f <el> • through-hole plating; plated-through hole; plating-through
durchkorrodieren vi <metall> • corrode through vi
Durchkreuzungszwilling m <phys> • cruciform twin crystal; cruciform twin
Durchladeeinrichtung f <mil> (Gewehr) • cocking apparatus
Durchlademöglichkeit f <kfz> (vom Kofferraum in den Innenraum; Skisack) • pass-through GM.Cadillac; opening for long objects did; ski flap coll; long-cargo channel :V

Durchladesack *m form.Audi* <kfz> • ski bag *:V*
durchlässig <allg> *(langsames Eindringen über kleine Poren)* • permeable
durchlässig <tech.allg> • porous
durchlässig <mat> *(physisch durchdringbar)* • penetrable
durchlässig <opt> • transmissible; transmissive
durchlässig <phys> *(für Licht)* • transparent
durchlässig <phys> *(für etwas)* • pervious
durchlässig <therm> *(für Wärme)* • diathermanous
durchlässiger Folienverband *m DIN EN 13726-2* <med.tech> • permeable film dressing *DIN EN 13726-2*
durchlässige Schicht *f* <geo> • permeable layer; permeable bed
durchlässig für kurze Wellenlängen <phys> • short-wavelength-transmitting
Durchlässigkeit *f* <tech.allg> *(allmähliches Eindringen über viele Poren; z. B. von Erdreich)* • permeability; perviousness
Durchlässigkeit *f* <tech.allg> • permeability
Durchlässigkeit *f* <bau> *(gegenüber Wind, Regen etc.; unerwünscht; z. B. eines Dachs)* • leakage
Durchlässigkeit *f* <energ.sol> • transmittance
Durchlässigkeit *f* <mech> *(Durchdringbarkeit)* • penetrability
Durchlässigkeit *f* <opt> *(für Licht, Strahlen)* • transmissivity
Durchlässigkeit *f* <pap> *(in ml/min oder m/Pa s)* • permeability
Durchlässigkeit *f* <pap> *(von Papierblättern)* • porosity
Durchlässigkeit *f* <qualit.mat> *(für Strahlen aller Art; z. B. von Glas)* • transparency
Durchlässigkeit des Filzes *f* <pap> • felt permeability
Durchlässigkeitsbeiwert *m* <ents> • coefficient of permeability
Durchlässigkeitsbeiwert *m* <geo> *(Bodenmechanik)* • percolation coefficient; percolation factor
Durchlässigkeitsfaktor *m* <opt> • transmission coefficient; transmittance factor; transmission factor
Durchlässigkeitsfaktor des Potentialwalls *m* <phys> • barrier factor
Durchlässigkeitsgerät mit abnehmendem Wasserdruck *n* <geo> *(Bodenmechanik)* • falling-head permeameter
Durchlässigkeitsgerät mit konstantem Wasserdruck *n* <geo> • constant-head permeameter
Durchlässigkeitsgrad *m* <opt> • transmissivity; transmittance
Durchlässigkeitskurve *f* <opt> • transmittance curve; transmission curve
Durchlässigkeitsmaximum *n* <opt> • transmittance peak; transmission peak
Durchlässigkeitsprofile *npl* <pap> • permeability profiles
Durchlässigkeitsrate *f* <ents> • permeability rate
Durchlässigkeitsverlust *m* <opt> • transmission loss
Durchlässigkeitsversuch *m* <ents> *(Bodenmechanik)* • permeability test
Durchlass *m* <tech.allg> *(Öffnung)* • opening
Durchlass *m* <bau> *(Türdurchgang)* • wicket
Durchlass *m DIN 4047-5* <bau.hydr> *(Kreuzungsbauwerk für Gewässer)* • culvert; conduit
Durchlass *m* <masch> *(Durchmesser)* • capacity diameter
Durchlass *m* <masch> *(nach außen)* • outlet
Durchlass *m* <masch> *(nach innen)* • inlet
Durchlass *m* <silik> • throat
Durchlass *m* <verk> • passage
Durchlassband *n* <el> • passband; filter passband
Durchlassbandbreite *f* <el> • passband width
Durchlassbereich *m* <el> *(Halbleiter)* • conducting-state region

Durchlassbereich *m* <el> *(Bandbreite)* • pass range; passband range; passband width
Durchlasscharakteristik *f* <el> • transmission characteristic
Durchlassdämpfung *f* <tele.el> • passband attenuation
Durchlassdauer *f* <el> • conducting period
durchlassen *vt* <allg> • admit *vt*
durchlassen *vt* <allg> *(z. B. Gas, Flüssigkeit, Antrag)* • pass *vt*
durchlassen *vt* <tech.allg> *(allmählich; z. B. Gase)* • permeate *vt*
durchlassen *vt* <el> *(Strom)* • gate *vt*
durchlassen *vt* <energ.sol> *(Strahlung; z. B. durch Glasabdeckungen)* • transmit *vt*
Durchlassfrequenzbereich *m* <el> • filter transmission band
Durchlassgrad *m* <phys> *(betont: für Licht)* • light transmission efficiency
Durchlassgrad *m* <phys> *(allg.)* • transmission efficiency; transmittance
Durchlassgrenze *f* <phys> • transmission limit
Durchlasskennlinie *f* <el> *(Diode)* • forward voltage-current characteristic
Durchlasskurve *f* <el> • bandpass characteristic
Durchlasskurve *f* <opt> • transmission curve
Durchlasskurve *f* <phys> • transmittance curve
Durchlassleitwert *m* <el> *(Halbleiter)* • forward conductance
Durchlassperiode *f* <el> • gating period
Durchlassquerschnitt *m* <rls> *(für strömende Medien)* • flow area
Durchlassrichtung *f* <el> *(z. B. von Transistoren, Dioden, Sperrschichten)* • conducting direction; forward direction; low-resistance direction
Durchlassrichtung *f* <rls> *(z. B. von Ventilen, Klappen)* • flow direction
Durchlassspannung *f* <el> • forward voltage; on-state voltage
Durchlassspannung in Vorwärtsrichtung *f* <el> • forward voltage
Durchlassspannungsabfall *m* <el> • forward voltage drop
Durchlass-Sperr-Verhältnis *n* <el> • forward-to-reverse ratio
Durchlassspitzenspannung *f* <el> • peak forward voltage
Durchlassspitzenstrom *m* <el> • peak forward current
Durchlassstrom *m* <el> • forward current; on-state current
Durchlassverlust *m* <el> • forward-power loss; forward loss; on-state loss
Durchlassverzögerungszeit *f* <el> • forward recovery time
Durchlass von Partikelfiltern *m DIN EN 13274-7* <sich> *(von Atemschutzgeräten)* • particle filter penetration *DIN EN 13274-7*
Durchlassvorspannung *f* <el> • forward bias
Durchlasszustand *m* <el> *(z. B. von Dioden)* • conducting state; conducting condition; on-state
Durchlasszustand in Rückwärtsrichtung *m* <el> • reverse conducting state
Durchlasszustand in Vorwärtsrichtung *m* <el> • forward conducting state
Durchlauf *m* <el> *(Elektronenstrahl, Radarstrahl)* • sweep
Durchlauf *m* <prod> *(Produktionsschritt, Maschinenoperation)* • run
Durchlauf *m* <prod> *(Arbeitsablauf, über od. durch ein Werkstück)* • pass
Durchlauf... <tech.allg> *(Prozess)* • continuous

Durchlaufanlage f <obfl> • continuous pass plant
Durchlauf-Axialschubverfahren n rar <prod> (Gewindewalzen) • through-feed thread-rolling; through-feed rolling; thru-feed rolling US; continuous rolling rare; end-feed rolling rare
Durchlaufbalken m <bau> • continuous beam
Durchlaufbandtrockner m <verf> • continuous conveyor drier
Durchlaufbedampfung f <obfl> • continuous evaporation
Durchlaufbeizanlage f <metall> • continuous pickling line
Durchlaufbetrieb m <tech.allg> (zeitlich ununterbrochen; z. B. von Maschinen, Anlagen) • continuous operation; continuous duty
Durchlaufbetrieb m <verf> (Einmaldurchlauf) • once-through mode
Durchlaufbewehrung f <bau> (Stahlbeton) • continuity reinforcement
Durchlaufblechschere f <wz> (Blechschere mit Schneiden für gerade Schnitte) • straight pattern snips; straight cutting snips; aviation snips coll
Durchlaufbügelmaschine f <led> • through-feed plating machine
Durchlaufchromatographie f <chem.verf> • continuous-flow chromatography
Durchlaufebene f <metall> • pass plane
durchlaufen vi <tech.allg> (Flüssigkeit) • flow through vi
durchlaufen vi <verf> (langsam, allmählich; z. B. Flüssigkeit durch ein Filter) • percolate vi
durchlaufen vt <tech.allg> (konkret durch etwas hindurch gehen; z. B. Werkstück durch Maschine) • pass through vt; go through vt
durchlaufen vt <tech.allg> (Flüssigkeit, Gas, Werkstück; Träger) • run through vt
durchlaufen vt <el> (Periode) • traverse through vt; pass through vt; traverse vt; perform vt; pass vt
durchlaufend <allg> (zeitlich und räumlich; z. B. Vorgang, Träger) • continuous; full-length
durchlaufende Platte f <bau> (mehrere Stützen, statisch unbestimmt) • continuous slab
durchlaufender Betrieb m <ökon> (ohne Pausen, Stillstandszeiten) • continuous operation; non-stop operation; 24-hour operation
durchlaufender Bewehrungsstab m <bau> (Stahlbeton) • continuity rod
durchlaufender Flügel m <aerospace> • continuous wing
durchlaufender Unterzug m <bau> (Trägerbauweise) • continuous girder
durchlaufende Schweißnaht f <füg> • continuous weld
durchlaufene Wegstrecke f <allg> • distance moved
durchlaufene Wegstrecke f <phys> • space passed over
Durchlaufenlassen n <ents> (Boden) • percolation; seepage; infiltration
Durchlaufentfleischmaschine f <led> • trough-feed fleshing machine
Durchlauferhitzer m <tech.allg> (für bel. Flüssigkeiten) • flow heater
Durchlauferhitzer m <hlk> (Warmwasserversorgung) • instant water heater; instanteneous water heater; flow heater
Durchlauffräs- und Zentriermaschine f <wz.masch> • continuous milling and centering machine
Durchlaufgeschwindigkeit f <tech.allg> • speed of travel
Durchlaufgeschwindigkeit f <el> (Kippgenerator) • sweep speed
Durchlaufgeschwindigkeit f <förd> • conveying speed
Durchlaufgeschwindigkeit f <prod> (Durchsatz) • throughput speed

Durchlauf-Gewinderolle f <wz.masch> • through-feed cylindrical die; through-feed die
Durchlauf-Gewindewalzwerkzeug n <wz.masch> • through-feed cylindrical die; through-feed die
Durchlaufglühanlage f <metall> • continuous annealing line
Durchlaufglühofen m <metall> • continuous annealing furnace
Durchlaufkerntrockenofen m <verf> • continuous core oven
Durchlaufkörnerwaage f <agri> • grain flowmeter
Durchlaufkühlofen m <silik> • continuous annealing lehr
Durchlaufkühlung f <verf> (Einmaldurchlauf) • once-through cooling
Durchlauflager n <logist> • dynamic storage; live storage
Durchlaufmelkstand m <agri> • tunnel milking parlour
Durchlaufmischer m <verf> • continuous mixer
Durchlaufofen m <verf> • continuous furnace; tunnel furnace
Durchlaufpatentieren n <metall> • continuous patenting
Durchlaufplatte f <bau> (mehrere Stützen, statisch unbestimmt) • continuous slab
Durchlaufprägen n <led> • continuous band embossing
Durchlaufprägepresse f <led.wz> • feed-through embossing press
Durchlaufprüfung f <qualit> • in-line testing
Durchlaufrahmen m <mech> (mehrere Rahmenfelder, statisch unbestimmt) • continuous frame
Durchlaufreaktor m <verf> • straight-through reactor
Durchlaufregal n <logist> • flow through rack; live storage racking; live storage rack; flow rack pract; live rack pract
Durchlaufreinigung f (CIP) <prod> (ohne Demontage; z. B. von Nahrungsmittelproduktionsanlagen) • cleaning-in-place (CIP)
Durchlaufschachttrockner m <verf> • continuous-flow ducted tower drier
Durchlaufschere f <wz> (Blechschere mit Schneiden für gerade Schnitte) • straight pattern snips; straight cutting snips; aviation snips coll
Durchlaufschleifmaschine f <led.wz> • endless band buffing machine
Durchlaufschmierung f <tribo> (betont: mit Schwerkraft) • gravity lubrication
Durchlaufschmierung f <tribo> (betont: Einmaldurchlauf) • loss lubrication; once-through lubrication; once-total-loss lubrication rare; once-total-all-loss lubrication rare; once-total-all-non-recovery lubrication rare
Durchlaufschmierung f <tribo> • once-through lubrication ISO 4378-3
Durchlaufschweißverfahren n <füg> • continuous welding process
Durchlaufspeicher m <edv> • first-in-first-out memory; FIFO store
Durchlaufspule f <qualit.mat> (ringförmig, für Wirbelstromprüfung von Rohren etc.) • encircling coil; feed-through coil
Durchlaufträger m <bau> (als Bauteil; i.a. statisch unbestimmt) • continuous girder; continuous beam
Durchlauftrockenofen m <verf> • continuous oven
Durchlauftrocknung f <verf> • continuous drying
Durchlaufverdampfer m <verf> • single-pass evaporator
Durchlaufverdunster m <med.tech> • bubble humidifier; bubble-through humidifier rare
Durchlaufverfahren n <prod> (Gewindewalzen) • through-feed thread-rolling; through-feed rolling; thru-feed rolling US; continuous rolling rare; end-feed rolling rare
Durchlaufverzinkungsanlage f <obfl> • continuous galvanizing line

Durchlaufverzinkungsverfahren *n* <obfl> • continuous galvanizing process

Durchlaufwärmeofen *m* <pack> *(Schrumpffolienverpackung)* • shrink tunnel

Durchlaufwaschmaschine *f* <verf> • flow washing machine; flow washer

Durchlaufzeit *f* <logist> • throughput time

Durchlaufzeit *f* <phys> *(Signal durch ein Medium; z. B. Ultraschall durch Stahl)* • travel time

Durchlaufzeit *f* <prod> *(u.a. Rüst-, Fertigungs-, Versandvorbereitungszeit)* • lead time

Durchlaufzeit *f* <prod> • residence time

Durchlaufzeit *f rare* <prod> *(Zeit für einen Produktionszyklus; z. B. für ein Spritzgussteil)* • cycle time

Durchlaufzentrifuge *f* <verf> • concurrent centrifuge

Durchleitung *f* <el> *(von Strom, durch andere Netze)* • third-party utilization of the power supply network *:V*

durchleuchten *vt* <tech.allg> *(mit Röntgengerät oder fig.: selektiv untersuchen)* • screen *vt*

durchleuchten *vt* <phys> *(mit Röntgenstrahlen)* • X-ray *vt*

Durchleuchtung *f* <tech.allg> *(mit Röntgengerät oder fig.: selektive Untersuchung)* • screening

Durchleuchtung *f* <opt> *(mit Lampe, von hinten)* • trans-illumination

Durchleuchtung *f* <phys> *(mit Röntgenstrahlen)* • radiography; fluoroscopy; x-ray examination

Durchleuchtungsschirm *m* <med.tech> • fluoroscopic screen

Durchleuchtungsstativ *n* <med.tech> • fluoroscopic stand; radioscopic stand

Durchleuchtungszeitschalter *m* <med.msr> • fluoroscopy timer

Durchlicht *n* <opt> • transmitted light

Durchlichtabtastung *f* <av> *(Informationsauslesung bei optischen Speicherplatten)* • transmissive read

Durchlichtbeleuchtung *f* <opt> • transmittent illumination; transillumination

Durchlicht-Bildplatte *f :V* <av> • transmissive videodisc

Durchlichtinterferenzmikroskop *n* <opt> • transmitted-light interference microscope

Durchlichtmikroskop *n* <opt> • transmitted-light microscope

Durchlichtverfahren *n* <av> *(Informationsauslesung bei optischen Speicherplatten)* • transmissive read

durchlochen *vt* <prod> *(Loch stechen)* • pierce *vt*

durchlochen *vt* <prod> *(ganz durchstanzen)* • punch completely *vt*

durchlöchern *vt* <prod> *(perforieren)* • perforate *vt*

durch Lösungsmittel aktivierter Kleber *m* <füg> • solvent-activated adhesive; solvent activated adhesive; adhesive that is activated with solvent; adhesive that is reactivated with solvent

durch Lösungsmittel aktivierter Klebstoff *m* <füg> • solvent-activated adhesive; solvent activated adhesive; adhesive that is activated with solvent; adhesive that is reactivated with solvent

durchlüften *vt* <tech.allg> *(lockern; z. B. Boden)* • aerate *vt*

durchlüften *vt* <tech.allg> *(frischer Luft aussetzen; z. B. Bettzeug, Räume)* • air *vt*

durchlüften *vt* <hlk> *(Räume)* • ventilate *vt*

Durchlüfter *m* <aerospace> *(Kabine)* • aerator

Durchlüfter *m* <verf> *(Aquarium)* • aeration device

Durchlüfterpumpe *f* <verf> *(Aquarium)* • aeration pump

Durchlüfterstein *m* <verf> *(für Luft im Aquarium)* • airstone

Durchlüftungsgerät *n* <verf> *(Aquarium)* • aeration device

Durchmagnetisierung *f* <phys> • through magnetization

durch Manganzusatz beruhigt <metall> • manganese-killed

Durchmesser *m* (d) <tech.allg> • diameter (d)

Durchmesserbelastungsgrad *m* <nav> • diameter load coefficient

Durchmesserbemaßung *f* <tech.allg> • diameter dimensioning

Durchmesser der Anlagefläche *m* <fz> *(von Rädern)* • attachment face diameter; mounting face diameter

Durchmesser der Durchlasses *m* <msr> • internal ring diameter; thru *US*

Durchmesser der Radanlagefläche *m* <fz> *(von Rädern)* • attachment face diameter; mounting face diameter

Durchmesserebene *f* <tech.allg> • diametric plane; diametrical plane

Durchmesserkreis *m* <tech.allg> • diameter circle

Durchmessermaß *n* <edv> • diameter dimension

Durchmesserreduktion *f* <prod> • reduction of diameter; breaking-down *rare*

Durchmesserreihe *f* <norm> *(z. B. Wälzlager, Rohr)* • diameter series

Durchmesserspiel *n* <masch> *(radial)* • diametral clearance *ISO 4378-1*

Durchmesser-Steigungs-Kombination *f* <masch> • diameter-pitch combination

Durchmessertoleranz *f* <qualit> • diametrical tolerance; diameter tolerance

Durchmesserverjüngung *f DIN ISO 5419* <wz> *(Bohrer)* • back taper *ISO 5419*

Durchmesserverringerung *f* <prod> • reduction of diameter; breaking-down *rare*

Durchmesserwicklung *f* <el> • diametral winding; full-pitch winding

durchmischen *vt* <verf> • blend *vt*; interfuse *vt*; intermingle *vt*; intersperse *vt*; intermix *vt*

durchmischte Wohnanlage *f* <bau> • mixed housing situation

durchmoduliert <el> • fully modulated

durch Motor angetrieben <tech.allg> • power-driven

durchmustern *vt* <tech.allg> *(gründlich durch-, absuchen)* • scan through *vt*; examine closely *vt*; screen systematically *vt*

Durchmusterung *f* <tech.allg> • scanning operation; examination

Durchmusterung *f* <astron> *(der Himmelskugel)* • large-scale survey

Durchmusterungsroutine *f* <tech.allg> • scan routine

durchnähen *vt* <textil.led> • quilt *vt*

Durchnähgarn *n* <textil> *(für Schuhsohlen)* • machine sewing thread

Durchnähmaschine *f* <bekl.wz> • sole sewing machine

Durchnähverfahren *n* <bekl> *(Schuhherstellung)* • McKey-method

durchnumerieren *vt obs* <allg> • number *vt*

durchnummerieren *vt* <allg> • number *vt*

durchörtern *vt* <min> • work through *vt*; hole through *vt*; pierce *vt*; hole *vt*

Durchörterung *f* <min> *(Vorgang; Strecken anlegen)* • heading-through; holing-through; holing

Durchörterung *f* <min> *(Ergebnis)* • passage; intersection

durchpausen *vt* <doku> *(Linien nachfahren)* • trace *vt*

Durchperlungselektrode *f* <el> • bubbling electrode

durchpressen *vt* <tech.allg> *(etwas Weiches od. Flüssigkeit; z. B. Saft)* • press through *vt*; squeeze through *vt*

durchpressen *vt* <mech> *(etwas Hartes; z. B. Buchse, Hülse)* • force through *vt*

Durchprojektion *f* <phot.kino> *(Projektor steht hinter der Leinwand)* • back projection; rear projection

Durchprojektionswand f <phot.kino> • back projection screen; rear projection screen; translucent screen

durchprüfen vt <qualit> • test out vt; check out vt; debug vt coll

Durchprüfung f <edv> (aller Programmfunktionen) • checkout test; checkout

durchqueren vt <verk> (Fluss, Tal) • cross through vt; traverse vt

durchrauen vt <textil> • burl vt

Durchreiche f <bau> (z. B. von Küche zum Speisezimmer) • service hatch

Durchreichespannung f <el> • reach-through voltage; penetration voltage

durchreißen vi <tech.allg> (unabsichtlich; flächiges Material, z. B. Papier, Stoff, Blech) • rip vi; tear vi

durchreißen vi <tech.allg> (unabsichtlich; Faden, Schnur, Draht, Seil) • snap vi; break vi

durchreißen vt <allg> (absichtlich zerteilen; z. B. Papier, Textilien) • tear vt

durchreißen vt <prod> (Blech, in Streifen) • louver vt US; louvre vt GB

Durchreißenergie f <phys> • tearing energy

Durchreißfestigkeit f <qualit.mat> (z. B. von Papier) • tearing resistance; tearing strength

Durchreißfestigkeits-Messmodul n <qualit.mat> • tearing strength module

Durchreißfestigkeitsprofil n <qualit.mat> (z. B. von Papier) • tear profile

Durchreißfestigkeitsprüfer m <qualit.mat> • tearing strength tester; tear tester

Durchreißfestigkeitsprüfung f <qualit.mat> • tearing test; tear test

Durchreißfestigkeitswerte mpl <qualit.mat> • tearing resistance data

Durchreißwiderstand m <qualit.mat> • internal tearing resistance; tear resistance

durchrinnen vi <verf> (langsam, allmählich; z. B. Flüssigkeit durch ein Filter) • percolate vi

Durchrosten n <metall> (von Eisen und Stahl) • corrosion perforation; rust-through corrosion; perforation by rusting

durchrosten vi <metall> (Eisen und Stahl) • rust through vi; corrode through vi

Durchrostung f <metall> (in Stahlblech; betont: Ergebnis) • rust penetration; rust breakthrough; rot coll

Durchrostung f <metall> (von Eisen und Stahl) • corrosion perforation; rust-through corrosion; perforation by rusting

Durchrostungsgarantie f rar <jur> • anti-corrosion warranty US; corrosion protection warranty US; rust protection warranty US; guarantee against corrosion GB; corrosion warranty US

Durchrostungskorrosion f <metall> (von Eisen und Stahl) • corrosion perforation; rust-through corrosion; perforation by rusting

Durchrostungsschaden m <obfl> • perforation damage; rust-through damage

Durchrückliste f <logist> • first-in-first-out list; FIFO list pract; single-ended list rare

Durchrückprinzip n <logist> • first-in-first-out principle; FIFO principle

durchrühren vt <tech.allg> (Flüssigkeit) • stir vt; agitate vt

Durchrutschen n <antr> (von Reibungskupplungen) • clutch slip

Durchrutschen n <kfz.mot> (von Keilriemen) • belt slip

Durchrutschen n <kfz.sich> (unter dem Beckengurt bei einem Frontalaufprall) • submarining

durchrutschen vi <tech.allg> (z. B. Keilriemen) • slide through vi

durchrutschen vi <masch> (z. B. Kupplung, Riemen, Seil) • slip through vi

Durchrutschregal n prakt <logist> • flow through rack; live storage racking; live storage rack; flow rack pract; live rack pract

Durchsacken n <tech.allg> (z. B. einer Decke, eines Dachs, Trägers) • sagging

durchsacken vi <tech.allg> (z. B. Flugzeug, Decke, Träger, Brücke) • sag vi

durchsacken vi <aerospace> (Flugzeug; auf die Landebahn) • pancake vi

durchsacken vi ugs <kfz> (des Karosseriemittelteils) • droop vi

Durchsackgeschwindigkeit f <aerospace> (Strömungsabrisspunkt) • stalling speed

Durchsackungsmoment n <nav> • sagging moment

Durchsatz m <tech.allg> • throughput

Durchsatz m <förd> (Kapazität, z. B. einer Rohrleitung, Pumpe; als Massen- od. Volumenstrom) • capacity

Durchsatz m <prod> (betont: Ausstoß, Produktion) • output

Durchsatzkapazität f <ents> (einer MVA) • throughput capacity; throughput

Durchsatzleistung f <tech.allg> • throughput performance

Durchsatzleistung f <ents> (einer MVA) • throughput capacity; throughput

Durchsatzmenge f <verf> (z. B. in Vertikalsichtern) • throughput rate

durch Schaben aufpassen vt <prod> • fit on by scraping vt; fit by scraping vt

durchschallbar <akust> • through-transmissible

Durchschallungsverfahren der Ultraschallprüfung n <qualit.mat> • through-transmission method of ultrasonic testing; through-transmission ultrasonic testing

Durchschalteeinrichtung f <tele> • talk-through facility

Durchschaltefilter n <el> • through-connection filter

durchschalten vt <el> • connect through vt; switch through vt

Durchschalteprüfung f <tele> • connection testing

Durchschaltepunkt m <el> • through-connection point

Durchschaltevermittlung f <tele> • circuit switching; line switching

Durchschaltrelais n <el> • connecting relay

Durchschaltung f <el> • through-connection

Durchschaltung zur Polizei f <alarm> • police connection

Durchscheinen n <druck> (Volltonstellen der Vorderseite auf Rückseite erkennbar) • showing through; show-through

Durchscheinen n <pack> (Packungsinhalt durch Verpackung, Schrift etc.; meist unerwünscht) • show-through

durchscheinen vi <tech.allg> • show through vi

durchscheinend <bekl> (Textilien) • sheer

durchscheinend <mat> • transparent; translucent; nonopaque; diaphanous

durchscheinend ugs <pap> • transparent; translucent

durchscheinend <qualit.mat> • translucent

durchscheinender Körper m <opt> • translucent body

durchscheinender Store m <innen> (Vorhang) • sheer panel

Durchscheinen des Untergrunds n <obfl> (Lackfehler) • poor opacity

durchscheuern vi <textil> (Stoff; z. B. exponierte Kanten) • chafe vi; wear vi; fray vi

Durchschiebesicherung f <logist> (in Doppelregalzeile) • pallet stop; load stop

durchschießen vt <druck> (mit unbedruckten Blättern) • interfoliate vt; interleave vt

durchschießen *vt* <druck> *(mit Blindmaterial)* • interline *vt*; lead *vt*

durchschießen *vt* <textil> • batten *vt*

Durchschläger *m rar* <wz> *(mit konischem Schaft)* • drift punch *US*; tapered punch *US*; taper [pin] punch *GB*; nail punch *GB*; pin punch *GB*

durchschlämmen *vt* <geo> *(Boden)* • percolate *vt*

Durchschlag *m* <doku> • carbon copy (cc)

Durchschlag *m* <el> *(als Funken, Lichtbogen)* • disruptive discharge; breakdown; puncture

Durchschlag *m* <mil> *(eines Geschosses)* • penetration

Durchschlag *m rar* <verf> *(mit Löchern oder als Drahtflecht)* • sieve; colander; cullender

Durchschlag *m ugs* <wz> *(mit konischem Schaft)* • drift punch *US*; tapered punch *US*; taper [pin] punch *GB*; nail punch *GB*; pin punch *GB*

Durchschlagen *n DIN 16500* <druck> *(von Druckfarbe durch den Bedruckstoff, von Vorder- zur Rückseite)* • grinning through; soaking through; soaking effect; soaking

Durchschlagen *n* <fz> *(Federelemente)* • bottoming out; bottoming

Durchschlagen *n* <obfl> *(von Farbe, Lack; z. B. beim Abkleben)* • bleeding [through]

durchschlagen *vi* <el> *(Funke durch Isolierung)* • break down *vi*

durchschlagen *vi* <kfz> *(Federelemente)* • bottom out *vi*

durchschlagen *vi* <obfl> • bleed through *vi*

durchschlagen *vt* <tech.allg> *(punktieren, lochen)* • pierce *vt*; punch through *vt*

durchschlagen *vt* <el> *(Funke durch Dielektrikum)* • puncture *vt*

durchschlagen *vt* <mech> *(z. B. mit Hammer)* • strike through *vt*

durchschlagen *vt* <mil> *(Ziel, Armierung)* • penetrate *vt*

durchschlagen *vt* <min> • break through *vt*

durchschlagen *vt* <prod> *(Niet)* • drive through *vt*

Durchschlagen der feuchten Farbe *n DIN 55 945* <obfl> • slashing of the damp paint

durchschlagendes Doppelkurbelgetriebe *n* <masch> • rotating double crank; knee joint

durchschlagendes Kurbelgetriebe *n* <antr> • crossed crank mechanism; crossed link quadrilateral

Durchschlagfeldstärke *f* <el> • breakdown field strength

durchschlagfest <el> • puncture-proof

Durchschlagfestigkeit *f* <el> *(eines Dielektrikums)* • dielectric strength; electric strength; insulating strength; breakdown strength; puncture strength

Durchschlagfestigkeit *f* <fz.qualit.mat> *(von Reifen)* • plunger strength

Durchschlaglage *f* <masch> *(Kurbelstellung)* • position of passage

Durchschlagmesstisch *m* <el> • breakdown bench

Durchschlagpapier *n* <pap> • carbon-copy paper; carbon-copying paper

Durchschlagprüfung *f* <el> • breakdown test

Durchschlagsfestigkeit *f* <kfz.el> *(Zündkerzenisolator)* • breakdown resistance

durchschlagsicher <el> • puncture-proof

Durchschlagsicherung *f* <el> • overvoltage protector; puncture cut-out; film cut-out

Durchschlagskraft *f* <mil> *(von Munition)* • penetration power; penetration ability

Durchschlagspannung *f* <el> • breakdown voltage; disruptive voltage; puncture voltage

Durchschlagspannungsprüfung *f* <el> • breakdown test; disruptive discharge test; flash test

Durchschlagsspannung *f* <el> *(allg.)* • flashover voltage; sparkover voltage; breakdown voltage

Durchschlagstoßspannung *f* <el> • impulse puncture voltage

Durchschleifen *n* <el.mus> *(von Samples)* • looping; loop

durchschleifen *vt* <prod> *(mit Trennschleifer abtrennen)* • cut off *vt*

Durchschleifen mit Trennscheibe *n* <prod> • abrasive cutting-off

Durchschleiffilter *n* <el> • bridging-type filter

durchschleusen *vt* <nav> • pass through sluices *vt*; tow through sluices *vt*; lock through *vt*; pass through *vt*; tow through *vt*

durch Schließen der Schutzeinrichtung betätigt <sich> • guard-operated

Durchschlupf *m* <qualit> • average outgoing quality

Durchschlupflinie *f* <qualit> • average outgoing quality curve

durchschmelzen *vi* <tech.allg> • melt through *vi*

durch Schmelzen aufschließen *vt* • flux *vt*

Durchschmelzmelder *m* <el> • fuse controller

Durchschmelzverbindung *f* <kfz.el> *(Sicherungstyp)* • fusible link

durchschmoren *vi* <el> *(Kabelisolierung)* • scorch *vi*

Durchschnitt *m* <edv> *(Boolesche Operation; Objekt aus Schnittmenge zweier Ausgangsobjekte)* • intersection

Durchschnitt *m* <math> • average

durchschnittlich <allg> • average

durchschnittlich betragen *vi* <math> • average *vi*

durchschnittliche Abweichung *f* <math> • average deviation (AD)

durchschnittliche Abweichung *f* <qualit> • mean deviation

durchschnittliche Auslastung *f* <tech.allg> • average load percent

durchschnittliche Hintergrundreflexion *f* <edv> • average background reflectance

durchschnittliche Positionierzeit *f* <edv> • average seek time; average positioning time

durchschnittlich ergeben *vi* <math> *(einen Wert)* • average *vi*

durchschnittlicher Kraftstoffverbrauch *m* <kfz> • average fuel consumption

durchschnittlicher täglicher Verkehr *m* (DTV) <verk> • average daily traffic (ADT)

durchschnittliche Zeitspanne für Fehlerbeseitigung *f* <navig> • mean time to restore (MTTR)

durchschnittliche Zugriffszeit *f* <edv> *(für einen zufälligen Zugriff auf einen bestimmten Plattensektor)* • average access time; average access speed; effective access time; mean access time

Durchschnittsbestimmung *f* <allg> • average determination; averaging

Durchschnittsertrag *m* <agri> • average yield

Durchschnittsförderung *f* <förd> • average produce

Durchschnittsgeschwindigkeit *f* <allg> • average speed

Durchschnittsleistung *f* <tech.allg> • average performance; average output

Durchschnittsmesser *m* <msr> • averaging meter

Durchschnittsprobe *f* <qualit> • average sample

Durchschnittsqualität *f ISO 186* <qualit> • average quality *ISO 186*

Durchschnittsverbrauch *m* <tech.allg> *(z. B. von Kraftstoff, Heizöl, Erdgas, Lebensmitteln)* • average consumption

Durchschnittsverbrauch *m* <kfz> *(eines einzelnen Fahrzeugs, aus Stadt- und Autobahnverkehr)* • composite mileage

Durchschnittsverbrauch *m* <kfz> *(aller Fahrzeuge eines Herstellers)* • corporate average fuel economy (CAFE); corporate mileage *pract*; fleet mileage *pract*

Durchschnittsverbrauch m <kfz.msr> (Bordcomputer-Anzeige) • average fuel economy (AVE ECON)

Durchschnittswert m ugs <allg> • average value; mean value; mean

Durchschnittswert m <math> (Durchschnitt; als Zahl angegeben) • mean value; mean

Durchschreibeformular n <doku> • carbon-backed form

Durchschreibpapier n <büro> • copy paper

Durchschubsicherung f <logist> (in Doppelregalzeile) • pallet stop; load stop

Durchschuss m <druck> (Freiraum zwischen Zeilen) • leading; lead

Durchschuss m <mil> (Schussverletzung) • penetration wound

Durchschuss m <obfl> (Emailfehler) • bleed-through

Durchschussbogen m <pap> • interleaving sheet; interleaf

Durchschusseinrichtung f <textil> • full width weft insertion mechanism

durchschusshemmend DIN <bau> (Verglasung) • bulletresistant; bulletproof

durchschusshemmende Verglasung f <bau> • bulletresistant glazing; bulletproof glazing; bulletresistant glass; bulletproof glass

Durchschusskasten m <druck> • lead case

Durchschusspapier n <pap> • interleaving paper

Durchschusspapier n <pap> (zur Verhinderung des Abliegens) • set-off paper

Durchschweißen n <füg> • through-welding

Durchschwenkradius m <nfz> (Sattelauflieger) • swing radius; swing clearance

durch Schwerkraft zugeführt <tech.allg> • gravity-fed

durchseihen vt <verf> (Flüssigkeit durch Sieb, Filter) • pour through vt; strain vt; colander vt

Durchsenkung f <nav> (eines Schiffsrumpfs) • sag

Durchsenkungsmoment n <nav> • sagging moment

Durchsetzen n <kfz> (Blech; Absetzen in der Blechmitte, nicht an der Kante) • beading

durchsetzen vt <allg> (z. B. Absicht, Plan) • put through vt

durchsetzen vt <prod> (Blech) • double-bend vt

Durchsetzgeschwindigkeit f <metall> (Hochofen) • driving rate

durchsetzt <geo> • interstratified

Durchseuchungsrate f <med> • contamination rate

Durchsicht f <qualit> (von Maschinen, Anlagen) • overhaul

Durchsicht f <qualit> • revision; inspection

durchsichtig <mat> • transparent; translucent; non-opaque; diaphanous

durchsichtig <opt> • transparent

durchsichtig ugs <pap> • transparent; translucent

durchsichtige Plastikhülle f <pack> (Folie) • clear plastic wrap

durchsichtiger Körper m <opt> • transparent body

Durchsichtigkeit f ugs <opt> • ideal transmission thsc; transparency pract

Durchsichtigkeit f <opt.mat> (Material) • transparence; transparency; translucency

Durchsichtigkeit f ugs <qualit.pap> (von Papier) • transparency; translucency

Durchsichtskala f <opt> • translucent scale

Durchsichtsoriginal n <druck> • transparency

Durchsichtsucher m <opt> (z. B. Spiegelreflexkamera) • direct-vision optical viewfinder; direct optical viewfinder; eye-level viewfinder; eye-level finder

Durchsickern n <ents> (Boden) • percolation; seepage; infiltration

durchsickern vi <tech.allg> (aus undichter Stelle; unerwünscht) • leak out vi; leak vi

durchsickern vi <tech.allg> (Flüssigkeit; betont langsam durchlaufen) • trickle through vi; ooze through vi; percolate vi; seep vi

durchsickern vi <verf> (langsam, allmählich; z. B. Flüssigkeit durch ein Filter) • percolate vi

Durchsieben n <bau.mat> (z. B. Kies) • sifting

durchsieben vt <verf> (z. B. Kohle) • riddle vt; screen vt

durchsieben vt <verf> (z. B. Kies, Mehl) • sieve vt; sift vt

durch Solvolyse aufspalten vt <chem> • solvolyze vt

Durchspießungsfalte f <geo> • piercement fold

durchspülen vt <verf> • purge vt; flush vt

Durchspülung f <kfz.mot> • scavenge

Durchstarthöhe f <aerospace> • missed-approach altitude

durchstechen vt <prod> • pierce vt

Durchstecketikett n <pack> • slip 'n' lock label

Durchsteckmontage f <el.ic.prod> (im Ggs. zur SMD-Technik) • through-hole mounting

Durchsteckschraube f <füg> • through bolt

Durchsteckschraubenverbindung f <füg> • bolted assembly

Durchsteckstromwandler m <el> • single-turn current transformer; bar-type current transformer; bushing current transformer; bar-type transformer

Durchsteckstromwandler ohne Primärleiter m <el> • winding-type current transformer

Durchstecktechnik f <el.ic.prod> (im Ggs. zur SMD-Technik) • through-hole mounting

Durchsteckwandler m <el> • single-turn current transformer; bar-type current transformer; bushing current transformer; bar-type transformer

Durchsteckwandler ohne Primärleiter m <el> • winding-type current transformer

durchstellen vt <tele> (Gespräch) • put through vt

Durchstich m <bau> (z. B. Tunnel, Damm) • cut

Durchstichpunkt m <fz> (Vorderrad) • point of intersection of the steering axis with the ground

Durchstiegsüberwachung f <alarm> • protection against climbing through :V

Durchstiegüberwachung f <alarm> • protection against climbing through :V

durchstimmbar <el> • tunable

durchstimmbarer Oszillator m <el> • variable-frequency oscillator (VFO)

Durchstimmbereich m <el> • tuning range

durchstimmen vt <el> • tune vt

durch Störstellenleitung bedingte Eigenschaften f • extrinsic properties

durchstoßen vt <prod> (perforieren) • perforate vt

durchstoßen vt <wz> • pierce vt; punch vt

Durchstoßfestigkeit f <tech.allg> • puncture resistance; puncturability

Durchstoßofen m <metall> (z. B. Walzwerk) • continuous pusher-type furnace

Durchstoßpunkt m <math> • piercing point; trace point; trace

Durchstoßversuch m <qualit.pap> • Puncture Energy Test (PET)

durchstrahlen vt <phys> (mit Röntgen- oder Gammastrahlen) • radiograph vt

Durchstrahllöten n <füg> • transmission soldering :V

Durchstrahlschweißen n <füg.kst> (von zwei unterschiedlich pigmentierten Kunststoffen) • penetration laser welding:V

durchstrahlt <nukl> • irradiated

Durchstrahlung f <phys> • through transmission of radiation; penetration radiation

Durchstrahlungselektronenmikroskop n <phys.msr> • transmission electron microscope

Durchstrahlungsmethode f <phys> • transmission method

Durchstrahlungsoptik f <opt> • transmission optics

Durchstrahlungsprobe f <qualit.mat> • transmission specimen

Durchstrahlungsprüfung f <qualit> (z. B. von Rädern und Reifen) • radiographic testing; X-ray inspection pract; radiographic test; penetrating radiation test rare

Durchstrahlungsprüfung mit Gammastrahlen f <qualit.mat> • gammagraphy

Durchstrahlungs-Rasterelektronenmikroskopie f <phys> • transmission scanning electron microscopy

Durchstrahlungsrichtung f <phys> (Röntgentechnik) • direction of propagation

Durchstrahlungsspektrometrie f <phys> • transmission spectrophotometry

Durchstrahlungszeit f <med> • exposure time

Durchstrahlungszeit f <qualit.mat> • penetration time

durchstreichen vt <doku> • cross out vt; strike out vt; cancel vt; delete vt

durch Streichen beschichten vt <obfl> • spread-coat vt

durchströmen vi/vt <tech.allg> (z. B. Wasser ein Sieb) • flow through vi/vt

durchströmen vt <tech.allg> (z. B. Wasser, Kühl-, Kältemittel, Öl durch Kühler etc.) • flow through vt; travel through vt

durchströmen vt <textil> (Färbeflotte) • penetrate vt

Durchströmturbine f <energ.hydr> • cross-flow turbine; Ossberger cross-flow turbine; Michell-Banki turbine

durchsuchen vt <allg> (z. B. nach Drogen, Waffen) • search vt

durchsuchen vt <edv> (nach Dateien, Ordnern, Zeichenfolgen) • scan through vt; scan vt

durch Tastatur eingeben vt <tech.allg> • key in vt

durch Tauchen aufbringen vt <obfl> • apply by dipping vt

durch thermischen Abbau plastiziert • heat-plasticized

durchtränken vt rar <tech.allg> (mit wasserabweisendem Mittel, Öl, Wachs etc.) • impregnate vt; imbibe vt; soak vt

durchtränken vt <pap> • penetrate vt

Durchtränkung f <verf> • impregnation; imbibition; soaking

Durchtränkungszeit f <pap> • penetration period; penetration time

durchtreiben vt <prod> • drift vt

Durchtreiber m <wz> (mit konischem Schaft) • drift punch US; tapered punch US; taper [pin] punch GB; nail punch GB; pin punch GB

Durchtreiber m <wz> (vorwiegend zum Treiben) • drift punch US

Durchtreiber m <wz> (vorwiegend zum Lösen; z. B. von Splinten, Bolzen) • starter punch US; starting punch US

durchtrennen vt <prod> • sever vt

durchtreten vt <tech.allg> (z. B. Flüssigkeit, Gas) • pass vt; leak vt

durchtreten vt <wz> • break through vt

Durchtritt m <tech.allg> (Flüssigkeit, Gas) • passage; leakage

Durchtritt m <wz> • breakthrough

Durchtrittsgeschwindigkeit f <el.chem> (Ladungsübergang zw. Elektrode und Lösung) • rate of electron transfer

Durchtrittsreaktion f <el.chem> • electron transfer reaction; charge-transfer reaction

Durchtrittsstrom m <el.chem> • electron transfer current

durchtunneln vt <el> (Halbleiter) • tunnel through vt; tunnel vt

Durchtunnelung f <el> (Halbleiter) • tunnelling

Durchtunnelung des Potentialwalls f <phys> • tunnelling through the potential barrier; tunnelling through the barrier

Durchtunnelungsstrom m <el> • tunneling current

Durchtunnelungswiderstand m <el> • tunnellng resistance

durchverbinden vt <tele> • connect through vt

durchwachsen <min> • intermingled

Durchwachsung f <mat> • intergrowth

Durchwachsungszwilling m <mat> • interpenetration twin; penetration twin

durchwählen vi <tele> • dial directly vi; dial through vi

durch Wärme aktivierter Kleber m <füg> • heat activated adhesive; adhesive that is activated by heat; adhesive that is reactivated by heat

durch Wärme aktivierter Klebstoff m <füg> • heat activated adhesive; adhesive that is activated by heat; adhesive that is reactivated by heat

durchwärmen vt <metall> • soak vt

Durchwärmzeit f <metall> • soaking time

Durchwahl f <tele> • through-dialling

Durchwirbelung f <phys> (Strömung) • turbulence

durchwirkt <textil> • interwoven

durchwurfhemmend DIN <bau> • resistant to thrown objects :V

durchwurfhemmende Verglasung f <bau> • glazing resistant to thrown objects :V; glass resistant to thrown objects :V

Durchzehrung f <obfl.qualit> (Emailfehler; Vorgang und Ergebnis) • burn-off; burning off

Durchzeichenpapier n <pap> • tracing paper

durchzeichnen vt <doku> • trace vt

durchzeichnet <phot> (Lichter, Schatten) • showing detail

Durchzeichnung f <doku> (Detailreichtum, Auflösung) • definition

Durchzeichnung der Lichter f <phot> • highlight detail

Durchzeichnung der Schatten f <phot> • shadow detail

durch Zerstäubung beschichten vt <obfl> • deposit by sputtering vt

durchziehen vt <textil> • draw the new loop through the old loop vt; draw through vt

Durchziehformmaschine f <metall> • stripping machine

Durchziehglühofen m <metall> • strand annealing furnace

Durchziehwicklung f <el> • pull-through winding

Durchzünden n <feuer> (von heißen Brandgasen unter der Decke) • flashover

Durchzündung f <el> • arc-through

Durchzugleser m <edv> (Strichcode-Lesegerät) • slot reader; badge reader; slot badge reader

Durchzugriemen m <led> • interlacing strap

Durchzugscanner m <edv> (Strichcode-Lesegerät) • slot reader; badge reader; slot badge reader

Durchzugschaltung f <kfz> • progressive system of gear shifting

durchzugskräftig <kfz.mot> (Motor) • high-torque; torquey rare

durchzugskräftiger Motor m <kfz.mot> • tractable engine

Durchzugskraft f <kfz.mot> (des Motors) • tractive power

Durchzugskraft f <wz> • working pull; table pull

Durchzuglaufwerk n <phot> • film-pulling mechanism

Durchzugsleser m <edv> (Strichcode-Lesegerät) • slot reader; badge reader; slot badge reader

Durchzugsrichtung f <textil> • direction of carriage traverse

durchzugsschwach <kfz.mot> (Motor) • low-torque

Durchzugsschwäche f <kfz.mot> (eines Motors) • shortness of breath

durchzugsstark <kfz.mot> (Motor) • high-torque; torquey rare

Durchzugsvermögen n <kfz> • low-down pull

Duromer n <kst> *(engmaschig vernetzt)* • thermoset; thermosetting plastic; thermoset resin

duromerer Klebstoff m <füg> • thermosetting adhesive; thermoset adhesive

Durometer n dyn. Härteprfg <qualit.mat> • hardness testing machine; hardness testing instrument; hardness tester; durometer *dyn. hardn.test*

Duroplast m <kst> *(engmaschig vernetzt)* • thermoset; thermosetting plastic; thermoset resin

duroplastisch <kst> • thermosetting

duroplastischer Klebstoff m <füg> • thermosetting adhesive; thermoset adhesive

Dusche f <bau> *(Nasszelle zum Duschen)* • shower; shower bath *form.rare*

Duschkabine f <bau> *(allg.)* • shower cabinet

Duschkabine f <bau> *(betont: zum Warm- od. Heiß- duschen)* • hot shower cabinet

Duschnische f <bau> • shower stall

Duschtasse f <bau> • shower tray

Duschwanne f DIN EN 251 <bau> • shower tray

Dustcap f • dust cap; centre dome

DV <av> • Digital Video (DV)

DV <edv> • data processing (DP)

DV-Anlage f <edv> *(meist komplexeres System; z. B. Großrechner od. PC-Netzwerk)* • electronic data processing system; EDP-system; computer system

DV-Anschluss m <av> • DV terminal

DVB-T-Technik f <tele> • digital video broadcasting terrestrial (DVB-T)

DVC PRO-Format n <av> • DVC PRO format

DVD <edv> *(für Bild-, Ton- und andere Daten)* • digital versatile disc (DVD); digital video disc *rare*

DVD+RW-Technologie f <edv> • DVD+RW technology

DVD-Abspielgerät n <av> • digital video disc player; DVD player *coll*

DVD-Beschleunigung f <edv> *(Grafikchip-Merkmal)* • DVD acceleration

DVD-Player m ugs <av> • digital video disc player; DVD player *coll*

DVD-R <edv> *(einmal beschreibbar, Laser Power Modulation)* • DVD-R

DVD-RAM f <edv> *(ca. 100.000x beschreibbar; Phase Change)* • DVD-RAM; DVD-Random Access Memory

DVD-ROM f <edv> *(nicht beschreibbar)* • DVD-ROM; read-only digital versatile disc *did*

DVD-Video f <edv> • DVD-Video

DVDV-Ventil n <kfz> • distributor vacuum delay valve (DVDV) *GM*

D-Verhältnis L n <phys> *(Tragflügelprofil)* • L/D ratio; length-diameter ratio

D-Verhalten n <msr> • D action; derivative action

D-VHS <av> • data VHS (D-VHS); digital VHS

D-VHS VCR <av> • data VHS video cassette recorder (D-VHS VCR); digital VHS video cassette recorder

DVM-Ventil n <kfz> • distributor vacuum modulator valve (DVMV) *GM*

DV-System n <edv> • data-processing system; DP system *did*; computer system *pract*

DV-Vollformat n <av> • standard DV

DV-Zentrum n <edv> • data-processing center *US*; data-processing centre *GB*; computer center *US*

DW <druck> *(von Bogen- od. Rollenoffset-Druckmaschinen)* • printing couple

DW <nfz> *(Felgenbettkontur für einteilige Nfz-Felgen)* • double wide base (DW)

dwars <nav> *(rechtwinklig zur Schiffsachse)* • abeam; athwartships

dwarsschiffs <nav> *(rechtwinklig zur Schiffsachse)* • abeam; athwartships

Dwarswind m <nav> *(auf See)* • crosswind[s]

DWDD <edv> *(für magnetooptische Speichermedien)* • Domain Wall Displacement Detection (DWDD)

DWDD-Auslesemethode f <edv> *(für magnetooptische Speichermedien)* • Domain Wall Displacement Detection (DWDD)

DWE <obfl> • direct-on white enameling (DWE) *US*; white direct-on enamelling *GB*

Dweil m <nav> *(Mop zum Deckputzen)* • swab

D-Wendekreisel m <navig> • rate differentiating gyro

DW-Felge f <nfz> • double wide base rim; DW rim; double drop center wide base rim *rare*

DWI <prod> *(z. B. Fertigung v. Getränkedosen)* • drawing & wall-ironing (DWI)

Dwight-Lloyd-Sintermaschine f <metall> • Dwight-Lloyd sintering machine

Dwight-Lloyd-Sinterverfahren n <verf> • blast sintering process

DWR <nukl> • pressurized-water reactor (PWR)

DWS <fz> *(Reifen)* • Deflation Warning System (DWS) *Dunlop*

DWSF <verbr> • pressurized fluidized bed combustion (PFBC)

DWS-System n Dunlop <prod> • DWS system *Dunlop*

DWTT <qualit.mat> • drop weight tear test (DWTT)

DXF <edv> • Drawing Exchange Format (DXF)

DX-Film m <phot> • DX-coded film

DX-Filmempfindlichkeitsabtastung f <phot> • DX-coded film speed setting

DX-Kontakt m <phot> • DX contact

Dy <chem> • dysprosium (Dy)

Dyade f wiss <tech.allg> • couple; dyad *thsc*; pair *coll*

dyadisch <phys> *(paarig)* • dyadic

dyadisches System n <phys> • dyadic system

Dye-Lasurfarbe f <kunst> • positive-retouching paint

Dyn n obs <phys> *(Krafteinheit im Zentimeter-Gramm-Sekunden-System)* • dyne *obs*

Dynamic Astigmatism Control f (DAC) Toshiba <edv> • Dynamic Astigmatism Control (DAC) *Toshiba*

Dynamic Noise Reduction f <av> • dynamic noise reduction (DNR)

Dynamic Random Access Memory n (DRAM) <edv> • dynamic random access memory (DRAM); dynamic RAM; DRAM chip *pract*

Dynamic Signal Filter m (DSF) <av> • dynamic signal filter (DSF)

Dynamic Track Following n (DTF) <av> • dynamic track following (DTF)

Dynamik f <av> *(z. B. Bach Toccata vs. Panflötenmelodie)* • dynamic range; volume range; sound range

Dynamik f <phys> *(Lehre der Bewegungen und ihrer Ursachen)* • dynamics

dynamikbegrenzender Verstärker m <av> • volume-limiting amplifier

Dynamikbegrenzer m • volume limiter

Dynamikbereich m <av> *(z. B. Bach Toccata vs. Panflötenmelodie)* • dynamic range; volume range; sound range

Dynamikbereich m <el> • dynamic region

Dynamikcharakteristik f <av> • dynamic reaction

Dynamikdehner m <av> • automatic volume expander; volume expander

Dynamikdehnung f <av> • volume expansion

Dynamikeinstellung f <navig> *(Empfänger)* • dynamic code; motion setting

Dynamikfilter n <av> • dynamic filter

Dynamik flüssiger Körper f <phys> • hydrodynamics; fluid dynamics

Dynamikkompander m <av> • compressor-expander; volume compander

Dynamikkompression f <av> • automatic volume compression; volume compression

Dynamikpresser m <av> • automatic volume compressor; volume compressor

Dynamikpresser und -dehner m <av> • compander; dynamic compresser and expander

Dynamikpressung f rar <av> • automatic volume compression; volume compression

Dynamikprozessor m <el.mus> • dynamic processor

Dynamikregelung f <av> • dynamic-range control

Dynamikregler m <av> • compander; dynamic compresser and expander

Dynamikreserve f <edv.av> • headroom

Dynamik starrer Körper f <mech> • rigid-body dynamics

Dynamikumfang m <av> (z. B. Bach Toccata vs. Panflötenmelodie) • dynamic range; volume range; sound range

Dynamikverhalten n <av> • dynamic reaction

dynamisch <tech.allg> • dynamic

dynamisch abgestimmter Kreisel m (DAK) <navig> • dry tuned gyro (DTG); tuned rotor gyro

dynamisch ausgewuchtet <masch> (Ziel: Drehachse wird Hauptträgheitsachse; z. B. Rad, Welle) • dynamically balanced

dynamische Abfrage f <msr> • dynamic sensing

dynamische Achslastverlagerung f <kfz> • dynamic axle load shift; dynamic axle load transfer

dynamische Achslastverlagerung f <kfz> (beim Beschleunigen) • rearward load transfer; rearward load shift

dynamische Achslastverlagerung f <kfz> (beim Bremsen) • forward load transfer; forward load shift

dynamische Achslastverschiebung f <kfz> • dynamic axle load shift; dynamic axle load transfer

dynamische Adressenumrechnung f <edv> • dynamic address translation

dynamische Ähnlichkeit f <tech.allg> • dynamic similarity

dynamische Animation f <edv> • dynamic animation

dynamische Aufladung f <kfz.mot> • dynamic supercharging

dynamische Auswuchtung f <mech> (z. B. Räder, Rotor, Welle) • dynamic balancing

dynamische Beanspruchung f <tech.allg> (durch veränderliche Last) • dynamic loading

dynamische Beanspruchung f <mech> • impulsive loading; impulse loading

dynamische Belastung f <tech.allg> (allg.; außen einwirkende Kraft oder innere Spannung) • dynamic load

dynamische Belastung f <mech> (flächenbezogene innere Spannung; in N/mm²) • dynamic stress

dynamische Bereitstellung f <logist> (Kommissionieren) • end-of-aisle order picking; out-of-aisle order picking; out-of-aisle picking; station picking

dynamische Bettungszahl f <bau> (Bodenmechanik) • dynamic subgrade reaction

dynamische Daten npl <logist> • dynamic data npl

dynamische Deemphasis f <av> • dynamic de-emphasis; non-linear de-emphasis

dynamische Dichtung f <masch> • dynamic seal

Dynamische Differenz-Thermoanalyse f (DCC) <msr> • differential scanning calorimetry (DSC)

dynamische Entlastung beim Gasgeben f <kfz> (der Vorderräder) • rearward transfer

dynamische Genauigkeit f <navig> • dynamic accuracy

dynamische Grenzfestigkeit f <qualit.mat> • ultimate mechanical strength

dynamische Karte f <navig> (Display) • moving map; moving field

dynamische Kartenaufzeichnungen fpl <navig> (Display) • moving map plotting

dynamische Kennlinie f <qualit> • dynamic characteristic

dynamische Kontrolle f <qualit> (Fahrzeug, Maschine, Anlage, System im Betrieb) • dynamic check

dynamische Kontrollwaage f <msr> • dynamic check-weigher

dynamische Konvergenz f <msr> • dynamic convergence

dynamische Kopftrommel f <av> • dynamic head drum; Dynamic Drum System JVC

dynamische Last f <tech.allg> • dynamic load

dynamische Lenkübersetzung f <kfz> • variable ratio steering

dynamische Lichtempfindlichkeit f <phys> • dynamic luminous sensitivity

dynamische Messung f <msr> • dynamic measurement

dynamische Olfaktometrie f DINEN 13725 <emiss.msr> • dynamic olfactometry DINEN 13725

dynamische Optimierung f <edv> • dynamic optimization

dynamische Plottseite f <navig> (Display) • moving map display (MMD); moving map page; moving map plotter

dynamische Positionierung f <petr> • dynamic positioning

dynamische Präemphasis f <av> • dynamic pre-emphasis; non-linear pre-emphasis

dynamische Programmierung f <edv> • dynamic programming

dynamische Prüfung f <qualit> • dynamic test

dynamische Prüfung der Trageeinrichtung f <qualit.mat> (Schutzhelmprüfung) • dynamic test of the retention system

dynamische Radlastverlagerung f <kfz> • dynamic wheel load shift; dynamic wheel load transfer

dynamische Radlastverschiebung f <kfz> • dynamic wheel load shift; dynamic wheel load transfer

dynamische Randbedingung f <math> • dynamic boundary condition

dynamischer Aufnehmer m <msr> • moving-coil pick-up; dynamic pick-up

dynamischer Auftrieb <phys> (durch Umströmung; im Ggs. zum statischen Auftrieb) • dynamic lift

dynamische Rauschminderung f (DNR) <av> • dynamic noise reduction (DNR)

dynamische Rauschverminderung f <av> • dynamic noise reduction (DNR)

dynamischer Dreiaxialversuch m <qualit.mat> • dynamic triaxial test

dynamischer Druck m <phys> (am umströmten Körper) • dynamic pressure; dynamic head; stagnation pressure

dynamischer Eingang m <edv> • dynamic input

dynamischer Elutionstest m <ents> • dynamic leaching test

dynamischer Fehler m <msr> • dynamic error

dynamischer Folien-Lautsprecher m <av> • dynamic film-type loudspeaker

dynamischer Geräteaustausch m <edv> • dynamic device reconfiguration

dynamischer Grenzstrom m <el> • instantaneous short-circuit current

dynamischer Kartencursor m <navig> (Display) • moving map cursor

dynamischer Kopfhörer m <av> • moving-coil headset

dynamischer Lautsprecher m <av> • dynamic loudspeaker; electrodynamic loudspeaker

dynamischer Massenausgleich m <masch> • dynamic balancing of masses

dynamischer Regelfaktor m <msr> • dynamic control factor; deviation ratio; offset ratio; error ratio

dynamischer Reibungskoeffizient *m* <mech> • coefficient of sliding friction

dynamischer Scanner *m* <edv> • moving beam scanner; moving beam reader

dynamischer Signalfilter *m* <av> • dynamic signal filter (DSF)

dynamischer Speicher *m* <edv> • dynamic memory; delay-line memory

dynamischer Speicherausdruck *m* <edv> • memory snapshot; snapshot dump; dynamic dump

dynamischer Speicherauszug *m* <edv> • memory snapshot; snapshot dump; dynamic dump

dynamischer Test *m* <kfz.emiss> (*Kat.-Aktivitätstest*) • dynamic test

dynamischer Vervielfacher *m* <el> • dynamic multiplier

dynamischer Widerstand *m* <el> • dynamic resistance

dynamisches Auswuchten *n* <tech.allg> (*z. B. von Rädern*) • dynamic balancing

dynamisches Blocklager *n* <logist> • dynamic storage; live storage

dynamisches Datenhandling *n* <edv> • dynamic data handling

dynamisches Filter *n* <av> • dynamic filter

dynamisches Gleichgewicht *n* <mech> (*von bewegten Systemen; z. B. eines Fahrzeuges*) • dynamic equilibrium

dynamisches Grundgesetz *n* <phys> • Newton's second law of motion; Newton's law of motion; Newton's second law

Dynamisches Grundgesetz von Newton *n* <phys> • Newton's second law of motion; Newton's law of motion; Newton's second law

dynamisches Menü *n rar* <edv/av> (*z. B. PC, TV, Geldautomat*) • on-screen menu; display menu; screen menu

dynamische Speicherplatzzuweisung *f* <edv> • dynamic memory allocation

dynamisches Positioniersystem *n* <petr> • dynamic positioning system (DPS)

dynamische Spurhaltung *f* <av> • dynamic tracking; dynamic track following

dynamische Spurnachführung *f* <av> • dynamic tracking; dynamic track following

dynamische Spurnachführung DTF *f* <av> • dynamic track following system (DTF); dynamic track following; DTF system

dynamisches RAM *m* <edv> • dynamic random-access memory; dynamic RAM

dynamisches RAM *n* <edv> • dynamic random access memory (DRAM); dynamic RAM; DRAM chip *pract*

dynamische Stimmenzuordnung *f* <edv.av> • dynamic voice allocation; voice stealing *coll*

dynamische Stimmenzuweisung *f* <edv.av> • dynamic voice allocation; voice stealing *coll*

dynamische Störunterdrückung *f* (DNS) <av> • dynamic noise suppressor (DNS)

dynamisches Übertragungsverhalten *n* <msr> • dynamic transfer characteristics

dynamisches Unterprogramm *n* <edv> • dynamic subroutine

dynamisches Verankerungssystem *n* <petr> • dynamic anchoring system

dynamisches Verhalten *n* <tech.allg> (*z. B. Fahrzeug, Maschine, Regelkreis*) • dynamic behaviour

dynamische Tempo- und Abstandsregelung *f* <kfz.msr> • Adaptive Cruise Control (ACC) *ContiTeves*; intelligent cruise control

dynamische Tragzahl *f DIN ISO 281* <masch> • dynamic load rating *ISO 281*

dynamische Tragzahl *f DIN ISO 5593* <masch> (*Wälzlager: axial oder radial*) • basic dynamic load rating *ISO 5593*; dynamic load coefficient

dynamische Unwucht *f* <mech> • dynamic imbalance

dynamische Variable *f* <tech.allg> • dynamical variable

dynamische Verankerung *f* <petr> • dynamic positioning

dynamische Viskosität *f* <phys> (*Strömungslehre*) • viscosity coefficient; dynamic viscosity; absolute viscosity

dynamische Zähigkeit *f* <phys> (*Strömungslehre*) • viscosity coefficient; dynamic viscosity; absolute viscosity

dynamische Zündeinstellung *f* <kfz.el> • dynamic ignition timing; stroboscopic ignition timing; dynamic timing

dynamisieren *vt* <tech.allg> • dynamize *vt US*; dynamise *vt GB*

Dynamit *n* <spreng> • dynamite

Dynamoanker *m* <el> • dynamo armature

Dynamoblech *n* <mat> (*gut magnetisierbar*) • dynamo sheet

dynamoelektrisch <el> • dynamoelectric

dynamoelektrische Zündmaschine *f* <spreng> • magneto exploder

Dynamo-Kombi-Lampe *f* <fz.el> (*Fahrrad*) • block generator

Dynamomaschine *f* <el> • dynamoelectric machine

Dynamometer *n wiss.* <kfz> • dynamometer

Dynamometer *n* <msr> • dynamometer

dynamometrisch <msr> • dynamometric

Dynamophon *n* <el.mus> • Dynamophone; Telharmonium

Dynamotor *m* <el> (*Gleichstrommaschine*) • dynamotor

Dynastart *m* <kfz> • dynastarter

Dynastarter *m* <kfz> • dynastarter

Dynastarter *m obs* <kfz.el> • starter alternator *:V*; starter-generator unit *:V*

Dynatron *n* <el> • negative transconductance oscillator; dynatron

Dynatronoszillator *m* <el> • dynatron oscillator

Dynode *f* <el> • dynode

Dynstat-Prüfgerät *n* <qualit.mat> • Dynstat apparatus

Dysfunktion *f* <med> (*z. B. der Schilddrüse*) • dysfunction; functional lesion; functional disturbance; functional disorder; functional impairment

Dyskrasit *m* <min> • dyscrasite

Dyspepsie *f* <med> • indigestion; impaired digestion; disturbed digestion; hypopepsia; dyspepsia

Dysprosium *n* (Dy) <chem> • dysprosium (Dy)

dystektisches Gemisch *n* <mat> • dystectic

D-Zeit *f* <msr> • rate time

D-Zug *m* <bahn> • fast train; express train; through-train

E

E <el> • electric field strength (E); electric field intensity

E <licht> • Edison screw cap (E)

E <phys> • energy (E)

E <phys.msr> (*Vorsilbe für Einheiten; z. B. Exajoule = 10^{18} Joule*) • exa (E)

E <qualit.mat> (*Steigung der Hookeschen Geraden; z. B. in GPa oder GN/m^2*) • modulus of elasticity (E); Young's modulus; modulus *pract*

E.I.-Ware *f* <led> (*vegetabil vorgegerbte Häute und Felle aus Ostindien*) • East Indian goods (E.I.); Madras goods

E 160a <nahr> (*Farbstoff*) • carotene (E 160a); carotin

E 270 <chem> • lactic acid (E 270); lacticum acidum; hydroxypropionic acid

E 330 <nahr> • citric acid (E 330)

E 40 <el> • Goliath Edison screw thread (E 40)
E 406 <nahr> *(Gel; Stabilisator, Verdickungsmittel, Kleb-stoff)* • agar (E 406); agar-agar
E 407 <nahr> *(Stabilisator; aus Carrageen extrahiert)* • carrageenan (E 407)
E 412 <nahr> *(Stabilisator)* • guar gum (E 412)
E 415 <nahr> *(Stabilisator)* • xanthan gum (E 415)
E 420 <nahr> • sorbitol (E 420)
E 440 <nahr> *(Stabilisator)* • pectin (E 440)
E 500 <nahr> • sodium carbonate (E 500)
E-Aminocapronsäure f <chem.petr> • E-aminocaproic acid
EAN <org.logist> • European Article Numbering Association (EAN)
EAN <pack> • European Article Numbering System (EANS)
EAN-Code m <pack> *(Strichcodetyp)* • EAN code; World Product Code
EAN/ISBN-Supplement n <pack> • EAN/ISBN supplement
EAN/ISBN-Zusatzcode m <pack> • EAN/ISBN supplement
EAN/ISBN-Zusatzsymbol n <pack> • EAN/ISBN supplement
E-Antriebsmotor m <fz.el> • propulsion motor
E-Antriebsmotoren-Steuerpult n <msr> *(z. B. Haustechnik, Förderanlage)* • motor control cubicle
EARL <msr> • electronic automated robotized lighthouse (EARL)
Early-Effekt m <el> • Early effect
EasyEdit n JVC <av> • EasyEdit *JVC*
EasyEdit-Schnittcomputer m JVC <av> • EasyEdit *JVC*
EasyLink n Philips <av> • EasyLink *Philips*
EasyLink-Verbindung f <av> • EasyLink *Philips*
Easy-Programme-Playback n Hit <av> • instant review; Instant ReView *JVC*; Easy programme playback *Hit*; instant replay *Sha*; one-touch playback *Aiw*
Easy-Teletext-Programmierung f Philips <av> • Easy Teletext Programming *Philips*
E-ATL <kfz> • electrically driven exhaust gas turbocharger
Eatonpumpe f <kfz> *(Ölpumpe)* • rotor-type pump; Eaton pump; eccentric rotor pump *did*; trochoid pump *rare*
Eau de Javelle n <chem> • eau de Javelle; eau de Javel; Javelle water
Ebbe f <geo> • ebb; ebb-tide; low tide; falling tide; low water
Ebbelinie f <geo> • low-water mark
Ebbetore npl <hydr> • ebb-tide gates
Ebbe und Flut fsg <geo> • tides; ebb and flood; ebb and flow
EBCDIC <edv> • EBCDI code (EBCDIC); Extended Binary-Coded Decimal Interchange Code
EBCDI-Code m (EBCDIC) <edv> • EBCDI code (EBCDIC); Extended Binary-Coded Decimal Interchange Code
EBDS-Verfahren n <emiss.verf> *(DeNOx)* • electron beam irradiation system; electron beam dry scrubbing
E-Beam m in Komposita <el> • electron beam; E-beam; e-beam
E-Beam-Lithographie f <edv.ic> • electron-beam lithography; E-beam lithography
E-Beam-Resist m <el.ic.prod> • E-beam resist
eben <allg> *(nicht hügelig; z. B. Land, Feld, Straße)* • level
eben <tech.allg> *(flach)* • flat; planar; plane
eben <tech.allg> *(gleichmäßig; Oberfläche)* • even
eben <phys> *(in einer Ebene wirkend; z. B. Spannung, Dehnung)* • biaxial
eben aufliegender Kopf m <füg> *(Schraube, Niet)* • head with flat bearing face; head with flat seating
eben bewegt <tech.allg> • in plane motion

Ebene f <allg> *(Niveau)* • level
Ebene f <tech.allg> *(Schicht)* • layer
Ebene f <bau> *(in Fachwerk, Tragwerk; z. B. von Brücken)* • tier
Ebene f <edv> *(CAD, Computergrafik; zum Strukturieren von Zeichnungen)* • layer
Ebene f <edv> *(z. B. einer Grafik)* • layer
Ebene f <math> • plane
ebene Bewegung f <mech> • movement in one plane; uniplanar motion; plane motion
ebene Geometrie f <math> • plane geometry
ebene Gruppe f <mat> • plane group
ebene Koordinaten fpl <math> • plane coordinates; planar coordinates
ebene Kopfauflage f <füg> • flat bearing face; flat seating
Ebenenbüschel n <math> • pencil of planes
Ebenenschar f <math> • family of plane surfaces
Ebenentechnik f <edv> • layers
ebene Platte f <tech.allg> • flat plate
ebene Platte f <verf> *(in Kühlturm)* • plane fill sheet; plane sheet
ebene Positionsanzeige f <navig> *(z. B. Radar)* • plan position indication (PPI); plan position indicator
ebene Projektion f <edv> • planar mapping; planar image mapping
ebene Rieselplatte f <verf> *(in Kühlturm)* • plane fill sheet; plane sheet
ebene Ringfläche f <energ.sol> • plane segment
ebener Kiel m <nav> • even keel
ebener Kollektor m rar <energ.sol> • flat-plate-collector
ebener Senkkopf m <füg> *(mit ebener Kopfoberfläche)* • flat head; countersunk head; flat countersunk head; flush head
ebener Spannungszustand m <mech> • state of plane stress; plane stress; biaxial stress; two-dimensional stress
ebener Verzerrungszustand m <mech> • state of plane strain; plane strain
ebener Vollwinkel m <math> • round angle; perigon
ebener Winkel m <math> • plane angle
ebenes Fachwerk n <bau> *(statische Berechnung)* • plane framework; plane frame; plane truss
ebenes Gitter n <mat> • plane lattice
ebenes Kräftesystem n <mech> • system of coplanar forces
ebenes Kurvengetriebe n <masch> • plane cam mechanism; two-dimensional cam mechanism
ebenes Netzwerk n <el> • planar network
ebene Strömung f <phys> • two-dimensional flow; plane flow
ebenes Zweieck n <math> • plane lune
ebene Trigonometrie f <math> • plane trigonometry
ebene Welle f <phys> • plane wave
Ebenheit f <tech.allg> *(z. B. von Karton, Papier, Blech)* • flatness
Ebenheit f <obfl> *(Glattheit, Sanftheit; z. B. von Haut)* • smoothness
Ebenheit f <prod> *(z. B. von gehobelten Oberflächen)* • planeness
Ebenheitsprüfgerät n <qualit.mat> • flatness tester
Ebenheitsprüfung f <qualit.obfl> • surface evenness inspection
ebenmäßige Korrosion f <obfl> • uniform corrosion
eben mit <tech.allg> *(auf einer Höhe)* • level with
eben mit <tech.allg> • flush with
Eberraute f <bio> • southern wood; artesimia abrotanum
Ebert-Aufstellung f <phys> *(Gittermonochromator)* • Ebert mounting
Eberzähne mpl <kst> *(Granulattyp)* • tooth type pellets

E-Bike *n* ugs <fz> • electric bike; E-bike *coll*
Ebnen *n* <kfz.rep> *(Blech, Dellen)* • dinging; ding work
pract; leveling out
ebnen *vt* <bau> *(Gelände; betont: mit Bulldozer)* • bulldoze
vt
ebnen *vt* <bau> *(Gelände; mit Grader, Planierraupe etc.)*
• plane *vt*; grade *vt*; level *vt*
ebnen *vt* <metall> *(planen, planieren)* • planish *vt*
ebnen *vt* <obfl> *(Oberflächen)* • even *vt*
ebnen *vt* <prod> *(flachmachen, Knicke entfernen)* • flatten
vt
Ebonit *n* <kst> • ebonite; hard rubber
EB-Schweißen *n rar* <füg> • electron beam welding
(EBW); EB-welding *rare*
Ebullioskopie *f* <chem.verf> *(zur Bestimmung der Mole-*
külmasse) • ebullioscopy; boiling-point method
ebullioskopisch <chem.verf> • ebullioscopic
ebullioskopische Konstante *f* <chem.verf> • ebul-
lioscopic constant; modal boiling-point constant; modal
boiling-point-elevation constant
EBV <kfz.brems> • electronic brake pressure distributor
(EBD)
EBW <füg> • electron beam welding (EBW); EB-welding *rare*
ECC <edv> • error correction code (ECC); error correcting
code; error correction system
ECCA <org.obfl> • European Coil Coating Association
(ECCA)
Eccles-Jordan-Schalter *m* <el> *(Flip-Flop)* • Eccles-
Jordan trigger
Eccles-Jordan-Schaltung *f* <el> *(Flip-Flop)* • Eccles-
Jordan trigger circuit; Eccles-Jordan circuit
ECE-Drittelmix *m* <kfz> • Euromix formula
ECE-Fahrprogramm *n* <kfz.emiss> • ECE test cycle;
European test procedure *did*
ECE-R15 <kfz.emiss> • European driving cycle; European
City Driving Cycle
ECE-Test *m prakt* <kfz.emiss> • ECE test cycle; European
test procedure *did*
ECE-Zyklus *m* <kfz.emiss> • ECE test cycle; European
test procedure *did*
ECF <pap> • elemental chlorine free (ECF)
ECFR-Heizung *f* <nukl> • heating in the electron cyclotron
range; electron cyclotron [frequency resonant] heating;
ECFR-heating; heating at the electron cyclotron fre-
quency; heating at the electron cyclotron resonance
Echelette-Stufengitter *n* <chem> • echelette grating;
echelette reflectance grating; echelette blazed grating
Echellegitter *n* <chem> • echelle diffraction grating;
echelle grating; echelle-rule grating
Echellespektrograph *m* <chem> • echelle-grating spec-
trograph
Echellettegitter *n* <chem> • echelette grating; echelette
reflectance grating; echelette blazed grating
Echellettereflexionsstufengitter *n* <chem> • echelette
grating; echelette reflectance grating; echelette blazed
grating
Echinacea angustifolia <bio> • coneflower; echinacea
angustifolia
Echo *n* <akust> *(auch Ultraschall)* • echo
Echo *n* <el.mus> *(Effekt eines Effektprozessors)* • delay;
echo effect; delay effect; echo
Echo *n* <navig> *(Radar, Sonar)* • echo; response signal;
return signal
Echoanzeige *f* <navig> *(Radar)* • blip; pip
Echobox *f* <akust> *(Hohlraumresonator)* • echo box
Echodämpfung *f* <el> • active return loss; return loss;
structural return loss
Echoeffekt *m* <el.mus> *(Effekt eines Effektprozessors)*
• delay; echo effect; delay effect; echo

Echo-Eliminierung und Ausblendung *f* <navig> *(Ra-*
dar) • false echo elimination
Echoentzerrung *f* <el> • echo equalizing
Echoenzephalograph *m* <med.tech> • echoencephalo-
graph
Echofalle *f* <navig> • echo trap
Echograph *m* <msr> *(Tiefenmessung)* • depth recorder;
echo-sounding recorder
Echoimpuls *m* <tech.allg> *(z. B. Ultraschallprüfung, Ra-*
dar) • echo pulse; reflected pulse; return echo pulse
Echoimpulsfehlerprüfgerät *n* <qualit.mat> *(Ultraschall-*
prüfung) • pulse-time flaw detector; pulse-reflection flaw
detector
Echoimpulsverfahren der Ultraschallprüfung *n*
<qualit.mat> • ultrasonic pulse-reflection testing tech-
nique; ultrasonic pulse-reflection testing method; ultrasonic pulse-echo testing method
Echokanal *m* <tele> • echo channel
Echokardiograph *m* <med> • echokardiograph
Echokontrolle *f* <tech.allg> • echo check[ing]
Echolaufzeit *f* <phys> *(z. B. Radar)* • echo transient time;
echo interval
Echolot *n* <navig> *(Tiefenmessung)* • sonar; echo
sounder; echo depth finder; acoustic depth finder; echo
sounding device
Echolotschreiber *m* <navig> • echo-sounding recorder
Echolotung *f* <navig> • echo sounding; acoustic depth
sounding; reflection sounding
Echomaschine *f* <av> • artificial reverberation device
echometrische Messung *f* <petr> • acoustical borehole
logging; acoustical well logging; acoustical logging
Echoophthalmograph *m* <med.tech> • echoophthal-
mograph
Echoortung *f* <navig> *(Abstand)* • echo ranging
Echoortung *f* <navig> *(Position)* • echolocation
Echoprüfung *f* <tech.allg> • echo check[ing]
Echoraum *m* <akust> • echo chamber; reverberation
chamber
Echoschnittbild *n* <med> • echo sectional image
Echoschreiber *m* <msr> • echograph
Echospannung *f* <el> • return voltage
Echosperrdämpfung *f* <tele> • echo suppression at-
tenuation
Echosperre *f* <tele> • echo suppressor
Echostörung *f* <tech.allg> • echo interference; echo trou-
ble
Echostrom *m* <el> • return current
Echotomographie *f* <qualit> • ultrasonic tomography *V*
Echounterdrückung *f* <navig> *(Radar; vor allem Boden-*
echos) • echo cancellation; echo suppression; echo com-
pensation
Echoverlust *m* <navig> *(Radar)* • reflection loss
Echoweg *m* <tech.allg> • echo path
Echowelle *f* <phys> • echo wave; reflected wave
Echowirkung *f* <tech.allg> • echo effect
Echozacke *f* <qualit.mat> *(Ultraschallprüfung)* • echo amplitude
Echozeichen *n* <navig> *(Radar)* • blip; pip
echt <allg> *(unverfälscht; z. B. Ersatzteile, Markenware)*
• genuine
echt <allg> *(Material, Farbe; z. B. Holz, Haarfarbe)* • natural
echt <chem> *(z. B. Säure)* • true
echt <mat> *(rein; z. B. Gold)* • pure
echt <mat> *(wirklich, real; z. B. Diamant, Gold, Seide)*
• real
echt <math> *(eigen)* • proper
echt <obfl> *(beständig; Farbe; z. B. lichtecht)* • fast
Echtalarm *m* <alarm> • actual alarm; real alarm

Echtbeizenfarbstoff *m* <obfl> • fast mordant dye

Echtbütten *n prakt* <pap> • genuine handmade paper; vat paper *pract*

Echtbüttenpapier *n* <pap> • genuine handmade paper; vat paper *pract*

Echtdrahttexturierverfahren *n* <textil> • twist-set untwist process

echte Adresse *f* <edv> • real address

echte Bünde *mpl* <druck> • raised cords

echte gestemmte Sprosse *f* <bau> *(Fenster)* • true muntin; true divided lights; divided lites; true divided light muntin; true divided lite muntin

echt einfärbbar <textil> *(Färberei)* • dyeable with fast colors

echte Lösung *f* <chem> • true solution

echter Abfall *m* <ents> • real waste

echter Alarm *m* <alarm> • actual alarm; real alarm

echter Bruch *m* <math> • proper fraction

echter Farbstoff *m* <obfl> • fast dye

echter Hausschwamm *m* <obfl.holz> • true dry-rot fungus; true dry-rot; dry-rot fungus; dry-rot

Echter Seidenspinner *m* <bio.textil> • bombyx mori; mulberry silkworm; domesticated silkworm; cultivated silkworm; silk worm moth

echte Seide *f* <textil> • real silk; pure silk; natural silk *rare*

echtes Leder *n* <bekl> • genuine leather

echte Sprosse *f* <bau> *(Fenster)* • true muntin; true divided lights; divided lites; true divided light muntin; true divided lite muntin

echt färben *vt* <textil> • dye fast shades *vt*; dye fast *v*

Echtfärberei *f* <obfl.textil> • fast dyeing

Echtfärbesalz *n* <obfl.textil> • fast color salt

Echtfarbbase *f* <obfl.textil> • fast color base

Echtfarben *fpl* <edv> • truecolor

Echtfarbendarstellung *f* <edv> • true color representation; 32-bit representation; real color representation *rare*

Echtfarbstoff *m* <obfl.textil> • fast dyestuff; fast dye

echtgefärbt <obfl.textil> • fast-dyed

Echtgelb *n* <obfl> • fast yellow

echtgelb zitron <kunst> • permanent yellow lemon

echtgrün <obfl> • sunproof green

Echtheit *f* <allg> *(Original; von Ersatzteilen, Markenartikeln)* • genuineness

Echtheit *f* <obfl.textil> *(Färberei)* • fastness

Echtheitsgrad *m* <obfl> *(von Farbstoffen)* • fastness rating

Echtheitsprüfung *f* <obfl.qualit> • fastness test

Echtheitswert *m* <obfl> *(von Farbstoffen)* • fastness rating

Echt Juchten *n* <led> • genuine Russia calf; Russia calf

Echtleder-Innenausstattung *f* <kfz> • genuine leather interior trim

Echtpergament *n* <pap> • parchment paper; vegetable parchment

Echtpergamentpapier *n* <pap> • parchment paper; vegetable parchment

echtrosa <obfl> *(Farbton, -typ)* • lightproof rose

Echt Sämischleder *n* <led> • full oil chamois leather

Echt Saffian *n* <led> • hard grain goat

Echtzeit *f* <msr> *(sofort, verzögerungslos)* • real time

Echtzeit... <tech.allg> • real-time ...

Echtzeit-Analysator *m* <msr> • real-time analyzer *US*; real-time analyser *GB*

Echtzeitangabe *f* <msr> • real-time indication

Echtzeit-Animation *f* <edv> • real-time animation

Echtzeitanimation *f* <edv> • real-time animation

Echtzeitanzeige *f* <av> • real-time counter; real-time tape counter; real-time tape counting mechanism; linear tape counter; linear counter

Echtzeitaufnahme *f* <av> • realtime recording; real-time recording

Echtzeitbandzählwerk *n* <av> • real-time counter; real-time tape counter; real-time tape counting mechanism; linear tape counter; linear counter

Echtzeitbefehl *m* <edv> • real-time message

Echtzeitbetrieb *m* <edv> • real-time processing

Echtzeitbetriebssystem *n* <edv> • real-time operating system

Echtzeitdarstellung *f* <edv> • real-time display

Echtzeitdatenverarbeitung *f* <edv> • real-time data processing

Echtzeitemulator *m* <el> • real-time emulator

Echtzeitexpertensystem *n* <edv> • real-time expert system

Echtzeit-GPS-Empfänger *m* <navig> • real-time GPS receiver

Echtzeit-kinematisch <navig> • real-time kinematic

Echtzeitmethode *f* <navig> • real-time method; real-time survey

Echtzeit-Navigation *f* <navig> • real-time navigation

Echtzeitnutzer *m* <edv> • real-time user

Echtzeitprogrammierung *f* <edv> • real-time programming

Echtzeitrechner *m* <edv> • real-time computer

Echtzeit-Rendering *n* <edv> • real-time rendering

Echtzeitsignalverarbeitung *f* <edv> • real-time signal processing

Echtzeitsimulation *f* <tech.allg> • real-time simulation

Echtzeitsprache *f* <edv> • real-time language

Echtzeitsteuerprogrammsystem *n* <edv> • real-time control system

Echtzeitsystemnachricht *f* <edv> • real-time system message

Echtzeittaktfrequenz *f* <edv> • real-time clock frequency

Echtzeit-Transportprotokoll RTP *n* <tele> • real-time transport protocol (RTP)

Echtzeituhr *f* <edv> • real-time clock (RTC)

Echtzeitunterbrechung *f* <edv> • real-time interrupt

Echtzeitverarbeitung *f* <edv> • real-time processing

Echtzeitvermessung *f* <navig> • real-time method; real-time survey

Echtzeit-Vermessungssystem *n* <navig> • real-time surveying system

Echtzeitzählwerk *n* <av> • real-time counter; real-time tape counter; real-time tape counting mechanism; linear tape counter; linear counter

Echtzeitzugriff *m* <edv> • real-time access

Eckabrundung *f* <masch> *(einer vorstehenden Ecke, Spitze)* • nosing

Eckabrundung *f* <prod> *(allg.)* • radiusing

Eckantrieb *m* <bau> *(DK-Fensterbeschlag)* • corner drive

Eckaussteifung *f* <tech.allg> • corner bracing

Eckband *n* <bau> *(DK-Fensterbeschlag)* • hinge; corner hinge

Eckbeschläge *mpl* <tech.allg> *(z. B. Möbel, Container, Koffer)* • corner fittings; corner plates

Eckblech *n* <bau> • corner plate

Eckblech *n* <kfz> *(z. B. am Übergang von Quer- zu Längsträgern)* • corner panel

Eckblech *n* <masch> *(Stahlbau)* • gusset

Eckblende *f* <av> • corner wipe

Eckbüro *n* <büro> • corner office

Eckdiagramm *n* <math> • vertex diagram; vertex graph

Ecke *f* <allg> *(allg.)* • corner

Ecke *f* <allg> *(betont: außen)* • outer corner

Ecke *f* <allg> *(betont: innen)* • inner corner

Ecke *f* <math> *(Vieleck)* • vertex

Eckeinheit *f* <el> • corner connector

ecken *vi* <masch> *(hängenbleiben, blockieren; z. B. Schublade, Schlitten)* • jam *vi*; catch an edge *vi*

Eckenabschnitt *m* <prod> • corner cut

Ecken abstoßen *vt* <prod> • round edges *vt*

Eckenbiegemaschine *f* <wz.masch> • angle-forming machine

Eckenbohrmaschine *f* <wz.masch> • close quarter drill

Eckenbrenner *m* <verbr> • tangential burner

Eckenfase *f* <prod> • corner chamfer

Eckenfeuerung *f* <verbr> • corner firing; tangential firing

Eckenfräsen *n* <prod> • cornering

Eckenheftmaschine *f* <druck> • corner stitching machine

Eckenmaß *n* <füg> *(z. B. bei Sechskant-, Vierkantschrauben, -muttern)* • width across corners (A/C); width A/C; A/C dimensions *pl*

Eckenradius *m* <wz> • tool nose radius

Eckenrundstoßmaschine *f* <wz.masch> • corner punching machine

Eckenrundung *f* <tech.allg> *(Radius)* • corner radius; nose radius

Eckenrundung *f* <tech.allg> *(Vorgang)* • corner rounding

Eckenschneidemaschine *f* <wz.masch> • corner cutting machine

Eckfestigkeit *f* <bau> • corner strength

Eckfilter *m* <verf> *(z. B. in Aquarien)* • corner filter

Eckfrequenz *f* <el> • break frequency; corner frequency; cut-off frequency

eckig <tech.allg> *(mit Ecken und Kanten)* • angular

eckig <nahr> *(Wein)* • rough

eckige Klammer *f* <druck> • square bracket

eckig gebogener Nadelhaken *m* <wz> • excelsior hook

Ecklager *n* <bau> *(DK-Fensterbeschlag m)* • corner pivot rest; corner bearing

Ecklisene *f* <bau> • corner lisene

Eckmaß *n* <füg> *(z. B. bei Sechskant-, Vierkantschrauben, -muttern)* • width across corners (A/C); width A/C; A/C dimensions *pl*

Eckmast *m* <bau> *(aus Holz oder Beton)* • angle pole

Eckmast *m* <bau.el> *(Gittermast)* • angle tower

Ecknaht *f* <füg> *(Schweißtechnik)* • corner weld

Ecknahtverbindung *f rar* <füg> *(im rechten Winkel; z. B. geschweißt)* • corner joint; angle joint *DIN EN 12345*

Eckniethammer *m* <wz> • corner riveting hammer

Eckold *f prakt.* <kfz.wz> • Kraftformer *US*

Eckpanzer *m* <bau> • corner armor *US*; corner armour *GB*

Eckpfosten *m* <bau> *(Anfahrschutz; z. B. außen an Gebäudeecken, in Fabrik-, Lagerhallen)* • upright protection post; upright protector; column post; guard post; angle post *rare*

Eckpfosten *m* <logist> *(Container)* • corner post

Eckpilaster *m* <bau> • corner pilaster

Eckplatte *f* <bau> • haunch gusset

Eckpunkt *m* <tech.allg> • corner point

Eckpunkt *m* <edv> • corner mark

Eckpunkt *m* <math> *(Vieleck, Vielflach; pl: Vertices)* • vertex; point

Eckradius *m* <masch> • nose radius

Ecksäule *f* <tech.allg> *(z. B. an Gebäude, Werkzeugmaschine, Presse)* • corner pillar

Eckschutz *m* <bau> *(Anfahrschutz; z. B. außen an Gebäudeecken, in Fabrik-, Lagerhallen)* • upright protection post; upright protector; column post; guard post; angle post *rare*

Eckschweißverbindung *f* <füg> • corner weld joint

Ecksicherung *f* <pack> • cornerboard

Eckspore *f* <bau> *(am Säulensockel)* • angle spur

Eckspriegel *m* <kfz> *(in 5-Spriegel-Verdecken; zw. Hauptspriegel und Rückfenster)* • spring bow *:V*; bow directly above the rear window *:V*

Eckstein *m* <bau.mat> • cornerstone; quoin

Eckstoß *m DIN EN 12345* <füg> *(im rechten Winkel; z. B. geschweißt)* • corner joint; angle joint *DIN EN 12345*

Eckstoß *m rar* <füg> *(im spitzen Winkel; z. B. geschweißt)* • edge joint

Eckstoßfänger *m rar* <kfz> *(Eckteil dreiteiliger Stoßfänger)* • bumper outer part; corner bumper; bumper corner

Eck-Stringer *m* <bau> • corner stringer

Eckträger *m* <logist> *(kurze Kragarmstütze unter Palettenecken)* • stub arm

Eckumleitung *f* <bau> *(DK-Fensterbeschlag)* • corner transmission

Eckumlenkung *f* <bau> *(DK-Fensterbeschlag)* • corner transmission

Eckumsetzer *m* <förd> • 90-deg turning unit

Eckventil *n* <rls> • angle valve; angle-body valve

Eckverbindung *f* <tech.allg> *(von Rahmenprofilen allg.; Tür-, Fenster-, Bilderr.)* • corner joint

Eckverbindung *f rar* <füg> *(im rechten Winkel; z. B. geschweißt)* • corner joint; angle joint *DIN EN 12345*

Eckverriegelung *f* <nfz> *(LKW-Aufbau)* • twist lock

Eckverschluss *m* <bau> *(allg.; z. B. Fensterbeschlag)* • corner lock

Eckversteifung *f* <tech.allg> *(durch äußere Verstärkungsmaßnahmen, Streben u. dgl.)* • corner bracing

Eckversteifung *f* <tech.allg> *(betont: Zunahme der Steifigkeit)* • corner stiffening

Eckverzapfung *f* <füg> • corner tenon jointing

Eck-Wange *f* <bau> • corner stringer

E-Commerce *m* <edv> *(elektronischer Geschäftsverkehr)* • electronic commerce; e-commerce

ECON-Anzeige *f Opel* <kfz.msr> • fuel economy indicator

Economizer *m* <verf> • economizer *US*; economiser *GB*

Economy-Anzeige *f* <kfz.msr> • fuel economy indicator

Economy-Modus *m* <kfz> • economy mode

Econoscop *n Citroen* <kfz.msr> • fuel economy indicator

E-Control-Glas *m* ^{TM} <bau.hlk> *(Fensterscheibe)* • electrochromous glass; electrically controlled sun-shield glass

ECO/Sporttaster *m Audi* <kfz> *(Automatikgetriebe)* • shift mode button *HM*; program preselector *MB*; programme switch *Audi/ZF*; driving program selector *Sm*; ECO/Sport button *Audi*

Ecrüseide *f* <textil> • unscoured silk; écru silk; hard silk; crude silk

Ecruseide *f* <textil> • unscoured silk; écru silk; hard silk; crude silk

ECT <qualit.mat> *(allg.)* • edge crush test (ECT)

ECT-Wert *m* <pap.qualit> • ECT strength

ECU *f* <kfz.antr> *(Automatikgetriebe; betont: das Steuergerät)* • transmission control module (TCM); automatic electronic command unit *ZF*; electronic transmission control; transmission ECU

ED <bau> • single strength glass (S.S.)

ED <navig> • European Datum (ED)

Edamer *m* <nahr> *(Käse)* • edam

E-Darstellung *f* <navig> • E-display

ED-Bearbeitung *f prakt* <prod> • electro-discharge machining (EDM); electric discharge machining; electroerosive machining; ED machining *pract*

EDC <edv> • error detection code (EDC); error detecting code

EDC <kfz> • electronic damper control (EDC) *BMW*

EDC <kfz.el> • electronic diesel control (EDC); electronic governor

ED-Diskette *f* <edv> • ED diskette; Extra High Density diskette

edel <allg> *(Material, Ausstattung; z. B. Gas, Metall, Leder, Interieur)* • noble

edel <mat> *(kostbar)* • precious

edel <nahr> *(Wein)* • noble
edelfaule Trauben *fpl* <nahr> *(Wein)* • botrytized grapes
Edelfurnier *n* <holz> • decorative veneer
Edelgas *n ugs* <chem> *(chemisch fast völlig inaktiv; z. B. Neon, Argon, Krypton)* • inert gas; rare gas; noble gas
Edelgas *n* <füg> *(zum Schweißen; z. B. für WIG)* • noble gas; inert gas
Edelgasatmosphäre *f* <tech.allg> • inert-gas atmosphere; inert atmosphere
Edelgasfüllung *f* <tech.allg> • inert-gas filling
Edelgashochdrucklampe *f* <licht> • inert-gas lamp; inert-gas high-pressure discharge lamp
Edelgaskonfiguration *f* <chem> • inert-gas electron configuration; inert-gas configuration
Edelgaslaser *m* <tech.allg> • inert gas laser; inert-gas-assisted laser
Edelgaslichtbogenschweißen *n* <füg> • inert-gas arc welding; inert-gas-shielded arc welding
Edelgasplasma *n* <phys> • inert-gas plasma
Edelgasschutz *m* <tech.allg> • inert-gas shielding; inert-gas shield
Edelholz-Set *n* <kfz.innen> • wood paneling kit
Edelkohle *f* <min> • clean coal
Edelkombi *m ugs* <kfz> • classy station wagon *US*; classy estate *GB*; high-end luxury wagon *US*
Edel-Kombilimousine *f* <kfz> • classy station wagon *US*; classy estate *GB*; high-end luxury wagon *US*
Edelmetall *n* <mat> • noble metal; precious metal
Edelmetallbarren *m* <metall> • bullion bar; bullion
Edelmetallbeschichtung *f* <obfl> • noble metal deposition; precious metal deposition
Edelmetallegierung *f* <mat> • noble metal alloy; precious metal alloy
Edelmetallkatalysator *m* <kfz.emiss> • noble metal catalyst; precious metal catalyst
Edelmetallschicht *f* <bau> *(auf Verglasung)* • precious metal coating
Edelmetallzündkerze *f :V* <kfz.el> • fine wire spark plug; precious metal spark plug
Edelpappe *f* <pap> • converting board
Edelrost *m* <obfl> • patina
Edelsplitt *m* <bau.mat> • double-crushed chips
Edelstahl *m* <tech.allg> *(Stahlkategorie; im Ggs. zu allg. Bau- u. Qualitätsstahl)* • premium steel; high-grade steel *rare*
Edelstahl *m prakt.ugs* <mat> *(rostfrei)* • stainless steel (SS)
Edelstahlauspuffanlage *f* <kfz> • stainless steel exhaust system
Edelstahlbalg *m* <rls> • stainless steel bellows
Edelstahlbrennkammer *f* <rls> *(Brennwertkessel)* • stainless steel combustion chamber
Edelstahl-Entwicklungsdose *f* <phot> • stainless steel tank
Edelstahlgeflecht *n* <kfz.emiss> *(Monolith-Kat.)* • wire mesh; metal mesh; stainless steel mesh
Edelstahlkompensator *m* <rls> • stainless steel expansion joint
Edelstahlpaletten *fpl* <verf> • stainless steel trays; SS-trays
Edelstahlschlauch *m* <rls> • flexible stainless-steel tube
Edelstahlspirale *f* <phot> *(in Entwicklungsdose)* • stainless steel reel
Edelstahl-Spiraleinsatz *m* <phot> *(in Entwicklungsdose)* • stainless steel reel
Edelstein *m* <mat> • precious stone; gemstone; gem
Edelsteinkunde *f* <min> • gemmology; gemology
Edelsteinlager *n* <masch> *(z. B. in Uhren, Messgeräten)* • jewel bearing; pivot-and-jewel bearing
Edelsteinnadel *f* <av> *(Plattenspieler)* • jewel stylus

Edelsteinschliff *m* <prod> • gem cutting
Edelsteinspitze *f* <edv> *(Lesestift; z. B. Rubin, Saphir)* • jeweled tip *US*; jewelled tip *GB*
Edelzellstoff *m* <pap> • processed pulp; purified wood pulp; alpha pulp
EDI <edv> • electronic data interchange (EDI)
Edieren *n* <doku> *(von Texten, Dokumenten)* • editing
edieren *vt obs* <edv> *(z. B. Text, Bild, Programm, Datei)* • edit *vt*
EDIFACT <edv> *(internationaler EDI-Standard)* • EDIFACT
Edison-Akkumulator *m* <el> • Edison accumulator; Edison cell; iron-nickel accumulator
Edison-Fassung *f* <licht> *(Glühlampe)* • Edison socket; Edison lampholder; screwed socket
Edison-Gewinde *n DIN EN 60238* <el> • Edison screw-thread (E); electric-light-bulb thread *coll*
Edison-Schraubgewinde *n rar* <el> • Edison screw-thread (E); electric-light-bulb thread *coll*
Edison Schraubsockel *m* <licht> *(von Lampen)* • Edison base *US*; Edison cap *GB*; Edison screw cap
Edison-Sockel *m* <licht> *(von Lampen)* • Edison base *US*; Edison cap *GB*; Edison screw cap
Edison-Sockel *m* <licht> • Edison screw cap (E)
Editierbefehl *m* <edv> • editing command
Editieren *n* <av.kino> *(Vorgang des Bearbeitens von Videos, Filmen)* • editing; cutting
Editieren *n* <doku> *(von Texten, Dokumenten)* • editing
editieren *vt* <av> *(Film, Video, Tonband)* • edit *vt*; cut *vt*
editieren *vt* <edv> *(z. B. Text, Bild, Programm, Datei)* • edit *vt*
Editierfunktion *f* <edv> *(in CAD-Software)* • modify function
Editiermodus *m* <edv> • edit mode
Editierplatz *m* <edv> • editing workstation
Editierprogramm *n* <edv> • editing program
Editierstift *m* <büro> *(an Kopierer; zum Markieren der Editierfunktionen auf der Arbeitsplatte)* • electronic pointer; editing stylus
Editiertafel *f* <druck> *(Kopierer)* • editing board
Editierung *f* <edv.av> • programming; sound programming; editing; sound editing; sound edit
Edition *f* <tech.allg> *(Ausgabe; z. B. eines Buchs, Produkts, Autosondermodell)* • edition
Editor *m prakt* <edv> *(allg.; für Texte, Programmcode)* • editor program; editor *pract*
Editorprogramm *n* <edv> *(allg.; für Texte, Programmcode)* • editor program; editor *pract*
Edit Table *n* <av> • Edit Table
edler Prospekt *m* <werb> • slick brochure
edle Seide *f rar* <textil> • real silk; pure silk; natural silk *rare*
edles Material *n* <kfz.innen> *(für Innenausstattung)* • classy material
EDM <prod> • electrodischarge machining (EDM)
E-Drumkit *n* <edv.av> • electric drums; E-drums; E-drum-kit; E-drumset
E-Drums *pl* <edv.av> • electric drums; E-drums; E-drum-kit; E-drumset
E-Drumset *n* <edv.av> • electric drums; E-drums; E-drum-kit; E-drumset
EDS <kfz.antr> • electronic differential lock
EDTA <chem> • ethylenediamine tetraacetate (EDTA)
EDTA-Komplex *m* <emiss> • EDTA-complex
EDV <edv> • electronic data processing (EDP)
EDV-Anlage *f* <edv> • data-processing system; DP system *did*; computer system *pract*
EDV-Anlage *f* <edv> *(meist komplexeres System; z. B. Großrechner od. PC-Netzwerk)* • electronic data processing system; EDP-system; computer system

EDV-System n <edv> *(meist komplexeres System; z. B. Großrechner od. PC-Netzwerk)* • electronic data processing system; EDP-system; computer system

EDV-Zentrum n <edv> • data-processing center *US*; data-processing centre *GB*; computer center *US*

EEA <jur.ents> • Single European Act

EEG <med.tech> • electroencephalogram (EEG)

EEG-Analysator m <med.tech> • EEG analyzer *US*; electroencephalogram analyzer *US*; EEG analyser *GB*

EEG-Verstärker m <med.tech> • EEG amplifier; electroencephalogram amplifier

EEP <med.tech> • end-expiratory pressure (EEP)

EEPROM <edv> • erasable electrical programmable read-only memory (EEPROM); EEPROM chip

EEPROM <edv> *(elektrisch löschbar)* • electrically erasable programmable read-only memory (EEPROM)

EEPROM-Baustein m <edv> • erasable electrical programmable read-only memory (EEPROM); EEPROM chip

EEPROM-CHIP m <edv> • erasable electrical programmable read-only memory (EEPROM); EEPROM chip

EFD <kfz> • electric sun roof top

EFE-Solenoid m <kfz.el> *(Saugrohrbeheizung)* • EFE solenoid *GM*

Efeulinie f <math> • cissoid

Effekt m <allg> • effect

Effekt m prakt <el.mus> *(Klangveränderung)* • sound effect; effect *pract*

Effekt m <phot> *(eines Filters, einer Aufnahmetechnik)* • effect; impact

Effektanteil m <el.mus> • effect amount

Effektbeleuchtung f <licht> • decorative lighting; effect lighting; fancy lighting; display lighting

Effektboard n jarg <edv.av> • wavetable add-on card; Waveblaster daughter board; optional wave module; Midi daughter board; effects board *jarg*

Effektbogenlampe f <licht> • flame arc lamp

Effekte-RAM n <edv.av> • effects RAM

Effektfilter m <phot> • special-effect filter

Effektgarn n <textil> • fancy yarn; effect yarn

Effektgenerator m <el.mus> • effects processsor; effects engine; effects generator; effects synthesizer; special effects generator

Effektgerät n <el.mus> • effect device; effect unit

Effekt heißer Elektronen m <phys> • hot-electron effect

effektiv <allg> • effective

effektiv <tech.allg> *(Wert; z. B. Leistung)* • actual; as-is

effektive Adresse f <edv> • effective address

effektive Atomnummer f <phys> • effective atomic number

effektive Farbgebung f <astron> • effective contouring

effektive Halbwertszeit f <nukl> • effective half-life

effektive Halbwertzeit f <nukl> • effective half-life

effektive Leistung f <mot> *(von Kraftmaschinen auf Prüfstand)* • brake horsepower (bhp); effective horsepower; effective power

effektive Masse f <astron> • reduced mass

effektive Masse f <phys> • effective mass

effektiver Betriebsfaktor m <tech.allg> • operation ratio

effektiver Brechwert m ISO 13666 <opt> *(z. B. Brillenglas)* • effective power ISO 13666

effektive Rechenfläche f <verf> *(Wasserreinigung)* • effective screen area

effektiver Mitteldruck m <kfz.mot> • mean effective pressure

effektiver Sternpunkt m <el> • true neutral point

effektives Leistungsvermögen n <tech.allg> *(Arbeit)* • effective performance

effektives Leistungsvermögen n <phys> *(Volumen)* • effective capacity

effektive Spannung f <el> • effective voltage; root-mean-square voltage; rms voltage

effektives Rauschen n <phys> • root-mean-square noise; rms noise

effektive Strahlungsleistung f <phys> • effective radiated power

Effektivgeschwindigkeit f <av> • tape-to-head speed; tape-to-head velocity; head-to-tape speed

Effektivität f <tech.allg> • effectiveness

Effektivleistung f <tech.allg> *(elektrische, mechanische Leistungsabgabe)* • useful power output

Effektivleistung f <el> *(in Watt; [P] = 1 W)* • active power; actual power; effective power; wattage *pract*

Effektivmasse des Elektrons f <phys> • effective electron mass

Effektivmassenapproximation f <phys> • effective mass approximation

Effektivmassetensor m <phys> • effective mass tensor

Effektivspannung f <el> • effective voltage; root-mean-square voltage; rms voltage

Effektivspannung f <mech> • true stress

Effektivstrom m <el> • effective current; root-mean-square current; rms current

Effektivwert m <tech.allg> *(quadratisches Mittel einer periodischen Größe; z. B. el. Spannung)* • root-mean-square value; rms value *pract*; virtual value *rare*

Effektivwert des Schalldrucks m <akust> • effective sound pressure

Effektivwertschwankung f form <el> • voltage fluctuation; flicker *pract*

Effektkarton m <pap> • fancy board

Effektklangprozessor m <el.mus> • effects processsor; effects engine; effects generator; effects synthesizer; special effects generator

Effektkohle f <mat> • flame carbon

Effektkohlebogenlampe f <licht> • Beck arc lamp; Beck lamp; flame-arc lamp

Effektlack m <obfl> • decorative coating

Effektlichtbogen m <el> • flame arc

Effektnegativ n <phot> • screen negative; texture screen

Effektor m <msr> *(z. B. ein Elektromagnet, Schrittmotor)* • actuator; effector; operator

Effektpapier n <pap> • fancy stained paper

Effektprogramm n <el.mus> • effect program

Effektprojektor m <licht.theat> • effects projector

Effektprozessor m <el.mus> • effects processsor; effects engine; effects generator; effects synthesizer; special effects generator

Effektscheinwerfer m <licht> • effect projector; vogue spotlight; profile spotlight

Effektschermaschine f <textil> • fancy cutting machine

Effektsektion f <el.mus> • effect section

Effektsynthesizer m <el.mus> • effects processsor; effects engine; effects generator; effects synthesizer; special effects generator

Effektzwirn m <textil> • fancy twist; effect twist

Effektzwirnmaschine f <textil> • fancy doubling frame

Effizienz f ISO 9000 <qualit> • efficiency ISO 9000

Effloreszenz f <min> • efflorescence

effloreszieren vi <min> • effloresce vi

Effusiometer n <msr> • effusiometer

Effusionsgeschwindigkeit f <phys> • effusion rate

Effusivgestein n <geo> • effusive rock

EFG-Technik f <energ.sol> *(Solarzellen)* • edge-defined film-fed growth (EFG); EFG-method

EFG-Verfahren n <energ.sol> *(Solarzellen)* • edge-defined film-fed growth (EFG); EFG-method

EFH <kfz> *(als Funktion bzw. Ausstattungsmerkmal)*
• power windows (pw) *US*; electric windows *GB*; e/windows *GB.advert*; e/w *GB.advert*

E-Filter *m prakt* <verf> *(Staubabscheider)* • electrostatic precipitator (ESP)

EFM <edv> • eight-to-fourteen modulation (EFM)

EFO <el.ic.prod> • electronic flame-off (EFO)

EG <bau> • ground floor *US.GB*; first floor *US*; grade level

EG <chem> • ethylene glycol (EG)

EG <edv.av> • envelope generator (EG); contour generator

EG <füg.rep> • wire thread insert (EG); insert coil; Helicoil ^TM

EGA <edv> *(obsoleter Grafikstandard)* • enhanced graphics adapter (EGA)

EGA-Adapter *m* <edv> *(obsoleter Grafikstandard)* • enhanced graphics adapter (EGA)

EGA-Karte *f* <edv> *(obsoleter Grafikstandard)* • enhanced graphics adapter (EGA)

Egalfärben *n* <textil> • level dyeing; coverage

egalfärben *vt* <textil> • level-dye *vt*; dye level *vt*

egalisieren *vt rar* <allg> *(z. B. Nachteile, Kosten, Konstruktionsmängel)* • offset *vt*; adjust *vt*; equalize *vt*; balance *vt*; compensate *vt*

egalisieren *vt* <tech.allg> *(ins Gleichgewicht bringen)*
• balance *vt*; compensate *vt*

egalisieren *vt* <led> *(Leder; mechanisch)* • clean the flesh side

egalisieren *vt* <obfl> *(Unebenheiten)* • level *vt*

egalisieren *vt rar* <phys> *(Kräfte, Wirkungen)* • neutralize *vt*

Egalisierrakel *f* <wz> • leveling doctor *US*; levelling doctor *GB*

egalisierter Croupon *m* <led> • leveled bend *US*; levelled bend *GB*

Egalisierungshilfsmittel *n* <textil> • leveling agent *US*; dye retardant

E-Gebiet der Ionosphäre *n* <geo> • ionosphere E-region

EG-Fahrtenschreiber *m rar* <nfz.msr> • EC-tachograph

EGGA <org.obfl> • European General Galvanizers Association (EGGA)

Egge *f* <agri> • harrow

Egge mit starren Zinken *f* <agri> • straight-tined harrow

Eggen *n* <agri> • harrowing

eggen *vt* <agri> • harrow *vt*

Eggenbalken *m* <agri> • harrow hitch bar

Eggenfeld *n* <agri> • harrow section

Eggenscheibe *f* <agri> • harrow disc

Eggenzinken *m* <agri> • harrow tine; harrow spike; harrow tooth

EG-Kontrollgerät *n* <nfz.msr> • EC-tachograph

E-Glas *n* <silik> • E-type-glass; E-glass

EG-M <masch> • EG-ISO Metric coarse thread (EG-M); helical coil thread for wire thread inserts; helicoil thread *pract*

EG-Metrisches ISO-Regelgewinde *n* (EG-M) <masch>
• EG-ISO Metric coarse thread (EG-M); helical coil thread for wire thread inserts; helicoil thread *pract*

Egoutteur *m* <pap> • watermarking dandy [roll]; dandy roll

EGPWS-Warnsystem *n* <aerospace> *(schaut auch nach vorne; Vorwarnzeit 60 sek)* • enhanced ground proximity warning system (EGPWS)

EGR <kfz.emiss> *(System)* • exhaust gas recirculation; EGR system

EGR <verf> *(Staubabscheider)* • electrostatic precipitator (ESP)

EGR-Anlage *f* <verf> *(elektrostatischer Gasreiniger, Staubabscheider)* • electric precipitator

Egrenieren *n* <textil> *(von Baumwolle)* • ginning

egrenieren *vt* <textil> *(Baumwolle)* • gin *vt*

Egreniermaschine *f* <textil> *(Baumwolle)* • cotton gin machine; gin machine

EG-Richtlinie *f* <jur> *(EG-Gesetzgebung)* • EC Directive; Council Directive; Directive

EGR-System *n rar* <kfz.emiss> *(System)* • exhaust gas recirculation; EGR system

EG-UNC <masch> • EG Unified coarse thread (EG-UNC)

EG-UNF <masch> • EG Unified fine thread (EG-UNF)

EG-Unified-Feingewinde *n* (EG-UNF) <masch> • EG Unified fine thread (EG-UNF)

EG-Unified-Grobgewinde *n* (EG-UNC) <masch> • EG Unified coarse thread (EG-UNC)

EH <bau.mat> • injection agent; intrusion aid; grouting aid

EHB <kfz.brems> • electrohydraulic brake (EHB)

EHD-Schmierung *f* <tribo> • elastohydrodynamic lubrication (EHD); EHD-lubrication; thin-film lubrication

Ehrenfest'sches Theorem *n* <phys> • Ehrenfest's theorem

EH-Verfahren *n* <füg> *(Elin-Hafergut-Verfahren; Schweißtechnik)* • Elin-Hafergut process; Elin-Hafergut method

EH-Verfahren *n* <füg> *(Schweißen)* • firecracker welding process; firecracker process

EIA <org> • Electronic Industries Association (EIA)

EIA-485 <org.el> • Electronic Industries Association - 485 (EIA-485)

eiabtötend <agri.chem> *(Schädlingsbekämpfungsmittel)*
• ovicidal

Eichamt *n* <msr> • Bureau of Standards *US*; Office of Weights and Measures *GB*

Eichblock *m* <msr> • calibration block

Eiche *f ugs* <holz> *(z. B. für die deutsche Wohnzimmerschrankwand)* • oakwood; oak *coll*

Eiche gekalkt *f* <obfl.holz> • limed oak

Eichelröhre *f* <el> *(UHF-Röhre in Eichelform)* • acorn tube; acorn valve

Eichen *n* <msr.jur> • calibration

eichen *vt* <msr.jur> *(durch Eichamt; z. B. Waagen, Gefäße)* • calibrate *vt*; standardize *vt rare*; adjust *vt rare*

Eichenholz *n* <holz> *(z. B. für die deutsche Wohnzimmerschrankwand)* • oakwood; oak *coll*

Eichenlohgerbung *f* <led> • oak bark tanning

Eichfehler *m* <msr.jur> • calibration error

Eichfehlergrenze *f* <msr.jur> • calibration error limit; limit of error in standardization *rare*

Eichfeld *n* <msr> • gauge field

Eichfilter *n* <el> • reference filter

Eichflüssigkeit *f* <chem> • calibration liquid; standard liquid

Eichfrequenz *f* <phys> • calibration frequency; standard frequency

Eichfunktion *f* <msr> • calibration function

Eichgenauigkeit *f* <msr> • calibration accuracy

Eichgerät *n* <msr> • calibrator

Eichgitter *n* <opt> • calibration grid

Eichimpuls *m* <msr> • calibration pulse

Eichinvarianz *f* <msr> • gauge invariance

Eichklemme *f* <el> • calibration terminal

Eichkondensator *m* <el> • calibration capacitor

Eichkonstanz *f* <msr> • calibration stability

Eichkraftstoff *m* <chem.petr> • reference fuel

Eichkreis *m* <el> • calibration circuit

Eichkurve *f* <msr> • calibration curve

Eichleitung *f* <el> • calibration line

Eichlösung *f* <chem> • calibration solution

Eichmaß *n* <msr> • standard measure; standard

Eichmikrofon *n* <av> • standard microphone

Eichmischung *f* <chem> • specified blend; specified test-condition blend; specified mixture

Eichnormal *n* <msr.masch> • calibration standard; master standard; calibration block; calibration gauge

Eichoszillator *m* <el> • calibration oscillator

Eichprüfling *m* <qualit.mat> • reference block; reference indentation block; standardized block; hardness block
Eichraum *m* <msr> • calibration room; standardizing room
Eichschaltung *f* <el> • calibration circuit
Eichspannung *f* <el> *(Referenzspannung)* • calibration voltage
Eichstandard *m* <msr> • reference standard
Eichstrich *m* <msr> *(an Gefäßen)* • calibration mark; gauge mark
Eichtabelle *f* <msr> • calibration chart
Eichtabelle nullen *vt* <msr> • reset calibration *vt*
Eichton *m* <akust> • reference tone
Eichtransformation *f* <msr> • gauge transformation
Eichung *f* <msr.jur> • calibration
Eichung der Zeitbasis *f* <msr> *(Elektronenstrahloszillographie)* • time-basis calibration
Eichvoltmeter *n* <el.msr> • voltmeter calibrator
Eichwagen *m* <bahn> • track-scale test car; weighbridge test wagon
Eichwiderstand *m* <msr> *(Messbrücke)* • calibration resistor
E-IDE <edv> • Enhanced-IDE (E-IDE); Fast ATA; Enhanced Integrated Drive Electronics
Eierbrikett *n* <verbr> • ovoid
Eiercremeeis *n* <nahr> • ice cream containing eggs *V:*
Eierdurchleuchter *m* <nahr.qualit> • egg candler; egg tester
Eierdurchleuchtung *f* <nahr.qualit> • egg candling; candling
Eierhandgranate *f* <mil> • Mills bomb; Mills grenade
Eierkremeis *n* <nahr> • ice cream containing eggs *V:*
Eierkurve *f ugs* <math> *(Kurvenform, ähnlich Umriss von Eiern)* • conchoid
Eiersammelwagen *m* <agri> • egg collecting trolley
Eiersortiermaschine *f* <nahr> • egg grader
Eierwärmer *m* <allg> • egg cosy
eiförmig *ugs.rar* <tech.allg> *(Form)* • ovoid; oval-shaped; egg-shaped
Eigelbnachgare *f* <nahr> • egging
Eigelbpulver *n* <nahr> • egg yolk solids
Eigenabsorption *f* <phys> *(Strahlung)* • self-absorption; intrinsic absorption
Eigenantrieb *m* <phys> *(z. B. Raumfahrzeug, Munition)* • self-propulsion
Eigenasche *f* <verbr> *(Kohle)* • inherent ash
Eigenausgleich *m* <msr> • inherent regulation
Eigenbaugerät *n* <tech.allg> • do-it-yourself device; home-made device
Eigenbedarf *m* <energ> *(eig. Strombedarf eines Kraftwerks)* • house load
Eigenbedarfsleistung *f* <energ> *(Kraftwerk)* • house-load power *US*; station auxiliary power *GB*; station service power *GB*
Eigenbedarfsturbine *f* <energ> *(Wärmekraftwerk)* • auxiliary turbine
Eigenbedarfsversorgung *f* <energ> • house load power supply
eigenbelüftet <tech.allg> • self-ventilated
Eigenbelüftung *f* <tech.allg> • self-ventilation
Eigenbeweglichkeit *f* <phys> *(z. B. der Atome)* • intrinsic mobility
Eigenbewegung *f* <astron> • peculiar motion; proper motion
Eigenbruch *m* <prod.ents> • foundry returns
Eigendämpfung *f* <mat> *(z. B. Drehmaschinenbett)* • internal damping; self-damping
Eigendiagnose *f* <msr> • self-diagnosis
Eigendiagnoseprogramm *n* <edv> • self-diagnostic program

Eigendichte *f* <phys> • inherent density; natural density
Eigendiffusion *f* <phys> • self-diffusion
Eigendrehimpuls *m* <phys> *(Elementarteilchen)* • spin; intrinsic angular momentum
Eigendurchschlag *m* <el> • purely electric breakdown
Eigenenergie *f* <phys> • intrinsic energy
eigenerregt <phys> *(allg.)* • self-excited
eigenerregt <phys> *(schwingend)* • self-oscillatory
Eigenerregung *f* <phys> *(Schwingungen)* • self-excitation; natural excitation
Eigenerwärmung *f* <el> • self-heating
Eigenfehler *m* <msr> • inherent error; inherent ambiguity
Eigenfehlstelle *f* <mat> • inherent lattice defect
Eigenfeld *n* <phys> • self-consistent field
Eigenfertigung *f* <prod> • in-house manufacture; in-plant production
Eigenfilterung *f* <nukl> *(von Strahlung)* • inherent filtration; self-filtering
Eigenfrequenz *f* <phys> *(Eigenschwingung)* • characteristic frequency; eigenfrequency; Eigen frequency; natural frequency
Eigenfrequenz des Parallelresonanzkreises *f* <el> • antiresonance frequency
Eigenfunktion *f* <math> *(Differentialgleichung)* • eigenfunction; characteristic function; proper function
eigengekühlt <logist> *(z. B. Container, Fahrzeug)* • self-cooled
Eigengenauigkeit *f* <msr> • intrinsic accuracy
Eigengeschwindigkeit *f* <tech.allg> *(von Natur aus)* • natural speed
Eigengeschwindigkeit *f* <aerospace> *(eines Flugzeugs etc.)* • airspeed; true airspeed
Eigengeschwindigkeit *f* <nav> • proper speed
Eigengewicht *n* <bau> *(die aus der Eigenmasse resultierende Kraft; im Ggs. zu Verkehrslast)* • dead weight; permanent weight; permanent load; own weight
Eigengewicht *n* <fz> *(unbeladen)* • service weight; service mass *stand*; dead weight *pract.coll*; unladen weight *coll*
Eigengravitation *f* <astron> • self-gravity; self-gravitation
eigenhärtend <mat> • self-curing
Eigenhalbleiter *m* <el> • intrinsic semiconductor; i-type semiconductor
Eigenhalbleitfähigkeit *f* <mat> • intrinsic semiconductivity
Eigenhalbleitung *f* <el> • intrinsic semiconduction
Eigenheit *f* <allg> • characteristic; property; peculiarity
Eigenimpedanz *f* <el> • intrinsic impedance; self-impedance
Eigeninduktivität *f* <el> • self-inductance; inherent inductance; internal inductance
Eigenionisation *f* <phys> • autoionization
Eigenkapazität *f* <el> • self-capacitance; inherent capacitance; natural capacitance; internal capacitance
Eigenkühlung *f* <hlk> • natural cooling; self-cooling
Eigenlast *f* <bau> *(die aus der Eigenmasse resultierende Kraft; im Ggs. zu Verkehrslast)* • dead weight; permanent weight; permanent load; own weight
eigenleitend <el> • intrinsically conducting
eigenleitende Sperrschicht *f* <el> • intrinsic barrier layer
Eigenleiter *m* <el> • intrinsic semiconductor; intrinsic conductor
Eigenleiterschichttransistor *m* <ic> • intrinsic barrier transistor
Eigenleitfähigkeit *f* <el> • intrinsic conductivity; intrinsic semiconductivity
Eigenleitung *f* <el> • intrinsic conduction
Eigenleitungsbereich *m* <el> • intrinsic region
Eigenleitungsdetektor *m* <el> • intrinsic detector

Eigenleitungsdichte *f* <el> • intrinsic density
Eigenleitungstemperaturbereich *m* <el> • intrinsic temperature range
Eigenleitungszone *f* <el> • intrinsic region
Eigenleitvermögen *n* <el> • intrinsic conductivity
Eigenlenkverhalten *n* <kfz> *(z. B. von Reifen)* • self-steering effect
Eigenleuchten *n* <meteo> • airglow
Eigenleuchten *n* <opt> • self-fluorescence
Eigenlüftung *f* <el> • self-ventilation
eigenmagnetisch <phys> • self-magnetic
Eigenmasse *f* <chem/phys> • own mass
Eigenmassenabbremsung *f* <bahn> • tare braking
Eigenmodulation *f* <tele> • self-modulation; self-pulse modulation
Eigennutzer *m* <bau> • own-occupier
Eigenpeilung *f* <navig> *(Flugzeug-Boden)* • aircraft-to-station bearing
Eigenpeilung *f* <navig> • self-bearing
Eigenperiode *f* <navig> *(Kreiselkompassparameter)* • natural period
Eigenpfeifen *n* <tele> • self-whistles
Eigenphotoemission *f* <phys> • intrinsic photoemission
Eigenphotoleitung *f* <phys> • intrinsic photoconduction
Eigenpolymerisation *f* <chem> • homopolymerization
Eigenpotential *n* <phys> • self-potential
Eigenpotentialmessung *f* <petr> • self potential log; spontaneous potential log; SP log
Eigenpotentialverfahren *n* <geo.phys> • self-potential prospecting; spontaneous potential method
Eigenprüfprogramm *n* <edv> • self-test routine
Eigenrauschen *n* <el> • inherent noise; background noise; basic noise; internal noise; natural noise
Eigenreibung *f* <mech> *(z. B. in Kraftmaschinen)* • internal friction
Eigenreibung des Reglers *f* <masch> *(Fliehkraft-Drehzahlregler)* • governor friction
Eigenresonanz *f* <phys> • natural resonance; self-resonance
Eigenschaft *f* <tech.allg> *(qualitativ, quantitativ)* • characteristic *ISO 9000*; property; feature
Eigenschaften bei hohen Temperaturen *fpl* <tech.allg> • elevated-temperature properties
Eigenschatten *m* <edv> • object shadow
Eigenscherben *fpl* <ents> • process cullet
Eigenschrott *m* <ents> • in-house scrap
Eigenschwingung *f* <phys> *(gekoppelte Systeme)* • fundamental oscillation
Eigenschwingung *f* <phys> *(mechanisch)* • natural vibration; characteristic vibration; vibrational mode; eigenvibration
Eigenschwingung *f* <phys> *(elektromagnetisch)* • self-oscillation; autooscillation; natural oscillation; free oscillation; eigenoscillation [mode]
Eigenschwingungsdauer *f* <phys> • natural period of vibration
eigenschwingungsfrei <phys> • aperiodical; aperiodic; dead-beat
Eigenschwingungszahl *f* <phys> • number of natural oscillations
Eigenschwingungszustand *m* <msr> • self-oscillating regime
eigensicher *selten* <edv> • self-checking *adj stand*; character self-checking; self-testing
eigensicher <el> • intrinsically safe
eigensicherer Näherungsschalter *m* <msr> • intrinsically safe proximity switch
Eigensicherheit *f* <sich> *(z. B. eines Gerätes, Reaktors)* • intrinsic safety

Eigenspannbeton *m* <bau.mat> • self-stressing concrete; self-stressed concrete
Eigenspannung *f* <mech> *(ohne äußere Krafteinwirkung)* • internal stress; residual stress; self-contained stress
Eigenspannungen *fpl* <kst> *(in Kunststoffteilen)* • internal stress; residual stress; molded-in stress
eigenspannungsfrei <mech> • free from internal stress; free from residual stress
Eigenstabilisierung *f* <verf> *(chem., physikal. Prozss)* • self-stabilization
Eigenstabilität *f* <msr> • inherent stability
eigenständiges Gerät *n* <tech.allg> • stand-alone unit; standalone unit
Eigensteifigkeit *f* <qualit> *(z. B. von Spinnvlies)* • inherent stiffness
Eigenstrahlung *f* <phys> *(allg.)* • characteristic radiation
Eigenstrahlung *f* <phys> *(im Röntgenbereich)* • characteristic X-rays
Eigenstreuung *f* <phys> • self-scattering
Eigenstromaufnahme *f* <msr> • no-load current; non load current
Eigenstromverbrauch *m* <el> *(allg.)* • internal consumption; own consumption
Eigensynchronisation *f* <tele> • self-synchronization
Eigentemperatur *f* <phys> • natural temperature; intrinsic temperature
eigentliche Filterfläche *f* <verf> • true filtering surface
eigentliche Lorentz-Gruppe *f* <math> *(Algebra)* • proper Lorentz group
Eigentümer *m* <jur> *(Person, natürlich oder juristisch, der etwas tatsächlich gehört)* • owner
Eigentümlichkeit *f* <jur> *(einer Erfindung)* • characteristic; originality; pecularity
Eigentum *n* <jur> • property; ownership
Eigentumsübergang *m* <jur> • passage of title to property; passing of ownership; passing of title; effective date of transfer of title; devolution of ownership
Eigentumswohnanlage. *f* <bau.fin> • condominium *US*
Eigentumswohnung *f* <bau.fin> • condominium *US*; co-operative apartment *GB*; freehold flat *GB*; condo *US.coll*
Eigenüberlagerungsempfang *m* <tele> • autodyne reception
Eigenvektor *m* <math> • characteristic vector; proper vector; eigenvector
Eigenverbrauch *m* <tech.allg> *(elektrisch, thermisch)* • internal consumption
Eigenverbrauch *m* <el> *(Strom)* • power consumption
Eigenverbrauch *m* <energ> *(Kraftwerk)* • internal power consumption; service consumption
Eigenverbrauch *m* <msr> *(Zähler)* • meter loss[es]
Eigenvergrößerung *f* <opt> • factorial magnification
Eigenverlust *m* <tech.allg> • internal loss
Eigenversatz *m* <min> • caving
Eigenverzerrung *f* <el> • inherent distortion
Eigenverzögerung *f* <tech.allg> • inherent lag; inherent delay
Eigenverzögerung *f* <el.msr> *(Reaktionszeit, Ansprechverhalten von Schalter, Schütz, Regelung)* • inherent delay
Eigenviskosität *f* <phys> • internal viscosity; K factor
Eigenwellenlänge *f* <phys> • natural wavelength
Eigenwert *m* <math> *(Differentialgleichung)* • eigenvalue; intrinsic value; proper value; characteristic value
Eigenwertgleichung *f* <math> • eigenvalue equation
Eigenwertspektrum *n* <phys> • eigenvalue spectrum
Eigenwiderstand *m* <el> *(allg.)* • inherent resistance; internal resistance
Eigenwiderstand *m* <el> *(Stromquelle)* • source resistance

Eigenzeit f <el.msr> *(Reaktionszeit, Ansprechverhalten von Schalter, Schütz, Regelung)* • inherent delay

Eigenzeit f <phys> *(einem Material innewohnend)* • proper time; inherent time

Eigenzeitkonstante f <el> • residual time constant

Eigenzündung f *rar* <kfz> *(beim Dieselmotor)* • compression ignition (CI); self-ignition; auto ignition

Eigenzustand m <phys> • characteristic state; proper state; eigenstate

Eigner m <nav> • owner

Eignung f <allg> *(für, zu etwas)* • suitability

Eiisolator m <el> • egg insulator; egg-shaped insulator

Eilauftrag m <logist> *(betont: mit Priorität; Lieferungen, Dienstleistungen)* • priority order; rush job *coll*

Eilauftrag m <logist> *(betont: im Notfall)* • emergency order

Eilauslagerung f <logist> • priority order

Eilbewegung f <wz.masch> *(quer)* • quick-traverse motion; rapid traverse

Eilbewegung f <wz.masch> *(allg.)* • rapid motion; rapid movement

Eilbote m <logist> *(allg.)* • courier; express delivery man; courier service man; dispatch service man

Eilgang m <wz.masch> • rapid traverse; fast traverse; quick traverse

Eilgangausstattung f <wz.masch> • high-low-speed feature; quick-traverse mechanism; rapid-traverse control

Eilgangschaltung f <wz.masch> • high-low-speed feature; quick-traverse mechanism; rapid-traverse control

Eilgüterzug m <bahn> • fast goods train

Eilgutverkehr m <verk> • fast goods service

Eilrücklauf m <wz.masch> • rapid return; fast return; quick return; rapid idle movement

Eilrücklaufgetriebe n <wz.masch> • rapid-return mechanism

Eilrücklaufgetriebe mit Kurbelschwinge n <wz.masch> *(Waagrechtstoßmaschine)* • slotted-link rapid-return mechanism

Eilvorlauf m <wz.masch> • rapid advance; rapid approach

Eilzug m <bahn> • non-stop train

Eilzusteller m <logist> *(allg.)* • courier; express delivery man; courier service man; dispatch service man

Eilzustellung f <wz.masch> • rapid advance; rapid approach

Eimer m <allg> *(z. B. Baggergefäß)* • bucket

Eimerfüllungsgrad m <förd> • fill factor

Eimerkette f <förd> • bucket chain

Eimerkettenbagger m <förd> *(Trockenbagger)* • bucket excavator; bucket-chain excavator; bucket-ladder excavator; continuous-bucket excavator

Eimerkettenbagger m <förd> *(Nassbagger)* • bucket dredger; bucket-chain dredger; bucket-ladder dredger

Eimerkettenförderer m <förd> • bucket conveyor

Eimerkettengrabenbagger m <förd> • ladder ditcher; ladder trencher

Eimerkettennassbagger m <förd> *(Nassbagger)* • bucket dredger; bucket-chain dredger; bucket-ladder dredger

Eimerkettenschaltung f <el> • bucket brigade device (BBD)

Eimerkettenschwimmbagger m <bau.masch> *(Seifenbergbau)* • placer dredger

Eimerkettenschwimmbagger m <förd> • floating bucket dredger; bucket dredger

Eimerkettenspeicher m <edv> • bucket brigade memory; bucket brigade store

Eimerkettentrockenbagger m <förd> *(Trockenbagger)* • bucket excavator; bucket-chain excavator; bucket-ladder excavator; continuous-bucket excavator

Eimerleiter f <förd> • bucket ladder

Eimerleiterhebebock m <förd> *(Eimerbagger)* • ladder gantry

Eimermelkanlage f <agri> • bucket milker [unit]

Eimer-Melkanlage f <agri> • bucket milker [unit]

Ein-Abfrage f <msr> • on-scanning

Einachsanhänger m <nfz> • rigid drawbar trailer *DIN*

Einachsantrieb m <kfz> • two-wheel drive

Einachsenflugregler m <aerospace> • automatic stabilizer [operating about one axis]

einachsgetrieben <antr> *(Fahrzeug)* • two-wheel driven (4×2)

einachsig <tech.allg> • single-axle

einachsig <fz> • two-wheel

einachsig <mat> *(Kristall)* • uniaxial

einachsig bewehrt <bau> • simply reinforced

einachsige Nachführung f <energ.sol> • one-axis tracking; one-dimensional tracking; linear tracking; single-axis tracking

einachsiger Kristall m <mat> • uniaxial crystal

einachsige Spannungen f <mech> • monaxial stress

Einachsigkeit f <phys> *(mechanisch, z. B. Drehbewegung; optisch)* • uniaxiality

Einachskipper m <nfz> • two-wheeled rear tipping trailer

Einachsmuldenkipper m <bau.masch> • dump body tipping trailer

Einachstraktor m <agri> • two-wheel tractor

Einadressbefehl m <edv> • single-address instruction; one-address instruction

Einadresskode m <edv> • single-address code; one-address code

Einadressrechner m <edv> • single-address computer; one-address computer

einadrig <el> *(Leitung, Kabel)* • single-core; single-conductor; single-wire

einadrige Schnur f *obs* <el> • single-conductor cord *obs*

einadriges Kabel n <el> • single-core cable; single-conductor cable; single conductor cable; single cable

Einäscherung f <soz> *(Feuerbestattung)* • incineration; cremation

einäugig <opt> • one-eyed; monocular

einäugig <phot> *(Kamera)* • single-lens

einäugige Kleinbildspiegelreflexkamera f <phot> • 35 mm single lens reflex camera; 35 mm SLR camera; 35 mm SLR *coll*

einäugige Mittelformatspiegelreflexkamera f <phot> *(6 × 6 od. 6 × 4,5)* • single lens reflex rollfilm camera; SLR rollfilm camera

einäugige Spiegelreflexkamera f <phot> *(meist KB)* • single lens reflex camera; SLR camera

einander ausschließende Ereignisse npl <math> *(Statistik)* • mutually disjoint events; mutually exclusive events

einander zugeordnet *prakt* <tech.allg> *(z. B. Werkstücke, Verfahren)* • conjugate

Einankermotorgenerator m <el> • genemotor

Einankerumformer m <el> *(von Dreh- auf Gleichstrom)* • motor-converter dynamotor

Einankerumformer m <el> • synchronous converter; synchronous rotary converter; single-armature converter; synchronous inverter

Einanodengleichrichter m <el> • single-anode rectifier

Einanodenventil n *obs* <el> • single-anode rectifier

einarbeiten vr <allg> *(Person; in Situation, Aufgabe, neue Arbeit)* • acquaint vr; familiarize vr

einarbeiten vt <chem.verf> *(einfügen, zumischen)* • incorporate vt

einarbeiten vt <did> *(Personen; in Arbeitsplatz)* • train vt; introduce vt

einarbeiten vt <prod> *(Schleifscheibenprofile)* • crush vt

einarbeiten vt <prod> *(Aussparungen, Auskehlungen)*
• recess vt

einarbeiten vt <prod> *(Sitze, Aufnahmen; z. B. Ventilsitze)*
• seat vt

einarbeiten vt <prod> *(senken, oberflächenbündig machen)* • sink vt

einarbeiten vt <prod> *(einfügen; z. B. Muster, Verzierungen)* • work in vt

Einarbeiten der Kette n <textil> • warp take-up

Einarbeitungsphase f <did> • training period

Einarbeitungszeit f <did> • training period

einarmiger Bandit m ugs <spiel> *(Münz-Glückspielautomat; typ. für Las Vegas)* • slot machine; one arm bandit coll

einarmiger Hebel m <masch> • one-armed lever

einarmiger Roboter m <autom> • single-arm robot

Einarmschwinge f <kfz> • monolever; monolever fork; single-arm pivoted fork; single-sided swingarm Triumph

einatmen vt <bio> • inhale vt

Einatmung f <med.tech> • inspiration

einatomig <chem> • monatomic

Einatomigkeit f <chem> • monoatomicity

Einaufgabenbetrieb m <edv> • single-task operation

Ein-Aus-Anzeige f <msr> *(Funktion)* • on-off indication

Ein-Aus-Anzeige f <msr> *(z. B. Leuchte, Tonsignal)* • on-off indicator

Ein-/Ausblenden n <av> *(Camcorderfunktion für Bild und Ton)* • fader; fade-in/-out

Ein-/Ausblendfunktion f <av> *(Camcorderfunktion für Bild und Ton)* • fader; fade-in/-out

Ein-/Ausblendtaste f <av> • fade button

Ein-/Ausgabe-Einheit f <edv> • parallel input output device (PIO); input/output unit; input output unit; I/O unit

Ein-/Ausgabeprozessor m <edv> • input output processor

Ein-/Ausgabewerk n <edv> • I/O-control

Ein/Aus-Lautstärkeregler m <el> • on/off volume control

Ein/Aus-Netzschalter m <el> • on/off power switch

Ein-Aus-Regelung f <msr> • on-off control; two position control; bang-bang control coll

Ein-Aus-Regler m <msr> • on-off controller; bang-bang servo

Ein/Aus-Schalter m <el> *(allg.; Netz- od. Batteriebetrieb)* • on-off switch; on/off switch; power switch; I/O switch rare

Ein-Aus-Schalter m <el> *(allg.; Netz- od. Batteriebetrieb)* • on-off switch; on/off switch; power switch; I/O switch rare

Ein/Aus-Schalter m <el> *(für Netzstromversorgung, typ. 230 od. 400 V)* • power switch; on/off switch; mains switch rare; power-supply switch rare

Ein-Aus-Steuerung f <msr> • batching control

Ein/Aus-Taste f <el> *(allg.; Netz- od. Batteriebetrieb)* • on-off button; on/off button; power button; I/O button rare

Ein/Aus-Taste f <el> *(allg.; Netz- od. Batteriebetrieb)* • on-off button; on/off button; power button; I/O button rare

Ein/Aus-Taste f <el> *(für Netzstromversorgung, typ. 230 od. 400 V)* • power button; on/off button; mains button rare; power-supply button rare

Ein-Aus-Tastung f <tele> • on-off keying

Ein-Aus-Zeitverhältnis n <tech.allg> *(intermittierender Betrieb, z. B. Kranmotor)* • on-off ratio

Einbackenbremse f <brems> • single-block brake

Einbadätzung f <druck> • single-bath etching; single-solution etching

Einbadchromgerbung f <led> • one-bath chrome tannage

Einbadentwickler m <phot> *(kombinierter Entwickler und Fixierer)* • monobath developer; monobath

Einbadfärbung f <textil> • one-bath dyeing

Einbadverfahren n <verf> • single-bath method

einbändige Ausgabe f <druck> • one-volume edition; single-volume edition

Einbahnabtastung f ÜV <edv> • sawtooth scanning

Einbahneinwickelmaschine f <pack> • single-lane wrapper

Einbahneneinwickelmaschine f <pack> • single-lane wrapper

Einbahnscannen n ÜV <edv> • sawtooth scanning

Einbahnstapellauf m <nav> • single-way launching

Einbahnstraße f <verk> • one-way street

Einbahnverkehr m <verk> • one-way traffic

Einbalken-Scanner m <edv> • single beam scanner

Einband m <druck> • binding; case; cover; book case; book cover

Einbanddecke f <druck> • binding; case; cover; book case; book cover

Einbandgewebe n <druck> • bookbinding cloth; book cloth

Einband mit festem Deckel m <druck> • hard case

Einbandtrockner m <verf> • single-conveyor drier

einbasig <chem> *(Säure)* • monobasic

einbasige Carbonsäure f <chem> • monocarboxylic acid

einbasige Säure f <chem> • monoacid; monobasic acid

Einbau m <tech.allg> *(allg.; z. B. Überschrift in Rep.Handbuch)* • installation

Einbau m <tech.allg> *(Integration von Komponenten in ein System)* • integration

Einbau m <bau> *(von Beton)* • placing; placement

Einbau m <bio> *(von Zellen in größere Zellverbände, Gewebe)* • incorporation

Einbau m <edv> *(von Hardware; z. B. Grafikkarte, Speicherbausteine)* • hardware installation; installation

Einbau m <prod> *(Montage; z. B. von Bauelementen)* • mounting

Einbau m <rep> *(betont: Wiedereinbau; z. B. Handbuch-Überschrift)* • refitting

Einbau... <tech.allg> *(zum Einbau vorgesehen)* • build-in ...; add-in ...

Einbau... <tech.allg> *(bereits eingebaut)* • built-in ...

Einbau... <kfz> *(in Instrumentenanlage)* • in-dash ...

Einbauabstand m <el> *(z. B. zw. elektron. Bauelementen)* • mounting distance

Einbauanleitung f <doku> • installation instructions

Einbauantenne f <kfz.av> • retractable antenna US; retractable aerial GB

Einbauantenne f rar <tele> *(im Innern, außen nicht sichtbar)* • built-in antenna US; built-in aerial GB

Einbauausführung f <tech.allg> *(Montage im Inneren von etw.)* • inside mounting model

Einbaublende für Zusatzinstrumente f <kfz> • gauge panel

einbauchen vt <prod> • bulge in vt

Einbauchung f <tech.allg> • inward bulging

einbauen vt <tech.allg> *(einpassen, einsetzen etc.)* • build in vt; fit in vt

einbauen vt <tech.allg> *(Hardware, Bauteile; erstmals oder nach Ausbau)* • install vt

einbauen vt <tech.allg> *(betont: wieder einbauen nach vorigem Ausbau)* • reinstall vt; refit vt; replace vt

einbauen vt <bau> *(Naturstein, Trägerenden)* • tail in vt

einbauen vt <bau.mat> *(Beton)* • place vt; pour vt

einbauen vt <chem/phys> *(Fremdatome einfügen)* • incorporate vt; introduce vt

einbauen vt <petr> *(Bohrstrang)* • trip in vt; run vt; set vt

einbauen vt <prod> *(Bauelemente)* • insert vt

Einbaufassung f <el> • insert socket

einbaufertig <tech.allg> • ready-to-fit; ready-to-mount; ready for installation; ready to be installed

Einbaufläche f <tech.allg> • mounting surface
Einbau-Flanschkupplung f <masch> • flange coupling
Einbaugebläse n <masch> (z. B. in Projektor) • built-in fan
Einbauhinweise mpl <doku> • mounting instructions
Einbauhöhe f <tech.allg> (Höhe, in der etwas zu montieren ist; z. B. von Hängeschränken) • mounting height
Einbauhöhe f <tech.allg> (Höhe im eingebauten Zustand; z. B. von Druck-Schraubenfedern) • installed height
Einbauhöhe f <tech.allg> (Gesamthöhe nach dem Einbau) • overall height
Einbau in Stahlschränke m <el> • cabinet mounting
Einbauinstrument n <tech.allg> (betont: mit bündiger Oberfläche) • flush-mounting instrument
Einbauinstrument n <kfz.msr> (betont: im Armaturenbrett) • in-dash gauge
Einbauinstrument n <msr> (betont: für Instrumententafel) • panel instrument; panel meter
Einbaulänge f <tech.allg> (z. B. von Stoßdämpfern, Schraubenfedern) • fitting length; fitted length
Einbaulänge f <rls> (von Kompensatoren; im Ggs. zur Baulänge) • installation length; installed length
Einbaulage f <prod> (Position beim Zusammenbau) • assembling position
Einbaulaufspiel n <masch> (z. B. Welle, Lager) • diametral clearance
Einbaulaufwerk n <edv> • internal drive; built-in drive; integrated drive
Einbaulautsprecher m <av> • flush-mount speaker
Einbauleistung f <bau> • laydown rate
Einbauleser m <edv> (Strichcode-Lesegerät zum Einbau in bestehende Anlagen) • machine mount reader; machine mount scanner
Einbauleuchte f <licht> • recessed luminaire
Einbauleuchte f <licht> (eines Mikroskops) • base illuminator
Einbauleuchte f <licht> • built-in lamp
einbaulos <verf> (Apparate; z. B. Kolonnen, Kühltürme) • without internals; without internal fittings
einbauloser Sprühdüsenwascher m <verf> • spray scrubbers without baffles
Einbaumagnetkontakt m <alarm> • recess mounted magnetic switch
Einbaumarkierung f <wz.masch> • tally mark
Einbaumaße npl <tech.allg> • fitting size; fitting dimensions
Einbaumessinstrument n <tech.allg> • flush-type measuring intrument
Einbaumikroskop n <opt> • built-in microscope
Einbaumöbel npl <innen> (z. B. Schränke, Regale) • built-in furniture; built-in fitments; fitted furniture
Einbaumotor m <el> • built-in motor
Einbauort m <tech.allg> • position of installation; building-in position rare
Einbaupaket n <verf> (in Kühlturm) • fill module US; packing module GB
Einbauplatz m <msr> (für Module in Baugruppenträger) • module slot; module position; module location
Einbauregal n <innen> (z. B. für Bücher) • fitted shelves
Einbauregal n <logist> (HRL) • free-standing stacker rack
Einbaureibahle f <wz> • block-type reamer
Einbausatz für elektrische Fensterheber m <kfz.el> • power windows kit
Einbauscanner m <edv> (Strichcode-Lesegerät zum Einbau in bestehende Anlagen) • machine mount reader; machine mount scanner
Einbauschacht m <edv> • drive bay; chassis bay; bay pract
Einbauschacht m <kfz.av> (für Autoradio, CD-Player etc., in Instrumentenanlage) • sound-system slot

Einbauschacht-Blende f <kfz.innen> (für leeren Radio-Einbauschacht) • radio blanking plate
Einbauschalter m <el> (allg.) • built-in switch
Einbauschalter m <el> (betont: oberflächenbündig, vertieft) • flush-type switch; recessed switch
Einbauschicht f <bau> (Betonbau) • pour
Einbauschiene f <edv> (im Gehäuse; für Laufwerke) • guide rail; drive rail
Einbauschrank m <innen> (Küche) • built-in cupboard; fitted cupboard
Einbauschrank m <innen> (für Kleidung, Garderobe) • built-in wardrobe; closet US
Einbauspiel n <masch> • initial diametral clearance
Einbautechnik f <ents> • waste deposition method
Einbauteil n <tech.allg> (bereits integriert) • built-in component
Einbauteil n <tech.allg> • fitment; fitting
Einbauteil n <verf> (betont: mit Füllfunktion) • fill member
Einbauten pl <tech.allg> (z. B. in Reaktorkern) • internals
Einbauten pl <verf> (in Abscheidern, Wäschern) • internal attachments pl; internals pl; inserts pl
Einbauten pl <verf> (in Kühltürmen; z. B. Rieselflächen) • internal parts pl
Einbautiefe f <förd> (Tauchpumpe) • installation depth
Einbauversion f <edv> (für Schaltschrank) • rackmount configuration
Einbau von Hand m <prod> • hand fitting; manual fitting
Einbau von Rohren m <min.rls> • laying of pipes
Einbauvorschaltgerät n <licht> (Leuchtstofflampe) • built-in ballast
Einbauwassergehalt m <bau> (Betonbau) • moisture content during placing
Einbeinstativ n <phot> • monopod; unipod
Einbeinstromabnehmer m prakt <bahn> (E-Lok) • single-bar pantograph
Einbereichinstrument n <msr> • single-range instrument
Einbereichsfett n <tribo> • special-purpose grease
Einbereichsmotorenöl n <tribo.mot> • single grade engine oil; straight weight engine oil form; straight weight oil; single grade oil pract
Einbereichsmotoröl n <tribo.mot> • single grade engine oil; straight weight engine oil form; straight weight oil; single grade oil pract
Einbereichsöl n prakt <tribo.mot> • single grade engine oil; straight weight engine oil form; straight weight oil; single grade oil pract
Einbereichsteilchen n <phys> • single-domain particle
einbeschrieben <math> • inscribed
einbeschriebene Kugel f <math> • insphere
einbeschriebener Kreis m <math> • inscribed circle; incircle
einbetonieren vt <bau> • embed in concrete vt
Einbettabteil n <bahn> (Schlafwagen) • single-berth compartment; roomette
Einbett-Dreiweg-Katalysator m <kfz.emiss> (Bauteil der Auspuffanlage) • single-bed 3-way catalytic converter; single-stage 3-way catalytic converter
einbetten vt <tech.allg> (komplett in Matrix; z. B. in Gewebe, Kunststoff, Beton) • embed vt
einbetten vt <tech.allg> (Oberseite sichtbar; z. B. Schwellen in Schotter) • embed vt
einbetten vt <prod> (in Vergussmasse; z. B. ICs in Gehäuse) • pot vt
Einbettfähigkeit f DIN ISO 4378-1 <masch> (Gleitlager) • embeddability ISO 4378-1
einbettig <chem.verf> • single-bed
Einbettkammer f <nav> • single-berth cabin
Einbett-Katalysator m <kfz.emiss> • single-bed catalytic converter

Einbett-Oxidationskatalysator *m* <kfz.emiss> • single-bed oxidizing converter; single stage oxidation catalytic converter *thsc.did*; single-stage oxidizing converter

Einbett-Schüttgutkatalysator *m* <kfz.emiss> *(Bauteil der Auspuffanlage)* • single-bed pellet catalytic converter; single-stage pellet[ed] catalytic converter

Einbettung *f* <tech.allg> • embedment

Einbettung *f* <kfz.emiss> *(Katalysatoreinbau in das Gehäuse)* • canning

Einbettungsmasse *f* <bau.mat> *(z. B. für Fliesen)* • mounting medium

Einbettungsmasse *f* <el> *(zur Verkapselung elektr. Komponenten)* • potting material

Einbettungsmasse *f* <geo/silik> • ground-mass

Einbettungsmasse *f* <mat> • embedding material; matrix *thsc*

Einbettungsvermögen *n* <prod> • embeddability

Einbett-Verfahren *n* <kfz.emiss> • single-bed method; single-stage process

Einbettware *f* <textil> • single-bed knitted fabric

Einbettzimmer *n* <tour> • single room

einbeulen *vi* <tech.allg> • bulge inward *vi*

einbeulen *vt* <tech.allg> *(Delle erzeugen, in Blech; z. B. Auto, Kotflügel)* • dent *vt*

einbeulen *vt* <tech.allg> *(durch heftige Schläge, Hämmern)* • batter in *vt*

einbeulen *vt* <prod> *(relativ tief; Blech)* • bulge in *vt*

Einbeulung *f* <tech.allg> • inward bulging

Einbeulung *f* form <tech.allg> *(konkav, in Blech; z. B. in Karosserie)* • dent

Einbeulung *f* <prod> *(Tiefungsversuch)* • dome; cup

Einbeulversuch *m* <qualit.mat> • cupping test; ductility test

Einbeulversuch nach Guillery *m* <qualit.mat> • Guillery test

einbeziehen *vt* <allg> • include *vt*

Einbildkomparator *m* <opt> • monocomparator

Einbildmessung *f* <phot> • single-photograph measurement

Einbinden *n* <verf> *(von SO₂)* • capturing

einbinden *vt* <bau> • bond in *vi/vt*

einbinden *vt* <druck> *(Buch neu binden)* • rebind *vt*

einbinden *vt* <druck> *(Buch; mit Schutzumschlag, -hülle)* • wrap *vt*

einbinden *vt* <led> *(Draht)* • wire-brace *vt*

einbinden *vt* <textil> • enmesh *vt*

einbinden *vt* <textil> *(Garn, Faden)* • trap *vt*

einbinden *vt* <verf> *(mitreißen; Partikel im Gasstrom)* • entrain *vt*

Einbindetiefe *f* <bau> *(Grundbau)* • depth of foundation

Einbindung *f* <verf> *(von Flüssigkeitstropfen an Staubteilchen im Gasstrom)* • entrainment

Ein-Bit-Addierer *m* <edv> • one-bit adder

Einblasekompressor *m* <kfz.mot> • injection compressor :*V*

einblasen *vt* <tech.allg> *(zum Belüften)* • aerate *vt*

einblasen *vt* <tech.allg> • blow in *vt*

einblasen *vt* <verf> *(mit Druck einspeisen)* • inject *vt*

Einblattelektrometer *n* <el> • single-leaf electrometer

einblatten *vt* <bau.holz> *(mit Zimmermannshammer)* • adz *vt US*; adze *vt GB*

einblatten *vt* <füg> • join by rabbets *vt*; join by scarfs *vt*

Einblattfeder *f* <masch> • single-leaf spring

Einblattrotor *m* <energ.wind> • one-bladed rotor

Einblechen *n* prakt <kfz.emiss> *(Katalysatoreinbau in das Gehäuse)* • canning

einblenden *vt* <av> *(z. B. Text in Bild)* • insert *vt*

einblenden *vt* <av> *(allg.; Ton, Licht)* • fade in *vt*

einblenden *vt* <el> *(Impulse)* • gate *vt*

einblenden *vt* <licht.theat> *(Lichtstärke einer Bühnenleuchte erhöhen)* • build *vt*; fade up *vt*

Einblendung *f* <licht.theat> • build; fade up

Einbohren von Ölkanälen *n* <prod> • oil-hole drilling

Einbootungsleiter *f* DIN ISO 5489 <nav> • embarkation ladder *ISO 5489*

Einbrand *m* prakt <füg> *(einer Schweißnaht, -raupe)* • weld penetration; penetration depth; penetration *pract*

Einbrand *m* <obfl> *(z. B. von Lack)* • stoving; baking

Einbrand *m* <silik> • burning-in

Einbrandfähigkeit *f* <füg> *(Schweißen)* • penetration ability

Einbrandkerbe *f* DIN EN ISO 6520 <füg> *(Schweißnahtfehler)* • undercut *ISO 6520-1*

Einbrandtiefe *f* <füg> *(einer Schweißnaht, -raupe)* • weld penetration; penetration depth; penetration *pract*

Einbrandzone *f* <füg> *(Schweißen)* • penetration zone

Einbrennanstrichfarbe *f* <obfl> • baking paint; stoving paint

einbrennbares Abziehbild *n* <obfl> • ceramic transfer

Einbrennemaillack *m* <obfl> • baking enamel; stoving enamel

Einbrennemaillelack *m* <obfl> • baking enamel; stoving enamel

Einbrennen *n* <druck> *(Druckplattenherstellung)* • backing

Einbrennen *n* <obfl> *(von Email)* • firing

Einbrennen *n* <obfl> *(z. B. von Lack)* • stoving; baking

einbrennen *vi* <av> *(Bild auf Bildschirm)* • burn in *vi*

einbrennen *vi* <füg> *(Schweißwurzel)* • penetrate *vi*

einbrennen *vt* <agri> *(mit Brandeisen)* • brand *vt*

einbrennen *vt* <edv> *(CD Pits)* • burn *vt*; emboss *vt*

einbrennen *vt* <edv> *(elektrostatische Druckverfahren)* • heat-fuse *vt*

einbrennen *vt* <obfl> *(Email)* • burn *vt*

einbrennen *vt* <obfl> *(Lack)* • stove *vt*; bake *vt*

einbrennen *vt* <silik> *(z. B. Email, Dekor)* • fire *vt*; fuse *vt*

einbrenngefährdet <av> *(Bildröhre, Bildschirm)* • susceptible to burning in

Einbrennlack *m* <obfl> *(allg.)* • baking finish

Einbrennlack *m* <obfl> *(Reparaturlack)* • low-bake paint

Einbrennlackierkabine *f* <obfl> *(Reparaturlackierung)* • spray-bake oven; low-bake spray booth

Einbrennlackierofen *m* <obfl> *(Reparaturlackierung)* • spray-bake oven; low-bake spray booth

Einbrennlackierung *f* <obfl> *(Resultat)* • baked finish; baked enamel finish; stoved finish *rare*; stove enamelling *GB.rare*

Einbrennmaschine *f* <textil> • crabbing machine

Einbrennofen *m* Agfa <druck> *(CtP-System)* • postbake oven *HDPP*; burning-in oven *Agfa*

Einbrennofen *m* <obfl> *(allg.; für Lack, Email u. dgl.)* • baking oven; stoving oven; stove

Einbrennofen *m* <obfl> • enameling furnace *US*; enamelling furnace *GB*; firing furnace *pract*; fusing furnace

Einbrennofen *m* <silik> *(sehr heiß)* • burning-in kiln; burning-in stove

Einbrennrate *f* <kfz.emiss> *(Cordierit)* • firing rate

Einbrenntemperatur *f* <obfl> • baking temperature; stoving temperature

Einbrenntemperatur *f* <silik.obfl> *(Emaillierung)* • firing temperature

Einbrenntemperatur *f* <verf> *(allg.)* • burning-in temperature

Einbrenntest *m* <ic.qualit> *(von Elektronikkomponenten, PCs u. dgl.)* • burn-in

Einbrennverfahren *n* <obfl> *(allg.)* • baking process; stoving process

Einbrennverfahren *n* <obfl> *(Email, Glasur, Keramik-Dekor)* • firing-on process

Einbrennverluste *mpl* <obfl> • baking weight losses *pl*
Einbrennvorgang *m* <licht> *(von Lampen, insbes. Scheinwerfer, z. B. Xenon, Natrium etc.)* • run-up time; warm-up time
Einbrennzeit *f* <licht> *(von Lampen, insbes. Scheinwerfer, z. B. Xenon, Natrium etc.)* • run-up time; warm-up time
Einbringen *n* <bau> *(von Beton)* • placing; placement
einbringen *vt* <allg> *(in etwas, z. B. neue Gedanken in eine Diskussion, e. Antrag, Gesetz)* • introduce *vt*
einbringen *vt* <tech.allg> *(einführen, einsetzen; z. B. Rohre)* • insert *vt*
einbringen *vt* <agri> *(z. B. Ernte)* • gather *vt*
einbringen *vt* <bau.mat> *(Beton)* • place *vt*; pour *vt*
einbringen *vt* <druck> *(Zeilen)* • take in *vt*; get in *vt*
einbringen *vt* <mech> *(Kraft in ein Gefüge, Tragwerk)* • apply *vt*
einbringen *vt* <prod> *(Gewinde)* • thread *vt*
Einbringen der Bewehrung *n* <bau> *(Stahlbetonbau)* • steel fixing
Einbringen der Bewehrung der Kapplage *n* <füg> *(Schweißen)* • root sealing run
einbringen in *vt* <obfl> *(Rostschutzmittel in Hohlräume)* • spray into *vt*; inject into *vt*
Einbruch *m* <tech.allg> *(von Wasser in Tunnel, Bergwerk)* • inrush
Einbruch *m* <tech.allg> *(z. B. Decke, Gewölbe, Tunnel, Höhle, Stollen, Schacht)* • caving-in
Einbruch *m* <edv> *(in ein Netz; z. B. LAN, Intranet, durch Firewalls)* • penetration
Einbruch *m* prakt <geo> *(Senke)* • area of subsidence
Einbruch *m* <jur> *(Straftat)* • burglary
Einbruch *m* <min> *(Eröffnen eines Bergwerks)* • opening cut
Einbruchbohrmaschine *f* <min> • sumper drill
Einbruch-Diebstahl-Warnanlage *f* MB <kfz.alarm> *(für Kraftfahrzeuge)* • alarm system; security system; car alarm [system] *GB*; anti-theft alarm [system]
Einbruchgebiet *n* <geo> *(Senke)* • area of subsidence
einbruchgeschütztes Cockpit *n :V* <aerospace> • hardened cockpit
einbruchhemmend <bau> • forced entry resistant; break-in resistant; burglar resistant; entry resistant
Einbruchhemmung *f* <bau> • forced entry resistance; protection against forced entry; break-in resistance
Einbruchmeldeanlage *f* (EMA) <alarm> • burglar alarm system (B.A.); burglar alarm
Einbruchmelder *m* <alarm> • intrusion detection device; intrusion detector; intrusion sensor
Einbruchmeldezentrale *f* <alarm> *(zentrale Steuereinheit einer Alarmanlage)* • burglar alarm control [unit]; alarm control unit; control unit *pract*
Einbruchschuss *m* <min> • cut shot; center shot; opening shot; wedging shot
Einbruchschutzanlage *f* <alarm> • burglar alarm
Einbruchsgebiet *n* rar <geo> *(Senke)* • area of subsidence
Einbruchsicherheit *f* <bau> • forced entry resistance; protection against forced entry; break-in resistance
Einbruch- und Überfallmeldeanlage *f* <alarm> • intruder alarm system; intruder alarm; intrusion alarm [system]; intruder detection system; intrusion detection system
Einbuchen *n* <tele> *(eines Handys ins Mobilfunknetz, in die Standortdatei)* • logging-on; mobile location registration *form*; location registration; signing-on *coll*
Einbuchtung *f* <tech.allg> • indentation
Einbuchtung *f* <tech.allg> *(mittig, tailliert, symmetrisch)* • waist
Einbuchtung *f* <geo> • embayment

Einbürgerung *f* <jur> • naturalization
Ein-Byte-Befehl *m* <edv> • one-byte instruction
ein- bzw. ausschalten *vt* <el> *(el. Kleinverbraucher; z. B. Licht, Ventilator, Radio)* • switch on or off *vt*; turn on or off *vt*
Einchipbauelement *n* <el> • single-chip component; one-chip component
Einchip-Camcorder *m* <av> • single-CCD camcorder
Einchipdecoder *m* <edv> • single-chip decoder
Einchipmikrorechner *m* <edv> • single-chip microcomputer
Einchiprechner *m* <edv> • single-chip computer; mono-chip computer
eindämmen *vt* <tech.allg> *(die Ausbreitung verhindern; z. B. Strömung, Fluss, Feuer)* • dam *vt*; dam up *vt*; stem *vt*
eindämmen *vt* <bau.hydr> *(Binnengewässer; z. B. See, Hochwasser)* • embank *vt*
Eindämmung *f* <bau.hydr> *(am Ufer)* • embankment
eindampfen *vt* <chem.verf> *(durch Verdampfen eindicken)* • evaporate *vt*; inspissate *vt* thsc; concentrate by evaporation *vt* did; boil down *vt* coll
Eindampfer *m* <verf> • evaporator
Eindampf-Kristallisationsanlage *f* <verf> *(z. B. Salzgewinnung aus Abwasser)* • evaporation crystallizer
Eindampfpfanne *f* <verf> • evaporating pan; boiling-down pan
Eindampfung *f* <chem.verf> • concentration; evaporation
eindecken *vt* <bau> *(Dach allg.; z. B. mit Schindeln, Wellblech, Dachpappe)* • roof *vt*
eindecken *vt* <bau> *(Dach, mit Schindeln; z. B. aus Schiefer, Ziegel, Beton)* • tile *vt*; slate *vt*
eindecken [mit Reet] *vt* <bau> *(Dach, Haus)* • thatch *vt*
eindecken [mit Stroh] *vt* <bau> *(Dach, Haus)* • thatch *vt*
Eindecker *m* <aerospace> • monoplane
Eindecker *m* <nav> • single-decker; single-deck ship
Eindecker *m* <nfz> *(Bus)* • single-deck bus; single-decker bus; single-decker
Eindeckeromnibus *m* <nfz> *(Bus)* • single-deck bus; single-decker bus; single-decker
Eindeckersiebmaschine *f* <verf> *(Aufbereitung)* • single-deck screen
Eindeck-Flachpalette *f* <logist> • single-deck pallet; single-decked pallet; open-face[d] pallet; single-face[d] pallet; skid
Eindeckofen *m* <verbr> • single-deck oven
eindeichen *vt* <bau.hydr> • dike *vt*; dyke *vt*; dam in *vt*
eindeichen *vt* rar <bau.hydr> *(Binnengewässer; z. B. See, Hochwasser)* • embank *vt*
Eindekadenzähler *m* <msr> • single-decade counter
eindeutig <allg> • unambiguous
eindeutig <math> *(Funktion)* • single-valued; one-valued
eindeutige Kennungen *fpl* <logist> • unique identifiers
Eindeutigkeit *f* <allg> • unambiguity
Eindeutigkeit *f* <math> *(Funktion)* • single-valuedness
Eindeutigkeit von Lösungen *f* <math> • uniqueness of solutions
eindeutig sicherheitsgerichtet <tech.allg> *(Ausfall führt sicheren Zustand herbei; z. B. durch autom. Abschaltung)* • fail-safe
Eindickapparat *m* <pap.prod> • dewatering machine; decker
Eindickapparat *m* <verf> • thickener; concentrator
Eindickbütte *f* <pap> • draining tank; drainer
eindicken *vi/vt* <chem> *(Anstrichstoffe, Öl)* • body *vt*; thicken *vi/vt*
eindicken *vi/vt* <chem> • concentrate *vi/vt*; thicken *vi/vt*; boil down *vt*
eindicken *vi/vt* <nahr> • inspissate *vi/vt*; condense *vi/vt*

eindicken vt <pap> • decker vt

Eindicker m <chem> (erhöht die Viskosität) • densifier; thickener; thickening agent; concentrator

Eindicker m <pap.prod> • dewatering machine; decker

Eindickmaschine f <pap.prod> • dewatering machine; decker

Eindickmittel n <chem> (erhöht die Viskosität) • densifier; thickener; thickening agent; concentrator

Eindickspitze f <verf> (Aufbereitung) • settling cone

Eindickung f <pap.prod> (Fasersuspension) • thickening

Eindickung f <verf> (von Flüssigkeiten; z. B. durch Verdunstung) • concentration; inspissation thsc; thickening coll

Eindickung gelöster Feststoffe f <verf> • concentration of dissolved solids

Eindickzylinder m <pap.prod> • dewatering machine; decker

eindiffundieren vi <phys> (Gas, Flüssigkeit im Feststoff) • diffuse in vi; diffuse into vi

eindiffundieren vi <phys> (Ionen) • indiffuse vi

eindimensional <tech.allg> • one-dimensional; unidimensional

eindimensional <math> (linear) • linear

eindimensionale Nachführung f <energ.sol> • one-axis tracking; one-dimensional tracking; linear tracking; single-axis tracking

eindimensionaler Gitterfehler m <mat> (Kristallgitter) • line lattice defect

eindimensionaler Strichcode m <edv> • linear symbology stand; linear bar code

eindimensionaler Zugriff m <edv> • sequential access; serial access

eindimensionales Fortbewegen n <logist> (Kommissionieren) • one-dimensional order picking

eindimensionale Verteilung f <math> (Statistik) • univariate distribution

eindimensional konzentrieren vt <energ.sol> • focus to a line vt

eindocken vi/vt <nav> (allg.) • dock vi/vt; dock in vi/vt

eindocken vi/vt <nav> (betont: in ein Trockendock) • dry-dock vi/vt

Eindockung f <nav> • dockage; docking

eindomiger Kesselwagen m <bahn> • single-dome tank car

eindosen vt <pack> • can vt US; tin vt GB

eindrähtig <el> (Lampe) • single-filament; unifilar

eindrähtig <el> • single-wire; single-conductor

eindrähtiger Leiter m <el> (im Ggs. zu Litze) • solid conductor; single-wire conductor

eindrähtiger Rundleiter m (RE) <el> • solid circular conductor; circular solid conductor

eindrähtiger Sektorleiter m (SE) VDE <el> • solid shaped conductor IEC; shaped solid conductor; solid sector conductor

Eindrahtleitung f <el> • single-wire line

Eindrahtmethode n <msr> • one-wire method

eindrehen vt ugs.rar <tech.allg> (Objekt mit Gewinde; z. B. Schraube, Lampe) • screw in vt; thread into vt

eindrehen vt <prod> (kreisförmige Nut) • neck vt

Eindrehmoment n <füg> (bei gewindeformenden Schrauben) • driving torque

Eindringen n <allg> (unerlaubt; z. B. in ein Gebäude, Zimmer) • intrusion

Eindringen n <tech.allg> (z. B. Flüssigkeit in Risse) • penetration

Eindringen n <tech.allg> (z. B. von Feuchtigkeit) • ingress

Eindringen n <bau> (von Regenwasser) • water infiltration

eindringen vi <allg> (z. B. in Material, einen Gegenstand, eine Öffnung) • penetrate vt; enter vt

eindringen vi <tech.allg> (unerlaubt, gewaltsam; z. B. in verschlossene Gebäude, Sperrbereiche) • intrude vt

eindringen vi <tech.allg> (allmählich, großflächig, durch feine Poren; Flüssigkeit, Gas) • permeate vt

eindringen vi <tech.allg> (tränken mit Flüssigkeit) • soak vi/vt

eindringen vi <mil> (in feindliches Gebiet) • infiltrate vi/vt; enter vt

eindringen vi <qualit.mat> (Prüfkörper in Oberfläche bei d. Härteprüfung) • indent vt

Eindringhärte f <qualit.mat> • indentation hardness; indenter hardness

Eindringkörper m <qualit.mat> (z. B. Härteprüfung) • penetrator

Eindringkörper m <qualit.mat> (Härteprüfung) • indentation body; indenter US; indentor GB; impressor; penetrator

Eindringkurve f <qualit.mat> • penetration curve

Eindringmedium n <qualit.mat> • penetrant medium; penetrant material

Eindringmessgerät n <qualit.mat> • penetrometer

Eindringparameter m <phys> • drive-in parameter

Eindringprüfung f DIN EN ISO 3452 <qualit.mat> (zerstörungsfreie Prüfung) • penetrant testing ISO 3452; liquid penetrant test

Eindringtiefe f <allg> • penetration depth

Eindringtiefe f <el> (Skineffekt) • skin depth

Eindringtiefe f rar <füg> (bei Innensechskant) • recess depth

Eindringtiefe f <metall> (Stromdichte im erhitzten Werkstück) • depth of surface penetration

Eindringtiefe f <nukl.med> (ionisierender Strahlen) • penetration depth; penetrating power

Eindringtiefe f <qualit.mat> (Härteprüfung) • penetration depth; depth of impression; indentation depth; depth of penetration

Eindringtiefenmessung f <qualit.mat> • penetration depth measurement; depth measurement

Eindringversuch nach Buchholz m DIN EN ISO 2815 <qualit.obfl> (Beschichtungsstoffe) • Buchholz indentation test ISO 2815

Eindruck m <allg> (visueller, mental; z. B. erster E.) • impression

Eindruck m <druck> • imprint

Eindruck m <druck> (Druck auf bereits vorbedrucktes Material) • overprinting

Eindruck m <qualit.mat> (Härteprüfung) • indentation; impression; mark rare

Eindruckdiagonale f <qualit.mat> (Vickers-Härteprüfung) • indentation diagonal; impression diagonal

Eindrucken n <druck> • imprinting

Eindrucken n <druck> (Druck auf bereits vorbedrucktes Material) • overprinting

eindrucken vt <druck> • imprint vt

Eindruckfläche f <qualit.mat> (Härteprüfung) • indentation area; impression area

Eindruckgrößeneffekt m <qualit.mat> (Härteprüfung) • indentation size effect (ISE)

Eindruckhärte f ISO 868 <qualit.mat> • indentation hardness ISO 868; penetration hardness

Eindruck im Mund m <nahr> • mouthfeel; mouth feel

Eindruckkalotte f <qualit.mat> (Härteprüfung mit Kugel) • indentation cup; ball impression; ball imprint

Eindruckkalotte f <qualit.mat> (Eindruck bei Härteprüfung mit Prüfkugel) • indentation cup; spherical indentation; ball indentation; impression; cup

Eindruck mit Einzug m <qualit.mat> • sinking-type impression

Eindruck mit Wulst *m* <qualit.mat> *(nach oben gewölbter Eindruck)* • ridging-type impression; barreled indentation

Eindruck mit Wulstbildung *m* <qualit.mat> *(nach oben gewölbter Eindruck)* • ridging-type impression; barreled indentation

Eindruckreaktor *m* <nukl> • one-cycle reactor

Eindruckschmierung *f* <tribo> • one-shot lubrication

Eindrucktiefe *f* <qualit.mat> *(Härteprüfung)* • penetration depth; depth of impression; indentation depth; depth of penetration

Eindrucktiefemesser *m* <qualit.mat> • penetrometer

Eindrucktiefenmessung *f* <qualit.mat> *(Härteprüfung)* • indentation depth measurement

Eindrucktiefenmessung *f* <qualit.mat> • penetration depth measurement; depth measurement

Eindruckwerk *n* <druck> • imprinting unit; imprinter

eindrücken *vt* <tech.allg> *(Delle erzeugen, in Blech; z. B. Auto, Kotflügel)* • dent *vt*

eindrücken *vt* <prod> • force into *vt*; press into *vt*

eindrücken *vt* <prod> *(relativ tief; Blech)* • bulge in *vt*

Eindrückung *f* <kfz> *(von Reifen)* • sinkage

Eindrückverschlussdeckel *m* <tech.allg> • press plug

eindüsen *vt* <verf> • inject *vt*

eindüsig <turb> *(Turbine)* • one-jet; single-jet; single-nozzle

Eindüsung *f* <verf.emiss> *(von Waschflüssigkeit in Rauchgas)* • injection

Eindunkeln *n* <licht.theat> *(rasche Verminderung der Lichtstärke)* • check

eindunkeln *vt* <licht.theat> *(Bühne; rasch)* • check *vt*

Einebenenantenne *f* <tele> • single-bay antenna *US*; single-bay aerial *GB*

Einebenendrehschalter *m* <el> • single-gang rotary switch

Einebenenleiterplatte *f* <el> • single-level pcb *:V*; single-sided printed circuit board

Einebenenröntgenaufnahme *f* <phys> • single-plane radiography

Einebenensimultanbetrieb *m* <med.tech> • single-plane simultaneous operation

Einebenen-Yagiantenne *f* <tele> • collinear antenna array *US*; collinear aerial array *GB*

einebnen *vt* <tech.allg> *(Unebenheiten, Gelände)* • level *vt*; level out *vt*; even *vt*; even out *vt*

einebnen *vt* <bau> *(Gelände; betont: mit Bulldozer)* • bulldoze *vt*

einebnen *vt* <bau> *(Gelände; mit Grader, Planierraupe etc.)* • plane *vt*; grade *vt*; level *vt*

Einebnung *f* <obfl> • leveling *US*; levelling *GB*

Einebnungsfähigkeit *f* <tech.allg> • leveling power *US*; levelling power *GB*

eineindeutige Relation *f* <math> • biunique relation; one-to-one relationship

Eineinhalbdecker *m* <nfz> *(Bus)* • one-and-a-half-decker; one-and-a-half-deck bus; 1½-decker bus; 1½-deck bus

Einelektrodenofen *m* <metall> • single-electrode furnace

Einelektronenbindung *f* <chem> • single-electron bond; one-electron bond

Einelektronenstrahlerzeuger *m* <el> • einzel electron gun

Ein-Elektronen-Transistor *m* <el> • single-electron transistor (SET)

Einelektronentunneleffekt *m* <phys> *(Supraleiter)* • electron tunneling effect *US*; single-particle tunnelling effect *9GB*

Einenderkessel *m* <verf> • single-ended boiler

einen Fehler von x einführen *vi* <qualit> • introduce an error of x *vi*

einengen *vt* <allg> • constrict *vt*

einengen *vt* <allg> *(konkret und abstrakt)* • restrict *vt*; confine *vt*; narrow *vt*; constrict *vt*

Einer *m* <math> • unit

Einer *m* <nav.sport> *(Ruderboot)* • single scull

Einerkomplement *n* <edv> • one's complement

einerntig <textil> *(Seide)* • monovoltine; univoltine

Einetagenofen *m* <verbr> • single-deck furnace *US*; one-storey furnace *GB*

Einetagenpresse *f* <prod> • one-daylight press

einetagiger Käfig *m* <agri> • flat deck

einfach <allg> *(Person, Aufgabe)* • simple; straightforward

einfach <allg> *(im Ggs. zu doppelt od. mehrfach)* • single

einfach <qualit> *(nichts Besonderes)* • ordinary; plain

Einfachabdeckung *f* <energ.sol> *(von Kollektoren)* • single glazing; single cover glazing

einfach baumwollumsponnen <el> *(Draht)* • single-cotton-covered

Einfachbiegeversuch *m* <qualit.mat> • single-bend test

Einfachbindung *f* <chem> • single bond

einfachbrechend <opt> • unirefringent

Einfachbrechung *f* <opt> • unirefringence

einfachbreit <druck> • single width

Einfachbrücke *f* <el> • simple bridge

Einfachdiode *f* <el> • single diode

Einfachdrahtspulmaschine *f* <prod> • single-wire spooler

einfache Absetzkammer *f* <verf> • simple settling chamber

einfache Biegung *f* <mech> *(alle Kräfte parallel zu einer Trägheitshauptachse des Querschnittes)* • simple bending

einfache Blattfeder *f* <masch> • single leaf spring

Einfachecho *n* <msr> *(Ultraschallmessung)* • single echo

einfache Deckung *f* <bau> *(Dach)* • single coverage

einfache Gleisverbindung *f* <bahn> • single cross-over

Einfacheinspeisung *f* <el> • single feeding

Einfacheiscreme *f* <nahr> • ice cream containing at least 3% milkfat *V:*

Einfacheiskrem *f* <nahr> • ice cream containing at least 3% milkfat *V:*

Einfachelektrode *f* <el> • simple electrode

einfache Linksweiche *f* <bahn> • left-hand turn-out

einfache Lizenz *f* <jur> • non-exclusive license; bare license

einfache Maschine *f* <masch> *(z. B. Hebel, Flaschenzug)* • simple machine; elementary machine

einfache Montage *f* <allg> • ease of installation

Einfachentnahmeturbine *f* <turb> • single-automatic-extraction turbine

einfachepitaxial <chem> • single-epitaxial

einfache Produktion *f* <druck> • collect run; collect production; collect-run-production

einfacher Bandzähler *m* <av> • simple tape counter; simple counter

einfacher Baumniederholer *m* <nav> • single part downhaul

einfacher Code *m* <edv> • straight code; straight bar code

Einfacherdschluss *m* <el> • single ground *US*; single earth *GB*

einfache Rechtsweiche *f* <bahn> • right-hand turnout

einfacher Kettenförderer *m* <förd> • drag conveyor

einfacher Zylinderumfang *m* <druck> • one around cylinder; one plate cylinder

einfaches Bandzählwerk *n* <av> • simple tape counter; simple counter

einfache Settop-Box *f* <av.tele> • settop-box without CI; simple settop-box

einfaches Gespinst *n* <textil> • single-ply yarn

einfache Sinusschwingung f <phys> • simple harmonic oscillation

einfache Spiegelanordnung f <nukl> • theta-pinch; thetatron; simple mirror configuration

einfache Spiralgehäusepumpe f <masch> (zur Abgrenzung gegenüber Doppelspiralgehäusepumpen) • single-volute pump

einfache Vergrößerung f <phys> • unit magnification

einfache Walze f <pap> • plain roll

einfache Weiche f <bahn> • single turn-out

Einfachexpansion f <phys> • simple expansion

einfache Zinkung f <füg> • finger joint

Einfachfenster n <bau> • single window

Einfachfilter m <kfz.mot> • simplex filter

Einfachfräsmaschine f <wz.masch> (Gestell mit Konsole, horiz. Fräsdorn und Gegenhalter) • plain milling machine; column-and-knee milling machine; knee-and-column type milling machine

Einfachgarn n <textil> • single yarn

einfach gefaste Kante f :V <bau> (Merkmal von Gipskartonplatten in GB und USA) • modified beveled edge (B) US; modified bevelled edge GB

einfach gefaste Längskante f :V <bau> (Merkmal von Gipskartonplatten in GB und USA) • modified beveled edge (B) US; modified bevelled edge GB

einfach gekrümmte Schaufel f <masch> (Laufrad) • single-curvature vane; plain vane

Einfachgelenk n <masch> (z. B. bei Kompensatoren) • hinged joint

Einfachgleitung f <mat> • simple glide

Einfachhechelfeldstrecke f <textil> • gill box

Einfachheit f <allg> • simplicity

Einfachheterostrukturdiode f <el> • single heterostructure diode

Einfachhieb m <wz> (Feile) • single cut

Einfachhubgerüst n <logist> (Hochregalstapler) • single lift mast

Einfachimpuls m <el> • single pulse

Einfachkehlnaht f <füg> • single fillet weld

Einfachkernrohr n <petr> (Tiefbohrtechnik) • single-tube core barrel

Einfachkessel m <rls> • single boiler

Einfachkette f <antr> • single chain; single-strand chain

Einfachkette f <el> • single insulator string

Einfachkette f <kfz.mot> • simplex chain; single roller chain

Einfachkette f <textil> • single warp

Einfachkettenstich m <textil> • single-thread chain stitch

Einfachkoinzidenzspektrometer n <msr> • single-coincidence spectrometer

Einfachkontakt m <el> • single contact

Einfachleitung f <el> • single-wire line; single-circuit line

Einfachlinie f <phys> (Spektrum) • singlet

Einfachlinienschreiber m <msr> • one-pen recorder

einfachlogarithmisch <math> • semilogarithmic

Einfachmeißelhalter m <wz> • single-tool holder; single-tool post

Einfachmessbrücke f <msr> • simple bridge

einfach mit Baumwolle umsponnen <el> (Draht) • single-cotton-covered

einfach mit Seide umsponnen <el> (Draht) • single-silk-covered

Einfachpresswerkzeug n <kst> • one-cavity compression-molding mould

Einfachprismenführung f <masch> • single-vee slide

Einfachprozess m <phys> • single-action procedure

Einfachpunktschweißgerät n <füg> • single-spot welder

Einfachregal n <logist> (nur eine Palette in der Regaltiefe lagerbar) • selective pallet rack; discrete storage rack

Einfachriemen m <antr> • single-ply belt

Einfachrollenkette f <antr> • single roller chain; single-strand roller chain rare

Einfachrundführung f <autom> (Führungsholm, Säule) • single guide tube

Einfachrundschleifmaschine f <wz.masch> • plain cylindrical grinding machine

Einfachsammelschiene f <el> • single-bus bar

Einfachsammelschienenanlage f <el> • single-bus switching system

Einfachschalter m <el> • single-break switch

Einfachschenkelpfeiler m <bau> (Brückenbau) • single-web pier :V

Einfachschicht f <obfl> • single layer; monolayer

Einfachschicht-Photolack m <el.ic.prod> • single-level resist

Einfachschleifenwicklung f <el> • simple parallel winding

Einfachschleifmaschine f <wz.masch> • plain grinding machine

Einfachschmiedeherd m <metall> • single smith's hearth

Einfachschnur f <el> • single-conductor cord

Einfachsegment n <edv.ic> • single segment

einfach seidenisoliert <el> (Draht) • single-silk-covered

Einfachsignal n <tele> • single-component signal

Einfachsortierung f <ents> • single sorting

Einfachspiel n <logist> • single-command cycle; single cycle

Einfachspleiß m <lwl> • single-fiber splice

einfach stabilisierte Bohrgarnitur f <petr> • single stabilizer assembly

Einfachständerwand f <bau> • single stud wall

Einfachstecker m <lwl> • single-fiber connector

Einfachstichprobenplan m <qualit> • single sampling plan

Einfachstreuung f <phys> • single scattering

Einfachstromsystem n <tele> • single-current telegraph system

Einfachstromtaste f <tele> • single-current key

Einfachstromtastung f <tele> • single-current working

Einfachteilen n <prod> (im Ggs. zum Differentialteilen) • plain indexing

Einfachtisch m <wz.masch> • plain table

einfach ungesättigt <chem> • monounsaturated

Einfachverglasung f <bau> • single glazing

Einfachverglasung f <energ.sol> (von Kollektoren) • single glazing; single cover glazing

Einfachversion f <kfz> (eines Fahrzeugmodells) • base version; stripped version

Einfachwendel f <licht> • single-coil filament; coiled filament

Einfachwendellampe f <licht> • single-coil lamp

Einfachwerkzeug n <kst> (Werkzeug mit nur einem Formnest) • single-cavity mold; single-cavity tool rare

einfachwirkend <masch> (z. B. Pumpe) • single-acting

einfachwirkende Pumpe f <masch> • single-acting pump

Einfachzählung f <msr> • single metering

Einfachzeichen n <tele> • single-component signal

Einfachzucker m ugs <chem> • monosaccharide; simple sugar coll

einfach zusammenhängender Bereich m <math> • simply connected region

Einfadenaufhängung f <msr.mech> (z. B. Fadenpendel) • unifilar suspension

Einfadenelektrometer n <el> • unifilar electrometer

Einfaden-Flachwirkmaschine f <textil> • straight bar frame

Einfadenlampe f <licht> • single-filament lamp

Einfaden-Strickmaschine f DIN ISO 7839 <textil> • weft knitting machine ISO 7839; weft knitting independent neddle machine

Einfadentechnik f <textil> • weft knitting

Einfadenware f <textil> • weft knitted fabric

Einfadenwirkmaschine f <textil> • weft-knitting machine; filling-knitting machine; weft-knit machine US; weft-knitting frame; weft-knitting united needle machine

Einfadenzug m <theat> • mobile flying machinery; mobile flying equipment

Einfädeln n <textil> • threading

einfädeln vt <av> (ein Band) • load vt

einfädeln vt <textil> • thread vt

Einfädelsystem n <av> • loading system; loading mechanism; tape loading system; tape loading mechanism

Einfädelung f prakt <av> (Vorgang, bei Cassetten) • tape threading; tape loading; threading pract; loading coll

Einfädelungssystem n <av> • loading system; loading mechanism; tape loading system; tape loading mechanism

einfädig <el> • unifilar

einfädige Garnkette f <textil> • single-yarn warp

einfädiges Garn n <textil> • single yarn

Einfärben n <edv> (unerwünschter Farbübergang von einer Fläche in eine andere) • bleeding

Einfärben n <textil> (von Stoffen) • dyeing

einfärben vt <tech.allg> (Textilien, Kunststoffe) • dye vt; color vt coll

einfärben vt <chem> (Präparate) • stain vt

einfärben vt <druck> • ink vt

einfärben mit offenen Wannen vt <textil> • dye in the open vat vt

Einfärbung f <obfl> (Vorgang) • coloring US; colouring GB

Einfärbung f <obfl> (Ergebnis; z. B. von Textilien, Kunststoff) • coloring US; colouring GB; color US; colour GB

Einfärbung f <phot> (des Motivs, eines Filters) • coloration US; colouration GB

Einfärbwalze f <druck> • form roller

Einfahrbahn f MB <kfz> (allg. und betont: Gelände) • testing ground US; proving ground GB

einfahrbares Fahrwerk n <aerospace> • retractable undercarriage; extendable undercarriage; folding undercarriage; retractable landing gear

Einfahrbewegung f <verf> (Zufuhr von etw.; z. B. des Wagens in den Ofen) • feeding movement

Einfahrbewegung f <wz.masch> (des Werkzeugs) • ingoing movement; ingoing traverse; inward movement

Einfahrbewegung f <wz.masch> (Positionierung) • positioning movement

Einfahren n <kfz.mot> • break-in; running-in GB; breaking-in

einfahren vi <min> (in die Grube) • descend vi; enter vi; go down vi

einfahren vt <aerospace> (Fahrwerk, Klappe) • retract vt; fold up vt; raise vt

einfahren vt <kfz.mot> (Motor) • break in vt; run in vt GB

einfahren vt <masch> (hineinbewegen) • move in vt

einfahren vt <nukl> (Steuerstäbe) • insert vt

einfahren vt <verf> (z. B. Ziegel in Brennöfen) • feed vt

einfahren vt <verf> (einen biologischen Filter) • run in vt

einfahren vt <wz.masch> (in festgelegte Position) • position vt

Einfahrgenauigkeit f <wz.masch> • positional accuracy

Einfahrgleis n <bahn> • receiving track

Einfahrgleis n <bahn> (Nebengleis) • reception siding

Einfahrgruppe f <bahn> • set of reception sidings

Einfahrhilfe f <logist> (Regalgang) • entry aisle guide

Einfahrmaß n <logist> (Palettenregal) • shuttle window height

Einfahröffnung f <logist> (Palette) • free entry; notch

Einfahröl n <kfz.tribo> • break-in oil

Einfahrphase f <tech.allg> (z. B. Fahrzeug, Motor, Anlage, biologischer Filter) • running-in phase

Einfahrphase f <masch> (von Maschinen; z. B. Automotor) • running-in phase; breaking-in period; break-in period

Einfahrregal n <logist> • drive-in rack; drive-in racking

Einfahrseite f <verf> (z. B. Durchlaufofen) • feed end

Einfahrsignal n <bahn> (Bahnhof) • entry signal; home signal

Einfahrt f <bau> (Tor) • gateway

Einfahrt f <min> (in den Schacht) • descent

Einfahrt f <verk> (Eingang eines Parkhauses, Bahnhofs, Hafens etc.) • entrance

Einfahrt f <verk> (zu Autobahn) • ramp; entry

Einfahrt f <wz.masch> • intravel

Einfahrtkurve f <verk> • entrance turn

Einfahrtoleranz f <autom> • positioning tolerance

Einfahrtskanal m <bau> • access canal

Einfahrtsschleuse f <nav> (z. B. Kanal) • entrance lock

Einfahrvorschriften fpl <kfz.doku> • break-in recommendations pl US; running-in instructions GB

Einfahrweiche f <bahn> (Bahnhof) • entry points

Einfahrzeit f <tech.allg> (z. B. Fahrzeug, Motor, Anlage, biologischer Filter) • running-in phase

Einfahrzeit f <masch> (von Maschinen; z. B. Automotor) • running-in phase; breaking-in period; break-in period

Einfall m <phys> (z. B. Licht) • incidence

Einfallen n <geo> • slope

Einfallen n <min> • pitch

Einfallen n DIN EN ISO 4618 <obfl.qualit> (Lackfehler) • sinkage; contouring; flat spots pl; porosity

einfallen vi <tech.allg> (absenken) • sag vi; sink vi

einfallen vi <geo> (Schicht, Gang) • dip vi; hade vi; incline vi

einfallen vi <licht> • be incident vi

einfallen vi <min> (Kavität; z. B. Höhle, Tunnel, Stollen) • cave in vi; collapse vi

einfallen vi <rep> (Spachtel) • sink in vi

einfallend <geo> (schräg) • inclined

einfallend <phys> (Strahlung) • incident; incoming

einfallender Abbau m <min> • dip working; pitch working

einfallender Strahl m <phys> • incident ray

einfallendes Flöz n <min> • inclined seam

einfallendes Licht n <opt> • incident light

einfallendes Teilchen n <nukl> • bombarding particle

einfallende Welle f <phys> • incident wave

Einfallentwickler m <füg> • carbide-to-water generator; carbide-feed generator

Einfallschacht m <masch> • gully

Einfallsdosis f <nukl> • incident dose; field dose

Einfallsebene f <opt> • plane of incidence

Einfallslot m <phys> • perpendicular of incidence; normal to the reflecting surface pract

Einfallslot n <phys> • normal at the point of incidence

Einfallsnormale f prakt <phys> • perpendicular of incidence; normal to the reflecting surface pract

Einfallsstrahl m <phys> • incident ray

Einfallstelle f <kst> (in Spritzlingoberfläche) • sink mark; sunk spot rare

Einfallstelle f <metall> (Gussstück) • shrink mark

Einfallswelle f <phys> • incident wave

Einfallswinkel m <geo> (Bodensenke) • dip angle

Einfallswinkel m <phys> (z. B. von Licht, Strahlung) • angle of incidence; angle of entry

Einfallwinkel m <geo> (Bodensenke) • dip angle

Einfaltung f <tech.allg> • convolution

einfalzen vt <druck> • rabbet vt

einfalzen vt <füg> • join by rabbets vt; join by scarfs vt

einfalzen vt <pap> • fold in vt

Einfamilienhaus n <bau> • single-family home; single-family unit; single-family house; single-family residence

Einfang m <nukl> (von Teilchen) • absorption

Einfang m <phys> (z. B. von Elektronen, Neutronen, Asteroiden) • capture; trapping

Einfangbereich m <phys.nukl> • capture range; capture region

Einfangbereich m <tele> • collecting zone

einfangen vt <tech.allg> (z. B. Elektronen, Staubteilchen) • entrap vt

einfangen vt <phys> (sammeln; z. B. Lichtstrahlen, Funksignale) • collect vt

einfangen vt <phys> (Strahlung) • intercept vt; trap vt

einfangen vt <phys> (Elektron, Proton) • attach vt; gain vt; trap vt; capture vt

Einfang-Entkommwahrscheinlichkeit f <nukl> • capture escape probability

Einfanggammaquanten npl <nukl> • capture gamma quanta

Einfanggammastrahlung f <nukl> • capture gamma rays

Einfanggrenze im Cadmium f <nukl> • cadmium cut-off

Einfangkonstante f <nukl> • capture constant; recapture constant

Einfangprozess m <nukl> • capture process

Einfangquerschnitt m <nukl> • absorption cross-section; capture cross-section

Einfangrate f <nukl> • capture rate; trapping rate

Einfangreaktion f <nukl> • capture reaction

Einfangwahrscheinlichkeit f <nukl> • capture probability

Einfarbendruckmaschine f <druck> • single-color press; single-color printing press

Einfarbenmaschine f <druck> • single-color press; single-color printing press

Einfarbenpunktschreiber m <msr> • single-color point recorder

Ein-Farben-Ware f <textil> • self color fabric

einfarbig <allg> • single-colored

einfarbig <tech.allg> • monochromatic; monochrome

einfarbig <obfl> (z. B. Schwarz auf Weiß, Grün auf Schwarz) • monochrome

einfarbiger Farbpolfilter m <phot> • single-color polarizing filter; single-color polarizer

einfarbiges Licht n ugs <edv> • monochromatic light

Einfassborte f <textil> • binding; trimming

einfassen vt <tech.allg> (umgeben) • enclose vt

einfassen vt <tech.allg> (z. B. Photo) • frame vt

einfassen vt <bau> • border vt

einfassen vt <prod> (mit Rand) • rim vt

einfassen vt <prod> (Edelstein) • set vt

einfassen vt <textil> • bind vt

einfassen vt <textil> (Stoffkante) • edge vt

Einfasser m <led> • binder

Einfassmaschine für Taschen f <textil> • pocket welting machine

Einfassprofil n <bau.mat> (an Gipskartonplatten) • end cap trim; snap on end bead; edging bead

Einfassstich m <textil> • blanket stitch

Einfassung f <tech.allg> • framing

Einfassung f <bau> (Tür, Fenster) • jamb

Einfassung f <druck> (Randleiste, Bordüre) • border

Einfassung f <kfz> (von Rundinstrumenten) • rim

Einfassung f <kfz> (kreisförmig, mit oder ohne Zierfunktion) • collar

Einfassung f <kfz.el> (Zierring, Blende; z. B. an Scheinwerfern, am Instrumentenblock u.ä.) • bezel; surround GB; trim

Einfassung f <textil> (Borte) • bordering; border; binding

Einfassung f <textil> (Saum) • hem

Einfassung f <textil> • edge; edging

Einfassungsmauer f <bau> • enclosing wall

Einfassungsplatte f <bau.mat> • surround slab

einfedern vi <prod> (Reifenseitenwand) • deflect vi

Einfederspindel mit Nase f <textil> • hooked peg; neb peg

Einfeldbrücke f <bau> • single-span bridge; simple bridge

Einfeldrahmen m <bau> • single-bay frame

Einfeldträger m <bau> • simply supported beam; simple beam

Einfetteinrichtung f <tribo> • greasing device

einfetten vt <obfl> • grease vt

Einfettöl n <obfl> • precoat oil

Einfettvorrichtung f <pack> • lubricator; oiler

Einfg/Entf <edv> (Zeichen, Buchstaben) • Insert/Delete

Einfg-Taste f <edv> • Insrt key; Insert key did

Ein-Finger-Automatik f <edv.mus> (Keyboardfunktion) • autochord; arranger

einfixieren vt <textil> (Falschdrahtverfahren) • set vt

einflächige Ware f <textil> (einflächige Maschenware) • single faced fabric; single faced structure; single sided fabric rare; single sided structure rare

einflammig <verbr> • single-jet

Einflammrohrkessel m <energ> • Cornish boiler

Einflankenmodulation f <phys> • single-edge modulation

Einflankenwälzprüfgerät n <msr> • single-flank composite error tester

Einflankenwälzprüfung f <qualit> • single-flank composite error testing

Einflanschspule f <el.ic.prod> • single flange spool

einfliegen vi <aerospace> (Landeanflug) • approach vi; come in vi

einfliegen vt <aerospace> (Fluggerät testen) • test-fly vt; flight-test vt

Einfließen n <tech.allg> • inflow; influx

einfließen vi <tech.allg> • flow in vi

einfließend <tech.allg> • influent

einfluchten vt <bau> (Vermessung) • range out vt

einfluchten vt <bau> • run together vt

einfluchten vt <prod> (bündig) • flush vt

einfluchten vt <prod> (z. B. Werkstücke, Ziegel) • line up vt

Einfluchtung f <bau> • alignment

Einfluchtung f <prod> (bündig machen) • flushing

einflügelig <tech.allg> • single-arm

einflügelig <bau> (Fenster) • one-sash; single-lite; single-light

einflügelige Kreiskolbenpumpe f <förd> (mit umlaufender Nabe) • single-lobe pump

einflügelige Kreiskolbenpumpe f <förd> (mit feststehender Nabe) • circumferential piston p. w. one rotor-piston ele.

Einflügel-Kreiskolbenpumpe f <förd> (mit umlaufender Nabe) • single-lobe pump

Einflügel-Kreiskolbenpumpe f <förd> (mit feststehender Nabe) • circumferential piston p. w. one rotor-piston ele.

Einflügler m obs <energ.wind> • one-bladed rotor

einflüglige Tür f <tech.allg> (z. B. Gebäude, Omnibus) • single-leaf door

Einfluggenehmigung f <aerospace> • traffic control clearance

Einflugschneise f <aerospace> • lane of approach

Einflugzeichen n <aerospace> • approach marker

Einflugzeichenbake f <aerospace> • approach marker beacon

Einflugzeichensender m <aerospace> • marker beacon transmitter

Einfluss *m* <allg> • influence
Einfluss *m* <tech.allg> *(eher starke Auswirkungen)* • impact
Einfluss *m* <tech.allg> *(auf etwas; z. B. von Prozessvariablen)* • effect
Einflussbereich *m* <org> • domain of influence
Einflussfaktor *m* <allg> • influence factor; influential factor
Einflussfläche *f* <mech> *(Statik)* • influence surface
Einflussfunktion *f* <math> • Green's function; Green function; induction function; source function
Einflussgröße *f* <tech.allg> *(Wirkungsbeitrag)* • contributory effect
Einflussgröße *f* DIN 1319-1 <msr> • influence quantity; influencing variable; actuating variable *rare*
Einflusslinie *f* <mech> *(Berechnung von Fachwerkträgern)* • influence line
Einflusszahl *f* <mech> *(Berechnung von Fachwerkträgern)* • influence coefficient
Einflusszone *f* <tech.allg> *(nachteilige Wirkungen; z. B. von Schweißwärme)* • affected zone
einflutig <masch> *(Kreiselpumpe)* • single-suction; single-inlet; single-entry; unistream
einflutig <masch> *(Schraubenspindelpumpe)* • single-end; single-entry
einflutig <turb> *(Turbine)* • one-jet; single-jet; single-nozzle
einflutiger Kühlturm *m* <hlk> • single-flow cooling tower
einflutige Turbine *f* <turb> • single-flow turbine
einfonturige Leistenrundstrickmaschine *f* <textil> • plain circular strong border knitting machine
einfonturige Rundstrickmaschine *f* <textil> • plain circular knitting machine
einformen *vt* <prod> • shape *vt*; mold *vt*; model *vt*
Einformfräser *m* <wz> • single cutter; single-formed cutter
einfräsen *vt* <prod> • sink *vt*
Einfräsung *f* <prod> *(Frässtelle)* • sink
Einfräsung *f* <prod> *(Vorgang)* • sinking
Einfrequenzempfänger *m* <navig> • single-frequency receiver
Einfrequenztonwahl *f* <tele> • single-frequency signaling *US*; single-frequency signalling *GB*
Einfrequenzzeichen *n* <tele> • simple signal
Einfriedungsmauer *f* <bau> • enclosing wall; boundary wall
Einfrieren *n* <kst> *(der Schmelze; z. B. im Anschnittbereich)* • freeze-up
Einfrieren *n* <phot> • freezing action
Einfrieren *n* <prod.nahr> *(Speiseeis; Freezer)* • freeze-up
einfrieren *vi* <rls> *(Leitungen)* • freeze *vi*; freeze up *vi*
einfrieren *vt* <edv> *(Animation anhalten)* • freeze *vt*; freeze in *vt*
einfrieren *vt* <nahr.prod> *(Lebensmittel)* • freeze *vt*; deep-freeze *vt*
einfrieren *vt* <phot> *(Bewegung)* • freeze *vt*
Einfriergebiet *n* <kst> • transition interval
Einfrierschutz *m* <prod.nahr> *(Speiseeis; Freezer)* • freeze-up guard
Einfriertemperatur *f* <tech.allg> • freezing temperature
Einfriertemperatur *f* <kst> • transition temperature
Einfriertemperatur *f* <kst> *(amorphe Polymere; gemessen bei fallender Temperatur)* • glass transition temperature; vitrification temperature *rare*
Einfriertemperaturbereich *m* <kst> *(amorphe Polymere; gemessen bei fallender Temperatur)* • glass transition temperature; vitrification temperature *rare*
Einfrierverfahren *n* <mech.opt> *(Spannungsoptik)* • stress-freezing method

Einfügebefehl *m* <edv> • insert command; insert instruction
einfügen *vt* <allg> *(z. B. organisatorisch, thematisch)* • incorporate *vt*
einfügen *vt* <tech.allg> • fit in *vt*
einfügen *vt* <tech.allg> *(z. B. Buchstaben, Seiten)* • insert *vt*
Einfügen-Anzeigefeld *n* <navig> *(Display)* • insert field
Einfügeschnitt *m* <av> • insert edit; insert editing; cut-in
Einfügschnitt *m* <av> • insert edit; insert editing; cut-in
Einfüg-Taste *f* did <edv> • Insrt key; Insert key *did*
Einfügungsdämpfung *f* <lwl> • insertion loss
Einfügungsdämpfung *f* <tele> • insertion attenuation
Einfügungsgewinn *m* <el> • insertion gain
Einfügungsübertragungsfaktor *m* <el> • insertion transfer function
Einfügungsverlust *m* <el> • insertion loss
Einfügungszeichen *n* <druck> *(Typographie)* • caret
Einfügungszeichen *n* <edv> • insertion character
Einführband *n* <druck> • guiding tape
einführbar <tech.allg> *(in Öffnung, Gehäuse; z. B. Stopfen, Peilstab, Kolben, Stab)* • insertable
Einführbuchse *f* <el> • cable gland
einführen *vt* <allg> *(z. B. Person vorstellen, neue Methoden implementieren)* • introduce *vt*
einführen *vt* <tech.allg> *(z. B. Kolben in Zylinder, Endoskop)* • insert *vt*
einführen *vt* <tech.allg> *(einfädeln, führend nachhelfend)* • lead in *vt*
einführen *vt* <tech.allg> *(ohne Widerstand einlassen)* • let in *vt*
einführen *vt* <tech.allg> *(stecken, stopfen)* • plug in *vt*
einführen *vt* <tech.allg> *(Material in Maschine; z. B. Papier in Drucker)* • feed *vt*; load *vt*
einführen *vt* <mil> *(Magazin in Schusswaffe)* • insert *vt*
einführen *vt* <ökon> *(Waren, Güter)* • import *vt*
Einführer *m* <jur> • importer
Einführmechanismus *m* <pap> • feed mechanism
Einführschräge *f* <prod> • feed slant
Einführstab *m* <textil> • shed stick
Einführteil *n* DINISO 8600-4 <med.tech> *(Endoskop)* • insertion portion
Einführtisch *m* <led> *(Spaltmaschine)* • feed table
Einführtuch *n* <textil> • feeding apron
Einführung *f* <tech.allg> *(Vorgang)* • insertion
Einführung *f* <tech.allg> *(z. B. für Kabel, Schlauch)* • lead-in
Einführung *f* <doku> • introduction
Einführung *f* <el> *(für Draht, Kabel)* • inlet; bushing
Einführung des metrischen Systems *f* <msr> • metrication
Einführungsisolator *m* <el> • inlet insulator; lead-in insulator; down-lead insulator
Einführungsklemme *f* <el> • terminal of entry
Einführungsöffnung *f* <el> • inlet [opening]
Einführungsstutzen *m* <masch> • inlet nipple
Einführungstülle *f* <el> • inlet grommet; condulet
Einführwalze *f* <masch> *(z. B. in Kopierer)* • lead-in roller
Einfüllblech *n* <tech.allg> • filling plate
einfüllen *vt* <tech.allg> *(Flüssigkeit, Schüttgut; in einen Behälter)* • pour in *vt*; fill in *vt*
Einfüllkappe *f* <masch> • filler cap
Einfüll-Loch *n* ugs <tech.allg> *(in Fass, Tank)* • filling hole; filler hole; bunghole *coll*
Einfüllöffnung *f* <tech.allg> *(große Klappe)* • filler hatch
Einfüllöffnung *f* <tech.allg> • filler inlet
Einfüllöffnung *f* <tech.allg> *(in Fass, Tank)* • filling hole; filler hole; bunghole *coll*
Einfüllöffnung *f* <tech.allg> *(zur Einspeisung)* • feed opening

Einfüllöffnung f <ents> *(groß; zur Beschickung)* • charging gate

Einfüllöffnung f <kfz.el> *(Batterie)* • filler hole

Einfüllschacht m <tech.allg> *(z. B. von Spritzgießmaschine)* • feed throat opening; feed throat

Einfüllschlauch m <tech.allg> • filling hose

Einfüllschleuse f <ents> • charging hopper; charging chute

Einfüllsieb n <tech.allg> • filler inlet filter

Einfüllsieb n <verf> • strainer

Einfüllstopfen m <kfz> • fill plug

Einfüllstutzen m <tech.allg> *(für Behälter, Rohrsystem)* • spout; inlet [piece] *US*; intake [piece]

Einfüllstutzen m <kfz> *(Kraftstoff, Öl)* • filler neck

Einfülltrichter m <kst> *(auf Extruder oder Spritzgießmaschine)* • feed hopper; hopper; machine hopper; feeder; material hopper

Einfülltrichter m <prod.nahr> *(groß; auf Maschine)* • hopper; filling hopper; filler hopper; feeding hopper

Einfülltrichter m <verf> *(handlich, klein bis winzig)* • filling funnel; funnel

Einfülltrichter m <verf> *(sehr groß; für Prozessmaterial; z. B. für Zuschläge, Kohle, Müll)* • feed hopper; charging hopper; input hopper; hopper *pract*

Einfülltrichter m <verf.hydr> *(Schneckenklassierer)* • receiving header box

Einfüllverschluss m <tech.allg> • filler cap

Einfuhr f <ökon> *(Waren, Güter)* • import

Einfurchenpflug m <agri> • single-furrow plough

Eingabe f <tech.allg> *(von Daten, Informationen; Vorgang und Ergebnis)* • input; entry

Eingabe f <tech.allg> *(in Formulare, Felder)* • filling-in

Eingabe f <masch> *(Werkstück)* • delivery

Eingabeanzeige f <edv> • input display

Eingabeaufforderung f <edv> • prompt; prompt line; input prompt

Eingabe-Ausgabe-Anforderung f <edv> • I/O request; input-output request

Eingabe-Ausgabe-Anweisung f <edv> • I/O instruction; input-output instruction

Eingabe-Ausgabe-Baustein m <edv> • I/O chip; input-output chip

Eingabe-Ausgabe-Bus m <edv> • I/O bus; input-output bus

Eingabe-Ausgabe-Einheit f (PIO) <edv> • parallel input output device (PIO); input/output unit; input output unit; I/O unit

Eingabe-Ausgabe-Kanal m <edv> • I/O channel; input-output channel

Eingabe-Ausgabe-Prozessor m <edv> • I/O processor; input-output processor

Eingabe-Ausgabe-Pufferspeicher m <edv> • I/O memory; I/O store; input-output memory; input-output store

Eingabe-Ausgabe-Schreibmaschine f <edv> • I/O typewriter; input-output typewriter

Eingabe-Ausgabe-Standardkode m <edv> • I/O standard code; input-output standard code

Eingabe-Ausgabe-Steuerung f <msr> • I/O control; input-output control

Eingabe-Ausgabe-Steuerwerk n <msr> • I/O controller; input-output controller

Eingabeband n <edv> • input tape

Eingabebefehl m <edv> • input command; input instruction

Eingabebeleg m <edv> • input record

Eingabebereich m <msr> • input area

Eingabeblock m <edv> • input block

Eingabedatei f <edv> • input file

Eingabedaten pl <edv> • input data

Eingabedatenumsetzer m <edv> • input data converter

Eingabe durch Einlesen f <edv> *(Daten)* • read-in

Eingabe durch Tastenkombination f ISO/IEC 2382-23 <edv> • multistroke character entry ISO/IEC 2382-23

Eingabeeinheit f <edv> *(Peripheriegerät; z. B. Tastatur, Grafiktablett, Scanner)* • input device; input unit *rare*

Eingabeeinrichtung f <edv> • input equipment; input

Eingabeeinrichtung f <wz.masch> • feeder; parts feeder; feeding device

Eingabefehler m <edv> *(allg.)* • input error

Eingabefehler m <edv> *(betont: Tippfehler)* • keying error

Eingabeformat n <edv> • input format

Eingabeformat in variabler Satzschreibweise n <edv> • variable block format

Eingabegerät n <edv> *(Peripheriegerät; z. B. Tastatur, Grafiktablett, Scanner)* • input device; input unit *rare*

Eingabegeschwindigkeit f <edv> *(allg.)* • input speed

Eingabegeschwindigkeit f <edv> *(beim Einlesen; z. B. via Scanner)* • read-in speed

Eingabekanal m <edv.av> • input channel

Eingabekarte f <edv> • input card

Eingabelochband n <edv> • input punched tape

Eingabemagnetband n <edv> • input magnetic tape

Eingabemedium n <edv> • input medium

Eingabemodul n <msr> • input module

Eingabeparameter m <msr> • input parameter

Eingabeprogramm n <edv> • input program

Eingabeprogramm n <edv> *(Teil eines größeren Programms)* • input routine

Eingabepuffer m <edv> • input buffer; input buffer memory; input buffer store

Eingabepufferspeicher m <edv> • input buffer; input buffer memory; input buffer store

Eingabequittung f <edv> • input acknowledgment

Eingabeseite f <tech.allg> *(z. B. Kopierer, Werkzeugmaschine)* • feed end

Eingabeseite f <wz.masch> • entering side; entry side

Eingabespeicher m <edv> • input memory; input store

Eingabesprache f <edv> • command language

Eingabestation f <edv> • input station

Eingabesteuerprogramm n <edv> • input control program

Eingabetablett n <edv> • digitizer; digitizing tablet; graphics tablet; digitizer board; tablet *pract*

Eingabetastatur f form <edv> • keyboard; data entry keyboard *rare*; entry keyboard *rare*; input keyboard *rare*

Eingabetaste f <edv> • Enter key; Return key *obs*

Eingabeübersetzer m <edv> • input translator

Eingabe von Daten f <edv> *(Vorgang)* • data entry; data input

Eingabewahlschalter m <msr> • input selector switch

Eingabewarteschlange f <tech.allg> • input queue

Eingabezeit f <edv> • input time

eingängig <masch> *(Gewinde)* • single-start; single-thread; single-threaded

eingängig <masch> *(siehe: …gängig)* • single …

eingängige Parallelwicklung f <el> • simple parallel winding

eingängige Schnecke f <masch> • single-start worm

eingängiges Gewinde n <masch> • single-start thread; single thread; single-lead thread; single-pitch thread

eingängige Spule f <el> • single-turn coil

Eingang m <allg> *(konkret, zu einem Raum oder Bereich; z. B. Tür)* • entrance

Eingang m <allg> *(konkret oder abstrakt, für Personen, Material, Daten)* • entry

Eingang m <el> *(für Daten, Signale; z. B. als Klemme, Buchse)* • input

Eingang m <logist> *(Ankunft von Waren)* • arrival

Eingang durch die Hintertür *m* <bau> • rear entry

Eingangsachse *f* <navig> *(Lagekreisel)* • input axis (IA)

Eingangsadmittanz *f* <el> • input admittance; driving-point admittance

Eingangsauffächerung *f* <el> • fan-in

Eingangsbegrenzer *m* <el> • input limiter

Eingangsbuchse *f* <el> • input socket

Eingangs-Bus *m* <el> • bus-in; in-bus

Eingangsdämpfung *f* <el> • input attenuation

Eingangsdrehmoment *n* <masch> *(eines Getriebes; in Nm)* • input torque

Eingangsdrehzahl *f* <masch> *(Getriebe; in U/min)* • input speed

Eingangsdrossel *f* <el> • input reactor

Eingangsdruck *m* <tech.allg> • input pressure; inlet pressure

Eingangsempfindlichkeit *f* <el> • input sensitivity

Eingangsfrequenz *f* <edv.av> • input frequency

Eingangsgröße *f* <msr> • input quantity

Eingangsgrößenschwankung *f* <msr> • input variation

Eingangshalle *f* <bau> *(Theater, Hotel, Wohnanlage; öffentl. Gebäude)* • entrance hall; vestibule; foyer; lobby

Eingangshohlraumresonator *m* <el> • input resonant cavity

Eingangsimpedanz *f* <el> • input impedance

Eingangsimpedanz bei Sollabschluss *f* <el> • loaded impedance

Eingangsimpedanz bei unbelastetem Ausgang *f* <el> • free impedance

Eingangsimpuls *m* <el> • input pulse

Eingangsimpulswähler *m* <el> • scaler input selector

Eingangsisolator *m* <el> • lead-in insulator

Eingangskabel *n* <el> • input cable

Eingangskanal *m* <msr> • input channel; input port

Eingangskapazität *f* <edv.el> • input capacitance

Eingangskegel *m* <masch> *(Konus, Trichter)* • entrance cone

Eingangsklemme *f* <el> • input terminal

Eingangskondensator *m* <el> • input capacitor

Eingangskontrolle *f* <qualit> • receiving inspection

Eingangskopplung *f* <el> • input coupling

Eingangskreis *m* <el> *(allg.)* • input circuit; front-end circuit

Eingangslastfaktor *m* <el> • fan-in

Eingangsleistung *f* <tech.allg> • input power

Eingangsleistung *f* <el> • power input

Eingangsleitwert *m* <el> • input conductance

Eingangsmoment *n* <mech> • input torque

Eingangsmultiplexer *m* <msr> • input multiplier

Eingangsparameter *m* <tech.allg> • input parameter

Eingangsrate *f* <tech.allg> *(Eingabevorgänge pro Zeiteinheit)* • input rate

Eingangsrauschen *n* <av> • input noise

Eingangsresonator *m* <el> *(Klystron)* • input resonator; input cavity resonator; buncher resonator; buncher

Eingangsruhestrom *m* <el> • input bias current

Eingangssammelleitung *f* <el> • bus-in; in-bus

Eingangsschaltung *f* <el> *(allg.)* • input circuit; front-end circuit

Eingangsscheinleitwert *m* <el> • input admittance; driving-point admittance

Eingangsscheinwiderstand *m* <el> • input impedance; driving-point impedance

Eingangsseite *f* <el> • input side

Eingangsseite *f* <tele> • sending end

Eingangsseite *f* <wz.masch> • entering side

Eingangssignal *n* <el> *(allg.)* • input signal

Eingangssignal *n* <tele> *(ankommend, z. B. von Sender)* • incoming signal

Eingangssignal-Wahlschalter *m* <av> • input select

Eingangsspalt *m* <el> • input gap

Eingangsspalt *m* <opt> • entrance slit

Eingangsspannung *f* <el> *(allg.)* • input voltage

Eingangsspannung *f* <tele> *(senderseitig)* • sending-end voltage

Eingangsspannungspegel *m* <el> • input voltage level

Eingangsspitzenspannung *f* <el> *(Überspannung)* • supply transient overvoltage

Eingangsspitzenwechselspannung *f* <el> • peak a.c. input voltage

Eingangsstempel *m* <doku> *(allg.)* • receipt stamp

Eingangsstempel *m* <doku> *(mit Datum)* • date stamp

Eingangsstempel *m* <doku> *(mit Uhrzeit)* • clock stamp

Eingangsstrom *m* <el> • input current

Eingangsstrom *m* <el> *(auf Generatorseite eines Wechselrichters)* • input power

Eingangsstrom *m* <math> *(Warteschlangentheorie)* • arrivals

Eingangsstromkreis *m* <el> *(allg.)* • input circuit; front-end circuit

Eingangsstufe *f* <tech.allg> *(in Prozessfolge, Verstärker etc.)* • input stage

Eingangsstufe *f* <nukl> *(Wiederaufbereitung)* • head-end

Eingangstrafo *m prakt* <el> • input transformer

Eingangstransformator *m* <el> • input transformer

Eingangstrift *f* <agri> *(für Rinder)* • cow entry gate

Eingangsüberspannungsenergie *f* <el> • supply transient energy

Eingangsvariable *f* <msr> • input variable

Eingangsverstärker *m* <av> • input amplifier

Eingangsverstärker *m* <edv.av> • low-level amplifier

Eingangswähler *m* <tele> • incoming selector

Eingangswandler *m* <msr> • source transducer

Eingangswelle *f* <masch> *(allg.)* • input shaft; primary shaft

Eingangswellenform *f* <el> • input waveform

Eingangswert *m* <tech.allg> • input value

Eingangswicklung *f* <el> • input winding; supply winding

Eingangswiderstand *m* <edv.av> *(Bauelement)* • input impedance resistor

Eingangswiderstand *m* <el> *(Größe)* • input resistance

Eingangswiderstand *m* <el> *(Bauelement)* • input resistor

Eingangswiderstand *m* <tele> *(Senderimpedanz)* • sending-end impedance

Eingangswinkel *m* <tech.allg> • input angle

Eingangswirkleitwert *m* <el> • input conductance

Eingangszeit *f* <el> • input time

eingearbeitet <bekl> *(z. B. Protektoren)* • built in

eingearbeiteter Gummiflansch *m* <rls> • integral rubber flange

eingearbeiteter Nierengurt *m* <bekl> • built-in kidney belt

eingebaut <tech.allg> • built-in; integrated; inbuilt *rare*

eingebaut <tech.allg> *(oberflächenbündig)* • flush-mounted

eingebaut <tech.allg> *(zu einer Einheit verbunden; u.U. untrennbar)* • integral

eingebaut <bau> • encastré

eingebaut <edv> *(auf der Platine vorhanden; z. B. Baustein, Funktion)* • on-board; on-chip; built-in; embedded

eingebaut <kfz> *(im Fahrzeug)* • on-vehicle

eingebaute Antenne *f* <tele> *(z. B. Radio, Funkgerät, Handy)* • internal antenna *US*; internal aerial *GB*

eingebaute Funktion *f* <edv> • intrinsic function

eingebaute Komponente *f* <tech.allg> *(bereits integriert)* • built-in component

eingebaute Kontrolle *f* <edv> • built-in check

eingebaute Prüfung f <edv> • built-in check
eingebauter Belichtungsmesser m <phot> • built-in exposure meter; integrated exposure meter
eingebaute Reaktivität f <nukl> • built-in reactivity
eingebauter Kompressor m <med.tech> • internal compressor
eingebauter Motorantrieb m <phot> (Winder) • built-in auto-winder
eingebauter Objektivdeckel m <av> • built-in lens cover; built-in lens cap
eingebauter Schalter m <el> • integrated switch
eingebauter Timer m <el> • built-in timer
eingebautes alphanumerisches Display n <edv> • built-in alphanumeric display
eingebautes Bedienteil n <alarm> • built-in keypad; on-board keypad
eingebautes Bedien- und Anzeigefeld n <alarm> • built-in keypad; on-board keypad
eingebautes Diagnosesystem n <kfz.msr> • on-board diagnostic system (OBD); diagnostic system; self-diagnostic system
eingebautes GPS-Gerät n <navig> • fixed-mount GPS
eingebaute Sicherheitsfunktion f <edv> • built-in security function
eingebautes Ladegerät n <el> • integral charging unit
eingebautes Laufwerk n <edv> • internal drive; built-in drive; integrated drive
eingebautes Mikrofon n <av> • built-in microphone; built-in mic
eingebautes Mikrophon n <av> • built-in microphone; built-in mic
eingebaute Uhr f <tech.allg> (z. B. EDV, Heizung, Werkzeugmaschine) • internal clock
eingeben vt <edv> (Daten, in Massen; z. B. automatisch, durch Import etc.) • feed vt; feed in vt
eingeben vt <edv> (Daten, Zeichen; via Tastatur eintippen) • enter vt; type vt; type into vt; input vt
eingeben vt <med/pharm> (Arznei, Medikament) • administer vt
eingebettet <bau> (z. B. in Kies, Mörtel, Beton) • embedded
eingebettet <geo> (zwischen Schichten) • interbedded between; interbedded
eingebettet <kst> (vergossen, gekapselt) • encapsulated
eingebettete Servosignale npl <edv> (Festplattenaufzeichnungsverfahren) • embedded servo
eingebundene Kante f <textil> • firmly interlaced selvage
eingebundener Schadstoff m <ents> • trapped contaminant; incorporated contaminant
eingedellt <kfz> (Karosserieschaden) • dented
eingedicktes Öl n <tribo> • bodied oil
eingefärbt <edv> (Strichcodelement) • dark; printed; non-reflective; inked
Eingefäßbagger m <bau.masch> • single-bucket excavator
eingefallene Lötnaht f <qualit.füg> (Hartlötfehler) • brazing seam shrinking
eingefangener Schadstoff m <ents> • trapped contaminant; incorporated contaminant
eingefangenes Elektron n <phys> • trapped electron
eingefangene Teilchen npl <phys> • trapped particles
eingeformter Perlit m <metall> • granular pearlite; pearlit nodule
eingefroren <tech.allg> (in Eis, in erstarrtem Material; z. B. Spannungen in Formteilen) • frozen; frozen-in
eingefroren <nav> (in Eis) • ice-bound
eingefrorenes Abstichloch n <metall> • hard tap
eingefrorenes Magnetfeld n <phys> • frozen-in field
eingefrorene Spannung f <kst> • frozen-in stress

eingefrorene Spannungen fpl <kst> (in Kunststoffteilen) • internal stress; residual stress; molded-in stress
eingegossen <prod> (in Gussteil; z. B. Einlegeteile) • cast-in
eingegossene Gleitlagerschale f <masch> • compound-filled friction bearing
eingehen vi <textil> (z. B. nach Wäsche) • shrink vi
eingehen vt <chem> (chem. Verbindung) • combine vi
eingekapselt <tech.allg> (abgedichtet; z. B. gegen Feuchtigkeit, Schmutz, Gas) • enclosed; encapsulated
eingekapselte Strahlungsquelle f <nukl> • encapsulated radiation source
eingekauft <ökon> (an Unterauftragnehmer vergeben; z. B. Leistung) • subcontracted
eingekerbte Klinge f <el> • notched blade
eingeklappter Querschnitt m <doku> • revolved section
eingekuppelt <antr> • in gear
eingelagerte Bleikugel f <kfz> (in Schalldämmmaterial) • embedded lead ball
eingelagerter Abfall m <ents> • emplaced waste
eingelassen <tech.allg> (in den Boden, in die Wand) • flush-mounted; recessed
eingelassene Kapuze f <bekl> • concealed hood
eingelaufen <textil> • shrunk
eingelegt <pack> • inlaid
Eingelenk-Federbein-Vorderachse f BMW <kfz> • MacPherson front suspension; strut front suspension pract.coll; MacPherson strut front suspension form
eingelesene Daten pl <edv> • read-in data
eingemacht <nahr> • preserved
Eingemachte n <nahr> (allg.) • preserves pl
eingemachtes Obst n <nahr> • preserved fruit
eingenäht <textil> • sewn-in
eingenähte Ringdüsen npl <verf> • sewn in rings pl
eingepasst <tech.allg> • fitted-in
eingeprägt <prod> • impressed
eingeprägte Kraft f <phys> • active force; acting force
eingeprägte Masse f <phys> • rest mass
eingeprägter Strom m <el> • impressed current
eingeprägte Spannung f <el> • impressed voltage
eingepresste Elektrode f <kfz.el> (Verteilerkappe) • push-in terminal
eingepresstes Gas n <verf> • injected gas
eingerastet <masch> (z. B. Sperrklinke, Rastkugel) • engaged
eingerissen <textil> • ragged; torn-in
eingerolltes Ende n <kfz> (Blattfederende) • pigtail end
eingerüstig <metall> (Walzwerkstation) • single-stand
eingerüstiges Walzwerk n <metall> • single-stand rolling mill; single-stand mill
eingeschaltet <el> (in Betrieb; el. Verbraucher, Geräte; z. B. Lampen, PCs, Maschinen) • switched on; turned on; on coll
eingeschaltet <masch> (in Eingriff; z. B. Getriebe, Hilfsmaschine, Vorschub) • engaged
eingeschalteter Stromkreis m <el> • closed circuit
eingeschalteter Zustand m <tech.allg> • on state
eingeschlämmte Erdmassen fpl <bau> • hydraulic fill
eingeschleppte Lösung f <chem> • drag-in
eingeschliffen <prod> • ground-in
eingeschliffene Fuge f <bau> (Beton) • sawn joint
eingeschlossen <tech.allg> (gesichert gegen unbeabsichtigtes Austreten; z. B. Schadstoffe) • confined
eingeschlossen <tech.allg> (in Gehäuse) • enclosed
eingeschlossen <ökon> (Lieferungen, Leistungen) • included
eingeschlossener Bogen m <druck> • interleaf
eingeschlossener Winkel m <math> • included angle
eingeschlossenes Gas n <tech.allg> • occluded gas

eingeschmolzen <ents> *(versiegelt; z. B. Schadstoffe in Glas)* • sealed-in

eingeschossen <mil> *(Waffe; z. B. werksseitig)* • sighted-in

eingeschossig <bau> • single-floor[ed] *US*; single-storey *GB*

eingeschränkt <tech.allg> *(z. B. Möglichkeiten, Bewegungsspielraum)* • restricted; restrained; constrained

eingeschränkte Bewegung *f* <masch> • constrained motion

Eingeschränktes-Haltverbot-Schild *n* <verk> • NO WAITING sign

eingeschränkte Verfügbarkeit *f* <navig> • Selective Availability (SA); S/A

eingeschrieben <math> • inscribed

eingeschrumpft <tech.allg> • shrunk

eingeschrumpft <masch> *(z. B. Ventilführungen)* • shrunk into position

eingeschrumpfte Laufbüchse *f* <mot> • shrink-fitted cylinder liner

eingeschwungen <phys> *(Schwingung, Welle)* • steady; steady-state

eingeschwungener Strom *m* <el> • steady-state current

eingeschwungener Träger *m* <el> • steady carrier

eingeschwungener Zustand *m* <msr> • steady state

eingesetzte Einzelzähne *mpl* <wz> • inserted teeth

eingesetzter Steg *m* <pack> *(in Karton, Schachtel)* • inserted bridge piece

eingespannt <tech.allg> *(in Spannvorrichtung, Schraubstock etc.; z. B. Werkstück)* • clamped

eingespannt <tech.allg> *(betont: sicher befestigt)* • firmly secured

eingespannt <mech> *(zwischen Festpunkten; z. B. Träger)* • constrained; restrained; encastré

eingespannter Bogen *m* <bau> • fixed-end arch

eingespannter Rahmen *m* <bau> • fixed frame

eingespannter Träger *m* <bau> *(Fixpunkt an einem Ende oder an beiden Enden)* • fixed-end beam; encastré beam

eingespanntes Ende *n* <mech> *(Träger, Balken)* • fixed end; encastré end

eingesprengt <geo/min> *(Gesteinsorten)* • disseminated; intermingled

eingestellt <tech.allg> *(verlassen; z. B. Projekt, Ölbohrung, Bergwerk)* • abandoned

eingestellt <tech.allg> *(auf Sollwerte etc., justiert; z. B. Maschine, Messgerät)* • set

eingestellt <jur> *(gestoppt; z. B. Arbeit, Verfahren, Zahlung)* • stopped; discontinued

eingestellte Entfernung *f* <phot> • focused distance

eingestellte Lösung *f* <chem> • standard solution

eingesunkene Naht *f* <füg> *(Schweißnahtfehler)* • undercut ISO 6520-1

eingetaschte Platte *f* <el> *(Batterie)* • enveloped plate

eingetastete Zeitmarken *fpl* <tele> • superimposed time markers

eingetragenes Warenzeichen *n* <jur> • registered trademark

eingetrocknete Farbe *f* <obfl> • ingrained paint; dried-up paint

eingetrockneter Boden *m* <agri> • dried-up soil

Eingewöhnung *f* <hlk> *(an Klimasituation)* • acclimatization

eingezogene Dose *f* <pack> • necked-in can

Eingießen *n* <metall> *(Vorgang; Schmelze in Form)* • pouring-in; filling-in

eingießen *vt* <verf> *(Flüssigkeit; in einen Behälter)* • pour in *vt*

Eingießöffnung *f* <metall> • pouring aperture; gate

eingipflige Verteilungskurve *f* <math> *(Statisik)* • unimodal distribution curve

Eingipshaken *m* <bau.mat> *(für Tür- und Fensterladenscharniere)* • hinge-pin anchor for embedment in mortar :V

Eingitterröhre *f* <el> • single-grid valve

eingleisig <bahn> • single-track; single-tracked

eingleisige Strecke *f* <bahn> • single-track line; single line

eingliedern *vt* <allg> *(organisatorisch)* • integrate *vt*

eingliedern *vt* <tech.allg> *(in ein Klassifikationssystem)* • classify *vt*

eingliedrig <math> *(Zahlengröße)* • single-term; one-termed; monomial *adj*; simple

eingliedriger Ausdruck *m* <math> • monomial expression; monomial

eingliedriger Schwinger *m* <mech> • simple oscillator

eingraben *vt* <bau> *(z. B. Rohre, Tanks)* • bury *vt*

eingravieren *vt* <obfl> • engrave *vt*; engrave on *vt*

Eingrenzen *n* <tech.allg> • tampering

eingreifen *vi* <allg> *(in einen Prozess, Ablauf)* • intervene *vt*

eingreifen *vi* <allg> *(in einen Prozess, Ablauf; störend)* • interfere *vt*

eingreifen *vi* <masch> *(formschlüssig; z. B. Zahnräder ineinander, Ritzel in Kette)* • mesh *vi*

eingreifen *vi* <msr> *(in automatische Abläufe, Regelungen)* • override *vt*

eingreifen in *vi* <masch> *(Zahnrad)* • mesh with *vi*; engage with *vi*

eingreifen in *vi* <wz> *(Werkzeug in Werkstoff)* • bite into *vi/vt*

eingrenzen *vt* <allg> *(Gebiet, Bewegungsfreiheit, Zuständigkeit)* • limit *vt*; restrict *vt*; bound *vt*

eingrenzen *vt* <tech.allg> *(Spielraum, Bewegungsmöglichkeit)* • confine *vt*

Eingrenzung *f* <tech.allg> *(räumlich; Verhindern des Austritts; z. B. von Strahlung, Magnetfeldern)* • confinement

Eingriff *m* <aerospace> *(durch Pilot in den Autopilot)* • override

Eingriff *m* <antr> *(kämmend; Zahnräder)* • meshing; meshing engagement *rare*

Eingriff *m* <bekl> *(Merkmal mancher Männerunterhosen)* • fly

Eingriff *m* *prakt* <edv> • operator intervention; intervention *pract*

Eingriff *m* <masch> *(betont: Kontakt, Berührung von gekoppelten Teilen)* • contact

Eingriff *m* <masch> *(von formschlüssigen Teilen; z. B. Zahnräder, Gewinde)* • engagement; interengagement *rare.obs*

Ein-Griff-Bedienung *f* <tech.allg> *(z. B. von Hebezeug, Maschinen)* • one hand operation; single hand operation; one handle operation; single-handed operation

Ein-Griff-Bedienung *f* <masch> *(betont: mit nur einem Hebel)* • single-lever operation

Eingriff des Reinigungselements *m* <verf.hydr> • rake engagement

Eingriffsanfangspunkt *m* <antr> *(Eingriffslinie; z. B. bei Zahnradpaar)* • contact starting point

Eingriffsbeginn *m* <masch> *(Zahnradpaar)* • engagement initiation; initial engagement

Eingriffsbogen *m* <masch> *(Verzahnung)* • arc of action

Eingriffsbogen hinter dem Wälzpunkt *m* <masch> • arc of recess

Eingriffsbogen vor dem Wälzpunkt *m* <masch> • arc of approach

Eingriffsdauer *f* <antr> *(zwischen kämmenden Zahnrädern)* • contact gear ratio

Eingriffsebene *f* <antr> *(von Zahnrädern)* • plane of action

Eingriffsendpunkt *m* <antr> *(Ende der Eingriffslinie von Zahnrädern)* • disengagement point; contact-finishing point

Eingriffsfehler *m* <qualit> • error in action

Eingriffsfläche *f* DIN 3998 <antr> *(von Zahnrädern)* • plane of action

Eingriffsflankenspiel *n* <antr> *(Zahnrad)* • backlash; normal backlash

Eingriffsfunktion *f* <math> • influencing function

Eingriffsgenauigkeit *f* <antr> *(von Zahnrädern)* • accuracy of meshing

Eingriffsglied *n* <masch> *(nachlaufend)* • follower

Eingriffsgrenze *f* DIN 55350-33 <qualit> *(Höchst-/Mindestwert einer Qualitätsregelkarte)* • action limit

Eingriffslänge *f* <masch> *(Zahnradpaar)* • length of line of action; length of line of contact; length of arc of contact

Eingriffslänge *f* <mech> *(von gepaarten Maschinenelementen, Zahnrädern)* • line of action; action line

Eingriffslinie *f* <mech> *(von gepaarten Maschinenelementen, Zahnrädern)* • line of action; action line

Eingriffsposition *f* <masch> *(von gegenüberliegenden formschlüssigen Teilen)* • mated position

Eingriffspunkt *m* <masch> *(Zahnradgetriebe)* • meshing contact point; contact point; point of engagement

Eingriffsstellung *f* <masch> *(z. B. von Zahnrädern)* • engagement position

Eingriffsstörung *f* <masch> *(von Maschinenelementen allg.; z. B. Zahnräder)* • defective meshing

Eingriffsstörung *f* DIN 3998 <masch> *(von Zahnrädern; Zahn/Zahn-Interferenz)* • tooth interference; meshing interference DIN 3998

Eingriffsstrecke *f* DIN 3998 <masch> *(Zahnradgetriebe)* • length of engagement; length of path of contact DIN 3998

Eingriffsteil der Schneide *m* <wz.masch> *(Werkzeug)* • working edge; active edge

Eingriffsteilung *f* <masch> *(Zahnradgetriebe)* • normal base pitch

Eingriffsteilungsprüfgerät *n* <wz> *(Zahnrad)* • base pitch tester; action pitch tester

Ein-Griff-Steuerung *f* <masch> *(betont: mit nur einem Hebel)* • single-lever control

Eingriffstiefe *f* <antr> *(von Verzahnungen)* • depth of engagement

Eingriffstiefe *f* <füg> *(von Schraubköpfen mit Innenangriff)* • recess depth; depth of recess; depth of the driving feature

Eingriffstiefe *f* <füg> *(bei Innensechskant)* • recess depth

Eingriffstiefe *f* <wz.masch> *(Arbeitstiefe beim Spanen)* • working depth

Eingriffsweg *m* <masch> *(von Zahnrädern)* • path of contact

Eingriffswinkel *m* DIN 3998 <antr> *(Zahnradgetriebe)* • pressure angle

Eingriffswinkel *m* <wz> • angle of approach

Eingriffswinkelfehler *m* <masch> *(Zahnradgetriebe)* • pressure angle error

Eingriffswinkel im Axialschnitt *m* <masch> • axial pressure angle

Eingriffswinkel im Normalschnitt *m* <masch> *(Schrägverzahnung)* • normal pressure angle

Eingriffswinkel im Stirnschnitt *m* <masch> *(Schrägverzahnung)* • transverse pressure angle; transverse pressure angle at point

Eingriffszahn *m* <masch> *(Zahnradgetriebe, Fräser)* • entering tooth

Eingriffszone *f* <masch> *(tragende Kontaktfläche)* • pressure area of contacting surfaces

Eingriffszyklus *m* <masch> *(von Zahnrädern)* • meshing cycle

Eingrifftiefe *f* <masch> *(z. B. Zahnradpaar im Eingriff)* • engagement depth

Eingrößensystem *n* <msr> • single-variable system; single-variable control system

Eingrubenäschersystem *n* <led> • one-pit liming system

Eingruppenmodell *n* <phys> • one-group model; one-group diffusion model

Eingruppentheorie *f* <phys> *(Neutronentheorie)* • one-group theory

Einguss *m* <metall> *(Öffnung in Gussform)* • gate; downgate; ingate; pouring gate; feeder

Einguss *m* <metall> *(Vorgang; Schmelze in Form)* • pouring-in; filling-in

Eingussabschneider *m* <metall> • gate cutter; sprue cutter

Eingussbuchse *f* <metall> *(in Gussform)* • sprue bush; sleeve

Eingussloch *n* <bau> *(zum Verpressen mit Beton etc.)* • grouting hole

Eingussloch *n* <metall> *(Öffnung in Gussform)* • gate; downgate; ingate; pouring gate; feeder

Eingussmodell *n* <metall> *(mit Verteilerkanal)* • gate pattern; sprue pattern; gate and runner pattern

Eingusssumpf *m* <metall> • pouring basin

Eingusstrichter *m* <metall> *(in Gussform)* • sprue; trumpet

Eingusstümpel *m* <metall> • pouring basin

Einguss- und Steigerholz *n* <metall> *(Gießen)* • running stick; pouring-gate stick; sprue pin

Eingussverschluss *m* <metall> *(Gussform)* • filler cap

Einguss-Walzenstreichmaschine *f* <pap> • gate-roll coater

einhändiger Griff *m* <mil> *(von Schusswaffen)* • one-handed grip

einhändiges Halten *n* <mil> *(von Schusswaffen)* • one-handed grip

Einhängeblende *f* <bau> *(Trichterverschluss)* • funnel stop

Einhängedraht *m* <obfl> *(Galvanotechnik)* • slinging wire

Einhängegestell *n* <obfl> *(Galvanotechnik)* • plating rack

Einhängekasten *m* <prod.nahr> *(Speiseeis; für Waffeltüten oder Becher)* • cassette

Einhängeklaue *f* <logist> *(Auflageträger)* • beam-to-column connector; hook connector

Einhängekonsole *f* <logist> *(am Regalständer; zur Befestigung der Quertraverse)* • bracket

Einhängelasche *f* <logist> *(Auflageträger)* • beam-to-column connector; hook connector

Einhängemaschine *f* <druck> • casing-in machine

einhängen *vi* <tele> *(Telefon; Gespräch beenden)* • hang up *vi*

einhängen *vt* <tech.allg> • hang in *vt*

einhängen *vt* <druck> *(Buchblock)* • case in *vt*

einhängen *vt* <min> *(Seigerförderung)* • lower *vt*

Einhängeträger *m* <bau> *(allg.)* • suspended beam

Einhängeträger *m* <bau> *(Brücke)* • suspended span

Einhängeverbindung *f* <logist> *(Auflageträger)* • beam-to-column connector; hook connector

Einhärtetiefe *f* <metall> • hardening depth

Einhärtung *f* <metall> • depth hardening

einhaken *vi* <wz> *(Werkzeug im Werkstoff; unerwünscht)* • dig in *vi*

einhaken *vt* <tech.allg> *(mit Haken befestigen)* • hook *vt*; hook in *vt*

einhaken *vt* <förd> *(Last)* • grasp with a hook *vt*; attach with a hook *vt*; secure with a hook *vt*; grab with a hook *vt*

einhaken *vt* <kfz> *(Anhänger)* • hitch *vt*

Einhalsen n <prod> • necking
einhalten vt <allg> (z. B. Vorschriften) • fulfill vt US; fulfil vt GB
einhalten vt <allg> (z. B. Gesetze, Vorschriften, Normen) • comply with vi; observe vt; respect vt; follow vt; meet vt
einhalten vt <tech.allg> (z. B. Kurs, Richtung, Sollwert) • hold vt
einhalten vt <navig> (z. B. Kurs, Geschwindigkeit) • maintain vt; observe vt
einhalten vt <prod> (z. B. Toleranzen) • maintain vt
Einhaltung f <allg> (von Gesetzen, Vorschriften, Regeln, Normen) • compliance (with); observance (of)
Einhandbedienung f <tech.allg> (z. B. von Hebezeug, Maschinen) • one hand operation; single hand operation; one handle operation; single-handed operation
Einhandbeschlag m <bau> • one hand operating hardware
Einhand-Camcorder m <av> • Handycam
Einhand-Steckverschluss m <bekl> (an Riemen, Taschen) • quick-lock buckle; quick-lock closure system
Einhand-Winkelschleifer m <wz> • angle grinder; disc sander/grinder GB
Einhebel m <masch> • single lever; monolever
Einhebelbedienung f <masch> • single-lever operation
Einhebelbetätigung f <masch> • single-lever actuation
Einhebelpumpe f <masch> • single-lever-operated pump
Einhebelschalter m <masch> • single-lever switch; single-lever control
Einhebelsteuerung f <masch> (z. B. von Elektrokarren) • monolever control; single-lever control
Einhebelsteuerung durch Kurbelgriff f <masch> • single-crank control
Einhebelverriegelung f <masch> • single-lever locking
Einhebelwahl f <wz.masch> • single-lever selection
einheimisch <ökon> (z. B. Produkte, Fahrzeugmodelle) • domestic
Einheit f <tech.allg> (z. B. Baustein, Baueinheit, Baugruppe, Modul) • unit
Einheit f <tech.allg> (Satz) • set
Einheit f <edv/doku> (einzelnes Teil einer Zeichnung; z. B. Linie, Kurve, Kreis, Text) • entity; element; item; object
Einheit f <math> • unity
Einheit f DIN 1301 <phys> (von Größen) • unit
Einheit f prakt <phys> (z. B. Meter, Kilogramm) • unit of measurement; measuring unit; unit of measure; unit pract
Einheit der Masse f <phys> (SI: kg) • unit of mass; mass unit
Einheit der Stichprobenauswahl f <qualit> • sampling unit
Einheitengleichung f <phys> • equation between units
Einheitenlager n <logist> • unit load storage system
Einheitenrad n <druck> • unit wheel
Einheitensystem n <phys> • system of units
Einheitenzahnstange f <masch> • em-rack
einheitlich <allg> (homogen) • homogeneous
einheitlich <allg> (Aussehen, Farbe, Form etc.) • uniform
einheitlich <tech.allg> (gleich, normal; z. B. Konstruktion, Vorgehensweise) • standard
einheitliche Beschaffenheit f <qualit> • uniformity
Einheitliche Europäische Akte f (EEA) <jur.ents> • Single European Act
einheitliche Feldtheorie f <phys> • unified field theory
einheitliche Ladungsverteilung f <druck> (Kopiergerät) • uniform charging
einheitlicher Datenträger m <edv> • common data carrier
Einheitlichkeit f <jur> (z. B. der Rechtsanwendung, des Steuersystems) • uniformity
Einheits-... <norm> • Unified ...

Einheitsbaustein m <tech.allg> • modular unit
Einheitsbauweise f <tech.allg> (als Prinzip) • unit construction
Einheitsbauweise f <prod> • standard design
Einheitsbohrung f DIN ISO 286-2 <masch> (Passungssystem; Gegensatz: Einheitswelle) • basic bore ISO 286-2; basic hole rare
Einheitselement n <math> • identity element
Einheitsfaktor m <math> • idem factor
Einheitsfläche f <math> • unit area; unit surface area
Einheitsgewinde n <füg> • standard thread
Einheits-Gewinde n <masch> (allg.; ISO-Inch-Gewinde) • Unified inch screw thread (UN) norm; Unified screw thread pract; Unified system thread; UST
Einheitshobel m <min> • standard plough
Einheitsklasse f <nav> • one-design class
Einheitsklassenboot n <nav> • one-design-class dinghy
Einheitskugel f <math> • unit sphere
Einheitsladung f <el> • unit charge
Einheitslast f <mech> • unit load
Einheits-Leichtkesselwagen m <bahn> • standard light tank car
Einheitsmatrix f <math> • identity matrix; unit matrix
Einheits-Messumformer m <msr> (z. B. Infrarot, Ultraschall) • transmitter
Einheitsquelle f <phys> • unit source
Einheitsradius m <math> (Vektorrechnung) • unit radius
Einheitsröhrenfassung f <el> • standard base
Einheitsschritt m <tele> • unit interval
Einheitsschrittkode m <tele> • equal-length multi-unit code
Einheitssignal n <msr> • standard signal
Einheitssprung m <msr> (Sprungfunktion) • unit step; unit step function
Einheitssprungantwort f <msr> • unit-step response
Einheitssprungfunktion f <math> (Analysis) • unit-step function
Einheitstensor m <math> • unit tensor
Einheitstreibstoffverbrauch m <aerospace> • specific propellant consumption
Einheitsvektor m <math> • unit vector
Einheitsvolumen n <phys> • unit volume
Einheitswelle f DIN ISO 286-2 <masch> (Passungssystem; Gegensatz: Einheitsbohrung) • basic shaft ISO 286-2
Einheitszeit f <phys> • standard time
Einhelfer m /-in f <theat> • prompter
einhiebig <wz> (Feile) • single-cut; float-cut
einhiebige Feile f <wz> • single-cut file; float [file]
einhöckrige Kurve f <math> • single-peak curve
Einholimpantograph m wiss <bahn> (E-Lok) • single-bar pantograph
Einholmstromabnehmer m <bahn> (E-Lok) • single-bar pantograph
Einhordendarre f <verf> • one-floor kiln; one-floored kiln; single-deck kiln; single-floor kiln
Einhubjacquardmaschine für Offenfach f <textil> • single-lift Jacquard machine for open shedding
Einhüllen n <edv.av> • enveloping
einhüllen vt <allg> (verstecken; z. B. in Rauch, Nebel) • cover vt; shroud vt
einhüllen vt <math> (Werte mit Hüllkurve) • envelop vt
einhüllen vt <obfl> (beschichten) • coat vt
Einhüllende f <math> (Kurve) • envelope curve; envelope
einhülsen vt <pack> • can vt
einhülsen vt <prod> (hart; z. B. mit Rohr umgeben) • can vt
einimpfen <bio.chem> (Nährmedium) • inoculate vt
Einimpulsschweißen n <füg> • single-impulse welding

einisotopig <nukl> • monoisotopic

Einjahrespflanze f <pap.ents> • annual plant

Einkammeranhängersteuerventil n <nfz> • single-chamber trailer control valve

Einkammerbremszylinder m <brems> • single-chamber brake cylinder

Einkammereindicker m <verf> • single-compartment thickener; unit thickener

Einkammereinheit f <licht.theat> • single unit; one compartment unit

Einkammerkessel m <rls> • single-header boiler

Einkammerschrittmacher m <med.tech> • single chamber pacemaker

Einkanal... <av> (im Ggs. zu Stereo) • mono …

Einkanalanalysator m <tele> • single-channel analyser

Einkanalanlage f <hlk> (Klimaanlage) • single-duct system

Einkanalanlage f <tele> • single-channel system

Einkanalempfänger m <navig> • single-channel receiver

Einkanal-GPS-Empfänger m <navig> • single-channel receiver

einkanalig <av> (Schallplattenaufnahme) • monaural

einkanalig <tele> • single-channel; one-channel

Einkanalkoinzidenzspektrometrie f <msr> • single-channel coincidence spectrometry

Einkanalrad n <masch> (Pumpe) • single-vane impeller; single-blade impeller; singe-channel impeller rar

Einkanalschreiber m <msr> • single-channel recorder; single-channel pen recorder

Einkanalverstärker m <tele> • single-channel amplifier

einkapseln vt <pack> • encase vt

einkapseln vt <prod> • encapsulate vt

Einkapselung f rar <energ.sol> (von Solarzellen) • encapsulation; incapsulation rare

Einkapselung f <ents> (von Giftmüll) • encapsulation

Einkapselung f <kfz> (von Fensterscheiben) • encapsulation

Einkapselungsmaßnahme f <ents> • encapsulation measure

Einkauf m prakt <ökon> (Organisationseinheit) • purchasing department; purchasing pract

Einkaufsabteilung f <ökon> (Organisationseinheit) • purchasing department; purchasing pract

Einkaufsauto n <kfz> • shopping car

Einkaufskomplex m rar <ökon> • shopping center US; shopping centre GB; shopping mall US; shopping precinct GB; retail center US.rare

Einkaufspassage f <bau> (überdachter Durchgang mit Ladengeschäften) • shopping arcade; arcade coll

Einkaufs- und Dienstleistungszentrum n <ökon> • commercial center

Einkaufs- und Erlebniswelt f werb <ökon> • urban entertainment center (UEC)

Einkaufs- und Unterhaltungszentrum n <ökon> • urban entertainment center (UEC)

Einkaufswagen m <fz> • shopping cart US; trolley GB

Einkaufszentrum n <ökon> • shopping center US; shopping centre GB; shopping mall US; shopping precinct GB; retail center US.rare

einkehlen vt <prod> • channel vt

einkehlen vt <prod> (einschnüren) • neck down vt

einkeilen vt <druck> • quoin vt

einkerben vt <obfl> (Rillen, Linien einritzen) • score vt

einkerben vt <prod> (tief) • notch vt

einkerben vt <prod> (viele Zacken oder Kerbnuten erzeugen) • serrate vt

Einkerbung f <tech.allg> (eher in einer Fläche) • notch

Einkerbung f <prod> (eher in einer Kante) • indentation

Einkerbung f <prod> (tiefer Kratzer) • score

Einkettenförderer m <förd> • single-chain conveyor

einkitten vt <bau> (Fensterscheibe) • fix in with putty vt

einkitten vt <opt> (Linsen) • block vt

einklagbar <jur> (z. B. Recht, Anspruch, Schadensersatz) • enforceable at law; recoverable at law; actionable; suable US

einklammern vt <math/doku> (Ziffer, Zahlen, Textteile) • set in brackets vt; enclose in brackets vt; set in parentheses vt; parenthesize vt; bracket vt

einklappen vt <tech.allg> (etwas Aufgeklapptes; z. B. Karton, Mantelkragen) • fold in vt

Einklebemaschine f <druck> • tipping machine

einkleben vt <druck> (Beilage) • tip in vt

einkleben vt <füg> (mit Leim) • glue in vt

einkleben vt <füg> (mit Kleister) • paste in vt

einklemmen vt <tech.allg> (fest, mit Spannbacken etc., meist absichtlich; z. B. in Schraubstock) • clamp vt

einklemmen vt <prod> (blockieren; eher unabsichtlich) • jam vt

einklemmen vt <textil> (Hülse) • clamp vt; grip vt

Einklemmschutz m <kfz.msr> (el. Fensterheberfunktion) • auto reverse

Einklingen n <av> (eines Tons, Klangs) • attack time

Einklinkeffekt m <el> • latch-up effect

Einklinken n <el> (Kontakte, Schalter, Signale) • latching

einklinken vt <tech.allg> (z. B. Schalter, Riegel) • latch vt

einklinken vt <masch> (fangen; z. B. Stößel, Mitnehmer) • catch vt

einklinken vt <masch> (mit Sperrklinke) • pawl vt

Einknicken n <nfz> (Zugfahrzeug und Anhänger) • jackknifing

einknicken vi <nfz> (Zugfahrzeug und Anhänger) • jackknife vi

Einknopfbedienung f <tele> • single-knob control; single control

einkochen vt ugs <chem.verf> (durch Verdampfen eindicken) • evaporate vt; inspissate vt thsc; concentrate by evaporation vt did; boil down vt coll

einkochen vt <nahr> • preserve vt

Einkörperproblem n <mech> • one-body problem

Einkörperverdampfer m <verf> • single-effect evaporator

Einkolbenpumpe f <förd> • one-cylinder pump; single cylinder pump

Einkomponentenkleber m <füg> • one-component adhesive; one-pack adhesive; one-part adhesive; single-component adhesive; single-part adhesive

Einkomponentenklebstoff m <füg> • one-component adhesive; one-pack adhesive; one-part adhesive; single-component adhesive; single-part adhesive

Ein-Komponenten-Kraftsensor m <msr> • one-component force transducer; 1-component force transducer

Einkomponenten-Kraftsensor m <msr> • one-component force transducer; 1-component force transducer

Einkomponentenlack m <obfl> • one-pack paint; 1-pack paint

Einkomponenten-Reaktionsklebstoff m <füg> • one-component reactive adhesive

Einkomponentensystem n <chem> (allg.) • one-component system

Einkomponentensystem n <obfl> • one-pack system; single-package system

Einkomponententreibstoff m <aerospace> (für Raketenmotor) • monopropellant

Einkomponenten-Trockentoner m <druck> • one component dry toner

Einkomponenten-Wasserklarlack m rar <obfl> • 1-component water-based clear coat [paint]

einkomponentiger Klebstoff m <füg> • one-component adhesive; one-pack adhesive; one-part adhesive; single-component adhesive; single-part adhesive

einkomponentiger Polyurethan-Montageschaum *m* form <bau.mat> *(PU-Schaum aus der Dose)* • PU-foam *pract*; 1-component PU foam
einkomponentiges System *n* <chem> *(allg.)* • one-component system
Einkopfaufzeichnung *f* <av> • one-head helical scan; one-head helical scanning; one-head helical recording
Einkopfflachkämmer *m* <textil> • single-head rectilinear comber
Einkopf-Schrägschriftaufzeichnung *f* <av> • one-head helical scan; one-head helical scanning; one-head helical recording
Einkopf-Schrägschriftverfahren *n* <av> • one-head helical scan; one-head helical scanning; one-head helical recording
Einkopf-Schrägspuraufzeichnung *f* <av> • one-head helical scan; one-head helical scanning; one-head helical recording
Einkopf-Schrägspurverfahren *n* <av> • one-head helical scan; one-head helical scanning; one-head helical recording
einkopieren *vt* <doku> • copy in *vt*
einkoppeln *vt* <lwl> *(Einstrahlen des Lichts in die Faser)* • launch *vt*; couple into *vt*
Einkoppelstrecke *f* <tele> • buncher space
Einkopplungswinkel *m* <lwl> • launch angle
Einkopplungswirkungsgrad *m* <lwl> • launch efficiency
Einkornabrichter *m* <wz> *(für Schleifscheiben)* • single-point truer; single-point wheel truer; single-diamond truer
Einkornbeton *m* <bau.mat> • single-sized aggregate concrete
einkranzig <masch> • single-row
einkratzen *vt* <obfl> *(absichtlich oder unabsichtlich; z. B. Linien, Muster, Schrift)* • score *vt*; scratch *vt*
Einkreisanlage *f* <energ.sol> • drain-down system; direct system
Einkreisbremsanlage *f* <kfz.brems> • single-circuit braking system
Einkreiselkompass *m* <navig> • single-rotor gyro compass
Einkreisempfangsgerät *n* <av> • single-circuit receiver
einkreisen *vt* <tech.allg> *(lokalisieren; z. B. Störungsursache)* • localize *vt*; isolate *vt*
einkreisen *vt* <mil> • encircle *vt*
einkreisen *vt* <mil> *(allseitig umfassen; feindl. Truppen)* • encircle *vt*
Einkreissystem *n* <energ.sol> • drain-down system; direct system
Einkreissystem *n* <verf.emiss> *(Entschwefelung mit einem Absorptionskreislauf)* • single-loop system; single-absorption-loop system
Einkristall *m* <mat> • single crystal; monocrystal *rare*
Einkristallfaden *m* <mat> • single-crystal fiber; whisker
einkristallin <mat> *(z. B. Quartz)* • single-crystalline; single-crystal; monocrystalline
einkristalline Kathode *f* <el> • monocrystalline cathode
einkristalliner Granat *m* <mat> • single-crystal garnet
einkristalline Schicht *f* <mat> • single-crystal layer
Einkristallplättchen *n* <mat> • single-crystal slice
Einkristallspektrometer *n* <msr> • single-crystal spectrometer
Einkristallstab *m* <el.ic.prod> *(für Wafer)* • single-crystalline rod
Einkristallzüchtung *f* <mat> • single-crystal growth
Einkuppeln *n* <kfz.antr> • clutch engagement
Einkuppeln *n* <nfz> *(Anhänger an Zugmaschine)* • coupling; locking up *GB*
einkuppeln *vi* <kfz> • release the clutch pedal *vi*; engage the clutch *vi*

einkuppeln *vt* <masch> *(Mechanismus, Kupplung)* • engage *vt*; couple *vt*
einläufig <mil> *(Waffe)* • single-barrel
einläufige rationale Kurve *f* <math> • unicursal curve
einläufige Treppe *f* <bau> • single-flight stair
Einlage *f* <bau> • filler board
Einlage *f* <druck> • inset
Einlage *f* <fz> *(in Reifen)* • ply; carcass ply; casing ply
Einlage *f* <pack> • insert; insertion
Einlage *f* <pap> *(Füllmaterial)* • filler
Einlage *f* <pap> *(Zwischenschicht)* • middle layer
Einlage *f* <textil> • padding; wadding
Einlagenschweißen *n* <füg> • single-run welding; single-layer welding
Einlagenschweißnaht *f* <füg> • single-pass weld; single-layer weld
Einlagerbahnhof *m* <logist> *(für einzulagernde Ladeeinheiten eines RFZ)* • pick-up station; input station; pick-up extension; pick-up stand
einlagern *vt rar* <tech.allg> *(komplett in Matrix; z. B. in Gewebe, Kunststoff, Beton)* • embed *vt*
einlagern *vt* <bio> *(im Körper, im Gewebe)* • incorporate *vt*
einlagern *vt* <edv> *(Swap-Dateien)* • swap in *vt*
einlagern *vt* <geo> *(Schichten)* • interstratify *vt*; intercalate *vt*
einlagern *vt* <logist> *(Waren, Paletten; in Lager)* • deposit *vt*; store *vt*
einlagern *vt* <phys> *(Atome in Kristallgitter, Moleküle)* • intercalate *vt*; include *vt*
Einlagerung *f* <bio> *(im Gewebe; z. B. von Giften, Schwermetall)* • incorporation
Einlagerung *f* <chem> *(z. B. von Gastmolekülen zwischen Schichten, planaren Ringsystemen)* • intercalation
Einlagerung *f* <geo> *(Vorgang)* • interstratification; interbedding
Einlagerung *f* <geo> *(Ergebnis)* • interstratified bed; intercalary bed
Einlagerung *f* <logist> *(von Ladeeinheiten; in Lager)* • storage; input; deposit
Einlagerung *f* <logist> *(von Waren; z. B. Frachtgut)* • storage
Einlagerung *f* <mat> *(von Störstellen, Verunreinigungen)* • introduction
Einlagerung *f* <phys> *(von Atomen, Molekülen)* • inclusion
Einlagerungsanweisung *f* <logist> • storage direction
Einlagerungsatom *n* <phys> *(Kristallgitter)* • interstitial atom; interstitial
Einlagerungsauftrag *m* <logist> • storage direction
Einlagerungsförderer *m* <logist> • input conveyor; infeed conveyor
Einlagerungsfremdatom *n* <phys> • interstitial impurity [atom]
Einlagerungsmischkristall *m* <mat> • interstitial solid solution; interstitial solution
Einlagerungspuffer *m* <logist> *(im automatischen Hochrregallager)* • input line; receiving line
Einlagerungsseite *f* <logist> *(Regal)* • loading face
Einlagerungsspiel *n* <logist> *(RFZ)* • storage cycle
Einlagerungsstoff *m* <ents> • emplaced waste
Einlagerungsverbindung *f* <chem> • interstitial compound
Einlagerung von flüssigen Kohlewasserstoffen *f* <ents> • storage of liquid hydrocarbons; liquid HC storage
Einlageschicht *f* <prod> • interlayer
Einlagestoff *m* <textil> • interlining
Einlagestück *n* <tech.allg> • insert
einlagig <tech.allg> *(z. B. Papier)* • one-layer; single-layer
einlagig <füg> *(Schweißnaht)* • single-pass; single-run

einlagig <pap> *(z. B. Karton)* • single-ply
einlagig beplankt <bau.innen> • single layer of boards; single-ply *US*
einlagige Abtastung *f* <msr> • unilateral detection
einlagige Beplankung *f* <bau.innen> • single layer of boards; single-ply *US*
einlagige Naht *f* <füg> • single-pass weld
einlagige Pappe *f* <pap> • single-wall board
einlagiger Balg *m* <rls> • single ply bellows; single-ply bellows
einlagiger Tropfenabscheider *m* <hlk> • single-bank drift eliminator
einlagige Schweißnaht *f* <füg> • single-layer weld
einlagiges Papier *n* <pap> • single-layer paper
einlagige Wicklung *f* <el> • single-layer winding
einlagig geschweißt <füg> • single-run welded
einlagig geschweißte Naht *f* <füg> • single-pass weld
Einlass *m* <allg> *(betont: Erlaubnis des Eintretens; z. B. von Personen, Stoffen)* • admission
Einlass *m* <masch> *(Öffnung, Kanal u. dgl.; z. B. Lufteinlass e. Gasturbine)* • intake; inlet
Einlass *m* <masch> • inlet
Einlassdrehschieber *m* <kfz.mot> • rotary induction valve
Einlassdruck *m* <verf> • admission pressure
Einlassemissionen *fpl* <kfz.emiss> *(am Katalysatoreingang)* • inlet emissions *pl*
einlassen *vt* <tech.allg> *(Flüssigkeit, Gas in Gefäß, Rohr; z. B. Dampf in Turbine)* • let in *vt*; take in *vt*; admit *vt*
einlassen *vt* <tech.allg> *(vertieft, oberflächenbündig einsetzen; z. B. Scanner im Kassentisch)* • recess *vt*; embed *vt*
einlassen *vt* <petr> *(Bohrstrang, Bohrgarnitur in Bohrloch)* • lower *vt*
einlassen *vt* <prod> *(ganz oder teilweise versenkt einsetzen; z. B. Passfeder in Nut)* • sink *vt*
Einlassen mit Politur *n* <obfl.holz> *(Arbeitsgang beim Handpolieren)* • fadding-up
Einlasshub *m* <masch> *(Kolbenmaschine)* • induction stroke
Einlasskanal *m* <tech.allg> *(z. B. Lüftung, Motor, Turbine)* • inlet duct; intake duct
Einlasskanal *m* <kfz.mot> *(im Zylinderkopf)* • intake port; inlet port *GB*; intake passage *rare*; inlet passage *rare*
Einlasskante *f* <turb> • admission edge
Einlasskegel *m* <verf> • inlet cone
Einlasskrümmer *m* <mot> • intake manifold; inlet manifold *ISO 7967-4*; induction manifold *GB*
Einlassmagnetkontakt *m* <alarm> • recess mounted magnetic switch
Einlassmembranventil *n* <kfz.mot> *(Einlass-Steuerung bei Zweitaktmotoren)* • reed-type inlet valve
Einlassnocken *m* <kfz.mot> • inlet cam
Einlassnockenwelle *f* <kfz.mot> • intake camshaft; inlet camshaft
Einlassnockenwellenrad *n* <kfz.mot> *(für Steuerkette)* • intake camshaft sprocket; intake cam sprocket
Einlassnockenwellenritzel *n* <kfz.mot> *(für Steuerkette)* • intake camshaft sprocket; intake cam sprocket
Einlass öffnet *prakt* <kfz.mot> • intake valve opens
Einlassöffnung *f* <kfz.mot> *(des Wankelmotors)* • intake port; inlet port
Einlassphase *f* <kfz.mot> • induction period; inlet period
Einlassquerschnitt *m* <tech.allg> *(Kanal, Öffnung)* • admission section
Einlassreedkontakt *m* <alarm> • recess mounted magnetic switch
Einlassrohr *n* <rls> • induction pipe
Einlassschieber *m* <rls> • admission valve

Einlassschirmventil *n* <rls> • masked inlet valve
Einlass schließt *prakt* <kfz.mot> • intake valve closes
Einlassschlitz *m* <mot> *(2-Takter)* • induction port; inlet port
Einlassschütz *n* <energ.hydr> • inlet sluice; intake gate; head gate
Einlassstutzen *m* <tech.allg> *(für Behälter, Rohrsystem)* • spout; inlet [piece] *US*; intake [piece]
Einlassstutzen *m* <turb> • inlet connecting branch
Einlassüberdeckung *f* <masch> *(Kolbendampfmaschine)* • steam lap
Einlassüberdeckung *f* <mot> • outside lap
Einlass- und Auslassöffnungen *fpl* <kfz.emiss> *(Katalysator)* • front and rear openings *pl*
Einlassventil *n* <tech.allg> *(betont: Erlaubnis des Eintretens)* • admission valve
Einlassventil *n* (EV) <kfz.mot> • intake valve; inlet valve
Einlassventil *n* <masch> *(betont: auf Unterdruckseite; z. B. Kolbenpumpe)* • suction valve; intake valve; inlet valve
Einlassventil *n* <rls> • inlet valve
Einlassventilführung *f* <kfz.mot> • intake valve guide; inlet valve guide
Einlassventil öffnet (Eö) <kfz.mot> • intake valve opens
Einlassventil schließt (Es) <kfz.mot> • intake valve closes
Einlassventil schließt nach UT <kfz.mot> • intake valve closes ABDC
Einlauf *m* <ents> *(von Sortierern)* • inlet
Einlauf *m* <masch> *(von Zahnrädern)* • bedding-down
Einlauf *m* <masch> *(z. B. von Lagern, Motoren)* • running-in; wearing-in
Einlauf *m* <prod> • downgate; sprue
Einlauf *m* <verf.hydr> *(z. B. von Wasser)* • intake; inlet
Einlaufabwickler *m* <prod> • pay-off stand
Einlaufbahn *f* <aerospace> • insertion trajectory
Einlaufbauwerk *n* DIN 4045 <bau.hydr> *(Kläranlage, Kraftwerk)* • intake structure; inlet structure; headworks *pl*; inlet works *pl*; intake works
Einlaufbecken *n* <energ> *(Kraftwerk)* • forebay
Einlaufdiffusor *m* <masch> *(von Strömungsmaschinen; z. B. Turbinen, 2-Takt-Motoren)* • inlet diffusor
Einlaufen *n* <masch> *(z. B. von Lagern, Motoren)* • running-in; wearing-in
einlaufen *vi* <tech.allg> *(Flüssigkeit, in ein Gefäß hinein)* • flow in *vi*
einlaufen *vi* <nav> *(Schiff in den Hafen)* • enter *vi/vt*; enter a port *vi*; come in *vi*
einlaufen *vi* <textil> *(schrumpfen)* • contract *vi*; shrink *vi*
einlaufen *vt* <bekl> *(neue Stiefel, Schuhe; durch Gehen, Wandern)* • break in *vt*
einlaufen *vt* <textil> • enter *vi*
einlaufende Flanke *f* <masch> • drive side
einlaufende Seite *f* <masch> *(Zahnrad)* • entering side
einlaufende Seite *f* <textil> • fork
einlaufende Welle *f* <tech.allg> • incoming wave; incident wave
einlaufen lassen *vt* <masch> *(Zahnrad)* • bed down *vt*
einlaufen lassen *vt* <masch> *(Maschine)* • break in *vt*
einlaufen lassen *vt* <masch> *(Motor)* • run in *vt*
einlaufen lassen *vt* <masch> *(Kolben, Lager)* • wear in *vt*
Einlauffase *f* <wz> *(Walzwerkzeug)* • startup chamfer; starting chamfer
Einlaufgefäß *n* <agri> • supply can
Einlaufgehäuse *n* <förd> *(mehrstufige Kreiselpumpe)* • suction casing
Einlaufgehäuse *n* <förd> *(Pumpe)* • suction bowl
Einlaufgeschwindigkeit *f* <verf> • inlet velocity
Einlaufgestell *n* <prod> • pay-off stand

Einlaufgitter *n* <verf.hydr> *(im Einlaufbauwerk; hält Fische und Grobstoffe zurück)* • intake screen
Einlaufkegel *m* <verf> • inlet cone
Einlaufkehle *f* <füg> • hollow tread
Einlaufkontrolle *f* <qualit> • shrinkage control
Einlaufleitung *f* <tech.allg> *(Zulauf durch Niveauunterschied)* • inlet line
Einlauföffnung *f* <tech.allg> • inlet port
Einlauföl *n* <tribo> • running-in oil
Einlaufplenum *n* <verf> • inlet chamber
Einlaufrechen *m* <verf.hydr> *(im Einlaufbauwerk; hält Fische und Grobstoffe zurück)* • intake screen
Einlaufrille *f* <tech.allg> *(z. B. in Schallplatte)* • lead-in groove
Einlaufrinne *f* <tech.allg> • inlet channel
Einlaufrinne *f* <verf.hydr> *(Feinsiebtrommel)* • headbox; internal feed headbox
Einlaufrohr *n* <verf.hydr> *(Spaltsieb)* • headbox; header box
Einlauffrost *m* <verf.hydr> *(im Einlaufbauwerk; hält Fische und Grobstoffe zurück)* • intake screen
Einlaufschacht *m* <pack> *(für Verpackungseinheiten; z. B. Dosen, Flaschen)* • infeed chute
Einlaufschacht *m* <rls> *(für Regenwasser)* • gully
Einlaufschütz *n* <energ.hydr> • inlet sluice; intake gate; head gate
Einlaufsegment *n* <verf> • inlet segment
Einlaufseite *f* <tech.allg> • inlet side
Einlaufseite *f* <energ> *(für Kühlwasser)* • intake side
Einlaufseite *f* <prod> *(zur Einspeisung, Zufuhr)* • feed-in side; feed side
Einlaufseite *f* <wz.masch> • loading side
Einlaufsohle *f* <verf.hydr> • inlet channel floor; inlet level
Einlaufspirale *f* <masch> *(z. B. Francis-Turbine, Kaplan-Turbine, Kreiselpumpe)* • volute; volute casing; spiral casing; scroll case; volute-type casing
Einlaufspur *f* <edv> • lead-in track; lead-in; lead-in area; run-in section
Einlaufstutzen *m* <masch> *(Pumpe)* • suction nozzle; suction branch; inlet branch
Einlaufstutzen *m* <turb> • inlet connection
Einlaufsystem *n* <metall> *(in Gießform)* • gating system; gating
Einlaufteil *n* <masch> *(Strömungsmaschine)* • inducer
Einlauftrichter *m* <förd> *(Pumpe)* • suction bowl
Einlauftrichter *m* <masch> *(zum Einfüllen)* • inlet funnel
Einlaufverlust *m* <energ.hydr> • entry loss
Einlaufvermögen *n DIN ISO 4378-1* <masch> *(Gleitlager)* • running-in ability *ISO 4378-1*
Einlaufwälzwinkel *m* <masch> *(Zahnrad)* • angle of approach
Einlaufwalze *f* <druck> • former roller
Einlaufwinkel *m* <masch> • entry angle
Einlaufzeit *f* <masch> *(Anpassung beweglicher Teile, z. B. in Getriebe, Motor)* • running-in period; run-in period; break-in period; wear-in period
Einlaufzeit *f* <masch> *(von Maschinen, Anlagen; bis zum Erreichen der Betriebstemperatur)* • warm-up time; warm-up phase
Einlegearbeit *f rar* <obfl.holz> *(z. B. in Möbeln, Kfz-Innenausstattung)* • intarsia; wood inlay
Einlegeboden *m* <logist> *(in Regal; aus Blech, Holz)* • shelf *pl:* shelves
Einlegeeinrichtung *f* <wz.masch> • loading device
Einlegegerät *n* <tech.allg> • inserting device
Einlegegerät *n* <autom> *(nicht frei programmierbar, daher im Dt. nicht in der Kategorie Roboter)* • pick and place unit/device/machine; automated transfer device *form;* limited sequence robot; bang-bang robot *coll;* fixed stop robot *coll*

Einlegekeil *m DIN 6886* <füg> • sunk key
Einlegeleiste *f* <textil> • tuck-in selvage
Einlegemaschine *f* <silik> • batch charger; batch feeder
Einlegen *n* <edv> *(eines Datenträgers)* • insertion
Einlegen *n* <kfz> *(eines Gangs)* • engagement
einlegen *vt* <tech.allg> *(z. B. CD in Abspielgerät)* • insert *vt*
einlegen *vt* <tech.allg> *(z. B. Film in Kamera; Werkstück)* • load *vt*
einlegen *vt* <tech.allg> *(Material in Maschine; z. B. Papier in Drucker)* • feed *vt;* load *vt*
einlegen *vt* <av> *(Kassette in einen Recorder)* • feed *vt;* insert *vt*
einlegen *vt* <kfz> *(einen Gang)* • engage *vt*
einlegen *vt* <prod> *(Holz)* • inlay *vt*
einlegen *vt* <prod> *(Kern in Gießform)* • lay in *vt;* place *vt*
einlegen *vt* <prod> *(z. B. Werkstück, Rohling)* • put in *vt;* feed in *vt*
einlegen *vt* <textil> *(Faden in den Nadelhaken)* • feed *vt*
einlegen *vt* <textil> *(Schuss; auf Raschelmaschinen und Kettenwirkautomaten)* • inlay *vt*
Einlegeplatinenfassung *f* <prod> • laying-in sinker unit
Einleger *m* <doku> *(Begleitheftchen in CD-ROM-Hülle)* • booklet
Einleger *m* <doku> *(Deckblatt in CD-ROM-Hülle)* • insert
Einleger *m* <kst> *(in Spritzgießwerkzeugen)* • insert; inset
Einlegering *m* <füg> *(Rohrschweißen)* • backing ring
Einlegesohle *f* <led> *(Schuh)* • inlay sole
Einlegeteil *n* <kst> *(in Spritzgießwerkzeugen)* • insert; inset
Einlegetisch *m* <pack> • feed board
Einlegetrommel *f* <agri> *(Mähdrescher)* • straw beater; feeder beater
Einlegetrommel *f* <verf> • feeder beater
Einlegevorbau *m* <silik> *(Glasofen)* • doghouse
Einlegevorgang *m* <wz.masch> • loading operation
einleisten *vt* <led> • insert the last *vi;* relast *vt*
Einleiten *n* <ents> *(von flüssigen Abfällen)* • discharge; disposal
einleiten *vt* <allg> *(z. B. Vortrag, Buch, Interview)* • introduce *vt*
einleiten *vt* <tech.allg> *(Vorgang, Prozess initiieren; z. B. Reaktion, Gespräche)* • initiate *vt*
einleiten *vt* <tech.allg> *(plötzlich; Vorgang starten, z. B. Kettenreaktion)* • set off *vt*
einleiten *vt* <ents> *(z. B. Abwasser in Kanalisation)* • conduct into *vt;* pass into *vt*
Einleiterendverschluss *m* <el> • cable sealing end
Einleiterkabel *n* <el> • single-core cable; single-conductor cable; single conductor cable; single cable
Einleiterschnur *f* <el> • single-conductor cord
Einleiterstromkreis *m* <el> • single-circuit system
Einleitersystem *n* <kfz.el> • single-connector system
Einleiterwandler *m* <el> • single-turn current transformer
Einleitung *f* <allg> *(von Handlungen, Bewegungen, Prozessen)* • initiation; start
Einleitung *f* <doku> *(z. B. in Vortrag, Buch)* • introduction
Einleitung *f* <verf> *(eines Vorganges; aktiv od. passiv; z. B. Oxidieren, Schmelzen)* • starting
Einleitung der Vorspannkräfte *f* <bau> *(Spannbeton)* • transfer of prestress[ing force]
Einleitung ins Meer *f* <ents/ökol> • coastal discharge
Einleitungsbremsanlage *f* <brems> • single-line braking system
Einleitungsgrenzwert *m* <ents> *(für flüssige Abfälle)* • discharge level; discharge standard
Einleitungsrohr *n* <rls> • inlet pipe
Einleitungsschmieranlage *f* <tribo> • single-line lubrication system; single-line system

Einlenkgesetz *n* <aerospace> • formula for guidance to the line of sight

Einlesegerät *n* <av> • scanner; scanning device

Einlesen *f* <edv> *(Daten)* • read-in

Einlesen *n* <edv> *(z. B. von Text, Bildern, Strichcode; Vorgang)* • scanning; scan; read-in *rare*

einlesen *vt* <edv> *(allg.)* • read in *vt*

einlesen *vt* <edv> *(maschinenlesbare Zeichen; z. B. Text, Strichcode)* • scan *vt*; machine-read *vt*; read *vt*

Einlesen von Sendernamen *n* <av> • automatic scanning of station names

Einleseprogramm *n* <edv> • read-in program

Einlinienspektrum *n* <phys> • single-line spectrum

einlinsig <opt> • single-lens

Einlippentieflochbohrer *m* <wz> • single-fluted deephole drill; single-flute deep-hole drill; gun drill of single-flute design

einlippig <wz> • single-fluted; single-flute; single-lipped; single-lip

Einlochbefestigung *f* <msr> • single hole fixing

Einlochdüse *f* <kfz.mot> • single-orifice type injector

einlösen *vt* <tour> *(Meilen)* • redeem *vt*

einlösige Druckluftbremse *f* <brems> • direct release-air brake

Ein-Lösungsmittel-Verfahren *n* <petr> • single-solvent process

einlötbare Diode *f* <el> • wire-ended diode

einlöten *vt* <füg> • solder in *vt*

Einlötkondensator *m* <el> • solder-in capacitor

Einlötsicherung *f* <el> • pigtail fuse

Einlöttyp *m* <füg> • flying lead variant

einloggen *vr* <edv> *(in System, LAN)* • log on *vi*; log in *vi*

einloten *vt* <bau> • plumb *vt*

einmachen *vt* <nahr> *(Obst, Gemüse; in Gläsern)* • preserve *vt*

Einmachglas *n* <nahr> • perserve jar

Einmaischapparat *m* <nahr> *(Wein)* • crusher; grape mill

Einmaischen *n* <nahr> *(mit Füßen)* • treading

einmaischen *vt* <nahr> *(Gärung)* • mash *vt*; dough in *vt*

Einmaischschnecke *f* <nahr> • mash screw feeder

Einmalablenkung *f* <phys> *(Oszillograph)* • single shot

einmal beschreibbar <edv> • write-once

einmal beschreibbare CD *f* <edv> • write-once recordable CD

einmal beschreibbare Digital Versatile Disc *f* did <edv> *(einmal beschreibbar, Laser Power Modulation)* • DVD-R

einmal beschreibbare immer wieder lesbare Platte *f* <edv> • write once read many disk; WORM disk; WOOD disk; write-once optical disk; write-once disk

einmal beschreibbare [Speicher]platte *f* <edv> • WORM; WORM disk; WORM optical disk; write-once [optical] disk; CD-WO [disk] *ECMA*

Einmalfarbband *n* <edv> • one-time ribbon; single-pass ribbon

Einmalgebrauchskanüle *f* <med> • disposable syringe

Einmalgebrauchskatheter *m* <med> • disposable catheter

einmalige Auslösung *f* <el> • non-recurrent triggering

einmaliger Durchgang *m* <wz.masch> • single pass

einmalige Zeitablenkung *f* <el> *(Oszilloskop)* • single-shot sweep

einmalig programmierbarer Nur-Lese-Speicher *m* <autom> • programmable read-only memory (PROM)

Einmal-Karbonfarbband *n* <druck> • one-time carbon ribbon

Einmal-Palette *f* <logist> • one-way pallet; disposable pallet; expendable pallet; non-returnable pallet; throwaway pallet

Einmann... <tech.allg> *(z. B. -bedienung, -werkzeug)* • one-man ...

Einmannbedienung *f* <tech.allg> • single-operator control; one-man control; one-man operation

Einmann-Benzinmotor-Kettensäge *f* <wz> • one-man gasoline-engined chain saw *US*; one-man petrol-engined chain saw *GB*

Einmannboot *n* <nav> • one-man boat

Einmannkammer *f* <nav> • single-berth cabin

Einmaskentechnik *f* <el> • single-mask technique[s]

Einmastgerät *n* <logist> *(RFZ)* • single mast crane; storage/retrieval machine with single mast frame *US.form*; single mast frame S/R machine *US*

Einmast-RFZ *n* <logist> *(RFZ)* • single mast crane; storage/retrieval machine with single mast frame *US.form*; single mast frame S/R machine *US*

Einmastzelt *n* DIN ISO 7152 <tour> • single-pole tent *ISO 7152*

Einmauerung *f* <metall> *(Ofen, Herd u. dgl.)* • bricking-in; brickwork setting

Einmaulschlüssel *m* DIN 898 <wz> • single open-end wrench *US/GB*; single open-end[ed] spanner *GB*; engineers wrench, single head *in catalog*

einmehrdeutig <math> • one-to many

Einmessen *n* <msr> • calibration

einmessen *vt* <msr> • calibrate *vt*

Einmesskurve *f* <msr> • calibration curve

Einmikrometertechnologie *f* <edv.ic> *(Chipstrukturen von 1 µm)* • one-µm technology; 1-µm technology

einmischen *vr* <allg> *(in einen Prozess, Ablauf; störend)* • interfere *vt*

einmischen *vt* <chem.verf> *(z. B. Bleichmittel)* • admix *vt*; mix in *vt*

einmischen *vt* <edv> • merge *vi/vt*

einmischen *vt* <kst> • incorporate *vt*

einmischen *vt* <nahr> *(Zutaten)* • add *vt*

einmitten *vt rar* <tech.allg> *(z. B. Werkstück, Werkzeug, Text, Bild)* • center *vt*

Einmoden... <lwl> • single-mode ...; monomode ...

Einmodenbetrieb *m* <phys> *(Laser)* • single-mode operation

Einmodenfaser *f* <lwl> • single-mode fiber; monomode fiber

Einmodenwellenleiter *m* <lwl> • single-mode waveguide

einmolekular <chem> • unimolecular; monomolecular

einmotorig <fz> *(z. B. Flugzeug, Motorboot)* • single-engine; single-engined

einmotoriges Flugzeug *n* <aerospace> • single-engine airplane *US*; one-engined aeroplane *GB*

Einmündung *f* <verk> *(Straße)* • junction

Einnadelflachbettmaschine *f* <textil> • single-needle flat-bed sewing machine

einnebeln *vt* <obfl> *(beim Nass-in-Nass-Verfahren)* • apply a mist coat (to) *vt*

einnehmen *vt* <allg> *(Fläche)* • cover *vt*

einnehmen *vt* <allg> *(besetzen; z. B. Raum, Land)* • occupy *vt*

einnehmen *vt* <med.pharm> *(Medikament)* • take *vt*

Einniveaunäherung *f* <el> • one-level approximation

Einniveauresonanzformel *f* <nukl> • single-level resonance formula; one-level Breit-Wigner formula

Einniveautheorie der Kernresonanz *f* <nukl> • nuclear resonance one-level theory

einnullen *vt* <msr> • set to zero *vt*; zero in *vt*

einnutig <wz> • single-fluted; single-flute

Einölen *n* <obfl> *(z. B. von Leder, Metall)* • oiling

einohrig <av> • monaural

einordnen *vt* <allg> *(platzieren; räumlich, zeitlich)* • place *vt*

einordnen vt <tech.allg> *(in einen Bereich)* • range vt
einordnen vt <tech.allg> *(in ein Klassifikationssystem)* • classify vt
einordnen vt <büro> • file vt
einpacken vt <metall> *(in Sand, Kohle etc.)* • pack vt
einpacken vt <pack> *(in Kisten, Kartons, Schachteln)* • box vt
einpacken vt <pack> *(z. B. für Versand)* • package vt
einpacken vt <pack> *(ein-/umwickeln, einschlagen, z. B. in Papier)* • wrap vt
Einpackmittel n <metall> *(z. B. Kohlenstoff)* • packing material
Einpackmittel npl rar <pack> *(allg.; z. B. Packpapier, Folien, Kartons)* • packaging material
Einpackpapier n <pack.pap> • wrapping paper
einparametrig <tech.allg> • one-parameter
einparken vi/vt <kfz> *(z. B. vorwärts, rückwärts)* • park vi/vt
Einparken nach Gehör n <kfz> • bang-bang parking
Einparkhilfe f <kfz.msr> • park distance control system
Einparkservice m <kfz.verk> *(z. B. von Hotels, Parkhäusern, Tiefgaragen)* • valet parking; attendant parking
Einpass m <sich> *(Schloss)* • lock slot
Einpassbewegung f <phot> • orientation adjustment
einpassen vt <tech.allg> *(örtlich genau)* • position vt
einpassen vt <tech.allg> *(mit wenig Spiel, exakt passend in etw. einführen; z. B. Ventil, Kolben)* • fit in vt; seat vt rare
Einpasszugabe f <masch> • fitting allowance
einpegeln vr <el> • level off vi
Einpegelspeicherung f <edv> • one-level storage
Einpendelmühle f <verf> • single-roll mill
einpendeln vr <msr> • hunt to a steady state vi
einpflanzen vt <agri> • plant vt
einpflanzen vt <med> • implant vt
Einpflanzung f <med> • implantation
Einphasenanlasser m <el> • single-phase starter
Einphasenasynchronmotor m <el> • single-phase asynchronous motor; single-phase induction motor
Einphasenbahnsystem n <bahn> • single-phase traction system
Einphasenbetrieb m <el> • single-phase operation
Einphasendosimeter n <nukl> • single-phase dosimeter
Einphasendrehtransformator m <el> • single-phase induction regulator
Einphasenernte f <agri> • single-stage working system
Einphasengleichrichter m <el> • single-phase rectifier
Einphasenkommutatormotor mit Kompensationswicklung m <el> • neutralized series motor
Einphasenmotor m <el> • single-phase motor
Einphasennetz n <el> • single-phase mains; single-phase power supply
Einphasenreihenschlussmotor mit Kompensationswicklung m <el> • single-phase commutator motor with series compensating winding
Einphasenschweißen n <füg> • single-phase welding
Einphasensystem n <phys/chem> *(homogen)* • one-phase system; homogeneous system; uniphase system
Einphasentrafo m prakt <el> • single-phase transformer
Einphasentransformator m <el> • single-phase transformer
Einphasenzähler m <el> • single-phase meter
einphasig <tech.allg> • single-phase; monophase; uniphase; one-phase
einphasige geerdete Spannungsquelle f <el> • single-phase grounded connection
einphasiger Wechselstrom m <el> • single-phase alternating current
einphasiges System n <phys/chem> *(homogen)* • one-phase system; homogeneous system; uniphase system

Einplatinenrechner m <edv> • single-board computer (SBC)
Einplatz-Palettenregal n <logist> • single pallet bay system; single pallet opening system
Einplatzregal n prakt <logist> • single pallet bay system; single pallet opening system
Einplatzsystem n <logist> • single pallet bay system; single pallet opening system
einpolig <el> • single-pole; unipolar; monopolar
einpolige Glühkerze f <kfz.el> • single-pole glow plug
einpoliger Arbeitskontakt m <msr> • single-pole single-throw contact
einpoliger Auschalter m <el> *(Unterbrecher)* • single-throw switch; single-throw circuit breaker
einpoliger Ein/Aus-Schalter m <el> • single-pole single-throw switch; SPST switch
einpoliger Ein/Aus-Schalter m <el> *(Schließer)* • single-pole single-throw normally-open switch; SPST NO switch pract
einpoliger Ein/Aus-Schalter m <el> *(Öffner)* • single-pole single-throw normally-closed switch; SPST NC switch pract
einpoliger Ein/Aus-Schalter m <el> *(Unterbrecher)* • single-throw switch; single-throw circuit breaker
einpoliger Einschaltkontakt m <msr> • single-pole single-throw contact
einpoliger Kontakt m <el> • single-pole contact; single contact
einpoliger Schalter m <el> • single-pole switch
einpoliger Schalter m <el> *(Unterbrecher)* • single-throw switch; single-throw circuit breaker
einpoliger Stecker m <el> • single-pole plug
einpoliger Trennschalter m <el> • single-pole circuit breaker
einpoliger Umschalter m <el> • single-pole double-throw switch; SPDT switch
einpoliger Umschaltkontakt m <el> • single-pole double-throw contact
einpoliger Unterbrecher m <el> • single-pole circuit breaker
einpoliger Wechselkontakt m <el> • single-pole double-throw contact
einpoliger Wechselschalter m <el> • single-pole double-throw switch; SPDT switch
einpoliges Relais n <el> • single-contact relay
einprägen vt <druck> *(mit Gaufrierkalander)* • goffer vt
einprägen vt <el> *(Spannung)* • impress vt
einprägen vt <obfl> *(Muster)* • emboss vt
einprägen vt <prod> *(mit Stempel)* • impress vt; stamp vt
Einpressbohrung f <petr> • injection well; input well
Einpressdruck m <bau> *(beim Verpressen; z. B. Zementinjektion)* • injection pressure
einpressen vt <tech.allg> • press in vt; force in vt
einpressen vt <bau> *(aushärtende Masse; z. B. Mörtel, Bentonit, Zement, Beton)* • grout in vt
einpressen vt <prod> *(Bauteil; drückend, schlagend; z. B. Buchsen, Stifte)* • drive in vt
einpressen vt <prod> *(Bauteil mit Dehn-Presspassung)* • expansion-fit vt
einpressen vt <verf> *(Flüssigkeit, Gas; mit hohem Druck od. hoher Geschwindigkeit)* • inject vt
Einpressen von Dampf n <verf> • steam injection
Einpressgas n <verf> • injected gas
Einpresshilfe f (EH) <bau.mat> • injection agent; intrusion aid; grouting aid
Einpressmörtel m <bau.mat> • grouting mortar; grout pract; intrusion grout rare; intrusion mortar rare
Einpresspumpe f <bau.masch> *(für Mörtel, Verfüllbeton etc.)* • grouting pump; injection pump rare

Einpresssonde f <petr> • injection well; input well

Einpresstechnik f <el> (für lötfrei montierte Leiterplatten-komponenten) • press-fit mounting [technique] :V

Einpressteil n <kst> (in Spritzgießwerkzeugen) • insert; inset

Einpresstiefe f (ET) <kfz> • offset; wheel offset did; wheel pitch US; wheel dishing

Einpresstiefe Null f <kfz> (innere Anlagefläche ist exakt in Felgenmitte) • zero offset; zeroset US; center flange US; central dishing; central flange

Einpressverfahren n <bau> • pressure grouting

einprofilig <wz> • single-edge; single-edged

einprofilige Schleifscheibe f <wz> • single-ribbed grinding wheel; single-rib grinding wheel; single-edge grinding wheel; single-ribbed wheel

einprofiliges Längsschleifen n <prod> • single-rib wheel traverse grinding

Einprofilschleifscheibe f <wz> • single-ribbed grinding wheel; single-rib grinding wheel; single-edge grinding wheel; single-ribbed wheel

einpudern vt <metall> (Form) • dust vt; face vt

einpudern vt rar <obfl> (mit Pulver bedecken) • powder vt

Einpulsgenerator m <el> • single-pulse generator

einpulsig <el> • single-pulse; monopulse

Einpulsverfahren n <navig> • single-pulse method; monopulse method

einpulvern vt rar <obfl> (mit Pulver bedecken) • powder vt

Einpunktauflage f <masch> • one-point support

Einpunktbetrieb m <edv> • burst mode [operation]

Einpunktdurchschuss m <druck> • twelve-to-pica lead

Einpunkt-Grenzschalter m <msr> (Füllstand) • single point level switch

Einpunktpresse f <prod> • one-point press

Einpunktschreiber m <msr> • single-point recorder

Einpunktssystem n <prod> • single-point application of pressure

Einpunktverankerung f <petr> (Bohrplattform) • single point mooring system

Einquadrantenantrieb m <el> • one-quadrant drive

Einquadrantmultiplikator m <el> • one-quadrant multiplier

Einradwalze f <bau.mat> • single roller; single-wheeled roller

einrahmen vt <prod> (z. B. Bild) • frame vt

einrammen vt <bau> (z. B. Pfähle, Spundwand) • ram vt; drive in vt; force in vt; pile vt

Einrast... <tech.allg> (z. B. Blende, Zierleiste, Werkzeug) • snap-in …

einrastbar <tech.allg> (z. B. Blende, Zierleiste, Werkzeug) • snap-in …

Einrastbolzen m <prod> • drop-in pin

einrasten vi <tech.allg> (z. B. Klinke, Kugel) • click in vi; snap into place vi; catch in vi; drop in vi; engage vi

einrasten vi <tech.allg> (betont: fest verriegelt) • lock in place vi; lock in position vi

einrasten vi <prod> (mit Klinke) • latch vi/vt

Einrastfeder f <masch> (z. B. von Sperrklinke, Rastkugel) • detent spring; click spring rare

Einrastkontakt m <el> • snap-in contact

Einrastnut f <bau> (z. B. für Glasleisten) • clip-in groove

Einrastrelais n <el> • latch-in relay

Einrastschalter m <prod> • detent switch

Einrast-Steckverbinder m <el> • snap-fit connector

Einraststrom m <el> • latching current

Einregel... <msr> (System, Werte einstellen) • adjusting

einregeln vt <msr> (System, Werte einstellen) • adjust vt

Einregelung f <msr> (z. B. eines Systems, manuelles Einstellen von Werten) • adjustment

Einregelung der Verbindung f <tele> • circuit alignment

einregulieren v <msr> (System, Werte einstellen) • adjust vt

Einreibemittel n <petr> • embrocation; liniment

Einreiber m <bau> (Fensterverschluss) • casement fastener

Einreihen n <textil> (von Kettfäden, durch die Fadenaugen von Weblitzen) • drawing-in; drafting; threading

einreihen vr <edv/tele> (in eine Warteschlange) • queue vi

Einreihenmotor m <mot> • single-row engine

Einreiher m <bekl> • single-breasted suit

einreihig <masch> (z. B. Lager) • single-row

einreihige Matrix f <math> • row matrix

einreihiger Ausgehanzug m <bekl> (Uniform) • single-breasted dress coat

einreihig genietet <füg> • single-riveted

Einreise f <jur> • immigration; entry coll

Einreisegenehmigung f <jur> • entry clearance

Einreisekontrolle f <jur> • immigration control

einreißen vi/vt <allg> (z. B. Papier, Stoff) • tear vi/vt

einreißen vt ugs.rar <bau> (völlig zerstören; Gebäude, Brücke) • wreck vt; demolish vt; pull down vt; tear down vt

Einreißfestigkeit f <qualit.mat> (z. B. von Papier, Folie) • tear resistance; tear strength

Einricht... <masch> (z. B. Maschine, Wz) • adjusting

Einrichtbetrieb m <wz.masch> (numerische Steuerung) • setting-up mode

Einrichtebetrieb m <wz.masch> (numerische Steuerung) • setting-up mode

Einrichtebogen m <druck> • register sheet

Einrichten n <druck> (von Overlays, Filmen) • registration

Einrichten n <masch> (eben, horizontal aufstellen) • leveling US; levelling GB

Einrichten n <masch> (in richtige Lage bringen) • positioning

Einrichten n <prod> (z. B. Maschine, Wz) • adjustment; makeready; set-up; setting

einrichten vt <admin> (z. B. Abteilung, Organisation) • install vt

einrichten vt <bau> (mit Geräten; z. B. Labor, Werkstatt, Krankenhaus, Schule, Universität) • equip vt

einrichten vt <bio> (Aquarium; mit Pflanzen, Steinen, Holz etc.) • aquascape vt

einrichten vt <innen> (Wohnung, Büro; mit Mobiliar) • furnish vt

einrichten vt <prod> (z. B. Maschine, Wz) • adjust vt; make ready vt; set up vt; tool up vt

einrichten vt <prod> (positionieren; z. B. eine Presse) • position vt

einrichten vt <theat> (Bühnenbeleuchtung) • set vt

Einrichter m <masch> (z. B. von Druckmaschine, Papiermaschine, Werkzeugmaschine) • setter

Einrichtezeit f rar <prod> (von Maschinen, Pressen etc.) • set-up time; setting time

Einrichtfehler m <wz.masch> • machine-setting error

Einrichtlauf m <wz.masch> • trial run

Einrichtung f <tech.allg> (im Ggs. zu Vorrichtung) • equipment

Einrichtung f <tech.allg> (Anlage; z. B. ein Werk, Produktionsanlage) • facility

Einrichtung f ugs.rar <tech.allg> (physisch; allg. Ergebnis des Anordnens von Teilen im Raum) • arrangement; configuration

Einrichtung f <tech.allg> (jede komplexe, z. B. mech., elektr. od. chem. Funktionseinheit) • apparatus

Einrichtung f <innen> (komplett; Möbel, Bilder, Arbeitsmittel) • furnishings

Einrichtung f <jur> (in Patenten; Hilfsmittel, diffus beschriebener Gegenstand) • means

Einrichtung f <nav> (von Schiffen) • outfit

Einrichtung f <wz> *(Zusatzeinrichtung zum Anbau; z. B. für besondere Arbeiten)* • attachment

Einrichtungen für den Notfall fpl <sich> *(z. B. Feuerlöscher, Nothammer)* • emergency facilities

Einrichtung für Tonfrequenzfernwahl f <tele> • voice-frequency selecting system

Ein-Richtungsbetrieb m <msr> • single-ended operation

Einrichtungsgegenstände mpl <innen> *(komplett; Möbel, Bilder, Arbeitsmittel)* • furnishings

Einrichtungssyteme npl <petr> • accommodation systems

Ein-Richtungswandler m <el> • unidirectional transducer; unilateral transducer

Einrichtung zur Abgasbehandlung f <ents.emiss> • air pollution control device; APC device; APC apparatus; air pollution control apparatus; waste gas cleaning device

Einrichtung zur Drehrichtungsumkehr f <wz.masch> • reversing attachment

Einrichtung zur Schadstoffbegrenzung f <kfz.emiss> • emission control device; emission control *pract*

Einrichtung zur selbsttätigen Spanabfuhr f <wz.masch> • automatic chip disposal unit

Einrichtzeit f <druck> *(Druckmaschine)* • make-ready time; makeready *pract*

einrillig <masch> *(z. B. Riemenscheibe)* • single-groove

einrillig <wz> *(Schleifscheibe)* • single-ribbed; single-rib

Einringschlüssel m <wz> • single end box wrench *US*; single end ring spanner *GB*

einrippeln vt <nahr.prod> *(Soßen in Speiseeis)* • ripple vt

einritzen vt <obfl> *(absichtlich; z. B. Linie, Nummer)* • scribe vt

einritzen vt <obfl> *(absichtlich oder unabsichtlich; z. B. Linien, Muster, Schrift)* • score vt; scratch vt

Einrohr-Stoßdämpfer m <kfz> • single-tube shock absorber; monotube shock absorber; single-tube damper; monotube damper

Einrohrsystem n <rls> *(z. B. Wärmetauscher)* • one-pipe system

Einrollabrichtverfahren n <wz> *(Schleifscheibe)* • wheel crushing [process]

Einrollen n <textil> • curling

einrollen vr <prod> *(z. B. Papier; Blechkanten)* • curl vi

einrollen vt <prod> *(Schleifscheibenprofil)* • crush vt

einrollen vt <prod> • roll up vt

Einrotorhubschrauber m <aerospace> • single-rotor helicopter

Einrückanker m <kfz.el> *(im Magnetschalter des Starters)* • plunger

einrücken vt <tech.allg> *(in Eingriff bringen, z. B. Kupplung)* • engage vt

einrücken vt <doku> *(Absatz)* • indent vt

einrücken vt <kfz.antr> *(Kupplung)* • engage vt; throw in vt coll

einrücken vt <masch> *(formschlüssig; Zahnräder)* • slide into mesh vt

Einrückhebel m <tech.allg> • engaging lever

Einrückhebel m <kfz.el> *(im Starter)* • shift lever *GM*; fork lever *Chrysler*; drive lever *Ford*; clutch fork *Mitsubishi*; starting lever

Einrückrelais n <kfz.el> *(Starter)* • starter solenoid; solenoid starter switch *form*; solenoid *pract*

einrüsten vt <bau> *(Gebäude)* • scaffold vt

Einrüstung f <bau> • scaffolding

Einrumpfflugzeug n <aerospace> • single-fuselage aircraft

Eins f <math> *(Ziffer)* • one

Einsacken n <pack> • bagging

einsacken vi <allg> *(plötzlich absinken)* • sink vi

einsacken vi <bau> *(z. B. Boden)* • subside vi

einsacken vt <pack> *(verpacken in Säcken)* • sack vt

Einsackstelle f obs.rar <kst> *(in Spritzlingoberfläche)* • sink mark; sunk spot rare

einsäuern vt <agri> • ensilage vt

Einsäulen-Hebebühne f <kfz.wz> • center post hoist

einsäurig <chem> • monoacid; monoacidic

Einsager m /-in f <theat> • prompter

einsalzen vt <nahr> *(zum haltbar machen)* • preserve with salt vt

einsalzen vt <nahr> *(allg.)* • salt vt

einsames Elektron n <phys> • non-bonding electron; odd electron; unshared electron

einsames Elektronenpaar n <phys> • unshared electron pair; lone electron pair

einsammeln vt <allg> • collect vt

Einsammelschienenanlage f <el> • single-bus switching system

Einsammelwagen m rar <ents> *(allg., jede Bauart; für Hausmüll od. Industrieabfälle)* • waste collection vehicle; collection truck; collecting truck; garbage truck *US*; refuse truck

Einsattelung f <geo> • dip; depression

Einsattelung der Resonanzkurve f <el> • resonance dip

Einsatz m <tech.allg> *(von Bauteilen, Systemen, Maschinen, Methoden, Software)* • application

Einsatz m <tech.allg> *(von Mitteln, Personal)* • employment

Einsatz m <tech.allg> *(eingebettetes Teil, z. B. Hartmetall in Weichmetall)* • insert

Einsatz m <tech.allg> *(Dienst, Betrieb)* • service; use; operational application

Einsatz m <tech.allg> *(Start, Initialisierung eines Vorgangs)* • start; onset; initiation

Einsatz m <edv> *(für Hochleistungs-Crimpzange)* • die

Einsatz m <metall> *(Härten)* • case; carburized case

Einsatz m <metall> *(Materialbeschickung)* • charge

Einsatz m <mil> *(von Mitteln, Personal, Waffen)* • deployment

Einsatz m <textil> • multi-step butt set-out

Einsatz m <verf> *(Los, Batch)* • batch

Einsatz m <wz> *(für Handwerkzeug)* • bit

Einsatzbacken m <wz> *(Schraubstock)* • false jaw

Einsatzbad n <metall> • carburizing bath

Einsatzbedingungen fpl <tech.allg> *(betont: im Gebrauch)* • conditions of use

Einsatzbedingungen fpl <tech.allg> *(betont: an Ort und Stelle, insbes. im Freien)* • field conditions

Einsatzbedingungen fpl <tech.allg> *(betont: an Ort und Stelle)* • on-site conditions

Einsatzbedingungen fpl <tech.allg> *(betont: im Betrieb, arbeitend)* • operating conditions; service conditions; working conditions

Einsatzbeispiel n rar <tech.allg> *(für ein Produkt etc.)* • typical application; typical case of application; application example

Einsatzbereich m <tech.allg> *(von Geräten, Maschinen)* • functional range

Einsatzbereich m <tech.allg> *(eines Produkts, Verfahrens)* • range of application; field of application; fields of use

einsatzbereit <tech.allg> • operational; ready for operation; ready for service; ready-to-use

Einsatzbereitschaft f <jur> • emergency relief

Einsatzbereitschaft in Katastrophenfällen f <jur> • emergency preparedness

Einsatzbrücke f <wz.masch> *(Drehmaschine)* • gap bridge; supplementary bridge

Einsatzbuchse f <masch> *(betont: erneuerbar)* • renewable bushing

Einsatzbuchse f <masch> *(betont: gesteckt)* • slip bushing

Einsatzerprobung f <qualit> • field testing; field trial; field test

einsatzfähig <allg> *(geeignet für etwas)* • suitable; suited

einsatzfähig <allg> • usable

einsatzfähig <tech.allg> *(betriebsbereit, in gutem Zustand)* • serviceable

einsatzfähig <tech.allg> *(in gebrauchsfähigem Zustand)* • serviceable

Einsatzfahrzeug der Polizei n form <kfz> • police vehicle; police car; cop car *US.coll*

Einsatzfederspule f <füg> • screw-thread insert; thread-and-screw lock insert

Einsatzfrequenz f <av> *(Frequenz, bei der ein Filter ein Signal um 3 dB abschwächt)* • cutoff frequency; cutoff point

Einsatzgebiet n <allg> • field of application

Einsatzgebiet n <tech.allg> *(z. B. von Wasserturbinen: Fallhöhe, Volumenstrom)* • range of application

einsatzgehärtet <metall> *(z. B. Zahnrad)* • case-hardened

einsatzgehärteter Stahl m <metall> *(durch Einsatzhärten)* • case-hardened steel

Einsatzgewinde n obs <füg.rep> *(zur Gewindereparatur; allg., jeder Typ; z. B. Buchse od. Draht)* • thread insert; internal thread insert; screw-thread insert; thread repair insert

Einsatzgrenze f <tech.allg> • operation limit

Einsatzgut n <verf> *(z. B. für Öfen, Prozesse)* • charge; feed; feedstock; processing medium

einsatzhärtbar <metall> *(Stahl)* • case-hardenable

Einsatzhärten n <metall> *(Härten durch Randschichtaufkohlung; Vorgang)* • case hardening

einsatzhärten vt <metall> *(Stahl)* • case-harden vt

Einsatzhärteofen m <metall> • case-hardening furnace

Einsatzhärtepulver n <metall> *(z. B. Graphit)* • case-hardening powder; cementing powder; cement

Einsatzhärteschicht f <metall> • carburized case; case

Einsatzhärtetiefe f <metall> *(Randaufkohlung)* • case depth

Einsatzhärtung f <metall> *(durch Randschichtaufkohlung; Vorgang und Ergebnis)* • case hardening

Einsatzhäufigkeit f <tech.allg> • frequency of application

Einsatzheizkörper m <el> *(z. B. In Spritzgießwerkzeugen)* • cartridge heater

Einsatzhülse f <masch> • holder sleeve

Einsatzhülse f <wz> *(Bohrer)* • taper sleeve; taper socket

Einsatz im Fahrzeug m <fz> *(z. B. von Komponenten, Systemen)* • on-vehicle application

Einsatz in Reinräumen m <prod> • cleanroom application

Einsatzkasten m <metall> • case-hardening box

Einsatzkräfte fpl <tech.allg> *(z. B. zur Problembeseitigung)* • task force

Einsatz-Lagerschale f <kfz.mot> • shell insert bearing

Einsatzleiter vor Ort m <tech.allg> • on-scene coordinator (OSC)

Einsatzmaterial n <chem.petr> • feedstock; feed; raw material

Einsatzmeißel m <wz> • insert; insert tool; tool bit

Einsatzmesser n <wz> • inserted blade

Einsatzmittel n <metall> *(zum Einsatzhärten)* • case-hardening composition; case-hardening compound

Einsatzort m <tech.allg> *(eines Produkts, von Polizei, Feuerwehr)* • location

Einsatzplatte f <kst> • mold plate; cavity plate; core plate; manifold plate; runner plate

Einsatzprodukt n <chem.petr> • feedstock; feed; raw material

Einsatzprüfung f <qualit> • test under operating conditions

Einsatzpulver n <metall> *(typ. Graphit)* • case-hardening powder; cementing powder

Einsatzquote f <ents> *(von Rezyklat)* • utilization rate

Einsatzquote von Altpapier f <pap.ents> • waste paper utilization ratio; waste paper utilization rate

Einsatzring m <füg> *(von hinten)* • backing ring

Einsatzrohr n <petr> • liner (LNR); liner pipe

Einsatzschicht f <metall> *(einsatzgehärtet)* • case-hardened layer; case-hardened boundary zone; carburized case; case *coll*

Einsatz-Set n <wz> • die assembly

Einsatzsicherung f <el> • switch fuse

Einsatzspannung f <el> • starting voltage; initial voltage

Einsatzstahl m <metall> *(geeignet zum Einsatzhärten)* • case-hardening steel

Einsatzstoff m <chem.petr> • feedstock; feed; raw material

Einsatzstopfbüchse f <masch> • inserted stuffing box; loose stuffing box

Einsatzstück n <tech.allg> *(Übergang, Adapter)* • adapter

Einsatzstück n <tech.allg> • insert; inserted piece *rare*

Einsatzstück n <petr> *(Auskleidung in Erdölbohrung)* • liner

Einsatztiefe f <metall> *(Randaufkohlung)* • case depth

Einsatztopf m <metall> • case-hardening pot

Einsatztruppe f <tech.allg> *(z. B. zur Problembeseitigung)* • task force

Einsatzversenkung f <theat> • stage trap; grave trap; bridge; stage elevator

Einsatzverzögerung f <tech.allg> • delayed action

Einsatzwerkzeug n <wz> • insert tool; bit insert

einscannen vt <edv> • scan in vt

einschaben vt <prod> • fit by scraping vt

einschalen vt <bau> *(Betonbau)* • form vt; shutter vt

Einschalenwaage f <msr> • one-pan balance

einschalig <tech.allg> • single-shell

Einschaltdauer f <tech.allg> *(von zyklisch arbeitenden Geräten; z. B. von Lüftern, Kompressoren)* • duty cycle

Einschaltdauer f <el> *(allg. Zeitdauer, in der etwas eingeschaltet ist)* • on-period; on-time coll

einschalten vt <aerospace> *(Triebwerk, Raketenstufe)* • fire vt

einschalten vt <el> *(E-Motor)* • start vt; switch on vt

einschalten vt <el> *(kleine Verbraucher; z. B. Licht, Lampen, Radio, Fernseher)* • switch on vt; turn on vt coll

einschalten vt <el> *(el. Bauelemente, Verbraucher; z. B. E-Motor, Magnetventil, Relais)* • energize vt

einschalten vt <el> *(Stromkreis)* • close vt; make vt

einschalten vt <masch> *(z. B. Getriebe, Vorschub)* • engage vt

einschalten vt <masch> *(größere Geräte und Verbraucher; z. B. Maschinen, Anlagen)* • put into operation vt

einschalten vt <textil> *(Schlossteil)* • put into action vt

Einschalter m <el> • contactor; closing switch; circuit closer

Einschalter m <masch> *(an Maschinen)* • starting switch; starter pract

Einschaltimpuls m <el> • starting impulse; make impulse

Einschaltimpulsunterdrückung f <msr> • start pulse suppression; ready for operation delay

Einschaltknopf m <msr> • on-button; starter button

Einschaltkurve f <phys> • switch-on graph

Einschaltlichtbogen m <el> • make arc

Einschaltmodul m <msr> • switch-on module

Einschaltmoment n <el> *(Elektromotor)* • switch-on momentum

Einschaltpotential n <el.chem> • on-potential

Einschaltpunkt m <msr> • switch-on point; operate point; operating point

Einschaltrelais n <el> • closing relay; starting relay

Einschaltselbsttest m <edv> • Power On Self Test (POST)

Einschaltspitze f <el> *(bes. bei E-Motoren)* • inrush load

Einschaltspule f <el> • closing coil

Einschaltstellung f <tech.allg> • on-position; energized position

Einschaltstrom m <el> *(allg. Stromstärke beim Einschalten)* • starting current; making current

Einschaltstrom m <el> *(Thyristor)* • turn-on current

Einschaltstrom m <el> *(betont: kurzzeitige hohe Stromstärke)* • inrush current

Einschaltstromspitze f <el> *(bes. bei E-Motoren)* • inrush load

Einschaltstromstoß m <el> *(betont: kurzzeitige hohe Stromstärke)* • inrush current

Einschalttor n <el> • switch-on gate

Einschalt- und Alarmverzögerung f <alarm> • entry-exit delay; exit/entry delay

Einschaltung f <allg> *(Hinzuziehung, Zuhilfenahme; z. B. von Personen, Technologien)* • intervention

Einschaltung f <el> • switching-on; turn-on *coll*; turning-on *coll*

Einschaltung f <masch> • starting

Einschaltung f <werb> *(von Anzeigen, Inseraten)* • placing; insertion

Einschaltvermögen n <el> • making capacity

Einschaltverzögerung f <alarm> • exit delay

Einschaltverzögerung f <el> *(von Relais; meist unerwünscht)* • make-time

Einschaltverzögerung f <msr> *(erwünschte Funktion)* • turn-on delay; power-on delay time; on-delay

Einschaltverzögerung f prakt <msr> *(von Sensoren)* • readiness delay; time delay before availability; availability delay; response delay; time delay *pract*

Einschaltverzögerungszeit f <alarm> • exit delay

Einschaltverzug m <el> *(von Relais; meist unerwünscht)* • make-time

Einschaltverzug eines photoelektrischen Ns m <msr> • turn on time of a photoelectric proximity switch

Einschaltwindgeschwindigkeit f IEV 415 <energ.wind> • cut-in wind speed *IEV 415*; cut-in speed

Einschaltzeit f ugs.rar <el> *(allg. Zeitdauer, in der etwas eingeschaltet ist)* • on-period; on-time *coll*

Einschaltzeit f ugs <msr> *(z. B. für Timer-Aufnahmen)* • starting time; switch-on time *rare*

Einschaltzeitpunkt m <msr> *(z. B. für Timer-Aufnahmen)* • starting time; switch-on time *rare*

Einschaltzustand m <el> • on-state; closed-circuit condition

Einscharpflug m <agri> • single-furrow plough; one-body plough

Einschaufelrad n <masch> *(Pumpe)* • single-vane impeller; single-blade impeller; singe-channel impeller *rar*

Einscheiben-Alarmglas n <alarm> • one-layer safety glass with alarm loop :V

Einscheibenantrieb m <antr> • single-pulley drive

Einscheibenblock m <nav> • single sheave block

Einscheibendrehmaschine f <wz.masch> • single-pulley lathe

Einscheibendrillschar n <agri> • disc coulter

Einscheibenkollektor m <energ.sol> • one-pane collector; single-pane collector; single-window collector

Einscheibenkupplung f <kfz.antr> • single-disc clutch US/GB

Einscheibenreibschleifmaschine f <wz.masch> • single-lap machine

Einscheibensicherheitsglas n (ESG) <silik> *(z. B. für Fensterscheiben)* • tempered safety glass; heat-treated glass

Einscheibensicherheitsglas mit Alarmschleife n form <alarm> • one-layer safety glass with alarm loop :V

Einscheibenspindelpresse f <wz.masch> • screw percussion press

Einscheiben-Trockenkupplung f <kfz.antr> • single-disc dry clutch US/GB

Einscheibentrockenkupplung f <masch> • single-plate dry clutch

Einscheibenverglasung f <bau> • single glazing

einscheibig <wz.masch> *(Reibschleifmaschine)* • single-lap

einscheibig <wz.masch> *(Schleifmaschine)* • single-wheel

einscheibiger Block m <nav> • single sheave block

einscheibige Schleifmaschine f <wz.masch> • single-wheel grinding machine

Einschenkelmanometer n <msr> • cistern manometer

Einschichtemail n <obfl> • direct-on enamel; direct-on porcelain enamel US; direct-on vitreous enamel GB; one-coat porcelain enamel US; one-coat enamel pract

Einschichtemaillierung f <obfl> • direct-on enameling; direct-on porcelain enameling US; one-coat vitreous enamelling GB; one-coat porcelain enamelling US; single-coat enameling/enamelling US/GB

einschichtig <tech.allg> *(z. B. Keramikkondensator)* • single-layer

einschichtig arbeiten vi <ökon> • work a single shift vi

einschichtiger Betonbordstein m <bau.mat> • monolithic concrete curb

einschichtiger Zwischenträgerfilm m <ic> • one-layer beam tape

Einschichtlack m <obfl> *(allg., jeder Untergrund, betont: Schicht)* • single-coat paint film

Einschichtlack m <obfl> *(auf Metall, betont: ohne Grundierung)* • direct to metal paint coat (DTM)

Einschichtlackierung f <obfl> • one-coat finish

Einschichtmetallisierung f <obfl> • single-layer metallization

Einschicht-Spritzmethode f <obfl> • single-coat spraying technique

Einschichtwicklung f <el> • single-layer winding

einschiebbar <tech.allg> *(z. B. Stativbeine, Antenne)* • extending; telescopic

einschiebbar <tech.allg> *(z. B. Modul)* • plug-in adj

einschieben vt <tech.allg> *(z. B. Magnetkarte in Schlitz)* • insert vt

einschieben vt <autom> *(Arm)* • retract vt

einschieben vt <el> *(z. B. Steckkarte)* • plug in vt

einschieben vt <mil> *(Magazin in Schusswaffe)* • insert vt

Einschiebestütze f <tele> • transposition bracket

Einschienenbahn f <bahn> • monorail train; monorail

Einschienenförderer m <förd> • monorail conveyor; monorail transporter

Einschienenhängebahn f <förd> • overhead monorail

Einschienenkatze f <förd> • monorail trolley

Einschienenlaufkatze f <förd> • monorail trolley

Einschießbogen m <druck> • interleaf; interleaving sheet; slip-sheet

Einschießen n <mil> • ranging

einschießen vr <mil> • range vi

einschießen vt <druck> • interleave vt

einschießen vt <mil> • sight in vt; zero in vt

einschießen vt <prod.nahr> *(Stiele in Speiseeis)* • insert vt

einschießen vt <verf> • inject vt

Einschießen mit Staffellagen n <mil> • ranging by ladder

Einschießen nach der Entfernung n <mil> • range determination by firing

Einschießgeschütz n <mil> • ranging gun

Einschießpapier n <druck> (Druckplatte) • slip sheet; interleaf sheet; interleaf paper

Einschießpunkt m <mil> • ranging mark; ranging point; reference point; registration target

einschiffen vr/vt <nav> • embark vi/vt

Einschiffungshafen m <nav> (für Passagiere) • embarkation port

Einschiffungshafen m <nav.logist> (für Frachtgut) • loading port

Einschirmlösung f <edv> • single screen mode

Einschirmmodus m <edv> • single screen mode

Einschlämmen mit Wasser n <bau> • flushing with water

Einschlafautomatik f <av> • sleep playback

Einschlag m <holz> (jährlich) • annual cut

Einschlag m <holz> (im Wald) • felling

Einschlag m <mil> (Bombe, Granate) • impact

Einschlaganker m <bau.mat> • concrete anchor

Einschlagbürste f <textil> • dabbing brush

einschlagen vi <meteo> (Blitz) • strike vi

einschlagen vt <füg> (z. B. Dübel, Nägel) • drive in vt

einschlagen vt <kfz> (Räder) • lock vt

einschlagen vt <pack> • wrap vt; paper vt

einschlagen vt <prod> (z. B. Nägel) • hammer in vt

einschlagen vt <prod> • pocket vt

einschlagen vt <textil> (Saum) • tuck in vt

Einschlagheft n <wz> (z. B. Feile) • folding handle

Einschlaglupe f <opt> • folding magnifier

Einschlagmaschine f DIN 8740-4 <prod> • wrapping machine; wrapper

Einschlagpapier n <pack.pap> • wrapping paper

Einschlagpunkt m <mil> • point of impact; point of burst; point of strike

Einschlagwecker m <alarm> • single-stroke bell

Einschlagwecker m <min> • signal hammer; signal bell

Einschlagwinkel m <kfz> • steering-lock angle

Einschleifen n <bau> (von Fugen) • joint sawing

einschleifen vt <tech.allg> (in einen Kreis; z. B. Stromkreis, Kühlkreislauf) • loop vt

einschleifen vt <el> (in Stromkreis) • loop in vt

einschleifen vt <kfz.mot> (Ventile) • regrind vt; grind vt

einschleifen vt <prod> • grind in vt

einschleifen vt <prod> (Sitze; z. B. Ventilsitz) • seat vt

Einschleifende n <edv.av> • loop stop; loop stop position

Einschleifenrahmen m <fz> (Motorrad) • single cradle frame

Einschleifenrahmen mit gegabelten Unterzügen m <fz> (Motorrad) • cradle frame with double downtubes

Einschleif-Gummisauger m <kfz.wz> • valve grinding tool; suction valve grinder

einschleifig <tech.allg> (z. B. Kreislauf, Rahmen, Regelung) • single-loop

einschleifiger Regelkreis m <msr> • single-loop system; single-loop feedback system

einschleifiges System n <msr> • single-loop system

Einschleifpaste f <wz> • grinding-in paste

Einschleifstart m <edv.av> • loop start; loop start position

einschleppen vt <nav> • tow in vt; haul in vt

einschleppen vt <obfl> (Verunreinigungen; z. B. Schmutz, Chemikalien) • drag in vt

Einschleusen n <mil> (z. B. von Einzelkämpfern) • infiltration

einschleusen vi <nav> (mit eig. Kraft) • lock in vi

einschleusen vt <nav> (geschleppt) • tow into sluices vt

Einschleuser m <förd> (angetriebene Rollenbahn) • junction; switch

Einschleussystem n <logist> (HRL) • input system; infeed system

Einschleusungsdauer f <verf> (Kompressionszeit; Druckluftsenkkasten) • compression time

Einschließ-/Abschlagplatine f <textil> (auf Cottonmaschinen) • knock-over bit

Einschließen n <textil> • holding-down [the fabric]

einschließen vt <allg> • enclose vt

einschließen vt <allg> (z. B. Bauteile, Lieferungen, Leistungen, Themenpunkte) • include vt

einschließen vt <tech.allg> (einsperren) • confine vt

einschließen vt <tech.allg> (in Gehäuse) • encase vt

einschließen vt <tech.allg> (verschließen mit Schloss, Riegel) • lock in vt; shut in vt; occlude vt rare

einschließen vt <ents> (kapseln; z. B. radioaktiver Abfall in Glas, Beton) • encapsulate vt

einschließen vt <geo> (Gas, Öl) • entrap vt; trap vt

einschließen vt <mil> (allseitig umfassen; feindl. Truppen) • encircle vt

einschließen vt <petr> (Bohrung) • close in vt; shut in vt

einschließen vt <textil> • clear the loop vi

einschließendes ODER n <math> (Logik) • inclusive OR

Einschließkehle f <textil> • sinker throat; throat

Einschließplatinen fpl DIN 62110 <textil> • holding down sinkers; stitch comb sinkers; loop clearing sinkers; web holders

Einschließrädchen n <textil> • serrated wheel

Einschließung f <ents> (von Giftmüll) • encapsulation

Einschließungsmaßnahme f <ents> • encapsulation measure

Einschließungssatz m <math> • inclusion theorem

Einschliff m <opt> • countersink

einschlingen vt <nav.logist> (Ladung) • sling vt

einschlitzen vt <füg> (mit Nut und Feder verbinden; z. B. Paneele) • mortise vt; slit in vt rare

Ein-Schlüssel-System n <tech.allg> (für Schlösser, Schließanlagen; z. B. Gebäude, Kfz) • single-key locking [system]

Einschluss m <tech.allg> (räumlich; Verhindern des Austritts; z. B. von Strahlung, Magnetfeldern) • confinement

Einschluss m <mat> (Materialverunreinigung; z. B. Staubpartikel in Lack) • inclusion; dirt coll

Einschluss m <nukl> (als Vorgang, Effekt: dichte Umschließung aktiver Anlagenteile) • containment

Einschluss m <prod> (von Gas, Flüssigkeit; meist unerwünscht; z. B. eine Luftblase) • entrapment

Einschlusskonfiguration f <nukl> • confinement geometry

Einschlussparameter m <nukl> • confinement parameter

Einschlussstellung f <textil> • clearing position

Einschlussverbindung f <chem> • inclusion compound

Einschlusszeit f <nukl> (Plasma) • confinement time; energy confinement time

Einschmelzeinheit f <büro> • fuser

Einschmelzen n <ents> (zu Schlacke) • conversion to molten slag; melting

einschmelzen vi/vt <metall> (Schrott) • remelt vi/vt

einschmelzen vi/vt <silik> (in Glas; z. B. radioaktiver Abfall) • fuse in vi/vt; seal in vt

einschmelzen vt <metall> • smelt vt

Einschmelzkohlenstoffgehalt m <chem> • melt-down carbon

Einschmelzmaschine f <prod> • sealing-in machine

Einschmelzschlacke f <mat> • melt-down slag

Einschmelztiefe f <füg> • fusion depth; depth of fusion

Einschmelzverfahren n <ents> • melting-down process; fusing-in process; slag-tap process

einschmieren vt <obfl> (z. B. mit Creme, Fett, Seife) • smear vt

einschmieren vt <verf> *(um geschmeidig zu machen, z. B. Leder)* • dub vt

einschnappen vi <tech.allg> *(z. B. Schloss, Verriegelung, Rastfeder, Rastbolzen)* • click vi

einschnappen vi <tech.allg> *(Schloss)* • snap into place vi; snap vi

einschnappen vi <masch> *(z. B. Schloss, Tür, Deckel)* • catch vi

Einschnappfeder f <tech.allg> • catch spring

Einschnappkontakt m <el> • snap-in contact

Einschneckenextruder m <kst> • single-screw extruder; single-screw extruding machine

Einschneiden n DIN 8588 <pack> • lancing

einschneiden vt <allg> *(allg.)* • cut in vt

einschneiden vt <allg> *(tief, klaffend)* • scotch vt; gash vt

einschneiden vt DIN 9870 <prod> *(eher kleiner Schnitt)* • incise vt

einschneiden vt DIN 9870 <prod> *(Kerbe, zahnartig)* • notch vt; indent vt

einschneidig <wz> • single-edged; single-edge; single-point

einschneidiger Fräser m <wz> • single-point cutter

einschneidiges Aufbohren n <prod> • single-point boring

einschneidiges Bohren n <prod> • single-point boring

einschneidiges Bohrmesser n <wz> • fly cutter

einschneidiges Werkzeug n <wz> • single-point tool

Einschnitt f <prod> *(beim Sägen)* • kerf

Einschnitt m <bau> *(Erdbau)* • cutting

Einschnitt m <druck> • intaglio

Einschnitt m <geo> *(im Gelände; Graben)* • cut

Einschnitt m <min> • pioneer bench

Einschnitt m <prod> *(Vorgang)* • cutting-in

Einschnitt m <prod> *(Kerbe)* • indentation

Einschnitt m <prod> *(kleine Kerbe)* • nick

Einschnitt m <prod> *(klein, scharf; z. B. mit Messer, Skalpell)* • incision

Einschnitt m <qualit.mat> *(z. B. in Izod-Probekörper)* • notch

Einschnittgewindebohrer m <wz> • single tap; single-cut tap; single-finishing tap

einschnittig <wz> • single-shear

Einschnittkette f <textil> • ground warp

Einschnüreffekt m <phys> • pinch effect; pinch-in effect

einschnüren vi/vt <bekl> *(z. B. zu enge Kleidung, Riemen, Seile, in Haut, Fleisch etc.)* • cut in vi/vt

einschnüren vr <bekl> *(in Mieder, Korsett)* • lace up vr

einschnüren vr <qualit.mat> *(z. B. Probestab beim Zugversuch, überdehnte Schraube)* • neck vi; waist vi; neck down vi; constrict vi; contract vi

einschnüren vt <bekl> *(Taille)* • lace vt

einschnüren vt <phys> *(Magnetfeld, Plasma)* • pinch off vt

Einschnürmaschine f <druck> • tying-up machine

Einschnürung f <tech.allg> *(konkret oder abstrakt; z. B. in Metallstab, Magnetfeld, Plasma)* • constriction; contraction

Einschnürung f <mat> • bottling

Einschnürung f <qualit.mat> *(Effekt bei zu hoher Zugbelastung; z. B. Probekörper, Schraube)* • necking; necking-down; waisting

Einschnürung f <qualit.mat> • reduction of area; reduction in area; necking *pract*

Einschnürung einer aufgespaltenen Versetzung f <mat> • constriction of an extended dislocation

Einschnürungsstelle f <tech.allg> *(konkret oder abstrakt; z. B. in Metallstab, Magnetfeld, Plasma)* • constriction; contraction

Einschnürungsstelle f <qualit.mat> *(Zugversuch, überdehnte Schraube)* • neck; neck-down point; throat

einschränken vt <allg> *(Bewegung)* • restrain vt

einschränken vt <allg> *(nach bestimmten Kriterien; z. B. Zugang)* • restrict vt

einschränken vt <tech.allg> *(Spielraum, Bewegungsmöglichkeit)* • confine vt

Einschränkung f <allg> *(von Optionen, Rechten; z. B. des Zugangs)* • restriction

Einschränkung f <mech> *(Kinematik)* • restraint

einschrauben vt <tech.allg> *(Objekt mit Gewinde; z. B. Schraube, Lampe)* • screw in vt; thread into vt

Einschraubenantrieb m <nav> • single-screw propulsion

Einschraubende n <füg> *(bei Stiftschrauben, sitzt im Sackloch)* • stud end; metal end; tap end

Einschraubformstück n <rls> • screwed fitting

Einschraubgewinde n <füg> • fixing thread

Einschraubgruppe f <masch> • length-of-engagement group

Einschraublänge f DIN 2244 <masch> *(Gewinde)* • length of thread engagement; thread engagement; length of engagement; thread reach; engagement length

Einschraubstutzen m <rls> • screw-in nozzle

Einschraubtiefe f rar <masch> *(Gewinde)* • length of thread engagement; thread engagement; length of engagement; thread reach; engagement length

Einschraubverlängerung f <füg> • screwed-in extension; screw-in extension

Einschraubzapfen m <masch> *(z. B. als Verschluss)* • stud end with thread

einschreiben vt <math> *(z. B. Kreis in Dreieck)* • inscribe vt

Einschritt… <tech.allg> *(bei Abläufen; z. B. Prozess)* • single-step

Einschrittherstellung f <prod> • single-step production

Einschroten n <pack> • lancing

einschrumpfen vt <prod> *(z. B. Laufbüchse, Ventilsitzringe)* • shrink vt; shrink-fit vt

Einschrumpfverbindung f ugs.rare <masch> • shrinkage fit; shrink fit

Einschub m <el> • plug-in; plug-in unit; plug-in module

Einschub m <logist> • drawer

Einschub m <masch> • withdrawable unit; slide-in unit

Einschubangel f <wz> *(Gattersäge)* • cap check buckle

Einschubbaustein m <el> • plug-in; plug-in unit; plug-in module

Einschubbauweise f <tech.allg> • plug-in design

Einschubdecke f rar <bau> *(betont: eingezogene Decke)* • inserted ceiling

Einschub im Europaformat m <el> • plug-in unit in European standard format

Einschubkassette f <edv> *(für CD-ROM)* • disc caddy US.GB

Einschubplatz m <edv> • drive bay; chassis bay; bay pract

Einschubrahmen m <prod.autom> • slide-in frame

Einschubtasche f <bekl> *(zum Händewärmen)* • hand-warmer pocket

Einschubtechnik f <msr> *(Steckkarten, Schaltschrankeinschübe etc. in Modulbauweise)* • plug-in system

Einschubverstärker m <el> • plug-in amplifier

einschütten vt ugs <tech.allg> *(Flüssigkeit, Schüttgut; in einen Behälter)* • pour in vt; fill in vt

einschütten vt <verf> • feed in vt

Einschüttkasten m <tech.allg> *(z. B. für Futter, Granulat)* • feeding box

Einschütttrichter m <tech.allg> *(z. B. für Tierfutter, Granulat)* • feeding hopper; feed hopper

einschützige Webmaschine f <textil> • single-shuttle loom

einschuhen vt <bau> (z. B. Masten) • shoe vt
Einschurwolle f <textil> • single-clip wool
Einschuss m <mil> (Loch) • bullet hole
Einschuss m <textil> • weft; woof
Einschussoptik f <nukl> • injection optics
Einschussstelle f <mil> • point of entry
Einschuss zweifach eintragen vi <textil> • pick with double weft vi
Einschwärzen n <obfl> (z. B. Füllen einer Fläche) • blacking
einschwalben vt <prod> • dovetail vt
Einschweißarmatur f <rls> • welded fitting
Einschweißblech n <kfz.rep> (Reparaturblech) • weld-in panel; weld-in section
einschweißen vt <füg> • weld in vt
einschwenken vt <tech.allg> (z. B. Rotfilter an Vergrößerer) • swivel in vt; swing in vt
Einschwimmen n <hydr> • floating into position
einschwimmen vt <hydr> • float into position vt
Einschwingbewegung f <phys> • transient motion
Einschwingdauer f <phys> • build-up period; build-up time
Einschwingen n <navig> (Kreiselkompass; unerwünschtes Schwanken) • oscillation
Einschwingen n <navig> (Kreiselkompass; erwünschte Selbststabilisierung) • settling
Einschwingen n <phys> (vorübergehendes Oszillieren) • transient oscillation
Einschwingen n <textil> (von Legebarren) • backward swing
einschwingen vi <navig> (Kreiselkompass) • settle vi
einschwingen vi <phys> (aufbauen von Schwingungen) • build up vi
einschwingen vi <tele> (Impuls) • ring vi
Einschwingen beim Ausschalten n <el> • circuit-breaking transient
Einschwingen beim Einschalten n <el> • make transient
Einschwinger-Prüfknopf m DINEN 1330-4 <qualit.mat> (Ultraschallprüfung) • transceiver
Einschwingfrequenz f <phys> • transient frequency
Einschwingkurve f <navig> • damping curve
Einschwingphase f <av> (eines Tons, Klangs) • attack time
Einschwingphasensample n <el.mus> • attack sample
Einschwingreaktanz f <el> • transient reactance
Einschwingschutz m <el> • antiovershoot protection
Einschwingspannung f <el> (Spannung bei Ausgleichsvorgängen, Transienten) • transient voltage
Einschwingstoß m <phys> • transient surge
Einschwingstreifen mpl <av> • transient stripes
Einschwingverhalten n <el.msr> • transient behaviour; transient response
Einschwingverhalten bei Sprungfunktion n <msr> • step-function response
Einschwingvorgang m <msr> (Übergang von einem stationären Zustand in einen anderen) • transient
Einschwingvorgang m <phys> (betont: zu Beginn) • initial transient
Einschwingzeit f <tech.allg> (Übergang) • transient time
Einschwingzeit f <el> (einer Reaktion) • response time
Einschwingzeit f <msr> (Dämpfung) • damping time; settling time
Einschwingzeitkonstante f <el> (betont: Anschwellen) • time constant of rise
Einschwingzeitkonstante f <phys> (allg.) • transient time constant
Einschwingzustand m <phys> • transient state
Einsegmentkrümmer m <rls> • single-segment mitred bend

Einseilförderung f <förd> (allg.) • direct rope haulage; main rope haulage
Einseilförderung f <förd> (vertikal; z. B. Schachtförderung) • single-rope hoisting
Einseilgreifer m <förd> • single-rope grab; single-rope grab bucket
Einseilschwebebahn f <förd> • single-rope cable tramway US; monocable ropeway
Einseitenband n <tele> • single sideband
Einseitenbandamplitudenmodulation f <av> • single-sideband amplitude modulation
Einseitenbandempfänger m <av> • single-sideband receiver
Einseitenbandmodulation f <tele> • single-sideband modulation
Einseitenbandübertragung f <el> • single-sideband transmission
Einseitenbetrieb m <msr> • single-ended operation
einseitig <tech.allg> • one-sided; single-sided
einseitig <jur> (z. B. Rechte, Verpflichtung, Vertrag) • unilateral
einseitig arbeitende Richtantenne f <av.tele> • unidirectional antenna US; unidirectional aerial GB
einseitig beaufschlagte Siebtrommel f form <verf.hydr> • drum screen; double entry drum screen
einseitig beklebt <obfl> • single-lined
einseitig belastete Langhantel f <sport.tech> • T-bar
einseitig beschreibbare Diskette f <edv> • single-sided floppy [disk]
einseitig betriebener Verkehr m <tele> • one-way traffic
einseitig durchlässig <phys> (z. B. Membran) • semipermeable
einseitige Appretur f <textil> • backfilling finish
einseitige Datenübermittlung f DIN ISO 3309 <edv> • one-way data communication ISO 3309
einseitige Fahrstreifenbegrenzung f <verk> • lane sideline; one-way limiting
einseitig eingespannt <mech> • cantilevered
einseitig eingespannte Blattfeder f <masch> • cantilever spring; cantilever leaf spring
einseitig eingespannter Träger m rar <bau> (horizontal, einseitig eingespannt) • cantilever; cantilever beam; one-ended encastré beam rare
einseitig eingespannter Träger m <bau/masch> • beam fixed at one end
einseitig eingestelltes Relais n <el> • biased relay
einseitige Kopie f <büro> • simplex copy; single-sided copy; one-sided copy
einseitige Laschennietverbindung f <füg> • single-strap butt joint; single-strap riveted butt joint
einseitige Leiterplatte f <el> • single-sided printed circuit board; single-sided pcb
einseitiger Flat-Hump m (FH) <kfz> (Radfelge) • outboard flat hump (FH); flat hump on outer bead seat form
einseitiger Gabelschlüssel m <wz> • single open-end wrench US/GB; single open-end[ed] spanner GB; engineers wrench, single head in catalog
einseitiger Hebel m <mech> • lever of second class
einseitige Richtwirkung f <tech.allg> (z. B. Beleuchtung, Bestrahlung) • unidirectional action
einseitiger Liner m <pap> • single-facer liner
einseitiger Maulschlüssel m <wz> • single open-end wrench US/GB; single open-end[ed] spanner GB; engineers wrench, single head in catalog
einseitiger Ringschlüssel m <wz> • single end box wrench US; single end ring spanner GB
einseitiger Rund-Hump m (H) <fz> (Radfelge) • outboard round hump (H); round hump on outer bead seat form

einseitiger Sockel *m* <licht> • single-ended cap
einseitiger Taster *m* <wz> • odd-leg caliper
einseitiger Tastzirkel *m* <wz> • odd-leg caliper
einseitiger Trapezring *m DIN ISO 6621* <mot> *(Kolbenring)* • half keystone ring *ISO 6621*
einseitiges Buckelschweißen *n* <füg> • indirect projection welding
einseitiges Contre Pente *n* (CP) <fz> *(Radmerkmal)* • outboard contre pente (CP); contre pente on outer bead seat *form*
einseitiges Flat-Pente *n* (FP) <fz> *(Radfelge)* • outboard flat pente (FP); flat pente on outer bead seat
einseitiges Verfahren *n* <tech.allg> • single-side method
einseitige Verzerrung *f* <tele> • bias distortion
einseitige Wellpappe *f* <pap> • single-facer
einseitig freitragende Belastung *f* <mech> • cantilever load
einseitig gerichtet <phys> *(z. B. Bewegung, Messung, Strahlung)* • unidirectional
einseitig gesockelt <kfz.el> *(Lampe)* • single-based *US*; single-ended *GB*
einseitig klebendes Band *n* <füg> *(typ. Klebeband)* • single-faced tape; single-faced pressure-sensitive tape *form*
einseitig mattierte Polyesterfolie *f* <doku> *(ein transparenter Zeichnungsträger)* • mat PE film; matte PE film *US*
einseitig saugender Lüfter *m* <hlk> • single-entry fan
einseitig schneidend <wz> • single-ended
einseitig verzinkt <obfl> • single-sided galvanized; one-side galvanized; galvanized on one side
einseitig wirkend <tech.allg> *(z. B. Messgerät, Übertrager, Verstärker)* • unidirectional; one-directional
einseitig wirkendes Axiallager *n* <masch> *(meist ein Wälzlager)* • single-direction thrust bearing
einseitig wirkendes Axialrillenkugellager *n* <masch> • single-direction ball thrust bearing
einseitig wirkendes Axialwälzlager *n DIN ISO 5593* <masch> • single-direction thrust rolling bearing *ISO 5593*
Einselement *n* <math> • unity; identity element
Einsenken *n* <prod> • cavity sinking
einsenken *vt* <prod> • sink *vt*
Einsenkpresse *f* <wz.masch> • hobbing press; hubbing press
Einsenkrohteil *n* <prod> • cavity blank
Einserbit *n* <edv> • one bit
einsetzbar <tech.allg> *(z. B. in eine Fassung)* • insertable
einsetzbar <tech.allg> *(in gebrauchsfähigem Zustand)* • serviceable
einsetzbar für <allg> • applicable to; usable for; fit for
Einsetzblech *n* <kfz.rep> • replacement panel; service panel *US*
Einsetzbühne *f* <metall> • charging floor; charging platform
Einsetzen *n* <allg> • application
Einsetzen *n* <allg> *(eines Vorganges)* • start; onset
Einsetzen *n* <tech.allg> *(Installation; z. B. einer Tintenpatrone)* • insertion
Einsetzen *n* <metall> *(in Graphit; zum Einsatzhärten von Stahl)* • carburization
Einsetzen *n* <metall> *(Beschickung)* • charging
einsetzen *vi* <tech.allg> • begin *vi*
einsetzen *vi* <phys> *(beginnen; z. B. Reaktion, Lärm, Rauschen, Schwingungen)* • start *vi*
einsetzen *vt* <allg> *(einrichten; z. B. Gremium, Task Force)* • install *vt*
einsetzen *vt* <tech.allg> *(ein Teil in ein anderes Teil; z. B. Filter in Gehäuse)* • insert *vt*
einsetzen *vt* <tech.allg> *(für einen best. Zweck; z. B. Gerät, Maschine, Werkstoff)* • employ *vt*; use *vt coll*

einsetzen *vt* <tech.allg> *(z. B. Methode, Werkzeug, Produkt)* • apply *vt*; employ *vt*; use *vt*
einsetzen *vt* <tech.allg> *(mit wenig Spiel, exakt passend in etw. einführen; z. B. Ventil, Kolben)* • fit in *vt*; seat *vt rare*
einsetzen *vt* <math> *(für eine Variable)* • substitute *vt*
einsetzen *vt* <metall> *(beschicken)* • charge *vt*; feed *vt*
einsetzen *vt rar* <metall> *(Stahl; beim Einsatzhärten)* • carburize *vt*; carbonize *vt*; cement *vt*
einsetzen *vt* <metall> *(Stahl)* • case-harden *vt*
einsetzen *vt* <mil> *(Truppen, Waffen)* • deploy *vt*
einsetzen *vt* <mil> *(Magazin in Schusswaffe)* • insert *vt*
Einsetzlöffel *m* <metall> *(Ofenbeschickung)* • charging peel; charging spoon
Einsetzmulde *f* <prod> *(z. B. Muldenbeschickungskran)* • charging box
Einsetzpunktur *f* <druck> • press points
Einsetzungsmethode *f* <math> • substitution method
Einsetzungszeichen *n* <edv> • insertion character
Einsichtnahme *f* <jur> *(in Akten, Dokumente, Aufzeichnungen)* • inspection; examination
Einsickern *n* <ents> *(Boden)* • percolation; seepage; infiltration
einsickern *vi* <tech.allg> *(z. B. Wasser)* • seep in *vi*; trickle in *vi*; infiltrate *vi*
Einsiedlerpunkt *m* <math> *(Kurvendiskussion)* • acnode
einsilieren *vt* <agri> • ensilage *vt*
Einsinken *n* <obfl.qualit> *(Lackfehler)* • sinkage; contouring; flat spots *pl*; porosity
einsinken *vi* <bau> *(z. B. Mauer in d. Boden)* • sink *vi*; sink in *vi*
einsinken *vi* <bau> *(absenken)* • settle *vi*; subside *vi*
einsinken *vi* <min> • yield *vi*
Einsinktiefe *f* <prod> • indentation
Einsinkweg *m* <min> • yield
Einsinkwiderstand *m* <min> • yield resistance
einsinnig bewehrte Platte *f* <bau> • one-way slab
Einsitzer *m* <sport> *(Rodel)* • single luge
einsitziges Ventil *n* <masch> • single-seated valve; single-seat valve
Einsitzventil *n* <masch> • single-seated valve; single-seat valve
Einsohlenbergbau *m* <min> • single-level mining
einsortieren *vt* <allg> • sort in *vt*
einspänen *vt* <textil> • board *vt*
einspaltig <druck> • single-column
Einspalt-Löschkopf *m* <av> • single-gap erase head
Einspannart *f* <mech> *(von Kragträgern)* • type of end fixation; type of end restraint
Einspannart *f* <mech> *(allg.)* • type of fixation
Einspannbacke *f* <wz> *(allg.; von Spannvorrichtung, Schraubstock)* • clamping jaw; gripping jaw; jaw *pract*; grip *rare*
Einspannbacke *f* <wz.masch> *(eines Spannfutters)* • chuck jaw
einspannen *vt* <mech> *(fixieren, verankern; z. B. Träger)* • constrain *vt*
einspannen *vt* <prod> *(in Spannfutter; z. B. Bohrer)* • chuck *vt*
einspannen *vt* <prod> *(z. B. Werkstück in Schraubstock)* • clamp *vt*
Einspannen einer Probe *n* <qualit> • mounting of a specimen
Einspannen von Hand *n* <prod> *(z. B. Werkstücke)* • manual clamping
Einspanngrad eines Knickstabs *m* <mech> *(Festigkeitsrechnung, Knickfälle)* • column end fixity coefficient
Einspannkopf *m* <prod> • gripping head
Einspannkraft *f* <mech> • restraining force
Einspannlasche *f* <bau> • shackle

Einspannmoment n <mech> *(Statik; z. B. bei Kragträger)* • restraint moment; restraining-end moment; fixed-end moment

Einspannrahmen m <prod> *(z. B. für Gussform)* • clamping frame

Einspannschaft m <wz.masch> *(Teil des zu spannenden Werkzeuges)* • clamping shaft; shaft

Einspannteil n <qualit.mat> *(Prüfmaschine)* • clamping device; clamping piece

Einspannung f <tech.allg> *(zw. Backen; z. B. Werkstück, Werkzeug)* • clamping

Einspannung f <mech> *(fixierte, feste Verankerung)* • restraint; constraint; fixity; fixation

Einspannvorrichtung f <tech.allg> *(z. B. für Werkstücke, Seilende, Druckbögen)* • clamping device; holding device

Einspannvorrichtung f <prod> *(für Werkstücke)* • clamping fixture; work-holding fixture

Einspannvorrichtung f <qualit.mat> *(Prüfmaschine)* • clamping device; clamping piece

Einspannzeug n <qualit.mat> *(Prüfmaschine)* • clamping device; clamping piece

Einspeichen-Sicherheitslenkrad n Citroën.werb <kfz> • single-spoke safety steering wheel *:V*

einspeichern vt <edv> *(Daten)* • store vt; read in vt rare; write in vt rare

Einspeisemenge pro Zeiteinheit f <verf> *(Volumen pro Zeiteinheit; z. B. m^3/h)* • feed rate

einspeisen vt <tech.allg> *(Daten, Messwerte, Rohmaterial etc.)* • feed vt

einspeisen vt <tech.allg> *(z. B. Energie, Dampf)* • feed vt

einspeisen vt <verf> *(betont: mit Druck, Geschwindigkeit; z. B. Dampf, Wasser)* • inject vt

einspeisen vt <verf> *(genau bemessene Menge; z. B. Kraftstoff, Additive)* • meter vt

Einspeisepunkt m <prod> *(Gießen)* • feeder point

Einspeiserate f <verf> *(Volumen pro Zeiteinheit; z. B. m^3/h)* • feed rate

Einspeiserohr n <verf> • feed pipe

Einspeiseschleuse f <förd> • air lock feeder

Einspeisestrom m <el> • incoming current

Einspeisevergütung f <el> • buyback price

Einspeisung f <tech.allg> • feed; feeding

Einspeisung f <el> • feeding into the grid

Einspeisung f <energ> *(allg.; von/mit elektrischer Energie)* • supply

Einsperrschichttransistor m <el> • unijunction transistor (UJT)

einspiegeln vt <opt> • reflect into vt

einspielen vr <msr> *(Signalschwankungen)* • level off vi

einspielen vr <msr> *(Zeiger)* • settle vi; balance vi

Einspielleitung f <av> • contribution circuit

Einspindelautomat m <wz.masch> *(Schraubenprod.)* • single-spindle automatic screw machine; single-spindle automatic

Einspindelbauart f <wz.masch> • single-spindle design

Einspindelbohrmaschine f <wz.masch> • single-spindle drilling machine

Einspindelfutterautomat m <wz.masch> • single-spindle automatic chucking machine

Einspindelfutterhalbautomat m <wz.masch> • single-spindle chucking semi-automatic

einspindelige Schraubenspindelpumpe f <masch> • single-screw pump; single-rotor screw pump

Einspindelmaschine f <wz.masch> • single-spindle machine; simplex machine

Einspindelplanfräsmaschine f <wz.masch> • single-spindle fixed-bed type milling machine; simplex manufacturing-type milling machine

Einspindelpumpe f rare.DDR <förd> *(nach Moineau)* • progressive cavity pump; single-screw pump US; eccentric screw pump GB; Mono Pump; helical rotor pump GB

Einspindelpumpe f <masch> • single-screw pump; single-rotor screw pump

Einspindelrevolverdrehautomat m <wz.masch> • turret-type single-spindle automatic

Einspindel-Schraubenpumpe f <masch> • single-screw pump; single-rotor screw pump

Einspindelstangenautomat m <wz.masch> • single-spindle automatic bar machine; single-spindle bar automatic

einspindlig <wz.masch> • single-spindle

Einspinnen n <textil> *(von Seidenraupen)* • cocooning

Eins-plus-eins-Adressbefehl m <edv> • one-plus-one address instruction

einsprengen vt <geo> • disseminate vt; intersperse vt

einsprengen vt <verf> *(mit Wasser)* • sprinkle vt; spray vt

Einsprengling m <geo> • phenocryst; inset; xenocryst

Einsprengmaschine f <textil> • sprinkling machine; damping machine

Einsprengzange für Sicherungsringe f <wz> *(für Außen- und Innensicherungen)* • snap ring pliers US; retaining ring pliers US; circlip pliers GB

einspringen vi <tech.allg> *(z. B. Baufluchtlinie, Hausfassade, Umrisslinie)* • contract inwards vi

einspringend <bau> *(z. B. Fluchtlinie)* • recessed

einspringend <math> *(Geometrie: Winkel)* • reentrant

einspringender Winkel m <math> • reentrant angle

Einspritzanlage f <kfz.mot> • fuel injection system

Einspritzbedingungen fpl <kfz.mot> • injection conditions

Einspritzbeginn m <kfz.mot> • beginning of injection

Einspritzdampfkühler m <verf> • spray attemperator; spray desuperheater; superheater spray

Einspritzdauer f <tech.allg> • injection period

Einspritzdauer f <kfz.mot> *(Kraftstoffeinspritzung)* • injection period; fuel injection duration rare; duration of injection rare

Einspritzdruck m <kst> *(Spritzgießen)* • injection pressure; first-stage injection pressure form; booster pressure rare

Einspritzdruckkurve f <metall> *(Druckguss)* • injection-pressure graph; die-casting injection-pressure graph

Einspritzdüse f <tech.allg> • injection nozzle; injector nozzle

Einspritzdüse f <kfz.mot> *(Diesel; Flammstartanlage)* • spraying nozzle

Einspritzdüse f ugs <kfz.mot> *(für Kraftstoff)* • injector; fuel injector

Einspritzdüse mit variabler Öffnung f <kfz.mot> • variable orifice nozzle (VON)

Einspritzdüsenhalter m <kfz.mot> *(Dieselmotor)* • injection nozzle holder

Einspritzeinheit f <kst> • injection unit; plasticating unit; injection carriage

Einspritzen n <tech.allg> • injection

einspritzen vt <tech.allg> *(als Strahl od. in Spritzern)* • inject vt

einspritzen vt <tech.allg> *(als Sprühnebel, zerstäubt; z. B. Treibstoff)* • inject into vt

einspritzen in vt <obfl> *(Rostschutzmittel in Hohlräume)* • spray into vt; inject into vt

Einspritzen in die Trennfläche n <kst> • injection into the parting line

Einspritzer m prakt <kfz.mot> • fuel injected engine; fuel injection engine; injected engine pract; engine with fuel injection rare

Einspritzgeschwindigkeit f <kst> • injection speed
Einspritzkegel m <kfz.mot> • spray
Einspritzkondensation f <verf> • jet condensation; condensation by injection
Einspritzkondensator m <verf> (Dampferzeuger) • injection condenser; contact condenser; jet condenser
Einspritzkraft f <kst> • injection force
Einspritzkühlung f <turb> • injection cooling
Einspritzleitung f <kfz.mot> • injection line
Einspritzmasse f <kst> • shot weight
Einspritzmenge f <kfz.mot> • amount of fuel injected
Einspritzmotor m <kfz.mot> • fuel injected engine; fuel injection engine; injected engine pract; engine with fuel injection rare
Einspritzöffnung f <kfz> • injection port; inlet port
Einspritzöffnung f <obfl> (Hohlraumversiegelung) • access hole
Einspritzpumpe f <förd> (allg.; z. B. bei Motoren) • injection pump
Einspritzpumpe mit Direktantrieb f DIN ISO 7876 <mot> • jerk fuel injection pump ISO 7876
Einspritzpumpenlamellenkupplung f <mot> • injection pump twin-disc coupling
Einspritzrelais n <kfz.mot> (Kraftstoffeinspritzung) • fuel injection relay
Einspritzrohr n <rls> • injection pipe
Einspritzrohr der Beschleunigungsanreicherung n <msr> • accelerator pump injection nozzle
Einspritzsteuergerät n BMW <kfz.msr> (L/LE-Jetronic) • electronic control unit (ECU)
Einspritzstrahl m <tech.allg> (z. B. Einspitzpumpe) • injection jet
Einspritzstrahl m <kst> • nozzle jet
Einspritzstrom m <kst> (Masse pro Zeiteinheit) • injection flow rate; injection rate
Einspritzsystem n <kfz.mot> • fuel injection system
Einspritzteil n <kst> (in Spritzgießwerkzeugen) • insert; inset
Einspritzung f <bau.mat> (Beton) • injection
Einspritzventil n <kfz.mot> (für Kraftstoff) • injector; fuel injector
Einspritzventil n <rls> (allg.) • injection valve; injector valve
Einspritzventil n <rls> (zerstäubend) • spray valve; atomizer valve
Einspritzventilfilter n <mot> • injector filter
Einspritzverlauf m <kfz.mot> • injection pattern
Einspritzverstelleinrichtung f <mot> (mech.) • injection timing device
Einspritzverstellung f <mot> (mech.) • injection timing
Einspritzverzögerung f <mot> • injection lag
Einspritzvoreilung f <mot> • injection advance
Einspritzvorgang m <tech.allg> • injection process
Einspritzvorrichtung f <mot> • primer
Einspritzweg m <kst> (der Schnecke) • injection stroke
Einspritzzeit f <kst> • injection time
Einspritzzeitpunkt m <tech.allg> • time of injection
Einspritzzeitpunkt m <kfz.mot> • injection timing; time of fuel injection
Einspritzzylinder m <tech.allg> • injection cylinder
Einspruch m <jur> • protest; opposition
Einspruch erheben vi <jur> • object vi/vt; object to vi/vt; file a notice of opposition vi
Einspruchsfrist f <jur> • period for entering opposition
einsprühen vt <tech.allg> (als Sprühnebel, zerstäubt; z. B. Treibstoff) • inject into vt
einsprühen in vt <obfl> (Rostschutzmittel in Hohlräume) • spray into vt; inject into vt
Einsprühung f <verf.emiss> (von Waschflüssigkeit in Rauchgas) • injection

Einsprungbedingung f <edv> • entry condition
einspülen vt <bau/min> • flush vi/vt
Einspülpumpe f <petr> • jetting pump
Einspülverfahren n <bau> (Erdbau) • hydraulic filling
Einspulen n <phot> (von Film) • loading
einspulen vt <phot> (Film, in Entwicklerdose) • load vt; reel vt
einspulig <el> • single-coil
Einspulung f <phot> (von Film) • loading
Einspuraufzeichnung f <av> • single-track recording
einspuren vi <kfz.antr> (in Eingriff bringen; z. B. Zahnräder) • mesh (with) vt; slide into mesh; engage vi
Einspurfahrzeug n <fz> • single-track vehicle
Einspurfeder f <kfz.el> (Schub-Schraubtrieb-Starter) • clutch spring; meshing spring
Einspurgetriebe n <kfz.el> • meshing drive
Einspurhilfe f <bahn> (Modellbahn) • rerailer
einspurig <av> (Band, Aufzeichnung) • single-track
einspurig <verk> (Straße, Fahrbahn) • single-lane
einspurige Fahrbahn f <verk> • single-lane roadway; single-lane carriageway GB
einspuriges Fahrzeug n <fz> • single-track vehicle
Ein-SS-Anlage f <el> • single-bus switching system
Einstabelektrode f <el> • single rod electrode
Einständerausführung f <wz.masch> • single-column construction; single-column design; open-side construction
Einständerblechkantenhobelmaschine f <wz.masch> • open-side plate planing machine
Einständerhammer m <wz.masch> • single-column hammer; open-frame hammer
Einständerhobelmaschine f <wz.masch> • open-side planing machine
Einständerkarusselldrehmaschine f <wz.masch> • single-column vertical turret lathe
Einständerlangfräsmaschine f <wz.masch> • single-column plano-milling machine
Einständerpresse f <wz.masch> • single-column press; open-side press; open-fronted press
Einständerpresse mit C-förmigem Gestell f <wz.masch> • open-frame press
Einständerpresse mit tiefer Ausladung f <wz.masch> • deep-throated press; deep-throat press
Einstärkenglas n ISO 13666 <opt> (z. B. Brille) • single-vision lens ISO 13666
Einstäuben n <agri> (Saatbeizung) • dust treatment
Einstäuben n <min> (Grubensicherheit) • stone dusting; rock dusting
Einstäuben n <verf> • dusting; powdering
einstäuben vt <verf> • dust vt; powder vt
einstampfen vt <bau/metall> • ram vt
einstampfen vt <pap> • pulp vt
Einstau m <hydr> • ponding
Einstaubewässerung f <hydr> • infiltration irrigation
einstauchen vt <kfz.rep> (Hohltreiben von Blechen) • beat back into oneself vt pract
Einstecharbeit f <prod> (Blechbearbeitung) • louvring operation; lancing operation
Einstecharbeit f <prod> • plunge-cut operation
Einstechbewegung f <wz.masch> • plunge-cut motion; infeed
Einstechdrehen n <prod> • recessing; plunge-cut turning
Einstechen n <led> • inseaming; inseam sewing; inseam stitching; welting
einstechen vt <druck> • point vt
einstechen vt <mil> (Schusswaffe; spannen des Stechers) • activate the set trigger mechanism vi; cock the hair trigger vi
einstechen vt <prod> (Blechbearbeitung) • louver vt US; punch to louvres vt GB; lance vt

einstechen vt <prod> • plunge-cut vt; recess vt; neck vt; groove vt

einstechen (in) vt <textil> (Nadel) • stick (into) vt

Einstechgarn n <textil> (Schuhe: Goodyear) • welt machine thread

Einstechgeschwindigkeit f <prod> • infeed rate

Einstech-Gewinderolle f <wz.masch> (Gewindewalzen) • infeed cylindrical die; infeed die

Einstechgewindeschleifen n <prod> • plunge grinding; plunge-cut grinding; plunge-cut thread-grinding; plunge-type grinding

Einstech-Gewindewalzwerkzeug n <wz.masch> (Gewindewalzen) • infeed cylindrical die; infeed die

Einstechmeißel m <wz> • recessing tool

Einstechnaht f <led> • inseam; welt seam

Einstechrahmen m <led> • welt

Einstechrahmen-Nutenziehmaschine f <led> • welt grooving machine

Einstechschleifautomat m <wz.masch> • automatic plunge-grinding machine

Einstechschleifen n <prod> • infeed grinding

Einstechschleifmaschine f <wz.masch> • plunge-cut grinding machine

Einstechschlitten m <wz.masch> • recessing slide

Einstechschloss n <bau> • mortise lock

Einstechverfahren n <prod> (Walzen) • radial thread-rolling; radial-infeed thread-rolling; infeed thread-rolling; infeed rolling; plunge rolling rare

Einstechverfahren n <prod> • plunge grinding; plunge-cut grinding; plunge-cut thread-grinding; plunge-type grinding

Einstechvorschub m <wz.masch> (Schleifen) • plunge feed

Einstechvorschub m <wz.masch> (Drehmaschine) • recessing feed

Einstechweg m <prod> • plunge distance

Einsteckamboss m <prod> • inset stake

einsteckbare Baugruppe f <el> • plug-in unit

Einsteckblech n <logist> (Schubladenschrank) • cross divider; divider

Einsteckbogen m <druck> • inset sheet

Einsteckbohrbuchse f <prod> • slip renewable bushing; renewable drill bush DIN 173

Einsteckbohrmeißel m <wz> • boring cutter; boring-bar cutter

Einsteckeisen n <kfz.rep.wz> • stake

einstecken vt <tech.allg> (z. B. Münze in Schlitz) • insert vt

einstecken vt ugs <tech.allg> (Stift etc. in eine Öffnung; z. B. Stecker in Buchse) • plug in vt

einstecken vt <druck> • tuck in vt

einstecken vt <el> (z. B. Steckkarte) • plug in vt

einstecken vt <prod> • place into vt

einstecken vt <prod.nahr> (Stiele in Speiseeis) • insert vt

Einstecken des Stiels n <nahr.prod> (Speiseeis) • stick insertion

einstecken (in) vt <kfz.el> • plug in[to] vt

Einsteckhörer m <av> • insert earphone

Einsteckkarte f rar <el> (Platine, bestückt, mit Kontaktkamm zum Einstecken) • card; printed-circuit board; board pract; plug-in board rare

Einsteckklappe f <druck> • flap

Einstecklauf m <mil> • barrel insert :V; reducing barrel :V

Einsteckmaschine f <druck> • inserting machine; insetting machine; inserter

Einsteckmeißel m <wz> • bit insert; tool-holder bit; inserted tool

Einsteckriegel m <bau> • mortise knob latch

Einsteckrunge f <fz> (z. B. Güterwagen für Langholz; LKW) • stake; inserted stanchion

Einsteckschlitz m <tech.allg> (Münzautomat) • coin slot

Einsteckschlüssel m <wz> • face spanner

Einstecksicherung f <el> • plug-in fuse

Einsteckspindel f <masch> • loose inserted peg

Einstecktrommel f <druck> (assembliert die einzelnen Zeitungsteile) • inserting drum; inserter

Einsteckwerkzeug n <wz> (für Drehmomentschlüssel mit spezieller Aufnahme) • head

Einsteigegalerie f <aerospace> (Flughafen) • concourse

Einsteigekarte f <aerospace> • boarding pass

Einsteigen n jarg. <edv.av> • punch-in

Einsteigen n <verk> (Vorgang; in Bahn, Bus, Flugzeug, Schiff) • boarding; ingress; entry; embarking

Einsteigermodell n <kfz> • entry-level version; entry-level model

Einsteigermotorrad n <fz> • entry level motorcycle

Einstein'sche Beziehung f <phys> • Einstein relation; Einstein mass-energy relation; mass-energy relation [acc. to Einstein]

Einstein'sche Gleichung f <phys> (photoelektrische Emission) • Einstein equation [for photoelectric emission]

Einstein'sche Gleichung f <phys> • Einstein relation; Einstein mass-energy relation; mass-energy relation [acc. to Einstein]

Einstein'sche Lichtquantenhypothese f • Einstein hypothesis of light quanta

Einstein'sche Spektralverschiebung f <phys> • Einstein shift

Einstein'sches Relativitätsprinzip n <phys> • Einstein principle of relativity

Einstein'sches Viskositätsgesetz n <phys> • Einstein formula

Einstein-de-Haas-Effekt m <phys> • Einstein-de Haas effect; gyromagnetic effect

Einstein-Dilatation f <phys> (Zeitverschiebung) • Einstein's time dilation

Einsteinium n (Es) <chem> • einsteinium (Es)

Einstein-Kondensation f <phys> • Bose-Einstein condensation; Einstein condensation

Einstein-Observatorium n <astron> • Einstein X-ray satellite

Einstein-Podolsky-Rosen-Effekt n <phys> (Quantentheorie) • Einstein-Podolsky-Rosen paradox; Einstein-Podolsky-Rosen effect; EPR paradox; EPR effect

Einstein-Podolsky-Rosen-Paradox n <phys> (Quantentheorie) • Einstein-Podolsky-Rosen paradox; Einstein-Podolsky-Rosen effect; EPR paradox; EPR effect

einsteinsche Beziehung f <phys> • Einstein relation; Einstein mass-energy relation; mass-energy relation [acc. to Einstein]

einsteinsche Gleichung f <phys> (photoelektrische Emission) • Einstein equation [for photoelectric emission]

einsteinsche Lichtquantenhypothese f • Einstein hypothesis of light quanta

einsteinsche Spektralverschiebung f <phys> • Einstein shift

einsteinsches Relativitätsprinzip n <phys> • Einstein principle of relativity

einsteinsches Viskositätsgesetz n <phys> • Einstein formula

Einstell... <tech.allg> (z. B. Bedienungselemente; Knopf, Taste, Regler, Hebel, Schraube) • adjusting

Einstellanschlag m <masch> • adjusting stop

einstellbar <tech.allg> (Werte und Objekte; z. B. Lautstärke, Helligkeit, Abstand, Höhe, Ventil) • adjustable

einstellbare Ausgangsfunktion f <msr> • programmable

einstellbare Blende f <phot> • adjustable stop

einstellbare Empfindlichkeit f <msr> (z. B. von Sensoren) • adjustable sensitivity einstellbare Klinge *f* <tech.allg> • adjustable blade

einstellbare Luftschraube *f* <aerospace> • adjustable-pitch propeller; variable-pitch propeller

einstellbarer Anschlag *m* <masch> • adjustable stop

einstellbarer Arbeitsbereich *m* <msr> *(von Sensoren)* • adjustable sensing range; adjustable working range

einstellbarer automatischer Timer *m* <el> • adjustable automatic timer

einstellbarer Drehmomentschlüssel *m* <wz> *(typ. mit Mikrometerskala am Griff und mit fühl-, hörbarer Auslösung)* • click type torque wrench; micrometer [type] torque wrench; automatic cut-out torque wrench *GB*; break-away torque wrench *US.rare*; clutch type torque wrench *US.rare*

einstellbarer Widerstand *m* <el> *(als Bauteil; betont: Bauart)* • adjustable resistor

einstellbares Dämpfungsglied *n* <msr> • variable attenuator

einstellbares Erfassungsfenster mit Teachfunktion *n* <msr> • teach custom sensing window

einstellbares Messer *n* <tech.allg> • adjustable blade

einstellbares Schlossteil *n* <textil> • adjustable cam; setting type cam

einstellbares Unterdruckventil für EGR-Ventil *n* <kfz.emiss> • adjustable vacuum control for EGR valve

einstellbare Träger *mpl* <bekl> *(BH)* • adjustable straps

Einstellbereich *m* <tech.allg> *(Maschine, Messgerät, Photoapparat etc.)* • setting range; adjustment range

Einstellbereich *m* <opt> *(Schärfe, Fokus)* • focusing range; focussing range

Einstelldauer *f* DIN 1319 <msr> *(Sensor; bis zur Ausgabe eines stabilen Messwerts)* • response time; time of response; answering time *rare*; pick-up time *rare*; settling time *rare*

Einstelldrossel *f* <rls> • variable-area nozzle

Einstellelement *n* <msr> *(allg.)* • adjuster *EN 60947*

Einstellen *n* <tech.allg> *(von Reglern, Werten; z. B. Drehzahl, Druck, Abstand, Schärfe)* • adjustment; setting

Einstellen *n* <kfz.mot> *(Motor; z. B. Einspritzanlage, Zündung optimal einstellen)* • tuning

einstellen *vt* <tech.allg> *(Regler, Werte, Anschläge; z. B. Drehzahl, Druck, Abstand, Schärfe)* • adjust *vt*; set *vt*

einstellen *vt* <tech.allg> *(mit Wählscheibe)* • dial *vt*

einstellen *vt* <av> *(Sender, Frequenz, Kanal; mit Abstimmknopf, -regler etc.)* • tune *vt*; tune in *vt*

einstellen *vt* <chem> *(Chemikalien)* • standardize *vt*

einstellen *vt* <fz> *(in eine Garage)* • garage *vt*

einstellen *vt* <jur> *(Arbeitnehmer)* • employ *vt*; hire *vt*

einstellen *vt* <jur> *(abrupt beenden; z. B. Arbeit, Verfahren, Zahlung)* • stop *vt*

einstellen *vt* <kfz.el> *(Zündkerze, Kontaktabstand)* • gap *vt*; set the gap

einstellen *vt* <kfz.mot> *(Gesamtsystem abstimmen)* • tune *vt*

einstellen *vt* <logist> *(in Fächer platzieren)* • shelve *vt*

einstellen *vt* <metall> *(Ausmauerung)* • line *vt*

einstellen *vt* <mil> *(Feuer, Kampfhandlungen)* • cease *vt*

einstellen *vt* <msr> *(mit Regler)* • regulate *vt*

einstellen *vt* <ökon> *(Personal, Mitarbeiter)* • recruit *vt*; engage *vt*; appoint *vt*; hire *vt*; take on *vt*

einstellen *vt* <phot> *(der Blende, Verschlusszeit etc.)* • set *vt*

einstellen *vt* <wz.masch> *(in Position bringen; z. B. Werkzeug, Werkstück)* • locate *vt*; position *vt*

einstellen auf *vr* <tech.allg> *(örtlich)* • position itself on *vi*

einstellen auf *vr* <msr> *(bei einen best. Wert zum Stillstand kommen; z. B. Messanzeige)* • settle to *vi*

einstellen auf unendlich *vt* <opt> *(Objektiv)* • adjust to infinity *vt*

Einstellen der Filmempfindlichkeit *n* <phot> *(nur Funktion)* • film-speed setting; ISO-setting

Einstellen des Kontaktabstands *n* <kfz.el> • gapping the points

Einsteller *m* <msr> *(allg.)* • adjuster *EN 60947*

Einstellergänzungswinkel *m* <wz> • lead angle; approach angle

Einsteller mit Abgriff *m* <el> • tapped control

Einstellfehler *m* <tech.allg> • adjustment error; setting error

Einstellfernrohr *n* <opt> • framing eyepiece

Einstellfilter *m* <phot> *(an Vergrößerer)* • red filter; safelight filter; safe filter

Einstellgenauigkeit *f* <tech.allg> • adjusting accuracy; setting accuracy

Einstellgenauigkeit *f* <wz.masch> *(örtlich)* • positioning accuracy

Einstellgröße *f* <prod> • set-up data; process data; process parameter

Einstellhilfe *f* <phot> • focusing aid

Einstellhülse *f* <tech.allg> *(z. B. von Spurstangen)* • adjusting sleeve; adjuster sleeve

einstellig <edv> • one-bit; one-digit

einstellig <math> • single-figure; one-figure; one-place

einstellige Zahl *f* <math> • single-digit number; single-place number

Einstellknopf *m* <el> *(z. B. für Datum, Uhrzeit, Helligkeit, Kontrast)* • setting control

Einstellknopf *m* <msr> • adjusting knob; control knob

Einstellkreis *m* <opt> • setting circle

Einstelllehre *f* <msr> *(Schablone, Lehre u. dgl.)* • setting standard; reference gauge; master; adjusting gauge; setting gauge

Einstelllupe *f* <opt> • focusing magnifier

Einstellmarke *f* <msr> • setting mark

Einstellmarke für Infrarotfilm *f* <phot> *(an Objektiv)* • infrared index

Einstellmarkierung *f* <kfz.mot> *(für Steuerzeiten, Zündzeitpunkt; z. B. 10° vor OT)* • valve timing index mark; timing mark

Einstellmaß *n* <tech.allg> *(Längenmaße; z. B. Kontaktabstand, Spiel)* • adjustment value; setting value; setting

Einstellmaß *n* <msr> *(Schablone, Lehre u. dgl.)* • setting standard; reference gauge; master; adjusting gauge; setting gauge

Einstellmikroskop *n* <opt> • setting microscope

Einstellmutter *f* <msr> • register nut

Einstellnegativ *n* <phot> • focusing negative; test negative

Einstellnormal *n* <msr> *(Schablone, Lehre u. dgl.)* • setting standard; reference gauge; master; adjusting gauge; setting gauge

Einstellobjektiv *n* <opt> • focusing lens

Einstellokular *n* <opt> • framing eyepiece

Einstellparameter *m* <tech.allg> • adjustable parameter; setting parameter

Einstellphilosophie *f* <msr> • setup methodology

Einstellplättchen *n* prakt <kfz.mot> • shim; adjusting shim; adjusting disk *US*; adjusting disc *GB*

Einstellplättchen *n* <masch> • shim; shim plate

Einstellposition *f* <msr> • level

Einstellpotentiometer *n* <el> • adjustment potentiometer; setting potentiometer; trimming potentiometer

Einstellrad *n* MB <kfz.msr> *(zur Regulierung; z. B. Leuchtweiten, Heizung)* • thumb wheel

Einstellrad *n* <phot> *(z. B. für Kamerafunktionen)* • control dial

Einstellregler für den Video-Wiedergabekanal *m* <av> • video playback channel adjustor

Einstellring *m* <tech.allg> *(eher außen; Hülse o. ä.)*
• adjusting collar; adjusting ring; setting ring

Einstellring *m* <masch> *(mit Maßeinteilung)* • ring gauge

Einstellscheibe *f* <tech.allg> *(z. B. Messgerät, Fertigungsvorrichtung)* • dial; dial-in system

Einstellscheibe *f* <masch> *(zum Ausrichten)* • aligning washer

Einstellscheibe *f* <phot> *(im Sucher; normalerweise eine Mattscheibe)* • viewing screen; focusing screen; ground glass screen

Einstellschraube *f* <tech.allg> *(zum Höhenausgleich, horizontalen Ausrichten)* • leveling screw *US*; levelling screw *GB*

Einstellschraube *f* <tech.allg> • adjusting screw; set screw *pract*; setting screw *rare*

Einstellschraube für Scheinwerfer-Höhenverstellung *f* <kfz.el> • vertical adjuster screw

Einstellschraube für Scheinwerfer-Seitenverstellung *f* <kfz.el> • horizontal adjuster screw

Einstellskala *f* <opt> • focusing scale

Einstellsockel *m rar* <licht> • prefocus-cap *stand*; prefocus base

Einstelltrommel *f* <mil> *(Pistole)* • range drum

Ein-Stellung *f* <tech.allg> *(von Schaltern u. dgl.)* • on-position

Einstellung *f* <tech.allg> *(Stoppen von Aktivitäten)* • cessation; ceasing

Einstellung *f* <tech.allg> *(Zustand, Istwert)* • setting

Einstellung *f* <tech.allg> *(betont: genaue Abstimmung; Vorgang)* • tune-up

Einstellung *f* <tech.allg> *(z. B. von Bedienungselementen, Werten; Vorgang und Ergebnis)* • adjustment; setting

Einstellung *f* <chem> *(von Chemikalien)* • standardization

Ein-Stellung *f* <el> *(von Hebeln, Leistungsschaltern)* • thrown-in position

Einstellung *f* <jur> *(vorübergehender Stopp; von Arbeit, Zahlungen)* • suspension

Einstellung *f* <kfz> *(von Komponenten, Systemen; Vorgang)* • tune-up

Ein-Stellung *f* <mech> *(aktiv, im Eingriff)* • engaged position

Einstellung *f* <metall> *(Ausmauerung; Vorgang und Ergebnis)* • lining

Einstellung *f* DIN 2257 <msr> *(von Konfigurationen, Prozessparametern etc.)* • setting; set-up

Einstellung *f* <msr> *(Regulieren)* • regulation

Einstellung *f* <prod> *(z. B. einer Produktlinie)* • discontinuation

Einstellung *f* <textil> *(in D: Anz. Fäden pro cm in Kette und Schuss; in UK: pro in²)* • thread count; yarn count; count *pract*; number *pract*

Einstellung auf Mitte *f* <prod> • center setting

Einstellung auf unendlich *f* <phot> • adjustment to infinity; infinity setting

Einstellung des Stößelspiels *f* <mot> • tappet adjustment

Einstellung mittels Daumenrades *f* <msr> • thumbwheel control

Einstellungsschalter *m rar* <edv> • DIP switch; setup switch *rare*; dipswitch *rare*; dual in-line package switch *rare*

Einstellvorrichtung *f* <tech.allg> • adjusting device

Einstellvorrichtung *f* <prod> • positioning device

Einstellvorrichtung für den Kleinlastabgleich *f* <el> • low-load adjustment; low-load meter adjustment

Einstellvorrichtung für den Nennlastabgleich *f* <el> • full-load adjustment; full-load meter adjustment

Einstellvorrichtung für den Phasenabgleich *f* <el> • power-factor adjustment

Einstellwert *m* <tech.allg> *(z. B. für Länge, Druck, Temperatur)* • adjustment value; setting value; setting

Einstellwert *m* <tech.allg> *(Längenmaße; z. B. Kontaktabstand, Spiel)* • adjustment value; setting value; setting

Einstellwerte *mpl* <kfz.mot> *(Motor)* • settings *pl*; tune-up specifications *pl*

Einstellwiderstand *m* <el> *(als Bauteil; betont: Bauart)* • adjustable resistor

Einstellwiederholgenauigkeit *f* <tech.allg> • setting repeatability

Einstellwinkel *m prakt* <energ.wind> • pitch angle *IEV 415*; rotor blade pitch angle *form*; blade pitch angle; blade pitch *pract*; blade angle *pract*

Einstellwinkel *m* DIN 2197 <wz> *(beim Gewindeschneiden)* • chamfer angle; chamfer lead angle

Einstellwinkel *m* <wz.masch> *(Werkzeug)* • setting angle

Einstellzeit *f* <msr> *(Sensor; bis zur Ausgabe eines stabilen Messwerts)* • response time; time of response; answering time *rare*; pick-up time *rare*; settling time *rare*

Einstellzeit *f rar* <prod> *(von Maschinen, Pressen etc.)* • set-up time; setting time

einstemmen *vt* <füg.holz> *(Holzverbindung)* • mortise *vt*

Einstemmmaschine *f* <prod> • butt mortiser

Einstemmschloss *n* DIN 18250 <bau> • mortise lock

Einsteuern *n* <min> • level adjustment

Einsteuerung *f* <min> • level adjustment

Einsteuerungsbahn *f* <aerospace> • track-out phase

Einstich *m* <allg> *(mit einer Nadel)* • puncture

Einstich *m* <kfz.mot> *(Ringnut im Ventilschaft, für Kegelstücke)* • groove

Einstich *m* <med> *(mit einer Spritze)* • prick

Einstich *m* <prod> *(eingedrehte Vertiefung, Nut)* • recess

Einstichelektrode *f* <med> • needle electrode

Einstieg *m* <fz> *(Autobus, Waggon)* • entrance door; entry door

Einstieg *m* <verk> *(Vorgang; in Bahn, Bus, Flugzeug, Schiff)* • boarding; ingress; entry; embarking

Einstiegluke *f* <tech.allg> *(mit Tür/Klappe o.ä.; eher klein/eng)* • access door

Einstiegsbeleuchtung *f* <kfz.el> • illuminated entry system; exit lights; door exit lights

Einstiegsblech *n* <kfz> *(Teil des Schwellers)* • door tread plate; tread plate; door step

Einstiegsblech *n* <kfz> *(Zierblende; z. B. mit Schriftzug, Logo)* • scuff plate; kickplate; door step trim; step plate

Einstiegsluke *f* <tech.allg> *(eher groß)* • entrance hatch

Einstiegsluke *f* <tech.allg> *(mit Tür/Klappe o.ä.; eher klein/eng)* • access door

Einstiegsmodell *n* <kfz> • entry-level version; entry-level model

Einstiegsöffnung *f* <tech.allg> *(für Person allg.; keine Aussage über Verschlussart, aber eher eng)* • manhole; access opening

Einstiegsöffnung *f* <tech.allg> *(mit Tür/Klappe o.ä.; eher klein/eng)* • access door

Einstiegsplattform *f* <bau> • entrance vestibule; entry vestibule

Einstiegsschacht *m* <bau> • manhole chimney

Einstiegsschweller *m* <kfz> *(fester Bestandteil der Karosserie)* • sill; rocker panel *US*; body rocker panel *US*; body sill; door sill *coll*

Einstiegsschweller *n* Citroën.rar <kfz> *(als Anbauteil)* • side skirt

Einstiegsseite *f* <edv> *(im Internet/WWW; die erste Seite einer Internetpräsenz)* • home page (hp)

Einstiegstür *f* <fz> *(Autobus, Waggon)* • entrance door; entry door

Einstiegsverkleidung f <kfz> (Zierblende; z. B. mit Schriftzug, Logo) • scuff plate; kickplate; door step trim; step plate
Einstiegsverkleidungsbelag m <kfz> • running board mat
Einstiegtritt m <kfz> (Caravan-Tür) • caravan step
Einstiftsockel m <licht> • single-pin base US; single-pin cap GB
Einstiftstecker m <el> • single-pin plug
einstimmig <edv.av> • monophonic; monaural form.
Einstimmigkeit f <edv.av> • monophony
einstöckig <bau> • single-story US; single-floor US; single-storey GB
einstöckiges Gebäude n <bau> • single-story building US; single-floor building US; single-storey building GB
Einstoffdeponie f <ents> • monofill
Einstoffkraftstoff m <chem.petr> (allg.) • monofuel
Einstofflager n <masch> • monoalloy bearing
Einstoffsystem n <mat> • one-component system
Einstofftreibstoff m <aerospace> (Rakete) • monopropellant
Einstofftreibstoff m <chem.petr> (allg.) • monofuel
einsträngig <mat> • single-stranded; single-strand
einsträngige Kette f <masch> • single-strand chain
einsträngiger Asynchronmotor m <el> • single-phase asynchronous motor
einsträngiger Kratzerförderer m <förd> • single-strand flight conveyor
einstrahlfest <aerospace> (resistent gegenüber Strahlung; z. B. raumfahrtgeeignet) • radiation-resistant; radiation-proof
einstrahlig <aerospace> • single-jet
einstrahlig <turb> (Turbine) • one-jet; single-jet; single-nozzle
Einstrahloszilloskop n <el> • single-beam oscilloscope
Einstrahlphotometer m <msr> • single-beam photometer
Einstrahlscanner m <edv> • single line scanner; single beam scanner
Einstrahlspektrometer n <msr> • single-beam spectrometer
Einstrahlung f prakt <energ.sol> (durch Sonnenlicht; in MJ/m² oder kWh/m²) • insolation; radiant exposure; irradiation pract; sunlight exposure coll
Einstrahlungsgebiet n <energ.sol> • irradiated region
Einstrahlwinkel m <phys> • angle of arrival
Einstrahl-Zweispur-Oszilloskop n <el> • single-beam dual-trace oscilloscope
Einstrangkette f <masch> • single-strand chain
Einstreicher m <textil> • stitch spreading element
Einstreichfeile f <wz> • screw-head file
einstreifig rar <verk> (Straße, Fahrbahn) • single-lane
Einstreu f <agri> (für Stall, Katzenklo) • litter; bedding
Einstrich m <theat> (Bühnenbodenmarkierung für die Dekoration) • mark
Einströmen n <tech.allg> (von Fluiden, betont: Erlaubnis des Eintritts) • admission
Einströmen n <tech.allg> • inflow; influx
Einströmen n <masch> (angesaugt; z. B. in Kolbenmotor) • in-draft; indraught
einströmen vi <tech.allg> • flow in vi; run in vi
einströmend <tech.allg> • influent
Einströmgehäuse n <turb> (Gehäuseteil) • air intake casing
Einströmgeschwindigkeit f <phys> • rate of inflow
Einströmgeschwindigkeit f <turb> • admission velocity
einströmig <masch> (Kreiselpumpe) • single-suction; single-inlet; single-entry; unistream
einströmig <masch> (Schraubenspindelpumpe) • single-end; single-entry

Einströmkasten m <masch> • steam chest
Einströmperiode f <mot> • period of admission
Einströmungskanal m <tech.allg> • inlet runner
Einströmventil n <tech.allg> • admission valve
Einstromsystem n <el> • single-current system
Einstrossenbetrieb m <min> • single-bench working
Einstückgestrickrohling m <textil> • knitted single-piece blank
Einstückspannvorrichtung f <prod> • single-station fixture
einstülpen vr <med> • invaginate vi
einstürzen vi <min> (Kavität; z. B. Höhle, Tunnel, Stollen) • cave in vi; collapse vi
einstufen vt <tech.allg> (in eine Gruppe, Klasse, Kategorie) • grade vt; classify vt; rate vt
Einstufenätzmaschine f <druck> • powderless etching machine
Einstufenätzung f <druck> • powderless etching
Einstufenätzung f <obfl> • single-solution etching
Einstufenbleiche f <pap> • single-stage bleaching
Einstufendauerschwingversuch m <qualit.mat> • one-step fatigue test
Einstufenholländerbleiche f <pap> • single-stage bleaching
Einstufenkaltstauchautomat m <prod> • single-blow automatic cold header; single-blow automatic cold heading machine
Einstufenmahlwerk n <verf> • single-stage grinding mill
Einstufenrakete f <aerospace> • single-stage rocket
Einstufenreaktion f <chem> • single-step reaction; one-step reaction
Einstufenrückführung f <nukl> • single-stage recycle
Einstufenstauchautomat m <prod> • single-blow automatic header; single-blow automatic heading machine
Einstufenstauchen n <prod> • single-blow heading
Einstufenturbine f <turb> • single-stage turbine
Einstufenverdampfer m <nahr> • single-effect evaporator
Einstufenverdampfer m <verf> • once-through evaporator
Einstufenverfahren n <obfl> • integral color anodizing; hard color anodizing
Einstufenverstärker m <el> • one stage amplifier
Einstufenverstärkung f <el> • single-stage amplification; single-stage gain
einstufig <tech.allg> (bei Abläufen; z. B. Prozess) • single-step
einstufig <masch> (z. B. Pumpe, Turbine) • single-stage
einstufige Anordnung von Elektroentstaubern f <verf> • single-stage precipitator; one-stage precipitator
einstufige Homogenisiermaschine f <nahr.prod> • single-stage homogenizer
einstufige Homogenisierung f <nahr.prod> • single-stage homogenization US.GB; one-step homogenization US.GB
einstufige Pumpe f <förd> • single-stage pump
einstufiger Glasfilamentzwirn m <silik> • folded glass filament yarn
einstufiger Stauchautomat m <prod> • single-blow automatic header
einstufiger Verdichter m <masch> • single-stage compressor
einstufiger Verstärker m <el> • single-stage amplifier
einstufiges Kommissionieren n <logist> • single order picking; discrete order picking
einstufige Turbine f <turb> • single-stage turbine
Einstufung f <allg> • rating
Einstufung f <tech.allg> • classification
Einstufung f <qualit> • grading

Einsturz m <allg> (z. B. von Gebäuden, Brücken) • collapse

Einsturz m <tech.allg> (z. B. Decke, Gewölbe, Tunnel, Höhle, Stollen, Schacht) • caving-in

Einsturztrichter m <geo> • collapse sink

Einsturztrichter m <min> • cave hole

Einsübergang m <edv> • one transition

einsumpfen vt <silik> • wet vt

einsystemige Schlossanordnung f <textil> • single cam system arrangement

Eins-zu-eins-Kopie f <büro> • fullsize copy; 1 : 1 copy

Einszustand m <edv> • one state

Eintafelprojektion f <math> • one-plane projection

Eintagstide f <geo> (Gezeiten) • diurnal tide

eintakten vt <edv> • clock into vt

Eintakt-Flusswandler m <msr> • single-ended flux converter; single-ended flow transformer

Eintaktsignal n <el> • single-ended signal

Eintaktverstärker m <el> • single-ended amplifier; single-sided amplifier

eintasten vt <tech.allg> (z. B. einen Code) • key in vt

eintasten vt <tech.allg> • keypunch vt

Eintasten und Abtasten n <edv> • keying and reading

Eintauchelektrode f <el> • immersion electrode

Eintauchen n <obfl> • immersion; dipping

Eintauchen n <verf> • submersion

eintauchen vi <tech.allg> (tief) • plunge vi

eintauchen vi/vt <allg> (untertauchen) • submerge vi/vt

eintauchen vt <allg> • dip vt; dip in vt

eintauchen vt <chem.verf> (einweichen) • steep vt

eintauchen (in) vt <tech.allg> • immerse (in) vt; dip (into) vt; soak (in) vt

Eintauchflüssigkeit f <verf> • immersion liquid; dip coll

Eintauchgefrierverfahren n <verf> • immersion freezing; liquid freezing

Eintauch-Heizaggregat n <agri.tech> • immersible heating system

Eintauch-Heizrohr n <agri.tech> • immersible heating pipe

Eintauchkolorimeter n <verf> • immersion colorimeter; dipping colorimeter

Eintauchkühlmittel n <nahr> • food coolant

Eintauchlänge f <förd> (Tauchpumpe) • depth of immersion; immersion depth

Eintauchmesszelle f <msr> • immersion cell

Eintauchnutsche f <verf> (Labortechnik) • immersion filter tube

Eintauchpumpe f <förd> (Pumpe unter Wasser, Motor über Wasser) • submersible pump; shaft-driven submersible pump; submerged pump; immersed pump

Eintauchrefraktometer n <msr> • immersion refractometer; dipping refractometer

Eintauchschmierung f <tribo> • flood lubrication

Eintauchtiefe f <förd> (Tauchpumpe) • depth of immersion; immersion depth

Eintauchtiefe f <msr.emiss> (Rauchgassonde) • immersion depth

Eintauchtiefe f <nav> • depth of immersion

Eintauchtrommel f <verf> • dipping drum

Eintauchversilberung f <obfl> • silver dipping

Eintauchwiderstandsthermometer n <msr> • immersion resistance thermometer

Eintauchzählrohr n <msr> • dipping counter; dip counter tube; immersion counter tube

einteigen vt <nahr> • dough [in] vt

Einteilchenmodell n <phys> • single-particle model; one-particle model; one-particle shell model

Einteilchenübertrag m <phys> • single-particle transition

Einteilchenzustand m <phys> • single-particle state; one-particle state

einteilen vt <allg> (z. B. Gegenstände nach Merkmalen, Funktionen, Abnehmern) • divide vt; subdivide vt

einteilen vt <allg> (in Gruppen) • group vt

einteilen vt <tech.allg> (in Grade) • graduate vt; scale vt

einteilen vt <tech.allg> (nach Merkmalen) • classify vt

einteilen vt <tech.allg> (nach Größe) • grade vt

einteilen vt <tech.allg> (in Abstände) • space vt

einteilen vt <druck> (in Abschnitte) • section vt; sectionalize vt

einteilen vt <edv> (Festplatte) • partition vt

einteilen vt <math> (z. B. in Klassen) • partition vt

Einteiler m <bekl> • one-piece suit

einteilig <tech.allg> • one-piece

einteilig <bekl> • one-piece

einteilig <wz> (massiv) • solid

einteilige Auffahrrampe f <nfz> • beavertail

einteilige Bremsscheibe f <brems> • one-piece brake disk

einteilige Felge f <kfz> • one-piece rim; 1P rim pract; single-piece rim

einteilige Felgenbezeichnung f <kfz> • one-piece rim designation; 1P rim designation pract; single-piece rim designation

einteilige Metallmutter f <füg> (selbstsichernd) • all-metal nut

einteiliger Fräser m <wz> • solid cutter

einteiliges Felgensystem n <kfz> • one-piece rim system; single-piece rim system; 1P rim system pract

einteiliges Rad n <kfz> • one-piece wheel; well-base wheel; single-piece wheel; 1P wheel pract

Einteilung f <allg> (durch Klassenbildung) • classification

Einteilung f <allg> (nach Qualität) • grading; graduation; ranking

Einteilung f <allg> (nach Gesichtspunkten, Kriterien) • division; subdivision

Einteilung f <allg> (z. B. in Klassen) • partitioning

Einteilung der Kohlen f <verbr> • rank classification

Einteilung in Schichten f <math> (Statistik) • stratification

Einteilung nach Größe f <allg> • grading according to size

Einteilung nach nur einem Merkmal f <tech.allg> • one-way classification

Eintelefon n <tele> (für Festnetz und Mobilnetz) • onephone UK

Eintiefungsstrecke f DIN 4049-3 <geo> (Flussabschnitt, in dem Tiefenerosion vorherrscht) • degradation stretch

eintönig <akust> • monotonic

Eintonmodulation f <tele> • single-tone modulation

Eintonverfahren n <tele> • single-tone keying

Eintourenmaschine f <druck> • single-revolution press; single-revolution machine

eintouriger Motor m <el> • single-speed motor

Einträgerkran mit Kastenprofil m <förd> • single box-girder crane

Eintrag m <chem.verf> • charge; feed; feedstock; batch

Eintrag m <chem.verf> (unerwünschte Einschleppung; z. B. von Verunreinigungen) • drag-in

Eintrag m <doku> (in ein Dokument, Formular, Wörterbuch; Vorgang und Ergebnis) • entry

Eintrag m <doku> (in Formular, Maske, Tabelle) • entry

Eintrag m <füg> (von Wärme; beim Schweißen) • input

Eintrag m <ökol> (von Schad- oder Nährstoffen) • import

Eintrag m <pap> • furnish

Eintrag m <textil> • weft; woof

Eintrag einer Kraft m <mech> • force application; application of a force

eintragen vt <chem.verf> (Beschickung) • charge vt; feed in vt; load vt

eintragen *vt* <doku> *(Daten; z. B. Text, Zahlen, in Formular, Datenbank etc.)* • enter *vt*

eintragen *vt* <doku> *(in eine Liste; z. B. Teile, Messwerte)* • list *vt*

eintragen *vt* <doku> *(Werte; z. B. in Listen, Tabellen)* • record *vt*; register *vt*

eintragen *vt* <doku> *(in Tabelle)* • table *vt*

eintragen *vt* <doku> *(in Terminplan)* • schedule *vt*

eintragen *vt* <druck> *(Werte in Diagramme, Kurven)* • plot *vt*

eintragen *vt* <mech> *(Kraft in ein Gefüge, Tragwerk)* • apply *vt*

eintragen *vt* <pap> • furnish *vt*

eintragen *vt* <textil> *(Schuss; auf Raschelmaschinen und Kettenwirkautomaten)* • inlay *vt*

Eintragmenge pro Zeiteinheit *f* <verf> *(Volumen pro Zeiteinheit; z. B. m³/h)* • feed rate

Eintragöffnung *f* <metall> *(z. B. Ofen)* • charging hole; filling hole

Eintragrohr *n* <verf> • feed pipe

Eintragseite *f* <verf> • feed end

Eintragsvolumen pro Zeiteinheit *f* <verf> *(Volumen pro Zeiteinheit; z. B. m³/h)* • feed rate

Eintragung *f* <doku> *(in ein Dokument, Formular, Wörterbuch; Vorgang und Ergebnis)* • entry

Eintragung *f* <jur> *(z. B. in Dokument, Register)* • record

Eintragung *f* <jur> • registration

Eintragung der Lizenz *f* <jur> • registration of the license

Eintragung der Vorspannung *f* <bau> *(Spannbeton)* • application of prestress

Eintragungslänge *f* <bau> *(Spannbeton)* • transmission length

Eintragungsspannung *f* <bau> *(Spannbeton)* • transfer stress

Eintragungszeichen *n* <aerospace> • registration mark

Eintragvorrichtung *f* <verf> • charger; feeder; feeding device

Eintragzelle *f* <förd> *(Beschickungsschleuse)* • inlet sluice; entry lock

eintreffen *vi* <allg> *(z. B. Lieferungen, Passagiere)* • arrive *vi*

Eintreffereignis *n* <nukl.med> *(biolog. Strahlenwirkung)* • single-hit event; one-hit reaction

einreiben *vt* <bau> • pile *vt*

einreiben *vt* <füg> *(z. B. Dübel, Keil)* • drive in *vt*; drive home *vt*

einreiben *vt* <prod> *(Teile mit Presssitz; z. B. Keil, Buchse)* • force in *vt*; drive in *vt*; drive-fit *vt*

Eintreten *n* <tech.allg> *(Vorgang; v. Gas, Dampf, Flüssigkeit)* • intake

eintreten *vi* <allg> *(in einen Raum, ein Gebäude)* • enter *vt*

eintreten *vi* <allg> *(Ereignis; z. B. Unfall, Störfall)* • occur *vi*

Eintritt *m* <allg> *(Personen, Fluide; z. B. von Unbefugten, Luft, Wasser)* • admission

Eintritt *m* <tech.allg> *(ungewollt, durch Leck)* • inleakage

Eintritt *m* <tech.allg> *(Vorgang; v. Gas, Dampf, Flüssigkeit)* • intake

Eintritt *m* *rar* <masch> *(Öffnung, Kanal u. dgl.; z. B. Lufteinlass e. Gasturbine)* • intake; inlet

Eintritt *m* <masch> • inlet

Eintritt *m* <turb> *(z. B. von Wasser, Dampf)* • inlet; intake

Eintrittsdampfspannung *f* <turb> • admission pressure; initial pressure

Eintrittsfenster *n* <aerospace> *(Raumfahrt: Wiedereintritt in die Lufthülle)* • entrance window

Eintrittsfläche *f* <energ.sol> • aperture area

Eintrittsfläche *f* <opt> • incident face

Eintrittskammer *f* <turb> • admission chamber

Eintrittskanal *m* <turb> • steam inlet port; inlet port

Eintrittskante *f* <masch> *(Verdichter, Kreiselpumpe, Turbine)* • blade entrance

Eintrittskante *f* <turb> • inlet edge

Eintrittskegel *m* <turb> *(Gasturbine, Flugtriebwerk)* • intake cone

Eintrittskegel *m* <verf> • inlet cone

Eintrittskonus *m* <verf> • inlet cone

Eintrittsleitschaufel *f* <turb> • nozzle guide vane

Eintrittsluke *f* <opt> • entrance window

Eintrittsöffnung *f* <astron> • entrance aperture

Eintrittsöffnung *f* <opt> • entrance port; entrance pupil

Eintrittsöffnung *f* <prod> *(Plattenwärmetauscher)* • inlet port; port for fluid entry

Eintrittspunkt *m* <edv> • entry point

Eintrittspupille *f* <opt> • entrance pupil

Eintrittsquerschnitt *m* <tech.allg> *(Kanal, Öffnung)* • admission section

Eintrittsquerschnitt *m* <verf> • inlet cross sectional area

Eintrittsquerschnitt der Pumpe *m* <förd> • cross section of the pump inlet

Eintrittsquerschnitt der Turbine *m* <energ.hydr> • cross section of the turbine inlet

Eintrittsseite *f* *rare* <masch> *(Pumpe)* • suction side; intake side; inlet side; inlet end; suction

Eintrittsseite *f* <metall> • ingoing side

Eintrittsspalt *m* <opt> • entrance slit

Eintrittsspirale *f* <verf> • scroll entry

Eintrittsstelle *f* <edv> • entry point

Eintrittsstrahl *m* <opt> • entering ray; entrance ray

Eintrittsstutzen *m* <masch> *(Pumpe)* • suction nozzle; suction branch; inlet branch

Eintrittsstutzen *m* <turb> • inlet connecting branch

Eintrittsstutzen *m* <verf> • inlet nozzle

Eintrittstemperatur *f* <energ.sol> *(Wärmeträgermedium)* • inlet temperature; entrance temperature; entering temperature

Eintrittstemperatur *f* <prod.nahr> *(Speiseeis; Freezer)* • inlet temperature; freezer inlet temperature

Eintrittsverlust *m* <tech.allg> *(Strömung)* • entrance loss; entry loss

Eintrittsvorlage *f* <verf> • inlet header

Eintrittswinkel *m* <opt.verf> • entrance angle; entry angle

Eintrittswinkel *m* <phys> *(z. B. von Licht, Strahlung)* • angle of incidence; angle of entry

Eintrittswinkel *m* <turb> • inlet angle

eintrocknen *vi* <obfl> *(z. B. Lack, Kleber, Dichtmasse)* • dry up *vi*

Eintrübung *f* <obfl> *(Lackfehler)* • blooming; blushing

Eintuchbindemäher *m* <agri> • single-canvas binder

Eintüten *n* <pack> • bagging

Ein- und Ausblendtaste *f* <av> • fade button

Ein- und Ausfahren *n* <tech.allg> *(von Kolben u. dgl.)* • in-and-out travel

Ein- und Auslagern *n* <edv> *(von Dateien, Programmteilen, vom RAM auf Festplatte)* • swapping

Ein- und Auslagerungsfrequenz *f* <logist> *(HRL)* • input/output rate

ein- und ausschalten *vt* <el> *(einen Stromkreis)* • make and break *vt*

Ein- und Ausschalter *m* *ugs* <el> *(allg.; Netz- od. Batteriebetrieb)* • on-off switch; on/off switch; power switch; IO switch *rare*

Ein- und Ausschaltung *f* <el> • on-off switching

Ein- und Ausschleussystem *n* <logist> *(eines Lagers)* • input/output system

Ein- und Austaste *f* *ugs* <el> *(allg.; Netz- od. Batteriebetrieb)* • on-off button; on/off button; power button; IO button *rare*

Einverleibung f <chem.agri> • incorporation
Einwaage f <chem> *(betont: Originalgewicht)* • original weight; original sample weight
Einwaage f <msr> *(Menge, Volumen)* • weighed-in quantity
Einwaage f <msr> *(Portion)* • weighed portion
einwachsen vt <obfl> • wax vt
einwägen vt <msr> • weigh in vt
einwählen vr <tele> • dial in vt
Einwärtshub m <mot> • return stroke
einwärtsöffnend <bau> • inward opening
einwässern vt <chem.verf> • steep vt; steep in water vt; soak vt
Einwahl f <tele> • dial-in
Einwahlnummer f <tele> • in-dialing number *US*; in-dialling number *GB*
einwalken vt <led> • overwipe vt; wipe vt
einwalzen vt <bau> *(z. B. Sand auf Belagoberfläche)* • roll in vt
einwalzen vt <druck> • ink up vt
Einwalzenbrecher m <verf> • single-roll crusher
Einwalzenmühle f <obfl> • uniroll mill
Einwalzenmühle f <verf> • single-roll mill
Einwalzentrockner m <verf> • single-drum drier
einwandern vi <phys> • migrate in vi
einwandfrei <qualit> *(Zustand)* • free from defects
einwandiger Balg m <rls> • single ply bellows; single-ply bellows
einwandiger Kolben m <masch> • open piston
Einwaschgerät n <verf> *(Mischen von Flüssigkeiten mit Gasen)* • wash-in appliance
einwecken vt ugs <nahr> *(Obst, Gemüse; in Gläsern)* • preserve vt
Einwegartikel m <ents> • throw-away article
Einwegdose f <pack> • one-way can; disposable can
Einwegfiltermaterial n <verf> • non-reusable filter material; non-reusable filter substrate
Einwegflasche f <ents> • one-way bottle; non-returnable bottle; one-trip bottle; disposable bottle; single-trip bottle
Einweggleichrichter m <el> • one-way rectifier; single-way rectifier; half-wave rectifier
Einweggleichrichtung f <el> • half-wave rectification
Einweghahn m <rls> • single-bore stopcock
Einweghandschuh m <bekl> • disposable glove
Einweg-Katheter m prakt <med> • disposable catheter
Einwegkupplung f rar <antr> *(allg.)* • one-way clutch *US*; freewheel mechanism; freewheeling clutch; overrunning clutch; freewheel *pract*
Einwegleitung f <tele> • one-way circuit; unidirectional circuit; unidirectional trunk
Einweg-Lichtschranke f <msr> • opposed mode photoelectric sensor; opposed sensor
Einweglichtschranke f <msr> • through-beam sensor; thru-scan sensor
Einwegmaschine f <masch> • single-way machine
Einwegofen m <metall> • uniflow furnace
Einwegpalette f <logist> • one-way pallet; disposable pallet; expendable pallet; non-returnable pallet; throwaway pallet
Einwegschalter m <el> • single-way switch
Einwegspritze f prakt <med> • disposable syringe
Einwegübertragung f <tele> • one-way transmission; one-way communication
Einwegventil n <rls> • one-way valve
Einwegverpackung f <ents> *(Wegwerfverpackung)* • one-way packaging; one-trip packaging; single-trip packaging *US*; non-returnable packaging; expendable packing
Einwegwähler m <tele> • uniselector

Einweichanlage f <verf> • macerator
Einweichbecken n <textil> • steeping basin; cooking basin; washing basin; beating basin
Einweichbottich m <textil> • steeping bowl; steeper
einweichen vi/vt <chem.verf> *(z. B. Textiltechnik)* • steep vi/vt
einweichen vi/vt <verf> • soak vi/vt
Einweichflüssigkeit f <textil> • steeping liquor; steep
Einweiser m <aerospace> • marshaler *US*; marshaller *GB*
Einweiser m <min> *(Baggerabwurf)* • spotter
Einweisungsflug m <aerospace> • orientation flight
Einweisungsradar n <navig> • zone position indicator
Einwellenbetrieb m <el> • single-wave operation
Einwellenbetrieb m <masch> • single-shaft operation
Einwellengasturbine f <turb> *(Gasturbinenanordnung)* • single-shaft gas turbine
Einwellenparallelhybridantrieb m <antr> • single-shaft parallel hybrid drive
Einwellenstrom m <el> • single-wave current
Einwellenturbine f <turb> • solid turbine
einwellig <lwl> • monomode
einwellig <masch> • single-shaft
einwelliger Kompensator m <rls> *(Gummikompensator)* • single arch expansion joint; single sphere expansion joint
einwelliger Metallbalg m <rls> • single convolution bellows
einwelliger Strom m <el> • single-wave current; simple harmonic current
einwellige Wellpappe f <pap> • single-wall corrugated
einwerfen vt <petr> *(Messgerät)* • drop vt
einwertig <chem> • monovalent; univalent
einwertig <chem> *(Alkohol)* • monohydric
einwertig <math> • single-valued
einwertige Atomgruppe f <chem> • monad
einwertige Funktion f <math> • simple function; univalent function
einwertiges Element n <chem> • monovalent element; univalent element
einwertiges Ion n • mono-ion
Einwertigkeit f <chem> • monovalence; univalence
Einwertigkeit f <math> • single-valuedness
Einwickelmaschine f <prod> • wrapping machine; wrapper
Einwickeln n <edv.av> • enveloping
einwickeln vt <pack> *(z. B. mit Papier, Folie, Band)* • wrap vt
Einwickelpapier n <pack.pap> • wrapping paper
Einwilligung f <jur> *(vorherig)* • prior consent
einwindig <el> • single-turn
einwirken auf vt <allg> • influence vt
einwirken (auf) vt <tech.allg> • act upon vt
Einwirkung f <allg> • influence
Einwirkung f <tech.allg> • action
Einwirkungsbereich m <geo> *(Gebirgsmechanik)* • zone of affected overburden
Einwirkungsdauer f <tech.allg> • exposure time
Einwirkungsfläche f <geo> *(Gebirgsmechanik)* • area of extraction
Einwirkungsraum m *(Wanderfeldröhre)* • interaction space
Einwirkungszeit f <kfz.el> *(Batterie)* • soaking time
Einwohnergleichwert m <ents> *(z. B. Abwasser)* • population equivalent
Einwohnerzahl f DIN 4045 <ents> • population
Einwohnerzahl f <jur> • residential population
Einwortbefehl m <edv> • one-word instruction
Einwurfentwickler m <füg> • carbide-to-water generator
Einwurföffnung f <tech.allg> • charging hole; filling hole; feed hole; feed inlet

Einwurföffnung f <ents> • feed aperture
Einwurfschlitz m <tech.allg> *(Münzeinwurf)* • coin slot
Einzäunung f <bau> • perimeter fence
Einzahnfräsen n <prod> • thread whirling; thread peeling *rare*; fly milling *rare*
einzahnig <wz> • single-bladed; single-blade
einzahniger Formfräser m <wz> • single-toothed form cutter; single-tooth form cutter
Einzahnschlagfräser m <wz> • single-bladed fly cutter; single-blade fly cutter; plain single-bit cutter
einzapfen vt <füg> • notch vt
einzeichnen vt <doku> • draw in vt
einzeichnen vt <druck> • plot vt
einzeilig <doku> • single-line
einzeilige Anzeige f <tech.allg> • in-line read-out
einzeilige Anzeige f <msr> • in-line display
einzeilige Ausgabe f <tech.allg> • in-line read-out
einzeiliger Abstand m <druck> • single space
Ein-Zeit f <el> *(Eigenzeit des Schaltelements bis zum Schließen des Kontakts)* • make time
Ein-Zeit f <el> *(eingeschaltete Zeit)* • on-period
Einzelabnehmerleitung f <tele> • individual trunk
Einzelabschirmung f <el> • individual shielding
Einzelabschneider m <verf> • single collecting device; individual collecting device
Einzelabtastung f <edv> • single scan
Einzelachsantrieb m <bahn> • single-axle drive; individual axle drive; individual transmission
Einzeladresse f <edv> • single address
Einzeladressierung f <edv> • discrete addressing
Einzelanfertigung f <kfz.qualit> • one-off
Einzelanfertigung f <prod> • individual manufacture
Einzelanruf m <tele> • selective ringing
Einzelanschluss m <tele> • individual line; single line
Einzelantrieb m <antr> • individual drive
Einzelantrieb m <antr> *(z. B. von Rädern, Maschinen, Schlitten)* • independent drive; separate drive
Einzelantrieb m <fz> *(betont: direkt)* • direct motor drive
Einzelantrieb m <masch> *(betont: diverse eintzelne Motoren)* • individual motor drive
Einzelantriebsmotor m <tech.allg> *(z. B. Fahrzeug, Pumpe, Werkzeugmaschine)* • direct-drive motor
Einzelanweisung f <edv> • single statement
Einzelarbeitsnorm f <prod> • individual standard data
Einzelaufhängung f <tech.allg> • individual suspension
Einzelaufnahme f <phot> • single-shot exposure; single photograph
Einzelaufspannung f <wz> • single set-up
Einzelausgang m <edv.av> • individual output; individual out
Einzelbalgkompensator m :V <rls> • single expansion joint
Einzelbauelement n <el> • individual component; discrete component
Einzelbauelement n <el.ic> • discrete device; discrete component
Einzelbauteil n <el.ic> • discrete device; discrete component
Einzelbearbeitung der Aufträge f <logist> • single order picking; discrete order picking
Einzelbelichtung f <phot> • single exposure
Einzelbettvariante f <ents> • Single-Type CFB
Einzelbild n <av> *(Teil einer Sequenz; z. B. aus Film, Fotoserie)* • frame; individual frame; individual picture; picture; image
Einzelbild n <edv> *(von Keyframes abgegrenztes Bild einer Animationssequenz)* • frame; data bit frame; data frame
Einzelbild n <el.ic.prod> *(auf Wafer)* • single die

Einzelbildbelichtung f <kino> • single-frame exposure
Einzelbildbetrieb m <phot> *(Bildfrequenz)* • single-frame operation
Einzelbildfortschaltung f <av> • frame-by-frame advance; frame-by-frame mode; frame advance; frame advance mode
Einzelbildkamera f <phot> • single-shot camera
Einzelbildmotor m <av> • animation motor
Einzelbild pro Sekunde n (fps) <av> *(z. B. bei Kinofilm, Trickfilm, Video)* • frames per second (fps)
Einzelbildschaltung f <av> • frame advance; individual frame switching; still picture advance; still advance; frame forward/backward
Einzelbildvorlauf m <av> • frame advance; individual frame switching; still picture advance; still advance; frame forward/backward
Einzelbildzählung f <av> • frame count; frame counting
Einzelbitspeicher m <edv> • single-bit memory; single-bit store
Einzelblatteinzug m <druck> *(z. B. Kopierer)* • by-pass facility
Einzelblattlaserdrucker m <edv> • sheet-fed laser printer
Einzelblattmaterial n <edv> • cut sheet material; cut sheet form
Einzelblattpapier n <edv> • single sheet media; cut sheet media
Einzelblechbohren n <prod> • single-plate drilling
Einzelbogenanleger m <druck> • single sheet feeder
Einzelbrennkammer f <turb> *(Brennkammertyp, groß)* • silo type combustion chamber *KWU*; large diameter combustion chamber; single combustion chamber; large combustion chamber
Einzelbuchstabengießmaschine f <druck> • single-type casting machine
Einzelbuchstabensetzmaschine f <druck> • single-type composing machine; monotype composing machine
Einzelbusbetrieb m <edv> • single-bus operation
Einzelchip m <el> • single chip
Einzelchiptechnik f <edv.ic> • single-chip technology
Einzeldaten-Element n <edv> • single data element
Einzeldosis f <nukl.med> • single dose
Einzeldrähte mpl <el> *(z. B. anstelle von Flachkabel)* • discrete wire[s]
Einzeldrahtstent m <med.tech> • single-wire stent
Einzeldrahtzug m <prod> • single-wire drawing
Einzeldrosselsystem n <kfz.mot> • multi-throttle system
Einzeldruck m <druck> • offprint; separate; separate copy
Einzeldünger m <agri> • single fertilizer
Einzeldüse f <turb> • single nozzle
Einzeleingriff m <masch> • single-tooth contact; one-pair of mating teeth contact
Einzeleinspritzung f <kfz.mot> • multi point injection (MPI); multiple-point injection; port fuel injection, PFI *Cadillac*
Einzeleinstellung f <tech.allg> • individual adjustment; individual setting
Einzelelektron n <phys> • single electron
Einzelerkennung f <alarm> • sensor identification
Einzel-Etikettenspender m <edv> • single label dispenser
Einzelfaden m DIN 60900 <textil> *(Elementarfaden)* • monofilament
Einzelfaden m <textil> *(einfädiges Garn)* • single yarn
Einzelfaden-Düsentexturierverfahren n <textil> • single-end jet texturing process
einzelfädig <textil> • single-end
Einzelfahrzeug n <förd> *(Elektrohängebahn)* • single trolley

Einzelfaser f <textil> • individual fiber
Einzelfederbein n <kfz> • monoshock
Einzelfehler m <qualit> • individual error
Einzelfehler m <qualit> (atypisches Versagen) • spurious failure
Einzelfehlerprüfung f <masch> (Zahnrad) • inspection of individual gear errors
Einzelfehlerprüfung f <qualit> • inspection of individual errors
Einzelfeldstruktur f <el> • die pattern
Einzelfertigschneider m rar <wz> • single tap; single-cut tap; single-finishing tap
Einzelfertigung f <prod> • individual production
Einzelfirma f <ökon> • sole proprietorship; sole trader; single proprietorship; one-man business; individual business
Einzelfluter m <licht.theat> • single unit; one compartment unit
Einzelfräsverfahren n <prod> • gear-tooth form milling process; form milling process
Einzelfundament n <bau> • single footing; individual footing; separate footing; isolated footing; independent footing
Einzelfundament n rar <masch> • column footing; column foundation
Einzelfunkenzündspule f <kfz.el> (verteilerlose Zündung) • single-spark ignition coil
Einzelfunken-Zündspule f DIN ISO 6518-1 <mot.el> • single-ended coil ISO 6518-1
Einzelgang m <edv> • single cycle
Einzelgang mit Verarbeitung m <edv> • single-cycle process
Einzelgang ohne Verarbeitung m <edv> • single-cycle non-process
Einzelgerät n • stand-alone receiver
Einzelgespinst n <textil> (Zwirnerei) • single[s] yarn; single[s] end; end
Einzelgesprächsgebühr f <tele> • message rate
Einzelgesprächszählung f <tele> • single-fee metering
Einzelgravur f <wz> (Gesenk) • single cavity
Einzelgüterförderung f <logist> • package handling; unit handling
Einzelguss m <metall> • top casting; downhill casting
Einzelgussform f <metall> • non-permanent mold; non-metallic mold
Einzelgussteil n <metall> • jobbing casting
Einzelgut n <förd> • unit load
Einzelhändler m <ökon> • retailer; retail trader; retail dealer
Einzelhandel m <ökon> • retail trade; retail; retail trading; retail industry; retail business
Einzelhandelsmarkt m <ökon> • retail market
Einzelhandelsverpackung f <pack> • retail package
Einzelhaspel f <prod> (z. B. Drahtziehen) • feeding-in winch
Einzelhaus n <bau> • detached house
Einzelheit f <allg> • detail
Einzelheit f <allg> (z. B. in techn. Zeichnungen) • detail
Einzelheizer m <kst> (z. B. Reifenherstellung) • unit vulcanizer; individual curing unit; watch-case curing press
Einzelheizungssystem n <hlk> • unit heating system
Einzelhub m <masch> • single stroke
Einzelidentifikation f <alarm> • sensor identification
Einzelidentifizierung f <alarm> • sensor identification
Einzelimpuls m <phys> • single pulse; discrete pulse
Einzelimpulsquelle f <el> • single-pulse source
Einzelinhalationsgerät n <med> • individual inhalation apparatus
Einzelkartenprüfung f <edv> • single-card check

Einzelkaufmann m <ökon> • sole proprietorship; sole trader; single proprietorship; one-man business; individual business
Einzelklippe f <geo> • detached rock; solitary rock
Einzelkniehebel m <kst> • mono-toggle
Einzelkopfhörer m <av> • single headphone
Einzelkorndrillmaschine f <agri> • single seeder; spacing drill
Einzelkorngefüge n <geo> (Bodenkunde) • single-grained structure; non-cohesive structure; cohesionless structure
Einzelkornsämaschine f <agri> • precision seeder
Einzelkosten pl <ökon> • itemized cost
Einzelkraft f <mech> • single force
Einzellader m <mil> • single-shot pistol
Einzellage f <füg> (Schweißen) • single pass
Einzellast f prakt <logist> (Regal) • concentrated load pract
Einzellast f <mech> • individual load; single load
Einzellast f <mech> (pro Flächeneinheit) • unit load
Einzellast in Feldmitte f <mech> • center loading
Einzelleistung f <fz> • output per wheel
Einzelleiter m <el> • single conductor
Einzelleitung f <el> • single line
Einzellenverdichter m <masch> • single-blade rotary compressor
einzelliger Hohlkasten m <bau.mat> (Brückenbau) • single-cell box segment
Einzellinie f <phys> (Spektrum) • single line
Einzellinse f <opt> • lens component; single-lens element; element
Einzellinse f <opt> (einfache Linse) • single lens; individual lens
Einzellinse f <opt> (einlinsiges Objektiv) • singlet
Einzellochung f <prod> • single-hole punching
Einzelmeißelhalter m <wz> • single-tool holder; single-tool post
Einzelmessstrecke f <obfl> (Rauheit) • sampling length
Einzelmessung f <msr> • individual measurement
Einzelmittel n <med> • single remedy
Einzelmotorenantrieb m <druck> • shaftless drive
einzeln <allg> (räumlich getrennt) • apart; separate
einzeln <allg> (unabhängig von anderen) • independent
einzeln <allg> • individual
einzeln <tech.allg> (z. B. Impuls, Bauelement, Adresse) • discrete
einzeln <tech.allg> • single
Einzelnadelauswahl f <textil> • individual needle selection; full jacquard needle selection
Einzelnadelgraphik f <druck> • pin controlled graphic
Einzelnährstoffdüngemittel n <agri> • straight fertilizer
einzeln angefertigtes Teil n <prod> • one-off part
einzeln aufführen vt <allg> (in Listen, Aufstellungen, Rechnungen) • itemize vt
einzeln aufführen vt <tech.allg> • specify in detail vt; enumerate vt
einzeln aufgehängte Räder npl ugs.did <kfz> • independent suspension; single-wheel suspension rare
einzeln bewegte Nadeln f <textil> • independent needles
einzelne Leitung f <edv> • individual line
einzelner Stahlpfeiler m <bau> • monopile
einzelne Windung f <tech.allg> (z. B. Spule) • single turn
einzeln nacheinander <tech.allg> • one by one
einzeln nachgeführte Heliostate m <energ.sol> • individual tracking system for each heliostat
einzeln umklappbare Rücksitzlehnen fpl <kfz.innen> • rear seating with fold-down split seatbacks
einzeln verstellbar <tech.allg> • individually adjustable
einzeln zuführen vt <prod> • feed one at a time vt

Einzelobjektüberwachung f <alarm> • object protection; point protection; spot protection; object detection; spot detection

Einzelöler m <tribo> • single lubricator

Einzelokulareinstellung f <opt> • individual eyepiece focusing

Einzelorterkennung f <alarm> • sensor identification

Einzelpfahl m <bau> *(Grundbau)* • individual pile; single pile

Einzelplattenkassette f DIN <edv> • disk cartridge *US*; disc cartridge *GB*

Einzelplatzbetrieb m <edv> • single workstation

Einzelplatzcomputer m <edv> • standalone computer

Einzelplatz-PC m <edv> • standalone PC

Einzelplatzrechner m <edv> • standalone computer

Einzelpol m <el> • salient pole

Einzelprüfung f <qualit> • individual inspection

Einzelpunktschweißen n <füg> • single-spot welding

Einzelpunktschweißgerät n <füg> • single-spot welder; single-spot welding unit

Einzelpunktschweißverbindung f <füg> • single-spot weld; single-spot welded joint

Einzelpunktsteuerung f <wz.masch> *(Methode)* • point-to-point control; point-to-point positioning control; P2P control

Einzelpunktsteuerung f <wz.masch> *(System)* • positioning control system *ISO 2806*

Einzelpunktverbindung f <füg> • single-spot weld; single-spot welded joint

Einzelpunktvermessung f <petr> • single shot survey

Einzelradaufhängung f <kfz> • individual suspension

Einzelradaufhängung hinten f <kfz> • independent rear suspension (IRS)

Einzelradaufhängung vorne f <kfz> • independent front suspension (IFS)

Einzelradbremse f <fz> • individual brake

Einzelraupe f <füg> *(Schweißen)* • single bead

Einzelraupenziehen n <füg> *(Schweißtechnik)* • bead forming

Einzelreaktion f <chem> • single-step reaction

Einzelregelung f <turb> • governing by cutting-out individual nozzles

Einzelrohr n <petr> • joint; joint of pipe

Einzelrolle f <theat> • loft block

Einzelsammelschienensystem n <el> • isolated-phase bus system

Einzelsatzbetriebsart f <edv> • single-block operation mode

Einzelschaltung f <av> • frame advance; individual frame switching; still picture advance; still advance; frame forward/backward

Einzelscheibe f in Sprossen <bau> • lite; light; pane; windowpane

Einzelschicht f <obfl> • single layer

Einzelschlag m <prod> • single blow

Einzelschneider m rar <wz> • single tap; single-cut tap; single-finishing tap

Einzelschnur f <el> • single cord

Einzelschritt m <tech.allg> • single step

Einzelschrittbetrieb m <edv> • single-step operation

Einzelschrittfehlersuche f <edv> • single-step debugging

Einzelschützsteuerung f <el> • individual contactor equipment

Einzelschuss m <min> • single shot

Einzelschusspistole f <mil> • single-shot pistol

Einzelschusszündmaschine f <min> • single-shot blasting machine

Einzelschweißung f <füg> • single weld

Einzelsitz m <kfz.innen> *(in Kombi, Großraumlimousine u.ä.)* • third seat

Einzelspannpratze f <wz> • single-finger clamp

Einzelspiel n <logist> • single-command cycle; single cycle

Einzelspule f <kfz.el> *(verteilerlose Zündung)* • single-spark ignition coil

Einzelspulen-Doppelzündung f <kfz.el> • single coil twin ignition

Einzelstauchstufe f <prod> • single-upset pass

Einzelsteckeinheit f <el> • single board

Einzelstecker m <el> • individual plug

Einzelstellenschweißtransformator m <füg> • single-operator welding transformer

Einzelstempel m <min> *(hydraulisch)* • prop

Einzelsteuerung f <msr> • individual control

Einzelsteuerungsebene f <autom> • individual control level

Einzelstichprobenverfahren n <qualit> • simple sampling

Einzelstrahlung f <nukl> • individual radiation

Einzelstromversorgung f <tech.allg> • single power supply; single power supplying device

Einzelstromversorgungsgerät n <tech.allg> • single power supply; single power supplying device

Einzelteil n <tech.allg> *(betont: einzelnes oder vereinzeltes Stück)* • single piece; single part; single component

Einzelteil n <tech.allg> *(eher klein; z. B. als Bestandteil einer Baugruppe)* • component part

Einzelteil n <tech.allg> *(als Bestandteil z. B. von Baugruppen, Systemen, Anlagen, Maschinen)* • component part; component; part *pract*

Einzelteil n <prod> *(betont: Unikat)* • one-off part

Einzelteilbauweise f <tech.allg> • component parts building method

Einzelteilchenmodell n <phys> • independent particle model

Einzelteilfertigung f <prod> • jobbing work; jobbing

Einzelteilung f <masch> • tooth-to-tooth spacing

Einzelteilungsfehler m <masch> *(Zahnrad)* • tooth-to-tooth error; individual pitch error

Einzelteilzeichnung f <doku> • detail drawing; part drawing

Einzelteil-Zeichnung f <doku> • component drawing

Einzeltonmodulation f <tele> • single-tone modulation

Einzeltreibstoff m <aerospace> *(Rakete)* • monopropellant

Einzelunternehmen n <ökon> • sole proprietorship; sole trader; single proprietorship; one-man business; individual business

Einzelunternehmer m <jur.ökon> • sole trader; sole proprietor; sole proprietor of a business

Einzelursache f <tech.allg> • individual cause

Einzelvergaser m <mot> • single carburetor

Einzelverlustverfahren n <el> • loss-summation method

Einzelversenkung f <theat> • stage trap; grave trap; bridge; stage elevator

Einzelverstellung f <tech.allg> • independent adjustment

Einzelverzug m <textil> • partial draft

Einzelwelle f <phys> • single wave

Einzelwert m <allg> • individual value

Einzelwirkungsgrad m <phys> • individual efficiency

Einzelzähne mpl <masch> • individual teeth

Einzelzeichen n <edv> • single character

Einzelzeile f <logist> *(Regal)* • single row; single-sided stack

Einzelzellenschalter m <el> • single-battery switch

Einzelziffer f <edv> • single digit

Einzelzimmer n <tour> • single room

Einzelzündspule f <kfz.el> (verteilerlose Zündung) • single-spark ignition coil

Einzelzuführung f <wz.masch> (sequentiell; z. B. von Teilen) • sequential delivery

Einzelzug m <prod> (Drahtziehen) • single-wire drawing block

Einzelzyklon m <verf> • individual cyclone; single cyclone

Einzelzyklonabscheider m <verf> • single-cyclone separator

Einzelzyklus m <wz.masch> • single cycle

einziehbar <tech.allg> (z. B. Antenne, Fahrgestell) • retractable

einziehbarer Schornstein m <nav> (Schiff) • lowering funnel; hinged funnel

Einziehdraht m <el> • draw wire; conduit wire; fish-wire

Einziehen n <kfz.rep> (Bleche) • shrinking

Einziehen n <kfz.rep> (von Blech-Beulen) • heat shrinking; spot shrinking; hot shrinking

Einziehen n <kfz.rep> (Blechformen, durch Hammerschläge) • tucking; shrinking

Einziehen n <pack> (Verkleinern der Querschnitte von Hohlkörpern; z. B. Getränkedosen) • necking; necking-in

Einziehen n DIN 62500 <textil> (von Kettfäden, durch die Fadenaugen von Weblitzen) • drawing-in; drafting; threading

einziehen vt <allg> • draw in vt; pull in vt; retract vt

einziehen vt <aerospace> (Fahrwerk) • retract vt

einziehen vt <druck> (Zeilen einrücken) • indent vt

einziehen vt <druck> (Papierbahn) • web in vt

einziehen vt <druck> (Papier; z. B. in Drucker, Kopierer, Faxgerät) • feed vt

einziehen vt <el> (Draht) • fish vt

einziehen vt <kst> (Granulat in die Schnecke) • feed into vt; draw into vt

einziehen vt <licht.theat> (allmählich dunkler machen) • fade down vt

einziehen vt <textil> (Faden) • thread vt

Einziehen mit Elektroden n <kfz.rep> • resistance shrinking

Einziehfahrwerk n <aerospace> • retractable landing gear; extendable landing gear; folding undercarriage

Einziehhäkchen n <textil> • drawing-in hook

Einziehhammer m <kfz.rep> • shrinking hammer

Einzieh-Handfaust f <kfz.wz> (mit balligem, gitterförmigem Profil) • shrinking dolly; grid dolly

Einziehkurve f <pack> (Dosen; Pre-Necker/Necker) • necking cam

Einziehmesser n <textil> • reed hook

Einziehnadel f <textil> • threading needle

Einziehrevolver m <pack> (Pre-Necker/Necker) • necking star; necking turret

Einziehschacht m <min> • intake shaft

Einziehschema n <textil> • entering plan

Einziehseil n <förd> • tie rope

Einziehspindel f <pack> (Pre-Necker/Necker) • necking spindle

Einziehstation f <pack> (Pre-Necker/Necker) • necking station

Einziehstern m <pack> (Pre-Necker/Necker) • necking star; necking turret

Einziehstrebe f <aerospace> (z. B. Fahrwerk) • radius rod

Einziehvorrichtung f <druck> • webbing-up device; automatic feed

Einziehwalze f <agri> • snapping roll

Einziehwalze f <masch> (z. B. Kopierer) • feeding roller

Einziehwerk n <förd> (Kranausleger) • derricking gear

Einziehwerkzeug n <prod> • reducing die

einzigartig <werb> • unique

Einzonen-Doppelriemchenvorrichtung f <textil> • single-zone double-apron arrangement

Einzug m <agri> (Pflugeinstellwert) • heeling; pitch adjustment

Einzug m <druck> (von Zeilen) • indentation; indention

Einzug m <förd> (in Schnecke; z. B. Förderschnecke, Extruder) • feed

Einzug m <metall> (Walzwerk) • nip

Einzug m <prod> (z. B. Blech in Walzgerüst; Draht in Ziehbank; Papier in Kopierer) • draw-in; drawing-in

Einzug m <prod> (Durchmesserverringerung) • reduction

Einzug des Kettfadens m <textil> • drawing of the warp yarn

Einzugfehler m <druck> (von Bögen, Bahn) • wrong draft

Einzugsbreite f <textil> • drawing-in width

Einzugsende n <kst> (Extruderschnecke) • feed end

Einzugsfaktor m <pap> • take-up factor

Einzugsgebiet n <geo> (eines Flusses od. Sees) • drainage area; catchment area

Einzugsgebiet eines Flusses n <geo> • river drainage area; river drainage basin; river basin; watershed

Einzugsgebiet eines Sees n <geo> • lake drainage [area]

Einzugshilfe f <kst> • feeding device

Einzugsorgan n <agri> (Erntemaschine) • gathering unit; gathering assembly

Einzugsrolle f <druck> • paper feed roller

Einzugsseil n <textil> • drawing-in band; taking-in band

Einzugsverhalten n <kst> (von Granulat, Kunststoff, Schnecken) • feed characteristics

Einzugsvorrichtung f <druck> • webbing-up device; automatic feed

Einzugswalze f <agri> • gathering roller

Einzugswalze f <druck> (z. B. in Kopierer, Drucker) • feed roller

Einzugswalze f <holz.prod> (Dickenfräsmaschine) • top feed roller

Einzugswalze f <pack> (Lubricator) • infeed roll; entry roll

Einzugswerk n <druck> (Rollenoffset) • infeed unit

Einzugswicklung f <kfz.el> (Magnetschalter) • pull-in winding

Einzugswinkel m <metall> (Walzwerk) • nip angle; contact angle; wedge angle; bite angle

Einzugszone f <kst> (Extruder, Plastifiziereinheit; unter Trichter) • feed zone; feeding section; feed section; intake zone

Einzugszylinder m <kst> • pull-in cylinder

Einzugszylinder m <textil> • feed roller

Einzug von vorn nach hinten m <textil> • front-to-back drawing-in

Einzugwerk n <druck> (Rollenoffset) • infeed unit

Einzweck-Bewegungseinrichtung f <förd> • single-purpose handling device; single-purpose handling unit

Einzweckmaschine f <masch> • single-purpose machine

einzwicken vt <led> (Schuh) • last vt

Einzwirnung f <textil> • twist contraction

Einzylinder m prakt <kfz.mot> • single-cylinder engine; 1-cylinder engine

Einzylinderholzschleifmaschine f <wz.masch> • single-drum sander

Einzylinder-Motor m <kfz.mot> • single-cylinder engine; 1-cylinder engine

Einzylindermotor m <kfz.mot> • single-cylinder engine; 1-cylinder engine

Einzylinderpumpe f <förd> • one-cylinder pump; single cylinder pump

Einzylinderschermaschine f <kst> • single-shearing machine

einzylindrig <masch> • single-cylinder

einzylindrige Kolbenpumpe f <förd> • one-cylinder pump; single cylinder pump

EIP <med.tech> • end-inspiratory pause (EIP); end-inspiratory plateau; inspiratory pause *ISO 4135*

EIS <av> • electronic image stabilizer (EIS); electronic image stabilization; electronic image stabilizing system

Eis n ugs <nahr> • ice cream; ice cream and related products *form*; ice cream and frozen desserts *form*; edible ices *form.GB*

Eis n prakt <sport> *(Fläche für Eishockey)* • ice surface; playing area; rink *pract*; ice *pract*

EISA <edv> *(obs.; Busarchitektur)* • Extended Industry Standard Architecture (EISA)

Eisabweiser m <nav> • ice fin

Eis am Stiel n <nahr> *(allg)* • ice cream on a stick; ice lolly *GB*; lolly *GB*; stick bar; ice pop *US*

Eis am Stiel mit Überzug n <nahr> • drumstick

Eisanker m <nav> • ice anchor

Eisansatz m <hlk> • freezing; ice build-up

Eisbahn f <sport> *(Sportstätte im Bob-/ Rodelsport)* • ice chute; chute; course; track; run

Eisbecher m <nahr> • sundae; ice cream sundae

eisbehindert <nav> • ice-bound

Eisbildung f <tech.allg> • ice formation

Eisblumenbildung f <obfl.qualit> *(Fehler)* • frosting

Eisblumenlack m <obfl> • frosted varnish

Eisbombe f <nahr> • ice bomb; bombe

Eisbrecher m <bau> *(an Brückenpfeilern)* • ice apron

Eisbrecher m <nav> *(Schiffstyp)* • icebreaker

Eisbrechersteven m <nav> • icebreaker stem

Eisbunker m <logist> • ice bunker

Eiscafé n <nahr> • ice cream parlour

Eiscreme f <nahr> *(Speiseeissorte)* • ice cream *US*; dairy ice cream *GB*; dairy cream ice *GB*

Eiscreme f <nahr> • ice cream; ice cream and related products *form*; ice cream and frozen desserts *form*; edible ices *form.GB*

Eiscreme-Bodenfüller m <prod.nahr> *(Speiseeis)* • bottom filler; bottom-up filler; bottom filling machine

Eiscremeform f <nahr.prod> *(Speiseeis)* • ice cream mold; mold *pract*; mold pocket; freezing pocket; freezing mold

Eiscremefreezer m <nahr.prod> *(Speiseeis)* • freezer; ice cream freezer

Eiscremegrundsorte f <nahr> *(flüssig, pastenartig oder fest)* • plain ice cream *US*

Eiscremeherstellung f <nahr.prod> • ice cream manufacture

Eiscremeimitate fpl <nahr> • imitation ice cream *US*

Eiscreme mit einem Milchfettgehalt von 10–11% f <nahr> • economy ice cream *US*

Eiscreme mit geschmackgebenden Zutaten f <nahr> *(flüssig, pastenartig oder fest)* • bulky flavored ice cream *US*; composite ice cream

Eiscreme-Oberfüller m <prod.nahr> *(Speiseeis)* • ice cream top filler; top filler

Eiscreme ohne geschmackgebende Zutaten f <nahr> *(flüssig, pastenartig oder fest)* • plain ice cream *US*

Eiscremepumpe f <nahr.prod> *(Speiseeis; Freezer)* • ice cream pump; discharge pump; product discharge pump

Eiscreme-Sandwich n <nahr> • ice cream sandwich; sandwich

Eiscremestrang m <nahr.prod> *(Extruder)* • stream of ice cream; ice cream ribbon; ice cream string

Eiscreme-Überziehanlage f <nahr.prod> • ice cream enrober; ice cream coating plant; ice cream coater

Eiscremeüberziehmaschine f <nahr.prod> • ice cream enrober; ice cream coating plant; ice cream coater

Eisdiele f <nahr> • ice cream parlour

Eisdopplung f <nav> *(Verstärkung der Außenhaut gegen Eispressung)* • ice doubling

Eisen n (Fe) <chem> • iron (Fe); ferrum metallicum

Eisenabscheiden n <metall> • separation of iron

Eisenabscheider m <metall> • magnetic separator; tramp-iron magnetic separator

Eisenabstich m <metall> *(Gießerei)* • iron tapping

Eisenabstichloch n <metall> *(Hochofen)* • iron taphole; iron notch

Eisenalaun m <chem> • iron alum

eisenarm <mat> • low-iron; poor in iron

eisenarmes Eisenerz n <min> • low-grade iron ore

eisenarmes Erz n <min> • low-grade iron

Eisenbahn f <bahn> • railroad *US*; railway *GB*

Eisenbahnanschluss m <bahn> *(Gleisanschluss)* • railway connection

Eisenbahnausbesserungswerk n <bahn> • railway repair shop; railway workshop

Eisenbahnbau m <bahn> • railway construction

Eisenbahnbetriebsfernmeldeanlage f <bahn> • railway communications [system]

Eisenbahnbrücke f <bahn> • railway bridge

Eisenbahndamm m <bahn> • railway embankment

Eisenbahnfährdienst m <nav.bahn> • train-ferry service

Eisenbahnfähre f <nav> • railway ferry; sea train ferry; train ferry

Eisenbahnfährverkehr m <nav.bahn> • train ferry traffic

Eisenbahnfahrzeug n *DIN 25003* <bahn> • railway vehicle

Eisenbahnflak f <mil> • railway flak; railway antiaircraft artillery

Eisenbahnformsignal n <bahn> • railway semaphore

Eisenbahnfrachtverkehr m <bahn.logist> • railway freight traffic

Eisenbahnhauptsignal n <bahn> • railway main signal

Eisenbahn-Hauptstrecke f <bahn> *(allg., ein- oder mehrgleisig)* • main line; arterial railroad *US*; arterial railway *GB*; mainline railroad *US*; mainline railway *GB*

Eisenbahnkai m <bahn> • railway quay; railway berth

Eisenbahnkesselwagen m <bahn> • rail tank car; rail tank

Eisenbahnknotenpunkt m <bahn> • railway junction

Eisenbahnkran m <bahn> • railway crane

Eisenbahnkupplung f <bahn> • railway coupling; coupling *pract*

Eisenbahnlafette f <mil> • railway mount[ing]

Eisenbahnlichtsignal n <bahn> • railway light signal

Eisenbahnlinie f <bahn> • railway line

Eisenbahnnetz n <bahn> • railway network; railway system

Eisenbahnoberbau m <bahn> *(Gleis und Bettung)* • railway superstructure

Eisenbahnschotterung f <bau.mat> • railway ballasting

Eisenbahnschwelle f <bahn> • railroad tie *US*; cross tie *US*; tie *US.pract*; sleeper *GB*

Eisenbahnsicherung f <bahn> • railway control

Eisenbahnsicherungstechnik f <bahn> • railway signaling *US*; railway signalling *GB*

Eisenbahnsignaltechnik f <bahn> • railway signal engineering

Eisenbahnstrecke f <bahn> • railway line

Eisenbahntechnik f <bahn> • railway engineering

Eisenbahntunnel m <bahn> • railway tunnel

Eisenbahnüberführung f <bahn> • railway bridge crossing; over-line bridge

Eisenbahnunterbau m <bahn> • railway subgrade

Eisenbahnverkehr m <bahn> • rail traffic; railway traffic

Eisenbahnwagen m <bahn> *(allg., für Personen od. Güter)* • car *US*; wagon *GB*

Eisenbandbewehrung f <el> (Kabel) • tape armouring
Eisenbegleiter m <min> • accompanying element
Eisenbeize f <chem> (Eisenacetatlösung) • iron liquor; black liquor
Eisenblech n <mat> (dick) • iron plate
Eisenblech n <mat> (dünn) • sheet iron
Eisenblechkern m <el> • laminated iron core
Eisenbogenlampe f <licht> • iron arc lamp
Eisenchlorid n <chem> • ferritic chloride; ferric chloride
Eisendraht m <mat> • iron wire
Eisendrahtkratzenbeschlag m <textil> • iron wire card clothing
Eisendrossel f <el> • iron-core coil; iron-cored choke coil; iron-core reactor
Eiseneinsatz m <prod> (Ofen) • iron charge
Eisen-Eisencarbid-Diagramm n <metall> • iron-iron carbide diagram; iron-cementite diagram; metastable diagram
Eisenelement n <el> • iron cell
Eiserner Vorhang m <theat> • fireproof curtain GB; safety curtain GB; iron curtain GB; fire curtain US; asbestos curtain/drop
Eisenerz n <min> • iron ore
Eisenerzaufbereitung f <verf> • iron ore dressing
Eisenerzbergbau m <min> • iron ore mining
Eisenerzbergwerk n <min> • iron mine
Eisenerzbrikettierung f <metall> • iron ore briquetting
eisenerzführend <min> • iron-bearing
Eisenerzlagerstätte f <min> • iron ore deposit
Eisenerzverhüttung f <metall> • iron ore smelting
Eisenerzvorkommen n <min> • iron ore deposit
Eisenerzwagen m <bahn> • iron ore car
Eisenfeilspäne mpl <agri.tech> • iron filings pl
eisenfrei <tech.allg> • iron-free; non-ferrous
eisenfreies Glas n <energ.sol> • low-iron glass
Eisen-Gallus-Tintendegradation f <doku> • gallic ink degradation
Eisengehalt m <chem> • iron content
eisengekapselt <el> • iron-clad
eisengesättigt <phys> • iron-saturated
eisengeschirmtes Messwerk n <el> • iron-screened movement
Eisengießerei f <metall> • iron foundry; ferrous foundry
Eisenglanz m <min> • hematite US; haematite GB; red iron ore; iron glance; specular iron ore
Eisenglimmer m <min> • iron mica; micaceous iron ore
Eisen-Grenze f <astron> • iron-limit
Eisenguss m <metall> (Vorgang) • iron casting
Eisenguss m <metall> (Erzeugnis) • iron castings; cast ferrous metals
eisenhaltig <chem> • iron-containing
eisenhaltig <min> • iron-bearing
eisenhaltiger Schrott m <ents> • ferrous scrap; iron scrap; scrap iron
Eisenhammerschlag m <ents> • iron scale
Eisenholz n <holz> • iron wood
Eisenhütte f <metall> • iron mill
Eisenhydroxid n <chem> • iron hydroxide
Eisenhydroxidmasse f <agri.tech> • ferric hydroxide mass
Eisen(II, III)-oxid n <chem> • iron(II, III) oxide; ferrosoferric oxide
Eisen(II) - EDTA Komplexsalzlösung f <chem> • EDTA solution
Eisen(III)-oxid n <chem> • iron(III) oxide; ferric oxide
Eisen(II)-oxid n <chem> • iron(II) oxide; ferrous oxide
Eisen(II)-sulfat n <chem.agri> • ferrous sulfate heptahydrate
Eisenkarbid n <metall> (Gefügebestandteil in Stahl und Eisengusswerkstoffen) • cementite; carbide of iron

Eisenkern m <el> • iron core; ferrite core
Eisenkernabstimmung f <el> • slug tuning
Eisenkern mit Luftspalt m <el> • iron core with air gap
Eisenkernspule f <el> • iron-core coil
Eisenkies m <min> • iron pyrite; pyrite
Eisenkitt m <füg> • iron cement; rust cement
Eisenklinker m <bau.mat> • blue brick
Eisen-Kohlenstoff-Diagramm n <metall> • iron-carbon diagram; Fe-C diagram
Eisenkorrosionsprodukt n <obfl> (Korrosionsprodukte von Eisen und Stahl) • rust ISO 8044; iron rust
Eisenkreis m <el> • ferromagnetic circuit
Eisenlack m <obfl> • iron black; ironwork black
Eisenlängsschnitt m <nav> • construction plan; steel plan
Eisenlegierung f <mat> • ferrous alloy
Eisenlegierung f <obfl> • iron alloy; iron-base alloy
eisenlos <tech.allg> • iron-free; non-ferrous
eisenlos <el> (Spule, Anker) • coreless
eisenloser Transformator m <el> • air-core transformer; oilless transformer
eisenloses Messwerk n <el> • iron-free movement
eisenlose Spule f <el> (Elektromagnet) • air-cored coil; air-cored solenoid
Eisenluppe f <metall> • iron loop; iron bloom
Eisenmanganerz n <min> • ferriferous manganese ore
Eisenmassel f <metall> • iron pig
Eisenmennige f <min> • red ochre; stone red
Eisenmetall n <mat> • ferrous metal
Eisenmetallabscheidung f <ents> • ferrous metal extraction
Eisenmetalle npl <mat> • ferrous metals pl
Eisenmetallurgie f <metall> • iron and steel metallurgy; iron metallurgy; ferrous metallurgy
Eisenmöller m <metall> (Ofen) • metal charge
Eisenmonoxid n <chem> • iron(II) oxide; ferrous oxide
Eisennadelinstrument n <el> • permanent-magnet moving-iron instrument
Eisen-Nickel-Akkumulator m <el> • Edison battery; Edison storage battery; iron-nickel accumulator
Eisennickelkies m <min> • pentlandite; nicopyrite
Eisenocker m <min> • ochreous iron ore
Eisenoxid n <chem> • iron oxide
Eisenoxid n <edv> • iron oxide
Eisenoxidband n <av> • iron oxide tape; ferric oxide tape
Eisenoxidfarbe f <obfl> • iron-oxide paint
Eisenoxidgehalt m <energ.sol> • iron oxide content
Eisenoxidpigment n <obfl> • iron-oxyde pigment
Eisenoxidrot n <obfl> • red oxide; iron oxide red
Eisenoxidschicht f <edv> • iron oxide layer
Eisenoxyd n form <edv> • iron oxide
Eisenphosphat n <chem> • iron phosphate; ferrum phosphoricum
Eisenportlandzement m <bau.mat> • iron Portland cement
Eisenportlandzement m <metall> • Portland blast-furnace cement
Eisenpulver n <metall> • iron powder; powdered iron
Eisenpulverbrennschneiden n <prod> • iron-powder cutting
Eisenpulverelektrode f <el> • iron-powder electrode
Eisenpulverkern m <el> • iron-powder core; iron-dust core
Eisenpulvertopfkern m <el> • pot-tpye iron-dust core
Eisenrahm m <min> • hematite US; haematite GB; red iron ore; iron glance; specular iron ore
Eisenrinne f <metall> • iron gutter; iron runner
Eisenrost m [rost] <obfl> (Korrosionsprodukte von Eisen und Stahl) • rust ISO 8044; iron rust

Eisenrot *n* \<min\> • red bole
Eisenrot *n* \<obfl\> *(Pigment)* • caput mortuum
Eisensättigung *f* \<phys\> • magnetic saturation
Eisensau *f* \<metall\> • furnace bear; bear
Eisenschmelzklinker *m* \<bau\> • blue brick
Eisenschrott *m* \<ents\> • ferrous scrap; iron scrap; scrap iron
eisenschüssig \<min\> • ferriferous; ferrugin[e]ous
Eisenschwamm *m* \<metall\> • iron sponge; sponge iron
Eisensinter *m* \<metall\> • iron scale
Eisenspat *m* \<min\> • spathic iron; iron spar; siderite
Eisensteg *m* \<druck\> • iron slug; iron furniture
Eisenstein *m* \<metall\> • iron matte
Eisensulfat *n* \<chem\> • iron sulfate
Eisentrioxid *n* \<chem\> • iron(III) oxide; ferric oxide
Eisenverlust *m* \<el\> *(von Transformatoren)* • iron loss; core loss *rare*
Eisenverluste *mpl* \<el\> *(allg. in Spulen, Wicklungen)* • core losses
Eisenvitriol *m* \<min\> • iron vitriol; green vitriol; copperas
Eisenwaren *fpl* \<ökon\> • ironmongery
Eisenwasserstoffwiderstand *m* \<el\> • iron-hydrogen barretter; barretter
Eisenwerkstoff *m* \<mat\> • ferrous material
Eisen-Zink-Legierungsschicht *f* \<obfl\> • zinc-iron alloy layer; iron-zinc intermetallic layer
Eisenzunder *m* \<ents\> • iron scale
Eiserne Hand *f* \<Förd\> *(Einlegegerät)* • automatic panel handling device
eiserne Lunge *f* \<med.tech\> • iron lung; tank ventilator
eisernes Schwein *n* *ugs* \<druck\> • automatic paper coil feeder
Eiserzeugungsanlage *f* \<verf\> • ice-making machine
Eisessig *m* \<chem\> • glacial acetic acid
Eisfarbe *f* \<chem\> • ice color; ice dye
Eisfarbenbuntdruckreserve *f* \<textil\> • colored resist with azoic dye
Eisfilm *m* \<nahr.prod\> • film of ice
Eisfläche *f* \<sport\> *(Fläche für Eishockey)* • ice surface; playing area; rink *pract*; ice *pract*
Eisfreezer *m* \<nahr\> • ice-cream freezer; freezer
eisfrei \<geo\> *(Fluss, See, Straße)* • ice-free
eisgekühlt \<allg\> *(z. B. Getränk)* • ice-cooled
eisgekühlt \<nahr\> • ice-refrigerated
Eisgenerator *m* \<verf\> • ice-making machine
Eishaftung *f* \<prod\> • grip on ice
Eishalle *f* *ugs* \<sport.bau\> • ice rink; artificial ice rink
eisig \<nahr\> *(Speiseeisfehler)* • icy
Eiskalorimeter *n* \<msr\> • ice calorimeter
Eiskanal *m* \<sport\> *(Sportstätte im Bob-/ Rodelsport)* • ice chute; chute; course; track; run
Eiskratzer *m* \<kfz\> • ice scraper
Eiskrem *f* *rar* \<nahr\> *(Speiseeissorte)* • ice cream *US*; dairy ice cream *GB*; dairy cream ice *GB*
Eiskrem *m* *obs.ugs.rar* \<nahr\> *(Speiseeissorte)* • ice cream *US*; dairy ice cream *GB*; dairy cream ice *GB*
Eiskreme *f* \<nahr\> *(Speiseeissorte)* • ice cream *US*; dairy ice cream *GB*; dairy cream ice *GB*
Eiskristall *n* \<chem\> • ice crystal
Eiskristallgröße *f* \<chem\> • ice crystal size
Eiskristallwachstum *n* \<chem\> • ice crystal growth; crystal growth
Eiskühlung *f* \<hlk\> • ice cooling; ice refrigeration
Eiskühlwagen *m* \<bahn\> • ice-cooled car
Eislast *f* \<mech\> *(z. B. auf Hochspannungsleitungen, Bäumen, Tragflügeln)* • ice load[ing]
Eisleistung *f* \<verf\> • ice-making capacity
Eislinse *f* \<geo\> • ice lens
Eismaschine *f* \<nahr.prod\> *(Haushalt, Kleinbetriebe)* • ice cream maker; ice cream making machine *BOKU*

Eis mit Pflanzenfett *n* \<nahr\> • ice cream (contains non milk fat) *GB*; vegetable fat ice cream; mellorine *US*
Eis mit Rippelung *n* \<nahr\> • ripple ice cream; variegated ice cream
Eismix *m* \<nahr.prod\> *(Speiseeis)* • mix; ice cream mix
Eisoval *n* \<sport\> *(Eisfläche im Eisschnelllauf)* • track; circuit; oval
Eisparfait *n* \<nahr\> • parfait
Eispickel *m* \<wz\> • ice pick
Eisportionierer *m* \<nahr\> *(Speiseeis)* • scooper; ice cream scoop
Eispralinen *fpl* \<nahr\> *(Speiseeis; typ. mit Schokoüberzug; kein Eiskonfekt)* • bitesizes; bite-sizes *Hoyer*
Eispressung *f* \<geo\> *(Packeis)* • ice push; ice thrust
Eispressung *f* \<nav\> • nip
Eispulver *n* \<nahr\> • ice cream powder; dried ice cream mix
Eispunkt *m* \<phys\> • ice point
Eisriegel *m* \<nahr\> • ice cream bar; stickless bar; ice cream candy bar
Eisriegel mit Schokoladenüberzug *m* \<nahr\> • chocolate coated ice cream bar; choc bar; choc ice
Eisrinne *f* \<sport\> *(Sportstätte im Bob-/ Rodelsport)* • ice chute; chute; course; track; run
Eisröhre *f* \<sport\> *(Sportstätte im Bob-/ Rodelsport)* • ice chute; chute; course; track; run
Eisrolle *f* \<nahr\> • ice cream log
Eisschlieren *fpl* \<kfz\> *(auf der Windschutzscheibe)* • ice streaks *pl*
Eisschub *m* \<geo\> *(Packeis)* • ice push; ice thrust
Eisschutz *m* \<nav\> *(am Bug)* • bow grace
Eisschutz *m* \<nav\> • ice protection
Eissicherung *f* \<nav\> • anti-ice measures
Eisspat *m* \<min\> • ice spar
Eissporn *m* \<mil\> • ice spade
Eissporn *m* \<nav\> • ice cutter; ice spur
Eissporthalle *f* \<sport.bau\> • ice rink; artificial ice rink
Eistorte *f* \<nahr\> • ice cream cake; ice cream pie
Eisüberziehmaschine *f* \<nahr.prod\> • ice cream enrober; ice cream coating plant; ice cream coater
Eisverstärkung *f* \<nav\> *(Außenhautverstärkung)* • ice strengthening
Eiswaffel *f* \<nahr\> • ice cream wafer
Eiswarner *m* \<kfz\> • ice warner; ice alert *:V*
Eiswasserabteilung *f* \<prod\> *(Plattenwärmetauscher)* • chilled water section
Eiswasserkühlpaket *n* \<prod\> *(Plattenwärmetauscher)* • chilled water section
Eiswasserpaket *n* \<prod\> *(Plattenwärmetauscher)* • chilled water section
Eiszange *f* \<nahr.wz\> *(Speiseeis)* • twin-grip server
Eiszeit *f* \<geo\> • Ice Age; glacial epoch; glacial period; diluvium
eiszeitlich \<geo\> • glacial
Eiszelle *f* \<prod\> *(Blockeiserzeugung)* • ice can
Eiszellenfüllgerät *n* \<pack\> • multiple can filler
Eisziegel *m* \<nahr\> *(Speiseeis)* • family brick; ice cream brick; brickette
Eitempera *f* \<obfl\> • tempera
eitrige Tracheobronchitis *f* \<med\> • bacterial tracheobronchitis *V*
Eiweiß *n* \<chem\> • protein; proteic substance
Eiweiß *n* \<nahr\> • egg white; white; albumen; glair
eiweißabbauend \<chem\> • proteolytic
Eiweißabschäumer *m* \<verf\> *(Aquarium)* • protein skimmer
Eiweißabschäumung *f* \<verf\> • protein skimming
Eiweiß abtrennen *vi* \<chem\> • deproteinize *v*
Eiweißappretur *f* \<led\> • albumen finish

eiweißarmer Kautschuk *m* <kst> • deproteinized rubber
eiweißartig <chem> • albuminous; proteinaceous
Eiweißchemie *f* <chem> • protein chemistry
Eiweißchemiefaser *f* <mat> • protein fiber (CE); protein man-made fiber
Eiweißchemiefaserstoff *m* <mat> • protein fiber (CE); protein man-made fiber
Eiweißfaser *f* <mat> • protein fiber (CE); protein man-made fiber
Eiweißfaserstoff *m* <mat> • protein fiber (CE); protein man-made fiber
Eiweißfutter *n* <agri> • protein feed
Eiweißkopie *f* <druck> • albumen copy; albumen print
Eiweißlasurfarbe *f* <phot> • diaphoto paint; diaphoto; retouching paint
Eiweißleim *m* <füg> • protein adhesive; glair
eiweißspaltend <chem> • proteolytic
eiweißspaltendes Enzym *n* <chem> • proteolytic enzyme; protease
Eiweißspalter *m* <textil> *(für Vordetachur)* • digester
Eiweißspaltung *f* <chem> • proteolysis
Eiweißstoff *m* <agri.tech> • protein
Eiweißstoffe *fpl* <nahr> • proteins
Eject-Taste *f prakt* <av> • cassette eject button; eject button *coll*
Ejektor *m* <förd> *(Treibmittelpumpe; typ. Wasserstrahlpumpe)* • ejector; ejector assembly; eductor pump; eductor
Ejektor *m* <förd> • jet pump; ejector pump; ejector
Ejektorpumpe *f* <förd> *(Treibmittelpumpe; typ. Wasserstrahlpumpe)* • ejector; ejector assembly; eductor pump; eductor
EKG <med.tech> • electrocardiogram (ECD)
EKG-Schreiber *m* <med.tech> • electrocardiograph
Eklipse *f* <astron> • eclipse
Ekliptik *f* <astron> • ecliptic
Ekliptikalsystem *n* <astron> • ecliptic coordinate system
EKM <kfz.mot> • electronic clutch management (ECM)
Ekman-Spirale *f* <meteo> • Ekman spiral
Ekonomiser *m rar* <energ> *(Wärmekraftwerk, Dampferzeuger)* • economizer *US*; economiser *GB*; feedwater preheater; feed heater
Ekonomiser *m* <verf> *(allg.)* • economizer
E-Kreuz *n prakt* <petr> • christmas tree; oil and gas well Christmas tree
Ektotoxin *n* <med> • ectotoxin; exotoxin; extracellular toxin
EL <licht> • electroluminescence (EL)
el. FH *werb* <kfz> *(als Funktion bzw. Ausstattungsmerkmal)* • power windows (pw) *US*; electric windows *GB*; e/windows *GB.advert*; e/w *GB.advert*
el. Spiegel, beheizt *in Spez* <kfz> • power mirror with defogging; pwr mirror w/defog *in specs*
Elast *n/m obs.rar* <kst> *(weitmaschig vernetzt, gummielastisch)* • elastomer; elastoplastic; elastomeric plastic *rare*; thermoset *rare*
Elastan *n* <chem.petr> • spandex
Elasthanfaser *f* <bekl> • elastane fiber
Elastikgarn *n* <textil> • elastic yarn
Elastikschiffchen *n* <textil> • polytype shuttle
Elastik-Stoppmutter *f* <füg> • prevailing torque nut; prevailing torque locknut
elastisch <kfz.mot> *(Motorverhalten; Durchzug bei niedrigen Drehzahlen)* • flexible
elastisch <kst> • elastomeric
elastisch <mech> *(federnd, hüpfend)* • springy
elastisch <obfl> *(unter Druck federnd nachgiebig; z. B. Oberfläche, Haut, Füller, Füllgru)* • resilient
elastisch <qualit.mat> *(Werkstoffverhalten; nach Entlastung volle Rückkehr in Ausgangszustand)* • elastic

elastische Aufhängung *f* <masch> • flexible suspension; elastic suspension
elastische Ausgleichkupplung *f* <antr> • flexible coupling
elastische Bettung *f* <bau> *(z. B. Fahrbahnplatte, Gleise)* • elastic foundation; elastic bedding
elastische Binde *f* <med> • elastic bandage
elastische Bindung *f* <tech.allg> *(z. B. für Schleifkörper)* • elastic bond
elastische Dehnung *f* <mech> • elastic strain
elastische Dichtung *f* <tech.allg> *(Bauwesen, Maschinen)* • elastic seal
elastische Festigkeitseigenschaften *fpl* <pap> • elastic strength properties
elastische Hosenträger *mpl* <bekl> • stretch suspenders *pl*
elastische Kupplung *f* <masch> • flexible coupling
elastische Lagerung *f* <masch> • elastic support
elastische Nachwirkung *f* <prod> *(z. B. beim Umformen)* • elastic aftereffect; elastic lag; delayed elasticity; residual elasticity
elastische Papierwalze *f* <druck> *(Superkalander)* • paper roll; filled roll
elastischer Bereich *m* <mech> *(Verformung)* • elastic range
elastischer Federnagel *m* <bahn> *(Gleisbau)* • elastic spring spike; resilient fastening
elastischer Hosenbund *m* <bekl> • elasticized waist; elasticated waistband
elastischer Schlupf *m* <antr> *(z. B. Flachriemen, Keilriemen, Fördergurt, Seiltrieb)* • stretch
elastischer Stoß *m* <mech> • elastic collision; billiard-ball collision
elastisches Beulen *n* <mech> *(Festigkeitslehre: Theorie der Platten und Schalen)* • elastic indentation
elastische Schiffsschwingung *f* <nav> • ship vibration
elastisches Gelenk *n* <kfz.antr> *(in Gelenkwelle)* • flexible coupling; rubber coupling; Rotoflex coupling *pract*; rubber doughnut *coll*; doughnut joint *coll*
elastisches Gelenk *n* <masch> *(allg.)* • flexible joint
elastisches Gewebe *n* <textil> • elastic fabric; elastic cloth
elastisches Gewirk *n* <textil> • warp-knitted stretch fabric; warp-knit stretch fabric
elastische Spannung *f* <mech> • elastic stress
elastische Streuung *f* <phys> • elastic scattering; Rayleigh scattering
elastisches Verformungselement *n* <msr> • mechanical sensing element; elastic sensing element; flexure; elastic element; elastic member
elastische Träger *mpl* <bekl> *(BH)* • stretch straps
elastische Verformung *f* <mech> • elastic deformation
elastische Welle *f* <masch> • flexible shaft
elastisch-isotroper Halbraum *m* <phys> • elastic-isotropic half-space
elastisch-plastischer Festkörper *m* <phys> • elastoplastic solid
elastisch vorspannen *vt* <füg> • prespring *vt*
Elastizität *f* <tech.allg> *(allg.)* • elasticity
Elastizität *f* <kfz.mot> *(eines Motors)* • flexibility; elasticity
Elastizität *f* <mech> *(Flexibilität)* • flexibility
Elastizität *f* <obfl> *(betont: federnde Nachgiebigkeit)* • resilience
Elastizität *f* <textil> *(von dehnbaren Stoffen; z. B. Nylons, Bodies)* • elastic recovery
Elastizität im mittleren Drehzahlbereich *f* <kfz> • mid-range flexibility
Elastizitätsachse *f* <mech> • elastic axis
Elastizitätsbereich *m* <mech> • elastic range

Elastizitätsellipsoid *n* <mech> • ellipsoid of elasticity
Elastizitätsgrenze *f* <qualit> *(Mat.Prüfung)* • elastic limit; true elastic limit; limit of elasticity; elasticity limit
Elastizitätsgrenze bei Verdrehbeanspruchung *f* <qualit.mat> • torsional limit of elasticity
Elastizitätskonstante *f* <phys> • elastic constant
Elastizitätsmessung *f* <kfz> *(Autotest)* • flexibility test; elasticity test; rolling acceleration *Autofile*
Elastizitätsmodul *m* (E) <qualit.mat> *(Steigung der Hookeschen Geraden; z. B. in GPa oder GN/m^2)* • modulus of elasticity (E); Young's modulus; modulus *pract*
Elastizitätsmodul bei Schub *m* <qualit.mat> • shear modulus (G); modulus of rigidity; coefficient of rigidity *rare*; modulus of elasticity in shear *rare*; rigidity modulus *rare*
Elastizitätsmodul bei Zugbeanspruchung *m* <qualit> • modulus of elasticity in tension
Elastizitätstheorie *f* <mech> • theory of elasticity
Elastizitätswerte *mpl* <kfz> *(beim Autotest)* • in-gear performance figures
elastohydrodynamische Schmierung *f* <tribo> • elastohydrodynamic lubrication (EHD); EHD-lubrication; thin-film lubrication
elastomer <kst> • elastomeric
Elastomer *n* <kst> *(weitmaschig vernetzt, gummielastisch)* • elastomer; elastoplastic; elastomeric plastic *rare*; thermoset *rare*
Elastomerbalg *m* <rls> • elastomeric bellows
elastomerer Klebstoff *m* <füg> • elastomeric adhesive
elastomerer Kunststoff *m rar* <kst> *(weitmaschig vernetzt, gummielastisch)* • elastomer; elastoplastic; elastomeric plastic *rare*; thermoset *rare*
Elastomerkompensator *m* <rls> • elastomeric expansion joint; elastomeric-type expansion joint
Elastoplast *m DDR.obs* <kst> *(weitmaschig vernetzt, gummielastisch)* • elastomer; elastoplastic; elastomeric plastic *rare*; thermoset *rare*
elastoplastisch <mat> *(Werkstoffverhalten beim Umformen)* • elasto-plastic
EL-Bildschirm *m* <edv> • electroluminescent display (ELD); electro-luminescent display
Elch-Ausweichtest *m* <kfz.qualit> • elk test *US*; moose test *DC*
Elchtest *m ugs* <kfz.qualit> • elk test *US*; moose test *DC*
ELD <edv> • electroluminescent display (ELD); electroluminescent display
EL-Display *n* <av> • EL display
Electret-Mikrofon *n* <av> • electret microphone
Electro-Coating *n* <obfl> • electrophoretic painting (EC); electro-coating; electrophoresis; electrophoretic deposition of paint; electrophoretic paint application
Electronic-Cash-System *n* <edv> • electronic cash system
Electronic Commerce *m* <edv> *(elektronischer Geschäftsverkehr)* • electronic commerce; e-commerce
electronic-grade-Silizium *n* <ic> • electronic-grade silicon (EG-Si)
Electronic Industries Association *f* (EIA) <org> • Electronic Industries Association (EIA)
Electronic Industries Association – 485 *f* (EIA-485) <org.el> • Electronic Industries Association – 485 (EIA-485)
Electronic Publishing *n* <edv.druck> • electronic publishing
Electronic Road Pricing System *n Singapur* <verk.fin> • Electronic Road Pricing System *Singapore*
Electronic Tuning Control *f* (ETC) <kfz.av> • electronic tuning control (ETC)

Elefantenrüssel *m ugs* <bau.masch> *(Betoneinbringung)* • tremie; elephant trunk *coll*
elegant <tech.allg> *(z. B. Design, Ausstattung)* • elegant; stylish; classy
eleganter Wein *m* <nahr> • elegant wine
elegantes Styling *n* <tech.allg> • elegant styling; sleek styling *coll*
elegante Werbebroschüre *f* <werb> • slick brochure
Elekro-Blechschere *f* <bau.wz> • electric metal snips *pl*; electric tin snips *pl*
Elektret *n/m* • electret
Elektretmikrofon *n* <av> • electret microphone
elektrifizieren *vt* <bahn> • electrify *vt*
elektrifizierte Strecke *f* <bahn> • electrified line
Elektrifizierung *f* <bahn> *(der Eisenbahn)* • electrification
Elektriker-Doppelmaulschlüssel *m* <wz> • midget open-end wrench *US*; compact open-end spanner *GB*; miniature offset open-end wrench *GB*; electrical spanner *GB.coll*
Elektrikerschlüssel *m* <wz> • midget open-end wrench *US*; compact open-end spanner *GB*; miniature offset open-end wrench *GB*; electrical spanner *GB.coll*
Elektrikerschraubendreher *m* <wz> • electrician's screwdriver
Elektrik-Reparatursatz *m* <kfz.el> • electric grid repair package
Elektrik-Trassenplan *m* <el.doku> *(Leitungs- und Kabelführung, Beleuchtung einer Baustelle)* • electrical layout plan
elektrisch <el> • electric; electrical
elektrisch änderbarer Festwertspeicher *m* <edv> • electrically alterable read-only memory (EAROM)
elektrisch angetriebener Abgasturbolader *m* (E-ATL) <kfz> • electrically driven exhaust gas turbocharger
elektrisch angetriebener Kompressor *m* <hlk> • electrically driven compressor; compressor with electric drive
elektrisch angetriebener Verdichter *m* <hlk> • electrically driven compressor; compressor with electric drive
elektrisch beheizter Katalysator *m* <kfz.emiss> • electrically heated catalyst (EHC)
elektrisch betätigtes Fenster *n rar* <kfz> • power window
elektrisch betätigtes Ventil *n* <rls> *(ein Magnetventil od. mit E-Motorantrieb)* • electric valve
elektrische Abflammung *f* (EFO) <el.ic.prod> • electronic flame-off (EFO)
elektrische Ableitung *f* <el> • electrical leakage
elektrische Abstellvorrichtung *f* <textil> *(z. B. Spinnmaschine)* • electromatic yarn stop motion
elektrische Abstellvorrichtung bei Nadelbruch und Aufhocken *f* <textil> • electroautomatic needle detector stop motion; electromatic needle detector stop motion
elektrische Abstellvorrichtung mit Fühlfinger *f* <textil> • electromatic dropper stop motion
elektrische Analogie *f* <phys> • electrical analogy
elektrische Anlage *f* <el> • electric system; automotive electric system
elektrische Ausrüstung *f* <el> • electrical equipment
elektrische Beleuchtung *f* <licht> • electric lighting
elektrische Benzinpumpe *f prakt.ugs* <kfz.mot> *(Benzin)* • electric fuel pump; electric gas pump *US.pract.coll*
elektrische Blechschere *f* <bau.wz> • electric metal snips *pl*; electric tin snips *pl*
elektrische Bohnermaschine *f* <innen> • electric floor polisher; floor polisher
elektrische Bohrlochmessung *f* <petr> • electric log; electric well log
elektrische Bohrmaschine *f* <wz> *(Elektrogerät für Handgebrauch)* • drill *pract*; power drill; electric drill *rare*; portable drill *rare*

elektrische Bremse f <brems> • electric brake; e-brake

elektrische Einrichtungen fpl <kfz.el> *(im Auto; z. B. Leuchten, elektrische Fensterheber)* • power equipment; power fitments pl GB.coll

elektrische Elementarladung f <el> • elementary charge; elementary electronic charge; unit electric charge; electronic charge; unit charge

elektrische Energie f <energ> • electric energy

elektrische Energie f <phys> • electric energy

elektrische Energietechnik f DIN 13321 <el> • electric power engineering; power engineering pract; heavy-current engineering rare

elektrische Energieversorgung f <energ> • electrical energy supply

elektrische Entladung f <el> • electric discharge

elektrische Feldaufladung f <el> • electric field charging

elektrische Feldlinien fpl <el> • electric lines of force pl

elektrische Feldröhre f <el> • field tube; flux tube

elektrische Feldstärke f (E) <el> • electric field strength (E); electric field intensity

elektrische Fensterheber mpl (EFH) <kfz> *(als Funktion bzw. Ausstattungsmerkmal)* • power windows (pw) US; electric windows GB; e/windows GB.advert; e/w GB.advert

elektrische Flussdichte f (D) <el> • electric flux density (D)

elektrische Gasreinigung f <emiss.verf> • wet scrabber

elektrische Gaszelle f <chem.el> • gas cell

elektrische Größe f <msr> • electric quantity; electric variable

elektrische Handbohrmaschine f form <wz> *(Elektrogerät für Handgebrauch)* • drill pract; power drill; electric drill rare; portable drill rare

elektrische Heizung f <hlk> *(Prinzip, Vorgang)* • electric heating

elektrische Heizung f ugs <hlk> *(Gerät)* • electric heater; electric heating unit

elektrische Hupe f <kfz> • electric horn; electric-motor horn; klaxon

elektrische Impedanz f <el> • impedance (Z); electrical impedance

elektrische Induktion f <el> • electric induction 7

elektrische Influenz f <el> • electrostatic induction

elektrisch einstellbarer beheizter Außenspiegel m <kfz> • power mirror with defogging; pwr mirror w/defog in specs

elektrische Kapazität f (C) <el> • electric capacitance (C)

elektrische Kettensäge f <wz> *(Kettensäge mit Elektromotor)* • electric chain saw

elektrische Kraftlinie f <el> • electric line of force

elektrische Kraftstoffpumpe f <kfz.mot> *(allg.; Benzin oder Diesel)* • electric fuel pump

elektrische Kraftstoffpumpe f <kfz.mot> *(Benzin)* • electric fuel pump; electric gas pump US.pract.coll

elektrische Ladung f (Q) <el> • electrical charge (Q); electric charge; charge pract

elektrische Leistung f <el> • electric power; electrical power rare

elektrische Leitfähigkeit f <el> *(allg.; prinzipielle Werkstoffeigenschaft)* • electric conductivity; conductivity

elektrische Leitfähigkeit f <el> *(spezifisch)* • specific conductance

elektrische Leitung f <el> • electric line

elektrische Lokomotive f <bahn> • electric locomotive

elektrische Maschine f <el> • electric machine

elektrische Nettoausgangsleistung f IEV 415 <el> • net electric power output IEV 415

elektrische Neutralität f <phys> • electrical neutrality

elektrische Nullstellung f <msr> • electrical zero

elektrische Nutzenergie f <energ.sol> • electrical power output

elektrische Parkbremse f ContiTeves <brems> • electromechanically actuated parking brake (EPB); electronic parking brake; electric parking barke

elektrischer Antrieb m <antr> • electric drive

elektrischer Außenspiegel m prakt <kfz> • power-adjustable mirror; electrically operated outside mirror form; electric remote control mirror Ford; power mirror pract; electric mirror coll

elektrischer Bauschrauber m <wz.bau> *(für Schnellbauschrauben)* • power screw gun; electric screw gun; electric screw driver

elektrischer Brotröster m rar <nahr> • toaster; electric toaster rare

elektrischer Drehzahlmesser m <msr> • electrical tachometer

elektrischer Fensterheber m (FH) <kfz> • power window

elektrischer Fensterheber m <kfz.el> *(Bauteil, Mechanik in der Tür)* • electric window lift

elektrischer Fensteröffner m <bau> • electric window opener

elektrischer Heizkörper m <hlk> *(Gerät)* • electric heater; electric heating unit

elektrischer Heizwiderstand m <el> • resistance heating element; resistance element pract

elektrischer Kamin m <innen> *(Wohnung)* • coal-effect fireplace

elektrischer Konvektionsofen m <verf> • electric convector; electric convection oven

elektrischer Leiter m <el> • electric conductor; conductor pract

elektrischer Leitwert m <el> *(Fähigkeit, Strom zu leiten; Kehrwert des Widerstands; Einheit: Siemens)* • conductance (S)

elektrischer Leitwert m <el> *(Konduktanz pro Volumen; Einheit: S/m)* • conductivity (G); specific conductance; volume conductivity

elektrischer Minikompressor m <kfz> *(zum Aufpumpen von Reifen, Gummibooten etc.; an Bordnetz)* • portable air pump

elektrischer Monopol m <el> • electric monopole

elektrischer Retarder m <nfz.brems> • electromagnetic retarder; eddy current retarder

elektrischer Schlag m DIN VDE 0100 <el.bio> • electric shock

elektrischer Strom m <el.allg> • electric current; current pract.coll

elektrischer Stuhl m <el.jur> • electric chair

elektrischer Toaster m rar <nahr> • toaster; electric toaster rare

elektrischer Warmwasserbereiter m <hlk> • electric water-heater; electric geyser GB

elektrischer Wegaufnehmer m <msr> *(z. B. Werkzeugmaschinen)* • electrical displacement sensor

elektrischer Wegfühler nach NAMUR m rar <msr> *(für explosionsgefährdete Bereiche)* • proximity switch with Namur-output; proximity switch according to DIN 19234; proximity switch to DIN 19234; Namur-sensor pract

elektrischer Weidezaun m <agri> • electric fence

elektrischer Wert m <phys> • electrical value

elektrischer Widerstand m (R) <el> *(als Größe)* • electrical resistance (R); resistance pract

elektrischer Widerstand m <el> *(als Bauteil)* • resistor

elektrischer Widerstandsofen m <metall> • resistance furnace; electric resistance furnace

elektrischer Wirkungsgrad m <el> • electrical efficiency

elektrischer Zünder m <el> *(von Gasflammen etc.; z. B. Piezo)* • spark ignitor

elektrischer Zünder m <spreng> • electric detonator
elektrischer Zusatzantrieb m <kfz.antr> • auxiliary electric drive
elektrisches Absaugegerät n <verf> • electrical suction apparatus
elektrische Saugrohrbeheizung f <kfz.mot> • electric EFE system
elektrisches Bügeleisen n <el> • electric iron
elektrische Scheinwerferwaschanlage f <kfz> • power headlamp washer (phw) GB
elektrisches Differential n <el> • differential selsyn
elektrisches Elementarquantum n <phys> • elementary quantum; elementary charge
elektrisches Faltdach n (EFD) <kfz> • electric sun roof top
elektrisches Feld n <phys> • electric field
elektrisches Heizelement n <el> • resistance heating element; resistance element pract
elektrisches Heizgewebe n <el> • electric heating fabric; woven resistors
elektrische Sicherung f <el> • interlock device; interlock
elektrisches Isoliervermögen n <el> • electrical insulation properties
elektrische Sitzverstellung f (ESV) <kfz.el> • power seats pl US; electric seat adjustment; electric seats pl
elektrisches Kernen n <verf> • electrical logging; electrical well logging
elektrisches Kraftwerksnetz n IEV 415 <el> • power collection system IEV 415
elektrisches Messinstrument n <msr> • electrical instrument
elektrisches Netz n <el> • electric grid; grid; network; utility grid
elektrische Spannung f rar <el> (Potentialdifferenz; in Volt; z. B. Netzspannung 230 V) • voltage; tension rare. coll
elektrische Sperre f <el> • electrical interlock
elektrisches Piano n <edv.av> • electric piano; E-piano
elektrisches Potential n <el> • electric potential
elektrisches Schiebedach n (ESD) <kfz> • electric sunroof (esr); elec s/r GB.advert
elektrisches Schlagzeug n <edv.av> • electric drums; E-drums; E-drumkit; E-drumset
elektrisches Schreibwerk n <druck> • electric printing mechanism
elektrisches Signal n <phys> • electric signal
elektrisches Startventil n rar <kfz.mot> (Kraftstoffeinspritzung) • cold start injector; cold start valve
elektrisches Toleranzmessgerät n <msr> • electrolimit gauge
elektrische Streuung f <el> (Leckstrom) • electrical leakage
elektrisches Verdeck n <kfz> (rein elektr. od. elektrohydraulisch) • electric top; power soft top
elektrische Trocknung f <verf> • electrodesiccation
elektrische Überlastung f <el> • electrical overload
elektrische Übertragungsschaltung f <el> • electric transducer circuit
elektrische Urspannung f <el> • electromotive force
elektrische Verriegelung f <el> • electrical interlock
elektrische Verschaltung f <el> (z. B. von Solarzellen) • electrical interconnection; interconnection
elektrische Verzögerungsleitung f <el> • electric delay line
elektrische Weiche f <el> • cross-over network; separation filter
elektrische Welle f <phys> • electric wave
elektrisch geschaltet <kfz> (Getriebe) • shift-by-wire
elektrisch leitend <el> • electrically conducting

elektrisch leitender Stift m <el> • conductive pencil
elektrisch leitfähiges Dichtungsmaterial auf Elastomerbasis n <el> • conductive elastomeric gasket material
elektrisch löschbar <edv> • electrically erasable
elektrisch löschbarer Festwertspeicher m <edv> • electrically erasable read-only memory
elektrisch nichtleitendes Material n did <el> • dielectric; non-conducting material; nonconductor; insulating material; insulator pract
elektrisch positiv <el> (Ladung, Pol) • positive; electropositive
elektrisch programmierbarer Festwertspeicher m <edv> • electrically programmable read-only memory (EPROM)
elektrisch verstellbarer Außenspiegel m <kfz> • power-adjustable mirror; electrically operated outside mirror form; electric remote control mirror Ford; power mirror pract; electric mirror coll
elektrisch verstellbarer Sitz m MB <kfz.innen> • power seat
elektrisieren vt <el> • electrize vt
Elektrisiermaschine f <el> • electrostatic machine; frictional electric machine
Elektriziätsversorgung abgelegener Häuser & Dörfer f <energ> • remote power
Elektrizität f <el> • electricity
Elektrizitätslehre f <el> • science of electricity
Elektrizitätsmenge f <el> • electric charge; quantity of electricity
Elektrizitätsversorgung f <el> • electricity supply
Elektrizitätsversorgungsunternehmen n (EVU) <energ.el> • public utility
Elektrizitätswerk n <energ> • power plant US; power station GB; electric power station GB
Elektrizitätszähler m <msr> (in kW/h) • electricity meter; kilowatt-hour meter; energy meter; supply meter
Elektroabscheider m <verf> • electrostatic precipitator
Elektroabscheidung f <verf> • electrostatic precipitation
Elektroaerosolgerät n <med.sol> • electrical aerosol apparatus
Elektroätzen n <obfl.prod> • electroengraving; electrolytic etch[ing]
Elektroaffinität f <el> • electroaffinity
elektroaktiv <el.chem> • electroactive; electro-active GB
Elektroakustik f <av> • electroacoustics
elektroakustisch <av> • electroacoustic; electroacoustical
elektroakustische Anlagen zur Positionierung fpl <petr> • hydroacoustic positioning
elektroakustischer Kraftübertragungsfaktor m <av> • electroacoustic force factor
elektroakustischer Signalwandler m <av> • electroacoustic transducer; electroacoustic signal transducer
elektroakustischer Übertragungsfaktor m <av> • electroacoustic coupling impedance
elektroakustischer Wandler m <av> • electroacoustic transducer; electroacoustic signal transducer
Elektroanästhesiegerät n <med.tech> • electroanaesthesia apparatus; electronarcosis apparatus
Elektroanalgesiegerät n <med.tech> • electroanalgesia apparatus
Elektroanalogie f <phys> • electrical analogy
Elektroanalyse f <chem> • electroanalysis; electrolytic analysis
Elektroantrieb m <antr.el> (allg.) • electric drive
Elektroantrieb m <fz.antr.el> • electric propulsion
Elektroaspirator m <verf> • electrical suction apparatus
Elektroausrüstung f <el> • electrical equipment; electrics

Elektroausstoßmaschine f <led> • hand setting-out machine

Elektroauto n <kfz> • electric car; electromobile; electric automobile; electric motor car; electric powered car

Elektroauto mit Brennstoffzellenantrieb n <kfz> • fuel-cell electric vehicle (FCEV)

Elektro-Bauschrauber m <wz.bau> *(für Schnellbauschrauben)* • power screw gun; electric screw gun; electric screw driver

Elektroblech n <el> *(Einzelblech, für Kerne; z. B. Trafoblech)* • core plate

Elektroblech n <mat> *(allg., als Sorte)* • electric sheet; lamina

Elektroblechung f <el> *(z. B. von Trafos)* • lamination

Elektrobohrer m <wz> • electric drill; electric drilling machine; electrodrill

Elektrobrüter m <agri> • electric incubator

Elektrochemie f <el.chem> • electrochemistry

elektrochemisch <el.chem> • electrochemical

elektrochemisch aktiv <el.chem> • electroactive

elektrochemisch aufgerautes Aluminium n wiss <druck> *(Druckplatte)* • anodized aluminum US; electrochemically grained aluminum US; anodised aluminium GB

elektrochemisch beschichten vt <obfl> • electro-plate vt; plate vt

elektrochemische Abscheidung f <chem.verf> • electrolytic deposition; electrodeposition

elektrochemische Analyse f <chem> • electroanalysis

elektrochemische Auflösung f <chem.verf> • electrochemical dissolution; electrodissolution

elektrochemische Bearbeitung f <prod> • electrochemical machining (ECM)

elektrochemische Brennstoffzelle f <chem.el> • electrochemical fuel cell

elektrochemische Korrosion f DIN EN ISO 8044 <obfl> • electrochemical corrosion ISO 8044

elektrochemische Messzelle f <msr> *(Gassensor mit Flüssigelektrolyt)* • electrochemical sensor; electrochemical measuring cell; electrochemical cell

elektrochemische Metallbearbeitung f <prod> • electrochemical milling (ECM)

elektrochemischer Energiespeicher m <el> *(Batterie)* • electrochemical energy storage

elektrochemischer Sensor m <msr> *(Gassensor mit Flüssigelektrolyt)* • electrochemical sensor; electrochemical measuring cell; electrochemical cell

elektrochemische Rückreaktion f <chem> *(z. B. beim Verchromen an der Bleianode)* • electrochemical back reaction

elektrochemisches Abscheiden n <obfl> • electroplating; electrodeposition; electrolytic deposition

elektrochemisches Abtragen n <prod> • electrochemical machining; electrolytical machining

elektrochemisches Äquivalent n <el.chem> • Faraday equivalent; electrochemical equivalent

elektrochemisches Bohren n <prod> • drilling by electrodischarge machining

elektrochemisches Element n <el.chem> *(z. B. als Batterie, zum Galvanisieren od. bei Korrosion)* • galvanic cell; electrolytic cell; electrochemical element rare; electrochemical cell rare; voltaic cell rare

elektrochemisches Entgraten n VDI 3401 <prod> • electro-chemical deburring; EC-deburring; electrolytic deburring

elektrochemisches Entzundern n <metall> *(z. B. von Warmwalzblech)* • electrochemical descaling

elektrochemisches funkenerosives Abtragen n <prod> • spark-erosion machining; spark machining

elektrochemisches Gravieren n <prod> • cavity sinking by electrodischarge machining

elektrochemisches Messprinzip n <msr> • electrochemical measuring principle

elektrochemische Solarzelle f <energ.sol> • electrochemical solar cell :V

elektrochemische Spannungsreihe f <el.chem> • electrochemical series; electromotive force series; e.m.f. series

elektrochemische Valenz f <chem> • electrovalency; electrovalence

elektrochemische Wertigkeit f <chem> • electrovalency; electrovalence

elektrochemische Zelle f <msr> *(Gassensor mit Flüssigelektrolyt)* • electrochemical sensor; electrochemical measuring cell; electrochemical cell

Elektrochirurgie f <med> *(z. B. Laserchirurgie)* • electrosurgery

Elektrochirurgiegerät n <med.tech> • electrosurgical unit

elektrochrom <bau.hlk> *(Glas, Fensterscheibe)* • electrochromic

Elektrochromaspiegel m werb <kfz.innen> • electrochromic mirror Jaguar

Elektrochromatographie f <chem.verf> • electrochromatography

elektrochromes Glas n <bau.hlk> *(Fensterscheibe)* • electrochromous glass; electrically controlled sun-shield glass

Elektrochromiedisplay n <msr> *(Flüssigkristallanzeige)* • electrochromic display

Elektro-Dach n press <kfz> *(rein elektr. od. elektro-hydraulisch)* • electric top; power soft top

Elektrodampfkessel m <verf> • electric steam boiler; electric steam raiser

Elektrodampfsterilisator m <med.tech> • steam-electric sterilizer

Elektrode f <tech.allg> • electrode

Elektrode für das Gleichstromschweißen f <füg> • DC electrode; direct-current welding electrode; direct-current electrode

Elektrodekantierung f <chem.verf> • electric decantation; electrodecantation

Elektrode mit 3 bis 5 Stäben f <el> • multi-rod probe arrangement

Elektrode mit aktiver Fixierung f <med.tech> • active fixation lead

Elektrode mit Flussmittelkern f <füg> *(Schweißen)* • flux-cored electrode

Elektrode mit passiver Fixierung f <med.tech> • passive fixation lead

Elektrodenabbrand m <el> *(allg.; z. B. Schweißen, Zündkerzen)* • electrode burn-off; electrode consumption

Elektrodenabstand m <el> *(Distanz zwei Elektroden)* • electrode spacing; electrode separation; interelectrode gap; interelectrode distance

Elektrodenabstand m <kfz.el> *(Zündkerze)* • spark plug gap; plug gap pract; electrode gap; spark gap rare

Elektrodenabstandslehre f <kfz.wz> *(allg.)* • spark plug gauge; spark plug gap gauge form

Elektrodenadmittanz f <el> • electrode admittance

Elektrodenanordnung f <el> • electrode arrangement; electrode assembly; electrode placement

Elektrodenanordnung f <kfz.el> *(Zündkerze)* • gap style; electrode arrangement

Elektrodenanschluss m <el> • electrode connection

Elektrodenarm m <füg> *(Schweißen)* • electrode arm; horn

Elektrodenaufbereitung f <tech.allg> • electrode reprocessing

Elektrodenausleger m <prod> • electrode arm
Elektrodenbieger m <kfz.wz> • electrode adjusting tool; electrode bender; spark plug gapping tool *GB.pract*
Elektrodenblindleitwert m <el> • electrode susceptance
Elektrodenblindwiderstand m <el> • electrode reactance
Elektrodendunkelstrom m <el> • electrode dark current
Elektrodendurchführung f <el> • electrode bushing
Elektrodeneinsteller m <kfz.wz> • electrode adjusting tool; electrode bender; spark plug gapping tool *GB.pract*
Elektrodenfahrsäule f <prod> *(Elektroofen)* • electrode mast
Elektrodenfassung f <el> • electrode base; electrode clamp
Elektrodenfehler m <tech.allg> • electrode measuring fault
Elektrodenführung f <füg> *(Schweißtechnik)* • electrode manipulation
Elektrodenfuß m <el> *(Elektronenröhre)* • stem
Elektrodenhalter m <tech.allg> • electrode holder; electrode mounting; electrode support
Elektrodenhalter m <wz> *(Elektroschweißen)* • welding rod holder; welding rod grip
Elektrodenimpedanz f <el> • electrode impedance
Elektrodenjustierung f <el> • electrode adjustment
Elektrodenkapazität f <el> *(allg.)* • electrode capacitance
Elektrodenkapazität f <el> • interelectrode capacitance
Elektrodenkennlinie f <el> • electrode characteristic
Elektrodenkennzeichnung f <füg> *(Schweißtechnik)* • electrode identification marking
Elektrodenkerndraht m <füg> • electrode core wire
Elektrodenkessel m <el> • electrode boiler
Elektrodenkette f <el> • combination electrode
Elektrodenkitt m <mat> • electrode compound
Elektrodenklappe f <lwl> • electrode flap
Elektrodenklemme f <el> • electrode terminal
Elektrodenkohle f <mat> • electrode carbon
Elektrodenkonduktanz f <el> • electrode conductance
Elektrodenkopf m <el> • electrode head
Elektrodenkraft f <füg> • electrode force
Elektrodenkühllamelle f <el> • electrode radiator
Elektrodenkurzbezeichnung f <füg> *(Schweißtechnik)* • electrode coding
Elektrodenlehre f prakt <kfz.wz> *(allg.)* • spark plug gauge; spark plug gap gauge *form*
Elektrodenleitung f <el> • electrode lead
elektrodenlos <tech.allg> • electrodeless
elektrodenlose Entladung f <el> • electrodeless discharge
Elektrodenmantel m <füg> *(Schweißtechnik)* • electrode coating; electrode shell
Elektrodennachsteller m <füg> *(Schweißtechnik)* • electrode adjusting gear
Elektrodenneigungswinkel m <füg> • electrode tilting angle
Elektrodennullpunkt m <tech.allg> • electrode zero point
Elektrodenofen m <metall> • electrode furnace
Elektrodenpaar n <el> • electrode couple
Elektrodenpendeln n <füg> • electrode weaving; electrode oscillation
Elektrodenpotential n DIN EN ISO 8044 <el.chem> • electrode potential *ISO 8044*
Elektrodenprozesse mpl <el.chem> • electrode processes *pl*
Elektrodenrauschen n <el> • electrode noise
Elektrodenreaktanz f <el.chem> • electrode reactance
Elektrodenreaktion f <el.chem> • electrode reaction
Elektrodenreiniger m <tech.allg> • electrode cleaner

Elektrodenrolle f <füg> *(Schweißen)* • wheel electrode; welding roll; welding wheel; circular roller
Elektrodenrollenlaufbreite f <füg> *(Schweißen)* • roller track width
Elektrodensalzbad n <chem> • electrode salt bath
Elektrodenscheinleitwert m <el> • electrode admittance
Elektrodenscheinwiderstand m <el> • electrode impedance
Elektrodenschluss m <el> • interelectrode leakage; interelectrode short circuit
Elektrodenspanner m <el> • electrode prong
Elektrodenspannung f <el> • electrode voltage
Elektrodenspannungsabfall m <el> • electrode voltage drop; electrode drop
Elektrodenspitze f <el> • electrode tip
Elektrodenstandzeit f <füg> • life of an electrode
Elektrodensteckkopf m <el> • electrode housing
Elektrodensteuerung f <tech.allg> • electrode control
Elektrodenstrom m <el> • electrode current
Elektrodenstummel m <füg> • electrode stub
Elektrodenträger m <el> • electrode support
Elektrodenüberschlag m <el> • interelectrode arcing
Elektrodenumhüllung f <füg> *(Schweißtechnik)* • electrode coating; electrode covering
Elektrodenverlustleistung f <el> • electrode dissipation
Elektrodenverschleiß m <kfz.el> *(Zündkerze)* • electrode wear
Elektrodenverstellwerk n <füg> *(Schweißtechnik; Automation)* • electrode adjusting gear
Elektrodenvorgänge mpl <el.chem> • electrode processes *pl*
Elektrodenvorschub m <füg> *(z. B. Lichtbogenofen, Schweißtechnik)* • electrode feed[ing]
Elektrodenvorspannung f <el> • electrode bias
Elektrodenwerkstoff m <mat> • electrode material
Elektrodenwirkleitwert m <el> • electrode conductance
Elektrodenwirkwiderstand m <el> • electrode resistance
Elektrodenzuführung f <füg> *(z. B. Lichtbogenofen, Schweißtechnik)* • electrode feed[ing]
Elektrodesikkation f <med> • electrodesiccation
Elektrodiagnostikgerät n <med> • electrodiagnosis apparatus
Elektrodialysator m <med.tech> • electrodialyzer
Elektrodialyse f <med> • electrodialysis
Elektrodynamik f <el> • electrodynamics
elektrodynamisch <el> • electrodynamic
elektrodynamische Betriebsbremse f <brems> *(z. B. bei Schienenfahrzeugen)* • electro-dynamic service brake
elektrodynamische Kraft f <phys> • Lorentz-force; electrodynamic force; force of current interaction
elektrodynamische magnetische Kraft f <phys> • Lorentz-force; electrodynamic force; force of current interaction
elektrodynamischer Lautsprecher m <av> • dynamic loudspeaker; electrodynamic loudspeaker
elektrodynamischer Leistungsmesser m <msr> • dynamometer-type wattmeter
elektrodynamischer Retarder m <nfz.brems> • electromagnetic retarder; eddy current retarder
elektrodynamischer Tonabnehmer m <av> • moving-coil pick-up
elektrodynamischer Verlangsamer m rar <nfz.brems> • electromagnetic retarder; eddy current retarder
elektrodynamischer Zähler m <msr.el> • Thomson meter
elektrodynamisches Messinstrument n <msr> • electrodynamic instrument
elektrodynamische Stromkraft f <phys> • Lorentz-force; electrodynamic force; force of current interaction

elektrodynamisches Wattmeter *n* <msr> • dynamometer-type wattmeter

elektrodynamische Trennung *f* <ents.verf> • electrodynamic separation

Elektrodynamometer *n* <msr> • electrodynamic instrument

Elektroenergie *f* <energ> • electric energy

Elektroenergieerzeugung *f rar* <energ.el> • power generation; electric power generation *rare*; electric energy generation *rare*; current generation *rare*

Elektroenergieerzeugungsanlage *f* <energ> • electric power plant; electric generating plant

Elektroenergieübertragung *f* <energ> • electric power transmission; electric energy transmission

Elektroenergieverbraucher *m* <el> • power user

Elektroenergieverbrauchszähler *m rar* <msr> *(in kW/h)* • electricity meter; kilowatt-hour meter; energy meter; supply meter

Elektroenergieversorgung *f rar* <el> *(allg.; aber eher in Bezug auf Netzstrom)* • power supply; electric power supply *rare*; electric energy supply *rare*; electricity supply *rare*

Elektroenergieversorgungsnetz *n* <el> • electric supply mains

Elektroentstauber *m* <verf> *(Staubabscheider)* • electrostatic precipitator (ESP)

Elektroentstaubung *f* <verf> • electrostatic precipitation; dust precipitation

Elektroenzephalogramm *n* (EEG) <med.tech> • electroencephalogram (EEG)

Elektroenzephalograph *m* <med> • electroencephalograph; encephalograph

Elektroenzephalographie *f* <med> • electroencephalography

elektroerosiv <prod> *(Abtragen)* • electroerosive

Elektroerosivbearbeitung *f* <prod> • electro-discharge machining (EDM); electric discharge machining; electroerosive machining; ED machining *pract*

elektroerosive Abtragmaschine *f* <prod> • electroeroding machine

elektroerosive Metallbearbeitung *f form* <prod> • electro-discharge machining (EDM); electric discharge machining; electroerosive machining; ED machining *pract*

elektroerosives Abtragen *n* <prod> • electro-discharge machining (EDM); electric discharge machining; electroerosive machining; ED machining *pract*

Elektrofahrrad *n* <fz> • electric bike; E-bike *coll*

Elektrofahrzeug *n* <kfz> • electric vehicle (EV)

Elektrofilter *m* <verf> *(Staubabscheider)* • electrostatic precipitator (ESP)

Elektrofilterschlot *m* <emiss.verf> • vertical-flow electrical precipitator

Elektroformung *f* <prod> • galvanoplasty; electroforming; galvanoplastics

Elektrofotografie *f* <druck> • electrophotography

elektrofotografisches Verfahren *n* <druck> • electrophotographic process

Elektro-Fuchsschwanz *m* <wz> • electric reciprocating saw

Elektrofunkenabtragverfahren *n* <prod> • spark electromachining; spark machining process; electric spark machining process

Elektrofunkenerosionsmaschine *f* <wz.masch> • spark-erosion machine

Elektrofunkenmethode *f* <prod> • electrosparking process

Elektrogabelhubwagen *m* <förd> • electric fork-lift truck; electric-battery fork-lift truck

Elektrogasschweißen *n* <füg> • electro gas welding (EGW)

Elektrogastrograph *m* <med.tech> • electrogastrograph

Elektrogerät *n* <el> *(z. B. Hausgerät wie Herde, Toaster, Staubsauger)* • electrical appliance; appliance

Elektrogeräte *npl* <el> • electrical appliances; electrical equipment

Elektrogeräte für den Haushalt *npl* <innen.el> *(Küchengeräte, Waschmaschinen, Trockner etc.)* • electric household appliances

Elektrogewinde *n* (E) *DIN 40400* <el> • Edison screw-thread (E); electric-light-bulb thread *coll*

Elektroglucke *f* <agri> • electric brooder

Elektrogong *m* <alarm> • single-stroke bell

Elektrographie *f* <druck> • electrophotography

Elektrographit *m* <el> • Acheson graphite; electrographite

Elektrogravimetrie *f* <chem> • electrogravimetry; electrogravimetric analysis; electrolytic deposition analysis

Elektrohängebahn *f* <förd> • overhead conveyor

Elektrohandblechschere *f* <wz> • electric metal snips

Elektrohandbohrmaschine *f* <wz.masch> • electric hand drill; electrically driven hand drill

Elektrohandperforiervorrichtung *f* <textil> • electric portable drill marker

Elektrohaspel *f* <förd> • electric hoist

Elektro-Hauswärmepumpe *f* <hlk> • electrically-driven domestic heat pump

Elektrohefter *m* <büro> *(mit Heftklammern)* • power stapler

Elektroheizung *f* <hlk> • electric heating

Elektroherd *m* <tech.allg> *(Haushaltherd)* • electric cooker; electric range

Elektroherd *m* <metall> *(Herdofen)* • electric hearth furnace

Elektrohubkarren *m* <förd> • electric lift truck

elektrohydraulisch <tech.allg> *(z. B. Antrieb, Steuerung)* • electrohydraulic

elektrohydraulische Bremse *f* (EHB) <kfz.brems> • electrohydraulic brake (EHB)

elektrohydraulische Regelung *f* <msr> • electrohydraulic control

elektrohydraulischer Regler *m* <msr> • electrohydraulic controller

elektrohydraulischer Schrittmotor *m* <autom> • electro-hydraulic stepping motor

elektrohydraulischer Turbinenregler *m* <energ.hydr> • electro-hydraulic turbine governor

elektrohydraulisches Hochleistungsumformen *n* <prod> • electrohydraulic high-velocity forging

elektrohydraulisches Ventil *n* <rls> • electrohydraulic valve

Elektrohydrotherapie *f* <med> • electric water treatment

Elektro-Immunoassay *n* <bio.chem> • electro-immunoassay

elektroinaktiv <el.chem> • electroinactive; electro-inactive *GB*

Elektroinduktionsofen *m* <metall> • electric induction furnace

Elektroinstallation *f* <el> • electrical installation

Elektroisolierlack *m* *DIN EN 60464-1* <el> • varnish used for electrical insulation

Elektroisolieröl *n* <el> • electrical insulating oil

Elektrokapillarität *f* <phys> • electrocapillarity

Elektrokapillarkurve *f* <phys> • electrocapillary curve

Elektrokardiogramm *n* (EKG) <med.tech> • electrocardiogram (ECD)

Elektrokardiograph *m* <med.tech> • electrocardiograph

Elektrokardiotachometer *n* <med.tech> • electrocardiotachometer

Elektrokarren *m* <fz> • electric truck; electric battery truck; storage battery truck

Elektrokatze f <förd> • electric trolley
Elektrokaustik f <med> • electrocautery; electrocauterization
Elektrokauter m <med.tech> • electric cauter; electric cautery apparatus; electric cautery unit
Elektrokeramik f <silik> (z. B. Isolator) • electroceramics
Elektrokettensäge f <wz> • electric chain saw
Elektrokettenzug m <förd> • electric chain pulley
Elektrokinetik f <phys> • electrokinetics
elektrokinetisch <phys> • electrokinetic
elektrokinetisches Potential n <phys> • electrokinetic potential; double-layer potential; double-zeta potential
Elektrokleinmotor m <el> • small-power motor; small-power electric motor
Elektrokoagulation f <med> • electrocoagulation
Elektrokochplatte f <gastr> • electric boiling plate
Elektrokorund m <mat> (für Schleifwerkzeuge) • electric-furnace corundum; fused corundum
Elektrokran m <förd> • electric crane
Elektrokupplung f <kfz.hlk> (Klimaanlagen-Kompressor) • electro-magnetic clutch
Elektrokymograph m <med.tech> • electrokymograph
Elektrolichtbogenabtragverfahren n <prod> • electric arc erosion technique
Elektrolokomotive f <bahn> • electric locomotive
Elektro-Luftumleitventil n wiss.did <kfz.emiss> (elektr., für Sekundärluft) • EAC valve GM; electric air control valve
Elektrolumineszenz f (EL) <licht> • electroluminescence (EL)
Elektrolumineszenz-Bildschirm m <edv> • electroluminescent display (ELD); electro-luminescent display
Elektrolumineszenzdiode f <el> • electroluminescence diode
Elektrolumineszenzdisplay n (ELD) <edv> • electroluminescent display (ELD); electro-luminescent display
Elektrolumineszenz-Display n <edv> • electroluminescent display (ELD); electro-luminescent display
Elektrolumineszenzlampe f <licht> • electroluminescent lamp
Elektrolumineszenzlichtquelle f <licht> • electroluminescent lamp
Elektrolyse f <chem> • electrolysis
Elektrolysebad n <el.chem> • electrolytic bath
Elektrolysenstrom m <el.chem> • electrolysis current
Elektrolysenzelle f <el.chem> (allg.) • electrolysis cell; electrolytic cell GB; pot rare.coll
Elektrolyser m <el.chem> (zur Aufspaltung von Wasser in H und O) • electrolyzer US; electrolyser GB
Elektrolyseschlamm m <el.chem> • electrolytic slime
Elektrolysestrom m <el.chem> • electrolysis current
Elektrolyseur m <el.chem> (zur Aufspaltung von Wasser in H und O) • electrolyzer US; electrolyser GB
Elektrolysezeit f <el.chem> • preelectrolysis time; pre-electrolysis time
Elektrolysezelle f <el.chem> (zur Aufspaltung von Wasser in H und O) • electrolyzer US; electrolyser GB
Elektrolysezelle f <el.chem> (allg.) • electrolysis cell; electrolytic cell GB; pot rare.coll
elektrolysieren vt <el.chem> • electrolyze vt
Elektrolyt m <obfl> (Immersionsflüssigkeit beim Galvanisieren) • electrolyte
Elektrolytableiter m <el> • electrolytic lightning arrester
Elektrolytbad n <obfl> (Badbehälter) • plating tank
Elektrolytbad n <obfl> (Lösung; z. B. zum Verchromen) • electroplating solution; electroplating bath; plating solution; plating bath pract
Elektrolytblei n <mat> • electrolytic lead
Elektrolytbleiche f <pap> • electrolytic bleach

Elektrolytbrücke f <el> • salt bridge
Elektrolytdetektor m <el> • electrolytic detector
Elektrolytdrucker m <edv> • electrolyte printer
Elektrolytdurchsatz m VDI 3401 <prod> (elektrochemisches Abtragen) • electrolyte flow-rate
Elektrolyteisen n <mat> • electrolytic iron
Elektrolytfällung f <chem> • precipitation by electrolytes
Elektrolytflüssigkeit f <tech.allg> • electrolyte fluid
Elektrolytgleichrichter m <el> • electrolytic rectifier; electrolytic valve; electrochemical rectifier
Elektrolyt/Halbleiter-Übergang m <el.chem> • electrolyte/semiconductor junction
Elektrolyt im Anodenraum m <el.chem> • anolyte
elektrolytisch <chem> • electrolytic
elektrolytisch abscheiden vt <el.chem> • electrodeposit vt
elektrolytisch aufgebrachte Schicht f <obfl> • electrodeposit
elektrolytisch aufgebrachtes Zink n <obfl> • electroplated zinc
elektrolytische Bearbeitung f <prod> • electrolytic machining
elektrolytische Dissoziation f <el.chem> • electrolytic dissociation
elektrolytische Entfettung f <obfl> • electrolytic degreasing
elektrolytische Extraktion f <metall> • electroextraction
elektrolytische Gewinnung f <metall> • electroextraction
elektrolytische Korrosion f <obfl> • electrolytic corrosion; wet corrosion coll
elektrolytische Leitfähigkeit f <el> • electrolytic conductance
elektrolytische Metallgewinnung f <metall> • electrowinning
elektrolytische Raffination f <metall> • electrolytic refining; electrorefining
elektrolytische Reinigung f <obfl> • electrolytic cleaning; electrocleaning
elektrolytischer Elektrizitätszähler m <msr> • electrolytic meter
elektrolytischer Leiter m <el> • electrolytic conductor
elektrolytischer Lösungsdruck m <phys> • electrolytic solution pressure; solution pressure; solution tension
elektrolytischer Trog m <verf> • electrolytical tank
elektrolytischer Wasserprüfer m <msr> (z. B. für Speisewasser) • electrolytic water tester
elektrolytisches Ätzen n <obfl> (betont: für Gravur) • electroengraving
elektrolytisches Ätzen n <obfl> (allg.) • electrolytic etching; electroetching
elektrolytisches Beizen n <obfl> • electrolytic pickling; electrochemical pickling
elektrolytische Scheidung f <metall> • electrolytic separation; electroparting
elektrolytisches Färben n <obfl> (anodische Oxidation) • electrolytic color anodizing
elektrolytisches Glänzen n <obfl> • electrobrightening; electropolishing; electrolytic brightening form; electrolytic polishing form
elektrolytisches Legierungsverzinken n <obfl> • alloy electroplating; alloy electrogalvanizing
elektrolytisches Metallabscheiden n norm <obfl> • electroplating; electrodeposition; electrolytic deposition
elektrolytisches Oxidieren n rar <obfl> (von Alu, Magnesium) • anodic oxidation; anodizing ISO 4618-3; anodization; electrolytic oxidation rare
elektrolytisches Polieren n <obfl> • electrobrightening; electropolishing; electrolytic brightening form; electrolytic polishing form

elektrolytische Stromleitung f <el> • electrolytic conductance

elektrolytisches Verzinken n <obfl> • electrogalvanizing (EG); electrodeposition of zinc; zinc plating; cold galvanizing; electrolytic galvanizing

elektrolytische Trennung f <metall> • electrolytic separation; electroparting

elektrolytische Veredelung f <obfl> • electroplating; electrodeposition; electrolytic deposition

elektrolytische Verzinkungsanlage f <obfl> • electrogalvanizing line (EGL); EG-line

elektrolytische Zelle f <el.chem> *(allg.)* • electrolysis cell; electrolytic cell *GB*; pot *rare.coll*

elektrolytische Zelle f <el.chem> *(z. B. als Batterie, zum Galvanisieren od. bei Korrosion)* • galvanic cell; electrolytic cell; electrochemical element *rare*; electrochemical cell *rare*; voltaic cell *rare*

elektrolytische Zerlegung f <el.chem> • electrolysis

elektrolytisch legierungsverzinkt <obfl> • alloyed electro-galvanized

elektrolytisch metallisieren vt <obfl> • electrocoat vt; electroplate vt

elektrolytisch niederschlagen vr/vt <el.chem> • electrodeposit vt

elektrolytisch plattieren vt <obfl> • electrocoat vt; electroplate vt

elektrolytisch polieren vt <obfl> • electropolish vt

elektrolytisch verzinken vt <obfl> • electrogalvanize vt; zinc plate vt; electroplate with zinc vt; zinc electroplate vt

elektrolytisch verzinkt <obfl> • electrogalvanized; zinc-plated; electroplated with zinc; zinc-electroplated

elektrolytisch verzinntes Weißblech n <pack> • elektrolytic tinplate

Elektrolytkondensator m <el> • electrolytic capacitor

Elektrolytkondensator mit nassem Elektrolyten m <el> • liquid electrolyte capacitor

Elektrolytkondensator mit trockenem Elektrolyten m <el> • solid-electrolyte capacitor

Elektrolytkupfer n <mat> • electrolytic copper; cathode copper

Elektrolytlösung f <el.chem> • electrolyte solution; electrolysis solution *US*; electrolytic solution *GB*

Elektrolytmangan n <mat> • electrolytic manganese

Elektrolyt-Nachfüllset n <tech.allg> • electrolyte refill set

Elektrolytnickel n <mat> • electrolytic nickel

Elektrolytreinigungsbad n <verf> • liberator tank

Elektrolytschalter m <navig> • level switch

Elektrolytsilber n <mat> • electrolytic silver

Elektrolytstand m <el> *(in Batteriezellen)* • electrolyte level; acid level *coll*

Elektrolytzähler m <msr> • electrolytic meter

Elektrolytzink n <mat> • electrolytic zinc

Elektromagnet m <el> *(z. B. in Relais, Aktuator)* • solenoid

Elektromagnet m <förd> *(Lasthebemagnet; an Kran, z. B. für Eisenschrott)* • electromagnet

elektromagnetisch <el> • electromagnetic

elektromagnetisch betätigt <el> *(z. B. Schalter, Ventil, Verriegelung)* • solenoid-operated

elektromagnetisch betätigter Unterdruckschalter m <msr> • vacuum solenoid

elektromagnetische Abschirmung f <el> • EMI shielding

elektromagnetische Aufbereitung f <verf> • electromagnetic separation

elektromagnetische Aufgaberinne f <ents> • electromagnetic feed trough

elektromagnetische Beeinflussung f (EMB) <el> • electromagnetic interference (EMI)

elektromagnetische Beschleunigung f <nukl> • electromagnetic acceleration

elektromagnetische Bündelung f <el> • electromagnetic focusing *US*; electromagnetic focussing *GB*

elektromagnetische Einheit f <phys> • electromagnetic unit (emu)

elektromagnetische Energie f <nukl> • energy of electromagnetic field; electromagnetic energy

elektromagnetische Erkundung f <min> *(Lagerstättensuche)* • electromagnetic prospecting

elektromagnetische Feldgleichung f <phys> • electromagnetic field equation

elektromagnetische Induktion f <el> • electromagnetic induction

elektromagnetische Interferenz f wiss <el> • electromagnetic interference (EMI)

elektromagnetische Isotopentrennung f <chem> • electromagnetic isotope separation

elektromagnetische Kompatibilität f <el> • electromagnetic compatibility

elektromagnetische Kopplung f <el> • electromagnetic coupling

elektromagnetische Lichttheorie von Maxwell f <phys> • Maxwell's electromagnetic theory of light; electromagnetic theory of light

elektromagnetische Linse f <opt> • electromagnetic lens

elektromagnetische Masse f <phys> • electromagnetic mass

elektromagnetische Pumpe f <förd> • electromagnetic pump

elektromagnetischer Drosselklappenansteller m <kfz.mot> *(Leerlaufdrehzahlanhebung mit Elektromagnet)* • fast idle solenoid

elektromagnetischer Durchflussmesser m <msr.rls> • electromagnetic flowmeter; magnetic meter

elektromagnetischer Impulsgeber m <msr> • electromagnetic pulse tachometer; electromagnetic pulse generator

elektromagnetischer Impulssensor m <msr> • electromagnetic pulse tachometer; electromagnetic pulse generator

elektromagnetischer Retarder m <nfz.brems> • electromagnetic retarder; eddy current retarder

elektromagnetischer Sensor m <msr> • electromagnetic sensor

elektromagnetischer Verlangsamer m rar <nfz.brems> • electromagnetic retarder; eddy current retarder

elektromagnetisches Brummen n <el> • electromagnetic hum

elektromagnetisches Feld n <el> • electromagnetic field

elektromagnetisches Relais n <el> • electromagnetic relay

elektromagnetisches Schütz n <el> *(eletromagnetischer Trennschalter)* • magnetic contactor; magnetic cutout; solenoid contactor

elektromagnetische Störung f prakt <el> • electromagnetic interference (EMI)

elektromagnetische Strahlung f <edv.phys> • electromagnetic radiation (EMR)

elektromagnetische Trennung f <verf> • electromagnetic separation

elektromagnetische Verträglichkeit f (EMV) <el> • electromagnetic compatibility (EMC)

elektromagnetische Wechselwirkung f <el> • electromagnetic interaction

elektromagnetische Welle f <phys> • electromagnetic wave

elektromagnetische Wellen fpl <astron> • electromagnetic waves pl

Elektromagnetismus *m* <phys> • electromagnetism

Elektromagnetkupplung *f* <tech.allg> *(schaltbar)*
• electro-magnetic clutch

Elektromagnetspannscheibe *f* <wz.masch> • magnetic chuck

Elektromagnetstellantrieb *m* <el> • solenoid actuator

Elektromagnettrommel *f* <ents> • electromagnetic drum

Elektromagnet zum Auslösen *m* <qualit.mat> *(Falltest)*
• electromagnetic dropper

elektromechanisch <antr> *(z. B. Autofenster)* • electromechanical

elektromechanisch betätigte Parkbremse *f* (EPB)
<brems> • electromechanically actuated parking brake (EPB); electronic parking brake; electric parking barke

elektromechanische Bremse *f* <kfz.brems> • electromechanical brake

elektromechanischer Kontakt *m* <alarm> *(Melder)*
• electromechanical detection device; mechanical intrusion detection sensor; mechanically activated contact switch; mechanical contact

elektromechanischer Plotter *m* <edv> • electromechanical plotter

elektromechanischer Radbremsaktuator *m* <brems>
• electromechanical wheel brake actuator

elektromechanischer Wandler *m* <msr> • electromechanical transducer

elektromechanische Schalteinrichtung *f* <alarm> *(in der zuletzt begangenen Tür)* • block lock :V; blocking lock :V

elektromechanische Sicherheitsbremse *f*
<bahn.brems> *(z. B. mit el. gespannten Federspeichern und Scheibenbremsen)* • electro-mechanical emergency brake

elektromechanische Steuerung *f* <autom> • electromechanical controller

elektromechanische Steuerung *f* <msr> • electromechanical control

elektromedizinisch <med> • electromedical

Elektrometallisierung *f* <obfl> • electrometallization

Elektrometallurgie *f* <metall> *(betont: Gewinnung)*
• electroextraction; electrowinning

Elektrometallurgie *f* <metall> *(allg.)* • electrometallurgy

elektrometallurgisch <metall> • electrometallurgical

Elektrometer *n* <msr> • electrometer

Elektrometerröhre *f* <el> • electrometer valve; electrometer tube

Elektrometerverstärker *m* <el> • electrometer amplifier

elektrometrisch <tech.allg> • electrometric

Elektromobil *n* <kfz> • electric car; electromobile; electric automobile; electric motor car; electric powered car

Elektromotor *m* <el> • electric motor; motor *pract.coll*

elektromotorisch <antr> • electromotive

elektromotorische Kraft *f* (EMK) <el> • electromotive force (EMF)

Elektromyograph *m* <med> • electromyograph

Elektromyographie *f* <med> • electromyography

Elektron *n* <phys> *(negativ geladenes Elementarteilchen)*
• electron; negatron *rare*; negative electron *rare*

Elektronarkosegerät *n* <med> • electroanaesthesia apparatus; electronarcosis apparatus

Elektron-Defektelektron-Paar *n* <phys> • electron-hole pair

elektronegativ <phys> • electronegative

elektronegative Gase *npl* <verf> • electronegative gases pl

Elektronegativität *f* <verf> • electronegativity

Elektronenabbildung *f* <phys> • electron image

Elektronenabbremsung *f* <phys> • electron retardation

Elektronenabgabe *f* <chem/phys> • electron donation; electron delivery

elektronenabgebend <chem/phys> • electron-donating

Elektronenablenkung *f* <chem/phys> • electron deflection

Elektronenablösung *f* <chem/phys> • electron detachment; electron liberation; electron release

Elektronenabsaugen *n* <phys> • electron collection

Elektronenabsorptionskoeffizient *m* <phys> • electronic absorption coefficient

Elektronenabtaststrahl *m* <phys> • electron scanning beam

Elektronenaffinität *f* <chem/phys> • electron affinity

Elektronenakzeptor *m* <chem/phys> • electron acceptor

Elektronenanlagerung *f* <chem/phys> • electron attachment

Elektronenanordnung *f* <chem/phys> • electron configuration

Elektronenanregung *f* <chem/phys> • electron excitation

elektronenarm <chem/phys> • electron-deficient

Elektronenaufbau *m* <chem/phys> • electronic structure

Elektronenaufnahme *f* <chem/phys> • electron acceptance

elektronenaufnehmend <chem/phys> • electron-accepting

Elektronenaufnehmer *m* <chem/phys> • electron acceptor

Elektronenaustausch *m* <chem/phys> • electron exchange; electron interchange

Elektronenaustauscher *m* <chem/phys> • electron exchanger

Elektronenaustauscherharz *n* <mat> • electron-exchange resin

Elektronenaustrittsarbeit *f* <phys> • electron work function; electronic work function; thermionic work function

Elektronenbahn *f* <chem/phys> • electron orbit; electron path

Elektronenballung *f* <chem/phys> • electron bunching

Elektronenbelegung *f* <chem/phys> • electron occupation; electron density

Elektronenbelichtungsanlage *f* <phys> • electron exposure system

Elektronenbeschleuniger *m* <phys> • electron accelerator

Elektronenbeschuss *m* <phys> • electron bombardment

Elektronenbeugung *f* <phys> • electron diffraction

Elektronenbeugungsanalyse *f* <phys> • electron diffraction analysis

Elektronenbeugungsbild *n* <phys> • electron diffraction pattern

Elektronenbeugungsgitter *n* <phys> • electron diffraction grating

Elektronenbeweglichkeit *f* <phys> • electron mobility

Elektronenbild *n* <phys> • electron image

Elektronenbildprojektion *f* <phys> • electron image projection

Elektronenbildzerleger *m* <phys> • electron image dissector

Elektronenblitz *m* prakt. <phot> • electronic flash [unit]; flashgun *rare*; flash *pract.coll*

Elektronenblitzgerät *n* <phot> • electronic flash [unit]; flashgun *rare*; flash *pract.coll*

Elektronenblitzröhre *f* rar <phot> • electronic flash tube; flash tube

Elektronenbremsstrahlung *f* <phys> • bremsstrahlung collision radiation; continuous x-ray radiation; braking deceleration; slowing-down radiation

Elektronenbündel *n* <phys> • electron beam; electron bunch

Elektronenbündelröhre f <phys> • electron-beam valve; electron-beam tube

Elektronenbündelung f <phys> • electron focusing US; electron bunching; electron focussing GB

elektronendicht <med> (Elektronenmikroskopie) • electron-dense

Elektronendichte f <phys> • electron density

Elektronendonator m <phys> • electron donor

Elektronendoppelresonanz f <nukl> • electron-nuclear double resonance

Elektronendrift f <phys> • electron drift

Elektronendublett n <chem> • electron doublet; doublet

elektronendurchlässig <phys> • electron-permeable; electron-transmitting

Elektronendurchstrahlung f <phys> • electron transmission

Elektroneneinfang m <phys> • electron capture

Elektroneneinfang-Detektion f <chem> • electron-capture detection (ECD)

Elektroneneinschuss m <phys> • electron injection

Elektronenemission f <phys> • electron emission

Elektronenemitter m <phys> • electron emitter

elektronenemittierend <phys> • electron-emissive

elektronenempfindlich <edv.ic> • electron sensitive

Elektronenenergieniveau n <chem/phys> • electron energy level

Elektronenentladung f <el> • electron discharge

Elektronenfänger m <phys> • electron trap; electron acceptor

Elektronenfalle f <phys> • electron trap; electron acceptor

Elektronenfang m <phys> • electron collection

Elektronenfluss m <phys> • electron flux; electron flow; electron current

Elektronenflussdichte f <phys> • electron flux density

Elektronenfokussierung f <phys> • electron focusing US; electron bunching; electron focussing GB

Elektronenformel f <chem> • electronic formula; dot formula

Elektronengas n <chem> • electron gas

Elektronengehirn n <edv> • electronic brain

elektronengekoppelt <el> • electron-coupled

Elektronengeschwindigkeit f <phys> • electron velocity

Elektronenhaftstelle f rar <phys> • electron trap; electron acceptor

Elektronenhalbleiter m <el> • electron semiconductor; electronic semiconductor

Elektronenheizung f <nukl> • heating in the electron cyclotron range; electron cyclotron [frequency resonant] heating; ECFR-heating; heating at the electron cyclotron frequency; heating at the electron cyclotron resonance

Elektronenhülle des Atoms f <phys> • atomic electron shell

Elektroneninjektion f <phys> • electron injection

Elektronenkanone f <phys> • electron gun

Elektronenkonfiguration f <chem/phys> • electron configuration

Elektronenkonzentration f <phys> • electron concentration; electron density

Elektronenkopplung f <phys> • electron coupling

Elektronenkreisbahn f <phys> • electron orbit

Elektronenlack m <el.ic.prod> • E-beam resist

Elektronenladung f <phys> • electron charge; electronic charge

Elektronenlaufzeit f <phys> • electron transit time

Elektronenlawine f <el> • electron avalanche; Townsend avalanche

Elektronenleerstelle f <phys> • vacant electron site

Elektronenleiter m <el> • electron conductor; electronic conductor

Elektronenleitfähigkeit f <el> • electron conductivity; electronic conductivity

Elektronenleitung f <el> • electron conduction; n-type conduction

Elektronenlinearbeschleuniger m <phys> • electron linear accelerator

Elektronenlinse f <med.tech> (Röntgenbildverstärker) • electron lens

Elektronenlinse mit elektromagnetischer Bündelung f <med.tech> • electromagnetic electron lens; electromagnetic lens

Elektronenloch n <phys> • electron hole

Elektronen-Loch-Paare fpl <phys> • electron-hole pairs pl

Elektronenmangel m <el> • electron deficiency; electron deficit

Elektronenmasse f <phys> • electron mass [at rest]

Elektronenmikroskop n <phys> • electron microscope

Elektronenmikroskopie f <phys> • electron microscopy

elektronenmikroskopisch <phys> • electron-microscopic[al]

elektronenmikroskopische Aufnahme f <phys> • electron micrograph

elektronenmikroskopisches Abbildungsverfahren n <phys> • electron-microscopic imaging method

Elektronenmikroskop mit elektrostatischen Linsen n <phys> • electrostatic electron microscope

Elektronenmikroskop mit magnetischen Linsen n <phys> • magnetic electron microscope

Elektronenmikrosonde f <phys> • electron microprobe

Elektronenniederschlag m <phys> • electron deposition

Elektronenniveau n <phys> • electron level; energy level; term

Elektronenoktett n <chem> • electron octet

Elektronenoptik f <phys> • electron optics

elektronenoptisch <phys> • electron-optical

Elektronenort m <phys> • electron position

Elektronenpaar n <chem> • electron pair

Elektronenpaarbindung f <chem> • electron pair bond; homopolar bond; covalent bond; non-atomic bond; electron-pair linkage

Elektronenpaket n <phys> • bunched electrons; electron bunch

Elektronenphysik f <phys> • electron physics

Elektronenplasma n <phys> • electron plasma

Elektronenplasmaschwingung f <phys> • electron plasma oscillation

Elektronen-Plasmawellen fpl <phys> • cyclotron harmonic waves

Elektronenquelle f <phys> • electron source

Elektronenradiographie f <med> • electron radiography

Elektronenradius m <phys> • electron radius; classical electron radius

Elektronenrastermikroskop n <phys> • electron-scan microscope

Elektronenraster-Mikroskopie f <el> • scanning electron microscopy (SEM)

Elektronenrechner m <edv> • electronic computer

Elektronenresonanzspektroskopie f <phys> • electron paramagnetic resonance spectroscopy

Elektronenröhre f <el> • electron tube US/GB; tube pract; electronic tube rare; electron valve rare.obs; valve rare.obs

Elektronenröhre für Zähl- und Schaltvorgänge f <el> • scaling and switching tube

Elektronenröhre hoher Steilheit f <el> • high-slope valve

Elektronenrückstreuung f <el> • electron backscatter[ing]

Elektronenruhmasse *f* <phys> • electron mass at rest; electron rest mass

Elektronensammlung *f* <phys> • electron collection

Elektronenschale *f* <phys> • electron shell

Elektronenschalter *m* <el> • electronic switch

Elektronenschauer *m* <phys> • electronic shower

Elektronenschleuder *f* <phys> • betatron

Elektronensonde *f* <phys> • electron probe

Elektronenspektroskopie *f* <phys> • electron spectroscopy

elektronenspendend <phys> • electron-donating

Elektronenspender *m* <phys> • electron donor

Elektronenspiegel *m* <phys> • electron mirror

Elektronenspin *m* <phys> • electron spin

Elektronenspinresonanz *f* <phys> • electron spin resonance

Elektronensprung *m* <phys> • electron jump

Elektronenspur *f* <phys> • electron track

Elektronenstatistik *f* <phys> • electron statistics

Elektronenstoß *m* <phys> • electron impact

Elektronenstoßspektrometer *n* <phys> • electron impact spectrometer

Elektronenstrahl *m* <el> • electron beam; E-beam; e-beam

Elektronenstrahlablenkung *f* <el> • electron-beam deflection

Elektronenstrahlabtaster *m* <el> • electron-beam scanner; electron-beam scanning pencil

Elektronenstrahlabtastung *f* <el> • electron-beam scanning

Elektronenstrahlabtragverfahren *n* <prod> • electron-beam machining [process] *rare*

Elektronenstrahlaufzeichnung *f* <el> • electron-beam recording

Elektronenstrahlbearbeitung *f* <prod> • electron-beam processing *rare*

Elektronenstrahlbelichtung *f* <el> • electron-beam exposure

Elektronenstrahlbeschichtung *f* <obfl> • electron-beam coating

Elektronenstrahlbohren *n* <prod> • electron-beam drilling

Elektronenstrahler *m* <phys> • electron emitter

Elektronenstrahlerwärmung *f* <phys> • electron-beam heating

Elektronenstrahlerzeuger *m* <phys> • electron beam generator; electron-beam generator

Elektronenstrahlfleck *m* <el> • electron spot

elektronenstrahlgeschweißt <füg> • electron-beam-welded

Elektronenstrahlhärten *n* DIN EN ISO 4618 <obfl> *(rasches Vernetzen von Beschichtungsstoffen)* • electron beam curing *ISO 4618-3*

Elektronenstrahllack *m* <el.ic.prod> • E-beam resist

Elektronenstrahllaser *m* <phys> • electron-beam laser

Elektronenstrahllithographie *f* <edv.ic> • electron-beam lithography; E-beam lithography

Elektronenstrahlmikroanalysator *m* <phys> • electron-probe microanalyzer

Elektronenstrahloszillograph *m* <phys> • cathode-ray oscillograph

Elektronenstrahloszilloskop *n* <phys> • cathode-ray oscilloscope

Elektronenstrahlpunktsucher *m* <el> *(Oszillograph)* • electron-beam spot locator; spot locator

Elektronenstrahlröhre *f* <av> *(z. B. in Fernseher, Monitor, Oszilloskop)* • cathode ray tube (CRT)

Elektronenstrahlröhre mit Planschirm *f* <el> • flat-ended CRT

Elektronenstrahlschalter *m* <el> • electron-beam switch

Elektronenstrahlschaltröhre *f* <el> • electron-beam switching tube; beam switching tube

Elektronenstrahlschmelzen *n* <metall> • electron-beam melting

Elektronenstrahlschmelzofen *m* <metall> • electron-beam melting furnace

Elektronenstrahlschreiben *n* <el.ic.prod> • electron-beam writing

Elektronenstrahlschreiber *m* <el.ic.prod> • electron-beam printer

Elektronenstrahlschweißen *n* (EBW) <füg> • electron beam welding (EBW); EB-welding *rare*

Elektronenstrahlschweißnaht *f* <füg> • electron-beam weld

Elektronenstrahlspeicher *m* <edv> • electron-beam memory; electron-beam store

Elektronenstrahlspeicherröhre *f* <el> • cathode-ray storage tube

Elektronenstrahlung *f* <phys> • electron radiation

Elektronenstrahlverdampfer *m* <el> • electron-beam evaporator

Elektronenstrahlverfahren *n* <emiss.verf> *(DeNOx)* • electron beam irradiation system; electron beam dry scrubbing

Elektronenstreuung *f* <phys> • electron scattering

Elektronenströmung *f* <phys> • electron stream

Elektronenstrom *m* <phys> • electron flux; electron flow; electron current

Elektronenstromfluss *m* <phys> • electron flux; electron flow; electron current

Elektronenstruktur *f* <phys> • electronic structure

Elektronensynchrotron *n* <phys> • electron synchrotron

Elektronentemperatur *f* <phys> • electron temperature

Elektronenterm *m* <phys> • electron level; electron term

Elektronentheorie *f* <phys> • electron theory; electronic theory

Elektronentheorie der Metalle *f* <phys> • free-electron theory [of metals]

Elektronenträger *m* <phys> • electron carrier

Elektronentransfereffekt *m* <phys> • transferred-electron effect

Elektronentransferelement *n* <phys> • transferred-electron device

Elektronentunnelung *f* <phys> • electron tunneling *US*; electron tunnelling *GB*

Elektronenübergang *m* <phys> • electron transition; electron transfer

Elektronenübergangswahrscheinlichkeit *f* <phys> • electron transition probability

Elektronenüberschuss *m* <phys> • electron excess

Elektronen- und Ionen-Bernsteinwellen *fpl* <phys> • cyclotron harmonic waves

Elektronenunterschuss *m* <phys> • electron deficit

Elektronenverarmungszone *f* <el.ic.prod> • semiconductor depletion region; depletion region

Elektronenverdampfung *f* <phys> • electron evaporation

Elektronenvervielfacher *m* <el> • electron multiplier

Elektronenvervielfachung *f* <phys> • electron multiplication

Elektronenvolt *n* (eV) <phys> • electron volt (eV)

Elektronenwanderung *f* <phys> • electron migration; electron drift

Elektronenwellenmagnetron *n* <el> • electron-wave magnetron

Elektronenwellenröhre *f* <el> • electron-wave valve; electron-wave tube; space-charge wave tube

Elektronenwolke *f* <phys> • electron cloud

Elektronenzähler *m* <phys> • electron counter

Elektronenzusammenstoß *m* <phys> • electron collision
Elektronenzustände *mpl* <phys> • electronic states
Elektronen-Zykloton-Frequenz *f* <nukl> • electron cyclotron frequency
Elektronenzyklotron *n* <phys> • electron cyclotron
Elektroneurograph *m* <med.tech> • electroneurograph
elektroneutral <el> • electrically neutral
Elektroneutralität *f* <phys> • electroneutrality
Elektron hoher Geschwindigkeit *n* <nukl> • high-speed electron
Elektroniederschachtofen *m* <metall> • electric pig iron furnace
Elektronik *f* <el> • electronic engineering; electronics *pract*
Elektronik... <el> *(in Zusammensetzungen)* • electronic ...
Elektronikantenne *f* <kfz.tele> • electronic AM/FM antenna
Elektronikausfall *m* <tech.allg> • electronic failure
Elektronik des Stabilisierungssystems *f* <aerospace> • stabilization electronics
Elektronikeinheit *f* <tech.allg> • electronic package
Elektronikindustrie *f* <ökon> • electronics industry
Elektronikraum *m* <aerospace> • electronics bay; electronics compartment
Elektronikteil *m* <tech.allg> • electronics unit
Elektronik-Vergaser *m press.ugs* <kfz.mot> • feedback carburetor (FBC); electronically controlled carburetor; controlled A/F ratio carburetor; electrical solenoid controlled carburetor *GM*
Elektron-Ion-Stoß *m* <phys> • electron-ion collision
elektronisch <tech.allg> • electronic
elektronisch abgestimmt <tech.allg> • electronically tuned
elektronische Abhörmaßnahme *f* <el> • electronic eavesdropping; electronic intercept
elektronische Antiblockiervorrichtung *f rar* <kfz.brems> • anti-lock braking system (ABS); anti-lock brakes, ALB; anti-skid *coll*; electronic anti-locking; antilock brake system *SAE*
elektronische Ausrüstung *f* <el> • electronic equipment
elektronische Auswertung *f* <edv> • electronic evaluation
elektronische Autoantenne *f* <kfz.tele> • electronic AM/FM antenna
elektronische Beschaffung *f* <logist> • e-procurement
elektronische Bremskraftverteilung *f* (EBV) <kfz.brems> • electronic brake pressure distributor (EBD)
Elektronische Dämpfer Control *f* (EDC) *BMW* <kfz> • electronic damper control (EDC) *BMW*
elektronische Datenverarbeitung *f* (EDV) <edv> • electronic data processing (EDP)
elektronische Datenverarbeitungsanlage *f* <edv> *(meist komplexeres System; z. B. Großrechner od. PC-Netzwerk)* • electronic data processing system; EDP-system; computer system
elektronische Dieselregelung *f* (EDC) <kfz.el> • electronic diesel control (EDC); electronic governor
elektronische Diesel-Regelung *f* <kfz.el> • electronic diesel control (EDC); electronic governor
elektronische Differentialsperre *f* (EDS) <kfz.antr> • electronic differential lock
elektronische Einspritzanlage *f prakt.ugs* <kfz.mot> • electronic fuel injection (EFI); electronically controlled fuel injection; electronically controlled injection, ECI
elektronische Einzelnadelsteuerung *f* <druck> • electronic needle selection
elektronische Fußfessel *f* <jur> *(für Freigänger etc.)* • electronic tag

elektronische Getriebesteuerung *f* <kfz.antr> *(Automatikgetriebe; betont: die Funktion)* • electronic transmission control
elektronische Getriebesteuerung *f* <kfz.antr> *(Automatikgetriebe; betont: das Steuergerät)* • transmission control module (TCM); automatic electronic command unit *ZF*; electronic transmission control; transmission ECU
elektronische Hochleistungszündung *f* <kfz.el> • high energy ignition system (HEI); high-performance ignition system
elektronische Karte *f* <navig> *(allg.)* • electronic map
elektronische Kraftstoffeinspritzung *f* <kfz.mot> • electronic fuel injection (EFI); electronically controlled fuel injection; electronically controlled injection, ECI
elektronische Lenkung *f* <kfz> • electronic steering
elektronische Markierung *f* <tech.allg> *(allg.; z. B. Aufkleber, Chip, Anhänger)* • electronic tag
elektronische Maut *f : V* <verk.fin> *(mit Chip-Karte)* • road-pricing
elektronische Motorregelung *f* <kfz.el> • electronic engine control (EEC)
elektronische Mustereinrichtung *f* <textil> • electronic patterning device
elektronische Nase *f* <msr> • electronic nose; E-nose
elektronische Netzhaut *f* <med.tech> • electronic retina
elektronische Parkbremse *f* <brems> • electromechanically actuated parking brake (EPB); electronic parking brake; electric parking barke
elektronische Parkhilfe *f* <kfz.msr> • park distance control system
elektronische Peillinie *f* <navig> • electronic bearing line
elektronische Post *f did* <edv> • e-mail; electronic mail *did*
elektronische Präzisionsnavigationshilfe *f* <navig> *(z. B. ein GPS-Empfänger)* • precision electronic navigation aid (NAVAID)
elektronische Programmzeitschrift *f* <av> • electronic T.V. programme guide
elektronischer Abzug *m* <mil> • electronic trigger
elektronischer Assistent *m* <edv> • personal digital assistant (PDA)
elektronischer automatisierter roboterisierter Leuchtturm *m* (EARL) <msr> • electronic automated robotized lighthouse (EARL)
Elektronischer Bandschnitt *m* <av> • electronic editing
elektronischer Baustein *m* <el> • electronic component; electronic module
elektronischer Bildrahmen *m* <autom> • electronic window
elektronischer Bildstabilisator *m* (EIS) <av> • electronic image stabilizer (EIS); electronic image stabilization; electronic image stabilizing system
elektronischer Bildstabilisierer *m* <av> • electronic image stabilizer (EIS); electronic image stabilization; electronic image stabilizing system
elektronischer Datenaustausch *m* (EDI) <edv> • electronic data interchange (EDI)
elektronischer Druckschriftleser *m* <edv> • electronic print reader
elektronischer Erschütterungsmelder *m* <alarm> • impact detector; seismic detector; electronic vibration detector
elektronischer Garnreiniger *m* <textil> *(Gespinstreinigung)* • electronic yarn clearer
elektronischer Gleichrichter *m* <el> • electronic rectifier
elektronischer Gleitschutz *m* <bahn> • electronic slip control
elektronischer Halbleiter *m* <el> • electronic semiconductor

elektronischer Handel m <edv> *(elektronischer Geschäftsverkehr)* • electronic commerce; e-commerce

elektronischer Informationsaustausch m <edv> • electronic data interchange (EDI)

elektronischer Informationsspeicher m <autom> • electronic storage

elektronischer Kartoffelsortierer m <agri> • electronic potato sorter

elektronischer Kompass m <navig> • electronic compass

elektronischer Leser m <edv> • electronic reader

elektronischer Schalter m <el> • electronic switch

Elektronischer Schnitt m <av> • electronic editing

elektronischer Starter m <licht> • electronic starter

elektronischer Suchermonitor m <av> • electronic viewfinder (EVF)

elektronischer Wahlhelfer m did <tele> *(für günstige Telefontarife)* • least cost router (LCR); call manager

elektronisches Abbildungsgerät n <edv> • electronic imaging device

elektronisches Addierwerk n <edv> • electronic accumulator

elektronisches Adressbuch n <edv> • electronic directory

elektronisches Belichtungssteuergerät n <druck> • exposure control unit; exposure controller

elektronisches Bendtsen-Prüfgerät n <pap.qualit> • electronic Bendtsen tester

elektronische Schärfemessung f <phot> • electronic guidance focus control

elektronische Schalldämpfung f did <kfz> *(z. B. für Innengeräusch oder Auspufflärm)* • anti-noise system (ANS); noise cancellation system, NCS *Walker*; active noise-control system

elektronische Schaltautomatik f ZF <kfz.antr> *(Automatikgetriebe; betont: die Funktion)* • electronic transmission control

elektronische Schaltung f <el> • electronic circuit

elektronische Scheibenanlage f <mil> *(Schießanlage)* • electronic scoring system

elektronische Scheibenwertung f <mil> *(Schießstand)* • electronic scoring

elektronische Schere f <druck> *(Kopierer)* • editing board

elektronisches CO-Spürgerät n <msr.emiss> • electronic canary

elektronische Seekarte f <navig> • electronic map; electronic chart

elektronische Servolenkung f (ESL) <kfz> • electronically controlled power steering [system] (EPS)

elektronisches Fahrwerk n <kfz> • electronically controlled suspension (ECS); adaptive damping system, ADS *MB*; computer command ride system *coll*; electronic ride control *GM*; active suspension *pract*

elektronisches Gerät n <tech.allg> • electronic device

elektronisches Getriebesteuergerät n <kfz.antr> *(Automatikgetriebe; betont: das Steuergerät)* • transmission control module (TCM); automatic electronic command unit *ZF*; electronic transmission control; transmission ECU

elektronische Sirene f <alarm> • electronic siren

elektronisches Kombiinstrument n <kfz.msr> • electronic cluster

elektronisches Kupplungsmanagement n (EKM) <kfz.mot> • electronic clutch management (ECM)

elektronisches Lichtmanagement n <el> • electronic light management

elektronisches Logbuch n <alarm> • event log; audit trail

elektronisches Notizbuch n <edv> • electronic notebook

elektronische Spätverstellung f (ESV) <kfz.el> • electronic retard device

elektronisches Papier n <edv.pap> *(z. B. Gyricon)* • electronic paper; e-paper

elektronisches Piano n <el.mus> • digital piano; electronic piano

elektronische Sprachausgabe f <msr> *(von Warnmeldungen)* • voice alert; electronic voice alert

elektronisches Publizieren n <edv.druck> • desktop publishing (DTP)

elektronisches Rechteckstrom-Vorschaltgerät n form <el> *(allg.)* • electronic ballast; square-wave ballast

elektronisches Schaltgerät n <el> • solid-state switching device

elektronisches Schaltkreissystem n <el> • solid state switching system; solid-state switching system

Elektronisches Stabilitätsprogramm n (ESP) *Conti-Teves* <kfz.antr> • electronic stability program (ESP) *ContiTeves*

elektronisches Standardbauelement n <el> • standard electronic component

elektronisches Steuergerät n <kfz.msr> *(L/LE-Jetronic)* • electronic control unit (ECU)

elektronisches Steuergerät n rar <kfz.msr> *(Zünd- und Einspritzsysteme)* • electronic control unit (ECU); control unit *pract*; electronic control module, ECM *GM*; electronic control assembly, ECA *Ford*; single-module engine controller, SMEC *Chrysler*

elektronisches Steuergerät n (ESG) <msr> • electronic control module (ECM)

elektronisches Summierwerk n <edv> • electronic accumulator

elektronische Steuerkupplung f <kfz.antr> *(Lamellenkupplung)* • electro-hydraulic clutch

elektronische Steuerung f <msr> • electronic control

elektronische Steuerung [von System X] <msr> *(z. B. Bremsen, Lenkung)* • X by wire; electronic control [of system X]

Elektronisches Traktions-System n (ETS) *ContiTeves* <kfz.antr> • electronic traction system (ETS)

elektronische Straßenkarte f <navig> • electronic map

elektronisches Umschalten n <edv> • electronic switching

elektronisches Unterdruckventil n <kfz.msr> • electronic vacuum regulator (EVR)

elektronisches Verkehrsleitsystem n <verk.msr> • traffic management system; smart-car/smart-highway system *press*

elektronisches Vorschaltgerät n (EVG) <el> *(allg.)* • electronic ballast; square-wave ballast

elektronisches Vorschaltgerät n (EVG) <kfz.el> *(bei Gasentladungslampen)* • enhanced-voltage generator (EVG) *:V*; ballast and electronic power supply unit *Bosch*

elektronisches Wassereinspritzsystem n *:V* <mot.turb> *(Motor, Gasturbine)* • electronic water injection system; water injection system; water injection

elektronisches Wörterbuch n <doku> • electronical dictionary

elektronisches Zündgerät n <licht> • electronic ignitor

elektronische UKW-Abstimmung f <kfz.av> • electronic tuning control (ETC)

elektronische Zeitmessanlage f <sport.msr> • photoelectric timing system

elektronische Zündung f (EZ) <kfz.el> *(allg.)* • electronic ignition system

elektronische Zündung f *Bosch* <kfz.el> • electronic-map ignition [system]; grid-controlled ignition [system]; mapped ignition [system] *VW*; map-controlled ignition *VW*; microprocessor spark timing system MSTS *GM/ Vauxhall*

elektronische Zündverstellung f <kfz.el> (in Richtung früh) • electronic spark advance[ment] (ESA)

elektronische Zündwinkelverstellung f <kfz.el> (in Richtung früh) • electronic spark advance[ment] (ESA)

elektronische Zündzeitpunktverstellung f <kfz.el> (allg.) • electronic spark control (ESC); electronic spark timing, EST

elektronische Zündzeitpunktverstellung f <kfz.el> (in Richtung früh) • electronic spark advance[ment] (ESA)

elektronisch geregelte Fahrwerksabstimmung f did <kfz> • electronically controlled suspension (ECS); adaptive damping system, ADS *MB*; computer command ride system *coll*; electronic ride control *GM*; active suspension *pract*

elektronisch geregelter Vergaser m form <kfz.mot> • feedback carburetor (FBC); electronically controlled carburetor; controlled A/F ratio carburetor; electrical solenoid controlled carburetor *GM*

elektronisch gesteuerte Dieseleinspritzung f <kfz.mot> • electronically controlled diesel injection

elektronisch gesteuerte Einspritzung f <kfz.mot> • electronically controlled fuel injection

elektronisch gesteuerte Kraftstoffeinspritzung f form <kfz.mot> • electronic fuel injection (EFI); electronically controlled fuel injection; electronically controlled injection, ECI

elektronisch gesteuertes elektromechanisches Bremssystem n (EMB) <brems> • electronically controlled electromechanical braking system (EMB)

elektronisch gesteuertes Hydrolager n <kfz.mot> (Motorlager) • electronically controlled hydro bearing; electronically controlled hydramount

elektronisch projektierte Punkt-Visierung f <mil> • electronically projected dot sights *pl*

elektronisch verstellbare Einspritzpumpe f <kfz.mot> • electronically adjustable fuel injection pump

Elektron-Loch-Paar n <phys> • electron-hole pair

Elektronmetall n <metall> • electron metal

Elektron-Positron-Paar n <phys> • electron-positron pair

Elektron-Thermitbombe f <mil> • electron-thermite bomb

Elektron-Thermitbrandbombe f <mil> • electron-thermite bomb

Elektronystagmograph m <med> • electronystagmograph

Elektron-Zyklotron-Heizung f <nukl> • heating in the electron cyclotron range; electron cyclotron [frequency resonant] heating; ECFR-heating; heating at the electron cyclotron frequency; heating at the electron cyclotron resonance

Elektroofen m <verf> • electric furnace

Elektrooptik f <opt> • electrooptics

elektrooptisch <opt> • electrooptic[al]

elektrooptischer Wandler m <lwl> • emitter

elektrooptisches Abtasten n <opt> • electrooptical sensing

Elektroosmose f <verf> • electroosmosis

elektroosmotisch <verf> • electroosmotic

elektroosmotische Entwässerung f <verf> • electroosmotic dewatering; electrical drainage

Elektropflug m <agri> • electric plough

elektrophil <chem> • electrophilic

Elektrophorese f <chem> (Teilchenwanderung) • electrophoresis

Elektrophorese f <obfl> • electrophoretic painting (EC); electro-coating; electrophoresis; electrophoretic deposition of paint; electrophoretic paint application

Elektrophoresebecken n <obfl> • electropaint tank; electrophoretic dip tank; electrocoat tank; electrocoating immersion tank

Elektrophoresegrundierung f <obfl> (Vorgang) • electrophoretic priming; electro-priming; electro-application of primer

Elektrophoresegrundierungslack m <obfl> • electrolytic primer paint; electrophoretic primer [paint]

Elektrophoresekammer f <verf> • electrophoresis cabinet; migration chamber

Elektrophoreselack m <obfl> (allg.) • electro-paint; electrodeposition paint

Elektrophoreselackierung f <obfl> • electrophoretic painting; electropainting

Elektrophoresemuster n <bio.chem> • electrophoretic pattern; lipoprotein pattern; lipoprotein profile

Elektrophoreseprimer m <obfl> • electrolytic primer paint; electrophoretic primer [paint]

Elektrophoreseschicht f <obfl> • electrocoat; electrodeposited coat[ing]; electrocoat paint covering

Elektrophoresetauchgrundierung f <obfl> (Material) • electrophoretic dip-in primer; electrostatic dip primer

Elektrophoresetauchgrundierung f <obfl> (Vorgang) • electrophoretic dip priming

Elektrophoresetauchgrundierung f <obfl> • electrophoretic dip primer coat

Elektrophoresetauchgrundierungslack m <obfl> (Material) • electrophoretic dip-in primer; electrostatic dip primer

elektrophoretisch <obfl> • electrophoretic

elektrophoretisch abgeschiedener Überzug m <obfl> • electrophoretic coating

elektrophoretische Abscheidung von Email f <obfl> • electrophoretic enamelling; electrophoretic coating; electrophoretic deposition [of porc./vitr. enamel]; electrodeposition

elektrophoretische Emaillierung f <obfl> • electrophoretic enamelling; electrophoretic coating; electrophoretic deposition [of porc./vitr. enamel]; electrodeposition

elektrophoretische Lackapplikation f <obfl> • electrophoretic painting (EC); electro-coating; electrophoresis; electrophoretic deposition of paint; electrophoretic paint application

elektrophoretische Mobilität f <phys> • electrophoretic mobility; electrophoretic migration; electrophoretic migration [rate]

elektrophoretischer Emailauftrag m <obfl> • electrophoretic enamelling; electrophoretic coating; electrophoretic deposition [of porc./vitr. enamel]; electrodeposition

elektrophoretischer Tauchgrund m <obfl> • electrophoretic dip primer coat

elektrophoretisches Lackieren n <obfl> • electrophoretic painting (EC); electro-coating; electrophoresis; electrophoretic deposition of paint; electrophoretic paint application

elektrophoretisches Potential n <chem> • sedimentation potential

elektrophoretische Tauchgrundierung f <obfl> (Vorgang) • electrophoretic dip priming

elektrophoretische Tauchlackierung f <obfl> (Vorgang) • electrophoretic dip painting; electropainting

elektrophoretische Wanderungsgeschwindigkeit f <phys> • electrophoretic mobility; electrophoretic migration; electrophoretic migration [rate]

Elektro-Picker m <kfz.wz> • electro picker

Elektroplattieren n rare <obfl> • electroplating; electrodeposition; electrolytic deposition

elektroplattieren vt <obfl> • electroplate vt

Elektropneumatik f <pneum> • electropneumatics

elektropneumatisch <pneum> (z. B. Antrieb, Regelung) • electropneumatic

elektropneumatischer Regler *m* <msr> • electropneumatic controller

elektropneumatisches Ventil *n* <pneum.rls> • electropneumatic valve

Elektropolieren *n* <obfl> • electrobrightening; electropolishing; electrolytic brightening *form*; electrolytic polishing *form*

elektropolieren *vt* <obfl> • electropolish *vt*

Elektroporzellan *n* <silik> • electrical porcelain; insulation porcelain

elektropositiv <el> • electropositive

Elektroradierer *m* <kunst.wz> • electric eraser

Elektroraffination *f* <verf> • electrorefining; electrolytic refining

Elektrorasierer *m* <hygi> *(allg.)* • electric razor

Elektrorasierer *m* <hygi> *(zum Anschluss an Netzsteckdose)* • mains shaver

Elektrorasierer *m* <hygi> *(netzunabhängig)* • rechargeable shaver

Elektrorasierer *m* <hygi> *(Netz- od. Akkubetrieb)* • shaver; electric razor

Elektro-Regenerierventil *n* <kfz.emiss> • purge solenoid

Elektroresektionsgerät *n* <med.tech> • electroresection unit

Elektroretinogramm *n* <med> • electroretinogram

Elektroretinograph *m* <med> • electroretinograph

Elektroroheisen *n* <metall> • electric pig iron; electric pig *pract*

Elektrorollstuhl *m* <med.tech> • electrically powered wheelchair

Elektrorüttler *m* <verf> • electric vibrator

Elektrosauggerät *n* <verf> • electrical suction apparatus

Elektroschachtofen *m* <metall> • electric shaft furnace

Elektroschaltgeräteraum *m* <el> • electrical cabinet

Elektroschaltgeräteschrank *m rar* <el> • equipment cabinet; switchgear cabinet *rare*; electrical switchgear cabinet *rare*

Elektroschaltgerätetafel *f* <el> • electrical control panel

Elektroscheiden *n* <verf> • electrostatic separation; high-tension separation *rare*

elektroschlackegeschweißt <füg> • electroslag-welded

Elektroschlackeraffination *f* <metall> • electroslag refining; electroslag remelting process

Elektroschlackeschweißen *n* (RES) <füg> • electroslag welding

Elektroschlackeschweißnaht *f* <füg> • electroslag weld

Elektroschlackeumschmelzen *n* <metall> • electroslag refining; electroslag remelting

Elektroschlacke-Umschmelzverfahren *n* <metall> • electroslag refining; electroslag remelting process

Elektroschlafgerät *n* <med.tech> • apparatus for therapeutic sleep

Elektroschlepper *m* <förd> • industrial electric tractor

Elektroschmelzen *n* <metall> • electric melting; electric-furnace melting

Elektroschmelzofen *m* <metall> • electric melting furnace

Elektroschock *m* <med> • electric shock

Elektroschockgerät *n* <med.tech> • electroshock apparatus

Elektroschrauber *m* <wz> • electric screwdriver

Elektroschweißen *n prakt* <füg> • metal-arc welding; arc welding *pract.coll*

Elektroseilzug *m* <förd> • electric hoist

Elektroselbstgreifer *m* <förd> • electric grab hoist

elektrosherardisieren *vt* <obfl> • electrosherardize *vt*

Elektroskop *n* <tech.allg> • electroscope

Elektrospannfutter *n* <wz.masch> • electrically operated chuck

Elektrospeicherheizgerät *n* <hlk> • electric storage heater

Elektro-Spülluftventil *n prakt* <kfz.emiss> • purge solenoid

Elektrostahl *m* <mat> • electric-furnace steel; electric steel

Elektrostahlschmelzen *n* <metall> • electric-furnace melting

Elektrostat *m* <av> • electrostatic loudspeaker; ESL *Quad*

Elektrostatik *f* <el> • electrostatics

elektrostatisch (ESTA) <el> • electrostatic[al] (ESTA)

elektrostatisch aufladen *vr* <el> • build up an electrostatic charge *vi*

elektrostatisch aufladen *vt* <obfl.el> • charge electrostatically *vt*

elektrostatische Abscheidung *f* <verf> • electrostatic precipitation

elektrostatische Abschirmung *f* <el> • electrostatic shielding; electrostatic screening

elektrostatische Abstoßung *f* <phys> • electrostatic repulsion

elektrostatische Anziehungskraft *f* <phys> • electrostatic force of attraction

elektrostatische Aufladung *f DIN ISO 2424* <bau.innen> *(von Teppichen, Bodenbelägen)* • electrostratic propensity *ISO 2424*

elektrostatische Aufladung *f* <el> *(Vorgang)* • build-up of static charge; electrostatic charging

elektrostatische Aufladung *f* <el> *(Ergebnis)* • static charge; electrostatic charging; static *coll*

elektrostatische Beschleunigung *f* <nukl> • electrostatic acceleration

elektrostatische Bildaufzeichnung *f* <druck> *(Kopierer)* • electrostatic recording

elektrostatische Brummschleife *f* <el> • electrostatic hum pick-up

elektrostatische Eichelektrode *f* <el> • electrostatic actuator

elektrostatische Einheit *f* <phys> • electrostatic unit (esu)

elektrostatische Elektronenlinse *f* <phys> • electrostatic electron lens

elektrostatische Entladungen *fpl* <el> • electro static discharge

elektrostatische Induktion *f* <el> • electrostatic induction

elektrostatische Ladung *f* <el> • electrostatic charge

elektrostatische Linse *f* • electrostatic lens

elektrostatische Löschfunktionen *fpl* <druck> *(Kopierer)* • erase elements *pl*

elektrostatische Pulverbeschichtung *f* <obfl> • electrostatic powder coating (EPC)

elektrostatische Pulveremaillierung *f* <obfl> • electrostatic powder application; dry electrostatic application; powder application

elektrostatischer Abscheider *m* <verf> • electrostatic precipitator

elektrostatischer Dieselruß-Partikelfilter *m wiss* <kfz.emiss> *(für Diesel-Pkw)* • electrochemical particulate filter *:V*; electrostatic diesel filter *:V*

elektrostatischer Drucker *m* <druck> • electrostatic printer

elektrostatischer Drucker/Plotter *m* <edv> • electrostatic printer/plotter

elektrostatischer Gasreiniger *m* (EGR) <verf> *(Staubabscheider)* • electrostatic precipitator (ESP)

elektrostatischer Generator *m* <energ> • electrostatic generator

elektrostatischer Kontrast *m* <druck> • electrostatic contrast

elektrostatischer Kopierer m <druck> • electrostatic copier

elektrostatischer Lautsprecher m <av> • electrostatic loudspeaker; ESL *Quad*

elektrostatischer Nassauftrag m <obfl> • electrostatic wet spraying; wet electrostatic application

elektrostatischer Plotter m <edv> • electrostatic plotter

elektrostatischer Printer/Plotter m <edv> • electrostatic printer/plotter

elektrostatischer Pulverauftrag m <obfl> • electrostatic powder application; dry electrostatic application; powder application

elektrostatischer Schirm m • electrostatic screen

elektrostatischer Separator m • electrostatic separator

elektrostatischer Speicher m • electrostatic memory

elektrostatischer Wind m • convective discharge

elektrostatisches Bild n <druck> • electrostatic image

elektrostatisches Druckverfahren n <edv> • electrostatic printing (method/process); toner-transfer printing

elektrostatisches Feld n <phys.el> • electrostatic field; static field

elektrostatisches Instrument n <msr> • electrostatic instrument; electrometer

elektrostatisches Lackieren n <obfl> (allg.) • electrostatic painting

elektrostatisches Mikrofon n <av> • capacitor microphone; electrostatic microphone

elektrostatische Spritzpistole f <obfl> • electrostatic spray gun; electrostatic action gun

elektrostatisches Pulver n (EP) <druck> • electrostatic powder (EP)

elektrostatisches Pulverspritzen n <obfl> • electro-powder spraying (EPS)

elektrostatisches Spritzen n <obfl> • electrostatic spraying

elektrostatisches Stäuben n <prod> • electrostatic dusting

elektrostatische Staubabscheidung f <emiss.verf> • electrostatic dust precipitation

elektrostatische Welle f <phys> • electrostatic wave; Langmuir wave

elektrostatisch spritzen vt <obfl> • spray electrostatically vt

Elektro-Staubabscheider m <verf> (Staubabscheider) • electrostatic precipitator (ESP)

Elektrosterilisator m <med.tech> • electrosterilizer

Elektrostimulator m <med.tech> • electrostimulator

Elektrostraßenfahrzeug n <fz> • electrical road vehicle

Elektrostriktion f <el> • electrostriction; piezoelectric effect

elektrostriktiv <el> • electrostrictive

Elektrotauchbecken n <obfl> • electropaint tank; electrophoretic dip tank; electrocoat tank; electrocoating immersion tank

Elektrotauchemaillierung f (ETE) <obfl> • electrophoretic enamelling; electrophoretic coating; electrophoretic deposition [of porc./vitr. enamel]; electrodeposition

Elektrotauchgrund m <obfl> • electrophoretic dip primer coat

Elektrotauchgrundierung f <obfl> (Vorgang) • electrophoretic dip priming

Elektrotauchgrundierung f <obfl> • electrophoretic dip primer coat

Elektrotauchlack m <obfl> • electrophoretic dip paint; electro dip paint

Elektrotauchlackieren n DIN EN ISO 4618 <obfl> • electrodeposition ISO 4618-3

elektrotauchlackieren vt <obfl> • electrocoat vt; electropaint vt

Elektrotauchlackierung f (ETL) <obfl> (Vorgang) • electrophoretic dip painting; electropainting

Elektrotauchlackierung f <obfl> (Schicht) • electrophoretic paint coating; electrocoating

Elektrotechnik f <el> • electrical engineering; electrical technology rare

elektrotechnisch <el> • electrotechnic[al]

Elektroteerscheider m <verf> • electrodetarrer; electrostatic tar filter

Elektrotherapeutik f <med> • electrotherapeutics

Elektrotherapie f <med> • electrotherapy

Elektrotherapiegerät n <med.tech> • electrotherapeutic apparatus

Elektrothermie f <therm> • electrothermics

elektrothermisch <el> • electrothermal; electrothermic

elektrothermische Atomisierung f <chem> • flameless atom absorption spectrometry

elektrothermische Vorspannung f <phys> • electro-thermic tensioning

Elektrotischbohrmaschine f <wz.masch> • electric bench drill

Elektrotraktion f <bahn> • electric traction

Elektrotriebfahrzeug n <bahn> • electric tractive unit

Elektrotriebwagen m <bahn> • electric railcar US; electric motor coach GB

Elektrotür f <nfz> (Bus) • electrically operated door

Elektro-Umleitventil n <kfz.emiss> (elektr., für Sekundärluft) • EAC valve GM; electric air control valve

Elektro-Umschaltventil n <kfz.emiss> (Sekundärluft, elektr.) • electric air switching valve

elektrovalent <chem> • electrovalent

Elektrovalenz f <chem> • electrovalency; electrovalent bond; ionic bond

Elektrovibrator m <verf> • electric vibrator

elektroviskos <tech.allg> • electroviscous

elektroviskose Flüssigkeit f (EVF) <kfz> • electroviscous fluid (EVF)

elektroviskoses Fluid n <kfz> • electroviscous fluid (EVF)

Elektrowärme f <phys> • electric heat

Elektrowärmeanlage f <hlk> • electrothermal equipment; electrothermal installation

Elektrowärmelehre f <therm> • electrothermics

Elektrowärmepumpe f (EWP) <hlk> • electrically driven heat pump wiss; electric heat pump

Elektrowerkzeug n <wz> • electric tool

Elektrowerkzeuge npl <wz> • power tools pl

Elektrowinde f <förd> • electrical winch

Elektrozaun m <agri> • electric fence; electric wire fence

Elektrozaunladegerät n <agri> • electric fencer

Elektrozubehör n <tech.allg> • electric accesssories

Elektrozug m <förd> • electric hoist

Elektrozugmaschine f <förd> • industrial electric tractor

Elektrum n <min> • electrum

Element n <allg> • element

Element n <allg> (Teil, Punkt; z. B. in einer Baugruppe, Liste) • item

Element n <tech.allg> (irgendein nicht näher bezeichnetes, eher kleines, Bauteil) • device

Element n <chem> • chemical element; element

Element n <edv/doku> (einzelnes Teil einer Zeichnung; z. B. Linie, Kurve, Kreis, Text) • entity; element; item; object

Element n <el.chem> (z. B. als Batterie, zum Galvanisieren od. bei Korrosion) • galvanic cell; electrolytic cell; electrochemical element rare; electrochemical cell rare; voltaic cell rare

Element n <math> (Mengenlehre) • member

elementar <allg> (grundlegend) • elementary; elemental; basic

elementar <chem/phys> • elemental

Elementaranalyse f <chem> • elementary analysis; ultimate analysis

Elementaranregung f <phys> • elementary excitation

Elementarbezirk m <edv> • domain; magnetic domain

Elementarbündel n <phys> • elementary pencil

Elementarchlor n <chem> • elemental chlorine

elementarchlorfrei (ECF) <pap> • elemental chlorine free (ECF)

Elementardipol m <phys> • elementary dipole; elementary doublet; Hertzian dipole; Hertzian doublet

elementarer Schaltkreis m <el> • elementary circuit

elementare Sprache f <edv> • low-level language

elementare Wechselwirkung f <phys> • fundamental interaction

Elementarfaden m <textil> • filament; continuous fiber US; continuous fibre GB

Elementarfadenbildung f <textil> • filament forming

Elementarfadenbündel n <textil> • strand

Elementarfadenkabel n <textil> • endless filament tow

Elementarfadenvlies n <textil> • filament web; spunbonded web; spun-spinneret web

Elementarfaser f <led> (Kollagenfasern) • elementary fiber

Elementargitter n <mat> (z. B. kubisch) • elementary lattice; translation lattice

Elementarladung f <el> • elementary charge; elementary electronic charge; unit electric charge; electronic charge; unit charge

Elementarmagnet m <mat> • molecular magnet

Elementarschaltung f <el> • basic circuit

Elementarschwefel m <chem> • elementar sulfur

Elementarsensor m rare <msr> • sensing element [1]; transduction element; input transducer; primary element

Elementarspinnverfahren n <textil> • open-end spinning

Elementarströmung f <phys> • elementary circulation

Elementarteilchen n <phys> • elementary particle; fundamental particle

Elementarteilchenmultiplett n <phys> • elementary-particle multiplet

Elementarteilchenspektroskopie f <phys> • particle spectroscopy

Elementarteilchenwechselwirkung f <nukl> • particle interaction; nuclear interaction

Elementarwelle f <phys> • elementary wave

Elementarzeit f <phys> • elemental time

Elementarzelle f <mat> (im Kristallgitter) • elementary cell; unit cell

Elementbreite f <edv> • element width

Elementbreitenverhältnis n <edv> (Strichcode) • element width ratio; wide:narrow ratio; wide to narrow ratio; wide-to-narrow element ratio; WE:NE ratio

Element der Unterkonstruktion n <bau.innen> • framing member

Elementdrucker m rar.obs <edv.druck> • matrix printer; dot matrix printer; dot-matrix impact printer rare; sytlus printer rare

Elementenentstehung f <tech.allg> • element origin

Elementenerweiterung f <tech.allg> • elementary pair enlargement

Elementenhäufigkeit f <chem> • element abundance

Elementenpaar n <chem> • pairing element; pair [of elements]

Elementenspinnverfahren n <textil> • break spinning

Elementfang m <edv> (Grafik) • element snap; object snap

Elementfangfunktion f <edv> (Grafik) • element snap; object snap

Elementgröße f <bau> (Fensterbau) • unit dimension; unit size

Elementhalbleiter m <ic> • elemental semiconductor

Elementkette f <edv> • string; polyline AUTODESK; polygon curve RHV

Elementschlamm m <el> (in Batteriezellen) • battery sediment

Elementsteuerung f <förd.msr> • basic control level

Elementsymbol n <chem> • chemical symbol; chemical sign

Elevation f <navig> (eines Satelliten) • elevation

Elevationswinkel m <phys> • angle of departure; angle of elevation

Elevator m <förd> (Silo, Be- und Entladeanlage für Getreide; z. B. im Hafen) • elevator

Elevator m <petr> (für das Bohrgestänge) • elevator

Elevatorschlitten m <prod> • elevator slide

Elevatorschürfzug m <bau> • elevating scraper

Elevatortuch n <tech.allg> • elevator canvas

Elfeck n <math> • undecagon

Elfenbein n <mat> • ivory

Elfenbein n <phot> (Papierfarbe) • ivory

Elfenbeinkarton m <pap> • ivory board

Elfenbeinpapier n <pap> • ivory paper

Elfenbeinschwarz n obs <obfl> • bone black; ivory black; animal black; drop black

Elferzeile f <edv> • X-zone

Elfstiftsockel m <el> • magnal base

eliminieren vt <allg> • eliminate vt

eliminierende Suche f <edv> • dichotomizing search

Eliminierungsreaktion f <chem> • elimination reaction

Elin-Hafergut-Schweißverfahren n <füg> • Elin-Hafergut welding process; firecracker welding process

Elisabethanisches Theater n <theat> • Elizabethan theatre GB

Elitestamm m <holz> • elite tree

Elko m prakt <el> • electrolytic capacitor

Ellbogendelle f prakt <kfz> (Karosserieschaden) • mechanic's elbow pract

Ellbogengelenk n <autom> (Industrieroboter) • elbow joint

Ellbogenpolster n <bekl> • elbow padding

Ellbogenprotektor m <bekl> (in Motorradkombi) • elbow protector; elbow armour

Ellbogenschoner m <bekl> (z. B. als Skating-Zubehör) • elbow saver

Ellbogenschützer m <bekl> (z. B. als Skating-Zubehör) • elbow saver

Ellenbogengelenk n <autom> (Industrieroboter) • elbow joint

Ellenbogensaugrohr n <energ.hydr> • elbow draft tube

Ellipse f <math> (Kegelschnitt-Linie, -Fläche) • ellipse

Ellipse beschreiben vi <aerospace> (Umlaufbahn) • circle in an elliptical orbit vi

Ellipsenaufnahme f <med> • elliptical radiographic image

Ellipsenbahn f <aerospace> • elliptical orbit

Ellipsenbogen m <edv> (Grafik) • elliptical arc

Ellipsenrädergetriebe n <masch> • elliptical gears

Ellipsenschablone f <kunst.wz> • ellipse guide

Ellipsenspiegel m <opt> • elliptical reflector

Ellipsenspiegelscheinwerfer m <licht.theat> • profile spot; leko light coll; leko coll

Ellipsograph m <kunst.wz> • ellipsograph

ellipsoid <math> (Form) • ellipsoidal; elliptic[al]

Ellipsoid n <math> • ellipsoid; spheroid

Ellipsoidhöhe f <navig> • ellipsoid height

ellipsoidisch <math> (Form) • ellipsoidal; elliptic[al]

Ellipsoidkolben m <licht> • elliptical bulb; elliptical jacket

Ellipsoidkühlturm m <verf> • ellipsoidal cooling tower

Ellipsoidscheinwerfer m <kfz.el> • ellipsoidal headlight

Ellipsometer n <phys> • ellipsometer

Ellipsometrie f <phys> • ellipsometry
elliptisch <edv> (Abtastpunkt) • elliptical; elongated
elliptisch <math> (Form) • ellipsoidal; elliptic[al]
elliptische Bahn f <aerospace> • elliptical orbit
elliptische Koordinaten fpl <math> • elliptical coordinates
elliptische Polarisation f <phys> • elliptical polarization
elliptischer Hohlleiter m <el> • elliptical waveguide
elliptisches Drehfeld n <phys> • elliptical field
elliptisches Heck n <nav> • elliptical stern
elliptisches Integral n <math> • elliptic integral
elliptisch polarisiert <phys> • elliptically polarized
elliptisch polarisierte Welle f <phys> • elliptically polarized wave
Elliptizität f <tech.allg> (z. B. Polarisierung, Umlaufbahn, Welle) • ellipticity
E-Lok f <bahn> • electric locomotive
Elongation f <astron> • elongation
Eloxal-Schicht f ^{TM} <obfl> (auf Alu) • anodic oxide layer; anodic coating; anodic film
Eloxalschicht f <obfl> (auf Alu) • anodic oxide layer; anodic coating; anodic film
Eloxal-Verfahren n <obfl> • anodic coating
Eloxieren n ^{TM}prakt <obfl> (von Alu, Magnesium) • anodic oxidation; anodizing ISO 4618-3; anodization; electrolytic oxidation rare
eloxieren vt ^{TM} <obfl> (Aluminium, Magnesium) • anodize vt
eloxiert <obfl> • anodized; anodically oxidized
Elsbett-Brennverfahren n <kfz.mot> • Elsbett combustion process
Elsbett-Motor m <kfz.mot> • Elsbett engine
EL-Technik f prakt <av> (für Bildschirme) • organic electroluminescence technology; EL-technology pract
Elternobjekt n <edv> (in hierarchischen Verknüpfungen) • parent object; parent pract
Elternverzeichnis n <edv> • parent directory
Eluat n <ents> • leachate; percolating water
Eluent m <chem> • eluent; eluting agent; eluting solvent
Eluierbarkeit f <ents> • leachability
eluieren vt <chem> • elute vt
Elution f <ents> • leaching
Elutionschromatographie f <chem> • elution chromatography
Elutionskolonne f <verf> • elution column
Elutionsmittel n <chem> (Extraktionsmittel) • leaching agent; leachant
Elutionstest m <ents> • leaching test; leachability test; leach test
Elutionsversuch m <ents> • leaching test; leachability test; leach test
Eluvialzone f <geo> • eluviation zone
Eluviationshorizont m wiss <geo> • A horizon thsc; eluviated horizon thsc; eluvial horizon; top-soil layer; top soil pract
Elysierbadentgraten n <prod> • electroburring
Elysierbeizen n <obfl> (betont: zum Reinigen) • electrolytic cleaning
Elysierbeizen n <obfl> (betont: zum Entzundern) • electrolytic descaling
Elysierbeizen n <prod> (allg.) • anodic pickling; electrolytic pickling
Elysieren n <prod> • electrolytic machining
Elysierpolieren n <prod> • electropolishing
Elysierschleifen n <prod> • electrolytic grinding
EMA <alarm> • burglar alarm system (B.A.); burglar alarm
E-Mail <edv> • e-mail; electronic mail did
Email n pl: -s RAL529A2 <obfl> • porcelain enamel US; vitreous enamel GB

Emailbeschichtung f <obfl> (Vorgang und Ergebnis) • enamel coating
Emailblech n <mat> • enameled sheet US; enamelled sheet GB
Emailbrand m <obfl> (Brennen von Emailbeschichtungen) • firing of porcelain enamel; firing of vitreous enamel
Emailbrennofen m <obfl> • enameling furnace US; enamelling furnace GB; firing furnace pract; fusing furnace
Emaildraht m <el> • enamel-insulated wire
Emailfarbe f <obfl> • vitrifiable color
Emailfehler m <obfl.qualit> • enamel defect
Emailfritte f <obfl.silik> • enamel frit; porcelain enamel frit; vitreous enamel frit
Emailglasur f <obfl> • overglaze color
Emailkopierverfahren n <druck> • cold top process
Emaille f obs <obfl> • porcelain enamel US; vitreous enamel GB
Emailleleder n <led> • enameled hide US; enamelled hide GB
Emaillierblech n <obfl> • enameling grade steel US; enamelling steel GB
Emaillieren n <obfl> (Vorgang) • porcelain enameling US; vitreous enamelling GB; enameling US.pract; enamelling GB.pract
emaillieren vt <obfl> • enamel vt
Emaillierofen m <obfl> • enameling furnace US; enamelling furnace GB; firing furnace pract; fusing furnace
Emaillierstahl m <obfl> • enameling grade steel US; enamelling steel GB
Emaillierstahlblech n <obfl> • enameling grade steel US; enamelling steel GB
emaillierter Draht m <el> • enamel-insulated wire US; enamelled wire GB
emaillierter Stahl m <mat> • porcelain enamel metal substrate (PEMS)
emaillierte Stahloberfläche f <obfl> • enameled steel surface US; enamelled steel surface GB
Emaillierton m <silik> • enamel clay; enamelling clay
Emaillierung f <obfl> (Vorgang und Ergebnis) • enamel coating
Emaillierung f <obfl> (Vorgang) • porcelain enameling US; vitreous enamelling GB; enameling US.pract; enamelling GB.pract
Emailpaneel n <mat> • enamel panel
Emailpulver n <obfl.silik> • porcelain enamel powder US; dry powder porcelain/vitreous enamel US/GB; vitreous enamel powder GB; powdered enamel; powdered frit
Emailrückgewinnung f <silik> • porcelain/vitreous enamel recovery
Emailschlicker m <silik> • enamel slip
Emailschmelze f <obfl.silik> • porcelain/vitreous enamel melt; enamel melt
Email-Stahl m <obfl> • enameling grade steel US; enamelling steel GB
Emailtyp m <obfl.silik> • type of porcelain/vitreous enamel
Emanation f <nukl> • emanation; radioactive emanation
Emanationsmessung f <phys> • emanometry
emanieren vi <phys> • emanate vi
Emaniervermögen n <nukl> • emanating power
Emanometrie f <nukl> • emanometry
EMB <brems> • electronically controlled electromechanical braking system (EMB)
EMB <el> • electromagnetic interference (EMI)
Embedded-Controller m <edv> • embedded controller
Embedded Servo n <edv> (Festplattenaufzeichnungsverfahren) • embedded servo
Emblem n <kfz> (allg.) • badge; medallion US.rare
Embryo m <med> • embryo; foetus GB

emeraldgrün <kunst> • emerald green; gamma green *Magic Color*, Guignet's green; Guinea green

E-Messer *m* <phot> • rangefinder

E-Messer-Kupplungsrolle *f* <phot> *(Entfernungsmesser)* • coupling wheel; RF coupling wheel

EMI-Abschirmung *f* <el> • EMI shielding

EMI-Filter *m* <el> • EMI filter

Emission *f* <emiss> *(Vorgang, Übertritt von Substanzen in die Luft)* • emission

Emission *f* <emiss> *(Ergebnis; von einer Anlage abgegebene Stoffe)* • emissions *pl*

emissionsabhängige Kraftfahrzeugbesteuerung *f* form <kfz.fin> • emission-based vehicle tax *:V*

Emissionsausbeute *f* <phys> • emission yield

Emissionsbandenspektrum *n* <phys> • emission band spectrum

Emissionsbegrenzung *f* <emiss.ökol> • emission control

Emissionsbelastungsgrad *m* <ökol> • level of air pollution

emissionsbezogene Kfz-Steuer *f* <kfz.fin> • emission-based vehicle tax *:V*

Emissionselektronenmikroskop *n* <phys> • emission electron microscope

Emissionsfläche *f* <phys> • emitting area

Emissionsgrad *m* <energ.sol> • emittance

Emissionsgrenzwert *m* <ents/emiss> • emissions standard; emission limit; emissions target; release limit *GB*; limit value for emissions *rare*

Emissionsgrenzwert *m* <kfz.emiss> • emission standard

Emissionskennlinie *f* <phys> • emission characteristic

Emissionskoeffizient *m* <energ.sol> • emission coefficient

Emissionskontrolle *f* <ents> • emission check

Emissionslinie *f* <astron> • emission line

Emissionslinienspektrum *n* <astron> • emission line spectrum

emissionslos *:V* <kfz.emiss> *(Elektroauto)* • zero-emission

emissionsloses Fahrzeug *n* *:V* <kfz.emiss> • zero-emission vehicle (ZEV)

Emissionsmassenstrom *m* <emiss> • mass flow of emissions

Emissionsmikroskop *n* <opt> • emission microscope

emissionsmindernd <kfz.emiss> • emission-control *adj*

Emissionsminderung *f* <emiss> • emission control

Emissionsminderungsmaßnahmen *fpl* <emiss> • control techniques *pl*

Emissionsnorm *f* <emiss> • standard on emissions

Emissionsphotozelle *f* <phys> • photoemissive cell

Emissionsprüfung *f* <el> • filament activity test

Emissionsquelle *f* <emiss> • emission source; emitter

Emissionsrate *f DIN ISO 4225* <emiss> • emission rate *ISO 4225*

Emissionsrauschen *n* <phys> • shot noise; Schottky noise

Emissionsspektroskopie *f* <phys> • emission spectroscopy

Emissionsspektrum *n* <astron> • emission line spectrum

Emissionsspektrum *n* <phys> • emission spectrum

Emissionsvermögen *n* <energ.sol> *(spezifische Ausstrahlung)* • emissivity; emittance

Emissionsvermögen *n* <phys> *(Ausstrahlungsleistung)* • emission capability; emissive power

Emissionsvorschrift *f* <ökol.jur> • emission regulation

Emissionswert *m* <emiss> • emission value

Emissionswerte *mpl* <emiss> • emission levels

Emissivität *f* <energ.sol> *(spezifische Ausstrahlung)* • emissivity; emittance

Emittent *m* <emiss> • emission source; emitter

Emitter *m* <energ.sol> *(n-dotierter Teil einer Solarzelle; emittiert Elektronen)* • emitter

Emitteranschluss *m* <el> • emitter contact; emitter terminal

Emitteraustrittsarbeit *f* <phys> • emitter work function

Emitter-Basis-Diode *f* <el> • emitter-base diode

Emitter-Basis-Schaltung *f* <el> • grounded-emitter circuit

Emitter-Basis-Übergang *m* <el> • emitter-base junction

Emitterbereich *m* <el> • emitter region

Emitterelektrode *f* <el> • emitter electrode

Emitterfolger *m* <el> • emitter follower

Emitterfolgerlogik *f* <el> • emitter-follower logic

emittergekoppelte Logik *f* <el> • emitter-coupled logic

Emittergrenzfrequenz *f* <el> • emitter cut-off frequency

Emitterschaltung *f* <el> • common emitter; common emitter configuration; common emitter connection; common-emitter circuit; grounded-emitter circuit

Emittersperrschicht *f* <el> • emitter barrier; emitter depletion layer

Emitterstrom *m* <el> • emitter current

Emitterübergang *m* <el> • emitter junction

Emitterwiderstand *m* <el> • emitter resistance

Emitterzone *f* <el> • emitter region

emittieren *vt wiss* <kfz.emiss> *(aus dem Abgassystem)* • exhaust *vt*

emittieren *vt* <phys> *(Strahlung; z. B. Licht, Wärme)* • emit *vt*

emittieren *vt* <phys> *(puls-, schlagartig; z. B. Strahl)* • eject *vt*

emittieren *vt* <phys> *(Strahlung, Licht; von einem Punkt aus)* • radiate *vt*; emit *vt*

emittierend <phys> • emissive

emittierte Strahlungsleistung *f* <phys> • emissive power

EMK <el> • electromotive force (EMF)

EMK-Messung *f* <msr> • electromotive force measurement

Emmentaler *m* <nahr> *(allg. Käsetyp, blassgelb mit großen Löchern)* • Emmentaler [Cheese]; Emmental; Emmenthaler; Emmenthal; Swiss Cheese *coll*

Emmentaler *m* <nahr> *(echt, aus der Schweiz)* • Emmentaler Cheese from Switzerland

Emmentaler Käse *m* <nahr> *(allg. Käsetyp, blassgelb mit großen Löchern)* • Emmentaler [Cheese]; Emmental; Emmenthaler; Emmenthal; Swiss Cheese *coll*

E-Mobil *n* <kfz> • electric car; electromobile; electric automobile; electric motor car; electric powered car

E-Modul *m prakt* <qualit.mat> *(Steigung der Hookeschen Geraden; z. B. in GPa oder GN/m^2)* • modulus of elasticity (E); Young's modulus; modulus *pract*

E-Modul bei Zug *m prakt* <qualit> • modulus of elasticity in tension

E-Modul Biegung *m* <qualit.mat> • flexural modulus

E-Modul Druck *m* <qualit.mat> *(Verhältnis von Spannung zur elastischen Dehnung)* • compressive modulus

E-Modul für Zugbeanspruchung *m* <qualit.mat> • tensile modulus

E-Modul Zug *m* <qualit.mat> • tensile modulus

E-Modus *m* <phys> *(Wellentyp)* • transverse magnetic mode

E-Motor *m prakt* <el> • electric motor; motor *pract.coll*

Empfänger *m* <av> *(für Radiosendungen; Bauteil einer Hifi-Anlage, ohne eigenen Verstärker)* • tuner

Empfänger *m* <el> *(z. B. einer IR- oder Funk-Fernbedienung)* • receiver

Empfänger *m* <energ.sol> *(für Sonnenstrahlung; z. B. Sonnenkollektor)* • receiver *pract*; solar receiver *form*

Empfänger *m* <fin> *(von Zahlungen)* • recipient; receiver; payee

Empfänger *m* <logist> *(von Postsendungen)* • addressee *US*

Empfänger *m* <logist> *(allg.; Person oder Gegenstand)* • receiver

Empfänger *m* <msr> *(Synchro zur Winkelübertragung m)* • synchro receiver; synchro transformer; control transformer

Empfängerabgleich *m* <el> • receiver alignment

Empfängeransprechzeit *f* <el> • receiver response time

Empfängerausfall *m* <el> • receiver failure

Empfängerausgang *m* <av> • tuner output

Empfängerausgang *m* <el> • receiver output

Empfängerbaustein *m* <av> *(in mehrteiliger Hifi-Anlage)* • tuner module

Empfänger-Code *m* <navig> *(der Satelliten-ID)* • receiver code; code replica; receiver-generated code replica

Empfängerdämpfung *f* <el> • receiver attenuation

Empfänger-Dioden *f* <opt> • quaddetector; 4-division detector; detector

Empfängereichung *f* <el> • receiver calibration

empfängereigene Integritätsüberwachung *f* (RAIM) <navig> • receiver autonomous integrity monitoring (RAIM)

Empfängereigenstrahlung *f* <el> • receiver radiation

Empfängereingang *m* <av> • tuner input

Empfängereingang *m* <el> • receiver input

Empfängereingangskreis *m* <el> • receiver front-end circuit

Empfängerempfindlichkeit *f* <navig> *(Empfänger)* • receiver sensitivity

Empfängererdklemme *f* <tele> • receiver earth terminal

Empfängererholungszeit *f* <el> • receiver recovery time

Empfängergehäuse *n* <av> • tuner cabinet

Empfängerlautstärke *f* <akust> • receiver output volume

Empfängerleistung *f* <el> • receiver performance

Empfängerprimärfarben *fpl* <av> *(Fernsehen)* • receiver primaries; receiver primary colors

Empfängerprüfgenerator *m* <tele> • alignment generator

Empfängerrauschen *n* <el> • receiver noise

Empfängerregelröhre *f* <el> • medium cut-off tube

Empfängerröhre *f* <tele> • receiving tube; receiving valve

Empfängersperröhre *f* <tele> • transmit-receive tube

Empfängerstandort *m* <navig> • receiver position

Empfängeruhr *f* <navig> • receiver clock; reference clock

Empfängeruhrenfehler *m* <navig> *(Abweichung der angezeigten Uhrzeit von der GPS-Systemzeit)* • receiver clock error; clock offset; time-bias error; time bias; clock bias

empfängerunabhängiges Austauschformat *n* <navig> • receiver independent exchange format (RINEX)

Empfänger/Verstärker *m* <av> *(Radioempfangsteil mit integriertem Verstärker)* • receiver *pract*; radio [set] *coll*

Empfängerzelle *f* <bio> *(von Viren)* • target cell; recipient cell

Empfängnisverhütungspille *f* <pharm> • birth control pill

Empfang *m* <allg> *(z. B. von Funkwellen, Telephonanruf; Gästen)* • reception

Empfang *m* <logist> *(von Waren)* • receipt

Empfang *m prakt* <navig> • signal reception; reception *pract*

empfangen *vt* <allg> *(z. B. Post, Signale)* • receive *vt*

empfangen *vt* <allg> *(z. B. Geld, Poststück)* • receive *vt*

empfangen *vt* <el> *(z. B. Funksignal)* • pick up *vt*

Empfang im Auto *m* <tele> *(z. B. Radiosignale)* • in-car reception

Empfang mit Mehrfachantenne *m* <el> • spaced-aerial reception *GB*

Empfang mit Trägerzusatz *m* <av> • local carrier reception; local carrier demodulation

Empfangsabschattung *f* <tele> *(von Funksignalen; z. B. durch Gebäude, Brücken, Tunnel, Berge)* • interruption of signal reception

Empfangsanlage *f* <tele> *(groß)* • receiving installation

Empfangsantenne *f* <el> • receiver antenna *US*; receiver aerial *GB*

Empfangsaufruf *m* <edv> • selecting

Empfangsbahnhof *m* <bahn> • arrival station

Empfangsbandbreite *f* <tele> • receiving bandwidth

Empfangsbereich *m* <tele> *(Frequenzband)* • band selection

Empfangsbereich *m* <tele> *(räumliche Abdeckung; Gegend)* • service area

empfangsbereit <tele> • ready to receive

Empfangsbescheinigung *f* <doku> • acknowledgement of receipt; receipt *coll*; receipt acknowledgement *rare*

Empfangsbestätigung *f* <doku> • acknowledgement of receipt; receipt *coll*; receipt acknowledgement *rare*

Empfangsbestätigungssignal *n* <tele> *(allg.; auch mehrere Zeichen)* • acknowledgement signal (ACK); reception confirmation signal

Empfangsbestätigungszeichen *n* <tele> *(betont: ein einzelnes Zeichen)* • acknowledgement character

Empfangscharakteristik *f* <el> • response characteristic; response curve

Empfangsdaten *pl* <edv> • received data

Empfangsdatenregister *n* <edv> • received data register

Empfangsdiagramm *n* <el> *(Antenne)* • reception diagram

Empfangsdiode *f* <msr> • photodiode; photoconductive diode; photo diode

Empfangseinheit *f* <el> *(z. B. einer IR- oder Funk-Fernbedienung)* • receiver

Empfangsempfindlichkeit *f* <navig> *(Empfänger)* • receiver sensitivity

Empfangsendgerät *n* <edv> • receiving terminal

Empfangsfenster *n* <av> *(für IR Fernbedienung)* • integrated remote control receiver [window]

Empfangsfenster für Infrarot-Fernbedienung *n* <av> • infra-red remote control receiver [window]

Empfangsfrequenz *f* <el> • reception frequency; receiving frequency

Empfangsgerät *n* <tele> *(allg.)* • receiver; receiving unit; receiving set

Empfangsgüte *f* <el> *(Funkwellen, Fernsprechen)* • reception quality

Empfangshafen *m* <nav.logist> • receiving terminal

Empfangskanal *m* <tech.allg> • receiving channel

Empfangskanal *m* <navig> • signal processing channel; receiver channel; channel CHAN *pract*

Empfangskopf *m* <msr> • receiving transducer

Empfangsleistung *f* <tele> • received power; incoming power

Empfangsloch *n* <tele> *(Mobilfunk, Rundfunk, Fernsehen)* • dead spot; blind spot

Empfangslochung *f* <tele> *(obs.)* • reperforation

empfangslose Zone *f* <tele> *(Radio; Gegend oder Frequenzbereich ohne Signal)* • silent zone; zone of silence *rare*

empfangslose Zone *f* <tele> *(Mobilfunk, Rundfunk, Fernsehen)* • dead spot; blind spot

empfangslose Zone *f* <tele.navig> *(übersprungener Frequenzbereich)* • skip zone

Empfangsoszillator *m* <el> • local oscillator

Empfangspapier für Telefaxgeräte *n form.rar* <pap> *(Thermopapier od. Normalpapier)* • fax machine paper; paper for fax machines; facsimile recording paper *obs.rare*

Empfangspegel *m* <el> • receiver input level

Empfangsqualität f <navig> • signal quality; eye pattern quality

Empfangsschaltung f <el> • receiving circuit

Empfangsseite f <tele> • receiving end

Empfangs-Sende-Verhältnis n <tele> • receive-transmit ratio

Empfangssignalstärke f <navig> • signal strength; signal power [level]; signal level

Empfangssperre f <tele> • reception lock-out switch

Empfangssperrzelle f <tele> • transmit-receive cell

Empfangsstation f <tech.allg> • receiving station; receiving terminal

Empfangsstelle f <lwl> • receiver end

Empfangsstörung f <el> • receiving disturbance

Empfangsteil n <av> *(für Radiosendungen; Bauteil einer Hifi-Anlage, ohne eigenen Verstärker)* • tuner

Empfangstrommel f <tele> *(Faxgerät)* • facsimile recording drum

Empfangsverstärker m <el> • receiving amplifier

Empfangszeitpunkt m (TOA) <navig> *(eines Signals)* • time of arrival (TOA)

Empfehlung f <allg> • recommendation

empfindlich <allg> *(zart, fein; z. B. Struktur, Gefüge, Haut)* • delicate

empfindlich <allg> *(verletzlich, gefährdet; z. B. System, Bereich, Haut)* • sensitive

empfindlich <tech.allg> *(gut oder rasch auf etwas reagierend)* • responsive

empfindlich <tech.allg> *(unerwünscht auf etwas reagierend; z. B. gegenüber Antibiotika)* • susceptible

empfindlicher Standort m <ents> • sensitive site

empfindliches Element n <msr> • detecting element; sensing element

empfindlich gegenüber Wärmeeinwirkung <tech.allg> • heat-sensitive; thermosensitive; sensitive to heat

Empfindlichkeit f <allg> *(physiologisch)* • sensibility

Empfindlichkeit f <tech.allg> • sensitivity

Empfindlichkeit f <tech.allg> *(betont: Verwundbarkeit)* • vulnerability

Empfindlichkeit f <tech.allg> *(allg.; z. B. für Störungen, Schäden, Rissbildung)* • susceptibility

Empfindlichkeit f (SPL) <av> *(eines Lautsprechers für zugeführte Leistung; in dB/W/m)* • sensitivity (SPL); sound pressure level

Empfindlichkeit f <av> • light sensitivity; sensitivity; minimum illumination

Empfindlichkeit f <med.tech> *(Einstellgröße, Ansprechschwelle)* • sensitivity setting; trigger sensitivity [setting]; sensitivity control

Empfindlichkeit f <msr> *(von Messgeräten)* • sensitivity; sensitiveness

Empfindlichkeit f <msr> *(Ansprechverhalten; z. B. e. Detektors)* • response; responsivity *rare*

Empfindlichkeit f <phot> • film speed; film sensitivity; speed

Empfindlichkeit im diffusen Schallfeld f <akust> • random-incidence response

Empfindlichkeitsabfall m <el.msr> • sensitivity fall-off; sensitivity decrease

Empfindlichkeitsabweichung f <msr> • thermal effect on span; thermal sensitivity; sensitivity shift

Empfindlichkeitsbereich m <msr> • sensitivity range

Empfindlichkeitscharakteristik f <opt.phot> • sensitivity characteristic; response characteristic

Empfindlichkeitsdrift m <msr> • thermal effect on span; thermal sensitivity; sensitivity shift

Empfindlichkeitseinstellung f <msr> • sensitivity adjustment; adjustment of the sensitivity

Empfindlichkeitsfaktor m <msr> *(Dehnmessstreifen)* • gauge factor

Empfindlichkeitsfaktor m <msr> *(allg.)* • sensitivity factor

Empfindlichkeitsgrenze f <msr> *(Messgerät, Sensor)* • detection limit; limit of sensitivity; limit of response

Empfindlichkeitskurve f <msr> • sensitivity curve

Empfindlichkeitsmesser m <phot> • sensitometer

Empfindlichkeitsmessung f <phot> • sensitometry

Empfindlichkeitsprüfung von Krankheitserregern f DIN 58940-3 <med.bio> *(z. B. gegen Chemotherapeutika)* • susceptibility testing of pathogens DIN 58940-3

Empfindlichkeitsregelung f <msr> • sensitivity control

Empfindlichkeitsregler m <msr> *(an Sensoren)* • sensitivity adjuster

Empfindlichkeitsschwankungen fpl <msr> • variation in sensitivity

Empfindlichkeitsschwelle f <msr> • threshold of sensitivity; threshold of response

Empfindlichkeitssteigerung f <msr> • sensitivity increase

Empfindlichkeitssteigerung f <phot> • speed increase

Empfindlichkeitsunterschiede mpl <msr> • variation in sensitivity

Empfindlichkeitsverlust m <msr> • black-out effect

Empfindlichkeitszahl f <msr> • sensitivity factor

Empfindlichkeitszeit f <phys> *(Teilchenphysik)* • sensitive time

Empfindlichmachen n <phot> • sensitization

Empfindung f <psych> • perception; sensation

Empfindungsschwelle f <phys> • sensation threshold; sensory threshold

empfohlene Benennung f <term> • recommended term

empfohlene Einstellungen fpl <tech.allg> • recommended settings

empfohlener Verkaufspreis m <ökon> *(des Herstellers)* • suggested retail price; suggested retail *pract*; mfr. sugg. retail *pract*; manufacturer's suggested retail price *rare*

empfohlener Verkaufspreis des Herstellers m rar <ökon> *(des Herstellers)* • suggested retail price; suggested retail *pract*; mfr. sugg. retail *pract*; manufacturer's suggested retail price *rare*

empfohlener VK m prakt <ökon> *(des Herstellers)* • suggested retail price; suggested retail *pract*; mfr. sugg. retail *pract*; manufacturer's suggested retail price *rare*

Emphasis f <edv.av> • resonance (Q); peak; emphasis

Emphysem n <med> • emphysema

Emphysema n <med> • emphysema

Empirie f <allg> • empirism

empirisch <allg> • empiric; empirical

empirisch abgeleitete Formel f <math> • empirical formula

empirisches Annäherungsverfahren n <tech.allg> • trial-and-error method; empirical approximation

empirisches Ermittlungsverfahren n <tech.allg> *(z. B. durch Praxisbeobachtung, Trial and Error)* • empirical method; empirical determination

empirisches Verfahren n <tech.allg> *(z. B. durch Praxisbeobachtung, Trial and Error)* • empirical method; empirical determination

Empore f <bau> *(z. B. in Kirche, Theater)* • gallery

Emscherbrunnen m <ents> *(Abwasser)* • Imhoff tank

Emulation f <edv> *(z. B. eines Druckers, Betriebssystems)* • emulation

Emulator m <edv> • emulator

Emulgator m <chem> • emulsifier; emulsifying agent

Emulgator m <verf> *(Gerät)* • emulsifier; emulsification machine

emulgierbar <chem> • emulsifiable

emulgierbares Konzentrat *n* <chem> • emulsifiable concentrate

emulgieren *vt* <chem> • emulsify *vt*

Emulgiermaschine *f* <verf> *(Gerät)* • emulsifier; emulsification machine

Emulgiermühle *f* <verf> • emulsifying mill

Emulgierneigung *f* <chem> • emulsifying tendency

emulgiertes Wasser *n* <chem> • emulsified water

Emulgierung *f* <chem.verf> • emulsification

Emulgierungsmittel *n* <chem> • emulsifier; emulsifying agent

Emulgiervermögen *n* <chem> • emulsifying power

Emulieren *n* <edv> *(z. B. eines Druckers, Betriebssystems)* • emulation

emulieren *vt* <edv> *(techn. Verhalten; z. B. Drucker)* • emulate *vt*

Emulsion *f* <chem> • emulsion

Emulsion *f* <chem> *(allg.)* • emulsion

Emulsion *f* <phot> *(auf Fotopapier, Film)* • emulsion; emulsion layer; emulsion coating; photographic layer; coating *pract*

Emulsion brechen *vt* <chem.verf> • demulsify *vt*; break an emulsion *vt*; crack an emulsion *vt*

Emulsion oben <el.ic.prod> *(Filmmaster-Orientierung)* • emulsion side up; emulsion up

Emulsionsbeständigkeit *f* <chem> • emulsion stability

Emulsionsbildung *f* <chem.verf> • emulsification

Emulsionsbindemittel *n* <chem> • emulsion vehicle

Emulsionsbrecher *m* <chem> • demulsifier

Emulsionsentmischer *m* <chem> • demulsifier

Emulsionsfarbe *f* <obfl> • emulsion paint

Emulsionskonzentrat *n* <chem> • emulsifiable concentrate

Emulsionslack *m* <obfl> • emulsion varnish; emulsive varnish

Emulsionsmaske *f* <el> • emulsion mask

Emulsionsmischpolymerisation *f* <chem> • emulsion copolymerization

Emulsionsnebelkammer *f* <nukl> • emulsion cloud chamber

Emulsionspolymerisation *f* <chem> • emulsion polymerization

Emulsionsreiniger *m* <obfl> • emulsion cleaner

Emulsionsschicht *f prakt* <druck> *(Silberhalogenid-Platte)* • silver halide emulsion layer *wiss*; emulsion layer *pract*

Emulsionsschicht *f* <phot> *(auf Fotopapier, Film)* • emulsion; emulsion layer; emulsion coating; photographic layer; coating *pract*

Emulsionsschleier *m* <phot> • emulsion fog

Emulsionsseite oben <el.ic.prod> *(Filmmaster-Orientierung)* • emulsion side up; emulsion up

Emulsionsseite unten <el.ic.prod> *(Filmmaster-Orientierung)* • emulsion side down; emulsion down

Emulsionsspalter *m* <chem> • demulsifier

Emulsionsspaltung *f* <chem.verf> • demulsification

Emulsionsspülung *f* <petr> • oil-in-water emulsion mud; emulsion mud

Emulsionsstabilisator *m* <chem> • emulsion stabilizer

Emulsionsstabilität *f* <chem> • emulsion stability

Emulsionstrennanlage *f* <verf> • emulsion separator; de-emulsifier

Emulsionswäsche *f* <chem.verf> • emulsion scouring

Emulsion unten <el.ic.prod> *(Filmmaster-Orientierung)* • emulsion side down; emulsion down

Emulsion von Wasser in Öl *f* <chem> *(z. B. Kühl-Schmierung von Werkzeugschneiden, Kosmetika)* • water-in-oil emulsion

EMV <el> • electromagnetic compatibility (EMC)

EMV-fest <el> • electromagnetically hardened; EMI-hardened

EMV-geschützt <el> • electromagnetically hardened; EMI-hardened

enantiomer <chem> *(spiegelbildliche Form)* • enantiomorphous; enantiomorphic; enantiomeric

Enantiomer *f* <chem> *(spiegelbildliches Isomer)* • enantiomer; enantiomorph; optical isomer; antimer

enantiomorph <chem> *(spiegelbildliche Form)* • enantiomorphous; enantiomorphic; enantiomeric

enantiomorphe Form *f* <chem> *(spiegelbildliches Isomer)* • enantiomer; enantiomorph; optical isomer; antimer

Enantiomorphie *f* <chem> • enantiomorphy; mirror-image isomerism; optical isomerism

enantiotrop <chem> • enantiotropic

Enantiotropie *f* <chem> • enantiotropy

E-Nase *f* <msr> • electronic nose; E-nose

Encoder *m* <edv> • encoder

Encoder und Mixer *m* <av> • encoder and mixer

Endabbau *m* <ökol> *(vollständiger biochemischer Abbau organischer Stoffe)* • ultimate degradation

Endabbaubarkeit *f* <ökol> • ultimate biodegradability

Endabdeckung *f* <ents> *(einer Deponie)* • final cover

Endabmessung *f* <prod> • final size

endabmessungsnahes Gießverfahren *n* <prod> *(Präzisionsguss)* • near-net-shape casting [process]

Endabnahme *f* <qualit> • final inspection (EOLT); final inspection and testing; end-of-line test

Endabnahmebescheinigung *f* <doku> • final certificate

Endabnahmeprüfung *f* <qualit> • final inspection for acceptance

Endabschaltung *f* <av> • shut-off mechanism

Endadresse *f* <edv> • end address

Endamt *n* <tele> • terminal exchange; terminal station *rare*

Endanflug *m* <aerospace> • final approach

Endanschlag *m* <masch> *(betont: für Grenzposition)* • limit stop

Endanschlag *m* <wz.masch> *(zur Hubbegrenzung)* • stroke-length adjusting stop

Endanwendungssituation *f* <tech.allg> • enduse situations

Endatom *n* <chem> • end atom; terminal atom

Endauflager *n* <tech.allg> *(z. B. von Brückenträger, Welle)* • end support

Endauflager *n* <bau> • abutment

Endaufmachung *f* <textil> *(Wickelei)* • final making-up

Endausbau *m* <tech.allg> *(z. B. von Produktionsanlagen)* • final capacity stage

Endausbau *m* <navig> • Full Operational Capability (FOC)

Endauslösung *f* <tech.allg> *(z. B. Hubseil, Schlitten, Band)* • end trip

Endausschalter *m* <el> • final limit switch; limit switch

Endausschlag *m* <msr> • full-scale deflection

Endbahnhof *m* <bahn> • terminal station; terminus

Endballistik *f* <mil> • penetration ballistics; terminal ballistics

Endband *n* <av> • trailer tape

Endbearbeitungsverfahren *n* <prod> *(spanend)* • final machining process

Endbearbeitungsverfahren *n* <prod> *(allg.)* • finishing process

Endbegrenzung *f* <autom> *(für FTS etc.; z. B. am Fahrbahnende)* • back stop

Endbegrenzungsschalter *m* <el> *(z. B. Kran, Werkzeugmaschine)* • overtravel limit switch; limit switch

Endbehandlung *f* <bio> *(von Tierpräparaten)* • finishing

Endbenutzer *m* <tech.allg> • end user

Endbenutzer-Lizenzvertrag *m* <edv> • end-user license agreement (EULA)

Endbild *n* <av> • outgoing picture
Endblech *n* <kfz> *(am Fahrzeugheck unten)* • closing section; closing panel; rear corner valance *GB*; rear corner panel; rear quarter valance *GB*
Endbleiche *f* <pap> • final bleaching
Endbleichstufe *f* <pap> • whitening stage
Endbügeln *n* <textil> • off-pressing
Enddrehzahlregler *m* <masch.msr> • maximum speed governor
Enddruck *m* <masch> • final pressure
Ende *n* <allg> *(räumlich, zeitlich)* • end
Ende *n* <allg> *(spitz; z. B. a Flügel, Stange, Stock)* • tip
Endeanweisung *f* <edv> • end order; end statement
Endechosperre *f* <tele> • terminal echo suppressor
Endeffektor *m* <edv> • end effector
Endeinrichtung *f* <tele> *(z. B. Telefon, Fax, Anrufbeantworter, Modem, PC)* • terminal equipment (TE); terminating equipment
Endeinspannung *f* <mech> *(z. B. Träger)* • end restraint; end fixing
Endeinstellung *f* <prod> • final adjustment; final setting
Endeinstieg *m* <fz> • end entrance
Endekarte *f* <edv> • trailer card
Endekennsatz *m* <edv> • end label
Endemarke *f* <edv> *(Blockende)* • block mark
Endemarke *f* <edv> *(allg.)* • end mark
endemisch <med> *(Krankheit)* • endemic
Endenergie *f* <phys> • end-point energy
Endergebnis *n* <tech.allg> *(z. B. Berechnung, Auszählung)* • end result; final result
endergon *rar* <chem/phys> *(z. B. Reaktion, Prozess)* • endergonic; energy-requiring; energy-demanding
endergonisch <chem/phys> *(z. B. Reaktion, Prozess)* • endergonic; energy-requiring; energy-demanding
Enderzeugnis *n* <prod> • final product
Ende-Taste *f* <edv> • End key
End-Expiratory Positive Airway Pressure (EPAP) <med.tech> • end-expiratory positive airway pressure (EPAP)
endexspiratorische CO$_2$-Konzentration *f* (etCO$_2$) <med.tech> • end tidal CO$_2$-concentration (etCO$_2$)
endexspiratorische Pause *f* <med.tech> • end-expiratory pause; expiratory pause *ISO 4135*
endexspiratorischer Druck *m* (EEP) <med.tech> • end-expiratory pressure (EEP)
endexspiratorisch positiver Atemwegsdruck *m* <med.tech> • end-expiratory positive airway pressure (EPAP)
Ende-zu-Ende-Synchronisation *f* <edv> • end-to-end synchronization
Endfensterzählrohr *n* <nukl> • end-window counter
Endfernamt *n* <tele> • terminal trunk exchange
Endfestigkeit *f* <qualit.mat> • final strength
Endfestpunkt *m* <rls> • main anchor
Endfeuchte *f* <hlk> • final moisture content
Endfläche *f* <prod> *(Werkstück, Werkzeug)* • end face
Endform *f* <metall> *(netto, nach Spanabnahme)* • net shape
Endform *f* <prod> *(allg.)* • final shape
Endformat *n* <phot> • final size
Endformen im Fertiggesenk *n* <prod> • final drop forging
Endformgesenk *n* <wz> • finishing die
endformnahes Schmieden *n* <metall> • near-net-shape forging
endformnahes Verfahren *n* <metall> • near-net-shape process
Endgefüge *n* <prod> • final structure
Endgehalt *m* <nukl> *(in Prozent)* • tails assay

Endgenauigkeit *f* <edv> • end point accuracy
Endgenauigkeit *f* <prod> • final precision
Endgerät *n* <edv> *(z. B. Bildschirm, Tastatur, Drucker)* • data terminal equipment (DTE); data processing terminal; processing terminal; terminal device
Endgerät *n* (TE) <tele> *(z. B. Telefon, Fax, Anrufbeantworter, Modem, PC)* • terminal equipment (TE); terminating equipment
Endgerät beim Kunden *n :V* <tele> *(vor Ort)* • customer premises equipment (CPE)
Endgeräteanpassung *f* <tele> *(zum Anschluss von analogen Geräten an ISDN-Anschluss)* • terminal adapter (TA); ISDN adapter
Endgeschwindigkeit *f* <tech.allg> • final speed; final velocity
Endgestänge *n* <el> • end pole
Endgruppe *f* <chem> • end group; terminal group
endgültig <allg> *(z. B. Entscheidung, Ergebnisse, Messwerte)* • definite; final
endgültig <allg> *(nicht überbietbar, non plus ultra)* • ultimate
endgültige Abklingzeit *f* <av> *(eines Tons)* • release; release time; release phase
endgültige Ausklingzeit *f* <av> *(eines Tons)* • release; release time; release phase
endgültige Betriebsbereitschaft *f* <navig> • Full Operational Capability (FOC)
endgültige gesetzliche Grenzwerte *mpl* <jur> • ultimate statutory standards
endgültige Vergrößerung *f* <phot> • final print
endgültig stillgelegt <tech.allg> *(allg.)* • terminally removed from service
endgültig stillgelegt <econ> *(größere oder genehmigungspflichtige Anlagen)* • terminally decommissioned
Endgüte *f* <qualit> • finish quality
Endhafen *m* <nav> • terminal port; terminal
Endhaken *m* <bau> • end hook
Endhaltestelle *f* <verk> *(ÖPNV, Bus, Straßenbahn)* • terminus
Endhieb *m* <agri> • final felling
Endhieb *m* <wz> *(Feile)* • final cutting
Endhülse *f* <masch> • end sleeve
Endimpedanz *f* <el> • end impedance
endinspiratorisches Plateau *n* (EIP) <med.tech> • end-inspiratory pause (EIP); end-inspiratory plateau; inspiratory pause *ISO 4135*
Endkaliber *n* <prod> *(Walzwerk)* • finishing pass
Endkapazität *f* <el> *(zuletzt)* • terminating capacitance
Endkapazität *f* <el> *(maximal)* • top capacitance
Endkappe *f* <tech.allg> • end cap
Endkappe *f* <tech.allg> *(Abdeckkappe, z. B. seitlich an Stoßfängern, Leisten)* • end cap
Endkontakt *m* <el> • terminal contact
Endkontrollbehälter *m* <verf> • final inspection vessel
Endkontrolle *f* <qualit> *(nur Sichtprüfung)* • final inspection
Endkontrolle *f* <qualit> *(u.U. mit Tests, Prüfungen, Messungen)* • final check; final testing
Endkontrolleinrichtung *f* <qualit> *(Monitor)* • master monitor
Endkonzentration *f* <ents> • effective concentration
Endkrater *m* <füg> *(Schweißnaht)* • terminal crater; terminal weld crater
Endkraterlunker *m DIN EN ISO 6520* <metall.qualit> • crater pipe *ISO 6520-1*
Endkraterriss m *DIN EN ISO 6520* <qualit.mat> • crater crack *ISO 6520-1*
Endlackierung *f* <obfl> *(Schicht)* • top coat; final paint coat; top paint coat; finish; finish coat

Endlage f rar <masch> (von Hubbewegungen; z. B. von Kolben, Schlitten) • dead-center position US; dead-centre position GB

Endlagenschalter m <el> (für Bewegungen; z. B. an Kran, Werkzeugmaschine) • limit switch; overtravel limit switch rare

Endlager n <tech.allg> (Durchlaufträger) • end bearing

Endlagerung f <ents> • final deposition

Endlauge f <chem> • final liquor

endlich <tech.allg> • finite

endlich benachbart <math> • finitely separated

endlichdimensionaler Raum m <phys> • finite-dimensional space

endliche Gleichung f <math> • finite equation

endliche Zahl f <math> • finite number

Endlichkeitsfaktor m <math> • finite multiplier

endlos <tech.allg> (z. B. Prozess, Papier, Faden, Faser) • continuous; endless

Endlosaufnahme f <av> • continuous recording; loop recording; endless recording; endless record

Endlosaufnahmefunktion f <av> • continuous recording; loop recording; endless recording; endless record

Endlosband n • continuous tape

Endlosbandcassette f <av> • cartridge

Endlosbandkassette f <av> • endless-loop tape cartridge; tape loop cartridge; tape loop cassette

Endlosbetrieb m Tho <av> • continuous playback; loop playback; endless playback; endless play Nok; repeat function Phi

Endloscassette f <av> • cartridge

Endlosdruck m <druck> • continuous stationery printing

Endlosdruck m <pap.ents> • continuous print

Endlosdruckpapier n <pap.ents> • continuous printing paper

endlose Bandlochkarte f <textil> • endless punched paper

endlose Elektrode f <füg> (Schweißtechnik (z. B. Drahtelektrode)) • continuous electrode; continuous wire electrode

endlose Faser f ugs <mat> • continuous filament; continuous fiber US; continuous fibre GB; endless fiber US.coll; endless filament rare

endloser Kettenaufzug m <förd> • ginney

endloser Kettenförderer m <förd> • circulating chain conveyor

endloser Seitenring m did <kfz> (Felge) • side ring; continuous side ring did; endless side ring did; flange ring US

endloses Band n <av> • looped tape

endloses Strangpressen n <metall> • continuous extrusion

endlose Wiederholfunktion f Nor <av> • continuous playback; loop playback; endless playback; endless play Nok; repeat function Phi

Endlosfaser f <mat> • continuous filament; continuous fiber US; continuous fibre GB; endless fiber US.coll; endless filament rare

Endlosfilament n form <mat> • continuous filament; continuous fiber US; continuous fibre GB; endless fiber US.coll; endless filament rare

Endlosformular n <edv> • continuous form

Endlosformular n <pap> • endless form

Endlosformulardruck m <druck> • continuous stationery printing

Endlosformularführung f <edv> • continuous form guide

Endlosformular mit beidseitigem Führungslochrand n <pap> • continuous pin-feed form

Endlosformularpapier n <pap> • continuous stationary

Endlosgarn n <textil> • filament yarn; continous filament [yarn]; filament

Endloskette f <prod> • endless chain

Endloslaserdrucker m <edv.doku> • continuous laser printer

Endloslochstreifen m <edv> • looped tape

Endlosmaterial n <edv> • continuous material; continuous form

Endlospapier n <edv> • continuous feed media pl; continuous forms pl; continuous forms paper

Endlospapier mit Führungslochrand n <pap.edv> (mit Zickzack-Falzung) • continuous fanfold media pl; fanfold paper; zig-zag fold paper; z-fold paper

Endlosrad n <edv.av> • jogger wheel; alphadial

Endlosschleife f DIN 45510 <av> (Anfang und Ende eines Magnetbandes verbunden) • endless loop

Endlosschleife f ugs <edv> • animation loop; loop coll

Endlossieb n <pap> • endless wire

Endlostraktor m <druck> (zum Transport von Endlospapier) • tractor; form tractor form; tractor unit

Endlostransportband n <förd> • continuous conveyor belt

Endloswiedergabe f <av> • continuous playback; loop playback; endless playback; endless play Nok; repeat function Phi

Endloszwirn m <textil> • filament thread

Endmaß n DIN EN ISO 3650 <msr> (endgültige Abmessung) • end measure ISO 3650; gauge block

Endmaß n <msr> (Lehre) • slip gauge

Endmaß n <msr.wz> (Blocklehre) • block slip gauge; block gauge; end-measuring block; reference gauge block; size block

Endmaßblock m DIN 861 <msr.wz> (Blocklehre) • block slip gauge; block gauge; end-measuring block; reference gauge block; size block

Endmasse f <phys> • final mass

Endmaßeinsatz m <msr> • end-measuring rod

Endmaßeinstellung f <msr> • setting by end measures

Endmaßlehrenbohrmaschine f <wz.masch> • end-measure jig boring machine; end-measure jig borer pract

Endmaßsatz m <msr> • set of end measures; gauge-block set

Endmaßvergleichsmesser m <msr> • gauge-block comparator

Endmast m <el> • terminal pole; dead-end tower

Endmontage f <bau> (Aufrichten, Errichtung von etw.) • final erection

Endmontage f <prod> (Zusammenbau; Station im Fertigungsablauf) • final assembly

Endmontagelinie f :V <kfz.prod> • trim line

Endmoräne f <geo> • end moraine

Endnutzung f <holz> • final felling

endo <med> • endonuclease (endo)

End-of-pipe-Technologie f <ents> (Verfahren zur Abgasreinigung, Rückstandsbehandlung) • secondary measure; end-of-pipe technology

End of SysEx-Byte n (EOX) <el.mus> (MIDI) • End of Sysex (EOX); EOX byte

endogenes Virus n <med> • endogenous virus

endokardiale Elektrode f <med> • endocardial lead

endoluminale Gefäßprothese f <med.tech> • endovascular graft; intraluminal prosthesis; endoluminal graft; intraluminal [vascular] graft; endoluminal prosthesis

Endonuklease f (endo) <med> • endonuclease (endo)

Endoprothese f <med.tech> • endoprosthesis

Endoradiosonde f • endoradiosonde

ENDOR-Technik f <phys> • electron nuclear double resonance technique; ENDOR method

Endoskop n <wz> • endoscope

endoskopisches Zubehör n DIN ISO 8600-3 <med.tech> • endoscopic accessories DIN ISO 8600-3

endoskopische Video-Stroboskopie f <qualit> • endoscopic video stroboscopy *:V*

endotherm <tech.allg> *(z. B. chemische Reaktion)* • endothermal; endothermic; heat-absorbing

Endotrachealtubus m <med.tech> • endotracheal tube; tracheal tube; ET-tube

endovaskuläre Prothese f <med.tech> • endovascular graft; intraluminal prosthesis; endoluminal graft; intraluminal [vascular] graft; endoluminal prosthesis

Endozytose f <med> • receptor-mediated endocytosis

Endpassstück n <prod> *(Messeranschlag)* • blade stopper

Endpassstück n <prod> *(Zwischenstück)* • end filling piece

Endpentode f <el> • output pentode

Endphase f <tech.allg> • final phase; end phase

Endplatte f <masch> • end plate

Endplatte f <prod> *(Plattenwärmetauscher)* • end cover

Endpol m <kfz.el> *(Starterbatterie)* • battery post; terminal post

Endpol-Abdeckkappe f <kfz.el> *(Batterie)* • terminal post cover

Endposition <tech.allg> *(z. B., Kran, Roboterarm, Schlitten)* • stop position

Endposition f <tech.allg> *(zeitlich zuletzt)* • final position

Endposition f <masch> *(von Hubbewegungen; z. B. von Kolben, Schlitten)* • dead-center position *US*; dead-centre position *GB*

Endprodukt n <prod> *(betont: letztendliches Ergebnis)* • final product

Endprodukt n <prod> *(betont: Resultat eines Vorgangs, Verfahrens)* • resulting product

Endprodukt n <prod> *(allg.)* • end product

Endprodukt n <prod> • end product; final product; finished product

Endprüfung f <qualit> *(betont: Vorgang; mehr als Sichtkontrolle)* • final testing

Endprüfung f <qualit> • final test; final examination

Endpunkt m <tech.allg> • final point; end point

Endpunkt m <math> • terminus

Endpunktbestimmung f <wz.masch> *(CNC; Endpunkt der relativen Werkzeugbahn)* • end-point determination

Endpunkte klinischer Studien mpl <med> • endpoints of clinical trials

Endpunktgenauigkeit f <edv> • end point accuracy

Endqualität f <qualit> • final quality; output quality

Endrahmen m <logist> *(von Regalen)* • end frame; rack end

Endrahmen m <logist> *(Fachbodenregal)* • shelf end

Endrefiner m <pap> • final refiner

Endregelglied n <msr> • final control element

Endregelgröße f <msr> • ultimately controlled variable

Endreinigung f <obfl> • final cleaning

Endröhre f <el> • output valve; output tube

Endröhre mit Elektronenbündelung f <el> • beam-power valve

Endrohr n <kfz.emiss> *(Abgasanlage)* • tailpipe; tailspout; spout *coll*; outlet *GB*

Endrohr-Abgaswerte mpl <kfz.emiss> • tailpipe emissions *pl*

Endrohrverlängerung f <kfz> *(Bauteil)* • tailpipe extension; exhaust extension

Endschalter m <el> *(für Bewegungen; z. B. an Kran, Werkzeugmaschine)* • limit switch; overtravel limit switch *rare*

Endscheibe f <förd> *(auf Seiltrommel)* • return sheave

Endscheibe f <kfz.antr> *(für Synchronring, auf Getriebewelle)* • synchronizer retainer plate

Endschliff m <obfl> *(Lackvorbereitung)* • final sanding

Endschott n <nav> • end bulkhead

Endschott der versenkten Back n <nav> • break bulkhead of sunk forecastle

Endschürze f <kfz> • rear valance; lower back panel *US*; rear apron *GB*; lower tail panel

Endsiedepunkt m <phys> • final boiling point (FBP)

Endspannung f <el> • final voltage; end-point voltage; terminal voltage

Endspannung f <kfz.el> • cutoff voltage; end-point voltage *GB*

Endspeicher m <energ.hydr> • lowest reservoir

Endspitze f VW <kfz> • bumper mounting panel

Endspreize f <bau> • face piece; face waling

Endstabilität f <nav> • final stability

Endstabilität f <qualit> • ultimate stability

Endstadium n <allg> • final stage

endständig <bio> *(Botanik)* • terminal

endständige Gruppe f <chem> • terminal group

endständiges Atom n <chem> • terminal atom; end atom

Endstein m <wz> • finishing die

Endstelle f <edv> *(entfernt)* • remote terminal; distant terminal

Endstelle f <lwl> • terminal point

Endstelle f <tele> *(lokal)* • terminal; terminal station; local end

Endstelleneinrichtung f <tele> *(z. B. Telefon, Fax, Anrufbeantworter, Modem, PC)* • terminal equipment (TE); terminating equipment

Endstellenleitung f <tele> • terminal line

Endstellung f <tech.allg> *(zeitlich zuletzt)* • final position

Endstellung f <masch> *(zeitlich oder räumlich; z. B. Kolben, Schlitten, Werkzeug)* • end position

Endstellung f <masch> *(von Hubbewegungen; z. B. von Kolben, Schlitten)* • dead-center position *US*; dead-centre position *GB*

Endsteuerzeichen n <edv> • end mark; end marker

Endstreckenband n <prod> • final drawn sliver

Endstück n <tech.allg> • end piece; tail piece

Endstück n <kfz> *(für Auspuffendrohr)* • muffler tip

Endstufe f <tech.allg> • final stage

Endstufe f <av> • output stage

Endstufe f <av> *(Baustein einer Hifi-Anlage)* • power amplifier; power stage *rare*

Endstufenmodulation f <el> • high-power modulation; high-level modulation

Endstufensortierung f <ents> *(bei Rejectsortern)* • tail screening

Endstufentransistor m <el> • output stage transistor

Endsumme f <math> • final total; grand total; total

Endtermin m <jur> *(angestrebtes Zieldatum)* • target date

Endtermin m <jur> *(spätestes Datum; z. B. für eine Lieferung)* • deadline

Endtetrode mit Elektronenbündelung f <el> • beam power tetrode

Endteufe f (ET) <petr/min> • target depth (TD); total depth

Endtopf m prakt <kfz> *(allg.)* • rear muffler *US*; rear silencer *GB*

Endtransistor m <kfz.el> *(Transistorzündung)* • output transistor

Endtülle f <tele> • terminal socket

Endübertrag m <math> • end carry

Enduro f ugs <kfz> • off-road motorcycle; off-road bike; trail bike *pract*; dirt bike *coll*; enduro *coll*

Endurostiefel m <kfz.bekl> • enduro-style boot

Endvakuum n <phys.verf> • ultimate vacuum; final vacuum

endverankerte Spannbewehrung f <bau> • end-anchored reinforcement

Endverankerung f <bau> • end anchorage

Endverarbeitungslinie f <prod> • finishing line

Endverbraucher m <ökon> • end user; end consumer; final consumer; retail customer; ultimate consumer

Endverbraucher m <pap.ents> • end user; end consumer

Endverluste fpl <nukl> • end losses

Endverrohrung f <petr> • inner conductor; oil string; production casing

Endverschluss m <el> • terminal box

Endverschluss m <masch> (Stahldrahtseil) • sealing end

Endverschluss m <nukl> • end plugs

Endverstärker m <av> (Baustein einer Hifi-Anlage) • power amplifier; power stage rare

Endverstärker m <el> (allg., betont: am Ende) • final amplifier

Endverstärker m <el> (allg.; betont: Ausgangsverstärkung) • output amplifier

Endverstärker m <tele> • terminal amplifier; terminal repeater

Endverstärkerstufe f <av> • power amplifier stage; final amplifier stage

endverstärkt <fz> (Fahrradrahmen) • double butted

Endverzug m <prod> • finishing draft

Endverzweiger m <el> • distribution point

Endvliesbreite f <textil> • layering width

Endvorgelege n <kfz> • final drive for the driving wheel

Endvorspannung f <bau> (Spannbeton) • final prestress

Endwahrscheinlichkeit f prakt <math> • a-posteriori probability

Endwalze f <prod> • finishing roll

Endwert m <tech.allg> • final value

Endwertsatz m <math> • final-value theorem

Endwiderstand m <el> • terminal resistance

Endwindung f <masch> (letzte Windung einer Schraubenfeder) • end coil

Endwinkel m <tech.allg> • outlet angle

End-zu End-Verbindung f <tele> • end-to-end connection

Endzustand m <tech.allg> • final condition; final state

Endzustand m <phys.el> • final state of equilibrium

Energetik f <phys> • energetics

energetisch <phys> • energetic

energetische Abfallverwertung f <ents> • conversion of refuse to energy (CRE)

energetische Nutzbarmachung f <ents> (von Abfällen; d.h. Verbrennung) • energetic recovery

energetischer Wirkungsgrad m <phys> (allg.) • energetic efficiency

energetischer Wirkungsgrad m <therm> (betont: Energieumwandlung) • energy-conversion efficiency

energetische Verwertung f <ents> (von Abfällen; d. h. Verbrennung) • energetic recovery

Energie f prakt <el> • power

Energie f (E) DIN 1345 <phys> • energy (E)

Energieabgabe f <energ> • energy output; energy release

Energie abgeben vi <phys> (erwünscht, bereitstellen) • deliver energy vi; provide energy vi

Energie abgeben vi <phys> (unerwünscht, verlieren) • lose energy vi

energieabgebend <tech.allg> (physikalische, chemische Vorgänge) • exoergic

energieabhängig <tech.allg> (z. B. Antrieb, Prozess) • energy-dependent

energieabhängiger Speicher m <edv> • volatile memory

Energieabsorber m <energ.sol> • heat-pump assisted solar collector

Energieabsorber m <kfz> (allg. und Kindersitz) • energy absorber

energieabsorbierend <tech.allg> • energy-absorbing

Energieabsorption f <phys> • energy absorption

Energieabstand m <energ.sol> • band gap; energy gap; forbidden band; forbidden energy gap

energiearm <nahr> • low-joule

energiearm <phys> • low-energy

energiearm <phys> (Strahlung) • non-penetrating; soft pract

Energieaufbereitung f <energ.sol> • power conditioning

Energieaufnahme f <phys> • energy absorption

energieaufnehmend <tech.allg> (chemische, physikalische Prozesse) • endoergic

Energieaufwand m <allg> (Biologie, Technik) • energy expenditure

Energieausbeute f <allg> • energy output; energy yield

Energieausbeute f <allg> • energy efficiency

Energieausgangsleistung f • energy output

Energieausnutzung f <tech.allg> • energy utilization

Energieaustausch m <tech.allg> • energy exchange

Energieaustauschzeit f <nukl> • time of energy exchange; energy exchange time

energieautarkes Solarhaus n <bau> • self-sufficient solar house (SSSH)

Energiebändermodell n <phys> • band model; energy band model; band theory of solids

Energiebänderschema n <phys> • energy band scheme

Energieband n <phys> • energy band

Energiebandverbreiterung f <phys> • energy band broadening

Energiebedarf m <allg> (Lebewesen, Maschine, Prozess) • energy demand

Energiebedarf m <tech.allg> • power demand; power requirements pl

Energiebedarf m <el> • current consumption; power consumption

Energiebereich m <phys> • energy region; energy range

Energieberg m <phys> (Reaktionskinetik) • energy barrier

Energiebilanz m <tech.allg> (chemische, physikalische Prozesse) • energy balance

Energiebilanz f <phys> • energy equilibrium; energy balance; balance of energy

Energiebrutreaktor m <nukl> • power breeder reactor

Energiedegradation f <phys> • energy degradation

Energiedeposition f <nukl> • deposition of energy

Energie der Drehbewegung f <mech> • rotational energy; rotational kinetic energy

Energie des elektromagnetischen Feldes f <nukl> • energy of electromagnetic field; electromagnetic energy

Energiedichte f <druck> (Belichtung) • energy density

Energiedichte f <nukl> • power density

Energiedichte f <phys> • energy density

Energiedichte der Formänderung f <mech> • strain work per unit volume; strain energy per unit volume

Energiedichteprodukt n <phys> • magnetic energy product

Energiedifferenz f <licht> • energy difference

Energiedirektumwandlung f <energ> • direct conversion of energy

Energiedissipation f <phys> • energy dissipation

Energiedosis f <nukl> • absorbed dose

Energiedosisleistung f <nukl> • absorbed dose rate

Energiedosisrate f <nukl> • absorbed dose rate

Energieeinheit f <phys> (z. B. Joule, Kilowattstunde) • unit of energy; energy unit

Energieeinsparung f <bau> • energy savings pl

Energieeinspeisung f <energ> • energy feeding; energy supply

Energieelastizität f <kst> • energy elasticity

Energieellipsoid n • energy ellipsoid

Energieentwertung f <phys> • energy degradation

Energieentzug *m* <allg> • energy is drawn
Energieerhaltung *f* <phys> • conservation of energy
Energieerhaltungssatz *m* <phys> • energy principle; energy theorem; energy conservation law
Energieerzeugung *f ugs* <energ> *(allg.; Umwandlung einer Energieform in eine andere)* • energy generation *coll*
Energieerzeugung *f rar.ugs* <energ.el> • power generation; electric power generation *rare*; electric energy generation *rare*; current generation *rare*
Energiefassade *f FLAGSOL* <bau> • photvoltaic facade; PV facade
Energiefluenzleistung *f rar* <nukl> • energy flux density; energy flow density *rare*
Energieflussdiagramm *n* <tech.allg> *(z. B. für Strömungsmaschinen, Wärmekraftwerke)* • energy flow diagram
Energieflussdichte *f* <nukl> • energy flux density; energy flow density *rare*
Energieform *f* <phys> *(z. B. elektrisch, mechanisch, thermisch)* • energy form
Energiefreisetzung *f* <phys> • energy release
Energieführungskette *f* <el> *(für Schleppkabel; z. B. E-Band)* • energy chain
Energiegap *f* <energ.sol> • band gap; energy gap; forbidden band; forbidden energy gap
Energiegewinnung *f* <ents> • energy recovery
energiegleich <phys> • equal-energy
energiegleiches Spektrum *n* <phys> • equienergy spectrum
energiegleiche Teilchen *npl* <nukl> • equal-energy particles
Energiegleichgewicht *n* <phys> • energy equilibrium; energy balance; balance of energy
Energiegleichung *f* <phys> • energy equation
Energiegleichverteilungssatz *m* <phys> • energy equipartition law
Energiehaushalt *m* <phys> • energy equilibrium; energy balance; balance of energy
Energiehöhe *f DIN 4044* <phys> *(Strömungslehre)* • energy head
Energie-Impuls-Dichte *f* <phys> • energy-momentum density
Energie-Impuls-Tensor *m* <math> • energy-momentum tensor
Energie-Impuls-Vierervektor *m* <phys> • four-vector of momentum-energy
Energieinhalt *m* <phys> • energy content
Energiekette *f* <el> *(für Schleppkabel; z. B. E-Band)* • energy chain
Energiekonzentration *f* <phys> • energy concentration
Energielücke *f* <phys> • forbidden band; energy gap
Energiemesser *m* <med.tech> *(z. B. Sportmedizin)* • ergometer
Energieniveau *n* <phys> • energy level; energy term; term
Energieniveauaufspaltung *f* <phys> • energy-level splitting
Energieniveau des Atoms *n* <phys> • atomic energy level
Energieniveauschema *n* <nukl> • energy-level scheme; energy-level diagram
Energienutzinhalt *m* <phys> • useful energy
Energieoperator *m* <phys> • energy operator
Energieprodukt *n* <phys> *(für Magnete)* • energy product
Energiequant *n* <phys> • energy quantum
Energiequantelung *f* <phys> • energy quantization
Energiequelle *f* <tech.allg> • energy source; power source; source of energy; energy well *rare*
Energiequelle *f* <el> • power supply
Energiequelle *f* <el/mech> • power source

Energiequellenraum *m* <aerospace> • electric power bay
Energierecycling *n* <ents> • energy recovery
Energieregler *m* <el> • power control switch
energiereich <phys> • high-energy; energetic
energiereich <phys> *(Strahlung)* • penetrating; hard; high-energy
energiereicher Strahl *m* <phys> • high-energy beam
energiereiches Elektron *n* <nukl> • high-energy electron; energetic electron
energiereiches Elementarteilchen *n* <nukl> • high-energy particle
energiereiches Teilchen *n* <phys> • energetic particle
energiereiche Strahlung *f* <phys> • high-energy radiation
Energie-Reichweite-Beziehung *f* <nukl> • energy-range relation
Energiereserve *f* <kfz.el> *(Airbag)* • energy reserve module; power reserve unit
Energieressourcen *fpl* <energ> • power resources
Energieressourcen *fpl* <geo> • energy resources
Energierückgewinnung *f* <ents> • energy recovery
Energierückgewinnung *f* <verf> • recovery of energy
Energierückgewinnungssystem *n* <ents> • energy recovery system
Energiesammlung *f* <energ.sol> • energy collection
Energiesatz *m* <phys> • energy equation
energieschluckend *ugs* <chem/phys> *(z. B. Reaktion, Prozess)* • endergonic; energy-requiring; energy-demanding
Energieschwelle *f* <phys> • energy threshold; energy barrier
Energieschwelle für Kernspaltung *f* <nukl> • fission threshold
Energieschwellenwert *m* <phys> • threshold energy
Energiesenke *f* <nukl> • potential wall; potential trough; potential pit; potential pot; potential hole
Energie-Sicherheitsschalter *m Ford* <kfz.msr> • fuel pump shutoff switch; fuel cut-off switch; inertia fuel cut-off switch
Energiespareinrichtung *f* <el> • power management; power management system; power down function
energiesparend <ökol> *(z. B. E-Geräte, Ofen)* • energy-saving; power-saving
energiesparender Standby-Betrieb *m* <av> • energy save in standby
Energiesparfunktion *f* <el> • battery saver mode
Energiesparlampe *f* <licht> • energy-saving lamp
Energiesparmodus *m* <el> • energy saver mode; power down mode
Energiesparmotor *m* <el> • energy-saving motor
Energiesparschaltung *f* <el> • power management; power management system; power down function
Energiespeicher *m* <tech.allg> *(z. B. Akkumulator, Schwungrad)* • energy storage device
Energiespeicherung *f* <tech.allg> *(elektrisch, mechanisch, thermisch)* • energy storage
Energiespektrum *n* <phys> • energy spectrum
Energiestrom *m* <phys> • energy flux; energy flow
Energiestromdichte *f* <nukl> • energy flux density
Energietensor der Materie *m* <phys> • matter tensor; energy tensor; energy-momentum tensor
Energieterm *m obs* <phys> • energy level; energy term; term
Energietönung von Kernprozessen *f* <phys> • nuclear reaction energy
Energietopf *m* <nukl> • potential wall; potential trough; potential pit; potential pot; potential hole
Energieträger *m* <chem> *(z. B. für thermische Energie bei Verbrennung)* • energy source

Energietransport *m* <phys> • energy transport
Energietransport durch Strahlung *m* <phys> • energy transfer by radiation
Energieüberführung *f* <tech.allg> • energy transfer
Energieübertragung *f* <tech.allg> • energy transmission; power transmission; energy transfer
Energieumsatz *m* <bio> • energy transformation; energy metabolism
Energieumwandlung *f* <el> *(z. B. Licht in Strom)* • power conversion
Energieumwandlung *f* <phys> *(Prozesse in Natur, Technik)* • energy conversion
energieunabhängig <tech.allg> • energy-independent
energieunabhängig <edv> *(Speicher)* • non-volatile
energieunabhängiger Speicher *m* <edv> • non-volatile storage; non-volatile memory; permanent storage *rare*; permanent memory *rare*
Energieverbrauch *m* <tech.allg> *(Prozesse in Natur, Technik)* • energy consumption; power consumption
Energieverbrauch *m* <el> • current consumption; power consumption
Energieverbrauchsmessung *f* <msr> • power consumption measurement
Energieverbrauchszähler *m rar* <msr> *(in kW/h)* • electricity meter; kilowatt-hour meter; energy meter; supply meter
energieverlangend <chem/phys> *(z. B. Reaktion, Prozess)* • endergonic; energy-requiring; energy-demanding
Energieverlust *m* <el> • power loss
Energieverlust *m* <phys> • energy loss
Energieverlust durch Stoß *m* <phys> • energy loss due to collision
Energieversorgung *f* <el> *(allg.; aber eher in Bezug auf Netzstrom)* • power supply; electric power supply *rare*; electric energy supply *rare*; electricity supply *rare*
Energieversorgung *f* <energ> *(allg.)* • power supply; energy supply
Energieversorgungseinheit *f* (EV) <alarm> • power supply unit (PSU); power supply equipment
Energieversorgungsnetz *n* <el> • electric power supply system; electric distribution system
Energieverstärkung *f* <nukl> • energy gain
Energieverteilung *f* <el> • power distribution
Energieverteilung *f* <phys> • energy distribution
Energieverwischung *f* <phys> • energy dispersal
Energiewall *m* <phys> • Coulombbarriere; Coulomb potential barrier
Energiewandler *m* <tech.allg> • energy converter
Energiewandler *m* <el> • power converter; transducer
Energiewert *m* <phys> • magnetic energy product
Energiewirtschaft *f* <ökon> • power industry; power economy
Energiezaun *m* <hlk> • heat collector fence
Energiezerstreuung *f* <phys> • energy dissipation
Energiezufuhr *f* <energ> • energy supply; energy input
Energiezustand *m* <phys> • energy state
Energiezustand des Atomkerns *m* <phys> • nuclear state
Energiezuwachsfaktor *m* <nukl> • energy build-up factor
eng <allg> *(z. B. Spalt)* • narrow
eng <bekl> *(z. B. Korsett)* • tight
eng <druck> *(Buchstabenabstand)* • closely spaced
eng <msr> *(Toleranz)* • close
eng abbinden *vt* <tech.allg> • interlace tightly *vt*
eng abgestufte Schaltung *f* <kfz.antr> • close-ratio gearchange *GB*
eng aneinander liegend <tech.allg> *(z. B. Buchstaben (Schrift), Bohrungen, Lagergut)* • close-spaced; closely spaced

eng anliegend <bekl> • tight-fitting
enganliegend <bekl> *(z. B. Schutz-, Arbeitskleidung, Jeans)* • snug-fitting
eng begrenzt <tech.allg> • strictly restricted
Engbohrloch *n* <min.petr> • slim hole
enge Getriebeabstufung *f* <antr> • close gearing ratio
enge Kurve *f* <verk> • short-radius turn
Engerlingsschaden *m rar* <led> • warble grub boil; warble hole; grub boil; grub damage; warble fly damage
enge Toleranzen einhalten *vi* <tech.allg> • hold close tolerances *vi*; hold close limits *vi*
enge Windungen *fpl* <tech.allg> *(von Schraubenfedern, z. B. der Ventilfedern)* • close coils
eng gebündelter Strahl *m* <phys> • tight beam; narrow beam
enggewickelt <tech.allg> • closely coiled
Enghalsflasche *f* <pack> • narrow-neck bottle; narrow-necked bottle
Enghalskolben *m* <chem> • narrow-neck flask; narrow-necked flask
Engholz *n* <holz> • summer wood
Engineered Blank *n* <metall> • engineered blank
engklassiert <verf> • closely graded
Engländer *m ugs* <wz> *(ähnl., aber kulturspezifische Bauartunterschiede)* • adjustable wrench; adjustable spanner *GB*; adjustable open-end wrench *coll*; monkey wrench *coll*
Engler-Grad *m* <tribo> *(Zähigkeitsmaß)* • Engler degree
Engler-Viskosimeter *n* <msr> • Engler viscometer; Engler viscosimeter
englische Baumwollnummer *f* <textil> *(Numerierung)* • cotton count
englische Einheiten *fpl* <allg> • English foot-pound system
englische Leinennummer *f* <textil> *(Numerierung)* • linen count
englische Rahmenmontierung *f* <opt> • English yoke mount
englischer Hammer *m rar* <wz> *(englische Form mit Bahn und Kugel)* • ball peen hammer *US*; machinists' hammer *US*; ball pein hammer *GB*; engineers' ball pein hammer *BE.form*; ball pein engineering hammer *BE.rare*
englischer Schlosserhammer *m form* <wz> *(englische Form mit Bahn und Kugel)* • ball peen hammer *US*; machinists' hammer *US*; ball pein hammer *GB*; engineers' ball pein hammer *BE.form*; ball pein engineering hammer *BE.rare*
Englisches Gewinde *n ugs; rar* <masch> *(allg.; Grobreihe)* • Whitworth thread (BSW) *BS 84*; British Standard Whitworth thread; British Standard thread; British thread *coll*; English thread *coll*
Englische Standard Kerze *f* <licht> • English standard candle
Englischleder *n rar.obs* <textil.mil> *(bes. dichtes Baumwollgewebe)* • moleskin
Englischrot *n* <obfl> • polishing rouge
Englochbohren *n* <min.petr> • slim-hole drilling
engmaschig <allg> *(auch metaphorisch; z. B. Suche)* • narrow-meshed; close-meshed
engmaschig <tech.allg> *(z. B. Filter, Sieb)* • narrow-meshed; fine-mesh[ed]; close-meshed
Engobe *f* <silik> • engobe
engobieren *vt* <silik> • engobe *vt*
Engpass *m* <allg> • bottle-neck
Engpass *m ugs* <kfz> *(einer Straße)* • bottleneck
Engpassleistung *f DIN 4048-2* <energ.hydr> *(höchste Dauerleistung eines Wasserkraftwerkes)* • maximum capacity
engporig <mat> • fine-pored

engringig <holz> • close-grained

engspiralig <tech.allg> (z. B. Feder) • fast-spiral

engspiralig <tech.allg> • high-helix

engspiraliger Bohrer m <wz> • high-helix drill

Engstelle f <kfz> (einer Straße) • bottleneck

Engstrahler m <licht> • narrow spotlight

engtoleriert <tech.allg> (z. B. Abmessung, zul. Druck, Temperatur) • close-tolerance

Enhanced Graphics Adapter m (EGA) <edv> (obsoleter Grafikstandard) • enhanced graphics adapter (EGA)

Enhanced-IDE (E-IDE) <edv> • Enhanced-IDE (E-IDE); Fast ATA; Enhanced Integrated Drive Electronics

Enhanced System Intelligence Bus m (ESI-Bus) <av> • Enhanced System Intelligence bus (ESI bus); ESI bus

Enhancement-FET m <el> • enhancement mode; enhancement type; enrichment type; enrichment mode

Enneode f <el> • nine-electrode valve

Enolform f <chem> • enol structure; enol form

enolisch <chem> • enolic

Enolisierung f <chem> • enolization

Ensat-Büchse f <füg.rep> • thread insert; thread repair insert; screw-thread insert

Ensemble-Effekt m <edv.av> • ensemble; symphonic ensemble KORG

entacetylieren vt <chem> • deacetylate vt

entaktivieren vt <nukl> (Oberflächen, Boden, Personen) • decontaminate vt

entaktivieren vt <tele> (z. B. Leitung, Verbindung, System) • deactivate vt

Entaktivierung f rar <nukl> (von radioaktiv verseuchten Flächen) • radioactive decontamination; decontamination

Entaktivierungsmittel npl <nukl> (Substanz) • decontaminant; decontaminating agent; decontaminating substance

Entaktivierungsmittel npl <nukl> (Ausrüstungsgegenstände) • decontamination equipment; decontamination facilities

Entaktivierungsplatz m <nukl> • decontamination area

entalkylieren vt <chem> • dealkylate vt

entamidieren vt <chem> • deamidate vt

entarretieren vt <tech.allg> (etwas Verriegeltes, Verschlossens; z. B. Autotür) • unlock vt

entarretieren vt <masch> (etwast Blockiertes; z. B. Hebel, Klinke, Riegel) • unarrest vt

entarten vi <phys.math> • degenerate vi

entartet <phys.math> • degenerate

entartete Eigenfunktion f <math> • degenerate eigenfunction

entarteter Halbleiter m <el> • degenerate semiconductor

entarteter Kern m <bio> • degenerated nucleus

entarteter Zustand m <phys> • degenerate state

entartetes Gas n <phys> • degenerate gas

Entartung f <phys.math> • degeneration; degeneracy

Entartung des Elektronengases f <nukl> • electron gas degenery; electron gas degeneration

Entartungsgrad m <math> • degree of degeneracy; order of degeneracy

Entartungskonzentration f <el> • degeneracy concentration

Entartungstemperatur f <phys> • degeneracy temperature

entaschen vt <verbr> (z. B. Ofen, Feuerraum) • deash vt

Entascher m <ents> • slag removal system; slag remover; ash extractor; ash discharger

Entaschung f <verbr> • deashing; ash removal

Entaschungsanlage f <ents> • ash disposal system

entasphaltieren vt <chem.verf> • deasphalt vt

Entasphaltierung f <chem.verf> • deasphalting

Entbasten n <textil> (Seide) • scouring; degumming; boiling-off; discharging; cooking

entbasten vt <textil> (Seide) • scour vt; degum vt; boil off vt; cook vt

entbastete Seide f <textil> • degummed silk; silk thread

Entbastung f <textil> (Seide) • scouring; degumming; boiling-off; discharging; cooking

Entbastungsechtheit f <textil> • degumming fastness

entbenzieren vt <chem> • debenzolize vt

entbenzolieren vt <chem> • debenzolize vt

Entbeuler m prakt.ugs <kfz.wz> • dent puller

entbittern vt <nahr> • debitterize vt; debitter vt

Entblätterungsmittel n <agri.chem> • defoliant

entbleien vt <chem.verf> • delead vt

Entbrummen n <av> • hum filtering; hum elimination

Entbrummer m <av> • hum eliminator; antihum potentiometer

Entbrummkondensator m <av> • antihum capacitor

Entbrummspule f <av> • hum-bucking coil

Entbündeln n <tech.allg> • debunching

Entbündeln n <opt> • defocussing

entbutanisieren vt <chem.verf> • debutanize vt

Entbutanisierkolonne f <chem.verf> • debutanizer

Entbutzen n <kst> • deburring; flash removal; deflashing; flash-trimming

entcarbonisieren vt <chem.verf> • decarbonize vt

Entcarbonisierungsanlage f <chem.verf> • decarbonization plant

entchloren vt <chem.verf> • dechlorinate vt

Entchlorungsmittel n <chem> • dechlorinating agent

Entchromungsanlage f <druck> • stripping plant

Entdämpfen n <msr> • undamping

entdämpfen vt <msr> • undamp vt; reduce damping vt

entdämpfter Sensor m <msr> • undamped sensor

entdämpfter Zustand m <msr> • undamped state; no target present mode

Entdämpfung f <phys> • damping reduction; reversal of damping

entdecken vt <tech.allg> (versteckte, schwer sichtbare Objekte; z. B. Fehler, Lagerstätten) • detect vt; discover vt

Entdecker m <jur> • original grower

Entdeckung f <allg> • discovery

entdrallen vt <tech.allg> (Faden, Schnur, Seil) • untwist vt

entdröhnen vt <akust> (z. B. Autokarosserie) • deaden vt

Entdröhnschicht f <akust.obfl> • antidrum layer

Entdröhnungsmittel n <akust.obfl> (z. B. für Fahrzeuge, Maschinen) • sound deadener; sound-deadening agent; sound-deadening material

enteisen vt <tech.allg> (ganz oder teilweise auftauen; z. B. Lebensmittel) • defrost vt

enteisen vt <tech.allg> (eisfrei machen; z. B. Türschloss, Flugzeug) • deice vt; free from ice vt

enteisenen vt <verf> • deferrize vt

Enteisenung f <verf> (z. B. von Kesselspeisewasser) • deferrization; iron removal

Enteisung f <hlk> (von Eis befreien) • deicing

Enteisung f <verf> (vollständiges oder teilweises Auftauen) • defrosting

Enteisungsanlage f <aerospace> • deicer

Enteisungsanlage f <verf> • defroster; ice-freeing device rare; ice-freeing plant rare

Enteisungsspray n <kfz> (zum Auftauen vereister Scheiben oder Türschlösser) • de-icing spray; defroster spray rare

Entelektrisierung f <el> • de-electrification

Entemulgierung f <nahr> (Fett in Speiseeis; im Freezer) • de-emulsification; deemulsification; destabilization

entemulsionieren vt <verf> • demulsify vt

Entemulsionierung f <verf> • demulsification

Entenbauweise f <aerospace> (Leitwerk vorn) • canard design

Entenflugzeug n <aerospace> • canard airplane; canard wing airplane; tail-first airplane

Entenheck n <nav> • raised stern

Entenschnabellader m <bau.masch> • duckbill loader; duckbill

enteral <med> (in Bezug auf den Darm) • enteric; enteral; by the intestinal route

Enterhaken m <nav> • grapnel

Enter-Taste f <edv> • Enter key; Return key obs

entethanisieren vt <chem> • de-ethanize vt

entfärben vr <obfl> (von allein ausbleichen) • bleach out vi

entfärben vr/vt <obfl> (allg.) • decolorize vi/vt US; discolor vi/vt US; decolor vi/vt US; decolourize vi/vt GB; discolour vi/vt GB

entfärben vt <tech.allg> (mit Bleichmittel) • bleach vt

entfärben vt <obfl> (abziehen) • strip vt

entfärben vt <pap> (aufhellen) • brighten vt

entfärben vt <pap> (Druckfarbe entfernen) • deink vt

entfärben vt <pap> (weiß machen) • whiten vt

entfärbend <allg> • decolorant US; decolourant GB

Entfärber m <obfl> • decolorizer US; decolorant US; decolourizer GB; decolourant GB; decoloring agent US

Entfärber m <obfl> (zum Abbeizen, Ablösen einer Farbschicht) • stripping agent

Entfärbung f <verf> (Bleichen mit Bleichmittel) • bleaching

Entfärbung f <verf> (allg.) • decolorization US; discoloration US; discolouration GB

Entfärbung in Abgasatmosphäre f <textil> • gas fading; fume fading

Entfärbungserde f <petr> • bleaching earth; decolorizing earth US; decolourizing earth GB

Entfärbungshilfsmittel n <obfl> • stripping assistant

Entfärbungskohle f <mat> • decolorizing carbon US; decolourizing charcoal GB

Entfärbungsmittel n <obfl> • decolorizer US; decolorant US; decolourizer GB; decolourant GB; decoloring agent US

Entfaserungsmaschine f <textil> • rasping machine

entfeinter Beton m <bau.mat> • no-fines concrete

entfernbar <tech.allg> • removable

entfernbar am Einsatzort <tech.allg> (z. B. zum Austausch) • field-removable

Entfernen n <allg> (z. B. von Gegenständen, Verunreinigungen) • removal

Entfernen n <textil> (Gespinstreinigung) • extraction

entfernen vt <tech.allg> (ab-, wegräumen; z. B. vom Boden, Arbeitsplatz) • clear vt

entfernen vt <tech.allg> (unerwünschte Objekte; z. B. Flecken, Fehler) • eliminate vt

entfernen vt <tech.allg> (allg.) • remove vt

entfernen vt <tech.allg> (Schichten, Verkleidungen etc.; um etwas frei- oder bloßzulegen) • strip vt

entfernen vt <obfl> (Fleck, Verunreinigung) • remove vt

entfernen vt <textil> (Gespinstreinigung) • extract vt

entfernen vt <verf> (chemisch/physikalisch trennen/entfernen; z. B. Staub, Schadstoffe) • remove vt

Entfernen-Anzeigefeld n <navig> (Display) • remove field

Entfernen der Brennelementhülle f <nukl> (Prozess) • fuel decanning; decanning pract

Entfernen der Chromteile n <kfz> (für Lackarbeiten oder als Custom-Car-Showtuning) • shaving the body; dechroming; shaving pract

Entfernen der Chromteile am Frontend n <kfz> • nosing

Entfernen der Chromteile am Heck n <kfz> • decking

Entfernen des Spritzlings aus der Formkavität n <kst> • removal of the molding from the mold cavity

Entfernen verdeckter Flächen n <edv> • hidden surface removal (HSR)

Entfernen verdeckter Kanten n <edv> • hidden line removal (HLR); hidden-edge removal

Entfernen von Ölkohle n <kfz.mot> • decarbonizing; decoking

Entfernen von Schwimmhaut n <prod> (von Gussteilen; z. B. an Spritzlingen) • deflashing

entfernt <allg> (räumlich, zeitlich) • distant; remote

entfernt aufgebaute Datenendstation f <edv> • remote station; remote terminal

entfernte Datenstation f <edv> • remote station; remote terminal

Entfernung f <allg> (z. B. von Gegenständen, Verunreinigungen) • removal

Entfernung f <tech.allg> (allg.; zwischen zwei Punkten, Orten) • distance (DIST)

Entfernung f <edv> (eines Scanners) • scan range; range; scanner range; reading range; scanning range

Entfernung der Brennelementhülle f <nukl> (Prozess) • fuel decanning; decanning pract

Entfernung einstellen vt <phot> • focus vi/vt; adjust distance vt

Entfernungsanzeige f <navig> (allg.) • distance indicator

Entfernungsanzeiger m <navig> (Reichweite) • range indicator

Entfernung Satellit-Empfänger f <navig> • satellite-to-receiver range; satellite range

Entfernungsauflösungsvermögen n <navig> (Radar) • range resolution

Entfernungsausblendung f <edv> • distance cueing

Entfernungsbestimmung f <msr> • distance determination; range determination

Entfernungsbestimmung f <navig> • ranging; distance measurement

Entfernungs/Blenden-Indexlinie f <phot> • distance/aperture index line

Entfernungseinstellring m <phot> (an Objektiv) • focusing grip US; focusing collar US; focusing ring US; focussing ring GB; focus ring

Entfernungseinstellung f <av> • focus setting; focusing; distance setting

Entfernungseinstellung f <phot> • focusing

Entfernungsfehler m <msr> • distance error

Entfernungskreis m <navig> • range circle

Entfernungslineal n <mil> • range rule; range arm

Entfernungsmesser m <msr> (Gerät) • distance measuring device; distance measuring equipment

Entfernungsmesser m <phot> • rangefinder

Entfernungsmesserokular n <phot> • range-finder eyepiece

Entfernungsmessgerät n <mil> • range-finder

Entfernungsmessgerät n <msr> (Gerät) • distance measuring device; distance measuring equipment

Entfernungsmessgerät n <navig> (Ausrüstung insgesamt) • distance measuring equipment (DME)

Entfernungsmessmarke f <navig> • range marker; range mark

Entfernungsmessung f <allg> • distance measurement

Entfernungsmessung f <geo> (Vermessungswesen) • distance surveying

Entfernungsmessung f <navig> • range determination

Entfernungsmessung durch Ultraschall f <msr> • echo ranging

Entfernungsmessung mit passivem Rückstrahler f <msr> • distance measurement with passive reflector

Entfernungsradar n <navig> • radar range finder; radar range meter

Entfernungsring m <navig> (Display) • range ring

Entfernungsring *m* <phot> *(an Objektiv)* • focusing grip *US*; focusing collar *US*; focusing ring *US*; focussing ring *GB*; focus ring

Entfernungsschätzung *f* <msr> • distance estimation; distance judgement

Entfernungssichtgerät *n* <navig> • range indicator

Entfernungsskala *f* <phot> *(zum Scharfstellen; am Objektiv)* • focusing scale *US*; focussing scale *GB*; distance setting scale; distance scale

Entfernungsskale *f* <phot> *(zum Scharfstellen; am Objektiv)* • focusing scale *US*; focussing scale *GB*; distance setting scale; distance scale

Entfernungsskalenfenster *n* <phot> *(bei AF-Objektiven)* • distance scale window

Entfernungsstreuung *f* <tele> • long-distance scatter

Entfernungs- und Höhenanzeiger *m* <navig> • range-height indicator

Entfernungs- und Peilungsanzeiger *m* <mil> • range and azimuth indicator

Entfernungsunterscheidung *f* <navig> • range discrimination

Entfernung zum Satelliten *f* <navig> • satellite-to-receiver range; satellite range

Entfernung zum Wegpunkt *f* <navig> • distance to waypoint

entfesselter Blitz *m* <phot> • off-camera flash

entfesseltes Blitzen *n* <phot> • using off-camera flash *:V*

entfestigen *vt* <mat> *(schwächen)* • weaken *vt*

entfestigen *vt* <verf> *(weicher machen)* • soften *vt*

Entfestigung *f* <mat> *(weich werden)* • softening

Entfestigung *f* <metall> • loss in strength; weakening

Entfestigung durch Kaltverformung *f* <mech.prod> • work softening

Entfestigungspunkt *m obs.rar* <kst> • softening temperature; softening point *rare*

Entfetten *n DIN EN ISO 4618* <obfl> • degreasing *ISO 4618-3*

entfetten *vt* <obfl> • degrease *vt*

entfetten *vt* <textil> • scour *vt*

Entfettung *f* <obfl> • degreasing *ISO 4618-3*

Entfettungsbad *n* <obfl> • degreasing bath

Entfettungsglühen *n* <obfl> *(Email)* • grease burning

Entfettungsmittel *n* <obfl> *(zur Metallvorbehandlung vor dem Beschichten)* • cleaner; degreaser; degreasant; degreasing agent; grease remover

Entfettungsvorrichtung *f* <textil> • fat extraction apparatus

entfeuchten *vt* <chem.verf> *(Material)* • desiccate *vt*

entfeuchten *vt* <verf> *(Luft)* • dehumidify *vt*

Entfeuchtung *f* <agri.tech> • demisting; water removal

Entfeuchtung *f* <hlk> *(von Luft, z. B. durch Klimaanlage, Trocknungsanlage)* • dehumidification

Entfeuchtung *f* <nahr> • desiccation

Entfeuchtungsapparat *m* <hlk> • dehumidifier

Entfeuchtungsmittel *n* <chem> *(z. B. in Verpackungen, Doppelverglasungen, Klimaanlagen)* • desiccant; drying agent; dehumidifier; drier *coll*

entflammbar *ISO 13943* <qualit.mat> *(fähig, unter festgelegten Bedingungen mit Flamme zu brennen)* • flammable *ISO 13943*; inflammable *coll*; combustible *rare*

Entflammbarkeit *f ISO 13943* <qualit.mat> *(von Stoffen; z. B. von Textilien, Bau-, Kunst- oder Schmierstoffen)* • flammability *coll*

Entflammbarkeit fester nichtmetallischer Materialien *f DIN EN 60707* <feuer> *(bei Einwirkung von Flammen als Zündquelle)* • flammability of solid non-metallic materials *IEC 60707*

Entflammbarkeitsprüfung *f* <qualit.mat> • flammability test

entflammen *vi* <mot> *(Kraftstoff/Luft-Gemisch)* • ignite *vi*

entflammen *vi/vt* <tech.allg> • inflame *vi/vt*

entflammen *vt* <kfz.mot> *(Kraftstoff/Luft-Gemisch)* • ignite *vt*

Entflammpunkt *m* <tech.allg> • auto-ignition temperature

Entflammung *f* <chem> *(von bel. Substanzen)* • inflammation

Entflammungssicherheit *f* <kfz.el> • ignition reliability

Entflammungstemperatur *f ISO 13943* <feuer.mat> *(niedrigste Temperatur zur Einleitung einer Verbrennung)* • ignition temperature *ISO 13943*; ignition point; kindling point

entfleischen *vt* <led> • flesh *vt*; deflesh *vt*

entfleischen aus dem Äscher *vt* <led> • lime-flesh *vt*

entfleischen aus dem Kalk *vt* <led> • lime-flesh *vt*

entfleischen aus der Weiche *vt* <led> • soak-flesh *vt*

Entfleischmaschine *f* <led> • fleshing machine

entfleischte Hautblöße *f* <led> • fleshed pelt

Entfleischung *f* <bekl> *(Gerbvorgang)* • fleshing

Entfleischungsgewicht *n* <led> • fleshed weight

Entfleischzylinder *m* <led> • fleshing cylinder

entflocken *vt* <chem> • deflocculate *vt*

Entflockung *f* <chem> • deflocculation

Entflockungsmittel *n* <chem> • deflocculant; deflocculator; deflocculating agent

Entformen *n* <kst> *(Entfernen von Spritzlingen, Blasformlingen, Gussteilen aus Formwerkzeu)* • demolding *US*; demoulding *GB*; removal

entformen *vt* <prod> *(Gussteil, Spritzling, Blasformling; aus Formwerkzeug)* • demold *vt US*; demould *vt GB*; release *vt*; remove *vt*

Entformung *f* <kst> *(Entfernen von Spritzlingen, Blasformlingen, Gussteilen aus Formwerkzeu)* • demolding *US*; demoulding *GB*; removal

Entformung *f* <kst> *(mit Auswerfen)* • ejection

Entformungskraft *f* <kst> • ejection force; stripping force; knock-out force; K.O. force

Entformungsmittel *n* <prod> *(Trennmittel)* • mold lubricant; mold release agent

Entformungsschräge *f* <kst> *(von Formteilen und Formwerkzeugen)* • draft

Entformungszeit *f* <prod> • demolding time; demoulding time

entfritten *vt* <mat> • decohere *vt*

entfrosten *vt* <nahr> • defrost *vt*

Entfroster *m MB* <kfz.hlk> *(entfernt Beschlag innen und Vereisung außen)* • defroster (DEF); defogger; demister

Entfroster-Spray *n* <kfz> *(zum Auftauen vereister Scheiben oder Türschlösser)* • de-icing spray; defroster spray *rare*

Entfrostungsanlage *f* <verf> • defrosting plant

Entgasen *n* <kst> *(Spritzgießschnecke, Formwerkzeug)* • venting

entgasen *vi* <el> • bake out *vi*

entgasen *vt* <hydr> • deaerate *vt*

entgasen *vt* <prod> *(Formwerkzeug)* • vent *vt*

entgasen *vt* <verf> *(Kohle)* • carbonize *vt*; coke *vt*

entgasen *vt* <verf> • degas *vt*; degasify *vt*; outgas *vt*

Entgasung *f* <tech.allg> *(Kohle)* • carbonization; degasification; coking

Entgasung *f* <chem.verf> • dry distillation; pyrogenic distillation

Entgasung *f* <el> • bake-out; baking-out

Entgasung *f* <ents> *(irreversible chem. Zersetzung allein durch Temperaturerhöhung)* • pyrolysis

Entgasung *f* <hydr> • deaeration

Entgasung *f* <kst> *(Spritzgießschnecke, Formwerkzeug)* • venting

Entgasung *f* <verbr> *(Austreibung flüchtiger Brennstoff-Bestandteile)* • degasification; degassing; devolatising *GB*

Entgasungsanlage f <verf> • degasser; degasifier

Entgasungsanlage f <verf> *(für Speisewasser)* • feed-water deaerator; deaerator

Entgasungseinheit f <kst> • vented unit

Entgasungseinrichtung f <agri.tech> *(Faulraum)* • degassifier

Entgasungsextruder m <kst> • vent extruder

Entgasungsglühen n <metall> *(Gaseinschlüsse verringern bzw. beseitigen)* • degassing annealing

Entgasungsöffnung f <el> *(z. B. von Starterbatterien)* • battery vent

Entgasungsöffnung f <prod> • air vent; vent port; vent *pract*

Entgasungsofen m <verf> *(Kohle)* • carbonizing oven

Entgasungsperiode f <verf> • period of gas distillation

Entgasungsplatte f <verf> • dead plate; choke plate

Entgasungsschnecke f <kst> • devolatizing screw

Entgasungsschnecke f <kst> *(betont: Entlüftungsbohrungen im Zylinder)* • vented barrel

Entgasungsspeisewasservorwärmer m <verf> • deaerating feed-water heater

Entgasungszone f <kst> • venting zone

Entgasungszylinder m <kst> *(betont: Entlüftungsbohrungen im Zylinder)* • vented barrel

entgegengerichtete Kraft f <mech> • counteracting force; counterforce; balancing force

entgegengesetzt <allg> • opposite; opposed

entgegengesetzt angeordnete Laufräder npl <förd> • opposed impellers pl; back-to-back impellers pl; opposing impellers pl

entgegengesetzt elektrisch geladen <el> • oppositely charged

entgegengesetzte Richtung f <allg> • opposite direction

entgegengesetztes Feld n <el> • opposing field

entgegengesetztes Vorzeichen n <math> • opposite sign

entgegengesetzt gerichtet <tech.allg> • with opposite direction; with opposite hand

entgegenkommend <verk> *(Fahrzeug, Verkehr)* • oncoming

entgegenschalten vt <el> *(z. B. zwei Dioden)* • connect in inverse vt

entgegenwirken vt <allg> • counteract vt; oppose vt

entgegenwirken vt <tech.allg> *(unterbinden, vermeiden)* • inhibit vt

entgegenwirkende Kraft f <mech> • counteracting force; counterforce; balancing force

entgegenwirkendes Drehmoment n <mech> • torsional reaction

entgiften vt <ents> • detoxify vt; decontaminate vt; detoxicate vt

Entgiftung f <ents> • detoxification; detoxication; decontamination

Entgiftung f <nukl> • decontamination

Entgiftungsmittel npl rar <mil> • decontamination equipment

Entgiftungsplatz m <mil> • decontamination area

Entgiftungssatz m <mil> • decontamination kit

Entgipfelmaschine f <agri> • sugar-cane topper

entglänzen vt <textil> *(vorhandenen Glanz beseitigen)* • deluster vt US; delustre vt GB; remove luster vi US; remove lustre vi GB

entglasen vt <verf> *(z. B. Metalle)* • devitrify vt

Entglasung f <silik> • devitrification

entgleisen vi <bahn> • derail vi

Entgleisungsdetektor m <bahn.msr> • derailing detector; derailing sensor

Entgleisungsvorrichtung f <bahn> • derailer

Entgleisungsweiche f <bahn> • derailing points

Entgranner m <agri> • awner; de-awning machine

Entgraten n <kst> • deburring; flash removal; deflashing; flash-trimming

Entgraten n DIN ISO 603 <metall> • deburring ISO 603

entgraten vt <metall> • deburr vt; remove burrs vi

entgraten vt <prod> *(z. B. Schmiedestücke, Druckguss-, Spritzgussformteile, Blasformteile)* • deflash vt; flash vt; flash-trim vt; remove flashes vi

Entgraten durch Handschleifen n <prod> • snagging

Entgraten in Trommelmaschinen n <prod> • barrel deburring

Entgrater m <kfz.wz> • tubing reamer; tube deburrer; deburring tool

Entgratmaschine f <wz.masch> *(Metall allg.)* • deburrer

Entgratmaschine f <wz.masch> *(für Schmiede- und Formteile)* • deflashing machine

Entgratscheibe f <wz> • snagging wheel

Entgratschleifscheibe f <wz> • snagging wheel

Entgratstation f <prod> • deburring station

Entgrat- und Anfasmaschine f <wz.masch> • deburring and chamfering machine

entgültiger Bauentwurf m <bau> • final constructing design

Enthaareisen n <led.wz> • unhairing knife

enthaaren vt <hygi> *(Haut)* • depilate vt; epilate vt

enthaaren vt <led> *(Tierhaut)* • unhair vt; dehair vt; depilate vt

enthaarend <hygi> • depilatory

Enthaargewicht n <led> • unhaired weight

Enthaarmaschine f <led> • unhairing machine

enthaarte Haut f <hygi> • depilated skin

enthaarte Haut f <led> • pelt

Enthaarung f <led> *(Gerbvorgang)* • unhairing

Enthaarungscreme f <hygi> • epilating cream; depilatory cream

Enthaarungsmittel n <allg> • hair remover; depilator; depilatory; depilatory agent

Enthaarungswachs n <hygi> • epilating wax

enthärten vt <chem> *(Wasser)* • soften vt

enthärtetes Wasser n <chem> • soft water

Enthärtung f <chem> • softening

Enthärtungsanlage f <verf> • softening plant; softening installation; softening unit

Enthärtungsmittel n <chem> • alkali builder

enthäuten vt <led> • skin vt; flay vt

Enthäuter m <led> • mechanical flayer

Enthalpie f (H) DIN 1345 <phys> *(eines thermodynamischen Systems; z. B. von Dampfsystem)* • enthalpy (H); heat content

Enthalpie-Entropie-Diagramm n <therm> *(z. B. Wasserdampf)* • enthalpy-entropy diagram; Mollier diagram; Mollier chart

enthalten vt <allg> *(umfassen)* • comprise vt

enthalten vt <allg> *(Behälter, Buch und Inhalt)* • contain vt

enthalten vt <allg> *(einschließen)* • include vt

Entharzen n <obfl.holz> • deresination; resin removal; extraction of resin

entharzen vt <tech.allg> • deresinify vt

entharzen vt <obfl.holz> • deresinate vt; remove resin vt; extract resin vt

Entharzung f <obfl.holz> • deresination; resin removal; extraction of resin

Entharzungsmittel n <obfl.holz> • deresinating agent

Enthefter m <büro> • staple remover

Enthitzer m <verf> • desuperheating heater

entholzen vt <pap> • decorticate vt

Entholzung f <pap> • decortication

Entholzungsmaschine für Ramie f <textil> • ramie decorticator

enthülsen vt <nahr> *(trockene äußere Hülle/ Schale entfernen; z. B. von Mais)* • husk vt; shell vt; hull vt
Enthülsmaschine f <agri> • husking machine; hulling machine; huller
entionisieren vt <chem.verf> *(Wasser; mit Ionenaustauscher)* • deionize vt; demineralize vt
Entionisierung f rar <chem.verf> *(von Wasser)* • deionization; demineralization
Entionisierungspotential n <phys> • deionization potential
Entionisierungzeit f <phys> • deionization time
Entionisierungzeit f <phys> *(Gasentladungsröhre)* • recovery time
entkälken vt <led> • delime vt
Entkälkungsmittel n <led> • deliming agent
entkalken vt <tech.allg> *(Entfernung von CaCO$_3$; z. B. in Wasser)* • decalcify vt
entkalken vt <led> • unlime vt
Entkarboni-Filter m <verf> • decarbonization filter *US*; decarbonisation filter *GB*
Entkarbonisierung f <tech.allg> • decarbonisation; decarbonization
Entkarbonisierungs-Filter m <verf> • decarbonization filter *US*; decarbonisation filter *GB*
entkeilen vt <bau> • dewedge vt
entkeimen vt <agri/nahr> *(z. B. Kartoffeln)* • degerm vt
entkeimen vt <verf.med> • sterilize vt
Entkeimungsfilter n <verf> • sterilization filter
Entkeimungslampe f <licht> • germicidal lamp; bactericidal lamp
Entkeimungsmaschine f <nahr> • germ-separating machine
Entkernen n <prod> *(Formteile)* • core removal; decoring
entkernen vt <bio> *(Zellkern)* • enucleate vt
entkernen vt <metall> *(Formteile, -werkzeuge)* • decore vt
entkernen vt <nahr> *(Steinobst; e.g. Kirschen, Pflaumen)* • stone vt
entkernen vt <nahr> *(Kernobst)* • core vt
entkernen vt <nahr> *(Trauben u.ä.)* • seed vt; remove the pips from vt
entkieseln vt <geo> • desilicate vt; desilicify vt
entkletten vt <textil> • burr vt
Entkörnen n <textil> *(von Baumwolle)* • ginning
entkörnen vt <textil> *(Baumwolle)* • gin vt
Entkörnungsmaschine f <nahr> • husker; sheller
Entkörnungsmaschine f <textil> *(Baumwolle)* • gin [machine]
Entkohlen n <kfz.mot> • decarbonizing; decoking
entkohlen vt <kfz.mot> • decarbonize vt; decoke vt
entkohlen vt <metall> • decarburize vt
entkohlter Stahl m <mat> • decarburized steel *US*; decarburised steel *GB*; zero-carbon steel
Entkohlung f <metall> • decarburization
Entkohlung f <petr> • decarbonization; decoking
Entkohlungsmittel n <metall> • decarburizing agent
Entkommwahrscheinlichkeit f <sich> *(z. B. bei Tunnelbrand)* • escape probability
entkomprimieren vt <edv> *(Daten)* • decompress vt; unpack vt
entkonservieren vt <obfl> • dewax vt; remove wax vt
Entkonservierung f <obfl> • dewaxing; removal of wax
entkoppeln vt <agri.chem> • uncouple vt
entkoppeln vt <el> *(Schaltkreise, Bausteine)* • isolate vt; decouple vt; uncouple vt
entkoppeln vt <el> *(betont: neutralisieren)* • neutralize vt
entkoppelt <msr> • non-interacting
entkoppelte Regelkreise mpl <msr> • non-interacting loops
entkoppelte Regelung f <msr> • non-interacting control

Entkopplung f <el> *(von Schaltkreisen)* • isolation; uncoupling; decoupling
Entkopplung f <el> *(betont: Neutralisierung)* • neutralization
Entkopplung f <msr> *(betont: Abwesenheit von gegenseitiger Beeinflussung)* • non-interaction
Entkopplungelement n <tech.allg> • decoupling element
Entkopplungseinrichtung f <tech.allg> • decoupling device
Entkopplungsfilter n <el> • decoupling filter
Entkopplungskapazität f <el> • decoupling capacitance
Entkopplungskondensator m <el> • decoupling capacitor; neutralizing capacitor
Entkopplungsschaltung f <el> • isolating circuit; decoupling circuit
Entkopplungsstufe f <el> • isolating stage; separator
Entkopplungswiderstand m <el> • decoupling resistor; plate decoupling resistor
entkräuseln vt <textil> • straighten vt; straighten out vt; uncurl vt
entkrusten vt <obfl> *(z. B. Rohre, Apparate)* • descale vt; scale vt
entkupfern vt <obfl> • decopperize vt; decopperate vt
entkuppeln vt <masch> *(Wellen, Antriebe)* • disengage vt
entkuppeln vt <masch> *(Reibungskupplungen)* • unclutch vt; declutch v
Entkuppler m <bahn> *(Modellbahn)* • decoupler; spoon *coll*
Entkupplungsgleis n <bahn> • uncoupling track
Entlacken n <obfl> *(z. B. Kunststoffteile)* • decoating; paint-stripping
entlackt <obfl> *(z. B. vor Rezyklierung, z. B. Stoßfänger)* • decoated *:V*; paint-stripped *:V*
Entladeanzeiger m prakt.ugs <kfz.el> *(von Elektroautos)* • battery discharge indicator; battery charge indicator; battery discharge meter; battery state indicator; discharge indicator *pract.coll*
Entladeband n <förd> • discharge conveyor
Entladebühne f <logist> • unloading ramp
Entladedauer f <el> *(Batterie, Kondensator)* • discharge duration; discharge time
Entladedauer f <logist> *(Güter etc.)* • unloading time
Entladeeinrichtung f <förd> • unloading device
Entladefolgefrequenz f <el> • effective pulse frequency
Entladefrist f <logist> *(z. B. Bahnhof, Hafen)* • unloading time; allowed unloading time
Entladegebläse n <agri> • pneumatic unloading conveyor
Entladegeschwindigkeit f <wz.masch> • unloading speed
Entladegrenzspannung f <el> • cut-off voltage
Entladehafen m <nav> • port of discharge
Entladehalle f <ents> *(zum Abkippen von Müll; z. B. in MVA)* • tipping hall; tipping building
Entladeklappe f <aerospace> *(Raumfahrzeug)* • unloading trap
Entladeklappe f <bahn> *(Güterwaggon)* • discharge door
Entladekopf m <förd> *(Rutsche, Schurre; z. B. Verladebrücke im Hafen)* • delivery chute; delivery head
Entladekopf m <logist> *(mit mehreren Auslassöffnungen)* • discharge header
Entladekran m <förd> • unloading crane
Entladeleistung f <logist> • discharge capacity
entladen <el> *(Batterie)* • discharged; flat *pract.coll*; dead *coll*; low *coll*; run-down *coll*
entladen <logist> *(durch Fördern im Luftstrom, abgesaugt; z. B. Getreidesilo)* • exhausted
Entladen n <tech.allg> *(Schüttgut, Batterie)* • discharge
entladen vt <druck> *(Druckplatten)* • unload vt
entladen vt <el> *(Batterie, Kondensator)* • discharge vt

entladen vt <logist> (z. B. LKW, Güterwagen) • unload vt
entladen vt <mil> (Schusswaffe) • unload vt
Entladerinne f <förd> • unloading trough
Entladeschlussspannung f <kfz.el> • cutoff voltage; end-point voltage GB
Entladeschütte f <förd> (steil, zum Entladen; z. B. für Schüttgut) • unloading chute
Entladespannung f <el> • discharging voltage; discharge voltage
Entladestation f <förd> • unloading station
Entladestelle f <ents> (konkrete Stelle; z. B. Rampe) • dumping point; tipping point GB
Entladestrom m <el> (allg.) • discharge current; discharging current
Entladesystem n <petr> (Ölplattform) • transloading system
Entladetiefe f (DOD) <el> (Batterie; in Prozent der Kapazität) • depth of discharge (DOD)
Entladetisch m <druck> (Recorder) • unload table
Entladeverzug m <el> • discharge delay; discharge lag
Entladevorgang m <el> • discharge process; discharging process
Entladevorgang m <förd> • unloading operation
Entladewächter m <el> • battery discharge controller
Entladewiderstand m <el> • discharging resistor; bleeder [resistor]
Entladung f <logist> (LKW, Waggon) • unloading
Entladung f <phys> (z. B. statische Elektrizität) • discharge
Entladungselektrode f <el> • discharge electrode
entladungsfrei <el> • discharge-free
Entladungsfunke m <el> • discharge spark
Entladungsgefäß n <licht> • discharge tube; arc tube rare; gas discharge tube rare
Entladungskammer f <nukl> • discharge chamber; gas discharge chamber
Entladungskanal m <el> • discharge channel
Entladungskanal m DIN 25401-3 <nukl> (wassergefüllt, dient als Abklingbecken) • transfer canal
Entladungskapazität f <el> • discharge capacity
Entladungslampe f <druck> • erase lamp
Entladungslampe f <licht> (z. B. in Projektoren, Kfz-Scheinwerfern) • gas discharge lamp; gaseous discharge lamp; discharge-type lamp
Entladungsnachglimmen n <el> • discharge afterglow
Entladungsröhre f <licht> • discharge tube; arc tube rare; gas discharge tube rare
Entladungsrohr n <licht> • discharge tube; arc tube rare; gas discharge tube rare
Entladungsspannung f <el> • discharge voltage
Entladungsstrecke f <el> (Spalt) • discharge gap
Entladungsstrecke f <el> (Pfad) • discharge path
Entladungsstrom m <el> (Kondensator) • equalizing current
Entladungsstrom m <el> (allg.) • discharge current; discharging current
Entladungswärme f <el> • discharge heat
Entladungsweg m <el> (Pfad) • discharge path
entlang fahren vt <prod> (Kontur; z. B. mit Werkzeug) • trace vt; follow vt
entlassen vt <ökon> (Personal, Mitarbeiter) • dismiss vt; lay off vt; fire vt coll.derog; give the pink slip vt US.coll
Entlassungsbrief m <econ> • pink slip coll
Entlassungsbrief-Party f did.rar <econ> • pink slip party
entlasten vt <tech.allg> (von Druck oder Spannung) • ease vt; lighten vt
entlasten vt <jur> (z. B. Schuldner, Vorstand) • release vt
entlasten vt <masch> (durch Druckausgleich) • pressure-balance vt

entlasten vt <mech> • relieve vt
entlasten vt <qualit.mat> (Prüfkörper) • unload vt
entlasten vt <sport> (z. B. Knie, Schlittschuh, Ski) • unweight vt
entlastet <tech.allg> (durch beidseitig gleiche Kräfte; z. B. durch Druckausgleich) • balanced
entlastet <tech.allg> (durch Druckausgleich) • pressure-balanced
entlastet <aerospace> (Ruder) • neutral
entlastet <mech> (ohne innere Dehnspannungen) • strain-free
entlastet <mech> (keiner Kraft od. mech. Spannung ausgesetzt) • unloaded; unstressed
Entlastung f <allg> (mechanisch, psychologisch, finanziell) • relief
Entlastung f <mech> (von Bauteilen, Maschinen, Prüfkörpern) • unloading; removal of the load; load relieving
Entlastung durch Druckausgleich f <tech.allg> • pressure-balancing
Entlastungsablass m <hydr> • relief outlet
Entlastungsanlage f <hydr> • draw-off structure
Entlastungsbecken n <bau> (Hochwasserschutz) • discharge basin
Entlastungsbogen m <bau> (zur Ableitung von Kräften) • relieving arch; discharging arch
Entlastungsbohrung f <tech.allg> • balance hole; balancing hole; pressure relief hole; compensating hole
Entlastungsbohrung f <mil> (am Lauf von Schnellfeuerpistolen) • gas port; gas discharge hole Walther; gas vent pract; vent pract.coll
Entlastungsbohrung f <petr> • relief well; relief hole rare
Entlastungsdrän m <agri> • relief drain
Entlastungseinrichtung f <förd> • balancing device; hydraulic balancing device
Entlastungsgraben m <bau> • inundation canal
Entlastungskanal m <bau> (für Überschwemmungen) • flood-relief channel; flood-relief canal
Entlastungskanal m <bau> (für Überlaufwasser, z. B. aus Staubecken) • spillway channel; spillway canal; spillway
Entlastungskolben m <förd> (bei mehrstufigen Pumpen) • balance piston; dummy piston rare
Entlastungsschaufel f <förd> • back vane; impeller back vane; back shroud vane rar
Entlastungsscheibe f <förd> • balance disk; balancing disk; thrust balancing disk form
Entlastungsschieber m <verf.hydr> (groß, in Kanal) • relief gate
Entlastungsschleuse f <bau.hydr> (Hochwasserschutz) • relief sluice
Entlastungsseil n <förd> • support strand
Entlastungsstollen m <energ.hydr> (Speicherkraftwerk) • discharge tunnel; discharge outlet
Entlastungsstraße f <verk> • relief road
Entlastungsventil n rar <tech.allg> (allg.; betont: zu hoher Druck) • pressure relief valve; relief valve
Entlastungsventil n <masch> (Sicherheitsventil) • safety-valve
Entlastungsventil n <rls> (Umleitventil) • bypass valve
Entlastungsvorrichtung f <förd> • balancing device; hydraulic balancing device
Entlastungswehr n <energ.hydr> (Stauwehr, Hochwasserentlastungsanlage) • spillway; overflow; overfall
Entlastungszug m <bahn> • relief train
Entlaubungsmittel n <agri/mil> • defoliant
Entleeren n <verf> (Vorgang) • draining
entleeren vt <rls> (System, Rohr, Behälter, Behälterinhalt) • discharge vt; empty vt; drain vt; drain off vt
Entleerung f <verf> (Vorgang) • draining

Entleerungsanschluss *m* <rls> • drain connection
Entleerungsbehälter *m* <verf> *(von Kühltürmen)* • drain tank; cooling water storage tank
Entleerungsbehälter *m* <verf> *(allg.)* • drain tank
Entleerungseinrichtung *f* <förd> *(allg., jede Art)* • unloading device
Entleerungseinrichtung *f* <verf.förd> *(Becherwerk)* • tripper
Entleerungshahn *m* <pneum> *(an Kompressor)* • drain cock; drain-off tap for moisture; draining cock; drain tap *pract*
Entleerungshahn *m* <rls> *(allg.)* • drain cock
Entleerungsleitung *f* <verf> • drain line
Entleerungsöffnung *f* <rls> *(Behälter, Silo)* • discharge gate
Entleerungspumpe *f* <förd> • drainage pump; dewatering pump
Entleerungsschicht *f* <el> • exhaustion layer
Entleerungsschieber *m* <ents> • discharge gate
Entleerungsventil *n* <rls> • drain valve
Entleerungszeit *f DIN 4048-2* <energ.hydr> *(Zeitspanne für das Entleeren eines Speichers)* • emptying time
entleimen *vt* <textil> *(Seide)* • scour *vt*; degum *vt*; boil off *vt*; cook *vt*
Entlieschrolle *f* <nahr> *(z. B. für Maiskolben)* • husking roll
Entlötwerkzeug *n* <el.wz> • desoldering tool
Entlüften *n* <tech.allg> *(allg.; Vorgang)* • ventilation; venting
entlüften *vt* <brems> *(Hydraulik)* • bleed *vt*
entlüften *vt* <el.chem> *(Sauerstoff abziehen)* • deaerate *vt*; de-aerate *vt*; deoxygenate *vt*; free from oxygen *vt*; sparge *vt*
entlüften *vt* <förd> *(Pumpensaugleitung)* • evacuate *vt*
entlüften *vt* <hlk> *(mit Saugzuggebläse abziehen)* • exhaust *vt*
entlüften *vt* <hlk> *(durch Ventilation)* • ventilate *vt*
entlüften *vt* <kst> *(Formwerkzeug)* • degas *vt*
entlüften *vt* <rls> *(Luft aus Flüssigkeitskreisläufen ablassen; z. B. Kühlsystem, Heizung)* • vent *vt*; deaerate *vt*
Entlüfter *m* <hlk> *(z. B. an Heizkörper)* • air bleeder; bleeder
Entlüfter *m* <hlk> *(betont: mit Gebläseunterstützung)* • air exhauster; exhauster; air fan
Entlüfter *m* <nav> • uptake ventilator
Entlüfter *m* <verf> *(für Speisewasser)* • deaerator; feedwater deaerator
Entlüfterkappe *f* <kfz> • breather cap
Entlüfterschlüssel *m* <kfz.wz> • brake bleeder wrench; bleed screw spanner *GB*
Entlüfterstutzen *m* <masch> • breather pipe
Entlüfterventil *n* <kfz.brems> • bleeder valve
Entlüftung *f* <tech.allg> • air removal
Entlüftung *f* <tech.allg> *(allg.; Vorgang)* • ventilation; venting
Entlüftung *f* <tech.allg> *(Öffnung, aus der Luft austritt)* • vent opening; vent
Entlüftung *f* <chem.verf> *(Entfernen des Luftsauerstoffs aus einer Lösung)* • deaeration; de-aeration; deoxygenation; sparging
Entlüftung *f* <hlk> *(Luftabzug mit Gebläse)* • air exhaustion; exhaustion
Entlüftung *f* <hlk> *(im Ggs. zu Belüftung)* • exhaust ventilation
Entlüftung *f* <rls> • bleeding
Entlüftung mit Stöpsel *f* <masch> • plugged air release boss
Entlüftungsbohrung *f* <prod> • air vent; air bleeder hole
Entlüftungseinrichtung *f* <kfz.mot> • ventilation equipment

Entlüftungsgerät *n* <brems.wz> • brake bleeder
entlüftungsgesteuertes Ventil *n* <rls> • bleed-operated valve
Entlüftungskanal *m* <kfz.hlk> *(Öffnung)* • vent duct
Entlüftungskanal *m* <prod> *(z. B. bei Druck-, Spritzgusswerkzeugen)* • mold vent channel; vent channel
Entlüftungskondensator *m* <verf> • vent condenser
Entlüftungsleitung *f* <rls> *(zum Entfernen unerwünschter Luft, z. B. aus Zentralheizung, Hydraulik)* • bleed line
Entlüftungsleitung *f* <rls> *(allg.)* • vent line; vent connection; vent pipe
Entlüftungsloch *n* <tech.allg> • vent hole
Entlüftungsöffnung *f* <tech.allg> *(Öffnung, aus der Luft austritt)* • vent opening; vent
Entlüftungsöffnung *f* <hydr> • air bleed
Entlüftungsöffnung *f* <masch> • air vent
Entlüftungsöffnung *f* <metall> *(Gussform)* • whistler; breather
Entlüftungsrohr *n* <hlk> *(Auslass über Dach)* • air chimney; air flue; ventilation flue
Entlüftungsrohr *n* <hlk> *(für Abluft)* • exhaust pipe; air vent pipe
Entlüftungsrohr *n* <kunst.wz> *(Airbrush)* • air extraction pipe
Entlüftungsrohrkanal *m* <kfz.hlk> *(Öffnung)* • vent duct
Entlüftungsschacht *m* <hlk> *(z. B. Bergwerk, Gebäude, Tunnel)* • exhaust shaft
Entlüftungsschraube *f* <tech.allg> • bleed screw; air-vent screw
Entlüftungsstopfen *m* <tech.allg> • vent plug; air-bleed plug
Entlüftungsventil *n* <tech.allg> *(mit Druckentlastung)* • air relief valve
Entlüftungsventil *n* <tech.allg> *(z. B. in Hydrauliksystemen, Wasser-Heiz- und Kühlsystemen)* • vent valve; air release valve; air vent valve
Entlüftungsventil *n* <brems> *(Bremshydraulik)* • bleed valve
Entlüftungsventilator *m* <hlk> • exhaust fan
Entlüftungsvorrichtung *f* <verf> • deaerator
entmagnetisieren *vt* <edv> *(z. B. Computermonitor)* • degauss *vt*
entmagnetisieren *vt* <phys> • demagnetize *vt*
Entmagnetisierung *f* <edv> • degaussing
Entmagnetisierung *f* <phys> • demagnetization
Entmagnetisierung durch Ummagnetisierung *f* <phys> • demagnetization by continued reversals
Entmagnetisierungsenergie *f* <phys> • demagnetization energy
Entmagnetisierungsfaktor *m* <phys> • demagnetization factor
Entmagnetisierungsgenerator *m* <nav> • degaussing generator
Entmagnetisierungskurve *f* <phys> • demagnetization curve
Entmagnetisierungsspule *f* <el> *(für Bildschirme)* • degaussing coil; degausser
Entmagnetisierungsspule *f* <phys> *(allg.)* • demagnetizing coil
entmanganen *vt* <verf> • demanganize *vt*
Entmanganung *f* <verf> • demanganizing; manganese removal
entmetallisieren *vt* <verf> • deplate *vt*
Entmetallisierungsbad *n* <obfl> • stripping tank; deplating bath; liberator tank; depositing-out tank
entmethylieren *vt* <chem.verf> • demethylate *vt*
entmineralisieren *vt* <verf> *(allg.)* • demineralize *vt*
Entmineralisierung *f* <verf> *(allg.)* • demineralization
Entmischen *n* <tech.allg> • segregation

entmischen *vi/vr* <chem> • demulsify *vi/vt*
entmischen *vi/vr* <metall> • segregate *vi/vt*
entmischen *vi/vr* <verf> • separate *vi/vt*; separate out *vt*
Entmischung *f* <tech.allg> • segregation
Entmischung *f* <chem> • separation
Entmischung *f* <verf> • mixture separation
Entmistmaschine *f* <led> • demanuring machine
Entmistungsanlage *f* <agri> *(Stall)* • mechanical gutter cleaner; dung channel cleaner
Entmistzylinder *m* <led> • demanuring cylinder
entmodeln *vt* <el> • demodulate *vt*
Entmolkung *f* <nahr> • elimination of whey
entmultiplext <el> • de-multiplexed
Entnahme *f* <edv> *(eines Datenträgers)* • removal
Entnahme *f* <kst> *(von Formteilen aus der Maschine)* • removal; part removal
Entnahme *f* <logist> *(z. B. aus dem Lager)* • take-off
Entnahme *f* <med> *(z. B. von Blut)* • withdrawal
Entnahme *f* <metall> • release
Entnahme *f* <verf> *(z. B. von Chemikalien aus e. Behälter)* • discharge
Entnahme *f* <wz.masch> *(von Werkstücken aus e. Maschine)* • unloading; removal
Entnahmeanlage *f* <bau.hydr> *(Kläranlage, Kraftwerk)* • intake structure; inlet structure; headworks *pl*; inlet works *pl*; intake works
Entnahmebauwerk *n* <bau.hydr> *(Kläranlage, Kraftwerk)* • intake structure; inlet structure; headworks *pl*; inlet works *pl*; intake works
Entnahmebereich *m* <kst> • part removal area
Entnahmedampf *m* <energ.therm> • bleed steam
Entnahmedruck *m* <verf> • autoextraction pressure
Entnahmeeinrichtung *f* <wz.masch> • unloading device
Entnahmefräse *f* <förd> • silo unloader
Entnahmegegendruckturbine *f* <energ.therm> *(Dampfkraftwerk)* • bleeding back-pressure turbine
Entnahmegerät *n* <kst> • removal device
Entnahmegrube *f* <verf> • borrow excavation; borrow pit
Entnahmehaken *m* <nukl> • bottom scoop
Entnahmeliste *f* <logist> • pick list; picking list; request list; selection list
Entnahmeöffnung *f* <rls> *(Tank, Silo etc.)* • discharge outlet
Entnahmeseite *f* <ents> *(Absetzbecken)* • discharge end
Entnahmeseite *f* <logist> • picking face
Entnahmesonde *f DIN EN 1330-8* <msr> • sampling probe; sampler
Entnahmestelle *f* <logist> • take-off [point]
Entnahmestelle *f* <med.tech> *(für Druckgase)* • station outlet; terminal unit
Entnahmestelle *f* <rls> • discharge point
Entnahmestelle *f* <silik> • gathering hole; gathering opening
Entnahmestern *m* <pack> *(Dosenprod.)* • outfeed star; discharge turret; outfeed turret
Entnahmestrom *m* <verf> • bleed stream
Entnahmeturbine *f DIN 4304* <energ.therm> *(nicht mit Anzapfturbine zu verwechseln)* • turbine with controlled extraction
Entnahmeturbine *f* <turb> *(Dampfturbine)* • extraction turbine
Entnahmeturm *m* <energ.hydr> • intake tower
Entnahmeventil *n* <rls> • extraction valve; outlet valve
Entnahmeverhältnis *n* <tech.allg> • rate of withdrawal
Entnahmeverluste *mpl* <agri> • losses from unloading
Entnahme von Analysenproben *f* <chem.verf> • analytical sampling
Entnahme von Laugenproben *f* <pap> • liquor sampling
Entnebler *m* <verf> • mist eliminator; droplet separator

Entnehmen *n* <logist> *(Kommissionieren)* • picking
entnehmen *vt* <allg> *(Dinge, Stoff aus etwas)* • remove *vt*
entnehmen *vt* <tech.allg> *(z. B. Flüssigkeit, Warenprobe)* • draw *vt*
entnehmen *vt* <logist> *(z. B. einem Behälter, Vorrat)* • take out *vt*
entnehmen *vt* <logist> *(Kommissionieren)* • pick *vt*
entnehmen *vt* <phot> *(Film)* • unload *vt*
entnehmen *vt* <prod> *(Werkstück)* • withdraw *vt*
entnickeln *vt* <obfl> • denickelify *vt*
entnieten *vt* <füg> • unrivet *vt*
Entnitrifizierung *f* <chem.verf> • denitrification
entölen *vt* <masch> • deoil *vt*
Entöler *m* <masch> • oil separator
Entpacken *n* <edv> • decompression
entpacken *vt* <edv> *(Daten)* • decompress *vt*; unpack *vt*
entpaketieren *vt* <edv> • unpack *vt*
Entpalettiereinrichtung *f* <logist> • depalletizer *US*; depalletiser *GB*
Entpalettiergerät *n* <logist> • depalletizer *US*; depalletiser *GB*
entparaffinieren *vt* <chem> • deparaffin *vt*; deparaffinize *vt*; dewax *vt*
Entparaffinierung *f* <chem> • deparaffinization; dewaxing
Entparaffinierung mit Lösungsmitteln *f* <obfl> • solvent dewaxing
entpassivieren *vt* <mat> *(z. B. von Stahl durch Clorid-Ionen)* • depassivate *vt*
entpechen *vt* <verf> • depitch *vt*
entphenolen *vt* <chem> • dephenolize *vt*
Entphenolierung *f* <chem> • dephenolization; dephenolation
Entphenolung *f* <chem> • dephenolization; dephenolation
entphosphoren *vt* <tech.allg> • dephosphorize *vt*
Entphosphorungsmittel *n* <metall> • dephosphorizer; dephosphorizing agent
entpickeln *vt* <led> • depickle *vt*
entpolarisieren *vt* <phys> • depolarize *vt*
entpolymerisieren *vt* <chem> • depolymerize *vt*
entpropanisieren *vt* <chem> • depropanize *vt*
entquellen *vt* <led> • deplete *vt*
entrahmen *vt* <nahr> *(Milch)* • cream *vt*; cream off *vt*; skim *vt*
entrahmte Kuhmilch *f* <nahr> • skimmed cow's milk; lac vaccinum defloratum
entrahmte Milch *f* <nahr> • skim milk; skimmed milk
Entrahmungszentrifuge *f* <nahr> • centrifugal cream separator; cream separator; milk centrifuge; milk separator
Entrappen *n* <agri> *(Wein)* • stemming; destalking; destemming
Entrappungsmühle *f* <agri> *(zur Trennung der Traubenbeeren von den Stielen)* • stemmer; destalker; stalk separator; destalking machine; grape picker
entrastern *vt* <druck> • descreen *vt*
Entrauchung *f* <feuer> *(z. B. durch Rauchabzugsklappen)* • desmoking
entregen *vt* <el> • de-energize *vt*
Entregungseinrichtung *f rar* <el> *(Filter, Abschirmung)* • suppressor; filter; screening unit *rare*
entriegeln *vt* <tech.allg> *(z. B. Bremse, Fensterheber, Türschloss)* • unlock *vt*
entriegeln *vt* <bahn> *(freigeben)* • release *vt*
entriegeln *vt* <masch> *(Klemmen, Spannbacken)* • unclamp *vt*
entriegeln *vt* <masch> *(Klinken)* • unlatch *vt*
Entriegelung für Zubehörschuh *f* <phot> • mount-lock release
Entriegelungs... <tech.allg> *(in Zusammensetzungen)* • release ...

Entriegelungshebel *m* <edv> • paper release unit
Entriegelungshebel *m* <masch> • release lever
Entriegelungsknopf *m* <kfz> *(z. B. zum Lösen der Feststellbremse)* • release button
Entriegelungsknopf für die Filmrückspulung *m* <phot> • film rewind button; rewind button
entrinden *vt* <holz> *(Baumstamm)* • debark *vt*; bark *vt*
Entrinder *m* <holz> • debarker; debarking machine; barker; bark stripper; rosser
entrindet <holz> • bark-free; bark-bared
Entrindungskopf *m* <holz> • debarker head; rosser head
Entrindungsmaschine *f* <holz> • debarker; debarking machine; barker; bark stripper; rosser
Entrindungstrommel *f* <holz> • debarking drum; barking drum; drum barker
entrohren *vt* <petr> *(Bohrloch)* • remove *vt*; pull *vt*
Entrohrung *f* <petr> • pulling of casing; withdrawn of casing
Entropie *f* (S) *DIN 1345* <therm> *(kalorische Zustandsgröße)* • entropy (S)
Entropieabnahme *f* <therm> • entropy decrease
Entropiebilanz *f* <therm> • entropy balance
Entropiediagramm *n* <therm> • entropy chart
Entropiefluss *m* <therm> • entropy flow; entropy flux
Entropiesatz *m* <therm> • entropy law; second law of thermodynamics
Entropieverlust *m* <therm> • entropy loss
Entropiezunahme *f* <therm> • entropy increase
Entrosten *n* <obfl> *(mechanisch, chemisch)* • derusting; rust removal
entrosten *vt* <obfl> *(mechanisch, chemisch)* • derust *vt*; unrust *vt*; remove rust *vi*
Entroster *m* <chem> • rust remover; rust-removal agent
Entrostungsbeize *f* <obfl> • acid derust
Entrostungsdrahtbürste *f* <obfl> • scratch brush
Entrostungsmittel *n* <obfl> • rust remover; rust-removing agent
entrußen *vt* <verf> • desoot *vt*
entsättigen *vt* <chem.verf> • desaturate *vt*
entsäuern *vt* <chem> • deacidify *vt*
Entsäuerung *f* <nahr> *(von Wein)* • acid reduction; deacidification
Entsäuerung *f* <verf> *(z. B. Speisewasser)* • deacidification
Entsaften *n* <nahr> *(Maische)* • screening; straining
entsaften *vt* <nahr> • extract juice *vi*; express juice *vi*
entsaften *vt* <nahr> *(Bäume)* • sap *vt*
Entsafter *m* <nahr> • juicer; squeezer
Entsaftungsapparat *m* <nahr> *(Wein)* • drainer; juice separator
entsalzen *vt* <chem> • desalinate *vt*
entsalzen *vt* <chem.verf> *(Wasser; mit Ionenaustauscher)* • deionize *vt*; demineralize *vt*
entsalzen *vt* <petr> • desalt *vt*
Entsalzung *f* <chem.verf> *(von Wasser)* • deionization; demineralization
Entsalzung *f* prakt <chem.verf> *(von Wasser)* • demineralization; deionization *thsc*
Entsalzung *f* <verf> • desalination; desalting *coll*; desalinization *rare*
Entsalzungsanlage *f* <verf> *(allg.)* • desalination plant
Entsalzungsanlage *f* <verf> *(für Meerwasser)* • seawater desalination plant
Entsander *m* <ents.hydr> *(fein)* • desander
Entsander *m* <petr> • desander
Entsander *m* <prod> *(Gießerei)* • sand trap
Entsandung *f* <ents.hydr> • grit removal
Entsandungsanlage *f* <ents.hydr> *(grob)* • grit removal system

Entsandungsanlage *f* <ents.hydr> *(fein)* • desander
Entsandungsanlage *f* <prod> *(Gießerei)* • sand trap
Entschälbad *n* <textil> *(Seide)* • scouring bath; degumming bath; boiling-off bath
Entschälen *n* <textil> *(Seide)* • scouring; degumming; boiling-off; discharging; cooking
entschälen *vt* <textil> *(Seide)* • scour *vt*; degum *vt*; boil off *vt*; cook *vt*
entschärfen *vt* <alarm> • disarm *vt*; unset *vt*
entschärfen *vt* <mil> *(Bombe, Granate)* • defuse *vt*
entschäumen *vt* <mat> *(Schaum verhindern, abbauen)* • defoam *vt*
entschäumen *vt* <verf> *(Abschaum entfernen)* • scum *vt*
entschäumen *vt* <verf> *(schwimmenden Schaum abziehen)* • skim off *vt*
Entschäumer *m* <chem> • defoaming agent; defoamer; antifoaming agent; foam killer
Entschäumer *m* <tribo> *(Additiv; z. B. in Motoröl)* • antifoam agent; antifoam inhibitor; foam inhibitor
Entschäumungsmittel *n* <chem> • defoaming agent; defoamer; antifoaming agent; foam killer
entschalen *vt* <bau> *(Beton)* • strip *vt*
entschalen *vt* <bau> *(kleinere Betonobjekte; z. B. Säulen)* • demold *vt*
entschalen *vt* <bau> *(Beton-Schalung entfernen)* • strike formwork *vt*; strip formwork *vt*; dismantle the formwork *vt*
Entschalung *f* <bau> • form stripping
entscheiden *vt* <allg> *(Entschluss fassen)* • decide *vt*
entscheiden *vt* <allg> *(beurteilen)* • judge *vt*
entscheidende Phase *f* <tech.allg> • critical stage
Entscheidung *f* <allg> • decision
Entscheidungsalgorithmus *m* <edv> • voting algorithm
Entscheidungsbaum *m* <allg> • decision tree
Entscheidungsdokument *n* Superfund <ents> • record of decision Superfund
Entscheidungselement *n* <allg> • decision element
Entscheidungsfähigkeit *f* <allg> • decision-making ability
Entscheidungsfällung *f* <allg> • decision making; decision finding
Entscheidungsfenster *n* <edv> *(Scanner; Raum um einen Abtastpunkt)* • eye-opening; eye *n* pract
Entscheidungsgatter *n* <tech.allg> • decision gate
Entscheidungsgehalt *m* <allg> • decision content
Entscheidungshilfe *f* <allg> • decision tool
Entscheidungsraum *m* <allg> • decision space
Entscheidungsraum *m* <edv> *(Scanner; Raum um einen Abtastpunkt)* • eye-opening; eye *n* pract
Entscheidungsraum *m* <math> *(Topologie)* • policy space
Entscheidungsregel *f* <allg> • decision rule
Entscheidungsschwellwert *m* <tech.allg> • decision level
Entscheidungstabelle *f* <allg> • decision table
Entscheidungsverfahren *n* <allg> • decision procedure
entschichten *vt* <druck> • remove coating *vi*
entschlacken *vt* <verf> *(z. B. Ofen, Brennkammer)* • deslag *vt*; remove slag *vi*; slag *vt*
Entschlacker *m* <ents> • slag removal system; slag remover; ash extractor; ash discharger
Entschlackung *f* <metall.ents> • slag removal
Entschlackung *f* <verbr.ents> *(Ofen, Brennkammer)* • clinker discharge
entschlämmen *vt* <verf> • deslime *vt*
entschlammen *vt* <bau> • desludge *vt*
entschlammen *vt* <verf> *(schlammfrei machen; z. B. durch Dekantieren, Waschen, Filtern)* • elutriate *vt*; levigate *vt*
Entschlammung *f* <verf.hydr> • desilting

Entschleimen n <nahr> (Absetzenlassen; von Wein) • settling; clearing

Entschleimen n <nahr> (Abziehen von Wein) • debourbage; racking must

Entschleimen n <nahr> (Trubabtrennung von Wein) • clearing the must

entschleimen vt • deslime vt

entschleimen vt <petr> • degum vt

Entschlichten n <textil> • desizing

entschlichten vt <kst> • desize vt

Entschlichtungsbad n <textil> • desizing bath

entschlüsseln vt <tele> (ein Signal) • decrypt vt

entschlüsseltes Signal n <edv> • decoded signal

Entschlüsselung f <edv/tele> • decoding

Entschlüsselungsgerät n <edv/tele> • decoder; decoding device

Entschlüsselungsmatrix f <edv/tele> • decoding matrix

Entschlüsselungsmodul n <av> (Pay-TV) • Common Interface (CI)

Entschrauber m <ents> (in Demontageanlagen) • screw removal tool :V

entschwefeln vt <chem.verf> • desulpherize vt; desulfurize vt

entschwefeltes Erdgas n <chem.petr> • sweet natural gas; sweet gas

Entschwefelung f <verf> (z. B. von Rauchgas) • desulfurization; sulfur removal

Entschwefelungsanlage f <agri.tech> • hydrogen sulfide scrubber

Entschwefelungsanlage f <emiss> • desulfurization plant

Entschwefelungsgrad m <emiss> • SO_2-removal efficiency

Entschwefler m <agri.tech> • hydrogen sulfide scrubber

entschweißen vt <textil> • degrease vt; scour vt

entschweißte Wolle f <textil> • degreased wool

Entschweißungsmittel n <textil> • degreasing agent; scouring agent

Entschweißvorrichtung f <textil> • grease extracting apparatus

entseuchen vt rar <nukl> (Oberflächen, Boden, Personen) • decontaminate vt

Entseuchung f rar <nukl> (von radioaktiv verseuchten Flächen) • radioactive decontamination; decontamination

Entseuchung f rar <nukl> • decontamination; radioactive decontamination

Entseuchungsanlage f <mil> • decontamination facility

Entseuchungsfaktor m <nukl> • decontamination factor

Entseuchungsindex m <nukl> • decontamination index

Entseuchungsmittel n <nukl> (Substanz) • decontaminating agent; decontaminating substance

Entseuchungsmittel n <nukl> (Einrichtung od. Ausrüstung) • decontamination equipment; decontamination facilities

entsichern vt <tech.allg> (i.a. mechanisch, z. B. Griff, Hebel, Riegel) • unlock vt

entsichern vt <mil> • release safety vt

entsilbern vt <ents> (z. B. Filme, Spiegel) • desilver vt; desilverize vt

entsilicieren vt <metall> • desiliconize vt

entsorgen vt <msr> • clear vt

Entsorgung f <ents> • collection; removal

Entsorgung f prakt <ents> • waste disposal; refuse disposal rare

Entsorgung f <nukl> • nuclear waste management; radioactive waste management

Entsorgungsanlage f <ents> • waste disposal plant; refuse disposal plant; disposal plant

Entsorgungskosten pl <ents> • disposal costs; disposal cost

Entsorgungssystem n <ents> • disposal system

Entsorgungswirtschaft f <ents.ökon> (Industriezweig) • waste management industry

Entspanen n <ents> • chip removal

Entspanen n <wz> • chip clearing

Entspanen n <wz> (z. B. Bohrer) • swarf clearing

entspanen vt <prod> (am Werkzeug, in der Werkzeugmaschine) • clear the chips vt

entspanen vt <prod> (Späneabfuhr) • clear the swarf vt

Entspannen n <bau> • relaxation

entspannen vt <autom> (freigeben; z. B. Werkzeug, Werkstück) • release vt

entspannen vt <kst> (spez. Orientierungen) • relax vt

entspannen vt <masch> (lockern; Seil, Kabel, Kette, Riemen etc.) • slack off vt; slacken off vt

entspannen vt <mat> (Spannungen, Dehnungen allg.) • relax vt; unstress vt

entspannen vt rar <mech> (allg.) • stress-relieve vt; distress vt rare

entspannen vt <mil> (Schusswaffe, Abzug, Verschluss) • decock vt

entspannen vt <prod> (durch Wärmebehandlung) • anneal vt

entspannen vt <rls> (unter Druck stehendes Systm; z. B. Druckbehälter) • decompress vt

entspannen vt <verf> (Dampf) • expand vt

entspannendes Glühen n <metall> • stress relieving; stress relief anneal

Entspanner m <hydr> • expansion valve

entspannt <allg> • relaxed

entspannt <energ> (Dampf) • expanded

entspannt <mech> • strain-free

entspannter Fahrstil m <kfz> • relaxed driving style

Entspann- und Ladestation f <wz.masch> • unloading and loading station

Entspannung f <mat> • relaxation

Entspannung f <mech> • stress relief; stress relieving; unstressing

Entspannung f <phys> (Druckentlastung und Volumenzunahme) • expansion

Entspannungsabkühlung f <phys> (adiabatisch, polytropisch) • cooling due to expansion

Entspannungsbehälter m <verf> • blow-down tank; blow-down vessel; blow-off tank; relief tank

Entspannungsdestillation f <chem.verf> (langsam) • continuous equilibrium vaporization

Entspannungsdestillation f <ents.verf> (rasch) • flash distillation

Entspannungsglühen n prakt <metall> • stress-relief heat treatment

Entspannungsglühen n rar <metall> (irreführend, denn es bleiben Restspannungen) • stress-relief annealing; stress relieving prakt; stress relief annealing with slow cooling in still air did

Entspannungsgrube f <masch> • break-pressure sump

Entspannungskammer f <verf> • flash chamber

Entspannungskühler m <verf> • flash cooler

Entspannungskühlung f <hlk> • expansion cooling

Entspannungsofen m <metall> • stress-relieving furnace

Entspannungsort n <min> • relief roadway

Entspannungsprozess m <turb> • expansion process

Entspannungsschießen n <min> • destressing blasting

Entspannungsturbine f <turb> • turboexpander

Entspannungsventil n <rls> • expansion valve

Entspannungsverdampfer m <verf> • flash evaporator; flasher prakt

Entspannungsverdampfung f <ents.verf> (rasch) • flash distillation

Entspannungsverdampfung f <phys.therm> • flash evaporation; flash vaporization US; instantaneous vaporization US

Entspannungsversuch m <qualit.mat> • relaxation test; stress-relaxation test

Entspannungszwischenkühler m <verf> • flash intercooler

Entspeckung f <led> (Schweinshäute) • fat removal

entspelzen vt <agri> • hull vt; mill vt

Entsperrung f <masch> • unblocking

Entsperrung der AUTO-Einstellung f <phot> • AUTO-lock release

Entsperrung der Filmempfindlichkeitseinstellung f <phot> • film-speed selector release

entspiegeln vt <opt> (Glas, Linse, Objektiv) • reduce reflectivity by coating vt; antireflect vt; coat vt

entspiegelt <obfl> (Bilderrahmenglas, Bildschirm etc.) • anti-reflect

entspiegelt <opt> (z. B. Brillenglas) • antireflection-coated

entspiegelt <opt> (stark mattiert, milchig) • bloomed

entsprechen vt <allg> (den Regeln, Vorschriften, Normen) • comply with vt; conform to vt; fulfill vt; fulfil vt

entsprechen vt <allg> (z. B. rot entspricht Plus) • correspond to vt

entsprechen vt <allg> (Erwartungen, Vorstellungen, Wünsche) • satisfy vt

entsprechend <allg> • corresponding; relevant

entsprechendes Signal f <allg> • appropriate signal

entspricht internationalen Normen <qualit> • follows international standards

entspricht nicht der Spezifikation <qualit> • is outside specifications

Entsprichtzeichen n <math> • equivalent sign

entstabilisieren vt <msr> (Regelprozess) • destabilize vt

Entstäubungsapparat m <pap> • dusting machine; duster

Entstapelungsgerät n <logist> • depalletizer US; depalletiser GB

Entstauben n <obfl> • dedusting

Entstauben n <verf> • dust removal

entstauben vt <obfl> • dedust vt

entstauben vt <verf> (Gase; z. B. Luftstrom) • collect dust vt; remove dust vt; catch dust vt; separate dust vt; trap dust vt

Entstauber m <emiss.verf> (z. B. in Abluft) • dust arrester; dust catcher; dust separator; dust collector

Entstauber m <verf> (allg.; trocken, nass, Filter od. elektrostatisch) • dust separator; dust collector; dust trap

Entstaubung f <ents> • dust collection; particulate collection; dust removal; particulate removal; particulate control

Entstaubung f <obfl> • dedusting

Entstaubung f <verf> (betont: durch Niederschlagen) • dust precipitation

Entstaubung f <verf> • dust removal

Entstaubungsaggregat n rar <verf> (allg.; trocken, nass, Filter od. elektrostatisch) • dust separator; dust collector; dust trap

Entstaubungsanlage f <ents> • dust-absorption system

Entstaubungsanlage f <verf> • dedusting plant

Entstaubungsanlage f <wz.masch> (z. B. für Schleifstaub) • dust collecting system

Entstaubungsgebiet n <verf> (Zone in einem Entstauber) • separation zone

Entstaubungsgrad m <verf> • collection efficiency; dust removal efficiency

Entstaubungsraum m <verf> (Zone in einem Entstauber) • separation zone

Entstaubungstechnik f <verf> • dust removal technology

Entstaubungsvorgang m <ents> • process of dust removal; dust removal process; process of dust collection; dust collection process

Entstaubungszentrifuge f <verf> • centrifugal separator

Entstaubungszone f <verf> (Zone in einem Entstauber) • separation zone

entstearinieren vi <chem> (Öle) • demargarinate vi; destearinate vi; destearinize vi; winterize vi

entstearinisieren vi <chem> (Öle) • demargarinate vi; destearinate vi; destearinize vi; winterize vi

entstechen vt <mil> (Stecher) • deactivate the set trigger mechanism vt; decock the hair trigger vt

Entstehung f rar <allg> (meist aktiv, absichtlich) • generation

Entstehung f <tech.allg> (z. B. von Wolken, Dämpfen, Ablagerungen) • formation

Entstehung f <geo> (z. B. von Gesteinsformationen, Vulkanen, Sedimenten) • genesis; formation

Entstehungscode m <navig> • derivation code

Entstehungsmechanismen von Stickoxid mpl <emiss> • NOx-formation mechanisms pl

Entstehungsstelle f <tech.allg> • point of origin

Entstehung von Ablagerungen f <rls> • deposit build-up; build-up of deposits

entsteinen vt <nahr> (Steinobst; e.g. Kirschen, Pflaumen) • stone vt

Entstellung f <tele> (von Signalen) • mutilation

Entstickung f <ökol> (z. B. Wärmekraftwerk) • NOx-reduction

entstielen vt <agri.nahr> • stem vt; separate the stalks vt; remove the stalks vt

Entstielmaschine f <agri> • stalk separator

Entstielungsmaschine f <agri> • stalk separator

entstippen vt <pap.ents> • deflake vt

Entstipper m <pap.ents> • deflaker

Entstippung f <pap.ents> • deflaking

Entstörabschirmung f <kfz.el> • RFI shield

Entstördiode f <av> • interference inverter; black spotter

Entstördrossel f <kfz.el> • radio choke; suppressor choke

entstören vt <av> (Bild, Ton) • eliminate interference vt; suppress interference vt

entstören vt <phys> (filtern) • screen vt

Entstörer m <el> • interference suppressor

Entstörer m <el> (Filter, Abschirmung) • suppressor; filter; screening unit rare

Entstörfilter n <el> • interference suppression filter

Entstörglied n <el> (Filter, Abschirmung) • suppressor; filter; screening unit rare

Entstörkappe f <kfz.el> (auf Zündkerzen) • ignition shield; radio shielding cap

Entstörkondensator m <kfz.el> (allg. und im Generator) • capacitor; anti-interference capacitor rare

Entstörkondensator m <kfz.el> (Zündspule) • radio interference capacitor; ignition noise suppressor

Entstörmuffe f <kfz.el> • sleeve-type suppression

Entstörprüfung f <el> • screening test

Entstörsatz m <kfz.el> • noise suppressor kit; suppression package

Entstörstecker m <kfz.el> • RFI suppressor

entstört <el> • interference-free; interference-proof

entstörte Zündkerze f <kfz.el> • RFI suppressed spark plug Champion; interference-suppressed spark plug Bosch

Entstörung f <tech.allg> • interference suppression

Entstörung f rar <tech.allg> (in Systemen, Anlagen etc.) • fault removal; fault clearance

Entstörung f <el> • noise suppression

Entstörung f <el> (von Radio-, Funkempfang) • radio shielding

Entstörung f <phys> (durch Abschirmung) • screening
Entstörungsdienst m <tele> • repair service; fault-clearance service rare
Entstörvorkehrung f <msr> • noise suppression device (NSD); noise immunity measure
Entstörvorrichtung f <el> • interference suppressor
Entstörwiderstand m <kfz.el> (Zündkerze) • interference-suppression resistor
entstoffen vt <pap.ents> (Siebwasser) • defiber vt
Entstücken n <ents> (von Leiterplatten) • unloading
entteeren vt <chem.verf> • detar vt
Entteerer m <verf> • tar separator
enttrichtern vt <metall> (Gießerei) • degate vt; sprue vt
Enttrübung des Minimums f <navig> • minimum clearing; zero clearing
Enttrübungsschaltung f <navig> • fast time constant circuit; FDC circuit
Enttrübungs- und Abbrausesieb n <min> (z. B. im Steinkohlebergbau) • drain-and-spray screen
Entwachsen n <obfl> • dewaxing; removal of wax
entwachsen vt <obfl> • dewax vt; remove wax vt
entwärmen vt <hlk> • extract heat
Entwärmung f <hlk> (durch Erdreichkollektoren) • heat extraction and reduction in temperature
Entwässerbarkeit f <tech.allg> (z. B. Boden, Papier) • drainability
entwässern vt <tech.allg> • dewater vt
entwässern vt <tech.allg> (Boden, Gebäude) • drain vt; dewater vt
entwässern vt <bau> (Abwässer abführen) • sewer vt
entwässern vt <bau> (Untergrund, Boden, Landflächen) • drain vt
entwässern vt <chem> (Material) • dehydrate vt
entwässern vt <ents> (Deponie) • drain off water vi
entwässern vt <hlk> (z. B. Luftleitung, Blasinstrument) • bleed vt
entwässern vt <pap> (eindicken) • decker vt; thicken vt; dewater vt
entwässert <pap> • dried
Entwässerung f <tech.allg> • dewatering
Entwässerung f <agri.tech> • demisting; water removal
Entwässerung f <bau> (z. B. von Boden, Mauerwerk) • drainage; draining
Entwässerung f <bau> (von Tagebaugelände, Baugruben) • ground-water lowering
Entwässerung f <chem> (durch Wasserentzug; von Material, Substanzen) • dehydration
Entwässerung f <verf> (Ableitung von Abwasser) • sewerage; sewering
Entwässerung f <verf> (z. B. Entschwefelungsanlage) • sludge dewatering
Entwässerungsanlage f <bau> (z. B. Trockenlegung von Sümpfen) • drainage plant; drainage system
Entwässerungsanlage f <verf> (zur Konzentrationserhöhung) • concentrator
Entwässerungsanlage f <verf> (Herauslösen von Wasser aus chem. Verbindungen) • dehydration plant
Entwässerungsdichte f <ents> • drainage density
Entwässerungsentspanner m <verf> • drain vessel
Entwässerungsfähigkeit von Zellstoff f <pap> • drainability of pulp
Entwässerungsgebiet n <geo> • drainage area
Entwässerungsgraben m <agri> (im Gelände, Feld) • field drain; land drain
Entwässerungsgraben m <bau> (z. B. von Deponien, Acker-, Bauland) • drainage ditch; drainage trench
Entwässerungsgraben m <min> • catch drain
Entwässerungsgrad m <pap> • freeness value; freeness
Entwässerungshahn m <rls> • drain cock valve

Entwässerungskanal m <ents> • drainage channel
Entwässerungskühler m <verf> • dephlegmating cooler
Entwässerungsleitung f <tech.allg> • drain line; drain pipe; drainage line
Entwässerungsleitung f <agri> (für Erdreich) • soil drain
Entwässerungsloch n <nav> • drain hole
Entwässerungslöffel m <pap> • de-watering scoop
Entwässerungsmaschine f <pap.prod> • dewatering machine; decker
Entwässerungsmittel n <chem> • dehydrator; dehydrating agent
Entwässerungsöffnung f <bau> (in Fensterprofilen) • weephole; drainage hole; drainage
Entwässerungspumpe f <förd> • drainage pump; de-watering pump
Entwässerungsrille f <fz> (in Reifenlauffläche) • drainage channel
Entwässerungsrinne f <bau> (allg., unbefestigt oder kanalisiert) • drainage channel; drainage flume
Entwässerungsrinne f <bau> (betont: gegraben) • drainage ditch
Entwässerungsrohr n <rls> • drain pipe
Entwässerungsschicht f <ents> • drainage layer
Entwässerungsschlauch m <kfz> (z. B. von Schiebedach) • drain pipe; drain hose
Entwässerungsschlitz m <bau> (in Fensterprofilen) • drain slot; drainage slot; weepslot
Entwässerungssieb n <ents> • drainage screen; drain screen
Entwässerungsstollen m <energ.hydr> (Wasserkraftwerk, Staumauer) • drainage gallery
Entwässerungsstollen m <min> • drainage adit
Entwässerungsstutzen m <rls> • drain connection
Entwässerungsteppich m <hydr> • drainage blanket
Entwässerungs- und Entleerungsleitung f <rls> • drain line
Entwässerungs- und Laugenentspanner m <verf> • drain and blow-off flash tank
Entwässerungs- und Retentionsprüfgerät n <pap> • drainage and retention tester
Entwässerungsventil n <rls> • drain valve
Entwässerungsverhalten n <pap> • drainage capacity; drainage resistance
Entwässerungswiderstand m <ents> (z. B. Boden, Mauerwerk) • drainage resistance
Entwässerungszentrifuge f <verf> • hydro-extractor; water-extraction centrifuge
Entwanzen n <tele> • debugging
ENTWEDER-ODER n <math> (Boolesche Algebra) • OR-ELSE; EITHER-OR; exclusive OR
ENTWEDER-ODER-Gatter n <el> • OR-ELSE gate
ENTWEDER-ODER-Schaltung f <el> • OR-ELSE circuit
entweichen vi <tech.allg> (betont: durch Leck; Flüssigkeit, Gas) • leak out vi; leak vi
entweichen vi <emiss> (ungewollt; z. B. Schadstoffe) • escape vi
entweichen vi <emiss> (unbeabsichtigt, aus geschlossenen Kreisläufen, insbes. unter Druck) • escape vi
entweichen vi <rls> (unbeabsichtigt; z. B. Gas, Dampf) • escape vi
Entweichgeschwindigkeit f <aerospace> • escape velocity from Earth; escape velocity
entwerfen vt <tech.allg> (planen) • plan vt
entwerfen vt <doku> (Rohfassung; z. B. Zeichnung, Text) • draft vt
entwerfen vt <prod> (Konstruktion, Design) • design vt
entwerfen vt <prod> (System, Anlage; Projekt) • project vt
entwickelbar <ökon> (Erfindung, Geschäftsidee) • developable

Entwickeln n <phot> *(von Filmen, Abzügen)* • development; developing

entwickeln vr <ökon> *(Markt)* • expand vi; develop vi

entwickeln vt <allg> *(z. B. Eigenschaften, Fähigkeiten)* • evolve vi/vt

entwickeln vt <tech.allg> *(z. B. Gas, Blasen)* • generate vt

entwickeln vt <chem> *(Stoff; als Reaktionsresultat; z. B. Gase, Dämpfe)* • release vt; liberate vt rare

entwickeln vt <druck> *(Druckplattenherstellung)* • process vt; develop vt

entwickeln vt <phot> *(einen belichteten Film)* • develop vt

entwickelt <nahr> *(Wein)* • mature; ready for bottling; ripe

Entwickler m prakt <tech.allg> *(Person im F+E-Bereich)* • engineer in R&D; development engineer

Entwickler m prakt <druck> *(Gerät)* • printing plate processor; plate processor; developer pract

Entwickler m <obfl> • coupling component

Entwickler m <phot> • developer

Entwicklerbad n <druck> • developing tray

Entwicklerbad n <phot> • developing bath

Entwicklereinheit f <druck> • developing unit

Entwicklergas n <füg> • generator gas

Entwicklerkapsel f <chem> • development pod

Entwicklerlösung f <phot> • developer solution; developing solution

Entwickler mit erhöhter Empfindlichkeitsausnutzung m <phot> • speed-enhancing developer; high-energy developer; high-speed developer

Entwickler-Sammelmagnet m <druck> • iron powder collector magnet

Entwicklerschale f <druck> • developing tray

Entwicklerschale f <phot> *(Labor; für Papierabzüge)* • developing dish; developing tray; developer tray

Entwicklerschale f <phot> *(Labor; für Filmmaterial)* • film processing tray

Entwicklung f <allg> • development

Entwicklung f <allg> *(Erzeugung)* • generation

Entwicklung f <tech.allg> *(z. B. von Blasen, Wärme)* • formation

Entwicklung f <bio> *(z. B. einer neuen Spezies)* • evolution

Entwicklung f <math> • expansion

Entwicklung f <phot> *(von Filmen, Abzügen)* • development; developing

Entwicklung f <verf> *(Freiwerden)* • liberation

Entwicklung in eine Doppelreihe f <math> • double series expansion

Entwicklung neuer Pharmazeutika f <bio.tech> • drug discovery

Entwicklungsautomat m <phot> • automatic developing unit

Entwicklungschemie f <druck> *(Flüssigkeit)* • process chemistry; printing plate chemistry; developer pract

Entwicklungsdose f <phot> • processing tank; film processing tank; developing tank

Entwicklungseinheit f <druck> • developing unit

Entwicklungselektrode f <druck> • development electrode

Entwicklungsfärbung f <textil> • developed dyeing

Entwicklungsfaktor m rar <phot> *(auch bei Digitalfotobearbeitung)* • gamma value; gamma pract; photographic gamma 4rare

Entwicklungsfarbstoff m <textil> *(Färberei)* • developing dyestuff; developed dye

Entwicklungsfehler m <qualit> • development error

Entwicklungsflüssigkeit f <druck> *(Flüssigkeit)* • process chemistry; printing plate chemistry; developer pract

Entwicklungsingenieur m <tech.allg> *(Person im F+E-Bereich)* • engineer in R&D; development engineer

Entwicklungskoeffizient m <math> • coefficient of expansion

Entwicklungsmaschine f <druck> *(Gerät)* • printing plate processor; plate processor; developer pract

Entwicklungssatz m <math> • expansion theorem

Entwicklungsschale f <phot> *(Labor; für Papierabzüge)* • developing dish; developing tray; developer tray

Entwicklungsschleier m <phot> • development fog

Entwicklungsspielraum m <phot> • development latitude

Entwicklungsstadium n <allg> • development stage

Entwicklungsstand m <tech.allg> • development state

Entwicklungstank m <phot> • processing tank; film processing tank; developing tank

Entwicklungs- und Forschungsabteilung f rar <tech.allg> • R&D department; research and development department; development and research department rare

Entwicklungswalze f <druck> • developing roller

Entwicklungszeit f <ökon> *(eines neuen Produkts)* • development time

Entwicklungszeit f <phot> *(für Filme, Papier)* • development time; developing time

Entwicklung zum Vollbrand f ISO 13943 <feuer> • full fire development ISO 13943

entwirren vt <textil> • disentangle vt

Entwöhnung f <med.tech> *(vom Beatmungsgerät)* • weaning

entwollen vt <led> • dewool vt; pull the wool vt

Entwollgewicht n <led> • dewoolled weight

Entwollmaschine f <led> • wool pulling machine

Entwollungsverfahren n <textil> • fellmongering; fellmongering treatment

Entwulster m • debeader; debeading machine; bead cutter

Entwurf m <tech.allg> *(Konzept eines Projekts)* • project

Entwurf m <tech.allg> *(eines Dokuments, Bilds, Projekts)* • draft; preliminary version

Entwurf m <tech.allg> *(konstruktive Anordnung, Geometrie)* • design [configuration]; layout

Entwurf m <doku> *(Skizze)* • sketch

Entwurf m <kunst> *(von Bildern)* • draft; layout; sketch; plan

Entwurf m <werb> *(der graphischen Gestaltung)* • layout

Entwurfsautomatisierung f <autom> • design automation

Entwurfsbelastung f <bau> • design load

Entwurfsblatt n <doku> • layout sheet

Entwurfsdaten pl <tech.allg> • design data

Entwurfsfehler m rar <qualit> *(konzeptueller Fehler; z. B. falsch berechnet)* • design fault

Entwurfslast f <bau> • design load

Entwurfsoptimierung f <tech.allg> • design optimization

Entwurfsparameter m <tech.allg> • draft design parameter

Entwurfsplan m <tech.allg> • design chart

Entwurfsregel f <tech.allg> • design rule

Entwurfswerkzeug n <edv> • design tool

Entwurfszeichnung f <doku> • draft

entzerren vt <av> • regenerate vt

entzerren vt <opt> • rectify vt

entzerren vt <phot> • restitute vt

entzerren vt <phys> *(akustisch, elektronisch, optisch)* • eliminate distortion vt; correct distortion vt; equalize vt

entzerrender Telegrafieübertrager m <tele> • telegraph regenerative repeater

entzerrender Verstärker m <tele> • equalizing repeater

Entzerrer m (EQ) <av> • equalizer (EQ)

Entzerrer m <el> • distortion corrector; correcting device; antidistortion device

Entzerrer m <opt> • rectifier

Entzerrer *m* <tele.av> • attenuation equalizer
Entzerrerbaustein *m* <el> • component equalizer network
Entzerrerkreis *m* <el> • equalizer circuit; equalizing circuit; equalizing network
Entzerrerschaltung *f* <av> • equalizer network
Entzerrerschaltung *f* <el> • equalizer circuit; equalizing circuit; equalizing network
Entzerrerspule *f* <el> • peaking coil
Entzerrung *f* <av> • equalization; de-emphasis
Entzerrung *f* <opt> • rectification
Entzerrung *f* <phot> • distortion correction; perspective correction
Entzerrung *f* <tele> • regeneration
Entzerrung nach Scheimpflug *f* <phot> • distortion correction according to Scheimpflug's law
Entzerrungsbereich *m* <tele> • frequency range of equalization
Entzerrungsfilter *n* <el> • filter-type equalizer
Entzerrungsgerät *n* <opt> • photogrammetric rectifier; rectifier
Entzerrungsgrenze *f* <tele> • frequency limit of equalization
Entzerrungsnetzwerk *n* <el> • equalizer network; equalizing network
Entzerrungsobjektiv *n* <opt> • rectifier lens
entziehen *vt* <hlk> *(Wärme)* • extract *vt*; remove *vt*
entziehen *vt* <verf> *(z. B. Flüssigkeit)* • extract *vt*; abstract *vt*
Entziehung *f* <phys> • abstraction
entziffern *vt* <doku> *(schwer Lesbares)* • decrypt *vt*; decipher *vt*
entzincify *vt* <obfl> • dezincify *vt*
Entzinkung *f* <obfl> *(Korrosionsart; z. B. von Messing)* • dezincification [corrosion]; dezincation
entzinnen *vt* <verf> • detin *vt*
entzuckern *vt* <verf> • desugar *vt*; desugarize *vt*
entzündbar *ISO 13943* <mat.feuer> • ignitable *IUSO 13943*; ignitible
entzündbar <mat.feuer> • inflammable
Entzündbarkeit *f ISO 13943* <mat.feuer> • ignitability *ISO 13943*
Entzündbarkeit *f* <qualit.mat> *(von Stoffen; z. B. von Textilien, Bau-, Kunst- oder Schmierstoffen)* • flammability *ISO 13943*; inflammability *coll*
entzünden *vr* <feuer> *(zu brennen anfangen)* • catch fire *vi*; catch *vi*; ignite *vi*
entzünden *vr* <mot> *(Kraftstoff/Luft-Gemisch)* • ignite *vi*
entzünden *vt* <tech.allg> *(Brennstoff)* • fire *vt*
entzünden *vt* <feuer> *(Feuer machen; z. B. Kaminfeuer, mit Anfeuerungsmaterial, z. B. Reisig)* • kindle *vt*
entzünden *vt ISO 13943* <feuer> *(Verbrennung einleiten)* • light *vt ISO 13943*; ignite *vt*
entzünden *vt/vr* <feuer> • inflame *vi/vt*
entzündlich <qualit.mat> *(fähig, unter festgelegten Bedingungen mit Flamme zu brennen)* • flammable *ISO 13943*; inflammable *coll*; combustible *rare*
Entzündung *f ISO 13943* <feuer> *(Einleiten der Verbrennung)* • ignition *ISO 13943*
Entzündungspunkt *m* <feuer> • inflammation point
Entzündungstemperatur *f* <tech.allg> • flash point; ignition temperature; flashpoint; flash
Entzündungstemperatur *f* <feuer> • inflammation temperature
Entzündungstemperatur *f* <feuer.mat> *(niedrigste Temperatur zur Einleitung einer Verbrennung)* • ignition temperature *ISO 13943*; ignition point; kindling point
Entzug *m* <allg> • extraction; removal
Entzug *m* <jur> *(z. B. der Erlaubnis, des Mandats, Vertrauens)* • withdrawal

Entzug *m* <med> *(Drogen)* • withdrawal; cold turkey *jarg*
Entzug *m* <phys> • abstraction
Entzugserscheinung *f* <med> • withdrawal symptom; abstinence phenomenon
Entzugsfläche *f* <hlk> • ground coil area
Entzugssymptom *n ugs* <med> • withdrawal symptom; abstinence phenomenon
Entzundern *n* <metall> • descaling; scaling-off; scaling
entzundern *vt DIN EN ISO 4618* <metall> *(z. B. Walzgut)* • descale *vt ISO 4618-3*; scale off *vt*; scale *vt*
Entzundern im Salzbad *n* <metall> • salt-bath descaling
Entzunderungsbad *n* <metall> • descaling bath
Entzunderungswalze *f* <metall> • descaling roll
envelope *vt 3D Studio* <edv> • envelope *vt 3D Studio*
Envelope Amount *m* <edv.av> • envelope amount; contoured cutoff *Moog*
Enveloppe *f obs* <av> *(Umhüllende der Trägerwelle eines amplitudenmodulierten Signals)* • envelope
Environmental Protection Act *n* (EPA) *US* <emiss.jur> • Environmental Protection Act (EPA) *US*
Environmental Protection Agency *f* (EPA) *US* <emiss.org> • Environmental Protection Agency (EPA) *US*
Environment-Map *n* <edv> • environment map; world map
Environment-Mapping *n* <edv> *(Grafik)* • environment mapping
Environment-Shading *n* <edv> *(Grafik)* • environment mapping
enzianblau *RAL 5010* <kunst> • gentian blue
Enzym *n* <bio> • enzyme; ferment
Enzymanalysator *m* <bio> • enzyme analyser
enzymatisch <chem> • enzymatic; fermentative
Enzymblocker *m* <med> • enzyme inhibitor; enzyme blocker
Enzymcholinesterase *f* <chem> • enzyme cholinesterase
Enzymhemmer *m* <med> • enzyme inhibitor; enzyme blocker
Enzym-Immunoassay *n* <med> • enzyme-immunoassay
enzymkatalysiert <chem> • enzyme-catalyzed
enzymresistent <chem> • enzyme-resistant
Eö <kfz.mot> • intake valve opens
Eötvös'sche Drehwaage *f* <msr> • Eotvos torsion balance; Eötvös torsion balance
eötvössche Drehwaage *f* <msr> • Eotvos torsion balance; Eötvös torsion balance
Eötvös-Versuch *m* <phys> • Eötvös experiment
E-Ofen *m* <metall> *(Glühofen, Schmelzofen)* • electric furnace
EON-Funktion *f* <av> *(bei RDS)* • Enhanced Other Network [function] (EON)
Eosin *n* <chem> *(Farbstoff)* • eosine; eosin
EOX <el.mus> *(MIDI)* • End of Sysex (EOX); EOX byte
EOX-Byte *n* <el.mus> *(MIDI)* • End of Sysex (EOX); EOX byte
EP <av> *(bei NTSC; verdreifacht die Dauer)* • extended play (EP)
EP <druck> • electrostatic powder (EP)
EP <kst> *(z. B. zum Kleben, Vergießen, GFK)* • epoxy (EP); epoxy composition; epoxy formulation; epoxy material; epoxy system
EP <kst> • epoxy plastic (EP)
EPA <emiss.jur> • Environmental Protection Act (EPA) *US*
EPA <emiss.org> • Environmental Protection Agency (EPA) *US*
EPA <org.jur> • European Patent Office (EPO)
EPAP <med.tech> • end-expiratory positive airway pressure (EPAP)

E-Papier n <edv.pap> *(z. B. Gyricon)* • electronic paper; e-paper

EP/AW-Additiv n <tribo> • extreme-pressure additive; EP/AW additive; load-carrying additive; antiwear additive; EP additive

EPB <brems> • electromechanically actuated parking brake (EPB); electronic parking brake; electric parking barke

EPC <obfl> • electrostatic powder coating (EPC)

EPC-Verfahren n (EPC) <obfl> • electrostatic powder coating (EPC)

EPDM <kst> • ethylene-propylene terpolymer (EPDM)

EPDM-Dichtung f <bau> • EPDM gasket; Ethylene Propylene Diene Monomer

EP-Eigenschaften fpl <tribo> • EP properties pl; EP performance; extreme-pressure properties pl; extreme-pressure characteristics pl

Epeirogenese f wiss <geo> • drift; epeirogeny thsc

Ephemeriden fpl <navig> • ephemeris; orbital ephemeris; ephemerides pl rare

Ephemeriden-Fehler m <navig> • ephemeris error

Ephemeridenzeit f <astron> • ephemeris time

Ephemeris f <navig> • ephemeris; orbital ephemeris; ephemerides pl rare

ephemerische Daten npl rar <navig> • ephemeris; orbital ephemeris; ephemerides pl rare

Ephemeris-Fehler m <navig> • ephemeris error

E-Piano n <edv.av> • electric piano; E-piano

EPIC-Rechnen n <edv> • Explicitly Parallel Instruction Computing (EPIC)

EPIC-Verfahren n <el> • epitactic integrated-circuit technique

epidemicus <med> *(Krankheit)* • epidemic

epidemisch <med> *(Krankheit)* • epidemic

Epidermis f <bio> • epidermis

Epidiaskop n <opt> • epidiascope

epikardiale Elektrode f <med.tech> • epicardial lead

Epilation f <hygi> *(erwünscht)* • epilation

Epilation f <med> • epilation

Epilationsdosis f <med> • epilation dose

epilieren vt <hygi> *(Haut)* • depilate vt; epilate vt

Epiliermittel n <hygi> • epilator; depilatory; depilatory agent; hair remover coll

Epinastie f <chem> • epinasty

Epinephrin n <bio.chem> • epinephrine; adrenaline rar

Epinephrinrazemat n <pharm> • racemic epinephrine; racemic adrenaline

Epiprojektion f <opt> • episcopic projection

Episkop n <opt> • episcope; reflecting projector

Epistaxis f <med> • nose bleeding ugs; epistaxis wiss; nasal haemorrhage wiss

epitaktisch <edv.ic> • epitaxial

epitaktisches Aufwachsen n <edv.ic> • epitaxy; epitaxial growth

epitaxial <edv.ic> • epitaxial

Epitaxial-Planartransistor m <el> • planar epitaxial transistor

Epitaxialtransistor m <el> • epitaxial transistor

Epitaxialwachstum n <edv.ic> • epitaxy; epitaxial growth

Epitaxie f <edv.ic> • epitaxy; epitaxial growth

Epitaxie-Mesatransistor m <el> • epitaxial mesa transistor

Epitaxiemesatransistor m <el> • epitaxial mesa transistor

Epitaxieplanartransistor m <el> • epitaxial planar transistor

Epitaxieschicht f <el> • epitaxial layer; epitaxial film

Epitaxieverfahren für integrierte Schaltkreise n <el> • epitactic integrated-circuit technique

epithermisch <phys> • epithermal

Epitop n <bio.chem> • epitope; antigenic determinant

Epitrochoide f <tech.allg> • epitrochoid

Epitrochoidengehäuse n <masch> • epitrochoidal casing

Epizentrum n <geo> *(seismisch)* • epicenter US; epicentre GB; seismic focus; seismic center US; seismic centre GB

Epizykel m <astron> • epicycle

Epizykloide f DIN 3998 <math> • epicycloid

Epizykloidenform f <math> • epicycloidal shape

epizykloidische Bewegung f <mech> • epicycloidal motion

Epizyklus m <astron> • epicycle

EP-Kassette f rar.NEC *(Kopiergerät)* • toner cartridge; EP cartridge NEC

EPL <chem> • polyunsaturated phosphatidyl cholines (PPC); essential phospholipids pl

EPM <kst> • ethylene-propylene copolymer (EPM)

EPO <med> *(Immunmodulator)* • erythropoietin (EPO)

Epoche f <allg> *(Menschheitsgeschichte, Erdzeitalter)* • epoch

Epoxid n (EP) <kst> *(z. B. zum Kleben, Vergießen, GFK)* • epoxy (EP); epoxy composition; epoxy formulation; epoxy material; epoxy system

Epoxid n <kst> • epoxy plastic (EP)

Epoxid... <obfl> *(in Zusammensetzungen)* • epoxy based; epoxy base; epoxy...

Epoxidformulierung f <kst> *(z. B. zum Kleben, Vergießen, GFK)* • epoxy (EP); epoxy composition; epoxy formulation; epoxy material; epoxy system

Epoxidgießharz n <kst> • epoxy casting resin

Epoxidgruppe f <chem> • epoxide group; epoxy group; epoxide ring

Epoxidharz n <füg> *(Kleber)* • epoxy resin; epoxy resin adhesive; epoxy resin based adhesive; epoxy resin formulation; epoxy resin material

Epoxidharz n (EP) <kst> • epoxy plastic (EP)

Epoxidharz n <kst> *(z. B. als Vergussmasse)* • epoxy resin; epoxide resin

Epoxidharzbindemittel n <füg> • epoxy adhesive; epoxy based adhesive; epoxy adhesive formulation; epoxy adhesive material; epoxy adhesive system

Epoxidharzformulierung f <füg> *(Kleber)* • epoxy resin; epoxy resin adhesive; epoxy resin based adhesive; epoxy resin formulation; epoxy resin material

Epoxidharzkleber m <füg> • epoxy adhesive; epoxy based adhesive; epoxy adhesive formulation; epoxy adhesive material; epoxy adhesive system

Epoxidharzklebstoff m <füg> • epoxy adhesive; epoxy based adhesive; epoxy adhesive formulation; epoxy adhesive material; epoxy adhesive system

Epoxidharzlack m <obfl> • epoxy finish

Epoxidharzmaterial n <füg> *(Kleber)* • epoxy resin; epoxy resin adhesive; epoxy resin based adhesive; epoxy resin formulation; epoxy resin material

Epoxidharzsystem n <füg> *(Kleber)* • epoxy resin; epoxy resin adhesive; epoxy resin based adhesive; epoxy resin formulation; epoxy resin material

Epoxidharzverbindung f <füg> *(Kleber)* • epoxy resin; epoxy resin adhesive; epoxy resin based adhesive; epoxy resin formulation; epoxy resin material

Epoxidharzvernetzung f <chem> • epoxy cure

Epoxidkleber m <füg> • epoxy adhesive; epoxy based adhesive; epoxy adhesive formulation; epoxy adhesive material; epoxy adhesive system

Epoxidklebstoff m <füg> • epoxy adhesive; epoxy based adhesive; epoxy adhesive formulation; epoxy adhesive material; epoxy adhesive system

Epoxidmaterial n <kst> (z. B. zum Kleben, Vergießen, GFK) • epoxy (EP); epoxy composition; epoxy formulation; epoxy material; epoxy system

Epoxid-Melamin-Primer m <obfl> • epoxy-melamine-primer

Epoxidprimer m <obfl> (Material) • epoxy base primer

Epoxidpulver n <obfl> • epoxy powder

Epoxidsystem n <kst> (z. B. zum Kleben, Vergießen, GFK) • epoxy (EP); epoxy composition; epoxy formulation; epoxy material; epoxy system

Epoxidverbindung f <kst> (z. B. zum Kleben, Vergießen, GFK) • epoxy (EP); epoxy composition; epoxy formulation; epoxy material; epoxy system

Epoxidweichmacher m <kst.chem> • epoxy plasticizer

Epoxy-Harz n <kst> (z. B. als Vergussmasse) • epoxy resin; epoxide resin

Epoxyharz n <kst> (z. B. als Vergussmasse) • epoxy resin; epoxide resin

Epoxykunstharz n <kst> • epoxy

Epoxy-Melamin-Primer m <obfl> • epoxy-melamine-primer

EPP <kst> • expanded polypropylene (EPP)

EPR-Effekt m <phys> (Quantentheorie) • Einstein-Podolsky-Rosen paradox; Einstein-Podolsky-Rosen effect; EPR paradox; EPR effect

EPR-Isolierung f <el> • EPR insulation; e.p.r. insulation; ethylene-propylene-rubber insulation

EPRML <edv> (Aufzeichnungsverfahren für Festplatten) • Extended Partial Response Maximum Likelihood (EPRML)

E-Profil n <bau.mat> • E-stud

EPROM <edv> • Erasable Programmable Read-Only Memory (EPROM)

EPROM <edv> (durch UV-Licht löschbar) • erasable programmable read-only memory (EPROM)

EPR-Paradox n <phys> (Quantentheorie) • Einstein-Podolsky-Rosen paradox; Einstein-Podolsky-Rosen effect; EPR paradox; EPR effect

EPS <chem> • expanded polystyrene (EPS)

EPS <kst> • expanded polyethylene foam

EPS <obfl> • electro-powder spraying (EPS)

EP-Schmiermittel n <tribo> • extreme-pressure lubricant

Epstein-Gerät n <msr.mat> • Epstein hysteresis tester

EPS-Verfahren n (EPS) <obfl> • electro-powder spraying (EPS)

EPT f prakt <kfz> • offset; wheel offset did; wheel pitch US; wheel dishing

Eptastatin n <med> • eptastatin

EPTC <chem> • EPTC

ePTFE <kst> • expanded polytetrafluoroethylene (ePTFE); expanded PTFE; Gore Tex TM; extruded PTFE rare

EP-Tox-Verfahren n <ents> • Extraction Procedure Toxicity Test (EP-Tox); EP-Tox Test

EPÜ <jur> • European Patent Convention (EPC)

EQ <av> • equalizer (EQ)

Equalizer m <av> • equalizer; graphic equalizer

Equivalent-Zero-Emission-Vehicle n (EZEV) <kfz> • equivalent zero emission vehicle (EZEV)

Er <chem> • erbium (Er)

eradikativ <chem.agri> • eradicative

Erasable Electrical Programmable Read-Only Memory m (EEPROM) <edv> • erasable electrical programmable read-only memory (EEPROM); EEPROM chip

Erasable Programmable Read-Only Memory m (EPROM) <edv> • Erasable Programmable Read-Only Memory (EPROM)

erbgutveränderndes Potential n <hydr.qualit> • genotoxic potential

Erbium n (Er) <chem> • erbium (Er)

Erbschaftszucker m jarg <chem> (giftig) • sugar of lead; acetic acid lead salt; lead acetate; salt of saturn

Erbsenenthülser m <agri> • pea sheller; podder

Erbsenerntemaschine f <agri> • pea harvester; pea picker

Erbsenkettenantrieb m <antr> • bead-chain drive

Erbsenkettenrad n <antr> (Kettenradbauform) • bead sprocket

Erbsen- und Bohnenauslesemaschine f <agri> • pea-and-bean sorter; pea-and-bean grader

Erbskohle f <min> • pea coal

Erbwert m <holz> • genetic value

Erdabtrag m <bau> • excavation

Erdalkali n <chem> • alkaline earth

Erdalkalimetall n <mat> • alkaline earth metal

Erdanker m <agri> • earth anchor

Erdanschluss m <el> • ground connection US; GND connection US; earth connection GB

Erdantenne f <el> • ground antenna US; earth aerial GB; buried aerial GB

Erdanziehung f <phys> • gravitation force; gravitational force; earth's attraction

Erdanziehungskraft f <phys> • gravitation force; gravitational force; earth's attraction

Erdarbeiten fpl <bau> (betont: Aushub, Abtragen, Abfahren, Aufschütten etc.) • earth movement; earth moving

Erdarbeiten fpl <bau> (Vorgang, Tiefbau) • earthwork; groundwork

erdartig <mat> • earthy; earth-like

Erdasphalt m <min> • native asphalt

Erdatmosphäre f <meteo> • earth's atmosphere

Erdaufschüttung f <bau> (Ergebnis) • earth embankment; earth fill; bank

Erdausbreitungswiderstand m <el> • ground resistance US; earthing resistance GB; earth resistance GB

Erdaushub m <bau> • excavation; excavation of soil

Erdaushub unter Wasser m <bau> • submarine excavation

Erdbagger m <bau.masch> • excavator

Erdbau m <bau> (als Fach) • soil engineering

Erdbau m <bau> (Vorgang, Tiefbau) • earthwork; groundwork

Erdbaumaschine f DIN ISO 9245 <bau.masch> • earth-moving machine; earth-moving machinery; earth-mover

Erdbaumaschinen fpl DIN EN ISO 6165 <bau.masch> • earth-moving machinery DIN EN ISO 6165

Erdbauzeichnung f <bau.doku> • earthwork drawing

Erdbeben n <geo> • earthquake

Erdbebenaktivität f <geo> • seismic activity

Erdbebenanzeiger m <msr> • seismoscope

erdbebenfrei <geo> • non-seismic

Erdbebengebiet n <geo> • seismic area; seismic region

Erdbebenhäufigkeit f <geo> • seismicity

Erdbebenherd m <geo> (seismisch) • epicenter US; epicentre GB; seismic focus; seismic center US; seismic centre GB

Erdbebenkunde f <geo> • seismology

Erdbebenmesser m <msr> • seismometer

Erdbebenmessung f <msr> • seismometry

Erdbebenschreiber m <msr> • seismograph

erdbebensicher <bau> • earthquake-proof

erdbebensicheres Gebiet n <geo> (Kernkraftwerk) • aseismic region

Erdbebenstärke f <geo> • earthquake intensity

Erdbebenvorhersage f <geo> • earthquake forecast; earthquake prediction

Erdbebenwelle f <geo> • seismic wave; earthquake wave

Erdbeermark n <nahr> • strawberry purée

Erdbeerpflückmaschine f <agri> • strawberry harvester; strawberry picker

Erdbehälter *m* <logist> • underground tank

Erdbeschleunigung *f* (g) <phys> • gravity acceleration (g); gravitational acceleration; acceleration due to gravity *did*

Erdbeton *m* <bau.mat> • soil cement

Erdbewegung *f* <bau> • earthmoving

Erdbewegung *f* <geo> • earth's movement; earth's motion; movement of the earth

Erdbewegungsarbeiten *fpl* <bau> *(betont: Aushub, Abtragen, Abfahren, Aufschütten etc.)* • earth movement; earth moving

Erdbewegungsmaschine *f* <bau.masch> • earth-moving machine; earth-moving machinery; earth-mover

Erdbild *n* <phot> • ground photograph

Erdbildmesskammer *f* <aerospace> • terrestrial camera; ground camera

Erdblitzentladung *f* <meteo> • cloud-to-ground discharge

Erdboden *m* <allg> • ground *US*; earth *GB*

Erdboden *m* <bau> *(im Freien)* • soil

Erdbodenkorrosion *f* DIN EN ISO 8044 <obfl> *(erdverlegtes Metall; Erdboden als Korrosionsmedium)* • underground corrosion *ISO 8044*

Erdböschung *f* <bau> • earthslope

Erdbohrer *m* <bau.masch> • hole digger; earth borer

Erdbraun *n* <obfl> • umber

Erdbraunkohle *f* <min> • earthy brown coal; earthy lignite

Erdbuchse *f* <el> • earth bush; earthing bush; earth jack

Erddämpfung *f* <agri> • soil sterilization; soil steaming

Erddamm *m* <bau.hydr> • earth dam; earth fill dam; earth embankment

Erddetonation *f* <mil> • above-ground explosion

Erddetonation *f* <mil> *(Bombe, Geschoss)* • surface burst

Erddränschwert *n* <agri> • vertical shank; shank

Erddränung *f* <agri> • subsurface drainage; underdrainage

Erddrehgeschwindigkeit *f* <astron> • earth rate

Erddrehrate *f* <astron> • earth rate

Erddruck *m* <bau> *(relativ oberflächennah)* • soil pressure

Erddruck *m* <geo.bau> *(tief; Bodenmechanik; z. B. auf Fundament, Schacht, Tunnel)* • earth pressure

Erddruckbeiwert *m* <geo.msr> • coefficient of earth pressure

Erddruckmessdose *f* <msr> • earth pressure cell

Erde *f* <bau> *(im Freien)* • soil

Erde *f* <el> *(elektrischer Anschluss an Erde; nicht bei Kfz etc.)* • ground *US*; earth *GB*

Erde *f* <geo> *(Planet)* • earth

Erde *f ugs* <navig> *(als Bezugsfläche, -ebene)* • ground (GND)

Erdefunkstelle *f* <aerospace> *(Raumfahrt)* • earth station

Erdeinwirkung *f* <tele> *(z. B. auf Wellenausbreitung)* • ground effect

erdelektrisches Feld *n* <geo> • geo-electric field

Erdelektrode *f* <el> *(allg.)* • ground electrode *US*; earth electrode *GB*

Erdelektrode *f* <el> *(in Röhre; Platte)* • ground electrode *US*; ground plate *US*; earth electrode *GB*; earth plate *GB*

erden *vt* <el> *(mit Erde verbinden)* • ground *vt US*; connect to ground *vt US*; connect to earth *vt GB*; short to earth *vt GB*; earth *vt GB*

Erder *m* DIN VDE 0100 <el> • ground electrode *US*; earth electrode *GB*

Erderkundungssatellit *m* <aerospace> • earth resources technology satellite

Erdfall *m* <geo> • doline; collapse sink; sink hole; sink

Erdfehlerstrom *m* <el> • ground-fault current *US*; leakage current to earth *did*; fault-to-earth current *GB*

Erdfeld *n* <phys> • earth field

Erdferne *f* <astron> • apogee

Erdfernrohr *n* <opt> • terrestrial telescope

erdfestes Koordinatensystem *n* <navig> • earth frame of reference; earth frame

erdfeucht <bau.mat> *(allg.; z. B. Beton, Lehm)* • earth-moist

erdfeuchte Mischung *f* <bau.mat> *(Beton)* • low-slump mix; stiff mix

Erdfließen *n* <geo> • earth flow; soil flow; solifluction

Erdflugzeug *n* <aerospace> • geo plane

erdfrei <el> • ungrounded *US*; earth-free; floating

Erdfunkstelle *f* <tele> • ground station

Erdgas *n* <chem.petr> • natural gas

Erdgasbenzin *n* <chem.petr> • casing-head gasoline; natural gasoline

Erdgas-Entspannungsturbine *f* <turb> *(Gasturbinentyp)* • natural-gas expander

Erdgasfeuerung *f* <verbr> • natural gas firing

Erdgaslager *m* <petr> • natural gas reservoir; deposit of natural gas; gas reservoir; gas field; gas pool

Erdgaslagerstätte *f* <petr> • natural gas reservoir; deposit of natural gas; gas reservoir; gas field; gas pool

Erdgasleitung *f* <rls> • natural gas pipeline; gas pipeline *coll*

Erdgaspipeline *f prakt* <rls> • natural gas pipeline; gas pipeline *coll*

Erdgasrohrleitung *f* <rls> • natural gas pipeline; gas pipeline *coll*

Erdgasverflüssigung *f* <verf> • natural gas liquefaction; gas liquefaction

Erdgasverflüssigungsanlage auf dem Meer *f* <petr> • natural gas liquefaction plant at sea

Erdgasvorkommen *n* <petr> • natural gas reservoir; deposit of natural gas; gas reservoir; gas field; gas pool

Erdgeber *m* <aerospace> • earth sensor

erdgebunden <astron> • ground-based

Erdgeschoss *n* (EG) <bau> • ground floor *US.GB*; first floor *US*; grade level

Erdharz *n* <min> *(natürl. Rohstoff)* • asphalt; asphaltum *thsc*; earth pitch; mineral pitch

Erdhobel *m* <bau.masch> • grader

Erdhülle *f* <geo> • lithosphere

erdig <allg> • earthy

erdige Beimengungen *fpl* <tech.allg> *(Eisenerz)* • earthy impurities

erdige Braunkohle *f* <min> • earthy brown coal; earth coal; earthy lignite

Erdinduktor *m* <msr> • induction inclinometer; earth inductor; earth compass

Erdkabel *n* <el> • underground cable; buried cable

Erdkapazität *f* <el> • capacity to earth; earth capacitance; wire-to-earth capacitance

Erdkern *m* <geo> • core of the earth; earth's core; centrosphere *rare*

Erdklemme *f* <el> • earthing terminal; earthing clamp; earthing clip

Erdklumpen *m* <agri> • clod

Erdkruste *f* <geo> • crust [of the earth]; earth's crust

Erdkrustenplatte *f* <geo> *(Tektonik; Scholle, Einheit, Block)* • plate; slab

Erdleiter *m* <el> • earthing conductor; earth conductor

Erdleiteranschluss *m* <el> • earth terminal

Erdleitung *f* <bau> *(betont: unterirdisch verlegter Kanal)* • underground duct

Erdleitung *f* <el> • ground lead *US*; earth lead *GB*; earth wire *GB*

Erdleitung *f* <el> *(zum Erden)* • ground connection *US*; earth connection *GB*

Erdleitung *f* <el> *(betont: unterirdisch verlegt)* • underground line

Erdleitung *f* <el.tele> *(Antenne)* • earth system

Erdlochbohrer *m* <wz> *(für Pfähle)* • post hole digger
erdlotfestes Koordinatensystem *n* <navig> • vertical frame of reference; vertical frame
Erdmagnetfeld *n* <geo.phys> • geomagnetic field; terrestrial magnetic field; earth's magnetic field
erdmagnetisch <geo> • geomagnetic
erdmagnetische Charakterzahl *f* <geo> • magnetic character figure
erdmagnetisches Feld *n* <geo.phys> • geomagnetic field; terrestrial magnetic field; earth's magnetic field
Erdmagnetismus *m* <geo.phys> • geomagnetism; terrestrial magnetism; earth's magnetism
Erdmantel *m* <geo> • mantle
Erdmassenvermessung *f* <geo> • quantity surveying
Erdmetalle *npl* <metall> • earth metals
Erdnähe *f* <astron> • perigee
erdnaher Raum *m* <aerospace> • near space
erdnahe Umlaufbahn *f* (LEO) <aerospace> • low earth orbit (LEO); near-earth orbit
Erdnussdrescher *m* <agri> • peanut sheller *US*; groundnut sheller *GB*
Erdnussfett *n* <nahr> • peanut fat *US*; groundnut fat *GB*
Erdnussöl *n* <nahr> • peanut oil *US*; ground nut oil *GB*
Erdoberfläche *f* <geo> *(allg.)* • earth's surface
Erdoberfläche *f* <geo> *(im Ggs. zur Wasseroberfläche)* • land surface
Erdoberfläche *f* <navig> *(als Bezugsfläche, -ebene)* • ground (GND)
Erdoberschicht *f* <geo> • earth's top cap; top cap
Erdöl *n* <chem.petr> *(unbehandelt)* • crude oil; crude petroleum; petroleum
Erdöl *n* <petr> *(mineralisch, i.Ggs. zu organischem Öl)* • mineral oil; oil *pract.coll*
Erdölanreicherung *f* <petr> • oil accumulation
Erdölanzeichen *n* <geo> • oil indication; oil show
Erdölasphalt *m* <chem.petr> *(Raffinerieprodukt)* • asphalt; mineral pitch; artificial asphalt; petroleum asphalt
Erdölaustritt *m* <geo> • oil seepage
Erdölbohrloch *n* <petr> • oil-well borehole; oil-well bore
Erdölbohrturm *m* <petr> • oil derrick
Erdölbohrung *f* <petr> *(Resultat)* • oil well
Erdölbohrung *f* <petr> *(Vorgang)* • oil-well drilling; oil drilling
erdölbürtig <tribo> • mineral oil based; petroleum based
Erdölchemie *f* <chem.petr> • petrochemistry; petroleum chemistry
Erdölderivat *n wiss* <petr> *(z. B. Benzin, Motoröl)* • petroleum product
Erdölentstehung *f* <geo> • petroleum genesis; oil genesis
Erdölfalle *f* <petr> • oil trap
Erdölfeld *n* <petr> • oil field; oil pool
Erdölfluoreszenz *f* <verf> • bloom
erdölfördernd <petr> • oil-producing
Erdölförderpumpe *f* <petr> • oil-well pump
Erdölförderung *f* <petr> • oil production
erdölführend <geo> • petroliferous; oil-bearing
erdölführende Formation *f* <petr> • producing formation
erdölführende Schicht *f* <petr> • petroliferous bed; oil measure
erdölführende Struktur *f* <petr> • petroliferous structure; trap
Erdölgas *n* <verbr> • casing-head gas; wet natural gas
Erdölgenesis *f* <geo> • petroleum genesis; oil genesis
Erdölgewinnung *f* <ökol> *(Betonung auf: Rück-)* • oil recovery
Erdölgewinnung *f* <petr> • oil production
Erdölharz *n* <chem> • petroleum resin
Erdölkoks *m* <verbr> • petroleum coke; still coke

Erdölkracken *n* <verf> *(langkettige Kohlenstoffketten werden aufgespalten)* • petroleum cracking
Erdöllagerstätte *f* <petr> • oil reservoir; oil deposit; oil pool
Erdölprodukt *n* <petr> *(z. B. Benzin, Motoröl)* • petroleum product
Erdölraffinerie *f* <petr> • petroleum refinery; oil refinery
Erdölraffinierung *f* <petr> • petroleum refining; oil refining
Erdölrückstand *m* <chem.petr> • petroleum residue
Erdölsonde *f* <petr> • oil well; well
Erdölspeichergestein *n* <geo> • oil reservoir rock
Erdölteer *m* <bau.mat> • petroleum tar; oil tar
Erdölverarbeitung *f* <chem.petr> • petroleum processing; petroleum refining
Erdölvorkommen *n* <petr> • oil deposit; oil occurence
Erdorientierung *f* <aerospace> • earth acquisition
Erdorientierungsgeber der Antenne *m* <aerospace> • earth aerial reference sensor
Erdpech *n* <min> *(natürl. Rohstoff)* • asphalt; asphaltum *thsc*; earth pitch; mineral pitch
Erdpigment *n* <mat> • mineral pigment; earth pigment; natural pigment; earth color
Erdplanum *n* <bau> • earthgrade *US*; subgrade *US*; formation *GB*
Erdplanum *n* <bau> *(von Straße)* • subgrade
Erdplatte *f* <geo> *(Tektonik; Scholle, Einheit, Block)* • plate; slab
Erdpotential *n* <el> • ground potential; earth potential; GND potential
Erdrate *f prakt* <astron> • earth rate
Erdreich *n* <bau> • soil
Erdreichabsorber *m* <hlk> • underground heat exchanger
Erdreichkollektor *m* <hlk> • ground coil; horizontal underground heat exchanger *did*
Erdreichverdichtung *f* <bau> • earth consolidation
Erdreich-Wärmepumpe *f* <hlk> • ground-coupled heat pump; ground-coupled closed loop heat pump system; ground-coupled closed loop heat pump; ground-coupled heat pump system; earth-source heat pump
Erdreichwärmepumpe *f* <hlk> • ground-coupled heat pump; ground-coupled closed loop heat pump system; ground-coupled closed loop heat pump; ground-coupled heat pump system; earth-source heat pump
Erdreich-Wärmepumpenanlage *f* <hlk> • ground-coupled heat pump; ground-coupled closed loop heat pump system; ground-coupled closed loop heat pump; ground-coupled heat pump system; earth-source heat pump
Erdrinde *f* <geo> • lithosphere
Erdrotation *f* <astron> • earth's rotation
Erdrotationssynthese *f* <astron> • earth-rotation aperture synthesis
Erdrückleitung *f* <el> • ground return *US*; earth return *GB*
Erdrückschlusskreis *m* <el> • earth return circuit
Erdrutsch *m* <geo> • landslide *US/GB*; landslip *GB*; earth slide *rare*
Erdrutschsicherung *f* <bau> • anti-landslide slope siding
Erdsammelleitung *f* <el> • ground bus *US*; earth bus *GB*
Erdsammelschiene *f* <el> • ground bus bar *US*; earth bus bar *GB*
Erdsatellitenstation *f* <aerospace> • earth-satellite station
Erdschaufel *f* <bau.masch> *(von Bagger)* • earth scoop; earth bucket
Erdschicht *f* <agri> • soil layer; soil stratum *thsc*
Erdschleife *f* <el> • ground loop *US*; earth circuit *GB*
Erdschluss *m* <el> • ground fault *US*; short-circuit to ground/earth *US/GB*; earth fault *GB*; fault to ground/earth *US/GB*; line-to-ground fault *US*

Erdschlussanzeige f <el.msr> • earth-fault indication; earth indication

Erdschlussanzeiger m <el.msr> • earth-fault detector; ground leakage detector; earth-fault indicator

Erdschlussdrossel f <el> *(zur Kompensation von Erdschlussstrom)* • earth fault coil; ground fault reactor; compensation reactor

Erdschlussdrossel f <el.msr> • earth-fault reactor; earthing reactor; Petersen coil

erdschlussfrei <el> • ground-fault-free *US*; earth-free

Erdschlusslöschspule f <el> • earth-fault neutralizer; neutral autotransformer; arc-suppression coil *pract*

Erdschlussmesser m <el.msr> • earth-leakage meter

Erdschlussortung f <el.msr> • earth-fault location; earth-fault location; earth location

Erdschlussprüfer m <el.msr> • earth-fault detector; leakage detector

Erdschlussprüfung f <el.msr> • earth-fault test; earth-leakage test; leakage test

Erdschlussreaktanz f <el> • neutral compensator; neutral autotransformer

Erdschlussrelais n <el> • earth-fault relay; earth-leakage relay; earth relay

Erdschlussschutz m <el> • earth-fault protection

Erdschlussschutzsystem n <el> • ground protection system *US*; earth-leakage protective system

Erdschlussspule f <el> *(zur Kompensation von Erdschlussstrom)* • earth fault coil; ground fault reactor; compensation reactor

Erdschlussstrom m <el> • earth-leakage current *IEC 60601-1*; ground-fault current *US*; fault-to-earth current; short-circuit current to ground/earth; earth current

Erdschlussstrombegrenzungsspule f <el> • grounding reactor *US*; earthing reactor *GB*

Erdschlussüberwachung f <el> • ground-fault monitoring *US*; earth-fault monitoring *GB*

Erdschlussunterbrecher m <el> • ground fault circuit interrupter (GFCI) *US*; earth fault circuit interrupter *GB*

Erdschüttdamm m <bau> • earth fill dam

Erdschwarz n <obfl> • black chalk

Erdseil n <el> • overhead ground wire; overhead earthing wire

Erdspeicherung f <logist> • underground storage

Erdspieß m <el> *(allg.)* • earth rod

Erdspieß m <hlk> *(Erdreichabsorber)* • vertical underground heat exchanger

Erdstabilisierung f <bau> • soil stabilization

Erdstabilisierungsmaschine f <bau.masch> • soil stabilization machine; soil stabilizer; stabilizer

Erdstift m <el> • earthing contact pin

Erdstrom m <geo.el> *(natürlich)* • earth current; telluric current

Erdstromkreis m <el> • earth circuit

Erdstrommessgerät n <geo.msr> • electrotellurograph

Erdstromrelais n <el> • residual relay

erdsymmetrisch <el> • balanced to earth

erdsymmetrische Leitung f <el> • balanced line

erdsymmetrischer Vierpol m <el> • balanced two-terminal-pair network

erdsymmetrisches Leitungssystem n <el> • balanced line system

Erdtaste f <tele> • earthing key

Erdteer m <bau.mat> • mineral tar

Erdtopfpflanzung f <agri> • block planting

Erdtopfpresse f <agri> • block maker

Erdumlaufbahn f <aerospace> • circum-earth orbit; earth orbit; circumterrestrial orbit; earth's orbit

Erdumlaufbahnzähler m <aerospace> • circumtellurian orbit counter

erdumlaufend <aerospace> • orbiting

Erdung f <el> • earth connection; grounding *US*; earthing; earth lead; ground

Erdungsanlage f <el> *(Blitzschutzanlage)* • earth termination

Erdungsanlage f <el> *(Antenne)* • earthing system; earth system

Erdungsanschluss m <el> • ground connection *US*; GND connection *US*; earth connection *GB*

Erdungsband n <el> • earthing strip

Erdungsbürste f <el> • earth return brush

Erdungsdrossel f <el> • earthing inductor; neutral autotransformer

Erdungsdrosselspule f <el> • drainage coil

Erdungskontakt m <el> • earthing contact; earth contact

Erdungskreis m <el> • earth circuit; earth return circuit; leak circuit

Erdungsleiter m DIN VDE 0100 <el> • earthing conductor; grounding electrode conductor *US*

Erdungsleitung f <el> • ground lead *US*; earth lead *GB*; earth wire *GB*

Erdungsmantel m <el> • earth sheath

Erdungsmesser m <el.msr> • earth resistance meter

Erdungsplatte f <el> • earthing plate; earth plate

Erdungspunkt m <el> • earth connection point

Erdungsrohr n <el> *(Blitzschutz)* • earth rod

Erdungsschelle f <el> • bonding clip; earth clip

Erdungsschicht f <druck> • ground layer

Erdungsschraube f <el> • grounding screw; earthing screw; bonder

Erdungsspule f <el> • grounding coil; earthing coil

Erdungsstrom m <msr> • neutral current

erdungssymmetrisch <el> • unbalanced to earth

Erdungstrennschalter m • grounding switch *US*; earthing switch; earthing isolator

Erdungswiderstand m <el> • grounding resistance *US*; earthing resistance *GB*

Erdungswiderstandsmesser m <el.msr> • ground resistance meter *US*; earth resistance meter *GB*

Erdung über einen Widerstand f <el> • resistance earthing

erdverankerte Hängebrücke f <bau> • shore-anchored suspension bridge

Erdverbindung f <el> • bonder; earth connection *GB*

erdverlegt <bau> *(z. B. Kabel, Leitungen)* • underground; buried; buried in the ground

erdverlegter Lagerbehälter m <verf> • buried storage vessel

erdverlegtes Kabel n <el> • underground cable; buried cable

Erdverlegung f <bau> *(z. B. von Kabeln, Rohren)* • underground laying; buried laying

Erdwachs n <mat> • earth wax; ozokerite; native paraffin; mineral wax; fossil wax

Erdwärme f <energ.geo> • geothermal energy

Erdwärme f <geo> • terrestrial heat

Erdwärmekollektor m VDI 4640 <hlk.geo> • ground heat collector; geothermal heat collector

Erdwärmekraftwerk n <energ.geo> • geothermal power station

Erdwärmesonde f <hlk> • borehole heat exchanger

Erdwall m <bau> • earth bank

Erdwiderstand m <min> • passive earth pressure

Erdwiderstandsbeiwert m <geo.msr> • coefficient of passive earth pressure

Erdziel n <mil> • ground target

ereignen vr <allg> • occur *vi*

Ereignis n <msr> • event; occurrence

Ereignisabfolge f <tech.allg> • sequence of events; event course; course of events

Ereignisablauf m <tech.allg> • sequence of events; event course; course of events

Ereignisalgebra f <math> • random event probability calculus; event probability calculus

Ereigniseingang m <msr> • event input

Ereignisflag n <edv> • event flag

Ereignishorizont m <astron> • event horizon

Ereignisinformation f <msr> • event information

Ereignismarke f <msr> • event mark

Ereignismarkierung f <msr> • event marking

Ereignismelder m <alarm> • self-resetting detector

Ereignisname m <msr> • event name

Ereignisort m <tech.allg> (z. B. Brandherd, Unfallort) • location of an incident; site of an incident

Ereignisregistrierung f <msr> • event recording

Ereignisschreiber m <msr> • event recorder; events per unit time recorder; time recorder

Ereignisse pro Zeiteinheit npl <msr> • events per unit time

Ereignisspeicher m <msr> • event memory

Ereignissteuerblock m <msr> • event control block

Ereignissynchronisation f <msr> • event synchronization

Erektionsstäbchen n derog <kfz> (Einparkhilfe) • guide rod; backup marker :V

Erfahrung f <tech.allg> (betriebliche) • practice

Erfahrungsaustausch m <allg> • exchange of experience

erfahrungsgestützt <allg> • based on experience

Erfahrungswert m <allg> • empirical value

Erfassen n <msr> • sense; detect

erfassen vt <allg> (sammeln; Daten, Messwerte etc.) • collect vt

erfassen vt <allg> (Personen, Material, Bestände) • register vt

erfassen vt <tech.allg> (Bereich; räumlich, statistisch; z. B. mit Zahlen, Radar) • cover vt

erfassen vt <edv> (Daten) • capture vt; gather vt; acquire vt

erfassen vt <edv> (maschinenlesbare Zeichen; z. B. Text, Strichcode) • scan vt; machine-read vt; read vt

erfassen vt <msr> • log vt

erfassen vt <msr> (aufzeichnen; z. B. statistisch) • record vt

erfassen vt <msr> (z. B. Zustandsänderungen, Druck, Temperatur) • sense vt; detect vt; register vt rare

erfasste mittlere Linie eines Zylinders f <msr> • extracted median line of a cylinder

erfasstes Flächenelement n <av> • scanned area

Erfassung f <allg> (Sammeln von Daten aller Art) • collection

Erfassung f <tech.allg> (Abdeckung; räumlich, zeitlich, thematisch) • coverage

Erfassung f <tech.allg> (Daten, Messwerte) • acquisition

Erfassung f <ents> (Identifikation) • identification

Erfassung f <ents> (Sammeln und Sortieren von Abfällen) • reclamation

Erfassung f <jur> (Registrierung) • registration

Erfassung f <msr> (Aufspüren) • detection

Erfassung f <navig> (Positionsbestimmung) • satellite acquisition; acquisition

Erfassung f <pap.ents> (von Altpapier) • collection

Erfassungsbereich m <alarm> (eines Alarmsensors; z. B. IR-Bewegungsmelder) • detection zone; detection pattern; detection field; coverage

Erfassungsbereich m <msr> (eines Sensors; z. B. Näherungssensor) • active zone; sensing range; active sensing zone; actuating area; sensing lobe

Erfassungsbereich m <msr> • sensing area; range of operating distances; range of operating distance

Erfassungsbereich m <navig> (z. B. Radar, Sonar) • detection range; coverage

Erfassungsbereich m <navig> (eines Abtastsstrahls; z. B. Radar) • sweep

Erfassungsdiagramm n <navig> (Radar) • coverage diagram

Erfassungseinheit f <msr> • acquisition unit

Erfassungsgrenze f <msr> (physikalische Größe; z. B. bei Bewegungsmeldern) • detectable target size

Erfassungsgrenze f <msr> (für Nachweis, Messung) • detectability limit

Erfassungsmodul n <msr> • data acquisition unit (DAU)

Erfassungsradar n <navig> • acquisition radar

Erfassungssystem n <msr> (Messdaten) • acquisition system

Erfassungszeit f <navig> (Empfänger) • acquisition time

Erfassung von Daten f <tech.allg> (allg. Vorgang des Sammelns von Informationen) • data acquisition; data collection; data capture rare; data gathering rare; gathering of data

erfinden vt <jur> • invent vt

Erfinder m <jur> • inventor

erfinderischer Schritt m <jur> • inventive step; inventive activity

erfinderische Tätigkeit f <jur> • inventive step; inventive activity

Erfinderpersönlichkeitsrecht n <jur> • personal rights of the inventor

Erfinderschutz m <jur> • protection of inventors

Erfindung f <jur> • invention

Erfindungsgegenstand m <jur> (einer Erfindung, eines Patents) • object; subject matter of the invention; subject matter of the patent

erfindungsgemäß <jur> • according to the invention

Erfindungshöhe f <jur> • inventive step; inventive activity

Erfindungspatent n <jur> • patent for invention

erfolgen vi <allg> • carry out vi/vt; be carried out vi

erfolgloser Anrufversuch m <tele> • lost call

erfolglose Verbindung f <tele> • call failure

Erfolgsquote f <math> (Statistik) • success rate

erforderliche Arbeitsgüte f <qualit> • limits of accuracy required

erforderliche Wärmeenergie f <tech.allg> • heat requirement; required heat

erfordern vt <allg> • require vt; demand vt

erforschen vt <allg> (z. B. Gebiet, Region, Insel) • explore vt

erforschen vt <allg> (untersuchen allg.) • investigate vi/vt; explore vt

Erforschung des Weltraums f <astron> • space exploration

erfüllen vt <allg> (z. B. Gesetze, Vorschriften, Normen) • comply with vi; observe vt; respect vt; follow vt; meet vt

erfüllen vt <allg> (Erwartungen, Vorstellungen, Wünsche) • satisfy vt

erfüllen vt <tech.allg> (Kundenwünsche, Vorschriften, Anforderungen, Erwartungen) • meet vt; satisfy vt

erfüllen vt <jur> (Bedingungen, Vertrag) • comply with vt; fulfill vt US; fulfil vt GB.US

erfüllt <tech.allg> (Vorschrift XYZ, Norm XYZ etc.) • compliant

Erfüllungsort m <jur> • place of performance; place of contractual duties

Erg n <phys> (Einheit der Arbeit im Zentimeter-Gramm-Sekunden-System) • erg

ergänzen vt <allg> • complement vt

ergänzen *vt <allg> (etw. hinzufügen; z. B. zu Nahrung)* • supplement *vt*

ergänzen *vt <tech.allg> (vervollständigen; z. B. math. Gleichung, Statistik, Schriftsatz)* • complete *vt*

ergänzen *vt <edv> (Datenbestand, Programm etc.)* • update *vt*

ergänzend <allg> • complementary

ergänzende Bearbeitungsvorgänge *mpl <prod> (z. B. Polieren, Reinigen)* • complementary processing steps; supplementary processing steps

ergänzende Einheit *f <phys>* • supplementary unit

ergänzender Dienst *m <tele> (seitens Telefonnetzbetreiber, Anbieter)* • supplementary service

ergänzende SI-Einheit *f <msr>* • supplementary SI unit

Ergänzen durch Nachverarbeitung *n <navig>* • post-processing infill

Ergänzung *f <allg> (z. B. Dokument, Vereinbarung, math. Wert)* • complement

Ergänzung *f <allg> (des Gegenstandes, zu einem Gegenstand)* • supplement

Ergänzung *f <obfl.holz> (bei Restaurierung; Kittungen und Retuschen)* • addition

Ergänzungs... <allg> *(als Präfix i.S. von zusätzlich, ergänzend zu etw.)* • supplementary; additional ...

Ergänzungsbauten *mpl <bau>* • supplementary construction

Ergänzungsbefehl *m <edv>* • supplemental instruction

Ergänzungsblock *m <edv>* • trailer block

Ergänzungscode *m <edv> (Strichcodezusatz)* • supplemental code; add-on symbol; addendum

Ergänzungseinheit *f <bahn> (zu U.S.-Lok)* • supplementary unit *US*

Ergänzungseinheit *f <phys>* • supplementary unit

Ergänzungsfarbe *f rar <opt>* • complementary color

Ergänzungsgeräte *npl <tech.allg>* • back-up equipment

Ergänzungsgrößenart *f <phys>* • supplementary quantity

Ergänzungskegel *m <edv>* • complementary cone

Ergänzungskegel *m <phys> (Kinematik)* • back cone

Ergänzungsnetzwerk *n <el>* • building-out network

Ergänzungsspeicher *m <edv> (auf Zusatzkarte, nicht onboard)* • add-on memory

Ergänzungsspeicher *m <edv>* • auxiliary memory; auxiliary store; backing memory; backing storage; backing store

Ergänzungsverfahren fehlender Werte *n <verf>* • missing-plot technique

Ergänzungswinkel *m <math> (Geometrie)* • complementary angle

ergeben *vt <math> (Gleichung)* • yield *vt*; result in *vt*

Ergebnis *n <allg>* • result

Ergebnis *n <ökon>* • yield

Ergebnisgleichheit *f <mil>* • tie; tied scores

Ergebnisliste *f <doku>* • final results list

ergebnislose Bohrung *f <min> (z. B. Suche nach Erdöl, Wasser)* • dry well; dry hole

Ergebnisspeicher *m <edv>* • result memory

Ergibtangabe *f <edv>* • giving option

Ergibtanweisung *f <edv>* • assignment statement

Ergibtzeichen *n <doku>* • colon equal

Ergibtzeichen *n <edv>* • assignment symbol

ergiebig <tech.allg> • highly productive; high-yield

Ergiebigkeit *f <min>* • productiveness

Ergiebigkeit *f <obfl> (von Anstrichstoffen)* • coverage; covering power

Ergiebigkeit *f DIN EN 971-1 <obfl> (von Beschichtungsstoffen, in m² je Liter)* • spreading rate *ISO 4617*

Ergiebigkeit *f <phys> (z. B. Strömungsquelle)* • source strength; source intensity

Ergiebigkeit *f <qualit> (z. B. Farbe, Kaffee, Tee)* • yield

Ergin *n <bio.chem>* • biochemical catalyst; biocatalyst; ergone

Ergodenhypothese *f <phys>* • ergodic hypothesis; Boltzmann's ergodic hypothesis

Ergodensatz *m <math>* • ergodic theorem

ergodisch <nukl> • ergodic

ergodisches System *n <nukl>* • ergodic system

Ergodizität *f <nukl>* • ergodicity

Ergonomie *f <tech.allg> (Schnittstelle „Mensch-Maschine")* • ergonomics; ergonomy

ergonomisch <tech.allg> *(Schnittstelle „Mensch-Maschine")* • ergonomic

ergonomisch ansprechend <kfz> • ergonomically friendly *GB*

ergreifen *vt <allg> (Gegenstand; fig.: Gelegenheit)* • seize *vt*

ergreifen *vt <masch>* • grip *vt*

Ergussgestein *n <geo>* • extrusive rocks; igneous rocks; volcanic rocks; vulcanic rocks; effusive rocks *rare*

erhaben <astron> • convex

erhaben <obfl> *(z. B. Relief)* • raised

erhabene Naht *f <füg>* • prominent joint

Erhärten *n <mat> (allg.; Binder, Kleber, Beton etc.)* • setting

erhärten *vi rar <tech.allg> (Binder, Kleber, Beton etc.)* • set *vi*; harden *vi coll*; set hard *vi rare*

erhärten *vi <geo> (zu Stein)* • lithify *vi*

erhärten *vi <mat>* • indurate *vi*

Erhärtung *f <bau.mat>* • hardening

Erhärtung *f <geo>* • lithification

Erhärtung *f <mat>* • induration

Erhärtungsbeschleuniger *m <bau.mat> (allg.)* • hardening accelerator

Erhärtungsbeschleuniger *m <bau.mat> (Betonzusatz)* • rapid cementing agent

Erhärtungsprüfung *f <bau.mat>* • hardening test

erhalten *vt <allg> (z. B. Ergebnis, Genehmigung, Zutritt)* • obtain *vt*

erhalten *vt <allg> (z. B. Geld, Poststück)* • receive *vt*

erhalten *vt <tech.allg> (aufrechterhalten; z. B. einwandfreier Zustand von Werkzeugen)* • maintain *vt*

erhalten *vt <ökol> (z. B. Arten)* • preserve *vt*

erhalten *vt <phys> (Zustand, Energie etc.)* • conserve *vt*

Erhaltung *f <allg> (z. B. der Natur; Naturwissenschaft: Erhaltungssätze (Energie, Impuls...)* • conservation

Erhaltung *f <allg> (z. B. des Friedens, von Straßen)* • maintenance

Erhaltung *f <bio> (z. B. der Arten)* • preservation

Erhaltung *f <edv>* • upkeep

Erhaltung der Energie *f <phys>* • conservation of energy

Erhaltung der Masse *f <phys>* • conservation of mass

Erhaltung des Drehimpulses *f <mech>* • conservation of angular momentum

Erhaltung des Landschaftsbildes *f <bau>* • preservation of the natural scenery

Erhaltungsaufwand *m <tech.allg>* • maintenance expenses; maintenance expenditure; repair and maintenance expense; maintenance costs

Erhaltungsfutter *n <agri>* • feed for maintenance

Erhaltungsladen *n DIN <kfz.el>* • trickle charge

Erhaltungssatz *m <phys> (z. B. Energieerhaltungssatz, Impulserhaltungssatz)* • conservation law

Erhaltungssatz der Materie *m <chem>* • law of conservation of matter; law of conservation of mass

Erhaltungsspeicher *m Ford <kfz.el> (On-Board-Diagnosesystem)* • keep alive memory (KAM); fault memory

Erhaltungszüchtung *f <agri>* • breeding for maintenance

Erhaltungszustand *m <tech.allg> (von Material; z. B. von Anlagen, Gebrauchtwagen)* • state of maintenance

erheben vt <math> (z. B. zur dritten Potenz) • raise vt
erheben vt <psych> (Stimme, Blick; in den Adelsstand)
• elevate vt
erheblich geschädigt <holz> (Wald, Bäume; weit fort-
geschrittenes Waldsterben) • severely damaged
Erhebung f <geo> (im Gelände) • elevation
Erhebung f <kfz.rep> (in Blechoberflächen) • high spot;
high area
Erhebung f <soz> • inquiry
Erhebungsgeschwindigkeit f <kfz.mot> • lift velocity
Erhebungswinkel m <geo> • angle of elevation; elevation
angle
Erhebungswinkel m <phys> • angle of departure; angle
of elevation
erhitzen vt <tech.allg> • heat vt; heat up vt
Erhitzen des Mostes n <nahr> • heating the must
Erhitzer m <chem.petr> • furnace
Erhitzerabteilung f <prod.nahr> (Plattenwärmetauscher)
• heating section; heater section
Erhitzerpaket n <prod.nahr> (Plattenwärmetauscher)
• heating section; heater section
Erhitzung f <tech.allg> • heating
Erhitzungsabteilung f <prod.nahr> (Plattenwärmetau-
scher) • heating section; heater section
erhitzungsbeständig <mat> • heat-resistant
Erhitzungsbeständigkeit f <mat> • heat resistance; heat
stability
Erhitzungsprozess m <prod> • heating process; process
of heating
erhöhen vr/vt <allg> (z. B. Gebäude; Lohn, Preis, Steuer)
• raise vr/vt
erhöhen vt <allg> (z. B. Leistungsfähigkeit eines Systems)
• enhance vt
erhöhen vt <tech.allg> (Druck, Spannung) • boost vt
erhöhen vt <tech.allg> (z. B. Fahrbahn, Gleiskörper;
Geschützrohr) • elevate vt
erhöhen vt <tech.allg> (z. B. Intensität) • increase vt
erhöhen vt <edv> (Kommunikationsreichweite erhöhen)
• stretch vt
erhöhen vt <prod> (z. B. Produktionsrate, Durchsatz)
• step up vt
erhöhen vt <qualit> (im Wert) • upgrade vt
erhöhte Messgenauigkeit f <msr> • increased accuracy
erhöhter Schaltabstand m <msr> • extended sensing
range; increased sensitivity US
erhöhter Temperaturbereich m <msr> • extended tem-
perature range; enhanced temperature range
Erhöhung f <allg> (z. B. Gewinn, Temperatur, Kapazität)
• increase
Erhöhung f <tech.allg> (z. B. Druck, Flüssigkeitsspiegel)
• elevation
Erhöhung f <bau> (Aufstockung) • raise
Erhöhung f <bau> (z. B. Damm, Gebäude) • raising
Erhöhung des Wirkungsgrades f <tech.allg> • increase
of efficiency
Erhöhungsgetriebe n <antr> • speed increaser; speed
increasing unit
Erhöhungslibelle f <msr> • longitudinal level
Erhöhungslinie f <bau> • line of elevation
Erhöhungssockel m <autom> • plinth; riser block
Erhöhungswinkel m <geo> • angle of elevation; elevation
angle
Erhöhungswinkel m <mil> • angle of fire
Erhöhungswinkelskala f <mil> • angle of fire scale
erholen vr <mat> • recover vr
erholen vr <med> (nach Krankheit,) • recuperate vi
Erholungsfähigkeit f <tech.allg> • recuperative capacity
Erholungsfunktion f <holz> (des Waldes) • recreation
funktion

Erholungsgeschehen n <tech.allg> • recovery process
Erholungsvermögen n <tech.allg> • recuperative capac-
ity
Erholungsvorgang m <tech.allg> • recovery process
Erholungswald m <holz> • recreation forest
Erholungszeit f <mat> • recovery time
Erholzeit f <mat> • recovery time
Eriahspinner m <textil> • eri silkworm
Eriaspinner m <textil> • eri silkworm
Erichsen-Einbeulgerät n <qualit.mat> • Erichsen cup
test machine; Erichsen's cup test machine
Erichsen-Tiefungsversuch m <qualit.mat> • Erichsen
cupping test
Ericson-Prozess m <therm> (Vergleichsprozess für
Gasturbinen) • Ackeret-Keller process; Ericson process
Ericsson-Kulissenwähler m <tele> • Ericsson line se-
lector; Ericsson selector
Ericsson-Prozess m <therm> (Kreisprozess; z. B. für
Gasturbine) • constant-pressure process
Ericsson-Weiche f <tele> • Ericsson separating filter
erika <kunst> (Farbton) • heather
erikaviolett RAL 4003 <kunst> (Farbton) • heather
Erinnerungsfenster n <edv> (erscheint, so lange eine
Software nicht registriert und bezahlt ist) • reminder
screen; nag screen; nag coll
Erinnerungsposten m <doku> • memorandum item; pro
memoria item; reminder item
erkalten vi <tech.allg> • cool (down) vi
erkennen vt <tech.allg> • detect vt
erkennen vt <tech.allg> (betont: unterscheiden; z. B. op-
tisch, akustisch) • distinguish vt
erkennen vt <tech.allg> (betont: identifizieren, z. B. Per-
son, Bauteiltyp, Bauteilhersteller) • identify vt
erkennen vt <tech.allg> (betont: anerkennen, wiederer-
kennen; durch Mensch, Maschine) • recognize vt
erkennen vt <tech.allg> (suchen und finden; z. B. einen
Fehler) • detect vt
Erkenntnisse aus akustischer Aufklärung fpl <mil>
• acoustic intelligence
Erkennung f <tech.allg> (betont: suchen und finden; z. B.
Fehler, vorhandene Hardware) • detection
Erkennung f <tech.allg> (betont: Identifizieren, z. B. Per-
son, Bauteiltyp, Bauteilhersteller) • identification
Erkennung f <tech.allg> (betont: Wiedererkennen, An-
erkennen) • recognition
Erkennungsbereich m <navig> • identification range
Erkennungscode m <edv> • recognition code
Erkennungsfunkbake f <navig> • identification beacon
Erkennungskode m <tech.allg> • identifying code
Erkennungskode m <edv> • recognition code
Erkennungsprozess m <psych> • perception process
Erkennungsschaltung f <edv> • recognition circuit
Erkennungssignal n <tech.allg> • distinguishing signal
Erkennungsteil m <edv> • identification division
Erkennungszeichen n <av> • station identification signal;
station identification
Erkerfenster n <bau> • bay window; window bay; projec-
tion window; jutty window
erkunden vt <allg> (z. B. Gebiet, Planeten) • explore vt
erkunden vt <geo.min> • search vt; search for vt; prospect
vt
Erkundung f <bau> • trenching
Erkundung f <geo.min> • exploration; prospecting; search
Erkundungsbohrloch n <geo.min> • prospecting hole
Erkundungsbohrloch n <petr> • structure test hole
Erkundungsbohrung f <min> • exploration drilling; ex-
ploratory drilling; scout drilling
Erkundungsflug m <mil> • reconnaissance flight
Erkundungsschacht m <min> • prospect pit; test pit

Erkundungsstrecke f <min> • prospect drift; exploratory drift
Erlang n <tele> *(Einheit der Telefonie)* • erlang
erlaubter Befehl m <edv> • legal command
erlaubter Übergang m <nukl> • permitted transition; allowed transition; allowable transition
erlaubtes Band n <phys> • allowed band
erlaubtes Energieband n <phys> • allowed energy band
erlebnisarm werb <allg> *(z. B. eine schlechte Präsentation)* • boring; dull
erlebnisorientiertes Einzelhandelszentrum n <ökon> • urban entertainment center (UEC)
erleichtern vt <allg> *(Belastung, Beanspruchung: technisch, psychologisch)* • ease vt
erleichtern vt <allg> *(z. B. Bürde, Last; auch übertr.)* • lighten vt
erleichtern vt <tech.allg> *(z. B. Zugang, Arbeit mit Programm/ Maschine etc.)* • facilitate vt
Erleichterungsbohrung f <prod> • lightening hole
Erlenmeyer m prakt.ugs <chem> • Erlenmeyer flask
Erlenmeyerkolben m <chem> • Erlenmeyer flask
Erliegekriterium n <qualit> • failure criterion
Erlkönig m <kfz> • camouflaged prototype; disguised prototype
Erlkönigfoto n <kfz> *(getarntes Modell)* • spyphoto
Erlös m <fin> • proceeds; revenue; income
erlöschen vi <tech.allg> *(z. B. Flamme)* • go out vi; die vt
erlöschen vi <feuer> *(Flamme)* • extinguish vi
erlöschen vi <jur> *(eines Patents)* • expire vi; lapse vi
Erlöschen des Patents n <jur> • expiration of the patent; elapse of a patent
ermäßigen vt <fin> *(Preis)* • abate vt
ermäßigen vt <fin> *(Kosten, Ausgaben)* • reduce vt; cut vt; lower vt
Ermessen n <allg> • discretion
Ermessensentscheidung f <jur> • discretionary decision; decision ex aequo et bono US; decision in equity and good conscience
ermitteln vt <allg> *(z. B. Daten, Messwerte)* • obtain vt
ermitteln vt <allg> • find vt; find out vt
ermitteln vt <tech.allg> *(betont: suchen und finden)* • detect vt
ermitteln vt <tech.allg> *(z. B. Größen, Mengen)* • determine vt; establish vt
ermitteln vt <jur> *(feststellen)* • ascertain vt
Ermittlung f <tech.allg> *(betont: Suchen und Finden, Aufspüren)* • detection
Ermittlung f <tech.allg> *(z. B. von Größen, Mengen)* • determination
Ermittlung der Abmessungen f <tech.allg> • determination of dimensions
Ermittlung der Abmessungen f did <tech.allg> *(i.d. Konstruktion; Festlegen der Maße)* • dimensioning
Ermittlung von Fehlerstellen f <qualit> • locating of defects
ermöglichen vt <tech.allg> *(z. B. Aktion, Funktion)* • enable vt; allow vt; permit vt; make it possible vt
ermüden vi <qualit> *(z. B. Material)* • fatigue vi
ermüdende körperliche Arbeit f <med> • wearisome physical labour
Ermüdung f <mat> • dark burn
Ermüdung f <qualit.mat> • material fatigue; fatigue
Ermüdung des Bedieners f <psych> • operator fatigue
Ermüdungsanalyse f <qualit.mat> • fatigue analysis
Ermüdungsausfall m <qualit.mat> • fatigue failure
ermüdungsbeständig <qualit> *(haltbar, widerstandsfähig gegen Dauerbelastung)* • durable; enduring; fatigue-resisting; antifatigue rare

Ermüdungsbeständigkeit f <qualit> *(allg.)* • fatigue resistance; fatigue strength
Ermüdungsbeständigkeit f <qualit.mat> *(mech.; bei statischer od. dynamischer Dauerbelastung)* • fatigue strength; fatigue limit; endurance strength; endurance limit
Ermüdungsbruch m <qualit.mat> • fatigue fracture; fatigue failure; endurance failure
ermüdungsfest <qualit> *(haltbar, widerstandsfähig gegen Dauerbelastung)* • durable; enduring; fatigue-resisting; antifatigue rare
Ermüdungsfestigkeit f <qualit> *(allg.)* • fatigue resistance; fatigue strength
Ermüdungsfestigkeit f <qualit.mat> *(mech.; bei statischer od. dynamischer Dauerbelastung)* • fatigue strength; fatigue limit; endurance strength; endurance limit
Ermüdungsgrenze f <qualit.mat> • fatigue limit; endurance limit
Ermüdungskorrosion f <obfl> • corrosion fatigue ISO 8044
Ermüdungskurve f <qualit.mat> • fatigue curve
Ermüdungslebensdauer f <masch> *(Wälzlager)* • fatigue life
Ermüdungsriss m <qualit.mat> • fatigue crack; endurance crack
Ermüdungsschutzmittel n <kst> *(Antioxidant)* • anti-flex-cracking antioxidant
Ermüdungsschutzmittel n <prod> *(allg.)* • antiflex-cracking agent
Ermüdungsschutzmittel n <tribo> • fatigue-preventing agent
Ermüdungsverhalten n <tribo> • fatigue performance
Ermüdungsverschleiß m <qualit> • fatigue wear
Ermüdungsversuch m <qualit.mat> • fatigue test
Ernährung ohne genmanipulierte Lebensmittel f <nahr> • non-GM diet
Ernährungsgleichgewicht n <nahr> • nutritional equilibrium
Ernährungswissenschaft f <nahr> • nutrition science
erneuerbar <ökol> *(z. B. Energie)* • renewable
erneuerbare Energien fpl <energ> • renewable energies pl; regenerative energies
erneuern vt <allg> *(z. B. Erinnerungen)* • renew vt
erneuern vt <allg> *(renovieren; z. B. Fassade)* • renovate vt
erneuern vt <tech.allg> *(Verschleißteile; z. B. Luftfilter, Beläge)* • replace vt; renew vt GB
Erneuern des Kühlernetzes n <kfz> • recore
Erneuerung f <allg> • renewal
Erneuerungsfunktion f <math> *(Stochastik)* • renewal function
erneut beschreiben vt <edv> *(Speichermedium; z. B. CD-ROM)* • rewrite vt; overwrite vt
erneut booten vt <edv> *(PC)* • reboot vt
erneut eingeben vt <edv> • re-enter vt; re-input vt
erneut gefrieren vt <nahr.prod> *(Speiseeis)* • refreeze vt
erneut pasteurisieren vt <nahr.prod> • repasteurize vt
erneut schmelzen vi <nahr.prod> *(Speiseeis)* • remelt vi
erniedrigen vt <tech.allg> *(z. B. Temperatur, Druck)* • decrease vt
erniedrigen vt <tech.allg> *(z. B. Füllstand, Druck, Temperatur)* • lower vt
erniedrigen vt <el> • step down vt
Ernte f <agri> *(Ausbeute)* • crop
Ernte f <agri> *(Einbringen z.B von Feldfrüchten)* • harvest
Ernte f <agri> *(Ertrag)* • yield
Ernte f <textil> *(Flachs)* • harvest
Ernte f <textil> *(Baumwolle)* • picking

Erntegutaufbereitung f <agri> • processing of harvested crop[s]

Ernte im Fließverfahren f <agri> • in-line harvesting chain

Erntemaschine f <agri> • harvesting machine; harvester

Ernte mit Mähdrescher f <agri> • combining

ernten vt <agri> • harvest vt; gather vt

ernten vt <agri> (einzeln oder mit Sorgfalt; z. B. Obst) • pick vt

ernten vt <agri> (Getreide) • reap vt

Ernteprogrammierung f <agri> • crop timing

erodieren vi <geo> (ungewollt: Abtragung durch Witterung etc.) • erode vi

erodieren vt <prod> (gewollt: Fertigungsverfahren) • erode vt

erodierend <tech.allg> (Wirkung, z. B. von Witterung, Flüssigkeit, Sand, Spänen) • erosive; eroding

erodiert <kfz.el> (Unterbrecherkontakte) • pitted; dished

eröffnen vt <allg> (z. B. Ausstellung, Konto, Kredit, Laden, Testament, Verhandlung) • open vt

eröffnen vt <edv> • initialize vt

eröffnen vt <ökon> (z. B. Arztpraxis, Geschäft) • start vt

Eröffnung f <allg> (z. B. einer Industriemesse, eines Ladens, von Verhandlungen) • opening

Eröffnungsfeier f <allg> • opening ceremony

Erosion f <tech.allg> (Vertiefungsbildung durch Wind, Wasser, Verschleiß) • erosion

Erosion f <obfl> (jeder Oberflächenabtragungseffekt, meist unerwünscht) • erosion

Erosion f <rls> (z. B. in Pumpen, Armaturen) • erosion; abrasion

Erosionsbeständigkeit f <obfl> • erosion resistance

erosionsfest <mat> • non-erosive

erosionsfest <obfl> • erosion-resistant

Erosionsfunkgerät n <wz.masch> • spark-erosion machine

Erosionskanal m <geo> (grabenartiges Erosionsresultat) • erosion channel

Erosionsschutz m <obfl> • erosion control

Erosionsschutzstreifen m <agri> • buffer strip; spreader strip

erosiv <tech.allg> (Erosion verursachend) • erosive

erosiver Verschleiß m <tech.allg> (z. B. Führungsbahnen, Werkzeuge) • erosive wear

ERP-Programm n <edv> (z. B. von SAP, Oracle, People-Soft, Baan) • ERP software

erproben vt <qualit> • test vt

erproben vt <qualit> (versuchsweise etwas tun) • try vt; check vt

erprobt <allg> • proven

Erprobung f <qualit> • test; testing; trial

Erprobung f <qualit> (versuchsweise, praktisch) • trial

Erprobung der Seegangseigenschaften f <nav> • seakeeping trial

Erprobungsgelände n <qualit> (z. B. für Kraftfahrzeuge, Waffen) • test ground; trial ground; proof ground; proving ground

Erprobungsphase f <qualit> • trial stage

Erprobungszulassung f <fz> • trial approval

ERP-Software f <edv> (z. B. von SAP, Oracle, People-Soft, Baan) • ERP software

Errata-Beiblatt n <doku> • list of misprints; errata

erratisch <geo> (Blöcke, Findlinge) • erratic

erratischer Block m <geo> • erratic block

errechnen vt <math> • compute vt; calculate vt

errechnete Adresse f <edv> • generated address; synthetic address

errechnete Position f <navig> • computed position; calculated position

errechneter Wert m <tech.allg> (z. B. Wahrscheinlichkeit, Temperatur, Querschnitt) • calculated value

erregen vt <phys> • energize vt

erregen vt <phys.el> (z. B. Schwingkreis) • excite vt

erregende Größe f <tech.allg> (konkrete Dimension) • exciting size

erregende Größe f <msr> • actuating quantity

Erreger m <el> • exciter

Erreger m <med> (Krankheitsverursacher) • causative agent; causative organism; pathogen

Erregeranlage f <el> • excitation system

Erregeranode f <el> • excitation anode

Erregerdiode f <kfz.el> (im Drehstromgenerator) • exciter diode

Erregerdipol m <el> • energized dipole

Erregerfeld n <el> • exciter field

Erregerfeld n <phys> • magnetizing field

Erregerfeldwiderstand m <el> • exciter field rheostat

Erregerfunkenstrecke f <el> • exciting spark gap

Erregergeschwindigkeit f <phys> • exciter response

Erregergruppe f <phys> • exciter set

Erregerklemme f <el> (Generator) • field terminal

Erregerkreis m <el> • exciter circuit; excitation circuit

Erregermagnet m <phys> • exciter magnet; field magnet

Erregermaschine f <phys> • excitation generator; excitation dynamo; exciter

Erregermaschinensatz m <phys> • exciter set

Erregerquelle f <phys> • excitation source; exciter

Erregersatz m <phys> • exciter set

Erregerspannung f <el> • excitation voltage; exciter voltage

Erregerspule f <el> • excitation coil; exciting coil

Erregerspule f <el> (in Motor oder Generator, als Stator oder Rotor) • field winding; field coil

Erregerspulen fpl <ents> • exciter coils

Erregerstrom m <el> • excitation current; exciting current; field current

Erregerstromkreis m <el> • excitation circuit

Erregerturbine f <turb> • exciter turbine

Erregerverhalten n <phys> • exciter response

Erregerverlust m <phys> • excitation loss; exciter loss

Erregerwicklung f <el> (allg., auch Motor, Generator) • exciting winding; excitation winding

Erregerwicklung f <el> (in Motor oder Generator, als Stator oder Rotor) • field winding; field coil

Erregerwiderstand m <el> • field rheostat

Erregerwiderstand m <phys> • exciter build-up resistance; build-up resistance

Erregung f <tech.allg> (akustisch, alektrisch, mechanisch) • excitation

Erregung f <phys> • energization

Erregungsenergie f <phys> • excitation energy

Erregungsfunktion f <msr> • excitation function

Erregungskarte f wiss <pharm> • noise map; noise excitation map thsc

Erregungskurve f <phys> • excitation curve

Erregungsverstärker m <phys> • excitation amplifier

Erregung von Schwingungen f <phys> • excitation of oscillations

Erreichen der Umlaufbahn n <aerospace> • acquisition of orbit

Errichten n <bau> (Vorgang; z. B. von Häusern, Brücken, Türmen, Masten) • erection; construction; building

errichten vt <allg> • found vt

errichten vt <allg> (z. B. Barrikade, Denkmal, Haus; Lot, Senkrechte) • raise vt

errichten vt <tech.allg> • assemble vt

errichten vt <tech.allg> (zusammenbauen) • build vt; build up vt

errichten vt <admin> (z. B. eine Organisation, einen Staat, eine Regierung) • establish vt

errichten vt <bau> (z. B. Hochhaus, Turm) • construct vt

errichten vt <bau> (Gebäude) • erect vt

errichten vt <bau> (z. B. Gebäude) • rear vt

errichten vt <bau> (z. B. Denkmal, Plattform; Gesellschaft) • set up vt

errichten vt <bau> (Hochbauprojekte; z. B. Brücke, Halle, Turm) • erect vt

Errichter m <alarm> • installer

Errichtung f <bau> (Vorgang; z. B. von Häusern, Brücken, Türmen, Masten) • erection; construction; building

Errichtung vor Ort f <prod> • erection in the field; field erection

Ersatz m <allg> (z. B. für erlittenen Schaden) • compension

Ersatz m <tech.allg> (Erneuerung; z. B. eines verschlissenen Bauteiles) • renewal

Ersatz m <tech.allg> (Austausch) • replacement; substitution

Ersatzanlage f <tech.allg> • stand-by set; emergency set

Ersatzantenne f <el> • reserve aerial; auxiliary aerial

Ersatzauto n ugs <kfz> (während Reparatur des Erstfahrzeuges) • replacement vehicle; courtesy car GB; loaner AE.coll

Ersatzbalkenverfahren n <mech> (Mohrsches Verfahren: Berechnung der Durchbiegung) • equivalent beam method

Ersatzbatterie f <el> • emergency battery; stand-by battery

Ersatzbaustein m <el> • replacement module; spare module

Ersatzbeschaffungsrücklage f <tech.jur> • replacement reserve; reserve for asset replacement; replacement allowance

Ersatzbetrieb m <tele> • stand-by operation

Ersatzdünger m <agri> • substitute fertilizer

Ersatzfahrzeug n <kfz> (während Reparatur des Erstfahrzeuges) • replacement vehicle; courtesy car GB; loaner AE.coll

Ersatzfalz m <kfz.rep> (Richtbankzubehör) • chassis bracket set

Ersatzfilterpatrone f <verf> • replacement filter cartridge; replacement cartridge

Ersatzgerät n <tech.allg> • spare equipment

Ersatzgerät n <tech.allg> (für Notfälle) • emergency device; stand-by device; back-up device

Ersatzgetriebe n <masch> (Kinematik) • equivalent mechanism

Ersatzgröße f <tech.allg> • equivalent parameter

Ersatzkapazität f <el> • equivalent capacity

Ersatzkernverfahren n <math> • substitution kernel process

Ersatzkoppelgetriebe n <masch> (Kinematik) • equivalent linkage

Ersatzkosten pl <tech.fin> • replacement cost

Ersatzkraft f <mech> • resultant force

Ersatzkreis m <tech.allg> • equivalent circuit

Ersatzlast f <mech> • replacement load

Ersatzmembran f <nahr> (Fettkügelchen) • protective membrane; final membrane

Ersatzmesser n <wz> • replacement blade

Ersatzpatrone f <verf> • replacement filter cartridge; replacement cartridge

Ersatzproblem n <math> • replacement problem

Ersatzrad n <kfz> (identisch mit den an einem Kfz verwendeten Rädern) • spare wheel; full-size spare wheel US; conventional spare wheel; spare coll

Ersatzradabdeckung f <kfz> • spare tire cover

Ersatzradhaltemutter f <kfz> • spare-wheel retaining nut

Ersatzradmulde f <kfz> • spare wheel well; spare wheel tray; spare wheel trough; spare tire well

Ersatzradträger m <kfz> (für Geländewagen etc.) • spare tire carrier

Ersatzregelgröße f <msr> • indirectly controlled variable

Ersatzregler m <msr> • back-up controller

Ersatzreifen m <kfz> • spare tire

Ersatzröhre f <el> • spare tube; spare valve

Ersatzsatellit m <navig> • spare satellite; spare; spare SV

Ersatzschaltbild n <tech.allg> • equivalent circuit diagram; equivalent circuit; equivalent network diagram

Ersatzschaltbild n <el> • equivalent electric circuit; circuit analogy

Ersatzschaltung f <tech.allg> (Elektrotechnik, Hydraulik, Pneumatik) • equivalent network; equivalent circuit

Ersatzschaltung f <el> • equivalent electric circuit; circuit analogy

Ersatzschaltung f <tele> • change-over to standby

Ersatzschaltung in T-Form f <el> • T-parameter equivalent circuit

Ersatzschaltung mit H-Parametern f <el> • H-parameter equivalent circuit

Ersatzschaltung mit Universalparametern f <el> • universal equivalent circuit

Ersatzschlüssel m <kfz> • spare key

Ersatzschlüsselhalter m <kfz> (z. B. magnetisch) • spare key holder

Ersatzsicherung f <el> • spare fuse

Ersatzspur f <edv> • alternate track

Ersatzstab m <mech> (Lastberechnung etc.) • equivalent beam

Ersatzsternschaltung einer Dreieckschaltung f <el> • star connection equivalent to delta connection

Ersatzstirnrad n <masch> • equivalent spur gear

Ersatzstoff m <mat> • substitute; substitute material

Ersatzstromkreis m <el> • equivalent circuit

Ersatzstromquelle f <el> • equivalent current source

Ersatzstromversorgung f rar <energ> • emergency power supply; reserve power supply rare; stand-by power supply rare

Ersatzstromversorgungsanlage f DIN VDE 0100 <el> • standby supply system

Ersatzteil n <tech.allg> • spare part; spare coll; replacement part rare

Ersatzteilausrüstung f <tech.allg> • spare equipment

Ersatzteildienst m <logist> • spare-parts service

Ersatzteilhaltung f <logist> • spare-parts stocking; spare stocking

Ersatzteilkatalog m <doku> • parts catalog US; parts catalogue GB; spare-parts catalog US.rare; catalog of spares US.rare

Ersatzteilkosten pl <ökon> • spare-parts costs; spare-parts cost

Ersatzteillager n <logist> (Gebäude) • spare-parts warehouse

Ersatzteillager n <logist> (Bestand) • stock of replacement parts; stock of spare parts

Ersatzteilliste f <logist> • spare-parts list; parts list

Ersatzteilplan m <tech.allg> • layout of spare parts

Ersatzteilspender m <sport> (z. B. bei Radrennen) • spares car; donor car GB; junker AE.coll.derog; skillet AE.coll.derog

Ersatzteilträger m <sport> (z. B. bei Radrennen) • spares car; donor car GB; junker AE.coll.derog; skillet AE.coll. derog

Ersatztherapie f <med> • replacement therapy; immunologic replacement

Ersatzverstärker m <tele> • spare repeater

Ersatzvisier *n* <bekl> *(Helm)* • replacement shield
Ersatzweg *m* <navig> • alternate route
Ersatzwiderstand *m* <el> • substitutional resistance; equivalent resistance
Ersatz-Windschutzscheibe *f* <kfz> *(aus Kunststoff)* • emergency windshield
Ersatz-Wischergummi *m* <kfz> • windshield wiper refill
Ersatzzähnezahl *f* <masch> • equivalent number of teeth
Ersatzzahnrad *n* <masch> • equivalent gear
erscheinen *vi* <druck> *(z. B. Buch)* • be published *vi*
Erscheinung *f* <tech.allg> • occurrence
Erscheinung *f* <phys> • phenomenon
Erscheinungen *fpl* <tech.allg> *(z. B. bei Betriebsstörungen)* • phenomenological events
erschließen *vt* <min.bau> • develop *vt*; open up *vt*
Erschließung *f* <min.bau> • development; opening-up
Erschließungssonde *f* <min> • discovery well
Erschließungszeichnung *f DIN ISO 10209-4* <bau.doku> • groundworks drawing *ISO 10209-4*
Erschmelzen *n* <metall> • smelting extraction; smelting
erschmelzen *vt* <metall> • smelt *vt*
erschöpfen *vt* <tech.allg> *(z. B. Brunnen, Erdölquelle)* • deplete *vt*
erschöpfen *vt* <jur> • exhaust *vt*; spend *vt*; use up *vt*
erschöpfen *vt* <logist> *(Vorräte, Reserven)* • exhaust *vt*
erschöpfend <allg> *(z. B. Aufzählung)* • exhaustive
erschöpft <edv> • flat
erschöpft <el> *(Batterie)* • run-down; spent
erschöpft <logist> *(z. B. Vorräte)* • exhausted
erschöpft <min> *(Bergwerk, Erdölquelle, Brunnen)* • depleted; worked-out
erschöpft <phot> *(Verarbeitungslösung)* • exhausted; stale
erschöpfte Bohrung *f* <petr> • depleted well
Erschöpfung *f* <min> *(Bodenschätze (Erdöl, Erdgas, Erz, Trinkwasser))* • depletion
Erschöpfung *f* <ökon> *(Vorräte)* • exhaustion
Erschöpfung *f* <phot> *(einer Verarbeitungslösung)* • exhaustion; solution exhaustion
Erschöpfungsbereich *m* <mat> • exhaustion region
Erschöpfungshärtung *f* • exhaustion hardening
Erschöpfungsschicht *f* • exhaustion layer
erschüttern *vt* <allg> *(mit kurzen, schnellen Bewegungen)* • shake *vt*
erschüttern *vt* <allg> *(mit einer oder mehreren einzelnen Erschütterungen)* • shock *vt*
erschüttern *vt* <mech> *(mit Vibrationen)* • vibrate *vt*
Erschütterung *f* <allg> *(einmalig, stark)* • shock
Erschütterung *f* <bau> *(Vibration; z. B. durch Baumaschinen, Erdbeben, Verkehr)* • vibration
Erschütterung *f* <masch> *(z. B. durch hin- und hergehende Massen (Pressen…))* • concussion; percussion
Erschütterungen *fpl* <tech.allg> *(Fahrzeug, Gebäude, Maschinen)* • vibrations *pl*
erschütterungsempfindlich <tech.allg> • sensitive to vibration
erschütterungsfest <bau> *(gegen Vibrationen)* • vibration-proof
erschütterungsfest <mech> *(z. B. gegen Sturz, Schlag)* • shock-proof
Erschütterungsfestigkeit *f* <tech.allg> • resistance to vibration
erschütterungsfrei <tech.allg> *(z. B. Betrieb e. Maschine; Fundament)* • concussion-free; percussion-free
erschütterungsfrei <tech.allg> *(vibrationsfrei; z. B. Aufstellung, Fertigung)* • vibration-free; vibrationless; antivibration
erschütterungsfrei <masch> *(absorbiert Stöße)* • shock-absorbing

erschütterungsfrei <masch> *(arbeitet stoßfrei)* • shock-free
erschütterungsfreie Aufhängung *f* <tech.allg> • antivibration mounting
Erschütterungsfreiheit *f* <mech> • freedom from vibration; freedom from shock
Erschütterungskontakt *m* <alarm> *(mit Federkontakt)* • vibration detector; mechanical vibro-contact; mechanical vibration detector; vibration alarm/contact/sensor; contact vibration sensor
Erschütterungskontakt *m* <alarm> *(nach Massenträgheitsprinzip)* • mass inertia detector; mass inertia type shock sensor; inertia detector; inertia sensor; shock sensor
Erschütterungsmelder *m* <alarm> *(mit Federkontakt)* • vibration detector; mechanical vibro-contact; mechanical vibration detector; vibration alarm/contact/sensor; contact vibration sensor
Erschütterungsmelder *m* <alarm> *(nach Massenträgheitsprinzip)* • mass inertia detector; mass inertia type shock sensor; inertia detector; inertia sensor; shock sensor
erschweren *vt* <textil> *(Seide)* • weight *vt*; load *vt*
Erschwerung *f* <textil> *(von Seide)* • weighting; loading
Erschwerungsappretur *f* <textil> • weight finishing
Erschwerungsmittel *n* <textil> • weighting agent; weighter
ersetzbar <allg> *(untereinander austauschbar)* • interchangeable
ersetzbar <allg> • replaceable; substitutable
ersetzen *vt* <allg> • substitute *vt*
ersetzen *vt* <tech.allg> *(Verschleißteile; z. B. Luftfilter, Beläge)* • replace *vt*; renew *vt GB*
Ersetzungszeichen *n* <edv> • replacement character
Erspinnen *n* <textil> • spinning
erspinnen *vt* <textil> • spin *vt*
Erspinnen aus der Schmelze *n* <textil> *(Kunstfaserherstellung)* • melt extrusion; melt spinning
Erspinnen aus Lösungen *n* <textil> *(von Kunstfasern)* • solution spinning
Erspinnfärbung *f* <textil> • spin dyeing
erspinngefärbt <textil> • spin-dyed; solution-dyed
Erspinnlösung *f* <kst> • spinning solution; dope
Erspinnvlies *n* <textil> • spun-bonded web
Erstalarm-Erkennung *f* <alarm> • first-to-latch function; first-in alarm feature
Erstalarmkennung *f* <alarm> • first-to-latch function; first-in alarm feature
Erstanreicherung *f* <nukl> • initial enrichment
erstarren *vi* <tech.allg> *(allg.)* • consolidate *vi*
erstarren *vi* <tech.allg> *(fest werden)* • solidify *vi*; become solid *vi*; set *vi*
erstarren *vi* <tech.allg> *(zu einer halbfesten, kolloidalen Masse)* • gel *vi*
erstarren *vi* <bau.mat> *(z. B. Kunststoff, Zement, Klebstoff)* • set *vi*
erstarren *vi* <metall> *(durch Wärmeabgabe)* • freeze *vi*
erstarren *vi* <phys> *(Flüssigkeit, Schmelze)* • congeal *vi*
erstarrend <kst> • solidifying
Erstarrung *f* <bau.mat> • setting
Erstarrung *f* <kst.metall> • solidification
Erstarrung *f* <mat> *(Konsolidierung)* • consolidation
Erstarrung *f* <mat> *(Aushärten; z. B. Klebstoff, Mörtel)* • hardening
Erstarrung *f* <metall> • freezing
Erstarrung *f* <phys> *(durch Temperaturabsinken; z. B. Gefrieren)* • congealing; congelation
Erstarrungsbeginn *m* <mat> • initial hardening; initial set

Erstarrungsbeschleuniger *m* <bau.mat> *(Beton)* • accelerator; setting accelerator

Erstarrungsende *n* <mat> • final set

Erstarrungsgeschwindigkeit *f* <mat> • solidification rate

Erstarrungsgestein *n* <geo> • eruptive rock; igneous rock; magmatic rock

Erstarrungsintervall *n* <mat> • solidification range

Erstarrungsintervall *n* <metall> • freezing range

Erstarrungskeim *m* <metall> • nucleation nucleus; nucleation center

Erstarrungskontraktion *f* <metall> • solidification shrinkage; freezing shrinkage

Erstarrungskurve *f* <mat> • solidification curve

Erstarrungskurve *f* <metall> • freezing-point curve

Erstarrungslinie *f* <metall> • freezing-point line

Erstarrungsphase *f* <kst> *(von Kunstharz und Spachtelmassen)* • green stage *pract*

Erstarrungspunkt *m* <chem> *(bei Vernetzung, Abbinden)* • setting point

Erstarrungspunkt *m* <kst> • solidification point

Erstarrungspunkt *m* <mat> • chill point

Erstarrungspunkt *m* <metall> *(von Schmelzen)* • solidification point; freezing point

Erstarrungspunkt *m* <phys> • congealing point

Erstarrungspunkterniedrigung *f* <metall> • solidification-point depression

Erstarrungsregler *m* <chem.verf> *(Zementherstellung)* • solidification agent

Erstarrungsschwinden *n* <metall> • solidification shrinkage; freezing shrinkage; solidification contraction; freezing contraction

Erstarrungsschwinden *n* <prod> *(Schwindmaß und Lunkerbildung einplanen)* • casting shrinkage

Erstarrungstemperatur *f* <chem> *(z. B. Fett)* • setting point

Erstarrungstemperatur *f* <therm> • solidification temperature

Erstarrungsverzögerer *m* <bau.mat> • setting retarder

Erstarrungswärme *f* <therm> *(ist dem Betrag nach gleich der Schmelzwärme)* • solidification heat; heat of solidification

Erstarrungszeit *f* <mat> *(Beton)* • setting time; set-up time

Erstarrungszeit *f* <mat> • solidification time

Erstaufforstung *f* <holz> • new planting

Erstausbau *m* <bau> • initial capacity stage

Erstausführung *f* <prod> • prototype

Erstausrüster *m* <prod> • original equipment manufacturer (OEM)

Erstausrüstung *f* <prod> • original equipment (OE)

Erstausstatter *m* (OEM) <prod> • original equipment manufacturer (OEM)

Erstausstattung *f* <prod> • original equipment (OE)

Erstausstatterqualität *f* <prod> • OEM quality

Erstbeleg *m* <edv> • source document

Erstbeschickung *f* <nukl> • initial loading

Erstbeschickung *f* <verf> *(Ofen)* • initial charging; first charging; first fuel charging

Erstbesitzer *m* <kfz> • first ownership; first owner

Erstbewertung *f* <ents> • preliminary assessment (PI)

Erstdestillation *f* <chem.verf> • primary distillation

Erstdruck *m* <druck> • incunabulum

erste Ausklingphase *f* <el.av> *(vom Amplitudenmaximum zum Sustain-Niveau)* • decay time; decay phase; fade-out time

erste Harmonische *f* <akust> • fundamental tone; fundamental sound; first harmonic

erste Harmonische *f* <phys> *(allg.)* • fundamental component; fundamental oscillation; fundamental harmonic; first harmonic; fundamental

Erste-Hilfe-Kasten *m* *prakt* <kfz> *(im Auto)* • first aid kit

Erste-Hilfe-Kasten *m* *ugs* <med> *(allg.)* • first aid kit

Erste-Hilfe-Station *f* <med> • first-aid station

Ersteichung *f* <msr> *(im Herstellerwerk)* • factory calibration

Ersteichung *f* <msr> *(allg.)* • initial calibration

Ersteingabe *f* <edv> • initial input

Ersteinstellung *f* <prod> • initial adjustment

erste Kopie in ... <druck> • first copy out in ...

erste kosmische Geschwindigkeit *f* <astron> *(für eine erdnahe Umlaufbahn nötig; beträgt 7,9 km/s oder 28000 km/h)* • first cosmic speed; orbital velocity; circular velocity; satellite velocity *pract*

erste Lage *f* <füg> • first pass; first run; first layer

erstellen *vt* <allg> *(z. B. Liste, Plan, Verzeichnis)* • create *vt*

erstellen *vt* <doku> *(z. B. Datei, Liste)* • establish *vt*

erstellen *vt* <edv> *(z. B. Verzeichnis, Datei)* • create *vt*

erster Abzug *m* <druck> • first proof

erste Raketenstufe *f* <aerospace> • first-stage rocket

erste Raketenstufe *f* <mil> • mother missile

erster Anrufsucher *m* <tele> • primary line switch

erster Basisoperator *m* <edv.av> • carrier; carrier wave; audio oscillator *form.*

erste Reflexionen *fpl* <av> • early reflections *pl*

Ersterfassungsgerät *n* <edv> • original entry machine

erster Gang *m* <kfz.antr> • first gear; bottom gear; low gear

erster Hauptsatz der Thermodynamik *m* <therm> • first law of thermodynamics

erster Maxwell'scher Hauptsatz *m* <el> • Ampere's law; Ampere's circuital law

Erster Rahmen *m* <navig> *(trägt die Laufachse eines kardanisch gelagerten Kreisels)* • inner gimbal

erster Umgang *m* *rar* <masch> • first full thread; first complete thread

erster Umgang des Gewindes *m* *rar* <masch> • first full thread; first complete thread

erster voller Zahn *m* <masch> • first full thread; first complete thread

erster vollprofiliger Zahn *m* <masch> • first full thread; first complete thread

erste Sahne *f* *ugs* <qualit> *(beste Qualität)* • top grade; top notch *coll*

erste schallstarke Reflexionen *fpl* <av> • early reflections *pl*

erstes Negativ *n* <edv> *(für CDs)* • metal master; first negative; father disc

erstes Newton'sches Axiom *n* *wiss* <mech> • Newton's first law; first law of motion; law of inertia

erstes Newton'sches Gesetz *n* <mech> • Newton's first law; first law of motion; law of inertia

erstes newtonsches Axiom *n* <mech> • Newton's first law; first law of motion; law of inertia

erstes newtonsches Gesetz *n* <mech> • Newton's first law; first law of motion; law of inertia

erstes Obergeschoss *m* <bau> • first floor *US*; second floor *GB*; second storey

erstes OG *n* *prakt* <bau> • first floor *US*; second floor *GB*; second storey

Erste Wand *f* <nukl> • first wall; inner metallic wall; vessel wall; primary vessel

Erstfüllung *f* <kfz> *(z. B. Batteriesäure, Motoröl)* • initial filling; initial fill-up

Erstinstallation *f* <av> • initial installation

erstklassig <qualit> • first-quality; first-grade

Erstkurve *f* <phys> *(z. B. Magnetisierung)* • virgin curve

Erstleserate *f* <edv> • first read rate (FRR); first pass read rate; first time read rate

Erstluft f <hlk> • primary air
Erstmagnetisierung f <phys> • initial magnetization
erstmalige Inbetriebnahme f <navig> *(Empfänger)* • first time operation
Erstmeldeerkennung f <alarm> • first-to-latch function; first-in alarm feature
Erstmeldekennung f <alarm> • first-to-latch function; first-in alarm feature
Erstmeldespeicherung f <alarm> • first-to-latch function; first-in alarm feature
Erstmusterprüfung f <qualit> • first article inspection
erstrecken über vr <allg> *(z. B. Gelände, Anlage)* • extend over vi
Erststoßkorrektion f <phys> • first-collision correction
Erstteilprüfung f <qualit> • first article inspection
Erstvermessung f <nav> • first measurement
Erstwahlbündel n <tele> • first choice route
Erstzulassung f (EZ) <kfz> • initial registration
erteilen vt <allg> • impart vt
erteilen vt <jur> *(Auftrag)* • place vt
erteilen vt <jur> *(Lizenz auf ein Patent)* • grant vt
Erteilung f <jur> *(z. B. einer Konzession)* • granting
Erteilungsgebühr f <jur> *(Patent)* • final fee
Erteilungsverfahren n <jur> • granting procedure
Ertrag m <tech.allg> *(z. B. an nutzbarer Energie, Produktion)* • yield
Ertrag m <agri> • produce
Ertrag m <fin> • income; yield; revenue; earnings; proceeds
Ertrag m <min> • output
Ertrag m <prod> *(Ertrag des Aufwandes)* • yield; turn-out
Ertragsbiologie f <agri> • yield biology
Ertragspotential n <agri> • yield potential
Ertragssicherheit f <agri> • certainty of yield
Ertragszuwachs m <agri> • yield increment
Eruption f <geo> *(Vulkan)* • eruption
Eruption f <petr> *(Bohrloch)* • blowout; blow-out
Eruption f <psych> *(z. B. Wutausbruch)* • flare
Eruptionskreuz n <petr> • christmas tree; oil and gas well Christmas tree
Eruptionsschlot m <geo> *(Vulkan)* • eruption channel; funnel; volcanic neck; neck; chimney
Eruptionsstopfbüchse f <petr> • blow-out preventer
eruptiv <geo> • eruptive
Eruptivförderung f <geo> • natural-flow production
Eruptivgang m <geo> *(Vulkanismus)* • eruptive vein; intrusive vein
Eruptivgestein n <geo> • eruptive rock; volcanic rock; igneous rock
erwärmen vt <tech.allg> • heat vt
erwärmen vt <prod.verf> • warm vt; warm up vt
Erwärmung f <tech.allg> • warm-up; heating
Erwärmung f <prod> *(Klebstoff, Werkstück)* • warming
Erwärmungsgrenzwert der Isolierung m <el> • limiting insulation temperature rise
Erwärmungsprüfung f <qualit> • temperature-rise test
Erwärmungstiefe f <metall> *(z. B. Wärmebehandlung)* • heating depth
erwartungstreue Schätzfunktion f <math> *(Statistik)* • unbiased estimator; unbiassed estimator
Erwartungswert m <msr> • expectation; expectation value
Erwartungszeitfenster n <med.tech> *(Beatmungsgerät-Betriebsphase)* • assist window; trigger window
Erweichen n <mat> *(unbeabsichtigt)* • softening
erweichen vt <kst> *(beabsichtigt)* • plastify vt; plasticize vt; plasticate vt; soften vt; flux vt
erweichen vt <textil> *(Färbehülse)* • soften vt
Erweichung f <mat> *(unbeabsichtigt)* • softening

Erweichungsbereich m <mat> *(z. B. Kunststoff)* • softening range
Erweichungsmittel n <kst> • softening agent; softener; emollient
Erweichungspunkt m <kst> • softening temperature; softening point *rare*
Erweichungstemperatur f <kst> • softening temperature; softening point *rare*
Erweichungstemperatur f <kst> *(amorphe Polymere; gemessen bei steigender Temperatur)* • glass transition temperature; softening temperature; softening range; Vicat softening temperature
Erweichungstemperaturbereich m <kst> *(amorphe Polymere; gemessen bei steigender Temperatur)* • glass transition temperature; softening temperature; softening range; Vicat softening temperature
Erweichungszustand m <kst> • softening stage; stage of plasticity
erweiterbar <edv> *(auf neue Version, um neue Komponenten)* • expandable; upgradable; open-ended
erweiterbares Programm n <edv> • open-ended program
erweitern vi/vt <edv> *(Speicherkapazität)* • expand to vt; expand vi/vt; upgrade to vt; upgrade vi/vt
erweitern vr <rls> *(z. B. Rohr, Diffusor, Spalt, Strömungskanal)* • diverge vi
erweitern vt <allg> *(z. B. Zuständigkeitsbereich, Angebot, Kundenkreis)* • extend vt; expand vt
erweitern vt <allg> *(Anzahl erhöhen; z. B. Angebot, Produktpalette)* • increase vt
erweitern vt <tech.allg> *(z. B. Blutgefäß)* • dilate vt
erweitern vt <doku> *(File)* • extend vt
erweitern vt <edv> *(z. B. PC)* • upgrade vt
erweitern vt <edv> *(Speicherkapazität; z. B. von 64 MB auf 256 MB RAM)* • expand vt
erweitern vt <jur> *(z. B. Befugnis, Rechte)* • widen vt
erweitern vt <med.tech> *(Gefäßverengung; mit einem stabförmigen Instrument aufdehnen)* • dilate with a bougie vt
erweitern vt <min> *(Bohrloch)* • ream vt; ream out vt
erweitern vt <opt> *(Sehfeld vergrößern)* • amplify vt
erweitern vt <petr> • open up vt
erweitern vt <psych> *(Gesichtskreis, Kenntnisse)* • enlarge vt
erweitern auf vt <edv> *(Speicherkapazität)* • expand to vt; expand vi/vt; upgrade to vt; upgrade vi/vt
erweiternder Hohlleiter m <edv> • tapered waveguide
erweiterter ASCII m <edv> • extended ASCII code; extended ASCII character set; extended ASCII
erweiterter ASCII-Zeichensatz m <edv> • extended ASCII code; extended ASCII character set; extended ASCII
erweiterter Befehlssatz m <edv> • extended instruction set
erweiterter Kernspeicheranschluss m <edv> • additional core storage attachment
erweiterter Mittelwertsatz m <math> • extended mean value theorem
erweiterter Rettungsbereich m <sich> • extended save area
erweiterter Schleifenbereich m <edv> • extended range of a do-statement
erweiterter Speicher m <edv> • extended memory; expanded memory
erweiterter Speicherplatz m <edv> • extended location
erweiterter Temperaturbereich m <allg> • extended temperature-range
erweiterter Videografikbereich m <edv> • Extended VGA (EVGA)

erweitertes Stabilitäts-Bremssystem *n* (ESBS)
<kfz.el> • extended stability braking system (ESBS)
erweiterte Zugriffsmethode *f* <edv> • queued access
technique; queued access method
Erweiterung *f* <allg> • enlargement
Erweiterung *f* <tech.allg> • expansion; extension
Erweiterung *f* <edv> • expansion feature
Erweiterung *f* <jur> *(z. B. Befugnis)* • widening
Erweiterung des Zapfens *f* <prod> • pin enlargement
Erweiterungsbau *m* <bau> • annex
Erweiterungsbohren *n ÜV* <petr> • appraisal drilling
Erweiterungsbohrer *m* <min> *(Tiefbohrtechnik)* • ream-
ing bit; reamer
Erweiterungsbohrer *m* <wz> • broaching bit; enlarging
bit
Erweiterungsbohrung *f* <petr> • outpost well; outstep
well; stepout well; appraisal well
Erweiterungscode *m* <edv> • supplementary code
Erweiterungseinheit *f* <edv> • stack expansion unit
erweiterungsfähig <allg> • extendable; expandable
erweiterungsfähig <edv> *(auf neue Version, um neue
Komponenten)* • expandable; upgradable; open-ended
erweiterungsfähiges System *n* <edv> • expandable
system
Erweiterungsfähigkeit *f* <allg> *(z. B. Flughafen, Produk-
tionsvolumen, Versorgungsnetz)* • expandability; extendi-
bility
Erweiterungsfähigkeit *f* <tech.allg> • expansion capabil-
ity
Erweiterungsgehäuse *n* <edv> • expansion chassis
Erweiterungskarte *f* <edv> • extension card; add-on
card; pluggable circuit card *rare*
Erweiterungskode *m* <edv> • supplementary code
Erweiterungsmeißel *m* <petr> • hole opener; reamer
Erweiterungsmöglichkeit *f* <tech.allg> *(von Hardware)*
• upgradeability; upgrade option
Erweiterungsräumer *m* <min> • underreamer lug
Erweiterungsräumer *m* <wz> • expanding reamer
Erweiterungsspeicher *m* <edv> • extended memory; ex-
pansion memory; extended store; expansion store
Erweiterungsspeicher *m* <edv> *(auf Zusatzkarte, nicht
onboard)* • add-on memory
Erweiterungssteckkarte *f* <edv> • extension card; add-
on card; pluggable circuit card *rare*
Erweiterungssteckpfosten *m* <edv> • expansion con-
nector
Erweiterungssteckpfosten *m* <edv.av> • wavetable in-
terface; connector for an optional Midi synthesizer; Midi
extension connector; Waveblaster interface
Erweiterungssteckplatz *m* <edv> *(betont: Zum Nachrüsten)* • expansion slot; slot *pract*
Erweiterungsstück *n* <masch> • increaser
Erweiterungsstück *n* <wz> *(erweiternder Adapter für
Steckschlüsseleinsätze)* • increasing adapter
Erwerb *m* <jur> *(käuflich)* • acquisition; purchase
erwerben *vt* <jur> *(käuflich)* • acquire *vt*; buy *vt*; purchase
vt
erwerben *vt* <jur> *(Lizenz auf ein Patent)* • acquire *vt*; take
(out) *vt*
Erwerber *m* <ökon> • purchaser *ISO 8402*; buyer; acquirer
rare
Erythem *n* <med> • erythema
Erythropathie *f* <med> • erythropathy
Erythropoetin *n* (EPO) <med> *(Immunmodulator)* • eryth-
ropoietin (EPO)
Erythrozytopathie *f* <med> • erythropathy
Erz *n* <min> • ore
Erzader *f* <min> *(z. B. Eisenerz)* • lode; vein; ore vein; ore-
bearing vein; live lode

Erzanalyse *f* <min> *(z. B. von Uranerz)* • assay; ore assay
Erzanreicherung *f* <verf> *(z. B. Uranerz)* • ore enrich-
ment; ore concentration
Erzansätze *mpl* <min> • ore boshes
Erzaufbereitung *f* <min> • mineral dressing; mineral
treatment
Erzaufbereitung *f* <verf> • ore dressing; ore processing;
ore beneficiation
Erzaufbereitungsanlage *f* <verf> • ore dressing plant;
ore concentrating plant
Erzbemusterung *f* <min> • ore assaying
Erzbergbau *m* <min> • ore mining; metal mining
Erzbergwerk *n* <min> • ore mine
erzbildend <geo> • metallogenetic; metallogenic
Erzbildner *m* <geo> • mineralizer
Erzbrecher *m* <verf> • ore crusher; ore breaker
Erzbrikettierung *f* <verf> • ore briquetting
Erzbunker *m* <logist> • ore bunker; ore bin
Erzcharge *f* <metall> • ore charge
Erzdruse *f* <geo> • loch
Erzen *n* <metall> • oreing; oreing-down
erzeugen *vt* <tech.allg> *(z. B. Gas, Strom)* • generate *vt*
erzeugen *vt* <edv> *(z. B. Verzeichnis, Datei)* • create *vt*
Erzeugende *f* <math> • generator; generatrix
erzeugende Funktion *f* <math> • generating function
Erzeugen farbiger Oxidschichten *n* <obfl> *(Anodisa-
tion nach dem Standardverfahren)* • color anodizing
Erzeuger *m* <tech.allg> *(allg.; z. B. von Strom, Gas,
Dampf)* • generator
Erzeugerkreis *m* <mech> *(Kinematik)* • generating circle
Erzeugnis *n* <allg> *(Gegenstand)* • article
Erzeugnis *n* <prod> • product
Erzeugnispatent *n* <jur> • product patent
Erzeugnis zweiter Wahl *n* <ökon> • second
erzeugte Dampfmenge *f* <tech.allg> • amount of steam
generated
erzeugte Dampfmenge *f* <rls> • steam rate
Erzeugung *f* <allg> *(meist aktiv, absichtlich)* • generation
Erzeugung *f* <jur> • manufacture
Erzeugungsanweisung *f* <edv> • generate statement
Erzeugungsspektrum *n* <werb> • production spectrum
Erzeugungsteilkreis *m* <prod.antr> *(Zahnradfertigung)*
• reference circle
Erzeugungsverfahren *n* <tech.allg> • generating process
Erzeugungswälzkreis *m* <mech> *(Kinematik: Verzah-
nung)* • generating pitch circle
Erzeugung von künstlichem Regen *f* <qualit> *(z. B. für
Versuche)* • rain-making
Erzeugung von Ladungen *f* <phys> • generation of
electric charges
Erzeugung von Ladungsträgern *f* <phys> • charge car-
rier generation; carrier generation
Erzeugung von Plasmen *f* <nukl> • plasma generation;
plasma build-up
Erzfall *m* <min> • pay streak
Erzfall *m* <min> *(in einem Gang)* • ore shoot; shoot
Erzfeste *f* <min> • ore pillar; post
Erzfrachtschiff *n* <nav> • ore carrier
erzfrei <min> • barren; oreless
Erzfrischverfahren *n* <metall> • ore process
erzführend <min> • ore-bearing; metalliferous; alive
erzführender Gang *m* <min> *(z. B. Eisenerz)* • lode; vein;
ore vein; ore-bearing vein; live lode
Erzgang *m* <geo> • ore course; reef
Erzgang *m* <min> *(z. B. Eisenerz)* • lode; vein; ore vein;
ore-bearing vein; live lode
Erzgangart *f* <metall> • ore gangue
Erzgehalt *m* <min> • ore content; mineral content
Erzgehalt im Aufgabegut *m* <mat> • mill value

Erzgicht f <metall> • ore charge; ore burden
Erzgrube f <min> • ore mine; metalliferous mine
Erzgürtel m <geo> • mineral belt
Erzhalde f <min> • ore stockpile
Erziehung zum Umweltbewusstsein f <ökol> • environmental education
erzielen vt <fin> (Einkommen) • derive vt; receive vt
Erzklaubeband n <förd> • ore picking belt
Erzklein n <verf> • ore fines; broken ore
Erzkörper m <min> • ore body
Erzkonzentrat n <metall> • ore concentrate
Erzladeanlage f <förd> • ore loading installation
Erzlagerstätte f <min> • ore deposit; mineral deposit; metalliferous deposit; deposit
Erzlaugung f <verf> • ore leaching
Erzleseband n <förd> • ore picking belt
Erzmikroskopie f <min> • petrographic microscopy; ore microscopy
Erzmineral n <min> • ore mineral; metalliferous mineral; metallic mineral
Erzmöller m <metall> • ore burden
Erznest n <min> • ore nest; ore pocket
Erzniere f <geo> • ore nodule; nodule
Erz-Öl-Frachter m <nav> • ore-oil carrier
Erzparagenese f <geo> • ore paragenesis
Erzpartikel fpl <metall> • fine raggings
Erzpfeiler m <min> • ore pillar
Erzpochwerk n <verf> • ore stamp; ore mill
Erzprobe f <min> • ore sample
Erzreduktionsanlage f <verf> • ore reduction plant
erzreich <min> • rich in ore
Erzröstanlage f <verf> • ore roasting plant
Erzröstofen m <verf> • ore roasting furnace; ore calcining furnace
Erzrollloch n <min> • ore chute; ore pass
Erzscheider m <min.verf> • ore separator
Erzschlämmen n <verf> • ore washing
Erzschmelze f <metall> • ore smelting
Erzschnur f <min> (in Lagerstätten) • ore stringer; stringer
Erzschuss m <min> (in einem Gang) • ore shoot; shoot
Erzschwebe f <min> • residual cover solid ore
Erzsinteranlage f <verf> • ore agglomerating plant
Erztasche f <min> • ore nest; ore pocket
Erztrübe f <verf> • ore pulp; ore slick; ore slime
Erztrum n <min> (in Lagerstätten) • ore stringer; stringer
Erzverfahren n <metall> • ore process
Erzverhältnis n <min> • ore ratio; waste ratio
Erzverladebrücke f <förd> • ore loading bridge
Erzvorkommen n <min> • ore body
Erzvorrat m <min> • ore stock; ore reserve
Erzwäsche f <verf> (Aufbereitung) • ore washing
Erzwäsche f <verf> (Anlage) • ore washing plant
Erzwagen m <bahn> • ore car
Erzwaggon m <bahn> • mineral wagon
erzwingen vt <allg> (juridisch, psychologisch, technisch) • enforce vt; force vt
Erzwingung der Patentausübung f <jur> • compulsory working of a patent
erzwungen <allg> • constrained
erzwungene Bewegung f <phys> • forced motion
erzwungene Erregung f <phys> • forced excitation
erzwungene Konvektion f <energ.sol> • forced convection
erzwungene Krumpfung f <verf> • compressive shrinkage
erzwungener Sprung m • enforced jump
erzwungener Zustand m <tech.allg> • forced state
erzwungene Scharfschaltung f :V <alarm> • forced arming

erzwungene Schwingung f norm <av> • forced oscillation stand
erzwungene Schwingung f <mech> • forced vibration
erzwungene Wahl f <tele> • numerical selection
Erzzerkleinerungsanlage f <verf> • ore crushing plant
Es <chem> • einsteinium (Es)
Es <kfz.mot> • intake valve closes
ESA <org.aerospace> • European Space Agency (ESA)
Esaki-Diode f <el> • Esaki diode; high-speed tunnel diode; tunnel diode
ESBS <kfz.el> • extended stability braking system (ESBS)
ESB-Übertragung f <tele> • single-sideband transmission
Escape-Taste f did <edv> • Esc key; Escape key did
Esche f <bio> • ash; fraxinus americanus
Eschenholz n <obfl.holz> • ash wood
Eschenholzrahmen m <kfz> • ash timber frame
E-Schicht f <phys> • E-layer; Kennelly-Heaviside layer
E-Schirm m <navig> • E scope
E-Schweißen n prakt.ugs <füg> • metal-arc welding; arc welding pract.coll
Esc-Taste f <edv> • Esc key; Escape key did
ESC-Test m <kst> • ESC test (ESC)
ESD <kfz> • electric sunroof (esr); elec s/r GB.advert
Eselsrücken m <geo> • hump
ESG <msr> • electronic control module (ECM)
ESG <silik> (z. B. für Fensterscheiben) • tempered safety glass; heat-treated glass
ES-geschweißt <füg> • electroslag-welded
ESI-Bus <av> • Enhanced System Intelligence bus (ESI bus); ESI bus
ESI-Bus m <av> • Enhanced System Intelligence bus (ESI bus); ESI bus
ESL <kfz> • electronically controlled power steering [system] (EPS)
E-Sockel m <licht> • Edison screw cap (E)
ESP <kfz.antr> • electronic stability program (ESP) Conti Teves
Espagnolettenverschluss m <bau> (Balkontür) • espagnolette bolt
Espartopapier n <pap> • esparto paper
Espartowachs n <mat> • esparto wax
Espartozellstoff m <mat> • esparto pulp
Espe f <pap.ents> (Laubbaum) • aspen
ESR-Kamera f <phot> • SLR-camera
ESRV <kfz> • Experimental Safety Research Vehicle (ESRV) VW
essbar <nahr> (z. B. Pilze) • edible; eatable; esculent
Essbesteck n <gastr> (Messer, Gabel, Löffel etc.) • cutlery US.GB; flatware US
ES-Schweißen n <füg> • electroslag welding
Esse f <prod> (Schmiede) • chimney
Esse f <verbr> (Schornstein, auch von Dampfschiff und Lokomotive) • stack; smoke stack
Essenschieber m <msr> (Steuerung des Rauchabzuges) • chimney damper
Essensreste mpl <nahr> • leavings of a meal
essentielle Phospholipide npl (EPL) <chem> • polyunsaturated phosphatidyl cholines (PPC); essential phospholipids pl
essentielles Gen n <med> • essential gene
Essenz f <nahr> • essence
Essig m <nahr> • vinegar
Essigbakterien fpl <chem.verf> • acetic-acid bacteria
Essiggurkenerntemaschine f <agri> • pickle harvester
Essigmesser m ugs <msr> • acetimeter
Essigsäure f <chem> (allg.; z. B. Färberei, Herbizid, Photolabor) • acetic acid; aceticum acidum; ethanoic acid rar
Essigsäurebildung f <chem> • acetification

Essigsäureester *m* <chem> *(allg.)* • acetate
Essigsäureethylester *m prakt.ugs* <chem> • ethyl acetate; acetic ester
Essigsäuregärung *f* <chem.verf> • acetic-acid fermentation; acetic fermentation
Essigsäure-n-butylester *m norm.wiss* <chem> • butyl acetate
Essigsaures Blei *n* <chem> *(giftig)* • sugar of lead; acetic acid lead salt; lead acetate; salt of saturn
Essiguntersuchung *f* <chem.verf> • acetimetry
Esskohle *f* <min> *(zw. Fettkohle und Magerkohle; typ. als Kesselkohle)* • dry steam coal; steam coal
Esspapier *n* <nahr> *(z. B. auf Kartoffelstärkebasis)* • edible paper
ESTA <el> • electrostatic[al] (ESTA)
ESTA <obfl> • electrostatic wet spraying; wet electrostatic application
ESTA-Spritzen *n* <obfl> • electrostatic spraying
ESTA-Spritzpistole *f* <obfl> • electrostatic spray gun; electrostatic action gun
Ester *m* <chem> • ester
Esterase *f* <chem/bio> • esterase
Esterharz *n* <kst> • ester gum
Esterverseifung *f* <chem> • ester saponification
Esterzahl *f* <chem> • ester number; ester value
Estrich *m* <bau> *(fugenloser Fußboden)* • lime floor; screed floor topping
Estrich *m CH* <bau> *(oberstes Stockwerk, direkt unter dem Dach)* • attic; loft; garret
Estrichbeton *m* <bau.mat> • flooring concrete
Estrichgips *m* <bau.mat> • flooring plaster; floor plaster
Estrichgips *m* <verf> • lime floor
ESV <kfz.el> • power seats *pl US*; electric seat adjustment; electric seats *pl*
ET <kfz> • offset; wheel offset *did*; wheel pitch *US*; wheel dishing
ET <petr/min> • target depth (TD); total depth
Etage *f* <bau> *(eines Gebäudes)* • floor *US*; story *US.GB*; storey *GB*
Etage *f* <el> • tier
Etage *f* <min> • bench
Etagenantenne *f* <el> • stacked antenna *US*; stacked aerial *GB*
Etagenbogen *m* <rls> • piping offset
Etagenbogen *m* <rls> *(S-förmiges Rohrstück)* • S-bend
Etagenbrücke *f* <bau> • double-deck bridge
Etagenfilter *n* <verf> • stage filter
Etagenförderer *m DIN 15201* <förd> • multideck conveyor
Etagenfurnierpresse *f* <holz> • multiplaten veneer press
Etagengrundriss *m* <bau> • floor plan
Etagenhöhe *f* <bau> • daylight
Etagenmaschine *f* <druck> • two-level rotary machine
Etagenofen *m* <ents> • multiple hearth incinerator; multifurnace incinerator
Etagenofen *m* <metall> • storey furnace
Etagenpresse *f* <kst> • multiplaten press; platen press; multidaylight press
Etagenpressen *n* <kst> • layer molding; stack molding
Etagenrostfeuerung *f* <verbr> • multistage grate furnace
Etagentank *m* <phot> • multi-reel tank
Etagentrockenmaschine *f* <druck> • storey drying machine
Etagentrockner *m* <verf> • turbo shelf drier
Etagenvulkanisierpresse *f* <prod> *(Reifen)* • daylight curing press
Etagenwalzwerk *n* <metall> • multiplex-roll plant
Etagenwerkzeug *n* <kst> • stack mold; stacking mold; multi-daylight mold

Etagenwohnung *f* <bau> • flat
Etagenzwirnmaschine *f* <textil> • twisting frame with several tiers; uptwister
Etalonplatte *f* <phys> • etalon plate
Eta-Meson *n* <phys> • eta meson; eta particle
Etat *m* <werb> *(in Werbeagentur)* • account
Etatdirektor *m* <werb> • account supervisor *US*; account director *GB*
ETB-Werkzeug *n* <wz> • electric tool battery driven (ETB); ETB tool
ETC <kfz.av> • electronic tuning control (ETC)
etCO$_2$ <med.tech> • end tidal CO_2-concentration (etCO$_2$)
ETE <obfl> • electrophoretic enamelling; electrophoretic coating; electrophoretic deposition [of porc./vitr. enamel]; electrodeposition
ETE-Karussel *n* <obfl> • carousel-type installation for electrodeposition
Etephon *n* <chem> • ethephon
Ethan *n* <chem> *(Bestandteil von Erdgas)* • ethane
Ethan abtrennen *vt* <chem> • de-ethanize *vt*
Ethanol *n* <chem> • ethanol; ethyl alcohol *pract*; grain alcohol *coll*
ethanollöslich <chem> • ethanol-soluble
Ethansäure *f rar* <chem> *(allg.; z. B. Färberei, Herbizid, Photolabor)* • acetic acid; aceticum acidum; ethanoic acid *rar*
Ethen *n* <chem> • ethene; ethylene
Ether *m* <chem> • ether
etherartig <chem> *(allg.)* • ethereal
Etherdampf *m* <chem> • ether vapor
etherisch <chem> *(Öl)* • essential
etherisch <chem> *(allg.)* • ethereal
etherisch <chem> *(betont: flüchtig)* • volatile
etherlöslich <chem> • ether-soluble
Ethernet *n* <edv> • Ethernet
Ethernet-Einsatz *m* <el> • ethernet die
Ethernet-Funkbrücke *f* <edv> • wireless Ethernet bridge (WB)
Etherverdunster *m* <med> • ether vaporizer
Ethin *n wiss* <chem> • acetylene; ethyne *thsc*
Ethylacetat *n* <chem> • ethyl acetate; acetic ester
Ethylacrylat *n* <chem> • ethyl acrylate
Ethylalkohol *m ugs* <chem> • ethanol; ethyl alcohol *pract*; grain alcohol *coll*
Ethylalkoholtreibstoff *m* <mot> • power alcohol
Ethylbenzin *n* <chem> • ethyl gasoline
Ethylcellulose *f* <mat> • ethyl cellulose
Ethylen *n* <chem> • ethene; ethylene
Ethylendiamin *n* <chem> • ethylenediamine
Ethylendiamintetraacetat *n* (EDTA) <chem> • ethylenediamine tetraacetate (EDTA)
Ethylendiamintetraessigsäure *f* <chem> • ethylenediamine tetraacetic acid (EDTA)
Ethylenglykol *n* (EG) <chem> • ethylene glycol (EG)
Ethylen-Propylen-Copolymer *n* (EPM) <kst> • ethylene-propylene copolymer (EPM)
Ethylen-Propylen-Kautschuk *m* <kst> • ethylene-propylene rubber
Ethylen-Propylen-Terpolymer *n* (EPDM) <kst> • ethylene-propylene terpolymer (EPDM)
Ethylen-Propylen-Terpolymer Kautschuk-Dichtung *f form* <bau> • EPDM gasket; Ethylene Propylene Diene Monomer
Ethylenreihe *f* <chem> • ethylene series
Ethylenvinylacetat *n* (EVA) <füg> *(Schmelzkleber; z. B. für Solarzellen)* • ethylene vinyl acetate (EVA)
Ethylen-Vinyl-Acetat *n* <füg> *(Schmelzkleber; z. B. für Solarzellen)* • ethylene vinyl acetate (EVA)
Ethylessigsäure *f* <chem> • butyric acid; butanoic acid

Ethylrest *m* <chem> • ethyl residue; ethyl group
Ethylvanillin *n* <nahr> • ethylvanillin
Etikett *n* <doku> *(dünn, weich; z. B. Folie, Papier; meist selbstklebend)* • label
Etikett *n* <doku> *(Anhänger, z. B. als Preisschild)* • tag
Etikettenabschneider *m* <druck> • label cutter
Etikettenanleimmaschine *f* <füg> • label glueing machine; label gluing machine
Etikettenausstanzmaschine *f* <druck> • label puncher
Etikettendruck *m* <druck> • label printing
Etikettendrucker *m* <edv> • label printer
Etikettendruckmaschine *f* <druck> • label printing machine
Etikettendruckprogramm *n* <edv> • label printing program
Etikettengestaltungsprogramm *n* <edv> • label design program; labeling software
Etikettengewebe *n* <textil> • label cloth
Etikettenmaterial *n* <edv> • label stock
Etikettenpapier *n DIN 6730* <pap> • label paper
Etiketten-Spendeeinrichtung *f* <edv> • label dispenser
Etikettenspender *m* <edv> • label dispenser
Etikettenstapler *m* <edv> • label stacker
Etikettentransport *m* <edv> *(im Drucker)* • label feed
Etikettenvorschub *m* <edv> *(im Drucker)* • label feed
Etikettieranlage *f* <prod> • labeling machine *US*; label applicator; labelling machine *GB*
Etikettierautomat *m* <prod> • labeling machine *US*; label applicator; labelling machine *GB*
etikettieren *vt* <tech.allg> *(mit einem Anhänger)* • tag *vt*
etikettieren *vt* <tech.allg> *(allg.)* • label *vt*
Etikettieren mit Druckluft *n* <pack> • air-blast labeling *US*; air-blast labelling *GB*
Etikettierer *m* <prod> • labeling machine *US*; label applicator; labelling machine *GB*
Etikettierklebstoff *m* <füg> • label adhesive; labeling adhesive *US*; labelling adhesive *GB*
Etikettiermaschine *f* <prod> • labeling machine *US*; label applicator; labelling machine *GB*
Etikettierung *f* <pack> • labeling *US*; labelling *GB*
Etikett mit mehreren Strichcodes *n* <edv> • multi-barcode label
ETL <obfl> *(Vorgang)* • electrophoretic dip painting; electropainting
ET Null *f prakt* <kfz> *(innere Anlagefläche ist exakt in Felgenmitte)* • zero offset; zeroset *US*; center flange *US*; central dishing; central flange
Etofibrat *n* <pharm> *(aus Clofibrat und Nikotinsäure)* • etofibrate; etofibratum
Etofibratum *n* <pharm> *(aus Clofibrat und Nikotinsäure)* • etofibrate; etofibratum
Etofyllinclofibrat *n* <pharm> • etofylline clofibrate; etofyllini clofibras
Etofyllini Clofibras *n* <pharm> • etofylline clofibrate; etofyllini clofibras
ETP Null *f prakt* <kfz> *(innere Anlagefläche ist exakt in Felgenmitte)* • zero offset; zeroset *US*; center flange *US*; central dishing; central flange
ETS <kfz.antr> • electronic traction system (ETS)
Ettinghausen-Effekt *m* <phys> • Ettinghausen effect
Ettringit *n* <ents> • ettringite
Etui *n* <pack> • case
Etymologie *f* <term> • etymology
E-Typ *m* <phys> *(Wellentyp)* • transverse magnetic mode
Eu <chem> • europium (Eu)
Euchner-Steckverbindung *f* <msr> • Euchner connector
Eudiometer *n* <msr> • eudiometer
Eudiometerrohr *n* <msr> • eudiometer

E/ÜMA im gewerblichen Bereich *f :V* <alarm> • commercial alarm system; commercial alarm
E/ÜMA im Privatbereich *f :V* <alarm> • residential alarm system; residential alarm; domestic alarm system *GB*
E/ÜMA mit Alarmgabe an die eigene Notrufzentrale *f :V* <alarm> • proprietary alarm system; proprietary alarm; proprietary system; in-house alarm system
E/ÜMA mit Alarmgabe an eine Notrufzentrale *f :V* <alarm> • central station alarm system; central station alarm
E/ÜMA mit Alarmgabe über das Kabelfernsehnetz *f :V* <alarm> • cable security system; CATV security system
E/ÜMA mit Alarmwiederholung *f :V* <alarm> • self-restoring alarm system
E/ÜMA mit örtlicher Alarmierung *f* <alarm> • local alarm system; local alarm; local bell alarm system; ringer *pract*
E/ÜMA mit stiller Alarmierung *f :V* <alarm> • silent alarm system
Eukalyptus *m* <bio> • eucalyptus
Eukalyptusöl *n* <bio> • eucalyptus oil
Eukalyptusplantage *f* <holz> • eucalyptus plantation
euklidisch <math> *(z. B. Bewegung, Raum, Ring)* • Euclidean
euklidische Geometrie *f* <math> • Euclidean geometry
euklidischer Algorithmus *m* <math> • Euclidean algorithm
euklidischer Lehrsatz *m* <math> • Euclidean theorem; Euclid's theorem
euklidischer Raum *m* <math> • Euclidean space
Eukolloid *n* <chem> • eucolloid
EULA *m* <edv> • end-user license agreement (EULA)
Euler'sche Bewegungsgleichungen *fpl* <mech> • Euler equations of motion
Euler'sche Gleichung *f* <phys> *(für den Stromfaden)* • Euler's equation
Euler'sche Knicklast *f* <mech> • Euler's crippling load; Euler's critical load
Euler'sche Knickspannung *f* <mech> • Euler's critical compressive stress
Euler'sche Konstante *f* (e) <math> *(Basis der natürlichen Logarithmen; entspricht ca. 2,71828)* • Euler constant (e); Euler's constant
Euler'sche Kreiselgleichungen *fpl* <mech> • Euler gyration equations
Euler'sche Periode *f* <math> • Eulerian free period
Euler'scher Winkel *m* <math> • Eulerian angle
Euler'sches Diagramm *n* <mech> *(Euler-Hyperbel der elastischen Knickung)* • Euler diagram
Euler'sches Theorem *n* <math> • Euler theorem; Euler theorem on homogeneous functions; fixed point theorem
Euler'sche Zahl *f* <phys> • Euler number; 4pressure coefficient
Euler-Bereich *m* <mech> *(Knickung; im Ggs. zum plastischen Bereich)* • Euler range
Euler-Diagramm *n* <mech> *(Euler-Hyperbel der elastischen Knickung)* • Euler diagram
Euler-Konstante *f* <math> *(Basis der natürlichen Logarithmen; entspricht ca. 2,71828)* • Euler constant (e); Euler's constant
Eulerkreis *m* <math> *(Graphentheorie)* • Euler loop; Euler circuit
Euler-Lagrange'sche Gleichungen *fpl* <phys> • Euler-Lagrange equations; Lagrange's equations; Lagrange's equations of motion
Euler-Last *f* <mech> • Euler's crippling load
Euler-Periode *f* <phys> • Eulerian free period
Eulerpfad *m* <math> *(Graphentheorie)* • Euler path

eulersche Bewegungsgleichungen *fpl* <mech> • Euler equations of motion

eulersche Gleichung *f* <phys> *(für den Stromfaden)* • Euler's equation

eulersche Knicklast *f* <mech> • Euler's crippling load; Euler's critical load

eulersche Knickspannung *f* <mech> • Euler's critical compressive stress

eulersche Konstante *f* <math> *(Basis der natürlichen Logarithmen; entspricht ca. 2,71828)* • Euler constant (e); Euler's constant

eulersche Kreiselgleichungen *fpl* <mech> • Euler gyration equations

eulersche Periode *f* <math> • Eulerian free period

eulerscher Winkel *m* <math> • Eulerian angle

eulersches Diagramm *n* <mech> *(Euler-Hyperbel der elastischen Knickung)* • Euler diagram

eulersches Theorem *n* <math> • Euler theorem; Euler theorem on homogeneous functions; fixed point theorem

eulersche Zahl *f* <phys> • Euler number; 4pressure coefficient

Eulerstab II *m* <mech> *(Lastberechnung etc.)* • equivalent beam

Euler-Theorem *n* <math> • Euler theorem; Euler theorem on homogeneous functions; fixed point theorem

Eulerweg *m* <math> *(Graphentheorie)* • Euler path

Euler-Zahl *f* <phys> • Euler number; 4pressure coefficient

Eupatorium perfoliatum <bio> • boneset; eupatorium perfoliatum

Euphorbiastrauch *m* <bio> • gum euphorbium; euphorbium officinarum

Euphorbium officinarum *n* <bio> • gum euphorbium; euphorbium officinarum

Euphrasia officinalis *f* <bio> • eyebright; euphrasia officinalis

Euro-AV-Anschluss *m* <av> • SCART; Scart; Euro connector; Euro AV

Euro-AV-Buchse *f* <av> • Euro AV socket

Eurobuchse *f* <el> • euroconnector socket

Euro-Connector *m* <av> • SCART; Scart; Euro connector; Euro AV

Euro-ISDN *n* <tele> • Euro ISDN

Euronut *f* <bau> *(Beschlagnut)* • Eurogroove

Europabuchse *f* <el> • euroconnector socket

Europäische Artikelnumerierung *f obs* <pack> • European Article Numbering System (EANS)

Europäische Artikelnummer *f* <pack> • European Article Number

Europäische Artikelnummerierung *f* (EAN) <pack> • European Article Numbering System (EANS)

europäische Darstellungsweise *f did* <doku> *(Technisches Zeichnen; Seitenansicht von links steht rechts)* • first-angle orthographic representation; first angle projection *ISO 10209-2*

Europäische Farbskala *f* <druck> • European color scale

Europäischer Stadtfahrzyklus *m* (ECE-R15) <kfz.emiss> • European driving cycle; European City Driving Cycle

Europäisches Bezugssystem *n* <navig> • European Datum (ED)

Europäisches Datum *n* (ED) <navig> • European Datum (ED)

europäische Seefunkzone *f* <nav.tele> • European maritime area

Europäisches Patentamt *n* (EPA) <org.jur> • European Patent Office (EPO)

Europäisches Patentübereinkommen *n* (EPÜ) <jur> • European Patent Convention (EPC)

Europäische Tauschpalette *f* <logist> • European exchange pallet; Euro pallet

Europäische Weltraumorganisation *f* <org.aerospace> • European Space Agency (ESA)

Europa-Fahrtest *m* <kfz.emiss> • ECE test cycle; European test procedure *did*

Europakarte *f* <el> *(Steck-Platine im Europaformat; insbes. für Schaltschränke)* • Eurocard; European standard-size printed circuit board; rack card

Europakartenformat *n* <el> • eurocard format

Europaplatte *f rar* <el> *(Steck-Platine im Europaformat; insbes. für Schaltschränke)* • Eurocard; European standard-size printed circuit board; rack card

Europa-Skala *f* <druck> • European color scale

Europasockel *m* <el> • European outside-contact base

Europa-Stadtfahrzyklus *m* <kfz.emiss> • European driving cycle; European City Driving Cycle

Europastecker *m* <el> • euroconnector

European Article Numbering Association *f* (EAN) <org.logist> • European Article Numbering Association (EAN)

European Coil Coating Association *f* (ECCA) <org.obfl> • European Coil Coating Association (ECCA)

European General Galvanizers Association *f* (EGGA) <org.obfl> • European General Galvanizers Association (EGGA)

European Imaging and Sound Association *f* <org.av> • European Imaging and Sound Association

European Space Agency *f* (ESA) <org.aerospace> • European Space Agency (ESA)

Europium *n* (Eu) <chem> • europium (Eu)

Euro-SID-1 *m* <kfz.sich> • Euro-SID-1

euryök DIN 4049-2 <bio.ökol> *(mit weitem Toleranzbereich gegenüber Umweltbedingungen)* • euryecious

eustatisch <phys> • eustatic

Eutektikum *n* <mat> *(feinkörniges Kristallgemisch)* • eutectic; eutectic mixture

eutektisch <mat> • eutectic

eutektische Mischung *f* <mat> *(feinkörniges Kristallgemisch)* • eutectic; eutectic mixture

eutektischer Punkt *m* <mat> *(im Zustands-Schaubild; z. B. Eisen-Kohlenstoff)* • eutectic point

eutektische Salzschmelze *f* <energ.sol> • eutectic molten salt

eutektisches Gemisch *n* <mat> *(feinkörniges Kristallgemisch)* • eutectic; eutectic mixture

Eutektoid *n* <mat> • eutectoid

eutektoidisch <mat> • eutectoid

Euterreinigung *f* <agri> • udder cleaning

Eutrophierung *f* <ökol> *(von Gewässern; z. B. durch Düngemittel der Landwirtschaft)* • eutrophication

EV <alarm> • power supply unit (PSU); power supply equipment

EV <kfz.mot> • intake valve; inlet valve

EVA <füg> *(Schmelzkleber; z. B. für Solarzellen)* • ethylene vinyl acetate (EVA)

EVA *f* <aerospace> • extravehicular activity (EVA)

evakuieren *vt* <allg> *(Menschen, Haus, Stadt, Schiff)* • evacuate *vt*

evakuieren *vt* <tech.allg> *(luftleeren Raum schaffen)* • evacuate *vt*; create a complete vacuum *vt*

evakuieren *vt* <förd> *(Pumpensaugleitung)* • evacuate *vt*

evakuieren *vt* <prod> *(hoher Unterdruck; z. B. in Glühlampe, Röhre)* • evacuate *vt*

evakuieren *vt* <verf> *(mit Saugpumpe abziehen)* • pump down *vt*; pump down to vacuum *vt*

evakuiert <allg> • evacuated

evakuiert <tech.allg> • evacuated

evakuierte Röhre *f* <tech.allg> • evacuated tube

evakuierter Röhrenkollektor m <energ.sol> • evacuated tubular collector; evacuated-tube collector
Evakuierung f <allg> • evacuation
Evakuierungsübung f <feuer> • evacuation drill
Evaluationsboard n <edv> • evaluation board
Evans-Lenker m <masch> • Evans linkage
Everyday/Everyweek n Pan,Gru <av> • every day/every week function Nok; every day/every week Gru; daily/weekly programmable Sha; daily/weekly repeat Phi; frequent recording options
EVF <kfz> • electroviscous fluid (EVF)
EVG <el> (allg.) • electronic ballast; square-wave ballast
EVG <kfz.el> (bei Gasentladungslampen) • enhanced-voltage generator (EVG) :V; ballast and electronic power supply unit Bosch
EVMJ-Zelle f <energ.sol> • EVMJ-cell; etched vertical multijunction cell
Evolute f <math> • evolute
Evolution f <bio> • evolution
Evolution f <bio> (z. B. einer neuen Spezies) • evolution
Evolvente f DIN 3998 <math> (z. B. bei Zahnrädern) • involute curve; involute
evolventenförmig <math> (z. B. Zahnflanke) • involute
evolventenförmig gekrümmt <math> (z. B. Zahnflanke) • involute
Evolventenformräumwerkzeug n <wz> • involute form broach
Evolventenfunktion f <math> • involute function
Evolventengeometrie f <math> • involutometry
Evolventeninnenverzahnung f <masch> • involute internal teeth
Evolventenkeilverzahnung f <masch> • involute splines
Evolventenkerbverzahnung f <masch> • involute serration
Evolventenprofil n <masch> • involute profile; involute tooth profile
Evolventenprüfdiagramm n <antr.qualit> • involute profile testing diagram
Evolventenritzel n <antr> • involute pinion
Evolventenschrägzahnrad n <antr> • involute helical gear
Evolventensieb n <verf> • involute-shaped panel
Evolventensiebband n <verf> • involute panel band screen
Evolventensiebtrommel f <verf> • involute panel drum; involute rotary screen
evolventenverzahnt <masch> • involute-toothed
Evolventenverzahnung f <masch> • involute toothing; involute gear teeth
Evolventenzahnkegelrad n <antr> • involute-tooth bevel gear
Evolventenzahnradvorfräser m <wz> • involute gear stocking cutter
EVU <energ.el> • public utility
E-Welle f <el> • E wave; transverse magnetic wave
E-Werk n <energ> • power plant US; power station GB; power generating plant/station US/GB; central power station GB; electric power station GB
ewiger Prospekt m <theat> • cyclorama; cyc; cyke; horizon cloth
EWP <hlk> • electrically driven heat pump wiss; electric heat pump
Exa... (E) <phys.msr> (Vorsilbe für Einheiten; z. B. Exajoule = 10^{18} Joule) • exa (E)
Exabyte-Speichermedium n <edv> • Exabyte drive
exakt <tech.allg> (z. B. Zahlen, Fakten, Mechanik) • exact; precise
exakt <msr> (z. B. Abstimmung, Abgleich) • fine; precise

exaktes Differential n <math> • complete differential; total differential; perfect differential
exaktes Messen n <msr> • accurate measurement; high accuracy measurement
Exakthäcksel n <agri> • exact chop
Exanthem n <med> • exanthem; skin eruption; rash
Exanthema n <med> • exanthem; skin eruption; rash
Ex-Anwendung f <el> • application in explosive areas
ExB-Drift f <nukl.phys> • ExB drift
Ex-Bereich m prakt <tech.allg> • explosion-hazardous area; hazardous area; potentially explosive atmospheres; explosion-risk area
Excellite n TM <mat> (ein vorbeschichtetes Stahlblechband) • Excellite TM
Exchange/Transfer-Protein n <bio> • cholesteryl ester transfer protein (CETP); cholesteryl ester exchange protein
Exciter m <edv.av> (Dynamikprozessor) • exciter; aural exciter
Exclusivrad n <kfz> • custom wheel; customized wheel; custom designed wheel
Exekutivsystem n <edv> • executive system
Exempl./h <druck> • copies per hour (cph)
Exemplar n <doku> • copy
Exemplare pro Stunde npl (Exempl./h) <druck> • copies per hour (cph)
exemplarische Ausführung f <tech.allg> (Prototyp etc.; z. B. einer Erfindung) • exemplary embodiment
Exemplarstreuung m <qualit> • series tolerances; manufacturing tolerances
Exfiltration f <mil> • exfiltration
Ex-Gerät n <min> • explosion-proof apparatus
ex-geschützt prakt <el> (voll gekapselt; z. B. Schalter, Motoren) • explosion-proof
exgeschützter Motor m prakt <el> • explosion-proof motor
Ex-geschütztes Gerät n <tech.allg> (für Einsatz in explosionsgefährdeten Räumen) • Ex-unit
Exhalationslagerstätte f <geo> • exhalation deposit; emanation deposit
Exhaustor m <förd> (Fördern mit Saugluft) • exhauster
Existenzsatz m <math> • existence theorem
Exklusion f <math> • exclusion
Exklusivbefehl m <edv> • exclusive message
Exklusiv-ODER-Gatter n <math> (Boolesche Algebra) • exclusive OR gate
Exklusiv-ODER-Operation f <math> (Boolesche Algebra) • exclusive OR operation
Exkremente npl <bio.ents> (aus den Därmen) • excrements pl; feces pl
Exoelektronenemission f <nukl> • exoelectron emission
exoergonisch <nukl> • exoergic
exogenes Virus f <bio> • exogenous virus
Exon n <bio> • exon
Exoskelett n <autom> • exoskeleton
Exosphäre f <astron> • exosphere; spray region
exotherm <tech.allg> (z. B. chemische Reaktion) • exothermal; exothermic
Exotoxin n <med> • ectotoxin; exotoxin; extracellular toxin
exotoxisch <med> • exotoxic; ectotoxic
Expander m <akust> • volume expander
Expander m <el.mus> (Dynamikeffektprozessor) • expander
Expandercontroller m <edv.av> • master keyboard controller
Expanderfeder f <kfz.mot> (in Kolbenring) • expander spacer; expander ring; ring expander; spacer [ring] pract
Expanderring m <kfz.mot> (in Kolbenring) • expander spacer; expander ring; ring expander; spacer [ring] pract

expandieren *vi* <allg> *(in der Fläche)* • expand *vi*
expandieren *vi* <phys> *(Stoffe bei Erwärmung)* • expand *vi*
expandierend <phys> *(z. B. Gas, Feststoff, Flüssigkeit, Weltall)* • expanding
expandierendes Universum *n* <astron> • expanding universe
expandierter Polyethylenschaum *m* (EPS) <kst> • expanded polyethylene foam
expandiertes Polystyrol *n* <kst> • expanded polystyrene
expandiertes Polytetrafluorethylen *n* (ePTFE) <kst> • expanded polytetrafluoroethylene (ePTFE); expanded PTFE; Gore Tex *TM*; extruded PTFE *rare*
expandiertes PTFE *n* <kst> • expanded polytetrafluoroethylene (ePTFE); expanded PTFE; Gore Tex *TM*; extruded PTFE *rare*
Expansion *f wiss* <phys> *(dreidimensional; von Stoffen bei Erwärmung)* • expansion
Expansion des Weltalls *f* <astron> • expansion of the universe
Expansionsapparat *m* <phys> • expansion gear
Expansionsarbeit *f* <phys> • work done during expansion
Expansionsdampfmaschine *f* <masch> • expansion steam engine
Expansionsdüse *f* <masch> • expanding nozzle
Expansionsendspannung *f* <phys> • terminal pressure
Expansionsexponent *m* <therm> • exponent of expansion
Expansionsfähigkeit *f* <tech.allg> • expansibility
Expansionsfähigkeit *f* <ökon> *(z. B. Markt, Produktion)* • expandability
Expansionsgefäß *n* <rls> *(in geschlossenen Kreisläufen; z. B. Kühlkreislauf, Heizanlage)* • expansion tank
Expansionsgeschwindigkeit *f* <tech.allg> • rate of expansion
Expansionshub *m* <mot> • expansion stroke; power stroke
Expansionskamm *m* <textil> • expansion comb
Expansionskammer *f* <mot> *(Auspuffanlage)* • expansion chamber
Expansionskegel *m* <kfz> *(Auspuffanlage)* • divergent cone; diffuser
Expansionskonstante *f* <astron> • Hubble constant; Hubble's constant
Expansionskühlung *f* <hlk> • expansion cooling
Expansionslinie *f* <phys> • expansion curve
Expansionsmaschine *f* <masch> • expander machine; expander; expansion engine
Expansionsnebelkammer *f* <phys> • expansion cloud chamber; conventional cloud chamber
Expansionsorgan *n* <hlk> *(Klimaanlage; reduziert den Kältemitteldruck)* • expansion device
Expansionsraum *m* <mot> • expansion chamber
Expansionsring *m* <masch> • spreader
Expansionsrohr *n* <rls> • expanding pipe
Expansionsschalter *m* <el> • expansion circuit breaker
Expansionstakt *m* <mot> *(beim Kolbenmotor; von OT nach UT)* • power stroke; expansion stroke; power cycle; expansion cycle; firing stroke
Expansionsthermostat *m* <hlk> • expansion thermostat
Expansionsturbine *f* <turb> • expansion turbine; turbo-expander
Expansionsventil *n* <hlk> *(Drosselorgan zur Druckminderung im Kältemittelkreislauf)* • expansion valve; orifice valve
Expansionsverflüssigung *f* <verf> • expansion liquefying
Expansionsverhältnis *n* <therm> • expansion ratio
Expansionswelle *f* <phys> • expansion wave

Expectorans *n* <pharm> • expectorant
Experiment *n* <tech.allg> • experiment
Experimentalbau *m* <bau> • experimental building
Experimentalchemie *f* <chem> • experimental chemistry
Experimentalphysik *f* <phys> • experimental physics
Experimental Safety Research Vehicle *n* (ESRV) *VW* <kfz> • Experimental Safety Research Vehicle (ESRV) *VW*
experimentell <tech.allg> • experimental
experimentell bestätigen *vt* <phys.chem> • verify experimentally *vt*
experimentell bestimmen *vt* <tech.allg> • determine experimentally *vt*
experimenteller Impfstoff *m* <pharm> • candidate vaccine; experimental vaccine
experimenteller Wert *m* <tech.allg> • experimental value
experimentieren *vi* <tech.allg> • experiment *vi*; try *vi*; experimentalize *vi*
Experimentierkanal *m* <msr> • experimental channel
Experte *m* <allg> • expert
Expertensystem *n* <tech.allg> • expert system
Explikation *f wiss* <term> • explication
explizit <allg> • explicit
explizite Adressierung *f* <edv> • explicit addressing
explizite Programmierung *f* <autom> • explicit programming
explodieren *vi* <tech.allg> • detonate *vi*
Exploration *f* <min> • exploration
Explosion *f* <tech.allg> • explosion; detonation; blast
Explosionsbild *n* <doku> • exploded view *ISO 10209-2*; exploded diagram
Explosionsbohren *n* <prod> • explosive drilling
Explosionsdarstellung *f DIN ISO 10209-2* <doku> • exploded view *ISO 10209-2*; exploded diagram
Explosionsdeckel *m* <verf> *(Berstschutz)* • relief vent
explosionsfähig <mat> • explosible; explosive
explosionsgefährdet <tech.allg> *(Bereich; z. B. Labor)* • explosion-prone
explosionsgefährdeter Bereich *m* <tech.allg> • explosion-hazardous area; hazardous area; potentially explosive atmospheres; explosion-risk area
Explosionsgefahr *f* <tech.allg> • explosion hazard; danger of explosion
explosionsgeschützt <el> *(voll gekapselt; z. B. Schalter, Motoren)* • explosion-proof
explosionsgeschützter Motor *m* <el> • explosion-proof motor
explosionsgeschütztes Gehäuse *n* <el> • explosion-proof enclosure
explosionsgeschütztes Gerät *n* <el> • explosion-proof equipment
Explosionsgrenze *f* <tech.allg> • explosion limit
Explosionsherd *m* <tech.allg> • explosion center *US*; explosion centre *GB*; center of explosion *US*
Explosionsrisiko *n* <tech.allg> • risk of explosion
Explosionsschutz *m* <tech.allg> • explosion protection
Explosionsschutzrichtlinie *f* <el.jur> • explosion protection guideline
Explosionsschwaden *mpl* <spreng> • afterdamp
explosionssicher *rar* <el> *(voll gekapselt; z. B. Schalter, Motoren)* • explosion-proof
Explosionsstampfer *m* <bau.masch> • frog rammer
Explosionstrichter *m* <tech.allg> • explosion crater
Explosionswärme *f* <tech.allg> • heat of explosion
Explosionswelle *f* <tech.allg> • explosion high-pressure wave
Explosionswellenfront *f* <tech.allg> • shock front
Explosionszeichnung *f* <doku> • exploded view *ISO 10209-2*; exploded diagram

Explosionszentrum n <tech.allg> • explosion center US; explosion centre GB; center of explosion US
explosiv <mat> • explosible; explosive
explosivgeformt <prod> • explosively formed
Explosivität f <chem> • explosiveness; explosibility
Explosivstoff m <spreng> • explosive
Explosivumformen n <prod> • explosive forming
Exponent m <math> • exponent
Exponentenüberlauf m <edv> • exponent overflow
Exponentenunterlauf m <edv> • exponent underflow
Exponentenziffer f <druck> • superscript figure
Exponentialexperiment n <nukl> • exponential experiment
Exponentialfunktion f <math> • exponential function
Exponentialgesetz n <math> • exponential law
Exponentialgleichung f <math> • exponential equation
Exponential-Horn n <av> • exponential horn
Exponentialkennlinie f <tech.allg> (z. B. von Messwerten, Maschinenparametern) • exponential characteristic
Exponentialkurve f <math> (allg.) • exponential curve
Exponentialleitung f <el> • exponential line
Exponentialpapier n <math> (für Schaubilder) • log-log paper
Exponentialreaktor m <nukl> • exponential reactor
Exponentialreihe f <math> • exponential series
Exponentialröhre f <el> • remote-cut-off tube; remote-cut-off valve; variable-mu tube; variable-mu valve
Exponentialtopf m <phys> • exponential well
Exponentialtrichter m <av> • exponential horn
Exponentialversuch m <nukl> • exponential experiment
Exponentialverteilung f DIN 55350-22 <math> (Statistik) • exponential distribution
Exponentialwirkung f <el> • variable-mu action
exponentiell <tech.allg> (z. B. Zuwachs, Wachstum) • exponential
exponentielle Näherung f <math> • exponential approximation
exponieren vt <tech.allg> • expose vt
exponiert <nukl> (ionisierender Strahlung ausgesetzt) • exposed
Exponierungszeit f <nukl> • irradiation time; exposure time
Export m <ökon> (Waren, Güter) • export
exportieren vt <edv> (Daten; z. B. aus Datenbank) • export vt
exportieren vt <ökon> (Waren, Güter) • export vt
Exposé n <edv> • exposé
Exposition f <geo> (eines Hangs) • aspect
Exposition f <ökol> (gegenüber Risiken; z. B. Emissionen, Strahlung, Schadstoffen) • exposure
Exposition f <verf> (Ausgesetztsein; z. B. widrigen Einflüssen, Chemikalien, Witterung) • exposure
Expositionspfad m <ents> • exposure pathway
Expositionssituation f <ökol> (gegenüber Risiken; z. B. Emissionen, Strahlung, Schadstoffen) • exposure situation
Expositionszeit f <tech.allg> (Einflüsse aller Art, z. B. Strahlung) • exposure time; exposure duration
Expresszug m <bahn> • express train
Exsikkation f <chem.verf> • exsiccation
Exsikkator m <verf> • desiccator; desicator rar
Exspirationsphase f <med.tech> • expiratory phase
Exspirationsschenkel m <med.tech> • expiratory limb; expiratory leg; expiratory system
Exspirationsseite f <med.tech> • expiratory limb; expiratory leg; expiratory system
Exspirationstrakt m <med.tech> • expiratory limb; expiratory leg; expiratory system
Exspirationstülle f DIN ISO 4135 <med.tech> • expiratory port ISO 4135

Exspirationsventil n <med.tech> • exhalation valve; expiration valve; expiratory valve ISO 4135
Exspirationszeit f <med.tech> • expiratory time
Exspirationszweig m <med.tech> • expiratory limb; expiratory leg; expiratory system
exspiratorische CO$_2$-Konzentration f (F$_E$CO$_2$) <med.tech> • expiratory CO$_2$-concentration (F$_E$CO$_2$); expiratory CO$_2$-concentration
Exsudat n <med> (serös, fibrinös, blutig oder eitrig) • exudate
Exsudation f <med> • exudation
Extended Binary-Coded Decimal Interchange Code m <edv> • EBCDI code (EBCDIC); Extended Binary-Coded Decimal Interchange Code
Extended General MIDI Standard m (XG) <el.mus> • Extended General MIDI Standard (XG)
Extended Graphics Array m (XGA) <edv> (Grafikstandard; Auflösung 1024 x 768) • extended graphics array (XGA)
Extended Industry Standard Architecture f (EISA) <edv> (obs.; Busarchitektur) • Extended Industry Standard Architecture (EISA)
Extended-Light-Fields pl <edv> (Computergrafik; Animation) • extended light fields pl
Extended Memory Specification f (XMS) <edv> (für Speicherbereich oberhalb von 1 MB) • Extended Memory Specification (XMS)
Extended MIDI Standard m (XM) <el.mus> • Extended MIDI Standard (XM)
Extended Partial Response Maximum Likelihood f (EPRML) <edv> (Aufzeichnungsverfahren für Festplatten) • Extended Partial Response Maximum Likelihood (EPRML)
Extended Play n (EP) V <av> (bei NTSC; verdreifacht die Dauer) • extended play (EP)
Extended-VGA n <edv> • Extended VGA (EVGA)
Extender m <obfl> (in Lacken, Farben) • extender US; filler; inert
Extensionsgröße f DIN 1345 <phys> • extensive quantity
extensiv <allg> • extensive
extensive Größe f <phys> • extensive quantity
extensive Zahl f <math> • hypercomplex number
Extensometer m <msr> (allg.) • strain gauge; displacement transducer; strain transducer; extensometer; strainometer rare
Extensometer m <qualit.mat> • extensometer
extern <allg> (außerhalb, draußen angeordnet) • external
extern <tech.allg> (separat, fern; z. B. Bedienteil) • remote
Externalarm m <alarm> • external alarm
Externalarmierung f <alarm> • external alarm
Extern-Alarmierungseinrichtung f <alarm> • external warning device :V
Externanweisung f <edv> • external statement
externe Alarmierung f <alarm> • external alarm
externe Antenne f <tele> • external antenna US; external aerial GB
externe Bezugnahme f <tech.allg> • external reference
externe Datei f <edv> • external file
externe Datenbank f <edv> • on-line data base
externe Datenerfassung f <edv> • remote data acquisition
externe Datenverarbeitung f <edv> • external data processing
externe Kosten pl <ökon> • external costs pl
externe Programmierung f did <edv> • off-line programming
externer Alarm m <alarm> • external alarm
externer Befehl m <edv> • external instruction

externer Datenspeicher m <edv> *(jeder nichtflüchtige Speicher außerhalb der CPU)* • external storage; storage subsystem; secondary storage; peripheral storage; auxiliary storage
externer Kode m <edv> • external code
externer Monitor m <edv> • stand-alone monitor; external monitor
externer Schaltkreis m <el> • external circuit
externer Scharfzustand m <alarm> • secure mode; secure condition; protection on; night operation; night setting
externer Speicher m <edv> *(jeder nichtflüchtige Speicher außerhalb der CPU)* • external storage; storage subsystem; secondary storage; peripheral storage; auxiliary storage
externer Wärmetauscher m <agri.tech> • external heatexchanger
externe Schärfung f <alarm> • arming for external alarm :V
externe Schriftart f <edv.druck> • external font
externes Feld n <el> • external field; extraneous field thsc; outer field pract
externes Gerät n <tech.allg> • external equipment
externes Heizsystem n <agri.tech> • external heating system
externes Laufwerk n <edv> • external drive
externes Mikro n ugs <av> • external microphone; external mic
externes Mikrofon n <av> • external microphone; external mic
externes Programm n <edv> • external program; externally stored program
externes Scharfschalten n <alarm> • arming for external alarm :V
externes Signal n <tech.allg> • external signal
externe Tonquelle f <av> • external sound source
externe Unterbrechung f <edv> • external interrupt
externe Vergabe f <ökon> *(von Aufträgen)* • outsourcing; farming-out rare
externe Zerstäubung f <obfl.wz> *(Spritzpistole, Airbrush)* • external atomization; external mix pract
Externschärfung f <alarm> • arming for external alarm :V
extern scharf <alarm> • armed for external alarm :V; set for external alarm :V
Externsignalgeber m <alarm> • external warning device :V
Extinktion f <tech.allg> • extinction
Extinktion f <phys> *(Strahlungsabsorption eines Gases)* • absorbance
Extinktionskoeffizient m <msr> *(Kalorimetrie)* • absorptivity; extinction coefficient
Extinktionskurve f <msr> • extinction curve
Extinktionsmessansatz m <msr> • absorbance attachment
extraanatomischer Bypass m <med.tech> • extraanatomical bypass
extraanatomische Umleitung f <med.tech> • extra-anatomical bypass
Extractio f wiss <chem.verf> • extraction
Extradoppelfeinbank f <textil> • double-jack frame
Extrafeinabstimmung f <av> • extra-fine tuning
Extrafeinflyer m <textil> • fine roving frame
Extrafein-Gewinde n <füg> • extra fine thread
extrafetter Buchstabe m <edv.druck> • extra-bold letter
extraflache Konstruktion f <tech.allg> • ultra low-profile design
extragalaktisch <astron> • extragalactic
Extrahartplatte f <holz> • tempered fiberboard
extrahierbar <chem> • extractable

Extrahieren n <chem.verf> • extraction
extrahieren vt <chem.verf> *(auslaugen)* • leach vt
extrahieren vt <doku> *(aus Publikation etc.)* • abstract vt
extrahieren vt wiss <verf> *(z. B. Flüssigkeit)* • extract vt; abstract vt
Extrahierung f <chem.verf> • extraction
Extra High Density Diskette f <edv> • ED diskette; Extra High Density diskette
Extrakt m <chem> • extract
Extraktgerbung f <led> • extract tanning
Extraktion f <chem.verf> • extraction
Extraktionsanlage f <verf> • extraction plant
Extraktionsapparat m <verf> • extraction apparatus; extractor
Extraktionsbrühe f <led> • leach liquor
Extraktionsgefäß n <verf> *(allg.)* • extraction vessel
Extraktionsgefäß n <verf> *(betont: zum Auslaugen)* • leaching vessel; leaching tank
Extraktionsgut n <chem> • extraction material
Extraktionskolben m <verf> • extraction flask
Extraktionskolonne f <verf> • extraction column; extraction tower
Extraktionsmittel n <chem> *(allg.)* • extracting agent; extracting solvent; extractant
Extraktionsmittel n <ents> • washing fluid; cleaning liquid
Extraktionspresse f <verf> • filtration extractor
Extraktionsschrot n <agri> • extracted meal
extraktiv <tech.allg> • extractive
Extraktivdestillation f <chem.verf> • extractive distillation
extraktive Metallurgie f <chem.verf> • extractive metallurgy; process metallurgy
Extraktor m <verf> • extraction apparatus; extractor
Extraktphase f <chem> • extract phase
extraktreich <nahr> *(Wein)* • rich in extract
extra-leichtflüssiges Heizöl n form <chem.petr> *(Gasölderivat für Heizanlagen; ähnlich wie Dieselkraftstoff)* • light fuel oil; fuel oil No. 2 US; domestic fuel oil pract
Extra-Long-Range-Scannen n <edv> • extra-long-range scanning
extramolekulare Kondensation f <chem> • self-condensation
extranuklear <nukl> • extranuclear
Extrapolation f <math> • extrapolation
Extrapolationskammer f <nukl> • extrapolation chamber; extrapolation ionization chamber
Extrapolationslänge f <nukl> • extrapolation distance; augmentation distance; extrapolation length
extrapolieren vi <math> • extrapolate vi
Extras npl ugs <tech.allg> • optional equipment sg; optional features pl; options pl pract
Extras npl <kfz> *(Gebrauchtwagenmarkt)* • options pl; extras pl GB
extraterrestrisch wiss <tech.allg> *(z. B. Strahlung, Applikation von Systemen etc.)* • extraterrestrial
extraterrestrische Sonnenstrahlung f <energ.sol> • extraterrestrial solar radiation
extraterrestrisches Rauschen n <astron> • extraterrestrial noise; galactic noise; cosmic noise
extraterrestrische Strahlung f <energ.sol> • extraterrestrial radiation
Extrazubehör n rar <tech.allg> • accessories pl
Extremalprinzip n <math> • integral variational principle; extremum principle
extrem dünn <tech.allg> • ultrathin
extreme Einsatzbedingungen fpl <tech.allg> • extreme operating conditions
extremes Weitwinkelobjektiv n <phot> • ultra-wide-angle lens; ultrawide-angle lens

extreme Windgeschwindigkeit f *IEV 415* <energ.wind>
• survival wind speed; survival speed; design wind speed
rar; design speed *rar*; extreme wind speed *IEV 415*

Extremfall m <allg> *(einer Applikation)* • critical application

extrem hart <tech.allg> • extremely hard

extrem hoher Integrationsgrad m <ic> • giant-scale integration (GSI)

Extremitätenelektrode f <med.tech> • extremity electrode; limb electrode

extremophiler Mikroorganismus m <bio> *(Enzyme)*
• microorganism living under extreme conditions *:V*

Extremposition f <masch> *(von Hebeln, Kolben etc.)*
• extreme position

Extremposition f <rls> *(von Kompensatoren)* • fully deflected position; extreme of flexing

Extremstellung f <masch> *(von Hebeln, Kolben etc.)*
• extreme position

Extremstellung f <rls> *(von Kompensatoren)* • fully deflected position; extreme of flexing

Extremum n *wiss* <math> *(höchster oder niedrigster Wert)*
• extreme value; extremum *thsc*

Extremwert m <math> *(höchster oder niedrigster Wert)*
• extreme value; extremum *thsc*

Extremwertkarte f <qualit> • control chart for largest and smallest values

Extremwertregelung f <msr> • extremal control; peak-holding control

extrinsischer Koppelverlust m <opt.lwl> • extrinsic coupling loss

Extrudat n <kst> • extrudate; extrusion product

Extruder m <kst> *(für Folien, Profile)* • extruder; extrusion machine *obs*

Extruder m <prod> *(z. B. für Alu, Kunststoff, Makkaroni, Speiseeis)* • extrusion press

Extruderdüse f <prod> • extrusion nozzle; extrusion die

Extruderkopf m <prod> *(mit einer od. mehreren Extrud.-Düsen)* • extruder head

Extruderschaum m (XPS) <chem> • extruded polystyrene (XPS)

Extruderschnecke f <kst> • extruder screw

Extruderschneckengang m <prod> • extruder screw channel

Extruderzylinder m <prod> • extruder cylinder; extruder barrel

extrudierbar <kst> • extrudable

Extrudierdüse f <prod> • extrusion nozzle; extrusion die

Extrudieren n <kst> • extrusion; extrusion molding

extrudieren vt <prod> • extrude vt

Extrudierkopf m <prod> *(mit einer od. mehreren Extrud.-Düsen)* • extruder head

extrudierte Impulseisprodukte fpl <nahr> *(Speiseeis)*
• extruded novelties

extrudiertes Kunststoffkabel n <el> • polymeric cable; extruded [dielectric] cable; polymeric insulated cable; solid-dielectric [insulated] cable; plastic[-insulated] cable

extrudiertes Polystyrol n <kst> • extruded polystyrene

extrudiertes Profil n <prod> *(z. B. für Zierleisten, Bilder-, Fensterrahmen)* • extruded profile; extruded shape; extruded profiled section

extrudiertes Speiseeis n <nahr> • extruded ice cream

Extrusion f <edv> *(3D-Grafik)* • extrusion; lofting *rare*

Extrusion f <geo> • extrusion

Extrusion f <prod> *(z. B. von Kunststoff)* • extrusion; extrusion process

Extrusionsbeschichten n <kst.obfl> • extrusion coating

Extrusionskörper m <edv> • extrusion object

Extrusionskolben m <prod> • extrusion ram

Extrusionspfad m <edv> • extrusion path

Extrusionsspinnen n <textil> • extrusion spinning

Extrusionsteil n <prod> *(z. B. für Zierleisten, Bilder-, Fensterrahmen)* • extruded profile; extruded shape; extruded profiled section

Extrusionsverfahren n <prod> *(z. B. von Kunststoff)*
• extrusion; extrusion process

Extrusivgestein n <geo> • extrusive rock

Extubation f <med.tech> • extubation

Exzenter m <masch> *(typ. ein Nocken)* • eccentric

Exzenterangel f <masch> • eccentric buckle

Exzenterantrieb m <kfz.mot> • eccentric drive

Exzenterantrieb m <masch> *(allg.)* • eccentric drive

Exzenterdipol m <el> • off-center dipole

Exzenterdrehen n <prod> • eccentric turning

Exzenterhebel m <masch> • eccentric lever

Exzenterkeil m <masch> • cam bit

Exzenterklemme f <masch> • eccentric clamp

Exzenterkreis m <masch> • eccentric circle; offset circle

Exzenterplatte f <förd> *(in Impeller-Pumpe)* • eccentric section

Exzenterpresse f <prod> *(mit Exzenterwelle)* • eccentric press; eccentric-shaft press

Exzenterpresse f <wz.masch> • lever press

Exzenterring m <masch> • eccentric ring

Exzenterrolle f <masch> *(auf Nocken)* • cam follower

Exzenterrolle f <textil> • cam bowl

Exzenterscheibe f <masch> • cam disk; eccentric disc *rare*; eccentric sheave *rare*

Exzenterschleifer m <wz> *(runde Fläche, rotationale Schwingbewegung; zum Schleifen, Polieren)* • router; random orbit sander; disk-type sander *US*; orbital sander; rotary sander

Exzenterschmiedepresse f <prod> • eccentric forging press

Exzenter-Schnecke f <agri.tech> • eccentric screw

Exzenterschneckenpumpe f <förd> *(nach Moineau)*
• progressive cavity pump; single-screw pump *US*; eccentric screw pump *GB*; Mono Pump; helical rotor pump *GB*

Exzenterschnellverschluss m <bau.mat> *(z. B. für Verschalungen)* • eccentric rapid connector

Exzenterschwingsieb n <verf> • eccentric vibrating screen

Exzenterstange f <masch> *(axiale Bewegung)* • eccentric rod

Exzenterstift m <masch> • cam pin

Exzenterwalze f <masch> • cam roller

Exzenterwebstuhl m <textil> • tappet loom

Exzenterwelle f <kfz.mot> *(Drehbewegung)* • eccentric shaft; eccentric rod

Exzenterzapfen m <masch> • eccentric pin

exzentrisch <tech.allg> *(z. B. ein Nocken auf einer Welle)*
• eccentric; off-center; offset; off-radial *rare*

exzentrisch belastet <mech> • excentrically loaded

exzentrisch bohren vt <prod> • drill off center vt *US*; drill off centre vt *GB*

exzentrische Lage f <tech.allg> • off-center position *US*; off-centre position *GB*

exzentrischer Mischzylinder m <verf> • eccentric mixing cylinder

exzentrischer Stabilisator m <petr> • offset stabilizer

exzentrischer Stoß m <mech> • eccentric collision; eccentric impact

exzentrisch laufen vi <masch> • run out of true vi

Exzentrizität f <tech.allg> • eccentricity

Exzess m *DIN 55350-23* <math> *(Kurtosis minus drei)*
• excess

Exzess m <math> • kurtosis

Exzess-Drei-Kode m <edv> • excess-three code

Exziton n <phys> • exciton

Exzitonenbildung *f* <phys> • exciton formation
Exzitonenzustand *m* <phys> • exciton state
Exzitron *n* <el> • excitron valve; excitron *pract*
Exzitronröhre *f* <el> • excitron valve; excitron *pract*
Eye catcher *m* <werb> • eye catcher
Eye-Pattern *n* <el> • eye diagram; eye pattern
Eyephone *n* <edv> • Head-Mounted Display (HMD); eye phone; head set
EZ <kfz> • initial registration
EZ <kfz.el> *(allg.)* • electronic ignition system
EZEV <kfz> • equivalent zero emission vehicle (EZEV)
EZEV-Fahrzeug *n* <kfz> • equivalent zero emission vehicle (EZEV)

F

F <chem> • fluorine (F)
F <mech> • force (F)
F <phys> *(Temperaturskala)* • Fahrenheit (F)
F <phys> *(Einheit der Kapazität: As/V)* • farad (F)
F+E <allg> • research and development *sg* (R&D)
F+E-Abteilung *f* <tech.allg> • R&D department; research and development department; development and research department *rare*
F+E-Kosten *pl* <ökon> *(Bilanz)* • research and development cost; cost of research and development; R&D expenses; expenses for R&D; cost of R&D
F2F <edv> *(Strichcodetyp)* • F2F; Norand
F$_E$CO$_2$ <med.tech> • expiratory CO$_2$-concentration (F$_E$CO$_2$); expiratory CO$_2$-concentration
FA <autom> • fabrication automation (FA)
FAA <org> • Federal Aviation Administration (FAA)
Fab-Fragment *n* <bio.chem> • Fab-fragment; antigen-binding fragment
Fabrik *f* <prod> • factory
Fabrikabfälle *mpl* <ents> • post mill waste
Fabrikat *n* <ökon> *(eines Produkts)* • brand *US*; marque *GB*; make; label *coll*
Fabrikationsgeheimnis *n* <jur> • secret process; manufacturing secret
Fabrikationsreife *f* <prod> • readiness for production
Fabrikationsstätte *f* <prod> • factory
Fabrikationsvacheleder *n* <led> • manufacturing bend
Fabrikautomation *f* <autom> • fabrication automation (FA)
Fabrik der Zukunft *f* <prod> • factory of the future
fabrikfertig <prod> • factory-finished
fabrikgefertigt <prod> • factory-made
Fabrikhalle *f* <prod> • factory hall
fabrikmäßig geführte Landwirtschaft *f* <agri> • factory farming
fabrikmäßig hergestellt <prod> • factory-made
Fabrikmutterschiff *n* <nav> • factory mother ship
fabrikneu <tech.allg> *(tatsächlich neu, unbenutzt)* • brand-new
fabrikneu <tech.allg> *(gebrauchter Gegenstand; z. B. Gebrauchtwagenzustand)* • mint condition
fabrikneuer Zustand *m* <tech.allg> • mint condition
fabrikneuer Zustand in jeder Hinsicht *m* <tech.allg> *(z. B. Gebrauchtfahrzeug)* • mint condition throughout; immaculate condition throughout *ad*; as new *coll*
Fabriknummer *f* <prod> • serial number

Fabrikscherben *fpl* <ents> • in-works cullet
Fabrikschiff *n* <nav> *(einer Fischfangflotte)* • factory ship
Fabrikschließung *f ugs* <ökon> • plant closure
Fabriktrawler *m* <nav> • factory trawler
Fabrikverkauf *m* <ökon> *(als Ladengeschäft)* • factory outlet
Fabrikverkaufszentrum *n* <ökon> • factory outlet center (FOC)
Fabrikvorfertigung *f* <prod> • factory precasting
fabrikweit <pap> • mill-wide
fabrizieren *vt rar* <prod> *(allg.; Waren jeder Art, Teile, Produkte, Erzeugnisse)* • produce *vt*; manufacture *vt*; fabricate *vt*; make *vt coll*
Face *n* <edv> • face
Face-Down-Bonden *n prakt* <el.ic.prod> • face bonding; face-down bonding
Face-down-Montage *f* <prod> • face-down assembly
Face-Down-Papierablage *f* <druck> • face-down stacker
facegeliftet <kfz> • face-lifted
Facelift *n* <kfz> *(von Autos)* • facelift; makeover
Facette *f* <tech.allg> *(kleine, glatte, flache Fläche; z. B. geschliffen)* • facet
Facettenbildung *f* <mat> • facet formation
Facettengeschiebe *n* <geo> • facetted pebble
Facettenmodell *n* <edv> • facet model *:V*
Facettenspiegel *m* <tech.allg> • facet mirror; tesselated mirror
Facetteschliff *m* <prod> • facet cut
facettieren *vt rar* <tech.allg> *(Kante abschrägen, typ. 45°)* • chamfer *vt*
facettieren *vt* <edv> *(in Zeichnung, CAD)* • chamfer *vt*
Facettiermaschine *f* <wz.masch> • beveling machine *US*; bevelling machine *GB*
Face-Up-Bonden *nsg* <ic> *(typ. Methode)* • face-up bonding; back bonding
Face-up-Montage *f* <prod> • face-up assembly
Face-Up-Papierablage *f* <druck> • face-up stacker
Fach *n* <tech.allg> *(in Gehäuse, Schaltschrank etc.; z. B. für Einschübe)* • partition; division; compartment; bay
Fach *n* <tech.allg> *(freie Öffnung zwischen den Trägern eines Fachwerk, Rahmens)* • bay
Fach *n* <tech.allg> *(die Füllung zwischen den Trägern eines Fachwerk, Rahmens)* • panel
Fach *n rar* <bau> *(versenktes Paneel)* • coffer
Fach *n* <did> *(Studienrichtung, Arbeitsgebiet)* • discipline; field
Fach *n* <innen> *(Zelle)* • cell
Fach *n* <logist> *(offen, für hinterlegte Post, Nachrichten etc.)* • pidgeon hole
Fach *n* <textil> *(Samenkapsel, Baumwolle)* • lock
Fach *n prakt* <textil> • warp shed; shed *pract*
Fachadresse *f* <logist> *(Regal)* • address
Fachausdruck *m* <term> • term *ISO 1087*
Fachauswahlstation *f* <edv> • selector station
Fachberater *m* <jur> • consultant expert
Fachbesucher *m* <ökon> *(auf Messe)* • trade visitor
Fachbildevorrichtung *f* <textil> • shedding motion
Fachboden *m* <logist> *(in Regal; aus Blech, Holz)* • shelf *pl*: shelves
Fachboden *m* <logist> *(in großem Industrieregal; z. B. in Hochregallager)* • decking panel; decking
Fachbodenregal *n* <logist> *(allg.)* • shelving
Fachbodenregal *n* <logist> *(Seitenwände und Rückwand geschlossen, relativ kleine Fächer)* • bin rack; binning
Fachbodenregal in mehrgeschossiger Bauweise *n* <logist> *(Fachbodenregal)* • multi-level shelving *US*, norm; multi-tier shelving *GB*; multi-tier binning *GB*
Fachebene *f* <logist> *(Fachbodenregal)* • shelf level; level
Fachen *n* <textil> *(Seide)* • doubling; folding

fachen vt <textil> *(Gespinst)* • ply vt; double vt
fachen vt <textil> *(Seide)* • double vt; fold vt
Fachexzenter m <textil> *(betont: Form)* • shedding tappet
Fachexzenter m <textil> *(betont: Bewegung)* • shedding wiper
fachfremd <tech.allg> *(nicht zum Fachgebiet gehörig)* • unrelated; alien
fachfremde Person f <tech.allg> • unqualified person
Fach für Sonnenbrille n <kfz.innen> • sunglass storage compartment; sunglass storage
fachgerecht <tech.allg> *(z. B. gebaut, bearbeitet, zerlegt)* • according to good professional practice :V
fachgerechte, vorschriftsmäßige Anwendung f <agri> *(z. B. von Arbeitsmitteln, Herbiziden)* • good agricultural practice
Fachglossar n <doku> • glossary of terms
Fachhochregal n <logist> • high-rise shelving
Fachhöhe f <logist> *(Fachbodenregal)* • load level
Fachlast f <logist> *(Regal)* • load capacity per shelf
Fachmaschine f <textil> • doubling machine
Fachmesse f <tech.allg> • industry fair
Fachpersonal n <ökon> • skilled personnel
Fachrandleiste f <logist> *(Fachbodenregal für Schüttgut, Kleinmaterial)* • bin front
Fachrichtung f <did> *(Studienrichtung, Arbeitsgebiet)* • discipline; field
Fachschluss m <textil> • shed closing
Fachteiler m <logist> *(Fachbodenregal)* • shelf divider
Fachten n <textil> *(Seide)* • doubling; folding
fachten vt <textil> *(Seide)* • double vt; fold vt
Fachtrennwand f <logist> *(Fachbodenregal)* • divider
Fachtreten n <textil> • shedding by treadles
Fachung f <textil> *(Zwirn)* • folding number
Fachunterteilung f <logist> *(Fachbodenregal)* • subdivision
Fachvorzwirnen n <textil> *(Stufen-Zwirnverfahren)* • assembly twisting
Fachvorzwirnmaschine f <textil> *(Stufen-Zwirnverfahren)* • assembly twister
Fachvorzwirnspule f <textil> *(Stufen-Zwirnverfahren)* • pre-twisted package; pre-twisted cop
Fachwerk n <bau> *(tragende Gitterkonstruktion aus geraden Stäben, Balken, Trägern)* • truss
Fachwerk n <mech> *(als mechanisches Modell: Stabwerk mit Gelenken)* • pin-jointed frame
Fachwerkbinder m <bau> • open-web girder; trussed girder
Fachwerkbogen m <bau> • braced arch; trussed arch
Fachwerkbogenbinder m <bau> • bowstring truss; bowstring girder
Fachwerk-Bogenbrücke f <bau> *(Fachwerk unter der Fahrbahn)* • curved-cord deck truss bridge; curved-cord Warren deck truss [bridge]
Fachwerkbogenträger m <bau> • bowstring truss; bowstring girder
Fachwerkbrücke f <bau> • truss bridge
Fachwerkdach n <bau> • framed roof
Fachwerkgebäude n <bau.holz> • timbered building; timber-framed building
Fachwerkgelenkträger m <bau> • Wichert truss
Fachwerkkastenbrücke f <bau> • box girder bridge
Fachwerk-Kastenbrücke f <bau> *(Fachwerk unter der Fahrbahn)* • straight deck truss bridge; straight Warren deck truss [bridge]
Fachwerkknoten m <bau> • truss joint
Fachwerkkonstruktion f <bau> • lattice-type construction
Fachwerkstab m <bau> • truss member; web member
Fachwerkträger m <bau> • trussed beam; braced beam; framed beam

Fachwerkträgerbrücke f <bau> • trussed girder bridge
Fachwerkverband m <tech.allg> • diagonal tieing
Fachwerkwand f <bau> • frame wall; stud wall
Fachzahl f <textil> • number of folds
Fachzeitschrift f <druck> *(für Handel und Gewerbe)* • trade magazine; trade journal
Fachzeitschrift f <druck> *(allg.)* • technical journal; specialist journal rare
Fachzeitschrift f <druck> *(betont: berufsbezogen, für Fachleute)* • professional magazine
Facility-Management n <bau> • facility management
Fackel f <astron> *(Stern)* • facula
Fackel f <licht> • torch
Fackelbrücke f <petr> • flare bridge structure
Fackelbrückenkonstruktion f <petr> • flare bridge structure
Fackelgas n <ents> • flare gas
Fackelrohr n <ents> • gas bleeder; bleeder pipe
FACS <med> • fluorescence-activated cell sorter (FACS)
Factory Outlet n <ökon> *(als Ladengeschäft)* • factory outlet
Factory Outlet Center n <econ> • Factory Outlet Center (FOC)
Factory Preset n <edv.av> • preset; preset sound; preset program; factory preset
fad <nahr> *(Wein)* • flat; insipid
Fade-in/-out n <av> *(Camcorderfunktion für Bild und Ton)* • fader; fade-in/-out
Faden m <el> *(aus Metall, Kohle; z. B. als Licht- od. Wärmequelle)* • filament
Faden m <ents> *(Störstoff im Faserstoff)* • thread
Faden m <nav> *(naut. Längenmaß für Tiefen; 1,83 m)* • fathom
Faden m <silik.qualit> *(Glasfehler)* • string
Faden m <textil> *(allg.)* • thread; yarn
Faden m <textil> *(Endlosgespinst; synth. od. von Seidenraupe)* • filament
Faden m ugs <textil> <av> • twist; twisted yarn form; twisted thread; plied yarn; twine rare
Fadenabfall m <ents> • loom waste
Fadenabrieb m <textil> • yarn abrasion; snow
Fadenabsaugsystem n <textil> • vacuum system of broken-end collection; thread suction plant pract
Fadenabsaugung f <textil> • broken-end collection; thread absorption
Fadenabzug m <textil> • thread draw-off; thread take-off
Fadenanlegen n <textil> • piecing-up
Fadenanmachen n <textil> *(Verbinden zweier Fäden)* • piecing-up
Fadenanzugsfeder f <textil> • thread take-up spring
Fadenaufhängung f <msr> • fiber suspension
Fadenauge n <textil> • thread guide
Fadenauslegen n <textil> • putting the yarn out of action
Faden ausziehen vt <textil> • unthread vt
Fadenballon m <textil> *(Spulen, Zwirnen)* • thread balloon
Fadenbeanspruchung f <textil> • stress placed on the yarn
Fadenbremse f <textil> • yarn tension
Fadenbruch m <textil> *(allgemein)* • end break; ends down
Fadenbruch m <textil> *(Faden der Seidenraupe, Filament)* • filament break[age]
Fadenbruch m <textil> *(Gespinst)* • yarn breakage; yarn rupture; yarn break
Fadenbruch m <textil> *(Zwirn)* • thread breakage; thread break; end breakaget
Fadenbruchabsauganlage f <textil> • vacuum system of broken-end collection; thread suction plant pract
Fadenbruchgeber m <textil> • broken yarn detector; yarn breakage detector; ends-down locator

Fadenbruchzahl f <textil> • end breakage rate
Fadenbuchheftmaschine f <druck> • thread-sewing machine
Fadendichte f <textil> (in D: Anz. Fäden pro cm in Kette und Schuss; in UK: pro in^2) • thread count; yarn count; count pract; number pract
Fadeneinheit f <textil> • yarn account
Fadeneinlaufmessgerät n <textil> • thread drawing-in measuring device
Fadeneinlegeapparat m <textil> • thread insertion apparatus
Fadeneinlegen n <textil> • yarn feeding
Fadenelektrometer n <msr> • filament electrometer; fiber electrometer; thread electrometer
Fadenfehler m <textil> (Gespinst) • yarn fault; faulty place
Fadenfeinheit f <textil> (in D: Anz. Fäden pro cm in Kette und Schuss; in UK: pro in^2) • thread count; yarn count; count pract; number pract
Fadenflottierung f <textil> • float
fadenförmig <allg> • filamentary; filiform; threadlike
fadenförmige Angriffsform f (norm.) <obfl> • filiform corrosion; threadlike corrosion
fadenförmige Korrosion f <obfl> • filiform corrosion; threadlike corrosion
Fadenführer m <textil> (allg.; z. B. in Spulmaschine, Zwirnmaschine) • yarn guide; thread guide; feeder
Fadenführer m <textil> (Einfadentechnik; führt den Faden den Nadeln zu) • yarn carrier; carrier
Fadenführer m <textil> (in der Kettentechnik) • yarn guide
Fadenführeranschlag m <textil> • carrier stop; yarn carrier stop
Fadenführergleitschiene f <textil> • carrier slide bar
Fadenführerkette f <textil> • traverse rail chain
Fadenführerklappe f <textil> • lappet
Fadenführeröse f <textil> • lappet eye
Fadenführerschiene f <textil> • yarn carrier rod
Fadenführerschlauch m <textil> • carrier tube
Fadenführerwechseleinrichtung f <textil> • yarn carrier change device
Fadenführung f <textil> • thread guidance
Fadengalvanometer n <el> • thread galvanometer; string galvanometer
Fadengebergetriebe n <textil> • thread feeder mechanism
Fadengeschwindigkeit f <textil> • thread speed
fadengezwickt <led.prod> (Schuhfertigung) • thread-lasted; string-lasted
Fadengitter n <mat> • chain lattice
Fadenhalter m <textil> • thread holder
Fadenheftmaschine f <druck> • thread-sewing machine
Fadenheftung f <druck> • thread sewing; thread stitching
Fadeninstrument n <msr> • filar instrument
Fadenkathode f • filamentary cathode
Fadenkette f <textil> • end; warp thread
Fadenknoten m <textil.füg> • yarn knotting
Fadenkonstruktion f <math> (z. B. Ellipse) • string construction
Fadenkonstruktion f <textil> • thread construction
Fadenkontakt m <alarm.el> • taut wire system; trip wire; trip wire switch; trip wire device
Fadenkorrektur f • stem correction; stem-exposure correction
Fadenkorrosion f <obfl> • filiform corrosion; threadlike corrosion
Fadenkreuz n <edv> (auf Bildschirm, Display, Lupe) • cross hairs
Fadenkreuz n <opt> (Visier) • cross hairs; cross lines; cross wires
Fadenkreuz n <opt> • reticle

Fadenkreuz n <textil> • lease
Fadenkreuzlupe f <edv> (für Grafiktablett) • cursor puck; crosshair cursor; cursor with crosshairs; digitizing cursor; tablet cursor
Fadenkreuzokular n <opt> • crosshair eyepiece
Fadenkreuzvorrichtung f <textil> • leasing system
Fadenkristall m <mat> • whisker
Fadenlauf m <textil> (Spulen, Zwirnen) • thread path; yarn path
Fadenlegen n <textil> (Maschenbildungsvorgang; z. B. auf Cottonmaschinen) • thread laying
Fadenlegen n <textil> (Verbinden zweier Fäden) • piecing-up
Fadenleger m <textil> (allg.; z. B. in Spulmaschine, Zwirnmaschine) • yarn guide; thread guide; feeder
Fadenleitblech n <textil> • yarn guide plate
Fadenlieferung f <textil> (Spulen, Zwirnen) • thread feed; thread supply
Fadenlinie f <math> • involute curve; involute
Fadenlunker m <metall> (in Gussteilen) • pin-hole
Fadenmikrometer n <msr> • filar micrometer; wire micrometer
Fadenmolekül n <chem> • linear molecule; filamentary molecule; threadlike molecule; thread molecule
Fadenöse f <textil> • pot-eye; eyelet; thread guide
Fadenpendel n <phys> • thread pendulum
Fadenprobe f <qualit> • string test
Fadenreiniger m <textil> • yarn cleaner; yarn clearer
Fadenreiter m <textil> (als Fadenbruchmelder) • dropper; drop wire
Fadenreserve f <textil> • transfer tail
Fadenreservebildung f <textil> • transfer tailing
Fadenrolle f <textil> (Wickelei) • spool
Fadenrückstichbroschur f <druck> • saddle stitching
Fadenschar f <textil> • yarn sheet; warp sheet
Fadenschieben n <textil> • slippage
Fadenschleife f <textil> (Grundelement einer Masche) • loop
fadenschließendes Kettschlichten n <textil> • encapsulation warp sizing
Fadenschlinge f <textil> (Grundelement einer Masche) • loop
Fadenschlussvorrichtung f <textil> • air entangle system
Fadensonde f <phys> (Sichtbarmachen von Stromlinien) • thread probe
Fadenspanneinrichtung f <textil> • warp stop mechanism; warp stop
Fadenspanner m <textil> • yarn take-up
Fadenspannung f <el> • filament voltage
Fadenspannung f <textil> • thread tension; yarn tension
Fadenspleißen n <textil.füg> • yarn splicing
Fadenspleißgerät n <textil> • pneumatic yarn splicer
Fadenstärke f <textil> (Gespinst) • count of yarn
Fadenstärke f <textil> (Zwirn) • thread size
Fadenstrahl m <el> • thread beam; narrow beam
Fadenstrecke f <textil> • length of yarn
Fadenstruktur f <textil> • thread structure
Fadenthermometer n <msr> • filament thermometer; thread thermometer
Fadentransistor m <el> • filamentary transistor; filament transistor; unijunction transistor
Fadenüberwachung f <textil> • electronically controlled stop motions
Fadenüberwachungsgerät n <textil.msr> • yarn stop-motion detection installation
Fadenverbinden n <textil.füg> • yarn jointing
Fadenverlegung f <textil> (Spule, Wickel, Rolle) • lay
Fadenvlies n <textil> • thread web

Fadenvorlage f <textil> • yarn feed

Fadenwächter m <textil> • stop-motion device; stop motion

Fadenwächtereinrichtung f <textil> (Stufen-Zwirnmaschine) • stop motion device

Fadenwechseleinrichtung f <textil> • stripping finger change device

Fadenwiderstand m <el> • filament resistance

Fadenwinkel m <prod> • bias angle; cord angle

Fadenwurm m <agri.bio> • eelworm

Fadenzähler m <druck> • line tester

Fadenzähler m <opt> • whaling glass

Fadenzähler m <textil> • thread counting glass; thread counter; pick counter

Fadenzahl f <textil> (in D: Anz. Fäden pro cm in Kette und Schuss; in UK: pro in^2) • thread count; yarn count; count pract; number pract

Fadenziehen n <kst> (beim Spritzgießen; unerwünschter Effekt) • cobwebbing

Fadenziehen n <prod> • fiber drawing

Fadenziehen n <silik> (unerwünscht) • stringing

Fadenzieher m DIN ISO 2424 <textil> (Defekt) • laddering ISO 2424; shooting

Fadenzubringer m <textil> • feeder; yarn feed installation

Fadenzuführung f <textil> • yarn supply

Fadenzugkontakt m (FK) <alarm.el> • taut wire system; trip wire; trip wire switch; trip wire device

Fadenzugkontaktgeber m <alarm.el> • taut wire system; trip wire; trip wire switch; trip wire device

Fadenzugschalter m <alarm.el> • taut wire system; trip wire; trip wire switch; trip wire device

Fadeometer n <textil.druck> • fadeometer

Fader m <av> (Ton; vorne und hinten) • fader

Fader m <av> (Camcorderfunktion für Bild und Ton) • fader; fade-in/-out

Faderfunktion f <av> (Camcorderfunktion für Bild und Ton) • fader; fade-in/-out

Fading n <astron> • fading

Fading n prakt <kfz.brems> • brake fade; fading

Fadingfrequenz f <av> • fading frequency

Fadinghexode f <el> • fading hexode

Fadingregelung f <av> (zum Ausgleich von Signalschwankungen) • automatic volume control

Fadingregelung f rar <av> (z. B. für Licht, Bild, Ton) • automatic gain control (AGC); automatic gain control amplification rare

Fadingtaste f prakt <av> • fade button

Fächerantenne f <tele> • fan antenna US; spider-web aerial GB; fan aerial GB

fächerartig ausbreiten vt <allg> • fan out vt

Fächerdüse f <hlk> • fan nozzle

Fächereinbruch m <min> (Sprengarbeit) • fan cut; slabbing cut; swing cut

fächerförmig <tech.allg> (z. B. Luftstrahl, Lichtstrahl) • fan-shaped

fächerförmig <mus> (Orgelwippen) • splayed; radiating

fächerförmige Mechanik f <mus> (Orgel) • splayed backfall action; radiating key action

fächerförmiger Strahl m <hlk> • fan beam

Fächerfunkfeuer n <navig> • fan marker beacon

Fächerfunkfeuerantenne f <navig> • fan marker antenna US; fan marker aerial GB

Fächerkrümmer m <kfz> • high-performance header; performance header; tuned header; header pract

Fächermotor m <mot> • double-V engine

fächern vt <allg> • fan vt

fächern vt <pap> • fan down vt

Fächerscanner m <edv> • oscillating mirror scanner; sweep raster scanner

Fächerscheibe f DIN 6798 <füg> • serrated lock washer

Fächerscheibe Form A f <füg> • serrated external tooth lock washer

Fächerscheibe Form J f <füg> • serrated internal tooth lock washer

Fächerscheibe Form V f <füg> • countersunk serrated external tooth lock washer; countersunk serrated external toothed lock washer stand

Fächerstrahl m <hlk> • fan beam

Fächerverankerung f <tech.allg> • fan anchorage

Fädelband n <el> • fish tape; pulling-in tape

Fädeldose f <el> • pull box

Fädelmaschine f <textil> • threading machine

Fädelmotor m <av> (für Magnetband) • threading motor; loading motor; tape loading motor

fädeln vt <textil> (hindurchziehen) • pull through vt

fädeln vt <textil> (allg.) • thread vt

Fädelöse f <el> (zum Ziehen von Leitungen) • pulling eye

Fädelwicklung f <el> • pull-through winding

Fähnchenrelais n <el> • vane-type relay

Fähnchenwattmeter n <msr.el> • vane wattmeter

Fähranlegestelle f <nav> • ferry landing place; ferry terminal

Fährbrücke f <nav> • ferry bridge

Fähre f <nav> • ferry US.GB; ferryboat US

Fährhafen m <nav> • ferry harbour; ferry terminal

Fährschiff n <nav> • ferry US.GB; ferryboat US

Fährverkehr m <verk> (typ. per Schiff, auch via Luft) • ferry traffic

Fäkalien fpl <bio.ents> (aus den Därmen) • excrements pl; feces pl

Fäkalienfallrohr n <ents> • soil pipe

Fäkalienschmutzwasser n <ents> • sanitary sewage; soil sewage

Fäkalwasser n <ents> • sanitary sewage; soil sewage

Fällapparat m <verf> • precipitation apparatus

Fällbad n <verf> (betont: durch Zusammenklumpen) • coagulation bath

Fällbad n <verf> (allg.; Niederschlag bildend, ausfällend) • precipitation bath

Fällbad n <verf.textil> • spinning bath

fällbar <chem> • precipitable

fällen vt <agri> (Baum) • cut down vt; fell vt

fällen vt <chem> (chem. Substanz ausfällen) • precipitate vt

fällen vt <math> (Lot) • drop vt

fällen vt <verf> (suspendierte Feststoffe) • precipitate vt

fällend <chem> • precipitative

Fällenthärtung f <verf.hydr> • precipitation softening

fällig <jur> (Rechnung) • due; payable; due and payable

Fälligkeitstermin m <ökon> (allg.; für Lieferungen, Leistungen; z. B. Wörterbücher) • due date; deadline

fällig werden <jur> (Rechnung, Zahlung) • fall due vi; mature vi; become chargeable vi; become due vi

Fällkasten m <chem.verf> (für Zinkfällung) • zinc box

Fällkasten m <verf> • precipitation box

Fällkolonne f <verf> (betont: Carbonisierung) • carbonation tower

Fällkolonne f <verf> (allg.) • precipitation column; precipitation tower

Fällkupfer n <mat> • cement copper

Fällmittel n <chem> • coagulant; precipitant; precipitating agent

Fällsäule f <verf> (allg.) • precipitation column; precipitation tower

Fällturm m <verf> (allg.) • precipitation column; precipitation tower

Fällung f <chem.verf> (z. B. ausgeflocktes Sediment) • precipitate

Fällung f <chem.verf> *(Vorgang)* • precipitation
Fällungsanalyse f <chem.verf> • precipitation analysis; volumetric precipitation analysis; precipitation titration
Fällungsmittel n <chem> • coagulant; precipitant; precipitating agent
Fällungsplan m <holz> • felling plan
Fällungspolymerisation f <kst> • precipitation polymerization US; precipitation polymerisation GB
Fällungsprodukt n <chem.verf> • precipitation product
Fällungssalz n <chem> • precipitation salt
Fällungstitration f <chem.verf> • precipitation analysis; volumetric precipitation analysis; precipitation titration
Fällverfahren n <chem.verf> • precipitation process
fälschungssicherer Strichcode m <edv> • non-forgeable bar code
fälschungssicheres Papier n DIN 6730 <pap> • counterfeit-proof paper; anticounterfeit paper
fälteln vt <pap> • crepe vt
fälteln vt <textil> *(z. B. Rock)* • pleat vt
Fälzelmaschine f <druck> • back-bordering machine; slip-fold making machine
Fälzelstreifen m <druck> • slip fold
Fälzel- und Rändelmaschine f <druck> • tape bordering machine
Fänger m <tech.allg> • catching device; catcher; trap
Fänger m <nav> *(Fangschiff)* • catcher
färbbar <textil.obfl> • dyeable
Färbbarkeit f <textil.obfl> *(von Stoffen; z. B. von Seide, Synthetik)* • dye affinity; affinity to dyes; affinity to dyestuffs; dyeability; dye receptivity
Färbeäquivalent n <qualit.mat> • relative tinting strength ISO 787; equivalent coloring value
Färbeapparat m <textil> *(Färberei)* • autoclave for dyeing; dyeing apparatus
Färbe-Attribut n rar <edv> • shading attribute
Färbebad n <textil> *(Färberei)* • dye bath
Färbebaum m <textil> • dye beam; dye warp beam; dyeing beam
Färbebaumwickler m <textil> • dye-beam winder
Färbebeschleuniger m <textil> • dyeing accelerant; carrier
Färbeflotte f <textil> *(Färberei)* • dye liquor; dye bath
Färbefoulard m <textil> • dyeing pad
Färbegut nsg <textil> *(Färberei)* • dyeing materials pl
Färbehilfsmittel n <textil.obfl> • dyeing assistant
Färbehülse f <textil> *(Färberei)* • dyeing tube; dye tube; dye core
Färbekettbaum m <textil> • dye warp beam
Färbekraft f <obfl> *(von Färbemitteln, Farbstoffen)* • tinting power; coloring power; hiding power; opacity; staining power
Färbekufe f <textil> • dye vat; dye back
Färbemaschine f <textil> *(Färberei)* • dyeing machine
Färbematerial nsg <textil> *(Färberei)* • dyeing materials pl
Färbemeister m <textil> *(Färberei)* • head dyer; foreman dyer
Färbemethode f <textil> *(Färberei)* • dyeing method
Färbemittel n <obfl> • stain
Färben n <allg> • coloring US; colouring GB
Färben n <edv> *(unerwünschter Farbübergang von einer Fläche in eine andere)* • bleeding
Färben n <obfl.holz> • staining
Färben n DIN 54285 <textil> *(von Stoffen)* • dyeing
färben vt <allg> *(allg.)* • color vt
färben vt <tech.allg> *(Textilien, Kunststoffe)* • dye vt; color vt coll
färben vt <obfl> *(durch Tränken, Spülen mit Farbstoff; z. B. Textilien, Haare)* • dye vt
färben vt <obfl> *(Glas, Papier)* • stain vt

färben vt <obfl> *(mit leichtem Farbton)* • tinge vt
färben vt <silik> *(Glas; z. B. Fensterglas)* • tint vt
färbende Fruchtextrakte f <nahr> • coloring fruit extracts
färbende Pflanzenextrakte f <nahr> • coloring plant extracts
färbende Stoffe f <nahr> • colorants US; colourants GB; coloring materials GB
Färbepartie f <textil> *(Färberei)* • dye lot; load pract
Färbeprozess m <textil> *(Färberei)* • dyeing process
Färber m <textil> *(Färberei)* • dyer
Färberei f <textil> • dyehouse
Färbereiabwasser n <textil.ents> • waste dyehouse liquor
Färbereihilfsmittel n <textil> • dyeing assistant
Färbereilabor n <textil> • dyeing laboratory
Färbespule f <textil> *(Färberei)* • dyeing bobbin; dyeing package; dye package; dye bobbin
Färbeverfahren n <obfl> *(bei Holz, Glas, Papier)* • staining technique
Färbevermögen n DIN EN 971/1 <obfl> *(von Färbemitteln, Farbstoffen)* • tinting power; coloring power; hiding power; opacity; staining power
Färbezeit f <textil> • dyeing time; duration of dyeing
Färbung f prakt <edv> *(Grafik)* • color bleeding; bleeding pract; object-to-object reflection rare
Färbung f <obfl> *(in Beizlösung)* • staining; stain
Färbung f <obfl> *(Resultat: zarter Farbton)* • tinge
Färbung f <obfl> *(Ergebnis des Färbens)* • coloring US; colouring GB; coloration US
Färbung f <textil> *(Vorgang)* • dyeing
Färbungsbremsmittel n <textil> • dye retardant
Färse f <led> *(weibl. Kalb)* • heifer
Fäulnis f <bio> *(Zerfall von org. Substanzen; pflanzl., tierisch)* • decomposition; decay
Fäulnis f <bio> *(stinkend)* • putrefaction; putrescence; putridity
Fäulnis f <mat> *(Zustand; z. B. von Holzstrukturen, Geweben)* • rottenness
Fäulnisanfälligkeit f <textil> *(Faden)* • susceptibility to rotting
Fäulnisbakterien fpl <ents> • putrefaction bacteria
fäulnisbeständig <qualit.mat> • rot-resistant; rotproof pract
Fäulnisbeständigkeit f <qualit.mat> • rot resistance; decay resistance
fäulniserregend <bio> • putrefactive
Fäulniserreger m <bio> • putrefaction bacteria pl
fäulnisfähig <bio> • digestible
fäulnisfähig <ents> • putrescible; putrefactive; putrefiable
fäulnisfähiger Stoff m <ents> • putrescible substance; putrefactive substance; putrescible matter; putrefactive matter
Fäulnisfähigkeit f <ents> • putrescibility; putrefactiveness
fäulnisfest <qualit> *(z. B. Holz, Gewebe, Faden)* • rotproof; non-fouling
fäulnishemmend <allg> *(z. B. Chemikalie)* • rotproofing; antirot
fäulnishemmende Ausrüstung f <textil> • anti-fouling finish; anti-rot finishing
Fäulnisverhütungsmittel n <chem> • rotproofing preservative; rotproofing agent
Fäustel m <wz> • drilling hammer US; hand drilling hammer US; club hammer GB
FAF <prod> • flexible automated manufacturing (FAM)
Fahlerz n <min> • fahlore; grey copper ore
Fahlfutterleder n <led> • russet lining
Fahlleder n <led> • russet upper leather
Fahlleder-Look m <led> • russet leather look
Fahne f prakt <druck> *(abgesetzter Text, einspaltig fortlaufend, breiter Rand, ohne Umbruch)* • galley proof

Fahne f <el> *(zum Löten)* • lug
Fahne f <jur> *(Stofftuch mit Gruppenzugehörigkeits-zeichen etc.)* • flag
Fahne f <logist> *(Lasche o.ä. zur Kennzeichnung)* • tab
Fahnenbildung f <av> • streaking; tailing; trailing
Fahneneffekt m <av> • streaking; tailing; trailing
Fahnengröße f <msr> • target size *turck GB*
Fahnenkorrektur f <druck> • galley proofreading
Fahnenmagnetron n <el> • vane magnetron
Fahnenmast m <bau> • flag pole; flag staff
Fahnenposition f <energ.wind> • feathering position; feather [position]; 90° pitch setting *rar*
Fahnenstange f <bau> • flag pole; flag staff
Fahnenstellung f <energ.wind> • feathering position; feather [position]; 90° pitch setting *rar*
Fahnenziehen n <av> *(Kontrast überzeichnet)* • hangover
Fahnenziehen n <av> *(Fernsehbild)* • tailing; streaking
Fahnenziehen n <druck> • pulling on whites
Fahnen ziehen vi <av> *(Fernsehbild)* • tail *vi*
Fahrachse f <autom> *(Roboter: Bewegung in X-Y Rich-tung)* • X/Y-axis traverse base
Fahrachswinkel m <kfz> • rear axle angle
Fahrantrieb m <bahn> • traction
Fahrantrieb m <förd> *(Kran, Laufkatze)* • traveling drive *US*; travelling drive *GB*; travelling gear *GB*
Fahrantrieb m <verf.ents> *(für Räumerbrücken oder ver-fahrbare Rechenreiniger)* • traversing drive
Fahrarm m <wz.masch> *(zum Nachfahren von Konturen)* • tracing arm
Fahrbahn f <förd> *(für Laufkatze)* • trackage
Fahrbahn f <förd> *(über Kopf; für Laufkatze)* • overhead trackage
Fahrbahn f <verk> *(befestigte Straßenoberfläche)* • road surface; hard surface; pavement *US*; ground surface *rare*
Fahrbahnaufweitung f <verk> • flare
Fahrbahnaufweitungsbereich m <verk> • flare
Fahrbahnbelag m <bau.mat> • pavement *US*; road sur-facing; carriageway surfacing *GB*; topping
Fahrbahnbelag mit unterschiedlichen Reibwerten f <bau.verk> • split-friction road surface; asymmetrical road surface; surface of differing adhesion
Fahrbahnbeschaffenheit f <verk> • road conditions *pl*
Fahrbahngriffigkeit f <verk> *(der Fahrbahnoberfläche)* • skid-resisting property; skid resistance; nonskid prop-erty; pavement grip
Fahrbahnhaftung f <kfz> • sticking to the road
Fahrbahnkontakt m <kfz> • road feel *:V*
Fahrbahnmarkierung f <verk> *(Absperrung durch Kegel)* • coning-off
Fahrbahnmarkierung f <verk> • roadway marking; road marking; pavement marking; carriageway marking *GB*
Fahrbahnplatte f <bau> *(Beton; z. B. für Autobahnen, Straßenbrücken)* • decking slab; carriageway slab *GB*; pavement slab *US*; deck slab
Fahrbahnranderkennung f <msr> • lane edge detection
Fahrbahnreduzierung f <bau> • narrowing of roadway *US*; narrowing of carriageway *GB*
Fahrbahnreibung f <kfz> • road friction
Fahrbahnschäden mpl <verk> • road damage
Fahrbahnschiene f <förd> • runway rail
Fahrbahnstöße mpl <kfz> • bumps; road bumps
Fahrbahntafel f <bau> *(Beton; z. B. für Autobahnen, Straßenbrücken)* • decking slab; carriageway slab *GB*; pavement slab *US*; deck slab
Fahrbahn-Übersicht f <kfz> • forward visibility
Fahrbahnunebenheiten fpl <kfz> • bumps; road bumps
Fahrbahn unterschiedlicher Griffigkeit f <bau.verk> • split-friction road surface; asymmetrical road surface; surface of differing adhesion

Fahrbahnverbreiterung f <bau> • roadway widening
Fahrbahnverengung f <bau> • narrowing of roadway *US*; narrowing of carriageway *GB*
Fahrbahnverschmälerung f <bau> • narrowing of road-way *US*; narrowing of carriageway *GB*
Fahrbahn von unterschiedlicher Griffigkeit f <bau.verk> • split-friction road surface; asymmetrical road surface; surface of differing adhesion
fahrbar <tech.allg> *(z. B. Kran)* • mobile
fahrbare Drehscheibe f <theat> • truck-mounted revolv-ing platform
fahrbare Plattform f <förd> • mobile dock
fahrbare Raketenstartanlage f <aerospace> • rocket-launching vehicle; launching vehicle
fahrbarer Untersatz m ugs <kfz> • set of wheels *coll*
fahrbares Kompakt-Klimagerät n <hlk> *(typ. in D; als Ein- od. Zweischlauchgerät)* • mobile aircon unit
fahrbare Startanlage f <mil> *(für Raketen)* • mobile launcher; mobile launching platform *norm*; launcher vehi-cle
fahrbare Startrampe f <mil> *(für Raketen, Lenkwaffen)* • mobile ramp
Fahrbarkeit f prakt <kfz> *(eines Fahrzeugs, Motors im konkreten Fahrbetrieb)* • drivability
Fahrbereich m <kfz> *(Reichweite; in km)* • radius of op-eration; radius of action
Fahrbereich m <kfz.antr> *(bei Automatikgetrieben; z. B. D, D1, D2)* • gear range
Fahrbereichsanzeige f <kfz.antr> *(bei Automatikgetrie-ben; typ. P, R, N, D, 1, 2, 3)* • gearshift selector indicator; gear selector indicator
Fahrbereichswählhebel m form <kfz> *(Automatikge-triebe)* • selector lever; transmission selector lever *form*; selector *coll*; shifter *coll*; gearshift *Ford*
Fahrbereitschaft f <verk> • motor transport pool
Fahrbericht m <kfz> *(z. B. in Autozeitschrift; Test im Straßenverkehr)* • road test; car test *coll*
Fahrbetrieb m <kfz> *(typischer Belastungzustand)* • road load
Fahrbetrieb im Gelände m <kfz> • off-road vehicle op-eration; off-highway vehicle operation *US*
Fahrbetriebsart f <kfz> • driving mode
Fahrbett n <wz.masch> • bed table; truck
Fahrbettradialbohrmaschine f <wz.masch> • traveling-pillar radial drilling machine *US*
Fahrbremse f <kfz> • pedal brake
Fahrdienst m <bahn> • train operation
Fahrdraht m prakt <bahn> *(für E-Lok)* • catenary; catenary line; overhead conductor *did.rare*; overhead contact wire *rare*
Fahrdraht m <el> *(Straßenbahn)* • overhead tramway wire
Fahrdynamikregelung f (FDR) <kfz.msr> *(mit Bremsen-eingriff; z. B. ESP, CBC)* • dynamic drive control
Fahrebene f <bau> • riding surface
Fahreigenschaft f <bau> *(von Straßenoberflächen)* • rid-ing quality
Fahreigenschaften fpl <fz> *(allg. und Reifen)* • driving properties *pl*; driving qualities; roadability
Fahreigenschaften fpl <kfz> *(betont: Straßenlage; z. B. eines Caravans)* • road holding
Fahren n <kfz> • driving
fahren vi <tech.allg> *(verkehren: ein Bus, ein Zug von A nach B)* • run *vi*
fahren vi <fz> *(bewegen; z. B. ein Zug)* • move *vi*
fahren vi <masch> *(relative kurze Strecken, meist hin und zurück; z. B. Kran, Schlitten)* • travel *vi*
fahren vi <wz.masch> *(quer)* • traverse *vi*
fahren vt <tech.allg> *(Maschine, System, Anlage etc.)* • operate *vt*; run *vt*

fahren *vt* <fz> *(als Mitfahrer; z. B. mit dem Zug)* • go *vt*
fahren *vt* <fz> *(ein Zweirad; z. B. Fahrrad, Motorrad, Roller)* • ride *vt*
fahren *vt* <kfz> *(selbst, als Fahrzeuglenker; z. B. Auto)* • drive *vt*
fahren *vt* <msr> *(Messungen, Tests, Versuchsbetrieb)* • run *vt*; conduct *vt*
fahren *vt* <petr> *(Bohrgarnitur)* • run *vt*
Fahren bei Nacht *n* <kfz> • night driving; driving at night
Fahrenheit *n* (F) <phys> *(Temperaturskala)* • Fahrenheit (F)
Fahren im Gebirge *n* <kfz> • mountainous driving
Fahren in hügeligem Gelände *n* <kfz> • hilly driving
fahren mit *vi* <fz> *(Kraftstoffart; z. B. mit Benzin, Super, Diesel)* • run on *vi*; operate with *vi*; use *vt*
Fahren mit angehobener Achse *n* <nfz> *(Liftachse)* • flying the lift axle
Fahren mit offenem Verdeck *n* <kfz> *(mit Cabrio etc.)* • top-down driving; driving with the top down; topless driving *coll*; open-air driving; al fresco driving *press.ad*
Fahrer *m* <tech.allg> *(von größeren Systemen, Anlagen; meist in einer Warte)* • operator
Fahrer *m* <kfz> *(eines Kfz; z. B. eines Lkw, Autos, Motorrads)* • driver; operator *form.rare*
Fahrer-Airbag *m* <kfz.sich> • driver air bag [system]
Fahrerarbeitsplatz *m form* <nfz> • driver's compartment; driver's workstation *form*; driver's station; driver's area; cockpit *coll*
Fahrerhaus *n* <bahn> *(Lokomotive)* • cab; cabin
Fahrerhaus *n* <nfz> *(von Lkw)* • cab; driver's cabin *form*; cabin; shed *sl*
Fahrerhaus mit Dachschlafkabine *n* <nfz> • top-sleeper cab
Fahrerhaus mit integrierter Schlafkabine *n* <nfz> • integral sleeper cab
Fahrerhaus mit Rundumsicht *n* <förd> • full-view cab
Fahrerin *f* <kfz> *(eines Kfz; z. B. eines Lkw, Autos, Motorrads)* • driver; operator *form*
Fahrerkabine *f* <tech.allg> *(RFZ, Kran, Baumaschine)* • operator cab *US*; operator's cab; driver's cab *GB*; driver cab *GB*; cab *pract*
Fahrerkabine *f* <fz> • cabin; cab
Fahrerlaubnis *f* <kfz.jur> • drivers's license *US*; driving licence *GB*; driver's licence *GB*
fahrerloses Flurförderzeug *n* <logist> • automated guided vehicle [system] (AGV); operatorless truck *rare*
Fahrerloses Transportsystem *n* (FTS) <logist> • automated guided vehicle [system] (AGV); operatorless truck *rare*
Fahrerplatz *m* <nfz> • driver's compartment; driver's workstation *form*; driver's station; driver's area; cockpit *coll*
Fahrerraum *m* <nfz> • driver's compartment; driver's workstation *form*; driver's station; driver's area; cockpit *coll*
Fahrerschutzdach *n* <fz> *(z. B. von Hochregalstaplern, Baumaschinen)* • overhead guard
fahrersitzgelenktes Flurförderzeug *n* <förd> • industrial truck controlled by sitting operator
Fahrersitzstapler *m* <förd> • rider lift truck; rider truck
Fahrerstand *m* <förd> • operator's platform
Fahrerstandbedienung *f* <förd> *(z. B. von Flurförderzeugen, Kränen)* • stand-up control
fahrerstandgelenktes Flurförderzeug *n* <förd> • industrial truck controlled by standing operator
Fahrfeld *n* <min> • travelling way; travelling track
Fahrfläche *f* <bau> • riding surface
Fahrfußhebel *m form* <kfz.msr> • accelerator; accelerator pedal *form*; throttle *coll*; loud pedal *BE.coll*

Fahrgäste im Speisewagen *mpl* <bahn> • dining car patrons
Fahrgasse *f* <verk> *(einer Parkplatzanlage)* • aisle
Fahrgast *m* <verk> • passenger; rider *US*
Fahrgastabteil *n* <bahn> • passenger compartment
Fahrgastaufkommen *n* <verk> • ridership; passenger volume
Fahrgast-Auto-Fähre *f* <nav> • passenger-car ferry
Fahrgastbarkasse *f* <nav> • passenger launch
Fahrgastdeck *n* <nav> • passenger deck
Fahrgastebene *f* <nfz> *(Bus)* • passenger deck; deck *pract*
Fahrgastfluss *m* <verk> • passenger flow; passenger circulation
Fahrgastkapazität *f* <fz> *(Bus, Bahn)* • passenger capacity; passenger-carrying capacity
Fahrgastraum *m* <kfz> • passenger cell; tonneau
Fahrgastraum *m* <nfz> *(Bus)* • passenger compartment; saloon *GB*
Fahrgastschiff *n* <nav> • passenger ship; passenger vessel
Fahrgastzelle *f* <kfz> • occupant cell; passenger compartment
Fahrgemeinschaft *f* <verk> • car pool :V
Fahrgeräusch *n* <kfz.emiss> • driving noise level; driving noise
Fahrgeschwindigkeit *f* <förd> • traveling speed *US*; travelling speed *GB*
Fahrgeschwindigkeit *f* <fz> *(allg.; bodengebundene Fz.)* • speed; driving speed
Fahrgeschwindigkeit *f* <kfz> *(betont: konkrete Geschwindigkeit; z. B. 130 km/h)* • road speed; vehicle road speed *form*; car speed *US*; vehicle speed; driving speed
Fahrgeschwindigkeit *f* <logist> *(RFZ)* • horizontal travel speed *US*; horizontal speed *US*; travel speed *US*
Fahrgeschwindigkeit *f* <verk> • running speed
Fahrgestell *n* <tech.allg> *(für schwere Geräte, z. B. Druckflasche, Kompressor)* • running gear
Fahrgestell *n* <aerospace> *(Flugzeug)* • landing gear; undercarriage *rare*; alighting gear *obs.rare*
Fahrgestell *n* <bahn> • carriage
Fahrgestell *n* <förd> • underframe; carrier; carriage
Fahrgestell *n* <fz> *(allg., außer bei Flugzeug)* • chassis
Fahrgestell *n* <kfz> *(betont: Tragwerk; z. B. von Pkw)* • running gear; chassis frame; chassis *GB*; frame *US*
Fahrgestell *n* <min> *(zum langsamen Fortbewegen; z. B. für Brecheranlage)* • traveling mechanism *US*; travelling mechanism *GB*
Fahrgestell mit Fahrerhaus *n* <nfz> • chassis-cab; chassis and cab
Fahrgestellnummer *f* <kfz> • vehicle identification number (VIN); chassis type and identification number *form*; chassis number *rare*
Fahrgestellnummernschild *n* <kfz> • chassis identification plate
Fahrgestellrahmen *m* <fz> • chassis frame
Fahrgewohnheiten *fpl* <kfz> *(betont: generelle Gepflogenheiten beim Fahren)* • driving habits *pl*
Fahrhandschuh *m* <bekl> • riding glove
Fahrkante *f* <bahn> • guiding surface
Fahrkarte *f ugs* <mil> • miss
Fahrkartenausgabemaschine *f* DIN 24970 <verk.autom> • ticket issuing machine; ticket machine
Fahrkartendrucker *m* <druck> *(z. B. für Zug, Bus)* • ticket printer
Fahrkartendruckmaschine *f* <druck> *(z. B. für Zug, Bus)* • ticket printing machine
Fahrkartenkarton *m* <pap> • ticket cardboard

Fahrkartenschneidemaschine f <pap.wz> • ticket cutting machine

Fahrkomfort m <kfz> • ride comfort; riding quality; ride quality; ride *coll*; driving comfort *rare*

Fahrkomfort m <tour> *(auf Reisen)* • traveling comfort *US*; travelling comfort *GB*

Fahrkorb m <förd> *(z. B. Aufzug)* • car; lift car; lift cage

Fahrkorbeigenlast f <förd> *(Aufzug)* • car weight

Fahrkorbführungsschiene f <förd> *(Aufzug)* • car guide rail

Fahrkorbtür f <förd> • cage gate; car door

Fahrkurs-Layout n <förd> *(FTS)* • circuit layout

Fahrkurssteuerung f <förd> *(FTS)* • track control

fahrlässig <jur> • negligent

Fahrlässigkeit f <jur> • negligence

Fahrleistung f <bahn> *(von Loks)* • tractive power

Fahrleistungen fpl <kfz> *(betont: Motorleistung)* • performance; vehicle performance *form.rare*

Fahrleistungen - Herstellerangaben fpl <kfz> • manufacturer's performance ratings

Fahrleitung f <bahn> *(für E-Lok)* • catenary; catenary line; overhead conductor *did.rare*; overhead contact wire *rare*

Fahrleitung f <el.nfz> *(für Oberleitungsbus mit Rollenstromabnehmer)* • trolley wire; overhead conductor

Fahrleitungsanlage f <bahn> • catenary system

Fahrleitungsaufhängung f <bahn> • catenary suspension

Fahrleitungsausleger m <bahn> • bracket arm

Fahrleitungshalterung f <bahn> • catenary support

Fahrleitungsjoch n <bahn> • arched catenary support; gantry support for catenary

Fahrleitungskreuzung f <verk> • overhead crossing; overhead switch

Fahrleitungsmast m <bahn> *(allg.)* • traction pole

Fahrleitungsmast m <bahn> *(Straßenbahn)* • tramway pole; tramway tower

Fahrleitungsspanner m <bahn> • catenary wire strainer

Fahrleitungsspannung f <bahn> • catenary voltage

Fahrleitungsstoßklemme f <bahn> • splicing fitting

Fahrleitungsstromabnehmer m <bahn> *(E-Lok)* • pantograph; current collector *rare*

Fahrleitungsweiche f <bahn> *(für Trolley-Systeme)* • contact-trolley frog; contact-wire frog; overhead frog

Fahrmaschine f <kfz> • driving machine

Fahrmischer m <bau.masch> *(mit Agitator)* • agitating vehicle

Fahrmischer m rar <nfz> *(Lkw)* • concrete mixer; transit-agitator truck; transit-truck mixer; ready-mix truck; truck mixer

Fahrmotor m <bahn> • traction motor

Fahrmotor m <kfz.el> *(bei Elektrofahrzeugen)* • drive motor; traction motor *stand*

Fahrpedal n form.MB <kfz.msr> • accelerator; accelerator pedal *form*; throttle *coll*; loud pedal *BE.coll*

Fahrplan m <edv> *(Zeitplan für Animationsschritte)* • schedule

Fahrplan m <verk> *(z. B. für Bahn, Bus)* • timetable

Fahrprogramm n <kfz> *(Automatikgetriebe)* • shift program; driving program; shift pattern

Fahrprogrammschalter m Sm <kfz> *(Automatikgetriebe)* • shift mode button *HM*; program preselector *MB*; programme switch *Audi/ZF*; driving program selector *Sm*; ECO/Sport button *Audi*

Fahrrad n DIN ISO 8090 <fz> *(Zweirad)* • bicycle; bike *coll*; cycle *coll.rare*

Fahrradanhänger m <fz> • bicycle trailer

Fahrradcomputer m <fz.msr> • cyclocomputer

Fahrraddynamo m <fz.el> • bicycle dynamo

Fahrradergometer n <sport> *(für Training, Diagnose)* • bicycle ergometer

Fahrradgewinde n (FG) DIN 79012 <masch> • British Standard cycle thread (BSC) BS 811; cycle thread *pract*

Fahrradhalter m <kfz> *(für Lastenträger)* • bicycle carrier; cycle carrier *Jaguar*

Fahrradhandschuh m <fz> • bicycle mitten; mitten; mitt *coll*

Fahrrad mit E-Motor n <fz> • electric bike; E-bike *coll*

Fahrrad mit Speichenwärmer n jarg <fz> • electric bike; E-bike *coll*

Fahrrahmen m <logist> *(Hochregalstapler)* • chassis

Fahrrahmen m <logist> *(RFZ)* • frame; structural frame *US*

Fahrrinne f <nav> • navigation channel; navigational channel

Fahrrollloch n <min> • manway raise

Fahrschacht m <förd> *(für Aufzugkabine)* • elevator shaft; lift shaft; lift well

Fahrschacht m <min> • climbing shaft; traveling shaft *US*; travelling shaft *GB*

Fahrschalter m <bahn> *(Hauptregler)* • master controller

Fahrschalter m <bahn> • traction switch

Fahrschalter m <fz.el> • controller; electric-motor controller

Fahrscheinwerfer m <logist> *(RFZ)* • driving lamp

Fahrschemel m <kfz> • suspension subframe; subframe; stubframe; miniframe; cradle assy

Fahrschiene f <bahn> • rail

Fahrschiene f <logist> *(Regalförderzeug)* • support rail

Fahrschiene am Boden f <logist> *(für Flurförderzeuge)* • floor rail; ground-level rail; bottom track

Fahrschlitten m <wz.masch> • slide; traveling slide *US*

Fahrseil n <petr.förd> • block line; drilling line; rotary drilling line

Fahrsicherheit f <kfz> • driving safety

Fahrsicherheitssystem n <kfz.msr> *(mit Bremseneingriff; z. B. ESP, CBC)* • dynamic drive control

Fahrsilo m <agri> • horizontal silo; clamp silo

Fahrspaß m <kfz> • driving pleasure

Fahrsperre f <bahn> • automatic train stop

Fahrspiel n <förd.min> • trip; journey

Fahrspur f <förd> *(von FTS)* • track

Fahrspur f prakt <verk> *(von Straßen)* • lane; traffic lane

Fahrspurmarkierung f <verk> • lane marking

Fahrstabilität f <kfz> *(Fahrverhalten; Fahrzeug und/oder Reifen)* • driving stability; directional stability; directional control; lateral grip; lateral stability

Fahrständerbauweise f <wz.masch> *(z. B. Fräsmaschine)* • traveling-column construction

Fahrstand m <förd> *(z. B. Flurförderer)* • control platform

Fahrsteig m <verk> • moving sidewalk *US*; moving pavement *GB*; autowalk *pract*; passenger conveyor *rare*

Fahrstiel m <agri.wz> *(Akku-Rasenschere)* • upright grass shear handle

Fahrstil m <fz> *(Zweiradfz.)* • riding style

Fahrstil m <kfz> *(betont: Fahrgeschwindigkeit)* • driving style

Fahrstil m <kfz> *(betont: generelle Gepflogenheiten beim Fahren)* • driving habits *pl*

Fahrstraße f <verk> • route

Fahrstraßenauflösung f <bahn> • route release

Fahrstraßenspeicher m <bahn> • route storage arrangement

Fahrstraßenverschluss m <bahn> • route locking

Fahrstrecke f <bahn> • route; track

Fahrstrecke f <min> *(Personen)* • manway drift; entry

Fahrstrecke f <min> • traveling way *US*; travelling way *GB*

Fahrstreckenverriegelung f <bahn> • section blocking

Fahrstreifen m <verk> *(von Straßen)* • lane; traffic lane

Fahrstreifenmarkierung f <verk> • lane marking

Fahrstreifenwechsel *m* <verk> • lane change
Fahrstrom *m* <bahn> • traction current
Fahrstromgenerator *m* <bahn.el> • traction generator
Fahrstromrückleitung *f* <bahn> • traction current return circuit
Fahrstromschiene *f* <bahn> • contact collecting bar
Fahrstufe *f* <kfz.antr> *(bei Automatikgetrieben)* • gear; speed
Fahrstufe *f* <kfz.antr> *(bei Automatikgetrieben; z. B. D, D1, D2)* • gear range
Fahrstufe *f* <kfz.antr> *(betont: andere Übersetzung)* • gear ratio
Fahrstufenanzeige *f* <kfz.antr> *(bei Automatikgetrieben; typ. P, R, N, D, 1, 2, 3)* • gearshift selector indicator; gear selector indicator
Fahrstuhl *m* ugs <förd> • passenger elevator *US*; passenger lift *GB*; elevator *US.coll*; lift *GB.coll*
Fahrt *f* <fz> *(mit Motorrad, Bahn)* • ride; riding
Fahrt *f* <fz> *(z. B. in voller Fahrt)* • speed
Fahrt *f* <kfz> *(mit dem Auto)* • drive
Fahrt *f* <min> • ladder
Fahrt *f* <nav.tour> • voyage
Fahrt *f* <nav.verk> *(z. B. mit einer Fähre)* • passage
Fahrt *f* <tour> • journey
Fahrt *f* <verk> *(gerichtet, von A nach B)* • journey
Fahrtabschnitt *m* <navig> • route leg; navigation leg; leg *pract*
Fahrt aufnehmen *vi* <nav> • gather speed *vi*; pick up speed *vi*
Fahrt beschleunigen *vi* <fz> • speed up *vi*; accelerate *vi*
Fahrt durch Wasser *f* (FdW) <nav> • speed through water; water speed
Fahrtenschreiber *m* <nfz> • tachograph; recorder *US.AUS*
Fahrtfehler *m* <nav.navig> *(Fehler des Schiffskreiselkompasses)* • speed error; speed and course error; steaming error; course latitude and speed error; LCS error
Fahrtfehler *m* <navig> *(Kreiselgeräte allg.)* • vehicle maneuver effect
Fahrt in Kiellinie *f* <nav> • column movement
Fahrtmechanik *f* <fz> • mechanics of vehicles
Fahrtmesser *m* <aerospace> • airspeed indicator (ASI); airspeed meter
Fahrtmesser *m* <msr> • speed indicator (SI)
Fahrtminderungsschalter *m* <bahn> • slowing controller
Fahrtnummer *f* <kfz> *(Taxifahrt)* • lease number
Fahrtregler *m* <förd> • winding-speed regulator; winding controller
Fahrtreppe *f* form <förd> • escalator *US.GB*; moving stairway *form*; moving staircase *form*
Fahrtreppenstrang *m* <förd> • escalator system; escalator bank
Fahrtrichtung *f* <tech.allg> • direction of travel
Fahrtrichtungsanzeiger *m* <kfz> • direction indicator
Fahrtrichtungsanzeigerhebel *m* <kfz.msr> • turn signal lever *US*; turn signal lights switch lever *US*; direction indicator control *GB*; direction indicator lever *GB*
Fahrtrichtungsanzeigeschalter *m* <msr> • direction-indicating switch
Fahrtrichtungswechsel *m* <bahn> *(Zug)* • change of direction
Fahrtschreiber *m* <aerospace> • speed recording indicator
Fahrtschwingung *f* <tech.allg> • running vibration
Fahrtsignal *n* <bahn> • clear signal
Fahrtstörungslaterne *f* <nav> • not-under-command light
Fahrttrimm *m* <nav> • squat *US*; running trim
Fahrt über Grund *f* (FÜG) <navig> • speed over ground (SOG); velocity over ground VOG; ground speed GS

Fahrt verlangsamen *vi* <fz> • slow down *vi*; decelerate *vi*
Fahrtwegmesser *m* <verk> • distance log
Fahrtwendeschalter *m* <bahn> • reverser; reversing controller
Fahrtwind *m* <kfz> *(z. B. im Gesicht, beim Cabrio- oder Motorradfahren)* • wind blast
Fahrtwind *m* <nav> • wind of the boat's own speed; created wind
Fahrtwindkühlung *f* <kfz> *(durch Fahrtwind)* • air cooling
Fahrtzielanzeige *f* <nfz> *(Bus, Straßenbahn)* • destination sign
Fahrüberhauen *n* <min> • service raise; manway raise
Fahrung *f* <min> • traveling; man-riding
fahruntüchtig <kfz> *(Fahrzeug)* • disabled
fahruntüchtiges Fahrzeug *n* <kfz> • disabled vehicle
Fahrvariator *m* <agri> • speed variator
Fahrvergnügen *n* <kfz> • driving pleasure
Fahrverhalten *n* <kfz> *(betont: Handling des Fahrzeugs oder von Reifen)* • handling properties; handling
Fahrverhalten *n* <kfz> *(eines Fahrzeugs, Motors im konkreten Fahrbetrieb)* • drivability
Fahrverhalten im Grenzbereich *n* <kfz> • handling at the limit
Fahrwasser *n* <nav> • fairway; navigation channel
Fahrwasserbaggerung *f* <nav> *(Sichern der Mindestwassertiefe)* • channel dredging
Fahrwasserbefeuerung *f* <navig> • channel lighting
Fahrwasserboje *f* <navig> • channel buoy
Fahrwassertiefe *f* <nav> • depth of the navigable channel; depth of the channel; channel depth
Fahrwassertonne *f* <navig> • channel buoy
Fahrwasserzeichen *n* <navig> • channel mark
Fahrweg *m* <min> • traveling way
Fahrweise *f* <verf> *(einer größeren Anlage)* • operation mode; operating mode; mode of operation
Fahrwerk *n* <aerospace> *(Flugzeug)* • landing gear; undercarriage *rare*; alighting gear *obs.rare*
Fahrwerk *n* <förd> *(Portalkran)* • bridge trolley
Fahrwerk *n* <kfz> *(betont: Komponenten zum Fahren; nicht bei Flugzeug)* • chassis *US*; running gear *GB*; underpinnings *pl coll*
Fahrwerk *n* <logist> *(von Regalfahrzeug)* • horizontal drive
Fahrwerkantrieb *m* <logist> *(RFZ)* • travel motor *GB*
Fahrwerk ausfahren *vi* <aerospace> • extend the landing gear *vi*
Fahrwerkbremse *f* <aerospace> • landing-gear wheel brake
Fahrwerkfederbein *n* <kfz> *(Motorrad)* • shock-absorbing strut
Fahrwerkklappe *f* <aerospace> • landing-gear door; undercarriage door
Fahrwerksteuerhebel *m* <aerospace> • landing-gear lever; undercarriage lever
Fahrwiderstand *m* <bahn> • tractive resistance; train resistance
Fahrwiderstand *m* <fz> *(betont: Gesamtwiderstand beim Fahren)* • total resistance to motion of vehicle; resistance to vehicular motion; total resistance to motion
Fahrwiderstand *m* prakt <kfz> *(Rollwiderstand)* • rolling resistance
Fahrwindbelüftung *f* <bahn> • roof ventilation
Fahrwinde *f* <förd> • traversing winch
Fahrzeit *f* <verk> *(z. B. per Bus)* • journey time; travel time *US*
Fahrzeug *n* <fz> *(spez. für Wasser oder Luft)* • craft
Fahrzeug *n* <fz> *(allg.)* • vehicle
Fahrzeuganhänger *m* form <fz> *(z. B. Lastanhänger, Wohnwagen, Boot)* • trailer

Fahrzeugantenne f <fz.el> • vehicle antenna US; vehicle-borne aerial GB

Fahrzeugantriebsbatterie f <fz.el> • traction battery; vehicle battery

Fahrzeug aus Vorbesitz n <kfz> (Euphemismus für gebrauchte Luxusautos) • pre-driven car; pre-owned car

Fahrzeugbatterie f <fz.el> • traction battery; vehicle battery

Fahrzeugbegrenzung f <fz> • clearance limit

Fahrzeugbegrenzungslinie f <verk> • maximum loading gauge; vehicle gauge

Fahrzeugbeleuchtung f <fz.licht> • vehicle lighting

Fahrzeugbremse f <fz.brems> • vehicle brake

Fahrzeugbrief m <fz.doku> • vehicle registration document GB

Fahrzeugcomputer m <kfz.el> • on-board computer; body computer Chrysler

Fahrzeugdeck n <nav> • vehicle deck

Fahrzeugdemontage f <kfz.ents> (Entsorgung) • car disassembly

Fahrzeugdetektor m <navig.alarm> • vehicle detector

Fahrzeug-Diagnosesystem n <kfz.msr> • on-board diagnostic system (OBD); diagnostic system; self-diagnostic system

Fahrzeug-Dispositionssystem n Dornier <nfz.tele> • fleet monitoring system

Fahrzeug-Fahrzeug-Crash m prakt <kfz> • car-to-car front-end impact; car-to-car head-on impact

Fahrzeugfolgeabstand m <verk> (von Fahrzeugen) • headway

Fahrzeugführer m form <kfz> (eines Kfz; z. B. eines Lkw, Autos, Motorrads) • driver; operator form.rare

Fahrzeugführerin f form <kfz> (eines Kfz; z. B. eines Lkw, Autos, Motorrads) • driver; operator form

Fahrzeuggeschwindigkeit f form <kfz> (betont: konkrete Geschwindigkeit; z. B. 130 km/h) • road speed; vehicle road speed form; car speed US; vehicle speed; driving speed

Fahrzeuggeschwindigkeits-Sensor m <kfz.msr> • vehicle speed sensor (VSS)

Fahrzeuggewicht n <fz.msr> • vehicle weight

Fahrzeuggewicht fahrfertig n form <kfz> • curb weight; kerb weight GB

Fahrzeuggurt m rar <fz> • seat belt; safety belt GM.Ford; belt coll

Fahrzeughalter m form <kfz> (eines Kraftfahrzeuges) • registered keeper GB.form; keeper; car keeper coll

Fahrzeugheizungsanlage f <fz> • car heating installation

Fahrzeughersteller m <fz.prod> • vehicle manufacturer

Fahrzeug-Identifizierungs-Nummer f <kfz> • vehicle identification number (VIN); chassis type and identification number form; chassis number rare

Fahrzeuginnenraum m <kfz.innen> • passenger compartment; interior; cabin

Fahrzeuginsasse m <kfz.vers> • vehicle occupant; occupant

Fahrzeug in verkehrssicherem Zustand n <kfz> • vehicle in safe and roadworthy condition :V

Fahrzeugkolonne f <verk> • line of vehicles; column of vehicles

Fahrzeugkran m <nfz> • truck crane US; mobile crane GB; truck-mounted crane US; self-propelled mobile crane rare

Fahrzeuglackierer m <fz.obfl> • vehicle refinisher

Fahrzeuglackierung f <obfl> (Vorgang) • vehicle painting; vehicle finishing

Fahrzeug mit Allradantrieb n <kfz> (allg.; jede Radanzahl) • all-wheel drive vehicle; awd vehicle

Fahrzeug mit Containerladesystem n <nfz> • sidelifter AUS

Fahrzeug mit Frontantrieb n <kfz> • front-wheel-drive car; fwd car

Fahrzeug mit Frontantrieb und Quermotor n <kfz> • front-wheel-drive vehicle with transverse engine

Fahrzeug mit katalytischer Abgasreinigung n form <kfz.emiss> • controlled vehicle; catalytic converter equipped vehicle; catalyst-equipped vehicle; cat car GB.press

Fahrzeug mit Tageszulassung f <kfz> • pre-driven car

Fahrzeug mit Vierradantrieb n <kfz> (vierrädrig) • four wheel drive vehicle; four wheeler; 4wd vehicle; 4 × 4 vehicle; 4-by-4 [vehicle]

Fahrzeug mit Vorderradantrieb n <kfz> • front-wheel-drive car; fwd car

Fahrzeug mit Wandlerüberbrückung n <kfz> • lock-up equipped vehicle; lock-up vehicle

Fahrzeugmontage f <edv> (eines Terminals o. ä.) • vehicle mounting

Fahrzeugnavigation f <navig> • vehicle navigation

Fahrzeugnavigationssystem n <navig> • vehicle navigation system

Fahrzeug ohne Wandlerüberbrückung n <kfz> • non lock-up equipped vehicle; non lock-up vehicle

Fahrzeugortung f <navig> • vehicle location

Fahrzeugortungssystem n <navig> • vehicle location system

Fahrzeugpapiere npl <kfz> • registration papers pl

Fahrzeugposition f <navig> • vehicle position

Fahrzeugprüfstand m <kfz> • chassis dynamometer

Fahrzeugschein m <kfz.doku> • vehicle identification card

Fahrzeugschlange f <verk> • line of vehicles; column of vehicles

Fahrzeugschlüssel m <kfz> • vehicle key

fahrzeugspezifische Konstruktion f <kfz> • dedicated design

Fahrzeugsteuerung f <förd> (FTS) • truck control

Fahrzeugteilversicherung f form <kfz.vers> • part insurance cover F

Fahrzeugtest m form.rar <kfz> (gründlicher Test, auf Testgelände o. ä.) • car test

Fahrzeugtest m <kfz.emiss> (Emissionsprüfung) • vehicle test

Fahrzeugüberschlag m <fz.verk> • vehicle rollover

Fahrzeugunterboden m form <kfz> (gesamter tragender Unterbau einer Pkw-Karosserie) • underbody [structure]; undercarriage form; substructure; platform pract; floor pan coll

Fahrzeugverkehr m <verk> • vehicular traffic

Fahrzeugwaage f <fz.msr> • vehicle weigher; vehicle scale

Fahrzielanzeige f <nfz> (Bus, Straßenbahn) • destination sign

Fahrzyklus m <kfz> (Test) • driving cycle

Fail-Safe-Konstruktion f <tech.allg> • failsafe design

Faksimile n <doku> • facsimile

Faksimilesender m <tele> • facsimile transmitter

Faksimiletelegrafie f <tele> • facsimile telegraphy

Faksimileübertragung f form.obs <tele> • fax transmission; facsimile transmission form.obs

faktenorientiert <doku> (Darstellung; z. B. Bericht, Protokoll) • factual; straight

Faktor m <math> • factor

Faktoranalyse f <math> • factor analysis

Faktorenanalyse f <math> • factor analysis

Faktorenumkehrprobe f <math> • factor reversal test

Faktorenversuch m <math> • factorial experiment

Faktorenzerlegung f <math> • factorization; factoring

Faktor Mensch m <prod> • human factor

Faktura f <ökon> • invoice; bill

Fakturenbetrag *m* <fin> • invoice amount
Fakturiermaschine *f* <tech.allg> • invoicing machine; billing machine
Fakultät *f* <math> • factorial
Fakultätenfunktion *f* <math> • factorial function; gamma function
Fakultätsschreibweise *f* <math> • factorial notation
fakultativ anaerobe Bakterien *fpl* <agri.tech> • facultatively anaerobic bacteria *pl*; facultative bacteria *pl*
Fall *m* <jur> • case
Fall *m* <meteo> *(Luftdruck, Temperatur)* • drop; decrease
Fall *m* <meteo> *(Druck, Windgeschwindigkeit)* • fall
Fall *m* <nav> *(Neigung von Schornsteinen und Masten)* • rake
Fall *m* <textil> *(Art des Faltenwurfs etc.; z. B. Kleid, Vorhang fällt schön)* • drape
Fall *n* <nav> *(Tauwerk; Heißleine)* • halyard *US*; halliard *GB*
Fall *n* <nav> • sprit halyard; halyard
Fallback-Switch *m* <edv> • Fallback Switch
Fallbär *m* <bau.masch> • tup; drop ball; monkey
Fallbeschleunigung *f* <phys> • gravity acceleration (g); gravitational acceleration; acceleration due to gravity *did*
Fallblech *n* <textil> • fall plate; chopper bar *US*; fall-plate
Fallblockverschluss *m* <mil> • falling block action; dropping block action
Fall-Bremsanlage *f* <brems> • gravity braking system
Fallbügel *m* <masch> • locking device
Fallbügelinstrument *n* <msr> • instrument with locking device; chopper bar instrument
Fallbügelpunktschreiber *m* <msr> • chopper bar recorder
Fallbügelrelais *n* <el> • hoop drop relay
Fallbügelschreiber *m* <msr> • chopper bar recorder
Falle *f* <tech.allg> • trap
Falle *f* :*V* <bau> *(bei vertikalen Schiebefenstern)* • cam lock and keeper
Falle *f* *prakt* <el> *(Siebschaltung)* • trap circuit; trap *pract*; antiresonance circuit *rare*; rejection circuit *rare*; wave trap *rare*
Falle *f* <geo> • dip
Falle *f* <petr> • reservoir trap
fallen *vi* <allg> *(allmählich geringer werden; z. B. Druck, Temperatur, Preis)* • decrease *vi*; go down *vi*
fallen *vi* <tech.allg> *(abrupt geringer werden; z. B. Druck, Temperatur)* • fall *vi*; drop *vi*
fallend <allg> *(Sortierfolge)* • in descending order
fallend <tech.allg> • falling
fallend <füg> *(Schweißrichtung)* • downhand
fallend <min> • underhand
fallende Bewetterung *f* <min.hlk> *(Bergwerk)* • descensional ventilation; homotropal ventilation
fallende Flanke *f* <edv> *(Signal, Kurve)* • falling edge
fallender Guss *m* <metall> • downhill casting; top casting
fallendes Schweißen *n* <füg> • downward welding
fallende Widerstandscharakteristik *f* <el> • negative resistance characteristic
fallend gießen *vt* <metall> *(Gießerei; im Ggs. zu steigend gießen)* • cast downhill *vt*; top-cast *vt*; pour from the top *vt*
Fallenmäßige Überwachung *f* <alarm> • trap protection
Fallensicherung *f* <alarm> • trap protection
Fallenüberwachung *f* <alarm> • trap protection
Fallfangschere *f* <petr> • fishing jars
Fallfilmkolonne *f* <verf> • falling-film still
Fallfilmverdampfer *m* <verf> • downflow evaporator; falling-film evaporator
Fallgeschwindigkeit *f* <phys> • velocity of fall; rate of fall
Fallgeschwindigkeit *f* <verf> *(von Schwebstoffen; z. B. in Abscheidern)* • settling velocity; free falling velocity; terminal settling velocity

Fallgesetz *n* <mech> • law of falling bodies
Fallgewichtsscherversuch *m* (DWTT) <qualit.mat> • drop weight tear test (DWTT)
Fallhärte *f* <qualit.mat> • impact ball hardness
Fallhärteprüfer *m* <qualit.mat> • hardness drop tester
Fallhärteprüfung *f* <qualit.mat> • dynamic indentation test; hardness drop test
Fallhammer *m* <min> • piling hammer; pile driver *pract*
Fallhammer *m* <qualit.mat> • rebounding hammer
Fallhammer *m* <verf> *(z. B. zur mechanischen Abreinigung von Entstaubern)* • drop hammer; gravity drop hammer
Fallhammerbär *m* <prod> • drop-hammer tup
Fallhaspel *f* <textil> • collapsible reel
Fallhöhe *f* <allg> • height of fall
Fallhöhe *f* <energ.hydr> *(Höhenunterschied zw. zwei Wasserspiegeln)* • head; potential head; fall
Fallhöhe *f* <hydr> *(Schleuse)* • lift of the lock
Fallhöhe *f* <phys> *(betont: Distanz, Strecke)* • distance of fall
Fallhöhe *f* <prod> *(eines Fallhammers)* • lift
Fallkasten *m* <textil> • drop box; rising box
Fallkern *m* <kst> • collapsible core
Fallklappe *f* <tech.allg> • drop shutter
Fallklappe *f* <bau> • trap door
Fallklappe *f* <tele> • drop indicator; drop annunciator; annunciator drop
Fallklappenrelais *n* <el> • drop indicator relay; annunciator relay; drop trigger relay
Fallklappenwecker *m* <tele> • indicator bell
Fallkopf *m* <bau.mat> *(Schaltechnik)* • drophead
Fallkugelviskosimeter *n* <tribo> • falling-sphere viscometer
Falllinie *f* <geo> *(allg.)* • line of fall
Falllinie *f* <geo> *(Böschung, Hang)* • slope line
Falllinie *f* <geo> *(Senke)* • line of dip
Fallmasche *f* <textil> *(einzelne Masche)* • dropstitch; press-off stitch; dropped stitch
Fallmasse *f* <tech.allg> *(z. B. Ramme, Hammer)* • falling mass; falling weight; striking weight
Fallmasse *f* <kfz> *(Helmprüfung)* • falling mass
Fallmischer *m* <verf> • tumbler [mixer]
Fallnadel *f* <textil> *(als Fadenbruchmelder)* • dropper; drop wire
Fallnaht *f* <füg> *(Schweißen)* • vertical-down weld
Falloff *m* <edv> • falloff; dropoff *rare*
Fallort *n* <min> • brow
Fall-out *m* <nukl> *(als feste Partikel)* • radioactive fallout; fallout
Fallout *m* <nukl> *(als feste Partikel)* • radioactive fallout; fallout
Falloutdetektor *m* <nukl.msr> • fall-out detector
Falloutüberwachung *f* <nukl.msr> • fall-out monitoring
Fallprüfung *f* <qualit> • drop shatter test
Fallreep *n* <nav> • accommodation ladder *ISO 3828*; entering ladder
Fallreepspforte *f* <nav> • gangway port; entering port
Fallreepstau *n* <nav> • gangway rope; entering rope
Fallreepstreppe *f* *DIN ISO 3828* <nav> • accommodation ladder *ISO 3828*; entering ladder
Fallrichtung *f* <geo> • direction of dip
Fallrohr *n* <bau> *(von Regenrinne nach unten)* • gutter pipe; downpipe
Fallrohr *n* <bau.ents> *(für Abwasser)* • waste pipe; soil pipe
Fallrohr *n* <rls> *(typ. senkrecht)* • downcomer; downpipe; fall pipe *rare*
Fallrohrkondensator *m* <verf> • barometric condenser; dry condenser

Fallschirm m <aerospace> • parachute
Fallschirmkappe f <aerospace> • parachute canopy
Fallschirmreißleine f <aerospace> • parachute release cord
Fallschirmsprungturm m <aerospace> *(Trainingsgerät)* • parachute tower; landing trainer
Fallschnecke f <masch> • drop-worm [mechanism]
Fallschranke f <bau.verk> *(z. B. Garage, Parkplatz)* • lifting gate
Fallschütz n <hydr> • bypass gate
Fallstromkühler m <led> • downflow radiator
Fallstromverdampfer m <verf> • downflow evaporator; falling-film evaporator
Fallstromvergaser m <kfz.mot> • downdraft carburetor *US*; down-draught carburettor *GB*; down-draught carburetter *GB*
Fallstudie f <doku> • case study
Fallstufe f <hydr> • fall step; drop
Falltankbetrieb m <kfz.mot> • gravity fuel feed
Falltestgerät n <qualit.mat> • impact test instrument; drop weight tester
Falltreppe f <bau> *(z. B. Dachboden im Einfamilienhaus)* • dropping step
Falltür f <bau> *(vertikal; von oben nach unten schließend)* • guillotine door
Falltür f <bau> *(horizontal; Klappe)* • trap door
Fallturm m <aerospace> *(für Schwerelosigkeitstests)* • drop tower; zero-gravity testing tower
Fallweg m <phys> *(betont: Distanz, Strecke)* • distance of fall
Fallwinkel m <geo> *(geol. Schichten)* • angle of bedding
Fallwinkel m <geo> *(Bodensenke)* • dip angle
Fallwinkel m <qualit.mat> • drop angle
Fallzahl f <agri> • falling number
Fall-zu-Fall-Basis f <tech.allg> *(z. B. Entscheidungsgrundlage)* • case-by-case basis
falsch <allg> *(z. B. Signal, Effekt)* • spurious
falsch <allg> *(unecht, imitiert)* • false; spurious
falsch <allg> *(illegal nachgemacht)* • counterfeit; forged
falsch <allg> *(irrig, fehlerhaft)* • wrong
falsch abgleichen vt <tech.allg> • misalign vt
falsch ablesen vt <msr> • misread vt
falsch abstimmen vt <av> • mistune vt
Falschalarm m <alarm> • false alarm; nuisance alarm; unwanted alarm; unwanted alarm signal
falsch anbringen vt <prod> • misplace vt
falsch angesetztes Bohrloch n <petr> • misplaced hole
falsch anwenden vt <tech.allg> *(z. B. Formel, Methode)* • misapply vt
Falschauslösung f <alarm> • false tripping
falsch bedienen vt <tech.allg> *(ein System, Gerät)* • misuse vt
falsch behandeln vt <allg> • misuse vt; mistreat vt
falsch berechnen vt <tech.allg> • miscalculate vt
Falschdraht m <textil> • false twist
Falschdrahtgarn n <textil> • false-twist yarn
Falschdrahtmaschine f <textil> • false-twisting frame
Falschdrahttexturieren n <textil> • false-twist pin texturing
Falschdrahtverfahren n <chem.petr> • false twist process
Falschdrahtverfahren n <textil> *(Zwirnerei)* • false-twist method
falsche Akazie f <bio> • black locust acacia; Robinia pseudoacacia
falsche Ausrichtung f <tech.allg> • alignment error; misalignment
falsche Bedienung f <tech.allg> • mishandle; mishandling

falsche Datensatznummer f <edv> • bad record number
falsche Einstellung des Stoffauflaufkastens f <pap> • headbox mistune
falsche Fokuseinstellung f <phot> • malfocus
falsch eingestellt <tech.allg> • misadjusted
Falscheinstellung f <tech.allg> • misadjustment
Falscheinstellung f <masch> • wrong setting
falsche Kopfposition f <av> • incorrect head position
falsche Lastverteilung f <mech> • maldistribution of load[s]
falsche Linien fpl <el> *(auf Bildschirm; z. B. Radar, TV, Monitor)* • echo image; echoes; double image; ghost lines; multiple image
falsche Peilung f <navig> • false bearing
falscher Besucher m <alarm> • bogus visitor
falscher Dateiname m <edv> • bad file name
falscher Draht m <textil> • false twist
falscher Geschirreinzug m <textil> • wrong draft
falsch ermitteln vt <pap> • misjudge vt
falsches Signal n <tech.allg> • false signal
falsche Streuung f <el> *(z. B. Funkwellen)* • spurious scattering
falsche Verbindung f <tele> • wrong connection
falsche Verdrahtung f <el> *(konkret)* • miswires
falsche Verdrahtung f <el> *(abstrakt)* • miswiring
Falschfarbenaufnahme f <phot> • color-coded image; false color photo; phantom color photo
Falschfarbenfilm m ugs <phot> • color infrared film; color IR-film
Falschlesung f <edv> *(eines Barcode-Scanners)* • misread; bad read; bad scan; wrong read; mis-scan
Falschluft f <verbr> *(betont: hereingezogen)* • entrained air
Falschluft f <verf> *(allg.; an undichter Stelle eingedrungen; z. B. an Filtern, Motoren, che)* • infiltrated air; false air
Falschlufteinbruch m <verf> • air infiltration
Falschmessung f <msr> • false reading
falsch negativ <med> • false negative
falschphasig <phys> *(Welle, Signal)* • misphased; out-of-phase
falsch positiv <med> • false positive
Falschsignal n <tech.allg> • false signal
Falschwahl f <tele> • faulty selection
Falschzeichen n <navig> • phantom signal
Faltanhänger m <nfz> • soft-sided camping trailer; hard-topped trailer tent
Faltarbeit f <pap> • bending work
Faltarm m <autom> • folding arm
Faltarmroboter m <autom> • folding arm robot
faltbare Ladebordwand f <nfz> • flipaway liftgate; flipaway *coll*; foldaway liftgate *rare*
Faltcaravan m <nfz> • soft-sided camping trailer; hard-topped trailer tent
Faltdach n <bau> *(z. B. Vordach aus Stoff)* • collapsible top
Faltdach n <kfz> *(wie bei 2CV, Fiat500; zum Falten, Rollen)* • sun roof top
Faltdipol m <tele> • folded-dipole antenna *US*; folded dipole
Falte f <allg> *(z. B. in Tuch, Papier, Haut)* • crease
Falte f rar <tech.allg> *(kleinstes flexibles Element eines Wellbalgs)* • convolution; corrugation
Falte f <bekl> *(gebügelt)* • pleat; crease
Falte f <geo> • fold
Falte f <pap> *(geknittert)* • wrinkle
Falte f <pap> • fold
Falte f <prod> *(z. B. in Haut)* • wrinkle
Falte f <textil> *(gebügelt; z. B. in Faltenrock)* • pleat
Falten n <pap> • creasing process

falten *vt* <prod> • fold *vt*
falten *vt* <prod> *(umbiegen; z. B. Blech)* • bend over *vt*
falten *vt* <textil> • pleat *vt*
Falten ausstoßen *vt* <led> • pin *vt*; eliminate wrinkles *vt*
Faltenbalg- <tech.allg> • bellows-type; concertina-like
Faltenbalg *m* <tech.allg> *(z. B. Auszug an alten Photoapparaten, Führungsbahnabdeckung)* • bellows; corrugated bellows
Faltenbalg *m* <fz> *(Durchgang; z. B. an Reisezugwagen, Gelenkbussen, Flughafenterminal)* • gangway bellows; bellows
Faltenbalg *m* <kfz> *(Schutzkappe; i.d.R. Staubschutz)* • bellows *US*; gaiter *GB*
Faltenbalg *m rar* <rls> • convoluted bellows; corrugated bellows
Faltenbalgabdichtung *f* <masch> • bellows-type mechanical seal; bellows mechanical seal
Faltenbalg-Dosierpumpe *f* <förd> • bellows-type pump; bellows-type metering pump; bellows pump
Faltenbalg-Gleitringdichtung *f* <masch> • bellows-type mechanical seal; bellows mechanical seal
Faltenbalgkompensator *m* <rls> • bellows-type compensator; accordion expansion joint
Faltenbalgkupplung *f* <tech.allg> • bellows coupling
Faltenbalgpumpe *f* <förd> • bellows-type pump; bellows-type metering pump; bellows pump
Faltenbalgthermostat *m* <kfz> • aneroid-type thermostat
Falten-Behang *m* <innen> *(Vorhang)* • tuck valance
Faltenbeständigkeit *f* <textil> • pleat retention
Falten bilden *vi* <prod> • wrinkle *vi*
Faltenbildung *f* <tech.allg> • wrinkle formation; wrinkling
Faltenbildung *f* <av> *(Band)* • fold-over
Faltenbildung *f DIN ISO 2424* <bau.innen> *(z. B. Spannteppich)* • creasing *ISO 2424*
Faltenbildung *f* <obfl> *(Lackfehler)* • wrinkling; puckering; shriveling
Faltenbildungsneigung *f* <prod> • wrinkling tendency
Faltenfilter *n* <verf> • folded filter; fluted filter
faltenfrei <obfl> • wrinkle-free
Faltengangübergang *m* <fz> *(Gelenkomnibus, Eisenbahnzug)* • intercommunicating bellows gangway
Faltengebirge *n* <geo> • folded mountain belt
Faltenhalter *m* <pack> *(Cupper)* • blankholder
Faltenhalter *m* <prod> *(Tiefziehen)* • blank holder; hold-down
Faltenhalter *m* <prod> *(Schnittwerkzeug)* • clamping die
Faltenhalterkraft *f* <prod> *(z. B. Tiefziehen)* • blank-holder force
Faltenlautsprecher *m* <av> • folded-horn loudspeaker
Faltenrock *m* <bekl> • pleated skirt
Faltensack *m DIN EN 26590* <pack> • gusseted sack
Faltenschlauch *m DIN EN 26590* <pack> *(Säcke)* • gusseted tube
Faltensystem *n* <geo> • fold system
Falten verteilen *vi* <led> • flatten out creases *vi*
Falter *m ugs* <nfz> • soft-sided camping trailer; hard-topped trailer tent
Falt-Fahrrad *f rar.DB* <fz> • folding bicycle
Faltflasche *f* <phot> • accordion bottle; concertina bottle
Falt-Hardtop *n* <kfz> • folding hardtop
Faltladebordwand *f* <nfz> • flipaway liftgate; flipaway *coll*; foldaway liftgate *rare*
Faltlutte *f* <rls> • concertina ducting
Faltmomentkurven *fpl* <pap> • creasability curves
Faltmomentmessgerät Bauart PTS *n* <pap> • creasability tester PTS
Falt-Notrad *n* <kfz> *(betont: praktischer u. wirtschaftlicher Aspekt)* • save spacer spare wheel; space saving spare wheel; save spacer spare *pract*; collapsible spare tire

Faltrad *n* <kfz> *(betont: praktischer u. wirtschaftlicher Aspekt)* • save spacer spare wheel; space saving spare wheel; save spacer spare *pract*; collapsible spare tire
Faltschachtel in Quaderform *f* <nahr> *(Speiseeis)* • family brick; ice cream brick; brickette
Faltschachtelkarton *m* <pack> • folding boxboard
Faltschachtelklebemaschine *f* <pack> • folding-box gluing machine; folding-box glueing machine
Faltschiebedach *n :V* <kfz> *(z. B. wie bei Mazda 121)* • sliding canvas sunroof
Faltspriegel *m* <kfz> *(Verdeck)* • folding bow
Faltstapel- <pap> *(Faltungsart; in Zusammensetzungen; z. B. Endlosetiketten)* • fanfold …; fan-fold …; fan-folded …
Falttrennwand *f* <bau> *(z. B. in Konferenzsaal)* • accordion partition
Falttür *f* <bau> *(faltenbalgähnlich)* • folding door; flexible door; accordion door
Falttür *f* <fz> *(mit senkrechten Klappscharnieren; Bus, Bahn)* • bifold door; jackknife door
Faltung *f* <geo> • folding
Faltung *f* <math> • convolution
Faltungscode *m* <edv> *(Fehlerkorrektur)* • convolutional code
Faltungscodierung *f* <edv> *(Fehlerkorrektur)* • convolutional code
Faltungsintegral *n* <math> • convolution integral
Faltungsversuch *m* <qualit.mat> • bending test; bend-over test
Faltungsverzerrung *f* <edv.av> • aliasing distortion
Faltungszone *f* <geo> • zone of folding; folded zone
Faltverdeck *n* <kfz> *(bei offenen Autos allg.)* • folding top; fold-away top
Faltversuch *m* <qualit.mat> • folding test
Faltwand *f* <bau> *(z. B. in Konferenzsaal)* • accordion partition
Faltwerk *n* <bau> • folded-plate structure; V-unit
Falz *m* <bau.holz> *(Fuge, Nut; z. B. an Fenster- und Türrahmen)* • rabbet; rebate
Falz *m* <druck> *(Übergang zw. Buchrücken und -deckel)* • groove; joint
Falz *m* <druck> *(Buchbinderei; angehefteter Leinenstreifen)* • guard; stub
Falz *m* <füg> *(überlappende, gefalzte Naht)* • lock seam; double seam
Falz *m* <metall> *(abgewinkelte Blechkante)* • lip
Falz *m* <pap> *(scharfe Faltlinie)* • fold
Falz *m* <prod> • turn-up; bent-up; welt; hem
Falzansatz *m* <led> *(Fehler)* • shaving mark
Falzapparat *m* <druck> • folder unit; folding unit; folder *pract*
Falzapparat-Überbau *m* <druck> • folder superstructure; former module
Falzapparatüberbau *m* <druck> • folder superstructure; former module
Falzart *f* <druck> • fold type
Falzaufbau *m* <druck> • folder superstructure; former module
Falzbein *n* <textil> • folding bone; folding stick
Falzbock *m* <led> • shaving beam
Falzbogen *m* <druck> • folded sheet; folded section
Falzbreite *f* <bau> • width of rebate *:V*
Falzdeckeldose *f* <pack> • open-top can
Falzdichtung *f* <bau> • rebate seal; rebate gasket
Falzeinheit *f* <druck> • folder unit; folding unit; folder *pract*
Falzeinrichtung *f* <druck> • paper folder
Falzen *n* <druck> • folding
Falzen *n* <pack> *(z. B. Dose)* • seaming
falzen *vt* <bau.holz> • rebate *vt*; rabbet *vt*; groove *vt*

falzen vt <led> • shave vt
falzen vt <pap> • fold vt
falzen vt <prod> *(Bleche)* • turn up vt; bend up vt; welt vt; seam vt
falzen aus dem Kalk vt <led> • shave out of the lime vt
falzen nach der Beize vt <led> • bate-shave vt
Falzentwässerung f <bau> • rebate drainage
Falze pro Minute mpl <druck> *(Produktionsgeschwindigkeit)* • folds per minute (fpm)
Falzer m prakt <druck> • folder unit; folding unit; folder pract
Falzfestigkeit f <mat> *(Bleche, Papier)* • folding endurance; folding strength
Falzgenauigkeit f <led> • shaving accuracy
Falzgewicht n <led> • shaved weight
Falzgrund m <bau> • rebate platform :V
Falzhobel m <wz> • grooving plane
Falzklappe f <druck> • folding jaw; folding blade; jaw pract
Falzklappenzylinder m <druck> • jaw cylinder
Falzkontakt m <alarm> • plunger switch; plunger type alarm switch; mechanical plunger switch
Falzkreuz n <druck> • folding mark
Falzlinie f <pap> • score line
Falzmaschine f <led> • shaving machine; shaver
Falzmaschine f <wz.masch> • folding machine; folder
Falzmaschine f <wz.masch> *(Herstellung von Konservendosen)* • seaming machine
Falzmaschine f <wz.masch> *(Blechverarbeitung)* • turn-up machine
Falzmaschinenmesser n <led> • shaver blade
Falzmeißel m <wz> • hand groover
Falzmesser n <druck> • tucker blade
Falzmesser n <led> • shaving knife
Falzmesserzylinder m <druck> • tucker blade cylinder; blade cylinder
Falzphase f <led> • shaving run
Falzprofil n <bau> • rebate profile
Falzrand m <druck> • folding margin
Falzrand m <pack> • seaming panel; compound channel
Falzraum m DIN 52 460 <bau> *(Fenster; Abstand zwischen Glaskante und Glasfalzgrund)* • clearance of rebate :V
Falzregister n <druck> • folding register
Falzschwert n <druck> • folding knife
Falzschwert n <nav> *(Segelboot)* • folding blade
Falzspäne mpl <led> • shavings pl
Falzspänepresse f <led> • shavings press
Falzstärke f <led> *(in Millimetern)* • shaving substance
Falzstaub m <led> • shaving dust
Falzstoß m <füg> • seam joint
Falztiefe f <bau> • depth of rebate
Falztreppe f <led> • shaving ripples pl
Falztrichter m <druck> • former
Falzwalze f <druck> • folding roller
Falzwerk n <druck> • folder
Falzwerküberbau m <druck> • folder superstructure; former module
Falzwerk-Überbau m <druck> • folder superstructure; former module
Falzzahl f <pap> • number of folds; fold number
Falzzange f <kfz.wz> • bending pliers; flanging tool; hand seamer US.rare
Falzziegel m <bau.mat> • interlocking pantile; interlocking tile; single-hip tile
Falzzudrückmaschine f <füg> • grooving machine
Falzzugabe f <prod> • seaming allowance; turning-over allowance
Falzzylinder m <druck> • folding cylinder
Falzzylinder m <led> • shaving cylinder

Familienähnlichkeit f <prod> *(verschiedener Modellreihen)* • family resemblance
Familienauto n <kfz> • family car
Familienpackung f <nahr> *(Speiseeis)* • family pack; take-home container; home pack; take-home pack
Familienpackung in Ziegelform f <nahr> *(Speiseeis)* • family brick; ice cream brick; brickette
FAMOS-Transistor m <el> • FAMOS transistor
Fanfare f <kfz> • trumpet horn
Fanfarenkörper m <akust> *(z. B. Lkw, Pkw, Lok, Schiff)* • bell
Fang m <edv> *(CAD, Grafik)* • snap grid; grid; snap
Fang m <nav> *(Fischerei)* • catch
Fanganode f <el> • collecting anode; gathering anode
Fangarbeit f <petr> • fishing job
Fangband n <tech.allg> • rebound strap
Fangband n <kfz.sich> *(Airbag)* • restraint
Fangbereich m <tech.allg> • collecting zone; catch range
Fangbereich m <el> • locking range; lock-in range; capture range; pull-in range; locking region
Fangbirne f <prod> • mandrel socket
Fangbügel m <sich> • safety shackle; safety bow
Fangdamm m <bau.hydr> • cofferdam; box cofferdam rare
Fangdorn m <petr> *(Innengewindeschneider zum Herausziehen verlorener Rohre)* • taper tap; fishing tap; tap
Fangdraht m <el> • guard wire
Fangdüse f <masch> *(Dampfstrahlkälteanlage)* • steam dome
Fangdüse f <pneum> • receiving hole
Fangeinrichtung f <tele> • call intercept equipment
Fangelektrode f <el> • collecting electrode; gathering electrode; target
Fangen n <edv> • grid and snap; snap and grid; snap on grid points rare
Fangen n <tele> *(Zusatzdienst)* • malicious call identification (MCID)
fangen vt <allg> • capture vt; catch vt
fangen vt <allg> *(etwas Verlorenes zurückholen)* • retrieve vt
fangen vt <el> • trap vt; entrap vt
fangen vt <kfz> *(z. B. Auto, Motorrad sicher zum Stillstand bringen)* • bring to a safe stop vt
fangen vt <nahr> • fish vt/vi
fangen vt <petr> *(im Bohrloch verlorengegangene Teile entfernen)* • fish vt
fangen vt <textil> • tuck vt
Fangen auf Rasterpunkte n rar <edv> • grid and snap; snap and grid; snap on grid points rare
Fangfaden m <textil> • catch thread; catch end
Fangfunktion f <edv> *(CAD, Grafik)* • snap option
Fanggerät n <petr> *(zum Herausfischen von Teilen im Bohrloch)* • fishing equipment; fishing tool; fishing gear
Fanggestrick n <textil> • full cardigan; Royal Rip
Fanggitter n <agri> • catching rack; feeding rack
Fanggitter n <el> • collecting grid
Fanggitter n <el> *(Entstörung)* • suppressor grid
Fangglocke f <petr> *(Außengewindeschneider zum Herausziehen verlorener Rohre)* • overshot; screw bell; bell socket; die collar; fishing tap
Fanggrad m <kfz.mot> *(Zweitakter)* • trapping efficiency
Fanghaken m <aerospace> *(zum Einfangen des Bremsseils)* • catch hook
Fanghaken m <druck> • space-band catch
Fanghaken m <kfz> *(für Fronthaube)* • safety catch
Fanghaken m <nahr> • fishing spear
Fanghaken m <nav> • backstay
Fanghakensicherung f <agri> • top-bracket lock
Fanghebel m <mil> • slide stop; breech catch; slide catch

Fanghebelrastbolzen *m* <mil> • slide stop plunger
Fanghenkel *m* <textil> • tuck loop
Fanghülse *f* <masch> *(durch Reibung wirkend)* • friction socket
Fanginstrument *n rar* <petr> *(zum Herausfischen von Teilen im Bohrloch)* • fishing equipment; fishing tool; fishing gear
Fangkeil *m* <förd> *(gezahnt)* • serrated cone; serrated cam
Fangketten *fpl* <kfz> *(stets zwei, über Kreuz)* • safety chains *pl*
Fangklappe *f* <tech.allg> • baffle plate; baffle
Fangklappe *f* <agri> • check plate; deflector; check flap
Fangkörper *m* <kfz.sich> *(Kindersitz)* • impact cushion :*V*
Fangkörpersitz *m* <kfz.sich> • child seat with impact cushion :*V*
Fangleine *f* <aerospace> *(Fallschirm)* • shroud line; rigging line
Fangleine *f* <nav> *(dünn; an Bord von Booten befestigte Leine zum Festmachen)* • hawser
Fangleine *f* <nav> *(Boot; am Bug befestigte Leine zum Festmachen)* • mooring rope; painter
Fang machen *vi ugs* <textil> • tuck *vt*
Fangmasche *f* <textil> • tuck stitch; cardigan stitch
Fangmaul *n* <nfz> *(an der Anhängerkupplung)* • funnel
Fangmeldung *f* <tele> • call identification report
Fangmodus *m* <edv> • snap mode
Fangmuster *n* <textil> • tuck design; tuck stitch pattern; tucking pattern
Fangmusterung *f* <textil> • tuck design; tuck stitch pattern; tucking pattern
Fangnetz *n* <nav> *(für Binnen-, Hochseefischerei)* • fish net; net *pract*
Fangnetz *n* <sich> *(für herunterfallende Objekte)* • catch net; guard cradle
Fangoption *f* <edv> *(CAD, Grafik)* • snap option
Fangradius *m* <edv> *(CAD, Grafik)* • snap radius
Fangraster *n* <edv> *(CAD, Grafik)* • snap grid; grid; snap
Fangrechen *m* <bau.hydr> • bar rack; trash rack; trash screen; bar grid
Fangriemen *m* <sport.sich> *(Ski)* • binding strap
Fangrinne *f* <verf.hydr> *(Abwasserreinigung)* • collection hopper; trough; gully
Fangsack *m* <agri> *(von Laub- und Abfallsauger)* • debris bag
Fangschaltung *f* <tele> *(Telefon)* • intercepting circuit; interception circuit; interceptor circuit
Fangschere *f* <nav> • fishing jars
Fangschloss *n* <textil> • cardigan lock
Fangspeer *m* <nahr> • fishing spear
Fangspiegel *m* <energ.sol> • heliostat
Fangstelle *f* <el.phys> • trap
Fangstellenniveau *n* <el> • trap level
Fangstellung *f* <textil> • tucking position; tuck position
Fangstoff *m* <pap.ents> • recovered stock
Fangstoff *m* <phys> • getter
Fangstütze *f* <förd> • catch; chair
Fangtaschenelektrode *f* <verf> • catch space collecting electrode
Fangteil *n* <textil> • cardigan cam; tuck element; tuck cam; tuck bar
Fang- und Verarbeitungsschiff *n* <nav> *(Fischerei)* • catching and processing ship
Fangversatz *m* <textil> • cardigan rack
Fangversatzmuster *n* <textil> • racked rib structure
Fangvorrichtung *f* <tech.allg> *(Fahrstuhl)* • safety gear
Fangvorrichtung *f* <förd> *(RFZ)* • safety catch; safety stop
Fangvorrichtung *f* <mil> *(auf Landedeck)* • aircraft arresting gear; aircraft arresting unit

Fangvorrichtung *f* <pap> *(Schale)* • tray
Fangvorrichtung *f* <petr> *(zum Herausfischen von Teilen im Bohrloch)* • fishing equipment; fishing tool; fishing gear
Fangwerkzeug *n* <petr> *(zum Herausfischen von Teilen im Bohrloch)* • fishing equipment; fishing tool; fishing gear
Fangzustand *m* <tele> • malicious call hold; manual hold
Fanno-Kurve *f* <phys> *(Gasdynamik)* • Fanno curve; Fanno line
Fan-out-Effekt *m* <druck> • fan-out effect
FAP-Partikelfilter *m Citroen* <kfz.emiss> • diesel particulate filter (DPF); diesel exhaust particulate filter *thsc. did*; diesel filter *pract*; PM trap; diesel trap *coll*
Farad *n* (F) *DIN 1301* <phys> *(Einheit der Kapazität: As/V)* • farad (F)
Faraday'scher Dunkelraum *m* <phys> • Faraday dark space
Faraday'scher Käfig *m* <el> • Faraday cage; Faraday shield; Faraday screen; electrostatic screen; screened cage
Faraday'scher Strom *m* <el.chem> • faradaic current
Faraday'scher Stromanteil *m* <el.chem> • faradaic component
Faraday'scher Wechselstrom *m* <el.chem> • alternating faradaic current
Faraday'sches Gesetz *n* <el.chem> *(Elektrolyse)* • Faraday's law
Faraday'sches Induktionsgesetz *n* <el> • Faraday's law of induction
Faraday'sche Zahl *f* <phys> • Faraday constant
Faraday-Drehung *f* <phys> • Faraday effect; Faraday magnetooptic rotation; Faraday rotation; magnetooptic rotation
Faraday-Effekt *m* <phys> • Faraday effect; Faraday magnetooptic rotation; Faraday rotation; magnetooptic rotation
Faradaykäfig *m* <el> • Faraday cage; Faraday shield; Faraday screen; electrostatic screen; screened cage
Faradaykonstante *f* <phys> • Faraday constant
Faraday-Rotator *m* <edv.opt> *(Speicher)* • quarter wave plate; 1/4 wave plate; Faraday rotator
Farbabfall *m* <druck> • ink fading
Farbabgabe *f* <druck> • ink release
Farbabnahme *f* <druck> • ink taking
Farbabnahmestreifen *m* <druck> • ink stripe
Farbabrieb *m DIN ISO 2424* <textil.obfl> *(z. B. Spannteppich)* • crocking *ISO 2424*
Farbabstimmung *f* <opt> • color balance; color matching
farbabstoßend <druck> • ink-repellant
Farbabstreichmesser *n* <textil> • color doctor
Farbabweichung *f* <av> • chromatic aberration
Farbabweichung *f* <opt> • chromatism
Farbabzug *m* <phot> • color print
Farbänderung *f* <druck> • color change; change in color
Farbänderung *f* <druck> *(Entfärbung)* • discoloration
Farbänderung *f* <licht> • color shift
Farbätzung *f* <druck> • color etching
Farbandruck *m* <druck> • color proof
Farbanhäufung *f* <druck> • ink build up
Farbannahme *f* <druck> • ink acceptance; ink reception; trapping [capacity] *pract*
farbannehmend <druck> *(Platteneigenschaft)* • ink-attracting; oleophillic *thsc*; oil-attracting; ink-receptive
Farbanodisation *f* <obfl> • integral color anodizing; hard color anodizing
Farbanstrich *m* <obfl> *(Schicht eines Anstrichstoffes)* • paint coat
Farbanstrich *m* <obfl> *(Vorgang)* • painting
Farbanzahl *f* <edv> • number of colors
Farbanzeige *f* <edv> • color display

Farbart *f* <av> • chromaticity

Farbartkanal *m* <av> • chrominance channel; chroma channel

Farbartkoordinate *f* <druck> • chromaticity coordinate

Farbartsignal *n* <av> • chrominance signal (C); C-signal; chroma signal

Farbaufbau *m* <druck> • ink build up

Farbaufhellung *f* • hypsochromic effect

Farbaufnahme *f* <phot> • color shot

Farbaufnahme *f* <phot> *(fotografische Aufnahme)* • color picture; color photograph

Farbaufnahme *f* <textil> • dye absorption

farbaufnahmefähig <druck> • ink-receptive

farbaufnahmefähig <textil> • dye-receptive; dye-absorptive

Farbaufnahmevermögen *n* <druck> • ink receptivity

Farbaufnahmevermögen *n* <pap> • ink absorbency

Farbaufnahmevermögen *n* <textil> • dye receptivity

Farbauftrag *m* <druck> *(auf Druckwalzen etc.)* • inking

Farbauftrag *m* <obfl> *(Vorgang)* • painting; coating; application of a paint coat

Farbauftrag *m* <obfl> *(Resultat; Material auf dem Untergrund)* • paint; coat; coating

Farbauftragswalze *f* <druck> • ink form roller; contact roller; form roller; inking roller; inker

Farbauftragwalze *f* <druck> • ink form roller; contact roller; form roller; inking roller; inker

Farbausbreitung *f* <edv> *(Strichcode-Problem)* • print gain; bar width gain; bar gain; ink spread

Farbausgleichsfilter *m/n* <phot> • color compensating filter; CC-filter

Farbauszug *m* <druck> *(Farbmanagement)* • color separation *US*; colour separation *GB*

Farbauszugsfilm *m* <phot> • color separation film

Farbauszugsfilter *n* <phot> • color separation filter; tricolor filter

Farbauszugsnegativ *n* <druck> • separation negative

Farbauszugspositiv *n* <druck> • separation positive

Farbbad *n* <textil> • dye bath

Farbbalkengenerator *m* <av> • color-bar generator

Farbbalkenmuster *n* <av> • color-bar pattern

Farbband *n* <druck> *(Druck- und Schreibmaschinen)* • ink ribbon; inked ribbon

Farbband *n* DIN 2134 <druck> *(für Schreibmaschine)* • typewriter ribbon; inked ribbon

Farbband *n* <textil.druck> *(Farbfehler)* • wrong color of weft

Farbbandkassette *f* <druck> • ribbon cassette

Farbbandtransport *m* <druck> • ribbon feed; ink-ribbon feed

Farbbandvorschub *m* <druck> • ribbon feed; ink-ribbon feed

Farbbandwechsel *m* <druck> • ribbon replacement

Farbbase *f* <chem> • dye base

Farbbecher *m* <obfl.wz> *(Spritzpistole)* • paint pot *pract*; paint cup; paint container

Farbbehälter *m* <obfl.wz> *(Airbrush)* • paint cup; paint reservoir; paint bowl; paint saucer

Farbbeize *f* <obfl> • stain

Farbbelegung der Seiten *f* <druck.qualit> • ink distribution on pages

farbbeständig <druck/textil> *(farbstabil)* • color-retentive

farbbeständig <obfl> *(nicht entfärbend)* • non-discoloring

farbbeständig <obfl.mat> *(z. B. Kunststoff, Anstrich)* • color fast; color stable; light fast

Farbbeständigkeit *f* <obfl> • colorfastness; color fastness; color stability

Farbbeständigkeit *f* <pap.textil> *(z. B. gegen Ausbleichen)* • color fastness; color retention

Farbbeständigkeit gegen Licht *f* <obfl> • color fastness to light *ISO 105 B01*

Farbbild *n* <tech.allg> • color picture *US*; colour picture *GB*; color image *US*; colour image *GB*

Farb-Bild-Austast-Synchron-Signal *n* <av> • composite signal; composite color signal; composite video signal; color video signal *GB*; color picture signal *coll.*

Farbbildaustastsynchronsignal *n* <av> • composite color signal

Farbbildner *m* <phot> • color coupler

Farbbildröhre *f* <el> *(z. B. TV, PC-Monitor)* • color CRT; color picture tube

Farbbildschirm *m* <edv> • color display *US*; colour display *GB*; color screen *US.rare*; color picture screen *US.rare*

Farbbildsignal *n* ugs <av> • composite signal; composite color signal; composite video signal; color video signal *GB*; color picture signal *coll.*

Farbbildsignalgemisch *n* <av> • composite signal; composite color signal; composite video signal; color video signal *GB*; color picture signal *coll.*

Farbbildübertragung *f* <tele> • color facsimile [transmission]

Farbbindemittel *n* <obfl> • paint vehicle; paint binder

Farb-Bit-Tiefe *f rar* <edv> • color depth; bit depth; color bit depth

Farbcode *m* <el> • color code

Farbcoder *m* <av> • color coder; color encoder

farbcodiert <tech.allg> • color-coded

Farbdekoder *m* <av> • color decoder

Farbdemodulator *m* <av> • color demodulator

Farbdia *n* ugs <phot> • color slide; color transparency

Farbdiafilm *m* <phot> • color transparency film; film for color transparencies *form*; color slide film *coll*; color reversal film *rare*; reversal film *rare*

Farbdiapositiv *n* <phot> • color slide; color transparency

Farbdichte *f* <tech.allg> • color density

Farbdichteregelung *f* <druck> • ink density control

Farbdifferenzsignal *n* <av> • color difference signal; chrominance signal

Farbdiffusionsdrucker *m* <druck> • dye diffusion printer

Farbdiffusionsverfahren *n* <qualit.mat> *(Oberflächenrissprüfung)* • penetrant-dye testing process; dye-penetrant inspection method

Farbdisplay *n* <edv> • color display *US*; colour display *GB*; color screen *US.rare*; color picture screen *US.rare*

Farbdosiernadel *f* <obfl.wz> *(in Sprühpistole)* • paint needle; fluid needle; metering needle

Farbdreieck *n* <obfl> *(in Farbtafeln)* • chromaticity diagram; color triangle *pract*

Farbdruck *m* <druck> *(Vorgang)* • color printing

Farbdrucker *m* <druck> • color printer

Farbdruckkessel *m* <obfl.wz> *(Druckbecherpistolen)* • pressure feed tank

Farbdüse *f* <obfl.wz> *(Spritzpistole)* • fluid tip; fluid nozzle

Farbdüse *f* <obfl.wz> *(von Farbspritzpistole, Airbrush)* • spraying nozzle; spray jet *rare*

Farbduktor *m* <druck> *(im Farbkasten)* • ink fountain roller; ink duct roller; duct roller; ink ductor *US*; ductor

Farbduktorzylinder *m* <druck> *(im Farbkasten)* • ink fountain roller; ink duct roller; duct roller; ink ductor *US*; ductor

Farbdurchtrittsbohrung *f* <obfl.wz> *(Spritzpistole)* • fluid passageway

Farbe *f* ugs <druck> *(flüssig oder pastös)* • printing ink; printer's ink; wet ink; ink

Farbe *f* ugs <obfl> • coating material; paint *DIN EN 971*; varnish

Farbe *f* <obfl> *(Resultat; Material auf dem Untergrund)* • paint; coat; coating

Farbe f DIN 55 945 <phys> (Sinnesempfindung, Lichtwahr-nehmung) • color US; colour GB

farbecht <obfl> (allg.) • colorfast; color-fast; non-discolor-ing

Farbechtheit f <obfl> • colorfastness; color fastness; color stability

Farbechtheit bei Haushaltswäsche und gewerb-licher Wäsche f ISO 105 C06 <textil> • color fastness to domestic and commercial laundering ISO 105 C06

Farbechtheit gegen Bewetterung f ISO 105 B03 <obfl> • color fastness to weathering ISO 105 B03

Farbechtheit gegen Dämpfen f ISO 105 E11 <obfl> • color fastness to steaming ISO 105 E11

Farbechtheit gegen Flecken f ISO 105 E05 <obfl> • color fastness to spotting ISO 105 E05

Farbechtheit gegen gechlortes Wasser f ISO 105 E03 <obfl> • color fastness to chlorinated water ISO 105 E03

Farbechtheit gegen Licht f ISO 105 B01 <obfl> • color fastness to light ISO 105 B01

Farbechtheit gegen Meerwasser f ISO 105 E02 <obfl> • color fastness to sea water ISO 105 E02

Farbechtheit gegen Schweiß f ISO 105 E04 <textil> • color fastness to perspiration ISO 105 E04

Farbechtheit gegen Walken f ISO 105 E12 <textil> • color fastness to milling ISO 105 E12

Farbechtheit gegen Wasser f ISO 105 E01 <textil> • color fastness to water ISO 105 E01

Farbechtheitsmesser m <opt> • fadeometer

Farbeindringprüfung f <qualit.mat> (mit Farbstoff) • dye penetration test; dye penetration inspection; dye pene-trant test; dye penetrant inspection

Farbeindringprüfung f <qualit.mat> (mit Farbstoff oder Fluoreszenzmittel) • liquid penetrant testing; liquid pene-trant inspection

Farbeindringprüfung f <qualit.mat> (mit Fluoreszenz-mittel) • fluorescent penetration test; fluorescent penetra-tion inspection; fluorescent penetrant test; fluorescent penetrant inspection

Farbemail n <obfl> • colored porcelain enamel frit US; col-ored enamel frit US; colored enamel US; colored cover coat US; coloured vitreous enamel frit GB

Farbemissionsvermögen n <phys> • color emissivity

farbempfindlich <tech.allg> • color-sensitive

Farbempfindlichkeit f <av.phot> (von Film, Aufnahme-röhren, CCD-Chips) • color sensitivity; spectral sensitivity; color response

Farbempfindlichkeitskurve f <opt> • sensation curve

Farbempfindung f <bio.opt> • chromatic sensation; color sensation; color perception

Farbempfindung f DIN 5033/1 <phys> (Sinnesempfin-dung, Lichtwahrnehmung) • color US; colour GB

Farbenabtaster m rar <edv> • color scanner US; colour scanner GB

Farbenanreiben n <kunst> • grinding of the paint

Farbenatlas m <obfl> • color atlas

Farbenbindemittel n <chem> • paint binder

Farbenbuchdruck m <druck> • letterpress color printing; chromotypography

Farbendeckung f <druck> (Übereinstimmung) • color registration

Farbendruck m <druck> (Resultat) • color print

Farbendruck m <druck> (Vorgang) • color printing

Farbenfabrik f <chem> • paint factory

Farbenfransen n <av> • color fringing

Farbengang m <led> • color pits

Farben-Helligkeits-Diagramm n <astron> • spectrum-luminosity diagram

Farben-Helligkeitsdiagramm n <astron> • color-lumino-sity diagram

Farbenindex m <astron> • color index

Farbenindustrie f <chem> • dyestuffs industry

Farbenkarte f <tech.allg> • color chart; chromaticity chart

farbenkodiert <astron> • color-coded

Farbenlehre f <opt> • science of colors; chromatics

Farbenlichtdruck m <druck> • color collotype; chromo-collotype

Farbenmesser m <obfl.msr> • colorimeter; tintometer

Farben mit befriedigender Lichtechtheit fpl <obfl> • moderately permanent paints

Farben mit guter Lichtechtheit fpl <obfl> • highly per-manent paints

Farben mit höchster Lichtechtheit fpl <obfl> • total permanent paints

Farbenpalette f <kfz> (Auswahl bei Neuwagenkauf) • paintwork choice

Farbenreibmaschine f <druck> • ink grinding machine

Farbensikkativ n <verf> • ink drier

Farbentafel f <tech.allg> • color chart; chromaticity chart

Farbentferner m <obfl> • paint remover

Farbentrockenstoff m <verf> • ink drier

Farbentwickler m <phot> • color developer

Farbentwicklereinheit f <phot> • color developer unit

Farbenüberdeckung f <av> • color superimposition

Farben- und Kunststoffindustrie f <tech.allg> • paint and plastics industry

Farbenzeilenflimmern n <av> • line flicker; line crawl

Farbenzerlegung f <av> • color separation; color break-up

Farberhöhung f <phys> • hypsochromic effect

Farberweichung f <obfl> (Lackfehler) • soft paint

Farbfehler m <opt> (Farbtonverfälschung) • chromatic ab-erration; off-color

Farbfernsehbildröhre f <av> • color TV picture tube; color television picture tube

Farbfernsehempfänger m <av> • color television re-ceiver; color television set; color TV pract

Farbfernsehen n <av> • color television

Farbfernseher m prakt <av> • color television receiver; color television set; color TV pract

Farbfernsehkamera f <av> • color television camera; color TV camera

Farbfernsehnorm f <av> (z. B. PAL, SECAM, NTSC) • color TV standard; color TV system

Farbfernsehsignal n <av> • color television signal

Farbfernsehstandard m <av> (z. B. PAL, SECAM, NTSC) • color TV standard; color TV system

Farbfernsehsystem n <av> (z. B. PAL, SECAM, NTSC) • color TV standard; color TV system

Farbfernsehsystemanzeige f <av> • color system indi-cator

Farbfernsehsystem-Umschalter m <av> • color system select switch

Farbfernsehsystem-Wahlschalter m <av> • color sys-tem select switch

Farbfernsehübertragung f <av> • color television trans-mission; color transmission

Farbfilm m <druck> (dünne Schicht Farbe) • ink film

Farbfilm m <phot> • color film US; colour film GB

Farbfilter m <licht.theat> • coloring device form; color filter pract

Farbfilter n <phot> • spectral filter; color filter

Farbfilterscheibe f <licht> • color filter disc

Farbflasche f <kunst> • paint bottle

Farbfleck m <obfl> (allg.) • color spot

Farbfleck m <obfl> (Verunreinigung) • stain

Farbfließsystem n <obfl.wz> • gravity-feed paint supply system; gravity feed system pract

Farbflimmern n <av> • color flicker

Farbflotte f <textil.verf> • dye bath
Farbfluss m prakt <obfl> (von heterogenen Farbsyste-men) • flowing property; fluidity; mobility; fluid viscosity
Farbfolge f <tech.allg> • color sequence
Farbfolie f <licht.theat> • color filter; gel coll
Farbfolienrahmen m <licht.theat> • color frame
Farbfoto n ugs <phot> (fotografische Aufnahme) • color picture; color photograph
Farbfotografie f <phot> (fotografische Aufnahme) • color picture; color photograph
Farbfotografie fsg <phot> (Teilbereich der Fotografie) • color photography sg; color film photography
farbfreie Stelle f <druck> (Strichcodesymbol) • void; ink void
farbführend <druck> (Platteneigenschaft) • ink-attracting; oleophillic thsc; oil-attracting; ink-receptive
Farbgebung f rar <allg> • coloring US; colouring GB
Farbgebung f :V <nfz> (von Bussen, Bahnen; typ. f. be-stimmte Betriebe, Strecken) • paint scheme US; livery GB
Farbgebung f <obfl> (Design; z. B. von Räumen, Gebäu-den, Druckschriften) • color scheme
Farbglas n <kunst> • paint jar
Farbglas n <licht> (als Filter) • color glass filter
Farbglas n <silik> (für Ornamente) • stained glass
Farbglas n <silik> (z. B. für Flaschen, Fenster) • colored glass; tinted glass
Farbgleichgewicht n <opt> • color balance
Farbgleichung f <astron> • color equation
Farbgrafik f <edv> • color graphics US; colour graphics GB
Farbgraphikadapter m <edv> • color graphics adapter
Farbhaftgrund m <obfl> • paint base
farbharmonisch dekoriert <gastr> (z. B. Geschirr, Be-steck, Servietten, Tischdekoration) • coordinated
Farbheber m <druck> • ink vibrator; take-up roller
Farbheberwalze f <druck> • ink feed roller; ink vibrator
Farbhilfsträger m <av> (Videoaufzeichnung im Color-under-Verfahren; < 1 MHz) • converted color carrier
Farbholz n <holz> • dyewood
farbige Lackschicht f <obfl> • color coat; colored top coat
farbigen Lack aufbringen vi <obfl> • color coat vt
farbiges Glas nsg <silik> • colored glass
farbige Solarzelle f :V <energ.sol> • colored solar cell; colored silicon solar cell
farbiges Papier n <pap> • tinted paper
farbiges Rauschen n <el> • colored noise
farbiges Recyclingpapier n <pap> • tinted recycled pa-per
farbig lackieren vt <obfl> • color coat vt
Farbindikator m <chem> • color indicator
Farbintensität f <obfl> • coloring intensity; coloring strength
farbintensiv <obfl> • intensely colored
Farbinterreflexion f <edv> (Grafik) • color bleeding; bleeding pract; object-to-object reflection rare
Farbkarte f <edv> • color map
Farbkasten m <druck> (im Farbwerk einer Druckma-schine) • ink fountain; ink duct; ink supply; duct pract; ink well rare
Farbkastenwalze f <druck> (z. B. in Decorator) • fountain roller; fountain roll
Farbkastenwalze f <druck> (im Farbkasten) • ink fountain roller; ink duct roller; duct roller; ink ductor US; ductor
Farbkennzeichnung f <tech.allg> • color coding; color code; color marking
Farbkennzeichnung von Widerständen f <el> • color coding of resistors

Farbklecks m <kunst> • blob of paint; spot of paint; paint droplet; blob; spot
Farbklotz m <druck> • ductor key
Farbkode m <el> • color code
Farbkoder m <av> • color coder; color encoder
farbkodiert <tech.allg> • color-coded
Farbkörper m rar <obfl> (unlöslich, organisch od. anorga-nisch) • pigment; coloring substance rare; coloring matter rare; coloring body rare; coloring solid rare
Farbkomponente f <tech.allg> • color component
Farbkonsistenz f <druck> • ink consistency
Farbkonsistenz f <kunst> • paint consistency
Farb-Konsistenz-Stabilisator m <obfl> (Additiv) • stabi-lizer for paint consistency
Farbkontrastfilter n <opt> • color contrast filter
Farbkopf m <phot> • color head US; color head GB
Farbkopierer m <druck> • color copier
Farbkorrektionsfilter n <opt> • color-correcting filter
Farbkorrektor m <av> • color corrector
Farbkorrektur f <tech.allg> • color correction
Farbkorrekturwert m <av> • color correction value
Farbkraft f <obfl> • coloring power; coloring strength
Farbkraft f <textil> • dyeing power
Farbkreis m <kunst> • color spectrum
Farbküche f <textil> • color kitchen
Farbkuppler m <phot> • color coupler
Farblack m <licht.obfl> (für Glühlampen) • laquer; dope
Farblängsfehler m <opt> • longitudinal chromatic aberra-tion; axial chromatic aberration; chromatic difference of focus
Farblaserdrucker m <edv> • color laser printer
farblich abgestimmt <allg> (z. B. Kleidung, Möbel, Kfz-Innenaustattung) • color-coded; color-matched; color-keyed
farbliche Gestaltung f <obfl> (Design; z. B. von Räumen, Gebäuden, Druckschriften) • color scheme
farbliche Palette f <obfl> (z. B. Produktvarianten) • color range
farblich hervorgehoben <doku> (z. B. bestimmte Text-passagen) • color-coded; highlighted by color
farblich markiert <doku> (z. B. bestimmte Textpassagen) • color-coded; highlighted by color
farblich sortiertes Set n <bekl> • assorted color package
Farblichtsignal n <bahn> • color light signal
Farbloch n <druck> (Strichcodesymbol) • void; ink void
farblos <bekl> (Visier) • clear
farbloses Brillenglas n ISO 13666 <opt> • clear lens ISO 13666
farbloses Glas n <ents> • clear glass; colorless glass; flint glass
Farblosigkeit f <phys> • achromaticity; colorlessness pract
Farbmanagement n <druck> (Druckvorstufe) • color management US; colour management GB
Farbmarke f <druck> • color mark
Farbmarkierung f <tech.allg> (z. B. von Wanderwegen, Nutzholz, Widerständen) • color marking; color coding
Farbmarkierungssensor m <druck> • color mark sensor
Farbmaske f <av> • color mask
Farbmaßstabsfehler m <opt> • chromatic difference of magnification
Farbmaßzahl f <phys> • chromaticity
Farbmaterial n rar <obfl> (unlöslich, organisch od. anor-ganisch) • pigment; coloring substance rare; coloring matter rare; coloring body rare; coloring solid rare
Farbmedium n <obfl> • marking medium
Farbmengenvorregulierung f <kunst.wz> • presetting of paint
Farbmesser n <druck> • ink blade

Farbmesser n <druck> *(zum Abstreifen überschüssiger Farbe)* • doctor blade; blade; doctor blade knife; doctor knife; fountain blade

Farbmessgerät n <msr> • color-measuring instrument; colorimeter

Farbmessung f <msr> • colorimetry

Farbmessung f <textil> *(Färberei)* • colorimetry

Farbmetrik f <textil> *(Färberei)* • metric of colors

Farbmischen n <druck> • ink mixing

Farbmischkopf m <phot> • color head *US*; color head *GB*

Farbmischkopf mit eindrehbaren Farbfiltern m <phot> • dial-in color head

Farbmischmaschine f <druck> • ink mixer

Farbmischmaschine f <kfz.wz> • power mixer; power-driven shaker

Farbmischsystem n <edv> *(von Anwendungssoftware)* • color model

Farbmischung f <edv> • color mixing

Farbmischung f <opt.av> • color mixture

Farbmittel n DIN 55943 <obfl> *(unlöslich, organisch od. anorganisch)* • pigment; coloring substance *rare*; coloring matter *rare*; coloring body *rare*; coloring solid *rare*

Farbmittel npl DIN 55943 <nahr> • colorants *US*; colourants *GB*; coloring materials *GB*

Farbmittel npl <obfl> • pigments and dyes

Farbmodell n <edv> *(von Anwendungssoftware)* • color model

Farbmodulator m <av> • chrominance modulator; color modulator

Farbmonitor m <edv> • color monitor

Farbmusterkopie f <druck> • color check print

Farbnadel f <obfl.wz> *(in Sprühpistole)* • paint needle; fluid needle; metering needle

Farbnäpfchen n <druck> • ink cell

Farbnapf m <obfl.wz> *(Airbrush)* • paint cup; paint reservoir; paint bowl; paint saucer

Farbnebel m <obfl> *(Spritzlackierung, Airbrushing)* • spray mist; spray fog; spray dust *rare*

Farbnebel-Absauger m <obfl.hlk> *(Luftreinigungsanlage)* • spray filter system

Farbnegativfilm m <phot> • color negative film; film for color prints; color print film

Farbnormwandler m <av> • transcoder

Farbnuance f <opt> • shade

Farbopazität f <druck> • ink opacity

Farbort m <licht> *(Lichtfarbe als Koordinaten auf der Normfarbtafel)* • chromaticity; color locus; spectrum locus

Farbortsfehler m <opt> • chromatic aberration of position; chromatic difference of focus

Farbpalette f prakt <edv> *(Grafikkarte)* • color lookup table (CLUT); color palette *pract*

Farbpalette f <obfl> • color palette

Farbpartikel n <obfl> • ink particle

Farbpasser m <druck> *(Druckplattenregistrierung)* • color register; color to color registration; color-to-color register; colour register *GB*; register

Farbpaste f <textil> • dye paste

Farbpigment n <druck> • ink pigment

Farbpigment n <obfl> • paint pigment

Farbpinsel m <kunst> • brush; handbrush; paintbrush

Farbplatte f <druck> • ink slab

Farbpolfilter n <phot> • color polarizing filter; color polarizer

Farbproof m <druck> *(Proofverfahren)* • color proof *US*; colour proof *GB*

Farbprüfverfahren n <druck> *(Proofverfahren)* • color proof *US*; colour proof *GB*

Farbpyrometer n <msr> • ratio pyrometer; two-color pyrometer

Farbqualität f <phot> • color quality *:V*

Farbquerfehler m <opt> • lateral chromatic aberration; transverse chromatic aberration; chromatic difference of magnification

Farbrädchen n <druck> • inking disc; inking wheel

Farbrakel f <druck> • color doctor

Farbrand m <tech.allg> • colored edge

Farbraster m <phot> • color screen

Farbrasterätzung f <druck> • half-tone color plate

Farbraumkapazität f <kunst.wz> • paint reservoir capacity; paint capacity *pract*

Farbraum-Modell n <edv> *(von Anwendungssoftware)* • color model

Farbregister n <druck> *(Bauteil)* • color register

Farbregister n <druck> *(Druckplattenregistrierung)* • color register; color to color registration; color-to-color register; colour register *GB*; register

Farbregler m <av> • chroma control

Farbregulierkappe mit Schraube f <kunst.wz> • screw paint adjustment cap

Farbregulierungsgriff m <kunst.wz> • paint adjustment handle

Farbreiber m <druck> • brayer

Farbreiber m <wz> *(Anstreichen)* • hand inking roller; hand roller

Farbreibmühle f <verf> • paint grinding mill; color grinding mill

Farbreibzylinder m <druck> • oscillating ink roller; distributing cylinder; oscillator

Farbreihe f <textil> • color range

Farbreinheit f <av> • color purity

Farbreinheitseinstellung f <av> • color-purity adjustment; purity adjustment

Farbreinheitsmagnet m <av> • color-purity magnet; purity magnet

Farbreservoir n <obfl.wz> *(Airbrush)* • paint cup; paint reservoir; paint bowl; paint saucer

Farbrest m <textil> *(Färberei)* • dyestuff residue

Farbrestebehälter m <obfl> • spraz-out box

Farbrestfehler m <opt> • residual chromatic aberration

Farbretusche f <druck> • color retouching

farbrichtig <phot> *(ohne Farbstich)* • tone-compensated

Farbrissprüfung f <qualit.mat> *(mit Farbstoff)* • dye penetration test; dye penetration inspection; dye penetrant test; dye penetrant inspection

Farbrissprüfung f <qualit.mat> *(mit Farbstoff oder Fluoreszenzmittel)* • liquid penetrant testing; liquid penetrant inspection

Farbrissprüfung f <qualit.mat> *(mit Fluoreszenzmittel)* • fluorescent penetration test; fluorescent penetration inspection; fluorescent penetrant test; fluorescent penetrant inspection

Farbrückstände mpl <tech.allg> *(Ansammlung, Verkrustungen; z. B. in Spritzwerkzeugen)* • paint build-ups; paint residues

Farbrührwerk n <verf> • ink agitator

Farbruß m <druck> • carbon black

Farbsättigung f <phot/av/edv> • color saturation; saturation *pract.*; chroma *rare*

Farbsäure f <chem> • dye acid

Farbsampling n <edv> • color sampling

Farbsatz m <druck> *(Farbmanagement)* • four-color plate separations

Farbsaum m <opt> • color fringe; colored edge

Farbsaumbildung f <opt> • color fringing

Farbscanner m <edv> • color scanner *US*; colour scanner *GB*

Farbschalter m <av> • color sampler

Farbschaltung f <av> • color sampling

Farbschattierung f <opt> • shade

Farbschattierung f <textil> • cast
Farbscheibe f <licht.theat> • glass filter
Farbscheibeneinschub m <licht.theat> • color runner *gen*; color frame runner *form*
Farbschicht f <druck> • ink film
Farbschicht f <obfl> • paint coat[ing]
Farbschichtdickenmessgerät n <msr> • ink film thickness tester
Farbschieber m <druck> • ink lever
Farbschieberegler m <edv> • color slider
Farbschlamm m <ents> • paint sludge; pigment sludge
Farbschlierenmethode f <phys> (z. B. laseroptische Strömungs- u. Schwingungsmessung) • color schlieren technique
Farbschmitz m <druck> • ink slur
Farbschnitt m <druck> • colored edge
Farbschnittweitenfehler m <opt> • longitudinal chromatic aberration; axial chromatic aberration; chromatic difference of focus
Farbschreiber m <druck> • ink writer
Farbschutzüberzug m <obfl> • paint protective coating
farbsensibilisiert <tech.allg> • color-sensitized
Farbsensor m <av> (z. B. für Weißabgleich) • color sensor
Farbseparation f <druck> (Farbmanagement) • color separation US; colour separation GB
Farbsignal n <av> • color signal
Farbsignalgemisch n <av> • composite signal; composite color signal; composite video signal; color video signal GB; color picture signal coll.
Farbskala f <allg> • color range
Farbskala f DIN 16544 <druck> (Andruck) • color scale; progressive proofs
Farbskala f <druck> (z. B. Europäische Farbskala) • color scale
Farbsorten fpl <kunst> • color series
Farbsortierer m <agri> • color sorter
Farbspaltung f <druck> • ink splitting; ink film splitting
Farbspatel m <druck> • ink slice
Farbspektrum n <phot> • color spectrum
Farbsperre f <av> • color killer
Farbspritzanlage f <obfl> • spray-painting unit; spray-painting plant
Farbspritzdruck m <edv> • ink-jet printing
Farbspritzdrucker m <edv> • ink-jet printer
Farbspritzen n <obfl> • paint spraying
Farbspritzpistole f <obfl> • paint-spraying gun; paint-spray gun
Farbsprung m <edv> (z. B. bei LCD-Betrachtung aus unterschiedl. Winkel) • color transition
farbstabil <obfl.mat> (z. B. Kunststoff, Anstrich) • color fast; color stable; light fast
Farbstäuben n <druck> • ink misting
farbstarker Gasruß m <druck> • intensive furnace black
Farbstaub m <druck> • ink mist
Farbstein m <druck> • ink slab
Farbsteuergerät n <textil> • color-control system
Farbsteuergitter n <av> • color grid
Farbstich m <phot> (unerwünscht) • color cast; color tinge
farbstichig <av> (Bild; auch Photo) • stained
Farbstoff m <holz> (zum Einfärben; eindringend) • stain
Farbstoff m <nahr> (natürlich od. künstlich) • colorant US; colourant GB; coloring US
Farbstoff m DIN 55945 <obfl> (unlöslich, organisch od. anorganisch) • pigment; coloring substance rare; coloring matter rare; coloring body rare; coloring solid rare
Farbstoff m <silik> (durchfärbend) • stain
Farbstoff m <textil> (lösliche oder gelöste organische Verbindung; zum Tränken) • dyestuff; dye
farbstoffaffin <textil> • dye-affinitive

Farbstoffaffinität f <textil.obfl> (von Stoffen; z. B. von Seide, Synthetik) • dye affinity; affinity to dyes; affinity to dyestuffs; dyeability; dye receptivity
Farbstoffatomisation f <kunst.wz> • paint atomization
Farbstoffaufnahme f <mat> • dye absorption; dye reception; dye uptake
Farbstoffaufnahmevermögen n <mat> • dye receptivity
Farbstoffbild n <phot> • dye image
Farbstoffchemie f <chem> • dye chemistry
Farbstoffdispergiermittel n <chem> • dye-dispersing agent
Farbstoffechtheit f <textil> • dye fastness
Farbstofffixiermittel n <textil.chem> • dye-fixing agent
Farbstoffklasse f <textil> (Färberei) • dyestuff group
Farbstofflaser m <opt> • dye laser
Farbstofflösemittel n <chem> • dye solvent
Farbstofflösung f <obfl> • paint solution
Farbstofflösung f <textil> (Färberei) • dyestuff solution
Farbstoffschicht f <edv> (Grafik) • dye layer
Farbstoffzerstäubung f <kunst.wz> • paint atomization
Farbstoffzusatz m <nahr> • color additive
Farbstoffzwischenprodukt n <chem> • dye intermediate
Farbstoffzwischenträger m <pap> • transfer printing paper
Farbstrahldruck m <edv> • ink-jet printing
Farbstrahldrucker m <edv> • ink-jet printer
Farbstrahldruckwerk m DIN 9784 <edv> • ink-jet printer
Farbstreifen m <druck> • ink stripe
Farbstreifen m <opt> • color fringe
Farbstreifen m <textil> • wrong color of weft
Farbstreifigkeit f <obfl> • stripiness
Farbsucher m <av> • color viewfinder
Farbsynchronisationsstufe f <av> • color synchronizer
Farbsynchronsignal n <av> • burst [signal]; color synchronizing burst form; color burst signal; color burst; color sync pract
Farbtabelle f <tech.allg> • color table; color map
Farbtabellen-Animation f <edv> • color table animation
Farbtafel f <tech.allg> • color chart; chromaticity chart
Farbtemperatur f <phys> (warm, kalt) • color temperature; light color
Farbtemperaturmesser m <msr> • color temperature meter
Farbtestbild n <av> • color television test card
Farbtiefe f <druck> • color intensity
Farbtiefe f <edv> • color depth; bit depth; color bit depth
Farbton m <kunst> (Tönung) • hue; shade; color-tone; tint; tinge
Farbton m <licht> • tint
Farbton m <obfl> (bei Unterscheidung ähnlicher Farben; z. B. von Textilien, Papieren) • shade; hue
Farbton m <phys> (warm, kalt) • color temperature; light color
Farbtonabweichung f <obfl> (Lackfehler) • off shade; off color
Farbtonbestimmung f <obfl> • paint color matching; color matching
Farbtonechtheit f <pap> • color retention; color fastness
Farbton-Helligkeit-Farbwert m rar <edv> • Hue-Saturation-Value (HSV) stand.
Farbton-Helligkeit-Intensität f (HSV) <edv> • Hue-Saturation-Value (HSV) stand.
Farbton-Helligkeit-Sättigung f (HLS) <edv> • Hue-Lightness-Saturation (HLS)
Farbtonkarte f <obfl> • color chart; paint chip book pract; color code book
Farbtonkreis m <opt> • hue circle
Farbtonregelung f <av> • hue control; phase control; chroma control

Farbtonregler *m* <av> • hue control; phase control; chroma control

Farbtonschieberegler *m* <edv> • hue slider

Farbtontabelle *f* <obfl> • color chart; paint chip book *pract*; color code book

Farbtonumschlag *m* <chem> • shade alteration; change in shade

Farbtopf *m* <kunst> • paint pot

Farbträger *m* <av> • color carrier; chrominance carrier; chrominance subcarrier; subcarrier; color subcarrier

Farbträger *m* <phys> • chromophore

Farbträgerbezugswert *m* <av> • color carrier reference

Farbträgerfrequenz *f* <av> • chrominance carrier frequency

Farbträgerkanal *m* <av> • chrominance channel

Farbträgeroffset *n* <av> • color subcarrier offset

Farbträgeroszillator *m* <av> • color subcarrier oscillator

Farbträgerunterdrücker *m* <av> • color killer

Farbtreue *f* <tech.allg> • color fidelity

Farbtropfen *m* <kunst> • blob of paint; spot of paint; paint droplet; blob; spot

Farbtuchantrieb *m* <druck> • ribbon feeding feature

farbtüchtig <av> • equipped for color

Farbtüchtigkeit *f* <av> • color capability

Farbübergang *m* <tech.allg> • color transition

Farbüberschuss *m* <druck> *(in Strichcodes)* • extraneous ink

Farbübersprechen *n* <av> • color crosstalk; cross-color

Farbübertragung *f* <druck> • ink transfer

Farbübertragungsgrad *m* <pap> • ink transfer efficiency

Farbübertragungswalze *f* <druck> • ink transfer roller

Farbübertragwalze *f* <druck> • ink transfer roller

Farbüberwachung *f* <textil> • shade monitoring

Farbüberzug *m* <obfl> • paint coat

Farbumkehrfilm *m form* <phot> • color transparency film; film for color transparencies *form*; color slide film *coll*; color reversal film *rare*; reversal film *rare*

Farbumkodierer *m* <av> • transcoder

Farbumlauf *m* <druck> • ink circulation

Farbumschlag *m* <allg> • color alteration; change in color

Farbumschlag *m* <chem> • indicator transition

Farbuntergrund *m* <obfl> • paint base

Farbunterscheidung *f* <qualit> • color discrimination

Farbunterschied *m* <obfl> *(Lackfehler)* • off shade; off color

Farbvalenz *f* <phys> • color stimulus specification

Farbveränderung *f* <obfl> *(allg.)* • color change

Farbveränderung *f* <obfl> *(unerwünscht)* • discoloration

Farbverdünner *m* <obfl> • paint thinner

Farbverfälschung *f* <av> • color registration error

Farbvergleichsmesser *m* <msr> • color comparator; tintometer

Farbvergrößerer *m* <phot> • color enlarger *US*

Farbvergrößerung *f* <phot> • color print

Farbvergrößerungsfehler *m* <opt> • chromatic difference of magnification; color magnification error

Farbverkrustung *f* <kunst> • paint encrustation

Farbverlauf *m* <edv> • color blending

Farbverlauf *m* <kunst> *(angleichend, nivellierend; Airbrush-Sprühmuster)* • color leveling *US*; colour levelling *GB*

Farbverlauffilter *m/n* <phot> • graduated filter; graded-density filter *rare*

Farbverreiber *m* <druck> • oscillating ink roller; distributing cylinder; oscillator

Farbverreibezylinder *m* <druck> • oscillating ink roller; distributing cylinder; oscillator

Farbverschiebung *f* <phot> • color shift

Farbverteilung *f* <druck> • ink distribution

Farbverteilungsmittel *n* <chem> • dye dispersing agent

Farb-Videodrucker *m* <av> • color video printer; color video copy processor; video printer; video copy processor

Farbvideodrucker *m* <edv> • video color printer

Farb-Videoprinter *m* <av> • color video printer; color video copy processor; video printer; video copy processor

Farbvorlage *f* <textil> *(Färberei)* • color sample *US*; color pattern *GB*

Farbwalze *f* <druck> • ink roller; inking roller; inker

Farbwanderung *f* <textil> • dye migration

Farb-Wasserbalance *f* <druck> *(Druckmaschine)* • ink-water balance; ink/water balance

Farb/Wasserbalance *f* <druck> *(Druckmaschine)* • ink-water balance; ink/water balance

Farbwechsel *m* <tech.allg> *(z. B. Spritzpistole, Spritzgießmaschine)* • color change

Farbwechsel *m* <druck> *(betont: Farbstoff, Tinte, Toner)* • ink change

Farbwerk *n* <druck> *(in Drucker; z. B. auch beim Bedrucken von Verpackungen, Dosen)* • inking system; inking station; inking unit; ink train; inker *pract*

Farbwerk *n* <textil> *(Färberei, Anlage)* • dye plant; dye works *pl*

Farbwerkantrieb *m* <druck> • inking-unit drive

Farbwerkstemperierung *f* <druck> *(Erwärmung/Kühlung)* • temperature control of the inking system

Farbwert *m* <tech.allg> • color value; chrominance

Farbwert *m* <phot> • tonal value

Farbwertsignal *n* <av> • chrominance signal; color signal *pract*

Farbwiedergabe *f* <phys> *(z. B. von Scheinwerfern, Lampen)* • color rendering *US*; color rendition *US*; color reproduction *GB*

Farbwiedergabeeigenschaften *fpl* <licht> • color rendering properties *pl*

Farbwiedergabeindex *m* <licht> • color rendering index (CRI)

Farbwiedergabetreue *f* <tech.allg> • color fidelity

Farbzahl *f* <min> • color index

Farbzelle *f* <av> • color cell

Farbzerlegung *f* <tech.allg> • color dispersion

Farbzone *f* <druck> • ink zone

Farbzonenschraube *f* <druck> • ink zone key; ink key; ink fountain key; duct-adjusting screw

Farbzuführung *f* <druck> • ink delivery system; ink feeding; ink feed

Farbzufuhr *f* <obfl> *(z. B. von Spritzpistole, Airbrush)* • paint supply; paint feed

Farbzuordnungstabelle *f* <edv> *(Grafikkarte)* • color lookup table (CLUT); color palette *pract*

Farbzusammensetzung *f* <phys> *(warm, kalt)* • color temperature; light color

Farbzusatz *m* <druck> *(Streckmittel)* • ink reducer

Farbzylinder *m* <druck> • ink roller; inking roller; inker

Farmer'scher Abschwächer *m* <phot> *(kontraststeigernder Abschwächer)* • Farmer's reducer

Farnsworth-Bildröhre *f* <el> • Farnsworth tube; Farnsworth image dissector tube

Faschine *f* <bau.mat> *(z. B. zur Deichverstärkung)* • fascine *US*; fagot *GB*

Faschinendamm *m* <bau> • fascine barrier wall

Faschinenmatte *f* <bau.mat> • fascine mattress

Fase *f DIN 52 460* <tech.allg> *(abgeschrägte Bauteilkante)* • chamfer; chamfered edge; bevel

Fase *f* <wz> *(an Werkzeugschneide, z. B. Bohrer)* • land

Fase *f* <wz> *(an Gewindeschneidwerkzeugen)* • taper start; starting taper; chamfer

fasen *vt* <tech.allg> *(Kante abschrägen, typ. 45°)* • chamfer *vt*

fasen vt <edv> (in Zeichnung, CAD) • chamfer vt

fasen vt <masch> (breit abschrägen) • bevel vt

Fasenbreite f <tech.allg> • land width

Fasenschneide f DIN ISO 5419 <wz> (Bohrer) • leading edge ISO 5419; leading edge of the land; minor cutting edge

Fasenwinkel m <masch> • chamfer angle

Faser f <tech.allg> (Glas, Kunststoff, Mineral, Textil, Bio-) • fiber US; fibre GB

Faser f <holz> • grain

Faser f <textil> (endlos) • filament

Faserabbau m <tech.allg> (Desintegration) • fiber disintegration

Faserabrieb m <tech.allg> (Resultat, staubförmig; z. B. von Textilien, Reibbelägen) • fiber dust

Faseraffinität f <textil> (Färberei) • affinity to the fiber US; affinity to the fibre GB

Faseranisotropie f <pap> • fiber anisotropy

Faseransammlung f <textil> • fiber fluff

Faserart f <mat> • type of fiber US; type of fibre GB

faserartig <mat> (mit faserförmiger Struktur) • fibrous; stringy

Faserasbest m <mat> • fibrous asbestos; amianthus

Faserband n <textil> • sliver

Faserbaustoffplatte f <bau.mat> • fiberboard US; fiber slab; fibreboard GB

faserbedingt <opt.lwl> (z. B. Übertragungsprobleme) • fiber-related

faserbedingter Koppelverlust m <opt.lwl> • intrinsic coupling loss

Faserbeton m <bau.mat> • fiber concrete US; fibre reinforced concrete GB

Faserbindung f <pap> • fiber bonding

Faserbraunkohle f <min> • fibrous brown coal

Faserbruch m <qualit.mat> • fibrous fracture

Faserbündel n <mat> (z. B. aus Kupfer, Glas) • strand

Faserbündel n <opt.lwl> (Glas) • fiber bundle

Faserbündel n <pap.ents> (unerwünschte Faserzusammenballung) • fiber bundle; fiber lump; fiber knot

Faserbüschel n <textil> • fiber tuft

Faserdämmplatte f <bau.mat> • fiber insulating board US; insulating fibreboard GB

Faserdämpfung f <opt.lwl> • fiber loss

Faserdetektor m <msr> (z. B. für Asbestfasergehalt in Luft) • fiber detector

Faserdiagramm n <phys> • fiber diagram

Faserdurchmesser m <tech.allg> • fiber diameter

Faserendfläche f <lwl> • fiber end face US; fibre end face GB

Faserfeinheit f <qualit> • fiber count

Faserfestigkeit f <pap> • fiber strength

Faserfilter n <verf> • felt-fabric filter; felt filter

Faserfilz m <textil> • mat of fibers; mat; paper web

Faserflachs m <mat> • fiber flax

Faserflexibilität f <pap.ents> • fiber flexibility

Faserflocke f • fiber flock

Faserflocke f <pap.ents> • fiber flake

Faserflor m <textil> • fiber web

Faserflugbindung f <textil> • fly shedding

faserförmige Stäube mpl VDI 3469-5 <emiss> • fibrous dusts pl

faserförmige Stäube mpl <verf> • fibrous dusts

Faserfraktioniergerät n <pap> • fiber classifier

Fasergefüge n <led> • fiber structure

Fasergefüge n <mat> • fibrous structure

Faser gegen Faser f <textil> (Spinnerei) • friction fiber to fiber; fiber to fiber

Fasergehalt m <agri.tech> • fibrous material content

Fasergehalt m <qualit> • fiber content

Fasergelege n DIN ISO 2424 <bau.innen> (textiler Bodenbelag) • batt ISO 2424

Faserglas n <silik> • fiber glass; fibrous glass; spun glass

Fasergut nsg <textil> • fibrous material

Faserhalbstoff m <pap> • half stuff

faserhaltig <förd> (mit Fasern; z. B. Fördermedium) • fibrous

Faserhartplatte f rar <holz> • hardboard; hard fibreboard GB; fiber hardboard rare

Faserhaut f <textil> • fiber skin; skin

Faserholz n <pap> • pulpwood

Faserhülle f <tech.allg> (Hülle aus Fasern oder Hülle um Fasern) • fiber skin; fiber sheath

Faserhülle f <lwl> (mechanischer Schutz) • buffer tube; jacket

Faserhülle für Einzelfaser f <lwl> • optical fiber jacket; jacket

Faserhülle für Faserbündel f <lwl> • bundle jacket; jacket

faserig <förd> (mit Fasern; z. B. Fördermedium) • fibrous

faserig <mat> (mit faserförmiger Struktur) • fibrous; stringy

faserige Bruchfläche f <qualit.mat> • fibrous fracture surface

faseriger Bruch m <qualit.mat> • fibrous fracture

Faserisolierung f <mat> • fibrous insulation

Faserkalk m <mat> • fibrous limestone

Faserkern m <lwl> • fiber core

Faserklemmung f <textil> • gripping of the fibers

Faserknötchen n <textil> • slub

Faserkohle f <min> • fibrous coal; fusain DIN 22005-2

Faserkreisel m <navig> • fiber optic gyro (FOG)

Faserlänge f <tech.allg> • fiber length; fiber staple

Faserlänge f <textil> • length of fiber

Faserleder n <led> • leather board; reconstituted leather

Faserlehm m <bau.mat> • straw clay

Faserlichtleiter m <lwl> • fiber light guide

Faserlitze f <opt.lwl> (Glas) • fiber bundle

Fasermantel m <tech.allg> (Hülle aus Fasern oder Hülle um Fasern) • fiber skin; fiber sheath

Fasermasse f <pap> • fibrous pulp; fibrous mass; pulpy mass of fibers; pulpy mass

Fasermaterial n <pap> • fibrous material; pulp furnishes

Fasermaterial nsg <textil> • fibrous material

Fasermischung f <pap> • fiber mixture

fasern vi <textil> • ravel out vi; unravel vt

Fasernetzwerk n <led> • fiber network

Fasernoppe f <textil> • fiber tuft

Fasern ziehen vi <opt/silik> • pull fibers vi

Faseroptik f <lwl> • optical fiber bundle

faseroptisch <lwl> • fiber-optical

faseroptischer Kreisel m <navig> • fiber optic gyro (FOG)

faseroptisches Beleuchtungssystem n <lwl> • fiberoptic lighting system

faseroptisches System n <lwl> • fiber-optical system

Faserorientierung f <tech.allg> (z. B. bei Papier, Textilien) • fiber orientation

Faserplatte f <bau.mat> • fiberboard US; fiber slab; fibreboard GB

Faserprojektor m <opt> • microscopic fiber projector

Faserqualität f <pap> • fiber quality

Faserquerschnitt m <tech.allg> • fiber cross-section

Faserquetschung f <qualit.mat> (Druckbeanspruchung) • ruptured fiber structure

Faserreststoff m <pap.ents> • fiber residue

Faserrichtung f <led> • direction of the fiber structure

Faserrichtung f <obfl.holz> • grain direction; wood grain direction; direction of the grain

Faserrichtung f <prod> (im Kristallgefüge (z. B. Textur)) • direction of the fiber

Faserrohstoff *m* <ents> • pulp wood; wood pulp
Faserrohstoff *m* <pap> • raw stock; raw fibrous material; paper stock
Faserrohstoffe *mpl* <pap> • fiber raw material
Faserrückgewinnung *f* <pap> • fiber recovery
Faserrückgewinnungsanlage *f* <pap> • pulp saver
Fasersättigungspunkt *m* • fiber saturation point
Fasersammelrinne *f* *(Rotorspinnmaschine)* • fiber-collecting groove
Faserschichtfilter *n* <ents> • fiber mat filter *US*; fibre mat filter *GB*
Faserschreiber *m* <büro> • nylon tip pen; felt tip pen *coll*
Faserschwächung *f* <textil> • tendering of the fiber; weakening of the fiber
Faserseele *f* <lwl> • fiber core
Faserseele *f* <masch> *(Drahtseil)* • hemp center; hemp core
Faserseil *n* DIN 83305-2 <textil> • fiber rope
Faserserpentin *m* <min> • Canadian asbestos; chrysotile
Faserspachtel *m* <kfz.rep> • glass-reinforced filler paste; chopped-strand impregnated filler; filler with reinforcing fibers; fiber paste *coll*
Faserspannung *f* <mech> • fiber stress
Faserstärke *f* <tech.allg> • fiber diameter
Faserstippe *f* <pap.ents> *(unerwünschte Faserzusammenballung)* • fiber bundle; fiber lump; fiber knot
Faserstirnfläche *f* <lwl> • fiber end face *US*; fibre end face *GB*
Faserstoff *m* <pap> • fiber stock *US*; fibrous stock; fiber furnish *US*; fibre furnish *GB*
Faserstoff *m* <textil> • non-woven fabric; felted fabric; fibrous material
Faserstoffbrei *m* <pap> • fibrous pulp
Faserstoffchemie *f* <chem> • chemistry of fibers
Faserstoffe *mpl* <textil> • felted fabrics *pl*; fibrous material; non-woven fabrics *pl*; non-wovens *pl*; felts *pl*
Faserstofffilter *m/n* <verf> • felted fabric filter; non-woven fabric filter
Faserstoffisolierung *f* <tech.allg> *(Zellstoff)* • pulp insulation
Faserstoffisolierung *f* <bau.mat> • fibrous insulation
Faserstoffprüfgeräte *npl* <pap> • pulp testing equipment
Faserstoffsuspension *f* <pap> • fiber-bearing water; fiber-bearing liquid
Faserstoffverlust *m* <pap.ents> *(Flotation)* • fiber loss; loss of fiber material
Faserstoffverwirbelung *f* <textil> • entanglement of fibers
Faserstoffwäsche *f* <pap.ents> *(Deinkingverfahren)* • washing
Faserstruktur *f* <bekl> • fiber structure
Faserstruktur *f* <holz> *(Maserung)* • grain
Faserstruktur *f* <led> • fiber structure
Faserstruktur *f* <mat> • fibrous structure
Fasersubstanz *f* <textil> • fiber substance
Fasersuspension *f* <pap> • fiber suspension; fibrous stock suspension; stock suspension
Fasertextur *f* <mat> • fiber texture
Fasertorf *m* <verbr> *(kohleartig)* • peaty fibrous coal
Fasertorf *m* <verbr> • peat moss; peat fiber
Fasertrenngerät *n* <lwl> • fiber cutter; cleaver
Faserummantelung *f* <tech.allg> *(Hülle aus Fasern oder Hülle um Fasern)* • fiber skin; fiber sheath
Faserverband *m* <textil> *(Spinnerei)* • sliver
Faserverbindung *f* <lwl> • fiber joint
Faserverbundstoff *m* <textil> • bonded fabric
Faserverbundwerkstoff *m* (FVW) <kst> • fibrous composite material
Faserverdickung *f* <textil> *(Gespinst)* • slub

Faserverkettung *f* <pap> • fiber bonding; interfiber bonding
Faserverlauf *m* <tech.allg> • fiber direction; fiber flow
Faserverlauf *m* <mat> *(im Werkstoff)* • grain flow; grain-flow pattern
Faserverlauf, (quer zum) <kst> • fiber direction, (normal to); fiber direction, (transverse to)
Faserverlust *m* <pap.ents> *(Flotation)* • fiber loss; loss of fiber material
Faserversatz *m* <lwl> • axial misalignment
faserverstärkt <kst> • fiber-reinforced
faserverstärktes Laminat *n* <mat> *(allg.)* • laminated fabric; fabric-reinforced laminate
Faserverstärkung *f* <kst> • fiber reinforcement
Faserverteilung *f* <kst> • fiber distribution
Faservlies *n* <led> • fiber network
Faservlies *n* <pap> *(feuchte Papierbahn am Anfang der Papiermaschine)* • fiber fleece
Faservlies *n* <textil> • non-woven fabric; felted fabric; fibrous material
Faservliese *npl* <textil> • felted fabrics *pl*; fibrous material; non-woven fabrics *pl*; non-wovens *pl*; felts *pl*
Faservliesmaschine *f* <textil> • web-forming machine
Faservorschub *m* <füg> *(beim Spleißen)* • feed
Faservorschub *m* <lwl> • fiber feed
Faserwerkstoff *m* <mat> • fibrous material
Faserwickel *m* <mat> • fiber lap
Faserwinkel *m* <led> *(Haut)* • angle of weave
Faserzement *m* <bau.mat> • fibrated cement
Faserziehen *n* <prod> • fiber drawing
Faserzusammensetzung *f* <pap> *(von Papier)* • composition of fibers
Faserzwirn *m* <textil> • staple fiber thread
Faserzwischenraum *m* <led> *(Haut)* • fiber interstice *US*; fibre interstice *GB*
Fa-Sockel *m* <licht> • Fa-cap
fasrige Struktur *f* <mat> • fibrous structure
Fass *n* <nahr> *(zyl. Behälter, oft aus Metall; z. B. für Fisch u. Sauerkraut)* • drum
Fass *n* <pack> *(Holz, Metall, Kunststoff)* • barrel
Fass *n* <pack> *(aus Holz, sehr groß)* • cask
Fass *n* <pack> *(klein)* • keg
Fass *n* <pack> *(groß)* • tun
Fass *n* <pack.nahr> *(großer Behälter für Flüssigkeiten)* • vat
Fassabfüllmaschine *f* <verf> • cask racker; cask racking machine
Fassade *f* <bau> *(Vorderseite eines Gebäudes)* • façade; facade
Fassade erneuern *vt* <bau> • reface *vt*
Fassadenansicht *f* <bau.doku> *(Gebäude)* • façade; facade
Fassadenbefahreinrichtung *f* <bau> • facade access system :V
Fassadenbeleuchtung *f* <licht> • front lighting; frontage lighting
Fassadenelement *n* <energ.sol> • facade element
Fassadenerneuerung *f* <bau> • face-lift
fassadengrün *ugs* <obfl> *(olivgrüner Farbton)* • viridian
Fassadenlift *m* <bau> • window-cleaning cradle
Fassadenplatte *f* <bau> • facade panel
Fassadenstein *m* <bau.mat> • facing stone
Fassadenzeichnung *f* DIN ISO 10209-4 <bau.doku> *(äußere Ansicht eines Gebäudes)* • facade drawing ISO 10209-4
Fassäschern *n* <led> • drum liming
Fassauflage *f* <logist> *(Palettenregal)* • drum supporting member *form, popsc*; drum support *AE, pract*; drum cradle *BE, pract*; drum insert *BE, pract*

Fassauflageschuh m <logist> *(Palettenregal)* • drum chock

Fassaufzug m <förd> • barrel hoist

Fassbohrer m <wz> • piercer

Fassboje f <nav> • cask buoy

fassen vt <allg> • grasp vt

fassen vt <allg> *(betont: Fassungsvermögen; z. B. Aufzug fasst 10 Personen)* • accommodate vt

fassen vt <allg> *(festnehmen: Verbrecher; begreifen: Text)* • seize vt

fassen vt <allg> *(nehmen)* • take vt

fassen vt <tech.allg> *(fangen, ergreifen; z. B. Werkstück)* • catch vt

fassen vt <tech.allg> *(mit Volumenangabe; z. B. 0,7 Liter, 40 m³)* • contain vt; hold vt

fassen vt <edv> *(Daten auf Speichermedium; z. B. 4 GB auf DAT-Kassette)* • hold vt; take vi

fassen vt <masch> *(mit Greifern o. ä. fest klammern)* • clutch vt; grip vt

fassen vt <metall> *(Blech, Draht)* • take hold vt

fassen vt <metall> *(z. B. Blech, Block im Walzwerk)* • take hold of vt

fassen vt <opt> *(Linse; z. B. in Brille, Objektiv)* • mount vt

fassen vt <prod> *(fest, unverrückbar packen)* • bite vt

fassen vt <prod> *(Edelstein)* • set vt

Fassentleerungspumpe f <förd> • barrel pump; drum pump; barrel emptying pump; drum emptying pump

Fassfärbung f <verf> • drum dyeing

Fassfettung f <tribo> • drum stuffing

Fassgärung f <nahr> • cask fermentation

Fassgerbung f <led> • drum tanning; drum tannage

Fassklammer f <förd> • barrel fork

Fass-Kraft-Manipulator m <autom> • drum power manipulator

Fasslager m <logist> • drum store; drum storage area

Fasson f <textil> *(Form)* • shape

Fasson f <textil> *(Stil)* • style

Fasson f <wz> • form; profile

fassonieren vt <wz> • form vt; profile vt

Fassonrohr n <rls> *(zum Anpassen)* • adapting pipe; adapting piece; making-template pipe; making-up pipe

Fassonschiene f <wz> • form plate; former plate

Fasspumpe f <förd> • barrel pump; drum pump; barrel emptying pump; drum emptying pump

Fassreifen m <pack> • hoop

Fassreinigungsmaschine f <verf> • cask washer; cask washing machine

Fasstonne f <navig> *(Markierung, Navigationshilfe)* • cask buoy; barrel buoy; keg buoy

Fassung f <el> • receptacle

Fassung f <el> *(allg. für Lampen)* • socket; bulb holder *rare.coll*

Fassung f <opt> • cell

Fassung f <opt> *(für Brille)* • frame

Fassung f <phot> *(Objektiv)* • mounting

Fassung f <wz> *(Halter)* • holder

Fassung für randlose Brille f <opt> • rimless mount

Fassungsprofil n <kfz> *(allg. Gummidichtprofil)* • run channel; channel *pract*

Fassungsrand m <opt> *(Brille)* • rim

Fassungsschalter m <el> • socket switch

Fassungsstecker m <el> • lampholder plug

Fassungsvermögen n <tech.allg> *(Rauminhalt; z. B. von Behältern, Ölwanne, Kofferraum)* • capacity (cap); volumetric capacity

Fassungsvermögen n <edv> *(von Magnetbändern, Festplatten, CDs etc.)* • storage capacity; capacity; data [storage] capacity; recording capacity *TEAC*; media capacity

Fassungsvermögen n <edv> • storage capacity; capacity; data [storage] capacity; recording capacity *TEAC*; media capacity

Fassungsvermögen n <logist> *(für Fracht, Ladegut; z. B. von Lkw, Frachtraum)* • loading capacity; carrying capacity; capacity

Fassungsvermögen des Gepäckraums n <nfz> *(eines Busses)* • luggage capacity

Fasswagen m <bahn> • barrel transport car

Fasswaschmaschine f <verf> • cask washer; cask washing machine

Fasswicklung f <el> • barrel winding; basket winding; imbricated winding; lattice winding

Fasszapfen m <pack> *(z. B. Bierfass)* • spigot

Fast Forward n <av> • fast forward (FFW); fast-forwarding; fast wind forwards; fast wind forward

Fast-Forward-Taste f <av> • fast-forward button

fastkritisch <nukl> *(Masse)* • near-critical

fastprompt <nukl> • near-prompt

FAT <edv> • file allocation table (FAT)

Fauläscher m <led> • dead lime; rotten lime

Faulbecken n <ents> • septic tank; digestion tank; sludge digester; digester

Faulbehälter m <agri.tech> • digester [tank]; fermenter; fermentation vessel; digestion tank; reactor

faulbrüchig <mat> • short-brittle

Faulbütte f <pap> • fermenting vat; rotting vat

Faule-Eier-Geruch m <kfz.emiss> • rotten-egg odor *form*; rotten-egg smell; stink-bomb smell

faulen vi <allg> • putrefy vi

faulen vi <chem> • rot vi

faulen vi <nukl> • sour vi

faulen vi <silik> *(Keramik)* • age vi; mature vi; sour vi

faulen vi <textil> *(Faden)* • rot vi

Faulenzer m DIN ISO 3828 <nav> • messenger rope ISO 3828

fauler Äscher m <led> • dead lime; rotten lime

faulfähig <ents> • putrescible; putrefactive; putrefiable

Faulgas n <agri.tech> • fermentation gas

Faulgas n <ents> • digester gas; sewer gas; sewage gas; sludge digestion gas

faulig <allg> • putrid

Faulraum m <ents> • sludge digestion chamber; digestion chamber; digesting compartment

Faulraumbelastung f <agri.tech> • loading rate; load

Faulraumtemperatur f <agri.tech> • digestion temperature

Faulschlamm m <agri.tech> • digested sludge; digested slurry; effluent

Faulschlamm m <ents> • sewage sludge

Faulschlamm m <geo> • sapropel

Faulschlammkohle f <ents> • sapropelic coal

Faulschlammspeicher m <agri.tech> • sludge storage tank

Faulstippe f <led> *(Hautfehler)* • putrefaction mark; pittings pl

Faultemperatur f <agri.tech> • digestion temperature

Faulung f <ökol> • digestion

Faulwasser n <agri.tech> • supernatant [liquid]

Faulzeit f <agri> *(im Fermenter)* • detention time; residence time; retention time

Faulzeit f <verf> • digestion period; digestion time

Faustachse f <kfz> *(Fahrwerk)* • reversed Elliot axle

Faustfeuerwaffe f <mil> • handgun; handfirearm *rare*

Faustkupplung f <bahn> • knuckle coupler

Faustregel f <allg> • rule of thumb; hard-and-fast rule

Faustsattel m <kfz.brems> • sliding caliper; slider-type caliper *rare.did*; floating caliper *rare.Maserati*

Faustsattelbremse f <kfz.brems> *(allg.)* • sliding-caliper disc brake

Faustsattelbremse f <kfz.brems> *(mit Zahnführung)*
• sliding-caliper disc brake
Faustsattelbremse mit Bolzenführung f <kfz.brems>
• pin slider caliper disc brake; sliding-caliper disc brake
Faux-Cabriolet n <kfz> • fake convertible :V
Fax n ugs <tele> • fax machine; facsimile machine *rare*
Fax n ugs <tele> *(Sendung)* • fax; facsimile transmission
rare
Faxgerät n <tele> • fax machine; facsimile machine *rare*
Faxpapier n prakt <pap> *(Thermopapier od. Normal-
papier)* • fax machine paper; paper for fax machines; fac-
simile recording paper *obs.rare*
Faxübertragung f <tele> • fax transmission; facsimile
transmission *form.obs*
Faxverkehr via Internet m did <tele> • fax over IP
Fazies f <geo> • facies
FB <msr> *(Sender, Handgerät; z. B. für TV, Camcorder,
Garagentor, Modelle)* • remote control (RC); remote con-
troller; remote commander; remote control unit; remote
FBA <kfz.brems> • parking braking system
FBAS-Signal n <av> • composite video signal
FBGA-Gehäuse n <ic> • FBGA package
FBGA-Technik f <ic> *(baut kleiner als TSOP)* • fine-pitch
ball-grid array (FBGA)
FBI-Holstertragweise f <mil> • FBI-method of holster
carriage
F-Bit f DIN ISO 3309 <edv> • final bit ISO 3309; F bit
FBS <edv> *(eine graphische Sprache)* • function block dia-
gram language; FBD language
FC <el.ic.prod> *(Direktmontage von Chips)* • flip-chip tech-
nology (FC)
FCCH <tele> • Frequency Correction Channel (FCCH)
norm / rare
Fc-Fragment n <med> *(Immunsystem)* • Fc-fragment
fci <edv> • flux changes per inch (fci)
FCKW <chem.emiss> • chlorofluorocarbons (cfc); halogenated hydrocarbons; cfc gases *pract*; cfc's *coll*
FCKW-Arbeitsstoff m <hlk> • halocarbon refrigerant;
chlorofluorocarbon refrigerant; halogenated hydrocarbon
refrigerant; chlorflourcarbon refrigerant
FCKW-frei <kunst> • CFC-free; FCHC-free
FCKW-Gase npl prakt.ugs <chem.emiss> • chlorofluoro-
carbons (cfc); halogenated hydrocarbons; cfc gases
pract; cfc's *coll*
FCKW-Kältemittel n <hlk> • halocarbon refrigerant; chlo-
rofluorocarbon refrigerant; halogenated hydrocarbon re-
frigerant; chlorflourcarbon refrigerant
FCKW-Kältemittel n <kfz.hlk> • cfc refrigerant; halocar-
bon refrigerant; chlorofluorocarbon refrigerant
FCL <edv> • Freescape Command Language (FCL)
F-Codetyp m <navig> *(GIS)* • feature type
Fc-Rezeptor m <med> *(Immunsystem)* • Fc-receptor
FCS <edv> • frame checking sequence (FCS) ISO 3309
Fc-Sockel m <licht> • Fc-cap
FCT <nukl> • flux-conserved tokamak (FCT)
FCT m <pap> • Flat Crush Test
FCT-Sequenz des Gleichgewichts f <nukl> • FCT-
sequence of equilibria
FD <edv> • floppy disk (FD); diskette *pract*; floppy *coll*;
flexible disk cartridge *rare*
FD:YAG <druck> *(Festkörperlaser)* • frequency-doubled
Neodym Yttrium Aluminum Garnet laser (FD:YAG las)
scien; FD-ND:YAG laser
FDA <org> • Food and Drug Administration (FDA)
F-Darstellung f <navig> • F-display
FDAU <msr> • frequency data acquisition unit (FDAU)
FDDI-Glasfaserring m <tele.lwl> *(doppelter Glasfaser-
ring)* • FDDI ring; FDDI network; fiber distributed data in-
terface ring

FDDI-Netz n <tele.lwl> *(doppelter Glasfaserring)* • FDDI
ring; FDDI network; fiber distributed data interface ring
FDDI-Ring m <tele.lwl> *(doppelter Glasfaserring)* • FDDI
ring; FDDI network; fiber distributed data interface ring
FDDI-Technik f <lwl> • fiber distributed data interface
(FDDI)
FD-Laufwerk n <edv> *(z. B. 3,5")* • floppy-disk drive (FDD)
US.GB; flexible disk drive; diskette drive; FD drive
FDM <tele> • frequency-division multiplexing (FDM)
FDMA <tele> • frequency division multiple access method
(FDMA); frequency division multiple access
FDMA-Verfahren n <tele> • frequency division multiple
access method (FDMA); frequency division multiple access
FDM-Verfahren n <tele> • frequency-division multiplexing
(FDM)
FD-ND:YAG-Laser m <druck> *(Festkörperlaser)* • fre-
quency-doubled Neodym Yttrium Aluminum Garnet laser
(FD:YAG las) *scien*; FD-ND:YAG laser
FDR <aerospace> *(Daten)* • flight data recorder (FDR);
cockpit flight data recorder; flight recorder *pract*; Black
Box [for the recording of flight data] *coll*
FDR <kfz.msr> *(mit Bremseneingriff; z. B. ESP, CBC)* • dy-
namic drive control
FdW <nav> • speed through water; water speed
FD-Zug m <bahn> • long-distance express train
Fe <chem> • iron (Fe); ferrum metallicum
FE$_2$O$_3$-Band <av> • iron oxide tape; ferric oxide tape
Feasibility-Studie f <allg> • feasibility study
FeAsS <min> • arsenopyrite (FeAsS); mispickel
Feature n <edv> *(in CAD-Bibliothek; z. B. Bohrungen, mit
zugehörigen Informationen)* • feature
Feature-Connector m <edv> • feature connector
Featuretechnologie f <edv> *(CAD)* • feature technology
FE-Berechnung f <mech> • FE analysis; finite element
analysis
Feder f <bio> • feather
Feder f <doku> *(zum Schreiben)* • pen
Feder f <füg.holz> *(für Nut-und-Feder-Verbindung; z. B. in
Holzleiste, -paneel)* • feather; tongue
Feder f <füg.masch> *(in Nut, Verbindung Welle/Nabe; kein
Keil, kein Anzug)* • feather key; parallel key; key *pract*
Feder f DIN ISO 2162-3 <masch> *(elastisch)* • spring
Federakkumulator m • spring-loaded type of accumulator
Federal Aviation Administration f (FAA) <org> • Fed-
eral Aviation Administration (FAA)
Federantrieb m <tech.allg> • clockwork [mechanism]
Federantrieb m <spiel> *(z. B. Spielzeugauto)* • spring
transmission
Federaufhängung f <tech.allg> • spring suspension
Federauflage f <masch> • spring seating pan; spring
seating
Federaufnahme f <fz> *(Blattfeder)* • spring hanger; spring
bracket; spring mounting
Federaufnahmekasten m <kfz> • spring hanger box
Federauge n <masch> *(Blattfederende)* • spring eye
Federausgleichvorrichtung f <bau> *(z. B. Einzieh-
treppe, Kipptor)* • spring balancing device
Feder-Außentaster m <wz.msr> • outside spring caliper
Federbandstahl m <mat> • spring steel strip; spring strip
Federbarometer n <meteo.msr> • aneroid barometer
Federbein n <kfz> • telescopic leg
Federbeinachse f <kfz> *(Fahrwerk)* • MacPherson sus-
pension; strut suspension
Federbeinaufnahme f <kfz> • MacPherson strut tower;
MacPherson strut mounting [tower]; suspension leg turret
GB; front shock tower *AE.coll*; strut tower *coll*
Federbeinblech n <kfz> • MacPherson strut tower; Mac-
Pherson strut mounting [tower]; suspension leg turret *GB*;
front shock tower *AE.coll*; strut tower *coll*

Federbeindom *m* <kfz> • MacPherson strut tower; Mac-Pherson strut mounting [tower]; suspension leg turret *GB*; front shock tower *AE.coll*; strut tower *coll*

Federbein-Domstrebe *f* <kfz> • front suspension brace; cross-brace

Federbeineinsatz *m* <kfz> • strut cartridge; strut insert

Federbeinjoch *n* <kfz> • MacPherson strut tower; Mac-Pherson strut mounting [tower]; suspension leg turret *GB*; front shock tower *AE.coll*; strut tower *coll*

Federbein mit Luftunterstützung *n* <kfz> *(Fahrwerk)* • self-leveling suspension strut *US*; air-assisted suspension strut; level control [suspension] strut; modular air strut; self-levelling strut *GB*

Federbein mit Niveauregulierung *n* <kfz> *(Fahrwerk)* • self-leveling suspension strut *US*; air-assisted suspension strut; level control [suspension] strut; modular air strut; self-levelling strut *GB*

Federbeinpatrone *f* <kfz> • strut cartridge; strut insert

Federbeinschwinge *f* <kfz> *(Motorrad)* • cantilever-type pivoted fork; triangulated pivoted fork

Federbeinstützlager *n* <kfz> • suspension turret web

Federbein-Vorderachse *f prakt.ugs* <kfz> • MacPherson front suspension; strut front suspension *pract.coll*; Mac-Pherson strut front suspension *form*

federbelastet <tech.allg> *(z. B. Ventil)* • spring loaded; spring biased; spring-loaded

federbelastet <tech.allg> *(z. B. Spannbacken)* • spring-loaded

federbelastete Gegendruckklappe *f* <verf> *(Spiral-presse)* • spring loaded flap

federbelasteter Membranmotor *m* <mot> • spring-loaded diaphragm motor

federbelastetes Sicherheitsventil *n* <rls> • spring-loaded safety-valve

federbetätigt <masch> *(z. B. Bremse, Kupplung, Ventil)* • spring-actuated; spring-operated

federbetriebene Luftpistole *f* <mil> • spring-driven air pistol

Federbewegung *f* <tech.allg> • spring motion

Federblatt *n* <masch> • spring leaf

Federbock *m* <bahn> • spring-carrier bracket; suspension bracket

Federbock *m* <fz> *(Blattfeder)* • spring hanger; spring bracket; spring mounting

Federbock *m* <kfz> *(Fahrwerk)* • bracket; hanger

Federbolzen *m* <fz> *(Blattfeder)* • spring bolt; spring center bolt

Federbolzen *m* <prod> *(Vorrichtungsbau)* • spring plunger

Federbremse *f* <brems> • spring brake

Federbride *f* <fz.füg> *(von Blattfedern)* • U-bolt; spring U-bolt; spring U-clamp

Federbrücke *f* <kfz> • spring link

Federbuchse *f* <masch> • spring bushing

Federbügel *m* <fz.füg> *(von Blattfedern)* • U-bolt; spring U-bolt; spring U-clamp

Federbügel *m* <masch> *(Befestigungsbügel od. -klammer aus Federstahl; z. B. f. Deckel)* • spring bracket; spring brace; fastening spring

Federbügelgepäckträger *m* <fz> • spring clip carrier

Federbund *m* <bahn> • spring buckle

Feder-Charakteristik *f* <masch> • spring characteristics *pl*

Federcharakteristik *f* <mech> • spring load-deflection characteristic; spring load-deflection curve

Federdiagramm *n* <mech> • spring load-deflection characteristic; spring load-deflection curve

federdicht <textil> • feathertight

Federdraht *m* <mat> • spring wire

Federdrahtbügel *m* <kfz.el> *(für Scheinwerferglühlampe)* • bulb retaining spring; retaining spring clip; retaining clip

Federdrahtrelais *n* <el> • wire-spring relay

Federdruck *m* <tech.allg> *(von einer Feder ausgeübter Druck)* • spring pressure; spring load

federdruckgeschaltet <masch> • spring-pressure operated

Federdruckkörner *m* <wz> • automatic center punch *US*; automatic centre punch *GB*

Federdruckluftpistole *f* <mil> • spring-driven air pistol

Federdruckschmierbüchse *f* <tribo> • spring grease cup

Federdurchbiegung *f* <mech> • spring deflection

Federdynamometer *n* <msr> • spring balance

federentlastet <tech.allg> *(z. B. Garagenkipptor, Motorhaube)* • spring-balanced

Federerz *n* <min> • feather ore

Federfangplatte *f* <bahn> • spring stop

Federführung *f* <masch> • spring guide

Federfuß *m* <kfz.av> *(Autoantenne)* • spring mount

Federgalvanometer *n* <el> • spring galvanometer

Federgehänge *n* <fz> *(Blattfederaufhängung, ringförmig; z. B. bei Güterwagen)* • suspension shackle; swinging shackle; spring shackle; shackle *pract*; suspension ring *rare*

Federgehänge *n* <masch> • spring hanger

Federgehäuse *n* <masch> • spring housing; spring case

federgespannt <tech.allg> *(z. B. Spannbacken)* • spring-loaded

federgespannte Auslöseeinrichtung *f* <mil> • spring load-and-fire mechanism

Feder-Greifzirkel *m* <wz.msr> • outside spring caliper

Federhämmern *n* <kfz.rep> *(von Blechen)* • spring beating

Federhammer *m* <wz> • spring hammer

Federhammerlöffel *m* <kfz.wz> • spring beating spoon; spring hammering spoon; bumping spoon

federhart <mat> • spring-tempered

federhart gezogen <prod> • hard-drawn

Feder-Innentaster *m* <wz.msr> • inside spring caliper

Feder-Kennlinie *f* <masch> • spring characteristics *pl*

Federkennlinie *f* <mech> • spring load-deflection characteristic; spring load-deflection curve

Federkennung *f* <masch> • spring characteristics *pl*

Federkernsitz *m* <kfz.innen> • innerspring seat

Federklammer *f* <fz> *(federnde Klammer aus Draht oder Blech; z. B. als Deckelspannbügel)* • spring brace; spring bracket; spring clip

Federklammer *f* <fz> *(hält Blattfederpaket zusammen)* • rebound clip; retaining clip; spring clip

Federklammer für Verteilerkappe *f* <kfz.el> • distributor cap hold-down clip

Federklemmdeckel *m* <el> *(z. B. Zündverteiler)* • spring-finger lid

Federklemme *f* <el> • spring terminal

Federklemme *f* <füg> *(federnde Klammer aus Draht oder Blech; z. B. als Deckelspannbügel)* • spring brace; spring bracket; spring clip

Federklinke *f* <masch> • spring latch; spring catch

Federkörper *m* <msr> • mechanical sensing element; elastic sensing element; flexure; elastic element; elastic member

Federkolben *m* <masch> • spring plunger

Federkolben *m* <prod> *(Vorrichtungsbau)* • spring plunger

Federkonstante *f* <mech> *(lineare Kennlinie)* • spring constant

Federkonstante *f* <mech> *(von Federn oder Reifen)* • spring rate

Federkontakt *m* <el> • spring contact; spring-loaded contact

Federkorb *m* <pack> *(Trimmerwerkzeug)* • spring-loaded mandrel

Federkraft f <mech> • spring force
Federkraftanschlusstechnik f <el> (von Klemmen)
• spring-loaded contacting :V
Federkrümmer m <rls> • flexible bend
Federkugel f <kfz> (Hydropneumatik) • suspension
sphere
Federkupplung f <masch> • flexible coupling; flexible
helical spring coupling
Federlade f <textil> • flyer lathe
Federlager n <fz> (zum Aufhängen der Feder) • spring
hanger
Federlasche f <fz> (Blattfederaufhängung, ringförmig;
z. B. bei Güterwagen) • suspension shackle; swinging
shackle; spring shackle; shackle pract; suspension ring
rare
Federleichtpapier n <pap> • featherweight paper; bulking
paper
Federleiste f <el> (Buchse, weiblich) • receptacle strip;
female multipoint connector; multiple-contact socket
Feder-Lochzirkel m <wz.msr> • inside spring caliper
Federmanometer n <msr> • spring-type pressure gauge;
spring manometer
Feder-Massen-Verschluss m <mil> • blowback action;
recoil operation
Feder-Masse-System n <msr> • seismic-mass system;
seismic mass and spring arrangement did; spring-mass
system
Feder-Masse-Verschluss m <mil> • blowback action; recoil operation
Federmaßstab m <msr> • spring scale
Federmotor m <mot> • clock-spring motor
Federmutter f <füg> • speed nut; single-thread nut; single-
thread nut engaging nut rare
federn vi <masch> (z. B. Aufhängung) • be elastic vi; be
resilient vi; spring vi; yield elastically vi
federn vt <holz> (mit Feder veresehen; z. B. Brettkante)
• tongue vt
federnd <tech.allg> (z. B. wippend, hüpfend) • springing;
springy
federnd <masch> (gepolstert; z. B. Lagerung, Abstützung)
• cushioned
federnd <mat> (elastisch verformbar, nachgiebig) • resilient
federnd befestigt <tech.allg> (flexibel) • flexibly mounted
federnd befestigt <füg> (nachgiebig) • resiliently
mounted
federnde Aufhängung f <tech.allg> • spring suspension
federnde Aufstellung f <tech.allg> • flexible mounting
federnde Grundplatte f <pap> (z. B. für Papiermaschine)
• spring-action base
federnder Stift m <füg> • spring pin
federnde Spitze f <wz> • spring center US; spring centre
GB
federnde Unterlage f <tech.allg> • elastic foundation;
elastic bedding
federnde Unterlegscheibe f <masch> • wrinkle washer
federnde Weichenzunge f <bahn> • spring switch blade
federnde Windung f <mech> (von Schraubenfedern)
• active coil
federnde Zahnscheibe f rar <füg> (Schraubensicherung;
allg., innengezahnt oder außengezahnt) • tooth lock
washer; toothed lock washer; tooth washer pract
federnde Zahnscheibe Form A f <füg> • external tooth
lock washer; external lock washer
federnde Zahnscheibe Form J f <füg> • internal tooth
lock washer; internal lock washer
federnde Zahnscheibe Form V f <füg> • countersunk
external tooth lock washer; countersunk external toothed
lock washer stand

federnd gelagert <masch> (auf Federn) • spring-mounted
Federniederdrücker m <kfz.wz> (für Druck-Schrauben-
federn) • spring compressor; coil spring compressor;
spring tensioner
Federnprüfgerät n <qualit.mat> • spring testing machine
Federöse f <masch> (von Blattfedern, Zug-Schrauben-
federn) • spring eye; spring loop
Federpendel n <mech> • spring pendulum
Federprüfgerät n <qualit.mat> • spring testing machine
Federpuffer m <bahn> • coil-spring buffer; spring buffer;
spring bump pad
Federpuffer m AMI <kunst.wz> • spring stopper; spring
screw Badger
Federraste f <masch> • spring detent
Federrate f <mech> (von Federn oder Reifen) • spring rate
Federraum m <kfz.mot> (Ventilsteuerung) • spring cham-
ber
Federring m <füg> (allg., Schraubensicherungsring mit
einem Schlitz) • split washer pract; split lock washer;
spring lock washer GB; helical spring lock washer
GB.form; spring washer GB.rare
Federring m prakt <füg> (glatt, häufigste Form in Kfz)
• spring lock washer with square ends; single coil spring
lock washer with square ends stand; plain helical spring
washer; split washer pract
Federring m prakt.ugs <füg> (mit aufgebogenen Enden)
• spring lock washer with tang ends DIN ISO 1891; single
coil spring lock washer with tang ends stand; nonlink-
positive helical spring washer; split washer pract; safety
washer obs.coll.rare
Federring m <kfz> (in Getriebe-Synchroneinrichtung)
• synchronizer spring
Federring Form A m DIN 127 <füg> (glatt, häufigste
Form in Kfz) • spring lock washer with square ends; single
coil spring lock washer with square ends stand; plain helical spring washer; split washer pract
Federring Form B m DIN127 <füg> (mit aufgebogenen
Enden) • spring lock washer with tang ends DIN ISO 1891;
single coil spring lock washer with tang ends stand; non-
link-positive helical spring washer; split washer pract;
safety washer obs.coll.rare
Federrolle f DIN ISO 5593 <masch> (aus spiralförmig ge-
wickeltem Stahlband, für Wälzlager) • spiral wound roller
ISO 5593
Federrollenlager n <masch> • flexible roller bearing
Federrückfallweiche f <bahn> • spring points
Federrückführung f <tech.allg> (durch Rückholfeder)
• spring return
Federsäule f <bahn> (Führung) • spring guide
Federsatz m <bahn> (Federstapel) • spring pile
Federschake f <fz> (Blattfederaufhängung, ringförmig;
z. B. bei Güterwagen) • suspension shackle; swinging
shackle; spring shackle; shackle pract; suspension ring
rare
Federschalter m <el> • spring switch
Federscheibe f DIN137 <füg> (allg.; federndes Unterleg-
teil; keine Schraubensicherung) • spring washer
Federscheibe f <füg> (quer gewölbt) • curved spring
washer
Federscheibe f DIN 137 <füg> (gewellt) • waved spring
washer; wave spring washer DIN 137
Federschiene f <bahn> (Federweichenzunge) • spring
switch blade
Federschiene f <bau.mat> (zur Schalldämmung) • resil-
ient bar; resilient channel; metal furring channel
Federschlagstuhl m <textil> • spring pick loom
Federschraube f DIN ISO 1891 <fz> (Blattfeder) • spring
bolt; spring center bolt
Federschraube f <nfz> (Fahrwerk) • center bolt

Federschuh *m* <kfz> • spring saddle
federschwarz <kunst> • line black
Federschwingbügel *m* <bau.mat> *(z. B. für direktbefestigte Vorsatzschalen)* • resilient bracket; bracket
Federsicherung *f* <licht.theat> • sprung clip hook; clip hook; twin clip hook
Federspanneisen *n* <wz> • compression clamp
Federspanner *m* <kfz.wz> *(für Druck-Schraubenfedern)* • spring compressor; coil spring compressor; spring tensioner
Federspannfutter *n* <prod> *(für Werkstücke, Werkzeuge)* • chuck spring collet
Federspanngerät *n* <kfz.wz> *(für Druck-Schraubenfedern)* • spring compressor; coil spring compressor; spring tensioner
Federspannmechanismus *m* <masch> • spring-loaded clamping device
Federspannplatte *f* <prod> • spring-tension plate
Federspannung *f* <mech> • spring tension
Federspannverbindungsklemme *f* <füg> • spring-tension fastener
Federspannzange *f ppwiss* <kfz.wz> • brake spring pliers
Federspeicher *m* <kfz> *(Niveauregulierung)* • accumulator; pressure canister; canister; pressure reservoir; surge tank
Federspeicherbremse *f* <brems> • spring brake
Federspeicherbremszylinder *m* <brems> • spring brake actuator; spring-brake cylinder
Federsperre *f* <kunst.wz> • spring stopper; spring screw *Badger*
Federsperrvorrichtung *f* <kunst.wz> • spring stopper; spring screw *Badger*
Feder-Spitzzirkel *m* <wz.msr> • spring divider
Federstahl *m* <mat> • spring steel
Federstecker *m* <füg> • wire pin :V
Federstift *m* <füg> • spring pin; spring plunger
Federstriegel *m* <agri> • ridge weeder
Federtaster *m* <msr> • spring caliper
Federteller *m* <bahn> • spring seating pan; spring cup
Federteller *m* <kfz> *(Federbein)* • spring collar; spring seat
Federteller *m* <masch> • spring retaining collar; spring plate
Federteller *m DIN ISO 7967-3* <mot> *(Ventiltrieb, Ein-/Auslassventile, oben oder unten)* • valve spring retainer *ISO 7967-3*; valve retainer; valve spring collar
Federthermometer *n* <msr> • pressure-gauge thermometer; pressure-spring thermometer
Federtopfantrieb *m* <antr> *(z. B. Straßenbahn)* • helical spring gear
Federträger *m* <masch> • spring bracket
Federtrog *m* <bahn> • spring plank
Feder und Nut *f* <holz.füg> *(z. B. Paneelverbindung)* • tongue and groove (T&G); key and slot; groove and tongue *rare*; slot and key *rare*
Federung *f* <tech.allg> *(Dämpfung, Polsterung)* • cushioning
Federung *f* <tech.allg> *(gefederte Aufhängung)* • springing; spring suspension; spring mounting
Federung *f* <kfz> • suspension; springing
Federung *f* <nfz> *(in Anhängerkupplung)* • cushioning spring; buffer *Rockinger*
Federung des Fahrerhauses *f* <nfz> • cab suspension
Federungsteile *npl* <bahn> • suspension gear
Federunterlage *f* <masch> • spring pad
federunterstützt <kfz> *(Motorhaube, Kofferraumdeckel)* • spring-assisted
Federventil *n* <rls> • spring-seated valve
Federverschluss *m* <mil> • blowback action; recoil operation

Federvorspannung *f* <tech.allg> • spring preload
Federwaage *f* <msr> • spring balance
Federweg *m* <fz> *(maximale Einfederstrecke, z. B. von Federbeinen)* • suspension travel; wheel travel
Federweg *m* <mech> *(Verformungsstrecke)* • spring deflection
Federwegbegrenzung *f form* <kfz> *(typ. ein Gummikegel)* • bump stop; jounce bumper; snubber *coll*; height hamper pitch control *rare*
federweiß <kunst> • line white
Federwelle *f rar* <masch> *(Längsnuten mit etwa rechteckigem Querschnitt; i. Ggs. zu Kerbzahnwelle)* • splined shaft; spline shaft; multiple spline shaft *rare*
Federwerk *n* <masch> • spring mechanism
Federwickeldorn *m* <wz> • spring-winding mandrel
Federwickelmaschine *f* <wz.masch> • spring-coiling machine; spring-winding machine
Federwicklung *f* <kfz> *(Schraubenfeder)* • spring coil
Federwiderstand *m* <mech> • compliance
Federwindung *f* <kfz> *(Schraubenfeder)* • spring coil
Federwirkung *f* <mat> *(von elastischem Material)* • resilience; compliance
Federwirkung *f* <mech> • spring action
Federzahnegge *f* <agri> • spring-tooth harrow
Federzasche *f* <textil> • spring expander
Federziehgerät *n* <wz> • spring-drawing attachment
Federzinken *m* <agri> • spring tine; C-shaped tine
Federzinkenegge *f* <agri> • spring-tine harrow
Federzinkengrubber *m* <agri> • spring-tine cultivator; C-type cultivator
Federzirkel *m* <doku.wz> • bow-spring dividers
Federzone *f* <fz> *(von Reifen)* • flexing zone; flexing area; flex-zone
Federzug *m* <bau> *(in Schiebefenster)* • balancer
Federzungenweiche *f* <bahn> • flexible-tongue points
Federzylinder *m* <kfz> *(Hydropneumatik, z. B. Radaufhängung)* • suspension cylinder
Feedback *n* <av> *(Signalrückführung)* • feedback
Feedback *n* <edv.av> • self-oscillation; feedback
Feederverfahren *n* <silik> • feeder process; gob process
Fehlabgleich *m* <msr> • misalignment; faulty alignment
Fehlabgleichung *f* <msr> • misalignment; faulty alignment
Fehlablesung *f* <msr> • misreading
Fehlalarm *m* <alarm> • false alarm; nuisance alarm; unwanted alarm; unwanted alarm signal
Fehlalarm *m rar* <alarm> • failure to alarm
Fehlanflug *m* <aerospace> • missed approach
Fehlanflughöhe *f* <aerospace> • missed-approach altitude
Fehlanlage *f* <druck> • misfeed
Fehlanordnung *f* <tech.allg> • mislocation
Fehlanpassung *f* <tech.allg> • mismatch
Fehlanpassung *f* <prod> • misfit
Fehlanpassungskoeffizient *m* <el> • mismatch factor
Fehlanruf *m* <tele> • false call; lost call
Fehlanzeige *f* <tech.allg> • nil report
fehlauslösen *vt* <msr> • false-trigger *vt*
Fehlauslösung *f* <msr> *(von Stellgliedern, Prozessen)* • spurious tripping; false triggering; false tripping
Fehlauslösung *f* <msr> *(Vorgang)* • false triggering; spurious triggering; accidental switching
Fehlauslösung der Abschaltung *f* <nukl> • spurious shutdown
Fehlausrichtung *f* <tech.allg> • misalignment; misorientation
Fehlbedienungsalarm *m* <alarm> • inadvertent alarm; user-generated false alarm
Fehlbedienungssperre *f* <sich> • safety lock :*Roto*

Fehlbehandlung f <allg> (z. B. einer Maschine) • abuse
Fehlberechnung f <tech.allg> • miscalculation
Fehlbogen m <druck> • spoil sheet; waste sheet; imperfect sheet; misprint
Fehlbogenkontrolle f <druck> • caliper detector; no-sheet detector
Fehlbohrung f <petr> • barren well; unproductive well norm; dry well; dry hole; duster pract
Fehlchargen fpl <silik.ents> • breakage
Fehlcodierung f <edv> • false coding; miscoding; misencodation
Fehldruck m <druck.ents> (defektes Druck-Erzeugnis; z. B. fehlerhafte Bögen) • paper spoilage; spoilage pract; paper wastage; wasted paper; spoiled sheets
Fehlecho n <msr> (z. B. Ultraschallprüfung) • false echo
Fehleichung f <msr> • inexact calibration
Fehleinstellung f <tech.allg> • misadjustment
Fehlen n <allg> (betont: Knappheit von etw.) • shortage
Fehlen n <tech.allg> (allg.; Nichtanwesenheit von erwünschten Merkmalen etc.; statisch) • lack
fehlender Schuss m <mil> • missing shot
fehlendes Glied n <tech.allg> • missing link
Fehlentnahme f <logist> • mispicking; picking error
Fehler m <mat> (im Gefüge) • defect; flaw
Fehler m <mil> • miss
Fehler m <qualit.allg> (von Personen) • mistake
Fehler m DIN EN ISO 8402 <qualit.allg> (Nichterfüllung einer festgelegten Forderung) • nonconformity ISO 8402
Fehler m <qualit.edv> (Defekt in Programmen, Software) • bug
Fehler m <qualit.edv> (in der Funktion von Hardware, Software) • error
Fehler m <qualit.obfl> (Fleck, Kratzer etc.) • blemish
Fehler m <qualit.tech> (Technik allg.: Zustand) • fault; nonconformance form; defect; trouble coll; bug coll
Fehler m <qualit.tech> (Funktionsausfall) • failure
Fehlerabschätzung f <qualit> • error estimation
Fehleranalyse f <tech.allg> • fault analysis; disturbance analysis; error analysis
fehleranfällig <qualit> • error-prone
Fehleranfälligkeit f <qualit> • fault susceptibility; fault liability
Fehleranzeige f <msr> (Kontrollleuchte, Summer etc.) • failure indicator; fault indicator
Fehleranzeige f <msr> (Vorgang, Funktion) • fault indication
Fehleranzeige f <qualit> (visuell; z. B. als LCD-Display) • error display; fail display
Fehleranzeige f <tele> (Text od. Code-Meldung) • error message
Fehleranzeigesystem n <qualit> • error-indicating system
Fehlerart-, -auswirkungs- und -kritikalitätsanalyse f <qualit> • failure modes, effects and criticality analysis (FMECA)
Fehlerart f <qualit> • defect mode; mode of defect; type of defect
Fehlerausbruch m <qualit> • error burst
Fehlerausgleich m <msr> • error compensation
Fehlerauslesegerät n <kfz.wz> • fault reader
Fehlerbaum m <qualit> • fault tree
Fehlerbaumanalyse f <qualit> • fault-tree analysis
fehlerbehaftet rar <qualit> (Bauteil, System) • faulty; defective; faulted rare
Fehlerbehandlung f <qualit> • defect management; error handling
Fehlerbehebung f <tech.allg> (in Systemen, Anlagen etc.) • fault removal; fault clearance
Fehlerbereich m <qualit> • error range

Fehlerberichtigung f <tech.allg> (menschlicher Fehler; z. B. Schreibfehler) • error correction
Fehler beseitigen vt <tech.allg> • eliminate faults vt
Fehler beseitigen vt <edv> (in Software) • debug vt
Fehlerbeseitigung f <tech.allg> (in Systemen, Anlagen etc.) • fault removal; fault clearance
Fehlerbeseitigung f <edv> (Software) • debugging
Fehlerbeseitigung f <qualit> (z. B. Material-, Produktionsfehler) • defect elimination
Fehlerbeseitigung f <qualit> (bei System- oder Betriebsstörung) • troubleshooting; fault elimination
Fehlerbestimmung f <qualit> (abstrakter Fehler; Irrtum) • error determination
Fehlerbestimmung f <qualit> (Ortsbestimmung von konkretem Fehler; z. B. von Materialfehler) • fault localization
Fehlerbezeichnung f <edv> • error flag
Fehlerbezeichnung f <qualit> • error identification
Fehlerbündel n <edv> • burst error; error burst; burst; block error; multiple error
Fehlercharakteristik f <msr> • fault characteristics
Fehlercheckliste f <doku> • service check list
Fehlercode m <kfz.el> (Motorüberwachung) • trouble code; fault code
Fehlerdämpfung f <el> • return loss; balance return loss
Fehlerdämpfungsmesser m <el> • return loss measuring set; unbalance attenuation measuring set
Fehlerdetektor m <qualit> • error detector; error-detecting device
Fehlerdiagnose f <qualit> (allg.; auch als Überschrift über Tabellen und Suchbäumen) • troubleshooting; fault diagnosis; fault tracing rare; fault tracking rare
Fehlerdiagnosefeld n <qualit> • trouble-shooting field
Fehlerdichte f <edv> • error density
Fehler durch Mehrwegeausbreitung m <navig> • multipath error
Fehler durch Signalrauschen m <navig> • noise error
Fehler durch Signalverfälschungen m <navig> • bias error
Fehlerecho n <qualit.mat> (Ultraschallprüfung) • defect echo; flaw echo
Fehlereingrenzung f <qualit> • defect localization; fault localization
Fehlererkennbarkeit f <qualit> • defect detectability
fehlererkennend <qualit> • error-detecting
fehlererkennender Kode m <edv> • error-detecting code
Fehlererkennung f <edv> • error detection
Fehlererkennung f <qualit> • defect detection; flaw detection; fault detection; fault recognition; defect recognition
Fehlererkennungscode m (EDC) <edv> • error detection code (EDC); error detecting code
Fehlererkennungskode m <edv> • error detection code (EDC); error detecting code
Fehlererkennungssoftware f <edv> • error-detecting software
Fehlererkennungszeit f <qualit> • fault recognition response time
Fehlererkennung und -korrektur f <qualit> • error detection and correction (EDAC)
Fehler erster Art m <qualit> • type-I error
Fehlerfeld n <el> • erratic band
Fehlerfernmessung f <msr> • remote measurement of errors
Fehlerfortpflanzung f <qualit> • error propagation
fehlerfrei <allg> (Betonung auf: Abwesenheit von Fehlern) • accurate
fehlerfrei <druck> (sauber gedruckt) • clean
fehlerfrei <edv> (Programm; Fehler behoben) • debugged
fehlerfrei <opt.qualit> (Linse) • aberrationless

fehlerfrei <qualit> *(Zustand)* • free from defects

fehlerfrei <qualit> *(z. B. Arbeitsweise, Berechnung, Fertigung)* • without error[s]; error-free

fehlerfrei <qualit> *(richtig; z. B. Fakten, Zahlen)* • correct

fehlerfrei <qualit> *(Materialbeschaffenheit)* • sound; faultless; flawless

fehlerfrei <qualit> *(gefertigtes Erzeugnis)* • faultless; fault-free

fehlerfreie Phase *f* <el> • sound phase

fehlerfreier Betrieb *m* <qualit> • error-free operation

fehlerfreie Wechselzyklen *mpl* (MSBF) <edv> *(z. B. von Jukeboxen)* • mean swaps between failure (MSBF)

Fehlerfreiheit *f* <tech.allg> • accuracy

Fehlerfreiheit *f* <qualit> *(z. B. Material, Werkstücke)* • freedom from defects; freedom from faults

Fehlerfreiheit *f* <qualit> *(z. B. Berechnungen)* • freedom from errors

Fehlerfunktion *f* <qualit> • error function

Fehlergeber *m* <msr> • error pick-off

Fehlergrenze *f* <msr> • error limit; limit of error; margin of error; accuracy limit

Fehlergrenze *f* <qualit> • fault limit

Fehlergröße *f* <qualit> • defect size; flaw size

Fehlerhäufigkeit *f* <qualit> *(Häufigkeit von Falschem)* • error rate; error frequency

Fehlerhäufung *f* <qualit> *(räumlich)* • clustered errors

Fehlerhäufung *f* <qualit> *(zeitlich)* • error burst

fehlerhaft <allg> *(falsch)* • false; incorrect

fehlerhaft <metall> • unsound

fehlerhaft <qualit> • erroneous

fehlerhaft <qualit> *(unrichtig)* • incorrect; wrong

fehlerhaft <qualit> *(Material)* • defective; faulty

fehlerhaft <qualit> *(Bauteil, System)* • faulty; defective; faulted *rare*

fehlerhafte Arbeitsweise *f* <qualit> • malfunction

fehlerhafte Dickstelle *f* <textil> • thickness fault

fehlerhafter Betrieb *m* <qualit> • malfunction

fehlerhafte Zuführung *f* <tech.allg> • misfeed

Fehler in der Hardware *m* <edv> *(Fehler an Systemkomponenten; im Ggs. zu Softwarefehler)* • hardware fault; hardware malfunction; hardware error; machine error

Fehler in der Nachführung *m* <energ.sol> • tracking error

Fehlerintegral *n* <qualit> • error function integral; error function

Fehlerinterrupt *m* <edv> • error interrupt

Fehlerkennlinie *f* <msr> • fault trace

Fehlerklassifizierung *f* <qualit> • classification of defects; classification of nonconformance

Fehlerkompensation *f :V* <edv> • error resiliency

Fehlerkompensationsroutine *f :V* <edv> *(Programm, z. B. in Datenübertragungsprotokoll)* • error resiliency tool

Fehlerkonstante *f* <msr> • error coefficient; error constant

Fehlerkorrektur "on-the-fly" *f* <edv> • error correction on the fly; OTF-error correction; OTF-correction

Fehlerkorrektur *f* <tech.allg> *(menschlicher Fehler; z. B. Schreibfehler)* • error correction

Fehlerkorrektur *f* <av> • error correction

Fehlerkorrektur *f* <edv> • error correction

Fehlerkorrekturalgorithmus *m* <edv> • error correction algorithm

Fehlerkorrekturbit *n* <edv> • error correcting bit

Fehlerkorrekturcode *m* (ECC) <edv> • error correction code (ECC); error correcting code; error correction system

Fehlerkorrekturkode *m* <edv> • error correction code (ECC); error correcting code; error correction system

Fehlerkorrekturprogramm *n* <edv> • error-correcting program; error correction routine

fehlerkorrigierend <qualit> • error-correcting

fehlerkorrigierender Code *m* <edv> • error correction code (ECC); error correcting code; error correction system

fehlerkorrigierender Kode *m* <edv> • error correction code (ECC); error correcting code; error correction system

fehlerkorrigierendes Verfahren *n* <qualit> • error-correcting procedure; error-control procedure

Fehlerkurve *f* <qualit> • error curve

Fehlerliste *f* <tech.allg> • error list

Fehlerlokalisierung *f* <qualit> *(Vorgang des Suchens)* • defect localization; flaw localization

Fehlerlokalisierung *f* <qualit> *(tatsächliche Auftretensstelle)* • fault location; point of fault

fehlerlos <qualit> *(richtig; z. B. Fakten, Zahlen)* • correct

fehlerlos <qualit> *(Materialbeschaffenheit)* • sound; faultless; flawless

fehlerlos <qualit> *(gefertigtes Erzeugnis)* • faultless; fault-free

Fehlermaskierung *f* <edv> • error concealment; error masking

Fehlermeldung *f* <edv> *(mit Text)* • error message

Fehlermeldung *f* <msr> *(Störungssignal, opt. oder akustisch)* • fault signal

Fehlermeldung *f* <msr> *(als Code angezeigt)* • error code

Fehlermeldung *f* <msr> *(Störungsnachricht)* • fault message

Fehlermeldung *f* <msr> *(Störungsanzeige auf Display)* • fault display

Fehlermeldung *f* <msr> *(Störungsanzeige, opt. oder akustisch)* • fault indication

Fehlermeldung *f* <msr> *(allg.)* • alarm indication; trouble indication; fault indication

Fehler-Möglichkeits- und Einfluss-Analyse *f* (FMEA) <qualit> • failure mode and effects analysis (FMEA)

Fehlernachweis *m* <qualit> • failure detection; fault detection

Fehlernachweisbarkeit *f* <qualit> • defect detectability

Fehlernummer *f* <qualit> • diagnostic fault number

Fehlerort *m* <qualit> *(tatsächliche Auftretensstelle)* • fault location; point of fault

Fehler orten *vt* <qualit> • locate a fault *vt*

Fehlerortsbestimmung *f rar* <qualit> *(Vorgang des Suchens)* • defect localization; flaw localization

Fehlerortung *f* <qualit> *(Vorgang des Suchens)* • defect localization; flaw localization

Fehlerortungsgerät *n* <qualit> • fault location instrument; defect locator

Fehlerprogramm *n* <edv> • fault program; fault routine

Fehlerprotokoll *n* <pap> • error log

Fehlerprüfkode *m* <edv> • error-checking code

Fehlerprüfschalter *m* <msr> • fault feeler switch; feeler switch

Fehlerprüfung *f* <edv> • error checking; error check

Fehlerprüfung *f* <qualit> • fault checking

Fehlerquadrat *n* <math> • square of error

Fehlerquelle *f* <qualit> *(Messtechnik, Statistik, Elektronik, Computer)* • source of errors; error source

Fehlerquelle *f ugs* <qualit> *(in Hardware, Systemen, Anlagen)* • trouble source

Fehlerrate *f* <qualit> *(Häufigkeit von Falschem)* • error rate; error frequency

Fehlerrate *f* <qualit> *(Häufigkeit von Ausfällen; z. B. Systemversagen)* • failure rate; fault rate

Fehlerrechnung *f* <math> *(konkret)* • errors computation

Fehlerrechnung *f* <math> *(Theorie)* • theory of errors

Fehlerregistriergerät *n* <qualit> • fault recorder

Fehlerrelais *n* <el> • differential relay; fault detector relay

Fehlerrobustheit *f* <qualit> • error robustness

Fehlerschutz *m* <edv> • error protection
Fehlerschutz *m* <el> • leakage protection
Fehlerschutz *m* <qualit> • fault protection
Fehlerselbsterkennung *f* <autom> • error self-diagnosis
Fehlersignal *n* <el> • error signal
Fehlersimulation *f* <qualit> • failure simulation
Fehlersimulierung *f* <qualit> • failure simulation
Fehlerspannung *f* <el> *(Wert des Fehlersignals)* • error signal value
Fehlerspannung *f* <el> • fault voltage
Fehlerspannungsauslöser *m* <el> • fault protective release; fault-voltage protective release; leakage-protective release
Fehlerspannungskompensation *f* <el> • error voltage compensation
Fehlerspeicher *m* <kfz.el> *(On-Board-Diagnosesystem)* • keep alive memory (KAM); fault memory
Fehlerspielraum *m* <qualit> • error margin
Fehlerstatistik *f* <qualit> • error statistics
Fehlerstelle *f* <mat> *(Kristallgefüge)* • discontinuity
Fehlerstelle *f* <qualit> *(tatsächliche Auftretensstelle)* • fault location; point of fault
Fehlerstrecke *f* <msr> • fault section; faulty section
Fehlerstrom *m* <el> *(Leckstrom)* • fault current; leakage current
Fehlerstromschutzschalter *m* <el> • earth leakage circuit breaker
Fehlersuchanweisung *f* <edv> • debugging statement
Fehlersuchbefehl *m* <edv> • debug command
Fehlersuche *f* <edv> *(in Hard- und Software)* • debugging
Fehlersuche *f* <qualit> *(allg.; auch als Überschrift über Tabellen und Suchbäumen)* • troubleshooting; fault diagnosis; fault tracing *rare*; fault tracking *rare*
Fehlersuche im Fehlzustand *f* <edv> • postmortem examination
Fehlersuchgerät *n* <qualit> • fault location instrument
Fehlersuchkode *m* <edv> • error detecting code
Fehlersuchproblem *n* <edv> • trouble-shooting problem
Fehlersuchprogramm *n* <edv> *(hilft beim Beheben von Fehlern, insb. von Programmierfehlern)* • debugger; debugging program; debugging routine; software debugger; debugger program
Fehlersuchprogramm *n* <edv> *(hilft bei der Suche nach dem Fehler)* • error detection program; error detection routine; diagnostic program; diagnostic routine
Fehlersuchprogramm *n* <edv> • malfunction program; malfunction routine
Fehlertabelle *f* <tech.allg> • error table
Fehlertheorie *f* <astron> • aberration theory
Fehlertheorie *f* <math> • theory of errors
Fehlertheorie *f* <qualit> • error theory
fehlertolerant <tech.allg> • fault-tolerant
fehlertolerant <tech.allg> *(Bauteil, System, Funktion; der Ausfall gefährdet nicht die Sicherheit)* • fail-safe
fehlertolerante Speicherung *f* <edv> • fault-tolerant storage
Fehlertoleranz *f* <tech.allg> *(d.h. ein Ausfall gefährdet nicht die Sicherheit)* • fault tolerance
Fehlertoleranz *f* <qualit> • error tolerance
Fehlertyp zuweisen *vt* <pap> • attach error class *vt*
Fehlerüberdeckung *f DDR* <edv> • error concealment; error masking
Fehlerüberprüfung *f* <edv> • error checking; error check
Fehlerübertragungsfunktion *f* <math> • error transfer function
Fehlerüberwachung *f* <edv> • error control
Fehlerunempfindlichkeit eines Papiers *f* <pap.qualit> • ability of a paper to tolerate flaws and defects
Fehlerunterbrechung *f* <edv> • error interrupt

Fehlerursache *f* <qualit> • cause of error
Fehlerverdeckung *f* <edv> • error concealment; error masking
Fehlerverlauf *m* <msr> • fault course; signal course
Fehlervermeidung *f* <qualit> • error avoidance
Fehlerverstärker *m* <msr> • fault amplifier
Fehlerverteilung *f* <qualit> • error distribution
fehlerverträglich <tech.allg> *(Bauteil, System, Funktion; der Ausfall gefährdet nicht die Sicherheit)* • fail-safe
Fehlerverträglichkeit *f* <tech.allg> *(d.h. ein Ausfall gefährdet nicht die Sicherheit)* • fault tolerance
Fehlerverträglichkeit *f* :*V* <edv> • error resiliency
Fehlerverwaltung *f* <edv> • recovery management
Fehlerwahrscheinlichkeit *f* <qualit> • error probability
Fehler-Warnanzeige *f* <navig> *(Display)* • failure warning indication; failure warning
Fehlerwarnung *f* <navig> *(Display)* • failure warning indication; failure warning
Fehlerwichtung *f* <edv> • severity code
Fehlerwinkel *m* <msr> • fault angle
Fehlerzeiger *m* <edv> • error flag; error pointer
Fehler zweiter Art *m* <qualit> • type-II error
Fehlfärbung *f* <textil> • faulty dyeing; off-shade dyeing
fehlfarben <obfl> • off-color
fehlfarben <phot> • off-shade
Fehlfunktion *f* <qualit> *(in der Funktion von Systemen/ Komponenten)* • malfunction; fault
Fehlfunktionstest *m* <msr> • malfunction test
fehlgeordnet <tech.allg> *(z. B. Zahlen, Teile)* • disordered
fehlgeordneter Kristall *m* <mat> • imperfect crystal
Fehlguss *m* <prod> *(Vorgang)* • faulty casting; misrun casting; spoiled casting
Fehlguss *m* <prod> *(das Werkstück)* • off-cast; waster
Fehlhandlung *f* <qualit.allg> *(von Personen)* • mistake
Fehlidentifizierung *f* <mil> • misidentification
Fehlimpulse *mpl* <el> • missed pulses
Fehlimpulse *mpl* <phys> • slipped cycle
Fehling'sche Lösung I *f* <chem> *(Kupfer(II)-sulfatlösung)* • Fehling's reagent, solution A
Fehling'sche Lösung II *f* <chem> *(Kaliumnatriumtartrat und Natriumhydroxid in wässriger Lösung)* • Fehling's reagent, solution B
Fehling I *n pract* <chem> *(Kupfer(II)-sulfatlösung)* • Fehling's reagent, solution A
Fehling II *n pract* <chem> *(Kaliumnatriumtartrat und Natriumhydroxid in wässriger Lösung)* • Fehling's reagent, solution B
Fehling-Reagens *n* <chem> *(Gemisch aus Fehlingscher Lösung I und II zu gleichen Teilen)* • Fehling's reagent
Fehljustierung *f* <tech.allg> • misadjustment
Fehljustierung *f* <lwl> • misalignment
Fehlkorn *n* <verf> • misplaced size
Fehlleistung *f* <qualit.allg> *(von Personen)* • mistake
Fehllesung *f* <edv> *(eines Barcode-Scanners)* • misread; bad read; bad scan; wrong read; mis-scan
Fehlmenge *f* <qualit> • outage
Fehlmessung *f* <msr> *(Messung fehlerhaft)* • erroneous measurement; faulty measurement
Fehlmessung *f* <msr> *(Resultat der Messung fehlerhaft)* • faulty measuring result
Fehlordnung *f* <tech.allg> *(räumlich)* • disarrangement
Fehlordnung *f* <el> *(Halbleiter)* • impurity; defect; imperfection
Fehlordnung *f* <qualit.mat> *(im Kristallgitter)* • crystal defect; crystal imperfection; lattice defect
Fehlpasser *m* <druck> • misregistration
Fehlregister *n* <edv> • misregistration
Fehlschaltung *f* <msr> *(Vorgang)* • false triggering; spurious triggering; accidental switching

Fehlschaltung f <tele> • wrong connection
Fehlschmelze f <metall> • misfit cast; off-heat
Fehlschuss m <mil> • miss
Fehlseitenband n <tele> • suppressed sideband
Fehlsekunde f <tele> • errored second
Fehlspannungsfehler m <edv.av> • offset error; gain error; fullscale error; offset voltage error
Fehlstart m <aerospace> • abortive take-off; aborted take-off; deficiency take-off
Fehlstelle f <agri> • lag
Fehlstelle f <druck> (Strichcodesymbol) • void; ink void
Fehlstelle f <el> • dropout (DO); drop out; missing signal
Fehlstelle f <mat> (im Kristallgitter) • vacancy; vacant site
Fehlstelle f <mat> (im Gefüge) • defect; flaw
Fehlstelle f DIN EN ISO 4618 <obfl> (Fehlen der Beschichtung) • miss ISO 4618-2; holiday coll
Fehlstelle f <qualit> • defect
Fehlstellengitter n <mat> (Kristallgefüge) • defect lattice
Fehlstellenhalbleiter m <el> • p-type conductor; p-type semiconductor; defect semiconductor; hole semiconductor
Fehlstellenwanderung f <mat> (im Kristallgefüge) • defect motion
Fehlteilung f <prod> • incorrect division; incorrect indexing
Fehlverbindung f <tele> • wrong connection
Fehlwahl f <tele> • faulty selection
Fehlweisung f <navig> • bearing error
Fehlwinkel m <el> • phase angle
Fehlzählung f <msr> • miscount
Fehlzündung f <kfz.el> (in der Auspuffanlage; außerhalb des Fz. sehr laut hörbar) • backfire; backfiring; misfiring; misfire; false firing rare.obs
Fehlzündung f rar <kfz.el> • misfiring sg; misfire sg; ignition miss
Feilbürste f <wz> • file card brush; file card coll
Feile f <wz> (allg.) • file
Feile f <wz> (für Metallbearbeitung) • file; engineers' file GB; workshop file GB.rare
feilen vt <wz> • file vt
Feilenangel f <wz> • file tang
Feilenblatt n <wz> • file blade
Feilenbürste f <wz> • file card brush; file card coll
feilenhart <mat> • file-hard
Feilenhaue f <wz> • file cutting tool
Feilenhaumaschine f <wz.masch> • file cutting machine
Feilenheft n <wz> • file handle
Feilenhieb m <wz> • file cut
Feilhammer m ppwiss <wz> • shrinking hammer; shrink hammer
Feilkloben m <wz> (kl. Schraubstock) • hand vise US; hand vice GB; file jig rare
Feilmaschine f <wz.masch> • filing machine
Feilprobe f <qualit.mat> (Test) • file scratch test; filing test
Feilprobe f <qualit.mat> (Werkstück) • file scratch test specimen
Feilspan m <prod> • filing chip; filing
fein <tech.allg> (z. B. Einstellung, Korn, Gewindesteigung) • fine
fein <tech.allg> (z. B. Design, Ausstattung) • elegant; stylish; classy
fein <chem> (Feinwaschmittel) • light
fein <msr> (z. B. Abstimmung, Abgleich) • fine; precise
fein <nahr> (Wein) • fine
fein <textil> (sehr dünn od. durchscheinend; z. B. Strümpfe) • sheer
Feinabgleich m <el> (z. B. mit Trimmpoti, -kondensator) • trimming; fine tuning
feinabgleichbare Empfindlichkeit f <msr> (z. B. von Sensoren) • adjustable sensitivity

Feinablesung f <msr> (mit Nonius) • vernier reading
Feinabstimmknopf m <av> (z. B. für Sender) • fine-tuning knob
Feinabstimmkondensator m <el> • vernier capacitor
Feinabstimmung f <tech.allg> (z. B. von Schaltkreisen, Systemen, Maschinenbauteilen, Signalen, Farben) • fine adjustment; fine tuning; precision adjustment; sharp tuning
Feinabtastung f <msr/av> • fine scanning; close scanning
Feinantrieb m <msr> (mit Mikrometer, Nonius) • vernier drive
Feinanzeige f <msr> • microindication
Feinausmahlen n <verf> • fine grinding
Feinbau m <mat> • microstructure; fine structure
feinbearbeitet <obfl> (spanend, mit Wz-Maschine) • micro-machined
Feinbearbeitung f <prod> (allg., jedes Verfahren) • finishing
Feinbearbeitung f <prod> (abtragend mit unregelmäßiger Schneide) • refined abrading
Feinbearbeitung f <prod> (von Metalloberflächen; spanend) • finishing; smoothing
Feinbearbeitung f <wz.masch> (spanend) • finish-machining
Feinbearbeitungsdrehmaschine f <wz.masch> • finishing lathe
Feinbewegung f <wz.masch> (langsam, präzise) • fine motion; slow motion
feinblasig <silik> • seedy
Feinblech n <mat> (Dicke 0,008 … 3 mm) • sheet
Feinblechrichten n <prod> • sheet leveling
Feinblechwalzen n <metall> • sheet rolling
Feinblechwalzwerk n <metall> • sheet rolling mill
Feinbohren n <prod> (betont: mit Hartmetall- oder Diamantwerkzeug) • borizing US; diamond boring
Feinbohren n <prod> (allg.) • fine boring
Feinbohren n <prod> • fine-hole drilling
Feinbohrmaschine f <wz.masch> (aufbohren) • fine-boring machine; fine borer
Feinbohrmaschine f <wz.masch> (ins Volle) • fine-hole drilling machine
Feinbohrmesser n <wz> • fine-boring tool
Feinbohrschleifer m <wz> (zum Bohren, Schleifen, Trennen, Fräsen, Polieren, Gravieren) • precision drilling and grinding tool; Dremel TMpract
Feinbohrstange f <wz> • fine-boring bar
Feinbrechen n <verf> • fine crushing; secondary crushing
Feinbrecher m <verf> • fine crusher; reduction crusher
Feinchemikalie f <chem> • fine chemical
Feindehnungsmesser m <msr> • sensitive extensometer
Feindestillation f <chem.verf> • precision distillation
feindispers <phys> • finely dispersed; highly disperse
feindliche Übernahme f <econ> (eines Unternehmens) • hostile takeover
Feindosierventil n <rls.msr> • fine-metering valve
Feindraht m <mat> • fine wire
Feindrahtsicherung f <el> • fine-wire fuse
Feindrahtzug m <prod> (Vorgang) • fine-wire drawing; thin-wire drawing
Feindrehmaschine f <wz.masch> • precision lathe; finishing lathe
feine Ausmahlung f <verf> • fine grinding
Feinegge f <agri> • extra-light seed harrow
fein eingesprengtes Erz n <min> • chatty ore
Feineinstellkondensator m <el> • vernier capacitor
Feineinstelllupe f <opt> • fine focusing magnifier US; fine focussing magnifier GB
Feineinstellschraube f <tech.allg> (allg.) • fine adjustment screw

Feineinstellschraube f <tech.allg> *(für besonders langsame Bewegung)* • slow motion screw

Feineinstellschraube f <obfl.wz> *(Spritzpistole)* • fluid adjustment screw; fluid control screw

Feineinstellskala f <msr> *(allg.)* • fine-adjustment dial

Feineinstellskala f <msr> *(mit Nonius)* • vernier dial

Feineinstellskale f rar <msr> *(mit Nonius)* • vernier dial

Feineinstellung f <tech.allg> *(eher manuell)* • fine adjustment; fine setting

Feineinstellung f <tech.allg> *(Horizontale, Niveau)* • microleveling US; microlevelling GB

Feineinstellung f <tech.allg> *(z. B. von Schaltkreisen, Systemen, Maschinenbauteilen, Signalen, Farben)* • fine adjustment; fine tuning; precision adjustment; sharp tuning

Feineinstellung f <msr> *(statisch oder dynamisch; manuell od. automatisch; z. B. mit Regelung)* • fine control

Feineinstellung f <msr> *(mit Nonius)* • vernier adjustment

Feineinstellung f <msr> *(betont: sehr genau)* • precision adjustment; fine adjustment

Feineinstellung von Hand f <tech.allg> • manual fine adjustment; hand fine adjustment *rar*

Feineinstellvorschub m <wz.masch> • inching feed; setting feed

Feineisenwalzwerk n <metall> • small-section rolling mill

feine Kornfraktion f <mat> *(z. B. von Sand, Kies)* • fine sizes; fines

feine Linien fpl <druck> • fine lines pl

feinen vt <prod.obfl> • refine the surface vt; refine vt; finish vt

feiner Formsand m <prod> *(Gießerei)* • facing sand

feiner Raster m <av> • fine screen

feiner Schlitzsortierer m <ents.verf> • fine-slotted screener

feiner Staub m <tech.allg> *(betont: sehr feinkörnig; auch abgelagert)* • fine dust

feiner Staub m <wz> *(Partikelgröße < 1 μm)* • fine dust; fine particulate matter; fine particulates

feiner Titer m <textil> • fine titer US; fine titre GB

Feiner Trub m <nahr> *(Wein)* • fine lees; second lees

Feinerz n <min> • fine ore

feines Gefüge n <mat> *(allg.)* • fine structure

feines Köpergewebe n <textil> • fine woven roving

feines Loch n <tech.allg> • pinhole

Feinfädigkeit f <textil> *(Faser, Gespinst, Faden)* • fineness-with-strength

Feinfahrt f <förd> • microdrive

feinfaserig <holz> • fine-grained

feinfaserig <mat> • fine-fibrous

Feinfilter m/n <verf> • fine filter

Feinfilterung f <agri.tech> *(betont: am Ende)* • final filtration

Feinflyer m <textil> • roving frame

Feinfokussierung f <opt> • precision focusing US; fine focussing GB

Feinfoliengießmaschine f <kst> • film casting machine

feinfühlig <allg> • sensitive

Feingang m <masch> • slow-motion drive

fein gebündelter Elektronenstrahl m <phys> • finely focused electron beam US; finely focussed electron beam GB

Feingefüge n <mat> *(allg.)* • fine structure

Feingehalt m <mat> *(von Legierungen in Teilen pro Tausend; z. B. Gold 585)* • fineness; purity coll

feingemahlen <verf> • fine-ground; finely ground

feingepulvert <verf> • finely powdered

feingeschichtet <geo.min> • thin-bedded

feingestrichelt <doku> • small-dotted

feingeteilt <tech.allg> • finely divided

Feingewinde n <masch> *(allg.)* • fine-pitch thread; fine thread; fine screw thread rare

Feingewindereihe f <füg> • fine screw thread series

Feingold n <mat> • fine gold; proof gold

Feinguss m <prod> *(typ. mit Ausschmelzverfahren)* • precision-casting

Feingut n <mat> *(allg.)* • fine material

Feingut n DIN ISO 9045 <verf> *(kleiner als eine definierte Partikelgröße im Siebgut)* • fine fraction ISO 9045; fines

Feingut n <verf> *(Siebtechnik)* • undersize

Feingutüberlauf m <ents> • slime overflow

Feinheit f <tech.allg> • fineness

Feinheit f <textil> *(Nadeln, Platinen)* • gauge

Feinheit f <textil> *(in D: Anz. Fäden pro cm in Kette und Schuss; in UK: pro in^2)* • thread count; yarn count; count pract; number pract

Feinheit f <verf> *(Mahlgut)* • grist

Feinheitsmodul m • fineness modulus

Feinhieb m <prod> • finishing cut

Feinhöhenmesser m <aerospace> • precision altimeter; statoscope

feinjähriges Holz n <holz> • fine textured wood; wood of close grain

Feinjustierung f <msr> • fine alignment

Feinkarde f <textil> • finisher card; finishing card

Feinkeramik f <silik> • fine ceramics

Feinkies m <bau.mat> • fine gravel; pea gravel

Feinkitt m <mat> *(für Porzellan, Kacheln, Fliesen)* • cement

Feinklassieren n <verf> • fine-size fractionation; fine-size separation

feinkörnig <mat> *(allg.)* • fine-grained; fine-granular

feinkörnig <mat> *(Gefüge, räumliche Struktur; z. B. von Gussteilen)* • close-grained; fine-grained; fine-grain

feinkörnig <obfl> *(gleichmäßig)* • even

feinkörnig <phot> *(Film, Aufnahme)* • fine-grain; fine-grained

feinkörnig <wz> *(Schleifpapier/Schmirgelleinen)* • fine-grit

feinkörniger Zuschlagstoff m <mat> • fine aggregate

feinkörniges Gefüge n <mat> • fine-grain structure; fine-grained structure

feinkörnige Struktur f <mat> • fine-grain structure

Feinkohle f <min> • fine coal; coal fines; fines; smalls

Feinkoks m <verbr> • breeze; coke screenings

Feinkontrast m <av> • detail contrast

Feinkorn n <mil> *(Visier)* • fine sight

Feinkorn n <phot> • fine grain

Feinkorn n <verf> *(beim Sieben durchfallend)* • screen undersize; minus material; smalls; fines

Feinkornbaustahl m <prod> • fine-grain structural steel

Feinkornbereich m <ents> • fine particle category; fine grain category

Feinkornemulsion f <phot> *(Film, Papier)* • fine-grain emulsion

Feinkornentwickler m <phot> • fine-grain developer

Feinkornfilm m <phot> • fine-grain film

Feinkornsetzmaschine f <prod> • smalls jig

Feinkornstahl m <mat> • fine-grained steel

Feinkrempel f <textil> • second breaker; finisher card

feinkristallin <mat> • microcrystalline; finely crystalline

feinkristalline Struktur f <chem> • fine crystal structure

Feinkrümelschleppe f <agri> • fine clod crusher

Feinkühlen n <verf> • fine annealing

Feinkupfer n <mat> • refined copper

Feinlängenänderungsaufnehmer m <qualit.mat> • low range extensometer; low extension extensometer; low elongation extensometer

Feinlage einstellen vt <tech.allg> • fine-position vt

Feinlageeinstellung f <prod> • fine positioning

Feinleder n <led> • fancy leather

Feinlunker m <metall> • pin-hole

Feinlunker m <silik> • pock marking

feinmahlen vt <pap> • brush out vt

feinmahlen vt <verf> • grind finely vt; refine vt

Feinmanipulator m <prod> • micromanipulator

feinmaschig <allg> (auch metaphorisch; z. B. Suche) • narrow-meshed; close-meshed

feinmaschig <tech.allg> (allg.; z. B. Gewebe, Sieb) • fine-mesh; fine-meshed

feinmaschig <tech.allg> (betont: sehr feinmaschig; z. B. Filter) • micromesh

Feinmechanik f <tech.allg> • precision mechanics; precision engineering

feinmechanisch <tech.allg> • precision-mechanical

feinmechanisch-optische Industrie f <ökon> • precision-engineering and optical industry

Feinmessgerät n <wz.msr> • precision-measuring instrument; metrological instrument; fine-measuring instrument

Feinmesslupe f <opt> • measuring magnifier

Feinmessokular n <opt> • micrometer eyepiece; micrometer ocular

Feinmessschraube f <wz.msr> • micrometer screw

Feinmessschraublehre f DIN 863 <wz.msr> • micrometer caliper

Feinmesstechnik f <msr> • precision-measuring technology; dimensional metrology

Feinmessung f <msr> • precision measurement

Feinmühle f <pap> • finishing machine

Feinmühle f <verf> • fine-grinding mill; fine grinder

Feinmüll msg <ents> (Staub, Asche) • dust and cinder; screenings; fines

Feinnachführung f <astron> • fine-guidance system

Feinnivellement n <msr> • precision leveling US; accurate levelling GB

Feinöffner m <textil> • fine opener

Feinofen m <metall> • refining furnace

Feinpapier n <pap> • fine paper

Feinpappe f DIN 6730 <pap> • fine board

Feinpassung f <tech.allg> • free fit

Feinplanierung f <bau> • fine grading; final grading

Feinplanum n <bau> (Straße) • finish subgrade; finish grade

Feinplanumshöhe f <bau> • formation level

feinporig <mat> • fine-pored

feinporiges Holz n <holz> • fine textured wood

feinpositionieren vt <tech.allg> • fine-position vt

Feinpositioniertisch m <prod> • micropositioning table

Feinpositionierung f <autom> • fine positioning

feinprägen vt <led> • emboss with a fine print vt

Feinprofilreifen m <fz> • multi-siped tire

feinpulverisiert <verf> • finely powdered

Feinquerverstellung f <wz.masch> • transverse fine adjustment

Feinrechen m <verf.hydr> (allg.) • fine screen; fine screen unit; trashrack US

Feinrechen mit maschineller Reinigung m <verf.hydr> • mechanically raked fine screen

Feinregelstab m <msr> • regulating rod

Feinregelung f <msr> • fine control

Feinregler m <msr> • fine controller

Feinreinigung f <obfl> • final cleaning

Feinreinigung f <verf.hydr> • fine screening

feinringiges Holz n <holz> • fine textured wood; wood of close grain

Feinripprundstrickmaschine f <textil> • fine rib circular knitting machine

Feinsärad n <agri> • fine-seed cell wheel

Feinsand m <bau.mat> • fine sand

Feinschicht f <nav.kst> (Bootsbau; äußerste, glatte Harzschicht bei GFK-Booten) • gelcoat

Feinschleifen n <prod> • fine grinding

Feinschleifpaste f <kfz.mot> (z. B. f. Ventile) • fine lapping compound

Feinschlichten n <prod> • precision finishing; fine machining

Feinschliff m <obfl> (Lackvorbereitung) • final sanding

Feinschliff m <obfl.holz> • fine sandpapering; fine sanding; finish sand(paper)ing; final sand(paper)ing

Feinschliff m <prod> • fine grinding

Feinschmutz m <pap.ents> • fine dirt

Feinschneidautomat m <wz.masch> • automatic fine-blanking machine

Feinschneiden n <prod> • fine blanking; fine-edge blanking

Feinsicherung f <el> (betont: empfindlich; sehr dünner Draht in Glasrohr; träge od. flink) • miniature fuse; subminiature fuse; fine-wire fuse

Feinsicherung f <el> (betont: sehr klein) • miniature fuse; microfuse

Feinsieb n <allg> (im Haushalt) • fine sieve

Feinsieb n <verf> (in Anlagen) • fine screen

Feinsiebfilterung f norm <verf.hydr> • micro screening; micro straining

Feinsiebgewebe n <verf.hydr> • micro mesh

Feinsiebrechen m Geig <verf.hydr> • fine screen Brac; fine channel screen LW

Feinsiebtrommel f <verf.hydr> • fine screen drum

Feinsiebung f <verf.hydr> • fine screening

Feinskale f <msr> • finely divided scale

Feinsortierer m <verf> • fine screen; secondary screen

Feinsortierung f <pap.ents> • fine screening; secondary screening; fine sorting

Feinspachtel m <kfz.rep> • putty US; glazing putty US; spot putty; stopper GB; knifing stopper GB

Feinspaltrost m <verf> • slotted-hole screen

Feinspan m <prod> • fine segmental chip

Feinspinnmaschine f <textil> • fine spinning frame

Feinsplitt m <bau.mat> • fine chippings

Feinspritztechnik f form <kunst> (Maltechnik) • airbrushing; airbrush US; spray painting form; airbrush painting; airpainting

Feinsprühgerät n <agri> • ultra-low volume sprayer

Feinstäube mpl <verf> • fine dusts

Feinstahlwalzwerk n <metall> • small-section rolling mill; light-section [rolling] mill

Feinstaub m <verf> (Partikelgröße < 1 µm) • fine dust; fine particulate matter; fine particulates

Feinstaubanteil m <ents> • percentage of fine particulate[s]

Feinstaubmühle f <verf> • atomizer mill

Feinstbearbeitung f <prod> • fine finishing; precision finishing

Feinstblech n DIN 90-1 <metall> • light gauge metal

Feinstblech n <pack> (< 0,5 mm; weicher, unlegierter lackier- u. bedruckbarer Stahl) • blackplate

Feinstbohren n <prod> • precision boring; precision drilling

Feinstbohrmaschine f <wz.masch> • diamond boring machine; precision boring machine

feinstdrähtig <el> • fine-wire

Feinstdraht m <ic> • bonding wire; bond wire

feinsteinstellbar <tech.allg> (mit Mikrometer) • micrometer-adjustable

Feinsteinzeug n <silik> • fine stoneware

feinste Kornfraktion f <mat> (z. B. von Sand, Kies) • fine sizes; fines

Feinstellknopf *m* <tech.allg> • fine adjustment knob
Feinstellmotor *m* <msr> • vernier motor
Feinstellschraube *f* <tech.allg> • micrometer screw; fine adjustment screw
Feinstelltrieb *m* <masch> *(betont: besonders präzis)* • fine drive; vernier drive
Feinstelltrieb *m* <masch> *(betont: besonders langsam)* • precision slow-motion drive
Feinstellungsanzeiger *m* <msr> • vernier position indicator
Feinstfilter *n* <verf> • ultrafilter
Feinstfilterung *f* <verf> • ultrafiltration; microstraining *rare*
Feinstmahleinrichtung *f* <verf> *(Spiralstrahlmühle)* • micronizer mill; micronizer jet mill
feinstmahlen *vt* <verf> • pulverize *vt*
Feinstmahlung *f* <verf> *(Pulverisierung)* • pulverization; levigation
feinstmaschig <tech.allg> • micromesh
Feinstmühle *f* <verf> • pulverizing mill
Feinstölfilter *m* <tribo> • micro oil filter *:V*; long-life oil filter *:V*
Feinstoff *m* <allg> • fine material
Feinstoffe *mpl* <tech.allg> • fines *pl*
Feinstoffe *mpl* <bau.mat> *(Beton)* • fines *pl*; fine matter
Feinstraße *f* <metall> *(Walzwerk; walzt Brammen zu Blechen und geschweißten Rohren)* • light-section mill; slab mill
feinstreifig <mat> *(z. B. Perlitgefüge)* • fine-banded
Feinstruktur *f* <mat> *(allg.)* • fine structure
Feinstruktur *f* <qualit.mat> • microstructure; fine structure
feinstrukturiertes Holz *n* <holz> • fine textured wood
Feinstrukturuntersuchung *f* <mat> *(bei kristallinem Material)* • crystal analysis; crystal-structure analysis
Feinststruktur *f* <mat> • microstructure
Feinststrukturuntersuchung *f* <mat> *(allg.)* • micro-structure analysis
feinstückig <verf> *(z. B. Kohle, Pellets)* • small-size; small-sized
Feinstufengetriebe *n* <masch> • multistep transmission
feinstufig <tech.allg> • fine-step
feinstufig <msr> *(empfindlich reagierend; z. B. Steuerung)* • sensitive
feinstufig regelbar <msr> • controlled by fine graduation
feinstumpf <led> *(Streicheisen)* • semi-blunt
Feinstziehschleifmaschine *f* <wz.masch> • superfinishing machine
Feintaster *m* <msr> • precision dial gauge *US.GB*
feinteiliger Ruß *m* <druck> *(in Druckfarbe)* • fine pigments
Feintrieb *m* <tech.allg> *(betont: zur Feinjustierung)* • fine-adjustment drive
Feintrieb *m* <masch> *(betont: langsam; Schneckentempo, Zeitlupe)* • slow-motion drive
Feintrieb *m* <msr> *(mit Mikrometer, Nonius)* • vernier drive
feintropfig <füg> *(Schmelzschweißen)* • small-globule
Feinungsofen *m* <metall> • refining furnace
Feinungsschlacke *f* <metall> • refining slag; reducing slag
Feinvakuum *n* <verf> • moderate vacuum
Feinvermahlung *f* <verf> • fine grinding
Feinverschiebung *f* <tech.allg> *(betont: langsame, millimeterweise Bewegung)* • inching
feinverstellbar <tech.allg> • microadjustable
Feinverstellung *f* <tech.allg> *(betont: langsame, millimeterweise Bewegung)* • inching
Feinverstellung *f* <msr> *(betont: sehr genau)* • precision adjustment; fine adjustment
fein verteilen *vt* <verf> • disperse *vt*
feinverteilt <tech.allg> *(z. B. Schwebstoffe)* • finely dispersed; highly dispersed

fein verwachsen <geo> • disseminated
feinverzahnte Knarre *f* <wz> • fine-tooth ratchet
Feinwaage *f* <msr> • microbalance; sensitive balance
Feinwalzstraße *f* <metall> • finishing mill
Feinwanderung *f* <phys> • material transfer
Feinwegdehnungsaufnehmer *m* <qualit.mat> • low range extensometer; low extension extensometer; low elongation extensometer
Feinwerktechnik *f* <tech.allg> • precision engineering; precision mechanics; light engineering *rare*
Feinwinkelkorngrenze *f* <mat> • small-angle grain boundary
Feinzahnknarre *f* <wz> • fine-tooth ratchet
Feinzerkleinerung *f* <tech.allg> *(allg.; z. B. durch Mahlen, Reiben, Zerdrücken)* • pulverization; comminution; trituration; powderization; levigation
Feinzerkleinerung *f* <ents> *(durch Zerreißen, Zerfetzen; z. B. von Papier, Blech)* • fine shredding
Feinzerkleinerung *f* <verf> *(durch Zerdrücken)* • fine crushing
Feinzerkleinerung *f* <verf> *(durch Mahlen)* • fine grinding
Feinzeugholländer *m* <pap> • finisher
Feinziehschleifmaschine *f* <wz.masch> • superfinishing machine
Feinzug *m* <prod> *(Vorgang)* • final draw; final drawing
Feinzug *m* <prod> *(Block; z. B. beim Drahtziehen)* • finishing block
Feinzug *m rar* <verbr> *(Unterdruck, Auftrieb im Schornstein)* • chimney draft *US*; flue draft *US*; flue draught *GB*; draft *US.pract*; draught *GB.pract*
Feinzuschlag *m* <mat> • fine aggregate
Feinzustellung *f* <prod> • fine feeding; fine feed *pract*
Feld *n* <allg> *(z. B. Bereich, Gebiet, Region)* • field
Feld *n* <tech.allg> *(parallele Anordnung vieler identischer Teile; z. B. von Antennen)* • array
Feld *n* <agri> • field
Feld *n* <bau> *(in Kassettendecken)* • panel
Feld *n* <bau> *(z. B. eines Durchlaufträgers, einer Brücke)* • span
Feld *n* <doku> *(in Tabelle, Formular, Maske; zum Ausfüllen)* • cell
Feld *n* <edv> *(Funktionsplan)* • field
Feld *n* <mil> *(schraubenförmige Erhöhung zwischen Zügen; z. B. in Gewehrlauf)* • land
Feld *n* <min> • location
Feld *n* <phys> *(elektr., magnet., gravit.)* • field
Feld *n* <tele> • section
Feld *n* <textil> *(Spinn-, Spul-, Zwirnmaschine)* • section
feldabhängig <tech.allg> • field-dependent
Feldadresse *f* <edv> • field address
Feldänderungsmelder *m* <alarm> • capacitive proximity detector; capacitance alarm/detector/sensor; capacitance proximity detector/sensor; proximity detector; proximity alarm/sensor
Feldansteuerung *f* <edv> • field selection
Feldanwahl *f* <edv> • field selection
Feldarbeit *f* <tech.allg> • field-work
Feldaufnahme *f* <msr.geo> • survey
Feldauswahl *f* <edv> • field selection
Feldberegnung *f* <agri> • field irrigation
Feldbett *n* <mil> • cot
Feldbild *n* <phys.el> • field pattern
Feldbit *n* <edv> • field bit
Feldbreite *f* <edv> *(von Strichcode)* • field of view (FOW) *stand*; scan width; field width; width of field; reading field width
Feldbreite *f* <mil> *(gezogener Lauf)* • width of lands
Feldbrennofen *m* <silik> • clamp
Feldbus *m* <msr> • field bus

Feldbus-Schnittstelle f <msr> • fieldbus interface
Feldbusschnittstelle f <msr> • fieldbus interface
Feldbustechnik f <el> • field bus technology
Feldcomputer m <navig> • field computer
Felddaten npl <ents> • field data
Felddichte f <el> • field density
Felddurchbruch m <el> • Zener breakdown
Felddurchlauf m <edv> • field passage
Felddurchmesser m <mil> *(in gezogenem Rohr)* • land
  diameter
Felddurchschlag m <el> • field breakdown
Feldebene f <logist> *(Palettenregal)* • storage level
Feldebenenlast f <logist> *(Palettenregal)* • load capacity
  per level
Feldeffekt m <el> • field effect
Feldeffektdiode f <el> • field-effect diode
Feldeffekttetrode f <el> • field-effect tetrode
Feldeffekttransistor m (FET) <edv.ic> • field-effect tran-
  sistor (FET); unipolar transistor; fieldistor
Feldeffekt-Transistor mit Resonanz-Tunneldiode f
  (RTD-FET) <el> • field effect transistor with resonance
  tunnel diode (RTD-FET); RTD field effect transistor
Feldeffektwechselwirkung f <el> • field-effect interaction
Feldelektronenemission f <el> • field electron emission
Feldelektronenentladung f <el> • field electron dis-
  charge
Feldelektronenmikroskop n <phys> • field-emission mi-
  croscope
Feldelement n <edv> • array element
Feldemission f <phys> • field emission; cold emission;
  autoelectric effect
Feldemissionsbogen m <el> • high-field emission arc
Feldemissionsmikroskop n <phys> • field-emission mi-
  croscope
Feldemissionsröntgenröhre f <phys> • field-emission
  X-ray tube
Feldempfänger m <navig> • field receiver
Feldendemarke f <edv> • end-of-field marker
Feldenergie f <phys> • field energy
Feldentladung f <phys> • field discharge
Felder npl <mil> *(Lauf)* • lands
Felderbreite f <mil> *(gezogener Lauf)* • width of lands
Felderregung f <el> • field excitation
Feld-Essgeschirr n <mil> • canteen
Feldflugplatz m <aerospace> • field aerodrome
Feldflugplatz m <mil> • advanced landing ground
feldfrei <phys.el> • zero-field; field-free
feldfreier Emissionsstrom m <phys> • field-free emis-
  sion current
feldfreier Raum m <phys> • field-free space
Feldfutterschneidwerk n <agri> • forage header
Feldgalaxie f <astron> • field galaxy
Feldgerät n <el> • field device
feldgesteuerter Motor m <el> • field-controlled motor
Feldgröße f <phys.el> • field quantity
Feldgruppe f <edv> *(CAD-Funktion)* • array
Feldhäcksler m DIN ISO 8909-1 <agri> • forage harvester
  ISO 8909-1; flail forage harvester
Feldindizierung f norm. <edv> • subscripting *stand.*
feldinduziert <el> • field-induced
Feldintensität f <phys> *(elektr., magnet.)* • field strength;
  field intensity
Feldionenemission f <phys> • field ion emission
Feldionenmikroskop n <phys> • field ion microscope
Feldionenmikroskopie f <phys> • field ion microscopy
Feldionisation f <phys.el> • field ionization
Feldkabel n <el> • field cable; field wire
Feldkaliber n <mil> • land diameter *US*; land diametre *GB*
Feldkennung f <edv> • field tag

Feldklappenschrank m <tele> • field switchboard
Feldkode m <edv> • field code
Feldkonstante f <phys> • field constant
Feldkrümmung f <opt> • field curvature
Feldlader m <agri> • crop loader; hay loader
Feldlänge f <edv> *(z. B. in Formularen, Tabellen, Einga-*
  bemasken) • field length
Feldlänge f <logist> *(Regal)* • bay length
Feldlast f <logist> *(Fachbodenregal)* • shelving section
  load; shelf section load
Feldlast f <logist> *(Palettenregal)* • racking section load
Feldleitungsbau m <tele> • field line construction
Feldlinie f <phys> *(elektr., magnet.)* • field line; line of flux
Feldlinie f <phys> *(Kraftfeld)* • field line; line of force
Feldlinienbild n <phys> • field pattern
Feldliniendichte f <phys> • field density; field line density
Feldlinienverlauf m <phys> • course of field lines
Feldlinse f <opt> • field lens
Feldmagnet m <el> • field magnet
Feldmarke f <edv> • field divider
Feldmesskunde f <geo> • plane surveying
Feldmitte f <bau> *(Tragwerk, Fachwerk; z. B. Brücke)*
  • midspan
Feldmoment n <bau> *(in Trägermitte)* • midspan moment
Feldofen m <silik> • clamp
Feldoxid n <edv.ic> • field oxide
Feldplatte f <el> *(Widerstand)* • magnetically controllable
  resistor; flux-controlled resistor
Feldplattenfühler m <msr> • field platte sensor
Feldpol m <el> • field pole
feldprogrammierbarer Festwertspeicher m <edv>
  • field-programmable read-only memory (FROM)
Feldprozessor m <edv> • array processor
Feldquant n <phys> • fundamental field particle; field
  quantum
Feldquantelung f <phys> • field quantization
Feldregelung f <msr> • field control
Feldregler m <el> *(allg.)* • field rheostat; exciter field rheo-
  stat; field regulator
Feldregler m <msr> *(Elektromotor)* • field controller
Feldrichtung f <phys> *(allg.)* • field direction; orientation
  of a field
Feldröhre f <el> • field tube; flux tube
Feldschwächer m <el> • field suppressor
Feldschwächung f <el> • field weakening
Feldschwächungsverhältnis n <el> • field weakening
  ratio
feldsicher <tech.allg> *(z. B. Lösung, Konstruktion)* • field-
  reliable :V
Feldspannung f <el> • field voltage; inductor voltage
Feldspat m <silik> • felspar; feldspar
feldspathaltig <mat> • feldspathic
Feldspritze f <agri> • field-crop sprayer; sprayer
Feldspule f <el> *(magnetisierend)* • magnetizing coil
Feldspule f <el> *(in Motor oder Generator, als Stator oder*
  Rotor) • field winding; field coil
Feldspulenanschluss m <el> *(Generator)* • field terminal
Feldstärke f <phys> *(elektr., magnet.)* • field strength; field
  intensity
Feldstärkediagramm n <phys> *(Antenne)* • radiation
  pattern
Feldstativ n <tech.allg> *(z. B. für Theodolit)* • field tripod
Feldstecher m <opt.mil> *(zweiäugiges Fernglas, bes. ro-*
  bust; auch f. d. Jagd) • field glasses
Feldsteuerung f <msr> • field control
Feldstrecke f <min> • gangway
Feldstrom m <el> • field current; inductor current
Feldstrom m <energ.sol> • drift current; field current
Feldteiler m <edv> • field divider

Feldtheorie f <phys> • field theory
Feldtiefe f <edv> *(von Scannern)* • depth of field; depth cue *rare*
Feldtrenner m <el> • field breaking switch
Feldtrennschalter m <el> • field breaking switch
Feldtyp m <phys> • mode
Feldumkehr f <el> • exciter field reversal; field reversal
Feldverdrängungseffekt m rar <el> *(in Wechselstrom-leitern)* • skin effect
Feldvereinbarung f <edv> • array declaration
Feldverlauf m <el> • field lines
Feldverlauf m <phys.el> • field distribution
Feldvermessung f <geo> • plane surveying
Feldversuch m <tech.allg> *(allg.)* • field test; field testing
Feldversuch m <tech.allg> *(betont: vor Ort, am tatsäch-lichen Einsatzort)* • in-situ experiment; in-situ test
Feldverteilung f <phys> • field distribution
Feldverzerrung f <phys> • field distortion
feldwärts <min> • inby; inbye
Feldwärtsbau m <min> • advance working; advancing
feldwärtsgeführter Strebbau m <min> • advancing longwall
Feldwechselwirkung f <phys> • field interaction
Feldweg m ugs <bau> • dirt road *US*; earth road *GB*
Feldweite f <logist> *(Regal)* • bay length
Feldwellenwiderstand m <phys> *(Wellenleiter)* • wave impedance; characteristic wave impedance
Feldwicklung f <el> *(in Motor oder Generator, als Stator oder Rotor)* • field winding; field coil
Feldwicklungsträger m <el> • pole body
Feldwiderstand m <el> • field rheostat
Feldwiderstand m <phys> • wave impedance; character-istic wave impedance
Felge f <fz> *(Speichenrad, altes Wagenrad)* • felloe
Felge f form <fz> *(der äußere Kranz zur Aufnahme des Reifens)* • rim; wheel rim
Felge mit asymmetrischem Doppelhump f <fz> *(Kfz-Rad)* • AH rim; asymmetric double hump rim; rim with asymmetric double hump
Felge mit Sicherheitskontur f did <kfz> • safety rim; rim with safety contour *did*; rim with safety bead seat *did*
Felge mit Sicherheitsschulter f did <kfz> • safety rim; rim with safety contour *did*; rim with safety bead seat *did*
Felgenausführung f <kfz> *(Art des Rads, Styling)* • wheel design
Felgenausführung f <kfz> *(Art der Reifenaufnahme)* • rim type
Felgenband n <fz> *(insbes. bei Speichenrädern)* • rim strip *US*; rim tape; rim band *rare*
Felgenbandheizer m <verf> • flap mould vulcanizer
Felgenbaum m <kfz> • wheel tree
Felgenbett n <fz> *(Radfelge)* • rim well; well [base]; rim base
Felgenbettbreite f <fz> • rim well width; well width *pract*
Felgenbetttiefe f <fz> • rim well depth; well depth *pract*
Felgenbezeichnung f <kfz> • rim designation; rim size designation
Felgenbremse f DIN ISO 8090 <fz> *(Fahrrad)* • caliper brake ISO 8090; calliper brake *GB*; rim brake
Felgendeckel m ugs <kfz> *(bei LM-Rädern; flache, etwa handgroße Platte in Felgenmitte)* • center locking disk; center bore cap; center lock *BBS*
Felgendurchmesser m <kfz> • rim diameter; fitting di-ameter *pract*; wheel diameter *pract*; nominal rim diameter *stand*; specified rim diameter *stand*
Felgenflansch m <kfz> • rim flange
Felgengröße f <kfz> • rim size; wheel size
Felgengrößenbezeichnung f <kfz> • rim designation; rim size designation

Felgenhorn n <fz> *(Rad)* • rim flange; flange *pract*
Felgenhornfußradius m <kfz> *(Rad)* • rim flange toe ra-dius; flange toe radius *pract*
Felgenhornhöhe f <kfz> *(Rad)* • rim flange height; flange height *pract*
Felgenhornradius m <kfz> *(Rad)* • flange radius
Felgen im Kreuzspeichendesign fpl <kfz> *(schöner, schwer zu putzender LM-Felgentyp)* • cross-spoke alloy wheels; cross-spoke alloys *pract*
Felgeninnenmaß n obs.rar <kfz> *(beim Rad; Felgenmaß)* • rim width; flange-to-flange width; nominal rim width
Felgenkurbel f <kfz> • brace rim wrench
Felgenmaulweite f <kfz> *(beim Rad; Felgenmaß)* • rim width; flange-to-flange width; nominal rim width
Felgenmitte f <fz> *(Rad)* • rim center; rim centerline; center of [rim] width *US*
Felgennenndurchmesser m norm <kfz> • rim diameter; fitting diameter *pract*; wheel diameter *pract*; nominal rim diameter *stand*; specified rim diameter *stand*
Felgennut f <nfz> *(umlaufende Rille in der Grundfelge einer mehrteiligen Felge)* • gutter; rim gutter; gutter groove
Felgenrand m obs.ugs <fz> *(Rad)* • rim flange; flange *pract*
Felgenreiniger m <kfz> • wheel cleaner
Felgenring m <kfz> • rim ring
Felgenring m <kfz> *(aufgeklemmte Blende)* • wheel trim rim
Felgenschloss n prakt.ugs <kfz> *(allg., jede Art)* • wheel lock
Felgenschloss n prakt.ugs <kfz> *(Radbolzen)* • anti-theft wheel lug bolt; anti-theft lug bolt
Felgenschloss n prakt.ugs <kfz> *(als Mutter)* • anti-theft wheel lug nut; wheel locking nut; locking lug nut; anti-theft lug nut
Felgenschulter f <kfz> *(von Felgen)* • bead seat *pract*; rim bead seat; bead seat of rim; rim shoulder; shoulder *coll*
Felgenschulterbreite f did <kfz> *(Felge)* • bead seat width *pract*; rim bead seat width *did*
Felgenschulterneigung f <fz> *(Rad)* • rim bead seat ta-per; bead seat taper; rim taper *pract*
Felgenschulterwinkel m <fz> *(Rad)* • rim bead seat ta-per; bead seat taper; rim taper *pract*
Felgensegment n <kfz> • rim segment
Felgentiefbett n <kfz> *(einer Felge)* • drop center (DC); full drop center *US*
Feline Immunodeficiency Virus n (FIV) <pharm> • Fe-line Immunodeficiency Virus (FIV)
Fell n rar <bekl> *(bearbeitet, als Kleidung; z. B. als Mantel)* • fur
Fell n <bio> *(abgezogen, von großen Tieren; z. B. von e. Kuh)* • hide
Fell n <bio> *(abgezogen, von kleineren Tieren)* • skin
Fell n <bio> *(roh, noch unbearbeitet, von Pelztieren)* • pelt; fell; furskin
Fell n prakt <prod> *(in Reifen)* • rubber sheet; rubber strip
Fellabnahmemaschine f <prod> *(Reifenprod.)* • sheet take-off equipment
Fellspanner m <wz> *(z. B. für Fell, Leder)* • stretcher
Fellteppich m <innen> • fur rug
FE-Löschkopf m Hit <av> • flying erase head (FE head); rotating erase head; flying erasing head; rotating erasing head; flying erase
Fels m <geo> • rock
Felsbohrer m <wz> • rock drill
Felsbrecher m <bau.masch> *(Schwimmbagger mit Aus-rüstung zum Zerbrechen von Fels)* • rock-breaker
Felsgeröll n <geo> • rock debris
Felsgestein n <geo.min> • solid rock

Felsgründung f <bau> • rock foundation; foundation in rock

Felsgrund m <bau> • rocky bottom; stony bottom

Felsit m <silik> • felsite; felstone

felsitisch <silik> • felsitic

Felslöffel m <wz> • rock bucket

Felsmechanik f <mech> • rock mechanics

Felsmeißel m <wz> • rock bit; rock-drill bit

Felsnagelung f <bau> • rock bolting

Felssprengung f <spreng> • rock blasting

FEM <prod> • finite-element method (FEM)

Femelwald m <holz> • selection forest

femisch <geo> • femic

femto- <allg> (SI-Vorsatz, 10⁻¹⁵, z. B. Femtosekunde) • femto

Fender m <nav> (z. B. an Schiffsrumpf, Kaimauer) • fender; fender guard

Fenderpfahl m <bau.hydr> • fender pile

Fenderschürze f <nav> • fender apron

Fenster n <tech.allg> (jede Lichteintrittsöffnung) • window opening; window; light

Fenster n DIN EN 12519 <bau> (verglast) • window DIN EN 12519

Fenster n <edv> (zum Aufziehen und Identifizieren von Bildschirmelementen) • window

Fenster n <edv> (Bildschirmunterteilung) • window

Fenster n prakt <energ.sol> (Photovoltaik) • window layer; window pract

Fenster n <fz> (z. B. Auto, Flugzeug, Schiff) • window

Fenster n prakt <logist> (Palette) • spacing

Fensterabmessung f <bau> (Fensterbau) • unit dimension; unit size

Fensteranordnung f <bau> (in einer Fassade, Gebäudefront) • fenestration

Fensterantenne f <av> (seitlich am Rahmen montiert) • window-mounted antenna US; window-mounted aerial GB; window-frame antenna US

Fensterantenne f <kfz.av> (in Front- od. Heckscheibe integriert; auf oder im Glas) • glass-mount antenna US; glass mount aerial GB

Fensteraufteilung f <bau> (in einer Fassade, Gebäudefront) • fenestration

Fensteraußenmaß n <bau> • overall frame size

Fensteraustausch m <bau> • window replacement

Fensterband n <bau> (Scharnier) • hinge

Fensterband n <bau> • ribbon window; window band

Fensterbank f <bau> • window sill; sill; sill plate

Fensterbank f <bau> (unterhalb der sichtbaren Fensterbank) • subsill

Fensterbildung im Wickel f DIN 45510 <av> (Ungleichmäßigkeiten im Bandwickel) • cinching

Fensterblende f <av> (Fernsehbild vor schwarzem Hintergrund) • window wipe

Fensterbord n <bau> • window sill; sill; sill plate

Fensterbrett n <bau> • window sill; sill; sill plate

Fensterbrettabdeckung f <bau> • main sill

Fensterbriefhülle f <büro.pap> • window envelope

Fensterbriefumschlag m DIN 680 <büro.pap> • window envelope

Fensterbrüstung f <bau> • window parapet; window breast

Fenstereinfassung f ugs <bau> • window casing; window trim; casing pract; trim pract

Fenstereinheit f <bau> • window unit

Fensterfarbe f <kfz.obfl> (zum Selbstmachen getönter Scheiben) • window tint

Fensterfertigmaß n <bau> • overall size of window

Fensterfeststeller m <bau> • window stay; casement fastener; casement stay; cock-spur fastener

Fensterfeststeller m <fz> • window fastener

Fensterfläche f <kfz> (betont: die Größe der Glasfläche) • glass area; greenhouse; window area

Fensterflügel m <bau> (Rahmenkonstruktion, meist verglast) • window sash; sash; casement frame

Fensterführung f prakt <kfz> • window channel; glass channel US; glass setting channel US; Bailey channel AUS; door glass run channel

Fensterführungsprofil n <kfz> • window channel; glass channel US; glass setting channel US; Bailey channel AUS; door glass run channel

Fensterführungsschiene f <kfz> • door glass mounting channel

Fenster für den Nichtwohnungsbau n :V <bau> • commercial window

Fenster für den Wohnungsbau n <bau> • residential window

Fenstergewände n <bau> • window surrounds

Fensterglas n <bau.silik> • window glass; sheet glass; flat-drawn glass

Fenstergriff m <bau> • handle

Fensterheber m (FH) <kfz> • window lift; window regulator US; regulator US; window winder Opel; window-winding mechanism rar

Fensterheber-Blockierschalter m :V <kfz.msr> • power window lock out switch

Fenster im Kolonialstil n <bau> • colonial window

Fensterkäfig m DIN ISO 5593 <masch> (Wälzlager) • window cage ISO 5593

Fensterkehlmaschine f <wz.masch> • sash sticker

Fensterkitt m <bau> (Verglasungsdichtstoff auf Ölbasis; für alte Fenster) • putty

Fensterklimagerät n <hlk> (typ. in USA und Asien) • window air-conditioning unit; window-mount room air conditioner; room air conditioner for window installation

Fensterkombination f <bau> • window combination

Fensterkomparator m <allg> • window comparator

Fensterkurbel f <bau> (zum Betätigen von Dreh- und Klappflügelfenstern) • roto handle; crank handle; rotary-gear operator

Fensterkurbel f <kfz> • window lift handle; manual window control; window winder handle Opel; window crank

Fensterladen m <bau> • shutter; window shutter; blind

Fensterladenbediener m <bau> • shutter operator

Fensterladen mit Lamellen m <bau> • louvered shutter

Fensterlaibung f <bau> (innere seitliche Flächen einer Fensteröffnung) • reveal

Fensterleder n <bau> (Fz-Wäsche) • chamois [shammy]; English chamois US

Fensterleder n <led> • wash leather; chamois leather

Fensterlederimitat n <kfz> (für Fahrzeugwäsche) • chamois [shammy]; man made chamois

Fensterleibung f <bau> (innere seitliche Flächen einer Fensteröffnung) • reveal

Fensterliste f DIN ISO 10209-4 <doku.bau> (Bauteilgruppen-Zeichnung und Tabelle von Fenstern) • window schedule ISO 10209-4

fensterloses Zählrohr n <nukl.msr> • windowless counter

Fensterlüfter m <kfz> • electric window fan

Fenstermaß n <bau> (Fensterbau) • unit dimension; unit size

Fenster mit Isolierverglasung n form <bau> (mit 2 Scheiben; 3-Scheibenglas analog) • double-glazed window; insulating window; double-pane window; insulated glass window; insulating glass window

Fenster mit Öffnungsflügel n <bau> • operable window

Fensteröffnung f <tech.allg> (jede Lichteintrittsöffnung) • window opening; window; light

Fensterpfosten m <bau> *(bei mehrflügeligen Fenstern)* • mullion; mull *pract*; center mullion

Fensterrahmen m <bau> *(allg.)* • casement frame

Fensterrahmen m <bau> *(nur bei Schiebefenstern)* • window sash

Fensterrahmenantenne f <av> *(seitlich am Rahmen montiert)* • window-mounted antenna *US*; window-mounted aerial *GB*; window-frame antenna *US*

Fensterreihung f <bau> • ribbon window; window band

Fenstersäule f <bahn> • window pillar

Fensterschachtabdichtung f <kfz> • window weatherstrip; door gutter seal

Fensterscheibe f <bau> • lite; light; pane; windowpane

Fensterschicht f <energ.sol> *(Photovoltaik)* • window layer; window *pract*

Fenstersims n <bau> • window sill; sill; sill plate

Fenstersprosse f <bau> • glazing bar

Fenstersturz m <bau> • window header; lintel; header *pract*

Fenstersystem n <edv> • window manager

Fenstertechnik f <edv> • windowing

Fenstertechnik-Bedieneroberfläche f <edv> • window-type operator interface

Fenstertönungsspray n <kfz.obfl> *(zum Selbstmachen getönter Scheiben)* • window tint

Fenstertür f <bau> • patio door; French door; French window; glazed door

Fensterverstärker m <nukl> • window amplifier

Fensterwand f <bau> • curtain wall

Fensterwirbel m <bau> • window catch

Fensterzählrohr n <nukl> • end-window counter; mica end-window counter

FeRAM-Speicher m <edv> • ferro-electric RAM (FRAM)

Ferguson-Differential n <kfz.antr> • viscous coupling differential; viscous-coupled limited-slip differential; Ferguson differential; visco-differential

Ferguson-Differentialbremse f <kfz.antr> • viscous coupling differential brake; Viscous Control, VC

Ferguson-Differentialsperre f <kfz.antr> • viscous coupling differential brake; Viscous Control, VC

Ferguson-Kupplung f <kfz.antr> • viscous coupling; visco-control unit; Ferguson [viscous] coupling; fluid-in-shear device *did*

Ferguson-Sperrdifferential n <kfz.antr> • viscous coupling differential; viscous-coupled limited-slip differential; Ferguson differential; visco-differential

Feriencamper m <nfz> • touring camper; touring caravanner

Fermat'sches Prinzip n <opt> • Fermat's principle; least-time principle; principle of least time

Ferment n <bio> • enzyme; ferment

Ferment n <bio.chem> • biochemical catalyst; biocatalyst; ergone

Fermentation f <agri.tech> • fermentation; digestion

Fermentationsraum m <agri.tech> • digester [tank]; fermenter; fermentation vessel; digestion tank; reactor

Fermentationstemperatur f <agri.tech> • digestion temperature

fermentative Bakterien fpl <agri.tech> • fermentative bacteria *pl*

Fermenter m <agri.verf> • biogas plant; digester; reactor

Fermenterbelastung f <agri.tech> • loading rate; load

Fermi'sche Alterstheorie f <phys> • Fermi age theory; nuclear age theory

Fermi'sche Grenzenergie f <phys> • Fermi characteristic energy level; Fermi level

Fermi-Alter n <nukl> • Fermi age

Fermi-Alter-Gleichung f <nukl> • Fermi age equation

Fermi-Diagramm n <nukl> • Fermi plot

Fermi-Energie f <phys> • Fermi energy

Fermi-Fläche f <phys> • Fermi surface

Fermi-Flüssigkeit f <phys> • Fermi liquid

Fermi-Gas n <phys> • Fermi gas

Fermi-Kante f • Fermi level

Fermi-Kugel f <phys> • Fermi sphere

Fermi-Kurve f <nukl> • Fermi plot

Fermi-Näherung f <phys> • Fermi approximation

Fermi-Niveau n • Fermi level

Fermi-Oberfläche f <phys> • Fermi surface

Fermion n <nukl> • Fermi particle; fermion

Fermische Altersgleichung f <nukl> • Fermi age equation

Fermi-Temperatur f <phys> • Fermi temperature

Fermi-Theorie f <phys> • Fermi theory

Fermium n (Fm) <chem> • fermium (Fm)

fern <allg> *(räumlich, zeitlich)* • distant

fern <allg> *(räumlich)* • far

fern <allg> *(weit weg, schwer erreichbar)* • remote

fern <astron> *(im Weltraum)* • deep

fern- <prod> *(gesteuert)* • remote

Fernabfrage f <edv> • remote inquiry

Fernabfrage f <tele> *(z. B. Fax)* • polling

Fernabfrage f <tele> • remote replay

Fernablesegerät n <msr> • remote indicator

Fernablesung f <edv> • remote reading; distant reading

Fernabstimmgerät n <el> • remote tuning device

Fernalarm m <alarm> • remote alarm; silent alarm; signalling *GB*; remote annunciation/signalling; alarm transmission

Fern-Alarmierungsgerät n <alarm> • silent alarm transmitter; alarm transmitter; alarm signal transmission device; signal transmitter; signal transmitting system

Fernamt n <tele> • toll exchange *US*; long-distance office; trunk exchange

Fernamtsauskunft f <tele> • trunk directory inquiry

Fernamtsauskunftsstelle f <tele> • trunk directory inquiry

Fernamtstrennung f <tele> • through clearing; breaking of local calls for trunk calls *norm*

Fernanruf m <tele> • long-distance call; long-distance telephone call; trunk call

Fernanzeige f <msr> *(Funktion)* • remote display; remote indication; remote reading; distant reading; teleindication

Fernanzeigegerät n <msr> *(Hardware zur Signalausgabe)* • remote indicating device; remote indicating instrument; remote display unit; remote display

Fernanzeigegerät n <msr> *(Fühler)* • remote sensing device

fernanzeigend <msr> • remote-indicating

Fernaufnahme f <phot> • long-distance shot; telephoto

Fernaufzeichnung f <msr> • remote recording; telerecording

Fernauslöser m <phot> • remote control release; remote shutter release; remote release

Fernauslöseranschluss m <phot> *(an Kameragehäuse)* • remote control terminal *Nikon*

Fernbahn f <bahn> • long-distance railway; main-line railway

fernbedient <tech.allg> • remotely operated; remote-operated; remotely controlled

fernbedienter Schalter m <el> • remote switch

Fernbedienung f <tech.allg> *(Vorgang; z. B. von kontaminiertem od. gefährlichem Material)* • remote manipulation; remote handling

Fernbedienung f <msr> *(Empfänger)* • remote unit

Fernbedienung f (FB) <msr> *(Sender, Handgerät; z. B. für TV, Camcorder, Garagentor, Modelle)* • remote control (RC); remote controller; remote commander; remote control unit; remote

Fernbedienung im Scheckkartenformat *f* <av> *(für Camcorder)* • cheque-card-sized remote control

Fernbedienung mit A/B-Umschaltung *f* <av> • A/B switch remote control

Fernbedienungsbuchse *f* <msr> • remote control socket

Fernbedienungsgerät *n* <alarm> *(von Alarmanlagen; stationär)* • remote control station; remote control panel; remote control console

Fernbedienungsgerät *n* <msr> • remote control device; remote control equipment

Fernbedienungsgerät *n* <nukl> *(für radioaktives Material)* • remote handling device; remote handling tool

Fernbedienungskabel *n* <phot> • remote control cord

Fernbedienungsplatz *m* <msr> • remote console

Fernbedienungs-Umschalter *m* <av> • remote control select switch

Fernbereich *m* <tele> • far range

Fernbeschickung *f* <nukl> • remote loading

fernbesetzt <tele> • engaged on trunk call; trunk busy

fernbetätigt <tech.allg> • remotely actuated

Ferndatenerfassung *f* <edv> • remote data acquisition

Ferndiagnose *f* <msr> *(von Systemen)* • telediagnostic service; remote system diagnostics

Ferndrehzahlmesser *m* <msr> • distant-reading tachometer; teletachometer

Ferndrucker *m* <tele> • printing telegraph

Ferneingabe *f* <edv> • remote input; remote entry

Ferneinstellung *f* <tech.allg> • remote adjustment

Fernempfang *m* <tele> • distant reception; distant station reception; long-distance reception

Fernempfangsgebiet *n* <tele.av> • sky-wave service area

Fernendamt *n* <tele> • subzone center

Fernentstörung *f* <edv> • remote debugging

ferner Infrarotbereich *m* <astron> • far-infrared region

Fernerkundung *f* <geo> • remote sensing

fernes Amt *n* <tele> • remote station

fernes Transuranium *n* <chem> • superheavy element

ferne Ultraviolettstrahlung *f* <astron> • far ultraviolet radiation

Fernfeld *n* <phys> *(z. B. akustisches ~)* • far field

Fernfokussierung *f* <opt> • remote focus control

Fernfotografie *f* <phot> • long-distance photography; telephotography

Ferngas *n* <verbr> *(über Pipelines)* • pipeline gas

Ferngas *n* <verbr> *(öffentl. Gasversorgung)* • piped gas; grid gas

Ferngasleitung *f* <rls> • long-distance gas pipeline; long-distance gas main

Ferngasversorgung *f* <energ> • long-distance gas supply; long-distance gas transmission

Ferngeber *m* <msr> • teletransmitter

ferngeheizt <hlk> • district-heated

ferngelenkt <fz> *(z. B. Spielzeug, Rakete)* • teleguided; remotely piloted

ferngespeistes Amt *n* <tele> • power-fed station

Ferngespräch *n* <tele> • long-distance call; long-distance telephone call; trunk call

Ferngespräch im Selbstwählfernverkehr *n* <tele> • direct dialing telephone call *US*; direct dialling telephone call *GB*

ferngesteuert <msr> • remote-controlled; remotely controlled

ferngesteuerter Manipulator *m* <prod.autom> • teleoperator

ferngesteuertes Handling *n* <tech.allg> *(Vorgang; z. B. von kontaminiertem od. gefährlichem Material)* • remote manipulation; remote handling

ferngesteuertes Regaletikett *n* <werb> *(im Laden)* • remote-controlled shelf price display; remote-controlled shelf label

Fernglas *n* <opt> *(zweiäugig)* • binoculars; pair of binoculars; binocular *rare*

Ferngreifer *m* <autom> • remote handling tongs

Fernheizung *f* <hlk> • district heating; utility-supplied district heating

Fernheizwerk *n* <hlk> • district-heating plant *US*; district-heating station *GB*

Fernhörer *m* obs.rar <tele> • handset; telephone handset; telephone receiver; receiver; earphone *obs.rare*

Fernkabel *n* <tele> *(elektr., LWL)* • long-distance cable; long-haul cable

Fernknotenamt *n* <tele> • trunk-junction exchange; zone center

Fernkopierer *m* rar.DIN 32742-1 <tele> • fax machine; facsimile machine *rare*

Fernlastverkehr *m* <verk.logist> • long-distance road haulage

Fernleitung *f* <tech.allg> *(für beliebiges Medium, z. B. Öl, Gas, Wasser, Strom)* • long-distance transmission line

Fernleitung *f* <rls> *(über lange Strecken; typ. für Erdöl, Erdgas)* • pipeline

Fernleitung *f* <tele> • trunk line

Fernleitungsabschluss *m* <tele> • trunk terminating unit

Fernleitungsendverstärker *m* <tele> • terminal repeater

Fernleitungshauptverteiler *m* <tele> • trunk distribution frame

Fernleitungsnetz *n* <energ> *(z. B. Erdgas-, Ölleitungen)* • long-distance network

Fernleitungsnetz *n* <tele> • trunk network

Fernleitungsprüfschrank *m* <tele> • toll test panel

Fernleitungswähler *m* <tele> • distance-traffic final selector; trunk final selector

Fernlenkung *f* <aerospace> *(Lenkwaffe, Raumfahrzeug)* • distance control; remote control; remote piloting; remote guidance; guidance

Fernlicht *n* <kfz.el> *(Scheinwerfer)* • high beam[s] *US*; main beam *GB*; upper beam; full beam; country beam *rare*

Fernlicht-Kontrollleuchte *f* <kfz.msr> • high beams indicator lamp; high beams indicator; main-beam indicator lamp; main-beam indicator

Fernmeldeanlage *f* <tele> • telecommunication system; communication system; communication installation; communication facility; communication equipment

Fernmeldedienst *m* form.obs <tele> • telecommunication service

Fernmeldekabel *n* <tele> • telecommunication cable

Fernmeldeleitung *f* <tele> • communication line

Fernmelde-Managementnetz *n* <tele> • Telecommunication Management Network (TMN)

Fernmeldemesskoffer *m* <tele> • portable voice frequency measuring set

Fernmeldenetz *n* <tele> *(allg., alle Dienste)* • telecommunication network; communication network

Fernmelderechnungsdienst *m* <tele> • telephone accounts service

Fernmeldesatellit *m* <tele> *(für Telefon, Radio, Fernsehen, Navigation)* • communication satellite; relay satellite

Fernmeldetechnik *f* <tele> • telecommunication technology; communication technology; telecommunications engineering; telecommunication engineering; telecommunications

Fernmeldewesen *n* <tele> • telecommunication technology; communication technology; telecommunications engineering; telecommunication engineering; telecommunications

Fernmessantenne *f* <msr> • telemetering antenna *US*; telemetering aerial *GB*
Fernmessdaten *pl* <msr> • telemetered data
Fernmessgeber *m* <msr> • telemetering pick-up; remote pick-up
Fernmessgerät *n* <msr> • telemeter; telemetering device
Fernmess-Sonar *n* <msr> • telemetering pinger
Fernmesstechnik *f* <msr> • remote sensing technique
Fernmessübertragungskanal *m* <msr> • telemetering channel
Fernmessung *f* <msr> • telemetry; telemetering; remote measurement
Fernmodem *n* <edv> • remote modem
Fernnachweis *m* <geo> • remote sensing
Fernnebensprechen *n* <tele> • far-end cross-talk
Fernnetz *n* <verk> *(Buslinien, Eisenbahn allg.)* • intercity service system
Fernnetzwerk *n* (WAN) <edv> • wide area network (WAN)
Fernordnung *f* <mat> • long-range order
Fernortungsradar *n* <mil> • distant early-warning radar
Fernplatz *m* <tele> • trunk position
Fernpunktskugel *f* <opt> • far-point sphere
Fernregelung *f* <msr> • remote control
Fernreisebus *m* <nfz> • long-distance coach
Fernreiseomnibus *m* <nfz> • long-distance coach
Fernreisezug *m* <bahn> • long-distance train
Fernrohr *n* <opt> *(allg., inkl. astron.)* • telescope
Fernrohr *n* <opt.mil> *(für Schusslöcher)* • telescope; spotting telescope; spotting scope
Fernrohrantrieb *m* <opt> • telescope drive
Fernrohrbrille *f* <opt> • telescopic spectacles
Fernrohrlibelle *f* <opt> *(Vermessungstechnik)* • telescope bubble
Fernrohr mit Bildaufrichtung *n* <opt> • erecting telescope
Fernrohrmontierung *f* <opt> • telescope mount
Fernrohrsucher *m* <opt> • direct-vision optical viewfinder
Fernschalter *m* <el> • remote switch; remote control switch
Fernschaltung *f* <el> • remote control; remote switching
Fernschnellzug *m* <bahn> • long-distance express train
Fernschnellzug-Abteilwagen *m* <bahn> • main line compartment coach
Fernschnellzug-Großraumwagen *m* <bahn> • main line saloon coach
Fernschnellzugwagen *m* <bahn> • main line coach
Fernschrank *m* <tele> • long-distance section; trunk switchboard
Fernschreibalphabet *n* <tele> • teletype code
Fernschreibdienst *m* <tele> • teleprinter service; teletypewriter service; telex service; telex
Fernschreiben *n* <tele> *(Vorgang der Datenübertragung)* • teleprinting; telewriting; teletyping
Fernschreiben *n* <tele> *(ausgedrucktes Dokument)* • teletype message; telex; teleprint; teletype
Fernschreiber *m* <tele> • telex machine; teleprinter; teletypewriter; telewriter
Fernschreiberanschluss *m* <tele> • teleprinter terminal
Fernschreibmaschine *f* <tele> • telecommunication printer; teletypewriter; page teletypewriter
Fernschreibnetz *n* <tele> • teleprinter network; telex network; teletype network
Fernschreibvermittlung *f* <tele> • teleprinter exchange; teleprinter link
Fernsehantenne *f* <av> • TV antenna *US*; television aerial *GB*
Fernsehauflösung *f* <av> • vertical resolution
Fernsehaufnahmeröhre *f* <av> • television camera tube; TV camera tube; camera tube

Fernsehaufnahmewagen *m* <av> *(groß; Sattelschlepper)* • recording truck
Fernsehaufnahmewagen *m* <av> *(kleiner Kastenwagen)* • recording van
Fernsehaufzeichnung *f* <av> • television recording; television picture recording
Fernsehband *n* <av> • television band; television broadcast band
Fernsehbild *n* <av> • television frame; television image; television picture
Fernsehbildaufzeichnung *f* <av> • television recording; television picture recording
Fernsehbild-Beamer *m* <av> *(Drei-Farbenprojektion)* • large-screen television projector; TV beamer
Fernsehbildkontrollgerät *n* <av> • television picture monitor
Fernsehbildmustergenerator *m* <av> • television test pattern generator
Fernsehbildprojektor *m* <av> • telecine projector
Fernsehbildröhre *f* <av> • television picture tube; TV picture tube
Fernsehbildschirm *m* <av> *(TV)* • television screen; TV screen
Fernsehempfänger *m rar* <av> • television receiver; TV receiver; TV set *pract*; television receiving set *rare*
Fernsehempfang *m* <av> • television reception
Fernsehen *n* <av> • television (TV)
Fernseher *m prakt* <av> • television receiver; TV receiver; TV set *pract*; television receiving set *rare*
Fernsehfunk *m* <av> • television broadcasting; video broadcasting
Fernsehgerät *n* <av> • television receiver; TV receiver; TV set *pract*; television receiving set *rare*
Fernsehgroßprojektor *m* <av> *(Drei-Farbenprojektion)* • large-screen television projector; TV beamer
Fernsehkamera *f* <av> *(für Fernsehaufnahmen)* • TV camera; television camera; camera *pract*; telecamera *rare*
Fernsehkanal *m* <av> • television channel
Fernsehkanalumsetzer *m* <av> • television frequency converter [unit]
Fernsehkonserve *f ugs* <av> • pre-recorded material; canned material *coll*
Fernsehnorm *f* <av.norm> • television standards
Fernsehnormenwandler *m* <av> • television system converter
Fernsehnormsignal *n* <av> • standard television signal
Fernsehrelaisstrecke *f* <av> • television station link
Fernsehrundfunk *m* <av> • television broadcasting; video broadcasting
Fernsehrundfunkband *n* <av> • television broadcast band
Fernsehrundfunksendeanlage *f form.rar* <av> • television transmitter; television broadcast transmitter station *form.rare*
Fernsehrundfunksendung *f obs.rar* <av> • television broadcast; telecast *pract*; television transmission *rare*; television broadcasting *rare*
Fernsehsatellit *m* <av.aerospace> • television satellite
Fernsehschirm *m* <av> • television screen
Fernsehsendeanlage *f* <av> • television transmitter; television broadcast transmitter station *form.rare*
Fernsehsender *m* <av> • television transmitter; television broadcast transmitter station *form.rare*
Fernsehsendung *f* <av> • television broadcast; telecast *pract*; television transmission *rare*; television broadcasting *rare*
Fernsehspot *m* <werb> • TV commercial; television commercial; TV spot *pract*
Fernsehstörung *f* <av> • television interference

Fernsehtechnik f DIN 45060 <av> • television engineering
Fernsehtelefon n obs.rar <tele> • videophone; picture phone; picture telephone; visual telephone
Fernsehtestbild n <av> • television test chart
Fernsehübertragung f <av> • television transmission
Fernsehumlenkanlage f <av> • repeater antenna US; repeater aerial GB
Fernsehumsetzer m <av> • television transmitter station; television translator
Fernsehwelle f <av> • type A5 wave
Fernsehwerbung f <werb.av> • TV advertising; television advertising
Fernsehzeile f <av> • television line
Fernseh-Zimmerantenne f <av> (typ. V-förmig gespreizt) • indoor TV antenna; TV-top antenna; rabbit ears coll
Fernsetzmaschine f <druck> • teletype setter
Fernspeisung f <tele> • remote power feeding
Fernsperre f <tele> • toll restriction
Fernsprechamt n <tele> • telephone office; telephone exchange
Fernsprechanschluss m <tele> • telephone connection
Fernsprechanschlussleitung f <tele> • telephone subscriber line
Fernsprechapparat m form.obs <tele> • telephone; phone coll
Fernsprechauftragsdienst m <tele> • absent subscriber's service; message-taking service; customer service
Fernsprechbezugsleistung f <tele> • reference telephonic power
Fernsprechdienst m form <tele> • telephony service; telephony
Fernsprecheichkreis m <tele> • telephone transmission reference system
Fernsprechen n <tele> • telephony
Fernsprechentstörung f <tele> • telephone fault clearance
Fernsprecher m form <tele> • telephone; phone coll
Fernsprecherschnur f <tele> (am Endgerät) • telephone flex; telephone cord
Fernsprechfreileitung f <tele> • open-wire telephone line
Fernsprechkabelprüfung f <tele.qualit> • telephone cable testing
Fernsprechkabine f rar <tele> • telephone booth; call box; telephone box GB; telephone kiosk GB.rare; telephone cabin
Fernsprechkanal m <tele> • telephone channel
Fernsprechklappenschrank m <tele> • telephone switchboard
Fernsprechleitung f <tele> • telephone line; telephone circuit
Fernsprechnahverkehr m <tele> • short-distance telephone traffic
Fernsprechnebenanschluss m <tele> • subscriber's extension station
Fernsprechnetz n <tele> • telephone network; telephone system; voice network
Fernsprechortsnetz n <tele> • local telephone network
Fernsprechrechnung f form <tele.fin> • telephone bill
Fernsprechschnellverkehr m <tele> • express telephone service
Fernsprechstelle f <tele> • telephone station
Fernsprechstörfaktor m <tele> • telephone interference factor; telephone influence factor
Fernsprechstörung f <tele> (Betriebsstörung) • telephone breakdown
Fernsprechstörung f <tele> (Interferenz) • telephone interference

Fernsprechtechnik f <tele> • telephone engineering; telephony
Fernsprechteilnehmer m <tele> • telephone subscriber; telephone customer; subscriber of telephone services
Fernsprechübertrager m <tele> • repeater coil
Fernsprechverbindung f <tele> • telephone connection
Fernsprechverkehr m <tele> • telephone traffic
Fernsprechvermittlung f <tele> • telephone exchange
Fernsprechvermittlungsschrank m <tele> • telephone switchboard; telephone switch box
Fernsprechvermittlungstechnik f <tele> • telephone switching engineering
Fernsprechverstärker m <tele> • telephone amplifier; telephone repeater
Fernsprechwählsystem n <tele> • automatic telephone system
Fernsprechweitverkehr m <tele> • long-distance telephony; long-distance telephone traffic
Fernsprechwesen n <tele> • telephone engineering; telephony
Fernstapelverarbeitung f <edv> • remote batch processing; remote batch computing
Fernstarteinrichtung f <kfz.wz> (für Werkstattzwecke) • remote starter switch; remote control starter switch; remote starter
Fernstarter m <kfz.msr> • remote key; remote starter
Fernsteueranlage f <msr> • remote control installation
Fernsteuerapparat m <nav> • telemotor steering-gear control
fernsteuerbar <msr> • remotely controllable
Fernsteuergerät n <msr> (Sender oder Empfänger) • remote control unit (RCU); RC unit
fernsteuern vt <msr> • operate by remote control vt
Fernsteuerpult n <el> • remote control console
Fernsteuerung f <msr> (Vorgang und Gegenstand) • remote control; telecontrol rare
Fernsteuerung f <msr> (Sender oder Empfänger) • remote control unit (RCU); RC unit
Fernsteuerungsgerät n <msr> (Sender oder Empfänger) • remote control unit (RCU); RC unit
Fernsteuerungstechnik f <msr> • remote control engineering; telecontrol engineering
Fernstraße f ugs <bau.verk> • arterial highway US; trunk road; highway US.coll
Fernstrecke f <bahn> • main line
Fernstromversorgung f <el> • remote power supply
Fernteil m <opt> (bei Brille mit Mehrstärkengläsern) • distance-vision part; distance portion
Fernthermometer n <msr> • distant-reading thermometer; telethermometer
Fernübertragung f <allg> • remote level indication
Fernübertragung f <edv> • remote communication
Fernübertragung f <msr> • remote transmission; teletransmission
fernüberwachte Scharfschaltung f <alarm> • supervised closing
fernüberwachte Unscharfschaltung f :V <alarm> • supervised opening
Fernüberwachung f <msr> • remote monitoring; telemonitoring
Fernüberwachung f <tele> • remote supervision
Fernüberwachungsplatz m <tele> • trunk control center
Fernüberwachungssystem n <msr> • remote monitoring system; remote area monitoring system
Fernverarbeitung f <edv> • remote computing
Fernverbindung f <tele> • trunk connection
Fernverbindung f <verk> • long-distance route
Fernverkehr m <tele> • long-distance telephony; long-distance telephone traffic; long-distance communication

Fernverkehr m <verk> • long-distance traffic; trunk traffic GB

Fernverkehrs-Fahrerhaus n <nfz> • sleeper cab; night cab

Fernverkehrslaster m <nfz> • long-haul truck; Buster Brown AE.CB.coll

Fernverkehrslokomotive f <bahn> • road engine

Fernverkehrsnetz n <verk> • long-haul network

Fernverkehrsnetz n <verk> (Buslinien, Eisenbahn allg.) • intercity service system

Fernverkehrsstraße f <bau.verk> • arterial highway US; trunk road; highway US.coll

Fernverkehrsstrecke f <verk> • trunk route; trunk traffic GB

Fernvermittlungsklinke f <tele> • trunk junction jack

Fernvermittlungsleitung f <tele> • trunk line

Fernwärme f <hlk> • utility-supplied heat[ing]

Fernwärmenetz n <hlk> • district-heating distribution system; district-heating piping system

Fernwärmeversorgung f <hlk> (regional) • district heating supply; district heat supply

Fernwahl f <tele> • trunk dialling; toll line dialling

Fernwahlleitung f <tele> • trunk circuit with dialling facilities

Fernwartungssoftware f <edv> • remote-access software

Fernwirken n (Temex) Post <tele> • telemetry exchange (TEMEX)

fernwirkend <tech.allg> • long-range

fernwirkend <msr> • remote-controlling

fernwirkende Kraft f <phys> • long-range force

Fernwirkleitung f <el> • telecontrol system

Fernwirktechnik f <msr> • remote control engineering; telecontrol engineering

Fernwirkungskraft f <phys> • long-range force

Fernzählung f <el> • remote metering

Fernzählung f <msr> • telemetering

Fernzündung f <spreng> • long-distance ignition; distant ignition; remote ignition

Fernzugriff m <edv> • remote access

Ferraris-Herd m • Ferraris table

Ferraris-Instrument n <el> • Ferraris instrument; shielded-pole instrument

Ferraris-Motor m <mot> (Induktionsmotor mit massivem Scheibenläufer nach G. Ferraris) • Ferraris motor; drag-cup motor

Ferraris-Relais n <el> • induction relay

Ferraris-Tachodynamo m <msr> • drag-cup tachometer

Ferraris-Zähler m <msr> (Energiezähler) • induction meter; induction motor meter

Ferrimagnetikum n <mat> • ferrimagnetic material; ferrimagnetic

ferrimagnetisch <phys> • ferrimagnetic

ferrimagnetischer Stoff m <mat> • ferrimagnetic material; ferrimagnetic

Ferrimagnetismus m norm <av> • ferrimagnetism stand

Ferrimagnetismus m <edv> • ferrimagnetism

Ferrit m <metall> • ferrite

Ferritantenne f <tele> • ferrite aerial; ferrite-rod aerial

Ferritbegrenzer m <el> • ferrite limiter

Ferritblock m <el> • ferrite slab

Ferritgefüge n <mat> • ferrite structure; ferritic structure

Ferrithof m <metall> • ferrite envelope

ferritischer Schrott m <ents> • ferrous scrap; iron scrap; scrap iron

ferritischer Stahl m <metall> • ferritic steel

Ferritkern m <el> • iron core; ferrite core

Ferritkernspeicher m <edv> • ferrite-core memory; ferrite-core store

Ferritkernspeicher m <edv> (nichtflüchtiger RAM-Typ; bis 1968 üblich) • core memory; magnetic core memory

Ferritkernspule f <el> • ferrite-core coil

Ferritkopf m <av> • ferrite head

Ferrit-Nummer f (FN) <metall.füg> (Schweissgut) • ferrite number (FN)

Ferritplattenspeicher m <edv> • ferrite-plate memory; ferrite-plate store

Ferritrichtungsisolator m <el> • ferrite isolator

Ferritringkern m <el> • ferrite toroid

Ferritschalter m <el> • ferrite switch

Ferritscheibenspeicher m <edv> • ferrite-disk memory US; ferrite-disc store

Ferritspeichereinheit f <edv> • ferrite store unit

Ferritstabantenne f <tele> • ferrite-rod antenna US; ferrite-rod aerial GB

Ferritstahl m <metall> • ferrite steel

Ferrocement m <bau.mat> • ferrocement

ferrodynamisch <el> • ferrodynamic

ferrodynamisches Messinstrument n <msr> • ferrodynamic instrument

Ferroelectric Liquid Crystal Display n (FLCD) <edv> • Ferroelectric Liquid Crystal Display (FLCD)

Ferroelektrikum n <el> • ferroelectric; ferroelectric material

ferroelektrisch <el> • ferroelectric

ferroelektrische Domäne f <phys> • ferroelectric domain

ferroelektrischer Stoff m <mat> • ferroelectric material; ferroelectric

Ferroelektrizität f <phys> • ferroelectricity

Ferrofluid n <av> • ferrofluid; ferromagnetic fluid form

Ferrolegierung f <mat> • ferroalloy

Ferromagnetikum n <phys> • ferromagnetic; ferromagnetic material

ferromagnetisch <phys> • ferromagnetic

ferromagnetische Dünnschicht f <mat> • ferromagnetic thin film

ferromagnetischer Bereich m <mat> • ferromagnetic domain

ferromagnetischer Bezirk m <mat> • ferromagnetic domain

ferromagnetischer Curie-Punkt m <phys> • Curie point; Curie temperature; magnetic transition point

ferromagnetische Resonanz f <el> • ferromagnetic resonance

ferromagnetischer Kreis m <el> • ferromagnetic circuit

ferromagnetischer Kristall m <mat> • ferromagnetic crystal

ferromagnetischer Stoff m DIN EN 1330-1 <mat> • ferromagnetic material; ferromagnetic substance

Ferromagnetismus m norm <phys> • ferromagnetism stand

ferroresonanter Schaltkreis m <el> • ferroresonant switching circuit

Ferroresonanzkreis m <el> • ferroresonant circuit

Ferrospinell m <min> • ferrospinel; hercynite

ferrostatisch <phys> • ferrostatic

ferrostatischer Druck m <phys> • ferrostatical pressure

Ferrosulfatdosimeter n <nukl> • ferrous sulfate dosimeter

Ferroxylindikator m <chem> • ferroxyl indicator

Ferrozement m <mat> • ferrocement

Ferrozementbauweise f <bau> • reinforced cement-mortar construction

Ferrum metallicum <chem> • iron (Fe); ferrum metallicum

Ferrum phosphoricum <chem> • iron phosphate; ferrum phosphoricum

Ferse f <ic> (Chip-Drahtverbindung) • heel

Ferse *f pract* <prod> • bead heel; heel *prakt*; tire bead heel
did
Fersenbereich *m* <ic> *(Drahtbond)* • heel region
Fersenbeutel *m* <textil> • heel pouche
Fersenblech *n* <kfz> • heel plate; rear seat cushion riser
AE.obs
Fersenheftmaschine *f* <led> • heel seat fastening ma-
chine; heel seat tacking machine
Fersennaht *f* <bekl> • heel seam; back seam
Fersenriss *m* <el.ic.prod> • heelcrack
Fersenschutz *m* <kfz> *(Cross-Stiefel)* • heel protector;
heel cup
Fersensprengung *f* <led> • heel pitch
Fersensteg *m* <led> • halter-back
Fersenteil *n* <led> • foxing
Fersenzwicken *n* <led> *(Schuh)* • heel seat lasting; back-
part lasting
fertig <allg> *(Vorgang; am Ende, zu Ende geführt; z. B.*
Zusammenbau, Prüfung, Errichtu) • finished; complete
fertig <allg> *(z. B. betriebsbereit)* • ready
Fertigbauteil *n* <bau> • prefabricated component; prefab
pract
fertig bearbeitet <term> *(Eintrag)* • finalized
Fertigbearbeitung *f* <prod> *(allg.)* • finishing; final finish-
ing steps
Fertigbearbeitung *f* <wz.masch> *(spanend)* • finish-ma-
chining
Fertigbearbeitungsmaschine *f* <wz.masch> • finishing
machine
Fertigbearbeitungszugabe *f* <prod> • finish allowance
Fertigbeton *m* <bau.mat> • ready-mixed concrete
Fertigbetondecke *f* <bau> • precast floor
Fertigbetonpfahl *m* <bau> • precast concrete pile
Fertigbetonwerk *n* <bau> • ready-mix plant
Fertigblasen *n* <kst> • final blowing
Fertigbleiche *f* <pap> • final bleaching
Fertigbohren *n* <prod> • finish boring
Fertigbohrkopf *m* <wz.masch> • boring head for finishing
cuts
Fertigbreite *f* <prod> • finished width
Fertigdecke *f* <bau> • precast floor
Fertigdrehen *n* <prod> • finish turning
Fertigdrehmaschine *f* <wz.masch> • finishing lathe
fertige Kartonage *f* <pap> • final box
fertige Kopie *f* <büro> • output copy
fertigen *vt* <prod> *(spanend)* • machine *vt*
fertigen *vt* <prod> *(komplexere Produkte; z. B. Computer,*
Autos) • manufacture *vt*; produce *vt*; make *vt coll*
Fertiger *m* <bau> • finisher; finishing machine
fertiger Papierstoff *m* <pap> • finished stuff
Fertigerzeugnis *n* <prod> • end product; final product;
finished product
fertiges Formteil *n* <kst> • formed part; finished molding
Fertigfeinpolieren *n rar* <prod> • finish polishing
Fertigformat *n* <druck> • final size
Fertigfräsen *n* <prod> • finish milling
Fertigfräser *m* <wz> • finishing cutter
Fertigfrischen *n* <metall> • finish refining
Fertigfrischofen *m* <metall> • finishing furnace
Fertiggerichte *npl* <nahr> *(z. B. tiefgefroren, in Dosen)*
• convenience food
Fertiggerüst *n* <metall> *(in Walzstraße)* • finishing stand;
finishing rolls
Fertiggesenk *n* <metall> • finish-impression die; finishing
die
Fertigglühen *n* <metall> • finish anneal; finish annealing
Fertiggravur *f* <prod> • final impression
Fertighaltung *f* <mil> • ready position
Fertighaus *n* <bau> • prefabricated house

Fertighobeln *n* <prod> • finish planing
Fertigkaliber *n* <prod> *(Walzwerk)* • finishing pass
Fertigkochperiode *f* <pap> • pulping period
Fertigkühlturm *m* <verf> • packaged cooling tower; pack-
age cooling tower
fertigmahlen *vt* <pap> • refine *vt*; brush out *vt*
Fertigmaß *n* <prod> • final size; finish size; finished size;
developed dimension *rare*
Fertigmontage *f* <prod> • final assembly
Fertigpolieren *n* <prod> • finish polishing
Fertigprodukt *n* <prod> • end product; final product; fin-
ished product
Fertigprüfung *f* <qualit> *(Prüfen)* • work sampling
Fertigreibahle *f* <wz> • finishing reamer
Fertigreiben *n* <prod> • finish reaming
Fertigschlacke *f* <metall> • refining slag; white slag *pract*
Fertigschlag *m* <prod> • finishing draw; third draw
Fertigschleifscheibe *f* <wz> • finish-grinding wheel
Fertigschliff *m* <obfl.holz> • fine sandpapering; fine
sanding; finish sand(paper)ing; final sand(paper)ing
Fertigschliff *m* <prod> • finish grinding
Fertigschliff *m* <prod> *(Glasschleifen)* • finishing cut
Fertigschmelzofen *m* <metall> • finishing furnace
Fertigschmieden *n* <prod> • finish forging
Fertigschmieden *n* <prod> *(Gesenkschmieden)* • finish
stamping
Fertigschneideisen *n* <wz> • bottoming die
Fertigschneider *m* <wz> • bottoming tap; finishing tap;
final tap; plug tap *set of 2*; blind-hole tap
Fertigschnitt *m* <prod> • finishing cut
Fertigspinnmaschine *f* <textil> • fine spinning frame
Fertigstauchen *n* <prod> • finish upsetting
Fertigstauchstempel *m* <wz> *(Umformtechnik)* • finish-
ing punch; final-stroke punch
Fertigstauchstufe *f* <prod> • finishing blow
fertigstellen *vt* <petr> *(Bohrung)* • complete *vt*
Fertigstich *m* <prod> *(Walzwerk)* • finishing pass
Fertigstoff *m* <pap.ents> • finished stock
Fertigstraße *f* <metall> • finishing mill; finishing train
Fertigteil *n prakt* <bau> • prefabricated component; prefab
pract
Fertigteil *n* <kst> • formed part; finished molding
Fertigteil *n* <prod> • finished part; finished component
Fertigteilbauweise *f* <tech.allg> • prefabricated construc-
tion; construction using prefab components
Fertigteilbauweise *f* <bau> *(Beton)* • precast construc-
tion
Fertigteillager *n* <logist> • finished-parts store
Fertigteilplatte *f* <bau> *(Beton)* • precast slab
Fertigteilverzinkung *f* <obfl> • batch galvanizing
Fertigung *f* <prod> • production; manufacture
Fertigung *f* <prod> *(allg.; von Hand oder fabrikmäßig)*
• production; manufacture; fabrication
Fertigung *f* <prod.ökon> *(Ertrag des Aufwandes)* • yield;
output
Fertigung nach Bedarf *f* <prod> • production on demand
(POD)
Fertigungsablauf *m* <prod> *(zeitlicher Ablauf der Vor-*
gänge) • production process; manufacturing process; fab-
rication process; production run
Fertigungsabschnitt *m* <prod> *(einer Transferstraße)*
• transfer-line section
Fertigungsanlage *f* <prod> *(System)* • manufacturing
system
Fertigungsanlage *f* <prod> *(Gesamtanlage)* • production
plant; production facility
Fertigungsanstrich *m* <obfl> *(Schicht)* • shop primer
Fertigungsautomation *f* (FA) <autom> • fabrication automation (FA)

Fertigungsbahn f <prod> *(Betonguss)* • precasting lane; finishing line

Fertigungsbetrieb m <prod> • factory

Fertigungsendprüfung f <qualit> • final inspection (EOLT); final inspection and testing; end-of-line test

Fertigungsfehler m <qualit> *(konkret)* • manufacturing defect; defect of fabrication

Fertigungsfehler m <qualit> *(abstrakt)* • manufacturing error

Fertigungsfließstraße f <prod> • linked production line; production line

Fertigungsfolge f <prod> • manufacturing sequence

Fertigungsgenauigkeit f <qualit> • manufacturing accuracy

fertigungsgerechte Konstruktion f <tech.allg> • design for ease of production

Fertigungsgeschwindigkeit f <prod> *(Teile pro Zeiteinheit)* • production rate

Fertigungskette f <prod> • transfer line

Fertigungsleistung f <ökon> *(Kapazität)* • productive capacity

Fertigungsleistung f <prod> *(Teile pro Zeiteinheit)* • production rate

Fertigungsleitrechner m <prod.msr> • host computer; master computer

Fertigungslinie f <prod> • production line; flow production line; process line *rare*; flow line *rare*

Fertigungslos n <prod> *(Menge eines Produktes, die unter einheitlichen Bedingungen entsteht)* • batch; production run; lot

Fertigungsmenge pro Zeiteinheit f <ökon> • yield per unit time; production quantity per unit time; rate of production; rate of output

Fertigungsmesstechnik f <prod.msr> • production measuring technology; production measuring techniques

Fertigungsmethode f <prod> *(Techniken, Verfahren)* • production method; manufacturing method; fabrication method; production process

Fertigungsmethode f <prod> • manufacturing method; manufacturing technique; production method; process of manufacture

Fertigungsnummer f <prod> • serial number

fertigungsorientiertes Element n <edv> *(in CAD-Bibliothek; z. B. Bohrungen, mit zugehörigen Informationen)* • feature

fertigungsorientiertes Produktmerkmal n <edv> *(in CAD-Bibliothek; z. B. Bohrungen, mit zugehörigen Informationen)* • feature

Fertigungsplanung f <prod> • manufacturing planning; production planning

Fertigungsprogramm n <prod> • manufacturing program; production program; process planning

Fertigungsprozess m <prod> *(zeitlicher Ablauf der Vorgänge)* • production process; manufacturing process; fabrication process; production run

Fertigungsprozess m <prod> *(Techniken, Verfahren)* • production method; manufacturing method; fabrication method; production process

Fertigungsprüfung f <qualit> • manufacturing inspection; production testing

Fertigungssteuerung f <prod.msr> • manufacturing control; production control

Fertigungsstraße f <prod> • production line; flow production line; process line *rare*; flow line *rare*

Fertigungsstraße f <prod.autom> • automatic transfer line; automated linked line; linked line

Fertigungsstückzahl f <prod> *(Teile pro Zeiteinheit)* • production rate

Fertigungstechnik f <prod> • manufacturing engineering; production engineering

Fertigungstiefe f <prod> • vertical integration

Fertigungstoleranz f <prod> • manufacturing tolerance

Fertigungsüberwachung f <qualit> • production monitoring

Fertigungsverfahren n *DIN 8580* <prod> *(Methode)* • manufacturing method; production method; production technique

Fertigungsverfahren n *DIN 8580* <prod> *(Prozess)* • manufacturing process; production process

Fertigungsvorbereitung f <prod> *(konkret)* • manufacturing preparation

Fertigungsvorbereitung f <prod> • production planning

Fertigungszeichnung f <doku> *(enthält alle notwendigen Angaben für die Fertigung)* • manufacturing drawing

Fertigungszelle f <prod> • machining cell

Fertigungszugabe f <prod> • manufacturing allowance

Fertigungszwischenprüfung f <qualit> • in-process inspection; in-process testing

Fertigwälzen n <prod> • finish hobbing

Fertigwalze f <metall> • finishing roll

Fertigwalzen n <prod> • finish rolling

Fertigwalzgerüst n <metall> • finishing mill stand; finishing rolls

Fertigwalzstich m <metall> • finishing pass

Fertigwalzstraße f <metall> • finishing roll train

Fertigwalzwerk n <metall> • finishing rolling mill; finishing mill

Fertigwarenlager n <logist> • finished goods storage; finished goods storage warehouse; finished goods warehouse

Fertigziehscheibe f <prod> • finishing block

Fertigzug m <prod> • finishing draw; finishing pass

Fertigzugstempel m <wz> • finishing draw punch

Fertigzuschlag m <prod> • final addition

Féry-Pyrometer n <msr> • total radiation pyrometer

Fesselhülse f <kfz.brems> *(für gefesselte Kolbenfeder)* • secondary piston stop; stop sleeve

Fesselschraube f <kfz.brems> *(zwischen Druckstangenkolben und Anschlaghülse)* • piston extension screw; stroke limiting screw

Fesselungskonstante f <navig> • elastic restraint coefficient

fest <allg> *(z. B. Standpunkt, Material, Fleisch)* • firm

fest <tech.allg> *(sicher befestigt)* • fastened; fixed; secure

fest <tech.allg> *(ungewollt gehemmt, blockiert)* • jammed

fest <tech.allg> *(angebunden)* • tied

fest <allg.tech> *(stabil)* • stable

fest <füg> *(festsitzend; z. B. Schraubverbindungen)* • tight

fest <jur> *(Wohnsitz)* • permanent

fest <jur> *(z. B. Posten, Stelle)* • steady

fest <masch> *(verriegelt)* • locked

fest <phys> *(Aggregatszustand)* • solid

fest <textil> *(Gewebe)* • firm

Festabfall m <ents> • solid waste

fest abgestimmt <av> • permanently tuned

Festabgleich m <el> • preset sensitivity

Festachse f <mech> • fixed axis

fest am Boden montierter Roboter m <autom> • floor-mounted robot; stationary base robot

fest angebaut <tech.allg> • rigidly attached

fest angestellt <ökon> • tenured

Festanker m <el> • fixed armature

Festanschlag m <autom> • fixed stop; positive stop; dead stop

Festanschluss m <tele> • permanent connection

Festanstellung f <ökon> • tenure

Festanstellung mit unbefristetem Vertrag f <ökon> • permanent tenure

Festantenne f <tele> • fixed antenna US; fixed aerial GB
festbacken vi <textil> (an der Nadel) • cake together vi
festbacken vi/vt <tech.allg> • cake vi/vt
Festbett n <chem> • static bed; fixed bed
Festbettadsorber m <ents> • fixed-bed adsorber; fixed-bed reactor
Festbettkatalysator m <chem> • fixed-bed catalyst; static catalyst
Festbettkolonne f <verf> • fixed-bed column
Festbettreaktor m <ents> • fixed-bed adsorber; fixed-bed reactor
Festbettsynthese f <chem> • synthesis with fixed catalyst bed
Festbettverfahren n <chem.petr> • fixed catalyst bed process; fixed bed process; fixed-bed process
Festbettvergasung f <chem> • fixed-bed gasification
festbinden vt <allg> • tie to vt
festbinden vt <sich> • strap vt
Festbitumen n <bau.mat> • solid bitumen
Festblattwächter m <textil> • fast reed protector
Festbremsdrehzahl f <kfz.antr> (Drehmomentwandler) • stall speed
Festbremsmoment n <kfz.antr> (Drehmomentwandler) • stall torque
Festbremspunkt m <kfz.antr> (Drehmomentwandler) • stall speed
Festbrennen n <füg> (der Elektrode beim Schweißen; unerwünscht) • sticking
Festbrennen n <silik> • firing-on; stoving
festbrennen vi <füg> (Elektrode am Werkstück; unerwünscht) • fuse [to] vi; stick vi
Festbrennstoff m <verbr> • solid fuel
Festbrennweite f <phot> • fixed focus
festbrennweitiges Objektiv n <phot> • fixed focal-length lens
festdrehen vt <füg> (Mutter, Schraube) • tighten vt
Festdrossel f <rls> • fixed restriction
feste Anlagen fpl <petr> • stationary platforms
feste Antriebskraftverteilung f <kfz> • fixed power distribution; constant power distribution ppwiss-mdl
feste Blocklänge f <edv> • fixed block length
feste Buchse f <masch> • fixed bushing
Festecho n <navig> (Radar) • permanent echo
feste Feuerlöschanlage f <feuer> • stationary fire-fighting installation
feste Frequenz f <tele> • fixed frequency
feste Geschäftseinrichtung f <jur> • fixed place of business
feste Helmhalterung f <kfz> (dynamische Prüfung der Trageeinrichtung) • fixed helmet support
Festeinbau m <tech.allg> • permanent installation
fest eingebaut <tech.allg> • permanently installed
fest eingebaute Antenne f <tele> (z. B. Radio, Funkgerät, Handy) • internal antenna US; internal aerial GB
fest eingerichtete Dunkelkammer f <phot> • permanent darkroom
feste Kopplung f <phys.el> • tight coupling; close coupling
feste Kupplung f <masch> (von Wellen) • rigid coupling
feste Lagerplatzordnung f <logist> • dedicated storage
feste Lagerplatzzuordnung f <logist> • dedicated storage
feste Landfunkstelle f <tele> • base station
Festelektrode f <el.chem> • solid electrode
Festelektrode f <kfz.el> • outer terminal; outer electrode; fixed electrode; distributor segment GB
Festelektrolyt m <el.chem> • solid-state electrolyte; solid electrolyte
Festelektrolytsensor m <msr> • solid-state sensor

feste Lösung f <mat> • solid solution
Festenbau m <min> • breast stoping
feste Parität f <edv> • fixed parity
feste Part f <nav> • standing part
feste Phase f <med> (Serodiagnostik) • solid phase
feste Phase f <therm> (im Ggs. zu flüssiger, gasförmiger) • solid phase
fester Abfall m <ents> • solid waste; refuse
fester Aggregatzustand m <phys> • solid state
fester Anschlag m <autom> • fixed stop; positive stop; dead stop
fester Bearbeitungszyklus m • canned cycle
fester Brennstoff m <verbr> • solid fuel
feste Reibahle f <wz> • solid reamer
fester Einschluss m DIN EN ISO 6520 <metall.qualit> (im Schweißgut) • solid inclusion ISO 6520-1
fester Funkverkehrsdienst m <tele> • point-to-point communication service; point-to-point communication
fester Hammer m <ents> • fixed hammer; stationary hammer
fester Klebstoff m <füg> • solid adhesive
fester Körper m <phys> (Ggs. zu Flüssigkeit, Gas) • solid body
fester Kohlenstoff m <chem> • solid carbon
fester Raketentreibstoff m <aerospace> • solid rocket propellant
fester Rost m <verbr> • stationary grate
fester Schenkel m <msr> (z. B. einer Schiebelehre) • fixed caliper jaw; stock
fester Schmierstoff m DIN ISO 4378-3 <tribo> • solid lubricant ISO 4378-3
fester Sitz m <füg> • tight fit
fester Spiegel m • horizon glass
fester Störstoff m <ents> (Altpapier) • solid contrary; solid impurity
fester Stoff m <phys> • solid; solid matter
fester Treibstoff m <aerospace> • solid propellant
fester Untergrund m <geo> • solid ground
fester Zusammenbau m <tech.allg> • permanent assembly
fester Zustand m <phys> • solid state
fester Zyklus m <tech.allg> • fixed cycle; canned cycle
festes Angebot n <ökon> • firm offer
feste Satzlänge f <edv> • fixed record length
festes Dielektrikum n <el> • solid dielectric
festes Fahrwerk n <aerospace> • non-retractable undercarriage; non-retractable landing gear
festes Felgenhorn n <kfz> • fixed flange prakt; fixed rim flange
festes Feuer n <navig> • fixed light; fixed light beacon
festes Gestell n <prod.autom> • stationary base
festes Horn n pract <kfz> • fixed flange prakt; fixed rim flange
festes Ionentauscherbett n <verf> • fixed ion exchange bed
festes Kohlendioxid n <chem> • solid carbon dioxide
festes Paraffin n <chem> • paraffin wax
festes Übersetzungsverhältnis n <masch> (z. B. Zahnradgetriebe, Kettentrieb) • definite speed ratio
festes Wehr n <bau.hydr> • fixed weir; uncontrolled crest; uncontrolled weir
feste Symbollänge f <edv> • fixed symbol length
feste Teilstichprobe f <math> (Statistik) • quota sample
feste Verdrahtung f <el> • permanent wiring; fixed wiring
feste Wortlänge f <edv> • fixed word length
Festfeld n <bau> • fixed window; fixed frame; stationary window; picture window; fixed unit
Festfeld n <el> • fixed field
Fest-Fest-Grenzfläche f <mat> • solid-solid interface

Festfeuer *n* <navig> • fixed light; steady light
Festflansch *m* <rls> • non-rotatable flange
Fest-Flüssig-Grenzfläche *f* <mat> • solid-liquid interface
Fest-Flüssig-Trennung *f* <nukl> • solid-liquid-separation
Festfrequenz *f* <tele> • fixed frequency
Festfrequenzmonitor *m* <edv> • fixed-frequency monitor
Festfrequenzoszillator *m* <el> • fixed-frequency oscillator
Festfrequenzschrittmacher *m* <med.tech> • fixed-rate pacemaker
festfressen *vr* <masch> *(z. B. Kolben, Lager)* • seize *vi*; jam *vi*
festfressen *vr* <masch> *(Bohrer)* • bind *vi*
festgefahren <kfz> *(in tiefem Sand, Schnee, Sumpf)* • bogged; bogged down
festgefressen <qualit> *(z. B. Pumpenläufer, Anker)* • frozen
Festgehalt *m* <ents> *(Abfall)* • solids content
Festgehalt *m* <holz> • solid measure
Festgehalt *m* <mat> • solids content
festgelagert <bau> *(Boden)* • firm; compact
festgelegte Qualitätsgrenze *f* <pap> • established quality limit
Festgelenk *n* <kfz.antr> • fixed joint
festgeschaltete Verbindung *f* <el> • non-switched connection
festgeschaltete Verbindung *f* <tele> • fixed connection
festgespeichert *rar* <edv> *(im RAM)* • resident
Festgestein *n* <geo> • hard rock
festhaftend <tech.allg> *(z. B. Lackschicht, Etikett)* • firmly adhering; firmly bonded
Festhalteeinrichtung *f* <tech.allg> • clamping device; locking device; arrest *rare*
Festhaltekraft *f* <mech> *(zurückhaltend)* • restraining force
Festhaltekraft *f* <mech> *(allg.)* • retaining force
Festhaltekraft *f* <mech> *(nach unten)* • hold-down force
Festhalte-Mutterndreher *m* <wz> • nut starter
festhalten *vt* <allg> • arrest *vt*
festhalten *vt* <tech.allg> *(z. B. Seil, Werkzeug)* • hold *vt*; hold in place *vt*
festhalten *vt* <allg.tech> *(hindern)* • impede *vt*
festhalten *vt* <kfz.antr> *(Getriebeelement)* • hold *vt*
festhalten *vt* <masch> • retain *vt*
Festhalte-Schraubendreher *m* <wz> *(zum Ansetzen und Andrehen)* • screw-holding screwdriver
Festhalte-Schraubendreher *m* <wz> *(nur zum Ansetzen der Schrauben)* • screw starter; screw-starting driver *US*
Festhaltewalze *f* <led> • grip roller; holding roller
Festhaltezange *f* <wz> *(allg.)* • locking pliers; vise grip pliers *US*; vise grips *US.coll*; grip wrench *GB*; self-grip pliers/wrench *GB.form*
Festigkeit *f* <allg> *(z. B. von Standpunkten, Material, Fleisch)* • firmness
Festigkeit *f* <bau.mat> *(z. B. Straßenbelag)* • compactness; massivity
Festigkeit *f* <mat> *(gegenüber Licht, Wasser, Chemikalien)* • fastness
Festigkeit *f* <mat> *(Starrheit)* • rigidity
Festigkeit *f* <phys> *(Ggs. zum flüssigen oder gasförmigen Zustand)* • solidity
Festigkeit *f* <qualit.mat> *(Widerstand gegenüber Einflüssen; z. B. Biege-, Stoß-, Verschleißfestigk)* • resistance; resistivity
Festigkeit *f* <qualit.mat> *(z. B. gegenüber Umwelteinflüssen)* • stability
Festigkeit *f* <qualit.mat> *(in Bezug auf mech. Zug- od. Druckbelastung)* • strength
Festigkeit *f* <qualit.mat> *(von Feststoffen)* • tenacity; toughness

Festigkeit *f* <textil> *(Zugbelastbarkeit; v. Faser, Gespinst, Faden)* • strength
Festigkeit *f* <textil> *(von Gewebe; je nach Fadendichte)* • closeness
Festigkeit der Struktur *f* <tech.allg> • structural strength
Festigkeit gegen Rissausbreitung *f* <qualit.mat> • resistance to crack propagation
Festigkeitsanalyse *f* <mech> • strength calculation; strength analysis
Festigkeitsanisotropie *f* <qualit.mat> • strength anisotropy
Festigkeitsberechnung *f* <mech> • strength calculation; strength analysis
Festigkeitseigenschaften *fpl* <qualit.mat> • strength properties; strength characteristics
Festigkeitsgrad *m* <qualit.pap> • strength level
Festigkeitsgrenze *f* <mech> • strength limit
Festigkeitshypothese *f* <mech> • theory of failure; theory of yielding; failure theory
Festigkeitsklasse *f* <bau.mat> • strength class
Festigkeitslehre *f* <mech> • science of strength of materials; theory of strength of materials; theory of stresses and strains; theory of elasticity; strength theory
Festigkeitsmessung *f* <qualit.mat> • strength testing; strength test
Festigkeitsnachweis *m* <mech> • strength determination
Festigkeitsprüfgerät *n* <qualit.mat> • strength-measuring instrument
Festigkeitsrichtung *f* <mech> • strength orientation
Festigkeitsschott *n* <nav> • structural bulkhead; strength bulkhead
Festigkeitssensor *m* <msr> • strength sensor
Festigkeitsträger *m* <rls> *(von Schläuchen, Kompensatoren)* • reinforcement fabric; tire cord *US*; tyre cord *GB*; carcass *rare*
Festigkeitsverlust *m* <qualit.mat> • loss in strength
Festigungsgewebe *n* <textil> • strengthening tissue
fest installierte Bohrinsel *f* <petr> • stationary drilling platform
fest installiertes GPS-Gerät *n* <navig> • fixed-mount GPS
festkleben *vi* <el> *(Relais, Kontakte)* • freeze *vi*; stick *vi*
festkleben *vi* ugs <füg> *(Elektrode am Werkstück; unerwünscht)* • fuse [to] *vi*; stick *vi*
festkleben *vt* <füg> • stick to *vt*
festklemmbar <prod> • capable of being clamped
Festklemmeinrichtung *f* <tech.allg> • locking device; clamping device
Festklemmen *n* <kfz.brems> *(unbeabsichtigt; z. B. Kolben oder Bremssattel)* • binding
festklemmen *vi* <masch> *(unbeabsichtigt, z. B. Werkstück in Zuführung)* • jam *vi*
festklemmen *vt* <tech.allg> *(z. B. Kabel, Draht, Schlauch)* • clamp in place *vt*; clamp *vt*
festklemmen *vt* <tech.allg> • lock *vt*
Festklemmhebel *m* <tech.allg> *(z. B. Exzenterspanner, Schraubspanner)* • clamping lever
Festkörper *m* <math> *(massiv; in Geometrie, Computergrafik-Volumenmodell)* • solid object; solid *pract*
Festkörper... <edv.ic> • solid-state ...
Festkörperanimation *f* <edv> • rigid-body animation
Festkörperbauelement *n* <el> • solid-state device
Festkörperbaustein *m* <el> • solid-state module
Festkörperbildsensor *m* <av> • solid-state image sensor
Festkörperchip *m* <ic> • monolithic chip
Festkörperdetektor *m* <msr> • solid-state detector
Festkörperdiffusion *f* <chem> • solid diffusion; intersolid diffusion; solid-state diffusion
Festkörperdisplay *n* <edv> • solid-state display

Festkörperdosimeter *n* <nukl> • solid state dosemeter
Festkörpereffekt *m* <nukl> • solid-state effect
Festkörperelektrolyt *m* <el.chem> • solid-state electrolyte; solid electrolyte
Festkörperelektronik *f* <el> • solid-state electronics
Festkörperinduktivität *f* <el> • inductive element for solid-state circuits
Festkörperionenleiter *m* <el> • solid-state ion conductor
Festkörperlaser *m* <phys> *(Laser)* • solid-state laser
Festkörper-Laserstrahlschweissen *n DIN EN ISO 4063* <füg> • solid state laser welding *ISO 4063*
Festkörperlöslichkeit *f* <mat> • solid solubility
Festkörperlogik *f* <msr> • solid-state logic
Festkörpermaser *m* <phys> • solid-state maser
Festkörpermechanik *f* <mech> • mechanics of solids
Festkörpermodell *n* <edv> *(mit Werkstoffeigenschaften)* • solid model
Festkörpermodellierung *f* <edv> • solid modeling
Festkörperoberfläche *f* <phys> • solid surface
Festkörperphysik *f* <phys> *(umfasst u.a. die Halbleiterphysik)* • solid-state physics
Festkörperreaktion *f* <phys> • solid-state reaction
Festkörperreibung *f* <tribo> • dry friction; solid friction
Festkörperrelais *n* <el> • solid-state relais
Festkörperschalter *m* <el> • solid-state switch
Festkörperschaltkreis *m* <ic> • monolithic circuit; integrated monolithic circuit; solid-state circuit
Festkörperschaltung *f* <el> • solid-state circuit
Festkörperschaltungstechnik *f* <el> • solid-state circuitry
Festkörperschweißung *f* <el.ic.prod> • solid-state weld
Festkörperspeicher *m* <edv> • solid-state memory; solid-state store
Festkörperzustand *m* <phys> • solid state [condition]
Festkomma *n* <edv> • fixed point; fixed decimal point
Festkommaarithmetik *f* <edv> • fixed-point arithmetic
Festkommadarstellung *f* <edv> • fixed-point representation
Festkommarechner *m* <edv> • fixed-point computer
Festkommarechnung *f* <edv> • fixed-point computation; fixed-point calculation
Festkondensator *m* <el> • fixed capacitor
Festkontakt *m* <el> • fixed contact
Festkopfplattenspeicher *m* <edv> • fixed-head disc memory; fixed-head disc store
Festkopie *f* <doku> • hard copy; permanent copy
Festkugellager *n* <masch> • rigid ball bearing
Festlager *n* <masch> • fixed bearing
Festland *n* <geo> • land
Festlandsockel *m* <geo> • continental shelf
Festlegeeinrichtungen für Ladegut *fpl DIN 25612-2* <bahn> • load fastening devices *DIN 25612-2*
festlegen *vt* <allg> *(entscheiden)* • determine *vt*
festlegen *vt* <allg> *(Parameter vorgeben)* • parametrize *vt*
festlegen *vt* <tech.allg> *(z. B. Sollwerte, Verfahren, Reihenfolge)* • define *vt*
festlegen *vt* <tech.allg> *(z. B. Datum, Termin)* • fix *vt*
festlegen *vt* <prod> *(fixieren)* • locate *vt*
festlegen *vt* <prod> *(Arbeitsablauf)* • route *vt*
Festlinie *f* <phys.chem> • solidus line; solidus; solids curve
Festmacheboje *f* <nav> • mooring buoy
festmachen *vi* <nav> *(Schiff, Boot)* • moor *vi*
festmachen *vt ugs.rar* <füg> *(allg.; an/auf etw.)* • fasten *vt*; mount *vt*; attach *vt*; install *vt*; fix *vt coll*
festmontierbar <edv> *(Scanner)* • fixed (mounted) *adj*; fixed station *prenominal*; machine mount(able) *adj*; stationary *adj*; fixed base *prenominal*
fest montiert <tech.allg> • permanently fixed

fest montiert <edv> *(Scanner)* • fixed (mounted) *adj*; fixed station *prenominal*; machine mount(able) *adj*; stationary *adj*; fixed base *prenominal*
fest montiert <energ.sol> *(Kollektor, Spiegel)* • mounted in a stationary position; with fixed position; fixed; stationary; non-tracking
Festmüll *m* <ents> • solid waste; refuse
Festmüllbeseitigungsanlage *f* <ents> • solid-waste disposal plant
Festnetz *n prakt* <tele> • Public Switched Telephone Network (PSTN)
Festnetz/Mobilnetz-Konvergenz *f* <tele> • fixed/mobile convergence
Festoondämpfer *m* <verf> • festoon ager
Festphase *f* <med> *(Serodiagnostik)* • solid phase
Festplatte *f* <edv> *(magnet. Speichermedium; einzelne Scheibe im Laufwerk)* • hard disk (HD); magnetic hard disk *rare*; fixed disk *BASF.rare*
Festplatte *f prakt* <edv> *(magnetischer Festplattenspeicher; Modul; z. B. 60 GB Kapazität)* • hard disk drive (HDD); hard disk *pract*; disk *coll*; fixed-disk drive *rare.BASF*; rigid-disk drive *rare*
Festplatten-Array *n* <edv> • disk array *US.GB*; array
Festplattenaufzeichnung *f* <edv.av> • hard disk recording
Festplattencontroller *m* <edv> • hard disk controller; HD controller
Festplattenfehler *m* <edv> • hard disk error
Festplattenkapazität *f prakt* <edv> • hard disk capacity
Festplattenlaufwerk *n* <edv> *(magnetischer Festplattenspeicher; Modul; z. B. 60 GB Kapazität)* • hard disk drive (HDD); hard drive *pract*; disk *coll*; fixed-disk drive *rare.BASF*; rigid-disk drive *rare*
Festplattenspeicher *m form* <edv> *(magnetischer Festplattenspeicher; Modul; z. B. 60 GB Kapazität)* • hard disk drive (HDD); hard drive *pract*; disk *coll*; fixed-disk drive *rare.BASF*; rigid-disk drive *rare*
Festplattenspeicherkapazität *f* <edv> • hard disk capacity
Festplattenspeicherverwaltung *f* <edv> • hard disc management
Festplatzlagerung *f* <logist> • dedicated storage
Festpreis *m* <fin> *(für Lieferungen, Leistungen; z. B. Reparatur, Internetzugang)* • flat rate
Festpreis *m* (FP) <ökon> • fixed price (FP)
Festpreis-Rechnung *f* <fin> • flat rate billing
festprogrammiert • fixed-programmed
festprogrammierte Bewegungseinrichtung *f* <autom> • fixed program handling device; fixed program handling unit
festprogrammierte Steuerung *f DIN 19237* <autom> *(Programmänderungen nicht vorgesehen)* • fixed program controller; fix programm controller
Festprogrammrechner *m* • fixed-program computer
Festprogrammsteuerung *f* <autom> • fixed program controller
Festpropeller *m* <aerospace> • fixed-blade propeller; fixed pitch propeller
Festpunkt *m* <bau> *(allg.)* • anchor point; point of fixity
Festpunkt *m* <mech> *(eines Gelenks)* • fulcrum
Festpunkt *m* <msr> *(z. B. Geodäsie, Vermessung)* • datum
Festpunkt *m* <navig> • waypoint (WPT); point *rare*; landmark
Festpunkt *m* <prod> *(Bezugspunkt für Maße; z. B. bei CNC-Werkzeugmaschine)* • fixed datum point; fiducial point; bench mark
Festpunkt *m DIN 4048-2* <rls> • pipe anchor; anchor point
Festpunktanzeiger *m* <petr> • free point indicator

Festpunktnetz n <geo> (Vermessung) • observation grid
Festpunktnetz n <phot> • control network
Festpunktnivellement n <bau> • fixed-point leveling US; fixed-point levelling GB
Festrad n <kfz.antr> (Schaltmuffengetriebe) • fixed gear
Festrad n <masch> (Planetengetriebe) • sun gear; fixed gear; locked gear; central gear
Festring m <masch> (feststehender Ring von Gleitring-dichtungen; z. B. in Pumpen) • stationary seal ring; stationary element; stationary seat; stationary seal face
Festrolle f <masch> • fixed pulley
Festrost m [ro:st] <verbr> • stationary grate
festrütteln vt <metall> • jar-ram vt
Festsattelbremse f <kfz.brems> • fixed-caliper disk brake US; fixed-caliper disc brake GB
Festsattel-Scheibenbremse f <kfz.brems> • fixed-caliper disk brake US; fixed-caliper disc brake GB
Festschaltstück n <el> • fixed contact
Festscheibe f <masch> • fixed pulley
Festschmierstoff m <tribo> • solid lubricant ISO 4378-3
Festschraube f <aerospace> • fixed-blade propeller; fixed pitch propeller
festschrauben vt <füg> (allg.) • fasten vt; secure vt
Festsetzung von Normen f <norm> • standard setting
Festsitz m <masch> • interference fit
festsitzender Anker m <el> (blockiert) • seized armature; stuck armature; fixed armature rare
Festsitzgewinde n (MFS) <masch> (Gewindeverbindung ohne Spiel) • interference-fit thread; Class 5 interference-fit thread ANSI B1.12; NC 5 ANSI B1.12; interference thread pract
festspannen vt <prod> (in Spannfutter; z. B. Bohrer) • chuck vt
festspannen vt <prod> (Werkstück) • mount vt; clamp vt
Festspannloch n <prod> • mounting hole
Festspannung f <el> • fixed voltage
Festspeicher m <edv> • read-only memory (ROM)
feststampfen vt <bau> (Boden, Untergrund) • tamp vt
feststehend <allg> (fixiert) • fixed
feststehend <tech.allg> (nicht einstellbar) • non-adjustable
feststehend <av> (Bild) • still
feststehend <energ.sol> (Kollektor, Spiegel) • mounted in a stationary position; with fixed position; fixed; stationary; non-tracking
feststehend <masch> (z. B. Sonnenrad im Planetenge-triebe, Ständerwicklung) • stationary
feststehende Reprostufen fpl <büro> • present repro-factors pl
feststehender Flügel m <bau> (Fenster) • fixed light; stationary light; fixed lite; stationary lite
feststehender Flügel m <bau> (Schiebefenster) • inactive sash; non-operable sash; stationary sash
feststehender Kopf m <av> • stationary head
feststehender Löschkopf m <av> (für Aufnahme) • stationary erase head; stationary erasing head; stationary erase
feststehender Magnetkopf m <av> • fixed head; fixed magnetic head; stationary head; static head
feststehender Rost m [ro:st] <ents> (Müllverbrennung) • stationary grate
feststehender Schneidkopf m <wz> • stationary die head
feststehender Setzstock m <wz.masch> (Drehma-schine) • stationary steady; fixed steady; steady rest
feststehender Spurlöschkopf m <av> (für Aufnahme) • stationary erase head; stationary erasing head; stationary erase
feststehender Tonkopf m <av> (für Aufnahme und Wiedergabe) • stationary audio head; stationary sound head

feststehender Videokopf m <av> • stationary video head
feststehende Schaufel f <turb> • fixed blade; fixed guide
feststehendes Element n <bau> • fixed window; fixed frame; stationary window; picture window; fixed unit
feststehendes Photometer n <phys> • bench photo-meter
feststehendes Vorlagenglas n <druck> (Kopierer) • stationary platen
feststellbar <allg> (mit den Sinnen erkennbar) • perceptible
feststellbar <tech.allg> (erkennbar; z. B. Fehler, Über-lastung, Schadstoff) • detectable
feststellbar <masch> (verriegel-, fixierbar) • lockable
feststellbar <masch> (in sicherer Stellung; z. B. Bremse) • securable
feststellbarer Kragen m <bekl> • snap-down lapels pl
feststellbarer Messzirkel m <wz> • lock-joint dividers
feststellbarer Spitzenzirkel m <wz> • lock-joint dividers
feststellbares Maßband n <msr> • locking tape; lock tape
Feststellbremsanlage f (FBA) <kfz.brems> • parking braking system
Feststellbremse f IEV 415 <energ.wind> (zur Verhinde-rung von Rotorbewegungen) • parking brake IEV 415
Feststellbremse f <kfz.brems> (hand- oder fußbetätigt, mit Hebel, Taste od. elektr. automatisch) • parking brake; emergency brake coll.rare
Feststellbremse f <kfz.brems> (nur bei Handbetätigung) • hand brake
Feststellbremspedal n <kfz.brems> • parking brake pedal
Feststelleinrichtung f <tech.allg> • locking device
feststellen vt <allg> (Statement, Fakten) • determine vt
feststellen vt <tech.allg> (z. B. Bremse, Schalter, Hebel) • clamp vt
feststellen vt <tech.allg> • lock in position vt; lock in place vt; block vt; detent vt; fix vt
feststellen vt <navig> (Lagekreisel-Rahmen arretieren) • cage vt
feststellen vt <qualit> (entdecken; z. B. Fehler, Unregel-mäßigkeit) • detect vt; spot vt
Feststellen bösartiger Anrufer n <tele> (Zusatzdienst) • malicious call identification (MCID)
Feststeller m <navig> (Rahmenarretierung) • caging de-vice
Feststellhebel m <masch> • locking lever
Feststellknopf m <masch> • lock-on button
Feststellmutter f <kfz.mot> (der Leerlauf-Kraftstoffregu-lierschraube, SU-Verg.) • jet locking nut
Feststellmutter f <masch> (allg.) • locking nut
Feststellring m <phot> (des Auslösers) • button-lock ring
Feststellschraube f <masch> (z. B. für Muffen, Hülsen, Stellring) • clamping bolt
Feststellschraube f <masch> (z. B. im Stellring, an Klemmhülsen) • clamping screw
Feststoff m <phys> • solid; solid matter
Feststoffabscheider m <verf> (allg.; Partikel od. Grob-material) • solids separator
Feststoffabscheider m rar <verf> (Staub, Schwebstoffe etc. in Gasen, Flüssigkeiten) • particulate collector; parti-cle collector; solids collector rare
Feststoffabscheidung f <ents> • dust collection; parti-culate collection; dust removal; particulate removal; par-ticulate control
Feststoffanteil m <ents> (z. B. im Klärbecken) • solids content; solids/liquid ratio
Feststoffanteil m <nahr> • total solids (TS); total solids content
Feststoffbett n <chem> • solid bed

Feststoffblanket n <nukl> • solid blanket

Feststoffdosierer m <agri> • solids dispenser

Feststoffdurchführung f <el> • solid bushing

Feststoffe mpl <mat> (z. B. in Schlamm, Schmelzbad) • solids

Feststoffeinschluss m <qualit.mat> (Werkstoffprüfung) • solid inclusion

Feststoffextraktion f <chem> • liquid-solid extraction

feststofffrei <ents> • solids-free

Feststoffgehalt m <ents> (beim Trocknen einer Substanz bei 100 … 105 °C erhaltener Rückstand) • total solids (TS); dry solid matter

feststoffhaltig <ents> (z. B. Abwasser) • containing solid matter; containing solids; solids-bearing

Feststoffisolation f <el> • solid insulation

feststoffisoliertes Kabel n <el> • polymeric cable; extruded [dielectric] cable; polymeric insulated cable; solid-dielectric [insulated] cable; plastic[-insulated] cable

Feststoffoxid-Brennstoffzelle f (SOFC) <energ.chem> • solid oxide fuel cell (SOFC)

Feststoffpartikel n <emiss> (einzeln; z. B. in Schwebstoffen) • particle

Feststoffpartikel npl <emiss> (als Gesamtheit; z. B. als Schwebstoffe in Luft, Abgas, Schlamm) • particulate matter sg; solid particulates pl

Feststoffpumpe f <förd> • solids handling pump

Feststoffrakete f <aerospace> • solid-propellant rocket

Feststoffraketentriebwerk n <aerospace> • solid-propellant engine; solid-propellant motor

feststoffreich <ents> • with a high solids content

Feststoffschmierung f <tribo> • solid-film lubrication

Feststoffsorptionsmittel n <chem> • sorbent solid

Feststoffteilchen n <emiss> (einzeln; z. B. in Schwebstoffen) • particle

Feststoffteilchen npl <emiss> (als Gesamtheit; z. B. als Schwebstoffe in Luft, Abgas, Schlamm) • particulate matter sg; solid particulates pl

Feststofftreibsatz m <aerospace> • solid-propellant burner

Feststoffverweilzeit f <agri.tech> • solids detention time; solids residence time; solids retention time

Feststrahlscanner m <edv> • fixed beam scanner

festtackern vt <tech.allg> • staple in place vt

Festtarif m <tele> • flat rate

Festtreibstoff m <aerospace> (z. B. für Raketen) • solid propellant

Festtreibstoff m <kfz> (Airbag-Gasgenerator) • solid propellant

Festverbindung f <el> • non-switched connection

festverdrahtet <el> • hard-wired; wired-in

festverdrahtete Logik f <msr> • hard-wired logic

festverdrahtete numerische Steuerung f <msr> (im Ggs. zu SPS) • conventional numerical control; hardware numerical control

festverdrahtete Prüfung f <edv> • hardware check

festverdrahtete Schaltung f <el> • hard-wired circuit

festverdrahtete Steuerung f <msr> (z. B. im Ggs. zu SPS) • conventional control circuitry

Festverglasung f <bau> • fixed window; fixed frame; stationary window; picture window; fixed unit

festverlegte Installation f <bau> • permanent installation; hard wiring pract

fest verschraubt <füg> • securely bolted

fest werden vi ugs <tech.allg> (Binder, Kleber, Beton etc.) • set vi; harden vi coll; set hard vi rare

fest werden vi <tech.allg> (zu einer halbfesten, kolloidalen Masse) • gel vi

fest werden vi ugs <bau.mat> (betont: durch Hydratation; z. B. Beton, Mörtel) • hydrate vi

fest werden vi <chem> • consolidate vi

fest werden vi <chem> (zu einem Gel erstarren) • gel vi

fest werden vi ugs <kst> (durch Vernetzung; bei Polymeren; z. B. Kunstharzkleber, Vergussmasse) • cure vi

fest werden vi <mat> (allg.) • harden vi; stiffen vi

festwerden vi <petr> • stick vi

Festwerden durch Differenzdruck n <petr> • differential sticking; differential pressure sticking; differential wall sticking

Festwert m <jur> • fixed value; base value; fixed valuation; permanent value

Festwertregelung f <msr> • regulating system

Festwertspeicher m <edv> • read-only memory (ROM)

Festwiderstand m <el> • fixed resistor

Festwinkelfunktion f <edv> • angle lock

Festwort n <edv> • fixed-length word

Festzeichen n <navig> (Radar) • fixed echo

Festzeichenecho n <navig> • permanent echo

Festzeichenlöschung f <navig> (Radar) • moving-target indication

Festzeichenunterdrückungsradar n <navig> • moving-target indication radar; MTI

Festzeitgespräch n <tele> • appointment call; fixed-time call

Festzeitsteuerung f <verk> (Ampeln) • fixed-time control

festziehen vt <füg> (Mutter, Schraube, Sicherheitsgurt) • tighten vt

festzurren vt <fz> (Ladung auf LKW, Waggon, Schiff; mit Seilen, Spannbändern, Ketten etc.) • lash vt

FET <edv.ic> • field-effect transistor (FET); unipolar transistor; fieldistor

Fet m <bio> • foetus GB; fetus US

Feta m <nahr> • feta

fett <allg> (dick) • fat

fett <druck> (Schrift; im Druckereiwesen) • extra-bold; heavy

fett <edv.druck> (Schrift) • bold

fett <mat> (Kohle, Ton, Beton) • rich

fett <min> (bituminös; Kohle) • bituminous

fett <mot> (Kraftstoff/Luft-Gemisch) • rich

fett <nahr> (fettig) • fatty

fett <obfl> (Anstrichstoffe) • long-oil

Fett n <chem> (pflanzl. und tierisch) • fat

Fett n <chem> (tierisch; bes. im weichen Zustand) • grease

Fett n <ents> (im Abfall) • fat; grease

Fett n <led> (Haut) • fat

Fett n <nahr> • fat

Fett n <tribo> • grease

Fettabscheider m <ents> (z. B. in Dunstabzug) • grease separator; grease trap; fat trap

Fettabweisungsvermögen n <obfl> • grease repellency

Fettanfärbung f <bio.chem> (Elektrophorese) • staining for lipids

fettarm <nahr> • low-fat; fat-reduced

fettarmer Kakao m <nahr> • low fat cocoa

Fettausschlag m <led> • fatty spew

fettbeständig <mat> • grease-resistant

Fettbeständigkeit f <mat> • grease resistance; grease stability

Fettbüchse f <tribo> • grease cup; greaser

Fettchemie f <chem> • fat chemistry; chemistry of fats

fettdicht <mat> • greaseproof

Fetteinlagerung f <led> • fat cell

Fettweißpartikel f <bio> • lipoprotein

fetten vt <bekl> • grease vt

fetten vt <led.obfl> • oil vt; stuff vt

fetten vt <tribo> (Öle) • compound vt

fetten vt <tribo> (mit Schmierfett; z. B. Lager) • grease-lubricate vt; grease vt

Fettentfernungsmittel n <verf> • degreasant; degreasing agent

fetter Buchstabe m <druck> • extra-bold letter

fetter Kalk m <bau.mat> • high-calcium lime

fetter Lack m <obfl> • long-oil varnish

fetter Ton m <mat> • plastic clay; fat clay

fettes Gemisch n <mot> • rich fuel-air mixture; rich mixture

fettes Kraftstoff-Luft-Gemisch n <mot> • rich fuel-air mixture; rich mixture

fettes Öl n <kunst> • rich oil

fettes Öl n <tribo> • fatty oil; fixed oil; fat oil

Fettfärbung f <bio.chem> (Elektrophorese) • staining for lipids

Fettfang m <tech.allg> • grease collector

Fettfestigkeit f <mat> • grease resistance; resistance against grease [attack]

fettfrei <obfl> • degreased

fettfreie Milchtrockenmasse f (MSNF) <nahr> • milk solids not fat (MSNF); serum solids SS; solids not fat; non-fat milk solids; SNF

fettfreie Milchtrockenstoffe f <nahr> • milk solids not fat (MSNF); serum solids SS; solids not fat; non-fat milk solids; SNF

fettfreies Milchpulver n <nahr> • nonfat dry milk (NDM)

fettgar <led> • oil-tanned

Fettgas n <chem> • fatty gas

fettgedruckt <edv.druck> • bold type

Fettgehalt m <nahr> • fat content

Fettgerbung f <led> • oil tanning; chamois tannage; oil tannage

Fettgerüst n <nahr> • fat structure

fettgeschmiert <tribo> • grease-lubricated

Fettgewebe n <bio> (z. B. Lederherstellung) • adipose tissue; fatty tissue; fat tissue

Fettgewebslipase f <bio> • lipoprotein lipase (LPL)

Fettglanz m <obfl> • greasy luster US; greasy lustre GB

Fettglasur f <nahr> • chocolate flavored coating US; chocolate flavoured coating GB; compound coating; fat coating

Fetthärtung f <nahr> • fat hardening; fat hydrogenation norm

fetthaltig <nahr> • fatty; fat containing

fettig <allg> • fatty

fettig <obfl> (schmierig; eher eklig; z. B. Haare) • greasy

fettig <obfl> (ölig) • oily

Fett-in-Wasser-Emulsion f <tribo> • fat-in-water emulsion

Fettkalk m <bau.mat> • rich lime; fat lime

Fettkohle f <min> (dunkelbraun-schwarz; flüchtig: 19–28 %; Wasser: 2–4 %; hoher Heizwert) • bituminous coal; soft coal; hard coal GB.rare

Fettkratzer m <wz> (Tierpräparierung) • skin skraper; shaver

Fettkreide f <kunst> • litho chalk; lithographic chalk form

Fettkügelchen n <nahr> • fat globule; fat droplet

Fettkügelchenagglomerate fpl <nahr> • fat globule clusters; fat globule agglomerates

Fettkügelchengröße f <nahr> • fat globule size

Fettkügelchenmembran f <nahr> • fat globule membrane

Fettkügelchenoberfläche f <nahr> • fat globule surface

Fettkugel f <nahr> • fat globule; fat droplet

Fettkugelagglomeration f <nahr> • fat globule clustering; clumping of fat globules; agglomeration of fat globules

Fettkugeldurchmesser m <nahr> • fat globule diameter

Fettkugeltrauben fpl <nahr> • fat globule clusters; fat globule agglomerates

Fettkugeltraubenbildung f <nahr> • fat globule clustering; clumping of fat globules; agglomeration of fat globules

Fettleder n <led> • leather with a fatty handle

Fettlicker m <led> • fat liquor

Fettlöser m <chem> • fat solvent; grease solvent

fettlöslich <mat> • fat-soluble

Fettlösungsmittel n <chem> • fat solvent; grease solvent

Fettnippel m rar <tribo> • grease nipple; lubricant nipple; lubrication nipple; lubricator

Fettöl n <tribo> • fatty oil; fixed oil; fat oil

Fettpackung f <tribo> (z. B. in Wälzlagern) • grease packing

Fettpartikel fpl <nahr> • fat particles

Fettpistole f <tribo.wz> • pressure grease gun; grease gun pract; hand lubricator rare; hand grease gun rare

Fettpresse f <tribo.wz> • pressure grease gun; grease gun pract; hand lubricator rare; hand grease gun rare

Fettreif m <nahr> (auf Schokolade) • chocolate bloom; fat bloom

Fettreihe f <chem> • aliphatic series; fatty series

Fettsäure f <chem> • fatty acid

Fettschaber m <wz> (Tierpräparierung) • skin skraper; shaver

Fettschicht f <bio.led> (Haut) • adipose layer

Fettschmierapparat m <tribo> • greasing appliance

Fettschmierbüchse f <tribo> • grease cup

Fettschmierstelle f <tribo> • grease lubricating point

Fettschmierung f <tribo> • grease lubrication

Fettsippe f <led> (Fehler) • fat speck

fettspaltend <bio.chem> • lipolytic; fat-splitting pract

fettspaltendes Enzym n <bio.chem> • lipolytic enzyme; lipase

Fettspaltung f <bio.chem> • lipolysis; fat splitting

Fettspritze f obs.ugs <tribo.wz> • pressure grease gun; grease gun pract; hand lubricator rare; hand grease gun rare

Fettstift m <kunst> • colored-wax pencil

Fettstift m <wz> • marking pencil

Fettstoff m • fatty substance; fatty matter

Fettsubstanz f • fatty substance; fatty matter

Fetttröpfchen n <nahr> • fat globule; fat droplet

Fetttropfen n <nahr> • fat globule; fat droplet

Fettwechsel m <tribo> • grease renewal

Fettzelle f <led> • fat cell

Fetus m <bio> • foetus GB; fetus US

feucht <allg> (allg.) • moist; damp

feucht <meteo> (Luft) • humid

feucht <nahr> (Speiseeisfehler) • soggy; wet; doughy

Feuchtadiabate f <therm> (z. B. Klimatechnik) • moist adiabat; pseudoadiabat

Feuchtapparat m <druck> • damper

Feuchtapparat m <pack> • moistening apparatus

Feuchtauftragswalze f <druck> • dampening form roller

Feuchtauftragwalze f <druck> • dampening form roller

Feuchtdehnung f <druck> • wet stretching

Feuchtdehnung f <pap> • hygroexpansion; hygroexpansivity

Feuchtduktor m <druck> (im Wasserkasten) • water fountain roller; dampening fountain roller; water-duct roller; fountain roller

Feuchte f <mat> (z. B. von Brennmaterial, Holz, Papier) • moisture; dampness

Feuchte f <phys> • humidity

Feuchte f <phys> (Nässe) • wetness

feuchteabweisend <obfl> • moisture-repellent

Feuchteanteil m <mat> (z. B. von Kohle) • moisture content; wet weight basis

Feuchteaufnahme f <tech.allg> • moisture absorption; moisture pick-up

Feuchteaufnahmevermögen *n* <mat> • moisture-carrying capacity

feuchtebeständig <qualit.mat> • moisture-resistant; moisture-proof

Feuchtebeständigkeit *f* <qualit.mat> • moisture resistance

feuchtefrei <tech.allg> • moisture-free

Feuchtefühler *m* <msr> *(allg.)* • moisture sensor; humidity sensor

Feuchtegehalt *m* <tech.allg> *(z. B. von Holz, Kohle, Luft)* • humidity; humidity content

Feuchtegehalt *m* <verbr> *(z. B. von Kohle, Holz)* • moisture content; moisture content wet weight basis

feuchtegeschützt <tech.allg> *(z. B. Frachtgut)* • moisture-proof

Feuchtegleichgewicht *n* <hlk> • moisture equilibrium

Feuchtegrad *m* <hlk> • degree of moisture

Feuchteisolierung *f* <bau> • damp-proofing

feuchte Luft *f* <therm.hlk> • humid air

Feuchtemesser *m* <msr> *(allg.; analog od. digital; mit Messwertausgabe und/oder -anzeige)* • moisture meter; humidity meter

Feuchtemesser *m* <msr> *(Analysegerät; nicht nur für Luftfeuchte)* • humidity analyzer

Feuchtemesser *m* <msr> *(für Luftfeuchtigkeit)* • hygrometer

Feuchtemesssonde *f* <msr> • moisture measuring probe

Feuchtemessung *f* <msr> • humidity measurement; moisture measurement

Feuchtemesswertgeber *m* <msr> *(allg.; analog od. digital; mit Messwertausgabe und/oder -anzeige)* • moisture meter; humidity meter

feuchten *vt rar* <textil> *(Stoff)* • dampen *vt*; make damp *vt*

Feuchteregelung *f* <hlk.msr> • moisture control

Feuchteregelung *f* <msr> • humidity control

Feuchteregler *m* <msr> • humidity controller; humidistat

Feuchteschreiber *m* <msr> • humidity recorder

feuchtes Thermometer *n* <meteo.msr> • wet-bulb thermometer

feuchtes Tuch *n* <tech.allg> • damp cloth

Feuchte-Wärme-Tauscher *m* (HME) <med.tech> *(passiver Atemgasanfeuchter)* • heat and moisture exchanger (HME) *ASTM F 1100*

Feuchtewiederaufnahme *f* <mat> *(z. B. Holz, Papier)* • moisture regain

feuchte Witterung *f* <meteo> • humid weather

Feuchtezustand *m* <prod> • moistening condition

Feucht-Farbwalze *f* <druck> • plate inker/damper roller

Feuchtglättwerk *n* <pap> • intermediate rolls; nip rolls

Feuchtgut *n* <prod> • damp product; damp material

Feuchtgutmasse *f* <ents> • wet weight

Feuchthaltemittel *n* <chem> • moisturizer; humectant

Feuchtheber *m* <druck> • dampening vibrator; vibrating dampening roller; damping vibrator

Feuchtigkeit *f* <allg> *(leichte Nässe)* • moisture

Feuchtigkeit *f* <tech.allg> *(Kondensat; z. B. in Verteilerkappe)* • dew

Feuchtigkeit *f* <tech.allg> *(in Luft)* • humidity

Feuchtigkeit aufnehmend <chem> • hygroscopic; hygroscopical; water-absorbing

Feuchtigkeitsabtastrate *f* <pap> • sampling rate moisture

Feuchtigkeitsabweisung *f* <pap> • moisture resistance

Feuchtigkeitsänderungen *fpl* <pap> • changes in humidity

Feuchtigkeitsanalysator *m* <msr> *(Analysegerät; nicht nur für Luftfeuchte)* • humidity analyzer

Feuchtigkeitsanzeige *f* <msr> • dew indicator

Feuchtigkeitsdiagramm *n* <meteo> • psychrometric chart; psychrometric table

Feuchtigkeitsdurchdringungsrate *f* DIN EN 13726-2 <med.tech> *(z. B. von durchlässigen Folienverbänden)* • moisture vapour transmission rate *DIN EN 13726-2*

Feuchtigkeitsfalle *f* <med.tech> • water trap

Feuchtigkeitsfilter *m* <kunst.wz> • moisture trap; moisture separator; water trap

feuchtigkeitsfreie Instrumentenluft *f* <pap> • water-free instrument air

Feuchtigkeitsgehalt *m* <tech.allg> *(z. B. von Holz, Kohle, Luft)* • humidity; humidity content

Feuchtigkeitsgehalt *m* <verbr> *(z. B. von Kohle, Holz)* • moisture content; moisture content wet weight basis

feuchtigkeitsgesättigt <agri.tech> • saturated with water vapor

feuchtigkeitsgeschütztes Gehäuse *n* <el> • moisture-proof enclosure; damp-proof enclosure

feuchtigkeitshemmende Eigenschaften *fpl* <tech.allg> • antihumidity qualities

Feuchtigkeitskontrolle in der Maschine *f* <pap> • on-machine moisture control

Feuchtigkeitskorrekturformel *f* <pap> • moisture correction formula

Feuchtigkeitsmessdaten *npl* <pap> • moisture measurement data

Feuchtigkeitsmesser *m* <pap> • moisture analyzer moisture meter

Feuchtigkeitsmessmodul *n* <pap> • moisture module

Feuchtigkeitsmessung *f* <pap> • moisture measurement

Feuchtigkeitsmessungen in Maschinenrichtung *fpl* <pap> • machine-directional moisture measurements

feuchtigkeitsregulierend <bekl> • moisture-regulating

Feuchtigkeitssensor *m* <pap> • moisture sensor

Feuchtigkeitssperre *f* <bau> • waterproofing

Feuchtigkeitstafel *f* <chem> • psychrometric table; psychrometric chart

Feuchtigkeitszahl *f* <phys> • moisture index

Feuchtigkeitszone *f* <pap> • moisture streak; wet streak

Feuchtinhalation *f* <med> • inhalation of moist air

Feuchtkugeltemperatur *f* <meteo.msr> • wet-bulb temperature

Feuchtkugelthermometer *n* <msr> • wet-bulb thermometer

Feuchtluft *f* <hlk> • moisture-laden air

Feuchtlufttemperatur *f* <meteo.msr> • wet-bulb temperature

Feuchtmittel *n* DIN 16529 <druck> *(Druckmaschine)* • fountain solution; dampening solution; dampening water

Feuchtmittelauftragswalze *f* <druck> • dampening form roller

Feuchtmittelblende *f* <druck> • dampening shutter

Feuchtmitteldosierblende *f* <druck> • dampening shutter

Feuchtmittelduktor *m* <druck> *(im Wasserkasten)* • water fountain roller; dampening fountain roller; water-duct roller; fountain roller

Feuchtmittelheber *m* <druck> • dampening vibrator; vibrating dampening roller; damping vibrator

Feuchtmittelkasten *m* <druck> • water fountain; dampening fountain; water pan

Feuchtmittelverreiber *m* <druck> • oscillating dampening roller; dampening distributing cylinder

Feuchtmittelzusatz *m* <verf> *(z. B. Druckmaschinen, Kunststoffverarbeitung, Papiermaschinen)* • water addition

Feuchtraumanlage *f* <tech.allg> • moisture-proof installation

Feuchtraumarmatur *f* <rls> • moisture-proof fitting; damp-proof fitting

Feuchtraumfassung *f* <el> • moisture-proof lampholder; moisture-proof socket

Feuchtraumschalter *m* <el> • moisture-proof switch
Feuchtreiber *m* <druck> • oscillating dampening roller; dampening distributing cylinder
Feuchtreibezylinder *m* <druck> • oscillating dampening roller; dampening distributing cylinder
Feuchtreibzylinder *m* <druck> • oscillating dampening roller; dampening distributing cylinder
Feuchtrohdichte *f* <holz> • moist bulk density
Feuchttemperatur *f* <meteo.msr> • wet-bulb temperature
Feuchtthermometer *n* <meteo.msr> • wet-bulb thermometer
Feuchtthermometertemperatur *f* <meteo.msr> • wet-bulb temperature
Feuchtung *f* <druck> • dampening
Feuchtwärmekammer *f* <obfl> • humidity chamber
Feuchtwalze *f* <druck> • damper-roller; water roller; dampener roll; damping roller; damper
Feuchtwasser *n* <druck> *(Druckmaschine)* • fountain solution; dampening solution; dampening water
Feuchtwasserkasten *m* <druck> • water fountain; dampening fountain; water pan
Feuchtwasserumlaufgerät *n* <druck> • dampener circulator
Feuchtwasserumwälzanlage *f* <druck> • dampener circulator
Feuchtwasserzusatz *m* <verf> *(z. B. Druckmaschinen, Kunststoffverarbeitung, Papiermaschinen)* • water addition
Feuchtwerk *n* <druck> • dampening system; dampener; dampening unit; damping unit; moistener
Feuchtwerkblende *f* <druck> • dampening shutter
Feuchtwerkswalze *f* <druck> *(Druckmaschine)* • water duct roller
Feuer *n* ISO 13943 <feuer> *(selbständige Verbrennung)* • fire ISO 13943
Feuer *n* <navig> *(Licht)* • light beacon
Feueralarmanlage *f* <feuer> • fire-detecting system; fire-alarm system
Feueraluminieren *n* <obfl> • hot-dip aluminizing; aluminum dip coating
Feuerbach'scher Kreis *m* <math> *(Geometrie)* • nine-point circle
feuerbachscher Kreis *m* <math> *(Geometrie)* • nine-point circle
feuerbeständig <qualit.mat> *(F90 bis F120)* • flame resistant
Feuerbeständigkeit *f* <qualit.mat> • fire resistance
Feuerbeständigkeitsprüfung *f* <qualit.mat> • fire-resistance test
Feuerbrücke *f* <feuer> • fire bridge
feuerdämmend <qualit.mat> • fire-retardant
Feuerdämpfer *m* <mil> • flash hider
Feuer fangen *vi* <feuer> *(zu brennen anfangen)* • catch fire *vi*; catch *vi*; ignite *vi*
feuerfest <qualit.mat> • fireproof
feuerfest ausgekleidet <verf> *(z. B. Ofen)* • refractory-lined
Feuerfestbeton *m* <bau.mat> • refractory concrete
feuerfeste Auskleidung *f* <bau.mat> *(z. B. Konverter, Ofen)* • refractory lining
feuerfeste Ausmauerung *f* <bau.mat> • refractory lining
feuerfester Mörtel *m* <bau.mat> • refractory mortar
feuerfester Stein *m* <bau.mat> • refractory brick; firebrick
feuerfester Stoff *m* <mat> • refractory material; refractory
feuerfester Ton *m* ugs <bau.mat> • refractory clay; fireclay
feuerfester Zement *m* <bau.mat> • refractory cement
feuerfester Ziegel *m* <bau.mat> • refractory brick; firebrick

feuerfestes Futter *n* <bau.mat> *(z. B. Konverter, Ofen)* • refractory lining
feuerfestes Geschirr *n* <silik> • oven-to-table ware; ovenware
feuerfestes Glas *n* ugs <silik> *(temperaturbeständiges Glas; typ. für Labor od. Küche)* • borosilicate glass; oven-proof glass *coll*; fire-proof glass; heat-resisting glass
feuerfestes Material *n* <mat> • refractory material; refractory
feuerfestes Papier *n* <pap> • fireproof paper
feuerfeste Wand *f* <bau> • refractory wall
Feuerfestigkeit *f* <kfz> *(Keramikmonolith)* • refractoriness
Feuerfestton *m* <bau.mat> • refractory clay; fireclay
Feuerfluten *n* <petr> • in-situ combustion
Feuerfortschritt *m* <feuer> • fire travel
feuergefährlich <petr> • inflammable
Feuerhahn *m* <feuer> • fire plug
feuerhemmend <qualit.mat> *(F30)* • fire-retardant *adj*
feuerhemmendes Mittel *n* <feuer> • fire retardant; fire-retarding agent
Feuerhemmschott *n* <nav> • fire-retarding bulkhead
Feuerisolierung *f* <feuer> • fire insulation
Feuerkammer *f* <verbr> • fire-box
Feuerleitwagen *m* <mil> • launch-control car
Feuerlinie *f* <mil> • firing line
Feuerlöschanlage *f* <feuer> • fire-extinguishing equipment
Feuerlöschberieselungsanlage *f* <feuer> • fire sprinkler system
Feuerlöschboot *n* <feuer.nav> • fireboat
Feuerlöschbrause *f* <feuer> • sprinkler; fire sprinkler; safety shower; drench shower; emergency shower
Feuerlöschdecke *f* <feuer> • fire blanket
Feuerlöscher *m* <feuer> • fire extinguisher; fire drencher *rare*
Feuerlöschgerät *n* form <feuer> • fire extinguisher; fire drencher *rare*
Feuerlöschhauptleitung *f* <feuer> • fire main
Feuerlöschmittel *n* <feuer> • fire-extinguishing agent
Feuerlöschpumpe *f* <feuer> • fire extinguishing pump; fire pump; fire fighting pump
Feuerlöschschaum *m* <feuer> • fire-fighting foam
feuerlose Lokomotive *f* <bahn> • fireless locomotive
Feuerluke *f* <metall> • furnace throat
Feuermeldeanlage *f* <alarm> • fire-alarm system
Feuermeldeanlage *f* <feuer> • fire-detecting system; fire-alarm system
Feuermelder *m* <feuer> • fire alarm
Feuermelder *m* <feuer> *(im Freien)* • street alarm box
Feuermetallisieren *n* <obfl> • hot dipping; hot-dip coating
feuermetallisieren *vt* <obfl> • hot dip *vt*
feuern *vi* <el> • spark *vi*
feuern *vi* <mil> *(z. B. Artillerie)* • fire *vi*
feuern *vt* <mil> • fire *vt*; shoot *vt coll*
feuern *vt* ugs.derog <ökon> *(Personal, Mitarbeiter)* • dismiss *vt*; lay off *vt*; fire *vt coll.derog*; give the pink slip *vt US.coll*
Feueröffnung *f* <chem> • fire mouth
feuerpoliert <obfl> • fire-polished
Feuerpolitur *f* <obfl> • fire polishing
Feuerpressschweißen *n* <füg> • solid-hot-pressure welding; solid-phase welding; forge welding
Feuerraffination *f* <metall> • fire refining
feuerraffinieren *vt* <metall> • fire-refine *vt*
Feuerraum *m* <ents> • combustion chamber; incineration chamber
Feuerraum *m* <verbr> • furnace
Feuerraum *m* <verbr> *(in Rostfeuerungen)* • furnace; combustion chamber

Feuerraumbelastung f <verbr> • rate of heat release and heat transfer
Feuerraumdecke f <verbr> • furnace roof; furnace crown
Feuerraumdruck m <verbr> • pressure in the combustion chamber
Feuerraumgeometrie f <verbr> • furnace geometry
Feuerraumtemperatur f <verbr> • furnace temperature
Feuerrost m <verbr> • fire grate
Feuerschiff n <nav.navig> • lightship
Feuerschirm m <verbr> (gemauertes Deckengewölbe) • brick arch
Feuerschirm m <verbr> (vor offenem Kamin) • fire guard; fire screen
Feuerschott n <nav> • fire-retarding bulkhead
Feuerschutz m <bau.feuer> • fire protection
Feuerschutz m <mil> (Feuerunterstützung) • covering fire; coverage
Feuerschutzarmaturen fpl <feuer> • fire fittings
Feuerschutzbekleidung f <bekl.sich> • fireproof clothing
Feuerschutzdamm m <bau> • fire dam
Feuerschutzisolierung f <feuer> • fire insulation
Feuerschutzmittel n <feuer> • fireproofing agent
Feuerschutzmittel n ISO 13943 <feuer> • fire retardant; fire-retarding agent
Feuerschutzplatte f prakt <bau.mat> • type-X gypsum board US; Firecheck wallboard GB; FIRECODE core board US
Feuerschutzvorhang m <theat> • fireproof curtain GB; safety curtain GB; iron curtain GB; fire curtain US; asbestos curtain/drop
Feuerschweißen n DIN 1910 <füg> (ein Pressschweißverfahren) • forge welding (FOW)
feuersicher <qualit.mat> • fireproof
feuersicherer Vorhang m <theat> • fireproof curtain GB; safety curtain GB; iron curtain GB; fire curtain US; asbestos curtain/drop
Feuerstätte f <verbr> (Ofen, Brenner etc.) • firing installation; furnace prakt; furnace firing device rare
Feuersteg m DIN ISO 7967-2 <mot> (Kolben) • head land; top land; piston junk ISO 7967-2.rare
Feuerstein m <chem> • flint; flintstone coll
Feuerung f <verbr> (Vorgang) • firing
Feuerung mit trockenem Ascheabzug f form. <emiss> • dry-bottom boiler
Feuerungsanlage f <verbr> (Ofen, Brenner etc.) • firing installation; furnace prakt; furnace firing device rare
Feuerungsauskleidung f <verf> • furnace lining
Feuerungsbau m <bau.mat> • refractory construction
Feuerungsdecke f <verbr> • furnace roof
Feuerungsgewölbe n <verbr> • furnace arch
Feuerungskopf m <verbr> • kiln hood
Feuerungsleistung f DIN EN 303,1 <verbr> • heat input DIN EN 303,1
Feuerungsmaterial n <verbr> • fuel
Feuerungsregelung f <ents> • firing control
Feuerungssystem n <ents> • firing system
feuerungstechnischer Wirkungsgrad m <hlk> (von Heizungsbrennern; Rauchgasanalyse) • combustion efficiency
Feuerungswärmeleistung f <therm> (therm. Leistung eines Dampferzeugers) • furnace thermal capacity
Feuerungswärmeleistung f DIN EN 267 <verbr> (Wärmemenge, vom Brenner pro Zeiteinheit freigegeben) • heat input, DIN EN 267
Feuerungswehr n <verbr> • furnace bridge
Feuerungswirkungsgrad m <verbr> • efficiency of stoking
Feuerungszug m <verbr> • heating flue
Feuerveraluminieren n <obfl> • hot-dip aluminizing

Feuerverbleien n <obfl> • hot-dip lead coating; hot-dip leading
Feuerveredelung f <obfl> • hot dipping; hot-dip coating
Feuervergolden n <obfl> • fire gold coating; fire gilding
Feuerversicherung f <vers.feuer> • fire insurance
Feuerversilbern n <obfl> • fire silvering
Feuerverzinken n <obfl> • galvanizing (H.D.G.); hot-dip galvanizing; hot-dipped galvanizing; dip galvanizing; pot galvanizing
feuerverzinken vt <obfl> • hot-dip galvanize vt; galvanize vt; hot-dip zinc coat vt
Feuerverzinken im Durchlaufverfahren n <obfl> (von Stahlband, -draht) • continuous hot-dip galvanizing US.GB; continuous hot-dip zinc coating; continuous hot-dip galvanising GB
Feuerverzinken von Einzel- u. Fertigteilen n norm <obfl> • batch galvanizing
feuerverzinkter Draht m <mat> • hot-galvanized wire
feuerverzinkter Stahl m <mat> • hot-dip galvanised steel; hot-dipped galvanised steel; zinc-dipped steel
feuerverzinktes Blech n <mat> • hot-galvanized plate
Feuerverzinkungsanlage f <obfl> • galvanizing line
Feuerverzinkungsschicht f <obfl> • hot dip galvanized coating; galvanized coating; hot-dip galvanized zinc coating
Feuerverzinkungsstraße f <obfl> • galvanizing line
Feuerverzinnen n <obfl> • hot-dip tinning; fire tinning
feuerverzinnter Draht m <mat> • hot-tinned wire
Feuerwächter m <alarm> • fire-detecting thermostat
Feuerwaffe f <mil> • firearm; gun coll
Feuerwarnanlage f <feuer> • fire-detecting system; fire-alarm system
Feuerwehr f <feuer> • fire-brigade
Feuerwehrauto n ugs <kfz> • fire-fighting vehicle; fire engine US; fire fighting truck coll; fire truck coll
Feuerwehrfahrzeug n <kfz> • fire-fighting vehicle; fire engine US; fire fighting truck coll; fire truck coll
Feuerwehrmannschaftswagen m <bahn> • fire dept crew car
Feuerwehr-Pumpenwagen m <bahn> • fire dept pump car
Feuerwehrschlauch m <feuer> • fire hose
Feuerwerk n <spreng> • firework; fireworks
Feuerwerkerei f <spreng> (als Disziplin, Fach) • pyrotechnics
Feuerwerksartikel m <spreng> • firework; fireworks
Feuerwerkshow f rar <spreng> • firework; fireworks
Feuerwerkskörper m <spreng> • firework; fireworks
Feuerwiderstandsdauer f ISO 13943 <qualit.mat> • fire resistance rating ISO 13943; fire resistance grading GB; fire grading GB; fire rating GB
Feuerzeug n <allg> • lighter
Feuerzugüberhitzer m <rls> (Dampferzeuger) • superheater placed in the flue
feurig <nahr> (Wein) • fiery; warming
Feynman-Diagramm n <phys> • Feynman diagram; Feynman graph
FF <energ.sol> • fill factor (FF); curve factor CF
FF <kfz.el> (bei Scheinwerfer-Reflektoren) • free shape :V
FFB <bahn> • radio-controlled train operations (RCTO)
FFD <edv> • free form deformation (FFD)
FFE <nahr.prod> (Speiseeis) • free fat estimate (FFE); FFE-value
FFF f <werb> • broadcast department
FFF-Abteilung f <werb> • broadcast department
FF-Reflektor m <kfz.el> • FF reflector; free-shape reflector :V; CS reflector :V; complex-surface reflector, CSR Chrysler.did; free-form reflector Hella
FFS <prod> • flexible manufacturing system (FMS)

FF-Scheinwerfer *m* <kfz.el> *(Autoscheinwerfer mit freien Reflektorflächen)* • FF headlight; headlamp with complex surface reflector *Chrysler.did*; CSR headlamp *:V*
FFT <av> • fast Fourier transform (FFT)
FFT <edv.av> • fast Fourier transform (FFT); Fourier transformation; Fourier transform; Fourier analysis
FF-Taste *f* <druck> • form feed button; form feed switch; top of form switch
FFT-Klanganalyse *f* <av> • FFT analysis
FFW <av> • fast forward (FFW); fast-forwarding; fast wind forwards; fast wind forward
Ffz <logist> • industrial truck *norm.pract*; factory truck *pract*; shop truck *pract*
FG <masch> • British Standard cycle thread (BSC) *BS 811*; cycle thread *pract*
FH <kfz> *(Radfelge)* • outboard flat hump (FH); flat hump on outer bead seat *form*
FH <kfz> • power window
FH <kfz> *(Felge)* • flat hump (FH)
FH2 <kfz> *(Radfelge)* • flat hump on both bead seats (FH2)
FH-Felge *f prakt* <kfz> • flat hump rim; FH rim *pract*
FH-Verbinder *m* <petr> • full-hole tool joint; FH tool joint
FH-Verschlüsselungsverfahren *n* <edv> • frequency hopping data encryption method (FH); frequency hopping
Fiberdichtung *f* <masch> • fiber gasket *US*; fibre packing *GB*
Fiberglaskarosserie *f ugs* <kfz> • GRP body *form*; glass fibre bodywork *GB*; fiberglass body *US*; fiberglass bodywork *GB*; glass body *coll*
Fiberglasmine *f* <kunst> *(für Radierstift)* • fiberglass cartridge
Fiberglasoptik *f* <lwl> • fiber optics
Fiberglasschale *f* <bekl> *(Helm)* • fiber shell *US*; fibre shell *GB*
Fiberide-Rad *n* <kfz> • Fiberide wheel
Fiberoptik-Abisolierwerkzeug *n* <lwl.wz> • fiber stripper *US*; fibre stripping tool *GB*
Fiberoptikkabel *n* <lwl> • fiber cable *US*; fibre cable *GB*
Fiberoptik-Kabel *n* <lwl> • fiber cable *US*; fibre cable *GB*
Fiberoptikmodem *m* <lwl> • fiber modem *US*; fibre modem *GB*
Fiberoptik-Typ *m* <lwl> • fiber type *US*; fibre type *GB*
Fiberoptik- und Kabelstripper *f* <wz> • fiber and cable strippers
Fibrate *npl* <med> • fibrates *pl*
fibrillar <allg> • fibrillar; fibrillary
Fibrille *f* <bio> *(sehr feine Faser)* • fibril; fibrilla
fibrillieren *vi/vt* <pap> • fibrillate *vi/vt*
Fibrillierung *f* <pap> *(Mahlung)* • fibrillation
Fibrinkleber *m* <füg.med> • fibrin glue
Fichte *f* <holz> *(Nadelbaum)* • spruce
Fichtenholz *n* <holz> *(Weichholz)* • spruce
Fick'sche Diffusion *f* <phys> • Fickian diffusion
Fick'sches Gesetz *n* <obfl> • Fick's Law; Fick's law
ficksche Diffusion *f* <phys> • Fickian diffusion
ficksches Gesetz *n* <obfl> • Fick's Law; Fick's law
FID <emiss.msr> • flame-ionization detection (FID) *US*; flame-ionisation detection *GB*
Fiederspalte *f* <geo> • herringbone crack
Fieldistor *m* <el> • fieldistor
field reversed mirror <nukl> • field reversed mirror
fieren *vt DIN ISO 3828* <nav> *(Seil unter Belastung abwickeln)* • veer *vt ISO 3828*
FIFO <logist> • first in - first out (FIFO)
Fifo-Methode *f* <logist> *(Lagerein- und -ausgang)* • fifo method; first-in-first-out principle
Fifo-Prinzip *n* <logist> *(Lagerein- und -ausgang)* • fifo method; first-in-first-out principle

FIFO-Speicher *m* <edv> • FIFO memory; first-in-first-out memory
FIFO-Verfahren *n* <logist> *(Lagerein- und -ausgang)* • fifo method; first-in-first-out principle
Fifty-fifty-Kräfteverteilung *f* <kfz.antr> *(Allradantrieb)* • fifty-fifty power split
figürliche Darstellung *f* <tech.allg> *(z. B. Verkehrszeichen)* • pictograph *US*; pictogram *GB*
figürlich gestaltete Querschnitte *f* <nahr> *(Speiseeis)* • funny faces
Figur *f* <allg> • figure
Figur *f* <bio> *(eher einer Frau)* • figure
Figur *f* <bio> *(eher eines Mannes)* • physique
Figur *f* <math> *(geometr.)* • shape
Figur *f* <spiel> *(Spielstein o.ä.)* • piece
Figurenachse *f* <tech.allg> *(z. B. eines Kreisels)* • axis of symmetry
Figurenblechschere *f* <wz> • circular pattern snips; circular cutting snips
Figureneis *n* <nahr> *(Stieleis)* • three dimensional ice cream; 3-D novelties; 3-D stick novelties; fancy three dimensional ice cream
Figureneis aus Frucht- und Kunstspeiseeis *n* <nahr> • puppet ice
Figurenharnisch *m* <textil> • figuring harness
Figurenschere *f* <wz> • circular pattern snips; circular cutting snips
Figurkette *f* <textil> • pattern warp
Figurschuss *m* <textil> • figuring weft
Figurstelle *f* <textil> • figure space
Filament *n* <astron> *(langgestreckte Struktur in Gasnebeln)* • filament; filament prominence
Filament *n* <textil> • filament yarn; continous filament [yarn]; filament
Filament *n* <textil> *(Endlosgespinst; synth. od. von Seidenraupe)* • filament
Filamentcop *m* <textil> *(Chemiefaserwerk)* • filament cop
Filamentgarn *n* <textil> • filament yarn; continuous filament yarn
Filamentkop *m* <textil> *(Chemiefaserwerk)* • filament cop
Filamentriss *m* <chem.petr> • filament breakage; broken filament
Fileserver-Absturz *m* <edv> • file-server crash; loss of the file server
Fileserverraum *m* <edv> • file server room
Filet *n* <nahr> *(Fisch oder Fleisch)* • fillet; filet
Filetarbeit *f* <textil> *(häkelähnliche Handarbeit mit quadratischen Maschen)* • filet; filet net
Filetgewirk *n* <textil> *(häkelähnliche Handarbeit mit quadratischen Maschen)* • filet; filet net
Filiale *f ugs* <org> • branch establishment; branch office; branch *coll*
Filiform-Korrosion *f* <obfl> • filiform corrosion; threadlike corrosion
Fill-in Brief *m* <werb> • computer-prepared mail-out
Film *m* <obfl> *(dünne Schicht auf einem Untergrund; z. B. Wasser, Öl, Lack)* • film
Film *m* <phot.kino> *(für Aufnahmen)* • film
Filmabschnitt *m* <phot> • piece of film; frame of film
Filmabstreifer *m* <phot> • film wiper; squeegee tongs *pl*; film squeegee
Filmabtaster *m* <av> • film scanner; film pick-up; scanner
Filmandruckplatte *f* <phot> • pressure plate; film pressure plate
Filmanfang *m* <kino> • leader strip; leader
Filmanfang *m* <phot> • film leader; film tongue; leader
Filmanimation *f* <edv> • video animation
Filmansaugplatte *f* <druck> • film suction plate; vacuum back

Filmaufnahmekamera *f DIN 15580-9* <kino> • motion-picture camera; cine camera *pract*

Filmaufwickelspule *f* <phot> • film take-up spool; film take-up reel

Filmaufzeichnung *f* <kino> • motion-picture recording; film recording

Filmaufzeichnungsgerät *n obs.rar* <av> • video tape recorder (VTR); video recorder; video recording machine *rare*; video recording and taping machine *rare*

Filmaufzug *m* <phot> • film wind

Filmband *n* <el> • tape

Filmbandträger *m* <el> • tape carrier

Filmbelichter *m* <druck> *(Recorder)* • computer-to-film recorder; ctf recorder; imagesetter

Filmbelichtungs-Drucktechnik *f* <druck> *(typ. Offsetverfahren)* • computer-to-film (CTF); imagesetting; ctf technology

Filmbibliothek *f* <edv> *(mit Animationssequenzen für Trickfilme)* • flic playing library

Filmbild *n* <phot> *(Bild, das vom Film aufgezeichnet wird; negativ)* • negative image; image recorded on the film

Film bildende Komponente *f* <obfl> *(z. B. von Lack; nichtflüchtig; Bindemittel und Pigmente)* • film-forming component; film-building component

Film bildender Bestandteil *m* <chem> *(allg.)* • film-forming substance; film-forming agent; film-forming component; filmogen

Film bildender Stoff *m* <chem> *(allg.)* • film-forming substance; film-forming agent; film-forming component; filmogen

Filmbildformat *n* <phot> *(Größe eines Bildes auf dem Film)* • film size; frame size

Filmbildner *m* <chem> *(allg.)* • film-forming substance; film-forming agent; film-forming component; filmogen

Filmbildung *f* <obfl> • film formation

Filmbonden *n* <el.ic.prod> *(Direktmontage von Chips)* • tape automated bonding (TAB); tape carrier bonding

Filmbühne *f* <phot> *(in Vergrößerer)* • negative carrier; negative stage; negative holder; film carrier

Filmdicke *f* <obfl> • film thickness

Filmdickenmessgerät *n* <msr> • film thickness gauge

Filmdose *f* <kino> *(für große Filmspulen)* • can

Filmdosimeter *n* <nukl> *(Arbeitssicherheit; zum Anstecken)* • film dosimeter; film badge; badge meter; film dosemeter *rare*

Filmdruck *m* <druck> • film printing; silk screen printing

Filmdrucker *m* <edv> • film printer

Filmebene *f* <phot> • film plane; negative plane

Filmeinbau *m* <verf> *(in Kühlturm)* • film-type filling *US*; film-type packing *GB*; film filling *US*; film-type fill *US*

Filmempfindlichkeit *f* <phot> • film speed; film sensitivity; speed

Filmempfindlichkeitseinstellring *m* <phot> • film speed dial

Filmempfindlichkeitseinstellung *f* <phot> *(nur Bedienungselement)* • film-speed selector

Filmempfindlichkeitseinstellung *f* <phot> *(nur Funktion)* • film-speed setting; ISO-setting

Filmempfindlichkeitsregler *m* <phot> • film-speed dial; ISO-dial

Filmempfindlichkeittaste *f* <phot> *(in Verbindung mit Einstellrad)* • film speed button

Filmempfindlichkeitswähler *m* <phot> *(nur Bedienungselement)* • film-speed selector

Filmende *n ugs* <kino> • trailer

Filmende *n* <phot> • end of film

Filmentwickler *m* <phot> • film developer; negative developer; soup *coll*

Filmentwicklung *f* <phot> • film processing; film development

Filmentwicklungsdose *f* <phot> • processing tank; film processing tank; developing tank

Filmentwicklungsgerät *n* <phot> • film processor

Filmfarbwerk *n* <druck> • continuous-type inking system; continuous-feed inking system

Film-Farbwerk *n* <druck> • continuous-type inking system; continuous-feed inking system

Filmfenster *n* <phot> • film opening; film window

Filmfestigkeit *f* <tribo> • lubricity; film strength

Filmfeuchtwerk *n* <druck> • continuous-type dampening system; continuous-feed dampening system

Filmformat *n* <phot> • film format

Filmfortschaltgetriebe *n* <phot> • film pull-down mechanism

Filmfortschaltung *f* <phot> • film advance; film movement

Filmführungsschiene *f* <phot> • film guide rail

Film für Farbdias *m ugs* <phot> • color transparency film; film for color transparencies *form*; color slide film *coll*; color reversal film *rare*; reversal film *rare*

Film-Funk-Fernsehabteilung *f* <werb> • broadcast department

Filmgewicht *n* <obfl> • coating weight; film weight

Filmgießmaschine *f* <kst> • film casting machine

Filmgreifer *m* <phot> • film pull-down claw; pull-down claw

Filmhalterahmen *m* <phot> *(für Negative)* • negative carrier

Filmkamera *f rar* <av> *(Videokamera mit integriertem Recorder)* • camcorder; camera recorder; video camera *coll*; movie camera *coll*; cam *rare*

Filmkamera *f* <kino> *(für photographischen Film)* • movie camera; motion-picture camera; cine camera

Filmkammer *f* <phot> • film chamber

Filmkanal *m* <phot> • film track

Filmkassette *f* <phot> • film magazine

Filmkitt *m* <füg> • film adhesive; film cement

Filmklammer *f* <phot> • film clip

Filmklebeapparat *m* <füg> • film splicer

Filmkopiergerät *n* <kino> • motion-picture printer

Filmkühleinbau *m* <verf> *(in Kühlturm)* • film-type filling *US*; film-type packing *GB*; film filling *US*; film-type fill *US*

Filmkühlung *f* <tech.allg> *(z. B. von Turbinenschaufeln)* • film cooling

Filmkühlung *f* <verf> *(z. B. in Kühltürmen)* • film cooling

Filmlader *m* <phot> *(für Meterware)* • film loader

Filmlängenmesser *m* <msr> • film footage counter; footage counter

Filmlesekopf *m* <av> • film reader

Filmmagazin *n* <phot> • film magazine

Filmmaster *m norm* <edv> • film master *stand*

Filmmaster-Generator *m* <prod> *(Gerät, mit dem Filmmaster hergestellt werden)* • code master generator; film master generator

Filmmaterial *n* <av> *(gewöhnlich im Plural gebraucht)* • footage

Filmmeter *m* <av> *(gewöhnlich im Plural gebraucht)* • footage

Film mit DX-Codierung *m* <phot> • DX-coded film

Filmmontage *f* <druck> *(Computer-to-Film)* • fim mountage

Filmmusik *f* <av> *(z. B. von Kinofilm)* • sound track; film music

Filmoberfläche *f* <phot> • film surface

Filmoriginal *n* <edv> • film master *stand*

Filmpatrone *f* <phot> • film cartridge; film container; film cassette

Filmpatronen-Sichtfenster *n* <phot> • film cartridge confirmation window *Nikon*

Filmprojektion *f* <phot> • film projection

Filmprojektor *m* <kino> • movie projector; motion-picture projector; cine projector; film projector

Filmrahmen *m* <phot> • film holder

Filmregisterloch *n* <druck> *(Druckplatte)* • film register hole

Filmrückspulkurbel *f* <phot> • rewind crank

Filmsatz *m* <edv> *(Druckverfahren)* • photocomposition printing; photocomposition; phototypography; photo comp; filmsetting

Filmsaugkassette *f* <druck> • vacuum back film holder

Filmscharnier *n* <kst> • film hinge

Filmscheibe *f* <phot> *(für Disc-Kameras)* • film disc

Filmschnellwascher *m* <phot> • film washing hose *Kaiser*

Filmschrumpfung *f* <phot> • film shrinkage

Filmsiedeabstand *m* <kfz.mot> • departure from nucleate boiling (DNB)

Filmsieden *n* DIN 25401-3 <nukl> • film boiling

Filmspannplatte *f* <phot> • film clip plate

Filmspeicher *m* <edv> • film memory; film store

Filmspule *f* <phot> • film spool

Filmspuleneffekt *m* <kfz> *(Anschnallgurt)* • slack belt; reel of film effect *BMW*; film reel effect

Filmstärke *f* <obfl> • film thickness

Filmstreifen *m* <phot> *(ganzer Film)* • roll of film

Filmstreifen *m* <phot> *(geschnitten; mit je 5–6 Einzelbildern; Negative od. Dias)* • film strip

Filmstück *n* <phot> • piece of film; frame of film

Filmtheaterwerbung *f* <werb> • cinema advertising

Filmtransport *m* <phot> • film transport; film pull-advance; film advance; film pull-movement; film pull-down

Filmtransporthebel *m* <phot> • film advance lever; manual film-advance lever

Filmtransportkupplung *f* <phot> • motor drive coupler

Filmtransportmechanismus *m* <phot> • film advance mechanism; film winding mechanism

Filmtrockengerät *n* <phot> • film dryer

Filmtrockenschrank *m* <phot> • film drying cabinet

Filmtrockner *m* <phot> • film dryer

Filmtrommel *f* <phot> • film drum

Filmunterlage *f* <phot> • film base; support

Filmverarbeitung *fsg* <phot> • film processing *sg*; negative processing *sg*

Filmverdunstung *f* <verf> *(z. B. in Kühltürmen)* • film cooling

Filmwechselmechanismus *m* <phot> • film change mechanism

Filmwechsler *m* <med> • serial changer

Filmwerbung *f* <werb> • cinema advertising

Filmzugsensor *m* <phot> • film-tension sensor

Filmzunge *f* <phot> • film leader; film tongue; leader

FILO-Prinzip *n* <tech.allg> • first-in-last-out principle; FILO principle

Filter *m/n* <tech.allg> *(mechanisch, optisch)* • filter

Filter *n* <el> • filter

Filterabschluss *m* <el> • filter termination

Filteralgorithmus *m* <msr> • filter algorithm

Filteranlage *f* <tech.allg> • filter plant; filter unit

Filterapparat *m* <verf> • filtration device

Filterasche *f* <ents> *(Gewebefilter)* • filter dust

Filterbecken *n* <verf> • filtering basin

Filterbehälter *m* <tech.allg> *(eher klein)* • filter case

Filterbehälterdeckel *m* <tech.allg> • filter case cover

Filterbelastung *f* <verf> *(tatsächliche Belastung)* • filter loading

Filterbelastung *f* <verf> *(Kapazität, Leistung)* • filter rating; fluid-handling capacity

Filterbelastung *f* <verf> *(bei Gewebe-Luftfiltern; z. B. Staubfilter, Schlauchfilter)* • air/cloth ratio; air-to-cloth ratio; gas-to-cloth ratio; A/C ratio

Filterbetrieb *m* <verf> • dust collecting mode

Filterbett *n* <verf> • filter bed

Filterbeutel *m* <allg> • filter bag

Filterboden *m* <verf> • filter plate

Filterbottich *m* <verf> • filter tank; filter vat

Filterbrunnen *m* <verf> • filter well; well point

Filterbrunnenentwässerung *f* <bau> • well point dewatering method; well point dewatering

Filter-Charakteristik *f* <av> • filter characteristic; filter curve

Filterdeckel *m* <kfz.mot> • filter cover

Filter der Kurbelgehäuseentlüftung *m/n* <kfz.mot> • crankcase ventilation filter; crankcase vent filter

Filterdichten *n* <chem.verf> • precoating

Filterdrossel *f* <msr> • filter choke

Filterdurchlässigkeit *f* <opt> • filter transmission

Filterdurchmesser *m* <phot> • filter diameter *:V*

Filterdurchsatz *m* <verf> • filter throughput

Filtereckfrequenz *f* <av> *(Frequenz, bei der ein Filter ein Signal um 3 dB abschwächt)* • cutoff frequency; cutoff point

Filtereigenschaft *f* <verf> • filter characteristic

Filtereinlauf *m* <tech.allg> • filter intake

Filtereinsatz *m* <tech.allg> *(allg.; jede Art und Form)* • filter insert

Filtereinsatz *m* <verf> *(Einsatztopf, -wanne im Filter zum Auffangen abgeschiedener Teile)* • catch pot

Filtereinsatz *m* <verf> *(betont: Patrone)* • filter cartridge

Filtereinsatz *m* <verf> *(betont: austauschbares Filtermedium)* • filter element

Filterelement *n* <verf> *(betont: austauschbares Filtermedium)* • filter element

Filterfach *n* <phot> • filter drawer

Filterfaktor *m* <phot> • filter factor

Filterfaser *f* <verf> • filter fiber *US*; filter fibre *GB*

Filterfläche *f* <verf> • filtering surface; filter surface area; filter area

Filterflächenbelastung *f* <verf> *(tatsächliche Belastung)* • filter loading

Filterflächenbelastung *f* <verf> *(Kapazität, Leistung)* • filter rating; fluid-handling capacity

Filterflächenbelastung *f* <verf> *(betont: Mediumdurchsatz pro Filterflächeneinheit; z. B. Luft-, Ölfilter)* • filtration velocity; filtering velocity; superficial velocity; face velocity

Filterfüllung *f* <verf> • filter bed

Filtergehäuse *n* <tech.allg> *(eher klein)* • filter case

Filtergehäuse *n* <verf> *(groß; z. B. in HLK)* • filter casing; filter house; filter housing

filtergekoppelt <el> • filter-coupled

Filtergerät *n* <verf> • filtration device

Filtergewebe *n* <verf> • filter fabric; fabric filter medium *norm*; filter cloth *pract*

Filtergewinde-Durchmesser *m* <phot> *(vorne an Objektiv)* • attachment size *Nikon*

Filterglas *n* <opt> • filter glass; absorptive glass

Filterhalter *m* <phot> • filter holder

Filterhaus *n* <verf> *(groß; z. B. in HLK)* • filter casing; filter house; filter housing

Filterhaut *f* <bio.chem> • bacterial jelly coating

Filterhilfsmittel *n* <verf> • filtration accelerator; filter aid

Filterhilfsstoffe *mpl* <nahr> *(Wein)* • filter aids; filtering aids

Filterhüllkurve *f* <edv.av> *(beeinflusst die Größe der Filtereckfrequenz)* • filter envelope; filter EG; filter contour

Filterkammer *f* <tech.allg> • filter chamber

Filterkammer *f* <msr> • filter cell; filter chamber

Filter-Kennlinie *f* <av> • filter characteristic; filter curve

Filterkeramik *f* <verf> *(für Aquarien)* • ceramic cylinders

Filterkerze *f* <ents> *(zylindrisch)* • filter candle; filter cartridge; candle filter; filter tube

Filterkette f <el> • filter network; filter chain; ladder-type filter; ladder filter

Filterkies m <verf> (z. B. Kläranlage) • filter gravel

Filterkörper m <verf> (Substanz, durch die gefiltert wird) • filter medium; filter material; filter substrate; filtering medium; filtering septum

Filterkohle f <verf> • filtering charcoal

Filterkondensator m <el> • filter capacitor

Filterkopplung f <el> • choke joint

Filterkreis m <el> • frequency-selective circuit; filter circuit

Filterkreislauf m <tech.allg> • filter cycle :V

Filterkuchen m <ents> (trocken) • filter cake; dust cake

Filterkuchen m <petr> • filter cake; mud cake; wall cake

Filterkuchen m <verf> (abschälbare Masse) • filter cake

Filterküvette f <msr> • filter cell; filter chamber

Filterlöseschlüssel m <kfz.wz> • oil filter wrench; filter wrench; oil filter removing wrench; oil filter remover

Filtermasse f <nahr> (Wein) • filter pulp; filtermass

Filtermasse f <verf> (Substanz, durch die gefiltert wird) • filter medium; filter material; filter substrate; filtering medium; filtering septum

Filtermassebehälter m <tech.allg> • filter substrate container :V

Filtermaterial n <verf> (Substanz, durch die gefiltert wird) • filter medium; filter material; filter substrate; filtering medium; filtering septum

Filtermedium n <verf> (Substanz, durch die gefiltert wird) • filter medium; filter material; filter substrate; filtering medium; filtering septum

Filtermittelfüllung f <verf> • filter bed

Filtermodus m <verf> • dust collecting mode

Filtern n <edv.av> • filtering

Filtern n <verf> • filtration

filtern vt <chem.verf> • filter vt

filtern vt <verf> (mit Sieb, abgießen) • strain vt

filternder Abscheider m <ents> • filtration collector

Filternetzwerk n <el> • filter network

Filternutsche f <chem.verf> • nutsch filter; nutsch

Filterpapier n <msr> (zur Rußzahlbestimmung) • filter paper

Filterpapier n <verf> (allg.) • filter paper

Filterpapiermethode f <msr> • filter paper method

Filterpatrone f <bekl> (Atemschutzmaske, Gasmaske, ABC-Schutzmaske) • canister; filter unit; filter box rare

Filterpatrone f <ents> (zylindrisch) • filter candle; filter cartridge; candle filter; filter tube

Filterpatrone f <kfz> (für Luft-, Kraftstoff-, Öl-, Pollenfilter) • filter cartridge

Filterpatrone f <verf> (biologische Filterung) • filter cartridge medium; filter cartridge; filter pad

Filterplatte f <verf> • filter plate; filter disc

Filterpolarisator m <opt> • filter polarizer

Filterpresse f <nahr> (Wein) • filter press; plate and frame filter; plate-and-frame filter press

Filterquarz m <mat> • filter quartz; filter crystal

Filterrad n <druck> • filter disc

Filterrahmen m <verf> • filter carriage; filter frame

Filterraum m <verf> • filtration chamber

Filterregeneration f <tech.allg> (z. B. automatisch; z. B. bei Partikelfilter) • filter regeneration

Filterreinigung f <rep> • servicing of the filter

Filterresonanz f <edv.av> • resonance (Q); peak; emphasis

Filterröhrchen n <chem> • filter tube

Filterrohr n <bau> • filter drain

Filterrohr n <verf> • perforated casing

Filterrückstand m <verf> (allg.) • filtration residue

Filterrückstand m <verf> (abschälbare Masse) • filter cake

Filtersack m <verf> • filter bag

Filtersand m <verf> • filter sand

Filtersatz m <phot> (für Vergrößerer) • filter set; set of filters; filter pack

Filterschaum m <verf> • filter foam

Filterschaumblock m <verf> • foam insert

Filterscheibe f <verf> • filter disc

Filterschicht f <verf> • filter pad; filter layer

Filterschichtadsorber m <ents> • entrained-flow adsorber; entrained-bed reactor; transport reactor

Filterschieber m <phot> • filter drawer

Filterschlauch m <verf> (Teil eines Schlauchfilters) • filter tube; tubular filter bag; filter bag; filter sleeve GB; filter stocking GB

Filterschlüssel m <kfz.wz> • oil filter wrench; filter wrench; oil filter removing wrench; oil filter remover

Filter-Schraubfassung f <phot> • filter screw thread

Filterschublade f <phot> • filter drawer

Filterschutzmaske f <tech.allg> • filtering protective mask; filtering gas mask pract

Filterselbstretter m <min> • escape apparatus; filter self-rescuer

Filterset n <av> (für Camcorder) • filter kit

Filtersieb n <verf> • filter screen

Filtersperrbereich m <el> • filter stop band

Filterstaub m <ents> (Gewebefilter) • filter dust

Filterstaub m <ents> (Elektroentstauber) • precipitator dust

Filterstein m <chem> (allg.) • filter stone

Filterstein m <verf.chem> (für Gase) • gas diffuser stone; air diffuser stone; air stone

Filterstoffe mpl <nahr> (Wein) • filter medium; filtering medium; filtering material

Filtersubstrat n <verf> (Substanz, durch die gefiltert wird) • filter medium; filter material; filter substrate; filtering medium; filtering septum

Filtertank m <verf> • filtering basin

Filtertasche f <verf> • filter envelope; flat bag; filter pocket; flat filter pocket; bag GB.rare

Filtertiegel m <verf> • filter crucible; filtering crucible

Filtertopf m rare <tech.allg> (eher klein) • filter case

Filtertopf m <kfz> • filter bowl

Filtertorf m <verf> • peat moss; peat fiber

Filtertrockner m <hlk> • filter dryer GB; filter drier US

Filtertuch n <verf> • filter fabric; fabric filter medium norm; filter cloth pract

Filterverfahren n <verf> (Methode) • percolation method

Filterverfahren n <verf> (Prozess) • percolation process

Filterverhältnis n <verf> (tatsächliche Belastung) • filter loading

Filterverhältnis n <verf> (Kapazität, Leistung) • filter rating; fluid-handling capacity

Filterverhältnis n <verf> (bei Gewebe-Luftfiltern; z. B. Staubfilter, Schlauchfilter) • air/cloth ratio; air-to-cloth ratio; gas-to-cloth ratio; A/C ratio

Filtervliesstoff m <verf> • filtration non-woven

Filtervorwärmer m <verf> • filter feed heater

Filterwatte f <tech.allg> • filter cotton; floss (cotton); polymer wool

Filterwechsler m <licht> (z. B. Bühnenbeleuchtung) • filter turret

Filterweiche f <tele> • notch diplexer

Filterzeit f <msr> • filter time

Filterzentrifuge f <verf> • filtering centrifugal

Filtrat n <verf> • filtrate

Filtration f <verf> • filtration

Filtrationsabscheider m <ents> • filtration collector

Filtrationsanlage f <verf> • filtration system

Filtrationsentstauber m <verf> • fabric collector; fabric dust collector; fabric filter dust collector; fabric-type collector; fabric-type dust collector

Filtrationsentstaubung f <chem.verf> • dust collection in fabric type dust collectors

Filtrationsgeschwindigkeit f <verf> (betont: Mediumdurchsatz pro Filterflächeneinheit; z. B. Luft-, Ölfilter) • filtration velocity; filtering velocity; superficial velocity; face velocity

Filtrationstheorie f <verf> • principle of filtration

Filtratwasser n <petr> • drilling fluid filtrate; mud filtrate

filtrierbar • filterable

Filtrierbarkeitsgrenze f <kfz.mot> • limit of filtering

Filtrieren n <verf> • filtration

filtrieren vt <chem.verf> • filter vt

Filtrierpapier n DIN 51402 <msr> (zur Rußzahlbestimmung) • filter paper

Filtrierstativ n <chem> (mit Trichter) • funnel rack; funnel stand

Filtrierstoffe mpl <nahr> (Wein) • filter medium; filtering medium; filtering material

Filz m <mat> • felt

Filzabdichtung f <masch> • felt seal

Filzabstreifer m <tech.allg> • felt wiper

Filzärmel m <led> (Walze) • felt sleeve; felt cover

filzartig <mat> • felt-like; felty

Filzaufzug m <druck> • felt dressing

Filzauswringpresse f <pap> • felt wringer press

Filzband n <led> (Abwelkmaschine) • felt band

Filzbildung f <pap> • felting

Filzdichtung f <masch> • felt packing; felt gasket

Filzdicke f <pap> • felt thickness

Filzdochtöler m <tribo> • felt-wick oiler

Filzdurchlässigkeit und -wassergehalt m <pap> • felt permeability and felt water content

Filze mpl <textil> • felted fabrics pl; fibrous material; non-woven fabrics pl; non-wovens pl; felts pl

Filzen n <textil> • felting

filzen vi <pap> • felt vi

filzen vt <obfl> • polish with felt wheel vt

filzfrei <textil> (Ausrüstung) • anti-felting

Filzfreiausrüstung f <textil> • antifelting finish

Filzkalander m <textil> • felt calender

Filzkissenschmiervorrichtung f <tribo> • felt pad lubricator

Filzkonditionieranlage f <pap> • felt conditioning equipment

Filzkonditionierung f <pap> • felt conditioning

Filzkrumpfanlage f <textil> • shrinking-in felt calender

Filzmanschette f <led> (Walze) • felt sleeve; felt cover

Filzmarke f • felt mark

Filzmaschine f <textil> • felting machine; felter

Filzneigung f • felting power

Filzöler m <tribo> • felt lubricator

Filzpackung f <masch> • felt packing; felt gasket

Filzpappe f <mat> • felt board

Filzpfropfen m <mil> • felt pellet; felt wad

Filzpolierscheibe f <wz> • felt polishing wheel; bob pract

Filzpolitur f <obfl> • felt polish

Filzraumaschine f <textil> • felt napping machine

Filzreinigungsanlage f <pap> • felt cleaning equipment

Filzringabdichtung f <masch> • felt seal ring

Filzsaugkasten m <pap> • felt suction box

Filzscheibe f <mus> (Orgel) • felt washer

Filzscheibe f <wz> (zum Polieren) • polishing felt wheel; felt wheel

Filzschleife f <pap> • endless felt

Filzschreiber m <büro> • board marker

Filzseite f <pap> • felt side; top side

Filzspannwalze f <pap> • felt stretching roll; hitch roll

Filzstift m ugs <büro> • nylon tip pen; felt tip pen coll

Filzstrang m <textil> • felt run

Filztrockner m <pap> • felt drying cylinder; felt drier

Filztrum <textil> • felt run

Filztuch n <textil> • felt blanket; milled cloth; felt

Filzunterlage f <textil> • felt pad

Filzunterlegscheibe f <masch> • felt washer

Filzwalze f <druck> • dabber

Filzwalze f <led> (Abwelk- und Ausreckmaschinen) • felt roller

Filzwalze f <pap> • felt-covered couch roll

Filzwaschung f <pap> • felt washing

finanzielles Keiretsu n <ökon> (Firmenverbund mit wechselseitigen Aktienanteilen) • horizontal keiretsu; financial keiretsu

Findling m <geo> (großer, einzelstehender Felsblock) • boulder

Finesse f <nahr> (Wein) • finesse

Finger m <masch> • finger

Fingerabdruck m <phot> • fingermark; fingerprint

Fingerabdruckchip m <edv.sich> • fingerprint chip

Fingerabdrucksensor m <msr> • fingerprint sensor

Fingerabdrucksystem n <edv.sich> • fingerprint system

Fingerbalken m <agri> • finger bar

Fingerbolzen m <masch> • finger bolt

Fingered Portamento n <edv.av> • fingered portamento

Fingerfräser m <wz> • shank-type slotting end mill; end mill

Fingergreifer m <masch> (z. B. eines Manipulators) • gripper finger; finger

Fingergreifer m <prod> (Manipulator) • finger gripper

Fingerhebelwelle f <kfz> • steering-knuckle shaft

Fingerhut m <textil.wz> • thimble

Fingerkontakt m <el> • finger contact

Fingerkrone f <wz> • finger bit

Fingernagel-Dekoration f <kunst> • nail decoration; nail painting; nail art

Fingernagelfeile f <hygi.wz> • nail file

Fingernagellack m <hygi> (für Finger- und Zehennägel) • nail polish; polish

Fingerplatte f <agri> • ledger plate

Fingerplatte f <wz> • cutting-finger plate

Fingerprint-Chip m <edv.sich> • fingerprint chip

Fingerprint-Sensor m Siemens <msr> • fingerprint sensor

Fingerrechen m <agri> • grain finger

Fingerregeln fpl <el> • Fleming's rules

Fingerrillen fpl <mil> (am Griff einer Waffe) • finger grooves

Fingerschleifer m <kfz.wz> • finger sander

Fingerschneidwerk n <agri> • finger cutter unit; finger cutter assembly

Fingerschutz m <sich> • fingershield; finger guard

Fingershifter m <fz> (Fahrradschaltung) • thumb lever; thumbshifter; fingershifter

Fingerteilung f <wz> • cutting-finger spacing

Fingertip m <sich> (Fingerabdrucksensor) • fingertip

Finish m <bau.innen> • finishing; second finishing coat; skimming; feather coat

Finish n <obfl> (betont: Aussehen, Beschaffenheit; z. B. glänzend, matt) • finish; surface finish

Finish n <obfl> (Schicht) • top coat; final paint coat; top paint coat; finish; finish coat

Finish n <prod.qualit> (allg.; z. B. von Anzügen, Autos, Möbeln) • workmanship; build quality GB; fit and finish; build GB

Finishdekatiermaschine f <textil> • finishing and decatizing machine

Finite-Elemente-Berechnung f <mech> • FE analysis; finite element analysis

Finite-Elemente-Methode f (FEM) <prod> • finite-element method (FEM)

Fink-Fachwerk *n :V* <bau> *(komplexes Dach-Tragwerk)* • fink truss
Finne *f* <wz> *(Hammerfläche gegenüber der Bahn; Kante oder Halbkugel)* • peen
Finsternis *f* <astron> *(Mond-, Sonnenfinsternis)* • eclipse
Finsternisstern *m* <astron> • eclipsing variable; occultation variable
Fireball-Brennraum *m* <kfz.mot> • fireball combustion chamber
Fire-Motor *m Fiat* <kfz> • FIRE engine *Fiat*
FireWire (1394) *Apple* <av> *(Schnittstellen-Norm)* • FireWire (1394) *IEEE 1394*; IEEE 1394 *stand*; i.Link *Sony*; Lynx
Firma *f* <ökon> *(für Produkte oder Dienstleistungen)* • business; enterprise; firm
Firmenimage *n* <werb> • corporate identity (CI)
Firmenlogo *n* <allg> • company logo
Firmenlogo *n* <jur> • firm logotype
Firmenmantel *m* <ökon> • shell company; shell firm; corporate shell; nonoperating company
Firmenprofil *n* <ökon> • company profile
Firmenwagen *m* <kfz> *(für berufliche und private Nutzung zur Verfügung gestellt)* • company car; business car; company-supplied car
Firmware *f* <edv> • firmware
Firmwarekompatibilität *f* <edv> • firmware compatibility
Firngeschmack *m* <nahr> *(Wein)* • oxidized; maderized
Firnis *m* <obfl.holz> *(klar, öl- od. harzbasiert)* • varnish
Firnis-Entferner *m* <obfl.chem> *(Lösungsmittel)* • varnish remover
firnissen *vt* <obfl.holz> • varnish *vt*
Firnisüberzug *m* <obfl.holz> • varnish coat
First *m* <bau> • roof ridge; ridge
Firstbeschickung *f* <prod> • top feed
Firstbruch *m* <min> • fall of roof
Firste *f* <min> • roof; overhand stope
Firstenbau *m* <min> • overhand stoping; back stoping
Firstendruck *m* <min> • roof pressure; top pressure
Firstengewölbe *n* <min> • roof arch
Firstenstempel *m* <min> • waling
first in – first out (FIFO) <logist> • first in – first out (FIFO)
Firstpfette *f* <bau> • ridge purlin
Firstschar *f* <bau> • ridge course
Firstschneider *m* <min> • roof blade
Firststange *f DIN ISO 7152* <tour> *(Zelt)* • ridge pole *ISO 7152*
Firstzelt *n* <tour> • ridge tent *ISO 7152*
Firstziegel *m* <bau> • ridge tile; bonnet tile
Fisch *m* <bio/nahr> • fish
Fisch *m* <druck> • wrong fount
Fisch *m* <petr> *(in Bohrloch)* • fish
Fischauge *n* <obfl.qualit> *(Krater mit Teilchen einer Verunreinigung in der Mitte)* • fish eye
Fischauge *n* <phot> • fisheye lens; fisheye; fish-eye
Fischaugen *npl* <obfl> *(Lackfehler)* • cratering; fish eyes *pl*; cissing; saucering
Fischaugen *npl* <pap> • fish eyes
fischen *vi* <nahr> • fish *vi*
Fischerboot *n* <nav> • fishing boat
Fischereiaufsichtsboot *n* <nav> • fishery inspection boat; fishery inspection cutter
Fischereiausrüstung *f* <nahr> • fishing tackle; fishing gear
Fischereibecken *n* <nahr> • fish dock
Fischereifahrzeug *n* <nav> • fishing ship
Fischereischutzboot *n* <nav> • fisheries protection ship; fisheries protection launch
Fischer-Tropsch-Verfahren *n* <chem> • Fischer-Tropsch process

Fischfangflotte *f* <nav.nahr> • fishing fleet
Fischfangnetz *n* <nav> *(für Binnen-, Hochseefischerei)* • fish net; net *pract*
Fischfrostung *f* <nahr> *(typ. an Bord)* • fish freezing
Fischfutterautomat *m* <bio> *(für Fische)* • automatic feeding device; food timer
Fischgalgen *m* <nahr> *(zum Trocknen)* • gallow; trawl gallow
fischgrätenartig <tech.allg> • herringbone-like; herringbone
Fischgrätenmelkstand *m* <agri> • herringbone milking parlour
Fischgrätenprofil *n* <bekl> *(Schuhsohle)* • herringbone tread pattern
Fischgrätenverband *m* <bau> *(V-förmig)* • raking bond
Fischgrätmuster *n* <bekl> • herringbone
Fischgratmuster *n* <holz> *(Parkettboden)* • herringbone pattern
Fischhaut *f* <mil> *(Muster auf Gewehrschaft)* • diamond knurling
Fischkonservenfabrikschiff *n* <nav> • fish-canning factory ship
Fischkonservierung *f* <nahr> • fish curing
Fischkutter *m* <nav> • fishing cutter
Fischleim *m* <füg> • fish glue; fish gelatin glue
Fischleim *m* <nahr.verf> *(z. B. zur Weinklärung)* • isinglass; ichthycol
Fischlupe *f* <phys> • ultrasonic echo sounder; fish viewer
Fischmehl *n* <nahr> • fish meal; fish flour
Fischnetz *n* <nahr> • fishing net
Fischnetzwinde *f DIN ISO 3828* <nav> • trawl winch *ISO 3828*
Fischortungsausrüstung *f* <nahr> • fish locating equipment
Fischpass *m* <energ.hydr> *(z. B. für Lachse)* • fish ladder
Fischplanke *f* <nav> • king plank
Fischraum *m* <nav> • fish hold
Fischrechen *m* <nahr> • fish screen
Fischschuppe *f* <obfl> • fishscale
Fischschuppenbeständigkeit *f* <obfl> • fishscale resistance
Fischschuppenmuster *n* <kunst> • netting cube
Fischschuppenresistenz *f* <obfl> • fishscale resistance
Fischschwanzbildung *f* <pap> • fishtailing
Fischschwanzbrenner *m* <verf> • fish-tail burner; batwing burner
Fischschwanzmeißel *m* <wz> • fish-tail bit
Fischsieb *n* <verf.hydr> • fish screen
Fischsortierabteile *npl* <nahr> • fish ponds; deck ponds
Fischsortiermaschine *f* <nahr> • fish-grading machine
Fischsuchgerät *n* <petr> • fish detecting apparatus
Fischtoxizität *f* <ökol> • fish toxicity
Fischtreppe *f DIN 4047-5* <energ.hydr> *(z. B. für Lachse)* • fish ladder
Fischverarbeitungsbetrieb *m* <nahr> • fish-processing factory
Fischverarbeitungsdeck *n* <nav> • fish-processing deck; factory deck
Fischverarbeitungsschiff *n* <nav> • fish-processing ship; fish factory ship
Fischweg *m* <energ.hydr> *(z. B. für Lachse)* • fish ladder
Fischzaun *m* <bau> • fish screen
Fisheye *n* <phot> • fisheye lens; fisheye; fish-eye
Fisheye-Objektiv *n* <phot> • fisheye lens; fisheye; fish-eye
Fitting *n prakt* <rls> *(z. B. Bogen, T-Stück, Abzweig)* • pipe fitting; fitting *pract*
Fitzfaden *m* <textil> • dividing thread
FIV <pharm> • Feline Immunodeficiency Virus (FIV)

Fix *n* <navig> • position fix; fix
Fixage *f* <textil> *(von Farben)* • fixation
Fixativ *n* <kunst> *(z. B. für Kohlezeichnungen)* • fixative; fixing agent; fixer *pract.coll*
Fixativ-Röhrchen *n prakt* <kunst.wz> *(für Fixativ, z. B. auf Kohlezeichnungen)* • atomizer; diffuser
Fixed-Mobile-Convergence *f* <tele> • fixed/mobile convergence
Fixed-Wire-Ballonkatheter *m* <med.tech> • fixed-wire catheter; fixed-wire balloon catheter system *form*; on-the-wire balloon catheter; on-the-wire catheter system; on-the-wire catheter
Fixed-Wire-Katheter *m* <med.tech> • fixed-wire catheter; fixed-wire balloon catheter system *form*; on-the-wire balloon catheter; on-the-wire catheter system; on-the-wire catheter
Fixed-Wire-System *n* <med.tech> • fixed-wire catheter; fixed-wire balloon catheter system *form*; on-the-wire balloon catheter; on-the-wire catheter system; on-the-wire catheter
fixer Kohlenstoff *m* <chem> • solid carbon
Fixfokus *m ugs* <phot> • fixed focus
Fixfokus-Objektiv *n ugs* <phot> • fixed focal-length lens
Fixierbad *n* <phot> *(Arbeitslösung)* • fixing bath; fixer; hypo bath; fix *coll*; hypo *coll*
Fixierbadprüfer *m* <phot> *(zeigt Erschöpfung des Fixierbades an)* • hypo indicator
Fixierbohrung *f* <füg> • fixing hole
Fixiereinheit *f* <büro> • fuser
fixieren *vt* <tech.allg> • fix *vt*
fixieren *vt* <bio> *(Tierpräparate; mit Kartonstreifen)* • card *vt*; pin *vt*
fixieren *vt* <bio> *(Tierpräparate; mit Garn)* • bind *vt*
fixieren *vt* <druck> *(durch Druck und/ oder Wärmeeinwirkung; z. B. Toner auf Papier)* • fuse *vt*; fix *vt rare*
fixieren *vt* <ents> *(z. B. Risikoabfall vor Auswaschung und Erosion schützen)* • immobilize *vt*
fixieren *vt* <kst> *(Orientierungen, durch Wärmebehandlung)* • heat-set
fixieren *vt* <phot> *(entwickeltes Fotopapier, Film)* • fix *vt*
fixieren *vt* <prod> *(örtlich, in Position halten; z. B. Werkstück)* • fix in position *vt*; locate *vt*
fixieren *vt* <textil> *(Farben)* • set *vt*
Fixierentwickler *m* <phot> *(kombinierter Entwickler und Fixierer)* • monobath developer; monobath
Fixierer *m* <phot> *(Konzentrat)* • fixer; fix; hypo
Fixierer *m* <phot> *(Arbeitslösung)* • fixing bath; fixer; hypo bath; fix *coll*; hypo *coll*
Fixier-Gripzange *f* <kfz.wz> • positioning pliers
Fixierlinie *f ISO 13666* <opt.bio> *(verbindet Mitte der Fovea mit Mitte der Austrittspupille des Auges)* • visual axis *ISO 13666*
Fixierlösung *f* <phot> • fixing solution
Fixiermittel *n* <tech.allg> • fixing agent; fixative; fixer
Fixiermittel *n* <kunst> *(z. B. für Kohlezeichnungen)* • fixative; fixing agent; fixer *pract.coll*
Fixiermittel *npl* <bio> *(Tierpräp.)* • carding
Fixiernatron *n* <phot> • sodium thiosulfate; hyposulfite *pract*; hypo *pract.coll*
Fixiernatronzerstörer *m* <phot> • hypo eliminator
Fixierofen *m* <textil> *(Fixierung)* • setting machine; setting oven
Fixiersalz *n* <phot> • fixing salt
Fixierstift *m rar* <masch> *(allg.; fixiert die genaue Lage)* • dowel pin; alignment pin; alignment dowel; register pin
Fixierstift *m* <prod> • locating pin
fixierte Bodenmatte *f* <kfz.innen> • positive location floor mat *Ford*
Fixierung *f* <bio> *(Tierpräp.)* • carding

Fixierung *f* <büro> *(durch Druck und/ oder Hitzeeinwirkung; z. B. beim Kopieren)* • fusing *form*; fixing *pract/coll*
Fixierung *f* <ents> • immobilization
Fixierung *f* <phot> *(bel. Bild auf Film, Papier)* • fixation
Fixierung *f* <prod> *(an best. Ort)* • location
Fixierung *f* <textil> *(von synth. Fäden)* • setting
Fixierung *f* <textil> *(von Farben)* • fixation
Fixierwalze *f* <druck> *(Kopierer, Laserdrucker)* • fuser roll
Fixierzeit *f* <phot> • fixing time
Fixpunkt *m* <edv> *(bedingter Programmstopp)* • conditional break-point; break-point; check-point
Fixpunkt *m* <msr> *(Bezugspunkt)* • bench mark
Fixpunkt *m* <prod> *(z. B. CNC Werkzeugmaschine)* • fixed point
Fixstern *m* <astron> • fixed star
Fixsternprojektor *m* <opt> • star projector
Fizeau'sche Streifen *mpl* <opt> • Fizeau fringes
Fizeau-Vielstrahl-Interferenz-Verfahren *n DIN EN ISO 3868* <obfl.msr> *(Messung von Schichtdicken)* • Fizeau multiple-beam interferometry method *ISO 3868*
FK <alarm.el> • taut wire system; trip wire; trip wire switch; trip wire device
F-Kopf *m* <kfz.mot> • F-head
FKS <chem> • fluorosilicic acid
flach <allg> *(z. B. Gelände, Oberfläche, Gurt, Band)* • flat
flach <allg> *(nicht hügelig; z. B. Land, Feld, Straße)* • level
flach <tech.allg> *(z. B. Gewässer, Gründung, Schraubenkopf, Teller)* • shallow
flach <bau> *(Gebäude)* • low
flach <nahr> *(Wein)* • flat; insipid
flach <phot> *(Bild, Beleuchtung; als Nachteil)* • low in contrast; poor in contrast; flat; dull
flach abfallend <kfz> *(Motorhaube, Frontend)* • droopy
Flachamboss *m* <wz> • flat anvil
Flachanode *f* <el> • flat anode
Flachanschluss *m* <kfz.el> *(Batterie)* • Ford type lug
Flachbacke *f* <wz.masch> *(Gewindewalzen)* • flat thread-rolling die; flat die; straight die *rare*
Flachbacken *m* <masch> • flat die
Flachbacken-Gewindewalzen *n* <prod> • flat-die thread-rolling; flat-die method; flat-die rolling
Flachbacken-Gewindewalzmaschine *f* <wz.masch> • flat-die machine; flat-die roller; reciprocating machine *rare*
Flachbackenverfahren *n* <prod> • flat-die thread-rolling; flat-die method; flat-die rolling
Flachbackenwerkzeug *n* <wz.masch> *(Gewindewalzen)* • flat thread-rolling die; flat die; straight die *rare*
Flachbagger *m* <bau.masch> • surface digging machine; scraper; skimmer
Flachbaggerung *f* • shallow excavation; shallow digging; surface digging
Flachbahn *f* <masch> • flat guideway; flat track
Flachbahn *f* <phys> • flat trajectory
Flachbahnanlasser *m* <el> • faceplate starter
Flachbahnfahrschalter *m* <el> • faceplate controller
Flachbahnregler *m* <av> • slider
Flachbahnregler *m* <msr> • slide control
Flachbalg *m* <präp> • cased skin; flat skin
Flachband *n* <masch> • flat belt
Flachbandförderer *m* <förd> • flat-belt conveyor
Flachbandkabel *n* <el> *(z. B. Verbindungskabel zwischen Controller und Lfw.)* • flat ribbon cable; flat cable *pract*; ribbon cable *rare*
Flachbandplotter *m* <edv> • belt drive plotter
Flachbandsiebmaschine *f* <verf.hydr> • flat-panel band screen *V*
Flachbau *m* <bau> • single-floored building
Flachbauelement *n* <el> • flat-pack component

Flachbauweise f <el> • pancake design
Flachbesäummaschine f <wz.masch> • breast planer
Flachbett n <kfz> (Felge) • flat base (FB)
Flachbett... <tech.allg> (z. B. Scanner) • flat-bed ...
Flachbettausführung f <wz.masch> (z. B. Drehmaschine) • flat-bed construction
Flachbettbelichter m <druck> (Recorderarchitektur) • flat-bed recorder; flat-bed imagesetter
Flachbettfelge f <kfz> • flat-base rim; FB rim pract
Flachbettmaschine f <druck> • flat-bed printing press
Flachbettnähmaschine f <textil> • flat-bed sewing machine
Flachbettplotter m <edv> • flat-bed plotter
Flachbettrecorder m <druck> (Recorderarchitektur) • flat-bed recorder; flat-bed imagesetter
Flachbettscanner m norm <edv> • flat-bed scanner stand; table-top scanner; desk scanner; slot scanner rare
Flachbettwaage f <msr> • flat-bed scale
Flachbildschirm m <edv> • flat screen; flat panel display
Flachbildschirm-Fernsehgerät n <av> • flat-panel TV
Flachboden-Knickspant m <nav> • sharpie
Flachbodenselbstentlader m <bahn> • flat-bottom self-discharging wagon
Flachbodenzentrifuge f <verf> • flat-bottom hydroextractor
Flachbogen m <bau> • segmental arch
flachbogige Kräuselung f <textil> • slightly curved crimp
Flachbrunnen m <bau> • shallow well
Flachbügelpresse f <textil> • flat-bed press
Flachdach n <bau> • flat roof; low-sloped roof
Flachdichtsitz m <kfz.el> (Zündkerze) • flat seat; gasket seat Champion; flat seating stand; flat seal; plan sealing seat rare
Flachdichtung f <masch> • flat gasket
Flachdraht m <el.ic.prod> • ribbon wire
Flachdrahtgeflecht n <tech.allg> • flat wire mesh
Flachdrehschieber m <kfz> (Zweitaktmotor-Einlasssteuerung) • rotary disk valve; rotating disk valve
Flachdruck m DIN 16529 <druck> (Druckverfahren; typ. ist Lithographie) • planographic printing; planography; flat-bed printing; flat printing; plain printing
Flachdruck m <druck> (ein typisches Flachdruckverfahren) • lithographic printing; litho printing; lithography
Flachdruckfarbe f <druck> • planographic ink
Flachdruckrotationsmaschine f <druck> • flat-bed rotary press
Flachdruckschablone f <druck> • flat-bed printing screen
flache Bahn f <kfz.wz> (Karosseriehammer) • flat face
flache Elektronenstrahlröhre f <edv> • flat CRT
flache Geldbörse f <allg> • wallet US.GB; pocketbook GB
Flacheisen n <mat> • flat iron
Flacheisenstab m <mat> • rectangular section bar
flache Mutter f <füg> • thin nut
flache Rändelmutter f <füg> • knurled nut
flache Rändelschraube f <füg> • flat knurled thumb screw
flacher Boden m <verf> (von Behältern; z. B. Wärmetauscher) • flat head; flat bottom
flache Rechteckvorlage f <bau> (ähnl. Lisene) • flat rectangular projection
flacher Empfänger m <energ.sol> • flat-plate module; planar module
flacher Kollektor m <energ.sol> • flat-plate-collector
flacher Lenker m DIN ISO 8090 <fz> (am Fahrrad) • flat handlebar ISO 8090
flacher Scheinwerfer m <kfz> • sloping headlamp
Flacherzeugnis n EN 10079 <mat> (z. B. Band, Blech) • flat product EN 10079

Flaches n <min> • incline
flache Scheibe f DIN EN ISO 887 <füg> (glatt, mit Rundloch, typ. f. Schraubverbindungen) • plain washer; flat washer; washer pract.coll
flache Sechskantmutter f <füg> • hexagon thin nut
flaches Einfallen n <min> • low dip; slight dip
flaches Gehäuse n <navig> (Empfänger) • low-profile housing
flaches Gewinde n <masch> (feine Steigung) • flat-pitch thread
flaches Handrad n DIN 3220 <masch> • flat-type handwheel DIN 3220
flaches Hutprofil n <kfz> (Blechform) • castle section
flaches Metrisches Trapezgewinde n (Tr) DIN 380 <masch> • stub Metric trapezoidal screw thread (Tr) DIN 380
flaches Schattieren n ugs <edv> (Computergrafik) • flat shading; polygonal shading; Lambert shading rare
flache Stelle f prakt <kfz.rep> (Spachtel- und Schleifarbeiten) • flat spot pract
flaches Trapezgewinde n <masch> • stub Acme thread (STUB ACME) ANSI B1.8
flache Wanddose f <edv> • flush wallplate
Flachfeder f <tech.allg> (z. B. in Autositzen) • flat spring
Flachfeile f <wz> (flachspitz) • flat file; tapered flat file; engineers' flat pointed file
Flachfeile f <wz> (flachstumpf) • hand file; flat hand file; engineers' flat hand file ISO
Flach-Filmdruckmaschine f <druck> • flat screen printing machine
Flachfiltergehäuse n <kfz> (Luftfilter) • flat filter body
Flachflansch m <rls> • plain flange
Flachflanschdichtung f <masch> • plain-flange gasket; flat-flange gasket
Flachförderband n <förd> • flat conveying belt
Flachfolie f <kst> (sehr dünne Kunststofffolie) • flat film; wide film
Flachfolie f <kst> (dicke Folie) • flat sheeting; flat sheet; wide sheeting; wide sheet
Flachfolienanlage f <kst> (allg.) • flat film line; flat film plant
Flachfolienanlage f <kst> (Extrusion; Gießen) • cast film line; cast film system; cast film plant
Flachfolienanlage f <kst> (spez. b. Extrusion auf e. Kühlwalze) • chill roll plant
Flachformbuchdruck m <druck> • flat-bed letterpress printing
Flachformenbuchdruck m <druck> • flat-bed letterpress printing
Flachformfeder f <kfz> • flat spring
Flachformmaschine f <druck> • flat-bed printing press
Flachführung f <masch> • flat guideway; flat slideway; flat guide; flat track
flachgängiges Gewinde n <masch> (feine Steigung) • flat-pitch thread
flachgedrückt <tech.allg> (durch Druck) • flattened
Flachgehäuse n <el> (Chip) • flat package; flat pack
flachgehendes Schiff n <nav> • shallow-draft vessel US; shallow-draught vessel GB
flach gekröpfter Ringschlüssel m <wz> • standard offset box wrench US; standard offset box end wrench US.form; standard offset ring wrench GB; standard offset ring spanner GB
flachgelegt <kst> (Schlauchfolie) • collapsed
flach geneigtes Dach n <bau> • shallow pitched roof
flachgeschält <obfl.holz> (Furnier) • slice-cut
Flachgestrick n <bekl> • flat-knit
Flachgewebe n <textil> • flat-woven material
Flachgewinde n <masch> (z. B. Leitspindel) • flat thread; square screw thread 0° thd. angle; square thread

Flach-Gewindestrehler *m* <wz> • blade chaser; blade-type chaser

Flach-Gewindewalzbacke *f* <wz.masch> *(Gewindewalzen)* • flat thread-rolling die; flat die; straight die *rare*

Flachglas *n* DIN 1249 <silik> *(z. B. für Fensterbau)* • flat glass; sheet glass; plate glass

Flachglockenboden *m* <rls> *(Behälter)* • low-riser plate; low-riser tray

Flachgründung *f* <bau> • shallow foundation; flat foundation

Flachherdmischer *m* • flat hearth mixer

Flachkabel *n* prakt <el> *(z. B. Verbindungskabel zwischen Controller und Lfw.)* • flat ribbon cable; flat cable *pract*; ribbon cable *rare*

Flachkämmaschine *f* <textil> • rectilinear combing machine; rectilinear comb

Flachkaliber *n* <metall> *(Walzwerk)* • flat pass

Flachkappnaht *f* <textil> • plain felled seam

Flachkathode *f* <el> • plane cathode

Flachkegelbrecher *m* <min> • flat-cone crusher

Flachkehlnaht *f* <füg> • standard fillet weld; flat fillet weld

Flachkeil *m* DIN6883 <füg> • flat plain taper key; flat saddle key; parallel key; rectangular key; flat key

Flach-Kettenstrickmaschine *f* <textil> • flatbed warp knitting machine; flat warp knitting machine; independent needle machine; united needle machine

Flachkettenwirkmaschine *f* DIN 62110 <textil> • flat warp knitting machine

Flach-Kettenwirkmaschine *f* <textil> • flatbed warp knitting machine; flat warp knitting machine; independent needle machine; united needle machine

Flachkiel *m* <nav> • flat-plate keel

Flachklammerschraube *f* DIN ISO 1891 <füg> • flat head anchor bolt

Flachklemme *f* <msr> • screw terminal *IMO, S. 251*; screw connection

Flachknüppel *m* <metall> • slab billet

Flachkolben *m* <kfz.mot> • flat-top piston; flat-topped piston

Flachkollektor *m* <energ.sol> • flat-plate-collector

Flachkommutator *m* <el> • radial commutator

Flachkondensator *m* <el> • book capacitor

Flachkopf *m* DIN ISO 1891 <füg> *(zylindrische Kopfform)* • pan head

Flachkopf *m* <füg> *(Schraube)* • shallow head

Flachkopf... *m* <mil> *(Munition, Geschoß; z. B. .454 Casull)* • flat point …

Flachkopf-Blechschraube mit Innensechsrund *f* <füg> • hexalobular socket pan head tapping screw

Flachkopf-Blechschraube mit Schlitz *f* DIN ISO 1481 <füg> • slotted pan head tapping screw

Flachkopfgeschoss *n* <mil> • flat-nose bullet

Flachkopf-Schneidschraube mit Kreuzschlitz *f* DIN ISO 1891 <füg> • cross recessed pan head thread cutting screw

Flachkopfschraube *f* <füg> • pan head screw; pan screw *pract*

Flachkopfschraube mit Kreuzschlitz *f* DIN ISO 1891 <füg> • cross recessed pan head screw

Flachkopfschraube mit Schlitz *f* DIN 920, 921 <füg> • slotted pan head screw *ISO 1580*

Flachkulierstuhl *m* <textil> • flat knitting frame with loop-forming sinkers

Flachkulierwirkmaschine *f* DIN 62100 <textil> • straigt-bar machine; flat knitting machine; flat weft knitting machine

Flachlager *n* <logist> • low-bay storage; low-rise warehouse

Flachlasche *f* <bahn> • plain fish-plate

Flachlehrdorn *m* <msr> • flat plug gauge

Flachleiter *m* <el> • flat-strip conductor; flat conductor

Flachlitzenseil *n* <masch> • flattened strand rope

Flachlöffelbagger *m* <bau.masch> • skimmer

Flachmatrixtransformator *m* <el> • flat-matrix transformer

Flachmeißel *m* <wz> *(zum Schlagen mit Hammer)* • cold chisel; flat chisel

Flachmeißel *m* <wz.masch> • square-nosed tool; flat bit

Flachmeißel mit Schlagkopfsicherung *m* <wz> • cold chisel with non-spread safety head

Flachmembran *f* <rls> • flat plate diaphragm

Flachmembran-Lautsprecher *m* <av> • disk diaphragm loudspeaker; honeycomb-type loudspeaker

Flachmembranscheibe *f* <rls> • flat plate diaphragm

Flachmodul *n* <energ.sol> *(typ. Solarmodul für nicht-konzentriertes Licht)* • flat plate module

Flachmutter *f* <füg> • thin nut

Flachnaht *f* <füg> *(Schweißverbindung)* • flat seam; flat weld; flush weld

Flachpackung *f* <masch> • flat packing

Flachpalette *f* <logist> • flat pallet

Flachpflug *m* <agri> • shim

Flachplatte *f* <druck> • flat plate

Flachprobe *f* <qualit.mat> • flat specimen

Flachprofil *n* <verf.hydr> *(Rechenstab)* • rectangular section

Flachregal *n* <logist> • low-rise storage rack; low-bay storage rack

Flachrelais *n* <el> • flat-type relay

Flachringanker *m* <el> • Gramme ring armature; flat ring armature

Flachrundkopf *m* DIN ISO 1891 <füg> *(Schraube)* • mushroom head; truss head

Flachrundkopf mit Bund *m* <füg> • flange head; flanged head; pan washer head

Flachrundschraube *f* <füg> • mushroom head bolt

Flachrundschraube mit Nase *f* DIN ISO 1891 <füg> • mushroom head nib bolt; cup nib bolt; coach bolt; carriage bolt *US*

Flachrundschraube mit Vierkantansatz *f* DIN 603 <füg> • mushroom head square neck bolt; cup square neck bolt; cup square bolt; coach bolt; carriage bolt *US*

Flachrundzange *f* DIN ISO 5742 <wz> • long nose pliers; needle nose pliers *AE/GB.rare*; radio pliers *GB*; snipe nose pliers *BE.stand*

Flachs *m* <mat> *(Faserpflanze)* • flax

Flachsableger *m* <verf.textil> • flax buncher

Flachsack *m* DIN EN 26590 <pack> • flat sack

Flachsammler *m* rar <energ.sol> • flat-plate-collector

Flachsandfang *m* <verf.hydr> • shallow grit chamber

Flachsausbreiter *m* <verf.textil> • flax spreader

Flachsbinder *m* <verf.textil> • flax binder

Flachsbreche *f* <verf.textil> • flax breaker

Flachsbrechen *n* <verf.textil> • flax breaking; flax rolling

Flachschaber *m* <wz> • flat scraper; square scraper

flachschälen *vt* <obfl.holz> *(Furnier)* • slice-cut *vt*; slice *vt*

Flachschieber *m* <rls> • flat slide valve; slide valve based on flat surface; plain slide valve

Flachschiebersteuerventil *n* <pneum> • flat-plate control valve

Flachschleifen *n* <prod> • grinding of flat surfaces; flat grinding

Flachschlitzschraubendreher *m* rar <wz> • slotted [-head] screwdriver; slot-head screwdriver *AE.coll/GB. form*; flat tip screwdriver *AE.form*; plain slot screwdriver *BE.form*; flat-bladed screwdriver *BE.coll*

Flachschlüssel *m* <kfz> *(Auto-Ersatzschlüssel für die Geldbörse)* • flat key

Flachseekabel *n* <el> • shallow-water cable

Flachseil *n* <förd> • flat rope; flat cable

Flachsektionsausführung *f* <nav> • panel construction

Flachsenken *n* <prod> • spotfacing

Flachsfaser *f* <mat.textil> • flax fiber *US*; flax fibre *GB*

Flachsfaserband *n* <mat.textil> • flax ribbon; flax sliver

Flachshechelmaschine *f* <verf.textil> • flax hackling machine

Flachsieb *n* <verf> • flat sieve

Flachsieb *n* <verf.hydr> • flat panel

Flachsiebsortierer *m* <agri> • potato grader with flat sieve; potato grader with flat sieves

Flachsilo *m* <logist> *(liegend)* • horizontal silo

Flachsitz *m* <kfz.el> *(Zündkerze)* • flat seat; gasket seat *Champion*; flat seating *stand*; flat seal; plan sealing seat *rare*

Flachsockel *m* <el.ic> • wafer socket

Flachspachtel *m* <kfz.rep> • putty *US*; glazing putty *US*; spot putty; stopper *GB*; knifing stopper *GB*

Flachspachtel *m* <wz> *(gerade, scharfe Kante; z. B. für Kfz-Anwendungen)* • putty knife *US*; putty scraper *US*; filling knife *GB*

Flachspanplatte *f* <bau.mat> • flake board

flachspitze Werkstattfeile *f norm* <wz> *(flachspitz)* • flat file; tapered flat file; engineers' flat pointed file *ISO*

Flachspitznadelfeile *f* <wz> • flat-needle file

Flachspitzraspel *f* <wz> • flat rasp

Flachspülbecken *n* <bau.hygi> • wash-out closet

Flachspule *f* <el> • flat coil; disc coil; slab coil; pancake coil

Flachspulinstrument *n* <el> • flat-coil measuring instrument

Flachsraufmaschine *f* <verf.textil> • flax harvester

Flachsreiber *m* <verf.textil> • flax rippler

Flachsreißmaschine *f* <verf.textil> • flax cutting machine

Flachsriffel *f* <textil> • ripple

Flachsriffeln *n* <textil> • rippling

Flachsröste *f* <textil> *(Anlage)* • rettery

Flachsröste *f* <textil> *(Vorgang)* • retting; steeping

Flachsrupfer *m* <verf.textil> • flax harvester

Flachsschwinge *f* <textil> • scutch

Flachsstuhl *m* <textil> • tipple box

Flachstahl *m* <mat> • flat steel; flat-rolled steel; flat bar; flat; flats *pl*

Flachstahlschwelle *f* <bahn> • flat-steel sleeper

Flachstampfer *m* <bau.masch> • flat rammer

Flachstanze *f* <prod> • straightening press

Flachstapelanleger *m* <druck> • continuous pile feeder

Flachstauchfestigkeit *f* <qualit.mat> • crushing resistance (FCT); plane compression strength; flat compression resistance; flat crush resistance; flat crush *pract*

Flachstauchprüfgerät *n* <qualit.mat> • crush tester

Flachstauchprüfpresse *f* <qualit.mat> • crush tester

Flachstauchprüfung *f* <qualit.mat> • corrugated medium test (CMT); crush medium test; flat crush test; crush test

Flachstauchversuch *m* <qualit.mat> • corrugated medium test (CMT); crush medium test; flat crush test; crush test

Flachstauchwiderstand *m* <qualit.mat> • crushing resistance (FCT); plane compression strength; flat compression resistance; flat crush resistance; flat crush *pract*

Flachstecker *m* <el> *(zum Verbinden mit Flachsteckhülse)* • tab connector; male tab connector; tab *pract*; spade connector *GB*

Flachstecker mit Isolation *f* <el> *(zum Verbinden mit Flachsteckhülse)* • insulated tab connector; insulated male tab connector; insulated tab *pract*; insulated spade connector *GB*

Flachstecker ohne Isolation *f* <el> *(zum Verbinden mit Flachsteckhülse)* • non-insulated tab connector; non-insulated male tab connector; non-insulated tab *pract*; non-insulated spade connector *GB*

Flachsteckhülse *f* <el> *(zum Verbinden mit Flachstecker; mit od. ohne Isolation)* • female disconnect; female quick disconnect

Flachsteckhülse mit 2 Abzweigsteckverbindern *f* <el> • piggy back with 2 tabs; quick disconnect adapter

Flachsteckhülse ohne Isolation *f* <el> *(zum Verbinden mit Flachstecker)* • non-insulated female disconnect; non-insulated female quick disconnect; non-insulated tab receptacle *rare*

Flachstellenbildung *f* <prod> • flat spotting

Flachstereotypie *f* <druck> • flat plate stereotyping

Flachstich *m* <metall> • flat pass

Flachstößel *m* <kfz.mot> • flat valve lifter *US*; flat tappet *GB*; simple valve lifter; simple tappet

Flachstößel *m* <masch> • flat follower

Flachstrahl *m* <obfl> *(Strahlbild der Spritzpistole)* • oval pattern; flat [spray] jet

Flachstrahlbrenner *m* <verbr> • flat-section jet burner

Flachstrahldüse *f* <masch> *(z. B. Klimaanlage)* • slot nozzle; flat-spray nozzle *norm*

Flachstrahldüse *f* <verf.hydr> *(Abspritzeinrichtung)* • fan nozzle; fan-shaped nozzle

Flachstrahldusche *f* <pap> • fan shower

Flachstrehler *m* <wz> • blade chaser; blade-type chaser

Flachstrickautomat *m* <textil> • automatic flat-bed knitting machine; automatic flat knitting machine

Flachstrickmaschine *f* DIN 62125 <textil> • flatbed weft knitting machine; flat weft knitting machine; flat-bed knitting machine; flat-bar knitting machine; flat knitting machine

Flachstromvergaser *m* <kfz.mot> • horizontal draft carburetor *US*; horizontal draught carburetter *GB*; horizontal draught carburettor *GB*; cross-draft carburetor *US.pract.coll*; side-draft carburetor *US.pract.coll*

flachstumpfe Werkstattteile *f norm* <wz> *(flachstumpf)* • hand file; flat hand file; engineers' flat hand file *ISO*

Flachstumpffeile *f* <wz> *(flachstumpf)* • hand file; flat hand file; engineers' flat hand file *ISO*

Flachstumpffeile *f* <wz> • equalling needle file

Flachtiefschleifen *n* <prod> • surface creep-feed grinding

Flach- und Formpressen *n* <prod> • laminated bending

Flachverbunderregung *f* <el> • level-compound excitation

Flachwagen *m* <bahn> • flat-car; flat wagon

Flachwagen mit Rungen *m* <bahn> • flat car with stakes; wagon with stanchions *rare*

Flachwalzen *n* <metall> *(im Walzwerk; Brammen, dicke Platten)* • slabbing

Flachwalzen *n* <prod> *(allg.)* • flat rolling

Flachwasser *n* <geo> • shallow water

Flachwebstuhl *m* <textil> • flat loom

Flachwendepflug *m* <agri> • light duty plough

flach werden *vi* <tech.allg> *(eher konkret; Form)* • flatten out *vi*

flach werden *vi* <tech.allg> *(eher abstrakt; z. B. Abnahme, Zunahme, Kurve im Schaubild)* • level off *vi*

Flachwerkzeug *n* <wz.masch> *(Gewindewalzen)* • flat thread-rolling die; flat die; straight die *rare*

Flachwirkmaschine *f* DIN ISO 7839 <textil> • flatbed knitting machine *ISO 7839*; flat knitting machine; straight-bar machine

Flachwirkmaschine *f* <textil> • straigt-bar machine; flat knitting machine; flat weft knitting machine

Flachwirkmaschine System Paget *f* <textil> • paget machine

Flachwulstprofil *n* <mat> • bulb flat
Flachwulststahl *m* <mat> • bulb flat
Flachwurfsieb *n* • oscillating screen
Flachzange *f DIN ISO 5742* <wz> • flat nose pliers *ISO 5742*; flat-nosed pliers; flat pliers; flat tongs
Flachziegel *m* <bau.mat> • flat tile
Flackereffekt *m* <licht> • flicker effect
flackerfrei <licht> *(z. B. Neonleuchte)* • flicker-free
Flackern *n* <edv> *(z. B. Bildschirm)* • flicker
Flackern *n* <licht> • flicker
flackern *vi* <allg> *(große Flamme, Feuer, helles Licht)* • flare *vi*
flackern *vi* <av> *(Bildröhre; z. B. TV, Video, Monitor)* • flicker *vi*
Flackerphotometer *n* <phys> • flicker photometer
Flackerrelais *n* <el> • flashing relay
Flackersignal *n* <licht> • undulating light signal
Flackerstern *m* <astron> • flare star
Flackerzeichen *n* <alarm> • flickering signal
Fladerung *f* <obfl.holz> • grain
Fläche *f* <allg> *(zweidimensionaler Bereich)* • area
Fläche *f* <tech.allg> *(Seite eines Objekts, z. B. dem Betrachter zugewandt; z. B. Stirn)* • face
Fläche *f ugs* <tech.allg> *(Flächenangabe; z. B. in mm², m², km²)* • surface area
Fläche *f* <math> *(rechteckiges Stück Modellgeometrie)* • patch
Fläche im Freien *f* <bau> *(Ausstellungsgelände)* • open-air space
Flächen *n* <wz> • spot facing
Flächenabscheider *m* <verf> • envelope filter
Flächenabtaster *m* <tech.allg> • area scanner
Flächenantenne *f* <tele> • plane antenna *US*; plane aerial *GB*
Flächenaufbereitung *f* <obfl> • paint preparation; prepaint preparation; surface preparation
Flächenbedarf *m* <tech.allg> • floor space required
Flächenbelastung *f* <aerospace> *(Maßzahl der Flugmechanik)* • wing loading
Flächenbelegung *f* <energ.wind> • solidity; blade solidity; solidity ratio
Flächenbeleuchtung *f* <licht> • area lighting
Flächenberechnung *f* <math> • area computation
Flächenberührung *f* <tech.allg> • area contact
Flächenbettungszahl *f* <bau> • foundation modulus
flächenbezogene Masse *f* <obfl> *(von Überzügen, Beschichtungen; in g/m²)* • weight per unit area; coating weight
flächenbezogene Masse *f DIN 1301* <pap> • grammage; basis weight; substance
Flächenbildungsverfahren *n* <textil> • fabric forming process
Flächenbitdichte *f VDI* <edv> *(Datenträger)* • areal density
Flächenblitz *m* <meteo> • sheet lightning
Flächenbreite *f* <aerospace> • wing-span
flächenbündig <bau> *(Anschlag)* • flush-mount
flächenbündige Konstruktion *f* <bau> • flush design
Flächendeckung *f* <textil> • surface coverage
Flächendiagonale *f* <math> • plane diagonal
Flächendichte *f seagate* <edv> *(Datenträger)* • areal density
Flächendiode *f* <el> • p-n junction diode; junction diode
Flächendruck *m* <mech> • surface pressure
Flächendruck *m* <textil.druck> • blotch printing; blotch print
Flächendruck beim Stapellauf *m* <nav> • launching pressure
Flächendüngung *f* <agri> • plain dressing

Flächeneinheit *f* <math.phys> *(z. B. in der Integralrechnung)* • unit area; unit surface area
Flächeneinheitsbelastung *f* <mech> • unit load
Flächeneinteilung *f* <led> *(Haut)* • sectioning of the hide
Flächenelektrode *f* <el> • plate electrode
Flächenelement *n* <math> *(z. B. beim Integrieren)* • element area; elemental area
Flächenelement *n* <math> *(z. B. Infinitesimalrechnung)* • surface element
Flächenelement *n* <math.phys> *(z. B. in der Integralrechnung)* • unit area; unit surface area
Flächenemitter *m* <lwl> • surface emitter
Flächenfilter *n* <ents> • filter layer
Flächenfilter *n* <verf> *(flache Filterelemente)* • pocket filter; envelope filter; flat bag filter; bag filter
Flächenfilter *n* <verf> • envelope-type filter; screen-type filter *GB*; bag-type filter *GB*
Flächenfixierung *f* <textil> • flat setting
flächenförmige Projektion *f* <edv> • planar mapping; planar image mapping
flächenförmiger Näherungsschalter *m* <msr> • flat-pack proximity switch; flat-construction proximity switch; flat-pack pulsor
flächenförmiger Schadstoffeintrag *m* <ents> • diffuse pollution
Flächenfräsen *n* <prod> • surface milling; face milling
Flächenfüllen *n* <edv> • area filling
Flächengeschwindigkeit *f* <mech> • areal velocity
Flächengewicht *n* <mat.msr> *(z. B. Blech, Papier)* • weight per unit area
Flächengewicht *n* <obfl> *(von Überzügen, Beschichtungen; in g/m²)* • weight per unit area; coating weight
Flächengewicht *n* <pap> • base weight
Flächengitter *n* <mat> • two-dimensional lattice; plane lattice
flächengleich <math> • equal in area; equal
flächengleicher Übergang *m* <bau> • level transition
Flächengleichrichter *m* <el> • surface-contact rectifier
Flächengleichung *f* <edv> *(zur Erzeugung analytischer Flächen)* • surface equation
Flächengründung *f* <bau> • pad foundation
flächenhafter Gitterfehler *m* <mat> *(Kristallgitter)* • surface defect
Flächenheizkörper *m* <hlk> • panel heater
Flächenheizung *f* <hlk> • radiant panel heating; panel heating
Flächenhelle *f* <licht> • luminance
Flächeninhalt *m* <math> *(z. B. eines Dreiecks, Kreises)* • surface area
Flächeninhaltsmesser *m* <msr> • planimeter
Flächenintegral *n* <math> • surface integral
Flächenkabelrost *m* <el> • planar cable shelf
Flächenkathode *f* <el> • plate-shaped cathode; plate cathode *pract*
Flächenklang *m* <el.mus> *(Klangteppich)* • layer sound; pad *pract*
Flächenkontakt *m* <el> • large-area contact
Flächenkorrosion *f* <obfl> • general corrosion; overall corrosion
Flächenkraft *f* <phys> • surface force
Flächenkühlung *f* <hlk> • panel cooling
Flächenladung *f* <el> • surface charge
Flächenladungsdichte *f* <el> • electric charge density
Flächenlast *m* <mech> *(Statik)* • distributed load; surface load; area load
Flächenleder *n* <led> • area leather; area-measured leather
Flächenleistung *f* <agri> • area capacity; acreage capacity

Flächenleistung f <phys> • power per unit of surface

Flächenleuchte f <licht.theat> • floodlight; flood *pract*; projector *rare*

Flächenleuchtstofflampe f <licht> • panel-type fluorescent lamp

Flächenlinse f <astron> • extended-mass lens

flächenmäßige Überwachung f <alarm> • area protection

Flächenmasse f <pap> • grammage; basis weight; substance

Flächenmasse f <textil> • weight per unit area

Flächenmassenmessgerät n <pap> • grammage meter

Flächenmassenmodul n <pap> • grammage module

Flächenmassenprofile npl <pap> • grammage profiles

Flächenmelder m <alarm> • area sensor; area protection

Flächenmesser m <msr> • planimeter

Flächenmessung f <msr> • area measurement; planimetry

Flächenmodell n <edv> • surface model

Flächenmodell eines Vielecks n <edv> • fit polygon

Flächenmoment n <mech> *(z. B. zweiten Grades)* • area moment; areal moment

Flächenmoment ersten Grades n <mech> • first moment of area

Flächenmoment zweiten Grades n <mech> • areal moment of inertia (I); moment of area of the second order

Flächenmoment zweiter Ordnung n <mech> • areal moment of inertia (I); moment of area of the second order

Flächenmusterung f <textil> • all-over patterning

Flächennavigation f (RNAV) <navig> • area navigation (RNAV)

Flächennavigationssystem n <navig> • area navigation system; RNAV system

Flächennivellement n <geo.msr> • surface leveling *US*; surface levelling *GB*

Flächennormal n <msr> *(Referenzfläche)* • standard surface

Flächennormale f <math> *(Senkrechte)* • face normal; normal to the surface

Flächennutzungsgrad m <logist> *(Lagerraum)* • space utilization *US*; floor space utilisation *GB*

Flächennutzungsplan m <bau> • region utilization plan; zoning map

Flächenpolarisator m <opt> • sheet polarizer

Flächenpressung f <bau> *(durch Fundament, Sockel, Pfeiler etc.)* • foundation pressure; ground pressure; bearing pressure

Flächenpressung f <mech> *(allg.)* • surface pressure; surface unit pressure; pressure intensity

Flächenpulsor m <msr> • flat-pack proximity switch; flat-construction proximity switch; flat-pack pulsor

Flächenreibung f <mech> • surface friction

Flächenrüttler m <bau.masch> • surface vibrator

Flächenschar f <math> • family of surfaces

Flächenschleifen n <prod> *(Vorgang)* • surface grinding ISO 603

Flächenschleifer m <wz> *(runde Fläche, rotationale Schwingbewegung; zum Schleifen, Polieren)* • router; random orbit sander; disk-type sander *US*; orbital sander; rotary sander

Flächenschleifmaschine f <wz.masch> • plane-surface grinding machine; surface grinding machine

Flächenschliff m DIN ISO 603 <prod> *(Vorgang)* • surface grinding ISO 603

Flächenschutz m <alarm> • area sensor; area protection

Flächenschutzdraht m <alarm> *(in Alarmfolie)* • lacing wire

Flächenschutzfolie f <alarm> *(Kunststofffolie mit Alarmdrahteinlage; typ. für Fensterglas)* • wired polyethylene sheeting *:V*; alarm polythene sheeting *:V*

Flächenschutzleiterplatte f <el> • rigid printed-circuit wiring

Flächenschwerpunkt m <mech> • center of gravity of an area; centroid of an area

Flächensegment n <edv.math> • surface patch

Flächensensor m <alarm> • area sensor; area protection

Flächensensor m <autom> • CCD-matrix array

Flächensensor m <msr> • flat-pack proximity switch; flat-construction proximity switch; flat-pack pulsor

Flächensortieren n <edv> • surface sort

Flächenspachtel m <wz> • spreader; spatula; applicator; application paddle

Flächenstichprobenverfahren n <qualit> • area sampling

Flächenstrahl m <el> • shaped beam

Flächenteilchen n <mech> • area element

Flächentetrode f <el> • junction tetrode

Flächenträgheitsmoment n (I) <mech> • areal moment of inertia (I); moment of area of the second order

Flächentragwerk n <bau> • two-dimensional member; plate member; plate structure

Flächentransistor m <el> • junction transistor

flächentreu <tech.allg> *(z. B. Abbildung, Projektion)* • equiareal; area-preserving

flächentreue Abbildung f <tech.allg> *(technische Zeichnung, Landkarte)* • equal-area projection

Flächenüberwachung f <alarm> • area protection

Flächenverhältnis n <allg> • area ratio

flächenversetzte Konstruktion f <bau> *(von Fenstern)* • offset design

Flächenwiderstand m <el> • sheet resistance

Flächenwinkel m <mat> • interfacial angle

Flächenwinkel m <math> • dihedral; dihedral angle

flächenzentriert <mat> *(Kristallgitter)* • face-centered

flächenzentriertes Gitter n <mat> • face-centered lattice

flächige Verunreinigung f <pap.ents> • flat shaped contaminant; flat impurity

Fläme f <led> *(Haut)* • flank

flämmen vt <prod> • flame-machine vt; flame-scarf vt; scarf vt

Fläschchen n ugs <pack.chem> *(meist aus Glas, wiederverschließbar)* • vial

Flag n jarg <edv> *(Kennzeichnung bestimmter Objekte; z. B. an Dateien, in Dokumenten)* • flag; tag; sentinel

Flag-Bit n <edv> • flag bit

Flagge f <allg> *(als Hoheitszeichen, z. B. bei Schiffen; od. zum Signalisieren)* • flag

Flagge auf halbmast setzen vi <allg> • display the flag at half-staff vi

Flaggensignal n <nav> • flag signal

Flagregister n <edv> • flag register

Flag-Zeichen n <edv> • flag character

Flake f <geo> • flake; thrust fault

Flake-Hypothese f <geo> • flaking hypothesis

flammbeständig <qualit.mat> • flame-resistant

Flammbeständigkeit f <qualit.mat> • flame resistance

Flammbogenlampe f <licht> • high-intensity carbon-arc lamp; flame-arc lamp

Flamme f ISO 13943 <feuer> • flame ISO 13943

Flamme mit Acetylenüberschuss f <füg> *(Autogenbrennereinstellung beim Schweißen)* • carbonizing flame; acetylene-rich flame; carburising flame *GB*

Flamme mit Sauerstoffüberschuss f <füg> *(Einstellung des Autogenbrenners)* • oxidizing flame

Flammen n <prod> *(Brennschneidverfahren)* • oxygen gouging

Flammenabsorptionsphotometrie f <phys> • absorption flame photometry

Flammenabweiser m <verbr> • flame deflector; flame diverter

Flammenanregung f <verbr> • flame excitation

Flammenausbreitung f ISO 13943 <feuer> • flame spread ISO 13943

Flammenausbreitung f <verbr> • flame propagation

Flammenblasverfahren n <silik> • flame-blowing process

Flammendurchschlagsicherung f <feuer> • fire screen

Flammeneinstellung f <verbr> • flame adjustment

Flammenfront f ISO 13943 <feuer> • flame front ISO 13943

Flammenfront f <kfz.mot> (im Brennraum) • flame front; wall of flame did

Flammenführung f <verbr> (Industrieofen) • firing; flame manipulation

flammengebundenes Laminat n <kst> (hinterschäumt) • flame-bonded foamback

Flammenhalter m <verbr> • flame holder

Flammenhartlöten n <füg> • flame brazing

flammenhemmend rar <qualit.mat> (flammverzögernde Einstellung, Ausrüstung; z. B. Kunststoff) • flame-retardant

Flammenhölle f <feuer> • burning inferno

Flammeninstabilität f <verbr> (von Brennern; unerwünscht) • flame instability; flame impingement

Flammenionisation f <chem> • flame ionization US; flame ionisation GB

Flammenionisationsdetektion f (FID) <emiss.msr> • flame-ionization detection (FID) US; flame-ionisation detection GB

Flammenionisationsdetektor m (FID) <emiss.msr> • flame ionization detector (FID) US; flame ionisation detector GB

Flammenkegel m <verbr> • flame cone

Flammenkern m <emiss> (NO_x) • primary flame zone

Flammenlackierung f <kfz> (eher breitflächig, im Frontendbereich beginnend, dann auslaufend) • flame paint; flame job coll

Flammenlackierung f <kfz> (eher schmale, lange Flammen entlang der Karosseriekonturen) • scalloping

Flammenleistung f <verbr> • flame efficiency; flame heating value

flammenlose Verbrennung f <chem> (Oxidationswirkung) • surface combustion

Flammenphotometer n <msr> • flame photometer

Flammenphotometrie f <msr> • flame photometry

Flammenregulierung f <verbr.msr> • flame control

Flammenrückschlag m <kfz> • backfiring

Flammenrückschlag m <verbr> • blowback; flashback

Flammenrückschlagsicherung f <verf> • flame trap; flame arrester; flashback arrester; flash arrester

Flammenschmelzverfahren n <mat.prod> • Verneuil process; flame fusion method

Flammenschutzmittel n <mat> • flameproofing agent

Flammenschutzsieb n <feuer> • fire screen

Flammensengen n <textil> • flame singeing

Flammensengmaschine f <textil> • flame singeing machine

Flammenspektroskopie f <msr> • flame spectroscopy

Flammenspektrum n <verbr> • flame spectrum

Flammensperre f <verf> (allg.; z. B. in Kurbelgehäuseentlüftung) • flame trap; flame arrestor

Flammenspitzentemperatur f <emiss> • peak temperature

Flammenstrahl m <aerospace> (aus Rakentriebwerk) • rocket blast

Flammenstrahl m <verbr> • flame jet

Flammenstrahlbohren n <prod> • jet piercing

Flammentrostung f <prod> • flame cleaning

Flammentzunderung f <prod> • flame descaling

Flammenüberwachung f <verbr> • flame supervision; flame monitoring rare

Flammenwächter m <verbr> (Zündflamme) • flame failure safeguard; flame detector

Flammenzone f <emiss> • flame zone

Flammenzug m <verbr> • flame flue

flammfest <mat> • flameproof; uninflammable

flammfest <textil> • uninflammable

flammfest ausgerüstet <qualit.textil> • uninflammable

flammfest ausgerüstet <sich> • flameproofed

Flammfestausrüstung f <feuer> • fireproof impregnation; fireproof finish

Flammfestausrüstung f <sich> • flame-resistant finish; flameproof finish

Flammfestigkeit f <mat> • flameproofness

Flammfestigkeitsprüfung f <qualit> • flammability test

Flammfront f <kfz.mot> (im Brennraum) • flame front; wall of flame did

Flammgarnfärberei f <textil.verf> • yarn shading

flammgehärtet <metall> • flame-hardened

flammgespritzt <obfl> • flame-sprayed; gas-sprayed

Flammglühkerze f Beru <kfz.el> • flame glow plug Bosch

Flammgrundieren n DIN 8522 <obfl> • flame priming

Flammhärtemaschine f <metall> • flame-hardening machine

Flammhärten n DIN 8522 <metall> • flame hardening; flame surface hardening

Flammhartlöten n DIN 8522 <füg> • flame brazing; oxy-gas brazing; torch brazing US

flammhemmend <qualit.mat> (flammverzögernde Einstellung, Ausrüstung; z. B. Kunststoff) • flame-retardant

flammhemmendes Gewebe n <bekl> (z. B. für Feuerwehruniformen) • self-extinguishing fabric

Flammhemmer m <chem> (Additiv; z. B. in Leiterplattensubstrat) • flame retardant

Flammhülle f <füg> (Autogenschweißen) • sheath flame

Flammhülse f <kfz.el> (Flammkerze) • flame shield; perforated shield

Flammkegel m <wz> (Autogenschweißen) • inner cone

Flammkerze f Bosch <kfz.el> • flame glow plug Bosch

Flammkohle f <min> (zw. Hartbraunkohle und Fettkohle) • flame coal; free-burning coal

Flammlaminieren n <prod> • flame lamination

Flammlöten n <füg> • flame brazing; oxy-gas brazing; torch brazing US

Flammofen m <metall> • reverberatory furnace; air furnace

Flammplattieren n <metall> • detonation flame spraying; flame plating

Flammpolieren n <prod> (von Pressglas) • flame polishing

Flammpunkt m DIN 51755 <tech.allg> • flash point; ignition temperature; flashpoint; flash

Flammpunktprüfer m <qualit> • flash-point tester; flash-point apparatus norm; flash tester

Flammpunktprüfer nach Pensky-Martens m <msr> (Flammpunktprüfgerät) • Pensky-Martens flash-point apparatus; Pensky-Martens flash-point tester

Flammrichten n DIN 8522 <prod> • flame straightening

Flammrohr n <kfz> (Abgasanlage) • headpipe; front pipe; down pipe; header pipe; header pract

Flammrohr n <rls> (Dampfkessel) • fire tube

Flammrohr n <turb> (zylindr. Einsatz in der Brennkammer) • flame-tube; combustion chamber liner; can pract

Flammrohr n <verbr> (von Ofen, Brenner) • flue pipe; flue; flue duct

Flammrohrbohren n <petr> • flame-drill method

Flammrohrbrücke f :V <kfz> (bei V-Motoren, Flammrohrzusammenführung der Bänke) • exhaust cross over pipe; exhaust cross over; cross over pipe; cross over pract

Flammrohrfeuerung f <verbr> • flue furnace

Flammrohrheizfläche f <rls> • flue heating surface

Flammrohrheizröhrenkessel mit mittlerer Flamm-kammer m <rls> • Fairbairn boiler

Flammrohrkessel m <rls> • fire-tube boiler; flue boiler

Flammrohrreaktor m <verf> • flame tube reactor

Flammrohr-Ringbrennkammer f <turb> *(Brennkam-mertyp)* • tubo-annular combustion chamber

Flammrohrüberhitzer m <rls> *(Dampferzeuger)* • fur-nace-flue superheater

Flammrückschlagsicherung f <verf> • flame trap; flame arrester; flashback arrester; flash arrester

Flammschockspritzen n <obfl> • detonation spraying

Flammschutzmittel n <kst> • flame retardant

flammsicher <mat> • flameproof

Flammspritzen n <obfl> *(mit Draht als Spritzwerkstoff)* • wire process; Schoop process

Flammspritzen n <obfl> *(mit Pulver als Spritzwerkstoff)* • powder process

Flammspritzen n <obfl> • oxy-fuel gas flame spraying; gas flame spraying; flame spray coating; flame spraying

Flammspritzpistole f <obfl.wz> • oxy-fuel gas spray gun; gas spray gun; flame-spraying gun; flame gun

Flammstartanlage f <nfz.mot> • intake manifold heater

Flammstrahlen n <obfl> *(Behandlung mit reduzierender Flamme und mechanische Reinigung)* • flame cleaning; flame blasting

Flammweichlöten n <füg> • flame soldering; torch sol-dering

flammwidrig <tech.allg> • flame retardant

flammwidrig <mat> *(nicht brennend)* • non-inflammable; flame-resistant

flammwidrig <qualit.mat> *(flammverzögernde Einstellung, Ausrüstung; z. B. Kunststoff)* • flame-retardant

Flanger m <edv.av> • flanger

Flanging n <edv.av> • comb filter effect; flanging

Flanke f <av> *(Signalfilter)* • slope; edge

Flanke f <kfz> *(von Reifen)* • sidewall

Flanke f <kst> • edge

Flanke f <masch> *(Gewinde, Zahn)* • flank; side

Flanke f <masch> • thread flank; flank; thread side *rare*; face

Flanke f <msr> *(Signal, Impuls)* • edge; slope

Flankenanlage f <masch> *(Zahnrad)* • tooth contact

Flankenbeplankung f <kfz> *(flächige Teile, außen)* • side bumper panels *pl*; body side panels *pl*; below-the-beltline cladding

Flankendemodulator m <tele> • slope detector

Flankendurchmesser m <masch> *(Gewinde)* • pitch di-ameter (PD); effective pitch diameter; effective diameter *rare*; angle diameter

Flankendurchmesserlinie f <masch> *(Gewinde, Zahn-rad)* • pitch line

Flankeneinbrand m <füg> *(Schweißen)* • side wall fusion; V-side penetration; side fusion

Flankenermüdung f <masch> *(von Zahnrädern)* • surface fatigue

Flankenform f <masch> • gear-tooth outline; gear-tooth curve

Flankenformfehler m <prod> *(Gewinde, Zahnrad)* • pro-file deviation; profile error

Flankenformprüfung f <qualit> • tooth-form testing; in-volute-shape examination; profile testing

flankengesteuert <el> • edge-triggered

Flankenkehlnaht f <füg> • side fillet weld

Flankenlinie f DIN 3998 <masch> *(Zahnradgetriebe)* • tooth trace

Flankenlinie f <masch> *(Gewinde, Zahnrad)* • pitch line

Flankenmikrometer n <msr> • flank micrometer

Flankenmittelstück n <led> • belly middle

Flankennaht f <füg> *(überlappend)* • side lap weld

Flankenprofil n <el> *(Signal)* • edge profile

Flankenprofil n DIN 3998 <masch> *(Zahn)* • tooth profile

Flankenrichtungsfehler m <masch> • tooth-helix error

Flankenrichtungsmessung f <msr> • lead measuring

Flankenrücknahme f DIN 3998 <masch> *(Verzahnung)* • easing-off; ease-off; tip relief

Flankenschutz m <kfz> *(außen an Karosserie; relativ schmale Leiste)* • body side molding; protective molding

Flankenschutz m <kfz> *(flächige Teile, außen)* • side bumper panels *pl*; body side panels *pl*; below-the-beltline cladding

Flankenschutz m <kfz> *(innen, gegen seitlichen Crash)* • side impact door beam; side protection [in the doors] *coll.did*; side-impact protection beam; side impact beam *pract.coll*; door beam *pract.coll*

Flankenschutzleiste f <kfz> *(außen an Karosserie; rela-tiv schmale Leiste)* • body side molding; protective mold-ing

Flankenschutz-Stoßfänger m <kfz> • wraparound bumper

Flankenspiel n <antr> *(zwischen Zahnrädern im Eingriff)* • backlash

Flankenspiel n <masch> *(im Gewinde)* • flank clearance; side clearance *rare*

flankenspielfrei <masch> *(Gewinde, Zahnradgetriebe)* • without backlash; backlash-free

Flankensteilheit f <akust> *(in Filterkennlinien, Abdämp-fung in Dezibel pro Oktave; dB/Okt)* • decay; filter slope; slope *pract*

Flankensteilheit f <phys.el> *(von Impulsen, Signalen)* • edge steepness

Flankensteuerung f <el> • edge triggering

Flankenüberdeckung f <masch> • engagement depth; thread overlap; depth of thread engagement; height of thread engagement; depth of engagement

Flankenungleichmäßigkeiten fpl <edv> *(von Strich-codelementen)* • edge roughness; edge errors *pl*

Flankenverzerrung f • front distortion

Flankenwinkel m <edv.ic> • wall angle; slope angle

Flankenwinkel m <füg> *(Schweißnaht, einseitige Schräge)* • bevel angle

Flankenwinkel m <füg> *(Schweißfuge, V-Naht)* • groove angle

Flankenwinkel m <masch> *(z. B. von Schrauben)* • in-cluded thread angle; included angle *norm*; thread angle; angle of thread; profile angle

Flankenzentrierung f <masch> *(Keilwelle)* • sides-of-teeth fit

Flansch m <tech.allg> *(jede Form, jeder Zweck)* • flange

Flansch m prakt <tech.allg> *(z. B. an Rohren, Getrieben, Steckern)* • mounting flange; attachment flange; fixing flange; flange *pract*

Flanscharmatur f <rls> • flanged fitting

Flanschbefestigung f <masch> • flange mounting

Flanschbogen m <rls> • flanged-end bend

Flanschbolzen m ugs <masch> *(Schraube zum Verbin-den von Flanschen)* • flange bolt

Flanschbuchse f <masch> • flange bushing

Flanschdichtung f <masch> • flange gasket; flange seal

Flanschdicke f <füg> *(z. B. Schraubverbindung, Rohrver-bindung)* • thickness of the flange; flange thickness

Flanschdurchmesser m <masch> *(z. B. Rohrflansch)* • flange diameter

Flanschelektrode f <el> • flange electrode

flanschen vt <prod> • flange *vt*

Flanschenhülse f <masch> • double-flanged bobbin

Flanschfitting n <rls> • flanged fitting

Flanschformstück n <rls> • flanged fitting

Flanschgehäuse n <kfz.brems> (Festsattelbremse) • inner caliper housing

Flanschgewindeverbindung f <rls> • screw-flange joint

Flanschkompensator m <rls> • flanged expansion joint

Flanschkopf m <füg> • head with flange

Flanschkupplung f <allg> • female receptacle

Flanschkupplung f <masch> • flange coupling; faceplate coupling

Flanschlager n DIN ISO 4378-1 <masch> • flanged plain bearing ISO 4378-1; flanged bearing

Flanschmotor m <el> • flange-mounted motor

Flanschmotorpumpe f <förd> • flanged motor pump; flange mounted motor pump

Flanschmutter f <füg> • hexagon nut with flange; hexagon flanged nut

Flanschnabe f <masch> • flange hub

Flanschrohrverbindung f <rls> • flange pipe connection

Flanschschraube f <füg> (Schraubenkopftyp mit flanschartigem Rand) • flange bolt

Flanschschraube f <masch> (Schraube zum Verbinden von Flanschen) • flange bolt

Flanschspannring m <masch> • gland ring

Flanschstecker m <el> • male receptacle

Flanschstutzen m <rls> • flanged nozzle

Flanschträger m <tech.allg> • flange beam; I-beam

Flanschverbindung f <tech.allg> • flange joint; flange coupling; flange connection

Flanschverbindungsschraube f form <masch> (Schraube zum Verbinden von Flanschen) • flange bolt

Flanschwinkel m <tech.allg> • flange angle

Flanschzwischenlage f <el> • waveguide shim

Flare m <astron> • flare

Flasche f <allg> • bottle

Flasche f <tech.allg> (mit Druckgas; z. B. zum Schweißen) • cylinder

Flasche f <tech.allg> (bauchig od. flach) • flask

Flasche f <förd> (Flaschenzug) • block

Flasche mit Tropftülle f <kunst> • dropper-capped bottle

Flaschenabfüllanlage f <pack> • bottling plant

Flaschenabfüllmaschine f <pack> • bottle-filling machine; bottling machine

Flaschenabfüllung f <pack> • bottle filling; bottling

Flaschenacetylen n <füg> (Schweißtechnik) • dissolved acetylene; cylinder acetylene

Flaschenbatterie f <füg> • manifolded cylinders; cylinder manifold; manifold

Flaschenblasmaschine f <pack.prod> • bottle-blowing machine

Flaschendruckmanometer n <msr> (an Gasflaschen) • cylinder pressure gauge

Flaschenelement n <el> • bottle battery; bottle cell

Flaschenetikettiermaschine f <prod> • bottle labeler US; bottle labelling machine GB

Flaschenfüllstation f <füg> • cylinder filling station

Flaschenfüllung f <pack> (z. B. Saft, Wein) • bottling

Flaschengas n <verf> • cylinder gas; bottled gas

Flaschenglas n <silik> • bottle-glass

Flaschenhals m <pack> • bottle-neck

Flaschenhalskokille f <metall> • bottle-neck mold

Flaschenhalter m <fz> (am Fahrrad) • bottle cage

Flaschenhalter m <kfz> (für Getränke, z. B. in den Türen) • bottle holder

Flaschenkasten m <kfz> (Caravaning) • bottle locker

Flaschenkeller m <logist> (Wein) • bottle cellar

Flaschenmarkt m <pack> • bottle market

Flaschenöffner m <allg> • bottle opener

Flaschenpresse f <prod> • bottle-molding press

flaschenreif <nahr> (z. B. Wein) • bottle ripe

Flaschenreife f <nahr> (z. B. Wein) • bottling readiness; ready for bottling; bottle ripe rare

Flaschenreifung f <nahr> (Wein) • bottle-ageing; bottle-aging; maturing in bottle; bottle maturing

Flaschenrüttler m <bau> • immersion vibrator; internal vibrator; poker vibrator; spud vibrator

Flaschenspülmaschine f <verf> • bottle-washing machine; bottle cleaner; bottle washer; bottle rinser

Flaschenspulmaschine f <textil> • bottle bobbin winder

Flaschenteufel m <phys> • Cartesian diver; Cartesian devil

Flaschenventil n <rls> • cylinder valve

Flaschenverschlüsse mpl <pack> (Kork, Stopfen, Schraubdeckel) • bottle closures; closures for bottles

Flaschenzentrifuge f <verf> • bottle centrifuge

Flaschenzug m <förd> • block and tackle; set of pulleys; tackle

Flaschenzugblock m <förd> • hoisting block; lifting block; pulley block

Flaschenzugblock m <förd.petr> (im Bohrturm) • traveling block US; travelling block GB

Flaschenzugseil n <petr.förd> • block line; drilling line; rotary drilling line

Flash m prakt <edv> (nichtflüchtiger Speicher, für Firmware; Baustein) • flash eprom; flash pract

Flashdestillation f <chem.verf> • flash distillation

Flash-Eprom m <edv> (nichtflüchtiger Speicher, für Firmware; Baustein) • flash eprom; flash pract

Flash-Memory n <edv> • flash memory

Flash-RAM n <edv> • flash-RAM

Flash-Speicher m <edv> • flash memory

Flashspektrum n <phys> • flash spectrum

Flashverdampfer m prakt <verf> • flash evaporator; flasher pract

Flashverdampfung f prakt <phys.therm> • flash evaporation; flash vaporization US; instantaneous vaporization US

Flashverdampfung f <verf> (bei Druckabfall) • flashing

Flat-Hump m (FH) <kfz> (Felge) • flat hump (FH)

Flat-Hump auf beiden Felgenschultern m <kfz> (Radfelge) • flat hump on both bead seats (FH2)

Flat-Hump auf der Felgenaußenschulter m form <kfz> (Radfelge) • outboard flat hump (FH); flat hump on outer bead seat form

Flat-Hump-Felge f <kfz> • flat hump rim; FH rim pract

Flat Pack m <ic> (Pins flach zur Seite) • flatpack; flat pack

Flat-Pente auf beiden Felgenschultern n <fz> (Radmerkmal) • flat pente on both bead seats (FP2)

Flat-Pente auf Felgenaußenschulter n <fz> (Radfelge) • outboard flat pente (FP); flat pente on outer bead seat

Flat-Pente-Felge f <kfz> • flat pente rim

Flat-Plate-Kollektor m <energ.sol> • flat-plate-collector

Flat-Rate f <fin> (für Lieferungen, Leistungen; z. B. Reparatur, Internetzugang) • flat rate

Flat-Rate-Tarif m <tele> • flat rate

Flat-Shading n <edv> (Computergrafik) • flat shading; polygonal shading; Lambert shading rare

Flat-Spot-Bildung f wiss <prod> • flat spot formation

Flatterecho n <av> • flutter echo

Flattergrenze f <aerospace> • buffeting boundary

Flattermaske f <kunst> (beim Airbrush) • loose mask

Flattern n prakt <kfz> (spürbar und/oder sichtbar) • shimmy; wheel judder US; wheel shudder GB

Flattern n ugs <nav> (eines Segels) • flap; shiver

Flattern der Bahn n <pap> • web flutter

Flattern der Kolbenringe n <mot> • piston-ring flutter

Flatterrand m <doku> (Resultat bei linksbündiger Formatierung) • unjustified right margin; unjustified text; ragged setting; unjustified matter

Flattersatz m <doku> *(Resultat bei linksbündiger Formatierung)* • unjustified right margin; unjustified text; ragged
setting; unjustified matter
Flattersatz links m *ISO/IEC 2382-23* <doku> *(rechts-
bündig)* • ragged left *ISO/IEC 2382-23*
Flattersatz rechts *ISO/IEC 2382-23* <edv> *(linksbündig)*
• ragged right *ISO/IEC 2382-23*
flattersicherer Kragen m <bekl> • snap-down lapels *pl*
Flatterventil n <masch> *(allg.)* • reed valve; leaf valve *US*;
blade-type valve *did*; diaphragm valve *rare*
flau <phot> *(Bild, Beleuchtung; als Nachteil)* • low in contrast; poor in contrast; flat; dull
flauer Zug m <verbr> *(im Kamin)* • weak draft *US*; poor
draught *GB*
Flaum m <nahr.obfl> • bloom
Flaum m <textil> *(Faserflaum)* • fluff
Flaum m <textil> *(Gewebeflaum)* • nap
flauschig <mat> • fluffy
flauschig <textil> *(Faden)* • fleecy
flauschig <textil> *(Gewebeoberseite)* • fleeced
Flauschstoff m <textil> • pile fabric
Flavour n <nahr> *(gesamter oraler Sinneseindruck:
Geruch, Geschmack und Textur)* • flavor *US*; flavour *GB*
FLCD <edv> • Ferroelectric Liquid Crystal Display (FLCD)
Flechten n <textil> • braiding
flechten vt <bau.mat> *(Bewehrungsstahl)* • fix steel *vt*;
bind *vt*; fix *vt*
flechten vt <füg> *(miteinander)* • interlace *vt*
flechten vt <prod> *(z. B. Korb)* • plait *vt*; braid *vt*
Flechterzange f <wz> • mechanics' nippers *pl*
Flechtgurtträger m <textil> • braiding machine carrier
Flechtmaschine f <textil> • braiding machine
Flechtmuster n <textil> • braiding pattern
Flechtwerk n <bau> *(Uferbefestigung)* • hurdle work
Flechtwerk n <prod> *(z. B. aus Holz, Draht; für Körbe,
Siebe)* • wickerwork; wicker; basketwork
Flechtwerk n <textil> • plaiting; braiding
Fleck m <obfl> *(groß, hingespritzt)* • blotch
Fleck m <obfl> *(eher klein)* • spot
Fleck m <obfl> *(Verfärbung)* • stain
Fleck m <pap> *(Schmutz)* • speck
fleckabweisend <textil> • stain-repellent; stain-resistant
fleckempfindlich <qualit.mat> • stain-prone; susceptible
to stain
Fleckenbeständigkeit f <qualit.obfl> • stain resistance
Fleckenbildung f <obfl> • staining; spotting
fleckenfrei <obfl> • stainless; stain-free
fleckengeschützt ausgerüstet <textil> • stain-resistant
Fleckenhof m <astron> *(der Sonne)* • penumbra
fleckenloser Hintergrund m <druck> • freedom of background
Fleckenstrahlung f <astron> *(der Sonne)* • spot radiation
Fleckentferner m <chem> • spot remover; spot lifter
Fleckenunempfindlichkeit f <qualit.mat> • stain resistance
fleckgeschützt <textil> • stain-resistant
fleckgeschützt ausgerüstet <textil> • stain-resistant
fleckig <obfl> • spotted; spotty; stained
fleckige Blätter npl <agri> *(Krankheit)* • leaf spot
fleckige Oberfläche f <obfl.holz> • patchy surface
Fleckverzerrung f <av> • spot distortion
Fleet n <bau.hydr> • diversion canal
Fleetboard-System n MB <nfz.logist> *(telematikgestützt;
typ. für Lkw)* • fleet management system
Fleisch n <bio> *(von Menschen, Tieren, Früchten)* • flesh
Fleisch n <druck> *(von Drucktypen)* • beard
Fleisch n <nahr> *(zum Essen)* • meat
Fleischbehang m <led> *(Haut)* • epidermal and flesh
layers *pl*

Fleischerschnitt m <led> *(Häutefehler)* • butcher cut;
butcher score; gash
Fleischhacker m <nahr.wz> *(f. Hackfleisch)* • meat min-
cer
Fleischhängeschiene f <nfz> • meat rail; beef rail *US.coll*
Fleischseite f <bio> *(Tierpräparation)* • flesh side; skin
side; inner side; inside of the skin
Fleischseite f <led> • flesh side; flesh layer
Fleischspalt m <led> • flesh split
Fleischwolf m <nahr.wz> *(f. Hackfleisch)* • meat mincer
Flektion f <term> • inflection
Flensdeck n <nav> • flensing deck
Flettnerhilfsruder n <aerospace> • Flettner rudder;
Flettner servo-tab; Flettner tab; Flettner balance
Flettnerruder n <aerospace> • Flettner rudder; Flettner
servo-tab; Flettner tab; Flettner balance
Flewelling-Schaltung f <el> • Flewelling circuit
Flex f *ugs* <wz> • angle grinder; disc sander/grinder *GB*
Flexfeder f <kfz.mot> *(in Kolbenring)* • expander spacer;
expander ring; ring expander; spacer [ring] *pract*
Flexiarm m <autom> • flexiarm
flexibel <tech.allg> • flexible
Flexibelcroupon m <led> • flexible blend
flexibel einsetzbar <tech.allg> *(Material, Produkt)* • versatile
flexibelgenäht <led> • stitched-down; stitchdown
flexibel programmierbar <autom> *(z. B. Roboter)* • flexibly programmable
Flexibelspalt m <led> • flexible split
Flexibilität f <tech.allg> • flexibility
flexible Anschlussleitung f <kfz.el> • flylead
flexible automatisierte Fertigung f (FAF) <prod> • flexible automated manufacturing (FAM)
flexible Datensicherung f <edv> • selective backup
flexible Decke f <bau> • flexible pavement; non-rigid
pavement
flexible Decke <druck> • flexible case
flexible Einbanddecke f <druck> • flexible case
flexible Fabrik f <prod> *(z. B. durch Production on Demand)* • flexible factory
flexible Fertigungszelle f <prod> • flexible manufacturing cell
flexible gedruckte Schaltung f :V <msr> *(Folie mit
Leiterbahnen und evtl. Bauelementen)* • flexible printed
circuit (FPC)
flexible Kleinserienfertigung f <prod> • flexible small-
batch manufacture
flexible Kurzstabantenne f form <kfz> • rubber antenna
US; rubber aerial *GB*
flexible Leiterplatte f <el> *(steif, aber biegbar)* • flexible
printed circuit board; flexible circuit board
flexible Magnetplatte f <edv> • flexible magnetic disk
flexibler Hohlleiter m <el> • flexible waveguide; flexible
waveduct
flexibler Lichtwellenleiter m <lwl> • flexible light guide;
flexible optical waveguide *form*
flexibler Näherungssensor m <msr> • flexible proximity
sensor
flexibler Schneckenförderer m <förd> • flexible screw
conveyer
flexibler Steckgriff m <wz> • flexible spinner handle;
flexible driver; flex spinner
flexible Schaltung f <el.ic.prod> *(im TAB-Verfahren nur
durch ILB hergestellte Verbindung)* • flexible integrated
circuit; flexible circuit
flexibles Fertigungssystem n (FFS) <prod> • flexible
manufacturing system (FMS)
flexibles Kabel n <el> • flexible cable
flexibles Prisma n <av> • flexible prism

flexibles Rohr n <rls> • tubing
flexibles Solarmodul n <energ.sol> • flexible solar module
flexible Straßendecke f <bau> • flexible pavement; nonrigid pavement
flexibles Verbindungskabel n <edv> • patch cord
flexibles Verbindungskabel n <el> • flexible junction cord
flexible Verbindung f <füg> • flexible connection
flexible Verdrahtung f <el> • flexible wiring
flexible Verlängerung f <wz> • flexible extension bar; flex extension bar; flex extension
flexible Welle f <tech.allg> *(mech., zur Drehmomentübertragung; flexibel geführt)* • cable
Flex-i-liner-Pumpe f <förd> • flexible liner pump
Flexodruck m <edv> *(konventionelles Druckverfahren)* • flexography; flexographic printing *rare*
Flexodruckmaschine f <druck> • flexographic printing press; flexopress
Flexographie f <edv> *(konventionelles Druckverfahren)* • flexography; flexographic printing *rare*
Flexometer n <msr> • flexometer
Flexur f <geo> • flexure
FLF <edv> *(filtert Flüche etc. aus TV und Videotext)* • Foul Language Filter (FLF)
FLiBe <nukl> • FLiBe (FLiBe)
Flic m <edv> *(durch Animation erstellter Film)* • flic
Flic m *prakt* <edv> *(Datei)* • animation file; flic file; flic *pract*
Flicken m <rep> • patch
flicken vt <metall.rep> *(Herd; SM-Ofen)* • fettle vt
flicken vt *ugs* <rep> *(kleinere Schäden; z. B. Löcher, Risse, Leitungen, Kabel)* • repair vt; patch vt; mend vt
flicken vt <textil> *(Flicken aufnähen)* • patch vt
flicken vt <textil> *(Löcher in Gewebe)* • mend vt; repair vt
flicken vt <textil> *(Strümpfe)* • darn vt
Flicker m *prakt* <el> • voltage fluctuation; flicker *pract*
Flickereffekt m <el> • flicker effect
Flickern n <licht> • flicker
Flickerrauschen n <el> • excess noise
Flickmasse f <metall.rep> *(SM-Ofen)* • fettling material
Flic-Player m <edv> • flic playback module
flieder <kunst> *(Farbton)* • lilac
fliegend <masch> *(einseitig gelagert; z. B. Welle)* • cantilevered; unsupported; overhung
fliegend angeordnet <masch> *(einseitig gelagert; z. B. Welle)* • cantilevered; unsupported; overhung
fliegend angeordneter Dorn m <wz.masch> • stub arbor
fliegend angeordnetes Laufrad n <förd> *(Pumpe)* • overhung impeller
fliegende Achse f <fz> • floating axle
fliegende Befehlsstelle f <mil> • airborne command post
fliegende Bohrstange f <petr> • stub bar
fliegende Düse f <kunst.wz> *(Airbrush)* • floating nozzle
fliegender Druck m <druck> • hit-on-the-fly printing
fliegender Löschkopf m <av> • flying erase head (FE head); rotating erase head; flying erasing head; rotating erasing head; flying erase
fliegender Spurlöschkopf m <av> • flying erase head (FE head); rotating erase head; flying erasing head; rotating erasing head; flying erase
fliegendes Ausdrehwerkzeug n <wz.masch> • fly cutter in stub bar
fliegende Schatten mpl <astron> • shadow bands
fliegende Schere f <metall> *(z. B. im Walzwerk zum Teilen der Coils)* • flying shears
fliegendes Gestänge n <min> • temporary track; movable track; slide rail
fliegende Trümmer pl <bau> • missiles pl
fliegend gelagertes Laufrad n <förd> *(Pumpe)* • overhung impeller

Fliegengitter n <bau> *(an Fenstern)* • insect screen; window screen
Fliegengitter mit Alarmdrahteinlage n :V <alarm> • alarm screen; screen alarm; protective screen; window screen; breakwire screen
Fliegenpilz m <bio> • fly agaric; agaricus muscarius
Fliegerjacke f <bekl> • bomber jacket
Fliegerkarte f <navig> • sectional chart *US*; aeronautical chart *UK*; aeronautical map *UK*
Fliehbeschleunigung f <mech> *(entgegengesetzt zur Zentripetalbeschleunigung)* • centrifugal acceleration
Fliehgewicht n <kfz.el> *(Fliehkraftversteller f. Frühzündung)* • advance weight; governor weight; flyweight *coll*
Fliehgewicht n <masch> *(mech. Drehzahlregler)* • governor weight; flyweight
Fliehgewicht n <masch> *(allg.; z. B. auch in Automatikgetriebe)* • centrifugal weight; flyweight
Fliehkörperkupplung f <masch> • rim clutch
Fliehkraft f *ugs* <phys> • centrifugal force
Fliehkraftabscheider m *prakt* <verf> *(für Schwebstoffe; z. B. zum Staub in Luft, Abrieb in ÖL)* • centrifugal separator; centrifugal collector; cyclone separator *pract*; cyclone *pract*
Fliehkraftanlasser m <mot> • centrifugal starter
Fliehkraftbandkupplung f <antr> • slip-ring clutch
Fliehkraftbremse f <brems> • centrifugal brake
Fliehkraftentleerung f <verf> • centrifugal discharge
Fliehkraftentstauber m <verf> • centrifugal dust separator
fliehkraftgesteuert <msr> *(z. B. Bremse)* • centrifugally controlled
fliehkraftgesteuerter Regler m <kfz.mot> • centrifugal governor
Fliehkraftklassierer m <verf> • centrifugal classifier
Fliehkraftkontaktgruppe f <el> • moving contact assembly
Fliehkraftkupplung f <antr> • centrifugal clutch; self-operating clutch
Fliehkraftpendelmühle f <verf> • pendulum roller mill
Fliehkraftregler m <kfz.antr> *(hydr. Automatikgetriebesteuerung)* • governor valve
Fliehkraftregler m *prakt.ugs* <kfz.el> *(im Verteiler)* • centrifugal auto-advance mechanism; automatic advance mechanism; mechanical advance; centrifugal advance; governor *pract*
Fliehkraftregler m <msr> *(betont: nach Watt)* • Watt governor
Fliehkraftregler m <msr> *(allg.)* • centrifugal governor; flyball governor
Fliehkraftrelais n <el> • centrifugal relay
Fliehkraftschalter m <el> • centrifugal switch
Fliehkrafttachometer n <msr> • centrifugal tachometer
fliehkraftunterstütze Kupplung f <antr> • centrifugal clutch; self-operating clutch
Fliehkraftversteller m <kfz.el> *(im Verteiler)* • centrifugal auto-advance mechanism; automatic advance mechanism; mechanical advance; centrifugal advance; governor *pract*
Fliehkraftverstellung f <kfz.el> *(Funktion)* • centrifugal advance; centrifugal spark advance; centrifugal ignition advance; centrifugal ignition-timing control *rare*
Fliehkraftwalzenmühle f <verf> • pendulum roller mill
Fliehkraftzündversteller m *form* <kfz.el> *(im Verteiler)* • centrifugal auto-advance mechanism; automatic advance mechanism; mechanical advance; centrifugal advance; governor *pract*
Fliehkraftzündverstellung f <kfz.el> *(Funktion)* • centrifugal advance; centrifugal spark advance; centrifugal ignition advance; centrifugal ignition-timing control *rare*

Fliese f <bau.mat> • ceramic tile; tile *pract*
Fliese f <silik> • flag
Fliesen n <bau> *(Vorgang; von Böden, Wänden)* • tiling
Fliesenbelag m <bau> • tiling
Fliesenkleber m prakt <bau.füg> • tile adhesive
Fliesenklebstoff m prakt <bau.füg> • tile adhesive
Fließband n <förd> • conveyor belt; conveyor line
Fließband n <prod> *(Fertigungslinie)* • assembly line; continuous line; flow line
Fließbandfertigung f <prod> • flow-line production; line flow production
Fließbandmontage f <prod> • progressive assembly; flow-line assembly; conveyor-line assembly
Fließbandverarbeitung f <edv.av> • pipelining
Fließbank f <kfz.wz> *(Vergaserprüfstand)* • flow bench
Fließbecher m <kunst.wz> *(auf Airbrush)* • flow cup; gravity-feed paint cup
Fließbecherpistole f <obfl.wz> *(Lack)* • gravity-feed spray gun; top loader gun *US.pract*; top feed gun
Fließbecherspritzpistole f <obfl.wz> *(Lack)* • gravity-feed spray gun; top loader gun *US.pract*; top feed gun
Fließbedingung f <mat> *(bei Grenzbelastung)* • yield condition
Fließbereich m <mat> • yield region
Fließbeschichtung f <obfl> • flush coating
Fließbetrieb m <prod> *(z. B. Fertigung)* • continuous operation; continuous processing; continuous working
Fließbett n <verbr> *(Feuerungsart)* • fluidized bed; fluidizing bed; fluid bed; moving bed *rare*
Fließbettadsorber m <verf> • fluid bed adsorber; fluidized bed adsorber
Fließbettfeuerung f <verbr> • fluidized bed combustion (FBC)
Fließbettofen m <ents.verbr> • fluidized bed incinerator; fluidbed kiln; fluid-bed combuster; fluidized bed combustor
Fließbettreaktor m <verf> • fluidized-bed reactor
Fließbettverfahren n <chem.petr> • fluid catalytic cracking process; fluid bed process
Fließbewegung f <energ.hydr> • flow; flowing; current; flux
Fließdruck m <agri.tech> *(Biogas-Fermenter)* • working pressure
Fließdruck m <verbr> *(von Gasen)* • flow pressure
Fließdrückmaschine f <prod> • roll-forming machine
Fließeigenschaft f <kunst> *(von Farbstoffen)* • flow characterisic
Fließen n <tech.allg> *(allg.; z. B. von Gas, Flüssigkeit, Strom, Neutronen)* • flow; flux
Fließen n <tech.allg> *(Vorgang, von Fluiden)* • flow
Fließen n <mat> *(langsame bleibende Verformung)* • yield; yielding
fließen vi <allg> *(Flüssigkeit)* • run vi
fließen vi <mat> *(unter mech. Spannung)* • yield vi
fließen vi <rls> *(Fluide; durch Rohre, Rohreinbauten, Armaturen etc.)* • stream vi; flow vi; pass vi
fließender Verkehr m <verk> • moving traffic
fließendes Gewässer n <geo> • flowing waters; running waters
fließendes Wasser n <allg> • running water
Fließerscheinung f <mat> • yield phenomenon
Fließestrich m <bau> • jointless floor : V
fließfähig <tech.allg> *(Flüssigkeiten, Schüttgut; z. B. Öl, Salz)* • fluid; flowable
fließfähig rar <metall> *(relativ leicht umformbar; durch Umformverfahren)* • ductile; flowable *rare*
Fließfähigkeit f <tech.allg> *(von Flüssigkeiten, Schüttgut; z. B. Öl, Salz)* • flowing ability
Fließfähigkeit f <kst> *(von Kunststoffen)* • rheological properties

Fließfähigkeit f <obfl> *(von heterogenen Farbsystemen)* • flowing property; fluidity; mobility; fluid viscosity
Fließfähigkeit f <phys> *(allg.)* • rheological properties pl; flow characteristics pl; rheological behavior US; flow behaviour GB
Fließfähigkeit f <verbr> *(flüssiger Brennstoffe)* • fluidity
Fließfertigung f <prod> • flow-line production; flow production
Fließfigur f <phys> • flow figure; flow pattern
Fließfigur f <qualit.mat> • Lüders line; stretcher strain
Fließförderung f <förd.pneum> • pneumatic conveying
Fließformen n <prod> • transfer molding
Fließgelenkverfahren n <mech> *(Festigkeitsrechnung)* • plastic-hinge method
Fließgeschwindigkeit f <tech.allg> *(von Flüssigkeiten, Gasen; z. B. Wasser im Flussbett, Erdgas in Rohren)* • flow velocity; flow rate; velocity of flow; stream velocity *rare*; current velocity *rare*
Fließgeschwindigkeit f rare <tech.allg> *(von Flüssigkeiten, Gasen in Rohren, Filtern etc.; z. B. in m³/sec, t/h)* • flow rate; flow velocity
Fließgeschwindigkeit des Quecksilbers f <el.chem> • rate of flow of mercury; rate of mercury flow; mercury flow rate
Fließgewässer n <geo.hydr> *(jede Größe, von Bach bis Strom)* • stream
Fließgießverfahren n <kst> *(Spritzgießverfahren, bei dem mit rotierender Schnecke gefüllt wird)* • intrusion molding; flow molding; intrusion method *rare*
Fließgrenze f <bau> *(Bodenmechanik)* • liquid limit
Fließgrenze f <qualit.mat> *(Materialprüfung; allg.)* • yield point; flow point
Fließgrenze f <qualit.mat> *(Zugversuch)* • yield point (Re) DIN EN 10002-5; yield strength
Fließheck n <kfz> • fastback
Fließkurve f <kst> • flow curve
Fließlager n <logist> • dynamic storage; live storage
Fließlochformen n <prod> • flow drilling
Fließlöten n <füg> • flow soldering
Fließmittel n <chem.verf> *(Chromatographie)* • mobile solvent
Fließmittel n <emiss.msr> *(zur Rußmessung im Abgas; z. B. Azeton)* • solvent
Fließpresse f <prod.metall> *(Extruder)* • extruder
Fließpressen n DIN 8583-6 <prod.metall> *(von Metall)* • extrusion; power-press extrusion *rare*
Fließpressmatrize f <wz> • extrusion die
Fließpressstempel m <wz> • extrusion punch
Fließpressteil n <prod.metall> • extruded part; extrusion
Fließpunkt m <qualit.mat> *(Materialprüfung; allg.)* • yield point; flow point
Fließpunkt m <tribo> *(Öl)* • pour point
Fließpunkterniedriger m <tribo> • pour-point depressant
Fließreibung f <mech> • fluid friction
Fließrichtung f <verf.hydr> *(in Wasseraufbereitungssystemen)* • flow direction; flow pattern; flow
Fließrutschung f <bau> *(Bodenmechanik)* • liquefaction failure; flow slide
Fließscheide f <prod> *(Walzen)* • no-slip point; non-slip point
Fließschema n <doku> • flow diagram; flow chart
Fließschmierung f <tribo> • hydrodynamic-film lubrication; fluid-film lubrication
Fließschweißen n <füg> • flow welding
Fließspan m <prod> *(z. B. Wendelspan)* • continuous chip; flow chip
Fließspannung f <qualit.mat> *(Materialprüfung; allg.)* • yield point; flow point

Fließspannung f <qualit.mat> (Zugversuch) • yield point (Re) DIN EN 10002-5; yield strength
Fließspeiser m <prod> • flow feeder
Fließstraße f A <prod> • production line; flow production line; process line rare; flow line rare
Fließstraße f <prod.autom> • automatic transfer line; automated linked line; linked line
Fließtemperatur f <mat> • flow temperature
Fließtemperaturbereich m <mat> • flow temperature range
Fließtext m <doku> • body copy
Fließton m <bau.mat> • quick clay
Fließtopf m rar <kunst.wz> (auf Airbrush) • flow cup; gravity-feed paint cup
Fließverbesserer m <chem.petr> (für Dieselkraftstoff) • fluidity improver; flow improver
Fließverfahren n <prod> • assembly-line production; flow-line process; flow process
Fließverhalten n <kst> (von Kunststoffen) • rheological properties
Fließverhalten n <phys> (allg.) • rheological properties pl; flow characteristics pl; rheological behavior US; flow behaviour GB
Fließvermögen n <obfl> (von heterogenen Farbsystemen) • flowing property; fluidity; mobility; fluid viscosity
Fließvermögen n <phys> • fluidity; flowability
Fließversatz m <min> • controlled-gravity stowing; gravity stowing; flow stowing; gravity filling
Fließversuch m <metall> • pouring test
Fließversuch m <qualit.mat> • flow test
Fließwiderstand m <akust> (Schallleitung) • flow resistance
Fließzonentechnik f <mat> • floating-zone technique
Flimmereffekt m <opt> • flicker effect
Flimmerepithel n <bio> • ciliated epithelium
Flimmerfilter m <med.tech> • flicker filter
flimmerfrei <av> (TV-/Videobilder) • flicker-free; flickerless; non-flicker; no flicker
Flimmerfrei-Modus m <av> • flickerless mode
Flimmerfrequenz f <av> • flicker frequency
Flimmern n <astron> (von Sternen) • scintillation
Flimmern n <edv> (z. B. Bildschirm) • flicker
flimmern vi <astron> • scintillate vi
flimmern vi <av> (Bildröhre; z. B. TV, Video, Monitor) • flicker vi
flimmern vi <phot> (Mikroprismen) • shimmer vi
Flimmerphotometer n <msr> • flicker photometer
flinke Sicherung f <el> • fast-acting fuse; quick-break fuse rare; fast-action fuse rare; fast fuse rare; instantaneous fuse rare
Flint m <chem> • flint; flintstone coll
Flint m <mat> • flint stone; firestone; flint
Flinte f <mil> • shotgun
Flintenlauf m <sport> • shotgun barrel
Flintglas n <silik> • flint glass
Flintglaslinse f <opt> • flint lens
Flintsteinkugelmühle f <verf> (mit Füllung aus Flintstein- oder Hartporzellankugeln) • pebble mill
Flip-Chip m prakt <el.ic> • flip-chip device; flip chip pract
Flip-Chip-Baustein m <el.ic> • flip-chip device; flip chip pract
Flip-Chip-Bonden nt <el.ic.prod> • flip chip bonding; flip chip mounting
Flip-Chip-Kontaktierung f <el.ic.prod> • flip chip bonding; flip chip mounting
Flip-Chip-Technik f (FC) <el.ic.prod> (Direktmontage von Chips) • flip-chip technology (FC)
Flipflop m <el> • bistable circuit; flip-flop circuit; trigger element; toggle; flip-flop pract

Flipflop m prakt <el> • bistable multivibrator; Eccles-Jordan multivibrator; bistable circuit; flip-flop circuit; flip-flop pract
Flipflopauslöser m <el> • flip-flop trigger; Eccles-Jordan trigger
Flipflop-Element n <el> (allg.) • bistable device; two-state device; flip-flop pract; flip-flop pract
Flipflop-Schaltung f <el> • bistable circuit; flip-flop circuit; trigger element; toggle; flip-flop pract
Flipflopspeicher m <el> • flip-flop storage; flip-flop memory
Flipflop-Speicher m <el> • flip-flop storage; flip-flop memory
Floatglas n <silik> (z. B. für Fensterbau) • float glass
Float-Zone gezogenes Silizium n (FZ-Si) <mat> (z. B. für Photovoltaik) • silicon produced by float-zoning (FZ-Si)
Flobert-Gewehr n <mil> (6, 7 or 9 mm, für Schrot, Rundkugel oder Spitzgeschoss) • Flobert rim-fire gun; rat gun coll
Flockdruck m <textil> • flock print
Flockdruck m <textil> (Vorgang) • flock printing; flocking
Flocke f <allg> (fest) • flake
Flocke f <allg> (leicht und flauschig; z. B. Staub, Flaum) • fluff; piece of fluff
Flocke f <allg> (Schaum; z. B. im Schaumbad, auf Gewässern) • blob
Flocke f <tech.allg> (kleines Plättchen; z. B. in Suspensionen, nach Flokkulierung) • flake; flakelet; floccule; floc
Flocke f <meteo> (Schnee) • flake
Flocke f <textil> (Baumwolle, rohes Fasermaterial) • flock
flocken vt <chem> (z. B. Suspension) • flocculate vt
Flockenbast m <textil> • cottonized bast fiber
Flockenriss m <mat> (Stahldefekt; verursacht durch Dauerschwingbelastung) • chrome check; snowflake; fish-eye
Flockenriss m <mat> (durch thermische Einwirkung) • thermal burst
Flockenriss m <mat> (verursacht durch Dauerschwingbelastung) • shatter crack
Flockenstuhl m <nahr> • flaker
Flockespeisung f <textil> • flock feeding
Flockfaser f <textil> • flock fiber US; flock fibre GB
Flockflor m <textil> (Teppich) • flock pile
flockig <allg> • flaky
flockig <chem> • flocculent
flockig <nahr> (Speiseeisfehler) • fluffy; foamy; spongy; snowy
flockiges Abschmelzen von Speiseeis n <nahr> • curdy meltdown
Flockteppich m DIN ISO 2424 <textil> • flocked carpet ISO 2424; flocked-pile textile floor covering
Flockung f <chem.verf> • flocculation; coagulation; clotting coll
Flockungsklärapparat m <verf.hydr> (Abwasseraufbereitung) • reactor-clarifier; flocculation tank
Flockungsmittel n <chem> • flocculant; flocculation agent; flocculating agent; floccing agent; coagulant
Flockungspunkt m <chem> • flocculation point
Flöckchen n <tech.allg> (kleines Plättchen; z. B. in Suspensionen, nach Flokkulierung) • flake; flakelet; floccule; floc
Flöz m <min> (z. B. Kohlenbergwerk) • seam; bed; layer
flözführendes Kohlengebirge n <min> • coal measure
Flözkohle f DIN 22020-1 <min.geo> (aus einem einzigen Flöz gewonnene Kohle) • seam coal
Flözmächtigkeit f <min> • seam thickness
Flözprofil n <min> • seam section
Flözstörung f <min> • seam fault
Flözstrecke f <min> (Abbaustrecke) • gate road
Flözstrecke f <min> (Kohle) • heading; head

Floppy *f ugs* <edv> • floppy disk (FD); diskette *pract*; floppy *coll*; flexible disk cartridge *rare*

Floppycontroller *m ugs* <edv> • floppy disk controller; floppy controller *pract*; FDD controller

Floppydisk *f* <av> • floppy disk; diskette

Floppy-Disk *f* <edv> • floppy disc; magnetic flexible disc; flexible disc

Floppy-Disk *f rar* <edv> • floppy disk (FD); diskette *pract*; floppy *coll*; flexible disk cartridge *rare*

Floppy-Disk-Laufwerk *n* <edv> • floppy-disc drive

Floppy-Disk-Laufwerk *n* <edv> *(z. B. 3,5")* • floppy-disk drive (FDD) *US.GB*; flexible disk drive; diskette drive; FD drive

Floppy-Disk-Speicher *m* <edv> • floppy-disc memory; floppy-disc store

FLOPS <edv> • floating point operations per second (FLOPS)

Floptical *f coll* <edv> • floptical diskette; floptical disk; floptical *coll*

Floptical Disk *f* <edv> • floptical diskette; floptical disk; floptical *coll*

Floptical-Laufwerk *n* <edv> • floptical drive

Flor *m* <textil> *(Karde)* • card nap

Flor *m* <textil> *(aufrecht stehende Fasern oder Schlingen, z. B. in Samt oder Frottee)* • pile

Flor *m* <textil> • web

Flor *m* <verf> *(z. B. von Samt, Plüsch, Teppich)* • nap

Flor abkämmen *vi* <textil> • doff the web *vi*

Florbändchen *n* <textil> • web strip

Florbindung *f* <textil> • pile weave

Florcourtine *f* <theat> • gauze cloth; scrim drop; theatrical bobbinet; theatrical gauze

Florida/Arizona-Test *m* <obfl> • Florida/Arizona exposure

Florkette *f* <textil> • nap warp

Florschuss *m* <textil> • pile pick

Florschussschlauch *m* <textil> • weft pile tube

Florteiler *m* <textil> • web divider

Florteilriemchenleder *n* <led> *(Textilmaschinen)* • condenser tape leather

Florverwerfung *f* <textil> • pile deformation

Florwebstuhl *m* <textil> • pile fabric loom

Floß *n* <nav> • raft

Floßbrücke *f* <bau> *(Schwimmbrücke)* • raft bridge

Flosse *f* <aerospace> *(Dämpfungsfläche)* • stabilizing fin; stabilizer; fin

Flosse *f* <aerospace> *(Rakete)* • tail plane

Flosse *f* <bio> • fin

Flosse *f* <bio> *(bei Wal, Delfin)* • flipper

Flosse *f* <sport> *(zum Tauchen, Schnorcheln)* • flipper

Flossenantenne *f* <aerospace> • fin antenna *US*; fin aerial *GB*

Flossenkiel *m* <nav> • fin keel

Flossenplatte *f* <nav> • fin plate

Flossenstabilisierung *f* <nav> • fin stabilization

Flossenverkleidung *f* <aerospace> • tail plane skin

Flossenverstellung *f* <aerospace> • fin trimming; fin adjustment *norm*

Floßschleuse *f* <bau.hydr> *(in e. Fluss)* • log chute

Flotation *f* <chem.verf> • flotation *US.GB*; froth flotation; floatation *rare*

Flotationsabgänge *mpl* <ents> • flotation tailings

Flotationsanlage *f* <verf.ents> • flotation plant; flotation system

Flotationskonzentrat *n* <ents> • froth fines

Flotationsmittel *n* <chem> • flotation reagent; flotation agent

Flotationsöl *n* <chem> • flotation oil

Flotationsstofffänger *m* <pap> • floatation save-all

Flotationsverfahren *n* <chem.verf> • flotation method

Flotationszelle *f* <verf> • flotation cell; floatation cell *rare*; froth cell

flotative Aufbereitung *f* <min> • flotation beneficiation

Flote-Purge-System *n* <verf> • flote purge system

Flotierbarkeit *f* <chem.verf> *(von Störstoffen)* • flotability

flotieren *vi* <chem.verf> • float *vi*

Flotte *f* <fz> *(allg.; z. B. von Schiffen, Autos, Lkw)* • fleet

Flotte *f* <nav> • navy

Flotte *f* <textil> • liquor; bath

Flotte Lotte *f ugs* <gastr.wz> • hand mixer

Flottendosiersystem *n* <verf> • liquor metering system

Flottenerneuerung *f* <kfz> • fleet replacement

Flottenfärbung *f* <textil> • bath dyeing

Flottenfahrzeug *n* <kfz> *(z. B. Taxis, Streifenwagen, Firmenwagen)* • fleet car

Flottengeschäft *n* <kfz.ökon> • fleet sales

Flottenmanagement *n* <kfz.logist> • fleet management

Flottenmanagementsystem *n* <nfz.logist> *(telematikgestützt; typ. für Lkw)* • fleet management system

Flottenrichtungsumkehr *f* <textil> • liquor-circulation reversal

Flottenverbrauch *m* <kfz> *(aller Fahrzeuge eines Herstellers)* • corporate average fuel economy (CAFE); corporate mileage *pract*; fleet mileage *pract*

Flottenverhältnis *n* <textil> *(Färberei)* • liquor ratio; bath ratio; loading ratio

flottieren *vi* <chem.verf> • float *vi*

flottierende Fäden *mpl* <textil> • floating threads; floats

flottierendes Beta-Lipoprotein *n rar* <bio.chem> • beta-migrating VLDL; broad beta lipoprotein; broad beta; beta VLDL; hypertriglyceridemic VLDL *rare*

Flottierung *f* <textil> • float

flott liegen *vi* <textil> • float *vi*

flottmachen *vt* <nav> *(Wasserfahrzeug, von Hindernis; z. B. von Sandbank)* • refloat *vt*; get afloat *vt*

Flottung *f* <textil> • float; float stitch

Flottung *f* <textil> *(Einfadentechnik)* • float loop

Flottung *f* <textil> *(Kettentechnik)* • floated under lap

Flottung bilden *vt* <textil> • miss *vi*

flottwerden *vi* <nav> *(Schiff)* • come off *vi*

Flow *m prakt* <med.tech> *(Atemluft im Beatmungsgerät)* • flow rate; flow *pract*

Flowable *n* <chem.agri> • flowable

Flowassistenz *f* <med.tech> • pressure support ventilation (PSV)

Flow-coating-Verfahren *n* <obfl> *(Chemische Oxidation)* • flow-coating process; flow coating

Flow-Coat-Verfahren *n* <obfl> *(Chemische Oxidation)* • flow-coating process; flow coating

flowgesteuert <med.tech> *(Atmung; Umschaltung von Insp. auf Exsp.)* • flow-cycled

Flowkurve *f* <med.tech> • flow waveform

Flowkurve mit Beschleunigungsrampe *f* <med.tech> *(bei Inspiration)* • accelerating flow; accelerating flow waveform; ascending ramp

Flowregelventil *n* <rls.msr> *(Durchflussregelung)* • flow control valve *ISO 4135*

Flowsensor *m* <med.tech> • flow sensor; flow transducer

Flowsteuerung *f* <med.tech> • flow cycling

Flow-Transducer *m* <med.tech> • flow sensor; flow transducer

Flowtrigger *m* <med.tech> • flow trigger

Flowwandler *m* <med.tech> • flow sensor; flow transducer

Flow-Zeit-Diagramm *n* <med.tech> • flow waveform

FLPL <aerospace> • flight plan (FLPL)

Flucht *f* <bau> *(von Gebäuden, Strukturmerkmalen)* • alignment

fluchteben <obfl> • flush *adj*

fluchten *vt* <tech.allg> *(z. B. zwei Kanten, mehrere Boh-rungen etc.)* • align *vt*

fluchten *vt* <masch> *(betont: axial; z. B. Wellen)* • align axially *vt*

Fluchtgeschwindigkeit *f* <astron> • recession velocity

Fluchtlinie *f* <bau> *(von Gebäudefronten, Fassaden)* • frontage

Fluchtlinie *f* <doku> *(zum perspektivischen Fluchtpunkt)* • vanishing line

Fluchtlinientafel *f* <doku> • nomogram; nomograph; no-mographic chart

Fluchtpunkt *m* DIN ISO 10209-2 <doku> *(Perspektive)* • vanishing point *ISO 10209-2*

Fluchtpunktperspektive *f* <opt> • vanishing-point per-spective

fluchtrecht <tech.allg> *(bündig, versenkt)* • flush

Fluchtstab *m* DIN 18705 <msr> • ranging pole; ranging rod; boning rod

Fluchtungsfehler *m* <tech.allg> *(Winkelabweichung, Knick statt geradlinig; z. B. von Rohren)* • angular mis-alignment; alignment error; misalignment

Fluchtungsfernrohr *n* <msr> • optical alignment testing telescope; alignment testing telescope

Fluchtweg *m* <bau> *(allg.)* • escape route

Fluchtweg *m* <bau> *(betont: bei Feuer)* • fire escape route

Fluchtweg *m* <logist> *(Gang im Hochregallager)* • fire aisle

flüchtig <allg> *(Person; z. B. Gefangener)* • fugitive

flüchtig <tech.allg> *(übergangsweise, zeitweise vorhan-den)* • transient

flüchtig <chem> *(z. B. Lösungsmittel)* • volatile

flüchtig <edv> *(Speicher)* • volatile

flüchtige Bestandteile *mpl* <chem> • volatile matter; volatiles

flüchtige Bestandteile entfernen *vt* <chem.verf> • de-volatilize *vt*

flüchtige Fettsäure *f* <chem> • volatile fatty acid

flüchtige Kohlenwasserstoffe *mpl* <emiss> • volatile hydrocarbons (VOC)

flüchtige Kohlenwasserstoffe ohne Methan *m* <kfz.emiss> • non-methane volatile organic compounds (NMVOC); volatile hydrocarbons other than methane

flüchtige Komponente *f* <chem> • volatile component

flüchtige organische Kohlenstoffverbindungen ohne Methan *f* (NMVOC) <kfz.emiss> • non-methane volatile organic compounds (NMVOC); volatile hydrocar-bons other than methane

flüchtige organische Verbindung *f* (VOC) <chem> • volatile organic compound (VOC)

flüchtiger Bestandteil *m* <chem> • volatile constituent

flüchtiger Speicher *m* <edv> • volatile memory; volatile storage *rare*

flüchtiger Stoff *m* <chem> • volatile substance

flüchtiges Lösungsmittel *n* <chem> • volatile solvent

flüchtige Substanz *f* <chem> • volatile matter

Flüchtigkeit *f* <chem.phys> *(z. B. von Kraftstoffen, Schmierstoffen)* • volatility

Flügel *m* ugs <aerospace> *(betont: Flügelform, Struktur-element)* • wing

Flügel *m* <bau> *(eines Fensters)* • casement

Flügel *m* <bau> *(Tür)* • leaf

Flügel *m* <bau> *(alte Windmühle)* • sail

Flügel *m* <bau> *(Gebäude, z. B. Schloss)* • wing

Flügel *m* <bau> *(Rahmenkonstruktion, meist verglast)* • window sash; sash; casement frame

Flügel *m* <bio> • wing

Flügel *m* obs <energ.wind> • rotor blade; blade *pract*

Flügel *m* DIN ISO 1891 <füg> *(Antrieb: Flügelschraube)* • wing

Flügel *m* <geo> *(Faltung)* • leg; limb

Flügel *m* <hlk> *(Lüfter, Ventilator)* • blade

Flügel *m* <masch> *(Flügelzellenpumpe)* • vane

Flügel *m* <textil> *(Spinnflügel)* • flyer

Flügel *m* <turb> *(Kaplanturbine)* • runner blade; pitch run-ner blade

Flügel *m* <verf> *(Rührwerk)* • arm; beater

Flügel *m* <verf> *(in Rührwerk)* • paddle; blade

Flügelarm *m* <textil> • leg

Flügelaussteifungsprofil *n* <bau> • sash reinforcement profile

Flügelblatt *n* <aerospace> • wing vamp

Flügelbrecher *m* <verf> *(Aufbereitung)* • blade crusher

Flügeldichtung *f* <bau> • sash seal

Flügeldrehzahl *f* <textil> • flyer speed

Flügeleintrittskante *f* <aerospace> • wing leading edge

Flügelende *n* <aerospace> • wing-tip

Flügelentwässerung *f* <bau> • sash drainage

Flügelfalz *m* <bau> • sash rebate

Flügelfenster *n* <bau> • casement window; casement

Flügelflächenverhältnis *n* <aerospace> • blade area ra-tio

Flügelführungsschlitz *m* <masch> *(Flügelzellenpumpe)* • vane slot

Flügelgarn *n* <textil> • flyer yarn

Flügelgewicht *n* <bau> *(Gewicht des Fensterflügels)* • sash weight

Flügelgewicht *n* prakt <bau> *(in Vertikalschiebefenstern)* • sash weight; counterweight; weight *pract*; counterbal-ance *rare*

Flügelgröße *f* <bau> • sash size

Flügelhälfte *f* <aerospace> • wing half

Flügelhaut *f* <aerospace> • wing skin

Flügelholm *m* <aerospace> • wing spar; spar

Flügelkappe *f* <led> *(Schuhherstellung)* • wing-tip; wing toe cap

Flügelklappe *f* prakt <med.tech> *(Herzklappenersatz)* • bileaflet valve; bileaflet tilting disk valve *US*; bileaflet tilting disc valve *GB*

Flügelkolben *m* <masch> • vane-type piston

Flügelkopf *m* <textil> • flyer head

flügellastig <aerospace> • wing-heavy

Flügelleitung *f* <feuer> • lateral sprinkler line

flügellose Rakete *f* <aerospace> • wingless missile

Flügelmauer *f* <bau> *(Brücke)* • wing wall; head wall

Flügelmischer *m* <verf> • blade mixer; arm mixer

Flügelmutter *f* DIN 315 <tech.allg> *(allg.)* • wing nut; thumb nut *US*; butterfly nut; fly nut *coll*

Flügelmutter *f* prakt <kfz> • spinner; knock-off/on nut; center lock [nut]; Rudge nut; wing nut

Flügelort *n* <min> • lateral drift

Flügelprofil *n* <tech.allg> *(aerodynamisch geformt)* • air-foil profile *US*; aerofoil profile *UK*

Flügelprofil *n* <bau> *(Fensterflügel)* • sash profile

Flügelpumpe *f* <förd> • semi-rotary pump; semi-rotary hand pump; semi-rotary hand wing pump; wing pump; hand wing pump

Flügelpumpe *f* <masch> *(zwei Bauarten: Flügelzellen-pumpe versus Sperrschieberpumpe)* • vane pump

Flügelrad *n* <kfz.mot> *(in Turboladern)* • impeller

Flügelrad *n* <masch> *(allg. in Pumpen)* • vane wheel im-peller

Flügelrad *n* <pump> *(z. B. in Verdichter, Pumpe)* • impel-ler

Flügelradanemometer *n* <meteo> • rotating-cup anemo-meter; vane anemometer

Flügelrad-Durchflussmesser *m* <msr> • vane-wheel flow meter; vane-type flow meter

Flügelradlüfter *m* <hlk> • propeller fan

Flügelradpropeller *m* <nav> • vane-screw propeller
Flügelradwassermesser *m* <msr> • rotary water meter; vane water meter
Flügelradzähler *m* <msr> • rotating-vane meter; rotating meter
Flügelrahmen *m* <bau> • casement frame
Flügelrahmen *m* <bau> *(Rahmenkonstruktion, meist verglast)* • window sash; sash; casement frame
Flügelrakete *f* <aerospace> • wing-borne missile; winged missile
Flügelrührer *m* <verf> • blade agitator; paddle agitator; plough-type agitator
Flügelschale *f* <aerospace> • wing shell
Flügelscheibe *f* <textil> • wing disc
Flügelschiene *f* <bahn> • wing rail
Flügelschneide *f* <petr> • finger bit
Flügelschott *n* <nav> • wing bulkhead
Flügelschraube *f DIN 316* <füg> • wing screw; thumbscrew
Flügelsonde *f* <msr> • vane tester; vane apparatus
Flügelsondenversuch *m* <msr> • vane shear test
Flügelspanne *f obs* <energ.wind> *(Rotor)* • span
Flügelspindel *f* <textil> • flyer spindle
Flügelspinnmaschine *f* <textil> *(historisch)* • flyer spinning machine; flyer spinning frame; throstle; fly machine; flyer
Flügelspoiler *m MB* <kfz> *(Heckspoiler mit Düsenspalt)* • rear spoiler; rear deck spoiler; rear aerofoil *Ferrari*; rear decklid wing *Ford*
flügelstabilisiert <aerospace> • fin-stabilized; finned
flügelstabilisierte Rakete *f* <mil> • fin-stabilized missile; wing-borne missile; winged missile
Flügelsteigung *f* <aerospace> *(Propeller)* • pitch
Flügelstreckung *f* <aerospace> • wing aspect ratio; aspect ratio
Flügeltank *m* <nav> • topside tank
Flügeltür *f* <kfz> *(oben horizontal angeschlagen)* • gull-wing door
Flügeltür *f* <nfz> *(vertikal angeschlagen)* • swing-out door
Flügelverdichter *m* <masch> • bladed exhauster
Flügelverschluss *m* <aerospace> • wing lock
Flügelwiderstand *m* <aerospace> • wing drag
Flügelwirkungsgrad *m* <aerospace> *(Hubschrauberrotor)* • blade efficiency
Flügelzahl *f obs* <masch> *(Rotor, Propeller)* • blade number
Flügelzellen... <masch> • vane-type
Flügelzellenlader *m Bosch* <mot> • vane-type supercharger
Flügelzellen-Luftpumpe *f* <kfz.emiss> *(Sekundärlufteinblasung)* • vane-type air pump
Flügelzellenmotor *m* <autom> • rotary vane motor; rotary motor of the vane type *rare*
Flügelzellenpumpe *f* <masch> • vane pump; rotary vane pump; vane-type pump
Flügelzwirnmaschine *f* <textil> *(Zwirnerei)* • fly doubler; fly twister; flyer twisting frame
flüssig <phys> • liquid
Flüssigabfall *m* <ents> • liquid waste
Flüssigbrennstoff *m* <verbr> • liquid fuel
Flüssigchromatographie *f* (LC) <chem.verf> • liquid chromatography (LC)
Flüssigdichtmittel *n* <masch> *(dauerelastische Masse aus der Tube)* • liquid gasket; room temperature vulcanizing gasket sealer; room temperature vulcanizing sealer; gasket in a tube; RTV gasket
Flüssigdichtung *f* <masch> *(dauerelastische Masse aus der Tube)* • liquid gasket; room temperature vulcanizing gasket sealer; room temperature vulcanizing sealer; gasket in a tube; RTV gasket

Flüssigdünger *m* <agri> • liquid fertilizer; liquid manure
Flüssigdüngerinjektor *m* <agri> • liquid manure injector
flüssige Emission *f* <ents> • liquid emission
flüssige Entwicklung *f* <druck> • liquid development
flüssige Kathode *f* <el> • pool cathode
Flüssigelektrolyt *m* <el.chem> • liquid electrolyte
Flüssigelektrolytbatterie *f* <el> • liquid electrolyte battery; flooded battery
flüssige Luft *f* <tech.allg> • liquid air
flüssige Mittel *npl* <fin> • liquid funds; liquid assets; cash resources; current funds; cash in hand and bank
flüssig entwickeln *vt* <druck> • liquid developing *vt*
flüssige Phase *f* <metall> • liquid phase
flüssige Phase *f* <phys> *(Aggregatzustand)* • liquid phase
flüssige Quecksilberkathode *f* <el> • mercury-pool cathode
flüssiger Abdeckfilm *m* <kunst> • liquified stenciling solution; liquid mask; gum emulsion for masking
flüssiger Abfall *m* <ents> • liquid waste
flüssiger Abfallstoff *m* <ents> • liquid waste
flüssiger Aggregatzustand *m* <phys> • liquid state
flüssiger Ascheabzug *m* <ents> • wet-bottom
flüssiger Brennstoff *m* <verbr> • liquid combustible; liquid fuel
Flüssig-Erdgas Plattform *f* <petr> • LNG platform
flüssiger Einsatz *m* <metall> • hot-metal charge
flüssiger Entwickler *m* <druck> • liquid developer
flüssiger Isolierstoff *m* <el> *(z. B. Öl)* • liquid insulating material
flüssiger Klebstoff *m* <füg> • liquid adhesive; solvent-based adhesive
flüssiger Körper *m* <phys> *(Ggs. zu fester Körper)* • liquid body; liquid
flüssiger Kraftstoff *m* <kfz.mot> • liquid fuel
flüssiger Kristall *m* <mat> • liquid crystal
flüssiger Sauerstoff *m* <tech.allg> • liquid oxygen
flüssiger Stickstoff *m* <tech.allg> • liquid nitrogen
flüssiger Treibstoff *m* <aerospace> • liquid propellant; liquid fuel
flüssiger Wärmeträger *m* <energ.sol> • heat transfer liquid
flüssiger Zustand *m* <phys> • liquid state
flüssige Salzmischung *f* <chem> • molten-salt mixture
flüssiges Holz *n ugs* <obfl.holz> • plastic wood; crack filler; wood putty; joiner's putty; wood cement
flüssiges Kältemittel *n* <hlk> • liquid refrigerant; refrigerant liquid
flüssiges Natrium *n* <energ.sol> • liquid sodium
Flüssigextraktion *f* <verf> • solvent extraction process; solvent extraction
Flüssig-Fest-Chromatographie *f* <chem> • liquid-solid chromatography
Flüssig-Flüssig-Chromatographie *f* <chem> • liquid-liquid chromatography
Flüssig-Flüssig-Extraktion *f* <verf> • solvent extraction process; solvent extraction
Flüssig-Flüssigextraktion *f* <verf> • solvent extraction process; solvent extraction
Flüssiggas *n* (LPG) <tech.allg> *(allg.)* • liquified petroleum gas (LPG) *US.GB*; liquified gas *US.GB.pract*; liquid petroleum gas; liquefied petroleum gas *rare*
Flüssiggasbehälter *m* <kfz> • LPG cylinder; gas bottle
Flüssiggastanker *m* <nav> • liquified petroleum gas tanker; liquified natural gas tanker; liquid gas tanker; LNG carrier *pract*; LNG tanker *pract*
Flüssiggummi *n* <kunst> • liquified stenciling solution; liquid mask; gum emulsion for masking
Flüssiggutcontainer *m* <nfz> • tank container; liquid container

Flüssigkeit f <tech.allg> *(weder gasförmig noch fest; tropfbar)* • liquid

Flüssigkeit f <chem> *(wässrige Lösung)* • liquor

Flüssigkeit-Festkörper-Grenzfläche f <phys> • liquid-solid interface

Flüssigkeit-Flüssigkeit-Grenzfläche f <phys> • liquid-liquid interface; dineric interface

Flüssigkeitsabdichtung f <masch> • liquid seal

Flüssigkeitsablauf m <verf> • liquid drain

Flüssigkeitsabscheider m <prod> • liquid separator

Flüssigkeitsanlasser m <el> • liquid starter

Flüssigkeitsantrieb m <hydr> • hydraulic drive

Flüssigkeitsaufnahme f <chem> • imbibition

Flüssigkeitsausstoß m <tech.allg> • liquid output

Flüssigkeitsbad n <verf> • liquid bath

Flüssigkeitsbadofen m <verf> • liquid-bath furnace

Flüssigkeitsbadvulkanisation f <verf> *(Vorgang)* • liquid curing

Flüssigkeitsbadvulkanisation f <verf> *(Methode)* • liquid curing method

Flüssigkeitsbarren m <prod> *(z. B. Zonenschmelzen)* • bar of solvent

flüssigkeitsbeaufschlagt <rls.obfl> • wetted

Flüssigkeitsbehälter mit Trocknereinsatz m *Bosch* <hlk> *(in der Niederdruck/Saugdruckleitung)* • accumulator-drier; refrigerant acumulator *did*; suction-line accumulator *did*; accumulator *pract*

Flüssigkeitsbehälter mit Trocknereinsatz m <kfz.hlk> *(in der Hochdruckleitung)* • receiver-drier; receiver-dehydrator

flüssigkeitsbenetzt <rls.obfl> • wetted

Flüssigkeitsberieselung f <verf> • wetting with sprays

flüssigkeitsberührt <rls.obfl> • wetted

Flüssigkeitsbremse f <brems> • fluid-friction brake

Flüssigkeitsbremse f <masch> *(z. B. Motorprüfstand)* • fluid-friction dynamometer

Flüssigkeitschromatographie f <chem.verf> • liquid chromatography (LC)

Flüssigkeitsdämpfung f <masch> *(allg.)* • liquid damping

Flüssigkeitsdämpfung f <phys> *(z. B. bei el. Messgeräten)* • fluid-friction damping

flüssigkeitsdicht <tech.allg> • liquid-tight

flüssigkeitsdichter Boden m <ökol> *(Wanne o.ä.; z. B. für Tankaufstellung)* • impermeable floor

Flüssigkeitsdichtung f <masch> • fluid seal

Flüssigkeitsdrehmomentwandler m <masch> • fluid-torque converter

Flüssigkeitsdruck m <phys> • hydraulic pressure; liquid pressure

Flüssigkeitsdruckdüse f <masch> • pressure nozzle

Flüssigkeitsdruckmessdose f <msr> • hydraulic capsule; hydraulic load cell

Flüssigkeitsdruckmesser m <msr> • liquid-pressure gauge

Flüssigkeitsdurchflusszähler m <msr> • liquid-flow counter

Flüssigkeitsdurchsatz m <tech.allg> • throughput of liquid

flüssigkeitsdurchströmter Flachkollektor m <energ.sol> • liquid-cooled flat-plate collector; liquid-medium collector; liquid heater

Flüssigkeitseindüsung f <chem.verf> • liquid sprays

Flüssigkeitseinspritzung f <chem.verf> *(Vorgang)* • liquid injection

Flüssigkeitseinspritzung f <chem.verf> *(Stelle an der die ~ erfolgt)* • liquid injection point

Flüssigkeitselement n <el> • liquid element; one-fluid cell

Flüssigkeitsfaden m <phys> *(Hydrodynamik)* • liquid filament

Flüssigkeitsfederthermometer n <msr> • liquid-pressure thermometer

Flüssigkeitsfilm m <verf> • liquid film

Flüssigkeitsfilmschmierung f <tribo> • fluid-film lubrication

flüssigkeitsgekühlt <tech.allg> *(Motor)* • liquid-cooled; water-cooled *coll*

flüssigkeitsgekühlter Generator m <el> • liquid-cooled alternator; water-cooled alternator *pract*

flüssigkeitsgesteuertes Kolbenventil n <kfz.mot> • fluid-controlled plunger type valve

Flüssigkeitsgetriebe n <hydr> • hydraulic transmission

Flüssigkeitsgrenzkurve f <phys> • liquid-limit curve

Flüssigkeitskathode f <el> • pool cathode

Flüssigkeitskonservierung f <präp> • liquid preservation

Flüssigkeitskontakt m <el> • liquid-metal contact

Flüssigkeitskreislauf m <tech.allg> • hydraulic circuit

Flüssigkeitskristallanzeige f (LCD) <msr> • liquid crystal display (LCD)

Flüssigkeitskühlmittel n <verf> • liquid coolant

Flüssigkeitskühlung f <tech.allg> • liquid cooling system; liquid cooling

Flüssigkeitskupplung f <füg> *(Schlauch-Steckverbinder)* • fluid connector

Flüssigkeitskupplung f <kfz> • hydraulic clutch; fluid coupling *ppwiss-mdl*

Flüssigkeitskupplung f <kfz.antr> • fluid coupling; hydrodynamic clutch; fluid flywheel; fluid clutch; Foettinger coupling

Flüssigkeitskupplung f <masch> • fluid clutch; fluid coupling

Flüssigkeitslaser m <opt> • liquid laser

Flüssigkeitsleitung f <hlk> • liquid line

Flüssigkeitsmanometer n <msr> • liquid manometer; liquid-column gauge

Flüssigkeitsmessstab m <msr> • telltale level plug

Flüssigkeitsmodell n <phys> • one fluid model

Flüssigkeitsmotor m <hydr> • hydraulic motor

Flüssigkeitsnetz n <verf> • liquid curtain; liquid sheet

Flüssigkeitsniveaumessung f <msr> • liquid-level measurement

Flüssigkeitspegel m <tech.allg> • fluid level

Flüssigkeitsphase f <metall> • liquid phase

Flüssigkeitspotential n <chem.phys> *(Spannungspotential einer Flüssigkeit)* • diffusion potential; liquid-junction potential

Flüssigkeitspräparat n <bio.chem> • specimen preserved in liquid; specimen in liquid

Flüssigkeitspumpe f *DIN EN 12723* <masch> • liquid pump; hydraulic pump; fluid pump; pump

Flüssigkeitsrakete f <aerospace> • liquid-fueled rocket *US*; liquid-propellant rocket; liquid rocket

Flüssigkeitsraketentriebwerk n <aerospace> • liquid-fueled rocket engine *US*; liquid-propellant rocket engine; liquid rocket engine

Flüssigkeitsreaktor m <nukl> • liquid-moderated reactor

Flüssigkeitsregler m <msr> • liquid controller

Flüssigkeitsreibung f <phys> • viscous friction; liquid friction

Flüssigkeitsringpumpe f <förd> • liquid ring pump; liquid-ring pump

Flüssigkeitssäule f <förd> • head of liquid

Flüssigkeitssäule f <phys> *(allg.; auch als Maß für Druck)* • liquid column

Flüssigkeitsschicht f <verf> • liquid bath

Flüssigkeitsschlag m <phys> • slugging

Flüssigkeitsschmierung f <förd> *(von Pumpen)* • liquid lubrication; product lubrication

Flüssigkeitsschmierung f DIN ISO 4378-3 <tribo> *(mit oder ohne vollständige Trennung der Reibflächen)* • liquid-film lubrication *ISO 4378-3*; fluid lubrication
Flüssigkeitsspiegel m <tech.allg> • liquid level
Flüssigkeitsstandsanzeiger m <msr> • liquid-level indicator
Flüssigkeitsstand-Schwimmerschalter m <msr> • fluid-level float switch
Flüssigkeitsstandsmesser m <msr> • liquid-level gauge
Flüssigkeitsstandsmessstab m <msr> • dip rod
Flüssigkeitsstandsregelung f <msr> • liquid-level control
Flüssigkeitsstandsregler m <msr> • liquid-level controller
Flüssigkeitsstrahl m <tech.allg> • jet of liquid
Flüssigkeitsstrahlbohren n <prod> • abrasive-jet drilling
Flüssigkeitsströmung f <phys> • liquid flow
Flüssigkeitsstrom m <phys> • liquid stream
Flüssigkeitachometer n • gyrometer
Flüssigkeitstemperierung f <kst> • temperature control with cooling jacket
Flüssigkeitsthermometer n <msr> *(allg.; auf Volumenänderung bei Temperaturänderung basierend)* • liquid expansion thermometer
Flüssigkeitsthermometer n <msr> *(Thermometerflüssigkeit in Glasröhrchen o.ä.)* • liquid-in-glass thermometer
Flüssigkeitransportwagen m <bahn> • liquid transport wagon
Flüssigkeittropfen m <verf> • liquid droplet
Flüssigkeitsverdrängung f <phys> • liquid displacement
Flüssigkeitsverteilung f <verf> • liquid distribution
Flüssigkeitswiderstand m <el> • liquid resistor
Flüssigkeitszähler m <msr> • liquid meter
Flüssigkeitszählrohr n <msr> • liquid counter tube; liquid counter
Flüssigkeitszerstäuber m <verf> • liquid atomizer
Flüssigkonzentrat n <chem> • liquid concentrate
Flüssigkristallanzeige f <druck> • LCD display
Flüssigkristallanzeige f (LCD) <el> • liquid crystal display (LCD); LCD display
Flüssigkristall-Bildschirm m <edv> • liquid crystal display (LCD)
Flüssigkristallbildschirm m <el> • liquid crystal display; LCD display; LCD screen
flüssigkristalline Substanz f <mat> • nematic liquid-crystal material
Flüssigmaske f <kunst> • liquified stenciling solution; liquid mask; gum emulsion for masking
Flüssigmetall n <tech.allg> • liquid metal
Flüssigmetallblanket n <nukl> • liquid metal blanket
Flüssigmetallkontakt m <el> • liquid-metal contact
Flüssigmetallkühlung f <nukl> *(Reaktor)* • liquid-metal cooling
Flüssigmetallreaktor m <nukl> • liquid-metal fuel reactor; liquid-metal fuelled reactor; liquid-metal reactor
Flüssigmetallvorhang m <nukl> • liquid metal curtain
Flüssigphasecracken n <chem.petr> *(Erdölraffinieren)* • liquid-phase cracking
Flüssigphasekracken n <chem.petr> *(Erdölraffinieren)* • liquid-phase cracking
Flüssigphasenepitaxie f <ic> • liquid phase epitaxy
Flüssigsauerstoff m <chem> • liquid oxygen
Flüssig-SO₂ n <verf> • liquid SO_2
Flüssigstäuber m <agri> • liquiduster
Flüssigstickstoff m <chem> • liquid nitrogen
Flüssigtoner m <druck> • liquid toner
Flüssigtreibstoff m <aerospace> • liquid propellant; liquid fuel

Flüssigwasserstofftriebwerk n <aerospace> • liquid-hydrogen fueled engine *US*; liquid-hydrogen engine; hydrogen-burning engine
Flüssigwerden n <tech.allg> • liquifaction; liquefaction *rare*
Flüssigzucker m <nahr> • liquid sugar
Flug m <allg> • flight
Flug m <bio> • fly
Flug... <aerospace> • aerial
Flugasche f DIN ISO 4225 <verbr.emiss> *(Verbrennungsrückstände)* • fly ash *ISO 4225*; quick ash *rare*; breeze *rare*
Flugaschenabscheider m <verf.emiss> • fly-ash precipitator
Flugaschenabscheidung f <verf.emiss> • fly-ash precipitation; fly-ash collection
Flugaschenzement m <bau.mat> • pozzolanic cement
Flugbahn f <aerospace> *(allg.; z. B. Marschflugkörper)* • flight path; flying path
Flugbahn f ugs <mil> *(von ballistischer Munition)* • bullet trajectory; bullet's flight path; projectile trajectory; projectile path
Flugbahn f <phys> *(ballistische Kurve; z. B. Geschoss)* • trajectory; flight trajectory *rare*
Flugbahnabschnitte mpl <phys> *(ballistisches Geschoss)* • trajectory elements
Flugbahnberechnung f <mil> *(Geschoss)* • trajectory computation
Flugbahnberechnung f <navig> *(Flugzeug, Marschflugkörper u. dgl.)* • path computation
Flugbahnbild n <doku> • trajectory chart
Flugbahnebene f <aerospace> • trajectory plane
Flugbahnhöhe f <aerospace> • vertex height
Flugbahnneigung f <aerospace> • glide slope
Flugbahnneigungswinkel m <aerospace> • flight-path angle
Flugbahnparameter m <aerospace> • trajectory parameter; orbit parameter
Flugbahnrechner m <aerospace> • flight-path computer
Flugbahnscheitel m <phys> • trajectory peak; trajectory apex
Flugbahnverfolgung f <aerospace> • flight tracking
Flugbahnwinkel m <aerospace> • flight-path angle
Flugbahnzeichner m <aerospace> • flight-path plotter
Flugbenzin n <aerospace> • aviation gasoline *ASTM D910*; avgas *US.pract*; aviation petrol *UK*
Flugbenzin n ugs.rar <aerospace> *(Treibstoff für Strahltriebwerke, kein Benzin)* • jet fuel *pract*; kerosine *rare*; aviation turbine fuel *ASTM D1655*
Flugbereich m <aerospace> • flight range
Flugbetriebs-Qualitätssicherung f <aerospace> • flight operations quality assurance (FOQA)
Flugbewegung f <aerospace> • flight movement
Flugbindung f <textil> • fly shedding
Flugboot n <aerospace> • seaplane; boat plane; flying boat
Flugdatenregistriergerät n form <aerospace> *(Daten)* • flight data recorder (FDR); cockpit flight data recorder; flight recorder *pract*; Black Box [for the recording of flight data] *coll*
Flugdatenschreiber m (FDR) <aerospace> *(Daten)* • flight data recorder (FDR); cockpit flight data recorder; flight recorder *pract*; Black Box [for the recording of flight data] *coll*
Flugdeck n <nav> *(Flugzeugträger)* • flight deck
flugfähiger Staub m <ents> • fine dust
Flugfeld n <aerospace> • airfield; landing field *rare*
Flugfeldbus m <nfz> • apron bus; airfield apron bus; airfield passenger bus; airfield bus
Flugfeldüberwachungsradar n <navig> • airfield surface detection radar

Flugfeld-Zubringerbus *m* <nfz> • apron bus; airfield apron bus; airfield passenger bus; airfield bus

Flugfolgeradar *n* <mil> • automatic tracking radar

Flugfunkdienst *m* <navig> • aeronautical radio service; aircraft radio service

Flugfunkfeuer *n* <navig> • aeronautical radio beacon

Flugfunkfrequenz *f* <navig> • air-to-ground radio frequency

Fluggerät *n* <theat> *(Teil des Flugwerks)* • crane; chariot

Fluggeschwindigkeit *f* <aerospace> *(eines Flugzeugs etc.)* • airspeed; true airspeed

Fluggeschwindigkeit bei Brennschluss *f* <aerospace> *(Rakete)* • burnt velocity; burn-out velocity

Fluggesellschaft *f* <aerospace> • airline

Fluggestell *n* <theat> *(Teil des Flugwerks)* • crane; chariot

Flughafen *m* <aerospace> • airport (APT)

Flughafenanflugfeuer *n* <navig> • airport proximity light

Flughafenbefeuerung *f* <navig> • airport beacons; airport lighting

Flughafenerkennungszeichen *n* <navig> • airport identification sign

Flughafenkontrolldienst *m* <aerospace> • airport control service

Flughafenkontrollradar *n* <navig> • airport control radar

Flughafenkontrollturm *m* <aerospace> • airport traffic control tower

Flughafenleuchtfeuer *n* <aerospace> • airport beacon

Flughafenrollbahn *f* <aerospace> • airport taxiway

Flughafenrundsichtradar *n* <navig> • airport surveillance radar

Flughafenüberwachungsradar *n* <navig> • airport control radar

Flughafenvorfeldbus *m* <nfz> • apron bus; airfield apron bus; airfield passenger bus; airfield bus

Flughafenwettervorhersage *f* <meteo> • airport wheather forecast; airport forecast

Flughafenwettervorhersage *f* <meteo> *(betont: für Landeanflug)* • landing forecast

Flughafer *m* <agri> • wild oat

Flughöhe *f* <aerospace> *(eines Fluggeräts)* • flight altitude; flying height *coll*

Flughöhe *f* <edv> *(Festplatten-Schreib/Lesekopf)* • flying height; fly height

Flug in geringer Höhe *m* <aerospace> • low-level flight

Flugklarkontrolle *f* <aerospace> • preflight check

Flugkörper *m* <tech.allg> • missile

Flugkörper *m* <tech.allg> *(allg. ein fliegender Gegenstand)* • flying object

Flugkörper *m* <edv> *(Schreib-/Lesekopf)* • slider

Flugkolbenmaschine *f* <mot> • free-piston engine

Fluglärm *m* <ökol> *(allg.)* • aircraft noise

Fluglärm *m* <ökol> *(beim Überfliegen)* • fly-over noise

Fluglage *f* <aerospace> • flight attitude; attitude

Flugleistung *f* <aerospace> • flight performance parameter; performance parameter

Flugleitsystem *n* <navig> • flight-control system; flight-path correcting system *rare*

Fluglinie *f* <aerospace> • airline

Fluglinie *f* <aerospace> *(Streckenverlauf)* • air route; air track *rare*

Fluglöcher *npl* <obfl.holz> *(der geschlüpften Käfer)* • insect holes; flight holes; exit holes

Flugmanagementsystem *n* (FMS) <aerospace> • flight management system (FMS)

Flugmaschine *f* <aerospace> • flying machine

Flugmaschine *f* <theat> *(Bühnentechnik)* • flying equipment; flying machinery; traveller *GB*; traveler *US*

Flugmechanik *f* DIN 9300 <aerospace> • flight mechanics; flight dynamics

Flugmeteorologie *f* <meteo> • aeronautical meteorology

Flugnachrichtendienst *m* <aerospace> • flight-information service

Flugnavigation *f* <navig> • air navigation; aeronautical navigation

Flugnavigationsfunkdienst *m* <navig> • aeronautical radionavigation service

Flugnavigationskarte *f* <navig> • sectional chart *US*; aeronautical chart *UK*; aeronautical map *UK*

Flugobjekt *n* <tech.allg> *(allg. ein fliegender Gegenstand)* • flying object

Flug ohne Zwischenlandung *m* <aerospace> • non-stop flight; direct flight

Flugplan *m* (FLPL) <aerospace> • flight plan (FLPL)

Flugplatz *m* <aerospace> • airfield; airport; aerodrome *UK.obs*; flying field *rare*

Flugprospektion *f* <min> • air-borne prospection

Flugregler *m rar* <navig> *(allg.)* • autopilot; automatic pilot *rare*; robot pilot *rare*

Flugrost *m* <obfl> • flash rust; surface rust; initial rust *stand*; rust bloom *rare*

Flugrostbefall *m* <obfl> • flash rusting

Flugroute *f* <aerospace> *(Streckenverlauf)* • air route; air track *rare*

Flugsand *m* <geo> • airborne sand; flying sand; windborne sand

Flugschneise *f* <aerospace> • flying lane

Flugschrauber *m* <aerospace> • convertiplane

Flugschreiber *m* <aerospace> *(Ton)* • cockpit voice recorder (CVR); voice recorder *pract*; Black Box [for cockpit voice recording] *coll*; flight recorder [for voice data]; data recorder [for cockpit voice data] *rare*

Flugschreiber *m* <aerospace> *(Daten)* • flight data recorder (FDR); cockpit flight data recorder; flight recorder *pract*; Black Box [for the recording of flight data] *coll*

Flugsicherung *f* <navig> • air-traffic control

Flugsicherungsdienst *m* <navig> • air-traffic control service; air-traffic service

Flugsicherungszentrale *f* <navig> • flight control information center; flight information center

Flugsimulator *m* <aerospace> *(für reale Piloten)* • flight trainer

Flugsimulator *m* <edv> *(am PC)* • flight simulator

Flugstaub *m* <tech.allg> *(betont: umherfliegend, aufgewirbelt)* • fly dust

Flugstaub *m* <tech.allg> *(betont: sehr feinkörnig; auch abgelagert)* • fine dust

Flugstaub *m* <emiss> *(betont: aus Kamin)* • flue dust

Flugstaub *m* <verbr.emiss> *(Verbrennungsrückstände)* • fly ash *ISO 4225*; quick ash *rare*; breeze *rare*

Flugstaubkammer *f* <verf> • dust chamber

Flugsteig *m* <verk.aerospace> • gate

Flugstrecke *f* <aerospace> *(Streckenverlauf)* • air route; air track *rare*

Flugstreckenbefeuerung *f* <aerospace> • airway lighting; air route lighting

Flugstreifen *m* <aerospace> • flight strip; strip

Flugstromadsorber *m* <ents> • entrained-flow adsorber; entrained-bed adsorber; transport reactor

Flugstromreaktor *m* <ents> • entrained-flow reactor; entrained-bed reactor; transport reactor

flugtechnisch <aerospace> • aerial

Flugtriebwerk *n* <aerospace> *(allg., Kolbenmotor oder Strahltriebwerk)* • aircraft engine; aviation engine; aeroengine

Flugturbinenkraftstoff Jet A-1 *m form* <aerospace> *(Siedebereich 180 … 280 °C)* • jet fuel A-1; aviation turbine fuel Jet A-1 *form*; Jet A-1 *pract*

Flugturbinenkraftstoff Jet-B *m form* <aerospace> *(Siedebereich 50 ... 240 °C)* • jet fuel B; aviation turbine fuel Jet-B *form*; Jet-B *pract*

Flug über den Wolken *m* <aerospace> • over-the-top flight

Flugüberwachung *f* <aerospace> • flight control; flight monitoring; flight tracking

Flugüberwachungsgeräte *npl* <navig> • aircraft flight and navigation instruments; pilot instrumentation; flight instrumentation

Flugverkehrskontrolle *f* <aerospace> • air traffic control (ATC)

Flugverkehrsleitrechner *m* <navig> • air-traffic control computer

Flugvorfeldbus *m* <nfz> • apron bus; airfield apron bus; airfield passenger bus; airfield bus

Flugvorrichtung *f* <theat> *(Bühnentechnik)* • flying equipment; flying machinery; traveller *GB*; traveler *US*

Flugweg *m* <aerospace> • flight route; air course; air track; air route

Flugweg *m* <aerospace> *(Flugbahn)* • flight trajectory; flight path

Flugweg *m* <aerospace> *(Streckenverlauf)* • air route; air track *rare*

Flugwegkarte *f* <aerospace> • flight map

Flugwegrechner *m* <navig> • flight-course computer; off-set-course computer

Flugwegschreiber *m* <aerospace> • flight-path plotter; flight-path recorder

Flugwerk *n* <theat> *(Bühnentechnik)* • flying equipment; flying machinery; traveller *GB*; traveler *US*

Flugzeit *f* <aerospace> • flight time; time of flight

Flugzeit-Methode *f* <nukl> *(Neutronenfluss)* • time-of-flight method

Flugzeitmethode *f* <nukl> *(Neutronenfluss)* • time-of-flight method

Flugzeitspektrometer *n* <phys> • time-of-flight spectrometer

Flugzelle *f* <aerospace> • missile airframe; rocket airframe

Flugzettel *m* <werb> • handbill; flyer

Flugzeug *n* <aerospace> *(mit Tragflächen)* • airplane *US*; aeroplane *UK*

Flugzeugausbringung *f* <agri> *(z. B. Saatgut, Herbizide, Pestizide)* • aerial application; application by airplane; airplane application *rare*

Flugzeugaussaat *f* <agri> • aerial seeding

Flugzeugbau *m* <aerospace> • aircraft construction

Flugzeugbenzin *n rar* <aerospace> • aviation gasoline ASTM D910; avgas *US.pract*; aviation petrol *UK*

Flugzeugbordrechner *m* <aerospace> • airborne computer

Flugzeug-Bordsprechanlage *f* <aerospace> • aircraft intercom [system]

Flugzeugfangvorrichtung *f* <mil> *(auf Landedeck)* • aircraft arresting gear; aircraft arresting unit

Flugzeugführungssystem *n* <aerospace> • flight control system

Flugzeugfunkstelle *f* <navig> • aircraft radio station

Flugzeughebeanlage *f* <förd> • aircraft elevator; aircraft lift

Flugzeuglängsachse *f* <aerospace> • roll axis

Flugzeug mit PTL-Triebwerk *m* <aerospace> • turbo-prop-powered airplane; turboprop airplane

Flugzeug mit Staustrahltriebwerk *n* <aerospace> • ram jet

Flugzeug mit TL-Triebwerk <aerospace> • turbojet-powered airplane; turbojet airplane *pract*; turbo-jet *coll*

Flugzeugmotor *m* <aerospace> • aircraft engine; aviation engine; aero-engine

Flugzeugnase *f ugs.* <kfz> • bullet nose *coll*; spinner nose *coll*

Flugzeugortung *f* <navig> • aircraft position finding

Flugzeugpropeller *m* <aerospace> • airplane propeller *US*; air-screw *GB*

Flugzeugquerachse *f* <aerospace> • pitch axis

Flugzeugrad *n* <aerospace> • undercarriage wheel

Flugzeugrakete *f ugs* <mil> • air-launched missile; air-fired missile

Flugzeugreifen *m* <aerospace> • aircraft tire *US*; aircraft tyre *GB*; avion tire *US*

Flugzeugrumpf *m* <aerospace> *(zentrale Struktur eines Flugzeugs)* • fuselage; nacelle *rare*

Flugzeugträger *m* <nav> • aircraft carrier

Flugzeugtriebwerk *n* <aerospace> *(allg., Kolbenmotor oder Strahltriebwerk)* • aircraft engine; aviation engine; aero-engine

Flugzeugturbine *f* <aerospace> *(Strahltriebwerk oder Propellerturbine)* • aviation turbine

Flugzeugturbinenöl *n* <tribo> *(Schmierung)* • aviation turbine lubricant; aviation turbine oil

Flugzeugturbinentriebwerk *n* <aerospace> • aircraft turbine engine

Flugzeugzelle *f* <aerospace> *(zentrale Struktur eines Flugzeugs)* • fuselage; nacelle *rare*

Fluid *n DIN 1342* <tech.allg> *(Oberbegriff für Flüssigkeiten und Gase)* • fluid

Fluid Catalytic Cracking *n* <chem.petr> • fluid catalytic cracking process; fluid bed process

Fluidik *f* <phys> • fluidics

Fluidisation *f* <verbr> • fluidization

fluidischer Sensor *m* <autom> • fluid logics sensor

fluidisieren *vt* <verbr> • fluidize *vt*

fluidisiertes Brennstoffbett *n* <verbr> • fluidized fuel bed

Fluidisierung *f* <verbr> • fluidization

Fluidisierungsgeschwindigkeit *f* <verbr> *(Wirbelschicht)* • minimum fluidization velocity

Fluidität *f DIN 1342* <phys> *(Kennwert einer Flüssigkeit, ant.: Viskosität)* • fluidity

Fluidkanal *m* <energ.sol> *(in Solarkollektor)* • fluid tube; fluid passage; flow passage; fluid flow tube; transfer fluid tube

Fluidkrackverfahren *n* <petr> • fluid catalytic cracking process; fluid catalytic cracking

Fluidmechanik *f* <phys> • mechanics of fluids; fluid mechanics

Fluidtechnik *f* <chem.verf> • fluidized-bed technique

Fluidtechnik *s* <verf> • fluid-bed technique

Fluidverstärker *m* <verf> • fluid amplifier

Fluke *f* <bio> *(Wal, Delfin)* • fluke

Fluktuation *f* <astron> • fluctuation

Fluor *n* (F) <chem> • fluorine (F)

Fluora-Leuchtstoffröhre *f TM* <licht> • actinic type tube; plant light; actinic bulb; actinic tube

Fluorargentat *n* <chem> • fluorargentate

Fluora-Röhre *f TM* <licht> • actinic type tube; plant light; actinic bulb; actinic tube

Fluorcarbonkautschuk *m* <kst> • fluorocarbon rubber

Fluorchlorkohlenwasserstoffe *mpl* (FCKW) <chem.emiss> • chlorofluorocarbons (cfc); halogenated hydrocarbons; cfc gases *pract*; cfc's *coll*

Fluorelastomer *n* <kst> • fluoroelastomer; fluorinated polymer; fluorocarbon polymer

Fluorenszenzkollektor *m* <energ.sol> • fluorescent collector

Fluoreszenz *f* <phys> • fluorescence

fluoreszenzaktiviert <med> • fluorescence-activated

Fluoreszenz-aktivierter Zellsorter *m* (FACS) <med> • fluorescence-activated cell sorter (FACS)

Fluoreszenzanalyse f <phys> • fluorescence analysis
Fluoreszenzanzeige f <phys> • fluorescent display
Fluoreszenzdruckfarbe f <druck> • fluorescent ink
Fluoreszenzfarbe f <obfl> • fluorescent paint
Fluoreszenzfarbstoff m <obfl> • fluorescent dye
Fluoreszenzlampe f <phot> • fluorescent lamp
Fluoreszenzlösung f <obfl> • fluorescent penetrant
Fluoreszenzmessgerät n <msr> • fluorometer
Fluoreszenzmessung f <msr> • fluorometry
Fluoreszenzmikroskop n <verf> • fluorescence microscope
Fluoreszenzmikroskopie f <verf> • fluorescence microscopy
Fluoreszenzschirm m <el> • fluorescent screen
Fluoreszenzspektrum n <phys> • fluorescence spectrum
Fluoreszenzstoff m <chem> • fluorescent substance
Fluoreszenzstrahlung f <phys> • fluorescent radiation
Fluoreszenzverfahren n <qualit.mat> • fluorescent penetrant-oil inspection method; fluorescent penetrant inspection method
fluoreszieren vi <astron> • fluoresce vi
fluoreszierend <allg> • fluorescent
fluoreszierende Leuchtfarbe f <obfl> • fluorescent paint; short-afterglow paint
fluoreszierende Mehrschichten-CD f (FMD) <edv> • fluorescent multilayer disk (FMD)
fluoreszierender Stoff m <allg> • fluorescent material; fluorescer
Fluorid n <chem> • fluoride
Fluoridaufdampfschicht f <obfl> • fluoride vapor coating
Fluoridglas n <silik> • fluoride glass
fluoridieren vt <chem.verf> • fluoridize vt; fluoridate vt
Fluoridierung f <chem.verf> • fluoridation
fluorieren vt <chem.verf> • fluorinate vt
Fluorierung f <chem.verf> • fluorination
Fluorit m <obfl> • fluorspar; fluorite
Fluorkohlenwasserstoff m (HFC) <chem> • fluorocarbon (HFC)
Fluorkohlenwasserstoffe mpl (HFCs) <chem> • fluorocarbons (HFCs)
Fluor-Lithium-Beryllium n (FLiBe) <nukl> • FLiBe (FLiBe)
Fluorkieselsäure f (FKS) <chem> • fluorosilicic acid
Fluorometer n <msr> • fluorometer; fluorimeter
Fluorometrie f <msr> • fluorophotometry; fluorometry; fluorimetry
Fluoroskopie f <phys> (mit Röntgenstrahlen) • radiography; fluoroscopy; x-ray examination
Fluorsiliconkautschuk m <kst> • fluorosilicone rubber
Fluorverbindung f <ents> • fluoride compound
Fluorwasserstoff m (HF) <chem> • hydrogen fluoride (HF)
Fluorwasserstoffsäure f (H_2F_2) <chem> • fluorohydric acid (H_2F_2); hydrofluoric acid
fluorwasserstoffsauer <chem> • fluorohydric
Flur m <bau> (in Wohnhaus, Wohnung; eher schmaler als eine Diele) • corridor; hallway
flurbedienter Wagen m <logist> • pedestrian-type truck; pedestrian-controlled walkie
flurbedientes Flurförderzeug n <logist> • pedestrian-type truck; pedestrian-controlled walkie
Flurbedienung f <förd> • pedestrian control
Flurbelüftung f <hlk> • floor ventilation
Flurbereinigung f <agri> • land consolidation
Flurecol <chem.agri> • flurecol
Flurförderbatterie f <förd.el> • truck storage battery; truck battery
Flurförderer m prakt <logist> • industrial truck norm.pract; factory truck pract; shop truck pract

Flurfördermaschine f <förd> • ground-mounted winder
Flurförderzeug n (Ffz) norm <logist> • industrial truck norm.pract; factory truck pract; shop truck pract
Flurförderzeug mit Fahrersitz n DIN ISO 5053 <logist> • sit-on truck ISO 5053
Flurförderzeug mit Fahrerstand n DIN ISO 5053 <logist> • stand-on truck ISO 5053
flurfrei <förd> • overhead
flurfreier Transport m <förd> • overhead transport
flurgesteuert <förd> (Kran) • operated from floor level
flurgesteuert <fz> • floor-controlled; walk-along
Flurholzanbau m <holz> • growing of trees outside the forest
Flurplatte f <nav> • floor plate
Fluse f <phot> • fluff sg
Fluse f <textil> • lint; nap
Flusen n DIN ISO 2424 <textil> • fluffing ISO 2424
Flushkneter m <verf> • flusher
Fluss m <tech.allg> (Vorgang, von Fluiden) • flow
Fluss m <geo> • river
Fluss m <phys> (Magnetfeld, Energie, Neutronen) • flux
Flussablagerung f <geo> • river deposit; fluvial deposit thsc
Flussablagerungsrinne f <geo> • alluvial channel
Flussauskolkung f <geo> • stream scour
Flussbagger m <nav.förd> • river dredge
Flussbarkasse f <nav> • river launch
Flussbau m <bau> • river engineering; river training works
Flussbauten mpl <hydr> • river works
Flussbecken n <geo> • river basin
Flussbett n <geo> • river bed; bed of a river; channel of a river; stream bed; river channel
Flussbettdichtung f <bau.hydr> • river-bed grouting
Flussbetterhöhung f <bau.hydr> • channel aggradation
Flussbettverengung f <bau.hydr> • river-bed constriction
Flussbild n rar <doku> • flow diagram; flow chart
Flussbild n <phys> (z. B. von Energiestrom, Neutronenstrom) • flow pattern
Fluss der Strahlungsenergie m <energ.sol> • radiation flux; radiant flux
Flussdiagramm n <doku> • flow diagram; flow chart
Flussdichte f <edv> • flux density
Flussdichte f <phys> (z. B. Magnetfeld, Neutronenfluss) • flux density
Flussdichte der thermischen Neutronen f <nukl> • thermal flux density
Flussdichtemesser m <phys> (Magnetfluss) • gaussmeter
Flussdichteschreiber m <msr> • fluxograph
Flussdichteschwankung f <astron> • fluctuation in flux
Flussdichteverteilung f <phys> • flux density distribution
Flussfaden m <phys> • quantized vortex
Flussfließen n <phys> • quantized flow; quantized vortex flow
Flusshafen m rar <nav> • inland port; river port; inland harbor US; inland harbour GB; close port
Flusskabel n <el> (speziell für Flüsse) • river cable
Flusskabel n rar <el> • submarine cable; sub sea cable; undersea cable; underwater cable pract
Flusskontrolle f <edv> • flow control
Flusskonverter m <nukl> • neutron flux converter; flux converter
Flusskraftwerk n <energ.hydr> • run-of-river plant; run-of-river power station
Flusskrebs m <bio> • freshwater crayfish; astacus fluviatilis
Flusskrümmung f <geo> • river bend
Flusslauf m <geo> • course of a river
Flussleitwert m <el> • forward conductance

Flusslinie f <phys> • flux line
Flusslinienverteilung f <phys> • flux distribution
Flussmesser m <msr> • flow-rate meter
Flussmesser m <phys> • fluxmeter
Flussmittel n DIN EN ISO 9455 <füg.metall> • flux; fluxing material; fluxing agent
Flussmittelbehandlung f <obfl> • fluxing treatment; fluxing
Flussmitteldecke f <obfl> • flux blanket; layer of flux
Flussmitteleinschluss m DINEN ISO 6520 <qualit.füg> (im Schweißgut oder Lötgut) • flux inclusion ISO 6520-1
Flussmittelfilm m <obfl> • flux film
flussmittelfrei <füg> (Löten, Schweißen) • flux-free; flux-less
Flussmittelkern m <füg> (Löten, Schweißen) • inner flux core; flux core
Flussmittelpaste f <füg> • flux paste
Flussmittelpulver n <füg> (Löten, Schweißen) • powdered flux; flux powder
Flussmittelschicht f <obfl> • flux blanket; layer of flux
flussmittelumhüllt <füg> (z. B. Lötdraht) • flux-coated
flussmittelumhüllte Elektrode f <füg> • flux-coated electrode
flussmittelumhüllter Fülldraht m <wz> (Schweißelektrode) • flux-coated filler rod
Flussmittelumhüllung f <wz> (Schweißelektrode) • flux coating
Flussmittelzusatz m <verf> • flux addition
Flussmündungshafen m <nav> • estuary harbour
Flusspfad m <phys> • flux guide
Flusspumpe f <phys> • flux pump
Flussquant n <phys> • flux quantum
Flussquantisierung f <phys> • flux quantization US.GB; flux quantisation GB.rare
Flussregulierung f <hydr> (allg.) • river training
Flussregulierung f <hydr> (konkrete Arbeiten) • river training works
Flussrichtung f <tech.allg> • flow direction
Flussrichtung f <el> (z. B. von Transistoren, Dioden, Sperrschichten) • conducting direction; forward direction; low-resistance direction
Flussrichtung f <rls> (z. B. von Ventilen, Klappen) • flow direction
Flusssäure f (HF) <chem> • hydrofluoric acid (HF)
Flusssand m <bau.mat> • river sand
Flussschifffahrt f <nav> • river navigation
Flussschlauch m <phys> • quantized magnetic flux line
Flussschlauchverankerung f <bau.hydr> • pinning
Flussschleuse f <bau> • river navigation lock
Flusssohle f <bau.hydr> • river bottom
Flussspat m (CaF$_2$) <obfl> • fluorspar; fluorite
Flusssperre f <energ.hydr> • weir; dam stage
Flussstärkemesser m <phys> • fluxmeter
Flussstahl m <mat> • low-carbon steel; ingot cast steel; ingot steel; mild steel
Flussstahldraht m <mat> • mild-steel wire
Flussstrecke f <geo> • river course; course of river
Flussumkehr f <el> • flux reversal
Fluss- und Seebau m <bau.hydr> • hydraulic engineering; water engineering DIN4048-1,4054
Fluss- und Seekabel n <el> • submarine cable; sub sea cable; undersea cable; underwater cable pract
Flussverdrängung f <el> • skin effect
Flussverkettung f <phys> • flux interlinking; flux linkage
Flussverteilung f <nukl> • flux distribution
Flussverunreinigung f <ökol> • river pollution
Flusswandler m <el> • flux converter
Flusswasser-Wärmepumpe f <hlk> • water source heat pump; water-based heat pump; river water heat pump

Flusswechsel m <phys> • flux change; flux transition; magnetic flux change; flux reversal Quantum
Flusswechseldichte f <edv> • flux density
Flusswechseldichte f <phys> • density of flux transitions; density of flux changes
Flusswechsel pro Inch mpl (fci) <edv> • flux changes per inch (fci)
Flusswölbung f <geo> • buckling
Flusswölbungsänderung f <nukl> (Neutronenfluss) • buckling
Flusswölbungsvektor m <nukl> • buckling vector
Flusszeit f <el> • on-period
Flusszeit f <nukl> • flux time
Flut f <allg> • flood stream; flood
Flut f <geo> (Gezeiten, ant.: Ebbe) • rising tide; flood-tide; flood
Flut f <geo> (Gezeiten) • high tide
flutbar <bau> • floodable
flutbar <petr> (versenkbar) • submersible
flutbare Bohrinsel f <petr> • submersible rig
flutbare Länge f <nav> • floodable length
flutbare Plattform f <petr> • submersible (platform)
Flutbecken n <hydr> • closed basin
Flutbecken n <nav> • wet dock; closed dock
Fluten n DIN EN ISO 4618 <obfl> (Beschichtungsstoff fließt über das Werkstück) • flow coating ISO 4618-3
fluten vt <allg> • inundate vt; flood vt
fluten vt <tech.allg> (z. B. mit Heißwachs) • flood vt
fluten vt <nav> (Tanker) • ballast vt
fluten vt <nav> (z. B. Schleusenkammer, U-Boot-Wassertank) • flood vt
fluten vt <obfl> (Beschichtungstechnik) • flow-coat vt
Fluter m prakt <licht.theat> • floodlight; flood pract; projector rare
Fluting n <pap> (zur Wellpappeherstellung) • fluting; fluting medium; fluted paper
Flutings npl <pap> • fluted layers
Flutkai m <nav> • tidal quay
Flutkammer f <nav> • flooding compartment; flooding chamber
Flutkathode f <edv> • flood cathode; flood gun
Flutkraftwerk n <energ.hydr> • tidal power station
Flutlackieren n <obfl> • flow coating
flutlichtbeleuchtet <licht> • floodlit
Flutlichtstrahler m <licht.theat> • floodlight; flood pract; projector rare
Flutmarke f <geo> • high-water mark
Flutmesser m <geo.msr> • tide gauge
Flutmündung f <geo> • tidal estuary
Flutrinne f <bau> • storm channel
Flutschleuse f <bau.hydr> • tide lock; flood stream
Flutströmung f <geo> • tidal stream
Flutstrom m <geo> • rising tide
Fluttor n <bau.hydr> • flood tide gate
Flutventil n <nav> • flooding valve; sea valve; sea cock
Flutwachs n <obfl> (beim Heißwachsfluten) • hot wax
Flutwelle f <energ> (Wasserkraftwerk) • flood discharge
Flutwelle f <geo> (drurch Hochwasser) • flood wave; flood discharge
Flutwelle f <geo> (der Gezeiten) • tide wave; tidal wave
Flutwelle f <geo> (durch Seebeben hervorgerufen) • tsunami
Flutzone f (AUDI) <obfl> (beim Heißwachsfluten) • flooding zone (AUDI); flow-coating section; flow-coating zone
fluviatile Seife f <min> (sekundäres Mineralvorkommen, duch Wasser abgelagert) • fluviatile deposit; stream deposit
Fluxen n <obfl> • fluxing treatment; fluxing
fluxen vt <obfl> • flux vt

fluxen *vt* <petr> • flux *vt*
Fluxmeter *n* <phys> • fluxmeter
Fluxöl *n* <petr> • flux oil
Fluxograph *m* <msr> • fluxograph
Fluxoid *n* <phys> • fluxoid
Flyer *m* <textil> • speed frame; speedframe; flyer
Flyer *m* <werb> • leaflet; flyer; supplement
Flyerkette *f DIN 8152* <antr> • leaf chain
Fm <chem> • fermium (Fm)
Fm <qualit.mat> • maximum force (Fm)
FM-CW-Radar *n* <navig> • frequency-modulated continuous-wave radar
FMD <edv> • fluorescent multilayer disk (FMD)
FMD-Laufwerk *n* <edv> • FMD drive
FMEA <qualit> • failure mode and effects analysis (FMEA)
FM-Karte *f* <edv.av> • FM sound card; FM card
FM-Klangerzeugung *f* <edv.av> • frequency modulation (FM); FM synthesis; FM-based synthesis
FM-Modulator *m* <el> • frequency modulator; FM modulator
FM-Radar *n* <navig> • frequency-modulated radar; FM radar
FMS <aerospace> • flight management system (FMS)
FM-Schrägspur-Tonaufzeichnung *f* <av> • FM sound recording
FM-Signal *n* <tele> • frequency modulated signal; FM signal
FM-Soundkarte *f* <edv.av> • FM sound card; FM card
FM-Synthese *f* <edv.av> • frequency modulation (FM); FM synthesis; FM-based synthesis
FMV Safety Standard 110-Schild *n* <kfz> *(nur US-Fahrzeuge)* • FMV Safety Standard 110 Tag *US*
FMV Safety Standard 115-Schild *n* <kfz> *(nur US-Fahrzeuge)* • FMV Safety Standard 115 Tag *US*
FMV Safety Standard Conformity-Schild *n* <kfz> *(nur US-Fahrzeuge)* • FMV Safety Standard Conformity Tag *US*
FN <metall.füg> *(Schweissgut)* • ferrite number (FN)
FNC-Zeichen *n* <edv> *(von FuNCtion abgeleitet)* • FNC character
Foam *m* <bekl> • foam
Föhn *m rar* <hygi> • hair dryer
Föhn *m* <meteo> *(Wind)* • foen
Fön *m AEG^TM* <hygi> • hair dryer
Fön *m* *(prakt)* <obfl> *(Station in der Lackierstraße)* • blower zone
Förderanlage *f* <förd> • conveying plant; conveyor system; conveying system; transportation system; transfer equipment
Förderanlage *f* <min> *(horizontal, Streckenförderung)* • haulage installation
Förderanlage *f* <min> *(senkrecht; Schachtförderung)* • winding equipment; hoisting equipment
Förderband *n* <förd> • conveyor belt; conveying belt; belt *pract*
Förderbanddosierwaage *f* <förd.msr> • belt balance; weighing belt; weigh-feeder belt *rare*; continuous-strip weigher *rare*
Förderbandgerüst *n* <förd> • conveyor structure
Förderbandgewebe *n* <förd> • belt duck
Förderbandmaterial *n* <förd> • belting material
Förderbandspeiser *m* <förd> • belt feeder
Förderbandtrockner *m* <förd> • belt drier; conveyor drier
Förderbandwaage *f* <förd.msr> • belt balance; weighing belt; weigh-feeder belt *rare*; continuous-strip weigher *rare*
Förderbohrung *f* <petr> • production well; exploitation well; development well *stand*
Förderbrücke *f* <förd> • conveyor bridge; hauling bridge
Förderbrunnen *m* **sg=pl** <hlk> • supply well

Förderdruck *m* <masch> *(z. B. Pumpe, Verdichter)* • discharge pressure; delivery pressure; output pressure; discharge-line pressure
Förderdruckstutzen *m* <masch> *(Pumpe)* • discharge flange
Fördereinrichtung *f* <tech.allg> *(allg.; groß od. klein, jedes System, jede Richtung)* • conveyor; conveyor system; conveyer
Fördereinrichtung *f* <förd> *(innerbetrieblich)* • internal transport
Fördereinrichtung *f* <förd> *(vertikal)* • hoisting unit
Fördereinrichtung *f* <förd> • conveying plant; conveyor system; conveying system; transportation system; transfer equipment
Fördereinrichtung *f* <prod.förd> • materials-handling equipment
Fördereinrichtungen *fpl* <förd> • conveying equipment
Förderende *n* <kfz.mot> • end of delivery
Förderer *m* <tech.allg> *(allg.; groß od. klein, jedes System, jede Richtung)* • conveyor; conveyor system; conveyer
Förderer mit flexibler Schnecke *m* <förd> • flexible screw conveyer
Fördererz *n* <min> • crude ore; raw ore; run-of-mine ore; run-of-as-mined ore
Förderflüssigkeit *f* <förd> *(allg.)* • liquid handled; liquid being handled
Förderflüssigkeit *f* <förd> *(betont: gepumpt)* • liquid pumped; pumped liquid; liquid to be pumped
Fördergebläse *n* <förd> *(Silo)* • silo filler
Fördergefäß mit Bodenentleerung *n* <förd> • bottom-discharge skip
Fördergerüst *n* <förd> *(senkrecht, allg.)* • hoist frame
Fördergerüst *n* <min> *(über Schacht)* • pithead gear; pithead frame; headgear
Fördergeschwindigkeit *f* <tech.allg> *(jede Art von Förderer)* • conveyor speed; conveying speed
Fördergeschwindigkeit *f* <förd> *(betont: Fördermenge pro Zeiteinheit)* • delivery rate
Fördergeschwindigkeit *f* <förd> *(betont: nach oben)* • hoisting speed
Fördergeschwindigkeit *f* <förd> *(betont: Schnelligkeit der Seilwinde, jede Richtung)* • winding speed
Fördergut *n* <förd> *(auf/in einem Förderer; fester Stoff)* • load; material being conveyed *rar*; material to be conveyed *rar*
Fördergut *n* <förd> *(Fluid)* • fluid handled; fluid pumped; fluid to be pumped; fluid being handled; pumped fluid
Förderhöhe *f* <förd> *(von Lastaufnahmemitteln, Hebezeug etc.)* • lifting height
Förderhöhe *f prakt* <förd> • pump head *pract*; pump operating head; total head; head *pract*
Förderhub *m* <förd> • discharge stroke
Förderkette *f* <förd> *(Bodenförderanlage)* • conveyor chain
Förderkohle *f* <min> • unwashed coal; run-of-mine coal; rough coal; raw coal
Förderkolben *m* <förd> • delivery plunger
Förderkorb *m* <min> *(für Personen)* • hoisting cage; mine cage; drawing frame; pit cage
Förderkorb *m* <min> *(für Material)* • skip car
Förderkübel *m* <förd> • skip; tipping skip; dump skip
Förderleistung *f* <förd> *(von der Pumpe auf den Förderstrom übertragene nutzbare Leistung)* • pump performance; pump power output
Förderleistung *f* <min> *(Produktion, z. B. Tonnen Kohle/Tag)* • production; mine output
Förderleistung *f* <min> *(des Schachtaufzugs)* • winding capacity

Förderluft f <förd> *(allg.)* • conveying air
Förderluft f <petr> • lift air
Fördermaschine f <förd> *(eher horizontal)* • hauling engine
Fördermaschine f <förd> *(eher vertikal)* • winding engine; hoisting engine; winder; hoist
Fördermaschinen fpl <förd> • hoisting machinery and conveyors
Fördermaschinenraum m <förd> • hoistroom
Fördermaterial n rar <förd> *(Fluid)* • fluid handled; fluid pumped; fluid to be pumped; fluid being handled; pumped fluid
Fördermedium n <förd> *(Fluid)* • fluid handled; fluid pumped; fluid to be pumped; fluid being handled; pumped fluid[3]
Fördermenge f prakt <förd> *(von Pumpen; Volumen pro Zeiteinheit; z. B. in m^3/h)* • pump capacity; rate of delivery; discharge rate; discharge; capacity *pract*
Fördermenge f <min> *(eines Bergwerks)* • production; output
Fördermengenregelung f <förd> *(Verdrängungspumpe)* • displacement control
Fördermengenregelung f <förd> *(allg.)* • flow control; capacity control; discharge regulation; flow regulation
Fördermittel n <förd> *(Transport)* • means of transportation; materials-handling equipment; conveyance means
Fördermittel n <förd> *(Handling)* • handling equipment
Fördern n <förd> • materials handling
fördern vt <allg> *(unterstützen)* • promote vt
fördern vt <förd> *(von einem Platz zum anderen, transportieren)* • convey vt
fördern vt <förd> *(handhaben)* • handle vt
fördern vt <förd> *(eher horizontal)* • haul vt
fördern vt <förd> *(eher vertikal)* • hoist vt
fördern vt <förd> *(transportieren, jede Richtung)* • transport vt
fördern vt <förd> *(Fluide)* • pump vt; discharge vt; deliver vt; convey vt; transport vt
fördern vt <kst> *(Schmelze im Plastifizierzylinder)* • convey vt; transport vt; pump forward vt; feed forward vt
fördern vt <min> *(z. B. Erz, Kohle)* • mine vt; win vt; work vt
fördern vt <petr> *(Erdöl, Erdgas)* • produce vt
fördern vt <wz.masch> *(z. B. Werkstücke, Werkzeuge)* • transfer vt
fördernde Sonde f <petr> • producing well; producer *pract*
Förderphase f <kfz.mot> • delivery phase
Förderplattform f <petr> • production platform; pumping platform
Förderprodukt n rar <förd> *(Fluid)* • fluid handled; fluid pumped; fluid to be pumped; fluid being handled; pumped fluid
Förderpumpe f <masch> *(allg.)* • feed pump
Förderpumpe f <masch> *(zur Kraftstoff-/ Brennstoffversorgung)* • fuel-supply pump
Förderpumpeneinstellung f <kfz> • fuel pump timing
Förderpumpenmembran f <kfz> • fuel pump diaphragm
Förderrate f <petr> • production rate
Förderraum m <tech.allg> • delivery chamber
Förderrechen m <ents> • conveyor rake
Förderrichtung f <förd> *(von Pumpen)* • flow direction; direction of flow; direction of discharge; discharge direction; direction of delivery
Förderrichtung f <förd> *(allg.)* • conveying direction; transporting direction
Förderrichtungsumkehr f <förd> *(Stetigförderer)* • delivery reversal; delivery direction reversal
Förderrinne f <ents> *(geringe Neigung)* • conveyor channel

Förderrinne f <min> *(steil; Rutsche)* • conveyor chute
Förderrohr n <rls> • delivery pipe
Förderrohrtour f <petr> • inner conductor; oil string; production casing
Förderrolle f <min> • millhole; boxhole; ore pass; pass; mill
Förderrolloch n <min> • millhole; boxhole; ore pass; pass; mill
Förderrutsche f <förd> *(Schwerkraftförderung; allg.)* • conveying chute
Förderrutsche f <förd> *(Zubringerrinne für Schüttgut; z. B. von Silo)* • feed chute; feeding chute; charging chute
Förderschacht m <min> • hoisting shaft
Förderschnecke f <förd> • conveyor screw; screw conveyor *rare*
Förderschnecke f <masch> *(in Pumpe)* • screw; screw-shaped rotor *did*; screw spindle *rar*; spindle *rar*
Förderschnecke f <prod.nahr> *(Speiseeis; Fruchtmischer)* • auger; auger screw; screw conveyor; conveyor worm
Förderschnecke f <verf.hydr> *(Spiralpresse)* • feed screw; conveyor spiral; conveyor worm
Förderseil n <förd> *(für Horizontalförderung)* • haulage rope
Förderseil n <min> *(für Vertikalförderung)* • winding rope; hoisting rope
Fördersohle f <min> • haulage level
Fördersonde f <petr> • producing well; output well
Förderspiel n <förd> • handling cycle; hoisting cycle; winding cycle
Förderspindel f <masch> *(in Pumpe)* • screw; screw-shaped rotor *did*; screw spindle *rar*; spindle *rar*
Förderspirale f <verf.hydr> *(Spiralpresse)* • feed screw; conveyor spiral; conveyor worm
Förderstrecke f <tech.allg> • conveyed length
Förderstrecke f <förd> • haulage road; haulway
Förderstrom m <ents.hydr> • delivery
Förderstrom m <förd> *(allg.; Volumen pro Zeiteinheit)* • flow rate; flow *pract*
Förderstrom m <förd> *(von Pumpen; Volumen pro Zeiteinheit; z. B. in m^3/h)* • pump capacity; rate of delivery; discharge rate; discharge; capacity *pract*
Förderstrom m <pump> *(Kolbenpumpe)* • displacement
Förderstromregelung f <förd> *(allg.)* • flow control; capacity control; discharge regulation; flow regulation
Förderstromregelung fsg <förd> *(Kolbenpumpe)* • displacement control; volume control
Förderstromrichtung f <tech.allg> • flow direction
Förderstufe bzw. Expansionsstufe f <masch> *(z. B. Pumpe, Turbine)* • stage
Förderstutzen m <masch> *(Pumpe)* • discharge flange
Fördersystem n <förd> • conveying plant; conveyor system; conveying system; transportation system; transfer equipment
Fördertechnik f <förd> • conveying engineering *norm*; hoisting and conveying; materials handling engineering
Fördertiefe f <petr> • producing depth
Fördertour f <petr> • oil string
Fördertrommel f <förd> • bobbin; whim
Fördertrum n <förd> • winding compartment; hoisting compartment; cage compartment *pract*
Fördertrum n <min> *(Skipförderung)* • skip compartment
Fördertuch n <förd> • platform canvas
Förderturm m <min> • shaft tower; winding tower; pithead frame; pithead gear; headgear
Förderüberhauen n <min> • chute raise; service raise
Förder- und Transporttechnik f <förd> • material handling and conveyor industry
Förderung f <förd> • delivery; handling; transport; conveyance; pumping

Förderung f <förd> *(Vorgang allg.)* • conveying; conveyance; transport

Förderung f <förd> *(allg., horizontal)* • haulage

Förderung f <förd> *(Materialbewegung)* • materials handling

Förderung f <förd.min> *(vertikal)* • winding; hoisting

Förderung f <min/petr> *(produzierte Menge)* • production; output

Förderung f <wz> • transfer

förderungswürdig <admin> *(Personal, Mitarbeiter)* • deserving promotion; qualified to be promoted; eligible for promotion; worthy of support

Fördervolumen n <förd> *(von Pumpen; Volumen pro Zeiteinheit; z. B. in m³/h)* • pump capacity; rate of delivery; discharge rate; discharge; capacity *pract*

Fördervorgang m <förd> • handling operation

Fördervorgang m <kfz.mot> • delivery process

Förderwagen m <förd> • buggy

Förderwagenbremse f <förd> • car retarder

Förderwerk n <förd> • elevator

Förderzeit f <min> • turn

Förderzeit f <prod> *(Fertigungsstraße)* • transfer time

Förstersonde f <phys> • Foerster probe

Foet m <bio> • foetus *GB*; fetus *US*

Fötalelektrokardiograph m <med.tech> • fetal electrocardiograph

Fötalphonokardiograph m <med.tech> • fetal phonocardiograph

Föttingerkupplung f <kfz.antr> • fluid coupling; hydrodynamic clutch; fluid flywheel; fluid clutch; Foettinger coupling

Föttingerwandler m <masch> • Foettinger torque converter

Foetus m <bio> • foetus *GB*; fetus *US*

Fötus m *ugs* <bio> • foetus *GB*; fetus *US*

Fogging n <edv> • fogging

Foggingverhalten n <kst> *(von Kunststoffen)* • fogging effect

Fokalebene f <astron> • image plane; focal plane

Fokalweite f *wiss* <opt> • focal length; focal distance

Fokometer n <opt> • focometer; focimeter

Fokometrie f <opt> • focometry

Fokus m <opt> *(von Linsen, Spiegeln)* • focal point; focus

Fokusebene f <opt> *(von Linsen, Spiegeln)* • focal plane

Fokuseinstellung f <opt> • focusing *US*; focussing *GB*

Fokuseinstellung f <phot> • focus setting; focus control

Fokusfehler m <edv> *(bei opt. Speichermedien; z. B. CD, CD-ROM)* • focusing error *US*; focussing error *GB*; focus error; defocusing *US*; defocussing *GB*

Fokusfehler m <opt> *(allg.; z. B. bei CD-Spielern, -Laufwerken)* • focus error; focusing error *US*; focussing error *GB*; defocus

Fokusfehlerspannung f <el> • focus error signal

Fokusfleck m <opt> • light spot; laser spot; spot of light

Fokuskontrolle f <edv> • focus control

Fokusnachführung f <phot> • focus tracking

Fokussieranode f <av> • focusing anode *US*; focussing anode *GB*

fokussierbar <energ.sol> • focusable

Fokussierbarkeit f <druck> *(Laser)* • focusability

Fokussier-Betriebsartenwähler m *Nikon* <phot> • focus mode selector

Fokussierebene f <phot> • focal plane

Fokussierelektrode f • focusing electrode *US*; focussing electrode *GB*

Fokussierelement n <opt> • focusing control *US*; focussing control *GB*

Fokussieren nsg <phot> *(Vorgang)* • focusing *sg*

fokussieren vi/vt <phot> • focus vi/vt; adjust distance vt

fokussieren vt <edv> *(Laserstrahl; z. B. in CD-Laufwerk)* • focus vt

fokussieren vt <opt> *(Lichtstrahlen sammeln, in Brennpunkt)* • focus vt; bring into focus vt; collimate vt

fokussierende Optik f <edv> *(Barcodescanner)* • focused illuminating beam

fokussierende Wirkung f *ISO 13666* <opt> *(Sammelbegriff für sphärische und astigmatische Wirkung)* • focal power *ISO 13666*

Fokussierlinse f <opt> • focusing lens *US*; focussing lens *GB*

Fokussiermagnet m • focusing magnet; focussing magnet

Fokussierspannung f <el> • focusing voltage *US*; focussing voltage *GB*

Fokussierspule f <el> • focus coil; focusing coil *US*; focusing solenoid *US*; focussing solenoid *GB*

Fokussiertaste f <av> • focus button

Fokussierung f <av> *(eines Bildes; z. B. Bildschirmanzeige, Projektion)* • focusing *US*; focussing *GB*

Fokussierung f <av> • focus setting; focusing; distance setting

Fokussierung f <phot> • focusing

Fokussierung f <phot> *(Vorgang)* • focusing *sg*

Fokussierung f <phys> *(von Strahlen)* • focusing *US*; focussing *GB*; concentration

Fokussierungsfehler m <opt> *(allg.; z. B. bei CD-Spielern, -Laufwerken)* • focus error; focusing error *US*; focussing error *GB*; defocus

Fokussierungssystem n <astron> • focusing system *US*; focussing system *GB*

Fokussierzahl f *DIN 32511* <phys> *(Laser)* • F-number

Fokussteuerung f <opt> • focus control

Fokustaste f <av> • focus button

Fokustiefe f <opt> • focus depth

Folder m <werb> • advertising folder *US.GB*; folder

Folge f <allg> *(Konsequenz von etwas)* • consequence

Folge f <allg> *(Abfolge)* • succession

Folge f <tech.allg> *(Ordnung; räumlich, zeitlich)* • order

Folge f <edv> *(Serie)* • series

Folge f <math> • progression

Folge f <math> *(Sequenz)* • sequence

Folgeabstand m <verk> *(von Fahrzeugen)* • headway

Folgeabtastung f <av> • sequential scanning

Folgeadresse f <edv> • subsequent address

Folgearbeit f <prod> • consecutive operation

Folgeausfall m <qualit> • dependent failure

Folgebefehl m <edv> • subsequent instruction

Folgebehandlung f <prod> *(betont: nach vorausgegangener Vorbehandlung)* • subsequent treatment; secondary treatment; additional treatment; after-treatment

Folgebewegung f <prod.autom> *(an Transportbändern)* • tracking

Folgebildanschluss m <phot> • bridging

Folgebit n <edv> • sequence bit

Folgediagramm n <tech.allg> • sequence chart

Folgedosis f <nukl> • dose commitment

Folgeeinrichtung f <msr> • follow-up servo

Folgeelement n <nukl> • daughter element

Folgefrequenz f <tele> • repetition frequency; repetition rate

Folgefunke m <kfz.el> • follow-up spark; sequential spark

Folgefunken m *rare* <kfz.el> • follow-up spark; sequential spark

Folgehandlung f <edv> • follow through

Folgekern m <nukl> • daughter nucleus

Folgekontakt m <el> • sequence-controlled contact; dependent contact

Folgekultur f <agri> • successive culture

Folgemaschine f <prod> • follow-up machine

Folgemechanismus *m* <masch> • follow-up mechanism

folgen *vi* <allg> *(als Konsequenz)* • be the consequence of *vi*

folgen *vi* <allg> *(resultieren)* • result *vi*

folgen *vt* <allg> *(z. B. einem Fahrzeug)* • follow *vt*

folgen *vt* <allg> *(in Reihenfolge)* • follow in order *vt*

folgen *vt* <allg> *(zeitlich)* • succeed *vt*

folgen *vt* <aerospace> *(z. B. mit Radar)* • track *vt*

Folgenutzung *f* <ents> *(z. B. von Rezyklat)* • after-use; future use; reuse

Folgeobjekt *n* <edv> • follow object

Folgeplan *m* <qualit> • sequential sampling plan

Folgepol *m* <el> • consequent pole

Folgeprodukt *n* <nukl> *(radioaktiver Zerfall)* • decay product; disintegration product; daughter product; decay daughter *rare*

Folgeprodukt *n* <prod> • secondary material; after-product

Folgeprüfprogramm *n* <edv> • sequence checking routine

Folgeprüfung *f* <qualit> • sequence check; sequential test

Folger *m* <msr> • follower

Folgereaktion *f* <chem> • consecutive reaction; successive reaction

Folgeregelung *f* <msr> • sequence control; variable-command control; cascade control; follow-up control; servo control

Folgeregelungssystem *n* <msr> • sequential control system; follow-up control system; servo system

Folgeregler *m* <msr> • sequence controller; follow-up controller; cascade controller; follower controller; follower

folgeschadensicher <tech.allg> *(Bauteil, System, Funktion; der Ausfall gefährdet nicht die Sicherheit)* • fail-safe

Folgeschalter *m* <el> • sequence switch

Folgeschaltsystem *n* <msr> • sequential circuit system

Folgeschaltung *f* <el> • sequential circuit *pf liste*; follow-up circuit

Folgeschnitt *m DIN 9870* <prod> *(Schnittwerkzeug)* • follow die; progressive die

Folgesignal *n* <tele> • sequence signal

Folgesteuerung *f* <msr> • sequence control; sequencing control; sequencing; follow-up control

Folgesteuerung *f* <nav> • follow-up steering

Folgestich *m* <metall> *(Walzwerk)* • consecutive pass

Folgestrom *m* <el> • follow current

Folgestrom *m* <hydr> • friction wake; track

Folgestufe *f* <el> • follower

Folgesubstanz *f* <nukl> *(radioaktiver Zerfall)* • decay product; disintegration product; daughter product; decay daughter *rare*

Folgetiefziehwerkzeug *n* <prod> • progressive draw tool

Folgeumschalter *m* <el> • make-before-break contact unit

Folgeverarbeitung *f* <edv> • sequential scheduling

Folgeverstärker *m* <msr> • follower amplifier

Folgewerkzeug *n* <prod> *(Umformtechnik)* • progressive die

Folgewerkzeug *n* <wz> • follow-on tool

Folgezeit *f* <verk> *(von Fahrzeugen)* • headway

Folie *f ugs* <doku> • overhead transparency; overhead projection film; transparency *coll.pract*

Folie *f* <edv> *(Zeichnungsträger)* • film

Folie *f* <edv> *(CAD, Computergrafik; zum Strukturieren von Zeichnungen)* • layer

Folie *f* <kst> *(Kunststoff, als Bahn; Dicke > 0,25 mm)* • sheeting

Folie *f* <kst> *(Kunststoff, Dicke < 0,25 mm)* • film

Folie *f* <kst> *(Kunststoff, als Platte; Dicke > 0,25 mm)* • sheet; plastic sheet

Folie *f* <mat> *(Papier, Kunststoff)* • leaf

Folie *f* <metall> *(Metall, Dicke > 0,15 mm)* • sheet

Folie *f prakt* <metall> *(sehr dünnes Metall, Dicke < 0,15 mm; z. B. Alu-Folie für Schokolade)* • foil; metal foil *rare*

Foliefäden *mpl* <textil> • film strips

Folieflachfaden *m* <mat.textil> • flat cut film yarn

Foliegarn *n* <textil> • fibrillated film strips; tape yarn

Folienabschnitt *m* <büro> *(kopierer)* • sheet section

Folienabzug *m* <kst> *(Folienextruder)* • haul-off [system]; take-off [equipment]

Folienätztechnik *f* <el> *(Leiterplattenfertigung)* • etched-foil technique

Folienanschlussklemme *f* <alarm> • take-off block; connector; foil take-off; foil takeoff block; terminal block

Folienbändchen *n* <textil> • slit film

Folienblasen *n* <kst> *(dünne Folien)* • film blowing

Folienblasen *n* <kst> *(dicke Folien)* • sheet blowing

Folienblaskopf *m* <kst> • blow head

Folienblasmaschine *f* <kst> • film blowing machine

Folienblasverfahren *n* <kst> *(dünne Folien)* • blown film extrusion

Folienblasverfahren *n* <kst> *(dicke Folien)* • blown sheet extrusion

Folienbonden *n* <el.ic.prod> *(Direktmontage von Chips)* • tape automated bonding (TAB); tape carrier bonding

Foliendehnmessstreifen *m* <msr> • foil strain gauge

Folien-Dehnungsmessstreifen *m* <msr> • foil strain gauge *US.GB*; foil gauge *US.GB*; metal-foil strain gauge *rare*; metal-foil gauge *rare*

Folien-DMS *m* <msr> • foil strain gauge *US.GB*; foil gauge *US.GB*; metal-foil strain gauge *rare*; metal-foil gauge *rare*

Foliendruck *m* <druck> • foil printing

Folieneinbau *m* <verf> • foil-type filling *US*; foil-type packing *GB*

Folienextrusion *f* <kst> *(sehr dünne Folie)* • film extrusion

Folienextrusion *f* <kst> *(stärkere Folie)* • sheet extrusion

Folienfaden *m* <textil> • slit film

Folienfilter *m/n* <opt> • gelatin filter *US.GB*; gelatine filter *US.GB*; gel *pract*

foliengebondet <füg> • tape-bonded

foliengeschirmt <el> • foil-shielded

Foliengießmaschine *f* <kst> • solution-casting machine

Folienkalander *m* <pap> • sheeting calender

Folienkaschiermaschine *f* <druck/phot> • film-laminating machine

Folienkaschierung *f* <phot> *(z. B. von aufgezogenen Bildern, Postern)* • film lamination

Folienkondensator *m* <el> *(Kunststofffolie als Dielektrikum)* • film capacitor

Folienkondensator *m* <el> *(Platten in Form gewickelter Metallfolie)* • foil capacitor

Folienleder *n* <led> • plastic-surfaced laminated leather

Folienlegegerät *n* <agri> • plastic film layer

Folienmesser *n* <wz> • scalpel; frisket knife; x-acto knife *pract*; stencil cutting knife *form*

Folienpapier *n* <pack> *(metallbeschichtet; t.B. f. Kaugummi, Tee)* • foil paper

Folien-Pausdeckrot *n* <phot> *(rote Maskierflüssigkeit)* • opaque for uncoated film

Folienplatine *f :V* <msr> *(Folie mit Leiterbahnen und evtl. Bauelementen)* • flexible printed circuit (FPC)

Folienreflektor *m* <allg> • foil reflector

Folienronde *f* <prod> • foil disk

Folienschlauchsilierung *f* <agri> • foil skin silaging

Folienschweißgerät *n* <füg> • foil welding device

Folienseparator *m* <kfz.el> *(Batterie)* • envelope separator

Foliensteckverbinder *m* <el> • sheet connector *:V*

Folienstrangpressen n <kst> (dünne Folien) • film extrusion

Folienstrangpressen n <kst> (dicke Folien) • sheet extrusion

Folienstumpfnahtschweissen n <füg> • foil butt-seam welding

Folientastatur f <edv> (aus zwei durch Isolierungsfolie getrennten Kontaktfolien bestehend) • touch-sensitive membrane keyboard

Folientastatur f <msr> (durch Folie geschützt) • membrane keyboard; sealed keypad

Folientechnik f <edv> • layers

Folienwalzwerk n <prod> • foil rolling mill; foil mill

Folienwerkzeug n <wz> (Kunststoffverarbeitung) • sheet die

Folieseide f <textil> • slit film filament yarn

follikuläre dendritische Zelle f <med> • follicular dendritic cell

Follow-Object n 3D Studio <edv> • follow object

Follow Through m <edv> • follow through

Follow-Through und Overlapping-Action f <kino> • follow through and overlapping action

Follow TV n <av> (Videorecorderfunktion) • Follow TV; TV download

Fond m <kfz.innen> • rear; back

Fond m <textil> • back ground; ground; bottom shade; bottom

Fondboden m <kfz> • main floor

Fondkopfstützen fpl <kfz.innen> • rear head restraints (rhr)

Font m selten <edv> • font stand

Fontäneneffekt m <phys> • thermomechanical effect

Fontur f <druck> • set

Fontur f DIN 62125 <textil> (Nadelbett etc., auf dem ein Gestrick gefertigt wird) • knitting head; needle bed

Food and Drug Administration f (FDA) <org> • Food and Drug Administration (FDA)

Food-Timer m <bio> (für Fische) • automatic feeding device; food timer

Foot-lambert n <licht> • foot-lambert

foramen magnum n wiss <bio> (bei Wirbeltieren) • atlas opening

forcieren vt <phot> • push vt; push-process vt

forcierte Entwicklung fsg <phot> • push-processing sg; forced development; pushing sg; pushed processing sg

forcierte Kühlung f <verf> (intensiver als normal) • improved cooling

Fordbecher m <obfl> (zur Einstellung der gewünschten Viskosität einer Anstrichfarbe) • viscosity cup; Ford cup

Forderung f ISO 9000 <qualit> (Erfordernis oder Erwartung) • requirement ISO 9000

forensische Chemie f <chem.jur> • forensic chemistry; legal chemistry

Fork-Bag m <kfz> (kl. Tasche für Vordergabel am Motorrad) • front fork bag; fork bag

For-Life-Schmierung f <masch> • for-life lubrication; permanent lubrication

Form f <allg> (Gestalt) • shape; form

Form f <tech.allg> (Struktur) • configuration

Form f <tech.allg> (Umriss, Kontur) • contour

Form f <tech.allg> • geometry

Form f <tech.allg> (Muster) • model; type

Form f <druck> • forme; form

Form f ugs <kst> (zur Formgebung, z. B. beim Spritzgießen) • mold US; mold GB

Form f <nahr.prod> (Speiseeis) • ice cream mold; mold pract; mold pocket; freezing pocket; freezing mold

Form f <prod> (beim Tiefziehen) • die

Form f <prod> (Schablone, Muster) • pattern

Form f <prod> (z. B. für Druckguss) • mold US; mould GB

Formabbildungsgenauigkeit f <prod> (elektrochemische Bearbeitung) • shape reproduction

Formabrichteinrichtung f <prod> • form-truing device; form-trueing device

Formabrichten n <prod> • form truing; form trueing

Formabweichung f <qualit> • form error; error in shape

Formänderung f <mech> (Dehnung durch Krafteinwirkung) • strain

Formänderung f <prod> (allg.; absichtlich od. unabsichtlich; z. B. beim Umformen) • change of shape; shape change

Formänderung f <qualit.mat> (elastisch oder plastisch, eher unerwünscht) • deformation

Formänderungsarbeit f <mech> • deformation energy; deformation work; work of deformation

Formänderungsenergie f <mech> • deformation energy; total strain energy; strain energy; internal resilience

Formänderungsfestigkeit f <mat.qualit> (Umformtechnik) • yield criterion value

Formänderungsfestigkeit f <qualit.mat> (Fließspannung als Widerstand gegen Umformen) • deformation resistance

Formänderungsgeschwindigkeit f <prod> (z. B. beim Walzen, Schmieden, Tiefziehen) • deformation rate

Formänderungsgeschwindigkeit f wiss <prod> • deforming speed

Formänderungskomponente f <mech> • strain component

Formänderungskraft f <prod> • forming force

Formänderungsmodul m <mat> • reduced modulus E

Formänderungsrest m <prod> • residual deformation

Formänderungsvermögen n <mat> (z. B. von Tiefziehblech) • deformability; ability to be deformed

Formänderungswiderstand m <prod> (Kenngröße i.d. Umformtechnik) • forming resistance; consistency

Formänderungszustand m <prod> • state of strain; state of deformation

Formätzen n <prod> • chemical machining; chemical milling; photoetching

Formaldehyd n (HCHO) <chem> (z. B. als Konservierungsmittel in der Medizin) • formaldehyde

Formaldehydgerbung f <led> • formaldehyde tanning

Formaldehydharz n <chem> • formaldehyde resin

Formaldehydmessung f <emiss.msr> • measurement of formaldehyde VDI 3862-4; formaldehyde measurement

formale Ladung f <phys> • formal charge

formale Logik f <math> • formal logic

formaler Fehler m <qualit> • formal error

Formalin-Harnstoff n <chem> • urea formaldehyde

Formalparameter m <edv> • formal parameter; dummy argument

Formartikel m <prod> • molded article; molding

Format n <allg> (z. B. Foto, Bild, Buch, Zeitschrift) • size

Format n <edv> • format

Format n <edv> (Größe eines Speichermediums; z. B. 3,5") • form factor; profile

Formatangabe f <edv> • format specification

Formatanweisung f <edv> • format statement; format instruction

Formatbefehl m <edv> • format statement; format instruction

Formatblende f <phot> • negative mask; carrier adaptor

Formatbogen m <druck> • size sheet

Formatbreite f <pap> • measure

Formatdatei f <edv> • format file

Format FAT 16 n <edv> • FAT 16 format

formatfreie Leseanweisung f <edv> • unformatted read statement

formatfreie Schreibanweisung f <edv> • unformatted write statement

formatfüllend fotografieren vi/vt <phot> • fill the frame vi

formatgebundene Leseanweisung f <edv> • formatted read statement

formatgebundene Schreibanweisung f <edv> • formatted write statement

formatieren vt <doku> (Text, Dokument) • format vt

formatieren vt <edv> (Datenträger) • format vt

Formatierer m <edv> (Aufteilung in Sektoren etc.) • sector formatter; formatter

formatiert <edv> (Text, Datenträger) • formatted

formatierte Diskette f <edv> • formatted diskette; formatted floppy disk

formatierte Festplatte f <edv> • formatted hard disk

formatierte Kapazität f <edv> • formatted capacity; user capacity

formatierter Text m <doku> • formatted text; formatted document

formatiertes Dokument n <doku> • formatted text; formatted document

Formatierung f <edv> (Resultat; von Texten, Datenträgern) • format

Formatierung f <edv> (eines Datenträgers; z. B. einer Festplatte; Vorgang und Resultat) • formatting ISO 2382-2; data formatting

Formatierung auf hohem Niveau f <edv> • high-level formatting

Formatierung auf niedrigem Niveau f rar <edv> (von Festplatten) • low-level formatting US.GB

Formation f rar <tech.allg> (z. B. von Wolken, Dämpfen, Ablagerungen) • formation

Formation f <geo> • formation

Formationsdruck m <petr> • formation pressure

Formationsflug m <aerospace> • formation of aircraft flight; formation flight

Formationsfolge f <geo> (z. B. Gesteins- und Sedimentschichten) • sequence of formations; sequence of strata; geological column; geologic column

Formationsschwellendiagramm n <pap> • formation threshold chart

Formationstest m <petr> • formation test

Formatkontrolle f <edv> • format check

Format machen vi <druck> • make up the margin vi; impose vt

Formatmaske f <phot> • negative mask; carrier adaptor

Format-on-the-fly n <edv> • format on the fly

Formatquerschneiden n <pap> • dimension cross-cutting

Formatschneiden n <druck> • trimming of sheets

Formatschneider m <pap> • guillotine trimmer; guillotine cutter

Formatsteuerung f <edv> • format control

Formatsteuerzeichen n <edv> • format effector

Formatwalze f <pap> (Rundsiebpapiermaschine) • press roll

Formaufspannplatte f <prod> • mold clamping plate

Formautomat m <prod> • automatic forming machine

formbar <metall> (durch Urformen; Gießverfahren) • moldable

formbar rar <metall> (relativ leicht umformbar; durch Umformverfahren) • ductile; flowable rare

formbare Gipskartonplatte f <bau.mat> • gypsum contour board

Formbarkeit f <tech.allg> (allg.) • formability

Formbarkeit f <mat> (Plastizität) • plasticity

Formbarkeit f <metall> (durch Umformverfahren; z. B. Hämmern, Schmieden) • malleability

Formbarkeit f <metall> (durch Urformen; Gießereitechnik) • moldability

Formbarkeit f <metall> • ductility

Formbaustahl m <mat> • die steel

formbeständig <qualit> • dimensionally stable

formbeständig in der Wärme <qualit.mat> • thermostable; heat-stable

Formbeständigkeit f <nahr> (Speiseeis) • stand-up; shape retention

Formbeständigkeit f <qualit> • dimensional stability

Formbeständigkeit in der Wärme f ASTM D 648 <kst.qualit> (Werkstoffprüfung) • heat deflection test (HDT) ASTM D 648; heat distortion test ASTM D 1637

Formbeständigkeit in der Wärme f DIN 53461 <kst.qualit> (Eigenschaft; unter Biegebeanspruchung, z. B. nach ISO/R75) • heat deflection temperature (HDT); deflection temperature under [flexural] load US; temperature of deflection under a bending stress GB; heat distortion temperature; deflection temperature

Formbeständigkeit in der Wärme nach ISO/R 75 f <kst.qualit> • temperature of deflection under load according to ISO/R 75

Formbeständigkeit in der Wärme nach Martens f <kst.qualit> • temperature of deflection under load according to Martens method

Formbeständigkeitstemperatur f DIN 53461 <kst.qualit> (Eigenschaft; unter Biegebeanspruchung, z. B. nach ISO/R75) • heat deflection temperature (HDT); deflection temperature under [flexural] load US; temperature of deflection under a bending stress GB; heat distortion temperature; deflection temperature

Formblatt n <jur> • form-sheet

Formblech n Hoyer <nahr.prod> (Speiseeis) • mold table; mold tray Hoyer

Formbrennschneiden n <prod> • flame shape cutting; contour flame cutting; shape flame cutting

Formbrennschnitt m <prod> • shape flame cut; flame-shape cut

Formbrett n <prod> • molding board

Formdeplacement n <nav> • molded displacement

Formdiamant m <wz> (Schleifscheibe) • profile dressing diamond; diamond wheel dresser

Formdrehautomat m <wz.masch> • automatic shaping lathe

Formdreheinrichtung f <wz.masch> • forming attachment

Formdrehen n <prod> • form turning; contour turning

Formdrehmaschine f <wz.masch> • form turning lathe; contour turning lathe

Formdrehmeißel m <wz> • form turning tool; contouring tool

Formeinbauhöhe f <kst> • mold thickness

Formeinlagestück n <wz> (beim Tiefziehen) • die insert

Formeinstreichmittel n <tribo> • mold- release agent; release agent

Formeisen n <prod> (Biegen) • stake

Formel f <tech.allg> (Mathematik, Chemie) • formula

formelastisch <tech.allg> • flexibly yielding

Formel aufstellen vi <tech.allg> • formulate vt

Formelsatz m <math> • mathematical composition

Formelübersetzer m <edv> • formula translator

Formel von McKee f <pap> • McKee formula

formen vt <prod> • model vt

formen vt <prod> (allg.) • form vt; mold vt; shape vt; mold to shape vt

formen vt <silik> • throw vt

Formenanschnitt m <prod> • mold gate

Formenbau m <kst> • moldmaking

Formenbau m <metall> • die construction

Formenbrecher *m* <wz> • mold breaker
Formennaht *f* <metall> *(als Abdruck am Gussteil)* • mold mark; parting line
Formenrahmen *m* <obfl> • dipping rack
Formenschließen *n* <druck> • quoining; forme locking; form locking
Formenschließen *n* <prod> • die lock-up
Formentisch *m* Hoyer <nahr.prod> *(Speiseeis)* • mold table; mold tray *Hoyer*
Formentrockenofen *m* <prod> • mold drying oven
Formenwahrnehmung *f* <psych> • form perception
Formenzonenring *m* <metall> *(Hochofen)* • tuyere belt
Formerei *f* <prod> • molding shop; molding
Formerhaltung *f* <nahr> *(Speiseeis)* • stand-up; shape retention
Formermessstab *m* <msr> • molder's rule
Formersieb *n* <pap> • forming screen
Formersiebdraht *m* <pap> • forming wire
Formfaktor *m* <edv> *(Größe eines Speichermediums; z. B. 3,5")* • form factor; profile
Formfaktor *m* <mech> *(Kerbwirkung)* • form factor
Formfaktor *m* <phys> *(z. B. Leistung)* • form factor
Formfaktormessbrücke *f* <el> • form factor indicator
Formfehler *m* rar <edv> *(bei Befehlseingabe, Programmierung, Quellcode)* • syntax error; syntactical fault rare
Formfehler *m* <prod> • departure from the specified form
formfest <tech.allg> *(nicht elastisch)* • inelastic
formfest <qualit> • dimensionally stable; stable
Formfräsen *n* <prod> • form milling; profile milling
Formfräser *m* <kfz.wz> • valve seat cutter
Formfräser *m* <wz> • form cutter; profile cutter
Formfräser *m* <wz> *(für Zahnräder)* • gear cutter
Formfräsmaschine *f* <wz.masch> *(für Metall)* • form milling machine; profile milling machine
Formfräsmaschine *f* <wz.masch> *(für Holz)* • molder
Formfüllphase *f* <metall> *(Druckguss)* • cavity filling stage; casting stroke
Formfüllung *f* <kst> *(Gießereitechnik)* • mold filling
Formfüllung *f* <kst> *(Füllmasse)* • molding compound
Formfüllungsvermögen *n* <mat> *(des Werkstoffes, z. B. beim Gießen)* • mold-filling ability; mold-filling capacity
Formfüllungsvermögen *n* <prod> • flowability; fluidity
Formfüllvermögen *n* <mat> *(des Werkstoffes, z. B. beim Gießen)* • mold-filling ability; mold-filling capacity
Formfüllvermögen *n* <prod> • flowability; fluidity
Formgebung *f* <kfz.rep> *(beschädigter Bleche; z. B. durch Ausbeulen)* • reshaping; shaping
Formgebung *f* <prod> *(allg.)* • shaping; forming
Formgebung *f* <prod> *(ästhetisch)* • styling
Formgebung *f* <prod> *(Kontur, Struktur)* • surface formation
Formgebung *f* <textil/silik> • fashioning
Formgebungsdecker *m* <textil> *(Maschenübertragung auf Cotton-Maschinen)* • fashioning point
Formgedächtnis-Legierung *f* <mat> • shape-memory alloy; memory alloy
Formgedächtnislegierung *f* <mat> • shape-memory alloy; memory alloy
formgenau <tech.allg> *(z. B. Abbildung, Fertigung)* • geometrically true; geometrically accurate
Formgenauigkeit *f* <prod> • geometrical trueness; geometrical accuracy
formgerecht <textil> • fully fashioned
formgerechter Wasserzusatz *m* <metall> • temper water
formgeschliffen <prod> • form-ground
Formgesenk *n* <prod> • shaped die
Formgestaltung *f* <tech.allg> *(Design)* • design
Formgestaltung *f* <tech.allg> *(Vorgang)* • industrial designing; designing

Formglättwerkzeug *n* <wz> • egg smoother; egg sleeker
Formgraphit *m* <prod> • foundry facing graphite
Formgrat *m* <prod> • fin
Formgravur *f* <wz> • die cavity
Formgrube *f* <prod> • molding pit; molding hole
Formguss *m* <metall> *(Erzeugnis)* • shaped castings; castings
Formguss *m* <prod> *(von Metall, Gips o.ä. in eine Form; Vorgang)* • casting; shaping by casting
Formhälfte *f* rar <kst> • mold half
Formhälfte *f* <metall> • die half
Form-Hauptsignal *n* <bahn> • semaphore home signal
formhinterdreht <prod> • form machine-relieved
formhinterdrehter Fräser *m* <wz> • form machine-relieved cutter
Formhöheneinstellung *f* <prod> • die-height adjustment
Formhöhlung *f* rar <kst> *(z. B. Spritzgießen, Blasformen)* • mold cavity
Formhöhlung *f* <metall> • die cavity
Formholz *n* <prod> • form block; wood die; former
Formholz *n* <prod.wz> *(Reckziehen)* • stretch die
Formiat *n* <chem> *(Salz der Ameisensäure)* • formate
Formieren *n* <el> • formation; forming
Formieren *n* <prod> *(Sintern)* • final sintering
formierte Platte *f* <el> • formed plate
Formierung *f* <el> • forming
Formkaliber *n* <metall> • shaping pass; forming pass
Formkante *f* rar <wz> *(Gewindefurcher)* • lobe; forming lobe; lead-forming lobe
Formkasten *m* <prod> • molding box; flask
Formkastenklammer *f* <prod> • molder's clamp
Formkavität *f* <kst> *(z. B. Spritzgießen, Blasformen)* • mold cavity
Formkern *m* <metall> • mold core
Formkneten *n* <prod> • form rolling
Formkörbchen *npl* <bekl> *(BH)* • molded cups *pl*
Formkörper *m* <chem> *(Füllkörper)* • tile
Formkörper *m* <kst> *(Pressling, Spritzling)* • molded article; molding
Formkohleplatte *f* <prod> *(Gießereitechnik)* • carbon block; carbon plate; carbon sheet
Formkurven *fpl* <nav> • hydrostatic curves
Formlegen *n* <prod> *(Brikettpresse)* • form setting
Formlehm *m* <mat> • molding clay; molding loam
Formlehre *f* <msr> *(für Profile)* • form tool gauge; form gauge; profile gauge
Formlehre *f* <msr> • receiving gauge
Formleiter *m* <el> • shaped conductor; non-circular conductor
Formlineal *n* <prod> • former plate
Formlinie *f* <geo> *(Kartographie)* • form line
Formloch *n* <prod> • contoured hole
formlos <allg.tech> *(eher unerwünscht, z. B. ausgebeulte Hosen)* • shapeless; formless
formlos <büro> *(z. B. Brief, Besprechung; Kleidung)* • informal
formlos <mat> • amorphous
Formmantel *m* <metall> *(Gießerei)* • mantle
Formmaschine *f* <prod> • molding machine
Formmaschine *f* <wz.masch> • forming machine
Formmaske *f* <prod> • molding shell; shell mold
Formmaskenverfahren *n* <prod> • shell-molding process; C-process
Formmasse *f* <prod> • molding material; molding compound
Formmasse mit Zuschlägen *f* form <kst> • compound; premix
Formmeißel *m* <wz> *(allg.)* • contouring tool; forming tool
Formmodell *n* <metall> • mold pattern

Formnest n <kst> *(Hohlraum im Werkzeug, durch den ein Formteil geformt wird)* • cavity; molding cavity
Formnest n <metall> • die cavity
Formoberteil n <metall> *(Gussform)* • top molding box; cope
Formöffnungshub m <prod> • die-opening stroke
Formplatte f <kst> • mold plate; cavity plate; core plate; manifold plate; runner plate
Formplatte f <metall> *(Gießereitechnik)* • pattern plate; match plate
Formplatte f <wz> *(z. B. beim Drahtziehen)* • die plate; die block
Formpresse f <prod> • molding press
Formpressen n <kst> • compression molding
Formpressen n <prod> *(Blechteile; z. B. Stahlblech)* • stamping; sheet metal stamping; sheet metal forming
Formpressholz n <holz> • molded plywood
Formpressstoff m <kst> • compression-molding compound
Formprüfung f <qualit> • dimensional inspection; dimensional check
Formpuder m <prod> *(Trennmittel)* • parting medium; parting powder; molding powder
Formquerschnitt m <prod> • shaped cross-section
Formräumwerkzeug n <wz> • form broach
Formrevolverdrehmaschine f <wz.masch> • forming turret lathe
formrichtig <prod> • correctly shaped; geometrically true; properly formed
Formrolle f <wz> • forming roller
Formsand m <mat> • molding sand; foundry sand
Formsandaufbereiter m <metall> • muller mixer; sand muller
Formsandaufbereitung f <prod> *(Gießerei)* • molding-sand preparation; sand cutting
Formsandstampfer m <prod> *(Gießerei)* • molding-sand rammer; sand rammer
Formschablone f <prod> • shape template
Formscheibe f <prod> • formed wheel
Formschleifen n <prod> • formed-wheel grinding; formed-contour grinding; form grinding
Formschleifmaschine f <wz.masch> • non-generating grinding machine
Formschleifscheibe f <wz> • formed grinding wheel
Formschlichte f <prod> • mold dressing
Formschließeinheit f <metall> • die-closing mechanism
Formschließkraft f <metall> • die-closing force
Formschliff m <rep> *(Schleifen von Spachtel)* • shaping
Formschliffautomat m <wz.masch> • automatic form grinding machine
formschlüssig <masch> *(i. Ggs. zu stoffschlüssig, kraftschlüssig; z. B. Klauenkupplung)* • positive
formschlüssig abgezogen <textil> • positively gripped
formschlüssige ausrückbare Kupplung f <antr> • positive clutch; jaw clutch; dog clutch; square-tooth clutch *rare*; claw clutch *rare*
formschlüssige Mitnahme f <masch> • positive drive
formschlüssige Paarung f <prod> • closed pair
formschlüssiger Antrieb m <antr> *(Ggs. zu kraftschlüssiger Antrieb)* • positive drive; solid drive
formschlüssiges Gesperre n <masch> • pawl and ratchet mechanism; locking mechanism; safety catch
formschlüssige Verbindung f <füg> • positive connection
Formschluss m <masch> *(im Ggs. zu Stoffschluss, Kraftschluss)* • form closure; engagement
Formschlussglied n <masch> *(z. B. in Sicherheitstüren)* • interlocking member; engaging member
Formschmieden n <prod> *(Verfahren; liefert einbaufertige Teile)* • precision forging

formschön <tech.allg> • stylish
Formschräge f <kst> *(Gesenk, Formwerkzeug; z. B. beim Spritzgießen)* • draft; taper
Formschräge f <metall> *(von Gussteilen, Gussformen, Schmiedegesenken)* • draft; taper
Formschwärze f <metall> • molding blackening; mold blacking; blacking
Formschwerpunkt m <nav> • buoyancy center *US*; buoyancy centre *GB*
Formsignal n <bahn> • semaphore signal
Formspule f <el> • preformed coil
Formspulen fpl <nukl> • shaping coils *pl*
Formspulenwicklung f <el> • preformed winding
formstabil <kfz> *(Fahrgastzelle)* • stiff; impact-resistant; rigid
Formstabilität f <nahr> *(Speiseeis)* • stand-up; shape retention
Formstabilität f <nav> • hydrostatic stability
Formstabilität f <qualit.mat> *(eines gegebenen Objekts; z. B. von Kunststoffformteilen)* • dimensional stability
Formstahl m <mat> *(Stahlprofile; z. B. L, T, U, I)* • structural steel; sectional steel; steel shape
Formstahlwalzwerk n <metall> • girder and section mill; structural rolling mill; section mill
Formstampfer m <prod> • molding pestle
Formstanze f <prod> • punch press; stamping die; stamping machine
Formstanzen n <prod> *(Blechteile; z. B. Stahlblech)* • stamping; sheet metal stamping; sheet metal forming
Formsteg m <wz> *(Gewindefurcher)* • lobe; forming lobe; lead-forming lobe
Formstein m <bau.mat> • shaped brick
Formstich m <prod> *(z. B. Walzwerk)* • forming pass; shaping pass
Formstift m <prod> *(Gießerei)* • molder's pin; sprig
Formstoff m <kst> • molded material
Formstoffmischer m <metall> • muller
Formstoßen n <prod> • shaping by use of formed tool; planing by use of formed tool
Formstück n <tech.allg> *(allg., jede Form; zum Anpassen an etw.)* • adapting piece
Formstück n <rls> *(z. B. Bogen, T-Stück, Abzweig)* • pipe fitting; fitting *pract*
Formteil n <bekl> • preformed pad
Formteil n norm <kst> • molding *US*; molded part
Formteil n <prod> *(nach dem Pressen; für Kfz-Karosserie, Gehäuse)* • body panel; pressing; metal stamping
Formteil n <prod> *(Pulvermetallurgie)* • compact
Formteil n <prod> *(Blechplatine vor der Presse)* • sheet blank
Formteil n <prod> *(aus Metall)* • pressing; metal stamping
Formteilrahmen m <fz> *(Fahrrad; typ. aus Stahlblech)* • panel frame *:V*
Formtoleranz f <prod> • geometry limits; geometry limit; geometrical tolerance
Formträgerplatte f <kst> • platen; clamping platen; mold platen; machine platen
Formtrennebene f <metall> *(Gießwerkzeug)* • mold parting plane
Formtrennebene f <metall> *(Druckguss)* • pressure die parting plane; die parting plane
Formtrennfuge f <metall> *(Gießerei)* • mold parting line
Formtrennmittel n <tribo> • mold-release medium; mold-release lubricant; mold-release agent
formtreu <tech.allg> • geometrically true
formtreu <prod.qualit> • true to shape
Formularart f <druck> • paper type; form type; media type
Formularausrichtung f <druck> *(im Drucker)* • form alignment
Formularauswurf m <druck> • paper output

Formularbibliothek f <edv> • form library
Formularblatt n <jur> • form-sheet
Formularbreite f <druck> • paper width; form width
Formulardruckmaschine f <druck> • form printing machine
Formularführung f <druck> • form guide
Formulargenerator m <edv> • report generator
Formularlänge f <druck> • page length
Formularleser m <edv> • form reader
Formularsatz <pap> (z. B. selbstdurchschreibend) • form-set
Formularstopp m <druck> • form stop
Formulartraktor m form <druck> (zum Transport von Endlospapier) • tractor; form tractor; tractor unit
Formulartransportgeschwindigkeit f <druck> • paper feed speed; paper transport speed; form feed speed
Formularvorschub m <druck> • form feed
Formularvorschubtaste f <druck> • form feed button; form feed switch; top of form switch
Formularzuführung f <druck> • form feed; form feeding
formulieren vt <allg> • formulate vt
Formulierung f <chem> • formulation
Formulierung f <tribo> • formulation
Formung f <prod> • forming; shaping
Formungenauigkeit f <tech.allg> • geometrical inaccuracy
Formunterteil n <metall> (Gießereitechnik) • bottom molding box; cavity block
Formverfahren n <prod> • forming process
Formverfahren n <prod> (Zahnradherstellung) • non-generating process
formverleimtes Sperrholz n <holz> • molded plywood
Formversatz m <prod> • mold shift; mold offset
Formverzerrung f <tech.allg> (z. B. unter Last) • shape distortion
Form-Vorsignal n <bahn> • semaphore distant signal
Formwälzverfahren n <prod> (Zahnradherst.) • format gear cutting process; format cutting process
Formwälzwerkzeug n <wz> • circular broach
Formwalzenpaar n <prod> • forming mill
Formwalzwerk n <metall> • structural rolling mill
Formwandung f <metall> • cavity wall; mold wall
Formwerkzeug n <kst> (zur Formgebung, z. B. beim Spritzgießen) • mold US; mold GB
Formwiderstand m <nav> • form resistance; residuary resistance
Formwiderstand m <prod> • form drag; body drag
Formwiderstandsbeiwert m <prod> • form-resistance coefficient
Formzahl f <masch> (Schneckengetriebe) • diametral quotient
Formzahl f <mech> • theoretical stress concentration factor
Formzahnradschleifen n <prod> • form-tooth grinding
Formziegel m <bau.mat> • shaped brick; purpose-made brick
Formzylinder m <druck> • plate cylinder
forsche Gangart f <kfz> • hard driving
Forschungsanlage f <allg> (betont: Grundlagenforschung) • research facility
Forschungsanlage f <qualit> (betont: praktische Erprobung) • test facility
Forschungsmikroskop n <opt> • research microscope
Forschungsrakete f <aerospace> • exploration rocket; scientific rocket vehicle; probe pract.coll
Forschungsreaktor m <nukl> • research reactor; experimental reactor
Forschungs- und Entwicklungsabteilung f <tech.allg> • R&D department; research and development department; development and research department rare

Forschungs- und Entwicklungskosten pl <ökon> (Bilanz) • research and development cost; cost of research and development; R&D expenses; expenses for R&D; cost of R&D
Forschungszentrum n <tech.allg> • research center
Forschung und Entwicklung fsg (F+E) <allg> • research and development sg (R&D)
Forst m <holz> • forest plantation
Forstbaumschule f <holz> • forest tree nursery
Forstbehörden pl <holz> • forest services
Forstbenutzung f <holz> • forest utilization US; forest utilisation GB
Forstbetrieb m <holz> • forest holding
Forsteinrichter m <agri> • working plans officer
Forsteinrichtung f <holz> • forest planning
Forsteinrichtungsreferat n <agri> • working plans section
Forsteinrichtungswerk n <agri> (für Waldarbeit) • working plan
Forsteritporzellan n <silik> • forsterite porcelain
Forstgenetik f <holz> • forest genetics
Forstgerät n <holz.wz> • forest implements; forest tools
Forstgesetzgebung f <holz.jur> • forest legislation
Forstinventur f <holz.ökon> • forest inventory
Forstmaschinen fpl <holz.wz> • forest machinery
Forstnutzungsrechte pl <holz.jur> • forest rights
Forstpathologie f <holz> • forest pathology
Forstpflug m <holz.wz> • forest plow US; forest plough GB
Forstpolitik f <holz> • forest policy; forestry policy
Forstrechte pl <holz.jur> • forest rights
Forstrevier n <holz> • section; beat
Forstschutz m <holz> • forest conservation
Forststatistik f <holz> • forest statistics
Forsttechnik f <holz> • forest engineering
Forsttechnologie f <holz> • forest technology
Forstwinde f <holz> • forestry winch
Forstwirtschaft f <holz.ökon> • forestry
forstwirtschaftlicher Betrieb m <holz.ökon> • forestry operation; forestry undertaking; forestry enterprise
Forstwirtschaftspolitik f <holz> • forest policy; forestry policy
Fortbestehen n <allg> • persistence
fortbewegen vr <allg> (wegbewegen) • move away vi
fortbewegen vr <allg> (weiterbewegen) • move on vi
fortbewegen vr <tech.allg> (allg. linear, translatorisch) • travel vi
fortbewegen vr <allg.hydr> (wellenartig an der Oberfläche) • ripple vt
fortbewegen vr <phys> (Welle) • progress vi
fortdauern vi <allg> (z. B. Konflikt, Verhandlungen, Probleme) • continue vi
Fortdruck m DIN 16500/2 <druck> (Drucken der Auflage nach dem Einrichten der Druckmaschine) • production printing; print run
Fortdruckgeschwindigkeit f <druck> • production speed
fortgeleitetes Moment n <mech> (statische Berechnung) • carried-over moment
fortlaufend <allg> (z. B. Entwicklung, Zählung, Nummerierung) • continuous
fortlaufend <tech.allg> (ständig; z. B. Messung, Steuerung, Bestrahlung) • continuous; non-intermittent
fortlaufend <tech.allg> (betont: ununterbrochen; z. B. Förderung, Regelung, Entwicklung) • continuous
fortlaufende Bildabtastung f <av> • sequential scanning
fortlaufender Code m <edv> (Strichcode ohne Lücken) • continuous code
fortlaufender Druck m <edv> • continuous imaging
fortlaufende Verarbeitung f <edv> • consecutive processing

fortlaufende Welle f <phys> (Welle) • progressive wave
Fortleitungsfaktor m <bau> • carry-over factor
fortpflanzen vr <phys> (z. B. Feuer) • propagate vi
fortpflanzen vr <phys> (Welle) • propagate vi
fortpflanzender Fehler m <qualit> • progressive error
Fortpflanzung f <phys> • propagation
Fortpflanzungsgeschwindigkeit f <phys> • propagation velocity
Fortpflanzungskonstante f <phys> • propagation constant
Fortpflanzungsreaktion f <chem> • propagation reaction
Fortpflanzungsrichtung f <phys> (z. B. Welle, Feuerfront) • propagation direction
Fortreißfestigkeit f <qualit.mat> • tear resistance; tear strength
Fortschaltgetriebe n <kino> (Film) • pull-down mechanism
Fortschaltmagnet m <el> • stepping magnet
Fortschaltrelais n <el> • stepping relay; alternative connection relay; notching relay
Fortschaltwerk n <prod> • stepping mechanism
Fortschaufelungsofen m <metall> • reverberatory calciner
Fortschauflungsofen m <metall> • reverberatory calciner
Fortschreibung f <allg> (in die Zukunft; z. B. Kosten-/Gewinnentwicklung) • forward projection
fortschreiten vi <allg> • proceed vi; make progress vi; progress vi
fortschreiten vi <tech.allg> (z. B. FuE) • advance vi
fortschreiten vi <phys> (Welle) • travel vi
fortschreitende Bewegung f <mech> (geradlinig, seitlich) • translational motion
fortschreitende Welle f <phys> (z. B. Schall) • traveling wave US; travelling wave GB; progressive wave
Fortschritt m <allg> (z. B. von FuE) • progress; advance
Fortschrittsgrad m <aerospace> (Propeller) • rate of advance
fortsetzen vt <navig> • resume vt
Fortsetzungsanweisung f <edv> • continuation statement
Forwarder m <nfz> • forwarder
Forward-Raytracing n <edv> • forward ray tracing
fossil <geo> • fossil
fossile Holzkohle f <geo> • fossil charcoal; mineral charcoal
fossile Kohle f <min> (im Ggs. zu Holzkohle) • mineral coal; fossil coal
fossiler Brennstoff m <energ> • fossil fuel
fossiles Harz n <geo> • fossil resin
fossiles Wasser n <geo> • native water; fossil water
Foster-Seely-Demodulator m <el> • Foster-Seely discriminator
Foto n ugs <phot> (Vergrößerung als Papierbild) • print
Foto n ugs <phot> (fotografische Aufnahme) • photograph; photo; picture; shot coll; exposure
Fotoätzverfahren n <prod> • photo-etching process
Fotoapparat m <phot> (für Fotos) • photographic camera; camera
Fotoausrüstung f <phot> • photographic equipment
Fotobalgenleder n <led/phot> • camera bellows leather
Fotobelichtungsmesser m <phot> • photographic exposure meter
Fotoblitzgerät n <phot> • photoflash device
Foto-CD f <edv> • Photo CD (PCD)
Fotochemikalien fpl <phot.chem> • photographic chemicals pl; photo chemicals pl
fotochemische Strahlung f <phys> • actinic radiation
fotochemisch wirksam <licht> • actinic
fotochemisch wirksames Licht n <licht> • actinic light

Fotodetektor m <opt> • photodetector; phote detector; detector
Fotodetektoreinheit f <opt> • quaddetector; 4-division detector; detector
Fotodetektor-Platine f <pap> • photodetector PCB
Fotodiode f <msr> (optischer Sensor) • photodiode; photo diode; photo-electric cell
fotoelektronischer Wandler m <msr> (optischer Sensor) • photodiode; photo diode; photo-electric cell
Fotograf m <phot> • photographer
Fotografie f <phot> (fotografische Aufnahme) • photograph; photo; picture; shot coll; exposure
Fotografie f <phot> (Vergrößerung als Papierbild) • print
Fotografie fsg <phot> (Verfahren zur Herstellung fotografischer Bilder) • photography sg
Fotografieren n <phot> • picture-taking; photographing; shooting
fotografieren vi/vt <phot> • take pictures; photograph vi/vt; shoot vi/vt
fotografische Aufklärung f <mil> • photoreconnaissance
fotografische Bahnverfolgung f <phot> • photographic tracking
fotografische Empfindlichkeit f <phot> • photographic speed; photospeed
fotografische Emulsion f <phot> • photographic emulsion; sensitive emulsion
fotografische Platte f <phot> • photographic plate; plate
fotografischer Entfernungsmesser m <phot> • camera range-finder
fotografische Schicht f <phot> (auf Fotopapier, Film) • emulsion; emulsion layer; emulsion coating; photographic layer; coating pract
fotografisches Verfahren n <phot> • photographic process
fotografische Vergrößerung f <phot> • photographic enlargement
fotografische Verkleinerung f <phot> • photoreduction
Fotogramm n <phot> • photogram
Fotokopie f <büro> • photographic copy
Fotokopie f <phot> • photocopy; photoprint
Fotokopierer m <kunst> • photocopier
Fotokopiergerät n <phot> • photoprinter
Fotolabor n <phot> • darkroom; photo laboratory; photo lab
Fotoleiter m <druck> • photoconductor
Fotoleiterfolie f <druck> • photoconductor sheet
Fotoleitergeschwindigkeit f <druck> • film velocity
Fotoleiterkapazität f <druck> • photoconductor capacitance form; capacitance pract-coll
Fotoleiterschicht f <druck> • photoconductive layer
Fotoleitertrommel f <druck> • photoconductor drum form; drum pract/coll
Fotoleitfähigkeit f <druck> • photoconductivity
Fotolithographie f <druck> • photolithography
Fotolötstoplack m <el> (eine fotosensible Lötabdeckung) • photosensitive masking lacquer :V
Fotomaterial n <phot> • sensitive material; sensitized material
Foto-Modus m <av> • photo mode
Fotomontage f <kunst> • photomontage
Fotomontageeffekt m <werb> • photomontage effect
Foto-Negativ n <phot> • photographic negative
Fotoobjektiv n <phot> • photographic lens; camera lens; photo lens; lens pract
Fotopapier n <phot> • photographic paper; photo paper pract; printing paper; enlarging paper form
Fotopolymerdruckplatte f <druck> • photopolymer plate
Fotopolymer-Platte f <druck> (Druckplatte) • photopolymer plate

Fotopolymer-Technologie f <druck> (konventionelle CtP-Technologie) • photopolymer technology

Fotorealismus m <kunst> • photo-realism; photorealism

fotorealistisch <kunst> • photorealistic; realistic

Fotoretusche f <kunst> • photo retouching

Fotoretusche-Farbe f <phot> • diaphoto paint; diaphoto; retouching paint

Fotorohpapier n <pap> • photo base paper

Foto-Schicht f <el.ic.prod> • photoresist layer; photoresist coating; photoresist

Fotoschicht f <phot> (auf Fotopapier, Film) • emulsion; emulsion layer; emulsion coating; photographic layer; coating pract

fotosensibler Lötstoplack m <el> (eine fotosensible Lötabdeckung) • photosensitive masking lacquer :V

Fotosession f <phot> (Fotoaufnahmen) • shooting; photo shooting

Fotoshooting n <werb> • photoshooting

Fototaste f <druck> • photo select button

Fotozelle f ugs <el> (ein Halbleiterphotoelement) • photovoltaic cell; barrier-layer photocell; blocking-layer photocell; semiconductor photocell

Fotozelle f <msr> (optischer Sensor) • photodiode; photo diode; photo-electric cell

Fotozusatz m <phot> • photomicrographic camera attachment; camera attachment

Foucault'sches Pendel n <mech> • Foucault pendulum

Foucault'sches Prisma n <opt> • Foucault prism

Foucault-Strom m <el> • Foucault current; eddy current

Foulard m <textil> • padding machine; padding mangle; padder; pad

Foulardieren n <textil> • slop padding; padding

Foulardwalze f <textil> • padding roller

Fouling n <ents> • fouling

Foul-Language-Filter m (FLF) <edv> (filtert Flüche etc. aus TV und Videotext) • Foul Language Filter (FLF)

Fourdrinier-Maschine f histor <pap> • Fourdrinier paper machine; Fourdrinier machine

Fourier'sches Integral n <math> • Fourier integral; Fourier's integral

Fourier'sche Zerlegung f <math> • Fourier analysis

Fourieranalyse f <edv.av> • fast Fourier transform (FFT); Fourier transformation; Fourier transform; Fourier analysis

Fourier-Analyse f <phys> • harmonic analysis; Fourier analysis

Fourier-Entwicklung f <math> • Fourier expansion; harmonic expansion

Fourier-Integral n <math> • Fourier integral

Fourier-Komponente f <math> • Fourier component; harmonic component; harmonic

Fourier-Reihe f norm <math> (einer periodischen Funktion) • Fourier series stand

Fouriersche Reihe f <math> (einer periodischen Funktion) • Fourier series stand

Fouriersynthese f <av> (Obertonaddition) • additive sound synthesis; Fourier synthesis; additive synthesis

Fourier-Synthese f <math> • Fourier synthesis; harmonic synthesis

Fouriertransformation f (FFT) <edv.av> • fast Fourier transform (FFT); Fourier transformation; Fourier transform; Fourier analysis

Fourier-Transformation f DIN 5487 <math> • Fourier trans-formation; Fourier trans-form; Fourier transform

Fourier-Transform-Infrarot-Spektrometer n <msr> • FTIR spectrometer pract; Fourier transform infrared spectrometer form; FTIR analyser pract

Fournisseur m <textil> • feed device

Fournisseurrad n <textil> • feedwheel

Fowlerklappe f <aerospace> • Fowler wing flap; Fowler flap; extension airfoil flap

Foyer n <bau> (Theater, Hotel, Wohnanlage; öffentl. Gebäude) • entrance hall; vestibule; foyer; lobby

FP <fz> (Radfelge) • outboard flat pente (FP); flat pente on outer bead seat

FP <ökon> • fixed price (FP)

FP2 <fz> (Radmerkmal) • flat pente on both bead seats (FP2)

FPDF <phys> • freezing point depression factor (FPDF)

F-Programm n <edv> • foreground program

fps <av> (z. B. bei Kinofilm, Trickfilm, Video) • frames per second (fps)

fps <edv> • frames pro second (fps)

F-PTF <rls> (ein Feingewinde) • dryseal fine taper pipe thread (F-PTF) ANSI B1.20.3

Fr <chem> • francium (Fr)

Frachtaufzug m <förd> • freight lift

Frachtflugzeug n <aerospace> • cargo plane

Frachtkarte f <logist> • loading certificate

Frachtraum m <fz> (Schiff, Flugzeug, LKW) • cargo hold

Frachtschiff n <nav> • cargo ship; freighter

Frachtschifffahrt f <nav> • freight navigation

Frachtstück n <logist> • package

Frachttonne f <logist> • ton of shipping

Frachtumschlag m <logist> • freight handling

Fracht- und Fahrgastschiff n <nav> • cargo and passenger ship; cargo passenger ship

Fräsautomat m <wz.masch> • automatic milling machine

Fräsblech n <textil> • comb plate

Fräsdorn m <wz> • milling arbor; milling-machine arbor; cutter arbor

Fräsdornbund m <wz.masch> • milling-arbor collar; arbor collar

Fräsdornmutter f <wz.masch> • milling-arbor nut; arbor nut

Fräsdornring m <wz.masch> • milling-arbor collar; arbor collar

Fräsdornstützlager n <wz.masch> • milling-arbor supporting bracket; arbor supporting bracket

Fräsen n <led> • trimming

Fräsen n <prod> • milling

fräsen vt <led> • trim vt

fräsen vt <prod.holz> • shape vt

fräsen vt <prod.metall> • mill vt; cut vt

Fräser m <wz> (Wälzfräsen) • hobbing cutter; hob

Fräser m <wz> (Walzen-, Schaltfräsen) • mill

Fräser m <wz> • milling cutter; cutter

Fräserabhebung f <prod> • milling-cutter relief; cutter relief; cutter retraction; cutter lift

Fräserdrehrichtung f <wz.masch> • hand of the milling-cutter rotation; hand of the milling-cutter rotation

Fräserdrehzahl f <prod> (Wälzfräsen) • hob speed

Fräserdrehzahl f <wz.masch> • milling-cutter speed; milling speed; cutter speed

Fräsergrundkörper m <wz> • milling-cutter body; cutter body

Fräserkörper m <wz> • milling-cutter body; cutter body

Fräser mit Linksdrall m <wz> • left-hand helix cutter

Fräsermitnahme f <wz.masch> • milling-cutter drive; cutter drive

Fräser mit Rechtsdrall m <wz> • right-hand helix cutter

Fräserradiuskorrektur f <autom> (CNC-Werkzeugmaschine) • cutter radius compensation

Fräserradiuskorrektur f <wz.masch> (Steuerung) • tool diameter compensation

Fräserschaft m <wz> • milling-cutter shank; end-mill shank; cutter shank; shank

Fräserschleiflehre f <msr> • cutter-tooth contour tester

Fräserstandzeit f <wz> • milling-cutter life; cutter life

Fräserübergangshülse f <wz> • milling-cutter adapter; cutter adapter

Fräserwiege f <wz> (Wälzfräsen) • hob cradle

Fräserwiege f <wz.masch> • milling-cutter cradle; cutter cradle

Fräserwinkel m <wz> • included angle of the mill tooth; included angle of the tooth

Fräserzähnezahl f <wz> • number of cutter teeth; cutter tooth number

Fräserzahnteilung f <wz> • milling-cutter pitch; cutter pitch

Fräsgrubber m <agri> • rotary cultivator; rotary tiller

Fräskopf m <wz> • milling-cutter head; milling-spindle head; milling head; cutter head

Fräskopf m <wz.masch> (Wälzfräsen) • hobbing head

Fräsleistung f <prod> • milling capacity

Fräsmaschine f <wz.masch> • milling machine; miller; mill

Fräspinole f <wz.masch> • milling quill; milling sleeve

Fräsring m <wz> • hollow milling tool; hollow mill

Frässämaschine f <agri> • rotary cultivating seeder

Frässchablone f <prod> • milling template; milling pattern

Frässcheibenlader m <min> • rotary-disk loader

Frässchnecke f <wz> • gathering auger

Frässpan m <ents> • milling chip; milling

Frässpindelhülse f <wz.masch> • milling-cutter spindle quill; cutter spindle quill; cutter spindle sleeve

Frässpindelschwungscheibe f <wz> • hob-spindle flywheel

Frässpindelstock m <wz.masch> • milling-spindle head; milling-cutter head; cutter head

Frässtern m <agri> • star

Frässupport m <wz.masch> • cutter slide

Frässupport m <wz.masch> (Hobelmaschine) • milling head

Frästeil n <prod> (zu bearbeitendes Teil) • part to be milled

Frästeil n <prod> (fertiges Teil) • milled part

Frästiefeneinstellung f <prod> • milling-depth adjustment

Frästisch m <wz.masch> • milling table

Fräs- und Bohrmaschine f <wz.masch> • combined milling and drilling machine

Fräs- und Bohrwerk n <wz.masch> • boring and milling machine; horizontal boring and milling machine

Frage-Antwort-Radargerät n <navig> • interrogator responder

fragmentarisieren vt wiss <tech.allg> (aufbrechen) • break up vt; fragmentize vt thsc

Fragmentausbeute f <nukl> • independent fission yield

fragmentieren vt <edv> (Datei: z. B. auf Festplatte) • fragment vt

Fragmentierung f <edv> (von Dateien; z. B. auf Festplatte) • fragmentation

Fraktal n <math> (z. B. Mandelbrot-Fraktale) • fractal

fraktaler Bump m <edv> • fractal bump

fraktales Rauschen n <edv> • fractal noise

Fraktalgenerator m <edv> • fractal generator

Fraktil n <math> (Statistik) • quantile; fractile

Fraktion f <chem.petr> (bei der Destillation entstehend; z. B Asphalt, Bitumen, Diesel etc.) • fraction

Fraktion f <verf> • size fraction; category

Fraktionierbürste f <chem> (Destillation) • wiper

fraktionieren vt <chem.verf> (z. B. Erdöl) • fractionate vt; separate into fractions vt; fraction vt

Fraktionierkolben m <chem.verf> • fractionating flask

Fraktionierkolonne f <verf> • fractionating column; fractionating tower; fractionator

Fraktioniersäule f <verf> • fractionating column; fractionating tower; fractionator

fraktioniert <chem.petr> • fractional; fractionated

fraktionierte Bestrahlung f <med> • fractionated irradiation

fraktionierte Destillation f <chem.verf> • fractional distillation

fraktionierte Fällung f <chem.verf> • fractional precipitation

fraktionierte Kristallisation f <chem.verf> • fractional crystallization

Fraktionierturm m <verf> • fractionating column; fractionating tower; fractionator

Fraktionierung f <verf> (von Dichteklassen; z. B. durch Destillation, Ultrazentrifugation) • fractionation; separation coll

Fraktionierung durch Destillation f <chem.verf> • fractional distillation

Fraktionsabscheidegrad m <verf> (von Entstaubern) • fractional collection efficiency; fractional efficiency

Fraktionsentstaubungsgrad m <verf> (von Entstaubern) • fractional collection efficiency; fractional efficiency

Fraktionssammler m <verf> • fraction collector

Frame m <edv> (von Keyframes abgegrenztes Bild einer Animationssequenz) • frame; data bit frame; data frame

Frame m <edv> • frame

Frame-Buffer m <edv> • frame buffer; frame store

Framebuffer m <edv> • frame buffer

Framegrabber m <edv> • frame grabber; video digitizer

Frame-Konzept n <autom> • controlled path system

Frame Memory n <edv> • Frame Memory

Framerate f <edv> • frame rate

Frame-Rendering n <edv> • frame rendering

Frames per Second pl <av> (z. B. bei Kinofilm, Trickfilm, Video) • frames per second (fps)

Frames pro Sekunde pl (fps) <edv> • frames pro second (fps)

Frames pro Zeiteinheit pl <edv> • frame over time

FRAM-Speicher m <edv> • ferro-electric RAM (FRAM)

Framycetin n <med.chem> • framycetin

Francisläufer m <turb> • Francis-type impeller; Francis impeller

Francis-Langsamläufer m <energ> (Wasserturbine) • low specific-speed Francis runner

Francislaufrad n <turb> • Francis-type impeller; Francis impeller

Francisrad n <turb> • Francis-type impeller; Francis impeller

Francis-Schachtturbine f <energ.hydr> • Francis pit turbine

Francisschaufel f <turb> • Francis-type vane; Francis vane

Francis-Spiralturbine f <energ.hydr> • Francis spiral turbine

Francis-Turbine f <energ> (Wasserturbine) • Francis turbine

Francisturbine f <energ.hydr> • Francis turbine

Francium n (Fr) <chem> • francium (Fr)

Frank'sche Halbversetzung f <mat> • Frank partial dislocation

Frankfurter Gruppe f <edv> • Frankfurt Group

Franse f <textil> • fringe

Franse f <textil> (Kettenware) • pillar stitch; chain stich rare

Fransen fpl <textil> • fringe

Fransenbildung f <textil> • pillar lapping; pillar lap

Fransenlegung f <textil> • fringe stitch; plain chain stitch

Franzband m <druck> • calf binding

französische Politur f <obfl.holz> • French polish

französische Rundwirkmaschine f <textil> • sinker-wheel machine

französisches Fenster n <bau> • French door; glazed door; French window

Franzose m ugs <wz> (ähnl., aber kulturspezifische Bauartunterschiede) • adjustable wrench; adjustable spanner GB; adjustable open-end wrench coll; monkey wrench coll

Fraßstelle f <obfl> (Korrosion) • corrosion site; corrosion spot

Frauenparkplatz m <verk> • women parking; parking space for women; women drivers car space

Fraunhofer'sche Beugung f <phys> • Fraunhofer diffraction

Fraunhofer'sches Gebiet n <phys> • Fraunhofer region; radiation zone

Fraunhofer'sches Linienspektrum n <phys> • Fraunhofer line spectrum

Fraunhofer'sche Zone f <phys> • radiation zone

Fraunhofer-Bereich m <phys> • Fraunhofer region

Fraunhofer-Beugung f <phys> • Fraunhofer diffraction

Fraunhofer-Linien fpl <phys> • Fraunhofer absorption lines; Fraunhofer lines

Fraunhofersche Linien fpl <phys> • Fraunhofer absorption lines; Fraunhofer lines

Fraxinus americanus <bio> • ash; fraxinus americanus

FRC <med> • functional residual capacity (FRC)

Frearson-Kreuzschlitz m <füg> • Frearson drive; cross recess (Frearson) stand

Freelancer m <werb> • freelancer; free-lance…

Freescape Command Language f (FCL) <edv> • Freescape Command Language (FCL)

Free-Strang m <förd> (Power&Free Förderer) • free-track

Free-to-Air-Box f <av> (TV) • free-to-air box

Freeware f <edv> • freeware

Freewheel m <fz> (am Fahrrad) • freewheel

freezen vt <nahr.prod> (Speiseeis) • freeze vt

Freezer m <nahr.prod> (Speiseeis) • freezer; ice cream freezer

Freezeraustrittstemperatur f <prod.nahr> (Speiseeis) • drawing temperature; draw temperature; outlet temperature Hoyer; freezer discharge temperature; discharge temperature

Freezereintrittstemperatur f <prod.nahr> (Speiseeis; Freezer) • inlet temperature; freezer inlet temperature

Freezereis n <nahr.prod> • partially frozen ice cream; semi-frozen ice cream

Freezergehäuse n <nahr.prod> (Speiseeis; Freezer) • freezer housing

Freezermesser n <prod.nahr> (Speiseeis; an Freezer-Schlägerwelle) • scraper blade; scraping blade; freeze blade; dasher blade; scraper

Freezer mit drei Gefrierzylindern m <nahr.prod> (Speiseeis) • triple-tube freezer; three-barrel freezer; three-tube freezer; triple head freezer; three-cylinder freezer

Freezer mit einem Gefrierzylinder m <nahr> (Speiseeis) • single-tube freezer; single-barrel freezer; single head freezer

Freezer mit mehreren Gefrierzylindern m <nahr.prod> (Speiseeis) • multiple-barrel freezer

Freezer mit unabhängiger Kälteanlage m <nahr.prod> (Speiseeis) • self-contained continuous freezer

Freezer mit zwei Gefrierzylindern m <nahr.prod> (Speiseeis; hintereinander geschaltete Gefrierrohre) • two-stage freezer; two-step freezer

Freezer mit zwei Gefrierzylindern m <nahr.prod> (Speiseeis; parallel geschaltete Gefrierrohre) • double barrel freezer; double tube freezer

freezern vt <nahr.prod> (Speiseeis) • freeze vt

Freezingprozess m <nahr.prod> (Speiseeis) • freezing process

frei <allg> (verfügbar) • available

frei <allg> (unbehindert; z. B. Sicht, Raum, Verkehrsfläche) • clear

frei <allg> • free

frei <allg> (draußen) • open-air

frei <allg> (Platz jeder Art, auch Termin, Zeitpunkt; z. B. Sitzplatz, Steckplatz) • vacant

frei <tech.allg> (z. B. Kapazität) • idle

frei <tech.allg> (unbesetzt, z. B. Adresse, Sitzplatz, Telephonanschluß, Wohnung) • unoccupied

frei <bahn> (nicht reserviert) • unreserved

frei <edv> (Speicherplatz) • empty

frei <el> (Steckplatz, Pin) • not used; spare; no connection

frei <geo> (z. B. Feld, Land, Natur) • open

frei <jur> (z. B. dienstfrei, freier Tag) • off

frei <masch> (nicht im Eingriff; z. B. Kupplungsscheibe, Bremsband) • disengaged

frei <mat> (leer) • void

frei <msr> • undamped; unoperated

frei <pap> (unbedruckt) • blank

frei <phys> (nicht gebunden) • unbound

frei <phys> (z. B. Massenpunkt, System) • unconstrained

frei <phys> (Strömung) • unobstructed

frei <phys> (Fluss, Strömung) • unresisted

frei <tele> (nicht besetzt) • not busy

Frei… <tech.allg> (z. B. Leitung) • aerial adj; aboveground; overhead

freiarbeiten vt <prod> (z. B. spanend) • clear vt

Freiarmansatz m <tech.allg> • free-arm construction

frei aufgehängt <tech.allg> • freely suspended

frei aufgelagert <mech> (Träger) • simply supported

frei aufliegend <tech.allg> (z. B. Träger) • freely supported

frei aufliegender Träger m <tech.allg> (Bauwesen, Maschinenbau) • beam supported at both ends

frei auslaufende Bohrung f <petr> • natural flowing well

Freiauslösung f <el> • trip-free release

Freiausstellungsfläche f <werb> • open-air exhibition space

Freibad n <energ.sol> • outdoor swimming pool

Freibau m <bau> • open-air plant; outdoor plant; outdoor-type plant

freiberufliche Tätigkeit f <jur> • self-employment; freelance work; professional activities; professional occupation

frei beweglich <allg> • free to move

frei beweglich <tech.allg> (gelagert, angeordnet; laterale Bewegung möglich) • floating

frei bewegliches Elektron n <phys> • free electron

Freibewitterung f <obfl> • natural weathering; atmospheric exposure; outdoor weathering; outdoor exposure; exterior weathering

Freibiegeversuch m <qualit.mat> • free-bend test

Freibord n <nav> • freeboard

Freibordmarke f <nav> • freeboard mark; Plimsoll mark; load-line mark

Freibordtiefgang m <nav> • freeboard draft US; freeboard draught GB

Freibrennen n <kfz.el> (Zündkerze) • deposit scavenging Champion; scavenging Champion; self-cleaning Bosch

freibrennen vr <kfz.el> (Zündkerze) • self-clean vi :V

Freibrenngrenze f <kfz.el> • self-cleaning limit :V; scavenging limit :V

Freidampfvulkanisation f <kst> (Gummivulkanisierung) • open-steam cure; open-steam curing

Freideck n <nav> • weather deck; free deck

freidrehende Gummirolle f <led> (Stollmaschine) • free-moving rubber roller

freie Berufe mpl <ökon> (z. B. Ärzte, Anwälte, Architekte, Dolmetscher, Übersetzer) • professions pl; liberal professions pl; professional services pl

freie Bezeichnung f <term> • non-proprietary name
freie Bindung f <phys> • dangling bond
freie Elektronen npl <chem.phys> • free electrons
freie Elektrophorese f <obfl> • free boundary electrophoresis
freie Energie f <phys> • free energy
freie Enthalpie f (G) <chem> • free enthalpy (G); Gibbs' free enthalpy; Gibbs' function
freie Fläche f (FF) <kfz.el> (bei Scheinwerfer-Reflektoren) • free shape :V
freie Fläche f <msr> • no target present
freie Hand f <allg> (nicht benutzte Hand) • free hand
frei einstellbar <allg> • user adjustable
freie Knicklänge f <mech> (Abstand benachbarter Wendepunkte der Knicklinie) • unsupported length of column; effective length of column; free length of column
freie Konvektion f <therm> • free convection; natural convection
freie Ladung f <el> • free charge
freie Länge f <kfz.mot> (von Ventilfedern) • free length
freie Länge f <prod> • overhang
freie Lagerplatzwahl f <logist> • randomized storage
freie Lagerplatzzuordnung f <logist> • randomized storage
freie Lüftung f <hlk> • natural ventilation
freier Ammoniak m <kst> • free ammonia
freier Arbeitsabstand m <prod> • working distance
freier Arbeitszylinder m <hydr> • external ram
freier Fall m <phys> • free fall
freier Höhenschritt m <tele> • spare level
freier Kohlenstoff m <chem> • free carbon
freier Kreisel m <navig> • free gyro
freier Mitarbeiter m <werb> • freelancer; free-lance…
freier Objektabstand m <opt> (Mikroskop) • working distance
freier Parameter m <tech.allg> • arbitrary parameter
freier Platz m <tele> • reserve position
freier Speicherplatz m <edv> • allocatable space
freier Strahl m <tech.allg> • open jet
freier Synthesizer m <mus> (Modulsystem) • free synthesizer
freier Vektor m <phys> • free vector
freier Vorgang m <el> • transient reaction
freier Wirbel m <phys> (Strömung) • free vortex
freies Absetzen n <ents> (Aufbereitung) • free settling
freie Säure f <chem> • free acid
freies Ausfließen n <petr> • natural flow
freies Chlor n <chem> • available chlorine
freie Schwindung f <kst> (bei plattenförmigem Formteil) • free shrinkage
freie Schwingung f <phys> • free oscillation
freies Elektron n <el> • free electron
freies Feld n <akust> • free field
freies Grundwasser n <hydr> • free ground water; unconfined ground water
freie Siebfläche f <verf.hydr> • screening surface
freies Radikal n <chem> • free radical
freies Schallfeld n <av> • free sound field; free field
freies Sedimentieren n <ents> (Aufbereitung) • free settling
freie Strecke f <bahn> • open line
freie Strömung f <phys> • free flow
freies Wasser n • free moisture
freies Wasser n <petr> • free water
freie Valenz f <phys> • dangling bond
freie Verbindungsleitung f <tele> • idle trunk
freie Wahl f <tele> • automatic hunting
freie Weglänge f <nukl> • free particle path
Freie Werkstatt f <kfz> • independent garage

Freiexemplar n <doku> • free copy
freie Zuleitung f <el> • flying lead
freifahrender Propeller m <aerospace> • free-running propeller; open-water propeller
freifahrende Turbine f did <turb> (Turbinenart) • power turbine; free power turbine; output turbine
Freifahrt f <theat> • stage cut; slit cut
Freifahrtschlitz m <theat> • stage cut; slit cut
Freifahrturbine f obs <turb> (Turbinenart) • power turbine; free power turbine; output turbine
Freifahrtwagen m <theat> • chariot; wing carriage
Freifallbär m <prod> • drop hammer
Freifallbeschickung f <förd> • gravity feed
Freifallbohren n <prod> • free-fall drilling
frei fallend <mech> • falling freely; falling wholly unresisted
freifallende Lade f <textil> • free-falling lathe
Freifallklassierer m <ents> • free-settling classifier; unhindered-settling classifier
Freifallmischer m <verf> • rotary-drum mixer; tumbler mixer; gravity mixer; tumbler
Freifallramme f <bau.masch> • free-drop ram; fall hammer
Freifallscheider m <verf> (Elektroscheiden) • plate separator
Freifallvorrichtung f <tech.allg> • free-falling device
Freifeld n <av> (Schallfeld) • free field
Freifeld n <av> • free sound field; free field
Freifeld n <edv> • quiet zone stand; clear area stand; light margin stand; margin
Freifettgehalt m (FFE) <nahr.prod> (Speiseeis) • free fat estimate (FFE); FFE-value
Freifläche f <bau> (Ausstellungsgelände) • open-air space
Freifläche f <kfz.el> (bei Scheinwerfer-Reflektoren) • free shape :V
Freifläche f <min> (Sprengarbeit) • free face
Freifläche f <wz> (am Drehmeißel) • side face
Freifläche f <wz> (Spiralbohrerumfang) • body clearance
Freifläche f <wz> (Spiralbohrerfase) • land clearance
Freifläche der Hauptschneide f <wz> (Drehmeißel) • side face; side flank
Freifläche der Nebenschneide f <wz> (Drehmeißel) • end face
Freifläche der Nebenschneide f <wz> (Spiralbohrer) • land; margin
Freiflächenbeleuchtung f <licht> • outdoor area lighting; outdoor areas lighting
Freiflächenreflektor m <kfz.el> • FF reflector; free-shape reflector :V; CS reflector :V; complex-surface reflector, CSR Chrysler.did; free-form reflector Hella
Freiflächenverschleiß m <wz.prod> • tool flank wear; flank abrasion; flank wear
freifließend <rls> (Flüssigkeit) • free-running
Freiflugbahn f <phys> • free-flight trajectory; free-flight path
Freiflussventil n <rls> • inclined-seat valve
Freiformdeformation f (FFD) <edv> • free form deformation (FFD)
Freiformfläche f <edv> • freeform surface; sculptured surface
Freiformkörper m <edv> (mathematisch analytisch nicht beschreibbar; numerische Anmnäherung) • sculptured solid; freeform solid
Freiformkurve f <edv> • freeform curve; spline
Freiform-Modeler m <edv> • free form modeler; Bézier patch modeler; patch modeler
Freiformoberfläche f <tech.allg> • free-form surface
Freiformschmieden n <prod> (zw. zwei völlig ebenen Gesenkhälften) • open-die forging; flat-die forging

Freiformschmiedestück n EN 10079 <prod> • hammered forging; hand-hammer forging; hand forging; open die forging EN 10079

Freiformschmiedewerkzeug n <wz> • hand-forging tool

Freifräsung am Umfang f <prod> • land clearance

Frei-Frei-Übergang m <nukl> • free-free transition; free-free transit

Freigabe f <allg> • liberation

Freigabe f <el.edv> • enable

Freigabe f ISO 9000 <qualit> (Ermächtigung, zur nächsten Stufe eines Prozesses überzugehen) • release ISO 9000

Freigabe f <verk> (z. B. Flugzeug, LKW, etc.) • clearing

Freigabebefehl m <edv> • enable instruction

Freigabe einer Strecke f <bahn> • section clearing

Freigabeeinrichtung f <edv> • clearing device

Freigabegebühr f <verk> (Parkkralle) • declamping fee

Freigabeimpuls m <el> • enable pulse

Freigabeschalter m <edv> • clear switch

Freigabeschaltung f <el> • release circuit

Freigabesignal n <edv> • enabling signal; enable signal

Freigabezeichen n <tele> • release guard signal

Freigabezugriffszeit f <edv> • enable access time

Freigängigkeit der Reifen f <kfz> • body-to-tire clearance

Freigeben n <masch> (z. B. von etwas Eingespanntem) • release

freigeben vt <tech.allg> (Blockierung aufheben) • enable vt

freigeben vt <phys> (Energie, Elektronen) • release vt

freigeben vt <prod> (etwas Festgehaltenes) • release vt

freigeben vt <tele> (freischalten) • unblock vt

freigeben vt <verk> (Flugzeug (zum Start), LKW, Zug (zur Abfahrt)) • clear vt

freigeben vt <wz> (lockern) • loosen vt

freigeben vt <wz> (ausspannen) • unclamp vt

freigegeben <tech.allg> • enabled

Freigeländeüberwachung f <alarm> • exterior perimeter protection; perimeter protection

freigelegt <allg> • exposed

freigelegt <med> • uncovered

freigelegter Müll msg <ents> • liberated refuse

freigelegtes Erz n <min> • blocked-out ore; ore in sight

Freigepäck n <tour> • baggage allowance

freigespannte Flurdecke f <bau.innen> • free floating ceiling :V

freihändig <edv> (abtasten) • hands-free

freihändig <fz> (Fahrrad fahren) • no hands

freihändig fotografieren vi/vt <phot> • shoot hand-held vi/vt

Freihafen m <jur> • free port

Freihandaufnahme f <phot> • hand-held shot; hand-held picture

Freihandblasen n <prod> (Glasbläserei) • off-hand glassworking; off-hand process

Freihandbohren n <prod> • hand boring; hand drilling

Freihandfoto n ugs <phot> • hand-held shot; hand-held picture

Freihandfotografie f <phot> • hand-held shot; hand-held picture

freihandgeblasen <prod> (Glas) • free-blown

Freihandlinie f <doku> (techn. Zeichnen; schmal; für unter-/abgebrochene Ansichten etc.) • irregular line; continuous thin irregular line; continuous freehand line

Freihandlinie f <edv> (Grafik) • freehand line

Freihandnivellier[instrument] n <msr> • hand level

Freihandregal n <logist> • manually served shelving

Freihandschleifen n <prod> • freehand grinding; off-hand grinding

Freihand-Spritzen n <kunst> • freehand spraying

Freihandsymbol n <edv> • freehand symbol; tablet symbol

Freihang m <energ.hydr> • elevation above the tailrace level

Freiharzleim m <pap> • free-rosin size

Freiheitsgrade mpl <tech.allg> (Bewegungsmöglichkeiten; z. B. von Gelenken, Robotern) • degrees of freedom (DOF)

Freiheitskoeffizient m <phys> • freedom coefficient

Freihub m <logist> (Hochregalstapler) • free lift

Freikolbendieselverdichter m <masch> • free-piston diesel engine compressor

Freikolbengasturbine f <masch> • free-piston gas turbine

Freikolbenmanometer n <msr> • free-piston gauge

Freikolbenmaschine f <masch> • free-piston engine

Freikolbentreibgaserzeuger m <masch> • free-piston gasifier

Freikolbenverdichter m <masch> • free-piston engine compressor

Freilagerung f <logist> • open-air storage; outdoor storage

Freilampe f <tele> • idle indicating signal; free-line signal

Freilandüberwachung f <alarm> • exterior perimeter protection; perimeter protection

Freilandversuch m <qualit> • field testing; field test

Freilauf m prakt <antr> (allg.) • one-way clutch US; freewheel mechanism; freewheeling clutch; overrunning clutch; freewheel pract

Freilauf m <kfz.antr> (im Automatikgetriebe) • overrunning clutch

Freilauf m <kfz.el> (Starter) • overrunning clutch

Freilaufaußenring m <masch> • freewheel outer ring

Freilaufdiode f <el> • suppressor diode

Freilaufeinrichtung f <kfz.antr> • freewheel device; freewheel device

freilaufend <masch> • free-running

Freilauffrequenz f <el> • free-running frequency

Freilaufinnenring m <masch> • freewheel inner ring

Freilaufklemmrolle f <masch> • freewheel brake roller

Freilaufklemmrollenkäfig m <masch> • freewheel brake roller cage

Freilaufknopf m <phot> • film rewind button

Freilaufkupplung f <antr> (allg.) • one-way clutch US; freewheel mechanism; freewheeling clutch; overrunning clutch; freewheel pract

Freilaufkupplung f <antr> (mit Nocken) • cam clutch

Freilaufmechanismus m <antr> (allg.) • one-way clutch US; freewheel mechanism; freewheeling clutch; overrunning clutch; freewheel pract

Freilaufnabe f <kfz> (z. B. Geländewagen, Fahrrad) • free-wheeling hub; lock-up hub ppwiss-mdl; free-wheel hub; freewheeling hub

Freilaufschaltung f <masch> • freewheel change

Freilaufsperre f <masch> • freewheel lock

Freilaufüberholkupplung f <masch> • freewheel overrunning clutch

Freilaufzahnkränze m pl <fz> (am Fahrrad) • freewheel

Freilaufzahnkranz m <fz> (am Fahrrad) • freewheel

freilegen vt <tech.allg> (bisher Verdecktes; z. B. Schicht, Bild, Wunde, Erzader, Kohleflöz) • uncover vt; lay bare vt; expose vt

Freileiter m <el> • overhead conductor

Freileitung f <tech.allg> (allg.; jede über Kopf im Freien verlegte Leitung) •

Freileitung f <el> (für Hochspannung; kein Kabel) • overhead power line; power transmission line; overhead line pract; power line pract

Freileitung f rar <el> (isoliert) • outdoor cable

Freileitung f <tele> • open line
Freileitungsanlage f <el> • overhead-line system
Freileitungsbau m <el> • overhead-line erection; over-
head-line construction
Freileitungsgeräusch n <el> *(Summen und Bruzzeln)*
• power-line noise
Freileitungsisolator m <el> • overhead power-line insu-
lator; overhead insulator
Freileitungskabel n <el> *(isoliert)* • outdoor cable
Freileitungsmast m <el> *(Gittermast)* • power transmis-
sion tower
Freileitungsmast m <el> *(Holz, Beton)* • transmission-line
pole
Freileitungsnachbildung f <el> • open-line balancing
network
Freileitungsnetz n <el> • overhead-line system
Freileitungsschalter m <el> • overhead-line switch
Freileitungsseil n <el> • overhead power-transmission
conductor; overhead-line cable conductor; overhead ca-
ble conductor
Freileitungssystem n <tele> • open-wire system
freiliegende Bewehrung f <bau> • exposed reinforcement steel; exposed rebars *coll*
freiliegende Dichtstofffase f <bau> • face putty; front
putty
Freiluftanlage f <allg.tech> *(z. B. Umspannwerk)* • out-
door installation; outdoor substation
Freiluftanlage f <el> *(z. B. Umspannwerk)* • open-air
plant; outdoor plant
Freiluftanomalie f <geo> *(Geophysik)* • free-air anomaly
Freiluftaufstellung f <tech.allg> *(Anlagen, Geräte)* • out-
door installation
Freiluftaufstellung f <av> *(Antenne, Mast)* • outdoor
erection
Freiluftbrenner m <verbr> • air-atomizing burner
Freiluftkabel n <el> • open-air installed cable
Freiluftkorrektur f <geo> *(Geophysik)* • free-air correction
Freiluftschaltanlage f <el> *(am Umspannwerk)* • outdoor
switching substation; outdoor substation
Freiluftschaltanlage f <energ.el> *(am Kraftwerk)*
• switchyard
Freilufttransformator m <el> • open-air transformer
Freilufttrocknung f <holz> • air drying
Freilufttrocknung f <silik> • hack drying
Freiluftzelle f <chem.verf> *(Flotation)* • subaeration floa-
tation cell; subaeration cell
freimachen vt <allg> *(z. B. Arbeitsplatz, Tisch, Regal)*
• clear vt
frei machen vt <druck> • liberate vt
freimachen vt <edv> *(Speicherplatz)* • free up vt
Freimaß n <logist> *(Palette)* • pallet clearance
Freimeldestromkreis m <tele> • clearing circuit
Freiplatzlagerung f <logist> • randomized storage
Freiplatzstruktur f <logist> • randomized storage
frei programmierbar <edv> *(z. B. Roboter)* • freely programmable
freiprogrammierbar <edv> • free programmable
frei programmierbare Bewegungseinrichtung f
<autom> *(z. B. Roboter)* • reprogrammable handling de-
vice; reprogrammable handling unit
freiprogrammierbare numerische Steuerung f
<prod.msr> *(z. B. Werkzeugmaschine)* • software numeri-
cal control; programmable numerical control
frei programmierbarer Industrieroboter m <autom>
• reprogrammable industrial robot
frei programmierbarer Manipulator m <autom> • reprogrammable manipulator
frei programmierbares Handhabungsgerät m
<autom> • reprogrammable manipulator

freiprogrammierbares Steuerungssystem n <msr>
• free-programmable control system
frei programmierbare Steuerung f <msr> • programmable logic controller (PLC); programmable controller
freiprogrammierbare Steuerung f <prod.msr> • RAM-
programmed controller
Freiraumausbreitung f <tele> *(z. B. von Funkwellen)*
• free-space propagation
Freiraumausbreitungsdiagramm n <tele> *(z. B. Radarantenne)* • free-space diagram
Freiraumfeldstärke f <phys> • unabsorbed field strength
Freischalteeinrichtung f <alarm> • shunt switch; shunt;
door shunt; bridging key switch
freischalten vt <msr> *(z. B. Leitung; Kanal, Funktion)*
• enable vt
Freischalten des Bedienungswegs n <alarm> • shunting of the entry/exit route *:V*
Freischneiden n <masch> *(Gewinde[flanken])* • cross
threading; shaving; thread lapping
Freischnitt m <prod> *(z. B. Wellenabsatz, Werkzeug)*
• ease-off
freischwebende Länge f <pap> • freely suspended
length
Freischwinger m prakt <av> • induction loudspeaker;
free-swinging loudspeaker
Freischwingerlautsprecher m <av> • induction loudspeaker; free-swinging loudspeaker
Freischwingsieb n <verf> • flexible-drive screen
freisetzen vt <tech.allg> *(ins Freie; z. B. Emissionen)*
• release vt
freisetzen vt <chem> *(Stoff; als Reaktionsresultat; z. B.
Gase, Dämpfe)* • release vt; liberate vt rare
freisetzen vt <ökon> *(Personal, Mitarbeiter)* • dismiss vt;
lay off vt; fire vt coll.derog; give the pink slip vt US.coll
Freisetzung f <emiss> *(von Schadstoffen, Strahlung; be-
tont: an die Umwelt)* • release
Freisetzung eines Stoffs f <chem> • release of a sub-
stance
Freisetzung von Wärme f <tech.allg> *(betont: Abgabe,
Freisetzung)* • heat release
Freisignal n <bahn> • clear signal
Freisignal n <tele> • idle indicating signal; free-line signal
Freispeicherverwaltung f • free store management
Freispiegelkanal m <energ.hydr> • open channel
Freispiegelleitung f <energ.hydr> • open channel pipe;
free-flowing pipe; non pressure pipe
Freispiegelstollen m <energ.hydr> • free-flowing tunnel;
open channel
Freisprecheinrichtung f <tele> *(Autotelefon)* • hands-
free system
Freisprechen n <tele> • hands-free talking
freistehend <tech.allg> • free-standing
freistehend <bau> *(Spundwand)* • cantilevered
freistehend <bau> *(z. B. Wohnhaus etc.)* • detached; independent
freistehende Ausgangszeile f <druck> *(oben)* • widow
freistehendes Haus n <bau> • detached house
freistehendes Ringgerüst n <bau> • free-standing annular scaffold[ing]; detached annular scaffold[ing]
freistehende Vorsatzschale f <bau.innen> • independent wall lining
Freistich m DIN 509 <masch> *(z. B. an Gewinden)* • undercut; relief groove DIN 509
Freistich m <masch> • thread undercut; undercut of thread
Freistrahl m <tech.allg> • open jet
Freistrahlmessstrecke f <phys> • open-jet working section
Freistrahlturbine f <energ.hydr> • Pelton turbine; Pelton
wheel; impulse water turbine; Pelton free-jet turbine rare;
free-jet turbine rare

Freistrahlwindkanal *m* <phys> • open-ended wind tunnel; open-jet wind tunnel; open wind tunnel

Freistrom-Laufrad *n* <masch> *(Kreiselpumpe)* • torque-flow impeller; free-flow impeller; vortex impeller

Freistrompumpe *f* <förd> *(Laufrad seitlich im Gehäuse angeordnet)* • torque-flow pump; free-flow pump; vortex pump; freeway pump; freestream pump

Freistromrad *n* <masch> *(Kreiselpumpe)* • torque-flow impeller; free-flow impeller; vortex impeller

Freiton *m* <tele> • audible ringing signal; ringing signal; ringing tone

Freiträger *m rar* <tech.allg> *(ausragend, an einem Ende befestigt; z. B. Konsolträger, Balkonträger)* • cantilever; semibeam *rare*

freitragend <bau> *(Kragarmkonstruktion; z. B. Vordach, Bahnsteigdach)* • cantilevered; overhung

freitragend <bau> • self-supporting; unsupported

freitragender Eindecker *m* <aerospace> *(Tragflügel nicht abgespannt)* • cantilever monoplane

freitragender Mast *m* <bau> • self-supporting mast

freitragender Sitz *m* <innen> *(bodenfrei aufgehängt; z. B. in Bussen, Bahnen, Wartesälen)* • cantilever seat

freitragender Tragflügel *m* <aerospace> • full-cantilever wing

freitragender Turm *m* <bau> • cantilevered tower; free-standing tower; self-supporting tower; ungyued tower

freitragende Schaufelhöhe *f* <masch> *(Pumpe, Turbine)* • free height of blade

freitragende Spule *f* <tech.allg> *(ohne Kern)* • air-spaced coil

Freitreppe *f* <bau> *(prunkvoller Aufgang zu einer Hauseingangstür, Villa)* • front stairs

frei verfahrbar <logist> *(regalunabhängige Förderzeuge)* • free ranging

frei verwendbar <tech.allg> • for optional use

Freivorbau *m* <bau> *(Brückenbau)* • free-cantilevered construction; assembly in cantilever manner

frei vorbauen *vi/vt* <bau> • cantilever *vi/vt*

Freivulkanisation *f* <chem.verf> • open vulcanization; open cure

frei wählbar <allg> • optional

Freiwählen *n* <tele> • finding action; hunting action

Freiwähler *m* <tele> • hunting selector; hunting switch

Freiwerden *n* <phys> *(Energie, z. B. Wärme)* • release; liberation

freiwerdende Energie pro Teilchen *f* <nukl> • energy production per particle

Freiwerdezeit *f* <el> *(Thyristor)* • recovery time

Freiwinkel *m* <wz.masch> • relief angle; lip relief angle; lip clearance angle; front clearance angle

Freizeichen *n* <bahn> *(Signal für freie Fahrt)* • clear signal

Freizeichen *n* <jur> *(nicht schützbares Zeichen, z. B. für Warennamen)* • generic name; unregistrable mark; non-registrable mark

Freizeichen *n* <tele> *(vor dem Wählen)* • free-line signal; line-clear signal; clear signal

Freizeitfahrzeug *n* <kfz> *(z. B. Buggies)* • recreational vehicle (RV)

Freizeithose *f* <bekl> • slacks *pl*

Freizeitkleidung *f* <bekl> • leisurewear

Freizone *f* EN 60947 <msr> • free zone EN 60947; metal free area; radial clearance

Freizug *m* <theat> • mobile flying machinery; mobile flying equipment

Fremdasche *f* <chem> • extraneous ash

Fremdasche *f* <verbr> *(der Kohle)* • extraneous ash

Fremdatom *n* <el.ic.prod> *(für Halbleiter)* • dopant; impurity; foreign atom *rare*; dope

Fremdatom *n* <phys> • foreign atom; impurity; impurity atom

Fremdbatterie *f* <kfz.el> • booster battery

Fremdbeeinflussung *f* <el> • interference

fremdbelüfteter Motor *m* <mot> • forced-ventilated motor

Fremdbelüftung *f* <hlk> • separate ventilation; forced ventilation

Fremdbestandteil *m* <tech.allg> • impurity

Fremdbestandteil *m* <min> *(in Erz etc.; unerwünscht)* • admixture; contaminant; secondary constituent; impurity

Fremdbestrahlung *f* <phys> • external exposure; external irradiation

Fremddatei *f* <tele> *(Mobilfunk)* • Visitor Location Register (VLR)

Fremdeinspeisung *f* <el> • external power supply; outside supply

Fremdeisenteile *npl* <ents> • tramp iron

Fremdeiweiß *n* <med.bio> • foreign protein; heterologous protein

Fremdelektrolyt *m* <chem.verf> • foreign electrolyte

Fremdelektron *n* <nukl> • stray electron

Fremdelement *n* <chem> • tramp element

Fremdelement *n* <min> *(in Erz etc.; unerwünscht)* • admixture; contaminant; secondary constituent; impurity

fremderregt <el> • externally excited; separately excited

fremderregter Impuls *m* <el> • externally generated pulse

fremderregter Lautsprecher *m* <av> • excited-field loudspeaker; energized loudspeaker

Fremderregung *f* <el> • external excitation; foreign excitation; separate excitation

fremdes Feld *n* <el> • external field

fremdes Teilchen *n* <phys> • strange particle

Fremdfehler *m* <edv.msr> • external error

Fremdfeld *n* <edv> • stray magnetic field

Fremdfeld *n* <el> *(betont: von außen)* • external field; extraneous field; separate field

Fremdfeld *n* <msr> *(betont: störend)* • disturbance field; interfering field

fremdfeldgeschützter Magnetkontakt *m* <alarm> • high-security magnetic contact; balanced magnetic contact; balanced magnetic switch; balanced magnetic contact switch

fremdgekühlt <el> • separately cooled

Fremdgeschmack *m* <nahr> *(Speiseeisfehler)* • foreign flavour; off-flavour

fremdgesteuerter Sender *m* <el> • driven transmitter

Fremdhalbleiter *m* <el> • impurity semiconductor; extrinsic semiconductor

Fremdinduktion *f* <el> • external induction

Fremdion *n* <chem.phys> • impurity ion; foreign ion

Fremdkapital *n* <jur> • loan capital; borrowed capital; borrowed funds US; non-equity capital

Fremdkode *m* <edv> • external code

Fremdkörper *m* <tech.allg> *(betont: klein, Partikel)* • foreign particle

Fremdkörper *m* <tech.allg> *(betont: Verunreinigung)* • impurity

Fremdkörper *m* <tech.allg> *(Gegenstand)* • foreign object

Fremdkraft-Bremsanlage *f* <kfz.brems> • non-muscular-energy braking system

Fremdkraftbremsanlage *f form.rar* <nfz.brems> • air brake system; air brakes *pl pract*

Fremdkühlung *f* <hlk> *(z. B. Elektrogerät, E-Motor)* • separate cooling

Fremdlicht *n* <lwl> • extraneous light

Fremdlicht *n* EN 60947 <opt> *(aus Umgebung)* • ambient light EN 60947

Fremdlichteinfluss *m* <allg> • influence of ambient light
Fremdlichtgrenze *f* <lwl> • extraneos light limit
Fremdmagnetfeld *n* <edv> • stray magnetic field
Fremdmodulation *f* <tele> • external modulation
Fremdnetz *n* <tele> • visited network
Fremdpeilung *f* <navig> • ground direction finding; ground position finding
Fremdrettung *f* <bahn> *(durch Feuerwehr, Polizei, Rettungspersonal)* • aided rescue; assisted rescue
Fremdschichtüberschlag *m* <el> *(Isolator)* • surface leakage
Fremdschmierung *fsg* <förd> • external lubrication
Fremdschrott *m* <metall> • external scrap
Fremdsignal *n* <el> • external signal
Fremdspannung *f* <el> *(als Störung, Rauschen)* • noise level
Fremdspannung *f* <el> *(allg.)* • external voltage; extraneous voltage; unweighted noise
Fremdspannungsabstand *m* <edv.av> • unweighted signal-to-noise ratio; unweighted SNR
Fremdspannungsmesser *m* <el> • noise-level meter
Fremdspannungsmessung *f* <el> • noise-level measuring
Fremdspeicher *m* <edv> • external memory; backing store *coll*
Fremdspülung *fsg* <förd> • external flushing; external flush
Fremdstarten *n* <kfz> • assist-starting; emergency starting
Fremdstörstelle *f* <qualit.mat> • lattice impurity
Fremdstoff *m* <allg> *(allg.)* • foreign substance; foreign matter
Fremdstoff *m* <allg> *(Verunreinigung)* • impurity
Fremdstoff *m* <min> *(in Erz etc.; unerwünscht)* • admixture; contaminant; secondary constituent; impurity
Fremdstoff *m* <nahr> • foreign matter; foreign substance
Fremdstoffe *mpl* <ents> *(betont: schädlich, störend)* • pernicious contraries
Fremdstoffe *mpl* <ents> *(betont: veunreinigend)* • contaminating contraries
Fremdstrom *m* <el> • parasitic current
Fremdstrom *m* <obfl> *(Kathodenschutz)* • impressed current
Fremdstromanode *f* <el> • impressed current anode
Fremdversatz *m* <min> *(das Material)* • imported stowing; extraneous dirt; imported dirt; outside waste
Fremdversatz *m* <min> *(Vorgang)* • imported stowing
Fremdzündung *f* <kfz.el> *(Ottomotor)* • spark ignition; externally supplied ignition; applied ignition; external ignition
Frenching *n* <kfz> • frenching
Frenkel'sches Modell *n* <mat> • Frenkel model
Frenkel-Fehlordnung *f* <mat> • Frenkel disorder
Frenkel-Fehlstelle *f* <mat> • Frenkel defect
Freon *n* (R-12) <hlk> *(Kältemittel)* • Freon (R-12); dichlorodifluoromethane
Frequency Code *m* <edv> *(Strichcodetyp)* • Frequency Code
Frequency Correction Channel *m* (FCCH) *norm* <tele> • Frequency Correction Channel (FCCH) *norm / rare*
Frequency-Shift-Coding-Verfahren *n* <edv.av> • frequency shift keying (FSK); frequency shift coding; tape sync
Frequency Shift Keying *n* <tele> • Frequency Shift Keying (FSK)
Frequency-Shift-Keying-Verfahren *n* <edv.av> • frequency shift keying (FSK); frequency shift coding; tape sync
Frequenz *f wiss* <allg> *(des Auftretens von etw.)* • frequency

Frequenz *f* (f) <phys> *(Einheit: Schwingungen pro Zeiteinheit, z. B. 1/s = 1 Hertz)* • frequency (FRQ)
Frequenz *f* <term> *(von Wörtern)* • frequency
Frequenzabfall *m* <el> • frequency fall-off
frequenzabhängig <tech.allg> • frequency-dependent
Frequenzabhängigkeit *f* <tech.allg> • frequency dependence
Frequenzabstand *m* <tele> • frequency spacing; frequency distance *rare*; frequency interval *rare*
Frequenzabstimmung *f* <av> • frequency tuning
Frequenzabtastung *f* <av> • frequency scanning
Frequenzabwanderung *f* <el> • frequency drift
Frequenzabweichung *f* <el> *(unerwünscht)* • frequency deviation; frequency departure
Frequenzänderung *f* <el> • frequency change; frequency shift
frequenzanalog <msr> • frequency-analog
frequenzanaloger Spannungswandler *m* <el> • voltage-to-frequency converter
frequenzanaloges Sensorsystem *n* <msr> • sensor system with frequency output
frequenzanaloges Signal *n* <msr> • frequency output signal
Frequenzanalysator *m* <msr> • frequency analyser; harmonic analyser; wave analyser
Frequenzanalyse *f* <phys> • frequency analysis; harmonic analysis
Frequenzanheber *m* <av> • emphasizer
Frequenzanzeiger *m* <msr> • frequency indicator
Frequenzausgleich *m* <el> • frequency compensation
Frequenzauslenkung *f* <el> • frequency swing
Frequenzband *n* <akust> *(hörbar)* • frequency spectrum; frequency band; audio frequency spectrum; range of sounds; frequency of audio
Frequenzband *n* <av> *(Frequenzbereich)* • frequency range; waveband
Frequenzband *n* <tele> *(z. B. von CB-Funk, Radiosender)* • frequency band; band *pract*
Frequenzbandausbeute *f* <tele> • wide-band ratio
Frequenzbandbegrenzung *f* <tele> • bandwidth limitation; frequency-band limiting; bandwidth clipping
Frequenzbandbeschneidung *f* <tele> • bandwidth limitation; frequency-band limiting; bandwidth clipping
Frequenzbereich *m* <av> *(Frequenzbereich)* • frequency range; waveband
Frequenzbereich *m* <phys> *(Spektralbereich)* • spectral region; spectral range
Frequenzbereich *m* <phys> *(allg.)* • frequency range
Frequenzbereich *m* <tele> *(zugeteilter Bereich; Domäne; von Sender, Radiostation)* • frequency domain
Frequenzbereich *m* <tele> *(z. B. von CB-Funk, Radiosender)* • frequency band; band *pract*
Frequenzbereichsbelegung *f* <tele> • frequency utilization
Frequenzbereichsschalter *m* <el> • frequency-range switch
frequenzbeschnitten <tele> • band-passed
frequenzbewertet <el> • frequency-weighted
Frequenzbewertung *f* <tele> • frequency weighting
Frequenzdemodulator *m* <tele> • discriminator
Frequenz der Rechteckspannung *f* <el> • square-wave frequency
Frequenzdiversity *f* <tele> • frequency diversity
Frequenzdiversityempfang *m* <tele> • frequency diversity reception
Frequenzdoppler *m* <el> • frequency doubler
Frequenzdrift *f* <tele> • frequency drift
Frequenzdurchlauf *m* <tele> • frequency sweep
frequenzempfindlich <el> • frequency-sensitive

Frequenzerfassungsmodul *n* (FDAU) <msr> • frequency data acquisition unit (FDAU)

Frequenzerzeuger *m rar* <el> • frequency generator; frequency synthesizer *rare*; frequency-generating set *obs*

Frequenzferneinstellung *f* <av> • remote frequency control

Frequenzfernmessung *f* <msr> • frequency telemetering

Frequenzfilter *n* <av> • frequency filter; frequency-selective filter *rare*

Frequenzgang *m* <av> (*z. B. von Lautsprechern, z. B. 22 ... 20.000 Hz*) • frequency response; frequency response curve; amplitude characteristic; harmonic response

Frequenzganganhebung *f* <av> • frequency-response lift

Frequenzgangdiagramm *n* <msr> • frequency-response diagram

Frequenzgangentzerrung *f* <av> • frequency-response equalization

Frequenzgangfunktion *f* <av> • response function

Frequenzgangfunktion *f* <msr> • performance function

Frequenzgangkorrekturfilter *n* <tele.av> • frequency-response equalizer; equalizer

Frequenzgangkurve *f* <msr> • frequency-response curve; frequency characteristic

Frequenzgangmessplatz *m* <tele> • transfer function analyzer *US*; transfer function analyser *GB*

Frequenzgangmessung *f* <msr> • frequency-response measurement

Frequenzgang-Verzerrungen *f* <av> • frequency distortion

Frequenzgebung *f* <navig> • frequency dissemination

Frequenzgenerator *m* <el> • frequency generator; frequency synthesizer *rare*; frequency-generating set *obs*

frequenzgerader Drehkondensator *m* <el> • straight-line frequency capacitor

frequenzgerader Kondensator *m* <el> • straight-line frequency capacitor

frequenzgetastete Übertragung *f* <tele> • frequency-shift transmission

frequenzgewobbelter Betrieb *m* <tele> • frequency-swept mode

Frequenzgleiten *n* <av> (*Magnetron*) • frequency change

Frequenzhalbierschaltung *f* <el> • divide-by-two circuit; scale-of-two circuit

Frequenzhalbierung *f* <el> • frequency halving

Frequenz halten *vi* <tech.allg> • hold frequency *vi*

Frequenzhilfsnormal *n* <el> • frequency substandard

Frequenzhub *m* <av> (*zw. Frequenzen*) • frequency deviation; deviation *pract*

Frequenzhub *m* <el> (*allg.*) • frequency sweep; frequency swing

Frequenzhub *m* <el> (*unerwünscht*) • frequency deviation; frequency departure

Frequenzhüllkurve *f* <av> • oscillator envelope; oscillator contour; pitch envelope; pitch contour; frequency envelope

Frequenzinstabilität *f* <el> (*z. B. Netzfrequenz 50 Hz*) • frequency instability

Frequenzinstabilität *f* <phys> (*Magnetron*) • mode shift

Frequenzkennlinie *f* <av> • frequency characteristic; frequency curve

frequenzkonstant <el> • stable in frequency

Frequenzkonstanthaltung *f* <el> • frequency maintenance

Frequenzkonstanz *f* <el> • frequency stability; frequency constancy

Frequenzkontrollgerät *n* <el> • frequency monitor

Frequenzkurve *f* <el> • frequency curve

Frequenzmarkengenerator *m* <av> • frequency marker generator; marker generator

Frequenzmessbrücke *f* <phys> • bridge-type frequency meter; frequency bridge

Frequenzmesser *m* <phys> • frequency meter

Frequenzmodulation *f* (FM) <av> (*Radio*) • frequency modulation (FM)

Frequenzmodulation *f* <av> (*Umsetzung niederfrequenter Signale in einen höheren Frequenzbereich*) • modulation; frequency modulation

Frequenzmodulation *f* (FM) <edv> (*Aufzeichnungsverfahren*) • frequency modulation (FM)

Frequenzmodulation *f* (FM) <edv.av> • frequency modulation (FM); FM synthesis; FM-based synthesis

Frequenzmodulationseingang *m* <el> • frequency-modulation front end

Frequenzmodulationsstörung *f* <el> • frequency-modulation distortion

Frequenzmodulator *m* <el> • frequency modulator; FM modulator

frequenzmoduliert <el> • frequency-modulated

frequenzmoduliertes Radar *n* <navig> • frequency-modulated radar

frequenzmoduliertes Signal *n* <tele> • frequency modulated signal; FM signal

frequenzmodulierte Welle *f* <el> • frequency-modulated wave

Frequenz-Multiplex *n* <navig> • frequency multiplex

Frequenzmultiplexverfahren *n* (FDM) <tele> • frequency-division multiplexing (FDM)

Frequenznormal *n* <phys> • frequency standard

Frequenzregler *m* <tech.allg> • frequency controller

Frequenzregler *m* <energ.hydr> • frequency governor; frequency control

Frequenzregulierung *f* <energ.hydr> • frequency regulation

Frequenzrelais *n* <el> • frequency relay

Frequenzruf *m* <tele> • harmonic selective ringing

Frequenzschachtelung *f* <el> • frequency-division multiplexing; frequency overlap

Frequenzschwankung *f* <el> (*Fluktuation*) • frequency fluctuation; frequency variation

frequenzselektiv <el> • frequency-selective

Frequenzsieb *n* <el> • electric wave filter

Frequenzspannungumsetzer *m* <el> • frequency-voltage converter

Frequenzspektrum *n* <akust> (*hörbar*) • frequency spectrum; frequency band; audio frequency spectrum; range of sounds; frequency of audio

Frequenzspektrum *n* <phys> (*allg.; von Strahlung, Wellen; Licht, Klang*) • frequency spectrum

Frequenzsperre *f* <el> (*Hochfrequenztechnik*) • frequency lock

Frequenzsprungverfahren *n* <edv> • frequency hopping data encryption method (FH); frequency hopping

frequenzstabil <el> • stable in frequency

Frequenzstabilisierung *f* <el> • frequency stabilization

Frequenzsteuerung *f* <av> • frequency control

Frequenzstromumsetzer *m* <el> • frequency-current converter

Frequenzsynthetisator *m rar* <el> • frequency generator; frequency synthesizer *rare*; frequency-generating set *obs*

Frequenzteiler *m* <el> • count-down oscillator; prescaler; line divider; frame divider; field divider

Frequenzteilereinschub *m* <el> • prescaler plug-in

Frequenzteilerstufe *f* <el> • frequency division stage

Frequenztransformation *f* <el> • frequency transformation

Frequenztransformator *m* <el> • frequency transformer

Frequenztranslation *f* <el> • frequency translation

Frequenztrennschärfe *f* <tele> • frequency selectivity

Frequenzüberlappung f <tele> • frequency overlap
Frequenzüberwachung f <msr> • frequency control
Frequenzumfang m <av> *(Frequenzbereich)* • frequency range; waveband
Frequenzumformer m <el> *(z. B. von 60 auf 50 Hz, von 50 auf 45 … 440 Hz usw.)* • frequency converter; frequency changer *rare*
Frequenzumformung f <msr> • frequency conversion
Frequenzumkehrung f <el> • frequency inversion
Frequenzumrichter m <el> *(z. B. von 60 auf 50 Hz, von 50 auf 45 … 440 Hz usw.)* • frequency converter; frequency changer *rare*
frequenzumschaltbarer Generator m <el> • multifrequency generator
Frequenzumschalter m <el> • frequency selector switch
Frequenzumschaltung f <el> • frequency change
frequenzumsetzender Transponder m <el> • frequency-changing transponder
Frequenzumsetzer m <av> *(für Farbartsignal)* • frequency mixer; frequency converter; converter; mixer
Frequenzumsetzung f <el> • frequency transformation; frequency translation
Frequenzumtasttelegrafie f <tele> • frequency-shift telegraphy
Frequenzumtastung f (FSK) <tele> • Frequency Shift Keying (FSK)
Frequenzumwandler m <el> *(z. B. von 60 auf 50 Hz, von 50 auf 45 … 440 Hz usw.)* • frequency converter; frequency changer *rare*
frequenzunabhängig <tech.allg> • frequency-independent
Frequenzunabhängigkeit f <tech.allg> • frequency independence
Frequenzuntersetzer m <el> • frequency divider
Frequenzverdoppelter Neodym Yttrium Aluminum Garnet-Laser m (FD:YAG) *wiss* <druck> *(Festkörperlaser)* • frequency-doubled Neodym Yttrium Aluminum Garnet laser (FD:YAG las) *scien*; FD-ND:YAG laser
Frequenzverdoppler m <el> • frequency doubler
Frequenzverdopplung f <el> • frequency doubling
Frequenzverdreifacher m <el> • frequency tripler
Frequenzverdreifachung f <el> • frequency tripling
Frequenzverhältnis n <edv.av> • frequency response ratio
Frequenzverlauf m <av> *(z. B. von Lautsprechern, z. B. 22 … 20.000 Hz)* • frequency response; frequency response curve; amplitude characteristic; harmonic response
Frequenzversatz m <el> • frequency offset
Frequenzverschachtelung f <el> • frequency interlacing
Frequenzverschiebung f <el> • frequency shift
Frequenzverteilung f <av> • frequency distribution
Frequenzvervielfacher m <el> • frequency multiplier
Frequenzvervielfachung f <el> • frequency multiplication
Frequenzverwerfung f <el> • frequency shift
Frequenzverwerfung f <el> *(Röhrenoszillator)* • pushing
Frequenzverzerrung f <edv.av> • frequency distortion
Frequenzvibrato n <edv.av> • frequency vibrato
Frequenzwanderung f <el> • frequency drift; frequency shift
Frequenzwandler m <el> *(z. B. von 60 auf 50 Hz, von 50 auf 45 … 440 Hz usw.)* • frequency converter; frequency changer *rare*
Frequenzweiche f <el> *(z. B. ein Diplexer)* • dividing network; crossover [network]; frequency-separating filter; frequency-dividing network
Frequenzweiche f <tele> • diplexer
Frequenzwiederbelegungsfaktor m <tele> • frequency reutilization factor

Frequenzwiedergabe f <av> *(z. B. von Lautsprechern, z. B. 22 … 20.000 Hz)* • frequency response; frequency response curve; amplitude characteristic; harmonic response
Frequenzwiederholungsfaktor m <tele> • frequency reutilization factor
Frequenzwiederverwendung f <el> *(Satellit)* • frequency re-using
Frequenzzähler m <el> *(Impulszählverfahren)* • frequency counter
Frequenzziehen n <el> • frequency pulling
Frequenzzuweisung f <tele> • frequency assignment; frequency allocation
Fresnel'sche Beugung f <phys> • Fresnel diffraction
Fresnel'sche Beugungszone f <opt> • Fresnel region
Fresnel'scher Doppelspiegel m <opt> • Fresnel mirror
Fresnel'scher Spiegel m <opt> • Fresnel mirror
Fresnel'sches Ellipsoid n <opt> • Fresnel ellipsoid
Fresnel-Bereich m <opt> *(Lichtbeugung)* • Fresnel region
Fresnel-Beugung f <phys> • Fresnel diffraction
Fresnelllinse f <opt> • Fresnel lens; stepped lens
Fresnelllinsenscheinwerfer m <licht.theat> • fresnel spotlight *form*; fresnel spot *prakt*
Fresnelreflektor m <energ.sol> • Fresnel reflector; Fresnel mirror
Fresnelspiegel m <energ.sol> • Fresnel reflector; Fresnel mirror
Fresnel-Verlust m <lwl> • Fresnel loss
Fressen m <tribo> *(bis zum Stillstand; z. B. Gleitlager, Kolben in Zylinder)* • seizure
Fressen m <tribo> *(exzessive Reibung, aber noch beweglich; z. B. Gleitlager)* • scuffing
fressen vi <masch> *(Führung, Lager; z. B. durch Korrosion)* • eat vi
fressen vi <masch> *(durch Verschleiß)* • score vi
fressen vi <masch> *(festfressen)* • seize vi
fressen vi <obfl> *(Passfugen, Reibungsflächen)* • corrode vi
fressen vi <obfl> *(z. B. Erosion)* • eat away vi
fressen vi/vt <obfl> *(durch Korrosion; z. B. Säure, Rost an Metallen)* • fret vi/vt; fret away vi
fressen vt <obfl> *(Rost)* • eat vt
Fresser m <led> • vealer
Fressschaden m <obfl> *(durch Verschleiß)* • scoring damage
Fressschaden m <obfl> • fretting corrosion; fretting damage
Fressverschleiß m <obfl> • fretting corrosion; fretting damage
Freude am Fahren f BMW <kfz> • driving pleasure
Friction-Modifier m <tribo> • friction modifier; friction reducer
Friction-Reducer m <tribo> • friction modifier; friction reducer
Friedewald-Formel f <med> • formula of Friedewald
Friedhofsbahn f <aerospace> • graveyard orbit
friedliche Koexistenz mit dem Wirt f <med> • disease-free coexistence with the host
friemeln vi <metall> *(Walzwerk)* • reel vi; cross-roll vi
Friemelwalzwerk n <metall> • reeling mill; reeler
Fries m <bau> *(zwischen Architrav und Kranzgesims)* • frieze
Frigen n <hlk> *(Kältemittel)* • Freon (R-12); dichlorodifluoromethane
Friktion f *wiss.rar* <tech.allg> • friction
friktionieren v <tech.allg> • friction v
Friktionsantrieb m <antr> *(z. B. Presse)* • friction drive; yielding drive
Friktionsantrieb m <edv> *(Drucker)* • friction feed
Friktionsband n <masch> • friction band

Friktionsdrehmoment n <mech> • friction torque

Friktionsgesenkhammer m <wz.masch> • friction drop hammer; friction drop stamp

Friktionskalander m <prod> • frictioning calender; friction calender

Friktionskoppelung f <geo> • friction-coupling

Friktionslösehebel m <druck> • paper release lever

Friktionsmaterial n <mat> • friction material

Friktionsmischung f <chem> • friction compound

Friktionsrad n <masch> (Rad mit glatterLauffläche, das z. B. ein anderes Rad antreibt) • friction wheel

Friktionsrolle f <masch> • friction wheel

Friktionsscheibe f <masch> • friction disc

Friktionsspindelpresse f <wz.masch> • friction screw press

Friktionsspinnen n <textil> • friction spinning

Friktionsstreifen m • chafer strip; chafer

Friktionstexturieren n <textil> • friction texturing

Friktionstrieb m <antr> (z. B. Presse) • friction drive; yielding drive

Friktionsturbine f • friction turbine

Friktionsverhältnis n (bei gegeneinander laufenden Walzen) • friction ratio

frisch <allg> • fresh

frisch <nahr> (Wein) • fresh; lively

frisch <nahr> (z. B. Gemüse) • green

Frischbeton m <bau.mat> (noch nicht abgebunden) • fresh concrete; wet concrete

Frischbeton m <bau.mat> (Transportbeton) • ready-mixed concrete; concrete mix; mixed batch

Frischbeton-Lkw m <nfz> (Lkw) • concrete mixer; transit-agitator truck; transit-truck mixer; ready-mix truck; truck mixer

Frischbetonwerk n <bau.mat> • ready-mix plant

Frischbirne f <metall> (Stahlwerk) • converter; converting vessel scien

Frischdampf m <energ> (Wärmekraftwerk; zum Antrieb der Turbosätze) • main steam; direct steam rare; live steam rare

Frischdampfdaten pl <nukl> • main-steam values pl

Frischdampfstutzen m <turb> • inlet connecting branch

Frischdampftemperatur f <turb> • main-steam temperature

frische Haut f <led> • green hide

Frischeis n <nahr> • fresh ice cream

Frischen n <tech.allg> (Stahlerzeugung; zur Reduzierung des Kohlenstoffgehaltes) • decarburization; decarburation; decarbonization; refining

frischen vt <metall> (Stahl) • oxidize vt; refine vt

frischen vt <verf> (Stahl) • decarburize vt

frischer Äscher m <led> • fresh lime; head lime

frischer Katalysator m <kfz.emiss> • fresh catalyst

frische Säure f <chem> • fresh acid

frisches Leimleder n <led> (ungekält) • green glue stock; green fleshings pl

frisches Substrat n <agri.tech> (für Biogasgenerator) • raw sludge; influent; feed material; input slurry

frische Wetter pl <min> • fresh intake air; good intake air

Frischfaser f <pap> • virgin fiber US; native fiber US; fresh fiber US; new fiber US; primary fibre GB

Frischfasern fpl <pap> • virgin fibers pl; virgin pulp; virgin fiber material

Frischfaserstoff m <pap> • virgin fibers pl; virgin pulp; virgin fiber material

Frischfeuer n <prod> • fining forge

Frischgas n <chem.verf> • make-up gas

Frischgas n <kfz.mot> • fresh gas

Frischgasfüllung f prakt <mot> • fresh charge

Frischgastemperatur f <turb> • turbine inlet temperature

Frischgewicht n <chem.agri> • fresh weight

Frischgewicht n <led> • green weight; drop weight

Frischgutsilage f <agri> • direct-cut grass silage

Frischherd m <metall> (Stahlerzeugung) • open hearth; refinery hearth; fining hearth

Frischkäse m <nahr> • fresh cheese

Frischladung f <mot> • fresh charge

Frischlauge f <pap> • fresh cooking liquor; white liquor

Frischluft f <hlk> (von außen der Lüftung zugeführt) • fresh air; inlet air; ambient air

Frischluft f <hlk> (betont: unverbrauchte Luft von draußen) • fresh air; fresh outdoor air; fresh outside air

Frischluftgebläse n <hlk> • forced-draft fan US; forced-draught fan GB

Frischluftgerät n <med> • fresh-air breathing apparatus

Frischluftkanäle mpl <hlk> • forced draught-air ducting

Frischluftklappe f <kfz.hlk> • fresh air door

Frischluftregler m <kfz.hlk> (z. B. ein Hebel, Einstellrad; auch Schalter) • air volume control US; air intake control

Frischluftregulierung f <kfz.hlk> (z. B. ein Hebel, Einstellrad; auch Schalter) • air volume control US; air intake control

Frischluftspülung f <msr> (von Messzellen) • purging with fresh air; purging with ambient air; rinsing with fresh air Testo

Frischluftzufuhr f <hlk> • fresh-air supply

Frischmüll msg <ents> • untreated refuse

Frischöl n <tribo> • clean oil

Frischöl-Druckschmierung f <mot.tribo> • pressure lubrication

Frischölschmierung f <mot.tribo> (Öl im Benzin oder aus sep. Tank) • total-loss lubrication

Frischölschmierung f <mot.tribo> (Öl aus sep. Öltank) • clean oil lubrication; fresh-oil lubrication

Frischperiode f <metall> • oxidizing period US.GB; refining period; oxidising period GB

Frischprüfung f <qualit> • initial output test

Frischpulver n <obfl> (z. B. zur Emaillierung) • virgin powder

Frischsand m <prod> (Gießerei) • fresh sand

Frischschlacke f <metall> • oxidizing slag US.GB; refining slag; oxidising slag GB

Frischschlamm m <agri.tech> (für Biogasgenerator) • raw sludge; influent; feed material; input slurry

Frischsubstrat n <agri.tech> (für Biogasgenerator) • raw sludge; influent; feed material; input slurry

frischtot <bio> • freshly killed

Frischverfahren n <prod> • decarburization process; decarburizing process; refining process; oxidizing process; fining process

Frischware f prakt <kst> (Granulat; z. B. zum Spritzgießen) • virgin resin; virgin material

Frischwasser n <tech.allg> • fresh water

Frischwasserbedarf m <verf> • fresh water demand

Frischwasserbehälter m <verf> • fresh water tank

Frischwasserkühlung f <verf> • fresh water cooling

Frischwassertank m <verf> (z. B. Trinkwasserbehälter) • fresh water tank

Frischwasserversorgung f <bau> • fresh-water supply

Frischwetter pl <min> • fresh air

Frisierspiegel m rar <kfz.innen> • vanity mirror

Frisket n <kunst> (Maskierfilm) • frisk-film Frisk; frisket-film Badger; frisket

Friskfilm m <kunst> (Maskierfilm) • frisk-film Frisk; frisket-film Badger; frisket

Frisk-Folie f Frisk <kunst> (Maskierfilm) • frisk-film Frisk; frisket-film Badger; frisket

Frist f <allg> (z. B. bis zu Liefer-, Zahlungstermin) • period of time

Fristaustauschteil *n* <qualit.rep> • time change item (TCI)

Fristuntersuchung *f* <tech.allg> *(z. B. Fahrzeuge, Aufzüge, Kernkraftwerk)* • periodical inspection

Fristwechselteil *n* <qualit.rep> • time change item (TCI)

Fritte *f* <silik> *(allg.; z. B. Email, Keramik)* • frit

Frittegrund *m* <obfl> • fritted ground; sintered ground; mat ground coat

fritten *vt* <obfl> *(abschrecken und granulieren)* • frit *vt*

fritten *vt* <obfl> *(Email; erhitzen zum Zusammenbacken)* • frit *vt*; agglomerate *vt*

Fritteofen *m* <verf> • frit kiln

Fritter *m* <el> • coherer

Frittung *f* <el> • fritting

Frittung *f* <geo> • vitrification

FROM-Wegpunkt *m* <navig> • departure waypoint; FROM waypoint

Front *f prakt* <kfz> *(Vorderseite des Autos)* • front end; front *pract.coll*; nose *coll*

Frontabdeckung *f* <energ.sol> • front cover

Frontalaufprall *m* <kfz> • front-end impact

Frontalaufprall *m* <kfz> *(Fahrzeug)* • head-on impact; head-on crash *pract*; head-on collision; straight-on impact; frontal crash

Frontalaufprall mit teilweiser Überdeckung *m did* <kfz> • offset crash

Frontalbeleuchtung *f* <licht> • front lighting; frontal lighting

Frontalbeschickung *f* <logist> • front loading

Frontalcrash *m prakt* <kfz> *(Fahrzeug)* • head-on impact; head-on crash *pract*; head-on collision; straight-on impact; frontal crash

frontale Betätigung *f* <msr> • front sensing *turck GB*; approach from the front

frontaler Zusammenstoß *m* <verk> • head-on crash; head-on collision

Frontallicht *nsg* <phot> • frontlighting *sg*

Frontansicht *f* <edv> • front view

Frontantrieb *m* <kfz.antr> • front wheel drive (FWD); front drive *rar*

Frontantriebsfahrzeug *n* <kfz> • front-wheel-drive car; fwd car

Frontauftriebskoeffizient *m* <kfz> • frontal lift coefficient

Frontausleger *m* <förd> • front delivery

Front-AV *n* <av> • front-AV; front-mounted audio and video jacks

Front-AV-Anschluss *m* <av> • front-AV; front-mounted audio and video jacks

frontbediente Drehmaschine *f* <wz.masch> • frontal lathe

Frontblech *n* <kfz> • front panel; front body panel

Frontblende *f* <edv> • front-panel

Frontbogenausgang *m* <druck> • front sheet delivery

Front-Buffer *m* <edv> • front buffer

Frontcooking *n* <gastr> • frontcooking

Frontcrash *m* <kfz> *(Fahrzeug)* • head-on impact; head-on crash *pract*; head-on collision; straight-on impact; frontal crash

Frontdrehmaschine *f* <wz.masch> • front-operated lathe; frontal lathe

Frontend *n* <kfz> • front end

Frontend-Montageeinheit *f* <kfz> • front end assembly unit

Front-End-Verkleidung *f :V* <kfz> • nose protector; front end bra *US*; front mask; car mask; front end cover *Ford*

Frontfeuerung *f* <emiss> *(NOₓ)* • front wall firing

Frontgepäckträger *m* <kfz> *(am Motorrad)* • front carrier

Frontgewinde-Durchmesser *m* <phot> *(vorne an Objektiv)* • attachment size *Nikon*

Frontgitter *n Citroën* <kfz> • cowl screen; cowling grill *rare*

Frontgrid *n rar* <energ.sol> *(von Solarzellen)* • front grid

Fronthydraulik *f* <förd> • front power lift

Frontkipper *m* <nfz> • front tipper

Frontkontakt *m* <energ.sol> • front contact; top contact *rare*

Frontlademechanismus *m* <edv> • front-end loading mechanism

Frontlader *m* <bau.masch> *(Schaufellader)* • front-end loader; head-end loader; front-loading truck; loading shovel

Frontlader *m* <förd> *(auf Raupen)* • tractor shovel; tractor scoop

Frontlängsmotor mit Antrieb auf die Hinterräder *m* <kfz.antr> *(Antriebskonzept; in D die Ausnahme mit ca. 11 % Anteil)* • conventional drive layout; longitudinally mounted front engine with rear-wheel drive

Frontlenker *m* <kfz> • forward control chassis

Frontlenker *m* <nfz> • cab-over-engine (COE); cabover; COE truck; forward control truck *rare*

Frontlenker-Fahrzeug *n* <nfz> • cab-over-engine (COE); cabover; COE truck; forward control truck *rare*

Frontlenker-LKW *m* <nfz> • cab-over-engine (COE); cabover; COE truck; forward control truck *rare*

Frontlinse *f* <phot> • front lens

Frontmotor *m* <kfz> • front engine; front mounted engine

Frontpartie *f* <kfz> *(Vorderseite des Autos)* • front end; front *pract.coll*; nose *coll*

Frontplatte *f* <tech.allg> • front panel; faceplate

Frontplattenbeleuchtung *f* <kfz> • faceplate illumination; instrument panel illumination

Frontplatteneinbau *m* <tech.allg> • front-panel mounting; panel mounting

Frontplattenlautsprecher *m* <kfz> • panel-mounted loudspeaker

Frontplatten-Öffnungsklappe *f* <edv> *(Laufwerksgehäuse)* • front panel opening door

Frontplattenschalter *m* <kfz> • front-panel switch; panel switch

Frontplattentastatur *f* <edv> • front-panel keyboard

Front-Quer-Fahrzeug *n prakt* <kfz> • front-wheel-drive vehicle with transverse engine

Frontradius *m* <el.ic.prod> *(Wedge)* • front radius (FR)

Frontreißverschluss *m* <bekl> • front zip

Frontschaden *m* <kfz> • front end damage

Frontscheibe *f* <kfz> • windshield *US*; windscreen *GB*

Frontscheiben-Abdeckung *f BMW* <kfz> *(gegen Frost)* • windshield protector

Frontschild *n* <tech.allg> *(an Geräten, Maschinen, Briefkästen)* • escutcheon; escutcheon plate *norm*

Frontschirm *m* <bekl> *(Helm)* • visor; sun visor; peak; peak visor

Frontschnittmähdrescher *m* <agri> • front-cut combine; push-type combine

Frontschott *n* <nav> • break bulkhead; end bulkhead

Frontschürze *f* <kfz> *(allg.)* • front apron; lower front panel

Frontschürze *f* <kfz> *(mit Spoilerfunktion; eher senkrecht als schräg)* • air dam

Frontschutz *m :V* <kfz> • nose protector; front end bra *US*; front mask; car mask; front end cover *Ford*

Frontschutzbügel *m* <kfz> *(Off-Road)* • front end guard; bumper cage *pract.coll*; grille guard; bullbar *GB*; front bullbar *GB*

Frontschutz-Deformationselement *n* <kfz> *(z. B. Kunststoff-Wabenkörper)* • front-end deformation element

Frontseilwinde *f* <förd> • front-mounted winch

Frontseite *f* <edv> *(Referenzpunkt für Entfernungsangaben)* • face of scanner; face

Frontseite f <edv> *(eines Laufwerks)* • front panel; front bezel

Frontseite f <msr> *(Näherungsschalter)* • sensing face; active face; sensing head; active sensing face; sensing surface

Frontseite des Scanners f <edv> *(Referenzpunkt für Entfernungsangaben)* • face of scanner; face

Frontspoiler m <kfz> *(exponiert, meist separat montiert v.a. bei Sportwagen)* • front spoiler

Frontspoiler m <kfz> *(mit Spoilerfunktion; eher senkrecht als schräg)* • air dam

Frontspoilerstoßfänger m <kfz> • front bumper spoiler

Frontstapler m <förd> *(Flurförderzeug)* • end loader

Frontstrip m <mil> *(z. B. gecheckert)* • frontstrip

Frontteil n <av> *(eines Geräts)* • front

Fronttriebler m press <kfz> • front-wheel-drive car; fwd car

Frontüberlappung f <bekl> *(Helm)* • storm flap

Frontunterfahrschutz m <nfz> • front under-run guard; front under-run bumper; front under-run bar

Frontverkleidung f <büro> *(des Kopierers)* • front panel

Frontverschluss-BH m <bekl> • front-hook bra

Frontverschluss-BH mit Formbügeln m <bekl> • front-hook underwire bra

Frontwelle f <fz> • frontal wave

Frontwelle f <phys> *(Flugzeug, Schiff)* • front wave

Frontziergitter für Scheinwerfer n BMW <kfz> • radiator grille side section *BMW*

Frosch m <kfz> *(Austin-Healey Sprite von 1958–62)* • frogeye *coll.press*; bugeye

Frosch m prakt <kfz.rep> • oil can *pract*

Froschauge n ugs.press <kfz> *(Austin-Healey Sprite von 1958–62)* • frogeye *coll.press*; bugeye

Froschbeinwicklung f <el> • frog-leg winding

Froschklemme f <wz> • draw tongs; Dutch tongs

Froschperspektive f DIN ISO 10209-2 <doku> *(Betrachtungsweise, Darstellungsart)* • frog's eye perspective *ISO 10209-2*

frostbeständig <mat> • freeze-proof; frost-resistant

Frostboden m <geo> • frozen ground; frozen soil; nival soil

frostempfindlich <holz> • frost tender

Frosten n <nahr> • freezing preservation

Frosten n rar <nahr> • deep freezing

frosthart <holz> • frost hardy

Frosthebung f ISO 13793 <bau> • frost heave *ISO 13793*

Frostkörper m <min> *(Gefrierverfahren)* • ice wall

Frostriss n <qualit.mat> • frost crack

Frostschutz m <hlk> *(Maßnahme)* • frost protection; freeze-up protection

Frostschutz m ugs <hlk> *(z. B. Kühlsystem, Scheibenwaschanlage, Kollektorkreislauf)* • antifreeze [agent]

Frostschutzberegnung f <agri> • frost-protection irrigation; frost-protection sprinkler irrigation

Frostschutzmittel n <hlk> *(z. B. Kühlsystem, Scheibenwaschanlage, Kollektorkreislauf)* • antifreeze [agent]

Frostschutzprüfer m <kfz.wz> • hydrometer *ppsc*; antifreeze [and coolant] tester *form*

Frostschutzpumpe f <nfz.brems> *(spritzt Alkohol in die Druckluftleitung)* • alcohol injector

Frostschutzscheibe f <kfz> • antifrost screen

Frostschutzschicht f <bau> • frost layer; frost blanket *pract*

Frostschutzstopfen m <kfz.mot> • freeze plug; core plug

Frostschutztester m <kfz.wz> • hydrometer *ppsc*; antifreeze [and coolant] tester *form*

Frostschutzthermostat m <hlk> • antifrost thermostat

Frostschutzzusatz m <hlk> • antifreeze addition

Frostsprengung f <allg> • frost splitting; frost weathering

Frost-Tau-Versuch m <bau> • freezing and thawing test

Frosttiefe f <geo> • frost penetration depth

Frottee n/m <bekl> • terry cloth

Frottee-Sitzbezug m <kfz> • terry cloth seat cover

Frottierstrecke f <textil> • rubber drawing

Froude'sche Zahl f <phys> *(Strömungslehre)* • Froude number

Froude-Zahl f <phys> *(Strömungslehre)* • Froude number

Frozen Yogurt n <nahr> • frozen yogurt

Fruchtbarkeit f <bio> • fertility

Fruchtbildung f <bio> • fruit formation

Fruchtdosiermaschine f <nahr.prod> *(Speiseeis)* • fruit feeder; ingredient feeder

Fruchteis n <nahr> • fruit ice

Fruchteiskrem f <nahr> • fruit ice cream

Fruchtessenz f <nahr> • fruit concentrate; fruit essence

Fruchtfall m <agri> • fruit drop

Fruchtfaser f <textil> • fruit fiber

Fruchtfleisch n <nahr> • pulp; fruit pulp

Fruchtfliege f <bio> • fruit fly

Fruchtgehalt m <nahr> • fruit content

Fruchtgeschmack m <nahr> • fruit flavor *US*; fruit flavour *GB*

Fruchthändler m <ökon> • fruit trader

Fruchthandel m <ökon> • fruit trade

fruchtig <nahr> *(Wein)* • fruity

Fruchtkonzentrat n <nahr> • fruit concentrate; fruit essence

Fruchtmark n <nahr> • fruit pulp

Fruchtmischer m <nahr.prod> *(Speiseeis)* • fruit feeder; ingredient feeder

Fruchtsäure f <nahr> • fruit acid

Fruchtsaft m <nahr> • fruit juice

Frucht-Sorbet n <nahr> • sorbet

Fruchtsoße f <nahr> *(Speiseeis)* • fruit sauce; fruit topping

Fruchtstengelfäulnis f <agri> • neck rot

Fruchtstiel m <bio> • peduncle; flowerstem

Fruchtstückchen fpl <nahr> • pieces of fruit; fruit particles

Fruchttemperatur f <bio> • pulp temperature

Fruchtwechsel m <agri> • crop rotation

Fruchtzubereitung f <nahr> • fruit preparation

Fruchtzucker m <nahr> *(z. B. in Wein)* • fructose; levulose; laevulose

Fruchtzucker m ugs <nahr> • fructose; fruit sugar *coll*

Fructose f <nahr> • fructose; fruit sugar *coll*

früh <kfz.el> *(Zündzeitpunkt)* • advanced

Frühausfälle mpl <qualit> • early failures; infant mortality failures

Frühausfall m <qualit> • early failure

Frühdose f prakt.ugs <mot.el.msr> *(für Frühzündung)* • vacuum advance unit; vacuum advance; advance capsule *pract*; advancer *coll*

frühere Messergebnisse npl <msr> • previous measurement results

frühhochfest <bau.masch> *(Beton, Mörtel)* • rapid hardening; high-early-strength

frühhochfester Zement m <bau.mat> • rapid-hardening cement; high-early-strength cement

Frühholz n <obfl.holz> • earlywood; springwood

Frühjahreshochwasser n <geo> • spring flood

Frühjahranwendung f <agri> *(z. B. Herbizid)* • spring application

Frühjahr-Sommer-Enzephalitis f <bio> *(Infektionskrankheit, die durch Zecken übertragen wird)* • central european encephalitis (CEE); spring-summer encephalitis; Russian spring-summer encephalitis; tick-borne encephalitis

frühlingsgrün <kunst> • chiffon green *Magic Color*

Frühschaden *m* <nukl> • short-term effect; acute effect; immediate effect

Frühsommer-Meningoenzephalitis *f* (FSME) *norm* <bio> *(Infektionskrankheit, die durch Zecken übertragen wird)* • central european encephalitis (CEE); spring-summer encephalitis; Russian spring-summer encephalitis; tick-borne encephalitis

Frühverstellsystem *n rar* <mot.el.msr> *(für Frühzündung)* • vacuum advance unit; vacuum advance; advance capsule *pract*; advancer *coll*

Frühverstellung *f* <kfz.el> *(in Richtung früh)* • ignition advance; spark advance[ment]

Frühwarnradar *n* <aerospace> *(an Bord eines Flugzeuges)* • airborne early-warning radar

Frühwarnradar *n* <aerospace> *(allg.)* • early-warning radar; distant early-warning radar *rare*

Frühwarnung *f* <alarm> *(z. B. vor Katastrophen, mil. Angriff)* • early warning

Frühzündung *f* <kfz.el> • ignition advance; spark advance

Frühzündung *f* <kfz.mot> *(geschwindigkeitsabhängig)* • speed control vacuum advance

Fruktose *f* <nahr> *(z. B. in Wein)* • fructose; levulose; laevulose

Fruktose *f* <nahr> • fructose; fruit sugar *coll*

F-Schirm *m* <navig> • F scope

FSK <edv.av> • frequency shift keying (FSK); frequency shift coding; tape sync

FSK <tele> • Frequency Shift Keying (FSK)

FSK-Verfahren *n* <edv.av> • frequency shift keying (FSK); frequency shift coding; tape sync

FSME <bio> *(Infektionskrankheit, die durch Zecken übertragen wird)* • central european encephalitis (CEE); spring-summer encephalitis; Russian spring-summer encephalitis; tick-borne encephalitis

FTIR-Spektrometer *n prakt* <msr> • FTIR spectrometer *pract*; Fourier transform infrared spectrometer *form*; FTIR analyser *pract*

FTP-Fahrprogramm *n* <kfz> • FTP test cycle

FTP-Prüfverfahren *n* <kfz> • Federal Test Procedure (FTP) *form*; FTP test *pract*

FTP-Test *m prakt.ugs.* <kfz> • FTP test cycle

FTP-Zyklus *m* <kfz> • FTP test cycle

FTS <logist> • automated guided vehicle [system] (AGV); operatorless truck *rare*

FTS-Fahrkurs *m* <logist> • AGV circuit

FTS-Streckennetz *n* <logist> • AGV circuit

Fuchs *m* <metall> *(Schlacketrennung)* • skimmer

Fuchs *m* <verbr.silik> *(Gasabzug)* • flue

Fuchsschwanz *m* <bau.wz> *(Säge für Gipskartonplatten)* • drywall saw; board saw

Fuchsschwanz *m* <wz> *(allg.)* • hand saw

Fuchsverlust *m* <verbr.silik> • flue loss

FuE-Abteilung *f* <tech.allg> • R&D department; research and development department; development and research department *rare*

FuE-Bereich *m* <tech.allg> • R&D department; research and development department; development and research department *rare*

FÜG <navig> • speed over ground (SOG); velocity over ground VOG; ground speed GS

Fügeautomat *m* <prod> • automatic assembling machine

Fügelinie *f* <füg> • assembly line

Fügemaschine *f* <füg> • jointing machine; jointer

Fügen *n* <tech.allg> • jointing

fügen *vt* <füg> *(allg.)* • join *vt*; join together *vt coll*; fix together *vt coll*

fügen *vt* <holz> *(mit Nut und Feder; z. B. Deckenpaneele)* • rabbet *vt*

Fügestation *f* <prod> • marriage station

Fügestelle *f* <füg> *(Ergebnis des Fügens, lösbar oder unlösbar)* • joint

Fügeteile *npl* <tech.allg> • components to be assembled; parts to be joined *pract*

Fügeverfahren *n* <füg> *(Prozess)* • joining process

Fügeverfahren *n* <füg> *(Methode)* • bonding method; jointing method

Fügewerkstoff *m* <mat> • joining material

Fügezwinge *f* <wz> • joining press

fühlbare Oberflächentexturierung *f rar* <edv> • bump mapping

fühlbare Wärme *f* <therm> • sensible heat

fühlen *vt* <allg> • feel *vt*

fühlen *vt* <med> *(ertasten)* • trace *vt*

fühlen *vt* <msr> • sense *vt*

fühlen *vt rar* <msr> *(z. B. Zustandsänderungen, Druck, Temperatur)* • sense *vt*; detect *vt*; register *vt rare*

Fühler *m* <bio> *(von Insekten)* • antenna *UK.US*

Fühler *m* <msr> *(zum Abtasten, Nachfahren von Körpern)* • stylus

Fühler *m prakt* <msr> *(ganze Baueinheit)* • sensor (SENS); sending unit

Fühler *m* <msr> *(Teil eines Sensors)* • sensing head; pick-up; probe

Fühler *m* <wz> *(betont: zum Nachfahren von Konturen)* • profile tracer

Fühlerausgang *m* <msr> • sensor output

Fühlerblattlehre *f form* <kfz.wz> *(mit Metallblättchen)* • feeler gauge; thickness gauge

Fühlerblattlehre *f* <kfz.wz> *(einzelnes Blatt)* • feeler gauge; feeler blade

Fühlerelement *n* <msr> • sensor; sensing element

Fühlerfläche *f* <msr> • sensor face

fühlergesteuert <msr> • tracer-controlled

fühlergesteuertes Nachformen *n* <prod> • tracer-controlled copying; tracing

Fühlerhebel *m* <msr> • feeler lever

Fühlerkondensator *m* <el> • scanning capacitor; pick-up capacitor

Fühlerkopf *m* <msr> *(von Fühler, Sensor)* • sensing head; sensor head

Fühlerkopf *m* <wz> • tracer head

Fühlerlehre *f* <kfz.wz> *(mit Metallblättchen)* • feeler gauge; thickness gauge

Fühlerlehre *f* <kfz.wz> *(einzelnes Blatt)* • feeler gauge; feeler blade

Fühlerlehre *f* <kfz.wz> *(für Zündung)* • ignition gauge

Fühlerlehre *f* <msr> • feeler gauge

Fühlerlehre *f* <wz> *(allg.)* • feeler gauge

Fühlerlehrenband *n* <kfz.wz> • feeler strip

Fühlerlehrenblatt *n* <kfz.wz> *(einzelnes Blatt)* • feeler gauge; feeler blade

Fühler mit aktiver Fläche vorn *m* <msr> • front sensing detector; end sensing detector

Fühlernachformeinrichtung *f* <wz.masch> • tracing attachment

Fühlernachformsteuerung *f* <wz.masch> • tracer duplicator control

Fühlernase *f* <druck> • font selector feeler

Fühlerschieber *m* <wz.masch> *(Nachformen)* • tracer control valve

Fühlersteuerung *f* <msr> *(Werkzeugmaschine)* • contouring control; tracing control; tracer control

Fühlerwalze *f* <wz> *(Nachformen)* • roller follower; tracer roll

Fühllehre *f* <kfz.wz> *(mit Metallblättchen)* • feeler gauge; thickness gauge

Fühllehre *f DIN 2275* <msr> • feeler gauge

Fühllehre *f prakt* <wz> *(allg.)* • feeler gauge

Fühlleitung f <msr> • sensing line
Fühlstift m <wz> • contact stylus; tracer
führen vt <allg> *(lenken, leiten (Unternehmen, Behörde, Verein))* • direct vt
führen vt <edv> *(Datei)* • maintain vt
führen vt <el> *(Kabel, Draht, Schiene führt Strom)* • conduct vt
führen vt <fz> *(Fahrzeug)* • drive vt
führen vt <jur> *(z. B. Betrieb)* • run vt
führen vt <masch> • lead vt; guide vt
führen vt <navig> *(z. B. Schiff)* • command vt; slave vt
führen vt <pap> *(den Bediener)* • prompt vt
führen vt <verk> • carry vt
führen vt <verk> *(Strecke)* • route vt
führen vt <wz> *(Maschine)* • pilot vt
führend <edv> • leading
führende Forschungsarbeit f <tech.allg> • leading-edge research
führende Null f <msr> *(in Zahlenangaben, Formularen etc.)* • leading zero
führende Ruhezone f <edv> • leading quiet zone; starting empty field
führendes Element n <mot> *(Getriebe)* • leader
führen zu vt <pap> *(z. B. Verringerung des Ausschusses)* • result in vt
Führeraufzug m <förd> • attendant-operated lift
Führerbremsventil n <brems> • driver's brake valve; operator's brake valve
Führerhaus n <bahn> *(Lok)* • control stand
Führerhaus n <nfz> *(Nutzfahrzeuge)* • cab
Führerhaus-Bedienungselemente npl <bahn> • engineman's controls
Führerhaus-Instrumente fpl <bahn> *(Lok)* • engineman's control panel; engineman's instrument panel
Führerkabine f <tech.allg> • operator's cabin; operator's cab pract; control cabin
Führerkabine f <förd> *(z. B. Kran)* • driver's cage
führerlos <allg> • driverless
Führerpult n <bahn> • control panel; control board
Führerraum m <bahn> *(Lokomotive)* • driver's cab; driver's cabin
Führerschein m <kfz> • driving license US; driver's license
Führerschein m ugs <kfz.jur> • drivers's license US; driving licence GB; driver's licence GB
Führerstand m DIN 25647-1 <bahn> *(Lokomotive)* • driver's cab; driver's cabin
Führerstand m norm <bahn> *(Lokomotive)* • cab; cabin
Führerstand m <förd> *(z. B. Kran, Verladebrücke)* • driver's room; driver's cab
Führerstandkatze f <förd> • operator's cabin; operator's cab
Führerstandsautomat m <el> • canopy switch
Führerstandsfenster n <bahn> • cab window
Führerstandssignal n <bahn> • cabin signal; cab signal
Führerstand vorn m <bahn> *(Dampflok)* • cab forward
führig <mil> *(Waffe; z. B. Gewehr, Pistole, Revolver)* • maneuverable
Führmoment n <navig> *(Kreiselorientierung)* • slaving torque
Führung f <allg> • directing
Führung f <tech.allg> *(Vorgang)* • guidance
Führung f <tech.allg> *(einer Rohrleitung, Kabeltrasse, etc.; Resultat der Montage)* • routing; layout
Führung f <füg> *(Flamme, Brenner beim Schweißen)* • manipulation
Führung f <masch> *(z. B. Schiene)* • rail
Führung f <masch> *(Anlagenteil)* • guide; guide track
Führung f <masch> *(z. B. eine Führungsschiene)* • guideway; slideway; guide pract; way pract.coll; track pract.coll

Führung f <mus> • register; comb[-register]; guide [rail]; lead; bridge
Führung f <ökon> *(im Wettbewerb)* • lead
Führung f <tech> *(z. B. Wasser durch ein Rohr)* • conduction
Führung f <tele> *(von Leitungen)* • routing; run
Führung f <textil> *(Faden)* • guidance; guiding
Führung f <wz> *(Werkzeug)* • pilot
Führung f <wz> *(Bohrstange)* • pilot bush
Führungsbahn f <aerospace> *(Raketenabschussrampe)* • rocket rail
Führungsbahn f <masch> *(z. B. eine Führungsschiene)* • guideway; slideway; guide pract; way pract.coll; track pract.coll
Führungsbahn f <masch> *(Anlagenteil)* • guide; guide track
Führungsbahn f <nav> *(Werft)* • launching rack; launcher rail
Führungsbahnspiel n <autom> • guideway backlash
Führungsbeschleunigung f <mech> • drag acceleration; translation acceleration
Führungsblock m <masch> • guide block
Führungsbogen m <verf.hydr> *(Siebband)* • guide section
Führungsbohrer m <wz> • pilot bit
Führungsbohrung f <prod> *(für folgendes Bohren)* • pilot hole; starting hole
Führungsbolzen m <kst> *(Spritzgießmaschine; zur Führung der Werkzeughälften)* • guide pin; guide rod
Führungsbolzen m <masch> *(allg.)* • guide pin
Führungsbuchse f <el> • pilot bush
Führungsbuchse f <kfz> • pilot bushing; spigot bushing GB; guide bushing
Führungsbuchse f <kst> • guide bushing; guide pin bushing
Führungsbuchse f <masch> • guide bushing; guide bush
Führungsbuchse für Säulengestelle f DIN 9831,9834 <prod> • guide bush for press tool sets
Führungsbügel m <prod> • guide fork
Führungsdoppelrolle f <förd> • dual guide roller
Führungseinrichtung f <tech.allg> • guiding device
Führungselement n <av> • tape guide element
Führungselemente fpl <autom> • guides
Führungsfase f <prod> *(z. B. Schnittwerkzeuge)* • circular land
Führungsfase f <prod> • margin
Führungsfeder f Teves <kfz.brems> *(bei Schwimmrahmen- und Faustsattelbremse)* • locating spring
Führungsfläche f <masch> • guide surface; locating surface
Führungsfrequenzgang m <msr> • control frequency response
Führungsgabel f <kfz> • axle guide
Führungsgröße f <msr> *(im Regelkreis; Basis für Sollwert)* • command variable; command signal; reference input
Führungshebel m <masch> • guide lever
Führungsholm mit Dreikantprofil m <masch> • triangular guide tube
Führungshülse f <kfz.brems> *(Faustsattelbremse)* • bushing
Führungshülse f <masch> • guide sleeve
Führungskabel npl <kfz> *(Stoßdämpfungsprüfung des Motorradhelmes)* • guide cables
Führungskäfig m <masch> *(Nadellager)* • retaining member
Führungskamm m <textil> • carriage comb
Führungskante f <masch> *(z. B. Kolben)* • guide edge
Führungskettenglied n <masch> • guide link

Führungskorb m <fz> • ball retainer; ball cage Sturmey Archer

Führungskraft f <mech> • reaction of constraints

Führungskraft f <phys> • guiding force

Führungskurve f <masch> • pitch curve; pitch cam

Führungslager n <kfz> (allg.) • pilot bearing; spigot bearing GB

Führungslager n <kfz.mot> (der Kurbelwelle) • thrust bearing

Führungslager n <masch> • guide bearing

Führungslager n <rls> • pipe alignment guide

Führungslager n <wz.masch> • arbor support; arbor yoke

Führungslamelle f <textil> • air confuser; confuser guide

Führungsleiste f <bau> (Schiebefenster vertik. od. horiz.) • bead; bead stop; stop; window stop; stop bead

Führungsleiste f <förd> (Tragkettenführer) • chain support strip

Führungsleiste f <mus> • register; comb[-register]; guide [rail]; lead; bridge

Führungsleiste f <nfz> (Raupenkette) • track skid

Führungsleiste f <prod> • guide fillet

Führungsleiste f <prod> (Tieflochbohren) • rubbing pad; bearing pad

Führungsleiste f <prod> (Spitzenlosschleifen) • work guide; work plate

Führungsleiste f <wz.masch> (Tieflochbohren) • bearing pad

Führungsleiste f <wz.masch> • gib

Führungslineal n <masch> • fence

Führungslineal n <prod> • guide plate; guide rule

Führungsloch n <tech.allg> (Werkstück, Film, Lochstreifen) • sprocket hole; feed hole; guide hole

Führungsloch n <druck> • paper sprocket hole

Führungsloch n <kfz> (in Rädern, Felgen; für den Führungsstift) • pilot hole

Führungsmarke f <büro> • guide mark

Führungsmarke f <büro> (allg.; z. B. auf Kopiergerät) • guide mark

Führungsmast m <bau> • guide mast

Führungsmuffe f <kfz.antr> (Getriebesynchronisierung) • synchronizer hub; synchro hub

Führungsmuffe f <masch> • guide sleeve

Führungsnippel m <el> • polarizing key

Führungsphase f <masch> • leading phase

Führungsplatte f <agri> (Mähmaschine) • mower-sickle clip; wear plate

Führungsplatte f <masch> • guide; guide plate

Führungsplatte f <prod> • knife guide

Führungsplatte f <prod> (z. B. Schneidwerkzeuge) • stripper

Führungsprismen npl <wz> • prismatic slides

Führungsrad n <masch> • guiding wheel

Führungsrand m <büro> (z. B. Kopierer) • guide edge

Führungsregelung f <msr> • pilot control

Führungsregler m <msr> • master controller

Führungsrille f <edv/av> • pregroove; groove

Führungsrille f <masch> • guide groove

Führungsring m <tech.allg> (z. B. Wälzlager) • guide ring

Führungsrohr n <rls> • lagging shroud

Führungsrohr n <wz> • stem

Führungsrolle f <av> • tape guide [roller]; guide roller

Führungsrolle f <förd> (Seilbahn) • wire transmission pulley

Führungsrolle f <fz> (Fahrradkettenschaltung) • jockey wheel; jockey roller ISO 8090; guide pulley; jockey pulley

Führungsrolle f <logist> (RFZ) • guide wheel; guide roller

Führungsrolle f <masch> • contact roller; pad roller

Führungsrolle f <förd> • guide roller

Führungsrolleneinheit f <edv> • pressure rollers

Führungssäule f <kst> (Spritzgießmaschine; zur Führung der Werkzeughälften) • guide pin; guide rod

Führungssäule f <wz.masch> • guide bar; guide post; guide rod

Führungsschaft m <masch> • guide

Führungsschar f :V <agri> (Pflug) • landside share

Führungsscheibchen n <druck> (z. B. Kopiergerät) • guiding disk

Führungsschiene f <tech.allg> (betont: Winkeleisen) • guide angle

Führungsschiene f <aerospace> (auf Raketenabschussrampe) • rocket rail; launcher rail

Führungsschiene f <druck> (Belichtungsoptik [Außentrommel]) • lead guide

Führungsschiene f <förd> (z. B. Flurförderer) • guide rail

Führungsschiene f <kfz> • guide rail

Führungsschiene f <kfz.mot> (der Steuerkette) • cam chain guide; guide rail

Führungsschiene f <logist> (Durchlauflager) • guide

Führungsschiene f <logist> (RFZ) • guide track; guide rail; support rail

Führungsschiene f <masch> (Werft) • launcher rail

Führungsschiene f <masch> • slide rail

Führungsschiene f <masch> (Anlagenteil) • guide; guide track

Führungsschiene f <prod> • beam

Führungsschiene f <wz.masch> (Spitzenlosschleifen) • support blade

Führungsschlitten m <masch> • guide block

Führungsschloss[teil] n <textil> (Strickmaschine) • filling-in cam

Führungsschnitt m <prod> • subpress die

Führungssegment n <masch> • cradle member

Führungsseil n <förd> • guide rope

Führungssignal n <allg> • command signal pf liste

Führungsspur f <av> (Magnetband) • feed track

Führungsstange f <masch> • guide bar; motion bar; guide rod

Führungsstange f <masch> (Kolben) • tail rod

Führungsstein m <masch> (Getriebe) • slide block

Führungssteuerung f <autom> • command variable control

Führungsstich m <prod> • leader pass

Führungsstift m <edv> (Einfädelhilfe für DLT-Bänder) • drive leader mushroom

Führungsstift m rar <kst> (Spritzgießmaschine; zur Führung der Werkzeughälften) • guide pin; guide rod

Führungsstift m <masch> (allg. zur Lagefixierung; z. B. zwischen Motorblock und Zylinderkopf) • index pin US; pilot pin; locating dowel; guide pin; alignment plug rare

Führungsstück n <masch> • guide piece

Führungsstück n <prod> (Räumwerkzeug) • alignment section; pilot segment

Führungsstück n <theat> • lead carrier

Führungssystem n <logist> (HRL) • vehicle guidance

Führungswalze f <led> (Spaltmaschine) • pulley wheel

Führungswalze f <masch> • guide roller; guide roll

Führungszapfen m <masch> (Lagerung) • end journal

Führungszapfen m <masch> • pilot pin; guide

Führungszapfen m DIN ISO 5419 <wz> (Spiralbohrer) • pilot ISO 5419

Fuel m <kfz> (Nitromethan für Dragsterrennen) • fuel

Füllanlage f <nahr> (Wein) • filling line; bottling line

Füllappretur f <textil> • backfilling finish

Füllbefehl m <edv> • dummy instruction

Füllbeton m <bau.mat> (z. B. Magerbeton) • backfill concrete

Füllbildmethode f <kst> • mold filling simulation

Füllbit n <druck> • justification bit

Füllbohrung f <kfz.brems> *(Axialbohrung im Druckstangenkolben)* • bleeder hole; compensating hole *rare*
Füllbohrung f <kfz.mot> • inlet bore
Füllbunker m <verf> • charging bin
Fülldraht m <el> • filler wire
Fülldraht m <füg> *(Schweißen)* • flux-cored wire; cored wire
Fülldraht m rar <füg> *(Schweißen)* • filler wire
Fülldrahtelektrode f <füg> • flux-cored welding electrode; flux-cored electrode
Fülle f <chem.petr> • bulk
Fülle f <nahr> *(z. B. von Wein, Speiseeis)* • body
Füllelement n <el> *(für die Nassbatterie)* • wet cell
füllen vr <kfz> *(Airbag)* • inflate *vi*
füllen vt <edv> *(Speicher mit Daten)* • load *vt*
füllen vt <edv> *(Grafikflächen)* • fill *vt*
füllen vt <logist> *(Trichter, Silo, Bunker)* • fill *vt*
füllen vt <masch> *(vor dem Betrieb; z. B. Pumpe)* • prime *vt*
füllen vt <obfl> *(Lack; mit Pigmenten)* • pigment *vt*
füllen vt <pack> *(Behälter; z. B. Flaschen, Dosen, Kartons)* • fill *vt*
füllen vt <pap> • weight *vt*
Füller m • filling machine
Füller m <bau.mat> • filler
Füller m <büro> • fountain pen
Füller m <mat> *(Zusatzwerkstoff)* • filler
Füller m <obfl> *(ohne Primerfunktion)* • filler; body filler
Füller m <obfl> *(mit Primerfunktion)* • primer surfacer; filler; body filler; surfacer primer
Füller m <obfl> *(Schicht; ohne Primer-Eigenschaften)* • filler coat; filler
Füller m <obfl> *(Schicht; mit Primer-Eigenschaften)* • filler coat; primer filler; surface [primer] coat; self-filling primer
Füller m prakt <obfl.holz> *(für Holz)* • wood filler; pore filler; filler *pract*
Füller m ugs <pack> *(für Flaschen, Dosen, Kartons; z. B. Getränke, Speiseeis)* • filling machine; filler *pract*
Füllerauftrag m <obfl> *(allg.)* • filler application; primer application; surfacer primer application; surfacer application
Füllerkeil m <druck> • transfer wedge
Füllerlackieren n <obfl> *(allg.)* • filler application; primer application; surfacer primer application; surfacer application
Füllerlackschicht f <obfl> *(Schicht; ohne Primer-Eigenschaften)* • filler coat; filler
Füllerlackschicht f <obfl> *(Schicht; mit Primer-Eigenschaften)* • filler coat; primer filler; surface [primer] coat; self-filling primer
Füllerspritzen n <obfl> • filler spraying
Füllertrocknen n <obfl> • filler drying
Füllertrockner m <obfl> • filler oven
Füllerung f <bau> *(des Bindemittels)* • fillerization
Füllfaden m <textil> • wadding thread
Füllfaktor m <el> • filling factor
Füllfaktor m <el> *(Nutzquerschnitt zu Gesamtquerschnitt)* • cable fill factor
Füllfaktor m (FF) <energ.sol> • fill factor (FF); curve factor CF
Füllfaktor m <logist> *(Maß für Raumausnutzung)* • bulk factor
Füllfederhalter m <büro> • fountain pen
füllfertig <nahr> *(für Flaschenabfüllung; z. B. Wein)* • ready for bottling
füllfertig <nahr> *(z. B. Wein)* • bottling readiness; ready for bottling; bottle ripe *rare*
Füllfestigkeit f <pap> • containability strength
Füllgas n <licht> • filling gas
Füllgerbung f <led> • plumping tannage

Füllgitter n *(Strömungsmaschine)* • blade grid
Füllgrad m • fullness
Füllgrad m <av> *(Schallplatte)* • groove spacing
Füllgrund m <obfl> *(Schicht; ohne Primer-Eigenschaften)* • filler coat; filler
Füllgrund m <obfl> *(Schicht; mit Primer-Eigenschaften)* • filler coat; primer filler; surface [primer] coat; self-filling primer
Füllgrundieren n <obfl> *(allg.)* • filler application; primer application; surfacer primer application; surfacer application
Füllgut, fest und flüssig <mat> • solids and liquids
Füllgut n <tech.allg> • product
Füllgut n <obfl> *(beim Sherardisieren u. mechanischen Plattieren)* • objects to be treated
Füllgutoberfläche f <tech.allg> • product surface
Füllguttemperatur f <allg> • material temperature
Füllhahn m <rls> • feed cock
Füllhalterdosimeter n <nukl> • pen-type pocket dosemeter; pen-type dosemeter; pen dosemeter
Füllhaltermikrofon n <av> • pencil microphone
Füllhöhe f <tech.allg> • filling level
Füllhöhe f <förd> • fill height
Füllhöhenmessung f <msr> • filling-level measurement
Füllholz n <bau> • packing piece; filler *pract*
Füllkammer f <pap> • stock container
Füllkasten m <masch> • hopper
Füllkette f <textil> • wadding warp
Füllkitt m <obfl> • stopping compound
Füllklappe f <tech.allg> *(z. B. Behälter, Container, Fülltrichter, Silo)* • charging door
Füllkörper m <bau> *(zum Ausgießen mit Beton)* • hollow block; hollow building block; cavity block
Füllkörper m <bau.mat> • infill block; filler block
Füllkörper m <verf> *(z. B. in Ionenaustauscher)* • packing material; packing
Füllkörper m <verf> *(Kühlturm)* • filling US; packing GB; fill US
Füllkörper mpl <ents> • packings; packing material; fillers
Füllkörper mpl <verf> *(Filterschüttung, Raschigringe u. dgl.)* • aggregate bed; packed bed; packing
Füllkörperdecke f <bau> • filler concrete slab
Füllkörperhöhe f <chem.verf> *(Destillation)* • packed height
Füllkörperkolonne f <chem.verf> • packed column; packed scrubber; packed bed scrubber
Füllkörperschüttung f <ents> • packed bed
Füllkörperwäscher m <chem.verf> • packed column; packed bed scrubber
Füllkokseinsatz m <metall> • bed coke charge
Füllkopf m <prod> • filling head; filler head
Füllkraft f <obfl> • build; body
Füllleitung f <tech.allg> *(für Druckluft)* • air-supply line
Füllluftmesser m <msr> • air-inflation indicator
Füllmagazin n <textil> • battery
Füllmaschine f DIN 8740-2 <pack> *(für Flaschen, Dosen, Kartons; z. B. Getränke, Speiseeis)* • filling machine; filler *pract*
Füllmaschine für Becher f <prod.nahr> *(z. B. für Eiscreme)* • cup filler; tub filler
Füllmasse f <mat> • fill mass; filling compound; filler
Füllmasse f <nahr> • massecuite
Füllmasse f <prod> *(z. B. Spritzgießen)* • shot weight
Füllmaterial n <bau> *(Erdbau)* • borrow material
Füllmaterial n <bau> *(z. B. für Hohlräume)* • packing material; packing *pract*
Füllmaterial n <druck> • blanks
Füllmaterial n <druck> *(für Abstände, Freiflächen)* • spacing material

Füllmaterial n <lwl> • filling compound
Füllmaterial n <mat> *(Zusatzwerkstoff)* • filler
Füllmaterial n <textil> *(Wattierung)* • wadding
Füllmeldung f <allg> • full indication; level indicator
Füllmenge f <bau> *(Betonmischer)* • unmixed batch capacity
Füllmenge f <logist> *(z. B. Behälter, Dose, Kiste)* • capacity; filling volume
Füllmenge f <mil> *(Gasbehälter)* • maximum amount of gas to be filled
Füllmenge f <verf> *(z. B. Kunststoff-Spritzguss,Gießerei)* • shot
Füllmengen fpl <kfz.doku> *(Überschrift in Handbuch)* • fluid capacities *pl*; fluid data *rare*
Füllmischung f <el> *(von Kabeln)* • filler insulation; cable filler; filler *pract*
Füllmittel n <obfl.holz> *(für Holz)* • wood filler; pore filler; filler *pract*
Füllmundstück n <prod> • filling nozzle
Füllnut f *DIN ISO 5593* <masch> *(Wälzlager)* • filling slot *ISO 5593*; loading slot
Füllöffnung f <tech.allg> *(z. B. Container, Silo)* • charging hole; filling hole
Füllort n <tech.allg> • filling station
Füllort n <min> • shaft bottom; pit bottom
Füllplatte f <kst.prod> • transfer chamber retainer plate
Füllprimer m *prakt* <obfl> *(Schicht; mit Primer-Eigenschaften)* • filler coat; primer filler; surface [primer] coat; self-filling primer
Füllprogramm n <edv> • gap filling program
Füllpulver n <kfz.rep> *(Polyesterharz)* • filler powder
Füllpumpe f <förd> • feeding pump; feed pump; input pump; loading pump
Füllpumpe f <verf> • filling pump
Füllrahmen m <prod> *(Gießerei)* • sand filling frame; sand frame
Füllraum m <kst> • loading chamber; transfer chamber; pot
Füllrohr n <verf> • charging pipe; filling pipe
Füllsand m <bau.mat> • filler sand; packing sand
Füllschachtfeuerung f <verf> • continuous charge furnace; self-feeding furnace
Füllscheibe f <kfz.brems> *(zwischen Druckstangenkolben und Primärmanschette)* • filter disc; protector washer
Füllscheibe f <kfz.mot> *(im Zweitakter-Kurbelgehäuse)* • padding disc
Füllschicht f <obfl> *(Schicht; ohne Primer-Eigenschaften)* • filler coat; filler
Füllschicht f <obfl> *(Schicht; mit Primer-Eigenschaften)* • filler coat; primer filler; surface [primer] coat; self-filling primer
Füllschlauch m • filling hose
Füllschuss m <textil> • wadding weft; backfilling
Füllspachtel m <obfl> • polyester filler; body filler *coll*; plastic filler; resin filler
Füllspant n <nav> • filling frame; filling timber
Füllstab m <bau> *(Fachwerk (Vertikalstab, unbelastet), Stahlbau)* • column
Füllstand m <tech.allg> • level
Füllstand m <logist> *(Füllhöhe)* • fill height
Füllstand m <logist> *(Füllungsgrad)* • filling level
Füllstanddaten pl n <msr> • level data
Füllstand-Messgerät n <msr> • measurement instrumentation
Füllstandmessgerät n <msr> • level transmitter
Füllstandsanzeige f <msr> *(Funktion; mit Skala, Schauglas etc.)* • level indication
Füllstandsanzeiger m <msr> *(Hardware; z. B. Rohr mit Schauglas und Skala)* • level indicator; indicating level meter; level meter

Füllstandsdaten pl n <msr> • level data
Füllstandskontrolle f <verf.msr> • level control
Füllstandsmeldung f <msr> • level indication
Füllstandsmesser m <msr> *(allg.; z. B. Peilstab, Messlatte im Duck'schen Geldspeicher)* • level gauge; level meter
Füllstandsmesser m <msr> *(nur für Flüssigkeiten; mit Anzeigeskala)* • liquid level meter
Füllstandsmesstechnik f <msr> • level measurement instrumentation
Füllstandsmessung f <msr> *(allg.; auch für Schüttgut wie z. B. Sand)* • level measurement
Füllstandsmessung f <msr> *(nur für Flüssigkeiten)* • liquid level measurement
Füllstandsproportional <msr> • level proportional
Füllstandsregelung f <msr> *(allg.; auch Schüttgut wie z. B. Sand)* • filling level control; level control
Füllstandsregelung f <msr> *(nur für Flüssigkeiten)* • liquid level control
Füllstandsregler m <msr> • level controller
Füllstandssensor m <msr> • level sensor; level transducer; fill level sensor
Füllstandssonde f <msr> • level probe
Füllstandstechnik f <msr> *(nur für Flüssigkeiten)* • liquid level monitoring
Füllstands-Überwachung f <msr> *(Vorgang, Funktion)* • level monitoring
Füllstandsüberwachung f <verf.msr> • level control
Füllstandswächter m <msr> • level monitor
Füllstation f *prakt* <pack> *(für Flaschen, Dosen, Kartons; z. B. Getränke, Speiseeis)* • filling machine; filler *pract*
Füllstein m <bau.mat> • filling brick
Füllstoff m <tech.allg> *(jedes Material)* • filler; fill
Füllstoff m <kst> *(allg., zur Modifizierung der Eigenschaften; z. B. in Reifengummi)* • filler
Füllstoff m <kst> *(zur Verstärkung)* • reinforcing filler
Füllstoff m <mat> • bulking material; bulking agent; backup material
Füllstoff m <mat> *(zur Senkung des Preises; nicht aktiv; z. B. in Kunststoff)* • cheapener
Füllstoff m <mat> *(z. B. in Kunststoff; aktiv)* • pigment
Füllstoff m <mat.obfl> *(Streckmittel in Farben)* • extender pigment; paint extender; inert pigment; extender
Füllstoff m *DIN 55625* <obfl> *(in Lacken, Farben)* • extender *US*; filler; inert
Füllstoff m <obfl.holz> *(für Holz)* • wood filler; pore filler; filler *pract*
Füllstoff m <pap> *(zur Verbesserung der Papiereigenschaften; i.d.R. Mineralstoffe)* • filler; loading; loading agent; filling agent; filling material
Füllstoffe fpl <nahr> *(Speiseeis)* • bulking agents
füllstofffrei <kst> • non-pigmented
füllstofffrei <mat> *(z. B. Kunststoff)* • filler-free; unfilled
Füllstoffnester npl <kst> • filler specks
Füllstoß m <bahn> *(beim Bremsen)* • filling stroke
Füllstoffdosierung f <kst> • pigment loading
Füllstück n <kfz.brems> *(für Topfmanschetten in Radzylinder)* • expander
Füllstutzen m <tech.allg> • filler cap; filler neck
Fülltablett n <prod> *(z. B. für Backgut)* • charging tray; loading tray
Fülltrichter m <nahr> *(zum Füllen von Fässern)* • cask filler
Fülltrichter m <nfz> *(Betonmischer)* • feed hopper
Fülltrichter m <prod.nahr> *(groß; auf Maschine)* • hopper; filling hopper; filler hopper; feeding hopper
Fülltrichter m *prakt* <verf> *(sehr groß; für Prozessmaterial; z. B. für Zuschläge, Kohle, Müll)* • feed hopper; charging hopper; input hopper; hopper *pract*

Fülltrichter m <verf> (handlich, klein bis winzig) • filling funnel; funnel

Fülltrichterzuführer m <kst> • hopper feeder

Füll- und Entlüftergerät n <brems.wz> • brake bleeder

Füll- und Lösestellung f <bahn> • release position

Füllung f <tech.allg> (Vorgang) • filling

Füllung f <bau> (z. B. Tür) • panel

Füllung f <bau> (Türblatt) • panel

Füllung f <kfz.mot> (mit Kraftstoff/Luft-Gemisch) • charge

Füllung f <kst> (Füllstoffe) • pigment loading

Füllung f <logist> (Material) • fill

Füllung f <logist> • load

Füllung f <metall> (z. B. einer Gussform) • shot

Füllung f <metall> • charge

Füllung f <nahr> (z. B. Weihnachtsgans) • stuffing

Füllung f <prod> (Vorgang) • charging; feeding; loading

Füllung f <textil> (Wattierung) • wadding

Füllung f <verf> (z. B. Betonmischer) • batch

Füllung f <verf> (Zuführung von Material für einen Prozess) • feed

Füllungs-, restaurative und Befestigungswerkstoffe aus Kunststoff mpl DIN EN ISO 4049 <med.tech> • polymer-based filling, restorative and luting materials DIN EN ISO 4049

Füllungsänderung f <masch> (Kolbenverdichter) • variation of admission; variation of cut-off

Füllungsgrad m <tech.allg> • fill factor

Füllungsgrad m <kfz.mot> (Verhältnis angesaugter zu theoret. möglicher Frischluftmasse) • volumetric efficiency

Füllungsgrad m <logist> (Lagersystem) • effective use of installation capacity

Füllungsgrad m <masch> (z. B. Pumpe, Turbine, Verdichter) • volumetric efficiency

Füllungsgrad m <therm> • degree of admission; degree of filling

Füllungsgrad des Filzes m <pap> • degree of filling of the felt

Füllungsraum m <turb> • admission space

Füllungsstab m <bau> • internal member; web member

Füllungsvergrößerung f <mot> • increase of admission

Füllungsverkleinerung f <mot> • reduction of admission

Füllungsverluste mpl <kfz.mot> • charge losses pl

Füllvorgang m <tech.allg> • refill operation; filling operation

Füllvorgang m <mil> • filling procedure

Füllwagen m <metall> • charging car

Füllwein m <nahr> • topping-up wine; wine for topping up

Füllwerk n <verf> (z. B. für Acetylenflaschen (zum Schweißen)) • recharging plant

Füllwort n <tele> • stuffing word

Füllzeichen n <edv> • nil

Füllzeichen n norm <edv.allg> • filler character stand; pad character stand; fill character; filler

Füllzeit f DIN 4048-2 <energ.hydr> (Zeitspanne für das Füllen eines Speichers) • filling time

Füllziffer f <edv> • gap digit

Füllzylinder m <kst.prod> • transfer chamber; transfer well; pot

fündig <min> • rich; yielding

fündige Bohrung f <petr> • discovery well

Fünfadressbefehl m <edv> • five-address instruction

fünfdimensional <phys> • five-dimensional

Fünfer m ugs <kfz> • BMW 5 Series; 5 Series [BMW] pract

Fünferalphabet n <tele> • five-unit alphabet; five-unit code pract

fünffach gelagert <kfz.mot> (Kurbelwelle) • supported by/in five bearings

fünfflügeliger Propeller m <fz> (Flugzeug, Schiff) • five-bladed propeller

Fünfgangautomat m prakt.ugs <kfz.antr> • five-speed automatic transmission

Fünfgang-Automatik f prakt <kfz.antr> (Getriebevollautomat) • 5-speed automatic transmission US/GB; five-speed auto transmission US/GB.pract; automatic gearbox with five speeds GB.rare; 5-speed auto trans US.coll; 5-speed auto box GB.coll

Fünfgang-Automatikgetriebe n <kfz.antr> • five-speed automatic transmission

Fünfganggetriebe n <kfz.antr> • five-speed transmission; five-speed gearbox GB; five-speed drive

Fünfgang-Schaltgetriebe n <kfz.antr> • five-speed manual transmission; five-speed manual gearbox GB

Fünfgelenk-Hinterachse f <kfz> (Fahrwerk) • five-link rear suspension

fünfgliedrig <tech.allg> • five-membered

fünfgliedrig <mech> (Kinematik) • five-bar

Fünfkanalkode m <edv> • five-channel code

Fünfkant m <füg> (Antrieb) • pentagon

Fünfkantmutter f DIN ISO 1891 <füg> • pentagon nut

Fünfkantrevolverkopf m <wz.masch> • five-sided turret; pentagonal turret

Fünflagenzuordnung f <tech.allg> • five-point approximation

Fünfleitersystem n <el> • five-wire system

Fünflenker-Hinterachse f <kfz> (Fahrwerk) • five-link rear suspension

Fünflochmatrize f <wz> • five-hole punching die

Fünfring m <chem> • five-membered ring

Fünfschichtdiode f <el> • synistor; biswitch diode

Fünfspindelautomat m <wz.masch> • five-spindle automatic

fünfspindelige Schraubenspindelpumpe f <förd> • five-screw pump; five-spindle screw pump

Fünfspindelpumpe f <förd> • five-screw pump; five-spindle screw pump

fünfspurig <edv> • five-channel

fünfstellig <math> • five-figure; five-digit; five-place

Fünfstiftsockel m <el> • five-pin base

Fünfstofflegierung f <mat> • quinary alloy

Fünfstufengetriebe n <kfz.antr> • five-speed automatic transmission

Fünftastengeber m <tele> • five-key transmitter

fünfter Gang m <kfz.antr> • fifth gear

Fünftürer m prakt.ugs <kfz> • four-door hatchback; four-door hatch

fünftürig <kfz> (Karosserieausführung) • five-door …; 5-door

fünftürige Limousine f <kfz> • four-door hatchback; four-door hatch

Fünfventiler m <kfz.mot> • five-valve engine; five-valver

Fünfventil-Kopf m <kfz.mot> • five-valve head

fünfwertig <chem> • pentavalent; quinquevalent rar

Fünfwertigkeit f <chem> • pentavalence; quinquevalence rar

Fünfzylinder m ugs <kfz.mot> • five-cylinder engine

Fünfzylindermotor m <kfz.mot> • five-cylinder engine

für Netzwerkverkehr <edv> • for traffic

für sich alleine verwendbare Baugruppe f <allg> • self-contained component

Füßchen n <el> (Röhre) • pinch

Füßchen n <textil> (Nähmaschine) • presser foot

füttern vt <bekl> (wattieren) • stuff vt

füttern vt <textil> (mit Futterstoff, z. B. Futtersatin) • line vt

füttern vt <textil> (auch polstern) • quilt vt

Fütterungsversuch m <agri> • feeding test

Fugazität f <chem> (z. B. von Lösemitteln) • volatility; fugacity

Fugazitätskoeffizient m <chem> • fugacity coefficient

Fuge f <tech.allg> *(lange, schmale Vertiefung in Bauteil, z. B. Brett)* • groove

Fuge f <tech.allg> *(beabsichtigter und toleranzbedingter Raum zw. Bauteilen)* • gap

Fuge f <tech.allg> *(schmaler Raum zw. Bauteilen od. Gegenständen; z. B. zw. Zaunlatten)* • interstice

Fuge f <tech.allg> *(Mauer, Brücke, Schweißverbindung)* • joint

Fuge mit Versatz f <bau> • keyed joint

fugen <bau> • fill up joints

fugen vi <bau> • fill up masonry joints vi; fill up joints vi; joint vt

Fugenabdeckung f <bau> • cover strip; cover fillet

Fugenabdichtung f <bau> *(Vorgang)* • joint sealing

Fugenabdichtung f <bau> *(Ergebnis, Material)* • joint seal

Fugenanordnung f <bau> • jointing pattern; joint arrangement

Fugenausbildung f <bau> • joint finishing

Fugenausbildung f <prod> *(z. B. Schweißfuge)* • groove configuration

Fugenbearbeitung f <bau> • jointing

Fugenbeton m <bau.mat> • joint concrete

Fugenbewehrung f <bau> • tie bar

Fugenbreite f <bau> • joint width

Fugenbreite f ugs <prod> *(von Nähten; z. B. zwischen Karosserieteilen)* • gap width

Fugendeckstreifen m <bau> • joint tape; reinforcing tape

Fugendichtung f <bau> *(verpresst)* • joint packing

Fugendichtungsmasse f <bau.mat> • joint sealing compound; caulking

Fugendurchlässigkeit f <bau> *(in Bezug auf Luft)* • joint impermeability; air permeability

Fugendurchlasskoeffizient m <bau> • air leakage rate; A-value :Roto

Fugeneinlage f <bau> • joint sealing strip; joint lining

Fugenflanke f <tech.allg> *(einer Fuge, Nut o.ä.)* • groove face

Fugenflanke f <bau> *(Fensterbau)* • side of rabbet :V; side of rebate

Fugenflanke f <füg> *(Schweißfuge)* • joint face

Fugenfüllen n <bau.innen> • joint filling; first finish coat; bed coat

Fugenfüller m <bau.mat> • joint compound; jointing compound

Fugenfüllmaschine f <bau.masch> • joint sealing machine

Fugenhobeln n <prod> • gouging

Fugenhobler m <wz> • gouging blowpipe; gouging torch

Fugen in Betondecken fpl <bau> • joints in concrete pavement

Fugenkante f <tech.allg> • groove edge

Fugenkelle f <bau> • filling trowel; pointing trowel

Fugenkitt m <füg> • joint cement

Fugenklemmprofil n <bau.mat> • molded joint sealing strip

Fugenlänge f <tech.allg> *(z. B. Schweißverbindung)* • groove length

Fugenleiste f <bau> • cover strip; cover fillet

Fugenlöten n <füg> • braze welding

fugenlos <bau> • jointless

fugenloser Fußbodenbelag m <bau> • composition flooring

Fugenlüftung f <bau> • gap ventilation; gap vent

Fugenmasse f <bau.mat> • joint compound; jointing compound

Fugenmörtel m <bau.mat> • joint mortar

Fugennaht f <füg> • groove weld

Fugenpresse f <bau.wz> • caulking tool; caulker

Fugenpressung f <masch> *(Pressverbindung)* • radial pressure between hub and shaft; radial pressure

Fugensäge f <bau.wz> *(Herstellen von Trennfugen im Beton)* • concrete saw

Fugensäge f <wz> • joint cutter

Fugenschnitt m <bau> • jointing pattern; joint arrangement

Fugenstreifen m <bau> • joint sealing strip; joint lining

Fugenundichtheit f <tech.allg> • joint leakage; joint leakiness

Fugenverfärbung f :V <bau.innen> • bleeding; shadowing; photographing

Fugenvergießmaschine f <bau.masch> • joint sealing machine

Fugenverguss m <bau> *(Vorgang)* • joint sealing .

Fugenverguss m <bau> *(Ergebnis, Material)* • joint seal

Fugenvergussmasse f <bau.mat> • joint sealing compound; joint sealer

Fugenversprung m <bau> • mismatched joint

Fugenvorbereitung f <füg> *(vor dem Schweißen)* • groove preparation; grooving; plate-edge preparation

Fugenwandung f <füg> *(Schweißfuge)* • joint face

Fugenwinkel m <füg> *(Schweißfuge)* • groove angle

Fuhrpark m <nfz> • fleet; fleet of vehicles; car stock rare

Fuhrwerkswaage f <msr> • weighbridge

Fulchronograph m <el> *(Blitzstrommessung)* • fulchronograph

Fulgurit m <geo> *(Einschlagröhre in Sandboden)* • fulgurite

Fullererde f <chem> *(Bleicherde)* • fuller's earth

Fuller-Mühle f <verf> *(Kugelringmühle)* • Fuller mill

Full-Hole Gestängeverbinder m <petr> • full-hole tool joint; FH tool joint

Full Motion Video Cartridge f Philips <av> • Full Motion Video Cartridge Philips

Full-Range-AF m <av> • full range auto focus; full range AF

Full-Range-Autofokus m <av> • full range auto focus; full range AF

Fullrange-Lautsprecher m <av> • broadband loudspeaker; full range loudspeaker

Full-Service Werbeagentur f <werb> • full-service advertising agency; advertising agency

Full-Stroke-Positionierzeit f <edv> • full stroke seek time

Full-Stroke-Zeit f <edv> • full stroke seek time

Fundament n <tech.allg> *(betont: tragende Unterstruktur)* • substructure; underbase rare

Fundament n <bau> *(Teil des Fundaments, der direkt auf der Erde steht)* • footing

Fundament n <bau> *(Gebäude allg.; eher bei Hochbau)* • foundation; base

Fundament n <bau> *(eher bei Tiefbau und tiefgegründeten Bauwerken)* • groundwork

Fundament n <masch> *(z. B. von Wz-Maschine)* • bed

Fundamentalfrequenz f <phys> • fundamental frequency

Fundamentalkatalog m <astron> • fundamental catalog US; fundamental catalogue GB

Fundamentalkonstanten fpl <phys> • fundamental constants

Fundamentallösung f <math> • fundamental solution

Fundamentalpunkt m <therm> • fundamental point

Fundamentalschwingung f <phys> • first harmonic; fundamental harmonic; fundamental mode; fundamental

Fundamentalserie f <phys> *(Atomspektren)* • fundamental series

Fundamentalstern m <astron> • fundamental star

Fundamentaushub m <bau> • foundation excavation

Fundamentgrube f <bau> • foundation pit

Fundamenthöhe f <bau> *(Dicke des Fundaments)*
• foundation depth
Fundamenthöhe f <bau> *(Niveau des Fundaments)*
• foundation level
Fundamentklotz m <bau> • foundation block
Fundamentkörper m <bau> • foundation structure
fundamentlose Aufstellung f <tech.allg> • foundation-less installation
Fundamentplatte f <bau> *(von Bauwerk)* • foundation slab; foundation mat; base plate
Fundamentplatte f <ents> *(Kläranlage)* • sole plate; bearing plate
Fundamentplatte f <masch> *(von Maschinen)* • base plate; bedplate
Fundamentrahmen m <förd> • base frame
Fundamentrost m <bau> • grillage foundation
Fundamentschraube f *DIN ISO 1891* <füg> *(für Beton, Stein etc.; div. Formen)* • foundation bolt
Fundamentsenkung f <bau> • foundation settlement; foundation settling
Fundamentsohle f <bau> *(Niveau des Erdbodens unter dem Fundament)* • final grade; formation level; foundation base
Fundamentträger m <bau> • foundation girder
Fundamentzahnstange f <druck> • bed rack
Fundbohrung f <petr> • discovery well
Fund ergiebiger Lagerstätte m <min> • strike
Fundort m <präp> • locality
Fundstelle f <jur> • finding place
Fundstelle f <min> • discovery locality; locality
Fungizid n <chem.agri> • fungicide
Funk m <av> • radio
Funk m <navig> • radio
funk... <msr> • radio...
Funkabkürzung f <tele> • radio abbreviation
Funkalarmanlage f <alarm> • wireless alarm system; wire-free alarm system; radio alarm system; radio-controlled alarm system
Funk-Alarmanlage f <alarm> • wireless alarm system; wire-free alarm system; radio alarm system; radio-controlled alarm system
Funk-Alarmsystem n <alarm> • wireless alarm system; wire-free alarm system; radio alarm system; radio-controlled alarm system
Funkausrüstung f <el> • radio equipment
Funkbahnverfolgung f <navig> • radiotracking
Funkbake f <navig> • radio beacon
Funkbakenempfänger m <navig> • DGPS beacon receiver (DBR); differential beacon receiver; differential GPS beacon receiver; differential signal receiver; beacon receiver *pract*
Funkbeobachtung f <mil> • radio observation
Funkbereitschaft f <tele> • radio alert
Funkbeschickung f <tele> • direction-finding correction; bearing calibration
Funkbeschickungssender m <navig> • calibration station
Funkbeschickungstabelle f <navig> • calibration chart
Funkbetrieb m <tech.allg> • radio service
Funkbild n <tele> • radiophotograph; photoradiogram; radiopicture
Funkbildübertragung f <tele> • radio picture transmission; radiophotography; facsimile
Funkboje f <navig> • radio beacon; radio buoy
Funkbrücke f <tele> • radio relay
Funk-Datenerfassung f <edv> • radio frequency data collection (RFDC)
Funk-Datenübertragung f <edv.tele> • radio frequency data transmission; RF data transmission

Funkdienst m <tele> • radio communication service; radio service
Funke m <el> • spark
Funke m *prakt* <kfz.el> *(Ottomotor)* • spark; ignition spark *form.rare*; firing spark *rare*
Funkecholot n <aerospace> • ground-clearance indicator; radio altimeter
Funkelfeuer n <navig> • scintillating light; quick-flashing light
funkeln vi <astron> *(Sterne)* • scintillate vi; twinkle vi *coll*
funkeln vi <opt> *(Lichtquelle)* • scintillate vi
funkeln vi <opt> *(fig.: Augen, Geist, Witz)* • sparkle vi
Funkelrauschen n <el> • flicker noise; l/f noise
Funkelrauschen n <el> *(Modulationsrauschen)* • excess noise
Funkempfänger m <tele> • radio receiver; radio set *pract.coll*
Funkempfang m <el> • radio reception
Funken m *ugs.rar* <kfz.el> *(Ottomotor)* • spark; ignition spark *form.rare*; firing spark *rare*
Funken n <tele> • radio transmission
funken vi <el> • arc over vi
funken vi <tele> • radiotelegraph vi; radio vi
Funkenableiter m <el> • spark arrester
Funkenabriss m <kfz.el> • spark breakaway
Funkenabschirmung f <kfz> • spark-plug shield
Funkenabtragverfahren n <prod> • spark erosion technique
Funkenanregung f <el> • spark excitation
Funkenbild n <qualit.mat> • spark picture
Funkenbildung f <kfz.el> • sparking; spark discharge
Funkenbrenndauer f <kfz.el> *(von Zündkerzen)* • spark duration
Funkenbündel n <el> • spark stream
Funkenbüschel n <el> • spark pencil
Funkendauer fsg <kfz.el> *(von Zündkerzen)* • spark duration
Funkenenergie f <kfz.el> • spark energy
Funkenentladung f <chem.verf> • arc discharge; spark discharge
Funkenentladung f <el> • spark discharge
Funkenerodiersystem n <wz.masch> • spark-erosion machine
funkenerodiert <prod> • spark-eroded
Funkenerosionsmaschine f <wz.masch> • spark-erosion machine
funkenerosiv <prod> • spark-erosive
funkenerosives Abtragen n (EDM) *VDI 3400* <prod> • electrodischarge machining (EDM)
funkenerosives Außenrundschleifen n *VDI 3400* <prod> • cylindrical grinding by electrodischarge machining
funkenerosives Bohren n *VDI 3400* <prod> • drilling by electrodischarge machining
funkenerosives Flachschleifen n *VDI 3400* <prod> • surface grinding by electrodischarge machining
funkenerosives Gravieren n *VDI 3400* <prod> • cavity sinking by electrodischarge machining
funkenerosives Schneiden mit Blatt n *VDI 3400* <prod> • cutting by electrodischarge machining with blade
funkenerosives Schneiden mit Draht n *VDI 3400* <prod> • cutting by electrodischarge machining with wire
funkenerosives Schneiden mit rotierender Scheibe n *VDI 3400* <prod> • cutting by electrodischarge machining with rotating wheel
Funkenfänger m <el> • spark arrester; spark catcher *pract.coll*
Funkenflug m <füg> *(Schweißen)* • sparking; weld-splatter and sparks

funkenfrei <el> *(Lichtbogen)* • non-arcing
funkenfrei <el> *(Funken)* • non-sparking; sparkless
funkenfreie Abschaltung *f* <el> • clean break
Funkengarbe *f* <el> • spark sheaf
Funkeninduktor *m* <el> • induction coil; spark coil
Funkenkammer *f* <el> • arc chute
Funkenkammer *f* <phys> *(Gasspurkammer)* • spark chamber
Funkenkammer *f* <verbr> *(Kupolofen)* • spark arrester
Funkenkanal *m* <kfz.el> • spark gap
Funkenkopf *m* <kfz.el> • spark head
Funkenlänge *f* <kfz.el> • spark length
Funkenlage *f* <kfz.el> • spark position
Funkenleistung *f* • discharge power
Funkenlöscher *m* <el> • spark extinguisher; spark quencher; spark absorber
Funkenlöschkondensator *m* <el> • spark-quenching capacitor
Funkenlöschkreis *m* <el> • spark quenching circuit
Funkenlöschspule *f* <el> • spark blow-out coil
Funkenlöschung *f* <el> *(Lichtbogen)* • arc quenching; arc blow-out
Funkenlöschung *f* <el> • spark quenching
Funkenprüfung *f* <qualit.mat> • spark test
Funkenschlagweite *f* <el> • sparking distance; striking distance
Funkenschreiber *m* <msr> • spark recorder
Funkenschwanz *m* <kfz.el> • spark tail
Funkensender *m* <el> • spark transmitter
Funkenspannung *f* <el> • discharge voltage; sparking voltage
Funkenspannung *f norm* <kfz.el> • spark voltage *stand*
Funkenspektrallinie *f* <phys> • spark line
Funkenspektrum *n* <phys> • spark spectrum
Funken sprühen *vi* <tech.allg> • scintillate *vi*; emit sparks *vi*
Funkenstrecke *f* <el> • spark gap; discharge gap
Funkenstrecke *f* <kfz.el> • spark gap
Funkenstreckenblitzableiter *m* <el> • air-gap protector
Funkenstreckensender *m* <el> • spark-gap oscillator
Funkenstreckenüberschlag *m* <el> • spark-gap flash-over
Funkenstrom *m* <el> • discharge current
Funkenstrom *m* <kfz.el> • spark current
Funkentfernungsmesser *m* <msr> • radio range finder
Funkentfernungsmessung *f* <msr> • radio range finding
Funkentstörkondensator *m* <el> • noise-suppression capacitor; uppression capacitor
Funkentstörsatz *m* <el> • radio-interference suppressor
Funkentstörung *f* <av> *(Interferenz)* • radio interference elimination
Funkentstörung *f* <tele> • radio noise suppression; noise suppression
Funkenüberschlag *m* <el> *(Lichtbogenbildung)* • arcing; flash-over; spark-over; spark arc-over
Funkenvoreilwinkel *m* <kfz.el> • spark advance
Funkenzähler *m* <nukl> • spark counter
Funkenzahl *f* <kfz.el> • sparking rate
Funkenziehen *n* <füg> *(Schweißen)* • spark drawing; spark striking
Funkenzündung *f* <kfz.el> • spark ignition
Funkenzündung *f* <kfz.el> *(Ottomotor)* • spark ignition; externally supplied ignition; applied ignition; external ignition
Funkerfassung *f* <navig> • radio detection
Funkfahrbetrieb *m* (FFB) <bahn> • radio-controlled train operations (RCTO)
Funkfehlweisung *f* <tele> • direction-finding error; bearing error

Funkfeinhöhenanzeiger *m* <aerospace> • terrain clearance indicator
Funkfeld *n* <tele> • radio hop
Funk-Fernbedienung *f* <kfz> *(z. B. Garagentor, Alarmanlage etc.)* • radio remote control
funkferngesteuert <tech.allg> • radio-controlled
funkferngesteuertes Regaletikett *n* <werb> • radio-controlled shelf price display
Funkfernlenkanlage *f* <tech.allg> *(Modellbau)* • radio command system
Funkfernmessdaten *pl* <msr> • radiotelemetered data; telemetered data
Funkfernmessung *f* <msr> • radiotelemetry
Funkfernnavigationsverfahren *n* <navig> • long-range navigation system
Funkfernschreiber *m* <tele> • radio teleprinter; radio teletypewriter
Funkfernsteuerung *f* <tech.allg> *(z. B. im Modellbau)* • radio control
Funkfernsteuerung *f* <tech.allg> • radio remote control
Funkfeststation *f* <tele> *(einer Funkzelle)* • Base Transceiver Station (BTS)
Funkfeuer *n* <navig> • radio beacon; beacon station; beacon; beacon transmitter; beacon carrier
Funkfeuerkennung *f* <aerospace> • radio beacon identification
Funkfilter *m* <msr> • radio filter
Funkfrequenz *f* <phys> • radio frequency (RF)
Funkführung *f* <aerospace> • radio guidance
Funkgerät *n* <tele> • radio; radio set
Funkgerät *n* <tele> *(klein, handlich)* • walkie-talkie; radio transceiver
Funkgespräch *n* <tele> • radio call
Funkhöhenmesser *m* <aerospace> • capacitance altimeter; radioaltimeter
Funkkanal *m* <tele> • radio channel
Funkkompass *m* <aerospace> • radio compass
Funkkompassanzeige *f* (RMI) <navig> • radio magnetic indicator (RMI)
Funkkontrolle *f* <tele> • band watching
Funkkonzentrator *m obs* <tele> *(einer Funkzelle)* • Base Transceiver Station (BTS)
Funkkurspeilung *f* <navig> • radio position-line determination
Funklandegerät *n* <aerospace> • radio landing equipment
Funkleitstrahl *m* <navig> • radio beam; localizer beam
Funklenkung *f* <aerospace> • radio guidance
Funkmeldung *f* <tele> • radio message
Funknavigation *f* <navig> • radionavigation
Funknavigationssystem *n* <navig> • radionavigation system
Funknetz *n* <tele> • radio network
Funknotruf *m* <alarm> • radio emergency call; radio distress call; SOS call
Funkortung *f* <navig> • radiolocation; radiolocation fixing; radio position finding
Funkpeildienst *m* <navig> • radio direction-finding service
Funkpeiler *m* <navig> • radio direction finder (RDF); automatic direction finder; radio compass
Funkpeilgerät *n* <navig> • radio direction finder (RDF); automatic direction finder; radio compass
Funkpeilnetz *n* <navig> • radio direction-finding network; direction-finding network
Funkpeilung *f* <navig> • radio direction finding; radio bearing
Funkprüfgerät *n* <el> • radio analyzer
Funkrelaislinie *f* <tele> • radio relay system; radio relay line

Funkruf *m* <tele> • radio call
Funkrufdienst *m* <tele> • radio paging service
Funkrufempfänger *m form* <tele> • pager *form*
Funkschatten *m* <tele> *(hinter Gebäuden, Bergen etc.; z. B. in Mobilfunknetzen)* • radio shadow; dead spot; blind spot
Funkschneise *f* <tele> • lane
Funkschnittstelle *f* <tele> • interface radio
Funksender *m* <tele> *(allg.; Radio, TV, Mobilfunk, Navigation, Fernbedienung)* • radio transmitter
Funksichtlinie *f* <phys> • radio line of sight
Funksignal *n* <navig> • radio signal
Funksonde *f* <meteo> • radiometeorograph
Funkspot *m* <werb> • radio commercial; radio spot
Funksprechanlage *f* <tele> *(drahtlos)* • two-way radio system; radiotelephone system *rare*
Funksprechdienst *m* <tele> • radiotelephone service
Funksprechgerät *n* <tele> *(klein, handlich)* • walkie-talkie; radio transceiver
Funksprechkanal *m* <tele> • voice communication channel
Funksprechstelle *f* <tele> • radiotelephony station
Funksprechverbindung *f* <tele> • radiotelephone communication; radiotelephone circuit; radio link
Funksprechverkehr *m* <tele> • radiotelephony *US*; radiotelephony *GB*
Funksprechzentrale *f* <tele> • radiotelephony exchange
Funkspruch *m* <tele> • radio message
Funkstation *f* <tele> • radio station
Funkstelle *f* <tele> • radio station
Funksteuerung *f* <tech.allg> *(Modellbau)* • radio control; radio guidance
Funkstörfeldstärke *f* <tele> • radio noise field intensity; radio noise field strength
Funkstörfestigkeit *f* <el> • radio frequency immunity (RFI) *IMO, turck*
Funkstörung *f* <el> • radio interference; radio disturbance; radio noise; interference
Funkstreuung *f* <navig> • radio scattering; abnormal radiation
Funksubsystem *n* <tele> • base station system (BSS)
Funktaxi *n* <kfz> • radio dispatched cab
Funktechnik *f* <tele> • radio engineering
Funktelefon *n* <tele> • radiophone; radiotelephone *US*; radio-telephone *GB*
Funktelefon *n obs.rar* <tele> *(portables zellulares Funktelefon)* • mobile cellular telephone; cellular [phone] *US*; portable telephone *did*; mobile [phone] *GB.coll*; cell phone *US.coll*
Funktelefondienst *m* <tele> • radiotelephone service
funktelefonisch übermitteln *vt* <tele> • radiotelephone *vt*
Funktelegraf *m* <tele> • radiotelegraph
Funktelegrafiedienst *m* <tele> • radiotelegraph service
funktelegrafisch übermitteln *vt* <tele> • radiotelegraph *vt*
Funktelegramm *n* <tele> • radiotelegram; radiogram
Funkterminal *n* <edv> • RF terminal; RF scanner *(with scanner)*; radio frequency data (collection) terminal; radio reader *(with scanner)*
Funktion *f* <allg> • function
Funktion *f norm.* <edv> *(FBS)* • function *stand.*
Funktion *f* <masch> *(z. B. einer Maschine)* • action
Funktional *n* <math> • composite function; functional
Funktionaldeterminante *f* <math> • Jacobian determinant; Jacobian
funktionale Bandbreite *f* <tech.allg> *(von Geräten, Maschinen)* • functional range
funktionale Residualkapazität *f* (FRC) <med> • functional residual capacity (FRC)

Funktion einer Funktion *f* <math> • composite function; functional
funktionell <kfz> *(Bedienungselemente, Instrumentenanlage)* • functional; well-planned; well-organized
funktionelle Einheit *f* <allg> • one unit
funktionelle Einheitsbaugruppe *f* <tech.allg> • functional module
funktionelle Gruppe *f* <chem> *(z. B. Aldehydgruppe, Ketogruppe)* • functional group
funktioneller Aufbau *m* <edv> • logical structure
Funktionentheorie *f* <math> • theory of functions; function theory
Funktionieren *n* <masch> *(von Maschinen)* • working; running; functioning
funktionieren *vi* <tech.allg> • work *vi*
funktionieren *vi* <tech.allg> *(prinzipiell betriebsfähigkeit sein; z. B. Uhr, Maschine)* • operate *vi*; function *vi*; work *vi coll*
Funktionsablauf *m* <tech.allg> • operational sequence; sequence of operations
Funktionsablauf *m* <math> • sequence of functions
Funktionsanweisung *f* <edv> • functional statement
Funktionsanzeige *f* <msr> *(allg.)* • multi-functional display (MFD)
Funktionsaufruf *m* <edv> • function call
Funktionsauswahl *f* <allg> • function selection
Funktionsbaugruppe *f* <tech.allg> • functional assembly; functional module
Funktionsbaustein *m* <edv> • function block
Funktionsbaustein-Plan *m* <edv> • function block diagram (FBD)
Funktionsbaustein-Sprache *f* (FBS) <edv> *(eine graphische Sprache)* • function block diagram language; FBD language
Funktionsbeeinträchtigung *f* <allg> • malfunction
Funktionsbereich *m* <tech.allg> *(von Geräten, Maschinen)* • functional range
funktionsbereit <allg> • operational
Funktionsbereitschaft *f* <allg> • operational readiness *efector*
Funktionsbeschreibung *f* <doku> • functional description; description of operation
Funktionsbeschreibung *f* <doku> *(z. B. Teiltext)* • technical details
Funktionsbild *n* <math> • graph of a function
Funktionsbit *n* <edv> • function bit
Funktionsblock *m* <el> • functional switching circuit
Funktionsbyte *n* <edv> • function byte
Funktionscode *m* <edv> • function code
Funktionsdiagramm *n* <doku> • functional block diagram; functional diagram
Funktionsdichte *f* <el> • functional density
Funktionsdrehmelder *m* <el> • resolver
Funktionseinheit *f* <tech.allg> *(Kernstück eines Geräts, ohne Gehäuse)* • engine
Funktionseinheit *f* <tech.allg> • functional subassembly; functional block *pract*
Funktionseinheit *f* <el> • function unit
Funktionselement *n* <tech.allg> • functional element
Funktionselement *n* <el> • work segment
Funktionselement *n* <el> *(in Schaltkreisen, ICs, auf Leiterplatten)* • circuit element; component; element; device *pract*
funktionsfähig <allg> • functionable
funktionsfähig <tech.allg> • operational; functional
Funktionsfähigkeit *f* <tech.allg> *(Funktionalität)* • functionality
Funktionsfähigkeit *f* <tech.allg> *(Betonung auf: in der Lage sein, etw. zu tun)* • operational capability

Funktionsfähigkeit f <allg.tech> *(Betonung auf: tatsächliche Performance)* • functional performance; performance

Funktionsfehler m <qualit> *(Fehlfunktion)* • functional defect; malfunction

Funktionsfehler m <qualit> *(z. B. einer EDV-Anlage)* • operational error

Funktionsfeld n <tech.allg> • control display

Funktionsgeber m <edv> • function generator

funktionsgenau <tech.allg> • accurate in operation

Funktionsglas n <bau> • specialty glass; special glass

Funktionsgruppe f <tech.allg> • functional group; functional module

Funktionshebel m <obfl.wz> *(Spritzpistole)* • control lever; control button; trigger

Funktionskarte f <textil> • pasteboard movement card

Funktionskeramik f <silik> • functional ceramics *:V*

Funktionskode m <edv> • function code

Funktionskontrolle f <qualit> • functional check

Funktionsleuchte f MB <kfz.msr> *(allg. für Betriebszustand)* • indicator light (IND LITE); warning light; indicator *pract.coll*; neon *rare.LED only*

Funktionsmerkmal n <tech.allg> • functional characteristic

Funktionsmodell n <tech.allg> *(zum Simulieren einer Funktion)* • function simulator

Funktionsmodell n <tech.allg> *(Modell, das funktioniert)* • functional model

Funktionsmultiplizierer m <edv> • function multiplier

Funktionsmuster n <prod> • prototype

Funktionsmusterprüfung f <qualit> • type-approval test

Funktionspotentiometer n <msr> • function potentiometer

Funktionsprüfung f <qualit> *(allg., kurz oder sehr aufwendig)* • functional test

Funktionsprüfung f <qualit> *(nur bei Systemen, Anlagen)* • system performance check; system performance test

Funktionsprüfung f <qualit> *(von Komponenten, Anlagen)* • operating test; functional test

Funktionsregelung f <msr> • function control

Funktionsschaltbild n <doku> • functional circuit element

Funktionsschalter m <tech.allg> • function switch

Funktionsschalter m <kfz.av> • mode switch; selector switch; function selector *Blaupunkt*

Funktionsschaltung f <el> • functional circuit

funktionssicher <qualit> • reliable in functioning; reliable in performance; reliable in operation

Funktionssicherheit f <qualit> • operational reliability; performance reliability

Funktionsstörung f <tech.allg> *(z. B. EDV-Anlage)* • malfunction

Funktionsstörung f <tech.allg> *(z. B. Fahrzeug, Maschine, Anlage)* • defect

Funktionsstörung f <med> *(z. B. der Schilddrüse)* • dysfunction; functional lesion; functional disturbance; functional disorder; functional impairment

Funktionsstörung f <qualit> *(in der Funktion von Systemen/Komponenten)* • malfunction; fault

Funktionssymbol n <tech.allg> • functional symbol

Funktionstabelle f <tech.allg> • function table

Funktionstaste f <tech.allg> *(in Tastenfeld; z. B. in Computertastatur)* • function key

Funktionstaste f <edv> *(an einem Zeigegerät; z. B. Maus, Tablettstift)* • function button; command switch

Funktionsteil n <tech.allg> • functional part; functional component; working component; function part; working part

Funktionsteile npl <masch> • functional items; mechanicals

Funktionstest m <msr> • function test; validity check

Funktionstest m <qualit> *(allg., kurz oder sehr aufwendig)* • functional test

Funktionstisch m <edv> • plotting board

Funktionstüchtigkeit f <tech.allg> *(Effizienz)* • functional efficiency

Funktionstüchtigkeit f <qualit> *(Zuverlässigkeit)* • operational reliability

Funktionsüberwachung f <allg> • fault and performance monitoring; surveillance

Funktionsumformer m <edv> • function generator

funktionsuntüchtig machen vt <tech.allg> *(z. B. System oder Bauteil)* • render inoperative vt

Funktionsverstärker m <el> • operational amplifier

Funktionswächter m <allg> • function monitor

Funktionswähler m <el> • function selector

Funktionswählschalter m <el> • function-select switch

Funktionswahl f <edv> • function selection; function select

Funktionswahlschalter m <msr> • function selector switch

Funktionsweise f <allg> *(Art und Weise)* • mode of operation

Funktionsweise f <tech.allg> *(theoret. Prinzip)* • operating principle

Funktionsweise f <masch> *(z. B. einer Maschine)* • action

Funktionszeichen n <edv> • function character; function code

Funktionszuordner m <edv> • function translator

Funktion zum Ausnutzen der vollen Bildschirmfläche f <edv> • overscan feature; full-screen feature; edge-to-edge feature

Funktor m <msr> *(Schaltlogik)* • functor

Funküberlagerung f <av> • radio interference

Funkübertragung f <tele> • radio transmission; radio-frequency based data communications

Funkübertragungsweg m <tele> • radio circuit; radio link

Funkübertragung von Daten f <edv.tele> • radio frequency data transmission; RF data transmission

Funküberwachungsgerät n <el> • radio monitor

Funkunterbrechung f <el> • radio black-out

Funkverbindung f <tele> • radio communication; radio link

Funkverbindung aufnehmen vi/vt <tele> • establish communication vi/vt

Funkverkehr m <tele> • radio communications

Funkverkehrskarte f <tele> • radio network chart

Funkvermittlung f <tele> • Mobile services Switching Centre

Funkvermittlungsstelle f <tele> • Mobile services Switching Centre

Funkversorgung f <tele> • radio coverage

Funkversorgungsbereich m <tele> • covered area

Funkwelle f <navig> • radio wave

Funkwellen fpl <phys> • radio waves

Funkwellenspektrum n <el> • radio spectrum

Funkwerbung f <werb> • radio advertising

Funkzelle f <tele> • cell

Funkzellen-Cluster m <tele> • cluster

Funkzellengruppe f <tele> • cluster

Funkzielanflug m <aerospace> • radio homing

Furane npl <chem> • furans pl

Furanharz n <chem> • furan resin

Furchdurchmesser m <prod> *(Gewindefurchen)* • core-hole diameter

Furche f <agri> • furrow; groove

Furche f <masch> • ridge

Furche f <prod> *(z. B. durch spanende Bearbeitung)* • stria

furchen *vt* <prod> • tap *vt*; form-tap *vt*
Furchenbewässerung *f* <agri> • furrow irrigation
Furchendüngung *f* <agri> • furrow fertilization
Furchenöffnung *f* <agri> • furrow width
Furchenrad *n* <agri> • furrow wheel
Furchentiefe *f* <agri> • plouwing depth *US*; ploughing depth *GB*
Furchenzahl *f* <masch> • number of grooves
Furchenzieher *m* <agri> • furrow opener; planter runner; marker
Furchlochdurchmesser *m* <prod> *(Gewindefurchen)* • core-hole diameter
Furchschraube *f* <füg> • thread forming screw *ISO 7085*; thread-rolling screw *DIN 7500*; thread-forming tapping screw *form*; thread rolling screw
Furnace-Ruß *m* <ents> • furnace black
Furnier *n* *DIN 68330* <obfl.holz> • veneer; wood veneer
Furnieraufraumaschine *f* <wz.masch> • veneer roughing machine
Furnierband *n* <obfl.holz> • veneer ribbon
Furnierblock *m* <obfl.holz> • veneer block; veneer log
Furnieren *n* <obfl.holz> • veneering
furnieren *vt* <prod.holz> • veneer *vt*
Furnierflachschälen *n* <prod> • veneer slice cutting
Furnierholz *n* <obfl.holz> • veneering wood
Furnierleim *m* <füg.holz> • veneer glue
Furniermessermaschine *f* <wz.masch> • veneer slicer
Furnierplatte *f* <obfl.holz> • veneer panel
Furnierpresse *f* <wz.masch> • veneering press
Furnierrundschälen *n* <prod> • rotary veneer cutting
Furnierrundschälmaschine *f* <wz.masch> • rotary veneer machine *norm*; veneer lathe *pract*; veneer peeler *pract.coll*
Furniersägemaschine *f* <wz.masch> • veneer saw
Furnierschälen *n* <prod.holz> • veneer cutting
Furnierschälmesser *n* <wz.holz> • veneer peeling blade
Furt *f* *DIN 4047-5* <geo> *(seichter Flussabschnitt, als Übergang geeignet)* • ford
Fusion *f* <tech.allg> • fusion
Fusion *f* <econ> *(von Unternehmen)* • merger; amalgamation *rare*
Fusionsenergie *f* <nukl> • fusion energy; nuclear fusion energy
Fusionsenergieverstärker mit niedrigem Verstärkungsgrad *m* <nukl> • low-gain fusion power amplifier
Fusionsleistungsdichte *f* <nukl> • energy production by fusion
Fusionsreaktion *f* <nukl> • nuclear fusion reaction; fusion reaction
Fusionsreaktor *m* <nukl> • thermonuclear reactor; nuclear fusion reactor; fusion reactor
Fuß *m* <tech.allg> *(Basis, Fußpunkt)* • base
Fuß *m* <tech.allg> *(z.B: Schraubstock)* • bottom
Fuß *m* <tech.allg> *(z. B. eines Gerätes, einer Pumpe)* • mount
Fuß *m* <allg.tech> *(Fußsteg)* • tail
Fuß *m* <bahn> *(der Schiene)* • base of rail
Fuß *m* <bau> *(Mast)* • pole footing
Fuß *m* <bau> *(Böschung)* • toe; foot
Fuß *m* <el> *(Elektronenstrahlröhre)* • pinched base; pinch
Fuß *m* <el> *(z. B. Lampe)* • stem
Fuß *m* <kfz.msr> *(für Aufbauinstrumente)* • mounting pod; pod
Fuß *m* *prakt* <logist> *(Palette)* • pallet foot
Fuß *m* <masch> *(Klischee)* • block base; base; mount
Fuß *m* <masch> *(wenn flanschförmig)* • flange
Fuß *m* <masch> *(Maschine)* • leg; foot
Fuß *m* <masch> *(Ständer)* • pedestal; stand
Fuß *m* <masch> *(von Gewinde)* • root

Fuß *m* <mil> *(Diabolo)* • skirt
Fuß *m* <prod> *(Plattenwärmetauscher)* • moveable end cover; moveable end; end terminal; floating end
Fuß *m* <textil> *(Nadel)* • butt
Fußabrundung *f* <masch> *(Verzahnung)* • fillet curve
Fußausleger *m* <logist> *(Kragarmregal)* • cantilever foot
Fußausrundungsradius *m* <masch> • fillet radius at the root
Fußbekleidung *f* <bekl> • foot wear; foot gear
fußbetätigt <tech.allg> *(via Pedal)* • foot-operated; pedal-operated; foot-actuated
Fußblech *n* <kfz> • toeboard; front floor extension
Fußblende *f* <logist> *(z. B. an Regal, unten)* • base plate *US*; plinth *GB*
Fußboden *m* <bau> *(begehbar)* • floor
Fußboden *m* *ugs* <bau> • floor
Fußbodenbelag *m* <bau> *(textiler Belag)* • floor covering
Fußbodenbelag *m* <bau> *(Platten)* • floor paving
Fußbodenbelag *m* <bau> *(Werkstoff)* • flooring
Fußbodenbelag *m* <bau.innen> • floor cover; floor surface
Fußbodenbelastungsfähigkeit *f* <mech> • floor load-bearing capacity
Fußbodenbrett *n* <bau> • floor board
Fußbodendrehplatte *f* <nfz> *(Autobus)* • turntable
Fußbodendurchführung *f* <el.masch> • floor bushing; floor collar
Fußbodenheizung *f* *DIN EN 1264-1* <hlk> • floor heating system; underfloor heating
Fußbodenklebstoff *m* <füg> • floor adhesive; flooring underlayment adhesive
Fußbodenkontakt *m* <el> • floor contact
Fußbodenplatte *f* <nfz> *(Autobus)* • turntable
Fußbodenrost *m* <bau> • floor grate; floor grille
Fußbodenschleifmaschine *f* <wz.masch> • floor sanding machine
Fußbremse *f* <brems> *(gesamtes System)* • foot brake; pedal brake
Fußbremse *f* <fz> *(Bremspedal; z. B. Motorrad)* • brake pedal
Fußbremse *f* *ugs* <kfz.brems> • service brake system; service brakes *pl pract*; foot brake *coll*
Fußdichtung *f* *prakt* <kfz.mot> *(zw. Zylinderfuß und Kurbelgehäuse)* • cylinder base gasket; base gasket *pract*
Fußeinspannung *f* <bau> *(Säule)* • end fixing; end restraint
Fussel *f/m* <phot> • fluff *sg*
fusselfreies Tuch *n* <obfl.holz> *(zum Polieren)* • lint-free rag
Fußflanke *f* *DIN 3998* <masch> *(Zahnradgetriebe)* • dedendum flank; flank
Fußgängerbrücke *f* <bau.verk> *(schmale Brücke)* • pedestrian bridge; pedestrian overpath
Fußgängerdetektor *m* <alarm> • pedestrian detector
Fußgängerschutzinsel *f* <bau.verk> • pedestrian island; refuge island *pract*; street refuge *pract.coll*
Fußgängerüberweg *m* <bau.verk> *(allg.; z. B. als Zebrastreufen)* • pedestrian crossing
Fußgängerüberweg *m* <bau.verk> *(schmale Brücke)* • pedestrian bridge; pedestrian overpath
Fußgängerunterführung *f* <bau.verk> • pedestrian subway; pedestrian underpass
Fußgängerweg *m* <bau.verk> • pedestrian way; foot path *pract*
Fußgesims *n* <bau> • base moulding
Fußhaken *m* <fz> *(Fahrradpedal)* • toe clip *ISO 8090*; toe-clip
Fußhalter *m* *DIN ISO 8090* <fz> *(Fahrradpedal)* • toe clip *ISO 8090*; toeclip

Fußhalteriemen *m DIN ISO 8090 <fz> (Fahrradpedal)* • toe strap *ISO 8090*
Fußhebel *m <tech.allg>* • kick-off
Fußhebel *m <led> (Maschine)* • foot lever; treadle
Fußhebel *m <masch>* • foot lever; pedal
fußhebelbetätigte Kupplung *f <kfz>* • treadle clutch
Fußhebelbetätigung *f <tech.allg>* • foot-pedal depression
Fußhöhe *f DIN 3998 <masch> (Zahnfuß (Zahnrad))* • dedendum
Fußholz *n <min>* • footboard
Fußhydraulik *f <förd>* • pedal-operated hydraulic mechanism
Fußkegel *m DIN 3998 <masch>* • root cone
Fußkegelscheitel *m <masch>* • root apex
Fußkegelwinkel *m <masch>* • root angle
Fußknoten *m <petr>* • foot node
Fußkontakt *m <el> (zwischen Fuß und Boden)* • foot-floor contact
Fußkontakt *m <el> (zwischen Fuß und Schalter)* • foot-switch contact
Fußkontakt *m <el> (mit dem Fuß zu betätigen)* • pedal contact
Fußkontaktschiene *f <alarm>* • kick switch; foot rail
Fußkreis *m DIN 3998 <antr> (Verzahnungsgeometrie)* • root circle; dedendum circle; base circle
Fußkreisdurchmesser *m DIN 3998 <antr> (Verzahnungsgeometrie)* • root diameter; minor diameter
Fußkreiszylinder *m <masch>* • base cylinder
Fußkreuz *n <textil>* • chain lease
Fußlänge *f <el.ic.prod>* • foot length
Fußlage *f <edv.av>* • footage
Fußlagenschalter *m <el.mus>* • octave switch; footage switch
Fußlager *n <masch>* • footstep bearing
Fußleiste *f <bau.innen> (allg.; z. B. Scheuerleiste an Wand)* • baseboard; skirting board; skirting; toeboard *rare*
Fußleiste *f <logist> (z. B. an Regal, unten)* • base plate *US*; plinth *GB*
Fußleiste *f <prod> (z. B. für Montagevorrichtung)* • kick plate
Fußleiste *f <prod> (z. B. Webstuhl)* • kicking strip
Fußleistenheizkörper *m <hlk> (in D unüblich, frequent in the US)* • baseboard heater
Fußluftpumpe *f <kfz> (für Reifen)* • tiptoe pump
Fußmaschine *f <textil>* • footing machine
Fußmonitor *m <nukl>* • foot monitor
Fußpedal *n ugs <kfz.brems>* • pedal; foot pedal *coll*
Fußpfette *f <bau>* • inferior purlin
Fußplatte *f <bau>* • pole plate; bed plate
Fußplatte *f <logist> (von Ständerregal)* • base plate *US*; footplate *GB*; load bearing plate *US*; bearing plate *US*
Fußplatte *f <masch>* • base plate
Fußpumpe *f ugs <kfz> (für Reifen)* • tiptoe pump
Fußpunkt *m <astron> (Gegenpunkt des Zenit)* • nadir; nadir point
Fußpunkt *m <bau>* • base
Fußpunktisolator *m <el> (Antennenmast)* • base insulator
Fußpunktkurve *f <math>* • pedal curve
Fußpunktspeisung *f <el> (Antennenmast)* • base energizing; end-feed
Fußpunktwiderstand *m <el> (Antenne)* • base impedance
Fußrampe *f <licht.theat>* • footlights *pl*; floats *pl coll*
Fußraste *f <kfz> (Motorrad)* • footrest
Fußraste für den Beifahrer *f <fz> (Motorrad)* • passenger footrest; buddy peg *coll*
Fußraum *m <kfz> (Blechteil)* • footwell
Fußraumbeheizung *f <kfz.hlk>* • floor heating

Fußrücknahme *f DIN 3998 <masch> (Zahnradgetriebe)* • root relief
Fußscanner *m <bekl>* • foot scanner
Fußschalter *m <edv.av> (für Synthesizer)* • foot switch; foot pedal; pedal
Fußschalter *m <el> (Betonung auf: am Boden)* • floor switch
Fußschalter *m <el> (Betonung auf: mit dem Fuß betätigt; z. B. Presse)* • foot-operated switch; pedal switch; foot switch
Fußschalthebel *m <kfz> (z. B. Motorrad)* • gear pedal
Fußschaltung *f <fz> (Motorrad)* • pedal control
Fußschaltung *f <kfz> (z. B. Motorrad)* • foot control
Fußsockel *m <logist> (Kragarmregal)* • cantilever foot
Fußspule *f <textil> (Wickelei)* • king spool
Fußsteuerung *f <wz.masch>* • pedal control; foot control
Fußstück *n <kfz.rep> (Richtzylinder)* • tension plate
Fußstück *n <verf.hydr> (eines Siebbands)* • boot
Fußstütze *f <tech.allg> (z. B. am Arbeitsplatz)* • footrest
Fußstütze *f <kfz> (Pkw; links vom Kupplungspedal)* • dead pedal
Fußstütze *f <kfz> (Motorrad)* • footrest
Fußstütze für den Beifahrer *f <fz> (Motorrad)* • passenger footrest; buddy peg *coll*
Fußtaster *m <edv.av> (für Synthesizer)* • foot switch; foot pedal; pedal
Fußteil *n <masch> (eines Zahnradzahns)* • dedendum
Fußtritthub *m <förd> (z. B. Wagenheber)* • pedal-lifting mechanism
Fußventil *n <förd>* • foot valve
Fußverbreiterung *f <bau> (Pfahlgründung)* • underream
Fußweg *m <bau.verk>* • pedestrian way; foot path *pract*
Fußzeile *f ISO/IEC 2382-23 <edv>* • footer *ISO/IEC 2382-23*; page footer; running foot
Fußzylinder *m DIN 3998 <masch> (Zahnradgetriebe)* • root cylinder
Futter *n <agri> (meist grob, trocken)* • forage
Futter *n <bau>* • lining
Futter *n <bekl>* • lining; inner lining
Futter *n <prod> (z. B. Spannvorrichtung,)* • chuck
Futter *n <wz> (von Bohrmaschinen mit Spannfutter)* • drill chuck; chuck
Futteral *n <tech.allg>* • case
Futteral *n <pack>* • sheath
Futteraufspannplatte *f <prod> (für Werkstücke)* • chuck faceplate
Futter auf Tiermehlbasis *n <agri.nahr>* • MBM feed
Futterautomat *m <agri>* • dry feeder; self-feeder
Futterautomat *m <bio> (für Fische)* • automatic feeding device; food timer
Futterautomat *m <wz.masch> (z. B. Drehmaschine mit Stangenvorschub)* • automatic chucking machine; automatic chucking lathe; chucking automatic
Futterbacken *m <wz.masch>* • chuck jaw
Futterband *n <förd> (im Stall)* • feeding belt conveyor
Futterblech *n <masch>* • filling plate; filler
Futterbügelmaschine *f <textil>* • lining ironing machine
Futterdämpfer *m <agri>* • feed cooker; feed steamer; fodder steamer
Futterdorn *m <pack> (Pre-Necker/Necker)* • chuck mandrel
Futterdosierer *m <agri>* • metering feeder
Futterdosierwagen *m <agri>* • metering feed carrier
Futterdrehmaschine *f <wz.masch>* • chuck lathe
Futterergänzung *f <agri>* • feed supplement
Futtererntemaschine *f <agri>* • field forage harvester
Futterfaden *m <textil>* • laying-in thread; backing thread; laying-in yarn
FZ-Si *<mat> (z. B. für Photovoltaik)* • silicon produced by float-zoning (FZ-Si)
F-Zug *m <bahn>* • express train

Futtergang *m* <agri> *(im Stall)* • feed alley
Futterhalbautomat *m* <wz.masch> • semiautomatic chucking machine
Futterholz *n* <bau> • packing piece; infill block; furring
Futterkette *f* <agri> • chain feeder
Futterkörper *m* <wz.masch> • chuck body
Futterlader *m* <agri> • crop loader
Futterleder *n* <bekl> • lining leather
Futterlederflanke *f* <led> • lining belly
Futterleiste *f* <bau> • filling rod
Futtermasse *f* <mat> • lining mass
Futtermauer *f* <bau> • revetment wall
Futtermischmühle *f* <agri> • feed grinder-mixer
Futtermittelpresse *f* <agri> • pelleting press
Futtermuser *m* <agri> • forage pulper; fodder pulper
Futterreinigungsmaschine *f* <agri> • feed cleaning machine
Futterreißer *m* <agri> • shredder
Futterrohr *n* <bau> *(für Wand- oder Deckendurchführungen)* • penetration sleeve
Futterrohr *n* <petr> *(Bohrlochauskleidung)* • casing; casing joint; casing tube *rar*
Futterrohrabfangkeile *mpl* <petr> • casing slips
Futterrohrabsetzteufe *f* <petr> • casing seat
Futterrohre absetzen *vi* <petr> • set casing *vi*
Futterrohreinbau *m* <petr> • casing introduction
Futterrohrhänger *m* <petr> • casing hanger
Futterrohrkopf *m* <petr> • casing head
Futterrohrkrone *f* <petr> • casing bit; set reaming shell
Futterrohrmuffe *f* <petr> • casing collar; collar; casing coupling
Futterrohrschuh *m* <petr> • casing guide shoe; casing shoe; guide shoe; pipe drive shoe; pipe shoe
Futterrohrtour *f* <petr> • casing; casing string; pipe string; string
Futterrohrverbinder *m* <petr> • casing collar; collar; casing coupling
Futterrohrzange *f* <petr> • casing tongs; power tongs
Futterrübenroder *m* <agri> • turnip harvester; turnip lifter
Futterscheibe *f* <masch> • backplate
Futterschlitten *m* <agri> • cattle feed sledge
Futterschlüssel *m* <wz> • chuck wrench
Futterschuss *m* <textil> • backing weft
Futterschutzverdeck *n* <wz.masch> • chuck guard
Futterspalt *m* <led> • lining split
Futterspanneinrichtung *f* <wz.masch> • chuck closing device
Futterspannung *f* <prod> *(im Ggs. zu Keilspannung, Schraubspannung)* • chucking; holding in chucks
Futterstein *m* <bau.mat> • lining brick
Futterstoff *m* <textil> • lining fabric
Futterstück *n* <bau> • filler
Futterteil *n* <masch> *(im Futter gespanntes Drehteil; i.d.R. rel. kurz)* • chucking component; chuck part *pract*
Futterverteilwagen *m* <agri> *(im Stall)* • feeder wagon
Futterverteilwagen *m* <agri> *(Anhänger)* • self-feed forage trailer
Futterwerkstoff *m* <mat> *(von Lagerbuchsen)* • bushing material
Futterwerkstoff *m* <mat> *(von Behältern, Öfen; z. B. Ausmauerung, Gummierung)* • lining material
Futterziegel *m* <bau.mat> • lining brick
Fuzzy-Logic-Steuerung *f* <msr> • fuzzy logic control
Fuzzy-Logik-Belichtungsmesser *m* <phot> • fuzzy-logic exposure meter
FVW <kst> • fibrous composite material
f/x <edv> • special effect
F-Zentrum *n* <el.mat> • F-center *US*; color center *US*; colour centre *GB*; F-centre *GB*

G

g <fz> • transverse acceleration; lateral acceleration
g <phys> • gravity acceleration (g); gravitational acceleration; acceleration due to gravity *did*
g <phys> *(Masseeinheit: 1000 g = 1 kg)* • gram (g); gramme
Ga <chem> • gallium (Ga)
GaAs <el.ic.prod> • gallium arsenide (GaAs)
GaAs-Chip *m pract* <el.ic.prod> • gallium arsenide chip; GaAs chip
GaAs-Solarzelle *f* prakt <energ.sol> • gallium arsenide solar cell; GaAs solar cell *pract*
Gabbro *m* <geo> • gabbro
Gabel *f* <tech.allg> *(z. B. Essgabel, Mistgabel, Stimmgabel, Ausrückgabel)* • fork
Gabel *f* <antr> *(in Gelenkwelle)* • yoke
Gabel *f* <nav> *(hufeisenförmiges Auflager)* • crutch
Gabel *f* <tele> *(für Telefonhörer)* • cradle
Gabelachse *f* <kfz> • Elliot axle
Gabelamt *n* <tele> • bifurcation station
Gabelantenne *f* <el> • Y-antenna *US*; Y-aerial *GB*
Gabelbefestigung *f* <tech.allg> *(z. B. Gabelstapler, Motorrad)* • fork mount; fork mounting
Gabelbein *n* prakt <kfz> *(Motorrad)* • fork leg
Gabelbeschlag *m* <nav> • jaws fitting
Gabelgelenk *n* <masch> • knuckle joint
Gabelhochhubwagen *m DIN ISO 5053* <förd> • pallet-stacking truck *ISO 5053*; high-lift fork truck
Gabelholm *m* <kfz> *(Motorrad)* • fork leg
Gabelhubwagen *m DIN 15137* <förd> • pallet truck; fork-lift truck; fork truck
Gabeljoch *n* <kfz> *(Motorrad)* • fork yoke
Gabelkipphebel *m* <kfz.mot> • forked rocker arm; forked rocker
Gabelklemmfaust *f* <kfz> *(Motorrad)* • fork clamp
Gabelkontakt *m* <el> • bifurcated contact
Gabelkopf *m* <fz> *(Fahrrad)* • fork crown
Gabelkoppel *f* <mus> • fork coupler
Gabellagerung *f* <masch> • straddle mounting
Gabel-Lasche-Verbindung *f* <masch> • clevis and tongue coupling
Gabel-Lichtwellenleiter *m* <lwl> • bifurcated fiber optics
Gabelmotor *m* <kfz.mot> *(V-Motorenart)* • V-engine with offset crankshaft
Gabelmuffe *f* <tech.allg> *(mit zwei Abzweigen)* • bifurcating joint
Gabelmuffe *f* <tech.allg> *(mit drei Abzweigen)* • trifurcating joint
Gabelmuffe *f* <el> *(mit zwei Abzweigen)* • Y-joint
gabeln *vr* <allg> • ramify *vi*
gabeln *vr* <allg> *(z. B. Fluss)* • fork *vi*
gabeln *vr* <tech.allg> *(z. B. Weg)* • bisect *vi*
gabeln *vr* <verk> *(z. B. Straße)* • bifurcate *vi*
Gabel-Näherungsschalter *m* <msr> *(Schlitzinitiator)* • slot-form proximity switch; slotted type proximity sensor; slotted type proximity switch; fork-type proximity switch
Gabelpfanne *f* <metall> • hand ladle; hand-shank ladle
Gabelpleuel *n* <kfz> *(Doppelkolbenmotor)* • forked connecting rod; forked con rod *pract*
Gabelpleuelstange *f DIN ISO 7967-2* <mot> *(für V- oder Boxermotor)* • fork-and-blade connecting rod *ISO 7967-2*
Gabel-Ringschlüssel *m* <wz> • combination wrench *US.GB*; combination spanner *GB*
Gabelrohr *n* <masch> • fork pipe
Gabelrohr *n* <rls> • bifurcated pipe; Y-piece

Gabelschaft m <fz> *(Fahrrad)* • fork column; steering column

Gabelschaftrohr n <fz> *(Fahrrad)* • fork column; steering column

Gabelschaltung f <tele> • hybrid coil termination circuit; hybrid circuit; terminating set

Gabelscheide f <fz> *(Motorrad, Fahrrad)* • fork blade

Gabelschlepphebel m <kfz.mot> *(Motorrad)* • forked rocker arm; forked rocker

Gabelschlüssel m <wz> • open-end wrench *US.GB*; open-end[ed] spanner *GB*; jaw spanner *GB*; open jaw wrench *rare*

Gabelschuh m <füg> • extension sleeve

Gabelschusswächter m <textil> • weft fork motion

Gabelsensor m <msr> *(allg.; induktiv)* • slot-sensor; fork sensor

Gabelspule f <el> • fork-shaped coil; forked coil; fork coil

Gabelstabilisator m <fz> *(Gabelbrücke, dreifach)* • triple clamp

Gabelstapler m DIN ISO 2331 <förd> • fork lift truck; fork-lift truck; forklift; fork stacker; fork lifter

Gabelstaplertasche f <logist> *(Container)* • fork pocket

Gabelstrebe f <masch> • forked strut

Gabelstück n <antr> • clutch-actuating fork

Gabelstück n <antr> *(in Gelenkwelle)* • yoke

Gabelteil n *(Textilmaschine)* • crotch portion

Gabelträger m <kfz> • forked member; forked front member

Gabelumschalter m <tele> • cradle switch

Gabelung f <allg> *(Baum, Leitung, Verkehrsweg)* • embranchment

Gabelung f <allg> • ramification

Gabelung f <tech.allg> *(z. B. Straße)* • bifurcation

Gabelung f <tech.allg> • forking

Gabelung f <tech.allg> *(Anschlussstück)* • Y-junction

Gabelung f <geo> *(z. B. Fluss)* • fork

Gabelung f <rls> *(Rohr, Kanal)* • Y-branch; pipe lateral; lateral *pract*; Y-joint *rare*

Gabelverkehr m <tele> • forked working

Gabelvorbiegung f <fz> • fork rake

Gabelwelle f <masch> • fork shaft

Gabelzinke f DIN ISO 5053 <förd> *(Gabelstapler)* • fork arm *ISO 5053*

Gabelzubringer mpl <förd> • packer forks

Gadget n <werb> *(dreidimensionaler Einleger als Blickfang, in Direktmail)* • eye catcher

Gadolinium n (Gd) <chem> • gadolinium (Gd)

Gaede'sche Molekularluftpumpe f <phys> *(Vakuummikroelektronik)* • Gaede's molecular pump

Gänge je Zoll <masch> • threads per inch (TPI / tpi); number of threads *coll*

gängig <allg> *(z. B. Rechtsprechung)* • normal

gängig <allg> *(Produkte aller Art)* • standard

...gängig <masch> *(Gewinde; Werkstück od. -zeug mit Gewinde)* • ...-start; ...-lead; ...-pitch; ...-thread; ...-threaded

gängig <min> *(z. B. Kohleabbau)* • workable; free

gängig <ökon> *(käuflich leicht erhältlich; z. B. Ware, Erzeugnis)* • commercial

gängige Länge f <edv> • popular length

gängige Schnittstellen fpl <pap> • common interfaces

Gängigkeit f rar <masch> *(Gewinde)* • hand of thread; thread direction

Gängigkeit f <masch> *(mehrgängiges Gewinde)* • number of starts; number of threads

gängig machen vt <tech.allg> *(ein schwergängiges oder klemmendes Bauteil)* • free off vt; free-off vt

Gänsefußschar n <agri> • arrowhead point; wing shovel

Gäransatz m <nahr> *(Wein)* • yeast starter; starter; leaven

Gärbehälter m <verf> *(z. B. für Wein, Biogas, Biodiesel)* • fermenter; fermentation tank; fermenting vessel; fermenting tank

Gärbottich m <nahr> *(fassförmig, sehr groß)* • fermentation cask

Gärbottich m <nahr> *(runder, offener Behälter; kleineres Volumen)* • fermentation tub

Gärbstahl m <mat> • refined steel; shear steel; merchant bar; refined iron; refined bar

gären vi <nahr> • ferment vi

Gärfaulverfahren n <ents> • fermentation putrefaction

Gärführung f <nahr> *(Wein)* • controlled fermentation

Gärfutterbereitung f <agri> • ensilage

gärig <nahr> *(Speiseeisfehler)* • fermented flavor *US*; fermented flavour *GB*

Gärkanal <agri.tech> • fermentation canal *V*

Gärkanalanlage f <agri.tech> • fermentation canal digester *V*

Gärkeller m <nahr> *(Wein)* • fermenting room; fermentation cellar

Gärkolben m <verf> • fermentation flask

Gärkraft f <chem> • fermentative power

Gärkraftbestimmung f <chem> • fermentative test

Gärlösung f <chem> • fermentable liquid

Gärraum m <agri.tech> • digester [tank]; fermenter; fermentation vessel; digestion tank; reactor

Gärröhrchen n <verf> • fermentation tube

Gärrohr n <verf> *(zum Auffangen)* • fermentation trap

Gärrückstand m <agri.tech> • digested sludge; digested slurry; effluent

Gärtemperatur f <agri.tech> • digestion temperature

Gärtemperatur f <chem.verf> *(allg.; zur Gärung notwendige Temperatur)* • fermentation temperature

Gärtemperatur f <chem.verf> *(am Gärbehälter eingestellt)* • fermenter-set temperature

Gärtrichter m <verf> *(zum Auffangen)* • fermentation trap

Gärung f <agri.tech> • fermentation; digestion

Gärung f <nahr> • fermentation

Gärungsalkohol m <chem> • fermentation alcohol

Gärungschemie f <chem> • fermentation chemistry

gärungserregend <bio.chem> • zymogenic

gärungserregend <chem> • fermentative

gärungsfähig <nahr> • fermentable

gärungshemmend <chem> • antifermentative

Gärungsmilchsäure f <chem> • lactic acid of fermentation

Gärungstechnik f <chem> • fermentation technology

Gärungsverlauf m <chem.verf> • fermentation development

Gärvermögen n <chem> • fermentative power

Gärzeit f <agri> *(im Fermenter)* • detention time; residence time; retention time

Gaffel f <nav> *(für Gaffelsegel)* • gaff

Gaffer mpl coll <verk> *(an Verkehrsunfallschauplätzen; z. B. im Gegenverkehr)* • starers; gapers

GALA <kfz.av> • automatic volume control (AVC)

Galactose f <nahr> • galactose

galaktisch <astron> • galactic

galaktisches Rauschen n <astron> • galactic noise; cosmic noise

galaktisches Zentrum n <astron> • galactic center

Galaktometer n <phys> • galactometer

Galaktose f <nahr> • galactose

Galaxie f <astron> • galaxy

Galaxiehaufen m <astron> • cluster of galaxies

Galaxiensuperhaufen m <astron> • clouds of galaxies pl; superclusters of galaxies pl; superclusters pl

Galaxienwolken fpl <astron> • clouds of galaxies pl; superclusters of galaxies pl; superclusters pl

Galaxiezentrum n <astron> • center of a galaxy US; core of a galaxy; nucleus of a galaxy; centre of a galaxy GB
Galaxis f <astron> • galaxy
Galenit m <min> • galena; lead glance; blue lead
Galerie f <kunst> • gallery
Galerie f <masch> (an Großmaschinen, z. B. Druckmaschine, Kran, Papiermaschine) • walkway; catwalk
Galerie f prakt <theat> (Laufsteg zur Positionierung von Scheinwerfern) • fly gallery; working gallery; gallery pract
Galeriebrenner m <verbr> • gallery burner
GALFAN n TM <metall> (verzinkte Stahlblechsorte) • GALFAN TM
Galgen m <masch> (z. B. Fertigungstechnik) • boom
Galilei'sches Relativitätsprinzip n <phys> • Galilean principle of relativity
galileisches Relativitätsprinzip n <phys> • Galilean principle of relativity
Galionsfigur f <nav> • figure head
Gallensäure-Austauscherharz n <chem> • bile acid sequestrant; bile acid resin pract; bile acid binding resin; bile acid sequestering agent
Gallensäuresequester m prakt <chem> • bile acid sequestrant; bile acid resin pract; bile acid binding resin; bile acid sequestering agent
Gallierung f <textil> • harness tie
Gallisieren n <nahr> (von Wein) • addition of sucrose in aqueous solution; gallisation
Gallium n (Ga) <chem> • gallium (Ga)
Galliumarsenid n (GaAs) <el.ic.prod> • gallium arsenide (GaAs)
Gallium-Arsenid-Chip m <el.ic.prod> • gallium arsenide chip; GaAs chip
Galliumarsenidlaser m <licht> • gallium-arsenide laser
Galliumarsenid-Laserdiode f <edv> • gallium-arsenide laser diode
Gallium-Arsenid-Phosphor-Fotodiode f <phot> • gallium arsenide phosphide photo-diode; GAP cell
Galliumarsenid-Solarzelle f <energ.sol> • gallium arsenide solar cell; GaAs solar cell pract
Gallkette DIN 8150 <antr> • Gall's chain
Gallone f <phys> (Volumeneinheit: verschieden in USA und UK) • gallon
Gallonen/Minute fpl <verf.hydr> • gallons per minute pl (G.P.M); gallons/minute pl
Galmei m <min> • calamine; galmei
Galton'sche Kurve f <math> • Galtonian curve
Galton'sches Brett n <math> • Galtonian board
Galton-Pfeife f <akust> • Galton whistle; Galton's whistle
galtonsche Kurve f <math> • Galtonian curve
galtonsches Brett n <math> • Galtonian board
Galvalume n TM <mat> • Galvalume TM
Galvani-Potential n <el.chem> • Galvani potential; inner electric potential did
galvanisch <el> • galvanic; voltaic
galvanisch <obfl> (Überzug, Beschichtung) • electroplated; electrodeposited
galvanisch Abformen n <chem.el> • electroplating
galvanisch ätzen vt <obfl> • electroetch vt
galvanisch aufgebrachter Zinküberzug m <obfl> • electrogalvanic coating; zinc-plated coating
galvanisch aufgebrachte Schicht f <obfl> • electrodeposit
galvanisch aufgebrachtes Zink n <obfl> • electroplated zinc
galvanische Anode f <el> • cathodic protection anode
galvanische Batterie f <el> • galvanic battery; galvanic cell; voltaic battery
galvanische Kopplung f <el> • galvanic coupling; conductive coupling

galvanische Korrosion f DIN EN ISO 8044 <obfl> • bimetallic corrosion ISO 8044; galvanic corrosion ISO 8044; contact corrosion; couple corrosion; disimilar metals corrosion
galvanischer Cadmiumüberzug m <obfl> • cadmium electroplate
galvanischer Niederschlag m <obfl> • electrodeposit
galvanischer Schutz m DIN EN ISO 8044 <obfl> (von Eisen und Stahl) • galvanic protection ISO 8044; cathodic corrosion protection; electrolytic protection; cathodic protection; sacrificial protection
galvanischer Strom m <el> • galvanic current; voltaic current
galvanischer Überzug m <obfl> • electrodeposit; electroplating; electroplate; plating pract
galvanischer Zinküberzug m <obfl> • electrogalvanic coating; zinc-plated coating
galvanisches Cadmieren n <obfl> • cadmium plating
galvanisches Element n <el.chem> (z. B. als Batterie, zum Galvanisieren od. bei Korrosion) • galvanic cell; electrolytic cell; electrochemical element rare; electrochemical cell rare; voltaic cell rare
galvanische Spannungsreihe f DIN EN ISO 8044 <chem.el> • galvanic series ISO 8044
galvanisches Verzinken n <obfl> • electrogalvanizing (EG); electrodeposition of zinc; zinc plating; cold galvanizing; electrolytic galvanizing
galvanische Trennung f <el> (allg.; auch zur Korrosionsvermeidung) • galvanic isolation; galvanic separation; contact separation
galvanische Trennung f <el> (von Schaltkreisen) • isolation; uncoupling; decoupling
galvanische Verbindung f <el> • metallic connection; direct connection
galvanische Vernickelung f <obfl> • electrolytic nickel plating
galvanische Verzinkungsanlage f <obfl> • electrogalvanizing line (EGL); EG-line
galvanische Zelle f <el.chem> (z. B. als Batterie, zum Galvanisieren od. bei Korrosion) • galvanic cell; electrolytic cell; electrochemical element rare; electrochemical cell rare; voltaic cell rare
galvanische Zersetzung f <chem.el> • electrodissolution
galvanisch getrennter Ausgang m <el> (Netzteil) • isolated output
galvanisch verzinken vt <obfl> • electrogalvanize vt; zinc plate vt; electroplate with zinc vt; zinc electroplate vt
galvanisch verzinkt <obfl> • electrogalvanized; zinc-plated; electroplated with zinc; zinc-electroplated
Galvanisieranlage f <obfl> • electroplating plant; plating unit
Galvanisierautomat m <obfl> • automatic electroplating unit
Galvanisierbad n <obfl> (Lösung; z. B. zum Verchromen) • electroplating solution; electroplating bath; plating solution; plating bath pract
Galvanisieren n <obfl> • electroplating; electrodeposition; electrolytic deposition
galvanisieren vt <obfl> • electroplate vt
Galvanisieren und elektrophoretische Lackapplikation f <obfl> • electrodeposition (ED)
Galvanisierstraße f <obfl> • automatic electroplating line; electroplating line
Galvanisiertrommel f <obfl> • electroplating drum; plating drum; plating barrel
Galvanisierung f <edv> • galvanization
Galvanisierwanne f <obfl> • electroplating tank; electroplating vat

Galvani-Spannung f <el.chem> • Galvani potential difference; Galvani tension; half-cell potential *did*
GALVANNEALED-Stahlblech n (tm) <mat> • GALVANNEALED-sheet steel *(tm)*
Galvannealen n <obfl> • galvannealing
galvannealen vt <obfl> • galvanneal vt
Galvanneal-Ofen m <obfl> • galvannealing furnace
Galvano n <obfl> • galvanotype; electrotype; electroblock
Galvanochromie f <obfl> • electrolytic coloring
Galvanoformen n <prod> • electroforming
Galvanoformung f <prod> • galvanoplasty; electroforming; galvanoplastics
galvanogeformte Schicht f <obfl> • electroform
galvanographische Abbildung f <doku> • galvanotype
galvanomagnetisch <chem> • galvanomagnetic
galvanomagnetischer Effekt m <chem> • galvanomagnetic effect; magnetogalvanic effect
Galvanometer n <el> • galvanometer
Galvanometerkonstante f <el> • galvanometer constant
Galvanometerschreiber m <el.msr> • galvanometer recorder
Galvanoplastik f <prod> • galvanoplasty; electroforming; galvanoplastics
galvano-plastische Negativ-Kopie f <edv> (für CDs) • metal master; first negative; father disc
galvano-plastisch Verstärken n <chem.el> • electroplating
Galvanostegie f <chem.el> (Aufbringen e-es galvan. Überzuges, z. B. Nickel, Silber, Zinn) • electroplating
Galvanotechnik f <obfl> • electroplating technology; electroplating and electroforming technology *did*; electrodeposition *pract*; electroplating *pract*; plating *pract.coll*
Gambohanf m <textil> • Gambo hemp
Game-Port m <edv> • joystick interface; joystick port; joystick connector; game port; gameport
Gameport m <edv> • joystick interface; joystick port; joystick connector; game port; gameport
Gamma m <phot> (auch bei Digitalfotobearbeitung) • gamma value; gamma *pract*; photographic gamma *4rare*
Gammaabsorption f <nukl> • gamma-ray absorption; gamma absorption *pract*
Gammaaktivität f <nukl> • gamma radioactivity; gamma activity *pract*
gammabestrahlt <nukl> • gamma-irradiated; gamma-exposed *pract*
Gammabestrahlungsanlage f <nukl> • gamma-ray irradiation plant
Gammadefektoskopie f <qualit.mat> • gamma-ray material testing
Gammadetektor m <nukl> • gamma-ray detector; gamma detector *pract*
Gammadichtemesser m <phot> • gamma densitometer
Gammadickenmessgerät n <msr> • gamma-ray thickness meter *norm*; gamma thickness meter *pract*; gamma thickness gauge *pract*
Gammadickenmessung f <msr> • gamma-ray thickness gauging; gamma thickness gauging
Gammadosimeter n <nukl> • gamma-radiation dose-meter; gamma dose-meter *pract*
Gammaeisen n <mat> • gamma iron
gammaempfindliches Zählrohr n <nukl> • gamma-discriminating counter
Gammaglobulin n obs <bio> • immunoglobulin
Gammagraphie f <nukl> • gamma-radiography; gammagraphy
Gammagrenzwert m <math> • gamma infinity
Gamma-Interferon n (IFN-) <med> (Interferon) • interferon-gamma (IFN-)

Gamma-Kamera mit Ganzkörpereinrichtung f DIN EN 61675-3 <med.tech> • gamma camera based wholebody imaging DIN EN 61675-3; wholebody imaging gamma camera
Gammakarottage f <petr> • gamma-ray borehole logging *norm*; gamma-ray logging *pract*
Gammakorrektur f <edv> (Farbdarstellung; von Bildern, Monitoren) • gamma correction
Gammameter n <nukl> • gamma-radiation meter *norm*; gamma meter *pract*
Gammamischkristall m <mat> • gamma solid solution
Gammaquant n <nukl> • gamma-ray photon *norm*; gamma photon; gamma quantum
Gammaradiographie f <nukl> • gamma-radiography; gammagraphy
Gammaraum m <phys> • gamma space
Gamma-Ray-Log n <petr> • gamma-ray logging
Gammarelais n <el> • gamma relay
Gamma-Rückstreu-Flächenmasse-Sensor m <pap> • gamma backscatter basis weight sensor
Gammarückstreumessung f <msr> • gamma backscatter gauging
Gammarückstreuung f <phys> • gamma backscattering; gamma backscatter
Gammaschicht f <obfl> • gamma layer
Gammasonde f <nukl> • gamma-ray probe
Gammaspektrometer n <nukl> • gamma-ray spectrometer; gamma spectrometer
Gammaspektrometrie f <nukl> • gamma-ray spectrometry
Gammaspektroskopie f <nukl> • gamma-ray spectroscopy
Gammaspektrum n <nukl> • gamma-ray spectrum; gamma spectrum
Gammastrahl m <phys> • gamma ray; y-ray
Gammastrahlaufnahme f <mat> • gammagraph
Gammastrahlen mpl <phys> (in Astronomie, Nuklearphysik) • gamma rays pl
Gammastrahlendosis f <nukl> • gamma-ray dose
Gammastrahlenlaser m <phys> • graser
Gammastrahlenmessung f <petr> • gamma ray log
Gammastrahlenquelle f <nukl> • gamma-ray source
Gammastrahlenschutz m <nukl> • gamma-ray shield
Gammastrahlenspektrum n <phys> • gamma-ray spectrum
Gammastrahler m <nukl> • gamma radiator
Gamma-Strahlung f <nukl> • gamma-radiation
Gammastrahlung f <nukl> • gamma radiation; gamma emission
Gammastrahlungsmessgerät n <nukl.msr> (Geigerzähler) • gamma-radiation meter
Gammaumwandlung f <chem> • vitrification
Gammaumwandlung f <kst> • second-order transition
Gammawert m <phot> (auch bei Digitalfotobearbeitung) • gamma value; gamma *pract*; photographic gamma *4rare*
Gammazähler m <nukl.msr> • gamma counter; gamma counter tube; gamma-ray counter
Gamma-Zeit-Kurve f <phot> • time-gamma curve
Gammazeitkurve f <phot> • time-gamma curve
Gammazerfall m <nukl> • gamma-ray transformation *norm*; gamma disintegration *pract*; gamma decay *pract.coll*
Gammumwandlung f <chem> (Zustandsänderung viskos-elastisch in spröd-glasartig) • second-order transition
Gamov-Faktor m <nukl> • penetration probability; potential barrier penetration probability; probability of tunneling *US*; Gamov factor
Gamow'scher Potentialtopf m <nukl> • potential wall; potential trough; potential pit; potential pot; potential hole

Gang *m* <allg> *(Verlauf, Ablauf; z. B. Gang der Dinge)*
• course

Gang *m* <tech.allg> *(begehbare Gasse zwischen Sitzen, Regalen etc.; z. B. in Flugzeug, Lager)* • aisle

Gang *m* <bau> *(Lauf-, Verbindungsgang; Durchgang, Steg)* • walkway; gangway; passageway

Gang *m* südd. <bau> *(in Wohnhaus, Wohnung; eher schmaler als eine Diele)* • corridor; hallway

Gang *m* <füg> *(in Schraube)* • flight

Gang *m* <fz> *(zw. Schiffskabinen, Eisenbahnwagen)* • corridor

Gang *m* <kfz.antr> *(bei Schaltgetrieben)* • gear; speed

Gang *m* <kfz.antr> *(bei Automatikgetrieben)* • gear; speed

Gang *m* prakt <kst> *(in Extruder-, Spritzgießschnecke)* • screw flight; flight of a screw; flight *pract*; channel *rare*

Gang *m* <logist> *(in Regallager)* • aisle; gangway

Gang *m* <masch> *(Bewegung; z. B. in Gang setzen)* • motion

Gang *m* <masch> *(von Maschinen)* • working; running; functioning

Gang *m* <masch> *(über ganzen Gewindeschaft)* • thread

Gang *m* <min> *(Gestein, Schicht)* • dike *US*; dyke *GB*

Gang *m* <min> *(z. B. Eisenerz)* • lode; vein; ore vein; ore-bearing vein; live lode

Gang *m* <nav> *(von Planken, Platten im Schiffsrumpf)* • strake

Gang *m* <nav> *(im Schiff)* • alleyway

Gang *m* <nfz> *(zwischen Bus-Sitzreihen)* • aisle; gangway

gangabhängige Frühzündung *f* <kfz.mot> • transmission controlled spark advance (TCS)

Gangabstufung *f* <kfz.antr> • gear-ratio step

Ganganordnung *f* <kfz.antr> • gear-shift pattern

Ganganzeige *f* ugs <kfz.antr> *(bei Automatikgetrieben; typ. P, R, N, D, 1, 2, 3)* • gearshift selector indicator; gear selector indicator

Gangart *f* press <kfz> *(betont: Fahrgeschwindigkeit)* • driving style

Gangart *f* <min> • gangue mineral; rocky matter; ledge matter; waste rock; matrix

gangartig <geo> *(Fels)* • veined; veinlike

gangartige Erzlagerstätte *f* <min> • vein ore deposit; vein deposit

Gangbreite *f* <tech.allg> *(z. B. Regallager, Theater, Kino, Flugzeug)* • aisle width

Gangeinfallen *n* <min> • dip of lode; dip *pract.coll*

Gangerzbergbau *m* <min> • vein mining

Gangflügel *m* <bau> *(Fenster)* • active sash; operating sash; operative sash

Gangfüllung *f* <geo.min> • vein infilling; infilling; vein matter; lodestuff

Ganggestein *n* <min> • dike rock; dykite; lode rock

Ganghöhe *f* <tech.allg> *(Gitter)* • grid pitch

Ganghöhe *f* <bau> *(Wendeltreppe)* • spiral pitch

Ganghöhe *f* <masch> *(Schraube)* • screw pitch

Ganghöhe *f* <masch> • axial pitch

Ganghöhe *f* obs <masch> *(Gewinde allg.)* • lead; thread lead

Ganghöhe *f* <nukl> • pitch

Ganglagerstätte *f* <min> • vein deposit; lode deposit

Ganglinie *f* <bau> *(Treppe)* • walking line *BS 5578*

Ganglinie *f* <doku> *(Last über Zeit)* • load graph

Ganglinie *f* <el> *(z. B. Tagesgang, Jahresgang)* • load curve

Gangpolbahn *f* <mech> • space centrode

Gangpolkegel *m* <mech> *(Kinematik)* • polhode cone

Gangpolkegel *m* <navig> • body cone

Gangrad *n* <fz.antr> *(Fahrrad-Zahnkranz, Kettenrad einer Kettenschaltung)* • rear sprocket

Gangrad *n* <msr> *(in Uhrwerk)* • escapement wheel

Gangreserve *f* <msr> *(mech. Uhrwerk.; z. B. 3 Tage, 1 Woche)* • reserve

Gangreserve *f* <msr> *(el. Uhr mit Batteriepuffer; z. B. 14 Tage)* • reserve power

Gangrichtung *f* <masch> *(Gewinde)* • hand of thread; thread direction

Gangrichtung *f* <wz> • direction of hand

Gangschalthebel *m* <fz> *(Fahrrad; Naben- od. Kettenschaltung; oft ähnl. wie eine Taste)* • shifting lever; shift lever; shifter; gear lever *rare*

Gangschalthebel *m* <kfz> *(bei Motorrädern)* • gearshift lever; shift lever *coll*; shifter *coll*

Gangschaltungszug *m* <fz> *(Fahrrad)* • gear change cable; gear shift cable; gear cable

Gangspalte *f* <geo> • vein fissure

Gangspill *n* <nav> *(Schiff)* • capstan

Gangsteigung *f* <kst> *(Schnecke)* • pitch

Gangtiefe *f* norm <kst> • flight depth

Gangtiefenverhältnis *n* <kst> • compression ratio

Gangtrockner *m* <verf.silik> • corridor drier

Gangunterschied *m* <opt> • optical path difference; path difference

Gangunterschied *m* <opt> *(betont: Verzögerung)* • retardation

Gangunterschied *m* <phys> *(z. B. von polarisiertem Licht)* • phase difference; phase shift

Gangvolumen *n* <kst> *(Spritzgieß-, Extruderschnecke)* • flight volume

Gangwahlhebel *m* <kfz> *(halbautomatisches Getriebe)* • gear selector switch

Gangwahlhebel *m* <kfz> *(Automatikgetriebe)* • selector lever; transmission selector lever *form*; selector *coll*; shifter *coll*; gearshift *Ford*

Gangwahlzug *m* <kfz.antr> • gearshift control cable

Gangwechsel *m* form <kfz> *(Vorgang des Schaltens)* • shifting; gearchange; changing of gears; shift [throw] *coll*; gearshift

Gangwechsel *m* <kfz.antr> *(betont: Wechsel der Übersetzung)* • gear ratio change

Gangwechsel *m* <logist> *(Wechsel der Regalgasse, z. B. durch RFZ)* • aisle change

Gangzahl *f* <kfz.antr> *(Getriebe)* • number of ratios; number of speeds; number of gears

Gangzahl *f* <masch> *(mehrgängiges Gewinde)* • number of starts; number of threads

Gangzahl je 25,4 mm *f* <masch> • threads per inch (TPI/ tpi); number of threads *coll*

Ganzaluminium… <mat> *(z. B. Karosserie, Motor, Rahmen)* • all-aluminum …

Ganzaluminiumkarosserie *f* <kfz> • all-aluminum body *US*; all-aluminum body *GB*

Ganzband *m* <druck> • full binding

Ganzbestrahlung *f* <med> • whole-body irradiation; whole-body exposure; total-body exposure; total-body irradiation

Ganzblattverstellung *f* <energ.wind> • full span pitch control

Ganzbreitenhalter *m* <textil> • full width temple

ganze Binärzahl *f* <math> • binary integer

ganze Funktion *f* <math> • entire function

ganze Zahl *f* <math> • integer; integer number *form*; whole number *coll*

ganzflächige Radkappe *f* <kfz> *(allg., ganzflächig)* • wheel cover

ganzflächiges Ausbringen *n* <obfl> • overall application

ganzflächige Scheibenbremse *f* :V <brems> • full-contact disk brake

ganzflächiges Kleben *n* DIN ISO 2424 <bau.innen> *(Bodenbelag)* • installation by full adhesion *ISO 2424*

ganz geöffnete Drosselklappe *f* <kfz.mot> • wide open throttle (WOT)

Ganzheit *f* <allg> • integrity

Ganzheit *f* <math> • wholeness; integrity

ganzheitlich <tech.allg> *(z. B. Betrachtung eines Problems)* • holistic; overall; comprehensive; all-embracing; exhaustive

ganzheitliche Betrachtungsweise *f* <tech.allg> *(z. B. von Technikfolgenabschätzung)* • holistic view

Ganzjahresfrostschutz[mittel] *m* <kfz> • permanent anti-freeze [coolant]; year around ethylene glycol anti-freeze *did*

Ganzjahresprodukt *n* <nahr> • year-round product

Ganzjahresreifen *m* <prod> • all-season tire *US*; all-weather tire *US*; all-weather tyre *GB*

Ganzkörperbestrahlung *f* <med> • whole-body irradiation; whole-body exposure; total-body exposure; total-body irradiation

Ganzkörperdosis *f rar* <nukl.med> *(effektive Äquivalentdosis und Teilkörperdosis)* • whole-body dose; body dose *rare*

Ganzkörperexposition *f* <med> • whole-body irradiation; whole-body exposure; total-body exposure; total-body irradiation

Ganzkörper-Gamma-Kamera *f* <med.tech> • gamma camera based wholebody imaging *DIN EN 61675-3*; wholebody imaging gamma camera

Ganzkörperstrahlenbelastung *f* <med> • whole-body irradiation; whole-body exposure; total-body exposure; total-body irradiation

Ganzkörperzähler *m* <nukl.msr> • human body counter *norm*; whole-body counter; body counter *pract.coll*

Ganzlackierung *f* <obfl.rep> *(Reparaturlackierung)* • full respray; complete respray

Ganzleder *n* <led> • solid leather

Ganzlochwicklung *f* <el> • integer-slot winding

Ganzlukenschiff *n* <nav> • all-hatch ship

ganzmattierte Lampe *f* <licht> • all-frosted lamp

Ganzmetallausführung *f* <msr> • all-metal construction

Ganzmetallflugzeug *n* <aerospace> • metal aircraft

Ganzmetallkonstruktion *f* <tech.allg> • all-metal construction

Ganzmetallmutter *f* <füg> *(selbstsichernd)* • all-metal nut

Ganzmetall-Sicherungsschraube *f* <füg> *(klemmend)* • all-metal prevailing torque bolt

Ganzpräparat *n* <bio> *(Taxidermie)* • whole mount; full-body mount

ganzrationale Zahl *f* <math> • rational whole number

Ganzreifenregenerat *n* <kfz> • whole-tire reclaim

Ganzsäule *f* <werb> • board or poster pillar reserved for one advertiser

Ganzscheibenmaske *f* <el> • full wafer mask

Ganzseitenanzeige *f* <edv> • full page display

Ganzseitenmontage *f* <druck> *(Computer-to-Film)* • full-page page makeup; page makeup

Ganzspurlöschkopf *m* <av> • full erase head; F.E. head

Ganzstahlgarnitur *f* <textil> • metallic card clothing

Ganzstahlkarosserie *f* <kfz> • all-steel body; steel body; pressed-steel body *GB.obs*

Ganzstahlschweißkonstruktion *f* <prod> • all-steel welded construction

Ganzstahlwagen *m* <bahn> • all-steel coach

Ganzstelle *f* <werb> • board or poster pillar reserved for one advertiser

Ganzstoff *m DIN 6730* <pap> • finished stuff; paper stock; stock

Ganzstoffaufbereitung *f* <pap.verf> *(Zellstoff, Fasern)* • stock preparation; fiber preparation *US*; fibre preparation *GB*

Ganzstoffmahlmaschine *f* <pap.verf> • perfecting engine; refiner

Ganztierform *f* <bio> *(Tierpräparat)* • full-body form; life-size form

Ganzwellendipol *m* <el> • full-wave dipole

Ganzwortgrenze *f* <edv> • full-word boundary

ganzzahlig <math> • integer; integral; whole-number

ganzzahlige Lösung *f* <math> • integer solution

ganzzahliger Spin *m* <phys> • integer spin

ganzzahliger Teiler *m* <math> • submultiple

ganzzahliges Literal *n norm.* <edv> • integer literal *stand.*

ganzzahliges Vielfaches *n* <math> • integer multiple; integral multiple

ganzzeitig <tech.allg> • full-time

Ganzzeugholländer *m* <pap.verf> • Hollander beater; Hollander beating engine; Hollander; pulp engine; stuff engine

Ganzzeugmahlung *f* <pap.verf> • beating of stock

Gap *f* <av> *(bei Bandaufzeichnungen)* • gap

Gap *f* <energ.sol> • band gap; energy gap; forbidden band; forbidden energy gap

GAP-Zelle *f* <phot> • gallium arsenide phosphide photodiode; GAP cell

Garage *f* <bau> • garage

Garagenauffahrt *f* <bau> *(geneigt oder abfallend)* • driveway

Garageneinfahrt *f* <bau> *(eben)* • driveway

Garagenkündigung *f* <kfz> *(Verlust des Stellplatzes; z. B. für Oldtimer, Liebhaberfahrzeuge)* • loss of garage; loss of storage

Garagentorantrieb *m* <kfz> • garage door opener *pract.coll*

Garagentor-Fernbedienung *f* <kfz> • remote-controlled garage door opener; garage door opener *coll*

Garagentoröffner *m ugs* <kfz> • remote-controlled garage door opener; garage door opener *coll*

Garagenwagen *m* <kfz> *(Pkw-Merkmal, Verkaufsargument auf dem Gebrauchtwagenmarkt)* • garaged car; garaged *advert*; gar'd *advert*

Garantie *f prakt.ugs* <jur> • warranty; guarantee

Garantie gegen Durchrostung *f* <jur> • anti-corrosion warranty *US*; corrosion protection warranty *US*; rust protection warranty *US*; guarantee against corrosion *GB*; corrosion warranty *US*

Garantiekarte *f* <jur> • warranty card

Garantiepaket *n* <jur> • warranty package

Garantie- und Servicepaket *n* <jur> • guarantee and service package

Garben binden *vi* <agri> • tie sheaves *vi*; sheaf *vt*

Garbenbinder *m* <agri> • sheafer; binder

Garbengebläse *n* <agri> • pneumatic sheaf conveyor

Garbensammler *m* <agri> • sheaf carrier

Garbentheorie *f* <math> • sheaf theory

Garbentrenner *m* <agri> • sheaf separator

Garbrand *m* <silik> • maturing

Garderobe *f* <bau.innen> • dressing room; changing area *pract*

Gardine *f* <innen> *(Oberbegriff für Dekostoffe, Schals, Stores, Querbehänge)* • curtain

Gardinenbildung *f* <obfl> *(Lackfehler, Resultat)* • curtaining; sagging; sags *pl*; waterfall *rare*

Gardineneffekt *m* <obfl> *(Lackfehler, Resultat)* • curtaining; sagging; sags *pl*; waterfall *rare*

Gardinengrundgewirk *n* <textil> • square mesh

garen *vt* <metall> • finish-refine *vt*; refine *vt*

gargeblasen <metall> • full-blown

Garkupfer *n* <mat> • tough-pitch copper; refined copper

Garlauge *f* <chem> • refining lye

Garn *n* <textil> *(Bindegarn)* • twine

Garn n DIN 60900 <textil> (Gespinst) • yarn; spun yarn
Garn n <textil> (allg.) • thread; yarn
Garn n prakt <textil> • twist; twisted yarn form; twisted thread; plied yarn; twine rare
Garn aus Rohseidenabfällen n <textil> • waste-spun silk; spun silk pract
Garnbehälter m <agri> • twine can
Garnbinder m <agri> • twine knotter
Garnfachung f <textil> • yarn ply
Garnfärben n <textil.verf> • yarn dyeing
Garnfehler m <textil> (Gespinst) • yarn fault; faulty place
Garnfeinheitssystem n <textil> • yarn count system
Garnführer m <textil> • faller wire
garngefärbt <textil> • yarn-dyed
Garngleichheitsprüfer m <textil.msr> • yarn evenness tester
Garnhalter m <agri> • twine retainer
garnieren vt <mus> (Orgellager etc., zur Reduzierung von Reibung und Geräuschen) • cloth-line vt; cloth bush vt
garnieren vt <silik> • handle vt; stick up vt
Garniermaschine f <silik> • handle machine; sticking machine
Garnitur f <druck> • series
Garnitur f <innen> (z. B. Möbel) • set
Garnitur f <led> • offal
Garnitur f <petr> • blowout preventer stack; BOP stack pract.coll
Garnitur f <textil.led> • trimming
Garniturenstanze f <led> • trimming clicking press
Garnkörper m <textil> (Spule allgemein) • yarn package; package
Garnkörper m <textil> (Kop) • cop
Garnkonditionierung f <textil> • yarn conditioning
Garnlage f <textil> (Spule) • thread layer; yarn layer
Garnmesser n <agri> • twine knife
Garnnummer f <textil> • yarn number; count of yarn; number of yarn; yarn count; yarn size
Garnnummerierung f <textil> (Seide) • ounce system; dram system
Garnnummerierung f <textil> (allg.) • yarn numbering system
Garn ohne Verdrehung n <textil> • torqueless yarn
Garnow'scher Potentialberg m <phys> • Coulombbarrier; Coulomb potential barrier
Garnporen fpl <textil> (Lücken zwischen Kette und SDchuß) • yarn pores
Garnreiniger m <textil> • yarn cleaner; yarn clearer
Garnsengmaschine f <textil> • yarn singer
Garnständer m <textil> (Flachstricken) • yarn package stand
Garnträger m <textil> (Spule allg.) • bobbin
Garnträger m <textil> (allg., jede Form) • yarn carrier
Garnträger m <textil> (Kop) • tube
Garnverbundstoff m <textil> • bonded yarn fabric
Garnverfilzungsverfahren n <textil.verf> • yarn-felting process
Garnverwicklung f <textil> • twisted thread
Garnweife f <textil> • reeling machine
Garprobe f <metall> (Kupfergewinnung) • refining assay
Garrösten n <metall> • finishing roasting
Garschaum m <metall> • refined iron froth
Garschaumgraphit m <kunst> • kish graphite
Garschlacke f <metall> • refining slag
Gartenabfälle mpl <ents> • garden waste; yard trash US; yard waste US
Gartenbahn f <bahn> • garden railway
Gartenflinte f <mil> (6, 7 or 9 mm, für Schrot, Rundkugel oder Spitzgeschoss) • Flobert rim-fire gun; rat gun coll
Gartenschere f <agri.wz> • pruner; pruning shear

Gartenzaunausrichtung f <edv> (Strichcodesymbol) • picket fence orientation; horizontal orientation
Garungszeit f <mat> (von Kohle zu Koks) • carbonization period; coking time
Garzeit f <nahr> (z. B. gemäß Kochrezept) • cooking time
Gas n <allg.tech> (Aggregatzustand, Material, Ausgangsstoff etc.) • gas
Gas n <kfz.mot> (in Bezug auf Motor und Gaspedal) • throttle
Gasabbrennschweißen n <füg> • gas flash welding
Gasabgabe f <tech.allg> • gassing-off
Gasabgabe f <metall> • gassing
Gasabgang m <emiss.msr> (am Messgerät) • gas exit; gas outlet
Gas abgeben vi <chem> (Material, Oberfläche) • gas vi; liberate gas vi
Gasabsaugung f <min> (im Kohleflöz) • degasification
Gasabscheider m <verf> • gas separator
Gasabsorption f <verf> • gas absorption
Gasabsorptionsmittel n <chem.verf> • gas-absorbing agent
Gasabzug m <agri.tech> (Faulraum) • degassifier
Gasabzug m <emiss> • gas offtake; gas exhaust
Gasabzugsrohr n <emiss> • gas offtake pipe; fume pipe pract.coll
Gasadsorptionschromatographie f <chem.verf> • gas adsorption chromatography
Gasadsorptionstechnik f <verf> • gas adsorption technology
Gasanalyse f <verf> • gas analysis
Gasannahme f <kfz.mot> • throttle response
Gasansammlung f <tech.allg> • gas accumulation
Gasanzeichen n <petr> (Erdgasvorkommen) • gas show
Gasanzeiger m <msr> • gas-leak indicator; gas indicator
gasarm <mat> (Kohle) • non-gassing
gasarme Kohle f <verbr> • low-volatile coal
gasartspezifisch <chem> • gas-specific ISO 4135
Gasatmosphäre f <tech.allg> • gaseous atmosphere; gas atmosphere
Gasaufbereitung f <chem.verf> (allg.) • gas processing; gas conditioning
Gasaufbereitungsgerät n <emiss.msr> • gas preparation unit; gas conditioning unit
Gasaufkohlung f <metall> • gas carburization; gas carburizing
Gasaufnahme f <chem> • gas absorption
Gasaufnahme f <metall> • gassing
Gasauftreffkräfte fpl <kfz.emiss> (Abgas) • direct exhaust gas impingement
Gasaufzehrung f <el> • gas clean-up
Gasausbeute f <chem.verf> (z. B. Biogas, Erdgas) • gas yield
Gasausdehnungsthermometer n <msr> • gas-expansion thermometer
Gasausgang m <emiss.msr> (am Messgerät) • gas exit; gas outlet
Gasaustritt m <tech.allg> (vorgesehen) • gas outlet
Gasaustritt m <verf> (ungewollt) • gas leakage; gas escape
Gasaustrittstemperatur f <tech.allg> (z. B. Gasturbine) • exit gas temperature
Gasauswurf m <ökol> • gaseous discharge
Gasballastpumpe f <förd> • gas ballast pump
Gasbehälter m <energ> (großes Kessel-Bauwerk; für Stadtgas, Erdgas) • gasometer; gasholder
Gasbehälter m <logist> (allg.; jede Größe) • gas container; gas vessel
gasbehaftet <mat> • gas-contaminated
gasbeheizter Infrarotstrahler m <hlk> • catalytic burner; catalytic hydrogen burner; diffusion burner

Gasbeheizung f <verbr> *(z. B. Ofen)* • gas heating; gas-fuel firing *norm*; gas firing *pract*

gasbeständig <qualit.mat> • resistant to gas; resistant to gases

Gasbeton m <bau.mat> *(z. B. als Dämmbeton)* • aerated concrete; porous concrete *did*; gas concrete *pract*

gasbetrieben <tech.allg> *(Verbrennung)* • gas-fired

gasbetrieben <tech.allg> *(Betrieb)* • gas-operated

Gasbildner m <allg.tech> • gas-forming substance; gas-forming agent

Gasbildung f <tech.allg> *(allg.)* • gas formation

Gasbildung f <obfl> *(während der Lagerung eines Beschichtungsstoffes)* • gassing

Gasblase f <tech.allg> *(allg., in Flüssigkeiten)* • gas bubble

Gasblase f <kfz.mot> *(z. B. in Kraftstoffzuleitung)* • gas bubble

Gasblase f <prod> *(z. B. in Gussstück)* • blister; gas cavity *did*; blow-hole *pract*

Gasblasenbildung f <kfz.mot> *(z. B. in Bremsleitung, Kraftstoffzuleitung)* • development of bubbles

Gasblasenseigerung f <metall> • blow-hole segregation

Gasbleiche f <pap> • gas bleaching

Gasbohrung f <petr> • gas well

Gasbrand m <med> • gas gangrene; gasphlegmon; gaseous gangrene; clostridial infection

Gasbrenner m <füg> *(Schweißen)* • gas blowpipe; gas torch

Gasbrenner m <verbr> *(kranz-, ringförmig; z. B. bei Gasherd)* • gas ring

Gasbrenner m <verbr> • gas burner

Gasbrenner mit Gebläse m DIN 4788, 2 <verbr> • forced draught gas burner; fan-assisted gas burner

Gasbrenner ohne Gebläse m <verbr> • atmospheric gas burner

Gasbrennschneiden n <prod> • gas flame cutting; flame cutting *pract*

Gas-Brennwertkessel m <verbr> • gas-fired condensing boiler

Gasbürette f <chem> *(zur Titration)* • gas burette

gaschromatografische Bestimmung organischer Verbindungen f VDI 2100 Blatt 2 <msr> • gas chromatographic determination of organic compounds

Gaschromatograph m <chem> • gas chromatograph

Gaschromatographie f (GC) <chem.verf> *(Analyse- und Trennverfahren)* • gas chromatography (GC)

gasdicht <tech.allg> • gas-tight; gas-proof

Gasdichte f <phys> • gas density

gasdichte Batterie f <el> • sealed battery; maintenance-free battery; captive electrolyte battery

gasdichter Tankverschluss m <kfz> *(Kraftstofftank)* • sealed filler cap

Gasdichtewaage f <phys.msr> • gas-density balance

Gasdichtigkeit f <tech.allg> • gas tightness

Gasdichtung f <rls> • gas seal

Gasdiffusionsanlage f <nukl> • gaseous diffusion plant *norm*; diffusion plant *pract*

Gasdiffusionskaskade f <nukl> • gaseous diffusion cascade *norm*; cascade *pract*

Gasdiffusionstrennkaskade f <nukl> • gaseous diffusion cascade *norm*; cascade *pract*

Gasdiffusionsverfahren n <nukl> • gaseous diffusion process

Gasdosiereinheit f <kfz.mot> • gas metering unit *:V*

Gasdränage f <ents> • degassing layer

Gasdrehgriff m <kfz> *(Motorrad)* • throttle grip; throttle twistgrip

Gasdruck m <tech.allg> • gas pressure

Gasdruckdämpfer m <kfz> *(Fahrwerk)* • gas shock absorber; gas-assisted shock absorber; gas pressurized shock absorber; gas shock[er] *GB.coll*; gas damper *pract.coll*

Gasdruckisolierung f <el> • gas pressure insulation

Gasdruckmessgerät n <msr> • gas pressure gauge

Gasdruckstoßdämpfer m <kfz> *(Fahrwerk)* • gas shock absorber; gas-assisted shock absorber; gas pressurized shock absorber; gas shock[er] *GB.coll*; gas damper *pract.coll*

Gasdruckstütze f <kfz> *(z. B. von Heckklappe)* • gas prop; strut

Gasdüse f <füg.wz> *(Schutzgasschweißgerät)* • gas nozzle

Gasdurchflussmesser m <msr> • gas flowmeter

Gasdurchflusszähler m <msr> • gas-flow detector; gas-flow counter

gasdurchlässig <mat> • permeable to gas; permeable to gases

gasdurchlässige Membran f <msr> • gas permeable membrane

Gasdurchlässigkeit f <mat> *(allg.)* • permeability to gas; gas permeability

Gasdurchlässigkeit f <metall> *(erwünscht; Formsand in Gießerei)* • venting power

Gasdurchsatz m prakt <verf> • gas volumetric flow rate; gas throughput *pract*

Gasdynamik f <phys> • gas dynamics

gasdynamische Abschirmung f <nukl> • gasdynamic screening; gasdynamic shielding

gasdynamische Beschleunigung f <nukl> • dynamic acceleration

gasdynamische Schmierung f DIN ISO 4378-1 <tribo> • aerodynamic lubrication *ISO 4378-1*

Gasechtheit f <textil> • gas-fume fading resistance; gas fading resistance; gas-fume fastness

Gaseingang m <msr> *(am Messgerät)* • gas inlet

Gaseinlass m <nukl> • gas inlet

Gaseinpressen n <petr> • gas injection; gas input

Gaseinpressen n <petr> *(Sekundärgewinnung)* • gas repressuring

Gaseinpresssonde f <petr> • gas input well

Gaseinsatzhärten n <metall> • gas case hardening

Gaseinschluss m <tech.allg> *(in Stoffen: Glas, Metall, Teig)* • entrapped gas

Gaseinschluss m <tech.allg> *(Betonung auf Einschluss)* • gas occlusion; gas entrapping

Gaseinschluss m <metall.qualit> *(Hohlraum, durch eingeschlossenes Gas gebildet)* • gas cavity; blow-hole *pract.coll*

Gaseintritt m <tech.allg> • gas inlet

Gaseinwaschgerät n <verf> *(Anreichern von Stoffen mit Gasen)* • wash-in appliance for gases

Gaselektrode f <el> • gas electrode

Gaselement n <el> • gas cell

Gasen n <chem> *(Austreten von Gasen; z. B. beim Laden von Bleiakkus)* • gassing; outgassing *rare*

Gasen n <chem.verf> *(Wassergaserzeugung)* • steam run; steaming; run

Gasen n <el> *(Batterie)* • gassing

gasen v <verf> *(z. B. Wassergasherstellung)* • steam v

gasen vi <tech.allg> • gas vi

gasen vi <verf> *(Gas entwickeln)* • evolve gas vi

gasender Akkumulator m <el> • gassing accumulator

Gasentartung f <nukl> • gas degeneration; gas degeneracy

Gasentladung f <phys> • gas discharge; discharge; electric discharge

Gasentladungsableiter m <msr> • gas-discharge arrester

Gasentladungsgleichrichter *m* <el> • gas-filled valve rectifier; gas-filled rectifier; gas rectifier tube

Gasentladungslampe *f* <licht> *(z. B. in Projektoren, Kfz-Scheinwerfern)* • gas discharge lamp; gaseous discharge lamp; discharge-type lamp

Gasentladungslaser *m* <licht> • gas-discharge laser

Gasentladungslichtquelle *f* <el.opt> • gas-discharge light source; gas-discharge lamp *pract*

Gasentladungsplasma *n* <phys> • gas-discharge plasma

Gasentladungsrelais *n* <el> • gas-discharge relay

Gasentladungsröhre *f* <el> • gas-discharge tube; gas-discharge valve

Gasentladungsscheinwerfer *m* <kfz.licht> • gas discharge headlight; motor vehicle headlight with a gas discharge lamp; gaseous discharge headlight; discharge-type headlight

Gasentladungszählrohr *n* <nukl> • gas-discharge counter tube

Gasentlastungsbohrung *f* <mil> *(am Lauf von Schnellfeuerpistolen)* • gas port; gas discharge hole *Walther*; gas vent *pract*; vent *pract.coll*

Gasentlösungsdruck *m* <petr> • dissolved-gas drive

Gasentnahmeschlauch *m* <msr.emiss> *(für Rauchgassonde)* • gas sampling hose

Gasentnahmestelle *f* <med.tech> *(für Druckgase)* • station outlet; terminal unit

Gasentwickler *m* <verf> • gas generator; gas producer

Gasentwicklung *f* <chem> *(Austreten von Gasen; z. B. beim Laden von Bleiakkus)* • gassing; outgassing *rare*

Gasentwicklung *f* <chem.verf> *(allg.)* • gas formation; gas generation

Gaserzeuger *m* <verf> • gas generator; gas producer

Gaserzeugungsanlage *f* <verf> • gas production plant; gas plant

Gasexpansion *f* <petr> • gas expansion

Gasexplosion *f* <tech.allg> • gas explosion

Gasfamilie *f* <verbr> • gas family

Gasfanghülse *f* <mil> *(Maschinengewehr)* • gas chamber

Gasfeder *f* <tech> • pneumatic spring

Gasfederung *f* <tech> • pneumatic springing

Gasfeld *n* <petr> • gas field

Gasfernversorgungsanlage *f* <energ> • gas plant for long-distance supply

Gas-Fest-Chromatographie *f* <chem.verf> • gas-solid chromatography

Gas-Feststoff-Chromatographie *f* <chem.verf> • gas-solid chromatography

Gasfeuerung *f* <verbr> *(Vorgang)* • gas firing

Gasfeuerung *f* <verbr> *(Ofen)* • gas-fired furnace

Gasfeuerung *f* <verbr> *(Betonung auf: Gas als Brennstoff)* • gas-fuel firing

Gasfilter *n* <chem> • gas filtering tube; gas filter

Gasflamme *f* <verbr> • gas flame

Gasflammenhärtung *f* <metall> • gas-flame hardening; flame hardening

Gasflammentrockner *m* <druck> • gas-flame drying equipment

Gasflammkohle *f* <min> *(zw. Flammkohle und Gaskohle)* • long-flame gas coal; long-flame coal; gas flame coal

Gasflammofen *m* <verbr> • gas-fired air furnace; gas-reverberatory furnace

Gasflasche *f* <tech.allg> *(mit Druckgas; z. B. zum Schweißen)* • cylinder

Gasflasche *f* <kfz> • LPG cylinder; gas bottle

Gasflasche *f* <logist> • gas cylinder

Gasflaschenkasten *m* <kfz> *(Caravaning)* • bottle locker

Gasflaschen-Kennzeichnung *f DIN EN 1089-3* <tech.allg> *(z. B. Farbcodierung)* • cylinder identification *DIN EN 1089-3*

Gas-Flüssig-Chromatographie *f* <chem.verf> • gas-liquid chromatography

Gas-Flüssigkeits-Chromatographie *f* <chem.verf> • gas-liquid chromatography

Gasfluss *m* <med.tech> *(Atemluft im Beatmungsgerät)* • flow rate; flow *pract*

Gasfördermaschine *f* <masch> • gas exhauster

Gasfördersonde *f* <petr> • gas-producing well

gasförmig <tech.allg> • gaseous

gasförmige Brenn-, Kraft- und Treibstoffe *mpl* <energ> • gaseous fuels

gasförmige Emission *f* <emiss> • gaseous emission

gasförmige Freisetzungen *fpl* <emiss> • gaseous effluents

gasförmige Ionen *npl* <druck> • gaseous ions *pl*

gasförmige Phase *f* <phys> • gas phase; gaseous phase

gasförmiger Aggregatzustand *m* <phys> • gaseous state

gasförmiger Brennstoff *m* <verbr> • gaseous fuel

gasförmiger Körper *m* <phys> • gaseous body

gasförmiger Schadstoff *m* <verf> • gaseous pollutant

gasförmiger Stoff *m* <ents> • gaseous substance

gasförmiger Treibstoff *m* <verbr> • gaseous propellant

gasförmiger Zustand *m* <phys> • gaseous state

gasförmiges Medium *n* <tech.allg> • gaseous medium

gasförmiges Medium *n* <verf> *(betont: fließfähig)* • gaseous fluid

gasförmige Verbrennungsprodukte *npl* <verbr.emiss> *(Abgas)* • gaseous combustion products *pl*

gasführend <tech.allg> *(Gelände, Leitung, Behälter)* • gas-containing

gasführende Gesteinsschicht *f* <petr> • gas-logged stratum

Gasfüllung *f* <tech.allg> • gas filling

Gas/Gas-Wärmetauscher *m* <emiss> • gas gas heater

Gas-Gebe-Schalter *m* <wz> • variable-speed switch

Gasgebläse *n* <masch> • gas-driven engine blower

Gasgebläsebrenner *m* <verbr> • forced draught gas burner; fan-assisted gas burner

gasgefeuert <emiss> • gas fired

gasgefüllte Photozelle *f* <phys> • gas-filled phototube; gas phototube

gasgefüllte Röhre *f* <tech.allg> • gas-filled tube

Gasgehalt *m* <verf> • gas content

gasgekühlter Reaktor *m* <nukl> • gas-cooled reactor

Gasgenerator *m* <kfz> *(Airbag, Gurtstraffer)* • inflator [unit]; gas generator *VW.Bosch*; inflator module *GM*

Gasgenerator *m* <verf> • gas generator; gas producer

gasgeschmiertes Lager *n* <masch> • gas bearing

Gasgeschwindigkeit *f* <verf> • gas velocity

Gasgesetz *n* <therm> • gas law

gasgetragenes Luftfahrzeug *n* <aerospace> • lighter-than-air aircraft; lighter-than-air craft; aerostat

Gasgewinde *n* ugs <rls> • gas pipe thread; gas thread *coll*; Whitworth pipe thread *rare*

Gasgewindebohrer *m* <wz> • gas pipe tap

Gasgleichung *f* <phys> • perfect gas equation; gas equation

Gasglocke *f* <füg> • gas bell

Gashahn *m* <rls> • gas stopcock; gas tap

Gashartlöten *n* <füg> • gas brazing; torch brazing

Gashaupthahn *m* <rls> • gas main tap; main gas tap

Gashebel *m* ugs.rar <kfz.msr> • accelerator; accelerator pedal *form*; throttle *coll*; loud pedal *BE.coll*

Gasheber *m* <chem> • gas lift

Gasheizer *m* <kfz.hlk> *(Caravan)* • flued heater

Gasheizgebläse *n* <hlk> • gas-fired fan heater

Gasheizkessel *m* <hlk> • gas fired heating boiler; gas-fired boiler; gas boiler

Gasheizkranz *m* <verbr> • ring burner
Gasheizung *f* <hlk> *(allg.)* • gas-fired heating; gas heating
Gasheizung *f* <hlk> *(betont: Gas als Brennstoff)* • gas-fuel firing
Gasherd *m* <gastr.tour> *(Caravan, Camping)* • gas hob
Gashülle *f* <füg> • gas envelope
Gashülle *f* <geo> • gas atmosphere
gasieren *vt* <textil> • gas-singe *vt*; genappe *vt*; singe *vt*; gas *vt pract*
Gasinjektionstechnik *f* (GIT) <kst> *(Spritzgießsonderverfahren)* • gas injection technique (GIT)
Gasinnendrucktechnik *f* <kst> *(Spritzgießsonderverfahren)* • gas injection technique (GIT)
Gasionenlaser *m* <phys> • gaseous ion laser
Gasionenstrom *m* <phys> *(Elektronenröhre)* • gas current
Gasionisation *f* <phys> • gas ionization *US.GB*; gas ionisation *GB.rare*
Gasionisationsverstärkung *f* <phys> *(Zählrohr)* • gas amplification
gasisolierte Hochspannungsübertragung *f* <el> • gas-insulated high-voltage transmission
gasisolierte Leitung *f* (GIL) <el> • gas-insulated conductor
Gaskabel *n* <el> • gas cable
Gaskalorimetrie *f* <msr> • gas calorimetry
Gaskammer *f* <chem.verf> *(Spektroskopie)* • gas cell
Gaskanal *m* <bau> • ventgas passage; ventgas duct
Gaskappe *f* <füg> *(beim Schweißen)* • protective gas cap; welding gas cap; inert gas cup; gas cup
Gaskappe *f* <petr> *(über Erdölvorkommen)* • gas cap; gas dome
Gaskartusche *f* <mil> *(kleine Patrone; von Druckluft-, CO₂-Waffen)* • pressure cylinder
Gaskessel *m* <hlk> • gas fired heating boiler; gas-fired boiler; gas boiler
Gaskinetik *f* <therm> • gas kinetics
Gaskleinraumheizer *m* <hlk> • small-room gas heater
Gaskluppe *f* <wz> *(Werkzeug zum Gewindeschneiden für Rohre)* • gas pipe stock
Gaskocher *m* <gastr.tour> *(Caravan, Camping)* • gas hob
Gaskohle *f* <min> *(zw. Gasflammkohle und Fettkohle)* • gas coal; gas-making coal
Gaskoks *m* <verbr> • gas coke
Gaskompressor *m* <masch> • gas compressor
Gaskondensatlagerstätte *f* <geo> • gas-condensate deposit
Gaskonditionierung *f* <verf> • gas conditioning
Gaskonstante *f* (R) <therm> *(allgemeine vs. spezielle)* • gas constant (R)
Gaskonzentration *f* <msr> • gas concentration
Gaskorrosion *f* DIN EN ISO 8044 <obfl> *(trockenes Gas als einziges Korrosionsmedium)* • gaseous corrosion ISO 8044
Gaskräfte *fpl* <kfz> • combustion forces *pl*
Gaskühler *m* <verf> *(allg.)* • gas cooler
Gaskühler *m prakt* <verf> • Peltier cooler; gas cooler *pract*
Gaskühlung *fsg* <ents> • gas cooling
Gasküvette *f* <verf> • gas cell
Gaslager *n* <energ.logist> *(z. B. für Erdgas)* • gas tank farm
Gaslager *n* <masch> • gas bearing
Gaslagerstätte *f* <petr> • natural gas reservoir; deposit of natural gas; gas reservoir; gas field; gas pool
Gaslampe *f* ugs <licht> • gas light; gas lamp
Gaslaser *m* <phys> • gas laser
Gas-Laserstrahlschweissen *n* <füg> • gas laser welding
Gasleitung *f* <hlk> • gas main
Gasleitungskupplung *f* <füg> *(Schlauch-Steckverbinder)* • fluid connector

Gasleuchte *f* <licht> • gas light; gas lamp
Gasliftförderung *f* <petr> • gas-lift production; gas lifting
Gaslöslichkeit *f* <chem> • gas solubility
Gaslöten *n* <füg> *(hart)* • gas brazing; torch brazing
Gaslöten *n* <füg> *(weich)* • gas soldering
Gaslötkolben *m* <füg> *(für Weichlöten)* • gas soldering iron
Gaslötschweißen *n* <füg> *(für Hartlöten)* • gas braze welding
Gaslufterhitzer *m* <hlk> • gas-heated air heater
Gas-Luft-Gemisch *n* <mat.füg> *(z. B. beim Schweißen Mischung aus Acetylengas und Sauerstoff)* • gas-air mixture
Gaslunker *m* <mat> *(Gasblase in Gussteilen)* • gas pocket
Gaslupfen *n ugs.rar.süddt* <kfz> *(abrupt, Fuß vom Gas)* • power off; throttle lift off
Gasmangelsicherung *f* DIN 3399 <hlk> *(z. B. im Durchlauferhitzer)* • low-pressure cut-off valve
Gasmaser *m* <phys> *(Spezialmaser)* • gas maser
Gasmaske *f* <sich> • gas mask
Gasmengenmesser *m* <msr> • gas flowmeter
Gasmesser *m* <msr> • gas meter
Gasmesserleder *n* <led> • gas meter leather
Gas-MHD-Generator *m* <phys.tech> • gas magnetohydrodynamic generator; gas MHD generator
Gasmischheber *m* <förd> *(allg.)* • air-lift pump; mammoth pump *rare*
Gasmischung *f* <mot> • gas mixture
Gasmischungskammer *f* <mot> • gas mixing chamber
Gasmotor *m* <mot> • gas engine; gas motor
Gasnachweisgerät *n* <msr> • gas detector
Gasnebel *m* <astron> • gaseous nebula; gaseous nebulae *pl*
Gasnetz *n* <hlk> • gas grid
Gasnitrieren *n* <metall> • gas nitriding
gasochrom <bau.hlk> *(Glas, Fensterscheibe)* • gas-chromatic *:V*
Gasödem *n* <med> • gas gangrene; gasphlegmon; gaseous gangrene; clostridial infection
Gasöl *n* <chem.petr> *(Siedebereich zwischen 250 ... 400 °C; Basis für Diesel und HEL)* • gas-oil; gas oil
Gasöldestillat *n* <chem.petr> • gas-oil distillate
Gas-Öl-Verhältnis *n* <petr> • gas-oil ratio
Gasofen *m* <verbr> • gas burner; gas oven; gas kiln
Gasohol *m* <kfz> • gasohol
Gasometer *m* <chem> *(Laborgerät, Analytik)* • gasometer
Gasometer *m* <energ> *(großes Kessel-Bauwerk; für Stadtgas, Erdgas)* • gasometer; gasholder
Gaspedal *n* <kfz.msr> • accelerator; accelerator pedal *form*; throttle *coll*; loud pedal *BE.coll*
Gaspedalsperre *f* <kfz.antr> *(automatisches Getriebe)* • accelerator interlock; antigas *ZF*
Gaspedalstellung *f* <kfz.mot> • position of accelerator pedal
Gaspendelsystem *n* <kfz.emiss> • vapor recovery system *:V*; vapor return system
Gaspendelung *f* DIN ISO 13331 <kfz.emiss> *(Tankstelle)* • vapor recovery *ISO 13331*; fuel vapor recovery *:V*; vapor recycling *:V*
Gasperiode *f* <verf> *(Wassergaserzeugung)* • make phase; make run; run *pract.coll*
Gasphase *f* <chem> • gas phase; gaseous phase
Gasphase *f* <chem.verf> *(bei Hochdruckhydrierung)* • vapor phase
Gasphase *f* <el.ic.prod> *(Ausgangszustand beim Abscheiden fester Stoffe)* • vapor phase
Gasphasecracken *n* <chem.petr> • vapor-phase cracking
Gasphasehydrierung *f* <chem.verf> • vapor-phase hydrogenation

Gasphasekatalysator m <chem> • vapor-phase catalyst
Gasphasekracken n <chem.petr> • vapor-phase cracking
Gasphasenchemie der Troposphäre f VDI 3783 Blatt 5 <ökol.meteo> • gas-phase chemistry of the troposphere
Gasphasendiffusion f <prod> • vapor phase diffusion US; vapor phase diffusion GB
Gasphasenepitaxie f <edv.ic> • vapor phase epitaxy
Gasphaseninhibitor m <obfl> (Korrosionsschutz) • vapor-phase inhibitor
Gasphasenoxidation f <emiss> (Oxidation von NO zu NO_2, danach Abscheidung) • gas-phase oxidation
Gasphasereaktion f <chem> • gas-phase reaction
Gasphotozelle f <phys> • gas-filled emissive cell
Gaspipeline f ugs <rls> • natural gas pipeline; gas pipeline coll
Gaspipette f <verf> • gas pipette
Gaspore f <metall> (länglicher Gaseinschluss z. B. in Schweißnaht) • gas pore; gas pocket; pin-hole pore
Gasporendichte f <metall.qualit> (in Gussteil; Anzahl der Feinlunker) • pinhole density
Gaspressschweißen n DIN 8522,1910 <füg> • gas pressure welding; pressure gas welding DIN 8522,1910
Gasprobe f <msr.emiss> • gas sample
Gasprobenventil n <msr.rls> • gas sampling valve
Gasprovinz f <petr> • gas field
Gasraum m <kfz> (Einrohr-Stoßdämpfer) • pressure chamber; gas chamber rare
Gasraum m <verf.pap> • top of the digester
Gasreformanlage f <verf> • gas reforming plant
Gasreformieranlage f <verf> • gas reforming plant
Gasreibung f <phys> • gas friction
gasreiche Kohle f <verbr> • high-volatile coal
Gasreinigung f <verf> (allg.) • gas purification; gas cleaning
Gasreinigung f <verf> (mit Nasswäscher) • gas scrubbing; gas washing
Gasreinigungsapparate mpl <verf> • gas cleaning equipment; gas cleaning devices
Gasretortenkoks m <verbr> • gas-retort coke
Gasröhre f <phys> (Ionenröhre) • gas tube
Gasröstofen m <prod> • gas-fired calcining kiln
Gasrohr n <rls> • gas pipe
Gasrohrgewinde n <füg.rls> • Whitworth pipe thread
Gasrohrgewinde n <rls> • gas pipe thread; gas thread coll; Whitworth pipe thread rare
Gasrohrzange f <wz> • gas pliers; gas tongs
Gasrückblasen n <kfz.mot> (bei 2-Takt-Motoren) • blowback; pushback of charge
Gasrückführung f <kfz.emiss> (Tankstelle) • vapor recovery ISO 13331; fuel vapor recovery :V; vapor recycling :V
Gasrückführungssystem n <kfz.emiss> • vapor recovery system :V; vapor return system
Gasrückpendelung f rar <kfz.emiss> (Tankstelle) • vapor recovery ISO 13331; fuel vapor recovery :V; vapor recycling :V
Gasrückschieben n <kfz.mot> (bei 2-Takt-Motoren) • blow-back; pushback of charge
Gasrückstand m <verf> • gas residue; residual gas
Gasruß m <ents> • gas black
Gassäule f <kfz.mot> • gas column; column of mixture
Gassammelleitung f <rls> • gas-collecting main
Gassammler m <verf> • gas holder
Gasscheider m <verf> • oil-gas separator
Gasschicht f <tech.allg> • gas layer
Gasschieber m <kfz.mot> (im Vergaser) • slide valve
Gasschieber n <rls> • gas sluice valve
Gasschmelzschweißen n DIN 1910 <füg> • gas welding (OFW); oxy-fuel gas welding form; torch welding pract

Gasschmierung f DIN ISO 4378-3 <tribo> • gas-film lubrication ISO 4378-3; gas lubrication
Gasschutz m <füg> (Schweißen) • gas shield
Gasschutzgerät n <min> • rescue apparatus
Gasschutzgerät n <sich> • gas-protective apparatus
Gasschweißen n DIN 8522 <füg> • gas welding (OFW); oxy-fuel gas welding form; torch welding pract
Gasschweissen mit Sauerstoff-Acetylen-Flamme n DIN EN ISO 4063 <füg> • oxy-acetylene welding ISO 4063
Gasschweissen mit Sauerstoff-Brenngas-Flamme n <füg> • oxy-fuel gas welding; oxyfuel gas welding US
Gasschweissen mit Sauerstoff-Propan-Flamme n <füg> • oxy-propane welding
Gasschweissen mit Sauerstoff-Wasserstoff-Flamme n <füg> • oxy-hydrogen welding
Gasschwund m <textil> • gas fading
Gasse f <kfz> • shift track
Gasse f <logist> (in Regallager) • aisle; gangway
Gasse f <min> • track
Gasse f <theat> • coulisse
Gasse f <verf> (z. B. Filtertechnik) • spacing; collecting-plate spacing n
Gassenbühne f <theat> • chariot-and-pole-system; chariot-wing-system; carriage-and-frame-system; wing-and-border-system
Gassenge f <textil> • gas-singeing machine
Gassengen n <prod> • gas singeing
Gassonde f <petr> • gas well
Gasspeicherballon m <agri.tech> • balloon gas-holder
Gassperre f <kfz.antr> (automatisches Getriebe) • accelerator interlock; antigas ZF
Gasspritzen n <obfl> • gas flame spraying; gas spraying
Gasspüler m <chem.verf> • bubbler
Gasspürgerät n <msr> • gas-leak detector; gas detector; gas tracer pract
Gasspurenanalyse f <msr> • trace gas analysis
Gasspurkammer f <phys> • gas-discharge track chamber
gasstatische Schmierung f DIN ISO 4378-1 <tribo> • aerostatic lubrication ISO 4378-1
Gasstrahl m <aerospace> • gas propulsion jet; propulsion jet; gas jet
Gasstrahl m <astron> • jet
Gasstrahlmaser m <phys> • gas maser
Gasstrahlschneiden n <prod> • gas-jet cutting
Gasströmung f <tech.allg> • gas flow
Gasströmungsmesser m <msr> • gas flowmeter
Gasströmungsrichtung f <verf> • gas flow
Gasstrom m <tech.allg> • gas stream; gas flow
Gasstromschalter m <el> • gas-blast circuit breaker
Gassucher m <msr> • gas-leak detector
Gastasche f <ents> • gas pocket
Gastechnik f <verf> • gas engineering
Gasthermometer n <msr> • gas thermometer
Gastrennanlage f <petr> • oil-gas separator
Gastrennverfahren n <nukl.verf> • gas separation process
Gastrieblagerstätte f <petr> • gas-drive reservoir; gas-drive field
Gastriebverfahren n <petr> • gas-cap drive
Gastriode f <el> • gas-filled triode
Gastrocknungstechnik f <chem.verf> • gas drying technology
Gastronomieware f <nahr> (Speiseeis) • catering product; catering container Nestlé; catering ice cream; bulk container
Gastrübung f <obfl> • gaseous opacification
Gastsitz m Nissan <kfz> • spare seat
Gasturbine f DIN 4340 <turb> • gas turbine

Gasturbine in Jetbauweise f <turb> *(Gasturbinentyp)*
• aircraft derivative; aircraft engine derived gas turbine
did; aero-engine derivative; aero-derived gas turbine;
lightweight gas turbine

Gasturbine leichter Bauart f <turb> *(Gasturbinentyp)*
• aircraft derivative; aircraft engine derived gas turbine
did; aero-engine derivative; aero-derived gas turbine;
lightweight gas turbine

Gasturbinenkraftwerk n <energ> • gas-turbine power plant

Gasturbinenkreisprozess m <therm> • gas-turbine cycle

Gasturbinenlokomotive f <bahn> • gas-turbine locomotive

Gasturbinentriebwagen m <bahn> • gas-turbine railcar

Gasturbinentriebwerk n <aerospace> • gas-turbine
power plant; gas-turbine engine

Gasturbinentriebwerk mit Schubumkehr n <aerospace> • reverse-thrust gas-turbine engine

Gasturbinentriebzug m <bahn> • turbotrain

Gastvortrag m <did> • invited lecture

Gas- und Dampfturbinenanlagen fpl (GUD) <energ>
• gas and steam turbine plants

gasundurchlässig <tech.allg> • impermeable to gas; impermeable to gases; impervious to gas; impervious to
gases; gas-tight

Gasungsperiode f <chem.verf> *(Wassergaserzeugung)*
• steam run; make phase

Gasungsspannung f <kfz.el> • gassing voltage

Gasunterfeuerung f <verbr> • underfired gas furnace

Gasventil n <rls> • gas valve

Gasverbrauchsgerät n <tech.allg> • gas appliance

Gasverdichter m <masch> • gas compressor

Gasverflüssigung f <verf> • gas liquefaction

Gasvergiftung f <med> • gas poisoning; gassing

Gasverschluss m <verf> • gas seal

Gasversorgung f <med.tech> • gas supply

Gasversorgungsanlage f <verf> • gas-supply system

Gasverstärkung f <nukl> • gas amplification

Gasverteilung f <rls> • gas distribution

Gas-Verweilzeit <emiss> *(NO_x)* • residence time

Gasvibrationen fpl <kfz> *(im Abgassystem)* • gas oscillations pl

Gasvolumenstrom m <verf> • gas volumetric flow rate;
gas throughput *pract*

Gasvorlage f <rls> • gas-collecting main

Gasvorwärmer m (GAVO) <verf> *(SO_2)* • gas-to-gas reheater

Gaswaage f <msr> • dasymeter; gas balance

Gaswächter m <msr.sich> • gas monitor; gas detector

Gas-Wärmepumpe f <hlk> • gas fired heat pump

Gaswärmepumpe f <hlk> • gas-fired heat pump

Gaswäsche f <verf> • gas wet cleaning; gas washing; gas
scrubbing *pract.coll*

Gaswäscher m <verf> *(durch Berieselung, Sprühdüsen
etc.)* • gas scrubber; gas washer; scrubber *pract*

Gaswaschanlage f <ents> *(Gerät)* • gas scrubbing device

Gaswaschanlage f <ents> *(Anlage, groß)* • gas scrubbing
plant

Gaswaschflasche f <verf> • gas-washing bottle

Gaswaschwasser n <chem.verf> • scrubbing water

Gaswasser n <chem> *(allg.)* • gas liquor

Gaswasser n ugs <chem> *(NH_4OH; in Wasser gelöstes
Ammoniakgas)* • ammonia solution; ammonium hydroxide
thsc; aqueous ammonia *did*; household ammonia; ammonia water *coll*

Gaswassergrube f <verf> *(Kokerei)* • liquor well

Gaswechsel m <mot> • charge exchange process; charge
changing process

Gaswechseleigenschaften fpl <mot> • breathing characteristics

Gasweg m <msr> • gas path

Gaswegnehmen n <kfz> *(abrupt, Fuß vom Gas)* • power
off; throttle lift off

Gaswegnehmen n <kfz> *(beim Gaswegnehmen)* • deceleration; decel *coll.pract*; overrun

Gas wegnehmen vi <kfz> • back off the throttle vi

Gasweg-Schalter m <emiss.msr> • gas path switch

Gaswerk n <energ> • gasworks; gas plant; gas generating
plant; gas-making plant

Gaswerksretorte f <verf> • gas retort

Gaswulstschweißen n <füg> • solid-phase welding

Gaswulstschweißnaht f <füg> • solid-phase welded
joint; solid-phase weld

Gaszähler m <msr> • gas meter

Gaszählrohr n <nukl> • gas counter tube; gas counter
pract

Gaszelle f <chem.el> • gas cell

Gaszentrifuge f <nukl> • gas centrifuge

Gaszentrifugenverfahren n <nukl> • gas-centrifuge process

Gaszone f <kfz.mot> • atomized area

Gaszufuhr f <msr> • gas supply

Gaszufuhrhaken m <nukl> • top scoop

Gaszug m <kfz.mot> • throttle control cable

Gaszuleitung f <tech.allg> • gas supply line

Gaszuleitung f <tech> *(Gaseinlass)* • gas inlet

Gaszusammensetzung f <allg> • gas composition

Gate n jarg. <edv.av> • noise gate; gate

Gate n prakt <el> *(von Transistoren)* • gate electrode; gate
pract; control electrode *rare*; modulation electrode *rare*

Gate n <msr> *(Logikschaltung)* • gate

Gate-Array n <ic> • gate array

Gateelektrode f rar <el> *(von Transistoren)* • gate electrode; gate *pract*; control electrode *rare*; modulation electrode *rare*

Gatelaufzeit f <el> *(typ. 10 … 2 ps)* • gate transit time *:V*

Gateoxid n <ic> • gate oxide

Gateschaltung f <el> • common gate; common gate configuration; common gate connection

Gate-Source-Steuerspannung f <el> • gate-to-source
control bias; gate-to-source controlling bias

Gatespannung f <el> *(am Gate; z. B. von Transistoren)*
• gate voltage

Gatestrom m <el> • gate current

Gateway m <tele> • gateway

Gatewiderstand m <el> • gate resistance

Gating n <el> • gating; signal gating

Gatsch <chem.petr> • slack wax

Gatter n <agri> *(Holzzaun)* • enclosure; fence; paling

Gatter n <agri> *(Holzlattentor)* • gate

Gatter n rar <el> *(von Transistoren)* • gate electrode; gate
pract; control electrode *rare*; modulation electrode *rare*

Gatter n <textil> • creel

Gatterausgang m <el> • gate output

Gattereingang m <el> • gate input

Gattererweiterung f <el> • gate extension

gattergesteuert <el> • gated

Gatterleitung f <el> *(Kryotron)* • gate conductor; gate film

Gattersägemaschine f <holz.wz.masch> *(im Sägewerk)*
• log frame saw; sawmill saw; mill saw; gang saw

Gatterschaltung f <el> • gate circuit; gating circuit

Gatterschaltungslogik f <el.ic> • gate logic

Gatterteilung f <textil> • creel pitch

Gatterwagen m <holz> • saw carriage

Gatterwagen m <textil> • mobile creel

gattieren vt <bau> • batch vt

gattieren vt <metall> • burden vt

gattieren vt <prod> *(Gießerei)* • make the charge vi; make
the mixture vi

gattieren vt <prod.textil> • blend vt
Gattierung f <bau> • batching
Gattierung f <metall> • burdening
Gattierung f <metall> (Schmelzofen (Gießerei)) • charge make-up; charge composition; composition; mixture make-up; mixture-making
Gattierungsberechnung f <prod> (Gießerei) • mixture calculation
Gattierungswaage f <bau.msr> • weigh-batcher
Gattierungswaage f <metall> (z. B. Schmelzofen (Gießerei)) • charging scales
Gattung f <ökol> (in e. Öko-System) • species
GAU <nukl> • Design Basis Accident (DBA); maximum credible accident
Gaube f <bau> (Dachvorsprung mit senkrechter Fensterfläche) • dormer
Gaufrage f <pap> • embossing; goffering
gaufrieren vt <pap> • emboss vt; goffer vt
Gaufrierkalander m <pap> • embossing calender; goffering calender
gaufriertes Papier n <pap> • embossed paper
Gauge n <textil> • gauge
Gaupe f rar <bau> (Dachvorsprung mit senkrechter Fensterfläche) • dormer
Gaupenfenster n <bau> • dormer window
Gauß'sche Diffusion f <ic> • limited-source diffusion; Gaussian diffusion
Gauß'sche Hauptlagen fpl <math> • Gauss positions
Gauß'sche Integralformel f <math> • Gauss' integral theorem; Gauss' theorem
Gauß'sche Normalverteilung <math> (Wahrscheinlichkeitslehre) • Gaussian distribution; normal distribution
Gauß'scher Bildpunkt m <opt> • Gaussian image point; Gauss image point
Gauß'scher Potentialtopf m <phys> • Gaussian well
Gauß'scher Satz m <math> • Gauss' theorem
Gauß'sches Okular n <opt> • Gauss eyepiece
Gauß'sches Rauschen n <phys> • Gaussian noise
Gauß'sche Verteilungskurve f <math> • Gaussian distribution curve; normal distribution curve
Gauß'sche Zahlenebene f <math> (reelle Achse, imaginäre Achse) • Gaussian plane; complex number plane; complex plane
Gaussian Minimum Shift Keying n (GMSK) <tele> (Protokollsatz, erlaubt Peer-to-Peer-Kommunikation) • Gaussian Minimum Shift Keying (GMSK)
Gauß-Krüger Koordinaten fpl <navig> • German grids pl
Gauß-Krüger-Koordinatensystem n <navig> • German grids pl
Gauß-Kurve f <qualit> • Gauss error distribution curve; Gauss error curve
Gaußmeter n <astron> • Gaussmeter
gaußsche Diffusion f <ic> • limited-source diffusion; Gaussian diffusion
gaußsche Hauptlagen fpl <math> • Gauss positions
gaußsche Integralformel f <math> • Gauss' integral theorem; Gauss' theorem
gaußscher Bildpunkt m <opt> • Gaussian image point; Gauss image point
gaußsches Okular n <opt> • Gauss eyepiece
gaußsches Rauschen n <phys> • Gaussian noise
gaußsche Verteilung f <math> (Wahrscheinlichkeitslehre) • Gaussian distribution; normal distribution
gaußsche Verteilungskurve f <math> • Gaussian distribution curve; normal distribution curve
gaußsche Zahlenebene f <math> (reelle Achse, imaginäre Achse) • Gaussian plane; complex number plane; complex plane

gaußsche Zahlenebene f <math> • complex plane; Gaussian plane; plane of complex numbers
Gauß-Verteilung f <math> (Wahrscheinlichkeitslehre) • Gaussian distribution; normal distribution
Gautschbrett n <pap> • pressing board; couch
Gautschbruchbütte f <pap> • couch box; couch pit
Gautsche f <pap> • couch press
gautschen vt <pap> • couch vt; laminate vt; line vt
Gautschplatte f <pap> • couch plate
Gautschrolle f <pap> • couch roll[er]
Gautschwalze f <pap> • couch-press roll; couching roll
GAVO <verf> (SO$_2$) • gas-to-gas reheater
Gay-Lussac'sches Gesetz n <phys> • Gay-Lussac law
Gay-Lussac-Turm m <verf> (Schwefelsäuregewinnung) • Gay-Lussac tower
Gaze f <bau> (Insektenschutzgitter) • mesh
Gaze f <textil> • gauze
Gazevorhang m <theat> • gauze cloth; scrim drop; theatrical bobbinet; theatrical gauze
Gazewebstuhl m <textil> • gauze winding loom
GB <edv> (1 Gigabyte = 2^{30} = 1 073 741 824 bytes) • gigabyte (GB); GByte; Gbyte
GBG <tech.allg> • closed user group (CUG)
GByte n <edv> (1 Gigabyte = 2^{30} = 1 073 741 824 bytes) • gigabyte (GB); GByte; Gbyte
GC <chem.verf> (Analyse- und Trennverfahren) • gas chromatography (GC)
GCA-Anflugsystem n <aerospace> • ground-controlled approach
GCA-Landung f <aerospace> • ground-controlled landing
GCP-Technik f <edv> (zur Optimierung der Speicherzellen-Vorverstärker) • gain-controlled pre-sensing (GCP)
GCR-Verfahren n DIN 66010 <edv> • group coded recording (GCR)
Gd <chem> • gadolinium (Gd)
G-Darstellung f <navig> • G-display
GD-Guss m <kfz> (Rad) • gravity die-casting (GD)
GDOP <navig> • geometric dilution of precision (GDOP)
GE <tech.allg> • odor unit (OU) US; odour unit GB
GE <el.chem> (bei Dreielektrodenanordnung) • auxiliary electrode (AE); counter electrode
geätzte Schaltung f <el> • etched circuit
geätzte Verdrahtung f <el> • etched wiring
gealterter Katalysator m <kfz.emiss> • aged catalyst
GEA-System n <verf> (Trockenkühlverfahren) • direct dry-type cooling system; direct dry cooling system; GEA dry cooling system; GEA system
Gebälk n <bau> • framing
Gebälkversenkung f <theat> • plateau; plateau bridge; bridge pract
gebändert <doku> (z. B. Muster) • banded
Gebäude n <bau> (geschäftlich; z. B. Büro-) • building
Gebäudediensteanbieter m <tele> • building local exchange carrier (BLEC); in-building service provider
Gebäudeentrauchung f <feuer> • smoke exhaustion
Gebäudeentwässerung f <bau> (Sanitärtechnik) • soil sewerage
Gebäude erweitern vt <bau> (an ein Gebäude) • annex vt; build an annex vt; extend a building vt
Gebäudeflucht f <bau> • building line; frontage
Gebäudefundament n <bau> • building foundation
Gebäudegrundriss m <doku> (von Gebäuden) • layout [plan]
Gebäudeheizung f <hlk> • heating of buildings
Gebäudehöhe f <logist> • building height
Gebäudehülle f <bau> • external envelope
Gebäude im mexikanischen Adobe-Stil n <bau> • adobe
Gebäudeinstandhaltung f <bau> • building maintenance

Gebäudeintegration f <bau> (z. B. von Solarkollektoren, -zellen) • building integration

Gebäudekomplex m <bau> • group of buildings; building complex; complex pract

Gebäudekühlung f <hlk> • space cooling; air conditioning

Gebäudemanagement n <bau> • facility management

Gebäudesektion f <bau> • bay

Gebäudeskelett n <bau> • skeleton

gebäudetechnische Dienstleistung f <bau> • facility management

gebäudetragende Regalkonstruktion f <logist> (HRL) • rack-supported structure

gebäudeunabhängige Regalkonstruktion f <logist> (HRL) • free-standing stacker rack

Gebäudezufahrt f <verk> • driveway US; drive GB; private access

gebaute Kurbelwelle f <kfz.mot> • assembled crankshaft; built-up crankshaft

gebaut für den Einsatz in rauer Umgebung <masch> (Konstruktion, Ausführung, Gehäuse, Komponente) • ruggedized

Gebegeschwindigkeit f <tele> • keying speed

geben vt <allg> • give vt

geben vt ugs <math> (Gleichung) • yield vt; result in vt

geben vt <tele> (aussenden; Signal) • transmit vt; send vt

Geber m prakt <msr> (betont: Sender eines Messwerts) • measuring transmitter; measured-value transmitter; transmitter pract

Geberbrücke f <el> • transducer bridge

Geber für Zündzeitpunkt m VW <kfz.el> (elektronische Zündung) • reference mark sensor; firing point sensor VW; reference pickup Chrysler

Geberland n <jur> • donor country

Geberregierung f <jur> • donor government

Geberseite f <tele> • transmitting end; sending end

Geberzylinder m <hydr> (in Hydrauliksystemen allg.) • master cylinder

gebeugte Welle f <phys> • diffracted wave

Gebiet n <allg> (Wissensgebiet, Fachgebiet) • domain; field

Gebiet n <allg> (Region) • region; area; zone

Gebiet n <tech.allg> (räumlich: geographisch, im Werkstoff, am Werkzeug) • zone

Gebiet n <did> (Fachgebiet, Sachgebiet) • subject; field

Gebiet n <doku> (fachlich, thematisch abgedeckter Bereich, Umfang) • scope

Gebiet n <geo> (geographisch, nicht politisch) • district

Gebiet mit offener Bebauung n <bau> • sparsely built-up area

Gebietskörperschaft f <admin> (nachgeordnete) • local authority

Gebietskörperschaften fpl <admin> • political subdivisions; regional or local authorities; central, regional, and local authorities; territorial authorities

Gebietskontrollradar n <navig> • area control radar

Gebietslizenz f <jur> (Patent) • territorial license

Gebiet unsicherer Peilung n <navig> • bad-bearing sector

Gebinde n <ents> (mit Abfall) • containerized waste; drummed waste

Gebindefestigkeit f <agri.pack> • lea strength

Gebirge n <geo> • mountain

Gebirge n <min> • ground; rock mass; strata

Gebirgsanker m DIN 21521-1 <min> • rock bolt; strata bolt

Gebirgsbahn f <bahn> • mountain railway

Gebirgsbewegung f <min> • rock movement; strata movement; roof movement

Gebirgsbildung f <geo> • orogenesis norm; mountain formation norm.did; orogeny

Gebirgsdruck m <geo> (Bergwerk, Tunnel) • rock pressure; roof pressure

Gebirgsentspannung f <geo> • rock destressing

Gebirgsfestigkeit f <geo> • rock strength; strata cohesion

Gebirgskette n <geo> • mountain chain

Gebirgsmechanik f <mech> • rock mechanics

Gebirgsschlag m <min> • rock pressure burst; rock burst

Gebirgsstörung f <geo> (geologisch) • disturbance; dislocation

Gebirgsstrecke f <bahn> • mountain railway line

Gebirgsverankerung f <bau> • rock bolting; strata bolting

Gebirgsverband m <min> • rock mass

Gebirgsverhalten n <geo> • rock behavior US; strata behaviour GB

gebläht <tech.allg> (allg.) • blown

gebläht <tech.allg> (geschäumt; z. B. Schlacke) • foamed

Gebläse n <tech.allg> (relativ hoher Durchsatz) • blower; fan

Gebläse n <masch> (Ventilator) • ventilator

Gebläse n <masch> (Gaskompressor) • gas compressor

Gebläsebrenner m <verbr> • forced draft burner US; forced draught burner GB; fan-assisted burner DIN EN 303,1; nozzle-mix burner; blast burner

Gebläsedampfmaschine f <masch> • blowing engine

Gebläseegreniermaschine f <textil> • air-blast gin

Gebläseeinlauf m <masch> (Verdichter) • compressor inlet

Gebläseentstauber m <verf> • dust-collecting fan

Gebläsegehäuse n <hlk> (spiralförmig) • blower scroll

Gebläsegehäuse n <hlk> (allg.) • blower body

gebläsegekühlt <tech.allg> • blower-cooled; fan-cooled

Gebläsehäcksler m <agri> • cutter-blower

Gebläseheizung f <kfz.hlk> • ventilation heating system

Gebläsekühlung f <hlk> • forced-draft cooling US; forced-draught cooling GB

Gebläsekühlung f <kfz.mot> • fan cooling system; fan cooling

Gebläsekupolofen m <metall> • blast cupola

Gebläselampe f <prod> • glass blower's lamp; blast lamp

Gebläseluft f <metall> (z. B. beim Windfrischen) • blast

Gebläseluftkühler m <hlk> (z. B. Diaprojektor, Motor) • fan air cooler

Gebläsemischen n <verf> • air agitation; gas agitation

Gebläsemischer m <verf> • air-agitated mixer

Gebläsemotor m <hlk> • blower motor

Gebläsemotor m rar <mot> (mit Turbolader oder Kompressor) • supercharged engine; blown engine coll; forced-induction engine rare

Gebläserad n <masch> • impeller

Gebläsesand m <obfl> (zum Sandstrahlen) • sandblasting sand

Gebläseschachtofen m rar <metall> • blast furnace (BF)

Gebläseschalter m <hlk> (Heizung, Lüftung) • blower switch; fan switch

Gebläsesprühen n <verf> • air-blast spraying

Gebläsespülung f <tech.allg> • blower-assisted scavenge

Gebläsestrahlkies m <prod> (Putzen) • blasting grit

Gebläsewind m <hlk> • fan blast

geblasen <verf> • blown

geblasenes Öl n <chem> (z. B. Grundstoff f. Weichmacher, Bestandteil v. Hydraulikflüssigkeiten) • blown oil

geblaztes Gitter n <mat> • blazed grating

geblecht <prod> (z. B. Anker eines Elektromotors) • laminated

geblechter Eisenkern m <el> • laminated iron core; laminated core

geblechter Kern m <el> • laminated iron core; laminated core

geblechter Pol m <el> (Elektromotor) • laminated pole

gebleicht <chem> *(z. B. Papier, Baumwolle)* • bleached

geblitzte Aufnahme *f prakt* <phot> • flash photograph; flash exposure; flash picture; flash shot *pract*

geblitztes Foto *n ugs* <phot> • flash photograph; flash exposure; flash picture; flash shot *pract*

geblockt *DIN 66010* <edv> *(Daten, Sätze)* • blocked

geböschte Mole *f* <bau.hydr> • mound breakwater

geböschter Kai *m* <bau.hydr> • quay with battered face; quay with sloping face

gebogen <allg> *(wie Bogen geformt)* • arcuate

gebogen <tech.allg> *(Kante, Schneide)* • curved; bent

gebogener Schaft *m* <wz> • bent shank

gebogener Tastkopf *m* <msr> • sensing head with angle; bowed sensing head

gebogene Wand *f* <bau> • curved wall

gebogter Querbehang *m* <innen> *(Vorhang)* • scalloped valance

gebohrtes Loch *n ugs* <tech.allg> *(Resultat des Bohrens)* • bore; boring; hole *coll*; borehole *rare*

gebräch <min> • friable

gebräuchlicher Test *m* <qualit.mat> • common testing procedure

gebräuchliche Standardprüfmethoden *fpl* <qualit.mat> • current standard tests methods

gebrannte Glasur *f* <obfl.silik> • fired glaze

gebrannter Alaun *m* <mat> • exsiccated alum; burnt alum

gebrannter Kalk *m* <mat> • anhydrous lime; unhydrated lime; caustic lime; burnt lime; quicklime

gebrannter Ton *m* <mat> • calcined clay; burnt clay

gebrannter Ziegel *m* <bau.mat> • fired brick

gebrannte Schichtdicke *f* <obfl> • fired coating thickness; fused coating thickness

Gebrauch mehrerer Heilmittel nebeneinander *m* <pharm> • polypharmacy

Gebrauchsanleitung *f* <doku> *(für Kleingeräte und einfache Produkte; z. B. für eine Salatschleuder)* • user instructions; instructions for use; operating instructions

Gebrauchsanweisung *f* <doku> *(für Kleingeräte und einfache Produkte; Sender hat Weisungsbefugnis)* • user instructions; instructions for use; operating instructions

Gebrauchsblende-Messung *f* <phot> • stop-down metering

Gebrauchsdauer *f* <bau> • design life; durability; life span *:Roto*

Gebrauchsdauer *f* <qualit> • service life; operational life

Gebrauchseigenschaft *f* <tech.allg> • basic performance

Gebrauchseigenschaft *f* <textil.qualit> *(Kleidung, Teppich)* • wearing quality

gebrauchsfertig <allg> • ready to use; ready for use; ready-made *pract.coll*

gebrauchsfertige Farbe *f* <obfl> • ready-to-use paint

gebrauchsfertige Spachtelmasse *f* <bau.mat> • ready-mixed compound; pre-mixed compound

Gebrauchsfrequenz *f* <term> *(von Wörtern)* • frequency

Gebrauchsglas *n* <silik> *(Glassorten für Tischware; Trinkgläser, Vasen etc.)* • tabletop glass

Gebrauchskategorie *f EN 60947* <el> • utilization category *EN 60947*

Gebrauchslage *f* <tech.allg> *(z. B. in techn. Dokumentation)* • position of application; position of use

Gebrauchslast *f* <bau> • service load; working load

Gebrauchslizenz *f* <jur> • license to use

Gebrauchslösung *f* <phot> • working solution; working-strength solution

Gebrauchsmuster *n* <jur> *(Musterschutz)* • utility model; industrial design; useful model

Gebrauchstemperatur *f* <tech.allg> • service temperature

Gebrauchsverhalten *n* <ökon> • end-use performance

Gebrauchswert *m* <ökon> • utility value

Gebrauchswert *m* <textil> *(Faden, Naht)* • performance

Gebrauchswirkung *f ISO 13666* <opt> *(Brillenglas)* • asworn power *ISO 13666*

gebrauchter Reifen *m* <kfz> • used tire

Gebrauchtfahrzeug *n* <kfz> *(im Ggs. zu Neuwagen)* • used car; second-hand car; pre-owned car *in ads*; pre-driven car *in ads*

Gebrauchtöl *n* <tribo.ents> • used oil; waste oil

Gebrauchtteil *n* <ökon> • secondhand part; used part

Gebrauchtwagen *m* <kfz> *(im Ggs. zu Neuwagen)* • used car; second-hand car; pre-owned car *in ads*; pre-driven car *in ads*

Gebrauchtwagenhändler *m* <kfz.ökon> • used-car dealer

Gebrauchtwagenmarkt *m* <kfz.ökon> *(Parkplatz mit Gebrauchtwagen)* • used-car lot

Gebrauchtwagenverkäufer *m* <kfz.ökon> • used-car salesman

gebremstes Neutron *n* <nukl> • moderated neutron

gebrochen <allg> *(zerstört; z. B. Knochen)* • fractured

gebrochen <doku> *(Linie)* • broken

gebrochen <math> *(z. B. rationale Zahlen)* • fractional

gebrochen <qualit> *(Rohr; z. B. Kraftstoffleitung, Auspuffrohr)* • broken

gebrochene Kante *f* <prod> *(entschärft)* • chamfer; beveled edge *US*; bevelled edge *GB*; chamfered edge

gebrochener Einzug *m* <prod> • broken drawing-in draft

gebrochener Strahl *m* <phys> • refracted ray

gebrochenes Abschrecken *n EN 10052* <metall> • interrupted quenching

gebrochenes Dach *n* <bau> • mansard roof

gebrochenes Härten *n* <metall> • isothermal hardening; isothermal quenching

gebrochene Welle *f norm* <phys> • refracted wave *norm*

gebuckelter Holzhammer *m* <kfz.wz> • bossing mallet

Gebühren *f* <jur> • fees

Gebührenanzeiger *m* <tele> *(Telefon)* • charge indicator; tax indicator

Gebühreneinheit *f* <tele> • call-charge unit

Gebührenerfassung *f* <tele> • call-charge registration

Gebührenfernsehen *n* <av> • pay TV; toll television

gebührenfreier Anschluss *m* <tele> • non-chargeable subscriber

gebührenfreies Service-Telefon *n* <allg> • free service hotline

Gebührenimpulse *mpl* <tele> • metering pulses

gebührenpflichtige Gesprächsdauer *f* <tele.fin> *(Telefon)* • chargeable duration; chargeable duration of call

gebührenpflichtiges Fernsehen *n* <av> • pay television; pay TV *pract.coll*

Gebührentakt *m* <tele> • meter clock pulse

Gebührenübernahme *f* <tele> • reverse charging

Gebührenüberwachungsstelle *f* <tele.fin> • telephone fee-control section; fee-control section *pract*

Gebührenzähler *m* <tech.allg> *(z. B. Telefon, Wasserversorgung, Elektrizität)* • charge meter

Gebührenzähler *m* <tele.fin> • subscriber's meter

Gebührenzone *f* <tele.fin> • charge area

gebündelt <allg> *(z. B. Heu, Kleider)* • bundled

gebündelt <tech.allg> *(z. B. Kabel)* • bunched

gebündelt <phys> *(gerichtet; z. B. Licht)* • directional; directed

gebündelt <phys> *(fokussiert)* • focused *US*; focussed *GB*

gebündelt <phys.el> *(parallel)* • collimated

gebündelter Leiter *m* <el> • bundle conductor

gebündelter Strahl *m* <phys> • focused beam *US*; focussed beam *GB*

gebündeltes Licht *n* <licht> • concentrated light
gebürstet <obfl> • brushed; straightlined
gebunden <chem> *(chem. Bindung)* • bound; bonded; linked
gebundene Asche <verbr> • inherent ash
gebundene Elektrizität *f* <el> • bound electricity
gebundene Energie *f* <energ> *(in Primärenergieträgern; z. B. in Kohle, Öl, Uran)* • bound energy
gebundene Energie *f* <phys> *(z. B. in Batterien, Wärmespeicher, Pumpspeicherbecken)* • stored energy
gebundene Entwicklungshilfe *f* <ökon> • tied aid
gebundene Feuchte *f* <chem> • bound moisture
gebundene Ladung *f* <phys> • bound charge
gebundener Kohlenstoff *m* <chem> • fixed carbon
gebundener Quark-Antiquark-Zustand *m* <phys> • quark-antiquark combination
gebundener Zustand *m* <phys> • bound state
gebundenes Elektron *n* <phys> • bound electron
gebundenes Korn *n* <wz> *(Schleifmittel; z. B. in Schleifscheibe)* • bonded abrasive grain
gebundenes mechanisches System *n* <masch> *(z. B. Gelenkviereck)* • constrained system
gebundenes Wasser *n* <chem> • bound water; bound moisture
Gebunden-frei-Übergang *m* <phys> • bound-free transition
Gebunden-gebunden-Übergang *m* <phys> • bound-bound transition
gecharterter Bus *m* <nfz> • charter bus; charter coach
gecrackt <kfz.mot> *(z. B. Pleuel, Kurbelwellenlagerstühle)* • cracked
Gedächtniseffekt *m* did.rar <tech.allg> *(z. B. von Batterien, Werkstoffen)* • memory effect
Gedächtnisschalter *m* <el> • memory switch
Gedächtniszelle *f* <med> *(bestimmter Lymphozyt)* • memory cell
gedämpft <mech> *(Aufhängung; z. B. gefedert)* • cushioned
gedämpft <phys> *(Schwingung, Schall)* • attenuated; damped
gedämpft <verf> *(mit Dampf behandelt; z. B. Holz, Lebensmittel)* • heated in steam; steamed
gedämpfte Schwingung *f* norm <mech> • damped vibration *stand*
gedämpfte Schwingung *f* norm <phys> *(allg.; mech. od. elektr.)* • damped oscillation *stand*
gedämpftes Höhenleitwerk *n* <aerospace> • conventional tailplane; conventional horizontal tailplane
gedämpftes Licht *n* <licht> • dimmed light; subdued light *form*
gedämpft schwingendes Instrument *n* <msr> • damped periodic instrument
Gedankenkarte *f* <nahr> • mind map
Gedankenkarte *f* <psych> • mind map
Gedankenkartierung *f :V* <psych> • mind mapping
Gedankenplan *m :V* <psych> • mind map
Gedankenplanung *f :V* <psych> • mind mapping
gedeckeltes Wälzlager *n* <masch> • capped rolling bearing *ISO 5493*
gedeckt <phot> *(Lichter im Negativ)* • dense
gedeckte Bewegung *f* <mil> • covered movement
gedeckter Großraumwagen *m* <bahn> • covered high-capacity wagon
gedeckter Güterwagen *m* <bahn> • box-car *US*; covered wagon; covered car *rare*
gedeckter Schiebewandwagen *m* <bahn> • all-door box car
gedeckter Schüttgutwagen *m* <bahn> • covered hopper car

gedehnte Zeitbasis *f* <tech.allg> • expanded time base; magnified time base
gedichtetes Lager *n* <masch> *(z. B. Wälzlager)* • sealed bearing
gedichtetes Wälzlager *n* <masch> • capped rolling bearing *ISO 5493*
gediegen <mat> *(z. B. Gold, Kupfer)* • native; pure
gediegen <mat> *(durch direktes Schmelzen aus dem Erz gewonnen)* • virgin; elemental
gediegenes Gold *n* <mat> • native gold
gediegenes Kupfer *n* <mat> • native copper
gediegenes Metall *n* <mat> • native metal
gedoppelt <bekl> • doubled
gedrallte Nut *f* <wz.masch> • helical flute; flute helix
gedrehtes Rohr *n* <msr> *(Bourdon Rohr)* • twisted tube
gedrosselt <kfz.mot> *(Motorleistung reduziert)* • detuned
Gedrosseltes Wasserschloss *n* <energ.hydr> • orifice tank
gedruckt <tech.allg> *(z. B. Text, Buch, Schaltung)* • printed
gedruckt <edv> *(Strichcodelement)* • dark; printed; non-reflective; inked
gedruckter Kondensator *m* <el> • printed capacitor
gedruckter Schaltkreis *m* <el> • printed wiring
gedruckter Widerstand *m* <el> • printed resistor
gedruckte Schaltung *f* <el> *(allg.; im Ggs. zur konventionellen Verdrahtung)* • printed circuit
gedruckte Schaltung *f* <el> *(geätzt, unbestückt oder bestückt, gebohrt od. ungebohrt)* • printed circuit board (pcb); printed circuit; board *pract*
gedruckte Verdrahtung *f* <el> • printed wiring
gedrückt <tech.allg> *(Taste, Knopf)* • pressed
gedrückt <agri.logist> *(Obst; Transport- oder Lagerschaden)* • bruised
gedrückt <metall> • spun
gedrückt <qualit.mat> *(Druckversuch; z. B. Bauteil, Prüfling)* • compressed
gedrückte Faser *f* <mech> *(Biegeträger, Faser unter Druckspannung; z. B. Randfaser)* • compression fiber *US*; compression fibre *GB*
gedrungen <tech.allg> *(Bauweise, Form)* • compact
gedrungene Bauart *f* rar <tech.allg> • compact design
geeignet für <allg> • applicable to; usable for; fit for
geeignet für Maschinenwäsche *f* <bekl> • machine washable
Geer-Alterungsprüfung *f* <kst> • Geer oven test
geerdet <el> • grounded *US*; earthed *GB*
geerdeter Leiter *m* <el> • grounded conductor *US*; earthed conductor *GB*
geerdeter Mittelleiter *m* <el> *(3-phasiger Drehstrom, Sternschaltung)* • grounded neutral conductor *US*; earthed neutral conductor *GB*; grounded neutral *US*; earthed neutral *GB*
geerdeter Nullleiter *m* <el> *(1-phasiger Wechselstrom)* • grounded neutral conductor *US*; earthed neutral conductor *GB*; grounded neutral *US*; earthed neutral *GB*
geerdeter Sternpunkt *m* <el> *(3-phasiger Wechselstrom, Sternschaltung)* • ground neutral *US*; earth neutral *GB*
geerdeter Stromkreis *m* <el> • grounded circuit *US*; earthed circuit *GB*
geerdete Schirmwicklung *f* <el> *(Transformator)* • ground screen *US*; earth screen *GB*
geerdetes Rohr *n* <rls> • grounded pipe *US*; earthed pipe *GB*
Geer-Ofenalterung *f* <kst> • Geer oven aging
gefacht <textil> • multiple-wound
gefachter Glasseidenfaden *m* <silik> • plied glass yarn
gefachtes Garn *n* <textil> • doubled yarn; folded yarn
gefachtes Glasfilamentgarn *n* <silik> • multiple wound glass filament yarn

gefächerter Schwanz m <bio> • spread tail
gefädelter Anker m <el> • tunnel-wound armature
Gefährdungsabschätzung f <tech.allg> (z. B. von neuen Technologien) • risk assessment
Gefährdungsdosis f <nukl.med> (radioaktive Strahlung) • danger dose
Gefährdungsfaktor m <sich> • danger coefficient
Gefährdungspotential n <sich> (von Technologien, Maschinen, Stoffen, Handlungen) • hazard potential; risk potential
gefährliche Abfälle mpl <ents> • hazardous waste
gefährliche Industriechemikalien fpl <chem.ökol> • hazardous industrial chemicals
gefährlicher Körperstrom m DIN VDE 0100 <el.bio> (hat beim Durchfließen des Körpers von Mensch u. Tier pathol. Folgen) • shock current
gefährlicher Stoff m <chem> • hazardous substance
Gefährlichkeit f <sich> (von Substanzen, Prozessen, Handlungen etc.) • dangerous nature
Gefälle n <tech.allg> (z. B. einer Falllinie, math. Funktion, Kurve) • descending gradient; falling gradient; descent
Gefälle n <energ.hydr> • head
Gefälle n <energ.hydr> (Höhenunterschied zw. zwei Wasserspiegeln) • head; potential head; fall
Gefälle n <geo> (Gelände, Verkehrsweg, Fließgewässer) • downward inclination; downward incline; downward slope
Gefälle n prakt <logist> (Durchlaufregal) • gradient
Gefälle n <verk> (Straße, Eisenbahnstrecke) • downhill grade US; downhill gradient GB; downhill slope; downgrade pract; grade pract
Gefällebahnhof m <bahn> • hump yard
Gefälledruck m <hydr> • pressure due to head of water
Gefälledruckschmierung f <tribo> • gravity-feed lubrication; gravity lubrication
Gefälleförderung f <förd> • gravity feed
Gefällekondensator m <rls> • dry condenser
Gefällespeicher nach Ruths m <verf> (Dampf) • Ruths steam accumulator; Ruths accumulator
Gefällestrecke f <verk> (Straße, Eisenbahnstrecke) • downhill grade US; downhill gradient GB; downhill slope; downgrade pract; grade pract
Gefällestufe f <bau.hydr> • fall step
Gefällestufe f <energ.hydr> (Niveauunterschied; Wasserkraftwerk) • head
Gefällestufe f <geo> (z. B. Berghang, Tal) • drop
Gefälleverlust m <energ.hydr> • head loss; loss of head
Gefällezuführung f <prod> • gravity feed
gefällig f (Wein) • palatable; savoury; pleasing
Gefällmesser m <msr> • clinometer
Gefällmesser nach Abney m <msr> • Abney level
Gefällwinkelmesser m <msr> • clinometer
gefälscht <allg> (illegal nachgemacht) • counterfeit; forged
gefälschte Markenware f <ökon> (billige Kopie) • knockoff
gefälschtes Produkt n <ökon> (billige Kopie) • knockoff
gefälzt <bau> (Fenster-, Türflügel- oder Rahmenprofil) • rebated
gefärbt <mat> (Gewebe, Haare) • colored; dyed
gefärbte Politur f <obfl.holz> • tinted polish
Gefäß n <tech.allg> (Trinkgefäß od. Objekt mit ähnlicher Form) • cup
Gefäß n <tech.allg> (eher klein) • cup
Gefäß n <med.chem> (Anatomie: z. B. Blutgefäß; Technik: z. B. Labor) • vessel
Gefäß n <tech> (allg., eher groß) • container
Gefäßaufzug m rar <förd> • skip hoist
Gefäßbarometer n <msr> • cistern barometer

Gefäßendoprothese f <med.tech> • endovascular graft; intraluminal prosthesis; endoluminal graft; intraluminal [vascular] graft; endoluminal prosthesis
Gefäßersatz m <med.tech> • vascular graft; blood vessel substitute; vessel substitute; vascular replacement
Gefäßförderung f <min.förd> • skip hoisting
Gefäßmanometer n <msr> • cistern manometer
Gefäßofen m <metall> • closed-vessel furnace; vessel furnace
Gefäßprothese f <med.tech> (chirurgische Prothese) • prosthetic graft; vascular graft; vascular prosthesis; surgical vascular graft
Gefäßprothese f <med.tech> (chirurgische und endovaskuläre Prothese) • vascular graft; vascular prosthesis
Gefäßtransplantat n <med.tech> • vascular graft
Gefahr des Abschmutzens f <pap> • risk for setoff
gefahrene Geschwindigkeit f <navig> • velocity made good (VMG); speed made good SMG
gefahrener Kurs m <navig> • course made good (CMG)
Gefahrenklasse f <sich> (Lagerung, Transport gefährlicher Güter) • dangerous-materials class; danger class
Gefahrenmeldeanlage f (GMA) <alarm> • alarm system
Gefahrenraum m <autom> • danger zone
Gefahrenschalter m <sich> • danger switch; emergency switch
Gefahrensignal n <alarm> • caution signal
Gefahrenzone f <sich> • danger zone; danger space
Gefahr für die Umwelt f <ökol> • ecological hazard
Gefahrgut n <nfz.logist> • hazardous material
Gefahrguttransport m <verk.logist> • transport of dangerous materials; transport of dangerous goods
gefalteter Dipol m <el> (z. B. in Breitbandantennen) • folded dipole
gefangene Atome npl <phys> • trapped atoms pl
gefangenes Volumen n <med.tech> • trapped air; trapped volume
gefangene Teilchen npl <phys> • trapped particles pl
gefedert <tech.allg> (mit Feder vorbelastet, vorgespannt; z. B. Kontakt) • spring-loaded
gefedert <holz> (für Nut- und Feder-Verbindung) • tongued
gefedert <masch> (mit Federung versehen) • spring-mounted; spring-cushioned; cushioned; sprung
gefedert <masch> (als Erschütterungsschutz) • shock-mounted
gefederte Platte f <masch> • sprung plate
gefertigt <prod> • manufactured; produced
gefertigt aus <tech.allg> (betont: jetziges Material) • fabricated of; made of
Geflecht n <prod> (Draht) • plaiting
Geflecht n <prod> (Korb) • wickerwork; wicker; hurdle work
Geflecht n <textil> • braided fabric; braiding
Geflecht-Gasinjektionstechnik f <kst> (z. B. für Rohre, Schläuche) • braided-fabric GIT
Geflecht-GIT f (G-GIT) <kst> (z. B. für Rohre, Schläuche) • braided-fabric GIT
geflochtene Abschirmung f <el> • braided metal screen[ing]; braided shield
geflochtene Metallabschirmung f <el> • braided metal screen[ing]; braided shield
geflochtener textiler Bodenbelag ohne Pol m <bau.innen> • braided textile floor covering without pole
Geflügelverarbeitungsanlage f <nahr> • poultry processing plant
geförderte Kraftstoffmenge f <kfz.mot> • amount of fuel delivered
geformt <prod> • shaped; formed
gefräste Zähne mpl <masch> • fluted teeth

gefreezertes Speiseeis n ugs <nahr.prod> • partially frozen ice cream; semi-frozen ice cream
Gefrieranlage f <verf> • freezing plant; freezer
Gefrier-Auftauverhalten n <nahr.prod> (Speiseeis) • heat shock resistance; freeze-thaw-resistance; heat shock properties
Gefrier-Auftau-Versuch m <bau> • freezing and thawing test; freeze-thaw test
Gefrierbereich m <kfz> (Batterie) • freezing threshold
Gefrierbohrloch n <min> • freezing hole
Gefrierdauer f <nahr.prod> • freezing time
Gefrierdesserts fpl <nahr> • frozen desserts US
Gefriereiweiß n <nahr> • frozen egg white
gefrieren vi <phys> (allg.) • freeze vi
gefrieren vt <nahr.prod> (Speiseeis) • freeze vt
Gefrieren der Schale n <nahr> (Split-Eis) • shell freezing
Gefrierfach n <gastr> • freezing compartment; frozen food compartment; freezer compartment
Gefriergeschwindigkeit f <nahr.prod> • freezing rate; speed of freezing; rate of freezing
gefriergetrocknet <allg> (z. B. Nahrung, Bakterien) • freeze-dried; freeze-dry; dehydrofrozen rare
Gefriergutlagerfach n did.rar <gastr> • freezing compartment; frozen food compartment; freezer compartment
Gefriergutlagerung f <logist> • frozen storage; freezer storage
Gefrierkessel m <prod.nahr> (Speiseeis; Freezer) • freezing cylinder; freezing chamber; freezer barrel; freezing tube
Gefrierkonservierung f <allg> • freezing preservation; cold-pack method
Gefrierkurve f <tech.allg> • freezing-point curve; freezing curve
Gefrierlager n <nahr.prod> (Speiseeis) • hardening room; hardening chamber
Gefriermikrotom n <verf> • freezing microtome
Gefriermischung f <allg> • freezing mixture
Gefrierprozess m <nahr.prod> (Speiseeis) • freezing process
Gefrierpunkt m <phys> (allg.) • freezing point; freezing temperature coll; congealing point thsc.rare
Gefrierpunktserniedrigung f <phys> • freezing point depression (FPD); freezing-point lowering; depression of the freezing point
gefrierpunktssenkender Faktor m (FPDF) <phys> • freezing point depression factor (FPDF)
Gefrierpunktssenkung f <phys> • freezing point depression (FPD); freezing-point lowering; depression of the freezing point
Gefrierraum m <verf> • freezing room; freezer room
Gefrierrohr n <prod.nahr> (Speiseeis; Freezer) • freezing cylinder; freezing chamber; freezer barrel; freezing tube
Gefrierschrank m <verf> • freezing cabinet; freezer pract.coll
Gefrierschutzmittel n <mat> • antifreeze agent; antifreeze pract
Gefrierschwund m <nahr> • freezing shrinkage; freezing shrink
Gefrier-Tau-Dauerhaftigkeit f <ents> • freeze-thaw resistance
Gefrier-Tau-Test m <bau> • freezing and thawing test; freeze-thaw test
Gefriertemperatur f <phys> • freezing temperature
Gefriertisch m <nahr.prod> (Speiseeis) • mold table; mold tray Hoyer
gefriertrocknen vt <verf> • lyophilize vt; freeze-dry vt
Gefriertrockner m <nahr.verf> • freeze drier
Gefriertrocknung f <nahr.verf> • lyophilization; dehydrofreezing; freeze drying

Gefriertruhe f <nahr> • freezer; deepfreeze
Gefriertülle f <nahr.prod> (Speiseeis) • ice cream mold; mold pract; mold pocket; freezing pocket; freezing mold
Gefriertunnel m <verf> • air-tunnel freezer; tunnel freezer
Gefrierverzug m <nahr> • delay in freezing; freezing delay
Gefriervitrine f <nahr.prod> (z. B. Speiseeis, Gefrierkost) • display cabinet; freezer cabinet
Gefriervollei n <nahr> • frozen whole egg
Gefriervorgang m <nahr.prod> (Speiseeis) • freezing process
Gefrierzone f <prod.nahr> (Speiseeis; Rundgefrierer) • freezing zone
Gefrierzylinder m <prod.nahr> (Speiseeis; Freezer) • freezing cylinder; freezing chamber; freezer barrel; freezing tube
gefrorene DT-Schicht f <nukl> • frozen DT-layer
Gefrorenes n obs <nahr> • ice cream; ice cream and related products form; ice cream and frozen desserts form; edible ices form.GB
gefrostet <nahr> • deep-frozen
Gefüge n <allg> (Struktur) • structure
Gefüge n <tech.allg> (räumlich; z. B. eines Materials) • structure
Gefüge n <geo.min> (räumliche Anordnung und Ausrichtung der Bestandteile von Gestein) • fabric; rock fabric; structure
Gefüge n <geo.min> • texture
Gefüge n <mat> (Kristallstruktur) • crystalline structure
Gefüge n <mat> (Kornstruktur) • grain structure
Gefüge n <mat> (Mikrostruktur) • microstructure
Gefüge n DLG <nahr.qualit> (von Speiseeis) • consistency; body and texture US
Gefüge n <wz> (Kornabstand) • grain spacing
Gefügeänderung f <tech.allg> (z. B. durch Wärmebehandlung) • change in structure; structural change
Gefügeanalyse f <min> • petrofabric analysis
Gefügebestandteil m <mat> • structural constituent
Gefügebestandteil n <min> (von Kohle) • maceral; structural component
Gefügebild n <qualit.mat> • micrograph
Gefügeelement n <geo> • fabric element
Gefügefehler m <qualit.mat> • structural defect; structural fault
Gefügekunde f <geo.min> • structural petrology; petrofabrics
Gefügekunde f <mat> • science of structures
gefügelos <mat> • devoid of structure norm; structureless pract
Gefügeprobe f <qualit.mat> • test specimen of the structure
Gefügeprüfung f <qualit> • structural inspection
Gefügeumwandlung f <mat> • structural transformation
Gefügeverfeinerung f <mat> • refinement of structure; structural refinement
gefühllos <med> (z. B. Finger, Haut) • dead
geführte Achse f <autom> • controlled axis
geführte Bewegung f <masch> • constrained motion
geführte Laufachse f <mech> • bissel axle
geführter Regler m <msr> (Kaskadenregelung) • secondary controller; submaster controller
geführte Welle f <phys> • guided wave
gefüllerter Binder m <bau.mat> • fillerized binder
gefüllertes Bindemittel n <bau.mat> • fillerized binder
gefüllte Hohlader f <lwl> • filled loosely buffered fiber
gefüttert <textil> (Kleidung, Lederwaren, Korb, Briefumschlag) • lined
gegabelt <tech.allg> (zweifach) • bifurcated
gegabelt <tech.allg> (allg.; unabhängig von Anzahl) • forked

gegabelt <tech.allg> *(dreifach)* • trifurcated
gegautschtes Papier *n* <pap> • duplex paper
Gegenamperewindungen *fpl* <el> • demagnetizing turns; counter ampere turns; back ampere turns
Gegenamt *n* <tele> • distant exchange
Gegenanzeige *f* <med> • contra-indication
gegen Aufpreis lieferbar <ökon> • available at extra cost
gegen Bandlaufrichtung DIN 45510 <av> *(Magnetton-aufzeichnung)* • upstream
Gegenbetrieb *m* DIN ISO 3309 <edv> • duplex transmission *ISO 3309*
Gegenbindung *f* <textil> • counterbinding
Gegenböschung *f* <bau> • counterslope; counterscarp
Gegenbogen *m* <verk> • opposite curve
gegen das Gerät atmen *vi* <med.tech> *(Beatmungs-gerät)* • fighting the ventilator
gegen den Uhrzeigersinn <tech.allg> *(allg.)* • anticlockwise
gegen den Uhrzeigersinn <tech.allg> *(drehen)* • counterclockwise (CCW)
Gegendiffusor *m* <kfz.emiss> *(Auspuffanlage)* • convergent cone; counterdiffuser
gegendotieren *vt* <el> *(Halbleiter)* • counterdope *vt*
Gegendrehmoment *n* <phys.mech> • torsional reaction; reaction torque *pract*
Gegendrehung *f* <tech.allg> • counterrotation
Gegendruck *m* <tech.allg> *(z. B. Kolben, Laufrad (Gegendruckturbine))* • counterpressure; back pressure
Gegendruckanzapfturbine *f* <turb> *(Dampfturbine)* • tapped back-pressure turbine
Gegendruckarbeit *f* <masch> *(z. B. Kolbenmaschine, Kolbendampfmaschine, Turbine)* • negative work; work due to back pressure *did.rar*
Gegendruckfüller *m* • counterpressure filler; isobarometric filler *norm*; counterpressure racker
Gegendruckguss *m* <prod> • pressure-balanced die-casting :V; back-pressure die-casting :V
Gegendruckkolben *m* <masch> • balance piston; dummy piston *pract*
Gegendruckkolbendampfmaschine *f* <energ> • back-pressure reciprocating steam engine
Gegendruckmaschine *f* <energ> *(z. B. Dampfturbine)* • back-pressure engine
gegendruckoptimierte Abgasanlage *f* <kfz.emiss> • backpressure-optimized exhaust system
Gegendrucksicke *f* <pack> *(SOT-Deckel-Nomenklatur)* • anti-buckle coin
Gegendruckturbine *f* <energ> *(Dampfturbine)* • back-pressure turbine
Gegendruckventil *n* <rls> • back-pressure valve; counterbalance valve
Gegendruckwalze *f* <prod> *(allg.)* • counterpressure roller; main-cylinder roller
Gegendruckzylinder *m* <druck> *(Offsetdruckmaschine)* • impression cylinder; printing cylinder; rubber cylinder
gegeneinander abgestimmt <el> • stagger-tuned
gegeneinander laufend <masch> *(z. B. Wellen, Werkzeuge)* • contrarotating
gegeneinander schalten *vt* <el> *(z. B. zwei Dioden)* • connect in inverse *vt*
gegeneinander versetzt <tech.allg> • staggered
gegeneinander versetzte Anordnung *f* <tech.allg> • staggered arrangement
Gegenelektrode *f* <el.chem> • counter electrode; counterelectrode; back-plate electrode
Gegenelektrode *f* (GE) <el.chem> *(bei Dreielektroden-anordnung)* • auxiliary electrode (AE); counter electrode
Gegenelektrode *f* <el.chem> *(Zweielektrodenanordnung)* • reference electrode (RE); counter electrode

gegenelektromotorisch <el> • counterelectromotive
gegenelektromotorische Kraft *f* <el> • counterelectromotive force
Gegenemission *f* <el> • reverse emission; back emission
Gegen-EMK *f* <el> • counter emf; back-electromotive force; counterelectromotive force
gegen Erde kurzschließen *vt* <el> • short to earth *vt*
Gegenfeder *f* *rar* <masch> *(allg., zurückdrückend)* • return spring; restoring spring *rare*
Gegenfeld *n* <el> • negative-sequence field; opposing field
Gegenfeldmethode *f* <edv> • method of opposing fields
Gegenfeldwiderstand *m* <el> • negative-sequence resistance
gegen Feuchtigkeit abdichten *vt* <bau> *(z. B. Mauer)* • dampproof *vt*
Gegenfläche *f* <tech.allg> • mating surface
Gegenflanke *f* DIN 3998 <masch> *(Zahnradgetriebe)* • mating flank; mating tooth flank *norm.did*
Gegenflansch *m* <rls> • mating flange; counter flange; companion flange
Gegenfließpressen *n* <prod> • backward extrusion
Gegenfluss *m* <allg> • counterflow
Gegenform *f* <tech.allg> • mating shape
Gegenführung *f* <wz> *(Tangentialmeißelhalter)* • support
Gegenführung *f* <wz.masch> • back rest
gegen Gas abdichten *vt* <tech.allg> • gasproof *vt*
gegengekoppelter Sendekreis *m* <tele> • antidyne circuit
gegengekoppelter Verstärker *m* <el> • stabilized-feedback amplifier
Gegengeräusch-Lautsprecher *m* <kfz.emiss> • antinoise speaker
gegengerichtete Flanke *f* <masch> *(Zahnradgetriebe)* • opposite flank
gegengeschaltete Zelle *f* <el> • countercell
gegengesteuerter Motor *m* <kfz.mot> • intake over exhaust engine; F-head engine; inlet over exhaust engine; ioe engine
Gegengewicht *n* <tech.allg> • counterweight; counterbalance; balance weight; balancing weight; counterpoise
Gegengewicht *n* <bau> *(in Vertikalschiebefenstern)* • sash weight; counterweight; weight *pract*; counterbalance *rare*
Gegengewicht *n* <förd> *(am Kran; typ. hinten am Ausleger od. unten am Turmsockel)* • kentledge; counterweight
Gegengewicht *n* <kfz.mot> *(von Kurbelwellen)* • counterweight
Gegengewicht *n* *ugs* <masch> *(zum Auswuchten von Rotationsteilen; z. B. an Wellen, Rädern)* • compensating mass; balancing mass; counterweight *coll*
Gegengewicht *n* <tele> *(Antenne)* • counterpoise
Gegengewichtsfeder *f* <tech.allg> • counterweight spring
Gegengewichtsführung *f* <theat> • counterweight bar; counterweight guide track; counterweight track; track; T-bar track
Gegengewichtsrahmen *m* <theat> • counterweight cradle; counterweight arbor
Gegengewichtsschlitten *m* <theat> • counterweight cradle; counterweight arbor
Gegengewichtsstange *f* <theat> • counterweight cradle; counterweight arbor
Gegengewichtswagen *m* <verk> *(Standseilbahn)* • counterweight car
Gegengewinde *n* <füg> • mating thread
Gegengift *n* *prakt* <med> *(bei Vergiftungen)* • antitoxin; toxylysin *thsc*; toxinicide *thsc*; antidote *pract*; counterpoison *coll*

Gegengleitfläche f <masch> • countersliding surface

Gegenhaltedruck m <prod> (z. B. Schneidvorrichtung) • counterpressure

Gegenhalter m <füg> (Nieten) • bucking bar; hold-on; dolly

Gegenhalter m <fz> (Nabenbremse eines Fahrrades) • brake arm

Gegenhalter m <kfz.wz> (allg.) • hand dolly; dolly pract; dolly block US

Gegenhalter m <wz.masch> • back rest

Gegenhalter m <wz.masch> (von Konsolfräsmaschine; horizontal über dem Fräsdorn) • overarm

Gegenhalterschere f <wz.masch> (Waagrechtfräsmaschine) • overarm braces; arbor brace; outer brace; front brace; arm brace

Gegenhalterstütze f <wz.masch> (Waagrechtfräsmaschine; senkrecht, stützt Fräsdorn und Gegenhalter) • over-arm support; outer arbor support; steady bearing rare

Gegenhalte-Spanneisen n <kfz.wz> • box-type bumping file

Gegenimpedanz f <el> • negative-sequence field impedance; negative-sequence impedance

Gegenindikation f <med> • contra-indication

Gegeninduktion f <el> (Effekt) • mutual inductance

Gegeninduktionskoeffizient m <el> • mutual induction coefficient

Gegeninduktivität f <el> (Spule) • mutual inductor

Gegeninduktivität f <el> (Effekt) • mutual inductance

Gegenkapazität f <el> • mutual capacitance

Gegenkathete f <math> (im rechtw. Dreieck) • opposite leg; opposite side

Gegenköper m <textil> • reverse twill

Gegenkolbenmotor m <kfz.mot> • opposed piston engine; horizontally opposed piston engine; horizontally opposed engine; opposed-piston engine

Gegenkolbenrudermaschine f <nav> • opposed-ram steering gear

Gegenkomponente f <el> • negative-sequence component

Gegenkompoundierung f <el> • differential compounding; differential excitation

Gegenkontakt m <el> • mating contact

Gegenkopplung f <el> (Regelung) • degenerative feedback; inverse feedback; reverse feedback; negative feedback

Gegenkopplung f <el> (Schaltung) • negative feedback circuit

Gegenkopplungsgrad m <el> • negative feedback ratio

Gegenkopplungsschaltung f <el> • negative feedback circuit

Gegenkopplungsverstärker m <el> • negative feedback amplifier

Gegenkraft f <mech> • counteracting force; counterforce; balancing force

Gegenkrümmung f <verk> • reverse curve

Gegenkurs m <nav> • reciprocal course; countercourse

Gegenläufer m <kfz.mot> • offset twin

gegenläufig <tech.allg> (allg., jede Bewegung) • opposite-sense

gegenläufig <el> (Abfolge, Feld) • negative-sequence

gegenläufig <förd> (z. B. Förderband) • transporting into opposite direction; reverse-acting

gegenläufig <masch> (rotierend; z. B. Zahnräder, Wellen, Rotoren) • opposite in rotation

gegenläufig angeordnete Laufräder npl <förd> • opposed impellers pl; back-to-back impellers pl; opposing impellers pl

gegenläufig drehen vi <masch> (z. B. Propeller, Hubschrauberrotoren) • contrarotate vi

gegenläufige Ausgleichswelle f <kfz> (Schwingungsminderung) • counter-rotating balancer shaft; counter-rotating silencer shaft ppwiss-mdl

gegenläufige Blechverstärkung f <kfz> • return sweep; reverse crown

gegenläufige Drehung f <tech.allg> • opposite rotation

gegenläufige Kolben mpl <masch> • pistons working in opposite direction

gegenläufige Laufräder npl <förd> • opposed impellers pl; back-to-back impellers pl; opposing impellers pl

gegenläufige Luftschrauben fpl <aerospace> • contra-rotating propellers

gegenläufige Schrauben fpl <nav> • counterturning screws

gegenläufiges Feld n <el> • negative-sequence field

gegenläufige Turbine f <turb> • turbine with nozzles and blades rotating in opposition

gegenläufige Wanderwelle f <phys> • backward travelling wave

gegenläufig gewickelt <el> • oppositely wound

Gegenläufigkeit f <tech.allg> (Drehbewegung) • contrarotation

Gegenlager n <masch> (allg.) • counter-bearing

Gegenlager n <petr> (Bergbau, Tunnelbau) • boring-bar steady bracket

Gegenlager n <wz.masch> (Waagrechtfräsmaschine; senkrecht, stützt Fräsdorn und Gegenhalter) • over-arm support; outer arbor support; steady bearing rare

Gegenlauf-... <förd> (z. B. Förderband) • transporting into opposite direction; reverse-acting

Gegenlauffräsen n <prod> (Werkzeugbewegung und Vorschub gegensinnig; i. Ggs. zu Gleichlauffräsen) • up-cut milling; conventional milling; climb-cut milling; up-milling; climb-feed milling rare

Gegenlauffrässchnitt m <prod> (i. Ggs. zum Gleichlauffrässchnitt) • conventional milling cut; conventional cut; climb cut pract; up-cut pract

Gegenlaufring m <masch> (feststehender Ring von Gleitringdichtungen; z. B. in Pumpen) • stationary seal ring; stationary element; stationary seat; stationary seal face

Gegenlaufschleifen n <prod> • up-grinding

Gegenlaufschraube f <nav> • counterrotating screw

Gegenlaufturbine f <turb> • turbine with nozzles and blades rotating in opposition

Gegenlaufwälzfräsen n <prod> • conventional hobbing

gegenlegiger Versatz m <textil> • lap in opposition

gegenlenken vi <kfz> (bei Übersteuern) • steer into the oversteer vi

Gegenlenker m <masch> (Kinematik) • counterguide link

Gegenlicht n <phot> (Sonne hinter Objekt) • sun behind subject; backlight

Gegenlicht n <phot> • backlight; backlight effect; back-lighting; backlighting

Gegenlichtaufnahme f <phot> • back-lit exposure; contre-jour picture

Gegenlicht-Aufnahmesituation f <phot> • back-lit lighting situation

Gegenlichtausgleich m <av> (bei Camcordern) • backlight compensation

Gegenlichtblende f <phot> (an Kameraobjektiv) • lens hood; sunshade; sunshield; gobo

Gegenlicht-Effekt m <phot> • backlight; backlight effect; back-lighting; backlighting

Gegenlichtkompensation f <av> (bei Camcordern) • backlight compensation

Gegenlichtkorrektur f <av> (bei Camcordern) • backlight compensation

Gegenlichtschalter m <av> (Camcorder) • backlight switch

Gegenlichttaste f <phot> (zur Belichtungskorrektur)
• backlight button
Gegenlogarithmus m <math> • antilogarithm; inverse
logarithm; antilog
Gegenmasse f <förd> • dolly
Gegenmasse f <masch> (zum Auswuchten von Rota-
tionsteilen; z. B. an Wellen, Rädern) • compensating
mass; balancing mass; counterweight coll
Gegenmasse f <min> (am Förderseil) • baby
Gegenmasse f <phys> (Gegengewicht) • balancing mass
gegen Masse kurzschließen vt <el> • short to frame vt
Gegenmitsprechen n <tele> • side-to-far-end cross-talk
Gegenmittel n <allg> • antidote
Gegenmittel n ugs <med> (bei Vergiftungen) • antitoxin;
toxolysin thsc; toxinicide thsc; antidote pract; counter-
poison coll
Gegenmutter f <füg> (Schraubensicherung) • lock nut
Gegennebensprechen n <tele> • far-end cross-talk; re-
ceiving-end cross-talk
gegen normales Waschen beständig <textil> • laun-
derproof
gegen Null gehen vt <math> (z. B. Graph) • tend to zero vt
gegen oxidative Einflüsse beständig <qualit.mat>
• stable to oxidation
Gegenphase f <phys> • reverse phase; opposite phase;
antiphase
gegenphasig <tech.allg> (periodische Bewegungen) • in
antiphase; in phase opposition; in opposition coll; anti-
phase
Gegenplatte f <druck> • counter punch
Gegenpol m <el> • antipole; opposite pole
Gegenpolare f <math> (analytische Geometrie) • anti-
polar; reciprocal polar
Gegenpolviereck n (Kinematik) • opposite pole quadrilat-
eral
Gegenprofil n <masch> • mating profile
Gegenpropeller m <aerospace> • counterpropeller
Gegenpropeller m <nav> • contra-propeller
Gegenrad n DIN 3998 <antr> (in Eingriff stehend) • meshing
gear; mating gear GB
Gegenrakel f <textil> • counterdoctor
Gegenrakete f <mil> • antimissile missile; countermissile;
antirocket missile; missile-defense missile
Gegenreaktanz f <el> • negative-sequence reactance;
demagnetizing reactance
Gegenreaktion f <chem> (bei chem. Gleichgewichts-
reaktionen) • reverse reaction; back reaction; opposing
reaction rar
Gegenrichtung f <tech.allg> • opposite direction
Gegenrichtung f <verk> (Gegenverkehr) • opposite direc-
tion
Gegenring m <masch> (feststehender Ring von
Gleitringdichtungen; z. B. in Pumpen) • stationary seal
ring; stationary element; stationary seat; stationary seal
face
Gegenring m <turb> (Turbine) • clamping ring; packing
ring
Gegenschallsystem n <kfz> (z. B. für Innengeräusch
oder Auspufflärm) • anti-noise system (ANS); noise can-
cellation system, NCS Walker; active noise-control sys-
tem
Gegenschaltung f <el> • counterconnection; connection
in opposition did; antiparallel coupling
Gegenschaltungsmethode f <el> • opposition method
Gegenscheibe f <antr> (für Riemen; wird getrieben)
• driven pulley
Gegenscheibe f <masch> (gegenüberliegende, passende
Schiebe) • mating disk
Gegenschein m <astron> • gegenschein

Gegenscheinleitwert m <el> • transadmittance
Gegenschläger m <textil> • counterfaller
Gegenschlaghammer m <wz.masch> • counterblow
hammer
Gegenschlitz m <masch> • mating slot
Gegenschneide f <wz> • opposite cutting edge
Gegenschreiben n <tele> • full-duplex operation
Gegenschweißung f <füg> • rewelding from the back;
back weld pract.coll
Gegenschwingsieb n <verf> • opposed-action screen
Gegenseil n <textil> • check band
gegenseitig abhängig <allg> • interdependent; interre-
lated
gegenseitig aufeinander wirkend <allg> • interactive
gegenseitig aufheben vr <allg> • annul each other vi
gegenseitig aufheben vr <math> (z. B. Vorzeichen)
• cancel out vt
gegenseitig auslösend <pap> • group triggering
gegenseitig ausschließend <allg> • mutually exclusive
gegenseitig beeinflussen vr <allg> • interact vi
gegenseitig beeinflussen vr <el> • interfere vi; interfere
with vt
gegenseitig durchdringen vr <tech.allg> • interpene-
trate vi
gegenseitige Abhängigkeit f <allg> • interdependence
gegenseitige Anziehung der Feldlinien im Plasma f
<nukl> • line-tying
gegenseitige Beziehung f <allg> • interrelation; correla-
tion
gegenseitige Durchdringung f <tech.allg> • interpene-
tration
gegenseitige Induktivität f <el> (Effekt) • mutual induc-
tance
gegenseitige Kapazität f <el> • mutual capacitance
gegenseitiger Verkehr m <verk> • intercommunication
gegenseitig gesicherte Zerstörung f <mil> (Doktrin;
Abschreckungsprinzip durch gesicherte Zweitschlag-
kapazität) • mutually assured destruction (MAD)
gegensinnig <tech.allg> • in opposite direction; in oppo-
site sense; reverse
gegensinnig drehend <tech.allg> • counterrotating
Gegenspannung f <el> • back-off voltage; back voltage;
reverse voltage; countervoltage
Gegenspant n <nav> • reverse frame
Gegensprechanlage f <tele> (Sprechen in beiden
Richtungen gleichzeitig möglich) • intercom system; inter-
communication system form
Gegensprechbetrieb m <tele> (erlaubt Sprechen u.
Hören gleichzeitig in beiden Richtungen) • full-duplex op-
eration; duplex operation
Gegensprechen n <tele> (erlaubt Sprechen u. Hören
gleichzeitig in beiden Richtungen) • full-duplex operation;
duplex operation
Gegensprechkanal m <tele> • duplex channel
Gegensprechsatz m <tele> • duplex set
Gegensprechschaltung f <tele> • talk-back circuit
Gegenständer m <wz.masch> (für horizontale Bohr-
stange beim Tiefbohren) • boring-bar steady; boring stay
Gegenständer m <wz.masch> (von horizontalen Spin-
deln) • end column; end support
Gegenstand m <jur> (einer Erfindung, eines Patents)
• object; subject matter of the invention; subject matter of
the patent
Gegenstand m DIN 2342 <term> (konkret, abstrakt; z. B.
Motor, Temperatur, Ölwechsel) • object ISO1087
Gegenstandspunkt m <phot> • object point
Gegenstandsüberwachung f <alarm> • object protec-
tion; point protection; spot protection; object detection;
spot detection

Gegensteckverbinder *m* <el> • mating connector
Gegenstelle *f* <tele> • distant end
Gegenstempel *m* <wz> • counterpunch
Gegenstörung *f* <tele> • antijamming
Gegenstrichwalze *f* <textil> • counterpile roller
Gegenströmer *m* <verf> *(z. B. für Abgas)* • countercurrent adsorber; countercurrent reactor
gegenströmig angeordnete Laufräder *npl DDR* <förd> • opposed impellers *pl*; back-to-back impellers *pl*; opposing impellers *pl*
Gegenströmung *f* <tech.allg> *(Flüssigkeit, Gas)* • reverse flow
Gegenströmung *f* <verf> *(z. B. in Wärmetauschern)* • countercurrent
Gegenstrom *m* <el> • reverse current; back current
Gegenstrom *m* <verf> *(in Fluiden)* • counter-current flow; countercurrent; counter-current; countercurrent flow; counterflow
Gegenstromabschäumer *m* <verf> • rotation protein skimmer *:V*
Gegenstromadsorber *m* <verf> *(z. B. für Abgas)* • counter-current adsorber; countercurrent reactor
Gegenstrombohranlage *f* <petr> • counterflush drilling rig
Gegenstrombremsung *f* <el.brems> • countercurrent braking; plug braking; plugging
Gegenstromdestillation *f* <chem.verf> • countercurrent distillation; rectification
Gegenstromextraktion *f* <chem.verf> • countercurrent extraction
Gegenstromextraktionsapparat *m* <verf> • countercurrent contactor
Gegenstromfeuerung *f* <ents.verbr> • counterflow firing concept; countercurrent firing system
Gegenstromführung *f* <verf> • backward-feed operation
Gegenstromkessel *m* <verf> • countercurrent boiler
Gegenstromklassierer *m* <ents.verf> *(Bodenwäsche)* • countercurrent classifier
Gegenstromkondensation *f* <verf.therm> *(z. B. Abluftreinigung, Lösungsmittelrückgewinnung)* • countercurrent condensation
Gegenstromkondensator *m* <verf.therm> • countercurrent condenser
Gegenstromkühler *m* <verf> • counterflow cooler; countercurrent cooler
Gegenstromkühlturm *m* <verf.energ> *(z. B. Dampfkraftwerk)* • counterflow cooling tower; countercurrent cooling tower
Gegenstrommischer *m* <verf.mat> *(z. B. für Beton)* • countercurrent mixer
Gegenstromofen *m* <obfl> • counter-flow furnace
Gegenstromprinzip *n* <tech.allg> *(z. B. Wärmetauscher)* • counterflow principle; countercurrent principle
Gegenstromprinzip *n* <prod.nahr> *(Plattenwärmetauscher)* • counter current fashion
Gegenstromreaktor *m* <verf> *(z. B. für Abgas)* • countercurrent adsorber; countercurrent reactor
Gegenstromrechen *m* <verf.hydr> *(allg.)* • back-cleaned screen; back-raked screen
Gegenstromröhrenkühler *m* <therm> • countercurrent pipe cooler
Gegenstrom-Spülluft *f* <verf> • reverse air
Gegenstromspülung *f* <verf> *(allg., Betonung auf Flussrichtung)* • countercurrent circulation; reverse circulation
Gegenstromspülung *f* <verf> *(Betonung auf Reinigung)* • countercurrent rinsing; counterflow rinsing; cascade rinsing
Gegenstromspülung *f* <verf> *(Bohrtechnik)* • indirect flushing

Gegenstromsystem *n rar* <tech.allg> *(z. B. Wärmetauscher)* • counterflow principle; countercurrent principle
Gegenstromtrockner *m* <verf> • counterflow drier; countercurrent drier
Gegenstromtrocknung *f* <verf> • countercurrent drying
Gegenstrom-Umlaufrechen *m* <verf.hydr> • back-raked screen; back-raked multi-raked screen *form*; back-raked bar screen
Gegenstromverbrennung *f* <ents.verbr> • counterflow firing concept; countercurrent firing system
Gegenstromverdichter *m* <verf.turb> *(z. B. in Wärmetauschern, Turbinen etc.)* • countercurrent condenser
Gegenstromvorwärmer *m* <verf> *(z. B. Luftvorwärmer)* • countercurrent heater
Gegenstromwärmetauscher *m* <verf> • countercurrent heat exchanger
Gegenstromzentrifuge *f* <nukl> • counter-current centrifuge
Gegenstück *n* <tech.allg> • counterpart; companion part; mating part
Gegenstütze *f* <kfz.wz> *(für Auszieher)* • bridge yoke; bar-type yoke
Gegentaktaufzeichnungsspur *f* <av> • push-pull recording track; push-pull track *pract*
Gegentaktausgang *m* <el> • push-pull output
Gegentaktbetrieb *m* <el> • push-pull operation *norm*; push-pull action *pract*
Gegentaktdemodulator *m* <el> • negative-feedback demodulator
Gegentakteingang *m* <el> • push-pull input
Gegentaktflankendiskriminator *m* <el> • push-pull slope discriminator
Gegentaktfrequenzverdoppler *m* <el> • push-pull frequency doubler
Gegentaktgleichrichter *m* <el> • push-pull rectifier; back-to-back rectifier
Gegentaktmikrophon *n* <akust> • push-pull microphone
Gegentaktmodulator *m* <tele> • balanced modulator
Gegentaktschaltung *f* <el> • push-pull circuit
Gegentaktschwingkreis *m* <el> • split tank circuit
Gegentaktstörung *f* <el> • opposed-mode interference; series-mode interference
Gegentaktstrom *m* <el> • push-pull current
Gegentakttonspur *f* <av> • push-pull track
Gegentakttransformator *m* <el> • push-pull transformer
Gegentaktunterdrückung *f* <el> • opposed-mode interference suppression; series-mode interference suppression
Gegentaktverstärker *m* <el> • push-pull amplifier
Gegentaktzylinder *m* <masch> • push-pull cylinder
Gegenturm *m* <förd> *(z. B. Kabelkran)* • tail tower
gegenüberliegende Anordnung *f* <tech.allg> • opposed mounting
gegenüberliegender Winkel *m* <math> • opposite angle
gegenüberstellen *vt* <allg> *(vergleichend)* • compare *vt*
Gegenuhrzeigersinn *m* <tech.allg> • counterclockwise direction; anticlockwise direction; ccw direction
gegen unautorisierte Eingriffe geschützt <tech.allg> *(Gehäuse, Software)* • tamper-proof
Gegenverbunderregung *f* <el> • differential compound excitation; differential excitation *pract*
Gegenverbundgenerator *m* <el> • differential compound-wound generator; differential compound generator
gegenverbundgeschaltet <el> • differential-compounded
Gegenverbundmotor *m* <el> • differential compound-wound motor; differential compound motor; decompounded motor
Gegenverbundwicklung *f* <el> • differential compound winding; differential winding; decompounding winding

Gegenverkehrskollision f <kfz> • car-to-car front-end impact; car-to-car head-on impact

gegenwärtig laufende Fertigung f <prod> • work in process

Gegenwalze f <led> (Entfleischen) • counter-pressure roller

Gegenwartswert m <fin> • present value; realizable value

gegen Wasser abdichten vt <verf> • waterproof vt

Gegenwendel f <el> (über der Kabelbewehrung) • spiral binder tape; binder tape; counter helix; wire-band serving US

Gegenwert m <fin> • proceeds; equivalent; equivalent amount; countervalue; receipts

Gegenwicklung f <el> • opposing winding; antagonistic winding

Gegenwinder m <textil> • counterfaller

Gegenwinkel m <math> • subtended angle; opposite angle

Gegenwirbel m <phys> • countervortex

Gegenwirkung f <allg> (Auswirkung, Effekt) • countereffect

Gegenwirkung f <tech.allg> (Handlung) • counteraction

Gegenwirkung f <phys> (Reaktion) • reaction

Gegenwirkung f <phys> (Kraft; als physikal. Größe) • reactive force

Gegenwirkungsprinzip n <mech> (3. Newtonsches Gesetz) • principle of action and reaction; Newton's third law; action-reaction law

Gegenwirkungsrad n <astron> (zur Stabilisierung von Drehbewegungen) • reaction wheel

Gegenzahn m <masch> • mating tooth

Gegenzelle f <el> • counterelectromotive force cell; countercell pract

Gegenzug m <bahn> • train from opposite direction; opposing train

Gegenzug m <prod> (Drahtziehen) • back pull

Gegenzugstuhl m <textil> • positive lift loom

gegisstes Besteck n <navig> • dead reckoning position; dead reckoning

geglänzt <textil> (Baumwolle) • glace

geglättet <edv> (Kurven; ohne Treppeneffekt etc.) • antialiased

geglätteter Strom m <el> • smoothed current

gegossen <metall> • cast

gegossen <mat> (Kurbelwelle) • ductile cast iron; nodular cast iron

gegossene Folie f <kst> • cast sheet

gegossene Kurbelwelle f <kfz.mot> • cast crankshaft

gegossene Lager npl <masch> • poured bearings

gegossene Nockenwelle f <mot> • cast camshaft

gegossener Kolben m <masch> • cast piston

gegossenes Leichtmetallrad n <fz> • cast alloy wheel; cast aluminum wheel rare

gegossenes LM-Rad n <fz> • cast alloy wheel; cast aluminum wheel rare

gegossenes Rad n <fz> • cast wheel

gegossenes Rohr n <rls> (im Ggs. zu geschweißtem, gewalztem, gezogenem Rohr) • cast tube

gegossenes Stativ n <pap> • cast stand

Gehänge n <tech.allg> (Aufhängung) • suspension gear

Gehänge n <förd> (Deckenförderer) • hanger; carrier

Gehänge n <förd> (Lastaufnahme) • lifting tackle

Gehänge n <obfl> (für Werkstücke; z. B. für Tauchbad) • hanger; jig

gehärtet <tech.allg> (allg.) • hardened

gehärtet <chem.nahr> (Fett) • hydrogenated

gehärtet <ic> (durch UV-Licht stabilisiert) • photostabilized

gehärtet <kst> (betont: vernetzt) • cured

gehärtet <mat> (durch Brennen, Backen) • baked

gehärtet <silik> (Glas) • toughened

gehärteter Stahl m <metall> (durch Wärmebehandlung) • tempered steel

gehärteter Stahl m <metall> (allg.) • hardened steel

gehärteter Stahl m ugs <metall> (durch Einsatzhärten) • case-hardened steel

gehärteter Ventilsitz m <kfz.mot> • hardened valve seat

gehärtetes Fett n <nahr> • hardened fat; hydrogenated fat

gehärtetes Sicherheitsglas n <silik> • tempered glass; tempered safety glass

gehärtetes Speiseeis n <nahr> • hardened ice cream; hard ice cream

Gehäuse n <tech.allg> (betont: äußere Hülle, Schale) • shell; case

Gehäuse n <tech.allg> (betont: Abdeckung) • cover

Gehäuse n <tech.allg> (relativ groß, kastenförmig, eher dünnwandig; z. B. Schrank) • cabinet; housing

Gehäuse n <tech.allg> • body; casing; housing

Gehäuse n <autom> (Industrieroboter) • robot housing

Gehäuse n <edv> (eines Laufwerkes) • chassis; housing

Gehäuse n <edv> (eines Speichermediums) • case

Gehäuse n <el> (insbes. von IC-Bausteinen) • enclosure

Gehäuse n <ic> (für Chipmontage) • package

Gehäuse n allg <licht.theat> • pressed sheet steel housing; housing gen

Gehäuse n <masch> (Getriebe) • box

Gehäuse n <phot> (Kamera) • body

Gehäuse n <tribo> (Ölluftfilter) • oil bowl

Gehäuse n <turb> (Turbine) • casing; housing

Gehäuseabdichtung f <masch> (z. B. Pumpe) • package sealing

Gehäuseantenne f <tele> • built-in antenna US; built-in aerial GB

Gehäuse-Befestigungsschraube f <masch> (Deckel) • cover fastening screw

Gehäusedeckel m <tech.allg> (betont: wichtigster, größter Deckel; eher dünn; z. B. von Kopierern) • main cover

Gehäusedeckel m <masch> (eher bei Metallgehäusen; z. B. von Pumpen, Getrieben) • casing cover

Gehäuse der Schutzart IP 67 n <msr> • IP 67 housing

Gehäusedichtung f <masch> • body gasket

Gehäusefalz m <kfz.emiss> • converter belt

Gehäuseführungsbolzen m <masch> (Positionierung, Lagesicherung) • casing guide-bolt

Gehäuse für Schrankmontage n <edv> (für Schaltschrank) • rackmount chassis

Gehäusehalbschale f <kfz> (Katalysator) • shell; converter shell

Gehäuse hinten n <kfz.el> (Drehstromgenerator) • slip-ring end fitting; slip-ring end bracket GB; slip-ring end frame US; slip ring housing [end cover]; rectifier end shield Chrysler

Gehäuseklemme f <el> • box connector

Gehäusekriechstrom m <el> • enclosure leakage current IEC 60601-1

Gehäuseminiaturisierung f <ic> • package miniaturization

Gehäusenaht f <kfz.emiss> • converter belt

Gehäusering m <förd> (Pumpenspaltring) • casing wear ring; casing wearing ring

Gehäusescheibe f DIN ISO 5593 <masch> • housing washer ISO 5593

gehäuseseitiges Kurbelwellenlager n <kfz.mot> • case bearing

Gehäusesiebtrommel f <verf.hydr> • automatic tank screen

Gehäusespindel f <textil> • box peg

Gehäusestift m <el> • package pin

Gehäuse vorn *n rar* <kfz.el> *(von Generator)* • drive end fitting; drive end bracket *GB*; drive end frame *US*; drive end shield; drive end housing

Gehäusevorsprung *m* <metall> *(an Gussteilen)* • lug

Gehäusewand *f* <tech.allg> • casing wall

Gehalt *m* <allg.tech> *(z. B. an Feststoff, Schadstoffen, Wasser)* • content

Gehalt *m* <allg.tech> *(prozentualer Anteil; z. B. von Wasser, Füllstoff; in %)* • percentage

gehalten <tech.allg> *(z. B. eingespannt, verschraubt, aufgehängt)* • held

gehaltene Masche *f* <textil> • held loop

gehaltene Verbindung *f* <tele> • held call

Gehbock *m DIN 32978-1* <med.tech> *(für Behinderte)* • walking frame

Geheimanmeldung *f* <jur> *(Patent)* • secret application

Geheimhaltung *f* <jur> • secrecy

geheimhaltungsbedürftig <jur> • liable to secrecy

Geheimnis *n* <jur> • secret

Geheimtinte *f pract* <doku> • sympathetic ink *norm*; secret ink *pract*

gehen *vi* <allg> • go *vi*

gehen *vi* <allg> *(verlassen; z. B. Besucher)* • leave *vi*

gehen *vi* <tech.allg> *(prinzipiell betriebsfähigkeit sein; z. B. Uhr, Maschine)* • operate *vi*; function *vi*; work *vi coll*

gehen *vi ugs* <verk> *(Zug, Schiff, Flugzeug)* • depart *vi*

gehgelenkt <förd> *(z. B. Hubstapler)* • walkie-type *pract*; pedestrian-controlled *norm*; walk-along *pract.coll*

Gehgeräusch *n* <akust> • footfall

Gehhilfe für einarmige Handhabung *f DIN EN ISO 11334* <med.tech> • walking aid manipulated by one arm *ISO 11334-4*

Gehirnlöffel *m* <bio.wz> *(Tierpräparation)* • brain spoon

Gehkomfort *m DIN ISO 2424* <bau.innen> *(Bodenbelag, Teppich)* • walking comfort *ISO 2424*

Gehlenkung *f* <förd> • pedestrian control

gehörrichtige Lautstärkeregelung *f* <av> • loudness control

gehörrichtige Wiedergabe *f* <av> *(Anhebung von Tiefen und Höhen bei geringer Lautstärke)* • automatic loudness; loudness *pract*

Gehörschaden durch Schallüberlastung *m* <med> *(z. B. durch Schussknall, Explosion, Presslufthammer, Disco)* • acoustic trauma; ear damage due to noise overload

Gehörschutz *m* <akust.sich> *(z. B. Ohrenstöpsel, Ohrenschützer etc.)* • hearing protection; hearing conservation; ear protection

Gehörschutzmittel *n* <akust.sich> • hearing protector; protective hearing device; ear protector

Gehörschutzwatte *f* <akust.sich> • antinoise wadding

geholländert <textil> • oversewn; French-sewn

gehren *vt* <füg> *(schräges Eckverbinden, z. B. von Bilderrahmen)* • miter *vt US*; mitre *vt GB*; bevel *vt rare*

Gehrung *f* <tech.allg> *(z. B. von Bilder-, Fensterrahmen)* • miter *US*; mitre *GB*

Gehrungshobel *m* <wz> • beveling plane *US*; bevelling plane *GB*

Gehrungslehre *f* <wz> *(allg., jede Bauart)* • miter gauge; mitre gauge

Gehrungsnaht *f* <füg> *(Schweißnahttyp; 45°)* • miter weld *US*; mitre weld *GB*

Gehrungsnaht *f* <prod> *(allg.; z. B. Holzrahmen)* • mitered joint *US*; mitred joint *GB*; beveled joint *US.rare*; bevelled joint *GB.rare*

Gehrungssäge *f* <wz> *(z. B. für Bilderrahmen)* • miter saw; mitre-cutting saw *GB*; mitre saw *GB*

Gehrungsschablone *f* <wz> *(zum Sägen von Bilderrahmen)* • miter box; mitre box

Gehrungsschere *f* <wz> • beveling shear *US*; mitre-cutting shears *GB*

Gehrungsschneider *m* <wz> • oblique cropper

Gehrungsschnitt *m* <prod> *(Ergebnis; z. B. von Bilderrahmen)* • miter cut *US*; diagonal cut; bevel cut *rare*

Gehrungsschnitt *m* <prod> *(Vorgang)* • miter cutting *US*; bevel cutting

Gehrungsstoß *m* <prod> *(allg.; z. B. Holzrahmen)* • mitered joint *US*; mitred joint *GB*; beveled joint *US.rare*; bevelled joint *GB.rare*

Gehrungsverbindung *f* <prod> *(allg.; z. B. Holzrahmen)* • mitered joint *US*; mitred joint *GB*; beveled joint *US.rare*; bevelled joint *GB.rare*

Gehrungswinkel *m* <bau> • bevel; bevel angle

Gehrungswinkelmesser *m* <wz> • miter gauge *US*; mitre gauge *GB*

Geh-Steh-Telegrafie *f* <tele> • start-stop telegraphy

Gehstöcke mit drei oder mehr Beinen *mpl DIN EN ISO 11334-* <med.tech> • walking sticks with three or more legs *ISO 11334-4*

Gehtest *m* <alarm> • walk-test; walk test

Gehtestanzeige *f* <alarm> • walk-test indicator; walk test light/LED; pattern locator; alarm indicator light; alarm LED

Gehtest-Leuchtdiode *f* <alarm> • walk-test indicator; walk test light/LED; pattern locator; alarm indicator light; alarm LED

Gehweg *m* <bau.verk> *(Fußweg neben Straße, meist gepflastert)* • sidewalk *US*; pavement *GB*

Gehwegplatte *f* <bau.mat> *(allg.)* • flagstone; pavement flag

Gehwegplatte *f* <bau.mat> *(aus Natursteinen)* • quarry tile

Gehzeit *f* <alarm> • exit delay

Geiger'scher Spitzenzähler *m* <nukl.msr> • Geiger point counter

Geiger-Müller-Zähler *m* <nukl.msr> *(Gammastrahlungsmessgerät)* • Geiger counter; Geiger-Müller counter *form*; GM-counter; GM tube; geiger *coll*

Geiger-Müller-Zählrohr *n form* <nukl.msr> *(Gammastrahlungsmessgerät)* • Geiger counter; Geiger-Müller counter *form*; GM-counter; GM tube; geiger *coll*

geigerscher Spitzenzähler *m* <nukl.msr> • Geiger point counter

Geiger-Schwelle *f* <nukl> • Geiger threshold; Geiger-Müller threshold

Geigerzähler *m* <nukl.msr> *(Gammastrahlungsmessgerät)* • Geiger counter; Geiger-Müller counter *form*; GM-counter; GM tube; geiger *coll*

Geison *n* <bau> *(beim griech. Tempel)* • cornice

Geißler'sche Quecksilberpumpe *f* <verf> • Toepler pump

Geißlerröhre *f* <phys.el> *(Gasentladungsröhre)* • Geissler tube; Crooks tube

Geister *mpl* <el> *(auf Bildschirm; z. B. Radar, TV, Monitor)* • echo image; echoes; double image; ghost lines; multiple image

Geisterbild *n* <av> • ghost image; parasitic image

Geisterbild *n* <el> *(auf Bildschirm; z. B. Radar, TV, Monitor)* • echo image; echoes; double image; ghost lines; multiple image

Geisterbild *n* <el> *(auf Magnetband)* • fold-over

Geisterbild *n* <el> *(als elektr. Effekt)* • multipath effect

geistiges Eigentum *n* <jur> • intellectual property

gekämmtes Band *n* <textil> • combed sliver

gekalkte Eiche *f* <obfl.holz> • limed oak

gekapselt <tech.allg> • fully enclosed; encapsulated

gekapselt <tech.allg> *(abgedichtet; z. B. gegen Feuchtigkeit, Schmutz, Gas)* • enclosed; encapsulated

gekapselte Baugruppe *f* <tech.allg> • sealed unit

gekapselte Maschine *f* <masch> *(z. B. Spritzwasser-, Schlagwetterschutz)* • enclosed machine

gekapselter Gleichrichter m <el> • sealed rectifier

gekapselter Kondensator m <el> • encapsulated capacitor; can-style capacitor

gekapselter Läufer m <el> • canned rotor

gekapselter Motor m <el.mot> (z. B. Explosionsschutz) • cased motor; totally enclosed motor

gekapselter Rotor m <el> • canned rotor

gekapselter Schalter m <el> • enclosed switch

gekapseltes Gerät n <el> • totally enclosed device

gekapselte Sicherung f <el> • enclosed fuse

gekapseltes Lager n <masch> (z. B. Wälzlager) • sealed bearing

gekehltes Brett n <nav> • molded board

gekerbter Probestab m <qualit.mat> • notched bar; notched test specimen; notched specimen

gekettete Adressierung f <edv> • chained addressing

geklebt <füg> • adhesive-bonded; glued coll

geklebte Metallverbindung f <füg> • metal-to-metal adhesive-bonded joint

geklebter Karton m <pap> • pasteboard

geklebter Sack m DIN EN 26590 <pack> • pasted sack

geklebte Verbindung f <füg> • adhesive-bonded joint

geklebte Windschutzscheibe f <kfz> • bonded windshield

geknäueltes Molekül n <chem.kst> • coiled molecule

geknickter Pendelarm m <masch> • bent pendulum arm

geknittertes Papier n <pap> • wrinkled paper

gekochte Seide f <textil> • cuite; boiled-off silk

gekörnt <allg> (körnig) • grainy; grained

gekörnt <mat> (Form, Struktur) • granular

gekoppelt <el> (Stromkreise, Oszillatoren, Verstärker) • coupled

gekoppelte Gleichungen fpl <math> • coupled equations

gekoppelte Hebelfunktion f <kunst.wz> • fixed double action; dependent double action

gekoppelter Betrieb m <msr> • on-line operation

gekoppelte Reaktion f <chem> • coupled reaction; linked reaction

gekoppelte Reaktion f <chem.phys> (z. B. induzierte Detonation) • sympathetic reaction

gekoppelte Regelkreise mpl <msr> • interacting loops

gekoppelte Regelung f <msr> • interacting control

gekoppelter Vorgang m <masch> • conjugate action

gekoppelte Schalter mpl <el> • linked switches

gekoppelte Schwingungen f <mech> • coupled vibrations

gekoppelte Stecker mpl <el> • mated connectors

Gekrätz n <metall> (metallische Schlacke, Abfall beim Schmelzen) • dross; scoria; skimmings; blue dust

gekräuselt <led> (Wolle) • curly

gekräuselt <textil> (Filament) • crimped; crimpy

gekräuselter Pol m DIN ISO 2424 <bau.innen> (textiler Bodenbelag) • curled pile ISO 2424

gekreuzte Leitung f <el> • transposed line

gekreuzte Pinbelegung f <edv> • crossed pinning

gekreuzter Riemen m <antr> (Flachriementrieb) • crossed belt

gekreuztes Paar n <edv> • crossed pair

gekröpft <masch> (z. B. Welle, Kurbel) • cranked

gekröpft <masch> (abgewinkelt, abgesetzt; z. B. Werkzeug, Schraubenschlüssel) • offset

gekröpfte Achse f <kfz> (im Fahrzeugbau) • drop axle; drop-center axle; dropped axle; cranked axle

gekröpfter Rahmen m <fz> (z. B. LKW) • dropped frame

gekröpfter Ringschlüssel m <wz> (flach oder tief gekröpft) • offset box wrench US; offset box end wrench US.form; offset ring wrench GB.form; crank ring spanner GB.coll

gekröpftes Handrad n DIN 390 <masch> • dished handwheel

gekröpftes Löffeleisen n <kfz.wz> • high-crown spoon; elbow spoon

gekrümmt <allg> (in Bogenform) • arcuate

gekrümmt <tech.allg> (z. B. Bahn, Werkzeug, Linie, Fläche) • curved; curvilinear

gekrümmt <tech.allg> (Kante, Schneide) • curved; bent

gekrümmt <bau> • draped

gekrümmte Ablaufbahn f <nav> • cambered standing ways

gekrümmte Fläche f <edv.doku> (Darstellung) • warped surface

gekrümmte Oberfläche f <tech.allg> • curved surface

gekrümmter Halbrundschaber m <wz> • curved half-round scraper

gekrümmter Kiel m <nav> • rockered keel

gekrümmter Membran-Konus m <av> (Lautsprecher) • NAWI membrane; curvilinear cone shape; flared diaphragm shape

gekrümmter Raum m <math> • curved space

gekrümmter Sparren m <bau> • compass rafter

gekrümmtes Saugrohr n <energ.hydr> • elbow draft tube

gekrumpft <textil> • shrunk

gekühlt <verf> (sehr kalt; z. B. eisgekühlt) • chilled

gekühlt <verf> (allg.) • cooled

gekühlt <verf> (mit Kühlaggregat) • refrigerated

gekühltes Rohr n <allg> • cooled tube; cooled extension tube

gekürzt <allg> (etw. Abstraktes; z. B. Verfahren, Darstellung, Wort, Bruch) • abbreviated

gekürzt <allg> (Länge) • shortened

gekürzter CPC-Kollektor m <energ.sol> • truncated CPC collector

gekuppelter mehrpoliger Schalter m <el> • multiple common-frame circuit breaker

Gel n <chem> • gel

gelackter Draht m <el> • varnished wire

geladen <el> (mit Elektrizität; z. B. Batterie, Kondensator) • charged

geladen <mil> (Waffe) • loaded

geladenes Teilchen n <phys.el> • charged particle

geladene Stellen fpl <druck> (auf Trommel; z. B. Kopierer) • charged areas pl

Geländearbeit f <tech.allg> • field-work

Geländeaufnahme f <geo.msr> • topographic survey

Geländeauswahl f <bau> • site selection

Geländebruchuntersuchung f <geo> (Bodenmechanik) • circular arc method

Geländeerprobung f <qualit> • field test[ing]

Geländefahrzeug n <kfz> • all-terrain vehicle (ATV); off-road vehicle; off-roader coll

Geländeform f <bau> • lay of the land; lie of the land GB

geländegängig <fz> • suitable for off-road use; off-highway; go-anywhere

geländegängiges Fahrzeug n form <kfz> • all-terrain vehicle (ATV); off-road vehicle; off-roader coll

Geländegängigkeit f <kfz> • off-road ability; off-road capability; off-road mobility; off-highway capability US

Geländegang m <kfz.antr> (Getriebe) • crawler gear; creeper gear; cross-country reduction gear; off-road reduction gear

Geländehöhe f <geo> • ground level; grade level

Geländekorrektur f <geo.phys> • elevation correction; terrain correction

Geländekran m <nfz> • rough-terrain crane

Geländemaschine f prakt <kfz> • off-road motorcycle; off-road bike pract; dirt bike coll; enduro coll

Geländematte f <spiel> (Eisenbahnmodellbau) • landscape mat

Geländemotorrad n <kfz> • off-road motorcycle; off-road bike; trail bike pract; dirt bike coll; enduro coll

Geländepunkt m <geo> • ground point; terrain point

Geländer n <bau> (Handlauf mit Stützen; z. B. an Treppen) • banister

Geländer n <bau> (betont: Schutzfunktion; z. B. auf Brücken) • guard rail; guard railing

Geländerausfachung f <bau> • paling

Geländereifen m <fz> (grobstollig) • off-road tire; cross-country tire; off-the-road tire; ground-grip tire

Geländerpfosten m <bau> (dicht beieinander stehend, eher dick; typ. bei Balustrade) • baluster

Geländesportmodell n werb <kfz> • off-road motorcycle; off-road bike; trail bike pract; dirt bike coll; enduro coll

Geländestreifen m <phot> • ground strip; terrain strip

geländetaugliche Limousine f did <kfz> (Kombination aus Limousine, Kombi, Offroader und Sportwagen) • sport utility vehicle (SUV); sport utility car; sport utility coll; sport ute US.coll

Geländetauglichkeit f <kfz> • off-road ability; off-road capability; off-road mobility; off-highway capability US

Geländeübersetzung f <kfz.antr> (Getriebe) • extra low ratio; extra low gearing ppwiss-mdl; low gear selection ppwiss-mdl; off-road gearing

Geländevermessung f <geo> • ground surveying; ground survey

Geländewagen m prakt <kfz> • all-terrain vehicle (ATV); off-road vehicle; off-roader coll

Geländewinkel m <mil> (Ballistik) • quadrant angle of site

Geländewinkel m <navig> • angle of position

geläppt <prod> • lapped

gelagert <masch> (z. B. Welle) • mounted in bearings; bearing-mounted; in bearings

gelagert <masch.bau> (allg.; z. B. Achse, Welle; Brücke, Träger) • supported

gelappt <tech.allg> • lobed; lobal

gelappt <navig> (Antennenkeule) • multilobal

gelartig <mat> • gel-like

Gelatine f <tech.allg> (in Nahrung, Kosmetik, Pharmazie) • gelatin US.GB; gelatine US.GB

gelatineartig <mat> • gelatiniform; gelatinous pract

Gelatinedynamit n <spreng> • gelatin dynamite

Gelatinefilter m/n <opt> • gelatin filter US.GB; gelatine filter US.GB; gel pract

gelatinegeleimt <pap> • gelatin-sized; glue-sized

Gelatineleimung f <pap> • gelatin sizing; glue sizing

Gelatineschicht f <phot> (des Fotopapiers) • gelatin coat; coated film; gelatin film; gelatin layer; gelatine coat

Gelatineschutzschicht f <phot> • gelatin protective layer; gelatin supercoat; gelatine supercoat

Gelatinewalze f <druck> • gelatin roller; composition roller

gelatinieren vt <chem.verf> • gelatine vt; gelate vt; gel vt

Gelatiniermittel n <chem> • gelatinizing agent; gelling agent

Gelatinierungsmittel n <chem> • gelatinizing agent; gelling agent

gelatinöser Ammonsalpetersprengstoff m <spreng> • gelatin extra

Gelb n <druck> (Primärfarbe der subtraktiven Farbmischung; gelbgrüner Farbton) • yellow (Y)

Gelb n <obfl> • yellow

Gelbbleierz n <min> • yellow lead ore; wulfenite

Gelbchromatierung f <obfl> (chemische Oxidation) • chromating process for yellow coatings

gelbes Arsen n <chem> • yellow arsenic; alpha arsenic

Gelbes Blutlaugensalz n <chem> • potassium prussiate; potassium ferrocyanide(II); yellow prussiate of potash; yellow prussiate

gelbes Scheinwerferlicht n <kfz.licht> • yellow headlights

Gelbfilter m/n <phot> • yellow filter

Gelbgießerei f <metall> (Messing) • brass foundry

Gelbglut f <metall> (Glühen) • bright orange; yellow heat

Gelbgrad m <pap> • yellowness

Gelbguss m <metall> (Messing) • yellow brass; high brass

Gelbildung f <chem> (z. B. bei Stabilisatoren) • gel formation; gelation; gelling US.GB

Gelblicht n <licht> • amber light

Gelbschleier m <phot> • yellowish veil

Gelbton m <obfl> • yellow shade

Gelchromatographie f <chem> • gel chromatography

Gelcoat m <nav.kst> (Bootsbau; äußerste, glatte Harzschicht bei GFK-Booten) • gelcoat

Geldautomat m <autom.fin> • automatic telling machine (ATM) US; cash dispenser GB; automatic teller US.coll; automated cash dispenser GB; ACD GB

Geldautomatdrucker m <druck> • ATM printer US; ACD printer GB

Geldscheinfachkontakt m <alarm> • money clip; money trap

Geldscheinkontakt m <alarm> • money clip; money trap

Gelegenheits-Autodieb m <kfz> • joy rider

Gelegenheitsstichprobennahme f <qualit> • chunk sampling

gelegtes Schalungselement n <bau> • laid formwork element

geleimt <pap> • sized

Geleis n obs.rar <bahn> • track; railway US

geleistete Anzahlungen fpl <fin> (Bilanz) • payments on account; advance payments

geleistete Arbeit f <allg> (Mensch und Maschine) • work done

Gelenk n <tech.allg> (allg.) • link; joint

Gelenk n <masch> (gelenkige Verbindung; z. B. mit Kugelkopf; eine od. mehrere Bewegungen) • articulation; knuckle

Gelenk n <masch> (mit Scharnier; eine Bewegungsrichtung) • hinged joint; pinned hinge; pinned joint; hinge

Gelenk n <masch> (von Wellen) • joint

Gelenk n <nfz> (Bus) • articulated joint; joint

Gelenkabschnitt m <nfz> (Bus) • articulated joint; joint

Gelenkangel f <wz> (Gattersäge) • articulated buckle

Gelenkarm m <autom> (Roboter) • articulated arm; jointed arm

Gelenkarm m <masch> • articulated bracket; hinged bracket; hinged arm

Gelenkarmroboter m <autom> • articulated arm robot; jointed arm robot; articulated robot

Gelenkausleger m <förd> (Kran) • articulated jib

Gelenkbogen m <min> • articulated arch

Gelenkbohrmaschine f <wz.masch> • flexible boring machine

Gelenkbolzen m DIN1433 <masch> (erlaubt Schwenk-, Kippbewegung; z. B. an Generator, in Schäkel) • pivot bolt; pivot pin; hinge pin; fulcrum pin GB; pintle

Gelenkbus m <nfz> • articulated bus; articulated coach; accordion bus; stretch bus; artic coll

Gelenkdauerwinkel m <masch> • permanent joint angle

Gelenk-Deichselanhänger m DIN <nfz> (mit einer Vorder- und einer oder mehreren Hinterachsen) • full trailer; drawbar trailer GB; pony trailer US.coll; dog trailer AUS.coll

Gelenk-Doppeldeck-Omnibus m <nfz> • articulated double-decker

Gelenk-Duobus m <nfz> • dual-mode articulated bus

Gelenkegge f <agri> • flexible harrow; peg-tooth harrow pract

Gelenkeinheit f <autom> • joints
Gelenkendoprothese f <med.tech> • joint endoprosthesis
Gelenkersatz m <med.tech> • joint replacement
Gelenkfeder f <bekl> (Schuh) • shank piece
Gelenkflansch m <masch> • flange with spherical seat
Gelenkführung f <masch> • joint guide
Gelenkgabel f <kfz.antr> (Kreuzgelenk) • joint yoke
Gelenkgabel mit Längenausgleich f <masch> (Kreuzgelenk) • slip yoke
Gelenkgreifer m <förd> • articulated gripper
Gelenkgriff m <wz> • flexible handle; breaker bar US; swivel handle GB; flex spinner GB; flex-head nut spinner ISO
Gelenkhebel m rar <masch> • toggle joint; toggle linkage; toggle lever; toggle pract
gelenkig <tech.allg> (um eine Achse; mit Scharnier) • hinged; pivoted
gelenkig <masch> (meist mit mehreren Freiheitsgraden) • articulated
gelenkig anbringen vt <prod> (mit einer Drehachse; z. B. einen Hebel, Deckel) • mount pivotically vt
gelenkig angeschlossen <masch> (mit Scharnier, Bolzen; um eine Achse drehbar) • pin-connected; pin-jointed
gelenkig befestigen vt <masch> • articulate vt
gelenkig drehen vt <tech.allg> • hinge vt; pivot vt
gelenkige Rotornabe f <energ.wind> • teetering hub
gelenkiger Spindelfuß m <bau> (z. B. für Baugerüst) • articulated height-adjustable foot
gelenkige Verbindung f <tech.allg> • flexible joint
gelenkig gelagert <tech.allg> • hinged
gelenkig verbunden <masch> • pin-connected; pin-jointed
Gelenkkappe f <min> • hinged bar; articulated bar; link bar
Gelenkkette f <antr> • pintle chain
Gelenkknarre f <wz> • flex-head ratchet; swivel-head ratchet; swivel head ratchet GB; flexible head ratchet
Gelenkkörper m <kfz.antr> (Gleichlaufgelenk) • race
Gelenkkompensator m <rls> • restrained expansion joint; expansion loop with bellows joint
Gelenkkoordinaten fpl <masch> (Kinematik) • revolute coordinates
Gelenkkopf m <msr> • pivot head; ball-and-socket head; joint head
Gelenkkraft f <masch> • pin force
Gelenkkupplung f <masch> • joint coupling
Gelenklager n DIN ISO 6811 <masch> (z. B. Roboter) • spherical plain bearing
Gelenklokomotive f <bahn> • articulated locomotive
gelenklose Rotornabe f <energ.wind> • rigid hub
Gelenkmechanismus m <masch> • joint mechanism
Gelenköse f <masch> (mit Einschraubgewinde) • swivel eyebolt US
Gelenkomnibus m <nfz> • articulated bus; articulated coach; accordion bus; stretch bus; artic coll
Gelenkpunkt m <masch> • fulcrum point; pivot point
Gelenk-Reisebus m <nfz> • articulated coach
Gelenkrohr n <rls> • articulated pipe
Gelenkrohrwelle f <kfz> • tubular shaft
Gelenkscheibe f <kfz.antr> (in Gelenkwelle) • flexible coupling; rubber coupling; Rotoflex coupling pract; rubber doughnut coll; doughnut joint coll
Gelenkschiff n <nav> • articulated ship; hinged ship pract
Gelenkschlüssel m form.prakt <wz> • flex-head box wrench US; flex-head wrench US; flex-socket wrench US; swivel socket wrench GB
Gelenkschraube f :V <füg> (für flexible Flanschverbindungen; z. B. in Abgasanlage) • articulated joint shoulder bolt

Gelenkspindel f <wz.masch> (z. B. Mehrspindel-Bohrkopf) • universal-joint driven spindle; universal-joint spindle
Gelenkspindelbohrmaschine f <wz.masch> • universal-joint multiple drilling machine
Gelenkspindelhalter m <wz.masch> • universal-joint spindle holder
Gelenkstahlkappe f <masch> • hinged steel bar
Gelenkstange f <masch> • toggle link
Gelenkstecknuss f pract <wz> • universal joint socket; universal socket; flexible socket US; flex socket US.coll
Gelenksteckschlüssel m form <wz> • flex-head box wrench US; flex-head wrench US; flex-socket wrench US; swivel socket wrench GB
Gelenksteckschlüsseleinsatz m <wz> • universal joint socket; universal socket; flexible socket US; flex socket US.coll
Gelenkstift m <masch> • wrist pin; pintle
Gelenkstrebe f <masch> • joint strut
Gelenkstück n <bekl> (Schuh) • shank piece
Gelenkstück n prakt <wz> (Verbindungsteil für Steckschlüsseleinsätze) • universal joint; U-joint pract
Gelenkstück für Kraft-Steckschlüsseleinsätze n Hazet <wz> (Kardangelenk für Maschinenschrauber) • impact universal joint
Gelenksystem n <rls> • hinge system; pin system
gelenkt <allg> • guided
gelenkt <aerospace> (z. B. Ballon) • piloted
gelenkte Achse f <kfz> • steered axle; steerable axle; steer axle
gelenkte Antriebsachse f <kfz.antr> • steer drive axle
gelenkte Gärung f <nahr> (Wein) • controlled fermentation
Gelenkteleskopbühne f <nfz> • articulated-arm telescoping lift platform
gelenkte Rakete f <mil> • guided rocket; guided missile
gelenktes System n <fz> • steered system
Gelenkträger m <bau> • continuous articulated beam
Gelenk-Trolleybus m <nfz> • articulated trolley bus; articulated electric trolley
Gelenkturm m <petr> • Concrete Articulated Tower
Gelenkverankerung f <rls> • tie rods; tie bars
Gelenkverbindung f <masch> • articulation
Gelenkverspannung f <rls> • tie rods; tie bars
Gelenkviereck n <mech> (Kinematik, Getriebelehre) • four-bar linkage; four-bar mechanism; four-bar motion
Gelenkwelle f <antr> (betont: Welle mit Kardangelenken) • Cardan shaft
Gelenkwelle f <antr> (allg.; mit Kreuzgelenken beliebigen Typs) • U-shaft; jointed shaft; articulated shaft rare; universally jointed shaft rare
Gelenkwelle f <kfz.antr> (bei Kfz m. Frontmotor u. Heckantrieb; zw. Getriebe u. Achsdifferential) • propeller shaft; propshaft pract.coll; drive shaft
Gelenkwellenrohr n <kfz> • drive-shaft tube
Gelenkwellenschutz m <masch> • drive-shaft safety guard
Gelenkzapfen m <masch> • fulcrum stud; swivel pin
Gelenkzapfen m <masch> (erlaubt Schwenk-, Kippbewegung; z. B. an Generator, in Schäkel) • pivot bolt; pivot pin; hinge pin; fulcrum pin GB; pintle
Gelenkzündkerzenschlüssel m <kfz.wz> (Steckschlüsseleinsatz) • universal spark plug socket; flex[ible] spark plug socket
Gelenkzug m <bahn> (z. B. bei Schwebebahn) • articulated train
Gelenkzug m <nfz> • articulated bus; articulated coach; accordion bus; stretch bus; artic coll
gelesenes Kilobyte n <edv> • kilobyte read

Geleucht *n prakt* <min> • miner' s lamp; mine lamp; Wolf safety lamp

Gelfiltration *f* <chem> • gel filtration

gelförmig <kunst> *(Farbkonsistenz)* • paste-like

gelieren *vi* <tech.allg> *(zu einer halbfesten, kolloidalen Masse)* • gel *vi*

gelieren *vi* <chem> *(zu einem Gel erstarren)* • gel *vi*

Gelierharz *n* <kst> *(GFK-Karosserien, Bootsrümpfe)* • gel-coat resin

Geliermittel *n* <nahr> *(z. B. in Speiseeis)* • stabilizer; stabilizing agent

Gelierschicht *f* <kfz> *(GFK-Karosserien)* • gel coat

Geliertrockner *m* <obfl> *(Trockner zum Einbrennen von PVC)* • gelling drier *US.GB*; sealant drier; underseal drier

gelitzter Draht *m rar* <el> • stranded wire; flexible stranded conductor *form*; stranded conductor; strand *pract*

Gell-Mann-Nishijima-Schema *n* <nukl> • Gell-Mann-Nishijima scheme

Gel-Matrix *f* <ents> • gel matrix

gelochte Abreißkarte *f* <edv> • stub card

gelochte Karte *f* <textil> • pasteboard movement card

gelochte Metallfolienabschirmung *f* <el> • perforated metal screen

gelochte Verrohrung *f* <rls> *(z. B. Bodenentwässerung)* • perforated casing

gelöscht <chem> *(Kalk)* • hydrated

gelöschter Kalk *m* <bau.mat> • hydrated lime; hydrate of lime; water-slaked lime; slaked lime; slacklime

gelöschter Kalk *m* <ents> *(allg.)* • milk of lime; slaked lime; lime water

gelöst <chem> • dissolved

gelöster organischer Kohlenstoff *m* (DOC) <ökol> • Dissolved Organic Carbon (DOC)

gelöster Sauerstoff *m* <chem> • dissolved oxygen

gelöster Stoff *m* <chem> • dissolved substance; solute *scien*

Gelöstes *n* <chem> • dissolved substance; solute *scien*

gelöstes Acetylen *n* <füg> *(Schweißtechnik)* • dissolved acetylene

Gelpermeationschromatographie *f* <chem> • gel permeation chromatography

Gelpore *f* <ents> • gel pore

Gels *npl prakt.* <edv> • gels *pl*

Gel-Schicht *f* <kfz> *(GFK-Karosserien)* • gel coat

Gel-Sol-Übergang *m* <chem> • solation; peptization

Gelteilchen *n* <chem> • gel particle

Geltungsbereich *m* <jur> • area of application; scope

Gelzustand *m* <chem> • gel condition; gel state

Gemäldefirnis *m* <obfl> • picture varnish; final varnish

gemäß <tech.allg> *(Vorschrift XYZ, Norm XYZ etc.)* • compliant

gemäßigtes Tele *n ugs* <phot> • moderate telephoto lens; moderate telephoto *coll*

gemäßigtes Teleobjektiv *n* <phot> • moderate telephoto lens; moderate telephoto *coll*

gemäßigtes Weitwinkelobjektiv *n* <phot> • moderate wide-angle lens; moderate wide-angle *coll*

gemäß Leistungsschild <tech.allg> • according to rating

gemahlenes Mahlgut *n* <min> • grain; gritt

gemallte Breite *f* <nav> • molded breadth; molded beam

gemasert <obfl> *(z. B. Holz)* • grained

gemasert <obfl> *(z. B. Gestein, Fleisch)* • veined

gemauerte Strecke *f* <min> • arched roadway

gemein <math> *(Bruch)* • vulgar

gemeine Hornblende *f* <min> *(i.e.S.)* • hornblende

gemeine Kettenlinie *f* <math> • common catenary

gemeiner Bruch *m* <math> • vulgar fraction

gemeinsam benutzte Datei *f* <edv> • shared file

gemeinsam bewegte Nadeln *fpl* <textil> • united needles

gemeinsame Aderumhüllung *f* <el> • inner covering; common covering

gemeinsame Aktion *f* <org> *(z. B. mehrerer Unternehmen)* • common action

gemeinsame Eingriffshöhe *f DIN 3998* <antr> *(Zahnradgetriebe)* • working depth of teeth; depth of engagement; depth of meshing

gemeinsamer Speicher *m* <edv> • shared memory

gemeinsamer Speicherbereich *m* <edv> • common storage area

gemeinsamer Speicherblock *m* <edv> • common block of a memory; common block

gemeinsames Elektron *n* <chem> *(homopolare Bindung)* • shared electron

gemeinsames Elektronenpaar *n* <chem> • pair of shared electrons

gemeinsames Glied *n* <tech.allg> • common link

gemeinsames werksinternes Informationssystem *n* <pap> • common plant information system

gemeinsame Zahnhöhe *f DIN 3998* <antr> *(Zahnradgetriebe)* • working depth of teeth; depth of engagement; depth of meshing

gemeinschaftliche Bandbenutzung *f* <tele> • band sharing

gemeinschaftliche Einrichtungen *fpl* <bau> • community facilities

Gemeinschaftsanlage *f* <edv> • multi-user system

Gemeinschaftsanschluss *m* <tele> • shared line; two-party line

Gemeinschaftsantenne *f* <av> *(für Fernsehempfang)* • master TV antenna *US*; master TV aerial *GB*

Gemeinschaftsantenne *f* <el> *(allg.)* • community antenna *US*; community aerial *GB*

Gemeinschaftsantennenanlage *f* <el> • community antenna [system] *US*; collective aerial system *GB*; community aerial system *GB*

Gemeinschaftsband *n* <tele.av> • shared band

Gemeinschaftspatentübereinkommen *n* (GPÜ) <jur> • Community Patent Convention (CPC)

Gemeinschaftsrechner *m* <edv> • multi-user computer

Gemeinschaftsspeicher *m* <edv> • common memory; common store

Gemeinschaftswellenbetrieb *m* <av> • shared-channel broadcasting

Gemenge *n* <tech.allg> • heterogeneous mixture; mixture

Gemenge *n* <silik> • batch

Gemengespeiser *m* <silik> • batch feeder; batch charger

Gemengteil *m* <min> • constituent mineral *norm*; constituent *pract*

gemessen abgeben *vt* <verf> • meter out *vt*

gemessene Eigenschaften *fpl* <pap> • measured properties

gemessener Wert *m* <msr> • measured value

gemessener Wert *m* <msr> *(allg.)* • measured value

gemessene Teufe *f* (MD) <petr> • measured depth (MD)

Gemfibrozil *n* <med> • gemfibrozil; Lopid *trade name*

Gemisch *n* <tech.allg> • mixture

Gemisch *n* <kfz.mot> • air/fuel mixture; A/F mixture; air/fuel mix *coll.press*

Gemisch *n prakt* <kfz.mot> *(für Zweitakter)* • gas/oil mixture *US*; lubricated petrol *GB*; petroil mixture *GB*; petroil *GB.pract*

Gemisch *n* <verf> • homogeneous mixture; mixture; mix *pract.coll*

Gemischabmagerung *f* <kfz> • leaning [out]; weakening of mix

Gemischaufbereitung *f* <kfz.mot> *(System)* • carburetion system; induction [system]; air/fuel mixture preparation system *Champion*; management *Carweek*

Gemischaufbereitung f <kfz.mot> *(Vorgang, alle Systeme)* • carburetion; mixture formation *SAE SP-1314*
Gemischaufbereitung f <kfz.mot> *(Vorgang bei Vergasersystemen)* • carburetion
Gemischaufbereitung f <kfz.mot> *(Vorgang bei Kraftstoffeinspritzung)* • fuel induction
Gemischaufbereitungssystem n <kfz.mot> *(System)* • carburetion system; induction [system]; air/fuel mixture preparation system *Champion*; management *Carweek*
Gemischbildner m <kfz.mot> *(System)* • carburetion system; induction [system]; air/fuel mixture preparation system *Champion*; management *Carweek*
Gemischbildung f <kfz.mot> *(Vorgang, alle Systeme)* • carburetion; mixture formation *SAE SP-1314*
Gemischbildung f <kfz.mot> *(Vorgang bei Vergasersystemen)* • carburetion
Gemischbildung f <kfz.mot> *(Vorgang bei Kraftstoffeinspritzung)* • fuel induction
Gemischentflammung f <kfz.el> • mixture ignition; fuel ignition
Gemischmenge f <kfz.mot> • mixture volume
Gemischregelung f <mot> *(innere od. äußere; bei Benzin u. Dieselmot.)* • mixture control; composition control *rare*
Gemischregelventil n <mot> • mixture control valve
Gemischregler m <kfz.mot> *(Jetronic)* • mixture control unit
Gemischregler m <mot> *(allg.)* • fuel-air ratio control unit
Gemischregler m <msr> • blending controller
Gemischregulierschraube f <kfz.mot> *(Vergaser, Jetronic)* • mixture control screw; CO adjustment screw; mixture regulating screw *rare*
Gemischregulierventil n <kfz.mot> • fuel metering solenoid *GM*
Gemischschmierung f norm <kfz> *(Zweitaktmotor)* • gasoil lubrication *US*; petroil lubrication *GB*
gemischtadriges Kabel n <el> • combined cable
gemischtbasisch <tribo> • mixed base
gemischtbasisches Erdöl n <chem.petr> • mixed-base crude oil; paraffin-asphalt petroleum *norm.did*; mixed-base petroleum; mixed-base crude *pract*
gemischtbasisches Rohöl n <chem.petr> • mixed-base crude oil; paraffin-asphalt petroleum *norm.did*; mixed-base petroleum; mixed-base crude *pract*
gemischtbasisch-paraffinisches Erdöl n <petr> • intermediate paraffinic petroleum
Gemischtbasisdarstellung f <edv> • mixed-base notation
Gemischtbasissystem n <edv> • mixed-base system
gemischte elektromagnetische Welle f <phys> • hybrid electromagnetic wave
gemischte Gesamtheit f <phys> • mixed-state ensemble
gemischte Inhibition f <obfl> *(Korrosionsschutz)* • mixed-type inhibition
gemischte Karde f <textil> • mixed card
gemischte Ladung f <logist> • general cargo; parcelled cargo; mixed cargo
gemischte Phase f <phys> • mixed phase
gemischte Reflexion f <opt> • mixed reflection
gemischter Halbleiter m <el> • mixed semiconductor
gemischtes Altpapier n <pap.ents> • mixed waste paper
gemischte Schaltung f <el> • series-parallel connection
gemischtes Papier n <ents> • mixed paper
Gemischtphasekracken n <petr> • mixed-phase cracking
gemischt schalten vt <el> • connect in series parallel vt
Gemischtströmung f <phys> • non-continuum flow
gemischt verbinden vt <el> • connect in series parallel vt
Gemischverteilung f <kfz.mot> • mixture distribution

Gemischzündung f <kfz.el> • mixture ignition; fuel ignition
Gemischzuführung f <mot> • mixture admission
gemittelt <allg> • averaged
gemittelt <tech.allg> • mean
Gemmer-Lenkung f <kfz> *(mit Schneckenrad)* • cam-and-roller steering; worm-and-roller steering *GB*; hourglass worm-and-roller steering; Gemmer steering; Marles steering
Gemmotherapie f <med> • gemmotherapy
Gemüse nsg <agri.nahr> • vegetables pl
Gemüsebanane f <agri> • plantain
Gemüseerntemaschine f <agri> • vegetable harvester
Gemüsekonservenfabrik f <nahr.prod> • vegetable cannery
gemufft <fz> *(Fahrradrahmen)* • lugged
gemustert <obfl> • patterned
gemusterter Druck m <textil> • figured printing
gemusterter Teppich m DIN ISO 2424 <textil.qualit> • patterned carpet *ISO 2424*; figured carpet
gemustertes Gewebe n <textil> • figured fabric
Gen n <med> • gene
genähert <allg> • approximate
genäherte Bestimmung f <tech.allg> • approximate determination
genähter Sack m DIN EN 26590 <pack> • sewn sack
Genamplifikation f <med> *(Polymerase-Kettenreaktion)* • gene amplification
genarbt <kfz> *(Kunststoffoberflächen)* • leather-grain …
genarbt <obfl> • grained
genarbte Folie f <kst> • embossed sheet
genau <allg> *(Daten allg.; z. B. Resultate)* • accurate
genau <allg> *(Wert)* • correct
genau <allg> *(Arbeit, Anzeige, Fertigung)* • exact
genau <allg> *(präzise)* • precise
genau <tech.allg> *(z. B. Vorschrift, Betriebsanleitung, Fehlerbeschreibung)* • definite
genau bearbeiten vt <prod> • precision-machine vt
Genaubohrung f <petr> • precision borehole
Genaubohrung f <prod> • precision bore
Genaubrennschneiden n <prod> • precision flame cutting
genauer Abgleich m <tech.allg> • exact matching
genauer Guss m <prod> *(typ. mit Ausschmelzverfahren)* • precision-casting
genau festgelegt <allg> • well defined
Genauigkeit f <allg> *(z. B. einer Arbeit, Anzeige, Fertigung)* • exactness
Genauigkeit f <allg> *(Präzision)* • precision
Genauigkeit f <tech.allg> *(allg., von Messungen, Rechnungen, Angaben etc.)* • accuracy
Genauigkeit f <mil> *(von Schusswaffen)* • accuracy; precision
Genauigkeit f <navig> *(Ortsbestimmung)* • accuracy; position accuracy; positioning accuracy
Genauigkeit der Geschwindigkeitsmessungen f <navig> *(Empfänger)* • velocity accuracy
Genauigkeitsanforderung f <tech.allg> • precision requirement; accuracy requirement
Genauigkeitsgewinde n rar <masch> • precision thread
Genauigkeitsgrad m <msr> • order of accuracy
Genauigkeitsgrad m <prod> • degree of precision; degree of accuracy
Genauigkeitsgrenze f <msr> • error limit; limit of error; margin of error; accuracy limit
Genauigkeitsklasse f <msr> *(eines Messgeräts etc.)* • accuracy class
Genauigkeitsverlust m <prod> • loss of accuracy
genau mittig <masch> • dead central
genau passend <tech.allg> • tight-fitting

genau passend <textil> *(z. B. Bettzeug, Kleidung)* • fitted
genau rund laufen *vt* <masch> • run true *vt*; rotate in
truth *vt*; run concentrically *vt*
Genauschmieden *n* <prod> *(Verfahren; liefert einbaufertige Teile)* • precision forging
Genauschmiedestück *n* <metall> • precision forging
Genauschmiedeteil *n* <metall> • precision forging
Genauschmiedetoleranz *f* <prod> • close-standard
forging tolerance
genehmigtes Beschaffungsziel *n* <logist> • authorized
acquisition objective
Genehmigung *f* <jur> • approval
genehmigungsbedürftige Anlage *f* <ents> • facility
subject to licensing
Genehmigungsnummer *f* <jur> • approval number
Genehmigungsprüfung *f* <jur> *(z. B. von Ersatzteilen,
Kfz-Zubehör)* • approval test
Genehmigungsverfahren *n* <jur> • authorization procedure
Genehmigungszeichen *n* <jur> • approval mark
geneigt <tech.allg> *(Fläche)* • inclined
geneigt <tech.allg> *(schräg abfallend)* • sloping; sloped;
slanting
geneigt <tech.allg> *(schräg gekippt)* • tipped; tilted
geneigt <nav> *(z. B. Mast)* • rake; skew
geneigte Fläche *f* <tech.allg> • cant
geneigter Rost *m* <ents> • inclined grate; sloping grate
geneigtes Dach <bau> • pitched roof
Generalabfrage *f* <msr> • general scanning; general scan
Generaladresse *f DIN ISO 3309* <edv> • all-station address *ISO 3309*
Generaleinfallen *n* <geo> • average dip; general dip;
normal dip
Generalfallen *n* <geo> • average dip; general dip; normal
dip
Generalinspektion *f* <tech.allg> • major service
generalisierte Geschwindigkeit *f* <phys> • generalized
velocity
generalisierter Impuls *m* <phys> • generalized momen-
tum
Generallizenz *f* <jur> *(Patentrecht)* • exclusive license;
sole license
General MIDI-Bank *f* <edv.mus> • General MIDI bank;
GM bank; General MIDI sound bank; GM sound bank
General-MIDI-Expander *m* <edv.av> • GM expander;
GM module; GM synthesizer module; General MIDI mod-
ule; General MIDI synthesizer module
General Midi-Instrumentenanordnung *f* <edv.mus>
• General Midi sound set; GM patch set; GM sound map;
GM instrument map
General-MIDI-Mode *m* <edv.av> • GM mode; General
MIDI mode
General-MIDI-Modul *n* <edv.av> • GM expander; GM
module; GM synthesizer module; General MIDI module;
General MIDI synthesizer module
General-MIDI-Modus *m* <edv.av> • GM mode; General
MIDI mode
General Midi-Schlagzeugset *n* <edv.mus> • General
Midi drum set; GM percussion set; GM drum set
Generalnenner *m* <math> • lowest common multiple
Generalplan *m* <tech.allg> • general arrangement
Generalplan *m* <doku> • general arrangement plan; gen-
eral arrangement drawing
General Standard *m* <edv.mus> • General Synthesizer
Standard (GS); General Standard; GS standard
Generalstreichen *n* <geo> • general trend
General Synthesizer-Standard *m* (GS) <edv.mus>
• General Synthesizer Standard (GS); General Standard;
GS standard

Generalüberholung *f* <rep> • complete overhaul; general
overhaul
Generalunternehmer *m* (GU) <ökon> • main contractor;
general contractor; prime contractor
Generation *f* <edv> • generation
Generationsdauer *f* <nukl> • generation time
Generationsrate *f* <el> • generation rate
generatives Modell *n* <edv> • Constructive Solid Geo-
metry Model; CSG model
Generator *m* <tech.allg> *(allg.; z. B. von Strom, Gas,
Dampf)* • generator
Generator *m* <el> • generator; electric generator
Generator *m prakt* <el> • alternator (ALT); three-phase-
current generator *form*; three-phase alternator *rare*; AC
generator *rare*
Generator *m* (LIMA) <fz.el> • generator
Generatorabzweig *m* <el> • generator branch circuit
Generatorbetrieb *m* <verf> *(Gasgenerator)* • producer
operation
Generatorbremse *f* <energ.hydr> • generator brake
Generatorbrikett *n* <verbr> • gasification briquette
Generatordrehzahl *f* <el> • generator speed
Generator für zwei Spannungen *m* <el> • double-
voltage generator
Generatorgas *n* <energ> • generator gas; producer gas
Generatorgruppe *f* <el> • generator set; generating set
Generatorkohle *f* <energ> • producer coal
Generatorläufer *m* <el> *(Generator)* • rotor; generator
rotor
Generator Lock *m* <edv> • genlock; generator lock
Generatorphase *f* <navig> • generator phase
Generatorprogramm *n* <edv> • generating program;
generating routine; generator program; generator
Generatorrotor *m* <el> • generator rotor
Generatorschlupf *m* <el> • slip; generator slip
Generatorschutzeinrichtung *f* <el> • generator protec-
tive equipment
Generatorwelle *f* <el> • generator shaft
Generatorwirkungsgrad *m* <el> • generator efficiency
Generatorzelle *f* <av> *(Klangerzeugung)* • generator cell
generieren *vt* <tech.allg> *(z. B. Code, Klang etc.)* • gener-
ate *vt*
Genese *f wiss* <geo> *(z. B. von Gesteinsformationen,
Vulkanen, Sedimenten)* • genesis; formation
genetischer Code *m* <bio> • genetic code
genetischer Fingerabdruck *m* <bio> • genetic fingerprint
genetischer Strahlungseffekt *m* <bio> • genetic effect
of radiation
Genexpression *f* <bio.chem> • gene expression
Genfer Nomenklatur *f* <chem.petr> • IUPAC
genietet <füg> • riveted *US*; rivetted *GB*
genietete Verbindung *f* <füg> • riveted joint *US*; rivetted
joint *GB*
Genitalschützer *m DIN EN ISO18814* <sport.sich>
• genital protector *DIN EN ISO18814*
Genlock *m/n* <edv> • genlock; generator lock
genmanipuliert (GM) <nahr> *(z. B. Mais, Sojabohnen)*
• genetically manipulated (GM)
genmanipulierte Landwirtschaftsprodukte *npl* <agri>
• GM crops *pl*
genmanipulierte Nahrungsmittel *npl* (GMO) <nahr>
• genetically manipulated foods (GMO); GM foods *pract*;
Frankenstein foods *coll.derog*
Genom *n* <med> • genome
genormt <norm> • standardized
genormte Benennung *f* <term> • standardized term;
standard term
genormter Abstand *m* <edv.druck> • standard spacing
Genprodukt *n* <bio.chem> • gene product

Genraps m <agri> • genetically modified rape seed; genetically modified rape
Gentechnik f <bio.chem> • genetic engineering
genügen vt <allg> (den Erwartungen, den Bedingungen
genügen) • comply with vt; comply vt; fulfil vt
genügen vt <jur> (z. B. einer Anforderung) • meet vt; satisfy vt
genullt <el> (über den Neutralleiter geerdet) • grounded
on the neutral wire US; earthed on the neutral wire GB
genulltes Netz n <el> • multiple-grounded network US;
multiple-earthed system GB
Genus n <term> • grammatical gender
genutet <el> (z. B. Anker) • slotted
genutet <prod> • grooved; fluted
genuteter Anker m <el> • slotted armature
Geochemie f <geo.chem> • geochemistry
geochemisch <geo.chem> • geochemical
geochemische Erkundung f <geo.chem> • geochemical
prospecting
Geochronologie f <geo> • geochronology
Geodäsie f <geo.msr> • geodesy; geodetics; geodetic surveying; geodetic engineering; surveying
Geodäsie-Empfänger m <navig> • geodetic receiver;
survey receiver
Geodätische f prakt <geo.msr> • geodesic line; geodesic
pract
geodätische Aufnahme f <geo> (Resultat) • geodetic
survey
geodätische Aufnahme f <geo> (Vorgang) • geodetic
surveying
geodätische Druckhöhe f <masch> (Pumpe) • static delivery head; static discharge head
geodätische Förderhöhe f DIN 4048-2 <energ.hydr>
(Höhenunterschied zwischen Oberwasserspiegel und
Unterwasserspiegel) • geodetic delivery head
geodätische Förderhöhe f <masch> (Pumpe) • total
static head
geodätische Höhe f <förd> (Teil der Pumpenförderhöhe)
• elevation head
geodätische Linie f <geo.msr> • geodesic line; geodesic
pract
geodätischer Empfänger m <navig> • geodetic receiver;
survey receiver
geodätischer Satellit m <aerospace> • geodetic satellite
geodätische Saughöhe f DIN 4044 <phys> (Höhenunterschied zwischen Saugmassenspiegel und Eintrittspunkt der Pum) • geodetic suction head
geodätisches Bezugssystem n <navig> (z. B. für GPS)
• reference datum; chart datum; geodetic datum; reference frame; datum
geodätisches Gerät n <geo.msr> • surveying instrument;
ground-survey instrument
Geodätisches Weltsystem n <navig> • World Geodetic
System
geodätische Vermessung f <geo.msr> • geodetic survey; geodetical survey
Geode f <min> • amygdale; amygdule; geode
Geodynamik f <geo> • geodynamics
geodynamisch <geo> • geodynamical; geodynamic
geöffnet <allg> • opened; open
geöffnet <tech.allg> (Hahn) • on
geöffnet <el> • open-circuited
geöffnet <prod> (Spannelement) • released; unclamped
geöffnet <prod> (z. B. Spannzange) • withdrawn
geöffneter Kreis m <msr> • open loop
Geoelektrik f <geo.el> • geophysical engineering; geoe-
lectrics
Geoelektrik f <min> • electrical prospecting method; electrical prospecting

geoelektrisches Messverfahren n <min> • electrical
prospecting method; electrical prospecting
geoelektrische Tomographie f <geo.el> • geo-electrical
tomography
Geoelektrizität f <geo.el> • geoelectricity; terrestrial electricity did
geographische Breite f (LAT) <geo> • latitude (LAT);
geographical latitude
geographische Entfernung f <navig> (Satellit-Empfänger) • geometric range; true satellite-to-receiver range;
geographic distance
geographische Koordinaten fpl <geo.navig> • geographic coordinates pl
geographische Länge f (LON) <geo.navig> • longitude
(LON); geographical longitude; degree of longitude rare
geographische Limitierung f • geographical limitation
geographischer Geltungsbereich m • geographical
limitation
geographischer Vorbehalt m • geographical limitation
Geographisches Informationssystem n (GIS) <navig>
• Geographic Information System (GIS)
geographisch Nord n <navig> • true north; geographic
north
Geohydrologie f <geo> • geohydrology; hydrogeology
Geoid n <geo> • geoid
Geoidfläche f <geo> • geoidal surface
Geoidhöhe f <navig> • elevation above mean sea level;
elevation above MSL; height above MSL; geoid height;
altitude
Geoinformationssystem n <navig> • Geographic Information System (GIS)
Geologenhammer m <wz> • geologist' s hammer; prospect pick pract
Geologie f <geo> • geology
geologische Aufnahme f <geo> • geological survey
geologischer Dienst m <geo> • geological survey
geologisches Alter n <geo> • geological age; geologic age
geologisches Profil n <geo> • geologic column
geologische Uhr f <geo> • geological clock
geologische Zeitrechnung f <geo> • geochronology
Geomagnetik f <geo> • magnetic prospecting method;
magnetic prospecting; geomagnetics
geomagnetischer Sturm m <geo> • geomagnetic storm
Geomagnetismus m <geo> • geomagnetism; terrestrial
magnetism did
Geomechanik f <geo> • geomechanics
Geometric Dilution of Precision f (GDOP) <navig>
• geometric dilution of precision (GDOP)
Geometrie f <math> • geometry
Geometrie f prakt <navig> (der verwendeten Satelliten;
GPS) • system geometry; satellite geometry; geometry
pract
Geometriebeschleunigung f <edv> • geometry accel-
eration
Geometrie der Schneide f <wz> • tool geometry
Geometrieelement n DINENISO14660-1 <msr> • geo-
metrical feature DINENISO14660-1
Geometrieprozessor m <autom> • environment model
processor
Geometrieverhältnis n <tech.allg> (Verhältnis von Höhe
zu Breite von etw.; z. B. Autoreifen) • aspect ratio; geo-
metric relation
Geometrieverhältnis n <edv> (Höhe zu Breite eines
Codes) • aspect ratio
geometrische Abstufung f <math> (z. B. Papierformate,
Drehzahlen von Werkzeugspindeln) • geometrical pro-
gression
geometrische Ähnlichkeit f <tech.allg> • geometrical
similarity

geometrische Anordnung f <tech.allg> • geometrical layout; physical layout; geometry

geometrische Anordnung f <navig> *(der verwendeten Satelliten; GPS)* • system geometry; satellite geometry; geometry *pract*

geometrische Bemaßung f <edv> • geometric dimensioning *:V*

geometrische Drehzahlstufung f <masch> *(z. B. Werkzeugmaschinen)* • geometrical progression of speeds

geometrische Entfernung f <navig> *(Satellit-Empfänger)* • geometric range; true satellite-to-receiver range; geographic distance

geometrische Folge f <math> • geometric progression

geometrische Höhe f <navig> • geometric altitude

geometrische Isomerie f <math> • geometrical isomerism; cis-trans isomerism

geometrische Oberfläche f DIN 4762 <obfl> *(Oberflächenrauheit)* • geometrical surface

geometrische Optik f <opt> • geometrical optics

Geometrische Produktspezifikation f (GPS) DIN EN ISO 1466 <msr> • Geometrical Product Specifications (GPS) DIN EN ISO 1466

geometrische Reihe f <math> • geometric series

geometrischer Inhalt m <bau.masch> *(von Baggergrabgefäßen)* • level fill

geometrischer Körper m <math> • geometric solid

geometrischer Mittelwert m <math> • geometric mean; geometric average

geometrischer Ort m <math> • geometric locus; locus

geometrisches Mittel n <math> • geometric mean; geometric average

geometrisches Primitivum n wiss <edv> • drafting entity; display element; graphic primitive; output primitive; primitive *coll*

geometrisches Trägheitsnavigationssystem n <navig> • geometric inertial navigation system

geometrisches Trägheitsortungssystem n <navig> • geometric inertial navigation system

geometrische Stufung f <tech.allg> • geometrical progression

geometrische Verschlechterung der Genauigkeit f <navig> • geometric dilution of precision (GDOP)

geometrische Verteilung f <navig> *(der verwendeten Satelliten; GPS)* • system geometry; satellite geometry; geometry *pract*

geometrische Verwindung f <aerospace> • geometric twist

geometrisch-ideales Profil n <obfl> *(technische Oberfläche)* • nominal profile

geometrisch sicher <nukl> • geometrically safe

Geometrodynamik f <phys> • geometrodynamics

Geomorphologie f <geo> • geomorphology; morphological geology

Geophon n <geo.msr> *(Reflektionsseismik)* • geo phone

Geophysik f <geo> • geophysics

geophysikalische Erkundung f <geo> • geophysical prospecting

geophysikalische Lagerstättenerkundung f <geo> • geophysical prospecting

geophysikalisches Prospektieren n <geo> • geophysical prospecting

Geopotential n <geo> • geopotential

geopotentielles Meter n <meteo> • geopotential metre

geordnete Ablagerung f <ents> *(von Müll; Vorgang)* • sanitary landfilling; sound disposal; safe disposal; proper disposal

geordnete Deponie f form <ents> *(betont: für geordnete, sichere Ablagerung von Abfällen)* • sanitary landfill [site] form; secure landfill [site]; controlled tip; landfill site; landfill *coll*

geordneter Baum m <edv> • ordered tree

geordnetes Bündel n <phys> • oriented bundle

geordnete Speicherung f <logist> • ordered storage

geostationär <aerospace> *(allg.; Umlaufbahn, z. B. Satelliten)* • geo-stationary; geostationary

geostationärer Satellit m <aerospace> • geostationary satellite

geosynchron <aerospace> • geosynchronous

geosynchroner Satellit m <aerospace> • geosynchronous satellite

Geotechnik f <geo> • geotechnics

Geotektonik f <geo> • geotectonic geology; geotectonics

Geotextilie f <ents> • geotextile

Geotextilien npl <textil> • geotextiles

Geothermie f <geo> • geothermal prospecting

Geothermie f <geo.phys> • temperature logging

geothermisch <energ.geo> *(z. B. Kraftwerk)* • geothermal

geothermische Energie f <energ.geo> • geothermal energy

geothermisches Kraftwerk n <energ.geo> • geothermal power plant US; geothermal power station GB

geothermische Tiefenstufe f <geo> • geothermal gradient

Geowissenschaften fpl <geo> • geosciences

geozentrisch <astron> *(historisches Weltbild)* • geocentric

geozentrisch <navig> *(auf Erdmittelpunkt bezogen)* • geocentric

gepaarte Gewindeteile npl <füg> • mating threads; thread assembly

gepaartes Wälzlager n DIN ISO 5593 <masch> • matched rolling bearing ISO 5593

gepackt <edv> *(Daten, Dateien; z. B. als JPG, MPG, ZIP)* • compressed

gepackt <edv> *(Dateien; im ZIP-Format)* • compressed; zipped *coll*

gepackt <pack> • packed

gepackter 24-Bit-Modus m <edv> • pixel-packed format

gepacktes Format n <edv> • packed format

Gepäck n <tour> *(Koffer, Reisetasche, Seesack etc.)* • luggage; baggage

Gepäckabdeckung f <kfz> *(unter Heckklappenfenster)* • cargo area cover

Gepäckablage f <fz> • luggage rack; storage rack; parcel rack; luggage tray

Gepäckanhänger m <logist> *(zur Identifikation von Koffern etc.)* • luggage tag; baggage tag

Gepäckbrücke f <kfz> *(auf Kofferraumdeckel, für Cabrios)* • rear-deck luggage rack; trunk mount rack Ford

Gepäckcontainer m <kfz> *(auf Autodach)* • roof cargo box; roof box; luggage carrier Jaguar

Gepäckfach n <fz> • luggage rack; storage rack; parcel rack; luggage tray

Gepäckhalter m <bahn> • luggage grid

Gepäckkontrolle f <tour> *(Zoll, Flughafen)* • baggage check

Gepäcknetz n <kfz> *(Motorrad)* • bungee cargo net

Gepäcknetz n <kfz> *(allg.)* • luggage net; cargo net

Gepäckrad n <fz> • carrier bicycle

Gepäckraum m <fz> *(allg.; z. B. Autobus, Eisenbahnwaggon, Fähre)* • luggage compartment; luggage space

Gepäckraum m <nfz> *(Bus)* • luggage compartment; luggage bay US; storage bay US; baggage compartment US

Gepäckraumboden m BMW <kfz> *(betont: Blechteil der Karosserie)* • trunk floor panel US; boot floor panel GB

Gepäckraum-Bodenmatte für 5-Türer f *:V* <kfz> • hatchback rear deck mat

Gepäckraumdeckel m <kfz> *(bei Heckmotorfahrzeugen)* • luggage bay cover; front compartment cover; front hood US

Gepäckraumklappe f <fz> • boot lid
Gepäckraumleuchte f <kfz.el> • cargo lamp/light
Gepäckraumverschluss m <fz> • luggage locker
Gepäckraumvolumen n <nfz> (eines Busses) • luggage
capacity
Gepäckrost m <bahn> • luggage grid
Gepäckrost m <kfz> (auf dem Dach) • roof rack
Gepäckschein m <tour> • baggage check US; luggage
ticket GB
Gepäckschoner m <kfz> (auf Lastenträger) • luggage
protector
Gepäckschützer m <kfz> (auf Lastenträger) • luggage
protector
Gepäckspinne f <kfz> • tie down straps; multi strap
pract.coll; elastic hold-downs coll
Gepäcktasche f <fz> (Fahrrad) • pannier
Gepäckträger m <bahn> (Person; z. B. Bahnhofservice)
• porter
Gepäckträger m ugs <kfz> (z. B. für Koffer, Fahrrad, Ski,
Kajak) • roof rack; roof carrier; roof top carrier; luggage
rack; roof luggage rack
Gepäckträger-Service m <bahn> • porter service
Gepäckwagen m <bahn> • baggage car; baggage wagon
gepantscht <nahr> (z. B. Sauce, Suppe, Wein) • watered
gepanzert <tech.allg> (z. B. Fahrzeug, Kabel) • armored
US; armor-clad US; armoured GB
gepanzert <obfl> • hard-faced
gepanzertes Kraftfahrzeug n <kfz> • armored car US;
armoured vehicle GB
gepfeilt <aerospace> (Flügel, Leitwerk) • swept-back
gepfeilter Tragflügel m <aerospace> • swept-back wing;
backswept wing; arrowhead wing; swept-oblique wing; V-
wing pract
gepierced <bio> (z. B. Ohrläppchen, Zunge, Nabel etc.)
• pierced
gepinchtes Plasma n <nukl> • self-pinched plasma
geplant <allg> (Vorhaben, Termin) • planned
geplant <allg> (konkret terminiert, mit Terminplan)
• scheduled
geplant ugs.rar <bau> (Gelände; z. B. Straßenunterbau,
Müllhalde) • graded; planed rare
geplant <wz.masch> (Oberfläche; z. B. mit Fräser, Stoß-,
Drehmaschine) • faced
gepolstert <tech.allg> (z. B. als Schutz; z. B. Instrument-
anlage, Überrollbügel, Bekleidung) • padded
gepolsterter Oberarm m <bekl> • padded upper arm
gepolt <el> • polarized US.GB; polarised GB
gepolter Stecker m <el> • polarized plug US.GB; polarised plug GB
gepoltes Relais n <el> • polarized relay US.GB; polarised
relay GB
geprägt <obfl> (Relief) • embossed
gepresst <prod.metall> (Blechteil) • stamped
gepufferte Daten pl norm. <edv> • retentive data stand.
gepulst <el> • pulsed
gepulste Betriebsweise f <nukl> • pulsed operation;
pulse operation
gepulste Lichtquelle f <edv> (in Lesestiften) • pulsed
light source
gepulster Betrieb m <nukl> • pulsed operation; pulse operation
gepulster Laser m <licht> • pulsed laser
gepulster Lesestift m <edv> • pulsed light pen
gepulstes Laserlicht n <licht> • pulsed laser beam
gepulvertes Metall n rar <metall> • powder metal; powdered metal
gepunktet <doku> (Linie) • dotted
gepunktet <füg> (Schweißen) • spot-welded
gepunzt <fz> (Fahrradfelge) • dimpled

gepunzt <obfl> (Blech; fein ziseliert; z. B. Ritterrüstung)
• chased
gequetscht <agri.logist> (Obst; Transport- oder Lagerschaden) • bruised
Geradbrennschnitt m <prod> • straight-line flame cut
gerade <tech.allg> (ohne Biegung, Krümmung; z. B. Linie
oder Bewegung) • straight
gerade <tech.allg> (in Richtung auf etwas) • direct
gerade <tech.allg> (gleichmäßig; Oberfläche) • even
gerade <chem.petr> (z. B. Molekül) • linear; straight
Gerade f <doku> • straight line
Gerade f <math> • straight line
Gerade f <math> (unendliche Linie) • infinite line; un-
bounded line
Gerade f <sport> (Teil einer Strecke zw. den Kurven, z. B.
im Stadion, Rennstrecke) • straight
Gerade f <verk> (Straße) • straight
Geradeausbewegung f <masch> • linear motion; straight-
line motion
Geradeausdrahtziehmaschine f <wz.masch> • straight-
line wire drawing machine
Geradeaus-Durchlaufofen m <verf> • straight-through
furnace
Geradeausempfänger m <el> • direct detection receiver;
tuned radio-frequency receiver; straight-through receiver;
straight receiver
Geradeausfahrt f <fz> • straight-line motion
Geradeausgeschwindigkeit f <tech.allg> • forward
speed
Geradeauslauf m <fz> • straight-line motion
Geradeauslauf m <kfz> (von Fahrzeugen; typ. bei hoher
Geschwindigkeit) • directional stability; tracking stability;
straight-line stability; tracking
Geradeauslauf m <prod> • directional stability; straight
stability
Geradeauslaufstabilität f form <kfz> (von Fahrzeugen;
typ. bei hoher Geschwindigkeit) • directional stability;
tracking stability; straight-line stability; tracking
Geradeaus-Maschine f <druck> • straight printing press
Geradeausprogramm n <edv> • straight-line program;
direct program
Geradeausschaltung f <el> (Empfänger) • straight circuit
Geradeaus-Tunnelofen m <verf> • straight-through fur-
nace
Geradeausverstärker m <el> • straight-through amplifier;
straight amplifier
gerade Eigenfunktion f <math> • even eigenfunction
gerade Einspritzung f <kfz.mot> (Dieselmotor) • axial
injection
gerade Flussstrecke f <geo> • reach
gerade Funktion f <math> • even function
geradegenuteter Bohrer m <wz> • straight-fluted drill;
straight-flute drill
gerade genuteter Gewindebohrer m <wz> • straight-
flute tap; straight-fluted tap
Gerade-gerade-Kern m <phys> • even-even nucleus
Geradeinterpolation f <math> • linear interpolation
gerade Kette f <chem> • straight chain
Geradenbündel n <math> • bundle of lines; pencil of lines
Geradengleichung f <math> (analytische Geometrie)
• equation of a straight line
gerade Nut f <wz> • straight flute
gerade Parität f <edv> • even parity
gerade Pyramide f <math> • right pyramid
gerader Kegel m <math> • rotation cone; right circular
cone; circular cone; cone of revolution
gerader Kern m <nukl> • even nucleus
gerader Kreiskegel m <math> • right circular cone
gerader Kreiszylinder m <math> • right circular cylinder

gerader Papierdurchlauf *m* <büro> *(Kopiergerät)* • straight paper path

gerader Ringschlüssel *m* <wz> • straight box [end] wrench *US*; flat ring spanner *GB*; flat ring wrench *GB.form*

gerader Stabrechen *m* <verf> • straight bar screen

gerader Stapel *m* <druck> *(Papier; z. B. in Drucker, Kopierer)* • straight stack

gerader Stoß *m* <mech> • normal impact; direct collision

gerader Zahn *m* <wz> *(Sägewerkzeug)* • common saw tooth; common tooth *pract*

gerades Blatt *n* <holz> • halved joint; half joint

gerade Spannut *f* <wz> • straight flute

gerades Segment *n* <edv> • straight segment

gerade Strecke *f* <tech.allg> *(z. B. Weg, Straße, Rohrleitung)* • straight run

Gerade-ungerade-Kern *m* <phys> • even-odd nucleus

Gerade-ungerade-Prüfung *f* <edv> • even-odd check

geradeverzahnt <masch> *(Zahnräder)* • straight-cut

geradeverzahnter Kegeltrieb *m* <masch> • spur bevel gear; spur bevel gear system; spur bevel gears *pl*; straight-cut bevel gear

geradeverzahnter Winkeltrieb *m* <masch> • spur bevel gear; spur bevel gear system; spur bevel gears *pl*; straight-cut bevel gear

geradeverzahntes Getriebe *n* <kfz.antr> *(Schaltgetriebe)* • transmission with straight-cut gears *US*; gearbox with straight-cut gears *GB*; straight-cut box *BE coll*; crash box *BE coll*

geradeverzahntes Kegelrad *n* <masch> • spur bevel gear; straight-cut bevel gear

geradeverzahntes Kegelradgetriebe *n* <masch> • spur bevel gear; spur bevel gear system; spur bevel gears *pl*; straight-cut bevel gear

geradeverzahntes Stirnrad *n* <antr> • spur gear

geradeverzahntes Winkelgetriebe *n* <masch> • spur bevel gear; spur bevel gear system; spur bevel gears *pl*; straight-cut bevel gear

geradeverzahntes Zahnrad *n* <masch> • spur gear; straight-cut gear

Geradewegfederung *f* <fz> • plunger-type suspension

gerade Zahl *f* <math> • even number

geradflankig <masch> • straight-profile; straight-side

Geradförderer *m* <förd> *(Taktstraße)* • in-line machine

Geradführung *f* <masch> *(betont: Lager, Lagerung)* • linear bearing

Geradführung *f* <masch> *(betont: für lineare Gleitbewegung)* • slide bar

Geradführung *f* <masch> *(betont: Mechanismus)* • straight-line mechanism

Geradführung *f* <masch> *(Getriebe; Weg)* • straight-line path

Geradheit *f* <math> • straightness

geradkettig <chem> • straight-chain

Geradliniengesetz *n* <mech> *(Theorie der elastischen Biegung)* • hypothesis of plane cross-sections

geradlinig <tech.allg> • rectilinear

geradlinige Bewegung *f* <masch> • linear motion; straight-line motion

geradlinige Bewegung *f* <mech> • rectilinear motion; straight-line motion

geradlinige Nadelanordnung *f* <textil> • needle set out in an flat carrier

geradlinige Stufenanordnung *f* <metall> • straightforward configuration

geradlinig hin- und hergehende Bewegung *f* <mech> • straight-line reciprocating movement

Geradlinigkeit *f* <tech.allg> • rectilinearity; linearity

Geradlinigkeit *f* <psych> • straightness

geradnutig <tech.allg> *(z. B. Werkzeug, Rotor)* • with straight flutes; straight-fluted

geradnutig <wz> *(Reibahle)* • with straight cutting edges

Geradrohrdampferzeuger *m* <energ> *(z. B. in amerik. KKW)* • straight-tube steam generator

Geradrohr-DE *m* <energ> *(z. B. in amerik. KKW)* • straight-tube steam generator

Geradschnitt *m* <prod> • straight cut

Geradschubkurbel *f* <masch> *(Getriebe)* • straight-sliding link mechanism

Geradsichtprisma *n* <opt> • direct-vision prism; non-deviating prism

Geradstich *m* <textil> • plain stitch

geradstirnige Passfeder *f DIN 6885* <füg> • square key; flat plain key *rare*

Geradstirnrad *n* <masch> • straight spur gear

geradverzahnt <masch> *(Zahnrad)* • straight-toothed; straight-tooth

geradverzahnt <masch> *(allg.)* • straight-cut

geradverzahnter Fräser *m* <wz> • cutter with straight teeth

geradverzahntes Stirnrad *n* <masch> • straight spur gear

Geradverzahnung *f* <masch> • straight teeth

Geradverzahnung *f* <masch> *(Kegelradgetriebe)* • spur bevel gear; straight-cut bevel gear

geradzahlig <math> • even-numbered

geradzahlige Harmonische *f* <phys> *(Schwingungen, Oberwellen)* • even harmonic; even-order harmonic

geradzahlige Oberwelle *f* <phys> *(Schwingungen, Oberwellen)* • even harmonic; even-order harmonic

geradzahliger Zeilensprung *m* <av> • even-line interlace

Geradzahn *m* <masch> • straight tooth

Geradzahnkegelrad *n DIN 3998* <masch> • straight bevel gear

Geradzahnkupplung *f* <masch> • straight-tooth clutch

Geradzahnstirnrad *n* <masch> • straight spur gear

gerändelte Mutter *f did* <füg> *(allg.)* • knurled nut; thumb nut

Gerät *n* <tech.allg> *(mit spezieller Funktion, Applikation; eher komplex)* • apparatus; appliance

Gerät *n* <tech.allg> *(eher klein; z. B. elektronisch)* • device

Gerät *n* <tech.allg> *(Einheit; z. B. Aufzeichnungsgerät)* • unit

Gerät *n* <agri> *(zum Anbauen an Traktor, Schleppen)* • tool; implement

Gerät *n* <el> *(z. B. Hausgerät wie Herde, Toaster, Staubsauger)* • electrical appliance; appliance

Gerät *n* <msr> *(Messgerät)* • instrument

Gerät *n* <tele> *(relativ klein; z. B. Radio, Fernseher)* • set

Geräte *npl* <tech.allg> *(Ausrüstung, Ausstattung)* • equipment

geräteabhängig <edv> • device-dependent

Geräteadresse *f* <edv> • device address

Geräteanordnung *f* <agri> • implement mounting

Geräteanordnung *f* <msr> • instrument arrangement; instrument set-up

Geräteanschlussschnur *f* <el> • connecting cable; connecting cord; flexible cord; appliance cord *rare*

Geräteausfall *m* <msr> • instrument failure

Gerätebau *m* <prod> • instrument manufacture

Gerätebaugruppe *f* <msr> • instrument package

Gerätebaustein *m* <msr> • instrument module

Gerätebezeichnung *f* <msr> • instumention designation

Gerätecheck *m* <tech.allg> • device check; equipment check

Gerätecompliance *f* <med.tech> *(Beatmungssystem)* • patient circuit compliance; circuit compliance; tubing compliance

Gerätedrift f DIN EN1330-8 <msr> • instrument drift
geräteeigenes Koordinatensystem n <autom> • robot coordinate system
Geräteeinschub m <edv> • slide-in unit
Geräteeinstellung f <tech.allg> (Hardwarekonfiguration) • setting; setup
Gerätefehler m <tech.allg> • equipment failure; equipment fault
Gerätefehler m <edv> • device error
Gerätefehler m <edv> (i.Ggs. zu Programmfehler) • hardware failure; hardware fault; hardware malfunction
Gerätefehler m <msr> (Messeinrichtungen allg.) • instrument error; instrumental error
Gerätefehler m <msr> (bei anzeigendem Messgerät) • meter error
Gerätefehlerrate f <qualit> (durchschnittliche Zeitspanne zwischen zwei Fehlern; in Std.) • mean time between failures (MTBF); MTBF reliability
Gerätefreigabe f <edv> • device release
Gerätegenauigkeit f <msr> • instrumental accuracy
Geräte-ID f <edv> • device ID
geräteinterne Compliance f <med.tech> (Beatmungssystem) • patient circuit compliance; circuit compliance; tubing compliance
geräteinterner Null-Bezugswert m <msr> • internal zero
Gerätejustierung f <msr> • instrument adjustment
Gerätekenngröße f <tech.allg> • characteristic value
Gerätekennung f <edv> • device ID
Gerätekonfiguration f <tech.allg> • system configuration
Gerätekonstante f <msr> • instrument constant; apparatus constant
Gerätekonstruktion f <tech.allg> • equipment design
Gerätekonstruktion f <msr> • instrument design
Gerätekoordinatensystem n <edv> • device ccordinate system
Gerätekopf m <phot> • enlarger head; enlarging head; enlarger housing
Gerätekopfhöhe f <phot> • head hight; enlarger head hight
Gerätepark m <tech.allg> (z. B. Bauunternehmen, Feuerwehr) • equipment fleet
Gerätepriorität f <edv> • device priority
Geräteraum m <tech.allg> • instrument bay; instrument compartment; instrumentation section
Geräterückseite f <tech.allg> • back of the device
Gerätesatz m <tech.allg> • set
Geräteschalttafel f <msr> • instrument control panel
Geräteschiene f <agri> (z. B. an Traktor) • tool carrier; implement mounting rail; implement rail
Geräteschnittstelle f <edv> • device interface
Geräteschutz m <edv> • equipment protection
Geräteselbstprüfung f <tech.allg> • automatic check; automatic checking; self check; system self check
Geräteselbstprüfung f <edv> • hardware check; built-in check
Gerätesicherung f <tech.allg> • instrument fuse
gerätespezifische Nachricht f <mus.av.edv> • system exclusive; system exclusive message; sysex; sysex message; sysex string
Gerätesteckdose f <el> (Netzsteckdose am Gerät; z. B. an OH-Projektor) • appliance outlet
Gerätesteckdose f rar <el> (Netzeingang direkt am Gerät, für Netzkabel mit Kaltgerätestecker) • primary power receptacle US.Newark; recessed power receptacle US.Belden; AC receptacle US.Belden; appliance inlet connector US.Feller
Gerätesteckverbindung f <el> • cable-to-appliance connection

Gerätesteuerblock m <edv> • unit control block
Gerätesteuerung f <edv> (Funktion u. zugehörige Hardware) • device control
Gerätesteuerung f <edv> (nur Hardware) • device controller; device control electronics
Gerätesteuerzeichen n <edv> • device control character
Gerätetechnik f <msr> • instrumentation engineering; instrument engineering
gerätetechnisch <tech.allgmsr> • instrumental
Gerätetest m <tech.allg> • device check; equipment check
Geräteträger m <tech.allg> (für Zugehör etc.) • accessory rack
Geräteträger m <agri> (Traktor) • implement carrier tractor; mounted-implement tractor
Geräteträger m <agri> (am Traktor, hinten und/oder vorn) • tool carrier; implements carrier
Geräteträger m <petr> • device carrier; equipment carrier; instrument carrier
Gerätetreiber m <edv> • driver; device driver; driver software
geräteunabhängig <edv> • device-independent
Geräte und Anlagen für den Umweltschutz pl <ökol> • pollution abatement equipment
Gerätevariante f <tech.allg> • version
Gerätevorderseite f <tech.allg> • front of a device
Gerätewahl f <tech.allg> • instrument selection
Gerätezug m <bahn> • tool train
Gerätezuordnung f <edv> • device assignment; device allocation
Gerät nicht festgelegt <qualit> • Instrument not defined
Gerät zur beschleunigten Alterung von Zellstoff n <pap> • pulp brightness reversion apparatus
Gerät zur Füllstandsüberwachung n <msr> • level control
Gerät zur kontrollierten Beatmung n DIN ISO 4135 <med.tech> • controller
geräumig <bau> (z. B. Wohnung, Büro, Wohnzimmer) • roomy
geräumig <fz> (Innenraum) • roomy; airy
Geräusch n <akust> (allg.) • noise
Geräuschabschirmkapsel f <kfz.akust> • sound-proofing mat; engine bulkhead insulation; sound-insulation mat
Geräuschabstand m <akust> • psophometric potential difference
Geräuschabstand m <el> • signal-to-noise ratio
Geräuscharchiv n <av> • sound effects library
geräuscharm <akust> (relativ leise) • fairly silent; low-noise
geräuscharm <akust> (leise) • quiet; silent
geräuscharmer Betrieb m <masch> • quiet running; quiet run
geräuscharmer Helm m <bekl> • helmet with reduced wind noise :V
geräuscharmer Lauf m <akust> • quiet running; silent running
geräuscharme Zahnkette f <masch> • inverted-tooth silent chain; silent chain
geräuscharm laufen vi <tech.allg> (z. B. Motor) • run quietly vi
Geräuscharmut f <akust> • low noise emission
Geräuschbegrenzer m <av> • noise limiter
Geräuschbewertung f <akust> • psophometric weighting; noise weighting pract
Geräuschdämmmatte f <kfz.akust> • soundproofing material; sound-deadening mat
Geräuschdämmung f <akust> (Vorgang, Effekt) • soundproofing; noise insulation; silencing; quieting
geräuschdämpfend <akust> • sound-absorbing; antinoise; silencing; quieting

Geräuschdämpfer m \<akust> • silencer
Geräuschdämpfung f \<akust> (Vorgang, Effekt) • sound-proofing; noise insulation; silencing; quieting
Geräuschdämpfung f \<kfz.akust> • sound-proofing mat; engine bulkhead insulation; sound-insulation mat
Geräuscheinwirkung f \<akust> • noise immission
Geräuschemission f \<energ.wind> • noise emission
Geräusch-EMK f \<el> • psophometric electromotive force
Geräuschentwicklung f \<ökol> (z. B. von Fahrzeugen, Maschinen, Anlagen) • noise emission
Geräuschfilter n \<av> • noise filter suppressor
geräuschfrei \<el> • noise-free
geräuschgebremster Reifen m \<kfz> • low-noise tire
Geräuschkapsel f \<kfz> • engine enclosure
Geräuschkulisse f • background sound effects
Geräuschleistung f \<akust> • psophometric power; noise power
geräuschlos \<akust> (allg.) • noiseless; silent
geräuschlos \<akust> (betont: völlig) • absolutely silent
Geräuschlosigkeit f \<akust> (betont: absolute Stille) • absolute silence
Geräuschlosigkeit f \<akust> • noiselessness; silence
Geräuschmesser m \<akust> • noise level meter; noise meter
Geräuschmessung f \<akust> • noise measurement
Geräuschmikrophon n \<akust> • effects microphone; audience microphone
Geräuschniveau n \<ökol> (in einer Umgebung; z. B. in der Nähe von Fahrzeugen, Maschinen, Anlagen) • noise level
Geräuschpegel m \<ökol> (in einer Umgebung; z. B. in der Nähe von Fahrzeugen, Maschinen, Anlagen) • noise level
Geräuschreduzierung f \<akust> • noise reduction
Geräuschsenkung f \<akust> • noise control; reduction of acoustic pressure thsc; noise reduction
Geräuschspannung f \<el> (subjektiver Störeindruck) • weighted voltage
Geräuschspannungsmesser m \<akust> • psophometer; circuit noise meter
Geräuschsperre f \<akust> • muting system
Geräuschtöter m \<akust> • noise silencer; noise killer
Geräuschunterdrückung f \<akust> • noise cancelation US; noise abatement; noise suppression
Geräuschunterdrückungsschaltung f \<tele> • squelch circuit
geräuschvoll \<akust> • noisy
geräuschvoll \<edv.av> • noisy
geraspelte Schokolade f \<nahr> • chokolate flakes; grated chocolate
gerasterte Decke f \<bau.innen> • grid ceiling
gerastertes Bild n \<opt> (in Einzelpunkte zerlegt) • dissected image
Gerbbleichbad n \<chem.verf> • tanning-bleaching bath
Gerbbleichung f \<chem.verf> • tanning bleach
Gerbbrühe f \<led> • tanning liquor
gerben vt \<led> (mit Lohe) • bark vt
gerben vt \<led> (mit Chromsalzen) • chrome vt
gerben vt \<led> • tan vt
Gerbentwickler m \<chem> • tanning developer
Gerberbaum m \<led> • beam
Gerberei f \<led> • tannery
Gerber-Fachwerkbinder m \<bau> • Wichert truss
Gerberhaare npl \<textil> • slipes pl; painted wool sg
Gerberlohe f \<led> • bark; tanning bark did; tanbark
Gerber-Träger m \<bau> • cantilevered and suspended beam; continuous articulated beam
Gerberwolle f \<textil> • skin wool
Gerbgrube f \<led> • tanning pit; tanning vat

Gerbmittel n \<led> • tanning material; tan
Gerbsäure f \<chem> • tannic acid
Gerbsäure f ungenau \<nahr> (Wein) • tannin
gerbsäurehaltig \<chem> • tanniferous
gerbsäurehaltiges Holz n \<holz> • tannin-bearing wood; wood containing tannic acid
Gerbsäuremesser m \<chem> • tannometer; barkometer; barktrometer
Gerbstoff m \<chem> (pflanzlicher Herkunft) • tanning agent
Gerbstoff m \<nahr> (Wein) • tannin
Gerbstoffextrakt m \<chem> • tanning extract
Gerbstoffgehalt m \<holz> • amount of tannic acid
gerbstoffhaltiges Holz n \<holz> • tannin-bearing wood; wood containing tannic acid
Gerbung f \<led> • tanning
Gerbverfahren n \<led> • tanning process
Gerbwert m \<led> • tanning value
gereckt \<prod> • fully oriented; fully drawn
gerecktes Polytetrafluorethylen n \<kst> • expanded polytetrafluoroethylene (ePTFE); expanded PTFE; Gore Tex ^{TM}; extruded PTFE rare
gerecktes PTFE n \<kst> • expanded polytetrafluoroethylene (ePTFE); expanded PTFE; Gore Tex ^{TM}; extruded PTFE rare
geregelt \<tech.allg> (z. B. Temperatur, Druck, Verbrennung) • controlled
geregelt \<msr> (reguliert) • regulated
geregelte Ausgangsgröße f \<msr> • controlled output
geregelter Dreiwegekat m \<kfz.emiss> • computer-controlled three-way catalytic converter
geregelter Dreiwegekatalysator m \<kfz.emiss> • computer-controlled three-way catalytic converter
geregelter Katalysator m (G-KAT) \<kfz.emiss> • computer controlled catalytic converter [system]; feedback catalytic converter pract; catalytic converter with oxygen sensor did; catalytic converter with lambda control [system] thsc; C-4 system GM
geregelter Vergaser m \<kfz.mot> • feedback carburetor (FBC); electronically controlled carburetor; controlled A/F ratio carburetor; electrical solenoid controlled carburetor GM
geregeltes System n \<msr> • controlled system
geregelte Verbrennung f \<kfz.mot> • controlled burn rate (CBR)
gereift \<qualit.mat> • mature
gereinigt \<kunst> (Farbpigmente) • refined
gereinigtes Erdwachs n \<mat> • ceresine; ceresin
gereinigtes Gas n \<verf> (nach Behandlung, Reinigung; z. B. nach Filter, Entstauber) • clean gas; cleaned gas
gerettete Datei f \<edv> • saved file
gerichtet \<el> (Magnetfeld) • directional; directed; oriented
gerichtet \<mat> (z. B. Glasfasern) • directed; directional; unidirectional
gerichtet \<phys> (Impuls, Radar, Richtfunk, Strömung) • directed; directional
gerichtet bohren vi/vt \<petr> • drill directionally vi/vt; drill deviated vi/vt
gerichtete Antenne f \<tele> • directional antenna US; directional aerial GB; beam antenna US; beam aerial GB; shaped beam antenna US.rare
gerichtete Bohrung f \<petr> • directional well; deviated well
gerichtete Erstarrung f \<mat> • directional solidification
gerichtete Größe f \<phys> (Vektor, z. B. Geschwindigkeit, Kraft) • directed quantity; vectored quantity
gerichtete Reflexion f \<opt> • specular reflection
gerichteter Interrupt m \<edv> • vectored interrupt
gerichteter Luftstrom m \<verf> (in eine Richtung orientiert) • defined airflow

gerichteter Luftstrom m <verf> *(geglättet, nicht turbulent)* • rectified airflow
gerichteter Widerstand m <el> • asymmetric resistance
gerichtetes Bohren n <petr> • directional drilling; controlled drilling; controlled directional drilling *form*; deviated drilling *rare*; angle drilling *rare*
gerichtetes Licht n <licht> • directed light; directional light
gerichtete Strahlung f <energ.sol> • direct radiation; beam radiation
gerichtete Valenz f <allg> • directed valency
gerichtete Zahl f <math> • directed number
geriffelt <av> *(Signal)* • rippled
geriffelt <prod> *(mit kleinen Rillen; Münzrand)* • reeded
geriffelt <qualit.mat> *(Probenoberfläche)* • fluted
geriffelte Klemmoberfläche f <qualit.mat> *(z. B. Zugversuch)* • serrated faces on grips
geriffelte Oberfläche f <obfl> • ribbed surface
geriffeltes Glas n <silik> • fluted glass
geriffelte Transportwalze f <led> *(Entfleischmaschine)* • grip roller; nip roller
geriffelte Walze f <masch> • fluted roll
gerillte Kunststofffolie f did <aerospace> *(zur Wandreibungsverminderung)* • rib film; shark-skin *press*
gerillter Stahl m <pap> • grooved steel
gering <allg> *(z. B. Verunreinigung, Verfärbung, Problem)* • insignificant; minor
gering <allg> *(Niveau; z. B. Geräuschpegel, Füllstand, Qualität)* • low
gering <allg> *(z. B. Anzahl, Ausdehnung, Menge)* • small
geringe Einreißfestigkeit f <mat> • shortness
geringe Festigkeit f <mat> • low strength
geringe Festigkeit f <qualit.mat> • weakness
geringe Lichtechtheit f <qualit> *(z. B. Farbe, Anstrich)* • poor light resistance
geringelt <textil> • striped
geringe Messgenauigkeit f <msr> *(von Fühlern, Messgeräten, Messungen)* • low measuring accuracy; low accuracy; high measuring uncertainty
geringe Messunsicherheit f <msr> *(von Fühlern, Messgeräten, Messungen)* • high measuring accuracy; high accuracy; low measuring uncertainty
geringempfindliche Emulsion f <phot> • slow emulsion
geringfügig <allg> *(i. Ggs. zu schwerwiegend)* • minor
geringfügig <tech.allg> *(z. B. Abweichung, Fehler)* • negligible; insignificant
geringfügiger Fehler m <qualit> • imperfection; minor flaw; blemish
gering inkohlt <min> • low-rank
geringmächtig <min> *(z. B. Flöz)* • thin
geringstwertiges Bit n <edv.av> • least significant bit (LSB)
gering wasserdurchlässig <ents> • poorly permeable
gering wasserlöslich <ents> • poorly soluble
geringwertig <allg> • low-valued; low value; of minor value; inferior
geringwertig <mat.qualit> *(z. B. Stahl, Kohle)* • low-grade
gerinnbar <chem/bio> • coagulable
Gerinne n <bau.hydr> *(mit starkem Gefälle)* • chute; raceway; flume
Gerinne n <min> *(z. B. Waschrinne für Gold)* • sluice
Gerinne n <min> *(trogartig)* • trough channel; trough
Gerinnebreite f <verf.ents> • width of channel
gerinnen vi <allg> *(z. B. Blut, Milch, Emulsion)* • coagulate vi; curdle vi; clot vi
Gerinnequerschnitt m <bau.hydr> • channel section; channel opening *rare*
Gerinnetiefe f <bau/hydr> • channel depth
Gerinnsel n <bio> *(Blut)* • clot
gerinnungshemmend <chem> • anticoagulant *adj*
Gerinnungsmittel n <chem> • coagulant

Gerippe n <bahn> • framing
Gerippe n <bau> *(Gebäude)* • carcass; shell
Gerippe n <kfz> *(Rohkarosse ohne Türen und Klappen)* • skeleton
Gerippe n <nfz> *(Bus)* • frame; framework; framing; truss US; trusswork US
gerippt <obfl> *(mit Rippen versehen)* • ribbed
gerippt DIN 6730 <pap.qualit> • laid
gerippt <prod> *(wellig; z. B. Blech, Papier)* • corrugated
gerippt <prod> *(lamellenartig; z. B. Heizkörperrohre, Kühlkörper)* • finned
gerippt <prod> *(mit kleinen Rillen; Münzrand)* • reeded
gerippte Bindung f <textil> • corded weave
geripptes Ärmelbündchen n <textil> • rib cuff
geripptes Blech n EN 10079 <mat> • ribbed sheet EN 10079
geripptes Glas n <silik> • ribbed glass
gerissen <tech.allg> *(allg.; z. B. Rohr, Schlauch, Leitung, Antriebsriemen, Gaszug)* • ruptured
Germanium n (Ge) <chem> • germanium (Ge)
Germaniumdiode f <el> • germanium diode
Germaniumflächengleichrichter m <el> • germanium junction rectifier
Germaniumlegierungstransistor m <el> • germanium alloy transistor
Germaniumleistungsdiode f <el> • germanium power diode
Geröll n <geo> • boulder stones
Geröll n DIN 4047-3 <geo> *(abgerundete Gesteinsstücke von 63-200 mm Durchmesser)* • cobbles; boulders
Geröllblock m <geo> *(als Teil von Geschiebe, Moränen)* • boulder
Geröllfang m <agri> • boulder catchment
Geröllflut f <geo> • debris flow
geröllführend <geo> *(Lagerstätte)* • pebble-bearing
Geröllsediment n <geo> • detrital sediment
gerösteter Meerschwamm m <bio> • roasted sponge; spongia tosta
gerollte Buchse f DIN 1494 <masch> *(Gleitlager)* • wrapped bush
Gerontotechnik f <tech.allg> • engineering for the elderly :V
Gerstenkornbindung f <textil> • barleycorn weave; huckaback weave
Geruch m <allg> *(allg., gut oder übel)* • odor US; odour GB; scent
Geruch nach faulen Eiern m <kfz.emiss> • rotten-egg odor *form*; rotten-egg smell; stink-bomb smell
Geruchsaufsauger m <tech.allg> • odor absorber US; odour absorber GB
Geruchsbelästigung f <ents> • odor nuisance US; odour nuisance GB
Geruchschip m <msr> • smell sensing chip
Geruchseinheit f (GE) VDI 3881 <tech.allg> • odor unit (OU) US; odour unit GB
Geruchsentferner m <innen> • odor eliminator
Geruchspegel m VDI 3881 <tech.allg> • odor level US; odour level GB
Geruchsschwelle f VDI 3881 <tech.allg> • odor treshold US; odour treshold GB
Geruchsstoff m <tech.allg> *(erwünschte oder unerwünschte Substanz)* • odorant; odorous substance
Geruchsstoff m <nahr.chem> *(zur Geschmacksverbesserung)* • flavoring substance US; flavouring material GB
Geruchsstoffkonzentration f DINEN 13725 <emiss.msr> • odour concentration DINEN 13725
Geruchsverbesserer m <tech.allg> *(gut riechendes Additiv; z. B. in Motoröl, Klimaanlagen)* • odorant; odour improver GB

Geruchsverbesserer *m* <chem> *(Mittel zur Beseitigung übler Gerüche)* • deodorant; deodorizer *pract*

Geruchsverbesserungssystem *n :V* <hlk> *(zum Einstellen der Duftnote von Raumluft)* • odorizing system *US*; odourising system *GB*

Geruchsverschluss *m DIN 4045* <hygi> *(z. B. von Waschbecken, Toilette, Urinal)* • odor trap; drain trap; stench trap; stink trap *coll*; air trap *rare*

Gerüst *n* <tech.allg> • frame; frame-work; skeleton *pract*

Gerüst *n* <aerospace> *(zur Montage von Raketen)* • gantry

Gerüst *n* <bau> • scaffolding

Gerüst *n* <bau> *(Arbeitsbühne)* • staging; stage

Gerüst *n* <ents.hydr> *(Kläranlage)* • superstructure; screen framework; headframe; rake head

Gerüst *n* <masch> *(Grundstruktur)* • skeleton

Gerüst *n* <metall> *(Walzwerk)* • stand

Gerüst aufstellen *vt* <bau> • scaffold *vi*; erect the scaffolding *vt*

Gerüstbau *m* <bau> • scaffolding

Gerüst bauen *vt* <bau> • scaffold *vi*; erect the scaffolding *vt*

Gerüstbaum *m* <bau> • scaffold pole; scaffold standard

Gerüstbock *m* <bau> • horse; trestle

Gerüstboden *m* <bau> • stage

gerüstlose Bioprothese *f* <med.tech> *(Herzklappenersatz)* • stentless tissue valve

gerüstlose Schweineaortenklappe *f* <med.tech> • stentless porcine aortic valve; aortic root valve

gerüstmontierte Bioprothese *f* <med.tech> *(Herzklappenersatz)* • stented tissue valve; stented bioprosthesis

gerüstmontierte Schweineaortenklappe *f* <med.tech> • stented porcine aortic valve

Gerüstsubstanz *f* <mat> *(für Waschmittel)* • builder

Gerüsttrocknung *f* <agri> • rack drying

Gerüstverankerung *f* <bau> *(Bauteil; z. B. permanent einbetoniert oder angedübelt)* • scaffold anchor

gerundet <math> *(Zahl)* • rounded

gerundet <prod> *(z. B. Kanten, Ecken, Spitzen)* • radiused

gerundeter Wandverlauf *m* <bau> • curved wall

Gesäßnaht einer Hose *f* <textil> • seam at the seat of trousers

gesättigt <tech.allg> *(Chemie, Physik)* • saturated

gesättigte Gase *npl* <verf> • saturated gases *pl*

gesättigte Kalomelelektrode *f* (GKE) <el.chem> • saturated calomel electrode (SCE)

gesättigte Lösung *f* <chem> • saturated solution

gesättigter Dampf *m* <energ> *(Kraftwerk)* • saturated vapor; saturated steam

gesättigter Kohlenwasserstoff *m* <chem> • saturated hydrocarbon

gesättigter Polyester *m* <kst> • saturated polyester

gesäuberter Boden *m* <ents> • decontaminated soil; clean soil

gesäumt <bekl> *(z. B. mit Spitze)* • edged

gesalzene Rohware *f* <led> • salted raw material

gesalzenes Leimleder *n* <led> • green salted glue stock

gesammelte Produktion *f* <druck> • collect run; collect production; collect-run-production

gesampelter Klang *m* <av> • sound sample; sampled sounds

Gesamtabbrand *m* <metall> • total melting loss

Gesamtabbrand *m* <prod> *(z. B. Elektrode)* • flashing loss

Gesamtablenkung *f* <phys> *(z. B. v. Strahlen)* • total deviation

Gesamtabmessung *f* <tech.allg> • overall dimension

Gesamtabscheidegrad *m* <verf> • overall collection efficiency; over-all collection efficiency; over-all effectiveness

Gesamtabtastrate *f* <msr> • total scan rate

Gesamtarbeitsbreite *f* <agri> *(z. B. Mäher)* • overall working width

Gesamtauflage *f* <druck> *(z. B. 130.000 Expl.)* • total print run

Gesamtausbeute *f* <tech.allg> • total yield; overall yield

Gesamtausschaltzeit *f* <el> • total clearing time; total break time

Gesamtbasenzahl *f* <tribo> *(Maß für das Neutralisationsvermögen eines Detergentadditivs)* • Total Base Number (TBN); base number

Gesamtbearbeitungszeit *f* <prod> *(spanend)* • total machining time

Gesamtbelastung *f* <tech.allg> *(insgesamt)* • total load

Gesamtbelastung *f* <tech.allg> *(maximal)* • peak load

Gesamtbelegungszähler *m* <tele> • traffic recorder

Gesamtbereich *m* <tech.allg> • total range; overall range

Gesamtbeschleunigung *f* <phys> • resultant acceleration

Gesamtbetrag *m* <fin> • amount; total amount

Gesamtbetriebsdauer *f* <tech.allg> • operating life

Gesamt-Betriebskosten *fpl* <fz.fin> • total running costs *GB*

Gesamtbetriebskosten *pl* <econ> *(z. B. eines PCs, Autos, Geräts)* • total cost of ownership

Gesamtbindungsordnung *f* <chem> • total bond order

Gesamtbreite *f* <fz> *(allg.)* • overall width

Gesamtcholesterin *n* <med> • total cholesterol (TC)

Gesamtdiagramm *n* <doku> • complete diagram

Gesamtdosis *f* <med.nukl> • total dose; accumulated dose

Gesamtdrehimpuls *m* <phys> • total angular momentum

Gesamtdrehmoment *n* <mech> • resulting torque

Gesamtdruck *m* <phys> *(Strömungssonde)* • total pressure

Gesamtdruckhöhe *f* <phys> *(Hydromechanik)* • total head; total static head

Gesamtdurchsatz *m* <tech.allg> *(z. B. Anlage)* • overall throughput

gesamte Ablauge *f* <pap.ents> • remaining cooking liquor

gesamte Dickenabnahme *f* <metall> • total reduction

Gesamteindruck *m* <qualit> *(eines Produktes, z. B. Auto, Fotoapparat etc.)* • overall impression

Gesamteinschaltdauer *f* <el> • total make time

gesamte Länge *f* <tech.allg> *(bei größeren oder komplexeren Objekten; z. B. Schiffen)* • overall length (LOA); length over all *rare*

Gesamtemissionsvermögen *n* <phys> *(z. B. Wärmestrahler)* • total emissive power

Gesamtenergieaufnahme *f* <el> • total power consumption

Gesamtenergiedurchlassgrad *m* <bau> • total energy transfer ratio *:V*

Gesamtentstaubungsgrad *m* <verf> • overall collection efficiency; over-all collection efficiency; over-all effectiveness

Gesamtergebnis *n* <tech.allg> • overall total; total result; total

gesamter organisch gebundener Kohlenstoff *m* (TOC) <ents> • total organic carbon (TOC)

gesamter Wirkungsquerschnitt *m* <nukl> • total cross-section

gesamte Schneckenlänge *f* <kst> • screw length

Gesamtfahrwiderstand *m* <fz> • total resistance to motion of vehicle; 8total resistance to motion

Gesamt-Fassungsvermögen *n* <tech.allg> • total capacity

Gesamtfehler *m* <masch> *(Getriebe)* • total accumulative dividing error

Gesamtfehler *m* <qualit> • overall error; total error; gross error

Gesamtfettgehalt *m* <nahr> • total fat content

Gesamtfeuchte *f* <hlk> • total moisture; inherent moisture

Gesamtfilterfläche *f* <verf> • total filtering area; overall filtering area

Gesamtflugzeit *f* <aerospace> • total flight time

Gesamtförderhöhe *f* <förd> • pump head *pract*; pump operating head; total head; head *pract*

Gesamtförderhöhe *f* <masch> *(Pumpe)* • total head; total height

Gesamtförderhöhe der Anlage *f* <rls> • system head; total system head

Gesamtgenauigkeit *f* <math> *(gen.; z. B. Statistik)* • overall accuracy

Gesamtgewicht *n* <tech.allg> • total weight

Gesamtgewicht *n* <kfz> • gross vehicle weight (GVW) *form*; laden weight *coll*; gross weight *pract*

Gesamtgewicht *n* <logist> *(als Nennwert; Container)* • weight rating; maximum operating gross weight

Gesamthärte *f* <chem> *(Wasser)* • total hardness

gesamthaft <tech.allg> *(z. B. Betrachtung eines Problems)* • holistic; overall; comprehensive; all-embracing; exhaustive

Gesamthaftung *f* <jur> *(für Produkte, Schäden, Kosten etc.)* • overall liability

Gesamthaftung *f* <obfl> • total adhesion

Gesamthaltedruckhöhe *f* <förd> • Net Positive Suction Head (NPSH); NPSH value

Gesamtheit *f* <math> *(Statistik)* • universe; parent population; population

Gesamtheitsmittel *n* <math> *(Statistik)* • population mean

Gesamthöhe *f* <tech.allg> *(betont: über alles)* • overall height; total height

Gesamthöhe *f* <förd> *(Hydromechanik; z. B. Pumpenförderhöhe)* • total head

Gesamthub *m* <masch> *(z. B. Presse, Teleskopzylinder)* • combined stroke

Gesamtimpuls *m* <phys> • total impulse

Gesamtkeimzahl *f* <nahr> • total plate count

Gesamt-Kilometerzähler *m* <kfz.msr> • odometer; totalizer *US*; cyclometer *rare*

Gesamtklirrfaktor und Verzerrungen *n* (THD + N) <av> • total harmonic distortion plus noise (THD + N)

Gesamt-Kohlenwasserstoffe *f* (THC) <chem> • Total Hydro Carbons (THC)

Gesamtkontrast *m* <av> • overall contrast ratio; overall contrast

Gesamtkraft *f* <mech> *(allg.)* • total force

Gesamtkraft *f* <nav> *(Sog- und Druckkräfte am Segel)* • sailing thrust; wind pressure; total force

Gesamtlänge *f* (Lüa) <tech.allg> *(bei größeren oder komplexeren Objekten; z. B. Schiffen)* • overall length (LOA); length over all *rare*

Gesamtlängenzugabe *f* <füg> • flashing and upset allowance

Gesamtlärmpegel *m* <akust> • overall noise level

Gesamtlast *f* <tech.allg> • total load

Gesamtlaufzeit *f* <el> *(Verzögerung)* • overall delay

Gesamtlautstärke *f* <edv.av> • overall volume; overall gain; master volume

Gesamtlautstärkeberechnung *f* <akust> • loudness addition

Gesamtleistung *f* <tech.allg> *(allg.)* • total performance

Gesamtleistung *f* <tech.allg> *(Output; z. B. Kraftwerk)* • total power output

Gesamtleistungsaufnahme *f* <el> • total power consumption

Gesamtleuchtkraft *f* <astron> • total luminosity

Gesamtlipide *npl* <med> • total lipids *pl*

Gesamtlöschkopf *m* <av> • full erase head; F.E. head

Gesamtmaß *n* <tech.allg> • overall dimension

Gesamtprodukt *n* <energ.sol> • transmittance-absorptance product; transmittance-absorptance coefficients product

Gesamtreaktion *f* <chem> *(betont: von Anfang bis Ende, Ablauf)* • complete reaction

Gesamtreaktion *f* <chem> *(betont: als Ergebnis, in summa)* • total reaction

Gesamtschadstoffkonzentration *f* <mot.emiss> • total emission concentration

Gesamtschaltbild *n* <el> • complete circuit diagram; overall circuit diagram; entire circuit diagram *coll*

Gesamtschaltstrecke *f* • length of break

Gesamtschnitt *m* DIN 9870 <prod> *(von Blech; spanlos)* • combination blanking

Gesamtschnitt *m* <prod> *(Trennen)* • combination die

Gesamtschnittkraft *f* <wz.masch> • resultant tool force

Gesamtsicherung *f* <edv> • complete backup

Gesamtspannung *f* <el> • overall voltage; total voltage

Gesamtspannungsverluste *mpl* <el> • total voltage losses; total voltage loss

Gesamtspieldauer *f* <av> *(Band, Platte, CD)* • total running time

Gesamtstandzeit *f* <wz> *(einschließlich Nachschleifen)* • overall tool life

Gesamtstaub *m* <verf> • total particulate matter; total dust

Gesamtsteigung *f* Bass <masch> *(Gewinde allg.)* • lead; thread lead

Gesamtsteuerung *f* <msr> *(von Maschinen, Geräten)* • machine control

Gesamtstrahlung *f* <energ.sol> • global radiation; total radiation

Gesamtstrahlung *f* <phys> *(allg.; jede Strahlungsquelle)* • total emissive power; total radiation

Gesamtstrahlungsenergie *f* <phys> • total radiant energy

Gesamtstrahlungspyrometer *n* <msr.therm> • total heat radiation pyrometer; total radiation pyrometer

Gesamtstreuung *f* <qualit> • process variability

Gesamtstrom *m* <el> • total current

Gesamtstückzeit *f* <wz.masch> • total cycle time

Gesamtsumme *f* <math> • grand total; final total; sum total; total sum; total

Gesamttoleranzbereich *m* <qualit> • total tolerance range

Gesamttrockenmasse *f* <ents> *(Anteil in Müll, Abfall)* • total solids

Gesamttrockenmasse *f* (TS) <nahr> • total solids (TS); total solids content

Gesamtüberdeckungsgrad *m* DIN 3998 <antr> *(Getriebe)* • total contact ratio

Gesamtübersetzung *f* <kfz.antr> *(Getriebe, Antriebsstrang)* • overall gear ratio; ratio spread; total ratio; spread

Gesamtumsatz *m* <ökon.fin> • total sales; total turnover *GB*; total volume of sales; total sales volume

Gesamtumschlagsmenge *f* <logist> • total volume unloaded

Gesamtverbindung *f* <tele> • end-to-end connection

Gesamtverdrahtung *f* <el> • assembly wiring

Gesamtverfahrenszeit *f* <tech.allg> • turn-around time

Gesamtverfahrenszeit *f* <verf> • total process time

Gesamtverlust *m* <tech.allg> *(Energie oder Geld; z. B. von Maschinen, Anlagen, Verfahren)* • overall loss; total loss

Gesamtverlustleistung *f* <el> *(Energie)* • total power dissipation; total power loss

Gesamtverstärkung *f* <el> *(Signal)* • overall amplification; total amplification; overall gain; net gain

Gesamtverzehranalyse f <chem.agri> • total diet study

Gesamtverzerrung f rar <av> (von Audioanlagen, Verstärkern) • total harmonic distortion (THD); total distortion rare

Gesamtverzerrung f <el> (in Stromnetzen) • total harmonic distortion (THD)

Gesamtverzug m <textil> • total draft

Gesamtvolumenschwindung f DIN EN ISO 3521 <qualit.mat> (z. B. bei Kunststoff) • overall volume shrinking ISO 3521

Gesamtwärmeverluste mpl <therm> (z. B. von Sonnenkollektoren) • overall heat losses

Gesamtwärmeverlustkoeffizient m <therm> • overall heat loss coefficient

Gesamtwerbeausgaben f <werb.fin> • total advertising expenditures

Gesamtwiderstand m <aerospace> • total drag

Gesamtwiderstand m <el> • total resistance; joint resistance

Gesamtwirkungsgrad m <ökon> (Aufwand/Ertrag) • commercial efficiency

Gesamtwirkungsgrad m <phys> • total efficiency; overall efficiency; net efficiency rare; gross efficiency rare

Gesamtwirkungsgrad der Turbine m <phys.turb> • overall turbine efficiency; overall efficiency of the turbine; turbine overall efficiency

Gesamtwirkungsgrad des Antriebs m <phys.antr> • overall propulsive efficiency

Gesamtwirkungsquerschnitt m <nukl> • total cross-section

Gesamtzeit f <tech.allg> • aggregate time; combined time; overall time

Gesamtzeitkonstante f <msr> • total time constant

Gesamtzuladung f <nav> • dead weight

Gesamtzykluszeit f <tech.allg> • total cycle time

geschädigt <holz> (Wald, Bäume; Beginn des Waldsterbens) • ailing

geschädigt prakt <holz> (Wald, Bäume; fortgeschrittenes Waldsterben) • damaged

geschädigt <holz> (Wald, Bäume; weit fortgeschrittenes Waldsterben) • severely damaged

Geschäft n <ökon> (das getätigte oder zu tätigende) • transaction; deal

Geschäftsanbahnung f <ökon> (z. B. auf Messe) • initial business contact :V

Geschäftsanwendung f <edv> • business application

Geschäftsaufgabe f <ökon> • termination of a business; discontinuance of a business; retirement from business; abandonment of a business; cessation of a business

Geschäftsbereich m <ökon> • division

Geschäftsbeziehungen fpl <ökon> • business relations; business dealings; business contacts; business connections

Geschäftsführer m <ökon> • managing director; general manager; managerial head; manager pract

Geschäftsführer Creation m <werb> • executive creative director

Geschäftsgeheimnis n <jur> • trade secret

Geschäftskontakt m <ökon> (z. B. auf Messe) • business contact :V

Geschäftsmüll m obs.ugs <ents> • household-type commercial waste; household-type trade waste; commercial waste coll; trade refuse

Geschäftsräume mpl <bau.fin> • business premises

Geschäftsstelle f <allg> • office; branch office; field office; sub-office

Geschäftsverbindungen fpl <ökon> • business relations; business dealings; business contacts; business connections

Geschäftswagen m <kfz> (für Unternehmenszwecke) • company car

Geschäftswagen m <kfz> (für berufliche und private Nutzung zur Verfügung gestellt) • company car; business car; company-supplied car

geschälter Blankstahl m EN 10079 <mat> (gedreht) • turned product EN 10079

geschätzte Ankunftszeit f <navig> (am Bestimmungsort) • estimated time of arrival (ETA)

geschätzte [Fahrt-/Flug-]Zeit f <navig> • estimated time enroute (ETE)

geschätzter Wert m <tech.allg> • estimated value

geschätzte Überflugzeit f <navig> • estimated time of overfly (ETO)

geschätzte Zeit [bis zum nächsten Wegpunkt] f <navig> • estimated time enroute (ETE)

geschäumt <kst> • foamed

geschäumte Folie f <kst> • expanded sheet

geschäumter Kunststoff m <kst> • plastic foam

geschäumtes Polypropylen n (EPP) <kst> • expanded polypropylene (EPP)

geschäumtes Polystyrol n (EPS) <kst> • expanded polystyrene (EPS); styrofoam coll

geschaltet <tech.allg> (z. B. parallel, in Serie, Reihe, gekreuzt) • connected

geschaltet <el> (z. B. an oder aus) • switched

Geschenkpapier n <pack.pap> • gift wrapping paper

geschichtet <tech.allg> • laminated

geschichtet <geo> • bedded

geschichtet <logist> (z. B. Bleche, Bretter) • stacked

geschichtete Blattfeder f <fz> (z. B. LKW) • stratified leaf spring; laminated leaf spring

geschichtete Isolierung f <el> • lapped insulation; tape insulation; lapped-tape insulation; lapped-tape dielectric

geschichtete Papierisolierung f <el> • paper insulation; paper-tape insulation; lapped-paper insulation

geschichteter Leiter m <el> • laminated conductor

geschichtetes Dielektrikum n <el> • lapped insulation; tape insulation; lapped-tape insulation; lapped-tape dielectric

geschichtete Trapezfeder f <nfz> • multileaf spring

geschichtete Zufallsstichprobe f <math> (Statistik) • stratified random sample

Geschiebe n <geo> (eines Flusses) • bed load; bedload

Geschiebe n <geo> (allg.) • debris; rubble

Geschiebe n <geo> (eher große Blöcke) • boulders pl

Geschiebefänger m <hydr> (im Wassereinlauf; Sand-Kiesabscheider) • desander; sand trap

Geschiebefänger m <hydr> (im Wassereinlauf; zur Probenahme) • bed-load sampler

Geschiebefracht f <geo> (eines Flusses) • sediment discharge; bed-load transport

Geschiebemenge f <geo> (in Flüssen etc.; Volumen od. Masse pro Zeiteinheit) • bed-load rate

Geschiebemergel m <bau> • till marl

Geschiebesperre f DIN 4048-1 <energ.hydr> (Damm) • bed load retention dam

Geschiebetransport m <geo> (in Gewässern) • sediment flow

geschirmt <el> (z. B. Leiter, Draht, Kabel, Baustein, Gerät, System) • shielded; screened

geschirmter Messraum m <el> (Käfig) • test cage

geschirmtes Twisted-Pair-Kabel n <edv> • shielded twisted pair

Geschirr n <förd> (Hebezeug) • tackle; gear

Geschirr n <gastr> (Teller, Tassen etc.) • tableware

Geschirr n <led> (Behälter) • vat

Geschirr n <masch> (z. B. für Seile, Kabel) • harness

Geschirr n <textil> (am Webstuhl) • heald shaft

Geschirr aus Steingut *n* <silik> • crockery
Geschirrdraht *m* <textil> • harness wire
Geschirrleder *n* <led> • harness leather; gear leather
Geschirrspülmaschine *f* <el.gastr> • dish-washer; dish-washing machine
Geschlechtskontrolle *f* <bio.sport> • gender verification
geschlepptes Schiff *n* <nav> • towed ship
geschleudert <prod> *(z. B. Rohr, Lagerschale)* • centrifugally cast
geschliffen <metall> • ground
geschliffen <silik> *(Glas, Edelstein)* • cut
geschliffener Blankstahl *m* EN 10079 <metall> • ground product *EN 10079*
geschliffener Gewindebohrer *m* <wz> • ground-thread tap; tap with ground threads
geschliffener Narben *m* <led> • corrected grain
geschliffenes Leder *n* <led> • corrected grain leather; buffed leather; machine buff *US*
geschlitzt <tech.allg> *(mit Längsschlitz)* • slotted
geschlitzt <tech.allg> *(aufgespalten)* • split
geschlitzt <ents> *(Wand, Rohr, Spundwand, Plane)* • slotted
geschlitzt <masch> *(Hülse)* • expansive
geschlitzter Seitenring *m* <nfz> *(Rad)* • split side ring; combination ring; spring flange *US*
geschlitzter Verschlussring *m* did <kfz> • lock ring; locking ring; split lock ring *did*
geschlitztes Kunststoffrohr *n* <ents> • perforated plastic pipe
geschlitztes Schneideisen *n* <wz> *(einstellbar)* • split die; round adjustable die; round split die; button die; round screw-adjustable die
geschlossen <allg> *(z. B. Tür, Stromkreis, Gussform)* • closed
geschlossen <tech.allg> *(gekapselt)* • encapsulated
geschlossen <tech.allg> *(unterbrochen; z. B. Gas-, Stromzufuhr)* • off; shut off
geschlossen <bekl> *(Kinnriemen)* • buckled
geschlossen <masch> *(kompakt; Maschinenkonstruktion)* • compact
geschlossene Anlage *f* <verf> • closed circuit system; closed system
geschlossene Antenne *f* <el> • closed antenna *US*; closed aerial *GB*
geschlossene Antiklinalstruktur *f* <geo> • closure
geschlossene Anwendungsumgebung *f* <edv> • closed system; closed application environment
geschlossene Batterie *f* <energ.sol> *(mit Gehäuse und Öffnungen zum Säurenachfüllen)* • open battery
geschlossene Baueinheit *f* <tech.allg> • self-contained unit
geschlossene Benutzergruppe *f* (GBG) <tech.allg> • closed user group (CUG)
geschlossene Destillation *f* <chem.verf> • equilibrium distillation
geschlossene Fläche *f* <math> • closed surface
geschlossene Kette *f* <phys> *(Kinematik)* • closed chain
geschlossene Kurbelgehäuseentlüftung *f* form <kfz.emiss> • positive crankcase ventilation (PCV); crankcase emission control
geschlossene Legung *f* <textil> • closed lap
geschlossene Linie *f* <mech> *(z. B. Bahn eines Punktes, Werkzeuges, Fahrzeuges)* • circuit
geschlossene Masche *f* <textil> • closed loop
geschlossene Messerwelle *f* <prod.nahr> *(Speiseeis; Freezer)* • solid dasher; solid mutator; closed dasher; displacement dasher
geschlossene Phase *f* <chem> • continuous phase
geschlossener Behälter *m* <tech.allg> • tank

geschlossener Blindniet *m* <füg> • closed end blind rivet
geschlossener Doppeldecker *m* <nfz> *(Bus)* • closed-top double-decker
geschlossener Güterwagen *m* <bahn> • covered goods wagon; box car
geschlossener Hafen *m* <nav> • dock harbour
geschlossener Hafen *m* <silik> • closed pot
geschlossener Hochraum-Güterwagen *m* <bahn> • high-cube box car; hi-cube box car *coll*
geschlossener Kapillarsaum *m* <geo> • continuous capillary zone
geschlossener Kettenkasten *m* <fz> *(Fahrrad)* • full gear case
geschlossener Kolben *m* <mot> • box piston
geschlossener Kreis *m* <msr> • closed loop
geschlossener Kreislauf *m* <tech.allg> *(z. B. Kühlsystem, Heizung, Wiederverwertung, Wiederaufbereitung)* • closed circuit system
geschlossener Kreislauf *m* <phys> *(z. B. thermodynamischer Prozess)* • closed cycle
geschlossener Kreislauf *m* <verf> *(mit strömenden Medien)* • closed circuit; closed loop
geschlossener magnetischer Kreis *m* <el> • closed magnetic circuit
geschlossener Motor *m* rar <el.mot> *(z. B. Explosionsschutz)* • cased motor; totally enclosed motor
geschlossener Prozess *m* <therm> • working cycle
geschlossener Rahmen *m* <bau> • closed frame
geschlossener Regelkreis *m* <msr> • closed-loop control system
geschlossener Wasserkreislauf *m* <pap.ents> • closed-loop water cycle
geschlossener Zyklus *m* <tech.allg> *(z. B. Lastspiel, Lastwechsel)* • complete cycle
geschlossenes Balgende *n* <rls> *(Metallbalgkompensator)* • closed end; blank end; blind end
geschlossene Schlägerwelle *f* <prod.nahr> *(Speiseeis; Freezer)* • solid dasher; solid mutator; closed dasher; displacement dasher
geschlossene Schleife *f* <tech.allg> *(z. B. Regelkreis, Fördersystem)* • closed loop
geschlossene Schleife *f* <av> • looped tape
geschlossenes Ende *n* <mot> *(Zylinder)* • blind end
geschlossenes Ende *n* <rls> *(Rohr)* • dead end
geschlossenes Gehäuse *n* <av> *(Lautsprecher)* • closed box; sealed box
geschlossenes Gesenk *n* <prod> *(Umformen; z. B. Schmieden, Pressen)* • closed die
geschlossenes Gewindeschneideisen *n* <wz> *(einteilig)* • solid die nut; solid threading-die; solid screwing-die; solid die
geschlossenes Kaliber *n* <prod> • closed groove; closed pass
geschlossenes Krafteck *n* <mech> *(Statik: Gleichgewicht)* • closed force polygon
geschlossenes Laufrad *n* <förd> • closed impeller; shrouded impeller; enclosed impeller; fully-enclosed impeller
geschlossenes Linienintegral *n* <math> • closed-contour line integral
geschlossenes Polygon *n* <math> • closed polygon
geschlossenes Respirometer *n* DIN EN 29408 <med.bio> • closed respirometer *ISO 9408*
geschlossenes Schneideisen *n* <wz> *(einteilig)* • solid die nut; solid threading-die; solid screwing-die; solid die
geschlossenes Schneideisen *n* <wz> • square die; solid square die; closed solid die *rare*
geschlossenes Schnellfilter *m/n* <verf> • rapid pressure filter

geschlossenes System *n* <edv> • closed system; closed application environment

geschlossenes System *n* <nukl> • closed system; closed magnetic trap; toroidal system

geschlossenes System *n* <phys> *(Strömungslehre, Thermodynamik.)* • closed system

geschlossenes System *n* <verf> • closed circuit system; closed system

geschlossene Streuung *f* <kfz.wz> *(Schleifpapier)* • closed coat; closed grain

Geschlossenes Universum *n* <astron> • closed universe

geschlossenes Unterprogramm *n* <edv> • closed subroutine

geschlossenes Wälzlager *n* DIN ISO 5593 <masch> • capped rolling bearing *ISO 5493*

geschlossene Verdampfung *f* <therm> *(z. B. in Kühlmittelkreisläufen)* • equilibrium vaporization

geschlossene Welle *f* <prod.nahr> *(Speiseeis; Freezer)* • solid dasher; solid mutator; closed dasher; displacement dasher

Geschlossenfach *n* <textil> • closed shed

geschlossen sein *vi* <kfz.el> *(Unterbrecherkontakte)* • dwell *vi*

geschlossenzellig <kst> *(Schaum)* • closed-cell

geschlossenzelliger Schaum *m* <nav> • closed-cell foam

Geschmack *m* <nahr> *(allg. beim Essen, Trinken)* • flavor *US*; flavour *GB*; aroma

geschmackgebende Zutaten *f* <nahr> *(flüssig, pastenartig, fest)* • bulky flavours; bulky flavourings

Geschmackseinbußen *fpl* <nahr> • flavor defects *US*; flavour defects *GB*

Geschmacksfehler *fpl* <nahr> • flavor defects *US*; flavour defects *GB*

Geschmacksmuster *n* <jur> • registered design; ornamental design; design patent

Geschmacksmusterschutz *m* <jur> • registration of design; trade-mark protection

Geschmacksstoff *m* <nahr> • flavoring agent *US*; flavouring *GB*; flavor *US*; flavouring substance *GB*; aromatic substance *rare*

Geschmacksveränderungen *fpl* <nahr> • flavor changes *US*; flavour changes *GB*

Geschmacksverbesserer *m* <nahr> • taste improver; flavor enhancer *US*

Geschmacksverstärker *m* <nahr> • flavor enhancer *US*; flavour modifier *GB*

Geschmacksverstärkung *f* <nahr> • flavor enhancement *US*; flavour enhancement *GB*

geschmackvoll <tech.allg> *(z. B. Design, Ausstattung)* • elegant; stylish; classy

geschmackvoll <kfz> *(Ausstattung etc.)* • tasteful

geschmeidig <led> • flexible; supple

geschmeidig <mat> *(z. B. Leder)* • pliable

geschmeidig <nahr> *(Wein)* • supple

geschmeidig <qualit.mat> *(allg.)* • supple

geschmeidig <textil> *(Faden)* • supple; flexible

Geschmeidigkeit *f* <kfz> *(Reifen-Seitenwand)* • suppleness

Geschmeidigkeit *f* <mat> • flexibility; pliability

Geschmeidigkeit *f* <textil> *(Faden, auch Leder)* • suppleness; flexibility

geschmiedet <tech.allg> • forged

geschmiedete Kurbelwelle *f* <kfz.mot> • forged crankshaft

geschmiedete Leichtmetall-Felgen *fpl* <kfz> • forged alloy wheels *pl*; forged alloys *pl pract.coll*

geschmiedete LM-Felgen *fpl* <kfz> • forged alloy wheels *pl*; forged alloys *pl pract.coll*

geschmiedete Nockenwelle *f* <kfz.mot> • forged camshaft

geschmiedeter Kolben *m* <kfz.mot> • forged piston

geschmiedetes Leichtmetallrad *n* <fz> *(typ. aus Alu; auch aus Magnesium)* • forged alloy wheel

geschmiedetes LM-Rad *n* <fz> *(typ. aus Alu; auch aus Magnesium)* • forged alloy wheel

geschmiedetes Magnesium *n BBS* <mat> *(z. B. für Rennfelgen)* • forged magnesium BBS

geschmiedetes Rad *n* <fz> • forged wheel

geschmiegter Rücksprung *m* <bau> *(Bauschmuck)* • chamfered recess

geschmolzen <tech.allg> *(Metall, Wachs, Butter, Schnee etc.)* • molten

geschmolzen <metall> • molten; fused

geschmolzenes Metall *n* <metall> • molten metal

geschmolzenes Wachs *n* <mat> • molten wax

geschnittener Gewindebohrer *m* <wz> • cut-thread tap

geschnittene Zähne *mpl* <prod> • machine-cut teeth

geschnitzelt <tech.allg> • knifed

geschobene Schwinge *f* <fz> • leading link fork

Geschoss *n* <bau> *(eines Gebäudes)* • floor *US*; story *US.GB*; storey *GB*

Geschoss *n* <mil> *(einer Waffe)* • projectile; bullet *coll*

Geschossbahn *f* <mil> *(von ballistischer Munition)* • bullet trajectory; bullet's flight path; projectile trajectory; projectile path

Geschossbau *m* <bau> • multistorey building

Geschossbewegung *f* <mil> • projectile motion

Geschossenergie *f* <mil> • kinetic energy of the projectile

Geschossfang *m* <mil> *(allg.)* • backstop

Geschossflugbahn *f* <mil> *(von ballistischer Munition)* • bullet trajectory; bullet's flight path; projectile trajectory; projectile path

Geschossgeschwindigkeit *f* <mil> • velocity of the projectile; velocity

Geschosshebeverfahren *n* <bau> • lift-slab method

Geschosshöhe *f* <bau> • floor-to-floor height

Geschosshülse *f* <mil> • gun cartridge case

Geschosskern *m* <mil> • projectile core

Geschossmantel *m* <mil> • projectile jacket; projectile shell

Geschränkrahmen *m* • fire-door frame

geschränkt <masch> *(Riementrieb)* • quarter-turn

geschränkt <prod> • offset

geschränkt <wz> *(Säge)* • set to the left and right

geschränkt <wz> *(Sägezähne)* • straight-set

geschränktes Sägeblatt *n* <wz> • straight-set saw blade; straight-tooth saw blade

geschraubter Kotflügel *m* <kfz> • bolt-on fender *US*; bolt-on wing *GB*; bolted-on wing *GB*

geschrieben in eine Datei <edv> • sent to a file

geschrumpft <nahr> *(Speiseeisfehler)* • shrunken

geschütteter Erddamm *m* <bau> • rolled earth dam

geschütteter Steindamm *m* <bau> • loose-rock dam

Geschützbronze *f* <mat> • gun metal

Geschützrohrbohrmaschine *f* <wz.masch> • gun-barrel drilling machine

geschützt <allg> • protected; guarded

geschützt <el> *(abgeschirmt)* • shielded

geschützter Bindestrich *m* ISO/IEC 2382-23 <edv> • hard hyphen *ISO/IEC 2382-23*; required hyphen

geschützter Modus *m* <edv> *(bestimmte Programme werden beim Rechnerstart nicht geladen)* • protected mode

geschützter Speicher *m* <edv> • protected memory

geschützter Speicherbereich *m* <edv> • protected storage area

geschützter Speicherplatz *m* <edv> • protected location; isolated location

geschützter Zwischenraum *m ISO/IEC 2382-23* <edv>
(Schutz vor Trennung) • no-break space *ISO/IEC 2382-23*;
hard space
geschwächt <med> • deficient
geschwächte Fasermasse *f* <pap.ents> • weakened
fiber material
geschwärzt <energ.sol> • blackened
geschwärzt <phot> *(Lichter im Negativ)* • dense
geschweift <allg> *(lange S-Kurve)* • curved
geschweift <bio> *(mit Schwanz)* • tailed; caudate
geschweißt <füg> • welded
geschweißter Kotflügel *m* <kfz> • welded fender *US*;
welded-on wing *GB*
geschweißter Öllagerbehälter *m* <petr> • welded steel
tank for oil storage
geschweißter Öltank *m prakt* <petr> • welded steel tank
for oil storage
geschweißtes Bauteil *n* <tech.allg> • welded component;
weldment; welded fabrication *rare*
geschweißtes Rohr *n* <rls.füg> • welded tube
geschweißtes Teil *n* <tech.allg> • welded component;
weldment
geschweißte Verbindung *f* <füg> • welded joint
Geschwindigkeit *f* <tech.allg> *(Aktion, Ereignis, Menge
etc. pro Zeiteinheit; z. B. Durchfluss)* • rate
Geschwindigkeit *f* <fz> *(allg.; bodengebundene Fz.)*
• speed; driving speed
Geschwindigkeit *f prakt.ugs* <kfz> *(betont: konkrete
Geschwindigkeit; z. B. 130 km/h)* • road speed; vehicle
road speed *form*; car speed *US*; vehicle speed; driving
speed
Geschwindigkeit *f* (v) <phys> *(eines Körpers in einer
bestimmten Richtung)* • velocity (v)
Geschwindigkeit *f* <phys.math> *(Vektor)* • velocity
Geschwindigkeit *f* <prod> *(beim Spanen; z. B. Schnittgeschwindigkeit)* • speed
Geschwindigkeit der Querbewegung *f* <masch> • rate
of traverse
Geschwindigkeit des Quecksilberzuflusses *f*
<el.chem> • rate of flow of mercury; rate of mercury flow;
mercury flow rate
Geschwindigkeit durch Wasser *f* <nav> • speed
through water; water speed
Geschwindigkeit in größter Erdferne *f* <astron> • apo-
geal velocity
Geschwindigkeit in größter Erdnähe *f* <astron> • perigeal velocity
geschwindigkeitsabhängig <tech.allg> • velocity-
dependent; speed-sensitive
geschwindigkeitsabhängige Anpressdruckregelung
f <kfz> *(Scheibenwischer)* • speed-sensitive wiper system
geschwindigkeitsabhängige Lautstärkeanpassung *f*
(GALA) <kfz.av> • automatic volume control (AVC)
geschwindigkeitsabhängige Lenkunterstützung *f
form* <kfz> • speed-related variable steering assist[ance];
speed-regulated steering assist[ance]; speed-sensitive
variable-assist power steering *Ford*; parameter steering
geschwindigkeitsabhängige Servolenkung *f prakt*
<kfz> • speed-related variable steering assist[ance];
speed-regulated steering assist[ance]; speed-sensitive
variable-assist power steering *Ford*; parameter steering
Geschwindigkeitsabnahme *f* <tech.allg> • deceleration
Geschwindigkeitsabstufung *f* <turb>
(Strömungsmaschinen) • velocity staging
Geschwindigkeitsänderung *f* <tech.allg> • speed
change; speed variation
Geschwindigkeitsanalysator *m* <phys> • velocity ana-
lyzer *US*; velocity analyser *GB*
Geschwindigkeitsanpassung *f* <tele> • rate adaptation

Geschwindigkeitsanzeiger *m* <aerospace> • airspeed
indicator (ASI); airspeed meter
Geschwindigkeitsbegrenzer *m* <tech.allg> • speed limiter
Geschwindigkeitsbegrenzer *m* <msr> • governor gear
Geschwindigkeitsbegrenzung *f form* <kfz> • speed
limit; speed limitation
Geschwindigkeitsbereich *m* <fz> • velocity regime
Geschwindigkeitsbeschränkung *f* <tech.allg> • speed
limit
Geschwindigkeitsbeschränkung *f* <bahn> • speed restriction
Geschwindigkeitsbeschränkung *f* <kfz> • speed limit;
speed limitation
geschwindigkeitsbestimmend <chem> • rate-determining; rate-controlling
geschwindigkeitsbestimmendes Enzym *n* <bio>
• rate-limiting enzyme; rate-controlling enzyme; rate-
determining enzyme; key enzyme
Geschwindigkeits-Code *m* <kfz> *(in Reifenbezeichnung; z. B. T, S, H, V)* • speed symbol
Geschwindigkeits-Codebuchstabe *m* <kfz> *(in
Reifenbezeichnung; z. B. T, S, H, V)* • speed symbol
Geschwindigkeits-Datensätze *mpl* <navig> • velocity
records *pl*
Geschwindigkeitsdiagramm *n* <mech> *(z. B. Strömung
um die Schaufel)* • velocity diagram
Geschwindigkeitsdisplay *n* <navig> • speed display
Geschwindigkeitsdreieck *n* <masch> *(Strömungs-
maschinen)* • velocity triangle
Geschwindigkeitsdruck *m did* <phys> *(am umströmten
Körper)* • dynamic pressure; dynamic head; stagnation
pressure
Geschwindigkeitsdruckhöhe *f* <phys> *(Strömungs-
lehre)* • velocity head
Geschwindigkeitserhöhung *f* <tech.allg> • speed in-
crease
Geschwindigkeitsfeld *n* <phys> • velocity field
Geschwindigkeitsflächenverfahren *n ISO 748* <msr>
(Durchflussmessung in offenen Gerinnen) • velocity-area
method *ISO 748*
Geschwindigkeitsfolgeregler *m* <msr> • servo-integrator
Geschwindigkeitsgefälle *n* <phys> *(Strömung)* • velocity
gradient
Geschwindigkeitsgenauigkeit *f ugs* <navig> *(Empfän-
ger)* • velocity accuracy
Geschwindigkeitsgradient *m* <kfz.antr> *(Viskosekupp-
lung)* • shear rate
Geschwindigkeitsgrenzwert *m* <tech.allg> • speed limit
Geschwindigkeitshöhe *f* <phys> *(kinetisch; Strömungs-
lehre)* • kinetic head
Geschwindigkeitshöhe *f* <phys> *(potentiell; Strömungs-
lehre)* • potential head; velocity head
Geschwindigkeitskategorie *f* <kfz> *(Reifen; Q bis 160;
S bis 180; T bis 190; H bis 210; V über 210 km/h)* • speed
rating; speed category
Geschwindigkeits-Kennbuchstabe *m* <kfz> *(in Reifen-
bezeichnung; z. B. T, S, H, V)* • speed symbol
Geschwindigkeitskoeffizient *m* <phys> *(Strömungs-
lehre)* • velocity coefficient
Geschwindigkeitskonstante *f* <chem> • rate constant
Geschwindigkeitskurve *f* <msr> • hodograph
Geschwindigkeitsmaßstab *m* <mech.doku> • velocity
scale
Geschwindigkeitsmesser *m form* <kfz> *(zur Anzeige
der Fahrgeschwindigkeit, in km/h oder mph)* • speedometer; clock *coll*; speedo *coll*
Geschwindigkeitsmesser *m* <msr> *(allg.)* • velocity
meter

Geschwindigkeitsmessung *f* <msr> • speed measurement; velocity measurement

Geschwindigkeitsmodulation *f* <el.phys> • velocity modulation

geschwindigkeitsmoduliert <el> • velocity-modulated

geschwindigkeitsmodulierter Verstärker *m* <el> • velocity-modulated amplifier

Geschwindigkeitsparallelogramm *n* <mech> • parallelogram of velocities

Geschwindigkeitsplan *m* <mech> • polar diagram of velocity

Geschwindigkeitsplan *m* <phys> *(Strömung)* • velocity image

Geschwindigkeitspolare *f* <aerospace> *(Strömung)* • speed polar

Geschwindigkeitspotential *n* <phys> *(Strömungslehre)* • velocity potential

Geschwindigkeitsprofil *n* <phys> *(Strömung)* • velocity profile

Geschwindigkeitsraum *m* <phys> • velocity space

Geschwindigkeitsregelung *f* <msr> *(allg.; z. B. Seilbahn)* • speed control; speed regulation

Geschwindigkeitsregulierung *f rar* <msr> *(allg.; z. B. Seilbahn)* • speed control; speed regulation

Geschwindigkeitsrückführung *f* <msr> • velocity feedback; rate feedback

Geschwindigkeitsschätzung *f* <navig> • velocity estimate

Geschwindigkeitsschaubild *n* <phys> *(z. B. Strömung an der Laufschaufel)* • velocity diagram

Geschwindigkeitsselektion *f* <verf> • velocity selection; velocity sorting

Geschwindigkeitssensor *m* <msr> • velocity transducer; speed transducer; velocity sensor

Geschwindigkeitssteuerung *f* <msr> • speed control

Geschwindigkeitsstufe *f* <turb> • velocity stage

Geschwindigkeitsübersteuerung *f* <el> *(Halbleiter)* • velocity overspeed

Geschwindigkeitsüberwachung *f* <msr> *(Schutz)* • overspeed protection

geschwindigkeitsunabhängig <tech.allg> • velocity-independent

Geschwindigkeitsvektor *m* <phys.math> • velocity vector

Geschwindigkeitsverhältnis *n* <tech.allg> • speed ratio

Geschwindigkeitsverhältnis *n* <turb> • blade velocity ratio

Geschwindigkeitsverminderung *f* <verk> • reduction of speed

Geschwindigkeitsverringerung *f* <phys> *(Verlangsamung von Bewegungen)* • deceleration; slowing-down *coll*; slow-down *coll*

Geschwindigkeitsverteilung *f* <phys> *(z. B. im Rohr)* • velocity distribution

Geschwindigkeits-Zeit-Schaubild *n* <mech> • velocity-time diagram

Geschwindigkeitszerlegung *f* <phys.math> • velocity resolution

Geschwindigkeitsziffer *f* <phys> *(Strömung)* • velocity number; speed number

Geschwindigkeitszunahme *f* <phys> • acceleration

Geschwindigkeitszusammensetzung *f* <mech> • velocity composition

Geschwindigkeit über Grund *f* <aerospace> • ground speed; speed over the bottom

Geschwindigkeit über Grund *f* <navig> • speed over ground (SOG); velocity over ground VOG; ground speed GS

Geschwister *npl* <edv> • sibling

geschwungene Wand *f* <bau> • curved wall

gesellschaftliche Bauten *mpl* <bau> • public buildings

gesellschaftliche Einrichtungen *fpl* <ökon> *(eines Unternehmens)* • social amenities

Gesellschaftsleitung *f* <tele> • multiparty line

Gesellschaftsrecht *n* <jur> • corporate law; corporation law; company law

Gesenk *n* <min> • winze

Gesenk *n* <prod> *(Umformen allg.)* • die

Gesenk *n* <wz> *(Schmieden; Amboss)* • anvil tool

Gesenk *n* <wz> *(Gesenkschmieden)* • forging die

Gesenk *n* <wz> *(Ziehen)* • forming die

Gesenk *n* <wz> *(Gesenkpressen)* • press die

Gesenkaushebeschräge *f* <wz> • die draft *US*; die draught *GB*

Gesenkbacke *f* <prod> • die

Gesenkbacke *f* <wz> • heading die

Gesenkblock *m* <metall> *(Druckguss, Gesenkschmieden)* • die block

Gesenkblock *m* <prod> *(allg.)* • cavity block

Gesenkeinsatz *m* <prod> • die insert

Gesenkformen *n* DIN 8583-4 <prod> *(allg.; i.Ggs. zum Freiformschmieden)* • die forging

Gesenkfräsen *n* <prod> • die milling; die sinking

Gesenkfräser *m* <wz.masch> *(Maschine)* • die mill

Gesenkfräser *m* <wz.masch> *(Werkzeug)* • die-milling cutter; die-sinking cutter

Gesenkfräsmaschine *f* <wz.masch> • die-milling machine; die-sinking machine

Gesenkhälfte *f* <prod> • half-die

Gesenkhälftenausrichtung *f* <prod> • die alignment

Gesenkhalter *m* <prod> *(beim Schmieden)* • anvil cap

Gesenkhalter *m* <wz> • die holder

Gesenkhammer *m* <prod> *(Gesenkschmieden mit Fallhammer)* • drop-forging hammer; die-forging hammer; drop hammer

Gesenkherstellung *f* <prod> • die making

Gesenkherstellung durch Meisterform *f* <prod> *(kalt)* • die broaching

Gesenkherstellung durch Meisterform *f* <prod> *(warm)* • die typing

Gesenkkopiermaschine *f* <wz.masch> • die copy-milling machine; die-sinking machine

Gesenk mit Einzelgravur *n* <wz> • single-cavity die

Gesenk mit Folgegravur *n* <wz> • multicavity die; progressive die

Gesenkoberteil *n* <metall> • top die; top swage; upper die

Gesenkplatte *f* <kst> *(Spritzg.)* • cavity plate

Gesenkplatte *f* <prod> *(allg.)* • cavity block

Gesenkpresse *f* <prod> • die stamping press

Gesenkpressen *n* <prod> *(Gesenkschmiedeverfahren mit Pressen)* • die pressing

Gesenkpressen *n* <prod> *(von Blech)* • die stamping

Gesenkpressteil *m* <prod> • die-pressed part; die pressing

Gesenkschmiedehammer *m* <wz> • drop-forging hammer; die-forging hammer

Gesenkschmieden *n* DIN 8583-4 <prod> *(allg.; i.Ggs. zum Freiformschmieden)* • die forging

Gesenkschmieden *n* <prod> *(mit Fallhammer)* • drop forging

Gesenkschmiedepresse *f* <prod> • die-forging press

Gesenkschmiederohling *m* <prod> • die forging blank; dummy

Gesenkschmiedestück *n* <mat> • closed die forging; stamping

Gesenkschmiedestückendform *f* <prod> • finished drop forging

Gesenkschmiedeteil *n* <prod> *(allg.; gehämmert od. gepresst)* • die-forged component; die-forged part; die forging

Gesenkschmiedeteil n <prod> (gehämmert) • drop-forge component; drop-forged component; drop forging

Gesenkschräge f <wz> • die draft US; die draught GB

Gesenkstahl m <mat> • die steel

Gesenkunterteil n <prod> • lower die; bottom die pract

Gesetz n <allg> (z. B. juridisch, wissenschaftlich) • law

Gesetz n <phys> (Prinzip; z. B. Machsches Gesetz) • principle

Gesetz der äquivalenten Proportionen n <chem> • law of equivalent proportions

Gesetz der Gleichverteilung der Energie n <phys> • law of equipartition of energy

Gesetz der großen Zahlen n <math> • law of large numbers

Gesetz der konstanten Proportionen n <chem> • law of constant proportions

Gesetz der multiplen Proportionen n <chem> • law of multiple proportions

Gesetz der thermodynamischen Ähnlichkeit n <therm> • law of thermodynamic similitude

Gesetz der übereinstimmenden Zustände n <chem> • law of corresponding states

Gesetz der Volumenkonstanz n <phys> • constant-volume law

Gesetz der Winkelkonstanz n <opt> • law of constant angles

Gesetz der Wirbelbewegungen n <phys> • law of vortex motion

Gesetze gegen Emissionsbetrug npl <jur.ökol> • blue-sky laws

Gesetzesvorlage zum Umweltschutz f <jur.ökol> • environmental bill

Gesetzgeber m <jur> • lawmaker; legislator

gesetzlich <jur> • legal; statutory

gesetzliche Helmpflicht f <kfz.> (beim Motorradfahren) • mandatory-helmet-use law

gesetzliche Rahmenbedingungen und Vorschriften fpl <jur> • legal conditions and regulations

gesetzlicher Vertreter m <jur> • statutory agent; legal representative; statutory representative

gesetzliche Vorschriften fpl <jur> • statutory provisions; legal requirements; statutory requirements; legal provisions

gesetzlich vorgeschrieben <allg> • legally required; mandatory

Gesetz zur Kontrolle von Schadstoffen n <ents> (UK-Gesetzgebung) • Control of Pollution Act (CoPAct)

geshunted <el> • shunted

gesicherte Bewegung f <mil> • covered movement

gesicherter Schaltabstand m EN 60947 <msr> • assured operating distance EN 60947

gesicherte Zweitschlagkapazität f <mil> • assured nuclear second-strike ability

Gesicht n ugs <kfz> (Vorderseite des Autos) • front end; front pract.coll; nose coll

Gesichtsfeld n <opt> (z. B. Brille, Motorradhelm) • visual field; field of vision; viewing field

Gesichtsfeldmessung f <opt> (Augenoptik) • scotometry

Gesichtslinie f <aerospace> • line of sight

Gesichtsmaske f <sich> (wie ein Schild geformt) • face shield; face screen

Gesichtsmaske f <sich> (allg.) • face mask

Gesichtsschutz m <sich> (allg.) • face protection

Gesichtsschutzmaske f <sich> (allg.) • face mask

Gesichtsschutzmaske f <sich> (wie ein Schild geformt) • face shield; face screen

Gesichtsteil n <sich> (Schutzmaske) • face piece

Gesichtswinkel m <opt> • visual angle; viewing angle

gesickt <kfz> (Blech) • ribbed

gesiebter Splitt m <bau.mat> • sifted chips; sifted chippings

Gesims n <bau> (allg.; auch an Säulen) • cornice

Gesims n <bau> (relativ schmales, hervorstehendes Teil, auch an Felsen) • ledge

Gesims n <bau> (betont: hervorstehendes Formteil) • molded projection; molding

Gesimshöhe f <bau> • cornice level

gesintertes Hartmetall n <mat> (z. B. für Schneidwerkzeuge) • cemented hard metal; cemented hard carbide; cemented carbide; sintered carbide; hard metal

gesinterte Stoffe mpl <mat> • sintered material

gesolte Salzkaverne f <ents> • solution-mined salt cavern

gesondert ausweisen vt <fin> (Rechnungsbetrag, Mehrwertsteuer) • show separately; present separately

Gespann n <kfz> (Motorrad) • sidecar machine

Gespannfahrer m <kfz> (Caravan) • outfit driver

Gespannguss m <prod> • group casting; group teeming rare

Gespannplatte f <prod> • bottom-pouring plate; group-teeming plate rare

gespannt <tech.allg> (befestigt, in Spannvorrichtung; z. B. Werkstück) • mounted; clamped; held

gespannt <masch> (z. B. Kette, Riemen, Seil) • tensioned; taut

gespannt <mech> (unter Zugspannung) • stressed

gespannt <mil> (Schusswaffe) • cocked

gespanntes Grundwasser n <hydr> • artesian ground water; confined ground water

gespeichert <tech.allg> • stored

gespeichert <edv> (Daten; in Arbeitsspeicher, ROM, BIOS, Cache) • stored

gespeicherte Energie f <phys> (z. B. in Batterien, Wärmespeicher, Pumpspeicherbecken) • stored energy

gespeicherte Information f <edv> (Betonung auf Information) • stored information

gespeicherter Befehl m <edv> • stored command

gespeicherter Kurs m <navig> • stored track

gespeiste Antenne f <el> • active antenna US; active aerial GB; driven aerial/antenna GB/US

Gesperre n <masch> • pawl and ratchet mechanism; locking mechanism; safety catch

gesperrt <allg> (allg.) • shut-off

gesperrt <tech.allg> (z. B. Funktion, Leitung, Anschluss, Gerät) • disabled

gesperrt <druck> (großer Druckzeichenabstand) • spaced

gesperrt <el> (z. B. Transistor) • non-conducting; off

gesperrt <el> (ausgeschaltet) • switched off; cut off

gesperrter Zustand m <el> • cut-off state; off state

gespiegeltes Licht n <opt> • specular light

Gespinst n <pap.ents> (Störstoff im Faserstoff) • entanglement

Gespinst n <textil> (allg.; kurze oder lange Filamente) • spun yarn; yarn

Gespinst n <textil> (aus kurzen Filamenten) • spun-staple yarn

gespinstähnlich <textil> • spun-look

Gespinstdrehung f <textil> (Spinnerei) • singles twist

Gespinstende n <textil> • yarn tip; yarn end

Gespinstherstellung f <textil> (Spinnerei) • production of spun yarns

Gespinstkontrolle f <textil> • yarn checking

Gespinstreinigung f <textil> • yarn clearing

Gespinstsendung f <textil> • yarn consignment

Gespinststärke f <textil> (Gespinst) • count of yarn

Gespinstzahl f <textil> (Zwirnerei) • number of ends

gesplittetes Paar n <edv> • split pair

gesplittetes Raumklimagerät n did <hlk> (typ. in D; als Ein- od. Zweischlauchgerät) • split AC [unit]....

gesponnener Faden *m* <textil> *(allg.; kurze oder lange Filamente)* • spun yarn; yarn

gesponnene Seide *f* <textil> • waste-spun silk; spun silk *pract*

Gespräch *n* <tele> • telephone call; call *coll*

Gespräch anmelden *vi* <tele> • book a call *vi*; place a call *vi*

Gespräch halten *n* <tele> *(Zusatzdienst)* • Call Hold (CH)

Gespräch mit Herbeiruf *n* <tele> • messenger call

Gespräch mit Mehrfachzählung *n* <tele> • multimetered call

Gesprächsanzeiger *m* <tele> • call indicator

Gesprächsdatenerfassung *f* <tele> • call data acquisition

Gesprächsdauer *f* <tele> • call duration; length of conversation

Gesprächseinheit *f* <tele> • call unit

Gesprächsuhr *f* <tele> • chargeable-time indicator

Gesprächsverlustanteil *m* <tele> • proportion of lost calls

Gesprächszähler *m* <tele> *(Telefon)* • call counter; call-counting meter *rare*; call meter *rare*

Gesprächszähler *m* <tele> *(Anrufbeantworter)* • message counter; message register

Gesprächszähler *m* <tele> *(im Amt)* • subscriber's register

Gesprächszählung *f* <tele> • call counting; call metering; message counting; message metering

Gesprächszeitmesser *m* <tele> • call timing device; message timing device

Gespräch über Vermittlung *n* <tele> *(typ. Ferngespräch)* • call via the operator

gesprenkelt <obfl> • mottled; speckled

gespritzt <kst> • injection-molded

gesprochene Sprache *f* <av.edv> • voiced speech; voice speech

gespundet <bau> • grooved and tongued

Gesso *n prakt* <kunst> • priming white; primacryl gesso *Schmincke*; gesso *pract*

Gestänge *n* <masch> *(mit Hebeln, Gelenken)* • bar linkage; linkage; leverage

Gestänge *n* <masch> *(Konfiguration aus Stäben, Stangen)* • rodding; rods

Gestänge *n* <min> • mine track; rail track; tracking

Gestänge *n prakt* <petr> *(zw. Bohrmaschine und Bohrwerkzeug)* • drill pipe; drill string; drill rod

Gestängeabfangkeile *m* <petr> • drill pipe slips

Gestängeanheber *m* <petr> • drill pipe elevator; elevator *pract*

Gestängebacke *f* <petr> • pipe ram

Gestängebremse *f* <bahn> • linkage brake

Gestängebremse *f* <fz> • rod brake

Gestängebruch *m* <petr> • twist-off

Gestängebühne *f* <petr> *(Plattform im Bohrturm)* • monkey board

Gestängedrehzahl *f* <petr> • drilling speed; bit speed

Gestängedruckluftbremse *f* <brems> • air-operated linkage brake

Gestängerohr *n* <petr> • joint; joint of pipe

Gestängerohrgewinde *n* (Gg) *DIN 20314* <masch> • thread for drill tubes

Gestängeschlagbohren *n* <petr> • hollow-rod churn drilling

Gestängetest *m* <petr> • drill stem test (DST); formation test; pressure test

Gestängeverbinder *m* <petr> • tool joint; rod coupling; pipe coupling

Gestängezange *f* <petr> • rod clamp; slip grip *pract*; pipe clamp

Gestängeziehen *n* <petr> • rod pulling

Gestängezug *m* <petr> *(Bohrgestänge)* • stand of pipe; string of drill pipe

gestaffelt anordnen *vt* <tech.allg> • stagger *vt*

gestaffelte rundbogige Mauernischen *fpl* <bau> • staggered vaulted niches

gestaffeltes Drillingsfenster *n* <bau> • staggered triple window

gestaffelte Vielfachschaltung *f* <tele> • graded multiple

Gestaltabweichung *f* *DIN 4760* <tech.allg> • form deviation

Gestaltänderung *f* <tech.allg> *(Verzerrung)* • distortion

Gestaltänderung *f* <mech> *(z. B. Gestaltänderungshypothese)* • change of shape

Gestaltänderungsarbeit *f* <mech> *(durch Scherung; Festigkeitslehre, Bruchmechanik)* • distortion strain work; shear strain work

Gestaltänderungsenergie *f* <mech> *(Festigkeitslehre, Bruchmechanik)* • distortion energy; strain energy of distortion *did*

Gestaltänderungsenergiehypothese *f* <mech> *(Vergleichsspannung)* • maximum shear strain energy criterion

Gestaltänderungshypothese *f* <mech> *(mehrachsiger Spannungszustand)* • deformation energy hypothesis

gestalten *vt* <tech.allg> *(konfigurieren)* • configure *vt*

gestalten *vt* <tech.allg> *(Form, Aussehen festlegen)* • design *vt*

gestalten *vt* <prod> *(formen)* • form *vt*; shape *vt*

gestaltfester Fahrgastraum *m* <kfz> • stiff cabin structure; rigid passenger compartment; rigid passenger cage; rigid safety cage

Gestaltfestigkeit *f norm* <bekl> *(Helm)* • rigidity

Gestaltfestigkeit *f* <mech> *(insbesondere bei dynamischer Beanspruchung)* • strength depending on shape; form strength

Gestaltfestigkeit *f rar.obs* <qualit.mat> *(max. Spannung, mit der ein Mat. beliebig oft zyklisch belastbar ist)* • fatigue limit; endurance limit; fatigue strength; dynamic strength

gestaltlos <allg> • shapeless

gestaltlos <mat> • amorphous

Gestaltung *f* <tech.allg> *(Konfiguration)* • configuration

Gestaltung *f* <tech.allg> • design

Gestaltung *f* <werb> • creative work; art work

Gestaltungsmissbrauch *m* <prod> • form over substance

gestampfter Lehm *m* <bau.mat> • rammed clay

gestanzt <prod.metall> *(Blech)* • stamped and cut

gestapelter Chip *m* <edv> • packaged chip

gestapelte Symbologie *f* <edv> *(Strichcode)* • stacked symbology; two-dimensional symbology; multi-row bar code; stacked code; matrix code

gestauchter Sägezahn *m* <wz> • swage-set tooth

gestauter Wasserspiegel *m* <energ> • headwater elevation

Gestein *n* <geo> • rock

Gesteinsart *f* <bau.mat> • type of rock

Gesteinsbestimmung *f* <geo> • rock identification

gesteinsbildend <geo> • petrogenetic; petrogenic; lithogenous; rock-forming *coll*

gesteinsbildendes Mineral *n* <geo> • rock-forming mineral

Gesteinsbildung *f* <geo> • lithogenesis; rock formation

Gesteinsbohrer *m* *DIN 20302* <wz> • rock drill; stone drill

Gesteinsbohrmaschine *f* <min.wz> • rock-drilling machine

Gesteinsbrecher *m* <verf> • rock crusher; stone crusher; rock breaker

Gesteinschemie f <chem.min> • petrochemistry
Gesteinskörper m <geo> • rock body; rock mass
Gesteinsmagnetismus m <geo> • rock magnetism
Gesteinsmehl n <bau.mat> *(allg.)* • powdered minerals; rock flour
Gesteinsmehl n <bau.mat> *(als Füllstoff)* • mineral filler
Gesteinsmikroskopie f <min> • petrographic microscopy
Gesteinsschicht f <geo> • rock stratum; stratum; rock bed *pract*
Gesteinsschlagbohrmaschine f <wz> • rock percussion drill
Gesteinsschmelze f <geo> • magma
Gesteinsschutt m <geo> • rock debris; detritus *scien*
Gesteinssprengstoff m <spreng> • rock explosive
Gesteinssprengung f <spreng> • rock blasting by explosives; rock blasting
Gesteinsstaub m <geo> • stone dust; rock dust
Gesteinsstaubsperre f <min> • stone-dust barrier; dust barrier
Gesteinsstaubstreuung f <min> • stone dusting; rock dusting
Gesteinsstrecke f <min> • stone drift; hard heading; drift
Gesteinswolle f *rar.obs* <bau.mat> • mineral wool; rock wool
Gestell n <tech.allg> *(Regal o.ä.: z. B. für Normeinschübe)* • rack
Gestell n <tech.allg> *(Ständer, Stütze)* • support; base; stand
Gestell n <ents.hydr> *(Kläranlage)* • superstructure; screen framework; headframe; rake head
Gestell n <masch> *(tragender Rahmen; z. B. von Werkzeugmaschine)* • frame
Gestell n <msr> *(für Messgeräte, Instrumente)* • instrument rack
Gestell n <obfl.verf> *(Galvanotechnik)* • plating rack
Gestell n <verbr> *(Flammofen)* • hearth
Gestell n <verf> *(Plattenwärmetauscher)* • frame
Gestell n <verf.hydr> *(Siebband)* • frame; support frame
Gestellbelastung f <verbr> • hearth load
Gestellbelegung f <tele> • rack front layout
Gestellbremsberg m <min> • balance brow
Gestellebene f <mech> *(Kinematik)* • reference frame
Gestelleinbau m <prod> • rack mounting
Gestelleinschub m <el> • rack plug-in assembly; rack assembly
gestellfest <mech> *(Kinematik)* • stationary; fixed
Gestellförderung f <min> • frame hoisting; cage hoisting; frame winding
Gestellführung f <mech> *(Kinematik)* • fixed path
Gestellgalvanisierung f <obfl> • rack plating
Gestellglied n <masch> *(kinematisches Getriebe)* • ground link
Gestellglied n <mech> *(Kinematik)* • frame link; fixed link
Gestellkräftepaar n <wz.masch> • frame couple
Gestellkraft f <wz.masch> • frame force
Gestellmantel m <verbr> • hearth jacket
Gestellmotor m <bahn> • bogie motor
Gestellmotor m <mot> • frame-suspended motor
Gestellpanzer m <verbr> *(Hochofen)* • hearth casing; hearth shell
Gestellrahmen m <tech.allg> • framework
Gestellrahmen m <el> • rack frame
Gestellreihe f <el> *(Schaltanlagen)* • rack row; rack suite
Gestellschaltpult n <el> • skeleton-type switchboard
Gestellschlussschutz m <el> • frame-leakage protection
Gestellsockel m <el> • rack base
Gestellverchromung f <obfl> • rack chromizing
Gestellverkabelung f <el> • racking interconnection; racking cabling

Gestellverzinken n <obfl> • rack galvanizing
Gestellzwischenwand f <textil> *(Spinn-, Spul-, Zwirnmaschine)* • separator
gesteppte Flatterscheibe f <led> *(Schleifen)* • stitched buffing wheel
gesteuert <allg> *(z. B. Verbrauch, Geldumlauf, Aufzug, Werkzeugmaschine)* • controlled
gesteuerte Größe f <msr> • variable to be controlled; controlled variable
gesteuerter Lawinengleichrichter m <el> • controlled avalanche rectifier
Gestirnweite f <astron> • amplitude of a star
gestockte Antenne f <el> • stacked antenna *US*; stacked aerial *GB*
gestört <tech.allg> *(räumliche, zeitliche Anordnung; Ablauf)* • disordered
gestört <tech.allg> *(z. B. Funkverkehr, Kompass, Regelung)* • disturbed; perturbed
gestört <tech.allg> *(z. B. Maschine)* • out-of-order
gestörte Eins f <msr.edv> • disturbed one
gestörte Null f <msr.edv> • disturbed zero
gestörter Kristall m <mat> • imperfect crystal
gestörtes Gitter n <mat> *(Kristallgefüge)* • defect lattice
gestoppt <nahr> *(Wein)* • over-sweet; cloying
gestrahlte Störung f <phys> • radiated emission
gestreckt <tech.allg> *(z. B. Winkel)* • flat
gestreckt <nahr> *(z. B. Sauce, Suppe, Wein)* • watered
gestreckt <prod> *(Werkstück)* • elongated
gestreckte Flugbahn f <phys> • flat trajectory
gestreckte Ladung f <min> • column charge; columnar charge
gestreckter Winkel m <math> • flat angle; straight angle
gestreut <navig> *(Messungen)* • dispersed
gestreute Reflexion f <licht> • diffuse reflection *norm*; bounce light *coll*; diffuse reflectance *rare*
gestreutes Laden n <edv> • scattered loading
gestreutes Neutron n <nukl> • scattered neutron
gestreute Strahlung f <phys> *(allg.; z. B. Licht)* • diffuse radiation; scattered radiation; stray radiation
gestrichelte Linie f <doku> • broken line
gestrichelte Linie f <verk> *(Fahrbahnmarkierung)* • intermittent line
gestrichen <obfl> • primed
gestrichen <pap> • coated
gestrichenes Papier n <pap> • coated paper
Gestrick n DIN 62055 <textil> • knitted fabric
Gestrickauffang m <textil> • knit-fabric receptacle
Gestrickbruchkante f <textil> • edge creasing of the knit fabric tube; edge creasing of the fabric tube
Gestricke und Gewirke n <textil> • knitwear
gestrickte Gefäßprothese f <med.tech> • knitted vascular graft; knitted vascular prosthesis; knitted prosthesis; knitted graft
gestrickte Prothese f <med.tech> • knitted vascular graft; knitted vascular prosthesis; knitted prosthesis; knitted graft
gestrickter Gefäßersatz m <med.tech> • knitted vascular graft; knitted vascular graft
gestrickter Patch m <med.tech> • knitted patch graft
gestricktes Dacron n <mat> • knitted dacron
gestricktes Gewebe n <mat> • knitted fabric
gestricktes Polyestergewebe n *werb* <mat> • knitted dacron
gestricktes Teflon n <mat> • knitted teflon
gestroppte Hieve f <nav> • sling load
Gestrüppschläger m <agri> • scrub cutter
gestürztes Mikroskop n <opt> • inverted microscope
gestufte Bohrung f <prod> • multiple-step bore; multiple-step hole

gestufte Drehzahl f <masch> • variable speed; stepped speed

gestufter Rundbogenfries m <bau> • stepped round arched frieze

gestufte Verbrennung f <verbr> • staged combustion; two-stage combustion; fuel staging

gesüßt <nahr> • sweetened

gesüßt <petr> • sweet

gesund <nahr> (z. B. Wein) • sound

gesundes Holz n <holz.qualit> • sound wood

gesundes Metall n prakt <mat.rep> • sound metal pract

gesundheitsschädlich <med> (z. B. Substanzen) • harmful

Gesundheitstechnik f <med.tech> • public health engineering

getäfelte Decke f <bau> • panelled ceiling

getaktet <autom> (zeitgleich) • synchronized; synchronous

getaktet <edv> (Prozessor) • clocked

getaktet <el> (durch Impulse) • pulsed

getakteter Eingang/Ausgang m <msr> • clocked input/output; clock input/output

getarnt <kfz> (Erlkönig etc.) • disguised; camouflaged

getarnter Prototyp m <kfz> • camouflaged prototype; disguised prototype

getastete Oszillatorstufe f <tele> • ringing circuit

getastete Regelung f <el> • pulsed automatic gain control

getauchte Elektrode f <füg> (Schweißen) • dip-coated electrode; dipped electrode

getauchter Überzug m <obfl> • dip coat

geteilt <allg> (in Abschnitte, Sektionen) • sectioned; sectionalized

geteilt <tech.allg> (z. B. Skala, Strecke, Winkel, Strömung) • divided

geteilt <masch> (in zwei Teile, Hälften; z. B. Lager, Muffe) • split

geteilte Antriebswelle f <kfz.antr> • divided driveshaft; divided propshaft GB; split propshaft GB

geteilte Felge f <kfz> • divided rim

geteilte Form f <metall/silik> • split mold

geteilte Frontscheibe f <kfz> • split screen GB

geteilte hintere Rückenlehnen fpl <kfz.innen> • rear seating with fold-down split seatbacks

geteilte Kardanwelle f <kfz.antr> • divided driveshaft; divided propshaft GB; split propshaft GB

geteilter Hals m <led> • matched half of a shoulder

geteilte Rückbank f <kfz.innen> • split rear seats

geteilte Rückbanklehne f ugs <kfz.innen> • split folding rear seats

geteiltes Bild n <av> • split image

geteiltes Fenster n <bahn> • sash window

geteiltes Gehäuse n <masch> (z. B. Getriebe, Pumpe) • split casing

geteiltes Gleitlager n <masch> • split bearing

geteiltes Gleitlager n <masch> (betont: mit geteilter Lagerschale) • shell bearing; shell-type bearing

geteiltes Kurbelgehäuse n <kfz.mot> • split crankcase

geteiltes Paar n <edv> • split pair

geteilt umklappbare Rücksitze mpl <kfz.innen> • split folding rear seats

getönt <obfl> (z. B. Visier, Glas) • smoke tint

getönte Scheiben fpl ugs <kfz> (wärmedämmendes Glas) • tinted windows; tinted glass; tints coll; t/glass ad

getöntes Glas n <silik> • tinted glass

getöntes Glas n <silik> (z. B. für Flaschen, Fenster) • colored glass; tinted glass

getopptes Öl n <petr> • topped oil; reduced oil

getopptes Rohöl n <petr> • topped crude; reduced crude

Getränk n <nahr> • drink

Getränkeaufbau m <nfz> • beverage body

Getränkeaufbau mit längsgeteilten Seitenwänden m <nfz> • flap-door beverage body; flap-side beverage body

Getränkeautomat m <tech.allg> (für kalte Getränke) • soft drink machine

Getränkedose f <pack> • beverage can

Getränkedosenhalter m <kfz.innen> (z. B. in Mittelkonsole) • beverage holder; cup holder

Getränkehalter m <kfz.innen> (z. B. in Mittelkonsole) • beverage holder; cup holder

Getränkekasten m <pack> • beverage case

getränkte Papierisolierung f <el> • paper-oil insulation; oil-impregnated paper insulation; impregnated paper insulation; oil-impregnated paper dielectric

getränkter Sinterwerkstoff m <metall> • impregnated sinter alloy

getragener Kolben m <masch> • supported piston; piston supported by piston did

Getreide n <chem.agri> • cereal

Getreidedurchlaufregulierung f <agri> • grain flow regulation

Getreidehafen m <nav> • grain port

Getreidekrankheit f <agri> • cereal disease

Getreidemehltau m <agri> • powdery mildew

Getreidemühle f <nahr> • gristmill; corn mill; flour mill

Getreidenachfüllschacht m <förd> • grain feeder

Getreidereinigungsmaschine f <agri> • grain cleaning machine; seed cleaner

Getreidesaatgutbeizung f <verf.agri> • cereal seed dressing

Getreidesauger m <förd> • pneumatic tubes for grain

Getreideschott n <nav> • grain bulkhead

Getreideschottstütze f <nav> • shifting board stanchion

Getreidesilo m/n <logist> • grain silo; grain storage bin; grain store

Getreidespeicher m <logist> • grain storehouse; granary

Getreidetrockner m <verf> • grain drier

getrennt <allg> • separate

getrennte Abfallagerung f <ents.logist> • waste segregation

getrennte Erfassung f <ents> (von verschiedenen Materialtypen; z. B. Glas, Papier, Plastik, Restmüll) • separated collection; collection point separation; source separation

getrennte Kanäle mpl <tele> • independent channels

getrennte Oxidationsstufe f <verf.emiss> (in Rauchgasentschwefelung) • oxidizer stage US.GB; oxidiser stage GB.rare

getrennte Sammlung f <ents> (von verschiedenen Materialtypen; z. B. Glas, Papier, Plastik, Restmüll) • separated collection; collection point separation; source separation

getrenntes Auswertgerät n <msr> • remote relay unit

getrennte Schaltung f <kfz> • separate gear change

getrennt gegossener Probestab m <qualit.mat> • separately cast test bar

Getrenntschmierung f <tribo> (z. B. Kfz-Zweitaktmotor) • separate lubrication

getreue Wiedergabe f <av> • faithful reproduction

Getriebe n <antr> (Zahnradgetriebe, jede Bauart, jede Anordnung) • transmission (trans) US; gearbox GB; gearcase US

Getriebe n <antr> (allg.; jede Bauart, auch Riemengetriebe) • transmission US.GB

Getriebe n prakt <bau> (DK-Beschlag für Fenster) • tilt gear mechanism; tilt gear; turn gear mechanism; turn gear

Getriebe n ugs <kfz.antr> (bei Frontantrieb oder Transaxle-Bauweise) • transaxle

Getriebeabdeckung f <kfz> *(demontierbares Teil des Bodenblechs)* • transmission cover

Getriebeabstufung f <antr> • gearing ratio; gear ratio; gearing

Getriebeabtriebswelle f <kfz.antr> • transmission output shaft; gearbox output shaft *GB*; driven shaft *pract*; output shaft *pract*; main shaft *pract*

Getriebeausgangswelle f <kfz.antr> • transmission output shaft; gearbox output shaft *GB*; driven shaft *pract*; output shaft *pract*; main shaft *pract*

Getriebebaugruppe f <masch> • transmission assembly *US*; gearbox assembly *GB*

Getriebebock m <kfz.rep> • transmission jack; transmission stand; gearbox jack *GB*

Getriebebremse f <antr> *(bei Zahnradgetrieben)* • gear brake

Getriebebremse f <antr> *(allg.)* • transmission brake

Getriebe-Dampflok f prakt <bahn> *(Antrieb über Getriebe und Gelenkwellen; z. B. Shay, Climax, Heisler)* • geared engine

Getriebedampflokomotive f <bahn> *(Antrieb über Getriebe und Gelenkwellen; z. B. Shay, Climax, Heisler)* • geared engine

Getriebedeckel m <antr> • transmission cover

Getriebedeckelschraube f <antr> • transmission cover screw

Getriebe/Differentialeinheit f <kfz.antr> *(bei Frontantrieb oder Transaxle-Bauweise)* • transaxle

Getriebeeingangswelle f <kfz.antr> *(zwischen Kupplung und Getriebe)* • input shaft; primary shaft; clutch shaft; drive pinion

Getriebeelement n <masch> • transmission element

Getriebefortsatz m <kfz.antr> • transmission extension housing *US*; gearbox extension *GB*; transmission case extension; rear extension housing

Getriebefreiheitsgrad m <autom> • number of joints

Getriebe für Übersetzungen ins Langsame n <antr> • reduction gear; speed-step-down gear; speed-reducing gear; speed reducer

Getriebegehäuse n <antr> *(allg., jeder Getriebetyp)* • transmission case; transmission housing

Getriebegehäuse n <antr> *(Zahnradgetriebe)* • transmission case *US*; gearbox casing *GB*; transmission body *US*; transmission housing *US*; gear box *coll*

Getriebegehäuse n <kfz.antr> *(bei Frontantrieb)* • transaxle housing

Getriebegehäusedeckel m <antr> *(an Oberseite)* • gearbox casing cap

Getriebe-Gehäusehals m <kfz.antr> • transmission extension [housing]; gearbox extension [housing] *GB*

Getriebegestell n <kfz.rep> • transmission jack; transmission stand; gearbox jack *GB*

getriebegesteuerte Zündzeitpunkt-Vorverstellung f did <kfz.mot> • transmission controlled spark advance (TCS)

Getriebeglocke f <kfz.antr> *(Automatikgetriebe)* • torque converter housing; bell housing *pract*

Getriebehals m <kfz.antr> • transmission extension [housing]; gearbox extension [housing] *GB*

Getriebehauptwelle f <kfz.antr> • main gearshaft

Getriebejaulen n <antr> • transmission whine

Getriebekasten m <antr> *(allg., jeder Getriebetyp)* • transmission case; transmission housing

Getriebekasten m <antr> *(Zahnradgetriebe)* • transmission case *US*; gearbox casing *GB*; transmission body *US*; transmission housing *US*; gear box *coll*

Getriebekasten m <wz.masch> *(Drehmaschine)* • feed change gearbox

Getriebekettenrad n <antr> • driving chain wheel

Getriebekopf m <antr> *(z. B. an Servo- und Schrittmotoren)* • gearhead

Getriebelader m <mot> • gear-driven supercharger

Getriebelehre f <masch> • engineering kinematics; kinematic theory

getriebelos <tech.allg> • gearless

Getriebemahlen n ugs <kfz.antr> • transmission noise

Getriebe mit doppelter Übersetzung n <antr> • compound gearing; compound gears

Getriebe mit drei Gängen n <kfz.antr> • three-speed transmission; three-speed gearbox *GB*; three-speed drive

Getriebe mit einfacher Übersetzung n <antr> • simple gearing

Getriebe mit fünf Gängen n <kfz.antr> • five-speed transmission; five-speed gearbox *GB*; five-speed drive

Getriebe mit Nachschaltgruppe n scien.rar <nfz.antr> • range change gearbox

Getriebe mit Overdrive n <kfz.antr> • overdrive transmission; overdrive gearbox *GB*; transmission with overdrive

Getriebe mit Pfeilverzahnung n <antr> • herringbone gearing

Getriebe mit sechs Gängen n <kfz.antr> • six-speed transmission; six-speed gearbox *GB*; six-speed drive

Getriebe mit Übersetzung ins Schnelle n <antr> • increasing gear

Getriebe mit vier Gängen n <kfz.antr> • four-speed transmission; four-speed gearbox *GB*; four-speed drive

Getriebe mit Vorschaltgruppe n <nfz> • splitter gearbox; splitter drive gearbox

Getriebe mit zusätzlicher Geländeübersetzung n <kfz.antr> • dual-range transmission; dual-range gearbox *GB*; high/low range gearbox *GB*

Getriebe mit zwei Vorgelegewellen n <masch> • twin-layshaft gearbox

Getriebemotor m <antr> *(Elektromotor mit angeflanschtem Getriebe)* • geared engine; geared motor

Getriebemotor m <förd> • gear motor; geared motor

Getriebenabe f <fz> *(Fahrrad)* • speed hub

Getriebenebenwelle f <kfz.antr> *(im Schaltgetriebe)* • countershaft *US*; layshaft *GB*; countergear assembly *US*; countergear [shaft] *US*; cluster gear

Getriebenummer f <kfz.antr> • transmission identification number (TIN)

Getriebeöl n <tribo> • transmission oil

Getriebeöl für Automatikgetriebe n (ATF) <tribo> • automatic transmission fluid (ATF)

Getriebeölkühler m <tribo.hlk> • transmission oil cooler; transmission fluid cooler; gearbox oil cooler *GB*

Getriebeölwanne f <kfz.tribo> • transmission oil pan

Getrieberegner m <agri> • geared sprinkler

Getriebeschalthebel m <masch> • gear lever

Getriebeschluss m <masch> • mechanism closure

Getriebeschmierung f <tribo> • gear lubrication

getriebeseitig <kfz.antr> *(Wellengelenk)* • inboard; inboard-mounted

Getriebespülapparat m <kfz> • gear-flushing unit

Getriebesteuerung f <kfz.antr> *(Vorgang des Steuerns)* • transmission control; gear shift control

Getriebesteuerung f <kfz.antr> *(Steuervorrichtung)* • transmission control system; transmission control unit

Getriebesynthese f <masch> • kinematic synthesis

Getriebetunnel m <kfz> • transmission tunnel

Getriebetunnelverkleidung f <kfz.innen> *(Innenausstattung)* • transmission tunnel lining

Getriebeturbine f <turb> • geared turbine

Getriebewählhebel m <kfz> *(Automatikgetriebe)* • selector lever; transmission selector lever *form*; selector *coll*; shifter *coll*; gearshift *Ford*

Getriebewiderstand m <kfz> • transmission resistance

Getriebewiderstand *m* <masch> • transmission power loss; transmission power losses

Getriebezimmerung *f* <min> • spiling; spilling; forepoling

Getriebezug *m DIN 868* <masch> • gear train

Getriebezustandsüberwachung *f* <kfz.antr> • transmission monitoring

getriggerter monostabiler Ablenkkreis *m* <el> • triggered start-stop sweep circuit

getrocknete Form *f* <metall> *(Gießerei)* • dry-sand mold

Getterbehandlung *f* <el> • gettering treatment

gettern *vt* <el> *(Vakuumtechnik)* • getter *vt*

Getterpumpe *f* <el> • getter pump

Getterstörung *f* <el> • gettering defect

Getterstoff *m* <el> • gettering agent; vacuum getter; getter

getwistet <kfz.mot> *(Kurbelwelle)* • twisted

Geviert *n* <bau> *(Altarbereich zw. Langhaus, Apsis, Seitenschiffen)* • square :V

Geviert *n* <druck> • em-quad

Geviert *n* <min> • set of frame; set of timbers; square set; set

Geviertstrich *m* <druck> • em-dash

Geviertzimmerung *f* <min> • four-piece set; four-piece timber set; full set

Gevilon *n Handelsname* <med> • gemfibrozil; Lopid *trade name*

gewachsener Fels *m* <geo> • native rock; native bedrock; solid rock; ledge rock

gewachsener Reifen *m* <fz> • grown tire

Gewächshaus *n* <agri> • greenhouse *US*; glasshouse *GB*; conservatory

gewährleisten *vt* <jur> • warrant *vt*; ensure *vt*; guarantee *vt*; represent *vt*

Gewährleistung *f* <jur> • warranty; guarantee

Gewährleistungspaket *n* <jur> • warranty package

Gewände *n* <bau> • jamb

Gewände *n* <bau> *(schräg)* • splayed jamb; splayed jambs

Gewässer *n* <geo> *(Fließgewässer, stehende Gewässer)* • water body; waters

Gewässerbelastung *f* <ökol> • water pollution; water contamination

Gewässerreinhaltung *f* <geo.ökol> • water conservation; protection of waters; water conservation; water pollution control; pollution control

Gewässerschutz *m* <geo.ökol> • water conservation; protection of waters; water conservation; water pollution control; pollution control

Gewässerverunreinigung *f* <ökol> • pollution of waters; contamination of waters; water pollution

Gewaltbruch *m* <qualit.mat> • forced rupture

gewalzter Draht *m* <metall> • rolled wire

gewalztes Monoblockrad *n* <kfz> • solid rolled wheel

gewalztes Rohr *n* <metall> • rolled tube

gewalztes Stahlblech *n* <mat> • rolled sheet steel

gewalztes Vollrad *n* <fz> • solid rolled wheel

Gewebe *n* <bio> *(menschl., tierisch)* • tissue

Gewebe *n* <textil> *(aus zwei sich rechtwinklig kreuzenden Fadensystemen, Kette / Schuss)* • woven fabric; woven textile fabric; fabric cloth; fabric; cloth

Gewebe *n* <textil> *(Oberbegriff für gewebte und nicht gewebte Stoffe)* • fabric; cloth

Gewebe *n* <verf.hydr> • mesh; fabric

Gewebeabzugsgetriebe *n* <textil> • take-up motion; cloth take-up motion; fabric take-up motion

gewebearmierte Dichtungsbahn *f* <ents> • fabric-reinforced liner sheet

Gewebebalg *m* <rls> • fabric bellows

Gewebeband *n* <textil> • linen tape; fabric tape

Gewebebaum *m* <textil> • cloth roller; cloth beam *US*; cloth roll

Gewebedichte *f* <textil> • cloth density

Gewebedosis *f* <nukl> • tissue dose; tissue dosis

Gewebe-Eindringtiefe *f* <nukl.med> *(ionisierender Strahlen)* • penetration depth; penetrating power

Gewebeeinlage *f* <förd> *(Fördergurt)* • breaker strip

Gewebeeinlage *f* <kfz> *(Reifen)* • fabric carcass ply; fabric ply

Gewebeeinlage *f* <textil> • textile insertion; textile insert

Gewebefilter *m/n* <verf> *(Element aus Geflecht, Vlies oder Gewebe)* • fabric filter (FF)

Gewebefilter *n/m* <verf> *(Oberflächenfilter)* • cloth filter; fabric filter; woven-fabric filter

Gewebefilterbaugruppe *f* <verf> • fabric filter assembly; baghouse *coll*

Gewebeflansch *m* <rls> • fabric flange

Gewebefüllstoff *m* <kst> • fabric filler

Gewebe in Stückbreite *n* <textil> • fabric at full width

Gewebeisolierung *f* <tech.allg> • fabric insulation

Gewebekante *f* <textil> • edge; edging

Gewebekompensator *m* <rls> • fabric expansion joint

Gewebekultur *f* <bio> • tissue culture

Gewebelage *f* <fz> *(in Reifen)* • ply; carcass ply; casing ply

Gewebelage *f* <textil> *(in mehrlagigem Material; z. B. in Schlauchbooten, Faltenbalgen)* • fabric layer

Gewebelaminat *n* <mat> • fabric laminate

Gewebe mit Abseite *n* <textil> • backed cloth

Gewebemittelteil *n* <rls> • fabric bellows

Gewebe mit Velours[besatz] *n* <mat> • velour fabric

Gewebeoberseite *f* <mat> • cloth face

Gewebepackpapier *n* <pack> • tarred thread paper; reinforced union paper *norm*

Gewebepapier *n* <mat> • cloth-faced paper; reinforced paper; papyroline

Gewebeporen *fpl* <verf> • fabric pores

Gewebeprobe *f* <bio> • tissue sample

Gewebeprüfapparat *m* <verf> • cloth tester

Gewebeputzmaschine *f* <verf> • cloth cleaning machine

Geweberand *m* <textil> • edge; edging

Geweberückseite *f* <textil> • fabric back

Gewebeschicht *f rar* <fz> *(in Reifen)* • ply; carcass ply; casing ply

Gewebeschicht *f* <textil> *(in mehrlagigem Material; z. B. in Schlauchbooten, Faltenbalgen)* • fabric layer

Gewebeschlauch *m* <tech.allg> *(für Druckleitungen; z. B. für Druckluft, Bremsanlage)* • braided hose; fabric-reinforced hose

Gewebeschlauchfilter *m* <verf> • cloth bag filter

Gewebeschneidmaschine *f* <prod> *(Reifenherstellung)* • fabric bias cutter

Gewebeschnitt *m* <qualit.mat> *(Mikroskopie)* • tissue section

Gewebesengmaschine *f* <textil> • cloth singeing machine; cloth singer

Gewebeunterbau *m form* <fz> *(von Reifen)* • carcass; tire body *US*; body plies; body ply cord; casing *rare*

gewebeverstärkt <kst> • fiber-reinforced

Gewebeverstärkung *f* <textil> *(Polsterei)* • scrim

Gewebewickelbaum *m* <textil> • cloth roller; cloth beam *US*; cloth roll

Gewebslipase *f* <bio> • lipoprotein lipase (LPL)

gewebt <prod> • textile

gewebt <textil> *(i.e.S.; mit Kett- und Schussfaden)* • woven

gewebte Prothese *f* <med.tech> • woven vascular graft; woven vascular prosthesis; woven prosthesis; woven graft

gewebter Gefäßersatz *m* <med.tech> • woven vascular graft; woven vascular replacement *rare*; woven graft gewebter Patch *m* <med.tech> • woven patch graft

gewebtes Dacron *n* <mat> • woven dacron

gewebte Stoffe *fpl* <textil> • woven fabrics *pl*; wovens

Gewehr *n* <mil> • rifle

Gewehrkolben *m* <mil> • butt

Gewehrlaufbohrer *m* <wz> • rifle-barrel drilling bit; rifle drilling bit

Gewehrlaufbohrmaschine *f* <wz.masch> • rifle-barrel drilling machine

Gewehrschrank *m* <mil> *(typ. aus Holz)* • gun cabinet

Gewehrständer *m* <tech.allg> *(z. B. in Waffenkammer, Kfz)* • gun rack

Gewehrzielfernrohr *n* <mil> • telescopic rifle sight

Geweih *n* <bio> • antlers

Geweihsprosse *f* <bio> • antler

Geweihstange *f* <bio> • antler

gewellt <av> *(Signal)* • rippled

gewellt <phys> *(z. B. Oberfläche)* • undulated; wavy

gewellt <prod> *(z. B. Blech, Karton)* • corrugated

gewellt <prod> *(z. B. Radscheibe)* • dished

gewellt <wz> *(Sägeblatt)* • wave-set

gewellte Balglänge *f* <rls> *(von Balg-Kompensator)* • convoluted length; convolutions length; active convolutions portion; active length

gewellte Federscheibe *f* <füg> • wave spring washer

gewellte Länge *f* <rls> *(von Balg-Kompensator)* • convoluted length; convolutions length; active convolutions portion; active length

gewellte Membran *f* <msr> • corrugated diaphragm

gewellte Platte *f* <verf> • corrugated fill sheet; corrugated sheet

gewellter Federring *m* DIN ISO 1891 <füg> • wave spring lock washer; wave split lock washer

gewellte Rieselplatte *f* <verf> • corrugated fill sheet; corrugated sheet

gewellter Metallmantel *m* <el> *(für Kabel)* • corrugated sheath

gewelltes Sägeblatt *n* <wz> • wave-set saw blade

gewellte und gekräuselte Muster *fpl* <prod.nahr> *(Speiseeis; Extruder)* • wavy and curling patterns *pl*

gewellte Zahnung *f* <wz> *(z.b. Sägeblatt)* • wavy set

gewendelt <tech.allg> • helical

gewendelt <prod> • coiled; coiled into a helix

Gewerbe *n* <ökon> • trade; business

Gewerbeabfälle *mpl* <ents> • trade waste; trade refuse

Gewerbeabfall *m* <ents> • commercial waste

Gewerbeabfallmenge *f* <ents> • commercial waste volume

Gewerbeabwasser *n* <ents> • commercial sewage

Gewerbegebiet *n* <bau> *(Bauland für gewerbliche Nutzung)* • commercial land

gewerblich <jur> • commercial; industrial; on a commercial basis

gewerbliche Anwendbarkeit *f* <jur> • industrial applicability; industrial practicability; industrial usability

gewerbliche Einbruch/Überfall-Meldeanlage *f :V* <alarm> • commercial alarm system; commercial alarm

gewerblicher Abfall *m* <ents> • commercial waste

gewerbliche Räume *mpl* <bau.fin> • business premises

gewerblicher Hersteller *m* <nav> • professial builder

gewerblicher Rechtschutz *m* <jur> • legal protection of industrial property

gewerbliche Schutzrechte *npl* <jur> • industrial property rights

gewerbliche Tätigkeit *f* <jur> • commercial activity

gewerblich hergestelltes Speiseeis *n* <nahr> • artisanal ice cream

Gewicht *n* <jur> *(eines Argumentes, Beweises, Gesichtspunktes)* • weight

Gewicht *n prakt* <kfz> *(an Felgen)* • balance weight; balancing weight; lead weight *pract*; weight *pract*

Gewicht *n* <phys> *(allg.)* • weight

gewichtet <tech.allg> *(z. B. Binärcode)* • weighted

gewichtet <mus> *(Klavier- oder Keyboardtasten)* • weighted

gewichteter Kode *m* <edv> • weighted code

gewichteter Mittelwert *m* DIN 55350-23 <math> *(Statistik)* • weighted average

Gewichtsanalyse *f* 55350-22 <msr> • gravimetric analysis

Gewichtsanteil *m* (GWT) <tech.allg> • parts by weight (pbw)

Gewichtsauflage *f* <pap> • weight support

Gewichtsausgleichsvorrichtung *f rar* <bau> *(in Vertikalschiebefenstern)* • sash weight; counterweight; weight *pract*; counterbalance *rare*

gewichtsbelastet <ents> *(Elektroentstauber)* • wireweight

gewichtsbelastete Aufhängung *f* <verf> • weight loaded suspension

gewichtsbelasteter Eingriff *m* <verf.ents> *(eines Reinigungselementes)* • weighted engagement; weight-loaded engagement

Gewichtsdosierung *f* <prod> • metering by weight; weight feeding

Gewichtseinsparung *f* <tech.allg> *(in Konstruktion, Produktion, Betrieb; z. B. durch Leichtbau)* • weight saving

Gewichtsfaktor *m* <math> • weighting factor

Gewichtsfunktion *f* <math> *(Approximationstheorie, Statistik)* • weight function

gewichtsgesteuert <masch> • weight-controlled

Gewichtshaken *m* <pap> • weight hook

Gewichtskasten *m* <bau> *(für Gegengewichte bei vertikalen Schiebefenstern)* • weight pocket; window box; jamb channel pocket

Gewichtsklasse *f* <led> • weight class

Gewichtskonstanz *f* <tech.allg> *(z. B. Nahrungsmittelproduktion)* • constancy of weight; constant weight

Gewichtskraft *f* DIn 1305 <phys> *(als betonter Unterschied gegenüber Masse)* • weight

Gewichtsleder *n* <led> • weight leather

Gewichtsmauer *f* DIN 4048 <bau.hydr> • gravity dam; gravity type dam

gewichtsoptimiert <prod> • reduced-weight *:V*

Gewichtsplattform *f* <pap> • weight platform

Gewichtsreduzierung *f* <tech.allg> *(Konstruktionsziel, z. B. bei Kfz)* • weight reduction

Gewichtssortierung *f* <agri> • grading to weight

gewichtssparend <tech.allg> • weight-saving

Gewichtsstaumauer *f* <bau.hydr> • gravity dam; gravity type dam

Gewichtsteil *m* <tech.allg> • part by weight

Gewichtstrimm *m* <nav> *(z. B. Segelboot)* • weight trim

Gewichtsverlagerung *f* <sport> *(des Körpers zur Richtungsänderung)* • weight transference; placement of weight

Gewichtsverlust-Messmethode *f* <kst> *(zur Dosierung von Füllstoffen)* • loss-in-weight [metering] method

Gewichtsverringerung *f ugs* <tech.allg> *(Konstruktionsziel, z. B. bei Kfz)* • weight reduction

Gewichtsverteilung *f* <tech.allg> *(z. B. Decke, Schiff, Flugzeug)* • load distribution; distribution of load

Gewichtsverteilung *f prakt* <kfz> • axle load distribution; weight distribution *pract*

Gewichtsware *f* <edv> • random weight items *pl*

Gewichtszunahme *f* <tech.allg> • weight gain

Gewichtung *f* <allg> *(z. B. bei der Prüfzeichenberechnung)* • weighting

Gewichtungssequenz f <allg> (z. B. von Fehlerkategorien) • weighting sequence

gewickelt <el> (Spule) • wound

gewickelte Isolierhülle f <el> • lapped insulation; tape insulation; lapped-tape insulation; lapped-tape dielectric

gewickelter Anker m <el> • wire-wound armature

gewickelte Verbindung f <el.füg> • wire-wrap connection; wrapped connection; wrapped joint

Gewinde n DIN 2244 <masch> (allg. für Verschraubungen; innen u. außen) • screw thread; thread

Gewinde... <masch> (direkter Bezug zum Gewinde) • thread ...; screw thread ...

Gewinde... <masch> (betont: hat ein Gewinde) • threaded ...

Gewindeabmaß n <masch> • thread dimension

Gewindeachse f <füg> • thread axis; axis of thread did; axis

Gewinde allgemeiner Anwendung n <masch> • general purpose screw thread

Gewindeanfang m <masch> • thread start; thread beginning

Gewindeanschluss m <rls> • screwed end fitting; threaded end fitting

Gewindeart f <füg> • thread type

Gewindeauslauf m <masch> • thread runout; vanish thread rare; partial thread rare; washout thread rare

Gewindeausschusslehrdorn m <msr> • no-go thread plug gauge

Gewindeausschusslehre f <msr> • no-go thread gauge

Gewinde-Ausschusslehrenkörper m DIN 2282-1 <msr> • NOT GO screw gauging member DIN 2282-1

Gewindeausschusslehrring m <msr> • no-go thread ring gauge

Gewindeausschussrachenlehre f <msr> • no-go thread snap gauge

Gewindeaußendurchmesser m <masch> (größter Durchmesser von Innengewinden) • root diameter; major diameter; major thread diameter; nominal thread diameter ISO thrd.

Gewindeaußendurchmesser m <masch> (größter Durchmesser von Außengewinden) • crest diameter (OD); major diameter; outside diameter; nominal thread diameter; major thread diameter

Gewindebacke f <wz> • screw die

Gewindebacke f <wz.masch> • thread-rolling die; threading die; thread-forming roll; screw die; screwing die

Gewinde-Bauform f <allg> • threaded construction

Gewindebauform f <allg> • threaded-body design

Gewindebezeichnung f <masch> • thread identification; thread designation; thread specification

Gewindebohraufsatz m :V <wz> • nib tap

Gewindebohreinheit f <wz> • tapping attachment; tapping head

Gewindebohreinrichtung f <wz> • tapping attachment; tapping head

Gewindebohren n <prod> • tapping; cutting tapping; conventional tapping opp. to form t.; thread tapping form; cut tapping

Gewinde bohren vi <prod> • tap vt

gewindebohren vt <prod> • tap vt

gewindebohrende Schraube f <füg> • self-drilling screw

Gewindebohren kegeliger Gewinde n :V <prod> • taper tapping

Gewindebohrer m <wz> (allg.) • tap; thread-cutting tap; thread tap rare; cutting tap rare; screwing tap rare

Gewindebohrer m <wz> (aus einem Stück) • solid tap

Gewindebohrer m :V <wz> (Gewindebohraufsatz + Halter) • sectional tap

Gewindebohrer m <wz> (Schaft vor Gewindeteil) • pull tap

Gewindebohrer m <wz> (handbetätigt) • tap; hand tap; threading tap US.form; insert tap [bit] US.form

Gewindebohrerauszieher m <wz> • tap extractor; tap disintegrator

Gewindebohrer für Zündkerzen m <kfz.wz> • spark plug insert tap

Gewindebohrerhalter m <wz> • tap holder

Gewindebohrer mit ausgesetzten Gewindegängen/Windungen m <wz> • interrupted-thread tap; interrupted-flute tap

Gewindebohrer mit ausgesetzten Zähnen m DIN EN 25967 <wz> • interrupted-thread tap; interrupted-flute tap

Gewindebohrer mit Führungszapfen m :V <wz> • piloted tap

Gewindebohrer mit geraden Nuten m <wz> • straight-flute tap; straight-fluted tap

Gewindebohrer mit großem Drall m <wz> • fast-spiral-fluted tap

Gewindebohrer mit langem Schaft m <wz> (allg.) • extension tap pract

Gewindebohrer mit nicht durchgehenden Nuten m <wz> • spiral-point-only tap; spiral-pointed-only tap; short-flute spiral-point tap; stub-flute tap rare

Gewindebohrer mit Schälanschnitt m <wz> • spiral-point tap; spiral-pointed tap; gun tap; curling tap rare

Gewindebohrer mit Steigungsangabe in Bruchform m :V <wz> (Inchgewinde) • fractional-size tap; fraction-size tap; fractional-inch tap

Gewindebohrer mit verstellbaren Wechselplatten m :V <wz> • adjustable tap

Gewindebohrernutenfräser m <wz> • tap cutter

Gewindebohrernutmaschine f <wz.masch> • tap fluting machine

Gewindebohrersatz m <wz> • set of taps; tap set; set of hand taps; serial tap set; serial set

Gewindebohrerschleifmaschine f <wz.masch> • tap grinding machine; tap sharpening machine

Gewindebohrfutter n <wz.masch> • tapping chuck

Gewindebohrkopf m <wz> • tapping attachment; tapping head

Gewindebohrmaschine f <wz.masch> • tapping machine; tapper

Gewindebohrspindel f <wz.masch> • tapping spindle

Gewindebohrspitze f :V <wz> • nib tap

Gewindebohrtiefe f <prod> • tapping depth

Gewindebohrung f <füg> (mit Gewinde versehen) • tapped hole; threaded hole; taphole rare; pre-tapped hole rare

Gewindebohrung f <prod> (für nachfolgendes Gewindebohren, -fräsen etc.) • tap hole; tapping hole; taphole rare; tap-size hole rare; tapping-size hole rare

Gewindebolzen m DIN 976 <füg> • stud bolt

Gewindebolzenabschneider m <wz> • bolt clipper

Gewindebuchse f <füg> • threaded bushing; tapped bushing; screw bushing; threaded bush

Gewindebüchse f <füg.rep> • thread insert; thread repair insert; screw-thread insert

Gewindebügelmessschraube f <msr> • thread micrometer; screw-thread micrometer; screw-thread micrometer caliper; screw-thread caliper rare; thread measuring micrometer

Gewinde der Hülse n pf liste <masch> • sleeve thread

Gewindedorn m <masch> • threaded arbor

Gewindedraht m <mus> (Orgel) • threaded wire; tapped-wire; tapped wire; tap wire

Gewindedrahteinsatz m <füg.rep> • wire thread insert (EG); insert coil; Helicoil TM

Gewindedrehen n <prod> • thread turning; single-point thread-turning; lathe threading; single-point lathe-threading; single-point thread-cutting

Gewindedrehmaschine f <wz.masch> • threading lathe; threading machine; thread-cutting lathe; screw-cutting lathe; thread-cutting machine

Gewindedrehmeißel m <wz> • thread-turning tool; single-point threading-tool; lathe-threading tool; screw-cutting tool rare; single-point screw-cutting tool rare

Gewindedrehplatte f <wz> • thread-turning insert

Gewindedrücken n <prod> (Gewindeherstellung) • thread pressing; thread spinning

Gewindedrücken n rar <prod> (Innengewindeherstellung) • form tapping; tapping; cold-form tapping; roll form tapping; thread forming rare

Gewindedrücker m rar <wz> • forming tap; fluteless tap; roll form tap; form tap

Gewindedrückwalze f <wz> (Gewindedrücken) • pressing roller

Gewindedurchgangsbohrung f <masch> • through-hole thread; through-tapped hole

Gewindedurchmesser m <masch> (größter Durchmesser von Innengewinden) • root diameter; major diameter; major thread diameter; nominal thread diameter ISO thrd.

Gewindedurchmesser m <masch> (größter Durchmesser von Außengewinden) • crest diameter (OD); major diameter; outside diameter; nominal thread diameter; major thread diameter

Gewinde einbringen vi Innengwd. <prod> • thread vt

Gewindeeinsatz m <füg.rep> (zur Gewindereparatur; allg., jeder Typ; z. B. Buchse od. Draht) • thread insert; internal thread insert; screw-thread insert; thread repair insert

Gewindeeinsatz m <wz> • threading insert; thread insert; thread-cutting blade; thread-cutting insert

Gewindeeinsatz aus Draht m (EG) DIN 8140 <füg.rep> • wire thread insert (EG); insert coil; Helicoil ^{TM}

Gewindeeinsatzbuchse f <füg> • threaded bushing; tapped bushing; screw bushing; threaded bush

Gewindeeinstechschleifen n <prod> • plunge grinding; plunge-cut grinding; plunge-cut thread-grinding; plunge-type grinding

Gewindeeinstelldorn m <msr> • thread-setting plug [gauge]

Gewindeeinstelllehre f <msr> • thread-setting gauge; screw-setting gauge rare

Gewindeeinstellnormal n <msr> • thread-setting standard; thread master

Gewindeeinstellring m <msr> • thread-setting ring [gauge]

Gewindeende n <füg> • thread end; point style

Gewindeende n <rls> • screwed end fitting; threaded end fitting

Gewinde-Endhülse f <lwl> • threaded end tip

Gewindeentferner m • thread remover

Gewindeerodieren n <prod> • electrical-discharge machining of threads (EDM); electro-discharge machining of threads

Gewindefassung f <füg> (allg.; Bauteil mit Innengewinde zur Aufnahme von Teil mit Außengewinde) • thread mount; screw mount

Gewindefeile f <wz> • thread file; thread restorer [file]; thread restoring file

Gewinde fertigen vi <prod> • thread vt

Gewindefertigung f <prod> • threading; thread production; screw-thread production; thread manufacturing; screw-cutting rare

Gewindefinder m <wz> • thread-chasing dial; threading dial

Gewindeflanke f <masch> • thread flank; flank; thread side rare; face

Gewindeflankendurchmesser m form <masch> (Gewinde) • pitch diameter (PD); effective pitch diameter; effective diameter rare; angle diameter

Gewindeflankenwinkel m <masch> • included thread angle; thread profile angle

Gewindeflankenwinkel m form <masch> (z. B. von Schrauben) • included thread angle; included angle norm; thread angle; angle of thread; profile angle

gewindeförmig <tech.allg> • thread-shaped

Gewindeform n <füg> (Gewindeart) • thread profile; thread form; thread shape; screw-thread profile

Gewindeformen n rar <prod> (Innengewindeherstellung) • form tapping; tapping; cold-form tapping; roll form tapping; thread forming rare

gewindeformende Schraube f <füg> • thread forming screw ISO 7085; thread-rolling screw DIN 7500; thread-forming tapping screw form; thread rolling screw

gewindeformendes Schraubenende n <füg> • end for thread-rolling screw

Gewindeformer m prakt <wz> • forming tap; fluteless tap; roll form tap; form tap

Gewindeformmeißel m <wz> • thread-turning tool; single-point threading-tool; lathe-threading tool; screw-cutting tool rare; single-point screw-cutting tool rare

Gewindefräsbohren n (BGF) <prod> • thrilling pract; thread mill drilling in patent appl.; drill/threadmilling

Gewindefräsbohrer m <wz> • thriller pract; thread milling drill in patent appl.; drill/threadmill; combined drilling and thread-milling tool

Gewindefräsen n <prod> • thread milling

gewindefräsen vt <prod> • thread-mill vt

Gewindefräser m (GF) <wz> • thread-milling cutter; thread milling cutter; thread mill

Gewindefräsmaschine f <wz.masch> • thread-milling machine; thread milling machine; thread miller; thread mill

Gewindefräsplatte f <wz> • thread-milling insert

Gewindefreistich m <masch> • thread undercut; undercut of thread

Gewinde für Gestängerohre n <masch> • thread for drill tubes

Gewinde für Schlauchkupplungen n <masch> • American Standard hose coupling thread ANSI B1.20.7; hose coupling thread

Gewindefurchen n DIN 8583-5 <prod> (Innengewindeherstellung) • form tapping; tapping; cold-form tapping; roll form tapping; thread forming rare

gewindefurchen vt <prod> • tap vt; form-tap vt

gewindefurchende Schraube f DIN EN ISO 7085 <füg> • thread forming screw ISO 7085; thread-rolling screw DIN 7500; thread-forming tapping screw form; thread rolling screw

Gewindefurcher m <wz> • forming tap; fluteless tap; roll form tap; form tap

Gewindefurchschraube f <füg> • thread forming screw ISO 7085; thread-rolling screw DIN 7500; thread-forming tapping screw form; thread rolling screw

Gewindegänge am Anschnitt mpl <masch> • chamfered pitches; lead pitches

Gewindegang m <masch> (über ganzen Gewindeschaft) • thread

Gewindeganglehre f <msr.wz> (in Blättchenform) • thread gauge; screw-pitch gauge; thread-pitch gauge; screw-thread gauge

Gewindegrenzdorn m <msr> • thread-limit plug gauge

Gewindegrenzeinstelldorn m <msr> • thread-setting plug [gauge]

Gewindegrenzlehre f <msr> • thread limit gauge; limit thread gauge; go/no-go thread gauge; double end gauge; screw thread-limit gauge form.rar

Gewindegrund *m* <masch> • thread root; root of thread; root

Gewindegrundbohrung *f rar* <masch> • blind-hole thread; blind tapped hole; bottoming tapped hole; threaded blind hole

Gewindegrund des Profildreiecks *m :V* <masch> • sharp root; root apex

Gewindegrundprofil *n* <masch> • basic profile [of thread]; basic thread profile; basic form

Gewindegüteklasse *f obs* <norm> *(Gewinde)* • tolerance class; class of thread; thread class; thread fit class; class of fit

Gewindegutlehrdorn *m* <msr> • go thread plug gauge

Gewinde-Gutlehrdorn *m DIN 2275* <msr> • GO screw plug gauge

Gewindegutlehre *f* <msr> • go thread gauge; thread acceptance gauge; thread go gauge; thread go-gauge

Gewinde-Gutlehrenkörper *m DIN 2282-1* <msr> • GO screw gauging member *DIN 2282-1*

Gewindegutlehrring *m* <msr> • go thread ring gauge; thread go ring gauge

Gewindegutrachenlehre *f* <msr> • go thread snap gauge

Gewinde herstellen *vi* <prod> • thread *vt*

Gewindeherstellmaschine *f* <wz.masch> • threading machine; screw machine; screwing machine

Gewindeherstellung *f* <prod> • threading; thread production; screw-thread production; thread manufacturing; screw-cutting *rare*

Gewindekamm *m* <msr.wz> *(in Blättchenform)* • thread gauge; screw-pitch gauge; thread-pitch gauge; screw-thread gauge

Gewindekern *m* <masch> • thread core; web of thread; core of thread

Gewindekernausrundung *f form* <masch> *(Gewinde)* • rounded root; radiused root; curved root *rare*

Gewindekernbohren *n* <prod> • tap drilling

Gewindekernbohren *n rar* <prod> *(Gewindeherstellung)* • tap drilling; pretapping

Gewindekerndurchmesser *m* <masch> *(kleinster Durchmesser; bei Innengewinden an den Gewindespitzen)* • crest diameter (I.D.); minor diameter; inside diameter; minor thread diameter *form*

Gewindekerndurchmesser *m* <masch> *(kleinster Durchmesser; bei Außengewinden am Gewindegrund)* • root diameter; minor diameter; minor thread diameter *form*

Gewindekernloch *n* <prod> *(für nachfolgendes Gewindebohren, -fräsen etc.)* • tap hole; tapping hole; taphole *rare*; tap-size hole *rare*; tapping-size hole *rare*

Gewindekernlochbohrer *m* <wz> • tap drill

Gewinde-Kernlochdurchmesser *m* <masch> *(Gewindebohren)* • tap drill size (TDS); tapping drill size; tapping hole size; drill-hole size

Gewindekernradius *m form* <masch> *(Gewinde)* • root radius; thread root radius *form*

Gewindekloben *m* <bau.mat> *(für Fensterläden; mit Maschinenschraubgewinde)* • window shutter hinge anchor bolt *:V*

Gewindekluppe *f* <wz> *(mit auswechselbaren Schneidbacken; für Whitworth-Rohrgewinde)* • screw plate stock; inserted-chaser solid die; screw stock; die stock

Gewindekompensator *m* <rls> • screwed expansion joint

Gewindekopf *m* <qualit.mat> *(Zugversuch)* • screwed specimen end; threaded specimen end

Gewindelänge *f* <füg> *(Schraube)* • thread length

Gewindelänge *f* <kfz.el> *(Zündkerze)* • reach

Gewindelängsschleifen *n* <prod> • traverse thread grinding; thread traverse grinding

Gewindelehrdorn *m* <msr.wz> • thread plug gauge; screw plug gauge *rare*; internal screw gauge *rare*

Gewindelehre *f* <msr.wz> *(in Blättchenform)* • thread gauge; screw-pitch gauge; thread-pitch gauge; screw-thread gauge

Gewindelehrring *m* <msr.wz> • thread ring gauge; screw ring gauge *rare*

Gewindeleitpatrone *f* <wz> • leader

Gewindeloch *n* <füg> *(mit Gewinde versehen)* • tapped hole; threaded hole; taphole *rare*; pre-tapped hole *rare*

Gewindeloch *n* <prod> *(für nachfolgendes Gewindebohren, -fräsen etc.)* • tap hole; tapping hole; taphole *rare*; tap-size hole *rare*; tapping-size hole *rare*

gewindelos <masch> • unthreaded

Gewindelücke *f rar* <masch> • thread root; root of thread; root

Gewinde M10 *n* <masch> • M10 metric thread; M10 thread

Gewinde M12 *n* <mech> • M12 metric thread; M12 thread

Gewindemaschine *f* <wz.masch> • threading machine; screw machine; screwing machine

Gewindemaß *n* <masch> • thread size

Gewindemeißel *m* <wz> • thread-turning tool; single-point threading-tool; lathe-threading tool; screw-cutting tool *rare*; single-point screw-cutting tool *rare*

Gewindemeißellehre *f* <msr> • screw-cutting gauge

Gewindemessdraht *m* <msr> • thread-measuring wire

Gewindemesskugel *f* <msr> • calibrated ball for threads; calibrated steel ball for threads; thread-measuring ball

Gewindemessschraube *f* <msr> • thread micrometer; screw-thread micrometer; screw-thread micrometer caliper; screw-thread caliper *rare*; thread measuring micrometer

Gewindemessschraube *f :V* <msr> *(mit Kugeln)* • ball-point micrometer

Gewinde mit Steigungsangabe in Bruchform *n :V* <masch> • fractional thread

Gewinde mit Übergangstoleranzfeld *n DIN 13-51* <masch> *(Gewindeverbindung ohne Spiel)* • interference-fit thread; Class 5 interference-fit thread *ANSI B1.12*; NC 5 *ANSI B1.12*; interference thread *pract*

Gewinde mit vergrößertem Kernradius *n* <füg.aerospace> *(Kernradius 0.15P bis 0.18P)* • Unified inch screw thread, constant-pitch series (UNJ) *ANSI B1.15*; Unified J form

Gewindemoment *n DIN 65497* <mech> • thread friction torque

Gewindemuffe *f* <füg> • threaded sleeve; screwed coupler

Gewindemundstückplatte *f* <kst.prod> • thread-forming plate *:V*

Gewinden *n rar* <prod> • threading; thread production; screw-thread production; thread manufacturing; screw-cutting *rare*

gewinden *vi rar* <prod> • thread *vt*

Gewindenenndurchmesser *m* <masch> *(größter Durchmesser von Innengewinden)* • root diameter; major diameter; major thread diameter; nominal thread diameter *ISO thrd.*

Gewindenenndurchmesser *m* <masch> *(größter Durchmesser von Außengewinden)* • crest diameter (OD); major diameter; outside diameter; nominal thread diameter; major thread diameter

Gewindenut *f* <füg> • thread groove

Gewindenut *f rar* <wz> *(z. B. in Spiralbohrer)* • flute; clearing groove *rare*; chip room *rare*; chip groove *rare*

Gewindepaarung *f* <füg> • mating threads; thread assembly

Gewindepassung *f* <füg> • thread fit

Gewindepassungssystem n <norm> *(Gewinde)* • tolerance class; class of thread; thread class; thread fit class; class of fit

Gewindepressen n rar <prod> *(Gewindeherstellung)* • thread pressing; thread spinning

Gewindeprofil n <füg> *(Gewindeart)* • thread profile; thread form; thread shape; screw-thread profile

Gewindeprofilrille f <masch> • thread groove; groove

Gewinderachenlehre f <msr> • thread snap gauge; thread caliper gauge *rare*

Gewinderäumen n <prod> • thread broaching; screw broaching

Gewindereibmoment n <mech> • thread friction torque

Gewindereihe f <norm> • thread series

Gewinderille f <masch> • thread groove; groove

Gewinde-Rillenfräser m <wz> • multiple thread-milling cutter; mulitple-tooth cutter

Gewindering m <füg> • ring nut

Gewindering m <kfz> *(Differentialgehäuse)* • threaded flange

Gewindering m <masch> • threaded ring; ring nut

Gewindering m rar <wz> *(Segmentverfahren)* • rotary die

Gewinderingentferner m <wz> • stopper remover

Gewinderinglehre f <msr.wz> • thread ring gauge; screw ring gauge *rare*

Gewinderippe f <tech.allg> *(z. B. Torstahl, Wärmetauscher)* • thread ridge

Gewinderippe f rar <masch> • thread ridge; ridge

Gewinderohr n <rls> • threaded barrel

Gewinderohrverbindung f <rls> • threaded pipe connection; screwed fitting *pract*

Gewinderollautomat m <wz.masch> • automatic thread rolling machine

Gewinderollbacke f <wz.masch> • thread-rolling die; threading die; thread-forming roll; screw die; screwing die

Gewinderolle f <wz> *(Segmentverfahren)* • rotary die

Gewinderolle f <wz.masch> *(in Rollenkäfig im Gewinderollkopf)* • rolling die; rotary rolling die

Gewinderolle f <wz.masch> *(Gewinderollkopf)* • thread roll; attachment thread-roll

Gewinderolle f <wz.masch> • threading roll; cylindrical thread-rolling die; cylindrical die; round thread-rolling die; thread roll die

Gewinderolleinheit f <wz.masch> • thread-rolling head; thread-rolling attachment; thread roll head; rolling head; threading attachment

Gewinderollen n <prod> • cylindrical-die thread-rolling

Gewinderollenrachenlehre f <msr> • thread roll snap gauge; roll-thread snap gauge; thread roll gauge; roller-thread caliper gauge *rar*

Gewinderollen und Segmente pl <wz.masch> • planetary die; planetary thread-rolling die; rotaries and segments

Gewinderollkopf m <wz.masch> • thread-rolling head; thread-rolling attachment; thread roll head; rolling head; threading attachment

Gewinderollkopf mit einer Rolle m :V <wz.masch> • single-roll attachment

Gewinderollkopf mit zwei Rollen m :V <wz.masch> • double-roll attachment; two-roll attachment

Gewinderollmaschine f <wz.masch> • thread-rolling machine; thread rolling machine; thread roller

Gewinderollwalze f <wz.masch> *(in Rollenkäfig im Gewinderollkopf)* • rolling die; rotary rolling die

Gewinderücken m bei Gwd. <masch> *(Gewinde, Zahnrad)* • trailing flank; clearing flank; clearance flank *rare*; following flank *rare*

Gewindesackloch n rar <masch> • blind-hole thread; blind tapped hole; bottoming tapped hole; threaded blind hole

Gewindeschablone f <msr.prod> • thread template

Gewindeschablone f <msr.wz> *(in Blättchenform)* • thread gauge; screw-pitch gauge; thread-pitch gauge; screw-thread gauge

Gewindeschälen n <prod> • thread peeling

gewindeschälen vt <prod> • thread-peel vt; peel vt

Gewindeschälkopf m <wz> • thread-whirling attachment; thread whirler; thread-whirling head; thread-whirling unit

Gewindeschälmaschine f <wz.masch> • thread-whirling machine

Gewindeschälmesser n <wz.masch> • thread-whirling cutter

Gewindeschaft m <füg> *(Schraube)* • threaded shank

Gewindescheibe f <prod> • die

Gewinde-Scheibenfräser m DIN 1893 <wz> • single thread-milling cutter; side milling cutter *rare*

Gewindeschlagfräsen n <prod> • thread whirling; thread peeling *rare*; fly milling *rare*

Gewindeschleifautomat m <wz.masch> • automatic thread grinding machine

Gewindeschleifen n <prod> • thread grinding

gewindeschleifen vt <prod> • thread-grind vt

Gewindeschleifen mit einprofiliger Schleifscheibe n <prod> • single-rib wheel traverse grinding

Gewindeschleifmaschine f <wz.masch> • thread-grinding machine; thread grinder

Gewindeschleifscheibe f <wz> • thread-grinding wheel

Gewindeschneidanzeiger m <wz> • thread-chasing dial; threading dial

Gewindeschneidautomatik f <wz.masch> *(Betriebsart)* • automatic thread cutting

Gewindeschneidautomatik f <wz.masch> *(Einrichtung)* • automatic thread cutting device

Gewindeschneidbacke f <wz> *(in Gewindeschneidkluppe oder Gewindeschneidkopf)* • chaser

Gewindeschneidbacke f <wz> *(zweiteiliges Schneideisen)* • blank

Gewindeschneidbacke f <wz> • thread-cutting chaser; thread chaser; threading chaser; insert chaser; die-head thread chaser

Gewindeschneidbacke f <wz> *(allg.; Gewindeschneiden)* • thread-cutting die; threading die; screwing die; screw plate die

Gewindeschneidbacke mit Gewindesteigung f :V <wz> • helical die

Gewindeschneidbohrer m rar <wz> *(allg.)* • tap; thread-cutting tap; thread tap *rare*; cutting tap *rare*; screwing tap *rare*

Gewindeschneideinheit f <wz> • thread-cutting head; threading attachment; threading head; die head; chasing die head

Gewindeschneideinrichtung f <wz> • thread-cutting head; threading attachment; threading head; die head; chasing die head

Gewindeschneideisen n <wz> *(für Außengewinde)* • thread-cutting die; die *pract*; threading die

Gewindeschneideisen n <wz> *(allg.; Gewindeschneiden)* • thread-cutting die; threading die; screwing die; screw plate die

Gewindeschneiden n <prod> *(mit Schneideisen)* • die threading; die cutting raw

Gewindeschneiden n <prod> *(allg.)* • thread cutting *US*; screw cutting *rare*

Gewinde schneiden vi <prod> • thread vi; cut threads vi

gewindeschneiden vt <prod> *(mit Schneideisen)* • die-thread vt; die-cut vt

gewindeschneidende Schraube f <füg> *(für vorgebohrtes Kernloch; feine Steigung; nicht für Blech)* • thread-cutting screw (TEKS) ISO 1479; thread cutting tapping screw; metallic drive screw; drive screw; tapping screw

Gewindeschneidfräser *m rar* <wz> • thread-milling cutter; thread milling cutter; thread mill

Gewindeschneidfutter *n* <wz.masch> • tapping chuck

Gewindeschneidkluppe *f* <wz> *(mit auswechselbaren Schneidbacken; für Whitworth-Rohrgewinde)* • screw plate stock; inserted-chaser solid die; screw stock; die stock

Gewindeschneidknarre *f* <wz> • ratcheting tap wrench

Gewindeschneidkopf *m* <wz> *(für Außengewinde)* • bolt die head

Gewindeschneidkopf *m* <wz> • threading die head; threading die

Gewindeschneidmaschine *f* <wz.masch> • thread cutting machine; threading machine

Gewindeschneidplatte *f* <wz> • threading insert; thread insert; thread-cutting blade; thread-cutting insert

Gewindeschneidschraube *f DIN 7513/7516* <füg> *(für vorgebohrtes Kernloch; feine Steigung; nicht für Blech)* • thread-cutting screw (TEKS) *ISO 1479*; thread cutting tapping screw; metallic drive screw; drive screw; tapping screw

Gewindeschneidwerkzeug *n* <wz> • thread cutting tool; screw-thread cutting tool

Gewindeschneid[zeug]satz *m* <wz> • tap and die set

Gewindeschraublehre *f obs* <msr> • thread micrometer; screw-thread micrometer; screw-thread micrometer caliper; screw-thread caliper *rare*; thread measuring micrometer

Gewindeschraubmesslehre *f* <msr> • screw-thread caliper

Gewindeschraubmesslehre *f obs* <msr> • thread micrometer; screw-thread micrometer; screw-thread micrometer caliper; screw-thread caliper *rare*; thread measuring micrometer

Gewindeschützer *m* <petr> • thread protector

Gewindesegment *n* <wz> *(Segmentverfahren; Gewindewalzen)* • segment die; segment; segmental die

Gewindesockel *m* <masch> • screw cap

Gewindespindel *f* <masch> • worm gear spindle; threaded spindle; screwed spindle

Gewindespindelbund *m* <masch> • screw flange

Gewindespitze *f* <füg> *(Spitze des Gewindezahns)* • crest; thread crest

Gewindespitze *f* <füg> • thread end; point style

Gewindespitze des Profildreiecks *f :V* <masch> • sharp crest; crest apex

Gewindespitzenspiel *n* <masch> • thread-crest clearance

Gewindespitzenspiel *n form* <masch> *(Gewinde)* • crest clearance; thread-crest clearance *form*; major clearance

Gewindestahl *m CH* <wz> • thread-turning tool; single-point threading-tool; lathe-threading tool; screw-cutting tool *rare*; single-point screw-cutting tool *rare*

Gewindestange *f* <masch> • threaded tree rod; tree rod

Gewindesteg *m* <wz> *(im Ggs. zu Nut)* • land

Gewindesteigung *f* <füg> • lead; flank lead *stand*; pitch; thread pitch

Gewindesteigung *f* <masch> • thread lead

Gewindesteigung *f* <masch> *(Gewinde allg.)* • lead; thread lead

Gewindesteigungswinkel *m form* <masch> *(Gewinde)* • lead angle *norm; pract*; thread lead angle; helix angle *pract*

Gewindestift *m* <füg> • setscrew; wormscrew; headless setcrew *did*; grubscrew

Gewindestift mit Innensechskant *m DIN 913-916* <füg> • hexagon socket setscrew; socket-type setscrew

Gewindestift mit Innensechskant, Schaft und Kegelkuppe *m DIN ISO 1891* <füg> • hexagon socket headless screw with flat chamfered end

Gewindestift mit Innensechskant, Schaft und Ringschneide *m DIN ISO 1891* <füg> • hexagon socket headless screw with cup point

Gewindestift mit Innensechskant, Schaft und Spitze *m DIN ISO 1891* <füg> • hexagon socket headless screw with cone point

Gewindestift mit Innensechskant, Schaft und Zapfen *m DIN ISO 1891* <füg> • hexagon socket headless screw with full dog

Gewindestift mit Schaft *m* <füg> *(Gewindestift)* • headless screw

Gewindestift mit Schlitz *m DIN 926* <füg> • slotted setscrew

Gewindestift mit Schlitz, Schaft und Kegelkuppe *f DIN ISO 1891* <füg> • slotted headless screw with chamfered end

Gewindestift mit Schlitz und Kegelkuppe *m DIN ISO 1891* <füg> • slotted setscrew with flat point

Gewindestift mit Schlitz und Kegelkuppe *m* <füg> • slotted setscrew with chamfered end

Gewindestift mit Schlitz und Ringschneide *m DIN ISO 1891* <füg> • slotted setscrew with cup point

Gewindestopfen *m* <masch> • screw plug

Gewindestrehleinrichtung *f* <wz.masch> • chasing attachment

Gewindestrehlen *n* <prod> • thread chasing; screw chasing *rare*; chasing

gewindestrehlen *vt* <prod> • chase *vt*; thread-chase *vt*

Gewindestrehler *m* <wz> • thread-cutting chaser; thread chaser; threading chaser; insert chaser; die-head thread chaser

Gewindestrehlereinsatz *m mehrprofilig* <wz> • threading insert; thread insert; thread-cutting blade; thread-cutting insert

Gewindestrehlerkopf *m rar* <wz> • thread-cutting head; threading attachment; threading head; die head; chasing die head

Gewindestrehler mit Gewindesteigung *m :V* <wz> • helix chaser

Gewindeteil *m/n* <masch> *(Teil des Werkstücks/Werkstück mit Gewinde)* • threaded portion; threaded part [section]; tapped portion *if tapped*

Gewindeteilung *f prakt* <masch> • thread pitch

Gewindeteilung *f form* <masch> *(Gewinde)* • pitch (P) *pract*; thread pitch; axial pitch *rare*

Gewindetiefe *f* <masch> • depth of thread; thread height; height of thread

Gewindetiefe in Prozent *f :V* <masch> *(im Verhältnis zur Höhe des Profildreiecks)* • percentage of thread; percent of thread; percentage of full thread; thread percentage

Gewindetoleranzklasse *f* <norm> *(Gewinde)* • tolerance class; class of thread; thread class; thread fit class; class of fit

Gewindetragtiefe *f* <masch> • engagement depth; thread overlap; depth of thread engagement; height of thread engagement; depth of engagement

Gewindetülle *f visolux* <msr> • grommet *Siemens, 5/0*

Gewindeuhr *f* <wz> • thread-chasing dial; threading dial

Gewindeumdrehung *f* <füg> • turn

Gewindeverbindung *f* <füg> • threaded joint

Gewindewälzfräsen *n* <prod> • thread hobbing

Gewindewälzfräser *m* <wz> • thread-milling hob

Gewindewalzbacke *f* <wz.masch> • thread-rolling die; threading die; thread-forming roll; screw die; screwing die

Gewindewalze <prod.wz> • thread roll

Gewindewalze *f* <wz.masch> • threading roll; cylindrical thread-rolling die; cylindrical die; round thread-rolling die; thread roll die

Gewindewalze mit Gewindesteigung f :V <wz> • helical die

Gewindewalzen n <prod> • thread rolling; roll threading rare

Gewinde walzen vi <prod> • roll threads vi

gewindewalzen vt <prod> • thread-roll vt

Gewindewalzen mit Flachbacken n <prod> • flat-die thread-rolling; flat-die method; flat-die rolling

Gewindewalzen mit Rundwerkzeugen n <prod> • cylindrical-die thread-rolling

Gewindewalzen mit Segmentwerkzeugen n <prod> • planetary thread-rolling; rotary planetary thread-rolling rare; planetary threading

Gewindewalzkopf m <wz.masch> • thread-rolling head; thread-rolling attachment; thread roll head; rolling head; threading attachment

Gewindewalzmaschine f <wz.masch> • thread-rolling machine; thread rolling machine; thread roller

Gewindewalzmaschine mit Rund- und Segmentwerkzeugen f <wz.masch> • planetary-die machine; planetary-die threader; planetary machine; planetary thread roller / thread-rolling machine; rotary thread-roller

Gewindewalzmaschine mit Rundwerkzeugen f <wz.masch> • cylindrical-die machine; cylindrical-die thread-rolling machine; cylindrical thread-rolling machine; cylindrical machine; round-die machine

Gewindewalzrolle f <wz.masch> • threading roll; cylindrical thread-rolling die; cylindrical die; round thread-rolling die; thread roll die

Gewindewalzstange f rar <wz.masch> (Gewindewalzen) • flat thread-rolling die; flat die; straight die rare

Gewindewarmwalzen n <prod> • hot rolling of screw threads

Gewindewendel f rar <masch> (über ganzen Gewindeschaft) • thread

Gewindewendel f coll <masch> • helix; pl: -ces; helical curve; helical path; thread helix

Gewindewerkzeug n <wz> • threading tool; threading toolbit

Gewindewindung f rar <masch> (über ganzen Gewindeschaft) • thread

Gewindewinkel m obs <masch> (z. B. von Schrauben) • included thread angle; included angle norm; thread angle; angle of thread; profile angle

Gewindewirbeleinrichtung f <wz> • thread-whirling attachment; thread whirler; thread-whirling head; thread-whirling unit

Gewindewirbelkopf m <wz> • thread-whirling attachment; thread whirler; thread-whirling head; thread-whirling unit

Gewindewirbelmaschine f <wz.masch> • thread-whirling machine

Gewindewirbeln n <prod> • thread whirling; thread peeling rare; fly milling rare

Gewindezahn m <masch> • thread ridge; ridge

Gewindezahn m rar <wz> (Gewindefurcher) • lobe; forming lobe; lead-forming lobe

Gewindezapfen m <masch> • threaded journal

Gewinn m <allg> (z. B. finanziell, kaufmännisch, elektronisch) • gain

gewinnbarer Lagerstättenvorrat m <min> • expected tonnage

gewinnen vt <allg> (Zuwachs) • gain vt

gewinnen vt <chem> (extrahieren; z. B. durch Druck, Lösungsmittel etc.) • extract vt

gewinnen vt <min> (ausbeuten; Bodenschätze) • exploit vt

gewinnen vt <min> (z. B. Erz, Kohle) • mine vt; win vt; work vt

gewinnen vt <ökol> (erneut der Nutzung zuführen) • recover vt; regain vt

gewinnen vt <verf> (erhalten; z. B. Metall aus Erz, Medikamente aus Pflanzen) • obtain vt

Gewinnung f <metall> (von Metall aus Erz etc.) • winning; extraction

Gewinnungsbohren n <min> • auger drilling; auger mining

Gewinnungsbohrkopf m <wz> • auger-drill head; auger head

Gewinnungsbohrmaschine f <wz.masch> • auger machine

Gewinnungsbohrung f <petr> • recovery well

Gewinnungsmaschine f <min> • mining machine; miner pract

Gewinnungsplattform f <petr> • production platform

Gewinnungsschicht f <min> (Kohle) • coaling shift; coal shift

Gewinnungsschicht f <min> (allg.) • production shift; winning shift

Gewinnungsstoß m <min> • working face

Gewirk n DIN 62055 <textil> • knitted fabric

Gewitter n <meteo> • thunderstorm

Gewitterelektrizität f <geo.el> • thunderstorm electricity

Gewitterüberspannung f <meteo> • overvoltage of atmospheric origin norm.did; lightning surge pract

gewobbelter Sinus m <av> • warbled sine wave signal; warble tone

gewobene Prothese f <med.tech> • woven vascular graft; woven vascular prosthesis; woven prosthesis; woven graft

gewobener Gefäßersatz m <med.tech> • woven vascular graft; woven vascular replacement rare; woven graft

gewobenes Dacron n <mat> • woven dacron

gewöhnlich <allg> (z. B. Warensortiment, Ausbildungsweg, Beruf, Praxis) • common

gewöhnlich <allg> (allgemein üblich) • standard

gewöhnlich <tech.allg> (im Ggs. zu Hochtechnologie) • conventional

gewöhnlich <tech.allg> (nichts Besonderes) • ordinary

gewöhnlich <math> (z. B. Folge, Punkt, Vieleck) • simple

gewöhnlicher Alkohol m <nahr> • fermentation alcohol

gewöhnlicher Atlas m <textil> • one-needle lap atlas

gewöhnlicher Fernsehbildschirm m <edv> • ordinary TV monitor

gewöhnliches Gespräch n <tele> • ordinary call

gewöhnliche Temperatur f <tech.allg> • ordinary temperature

Gewölbe n <bau> (Deckentyp; z. B. in Kirche) • vault

Gewölbe n <geo.min> • arch; anticline

Gewölbe n <metall> (Schmelzofen etc.) • crown; arch crown; arch roof

Gewölbeanfänger m <bau> (Stein, Block; zw. Säulenplatte und Gewölbebogen) • springer stone; springer block; springer pract

Gewölbebau m <bau> • arched construction

Gewölbebildung f <geo> • doming

Gewölbebildung f <phys> • arch effect

Gewölbefläche f <bau> • sectroid

Gewölbekappe f <bau> • vault cap

Gewölbeleibung f <bau> • intrados

Gewölbepfeilermauer f <bau> • multiple-arch dam

Gewölbereihenmauer f <bau> • multiple-arch dam

Gewölberippe f <bau> • rib

Gewölbescharen fpl • arch rings

Gewölbeschenkel m <bau> • haunch

Gewölbeschlussstein m <bau> • bullhead

Gewölbestaumauer f <hydr> • arch dam

Gewölbestein m <bau> • arch brick; arch stone

Gewölbetheorie f <mech> (Festigkeitslehre, Baustatik) • pressure arch theory; arch theory; dome theory

Gewölbetransformator *m* <el> • buried transformer; subway transformer
gewölbt <tech.allg> *(bogenförmig)* • arched; curved
gewölbt <bau> *(Decke)* • vaulted
gewölbt <kfz> *(Frontscheibe)* • arched
gewölbt <pack> *(konvex od. konkav; z. B. Dosenboden)* • domed
gewölbt <prod> *(konkav, nach innen, vertieft)* • dished
gewölbte Bahn *f* <kfz.wz> *(Karosseriehammer)* • crowned face
gewölbte Federscheibe *f* <füg> • curved spring washer
gewölbte Fläche *f* <edv.doku> *(Darstellung)* • warped surface
gewölbte Hammerbahn *f* <wz> • ball pane
gewölbter Federring *m DIN 128* <füg> • curved spring lock washer; curved split lock washer
gewölbte Ringfläche *f* <energ.sol> • curved segment; curved lens annulus
gewölbter Kesselboden *m* <rls> *(z. B. elliptisch)* • domed end closure
gewölbter Kopf *m* <füg> *(Schraube)* • raised head
gewonnene Daten *npl* <pap> • collected data
gewonnene Proben *fpl* <qualit> • samples collected
gewürfelt <allg> *(z. B. Tuch)* • chequered
gewürfelt <bau> *(Mosaik)* • tesselated
Gewürz *n* <nahr> • spice
gewürzt <nahr> • spiced
gewunden <tech.allg> *(z. B. Feder)* • convolute
gewunden <prod> • coiled
gewundene Struktur *f* <geo> • convolute structure
Gewußt-wie *n ugs* <tech.allg> • know-how
gezackter Rand *m* <prod> *(eher runde Zacken; z. B. Blechrand nach Tiefziehen)* • scallop
Gezähe *n* <min> • miner's tools; miner's tool; working gear
gezahnt <tech.allg> *(eher spitze Zähne; sägeartig)* • serrated
gezahnt <tech.allg> *(allg.; spitze oder stumpfe Zähne)* • toothed
gezahnte Abreißkante *f* <druck> *(für Rollenpapier, z. B. an Tischrechner mit Drucker)* • serrated tear bar
gezeichneter Bindepunkt *m* <textil> • raiser; sinker
Gezeiten *fpl* <geo> • tides; ebb and flood; ebb and flow
Gezeiten-Bore *f* <hydr> • tidal bore
Gezeitenenergie *f* <energ.hydr> • tidal power; tidal energy
Gezeitenenergie *f* <geo.energ> • tidal energy
Gezeitenkraftwerk *n* <energ.hydr> • tidal power station
Gezeitenpegel *m* <geo> • tide gauge
Gezeitenpegelschreiber *m* <msr> • marigraph
Gezeitenreibung *f* <geo> • tidal drag; tidal force *(thsc-ppsc)*
Gezeitenspeicherkraftwerk *n* <energ.hydr> • tidal storage plant
Gezeitenwasserkraft *f* <energ.hydr> • tidal power; tidal energy
gezettelte Webketten *fpl* <textil> • warped ends
gezielt aufbauen *vt* <prod> *(z. B. Kunststoff)* • tailor-make *vt*; tailor *vt*
gezinkt <füg> • dovetailed
gezinktes Brett *n* <füg> • dovetailed board
gezippt *ugs* <edv> *(Dateien; im ZIP-Format)* • compressed; zipped *coll*
gezogen <tech.allg> *(z. B. Blech, Draht, Linie)* • drawn
gezogen <mil> *(Gewehrlauf)* • rifled
gezogener Draht *m* <mat> • drawn wire
gezogener Kristall *m* <mat> • pulled crystal
gezogener Lauf *m* <mil> • rifled barrel
gezogener Transistor *m* <el> • grown-junction transistor
gezogener Übergang *m* <ic> • grown junction
gezogenes Aluminium *n* <mat> • cold formed aluminum

gezogene Schwinge *f* <fz> • trailing link fork
gezontes Format *n* <edv> • zoned format
gezuckert <nahr> • sweetened with sugar
gezuckerte Kondensmilch *f* <nahr> • sweetened condensed milk; sweetened evaporated milk
gezüchtet <bio> • grown
gezündet <licht> • drawn; struck
gezwirnt <textil> • twisted; thrown
GF <wz> • thread-milling cutter; thread milling cutter; thread mill
g-Faktor *m* <phys> • Landé g-factor; splitting factor g
GFAVO <verf> *(SO₂)* • Order Concerning Large Firing Installations
GFI-II-CNG-Umrüstsystem *n* <kfz.mot> • GFI-II-CNG conversion system
GFK <kst> • glass-fiber reinforced plastic (GRP)
GFK-Karosserie *f form* <kfz> • GRP body *form*; glass fibre bodywork *GB*; fiberglass body *US*; fiberglass bodywork *GB*; glass body *coll*
G-Funktion *f* <navig> • preparatory function; G function
Gg <masch> • thread for drill tubes
GGG <mat> *(Kurbelwelle)* • ductile cast iron; nodular cast iron
G-GIT <kst> *(z. B. für Rohre, Schläuche)* • braided-fabric GIT
gg-Kern *m* <nukl> • even-even nucleus
GGL <mat> • grey cast iron *US.GB*; gray cast iron *US*
GGSN-Knoten *m* <tele> *(Übergang ins Internet)* • gateway GPRS support node (GGSN)
GGV <mat> • cast iron with vermicular graphite
GHP <nahr.prod> • Good Manufacturing Practice (GMP)
GHz <phys> *(Frequenzeinheit)* • gigahertz (GHz)
GHz-Doppler *m* <alarm> • microwave motion detector
Gibbs'sche Gesamtheit *f* <phys> • Gibbsian ensemble; ensemble
Gibbs'sche Phasenregel *f* <phys> • Gibbs phase rule
Gibbs'scher Phasenraum *m* <phys> • gamma space
Gibbs'sches Ensemble *n* <phys> • Gibbsian ensemble; ensemble
Gibbs'sches Paradoxon *n* <phys> • Gibbs paradox
Gibbs'sches Phasengesetz *n* <phys> • Gibbs phase rule
Gibbs'sches Potential *n* <therm> • Gibbs' potential; free enthalpy
Gibbs'sche Wärmefunktion *f* <phys> • Gibbs free enthalpy; Gibbs free energy; Gibbs function
Gibbs-Helmholtz'sche Gleichung *f* <therm> • Gibbs-Helmholtz equation
gibbssche Phasenregel *f* <phys> • Gibbs phase rule
gibbsscher Phasenraum *m* <phys> • gamma space
gibbssches Ensemble *n* <phys> • Gibbsian ensemble; ensemble
gibbssches Paradoxon *n* <phys> • Gibbs paradox
gibbssches Phasengesetz *n* <phys> • Gibbs phase rule
gibbssches Potential *n* <therm> • Gibbs' potential; free enthalpy
gibbssche Wärmefunktion *f* <phys> • Gibbs free enthalpy; Gibbs free energy; Gibbs function
Gibrat-Verteilung *f* <math> *(Statistik)* • log-normal distribution; Gibrat distribution
GIBS <navig.org> • GPS information and observation service
Gicht *f* <metall> *(Beschickung für Hochofen)* • charge; burden
Gicht *f* <metall> *(Beschickungsöffnung an Hochofen)* • furnace throat; furnace firing throat; furnace top
Gichtbrücke *f* <metall> *(Hochofen)* • skip bridge
Gichtbühne *f* <metall> *(Hochofen)* • charging platform; charging gallery; charging floor; blast-furnace charging gallery; blast-furnace charging floor

Gichtenfolge f <metall> *(Hochofen)* • cycle of charges
Gichtenzähler m <metall> • furnace filling counter
Gichtfeuer n <metall> *(z. B. Hochofen)* • top flame; fire top
Gichtflamme f <metall> *(z. B. Hochofen)* • top flame; fire top
Gichtgas n <metall> • blast-furnace gas; blast furnace gas; furnace gas
Gichtgasfackel f <metall> *(Brenner)* • excess blast-furnace gas burner; furnace bleeder
Gichtgasfang m <metall> • blast-furnace gas take
Gichtgasleitung f <metall> *(oben an Hochofen)* • blast-furnace gas offtake; gas offtake; rough gas main; offtake *pract*
Gichtgasreinigung f <metall> *(Hochofen)* • blast furnace gas cleaning
Gichtglocke f <metall> *(Hochofen)* • blast-furnace top bell; furnace top bell
Gichthöhe f <metall> *(Hochofen)* • charge stock level; stock level
Gichtkübel m <metall> *(Hochofenbeschickung)* • charging bucket; charging basket
Gichtöffnung f <metall> *(z. B. Hochofen)* • top opening; throat
Gichtpanzer m <metall> • throat armor *US*; throat armour *GB*
Gichtsonde f <metall> *(Hochofen)* • charge level indicator; stock level indicator
Gichtstaub m <mech> • blast-furnace dust; flue dust
Gichtstein m <metall> *(z. B. Hochofen)* • stone rest
Gichttemperatur f <metall> *(z. B. Hochofen)* • top temperature
Gichttrichter m <metall> • furnace top hopper
Gichtverschluss m <metall> *(z. B. Hochofen)* • top closing device; throat stopper *pract*
Giebelanker m <bau> • beam tie
Giebeldach n <bau> • gable roof *US*; saddleback roof *GB*; gable-ended roof; ridged roof
Giebeldreieck n <bau> • tympanum
Giebelgaube f <bau> • pitched-roof dormer
Giebelkante f <bau> • verge
Giebelwand f <bau> • gable end; end wall
Gierachse f <tech.allg> • vertical axis; yaw axis; normal axis
Gierantrieb m <energ.wind> • yaw drive; azimuth drive *rar*
Gierbewegung f <tech.allg> *(z. B. Flugzeug, Roboter, Schiff)* • yaw; yaw motion *rare*; yawing; yawing motion *rare*
Gierdämpfungsregler m <energ.wind> • yaw damper
Gierdreher m <kfz> *(schleuderndes Auto)* • inadvertent yaw motion
Gierdrehung f <fz> • yaw turn
Gierdüse f <aerospace> *(Raumfahrzeug)* • yaw-control nozzle; yaw-control jet
Gieren n <tech.allg> *(z. B. Flugzeug, Roboter, Schiff)* • yaw; yaw motion *rare*; yawing; yawing motion *rare*
gieren vi <fz> *(Drehung um die Hochachse)* • yaw *vi*
Giergeschwindigkeit f <kfz> • yaw velocity
Giermoment n <phys> • yawing moment
Gierstabilität f <tech.allg> *(z. B. Fahrzeug, Roboter, Windrotor)* • yaw stability
Gierwinkel m <tech.allg> *(z. B. Fahrzeug, Roboter, Windrotor)* • yaw angle
Gierwinkel m <energ.wind> *(zwischen Windrichtung und einer horizontalen Rotorachse)* • yaw angle; azimuth angle *rar*
Gierwinkel m <kfz> *(zwischen Fahrzeuglängsachse und tatsächlicher Fahrtrichtung)* • yaw angle; heading angle
Gierwinkelbeschleunigung f <phys> • yaw acceleration

Gierwinkelfehler m <kfz> *(zwischen Fahrzeuglängsachse und tatsächlicher Fahrtrichtung)* • yaw angle; heading angle
Gierwinkelgeschwindigkeit f <kfz> • yaw velocity
Gierwinkelmessgerät n <msr> • yawmeter
Gießaufsatz m <prod> • feeder
gießbar <qualit.mat> *(z. B. Kunststoff)* • pourable; castable
Gießbarkeit f <mat> *(Werkstoffeigenschaft (dünnflüssig, formfüllend))* • castability; pourability
Gießbaum m • gating pattern
Gießbeton m <bau.mat> • chuted concrete
Gießbett n <metall> • pig bed
Gießbett n <verf> • casting bed
Gießbühne f <prod> • pouring platform; teeming platform
Gießen n <prod> *(von Metall, Gips o.ä. in eine Form; Vorgang)* • casting; shaping by casting
Gießen n <prod> *(Schmelzen und Gießen des Werkstoffes in eine Form)* • founding
Gießen n <prod> *(etw. ausgießen)* • pouring; teeming
gießen vt <tech.allg> *(Metall, Kunststoff, Beton in eine Form gießen)* • cast *vt*
gießen vt <bau> *(ausgießen)* • pour *vt*; teem *vt*
gießen vt <prod> *(schmelzen und in eine Form gießen)* • found *vt*
Gießen im Gespann n <prod> • bottom casting; group casting
Gießen in Dauerform n <metall> *(Kokillengießen)* • permanent-mold casting; die casting
Gießen von Lagern n <kfz> *(Motor)* • re-metalling the bearings; white-metalling the bearings
Gießerei f <metall> • casting bay
Gießereiboden m <metall> • foundry floor
Gießereiformsand m <metall> • foundry molding sand; molding sand *pract*
Gießereikoks m <verbr> • foundry coke
Gießereikran m <förd> • foundry crane; casting-bay crane
Gießereiroheisen n <metall> • foundry pig iron; foundry pig
Gießereischlichte f <metall> • foundry coating
Gießereitechnik f <metall> *(betont: Schmelzen und Gießen)* • foundry technology
Gießfehler m <metall> • casting defect; casting flaw
Gießfleck m <silik> • casting stain; flashing
Gießfolge f <metall> • casting sequence
Gießfolie f <kst> *(dünn)* • cast film
Gießfolie f <kst> *(dick)* • cast sheet
Gießform f <metall> *(allg., z. B. aus Sand)* • casting mold; mold
Gießform f <metall> *(Material geschmolzen)* • foundry mold; mold
Gießgrube f <metall> *(allg.)* • casting pit
Gießgrube f <metall> *(Material geschmolzen)* • foundry pit
Gießhalle f <metall> • casting bay
Gießhals m <metall> • melting pot throat
Gießharz n <kst> • casting resin
Gießkarussell n <metall> • rotary casting machine
Gießkelle f <metall> • casting ladle
Gießkern m <metall> • core
Gießkessel m <metall> • melting pot
Gießkopf m <prod> • feeder head
Gießkran m <metall> • ladle crane
Gießlackieren n <obfl> • curtain coating *ISO 4618-3*
Gießling m <metall> *(gegossenes Werkstück)* • casting
Gießlöffel m <metall> • casting ladle
Gießmaschine f <metall> • casting machine
Gießmundstück n <metall> • casting-chamber inlet
Gießpfanne f <metall> • casting ladle; pouring ladle; tilting hopper
Gießpfannenauskleidung f <metall> • ladle lining
Gießpfannenführung f <metall> • ladle guide

Gießpfannengabel f <metall> • ladle shank
Gießpfannengehänge n <metall> • ladle bail
Gießpfannenpfropfen m <metall> • ladle plug
Gießpfannenschnauze f <metall> • ladle lip
Gießpfannentiegel m <metall> • ladle bowl
Gießpfannenwagen m <metall> • ladle truck; ladle car; ladle barrow
Gießrinne f <metall> • casting gutter
Gießschlicker m <metall> • castable slip
Gießschmelzschweißen n <füg> (typ. Thermitschweißen) • cast welding
Gießschweißen n <füg> (typ. Thermitschweißen) • cast welding
Gießschweißen n <rep> • weld-casting
Gießstoff m <füg> • potting compound; encapsulating compound
Gießtrichter m <metall> • runner gate; ingate; center riser
Gießtrichteransatz m <metall> • sprue
Gießtümpel m <metall> • runner basin; pouring basin
Gießverfahren n <metall> (Methode; z. B. Druckguss, Schleuderguss) • casting method
Gießvorgang m <metall> • casting process
Gießwagen m <metall> • casting car; casting buggy
Gießwalzen n <metall> • cast rolling
Gießwanne f <metall> • tundish
GIF <edv> • Graphics Interchange Format (GIF)
GIF-Format n <edv> • Graphics Interchange Format (GIF)
Gift n <chem> • poison; toxicant
Giftgas n <allg> • poison gas; poisonous gas
giftig <chem.med> • toxic; poisonous GB
giftiger Festmüll m <ents> • solid toxic waste
giftige Wetter pl <min> • toxious air; ill air; white damp; damp
Giftigkeit f <bio> • toxicity
Giftmüll m <ents> • toxic waste; poisonous waste GB
Giftmüllentsorgungsanlage f <ents> • toxic waste disposal plant
Giftstoff m <chem.bio> • toxic substance; toxic agent; toxicant; toxin
Giftstoff m <ökol> • contaminant
Giftsumach m <bio> • poison ivy; rhus toxidendron
Giga... (G) <phys.msr> (SI-Vorsilbe; z. B. Gigawatt = 10^9 Watt) • giga (G)
Gigabyte n (GB) <edv> (1 Gigabyte = 2^{30} = 1 073 741 824 bytes) • gigabyte (GB); GByte; Gbyte
Gigadisc f <edv> • Gigadisc Alcatel Thomson
Gigahertz n (GHz) <phys> (Frequenzeinheit) • gigahertz (GHz)
Gigahöchstintegration f <edv> • gigascale integration
gigantischer Magnetowiderstand m VDI <edv> • giant magnetoresistance (GMR)
GIL <el> • gas-insulated conductor
Gillfeld n <textil> • set of gills; set of fallers
Gillspinnmaschine f <textil> • gill
Gillstab m <textil> • gill bar; faller
Gillungsheck n <nav> • counter stern
GIL-Rohr n <el> • gas-insulated conductor tube :V
GIL-Technik f <el> (Weiterentwicklung der SF6-Rohrleitertechnik) • gas-insulated conductor technology :V
Giorgi'sches Einheitensystem n obs <phys> (Meter, Kilogramm, Sekunde, Ampere; vgl. SI) • Giorgi system of units obs; meter-kilogram-second-ampere system US.did; metre-kilogram-second-ampere system GB.di; Giorgi system; MKSA system pract
giorgisches Einheitensystem n <phys> (Meter, Kilogramm, Sekunde, Ampere; vgl. SI) • Giorgi system of units obs; meter-kilogram-second-ampere system US.did; metre-kilogram-second-ampere system GB.di; Giorgi system; MKSA system pract

Gipfelhöhe f <aerospace> • absolute ceiling
Gipfelhöhe der Flugbahn f <aerospace> • trajectory peak; vertex height
Gipfelpunkt m <allg> (Verlauf, Entwicklung) • peak point
Gipfelpunkt m <tech.allg> (Kurve, Schaubild) • peak
Gipfelpunkt m <aerospace> • apex of trajectory; vertex of trajectory
Gipfelspannung f <el> • peak point voltage
Gipfelstrom m <el> • peak point current
Gipfelverschleiß m <wz> • top wear
Gipfelwert m <math> (Verteilung) • modal value; mode
Gips m <bau.mat> • dry plaster; plaster of Paris
Gips m ugs <chem> ($CaSO_4 \times 2\, H_2O$) • calcium sulfate dihydrate; selenite; gypsum coll
Gips m <min> ($CaSO_4 \times 2\, H_2O$) • gypsum; selenite
Gipsbauplattenindustrie f <bau.prod> (Nutzung von Abfallprodukten der Rauchgasentschwefelung) • wallboard industry
Gipsbecher m <bau> • rubber box
gipsen vt <bau> • plaster vt
gipsen vt <nahr> (Brauwasser, mit $CaSO_4$) • Burtonize vt
Gipserbeil n <bau.wz> • drywall hammer; Estwing hammer ^{TM}GB
Gipserhammer m <bau.wz> • drywall hammer; Estwing hammer ^{TM}GB
Gipsestrich m <bau> • plaster floor
Gipsfaserplatte f <bau.mat> • gypsum fiber board US; gypsum fibre board GB
Gipsform f <bau> • plaster mold
gipsfreie Spachtelmasse f <bau.mat> • drying-type compound
gipshaltig <mat> • gypseous; gypsiferous
gipshaltige Spachtelmasse f <bau.mat> • gypsum based drywall adhesive
Gipskarton-Bauplatte f (GKB) <bau.mat> • standard wallboard; regular wallboard
Gipskarton-Feuerschutzplatte f (GKF) <bau.mat> • type-X gypsum board US; Firecheck wallboard GB; FIRECODE core board US
Gipskarton-Kompaktplatte f <bau.mat> • robust gypsum board
Gipskarton-Lochplatte f <bau.mat> • perforated gypsum board
Gipskartonmesser n <bau.innen.wz> (Spezialmesser zur Bearbeitung von Gipskarton-Platten) • utility knife; board knife; Stanley knife TM
Gipskartonplatte f (GK) <bau.mat> • wallboard US; gypsum board GB; plasterboard; gypboard; drywall US
Gipskarton-Putzträgerplatte f (GKP) <bau.mat> • gypsum lath
Gipskarton-Schlitzplatte f <bau.mat> • slotted gypsum board
Gipskarton-Verbundplatte f <bau.mat> • thermal board; thermal check board
Gipskern f <bau.mat> • gypsum core
Gipsmodellplatte f <bau.mat> • plaster match-plate; plaster casting match-plate
Gipsmörtel m <bau.mat> • gypsum mortar; staff
Gipsputz m <bau.mat> • anhydrous plaster; gypsum plaster; stucco
Gipsschablone f <bau.wz> • plaster pattern
Gipsslurry n <chem.verf> (Entschwefelung) • scrubbing slurry
Girlandenrolle f <förd> (Gurtbandförderer) • flexible-shaft troughing roll
Girod-Ofen m <metall> • Girod furnace
GIS <navig> • Geographic Information System (GIS)
GIS-Datenerfassungsgerät n <navig> • GIS datalogger
Gispe f <silik> • seed

gispig <silik> • seedy
Gissung f <navig> (Schiffahrt) • dead reckoning
GIT <kst> (Spritzgießsonderverfahren) • gas injection technique (GIT)
Gitarrensynthesizer m <edv.av> • guitar synthesizer
Gitter n <tech.allg> (Rost) • grate; grating
Gitter n <tech.allg> (z. B. als Lufteinlass, vor Lautsprechern etc.) • grille
Gitter n <tech.allg> (z. B. in Landkarten) • grid
Gitter n <tech.allg> • grid
Gitter n <bau> • trellis; lattice
Gitter n <edv> (gitterförmig) • grid; raster
Gitter n <el> • grid
Gitter n <kfz.el> (allg. und bei wartungsfreien Batterien) • grid; plate grid
Gitter n <mat> (innere Struktur) • lattice; crystal lattice
Gitter n <metall> • checker chamber; chequer chamber; checkers
Gitter n <msr> (DMS) • measuring grid; grid
Gitter n <opt> • diffraction grating; grating
Gitterableitung f <el> (Leckstrom; unerwünscht) • grid leak
Gitterableitwiderstand m <el> • grid leak resistance
Gitterabschirmhaube f <el> • grid shielding can
Gitterabsorption f <phys> • lattice absorption
Gitterabstand m <edv> (Raster) • grid spacing
Gitterabstand m <mat> (Kristallgefüge) • lattice spacing; lattice distance
Gitteralarmrelais n <el> • alarm relay of grid potential
Gitter-Anoden-Kapazität f <el> • grid-anode capacity; grid-anode capacitance
Gitteranordnung f <tech.allg> (z. B. im Kristall) • lattice arrangement
Gitteranschluss m <el> (Röhre) • grid clip; grid cap
Gitter ansteuern vi <el> (Elektronenröhre) • drive the grid vi
gitterartig <tech.allg> • latticed pf liste
Gitteraudion n <el> • grid leak detector
Gitteraufbau m <mat> (Kristallgefüge) • lattice structure
Gitteraufstellung f <opt> (Resultat) • grating mount
Gitteraufstellung f <opt> (Vorgang) • grating mounting
Gitteraufweitung f <mat> • lattice expansion
Gitterausleger m <förd> (Kran) • lattice boom
Gitteraussteuerung f <el> • grid swing
Gitteraussteuerungsbereich m <el> • grid sweep
Gitterbalken m <bau> (Fachwerkbinder) • lattice truss; lattice girder; lattice beam
Gitterbasisschaltung f <el> • grounded-grid circuit
Gitterbasisverstärker m <el> • grounded-grid amplifier
Gitterbatterie f <el> • grid-bias battery; bias cell; C-battery
Gitterbau m <mat> • lattice structure
Gitterbaufehler m <qualit.mat> • lattice defect
Gitterbehälter m <logist> • welded wire container US; wire box US; mesh box GB
Gitterbestrahlung f <med> • grid therapy
Gitterbindung f <el> • lattice bond
Gitterblock m <mat> • unit block; mosaic block
Gitterblockierung f <el> • grid blocking; grid cut-off
Gitterblockierung f <tele> • wipe-out
Gitterblockkondensator m <el> • grid-blocking capacitor
Gitterboxauflage f <logist> (Palettenregal) • skid supporting member; skid support; pallet foot support
Gitterboxpalette f <logist> • mesh boxpallet; cage pallet pract; pallet with wire sides; barred box pallet
Gitterbrumm m <el> • grid hum
Gitter-Centern-Kapazität f <el> • grid-cathode capacity; grid-cathode capacitance
Gitterdämpfungswiderstand m <el> • grid resistor
Gitterdeformation f <el> • strain

Gitterdehnung f <mat> • lattice expansion
Gitterdynamik f <phys> • lattice dynamics
Gitterebene f <tech.allg> (z. B. Kristall, Fachwerk) • lattice plane
Gitterebene f <phys> (z. B. Kristall) • atomic plane
Gittereffekt m <verf> (Abscheider, Filter) • interception [effect]; sieving effect coll
Gittereinschlussverbindungen fpl <chem> • lattice inclusion compounds
Gitterelektrode f <el> • grid electrode
Gitteremission f <el> • grid emission
Gitterenergie f <phys> • lattice energy
Gitterfehler m <qualit.mat> • lattice imperfection; lattice defect; crystal defect; lattice disorder
Gitterfehlstelle f <qualit.mat> • lattice vacancy; lattice imperfection
Gitterfilter m <el> • lattice filter
Gitter-Filter n <phot> • cross-screen filter
Gitterfläche f <opt> • ruled surface
gitterförmig • cancelled
gitterförmig <allg> • marked with crossing lines
gitterförmig <tech.allg> • latticed pf liste
gitterförmiges Krählwerk n <verf.hydr> • picket-fence sludge rake
Gitterfurche f <opt> • grating groove; ruled groove
Gittergeister mpl <phys> • ghost lines; ghosts
gittergesteuert • grid-controlled
gittergesteuerte Glimmröhre f <el> • grid glow tube
Gittergleichrichter m <el> • grid rectifier; grid detector
Gittergleichrichtung f <el> • grid rectification
Gittergleichspannung f <el> • direct grid voltage; DC grid voltage
Gitterherstellung f • grating ruling
Gitterinterferometer n <astron> • grating interferometer
Gitterkappe f <av> (Mikrophon) • screen cap
Gitterkappe f <el> • grid cap; grid clip; top cap
Gitterkennlinie f • grid characteristic
Gitterkennlinienschar f • grid family
Gitterkondensator m <el> • grid capacitor
Gitterkonstante f <mat> • lattice constant
Gitterkonstante f <opt> • grating constant
Gitterkonstruktion f <bau> • lattice-type construction
Gitterkoordinaten fpl <tech.allg> • grid coordinates
Gitterkopie f <opt> • replica grating
Gitterkorb m <logist> • grate-type concave
Gitterkreiskondensator m <el> • grid circuit capacitor
Gitterleerstelle f <qualit.mat> (im Kristallgitter) • lattice vacancy; vacant lattice site; vacant site; vacancy
Gitterlücke f <qualit.mat> (im Kristallgitter) • lattice vacancy; vacant lattice site; vacant site; vacancy
Gittermaske f • grid mask
Gittermaskenröhre f <av> • chromatron
Gittermast m <bau> (i.a. Stahlbau) • lattice mast
Gittermast m <bau> (z. B. Hochspannungsleitung, Sender) • steel tower; lattice tower; pylon
Gittermast m <energ.wind> • lattice tower; truss tower
Gittermastleitung f <el> • tower line
Gittermauerwerk n <bau> • checker brickwork; checkerwork of refractory bricks; chequer brickwork; checkerwork
Gittermikrophon n <akust> • grille-type microphone
Gittermodell n <edv> (im 3D-Grafikprogramm; CAD) • wire-frame model; mesh object; wire model
Gittermodulation f <phys> • grid modulation
Gittermonochromator m <opt> • grating monochromator
Gittermustergenerator m <av> • grating generator
Gitternetz n <tech.allg> (z. B. in Landkarten) • grid
Gitternetz n <edv> (CAD, Grafik) • snap grid; grid; snap
Gitternetz n <opt> (Visier) • graticule
Gitterordnung f <tech.allg> • lattice arrangement

Gitterordnung f <opt> • diffraction order

Gitterplatte f <bau.innen> • grille-type board :V

Gitterplatte f <el> • grid plate

Gitterplatte f <phot> • reseau

Gitterplattenbatterie f <energ.sol> • pasted plate battery

Gitterplatz m <mat> • lattice position; lattice site

Gitterpolarisation f <phys> • lattice polarization

Gitterpotential n <el> • grid potential; grid voltage

Gitterpotential n <mat> • lattice potential; lattice energy

Gitterpulsmodulation f <phys> • grid pulse modulation

Gitterpunkt m <edv> (im Fangraster) • grid point

Gitterrad n (Traktor) • cage wheel

Gitterrahmen m <nfz> (z. B. Autobus) • space frame; lattice frame

Gitterraum m <el> • field-grid space

Gitterraum m <metall> • checker chamber; chequer chamber

Gitterrauschwiderstand m <phys> • grid-noise resistance

Gitterregal n <logist> (für die Lagerung von Langgut, z. B. von Rohren, Stangen) • honeycomb racking; honeycomb rack; pigeon hole racking; pigeon hole rack

Gitterrohrrahmen m <fz> • space frame

Gitterrohrrahmen m <nfz> (z. B. Autobus) • space frame; lattice frame

Gitterrost m <tech.allg> (z. B. Stahlbau, Feuerung) • grate

Gitterrost m <tech.allg> • filter case divider

Gitterrost m <verf> • plastic grate; undergravel plate; filter plate

Gitterrostboden m <ents> • grid tray

Gitterrostboden m <verf> (Destillation) • turbogrid plate; turbogrid tray

Gitterrückleitung f <el> • grid return

Gitterrückstrom m <el> • reverse grid current; inverse grid current; negative grid current; return grid current

Gitterrumpf m <aerospace> • truss fuselage

Gitterschnittprüfung f DIN EN ISO 2409 <obfl.qualit> • cross-cut test ISO 2409

Gitterschott n <nav> • lattice bulkhead

Gitterschwingung f <mat> • lattice vibration

Gitterspannung f <el> • grid voltage

Gitterspannungsschwankung f <el> • grid voltage swing

Gitterspeichenrad n <kfz> • cross-spokes alloy wheel

Gitterspektrograph m <msr> • grating spectrograph

Gitterspektroskop n <phys> • diffraction spectroscope; grating spectroscopy

Gitterspektrum n <phys> • diffraction spectrum; grating spectrum

Gittersperrkreis m <el> • grid stopper

Gittersperrspannung f <el> • cut-off bias; cut-off voltage; grid bias; black-out point

Gittersperrung f • grid extinguishing

Gittersperrung f <el> (Stromrichter) • arc suppression

Gitterspule f <el> • grid choke

Gittersteg m <el> • grid support

Gitterstein m <bau> • checker brick; chequer brick

Gitterstelle f <mat> • lattice position; lattice site

Gittersteuerleistung f <el> • grid-driving power

Gittersteuerung f <el> • grid control

Gitterstörstelle f <el> • lattice impurity

Gitterstörung f <qualit.mat> • lattice imperfection; lattice defect; crystal defect; lattice disorder

Gitterstreuung f <el> • lattice scattering

Gitterstrich m <opt> • grating ruling; grating line

Gitterstrom m <el> • grid current

Gitterstromaussteuerung f <el> • grid current swing

Gitterstrombegrenzung f <el> • grid current limiting

Gitterstromeinsatzpunkt m <el> • grid current point

Gitterstrom-Gitterspannungs-Kennlinie f <el> • grid characteristic

Gitterstromgleichrichter m <el> • power grid detector

Gitterstromkreis m <el> • grid circuit

Gitterstruktur f <el> (z. B. von Solarzellen) • grid pattern

Gitterstruktur f <mat> (Kristallgefüge) • lattice structure

Gitterstütze f <bau> • latticed column

Gitterteilung f <tech.allg> • grating dividing; grating ruling

Gitterteilungsmaschine f <prod> • grating dividing engine; grating ruling engine; linear ruling engine; ruling engine

Gitterträger m <bau> (als Deckentragwerk) • bar joist

Gittertragwerk n <tech.allg> (typ. aus Holz od. Stahl; z. B. Brücke, Mast, Fahrzeug) • truss structure; lattice structure; latticed structure

Gittertransformator m <el> • grid transformer

Gitterturm m <energ.wind> • lattice tower; truss tower

Gitterübergang m <ic> (Halbleiter) • lattice transition

Gitterverkleidung f <tech.allg> • grille cloth

Gitterverkleidung f form, popw <logist> • mesh panel pract

Gitterverriegelung f <el> • grid blocking

Gitterverschiebespannung f <el> • biasing grid voltage

Gitterverzerrung f <qualit.mat> • lattice distortion

Gittervorspannung f <el> • grid bias voltage; grid bias

Gitterwand f prakt, popw <logist> • mesh panel pract

Gitterwandler m <el> (Wellenformwandler) • grating converter

Gitterwechselspannung f <el> • alternating grid voltage

Gitterwerk n <tech.allg> • grating

Gitterwerk n <bau> • framework

Gitterwiderstand m <el> • grid resistor

Gitterwirkung f <verf> (Abscheider, Filter) • interception [effect]; sieving effect coll

Gitterzelle f <mat> (Kristallgitter) • lattice cell

Gitterzündspannung f <el> • critical grid voltage

Gitterzündstrom m <el> • critical grid current

Give-away n <werb> • give-away; give away

GK <bau.mat> • wallboard US; gypsum board GB; plasterboard; gypboard; drywall US

G-KAT <kfz.emiss> • computer controlled catalytic converter [system]; feedback catalytic converter pract; catalytic converter with oxygen sensor did; catalytic converter with lambda control [system] thsc; C-4 system GM

GKB <bau.mat> • standard wallboard; regular wallboard

GKBi <bau.mat> • moisture resistant wallboard (MR); water resistant wallboard

GKE <el.chem> • saturated calomel electrode (SCE)

GKF <bau.mat> • type-X gypsum board US; Firecheck wallboard GB; FIRECODE core board US

GKFi <bau.mat> • water resistant fire check board GB; moisture resistant fire check board GB; FIRECODE water resistant core board USG

GK-Lochplatte f <bau.mat> • perforated gypsum board

GKP <bau.mat> • gypsum lath

GK-Platte f prakt <bau.mat> • wallboard US; gypsum board GB; plasterboard; gypboard; drywall US

GKS <edv> • graphical kernel system (GKS)

GKS-3D <edv> • Graphical Kernel System for Three Dimensions (GKS-3D) stand

GKS-3D-Bilddatei f DIN 8805 <edv> • GKS-3D-Metafile (GKSM) ISO 8805

GK-Schlitzplatte f prakt <bau.mat> • slotted gypsum board

GK-Verbundplatte f prakt <bau.mat> • thermal board; thermal check board

Glacégarn n veraltet <textil> • glacé thread dated

Glacéleder n <led> • glacé kid

Glacépapier n <pap> • enamel paper; glossy paper

Glänzbad n <obfl> *(Tauchvorgang)* • brightening bath
Glänzbad n <obfl> *(Behälter)* • brightening bath; brightening tank
Glänzen n <obfl> • brightening; surface brightening
Glänzen n <textil> *(Ausrüstung)* • polishing
glänzen vi <obfl> • shine vi
glänzen vi <obfl> *(feucht; z. B. Wasseroberfläche)* • glisten vi
glänzen vt <obfl> *(eine glänzende Oberfläche erzeugen)* • brighten vt
glänzen vt <textil> *(Ausrüstung)* • polish vt
glänzend <obfl> • brilliant
glänzend <obfl> *(z. B. Papieroberfläche)* • glossy; shiny
glänzend <obfl> *(Oberfläche)* • specular adj; shiny adj; glossy adj
glänzend <obfl.qualit> • bright; lustrous
glänzend <textil> *(nachträglich geglänzt)* • glazy
glänzend <textil> *(natürlich; nachträglich geglänzt)* • lustrous; shiny; glossy
glänzig <obfl> • glazed
Glänzmittel n <obfl> • brightening agent; brightener
Gläserbürste f <wz> • beaker brush; jar brush
Glättbalken m <bau.wz> • screeding beam; screeding board
Glättbohle f <bau.wz> *(Betonfertigung)* • compacting beam
Glättbohle f <bau.wz> • smoothing beam; smoothing board; finishing screed
Glättbrett n <bau> • float
Glättdornstange f <metall> *(z. B. Rohrherstellung)* • reeling mandrel rod
Glätte f <druck> *(von Papier)* • smooth surface; smoothness
Glätte f <obfl> *(glänzend)* • glaze
Glätte f <obfl> *(ebene Beschaffenheit; meist erwünscht)* • smoothness
Glätte f <obfl> *(unerwünschte Rutschigkeit; z. B. nasser Fußboden)* • slipperiness
Glätte f <verk> *(Straßenzustand; z. B. durch Regen, Schnee, Eis, Matsch)* • slippery road conditions; skidding conditions
Glätteisen n <kfz.wz> • surface spoon; turret top spoon US
Glätten n <kfz.rep> *(Blech, Dellen)* • dinging; ding work pract; leveling out
glätten vt <tech.allg> *(Konturen, Formen; z. B. stromlinienförmig)* • slick vt; sleek vt
glätten vt <tech.allg> *(Unebenheiten, Gelände)* • level vt; level out vt; even vt; even out vt
glätten vt <bau> *(Estrich)* • float vt; finish-smooth vt
glätten vt <bau> *(mit Glättkelle)* • trowel vt
glätten vt ugs. <edv> • render vt; smoothen vt; shade vt
glätten vt <el> *(Wellenform)* • smooth vt
glätten vt <fz> *(Karosserieform, Cw-Optimierung)* • streamline vt
glätten vt <kfz> *(Blechbearbeitung, allg.)* • level out vt
glätten vt <led> • satin vt
glätten vt <obfl> • glaze vt; enamel vt
glätten vt <obfl> *(polieren)* • polish vt
glätten vt <obfl> *(weich, sanft)* • smooth vt
glätten vt <pap> • calender vt
glätten vt <prod> *(ebnen)* • even vt; flatten vt; level vt
glätten vt <prod> *(oberflächenbündig machen, versenken)* • flush vt
glättende Presse f <prod> • offset press; smoothing press
Glätten von Treppchenstrukturen f <edv> • antialiasing
Glätteprüfer m <obfl> *(z. B. für Papier)* • smoothness tester

Glätteprüfgerät n <obfl> *(z. B. für Papier)* • smoothness tester
Glättfilz m <wz> • glazing felt
Glättholz n <kfz.wz> • solder paddle; lead paddle; leading paddle; wooden paddle coll
Glättkalander m <textil> • glazing calender
Glättkelle f <bau.wz> *(zum Verstreichen von Gips, Putz etc.)* • finishing trowel; smoothing trowel
Glättmaschine f <kfz.wz> *(zum Treiben langer, schwachgewölbter Bleche)* • raising and wheeling machine US; wheeling machine; English wheel US; English roller US
Glättmaschine f <textil> • pouncing machine
Glättpresse f <pap> • smoothing press
Glättrad n <wz> • burnishing gear
Glättrolle f <metall> • planishing roll
Glättscheibe f <bau> *(elektr.)* • power trowel
Glättspachtel f <bau.wz> *(zum Verstreichen von Gips, Putz etc.)* • finishing trowel; smoothing trowel
Glättspachtel m <kfz.rep> • putty US; glazing putty US; spot putty; stopper GB; knifing stopper GB
Glättspachtel m <wz> *(gerade, scharfe Kante; z. B. für Kfz-Anwendungen)* • putty knife US; putty scraper US; filling knife GB
Glättstich m <metall> • planishing pass
Glättungsdrossel f <el> • smoothing choke; ripple filter choke
Glättungsfilter n <el> • smoothing filter element; smoothing filter
Glättungskondensator m <el> • smoothing capacitor
Glättungskreis m <el> • smoothing circuit
Glättungsschaltung f <el> • smoothing circuit; stabilizing circuit
Glättungsschattierung f <edv> • smooth shading
Glättungstiefe f <obfl> • peak-to-mean-line height
Glättungswiderstand m <el> • smoothing resistance
Glättwalze f <wz> • smoothing roll
Glättwalzen n <prod> • roller burnishing
Glättwerkzeug n <wz> • slicker
Glättzahn m <wz> • burnishing tooth
Glättzahneinsatz m <wz> • burnishing shell
Glanz m <obfl> *(aus der Tiefe kommend, intensiv)* • luster US; lustre GB; sheen; shine; gloss
Glanz m <obfl> • brilliance
Glanz m <obfl> *(Oberflächenmerkmal, z. B. definiertes Atttribut bei Computergrafik)* • brightness; shininess
Glanz m <textil> *(von Fasern, Geweben etc.)* • brightness
Glanzabzug m <phot> • glossy print
Glanzappretur f <textil> • glazed finish
Glanzausrüstung f <textil> • glossing; sateen finishing
Glanzausrüstungsmittel n <textil> • lustring agent
Glanzbad n <obfl> • bright plating solution; bright plating bath
Glanzbildner m <obfl> • brightening agent; brightening additive; brightener
Glanzbraunkohle f rar <min> *(schwarzglänzende, spröde, bituminöse Kohle)* • bituminous lignite; pitch coal pract; black lignite
Glanzbrenne f <metall> *(zur Entfernung von Metalloxiden, bes. in Kupferlegierungen)* • bright dip
Glanzcadmiumbad n <obfl> • bright cadmium plating solution; bright cadmium plating bath
Glanzchrom n <mat> • bright chrome; bright chromium; hard chrome
Glanzdraht m <mat> • glazed wire
Glanzdruckfarbe f <druck> • gloss ink
Glanzeloxieren n <verf> • anode brightening
Glanzfaser f <textil> • glaze fiber US; glaze fibre GB
Glanzfilm m <obfl> • glossy film
Glanzfirnis m <obfl> • gloss varnish

Glanzfläche f <verbr> (Briketts) • smooth surface
Glanzfleckenbildung f <obfl.qualit> (Lackfehler) • silking
Glanzfolie f <kst> • glossy film
Glanzfolie f <metall> • glossy foil
Glanzfolienkaschierung f <phot> (z. B. von aufgezogenen Bildern, Postern) • glossy film lamination
Glanzgarn n <textil> • glazed thread
glanzhell <nahr> (Wein) • brilliant
Glanzkalander m <textil> • glazing calender
glanzklar <nahr> (Wein) • brilliant
Glanzlack m <obfl> • gloss varnish
Glanzlackierung f <obfl> • highgloss finish; glossy film
Glanzlicht n <kunst> (hellste Fläche, Lichtakzent; in Bildern allg.; z. B. Fotos, Gemälde) • highlight; accent light
glanzlos <obfl> (als Defekt; z. B. Lack) • dull; dead coll; lusterless US; lacking luster US; lustreless GB
glanzlose Oberfläche f <obfl.holz> • tired surface
Glanzmesser m <msr.obfl> (z. B. für Lackierungen) • gloss meter; glarimeter; glossmeter
Glanzmetall n <mat> • liquid-bright metal
Glanznickel n <mat> • bright nickel; brilliant nickel
Glanznickelbad n <obfl> • bright nickel plating solution; bright nickel plating bath
Glanzpapier n <pap> • glossy paper; glazed paper
Glanzpressen n <obfl> • glossing
Glanzschieberegler m <edv> • shininess slider
Glanzstellen fpl <pap> • burn streaks
Glanzstellenbildung f <pap> • burnishment
Glanzstoßmaschine f <led> • glazing machine
Glanzüberdrucklack m <obfl> • glossy overprinting varnish
Glanzverchromen n <obfl> • decorative chromium plating; bright chromium plating
Glanzweiß n <kunst> • glossy white; satin white
Glanzwinkel m <opt> • glancing angle; Bragg angle
Glanzzahl f <textil.opt> • value of brightness
Glanzzink n <mat> • bright zinc
Glanzzusatz m <mat> • brightening addition; brightening agent; brightener
Glas n DIN 1259 <mat> (Material i. allg.) • glass
Glas n <opt> (Fernglas) • binocular; field glasses; field glass
Glas n <opt> (Brillenglas) • spectacle lens; lens
Glas n <silik> (Produkte aus Glas) • glassware
Glasabdeckung f <energ.sol> • glass cover [plate]; cover glass
Glasabmessung f <bau> • glass size; glass dimension
Glasanteil m <ents> • glass component
glasartiger Kohlenstoff m <mat> • glassy carbon
Glasasche f <ents> • glass ash
Glas aus der Schmelze aufnehmen vi <silik> • gather glass vi
glasausgekleidet <silik> • glass-lined
Glasballon m <logist> (für ätzende Flüssigkeiten) • carboy
Glasbaustein m <bau.mat> • glass brick; glass block
Glasbearbeitungsmaschinen fpl <wz.masch> • glass machinery
Glasbecher m <logist> (Laborglas) • glass beaker
Glasbeton m <bau.mat> • glass concrete
Glasbildbühne f <phot> • glass negative carrier
Glasbläserpfeife f <wz> • glass-blower' s pipe; blowpipe; blowing iron; blow iron
Glasblasen n <prod> • glass blowing
Glasblock m <bau.mat> • glass block
Glasbohrer m <wz> • glass drill
Glasbruch m <ents> • glass breakage
Glasbruch m <silik> • cullet
Glasbruch-Ferndetektor m <alarm> (Einbruchmeldeanlage) • acoustic glassbreak detector; acoustic glassbreak sensor; non-contact acoustic detector; audio discriminator; sound discriminator

Glasdach n <bau> • glass roof
Glasdach n <kfz> (aus Glas) • sun roof; moon roof Ford
Glasdichtung f <bau> • glazing seal; glazing gasket
Glas-Disk f <edv> • glass master
Glasdosimeter n <msr> • radiophotoluminescent glass dosimeter; radiophotoluminescent glass detector; glass dosimeter
Glasdruck m <obfl> • glass printing
Glaseinlage f <phot> • glass insert
Glaseinstand m <bau> • glass penetration
Glaselektrode f <el> • glass electrode
Glasemail n <obfl.silik> • glass enamel
Glaserdiamant m <wz> • glass-cutting diamond; glazier' s diamond; glass cutter
Glaserkitt m <bau.mat> • back putty; painter' s putty; glazier' s putty
Glasfaden m <silik> • glass filament; glass fiber; glass thread
Glasfalz m <bau> • glazing rebate; glass rebate; glazing channel; glazing cavity
Glasfalzbelüftung f <bau> • condensation groove
Glasfalzbreite f <bau> • width of rebate :V
Glasfalzgrund m <bau> • rebate platform :V
Glasfalzhöhe f <bau> • height of rebate :V
Glasfaser f <lwl> • optical fiber
Glasfaser f <silik> (als Verstärkungsmaterial; z. B. für GFK, Packbänder) • glass fiber US; glass fibre GB
glasfaserarmierter Füllspachtel m form <kfz.rep> • glass-reinforced filler paste; chopped-strand impregnated filler; filler with reinforcing fibers; fiber paste coll
Glasfaserband n <füg/pack> (allg.; zum Binden, Dichten) • fiber glass tape
Glasfaserbewehrungsstreifen m <bau.mat> • glass fiber joint tape; Lafarge flex type TM; IMPERIAL tape TM
Glasfaserfugendeckstreifen m <bau.mat> • glass fiber joint tape; Lafarge flex type TM; IMPERIAL tape TM
Glasfasergarn n <mat> • glass-fiber yarn US; glass-fibre yarn GB
glasfasergefüllt <kfz.emiss> (Absorptionsschalldämpfer) • glass-packed
Glasfasergewebe n <kfz.rep> • fiberglass cloth US; woven glass fabric; woven glass-fiber cloth; glass fabric; glass cloth
Glasfaserkabel n <lwl> • optical fiber cable US; optical fibre cable GB; glass fiber cable US; glass fibre cable GB
Glasfaserkarosserie f <kfz> • GRP body form; glass fibre bodywork GB; fiberglass body US; fiberglass bodywork GB; glass body coll
Glasfaserkunststoff m (GFK) <kst> • glass-fiber reinforced plastic (GRP)
Glasfaserlaminat n <mat> • glass-fiber laminate US; glass-fibre laminate GB
Glasfaserlaser m <opt> • glass-fiber laser US; glass-fibre laser GB; fiber laser US; fibre laser GB
Glasfasermantel m <tech.allg> (Mantel aus Glasfasern oder Mantel um Glasfasern) • glass-fiber sheath US; glass-fibre sheath GB
Glasfasermantel m form <lwl> (den Kern umhüllendes optisches Material eines LWL) • cladding; cladding glass; sheath glass
Glasfasermatte f <mat> • fiberglass mat US; glass fibre mat GB
Glasfasermine f <kunst> (für Radierstift) • fiberglass cartridge
Glasfaseroptik f <lwl> • fiber optics
Glasfaserschichtstoff m <mat> • glass-fiber laminate US; glass-fibre laminate GB
Glasfaserstoff m <silik> • fiber glass; fibrous glass; spun glass

Glasfaserübertragungssystem n <lwl> • optical fiber system US; optical fibre system GB

Glasfaserverbundstoff m <mat> • glass-fiber bonded non-woven US; glass-fibre bonded non-woven GB

glasfaserverstärkt <kst> • glass fiber reinforced; glass-fiber reinforced; fiber-reinforced; glass-reinforced

glasfaserverstärkter Kunststoff m (GFK) <kst> • glass fiber reinforced plastic (GFRP); glass reinforced plastic; glass reinforced plastics; GRP

glasfaserverstärkter Polyester m <mat> • glass fiber reinforced polyester US; glass fibre reinforced polyester GB

glasfaserverstärktes Epoxidharz n <mat> • glass fiber reinforced epoxy resin US; glass fibre reinforced epoxy resin GB

glasfaserverstärktes Polyester n <el> • glass-filled polyester

Glasfaserverstärkung f <mat> • glass-fiber reinforcement

Glasfaservlies n <textil> • glass-fiber matting; glass-fiber mat; glass-fiber veil; chopped strand mat

Glasfaservliesstoff m <mat> • glass non-woven

Glasfassade f <bau> • curtain wall

Glasfilter n <opt> • glass filter

Glasfilternutsche f <verf> (Laborgerät) • glass suction filter

Glasfläche f <bau> • glass area

Glasfläche f <kfz> (betont: die Größe der Glasfläche) • glass area; greenhouse; window area

Glasfluss m <silik> • glass flow; molten glass

Glasformgebung f <prod> • glass forming

Glasgehäuse n <ic> • glass package; glass envelope

Glasgemenge n <silik> • glass batch; batch

Glasgespinst n <silik> • spun glass

Glasgewebe n <silik> • woven glass fabric; glass fabric; glass cloth

Glasgewinde n DIN 40450 <masch> • screw thread for cover glasses [and caps]

Glasglanz m <min> • glassy lustre

Glas/Glas-Verbund m <el> (z. B. in Solarzellen) • glass to glass encapsulation

Glasglocke f <verf> (Laborgerät) • glass bell; bell jar

Glashafen m <prod> • glass-melting pot

Glashahn m <verf> • glass stopcock; glass tap

Glashalbleiter m <el> • vitreous semiconductor

Glashalbleiterbauelement n <el> (amorpher Halbleiter; erfunden von Stanford Ovshinsky) • ovonic device; glass switch

Glashalteleiste f <bau> • glass stop; glazing bead

Glashauswirkung der Erdatmosphäre f <ökol> • terrestrial greenhouse effect

Glashaut f <kst> • cellulose film

Glashütte f <prod> • glassworks

Glasiermaschine f <silik> • glazing machine

glasierter Stahl m <mat> • glassed steel

glasiger Bruch m <mat> • vitreous fracture

glasige Schlacke f <füg> • vitreous slag; bright dross

Glasigkeit f <qualit.mat> • vitreousness; glassiness

Glasionomerzement m <mat> • glass ionomer cement

Glasisolator m <el> • glass insulator

Glasjalousie f <bau> • louver window US; louvre window GB

Glaskapillare f <chem> • capillary glass tube; glass capillary tube; glass capillary pract

Glaskarbonelektrode f <el.chem> • glassy carbon electrode; GCE

Glaskeramik f <silik> • vitroceramic; devitrified glass; glass ceramic

glasklar <allg> • glass-clear

glasklares Aussehen n <kst> • clarity

Glasklebstoff m <füg> • glass adhesive

Glaskohlenstoffelektrode f <el.chem> • glassy carbon electrode; GCE

Glaskolben m <chem> (Laborgerät) • glass flask; flask

Glaskolben m <licht> • bulb; envelope; jacket; light bulb; lamp bulb

Glaskolbengleichrichter m <el> • glass-bulb rectifier

Glaskugel f <kst> (Verstärkungsmaterial) • glass sphere; glass bead

Glaskugel f <obfl> (beim mechanischen Plattieren) • glass bead

Glaskunst f <bau> • art glass

Glaskurzfaser f DIN 61850 <kst> • milled glass fiber; chopped glass fiber

Glasleiste f <bau> • glass stop; glazing bead

Glaslosbildbühne f <phot> • glassless negative carrier

Glasmantel m <tech.allg> (z. B. Faseroptik) • glass coating; glass sheathing; glass sheath

Glasmasse f <silik> • glass bath; bath

Glasmaßstab m <msr> • precision glass scale; glass scale

Glas-Masterplatte f <edv> • glass master

Glas-Master-Unikat n <edv> • glass master

Glas-Metall-Verschmelzung f <füg> • glass-to-metal seal; glass-metal seal

Glas mit doppelter Stärke n (DD) <bau> • double strength glass

Glas mit Drahtnetzeinlage n <bau.mat> • wire glass; wired glass; armoured glass GB

Glas mit einfacher Stärke n (ED) obs <bau> • single strength glass (S.S.)

Glasnormale f <msr> • glass master

Glasnut f <bau> • glazing rabbet WAUSAU

Glasofen m <prod> • glass-melting furnace; glass furnace

Glasopal m <min> • hyalite

Glaspapier n <wz> (Schleifpapier) • glass paper; glass sandpaper; glass abrasive sandpaper; glass abrasive paper

glaspassiviert <el.ic.prod> • glassivated

Glaspassivierung f <ic> (Vorgang und resultierende Schicht) • glassivation

Glasperlwand f <phot> (Diaprojektionswand) • glass-beaded screen; beaded screen

Glasphalt m <bau.mat> (Straßenbelag mit Altglasanteil) • glasphalt

Glasphase f <mat> • vitreous phase; glassy phase

Glasplatte f <edv> • glass plate; glass panel; glassplate

Glasplattenhochspannungskondensator m <el> • glass-plate capacitor

Glasplattensatz m <opt> • pile-of-plates polarizer

Glasplattenspektroskop n <opt> • Lummer-Gehrke plate

Glaspressling m <prod> • glass pressing; glass blank

Glasprüfmaß n <msr> • reference flat; optical flat

Glasraster m <druck> • glass screen

Glasreiniger m <kfz> (meist mit Ammoniak) • glass cleaner

Glasröhrchensicherung f <el> (typ. Feinsicherung) • glass-tube fuse

Glasröhre f <energ.sol> • glass tube

Glasrohling m <prod> • glass blank

Glasrohr m <energ.sol> • glass tube

Glasrohr n <chem> • glass tube; glass pipe

Glasrohrsicherung f <el> (typ. Feinsicherung) • glass-tube fuse

Glasrohrsystem n <rls> • glass pipe system; glass piping

Glasscheibe f <tech.allg> (betont: als Abdeckung) • glass cover

Glasscheibe f <silik> *(allg.; z. B. für Fenster, Solarkollektoren)* • glass pane

Glasscherben fpl <silik> • cullet

Glasschirm f <licht> *(schmaler Lampenschirm; auch für normale Wohnzimmerleuchten)* • hurricane shade

Glasschleifmaschine f <wz.masch> • glass-grinding machine

Glasschmelze f <kfz.el> *(Zündkerze; als Dichtung)* • glass seal

Glasschmelze f <prod> • glass melt

Glasschmelzofen m <prod.silik> • glass-melting furnace; glass furnace

Glasschmelzofenbank f <prod.silik> • siege; bench

Glasschmelzwanne f <prod.silik> • glass-melting tank

Glasschneider m <wz> • glass cutter; glazier's diamond

Glasschneidrad n <wz> • glass-cutting wheel

Glasseide f <silik> • continuous glass filament; continuous filament glass yarn

Glasseidenfaden m <silik> • glass yarn

Glasseidengeflecht n <silik> • braided spun glass

Glasseidengewebe n <kfz.rep> • fiberglass cloth US; woven glass fabric; woven glass-fiber cloth; glass fabric; glass cloth

Glasseidenkord m <silik> • glass fiber cord

Glasseidenkurzfaser f <silik> • milled glass staple; chopped glass

Glasseidenmatte f <silik> *(kurze Fasern)* • chopped-strand mat

Glasseidenmatte f <silik> *(lange Fasern)* • continuous glass strand mat

Glasseidenmatte f <silik> *(allg.; feine, zarte Oberfläche)* • fiberglass tissue US; glass fiber tissue US; glass fibre tissue GB; dressing tissue pract; surface tissue

Glasseidenstrang m <silik> • glass-filament roving; glass roving

Glasspinnfaden m <textil> • glass strand

Glassplitter m <ents> • glass fragment; glass splinter pract

Glasstab m <silik> • glass rod

Glasstärke f <bau> • glass thickness; glazing thickness

Glasstand m <silik.prod> • glass depth; glass level

Glasstapelfaser f <silik> • glass staple fiber US; glass staple fibre GB

Glasstapelfasergarn n <mat> • staple-fiber glass yarn; glass-fiber yarn

Glasstopfen m <tech.allg> • glass stopper

Glasstrahlen n <obfl> • bead blasting

Glassubstrat n <ic> • glass substrate

Glasteilchen n <pap.ents> *(Störstoff im Faserstoff)* • glass splinter

Glasteile npl <kfz> • body glass sg

glasteilende Sprosse f <bau> *(Fenster)* • true muntin; true divided lights; divided lites; true divided light muntin; true divided lite muntin

Glasteilkreis m <msr> • graduated glass circle; glass dial

Glastemperatur f <kst> *(amorphe Polymere; gemessen bei fallender Temperatur)* • glass transition temperature; vitrification temperature rare

Glastemperaturbereich m <kst> *(amorphe Polymere; gemessen bei fallender Temperatur)* • glass transition temperature; vitrification temperature rare

Glasträger m <ic> • glass substrate

Glastrennwand f <bau> • glass screen

Glasübergangstemperatur f <kst> *(amorphe Polymere; gemessen bei fallender Temperatur)* • glass transition temperature; vitrification temperature rare

Glasübergangstemperatur f <kst> *(amorphe Polymere; gemessen bei steigender Temperatur)* • glass transition temperature; softening temperature; softening range; Vicat softening temperature

glasummantelt <obfl> • glass-coated; glass-sheathed

Glasumwandlung f prakt <chem> *(Zustandsänderung viskos-elastisch in spröd-glasartig)* • second-order transition

Glasumwandlung f <phys> • glass transition

Glasur f <nahr> *(Speiseeis)* • coating; enrobing

Glasur f <obfl> *(auf Keramik, Kuchen)* • glaze

Glasurbrand m <silik> • glaze baking; glost firing

Glasurfehler m <obfl> • glaze fault

Glasurmasse f <nahr> • chocolate flavored coating US; chocolate flavoured coating GB; compound coating; fat coating

Glasurschicht f <obfl> • glaze coating

Glasurstein m <bau.mat> *(für Wände)* • enameled brick US; enamelled brick GB; glazed brick

Glasurziegel m <bau.mat> *(für Dächer)* • glazed roof tile; enameled roofing tile US

Glasurziegel m <bau.mat> *(für Wände)* • enameled brick US; enamelled brick GB; glazed brick

Glasverarbeitung f <prod.silik> *(Ur- und Umformen)* • glass forming

Glasverarbeitung f <prod.silik> *(Bearbeiten)* • glass working

Glaswanne f <ents.silik> • glass trough; glass melting tank

Glaswannenofen m <verf.silik> • glass tank furnace

Glaswaren fpl <silik> • glassware

Glaswolle f <bau.mat> *(als Dämmstoff)* • insulating wool

Glaswolle f <silik> *(allg.)* • glass wool

Glasziegel m <bau.mat> • glass brick; glass block

Glaszustand m <mat> *(z. B. Kunststoff)* • vitreous state; glassy state

glatt <allg> *(metaphorisch: Ablauf von Ereignissen, Vorgängen)* • smooth

glatt <tech.allg> *(auf gleicher Ebene, bündig)* • flush

glatt <tech.allg> *(Schicht, Oberfläche: eben)* • even

glatt <bau> *(eben, ohne Wellen; z. B. Putz)* • fair; fair-faced

glatt <obfl> *(rutschig; z. B. Straße)* • slippery

glatt <obfl> *(Oberfläche: nicht rau)* • smooth

glatt <textil> *(Filament)* • flat

glatt <textil> *(Strickart: im Ggs. zu verkehrt)* • plain

Glattbrand m <obfl> • glost firing

Glattbrandofen m <verf.silik> • glost kiln

Glattdeck n <nav> • flush deck

Glattdeckschiff n <nav> • flush decker

Glatteisbekämpfung f <bau> • deicing

glatte Membran f <msr> • flat diaphragm

glatter Bewehrungsstab m <bau> • plain bar

glatter Federring m did <füg> *(glatt, häufigste Form in Kfz)* • spring lock washer with square ends; single coil spring lock washer with square ends stand; plain helical spring washer; split washer pract

glatter Lasttisch m <logist> *(RFZ)* • shuttle table; plain work table; order-picking table

glatter Lauf m <mil> *(Feuerwaffe)* • smooth barrel

glatter Mantel m <el> *(Kabel)* • smooth sheath; smooth-sided sheath

glatte Scheibe f rar <füg> *(glatt, mit Rundloch, typ. f. Schraubverbindungen)* • plain washer; flat washer; washer pract.coll

glatte Schüssel f <kfz> *(am Rad)* • plain disk; plain track adjustable disk

glattes Filament n DIN 60900 <textil> • flat filament yarn; flat continuous filament yarn; flat; flat filament

glattes Kunststoffrohr n <mat> *(hydraulisch glatt)* • smooth plastic barrel

glattes Metallrohr n <mat> *(betont: hydraulisch glatt, Einfluss auf Rohrreibungszahl)* • smooth metal barrel

glattes Mundgefühl n <nahr> • smooth mouthfeel

glatte Spurverstellschüssel f <kfz> *(am Rad)* • plain disk; plain track adjustable disk
glatte Walze f <pap> • smooth roll; plain roll
glattflächig <kfz> *(Karosserieteile; in bezug auf Luftwiderstand)* • aero *adj*
glattfließen vi <obfl> • fuse *vi/vt*; fire *vi/vt*
glatthämmern vt <prod> • planish *vt*; hammer out *vt*
Glatthobel m <wz> • jointer
Glatthobelmaschine f <wz.masch> • surfacer
Glattputz m <bau> • smooth plaster; fair-faced plaster
Glattschleifen n <prod> • finish grinding
glattschleifen vt <obfl.holz> • sand smooth *vt*
glattschmelzen vi <obfl> • fuse *vi/vt*; fire *vi/vt*
Glattseide f DIN 60900 <textil> • flat filament yarn; flat continuous filament yarn; flat filament
glattstemmen vt <obfl.holz> • chisel *vt*
Glattstrich m <metall> • striking off
glatttrocknende Appretur f <textil> • smooth-drying finish
glatttrocknende Ausrüstung f <textil> • smooth-drying finish
Glattwalze f <bau.masch> *(Bodenbearbeitung)* • smooth roll
Glattwalze f <metall> • smooth roller; plain roller; flat roller
Glattwalze f <wz> *(Walze mit glatter Oberfläche)* • smooth-surfaced roll
Glattwalze f <wz> *(zum Glätten verwendet)* • smoothening roller
Glattwalzen n <prod> • planishing
Glattwalzenbrecher m <verf> • smooth-roll crusher; plain-roll crusher
Glattwebstuhl m <textil> • plain loom
Glaubersalz n <chem> • Glauber's salt; Glauber salt; natrium sulfuricum
glaziale Bedeckung f <geo> • glacial overburden
glaziale Flussablagerung f <geo> • glacial outwash
Glaziologie f <geo> • glaciology
gleich <allg> *(völlig gleich)* • equal
gleich <allg> *(sehr ähnlich)* • like
gleichachsig <masch> *(Wellen)* • coaxial
gleichachsig <mat> *(Gefüge)* • equiaxed
gleichaltriger Bestand m <holz> • even-aged stand
gleicharmig <tech.allg> *(z. B. Hebel)* • equal-armed
gleichartig <allg> *(homogen)* • homogeneous
gleichartig <allg> *(ähnlich)* • similar
gleichartig <allg> *(identisch)* • identical
gleichberechtigter Spontanbetrieb m (ABM) *DIN ISO 3309* <edv> • asynchronous balanced mode (ABM) ISO 3309
gleichbleibend <tech.allg> *(z. B. Zustand, Ablauf)* • consistent
gleichbleibend <tech.allg> *(z. B. Geschwindigkeit, Energieaufnahme, Temperatur)* • constant; invariable
gleichbleibend <tech.allg> • steady-state
gleichbleibend <phys> *(z. B. Beschleunigung, Geschwindigkeit, Rauschen)* • uniform
gleichbleibende Antriebskraftverteilung f <kfz.antr> • constant power distribution; constant power split
gleichbleibende Lesegeschwindigkeit f <edv> *(von Datenträgern)* • constant linear velocity (CLV)
gleichbleibende Rotationsgeschwindigkeit f <edv> *(Zugriffsverfahren für Laufwerke)* • constant angular velocity (CAV)
gleichbleibendes Fach n <textil> • shed of fixed length
gleichbleibende Umdrehungsgeschwindigkeit f <edv> *(Zugriffsverfahren für Laufwerke)* • constant angular velocity (CAV)
gleichbleibend hoch <pap> • even and high
Gleichdick n <masch> *(allg.)* • lobed constant-diameter shape

Gleichdick n <masch> *(dreiflügelig)* • three-lobed shape
Gleichdruckbeschaufelung f <masch> *(Laufrad, z. B. Peltonturbine)* • impulse blading
Gleichdruckbrenner m <füg> *(typ. Schweißbrenner in den USA)* • medium-pressure torch; balanced-pressure torch
Gleichdruckgasturbine f <turb> • constant-pressure gas turbine
Gleichdruckprozess m <therm> *(Kreisprozess; z. B. für Gasturbine)* • constant-pressure process
Gleichdruckrad n <turb> • impulse wheel
Gleichdruckturbine f <energ.hydr> • impulse turbine; action turbine
Gleichdruck-Überdruck-Turbine f <turb> • impulse reaction turbine
Gleichdruckverbrennung f <verbr> *(z. B. Gasturbine, Dampferzeuger)* • constant-pressure combustion
Gleichdruckverfahren n <verf> *(z. B. Verbrennung)* • constant-pressure process
Gleichdruckvergaser m <kfz.mot> • variable-venturi carburetor; VV carburetor; CV carburetor; CD carburetor
Gleichdruckwirkung f <mot> • zero reaction
gleichen vr <allg> • equal *vt*
Gleichenergieweiß n <av> • equal-energy white
gleiche Vorzeichen npl <math> • like signs
gleichfällig <verf> *(Teilchentrennung; z. B. bei Aufbereitung von Stoffgemischen)* • equal-falling; equal-settling
gleichfarbig <opt> • homochromatic; isochromatic *thsc*; equal-colored *coll*
Gleichfeld n <el> • DC field
Gleichfeldrauschspannung f <el> *(Magnettontechnik)* • DC noise voltage
Gleichfeldvormagnetisierung f <el> *(Magnettontechnik)* • DC bias
Gleichfließpressen n <prod> • forward extrusion
Gleichfließverfahren n <prod> • forward extrusion method
gleichförmig <tech.allg> *(betont: unverändert, gleich)* • uniform
gleichförmig <geo> • conformable
gleichförmig <mech> *(Beschleunigung, Geschwindigkeit; Bewegung)* • uniform
gleichförmig beschleunigt <mech> • uniformly accelerated
gleichförmig beschleunigte Bewegung f <mech> • uniformly accelerated motion
gleichförmige Geschwindigkeit f <tech.allg> • constant velocity
gleichförmiger Lauf m <masch> • smooth running
gleichförmige Strömung f <phys> • uniform flow
Gleichförmigkeit f <mech> *(Beschleunigung, Geschwindigkeit)* • uniformity
Gleichförmigkeit f <phys/chem> *(von Eigenschaften)* • isotropy; isotropism
Gleichförmigkeitskoeffizient m <mech> *(Bodenmechanik)* • uniformity coefficient
gleichförmig verzögerte Bewegung f <mech> • uniformly decelerated motion; uniformly retarded motion
gleichgerichtete Flanke f <masch> *(Zahnradgetriebe)* • corresponding flank
gleichgerichteter Strom m <el> • rectified current
gleichgerichteter Wechselstrom m <el> • rectified alternating current
Gleichgewicht n <tech.allg> *(mechanisch, elektrisch, chemisch)* • equilibrium; equipoise
Gleichgewicht n <phys> • balance
Gleichgewicht der Kräfte n <phys> • equilibrium of forces
Gleichgewicht fest-flüssig n <phys> • solid-liquid equilibrium

gleichgewichtiger Code m <tele> • constant-weight code

Gleichgewichtsanzeiger m <msr> • balance indicator

Gleichgewichtsapparatur f <chem.verf> *(Destillation)* • equilibrium still

Gleichgewichtsausgleich n <geo> *(Theorie vom Gleichgewichtsausgleich der Erdkruste)* • isostasy

Gleichgewichtsbahn f <aerospace> • equilibrium orbit

Gleichgewichtsbedingung f <phys> • equilibrium condition; condition of equilibrium

Gleichgewichtsbedingung des Plasmas f <nukl> • equilibrium condition

Gleichgewichtsdampfdruck m <therm> • equilibrium vapor pressure *US*; equilibrium vapour pressure *GB*

Gleichgewichtsdestillation f <verf> • equilibrium distillation

Gleichgewichtsdiagramm n <chem> • equilibrium diagram

Gleichgewichtsdruck m <phys> • equilibrium pressure

Gleichgewichtsdruckkurve f <phys> • equilibrium curve

Gleichgewichtsfeld n <nukl> • vertical field

Gleichgewichtsfeuchte[beladung] f <chem> • equilibrium moisture content

Gleichgewichtskonstante f <chem> • equilibrium constant

Gleichgewichtskonzentration f <chem> • equilibrium concentration

Gleichgewichtskraft f <mech> • equilibrant force; equilibrant

Gleichgewichtslage f <fz.phys> *(Zweirad)* • state of balance

Gleichgewichtslage f <phys> • equilibrium position; state of balance; balanced condition

Gleichgewichtspotential n <el.chem> • steady-state potential; equilibrium potential

Gleichgewichtsreaktion f <chem> • balanced reaction

Gleichgewichtstemperatur f <phys> • equilibrium temperature

Gleichgewichtsverdampfung f <therm> • equilibrium vaporization

Gleichgewichtsverhältnis n <tech.allg> • equilibrium ratio

Gleichgewichtszustand m <phys> *(mechanisch, elektrisch, chemisch)* • equilibrium state

Gleichheit f <allg> • equality

Gleichheitsphotometer n <opt> • equality-of-brightness photometer

Gleichheitsrelation f <math> • equality relation

Gleichkanalbetrieb m <tele.el> • co-channel operation; common-channel operation

Gleichkanalsender m <tele.el> • co-channel transmitter

Gleichklang m <allg> *(z. B. Musik, Meinungen, Erklärungen)* • concord

gleichkörnig <mat> • equigranular

gleichkörniges Gut n <verf> • uniformly graded fraction; uniformly sized fraction

Gleichläufer m <kfz.mot> • parallel twin

gleichläufig <tech.allg> • rotating in the same direction

gleichläufig angeordnete Laufräder fpl <förd> • impellers facing in the same direction

gleichläufige Kolben mpl <masch> • pistons working in the same direction

Gleichlast f <mech> • uniformly distributed load

gleichlastige Lage f <nav> • even-keel condition

Gleichlauf m <tech.allg> • synchronism; synchronous operation

Gleichlauf m <av> • tracking

Gleichlaufabstimmung f <tele> • ganged tuning

Gleichlaufeinrichtung f <masch> • synchronizer; synchronizing mechanism

gleichlaufend <tech.allg> *(gleichzeitig oder nebeneinander existierend)* • concurrent

gleichlaufend <tech.allg> *(in Bezug auf einen Rhythmus o.ä.)* • in step

gleichlaufend <tech.allg> • synchronous

gleichlaufend <math> • parallel

Gleichlauffehler mpl <av> *(Abweichung Bandantrieb-Ist-von Solldrehzahl; hörbarer Effekt)* • flutter and wow (W/F); flutter and wow; flutter; uneven tape run *rare*

Gleichlauf-Festgelenk n <kfz.antr> • constant velocity fixed joint; outboard [universal] joint *US*; homokinetic fixed joint; Birfield joint *US*

Gleichlauffräseinrichtung f <wz.masch> • antibacklash device *US*; backlash eliminating device *GB*

Gleichlauffräsen n <prod> *(im Ggs. zu Gegenlauffräsen; Fräser rotiert gleichsinnig zum Vorschub)* • down-cut milling; cutting down

Gleichlauffräsmaschine f <wz.masch> • down-cut milling machine

Gleichlaufgelenk n <antr> *(z. B. in Antriebswellen von Pkw mit Frontantrieb)* • constant velocity joint (CVJ); constant velocity universal joint *form*; homokinetic joint; CV-joint *pract*

Gleichlauf-Gelenkwelle f <antr> • constant-velocity shaft; CV shaft *pract*

Gleichlaufimpuls m <el> • synchronizing pulse; sync pulse

Gleichlaufimpuls m <tele> • correcting pulse

Gleichlaufkegel m <kfz.antr> *(Zahnradteil; Gegenstück zum Synchronring)* • synchronizer cone; synchromesh cone

Gleichlaufregelung f <msr> • synchronization control; synchronous-run control *pract*

Gleichlaufrelais n <el> • correction relay

Gleichlaufschleifen n <prod> *(im Ggs. zu Gegenlaufschleifen)* • down-grinding

Gleichlaufschwankung f <masch> *(z. B. Kolbenmaschine)* • irregular rotational movement

Gleichlaufschwankungen fpl <av> *(Abweichung Bandantrieb-Ist- von Solldrehzahl; hörbarer Effekt)* • wow and flutter (W/F); flutter and wow; flutter; uneven tape run *rare*

Gleichlaufsignal n <av> • synchronizing signal; sync [signal]; synchronization signal; synchro

Gleichlaufsignal n <edv> • synchronizing signal; sync signal

Gleichlaufstrom m <tele> • correcting current

Gleichlauf-Topfgelenk n <kfz.antr> • constant velocity slip joint; double-offset [universal] joint *US*; constant velocity plunging joint *GB*; inboard [universal] joint; homokinetic slip joint

Gleichlauftrimmer m <av> • tracking capacitor

Gleichlaufüberwachungsgerät n <allg> • synchronisation motor

Gleichlauf-Verschiebegelenk n <kfz.antr> • constant velocity slip joint; double-offset [universal] joint *US*; constant velocity plunging joint *GB*; inboard [universal] joint; homokinetic slip joint

Gleichlaufwälzfräsen n <prod> • climb hobbing

Gleichlaufzahnräder npl <masch> • timing gears *pl*; pilot gears *pl*

Gleichlaufzylinder m <prod.autom> • synchronized speed cylinder

gleichlegiger Versatz m <textil> • lap in unison; lap in phase

Gleichlicht n <licht> • steady radiation; unchopped radiation

Gleichlichtquelle f <licht> • continuous-light source

gleichmächtig <math> *(Menge)* • equipotent

gleichmäßig <allg> *(z. B. Verbrauch, Arbeitsgeschwindigkeit)* • constant

gleichmäßig <tech.allg> *(Vorgang; z. B. Bremsen, Kühlen)* • steady
gleichmäßig <tech.allg> *(z. B. Aussehen, Farbe, Qualität, Vorgänge aller Art)* • uniform
gleichmäßig <kfz.mot> *(Motorlauf)* • smooth
gleichmäßig <obfl> *(eben)* • level
gleichmäßig <obfl> *(Schicht, Farbauftrag)* • uniform; even
gleichmäßig <prod> *(verteilt: räumlich, zeitlich)* • even
gleichmäßig ausgeleuchtet <phot> *(z. B. Studio)* • evenly illuminated
gleichmäßig ausleuchten *vt* <licht> *(z. B. Werkhalle, Bühne, Studio, Szene)* • illuminate evenly *vt*
gleichmäßig belastet <tech.allg> *(elektrisch, mechanisch)* • uniformly loaded
gleichmäßig beschleunigt <mech> • uniformly accelerated
gleichmäßig beschleunigte Bewegung *f* <mech> • uniformly accelerated motion
gleichmäßig durchfärben *vt* <textil> • dye in equal depth *vt*
gleichmäßige Antriebskraftverteilung *f* <kfz.antr> • equal power split; equal power distribution *ppwiss-mdl*; equal torque distribution *ppwiss-mdl*; equal torque split *ppwiss-mdl*
gleichmäßige Antriebsmoment[en]verteilung *f* <kfz.antr> • equal power split; equal power distribution *ppwiss-mdl*; equal torque distribution *ppwiss-mdl*; equal torque split *ppwiss-mdl*
gleichmäßige Bedruckung *f* <pap> • solid print uniformity
gleichmäßige Druckverteilung *f* <phys> • even pressure distribution
gleichmäßige Flächenkorrosion *f* <obfl> • uniform corrosion
gleichmäßige Kolorierung *f* <kunst> • flat wash
gleichmäßige Konvergenz *f* <math> • uniform convergence
gleichmäßige Partikelverteilung *f* <edv> • homogeneous particle distribution; uniform particle distribution
gleichmäßige Profilabnutzung *f* <fz> • even tread wear
gleichmäßiger Angriff *m* <obfl.chem> *(chemisch: Korrosion; mechanisch: Erosion, Verschleiß)* • uniform attack
gleichmäßiger Bandlauf *m* <av> • even tape run
gleichmäßiges Bremsen *n* <fz> • steady braking
gleichmäßiges Druckverhalten *n* <kunst> • steady pressure performance
gleichmäßige Verbrennung *f* <verbr> • homogenous combustion
gleichmäßige Verjüngung der Farbnadel *f* <kunst.wz> • gradual even tapering of the paint needle
gleichmäßig gekörnt <mat> • even-grained
gleichmäßig körnig <mat> • equigranular
gleichmäßig verteilt <qualit> *(Statistik)* • evenly distributed
gleichmäßig verteilte Last *f* <mech> • uniformly distributed load
gleichmäßig verzögerte Bewegung *f* <mech> • uniformly decelerated motion; uniformly retarded motion
gleichnamig <allg> • correspondent
gleichnamig <phys> *(Pol)* • like
gleichnamige Flanke *f* DIN 3998 <masch> *(Zahnradgetriebe)* • corresponding flank
gleichnamige Pole *mpl* <phys> • like poles
gleichnamiges Glied *n* <math> • similar term
gleichphasig <tech.allg> *(z. B. Stromstärke/Spannung, Werkstoffzustände)* • equiphase; equal-phase
gleichphasig <phys> *(sinusförmige Größen ohne Phasenverschiebung)* • in phase

gleichphasig <phys> *(z. B. el. Spannung)* • cophasal
gleichphasige Komponente *f* <tech.allg> • in-phase component
gleichphasiger Strom *m* <el> • in-phase current; in-phase component of current
gleichphasige Spannung *f* <el> • in-phase voltage; in-phase component of voltage
Gleichphasigkeit *f* <phys> • cophasal state
Gleichpolfeldmagnet *m* <el> • homopolar field magnet
Gleichpolgenerator *m* <el> • homopolar generator; unipolar generator
gleichpolig <el> • homopolar
Gleichpolmaschine *f* <el> • homopolar machine
gleichprozentiges Steuerventil *n* <msr> • equal-percentage control valve
Gleichraumverbrennung *f* <therm> *(z. B. annähernd im Otto-Motor)* • constant-volume combustion
Gleichraumverbrennungsturbine *f* <turb> • constant-volume gas turbine
Gleichraumverfahren *n* <therm> *(Thermodynamik)* • constant-volume process
Gleichrichten *n* <el> • conversion of a.c. to d.c.; rectification
gleichrichten *vt* <el> *(Wechselstrom in Gleichstrom)* • rectify *vt*
Gleichrichter *m* <el> • rectifier; AC/DC converter *rare*
Gleichrichteranlage *f* <el> • rectifier equipment
Gleichrichteranode *f* <el> • rectifier anode
Gleichrichterblock *m* <el> • rectifier stack
Gleichrichterbrücke *f* <el> • rectifier bridge; rectifier bridge circuit
Gleichrichterdiode *f* <el> • rectifier diode
Gleichrichtergruppe *f* <el> • rectifier equipment
Gleichrichter in Brückenschaltung *m* <el> • bridge rectifier; bridge-connected rectifier
Gleichrichter in Graetzschaltung *m* <el> • Graetz rectifier
Gleichrichterinstrument *n* <el> • rectifier instrument
Gleichrichterkontakt *m* <el> • rectifying contact
Gleichrichterlokomotive *f* <bahn> • rectifier locomotive
Gleichrichtermessinstrument *n* <el> • rectifier instrument; rectifier voltmeter
Gleichrichter mit Gittersteuerung *m* <el> • transrectifier; grid-controlled rectifier
Gleichrichter mit hoher Sperrspannung *m* <el> • high-inverse-voltage rectifier
Gleichrichter mit Vakuumhaltung *m* <el> • maintained-vacuum rectifier
Gleichrichterröhre *f* <el> • rectifier tube; rectifying valve
Gleichrichtersäule *f* <el> • rectifier stack
Gleichrichtersatz *m* <el> • rectifier unit
Gleichrichterschalter *m* <el> • rectifier switch
Gleichrichterschaltung *f* <el> • rectifier circuit; rectifying circuit
Gleichrichterscheibe *f* <el> • rectifier disc
Gleichrichterstation *f* <el> • rectifier station
Gleichrichtertransformator *m* <el> • rectifier transformer
Gleichrichtervoltmeter *n* <el> • rectifier voltmeter
Gleichrichterzelle *f* <el> • rectifier cell
Gleichrichtung *f* <el> • rectification; demodulation *rare*
Gleichrichtungsfaktor *m* <el> • degree of rectification; degree of current rectification; rectification factor
gleichschenkeliger rundkantiger Winkelstahl *m* DIN 1028 <mat> *(warmgewalzt)* • round edge equal angle BS EN 10056
gleichschenkeliger scharfkantiger Winkelstahl *m* DIN 1022 <mat> *(allg. warmgewalzt)* • equal angle squared edge steel BS EN 10056

gleichschenklig <tech.allg> *(z. B. Dreieck, Winkelprofil)* • equal-sided; isosceles *thsc*; equal-leg; with equal legs *coll*

gleichschenklige Doppelkurbel f <masch> • isosceles drag link

gleichschenklige Kurbelschleife f <masch> • equal-sided slider crank

gleichschenkliges Dreieck n <math> • isosceles triangle

gleichschenkliges Kurbelgetriebe n <antr> *(kinematisches Getriebe)* • crank quadrilateral with isosceles members

gleichschenkliges Trapez n <math> • isosceles trapezium *US*; isosceles trapezoid *GB*

Gleichschlagseil n <förd> • parallel lay rope; long lay rope

gleichseitig <tech.allg> *(z. B. Polygon, Winkelprofil)* • equilateral

gleichseitige Hyperbel f <math> • equilateral hyperbola

gleichseitiger Köper m <textil> • balanced even-sided twill; balanced twill

gleichseitiges Dreieck n <math> • equilateral triangle

gleichsetzen mit vt <allg> • equate to vt

gleichsinnig <masch> *(nur Drehbewegungen)* • in the same direction of rotation; in the same sense of rotation

gleichsinnig <mech> *(z. B. Dreh-, Schwenkbewegung)* • equidirectional

gleichsinniger Parallelismus der Drehachsen m <phys> *(z. B. in Kreiselkompass, Lagekreisel)* • parallel alignment of axes of rotation

Gleichspannung f <el> • DC voltage; d.c. voltage; direct voltage

Gleichspannungskomponente f <el> • DC voltage component; DC component

Gleichspannungsmesser m <el> • DC voltmeter

Gleichspannungspegel m <el> • DC voltage level; DC level

Gleichspannungspegelverschiebung f <el> • DC level shift

Gleichspannungspolarograph m <el.chem> • dc polarograph

Gleichspannungspolarographie f rar <el.chem> • DC polarography (DCP); direct current polarography; d.c. polarography

Gleichspannungsquelle f <el> • DC voltage source

Gleichspannungstachogenerator m <msr> • DC tachogenerator; DC tacho-generator; DC tachometer generator; DC tacho

Gleichspannungsverstärkung f <el> • DC voltage amplification; DC voltage gain

Gleichspannungswandler m <el> • DC voltage converter; DC converter

Gleichspulenwicklung f <el> • diamond winding

Gleichstanddrillmaschine f <agri> • single-seed drill; check-row drill

Gleichstoß m <bahn> • squarely opposite joints; square joints

gleichstoßen vt <druck> • jog vt

Gleichstrom m (DC) <el> • direct current (DC)

Gleichstrom m <verf> *(in Fluiden, im Ggs. zu Gegenstrom; z. B. in Wärmetauschern)* • parallel flow; co-current flow; cocurrent

Gleichstrom-Amperemeter n <msr> • DC ammeter

Gleichstromanteil m <el> • DC component

Gleichstrom-Axiallüfter m <el> *(z. B. für Prozessoren)* • axial DC cooling fan

Gleichstrombahnmotor m <bahn> • DC traction motor

gleichstrombetrieben <el> • DC-operated

Gleichstrombremsung f <bahn> *(z. B. Untergrundbahn)* • DC braking

Gleichstrombrücke f <el> • DC bridge

Gleichstromdampfmaschine f <masch> • uniflow steam engine

Gleichstromdestillation f <chem.verf> • direct distillation; simple distillation

Gleichstromeingang m Panasonic <edv> • power supply connector; power connector Hitachi

Gleichstrom-Eingangsbuchse f <av> *(z. B. bei Videokameras)* • DC input socket

Gleichstromelektrolokomotive f <bahn> • DC electric locomotive

Gleichstrom-EMK f <phys> • direct electromotive force; direct emf

Gleichstromfeuerung f <ents> • parallel-flow firing concept; cocurrent firing system

gleichstromgekoppelt <el> • DC-coupled

Gleichstromgenerator m <el> *(allg.)* • DC generator

Gleichstromgenerator m <kfz.el> • generator; DC generator; dynamo GB.obs.coll

gleichstromgespeist <el> • DC-powered

Gleichstromgetreidetrockner m <agri> • concurrent flow grain drier

Gleichstromkessel m <rls> *(Wasser und Rauchgas strömen gleichsinnig)* • concurrent boiler

Gleichstrom-Kilowattstundenzähler m <msr> • direct-current kilowatt-hour meter; DC kwh-meter pract

Gleichstromkomponente f <el> *(z. B. einer Impedanz)* • zero-frequency component; DC component

Gleichstromkondensation f <verf> • parallel-flow condensation

Gleichstromkreis m <el> • DC circuit

Gleichstromleistung f <el> • DC power

Gleichstromleitfähigkeit f <metall> *(z. B. von Kupfer, Silber)* • DC conductivity

Gleichstromleitwert m <el> • DC conductance

Gleichstromlichtbogen m <füg> *(Schweißtechnik)* • DC electric arc; DC arc

Gleichstromlöschkopf m <edv> • DC erasing head

Gleichstrommagnetbremslüfter m <förd> *(z. B. für Krane, Greiferwinden)* • DC brake-lifting magnet

Gleichstrommessbrücke f <msr> • DC measuring bridge; DC bridge

Gleichstrommesser m <msr> • DC ammeter

Gleichstrommesstransduktor m <el> • DC measuring transductor

Gleichstrommotor m <mot.el> • direct current motor; DC motor; d.c. motor

Gleichstromnebenschlussmotor m <mot.el> *(im Ggs. zum Gleichstromhauptschlussmotor)* • DC shunt-wound motor

Gleichstromnetz n <bahn> *(für Straßenbahn, Untergrundbahn, Eisenbahn)* • DC traction system

Gleichstromnetz n <el> • DC network; DC system; DC mains pract.coll

Gleichstrompegel m <el> • DC level

Gleichstrompegelverschiebung f <el> • DC level shift

Gleichstrompolarogramm n <el.chem> • DC polarogram; d.c. polarogram

Gleichstrompolarographie f (DCP) <el.chem> • DC polarography (DCP); direct current polarography; d.c. polarography

Gleichstrom-Polarographie f <el.chem> • DC polarography (DCP); direct current polarography; d.c. polarography

gleichstrompolarographisch <el.chem> • DC polarographic

Gleichstromprinzip n <verf> *(Trockner)* • co-current principle

Gleichstromquelle f <el> • DC power source; DC source

Gleichstromreihenschlussmotor *m* <mot> • DC series-wound motor

Gleichstromrelais *n* <el> • DC relay

Gleichstrom-Schwefelsäure-Oxalsäure-Verfahren *n* <obfl> • sulfuric-acid oxalic-acid anodizing

Gleichstrom-Schwefelsäure-Verfahren *n* <obfl> *(anodische Oxidation)* • sulfuric acid anodizing

Gleichstromschweißen *n* <füg> • DC welding

Gleichstromschweißgenerator *m* <füg> • DC arc welding generator; DC welding generator

Gleichstrom-Servo-Motor *m* <el> • DC servo motor

Gleichstromsignal *n* <edv> • DC data signal; DC signal

Gleichstromspülung *f* <mot> • uniflow scavenging; through scavenging *US*; uni-directional [flow] scavenging; end-to-end-scavenging

Gleichstromsymmetrierung *f* <el> • DC balancing

Gleichstrom-Tachogenerator *m* <msr> • DC tachogenerator; DC tacho-generator; DC tachometer generator; DC tacho

Gleichstromtelegrafie *f* <tele> • DC telegraphy

Gleichstromtrafo *m* <el> *(zur Spannungsänderung eines Gleichstroms)* • DC-DC converter; DC to DC converter; DC transformer

Gleichstromtransformator *m* <el> *(zur Spannungsänderung eines Gleichstroms)* • DC-DC converter; DC to DC converter; DC transformer

Gleichstromüberlagerung *f* <el> • DC superposition

Gleichstromumformer *m* <el> *(zur Spannungsänderung eines Gleichstroms)* • DC-DC converter; DC to DC converter; DC transformer

Gleichstromunterbrecher *m* <el> • DC interrupter

Gleichstromverbrennung *f* <ents> • parallel-flow firing concept; cocurrent firing system

Gleichstromverkabelung *f* <el> • DC wiring

Gleichstromversorgung *f* <el> • DC power supply; DC supply

Gleichstromverstärker *m* <el> • DC amplifier

Gleichstromverstärkung *f* <el> • DC amplification; DC gain

gleichstromvorgespannt <el> • DC-biased

Gleichstromvorspannung *f* <el> *(Spannung)* • DC bias

Gleichstromvorspannung *f* <el> *(Vorgang)* • DC biasing

Gleichstromwärmetauscher *m* <rls> • parallel-flow heat exchanger

Gleichstromwahl *f* <tele> • DC dialling

Gleichstromwandler *m* <el> *(zur Spannungsänderung eines Gleichstroms)* • DC-DC converter; DC to DC converter; DC transformer

Gleichstrom-Wechselstrom-Umsetzer *m* <el> • direct-current-alternating-current converter; DC-to-AC converter; d.c.-to-a.c. converter; DC/AC converter

Gleichstrom/Wechselstrom-Wandler *m* <el> *(z. B. bei Solarstromanlagen)* • inverter; DC-AC inverter; DC to AC inverter *rare*; grid-tie inverter *rare*; power conditioning unit *rare*

Gleichstromwecker *m* <tele.alarm> • trembler bell; DC bell

Gleichstromwiderstand *m* <el> • DC resistance; d.c. ohmic resistance

Gleichstromzähler *m* <msr> • DC kilowatt-hour meter; DC meter *pract*

Gleichstromzeichengabe *f* <tele> • DC signalling

Gleichstromzentrifuge *f* <verf> • concurrent centrifuge

Gleichstromzugförderung *f* <bahn> • DC traction

Gleichtaktaussteuerung *f* <el> • common mode driving

Gleichtaktfeuer *n* <licht> • intermittent light

Gleichtaktsignal *n* <el> • common-mode signal; in-phase signal

Gleichtaktspannung *f* <el> • common-mode voltage

Gleichtaktstörung *f* <el> • common-mode interference

Gleichtaktunterdrückung *f* (CMRR) <el> *(Messgröße)* • common-mode rejection ratio (CMRR)

Gleichtaktunterdrückung *f* <el> *(Vorgang)* • common-mode rejection; in-phase rejection; in-phase suppression

Gleichtaktverstärkung *f* <el> • common-mode amplification; common-mode gain

Gleichtaktvorspannung *f* <el> • common-mode biasing

Gleichteil *n* <prod> *(in div. Produktlinien; zur Kostensenkung)* • shared component *:V*; identical part *did*

Gleichteile-Auto *n* <kfz> • component-sharing car (CSC) *:V*

Gleichteile-Konzept *n* <kfz.prod> • component sharing [principle] *:V*

Gleichtemperaturverbrennung *f* <therm> *(Prozess (Thermodynamik), Expansion während Wärmezufuhr)* • constant-temperature combustion

Gleichung *f* <allg> • equation

Gleichung dritten Grades *f* <math> • third-degree equation; equation of the third degree; cubic equation

Gleichung ersten Grades *f* <math> • first-degree equation; first-simple equation; linear equation

Gleichung fünften Grades *f* <math> • fifth-degree equation; quintic equation; quintic

Gleichungslöser *m* <edv> • equation solver

Gleichung vierten Grades *f* <math> • fourth-degree equation; quartic equation; quartic

Gleichung von Darcy *f* <pap> • Darcy's equation

Gleichung zweiten Grades *f* <math> • second-degree equation; equation of the second degree; quadratic equation; quadric

Gleichverteilung *f* DIN 55350-22 <math> *(Statistik)* • equidistribution; equipartition; uniform distribution

Gleichverteilung *f* <phys> • equipartition

gleichweit entfernt <allg> • equidistant

Gleichwellenbetrieb *m* <av> • common-wave operation; common-frequency working

Gleichwellenrundfunk *m* <av> • common-frequency broadcasting

Gleichwellenrundfunk *m* <tele> • simultaneous broadcasting; shared-channel broadcasting

Gleichwinkelstaumauer *f* <bau.hydr> • constant-angle arch dam

gleichwinklig <math> • isogonal; equiangular

gleichzeitig ablaufend <tech.allg> *(z. B. Drehen und Bohren; Schiebe- und Drehbewegung)* • concurrent

gleichzeitig abtasten *vt* <msr> • sample in parallel *vt*

gleichzeitige Aufnahme zweier Programme *f* <av> • simultaneous recording

gleichzeitige Belegung *f* <tele> • dual seizure

gleichzeitiges Arbeiten *n* <tech.allg> • concurrent working

gleichzeitiges Lesen und Schreiben *n* <edv> • simultaneous read-write

gleichzeitiges Suchen und Verfolgen *n* <navig> • track-while-scan

gleichzeitige Wiedergabe zweier Programme *f* <av> *(mit einigen VCR-Modellen möglich)* • simultaneous playback

gleichzeitig galvanisch aufbringen *vt* <obfl> • codeposit *vt*; co-electroplate *vt*

Gleichzeitigkeit *f* <tech.allg> *(von Abläufen, Prozessen)* • concurrency

Gleichzeitigkeit *f* <tech.allg> *(von Einzelereignissen)* • simultaneous occurrence; simultaneity

Gleichzeitigkeitsfaktor *m* <msr> • coincidence factor; simultaneity factor

Gleichzeitigkeitslogik *f* <msr> *(Auswahlschaltung; z. B. 2 von 4)* • coincidence logic; concurrency logic

gleichzeitig mehrere Stoffe galvanisch aufbringen *vi* <obfl> • codeposit *vt*; co-electroplate *vt*
gleichzeitig senden *vt* <tele> • multiplex *vt*
gleichzeitig übertragen *vt* <av> • multiplex *vt*
Gleis *n* <bahn> *(betont: zwei oder mehrere Schienen)* • rails
Gleis *n* <bahn> • track; railway *US*
Gleisanlage *f* <bahn> • track system; trackage
Gleisauffahrt *f* <bahn> • track approach
Gleisbagger *m* <bau.masch> • rail-mounted excavator
Gleisbankett *n* <bahn> • track bench
Gleisbau *m* <bahn> • track construction laying
Gleisbett *n* <bahn> • track bed; track formation; road bed; subgrade
Gleisbettreinigungsmaschine *f* <bahn> • track cleaner
Gleisbettschotter *m* <bahn> • rail track ballast; track ballast
Gleisbettstopfmaschine *f* <bahn> • track ballast tamping machine; track ballast tamper
Gleisbettung *f* <bahn> • railway bedding; bedding
Gleisbettung *f* <bau> • roadbed
Gleisbettungsmaterial *n* <bau.mat> *(Eisenbahnoberbau)* • track ballast; ballast
Gleisbild *n* <bahn> *(auch Modelleisenbahn)* • track layout; track plan
Gleisbildstellwerk *n* <bahn> *(draußen)* • panel-operated signal box
Gleisbildstellwerk *n* <bahn> *(innen)* • control panel; track diagram control panel
Gleisbild-Stellwerk *n* <bahn> *(innen)* • control panel; track diagram control panel
Gleisblock *m* <bahn> • automatic block with track circuits
Gleisbogen *m* <bahn> • track curve
Gleisbremse *f* <bahn> • car retarder; rail brake
Gleisdreieck *n* <bahn> • track triangle; reversing triangle; Y-track
Gleisfahrwerk *n* <fz> *(z. B. für Baumaschinen)* • rail mounting
Gleisfahrzeugwaage *f* <bahn.msr> • railway track scale; rail weighbridge
Gleisförderung *f* <förd> • track haulage
gleisgebunden <förd> • rail-mounted
gleisgebundene Ausrüstung *f* <bahn> • on-track equipment
gleisgebundene Förderung *f* <förd> • track haulage; rail haulage
gleisgebundener Bagger *m* <bau.masch> • rail-mounted excavator
Gleishebebaum *m* <bahn> • rail lifter; rail lever
Gleisjoch *n* <bahn> • track panel
Gleiskette *f* <förd> *(Flurförderanlage)* • endless track
Gleiskette *f* <masch> • track
Gleiskette *f* <nfz> • track chain
Gleiskettenfahrzeug *n* <fz> • crawler-mounted vehicle
Gleiskettenkran *m* <förd> • crawler crane
Gleiskettenmähdrescher *m* <agri> • chain-track combine
Gleiskettenschlepper *m* <fz> • crawler-type tractor
Gleiskontakt *m* <bahn> • rail contact
Gleiskraftwagen *m* <bahn> • gang car *US*; track motor car *GB*
Gleiskran *m* <förd> • rail-mounted crane
Gleiskreuzung *f* <bahn> • cross-over track
Gleislage *f* <bahn> • track level
Gleislegemaschine *f* <bahn> • track-laying machine
gleislos <förd> • trackless
gleislose Förderung *f* <förd> • trackless haulage
gleisloser Schleppzug *m* <förd> • trackless train
Gleismagnet *m* <bahn> • track magnet

Gleisoval *n* <spiel> *(Modelleisenbahn)* • track oval
Gleisprellbock *m* <bahn> • buffer stop
Gleisprüfwagen *m* <bahn> • track-recording coach
Gleisrad *n* <bahn> • track wheel
Gleisrückmaschine *f* <bau.masch> *(Eisenbahnoberbau)* • track moving machine; track shifting machine
Gleisschneider *m* <wz> *(für Modellbahnen)* • track cutter
Gleisschotter *m* <bau.mat> *(z. B. Eisenbahnoberbau)* • track ballast; ballast
Gleissenkung *f* <bahn> • track subsidence
Gleissperre *f* <bahn> • track lock; derailing stop
Gleissperrsignal *n* <bahn> • track lock signal
Gleissteigung *f* <bahn> • track gradient
Gleisstopfmaschine *f* <bahn.bau> • tamping machine; sleeper packing machine
Gleisstopf- und -nivelliermaschine *f* <bahn.bau> • tamping and levelling machine
Gleisstrecke *f* <bahn> • trackage; track; rail line
Gleisstromkreis *m* <bahn.el> • track circuit
Gleisstromversorgung *f* <bahn> *(Modellbahn)* • track power
Gleisüberführung *f* <bau> • fly-over
Gleisübergang *m* <bahn> • level crossing
Gleisüberhöhung *f* <bahn> • outer-rail superelevation
Gleisunebenheit *f* <bahn> • out-of-level track
Gleisunterhaltung *f* <bahn> • track maintenance
Gleisverlegemaschine *f* <bahn> • track-laying machine
Gleisverwerfung *f* <bahn> • track distortion; track warping; track buckling
Gleisverwindung *f* <bahn> • track distortion; track warping; track buckling
Gleiswartungswagen *m* <bahn> • maintenance-of-way car
Gleitachslager *n* <bahn> • plain bearing axle box; sliding axle bearing
Gleitbacke *f* <kfz.antr> *(CVT)* • slider
Gleitbacke *f* <kfz.brems> • floating shoe
Gleitbacke *f* <masch> *(Gewindewalzen)* • flat-faced die; flat die
Gleitbacke *f* <masch> • sliding block
Gleitbacken *m* <kfz.brems> • floating shoe
Gleitbacken *m* <masch> *(Gewindewalzen)* • flat-faced die; flat die
Gleitbacken *m* <masch> • sliding block
Gleitbahn *f* <masch> *(allg.; z. B. für Stapellauf)* • slideway; track; skid; slide; glide path
Gleitband *n* <mat> • slip band
Gleitbandgeber *m* <tele> • moving-tape transmitter
Gleitbandsender *m* <tele> • moving-tape transmitter
Gleitbau *m* <bau.mat> • slipforming
Gleitbauweise *f* <bau> *(z. B. Brücke)* • sliding construction technique; slip-form construction technique
Gleitbewegung *f* <mech> • sliding movement
Gleitbewegung *f* <phys> • slip
Gleitblechkühler *m* <hlk> • louver cooler *US*; louvre cooler *GB*
Gleitblende *f* <av> • slide wipe
Gleitboden *m* <min> • gliding bottom; skimming bottom
Gleitbogen *m* <min> • sliding roadway arch; yielding roadway arch
Gleitboot *n* <nav> • hydroplane glider; gliding boat; planing craft
Gleitdichtung *f* <bau> *(Dichtung bei Schiebekonstruktionen)* • brush seal; weather pile seal
Gleitdraht *m* <el> • skid wire
Gleitebene *f* <mat> *(Kristallgitter)* • glide plane; slip plane
Gleiteigenschaft *f* <tech.allg> • antifrictional property
gleiten *vi* <allg> • glide *vi*; slip *vi*; slide *vi*
gleiten *vi* <allg> *(z. B. blockiertes Rad)* • skid *vi*

gleiten *vi* <mat> *(Scherbewegung)* • shear *vi*
gleiten *vi* <mat> • slip *vi*
Gleitende *n* <kfz> *(Blattfederung)* • plain end
gleitende Durchschnittsbildung *f* <math> • moving average method
gleitende Frequenz *f* • gliding frequency
gleitende Null *f* <edv> • floating zero
gleitende Reibung *f* <mech> • sliding friction
gleitender Eingriff *m* <masch> *(Kinematik)* • sliding action
gleitender Versenkungsschieber *m* <theat> • sliding trap door *:V*
gleitendes Drahtziehprinzip *n* <prod> • die slip drawing principle
gleitendes Potential *n* <el> • floating potential
Gleitentladung *f* <el> • sliding discharge; surface discharge
Gleiter *m* <edv> *(Schreib-/Lesekopf)* • slider
Gleiterzugeinrichtung *f* <theat> • curtain system in tracks *:V*
Gleitfeder *f* <masch> *(in Längsnut, ohne Anzug)* • sliding feather key
Gleitfertiger *m* <bau.masch> *(für Beton)* • concrete extruding machine
Gleitfertiger *m* <bau.masch> *(Fahrbahnbelag; typ. Asphalt)* • slip-form paver
gleitfest <bekl> *(Schuhsohle)* • slip-resistant
gleitfeste Schraube *f* <füg> • friction-grip bolt
gleitfeste Verbindung *f* <füg> • friction-grip joint
Gleitfestpunkt *m* <rls> *(Rohrleitung)* • directional anchor; directional restraint; sliding restraint; sliding anchor
Gleitfigur *f* <mat> • slip band
Gleitfläche *f* <tech.allg> • slide surface; sliding surface
Gleitfläche *f* <geo> *(Erdrutsch, Mure, Lawine, Abrutschung)* • slickenside; sliding surface
Gleitfläche *f* <mat> *(in Kristallen)* • slip surface
Gleitfläche *f* <mech> *(Bodenmechanik)* • surface of shear
Gleitfläche *f* <mil> *(Schusswaffe)* • sliding surface
Gleitfläche *f* <wz.masch> *(Bahn, Schiene)* • slideway
Gleitflügelfenster *n* <bau> *(allg.)* • gliding window; glider; sliding window; slider; horizontal slider
Gleitflüssigkeit *f* <tribo> • lubricant
Gleitflug *m* <aerospace> • powerless flight; engine-inoperative flight; gliding flight; gliding; glide
Gleitflugzeug *n* <aerospace> • gliding plane; sailplane; glider
Gleitfuge *f* <bau> • slip joint
Gleitfunke *m* <el> • creepage spark
Gleitfunkenkerze *f* <kfz.el> • surface gap spark plug; surface discharge spark plug *Beru*; surface gap type plug
Gleitfunkenmessstrecke *f* <msr> • klydonograph
Gleitfunkenstrecke *f* <kfz.el> *(Zündkerze)* • surface gap
Gleitfunkenzündkerze *f* <kfz.el> • surface gap spark plug; surface discharge spark plug *Beru*; surface gap type plug
Gleitfuß *m* <min> • sliding block; slide block
Gleitfuß *m* <rls> *(Rohrleitung: Dehnungsausgleich)* • sliding support
gleitgelagert <kfz.mot> *(in Weißmetalllagern, z. B. Kurbelwelle)* • supported in babbit bearings
Gleitgeschwindigkeit *f* <tech.allg> • sliding velocity
Gleitgeschwindigkeit *f* <av> *(eines Gleitsinus-Signals)* • sweep rate
Gleitgeschwindigkeit *f* <mech> *(Reibung; z. B. in Gleitlagern etc.)* • rubbing velocity
Gleitgeschwindigkeit *f* <phys> • slip velocity
Gleitgriff *m* <wz> *(für Steckschlüsseleinsätze)* • sliding T-handle; slide bar handle; T-handle; sliding T-bar; T-slide
Gleithammer *m* <wz> • slide hammer

Gleithammer *m* prakt.ugs <wz> *(Karosseriewerkzeug)* • dent puller; body dent puller; body dent remover; panel puller
Gleithammer-Abzieher *m* <wz> • slide hammer puller
Gleithammer-Auszieher *m* <kfz.wz> • slide hammer puller
Gleithammergewicht *n* <wz> • sliding weight
Gleithobel *m* ^{TM} <min> *(Kohleabbau)* • Gleithobel-plow ^{TM}; Gleithobel-plough ^{TM}
Gleitkanal *m* <bau> *(Spannbeton)* • cable duct
Gleitkappe *f* <min> • slide bar
Gleitkeil *m* <tech.allg> • slip wedge
Gleitkeil *m* <masch> • sliding key
Gleitkern *m* <sport> *(Ski)* • sliding core
Gleitklotz *m* <masch> *(z. B. in Werkzeugmaschinen)* • guide block
Gleitklotz *m* <masch> *(z. B. in Kraftmaschinen)* • slide block
Gleitklotzlager *n* <masch> • pad bearing
Gleitkörper *m* <masch> • sliding member
Gleitkomma *n* <edv> • floating point; floating decimal point
Gleitkommaarithmetik *f* <edv> • floating-point arithmetic
Gleitkommadarstellung *f* <edv> • floating-point representation
Gleitkommaoperationen pro Sekunde *fpl* (FLOPS) <edv> • floating point operations per second (FLOPS)
Gleitkommarechner *m* <edv> • floating-point computer
Gleitkommarechnung *f* <edv> • floating-point computation
Gleitkommaregister *n* <edv> • floating-point register
Gleitkontakt *m* <el> • gliding contact; sliding contact; rubbing contact
Gleitkreis *m* <mech> *(Bodenmechanik)* • sliding circle
Gleitkreuzgelenk *n* <masch> • slip universal joint
Gleitkufe *f* <aerospace> *(z. B. Segelflugzeug)* • landing skid
Gleitkufe *f* <masch> • glide shoe; skid shoe
Gleitkupplung *f* <masch> • slipping clutch
Gleitlade *f* <textil> • sliding sley
Gleitlager *n* DIN 31651 <tech.allg> *(allg.; mit Lagerbuchse od. Lagerschalen; z. B. bei Kurbelwellen)* • plain bearing ISO 4378-1; friction bearing *pract*; sliding bearing *rare*; sliding-contact bearing *rare*; slide bearing *rare*
Gleitlager *n* <masch> *(betont: mit geteilter Lagerschale)* • shell bearing; shell-type bearing
Gleitlager *n* <masch> *(betont: ungeteilt, Buchse)* • sleeve bearing; bushing
Gleitlagerbuchse *f* DIN ISO 4378-1 <masch> • plain bearing bush ISO 4378-1; bearing bush
Gleitlagerschale *f* DIN ISO 4378-1 <masch> *(halbkreisförmig; typ. bei Kurbelwellen)* • half-bearing ISO 4378-1
Gleitlagerwerkstoff *m* <mat> • sliding-bearing material
Gleitlinie *f* <mat> *(Kristall)* • slip line; flow line
gleitlos <mech> *(z. B. Bewegung)* • non-slip
Gleitmikromanipulator *m* <autom> • sliding micromanipulator
Gleitmittel *n* <kst> *(Granulatadditiv zur besseren Maschinengängigkeit; z. B. für Folien)* • slip additive; slip agent
Gleitmittel *n* <masch> *(zur Verhinderung von Festrosten, Festfressen, bes. bei Schrauben)* • antiseize; antiseize agent
Gleitmittel *n* <metall> *(im Presswerk; auf Blechen)* • pressing lubricant
Gleitmittel *n* <obfl> *(für Formteile, Beton-Schalung etc.)* • release agent; parting agent; bond breaker; mold release agent; parting compound
Gleitmittel *n* <tribo> *(chem. Additiv oder äußerl.; z. B. Mehrzweckfett, Vaseline)* • lubricant

Gleitmodul m <qualit.mat> • shear modulus (G); modulus of rigidity; coefficient of rigidity *rare*; modulus of elasticity in shear *rare*; rigidity modulus *rare*

Gleitmuffe f <masch> • sliding coupling

Gleitpassung f <masch> • sliding fit

Gleitplatte f <masch> *(schuhförmig)* • shoe

Gleitplatte f <prod> *(betont: mit Führungsfunktion)* • guide plate

Gleitrampe f <min> • sliding-ramp

Gleitraum m <masch> *(Gleitlager)* • bearing clearance; clearance between journal and bearing

Gleitreibung f <mech> • dynamic friction; sliding friction; slip friction *coll*; friction of motion *rare*; kinetic friction *rare*

Gleitreibungskoeffizient m <mech> • coefficient of sliding friction

Gleitreibungszahl f <mech> • coefficient of sliding friction

Gleitrichtung f <mat> *(Kristallgitter)* • slip direction

Gleitring m <förd> • rotating seal ring; rotating element; rotating seal face

Gleitring m <masch> *(Dichtung)* • face seal ring

Gleitring m <masch> *(z. B. an einfachen Kupplungsausrücklagern)* • lever collar

Gleitringdichtung f (GLRD) <masch> *(z. B. in Pumpen)* • mechanical seal; mechanical shaft seal; mechanical face seal; face-type seal; face seal *pract.coll*

Gleitrohr n <kfz> *(Motorradgabel)* • outer tube; fork slider

Gleitschaltungsfertiger m <bau.masch> *(Straßenbau)* • slipform paver

Gleitschalung f <bau> *(Beton)* • sliding formwork; slip formwork; slip form

Gleitschalungsfertiger m <bau> • slipform finisher; slipform paver

Gleitschalungsstraßenbau m <bau> • slipform paving; slipform road paving

Gleitscherfestigkeit f <mech> *(Bodenmechanik)* • residual shear strength

Gleitschicht f <masch> • plain bearing running-in layer ISO 4378-1; running-in layer; overlay

Gleitschieber m <wz.masch> *(Waagerechtstoßmaschine)* • adjustable block

Gleitschiene f <tech.allg> *(z. B. von Schiebetür, Schiebefenster)* • sliding track

Gleitschiene f <kfz.mot> *(der Steuerkette)* • slide rail

Gleitschiene f <masch> *(allg.)* • slide bar; slide rail; skid

Gleitschiene f <masch> *(betont: für lineare Gleitbewegung)* • slide bar

Gleitschiene f <masch> *(allg.; z. B. für Stapellauf)* • slideway; track; skid; slide; glide path

Gleitschirm m <sport> • paraglider

Gleitschleifen n <obfl> • barrel finishing

Gleitschlupf m <antr> *(z. B. Riemen, Seil)* • slip

Gleitschubboden m <nfz> • walking floor

Gleitschütz n <energ.hydr> • sliding gate

Gleitschützen m <textil> • sliding shuttle

Gleitschuh m <masch> • sliding block

Gleitschuh m DIN ISO 4378-1 <masch> *(Lager)* • pad ISO 4378-1

Gleitschuhkolben m <kfz.mot> • slipper piston; trunk piston; full slipper

Gleitschuhzapfen m <masch> • slipper pin

Gleitschutzkette f form <kfz> • snow chains; tire chains; antiskid chain *rare*; non-skid chain *rare*

Gleitschutzprofil n <tech.allg> *(z. B. in Reifen, Industriefußboden)* • antiskid pattern

Gleitschutzregler m <bahn.antr> • antiskid device

Gleitsegment n <masch> *(Segmentlager)* • block; shoe

gleitsicher <tech.allg> *(z. B. Bodenbelag, Schuhsohle, Deckanstrich)* • non-slip; non-skid; non-sliding; antiskid; skid-proof

Gleitsicherheit f <geo> *(Bodenmechanik)* • sliding stability

Gleitsicherheit f <verk> *(der Fahrbahnoberfläche)* • skid-resisting property; skid resistance; nonskid property; pavement grip

Gleitsicht-Brillenglas n ISO 13666 <opt> *(kontinuierliche Änderung der fokussierenden Wirkung)* • progressive-power lens ISO 13666; progressive-addition lens

Gleitsinus-Messung f <av> • swept sine wave test

Gleitsitz m <masch> • sliding fit; slide fit

Gleitspiegelebene f <mat> • glide-mirror plane; glide reflection plane; glide plane *pract*

Gleitspiegelung f <mat> • glide reflection

Gleitspriegel m <kfz> • slide bow

Gleitspur f <mat> • slip line

Gleitstange f <masch> • motion bar; tiller

Gleitstein m Ford <kfz.antr> *(CVT)* • slider

Gleitstein m <masch> *(Getriebe)* • sliding member; slider

Gleitstein m <masch> *(z. B. Kurbelschwinge)* • sliding block

Gleitstößel m <masch> • sliding tappet

Gleitstrahlempfängerantenne f <aerospace> • glide slope antenna US; glide slope aerial GB

Gleitstrahlempfang m <aerospace> • glide slope reception

Gleitstriemung f <geo> • striation; slip striae

Gleitströmung f <phys> • slip flow

Gleitstück n <kfz.el> *(am Unterbrecherhebel)* • rubbing block; heel

Gleitstück n <masch> *(Lager)* • block; slide block

Gleitstück n <masch> • slipper

Gleitstück n <masch> *(Backenbrecher)* • toggle block

Gleitstück n <masch> • sliding block

Gleitstück n <masch> *(z. B. Kurbelschwinge)* • sliding block

Gleitsystem n <mat> *(Kristallgitter)* • slip system

Gleittisch m <masch> *(ohne mechanische Führungselemente)* • floating stage

Gleittor n <bau> • slide gate

Gleitung f <tech.allg> • gliding; sliding

Gleitung f <tech.allg> *(z. B. Böschung)* • slide

Gleitung f <mat> *(entlang einer Kristallgitterebene)* • plastic shear; sliding; slip

Gleitungsbruch m <qualit.mat> • rupture by sliding

Gleitverhältnis n <aerospace> *(Flugzeug, insbes. Segelflugzeug)* • lift-drag ratio (L/D); lift-to-drag ratio; lift/drag ratio; l/d ratio

Gleitvorgang m <allg> • skidding

Gleitvorrichtung f <tech.allg> • glide mechanism; glider

Gleitweg m <aerospace> • glide path

Gleitweg m <mat> • slip distance

Gleitwegbake f <navig> • glide path beacon

Gleitwegleitstrahl m <navig> • glide path beam

Gleitwegsender m • glide path transmitter; glide-slope radio transmitter; glide-slope transmitter

Gleitwiderstand m <mech> • sliding resistance; resistance to slip

Gleitwinkel m <aerospace> • glide angle; gliding angle; glide slope

Gleitwinkel m <mat> *(Schüttwinkel)* • slide angle

Gleitzahl f <aerospace> *(Flugzeug, insbes. Segelflugzeug)* • lift-drag ratio (L/D); lift-to-drag ratio; lift/drag ratio; l/d ratio

Gleitzahldiagramm n <aerospace> • L/D diagram; L/D curve

Gleitzapfenlager n <masch> • journal bearing

Gleitzeiger m <msr> • sliding pointer

Gleitzone f <mat> • slip zone

Gletscherablagerung f <geo> • glacial deposit

Gletscherbahn f <bahn> • glacier train

Gletschermoräne f <geo> *(Geschiebe, Geröll)* • moraine; glacial moraine; till

Glide n <edv.av> *(Synthesizerfunktion)* • portamento; glide

Gliding n <edv.av> *(Synthesizerfunktion)* • portamento; glide

Glied n <tech.allg> *(Bauteil)* • device; unit; component

Glied n <fz.antr> *(einer Raupenkette)* • track shoe

Glied n <masch> *(Ketten-, Verbindungsglied; auch im übertragenen Sinn)* • link

Glied n <masch> *(z. B. Rollenkette)* • chain link; link

Glied n <math> *(einer Gleichung, Reihe, eines Terms)* • member; term

Glied n <msr> *(eines Gliedermaßstabes)* • fold

Gliederanzahl f <mech> *(Kinematik)* • number of links

Gliederband n <förd> • link belt

Gliederbandförderer m <förd> • link-belt conveyor; apron conveyor; slat conveyor

Gliederbandplatte f <förd> • apron plate

Gliederdorn m <masch> • articulated mandrel

Gliederegge f <agri> • peg-tooth harrow; flexible harrow

Gliedergehäusepumpe f <masch> • ring section pump; ring construction pump; unit construction pump; segmental type pump *rar*

Gliederheizkörper m <hlk> • radiator

Gliederkessel m <hlk> • sectional boiler

Gliederkette f <masch> • link chain; chain

Gliederlokomotive f <bahn> • articulated locomotive

Gliedermaßstab m form <msr.wz> • folding rule; fold rule; zig-zag folding rule *coll*; carpenter' s rule; multiple-folding rule *rare*

gliedern vt <allg> *(nach Gruppen sortieren)* • classify vt; break down vt

gliedern vt <druck> *(unterteilen; z. B. Buch, Liste)* • subdivide vt

Gliederpaar n <masch> *(Kette)* • link pair

Gliederpumpe f <masch> • ring section pump; ring construction pump; unit construction pump; segmental type pump *rar*

Gliederpuppe f <kunst> • lay figure; mannequin; manikin *rare*

Glied erster Ordnung n <msr> • first-order term

Gliederung f <allg> *(nach Gruppen)* • classification; breaking-down

Gliederung f <allg> *(z. B. thematisch, organisatorisch)* • division

Gliederung f <druck> *(z. B. Buch, Liste)* • subdivision

Gliederverbindung f <masch> • articulation

Gliedervorwärmer m <rls> *(Teil e. Dampferzeugers)* • sectional economizer

Gliederwalze f <förd> *(Gurtförderer)* • extension roller

Gliederwalze f <led> *(Spaltmaschine)* • section roller; propelling roller *US*

Gliederwalze f <masch> • articulated roller

Gliederwelle f <masch> • articulated shaft

Gliederzug m <bahn> • articulated train; compound train

Gliederzug m rar <nfz> *(Lastkraftwagen mit Anhänger)* • truck and full trailer *US*; drawbar combination *GB*; truck-trailer *US.coll*; truck' n trailer *US.coll*; road train *AUS*

Gliedkopplung f <masch> • link coupling

Gliedlänge f <masch> *(z. B. Kettenglied)* • link length

Gliedlänge f <mech> *(Kinematik)* • member length

Gliedlage f <masch> *(z. B. (kinematische) Kette)* • link position

Gliedminderung f <mech> *(Kinematik)* • reduction in the number of links

Glied mit Ausgleich n <msr> *(Regler)* • element with self-regulation

Glied ohne Ausgleich n <msr> *(Regler)* • element without self-regulation

Gliedpunkt m <mech> *(Kinematik)* • link point

Glied zweiter Ordnung n <math> • second-order term

Glimmanzeigeröhre f <msr> • neon indicator; neon indicator tube; glow indicator tube *rare*

Glimmen n *ISO 13943* <verbr> • glowing combustion *ISO 13943*

glimmen vi <tech.allg> *(schwaches Licht aussenden; z. B. Lampe)* • glow vi

glimmen vi <verbr> *(verbrennen; z. B. Holz)* • smoulder vi

Glimmentladung f <el> • glow discharge

Glimmentladungsgleichrichter m <el> • glow-discharge rectifier

Glimmentladungsröhre f <el> • glow-discharge tube; glow-discharge valve

Glimmentladungsventil n <el> • glow-discharge rectifier

Glimmentladungszustand m <licht> • glow discharge

Glimmer m <mat> • mica

glimmerartig <mat> • micaceous

Glimmerband n <mat> • mica tape

Glimmerfenster n <msr> *(in Geiger-Müller-Zählrohr)* • mica window

Glimmerkondensator m <el> • mica capacitor; mica plate compensator; silvered mica capacitor

Glimmerpigment n *DIN 55 943* <kunst> • glimmer pigment

Glimmerplättchen n <mat> • mica plate; mica sheet

Glimmerschiefer m <mat> • mica slate; mica schist

Glimmerschluff m <bau.mat> • micaceous clay

Glimmerton m <bau.mat> • micaceous clay

Glimmkondensator m rar <el> • mica capacitor; mica plate compensator; silvered mica capacitor

Glimmlampe f <el> • glow-discharge lamp; negative glow lamp; glow lamp

Glimmlampenoszillator m <el> • neon oscillator

Glimmlicht n <el> • glow light; glow

Glimmlichtanzeigeröhre f <el.msr> • neon indicator tube; neon indicator

Glimmlichtgleichrichter m <el> • glow-discharge rectifier; neon tube rectifier

Glimmlichtspannungsteiler m <el> • glow-gap divider

Glimmlichtziffernröhre f <el> • digital neon tube

Glimmoszillator m <el> • neon oscillator

Glimmröhre f <el> • glow-discharge tube; glow tube

Glimmschaltröhre f <el> • glow switching tube; switching tube

Glimmspannung f <el> • glow potential

Glimmspannungsteiler m <el> • glow-gap divider

Glimmstabilisator m <el> • gas regulator valve; neon stabilizer

Glimmzählröhre f <msr> • glow counting tube

Glimmzünder m <licht> • glow starter switch

glitzern vi <obfl> • glitter vi

glitzern vi <obfl> *(z. B. Schmuck)* • sparkle vi

Globaldaten pl <tech.allg> • global data

globaler Anwendungsbereich m <edv> • global scope

globales Beleuchtungsmodell n <edv> • global illumination model

globales Licht n <edv> • global light source; global light *pract*

globales Positioniersystem n <wz.masch> *(für Genauigkeitsregelung; in Werkzeugmaschine oder Werkhalle)* • global positioning system

Globales Positionierungssystem n rar <navig> • Global Positioning System (GPS); NAVSTAR GPS *form*

Globalität f <econ> *(z. B. von Geschäftstätigkeit)* • globality

Global Light n prakt <edv> • global light source; global light *pract*

Global Maritime Distress and Safety System *n* (GMDSS) <navig> • Global Maritime Distress and Safety System (GMDSS)

Global Navigation Satellite System *n* (GLONASS) <navig> • Global Navigation Satellite System (GLONASS)

Global Navigation Satellite Systems *npl* (GNSS) <navig> • Global Navigation Satellite Systems *pl* (GNSS)

Global Positioning System *n* (GPS) <navig> • Global Positioning System (GPS); NAVSTAR GPS *form*

Globalrakete *f* <aerospace> • global missile; global rocket

Global Sourcing *n* <prod> • global sourcing

Globalstrahlung *f* <energ.sol> • global radiation; total solar radiation

Global System for Mobile communication *n* (GSM) <tele> *(900 MHz und 1800 MHz für D- bzw. E-Netz)* • Global System for Mobile communication (GSM)

Globaltektonik *f* <geo> • plate tectonics

Globoidschnecke *f* DIN 3998 <masch> • enveloping worm; globoidal worm; globoid worm; Hindley worm; cone worm

Globoidschneckenlenkung *f* <kfz> • hour-glass worm-and-sector steering gear

Globoidschneckentrieb *m* <masch> • globoid worm gear; globoidal worm gear

globular <tech.allg> *(z. B. Graphit)* • globular

globular <metall> *(z. B. Gusseisen: Sphäroguss)* • nodular; spheroidal

Globule *f* <astron> • globule

Globuli *npl* <med> • granules

Globulin *n* <led> *(Eiweiß)* • globulin

Glocke *f* <akust> *(groß; z. B. in Kirchturm)* • bell

Glocke *f* <akust> *(klein, z.T. Haustürsignal)* • bell

Glocke *f* <metall> *(Gichtglocke)* • bell; cone; crown

Glocke *f* <mot> *(Ferraris-Maschinenläufer)* • drag cup

Glocke *f* <obfl.wz> • spray bell; dome head; atomizer head; dome-shaped discharge head *did*; rotating spray element *AUDI.did*

Glocke *f* <verf> *(Laborgerät)* • bell jar

Glocke *f* <verf> *(Destillierkolonne)* • bubble cap; bubble cup; bubbler; cap

Glockenankermotor *m* <mot> • electric motor with bell-shaped rotor

Glockenarm *m* <masch> • bell crank

Glockenboden *m* <verf> *(in Destillierkolonnen, Wäschern)* • bubble tray; bubble-cup tray; bubble cap tray; bubble-cup plate

Glockenbodenkolonne *f* <verf> • bubble-tray distillation column; bubble-tray column; bubble-plate column

Glockenbodenwascher *m* <verf> • plate scrubber; bubble-cap plate scrubber

Glockenboje *f* <navig> • bell buoy

Glockenbronze *f* <mat> • bell bronze; bell metal

glockenförmig <tech.allg> • bell-shaped

glockenförmig <el.chem> *(Kurvenform)* • peak-shaped

glockenförmig <rls> *(Rohrende)* • bell-mouthed

glockenförmiger Impuls *m* <el> • bell-shaped pulse

Glockengasbehälter *m* <logist> • liquid seal gasholder

Glockenimpuls *m* <el> • bell-shaped pulse

Glockenisolator *m* <el> • bell insulator; dome-petticoat insulator; dome-shaped insulator; cup insulator

Glockenklöppel *m* <tech.allg> • bell clapper

Glockenkurve *f* <edv> • bell curve

Glockenkurve *f* <math> *(z. B. Normalverteilung (Statistik))* • bell-shaped curve

Glockenläufer *m* <mot> • drag-cup rotor

Glockenmanometer *n* <msr> • bell manometer

Glockenmühle *f* <verf> • rotary crusher; cone mill

Glockenofen *m* <verbr> • bell kiln

Glockenprofilausbau *m* <bau> • bell-shape steel arch support

Glockenschneideisen *n* <wz> • spring die; Acorn die *trade name*; Duocone die *trade name*

Glockenschneidrad *n* <wz> • extended boss-type cutter

Glockenspinnmaschine *f* <textil> • cap spinning frame

Glockenstange *f* <allg> • bell beam

Glockenstuhl *m* <bau> • belfry

Glockentrichter *m* <chem> *(Labor)* • thistle funnel

Glockenturm *m* <bau> • bell tower

Glockenwinde *f* <masch> • bell operating gear

Glockenzählrohr *n* <nukl> • bell counter tube; bell counter

GLONASS <navig> • Global Navigation Satellite System (GLONASS)

Glossar *n* <doku> • glossary

Glove Box *f prakt* <nukl> • glove box

Glover *m* <verf> • Glover tower

Gloverturm *m* <verf> • Glover tower

GLRD <masch> *(z. B. in Pumpen)* • mechanical seal; mechanical shaft seal; mechanical face seal; face-type seal; face seal *pract.coll*

Glucocorticoide *npl* <med> • glucocorticoids *pl*; glycocorticoids *pl*

Glucose *f* <chem> • glucose

Glucose *f* <nahr> • dextrose; dextroglucose; grape sugar *obs*

Glucosesirup *m* <nahr> • corn syrup (CS); glucose syrup; starch syrup; grain syrup

Glucosesirup mit hohem Fructosegehalt *m* <nahr> • high fructose corn syrup (HFCS)

Glucosesirup mit hohem Maltoseeanteil *m* <nahr> • high maltose corn syrup (HMCS)

Glucosteroide *npl rar* <med> • glucocorticoids *pl*; glycocorticoids *pl*

Glühanlage *f* <kfz.el> *(Dieselmotor)* • pre-heater system *GM/Vauxhall*; preheating unit *Beru*

Glühanlassschalter *m* <mot> *(Diesel-Motor)* • heater starter switch; heater-plug starting switch

Glühbad *n* <metall> • annealing bath

Glühbedingungen *fpl* <prod> • annealing conditions *pl*

Glühbirne *f ugs* <licht> *(mit Glühfaden; im Ggs. zu Leuchtstoff-, Gasentladungslampen)* • incandescent lamp; incandescent filament lamp *form*; lamp *pract*; light bulb *coll*; bulb *coll*

Glühbrand *m* <silik> • biscuit firing

Glühcenternentladung *f* <el> • glow discharge

Glühdraht *m* <el> *(in Glühlampen; oft eine Wendel)* • filament; incandescent filament *rare*; glowing filament *rare*

Glühdraht *m* <el> *(in Glühlampen; sehr feine Wendel)* • filament; coiled filament *rare*

Glühdraht *m* <el.hlk> *(Heizelement)* • heater wire; glow wire

Glühdraht *m* <kst.qualit> *(Entflammbarkeitsprüfung)* • incandescent bar; glow wire

glühelektrisch <therm.el> • thermionic

glühelektrischer Effekt *m* <phys> • Edison effect; thermionic emission

Glühelektrode *f* <el> • hot electrode

Glühelektron *n* <therm.el> • negative thermion; thermoelectron; thermionic electron; thermion

Glühelektronenentladung *f* <el> • thermionic discharge

Glühelektronenstrom *m* <el> • thermionic current

Glühemission *f* <phys> • thermionic emission

Glühemissionskonstante *f* <phys> • thermionic constant

Glühen *n ISO 13943* <opt> *(Ausstrahlung von Licht durch erhitztes Material)* • incandescence *ISO 13943*; glow

Glühen *n* <prod> *(Wärmebehandlung; langsames Erwärmen, Halten, langsames Abkühlen)* • annealing

glühen *vi* <allg> *(z. B. durch intensive Hitze Licht abstrahlen)* • glow *vi*

glühen *vt* <chem> *(kalzinieren)* • calcine *vt*
glühen *vt* <prod> *(Metall, Keramik, Glas; zum Entfernen innerer Spannungen)* • anneal *vt*
glühend <tech.allg> • incandescent; glowing
glühender Körper *m* <tech.allg> • hot body; hot source
Glühen in Paketen *n* <metall> *(Wärmebehandlung, z. B. von Stahl)* • pack annealing; coffin annealing
Glühen mit Gefügeumwandlung *n* <metall> • transformation annealing
Glühfaden *m* <el> *(in Glühlampen; oft eine Wendel)* • filament; incandescent filament *rare*; glowing filament *rare*
Glühfaden *m* <el> *(aus Metall, Kohle; z. B. als Lichtod. Wärmequelle)* • filament
Glühfadenmaterial *n* <licht> • filament material
Glühfadenpyrometer *n* <msr> • glowing-filament optical pyrometer; disappearing-filament pyrometer; optical pyrometer
Glühfadenträger *m* <el> *(in Glühlampe)* • filament support
Glühhaube *f* <metall> • annealing bell
Glühkathode *f* <el> *(Elektronenstrahlröhre)* • glow cathode; thermionic cathode; hot cathode
Glühkathodenemitter *m* <el> • thermionic emitter
Glühkathodenentladung *f* <el> • thermionic discharge; hot-cathode discharge
Glühkathodengleichrichter *m* <el> • thermionic rectifier
Glühkathodenröhre *f* <el> • thermionic valve; thermionic tube; hot-cathode valve
Glühkathodenventil *n* <el> • thermionic rectifier
Glühkerze *f* <mot> *(Dieselmotor; mit Stift od. Spirale)* • glow plug; heater plug *GB*; heating plug
Glühkerzenanzeige *f* Toyota <kfz.msr> *(Kontrollleuchte)* • glow-plug indicator; heater-plug indicator; heater warning light
Glühkerzenanzeiger *m* Toyota <kfz.msr> *(Kontrollleuchte)* • glow-plug indicator; heater-plug indicator; heater warning light
Glühkerzengehäuse *n* <mot> • glow plug shell
Glühkerzenwiderstand *m* <el> • heater-plug resistor
Glühkiste *f* <metall> • annealing box; annealing pot
Glühkörper *m* <licht> *(Gasbeleuchtung)* • incandescent mantle
Glühkopfmotor *m* <mot> • hot-bulb engine
Glühkopfzündung *f* <mot> • surface ignition; hot-bulb ignition
Glühlampe *f* <licht> *(mit Glühfaden; im Ggs. zu Leuchtstoff-, Gasentladungslampen)* • incandescent lamp; incandescent filament lamp *form*; lamp *pract*; light bulb *coll*; bulb *coll*
Glühlampenausfall-Warnleuchte *f* <kfz.msr> • bulb failure warning light; lamp out indicator light *Ford*
Glühlampenbeleuchtung *f* <licht> • incandescent lighting
Glühlampenfassung *f* <licht> • incandescent lamp socket
Glühlampenkolben *m* <licht> • incandescent lamp bulb
Glühlampenkontrolle *f* <kfz.el> *(Funktionsprüfung d. Glühlampe)* • bulb check
Glühlampenkontrollgerät *n* <kfz.el> • bulb monitor
Glühlampenwechsel *m* <kfz.el> • bulb replacement
Glühlinie *f* <metall> • annealing line
Glühmuffel *f* <metall> • annealing muffle
Glühofen *m* <prod> *(allg.; für Metall, Glas)* • annealing furnace
Glühröhrchen *n* <chem> • ignition test tube; ignition tube
Glührohr *n* <kfz.el> *(Glühkerze)* • glow tube *Bosch*
Glührohrprobe *f* <chem> • ignition tube test
Glührohrzündung *f* <kfz.el> • hot tube ignition

Glührückstand *m* <ents> *(z. B. einer Probe)* • residue after bringing to red heat
Glühschalter *m* <kfz.el> • glow plug switch; heater switch
Glühschiffchen *n* <chem> *(Labor)* • combustion boat
Glühschleife *f* <kfz.el> • heating loop
Glühsonde *f* <msr> • hot-filament probe
Glühspirale *f* <kfz.mot> • helical heating plug *:V*; glow plug filament
Glühspirale *f* <prod> *(aus Draht)* • annealing spool
Glühspiralenkerze *f* <kfz.el> • spiral-type glow plug; intake manifold glow plug; manifold type glow plug; manifold heater glow plug; open coil glow plug
Glühspule *f* <kst.qualit> *(Entflammbarkeitsprüfung)* • hot wire
Glühstab *m* <kfz.el> *(stabförmiges Heizelement der Glühstiftkerze)* • glow pencil *Bosch*
Glühstartlampe *f* <mot> • hot-start lamp; preheat lamp
Glühstartschalter *m* <kfz.el> *(Dieselfahrzeuge)* • glow plug and starter switch *Bosch*; glow plug/starter switch *Bosch*
Glüh-Start-Schalter *m* <kfz.el> *(Dieselfahrzeuge)* • glow plug and starter switch *Bosch*; glow plug/starter switch *Bosch*
Glühstift *m* <kfz.el> *(stabförmiges Heizelement der Glühstiftkerze)* • glow pencil *Bosch*
Glühstiftkerze *f* norm.Bosch <mot> *(bei Dieselmotor)* • sheathed-type glow plug *Champion*; sheathed-element glow plug; sheath-type glow plug; sheathed glow plug; pencil-type glow plug *rare*
Glühtemperatur *f* <metall> • annealing temperature
Glühtopf *m* <metall> • annealing box; annealing pot
Glühüberwacher *m* <kfz.mot> • heating controller
Glühüberwacher *m* Opel <kfz.msr> *(Kontrollleuchte)* • glow-plug indicator; heater-plug indicator; heater warning light
Glüh- und Reduktionszone *f* <obfl.metall> *(in kontinuierlich arbeitenden Zinkaufdampfanlagen)* • annealing and reduction furnace
Glühverlust *m* DIN 18128 <ents> • loss on red heat; loss on ignition; ignition loss
Glühverlust *m* <metall> • annealing loss
Glühwein *m* <nahr> • mulled wine
Glühwendel *f* <el> *(allg.)* • incandescent coil
Glühwendel *f* <el> *(in Glühlampen; sehr feine Wendel)* • filament; coiled filament *rare*
Glühwendel *f* <licht> • lamp filament; coiled filament
Glühwendel *f* <mot> *(an Glühkerze)* • glow coil; glow filament
Glühzeit *f* <kfz.el> • pre-heating time *GM/Vauxhall*; glow time *GM/Vauxhall*; preheating time *Bosch*
Glühzeitsteuergerät *n* <kfz.el> • glow-control unit *Bosch*
Glühzeitsteuerung *f* <kfz.el> • glow time control
Glühzone *f* <metall> • zone of incandescence
Glühzünder *m* <spreng> • low-tension electric detonator; electric detonator
Glühzündung *f* <kfz.mot> • surface ignition
Glühzündung *f* <mot> *(nach der Normalzündung)* • postignition
Glukokortikoide *npl* <med> • glucocorticoids *pl*; glycocorticoids *pl*
Glukose *f* <ents> • glucose
Glukosesirup *m* <nahr> • corn syrup (CS); glucose syrup; starch syrup; grain syrup
Glutaminsäure *f* <chem> • glutamic acid
Glutaraldehydlösung *f* <chem> • glutaraldehyde solution
Gluten *n* <nahr> *(Klebemittel z. B. in Weizenkörnern)* • gluten
Glutinleim *m* <füg> • bone glue
Glutinleim *m* <obfl.holz> • glutine glue; hot glue
Glycerin *n* <chem> • glycerin (E422); glycerol; glycerine

Glycerol n <chem> • glycerin (E422); glycerol; glycerine
Glyceroltrinitrat n <chem> • glycerol trinitrate; nitroglycerine
Glykol m <chem> • glycol
Glykolester m <chem.petr> • ethylene glycol ester
Glykoprotein n (gp) <bio> • glycoprotein (gp)
Glykosaminoglykan n <bio> • glycosaminoglycan
Glykosylierung f <med> • glycosylation
Glyphosat n Monsanto <agri.chem> (Pflanzenschutzmittel) • glyphosate
Glyptalharz n <chem> • phthalic glyceride resin; glycerol phthalic resin; glyptal resin; glyptal
Glysantin n ᵀᴹ ugs <kfz> • permanent anti-freeze [coolant]; year around ethylene glycol anti-freeze did
Glyzerin n <chem> • glycerin (E422); glycerol; glycerine
Glyzerin-Einfüllöffnungsverschluss m <pap> • glycerol filler cap
GM <nahr> (z. B. Mais, Sojabohnen) • genetically manipulated (GM)
GMA <alarm> • alarm system
GM-Bank f <edv.mus> • General MIDI bank; GM bank; General MIDI sound bank; GM sound bank
GMC-Fahrzeug n <nfz> • Jimmy sl
GM-Drumset n <edv.mus> • General Midi drum set; GM percussion set; GM drum set
GMDSS <navig> • Global Maritime Distress and Safety System (GMDSS)
GM-Expander m <edv.av> • GM expander; GM module; GM synthesizer module; General MIDI module; General MIDI synthesizer module
GM-Instrumentenbelegung f <edv.mus> • General Midi sound set; GM patch set; GM sound map; GM instrument map
GM-Instrumentenverteilung f <edv.mus> • General Midi sound set; GM patch set; GM sound map; GM instrument map
GM-Mode m <edv.av> • GM mode; General MIDI mode
GM-Modul n <edv.av> • GM expander; GM module; GM synthesizer module; General MIDI module; General MIDI synthesizer module
GM-Modus m <edv.av> • GM mode; General MIDI mode
GMO <nahr> • genetically manipulated foods (GMO); GM foods pract; Frankenstein foods coll.derog
GM-Patchset n <edv.mus> • General Midi sound set; GM patch set; GM sound map; GM instrument map
GMP-gerecht <prod> • consistent with GMP
GMR <edv> • giant magnetoresistance (GMR)
GMR-Kopf m <edv> • GMR head; giant magnetoresistive head
GMR-Schreib-/Lesekopf m <edv> • GMR head; giant magnetoresistive head
GM-Schlagzeugset n <edv.mus> • General Midi drum set; GM percussion set; GM drum set
GMSK <tele> (Protokollsatz, erlaubt Peer-to-Peer-Kommunikation) • Gaussian Minimum Shift Keying (GMSK)
GMSK-Modulationsverfahren n <tele> • Gaussian Minimum-Shift Keying (GMSK)
GM-Soundbank f <edv.mus> • sample ROM; wave ROM; sound ROM; wave sample ROM; sampling ROM
GM-Soundkarte f <edv.mus> (Wavetable-Soundkarte) • sampleplayer card; GM card; wavetable board; ROM sampler card; wavetable sample card
GM-Soundset n <edv.mus> • General Midi sound set; GM patch set; GM sound map; GM instrument map
GM-Wavetable-Synthese f <edv.av> • wavetable synthesis; PCM sampling; wavetable playback; GM wavetable synthesis; sampling synthesis rar
Gnaphalium polycephalum n <bio> • everlasted flower; gnaphalium polycephalum

Gneis m <geo> • gneiss
Gneist m <led> (Haut) • scud; scurf
gnomonisch <tech.allg> (z. B. Sonnenuhr, Karte) • gnomonic
GNSS <navig> • Global Navigation Satellite Systems pl (GNSS)
Gobelin m <textil.kunst> • tapestry
Gobo m rar <licht.theat> • gobo; mask rare
Golay-Zelle f <phys> • Golay infrared detector; Golay cell
Gold n (Au) <chem> • gold (Au); aurum metallicum
Goldamalgam n <mat> • gold amalgam
Goldbad n <obfl> (Flüssigkeit und Behälter) • gold plating bath
Goldbad n <obfl> (nur Flüssigkeit) • gold plating solution
Goldbarren m <mat> • gold ingot; gold bullion
goldbedampft <obfl> • gold-sputtered
goldbeschichtet <obfl> • gold-plated; gold-coated
Goldblattelektroskop n <verf> • gold-leaf electroscope
Goldblech n <mat> • sheet gold; gold sheet
Goldbronze f <mat> • gold bronze
Goldchlorid n <chem> • gold chloride; aurum muriaticum
golddotiert <mat> • gold-doped
Golddotierung f <verf> • gold doping
Golddrahtdiode f <el> • gold-bonded diode
Golddrahtrelais n <el> • gold-wire relay
Golddruck m <druck> • gold blocking
Goldelektrode f <tech.allg> • gold electrode
Goldelektrolyt m <obfl> • gold plating solution; gold plating bath
goldeloxierter Parabolreflektor m <tech.allg> • gold-anodized parabolic reflector US; gold-anodised parabolic reflector GB
Goldener Schnitt m <kunst> (Regel der Bildaufteilung) • rule of thirds sg; Golden Section theory sg; golden section
Golderstarrungspunkt m <mat> • gold freezing point; gold point
Goldfolie f <obfl> • gold foil
goldführend <min> • gold-bearing; auriferous
Goldgehalt m <mat> (prozentualer Anteil) • gold content
Goldgehalt m <mat> (z. B. in der Schmuckherstellung: 16 Karat, 24 Karat) • gold standard
goldgelb <nahr> (z. B. Wein) • golden color US; yellow-gold; golden colour GB
Goldgewinnung f <metall> • gold extraction
Goldglanz m <obfl> • golden luster US; golden lustre GB
goldhinterlegt <obfl> • gold-sputtered
Goldkontakt m <el> • gold-plated contact
Goldlagerstätte f <min> • gold deposit; auriferous deposit
Goldorange n <chem> (Indikator) • methyl orange; gold orange
goldplattiert <obfl> • gold-clad
Goldprägepresse f <wz.masch> • gold-blocking machine; gold-blocking press
Goldprägung f <pap> • gold blocking
Goldprobe f <verf> • gold assay
goldreich <el.ic.prod> • goldrich
Goldscheidung f <verf> (elektrolyt. Verfahren zur Goldgewinnung in höchster Reinheit (995%)) • gold parting
Goldschicht f <min> (Lagerstätte) • gold deposit
Goldschicht f <obfl> • gold plate; gold coating
Goldschmidtverfahren n <füg> • thermic process; aluminothermic process; Goldschmidt's process
Goldschmidt-Verfahren n <verf.metall> (Chromherstellung) • Goldschmidt process; Goldschmidt's process
Goldschnittmaschine f <pap> • gilt edge press
Goldseifenlagerstätte f <min> • gold placer; auriferous deposit
Goldstaub m <mat> • gold dust; flour gold

Goldtombak *m* (CuZn15) <metall> *(Legierung aus 85%
Kupfer und 15% Zink, zum Vergolden)* • gilding metal
Goldzahl *f* <metall> • gold number
Goliathgewinde *n* (E 40) <el> • Goliath Edison screw
thread (E 40)
Goliathsockel *m* <el> • Goliath screw cap; Goliath cap;
mogul base
Gon *n* DIN 1301 <math> *(Einheit des ebenen Winkels:
400 gon = Vollwinkel)* • gon
Gonadenbelastung *f* <nukl.med> • gonad dose; expo-
sure to the gonads; genetic dose; gonad dose equivalent
Gonadendosis *f* <nukl.med> • gonad dose; exposure to
the gonads; genetic dose; gonad dose equivalent
Gondel *f* IEV 415 <energ.wind> • nacelle *IEV 415*; ma-
chine cabin; gondola; equipment pod *rare*
Gondel *f* <förd> *(einer Seilbahn, z. B. in Skigebiet)* • gon-
dola
Gondwana *n* <geo> • Gondwana
Gondwanaland *n* <geo> • Gondwana
Gonella-Trieb *m* <antr> • wheel-and-disk integrator *US*;
ball-and-disc integrator *GB*
Goniometer *n* <msr> • goniometer
Goniometerpeiler *m* <navig> • goniometric locator; Bel-
lini-Tosi direction finder; radiogoniometer
Goniometrie *f* <msr> • goniometry
Gonioskop *n* <med> • gonioscope
Goochtiegel *m* <chem.verf> *(Laborgerät)* • Gooch crucible
Good Manufacturing Practice *f* <nahr.prod> • Good
Manufacturing Practice (GMP)
Gorden-Plastikator *m* <kfz> *(Reifenherstellung)* • Gorden
plasticator
Gore-Tex *n* ᵀᴹ <kst> • expanded polytetrafluoroethylene
(ePTFE); expanded PTFE; Gore Tex ᵀᴹ; extruded PTFE
rare
gotisches Gewindeprofil *n* <masch> • gothic-arch
thread profile
Go-to-Funktion *f* <av> • go-to function
GOTO-Funktion *f* <navig> *(Empfänger)* • GOTO function
GOTO-Taste *f* <navig> *(Empfänger)* • GOTO key
Gouache *f* did <kunst> *(Maltechnik)* • gouache
Gouache *f* <kunst> *(Farbe)* • gouache; poster paint
Gouachefarbe *f* <kunst> *(Farbe)* • gouache; poster paint
Goubau-Leitung *f* <av> • single-wire transmission line;
surface-wave transmission line
Gouraud-Shading *n* prakt <edv> • Gouraud shading
prakt; vertex shading *rar*; Gouraud interpolation *rar*
gp <bio> • glycoprotein (gp)
GPRS-Protokoll *n* <tele> • general packet radio service
[protocol] (GPRS)
GPS <msr> • Geometrical Product Specifications (GPS)
DIN EN ISO 1466
GPS <navig> • Global Positioning System (GPS);
NAVSTAR GPS *form*
GPS-All-In-View-Empfänger *m* <navig> • GPS all-in-
view receiver; all-in-view receiver *pract*
GPS-Core-Modul *n* <navig> • GPS sensor; GPS core
module; GPS engine
GPS-Daten *npl* <navig> • GPS data *pl*
GPS-Datenverarbeitungsprozessor *m* form <navig>
• GPS processor; processor *pract*; signal processor
GPS-Empfänger *m* <navig> • GPS receiver; GPS navi-
gator; navigator *coll*
GPS-Empfangsanlage *f* <navig> • GPS receiver equip-
ment
GPS-Handy *n* ugs <navig> *(GPS)* • hand-held receiver;
portable GPS receiver
GPSIC <navig.org> • GPS Information Center (GPSIC)
GPS ICD <navig> • GPS Interface Control Document
(GPS ICD)

GPS im Differentialmodus *n* <navig> *(Verfahren)* • differ-
ential GPS (DGPS); differential global positioning system
GPS Information Center *n* (GPSIC) <navig.org> • GPS
Information Center (GPSIC)
GPS Informations- und Beobachtungsdienst *m*
(GIBS) <navig.org> • GPS information and observation
service
GPS Interface Control Document *n* (GPS ICD) <navig>
• GPS Interface Control Document (GPS ICD)
GPS Joint Program Office *n* <navig.org> • Joint Pro-
gram Office (JPO); GPS Joint Program Office
GPS-Konstellation *f* <navig> • GPS constellation
GPS-Lokalisator *m* <navig> *(z. B. in Mobiltelefon)* • GPS
localizer
GPS-Navigator *m* <navig> • GPS receiver; GPS naviga-
tor; navigator *coll*
GPS-Prozessor *m* <navig> • GPS processor; processor
pract; signal processor
GPS-Receiver *m* ugs <navig> • GPS receiver; GPS navi-
gator; navigator *coll*
GPS-Referenzstation *f* <navig> • DGPS reference sta-
tion; reference station *pract*; base station *pract*; DGPS
station *pract*; differential station
GPS-Satellit *m* <navig> • GPS satellite; satellite; space
vehicle SV; satellite vehicle *rare*; sat *rare*
GPS-Satellitenkonstellation *f* <navig> • GPS satellite
constellation
GPS-Satellitensignal *n* <navig> • GPS signal; GPS sat-
ellite signal; satellite signal; satellite transmitted signal;
SV signal
GPS-Schiffsempfänger *m* <navig> • GPS shipborne re-
ceiver equipment; shipborne receiver equipment
GPS-Sensor *m* <navig> • GPS sensor; GPS core module;
GPS engine
GPS-Signal *n* <navig> • GPS signal; GPS satellite signal;
satellite signal; satellite transmitted signal; SV signal
GPS-Signal-Simulator *m* <navig> *(in Prüflabors)* • GPS
signal simulator
GPS-Speicher *m* <navig> *(Empfänger)* • waypoint stor-
age; GPS memory
GPS-SPS-Dienstzuverlässigkeit *f* <navig> • GPS SPS
service reliability
GPS-SPS-Mindestleistungsanforderungen *fpl*
<navig> • GPS SPS minimum performance standards *pl*
GPS-SPS-Signal-Spezifikation *f* <navig> • GPS SPS
Signal Specification
GPS-Systemzeit *f* <navig> • GPS time; GPS system time
GPS-Time *f* <navig> • GPS time; GPS system time
GPS-Zeitrechnung *f* <navig> • GPS time; GPS system
time
GPÜ <jur> • Community Patent Convention (CPC)
G-Punkt *m* <bio> • G spot
GPWS <navig> *(schaut nur nach unten; Vorwarnzeit ca.
10 sek)* • ground proximity warning system (GPWS);
screamer *coll*; terrain, terrain, pull up annunciator
did.rare; terrain clearance indicator *rare*
Graben *m* <bau> *(eher V-förmig schräge Flanken; z. B.
Straßengraben)* • ditch
Graben *m* <bau> *(schmal, steile Flanken, eher tief; auch
Schützengraben)* • trench
Graben *m* <geo> • graben; continental rift *(thsc-ppsc)*
graben *vt* <bau> *(allg.; z. B. Loch, Gang)* • dig *vt*
graben *vt* <bau> *(einen Graben)* • trench *vt*; ditch *vt*
Grabenaushub *m* <bau> *(Vorgang; eher schmaler
Graben mit steilen Flanken)* • trench excavation; trench
digging; trenching; trenching work
Grabenaushub *m* <bau> *(Vorgang; eher V-förmiger
Graben; z. B. Be- od. Entwässerungsgraben)* • ditch ex-
cavation; dirchdigging; ditching; ditching work

Grabenbagger *m* <agri> • tractive ditcher

Grabenbagger *m* <bau.masch> • ditch excavator; ditch digger; trench digger; ditcher

Grabenboden *m* <geo> • rift valley bottom *(thsc)*

Grabenbruch *m* <geo> • fault graben; trough fault; graben

grabendes Gerät *n* <bau.masch> • scraping equipment

Grabeneinstau *m* <bau> • damming of drainage ditches

Grabenfräse *f* <bau.masch> • wheel-type trenching machine; trench cutter

Grabenfüller *m* <bau.masch> • ditch filler; trench filler

Grabenkontakt-Solarzelle *f* <energ.sol> *(ohne Abschattung)* • laser-grooved buried-grid solar cell (LGBG); buried-grid solar cell; LGBG cell *pract*

Grabenlöffel *m* <bau.masch> • ditch bucket

grabenlose Dränage *f* <agri> • trenchless drainage

grabenlose Neulegung von Rohrleitungen *f* <bau.rls> • trenchless laying of new pipes

Grabenreinigungslöffel *m* <bau.masch> • ditch cleaning bucket

Grabenschulter *f* <bau> • shoulder

Grabensohle *f* <geo> • rift valley bottom *(thsc)*

Grabenstern *m* <geo> • three-armed rift system

Grabensystem *n* <geo> • rift system

Grabentieflöffelbagger *m* <bau.masch> • trench hoe

Grabenverbau *m* <bau> • trench sheeting

Grabenverfüllgerät *n* <bau.masch> • backfiller

Grabenverfüllung *f* <bau> • trench backfill

Grabenverzimmerung *f* <bau> • trench timbering

Grabenvulkanismus *m* <geo> • graben volcanism

Grabenwand *f* <geo> • rift valley wall

Grabenziehanbaugerät *n* <agri> • trenching attachment

Grabgefäß *n* <bau.masch> • digging bucket

Grabkraft *f* <bau.masch> • digging force

Grablege *f* <bau> *(Kirche)* • sepulchre

Grabnerkette *f* <agri> • vertical chain tying

Grabrad *n* <bau.masch> • digging wheel

Grabstein *m* <bau> • head-stone; gravestone

Grad *m* <allg> *(z. B. einer Veränderung)* • rate

Grad *m* <tech.allg> *(z. B. Härtegrad)* • grade

Grad *m* <tech.allg> *(Größenordnung; z. B. von Schäden)* • amount; degree

Grad *m* <math> *(z. B. Gleichung n-ten Grades)* • order

Grad *m* <phys> *(als Einheit für Winkel, Temperatur, Anzahl der Freiheiten)* • degree

Grad *n* <navig> • degree (DEG)

Gradation *f* <phot> *(von Photopapieren; z. B. weich, normal, hart)* • contrast grade; grade; gradation

Gradation *f* <phot> *(Film)* • development factor

Gradation *f* <phot> *(Gamma-Wert)* • gamma value

Gradation *f* <phot> *(auch bei Digitalfotobearbeitung)* • gamma value; gamma *pract*; photographic gamma *4rare*

Gradationsentzerrung *f* <av> • gamma correction

Gradationskeil *m* <phot> • tone wedge

Gradationspapier *n* <phot> • graded paper

Gradationsumkehrung *f* <phot> • tone reversal

Gradationswandelfilter *n* <phot> *(zur Kontraststeuerung von Gradationswandelpapier)* • variable-contrast filter; multigrade filter *Ilford*; polycontrast filter *Kodak*; gradation filter *durst*

Gradationswandelpapier *n* <phot> • variable-contrast paper; multigrade paper *Ilford*; multicontrast paper *Agfa*; polycontrast paper *Kodak*; selective-contrast paper

Gradbogen *m* <msr> • graduated semicircle; graduated arc

Grad Celsius *n* <msr> *(Temperatureinheit; Wassergefrierpunkt 0 °C)* • degree centigrade; degree Celsius

Grad der Ausstattung *m* <tele> • equipment level

Grad der statischen Unbestimmtheit *m* <mech> • degree of indeterminacy; redundancy

Grad des Umgebungslichts *m* <edv> • ambient light level

Gradeinteilung *f* <msr> • scale; graduation

Grader *m* <bau.masch> • grader

Grad Fahrenheit *n* <phys> *(Temperatureinheit)* • degree Fahrenheit

Gradient *m* <tech.allg> • gradient

Gradient *m* DIN ISO 4225 <meteo> *(Veränderung einer atmosphärischen Variablen mit der Höhe)* • lapse rate ISO 4225

Gradiente *f* <bau> *(allg., längs oder quer)* • gradient; amount of incline; gradient line

Gradiente *f* <bau> *(Steigung bzw. Gefälle; z. B. von Straße)* • longitudinal grade; longitudinal gradient GB; longitudinal slope

Gradientenglasfaser *f* <tele> • graded-index fiber US; graded-index fibre GB

Gradientenindexfaser *f* <opt.lwl> • graded index fiber

Gradientenmethode *f* <math> *(z. B. i.d. Optimierung)* • gradient method; hill climbing method

Gradientenmikrophon *n* <akust> • gradient microphone

Gradientenprofil *n* <opt.lwl> • graded index profile

Gradientenprofilfaser *f* <opt.lwl> • graded index fiber

Gradientenrelais *n* <el> • rate-of-change relay

gradieren *vt* <allg> • graduate *vt*

gradieren *vt* <led> • grade *vt*

Gradiermodell *n* <led> • grading pattern

Gradkreis *m* <msr> • limb

graduieren *vi* <did> *(mit einem akademischen Grad)* • graduate *vi*

graduieren *vt* <msr> *(z. B. Messgerät mit einer Skale versehen)* • scale *vt*

Graduierung *f* <allg> • graduation

Graduierung *f* <allg> *(nach Qualität)* • grading; graduation; ranking

Gräting *f* <nav> • grating

Graetz-Schaltung *f* <el> • full-wave bridge circuit; Graetz rectifier; full-wave bridge

Graffiti *npl prakt* <kunst> • graffiti *pl*

Grafik *f ugs* <doku> *(von Werten; z. B. Linien-, Balken-, Säulen-, Tortendiagramm)* • diagram; graph; chart

Grafikadapter *m* <edv> • graphics adapter

Grafikadapter für Monochrombildschirm *m* <edv> • monochrome graphics adapter (MGA)

Grafikanzeige *f* <edv> • graphics display

Grafikarbeitsplatz *m* <edv> • graphics workstation

Grafik-Beschleunigerkarte *f* <edv> • graphics accelerator card; graphics accelerator board; graphics accelerator

Grafik-Controller *m* <edv> • graphics controller; video controller

Grafikeditor *m* <edv> • graphic-oriented editor; graphics editor

Grafiker *m* <kunst> • graphic artist

Grafikfähigkeit *f* <edv> • graphical capability; graphics capability

Grafikfarbenprüfung *f* <edv> • video color check

grafikintensive Anwendung *f* <edv> • graphics-intensive application

Grafikkarte *f* <edv> *(Schnittstelle zw. CPU and monitor)* • graphics card; graphics board; display adapter; graphics adapter; video board *obs*

Grafikmodus *m* <edv> *(im Ggs. zum Textmodus)* • graphics mode; APA mode *rare*

Grafik-Paket *n* <edv> • graphics package

Grafikpaket *n* <edv> • graphics package

Grafikprogramm *n* <edv> • graphics software; graphics program

Grafikprozessor *m* <edv> • graphics processor

Grafikschnittstelle *f* <edv> • graphics device interface
Grafik-Software *f* <edv> • graphics software; graphics program
Grafikstandard *m* <edv> • graphics standard
Grafiktableau *n* <edv> • graphics tablet; electronic tablet
Grafiktablett *f* <edv> • graphics tablet; electronic tablet
Grafiktablett *n* prakt <edv> • digitizer; digitizing tablet; graphics tablet; digitizer board; tablet *pract*
Grafiktafel *f* <edv> • graphics tablet; electronic tablet
Grafikterminal *n* <edv> • graphics terminal; visual graphic display
Grafiktreiber *m* <edv> • graphics driver
Grafikverarbeitung *f* <edv> • graphics processing
grafisch aufzeichnen *vt* <doku> • graph-plot *vt*; record graphically *vt*; plot *vt*
grafisch darstellen *vt* <doku> • represent graphically *vt*; graph-plot *vt*
grafische Aktivanzeige *f* <edv> *(Display)* • active graphic display
grafische Anzeige *f* <msr> • graphic display
grafische Anzeige für die Kursabweichung *f* <navig> *(Display)* • course deviation indicator (CDI); course deviation scale; CDI display
grafische Autobahn *f* <navig> *(Display)* • graphic highway; moving highway; highway
grafische Autobahn-Darstellung *f* <navig> *(Display)* • graphic highway; moving highway; highway
grafische Benutzeroberfläche *f* <edv> • Graphical User ¿ Interface (GUI); graphic user interface
grafische Bildaufzeichnung *f* <edv> • graphic display
grafische Darstellung *f* <doku> *(allg.)* • diagram
grafische Darstellung *f* <doku> *(mittels Diagramm)* • diagrammatic representation; graphic representation; chart; plot
grafische Darstellung *f* <edv> *(auf einem Display)* • graphic presentation
grafische Darstellung der Signalqualität *f* <navig/tele> *(auf dem Display; als Balken)* • signal strength bar
grafische Daten *pl* <doku> • graphic data
grafische Datenverarbeitung *f* <edv> • computer graphics; graphical processing
grafische Papiere *npl* <pap.ents> • graphic papers *pl*
grafischer Arbeitsplatz *m* <edv> • graphic work-station
grafischer Bildschirm *m* <edv> • graphics display; graphic display
grafisches Altpapier *n* <pap.ents> • graphic waste paper
grafisches Benutzerinterface *n* <edv> • Graphical User Interface (GUI); graphic user interface
grafisches Datenverarbeitungssystem *n* <edv> • computer graphics system
grafisches Kernsystem *n* (GKS) <edv> • graphical kernel system (GKS)
Grafisches Kernsystem für drei Dimensionen *n* (GKS-3D) norm <edv> • Graphical Kernel System for Three Dimensions (GKS-3D) *stand*
grafisches Papier *n* <pap> • bond paper
grafisches Plottdisplay *n* <navig> *(Display)* • moving map display (MMD); moving map page; moving map plotter
grafisches Primitivum *n* wiss <edv> • drafting entity; display element; graphic primitive; output primitive; primitive *coll*
grafische Steuerhilfe *f* <navig> *(Display)* • graphic steering guidance; graphic steering indicator; steering indicator
grafische Streckendarstellung *f* <navig> *(Display)* • graphic steering guidance; graphic steering indicator; steering indicator
Grain *n* <edv.av> • grain

grainieren *vt* <pap> • grain *vt*; press *vt*
Grainierkalander *m* <pap> • graining calender
Gramm *n* (g) DIN 1301 <phys> *(Masseeinheit: 1000 g = 1 kg)* • gram (g); gramme
Grammäquivalent *n* (val) <phys/chem> *(Stoffmenge)* • gram equivalent
grammatikalisches Geschlecht *n* <term> • grammatical gender
Grammatikprogramm *n* <edv> • grammar checker ISO/IEC 2382-23
Grammatikprüfprogramm *n* ISO/IEC 2382-23 <edv> • grammar checker ISO/IEC 2382-23
grammatische Information *f* <term> • grammar
Grammatom *n* <chem.phys> *(absolutes Atomgewicht)* • gram atom; gram-atomic weight
Grammmolekül *n* <chem> • gram-molecular weight; gram molecule; mole
Granalie *f* <silik> *(einzelne Email-Fritte)* • pellet; granule
Granalien *fpl* <metall> • granulated metal; shotted metal; shot
Granalien *fpl* <obfl> *(für Email)* • frit; enamel frit; porcelain enamel frit; vitreous enamel frit
Granat *m* <min> • garnet
granatrot <obfl> • garnet red
Granatwerfer *m* <mil> *(Waffe)* • mortar
Granit *m* <silik> • granite
granitgepflastert <bau> • granite-paved
Granitisation *f* <geo/min> • granitification; granitization
granitisch <geo/min> • granitic
Granitmessplatte *f* <msr> • granite surface plate
granular <mat> *(Form, Struktur)* • granular
Granularsynthese *f* <edv.mus> • granular synthesis
Granulat *n* <tech.allg> *(allg.)* • granular material
Granulat *n* <kfz.emiss> *(in Schüttgutkatalysatoren)* • pellets; pellet material; beads
Granulat *n* <kst> • pellets; granules *rare*
Granulatdosiereinrichtung *f* <agri> • granules metering mechanism
Granulatdosiereinrichtung *f* <kst> • pellet metering system
Granulation *f* <verf> • granulation; graining
Granulation-Effekt *m* <edv> • granulation noise
Granulator *m* <verf> • granulating machine; granulator
Granulatstreudüse *f* <agri> • granule nozzle
Granulatstreugerät *n* <agri> • granules applicator
Granulattrichter *m* <kst> *(auf Extruder oder Spritzgießmaschine)* • feed hopper; hopper; machine hopper; feeder; material hopper
Granule *npl* <astron> *(in der Photosphäre der Sonne)* • granules *pl*
Granuli *npl* <med> • pillules; pilules
granulieren *vt* <kst> • pelletize *vt* US.GB; pelletise *vt* GB
granulieren *vt* <prod> *(gen.)* • granulate *vt*; grain *vt*
Granuliermühle *f* <verf> • granulating crusher
Granulierpresse *f* <agri> • hay wafering machine; hay waferer
Granulierrinne *f* <verf> • granulating spout
Granulierteller *m* <verf> • pan granulator
granuliertes Schweißpulver *n* <füg> • granular welding flux
Granuliertrommel *f* <verf> • granulation drum
granulometrisch <msr> • granulometrical
Granulozytopenie *f* <med> • granulocytopenia
Granulozytose *f* <med> • granulocytosis
Graph *m* form <doku> *(von Werten; z. B. Linien-, Balken-, Säulen-, Tortendiagramm)* • diagram; graph; chart
Graphentheorie *f* <math> • graph theory
Graphics Interchange Format *n* (GIF) <edv> • Graphics Interchange Format (GIF)

Graphikadapter *m* <edv> • graphics adapter
Graphikanzeige *f* <edv> • graphics display
Graphikarbeitsplatz *m* <edv> • graphics workstation
Graphik-Beschleunigerkarte *f* <edv> • graphics accelerator card; graphics accelerator board; graphics accelerator
Graphikeditor *m* <edv> • graphic-oriented editor; graphics editor
Graphiker *m* <kunst> • graphic artist
Graphikfähigkeit *f* <edv> • graphical capability; graphics capability
Graphikkarte *f* <edv> *(Schnittstelle zw. CPU and monitor)* • graphics card; graphics board; display adapter; graphics adapter; video board *obs*
Graphikplotter *m* <druck/navig> • chart plotter; graphic plotter
Graphikprozessor *m* <edv> • graphics processor
Graphikschnittstelle *f* <edv> • graphics device interface
Graphikterminal *n* <edv> • graphics terminal; visual graphic display
Graphiktreiber *m* <edv> • graphics driver
Graphikverarbeitung *f* <edv> • graphics processing
graphisch aufzeichnen *vt* <doku> • graph-plot *vt*; record graphically *vt*; plot *vt*
graphisch darstellen *vt* <doku> • represent graphically *vt*; graph-plot *vt*
graphische Aktivanzeige *f* <edv> *(Display)* • active graphic display
graphische Anzeige *f* <msr> • graphic display
graphische Autobahn-Darstellung *f* <navig> *(Display)* • graphic highway; moving highway; highway
graphische Bildaufzeichnung *f* <edv> • graphic display
graphische Darstellung *f* <doku> *(von Werten; z. B. Linien-, Balken-, Säulen-, Tortendiagramm)* • diagram; graph; chart
graphische Darstellung *f* <doku> *(allg.)* • diagram
graphische Darstellung *f* <doku> *(mittels Diagramm)* • diagrammatic representation; graphic representation; chart; plot
graphische Darstellung *f* <edv> *(auf einem Display)* • graphic presentation
graphische Darstellung der Signalqualität *f* <navig/tele> *(auf dem Display; als Balken)* • signal strength bar
graphische Daten *pl* <doku> • graphic data
graphische Papiere *npl* <pap.ents> • graphic papers *pl*
graphischer Arbeitsplatz *m* <edv> • graphic workstation
graphischer Bildschirm *m* <edv> • graphics display; graphic display
graphisches Altpapier *n* <pap.ents> • graphic waste paper
graphisches Datenverarbeitungssystem *n* <edv> • computer graphics system
graphisches Kernsystem *n* <edv> • graphical kernel system (GKS)
graphisches Papier *n* <pap> • bond paper
graphisches Plottdisplay *n* <navig> *(Display)* • moving map display (MMD); moving map page; moving map plotter
graphisches Primitivum *n wiss* <edv> • drafting entity; display element; graphic primitive; output primitive; primitive *coll*
graphische Steuerhilfe *f* <navig> *(Display)* • graphic steering guidance; graphic steering indicator; steering indicator
graphische Streckendarstellung *f* <navig> *(Display)* • graphic steering guidance; graphic steering indicator; steering indicator

graphische Symbole für Schemazeichnungen *npl* DIN ISO 14617-1 <doku> • graphical symbols for diagrams DIN ISO 14617-1
Graphit *m* <mat> *(stabilste Form des Kohlenstoffs; hexagonales Kristallgitter, Schichten)* • graphite
Graphit *n* <tribo> *(ein fester Schmierstoff)* • graphite; graphite powder
Graphitanode *f* <el> • graphite anode
graphitausgekleidet <obfl> • graphite-lined; graphite-faced
Graphitbildung *f* <verf> • graphitization; graphite formation
Graphitbürste *f rar* <el> *(in E-Motor oder Generator)* • carbon brush; brush; graphite brush *rare*
Graphitelektrode *f* <el> • graphite electrode; carbon electrode
Graphitfaser *f* <mat> • graphite fiber
Graphitfaser *f* <mat> *(hochfestes, leichtes Verstärkungsmaterial)* • carbon fiber *US*; carbon fibre *GB*; C-fiber *US*; C-fibre *GB*
Graphitform *f* <prod> • graphite mold
Graphitgitter *n* <mat> *(spezielle From des Kohlenstoffgitters)* • graphite lattice
Graphitierung *f* <verf> • graphitization; graphite formation
Graphitierungsofen *m* <verf> • graphitizing furnace
graphitischer Stahl *m* EN 10052 <metall> • graphitic steel EN 10052
Graphitkern-Kabel *n* <kfz.el> *(Zündkabel)* • carbon-core cable
Graphitkörper *m* <energ.sol> • graphite die
Graphitkristall *m* <chem> • graphite crystal
Graphitlamelle *f* <masch> *(z. B. in Stellventilen)* • graphite flake
graphitmoderiert <nukl> • graphite-moderated
graphitmoderierter Reaktor *m* <nukl> • graphite-moderated reactor
Graphitplättchen *npl* <kunst> *(Farbpigment)* • graphite particles
Graphitpulver *n* <tribo> *(ein fester Schmierstoff)* • graphite; graphite powder
Graphitpyrometer *n* <msr> *(z. B. i.d. berührungslosen Hochtemperaturmessung)* • graphite pyrometer
Graphitreaktor *m* <nukl> • graphite-moderated reactor
Graphitsäule *f* <nukl> *(z. B. als Moderator)* • graphite thermal column; graphite column
Graphitschiffchen *n* <chem.verf> *(in der Atomabsorptions-Spektrometrie)* • graphite boat
Graphitschlichte *f* <metall> • graphite facing material; graphite facing
Graphitschmierapparat *m* <tribo> • graphite lubricator
Graphitschmierfett *n* <tribo> • graphited grease
Graphitschmierstoff *m* <tribo> • graphite lubricant
Graphitschmierung *f* <tribo> • graphite lubrication
Graphitschuppe *f* <mat> • graphite flake
Graphitstab *m* <mat> • graphite rod; graphite bar
Graphitstabofen *m* <verf> • graphite-bar electric furnace; carbon-bar electric furnace; carbon-bar furnace
Graphitstift *m* <edv> • electrographic pen; conductive pencil
Graphittiegel *m* <verf> • plumbago crucible; graphite crucible
Graphitwiderstand *m* <el> • graphite resistor
Graphitwiderstandsvollkörper *m* <el> • graphite resistor
Graser *m* <phys> • graser
grasgrün RAL 6010 <obfl> • grass green; bright green
Grashofzahl *f* <therm> *(Wärmeübergang)* • Grashof formula number; free convection number; Grashof number
Graslandfräse *f* <agri> • grassland rotary cultivator

Graslandschar n <agri> • grassland ripper share
Grassämaschine f <agri> • grass seeder
Graszetter m <agri> • grass tedder
Grat m <bau> (zw. zwei Gewölben, an Gurtbogen) • groin
Grat m <bau> (in Kirchturmhelm) • arris
Grat m <geo> (Gebirge; scharfer Kamm) • crest; ridge
Grat m <kst> • flash
Grat m rar <kst> (sehr dünn, flächig; Spritzgießfehler in der Wz-Trennebene) • flash; web; webbing
Grat m <metall> (an Schmiedestücken, Gussteilen; in Gesenk-Trennebene) • flash; fin
Grat m <metall> (an Kanten; nach dem Stanzen, Spanen; unerwünscht) • burr
Grat m <textil> • rib
Grat m <wz> (Verschleißeffekt, z. B. an Drehmeißel) • ridge
gratartige Bindung f <textil> • twill interlacing
Gratbahn f <prod> • fin gutter; flash gutter
Gratbalken m <bau> • pien rafter; piend rafter
Gratbildung f <fz> (Reifenverschleißtyp) • feathering
Gratbildung f <kst> (nur bei Kunststoffen) • flash formation
Gratbildung f <prod> • burr formation
gratfrei <masch> (Verfahren, z. B. Umformen) • burr-free; free from burrs
Grathobeleisen n <wz> • fillister plane iron
gratis <allg> (z. B. Muster, Produktexemplar) • complimentary; free of charge
Gratisexemplar n <tech.allg> (z. B. Produktprobe) • free-of-charge sample
Gratisexemplar n <doku> (z. B. einer Druckschrift) • complimentary copy
Gratlinie f <bau> • piend
Gratlinie f <phys> • edge of regression; regression edge
Gratlinie f <prod> • flash line
gratlos <metall> (nach dem Spanen) • burrless
gratlos <prod> (Schmiede-, Gussteil) • finless; flashless
gratloses Gesenkschmieden n <metall> • flash-free die forging
Gratmulde f <prod> • flash gutter
Gratrille f <prod> • fin gutter
Gratrippe f <kst> • flash
Gratsparren m <bau> • angle rafter; hip rafter
Gratsteg m <prod> • flash web
Gratstein m <bau> • arris stone
Gratziegel m <bau.mat> • arris tile; hip tile
grau <obfl> (Tonwert) • grey US.GB; gray US
Graubild n <av> • grey-level image
grauer Körper m <phys> (Wärmestrahlung) • grey body US.GB; non-selective radiator; non-selective body; grey-body US.GB; graybody US
Grauer Star m <med.opt> • cataract
grauer Strahler m <phys> (Wärmestrahlung) • grey body US.GB; non-selective radiator; non-selective body; grey-body US.GB; graybody US
graues Antimon n <chem> • metallic antimony; gamma antimony
graues Arsen n <chem> • metallic arsenic; gamma arsenic
graues Roheisen n <mat> • grey pig iron US.GB; foundry pig iron; foundry pig; gray pig iron US
graue Strahlung f <phys> • grey-body radiation US.GB; gray-body radiation US
Graufilter m <phot> • neutral-density filter; ND-filter; optic light filter rare
Graugießerei f <prod> • grey-iron casting foundry US.GB; gray-iron casting foundry US
Grauglas-Fernsehbildröhre f <av> • black-face tube
Grauglasscheibe f <av> • black screen

Grauguss m DIN 17006-4 <mat> • grey cast iron US.GB; gray cast iron US
Grauguss... <mat> (in Zusammensetzungen) • grey cast iron ... US.GB; gray cast iron ... US
Graugussgehäuse n <tech.allg> • grey cast housing US.GB; gray cast housing US
Graugussimpfungszusatz m <prod> • inoculant for grey cast iron US.GB; inoculant for gray cast iron US; inoculant
Graugussimpfzusatz m <prod> • inoculant for grey cast iron US.GB; inoculant for gray cast iron US; inoculant
Grauguss-Klotzbremse f <bahn> • grey-cast-iron block brake US.GB; gray-cast-iron block brake US
Grauguss mit Kugelgraphit m <mat> (Kurbelwelle) • ductile cast iron; nodular cast iron
Grauguss mit Lamellengraphit m (GGL) <mat> • grey cast iron US.GB; gray cast iron US
Grauguss mit Vermiculargraphit n (GGV) <mat> • cast iron with vermicular graphite
Graugussnaht f <füg> • grey cast iron weld US.GB; grey iron weld US.GB.pract; gray cast iron weld US; gray iron weld US
Graugussschweißen n <füg> • grey cast iron welding US.GB; grey iron welding US.GB.pract; gray cast iron welding US; gray iron welding US
Graugussstück n DIN 1686-1 <prod> • grey iron casting US.GB; gray iron casting US
Graukeil m <druck> (allg.) • neutral-density wedge; tone wedge
Graukeil m <druck> (in Stufen, typ. in 10%-Schritten) • grey step wedge US.GB; gray step wedge US
Graukeil m <druck> (typ. in 10%-Stufen) • neutral-density step wedge
Graukeil m <opt> • optical wedge
Graukeilphotometer n <opt> • wedge photometer
Graukeilsignal n <av> • staircase signal
Graukeilspektrograph m <opt> • wedge spectrograph
Grauleiter f <opt> • grey scale US.GB; gray scale US
Graumaßstab m <textil> • grey scale US.GB; gray scale US
Graupenerz n <min> • ore in grains
Grauscheibe f <av> • black screen
Grauschleier m <phot> • grey veil of fog US.GB; gray veil of fog US; grey veil US.GB; grey fog US.GB; gray fog US
Grauskala f <opt> • grey-step scale US.GB; gray-step scale US; grey scale US.GB; gray scale US
Grauspießglanz m <min> • antimonite (Sb_2S_3); stibnite; antimony glance; grey antimony
Graustrahler m <phys> (Wärmestrahlung) • grey body US.GB; non-selective radiator; non-selective body; grey-body US.GB; graybody US
Graustrahlung f <phys> • grey-body radiation
Graustufe f <opt> • grey level US.GB; gray level US
Graustufe f <phot> (SW-Fotografie) • shade of grey; tone of grey; grey tone
Graustufen pl <edv> (z. B. von Monitor, LCD Display) • grey shades; grey scales; levels of grey
Graustufenkeil m <druck> (typ. in 10%-Stufen) • neutral-density step wedge
Graustufen-Modus m <edv> • halftone mode
Graustufen-Scannen n <edv> • grey-scale scanning
Grauton m <phot> (SW-Fotografie) • shade of grey; tone of grey; grey tone
Grauwacke f DIN 4047-3 <geo> (feldspathaltiger Sandstein) • greywacke
Grauwert m <phot> (SW-Fotografie) • shade of grey; tone of grey; grey tone
Grauwertbild n <autom> • grey-scale picture US.GB; grey-level picture US.GB; gray-scale picture US; gray-level picture US
Gravidität f <med> • gravidity; pregnancy

Graviditas f <med> • gravidity; pregnancy
gravierend <allg> *(z. B. Fehler, Faktor)* • considerable
Gravierfolie f <prod> • engraving foil
Gravierfräser m <wz> • engraving cutter
Graviermaschine f <wz.masch> • engraving machine
Graviernachformmaschine f <wz.masch> • engraving-type form duplicating machine
Graviernadel f <wz> • engraving stylus
Gravimeter n <msr> • gravity meter; gravimeter
Gravimetrie f <chem> • gravimetric analysis
Gravimetrie f <msr> • gravimetric measurement; gravity measurement; gravimetry
gravimetrische Analyse f <chem> • gravimetric analysis
gravimetrische Bestimmung der Massenkonzentration f VDI2463Blatt1 <msr> *(von Partikeln in der Außenluft)* • gravimetric determination of mass concentration of suspended particles
gravimetrische Einspeisung f <kst> *(von Füllstoffen)* • gravimetric feed
gravimetrisches Prospektieren n <min> • gravity prospecting
Gravitation f <phys> • gravitation; gravitational attraction
Gravitationsbeschleunigung f <phys> • gravitational acceleration
Gravitationsdruck m <astron> • gravitation pressure
Gravitationseinfluss m <phys> • gravitational perturbation
Gravitationsfeld n <phys> • gravitational field; field of gravity
Gravitationsgesetz n <phys> • law of gravitation
Gravitationskollaps m <phys> • gravitational collapse
Gravitationskonstante f <phys> • gravitational constant
Gravitationskraft f form <phys> • gravity; gravitational force; force of gravity; gravitation force
Gravitationslinse f <astron> • gravitational lens
Gravitationspendel n <phys> • gravity pendulum
Gravitationspotential n <phys> • gravitational potential
Gravitationsquanten npl <phys> • gravitational-field quanta
Gravitationsradius m <phys> • gravitational radius; Schwarzschild radius
Gravitationsrollenbahn f <förd> • gravity roller conveyor
Gravitationsstrahlung f <phys> • gravitational radiation
Gravitationsströmung f <phys> • gravity flow
Gravitations-System n <energ.sol> • thermosyphoning system; natural circulation system
Gravitationswechselwirkung f <phys> • gravitational interaction
Gravitationswelle f <phys> • gravitational wave
Gravitationszentrum n <phys> • center of gravity
Graviton n <phys> • graviton
Gravur f <prod> *(Ergebnis)* • engraved plate
Gravur f <prod> *(Verfahren und Ergebnis)* • engraving
Gravur f <prod> *(Vertiefung, z. B. als Formkavität)* • pocket; cavity; recess
Gravurlackieren n <obfl> • gravure coating
Gravurraster m <prod> • engraved screen
Gravurschicht f <druck> • scribe coating
Gravurwalzenauftragmaschine f <druck> • gravure roll coater
Gravurzylinder m <pack> *(Coater)* • gravure cylinder; gravure roll
Gray (Gy) <nukl> *(SI-Einheit der Energiedosis: 1 Gy = 1 J/kg)* • Gray (Gy)
Gray-Code m <msr> • Gray code
Gray-Kode m <msr> • Gray code
Gray-Kode-Generator m <msr> • Gray code generator
Green'scher Abgasvorwärmer m <verf> • Green's economizer

Green Book n <edv> *(Normen)* • Green Book
Green-buried-contact-Zelle f <energ.sol> *(ohne Abschattung)* • laser-grooved buried-grid solar cell (LGBG); buried-grid solar cell; LGBG cell pract
Green salt n <nukl> • uranium tetrafluoride (UF_4); green salt
Greenscher Ekonomiser m <verf> • Green's economizer
Greifbacke f <wz> • gripping jaw
Greifbacke für Werkstücke mit unterschiedlichen Abmaßen f <autom> *(Robotergreifer)* • fingers for grasping different size parts
Greifbereich m <prod> • gripping reach; gripping area; sweep
Greifbereich m <prod> *(Ergonomie)* • reach
Greifeinrichtung f <prod> • gripping device; gripper
Greifeinsatz m <prod> • spade
Greifen n <logist> *(Kommissionieren)* • picking
greifen vi <antr> *(Kupplung)* • take up vi
greifen vt <logist> *(Kommissionieren)* • pick vt
greifen vt <mech> *(fest fassen, umspannen)* • grip vt; grasp vt; catch vt; grab vt; take hold of vt
Greifer m <agri> • strake
Greifer m <autom> *(z. B. an Roboterarm, Handlingautomat)* • gripper
Greifer m <druck> *(z. B. bei Bogen-, Rollenoffsetmaschinen)* • gripper
Greifer m <druck> *(Recorder)* • gripper; clamp
Greifer m <förd> *(Lastaufnahemittel)* • grab; grab bucket
Greifer m <förd> *(Schaufelbagger)* • two-sided bucket
Greifer m <logist> *(Person oder Gerät)* • order picker; picker
Greifer m <textil> • looper
Greifer m prakt <wz> *(z. B. an Roboter)* • gripping device; gripper pract
Greifer m rar <wz> • pick-up tool; retrieving tool US; mechanical finger US; claw pick-up US.rare
Greifer mpl <prod.nahr> *(Speiseeis; Rundgefrierer)* • tongs
Greiferablage f <prod> • gripper delivery
Greiferanlage f <prod> • gripper feed
Greiferanschlag m <prod> • gripper stop
Greiferanschlussflansch m <autom> • gripper fitting flange
Greiferantrieb m <autom> • gripper drive
Greiferarm m <autom> *(bei Pick-and-place-Automaten)* • picker arm
Greiferarm m <autom> *(Manipulator, Roboter)* • gripper arm; outrigger arm
Greiferaufzug m <agri.förd> • hay grab; cable-grab barn hoist
Greiferaufzuganlage f <förd> • cable carrier; rope carrier; cableway
Greiferauslage f <prod> • gripper delivery
Greiferausleger m <prod> • gripper boom
Greiferbacke f <prod> • gripper jaw
Greiferbagger m <bau.masch> *(nass)* • grab-bucket dredger; grab dredger
Greiferbagger m <bau.masch> *(trocken)* • grab-bucket excavator; grab excavator
Greiferbahn f <prod> • shuttle race
Greiferbahn f <prod.autom> *(eines Industrieroboters)* • gripper path
Greiferbrückenkran m <förd> • grab bridge crane; grabbing bridge crane
Greiferfalzapparat m <druck> • gripper folder
Greifer-Falzapparat m <druck> • gripper folder
Greiferfühlelement n <prod> • gripper sensing element
Greiferführungsgetriebe n <prod> • gripper guide transmission; gripper guide gear

Greifergelenk n <prod> • gripper joint
Greiferhaken m <wz> • grappling hook; grappling iron
Greiferhand f <autom> • hand
Greiferharke f <förd> • skip rake
Greiferkante f <druck> (Druckplatte) • gripper edge; gripper area; gripper margin
Greiferkoordinatensystem n <autom> • hand coordinate system
Greiferkopf m <prod> • scissor head
Greiferkopf m <prod.autom> (Roboter) • gripper head
Greiferkran m <förd> • grab crane; grapple crane; grabbing crane
Greiferkübel m <förd> • grab bucket
Greiferlaufkatze f <förd> • grabbing trolley
Greifermaulweite f <förd> • open grab width
Greifer mit Kulissenführung m <autom> • cam-operated hand
Greifer mit selbstausgleichenden Greifbacken m <autom> • gripper with self-aligning finger pads
Greiferprojektil n <textil> • gripper projectile
Greiferrad n <druck> • strake wheel
Greiferrand m <druck> (Druckplatte) • gripper edge; gripper area; gripper margin
Greiferrechen m <verf.hydr> • raked bar screen; rake
Greiferrundwebmaschine f <textil> • circular loom with gripper
Greiferschale f <förd> • clamshell bucket; grab shell; scoop
Greiferschale f <förd> (bei zweischaligen Systemen) • half-scoop; grab-bucket leaf
Greiferschiffchen n <textil> • gripper-projectile; gripper-shuttle
Greiferschützen m <textil> • gripper-projectile; gripper-shuttle
Greiferschützenwebautomat m <textil> • gripper shuttle loom
Greiferschwimmbagger m <bau.mat> • grab dredger
Greiferseil n <förd> • holding cable; holding rope
Greiferstange f <prod> • gripper bar
Greifersteuerung f <prod> • gripper control
Greifertastorgan n <prod> • gripper touching organ
Greifertransportband n <prod.nahr> (Speiseeis) • gripper conveyor
Greiferverschluss m <druck> • gripper seal
Greiferwagen m <förd> • skip carriage
Greiferwebmaschine f <textil> • gripper weaving machine; rapier weaving machine
Greiferwebstuhl m <textil> • gripper loom
Greiferwinde f <förd> • grab winch
Greiferzange f <wz> • gripper nippers
Greiferzuführung f <prod> • gripper feed
Greiffalz m <druck> • gripper fold
Greiffinger m <prod> • grip finger
Greifhaken m <wz> • grappling hook; grappling iron; grapnel
Greifhöhe f form.prakt <logist> (Kommissionieren) • working height; access height
Greifkante f <logist> (Container) • grappler arm lifting area
Greifkraft f <autom> • clamping force
Greifkraftsensor m <autom> • clamping force sensor
Greiforgan n <prod> • grip organ
Greiftiefe f <logist> (Kommissionieren) • workable shelf depth; picking depth
Greifvermögen n <prod> • gripping power
Greifvorrichtung f <led> (Entfleischmaschine) • hook conveyor
Greifwerkzeug n <wz> (z. B. an Roboter) • gripping device; gripper pract
Greifwinkel m <förd> (Greifer) • bite angle; angle of bite

Greifwinkel m <prod> (Walzwerk, Drahtzug, Greifer) • contact angle; entering angle; nip angle; angle of nip
Greifwirkung f <prod> (greifend) • gripping effect
Greifzange f <wz> • gripper tongs; gripping pliers
Greifzange mit Gleitgelenk f norm <wz> (mit Gleitgelenk; allgemein) • multiple slip joint plier ISO 5742; slip joint pliers US; adjustable joint pliers US; multigrip pliers GB; waterpump pliers US
Greifzange mit Rillen-Gleitgelenk f norm <wz> • groove lock pliers US; groove joint pliers US; tongue and groove joint pliers AE.ppsc; channellock pliers AE.ppsc; half moon slip joint pliers BE.form
Greifzeit f <logist> • dwell time
Greifzirkel m <msr> • calipers
Greifzirkel m <wz> (zum Messen von Außenmaßen) • outside caliper; machinists' outside caliper US; outside calliper GB
Greinacher-Schaltung f <el> • Greinacher half-wave voltage doubler
Grenzapertur f <opt> • limiting aperture
Grenzauflösung f <phot> • limiting resolution
Grenzbeanspruchung f <tech.allg> • limit load; limiting load
Grenzbedingung f <math> (z. B. Gleichungssystem) • boundary condition
Grenzbelastung f <tech.allg> • load limit; limit load; limiting load
Grenzbereich m <kfz> (Fahrverhalten) • limit
Grenzdrehzahl f <tech.allg> • limit speed; limiting speed
Grenzdrehzahl f <masch> • maximum speed
Grenzdruckanalyse f <msr> • limit-pressure analysis
Grenze f <allg> (spez. Grenzlinie) • borderline
Grenze f <allg> (z. B. Landesgrenze, Wissensgrenze) • frontier; border
Grenze f <allg> (z. B. der Vernunft) • bound; limit; boundary
Grenze f <phys> (Schwelle) • threshold
Grenzempfindlichkeit f <tech.allg> • limiting sensitivity; threshold sensitivity; ultimate sensitivity
Grenzempfindlichkeit f <msr> • threshold response
Grenzenergie f <phys> • threshold energy
Grenzenliste f <edv> • bound pair list
Grenzen markieren vt <allg> (Umrisse, Flächen, Bereiche) • delimit vt
Grenzen setzen vt <allg> (Umrisse, Flächen, Bereiche) • delimit vt
Grenzertragsböden f <agri> • marginal soils
Grenzerwärmung f <tech.allg> • limit of temperature rise
Grenzfall m <allg> • boundary case; borderline case; limiting case
Grenzfilm m <chem> • interfacial layer
Grenzfläche f DIN EN 1330-4 <akust> (zwischen zwei Medien) • interface
Grenzfläche f <ents> (Schicht) • boundary layer; boundary surface
Grenzfläche f <füg> • bond interface
Grenzfläche f <mat> (Korngrenze) • boundary surface
Grenzfläche f <phys> • interface; interfacial area
Grenzfläche f <phys> (äußere Grenze, Umfassung) • bounding surface
grenzflächenaktiv <chem> (z. B. Waschmittel) • surface-active; interface-active; interfacially active rare
grenzflächenaktiver Stoff m <chem> (in Reinigungsmitteln) • surface-active agent; surfactant; tenside
grenzflächenaktives Mittel n <chem> • surface-active agent; surface-active substance; surface-active compound; surfactant
grenzflächenaktive Stoffe mpl <verf> • materials lowering the interfacial surface tension

grenzflächenaktive Verbindung f <chem> • surface-active agent; surface-active substance; surface-active compound; surfactant

Grenzflächenaktivität f DIN EN ISO 862 <chem> • surface activity

Grenzflächenbarriere f <phys.el> (Halbleiter) • interfacial barrier

Grenzflächenbedingung f <mat> • interface condition

Grenzflächendiffusion f <phys> • interfacial diffusion

Grenzflächendruck m <phys> • interface pressure

Grenzflächeneinfang m <phys> • interface trapping

Grenzflächenenergie f <metall> • interfacial energy

Grenzflächenfilm m <chem> • interfacial layer

Grenzflächenkapazität f <allg> • interface capacitance

Grenzflächenpotential n <phys> • interface potential; boundary potential

Grenzflächenreaktion f <mat> • phase boundary reaction; boundary reaction

Grenzflächenreibung f • boundary-layer friction

Grenzflächenspannung f <phys/chem> • surface tension; interfacial surface tension

Grenzflächenwiderstand m <el> • interfacial resistance

Grenzflächenwinkel m <phys> • interfacial angle

Grenzfrequenz f <akust> • cross-over frequency

Grenzfrequenz f <av> (Frequenz, bei der ein Filter ein Signal um 3 dB abschwächt) • cutoff frequency; cutoff point

Grenzfrequenz f <phys> • cut-off frequency

Grenzgeschwindigkeit f <fz> • limiting velocity

Grenzgewindelehrdorn m <msr> • limit screw plug gauge

Grenzgewindelehre f <msr> • thread limit gauge; limit thread gauge; go/no-go thread gauge; double end gauge; screw thread-limit gauge form.rar

Grenzkohlenwasserstoff m rar <chem> (allg.; gesättigter aliphatischer Kohlenwasserstoff; z. B. Methan, Ethan) • alkane; paraffin coll; paraffin hydrocarbon rare; saturated hydrocarbon rare

Grenzkonzentration f <verf> (allg.; untere und obere) • limiting concentration

Grenzkonzentration f <verf> (höchste) • maximum permissible concentration

Grenzkorn m <bau.mat> • near-mesh grain

Grenzkorn n <ents> • cut size particle

Grenzkorndurchmesser m <verf> • cut diameter; cut size diameter; cut size; cut diameter size; limit screen size

Grenzkorngröße f <verf> • cut diameter; cut size diameter; cut size; cut diameter size; limit screen size

Grenzkreisfrequenz f <el> • angular cut-off frequency

Grenzkurve f <tech.allg> (z. B. Verdichterkennlinie) • limit curve of critical state

Grenzlast f <tech.allg> (betont: höchstzulässig) • maximum load; ultimate load; limit load

Grenzlast f <mech> (betont: Gefahr des Versagens) • critical load

Grenzlastspielzahl f <qualit.mat> (Dauerfestigkeit) • cyclic life; cycles of limit load stressing

Grenzlehrdorn m <msr> • internal limit gauge; plug limit gauge

Grenzlehre f <msr> • limit gauge

Grenzlehrung f <msr> • limit gauging

Grenzleistung f <tech.allg> • power limit; ultimate power; limiting performance

Grenzmaß n <tech.allg> (Dimension allg.) • limiting dimension; limit

Grenzmaß n <tech.allg> (Größe i.e.S., d.h. Länge, Breite usw.) • limiting size; limit

Grenzmaß n <qualit> (z. B. für Warngrenze, Eingriffsgrenze) • dimensional limit; dimensional limits; limits

Grenznutzungsdauer f <qualit> (von Produkten; z. B. von Lkw; die ~ kann auch kurz sein) • longevity

Grenzpflug m <agri> • end-offset-base plough; end-rig plough; headland plough pract.coll

Grenzposition f <tech.allg> • limit position

Grenzpotential n <phys> • boundary potential

Grenzpriorität f <edv> • limit priority

Grenzpunkt m <math> • boundary point

Grenzpunkt m <nukl> • cut-off point

Grenzrachenlehre f DIN 234-1 <msr> • gap limit gauge; external limit gauge; gap gauge "GO and NOT GO"

Grenzrad n <masch> • gear with minimum number of teeth

Grenzregelung f <msr> (Form der adaptiven Regelung) • adaptive control constraint (ACC); adaptive control with constraint

Grenzreibung f <mech.tribo> • boundary friction

Grenzschallpegel m <av> • overload sound pressure level

Grenzschalter m <el> (für Bewegungen; z. B. an Kran, Werkzeugmaschine) • limit switch; overtravel limit switch rare

Grenzschalter m <msr> (Hauptschalter) • main limit switch

Grenzschaufel f <turb> • limit blade

Grenzschicht f <el> (bei Halbleitern) • barrier region; junction region; junction pract; depletion layer; depletion region

Grenzschicht f <phys> (Strömung, Wärmetauscher) • boundary layer; boundary interface; boundary interface layer

Grenzschichtablösung f <phys> • boundary-layer separation

Grenzschichtablösungspunkt m <phys> • separation point

Grenzschichtabsaugung f <phys> (Ablösung verhindern) • boundary-layer suction

Grenzschichtbeeinflussung f <phys> (von Fluidströmungen; z. B. durch Vorflügel am Flugzeug) • boundary-layer control

Grenzschichtbildung f <phys> (Strömung) • boundary-layer development

Grenzschichtgeschwindigkeitsprofil n <phys> (Strömungsquerschnitt) • boundary-layer velocity profile

Grenzschichtkapazität f <el> • junction capacitance

Grenzschicht Kern-Mantel f <opt> (Faseroptik) • core-clad interface

Grenzschichtkühlung f <verf> • boundary-layer cooling

Grenzschichtpotential n <phys> • barrier potential

Grenzschichtrand m <phys> (Strömung) • layer nearest the boundary

Grenzschichtschmierung f <tribo> • boundary lubrication ISO 4378-3; boundary-film lubrication; marginal lubrication; thin-film lubrication; semifluid lubrication

Grenzschichtsteuerung f <phys> (von Fluidströmungen; z. B. durch Vorflügel am Flugzeug) • boundary-layer control

Grenzschichtströmung f <phys> • boundary-layer flow

Grenzschichttheorie f <phys> (Strömungslehre) • boundary layer theory

Grenzschichtumschlag m <phys> • transition from laminar to turbulent flow

Grenzschmieradditiv n <tribo> • boundary additive

Grenzschmiermittel n <tribo> • boundary lubricant

Grenzschmierung f DIN ISO 4378-3 <tribo> • boundary lubrication ISO 4378-3; boundary-film lubrication; marginal lubrication; thin-film lubrication; semifluid lubrication

Grenzschubspannung f <qualit.mat> • maximum induced shear stress

Grenzsignalgeber *m* <msr> • level switch
Grenzspannung *f* <el> • limiting voltage; voltage limit
Grenzspannung *f* <mech> *(z. B. Werkstoffprüfung)* • limiting stress
Grenzstanderfassung *f* <msr> • level detection
Grenzstandserfassung *f* <msr> • level detection
Grenzstandsschalter *m* <msr> • limit switch
Grenzstandüberwachung *f* <msr> • fixed point level detection
Grenzstaubbahn *f* <verf> • limiting streamline
Grenzstaubbeladung *f* <verf> • limiting dust loading
Grenzstellung *f* <doku> *(beweglicher Teile)* • extreme position
Grenzstrahlen *mpl* <phys> • grenz-rays
Grenzstrahlenröhre *f* <med.tech> • grenz tube
Grenzstrom *m* <el> • limiting current
Grenzstrom *m* <el.sich> *(in Sicherungen)* • minimum fusing current
Grenzstromstärke *f* <el.chem> • limiting current
Grenztemperatur *f* <tech.allg> • limiting temperature
Grenztiefe *f* <sport.sich> *(beim Tauchen)* • limit depth
Grenztragfähigkeit *f* <tech.allg> *(z. B. Wälzlager)* • limiting bearing capacity; ultimate bearing capacity
Grenzübergang *m* <mech> *(Kinematik)* • limit transformation
Grenzviskosität *f* <tribo> • intrinsic viscosity
Grenzwelle *f* <phys> • critical wave; cut-off wave
Grenzwellen *fpl* <phys> • intermediate waves
Grenzwellenlänge *f* <phys> *(z. B. Wellenleiter)* • critical wavelength; cut-off wavelength
Grenzwellenlänge *f* <phys> *(für Photoeffekt)* • threshold wavelength
Grenzwert *m* <tech.allg> *(höchster zulässiger Wert)* • maximum permissible value
Grenzwert *m* <tech.allg> *(allg.)* • limit value; limiting value; limit
Grenzwert *m* <kfz.emiss> • emission standard
Grenzwert *m* <pap.ents> • ceiling
Grenzwertanzeiger *m* <qualit> • out-of-limits indicator
Grenzwertbereich *m* <msr> • range limit
Grenzwertbestimmung *f* <tech.allg> *(mathematisch, physikalisch, chemisch)* • determination of the limit
Grenzwerte *mpl* <el> • ratings
Grenzwerte *mpl* <kfz> *(Vorschriften)* • standards *pl*
Grenzwert für Partikel *m* <kfz.emiss> • particulate emission limit
Grenzwertgeber *m* <el.msr> *(allg.)* • trigger
Grenzwertkontakt *m* <el> • limit contact
Grenzwertlämpchen *n* <tech.allg> • limit value diode
Grenzwertmelder *m* <msr> • start selector; starting sensor *US*
Grenzwertregelung *f* <msr> *(Form der adaptiven Regelung)* • adaptive control constraint (ACC); adaptive control with constraint
Grenzwertsatz *m* <math> *(Statistik)* • limit theorem; final-value theorem
Grenzwertschalter *m* <el> • limit value switch; limit switch
Grenzwertüberschreitung *f* <tech.allg> • exceeding of the limit value
Grenzwertüberwachung *f* <msr> • limit monitoring; limit value monitoring; limit control; off-limit check
Grenzwertverletzung *f* <msr> • limit violation; off-limit condition
Grenzwiderstand *m* <el> • limit resistance; boundary resistance; critical resistance
Grenzwinkel *m* <lwl> *(Totalreflexion)* • critical angle; limiting angle
Grenzwinkel *m* <mech> *(Reibungswinkel)* • limiting angle of friction

Grenzwinkel *m* <min> • angle of draw
Grenzwinkel *m* <opt> • critical angle
Grenzzähnezahl *f* <masch> • minimum number of teeth generated without undercut
Grenzzeiger *m* <msr> • limit indicator
Grenzzeit *f* <tech.allg> • time limit
Grenzzone *f* <el> *(bei Halbleitern)* • barrier region; junction region; junction *pract*; depletion layer; depletion region
Grenzzyklus *m* <phys> • limit cycle
Grid and Snap *n ugs.* <edv> • grid and snap; snap and grid; snap on grid points *rare*
Grid-dip-Oszillator *m* <msr> • grid-dip oscillator; grid-dip meter
Griddipper *m* <msr> • grid-dip oscillator; grid-dip meter
Grid-Editor *m* <el.mus> • grid editor
Grieß *m* <av> • snow; hash *US*
grießiges Bild *n ugs* <av> *(auf Bildschirm)* • snowy picture *coll*
Grießkohle *f* <min> *(gröber als Grus; z. B. zur Verbrennung)* • small coal; granular carbon; carbon grain; rubbles
Griff *m* <tech.allg> *(Festhaltefähigkeit)* • grasping power
Griff *m* <tech.allg> *(allg.)* • grip
Griff *m* <tech.allg> *(zum Greifen durch Hand)* • handle
Griff *m* <masch> • handgrip
Griff *m* <mil> *(Waffe)* • grip; stock; butt
Griff *m* <textil> *(Gefühl; eines Fadens)* • handle; feel; sense of touch
Griff *m* <wz> *(Heft; z. B. einer Feile)* • helve
Griff *m* <wz> *(eines Werkzeuges)* • shank
Griffangel *f* <tech.allg> • handle end
Griffbereich *m* <prod> • reach; range of reach
Griffbügel *m* <sport> *(am Pferd)* • pommel
grifffest <obfl> *(z. B. Beschichtung)* • resistant to touch
grifffest <obfl> *(Trocknungszustand nach dem Auftragen)* • touch-dry
Grifffestigkeit *f* <obfl> • film strength
Grifffläche *f* <tech.allg> • gripping surface
griffgerecht <tech.allg> *(in Reichweite)* • easily reached; easy-to-reach
griffgerecht <tech.allg> *(betont: in bezug auf Bedienungsperson)* • in operator's reach
Griffhaltung *f* <mil> *(Art und Weise des Greifens)* • grip
Griffhöhe *f prakt* <logist> *(Kommissionieren)* • working height; access height
griffig <obfl> *(Oberfläche; z. B. Fahrbahn, Tablett, Tisch)* • non-skid; non-slip
griffig <textil> *(Gefühl, haptisch, positiv)* • of good feel; of good handle
griffig <wz> *(z. B. Schleifscheibe)* • open; sharp
Griffigkeit *f* <bau> *(von Straßen)* • non-slip texture; non-skid texture; skidproof texture
Griffigkeit *f* <bekl> • grip
Griffigkeit *f* <obfl> *(haptisch)* • feel
Griffigkeit *f* <obfl> *(z. B. Autoreifen, Bodenbelag, Schuhsohlen etc.)* • non-skid property
Griffigkeit *f* <pap> • handle; feel
Griffigkeit *f* <verk> *(der Fahrbahnoberfläche)* • skid-resisting property; skid resistance; nonskid property; pavement grip
griffig machen *vt* <led> • sharpen *vt*
Griff in die Kiste *m* <autom> *(als Roboterproblem)* • bin-picking problem
Griffleiste *f* <bau> *(vertikales Schiebefenster)* • lift rail
Griff mit Gleitstück *m* <wz> *(für Steckschlüsseleinsätze)* • sliding T-handle; slide bar handle; T-handle; sliding T-bar; T-slide
Griffolive *f* <bau> • handle
Griffplatte *f* <bau> *(Schließbeschlagabdeckung)* • escutcheon plate

Griffrepetierer m <mil> *(mit Geradezugverschluss)* • pistol-grip repeater; grip repeater

Griffrohr n <wz> *(am Schweißbrenner)* • tip

Griffrückensicherung f <mil> • grip safety

Griffschale f <mil> *(typ. Holz oder Kunststoff)* • grip plate

Griffschalenschraube f <mil> • grip screw; stock screw

Griffschalter m <phot> *(in Haltegriff zum Aktivieren der Belichtungsmessung)* • grip senswitch

Griffseite f <bau> • handle side

griffseitiges Flügelprofil n :V <bau> *(Drehflügel)* • lock stile

Griffsicherung f <mil> • grip safety

Griffsicke f <pack> *(SOT-Deckel-Nomenklatur)* • finger well

Griffstange f <bahn> • grab iron

Griffstange f <fz> *(Fahrrad)* • handle bar

Griffstellung f <tech.allg> • handle position

Griffstück n <mil> *(einer Faustfeuerwaffe)* • frame; receiver

Griffstücksicherung f <mil> • grip safety

Griffstück-Vorderseite f <mil> *(z. B. gecheckert)* • frontstrip

Griffteil n <allg> • gripping surface

Griffüberzug m <mil> • hand-cover

Griffweite f DIN ISO 5742 <wz> *(Greifzange)* • width ISO 5742

Griffwinkel <mil> • grip angle

Griffzeit f <prod> • handling period

Grignardreaktion f <chem.verf> • Grignard synthesis; Grignard reaction

Grill m ugs <kfz> • radiator grille; grille *coll*

grindig <led> *(Hautfehler)* • scabby

Grip f prakt <wz> *(allg.)* • locking pliers; vise grip pliers *US*; vise grips *US.coll*; grip wrench *GB*; self-grip pliers/wrench *GB.form*

Grip m <bekl> • grip

Grip m ugs <kfz> *(Reifen)* • wheel grip; road adhesion *thsc*; roadholding *coll*

Grippe f <med> • influenza; flu *coll*

Gripzange f <wz> *(allg.)* • locking pliers; vise grip pliers *US*; vise grips *US.coll*; grip wrench *GB*; self-grip pliers/wrench *GB.form*

Gripzange f <wz> *(mit speziellen Spannbacken)* • locking clamp; self-grip clamp *GB*

Gripzwinge f <wz> • locking bar clamp

grob <allg> *(z. B. Kost, Manieren, Schätzung)* • rough

grob <tech.allg> *(im Ggs. zu fein)* • coarse

grob <nahr> *(Speiseeisfehler)* • coarse; grainy; spiny; ice pellets

grob abgestimmt <av> • flat-tuned

Grobabstimmung f <av> • flat tuning; coarse tuning

Grobabstimmung f <mot> *(z. B. Rennwagenmotor)* • main tuning

Grobabtastung f <av> • coarse scanning

Grobätzung f <obfl> • macroetching

grob bearbeiten vt <prod> • rough-machine *vt*; rough *vt*

grob bearbeiten vt <prod> *(Steine)* • boast *vt*

Grobbearbeitung f <prod> • rough machining

grob behauen vt <prod> *(Steine)* • boast *vt*

Grobbewegung f <autom> • coarse motion

Grobblech n <mat> *(Dicke in D > 4,75 mm; in USA > 6 mm; bis ca. 300 mm)* • plate

Grobblechrichten n <metall> • plate straightening

Grobblechrichtwalze f <wz.masch> • plate straightening rolls

Grobblechschweißen n <füg> • plate welding

Grobblechwalzwerk n <metall> • plate-rolling mill; plate mill

Grobbrechen n <verf> • coarse crushing

Grobbrecher m <nukl> • primary crusher

Grobbrecher m <verf> *(z. B. Gestein)* • coarse crusher; primary crusher

grobdispers <mat> • coarse-disperse

Grobdrahtzug m <metall> *(Oberbegriff: Gleitziehen)* • coarse wire draw; coarse wire drawing

grob einstellen vt <prod> • rough-position *vt*

Grobeinsteller m <msr> • preset control

Grobeinstellung f <tech.allg> *(z. B. Maschine, Vorrichtung)* • coarse setting

Grobeinstellung f <tech.allg> *(Anpassung)* • coarse adjustment; rough adjustment

Grobeinstellung f <opt> *(Schärfe)* • coarse focusing *US*; coarse focussing *GB*

Grobeinstellung f <prod> • flat adjustment

grobe Rechnung f <math> *(Kalkulation; z. B. Kostenvoranschlag)* • rough estimate

grober Hieb m <wz> *(Feile)* • coarse cut

grober Liner m <pap> • rough liner

grober Titer m <textil> • coarse titer *US*; coarse titre *GB*

Grobes absieben vi <verf> • riddle *vt*

grobe Stoffe mpl <ents> • coarse material

grobes Vorgarn n <textil> • coarse roving; slubbing

grobfaserig <mat> • coarse-fibered

Grobfeile f <wz> • coarse file

Grob-Fein-Regelung f <msr> • coarse-fine controller action; coarse-fine action

Grobflyer m <textil> • slubbing machine; slubbing frame

grobgängig <masch> *(Gewinde, Schnecke)* • coarse-thread

Grobgefüge n <mat> • macrostructure

Grobgewinde n <masch> • coarse screw thread

Grobgewinde n <masch> *(allg.)* • coarse-pitch thread; coarse thread

Grobgewindereihe f <masch> • coarse screw thread series

Grobgut n <mat> *(z. B. i.d. Aufbereitung)* • coarse material; coarse fraction

Grobgut n <mat> *(z. B. Hackschnitzel)* • oversize chips

Grobgut n <mat> • oversize material; oversize product

Grobhieb m <wz> • coarse cut

grobjähriges Holz n <obfl.holz> • coarse textured wood; wood of coarse grain

Grobjustierung f <lwl> • coarse adjustment

Grobkeramik f <silik> *(meist einseitig glasiert)* • earthenware; heavy clay ware *rare*

Grobkies m <bau.mat> • coarse gravel; pebble gravel

Grobklassierung f <verf.mat> • coarse sizing

grobkörnig <mat> *(Kristallstruktur, Gefüge (z. B. Stahl))* • coarse-grain; coarse-grained

grobkörnig <min> • coarse

grobkörnig <nahr> *(Speiseeisfehler)* • coarse; grainy; spiny; ice pellets

grobkörnige Emulsion f <phot> • coarse-grain emulsion; coarse-grained emulsion

grobkörniger Kies m <bau.mat> • coarse gravel; pebble gravel

grobkörniges Gefüge n <mat> • coarse-grain structure; coarse-grained structure

Grobkörnigkeit f <mat> *(Kristallstruktur, Gefüge (z. B. Stahl))* • coarse graininess; coarseness

Grobkohle f <min> *(klassierte Kohle; Körnungsbereich 6/10/30 bis 80/100/120 mm)* • large graded coal

Grobkoks m <verbr> • lump coke

Grobkorn n <tech.allg> *(Kristallstruktur, Gefüge, Film, Foto etc.)* • coarse grain

Grobkorn n <mat> *(zu großes Material)* • oversize material; oversize product; screen oversize

Grobkornbereich m <ents> • coarse particle category; coarse grain category

Grobkorngefüge n <mat> • coarse-grained structure
Grobkornglühen n DIN 17014 <metall> (z. B. von Stahl (um einen brüchigen Schwerspan zu erzielen)) • coarse-grain annealing; coarse grain annealing
Grobkrempel f <textil> • breaker card
grobkristallin <mat> • coarse-crystalline; macrocrystalline
grobkristalline Struktur f <obfl> • coarse-crystalline structure; coarse crystalline structure
Groblängenänderungsaufnehmer m <qualit.mat> • high range extensometer; high elongation extensometer; high extension extensometer; high range extensometer
Grobmahlen n <verf> • coarse grinding; primary grinding; raw grinding
grobmaschig <tech.allg> (Geflecht, Gewebe) • wide-meshed; large-meshed
Grobmessung f <msr> • approximate measurement; coarse measurement
grobnarbig <led> • coarse-grained
grobporiges Holz n <obfl.holz> • wood of open grain
grob positionieren vt <prod> • rough-position vt
Grobpositionierung f <tech.allg> (z. B. Regalfahrzeug) • coarse positioning; rough positioning
Grobquerverstellung f <prod> • transverse coarse adjustment
Grobraster m <druck> • coarse screen
Grobrechen m <ents> • rake
Grobrechen m <verf.hydr> • coarse screen; coarse bar screen; coarse rack
Grobregelung f <msr> • coarse control
Grobregler m <msr> • preset control
Grobreinigung f <verf.hydr> (Wasser) • preliminary cleaning; coarse cleaning; coarse screening; precleaning
Grobrichten n <kfz.rep> • bumping out; roughing out
grobringiges Holz n <obfl.holz> • coarse textured wood; wood of coarse grain
Grobsand m <bau.mat> • coarse sand; grit
Grobschleifschnitt m <prod> • rough-grinding cut
Grobschlichten n <prod> • rough finishing
Grobschmieden n <prod> • rough forging
Grobschmutz m <ents> • coarse debris
Grobschotter m <mat> • coarse-crushed stone
Grobschroten n <agri> • cracking
grobschüssig <textil> • coarse-weft
Grobsieb n <verf> • coarse sieve; riddle; scalper
grobsieben vt <verf> • riddle vt; scalp vt
Grobsiebung f <verf.hydr> • coarse screening
Grobsortieren n <verf> • coarse grading; coarse sorting; coarse classifying; coarse material screening; coarse screening
Grobsortierer m <verf> • coarse screen
Grobsortierung f <ents> • crude sorting
Grobspinnmaschine f <textil> • stretcher
Grobsplitt m <mat> • coarse stone chippings; broken stone
Grobspule f <textil> • bobbin for slubbing and roving
Grobstaub m DIN ISO 4225 <ents> (Feststoffteilchen mit einer Korngröße von > 10 µm) • grit ISO 4225; coarse particulates; coarse dust particles; coarse dust; dust
Grobstich m <led> • coarse stitching
Grobstoff m <pap> • rejected stock; groundwood rejects; screen rejects; tailings
grobstollig <fz> (Reifen) • knobby
Grobstraße f <metall> • roughing train
Grobstrecke f <prod> • first drawing frame
Grobstruktur f <mat> • macrostructure
Grobstrukturuntersuchung f <mat> (z. B. mittels Röntgenstrahlen) • industrial radiography
Grobstrukturuntersuchung f <qualit.mat> • macrostructure examination

grobstückig <tech.allg> (z. B. Kies, Kohle) • lumpy
grobstückig <min> (z. B. Kohle, Erz, Gestein) • coarse
Grobtrieb m <tech.allg> (einer Einstellung) • coarse adjustment
Grobtrieb m <tech.allg> (Bewegung allg.) • coarse motion
grobtropfig <füg> • large-globule
Grobtyp m <textil> • coarse type
Grobvakuum n <phys> • low vacuum; rough vacuum
grobverzahnt <antr> (Getriebe) • coarse-toothed
grobverzahnter Zahnradsatz m <masch> • coarse-pitch gear set
Grobverzahnung f <masch> (eines Zahnrads) • coarse-pitch
Grobvorschubreihe f <norm> (Teilmenge genormter Vorschubreihen) • coarse-feed series
Grobvorspinnen n <textil> • slubbing
Grobwalzen n <metall> • roughing-down; roughing
Grobwalzstraße f <metall> • roughing-down train; blooming train
Grobwalzwerk n <metall> • heavy-section mill; roughing-down mill
Grobwaschmittel n <verf> • heavy-duty detergent
grobzahnig <masch> • coarse-toothed
Grobzerkleinerung f <ents> • coarse shredding; coarse comminution; rough shredding; coarse grinding; coarse crushing
Grobzerleger m <opt> • predisperser
Grobzug m <prod> (Durchziehen (Drahtziehen)) • bull block; roughing block
Grobzuschlag m <bau.mat> • coarse aggregate; ballast
Grobzuschlagstoffe mpl <bau.mat> • coarse aggregate; ballast
Grobzustellung f <wz.masch> • coarse feed
Größe f <allg> (räumlich, wirkungsbezogen) • dimension
Größe f <tech.allg> (Abmessungen insgesamt; z. B. einer Maschine) • dimensions; size
Größe f <tech.allg> (Ausmaß, Ausdehnung) • extent
Größe f <astron> (von Sternen) • stellar magnitude; magnitude
Größe f <autom> (Stell-/ Steuergröße) • variable
Größe f <msr> (die zu messende physikalische Größe) • measurand ISO 10012-1; quantity; variable; measured variable; measured parameter
Größe f DIN 1313,5485 <phys> • quantity
Größe f <phys> (einer Größenart) • value
Größe f <phys> (Menge/Ausmaß) • magnitude
Größe der Aufspannplatten f <prod> • size of clamping platens
Größe des Abtastpunktes f <edv> • spot size; scan spot size
Größe des Bildausschnitts f <opt> (von Kameras, Objektiven) • picture angle; shooting angle
Größenart f <phys> • physical quantity
Größenbereich m <tech.allg> • size range; magnitude range
Größenbereich m <navig> • range scale
Größenbezeichnung von Bekleidung f DIN EN ISO 3635 <bekl.msr> • size designation of clothes ISO 3635
Größeneffekt m <phys> • size effect
größengenau <tech.allg> • accurately sized; precisely sized; true to size; dead to size
größengleich <tech.allg> • identical in size
Größengleichung f DIN 1313 <phys> (unabhängig vom Einheitensystem) • quantity equation; dimensional equation
Größenklasse f <astron> (von Sternen) • stellar magnitude; magnitude
Größenklasse f <phys> • magnitude

Größenordnung f <math> • order of magnitude
größenregulierbarer Stehkragen m <bekl> • adjustable stand up collar
Größenunterschied m <allg.tech> • difference in size; variation in size
Größenverteilung f <qualit> • size distribution
Größenwandler m <edv> • quantizer
größer dimensioniert <tech.allg> *(betont: größere Abmessungen)* • upsized
größte Amplitude f <edv.av> • peak-to-peak amplitude; peak amplitude; peak-to-peak
größte Blende f <phot> • maximum aperture
größte Drehlänge f <wz.masch> • maximum turning length; length between centers
größter anzunehmender Störfall m <nukl> • maximum credible accident (MCA)
Größter Anzunehmender Unfall m (GAU) <nukl> • Design Basis Accident (DBA); maximum credible accident
größter Augenblickswert m norm <av> • peak value stand
größter Ausschlag m did.rar <phys> *(Größtwert einer sinusförmigen Größe; maximaler Schwingungsausschlag)* • amplitude *DIN IEC 50*
größter Bohrdurchmesser m <wz.masch> *(beim Vollbohren)* • boring capacity
größter Bohrdurchmesser m <wz.masch> *(beim Aufbohren)* • drilling capacity
größter Drehdurchmesser m <wz.masch> • maximum swing
größter Fräsdurchmesser m <wz.masch> • maximum milling diameter
größter gemeinsamer Teiler m <math> • highest common divisor
größter Gesamtdurchhang m <tech.allg> *(z. B. Freileitung, Tragseil)* • maximum total sag
größter Haltestrom m <el> • limiting no-damage current
größter Schaltabstand m EN 60947 <allg> • maximum operating distance *EN 60947*
größte Schwingungsamplitude f <phys> • peak-to-peak amplitude
größtes Einfallen n <geo.min> • full dip
größte Spannungsschwankung f <edv.av> • peak-to-peak amplitude; peak amplitude; peak-to-peak
größte und kleinste Werte mpl <tech.allg> • maximum and minimum values
Größtintegration f <el.ic> • very large-scale integration (VLSI)
Größtmaß n <norm> • maximum size
Größtspiel n <masch> • maximum clearance
Größtwert m <tech.allg> • maximum value
Größtwert m norm <av> • peak value stand
Gro-Lux-Leuchtstoffröhre f ^{TM} <licht> • actinic type tube; plant light; actinic bulb; actinic tube
Gro-Lux-Röhre f ^{TM} <licht> • actinic type tube; plant light; actinic bulb; actinic tube
Groove n <edv/av> • pregroove; groove
groß <allg> *(voluminös)* • big
groß <allg> *(Anzahl)* • great
groß <allg> *(z. B. Abmessungen; Format, Fläche)* • large; large-size; large-sized
groß <tech.allg> *(sperrig, voluminös; z. B. Maschine, Frachtstück)* • bulky
groß <tech.allg> *(umfangreich; z. B. Auftrag)* • large-scale
groß <licht.theat> • wide
groß <nahr> *(Wein)* • great; big; distinguished
Großanlage f <verf> • large scale plant
Großantenne f <tech.allg> *(z. B. Radioastronomie)* • giant aerial
Großballenpresse f <agri> • big baler

Großbaum m <nav> • main boom
Großbaustelle f <bau> • large-scale building site
Großbildprojektion f <kino> • large-screen projection
Großbildschirm m <av> *(Fernsehgerät)* • wide-screen
Großblechteil n <kfz> • full panel; full section
Großblock m <bau.mat> • large-sized block
Großblockbauweise f <bau> • large block construction; large-sized block construction
Großbohrloch n <petr> • large-diameter hole
Großbohrpfahl m <bau> • large-diameter bored pile
Großbuchstabe m <doku.druck> • upper case letter; upper case letter
Großdampferzeuger m <energ.therm> • utility steam generator; utility boiler
großdimensioniert <tech.allg> • large
Großdocke f <textil> • giant batch; large fabric batch; large fabric roll
Großdockenaufwickler m <textil> • batching machine; batcher *pract*
Großdrehmaschine f <wz.masch> • heavy-duty lathe; heavy lathe; large lathe
große Achse f <math> *(einer Ellipse)* • major axis
große Aufmachungseinheit f <werb> • jumbo package
große Auswahl an <pap> • broad range of
große Inspektion f <rep> • service major
Großeisengleichrichter m <el> • steel tank rectifier
großer Anfangsbuchstabe m <doku> • capital letter; majuscule; capital
großer Anfangsbuchstabe m <druck> • initial capital
großer Buchstabe m <doku.druck> • upper case letter; upper case letter
großer Gang m <kfz> *(Getriebe)* • high gear
grosser Koaxial-Crimpanschluss m <el> • bulkhead crimp coaxial connector
großer Kopf m <füg> • large head
großes Differentialantriebskegelrad n <antr> • differential axle-drive bevel gear; differential master gear
großes Pleuelauge n <kfz.mot> • connecting rod big end; big end *coll*; crank pin end *GB*; bottom end *ISO 7967-2*; crankshaft end
großes Signal n <el> • high-level signal
großes Tele n ugs <phot> • long telephoto lens; extreme telephoto lens; long telephoto *coll*
großes Teleobjektiv n <phot> • long telephoto lens; extreme telephoto lens; long telephoto *coll*
große Störspitzen fpl <phys> • large-amplitude spikes
großes Zentralrad n <kfz.antr> *(im Planetenradsatz)* • internal gear; internal ring gear; annulus gear; ring gear
Großfeldaufnahme f <astron> • wide-field photograph
Großfeldbestrahlung f <nukl.med> • broad-beam irradiation
Großfeldmessung f <nukl> • broad-beam measurement
Großfeldokular n <opt> • wide-field eyepiece
Großfertigung f <prod> • large-scale production
Großfeuerung f <verbr> *(allg.)* • large combustion plant
Großfeuerungsanlage f <energ> *(Kraftwerk)* • fossil power plant *US*; fossil fuel power generating plant *US*; fossil fuel power generating station *GB*
Großfeuerungsanlage f <verbr> *(allg.)* • large combustion plant
Großfeuerungsanlagenverordnung f (GFAVO) <verf> *(SO$_2$)* • Order Concerning Large Firing Installations
Großfeuerwerk n <spreng> • professional fireworks
Großfeuerwerkskörper m <spreng> • explosive device for professional fireworks
Großfläche f <werb> • board reserved for one single advertiser
Großflächenbolometer n <phys.msr> • surface bolometer

Großflächenfernsehen n <av> • picture-on-the-wall television

Großflächensender m <tele> • wide-coverage transmitter

großflächig <allg> • large; large-area

großflächig <kfz> (z. B. Verglasung, Stoßfänger, Flankenschutz) • generously sized :V

großflächiger Kontakt m <tech.allg> • large-area contact

großflächiges Drucken n <textil> • blotch printing; blotch print

großflächiges Leder n <led> • large-area leather; spready leather

Großformat n (VLF) <druck> (Druckplattenformat) • very large format (VLF); 16up format size; 16up

Großformat-Belichter m <druck> (Recorderformat) • very large format-recorder; 16up-platesetter

Großformatfilm m <phot> • large-size film

Großformatgarnkörper m <textil> • large package

großformatig <tech.allg> • large-size; large-sized

großformatig <phot/pap> • of large format; of large size; large-format

Großformatkamera f <phot> • whole-plate camera

Großformat-Recorder m <druck> (Recorderformat) • very large format-recorder; VLF-recorder; 16up-recorder; very large format-platesetter; VLF-platesetter

Großgüterwagen m <bahn> • high-capacity wagon

Großhändler m <ökon> • wholesaler; wholesale trader; wholesale dealer; distributor; jobber US

Großintegration f <edv> • large-scale integration (LSI)

Großintegration f <el.ic> (von Schaltkreisen) • large-scale integration (LSI)

Großintegrationsschaltung f <edv> • large-scale integrated circuit; LSI circuit

großintegrierter Festkörperschaltkreis m <edv> • large-scale integrated circuit (LSIC)

Großkalibermunition f <mil> • centre fire ammunition; large bore ammunition

Großkaliberprothese f <med.tech> (alloplastische Gefäßprothese) • large bore prosthesis; large caliber graft

großkalibrig <prod> • heavy-calibre

großkalibrige Prothese f <med.tech> (alloplastische Gefäßprothese) • large bore prosthesis; large caliber graft

großkalibriges Bohrloch n <prod> • large-diameter hole

Großkessel m <verbr> • large-size boiler

Großkiste f <logist> • pallet box

Großkontinent m <geo> • megacontinent

Großkraftwerk n <energ> • large-scale plant; central power station; large-scale station; superpower station

Großkreis m <astron> (Himmelskreis) • colure

Großkreis m <geo> • great circle (thsc)

Großkreis m <navig> • great circle

Großkreiselbrecher m <verf> • great centrifugal breaker

Großkühlturm m <verf> • large cooling tower

Großlautsprecher m <av> • high-power loudspeaker

Großleistungszentrifuge f <verf> • high-capacity centrifuge

Großlochbohrmaschine f <wz.masch> • large-hole drill

Großlosfertigung f <prod> • large-lot production

großmaßstäblich <tech.allg> • large-scale

Großnetz des "Very Large Array" n <astron> • Very Large Array

Großpackung f <nahr> (Speiseeis) • catering product; catering container Nestlé; catering ice cream; bulk container

Großpflaster n <bau.mat> • large cobbles

Großpflasterdecke f <bau> • large-block pavement; large-sett pavement

Großplatte f <bau.mat> • large-sized panel

Großplattenbau m <bau> • large-panelled structure; panellized structure

Großplattenbauweise f <bau> • large-panel construction; large-panel system; large-panel method

großporig <mat> • large-pored; macroporous

großporiges Holz n <obfl.holz> • wood of open grain

Großprivatwald m <holz> • large private forests

Großrad n DIN 868 <masch> • gear

Großraum m <tech.allg> • metropolitan area

Großraumbehälter m <logist> • container

Großraumbeurteilung f <nukl> • reconnaissance

Großraumbunker m <logist> • large-bulk bunker

Großraumbus m <nfz> • high-capacity bus; large-capacity bus

Großraum-Caravan m <kfz> • static caravan

Großraumgärverfahren n <nahr.verf> • bulk champagnization

Großraumgüterwagen m <bahn> • large-capacity wagon

Großraum-Kesselwagen m <bahn> (ein- oder mehrdomig) • high-capacity tank car

Großraumkipper m <nfz> • high-capacity load dump truck; off-the-road dump truck pract.coll

Großraumlimousine f form <kfz> (Mehrzweckauto auf Pkw-Basis) • multi-purpose vehicle (MPV) US; mini-van; multi-purpose van, MPV; space wagon advert; people carrier

Großraumschrank m popw <logist> • vertical carousel form, pract; paternoster pract; storage carousel US

Großraumspeicher m <edv> • bulk memory; bulk store; file store; bulk storage

Großraumspeicher m <logist> • large-capacity store

Großraumwagen m <bahn> (für Personen) • main line saloon coach; open saloon coach DB

Großraumwagen m <bahn> (für Güter, gedeckt) • high-capacity box car; high-capacity mine car

Großraumwasserversorgung f <hydr> • district water supply

Großrechner m <edv> • mainframe computer; mainframe pract

Großringverbindung f <chem> • large-ring compound

Großrundfunksender m <av> • high-power broadcasting station

großrundige Kimm f <nav> • round bilge; easy bilge

Großrundstrickmaschine f <textil> • large diameter circular weft knitting; large-diameter knitting machine

Großscholle f <geo> (Tektonik; Scholle, Einheit, Block) • plate; slab

Großschollen-Tektonik f <geo> • plate tectonics

Großschot f <nav> • main sheet; sheet

Großschotblock m <nav> • main sheet block; sheet block

Großserie f <prod> • large lot; large batch

Großserienarbeit f <prod> • long-run repetition work

Großserienauto n <kfz> • mass-produced car; volume car

Großserienfertigung f <prod> • large-scale production; mass production; high-volume production; large-volume production; quantity production

Großserienhersteller m <prod> • high-volume manufacturer

Großserienteile npl <tech.allg> (aus Massenfertigung) • mass-production parts

Großsignaltransistor m <el> • large signal transistor

Großsignalverstärkung f <tele> • large-signal amplification; large-signal gain

Großsilo m <logist> • giant store

Großspeicher m <edv> • mass memory

großstückig <mat> • blocky; lumpy

Großtagebau m <min> • large-scale open cut

Großtanker m <nav> • supertanker

Großtankstelle f <kfz> (z. B. mit Waschanlage, Reifendienst) • service station; gas station; petrol station

großtechnisch <tech.allg> • industrial-scale; large-scale

großtechnisch <prod> *(im Ggs. zu Laborbedingungen, z. B. Verfahren, Prozess)* • commercial
großtechnische Anlage f <tech.allg> • industrial plant
großtechnische Fertigung f <prod> • industrial-scale production
großtechnische Herstellung f <prod> • industrial-scale factory production
großtechnisches Verfahren n <tech.allg> • large-scale process; industrial process
Großteileregal n *prakt, press* <logist> • wide span shelving *US*; long-span shelving *GB*; bulk storage shelving *US*
Großverbrauchersortiment f <nahr> *(Speiseeis)* • catering product; catering container *Nestlé*; catering ice cream; bulk container
Großverbraucherware f <nahr> *(Speiseeis)* • catering product; catering container *Nestlé*; catering ice cream; bulk container
Großverbrennungsanlage für unbehandelten Müll f :V <ents> *(US-Klassifikation von MVA)* • mass burn unit; mass-fired unit; mass-firing system
Großverfahren n <verf> *(Prozess)* • industrial process
Großverfahren n <verf> *(Methode)* • industrial processing
Großvergrößerung f <phot> • giant enlargement
Großversuch m <tech.allg> • large-scale test; full-scale test
Großvieh n <led> • cattle
Großviehanhänger m <nfz> • cattle trailer
Großviehhaut f (GVH) <led> • hide
Großviehtransportanhänger m <nfz> • cattle trailer
großvolumig <kfz.mot> *(Motor)* • large-displacement
Großwandprojektion f <kino> • large-screen projection
Großwerkstückbearbeitung f <prod> • machining of large workpieces
Großwinkelkorngrenze f <mat> • large-angle grain boundary
großzügige Platzverhältnisse npl <kfz.innen> • plenty of room
Großzyklon m <chem.verf> • large-diameter cyclone
Ground-Effects-Paket n *werb* <kfz> *(Spoiler, Schürzen etc.)* • ground effects package; body styling kit
Ground-Plane-Verfahren n <av> • ground plane method
Groundwood n <pap.ents> • stone groundwood; groundwood pulp
Grubber m <agri> • grubber; field cultivator; cultivator
Grubberegge f <agri> • drag harrow
Grube f <ents> *(Abfalldeponie)* • trench landfill
Grube f <ents> • pit
Grube f *ugs* <min> • mine; pit
Grube f <min> *(Kohlebergwerk)* • colliery
Grube f <prod> *(z. B. Gießen)* • pit
Grubenäscher m <led> • pit lime
Grubenausbau m <min> • mine support
Grubenbahnhof m <min> *(unter Tage)* • mine sidings
Grubenbahnhof m <min> *(über Tage)* • mine station
Grubenbahnhof m <min> *(Tagebau)* • yard
Grubenbau m <min> • underground excavation; underground working; mine opening
Grubenbewetterung f <min.hlk> • mine ventilation
Grubenbrand m <min> • mine fire
Grubenfeld n <min> • mining claim; claim; mining field; mine field
grubenfeucht <min> *(betont: frisch abgebaut)* • freshly mined; freshly quarried
grubenfeucht <min> *(nass; z. B. Kohle)* • pit-moist
Grubenformerei f <prod> • pit molding
Grubengas n <min> *(Methan)* • firedamp; mine gas
Grubengasabsaugung f <min.hlk> • firedamp drainage
Grubengebäude n <min> • mine workings; mine openings; underground workings

Grubengerbung f <led> • pit tannage
Grubenglühen n <metall> • pit annealing
Grubenhobelmaschine f <min> • pit planing machine; pit planer
Grubenholz n <min> • mine timber; mine-opening support timber *rare*
Grubenhunt m <min> • mine waggon; mine lorry; mine car; tramcar; tram
Grubenkies m <min> • pit gravel; pit ballast
Grubenklima n <min.hlk> • mine air; mine climate
Grubenkohle f <min> • run-of-mine coal
Grubenlampe f <min> • miner's lamp; mine lamp; Wolf safety lamp
Grubenlokomotive f <min.bahn> • mine locomotive; mining locomotive
Grubenlüfter m <min> • mine ventilating fan; mine fan *pract*
Grubenraum m <min> • working area
Grubenrettungsstelle f <min> • mine rescue station; mine rescue center
Grubenrevier n <min> • mining district
Grubenriss m <min> • mine map
Grubenröste f • pond retting
Grubensalzung f <led> • pit curing; vat curing *US*
Grubensand m <min> • pit sand
Grubenstempel m <min> • pit prop; mine prop
Grubenventilator m <min> • mine ventilator; mine fan *pract*
Grubenverbau m <min> • pit lining
Grubenverfüllung f <min> • abandoned-mine filling :V
Grubenvermessung f <min> • mine surveying
Grubenwagen m <min> • mine haulage car; underground car; mine car; car
Grubenwasserhaltung f <min> • mine drainage
Grubenwetter pl <min> • mine air
Grudekoks m <verbr> • low-temperature coke; granular coke
Grübchen n <obfl> *(z. B. in Wälzlagern)* • pit
Grübchen bilden vt <obfl> *(durch Verschleiß)* • pit vt
Grübchenbildung f <kfz.el> *(bei Unterbrecherkontakten)* • pitting; contact erosion; burning
Grübchenbildung f DIN ISO 4378-2 <obfl> *(durch Verschleiß, z. B. in Gleitlagern)* • pitting ISO 4378-2
Grübchenkorrosion f <obfl> • pitting corrosion
grün <allg> • green
grün <nahr> *(Wein)* • green; unripe
grün <nahr> • fresh
Grünbleierz n <min> • pyromorphite; green lead ore
Grünchromatierung f <obfl> • chromating process for green coatings
Gründeldruck m <textil> • blotch printing
Gründifferenzsignal n <av> • green color difference signal; green-minus-luminance color difference signal; G-Y; G-Y signal
Gründung f <admin> *(von Kammern, Vereinigungen)* • establishment
Gründung f <bau> • foundation; footing
Gründung f <bau> *(eher bei Tiefbau und tiefgegründeten Bauwerken)* • groundwork
Gründungsbauwerk n <bau> • foundation structure; substructure groundwork
Gründungskörper m <bau> • foundation structure
Gründungspfahl m <bau> • foundation pile
Gründungsplatte f <bau> • foundation raft; foundation slab
Gründungsrost m <bau> • grillage foundation
Gründungsschwelle f <bau> • grade beam
Gründungssockel m <bau> • foundation structure
Gründungssohle f <energ.hydr> • foundation base level; base

Gründungstiefe f <bau> • depth of foundation
Gründungswanne f <bau> • tank
Gründung von festen Plattformen im Meer f <petr>
• foundation of platforms
grüne Elektronik f <el> • green electronics
grüne Haut f <led> • green hide
Grüneisenerz n <min> • dufrenite; green iron ore
Grüneisen-Konstante f <phys.therm> • Grüneisen constant; Grüneisen gamma
grüne Karte f <mil> • green card
grünempfindlich <phot> • green-sensitive
Grüner Punkt m <pap.ents> (Umweltzeichen) • Green Dot
grüner Strom m <energ> (erzeugt in alternativen Kraftwerken) • green electricity
grünes Leimleder n <led> (ungekälkt) • green glue stock; green fleshings pl
Grüne Welle f <verk> (z. B. bei 50 km/h) • tuned traffic lights pl US; synchronized traffic lights pl US; linked signals
Grünfäule f <bio> • green rot
Grünfestigkeit f <qualit.mat> (z. B. Kautschuk) • green strength
Grünfilter n <phot> • green filter
Grünflächen anlegen vi <agri> • lay out green spaces vi
Grünform f <prod> • green-sand mold
Grünfutterhäckselkette f <agri> • green-forage chopping chain
Grünfutterlader m <agri> • green-crop loader
Grüngewicht n <led> • green weight; drop weight
Grünglas nsg <ents> • green glass
Grüngusssand m <prod> • green molding sand
Grünkeil m BMW <kfz> • windshield sunshield US; sun shield; top tints; top stripe rare; graduated tints pl
Grünkörper m <keram> (Keramikmasse vor dem Sintern) • greenbody :V; ceramic molded part prior to sintering
Grünlanderneuerung f <agri> • pasture renovation
Grünlaugenklärtank m <pap> • green liquor clarifier
grünlich-gelb <nahr> (Wein) • pale yellow-green
Grünling m <nukl> • green pellet; green compact
Grünlingsdichte f <nukl> • green pellet density
Grünmalz n <nahr> • green malt
Grünmasse f <led> • green weight
Grünsand m <prod> • green sand
Grünspan m <obfl> (Kupferpatina) • verdigris
Grünstandfestigkeit f <qualit.mat> • green strength
Grünzeitverteilung f <verk.msr> (der Lichtsignalsteuerung) • allocation of green time
Grund m <allg> (Grundlage) • base; basis
Grund m <allg> (Ursache) • cause; reason
Grund m <bau.geo> (Boden) • soil; ground
Grund m <led> • daub
Grund m <led> (Haut) • scud; scurf
Grund m <masch> (Gewinde) • root
Grund m <navig> (als Bezugsfläche, -ebene) • ground (GND)
Grund m <textil> (nur von vorn sichtbarer Faden) • ground
Grund m <verf> (z. B. einer Bohrung) • bottom
Grundabgleich <allg> • basic adjustment; set the range; basic setting
Grundablass m <energ> (Wehr, Staudamm) • ground sluice; dewatering conduit; bottom outlet
Grundablass m <verf> • bottom drainage
Grundabmaß n <norm> • basic size
Grundadresse f <edv> • base address
Grundanstrich m <obfl> • ground coat; primary coat
Grundanstrich m ISO 4618/1 <obfl> (betont: die erste, unterste Schicht) • primer coat; priming coat ISO 4618/1; undercoating paint; undercoat pract; primer pract

Grundanstrichfarbe f <obfl> • priming paint; primer
Grundanweisung f <edv> • basic statement
Grundarbeitsgang m <verf> • basic operation
Grundarbeitsweise f <verf> • fundamental mode of operation
Grundausführung f <tech.allg> • basic construction; basic design
Grundausführung f <tech.allg> (z. B. Kraftfahrzeug) • basic model
Grundausführung f <tech.allg> • basic structure
Grundausleger m <förd> • basic jib
Grundausrüstung f <tech.allg> • basic equipment
Grundausrüstung f <edv> • basic hardware
Grundausschluss m <druck> • standard spacing
Grundbacke f <wz.masch> • master jaw; actual jaw; sliding jaw
Grundbahn f <mech> (Kinematik) • elementary path
Grundbahn f <pap> • basic mat
Grundbalken m <bau> • ground beam
Grundband n <phys> • baseband
Grundbande f <phys> • fundamental band
Grundbau m <bau> • foundation engineering; soil engineering
Grundbaustein m <tech.allg> • basic element; basic building block; basic unit; basic module
Grundbefehl m <edv> • basic instruction
Grundbestandteil m <tech.allg> • basic component; basic constituent; basis
Grundbestandteil m <tech.allg> (größter, Hauptbestandteil) • main constituent
Grundbestandteil m <obfl> • body matter
Grundbetriebssystem n <edv> • basic operating system
Grundbeziehung f <allg> (Wissenschaft: Beziehungen zwischen Begriffen) • basic relationship
Grundbezugsebene f <tech.allg> • basic reference plane
Grundbindung f <textil> • standard weave; elementary weave; plain weave
Grundbindungsart f <textil> • primary structure
Grundblatt n <druck> • drawsheet
Grundbohrung f rar <masch> • blind hole; bottoming hole
Grundbohrung f <prod> • bottomed hole; blind bore; blind hole
Grundbohrungsgewinde n <füg> • blind-hole thread
Grundbrand m <obfl> • firing of ground coat enamel; fusing of ground coat enamel
Grundbrett n <phot> • baseboard
Grundbruch m <bau> • bearing capacity failure
Grundbruch m <geo.mech> (Bodenmechanik) • rotational slide; breach
Grundbuchse f <prod> (Sitz für Einsatzbohrbuchse) • liner bushing
Grundbuchse f <prod> (Bohrvorrichtung) • master bushing; permanent bush; neck bush
Grundchemikalie f <chem> • key chemical
Grunddatei f <edv> • basic data file; basic file
Grunddienstbarkeit f <jur> • right-of-way
Grunddrehzahl f <wz.masch> • base speed
Grunddreieck n rar <masch> • fundamental triangle; sharp V profile; basic triangular profile rare
Grundebene f <tech.allg> (z. B. V ermessung; CAD, CIM; Mathematik) • reference plane; plane of co-ordinates; plane of reference
Grundebene f <bau> (für Höhenmaße) • datum level
Grundebene f <edv> (von opt. Speichermedien; z. B. CDs) • land; mirror surface; reflective surface; space; flat area
Grundebene f <mat> • basal plane
Grundeigenschaften fpl <pap> • basic properties
Grundeinheit f <allg> • basic unit

Grundeinheit f <phys> • fundamental unit
Grundeinstellung f <allg> • basic adjustment; set the range; basic setting
Grundeis n DIN 4049-3 <geo> • anchor ice
Grundelement n <tech.allg> • fundamental element; basic element
Grundelement n <edv> (grundlegende Bildelemente; z. B. Punkt, Linie, Quadrat, Kreis, Würfel) • primitive; output primitive; graphic primitive; display element
Grundemail n <obfl> • ground coat enamel; ground enamel
Grundemailbrand m <obfl> • firing of ground coat enamel; fusing of ground coat enamel
Grundentstörung f <el> • basic interference suppression
Grundfaden m <textil> • back yarn
Grundfaden m <textil> (beim Plattieren) • ground thread
Grundfadenleger m <textil> • ground guide
Grundfarbe f DIN 16508 <druck> (Gelb, Cyan, Magenta) • primary color; primitive color; primary
Grundfarbe f DIN 5021 <kunst> (beim Malen; Karminrot, Ultramarinblau, Gelb) • primary color; primitive color; primary
Grundfarbe f <obfl> (als Untergrund) • priming paint; primer
Grundfarbton m <obfl> (Farbtonbestimmung) • mass tone
Grundfehler m <qualit> • intrinsic error
Grundfeld n popw, prakt <logist> (Regal) • starter bay
Grundfelge f <kfz> • rim base; base rim
Grundfläche f <bau> • floor area; floor space
Grundfläche f <math> • base area
Grundfläche f <opt> • cardinal plane
Grundform f <tech.allg> (geometrisch) • basic shape; basic form
Grundform f <tech.allg> (Typ, Art) • basic type
Grundformat n <allg> (allg.) • basic format
Grundformat n <norm> (Papier) • basic sheet size
Grundformatierung f ugs <edv> (von Festplatten) • low-level formatting US.GB
Grundformel f <chem> • fundamental formula
Grundfraktion f <petr> • primary fraction
Grundfrequenz f stand. <edv.av> • carrier frequency; fundamental frequency stand.; original frequency
Grundfrequenz f <phys> • fundamental frequency; first harmonic
Grundfrequenz f <tele> • basic frequency
Grundfunktion f DIN 19237 <msr> (Signalverarbeitung) • basic logic function
Grundgarn n <textil> • backing yarn
Grundgas n <licht> • starting gas
Grundgebirge n <geo> • basement rock; basement complex; basement
Grundgelenkviereck n <mech> (Kinematik, Getriebelehre) • basic four-bar linkage
Grundgerät n <tech.allg> • basic device
Grundgerät n <msr> (eines Sysrems) • basic instrument
Grundgeräusch n • background noise
Grundgeräusch n <edv.av> • background noise; background hiss
Grundgeräuschpegel m • background noise level
Grundgerüst n <petr> (Bohrinsel) • substructure
Grundgesamtheit f <math> (Statistik) • parent population; universe; infinite population
Grundgesamtheit f DIN 55350-14 <math> (Statistik) • universe; parent population; population
Grundgeschwindigkeit f <aerospace> • ground speed
Grundgesetz n <phys> (Naturwissenschaft: Physik, Chemie usw.) • fundamental law; basic law
Grundgestell n <masch> • basic frame
Grundgewebe n <textil> • ground texture; backing cloth

Grundgewinde n <masch> • blind-hole thread; blind tapped hole; bottoming tapped hole; threaded blind hole
Grundgewindebohrer m <wz> • bottom tap
Grundgewindebohrer m <wz> • bottoming tap; finishing tap; final tap; plug tap set of 2; blind-hole tap
Grundgewirk n <textil> (allgemein) • ground structure
Grundgewirk n <textil> (für Spitze undGardinen, auf Raschelmaschinen hergestellt) • mesh structure
Grundgitter n <mat> • matrix lattice; fundamental lattice; host lattice
Grundgleichung f <math> • fundamental equation; basic equation
Grundgröße f <phys> (im Ggs. zu abgeleiteten Größen) • basic quantity
Grundgruppe f <tele> • basic group
Grundgruppenumsetzer m <tele> • basic group translator
Grundhelligkeit f <edv> • fundamental brightness
Grundhelligkeit f <licht> • background brightness
Grundhieb m <wz> • overcut
Grundhobel m <bau.masch> • ground plane; plough plane GB; router pract
Grundholz n <obfl.holz> • carcass wood; main wood
Grundieranstrich m <obfl> • primer; prime coat
Grundierbad n <obfl> • primer bath
Grundieren n <obfl> (Vorgang) • priming; prepainting
grundieren vt <obfl> • prime vt; prepaint vt; apply primer vi; bottom vt
Grundierfarbe f <obfl> (als Untergrund) • priming paint; primer
Grundierfarbe f <obfl> • primer; prime coat
Grundierfarbe f <textil> • bottoming dyestuff
Grundiermasse f <obfl> (allg.) • priming compound; primer
Grundiermasse f <obfl> (Ausgleichsmasse zum Auffüllen von Unebenheiten) • sizing material
Grundierschicht f <obfl> (betont: die erste, unterste Schicht) • primer coat; priming coat ISO 4618/1; undercoating paint; undercoat pract; primer pract
grundiert <obfl> • primed
Grundierung f <obfl> (betont: die erste, unterste Schicht) • primer coat; priming coat ISO 4618/1; undercoating paint; undercoat pract; primer pract
Grundierung f <obfl> (betont: alle unteren Schichten, Grundlage für den Decklack) • undercoat; foundation coat; base coat
Grundierung f <obfl.holz> • priming; sizing
Grundierungsbad n <obfl> • primer bath
Grundierungslack m <obfl> (Lackmaterial für Grundierungen) • primer paint
Grundierungsmittel n <obfl.holz> • priming agent; primer
Grundierungsschicht f <obfl> (betont: die erste, unterste Schicht) • primer coat; priming coat ISO 4618/1; undercoating paint; undercoat pract; primer pract
Grundierungstrockner m <obfl> • primer oven; prime-coat drier
Grundierweiß n <kunst> • priming white; primacryl gesso Schmincke; gesso pract
Grundkalibrierung f <pap> • installation calibration
Grundkapazität f <el> • basic capacity
Grundkette f <textil> • ground warp; back warp
Grundkode m <edv> • basic code
Grundkörper m <tech.allg> • carcass; framework
Grundkörper m <edv> (3D-Grafik, CAD; Quader, Kugel, Zylinder, Kegel, Torus) • basic solid
Grundkörper m <mat> • backing material
Grundkörper m <prod> • body
Grundkörper m <wz> • structure
Grundkörperkonstruktion f <wz> • structural design

Grundkörperschwingung f <wz> • structural vibration
Grundkomponente f <phys> • basic component; fundamental component; base component
Grundkonstante f <phys> • fundamental constant
Grundkreis m <tech.allg> • fundamental circle
Grundkreis m DIN 3998 <antr> (Verzahnung) • base circle
Grundkreisdurchmesser m DIN 3998 <masch> (Zahnradgetriebe) • base diameter
Grundkristall m <mat> • host crystal
Grundkupfer n <druck> • copper base
Grundlack m <obfl> (Material) • base coat paint; base paint
Grundlack m <obfl> (betont: alle unteren Schichten, Grundlage für den Decklack) • undercoat; foundation coat; base coat
Grundlack m <obfl> (Schicht einer Nicht-Metallic-Zweischichtlackierung) • base coat; base coat finish
Grundlack auf Wasserbasis m <obfl> • water-borne basecoat
Grundlackschicht f <obfl> • base coat
Grundlackschicht f <obfl> (Schicht einer Nicht-Metallic-Zweischichtlackierung) • base coat; base coat finish
Grundlagenzeichnung f <doku> (gibt ein bestimmtes Entwurfsstadium wieder) • base drawing
Grundlast f <el> • base load; baseload
Grundlastkraftwerk n <energ> • base load power station; base load station; base-load plant
Grundlastwerk n <energ> • base load power station; base load station; base-load plant
Grundlatte f <bau.innen> • main joist
Grundlattung f <bau.innen> • main joists pl
Grundleerlauf m <kfz.mot> (bei betriebswarmem Motor) • curb idle speed form
Grundleerlauf-Gemischregulierschraube f <kfz.mot> • curb idle adjusting screw
Grundlegebarre f <textil> • ground guide bar
grundlegendes Ein-/Ausgabesystem n rar <edv> • Basic Input-Output System (BIOS)
Grundlegeschiene f <textil> • ground guide bar
Grundleiterplatte <msr> • master board; mother board
Grundlinie f <doku> (im Aufriß von Zeichnungen, Bauplänen) • datum line
Grundlinie f <geo> (Bezugslinie; z. B. bei Vermessung) • base line
Grundlinie f <math> (geometrische Figur, Schaubild) • base; bottom line; base line
Grundloch n <masch> • blind hole; bottoming hole
Grundlochaufbohren n <prod> • blind-hole boring
Grundlochgewinde n <masch> • blind-hole thread; blind tapped hole; bottoming tapped hole; threaded blind hole
Grundlochgewindebohrer m <wz> • bottom tap
Grundlösung f <el.chem> • supporting electrolyte solution; background electrolyte solution; base electrolyte solution
Grundlösung f <math> • fundamental solution
Grundmaschinentyp m <masch> (einer Baureihe, Familie) • basic machine type
Grundmaß n <msr> • module
Grundmaß n <norm> (z. B. genormte Profile) • basic size; basic dimension
Grundmasse f <mat> (Legierung) • base
Grundmasse f <mat.geo.nukl> • matrix
Grundmaterial n <mat> (allg.) • parent material
Grundmauer f <bau> • foundation wall
Grundmesssystem n <msr> • basic measuring system
Grundmetall n <füg.metall> (beim Schweißen) • base metal
Grundmetall n <mat> (einer Legierung) • main metal; base metal; parent metal

Grundmetall n <mat> (als Matrix) • matrix metal
Grundmetall n <obfl> (für Beschichtungen, Überzüge) • base metal; substrate metal; metallic substrate; underlying metal coll
Grundmischung f <kst> • basic compound; base stock; masterbatch
Grundmode f <phys> • fundamental mode; dominant mode
Grundmodell n <tech.allg> (z. B. Kraftfahrzeug) • basic model
Grundmodell n <tech.allg> (z. B. einer Baureihe) • basic model; basic type
Grundmodell n <prod> (erstes Präzisionsmodell; z. B. auf Basis eines Tonmodells oder von CAD-D) • master model; grand master pattern; master pattern; master form
Grundmolekül n <chem> (allg.) • fundamental molecule; base molecule; structural element
Grundmolekül n <chem> (eines Polymers) • repeating unit
Grundnetzsender m <av> • basic transmitter
Grundniveau n <geo> • ground level
Grundniveau n <nukl> • normal energy level; normal level; fundamental level
Grund- oder Füllkette f DIN ISO 2424 <textil> (Teppich) • stuffer yarns ISO 2424
Grundöl n <allg> • crude oil
Grundöl n DIN ISO 4378-3 <tribo> • base oil ISO 4378-3; base [fluid]; base stock
Grundölschnitt m <tribo> • lube oil cut; lube cut; lube stock; fraction
Grundoperation f <tech.allg> • fundamental operation
Grundoperation f <chem> • unit operation
Grundoperation f <edv> • basic operation
Grundoszillogramm n <kfz.el> • reference ignition pattern
Grundplatine f <msr> • master board; mother board
Grundplatte f <tech.allg> (allg.) • base plate
Grundplatte f <tech.allg> (betont: ganz unten) • bottom plate
Grundplatte f <bau> (Fundament; Beton) • foundation plate; foundation slab; foundation raft; base slab
Grundplatte f <ents> (Kläranlage) • sole plate; bearing plate
Grundplatte f prakt <kfz.el> (ganz unten im Verteiler, unbeweglich) • distributor baseplate; subplate pract
Grundplatte f <kst> • base plate
Grundplatte f <masch> (von Maschinen) • base plate; bedplate
Grundplatte f <masch> (betont: Last tragend) • bearing plate
Grundplatte f <masch> (betont: Basis für die Montage) • mounting base; mounting plate
Grundplatte f <min> • sole piece; sole plate
Grundplatte f <mot> (im Kurbelgehäuse) • bedplate
Grundplattenbauweise f <förd> • long-coupled design
Grundpolieren n <obfl.holz> (2. Arbeitsgang beim Handpolieren) • bodying-in
Grundpreis m <kfz> • basic price; base price
Grundprofil n <bau.innen> • main bar :V; longitudinal bar :V
Grundprofilzahnfräser m <wz> • full-profile tooth hob
Grundprozess m <chem> • unit process
Grundquelle f DIN 4049-3 <geo.hydr> (Quelle im Gewässerbett unterhalb der Wasseroberfläche) • bottom spring
Grundrahmen m <förd> • base frame
Grundrahmen m <fz> • matrix case
Grundraster m • basic grid
Grundrauschen n <edv.av> • background noise; background hiss

Grundrechnungsart f <math> • fundamental operation; fundamental arithmetic

Grundregel f <tech.allg> • fundamental rule; basic rule

Grundregelgröße f <msr> • basic control variable

Grundreibahle f <wz> • bottoming reamer

Grund-Resonanzfrequenz f form <av> • resonant frequency; critical frequency

Grundring m <masch> • internal spring ring; inner spring ring

Grundring m <masch> (Dichtung) • neck ring

Grundriss m <aerospace> • planform

Grundriss m <bau> (Gebäude) • layout; floor plan

Grundrissansicht f ugs.rar <doku> (technische Zeichnung) • top view; plan view; top plan view

Grundrissebene f <doku> • ground projection plane

Grundrisskartierung f <doku> • planimetric mapping

grundsätzlich <allg> • generally; in principle

Grundschaltbild n <el> • elementary circuit diagram; basic circuit diagram

Grundschaltung f <el> • basic network

Grundschiene f <kfz.rep> (Teil des Karosseriemesssystems) • base rail

Grundschlitten m <wz.masch> • subbase

Grundschrägungswinkel m <masch> • base helix angle

Grundschuss m <textil> • binding pick; back weft

Grundschwingung f <akust> • fundamental tone; fundamental sound; first harmonic

Grundschwingung f <phys> (allg.) • fundamental component; fundamental oscillation; fundamental harmonic; first harmonic; fundamental

Grundschwingungsform f <phys> • fundamental mode; principal mode; dominant mode

Grundschwingungsquarz m <phys> • fundamental crystal

Grundschwingungszahl f <phys> • fundamental frequency

Grundspiel n <masch> (Gewinde) • root clearance

Grundstärke f <kfz> (von Reifen) • undertread

Grundstein m <bau.mat> • foundation stone

Grundstellung f <tech.allg> (z. B. Messgerät, Werkzeugmaschine) • normal position

Grundstellung f <msr> (numerische Steuerung) • go-home position

Grundstellung f <prod> (Anfangsstellung) • initial position

Grundstellung f <textil> (Ruhestellung) • rest position

Grundstoff m <chem> • key chemical

Grundstoff m <prod> • parent substance

Grundstraffer m <druck> • drawsheet

Grundstrahl m <navig> • carrier line

Grundstrahlung f <astron> • background radiation

Grundströmung f <hydr> • bottom current; undertow

Grundstrom m <el.chem> • residual current; background current (AE)

Grundstück n <bau.fin> • land; real estate; site; plot of land; property

Grundstückseinfahrt f <verk> (zu einem Gebäude etc.) • driveway

Grundstücksentwässerung f <bau> • building drainage; site drainage; sanitation of buildings; sewerage

Grundstücksvermessung f <msr> • metes and bounds survey

Grundsymbol n <norm> • basic symbol

Grundteilungsfehler m <masch> (Verzahnung) • adjacent base pitch error

Grundton m <akust> • fundamental tone; fundamental sound; first harmonic

Grundton m <phot> (eines Schichtträgers) • base tint

Grundträger m MB <kfz> (Dachtraversen) • top carriers pl; carrying bars pl; roof bars pl Jaguar

Grundtuch n <textil> • back cloth

Grundtyp m <tech.allg> (z. B. einer Baureihe) • basic model; basic type

Grundtyp m <phys> • fundamental mode

Grundübergruppe f <tele> • basic supergroup

Grundübertragungsdämpfung f <tele> • basic transmission loss

Grundumfang m DIN ISO 3309 <edv> • basic repertoire ISO 3309

Grundumsatzmessgerät n <med> • basal metabolism apparatus; metabolometer

Grundvarianten pl f <allg> • options

Grundverbindungsart f • basic joint

Grundversion f <kfz> (eines Fahrzeugmodells) • base version; stripped version

Grundviskosität f <tribo> • intrinsic viscosity

Grundwasser n <geo> (allg.) • ground water; subsoil water; underground water; subsurface water

Grundwasser n <hlk> (in Brunnenbohrungen; z. B. für Wärmepumpen) • well water

Grundwasser absenken vi <bau> • lower the ground water vt

Grundwasserabsenkung f <bau> (von Tagebaugelände, Baugruben) • ground-water lowering

Grundwasserbelastung f <ökol> • ground-water load

Grundwasserblänke f <geo> • ground-water pond

Grundwasserfassungsanlage f <bau> • ground-water intake

Grundwasserhebung f <verf> • artificial rise of the ground-water level; rise of the ground-water level

Grundwasserschutz m <ents> • groundwater protection

Grundwassersohlschicht f <geo> • ground-water confining bed

Grundwasserspeicherraum m <geo> • ground-water zone of saturation; zone of saturation; water-bearing bed

Grundwasserspiegel m <geo> • ground-water level; ground-water table; subsoil water level; water table

Grundwasserspiegelganglinie f <geo> • hydraulic profile

Grundwasserspiegelgefälle n <geo> • water-table gradient

Grundwasserströmung f <geo> • ground-water flow; underflow

Grundwasserverschmutzung f <ökol> • groundwater contamination

Grundwasser-Wärmepumpe f <hlk> • water source heat pump; water-based heat pump

Grundwasserwärmepumpe f <hlk> • water source heat pump; water-based heat pump

Grundwelle f <phys> (allg.) • fundamental component; fundamental oscillation; fundamental harmonic; first harmonic; fundamental

Grundwellenanteil m <phys> • fundamental component

Grundwellendämpfung f <phys> • fundamental frequency attenuation

Grundwellenlänge f <phys> • fundamental wavelength

Grundwerk n <bau> (Gleis, Straße) • foundation; substructure; groundwork

Grundwerk n <pap> (Holländer) • bedplate; dead plate

Grundwerk n <pap> • bowl

Grundwerkstoff m <füg> (beim Schweißen, Löten) • parent metal

Grundwerkstoff m <füg.metall> (beim Schweißen) • base metal

Grundwerkstoff m <mat> (allg.) • parent material

Grundwerkstoff m <mat> (als Basis für Beschichtungen etc.) • base material; basis material; substrate thsc

Grundzahl f <math> • base

Grundzahl f <math> (z. B. eins, zwei) • cardinal number

Grundzahl f <math> • radix
Grundzahlkomplementkode m <edv> • radix complement code
Grundzahlschreibweise f <edv> • radix notation
Grundzeichensatz m <edv> • standard character set; standard code set
Grundzeit f <edv> • basic time
Grundzeit f <prod> • machining time; productive time; cutting time
Grundzug m • basic feature
Grundzug m <therm> • bottom flue
Grundzustand m <tech.allg> • normal state; ground state
Grundzustand m <astron> (eines Energieniveaus) • ground level
Grundzustand m <nukl> • basic term; ground term; fundamental state
Grundzylinder m DIN 3998 <antr> • base cylinder
Gruppe f <allg> • group
Gruppe f <chem> (Periodensystem) • family
Gruppe f <edv> (als Einheit zusammengefasste Bildelemente) • display group; segment; block
Gruppe f <edv> • group; block
Gruppe f <el> (z. B. Widerstände, Spulen) • component family
Gruppe f <fz> (Fahrrad; Komponentenpaket) • group; component group; groupset
Gruppe f <mil> (kleinste Militäreinheit) • group
Gruppe f <mil> (von Geschützen) • battery
Gruppe f <prod> • gang
Gruppen, die an der Sanierung beteiligt sind fpl :V <ents> • cleanup community
Gruppen fpl <astron> • groups pl
Gruppenabsicherung f <el> • group fusing
Gruppenadresse f <msr> • group address
Gruppenanalyse f <chem> • group analysis
Gruppenanordnung f <wz> • arrangement in groups; arrangement in sets; grouping pract
Gruppenanruf m <tele> • multiparty call
Gruppenantrieb m <antr> • group drive
Gruppenantrieb m <theat> • simultaneous drive
Gruppenanzeige f <edv> • group indication
Gruppenbearbeitung f <prod> • group machining method; group technology
Gruppenbildung f <prod> • component family formation
Gruppenbildung f <tele> • trunking
Gruppenbondanlage f <el> • gang bonding system
Gruppencharakteristik f <tele> • array factor
Gruppendiffusionsmethode f <nukl> • group diffusion method
Gruppendruck m <druck> (Methode) • group printing
Gruppendrucken n <druck> (Vorgang) • group printing
Gruppeneinschiebevorrichtung f <silik> • gang stacker
Gruppeneinteilung f <chem> • group separation
Gruppenfolgesteuerung f <min> • bank control; batch control
Gruppenfrequenz f <el> • group frequency
Gruppengeschwindigkeit f <phys.tele> • group velocity; envelope velocity
Gruppenkennung f <tech.allg> • group identification
Gruppenklassierung f <prod> • group grading
Gruppenkode m <edv> • group code
Gruppenlaufzeit f <phys.tele> • group delay; envelope delay
Gruppenlaufzeitmesser m <msr> • group delay meter
Gruppenlaufzeitmessplatz m <msr> • group delay test assembly
Gruppenlaufzeitverzerrung f <el> • group delay distortion

Gruppenmethode f <edv> • digit-at-a-time method
Gruppenmethode f <nukl> • group-diffusion method; multigroup method
Gruppenmodulation f <el> • multiple modulation
Gruppenmodulation f <tele> • group modulation
Gruppenoperation f <math> • group operation
Gruppenreagens n <chem> • group reagent
Gruppenresistenz f <agri> • field resistance
Gruppenschalter m <el> • group switch; gang switch
Gruppenschalthebel m <kfz> • gear range lever
gruppenspezifisch <bio> • group-specific
gruppenspezifisches Antigen n <bio> • group-specific antigen
Gruppenstart m <aerospace> • formation take-off
Gruppensteller m <licht.theat> • master
Gruppensteuerung f <msr> (allg.) • group control
Gruppensteuerung f <wz.masch> • multimachine tool control
Gruppensteuerungsebene f <logist> • equipment control level
Gruppenstrahler m DINEN1330-4 <qualit.mat> (Ultraschallprüfung) • transceiver array probe
Gruppentheorie f <math> • group theory
Gruppenumsetzer m <tele> • group translator; group modulator
Gruppenverbindungsplan m <tele> • trunking diagram
Gruppenverstärker m <el> • group amplifier
Gruppenverteiler m <tele> • group distribution frame
Gruppenverzahnung f <wz> (z. B. Fräser) • interrupted toothing
Gruppenverzögerung f <el> • group delay
Gruppenvoreinstellungspanneel n <licht.theat> • preset levers pl; preset
Gruppenvorrichtung f <wz> • component family fixture
Gruppenvorwähler m <kfz.agri> • speed preselector
Gruppenwähler m <tele> • group selector; selector repeater
Gruppenwähler für Fernverkehr m <tele> • group selector for trunk traffic
Gruppenwähler für Schnellverkehr m <tele> • group selector for no-delay service
Gruppenwechsel m <edv> • group control change
Gruppenwechselschrift f <edv> • group-coded recording
Gruppenzähler m <msr> • batch counter
Gruppe von Bauteilen f <tech.allg> • group of parts
Gruppe von zwei Bits f <edv> • dibit
gruppieren vt <tech.allg> (zusammensetzen in Sätzen; z. B. Werkzeuge, Abbildungen) • group vt; gang vt
gruppierte Leitung f <edv> • gang-switch line
Gruppierung f <allg> • grouping
Gruppierung f <tech.allg> • arrangement
Gruppierung f <tech.allg> (z. B. von Bauteilen, Beeten, Bäumen, Gebäuden) • layout
Gruppierung f <edv> • group; block
Gruppierung f <edv> (als Einheit zusammengefasste Bildelemente) • display group; segment; block
Gruppierung f <prod> • component family formation
Gruppierung f <tele> • trunking
Grus m <geo> • grit
Grus m <mat> (z. B. Kohlen~) • breeze
GS <edv.mus> • General Synthesizer Standard (GS); General Standard; GS standard
GS-geprüft <qualit> • safety-tested
GSM <tele> (900 MHz und 1800 MHz für D- bzw. E-Netz) • Global System for Mobile communication (GSM)
GS-Standard m <edv.mus> • General Synthesizer Standard (GS); General Standard; GS standard
GS-Synthesizer m <edv.av> • GS synthesizer

GS-Trafo m <el> *(zur Spannungsänderung eines Gleich-stroms)* • DC-DC converter; DC to DC converter; DC transformer

GS-Verfahren n <obfl> *(anodische Oxidation)* • sulfuric acid anodizing

GSX-Verfahren n <obfl> • sulfuric-acid oxalic-acid ano-dizing

GU <ökon> • main contractor; general contractor; prime contractor

Guanin n (G) <bio> *(Molekularbiologie)* • guanine (G); base

Guanosin n <bio> *(Nukleosid von Guanin)* • guanosine

Guard Period f <tele> • Guard Period (GP)

Guargummi m <nahr> *(Stabilisator)* • guar gum (E 412)

Guarkernmehl n (E 412) <nahr> *(Stabilisator)* • guar gum (E 412)

Guarmehl n <nahr> *(Stabilisator)* • guar gum (E 412)

Guaschmalerei f <kunst> *(Maltechnik)* • gouache

Guckbühne f ugs. derog. <theat> • picture-frame stage; picture stage

Guckkastenbühne f <theat> • chariot-and-pole-system; chariot-wing-system; carriage-and-frame-system; wing-and-border-system

GUD <energ> • gas and steam turbine plants

GuD-Anlage f <energ> *(Gas/Dampf)* • combined gas and steam turbine generating plant

Guedeltubus m <med.tech> • oro-pharyngeal airway

Gülle f <agri> *(organisch)* • dung

Güllebelüfter m <agri> • slurry aerator

Güllebelüftung f <agri> • slurry aeration

Gülleberegnung f <agri> • liquid manure sprinkling

Gülledüngung f <agri> • liquid manure application

Güllegrube f <agri> • liquid manure pit; slurry pit; collect-ing pit

Güllegrubenbelüftungssystem n <agri> • manure pit ventilation system

Güllehochbehälter m <agri> • above-ground slurry store

Güllepumpe f <agri> • manure pump; slurry pump

Gülleregner m <agri> • manure sprinkler; slurry rain gun

Güllerohr n <agri> • liquid manure pipe

Güllerührwerk n <agri> • manure agitator; slurry agitator

Gülletankwagen m <agri> • slurry tanker

Gülleverregnung f <agri> • slurry application by rain gun

Gülleverteiler m <agri> • liquid manure spreading device; liquid manure spreader

gültig <allg.jur> • valid

gültige Adresse f <edv> • valid address

gültige Lesung f <edv> • good read; positive read *rare*; good scan

Gültigkeitsbereich m <edv> • scope

Gültigkeitsbereich m <math> • validity range; range of validity

Gültigkeitsprüfung f <edv> • validity check

Gültigkeitsprüfung f <qualit> • invalid character check

günstig <tech.allg> *(techn. Lösung, Konstruktion)* • favor-able

günstig <ökon> *(Preis, Angebot)* • attractive

günstigste Bedingung f <tech.allg> • optimum

günstigste Frequenz f <tele> • frequency of optimum traffic

günstigster Drahtdurchmesser m <prod> • best wire size

günstigster Wert m <allg> • optimum value

Guérin-Verfahren n <metall> • Guerin process

Gürtel m <el> • belt insulation; belt

Gürtel m <prod> • belt

Gürtelclip m <bekl> *(z. B. für Handy)* • belt clip

Gürtel-Isolierhülle f <el> • belt insulation; belt

Gürtelisolierung f <el> • belt insulation; belt

Gürtelkantenablösung f <prod> • belt-edge separation

Gürtelklemme f rar <bekl> *(z. B. für Handy)* • belt clip

Gürtelkonstruktion f <kfz> *(Reifen)* • reinforced belt structure

Gürtellage f <kfz> *(Reifen)* • stabilizer belt; breaker ply

Gürtelleder n <led> • belt leather

Gürtellinie f <kfz> • belt line; waistline; window line

Gürtelreifen m <prod> • radial tire; radial ply tire *form*; belted-radial tire *rare*; radial *coll*

Gürtelreifen mit Diagonalkarkasse m <fz> • bias belted tire *US*; bias-belted tyre *GB*

Gürtelspalt m <led> • belt split

Gürteltasche f <bekl.bau.wz> *(für Werkzeug, Schrauben, Nägel etc.)* • nail apron *US*; pouch

Gürteltasche f <bekl.tour> *(z. B. für Geldbeutel, Ausweis)* • fanny pack; pouch

Gürteltragering m <kfz> *(Reifen)* • transfer ring

Güte f <tech.allg> *(Qualität)* • quality

Güte f <el> *(Betrag der Blindleistung in Relation zur Wirk-leistung)* • quality factor *DIN IEC 50*; Q-factor

Güte f <qualit> *(z. B. Gütefunktion)* • power

Güte f <qualit.mat> *(Sorte)* • grade

Güteänderung f <allg> • change of quality

Güte bei Belastung f <el> • external Q factor; external Q

Güte des Vakuums f <phys> • hardness

Gütefaktor m (Q) *DIN IEC 50* <el> *(Betrag der Blindleis-tung in Relation zur Wirkleistung)* • quality factor *DIN IEC 50*; Q-factor

Gütefaktor m <hlk> • performance factor

Gütefaktor m <qualit> • factor of merit; figure of merit

Gütefaktor einer Spule m <el> • coil amplification factor; coil quality; coil Q

Gütefaktormessgerät n <phys> • quality-factor meter; Q meter

Gütefunktion f <msr> • criterion function

Gütefunktion f <qualit> • performance function; pay-off function *coll*

gütegeschalteter Laser m <phys> • Q-switched laser

Gütegrad m <masch> *(Kraft- und Arbeitsmaschinen: Vergleich mit Idealprozess)* • efficiency factor; efficiency

Gütegrad m <qualit> • degree of quality; quality level

Gütegrad m <qualit> *(Genauigkeit)* • grade of accuracy

Güteklasse f <tech.allg> • quality standard

Güteklasse f <qualit> *(z. B. elektronische Bauelemente, Werkstoffe)* • class; class of quality

Güteklasse f <qualit> • grade *ISO 9000*

Gütekontrolle f <qualit> *(Vorgang, Prozess)* • inspection and quality control; quality control *ISO 9000*; inspection

Gütekontrolle f <qualit> *(zuständige Organisationsein-heit)* • inspection department

Gütekriterium n <tech.allg> *(z. B. für Regelsysteme)* • effectiveness criterion

Gütekriterium n <qualit> *(der Leistung)* • performance criterion

Gütekriterium n <qualit> *(der Qualität)* • quality criterion

Gütemaß n <qualit> • quality level

Güterbahnhof m <bahn> • freight station; freight depot; goods station

Güterfernverkehr m <logist> • long-haul traffic

Güterkraftverkehr m <logist> • road haulage

Güternahverkehr m <verk> • short-haul traffic

Güterstraßentransport m <logist> • road haulage

Gütertransport m <logist> • goods transport

Gütertransportfahrzeug n <fz> • goods-carrying vehicle

Güterumschlag m <logist> *(zwischen Verkehrsträgern)* • freight handling; cargo handling; goods handling

Güterumschlag m <logist> • goods transshipment; goods transfer; goods turn-round

Güterverkehr m <verk> • freight traffic; goods traffic

Güterverladerampe f <logist> • goods platform

Güterwagen *m* <bahn> • railroad freight car; freight car; freight wagon; railway goods wagon *rare*; goods wagon *rare*

Güterwagendrehgestell *n* <bahn> • freight car bogie

Güterzug *m* <bahn> • freight train; goods train

Güterzugbegleitwagen *m* <bahn> • caboose car; caboose

Güterzug-Begleitwagen *m* <bahn> • caboose car; caboose

Güterzugbegleitwagen mit Seitenfenster *m* <bahn> *(Erker)* • bay window caboose car; bay window caboose

Güterzugbegleitwagen mit Weitsichtkanzel *m* <bahn> • wide vision caboose car; wide vision caboose

Güterzuglokomotive *f* <bahn> • freight locomotive; goods locomotive

Güterzug mit zwei Loks *m* <bahn> • double-headed freight train

Güteschalter *m* <el> • Q-switch

Güteschaltungstechnik *f* <el> • Q-switching technique

Gütesortierung *f* <agri> • grading to quality

Güteverlust *m* <allg> • quality decrease

Gütezahl *f* <therm> *(indizierte Leistung bezogen auf Idealleistung (Kolbenmaschine))* • degree of reversibility

Güteziffer *f* <msr> • quality index

Güteziffer *f* <qualit> • performance index

Guibo-Gelenk *n* <kfz.antr> • Guibo coupling

Guibo-Gelenk *n* ugs <kfz.antr> *(in Gelenkwelle)* • flexible coupling; rubber coupling; Rotoflex coupling *pract*; rubber doughnut *coll*; doughnut joint *coll*

Guide Plus *n Gem* <av> • Guide Plus *Gem*

guiding center *n* <nukl> • guiding center *US*; guiding centre *GB*

Guillery-Hammer *m* <qualit.mat> • Guillery impact testing machine

Guillotineschneider *m* <wz> • guillotine cutter; guillotine trimmer

Guinier-Preston-Zone *f* <mat> • Guinier-Preston zone

gu-Kern *m* <nukl> • even-odd nucleus

Gully *m* <bau> • gully-hole; gully; street inlet

Gum *m* <petr> • gum

Gumbildung *f* <petr> • gum formation

Gumbildungstest *m* <petr> • gum test

Gummi *m* ugs <hygi> *(typ. Verhütungsmittel)* • condom; rubber *sl*

Gummi *m* <mat> *(vulkanisierter Kautschuk)* • rubber; vulcanized rubber

Gummi *n* <mat> • vegetable gum; gum

Gummi *n* <mat> *(vulkanisierter Kautschuk)* • rubber; vulcanized rubber

Gummi *n* <nav> • elastic cord

Gummiabfälle *mpl* <ents> • waste rubber; scrap rubber

Gummiader *f* <el> • rubber-covered wire

Gummiandruckwalze *f* <led> *(Entfleischmaschine)* • rubber pressure roller; rubber bolster

Gummianschlag *m* <bahn> • rubber stop

Gummiantenne *f* ugs.prakt <kfz> • rubber antenna *US*; rubber aerial *GB*

Gummi arabicum *n* <kunst> *(Additiv)* • gum arabic

Gummiarabikum *n* <chem> • Arabic gum; acacia gum; gum arabic

gummiartig <kst> • elastomeric

gummiartig <mat> • rubbery; rubber-like; gummy

gummiartig <nahr> *(Speiseeisfehler)* • gummy; chewy; gluey; sticky; pasty

Gummiaufzug *m* <druck> • rubber dressing

Gummi-Augenmuschel *f* <phot> • rubber finder eyecup

Gummiauskleidung *f* <obfl> *(von Innenflächen, z. B. in Behältern; ohne Eindringen in das Substrat)* • rubber lining

Gummi-Autoantenne *f* <kfz.av> • bendable, unbreakable antenna

Gummibalg *m* <rls> • rubber bellows

Gummibandfunktion *f* <edv> • rubberbanding

Gummibandlinie *f* <edv> • rubber-band line

Gummibelag *m* <bau> • rubber covering

gummibeschichtet <obfl> • rubber-coated; rubber-backed

gummibeschichtet <obfl> *(mit Gummi beschichtet, ausgekleidet; z. B. Behälter)* • rubber-lined; rubberized

Gummibindung *f* <wz> *(Schleifscheibe)* • rubber bonding; rubber bond

Gummibleikabel *n* <el> • rubber-insulated lead-covered cable; lead-covered rubber cable

Gummibuchse *f* <tech.allg> • rubber bushing; rubber bush

Gummidämpfer *m* <mat> • bonded-rubber damper

Gummidecke *f* <led> *(Leidgen-Streichmaschine)* • rubber sheet; stretched rubber sheet

Gummi-Dichtbund *m* <rls> • rubber bead

Gummidichtlippe *f* <masch> • rubber sealing lip

Gummidichtring *m* <tech.allg> • rubber sealing ring; rubber seal ring

Gummidichtung *f* <tech.allg> • rubber seal

Gummidichtungsring *m* <masch> • rubber gasket; grommet

Gummidichtung um das Gesichtsfeld *f* <bekl> *(Helm)* • rubber seal to visor; rubber rim around the eye port

Gummidrucklack *m* <obfl> • gum printing varnish

Gummidruckplatte *f* <druck> • rubber printing plate

Gummidrucktuch *n* <druck> *(von Offsetdruckmaschinen)* • blanket; printing blanket; offset blanket; rubber blanket

Gummidrucktuchaufzug *m* <druck> • rubber packing

Gummidrucktuchzylinder *m* <druck> • blanket cylinder; rubber blanket cylinder

Gummidrucktuchzylinder-Aufzug *m* <druck> • rubber packing

Gummidüse *f* <rls> • rubber nozzle

Gummieinlage *f* <mat> • rubber core

gummieren *vt* <kst> • rubberize *vt*; rubber-coat *vt*; rubber *vt*

gummieren *vt* <obfl> • line with rubber *vt*

gummieren *vt* <verf> *(z. B. Druckplattenherstellung)* • gum *vt*

Gummiermaschine *f* <druck> • gumming machine

Gummiermaschine *f* <pack> • compound applier; compound liner

gummiert <obfl> *(mit Gummi beschichtet, ausgekleidet; z. B. Behälter)* • rubber-lined; rubberized

gummiert <obfl> • rubber-coated

gummiert <obfl> *(Klebebeschichtung zum Anfeuchten, z. B. auf Briefmarken)* • gummed

gummierte Pumpe *f* <verf> • rubber-lined pump

gummiertes Gewebe *n* <textil> • rubber-coated fabric; proofed fabric

gummierte Walze *f* <druck> • rubber-covered roll

Gummierung *f* <obfl> *(von Innenflächen, z. B. in Behältern; ohne Eindringen in das Substrat)* • rubber lining

Gummierung *f* <pack> *(als Dichtmasse)* • sealing compound; compound *pract*

Gummierung *f* <prod> *(Gummi dringt in das Substrat ein)* • rubber coating

Gummifaden *m* <textil> • rubber thread

Gummifeder *f* <fz> *(Federelement)* • rubber spring

Gummifederachse *f* <kfz> • rubber spring axle

Gummifederlager *n* <rls> *(Hänger)* • rubber-cushioned spring hanger

Gummifederung *f* <tech.allg> • rubber springing

Gummiflansch *m* <rls> • rubber flange

Gummiförderband

Gummiförderband n <förd> • rubber conveyor belt
Gummifördergurt m <förd> • rubber conveyor belt
Gummifuß m <kunst> • rubbergrommet; rubber base
Gummifußbodenbelag m <bau.mat> • rubber flooring
gummigebunden <wz> (z. B. Schleifscheibe) • rubber-bonded
gummigedämpft <tech.allg> • rubber-resilient
gummigefedert <kst> • rubber-sprung
Gummigegendruckwalze f <led> (Entfleischmaschine) • rubber pressure roller; rubber bolster
Gummi-gegen-Gummi n <druck> • blanket-to-blanket
gummigelagert <masch> • rubber-cushioned
Gummigelenk n prakt <kfz.antr> • rubber doughnut coupling; doughnut joint pract; rubber coupling pract
Gummigelenk n <masch> • silent block
gummigepolsterte Tragrolle f <förd> • rubber-lagged pulley
Gummi-Gummi n <druck> • blanket-to-blanket
Gummi-Gummi-Druckwerk n <druck> • blanket-to-blanket printing unit
Gummigurt m <förd> • rubber conveyor belt
gummihaltige Bindung f <wz> • rubber bond
Gummihammer m <wz> • rubber mallet; rubber hammer; rubber-tipped hammer US; rubber-headed mallet GB
Gummihandschutz n <fz> (Bremsgriffe von Fahrrädern) • hooded lever; rubber cover
Gummiharz n <mat> • gum resin
Gummiharz n <mat> (Baumharz; für Firnisse, Lacke und Klebemittel) • mastic; gum mastic; gum resin; mastic gum
Gummihülse f <tech.allg> • rubber bush
gummihydraulische Federung f <kfz> • Hydrolastic suspension Leyland; Moulton hydrolastic suspension Leyland
gummiimprägniert <mat> • rubber-impregnated
gummiisoliert <el> • rubber-insulated
gummiisolierter Draht m <el> • rubber-covered wire
gummiisoliertes Kabel n <el> • rubber-insulated cable; rubber-sheathed cable; rubber cable; rubber-jacketed cord rare
Gummikabel n <el> • rubber-insulated cable; rubber-sheathed cable; rubber cable; rubber-jacketed cord rare
Gummikappe f <tech.allg> (allg.) • rubber boot; rubber cap rare
Gummikissen n <tech.allg> • rubber pad
Gummikissenziehpresse f <prod> • rubber pad drawing press
Gummikleber m ugs <füg> • rubber adhesive; rubber cement; solvent rubber cement rare; rubber solution adhesive rare
Gummiklebstoff m <füg> • rubber adhesive
Gummikörpergelenk n <kfz.antr> • rubber doughnut coupling; doughnut joint pract; rubber coupling pract
Gummikompensator m <rls> • rubber expansion joint
Gummikomponentenlösung f <kunst> (Flüssigmaske) • rubber compound solution
Gummikompositionshammer m form.rar <wz> • rubber mallet; rubber hammer; rubber-tipped hammer US; rubber-headed mallet GB
Gummikreuzgelenk n <masch> • rubber universal joint
Gummikupplung f prakt <kfz.antr> • rubber doughnut coupling; doughnut joint pract; rubber coupling pract
Gummi-Lack m <kfz.obfl> • tire dressing; tire shine
Gummilack m <obfl> • gum lacquer; gum lac
Gummilinse f obs.rar <opt> (für Kameras, Projektoren) • zoom lens; zoom pract
Gummilitze f <el> • rubber-insulated litz wire
Gummilösung f ugs <füg> • rubber adhesive; rubber cement; solvent rubber cement rare; rubber solution adhesive rare

Gummilösung f <mat> (z. B. zur Reifenherstellung) • rubber solution
Gummi-Luftschlauch m ugs <kunst> • india rubber air hose
Gummimantelkabel n <el> • rubber-insulated cable; rubber-sheathed cable; rubber cable; rubber-jacketed cord rare
Gummimatte f <allg> • rubber mat
Gummi-Metall-Bindemittel n <füg> (Kleben) • metal-to-rubber adhesive
Gummi-Metall-Klebstoff m <füg> (Kleben) • rubber-to-metal adhesive
Gummimischung f <prod> (allg. und von Reifen) • rubber compound
gummimodifiziert <kst> • rubber modified
Gummimuffe f <tech.allg> • rubber bush
Gummi-Ohrmuschel f <sich> • rubber ear pad
Gummiplane f <kst> • rubber blanket
Gummiplatte f <kst> • rubber sheet
Gummipolster n <tech.allg> • rubber pad
Gummipolster n <prod> (Umformtechnik) • rubber die
Gummipolster n <prod> (im Reifen) • breaker
Gummipressverfahren n <prod> • rubber-pad forming of sheet metal; rubber forming of sheet metal
Gummipuffer m <tech.allg> (z. B. zu Schwingungsdämpfung) • rubber pad
Gummipuffer m :V <kfz> (für Motorhaube u.ä.) • overslam bumper
Gummipuffer m <kst> (z. B. Maschinenbau) • rubber buffer
Gummipuffer m <masch> (Dämpfung) • bump rubber
Gummiradwalze f <bau.masch> • rubber-tired roller US; rubber-tyred roller GB
Gummi-Reifenlack m <kfz.obfl> • tire dressing; tire shine
Gummiriemen m <kst> • rubber belt
Gummiringdichtung f <kst> • rubber-ring gasket; rubber gasket; grommet
Gummiringgelenk n prakt <kfz.antr> • rubber doughnut coupling; doughnut joint pract; rubber coupling pract
Gummirutsche f <kst> • rubber chute
Gummisack m <kst> • rubber bag; rubber sac
Gummisackverfahren n <kst> • bag molding technique; expanded bag molding; pressure bag molding; rubber-bag molding; bag molding
Gummisauger m <verf> • suction ball
Gummi-Saugteller m <kfz.wz> • vacuum suction cup; suction cup dent puller; suction puller
Gummischicht f <prod> (Gummi dringt in das Substrat ein) • rubber coating
Gummischlauch m <rls> • rubber hose
Gummischlauchleitung f <el> • rubber-sheathed flexible cord; non-kinkable flex; cab-tire line
Gummischlauchummantelung f <el> • cab-tire sheathing
Gummischneidverfahren n <prod> • rubber-pad blanking process; rubber-die blanking
Gummi-Schnittkante f <kfz> (Scheibenwischer) • wiping edge
Gummischnur f <füg> • rubber cord
Gummischnur f <nav> • elastic cord
Gummischwingungsdämpfer m <masch> • bonded-rubber damper
Gummisohle f <bekl> (Schuh) • rubber sole
Gummispachtel m <wz> • rubber squeegee
Gummispeicherblase f <hydr> • rubber sac
Gummisteg m <bekl> (Regenbekleidung) • elastic boot stirrup
Gummistiefel m <bekl> • gum boot; rubber boot
Gummistopfen m <kfz> • rubber plug; rubber bung
Gummistopfen m <kst> • rubber stopper

Gummistrop m <nav> • elastic cord
Gummitaschenventil n <kst> • pinch valve
Gummitransportband n <förd> • rubber conveyor belt
Gummitransportwalze f <masch> (z. B. Ausreckmaschine, Kopiergerät) • rubber carrier roller
Gummitreibriemen m <antr> • rubber belt
Gummituch n <tech.allg> (allg.) • rubber cloth; rubberized cloth
Gummituch n <druck> (von Offsetdruckmaschinen) • blanket; printing blanket; offset blanket; rubber blanket
Gummituchaufzug m <druck> • rubber packing
Gummituchplatte f <druck> • rubber blanket plate
Gummituchreinigungsanlage f <druck> • blanket washer; blanket wash; blanket washing
Gummituchunterlage f <druck> • underpacking
Gummituch-Waschanlage f <druck> • blanket washer; blanket wash; blanket washing
Gummituchwaschanlage f <druck> • blanket washer; blanket wash; blanket washing
Gummituchwascheinrichtung f <druck> • blanket washer; blanket wash; blanket washing
Gummituch-Wascheinrichtung f <druck> • blanket washer; blanket wash; blanket washing
Gummituchwaschmittel n <druck> • blanket washing solution; blanket cleaner; blanket cleanup solvents
Gummituchzylinder m <druck> • blanket cylinder; rubber blanket cylinder
Gummituchzylinder m <pack> (Coater/Decorator) • blanket cylinder
Gummitülle f <el> (für Kabeldurchführungen durch Blechwände) • grommet; rubber grommet
Gummitülle im Ventildeckel f <kfz.mot> • valve cover grommet
Gummiumspinnmaschine f <textil> • covering machine for rubber threads
Gummiunterlage f <kfz> (Stoßdämpfungsprüfung am Motorrad) • rubber slab
Gummiventil n <fz> (Fahrrad) • rubber valve
Gummiwalze f <tech.allg> • rubber roll
Gummiwalze f <druck> • rubber-covered roll
Gummiwalze f <led> (Spaltmaschine) • rubber roller
Gummiwulst m <rls> • rubber bead
Gummiziehverfahren n <prod> • rubber-die forming
Gummizug m <bekl> • elastic
Gummizwischenlage f <tech.allg> • rubber pad
Gummizylinder m <druck> • blanket cylinder; rubber blanket cylinder
Gummizylinder-Aufzug m <druck> • rubber packing
Gunn-Diode f <el> • Gunn diode; Gunn oscillator
Gunn-Effekt m <el> • Gunn effect; transferred-electron effect
Gunn-Element n <el> • Gunn device; Gunn element
Gurke f <agri> • cucumber
Gurley-Densometer n <pap> • Gurley type densometer
Gurley-Gerät n <pap> • Gurley apparatus
Gurley-Sekunden fpl <pap> • Gurley seconds
Gurley-Zahl f <pap> • Gurley number
Gurt m <tech.allg> • flange of a girder
Gurt m <bau> (z. B. Fachwerk) • boom
Gurt m <bau> (horiz. Träger in einem Fachwerk) • chord
Gurt m <bau> (Trägerprofil: I-, U-,C-Träger) • flange
Gurt m <bau> • waler
Gurt m ugs <fz> • seat belt; safety belt GM.Ford; belt coll
Gurt m <kfz> • seatbelt
Gurt am Sitz m <kfz> • seat-integrated seat belt [system]; seat-anchored belt; seat-integrated belt system, SBS BMW
Gurtanlegepflicht f <kfz.sich> • obligation to wear seat belts

Gurtanlenkpunkt m <kfz.sich> (für Sicherheitsgurt) • belt anchorage location; seat belt anchorage point/location; belt mounting point; belt mounting eye
Gurtarretierung f <kfz.sich> • belt locking device
Gurtaufroller m <kfz.sich> (Sicherheitsgurt) • retractor; belt retractor
Gurtaustritt m <kfz.sich> • belt outlet BMW
Gurtautomatik f <kfz.sich> (Sicherheitsgurt) • retractor; belt retractor
Gurtband n rar <förd> • conveyor belt; conveying belt; belt pract
Gurtband n <kfz.sich> • belt webbing
Gurtbandförderer m <förd> • belt conveyor; band conveyor rare
Gurtbandklammer f wiss.rar <kfz.sich> • webbing grabber; clamping reel; belt stopper BMW; belt clamping device BMW
Gurtbandklemmer m <kfz.sich> • webbing grabber; clamping reel; belt stopper BMW; belt clamping device BMW
Gurtbandreinigungseinrichtung f <tech.allg> (z. B. Förderband) • belt cleaner
Gurtbecherwerk n <förd> • belt-and-bucket elevator; bucket belt conveyor
Gurtbefestigung f <kfz.sich> • seat belt mounting; belt mounting
Gurtbefestigungspunkt m <kfz.sich> (für Sicherheitsgurt) • belt anchorage location; seat belt anchorage point/location; belt mounting point; belt mounting eye
Gurtbeschläge mpl <kfz.sich> • belt fittings
Gurtbogen m <bau> • transverse arch
Gurtbringer m MB <kfz.sich> • belt hand-over MB
Gurtdurchhang m <förd> • belt sag
Gurtförderer m DIN 22101 <förd> • belt conveyor
Gurtführungsschlaufe f Sicartex <kfz.sich> • belt guide [loop] Sicartex
Gurtgeometrie f <kfz.sich> • seat belt geometry
Gurtgesims n <bau> (irgendwo zwischen Kranz und Sockel) • belt; cornice; string course
Gurthöhenverstellung f <kfz.sich> • seat belt height adjustment
Gurtintegralsitz m <kfz> • integral molded seat
Gurtklemmer m <kfz.sich> • webbing grabber; clamping reel; belt stopper BMW; belt clamping device BMW
Gurtkontrolleuchte f <kfz.msr> • seat belt warning light; seat belt reminder light; safety belt reminder light GM; safety belt warning light Ford; fasten seat belt warning light Ford
Gurtlösetaste f <kfz.sich> • belt release button
Gurtlose f <kfz.sich> (Sicherheitsgurt) • belt slack; slack
Gurtmuffel m ugs <kfz.sich> • reluctant belt-wearer BMW; anti-seat belt fanatic BMW
Gurtpeitsche f <kfz.sich> • belt end :V
Gurtplatte f <tech.allg> (Träger) • flange plate
Gurtpunkt m <kfz.sich> (für Sicherheitsgurt) • belt anchorage location; seat belt anchorage point/location; belt mounting point; belt mounting eye
Gurtrissüberwachung f <förd> • belt rupture sensor
Gurtscheibe f <masch> • belt pulley
Gurtschloss n <kfz.sich> (Sicherheitsgurt) • buckle; belt catch BMW
Gurtschloss-Strammer m <kfz.sich> • buckle retractor :V; belt catch tensioner BMW
Gurtschlüssel m rar <kfz.wz> (z. B. für Ölfilter) • strap wrench; strap spanner GB
Gurtspanneinrichtung f <kfz.sich> • belt-tensioning device
Gurtspannvorrichtung f <antr> • belt tensioning device
Gurtsperre f <kfz.sich> • retractor; emergency locking retractor; automatic locking retractor; seat belt web locker; inertia sensitive belt webbing retractor Chrysler

Gurtstab m <bau> *(Fachwerk (Stahl, Holz))* • chord member

Gurtstopper m *BMW.prakt* <kfz.sich> • webbing grabber; clamping reel; belt stopper *BMW*; belt clamping device *BMW*

Gurtstraffer m <kfz.sich> • seat-belt tensioner; belt tensioner; seat-belt tightener; seat-belt tightening system; self-tightening seat belt retractor

Gurtstrammer m <kfz.sich> • seat-belt tensioner; belt tensioner; seat-belt tightener; seat-belt tightening system; self-tightening seat belt retractor

Gurtstropp m <nav> • web sling

Gurtumlenkarm m *Opel* <kfz.sich> • belt deflector *:V*

Gurtumlenkpunkt m <kfz.sich> • belt deflection point *:V*

Gurtungsdeck n <nav> • strength deck; topside deck

Gurtverankerung f <kfz.sich> • seat belt mounting; belt mounting

Gurtverankerungspunkt m <kfz.sich> *(für Sicherheitsgurt)* • belt anchorage location; seat belt anchorage point/location; belt mounting point; belt mounting eye

Gurtverlängerung f <kfz.sich> • seat belt extender

Gurtverlauf m <kfz.sich> • belt path; belt run *BMW*

Gurtversteller m <kfz.sich> • belt adjustment device

Gurtwarnleuchte f <kfz.msr> • seat belt warning light; seat belt reminder light; safety belt reminder light *GM*; safety belt warning light *Ford*; fasten seat belt warning light *Ford*

Gurtwarnsignal n <kfz.msr> • seat belt warning buzzer *Chrysler*; safety belt chime *Ford*

Gurtwarnton m <kfz.msr> • seat belt warning buzzer *Chrysler*; safety belt chime *Ford*

Gurtweberei f <textil> • belt weaving; strap weaving; tape weaving

Gurtwerk n <sich> *(Fallschirm)* • harness

Gurtwinkel m <bau> *(z. B. I-, T-, C-Träger)* • flange angle

Gurtzugkraft f <förd> • effective belt tension; effective pull

Guss m <prod> *(von Metall, Gips o.ä. in eine Form; Vorgang)* • casting; shaping by casting

Gussarmatur f <rls> *(z. B. Hahn, Schieber, Ventil)* • cast-iron fitting; cast-steel fitting; cast fitting

Gussasphalt m *DIN EN 12970* <bau.mat> • mastic asphalt

Gussblase f <qualit> • blowhole; subcutaneous blow-hole; pin-hole; blow-hole; blister

Gussblock m <metall> • ingot

Gussblockabstechdrehmaschine f <wz.masch> • ingot slicing lathe

Gussbronze f <mat> *(z. B. für Glocken, Gleitlager)* • cast bronze

Gussbruch m <qualit> *(Rücklaufschrott)* • cast-iron scrap; cast scrap; casting scrap; scrap castings

Gusseisen n <tech.allg> • cast iron

Gusseisenemail n <obfl> • porcelain/vitreous enamel for cast iron; cast iron enamel; cast iron frit

Gusseisenemaillierung f <obfl> • cast iron enameling *US*; cast iron enamelling *GB*

Gusseisenflussmittel n <metall> *(verbessert Formfüllungsvermögen)* • cast iron flux

Gusseisen mit Kugelgraphit n *DIN EN 1563* <mat> • spheroidal graphite cast iron

Gusseisen mit Kugelgraphit n *norm* <mat> *(Kurbelwelle)* • ductile cast iron; nodular cast iron

Gusseisen mit Lamellengraphit *DIN EN 1561* <mat> • grey iron; grey cast iron

Gusseisen mit Lamellengraphit n *DIN EN 1561* <mat> • grey cast iron *US.GB*; gray cast iron *US*

Gusseisen mit Stahlschrottzusatz n <mat> • semisteel

Gusseisenschweißen n <füg> • cast iron welding

gusseisern <min> • cast-iron

Gussemail n <obfl> • porcelain/vitreous enamel for cast iron; cast iron enamel; cast iron frit

Gussemaillierung f *prakt* <obfl> • cast iron enameling *US*; cast iron enamelling *GB*

Gussfehler m <qualit> • casting defect; casting flaw

Gussgefüge n <metall> • as-cast structure; cast structure

Gussgehäuse n <allg> *(z. B. Motor, Turbine)* • cast housing

gussgekapselt <el> • iron-clad; metal-clad

gussgestrichen <obfl> • cast-coated

gussgestrichenes Papier n <druck> • cast-coated paper; cast coated paper

Gussglas n <silik> • rolled glass

Gussgrat m <prod> • cast flash; cast fin

Gussgruppe f <prod> • cast-iron assembly

Gusshartlegierung f <metall> • cast non-ferrous alloy

Gusshaut f <metall> *(hart, spröde, stört bei spanender Bearbeitung)* • cast-iron scale; casting scale; crust of scale; casting skin; outer skin

Gusskolben m <masch> • cast piston

Gusskurbelwelle f <kfz.mot> • cast crankshaft

Gusslackieren n *DIN EN ISO 4618* <obfl> • curtain coating *ISO 4618-3*

Gusslegierung f <mat> *(im Ggs. zu Knetlegierung (z. B. Aluminiumlegierung))* • casting alloy; cast alloy

Gussmessing n <mat> *(z. B. für Armaturen)* • cast brass

Gussmetall n <mat> • cast metal

Gussmodell n <prod> • casting pattern; foundry pattern

Gussnaht f *prakt* <prod> • cast seam

Gussnockenwelle f <mot> • cast camshaft

Gusspuderemail n <obfl> • enamel powder

Gussputzdrucklufthammer m <wz> • pneumatic chipping hammer

Gussputzeinrichtungen fpl <prod> • foundry fettling equipment

Gussputzen n <metall> *(von Gussteilen)* • fettling; snagging; tumbling; dressing-off

Gussputzerei f <prod> • fettling shop; cleaning room; dressing shop; foundry cleaning room

Gussputztrommel f <prod> • rattle barrel; shaking barrel; rumble; tumbler

Gussrad n <fz> • cast wheel

Gussrohr n <rls> *(im Ggs. zu geschweißtem, gewalztem Rohr)* • cast pipe; cast-iron pipe

Gussrohteil n *DIN 1680-1* <metall> • rough casting

Gussschlacke f <ents> • iron dross

Gussschrott m <qualit> • casting scrap; cast-iron scrap; scrap castings

Gussstahl m *DIN 17006-4* <mat> • cast steel

Gussstruktur f <metall> • cast structure; as-cast structure

Gussstück n <metall> *(gegossenes Werkstück)* • casting

Gussteil n <metall> *(gegossenes Werkstück)* • casting

Gussteil n <prod> *(tragend, Strukturteil)* • cast member

Gussteilauswurf m <prod> • casting ejection; die-casting ejection

Gussverbundschweißen n <füg> • welding assembly of composite casting construction

Gusswalze f <wz> • forming roll

Gusszustand m <metall> • as-cast condition

Gusszyklus m <prod> • casting cycle; shot

Gut n <förd> • goods

Gut n <logist> *(z. B. Fördergut, Ladegut)* • material

Gut n <logist> • stores *npl*

Gut n <nav> • rigging

Gut n <verf> *(z. B. Austragsgut beim Sieben)* • product

Gutabscheider m <verf> • product collector; product separator

Gutachten n <allg> • approval certificate

Gutaufgabe f <förd> *(Stetigförderer (Gurtförderer, Trogkettenförderer, Schwingförderer))* • charging point

Gutbeladung *f* <verf> • loading; feed
gut beleuchtet <licht> • well-lit
Gutdurchsatz *m* <förd> • rate of conveying
gute Festigkeit und Beständigkeit *f* <allg> • long-life characteristics
Gute Herstellungspraxis *f* (GHP) <nahr.prod> • Good Manufacturing Practice (GMP)
Guteintrag *m* <förd> *(Schüttgutförderer)* • charging point
gute Lesung *f selten* <edv> • good read; positive read *rare*; good scan
guter Kontakt *m* <edv> • good contact
gutes Durchschweißen *n* <füg> • complete fusion; good fusion; full fusion
Gutfeuchte *f* <mat> • product moisture
gut geeignet für <tech.allg> • well-suited for
gutgemachte Geschwindigkeit *f* <navig> • velocity made good (VMG); speed made good SMG
gutgemachter Kurs *m* <navig> • course made good (CMG)
gutgemachter Track *m* <navig> • track made good
gutgemachte Wegstrecke *f* <navig> • track made good
gutgestellte Haut *f* <led> • good-quality hide
gut gewartet <tech.allg> *(System, Anlage)* • well maintained
Gutgewindelehrdorn *m* <msr> • go-thread plug gauge
Gutgrenze *f ugs* <qualit> • acceptable quality level (AQL); limit of acceptability
Guthabenkarte *f* <tele> *(für Handys)* • prepaid card
Gutläufer *m* <bahn> • free runner wagon; free runner
Gutlehrdorn *m* <msr> • go-plug gauge
Gutlehre *f* <msr> *(Toleranzmessung)* • template; go gauge
Gutlehrenkörper *m* DIN 2248-1 <msr> • GO gauging member
Gutlehrring *m* <msr> • go-ring gauge
gut leserlich <doku> *(z. B. Schriftart, -größe)* • easily legible; clearly readable
gutmütig <kfz> *(Fahrverhalten)* • forgiving
gutmütiges Überlastverhalten *n* <el> • forgiving overload behavior
gut proportioniert <kunst> • proportionate; shapely
Gut-Prüfling *m* <qualit> *(in Elektrotechnik und Elektronik)* • known-good device (KGD)
Gutrachenlehre *f* DIN 234-1 <msr> • go-snap gauge; gap gauge "GO"
Gutscheincodierung *f* <edv> • coupon coding
Gut-Schlecht-Entscheidung *f* <tech.allg> • go-no-go decision; accept/reject decision
Gut/Schlecht-Entscheidung *f* <tech.allg> • go-no-go decision; accept/reject decision
Gut/Schlecht-Lehre *f* <qualit> *(Toleranzmessung)* • go/no-go gauge
Gut-Schlecht-Prüfung *f* <msr> • go-no-go test; good-bad test
gutschreiben *vt* <fin> • credit *vt*
Gutseite *f* <msr> *(Lehre)* • go-end; go-side
Gutseitelehrung *f* <msr> • go-end gauging
gut sichtbare Farbe *f* <obfl> • high-visibility color; hi-viz color *coll*
gut stabilisiert <chem> • thoroughly stabilized
Gutstoff *m* <prod> *(allg.; inkl. Recycling, z. B. Papier)* • accepted stock; screened stock; accept *pract*
Gutstoff-Auslauf *m* <ents> *(Stofflöser, Papierrecycling)* • accepts outlet
Guttapercha *f* <mat> • gutta-percha
gut verarbeitet <bekl> • well built
Gutverweilzeit *f* <verf> *(in Trockner)* • residence time; drying cycle time
Gutzustand *m rar* <msr> • undamped state; no target present mode

GVH <led> • hide
G/W-Entwässerungs- und -Retentionsprüfgerät *n* <pap> • G/W drainage and retention tester
g-Wert *m pract.coll* <bau> • total energy transfer ratio *:V*
GWT <tech.allg> • parts by weight (pbw)
G-Y <av> • green color difference signal; green-minus-luminance color difference signal; G-Y; G-Y signal
Gy <nukl> *(SI-Einheit der Energiedosis: 1 Gy = 1 J/kg)* • Gray (Gy)
Gyraradius *m* <phys> • gyroradius; radius of gyration; gyromagnetic radius; gyration radius
Gyration *f* <phys> *(von geladenen Teilchen um Feldlinien)* • gyration
Gyrationsfrequenz *f* <nukl> • gyromagnetic frequency
Gyrationskreis *m* <nukl> • gyromagnetic cycle
Gyrationsradius *m* <phys> • gyroradius; radius of gyration; gyromagnetic radius; gyration radius
Gyrationszentrum *n* <aerospace> *(z. B. Raumfahrzeug, Lenkwaffe)* • gyration center; guiding center
Gyrator *m* <phys.el> • gyrator
Gyratorfilter *n* • gyrator filter
Gyratorschaltkreis *m* • gyrator circuit
Gyroantrieb *m* <antr> • gyro drive
Gyrobus *m* • gyrobus
Gyrofrequenz *f* • gyrofrequency
Gyroide *f* <mat> • gyroide
Gyro-Instrument *n* <petr> • gyroscopic instrument; gyro
gyromagnetisch <nukl> • gyromagnetic
gyromagnetische Frequenz *f* <nukl> • gyromagnetic frequency
gyromagnetischer Effekt *m* <nukl> • gyromagnetic effect
gyromagnetisches Verhältnis *n* <nukl> • gyromagnetic ratio
Gyrometer *n* <msr> • gyrometer
Gyrosinkompass *m* <navig> • gyro-magnetic compass; compass-slaved directional gyro; flux gate compass
Gyroskop *n* <astron> • gyroscope
gyroskopisches Pendel *n* <phys> • gyroscope pendulum
gyroskopisch stabilisiert *rar* <tech.allg> *(z. B. Flugkörper, Kamera)* • gyrostabilized *US*; gyrostabilised *GB*
G-Y Signal <av> • green color difference signal; green-minus-luminance color difference signal; G-Y; G-Y signal

H

H <chem> • hydrogen *sg* (H)
H <fz> *(Radfelge)* • outboard round hump (H); round hump on outer bead seat *form*
H <kfz> *(Felge; Sicherheitskontur auf beiden Felgenschultern)* • round hump (H)
H <phys> *(eines thermodynamischen Systems; z. B. von Dampfsystem)* • enthalpy (H); heat content
H <phys> *(Einheit der Induktivität; Vs/A)* • henry (H)
H <phys> • magnetic field strength (H); magnetic field intensity
h'fr <pap.qualit> *(Papier)* • woodfree; wood-free
h'h <pap.qualit> *(Papier)* • wood-containing
H2 <kfz> *(Radfelge)* • double hump (H2); round hump on both bead seats
H₂F₂ <chem> • fluorohydric acid (H_2F_2); hydrofluoric acid
H₂O₂ <chem> • hydrogen peroxide (H_2O_2)

ha <phys.msr> *(Flächeneinheit: 10000 Quadratmeter)* • hectare (ha); 10000 square meter
Haar *n* <led> • hair
Haarausfall *m* <med> • epilation
Haarbalg *m* <led> • hair follicle
Haarbalgmilbe *f* <led> • hair follicle mite
Haarbalgräude *f* <led> • follicular mange
Haarbaum *m* <led> *(Enthaaren)* • unhairing beam
Haarbildung *f* <textil> *(Faserstoff)* • seed fiber
Haardraht *m* <mat> *(extrem fein)* • whisker wire
Haareisen *n* <led.wz> • unhairing knife
Haaren *n* <textil> • fluffing *ISO 2424*
Haarentfernung *f* <hygi> *(erwünscht)* • epilation
Haarfeder *f* <mech> • hairspring
Haarfilz *m* <textil> • hair felt
Haarflechte *f* <led> • ringworm
Haargarn *n* <textil> • hair yarn
Haarhygrometer *n* <msr> *(Feuchtemesser)* • hair hygrometer
Haarigkeitsmessgerät für Garne *n* <textil.msr> • yarn hairiness meter
Haarkalkmörtel *m* <bau.mat> • hair mortar
Haarkleid *n* <led> • hair
Haarkrempel *f* <textil> • hair card
Haarkristall *m* <mat> • crystal whisker; whisker
Haarlässigkeit *f* <led> • hair slip
Haarlineal *n* <wz> *(zur Prüfung der Ebenheit)* • straightedge
Haarlinge *pl* <led> • biting lice *pl*
Haarlinien *fpl* <obfl> • hairlines *pl*; hairline cracks *pl*
Haarlockerung *f* <led> • unhairing; dehairing
Haarmesser *n* <led.wz> • unhairing knife
Haarmörtel *m* <bau.mat> • hair mortar
Haarmuskel *m* <led> • hair muscle; erector pili muscle
Haarnadelfeder *f* <kfz.mot> • hairpin valve spring
haarnadelförmige Struktur *f* <med> • hairpin loop
Haarnadelkathode *f* <el> • hairpin cathode
Haarnadelkurve *f* <verk> *(Straßenbau)* • hairpin curve; hairpin bend; hair pin *coll*
Haarnadelrohr *n* <rls> • hairpin tube
Haarnadelventilfeder *f* <kfz.mot> • hairpin valve spring
Haarpilzstippe *f* <led> • hair mold sprout
Haarpore *f* <led> • hair pore
Haarriss *m* <qualit.mat> *(typ. in Lack od. als Anzeichen von Materialermüdung)* • check
Haarriss *m* <qualit.mat> • fire crack
Haarriss *m* <qualit.mat> *(allg.)* • hairline crack; line crack
Haarriss *m* <qualit.silik> *(dünner Riss, vor allem in Keramik, Glasur)* • craze
Haarrissbildung *f* <qualit.mat> *(Entstehung feiner Risse)* • hair cracking; hair-line cracking
Haarrissbildung *f* <qualit.mat> *(Entstehung extrem feiner Risse)* • microcrazing; crazing
Haarrissbildung *f* <qualit.silik> *(Enstehung sehr feiner Glasurrisse)* • crazing
Haarrisse *mpl* <obfl> *(sehr feine Risse; typ. in Email, Glasur)* • crazing
Haarrisse *mpl* <obfl> *(sehr feine, unverbundene Risse in Lack)* • checking
Haarrisse *mpl* <qualit.silik> *(Netzwerk sehr feiner Glasurrisse)* • craze
Haarrissglasur *f* <obfl> • crackle glaze
Haarröhrchen *n* <tech.allg> • capillary tube; capillary
Haarschaf *n* <led> • hair sheep
Haarschuppen *fpl* <med> *(kosmetisches od. medizinisches Symptom)* • dandruff *sg*
Haarseite *f* <präp> • pelt side
Haarstoff *m* <textil> • haircloth
Haartrockner *m* <hygi> • hair dryer

Haarwinkel *m* <wz> • beveled steel square *US*; bevelled steel square *GB*
Habann-Röhre *f* <el> • split-magnetron tube
Haber-Bosch-Verfahren *n* <chem.verf> *(Ammoniaksynthese)* • Haber-Bosch process; Haber process
Habitat *n* <bio> *(von Pflanzen, Tieren)* • habitat
Habitat-Gruppe *f* <bio> • habitat group
Habitus *m* <phys> • habit
Habitusebene *f* <phys> • habit plane
HACCP <prod.nahr> • hazard analysis and critical control points (HACCP)
Hacke *f* <agri.wz> *(Blatt quer zum Stiel)* • hoe
Hacke *f* *ugs.rar* <bau.wz> *(groß, langer Stiel)* • pick; pickaxe *rare.GB*
Hacken *n* <agri> • hoeing
hacken *vi/vt* <agri> • hoe *vi/vt*
hacken *vi/vt* <bau> *(Ausschachtung)* • pick *vi/vt*
hacken *vi/vt* <prod> • hack *vi/vt*
Hacker *m* <edv> *(dringt unberechtigt in EDV-Systeme ein)* • hacker
Hacker *m* <textil> • doffer comb
Hacker *m* <wz.masch> • chipper
Hackerschiene *f* <wz> • comb blade
Hackfruchterntemaschine *f* <agri> • root harvester; root lifter
Hackfruchttraktor *m* <agri> • row-crop tractor
Hackmaschine *f* <agri> • hoeing machine
Hackmaschine *f* <wz.masch> *(z. B. für Geäast)* • chopping machine; chipping machine
Hackmesser *n* <el> *(für feine Zerkleinerung)* • chipper knife; chipping knife
Hackmesser *n* <nahr.wz> *(für Fleisch)* • meat chopper
Hackmesser *n* <wz> *(für grobe Zerkleinerung)* • chopper blade
Hackrahmen *m* <agri> • tool carrier
Hackschardrillmaschine *f* <agri> • hoe drill
Hackscheibe *f* <pap> • chipping disc
Hackschnitzel *m* <pap.mat> *(Zellstoff- und Holzstoffproduktion)* • wood chip; chip
Hackschnitzel *npl* <verbr> *(Brennstoff (Heizwerke))* • chippings; chips
Hackschnitzelfeuerung *f* <holz> • wood chip burner
Hackschnitzelkorb *m* <pap> • chip basket
Hackschnitzelsortiermaschine *f* <hlk> *(Aufbereitung zur Verbrennung (Heizwerk))* • chip screen
Hackschnitzelspeicher *m* <hlk> *(Vorrat zur Verbrennung (Blockheizwerk, Fernheizung))* • chip loft
Hackwerkzeug *n* <wz> *(z. B. Beil, Axt, Spitzhacke)* • hack
Hadern *mpl* <pap> • rags *pl*
Hadernaufschluss *m* <pap> • rag pulping
Haderndrescher *m* <pap> • rag thresher; rag willow; devil
Hadernhalbstoff *m* <pap> • rag pulp; non-woody pulp
Hadernhalbstoffpapier *n* <pap> • rag paper; all-rag paper
Hadernkocher *m* <pap> *(betont: Bleichen)* • bleach boiler
Hadernkocher *m* <pap> *(allg.)* • rag boiler
Hadernpapier *n* *prakt* <pap> • rag paper; all-rag paper
Hadernpapierfabrik *f* <pap> • rag mill
Hadernpappe *f* <pap> • rag board; grey board
Hadernschneider *m* <pap> • rag chopper; rag cutter
Hadernstäuber *m* <pap> • rag duster
Häckselaggregat *n* <agri> • cylinder cutter head
Häckselaggregat *n* <wz.masch> *(Landwirtschaft, Hackschnitzelheizwerk)* • chopping assembly
Häckseldruschanlage *f* <prod> • chop-thresher plant
Häckselgutlinie *f* <agri> • chop line
Häckselmaschine *f* <agri> *(allg.)* • chopper
Häckselmaschine *f* <agri> *(betont: für Stroh und Heu)* • straw chopper; hay chopper
Häckselmesser *n* <agri> • chaff-cutting knife

Häckselmesser *n* <wz> • chopping-knife assembly
häckseln *vt* <allg> • lacerate *vt*
häckseln *vt* <prod> *(z. B. Gras, Laub, Äste)* • chop *vt*
Häckselschneider *m* <agri> • chaff cutter; chopper
Häckseltrommel *f* <agri> • shredding cylinder
Häckselverteiler *m* <agri> • chaff distributor
Häcksler *m* <agri> • chipper; forage cutter; chipper-shredder
Häkelgalomaschine *f* <textil> • crochet galloon machine; crochet machine
Häkelgalon *m* DIN ISO 7839 <textil> • crochet fabric ISO 7839
Häkelgarn *n* <textil> • crochet thread
Hälfte *f* <allg> • half
Hälfte *f* <led> • side
Hälftespielraum *m* <math> *(Statistik)* • semi-interquartile range
Hämatit *m* <min> • hematite *US*; haematite *GB*; red iron ore; iron glance; specular iron ore
Hämatokrit *m* (HK) <bio> • packed cell volume (PCV); hematocrit *US*; haematocrit *GB*
Hämmermaschine *f* <wz.masch> • hammering machine; swaging machine; swager
hämmern *vi/vt* <allg> *(schlagen, klopfen)* • beat *vi/vt*
hämmern *vi/vt* <tech.allg> *(mit Hammer)* • hammer *vi/vt*
hämmern *vt* <prod> *(mit der Finne)* • peen *vt*
hämmern *vt* <prod> *(schmieden, auf Amboss)* • swage *vt*
Hämolysin *n* <bio> • hemolysin *US*; haemolysin *GB*
Hämophilie *f* <med> • haemophilia *GB*; hemophilia *US*; bleeders' disease; haematophilia *GB*; hematophilia *US*
Hämorrhagie *f* <med> • hemorrhage *US*; haemorrhage *GB*; bleeding *wiss, ugs*
händisch *A* <tech.allg> • manually; by hand
händische Bedienung *f rar* <tech.allg> • manual operation; manual control; hand operation
händische Feinjustierung *f* <tech.allg> • manual fine adjustment; hand fine adjustment *rar*
Händler *m* <kfz> • dealer (dlr)
Händlernetz *n* <ökon> • dealership network; network of dealerships
Händlerorganisation *f* <ökon> • dealer organization
Händlerplatine *f* <druck.fin> *(in Kreditkartenbelegdrucker)* • merchant plate; station plate
Händlerrabatt *m* <ökon> • trade discount
Hängebahn *f* <bahn> • overhead monorail railway
Hängebahn *f* <förd> *(als System)* • overhead conveyor; overhead carrier
Hängebahn *f* <förd> *(betont: die Schiene)* • overhead track; overhead runway
Hängebandtrockner *m* <verf> • festoon drier; loop drier
Hängebank *f* <min> • pithead bank; pithead; pit bank; landing
Hängebrücke *f* <bau> • cable suspension bridge; suspension bridge
Hängedach *n* <bau> • suspended roof
Hängedämpfer *m* <verf> • festoon ager
Hängedecke *f* <bau> • suspended ceiling
Hängedrahtantenne *f* <el> • trailing wire antenna *US*; trailing wire aerial *GB*
Hängedruckknopfschalttafel *f* <wz.masch> • pendant push-button control panel; pendant push-button control unit
Hängegerüst *n* <bau> • suspended scaffold
Hängegerüst *n* <förd> *(z. B. Fassadenfensterreinigung)* • cradle
Hängeisolator *m* <el> • suspension insulator
Hängekatze *f* <förd> • underslung trolley
Hängekette *f* <el> *(z. B. Fahrleitung, Freileitung)* • suspension string; suspension insulator string
Hängekiel *m* <nav> • hanging keel

Hängeklemme *f* <el> *(Fahrleitung)* • suspension grip
Hängeklemme *f* <füg> • suspension clamp
Hängekonstruktion *f* <bau> • suspension arrangement
Hängekran *m* <förd> • underhung crane
Hängelade *f* <textil> • suspended slay
Hängelager *n* <masch> • hanger
Hängeleuchte *f* <licht> • suspended lamp; pendant lamp; suspended lighting; suspended luminaire
Hängen *n* <metall> *(der Gicht)* • scaffolding
hängenbleiben *vi* <allg> *(an etwas; an jemandem: z. B. Verdacht)* • stick *vi*
hängenbleiben *vi* <tech.allg> *(durch Anhaften)* • adhere *vi*
hängenbleiben *vi* <tech.allg> • get stuck *vi*
hängenbleiben *vi* <masch> *(Ventil)* • seize *vi*
hängend <tech.allg> *(schwenkbar)* • pendant *adj*
hängend <tech.allg> *(an Aufhängung befestigt)* • suspended
hängend <tech.allg> *(betont: von oben gehalten)* • top-supported
hängend <tech.allg> *(absackend; z. B. Rahmen, Decke)* • sagging; drooping
hängend <förd> • underslung
hängende Kommandotafel *f* <tech.allg> *(z. B. Elektrozug, Werkzeugmaschine)* • pendant push-button panel
hängende Quecksilbertropfenelektrode *f* <el.chem> • hanging mercury drop electrode (HMDE)
hängender Motor *m* <kfz.mot> • inverted engine
hängender Sitz *m* <innen> *(bodenfrei aufgehängt; z. B. in Bussen, Bahnen, Wartesälen)* • cantilever seat
hängendes Gerüst *n* <bau> • flying scaffold
hängendes Ventil *n* <mot> • overhead valve
hängende Traktur *f* <mus> *(Orgel)* • suspended action; hanging action; hung action
hängende Tür *f* <kfz> *(schlechte Türpassung)* • sagging door; dragging door
hängende Ventile *npl* (OHV) <kfz.mot> • overhead valves *pl* (ohv)
Hänger *m* <fz> • trailer
Hänger *m* DIN EN ISO 4618 <obfl.qualit> *(durch Ablaufen von Beschichtungsstoff beim Trocknen)* • sag ISO 4618-2
Hängeroboter *m* <autom> *(an Decke befestigt)* • IR suspended from the ceiling
Hängeroboter *m* <autom> *(an Traverse befestigt)* • IR hanging down from the gantry
Hängeruder *n* <nav> • suspended rudder; underhung rudder
Hängesäule *f* <bau> *(Holzbau)* • princess; queen post; suspender
Hängeschalter *m* <el> • pendant switch
Hängeschalttafel *f* <msr> *(z. B. Elektrozug, Mobilkran)* • control pendant; pendant control panel
Hängeschelle *f* <bau> • conduit supporting clamp
Hängeschelle *f* <bau.el> *(Kabel)* • cable suspension clamp
Hängeschelle *f* <nav> • messenger clamp
Hängeschwarz *n* <textil> • aged black
Hängeseil *n* <förd> *(Seilförderung)* • slack rope
Hängespindel *f* <masch> • elastic spindle
Hängespindel *f* <textil> • gravity spindle
Hängestab *m* <bau> *(z. B. für abgehängte Decken, Rohrleitungen)* • hanger
Hängestab *m* <bau> *(Brückenbau)* • sag tie
Hängestange *f* <mot> *(Regler)* • suspension rod
Hängesteckdose *f* <el> • pendant socket outlet
Hängestromschiene *f* <el> • overhead conductor rail
Hängestropp *m* <nav> • sling
Hängestück *n* <theat> • back cloth *GB*; back drop *US*
Hängetransformator *m* <prod> • boom-mounted transformer
Hängetrockner *m* <verf> • festoon drier; loop drier

Hängewerk *n* <bau> *(Mittelbalken nach unten)* • queen post truss; suspension truss

Hängezentrifuge *f* <verf> • suspended centrifuge; top-suspended centrifuge; overdriven centrifuge

Hängezwickel *m* <bau> *(bei Kuppelbauten)* • pendentive

hängt <qualit> *(Relais, Magnetschalter)* • sticking; frozen

härtbar <kst> *(vernetzbar)* • capable of being cured

härtbar <metall> *(z. B. Stahl)* • hardenable; capable of being hardened

härtbarer Stahl *m* <metall> • hardening steel; hardenable steel

Härtbarkeit *f* <kst> • curability

Härtbarkeit *f* <metall> • hardenability

Härtbarkeitsprüfung *f* <qualit.mat> • hardenability test

Härte *f* <phys> *(von Strahlung)* • penetration ability

Härte *f* <qualit.mat> • hardness

Härteabstufung *f* <qualit.mat> • hardness grading

Härteanlage *f* <prod> • hardening plant

Härtebad *n* <metall> • hardening bath; hardener bath

Härtebeschleuniger *m* <chem.verf> • hardening accelerator

Härtebildner *m* <metall> • hardening constituent; hardener

Härtebrenner *m* <metall> • flame-hardening torch; flame-hardening blowpipe

Härteeindruck *m rar* <qualit.mat> *(Härteprüfung)* • indentation; impression; mark *rare*

Härteeinrichtung *f* <nahr.prod> *(Speiseeis)* • hardening equipment

Härteeinstufung *f* <msr> • grading

Härtefall *m* <jur> • hardship case; exceptional hardship

Härtefixierbad *n* <phot> • hardening fixing bath; hardening fixer

Härtegrad *m* <phot> *(von Photopapieren; z. B. weich, normal, hart)* • contrast grade; grade; gradation

Härtegrad *m* <qualit.mat> *(von Schleifkörpern)* • grade

Härtegrad *m* <qualit.mat> *(allg.)* • hardness degree; degree of hardness; hardness grade

Härtekopf *m* <metall> *(Induktionshärten)* • applicator coil; inductor

Härtemesser *m* <qualit.mat> • hardness testing machine; hardness testing instrument; hardness tester; durometer *dyn. hardn.test*

Härtemessmaschine *f rar* <qualit.mat> • hardness testing machine; hardness testing instrument; hardness tester; durometer *dyn. hardn.test*

Härtemessung *f* <qualit.mat> • hardness measurement

Härtemittel *n* <metall> • hardening agent; hardening compound

Härten *n* <metall> • hardening

Härten *n* <metall> *(Abschreckhärten)* • quench hardening

Härten *n* <nahr.prod> *(Speiseeis)* • hardening; final freezing

Härten *n DIN 55945* <prod> *(durch Vernetzen; z. B. von Lacken, Farben)* • curing; cure

Härten *n* <prod> *(Öle, Fette)* • hydrogenation

härten *vi* <kst> *(Kunststoff; z. B. Acrylharz, Spachtelmasse, 2K-Kleber)* • harden *vi*; set *vi*; cure *vi*

härten *vi* <silik> • strengthen *vi*

härten *vt* <metall> • harden *vt*

härten *vt* <metall> *(durch Abschrecken)* • quench *vt*

härten *vt* <nahr> *(Fett)* • hydrogenate *vt*

härten *vt* <nahr.prod> *(Speiseeis)* • harden *vt*

härten *vt* <obfl> • bake *vt*

Härten durch Dispersionsprozesse *n rar* <metall> • precipitation hardening; structural hardening *rare*; hardening by precipitation *rare*

Härtenormalgerät *n* (HNG) <qualit.mat> • hardness standardizing machine

Härtenormalplatte *f* <qualit.mat> • reference block; reference indentation block; standardized block; hardness block

Härteöl *n* <metall> • hardening oil; quenching oil

Härteofen *m* <metall> • hardening furnace

Härteprüfer *m* <qualit.mat> • hardness testing machine; hardness testing instrument; hardness tester; durometer *dyn. hardn.test*

Härteprüfer nach Shore *m* <qualit.mat> • Shore hardness tester; Shore scleroscope; scleroscope

Härteprüfmaschine *f* <qualit.mat> • hardness testing machine; hardness testing instrument; hardness tester; durometer *dyn. hardn.test*

Härteprüfung *f* <qualit.mat> • hardness test[ing]

Härteprüfung nach Brinell *f* <qualit.mat> • Brinell hardness test[ing] *ISO 6506*; ball-identation test[ing]

Härteprüfung nach Knoop *f* <qualit.mat> • Knoop hardness testing

Härteprüfung nach Rockwell *f DIN EN ISO 6508* <qualit.mat> • Rockwell hardness test[ing] *ISO 6508*

Härteprüfung nach Vickers *f DIN EN ISO 6507* <qualit.mat> • Vickers hardness test[ing] *ISO 6507*

Härtepulver *n* <metall> • case-hardening powder

härter <kfz> *(Stoßdämpfer, Federn)* • uprated; stiffer *coll*

Härter *m* <kst> • curing agent; cross-linking agent

Härter *m* <mat> *(für Spachtelmasse, Kleber)* • catalyst; hardener

Härter *m* <obfl> *(allg. und Lack)* • hardener

Härteraum *m* <nahr.prod> *(Speiseeis)* • hardening room; hardening chamber

Härterei *f* <metall> • hardening plant

Härteriss *m* <metall> • hardening crack; quenching crack

Härterissbildung *f* <metall> • quench cracking

Härterissempfindlichkeit *f* <metall> • quench-crack susceptibility

Härtesalz *n* <metall> • hardening salt

Härteschicht *f* <mat> • hardened layer

Härteschicht *f* <metall> • hardened case; case

Härteschrumpfung *f* <metall> • hardening shrinkage

Härteskala *f* <qualit.mat> • hardness scale; scale of hardness

härteste Bedingungen für die technische Realisierbarkeit *fpl* <tech.allg> • severe requirements

Härtestufe *f* <qualit.mat> *(allg.)* • hardness degree; degree of hardness; hardness grade

Härtestufung *f* <qualit.mat> • hardness grading

Härtetemperatur *f* <kst> • temperature of cure

Härtetemperatur *f* <metall> • hardening temperature

Härtetiefe *f* <metall> • depth of hardening; hardness depth

Härtetiefe *f* <metall> *(Randaufkohlung)* • case depth

Härteträger *m* <metall> • hardening constituent

Härtetunnel *m* <nahr.prod> *(Speiseeis)* • hardening tunnel; freezing tunnel *Hoyer*; chilling tunnel

Härtevergleichsplatte *f* <qualit.mat> • reference block; reference indentation block; standardized block; hardness block

Härteverzug *m* <metall> • hardening distortion; quenching distortion; quenching deformation

Härtezahl *f* <qualit.mat> • hardness number

Härtezeit *f* <kst> • cure time

Härtezeit *f* <metall> • bake-out period

Härtezusatz *m* <metall> • hardening additive; hardener; quenching additive

Härtling *m* <geo> • monadnock

Härtling *m* <metall> • hardhead

Härtung *f* <nahr.prod> *(Speiseeis)* • hardening; final freezing

Härtung *f* <prod> *(durch Vernetzen; z. B. von Lacken, Farben)* • curing; cure

Härtungsautoklav *m* <verf> *(Fetthärtung)* • hardening vessel
Härtungsbeschleuniger *m* <chem> • hardening accelerator
Härtungsbeschleuniger *m* <kst> • curing accelerator
Härtungsgeschwindigkeit *f* <nahr.prod> *(Speiseeis)* • hardening rate
Härtungszeit *f* <kst> • cure time; curing time; hardening time
Häufelfräse *f* <agri> • ridging rotary cultivator
Häufelkörper *m* <agri> *(Anbaugerät; betont: zum Überdecken mit Erde)* • covering-up attachment
Häufelkörper *m* <agri> *(Ackerbau)* • ridging body
Häufelpflug *m* <agri> • ridging plow *US*; border ridger; ridger; double-turn plough *GB*; middlebreaker
Häufelscheibe *f* <agri> • ridging disk *US*; ridging disc *GB*
häufig <allg> • frequent
häufig gestellte Fragen *fpl* <doku> • frequently asked questions (FAQ); frequently annoying questions *sl*
Häufigkeit *f* <allg> *(des Auftretens von etw.)* • frequency
Häufigkeit *f* <chem> *(eher bei Reichlichkeit, häufigem Vorkommen; z. B. von Isotopes)* • abundance
Häufigkeit *f* <math> *(Statistik)* • frequency
Häufigkeit *f* <term> *(von Wörtern)* • frequency
Häufigkeitsdichte *f DIN 55350-23* <math> *(Statistik)* • frequency density
Häufigkeitsdichtefunktion *f DIN 55350-23* <math> *(Statistik)* • frequency density function
Häufigkeitsfaktor *m* <math> • frequency factor
Häufigkeitsfunktion *f* <math> *(Statistik)* • frequency function; probability frequency function
Häufigkeitskurve *f* <math> *(Statistik)* • frequency curve; relative frequency curve
Häufigkeitsschaubild *n* <math> *(Statistik)* • frequency diagram; frequency distribution diagram
Häufigkeitsschwankung *f* <math> *(Statistik)* • frequency fluctuation
Häufigkeitsverhältnis *n* <nukl> • abundance ratio
Häufigkeitsverteilung *f* <math> *(Statistik)* • frequency distribution; relative frequency distribution
Häufigkeitszähler *m* <edv> *(statistische Qualitätskontrolle)* • frequency counter
Häufler *m* <agri> • ridger
Häufungspunkt *m* <math> • accumulation point
Häuteabzug *m* <led> • flaying
Häutesalz *n* <led> • preserving salt; curing salt
Häutestapel *m* <led> • hide pile
Hafen *m* <nav/bau> • harbor *US*; harbour *GB*
Hafen *m* <silik> *(für Glasschmelze)* • glass-melting pot
Hafenanker *m* <nav> • mooring anchor
Hafenanlagen *fpl* <nav> • harbor facilities *US*; port installations
Hafen anlaufen *vi* <nav> • call at a harbor *vi*; call at a port *vi*
Hafenbank *f* <silik> • pot-furnace bench; bench *pract*; siege *pract*
Hafenbarkasse *f* <nav> • harbor launch; harbor tender
Hafenbau *m* <bau> • harbor engineering
Hafenbauten *pl* <bau> • harbor works
Hafenbecken *n* <nav> • harbor basin; port basin
Hafendamm *m* <bau> *(als Wellenbrecher oder Pier)* • mole; jetty; harbor mole
Hafeneinfahrt *f* <nav> • harbor entrance; port entrance
Hafeneinrichtungen *fpl* <nav> • harbor facilities; port facilities
Hafenfeuer *n* <navig> • harbor light; port light
Hafengebiet *n* <nav> • harbor area; port area
Hafengelände *n* <nav> • harbor area; port area
Hafenglas *n* <silik> • pot glass; pot-melted glass

Hafenkai *m* <nav> • harbor quai
Hafenkran *m* <förd> *(eher bei Docks)* • dockside crane; wharf crane
Hafenkran *m* <förd> *(betont: am Kai)* • pier crane; quay crane
Hafenmole *f* <bau> *(als Wellenbrecher oder Pier)* • mole; jetty; harbor mole
Hafenofen *m* <silik> • pot furnace
Hafenpier *m* <nav> • harbor jetty
Hafenradarsystem *n* <navig> • harbor radar system; port radar system
Hafenschlepper *m* <nav> • harbor tug; port tug; docking tug
Hafenspeicher *m* <logist.nav> *(Lagerhaus)* • cargo warehouse
Hafer *m* <nahr> • oat; avena sativa
Haferabspitzmaschine *f* <agri> • oat clipper
Haferquetsche *f* <agri> • oat crusher
Haferschälgang *m* <agri> • oat huller
Hafnium *n* (Hf) <chem> • hafnium (Hf)
HAF-Ruß *m* <kst> • high-abrasion furnace black
Haftarbeit *f* <phys> • adhesional work
haftbar <jur> • liable; responsible
Haftbedingung *f* <phys> *(Strömungslehre)* • no-slip condition
Haftbeschichtung *f* <obfl> • tie coat
Haftbreitreifen *m* <prod> • low-section high-grip tire
Haftelektrode *f* <el> • sticking electrode
Haftelektron *n* <phys> • trapped electron
Haften *n* <tech.allg> *(Kleben, Hängenbleiben)* • sticking
Haften *n* <füg> *(Strömung)* • wall attachment; attachment
haften *vi* <tech.allg> *(fest; z. B. festgekrallt, oder großflächig; z. B. Frischhaltefolie)* • cling *vi*
haften *vi* <tech.allg> *(z. B. Partikel an Oberfläche)* • adhere *vi*; stick *vi*
haften *vi* <jur> *(haftbar sein)* • be liable *vi*; be responsible *vi*
haften *vi* <obfl> *(an, auf etw.; z. B. Zinn beim Verzinnen von Blech)* • take *vi*
haften *vi* <obfl.holz> *(Lack, Lasur auf Holz)* • key *vi*; adhere *vi*
haften bleiben *vi* <el> *(Relais, Kontakte)* • freeze *vi*; stick *vi*
haften bleiben *vi* <füg> • bind *vi*
haftend <tech.allg> *(Oberfläche, Folie, Teil)* • adhesive *adj*; tacky *coll*
Haftetikett *n rar* <doku> *(selbstklebend)* • sticker; adhesive label *form*; decal *coll.obs*
Haftfähigkeit *f* <füg> *(betont: hohe)* • adhesive power
Haftfähigkeit *f* <füg> *(Klebrigkeit)* • adhesiveness; adhesivity
Haftfähigkeit *f* <füg> *(Verbindbarkeit)* • bondability
Haftfähigkeit *f* <tribo> *(von Schmieröl)* • tackiness; adhesive properties *pl*; adhesion
Haftfestigkeit *f* <tech.allg> *(z. B. einer Beschichtung oder Folie auf Untergrund)* • adhesion; adhesive strength; adherence; bond
Haftfestigkeit *f* <füg> *(einer Klebeverbindung)* • bond strength
Haftfestigkeit *f* <qualit> *(Schicht)* • bond strength
Haftfestigkeit *f* <tribo> *(von Schmieröl)* • tackiness; adhesive properties *pl*; adhesion
Haftfestigkeit der Fasern *f* <pap> • bonding between the fibers
Haftfestigkeitsprüfung *f* <qualit> • adhesion testing; adhesion test
Haftfolie *f* <kst> *(zum Bekleben/Dekorieren von Oberflächen)* • adhesive film; pressure-sensitive film
Haftgrenze *f* <kfz> *(Reifen)* • limits of grip *pl*

Haftgrund *m* <obfl> *(betont: die vorhandene Oberfläche; z. B. für Lack)* • base surface

Haftgrund *m* <obfl> *(Farbanstrich)* • paint base

Haftgrund *m* <obfl> *(Eigenschaft der Beschichtungsverankerung)* • key

Haftgrund *m* <obfl> *(Material)* • primer surfacer

Haftgrundmittel *n* norm <obfl> • wash-primer; etch primer

Haftgrundvorbereitung *f* <obfl> *(Beschichtung)* • surface preparation

Haftinhalt *m* <chem> *(Destillation)* • hold-up; liquid hold-up

Haftklebeband *n* rar <füg> *(Kunststoff, mit oder ohne Textilverstärkung)* • adhesive tape; pressure-sensitive tape *US*; tape *coll*; self adhesive tape

Haftkleber *m* prakt <füg> *(klebt durch Andrücken)* • pressure-sensitive adhesive; impact adhesive

Haftkleber auf Polyacrylatbasis *m* <füg> • pressure-sensitive polyacrylate composition

Haftklebstoff *m* <füg> *(klebt durch Andrücken)* • pressure-sensitive adhesive; impact adhesive

Haftkräfte *fpl* <verf> • adhesive forces *pl*

Haftkraft *f* <förd> *(z. B. Lasthebemagnet, Zange)* • holding power

Haftkraft *f* <füg> *(betont: hohe)* • adhesive power

Haftmittel *n* <chem> *(z. B. in Lack, Schädlingsbekämpfungsmittel)* • adhesive agent; sticking agent *coll*; anchoring agent; coupling agent

Haftmittel *n* <obfl> *(betont: gegen Abblättern von Lack etc.)* • antistripping agent

Haftmittler *m* <obfl> *(allg.)* • adhesion promoter; bond

Haftoxid *n* <obfl> • adherence oxide; adherence promoting oxide; adhesion oxide; adhesion promoting oxide; bonding oxide

Haftpflicht-Deckungssumme *f* <vers> • liability coverage

Haftpflichtversicherung *f* <vers> • liability insurance; personal liability insurance; public liability insurance; third-party insurance *GB*; indemnity insurance

Haftpulver *n* <prod> *(Fluoreszensverfahren)* • blotter powder

Haftreibung *f* <mech> *(betont: statisch, in Ruhelage)* • static friction; friction at repose; friction at rest; stick friction *coll*

Haftreibung *f* <phys> *(betont: durch Kohäsion)* • adhesion; cohesive friction

Haftreibungsbeiwert *m* <mech> • adhesion coefficient

Haftreibungskoeffizient *m* prakt <mech> • coefficient of static friction; static coefficient of friction

Haftreibungszahl *f* wiss <mech> • coefficient of static friction; static coefficient of friction

Haftreibungszugkraft *f* <bahn> • adhesion tractive effort

Haftreibwert *m* <mech> • adhesion coefficient

Haftreifen *m* <kfz> • traction tire

Haftrelais *n* <el> • latching relay; magnetically locked relay; remanent relay

Haftsauger *m* <förd> *(für Ladegut, Werkstück; z. B. zum Verpacken von Pralinen)* • suction cup holder

Haftschale *f* <opt> *(statt Brille)* • contact lens *ISO 8320-1*

Haftschicht *f* <füg> • adhesive layer; bonding layer

Haftschicht *f* <obfl> *(zs. Substrat und Deckschicht; z. B. Zwischenschicht Email/Metall)* • bonding layer; interface layer

Haftschluss *m* <kfz> • frictional connection *wpwisdid*

Haftschlussbeanspruchung *f* <kfz> *(zwischen Reifen und Fahrbahn)* • frictional connection requirements

Haftschmelzkleber *m* <füg> • hot melt pressure sensitive adhesive (HMPS)

Haftschmelzklebstoff *m* <füg> • hot melt pressure sensitive adhesive (HMPS)

Haftschmierfett *n* <tribo> • tacky grease

Haftsitz *m* <tech.allg> • wringing fit; tucking fit

Haftsitz *m* <masch> • tight fit

Haftspannung *f* <füg> • bond stress; adhesive stress

Haftstelle *f* <el> *(Transistor)* • trap

Haftstellendichte *f* <el> • trap density

Haftstellenniveau *n* <el> • trapping level

Haftung *f* <tech.allg> *(z. B. einer Beschichtung oder Folie auf Untergrund)* • adhesion; adhesive strength; adherence; bond

Haftung *f* <jur> *(Verantwortlichkeit)* • liability; legal liability; responsibility

Haftung auf nasser Straße *f* <verk.kfz> *(Reifen)* • wet grip; wet road holding

Haftungseigenschaft *f* <tribo> *(von Schmieröl)* • tackiness; adhesive properties *pl*; adhesion

Haftvermittler *m* <kst.obfl> • finishing agent; coupling agent

Haftvermittler *m* <obfl> *(allg.)* • adhesion promoter; bond

Haftvermittler *m* <obfl> *(Lacksorte)* • surfacer

Haftvermögen *n* <tech.allg> *(Griff, Halt)* • grip

Haftvermögen *n* <tech.allg> *(z. B. einer Beschichtung oder Folie auf Untergrund)* • adhesion; adhesive strength; adherence; bond

Haftvermögen *n* <füg> *(betont: hohe)* • adhesive power

Haftvermögen *n* <tribo> *(von Schmieröl)* • tackiness; adhesive properties *pl*; adhesion

Haftwasser *n* <geo> *(im Boden)* • fixed ground water

Haftwasser *n* <verf> *(an Oberfläche)* • surface moisture

Haftzentrum *n* <el> *(Supraleiter)* • pinning center

Haftzentrum *n* <el> *(Halbleiter)* • trapping center

Haftzusatz *m* <tribo> *(in Schmieröl)* • tackiness agent; adhesive

Hagel *m* ugs <meteo> • hailstorm

Hagelschlag *m* <meteo> • hailstorm

Hagenmaier-Verfahren *n* <ents> • Hagenmaier process

Hagen-Poiseuill'sches Gesetz *n* <phys> • Poiseuille's law; Hagen-Poiseuille law; Hagen-Poiseuille equation; Poiseuille equation

Hagen-Poiseuille-Gesetz *n* <phys> • Poiseuille's law; Hagen-Poiseuille law; Hagen-Poiseuille equation; Poiseuille equation

Hagen-Poiseuille-Strömung *f DIN EN 1330-1* <phys> • Hagen-Poiseuille flow; Poiseuille flow

Hahn *m* ugs <mil> *(von Schusswaffen)* • hammer; cocking piece *coll*; cock piece; cock

Hahn *m* ugs <rls> *(einfaches Zapf-, Ablassventil; z. B. an Kühler, Behälter)* • valve; cock *coll*; petcock *US.coll*; cock valve *rare*; plug valve *rare*

Hahnenbalken *m* <bau> • top beam

Hahnenfuß-Ringschlüssel *m* <wz> *(offener Ring)* • flare nut crowfoot wrench

Hahnenfuß-Schlüssel *m* <wz> *(allg.)* • crowfoot wrench; crowfoot spanner *GB*

Hahnenfuß-Schlüssel *m* <wz> *(Maulform)* • open-end crowfoot wrench

Hahnfeder *f* <mil> • mainspring; main spring

Hahnfedergehäuse *n* <mil> • mainspring housing

Hahnfedergehäusestift *m* <mil> • mainspring housing pin

Hahnfederkappe *f* <mil> • mainspring cap

Hahnfett *n* <tribo.rls> *(für Schliffverbindungen)* • tap grease; tap lubricant; stop cock grease; stop grease

Hahnkegel *m* <rls> *(drehbarer Teil des Hahns; trägt die Dichtfläche)* • cock plug; taper plug; stopper *US.coll*

Hahnküken *n* <rls> *(drehbarer Teil des Hahns; trägt die Dichtfläche)* • cock plug; taper plug; stopper *US.coll*

Hahnschlüssel *m* <wz.rls> • cock wrench; plug cock wrench

Hahnschmiermittel *n* <tribo.rls> *(für Schliffverbindungen)* • tap grease; tap lubricant; stop cock grease; stop grease

Hahnspannerrevolver *m* form <mil> • single-action revolver

Hahnstange *f* <mil> • hammer strut

Hahnstangenstift *m* <mil> • hammer strut pin

Hahnventil *n rar* <rls> *(einfaches Zapf-, Ablassventil; z. B. an Kühler, Behälter)* • valve; cock *coll*; petcock *US.coll*; cock valve *rare*; plug valve *rare*

Hahnventil mit Stellschraube *n* <rls> • screw-down cock

Hahnwelle *f* <mil> • hammer pin

Haidinger'sche Ringe *mpl* <opt> • Haidinger fringes; constant deviation fringes; constant angle fringes

haidingersche Interferenzringe *mpl* <opt> • Haidinger fringes; constant deviation fringes; constant angle fringes

Haihaut *f press* <aerospace> *(zur Wandreibungsverminderung)* • rib film; shark-skin *press*

Hai-Haut-Anzug *m* <sport.tech> *(für Sportschwimmer)* • swift suit

HAKA <textil> • men's outerwear *sg*

hakelig <kfz> *(Getriebe)* • notchy

Haken *m* <allg> *(Technik; Sport, Fischen)* • hook

Haken *m* <bekl> *(Kleiderhaken)* • peg

Haken *m* <füg> *(an Nasenkeil)* • gib head; gib

Haken *m* <masch> • clasp

Haken *m* <textil> • hook

haken *vt* <tech.allg> • hook *vt*

Hakenabrollgerät *n* <nfz> • hook-lift system; roll-off system; hooklift system

Hakenblatt *n* <bau.holz> • scarf and key

Hakenflasche *f* <förd> • hook-type bottom block

Hakengeschirr *n* <bau.hydr> *(zum Heben von Dammtafeln)* • lifting beam

Hakengeschirr *n* <förd> • hook attachment

Hakenkeil *m* <masch> • dog key

Hakenkopf *m* <füg> *(Schraube)* • tee head

Hakenkoppel *f* <mus> • hooked coupler

Hakenkupplung *f* <nfz> • pintle hook and eye coupling; pintle hook coupling *pract*

Hakenlasche *f* <logist> *(Auflageträger)* • beam-to-column connector; hook connector

Hakenlast *f* <petr> • hook load

Hakenleiste *f* <nav.segel> • toothed rack

Hakenlift *m rar* <nfz> • hook-lift system; roll-off system; hooklift system

hakenloses Pedal *n* <fz> *(Fahrrad)* • clipless pedal

Hakenmaulsicherung *f* DIN 15106 <förd> • safety catch

Hakenmeißel *m* <wz> *(Drehen)* • undercutting tool; recessing tool; hook tool *coll*

Hakenmulde *f* <pack> *(SOT-Deckel-Nomenklatur)* • stiffening panel

Hakennadel *f* <textil> *(Leistenbildungsapparat)* • tucking-in hook

Hakennadel *f* <textil> • bearded needle; beard needle *US*; spring needle; spring beard knitting needle *US*; spring beard needle

Hakennagel *m* <bahn> • dog spike

Hakenriss *m* <qualit.mat> *(z. B. in Schweissnähten)* • hook crack

Hakenschlag *m* <nav> • blackwall hitch

Hakenschlüssel *m* <wz> *(für Fahrrad)* • C-spanner

Hakenschlüssel *m* <wz> *(allg.)* • spanner wrench *US*

Hakenschlüssel mit Nase *m* DIN 898 <wz> • hook spanner wrench *US*; hook type spanner wrench *US.form*; hook wrench *GB*; hook spanner *US*

Hakenschlüssel mit Stift *m prakt* <wz> *(z. B. Zweilochmutterndreher)* • pin spanner wrench *US*; pin type spanner wrench *US.form*; pin wrench *GB*; pin spanner *US*

Hakenschlüssel mit Zapfen *m* DIN 898 <wz> *(z. B. Zweilochmutterndreher)* • pin spanner wrench *US*; pin type spanner wrench *US.form*; pin wrench *GB*; pin spanner *US*

Hakenschraube *f* DIN 6378 <füg> • clip bolt

Hakenschütz *n* DIN 4048-1 <energ.hydr> *(Wehrverschluss)* • hooked gate; lifting hook-type gate

Hakenschwelle *f* <hydr> • hanging angular baffle

Hakenspindel *f* <textil> • hooked peg

Hakensteckdübel *m* <bau.mat> • eye bolt anchor

Hakentransistor *m* <el> • hook transistor; hook collector transistor

Hakenumschalter *m* <tele> • hook switch; telephone hook switch; gravity switch

Hakenverbinder *m* <füg> • hook fastener *crack*

Hakenverriegelung *f* <masch> • hook lock

Halbachse *f* <masch> • semiaxle

Halbachse *f* <math> • semiaxis

Halbachsenverhältnis *n* <math> • ellipticity ratio; ellipticity coefficient

Halbadder *m* <edv> • half adder; one-digit adder

Halbaddierer *m* <edv> • half adder; one-digit adder

Halbaddierglied *n* <edv> • half adder

halbadditiv <math> *(z. B. Funktion, Kategorie)* • semiadditive

halbamtsberechtigt <tele> • semirestricted

halbanalytisch <math> *(z. B. Menge)* • semianalytical

halbanalytisches Trägheitsnavigationssystem *n* <navig> • semi-analytical inertial navigation system

halbanalytisches Trägheitsortungssystem *n* <navig> • semi-analytical inertial navigation system

Halbanthrazit *m* <verbr> • semianthracite; semianthracite coal

halbanthrazitische Kohle *f* <verbr> • semianthracite; semianthracite coal

Halbapochromat *m* <opt> • semiapochromatic objective

Halbautomat *m* <wz.masch> • semiautomatic machine; semiautomatic

Halbautomatik *f ugs* <kfz.antr> • semi-automatic transmission *US*; semi-automatic clutchless transmission; semi-automatic gearbox *GB*; automatic clutch *coll*

Halbautomatik-Antenne *f* <kfz> • semi-automatic power antenna

Halbautomatikgetriebe *n* <kfz.antr> • semi-automatic transmission *US*; semi-automatic clutchless transmission; semi-automatic gearbox *GB*; automatic clutch *coll*

halbautomatisch <tech.allg> • semiautomatic

halbautomatische Drehmaschine *f* <wz.masch> • semiautomatic lathe

halbautomatische Pistole *f* <mil> • autoloading pistol; semi-automatic pistol

halbautomatischer Durchgangsbetrieb *m* <tele> • semiautomatic tandem working

halbautomatischer Plattenwechsler *m* <druck> • semiautomatic plate changing (S.A.P.C.); Semi Automatic Plate Changing

halbautomatisches Belichtungsprogramm *n* <av> • semi-automatic exposure

halbautomatisches Getriebe *n* <kfz.antr> • semi-automatic transmission *US*; semi-automatic clutchless transmission; semi-automatic gearbox *GB*; automatic clutch *coll*

halbautomatische Vermittlung *f* <tele> • automanual exchange

halbautomatische Waffe *f* <mil> *(Gewehr, Pistole)* • semi-automatic firearm; autoloader; auto *coll*

halbaxiale Kreiselpumpe *f* <förd> • mixed-flow pump; diagonal pump; diagonal flow pump; cone flow pump

halbaxiale Propellerpumpe *f* <förd> *(halbaxiale Durchströmung)* • mixed-flow propeller pump

halbaxialer Propeller *m* <förd> • mixed-flow propeller
Halbaxialläufer *m* <förd> • mixed-flow impeller
Halbaxialpumpe *f* <förd> • mixed-flow pump; diagonal pump; diagonal flow pump; cone flow pump
Halbaxialrad *n* <förd> • mixed-flow impeller
Halbaxialschaufel *f* <masch> *(Laufrad)* • semiaxial vane; semiaxial blade
Halbaxialturbine *f* <turb> *(Dériazturbine)* • mixed-flow turbine
Halbbalanceruder *n* <nav> • semibalanced rudder
halbberuhigt <metall> *(Stahl)* • semikilled; balanced
halbberuhigter Stahl *m* <metall> • semikilled steel
Halbbild *n* <tech.allg> *(allg.)* • semi-picture
Halbbild *n* <av> *(Videosignal; i. Ggs. zu Vollbild)* • frame; field *GB.stand*
Halbbild *n* <av> *(TV)* • television field; field
Halbbildaustastung *f* <av> • field blanking
Halbbilddauer *f* <av> • field duration; field scanning duration; frame duration
Halbbildflimmern *n* <av> • field jitter; frame jitter
Halbbildfolgeverfahren *n* <av> *(TV)* • field-sequential color television system; field-sequential system
halbbildfrequente Störkompensation *f* <av> • frame bend
Halbbildkontrollröhre *f* <av> • field monitoring tube
Halbbildspur-Aufzeichnung *f* <av> • non-segmented recording
Halbbildverfahren *n* <av> *(Bildschirmdarstellung)* • interlaced mode; line interlacing; interlaced scanning; scanning interlace system *rare*; staggered scanning
halbbituminöse Kohle *f* <min> • semibituminous coal; metabituminous coal
Halbbleiche *f* <textil> • holland finish
halbbombierte Schüssel *f* <kfz> • semi-embossed disk; semi-embossed track adjustable disk
halbbombierte Spurverstellschüssel *f* <kfz> • semi-embossed disk; semi-embossed track adjustable disk
Halbbrücke *f* <msr> • half-bridge
Halbbrückenschaltung *f* <el> • half-bridge circuit
Halbbyte *n* <edv> • half-byte
halbchemischer Aufschluss *m* <pap> • semichemical pulping
Halbdeckelkrempel *f* <textil> • mixed card
halbdeckend <druck> *(Druckfarbe)* • semiopaque
halb-deckend <obfl> *(Farbauftrag)* • semi-covering
Halbdieselmotor *m* <mot> • semidiesel engine
halbdirekt <opt> *(Beleuchtung)* • semidirect
halbduplex <edv.av> • half duplex
Halbduplexbetrieb *m* <edv> • half-duplex operation
Halbduplexkanal *m* <tele> • half-duplex channel
halbdurchlässig <opt> *(durchscheinend; z. B. Papier, Milchglas)* • semiopaque
halbdurchlässig <opt> • semitransparent
halbdurchlässig <phys> • semipermeable
halbdurchlässige Membran *f* <phys> • semipermeable membrane
halbdurchlässiger Spiegel *m* <opt> *(z. B. für Beobachtungen)* • one-way glass; semi-transparent mirror
halbdurchlässige Wand *f* <phys> • semipermeable membrane
halbdurchlässig verspiegeltes Glas *n* <opt> • semi-transparent glass
Halbdurchmesser *m* <math> • semidiameter
Halbebene *f* <phys> • half-plane
halbedel <mat> *(Metall)* • seminoble
Halbedelstein *m* <mat> • semiprecious gemstone; semiprecious stone
halbelastisch <mech> • semielastic
Halbelement *n* <el> • half-cell; half-element

Halbelliptikfeder *f* <fz> • leaf spring; semi-elliptic [leaf] spring; half-elliptic spring; flat spring; cart spring *coll*
halbelliptisch <math> • semielliptic
Halbentlasten *n* <textil> *(Seide)* • half-boiling; partial boiling-off
halber Durchmesser *m* <math> • semidiameter
halber Flankenwinkel *m* <masch> • half-thread angle
halber Hecht *m* <led> • half back; crop *US*
halber Mittenabstand *m* (HMA) <kfz> *(Felge)* • half dual spacing (HDS)
halber Quartilabstand *m* <math> *(Statistik)* • semi-interquartile range
halber Schlag *m* <nav> • half hitch
halber Ton *m* <druck> • half-tone
halber Winkel *m* <math> • semiangle
Halberzeugnis *n* <prod> *(allg.)* • semi-finished product; semi-manufactured product; semi *pract*; half-finished product *rare*
Halbfärbezeit *f* <textil> • half-dyeing time
Halbfertigerzeugnis *n rar* <prod> *(allg.)* • semi-finished product; semi-manufactured product; semi *pract*; half-finished product *rare*
Halbfertigware *f* <led> *(von Schafen, Ziegen)* • semi-finished skins *pl*
halbfest <phys> • semisolid
Halbfestwertspeicher *m* <edv> • semipermanent memory; semipermanent store
halbfett <druck> • bold
Halbfettbutter *f* <nahr> • half fat butter
halbfetter Buchstabe *m* <druck> • bold letter
halbfetter Lack *m* <obfl> • medium-oil varnish
halbfeuerfest <mat> • semirefractory
Halbflachbettfelge *f* <kfz> *(Rad)* • semiflat-base rim
halbflächig *ugs* <mat> *(Kristall)* • hemihedral
Halbflächner *m* <mat> • hemihedron; hemihedral crystal
halbflüssig <phys> • semiliquid; semifluid
halbflüssige Schmierung *f* <tribo> • semifluid lubrication
halbfreitragend <bau/aerospace> *(z. B. Träger, Tragflügel)* • semicantilever
halbganze Zahl *f* <math> • half integer
Halbgarage *f* <kfz> • auto bonnet
Halbgasfeuerung *f* <verbr> • half-gas fired furnace; semiproducer-type furnace
halbgebleicht <pap> *(Zellstoff)* • semibleached; half-bleached
halbgekreuzt <masch> *(Riemen)* • quarter-turn
halbgeleimt <pap> • half-sized
halbgerichtetes Licht *n* <phot> • semi-directed light
halbgeschlossen <el> *(Gehäuse, Motor)* • semienclosed; half-enclosed
halbgeschlossener Motor *m* <el> • semienclosed motor; half-enclosed motor
Halbgeschoss *n* <bau> • mezzanine; entresol
halbgeschränkt <masch> *(Riemen)* • half-crossed
halbgesintert <metall> • semifused
halbgetaucht <tech.allg> *(z. B. Unterseeboot, Werkstück)* • half-submerged
halbgeteilter Ofen *m* <verbr> • half-divided oven
halbglänzend <obfl> • semibright; semigloss
Halbglanzelektrolyt *m* <metall.obfl> • semibright plating bath; semibright plating solution
Halbglanznickelbad *n* <metall.obfl> • semibright nickel-plating solution
halbglasartig <silik> • semivitreous
halbgraphisch <edv> • semigraphical
Halbgruppe *f* <math> • semigroup
halbhart <mat> • half-hard; moderately hard
halbharte Faserplatte *f* <bau.mat> • intermediate-density fiberboard

halbharter Schaumstoff *m DIN 7726* <mat> • semirigid cellular material
Halbhartgummi *m* <mat> • half-hard rubber
Halbhartkäse *m* <nahr> • semi-soft cheese
halbhermetischer Verdichter *m* <hlk> • semihermetic compressor
Halbholz *n* <holz> • half section log; half section
Halbhydrat *n* <verf> *(Gipserzeugnis)* • hemihydrate
Halbierbock *m* <led> • cutting horse
halbieren *vt* <math> *(z. B. Winkel)* • bisect *vt*
Halbierende *f* <math> • bisector; bisecting line
halbindirekt geheizte Kathode *f* <el> • semidirectly heated cathode
Halbisolator *m* <el> • semi-insulator
halbisolierend <el> • semi-insulating
Halbkammgarn *n DIN 60900* <textil> • carded yarn
Halbkarton *m* <pap> • cardboard
halbkatalytischer Deuteriumzyklus *m* <nukl> • semi-catalyzed deuterium mode; SCD mode
Halbkegeldach *n* <bau> • half conical roof
Halbkettenfahrzeug *n* <mil.fz> • half-track vehicle; half-track *pract*
Halbklappboot *n* <nav> • pontoon lifeboat
Halbkörper *m* <math> • semi-infinite body
Halbkokille *f* <metall> • semipermanent mold
Halbkoks *m* <verbr> • semicoke
halbkontinuierlich <tech.allg> • semicontinuous
halbkontinuierlich <verf> *(Beschickung)* • semibatch
halbkontinuierlicher Betrieb *m* <verf> • semicontinuously operated digester
halbkontinuierliches Walzwerk *n* <metall> • semicontinuous rolling mill; semicontinuous mill
Halbkreis *m* <math> • semicircle; half circle
Halbkreis-Betaspektrograph *m* <phys> • semicircular beta-spectrograph
Halbkreiselektrometer *n* <el> • semicircular electrometer
Halbkreisfräser *m* <wz> • radius milling cutter; radius cutter
Halbkreiskrümmer *m* <rls> *(Rohr)* • return bend
Halbkreisspektrograph *m* <phys> • semicircular spectrograph
Halbkreisvorlage *f* <bau> • engaged column
Halbkreuzriementrieb *m* <antr> • half-crossed belt drive
halbkristallin <mat> • hypocrystalline; hemicrystalline
Halbkristalllage *f* <min> • semicrystal site
Halbkugel *f* <tech.allg> • hemisphere
Halbkugel *f* <geo> • hemisphere
Halbkugelboden *m* <verf> *(von Behältern, Kesseln, Wärmetauschern)* • hemispherical head
halbkugelförmig <tech.allg> • semispherical; half-spherical; hemispherical
halbkugelförmig <obfl> *(ausgeprägte Wölbung)* • spherical; hemispherical
halbkugelförmige Linse *f* <opt> • hemispherical lens
halbkugelförmiger Brennraum *m* <kfz.mot> • hemispherical combustion chamber
Halbkugellinse *f* <opt> • hemispherical lens
Halbkugelschale *f* <tech.allg> • hemispherical shell
Halbkugelventil *n* <rls> • semispherical valve
halbleitend <el> • semiconducting; semiconductive
halbleitendes Material *n* <mat> • semiconducting material
halbleitende Verbindung *f* <el> • compound semiconductor
Halbleiter *m* <el> • semiconductor
Halbleiter-Bauelement *n* <el> • semiconductor component
Halbleiterbauelement *n* <el> • semiconductor component; semiconductor device; semiconductor element

Halbleiterbaustein *m* <el> • semiconductor chip
Halbleiterbildsensor *m* <av> • solid-state image sensor; solid-state imager
Halbleiter-Bildwandlersystem *n* <av> • semiconductor image converter
Halbleiterblockschaltung *f* <ic> • monolithic integrated circuit
Halbleiterblocktechnik *f* <el> • semiconductor block technology; solid-state technology
Halbleiter-CCD-Kamera *f* <av> • solid-state CCD camera
Halbleiterchip *m* <el> • semiconductor chip
Halbleiterdehnungsmessstreifen *m* <msr> • semiconductor strain gauge; semiconductor gauge
Halbleiterdetektor *m* <el> • semiconductor detector
Halbleiterdiode *f* <el> • semiconductor diode
Halbleiter-DMS *m* <msr> • semiconductor strain gauge; semiconductor gauge
Halbleitereigenschaft *f* <qualit.mat> • semiconductor property
Halbleiter-Elektrolyt-Zelle *f* <energ.sol> • liquid junction solar cell; liquid solar cell; semiconductor-electrolyte cell; photoelectrochemical cell
Halbleiter/Elektrolyt-Zelle *f* <sol> • semiconductor-electrolyte cell; photoelectrochemical cell; liquid solar cell; liquid junctin solar cell
Halbleiterelektronik *f* <el> • semiconductor electronics
Halbleiterelement *n* <el> • semiconductor component; semiconductor device; semiconductor element
Halbleiterfertigungstechnik *f* <prod> • semiconductor manufacturing technology
Halbleiter-Festwertspeicher *m* <feuer> • semiconductor-ROM
Halbleiter-Gassensor *m* <msr> • semiconductor gas sensor
Halbleitergleichrichter *m* <el> • semiconductor rectifier; barrier-layer rectifier
Halbleiter-Kanal *m* <el> • semiconductor channel
Halbleiterkristall *m* <mat> • semiconductor crystal
Halbleiterlaser *m* <licht> *(betont: zum Pumpen)* • injection laser
Halbleiterlaser *m* <opt> • diode laser; semiconductor laser; laser diode
Halbleiter-Laserdiode *f* <phys> • semiconductor laser diode; semiconductor-based laser diode
Halbleitermaterial *n* <mat> • semiconductor material
Halbleiter mit Defektelektronenleitung *m* <el> • p-type conductor; p-type semiconductor; defect semiconductor; hole semiconductor
Halbleiter mit direktem Bandübergang *m* <energ.sol> • direct-bandgap semiconductor; direct absorber
Halbleiter mit Eigenleitung *m* <el> • intrinsic semiconductor; i-type semiconductor
Halbleiter mit Elektronenleitung *m* <el> • n-type semiconductor
Halbleiter mit indirektem Bandübergang *m* <energ.sol> • indirect-bandgap semiconductor; indirect absorber
Halbleiter mit Störstellenleitung *m* <el> • extrinsic semiconductor
Halbleiter-Packaging-Technologie *f* <el.ic> • IC packaging technology
Halbleiterphotodiode *f* <phys> • photoconductive diode
Halbleiterphotoeffekt *m* <phys> • photoconductive effect; intrinsic photoeffect
Halbleiterphotoelement *n* <opt> • semiconductor photocell
Halbleiterphotowiderstand *m* <phys> • photoconductive cell
Halbleiterphysik *f* <phys> • semiconductor physics
Halbleiterplättchen *n* <el> • semiconductor chip

Halbleiterplättchen n did <ic> (einzelnes viereckiges Plättchen mit Schaltung, aber unverdrahtet) • die; chip; dice pl

Halbleiterrelais n <el> • semi-conductor relay

Halbleiterschaltelement n EN 60947 <el> • semiconductor switching element EN 60947

Halbleiterschaltgerät n <el> • solid-state switching device

Halbleiterschaltkreis m <el> • semiconductor solid circuit; semiconductor circuit

Halbleiterschaltung f <el> • solid-state circuit

Halbleiterscheibe f <ic> • wafer

Halbleiterscheibe f <mat> • semiconductor wafer

Halbleiterschicht f <msr> • semiconductor film; semiconductor layer

Halbleiterspeicher m <edv> • semiconductor memory; solid state memory; semiconductor store

Halbleitersperrschicht f <el> • semiconductor junction

Halbleitersteuerung f <msr> • semiconductor control

Halbleitersubstrat n <mat> • semiconductor substrate

Halbleitertechnik f <el> • semiconductor technology

Halbleitertechnologie f <el> • solid-state technology

Halbleiterteilchendetektor m <nukl> • semiconductor particle counter

Halbleiterthermoelement n <msr> • semiconductor thermocouple

Halbleiterübergang m <el> • semiconductor junction

Halbleiterwerkstoff m <mat> • semiconductor material; semiconducting material

Halbleiterzählrohr n <nukl> • semiconductor particle counter

Halbleiter-Zündsystem n norm <kfz.el> • semiconductor ignition system

Halbleitfähigkeit f <el> • semiconductivity

Halblinse f <opt> • half-lens; split lens

Halblinseninterferenz f <opt> • split-lens interference

halblogarithmisch <math> • semilogarithmic

halblogarithmische Darstellung f <math> • semilogarithmic plot

halblogarithmische Skale f <math> • semilogarithmic scale

Halbmasche f <textil> • half stitch

halbmast <allg> • half-staff

halbmatt <obfl> • semi-flat pract; semi-dull; semi-gloss[y]; semi-mat[te]; half-matt

halbmatt <textil> (Endloszwirn) • semi-dull

Halbmattglasur f <silik> • semimat glaze; semimatte glaze

halbmechanischer Webstuhl m <textil> • dandy loom

Halbmesser m <math> • radius (r)

Halbmesserlehre f <msr> • radius gauge

Halbmetall n <chem> • semimetal

Halbmikroanalyse f <chem> • semimicroanalysis

halbmondförmig <allg> • semilunar

halbmondförmige Riefung f <prod> • fingernailing

Halbmuffelofen m <verf> • semimuffle kiln

Halbmuschelbrillenglas n <opt> • meniscus lens

Halbnadelversatz m <textil> • half-needle racking

halbnass <tech.allg> • half-wet

halbnass <pap> • semidry

Halbnassspinnmaschine f <textil> • half-dry spinning frame; cold water spinning frame

halböffnendes Schiebefenster n <bahn> • sliding window

halboffen <math> (Intervall) • half-enclosed

halboffenes Laufrad n <masch> (z. B. Pumpe) • semi-open impeller; semi-enclosed impeller; semiclosed impeller

Halboffenfach n <textil> (Jacquardmaschine) • semiopen shed

Halbpension f <tour> (Unterkunft, Frühstück und eine Hauptmahlzeit) • half board

Halbperiode f <phys> • half-cycle; half-period

Halbperiode der Rechteckspannung f <el> • square-wave half cycle

Halbperiodendauer f <el> • alternation period

halbpermanent <textil> • semipermanent

halbpermanenter Speicher m <edv> • semipermanent memory

halbplastisch <silik> • stiff-plastic

halbpolar <chem> (Bindung) • semipolar; half-polar

halbpolare Doppelbindung f <chem> • semipolar double bond; semipolar bond; dative covalence

Halbportalkran m <förd> • semiportal crane

Halbporzellan n <silik> • semiporcelain; vitreous china

Halbradialturbine f <energ.hydr> (Francisturbine) • mixed-flow turbine

Halbraum m <math> • semispace; half-space; semi-infinite space

Halbraupe f <kfz> • half-track

Halbraupenmähdrescher m <agri> • half-track combine

halbringförmige Antiballonvorrichtung f <textil> • open antiballooning device

Halbröhrenkessel m <rls> • semitubular boiler

halbrund <allg> (zweidimensional) • semicircular

halbrund <tech.allg> (zwei- od. dreidimensional; z. B. Schraubenkopf) • half-round

halbrund <tech.allg> (dreidimensional) • half-spherical; hemispherical

halbrund <bau> (Bogenfenster) • half-round; half-circle; circle-top

halbrund <prod> (Ecke, Kante) • radiused

halbrund abgeflachte Längskante f <bau.innen> • tapered with round edge (RE)

halbrunde abgeflachte Kante f (HRAK) <bau.innen> • tapered with round edge (RE)

halbrunde Kante f (HRK) <bau.innen> • round edge :V

halbrunde Längskante f <bau.innen> • round edge :V

halbrundes Oberlicht n <bau> • fanlight; sunburst window; fan window; circle top transom

halbrundes Sieb n <verf.hydr> • semicircular basket

halbrunde Werkstattfeile f norm <wz> (für die Metallbearbeitung) • half round file; engineers' half round file ISO

Halbrundfeile f <kfz.wz> (betont: für Karosseriearbeiten) • half-round body file; shell file US.pract

Halbrundfeile f <wz> (für die Metallbearbeitung) • half round file; engineers' half round file ISO

Halbrund-Holzschraube mit Kreuzschlitz f DIN ISO 1891 <füg> • cross recessed pan head wood screw

Halbrund-Holzschraube mit Schlitz f DIN 96 <füg> • slotted round head wood screw

Halbrundkopf m DIN ISO 1891 <füg> • round head; cup head; button head; snap head

Halbrundkopf mit Bund m <füg> (Schraube) • washer head US

Halbrundkopfschraube f <füg> • round-head bolt

Halbrund-Nagelschraube f DIN ISO 1891 <füg> • slotted roundhead drive screw

Halbrundniet m DIN 124,660 <füg> • button-head rivet; round head rivet DIN 124,660; spherical-head rivet

Halbrundschraube f <füg> • cup head screw

Halbrundschraube mit Nase f DIN ISO 1891 <füg> • cup head nib bolt; cup nib bolt

Halbrundschraube mit Ovalansatz f DIN 5903 <füg> • cup oval neck bolt; fish bolt

Halbrundschraube mit Schlitz f DIN ISO 1891 <füg> • slotted round head screw

Halbrundschraube mit Vierkantansatz f <füg> • cup square neck bolt; cup square bolt; bolt for railway ties

Halbrundschrotmeißel m <wz> • round-nosed set
Halbrundstahl m <mat> • half-round bar
Halbrund-Stumpffeile f <wz> (für die Metallbearbeitung) • half round file; engineers' half round file *ISO*
Halbsäule f <bau> • demi-column
Halbsäure f <pap> • weak acid
Halbschale f <aerospace> • semi-monocoque
Halbschale f <masch> (halbkreisförmig; typ. bei Kurbelwellen) • half-bearing *ISO 4378-1*
Halbschalen-Helm m <bekl> • half helmet; half face helmet; 1/2 helmet; shorty *AE coll*
Halbschalenrumpf m <aerospace> • semimonocoque fuselage
Halbschatten m <astron> • penumbra
Halbschatten m <opt> • penumbra; penumbral shadow; partial shadow
Halbschatten m <phot> • half shadow; half shade
Halbschattenpolarisator m <opt> • half-shade polarimeter
Halbschattenschleier m <phot> (Unschärfe) • penumbral blur
Halbschieberegister n <edv> • half-shift register
Halbschlichtfeile f <wz> • second-cut file
Halbschnittansicht f <doku> • half-sectional view
Halbschreibimpuls m <edv> (Magnetkernspeicher) • half-write pulse
Halbschritt m <edv> • half-space
Halbschweberuder n <nav> • semibalanced rudder
halbselbständige Entladung f <el> • semi-self-maintained discharge
Halbspirale f <turb> (Wasserturbine) • semi-scroll case; semi-spiral scroll case
Halbspur f <av> (Magnetband) • half-track
Halbspurbandgerät n <av> • two-track tape deck
halbstabil <mat> • semistable
halbstarr <tech.allg> (z. B. Kupplung) • semirigid
halbstarrer Beschlag m <textil> • flexible clothing
halbstarres Luftschiff n <aerospace> • semirigid airship
halbsteindick <bau.mat> • half-brick thick; half-brick
Halbstoff m <pap> (betont: Zwischenstufe in Papierprod.) • half-stuff; half-stock; pulp
Halbstoffholländer m <pap> • rag breaker; breaking engine; half-stuff beater; rag engine
Halbstoff in Bogenform m <pap> • pulp board; lapped pulp; half-stuff board
Halbstoffsortierer m <pap> • pulp screen
Halbstofftrockner m <pap> • pulp-drying machine; wet machine; half-stuff dryer
Halbstrebverfahren n <min> • half-face method
Halbstreuwinkel m <licht> (Lichtstärke) • half-peak angle
Halbstufenpotential n (HSP) <el.chem> • half-wave potential
Halbstufenpunkt m <el.chem> • half-wave point
Halbstundenlack m <obfl> • half-hour synthetic
halbsynthetisches Öl n <tribo> • semi-synthetic oil
halbtauchend <petr> • semi-submersible
halbtauchende Bohrinsel f <petr> (Bohrplattform) • semi-submersible platform; floating semisubmersible platform; semi-submersible drilling rig; semi-submersible rig; semi-submersible craft
halbtauchende Schwimmkörper mpl <petr> (zum Bohren) • semi-submersible drilling units pl
halbtauchende Stahlplattform f <petr> • semi-submersible steel platform; semi-submersible steel construction; semi-submersible steel unit
Halbtaucher m prakt <petr> (Bohrplattform) • semi-submersible platform; floating semisubmersible platform; semi-submersible drilling rig; semi-submersible rig; semi-submersible craft

Halbtaucherplattform f <petr> (Bohrplattform) • semi-submersible platform; floating semisubmersible platform; semi-submersible drilling rig; semi-submersible rig; semi-submersible craft
halbtauchfähig <petr> • semi-submersible
halbtechnisch <tech.allg> (in der Erprobungsphase, im Pilotmaßstab; z. B. Erzeugung, Verfahren) • pilot-scale
halbtechnische Versuchsanlage f rar <tech.allg> • pilot plant
Halbtidebecken n <bau.hydr> • half-tide basin
Halbtiefbett n (SDC) <kfz> (Felge) • semi drop center (SDC)
Halbtiefbettfelge f <kfz> • semi drop center rim; SDC rim prakt
Halbtöne mpl <phot> (Tonwerte zw. Minimal- und Maximaldichte; z. B. Grautöne) • halftones pl
Halbton m <mus> • semitone; half step *US*
Halbtonätzung f <druck> • antotype
Halbtonbild n <druck> (Halbtöne durch Punktraster dargestellt) • raster image; halftone image
Halbtonbild n <phot> (kontinuierlich verlaufende Helligkeitsstufen; Farbe od. SW) • halftone image; continuous-tone image
Halbtondruckpapier n <druck> • half-tone paper
Halbtonklischee n <druck> • half-tone block
Halbtonraster m <druck> • half-tone screen
Halbtonvorlage f <edv> • continuous-tone copy
Halbtonzelle f <edv> • halftone cell
halbtragende Achse f <kfz> • semifloating axle
halbtransparent <opt> • semitransparent
Halbtrivialname m <chem> • semisystematic name
halbtrocken <tech.allg> • semidry
halbtrocken <nahr> (Wein) • medium-dry
halbtrockenes Verfahren n <verf> (SO_2-Sprühabsorptionsverfahren) • semi-dry process
Halbtrockenpressen n <silik> • semidry pressing
Halbtrockenverfahren n <ents> • spray absorption; quasi-dry absorption system; spray-dry scrubbing; semi-dry scrubbing; dry scrubbing
halbüberdeckende Masseelektrode f <kfz.el> • cut-back ground electrode
halbverglast <silik> • semivitreous
halbversenkt <tech.allg> • semiflush
halbversenkter Schalter m <el> (Imputzinstallation) • semiflush switch
halbverspiegelt <obfl> • semisilvered; half-silvered
halb-V-geformte Nahtfuge f <füg> (geschweißt) • single-bevel groove weld *US*; single-bevel butt weld *GB*
Halb-V-Naht f prakt <füg> (geschweißt) • single-bevel groove weld *US*; single-bevel butt weld *GB*
Halbwählimpuls m <edv> • half-select pulse
Halbwählstrom m <el> (Koinzidenzspeicher) • half-select current
Halbwarmpresse f <prod> • semihot press
Halbwarmumformen n <prod> • warm forming; medium-temperature forming
Halbwassergas n <chem> • semi water gas
Halbwelle f <kfz.antr> (zwischen Differential und Antriebsrädern) • drive shaft; axle shaft pract; half shaft pract
Halbwelle f <phys> (betont: halber Zyklus; z. B. Sinusschwingung) • half cycle
Halbwelle f <phys> (allg.) • half-wave
Halbwellenantenne f <tele> • half-wave antenna *US*; half-wave aerial *GB*
Halbwellendipol m <tele> • half-wave dipole
Halbwellengleichrichter m <el> • half-wave rectifier
Halbwellengleichrichterkreis m <el> • half-wave rectifier circuit
Halbwellengleichrichtung f <el> • half-wave rectification

Halbwellenlängenplättchen *n* • half-wave plate
Halbwellenpotential *n* <el.chem> • half-wave potential
Halbwellenrohrkessel *m* <verf> • boiler with partly corrugated flue
Halbwertsbreite *f* <el.chem> (*z. B. eines peakförmigen Polarogramms*) • peak half width; half width; full width at half maximum
Halbwertsbreite *f* <phys> (*von Spektrallinien*) • half-width
Halbwertsbreite *f* <tele> (*Antennenrichtwirkung*) • half-power width; lobe half-power width
Halbwertsdicke *f* <bau.mat> • half thickness
Halbwertspunkt *m* <el> • half-power point
Halbwertsschicht *f* <phys> • half-value layer
Halbwertsschichtdicke *f* <phys> • half-value thickness; half-thickness
Halbwertswinkel *m* form <licht> (*Lichtstärke*) • half-peak angle
Halbwertszeit *f* (HWZ) <med.pharm> (*von Arzneimitteln*) • half-life period; half-time; half-life
Halbwertszeit *f* (HWZ) <nukl> (*radioaktives Material*) • half-life; physical half-life; half-life period
Halbwindkurs *m* <nav> • beam reach
Halbwinkel *m* <math> • semiangle; half angle
Halbwinkelsatz *m* <math> • half-angle formula
Halbwolle *f* <textil> • half-wool
Halbwollfärberei *f* <textil.chem> • union dyeing
Halbwollfarbstoff *m* <textil.chem> • union dye
Halbwort *n* <edv> • half-word
Halb-Y-Naht *f* <füg> • single-bevel tee butt weld
halbzahlig <math> • half-integer; half-integral
halbzahliger Gesamtdrehimpuls *m* <phys> • half-integer total angular momentum
halbzahliger Spin *m* <phys> • half-integral spin
Halbzange *f* <wz> • single pivoting thruster
Halbzelle *f* <el> • half-cell; half-element
Halbzellstoff *m* <pap> • semichemical pulp
Halbzellstoffaufschluss *m* <pap> • semichemical pulping
Halbzeug *n* <prod> (*betont: Zwischenform*) • intermediate shape
Halbzeug *n* <prod> (*allg.*) • semi-finished product; semi-manufactured product; semi *pract*; half-finished product *rare*
Halbzeugstraße *f* <metall> • roughing mill; rougher *pract*
Halbziegel *m* <bau> • snapped header
Halbzifferverzögerung *f* <edv> • half-digit delay
Halbzylinder *m* <tech.allg> • semicylinder
Halde *f* <logist> (*großer, eher unerwünschter Vorrat*) • stock-pile
Halde *f* <min> (*Abraum*) • mine waste dump
Haldenschüttung *f* <ents> • spoil piling
Haldentrocknung *f* <silik> • hack drying
Halfpipe *f* <sport> (*für Skateboarding*) • half-pipe
Hall *m* prakt <av> • reverberation; reverb *pract*; reverberant sound *rare*; reverberation sound
Hall *m* <el.mus> • reverb; reverberation effect; reverb effect; reverberation
Hallabstand *m* DIN 1320 <akust> • diffuse-field distance
Hallanteil *m* <akust> • degree of echo
Hallbalance *f* <av> • acoustic balance
Hallbaustein *m* <el> (*Hallgenerator*) • Hall IC; Hall module
Hall-Beweglichkeit *f* <phys> • Hall mobility
Hall-Effekt *m* <el> • Hall effect
Halleffekt *m* <el.mus> • reverb; reverberation effect; reverb effect; reverberation
Hall-Effekt-Vervielfacher *m* <el> • Hall-effect multiplier
Hallendeck *n* <nav> (*Flugzeugträger*) • hangar deck
hallender Raum *m* <bau> • acoustically live room; live room
Hallengang *m* <prod> • aisleway; gangway

Hallenschießstand *m* <mil> • indoor range
Hallfeld *n* <akust> • reverberant field
Hallgeber *m* <msr> (*auf dem Hall-Effekt beruhender Impulsgeber*) • Hall generator; Hall element; Hall-effect sensor; Hall sensor; Hall-effect pickup [assembly]
Hall-Geber *m* <msr> (*auf dem Hall-Effekt beruhender Impulsgeber*) • Hall generator; Hall element; Hall-effect sensor; Hall sensor; Hall-effect pickup [assembly]
hallgesteuerte Transistorzündanlage *f* <kfz.el> • transistorized ignition with Hall generator (TI-H) *Bosch*; transistorized coil ignition with Hall sensor TCI-h; Hall-effect ignition system
Hall-IC *m* <el> (*Hallgenerator*) • Hall IC; Hall module
hallig <akust> • reverberant
Hallig *f* :V DIN 4047-2 <geo> (*unbedeichte Marschinsel im Watt*) • marsh island :V
Hall-Koeffizient *m* <msr> • Hall coefficient; Hall constant
Hall-Konstante *f* <msr> • Hall coefficient; Hall constant
Hallplatte *f* <el.mus> • reverb plate; plate; reverberation plate *rare*
Hallraum *m* ISO 354 <akust> • reveberation room ISO 354; reverberatory room; reverberation chamber
Hallraum *m* <bau> • acoustically live room; live room
Hallschranke *f* <el> • Hall vane switch; vane switch; magnet sensor; sensor switch; Hall-effect switch
Hallsensor *m* <msr> (*auf dem Hall-Effekt beruhender Impulsgeber*) • Hall generator; Hall element; Hall-effect sensor; Hall sensor; Hall-effect pickup [assembly]
Hall-Sonde *f* <msr> • Hall probe
Hall-Spannung *f* <msr> • Hall voltage
Hallspirale *f* <el.mus> • reverb spring; spring; reverberation spring
Hall-Urspannung *f* <msr> • Hall voltage
Hall-Verfahren *n* <verf> (*Aluminiumgewinnung*) • Hall process
Hallwachs-Effekt *m* <el> • Hallwachs effect
Halmbrecher *m* <agri> • crusher
Halmquetscher *m* <agri> • crimper
Halo *m* <astron/opt> (*durch Lichtbrechung z. B. i.d. Atmosphäre*) • halo; nimbus
Halobildung *f* <astron/opt> • halation
Halochromieerscheinung *f* <chem> • halochromism; halochromic effect
Halogen *n* <chem> • halogen
Halogenabkömmling *m* <chem> • halogen derivative
Halogenbirne *f* ugs.rar <licht> • halogen lamp; halogen bulb *coll*
Halogen-Deckenfluter *m* <licht> • halogen torchiere lamp *US*
Halogenelektrode *f* <chem> • halogen electrode
Halogenentzug *m* <chem> • dehalogenation
halogenfrei flammgeschützte Leiterplatte *f* <el> • halogen-free flame-resistant PCB :V
Halogenglühlampe *f* form.rar <licht> • halogen lamp; halogen bulb *coll*
Halogenid *n* wiss <chem> • halide; halogenide; halogen compound
halogenierte Kohlenwasserstoffe *m* <chem.emiss> • chlorofluorocarbons (cfc); halogenated hydrocarbons; cfc gases *pract*; cfc's *coll*
Halogenierung *f* <chem> • halogenation
Halogen-Kaltlichtspiegellampe *f* <phot> • halogen cold-light mirror lamp
Halogenkohlenwasserstoff *m* <chem> • halogenated hydrocarbon; halocarbon
Halogen-Kreislauf *m* <chem> • halogen cycle; regenerative cycle
Halogenkreislauf *m* <chem> • halogen cycle; regenerative cycle

Halogen-Kreisprozess *m* <chem> • halogen cycle; regenerative cycle

Halogenlampe *f* <licht> • halogen lamp; halogen bulb *coll*

Halogenlecksucher *m* • halide leak detector

Halogen-Metalldampf-Brenner *m* <tech.allg> • metal halide lamp; metal halide burner; HQI-lamp; HQI-light; halogen quartz iodide light

Halogenmetalldampflampe *f* <tech.allg> • metal halide lamp; metal halide burner; HQI-lamp; HQI-light; halogen quartz iodide light

Halogen-Metalldampflampe *f* (HQI) <licht> • metal halide lamp

Halogen-Reflektorlampe *f* <kfz.el> • integral mirror halogen lamp

Halogenscheinwerfer *m* <licht> *(als Projektorlampe)* • tungsten-halogen projector

Halogenscheinwerfer *mpl* <fz.licht> *(Frontscheinwerfer; z. B. bei Pkw, Flugzeugen)* • halogen headlights; halogens *coll*

Halogensilber *n* <phot> • silver halides *pl*

Halogenstrahler *m* <licht> *(Punktstrahler, mit Reflektor)* • halogen spotlight

Halogenverbindung *f* <chem> • halide; halogenide; halogen compound

Halogenwasserstoff *m* <chem> • hydrogen halogenide; hydrogen halide; hydrohalide

Halogenwasserstoff abspalten *vi* <chem> • dehydrohalogenate *vt*

Halogen-Wolfram-Kreisprozess *m* <chem> • halogen cycle; regenerative cycle

Halogenzähler *m* <nukl> • halogen-quenched counter

HALOMET-Lampe *f* (HTI) Osram <licht> *(Kurzbogen-Metalldampflampe)* • HALOMET-lamp (HTI) Osram

Halonfeuerlöscher *m* <feuer> • Halon fire extinguisher

Hals *m* <tech.allg> *(metaphorisch)* • neck

Hals *m* <av> • throat

Hals *m* <led> *(Schulter und Nacken mit oder ohne Kopf)* • shoulder

Hals *m* <masch> *(kragenförmig; z. B. Wellenzapfen)* • collar

Hals *m* <masch> *(Verengung; z. B. Düse, Trichter)* • throat

Hals *m* <nav> *(Segeln)* • tack

Halsausdrehung *f* <prod> • neck recess

Halsbutzen *m* <kst> • neck flash; neck scrap

Halskrause *f* <bekl> *(für Motorradfahrer)* • thermoneck

Halslänge *f* <tech.allg> • neck length

Halslager *n* <masch> *(Lager am Wellenhals)* • collar bearing

Halsnarbenspalt *m* <led> • shoulder grain

Halsrahmen *m* <kfz> *(z. B. Rennwagen)* • neck yoke

Halsriefe *f* <led> • growth mark

Halsring *m* <bau> *(Säule, unterhalb des Kapitells)* • necking

Halsschneide *f* <kst> • neck pinch-off edge

Halsschützer *m* DIN EN ISO18814 <sport.sich> • neck protector DIN EN ISO18814

Halsschutz *m* <bekl> *(Helm)* • storm curtain

Halsventil *n* <bekl> *(Schutzanzug)* • neck band

Halswärmer *m* <bekl> • neck warmer

Halszapfen *m* <masch> *(z. B. Achse, welle)* • neck collar journal

Halt *m* <allg> *(Ruhepause)* • rest

Halt *m* <allg> *(Stehenbleiben)* • stop; halt

Halt *m* <allg> *(Stütze, Unterstützung)* • support

Halt *m* <edv> *(einer Programmfolge)* • breakpoint

Halt *m* <masch> *(pausieren an einer Stelle; z. B. von Stößeln, Werkzeugen)* • dwell

Haltanweisung *f* <edv> • stop statement

Haltbarkeit *f* ugs <tech.allg> *(betont: Haltbarkeit von Bauteilen und Material)* • durability; service life; life *coll*

Haltbarkeit *f* <doku> *(z. B. von Fotos, Ausdrucken, magnet. Datenträgern, CDs)* • archive stability; storage stability

Haltbarkeit *f* <phot> *(Lagerfähigkeit von Verarbeitungschemikalien)* • keeping properties *pl*; keeping qualities *pl*; shelf-storage life

Haltbarkeit *f* <qualit> *(z. B. von Farben, Aufdrucken, Oberflächen)* • durability

Haltbarkeit *f* <qualit.mat> *(chem. od. strukturelle Stabilität)* • stability

Haltbarkeitsdauer *f* <nahr.logist> *(Lagerfähigkeit von Lebensmitteln)* • storage quality; keeping quality; storage life; shelf-life

haltbar machen *vt* <mat> *(stabilisieren)* • stabilize *vt*

haltbar machen *vt* <nahr> • preserve *vt*

Haltbefehl *m* <edv> • stop instruction; halt instruction; hold instruction

Halteanode *f* <el> • keep-alive electrode

Haltearm *m* <phot> *(Verbindung zw. Vergrößererkopf und Säule)* • supporting arm

Haltebacke *f* <kfz> *(für Lastenträger)* • load holder

Haltebereich *m* <av> • retaining zone

Haltebereich *m* <el> *(automatische Frequenzstabilisierung)* • frequency holding range

Halteböckchen *n* <nfz> *(an Spurverstellfelgen)* • lug

Haltebolzen *m* <masch> *(keine Schraube)* • retaining pin

Haltebremsung *f* <bahn> • stop braking

Haltebucht *f* <verk> *(für Linienbus)* • bus bay; bus-stop bay; curb cut US

Haltebügel *m* <kfz.brems> *(eher drahtartig, schmal; z. B. von Verschlussdeckeln; Spannbügel)* • retaining bail

Haltebügel *m* <licht.theat> *(gabelförmige Scheinwerferhalterung)* • suspension fork

Haltebügel *m* <masch> *(klein, dünn, federnd)* • retaining clip

Haltebügel *m* <masch> *(längliches Teil zum Befestigen; z. B. Lichtmaschine an Motor)* • bracket; mounting bracket; support bracket

Haltedauer *f* <tech.allg> • holding time

Haltedauer *f* <masch> *(bei periodischen Bewegungen)* • dwell period; length of dwell time

Haltedrähte *mpl* <el> • supporting wires *pl*

Haltedruck *m* <förd> *(Pumpe)* • net positive suction head

Haltedruckhöhe *f* <förd> • Net Positive Suction Head (NPSH); NPSH value

Halteeinrichtung *f* <masch> *(etw. fest od. zurück haltend)* • retaining device; holding device; keeper

Halteeinrichtung *f* <tele> • interception circuit

Haltefeder *f* MB <kfz.el> *(für Scheinwerferglühlampe)* • bulb retaining spring; retaining spring clip; retaining clip

Haltefeder *f* <masch> • retaining spring; spring clip

Haltefläche *f* <mil> • area of aim; aiming area

Haltegarnitur *f* <petr> • holding assembly

Halteglied *n* <edv.av> • sample&hold module (S&H); random generator; sample&hold unit; sample&hold circuit

Halteglied *n* <msr> *(bei Signalabtastung)* • holding element; clamper

Haltegliedsteuerung *f* <msr> • holding-element control

Haltegriff *m* <tech.allg> *(Griffstange)* • hand rail

Haltegriff *m* <nfz> *(Stange; jede Ausrichtung)* • handrail; grab rail; grab handle

Haltegriff *m* <phot> *(an Kameragehäuse)* • holding grip

Haltehand *f* <mil> • shooting hand

Halteklammer *f* <tech.allg> • retaining clip; fixing clip

Halteklammer *f* <kfz.emiss> *(Katalysator)* • retaining channel clamp

Halteklinke *f* <masch> *(betont: zum Halten)* • holding pawl

Haltekörper *m* <tech.allg> • holder body

Haltekraft *f* <tech.allg> *(z. B. von Zangenfutter, Magnet)* • holding power; holding force

Haltekreis *m* <el> • hold circuit
Haltelautstärke *f* <av> • sustain level
Halteleiste *f* <kfz> *(für Dichtgummis, -profile)* • grip channel
Haltelinie *f* <verk> • stop line
Haltemagnet *m* <tech.allg> *(z. B. Schranktür)* • holding magnet; holding-on magnet
Haltemodus *m* <msr> *(Gerätemerkmal; z. B. für Messwerte)* • freeze mode
halten *vi* <tech.allg> *(an einer Stelle verharren)* • dwell *vi*
halten *vi* <tech.allg> *(vorübergehend oder endgültig)* • halt *vi*; stop *vi*
halten *vi* <tech.allg> *(langlebig sein)* • last *vi*; be durable *vi*
halten *vt* <allg> *(greifen)* • grip *vt*
halten *vt* <allg> *(z. B. Abstand, Versprechen, Ordnung; einen Hund, Wagen)* • keep *vt*
halten *vt* <allg> *(in Besitz; zurückhalten; z. B. Wertsachen, Urin)* • retain *vt*
halten *vt* <tech.allg> *(aufrechterhalten; einen Wert, Zustand; z. B. Drehzahl, Druck, Kurs)* • maintain *vt*; hold *vt*
halten *vt* <tech.allg> *(tragen; z. B. eine Last)* • carry *vt*
halten *vt* <tech.allg> *(stützen, tragen; z. B. Filter, Sieb, Schlauch)* • support *vt*
halten *vt* <masch> *(mit Klammer)* • dog *vt*
Haltenaht *f* <textil> • closing seam
Haltenase *f* <mot> *(an Lagerschalen)* • locating lug; locating tab
Halten einer Temperatur *n* <msr> • holding of a temperature
Haltenut *f* <masch> • keeper slot
Halten von Verbindungen *n* <tele> *(Zusatzdienst)* • Call Hold (CH)
Haltepegel *m* <av> • sustain level
Haltepfahl *m* <bau.masch> *(Schwimmlöffelbagger)* • spud
Haltepfahl *m* <nav> • mooring post
Haltephase *f* <mus.el> • sustain level
Halteplattform *f* <verk> • bus platform; loading platform
Halteprüfung *f* <bekl.qualit> *(Helmprüfung)* • stability test *:V*
Haltepumpe *f DIN EN 1330-8* <qualit.mat> *(Dichtheitsprüfung)* • holding pump
Haltepunkt *m* <tech.allg> *(in vorgezeichnetem Bewegungspfad; z. B. von Bus, Roboter)* • stop
Haltepunkt *m* <aerospace> *(auf der Rollbahn)* • taxi-holding position
Haltepunkt *m* <edv> *(in Programm)* • breakpoint
Haltepunkt *m* <edv> *(bedingter Programmstopp)* • conditional break-point; break-point; check-point
Haltepunkt *m* <metall> • arrest point
Haltepunkt *m* <metall> *(im Zustandsdiagramm; z. B. Fe–C-Schaubild)* • critical point; transformation point
Haltepunkt *m* <mil> *(beim Zielen)* • point of aim
Haltepunkt *m* <verk> *(für Busse, Züge)* • stop; stopping place; halt *rare*
Halter *m* <tech.allg> *(jede Form, jede Funktion)* • fastening device; fixture; holder
Halter *m* <tech.allg> *(kleines Befestigungselement mit Schnappeffekt; typ. aus Kunststoff)* • clip
Halter *m* <bau> *(Teil des Schließbeschlages bei amerik. Schiebefenstern)* • keeper
Halter *m* <kfz> *(eines Kraftfahrzeugs)* • registered keeper *GB.form*; keeper; car keeper *coll*
Halter *m* <kfz.brems> *(Scheibenbremse allg.)* • adapter
Halter *m* <kfz.brems> *(Schwimmrahmenbremse)* • mounting frame
Halter *m* <kfz.brems> *(für Sattel bei Faustsattelbremse)* • caliper frame; mounting bracket; caliper block yoke member *rare*
Halter *m* <kfz.el> *(für Schmelzsicherung)* • cavity

Halter *m* <masch> *(klemmend; z. B. Klammer, Klemme)* • clamp
Halter *m* <masch> *(etw. fest od. zurück haltend)* • retaining device; holding device; keeper
Halter *m* <masch> *(unterstützend, eher von unten)* • support
Halter *m* <wz.masch> *(Dorn)* • arbor
Halteraum *m* <mil> • area of aim; aiming area
Halterelais *n* <el> • latching relay; latch-in relay; locking relay; holding relay
Haltering *m* <masch> • retaining ring
Halterung *f* <tech.allg> *(mit Verstrebungscharakter)* • brace
Halterung *f* <tech.allg> *(jede Form, jede Funktion)* • fastening device; fixture; holder
Halterung *f* <masch> *(klemmend; z. B. Klammer, Klemme)* • clamp
Halterung *f* <masch> *(unterstützend, eher von unten)* • support
Halterung für Wandmontage *f* <tech.allg> • wall bracket; wall mounting bracket
Halteschalter *m* <el> • holding key
Halteschaltung *f* <el> • hold circuit; holding circuit; latching circuit; stick circuit *rare*
Halteschiene *f* <textil> • hold-back bar
Halteschlaufe *f* <kfz> *(Innenraum)* • assist strap
Halteschleife *f* <edv.av> *(Samplerfunktion)* • loop; sustain loop
Halteschraube *f* <füg> *(zum Begrenzen einer Bewegung; ohne Mutter)* • check screw
Halteschraube *f* <füg> *(zum Verriegeln in einer best. Position; dicke Schraube)* • locking bolt
Halteschraube *f* <kfz.mot> *(für Düse im Stromberg-Vergaser)* • jet bearing
Halteschraube *f rar.ugs* <masch> *(mit Mutter, eher groß)* • mounting bolt
Halteschuh *m* <kunst> • wedge holder
Halteseil *n* <tech.allg> • guy
Halteseil *n* <förd> *(bei Greifern: im Ggs. zum Hubseil)* • holding rope
Haltesichtweite *f* <verk> • stopping sight distance
Haltespannung *f* <el> • holding voltage
Haltespule *f* <el> • hold-in coil; holding coil
Haltestange *f* <fz> *(eher waagerecht; z. B. in Bus, Bahn)* • hand rail
Haltestange *f* <fz> *(senkrecht; z. B. in Bus, Bahn)* • stanchion
Haltestelle *f* <verk> *(für Busse, Züge)* • stop; stopping place; halt *rare*
Haltestellenbucht *f* <verk> *(für Linienbus)* • bus bay; bus-stop bay; curb cut *US*
Haltestellenhäuschen *n* <nfz> • bus shelter
Haltestelleninsel *f* <nfz> • bus-stop island; bus-loading island
Haltestellung *f* <tech.allg> • hold condition
Haltesteuerung *f* <msr> *(z. B. durch Rastgetriebe)* • dwell control
Haltestift *m* <kfz.brems> *(für Bremsklötze und/oder Sattel)* • pad retainer pin; pad retainer; retainer pin; retainer
Haltestift *m* <masch> *(betont: zum Verriegeln in einer best. Position)* • locking pin
Haltestift *m* <masch> *(betont: zurück oder nieder halten)* • retaining pin; detent pin
Haltestift *m* <masch> *(betont: als Wegbegrenzung)* • stop pin
Haltestift *m* <masch> *(allg.)* • securing pin; mounting pin; fastening pin; fixing pin
Haltestromkreis *m* <el> • holding circuit; locking circuit; circuit of holding coil

Haltesystem *n* <autom> • holding system
Haltesystem *n* <bekl> *(Helm)* • retention system
Haltetaste *f* <tele> • hold key; holdover key *rare*
Halteverbotsschild *n* <verk> • NO STOPPING sign *US*; clearway sign *GB*
Haltevermögen *n* <tech.allg> • holding power
Halteverstärker *m* <el> • hold amplifier; sample-and-hold amplifier
Haltevorrichtung *f* <tech.allg> • holding device; holding appliance
Haltewalze *f* <prod> • nip roll; nip roller
Haltewendel *f* <el> *(über der Kabelbewehrung)* • spiral binder tape; binder tape; counter helix; wire-band serving *US*
Haltewicklung *f* <el> *(in Relais; z. B. Kfz-Starter)* • hold-in winding; holding winding
Haltewinkel *m* <energ.sol> *(Kollektorrahmen)* • angle frame
Haltewinkel *m* <masch> • support foot
Haltezange *f* <wz> • clamping pliers
Haltezeit *f* <el> • holding time; hold time
Haltezeit *f* <masch> *(bei periodischen Bewegungen)* • dwell period
Haltezeit *f* <prod> • detention time; retention time
Haltezeit *f* <verk> • dwell time
Haltezone zum Be- und Entladen *f* <verk> • drop-off area *US*
Haltezustand *m* <tech.allg> • hold condition; hold state
Haltezustand *m* <tele> • manual hold
Haltknopf *m* <av> • stop button
Haltlage *f* <bahn> *(Signal)* • danger position
Haltlichtanlage *f* <bahn> • warning light system
Haltsignal *n* <tech.allg> *(z. B. Bahn)* • stop signal
Halttaste *f* *rar* <av> • stop button; stop key
HALT-Tester *m* <ic> • hybrid automated lead tester (HALT)
Haltung *f* <hydr> *(Kanal)* • reach
Haltverbotsschild *n form* <verk> • NO STOPPING sign *US*; clearway sign *GB*
Hamamelis virginica <bio> *(Pflanze)* • witch hazel; hamamelis virginica
Hamilton'sche kanonische Bewegungsgleichungen *fpl* <phys> • Hamilton canonical equations; Hamilton's equations of motion
Hamilton'sche Prinzipalfunktion *f* <math> • principal function of Hamilton; principal function
Hamilton'sches Prinzip *n* <phys> • Hamilton's principle
Hamiltonkreis *m* <math> • Hamilton loop
Hamilton-Operator *m* <phys> • Hamilton operator; Hamiltonian operator
Hamilton-Prinzip *n* <phys> • Hamilton's principle
hamiltonsches Prinzip *n* <phys> • Hamilton's principle
Hamiltonweg *m* <math> • Hamilton path
Hamlin-Schalter *m* <kfz.msr> *(Sensor nach dem Feder-Masse-Prinzip; z. B. in Airbagsystemen)* • Hamlin switch
Hammer *m prakt* <druck> *(in Typenraddruckern)* • print hammer; impression hammer
Hammer *m* <el.chem> *(Tropfzeitkontrolle)* • drop knocker; drop hammer; drop dislodger; drop terminator
Hammer *m* <masch> *(Hammermühle)* • beater
Hammer *m prakt* <mil> *(von Schusswaffen)* • hammer; cocking piece *coll*; cock piece; cock
Hammer *m* <wz> *(allg.; typ. in D ist ein Schlosserh., anderswo eher ein Klauenh.)* • hammer
Hammerbacken *m* <wz> • die and hammer
Hammerbär *m* <prod> • falling weight; hammer tup
Hammerbahn *f* <wz> • hammer face; striking face
Hammerblock *m* <wz> • backer
Hammerbohrmaschine *f* <bau.wz> • hammer drill; heavy-duty drilling machine

Hammerbohrmaschine *f* <min> • reciprocating drill
Hammerbrecher *m* <verf> *(Aufbereitung)* • swing-hammer crusher; hammer crusher
Hammerdrucker *m* <druck> • hammer printer
Hammerfinne *f rar* <wz> *(Hammerfläche gegenüber der Bahn; Kante oder Halbkugel)* • peen
Hammerinduktor *m* <el> • hammer-break spark coil
Hammerkontakt *m* <kfz.el> *(Unterbrecherkontakt)* • moving contact breaker; moving contact
Hammerkopf *m* <füg> *(Schraube)* • T-head; tee-head; hammer head
Hammerkopfschraube *f* <füg> • T-head bolt; tee-head bolt; hammer head bolt
Hammerlötkolben *m* <füg> • hatchet-type iron
Hammermechanik *f* <mus> *(Klavier)* • hammer mechanism
Hammer mit Kreuzpinne *m* <kfz.wz> • cross-peened hammer; peen hammer; cross-peen hammer; cross-peined chisel hammer *GB*; pein hammer *GB*
Hammermühle *f* <holz> • wood hog
Hammermühle *f* <verf> • hammer mill; hammer disintegrator
Hammernieten *n* <prod> • hammer riveting *US.GB*; impact riveting *US.GB*
Hammerpinne *f rar* <wz> *(Hammerfläche gegenüber der Bahn; Kante oder Halbkugel)* • peen
Hammerschlag *m* <tech.allg> • hammer blow
Hammerschlag *m* <metall> • hammer scale; forge scale
Hammerschlagenergie *f* <prod> • hammer-blow energy
Hammerschlaglack *m* <obfl> • hammer enamel; hammer effect enamel
Hammerschraube *f DIN 261* <füg> • T-head bolt; tee-head bolt; hammer head bolt
Hammerschraube mit Nase *f DIN ISO 1891* <füg> • T-head bolt with double nib
Hammerschraube mit Vierkantansatz *f* <füg> • T-head bolt with square neck
Hammerschraube ohne Vierkant *f* <füg> • T-head bolt; tee-head bolt; hammer head bolt
Hammerschweißen *n* <füg> *(von Blechen; z. B. in Autospenglerei)* • hammer welding; forge welding
Hammerschweißen *n* <füg> *(von Hand)* • smith welding; blacksmith welding; fire welding
Hammersperre *f* <masch> • hammer lock
Hammersplitthebel *m* <masch> • hammer split lever; hammer split
Hammerstiel *m* <wz> • hammer handle; hammer shaft *GB*
Hammerwalke *f* <textil> • hammer mill
Hamming-Abstand *m* <edv> • Hamming distance; signal distance
Hammingabstand *m* <edv> • Hamming distance; signal distance
Hamming-Kode *m* <edv> • Hamming code
Hammond *f ugs* <el.mus> • Hammond organ; hammond organ; hammond *coll*
Hammond-Orgel *f* <el.mus> • Hammond organ; hammond organ; hammond *coll*
Hand *f* <allg> • hand
Hand *f* <kfz> *(Halter eines Kfz)* • owner
handabgestoßen <led> *(geschliffenes Narbenleder)* • hand buffed
Handabkantmaschine *f* <wz.masch> • hand-operated folding machine
Handabschlämmung *f* <mot> • manual blow-off
Handabstimmung *f* <akust> • manual tuning
Handabweiser *m* <sich> • hand guard; hand rejector
Handabzug *m* <druck> • hand pull
Handabzug *m* <sport> *(Fallschirm)* • rip cord
Handamt *n* <tele> • manual exchange

Handanlage f <druck> • hand feed

Handapparat m form <tele> • handset; telephone handset; telephone receiver; receiver; earphone *obs.rare*

Handauflage f <tech.allg> • hand rest

Handauflegeverfahren n <kst> *(bei GFK-Bauweise, z. B. Karosserien, -Bootsrümpfe etc.)* • laying up

Handauftragsverfahren n <obfl> • hand application method

Handauslese f <ents> • hand picking; hand removal; hand separation; manual separation

Handauslösung f <tech.allg> • hand release

Handauslösung f <masch> • manual release; manual tripping; tripping by hand; disengagement by hand

Handausschnitt m <prod> • handcut

Hand-Automatik-Umschalter m <tech.allg> • manual-automatic transfer switch; manual-automatic switch

Hand-Automatik-Umschaltung f <fz> • manual-automatic change-over

Handballenauflage f <mil> *(von Schusswaffen; Teil des Griffes)* • heel rest; hand support; palm rest

Handballensicherung f <mil> • grip safety

Handbaugruppe f <autom> *(Roboter)* • wrist assembly

Handbeatmungsbeutel m form <med.tech> • resuscitator (AMBU); Air-Mask-Bag-Unit

Handbedienelemente npl <tech.allg> • manual controls pl

handbedient <tech.allg> • hand-operated; manually operated

handbediente Anschlusszentrale f <tele> • manual exchange

handbedienter Rechen m <verf.hydr> • manually cleaned rack; manually cleaned trash rack; hand-raked screen; manually operated screen

handbediente Schwebebettfeuerung f <verbr> • manual fluidized bed combustion

handbediente Vermittlung f <tele> • manual exchange

handbediente Wirbelbettfeuerung f <verbr> • manual fluidized bed combustion

handbediente Wirbelschichtfeuerung f <verbr> • manual fluidized bed combustion

handbediente Wirbelschichtverbrennung f <verbr> • manual fluidized bed combustion

Handbedienung f <tech.allg> • manual operation; manual control; hand operation

Handbeil n <wz> *(kleine Axt)* • hatchet

Handbelichtungsmesser m <phot> • hand-held exposure meter; off-camera [exposure] meter

handbeschickt <tech.allg> *(z. B. Vorrichtung, Werkzeugmaschine)* • loaded by hand; manually loaded; manually fed; hand-fed; with manual feed

handbeschickt <prod> *(z. B. Fülltrichter)* • charged by hand

handbeschickte Feuerung f <verbr> • hand charged firing; hand firing

Handbeschickung f <metall> • hand charging; manual charging

Handbeschickung f <wz.masch> • hand loading; manual loading

handbetätigt <tech.allg> • hand-operated; manually operated; manually actuated; actuated by hand

handbetätigter Fahrschalter m <logist> *(von RFZ)* • master controller

Handbetätigung f <allg> • manual actuation

Handbetrieb m <tech.allg> *(Vorgang allg.)* • manual operation

Handbetrieb m ugs <msr> *(abstrakt, Betriebsweise)* • manual control; manual mode

handbetrieben <tech.allg> • hand operated; operated manually

handbetriebener Scanner m <edv> • hand-held scanner; hand scanner

handbetriebenes Absauggerät n DIN EN ISO 10079 <med.tech> • manually powered suction equipment *DIN EN ISO 10079*

Handblechschere f form <wz> *(kleines Handwerkzeug)* • snips pl; tinmen's shears pl *GB.form*; tinners' snips pl; metal snips pl; metal shears pl *US*

Handblindprägung f <prod> • hand-blocking

Handbohrer m <wz> *(für sehr kleine Löcher in Holz; mit Handgriff)* • gimlet

Handbohrer m <wz> *(manuell, zum Kurbeln)* • hand drill; hand-held drill; drill *coll*

Handbohrmaschine f <wz> *(manuell, zum Kurbeln)* • hand drill; hand-held drill; drill *coll*

Handbohrmaschine f prakt <wz> *(Elektrogerät für Handgebrauch)* • drill *pract*; power drill; electric drill *rare*; portable drill *rare*

Handbremse f ugs.obs <kfz.brems> *(hand- oder fußbetätigt, mit Hebel, Taste od. elektr. automatisch)* • parking brake; emergency brake *coll.rare*

Handbremse f prakt <kfz.brems> *(nur bei Handbetätigung)* • hand brake

Handbremshebel m <kfz.brems> • hand brake lever

Handbremskabel n <kfz.brems> *(elektr., Brake-by-Wire)* • hand-brake cable

Handbremskonsole f <kfz> • parking brake console

Handbremsseil n prakt.ugs <kfz.brems> • parking brake cable; hand-brake cable *pract.coll*

Handbrennschneiden n <prod> • manual flame cutting; manual oxyacetylene cutting

Handbrennschneidmaschine f <prod> • manually operated flame cutter; manual oxyacetylene cutting machine

Handbuch n <doku> • manual; handbook

Handbügelsäge f <wz> • hand hacksaw

Handbütten n <pap> • vat paper; hand-made paper

Handdrahtbürste f <wz> *(für Handgebrauch)* • wire brush; wire scratch brush; wire hand brush

Handdruck m <druck> • hand printing; block printing; hand-block printing

Handeingabe f <edv> • manual input

Handeingabe f <wz.masch> • manual feeding; manual loading

handeingepasst <prod> • hand-fitted

handeingestellt <tech.allg> • hand-set; set by hand; adjusted by hand

Handeinlage f <agri> • hand feeding

Handeinstellung f <tech.allg> • hand setting; manual setting; hand adjustment

Handeisen n prakt <kfz.wz> *(allg.)* • hand dolly; dolly *pract*; dolly block *US*

Handelsagent m <ökon> • commercial agent; business agent; trade representative

Handelsdünger m <agri> • commercial fertilizer; artificial fertilizer

Handelsflotte f <nav> • commercial fleet; trade fleet; merchant fleet

Handelsgesetzbuch n (HGB) <jur> • Commercial Code; German Commercial Code

Handelsgewicht n <pap> *(z. B. Zellstoff)* • saleable mass *ISO 801*

Handelshafen m <nav> • trading port; commercial port

Handelskammer f <ökon> • Chamber of Commerce

Handelslänge f <ökon> *(betont: leicht erhältlich)* • commercial length

Handelslänge f <ökon> *(betont: übliches Maß)* • standard length

Handelslizenz f <ökon> • license to sell

Handelsmarke f <ökon> • brand name

Handelsname *m* <jur> • trade name
Handelsrecht *n* <jur> • commercial law; business law; mercantile law
handelsrechtlich <ökon> • relating to commercial law; in terms of commercial law; according to commercial law
Handelsschiff *n* <nav> • trade ship; commercial ship; merchant ship
Handelsschiffbau *m* <nav> • commercial shipbuilding; merchant shipbuilding
Handelsschifffahrt *f* <nav> • commercial shipping; merchant shipping; commercial navigation
Handelsschiffstonnage *f* <nav> • merchant tonnage
handelsüblich <ökon> *(z. B. Qualität, Marke, Produkt)* • commercial
handelsübliche Länge *f* <ökon> *(betont: leicht erhältlich)* • commercial length
handelsübliches Bauelement *n* <el> *(Elektronik)* • commercial-grade component
handelsübliches Markenprodukt *n* <tech.allg> • good ordinary brand (GOB)
handelsübliches Produkt *n* <ökon> • commercial product
Handelsware *f* <ökon> • commercial grade product
Handelszeichen *n* <werb.jur> • trademark
Handempfänger *m* prakt <navig> *(GPS)* • hand-held receiver; portable GPS receiver
Handempfänger *m* <tele> • hand receiver
Handentgraten *n* <prod> • manual deburring
Handfaust *f* <kfz.wz> *(allg.)* • hand dolly; dolly *pract*; dolly block *US*
Handfaust in Absatzform *f* <kfz.wz> • heel dolly; half moon dolly *rare*
Handfaust in Beilform *f* <kfz.wz> • stake dolly
Handfaust in Diaboloform *f* <kfz.wz> • round dolly
Handfaust in halbrunder Form *f* <kfz.wz> • heel dolly; half moon dolly *rare*
Handfaust in Keilform *f* <kfz.wz> • wedge dolly; egg dolly; anvil dolly
Handfaust in Kommaform *f* <kfz.wz> • comma dolly; curved dolly
Handfaust in kräftiger Ausführung *f* <kfz.wz> • heavyweight dolly; heavy duty dolly
Handfaust in Zehenform *f* <kfz.wz> • toe dolly; kidney dolly
Handfeineinstellung *f* <tech.allg> • manual fine adjustment; hand fine adjustment *rar*
Handfeinvorschub *m* <prod> • fine feed by hand [wheel]
Handfernsteuerung *f* <msr> *(Auto-, Flug-, Schiffsmodell, funkgesteuert)* • manual remote control
Handfernverstellung *f* <tech.allg> *(z. B. Bühnenscheinwerfer)* • manual remote adjustment
handfest <füg> • finger-tight
handfest anziehen *vt* <prod> *(Schraubverbindung)* • fasten finger tight *vt*
Handfeuerlöscher *m* <feuer> *(betont: kleines Gerät für den Privathaushalt, typ. 1-5 kg)* • household fire extinguisher
Handfeuerlöscher *m* <feuer> *(allg.)* • hand-operated fire extinguisher; portable fire extinguisher
Handfeuerung *f* <verbr> • hand firing; hand stoking
Handfeuerwaffe *f* <mil> • small arm
Handfläche *f* <bekl> • palm
Hand-Flügelpumpe *f* <förd> • semi-rotary pump; semi-rotary hand pump; semi-rotary hand wing pump; wing pump; hand wing pump
Handform *f* <prod> • hand mold
Handformen *n* <prod> *(Modell)* • hand modeling *US*; hand modelling *GB*
Handformen *n* <prod> *(Urformen)* • hand molding

Handformerei *f* <prod> • hand molding shop
Handformziegel *m* <bau.mat> • hand-made brick
Hand-Fuß-Monitor *m* <nukl> *(Strahlenschutz)* • hand-and-foot monitor; hand-and-foot counter
Handgabelhubwagen *m* <förd> • pedestrian-controlled fork-lift truck
Handgas *n* <kfz> *(z. B. Motorrad)* • hand engine-speed control
Handgashebel *m* <kfz> *(z. B. Kfz für Behinderte, Stationärmotor (z. B. Rasenmäher))* • choke throttle lever
Handgasschweißen *n* <füg> • manual gas welding
handgearbeitet <tech.allg> *(betont: nicht maschinell hergestellt)* • handmade
handgearbeitet <tech.allg> *(betont: gute handwerkliche Qualität)* • handcrafted; built by hand
handgedruckt <druck> • hand-blocked
handgeführt <tech.allg> *(z. B. Werkzeug)* • hand-guided
handgeführt <tech.allg> *(von Hand bewegt)* • hand-manipulated
handgeknüpft *DIN ISO 2424* <textil> *(Teppich)* • hand-knotted *ISO 2424*
Handgelenk *n* <autom> *(Roboter)* • wrist joint; wrist
Handgelenk *n* <med> • wrist
Handgelenksensor *m* <autom> *(Roboter)* • wrist force sensor; wrist torque sensor
Handgepäckablage *f* <fz> • luggage rack; storage rack; parcel rack; luggage tray
Handgepäckschließfach *n* <fz> • luggage locker
Handgerät *n* <tech.allg> • handheld unit; handheld device
Handgerät *n* <msr> • hand-held measuring instrument; hand-held instrument; hand set *rare*
Handgerät *n* prakt <navig> *(GPS)* • hand-held receiver; portable GPS receiver
handgereinigter Stabrechen *m* <verf.hydr> • manually cleaned rack; manually cleaned trash rack; hand-raked screen; manually operated screen
handgeschöpft <pap> • hand-made
handgeschöpftes Papier *n* <pap> • vat paper; hand-made paper
handgeschriebenes Zeichen *n* <doku> • handwritten character
handgesponnene Seide *f* <textil> • handspun silk
handgespritzt <obfl> • hand-sprayed
handgesteuert <tech.allg> • hand-controlled; manually controlled
handgesteuertes Modulatorventil *n* <kfz.antr> • manual modulator valve
handgetastet <tech.allg> • hand-keyed
Handgetriebe *n* <autom> • hand gear train
handgewebt <textil> • hand-woven
Handgewindebohrer *m* <wz> *(handbetätigt)* • tap; hand tap; threading tap *US.form*; insert tap [bit] *US.form*
Handgewindeschneiden *n* <prod> • hand tapping
Handgewindestrehler *m* <wz> • hand chaser
Handgießpfanne *f* <wz> • hand ladle
Handgreifbereich *m* <logist> *(Kommissionieren)* • normal reach zone; normal working area
Handgriff *m* <tech.allg> *(zum Greifen durch Hand)* • handle
Handgriff *m* <nfz> *(Stange; jede Ausrichtung)* • handrail; grab rail; grab handle
Handgriff-Riemen *m* <av> *(an Kameras)* • grip belt
Handhabeeinrichtung *f* <prod> • handling equipment; manipulation equipment; materials-handling equipment
Handhabegerät *n* <wz.masch> *(CIM)* • handling device; handler *pract*; manipulation device *rare*
Handhaben *n* <autom> • industrial handling
Handhaben *n* <logist> *(von Werkzeugen, Rohmaterial, Halbzeug, Werkstücken, Produkten)* • handling; manipulating; manipulation

handhaben vt <tech.allg> *(Gegenstände; z. B. Komponenten, Werkzeuge)* • handle vt
Handhabeprogramm n <autom> • handling program; manipulation program
Handhaberoboter m <autom> • handling robot
Handhabesystem n <förd> • handling system
Handhabetechnik f <tech.allg> • handling technique[s]; manipulation technique[s]
Handhabezyklus m <autom> *(Roboter)* • handling cycle; manipulation cycle
Handhabung f <logist> *(von Werkzeugen, Rohmaterial, Halbzeug, Werkstücken, Produkten)* • handling; manipulating; manipulation
Handhabungsautomat m <autom> *(mit mech. variabler Nockensteuerung)* • cam-operated variable sequence robot
Handhabungsautomat m <autom> *(nicht frei programmierbar)* • handling robot
Handhabungseinrichtung f <autom> • handling system
Handhabungsfunktion f <autom> • handling function
Handhabungsgerät n <autom> *(fest programmiert)* • handling device; pick-and-place system
Handhabungsgerät n <autom> *(betont: Transferfunktion)* • universal transfer device
Handhabungs-Industrieroboter m form <autom> • handling robot
Handhabungsroboter m <autom> *(frei programmierbar)* • handling robot
Handhäufler m <agri> • hand ridger
Handharke f <verf.hydr> • hand rake; manual rake
handhebelbetätigt <tech.allg> • hand-lever-operated
Handhebelfräsmaschine f <wz.masch> • sensitive milling machine
Handhebelschere f <wz.masch> • hand-lever shears
Handhebelschmierpresse f <tribo> • lever grease gun; lever gun
Handhebelsteuerung f <msr> • hand-lever control
Handhebelvorschub m <wz.masch> *(z. B. Tischbohrmaschine)* • hand-lever feed; sensitive feed
Handheld-Computer m <edv> • handheld computer; handheld *pract*
Hand-Held-Empfänger m <navig> *(GPS)* • hand-held receiver; portable GPS receiver
Handhöheneinstellung f <prod> • elevating manual control
Handicap-Bus m <nfz> • handicap bus; handicapped-accessible bus
Handinjektor m <textil> *(Anlegehilfe)* • air sucker
Handkantenauflage f <mil> *(von Schusswaffen; Teil des Griffes)* • heel rest; hand support; palm rest
Handkette f <förd> • hand chain
Handklauben n <prod> • hand picking; picking by hand
Handklotz m <kfz.wz> *(allg.)* • hand dolly; dolly *pract*; dolly block *US*
Handkratze f <textil> • hand card
Handkreissäge f <wz> • circular saw
Handkreuz n <tech.allg> *(betont: Griff, Rad zum Drehen von Spindeln)* • capstan handle
Handkreuz n <prod> *(betont: mit 4 Speichen)* • four-spoked capstan handle
Handkreuz n <rls> *(mit mehreren Speichen; z. B. an Schiebern)* • star handle; star handwheel
Handkurbel f <bau> *(zum Betätigen von Dreh- und Klappflügelfenstern)* • roto handle; crank handle; rotary-gear operator
Handkurbel f <masch> *(allg.)* • hand crank; crank handle
Handkurbelfenster n <kfz> • manual-crank window
Handkurbel mit Kugelgriff f <masch> • ball crank; ball-handle crank

Handlaminierharz n <kst> *(z. B. für GFK-Karosserien, Boote)* • lay-up resin
Handlaminierverfahren n <kst> *(bei GFK-Bauweise, z. B. Karosserien, -Bootsrümpfe etc.)* • laying up
Handlaser m <wz> • manual laser
Handlaserscanner m <edv> • hand-held laser scanner
Hand-Laserscanner m <edv> • hand-held laser scanner
Handlauf m <bau> *(Stange zum Festhalten, oberste Schiene etc. von Geländern)* • handrail; banister *rare*
Handlaufstütze f <tech.allg> *(von Geländern, Relingen etc.)* • stanchion; post; support
Handleimung f <pap> • hand sizing
Handleser m <edv> • hand-held scanner; hand scanner
handlich beim Einparken <kfz> • parking-friendly *Carweek*
Handlichkeit f <kfz> • manoeverability
Handlichkeit f <fz> • manoeuvrability; easy steerability *rare*
Handling n ugs.press <kfz> *(betont: Handling des Fahrzeugs oder von Reifen)* • handling properties; handling
Handling n <logist> *(von Werkzeugen, Rohmaterial, Halbzeug, Werkstücken, Produkten)* • handling; manipulating; manipulation
Handling am Flaschenhals n did <förd> *(PET-Flaschen-Abfüllung)* • neck handling
Handlingeigenschaften fpl <kfz> *(betont: Handling des Fahrzeugs oder von Reifen)* • handling properties; handling
Handlinggerät n <autom> *(fest programmiert)* • handling device; pick-and-place system
Handlingroboter m <autom> • handling robot
Handloch n <tech.allg> • hand hole
Handlotleine f <nav> • hand lead line
Handlung f <tech.allg> • action
Handlungsreisendenproblem n <math> *(Streckenoptimierung; Hamiltonkreis)* • traveling salesman problem (TSP) *US*; travelling-salesman problem *GB*; shortest-route problem
Handmäher m <tech.allg> *(ohne Motor)* • push reel mower
Handmessgerät n <msr> • hand-held measuring instrument; hand-held instrument; hand set *rare*
Handmikrofon n <av> • hand-held microphone
Handmixer m <gastr.wz> • hand mixer
Handmonitor m <nukl> • hand monitor
Handmutternbohrer m <wz> • hand nut tap
Handnieten n <füg> • hand riveting
Handnietpresse f <wz.masch> • hand-operated squeeze riveter
Handnietzange f <bau.wz> *(für Montage von Metallständerwänden)* • stud crimper; crimping tool *LAF*
Handnotbetätigung f <sich> • manual override
Handover m <tele> *(Mobilfunkverbindung)* • handover; hand-over
Hand-over m <tele> *(Mobilfunkverbindung)* • handover; hand-over
Handover-Problem n prakt <tele> *(Mobilfunk; insbes. bei UMTS)* • handover problem
Hand-Over-Word n (HOW) <navig> • handover word (HOW)
Handpfanne f <prod> • hand ladle
Handprägung f <prod> • hand-blocking
Handpressformmaschine f <wz.masch> • hand-operated squeezer
Handpritschenwagen m <förd> • fixed-platform four-wheel hand truck; pedestrian-controlled fixed-platform truck
Handprogrammiergerät n <allg> • hand programmer
Handprotektor m <fz> *(Motorrad)* • hand protector *DIN EN ISO18814*; brush guard

Handpumpe *f* <masch> • hand pump; manually operated pump

Handrad *n* <tech.allg> • handwheel

Handradeinstellung *f* <tech.allg> • handwheel control; handwheel adjustment

Handregeln *fpl* <tech.allg> *(z. B. Dreifingerregel der linken Hand)* • hand rules

Handregelung *f* <msr> • manual control

Handreibahle *f* <wz> • hand reamer

Handreibahlenmesser *n* <wz> • hand reamer blade

Handreiniger *m* <kfz> *(z. B. Handwaschpaste)* • hand cleaner

Handretusche *f* <druck> • hand retouching

Handriffelkamm *m* <textil> *(Flachs)* • flax comb; ripple

Handrolle *f* <pap> • hand roller

Handrückstellung *f* <tech.allg> • hand reset; manual reset

Handsaugschlauch *m* <wz> *(Staubsauger)* • wander hose

Handscannen *n* <edv> *(mit Handscanner)* • hand scanning

Handscannen *n* <edv> *(i. Ggs. zum automatischen Scannen; z. B. von Dias)* • hand scanning; manual scanning

Handscanner *m* <edv> • hand-held scanner; hand scanner

Handschaber *m* <wz> • hand scraper

Handschalter *m* <tech.allg> • hand switch; manual switch

Handschaltgetriebe *n rar* <antr> *(manuell)* • manual transmission (man); manual gearbox *GB*; change-speed gearbox *GB*; gearshift [unit] *coll*; speed-changing mechanism *rare*

Handschalthebel *m* <kfz> • gear-shift lever

Handschaltung *f* <tech.allg> • hand control; manual control

Handschaltung *f* <kfz> • manual shifting; manual selection

Handschaltventil *n Ford* <kfz.antr> *(Automatikgetriebe-Steuerung)* • manual valve (MV); manual selector valve; selector valve; manual shift valve *Ford*

Handschlaufe *f* <phot> *(an Kamera)* • holding strap

Handschleifen *n* <prod> • grinding by hand

Handschleifen *n* <prod> *(Gussstücke)* • snagging

Handschleifer *m* <bau.wz> • hand sander

Handschleifmaschine *f* <wz.masch> • off-hand grinding machine; off-hand grinder

Handschliff *m* <prod> • hand grinding; manual grinding; off-hand grinding

Handschmieden *n* <prod> • hand forging

Handschmierpresse *f form* <tribo.wz> • pressure grease gun; grease gun *pract*; hand lubricator *rare*; hand grease gun *rare*

Handschmierung *f* <tribo> • manual lubrication

Handschneidbrenner *m* <wz> • hand cutting torch; hand flame cutting torch; hand cutting blowpipe

Handschneidmaschine *f* <wz.masch> *(Brennschneiden)* • hand-guided oxygen cutting machine; hand-guided cutting machine

Handschrapper *m* <bau> • hand scraper; drag scraper

Handschrapper *m* <förd> • power shovel

Handschriftleser *m* <edv> • handwriting reader

Handschützer *m DIN EN ISO 18814* <fz> *(Motorrad)* • hand protector *DIN EN ISO 18814*; brush guard

Handschuh *m* <bekl> • glove

Handschuh *m* <fz> • bicycle mitten; mitten; mitt *coll*

Handschuhbox *f* <nukl> • glove box

Handschuhdurchführung *f* <nukl> • rubber-gloved opening

Handschuhfach *n* <kfz.innen> • glovebox; glove compartment

Handschuhfachleuchte *f* <kfz.el> • glovebox lamp; glovebox light

Handschuhfachschloss *n* <kfz.innen> • glovebox lock; glove compartment lock

Handschuhgriff *m* <mil> *(von Fausfeuerwaffen)* • anatomical grip

Handschuhkasten *m Opel.rar* <kfz.innen> • glovebox; glove compartment

Handschuhkasten *m DIN 25401-3* <nukl> • glove box

Handschuhkastenschleuse *f* <nukl> • glove box goods access door

Handschuhleder *n* <led> • gloving leather

handschuhweich *werb* <kfz.innen> *(Lederpolsterung)* • ultra-soft *ad*; butter-soft *coll*

Handschuhzickel *n* <led> • gloving kid

Handschutz *m* <sich> • hand guard

Handschutzbügel *m* <sich> • finger guard

Handschutzschild *m* <sich> • hand shield

Handschweißen *n* <füg> • hand welding; manual welding

Handschweißpistole *f* <füg> • hand welding gun; manually held welding gun

Handschwingen *pl* <bio> • primaries *pl*; primary feathers

Handshakeanforderung *f* <el> • handshaking requirement

Handsortierung *f* <ents> • hand sorting; sorting by hand

Handspannung *f* <allg> • clamping by hand

Handspannung *f* <prod> • hand chucking

Handspindel *f* <textil> *(Spinnerei)* • hand spindle

Handspritzpistole *f* <wz> • hand spray gun

Handsprungantrieb *m* <antr> • independent manual operation

Handstäubegerät *n* <agri> • hand duster

Handstampfer *m* <bau.masch> • hand tamper

Handstampfer *m* <wz> • hand rammer

Handstampfmaschine *f* <wz.masch> • hand ramming machine

Handstart *m* <mot> *(z. B. Rasenmäher)* • manual start-up

Handsteuerung *f* <msr> *(abstrakt, Betriebsweise)* • manual control; manual mode

Handsteuerung *f* <msr> *(konkretes Bedienungselement; z. B. Baustein, Steuerknüppel)* • manual controller

Handtacker *m* <bau.innen> • stapler

Handtasche *f* <bekl> • pocketbook *US*; handbag *GB*; purse *GB*

Handtastatur *f* <tech.allg> *(z. B. zur Ladekransteuerung)* • operator keyboard; keypad

Handterminal *n* <edv> • hand-held terminal

Handtestgerät *n* <kfz.wz> *(Handgerät)* • engine analyzer *Chrysler*; diagnostic readout box DRB *Chrysler*

Handverarbeitung *f* <bau.innen> • hand application

handvermittelt <tele> • manually switched; manually operated; manually established

handvermitteltes Ferngespräch *n* <tele> • manually arranged telephone call

Handvermittlungsschrank *m* <tele> • manual switchboard

Handvermittlungsstelle *f* <tele> • manual exchange

Handverschiebung *f* <prod> • hand traverse

Handverstärkungsregler *m* <msr> • manual gain control

Handverstellung *f* <tech.allg> • hand adjustment; manual adjustment

Handvollversatz *m* <min> • solid hand stowing

Handvorschub *m* <prod> • hand feed; manual feed

Handvorschubhebel *m* <wz.masch> *(z. B. Bohrmaschine)* • hand feed lever; manual feed lever

Handvorwahl *f* <prod> • manual preselection; preselection by hand

Handwählschieber *m* <kfz.antr> *(Automatikgetriebe-Steuerung)* • manual valve (MV); manual selector valve; selector valve; manual shift valve *Ford*

Handwäsche f <bekl> • hand wash; hand washing; manual laundering

Handwebstuhl m <textil> • hand loom

Handweiche f <bahn> • manually operated point

Handwerk n <allg> • craft; trade

Handwerker m <allg> • craftsman; tradesman

handwerklich hergestelltes Speiseeis n <nahr> • artisanal ice cream

Handwerkszeug n ugs <wz> *(Gesamtheit von Handwerkzeugen, z. B. in Werkzeugkiste)* • tool set; tools pl coll

Handwerkzeug n <wz> *(z. B. Seitenschneider, Kombizange)* • hand tool; tool pract

Handy n ugs <tele> *(portables zellulares Funktelefon)* • mobile cellular telephone; cellular [phone] US; portable telephone did; mobile [phone] GB.coll; cell phone US.coll

Handycam f <av> • Handycam

Handy-Detektor m <tele> *(z. B. im Flugzeug)* • mobile-phone detector; Mobifinder MAZ

Handzentrifuge f <prod> • hand centrifuge

Handzettel m <werb> • handbill; flyer

Handzug m <theat> • hand operated counterweight system; hand operated flying system; hand operated hoist

Handzustellung f <prod> • hand feed

Hanf m <bio> • hemp; apocynum cannabinum

Hanfbindemäher m <agri> • hemp binder

Hanfbrech- und -schwingmaschine f <agri> • hemp breaker and scutcher

Hanfdarre f <agri> • hemp kiln

Hanfdichtung f <masch> *(z. B. Rohr)* • hemp packing

Hanffaser f <textil> • hemp fiber

Hanfhechelmaschine f <agri> • hemp hackling machine

Hanfmähmaschine f <agri> • hemp cutter

Hanföl n <nahr> • hemp oil; hempseed oil

Hanfreibe f <textil> • hemp softening mill; edge roller mill

Hanfseele f <masch> *(Drahtseil)* • hemp core; hemp center

Hanfseil n <tech.allg> • hemp rope

Hanfseil n <textil> *(aus Manila-Hanf)* • Manila rope; Manilla rope rare; abaca rope; abaka rope

Hanfstrecke f <textil> • hemp drawing frame

Hanftauwerk n <nav> • hemp ropes pl

Hanfwergaufbereitung f <verf> • hemp-tow preparing

Hanfzerreißmaschine f <verf> • hemp knifing machine

Hang m <geo> *(Geländeform)* • slope

Hanganfahrwinkel m <kfz> • entry angle to gradients; approach angle; departure angle

Hangardeck n <nav> • hangar deck

Hangbefestigung f <bau> • anti-landslide slope siding

Hangberieselung f <agri> • surface irrigation of slopes

Hangendbeherrschung f <min> • roof control

Hangendbruch m <min> • roof fall; collapsed roof

Hangenddruck m <min> • roof pressure

Hangende n <min> • hanging roof; hanging; hanging wall; roof pract; top pract

hangendes Flöz n <min> *(z. B. Kohle)* • overlying seam

Hangendriss m <min> • main roof break; breaker

Hangendschichten fpl <min> • roof beds pl; hanging beds pl; overlying beds pl

Hangendschild m <min> • roof canopy

Hangendschrämarm m <min> • overcutting jib; turret jib

Hangendschrämwalze f <min> • roof drum

Hangendschram m <min> • overcut

Hanger m <förd> *(Kran)* • derrick span

Hangerwinde f <förd> *(Kran)* • derrick span winch

Hangerwinde f DIN ISO 6555 <nav.förd> • topping winch ISO 6555; topping lift winch

Hangmähdrescher m <agri> • hillside combine harvester; hillside combine

Hang-On-Lösung f <kfz.antr> • slip-sensitive power distribution; slip-controlled power distribution; variable power distribution

Hang-On-Lösung f <kfz> • slip-sensitive power distribution; slip-controlled power distribution ppwiss-mdl; variable power distribution ppwiss-mdl

Hang-Over m <kfz> • hangover; channeling

Hangrieselung f DIN 4047-6 <agri.hydr> • ditch irrigation

Hangrost m DIN 4047-9 <bau.geo> *(Erosionsschutz)* • slope grating; slope trellis; slope fence

Hangrutsch m <geo> • earth slide; landslide

Hangschloss n <bau> • padlock

Hangstabilität f <geo> • safe descent slope

Hangtauglichkeit f <agri> *(z. B. für Landmaschinen)* • permissible hillside slope

Hangüberlauf m <energ.hydr> • side spillway

Hangüberstauung f <agri> • mountain flooding

Hangverstellung f <agri> • slope compensation

Hans-System n <kfz.sich> *(entlastet den Nacken bei Unfällen)* • head and neck support system (Hans)

hantelförmig <tech.allg> • dumb-bell-shaped

Hantelmodell n <qualit.mat> • dumb-bell model

Hantelprüfkörper m <qualit.mat> • dumb-bell test piece

Hardcopy f <edv> *(Ausdruck der Bildschirmanzeige)* • hardcopy; printed screenshot; screenshot printout; screen capture printout

Hardcopy f <edv> *(ausgedruckte Computerdaten; z. B. Text auf Papier)* • printout; hardcopy

Harddiskrecording n <edv.av> • hard disk recording

Hard-Fehler m <edv> *(Festplattenlesefehler)* • hard error

Hardproof m prakt <druck> *(zur Endkontrolle, Imprimatur)* • hardproof; final proof; proof pract

Hardsektorierung f <edv> • hard sectoring

Hardtop n <kfz> *(auf Roadster, Spider)* • hardtop

Hardtop n rar <kfz> *(zweitüriger Karosseriestil; zumindest optisch ohne B-Säule)* • coupe US.GB; sport sedan US; hardtop US; coupé GB

Hardtop n <nfz> *(auf Pickup)* • hardtop; pickup cap; cap coll

Hardtop-Lift m MB <kfz> • hardtop lift

Hardtop-Ständer m <kfz> • hardtop stand :V

Hardware f <edv> • hardware

Hardwareanforderung f <edv> • hardware requirement

Hardwarebeschleunigung f <edv> • hardware acceleration

Hardware-Cursor m <edv> • hardware cursor

Hardwarefehler m <edv> *(Fehler an Systemkomponenten; im Ggs. zu Softwarefehler)* • hardware fault; hardware malfunction; hardware error; machine error

Hardware-Handshake m <el> • hardware handshaking

Hardwareinstallation f <edv> *(von Hardware; z. B. Grafikkarte, Speicherbausteine)* • hardware installation; installation

hardwarekompatibel <edv> • hardware-compatible

Hardwarekompatibilität f <edv> • hardware compatibility

hardwareorientiert <edv> • hardware-based

Hardwaresequencer m <el.mus> • hardware sequencer

Hardwaresequenzer m <el.mus> • hardware sequencer

Hardwaresicherung f <edv> • hardware protection

Hardwaresteuerung f <edv> • hardware control

Hardwaretreiber m <edv> • hardware device driver

hardwareunterstützt <edv> • hardware-assisted

Hardyscheibe f ugs <kfz.antr> *(in Gelenkwelle)* • flexible coupling; rubber coupling; Rotoflex coupling pract; rubber doughnut coll; doughnut joint coll

Hardyscheibe f <masch> • flexible disk; Hardy disk

Harke f prakt <verf> *(Wasserreinigung)* • cleaning rake; cleaning fork; rake pract

Harke mit Kettenantrieb f <verf.hydr> • chain operated trash rake; chain lift reciprocating rake

Harke mit Spindelantrieb f <verf.hydr> • screw operated reciprocating rake

Harkenarm m <verf.hydr> • rake arm

Harkenrechen m <verf.hydr> • reciprocating rake bar screen

Harkenrechen mit Kettenantrieb m <verf.hydr> • chain driven reciprocating rake bar screen *form*

Harkenrechen mit Seilantrieb m <verf.hydr> • cable operated reciprocating rake bar screen

Harkenschaufel f <ents> *(Reinigungselement)* • skip; grab skip

Harkenzahn m <wz> • rake tine

Harkins'sche Regel f <chem> *(Elementenhäufigkeit)* • Harkins' rule

harkinssche Regel f <chem> *(Elementenhäufigkeit)* • Harkins' rule

Harmonic-Drive-Getriebe n <autom> • harmonic drive gear

Harmonikatür f <bau> *(faltenbalgähnlich)* • folding door; flexible door; accordion door

harmonisch <nahr> *(Wein)* • well-balanced; harmonious

harmonisch <qualit> *(Eigenschaften; z. B. eines Fahrzeugs, von Reifen)* • well-balanced

harmonische Analyse f <phys> • harmonic analysis; Fourier analysis

harmonische Balance f <msr> • harmonic balance; describing function

harmonische Bewegung f <phys> • harmonic motion

harmonische Komponente f <phys> *(von Schwingungen)* • harmonic component; harmonic *pract*

harmonische Linearisierung f <msr> • harmonic linearization; describing function

Harmonischen-Heizung f <nukl> • harmonic heating

Harmonischen-Zyklotron-Dämpfung f <nukl> • harmonic cyclotron damping

harmonischer Analysator m <msr> • harmonic analyzer *US*; harmonic analyser *GB*

harmonische Reihe f <math> • harmonic series

harmonischer Mittelwert m <math> • harmonic mean

harmonischer Oszillator m <phys> • harmonic oscillator

harmonische Schwingung f <akust> • harmonic vibration; harmonic oscillation

harmonische Teilschwingung f <phys> *(von Schwingungen)* • harmonic component; harmonic *pract*

harmonische Teilung f <math> • harmonic division

harmonische Unterschwingung f <av.phys> • sub-harmonic *stand*; subharmonic

harmonische Verzerrung f <phys> • harmonic distortion

harmonische Welle f <phys> • harmonic wave

Harmonizer m <edv.av> • pitch shifter

Harnisch m <geo> • slickenside

Harnisch m DIN 64863 <textil> • harness

Harnischbrett n <textil> • comber board; harness reed; lower-hole board

Harnischstich m <textil> • straight tie-up

Harnsäure f <chem> • uric acid

Harnstoff m <chem> • urea; carbamide

Harnstoff-Formaldehyd n <chem> • urea formaldehyde

Harnstoff-Formaldehyd-Harz n <kst> • urea-formaldehyde resin

Harnstoff-Formaldehydharz-Klebstoff m <füg> • urea formaldehyde resin adhesive

Harnstoff-Formaldehyd-Harzleim m <füg> • urea formaldehyde resin glue

Harnstoffharz n (UF) <kst> *(z. B. Resopal)* • ureaformaldehyde plastic (UF); ureaformaldehyde resin; urea resin *pract*

Harpune f <textil> • gripper-projectile; gripper-shuttle

hart <phot> *(Bild, Beleuchtung; nachteilig)* • hard; harsh; high in contrast *rare*

hart *pej* <phot> • contrasty; high in contrast; rich in contrast; hard *pej*; harsh *pej*

hart *ugs* <phys> *(Strahlung)* • penetrating; hard; high-energy

hart <qualit.mat> *(Widerstand gegen Eindringen)* • hard

hart ... <prod> *(gewindebohren, gewindeschälen)* • hard ...

Hartanodisation f <obfl> • hard anodizing *US.GB*; hard anodization *US.GB*; hard anodising *GB.rare*

Hartanodisieren n <obfl> • hard anodizing *US.GB*; hard anodization *US.GB*; hard anodising *GB.rare*

hart arbeitender Entwickler m <phot> • high-contrast developer

Hartasphalt m <bau.mat> • hard asphalt

hart aufgelötete Schneidplatte f <wz> *(z. B. Steinbohrer, Drehmeißel)* • brazed-on tip

hart aufsetzen vi <aerospace> *(Flugzeug; auf die Landebahn)* • pancake vi

Hartauftragschweißen n <füg> • hard surface welding; hard surfacing; hard-facing

hart beschichten vt <obfl> • hard-face vt

Hartblei n <mat> *(Legierung)* • regulus metal

Hartblei n <ugs> <mat> • antimonial lead; hard lead *coll*

Hartbrandstein m <bau.mat> • hard-burned brick; engineering brick

Hartbraunkohle f <min> • hard brown coal; hard lignite

Hartchrom n <metall> • hard chrome

Hartchrombad n <obfl> • hard chromium bath; hard chromium plating bath

Hartchrombeschichtung f <obfl> • hard chromium coating

Hart-Coat-Schicht f <obfl> • hard anodic coating; hard anodic oxide layer *stand*

Hart-Coat-Verfahren n <obfl> • hard anodizing *US.GB*; hard anodization *US.GB*; hard anodising *GB.rare*

Hartdichtung f <masch> • hard packing

harte Formatierung f *rar* <edv> *(von Festplatten)* • low-level formatting *US.GB*

harte Landung f <aerospace> • hard landing; bumpy landing; bungled landing

Harteloxal n <obfl> • hard anodizing *US.GB*; hard anodization *US.GB*; hard anodising *GB.rare*

Harteloxierung f <obfl> • hard anodic coating

harte Maske f <kunst> • hard mask

harter Einschluss m <mat> • hard spot

harter Schaumstoff m DIN 7726 <mat> • rigid cellular material

harte Schale f <bekl> *(Helm)* • rigid shell

hartes Feuer n <silik> • hard fire

hartes Licht n <phot> • hard light

harte Stelle f <metall> • hard spot

harte Strahlung f <phys> • penetrating radiation; hard radiation

hartes Wasser n <hydr> • hard water

harte Umgebung f <tech.allg> • harsh environment

Hartfaserplatte f DIN 68753 <holz> • hardboard; hard fibreboard *GB*; fiber hardboard *rare*

Hartgasschalter m <el> • expulsion-type circuit breaker; hard-gas circuit breaker

hartgekochter Zellstoff m <pap> • hard pulp; low-boiled pulp

hartgelötet <füg> • hard-soldered; brazed

hartgewalzt <prod> • hard-rolled

Hartgewebe n <mat> *(allg.)* • laminated fabric; fabric-reinforced laminate

Hartgewebe n <mat> *(betont: auf Kunstharzbasis)* • synthetic-resin-bonded fabric sheet

hartgezwirnt <textil> • hard-twisted

Hartglas n <silik> • hard glass; tempered glass

Hartgrießmühle f <nahr> *(Müllerei)* • semolina mill

Hartgummi *m* <kst> • hard rubber; ebonite; vulcanite *rare*
Hartgummi aus Naturkautschuk *m* <kst> • ebonite; hard rubber
Hartgummischeuerleiste *f* <nfz> *(Schneepflug)* • rubber cutting edge
Hartgummiverschluss *m* <tech.allg> • hard-rubber plug
Hartgummiwalze *f* <tech.allg> *(z. B. Kopierer)* • hard-rubber-covered roll
Hartguss *m* <metall> • chilled cast iron; hard cast iron
Hartguss *m DIN 17006-4* <metall> • white cast iron
Hartgussteil *n* <metall> • white-iron casting
Hartgusswalze *f* <prod> • chilled-iron roll
Hartharz *n* <kst> • hard resin; hard-lac resin
Hartholz *n rar.ugs* <holz> *(nicht immer härter als Nadelholz)* • hardwood; deciduous wood
Hartholzfaserplatte *f* <holz> • hardwood fiber slab *US*; hardwood fibre slab *GB*
hart im Nehmen <masch> *(Konstruktion, Ausführung, Gehäuse, Komponente)* • ruggedized
Hartkäse *m* <nahr> • hard cheese
Hartkarbonschicht *f* <av> • diamond-like carbon coating
Hartkerngeschoss *n* <mil> • steel-core bullet
hart kochen *vt* <pap> • undercook *vt*
Hartkopiermaske *f* <el> • hard-copy mask
Hartlegierung *f* <mat> • hard alloy
Hartlegierung *f* <metall> *(gegossen)* • cast alloy
Hartley-Schaltung *f* <el> • Hartley circuit; Hartley oscillator
Hartlöten *n* <füg> • brazing; braze welding *formal*; torch soldering *coll.obs.*; bronze welding *obs.*
Hartlötflussmittel *n* <füg> • brazing flux
Hartlötverbindung *f* <füg> • hard-soldered joint; brazed joint
Hartlot *n* <tech.allg> • brazing metal; brazing filler metal *formal*; brazing alloy; hard solder *obs.coll.*
Hartlot *n* <füg> • brazing spelter
Hartlot *n* <füg.mat> • spelter solder
hartmagnetisch <phys> • hard-magnetic; magnetically hard
hartmagnetische Legierung *f* <mat> • hard-magnetic alloy; permanent-magnet alloy
hartmagnetischer Werkstoff *m* <mat> • hard-magnetic material
hartmagnetische Schale *f* <msr> *(Wiegand-Draht)* • magnetically hard shell; hard magnetic shell
Hartmanganerz *n* <min> • black haematite; psilomelane
Hartmann'sche Extrafokalmethode *f* <opt> • Hartmann screen test
Hartmann'scher Test *m* <opt> • Hartmann test; Hartmann screen test
Hartmann-Generator *m* <phys> • Hartmann generator; Hartmann oscillator
hartmannscher Test *m* <opt> • Hartmann test; Hartmann screen test
Hartmasse *f* <silik> • hard paste
Hartmetall *n* (HM) <mat> *(allg.)* • hard metal (HM)
Hartmetall *n prakt* <mat> *(z. B. für Schneidwerkzeuge)* • cemented hard metal; cemented hard carbide; cemented carbide; sintered carbide; hard metal
Hartmetallaufbohrwerkzeug *n* <wz> • cemented-carbide boring tool
Hartmetallauflage *f* <mat> *(z. B. Werkzeug, Gleitbahn)* • carbide tipping; carbide facing
hartmetallbelegt <mat> *(z. B. Werkzeug, Gleitbahn)* • carbide-faced
hartmetallbestückt <wz> *(Werkzeug, Schneide)* • carbide-tipped; cemented-carbide-tipped; hard-tipped
hartmetallbestückter Fräser *m* <wz.masch> • carbide-tipped cutter

hartmetallbestückter Meißel *m* <wz.masch> *(Drehmaschine)* • cemented-carbide-tipped tool; carbide-tipped tool
hartmetallbestücktes Werkzeug *n* <wz> *(allg.)* • cemented-carbide tipped tool
Hartmetallbestückung *f* <wz> • cemented-carbide tipping; carbide tipping
Hartmetallbohrkrone *f* <wz> *(z. B. Tunnelbau, Lagerstättenerschließung)* • carbide bit; carbide-tipped bit
Hartmetalldrehmeißel *m* <wz> • cemented-carbide turning tool; carbide turning tool
Hartmetalleinsatz *m* <mat> *(z. B. Werkzeug, Gleitbahn (hohe Verschleißfestigkeit))* • carbide lining
Hartmetalleinsatz *m* <prod> *(z. B. Ziehdüse, Pressmatrize)* • cemented-carbide insert; carbide insert
Hartmetalleinsatzmeißel *m* <wz> • cemented-carbide insert; carbide-inserted bit
Hartmetallendmaß *n* <msr> • cemented-carbide gauge block; carbide gauge block
Hartmetallkaltstauchmatrize *f* <wz> *(z. B. Schraubenfertigung)* • carbide cold-heading die
Hartmetalllegierung *f* <mat> • hard metal alloy; hard alloy
Hartmetallmeißel *m* <wz.masch> *(z. B. Hobeln, Stoßen, Drehen)* • cemented-carbide tool; carbide tool
Hartmetallplättchen *n* <wz.masch> *(z. B. Drehmeißel)* • cemented-carbide tip; carbide tip
Hartmetallschleifmaschine *f* <wz.masch> • cemented-carbide tool grinding machine; carbide tool grinding machine; carbide grinding machine
Hartmetallschneide *f* <wz> *(Bohrer; typ. gelötet)* • carbide lip
Hartmetallschneide *f* <wz> *(hohe Verschleißfestigkeit, hohe Schnittleistung)* • carbide tool tip
Hartmetallschneide *f* <wz> • cemented-carbide cutting edge; carbide cutting edge
Hartmetallschneide *f* <wz.masch> *(geklemmt)* • carbide insert bit
Hartmetallschneidplatte *f* <wz.masch> *(geklemmt, aufgelötet)* • cemented-carbide tip; carbide tip
Hartmetallschneidwerkstoff *m* <mat> • cemented-carbide cutting material; carbide cutting material
Hartmetallsitz *m* <mat> *(z. B. Gleitfläche, Werkzeug)* • cemented-carbide seat; carbide seat
Hartmetallwendeschneidplatte *f* <wz> • disposable cemented-carbide insert; disposable carbide insert
Hartmetallwerkzeug *n* <wz> • cemented-carbide tool; carbide tool
Hartmetallwerkzeugschleifmaschine *f* <wz.masch> • cemented-carbide tool grinding machine; carbide tool grinding machine; carbide grinding machine
Hartmetallziehstein *m* <metall> *(Durchziehen, Drahtziehen)* • carbide drawing die
Hartnäckigkeit *f* <allg> *(von Personen; z. B. bei Arbeiten, Forschungen)* • persistence
Hartnaturigkeit *f* <led> *(Haut)* • grain hardness
Hartnickelbad *n* <obfl> • hard nickel bath; hard nickel plating bath
Hartoxidation *f* <obfl> • hard anodizing *US.GB*; hard anodising *GB.rare*
Hartoxidschicht *f* <obfl> • hard anodic coating; hard anodic oxide layer *stand*
Hartpapier *n* <pap> *(laminiert)* • hard paper; laminated paper
Hartpapier *n* <pap.kunst> • manila paper
Hartpappe *f* <bau.mat> • panel board
Hartpappe *f* <pap> • hardboard
Hartplatte *f* <holz> • hardboard
Hartporzellan *n* <silik> • hard porcelain; hard-paste porcelain

HART-Protokoll *n* <msr> • Highway Addressable Remote Transducer protocol; HART protocol

Hart-PVC *n* <kst> • rigid PVC; unplasticized PVC; u-PVC

Hartrasenstein *m* <bau.mat> • lawn paving block

Hartree-Einheiten *fpl* <nukl> • Hartree units; atomic units; atomic units Hartree

Hartschälen *n* <prod> *(Gewindeschälen)* • hard-peeling

Hartschalen-Kinnschutz *m* <bekl.sich> *(Helm)* • solid chin-cup

Hartschalenprotektor *m* <bekl> *(Helm)* • solid plastic cup; plastic armour

Hartschalen/Schaumprotektor *m* <bekl.sich> • plastifoam armor *US*; plastifoam armour *GB*

Hartschaum *m* <kst> *(z. B. als Auftriebskörper in Booten)* • rigid foam; dense foam *rare*

Hartschaumstoff *m* <kst> *(z. B. als Auftriebskörper in Booten)* • rigid foam; dense foam *rare*

Hartschaumstoffblock *m* <nav> *(als Auftriebskörper)* • foam block buoyancy unit; foam buoyancy unit; foam block

hartsektoriert <edv> • hard sectored

hartsektorierte Diskette *f* <edv> • hardsectored floppy disk

Hartsektorierung *f* <edv> • hard sectoring

Hartspiritus *m* <verbr> • solid spirit; hard spirit

Hartsteingut *n* <gastr> *(Keramikgeschirr)* • high-fired stoneware

Hartstoffe *mpl* <ents> • rough matter

hart strukturiert <led> *(Haut)* • tightly structured

Harttastung *f* <tele> • hard keying

Hartverchromen *n* <obfl> • hard chromium plating

hartverchromt <kfz> • chrome-plated; chrome-hardened

hartverchromte Laufschicht *f* <kfz.mot> *(der Zylinderlaufbahn)* • chrome-hardened cylinder wall

Hartverchromung *f* <obfl> • hard-chrome plating

Hartvernickelung *f* <obfl> • hard-nickel plating

hartverzinkt <obfl> • hard-galvanized

Hartwachs *n* <obfl> *(z. B. für Holz-, Lackschutz)* • carnauba wax; hard wax; carnauba

Hartwachspolitur *f* <obfl> • deep cleaning car wax

Hart-Weich-Tastung *f* <tele> • keying without-with filter

Hartwerden *n* <bau.mat> *(von Gips, Mörtel etc.)* • stiffening; solidification

hart werden *vi* ugs <tech.allg> *(Binder, Kleber, Beton etc.)* • set *vi*; harden *vi* coll; set hard *vi* rare

hart werden *vi* <mat> *(allg.)* • harden *vi*; stiffen *vi*

Hartzeichner *m* <opt> • high-definition lens; sharp-focus lens

Hartzerkleinerung *f* <ents> • crushing of hard materials; size reduction of hard materials

Hartzinkschicht *f* <obfl> • zinc-iron alloy layer; iron-zinc intermetallic layer

Harvester *m* <nfz> • harvester

Harz *n* <mat> *(z. B. in Klebern, Kunststoffen, Lacken, Druckfarben)* • resin

Harz *n* <petr> • gum

Harzansatz *m* <mat> • resin formulation

Harzappretur *f* <textil/led> • resin finish

harzartig <chem.petr> • gummy

harzartig <mat> • resinous; resiny

Harzbad *n* <mat> • resin bath

harzbildend <holz> • resin-forming

harzbildend <petr> • gum-forming

Harzbildnertest *m* <petr> • gum test

Harzbildung *f* <mat> • resin formation

Harzbildung *f* <petr> • gum formation; gumming

Harzbindung *f* <wz> *(Schleifscheibe)* • resin bond

Harzemulsion *f* <pap> • rosin milk

Harzflussmittel *n* <füg> • resin flux

Harzfüllmittel *n* <obfl.holz> • resin filler

harzgebunden <wz> *(Schleifkörper)* • resin-bonded

Harzgehalt *m* <qualit> *(Holz)* • resin content

Harzkleber *m* <füg> • resin adhesive

Harzklebstoff *m* <füg> • resin adhesive

Harzlack *m* <obfl> • resinous varnish

Harzmatrix *f* <chem.mat> • matrix resin

Harzmatte *f* ugs <kst> • sheet molding compound (SMC); prepreg *obs*

Harznest *n* <kst> • resin pocket

Harz-Ölfarbe *f* <kunst> • resin-oil-paint

Harzrückstand *m* <petr> • gummy deposit

Harzseife *f* <chem> • resin soap

Harzsystem *n* <chem> • resin system

Harzträger *m* <kst> • resinous binder; resinous filler

Harztränkung *f* <holz> • resin impregnation

Haschisch *n* <bio> • hashish; cannabis indica

Hasenhaar *n* <textil> • hare hair

Haspel *f* <allg> • stock wheel

Haspel *f* <led> • paddle

Haspel *f* <metall> *(zum Abspulen von Bandmaterial; z. B. für Blech)* • uncoiler; dereeler

Haspel *f* <min.förd> *(Aufwickelhaspel)* • winch; whim

Haspel *f* <min.förd> • windlass

Haspel *f* <textil> *(Garn; zum Weifen)* • reel

Haspel *f* <textil> *(Seide)* • filature

Haspeläscher *m* <led> • paddle liming

Haspelanlage *f* <metall> *(z. B. im Walzwerk, für Coils)* • reel station

Haspelantrieb *m* <masch> • reel drive

Haspelfärbeapparat *m* <textil> • winch dyeing apparatus; winch dyeing machine

Haspelkufe *f* <textil> • winch vat

Haspelmaschine *f* <textil> • reeling machine

haspeln *vt* <prod> *(Blech)* • spool *vt*

haspeln *vt* <textil> *(Faden)* • reel *vt*; wind *vt*

Haspeltrommel *f* <min/textil> • reel

Haspelvariator *m* <agri> • reel speed variator

Haspelwasser *n* <textil> *(Seide)* • reeling water

Haspelwelle *f* <agri> • reel axle

Haspelzinken *m* <agri> • reel tine

Haspelzug *m* <tech.allg> • reel tension

Hassium *n* (Hs) <chem> *(Ordnungszahl 108, superschweres Element)* • hassium (Hs); unniloctium *obs*

Haubarkeitsalter *n* <holz> • maturity

Haube *f* <tech.allg> *(kuppelartig gewölbt)* • dome

Haube *f* <tech.allg> • hood; bonnet

Haube *f* <kfz> *(allg.)* • hood

Haube *f* <masch> *(eher klein, kappenartig, Deckel)* • cap

Haube *f* <metall> *(Schmelzofen)* • crown

Haube *f* <metall> *(Kokille)* • hot top

Haube *f* <verbr> *(auf Kamin)* • lid

Haube *f* <verf> *(glocken-, trichterförmig)* • bell

Haubenanschlaggummi *m* <kfz> *(für Motorhaube)* • hood bump rubber; hood bumper

Haubenauflageband *n* <kfz> • hood lacing *US*; bonnet tape *GB*

Haubenfahrzeug *n* <nfz> *(typ. Truck in den USA; in D nur noch selten)* • conventional truck; conventional *pract*; longnose *coll*

Haubenfigur *f* rar <kfz> *(z. B. Stern, Emily)* • hood ornament *US*; radiator mascot *GB*

Haubenglühofen *m* <metall> • bell-type annealing furnace

Haubenhalter *m* <kfz> *(mit Schiebering)* • hood pin; Nascar Type race car style hood pin *ad*

Haubenofen *m* <metall> • bell-type annealing furnace

Haubenstütze *f* prakt <kfz> • hood stay *US*; bonnet top stay *GB*; bonnet support stay *GB*; support rod *coll*; hood prop *US*

Haubentruck *m prakt* <nfz> *(typ. Truck in den USA; in D nur noch selten)* • conventional truck; conventional *pract*; longnose *coll*

Haubenventilator *m* <hlk> • cowl ventilator

Haubenverschluss-Riegelstift *m* <kfz> • hood lock dowel *US*; bonnet lock plunger *GB*

Hauber *m ugs* <nfz> *(typ. Truck in den USA; in D nur noch selten)* • conventional truck; conventional *pract*; longnose *coll*

Hauchbildung *f* <obfl> • blooming; blushing

hauchdünn <tech.allg> *(z. B. Membran, Folie, Film, Schicht)* • ultra-thin

Haue *f A.CH* <agri.wz> *(Blatt quer zum Stiel)* • hoe

Haue *f* <min.wz> • hack; adz *US*; adze *GB*

hauen *vt* <min> • hack *vt*; pick *vt*

hauen *vt* <prod> • cut *vt*

Hauer *m* <min> • hewer; cutter

Haüy'sches Gesetz *n* <mat> • Hauy law; Haüy law; law of rational indices; law of rationality

haüysches Gesetz *n* <mat> • Hauy law; Haüy law; law of rational indices; law of rationality

Haufen *m* <allg> • pile

Haufen *m* <astron> • cluster

Haufen *m* <bau.mat> • heap

Haufenfehler *m* <edv> • burst error; error burst; burst; block error; multiple error

Haufenlaugung *f* <metall> • heap leaching

Haufwerk *n* <geo> *(Bodenmechanik)* • particulate media

Haufwerk *n* <mat> *(Kristall)* • aggregate

Haufwerk *n* <min> • blast rock; broken material; broken ground; debris; muck

Haufwerkfilter *n* <verf> • bed filter

haufwerksporniger Beton *m* <bau.mat> • no-fines concrete

Hauptabdeckung *f* <tech.allg> *(betont: wichtigster, größter Deckel; eher dünn; z. B. von Kopierern)* • main cover

Hauptabmessungen *fpl* <tech.allg> • main dimensions; principal dimensions; leading dimensions

Hauptabsperrventil *n* <msr> • main isolation valve; main stop valve

Hauptabteilung *f* <org> *(Organisationseinheit)* • department; main department *rare*

Hauptabzugskanal *m* <emiss> • main flue

Hauptachse *f* <masch> *(konkret; z. B. Fahrzeug)* • main axle

Hauptachse *f* <mat> *(Kristall)* • principal axis

Hauptachse *f* <math> *(Ellipse)* • major axis

Hauptachse *f* <math> *(Hyperbel)* • transverse axis

Hauptachse *f* <mech> • principal axis of inertia; principal inertia axis

Hauptachse *f* <phys> *(abstrakt; z. B. Hauptträgheitsachse)* • main axis

Hauptachse des Spannungszustands *f* <mech> • principal axis of stress

Hauptachsen *fpl* <mech> *(für Linien, Flächen, Körper; Zentrifugalmoment ist Null)* • centroidal principal axes

Hauptachsengleichung *f* <math> • secular equation

Hauptalarm *m* <alarm> • full external alarm :V

Hauptamt *n* <tele> • main exchange; central exchange; telephone central office; central office

Hauptanfahrventil *n* <mot> • main starting valve

Hauptanmeldung *f* <jur> • parent application; main application; basic application

Hauptansaugrohr *n* <kfz.mot> • main induction pipe

Hauptanschluss *m* <tele> • main station; subscriber's main station

Hauptanschlussdichte *f* <tele> • main station density

Hauptanschlussleitung *f* <tech.allg> • main line

Hauptanschlussleitung *f* <el> • main lead

Hauptanschlussleitung *f* <tele> • direct exchange line

Hauptanschlussrelais *n* <el> • network master relay

Hauptansichtsfenster *n* <edv> *(größtes Ansichtsfenster eines Grafikprogramms)* • main viewport; drawing screen *coll*; modeling window *rare*

Hauptantrieb *m* <antr> • main drive; master drive

Hauptantrieb *m* <masch> • machine drive

Hauptantrieb *m* <wz.masch> • main-spindle drive

Hauptantriebsleistung *f* <masch> • main-drive power

Hauptantriebsmotor *m* <mot> *(Verbrennungskraftmaschine)* • main drive engine

Hauptantriebsmotor *m* <mot.el> • main drive motor

Hauptantriebsmotor *m* <nav> *(Verbrennungskraftmaschine)* • main propulsion engine

Hauptantriebsmotor *m* <nav> *(elektrisch)* • main propulsion motor

Hauptantriebsmotor *m* <wz.masch> • spindle-drive motor

Hauptanzeige *f* <edv> • primary display

Hauptapparat *m* <tele> • main set; master telephone

Hauptbalken *m* <bau> *(Deckenträger)* • floor beam

Hauptband *n* <av> • master tape

Hauptbandfilter *n* <tech> • principal channel filter

Hauptbaugruppe *f* <masch> • main assembly

Hauptbaumart *f* <holz> • principal species; main species; chief species

Hauptbeanspruchung *f* <tech.allg> • main load

Hauptbeanspruchung *f* <mech> *(mech. Spannung)* • principal stress

Hauptbehälter *m* <tech.allg> *(Vorrat)* • main reservoir

Hauptbelastungszeit *f* <tech.allg> • peak time

Hauptbelichtung *f* <phot> *(ohne Abwedeln und Nachbelichten)* • overall exposure; main exposure

Hauptbereichsamt *n* <tele> • zone center

Hauptbestandteil *m* <tech.allg> • main component; major component; principal component; main constituent

Hauptbewegung *f* <wz.masch> • primary motion

Hauptbewehrung *f* <bau> *(Stahlbeton)* • main reinforcement; principal reinforcement

Hauptbock *m* <kfz.prod> • body framing complex

Hauptbremsleitung *f* <brems> • main brake pipe

Hauptbremszylinder *m* <brems> • brake master cylinder

Hauptbrennraum *m* <kfz.mot> • main combustion chamber

Hauptbrennstellung *f* <licht> • fundamental burning position

Hauptbrennzone *f* <ents> • main combustion zone; primary combustion zone

Hauptbühne *f* <theat> • acting area; acting space; main stage; playing area; playing space

Hauptdampfleitung *f* <rls> • steam main

Hauptdatei *f* <edv> • master file

Hauptdeck *n* <nav> • main deck

Hauptdehnung *f* <mech> • principal strain

Hauptdruck *m* <kfz.antr> *(Automatikgetriebe-Steuerung)* • line pressure; mainline pressure; main pressure

Hauptdruckregler *m* <kfz.antr> *(Automatikgetriebe)* • pressure regulator; pressure regulating valve; main pressure regulator

Hauptdruck-Regulierventil *n* <kfz.antr> *(Automatikgetriebe)* • pressure regulator; pressure regulating valve; main pressure regulator

Hauptdruckspannung *f* <mech> • principal compressive stress

Hauptdüse *f* <kfz> *(Vergaser)* • main jet

Hauptebene *f* <opt> • principal plane

Haupteinfallswinkel *m* <opt> • principal incidence angle

Haupteinflugzeichen *n* <aerospace> • middle marker; middle marker beacon; main entrance signal

Haupt-Eisenbahnstrecke f <bahn> (allg., ein- oder mehrgleisig) • main line; arterial railroad US; arterial railway GB; mainline railroad US; mainline railway GB

Hauptelement n <textil> • primary knitting element

Haupt-EMK f <el> • direct-axis voltage

Hauptempfangsgebiet n <av> • prime signal area

Hauptentfettung f <obfl> (Vorgang) • main degreasing

Hauptentladungsstrecke f <el> (Gasentladungsröhre) • main discharge gap; main gap

Haupterdungsklemme f DIN VDE 0100 <el> • main earthing terminal; main earthing groundbus US

Haupterreger m <akust> • main exciter

Hauptfahrwerk n <aerospace> • main undercarriage; main landing gear

Hauptfeder f <masch> (allg.) • main spring

Hauptfederblatt n <masch> (oberstes Federblatt) • master leaf; uppermost leaf

Hauptfehler m <qualit> • major defect; major nonconformance

Hauptfeld n <bau> (z. B. Brücke) • main span

Hauptfeldspulen fpl <nukl> • main field coils pl

Hauptfestpunkt m <rls> • main anchor

Hauptfileverzeichnis n <edv> • master file directory

Hauptfluss m <kst> • drag flow

Hauptförderband n <förd> • main belt

Hauptförderstrecke f <förd> • main haulage drift

Hauptförderstrecke f <min> • carrying gate

Hauptfreifläche f <wz> (z. B. Spiralbohrer) • flank; major flank

Hauptfunkmessantenne f <tele> • main scanner

Hauptfunktion f <tech.allg> • main function

Hauptgang m <geo> • master lode; champion lode

Hauptgang m <logist> • main aisle; center aisle US; centre aisle GB; main gangway GB

Hauptgasleitung f <rls> (allg.; auch in Gebäuden) • gas main

Hauptgasleitung f <rls> (Fernleitung) • main gas pipeline

Haupt-Gemischaustritt m <kfz.mot> • main mixture discharge nozzle

Hauptgeschäftsführer m <ökon> • chief executive officer (CEO)

Hauptgeschäftsführerin f <ökon> • chief executive officer (CEO)

Hauptgesims n <bau> • main cornice

Hauptgestell n <wz.masch> • main frame

Hauptgetriebe n <nfz.antr> • main gearbox

Hauptgleichung f <math> • principal equation

Hauptgleis n <bahn> (ein Gleis) • main track

Hauptgruppe f <chem> (Periodensystem) • main group

Hauptgruppentrennung f <edv> • file separator

Haupthahn m <rls> • main tap; main cock

Haupthangendes n <min> • main roof

Hauptholm m <aerospace> (z. B. Rumpf, Flügel) • main spar

Hauptholzart f <holz> • principal species; main species; chief species

Haupthubwerkantrieb m <förd> (RFZ) • main lift motor GB

Hauptimpuls m <el> • master pulse

Hauptinhaltsverzeichnis n rar <edv> • root directory

Hauptkabel n <el> • main cable; trunk cable

Hauptkabelkanal m <tele> • trunk line conduit

Hauptkammer f <bau> (des Kunststoff- oder Aluminiumprofils) • main chamber

Hauptkammer f <geo> • main magma chamber; main chamber

Hauptkanal m <agri> (Bananenplantagenentwässerung) • principal canal; collector [canal]

Hauptkanal m <ents> • main sewer

Hauptkatalysator m <kfz.emiss> (chem. Funktionseinheit) • main catalyst

Hauptkatalysator m <kfz.emiss> (Bauteil der Auspuffanlage) • main catalytic converter

Hauptkette f <chem> (eines verzweigten Moleküls) • main chain; backbone chain

Hauptkeule f <navig> (z. B. Funkbake, Radar) • main lobe; major lobe

Hauptkolonne f <chem.verf> (Destillation) • main column

Hauptkompass m <navig> • master compass

Hauptkomponente f <tech.allg> • main component; major component

Hauptkontrollstation f <navig> (GPS-Zentrale) • Master Control Station (MCS); Master Control facility

Hauptkraft f <qualit.mat> • main load GB; major load US

Hauptkurve f <masch> • lead cam

Hauptladeraum m <fz> (z. B. Schiff) • main cargo hold; main hold

Hauptlager n prakt <mot> (Hubkolbenmotor) • crankshaft main bearing; crankshaft bearing; main bearing

Hauptlagerdeckel m prakt. <kfz.mot> • crankshaft main bearing cap; main bearing cap pract

Hauptlagerstuhl m prakt <kfz> (trägt die Kurbelwellenhauptlager) • crankshaft main bearing pedestal; main bearing pedestal; main bearing cradle; main bearing block; main bearing pillow rare

Hauptlager-Verband m <mot> • main-bearing block

Hauptlamelle f <kfz> (zweistufige Membranzunge) • main petal

Hauptlast f <qualit.mat> • main load GB; major load US

Hauptlastverteilungszentrale f <energ> • main load-distributing center

Hauptlegierungskomponente f <metall> • principal alloying constituent

Hauptleiter m <el> • phase conductor; phase pract; live wire coll

Hauptleiterplatte f <phot> • main circuit board

Hauptleitstand m rar <msr> (z. B. eines Kraftwerks) • central control room

Hauptleitung f <tech.allg> • main line; main

Hauptleitung f <rls> • main pipeline

Hauptleitung f <tele> • primary line

Hauptleitungsdruck m <kfz.antr> (Automatikgetriebe-Steuerung) • line pressure; mainline pressure; main pressure

Hauptlicht n <phot> • main light; key light

Hauptlichtpunkt m <opt> • main spot

Hauptlichtschalter m <licht> • main light switch

Hauptlinie f <ökon> (Produktion) • main production line; main line

Hauptlüfter m <hlk> • main ventilator; main fan

Hauptluftbehälter m <pneum> (z. B. Bremsanlage) • main air reservoir

Hauptluftleitung f <brems> • main brake pipe

Hauptmaschinenraum m <energ> (z. B. Kraftwerk) • main engine compartment

Hauptmaschinenraum m <nav> • main engine room

Hauptmembranzunge f <kfz> (zweistufige Membranzunge) • main petal

Hauptmenü n <edv> • main menu

Hauptmeridian m ugs <navig> • Greenwich meridian; Prime Meridian; central meridian

Hauptmessgröße f <msr> • principal measurand

Hauptmonitor m <av> • on-the-air monitor

Hauptmotiv n <phot> • main subject

Hauptnenner m <math> • common denominator; lowest common denominator; lowest common multiple

Hauptnetzsicherung f <el> • main power fuse

Hauptnormal n <msr> • master standard

Hauptnormale einer Kurve f <math> • principal normal to a curve

Hauptnormalenvektor m <math> • principal normal vector

Hauptobjekt n <edv> (in hierarchischen Verknüpfungen) • parent object; parent *pract*

Hauptperiode f <prod> • major cycle

Hauptphasenbild n <edv> (in einer Animationssequenz) • key frame; pivotal scene *rare*

Hauptphasendarstellung f Autodesk <edv> • keyframing; key-frame animation

Hauptplatine f <edv> (mit CPU, BIOS, RAM, Steckplätzen etc.) • mainboard; motherboard

Hauptpleuel n <kfz> (Doppelkolbenmotor) • master con rod

Hauptpol m <el> • main pole; field pole

Hauptprogramm n <edv> • main program; master program

Hauptpunkt m <opt> • principal point

Hauptquantenzahl f <phys> • main quantum number; principal quantum number; first quantum number

Hauptquartier n <mil> • Headquarters

Hauptrad n <förd> (in Zahnradpumpe) • rotor gear; driving gear; impeller gear

Hauptraketentriebwerk n <aerospace> • main rocket engine

Hauptrechner m <edv> • host mainframe

Hauptregelgröße f <msr> • primary control variable; basic control variable

Hauptregelkreis m <msr> • main control loop; major control loop

Hauptreguliersystem n <kfz> (Vergaser) • main regulating system

Hauptreihe f <astron> (von Spektrallinien) • main sequence

Hauptrichtung f <mat> (Kristall) • preferred orientation

Hauptrichtung f <mat> • principal direction

Hauptrohr n <fz> (Motorradrahmen) • main tube

Hauptrohr n <rls> • main pipe; main

Hauptrotor m <aerospace> (Hubschrauber) • main rotor

Hauptrückführung f <msr> • primary feedback

Hauptrumpf m <nav> • main hull

Hauptsammelschiene f <el> • main bus bar; collecting bar

Hauptsammler m <ents> • main sewer

Hauptsatellit m <navig> • navigational satellite; navigational SV

Hauptsatz m <phys> (z. B. Thermodynamik) • fundamental law; fundamental theorem

Hauptsatz m <wz.masch> • reference block

Hauptsatz der Algebra m <math> • fundamental theorem of algebra

Hauptschalldämpfer m <akust> • main silencer

Hauptschalldämpfer m <kfz.emiss> (Auspuffanlage) • muffler US; silencer GB; box BE.coll

Hauptschaltbereich m <allg> • main switching lobe

Hauptschalter m <el> • master switch; main switch

Hauptschalter m <el.bau> • entrance switch

Hauptschalter am Eingang m <el.bau> • entrance switch

Hauptschalttafel f <el> • main control board; main control panel; master panel; main switchboard *rare*

Hauptschaltwarte f <msr> • main switch station

Hauptscheinwerfer m form <kfz.el> • headlight[s]; headlamp[s]

Hauptschlechte f <min> • face cleat; master cleat; headway

Hauptschlitten m rar <wz.masch> (mit Schlosskasten; läuft auf Drehmaschinenbett, trägt Planschlitten) • carriage; saddle; sliding saddle *rare*; carriage saddle *rare*

Hauptschlittenkurventrommel f <wz.masch> • end toolslide cam drum

Hauptschlüssel m <tech.allg> (z. B. EDV, Kfz, Gebäude) • primary key

Hauptschlusserregung f <el> • series excitation

Hauptschlussgenerator m <el> • series generator

Hauptschlussmotor m <el> • series-wound motor; series motor; series-excited motor; main current motor *rare*

Hauptschlussspule f <el> • series coil

Hauptschlusswicklung f <el> • series winding

Hauptschneide f DIN ISO 5419 <wz> (Spiralbohrer) • major cutting edge ISO 5419; lip

Hauptschneide f <wz.masch> (von Spanwerkzeug; im Ggs. zu Nebenschneide) • active edge; active cutting edge; primary edge; principal edge

Hauptschnittkraft f <wz.masch> • tangential cutting force; tangential force

Hauptschrank m <tech.allg> • main cabinet

Hauptschubspannung f <mech> • principal shear stress

Hauptschwerpunktsachsen fpl <mech> (für Linien, Flächen, Körper; Zentrifugalmoment ist Null) • centroidal principal axes

Hauptseiten fpl <edv> (auf einem Display, im www) • main pages pl

Hauptseitenband n <phys> • main sideband

Hauptsender m <tele> • main transmitter; master station; master transmitter

Hauptserie f <phys> (Atomspektren) • principal series

Hauptsicherung f <el> • main fuse

Hauptsignal n <bahn> • home signal

Hauptsohle f <min> • main level

Haupt-Sonnenblende f <kfz.innen> • main visor

Hauptspannung f <mech> • principal stress

Hauptspannungsachse f <mech> • principal axis of stress

Hauptspannungsebene f <mech> • principal plane of stress

Hauptspannungstrajektorien fpl <mech> • trajectories of principal stresses

Hauptspant m <nav> • midship frame; midship section; midship bend

Hauptspantquerschnitt m <nav> • cross-section of main frame; main section

Hauptspantvölligkeitsgrad m <nav> • midship section coefficient; midsection coefficient

Hauptspeicher m obs <edv> (flüchtig) • random access memory (RAM); memory coll; working storage *rare*

Hauptspeicherausdruck m <edv> • core dump

Hauptspeisekabel n <el> • main power supply cable

Hauptspeiseleitung f <rls> • main feed line; main feeder

Hauptspeisepumpe f <rls> (allg.) • main feed pump

Hauptspeisepumpe f <rls> (Dampferzeuger) • main feed-water pump; main feed pump

Hauptspeisewasserpumpe f <rls> (Dampferzeuger) • main feed-water pump; main feed pump

Hauptspiegel m <opt> (Teleskop) • collecting mirror

Hauptspiegel m <opt> (allg.) • main mirror; primary mirror

Hauptspindel f <förd> (Schraubenspindelpumpe) • rotor screw; driving screw; power screw

Hauptspindel f <wz.masch> • main spindle

Hauptspindellagersitz m <masch> • main-spindle bearing seat

Hauptspriegel m <kfz> (dritter Spriegel eines Cabrioverdecks) • main bow :V; hinge bow :V; convertible top bow no. 3 :V

Haupt-Stadtstraße f <verk> • arterial street

Hauptständer m <fz> (Motorrad) • center stand US; centre stand GB

Hauptständer m <masch> • main column

Hauptstation f <navig/edv> (z. B. einer Decca-Kette) • master station

Hauptstern m <wz.masch> • main star; main turret

Hauptsteuerorgane npl <aerospace> • primary controls

Hauptsteuerprogramm n <edv> • master control program; main control program

Hauptsteuerpult n <msr> • central control desk

Hauptsteuerschalter m <el> • main controller; master controller

Hauptsteuerwelle f <wz.masch> (Analogsteuerung) • main drum shaft

Hauptstrahl m <edv> (Lesestrahl von CD- Laufwerken, Scannern etc.) • read beam

Hauptstrahl m <opt> (allg.) • chief ray; principal ray

Hauptstrahl m <tele> (Sendeantenne) • main beam

Hauptstrahlrichtung f <phys> (allg.) • direction of maximum radiation

Hauptstrahlrichtung f <tele> (von Sendern) • primary transmitting direction

Hauptstrahlungskeule f <tele> (Antenne) • main lobe; major lobe

Hauptstraße f <verk> • first-grade road

Hauptstrecke f <bahn> (allg., ein- oder mehrgleisig) • main line; arterial railroad US; arterial railway GB; mainline railroad US; mainline railway GB

Hauptstrecke f <bahn> (ein Gleis) • main track

Hauptstrecke f <min> • trunk roadway; main roadway

Hauptstrecke f <verk> (allg.) • main route

Hauptstreckenförderband n <min.förd> • trunk haulage conveyor; haulage conveyor

Hauptströmung f <chem.verf> • main flow

Hauptstrom m <el> • main current

Hauptstrom m <geo.hydr> • master stream

Hauptstromanlasser m <el> • series starter

Hauptstrombahn f <el> • main circuit

Hauptstromfilter m <kfz.mot> (Ölfilter) • full flow filter

Hauptstromfiltration f <kfz.wz> (Motoröl) • full flow filtration

Hauptstromkreis m <el> (allg.) • main circuit

Hauptstromkreis m <el> (Stromversorgung; z. B. Netzspannung) • power circuit

Hauptstromölfilter m <kfz.mot> (Ölfilter) • full flow filter

Hauptstromrelais n <el> • primary relay

Hauptstromsensor m <med.tech> (CO₂-Messung) • mainstream monitor

Hauptstromsteuerung f <el> • maximum circuit control

Hauptsymmetrieebene f <mat> (Kristall) • unit plane

Haupttaktgeber m <edv> • main clock; master clock

Hauptteilstriche mpl <msr> • major graduations

Hauptteilung f <msr> • main scale

Hauptträger m <autom> • main support

Hauptträger m <bau> • main beam

Hauptträger m <kfz> (allg.) • main member; main chassis rail

Hauptträger m <theat> • skeleton framework of steel

Hauptträgheitsachse f <mech> • principal axis of inertia; principal inertia axis

Hauptträgheitsmoment n <mech> • principal moment of inertia

Haupttragseil n <förd> • main carrier cable

Haupttransformator m <el> • main transformer

Haupttriebkraft f <fz> • prime driving force

Haupttriebwerk n <aerospace> (Flugzeug) • main engine

Haupttriebwerk n <aerospace> (Rakete) • sustainer rocket engine

Hauptüberwachungsstation f <navig> (GPS-Zentrale) • Master Control Station (MCS); Master Control facility

Hauptuhr f <msr> (zentrale Uhr, Taktgeber) • master clock; primary clock

Hauptvalenzbindung f <chem> • primary valency bond; primary valency forces

Hauptventil n <rls> • main valve; king valve rare.coll

Hauptverbrennungszone f <ents> • main combustion zone; primary combustion zone

Hauptverkehrsstraße f <verk> • arterial road; arterial highway; main thoroughfare

Hauptverkehrszeit f <verk> (auf Straßen) • rush hour

Hauptvermittlung f <tele> • parent exchange; main exchange

Hauptvermittlungsstelle f <tele> • parent exchange; main exchange

Hauptverstärker m <el> • main amplifier

Hauptverstärkungsregler m <msr> • master gain controller

Hauptverteiler m <tele> • main distribution frame

Hauptverteilerrinne f <verf> • main distribution trough; main distribution flume

Hauptverteilerrohr n <rls> • header; manifold; main distribution pipe

Hauptverteilerstelle f <el> • branch-circuit distribution centre

Hauptverteilung f <tele> • distribution centre

Hauptverzeichnis n <edv> • root directory

Hauptvorhang m <theat> • house curtain; front curtain; front cloth; house tab

Hauptwasserleitung f <bau> • water main

Hauptweg m <verk> • artery

Hauptwelle f prakt <kfz.antr> • transmission output shaft; gearbox output shaft GB; driven shaft pract; output shaft pract; main shaft pract

Hauptwelle f <masch> • main shaft

Hauptwelle f <phys> • principal wave; principal mode

Hauptwerkzeug n <prod> (Umformpresse) • main die tooling; main die

Hauptwetterstrecke f <min> • main airway

Hauptwetterstrom m <min> • main air current

Hauptwohnsitz m <admin> • main residence; principal residence

Hauptzapfwelle f <mot> • main power take-off

Hauptzugspannung f <mech> • principal tensile stress

Hauptzumessdüse f <mot> (z. B. Vergaser) • main metering jet

Hauptzyklus m <msr> • major cycle

Hauptzylinder m <kfz.brems> (eines hydraulischen Bremssystems) • master cylinder

Hauptzylinder mit einem Kolben m <brems> (betont: im Ggs. zum Tandem-Hauptzylinder) • single-piston master cylinder

Haus, in das eingebrochen wurde n <alarm> • burgled house

Haus n <bau> (privat) • house

Haus n ugs <bau> (geschäftlich; z. B. Büro-) • building

Haus n <bau.theat> (z. B. Schauspiel~, Opern~) • house

Hausagentur f <werb> • house agency

Hausanschlüsse mpl <bau.hlk> (z. B. Fernwärme, Gas, Wasser) • supply terminals

Hausanschluss m <bau> (z. B. Strom, Gas, Wasser) • house connection line

Hausanschluss m <el> • service line; consumer's terminal

Hausanschluss m <tele> (i. Ggs. zum Geschäftsanschluss) • private connection

Hausanschlusshahn m <hlk> (Gas, Wasser) • consumer's control valve; consumer's control

Hausanschlusskabel n <el> • consumer's cable

Hausanschlussleitung f <bau> (z. B. Strom, Gas, Wasser) • house connection line

Hausanschlussleitung f <el> • service line; consumer's terminal

Hausapotheke f <pharm> • home remedy kit
Hausbecher m <nahr.pack> *(für Speiseeis; groß)* • tub; cup
Hausbesorgerdienste mpl A, ugs <bau> *(Gebäude-management)* • caretaking
hauseigene Agentur f <werb> • house agency
hauseigenes Netz n <bau> • inhouse network; domestic area network
Hausenblase f <nahr.verf> *(z. B. zur Weinklärung)* • isinglass; ichthycol
Hausenblasenleim m <nahr.verf> *(z. B. zur Weinklärung)* • isinglass; ichthycol
Hausentwässerung f <ents> • house sewage disposal
hausgemacht <allg> • home-made
Hausgenerator m <el> • plant service generator *US*; station service generator *GB*
Haushalt m <ökon> • household; private household
Haushaltabfall m rar <ents> • household waste; household refuse; domestic waste/refuse; residential waste; garbage
Haushaltabwasser n <ents> • domestic waste water; domestic sewage
Haushaltelektrogerät n <innen.el> • domestic electrical appliance
Haushaltelektrogeräte npl <innen.el> *(Küchengeräte, Waschmaschinen, Trockner etc.)* • electric household appliances
Haushaltelektronik f <innen.el> • domestic electronics; domestic appliance electronics
Haushaltgeräte npl <tech.allg> *(allg.)* • household appliances; household equipment
Haushaltkühlschrank m <el> • domestic refrigerator
Haushaltsabfälle mpl <ents> • household waste; household refuse; domestic waste/refuse; residential waste; garbage
Haushaltsabfall m <ents> • household waste; household refuse; domestic waste/refuse; residential waste; garbage
haushaltsabfallähnliche Gewerbeabfälle mpl norm <ents> • household-type commercial waste; household-type trade waste; commercial waste *coll*; trade refuse
Haushaltsabwasser n <ents> • domestic waste water; domestic sewage
Haushaltsfeuerlöscher m <feuer> *(betont: kleines Gerät für den Privathaushalt, typ. 1–5 kg)* • household fire extinguisher
Haushaltsjahr n <ökon> • budget year
Haushaltsklebstoff m <füg> • household adhesive
Haushaltsmikrowellenherd m <el.gastr> • home microwave oven
Haushaltsnähmaschine f <textil> • domestic sewing machine
Haushaltspackung f <nahr> *(Speiseeis)* • family pack; take-home container; home pack; take-home pack
Haushaltssäge f rar <wz> • junior hacksaw; jab saw
Haushaltssammelware f <pap.ents> • household waste paper
Haushaltssammlung f <pap.ents> • household collection
Haushalttiefkühlschrank m <hlk> • domestic freezer
Haushaltzähler m <msr> • house service meter
Haus-Haus-Verkehr m <logist> • door-to-door transport
Hausinstallation f <bau> *(allg.; Wasser, Gas, Strom)* • domestic installation
Hausinstallation f <el> *(Strom)* • house wiring
hausinternes Computernetz n <edv> • inhouse LAN
hausinternes Netzwerk n <edv> • inhouse LAN
Hausmeisterdienste mpl VDMA 24196 <bau> *(Gebäude-management)* • caretaking
Hausmüll m <ents> • household waste; household refuse; domestic waste/refuse; residential waste; garbage

hausmüllähnliche Gewerbeabfälle mpl <ents> • household-type commercial waste; household-type trade waste; commercial waste *coll*; trade refuse
Hausmülldeponie f <ents> • municipal waste landfill; municipal refuse landfill
Hausmüllverbrennungsanlage f (HMVA) <ents> • municipal solid waste incineration plant; municipal waste incinerator
Hausmüllzusammensetzung f <ents> • composition of household waste
Hauspackung f <nahr> *(Speiseeis)* • family pack; take-home container; home pack; take-home pack
Haussprechanlage f <tele> • interphone; interphone set
Haustechnik f <bau> *(umfasst Versorgungs-, Entsorgungs- und Förderanlagen)* • domestic engineering
Haustechnik f <bau> *(Gesamtheit der Leitungen und Installationen)* • mechanical house services; mechanical services; services
Haustechnik f <hlk> • heating, ventilation, air-conditioning, plumbing *V*
Hauswärmepumpe f <hlk> • domestic heat pump *BE-US*; residential heat pump *US*
Hauswärmepumpe zum Heizen und Kühlen f <hlk> • reversible heat pump; heat pump
Hauswartdienste mpl A <bau> *(Gebäudemanagement)* • caretaking
Hauswechselsprechanlage f <tele> • private intercom
Hauszelt n DIN ISO 7152 <tour> • ridge tent *ISO 7152*
Hauszentrale f <tele> • private exchange
Haut f rar <tech.allg> *(z. B. von Gebäuden, Schiffen, Flugzeugen, Raumsonden, Autos)* • outer skin; outer shell; shell *pract*; skin *coll*
Haut f <bio> *(bei Menschen und kleinen Tieren)* • skin
Haut f <led> *(von Vieh)* • hide
Haut f <nahr> *(auf Milch)* • skin
Hautabschnitte mpl <led> *(Abfall)* • untanned trimmings
Hautausschlag m <med> • exanthema
hautbildend <kst> • skin-forming
Hautbildung f <tech.allg> *(an der Oberflächer einer Flüssigkeit bei Lagerung)* • skinning
Hautdosis f <nukl> • skin dose
Hauteffekt m <el> *(in Wechselstromleitern)* • skin effect
Hauteiweiß n <led> • hide protein
Hautelissestuhl m <textil> • high-warp loom
Hautelissewebstuhl m <textil> • high-warp loom
Hautfett n <led> • skin fat
hautfreundlich <textil> • easy on the skin
Hautinnenseite f <bio> *(Tierpräparation)* • flesh side; skin side; inner side; inside of the skin
Hautkollagen n <led> • skin collagen
Hautkrebs m <med> • skin cancer
Hautleim m <füg> • hide glue; skin glue
Hautseite f <bio> *(Tierpräparation)* • flesh side; skin side; inner side; inside of the skin
Hautverhinderer m prakt.ugs <obfl.kst> • antiskinning agent; skin inhibitor *pract*
Hautverhinderungsmittel n <obfl.kst> • antiskinning agent; skin inhibitor *pract*
Hautwiderstand m <el.bio> • skin resistance
Hautwirkung f <el> • skin effect
Hauungsplan m <holz> • felling plan
Havarie f <tech.allg> *(Betriebsstörung)* • breakdown
Havarie f <nav> *(Binnenschifffahrt- und Seerecht)* • average
Havarie f <nav> • sea damage
Havarieabschaltung f <sich> • emergency shut-down; rapid shut-down
Havarieabschaltung f <sich> *(z. B. Kernreaktor)* • scram; reactor scram

Havariereparatur *f* <rep> • breakdown repair
Havariereserve *f* <energ> • auxiliary power plant
Havarieschutzsystem *n* <nukl> • reactor protective system; reactor scram system
Havariestab *m DDR* <nukl> • scram rod
Havarieuntersuchung *f* <rep> • damage inspection; damage survey
Hawaii 5-0-Sirene *f* <kfz> • Hawaii 5-0 sirene
HAWEK *obs* <energ.wind> • horizontal axis wind turbine (HAWT) *IEV 415*; propeller-type turbine; wind-axis turbine *obs*
HAWK <energ.wind> • horizontal axis wind turbine (HAWT) *IEV 415*; propeller-type turbine; wind-axis turbine *obs*
Hazard Analysis and Critical Control Points *mpl* (HACCP) <prod.nahr> • hazard analysis and critical control points (HACCP)
H/B <fz> *(von Fahrzeugreifen)* • aspect ratio; profile *coll*; height/width ratio *rare*; H/W ratio *rare*
HB <qualit.mat> • Brinell hardness (HB) *norm*; Brinell hardness number
HBA <kfz.brems> • secondary braking system *ISO611*; secondary brakes *pl form.pract*; emergency brake *pract.coll*
H-Bindung *f* <chem> • hydrogen bond; hydrogen bridge bond
HBr <chem> • hydrogen bromide; bromic acid
H-Brennen *n* <nukl> • proton-proton chain; pp-chain; hydrogen burning processes
HBT <el.ic> • hetero bipolar transistor (HBT)
HCF <qualit.mat> • high cycle fatigue
HCH <med.tech> • hygroscopic condenser humidifier (HCH)
HCHF <med.tech> • hygroscopic condensifier humidifier filter (HCHF)
HCHO <chem> *(z. B. als Konservierungsmittel in der Medizin)* • formaldehyde
HCl <chem> • hydrogen chloride (HCl)
HClO <chem> • hypochlorite (HClO)
HClO$_3$ <chem> • chloric acid
HC-Motor *m* <kfz.mot> • HC engine; high-camshaft engine
HCN <chem> • hydrocyanic acid (HCN); hydrogen cyanide
HD <energ.therm> *(Dampfturbine)* • high pressure turbine section
HDA <edv> *(Festplatte)* • head disk assembly (HDA); head and disk assembly
H-Darstellung *f* <av> • H-display
HD-Aussparung *f* <edv> *(3,5-Zoll-Diskette)* • HD notch
HD-Behälter *m* <verf> • high-pressure vessel; high-pressure tank; high-pressure container
HD-CD <edv> • high-density compact disc (HD-CD)
HD-CD-Player *m* <edv> • HD-player
HD-Diskette *f* <edv> • high-density diskette; high density floppy disk; HD floppy disk
HD-Getriebe <autom> • harmonic drive gear
HDI-Einspritzung *f* <kfz.mot> *(z. B. bis zu 1600 bar Einspritzdruck; z. B. Common Rail oder Verteilerp.)* • high-pressure direct injection (HDI)
HD-Kerbe *f* <edv> *(3,5-Zoll-Diskette)* • HD notch
HDLC <edv> • high-level data link control procedures (HDLC) *ISO 3309*
HDL-C <med> • HDL cholesterol
HDL-Cholesterin *n* (HDL-C) <med> • HDL cholesterol
HDL-Rezeptor *m* <med> • HDL receptor
HD-Öl *n* <tribo> • heavy-duty oil
HDOP <navig> • horizontal dilution of precision (HDOP)
HDPE <kst> *(Dichte > 0,940 g/cm^3)* • high-density polyethylene (HDPE)
HDR <energ.geo> • hot-dry-rock process (HDR); HDR process

HDR-Konzept *n* <energ.geo> • hot-dry-rock process (HDR); HDR process
HDR-Verfahren *n* <energ.geo> • hot-dry-rock process (HDR); HDR process
HDSS <emiss> • High dust SCR-system (HDSS)
HDTV <av> • high-definition television (HDTV); high definition television; high-definition TV
He <chem> • helium (He)
Head-Crash *m* <edv> • head crash
Head-Disk-Assembly *f* (HDA) <edv> *(Festplatte)* • head disk assembly (HDA); head and disk assembly
Head-end *n* <nukl> *(Wiederaufbereitung)* • head-end
Header *m prakt* <edv> *(z. B. von Dateien, Speichermedien)* • header; prefix; preamble
Head-Guide-Assembly *f* <edv> *(Magnetband-Führung; z. B. in Streamer)* • head guide assembly
Head Injury Criterion *n did* <kfz.qualit> • Head Injury Criterion (HIC)
Headline *f* <werb> • headline
Head-Mounted Display *n* <edv> • Head-Mounted Display (HMD); eye phone; head set
Headroom *m* <edv.av> • headroom
Headset *n rar* <edv> • Head-Mounted Display (HMD); eye phone; head set
Headup-Display *n* (HUD) <kfz.msr> • head-up display
Heat Distortion Test *m* <kst.qualit> • heat distortion test
Heat-Pipe *f* <energ.sol> • heat pipe
Heat-Pipe-Kollektor *m* <energ.sol> • heat-pipe collector
Heatset-Druck <druck> *(mit Trockner)* • heatset printing
Heat-set-Druckfarbe *f* <druck> • heat-set ink
Heatset-Farbe *f* <druck> • heat-set ink
Heaviside'sche Operatorenrechnung *f* <math>
• Heaviside operational calculus
Heaviside-Kennelly-Schicht *f* <phys> • E-layer; Kennelly-Heaviside layer
heavisidesche Operatorenrechnung *f* <math>
• Heaviside operational calculus
Heavisideschicht *f* <geo> *(obere Atmosphäre, reflektiert Radiowellen)* • Heaviside layer
Heaviside Schicht *f* <phys> • E-layer; Kennelly-Heaviside layer
Heavy-Weight Drill Pipe *n* <petr> • heavy weight drill pipe (HWDP)
Hebdrehwähler *m* <tele> • two-motion selector; vertical and rotary selector
Hebebock *m* <förd> • lifting jack
Hebebohrinsel *f* <petr> • jack-up oil rig; off-shore self-elevating drilling platform; self-elevating drilling platform; jack-up drilling platform
Hebebrettbohrungen *fpl* <textil> • trap-board holes
Hebebrücke *f* <bau> • lift bridge
Hebebühne *f* <förd> *(allg.)* • lifting platform; platform lift
Hebebühne *f* <kfz> *(Werkstatt, Tankstelle)* • lifting platform; auto lift; car lift
Hebebühnenaufnahme *f* <kfz> • lifting platform takeup point
Hebedock *n* <nav> • salvage dock
Hebeeinrichtung *f* <förd> *(von oben; z. B. mit Hebegeschirr, Flaschenzug)* • hoisting device
Hebegabel *f* <förd> • fork lift prongs
Hebegeschirr *n* <förd> • lifting tackle; hoisting tackle
Hebegriff *m* <bau> • sash lift; lift; lift handle
Hebegriffleiste *f* <bau> *(vertikales Schiebefenster)* • lift rail
Hebekissensystem für Feuerwehren und Rettungsdienste *n DIN EN13731* <med.tech> • lifting bag systems for fire and rescue service use *DIN EN 13731*
Hebekran *m* <förd> • hoisting crane
Hebel *m* <tech.allg> • lever

Hebelantrieb *m* <kunst.wz> *(Airbrushpistole)* • back lever; rocker

Hebelarm *m* <mech> • lever arm of a force; lever arm *pract*

Hebelarretierung *f* <masch> • lever locking

hebelbetätigt <tech.allg> • lever-operated; lever-actuated

Hebelblattfeder *f* <kfz> • cantilevered leaf spring; cantilever leaf spring

Hebelblechschere *f* <wz> *(mit zusätzlicher Hebelübersetzung für höhere Schneidkraft)* • compound leverage snips *US*; cantilever action shears *GB*

Hebelblechschere *f* <wz> *(groß; festmontiert, stationär)* • bench shears

Hebelblechschere *f* <wz> *(einfache Ausführung)* • hand-lever shears

Hebelbremse *f* <brems> • hand-lever brake

Hebel der Feststellbremse *m* form <kfz.brems> • hand brake lever

Hebeldrehpunkt *m* <mech> • lever fulcrum

Hebeleinstellung *f* <prod> • lever setting; lever adjustment

Hebeleisen *n* <wz> *(allg.)* • pry bar

Hebeleisen *n* <wz> *(mit Meißelzunge)* • pinch bar

Hebelfeinzeiger *m* <msr> • lever-type indicator for precision inspection; lever-type indicator

Hebelführung *f* <kunst.wz> • lever guide; auxiliary lever

Hebelführungswerkzeug *n* <kunst.wz> • lever guide tool

Hebel für den Fahrtrichtungsanzeiger *m* form <kfz.msr> • turn signal lever *US*; turn signal lights switch lever *US*; direction indicator control *GB*; direction indicator lever *GB*

Hebel für manuellen Filmtransport *m* <phot> • film advance lever; manual film-advance lever

Hebel für motorische Filmrückspulung *m* <phot> *(im Ggs. zur manuellen Filmrückspulung)* • auto-rewind lever

hebelgeschaltet <tech.allg> • lever-controlled

Hebelgesetz *n* <mech> • lever principle

Hebelgetriebe *n* <autom> • lever mechanism

Hebelgleitstück *n* <kfz.el> *(am Unterbrecherhebel)* • rubbing block; heel

Hebelitze *f* <förd> • lifting heald

Hebelkontakt *m* <kfz.el> *(Unterbrecherkontakt)* • moving contact breaker; moving contact

Hebelkoppel *f* <mus> • lever coupler

Hebelkraft *f* <mech> • leverage

Hebellochstanze *f* <prod> • lever punch

Hebelpresse *f* <wz.masch> • lever press

Hebelpunkt *m* <mech> • bearance fulcrum

Hebelrollenschere *f* <kfz.wz> • rotary shear cutter; metal cutter; Beverly shear *AE.pract*; guillotine *BE.pract*

Hebelschalter *m* <el> • single-throw switch; single-throw knife switch; lever switch

Hebelschaltung *f* <masch> • lever control

Hebelschere *f* <wz> • alligator shear

Hebelschere *f* <wz.masch> • lever shear

Hebelschwinge *f* <masch> • tumbler yoke

Hebelseitenschneider *m* <wz> • compound leverage diagonal cutting pliers *US*; cantilever action diagonal cutting pliers *GB*; lever-assisted diagonal cutting nippers *GB.stand*

Hebelseitenschneider ohne Öffnungsfeder *m* DIN ISO 5742 <wz> • lever assisted diagonal cutting nipper ISO 5742

Hebelsicherheitsventil *n* <rls> • lever safety valve

Hebelspanneinrichtung *f* <masch> • finger mechanism

Hebelspannfutter *n* <wz.masch> • lever-operated chuck

Hebelsteuerung *f* <msr> • lever control

Hebelstoßdämpfer *m* <kfz> • lever-type shock absorber

Hebelübersetzung *f* <mech> • mechanical advantage

Hebelübertragung *f* <tech.allg> • lever transmission

Hebelverhältnis *n* <mech> • leverage ratio

Hebelvornschneider *m* <wz> • compound leverage end cutting pliers *US*; cantilever action end cutting pliers *GB*; lever-assisted end cutting nippers *BE.stand*

Hebelwaage *f* <msr> • lever balance; equal-armed balance

Hebelweg *m* <obfl> *(Spritzpistole, Airbrush)* • trigger travel

Hebelwerk *n* <masch> • leverage

Hebemagnet *m* <förd> • lifting magnet

Hebemittel *npl* <förd> • hoisting devices; hoisting machines

heben *vt* <allg> • lift *vt*; raise *vt*

heben *vt* <tech.allg> *(auf höheres Niveau; z. B. Last, Flüssigkeitsspiegel)* • elevate *vt*

heben *vt* <energ.hydr> *(Wehrverschluss mit vertikalem Schieber; z. B. Einlaufschütz)* • open *vt*; raise *vt*; lift *vt*

heben *vt* <förd> *(mit Derrick-Kran)* • derrick *vt*

heben *vt* <förd> *(mit Kran, Hebezeug)* • hoist *vt*; lift *vt*

heben *vt* <förd> *(mit Hebegeschirr)* • hoist *vt*

H-Ebene *f* <el.av> *(Wellenleiter)* • H-plane

Hebenocken *m* <masch> *(z. B. Schnittwerkzeug-Vorschubfreigabe)* • clearing cam

Hebeöse *f* <masch> *(betont: ringförmig; starr oder mit Gelenk)* • hoist ring *US*

Hebeöse *f* <masch> *(zum Einhängen von Hebegeschirr etc.; betont: mit Einschraubgewinde)* • eyebolt *US*

Hebeöse *f* <masch> *(allg.; z. B. Ring od. Blechteil mit Langloch und Bohrung zum Anschraube)* • lifting lug; lifting ear; eye

Hebeplattform *f* <verf.hydr> *(Trommelrechen)* • lifting platform

Hebeponton *m* <nav> • lifting pontoon

Heber *m* <druck> • ink vibrator; take-up roller

Heber *m* <kfz> *(z. B. Wagenheber)* • jack

Heber *m* <masch> • lifter

Heber *m* <phys> *(Fördern von Flüssigkeit)* • siphon; syphon

Heber *m* <textil> *(Fadenheber)* • raise cam

Heber *m* <verf> • siphon; syphon

Heberbockausrüstung *f* <bau> • yoke assembly

Heberfarbwerk *n* <druck> • vibrator-type inking system; vibrator inking unit

Heberfeuchtwerk *n* <druck> • vibrator-type dampening system

Heberleitung *f* <förd> • lift line

heberloses Farbwerk *n* <druck> • continuous-type inking system; continuous-feed inking system

heberloses Feuchtwerk *n* <druck> • continuous-type dampening system; continuous-feed dampening system

hebern *vt* <verf> *(kleine Mengen, bes. mit Pipette, abgemessen)* • pipette *vt*

hebern *vt* <verf> *(allg., größere Mengen)* • siphon *vi/vt*; syphon *vi/vt*

Heberplatte *f* <kfz.rep> *(Richtbankzubehör)* • lifting horn

Heberrohr *n* <verf> • siphon pipe

Heberschreiber *m* <msr> • siphon recorder

Heberüberlauf *m* <agri> *(Hydroponik)* • siphon spillway

Heberüberlauf *m* <hydr> • closed-conduit spillway

Heberwalze *f* <druck> • ink vibrator; ink vibrator feed roller

Heberwalze *f* <pack> *(Decorator)* • ductor roller; ductor roll

Heberwehr *n* <hydr> • siphon weir

Hebe-Schiebedach *n* <kfz> • tilt/slide sunroof; pop-up/sliding sunroof

Hebe-/Schiebedach *n* MB <kfz> • tilt/slide sunroof; pop-up/sliding sunroof

Hebeschiebefenster *n* <bau> • lift-sliding window *:V*

Hebe-Schiebetür *f* <bau> • lift sliding door

Hebeschiff *n* <nav> • lifting ship; lifting vessel

Hebespindel f <förd> *(z. B. Arbeitsbühne, Wagenheber)* • elevation screw; elevating screw
Hebestutzen m <kfz> • jack socket
Hebetisch m <wz.masch> • tilting table
Hebe- und Fördereinrichtungen fpl <förd> • hoisting and conveying equipment; handling equipment
Hebe- und Senkeinrichtung f <masch> • elevating mechanism; rise-and-fall mechanism
Hebevorrichtung f ugs <nfz> *(allg.; zur Verminderung von Verschleiß und Kraftstoffkosten)* • bogie-lift
Hebewerk n <förd> • elevator; mechanical lift
Hebewerk n <hydr.förd> • pumping station
Hebewerk n <petr> • drawworks; hoist
Hebewerkseil n <petr.förd> • block line; drilling line; rotary drilling line
Hebewinde f <min.förd> • windlass
Hebezange f <förd> • crampon
Hebezange f <petr> *(für Bohrer)* • grappling iron
Hebezeug n <förd> *(betont: einfache Winde oder einfacher Flaschenzug)* • gin
Hebezeug n <förd> *(betont: Maschinerie)* • hoisting machine; hoisting unit
Hebezeug n <förd> *(allg.; z. B. Flaschenzug)* • lifting gear; lifting tackle
Hebezeug n <förd> *(Flaschenzug)* • tackle and block
Hebezeug n <nav> • purchase; tackle
Hebezeugkette f <förd> *(Flaschenzug)* • block chain
Hebezeugkette f <förd> *(allg.)* • hoist chain
Hebezug m <förd> *(typ. ein Flaschenzug, Kettenzug)* • hoist
Hebkontakt m <tele.el> • vertical interrupter contact
Hebmagnet m <tele> • vertical magnet
Hebschritt m <tele> • vertical step
Hebsperrfeder f <tele> • vertical lock spring
HEB-Träger m <bau> • HEB member
Hebung f prakt <bau> *(Untergrund)* • uplift of soil; uplift pract
Hebung f <nav> • heave
Hechel f <textil> • hackle
Hechelbrett n <textil> • hackling block
Hechelkette f <textil> • hackle chain
Hechelmaschine f <textil> • hackling machine
Hechelstuhl m <textil> • hackling bench
Hechelüberwachung f Dräger <med.tech> • tachypnea monitoring
Heck n <fz> *(Flugzeug, Kfz, Schiff)* • tail
Heck n <kfz> *(eines Fahrzeugs)* • rear; tail; end
Heck n <nav> *(nur Schiff)* • stern
Heckablage f <kfz.innen> • rear shelf
Heckablageblech n <kfz> • shelf panel; rear package tray panel; package tray
Heckablagenfach n <kfz.innen> • rear window ledge bin
Heckablagenmatte f <kfz> • rear shelf mat
Heckabschlussblech n <kfz> • rear panel; rear valance GB; back panel; tail panel Chrysler; taillight panel
Heckanbaudrillmaschine f <agri> • rear-mounted seed drill
Heckanker m <nav> • stern anchor
Heckankerklüse f <nav> • stern hawse hole; stern hawse
Heckantrieb m prakt <kfz> • rear-wheel drive (RWD); rear drive pract
Heckaufprall m <kfz> • rear-end impact; rear-end collision
Heckaufschleppe f <nav> • stern chute
Heckauftrieb m <kfz> • rear-end lift
Heckbalken m <nav> • transom beam; deck transom
Heckblech n <kfz> • rear panel; rear valance GB; back panel; tail panel Chrysler; taillight panel
Heckblechverstärkung f <kfz> • rear panel reinforcement; inner rear panel

Heckblende f <kfz> *(Stylingzubehör zur Änderung der Heckpartie)* • rear styling conversion kit
Heckblinkleuchte f <kfz> • rear flasher lamp
Heckbodenwrange f <nav> • transom floor
Heckbrett n <nav> *(Einsteck-Spiegel von Schlauchboot)* • transom
Heckcrash m <kfz> • rear-end impact; rear-end collision
Heck der Karosserie n <kfz> • rear panel
Heckenschere f <agri.wz> *(mit Benzin- oder Elektromotor)* • hedge trimmer
Heckenschere f <agri.wz> *(manuell)* • hedge shear
Heckenschere mit Benzinmotor f <wz> • gas hedge trimmer
Heckenschneidwerk n <agri> • tree cutter arm
Heckfenster n ugs <kfz> *(allg.)* • rear window; rear screen GB; rear light GB; rear body glass form; backlight AE.rare
Heckfenster-Querholm m <kfz> • rear window header
Heckfleeter m <nav> *(Fischereifahrzeug)* • stern drifter
Heckflosse f <aerospace/kfz> • tail fin
Heckflügel m <kfz> *(Heckspoiler mit Düsenspalt)* • rear spoiler; rear deck spoiler; rear aerofoil Ferrari; rear deck-lid wing Ford
Heckgepäckträger m <kfz> • rear carrier; fender luggage rack
heckgetrieben <kfz.antr> *(mit Hinterradantrieb)* • rear-wheel-driven
Heckgillung f <nav> • stern counter; counter
Heckkamera f <kfz.msr> • rearview camera
Heckklappe f <kfz> *(bei Kombis und 3-, 5-türigen Limousinen)* • tailgate; rear gate; liftgate US; hatch coll; boot lid GB
Heckklappe f ugs <kfz> • trunk lid US; deck lid US; boot lid GB; luggage compartment door form
Heckklappe f <nfz> *(an Pritsche)* • tailgate; tailboard VW
Heckklappenstützenwinkel m <kfz> • trunk stay bracket US; boot stay bracket GB
Heckklüse f <nav> • stern hawser hole; cat hole; stern chock
Heckknick m <nav> • stern knuckle; knuckle
Heckkonus m <aerospace> • tail cone
Heckkotflügel m <kfz> • rear fender US; rear wing GB
Heckküche f <kfz> • rear kitchen; end kitchen
Hecklader m <bau.masch> • rear loader
hecklastig <fz> • tail-heavy
hecklastig <nav> • stern-heavy; trimmed down by the stern; trimmed by the stern
Hecklaterne f <nav> • stern lantern; poop lantern
Heckleitwerk n <aerospace> • tail unit
Heckleuchte f <tech.allg> • rear lamp
Heckleuchtenblech n <kfz> • rear light surround; taillight surround
Hecklicht n <nav> *(weiß)* • stern light
Heckmotor m <kfz> • rear engine; rear mounted engine
Heckpositionslicht n <navig.nav> • tail navigation light
Heckradar n <aerospace> • aircraft tail warning radar
Heckradfahrwerk n <aerospace> • tail-wheel landing gear
Heckreling f <nav> • taffrail; stern rail
Heckrolle f <nav> *(Kabelleger)* • stern sheave
Heckrolle f <nfz> • rolling tail pipe
Heckrotor m <aerospace> *(Hubschrauber)* • tail rotor; rudder fan coll.US
Heckruder n <aerospace> • tail control surface
Heckschaden m <kfz.wz> • rear end damage
Heckscheibe f <kfz> *(allg.)* • rear window; rear screen GB; rear light GB; rear body glass form; backlight AE.rare
Heckscheibe f <kfz> *(in Cabrioverdeck)* • window; convertible top rear window form

Heckscheibenheizung f <kfz.el> (betont: Heizfunktion/ -system) • rear window heating; rear defroster; rear window defogger/demister; electric rear window defroster Ford; backlight heater rare

Heckscheibenwaschanlage f <kfz> (bei Heckklappe) • liftgate washer system

Heckscheibenwischer m (HSW) <kfz> (allg.) • rear wiper system; rear wiper

Heckscheibenwischer m <kfz> (bei Heckklappe) • liftgate wiper system; liftgate wiper

Heckscheibenwischer-Einbausatz m <kfz> • rear windshield wiper kit

Heckscheibenwischer/wascher m <kfz> • rear wash/ wipe system; rear wash/wipe

Heckschlitz m <nav> (Eisbrecher) • stern recess

Heckschlitzbagger m <bau.masch> • open-ended well-type dredger; stern-well dredger

Heckschürze f prakt <kfz> • rear valance; lower back panel US; rear apron GB; lower tail panel

Heckschürzenstoßfänger m <kfz> • rear bumper skirt

Heckschürzenstoßstange f Citroën <kfz> • rear bumper skirt

Hecksitzgruppe f <kfz> • rear seating; end seating

Heckspant n <nav> • stern frame; afterrib; transom frame

Heckspiegel m <nav> (senkrecht stehende Abschlussplatte eines Bootsrumpfes) • stern transom; aft transom; transom

Heckspoiler m <kfz> • rear spoiler; rear deck spoiler US; boot spoiler GB

Heckspoiler-Lippe f <kfz> • rear spoiler; rear deck spoiler US; boot spoiler GB

Heckspoiler mit Füßen/Stützen m Citroën <kfz> (Heckspoiler mit Düsenspalt) • rear spoiler; rear deck spoiler; rear aerofoil Ferrari; rear decklid wing Ford

Hecktür f <kfz> • rear gate

Hecküberhang m <nav> • stern overhang; fantail

Heckunterfahrschutz m <nfz> • rear under-run guard; rear under-run bumper; rear under-run bar

Heckverkleidungskappe f <aerospace> • rear fuselage fairing

Heckverschalung f <aerospace> • tail cone

Heckverstärkungsstütze f <nav> (Stapellauf) • tumble shore

Heckwelle f <nav> • stern wave; wave of replacement

Heckwinde f <agri> • rear-mounted tractor winch

Heckzelle f <aerospace> • rear section; tail section

HEC-Technik f <av> (Fehlerkompensation) • Header Extension Code (HEC)

Hede f <textil> (Flachs) • tow

Hedström-Zahl f <chem> • Hedström number

Heel m prakt <ic> (Chip-Drahtverbindung) • heel

Heelbereich m <ic> (Drahtbond) • heel region

Heelcrack m <el.ic.prod> • heelcrack

Hefeaufziehapparat m <nahr> (Gärungstechnik) • yeast-growing vat

Hefeschleuder f <nahr> • yeast separator

hefig <nahr> (Speiseeisfehler) • fermented flavor US; fermented flavour GB

Hefner-Kerze f (HK) <licht> • Hefner candle (HK)

Heft n <doku> • exercise book

Heft n <wz> (Werkzeuggriff, z. B. an Feile) • handle; haft

Heftapparat m <druck> • stitcher

Heftband n <druck> • bookbinding tape

Heftbogen m <druck> • section

Heftdraht m <druck> • stapling wire; stitching wire

Heftdrahtspule f <büro> (Kopierer) • staple wire spool

Hefteisen n <silik> • punty iron; punty

Heften n prakt <füg> (Schweißen) • tack welding; tacking pract

heften vt <druck> (mit Faden) • sew vt

heften vt <füg> (mit Stift) • pin vt

heften vt <füg> (mit Drahtstift) • sprig vt

heften vt <füg> (beim Schweißen oder Nieten) • tack vt

heften vt <füg> (Papier) • wire vt

heften vt <füg> (mit Drahtklammern z. B. im Kopierer) • staple vt

heften vt <led> (Sohlen) • stitch vt

heften vt <textil> • baste vt

heften vt <textil> (vor dem endgültigen Nähen; z. B. zur Anprobe) • stitch together vt

Hefter m <büro> (mit Heftklammern) • stapler

Hefter m <druck> • stitcher

Heftfaden m <druck> (Buchbinderei) • sewing thread; binding thread

Heftfolge f <füg> • tacking sequence

Heftgarn n <textil> (Konfektion) • stitching thread

Heftgarn n <textil> (Baumwolle) • basting cotton

Heftgaze f <druck> • stitching gauze

Heftklammer f <büro> (mit Hefter eingeschlagen) • staple

Heftklammernentferner m <büro> • staple remover

Heftkopf m <druck> • stitching head

Heftmaschine f <druck> (mit Faden) • sewing machine; thread sewing machine

Heftmaschine f <druck> (mit Draht) • stapling machine; wire stapling machine

Heftmaschine f <druck> (allg.) • stitching machine

Heftnaht f <füg> (Schweißen) • tack weld; stick weld rare

Heftnaht f <textil> • basted seam; basting seam

Heftniet m <füg> • tacking rivet; binding rivet; dummy rivet

Heftnieten n <füg> • tack riveting

Heftpunkt m <kfz.rep> (Heften von Blechen) • tack weld

Heftpunktschweißen n <füg> • tack spot welding

Heftrandverschiebung f <druck> • image shift

Heftschweißen n <füg> (Variante des Punktschweißens) • tack welding; tacking; stitch welding

Heftstation f <büro> (im Kopierer) • stapler

Heftstelle f <füg> • tack; tack weld

Heftstich m <textil> • basting

HE-Garn n <textil> (Falschdrahtverfahren n) • HE-yarn

heikel <allg> (Thema, Problem) • delicate

Heimatdatei f (HLR) <tele> • Home Location Register (HLR)

Heimathafen m <nav> • home port US; port of registry GB

Heimatland n <jur> • country of nationality

Heimatregister n <tele> • Home Location Register (HLR)

Heimatverzeichnis n <tele> • Home Location Register (HLR)

Heimbeatmungsgerät n <med.tech> • home care ventilator

Heimindustrie f <jur> • cottage industry

Heimkehr f <jur> (bei im Ausland arbeitenden Bediensteten) • repatriation

Heimlabor n <phot> • home darkroom; home lab coll

Heimorgel f ugs. veraltet <edv.av> • multi keyboard

Heimstandortregister n <tele> • Home Location Register (HLR)

Heimstation f <av> • docking station

Heimtrainer m <sport> • home gym

Heimvideorecorder m <av> • home video recorder

Heisenberg'sche Darstellung f <phys> (Quantenmechanik) • Heisenberg representation; Heisenberg picture

Heisenberg'sche Matrizenmechanik f <phys> • Heisenberg's matrix mechanics

Heisenberg'sches Unbestimmtheitsprinzip n <phys> • Heisenberg uncertainty principle

Heisenberg'sche Unschärferelation f <phys> (Quantenphysik) • uncertainty principle of Werner Heisenberg

Heisenberg-Bild n <phys> (Quantenmechanik) • Heisenberg representation; Heisenberg picture
Heisenberg-Darstellung f <phys> (Quantenmechanik) • Heisenberg representation; Heisenberg picture
heisenbergsche Darstellung f <phys> (Quantenmechanik) • Heisenberg representation; Heisenberg picture
heisenbergsches Unbestimmtheitsprinzip n <phys> • Heisenberg uncertainty principle
heisenbergsche Unschärferelation f <phys> (Quantenphysik) • uncertainty principle of Werner Heisenberg
Heising-Modulation f <el> • Heising modulation; choke modulation; constant-current modulation
heiß ugs <tech.allg> (z. B. bei Wärmebehandlung, Stahlverarbeitung) • hot
heiß ugs <nukl> (Material, Komponente, Raum, Bereich) • radioactive; active pract; hot coll
heißabbindender Klebstoff m <füg> • hot-setting adhesive
Heißabfahren n prakt.ugs <kfz> (Starten und Wegfahren mit heißem Motor) • hot driveaway
heißapplizierbar <obfl> (z. B. Dichtungsmasse, Korrosionsschutz) • hot-applicable
Heißblasen n <prod> (Glas) • blow; blowing
heißbrüchig <mat> • hot-short
Heißdampf m wiss <phys> (im Ggs. zu Nassdampf) • dry steam
Heißdampfabsperrschieber m <verf> • boiler main stop valve
Heißdampfbetrieb m <verf> (z. B. Waschanlage) • working with superheated steam
Heißdampfdruckteil m <rls> • superheater surface
Heißdampf-Kolbendampfmaschine f <masch> • superheated-steam reciprocating steam engine; superheated-steam steam engine
Heißdampfkühler m <verf> • attemperator
Heißdampfmaschine f <masch> • superheated-steam engine
Heißdampfregenerat n <kst> • steam reclaim
Heißdampftemperatur f <phys> • superheat temperature
Heißdampfturbine f <energ> • high-temperature steam turbine
Heißdampfzylinderöl n <tribo> • hot-steam cylinder oil
Heiße Flecken mpl <astron> • hot spots pl
heiße Leitung f <nukl> (vom RDB zum DE; typ. 330 °C) • hot leg
Heißelektron n <phys> • hot electron
Heißelektroneneffekt m <phys> • hot-electron effect
heiße Lötstelle f <füg> • hot junction
heißer Abfall m jarg <nukl.ents> (allg., jede Art) • radioactive waste; nuclear waste; active waste pract; radwaste pract; hot waste jarg
heißer Bereich m prakt <nukl> • radiation danger zone; hot area pract
heißer Fleck m <geo> (auf der Erdoberfläche) • hot spot
heißer Fleck m <nukl> • hot center
heißer Strang m <nukl> (vom RDB zum DE; typ. 330 °C) • hot leg
heißes Atom n <phys> • hot atom
heißes Bein n ugs <nukl> (vom RDB zum DE; typ. 330 °C) • hot leg
heißes Labor n <nukl> • hot lab
heißes Plasma n <phys> • hot plasma; high-temperature plasma
heiße Stelle f <ents> • hot spot
heiße Stelle f <nukl> • hot spot
heißes Zentrum n <nukl> • hot center
heiße Zelle f DIN 25401-3 <nukl> • hot cell; shielded cell
heiße Zündkerze f <kfz.el> • hot spark plug; hot running spark plug; hot type spark plug

Heißfärben n <textil> • high-temperature dyeing
Heißfalle f DIn 25401-3 <nukl> (zum Entfernen von Verunreinigungen) • hot trap
Heißfixieren n <textil> • heat setting; thermofixation
Heißfixierung f <textil> • heat setting; thermofixation
Heißfolienprägung f <druck> • hot foil stamping; hot stamp printing
Heißgas n <hlk> (am Kompressorausgang) • compressor discharge gas; hot gas
Heißgasauftausystem n <prod.nahr> (Speiseeis; Freezer) • hot gas defrosting system
Heißgasauftauventil n <prod.nahr> (Speiseeis; Freezer) • hot gas defrost valve
Heißgas-Bypass-Abtauung f <hlk> • hot gas defrost system; hot gas defrost
Heißgaselektrofilter m <emiss> • hot-side electrostatic precipitator
Heißgaserzeuger m <verf> • hot-gas generator
Heißgasleitung f <hlk> (für Kältemittel; zwischen Verdichter und Verflüssiger) • vapor line
Heißgasschraubenmaschine f <mot> • hot-gas double-screw engine :V
Heißgasschweißen n <füg> • hot-gas welding
Heißgassiegeln n <kst> • hot-gas sealing
heißgesiegelt <allg> • hot sealed
heißhärtend <kst> • heat-setting; thermosetting
heißhärtend <mat> (Leim) • hot-setting
Heißhalteabteilung f <prod.nahr> (Plattenwärmetauscher) • holding section; holder
heiß halten vt <prod.nahr> (Pasteurisierung) • hold vt
Heißhaltepaket n <prod.nahr> (Plattenwärmetauscher) • holding section; holder
Heißhalter m <prod.nahr> (Plattenwärmetauscher) • holding section; holder
Heißhaltezeit f <prod.nahr> (Pasteurisierung) • holding time; holding period; hold period; hold-up time
Heiß-Kalt-Verfahren n <holz> • hot-and-cold treatment
Heiß-Kalt-Verfahren n <nukl> • dual temperature process
Heißkanalanguss m <kst> • hot runner gating; hot tip gating
Heißkanal-Spritzgießwerkzeug n <kst> • hot-runner mold
Heißkanalspritzguss m <kst> • hot-runner molding
Heißkanalverteiler m <kst> • hot runner
Heißkanalwerkzeug n <kst> • hot runner mold
Heißklebefolie f <füg> • heat-sealing foil
Heißkleben n <füg> • heat sealing
heiß kleben vt <füg> (z. B. Kunststoff) • heat-seal vt
Heißkleber m <füg> • hot-setting adhesive; hot-sealing adhesive
heißkritisch <nukl> • hot critical
Heißläufer m <masch> (z. B. Radlager von Eisenbahnwagen) • hot box
Heißläuferanzeiger m <bahn> • hot-box detector
Heißlaminiermaschine f <pack> • heat laminating machine
heißlaufen vi <masch> (zu heiß werden; z. B. Maschinen, Lager) • run hot vi; overheat vi; get hot vi
Heißlaufversuch m <masch> • heat run
Heißlauge f <chem> (Kaliindustrie) • hot brine
Heißleim m <füg> • hot glue
Heißleiter m <msr> • thermistor; NTC thermistor
Heißlöten n <füg> • hot soldering
Heißlötstelle f <füg> • hot junction
Heißluft f <tech.allg> • hot air
Heißluftalterung f <metall> • air oven aging; oven aging
Heißluftanlassofen m <metall> • hot-air drawing furnace
Heißluftdusche f <hygi> (zum Haaretrocknen) • electric hair drier

Heißluftdusche f <pap> (z. B. Papierfabrik) • fan-forced heater

Heißlufteingang m <kfz.emiss> • purge air line form; air purge connection; hot air [purge] line; purge connection; flushing air line

Heißluftenteiser m <aerospace> • hot-air deicer

Heißluftfeuerbrücke f • hot-air bridge

Heißluftfixierrahmen m <textil> • hot-air setting stenter

Heißluftgebläse n <wz> (z. B. Lackentfernen, Verformen, Schrumpfen, Trocknen) • hot air gun; heat gun; hot air stripper GB

Heißluftkammer f <verf> • hot-air chamber

Heißluftmansarde f <textil> • hot flue

Heißluftmotor m <mot> • hot-air engine; thermomotor

Heißluftofen m <med> • hot-air oven

Heißluftpistole f <wz> • heat gun

Heißluftrohr n <kfz.emiss> • hot air pipe

Heißluftschieber m <rls> • hot-air valve

Heißluftschweißpistole f <füg> • heated-air welding gun

Heißluftstrahlverfestigung f <füg> • hot-air bonding

Heißluftstrom m <verf> • hot-air blast

Heißlufttrockenkammer f <verf> • hot-air drying chamber; hot-air chamber

Heißlufttrockenmaschine f <textil> • hot flue

Heißlufttrockner m <druck> • hot-air dryer

Heißlufttrocknung f <verf> • hot-air drying

Heißluftturbine f <turb> • hot-air turbine; compressor air turbine; closed-cycle gas turbine

Heißluftvulkanisation f <kst> • dry-air curing; dry-air cure; hot-air cure; hot-air vulcanization

heiß machen vt <nahr> • mull vt

heiß machen und süß würzen vt <nahr> (typ. Glühwein) • mull vt

Heißölfärben n <textil> • hot-oil dyeing

Heißphosphatierung f <obfl> (Vorgang) • hot phosphating

Heißprägedrucker m <edv> • hot foil stamp printer; hot stamp printer

Heißprägen n <druck> • hot foil stamping; hot stamp printing

Heißprägung f <prod> • hot-process embossing

Heißpresse f <prod> • hot press

Heißpressen n <prod> • hot pressing

Heißprozess m <edv.ic> • hot process

Heißsäge f <wz.masch> • hot saw

Heißschleifen n <prod> • hot grinding

Heißschliff m <pap> • hot-ground pulp

Heißschmelzkleber m <füg> • hot melt [adhesive]

Heißschmelzschlichten n <textil> • hot melt sizing

heiß schweißen vt <füg> (z. B. Kunststoff) • heat-seal vt

heißsiegelfähiger Einlagevliesstoff m <textil> • nonwoven fusible interlining

heißsiegelfähiger Klarsichtbeutel m DIN EN 868-9 <kst> • heat sealable pouch DIN EN 868-9

Heißsiegelkleber m <füg> • heat sealing adhesive

Heißsiegelklebstoff m <füg> • heat sealing adhesive

Heißsiegel-Klebstoff m <füg> • heat sealing adhesive

Heißsiegeln n <füg> • heat sealing

Heißsiegelung f <prod> • hot sealing

Heißsintern n <verf> • sintering under pressure

Heißspritzen n <obfl> • hot spraying

Heißspritzlack m <obfl> • hot-spray lacquer

Heißstart m <kfz> (Vorgang des Startens) • hot starting

Heißstart m <kfz> (Resultat des Startens) • hot start

Heißstart m <kfz> (Starten und Wegfahren mit heißem Motor) • hot driveaway

Heißstellen fpl <kfz> • hot spots

Heißstrahltriebwerk n <aerospace> • thermal jet engine

Heißtauchen n <verf> • hot dipping

Heißtrockenfarbe f <druck> • heat-set ink

heißveredelt <pap> • hot-alkali-refined

Heißveredlung f <pap> • hot alkali refining; hot refining

Heißverkleben n <füg> • hot bonding

Heißverschweißen n <füg> • heat sealing; thermal sealing

Heißverstrecken n <prod> • hot drawing; hot stretching

Heißvulkanisation f <kst> • hot cure; hot vulcanization

Heißwachs n <obfl> (beim Heißwachsfluten) • hot wax

Heißwachsflutanlage f <obfl> • hot wax flooding unit

Heißwachsfluten n <obfl> (Hohlraumkonservierung) • hot-wax flooding

Heißwachsflutkonservierung f <obfl> (Hohlraumkonservierung) • hot-wax flooding

Heißwachshohlraumfluten n <obfl> (Hohlraumkonservierung) • hot-wax flooding

heißwachskonservieren vt <obfl> (z. B. Holz, Lack) • seal with hot wax vt

Heißwasserbehälter m <hlk> • hot well; hot-water tank

heißwasserbeständige Abwasserleitungen fpl <bau> • hot-water resistant waste and soil discharge system

Heißwasserheizung f <hlk> • high-temperature water heating

Heißwasserpumpe f <förd> • hot water pump

Heißwasserspeicher m <hlk> • thermal storage water heater

Heißwasserspender m rar <hlk> • hot-water heater; geyser GB; water-heater

Heißwasserspülung f <hlk> • hot-water rinse

Heißwassertrichter m <hlk> • hot-water funnel; heating funnel

Heißwasserumwälzpumpe f <masch> • hot-water circulation pump

Heißwiederzündung f (HR) form <licht> • hot re-strike (HR)

Heißwind m <verf> • hot blast

Heißwinde f <förd> • hoisting winch

Heißwindkupolofen m <verf> • hot-blast cupola

Heißwindleitung f <metall> (z. B. Hochofen) • hot-blast line

Heißwindleitung f <verf> • bustle pipe

Heißwindleitung f <verf> (betont: Hauptleitung) • hot-blast main

Heißzustand m <licht> (einer Lampe) • warm state; hot state

Heizanlage f <hlk> • heating plant

Heizanlage f <hlk> (Einrichtung, Anlage) • heating system; heating installation

Heizapparat m <hlk> (allg.) • heater

Heizapparat m <verf> (zum Vulkanisieren; z. B. von Reifen) • vulcanizer

Heizbad n <verf> • heating bath

Heizbalg m <kst> (Reifenpresse) • curing bladder; bladder; diaphragm

Heizband n <kst> (Plastifiziereinheit) • heating band; heater band

Heizband n <metall> (Wärmebehandlung, z. B. Spannungsarmglühen) • heating band; strip heater

heizbare Heckscheibe f <kfz.el> (betont: Scheibe) • heated rear window; heated backlight US.rare

Heizbatterie f <el> • filament battery

Heizbetrieb m <hlk> (z. B. von Wärmepumpen) • heating mode; heating cycle

Heizbirne f <kfz.hlk> (VW-Käfer-Heizung) • heater control box

Heizdampf m <verf> • heating steam

Heizdraht m <el> • heating wire; resistance wire

Heizdrossel f <el> • filament choke

Heizdüse f <füg> • heating nozzle

Heizeffektmesser m <hlk> • heating-effect indicator
Heizeinheit f <hlk> • indoor unit
Heizeinsatzstück n <kst> • adapter heater
Heizelektrode f <el> • heating electrode
Heizelement n <druck> (in Thermodrucker-Druckkopf) • heating element; print wire; stylus
Heizelement n <el> (allg.; z. B. in Röhren, Glühkerzen, Zusatzheizungen, Teekesseln) • heating element
Heizelement n <el> (in Relais) • relay heater
Heizelement n prakt <el> • resistance heating element; resistance element pract
Heizelementschweißen n DIN 1910 <füg.kst> • hot-plate welding; heated tool welding
Heizen n <hlk> (Vorgang) • heating
heizen vt <hlk> (Raum; z. B. Gebäude, Wohnung) • heat vt
heizen vt <hlk> (Ofen; z. B. mit Holz, Kohle, Öl, Gas) • fire vt
heizen vt <kst> (zum Vernetzen) • cure vt
heizen vt <verbr> (z. B. Dampflokomotive, Dampfschiff) • stoke vt
Heizer m <verbr> • heater
Heizer und Trimmer m <nav> • heater and trimmer
Heizfaden m <el> (Kathode) • filamentary cathode; heating filament
Heizfadenbruch m <el> (Röhre) • filament break
Heizfaden-Kathode-Verluststrom m <el> • heater-cathode leakage current
Heizfadenspannung f <el> • heater voltage
Heizfadenüberbrückungskondensator m <el> • filament bypass capacitor; heater bypass capacitor
Heizfläche f <hlk> • heating area; heating surface
Heizflächenbelastung f DIN 25401-3 <nukl> (KKW) • surface power density
Heizflamme f <tech.allg> (allg.) • heating flame
Heizflamme f <tech.allg> (zum An-, Vorwärmen) • preheating flame
Heizflansch m <kfz.el> • heater flange
Heizform f <kfz> (für Reifen) • mold US; mould GB
Heizfühler m <hlk> • relay heater
Heizgas n <chem.petr> • fuel gas; heating gas
Heizgebläse n <hlk> • heater fan; heating fan
Heizgerät n <el.hlk> • heating appliance
Heizgerät n <hlk> (allg.) • heater
Heizgerät n <metall> (beim Induktionshärten) • inductor
Heizkabel n <hlk> (für Aquarien, Terrarien etc.) • heating cable; cable heater
Heizkammer f <chem> (Kammer) • heating chamber
Heizkanal m <hlk> • heating duct
Heizkanal m <verbr> • heating flue
Heizkathode f <el> • hot cathode; incandescent cathode
Heizkeilschweißen n <füg> • heated-wedge welding; heated-shoe welding
Heizkessel m DIN EN 303 <hlk> • heating boiler; boiler pract
Heizkessel mit atmosphärischem Gasbrenner m <hlk> • heating boiler with atmospheric gas burner
Heizkessel mit Gebläsebrenner m <hlk> • heating boiler with forced draft burner US; heating boiler with forced draught burner GB
Heizkörper m DIN EN 442 <hlk> • radiator
Heizkraft f <therm> • calorific power; heating power
Heizkraftwerk n <energ> • combined heat and power plant US; heating and power station GB; heat-and-power plant US; combination steam-electric plant US; combination heating-power plant US
Heizkreis m <el> • heating circuit
Heizkreis m <energ.sol> • heating loop
Heizkreisvorwiderstand m <el> • heater dropper
Heizküvette f <chem> • heated cell

Heizlampe f <druck> (Wärme-Druck-Fixierung) • fuser lamp
Heizlast f <hlk> • heating load
Heizleistung f <el.hlk> (z. B. Heizbändern) • heating wattage
Heizleistung f <hlk> (allg. von Heizungen, Heizgeräten) • heating power; heating capacity; heat output
Heizleiter m <el> • heating conductor
Heizlüfter m <hlk> • fan heater; fan-forced heater
Heizmann'scher Plattenüberhitzer m <verf> • Heizmann's plate superheater
Heizmann'scher Überhitzer m <verf> • Heizmann's plate superheater
heizmannscher Plattenüberhitzer m <verf> • Heizmann's plate superheater
heizmannscher Überhitzer m <verf> • Heizmann's plate superheater
Heizmantel m <verf> (eher flach, horizontal; z. B. Wärmebehandlung von Schweißnähten) • heating blanket
Heizmantel m <verf> (z. B. für Rohre, Behälter) • heating jacket; jacket heater
Heizmantelrohr n <rls> • jacketed pipe
Heizmantelvergaser m <mot> • jacketed carburettor
Heizmatte f <tech.allg> (Unterlage) • heating pad
Heizmatte f <agri> (zur Förderung des Pflanzenwachstums) • propagation mat
Heizmedium n <hlk> • heat distribution medium
Heizöl n <chem.petr> (allg.) • fuel oil; oil fuel rare; heating oil rare
Heizöl EL n (HEL) <chem.petr> (Gasölderivat für Heizanlagen; ähnlich wie Dieselkraftstoff) • light fuel oil; fuel oil No. 2 US; domestic fuel oil pract
Heizöl extra-leicht n <chem.petr> (Gasölderivat für Heizanlagen; ähnlich wie Dieselkraftstoff) • light fuel oil; fuel oil No. 2 US; domestic fuel oil pract
Heizöl S n <chem.petr> (hochviskoses Heizöl, vorwiegend in Großfeuerungsanlagen) • heavy fuel oil; fuel oil No. 4 US; fuel oil No. 5 US; fuel oil No. 6 US
Heizölzulaufleitung f <verbr> • burner supply line
Heizpatrone f <el> (z. B. In Spritzgießwerkzeugen) • cartridge heater
Heizperiode f <hlk> (Jahreszeit) • heating season
Heizperiode f <hlk> (Phase; z. B. von Temperiersystemen) • heat phase
Heizplatte f <hlk> • heating panel
Heizplatte f <kst> • platen
Heizplattentrockner m <verf> • jacketed shelf drier
Heizpresse f <wz.masch> • tire press
Heizpunkt m <druck> (in Thermodrucker-Druckkopf) • heating element; print wire; stylus
Heizraum m <chem> (Kammer) • heating chamber
Heizraum m <hlk> (mit Kessel, Boiler) • boiler room
Heizröhre f <textil> (Falschdrahtverfahren) • heater
Heizrohrkessel m <hlk> • fire-tube boiler; multitubular boiler
Heizrohrschlange f <hlk> • heater coil; heating coil
Heizscheibe f Opel.rar <kfz.el> (betont: Scheibe) • heated rear window; heated backlight US.rare
Heizschlauch m <kst> • curing bag
Heizschnecke f <pap.ents> • heating screw
Heizspirale f <el> (z. B. Durchlauferhitzer, Kessel, Heißwasserbereiter) • heating coil; heater coil
Heizstab m <hlk> (Aquarium) • submersion tube heater; submersible heater; submersible aquarium heater
Heizstrahler m <druck> (Wärmefixierung) • radiant heater
Heizstrahler m <hlk> • radiant heater
Heizstromquelle f <el> (für Heizdraht) • filament power supply
Heizstromversorgung f <el> (für Heizdraht) • filament power supply

Heiztafel f <hlk> • heating panel
Heiztechnik f <hlk> • heating technology; heating engineering
Heiztellertrockner m <verf> • rotary jacketed shelf drier
Heiztemperatur f <hlk> • heating temperature
Heiztemperatur f <kst> (betont: zum Vernetzen, Vulkanisieren) • curing temperature; cure temperature
Heiztisch m <verf> • heating stage; hot stage
Heiztürverschluss m <verbr> • fire-door latch
Heizung f <hlk> (Vorgang) • heating
Heizung f <hlk> (Einrichtung, Anlage) • heating system; heating installation
Heizung bei der unteren hybriden Frequenz f <nukl> • heating at the lower hybrid resonance; heating in the low hybrid frequency range; low hybrid resonant heating; LHR heating
Heizung der Elektronen-Zyklotron-Frequenz f <nukl> • heating in the electron cyclotron range; electron cyclotron [frequency resonant] heating; ECFR-heating; heating at the electron cyclotron frequency; heating at the electron cyclotron resonance
Heizung durch elektromagnetische Wellen f <nukl> • waveheating; resonant heating
Heizung durch magnetischen Druck f <nukl> • heating by magnetic compression
Heizung durch Neutralstrahlen f <nukl> • neutral injection
Heizung im Bereich der Ionen-Zyklotronfrequenz f <nukl> • heating in the ion cyclotron range; ion cyclotron [frequency resonant] heating; ICFR-heating; heating at the ion cyclotron frequency; heating at the ion cyclotron resonance
Heizung im Bereich der unteren hybriden Frequenz f <nukl> • heating at the lower hybrid resonance; heating in the low hybrid frequency range; low hybrid resonant heating; LHR heating
Heizung in Formen f <kst> (Vernetzung, Aushärten) • mold curing US; mould cure GB
Heizung mit hohem Strahlungsanteil f <hlk> • radiation heating; heating by radiation
Heizungs-, Lüftungs- und Klimaanlage f (HLK) <hlk> • heating, ventilation and air conditioning system (HVAC)
Heizungs-, Lüftungs- und Klimatechnik f (HLK) <hlk> • heating, ventilation, and air conditioning (HVAC)
Heizungsanlage f <hlk> (betont: Privathaus) • domestic heating system
Heizungsanlage f <hlk> (Einrichtung, Anlage) • heating system; heating installation
Heizungsgebläse n <kfz.hlk> • heater fan; heater blower
Heizungsgebläseschalter m <kfz.msr> • heater fan switch
Heizungshebel m <kfz.msr> • air temperature control lever
Heizungsregler m <hlk.msr> (allg.; z. B. als Hebel, Rad, Sensortaste) • heater control
Heizungsschacht m <hlk> • heating shaft
Heizungsschlauch m <kfz.hlk> • heater hose
Heizungssystem n <hlk> (Einrichtung, Anlage) • heating system; heating installation
Heizungsumwälzpumpe f <hlk> • heating circulating pump
Heizungs- und Lüftungsanlage f <hlk> • heating and ventilating system
Heizungs- und Lüftungstechnik f <hlk> • heating and ventilation engineering
Heizungswärmetauscher m <kfz.hlk> • heater core
Heizungszug m <kfz.hlk> • heater control cable
Heizwärme fsg <hlk> • heating energy
Heizwärmebedarf msg <hlk> • heat requirement; heat demand

Heiz-Wärmepumpe f <hlk> • space heating heat pump
Heizwärmepumpe f <hlk> • space heating heat pump
Heiz-Wärmetauscher m <kfz.hlk> (der Klimaanlage) • heating heat-exchanger
Heizwalze f <druck> (Kopierer, Laserdrucker) • fuser roll
Heizwasser n <hlk> (in Warmwasser-Zentralheizungsanlagen) • hot water
Heizwasserrohrleitung f <hlk> • hot water pipe
Heizwasserrücklauf m <hlk> • water return
Heizwasservorlauf m <hlk> • water supply
Heizwasservorlauftemperatur f rar <hlk> (Heizung) • inlet temperature; supply water temperature
Heizwendel f <kfz.el> (Glühkerze) • heating coil; heater coil
Heizwert m <verbr> (ohne Verdampfungswärme des Wasserstoffs) • net calorific value; lower heating value; net combustion heat; net heating value
Heizwert m <verbr> (von Brennstoffen; allg.) • calorific value; heating value
heizwertarm <verbr> • low-heating-value adj
Heizwertbestimmung f <verbr> • heating-value determination
heizwertreich <verbr> • high-heating-value adj
Heizwicklung f <el> • heater winding; filament winding
Heizwiderstand m <el> (Bauteil) • heater element
Heizwiderstand m <el> (als el. Größe) • heating resistance
Heizzeit f <tech.allg> • heating phase
Heizzeit f <kst> (zum Vernetzen, Vulkanisieren) • cure time; curing time
Heizzentrale f <hlk> • central heating plant
Heizzone f <kst> • heat control zone
Heizzug m <verbr> • heating flue
Heizzyklus m <hlk> • heating cycle
Heizzylinder m <hlk> • heating cylinder
Hektar (ha) DIN 1301 <phys.msr> (Flächeneinheit: 10000 Quadratmeter) • hectare (ha); 10000 square meter
Hekto... (h) <phys.msr> (Vorsilbe für Einheiten: 100) • hecto (h)
Hektopascal n <phys.msr> (Druckeinheit) • hectopascal; millibar
HEL <chem.petr> (Gasölderivat für Heizanlagen; ähnlich wie Dieselkraftstoff) • light fuel oil; fuel oil No. 2 US; domestic fuel oil pract
Helfe f <textil> • heddle US; heald
Helfenauge n <textil> • mailed heald
Helfenschiene f <textil> • ridge bar
Heli m prakt <aerospace> • helicopter; rotating-wing aircraft; rotary-wing aircraft; rotor aircraft; gyrodyne [aircraft]
Heliarcschweißen n <füg> • helium arc welding; heliarc welding; heli-welding
Helical-Scan-Verfahren n <edv> • Helical Scan (HS); helical-scan recording
Helicoil n TM.prakt <füg.rep> • wire thread insert (EG); insert coil; Helicoil TM
Helicoil-Einsatz m TM <füg.rep> • wire thread insert (EG); insert coil; Helicoil TM
Helikal-Divertor m <nukl> • helical divertor
helikale Aufzeichnung f <edv> • Helical Scan (HS); helical-scan recording
helikales Feld n <nukl> • helicoidal field; helical field
Helikoid n <math> (Schraubenfläche) • helicoid
Helikopter m <aerospace> • helicopter; rotating-wing aircraft; rotary-wing aircraft; rotor aircraft; gyrodyne [aircraft]
Heliogravüre f <druck> (konventionelles Druckverfahren) • photogravure; photoengraving; heliogravure
Heliopause f <astron> • heliopause
Heliosphäre f <astron> • heliosphere
Heliostat m <energ.sol> • heliostat
Heliostatfeld n <energ.sol> • heliostat field

Heliotrop *m* <min> • heliotrope; bloodstone
heliozentrisch <astron> • heliocentric
Heliport *m* <tech.allg> *(z. B. auf Krankenhaus, Hotel, Bohrinsel)* • helicopter landing deck; helicopter port; helicopter platform; heli port; helipad *US*
Helium *n* (He) <chem> • helium (He)
Helium-Airbag-Generator *m* <kfz.sich> • helium airbag generator
Heliumalter *n* <chem> • helium age
Heliumatmosphäre *f* <chem> *(allg.)* • helium atmosphere
Heliumatmosphäre *f* <füg> *(als Abschirmung)* • helium shielding atmosphere
Heliumbrennen *n* <nukl> • helium burning processes
Heliumflasche *f* <verf> • helium cylinder
heliumgekühlt <tech.allg> • helium-cooled
Heliumkältemaschine *f* <hlk> • helium refrigerator
Heliumkern *m* <nukl> • helium nucleus
Heliumkühlmittel *n* <chem> • helium coolant
Helium-Lecksucher *m* <nukl.msr> • helium leak indicator
Heliummethode *f* <tech.allg> • helium method
Helium-Neon-Laser *m* <opt> *(Edelgaslaser)* • helium-neon laser; HeNe laser
Heliumspektrallampe *f* <licht> • helium spectral lamp
Heliumverflüssigung *f* <verf> • helium liquefaction
Helix *f* <tech.allg> • helix
Helix-/Schrägschriftaufzeichnung *f* <av> • helical recording [system]; helical recording[method]; helical scan[ning] [system]; helical scan[ning] [method]
Helixstruktur *f* <tech.allg> • helix structure; helical structure
Helizität *f* <nukl> • helicity
hell <allg> *(strahlend, leuchtend; z. B. Licht, Display)* • bright
hell <tech.allg> *(klar; z. B. Flüssigkeit)* • clear
hell <akust> *(Ton; z. B. Stimme, Musik)* • clear
hell <edv> *(Strichcode-Element)* • light *adj*; reflective
hell <obfl> *(Farbe, Farbton)* • light *adj*; light-toned; light in tone
hell <obfl> *(Farbe; z. B. Haut)* • pale; light
Helladaptation *f* <opt> • bright adaptation; light adaptation
Hell-Dunkel-Feldkondensor *m* <el> • bright-field darkground change-over condenser
Hell-Dunkel-Kontrast *m* <edv> • light/dark contrast
Hell-Dunkel-Kontrast *m* <phot> • contrast; contrast between bright and dark areas; contrast between lit and unlit areas
hell-/dunkelschaltend <tech.allg> • light/dark operate
Hell-Dunkel-Steuerung *f* <msr> • light-dark control
Hellelement *n* <edv> • light element
Hellentwickler *m* <phot> • daylight developer
hellfarbig <nahr> *(Wein)* • pale in color
Hellfeld *n* <edv> • quiet zone *stand*; clear area *stand*; light margin *stand*; margin
Hell-Feld *n* <msr> *(optoelektronischer Winkelkodierer)* • transparent segment; transparent section; transparent area
Hellfeldbeleuchtung *f* <opt> • bright-field illumination
Hellfeldbeobachtung *f* <opt> *(Mikroskopie)* • bright-field observation
Hellfeldkondensor *m* <opt> *(Mikroskopie)* • bright-field condenser
Hellfeldmikroskop *n* <opt> • bright-field microscope
hellgelb <nahr> *(Wein)* • straw yellow; pale yellow
hellgraue Instrumentenskala *f* <kfz.msr> *(schwarze Schrift auf hellgrauem Grund)* • off-white gauge face
Helligkeit *f* <tech.allg> *(Licht, Lichtverhältnisse, Beleuchtung,)* • brightness
Helligkeit *f* <astron> *(von Sternen)* • magnitude; intrinsic brightness; luminosity

Helligkeit *f* <av> *(Bildschirm)* • brightness; luminosity
Helligkeit *f* <licht> *(von Beleuchtung)* • lightness; luminance; brightness
Helligkeit *f* <obfl> *(Farbe, Farbton)* • lightness; lightness in tone
Helligkeit *f* <pap.qualit> *(von Papier)* • whiteness
Helligkeitsbereich *m* <tech.allg> • brightness range
Helligkeitseinstellung *f* <av> *(Regler, z. B. am Bildschirm)* • brightness control
Helligkeitseinstellung *f* <edv> *(Bildschirm, Grafik)* • brightness setting
Helligkeitsflimmern *n* <av> • luminance flicker; brightness flicker
Helligkeitskontrast *m* <av> • brightness contrast
Helligkeitskontrast *m* <phot> • contrast; contrast between bright and dark areas; contrast between lit and unlit areas
Helligkeitskontrolle *f* <av> • brightness control
Helligkeitsmodulation *f* <av> • brightness modulation; intensification modulation
Helligkeitsmodulation *f* <licht> • intensity modulation
Helligkeitspegel *m* <licht> • brightness level
Helligkeitsregelung *f* <av> • brightness control
Helligkeitsregler *m* <av> *(Regler, z. B. am Bildschirm)* • brightness control
Helligkeitsregler *m* <el.licht> • dimmer
Helligkeitsregler *m* <kfz.msr> *(für Instrumentenbeleuchtung)* • dimmer control; illumination control; dimmer
Helligkeitsregler *m* <licht> *(allg.)* • lighting control
Helligkeitsregler *m* <licht> *(betont: zum Dimmen)* • lighting dimmer
Helligkeitsregler für Instrumentenbeleuchtung *m* <kfz.msr> • instrument panel illumination control; panel light control
Helligkeitssensor *m* <av> *(für Belichtungsautomatik)* • exposure sensor
Helligkeitssignal *n* <av> • brightness signal; luminance signal; Y signal
Helligkeitssprung *m* • brightness jump
Helligkeitssteuerung *f* <opt> • intensity control
Helligkeitsumfang *m* <av> *(Kontrast)* • brightness range
Helligkeitsunterschied *m* • brightness difference
Helligkeitsveränderung *f* <phot> • variation in brightness
Helling *f* <nav> *(in Werft; betont: zum Bauen)* • building berth; building slip; building ways
Helling *f* <nav> *(in Werft; betont: zum Stapellauf)* • launching ways; launch slip; slipway
Hellingbahnneigung *f* <nav> • slip-way declivity; slip-way slope *pract*
Hellinggerüst *n* <nav> *(Werft)* • staging
Hellingkran *m* <nav> • slipway crane
Hellish-Emitter *m* <ic> • Hot Electron Light Emitting and Lasing Semiconductor Heterojunction (HELLISH)
hellklingend <akust> *(hochfrequent)* • high-pitch; high-pitched
Hellraumprojektor *m* CH.A <büro> *(für Folien)* • overhead projector (OHP)
hellschaltend <allg> • light operated
Hellschaltung *f* <allg> • light operate
Hell-Schreibersystem *n* <tele> • Hell printing system
Hellsignal *n* <edv> • light signal
hellste Bildpunkte *mpl* <av/phot> • highlights
Hellsteuerung *f* <av> *(Oszilloskop)* • intensity Z-axis modulation; bright intensification
Hellstrahler *m* <obfl> • bright emitter
helltasten *vt* <el> • unblank *vt*
Helltastimpuls *m* <el> • unblanking pulse; bright-up pulse
Helltastung *f* <el> • unblanking

Hellzone f norm <edv> • quiet zone stand; clear area stand; light margin stand; margin
Helm m <bekl> • helmet
Helmbefestigung f <kfz> (an Motorrad) • helmet lock
Helmbezug m <bekl> • helmet hugger
Helmeinbausatz m <kfz> (Gegensprechanlage) • helmet headset
Helmfutter n <bekl> (Schutzhelm) • interior; inner lining
Helmgegensprechanlage f <kfz> • helmet-to-helmet intercom; two-way intercom
Helmhalter m <allg> • helmet holder
Helmhalter m <kfz> (an Motorrad) • helmet lock
Helmholtz'sche Doppelschicht f <chem/phys> (Ionenstruktur) • Helmholtz double layer
Helmholtz'scher Resonator m <phys> • spherical resonator
Helmholtz'scher Wirbelsatz m <phys> (Strömungslehre) • Helmholtz equation; Helmholtz equation for vorticity
Helmholtz-Resonator m <av> • Helmholtz resonator
helmholtzsche Doppelschicht f <chem/phys> (Ionenstruktur) • Helmholtz double layer
helmholtzscher Resonator m <phys> • spherical resonator
helmholtzscher Wirbelsatz m <phys> (Strömungslehre) • Helmholtz equation; Helmholtz equation for vorticity
Helmholtzschicht f <el.chem> • Helmholtz layer; Helmholtz plane
Helmholtz-Schicht f <el.chem> • Helmholtz layer; Helmholtz plane
Helmholtz-Spulenanordnung f <el> • Helmholtz coil arrangement
Helmprüfung f <kfz> • helmet test
Helmsack m <bekl> • helmet bag; helmet sack
Helmschale f <bekl> (Helm) • outer shell; external shell; shell coll
Helmschirm m <bekl> (Helm) • visor; sun visor; peak; peak visor
Helmschloss n <kfz> (an Motorrad) • helmet lock
Helmsprechanlage f <kfz> • helmet-to-helmet intercom; two-way intercom
Helmverschluss m <bekl> (Helm) • fastening system
Hemd n <bekl> (allg.) • shirt
Hemd n <bekl> (Damenunterwäsche; ärmellos, lang) • tank top
Hemicellulose f <pap.ents> • hemicellulose
Hemieder n <mat> • hemihedron
Hemiedrie f <mat> • hemihedry
hemiedrisch <mat> (Kristall) • hemihedral
Hemikolloid n <chem> • hemicolloid
Hemimorphit m <min> • hemimorphite; calamine
Hemisphäre f <geo> • hemisphere
hemisphärischer Brennraum m <kfz.mot> • hemispherical combustion chamber
Hemizellulose f <pap.ents> • hemicellulose
hemmen vt <allg> (unterbinden; mechanisch, psychologisch, juridisch) • inhibit vt
hemmen vt <allg> (mittels Hindernis; z. B. Fortschritt, Strömung) • obstruct vt
hemmen vt <allg> (verzögern; z. B. Entwicklung, Wachstum; chem. Vorgang) • retard vt
hemmen vt <allg> (eindämmen; z. B. Flut) • stem vt; dam vt
hemmen vt <tech.allg> (anhalten, unterbinden) • arrest vt; stop vt
hemmen vt <tech.allg> (fangen, z. B. durch Sperrklinke) • catch vt
hemmen vt <tech.allg> (zurückhalten) • retain vt
hemmen vt <tech.allg> (unerwünscht; z. B. Vorgang, Fortschritt) • inhibit vt

hemmen vt did <tech.allg> (z. B. Reaktion, Korrosion) • inhibit vt
hemmen vt <masch> (blockieren) • block vt
hemmen vt <masch> (plötzlich oder mit Kraft; z. B. Seilbewegung) • check vt
Hemmer m <chem.agri> • inhibitor
Hemmhofdurchmesser m <med.bio> • inhibition zone diameter
Hemmkeil m <masch> • sprag
Hemmkonzentration f <pharm> • inhibitory concentration
Hemmrad n <masch> (Uhr) • escape wheel
Hemmschuh m <bahn> (zum Sichern gegen Wegrollen, Abbremsen am Ablaufberg) • scotch; drag shoe; stop block; skid
Hemmstoff m <chem> (zum Verlangsamen einer Reaktion) • retarding agent; retarder
Hemmstoff m <chem> (unterbindet chem. Reaktion) • anticatalyst; negative catalyst; inhibiting agent; inhibitor; retarder
Hemmstoff m <chem.agri> • inhibitor
Hemmung f <chem> (eines Vorgangs; betont: vollständig unterbunden) • inhibition
Hemmung f <chem> (eines Vorgangs; betont: nur verzögert) • retardation; slowing-down
Hemmung f <masch> (z. B. Flaschenzug, Uhrwerk) • escapement
Hemmung f <masch> (Blockieren einer Bewegung) • stoppage; blocking; check
Hemmungsmechanismus m <masch> (verzögernd, bremsend) • retarding mechanism; retarder
Hemmwerk n <masch> (z. B. in Uhrwerk) • escapement mechanism
Hempel-Bürette f <chem> • Hempel gas burette; Hempel burette
HEM-Verfahren n <energ.sol> • heat exchanger method (HEM)
HeNe-Laser m <opt> (Edelgaslaser) • helium-neon laser; HeNe laser
Henkel m <tech.allg> (z. B. an Eimer) • bail; hoop-handle
Henkel m <textil> • tuck stitch
Henkellocheisen n <kfz.wz> • wad punch
Henkelmann m ugs.obs <av> • portable stereo system; boom box coll; ghetto blaster coll.derog
Henkelmann m ugs <kfz.av> • pull-out car stereo
Henkelmann m jarg <mil> • canteen
Henkelplüsch m <textil> • terry fabric; terry
Henry'sches Gesetz n <phys> • Henry's law
Henry n (H) DIN 1301 <phys> (Einheit der Induktivität; Vs/A) • henry (H)
henrysches Gesetz n <phys> • Henry's law
Heparprobe f <chem> (Schwefelnachweis) • hepar test
Hepar sulphuris calcareum <chem> • calcium sulfide; hepar sulfuris calcareum
hepatische Lipase f (HL) <bio> • hepatic lipase (HL)
heptavalent <chem> • heptavalent; septivalent
Heptavalenz f <chem> • heptavalence; septivalence
Heptode f <el> • heptode
herabfließen vi <verf> (z. B. Wasser über Absorberfläche, Kühlturmeinbauten) • trickle down vi
Herabführung f <tech.allg> • leading-down
herabgesetztes Farbartsignal n <av> • converted chrominance signal; converted chroma signal
herabrieseln vi <verf> (z. B. Wasser über Absorberfläche, Kühlturmeinbauten) • trickle down vi
herabrinnen vi <verf> (z. B. Wasser über Absorberfläche, Kühlturmeinbauten) • trickle down vi
herabsinken vi <tech.allg> (z. B. Träger, Decke, Verkleidung, Gipskartonplatten) • sag vi

Heraufschalten *n rar* <kfz.antr> • upshift; gear upshift; upchange

heraufschalten *vi rar* <kfz> • shift up *vi*; change up *vi GB*

herauftransformieren *vt rar* <el> *(Spannung)* • step up *vt*; boost *vt*

heraufziehen *vt* <förd> *(Last; von oben betrachtet)* • pull up *vt*

herausarbeiten *vt* <kfz.rep> *(von Blech-Unebenheiten, Dellen)* • lift out *vt*

herausbewegen *vt* <tech.allg> *(rückwärts; z. B. Fahrzeug, Werkzeug)* • back out *vt*; withdraw *vt*

herausbringen *vt* <druck> *(Buch)* • publish *vt*

herausdrehen *vt* <tech.allg> *(z. B. Zündkerzen)* • remove *vt*

herausdrücken *vt* <kfz.rep> *(Ausbeulen)* • spring back *vt*

herausdrücken *vt* <masch> *(z. B. Keil, Stift)* • drive out *vt*; force out *vt*

herausdrücken *vt* <mech> *(betont: mit relativ viel Kraftaufwand; von außen betrachtet)* • force out *vt*; press out *vt*

herausfinden *vt* <allg> • find *vt*; find out *vt*

herausgeschleppte Lösung *f* <obfl> *(z. B. aus Galvanisierbad)* • drag-out

heraushebeln *vt* <tech.allg> *(aus Vertiefung)* • pry out *vt*

herauslassen *vt* <tech.allg> *(z. B. Flüssigkeit, Gas, Dampf)* • let out *vt*

herauslösbarer Bestandteil *m DIN EN ISO 1099* <ents> • leachable substance *DIN EN ISO 1099*

herauslösen *vt* <chem> *(durch Lösung, z. B. mit Lösungsmittel)* • dissolve out *vt*

herauslösen *vt* <chem.verf> *(durch Auslaugen, Auswaschen)* • leach out *vt*

herauslösen *vt* <mech> *(freisetzen)* • release *vt*

Herauslösung *f* <chem> *(von Stoffen, mit Lösungsmitteln)* • dissolving-out

herausnehmbare Sitzbank *f* <kfz> • removable bench seat

herausnehmbares Sonnendach *n* <kfz> • pop-out sun roof

herausnehmen *vt* <allg> *(entfernen)* • remove *vt*

herausnehmen *vt* <wz.masch> *(Werkstück)* • unload *vt*

herauspicken *vt ugs* <allg> *(betont: einzelne, wenige Exemplare)* • pick out *vt*

herauspressen *vt* <tech.allg> *(mit Gewalt)* • force out *vt*

herauspressen *vt* <masch> *(heraustreiben; z. B. Keil, Stift)* • drive out *vt*

herauspressen *vt* <prod> *(allg.)* • expel *vt*

herauspressen *vt* <verf> • press out *vt*

herausschleudern *vt* <tech.allg> *(Gegenstände, Personen; von außen betrachtet)* • eject *vt*; throw out *vt coll*

herausschneiden *vt* <prod> *(Vertiefung, Furche etc., mit einem Hohlmeißel u. dgl.)* • rout *vt*

Herausschneiden befallener Blattstellen *n* <agri> • sanitary pruning

herausspringen *vi* <kfz> *(Gang)* • slip out *vi*

herausspringen *vi* <masch> • jump out *vi*

herausspülen *vt* <chem> • elute *vt*

herausspülen *vt* <masch> *(Bohrklein)* • flush out *vt*

herausstanzen *vt* <prod> *(allg., jede Form; z. B. Blech, Karton, Folie; z. B. Disketten, Konfetti)* • punch out *vt*; die-cut *vt*

heraustrennbare Fleecejacke *f* <bekl> • inner winter fleece jacket

heraustrennbare Innenjacke *f* <bekl> • detachable inner jacket

heraustrennbares Futter *n* <bekl> • removable lining; zip out lining

heraustrennbares Thermofutter *n* <bekl> • snap-out thermoliner

Heraustrennen eines Blechteils *n* <rep> • salvaging a panel

Herausziehen *n* <tech.allg> *(z. B. von Verrohrung, Spundwänden)* • withdrawal; drawing; pulling

herausziehen *vt* <allg> *(Faden aus Stoff; Papier aus Stapel; Aussage aus Zeugen)* • draw out *vt*

herausziehen *vt* <allg> *(zurückziehen)* • retract *vt*

herausziehen *vt* <tech.allg> *(rückwärts)* • back out *vt*

herausziehen *vt* <tech.allg> *(entfernen; z. B. Ölmessstab)* • remove *vt*; withdraw *vt*

herausziehen *vt* <bio> *(z. B. Pflanze, Zahn)* • pull out *vt*

herausziehen *vt* <doku> *(extrahieren; Daten, Text)* • extract *vt*

herb <allg> *(Geschmack)* • acrid

herb <nahr> *(Wein)* • dry

Herbeiführung dauerhafter Lösungen *fpl* <prod> • achievement of durable solutions

Herbizid *n* <chem.agri> • herbicide; weed control agent; weed killer *coll*

Herbstanwendung *f* <chem.agri> • autumn application

Hercules-Karte *f* <edv> • Hercules Graphics Card (HGC)

Herd *m* <geo> *(seismisch)* • epicenter *US*; epicentre *GB*; seismic focus; seismic center *US*; seismic centre *GB*

Herd *m* <metall> *(Flammofen)* • hearth

Herd *m* <prod> *(Zurichten)* • cleaning table; beneficiation table; dressing table

Herd *m* <verbr> • shaking concentrating table; concentrating table

Herdaufbereitung *f* <verf> • table work; tabling

Herdbett *n* <prod> *(Gießerei)* • open sand mold *US*; open sand mould *GB*

Herdflächenleistung *f* <verbr> • hearth-area specific capacity; hearth-area output

Herdflammofen *m* <verf> • reverberatory hearth furnace

Herdflotation *f* <verf> • table floatation

Herdformerei *f* <prod> *(Gießerei)* • open sand molding; floor sand molding; hearth molding

Herdfrischen *n* <metall> • hearth refining

Herdfrischstahl *m* <metall> • hearth steel

Herdglas *n* <silik> • slag

Herdguss *m* <prod> • open sand casting

Herdofen *m* <verf> • hearth type furnace; hearth-type furnace; hearth furnace; open hearth

Herdofenkoks *m* (HOK) <ents> • HOK

Herdplatte *f* <el> *(z. B. Keramikkochfeld)* • cooktop

Herdplatte *f* <verf> *(Aufbereitung)* • deck

Herdschmelzofen *m* <metall> • open-hearth furnace

Herdwagenofen *m* <silik> • trolley hearth kiln

Herdwagenofen *m* <verf> • bogie hearth furnace; car hearth furnace

hereinbrechen *vi* <min> *(Hangendes)* • collapse *vi*; cave in *vi*; fall *vi*

hereinbrechen *vi* <min> *(Gestein; betont: abplatzend, splitternd)* • spall in *vi*; scale in *vi*

hereinführen *vi/vt* <tech.allg> • lead in *vi/vt*

hereingewinnen *vt* <min> *(Erz)* • breast out *vt*; break down *vt*; break *vt*

hereingewinnen *vt* <min> *(Kohle)* • mine *vt*; win *vt*; get *vt*

hereinrollen *vi* <min> *(unbeabsichtigte Einbrüche von Haufwerk)* • flushing *vi*

hereinsprengen *vt* <min> • shoot down *vt*; shoot *vt*; blast *vt*

hergestellt aus <tech.allg> *(betont: Ursprungs-, Rohmaterial, Quelle)* • fabricated from; made from

hergestellt aus <tech.allg> *(betont: jetziges Material)* • fabricated of; made of

Heringsschleppnetz *n* <nav> • herring trawl

Herkon-Relais *n* <el> • Herkon relay; dry-reed relay; reed relay

Herkunft f <allg> (Ursprung; z. B. einer Information)
• source

Herkunft f <prod> (von Produkten, Waren; z. B. von Obst)
• origin

Herkunftsgesellschaft f <jur> • society of origin

Herkunftsland n <jur> • country of origin

herleiten vt <math> (z. B. Formel, Funktion) • derive vt

herleiten vt <math> (ableiten; z. B. Gleichung) • deduce vt

Herleitung f <bau> (Versorgungsleitung; z. B. für Gas, Wasser) • supply line

Herleitung f <el> • incoming lead

Herleitung f <math> (z. B. von Formeln, Gleichungen)
• deduction

Herleitung f <math> (Ableitung; z. B. einer Formel, eines Beweises) • derivation

hermetisch <tech.allg> (z. B. Versiegelung) • hermetical; hermetic; airtight

hermetisch abdichten vt <tech.allg> • seal hermetically vt

hermetisch abgedichtetes Gehäuse n <el> • hermetically sealed package

hermetisch abgeschlossen <tech.allg> • hermetically sealed

hermetisch abschließen vt <tech.allg> • seal hermetically vt

hermetisch verschließen vt <tech.allg> • seal hermetically vt

Hermite'sche Kurve f <math> • Hermite curve

Hermite'sche Matrix f <math> • Hermitian matrix

hermitesch <math> • Hermitian

hermitesche Kurve f <math> • Hermite curve

hermitesche Matrix f <math> • Hermitian matrix

Héroult-Lichtbogenofen m <metall> • Héroult electric-arc furnace; direct-arc-heated furnace; direct-arc furnace

Herpolhodiekegel m <mech> (Kinematik) • herpolhode cone; space cone

Herpolhodiekegel m <navig> (Kreisel) • space cone

Herpolhodiekurve f <mech> (Kinematik) • herpolhode

Herrenkonfektion f <textil> (Abteilung im Kaufhaus)
• men's wear department

Herren-Rahmen m DIN ISO 8090 <fz> (eines Fahrrades)
• man's frame ISO 8090; diamond frame

Herren- und Knabenanzüge mpl (HAKA) <textil>
• men's outerwear sg

Herrichten n <bio> (von Tierpräparaten) • finishing

Herschel-Effekt m <phot> • Herschel effect

Herschel-Umkehr f <phot> (Bildumkehr) • Herschel reversal

Herstellbericht m <kst> • report

herstellen vt <chem> (chem. Substanz) • prepare vt

herstellen vt <prod> (komplexere Produkte; z. B. Computer, Autos) • manufacture vt; produce vt; make vt coll

herstellen vt <prod> (allg.; Waren jeder Art, Teile, Produkte, Erzeugnisse) • produce vt; manufacture vt; fabricate vt; make vt coll

herstellen vt <tele> (Verbindung, Gespräch) • establish vt; set up vt

Herstellen von Schichtpressstoffen n <kst> • laminating; doubling

Hersteller m <nav> • builder; ship builder

Hersteller m <prod> • manufacturer (mfr)

Herstellerangaben fpl <tech.allg> • manufacturer's data

Hersteller-ID f <prod> • manufacturer ID

Herstellerkennung f <prod> • manufacturer ID

Hersteller von Vliesstoffen m <textil> • producer of nonwovens

Herstellkosten fpl <prod> • manufacturing costs

Herstellung f <chem> (von bestimmten Substanzen, Präparaten) • preparation

Herstellung f <jur> • manufacture

Herstellung f <prod> (allg.; von Hand oder fabrikmäßig)
• production; manufacture; fabrication

Herstellung des Mixes f <nahr.prod> (Speiseeis) • mix preparation; preparation of the mix

Herstellungsbedingungen fpl <prod> • conditions of manufacture pl; production conditions pl

Herstellungsbetrieb m <ökon> • manufacture company; manufacture corporation; manufacture concern

Herstellungsgenauigkeit f <prod> • grade of working accuracy

Herstellungsgenauigkeit f <qualit> • manufacturing accuracy; production accuracy

Herstellungslizenz f <jur> • license to manufacture

Herstellungsmethode f <prod> • manufacturing method; manufacturing technique; production method; process of manufacture

Herstellungstechnik f <prod> • manufacturing technology; production technology

Herstellungsverfahren n <prod> • manufacturing method; manufacturing technique; production method; process of manufacture

Herstellung von Präzisionswerkzeugen f <prod.wz>
• precision toolmaking

Hertz'sche Pressung f <mech> (z. B. zwischen Zahnflanken, in Wälzlagern) • Hertzian pressure; Hertz pressure

Hertz'scher Dipol m <phys> • Hertzian dipole; Hertzian doublet; Hertzian oscillator

Hertz'scher Oszillator m <phys> • Hertzian oscillator

Hertz'sche Welle f <phys> • Hertzian wave

Hertz'sche Wellen fpl rar <phys> • radio waves

Hertz n (Hz) DIN 1301 <phys> (Einheit der Frequenz)
• hertz (Hz); 1/s

hertzsche Pressung f <mech> (z. B. zwischen Zahnflanken, in Wälzlagern) • Hertzian pressure; Hertz pressure

hertzscher Dipol m <phys> • Hertzian dipole; Hertzian doublet; Hertzian oscillator

hertzscher Oszillator m <phys> • Hertzian oscillator

hertzsche Welle f <phys> • Hertzian wave

hertzsche Wellen fpl <phys> • radio waves

Hertzsprung-Russell-Diagramm n <astron> • Hertzsprung-Russell diagram

Hertz/Volt-Charakteristik f Korg, Yamaha <edv.av>
• Hertz/Volt proportion Korg, Yamaha; Hz/V proportion

herumdrehen vt <allg> (um vertikale Achse) • turn around vt

herumdrehen vt <allg> (um horizontale Achse) • turn over vt

herumgezogen <kfz> (Spoiler, Stoßfänger, Blinkerleuchten) • wraparound

herumgezogener Spoiler m <kfz> • wraparound spoiler

herumschwingen vi/vt <tech.allg> (um die Hochachse, langsam; eher weniger als 360 Grad; z. B. Mast) • slew vi/vt

herunterdrücken vt <allg> (z. B. Pedal) • depress vt

herunterfahren vt <tech.allg> (komplexes System; z. B. Anlage, Maschine, Betriebssystem) • shut down vt; close down vt

heruntergekommener Stadtteil m <bau> • urban area with a bad reputation; twilight zone coll

heruntergekommenes Viertel n ugs <bau> • urban area with a bad reputation; twilight zone coll

heruntergezogene Seitenscheibe f <nfz> • bay window

herunterkühlen vt <verf> (Medium, Komponente, System; auf eine best. Temperatur) • cool down vt; cool vt

herunterladen vt <edv> (z. B. Dateien, Bilder, Sounds, etc.) • download vt

Herunterschalten *n* <kfz.antr> • downshift; gear down-shift; downchange

herunterschalten *vi* <tech.allg> *(langsamer werden; auch: kürzer treten)* • slow down *vi*; gear down *vi*

herunterschalten *vi* <kfz> *(Getriebe)* • change down *vi*

Herunterschaltfrequenz *f* <kfz> • downshift frequency

heruntersinken *vi* <tech.allg> *(z. B. Träger, Decke, Ver-kleidung, Gipskartonplatten)* • sag *vi*

heruntertransformieren *vt* <el> • step down *vt*

heruntertransformieren *vt prakt* <el> *(Spannung)* • step-down *vt*

herunterwalzen *vt* <metall> *(Block)* • cog down *vt*

herunterwalzen *vt* <metall> • roll down *vt*; rough down *vt*; break down *vt*

hervorheben *vt* <tech.allg> *(Farben)* • bring out *vt*

hervorheben *vt* DIN 8805 <edv> • highlight *vt*

hervorheben *vt* <psych> *(thematisch, akustisch, gestisch)* • emphasize *vt*

Hervorhebung *f* <phot> *(Fotoretusche)* • separation

hervorragende Passform *f* <bekl> • perfect fit

hervorrufen *vt* <tech.allg> • cause *vt*; elicit *vt*; evoke *vt*

hervorstehende Fläche *f* <tech.allg> • land

Hervortreten eines Nagels *n* <bau.innen> • nail pop

Herz *n prakt* <bahn> *(Weiche)* • frog; crossing frog; com-mon crossing *rare*

Herzbolzen *m* <nfz> *(Fahrwerk)* • center bolt

herzförmige Empfangscharakteristik *f* <el> • cardioid reception pattern; cardioid pattern

herzförmiger Nocken *m* <masch> • heart cam

Herzfrequenzschreiber *m* <med.tech> • cardiotacho-graph

Herzjagen *n popw* <med> • tachycardia; heart hurry *popsci*

Herzkammerflimmern *n* <med> *(z. B. durch el. Strom)* • ventricular fibrillation

Herzkatheter *m* <med.tech> • cardiac catheter

Herzklappenersatz *m* <med.tech> *(Klappe)* • valvular substitute; valve replacement; replacement heart valve

Herzklappenersatz *m* <med.verf> *(Operation)* • valve re-placement

Herzklappenprothese *f* <med.tech> • prosthetic heart valve; prosthetic cardiac valve *form*; valvular prosthesis; heart valve prosthesis

Herzkraftmesser *m* <med.tech> • cardiometer

Herzkurve *f* <kst> *(Schlauchfolienextruder)* • cardiod curve

Herzkurve *f* <math> • cardioid curve; cardioid; heart shape

Herzkurvenmethode *f* <phys> • cardioid method

Herzleistungsmessgerät *n* <med.tech> • cardiac output meter

Herz-Lungen-Maschine *f* <med.tech> • heart-lung ma-chine; heart-lung apparatus

Herznocken *m* <masch> • heart cam

Herzphasenschalter *m* <el> • cardiac-phase-controlled switch

Herzpumpe *f* <med.tech> • heart pump

Herzschrittmacher *m* <med.tech> • pacemaker; cardiac pacemaker

Herzschrittmacherbatterie *f* <med.tech> • pacemaker battery; pacemaker power cell

Herzspitze *f* <bahn> *(Weiche)* • point of frog

Herzstück *n* <bahn> *(Weiche)* • frog; crossing frog; com-mon crossing *rare*

Herzwiederbelebungsgerät *n* <med.tech> • cardiac re-suscitation apparatus

Heß'scher Satz *m* <phys> • Hess's law; Hess's law of heat summation; law of constant heat summation

Heß'sches Gesetz *n* <phys> • Hess's law; Hess's law of heat summation; law of constant heat summation

Heß'sche Strahlung *f* <astron> • cosmic radiation

heßscher Satz *m* <phys> • Hess's law; Hess's law of heat summation; law of constant heat summation

heßsches Gesetz *n* <phys> • Hess's law; Hess's law of heat summation; law of constant heat summation

heßsche Strahlung *f* <astron> • cosmic radiation

Heterobipolar-Transistor *m* (HBT) <el.ic> • hetero bi-polar transistor (HBT)

heterochrom <phys> • heterochromatic

heterocyclisch <chem> • heterocyclic

Heterodiode *f* <energ.sol> • heterojunction

Heterodynempfang *m* <tele> • heterodyne reception

Heteroepitaxie *f* <edv.ic> • heteroepitaxy

heterogen <tech.allg> • heterogeneous

heterogene Katalyse *f* <chem> *(Katalysator wird Kontakt genannt)* • heterogeneous catalysis; contact catalysis

heterogener Treibstoff *m* <mot> *(z. B. Benzin-Benzol-Gemisch)* • composite propellant; heterogeneous propel-lant

Heterogenität *f* <tech.allg> • heterogeneity; inhomogene-ity

Heterogenreaktor *m* <nukl> • heterogeneous reactor

heterologer Gefäßersatz *m obs* <med.tech> • xenogenic vascular graft; vascular xenograft; vascular heterograft; heterologous vascular replacement *rare*

heterologer Klappenersatz *m obs* <med.tech> *(Herz-klappenersatz)* • tissue valve; bioprosthesis; xenograft valve [replacement]; heterograft valve [substitute]; xeno-graft valvular prosthesis

heteromorph <mat/geo> • heteromorphic

Heteromorphie *f* <mat/geo> • heteromorphism

heteropolar <chem> • heteropolar

heteropolare Bindung *f* <chem> *(allg.)* • heteropolar bond; electrovalent bond; electrovalence

heteropolare Bindung *f* <chem> *(Ionenbindung)* • ionic bond

heteropolare Bindung *f* <chem> *(Polarbindung)* • polar bond

Heteropolymer *n* <kst> • heteropolymer

Heteropolymerisat *n* <kst> • heteropolymer

Heteropolymerisation *f* <chem> • heteropolymerization

Heterosphäre *f* <meteo> • heterosphere

heterostatische Schaltung *f* • heterostatic circuit

Heteroübergang *m* <el> • heterojunction

Heteroübergang *m* <energ.sol> • heterojunction

HEU <nukl> • highly enriched uranium (HEU); highly-enriched uranium; high-grade uranium

Heuballenpresse *f* <agri> *(allg., für große und kleine Ballen)* • hay baler

Heuballenroller *m* <agri> *(nur für große Rundballen)* • roll baler

Heubrikett *n* <agri> • hay briquette; hay cube

Heugreifer *m* <agri> • hay grab; hay sweep

Heulader *m* <agri> • hay loader

Heuladewagen *m* <agri> • hay stacking wagon

Heulboje *f* <nav.navig> • whistle buoy

heulen *vi* <allg> • howl *vi*

heulen *vi* <av> *(Verstärker)* • sing *vi*

heulen *vi* <av> *(Funkempfang)* • squeal *vi*

Heulton *m* <akust> • howl

Heumühle *f* <agri> • hay tub grinder

Heupressling *m* <agri> • hay cube

Heuristik *f* <allg> • heuristics

heuristisches Programm *n* <edv> • heuristic program

Heuschreckenplage *f* <agri> • locust plague

Heusler'sche Legierung *f* <obfl> • Heusler alloy; Heus-ler's alloy

heuslersche Legierung *f* <obfl> • Heusler alloy; Heus-ler's alloy

Heuwaffelpresse f <agri> • hay wafering machine; hay waferer

Heuwender m <agri> • hay tedder

He-Verbrennung f <nukl> • helium burning processes

hexadezimal <math/edv> (z. B. Zahlensystem in EDV) • hexadecimal; sexadecimal

Hexaeder n <math> • hexahedron

Hexagon n <math> • hexagon

hexagonal dichteste Kugelpackung f <mat> (Kristallgitter) • hexagonal closest packing; hexagonal close packing; hexagonal-closest packing; hexagonal-close packing

hexagonal dichteste Packung f <mat> (Kristallgitter) • hexagonal closest packing; hexagonal close packing; hexagonal-closest packing; hexagonal-close packing

hexagonal dicht gepackt <mat> • hexagonal close-packed

Hexagonal-Einsatz m <el> • hex die

hexagonales Kristallsystem n <mat> • hexagonal crystal system

hexagonales System n <mat> (Kristallgitter) • hexagonal system

hexagonal zentriert <masch> • hexagonally centered

Hexamethylendiamin n <chem> (Grundstoff für Nylonherstellung) • hexamethylene diamine; 1,6-diaminohexane

Hexanicit n Handelsname <med> • fibrates pl

Hexapod m <masch> (Parallelstruktur mit 6 Freiheitsgraden; z. B. in WzMasch oder Simulator) • Stewart platform; hexapod structure; hexapod

Hexapod-Werkzeugmaschine f <wz.masch> • hexapod machine tool

Hexavalenz f <chem> • hexavalence; sexavalence

Hexode f <el> • hexode

HF <tech.allg> • high frequency (HF)

HF <av> (Frequenzbereich von ca. 20 khz bis 100 Mhz) • radio frequency (RF)

HF <chem> • hydrogen fluoride (HF)

HF-abgeschirmt <edv> (z. B. PC-Gehäuse) • HF-shielded

HF-Abschirmkabine f <kfz.emiss> • high-frequency shielded chamber

HF-Ausgang m prakt <av> • RF output socket; RF output pract

HF-Ausgangsbuchse f <av> • RF output socket; RF output pract

HF-Bereich m <el> • high frequency range; hf-range

HFC <chem> • fluorocarbon (HFC)

HFCs <chem> • fluorocarbons (HFCs)

HF-Eingang m prakt <av> • RF input socket; RF input pract

HF-Eingangsbuchse f <av> • RF input socket; RF input pract

HF-Etikett n <prod> • RFID tag; HF tag

HF-Geber m prakt <msr> • HF-pulse generator; HF-pulse tachometer

HF-Gleichstrom-Ausgangsbuchse f <av> (z. B. an Videokameras) • RF DC output socket

HF-Identifizierung f <prod> (z. B. von Teilen im Produktionsablauf) • Radio Frequency Identification (RFID)

HFO <edv.av> • high-frequency oscillator (HFO)

HF-Pulser m <qualit.mat> (für dynamische Festigkeitsprüfung) • high-frequency pulsator

HFS <alarm> • radio frequency alarm

HF-Tag n <prod> • RFID tag; HF tag

HFT-Sperre f (Hochfrequenztelefonie) • carrier-current line trap

HF-Umschalter m <av> • video head switcher; head switcher; RF switcher

HFV <med.tech> • high-frequency ventilation (HFV)

HF-Vormagnetisierung f <av> (Wechselstrom-Vormagnetisierung f) • high-frequency magnetic biasing; high-frequency magnetic bias; high-frequency bias

Hg <chem> • mercury (Hg)

Hg <füg> • wood screw thread; wood-screw thread; wood thread ISO 1891

Hg-Anode f <el.chem> • mercury anode

HGB <jur> • Commercial Code; German Commercial Code

Hg-Bodenanode f <el.chem> • mercury pool anode; mercury-pool anode (GB)

Hg-Elektrode f <el.chem> • mercury electrode

H-Gestell n <wz.masch> • H-frame

Hg-Kathode f <el.chem> • mercury cathode

H-Glied n <el> (Schaltung) • H-section

Hg-Pool-Elektrode f <el.chem> • mercury pool electrode

Hg-Reservoir n <el.chem> • mercury reservoir; reservoir of mercury

HgS <chem> (Mineral) • mercuric sulfide (HgS); mercuric sulphide; cinnabar

Hg-Säule f <phys> (als Maß für Drücke: 1 mm Hg = 133,322 Pa) • mercury column; column of mercury

Hg-Tropfelektrode f <el.chem> • dropping mercury electrode (DME); mercury drop electrode

Hg-Tropfen m <el.chem> • mercury drop; mercury droplet; droplet of mercury

HGÜ <el> • high-voltage direct current connection (HVDC); high-voltage direct-current transmission

Hg-Vorratsgefäß n <el.chem> • mercury reservoir; reservoir of mercury

Hi8 <av> • high-band 8 mm (Hi8)

HI-Bogenlampe f • high-intensity carbon-arc lamp

HIC <kfz.qualit> • Head Injury Criterion (HIC)

Hi-Color n <edv> • highcolor; hi-color

HIC-Wert m <kfz> • HIC value

Hidden-Line-Algorithmus m <edv> • hidden line algorithm

Hidden-Line-Removal m <edv> • hidden-line removal

Hidden-Surface-Removal m (HSR) <edv> • hidden-surface removal

Hieb m <holz> • felling

Hieb m <wz> (Feile) • cut

Hiebnummer f <wz> (Feile) • grade of cut

Hiebsart f <agri> (Forsttechnik) • type of felling

Hiebsauszeichnung f <holz> • marking

Hiebsreife f <holz> • maturity

Hiebssatz m <holz> • prescribed yield

Hiebteilung f <wz> (Feilenzähne je Zoll) • tooth spacing; coarseness

Hierarchical Storage Management (HSM) <edv> • Hierarchical Storage Management (HSM)

Hierarchie f <allg> • hierarchy

Hierarchie f <edv> • hierarchy; hierarchical model

hierarchisch <allg> • hierarchical

hierarchische Adressierung f norm. <edv> • hierarchical addressing stand.

hierarchisches Datenbanksystem n <edv> • hierarchical data base system

hierarchisches Speichermanagement n (HSM) <edv> • Hierarchical Storage Management (HSM)

hierarchisches Steuerungskonzept <logist> • hierarchical control system

hierarchische Struktur f <tech.allg> • hierarchical structure

hierarchische Verknüpfung f <edv> • parenting

hierzu gehören beispielsweise ... <allg> • examples include ...

Hieve f <förd> • heave; hoist; draft; draught

hieven *vt* <förd> *(Schiff)* • heave *vt*; heave up *vt*; hoist *vt*

hieven *vt* <förd> • raise *vt*

hieven *vt* <nav> *(typ. mit Seilwinde)* • heave *vt*

HiFi-Aussteuerungsregler *m* <av> • HiFi rec level control

HiFi/Normal-Umschalter *m* <av> • HiFi/Normal mix switch *Panasonic*

HiFi-Ton *m DIN 45500* <av> • hifi sound; high-fidelity sound; hi-fi sound

HiFi-Tonaufnahme-Aussteuerungsregler *m* <av> *(bei HiFi-Geräten)* • hi-fi sound recording level control

Hifi-Turm-Komponenten *fpl* <kfz.av> • stacked audio sound system components

Hi-Fi-Wiedergabe *f* <av> • hi-fi reproduction

Hifo-Methode *f* <logist> • highest in - first out (hifo)

Hifo-Prinzip *n* <logist> • highest in - first out (hifo)

high <geo> • horst

Highband Video-8 *n* (Hi8) <av> • high-band 8mm (Hi8)

Highcolor *n* <edv> • highcolor; hi-color

High-Color-Darstellung *f* <edv> • high-color representation; 16-bit representation

High Definition TV *n* <av> • high-definition television (HDTV); high definition television; high-definition TV

High Density *f* <edv> • high density

High-Density-Aufzeichnung *f* <av> • high-density recording; zero-guard-band recording

High-Density-Code 3/9 *m* <edv> *(Strichcodetyp)* • High-Density Code 3/9

High-Density-Compact-Disc *f* (HD-CD) <edv> • high-density compact disc (HD-CD)

High-Density-Diskette *f* <edv> • high-density diskette; high density floppy disk; HD floppy disk

High-Dust Entwicklungsvariante *f* (HDSS) <emiss> • High dust SCR-system (HDSS)

High-Dust-Schaltung *f* <ents> • high-dust position; high-dust configuration

High-End-System *n* <edv> • high-end system

High-Energy-Band *n* <av> *(Bandsorte mit hohem Koerzitiv- und Remanenzwert)* • high-energy tape

High Fidelity *f* <av> • high fidelity; hi-fi

High-Frequency Ventilation *f* <med.tech> • high-frequency ventilation (HFV)

High-Key-Aufnahme *f* <phot> • high-key picture

High-Level-Formatierung *f* <edv> • high-level formatting

Highlight *n ugs* <kunst> *(hellste Fläche, Lichtakzent; in Bildern allg.; z. B. Fotos, Gemälde)* • highlight; accent light

High Note-Priorität *f* <edv.av> • high note priority

High-Pegel *m* <allg> • high level

High Quality System *n* <av> • VHS High Quality System (VHS HQ); High Quality VHS; HQ High Quality

High Resolution *n* (HR) <edv> • High Resolution (HR)

High-Sierra-Gruppe *f* (HSG) <edv> • High Sierra Group (HSG)

High-Sierra-Standard *m* (HSS) <edv> • High Sierra Standard (HSS)

High Speed-Laufwerk *n Nor,Pan* <av> • high-speed drive *Gru*; high-speed mechanism *Son*; turbo drive *Phi*; high-speed drive mechanism *Gru*; super spec drive *JVC*

High Speed-Mechanismus *m Son* <av> • high-speed drive *Gru*; high-speed mechanism *Son*; turbo drive *Phi*; high-speed drive mechanism *Gru*; super spec drive *JVC*

High-Speed-Shutter *m Sie,Pan,Gru* <av> • high-speed shutter

High-Speed-Shutter-Modus *m* <av> • high-speed shutter mode

High-Speed-Shutter-Taste *f* <av> • high-speed shutter button

High-Speed-Verschluss *m Sha* <av> • high-speed shutter

Hightech-Gewebe *n* <bekl> • hi-tech fabric; high-tech fabric

H II-Region *f* <astron> *(ionisierter Wasserstoff)* • H II region

Hilbert-Raum *m* <math> • Hilbert space

Hilfe *f* <jur> • assistance

Hilfeleistung *f* <jur> • assistance

Hilfe-Menü *n* <edv> • help menu

Hilfe mit Lieferbindung *f* <ökon> • tied aid

Hilfs… <tech.allg> • auxiliary … (AUX)

Hilfsamt *n* <tele> • subexchange

Hilfsanode *f* <el> • auxiliary anode; relieving anode

Hilfsantenne *f* <el> • auxiliary antenna *US*; auxiliary aerial *GB*

Hilfsantrieb *m* <antr> *(Zusatzantrieb)* • auxiliary drive

Hilfsantrieb *m* <masch> *(für Nebenaggregate)* • accessory drive

Hilfsantrieb *m* <masch> *(Servoantrieb)* • servo drive

Hilfsantrieb *m* <petr> *(zur Fortbewegung)* • auxiliary propulsion unit

Hilfsantriebsrad *n* <msr> *(Zahnrad)* • auxiliary drive gear

Hilfsarbeitsspeicher *m* <edv> • scratch-pad memory

Hilfsbetriebsart *f DIN ISO 3309* <edv> • non-operational mode *ISO 3309*

Hilfsbohrung *f* <petr> • service well

Hilfsbremsanlage *f* (HBA) *ISO611* <kfz.brems> • secondary braking system *ISO611*; secondary brakes *pl form.pract*; emergency brake *pract.coll*

Hilfsbremse *f form.prakt* <kfz.brems> • secondary braking system *ISO611*; secondary brakes *pl form.pract*; emergency brake *pract.coll*

Hilfsdatei *f* <edv> • scratch file

Hilfseinrichtungen *fpl* <tech.allg> *(allg.; Zubehör)* • auxiliary devices; auxiliaries; accessories *pl*

Hilfseinrichtungen *fpl* <masch> *(Anbauten)* • auxiliary attachments

Hilfselektrode *f* <el> • compensation electrode

Hilfselektrode *f* <el.chem> *(bei Dreielektrodenanordnung)* • auxiliary electrode (AE); counter electrode

Hilfselektrode *f* <füg> *(beim Schweißen)* • auxiliary electrode

Hilfselektrode *f* <licht> *(Gasentladungsröhre)* • starter electrode

Hilfselektrode *f* <msr.emiss> *(vierte Elektrode eines Vier-Elektroden-Sensors)* • auxiliary electrode; auxiliary *pract*

Hilfselement *n* <textil> • secondary knitting element

Hilfsenergie *f* <el> *(allg.)* • auxiliary power

Hilfsenergie *f VDI/VDE 2600* <msr> *(von Sensoren)* • excitation energy *ANSI*; auxiliary energy *rar*

Hilfserder *m* <el> • earthing strip; earth strip

Hilfserregermaschine *f* <el> • pilot exciter

Hilfsfläche *f* <aerospace> *(Tragflügel)* • leading-edge flap; foreflap

Hilfsfunkenstrecke *f* <füg> *(Schweißen)* • auxiliary spark gap

Hilfsgabel *f* <kfz> • auxiliary fork

Hilfsgas *n* <licht> • starting gas

Hilfsgerüst *n* <bau> • shoring

hilfsgesteuertes Sicherheitsventil *n* <msr> • pilot-controlled safety-valve

Hilfsgleichrichter *m* <el> • complementary rectifier

Hilfsgröße *f* <math.phys> • subsidiary variable; auxiliary variable

Hilfsgröße *f* <msr> • indirectly controlled variable

Hilfsgrößenaufschaltung *f* <msr> • auxiliary variables feedforward; auxiliary correcting variables feedforward

Hilfsgruppenrelais *n* <tele> • auxiliary group relay

Hilfshubwerk *n* <förd> *(z. B. Brückenkran)* • auxiliary hoist

Hilfskessel *m* <rls> • auxiliary boiler; donkey boiler

Hilfskontakt *m* <el> • auxiliary contact; dependent contact

Hilfskraft-Bremsanlage f <kfz.brems> *(mit Bremskraftverstärker)* • energy-assisted braking system
Hilfskraftbremse f <kfz.brems> *(mit Bremskraftverstärker)* • energy-assisted braking system
Hilfskraftlenkung f <kfz> • power assisted steering (pas); power steering *pract.coll*; p/steering *advert*; hydraulic power steering; boosted steering *coll.press*
Hilfslage f <kfz> *(Blattfeder)* • helper leaf; auxiliary leaf
Hilfslaufbahn f <tech.allg> • auxiliary track
Hilfsleiter m <el> • pilot conductor; pilot wire
Hilfslichtbündel n <opt> • side beam
Hilfslinie f <doku> *(techn. Zeichnung, Grafik)* • auxiliary line; reference line
Hilfslinie f <edv> *(techn. Zeichnung, Grafik)* • reference axis; reference line
Hilfslinse f <opt> • auxiliary lens
Hilfsluft f <pneum> • operating supply air; supply air
Hilfsluftbehälter m <brems> • auxiliary brake reservoir
Hilfsluftkompressor m <tech.allg> • auxiliary air compressor
Hilfsluftregler m <pneum> • supply pressure controller
Hilfsmaschine f <masch> *(Verbrennungskraftmaschine)* • auxiliary engine
Hilfsmaschine f <masch> *(allg.)* • auxiliary machine; booster machine
Hilfsmaßstab m <msr> • auxiliary scale
Hilfsmeldung f <msr> • auxiliary status signal
Hilfsmenü n rar <edv> • help menu
Hilfsmenü n <navig> *(Display)* • auxiliary menu
Hilfsmessgerät n <msr> • auxiliary measuring instrument; auxiliary instrument
Hilfsmittel n <textil> *(Hilfsstoff i.d. Färberei)* • dyeing assistant; auxiliary dyeing agent
Hilfsmittel npl <tech.allg> • auxiliaries; accessories
Hilfsmotor m <tech.allg> *(betont: verstärkend)* • booster
Hilfsmotor m <el> • auxiliary motor
Hilfsmotor m <masch> *(Verbrennungskraftmaschine)* • auxiliary engine
Hilfsmotor m <masch> *(allg.)* • servo motor; servomotor
Hilfsmuster n <edv> • auxiliary pattern
Hilfsnormal n <el> *(für Zählereichung)* • substandard
Hilfsnormal n <msr> • working standard
Hilfsobjekt n <edv> • dummy object; dummy
Hilfsobjektiv n <opt> • auxiliary lens
Hilfsorganisation f <jur> • relief organization
Hilfsoszillator m <phys> • auxiliary oscillator; local oscillator; frequency-change oscillator
Hilfsphasenmotor m <el> • split-phase motor
Hilfspleuel n <kfz.mot> *(z. B. Motorrad)* • slave con-rod
Hilfspleuel n <kfz.mot> *(Doppelkolbenmotor, z. B. Motorrad)* • slave con-rod
Hilfspol m <el> • auxiliary pole; commutating pole
Hilfsprogramm n <edv> • auxiliary program; auxiliary routine
Hilfsprozessor m <edv> • slave processor
Hilfspumpe f <förd> *(allg.)* • auxiliary pump
Hilfspumpe f <förd> *(betont: Reserve)* • backup pump
Hilfsrahmen m <kfz> *(allg.)* • subframe; stubframe; subchassis
Hilfsraster n <edv> *(CAD, Grafik)* • snap grid; grid; snap
Hilfsrechner m <edv> • secondary computer
Hilfsregelgröße f <msr> • auxiliary controlled variable
Hilfsregelkreis m <msr> • auxiliary control loop; subsidiary control loop; minor control loop; servo loop *pract*
Hilfsregister n <edv> • auxiliary register
Hilfsrelais n <el> • auxiliary relay; slave relay
Hilfsruder n <aerospace> • servo-control surface; servotab; tab
Hilfsrückführung f <msr> • subsidiary feedback

Hilfsrüstung f <bau> • shoring
Hilfssammelschiene f <el> • auxiliary bus bar
Hilfssatz m <math> • lemma
Hilfsschalter m <el> • auxiliary switch
Hilfsschaltkreis m <el> • auxiliary circuit
Hilfsschiene f <el> • transfer bar
Hilfsschütz m <el> • contactor relay
Hilfssenker m <textil> *(Strickmschine)* • auxiliary cam
Hilfsskale f <msr> • auxiliary scale of graduation; auxiliary scale
Hilfsspannung f <el> • auxiliary voltage
Hilfsspeicher m <edv> • secondary store; backing store; auxiliary store; auxiliary memory
Hilfsspeicherung f <edv> • secondary storage; auxiliary storage
Hilfsspiegel m <phot> • secondary mirror
Hilfsständer m <prod> • auxiliary housing
Hilfsständer m <wz.masch> • floor rest
Hilfsstellgröße f <msr> • auxiliary correcting variable
Hilfsstempel m <min> • safety prop; catch prop
Hilfssteuerelement n <masch> • servomechanism
Hilfssteuerung f <msr> • pilot control; servo control
Hilfsstoff m <mat> • auxiliary; additive; auxiliary material; ancillary material
Hilfsstoff m <pap> *(im Faserstoff)* • additive; auxiliary
Hilfsstoffe mpl <prod> • auxiliary material; auxiliaries; supplies; factory supplies; manufacturing supplies
Hilfsstopfbuchse f <förd> • auxiliary stuffing box
Hilfsstrahl m <opt> • side beam
Hilfsstromkreis m <el> • auxiliary circuit; ancillary circuit; subsidiary circuit
Hilfsstromquelle f <el> • auxiliary power supply
Hilfsstromschalter m <el> • control switch *Siemens WB*
Hilfssupport m <wz.masch> • auxiliary slide
Hilfssupport m <wz.masch> *(Revolverdrehmaschine)* • subbase
Hilfssymbol n <edv> • auxiliary symbol
Hilfsteil n rar <textil> • secondary knitting element
Hilfsteilung f <msr> • auxiliary scale of graduation; auxiliary scale
Hilfsträger m <tele/av> • subcarrier
Hilfsträgermodulation f <tele> • subcarrier modulation
Hilfstrafo m prakt <el> *(allg.)* • auxiliary transformer
Hilfstragseil n <förd> • auxiliary carrier cable
Hilfstransformator m <el> *(allg.)* • auxiliary transformer
Hilfstransformator m <el> *(zur Verstärkung)* • booster transformer
Hilfstransportrolle f <förd> *(z. B. Gurtförderer)* • auxiliary feed roll
Hilfsturbine f <turb> • auxiliary drive turbine
Hilfsübertrag m <edv> • auxiliary carry
Hilfsübertragsflag n <edv> • auxiliary carry flag; auxiliary flag
Hilfs- und Betriebsstoffe mpl <tech.allg> • supplies; manufacturing supplies; material and supplies
Hilfsuntergestell n <bahn> • subframe
Hilfsverstärker m <el> • servo amplifier
Hilfsverstärker m <tele> • subrepeater
Hilfsweg m <verk> • emergency route
Hilfswelle f <masch> *(z. B. Werkzeugmaschine)* • auxiliary shaft
Hilfswicklung f <el> • auxiliary winding
Hilfswiderstand m <el> *(phys. Größe)* • secondary resistance
Hilfszeichen n <edv> *(in Strichcode)* • auxiliary character; encoded non-data character
Hilfszug m <bahn> • breakdown train; wrecking train
Hill Descent Control f *Rover* <kfz> • Hill Descent Control *Rover*

Hillholder *m jarg* <kfz.antr> • hillholder; automatic climb lock

Hillholderfunktion *f* <kfz.brems> *(z. B. der E-Bremse)* • hillholder function

Hill-Reaktion *f* <chem.agri> • Hill reaction

Hilsch'sches Wirbelrohr *n* <phys> • Hilsch tube

Hilsch-Rohr *n* <phys> • Hilsch tube

Himmel *m* <allg> • sky

Himmel *m* <kfz> • inside roof lining

himmelblau *RAL 5015* <obfl> *(Farbton RAL 5015)* • sky-blue

Himmelsäquator *m* <astron> • celestial equator

Himmelsebene *f* <astron> • plane of the sky

Himmelsfotografie *f* <astron.phot> • astrophotography; astronomical photography

Himmelsgewölbe *n* <astron> • celestial sphere

Himmelsglobus *m* <astron> • Armillary sphere

Himmelskörper *m* <astron> • celestial body; heavenly body

Himmelskoordinatensystem *n* <astron> • celestial co-ordinate system

Himmelskugel *f* <astron> • celestial sphere

Himmelskunde *f ugs.rar* <astron> • astronomy

Himmelslage *f* <geo> *(eines Hangs)* • aspect

Himmelsmechanik *f* <phys> • celestial mechanics

Himmelspol *m* <astron> • celestial pole

Himmelsschreiber *m* <werb> • skywriter

Himmelsstrahlung *f* <energ.sol> • diffuse solar radiation; scattered solar radiation; sky diffuse radiation; diffuse sky radiation; diffuse sky light

hinaufladen *vt rar* <edv> • upload *vt*

hinaufziehen *vt* <förd> *(Last; von unten betrachtet)* • pull up *vt*

hinausdrücken *vt* <mech> *(betont: mit relativ viel Kraft-aufwand; von innen betrachtet)* • force out *vt*; press out *vt*

hinausdrücken *vt* <mech> *(allg.)* • push out *vt*

hinausschleudern *vt* <tech.allg> *(Gegenstände, Personen; von innen betrachtet)* • eject *vt*; throw out *vt coll*

hindern *vt* <tech.allg> *(unerwünscht; z. B. Vorgang, Fortschritt)* • inhibit *vt*

Hindernis *n* <chem.verf> • obstruction

Hindernisbefeuerung *f* <aerospace> • obstruction lights

Hinderniserkennung *f* <bahn> • obstacle detection

hindurchfädeln *vt* <textil> *(Faden)* • thread through *vt*

hindurchführen *vt rar* <tech.allg> *(z. B. Kabel durch eine Öffnung, Rohr durch eine Wand)* • lead through *vt*; pass through *vt*

hindurchgehen *vi* <prod> • pass through *vi*; reach through *vi*

hindurchgehen durch *vi* <prod> • pass through *vi*; reach through *vi*

hindurchpressen *vt* <prod> • press through *vt*; force through *vt*

hineindrehen *vt ugs* <tech.allg> *(Objekt mit Gewinde; z. B. Schraube, Lampe)* • screw in *vt*; thread into *vt*

hineinstecken *vt* <tech.allg> *(Stift etc. in Öffnung)* • insert *vt*

Hingang *m* <masch> *(einer Hubbewegung)* • forward stroke

hinken *vi* <kfz> *(metaphorisch; mit defektem Fahrzeug zur Werkstatt)* • limp *vi*

Hinlänglichkeit *f* <math> • sufficiency

hinlaufend *tele* • outgoing

Hinleitung *f* <el> • outgoing lead

Hinleitung *f* <tele> • outgoing line

Hinreaktion *f* <chem> • forward reaction; direct reaction

Hinrichtungsstuhl *m* <jur.tech> • death chair

hinten <theat> *(auf der Bühne)* • upstage (U)

hinten angeschlagene Tür *f* <kfz> *(seit 1962 verboten)* • rear-hinged door; forward-opening door; suicide door *jarg*

hinter <rls> *(in Strömungsrichtung eines Mediums)* • downstream

Hinterachsantrieb *m rar* <kfz> • rear-wheel drive (RWD); rear drive *pract*

Hinterachsantrieb *m* <kfz.antr> *(Differential, Halbwellen, Vorgelege etc.)* • rear axle final drive

Hinterachsaufhängung *f* <kfz> • rear-axle suspension

Hinterachsbrücke *f* <kfz> *(mit Differential)* • differential carrier

Hinterachsbrücke *f* <kfz> *(mit oder ohne Differential)* • rear-axle casing

Hinterachsdämpfung *f* <kfz> • rear-axle damping

Hinterachsdifferential *n* <kfz> • rear differential; rear axle differential

Hinterachsdrehzahlfühler *m* <kfz.brems> • rear axle speed sensor

Hinterachse *f* (HA) <kfz> • rear axle; back axle *GB*

Hinterachse *f* <kfz> *(nicht angetrieben)* • trailing axle

Hinterachsfederung *f* <kfz> • rear-axle springing

Hinterachsgehäuse *n* <kfz> • rear-axle housing

Hinterachsgetriebe *n* <kfz> • rear differential; rear axle differential

Hinterachskörper *m* <kfz> • rear-axle assembly

Hinterachslast *f* <kfz> • rear-axle load

Hinterachsquerträger *m* <kfz> • rear axle cross member

Hinterachsrohr *n* <kfz> • rear-axle tube

Hinterachsschubstange *f* <kfz> • rear-axle radius rod

Hinterachsstrebe *f* <kfz> • rear-axle strut

Hinterachstrichter *m* <kfz> • rear-axle flared tube

Hinterachsübersetzung *f* <kfz> • final gear reduction in the rear axle

Hinterachsvorgelege *n* <kfz> • final drive

Hinterachswelle *f* <kfz> • rear-axle shaft

Hinterachswellenrad *n* <kfz> • differential side gear

Hinterachszugstange *f* <kfz> • rear-axle tie rod

hinterätzen *vt* <ic> *(Leiterplattenfertigung)* • back-etch *vt*; etch back *vt*

Hinterarbeiten *n* <prod> *(z. B. Hinterdrehen, Hinterschleifen)* • backing-off; relief; machine relieving; relieving

Hinterbau *m* <fz> • rear fork; rear triangle

Hinterbau *m* <kfz> • rear body section; rear end

Hinterbaum *m* <textil> *(Webstuhl)* • back beam

Hinterbühne *f* <theat> • rear stage

Hinterbühnenwagen *m* <theat> • rear stage waggon; rear stage truck

Hinterdreheinrichtung *f* <wz.masch> • backing-off attachment; relief-turning attachment; relieving attachment

Hinterdrehen *n* <prod> • backing-off by turning; machine-relieving by turning; relieving by turning; relief turning

Hinterdrehmaschine *f* <wz.masch> • backing-off lathe; relieving lathe

hinterdreht <wz> *(Werkzeug)* • relieved

hinterdrehter Formfräser *m* <wz> • form-relieved cutter

hintere Antennenwand *f* <el> • rear curtain

hintere Endlage *f* <tech.allg> • extreme backward position

hintere Endstellung *f norm* <kst> • fully back position

hintere Fußraste *f* <fz> *(Motorrad)* • passenger footrest; buddy peg *coll*

hintere Hellzone *f* <edv> *(rechts vom Startzeichen eines Codes)* • trailing quiet zone; terminating empty field

hintereinander angeordnet <tech.allg> *(Zweiergruppe)* • arranged in tandem

hintereinander geschaltet <tech.allg> *(z. B. Widerstände, Pumpen, Apparate)* • series-connected; series connected; serially connected; in series

hintereinander schalten vt <tech.allg> (z. B. Batterien, Pumpen, Förderbänder, el. Verbraucher) • connect in series vt

Hintereinanderschaltung f <el> (Kaskadenschaltung) • tandem connection; cascade connection

Hintereinanderschaltung f rar <el> • series connection; connection in series

Hintereingang m <bau> • rear entry

hintere Kante f <tech.allg> (von bewegten Objekten, Impulsen) • trailing edge

hintere Klippebene f <edv> • back plane

hintere Motoraufhängung f <kfz.mot> • rear engine mount; rear motor mount

hintere Motorlagerung f <kfz.mot> • rear engine mount; rear motor mount

hintere Öffnung f <kfz.emiss> (an Abgaskatalysator, Schalldämpfer) • rear opening; outlet

hintere Querwand f <kfz> • rear bulkhead

hinterer Achsantrieb m <kfz.antr> (Differential, Halbwellen, Vorgelege etc.) • rear axle final drive

hinterer Anschlag m <logist> (Durchlaufregal) • back stop

hinterer Auspufftopf m prakt.ugs <kfz> (allg.) • rear muffler US; rear silencer GB

hinterer Deckel m <kfz> (bei Heckmotorfahrzeugen) • engine cover; engine cover lid

hinterer Kurbelwellendichtring m <kfz.mot> • rear crankshaft oil seal; crankshaft rear oil seal

hinterer Laderaum m <nav> • afterhold

hinterer Lagerbock m <prod> (Plattenwärmetauscher) • moveable end cover; moveable end; end terminal; floating end

hinterer Luftauslassschlitz m <bekl> (z. B. Helmbelüftung) • rear air outlet

hinterer Nockenwellendichtring m <kfz.mot> • rear camshaft oil seal; camshaft rear oil seal

hinterer Radius m <el.ic.prod> • back radius (BR)

hinterer Überhang m <kfz> • rear overhang; aft overhang

hinteres Ausstellfenster n <kfz> (hintere Seitenscheibe) • hinged quarter window; opening rear side window

hinteres Bodenblech n <kfz.prod> • rear floor

hintere Schiene f rar <kfz> • rear window header

hintere Seitenscheibe f <kfz> • rear side window; quarter window

hinteres Ende n <allg> • rear end; back

hinteres Lager n <masch> (von Wellen, Komponenten) • rear end bearing

hinteres Lagerschild n <kfz.el> (Gleichstromgenerator) • rear end fitting US; rear end bracket GB

hinteres Lagerschild n <kfz.el> (Drehstromgenerator) • slip-ring end fitting; slip-ring end bracket GB; slip-ring end frame US; slip ring housing [end cover]; rectifier end shield Chrysler

hinteres Nadelbett n <textil> • back needle bed

hinteres Querblech n <kfz> (Karosserie; zwischen Innen- und Kofferraum) • bulkhead; rear partition panel; rear bulkhead

hinteres Schlachtdeck n <nav> (Fischereischiff) • afterplan

hinteres Seitenfenster n <kfz> • rear side window; quarter window

hintere Trennwand f <kfz> (Karosserie; zwischen Innen- und Kofferraum) • bulkhead; rear partition panel; rear bulkhead

hintere Überhanglänge f <kfz> • rear overhang; aft overhang

Hinterfederbock m <kfz> • rear spring hanger

Hinterfederstütze f <kfz> • rear spring support

Hinterfläme f <led> • hind flank

Hinterflanke f <el> (in den negativen Bereich gehender Teil; z. B. Sinuskurve) • negative-going portion

Hinterflanke f <el> • trailing edge

Hinterflanke f <masch> (z. B. Nocke) • falling portion

Hinterfräsen n <prod> • backing-off by milling; relieving by milling; relief milling

Hinterfräsung f <wz> (am Spiralbohrer) • body clearance

hinterfüllen vt <bau> (z. B. eine Mauer) • fill in vt

hinterfüllen vt <bau> • pack vt

hinterfüllen vt <min> • backfill vt; back up vt

Hinterfüllmaterial n <bau> • back-up material

Hinterfüllungssand m <metall> • back sand

Hintergrund m <tech.allg> (konkret od. abstrakt; z. B. Landschaft, Bild, Strahlung; Messbasis) • background

Hintergrund m <nukl> • background

Hintergrundausblendung f <msr> (z. B. bei Lasersensoren) • background clipping

Hintergrundbelastung f <ents> • background contamination

hintergrundbeleuchtet <edv> (Display) • backlit

Hintergrundbeleuchtung f <edv> (Display) • backlighting; screen backlighting; display light pract; backlight

Hintergrundbeleuchtung f <licht> (einer Szene, Bühne) • background light

Hintergrund-Datei f <navig> • background file

Hintergrunddrucken n <edv> • background printing

Hintergrundfarbe f <tech.allg> • background color

Hintergrundhelligkeit f <phot> • background brightness

Hintergrundkarton m <phot> (Studiohintergrund auf Rolle; div. Farben und Muster) • backdrop

Hintergrundlicht n <edv> (CAD, Computergrafik) • ambient light; background light

Hintergrundprogramm n <edv> • background program; background routine

Hintergrundprogrammierung f <edv> • background programming

Hintergrundprojektion f <tech.allg> • background projection

Hintergrundprozess m <edv> • background process

Hintergrundrauschen n <tech.allg> • background noise

Hintergrundrauschen n rar <av> • tape noise; tape background noise rare; bias noise

Hintergrundrauschen n <edv.av> • background noise; background hiss

Hintergrundrechner m <edv> • background computer

Hintergrundreflexion f <edv> • background reflectance

Hintergrundschatten m <edv> • object shadow

Hintergrundscheibe f DSB <mil> • backing target

Hintergrundspeicher m <edv> • backing store

Hintergrundstrahlung f <astron> (im Weltall) • background radiation

Hintergrundstrahlung f <druck> (Koronaentladung) • background radiation

Hintergrundverarbeitung f <edv> • background processing

Hinterhauptloch n <bio> (bei Wirbeltieren) • atlas opening

Hinterhauptsloch n <bio> (bei Wirbeltieren) • atlas opening

Hinterkante f <phys> (eines umströmten Körpers: z. B. Auto, Tragflügel, Schaufel) • trailing edge

Hinterkante der Tür f <kfz> • trailing edge of the door

Hinterkeule f <navig> (Radar) • back lobe

Hinterkippanhänger m <nfz> (Anhänger) • end dump trailer; rear dump trailer; end tipper trailer GB; rear tipping trailer GB

Hinterkipper m <nfz> (Lastkraftwagen) • end dumper; rear dumper; end dump truck; end tipper GB; rear tipper GB

Hinterkipper *m* <nfz> *(Anhänger)* • end dump trailer; rear dump trailer; end tipper trailer *GB*; rear tipping trailer *GB*

Hinterklaue *f* <led> • hind shank

hinterkleben *vt* <druck> • back up *vt*

Hinterlappen *m* <navig> *(Radar)* • back lobe

hinterlegen *vt* <tech.allg> *(sichern, stützen)* • back up *vt*

Hinterlegflansch *m* <masch> • lapped stub-end flange

Hinterlegplattiermuster *n* <textil> • float stitch pattern

hinterlegter Atlas *m* <textil> • two-needle lap atlas

hinterlegter Spannring *m* <masch> • bottom ring

Hinterlicht *n* <phot> • backlight; backlight effect; back-lighting; backlighting

Hinterlüftung *f* <bau> *(von Wänden)* • back ventilation

Hintermauerung *f* <bau> • back-up; backing

Hintermauerungsziegel *m* <bau> • backing brick

Hinterrad *n* <fz> • rear wheel

Hinterradabdeckung *f* <kfz> *(nur Hinterräder; kein Verbreiterungseffekt)* • fender skirt; rear wheel spat *GB*

Hinterradantrieb *m* <kfz> • rear-wheel drive (RWD); rear drive *pract*

Hinterradaufhängung *f* <fz> • rear suspension; rear wheel suspension

Hinterradbremse *f* <brems> • rear-wheel brake

Hinterrad-Bremspedal *n* <fz> • rear brake pedal

Hinterradfederung *f* <fz> • rear suspension; rear wheel suspension

Hinterradfederung *f* <kfz> • rear-wheel springing

Hinterradfederung mit umgelenkter Abstützung *f* <kfz> *(Motorrad)* • rocker-type rear suspension

Hinterradgabel *f* <kfz> • back fork

Hinterradnabe *f* DIN ISO 8090 <fz> • rear hub *ISO 8090*

Hinterradnachlauf *m* <fz> • rear wheel trail

Hinterradwelle *f* <kfz> • half shaft

Hinterschäumung *f* <kst> • foam baking; foaming-in behind; foaming-in

Hinterschaft *m* <mil> *(Gewehrbauteil mit Kolbenhals, Griff und Kolben)* • rear shaft

Hinterschiff *n* <nav> • afterbody; afterquarter; aft ship *pract*; afterend arrangement *rare*

Hinterschiffspant *n* <nav> • stern frame; afterrib; transom frame

Hinterschiffsspant *m* <nav> • afterbody frame

Hinterschiffsspantenriss *m* <nav> *(Zeichnung)* • afterbody plan

Hinterschleifeinrichtung *f* <wz.masch> • relief-grinding attachment

Hinterschleifen *n* <prod> • backing-off; relieving; relief grinding

Hinterschleifwinkel *m* <wz> • secondary clearance angle

Hinterschliff *m* <wz> *(z. B. Fräser)* • back-off clearance

Hinterschliff *m* <wz> *(des gesamten Gewindeprofils)* • eccentric thread relief; eccentric relief

Hinterschliff *m* <wz> *(des gesamten Gewindeprofils; mit Rundfase)* • con-eccentric thread relief; con-eccentric relief

Hinterschliff *m* <wz> *(allg.)* • relief

Hinterschliff der Fase *m* <wz> • land relief

Hinterschlifffläche *f* <wz> *(z. B. an Fräser)* • flank

Hinterschneidung *f* <kst> *(in Formteil; unerwünscht)* • undercut

Hinterschneidung *f* <prod> *(betont: schräg, kegelig)* • counterdraft

Hinterschnitt *m* <kst> *(in Formteil; unerwünscht)* • undercut

hinterschrämen *vt* <min> • shear *vt*

Hinterschram *m* <min> • shear cut

Hinterschwinge *f* <fz> *(Motorrad)* • rear swing arm

Hintersitz *m* rar <kfz.innen> • rear seat; r/seat *advert*

Hintersitzanlage *f* wiss <kfz.innen> • rear seat; r/seat *advert*

Hintersitzbank *f* Opel.rar <kfz.innen> • rear seat bench; back bench *coll*; rear seat

hinterspritzt <kst> *(IMD-Formteile)* • in-mold decorated; rear-injected *rare*

Hinterspritztechnik *f* (HST) <kst> *(z. B. Dekorfolie mit Kunststoffformteil hinterspritzt)* • in-mold decoration (IMD); IMD method; rear injection *rare*

Hinterstechen *n* <prod> • undercutting

Hintersteven *m* <nav> • sternpost; stern frame

Hinterteil *n* <av> *(eines Gerätes)* • rear

Hintertür *f* <bau> • back door

Hintertür *f* <edv> *(ermöglicht das Ausspionieren von Daten)* • trapdoor; back orifice; back door

Hinterwagen *m* <kfz> • rear end

Hinterwagen *m* <nfz> *(hinterer Teil eines Gelenkbusses)* • rear section; trailer section

Hinterwalze *f* <textil> • back roller

Hinterwandsperrschichtzelle *f* <el> • back-wall barrier blocking layer cell; back-wall barrier layer cell

Hinterwand-Zelle *f* rar <energ.sol> • backwall cell

Hinterwetzwinkel *m* <prod> • radial clearance; radial relief

Hinterzwiesel *m* <sport> *(an Sattel)* • cantle

hinüberbringen *vt* <math> • transpose *vt*

hin- und herbewegen *vr* <tech.allg> *(eher kurzhubig und frequent)* • oscillate *vi*

hin- und herbewegen *vr* <tech.allg> *(z. B. Hubkolben)* • reciprocate *vi*

hin- und herbewegen *vr* <tech.allg> *(zwischen zwei Endpositionen, eher längere Strecke)* • shuttle *vi*; move to and fro *vi*

hin und her bewegen *vr* <tech.allg> *(z. B. Hubkolben)* • reciprocate *vi*

hin- und herbewegen *vt* <masch> *(heftig, kraftvoll; z. B. zum Lockern von Asche, Filterkuchen)* • rock *vt*

Hin- und Herbewegung *f* <tech.allg> *(eher kurzhubig schwingend)* • oscillating motion

Hin- und Herbewegung *f* <tech.allg> *(z. B. Hubkolben)* • reciprocating motion; reciprocation

Hin- und Herbewegung *f* <mech> *(zwischen zwei Endpositionen, eher längere Strecke)* • shuttle movement; to-and-fro movement; to-and-fro motion

Hin- und Herbiegeversuch *m* <qualit.mat> • reverse bend test; reverse bending test; to-and-fro bend test

hin- und herchangieren *vt* <textil> *(Fadenführer)* • traverse *vt*

hin- und herfahren *vi* <masch> *(z. B. Schlitten)* • move back and forth *vi*

hin- und herfahren *vi* <verk> • shuttle *vi*

hin- und hergehend <tech.allg> • reciprocating

hin- und hergehende Bewegung *f* <tech.allg> • reciprocating motion

hin- und herschwingen *vi* <tech.allg> • surge back and forth *vi*

hin- und herschwingen *vi* <tech.allg> *(eher kurzhubig und frequent)* • oscillate *vi*

hin- und hertanzen *vi* <masch> *(z. B. Rad, Scheibe, Werkzeug)* • wobble *vi*; wobble from side to side *vi*

Hin- und Rückleitung *f* <el> • go-and-return line

Hinweis <doku> *(Signalwort in Anleitungen etc.)* • Note

Hinweis *m* <edv> • prompt

Hinweis *m* <kfz.doku> *(in Handbüchern, Anleitungen)* • notice; note

Hinweisadresse *f* <edv> • pointer

Hinweis für die Benützer *m* <kfz> *(Helm)* • information for wearers

Hinweis für die Benutzer *m* <kfz> *(Helm)* • information for wearers

Hinweislinie f <doku> • leader line

Hinweiszeichen n <edv> (Kennzeichnung bestimmter Objekte; z. B. an Dateien, in Dokumenten) • flag; tag; sentinel

Hinzufügen n <tech.allg> (Addieren von konkreten Gegenständen, Stoffen) • addition

hinzufügen vt <allg> • add vt

hinzufügen vt <nahr> (Zutaten) • add vt

H I-Region f <astron> (neutraler Wasserstoff m) • H I region

Hi-Res-Karte f <edv> • high resolution graphics card; hi-res graphics card

Hirnholzverbindung f <füg> • end-to-end-grain joint

Hirnlöffel m prakt <bio.wz> (Tierpräparation) • brain spoon

Hirnstimulator m <med> • brain stimulator

Hirtentäschel n <bio> • shepherd's purse; thlaspi capsella bursa-pastoris

Hiss <msr> (sieht, hört, riecht) • Human Interface Supervision System (Hiss)

historische Geologie f <geo> • historical geology; stratigraphic geology

historisches Auto n <kfz> • historic car

Hittorf'scher Dunkelraum m <phys> (tritt in elektrischen Entladungen durch verdünnte Gase auf) • Crookes dark space; Hittorf dark space; cathode dark space

Hittorf'sche Überführungszahl f <chem.phys> (Bruchteil des Gesamtstroms, den eine Ionenart transportiert) • Hittorf number; transference number; transport number

hittorfscher Dunkelraum m <phys> (tritt in elektrischen Entladungen durch verdünnte Gase auf) • Crookes dark space; Hittorf dark space; cathode dark space

hittorfsche Überführungszahl f <chem.phys> (Bruchteil des Gesamtstroms, den eine Ionenart transportiert) • Hittorf number; transference number; transport number

Hitzdrahtamperemeter n <el> • hot-wire ammeter

Hitzdraht-Anemometer n <med.tech> • hot wire anemometer; heated wire anemometer; heated wire flow sensor

Hitzdrahtelement n <kfz.mot> (im Hitzdraht-Luftmassenmesser) • hot-wire element

Hitzdrahthöhenmesser m <msr> • hot-wire altitude meter

Hitzdrahtinstrument n <el> • hot-wire instrument

Hitzdraht-Luftmassenmesser m <kfz.mot> (elektronische Kraftstoffeinspritzung) • hot-wire air flow meter

Hitzdrahtmanometer n <msr> • hot-wire pressure gauge

Hitzdrahtmikrofon n <av> • hot-wire microphone

Hitzdrahtrelais n <el> • hot-wire relay

Hitzdrahtspule f <el> • heat coil

Hitzdrahtvoltmeter n <el> • hot-wire voltmeter

Hitzebarriere f <aerospace> • heat barrier; temperature barrier; thermal barrier; thermodynamic barrier

hitzebeständig <mat> (allg.) • heat-resistant; heat-resisting; heat-proof; thermally stable

Hitzebeständigkeit f <mat> (allg.) • high temperature resistance; high-temperature resistance; high-temperature stability

Hitzebeständigkeit f <pack> • heat resistance

Hitzebeständigkeit f ugs <qualit.mat> • thermal stability; heat resistance pract; resistance to heat; thermal endurance rare

Hitzedenaturierung f <med> (Polymerase-Kettenreaktion) • denaturation; thermal denaturation

Hitzeempfindlichkeit f <tech.allg> • heat sensitivity

Hitzeentwicklung f ugs <tech.allg> (allg.) • heat generation; heat development rare; heat evolution rare

hitzefest <textil> (Faden) • heat-resistant

hitzehärtbar <mat> • thermosetting; heat-setting

hitzehärtbarer Kunststoff m <kst> (allg.) • thermosetting plastic

hitzehärtbarer Kunststoff m <kst> (Kunstharz) • thermosetting resin

hitzehärtbares Harz n <kst> • heat-reactive resin

Hitzeinaktivierung f <med> • thermal inactivation

Hitze-Kälte-Test m <qualit> • thermal-cycling test

Hitzeschädigung f <tech.allg> • heat damage

Hitzeschild m prakt.ugs <tech.allg> (z. B. an Raumfähre, Kfz-Abgasanlage) • heat shield

Hitzeschild m ugs <kfz> (unteres Katalysatorschutzschild) • bottom cover

Hitzeschwellwert m <druck> (Thermaltechnologie) • threshold point; threshold temperature; threshold pract

Hitzespaltung f <chem> • thermal decomposition

Hitzestau m ugs <therm> (z. B. in Kleidung, Computergehäuse) • accumulation of heat; heat accumulation

Hitzewüste f <geo> • flat desert

HK <bio> • packed cell volume (PCV); hematocrit US; haematocrit GB

HK <licht> • Hefner candle (HK)

HK <qualit.mat> • Knoop hardness (HK); Knoop hardness number; KHN

H-Kanal m <tele> (Breitband-ISDN) • H channel; high-bit-rate channel

HKZ <kfz.el> • capacitor discharge ignition system (CDI); capacitor discharge ignition; CD ignition [system]; CD system; thyristor ignition rare

HL <bio> • hepatic lipase (HL)

HLA-Antigen n <bio> • human leukocyte antigen (HLA)

HLK <hlk> • heating, ventilation and air conditioning system (HVAC)

HLR <tele> • Home Location Register (HLR)

HLS <edv> • Hue-Lightness-Saturation (HLS)

HLS-Farbmodell n (HLS) <edv> • Hue-Lightness-Saturation (HLS); HLS color model

HM <mat> (allg.) • hard metal (HM)

HMA <kfz> (Felge) • half dual spacing (HDS)

H-Mast m <el> • H-pole

HMD <edv> • Head-Mounted Display (HMD); eye phone; head set

HMDE <el.chem> • hanging mercury drop electrode (HMDE)

HME <med.tech> (passiver Atemgasanfeuchter) • heat and moisture exchanger (HME) ASTM F 1100

HMEF-Filter m/n <med.tech> • heat and moisture exchanging filter (HMEF); hydrophobic filter

HMG-CoA <bio> • hydroxy-methyl-glutaryl coenzyme A (HMG CoA); HMG-CoA reductase

HMG-CoA-Reduktase f <bio> • hydroxy-methyl-glutaryl coenzyme A (HMG CoA); HMG-CoA reductase

HMG-CoA-Reduktase-Hemmer m <pharm> (Gruppe von Lipidsenkern) • cholesterol synthesis inhibitor; HMG-CoA reductase inhibitor; reductase inhibitor; statin rare

HMI <licht> • Metallogen-lamp (HMI) TMOSRAM; hygerium metallic iodide-lamp

HMI/GS-Lampe f TM Osram <licht> • HMI/GS-lamp TM Osram

HMI/SE-Lampe f TM OsramTM <licht> • HMI/SE-lamp TM Osram

HMM-Erkennungsalgorhythmus m <edv> (Spracherkennung) • HMM recognition algorithm

HMVA <ents> • municipal solid waste incineration plant; municipal waste incinerator

HNG <qualit.mat> • hardness standardizing machine

Ho <chem> • holmium (Ho)

Ho <verbr> • gross calorific value; higher heating value; gross combustion heat rare

Hobbyartikel m <kunst> • craft work

Hobbylabor n <phot> • amateur darkroom

Hobbymechaniker m <kfz> (bei Autos) • DIY mechanic; non-professional mechanic

Hobbyschrauber *m* ugs <kfz> *(bei Autos)* • DIY mechanic; non-professional mechanic
Hobbywerker *m* <kfz> *(bei Autos)* • DIY mechanic; non-professional mechanic
Hobel *m* DIN 7223 <wz.holz> • plane
Hobel *m* <wz.min> • plow *US*; plough *GB*
Hobelarm *m* <wz.mil> • plow jib *US*; plough jib *GB*
Hobelbank *f* DIN 7328 <prod.holz> • joiner's bench
Hobeldüse *f* <wz> • gouging tip
Hobeleisen *n* DIN 5153 <wz.holz> • plane knife; planing machine knife; plane iron; bit
Hobelkamm *m* <wz> *(Zahnrad-Wälzstoßen)* • rack-shaped cutter
Hobelkamm-Zahnradhobelmaschine *f* <wz.masch> • generating gear shaper with rack-shaped cutter
Hobelkörper *m* <wz.min> • plow body *US*; plough body *GB*
Hobelkopfschlitten *m* <wz.masch> • tool headslide; ram headslide
Hobellänge *f* <prod> • planing length
Hobelmaschine *f* <wz.masch> • planing machine; planer
Hobelmaschine mit Frässupport *f* <wz.masch> • planer milling machine; planer miller
Hobelmaschinensupport *m* <wz.masch> • planer tool head; planer head
Hobelmaschinentisch *m* <wz.masch> • planer table; planer platen
Hobelmeißel *m* <wz.masch> • planing tool; planing-machine tool; planer cutting tool; planer tool
Hobelmeißel *m* <wz.masch> *(Waagerechtstoßen)* • shaping tool; shaper tool
Hobelmeißel *m* <wz.masch> *(Senkrechtstoßen)* • slotting tool; slotter tool
Hobelmeißel *m* <wz.min> • plow blade *US*; plough blade *GB*
Hobelmeißeleinstellehre *f* <msr> • planer gauge
Hobelmesser *n* <wz.holz> • plane knife; planing machine knife; plane iron; bit
Hobeln *n* <prod> • planing
hobeln *vt* <min> • plow *vt*; plough *vt*
hobeln *vt* <prod> *(Brennschneiden; Sauerstoffhobeln)* • gouge *vt*
hobeln *vt* <prod> *(Oberflächenbearbeitung von Metall, Holz)* • plane *vt*
Hobelsauerstoff *m* <füg> • gouging oxygen
Hobelschwert *n* <min> • bottom plate; plough base plate
Hobelspan *m* <holz.ents> • wood shaving
Hobelspan *m* <prod> *(allg.)* • planing chip
Hobelspanplatte *f* <bau.mat> • shaving board
Hobel- und Kehlmaschine *f* <wz.holz> • planing and molding machine
hoch-... <tech.allg> • highly-...
Hochachse *f* <tech.allg> • vertical axis; yaw axis; normal axis
Hochachse *f* <aerospace> • lift axis
hochaktiv <tech.allg> • highly active; high-activity
hochaktiv <aerospace> • fully reinforcing
hochaktiv <nukl> • highly radioactive; high-level radioactive
hochalterungsbeständig <bau> *(Dichtprofil)* • highly aging resistant :*V*; highly ageing resistant :*V*
hochangeregt <phys> • highly excited
hochangereichert <chem> *(mit etwas; z. B. Lösung mit Schwermetallen)* • highly enriched
hochangereichert <chem> *(z. B. Uran)* • high-grade
hochangereichertes Uran *n* (HEU) <nukl> • highly enriched uranium (HEU); highly-enriched uranium; high-grade uranium
Hochantenne *f* <av> • outdoor elevated antenna *US*; outdoor elevated aerial *GB*

Hochantenneneffekt *m* <tele> • capacitance effect; vertical effect
hochaschehaltig <mat> • high-ash
hochauflösend <av> *(Bild, Bildschirm)* • high-definition
hochauflösend <edv> *(Symbol, Druckbild, Grafik)* • high-resolution; hi-res; hires
hochauflösende Grafikkarte *f* <edv> • high resolution graphics card; hi-res graphics card
hochauflösender Grafikschirm *m* <edv> • high-resolution graphic screen
hochauflösendes Fernsehen *n* (HDTV) <av> • high-definition television (HDTV); high definition television; high-definition TV
Hochauflösungsabbildung *f* <tech.allg> • high-resolution imaging
Hochauflösungsmodus *m* <druck> *(Recorder)* • high-resolution mode; high-res mode *pract*; hi-res mode *pract*
hochautomatisiert <prod> • highly automated
Hochbahn *f* <bahn> • elevated railway; overhead railway
Hochbau *m* <bau> *(als Unterbegriff von Bautechnik, Bauwesen)* • construction engineering; building construction
Hochbauelemente *npl* <bau> • fabricated structural parts
Hochbauschgarn *n* <textil> • high-bulk yarn
Hochbaustahl *m* <bau.mat> • structural steel; structural framework steel
hochbeanspruchbar <tech.allg> • heavy-duty
hochbeansprucht <mech> • highly stressed
Hochbehälter *m* <bau> *(z. B. für Feuerlöschwasser)* • roof cistern
Hochbehälter *m* <verf> • elevated tank; overhead tank; high-level tank; overhead cistern
Hochbelastbarkeit *f* <tech.allg> • heavy-load capacity; high-load capacity
hochbelastet <tech.allg> • heavily loaded; highly loaded
hochbelasteter Tropfkörper *m* <ents> • high-rate trickling filter
Hochbettfelge *f* <kfz> • high center rim; raised center rim
hochbituminöse Steinkohle *f* <verbr> • perbituminous coal
Hochblatt *n* <bio> • bract; bractea *obs*
Hochboden-Reisebus *m* <nfz> • luxury coach *US*; single-deck coach *GB*
hochbogige Kräuselung *f* <textil> • high-curved crimp
Hochbonden *n* <ic> • upbonding
Hochbord-Güterwagen *m* <bahn> • high sided goods-wagon
hochbordig <bahn> • high-sided
hochbordig <nav> • high-freeboarded
Hochbordwagen *m* <bahn> • high-sided gondola; gondola car; gondola; high-sided open wagon *GB*; high-sided wagon *GB*
Hochbordwagen mit Verstrebungen *m* <bahn> • outside braced gondola; outside braced car
hochbrechend <opt> • high-refractive; high-index
hochbrisant <spreng> • high-explosive; highly explosive
Hochbunker *m* <logist> • overhead hopper
hochchloren *vt* <chem> • superchlorinate *vt*
hochchlorieren *vt* <chem> • superchlorinate *vt*
Hochchlorung *f* <chem> • excess chlorination
Hochdach *n* <nfz> • high roof
Hochdachlimousine *f* rar <kfz> *(Mehrzweckauto auf Pkw-Basis)* • multi-purpose vehicle (MPV) *US*; mini-van; multi-purpose van, MPV; space wagon *advert*; people carrier
Hochdach-Schlafkabine *f* <nfz> • raised-roof sleeper cab
Hochdamm *m* <bau> • high dam
hochdeckend <obfl> • fully opaque; fully opacified
hochdeckendes Email *n* <obfl> • fully opaque frit; fully opaque enamel; fully opacified frit; fully opacified enamel

Hochdecker *m* <aerospace> • high-wing aircraft; shoulder-wing aircraft; high-wing monoplane

Hochdecker *m* <nfz> • luxury coach *US*; high-deck coach *GB*; high-floor coach *GB*

Hochdecker[omni]bus *m* <nfz> • luxury coach *US*; high-deck coach *GB*; high-floor coach *GB*

Hochdecker-Reisebus *m* <nfz> • luxury coach *US*; high-deck coach *GB*; high-floor coach *GB*

hochdispers <chem> • highly disperse

hochdrehen *vt* <kfz.mot> *(Motor, bes. im Leerlauf)* • race *vt*

Hochdrehen des Motors *n* <kfz.mot> *(unbeabsichtigt)* • engine runaway

Hochdrehzahlgelenk *n* <kfz.antr> • high-speed joint

Hochdruck *m* <tech.allg> • high pressure

Hochdruck *m* DIN 16514 <druck> *(Druckverfahren)* • letterpress printing; relief printing

Hochdruckadditiv *n* <tribo> • extreme-pressure additive; EP/AW additive; load-carrying additive; antiwear additive; EP additive

Hochdruckanlage *f* <energ.hydr> • high pressure power plant; high-pressure power station; high-pressure storage power station; high head power plant

Hochdruckaufladung *f* <kfz.mot> • high-pressure charging

Hochdruckautoklav *m* <verf> • high-pressure autoclave

Hochdruckbehälter *m* <verf> • high-pressure vessel; high-pressure tank; high-pressure container

Hochdruckbereich *m* <tech.allg> • high pressure range

Hochdruckbogenrotationsmaschine *f* <druck> • sheet-fed letterpress rotary machine

Hochdruckbohrung *f* <petr> • high-pressure well

Hochdruckbrenner *m* <verbr> • high-pressure torch; pressure torch

Hochdruckdampf *m* <tech.allg> • high-pressure steam; HP steam

Hochdruckdampferhärtung *f* <bau> *(Beton)* • high-pressure steam curing

Hochdruckdampfheizung *f* <hlk> • high-pressure steam heating

Hochdruck-Direkteinspritzung *f* <kfz.mot> *(z. B. bis zu 1600 bar Einspritzdruck; z. B. Common Rail oder Verteilerp.)* • high-pressure direct injection (HDI)

Hochdruckdusche *f* <pap> • high-pressure shower

Hochdruckeigenschaften *fpl* <tribo> • EP properties *pl*; EP performance; extreme-pressure properties *pl*; extreme-pressure characteristics *pl*

Hochdruckentladung *f* <nukl> • high pressure discharge

Hochdruck-Entladungslampe *f* <licht> • high-pressure discharge lamp

Hochdruckentladungslampe *f* <licht> • high-pressure discharge lamp

Hochdruckfachschütz *n* <hydr> • high-head leaf gate

Hochdruckfärberei *f* <verf> • dyeing under pressure

Hochdruckfettpresse *f* <tribo> • high-pressure grease gun

Hochdruckfiltration *f* <chem> • pressure filtration

Hochdruckgussverfahren *n* <prod> • high-pressure die casting

Hochdruckhochofen *m* <metall> • pressurized blast furnace

Hochdruckhydrierung *f* <chem> • high-pressure hydrogenation

Hochdruckkessel *m* <verbr> • high-pressure boiler

Hochdruckkochkessel *m* <textil> • high-pressure boiling kier

Hochdruckkompressor *m* <masch> • high-pressure compressor

Hochdruckkraftwerk *n* DIN 4048-2 <energ.hydr> • high pressure power plant; high-pressure power station; high-pressure storage power station; high head power plant

Hochdrucklampe *f* <licht> • high-pressure discharge lamp

Hochdruckleitung *f* <rls> • high-pressure pipeline

Hochdruckmanometer *n* <msr> • high-pressure gauge; high-range gauge

Hochdruckmarschturbine *f* <aerospace> • high-pressure cruising turbine

Hochdrucknotrad *n* <kfz> *(betont: praktischer u. wirtschaftlicher Aspekt)* • tempa spare wheel; tempa spare *pract*; mini spare wheel; mini spare

Hochdruckpapier *n* DIN 6730 <pap> • letter press paper

Hochdruck-PE *n* <kst> *(Dichte <0,930 g/cm³)* • low-density polyethylene (LDPE)

Hochdruckplasma *n* <phys> • high-pressure plasma

Hochdruckpolyethylen *n* <kst> • high-pressure-process polyethylene; branched polyethylene

Hochdruck-Polyethylen *n* obs <kst> *(Dichte <0,930 g/cm³)* • low-density polyethylene (LDPE)

Hochdruckpressen *n* <agri> • high-density baling

Hochdruckpressen *n* <prod> • high-pressure molding

Hochdruckpressostat *m* <hlk> • high-pressure cut-out; high pressure cutoff switch

Hochdruckprüfung *f* <qualit> • extreme-pressure test

Hochdruckpumpe *f* <förd> *(hohe Förderhöhe)* • high-pressure pump; high head pump

Hochdruckpumpe *f* <kfz.mot> *(Einspritzanl.)* • high-pressure pump

Hochdruckrad *n* <kfz> *(betont: praktischer u. wirtschaftlicher Aspekt)* • tempa spare wheel; tempa spare *pract*; mini spare wheel; mini spare

Hochdruckrad *n* <turb> • high-pressure disk

Hochdruck-Radialgebläse *n* <masch> • high pressure centrifugal fan

Hochdruckraum *m* <kfz.mot> • high-pressure chamber

Hochdruckreifen *m* <fz> *(z. B. Flugzeug, Rennrad)* • high-pressure tire *US*; high-pressure tyre *GB*

Hochdruckrollenrotationsmaschine *f* <druck> • web-fed letterpress rotary machine

Hochdrucksammelpresse *f* <agri> • high-density pick-up baler

Hochdrucksauerstoffstrahl *m* <füg> • high-pressure oxygen jet

Hochdruckschäumen *n* <kst> • high-pressure foaming

Hochdruckschalter *m* <kfz.hlk> *(in Klimaanlage)* • high pressure relief valve

Hochdruckschichtpressstoff *m* <mat> • high-pressure laminate

Hochdruckschieber *m* <petr> • blowout preventer; preventer

Hochdruckschlauch *m* <rls> • high-pressure hose

Hochdruckschmierfett *n* <tribo> • extreme-pressure grease; pressure-gun grease

Hochdruckschmierpresse *f* <tribo> • high-pressure grease gun

Hochdruckschmierstoff *m* <tribo> • extreme-pressure lubricant

Hochdruckschmierung *f* <tribo> • extreme-pressure lubrication; high-pressure lubrication

Hochdruckseite *f* <kfz.hlk> *(in Klimaanlagen)* • high side

Hochdrucksicherheitsschalter *m* <hlk> • high-pressure cut-out; high pressure cutoff switch

Hochdruck-Sicherheitsüberströmventil *n* <nukl> • high-pressure safety spill valve

Hochdrucksonde *f* <petr> • high-pressure well

Hochdruckspeicherkraftwerk *n* <energ.hydr> • high pressure power plant; high-pressure power station; high-pressure storage power station; high head power plant

Hochdruckstoffauflauf *m* <pap> • high-pressure headbox; pressure headbox

Hochdruckstollen *m* <energ> *(Wasserkraftwerk)* • high-pressure tunnel

Hochdruckstrahlkühlung *f* <verf> • high-pressure jet cooling

Hochdruckstrahlschmierung *f* <tribo> *(Prozess)* • high-pressure jet lubrication; high-speed jet lubrication

Hochdruckstrahlschmierung *f* <tribo> *(Methode)* • high-pressure jet lubrication method

Hochdruckstufe *f* <turb> • high-pressure stage

Hochdruckteil *m* <tech.allg> *(z. B. von Pumpen)* • high-pressure section

Hochdruck-Teilturbine *f* (HD) *DIN 4304* <energ.therm> *(Dampfturbine)* • high pressure turbine section

Hochdruckturbine *f* <energ> • high-pressure turbine

Hochdruckturbine *f* <turb> • high-head turbine

Hochdruckventil *n* <rls> • high-pressure valve

Hochdruckverdichter *m* <masch> • high-pressure compressor

Hochdruckverfahren *n* <tech.allg> • high-pressure process

Hochdruckverfahren *n* <druck> • letterpress

Hochdruckwächter *m* <hlk> • high-pressure cut-out; high pressure cutoff switch

Hochdruckwäscher *m* <verf> • high-pressure washer

Hochdruckwaschverfahren *n* <ents> • high pressure washing

Hochdruck-Wasserwerfer *m* <feuer> *(Brandbekämpfung)* • water gun

Hochdruckzählrohr *n* <msr> • high-pressure counter

Hochdruckzusatz *m* <tribo> • extreme-pressure additive; EP/AW additive; load-carrying additive; antiwear additive; EP additive

hocheffiziente Solarzelle *f* <energ.sol> • high efficiency solar cell

Hocheinbau *m* <bau> • overlay construction

hochelastisches Garn *n* <textil> *(Falschdrahtverfahren)* • high-stretch yarn

hochemittierend <kfz.emiss> • high-emission …

hochempfindlich <tech.allg> • highly sensitive

hochempfindlich <tech.allg> *(betont: anfällig)* • highly susceptible

hochempfindlich <tech.allg> *(z. B. Film, Empfänger, Messfühler)* • high-sensitivity

hochempfindlich <phot> *(Film)* • rapid; fast

hochempfindlicher Film *m* <phot> • high-speed film; fast film

hochenergetisch <phys> • high-energy

Hochenergieband *n* <av> *(Bandsorte mit hohem Koerzitiv- und Remanenzwert)* • high-energy tape

Hochenergiebatterie *f* ABB <kfz.el> • high energy battery ABB

hochenergiebeschleunigerunterstützter LWR *m* (ADLWR) <nukl> • accelerator driven LWR (ADLWR)

Hochenergiephysik *f* <phys> • high-energy physics

Hochenergieumformen *n* <prod> • high-energy-rate forming

Hochentaster *m* <agri.wz> *(Forsttechnik)* • pole cutter

Hoch-Entaster *m* <agri.wz> *(Forsttechnik)* • pole cutter

hochevakuiert <tech.allg> • highly evacuated

hochexplosiv <spreng> • highly explosive; violently explosive

Hochfach *n* <textil> • upper shed

hochfahren *vi* <masch> *(betont: räumlich)* • rise *vi*

hochfahren *vt* <tech.allg> *(z. B. Motordrehzahl, Systemleistung, Durchsatz)* • accelerate *vt*

hochfahren *vt* <tech.allg> • run up *vt*

hochfahren *vt* <tech.allg> *(Anlage, Maschine, System)* • start (up) *vt*

hochfahren *vt* <masch> *(z. B. Teleskopmast)* • elevate *vt*

hochfahren *vt* <masch> *(betont: Drehzahlerhöhung)* • speed up *vt*

hochfahren *vt* <prod> *(betont: räumlich)* • raise *vt*

Hochfahrperiode *f* <tech.allg> *(v. Stillstand bis Betriebszustand)* • start-up period

Hochfahrzeit *f* <tech.allg> *(z. B. Motor, Turbine, Fabrik)* • running-up time

Hochfahrzeit *f* <el> *(z. B. Kopiergerät)* • unit warm-up time

hochfarbig <nahr> *(Wein)* • deep-colored; high-colored

hochfest <qualit.mat> *(z. B. Stahlsorte)* • high-strength; high-tenacity *US*; high-tensile *GB*

hochfest <textil> • high-tenacity

hochfester Stahl *m* <qualit.mat> • high-strength steel

hochfest mikrolegiert (HSLA) <tech.allg> • high strength low alloy (HSLA)

hochfest verschraubte Verbindung *f* <füg> • high-tensile bolted structural joint

hochfest vorgespannt <füg> *(Schraubverbindung im Stahlbau)* • high-tensile

hochfeuerfest <qualit.mat> • highly refractory; superrefractory

Hochflanschnabe *f* <fz> • large flanged hub; large flange hub; high-flanged hub

hochflüchtig <tech.allg> *(Flüssigkeit, z. B. Alkohol)* • high-volatile

hochflüchtige Kohle *f* <verbr> • high-volatile coal

Hochflussreaktor *m* <nukl> • high-flux isotope reactor; high-flux reactor

Hochformat *n* <doku> *(im Ggs. zum Querformat; z. B. von Abbildungen)* • portrait format; vertical format *rare*

Hochformat *n* <doku> *(betont: vertikale Anordnung einer Fläche)* • vertical layout

Hochformat *n* <druck> *(Druckplatte)* • portrait format

Hochformatdruck *m* <druck> • portrait printing

hochfrequent <el> • high-frequency …

hochfrequenter Träger *m* <av> • radio-frequency carrier

hochfrequenter Wechselstrom *m* <el> • high-frequency alternating current

hochfrequente Spannung *f* <el> • radio-frequency voltage

Hochfrequenz *f* (HF) <tech.allg> • high frequency (HF)

Hochfrequenz *f* (HF) <av> *(Frequenzbereich von ca. 20 khz bis 100 Mhz)* • radio frequency (RF)

Hochfrequenz-… <el> • high-frequency …

Hochfrequenzabschirmung *f* <phys> • high-frequency shielding

Hochfrequenzausgleich *m* <tech.allg> • high-frequency compensation

Hochfrequenzbeatmung *f* (HFV) <med.tech> • high-frequency ventilation (HFV)

Hochfrequenzbereich *m* <tech.allg> *(auch mech.)* • high-frequency range

Hochfrequenzbereich *m* <el> • high frequency range; hf-range

Hochfrequenzdrossel *f* <tech.allg> • high-frequency choke

Hochfrequenzeisenkern *m* <el> • high-frequency iron core; powdered-iron core; dust core

Hochfrequenzentstördrossel *f* <el> • suppressor choke

Hochfrequenz-Erkennung *f* rar <prod> *(z. B. von Teilen im Produktionsablauf)* • Radio Frequency Identification (RFID)

Hochfrequenzerwärmung *f* <tech.allg> • electronic heating

Hochfrequenzerwärmung *f* <el> *(betont: dielektrisch)* • dielectric heating

Hochfrequenzerwärmung *f* <metall> *(z. B. Härten)* • high-frequency heating

Hochfrequenzfotografie f <phot> • high-speed photography

Hochfrequenzgenerator m <el> • high-frequency generator; radio-frequency generator

Hochfrequenzgleichrichter m <el> • high-frequency rectifier; radio-frequency rectifier

Hochfrequenzgleichrichter m <msr> • signal detector; demodulator

Hochfrequenzhärten n <metall> • hardening by high-frequency current

Hochfrequenzheizung f <el> (betont: dielektrisch) • dielectric heating

Hochfrequenzheizung f <el> • high-frequency heating; electronic heating

Hochfrequenzheizung f <kst> (zum Vernetzen) • radio-frequency curing

Hochfrequenz-Induktionserwärmung f <el> (betont: dielektrisch) • dielectric heating

Hochfrequenzinduktionshärten n <metall> • high-frequency induction hardening

Hochfrequenzinduktionsofen m <verf> • high-frequency induction furnace

Hochfrequenzisolator m <el> • high-frequency insulator

Hochfrequenzkabel n <el> • high-frequency cable; radio-frequency cable

Hochfrequenzkamera f <kino> • high-speed cine camera

Hochfrequenzkamera f <phot> • high-speed camera

Hochfrequenzlitze f <el> • radio-frequency litz wire; litz wire; stranded wire

Hochfrequenzlöten n <füg> • high-frequency induction brazing; high-frequency induction heat brazing did

Hochfrequenzlot n <nav> • high-frequency sounder

Hochfrequenzmagnetisierung f <av> (Wechselstrom-Vormagnetisierung f) • high-frequency magnetic biasing; high-frequency magnetic bias; high-frequency bias

Hochfrequenzmassenspektrometer n <msr> • high-frequency mass spectrometer

Hochfrequenzmessbrücke f <msr> • high-frequency measuring bridge

Hochfrequenzmesssender m <msr> • high-frequency signal generator

Hochfrequenzofen m <verf> • high-frequency furnace

Hochfrequenzoszillator m (HFO) <edv.av> • high-frequency oscillator (HFO)

Hochfrequenzpeilgerät n <navig> • high-frequency direction finder

Hochfrequenzplasmabrenner m <prod> • high-frequency plasma burner

Hochfrequenzpulsator m <qualit.mat> (für dynamische Festigkeitsprüfung) • high-frequency pulsator

Hochfrequenz-Pulser m <qualit.mat> (für dynamische Festigkeitsprüfung) • high-frequency pulsator

Hochfrequenzröhre f <el> • high-frequency tube; high-frequency valve

Hochfrequenzschaltung f <el> • high-frequency circuit

Hochfrequenzschranke f (HFS) <alarm> • radio frequency alarm

Hochfrequenzschweißen n <füg> • high-frequency welding

Hochfrequenzschweißgerät n <füg> • high-frequency welding device; high-frequency welding unit

Hochfrequenzschweißgerät n <füg.kst> (z. B. für Schlauchfolie) • bar sealer

Hochfrequenzsiegeln n <tech.allg> (betont: dielektrisch) • dielectric sealing

Hochfrequenzsiegeln n <tech.allg> • electronic sealing

Hochfrequenzsirene f <verf> (Staubabscheidung) • ultrasonic agglomerator

Hochfrequenzspektroskopie f <msr> • high-frequency spectroscopy; radio-frequency spectroscopy

Hochfrequenzsperre f <el> • high-frequency choke

Hochfrequenzsperrkreis m <el> • low-pass selective circuit

Hochfrequenzspule f <el> • high-frequency coil

Hochfrequenzstörschutzfilter n <el> • high-frequency interference filter

Hochfrequenzstörung f <el> • radio-frequency interference (RFI); high-frequency interference; radio-frequency noise

Hochfrequenzstrahlung f <astron> • high-frequency radiation

Hochfrequenzstrom m <el> • high-frequency alternating current; high-frequency current pract

Hochfrequenztechnik f <el> (betont: eher konkret) • high-frequency engineering

Hochfrequenztechnologie f <el> (betont: eher abstrakt) • high frequency technology

Hochfrequenztelefonie f <tele> • high-frequency telephony

Hochfrequenztitration f <chem.verf> • high-frequency titration

Hochfrequenz-Trägerstromtelegrafie f <tele> • high-frequency carrier telegraphy

Hochfrequenztransformator m <el> • high-frequency transformer

Hochfrequenztransistor m <el> • high frequency transistor

Hochfrequenztrockner m <textil> • high frequency drier

Hochfrequenzvakuumofen m <verf> • high-frequency vacuum furnace

Hochfrequenzvakuumprüfer m <msr> • high-frequency vacuum gauge

Hochfrequenzverleimung f <füg> • electronic gluing

Hochfrequenzverstärker m <el> • high frequency amplifier; high-frequency amplifier

Hochfrequenzvormagnetisierung f <av> • high-frequency biasing

Hochfrequenzzündgerät n <el> • high frequency ignitor

Hochfrontschnitt m <led> • high-rise vamp

Hochfußnadel f <textil> • long-butt needle; long butt needle; high butt needle

hochgebockt <kfz> • jacked up

hochgebrannt <silik> • high-fired; hard-fired

hochgekohlt <metall> (z. B. Gusseisen, Stahl) • high-carbon

hochgekohlter Stahl m <mat> • high-carbon steel

hochgekräuselt <textil> • highly crimped

Hochgenauigkeitslager n <masch> • high-precision bearing

Hochgenauigkeitswälzfräser m <wz> • high-precision hob

hochgereinigt <tech.allg> • highly purified

Hochgeschwindigkeitsabtastung f Pan <av> • high-speed shutter

Hochgeschwindigkeitsaufzeichnung f <msr> • snapshot record

Hochgeschwindigkeitsbearbeitung f <prod> (allg.) • high-speed machining

Hochgeschwindigkeitsbearbeitung f <wz.masch> (betont: Schneiden) • high-speed cutting (HSC)

Hochgeschwindigkeitsbohreinrichtung f <wz.masch> • high-speed drilling attachment

Hochgeschwindigkeitsbremsrubbeln n <kfz.brems> • high-speed brake judder

Hochgeschwindigkeitsdruck m <druck> • fast print; high speed printing

Hochgeschwindigkeitsfräser m <wz> • high-speed cutter

Hochgeschwindigkeitsklopfen n <kfz.mot> • high-speed knocking
Hochgeschwindigkeitsphotometer n <astron.msr> • high-speed photometer
Hochgeschwindigkeitsreifen m <prod> • high performance tire; high speed tire
Hochgeschwindigkeitsschaltkreis m <el> • high-speed circuit
Hochgeschwindigkeitsschalttransistor m <el> • high-speed switching transistor
Hochgeschwindigkeitsschleifen n <prod> • high-speed grinding
Hochgeschwindigkeitsspanen n <prod> (allg.) • high-speed machining; high-rate machining
Hochgeschwindigkeitsspanen n <prod> • high-speed stock removal
Hochgeschwindigkeitsspeicher m <edv> • high-speed memory; high-speed store
Hochgeschwindigkeitsstrecke f <bahn> • high-speed railway connection
Hochgeschwindigkeitsstrom m <astron> (eines Gases) • high-velocity outflow; high-velocity flow
Hochgeschwindigkeitstank m <hydr> • high-speed basin
Hochgeschwindigkeitstest m <kfz> • high-speed test
Hochgeschwindigkeits-Try-out-Presse f <metall> • high-speed try-out press
Hochgeschwindigkeitsumformen n <prod> • high-energy-rate forming
Hochgeschwindigkeitsverhalten n <kfz> • high-speed performance
Hochgeschwindigkeits-Verpackungsanlage f <pap> • high speed packaging equipment
Hochgeschwindigkeitsverschluss m Sab,Gru <av> • high-speed shutter
Hochgeschwindigkeitsvideosystem n <av> • high-speed video system
Hochgeschwindigkeits-Videosystem n <av> (typ. 500 bis 40.500 Bilder/Sek) • high-speed video system
Hochgeschwindigkeitswasserstrahl m <prod> • water jet-stream
hochgesetzte Bremsleuchte f <kfz.el> (serienmäßig oder Sonderausst. gemäß USA-Spezifikation) • center high-mounted stop light (CHMSL); high-mount stop light pract; center-mounted stop light pract; high-mount brakelamp Ford; hi-mount stoplamp Ford
hochgesetzte Bremsleuchte f form <kfz.el> (nachträglich eingebaut) • auxiliary stop light
hochgestellte Zahl f <math> • superscript numeral
hochgetrübt <obfl> • fully opaque; fully opacified
hochgewölbtes Löffeleisen n <kfz.wz> • high-crown spoon; elbow spoon
hochgezogene Kehrtkurve f <aerospace> • wing-over; reversed turn; loop and roll
hochgezogener Rahmenteil m <kfz> • kickup US.pract
hochgezogenes Heck n <kfz> • kick-up rear end
hochglänzend <obfl> (z. B. Oberfläche, Lack) • high-gloss …; high-luster …
hochglänzender schwarzer Klavierlack m <obfl> • high-gloss black piano lacquer
Hochglanz m <obfl> (z. B. Stoff) • bright luster US; bright lustre GB; high luster US; high lustre GB
Hochglanz m <obfl> (z. B. Papier, Holz) • high gloss
Hochglanz m <obfl> (poliert; z. B. Lack, Möbel) • high polish
Hochglanz m <phot> (Barytpapier nach Hochglanztrocknen in Trockenpresse) • high glaze; glaze; glazed finish
Hochglanz… <obfl> (z. B. Oberfläche, Lack) • high-gloss …; high-luster …

Hochglanzbeschichtung f <obfl> • high-gloss lamination
Hochglanzblech n <mat> • high-mirror-finished sheet; bright-luster sheet US; bright-lustre sheet GB
Hochglanzdruckfarbe f <druck> • high-gloss ink
Hochglanzfläche f <obfl.holz> • glossy surface
Hochglanzfolie f <phot> (zum Hochglanztrocknen von Barytpapier) • glazing plate; glazing sheet
Hochglanzkopie f <phot> • high-gloss print
Hochglanzpapier n <pap> (mit Beschichtung) • bright-cast-coated paper; bright-enamel paper; enameled paper US
Hochglanzpapier n <phot> (allg.) • high-gloss paper
hochglanzpolieren <obfl> • finish-bright
Hochglanzpolieren n <obfl> • buffing
hochglanzpolieren vt <obfl> • glaze vt
hochglanzpolieren vt <prod> (auf Spiegelglanz) • mirror-finish vt
hochglanzpoliert <obfl> (z. B. Möbelstücke) • polished; microfinished rare
Hochglanzpolitur f <obfl> • French polish; French polishing
Hochglanzpolitur f <obfl.holz> • glossy polish
Hochglanzpresse f Ilford <phot> (zum (Hochglanz-) Trocknen von Barytpapier) • flatbed dryer; print dryer; print glazer; drier/glazer; flatbed glazer Ilford
hochglanztrocknen vt <phot> (Barytpapier in einer Trockenpresse) • glaze vt
hochhitzebeständig <qualit> • high-temperature-resistant
Hochhubbrammenwalzwerk n <metall> • high-lift slabbing mill
Hochhubfahrzeug mit hebbarem Bedienstand n form <logist> (hebt Last und Bedienstand; für Regalgassen) • high-lift picking truck; driver-elevating order picker; narrow-aisle order picker truck; high-level order picker; high-lift order picker
Hochhubwagen m <förd> • high-lift truck
hochhydraulischer Kalk m <bau.mat> • Roman cement
hoch inkohlt <min> (Kohle) • high-rank
hochinkohlte Kohle f <verbr> • high-rank coal
Hochintegration f <edv.av> • large scale integration (LSI); LSI circuit
Hochintegration f (LSI) <el.ic> (von Schaltkreisen) • large-scale integration (LSI)
hochintegrierter Schaltkreis m <el> • large-scale integrated circuit; LSI circuit
hochintegrierte Schaltung f <el> • large-scale integrated circuit; LSI circuit
hochionisiert <phys> • highly ionized
hochionisiertes Atom n <nukl> • stripped atom
hochjagen vt <mot> (Motor) • race vi; spin vi
hochkaloriger Brennstoff m <energ> • high-energy fuel; fuel with high calorific value
hochkanaliger Ausbau m <msr> • multi-channel configuration
hochkant <prod> • on edge
hochkant stellen vt <prod> • raise on edge vt
Hochkantwicklung f <el> • edge winding
hochkapazitiver Kondensator m <el> • ultracap; high-capacitance capacitor
hochkapazitiver Speicher m rar <edv> • high-capacity storage; large-capacity storage
hochklappen vt <tech.allg> • turn upwards vt; tip up vt
hochklopffest <mot> (Benzin) • high-octane
hochklopffester Kraftstoff m <mot> • high-octane fuel
hochkoerzitives Magnetpartikel n rar <phys> • high-coercivity magnetic particle; highly coercive magnetic particle
hochkohlenstoffhaltig <mat> • high-carbon
hochkomprimiert <tech.allg> • highly compressed

hochkomprimierter Motor *m* <mot> • high-compression engine

Hochkonsistenzpulper *m* <pap.ents> • high-consistency pulper

Hochkontrastbild *n* <phot> *(z. B. Fotogramm von undurchsichtigen Objekten)* • high-contrast image

hochkonzentriert <tech.allg> • highly concentrated

Hochkurzerhitzung *f* <verf> • high-temperature short-time heat treatment

Hochkurzpasteurisation *f* <nahr> • short-hold pasteurization

hochladen *vt* <edv> • upload *vt*

Hochlastwiderstand *m* <el> • power resistor

Hochlauf *m* <masch> *(von Maschinen)* • start-up; run-up

Hochlauf *m* <prod> *(z. B. Presse, Fallhammer)* • return to top position; upstroke

Hochlaufzeit *f* <navig> • run-up time

hochlegiert <mat> • high-alloy ...; highly alloyed

hochlegierter Stahl *m* <mat> *(Legierungsbestandteile in Summe >5 %)* • high-alloy steel

Hochleistungs... <tech.allg> • high-efficiency ...; high-performance ...; hi-performance ...; performance ...

Hochleistungs... <mil> *(Munition)* • high-power; high-performance

Hochleistungsaktivkohle *f* <tech.allg> • high performance activated carbon

Hochleistungs-Aktivkohle *f* <tech.allg> • high performance activated carbon

Hochleistungsautomat *m* <wz.masch> • high-duty automatic

Hochleistungsbatterie *f* <kfz.el> • high performance battery

Hochleistungs-Betonverflüssiger *m* <bau.mat> • high-performance concrete liquefier

Hochleistungsbetrieb *m* <kunst> *(von Maschinen)* • high-performance operation

Hochleistungsbohrer *m* <wz> • heavy-duty drill

Hochleistungs-Diskarray *n* <edv> • high-availability disk array

Hochleistungsentstauber *m* <verf> • high-efficiency collection device; high-capacity collector

hochleistungsfähig <tech.allg> *(allg.; z. B. Werkzeug, Motoren)* • heavy-duty; high-duty

hochleistungsfähig <tech.allg> *(betont: Speicherfähigkeit; z. B. Computer-Speichermedien)* • high-capacity

hochleistungsfähig <tech.allg> *(z. B. Batterien)* • high-performance

hochleistungsfähig <tech.allg> *(betont: Leistung, auch im übertragenen Sinn)* • high-powered; high-power

hochleistungsfähig <tech.allg> *(betont: äußerst effizient)* • highly efficient; high-efficiency; highly effective

Hochleistungsfernschreiber *m* <tele> • high-speed teleprinter

Hochleistungsfüllkörper *m* <tech.allgverf> • high-efficiency fill

Hochleistungskalander *m* <pap> • supercalender

Hochleistungskardieren *n* <textil> • high-production carding

Hochleistungskessel *m* <verbr> • heavy-duty boiler

Hochleistungskopierer *m* <druck> • high speed copier

Hochleistungslaser *m* <licht> • high-power laser

Hochleistungslautsprecher *m* <av> • high-power loudspeaker

Hochleistungs-Modularstecker *m* <edv> • high-performance modular plug

Hochleistungsmotorenöl *n* <tribo> • heavy-duty motor oil; heavy-duty oil; HD oil

Hochleistungsmotorrad *n* <kfz> • high performance bike

Hochleistungsmultiplexkanal *m* <edv> • high-speed multiplexer channel

Hochleistungspalettierautomat *m* <logist> • high-speed palletizer

Hochleistungspresse *f* <prod> *(betont: Füllvolumen)* • high-capacity press

Hochleistungspresse *f* <prod> *(betont: Produktionsvolumen)* • high-production press

Hochleistungsrechner *m* <edv> • high-speed computer

Hochleistungs-Rohkabel *n* <el> • enhanced bulk cable

Hochleistungsschalter *m* <el> • heavy-duty switch

Hochleistungsschmierstoff *m* <tribo> • high-performance lubricant

Hochleistungsschnellstahl *m* <mat> *(für Werkzeug, z. B. Drehmeißel)* • superhigh-speed steel (SHSS)

Hochleistungsschnitt *m* <prod> • heavy cut

Hochleistungssicherung *f* <el> *(für hohe Spannungen und Stromstärken)* • high-power fuse

Hochleistungssolarzelle *f* <energ.sol> • high efficiency solar cell

Hochleistungsstrecke *f* <textil> • high-speed draw frame

Hochleistungstrockner *m* <verf> • high-duty drier

Hochleistungstropfenabscheider *m* <verf> • high-efficiency drift eliminator

Hochleistungsverflüssiger für Beton *m* <bau.mat> • high-performance concrete liquefier

Hochleistungsverstärker *m* <el> • high-gain amplifier

Hochleistungswäscher *m* <verf> *(erreicht Grenzkorn von 0,5 µm; z. B. Venturi- und Rotationsw.)* • high-efficiency scrubber; high-capacity scrubber; high-energy wet scrubber

Hochleistungswalzenfräser *m* <wz> • heavy-duty plain milling cutter; helical plain milling cutter

Hochleistungswiderstand *m* <el> • power resistor

Hochleistungszündanlage *f* <kfz.el> • high energy ignition system (HEI); high-performance ignition system

Hochleistungszündspule *f* <kfz.el> • high energy coil *Lucas*; high-performance ignition coil *Bosch*; heavy duty ignition coil

Hochleistungwerkstoff *m* <mat> • high-performance material

hochleitfähig <el> • highly conductive; high-conductivity

Hochlichtaufnahme *f* <phot> • highlight exposure

hochlichtempfindlicher Spektrograph *m* <astron> • high-speed spectrograph

Hochlichtmaske *f* <phot> • highlight mask

Hochlochklinker *m* <bau.mat> • vertically perforated brick

Hochlochziegel *m* DIN 105 <bau.mat> • vertically perforated brick

Hochlöffelbagger *m* <bau.masch> • forward shovel; face shovel

Hochlöffelbagger *m* <förd> *(betont: im Wasser)* • crane navy; power navy

Hochlöffel-Schöpfeimerbagger *m* <bau.masch> *(der Eimer bewegt sich beim Arbeiten weg vom Bagger)* • dipper dredger

hochmodul <qualit> • high-modulus

hochmolekular <chem> • high molecular; high-molecular

Hochmoortorf *m* DIN 4047-4 <geo.min> • raised-bog peat

hochnassfeste Viskosefaser *f* <kst> • high-wet modulus rayon; HWM rayon

hochoctanig <chem.petr> *(Benzin)* • high-octane

hochoctanzahlig <chem.petr> *(Benzin)* • high-octane

hochoctanzahliges Benzin *n* form <chem.petr> • high-octane gasoline *US*; high-octane petrol *GB*; hi-octane gas *US.pract*

Hochofen *m* <metall> • blast furnace (BF)

Hochofenabstich *m* <metall> *(Roheisen)* • blast-furnace tapping

Hochofenanlage *f* <metall> • blast-furnace complex

Hochofenbegichtung *f* <metall> • blast-furnace charging

Hochofenfutter *n* <metall> • blast-furnace lining

Hochofengas *n* <metall> • blast-furnace gas

Hochofengebläse *n* <metall> • blast-furnace blower

Hochofengerüst *n* <metall> • blast-furnace framework

Hochofengestell *n* <metall> • blast-furnace hearth

Hochofengichtaufzug *m* <metall> • blast-furnace skip hoist

Hochofenkoks *m* <metall> *(bes. Anforderungen an Dichte, Stückigkeit usw.)* • blast-furnace coke

Hochofenkranz *m* <metall> • blast-furnace lid

Hochofenpanzer *m* <metall> • blast-furnace armor *US*; blast-furnace armour *GB*; blast-furnace jacket

Hochofensau *f* <metall> • blast-furnace salamander; blast-furnace bear

Hochofenschachtpanzer *m* <metall> • blast-furnace stack casing

Hochofenschaumschlacke *f* <metall> • blast-furnace foamed slag

Hochofenschlacke *f* <metall> • blast furnace slag; blast furnace clinker; iron cinder

Hochofenwind *m* <metall> • blast-furnace blast; furnace blast

Hochofenwinderhitzer *m* <metall> *(z. B. Eisenhütte)* • blast-furnace stove; air-blast stove; air-heating plant *did*

Hochofenzement *m* (HOZ) <metall> • blast furnace cement; blast-furnace cement; blast furnace slag cement; blast-furnace slag cement

hochohmig <el> • high-impedance

hochohmiger Widerstand *m* <el> • high-value resistor

hochohmige Wicklung *f* <el> • high-impedance winding

Hochohmwiderstand *m* <el> • high-ohmic value resistor

hochoktaniges Benzin *n* <chem.petr> • high-octane gasoline *US*; high-octane petrol *GB*; hi-octane gas *US.pract*

hochpaariges Kabel *n* <el> • large-capacity cable

Hochpaß *m* prakt <edv.av> • high-pass filter (HPF); high-pass filter; highpass *pract*; high-pass *pract*; high pass *pract*

Hochpaßfilter *n/m* (HPF) <edv.av> • high-pass filter (HPF); highpass filter; highpass *pract*; high-pass *pract*; high pass *pract*

hochpigmentiert <kunst> • highly pigment concentrated

hochplastischer Beton *m* <bau.mat> • high-slump concrete

hochpoliert <el.ic.prod> • highly polished

hochpolymer <chem> • high-polymer; highly polymerized

Hochpolymer *n* <kst> • high polymer

Hochpolymeres *n rar* <kst> • high polymer

hochporös <tech.allg> • highly porous

Hochpotenz *f* <med> • high potency

hochpräzise <el.ic.prod> • high-precision

hochproduktive Anlage *f* <tech.allg> • high-throughput system

hochprozentig <tech.allg> *(Gemisch, Lösung, statistischer Anteil)* • high-percentage

hochprozentig <nahr> *(alkohol. Getränk)* • strong; hard *coll*

hochpumpen *vt* <verf> • pump up *vt*

Hochrad *n* <fz> • penny farthing; Ordinary; high-wheeler

hochradioaktiv <nukl> • highly radioactive; highly active

Hochraumlager *n* <logist> • rack-supported storage system; rack-supported building

Hochraumsilo *n* <logist> • rack-supported storage system; rack-supported building

hochreaktiv <chem> • highly reactive

Hochrechnung *f* <math> • extrapolation

Hochregal *n* <logist> *(Lager ab einer Regalhöhe von 6 – 7 m)* • high-rise rack; high-level rack; stacker rack; hi-rise rack

Hochregal Einplatzsystem *n* <logist> *(Hochregal)* • drive-in type stacker rack

Hochregallager *n* <logist> *(Gebäude)* • high-rise warehouse; high-bay warehouse

Hochregallager *n* <logist> *(funktional)* • high-rise storage; high-rise installation; high-bay storage; high-level installation; high-bay warehouse

Hochregallagerbereich *m* <logist> • high-bay storage; high-rise storage; AS/RS [area]

Hochregallager in Betonkonstruktion *n* <logist> • concrete high-level storage installation; concrete high-rise warehouse

Hochregallager in Silobauweise *n form* <logist> • rack-supported storage system; rack-supported building

Hochregal Mehrplatzsystem *n* <logist> *(Hochregal)* • column-and-beam stacker rack

Hochregal- und Kommissionierstapler *m* <logist> *(hebt Last und Bedienstand; für Regalgassen)* • high-lift picking truck; driver-elevating order picker; narrow-aisle order picker truck; high-level order picker; high-lift order picker

hochrein <tech.allg> • high-purity …; of extremely high purity; highly purified; highly pure

Hochreinigung *f* <chem> • ultrapurification

Hochreinigung *f* <chem.petr> • superrefining

Hochreservoir *n* <logist> • elevated tank; elevated reservoir; overhead cistern

Hochrisiko-Vulkan *m* <geo> • high-risk volcano

hochsatiniertes Papier *n* <pap> • supercalendered paper; super paper *pract.coll*

Hochsaugaktivpolymere *npl* <textil> • superabsorbents

Hochschalten *n* <kfz.antr> • upshift; gear upshift; upchange

hochschalten *vi* <kfz> • shift up *vi*; change up *vi GB*

Hochschaltsperre *f* <kfz.antr> *(Automatikgetriebe)* • upshift interlock; upward shift interlock

Hochschaltsperre *f* <kfz.antr> *(bei frühen Dreigang-Automatikgetrieben)* • intermediate hold

hochschlagfest <mat> • high-impact

hoch schlagzähes PVC *n* <kst> *(z. B. für Kunststofffenster)* • high-impact rigid vinyl

hochschmelzend <mat> • high-melting

hochschmelzende Legierung *f* <mat> • high-melting-point alloy; high-melting alloy

Hochschnitt *m* <min> • high face

Hochschnittbagger *m* <bau.masch> • up-dredger

hochschrumpfend <mat> • high-shrinking

Hochschuss *m* <mil> • high shot

Hochschwenkmechanismus mit Gasdruckfeder *m* <masch> • gas spring balanced tilting

hochseefähig <nav> *(Schiff, Boot)* • ocean-going

Hochseefischen mit langer Schleppleine *n* <nav.nahr> *(mit Leine und Haken; Leine ist 25 – 50 nautische Meilen lang)* • longline fishing

Hochseefischerei *f* <nahr> • deep-sea fishery; deep-sea fisheries; deep-sea fishing

Hochseejacht *f* <nav> *(z. B. 30-m-~)* • ocean-going cruiser; cruiser *pract*

Hochseenavigation *f* <navig> • deep-sea navigation

Hochseepegel *m* <msr> • sea-water gauge

Hochseetrawler *m* <nav> • deep-sea trawler

Hochseeverlegung *f* <petr> • open sea laying

hochselektiv <tele> • sharply selective

Hochsiebrechen *m Cont* <verf.hydr> • brushed elevator screen *LW*

hochsiedend <tech.allg> • high-boiling
hochsiedende Fraktion f <chem.petr> • high-boiling fraction; heavy fraction
hochsiedendes Lösungsmittel n <chem> • high-boiling solvent; high boiler
Hochsilo n <logist> • tower silo
Hochsintern n <prod> • final sintering
Hochskala f <allg> • horizontal scale
Hochspannung f <el> • high voltage (HV); high tension *obs*
Hochspannungs... <el> • high-voltage
Hochspannungsangebot n <kfz.el> *(maximale Sekundärspannung der Zündspule)* • available ignition voltage; secondary available voltage
Hochspannungsanlage f <el> • high-voltage plant
Hochspannungsanschluss m <kfz.el> • high-voltage terminal
Hochspannungsbeschleuniger m <nukl> • high-voltage accelerator
Hochspannungsdom m <kfz.el> *(Zündspule)* • coil tower; center tower; coil chimney *Lucas*; HT outlet *Lucas*; high-voltage terminal [tower]
Hochspannungsdurchführung f <el> • high-voltage bushing
Hochspannungsfreileitung f <el> • high-voltage overhead line; high-voltage electricity overhead line *did*
Hochspannungsgenerator m <energ> • high-voltage generator
hochspannungsgeschützt <el> • high-voltage-protected
Hochspannungsgleichrichter m <el> • high-voltage transformer rectifier; high-voltage rectifier
Hochspannungsgleichstromkabel n <el> • high-voltage direct current cable
Hochspannungsgleichstromübertragung f (HGÜ) <el> • high-voltage direct current connection (HVDC); high-voltage direct-current transmission
Hochspannungshochleistungssicherung f <sich> • high-voltage HBC fuse
Hochspannungsimpuls m <kfz.el> • high-voltage pulse; high-voltage ignition pulse; high-voltage surge
Hochspannungsisolator m <el> • high-voltage insulator
Hochspannungskabel n <el> *(allg.)* • high-voltage cable; high voltage cable
Hochspannungskabel n <kfz.el> *(zwischen Zündspule und -verteiler)* • coil wire; coil secondary lead; coil high-tension lead
Hochspannungskondensator m <el> • high-voltage capacitor
Hochspannungs-Kondensator-Zündanlage f <kfz> • capacitor-discharge ignition system
Hochspannungs-Kondensatorzündung f (HKZ) <kfz.el> • capacitor discharge ignition system (CDI); capacitor discharge ignition; CD ignition [system]; CD system; thyristor ignition *rare*
Hochspannungs-Kondensator-Zündung f norm <kfz.el> • capacitor discharge ignition system (CDI); capacitor discharge ignition; CD ignition [system]; CD system; thyristor ignition *rare*
Hochspannungskreis m <el> • high-voltage circuit
Hochspannungskreis m <kfz.el> • secondary circuit; high-voltage circuit; high-tension circuit *obs*; HT circuit *obs*
Hochspannungsleitung f <el> • high-voltage transmission line; high-voltage line
Hochspannungsleitung f ugs <el> *(für Hochspannung; kein Kabel)* • overhead power line; power transmission line; overhead line *pract*; power line *pract*
Hochspannungsmast m <el> *(aus Beton od. Holz)* • high-voltage transmission pole; high-voltage pole

Hochspannungsmast m <el> *(groß, hoch; meist ein Gittermast)* • high-voltage transmission tower; high-voltage tower; HT tower
Hochspannungsmesskopf m <msr> • high-voltage probe
Hochspannungsnetz n <el> • high-voltage mains system; high-voltage system; high-voltage network
Hochspannungsnetzanschlussgerät n <el> • high-voltage power supply unit
Hochspannungsnetzgerät n pakt <el> • high-voltage power supply unit
Hochspannungsprüftechnik f <qualit> • high-voltage test technique
Hochspannungsrelais n <el> • high-voltage relay
Hochspannungsreserve f <kfz.el> • high-voltage reserve; voltage reserve
Hochspannungsschalter m <el> • high-voltage switch
Hochspannungsschaltgerät n <el> • high-voltage switchgear
Hochspannungsschaltzelle f <el> • switchgear cubicle
Hochspannungsschutz m <el> • high-voltage protection
hochspannungssicher <el> • high-voltage-protected
Hochspannungsstarkstromkabel n <el> • high-voltage power cable
Hochspannungsstoß m <kfz.el> • high-voltage pulse; high-voltage ignition pulse; high-voltage surge
Hochspannungssystem n <el> • high voltage system
Hochspannungsteil n <el> • high voltage unit
Hochspannungstransformator m <el> • high-voltage transformer
Hochspannungstransistor m <el> • high-voltage transistor; HV transistor
Hochspannungsübertragungsleitung f <el> • high-voltage transmission line
Hochspannungsverteiler m Bosch <kfz.el> • high-tension distributor *Bosch*
Hochspannungsverteilung f <el> • high-voltage distribution
Hochspannungswarnpfeil m <sich> • danger arrow
Hochspannungszündimpuls m <kfz.el> • high-voltage pulse; high-voltage ignition pulse; high-voltage surge
Hochspannungszündleitung f <min> • high-voltage ignition cable
Hochspeicher m <energ.hydr> • upper reservoir; upper basin; head pond
Hochspeicher m <logist> *(allg.)* • elevated reservoir
Hochspeicher m <logist> *(betont: für Flüssigkeiten)* • high-level tank
Hoch-β-Fall m <nukl> • high-β situation
Hoch-β-Stellarator m <nukl> • high-β stellarator
Hochstapelauslage f <druck> • high pile delivery
Hochstapelausleger m <druck> • high pile delivery
hochstegig <mat> *(Stahlprofil, z. B. I-, C-Träger)* • high-webbed
hochstellen vt <tech.allg> *(aufrichten, hochkant)* • raise vt
hochstellen vt <prod> *(Blechrand)* • turn up vt
hochsteuern vt <med> • up-regulate vt
Hochstollenreifen m <kfz> • lug-base tire
Hochstraße f <bau> • elevated road; elevated highway
Hochstraße f <bau.verk> • elevated highway; stilted highway; stilted road
Hochtank m <logist> • gravity tank; deep tank
Hochtemperaturbatterie f <energ.sol> • high-temperature battery
hochtemperaturbeständig <tech.allg> *(allg.)* • high temperature resistant
hochtemperaturbeständig <kfz> *(feuerfest)* • refractory
hochtemperaturbeständiger Werkstoff m <qualit.mat> • high-temperature material

Hochtemperaturbeständigkeit *f* <kfz> *(Keramikmono-lith)* • refractoriness

Hochtemperaturbeständigkeit *f* <mat> *(allg.)* • high temperature resistance; high-temperature resistance; high-temperature stability

Hochtemperaturbrennstoffelement *n* <el> • high-temperature fuel cell

Hochtemperatur-Brennstoffzelle *f* <chem> • high temperature fuel cell

Hochtemperaturbrennstoffzelle *f* <energ> *(Energie-speicher)* • solid oxide fuel cell (SOFC)

Hochtemperaturchemie *f* <chem> • high-temperature chemistry

Hochtemperaturdämpfer *m* <textil> • high-temperature steamer

Hochtemperaturdestillation *f* <chem.verf> • high-temperature distillation

Hochtemperaturdiffusion *f* <prod> • high-temperature diffusion

Hochtemperaturelement *n* <el> • fused electrolyte cell

Hochtemperaturemail *n* <obfl> • high temperature enamel; high temperature porcelain/vitreous enamel

Hochtemperaturfärben *n* <textil> *(Färberei)* • high-temperature dyeing

Hochtemperaturkathode *f* <phys> • bright emitting cathode; bright emitter

Hochtemperaturkoks *m* <verbr> • high-temperature coke

Hochtemperaturkorrosion *f* <ents> • high-temperature corrosion

Hochtemperaturkriechen *n* <mat> • high-temperature creep

Hochtemperatur-Kurzzeitverfahren *n* <nahr.prod> *(Pasteurisierung)* • high-temperature-short-time pasteurization (HTST); HTST-pasteurization; flash pasteurization

Hochtemperaturmessung *f* <msr> • pyrometry

Hochtemperaturphysik *f* <phys> • high-temperature physics

Hochtemperaturplasma *n* (HTP) <nukl> • high temperature plasma; high-temperature plasma; hot plasma

Hochtemperaturprozess *m* <edv.ic> • hot process

Hochtemperatur-Prozesswärme *f* <energ.sol> • high-temperature process heat

Hochtemperaturreaktor *m* (HTR) <nukl> • high-temperature reactor (HTR)

Hochtemperaturschmierfett *n* <tribo> • high-temperature lubricant; high-temperature grease *pract*

Hochtemperaturschmierung *f* <tribo> • high-temperature lubrication; elevated-temperature lubrication *did*

Hochtemperatursupraleiter *m* (HTSL) <energ> *(bei Temp. von −180 bis −240 °C)* • high-temperature super-conductor

Hochtemperaturverkokung *f* <verf> • high-temperature carbonization; high-temperature coking

Hochtemperaturvulkanisation *f* <kst> *(nur bei Gummi)* • high-temperature vulcanization; high-temperature cure

Hochtemperaturwärme *f* <energ.sol> • high-temperature heat

Hochtöne *mpl* <av.akust> • treble

Hochtöner *m* <av> • tweeter; tweeter loudspeaker; treble unit; high-frequency loudspeaker; HF unit

Hochton... <av> • high-frequency ... (HF); treble ...

Hochtonbereich *m* <av.akust> • treble

Hochtonblende *f* <av> • treble control

Hochton-Chassis *n* <av> • tweeter; tweeter loudspeaker; treble unit; high-frequency loudspeaker; HF unit

Hochton-Lautsprecher *m* <av> • tweeter; tweeter loudspeaker; treble unit; high-frequency loudspeaker; HF unit

Hochtonlautsprecher *m* <av> • tweeter; tweeter loudspeaker; treble unit; high-frequency loudspeaker; HF unit

Hochtonoszillator *m* <edv.av> • high-frequency oscillator (HFO)

Hochtonwiedergabe *f* <av> • high-note response

hochtourig <mot> • high-speed

hochtragender Tragflügel *m* <aerospace> • high-lift wing

hochtransformieren *vt* <el> *(Spannung)* • step up *vt*; boost *vt*

Hoch- und Tiefbau *m* <bau> • building and civil engineering

Hoch- und Tieffachjacquardmaschine *f* <textil> • center-shed Jacquard machine; center-shed Jacquard

Hochvakuum *n* <phys> • high vacuum; hard vacuum

Hochvakuumaufdampfen *n* <obfl> • high-vacuum coating by evaporation; high-vacuum coating

Hochvakuumaufdampfen *n* <obfl> *(nur Metall)* • metallization by high-vacuum evaporation

Hochvakuumbedampfungsanlage *f* <obfl> • high-vacuum coating plant

Hochvakuumdestillation *f* <chem> • high-vacuum distillation

Hochvakuumfunke *m* <el> • high-vacuum spark

Hochvakuumgleichrichter *m* <el> • high-vacuum thermionic rectifier; high-vacuum rectifier; vacuum-tube rectifier

Hochvakuumgleichrichterröhre *f* <el> • kenotron; high-vacuum rectifier valve *did*

Hochvakuumisolierung *f* <phys> • high-vacuum insulation

Hochvakuumlichtbogenofen *m* <metall> • high-vacuum arc melting furnace; high-vacuum furnace

Hochvakuumofen *m* <metall> • high-vacuum arc melting furnace; high-vacuum furnace

Hochvakuumpumpe *f* <masch> • high-vacuum pump

Hochvakuumröhre *f* <el> • high-vacuum valve; high-vacuum tube; hard valve *pract*

Hochvakuumschmelzen *n* <metall> • high-vacuum melting

hochverdichtet <tech.allg> • highly compressed

hochveredelt <obfl> • high-grade finished; highly finished

Hochveredlung *f* <textil> *(Zustand)* • high-grade finish; permanent finish

Hochveredlung *f* <textil> *(Vorgang)* • high-grade finishing

Hochverfügbarkeitscluster *n* <edv> • high-availability cluster

hochverlegte Kranbahn *f* <förd> • overhead runway

hochvernetzt <kst> • overcured

hochverschleißfest <mat> • highly wear-resistant

hochverstärkend <el> • high-gain

hochverstärkend <kst> • fully reinforcing

Hochverzahnung *f* <masch> • full-depth teeth

Hochverzugsriemchen *n* <led> *(Textilmaschinen)* • high-draft belting

Hochverzugsstreckwerk *n* <textil> • high-draft mechanism

hochviskos <tech.allg> *(Flüssigkeit; z. B. Öl)* • high-viscosity; highly viscous *rare*

hochviskose Druckfarbe *f* <druck> *(ist langsamer)* • high-viscosity printing ink

hochviskoser Klebstoff *m* <füg> • high-viscosity adhesive

Hochvoltgenerator *m* <el> • high-voltage generator

Hochwald *m* <holz> • high forest

hochwarmfest <mat> • high-temperature

hochwarmfest <qualit.mat> *(Kriechfestigkeit)* • highly creep-resistant

hochwarmfestes Klebsystem *n* <füg> • high-temperature adhesive system

Hochwasser *n* <allg> *(Überschwemmung)* • high water

Hochwasser n <energ.hydr> *(als oberer Grenzwert der Abflüsse)* • high water

Hochwasser n <geo> *(an der Küste)* • coastal flood

Hochwasser n <geo> • high flood; flood

Hochwasser n <geo> *(Gezeiten)* • high tide

Hochwasserbecken n <bau> • flood reservoir; flood pool

Hochwasserentlastung f <energ.hydr> • flood discharge

Hochwasserentlastungsanlage f <bau> *(z. B. durch Entlastungsgerinne)* • channel spillway

Hochwasserentlastungsanlage f <bau> *(bei Hochwasser; Ablauf)* • flood discharge

Hochwasserentlastungsanlage f <bau> *(Bypass)* • side-channel spillway

Hochwasserentlastungsanlage f <bau.hydr> *(Stauwerk)* • overflow spillway

Hochwasser im Frühjahr n <geo> • spring flood

Hochwasserkanal m <bau> • flood-relief channel

Hochwassermarke f <geo> • high-water mark

Hochwasserpumpwerk n <masch> • high water pump station

Hochwasserregulierung f <energ.hydr> • flood control

Hochwasserschutzbauten mpl <bau> *(allg.)* • flood protection works

Hochwasserschutzdamm m <bau> *(an Flüssen)* • flood levee; levee

Hochwasserschutzdamm m <bau> • flood protection dam; flood dam

Hochwasserspitze f <geo> • peak flow

Hochwasserstand m <geo> *(Überschwemmung)* • flood level

Hochwasserstand m <geo> *(Gezeiten)* • high-water level

Hochwasserüberlauf m <energ.hydr> *(Stauwehr, Hochwasserentlastungsanlage)* • spillway; overflow; overfall

Hochwert m (X) <navig> *(Koordinatensystem)* • northing (X)

hochwertig <qualit> • top-grade; high-grade; high-class; high-quality

hochwertige Kohle f <min> • high-grade coal

hochwertiger Kleber m <füg> • high quality adhesive

hochwertiges Erz n <min> • high-grade ore; rich ore

hochwertiges Papier n <pap> • high grade paper

hochwinden vt <förd> *(von oben ziehen, mit Hebegeschirr)* • hoist vt

hochwinden vt <förd> *(von unten; betont: kleine Höhen)* • jack up vt

hochwinden vt <nav> *(typ. mit Seilwinde)* • heave vt

hochwirksam <tech.allg> *(z. B. chem. Aktivität)* • highly active

hochwirksam <tech.allg> • highly efficient

Hochzahl f <math> • superscript numeral

hochzeiliges Fernsehverfahren n rar <av> • high-definition television (HDTV); high definition television; high-definition TV

Hochzeit f <kfz.prod> • marriage

Hochziehen n rar <edv> *(3D-Grafik)* • extrusion; lofting *rare*

Hochziehen n <obfl> *(Lackfehler)* • etching; lifting

hochziehen vt <förd> • hoist vt

hochziehen vt <förd> *(Last; von oben betrachtet)* • pull up vt

hochziehen vt <förd> *(Last; von unten betrachtet)* • pull up vt

Hoch-Z-Material n <nukl> • high-Z material

Hoch-Z-Schicht f <nukl> • high-Z layer

hochzugfest <mat> • high-tensile

hochzugfester Stahl m <qualit.mat> • high-tensile steel

Hochzugskörper m <edv> • extrusion object

Hochzugsprinzip n <edv> • extrusion method

Hoch-Z-Verunreinigungen fpl <nukl> • high-Z impurities pl

hochzyklische Ermüdung f (HCF) <qualit.mat> • high cycle fatigue

Hocker m DIN 68880-1 <bau> • stool

Hodograph m <phys.geo> • hodograph

Hodoskop n <msr> *(z. B. Flugzeitmesssystem)* • hodoscope

Höchstädter-Folie f <el> *(für Kabel)* • metallized paper US; metallised paper GB

Höchstädter-Kabel n <el> • Hoechstaedter cable; H-shielded-conductor cable; H-type cable

Höchstädter Papier n <el> *(für Kabel)* • metallized paper US; metallised paper GB

Höchstbelastung f <tech.allg> • maximum permissible load; maximum load; peak load

Höchstdauer f <tech.allg> • maximum duration; maximum period

Höchstdrehzahl f <kfz.mot> • maximum engine speed; redline

Höchstdrehzahl f <masch> • maximum speed

Höchstdruck m <tech.allg> *(von Druckluft)* • maximum high pressure; maximum pressure

Höchstdruck m <tech.allg> *(z. B. Rohr, Druckbehälter)* • extreme pressure

Höchstdruckentladung f <licht> • extra-high pressure discharge

Höchstdruckpumpe f <masch> • very high pressure pump; super pressure pump

Höchstdruckschmiermittel n <tribo> • extreme-pressure lubricant; EP lubricant

Höchstdruckventil n <rls> • pressure-limiting valve

höchste Alarmstufe f <alarm> • quick-reaction alert

höchste Empfindlichkeit f <msr> *(schnell reagierend)* • fastest response

höchstempfindlich <phot> *(Film)* • ultrahigh-speed; ultrafast; ultrasensitive

höchstempfindlicher Film m <phot> *(Filmempfindlichkeit mind. ISO 800/30°)* • ultrahigh-speed film

Höchstenergiephysik f <phys> • extra-high energy physics

höchster Hochwasserstand m <geo> • highest high water level; maximum flood water level

höchster Niedrigwasserstand m <verf.hydr> • highest low water level

Höchstes Stauziel n <energ.hydr> • maximum water level

Höchstfrequenz f <tele> • extremely-high frequency

Höchstfrequenzerwärmung f <hlk> *(z. B. Speisen, Werkstücke)* • microwave heating

Höchstfrequenzoszillator m <el> • microwave oscillator

Höchstfrequenzschalter m <el> • microwave switch

Höchstfrequenztechnik f <el> • microwave engineering

Höchstfrequenzverstärker m <el> • microwave amplifier

Höchstfrequenzwelle f <av> • microwave

Höchstgeschwindigkeit f <fz> *(technisch mögliche Maximalgeschwindigkeit)* • top speed; full speed; maximum speed

Höchstgeschwindigkeit f <fz> *(zulässige Maximalgeschwindigkeit)* • speed limit; maximum permissible speed

Höchstgrenze f <allg> • maximum limit

Höchstgrenzkonzentration f <tech.allg> • maximum permissible concentration

Höchstintegration f <el.ic> • very large-scale integration (VLSI); giant-scale integration

höchstintegrierter Schaltkreis m <el.ic> • very large-scale integrated circuit; VLSI circuit

Höchstlast f <tech.allg> *(ohne Zerstörung, maximal zulässig)* • maximum permitted load; maximum load

Höchstlast f <energ> *(Strombelastung eines Kraftwerks)* • maximum load demand; maximum load; maximum demand; maximum power load; maximum power demand

Höchstlast f <qualit.mat> *(bis zur Zerstörung)* • breaking load

Höchstleistung f <tech.allg> *(Effizienz)* • maximum efficiency

Höchstleistung f <tech.allg> *(Leistung allg., auch im übertragenen Sinn)* • maximum performance

Höchstleistung f <tech.allg> *(z. B. eines Motors)* • maximum power; peak power

Höchstleistung f <kfz.mot> *(eines Motors)* • peak power [output]

höchstmögliche Stellung f <tech.allg> *(z. B. Hakenflasche, Pressenstößel, Werkzeug)* • uppermost position; top position

Höchstspannung f <el> • extra-high voltage (EHV); extra-high tension

Höchstspannungsfreileitung f <el> • extra-high voltage transmission line; extra-high voltage line

Höchstspannungsisolator m <el> • extra-high voltage insulator

Höchstspannungskabel n <el> • extra-high voltage cable; supervoltage cable

Höchststrom m <el> • maximum current; peak current

Höchststromentladung f <el> • magnetic pinch effect; pinch discharge

Höchststromrelais n <el> • overload relay

Höchststromschalter m <el> • overload switch; ultimate limit switch *norm*

Höchsttragfähigkeitskennzahl f rar <fz> *(von Reifen)* • load index (LI)

Höchstumfangsgeschwindigkeit f <tech.allg> *(rotierender Bauteile, Reifen o.ä.)* • maximum peripheral speed

Höchstvakuum n <verf> • ultrahigh vacuum

Höchstverbrauchszähler m <msr> • maximum demand meter; demand meter

Höchstwert m <allg> • maximum value; maximum; highest value; peak value

Höchstwert m <edv.av> • resonance; peak; peak level

Höchstwertanzeiger m <msr> • peak indicator

Höchstwert des Stromes m <el> • peak current rating

höchstwertiges Bit n <edv> • most significant bit (MSB); highest-order bit

höchstwertige Stelle f <edv> • most significant character (MSC); most significant digit; most significant place

höchstwertiges Zeichen n <edv> • most significant character (MSC); most significant digit; most significant place

höchstwertige Ziffer f <edv> • most significant digit (MSD)

Höchstwirkungsgrad m <tech.allg> • peak efficiency

Höchstzugkraft f (Fm) <qualit.mat> • maximum force (Fm)

höchstzulässig <allg> • maximum permissible; maximum allowable

höchstzulässige Konzentration f <ents> • maximum acceptable concentration (MAC); maximum allowable concentration; maximum permitted concentration; maximum allowable dose

höchstzulässiger Betriebsstrom m <el> • rated temperature-rise current; rated current

höchstzulässiger Gehalt m <tech.allg> • maximum allowable content

höchstzulässige Spannung f <el> • maximum permissible voltage

höchstzulässige Spannung f <mech> • permissible working stress; permissible stress; limiting stress

Höcker m <tech.allg> • hump; bump; protuberance

Höcker m <kfz> *(Felge)* • hump; rim ridge; ridge

Höcker m <masch> *(betont: Kraftübertragung)* • lug

Höckerbildung f <kfz.el> *(Unterbrecherkontakte)* • piling

Höckerspannung f <el> • peak point voltage

Höckerstrom m <el> • peak point current

höffiges Gebiet n <min> • prospective area; prospect

Höhe f <allg> *(z. B. Gebäude; Meereshöhe)* • elevation

Höhe f (h) <allg> • height (h)

Höhe f <allg> *(Wert, Größe)* • level

Höhe f <masch> *(z. B. des Zahnfußes)* • depth

Höhe f <mech> *(Äquivalent des Druckes, z. B. Förderhöhe)* • head

Höhe f <mil> *(Flugbahn)* • elevation above ground

Höhe f <navig> • elevation above mean sea level; elevation above MSL; height above MSL; geoid height; altitude

Höhe der Füllgutoberfläche f <bau> • product depth

Höhe der Umlaufbahn f <navig> • orbit altitude

Höhe gewinnen vi <aerospace> *(Fliegen, Ballonfahren)* • climb vi

Höhe gewinnen vi <aerospace> *(z. B. Flugzeug)* • climb vi

Höhen fpl <av.akust> • treble

Höhen… <av> • high-frequency … (HF); treble …

Höhenabdämpfung f <edv.av> • high damp; high damping

Höhenabsorber m <akust/av> • treble absorber

Höhen anheben vi <av> • boost the highs vi

Höhenanhebung f <av> • high-frequency emphasis; high-frequency accentuation; high-note emphasis; treble emphasis; treble boost

Höhenanpassung f <msr> • altitude adaption

Höhenanzeige f <aerospace> • altitude indication

Höhenanzeigefeld n <navig> *(Display)* • altitude field

Höhenanzeiger m <aerospace> • altitude indicator

Höhenatmer m <aerospace> • oxygen breathing apparatus

Höhenausgleich m <tech.allg> • height adjustment

Höhenausgleich m <akust.av> • treble compensation

Höhenausgleichung f <tech.allg> • height adjustment

Höhenausgleichung f <akust.av> • treble compensation

Höhenbeschneidung f <akust.av> • treble cut

Höhenbestimmung f <geo> *(Geodäsie)* • elevation determination

Höhenbestimmung f <msr> • height determination; levelling

Höhenbestimmungsradar n <navig> • height-finding radar; radar altimeter

höhenbeweglich <tech.allg> *(betont: Höhe verstell-/anpassbar)* • height-adjustable

höhenbeweglich <tech.allg> *(betont: vertikal beweglich)* • vertically movable

Höhenbolzen m DIN 18708 <msr> • bench mark; survey benchmark *DIN 18708*

Höhenbolzen m <msr> • level mark

Höhen-/Breiten-Verhältnis n (H/B) <fz> *(von Fahrzeugreifen)* • aspect ratio; profile *coll*; height/width ratio *rare*; H/W ratio *rare*

Höhendämpfung f <edv.av> • high damp; high damping

Höhendarstellung f <doku> • contour representation

Höhendarstellung f <phot> • relief

Höhendifferenz f <tech.allg> • height difference

Höhendifferenz f <geo> • altitude difference

Höhendruckkabine f <aerospace> • pressurized cabin; air-tight cabin

Höheneinfahrmaß n <logist> *(Palettenregal)* • shuttle window height

höheneinstellbar <tech.allg> *(vertikal justierbar)* • vertically adjustable

Höheneinstellung f <tech.allg> *(betont: Anpassung; z. B. Tisch, Mikrophon, Scheinwerfer)* • height adjustment

Höheneinstellung f <tech.allg> *(betont: Steuerung)* • height control

Höheneinstellung f <aerospace> (der Stabilisatoren) • stabilizer adjustment

Höheneinstellung f <masch> (betont: vertikal verstellbar) • vertical adjustment; Z-axis adjustment

Höhenentzerrer m <akust.av> • treble corrector

Höhenfeineinstellung f <masch> • vertical fine adjustment

Höhenflosse f <aerospace> • horizontal stabilizer; tail plane; horizontal fin; fin

Höhenfluganzug m <aerospace> • high-altitude pressurized suit (PPS); high-pressure suit; pressure suit

Höhengeber m <kfz> (Niveauregulierung) • height sensor; load sensor

Höhengewinn m <navig> • altitude gain; ascent; height gain; climb

höhengleich <allg> • at the same level

höhengleich <verk> (Bahnübergang) • level

Höhenkoordinaten fpl <tech.allg> • vertical coordinates

Höhenkorrektor m Citroën <kfz> (Niveauregulierung/ Hydropneumatik) • height regulator; level controller; levelling valve GB; height corrector Citroën

Höhenkote f <bau> (in Metern über/unter Erdboden) • relative elevation; elevation pract

Höhenkotenplan m <bau.doku> • elevation plan

Höhenkreis m <tech.allg> • azimuth circle

Höhenkreis m <astron> • vertical circle

Höhenkreislibelle f <meteo> • altitude index bubble

Höhenleitwerk n <aerospace> • elevator assembly; elevator unit; horizontal tail surfaces

Höhenlinie f <bau> • contour line; contour

Höhenlinie f DIN ISO 10209-2 <doku> • level contour line ISO 10209-2

Höhenlinie f <geo> • level

Höhenlinie f <geo> (Landkarte) • isohypse; surface contour line

Höhenlinienintervall n <geo> (Landkarte) • contour interval

Höhenmarke f <bau> (z. B. an Bahnhöfen, auf Berggipfeln, an Vermessungszeichen) • datum level

Höhenmaske f <navig> • elevation mask; satellite elevation mask

Höhenmaskenwinkel m <navig> • elevation mask angle; mask angle

Höhenmesseinrichtung f <msr> • vertical measuring system

Höhenmesser m <geo.msr> (zur Vermessung; z. B. als Lasergerät) • hypsometer

Höhenmesser m <msr> (allg.; mit Anzeige) • height indicator

Höhenmesser m <navig.msr> (geographische Höhe) • altimeter; altitude gauge

Höhenmessradar n <navig> • height-finding radar; radar altimeter

Höhenmessung f <msr> • height measurement

Höhenmessung f <msr> (Geodäsie) • leveling survey US; levelling survey GB

Höhenmessung f <navig> • altitude measurement

Höhennavigation f <navig> • vertical navigation (VNAV)

Höhenpasspunkt m <geo.msr> (Kartographie) • vertical control point; elevation control point

Höhenrakete f <aerospace> • high-altitude rocket

Höhenrapport m <textil> • height repeat

Höhenregler m <av> • treble control; tone control for treble rare

Höhenregler m <kfz> (Niveauregulierung/ Hydropneumatik) • height regulator; level controller; levelling valve GB; height corrector Citroën

Höhenreihe f DIN ISO 5593 <masch> (Wälzlager) • height series ISO 5593

Höhenreißer m <msr> • vernier height scriber

Höhenrichtfernrohr n <mil> • elevation-tracking telescope

Höhenruder n <aerospace> • elevator

Höhenruder n <nav> (U-Boot) • hydroplane

Höhenrudermaschine f <aerospace> • elevator servomotor

Höhenrudertrimmklappe f <aerospace> • elevator trimmer; elevator flap

Höhenschenkel m obs <bau> (vertikales Element eines Tür- od. Fensterflügelrahmens) • stile

Höhenscherbrett n <nav> • third otter board; extra otter board; kite

Höhenschiebefenster n obs <bau> (Oberbegriff; mit 1 oder 2 verschiebbaren Flügeln) • vertical sliding window; hung window chain link

Höhenschiebefenster n obs <bau> (mit zwei verschiebbaren Flügeln) • double-hung window; double hung

Höhenschiebefenster n <bau> (mit einem verschiebbaren Flügel) • single-hung window; single-hung

Höhenschieblehre f <msr> • vernier height gauge

Höhenschirm m <navig> • range-height indicator

Höhenschlag m <av> (CD, Schallplatte) • warp; radial tilt; sag

Höhenschlag m prakt <kfz> (von Kfz-Rad) • radial run-out; spin imbalance; wheel tramp pract; wheel shimmy coll

Höhenschnittpunkt m <math> (z. b. Dreieck) • orthocenter

Höhenschraffen fpl <doku> (Landkarte) • dropped lines

Höhenschreiber m <meteo> • altitude recorder; altigraph

Höhenschritt m <tele> • vertical step

Höhenschrittvielfach n <tele> • level multiple

Höhensperre f <el> • top-cut filter

Höhenstapler m <förd> • stacker truck

Höhensteller m <av> • tone control for treble

Höhenstellschraube f <mil> • elevation adjustment screw

Höhenstellspindel f <masch> • elevating screw

Höhensteuerung f <msr> • Z-axis control

Höhenstrahlen mpl <astron> • cosmic rays

Höhenstrahlung f <astron> • cosmic radiation

Höhenstrahlungsteleskop n <astron> • cosmic-ray telescope

Höhenteilkreis m <tech.allg> (z. B. Antenne, Fernrohr, Geschütz, Theodolit) • elevation dial

Höhenteilkreis m <msr> • graduated vertical circle

Höhen-/Tiefen-Regler m <av.msr> (zum Einstellen von Höhen und Tiefen) • bass-treble control; tone control

Höhen-Tiefenverhältnis n <logist> • height-to-depth ratio; height/depth ration

Höhen- und Querruder n <aerospace> • elevon

Höhen- und Tiefenregelung f <akust.av> • treble and bass control

Höhenunterschied m <tech.allg> (betont: abfallend) • vertical drop; vertical descent; drop pract

Höhenunterschied m <tech.allg> (z. B. Gebäude, Gelände, Wasserspiegel) • elevation difference; height difference

Höhenunterschied m <geo> • altitude difference

höhenverkehrt <opt> • reversed top to bottom

höhenverkürzt <edv> (Darstellung) • truncated

Höhenverkürzung f norm <edv> • truncation stand

Höhenverlust m <hydr> • dropping head

höhenverschiebbar <tech.allg> • vertically slidable; vertically sliding; vertically traversing

höhenverstellbar <tech.allg> • vertically adjustable; height-adjustable

höhenverstellbar <tech.allg> (betont: nach oben beweglich) • elevating

höhenverstellbare Lenksäule *f* <kfz> • height adjustable steering column; tilt wheel [steering] column; tilt column *coll*

höhenverstellbare Sattelkupplung *f* <nfz> • lifting fifth wheel; lifting fifthwheel; lifting 5th wheel

höhenverstellbares Lenkrad *n* <kfz.innen> • height-adjustable steering wheel

höhenverstellbares Sportlenkrad *n* <kfz.innen> • sport tilt wheel

Höhenverstellung *f* <kfz> *(Einstellung der Hauben-/Türpassung)* • up/down alignment

Höhenverstellung *f* <kfz.innen> *(Sitze, Sicherheitsgurte)* • height adjustment

Höhenverstellung *f* <mil> • elevation adjustment

Höhenverstellung *f* <phot> *(Gerätekopf)* • hight adjustment; vertical adjustment *durst*

Höhenvorwahl *f* <logist> *(Hochregalstapler)* • height selector system

Höhenwert *m* <geo> *(Landkarte)* • contour value

Höhenwindkanal *m* <aerospace> • variable-density wind tunnel

Höhenwinkel *m* <tech.allg> *(z. B. Theodolit, Geschützrohr)* • elevation angle; vertical angle

Höhenwirbel *mpl* <aerospace> • clean-air turbulence (CAT)

Höhenzählwerk *n* <logist> *(RFZ)* • height indicating counter

Höhenzuweisung *f* <navig> • altitude assignment

höhere Gewalt *f* <jur> • act of God; force majeure; vis major

höhere Programmiersprache *f* <edv> • high-level programming language; high-level language

höherer Kraftstoffverbrauch *m* ugs <kfz> • fuel economy penalty; reduced fuel economy; lower mileage

höherer Tragekomfort *m* <textil> *(Bekleidung)* • better wear properties; better wearability

höheres Elementenpaar *n* <chem> • higher pair

höhere Taktfrequenz *f* <edv> *(Taktfrequenz)* • turbo mode *adv.*; high speed; high clock speed

höherfest <qualit.mat> *(z. B. Stahlsorte)* • higher-strength

höherfester Stahl *m* <metall> • high-strength steel; higher-strength steel

höher komprimierte Gegenstrom-Spülluft *f* <verf> • higher compressed reversed air; pulse-jet cleaning

höhermolekular <chem> • high molecular; high-molecular

höherwertige Adresse *f* <edv> • high address

höherwertiges Bit *n* <edv> • higher-order bit; more significant bit

höherwertige Ziffer *f* <math> • high-order digit

Höhe über dem Meeresspiegel *f* <navig> • elevation above mean sea level; elevation above MSL; height above MSL; geoid height; altitude

Höhe über Meeresspiegel *f* <geo> • altitude above sea level; height above sea level

Höhe über NN *f* <navig> • elevation above mean sea level; elevation above MSL; height above MSL; geoid height; altitude

Höhe über Normalnull *f* <navig> • elevation above mean sea level; elevation above MSL; height above MSL; geoid height; altitude

Höhle *f* <geo> • cave

Höllenstein *m* ugs <chem> • silver nitrate ($AgNO_3$); argentum nitricum; lunar caustic *coll*

hölzern <holz> • wooden

hörbar <akust> • audible

hörbarer Frequenzbereich *m* <akust> • audio frequency range; audible frequency range

hörbares Signal *n* <tech.allg> • aural signal

hörbares Signal *n* <edv.av> • audio signal; audible signal; aural signal; sound signal

hörbares Spektrum *n* <phys> • audio spectrum; audible spectrum

hörbares Warnsignal *n* <msr> *(Meldeart)* • audible alarm; acoustic alarm

Hörbarkeitszone *f* <akust> • zone of audibility

Hörbereich *m* <akust> • audible range; range of audibility

Hörbereitschaft *f* <tele> • aural watch

Hörbrille *f* <med> • hearing-aid eyeglasses; hearing-aid glasses

Hörempfang *m* <akust> • audio reception; aural reception

Hörempfindung *f* DIN 1320 <akust> • auditory sensation

Hörer *m* <tele> • handset; telephone handset; telephone receiver; receiver; earphone *obs.rare*

Hörer abheben *vt* <tele> • remove the receiver *vt*

Hörer abnehmen *vt* <tele> *(Telefon)* • lift off the receiver *vt*; pick up *vt*; take off the receiver *vt*

Hörergabel *f* <tele> • receiver cradle; handset cradle

Hörerschnur *f* <tele> • receiver cord; handset cord

Hörfrequenz *f* (NF) <av> *(Audioband 16 Hz – 20 kHz)* • audio frequency (AF); sound frequency; audible frequency; voice frequency *rare*; sonic frequency *rare*

Hörfrequenzbereich *m* <av> *(16 Hz – 20 kHz)* • audio-frequency range; AF-range

Hörfunk *m* DIN 45062 <av> • sound broadcasting

Hörgerät *n* <med> • hearing aid

Hörgeräteprüfkammer *f* <akust> • hearing-aid test box

Hörkapsel *f* <tele> • receiver capsule

Hörkopf *m* <av> • reproducing head; replay head

Hörmelder *m* <alarm> • audio detector; sound detector/sensor; sonic detector; noise detection unit; acoustic alarm

Hörmuschel *f* <tele> • receiver earpiece; receiver ear cap

Hörncheneis *n* <nahr> *(mit Speiseeis gefüllte kegelförmige Waffel oder Papiertüte)* • ice cream cone

Hörnerableiter *m* <el> • horn-shaped arrester; horn-gap arrester

Hörnerfunkenstrecke *f* <el> • horn gap

Hörnerkreuz *n* <el> • arcing horn

Hörnerschalter *m* <el> • horn-gap switch; horn switch

Hörnersicherung *f* <el> • horn-break fuse

Hörprobe *f* <edv.av> • listening test

Hörrundfunk *m* <av> • sound broadcasting

Hörrundfunkempfänger *m* <av> • radio receiver set; radio set *pract*

Hörrundfunkübertragung *f* <av> • sound broadcasting

Hörschall *m* <av> • audio sound; audible sound

Hörschwelle *f* <akust> • audibility threshold; threshold of audibility; threshold of hearing; hearing threshold DIN 7028

Hör-Sprech-Kopf *m* <av> • record-repeat head

Hör-Sprech-Schalter *m* <tele> • talk-listen switch

Hörtest *m* <edv.av> • listening test

Hörton *m* <tele> • audible tone

Hörverlustmessung *f* <med> • hearing-loss test

Hörweite *f* <med> • hearing distance; earshot

Hörzeichen *n* <tele> • audible tone; audible signal

Hof *m* <agri> *(größeres landwirtsch. Anwesen)* • farmyard

Hof *m* ugs <astron> *(um Sonne, Mond etc.)* • aureole

Hof *m* <astron> *(der Sonne, besteht aus ionisierten Gasen)* • corona; aureole

Hof *m* <astron/opt> *(durch Lichtbrechung z. B. i.d. Atmosphäre)* • halo; nimbus

Hof *m* <bau> • yard

Hoffmann'sches Duantenelektrometer *n* <msr> • Hoffmann electrometer

hoffmannsches Duantenelektrometer *n* <msr> • Hoffmann electrometer

hohe Auflösung *f* <edv> • high resolution; high definition; fine resolution *IBM/rare*

hohe Autobahngeschwindigkeit *f* <kfz.verk> • triple-digit speeds

hohe Dichte *f* <edv> • high density

hohe Frequenz *f* <el.ic.prod> • high frequency

hohe Hutmutter *f* <füg> *(hohe Form, Kuppe spitz)* • acorn nut; domed cap nut; cap nut; crown nut *BE.rare*

hohe Messgenauigkeit *f* <msr> *(von Fühlern, Messgeräten, Messungen)* • high measuring accuracy; high accuracy; low measuring uncertainty

hohe Messunsicherheit *f* <msr> *(von Fühlern, Messgeräten, Messungen)* • low measuring accuracy; low accuracy; high measuring uncertainty

hohe Mutter *f* <füg> • thick nut

hohe Rändelmutter *f DIN ISO 1891* <füg> • knurled nut with collar

hohe Rändelschraube *f DIN 464* <füg> • knurled thumb screw

hoher Arbeitsaufwand *m* <ökon> • high labour content

hoher Durchgang *m* <bau> • high-altitude passage

hoher Integrationsgrad *m* <el> • large-scale integration (LSI)

hoher Ton *m* <akust> • high-pitched note

hohes Bauschvermögen *n* <textil> • high bulk potential

hohes Böckchen *n* <nfz> *(an Spurverstellfelge)* • high lug

hohe Schaltpunktgenauigkeit *f* <msr> • high accuracy switching point

hohe Sechskanthutmutter *f form* <füg> *(hohe Form, Kuppe spitz)* • acorn nut; domed cap nut; cap nut; crown nut *BE.rare*

Hohe-See-Einbringung *f* <ents> • ocean dumping; ocean disposal

hohes Halteböckchen *n* <nfz> *(an Spurverstellfelge)* • high lug

hohe Stoffdichte *f* <pap.ents> • high consistency

hohe Temperatur *f* <tech.allg> • elevated temperature

hohe Übersetzung *f* <masch> • high range of gears

hohe Verschlussgeschwindigkeit *f* <av> • fast shutter speed

hohe Verstärkung *f* <el> • high-gain amplification

hohl <allg> • hollow

hohl *ugs* <tech.allg> *(nach innen gewölbt; z. B. Kehle, Mulde, Spiegel, Linse)* • concave

hohl <prod> *(konkav, gemuldet; z. B. durch Schleifen)* • dished

Hohlader *f* <opt.lwl> • loosely buffered fiber

Hohlader ungefüllt *f* <opt.lwl> • loosely buffered fiber

Hohlanode *f* <el> • tubular anode; hollow anode

Hohlanodenröntgenröhre *f* <phys> • hollow anode X-ray tube

Hohlblock *m* <bau> *(zum Ausgießen mit Beton)* • hollow block; hollow building block; cavity block

Hohlblock *m* <metall> *(zum Rohrwalzen)* • hollow bloom

Hohlblockmauerwerk *n* <bau> • blockwork

Hohlbohren *n* <prod> • trepanning

Hohlbohrer *m* <wz> • hollow drill

Hohlbohrgestänge *n* <petr> • hollow-drill stem

Hohlbohrkopf *m* <wz.masch> • trepanning-bar cutter head

Hohlbohrkopfmesser *n* <wz> • trepanning-head cutting bit

Hohlbohrstange *f* <wz> • hollow drill rod; hollow rod

Hohlbolzen *m* <masch> • hollow pin

Hohldorn *m* <prod> • hollow mandrel

Hohlelektrode *f* <füg> • hollow electrode

hohles P-Profil *n* <tech.allg> *(Dichtung)* • hollow P-strip

hohle Stößelstange *f* <kfz.mot> • hollow push rod

hohle Zwischenwelle *f* <kfz.antr> • hollow intermediate shaft

Hohlfaser *f* <kst> • hollow fiber

Hohlform *f* <prod> • hollow form; female form

Hohlform *f* <prod.kst> • cavity die; die

Hohlfräser *m* <wz> *(gesamte Anlage)* • hollow mill

Hohlfräser *m* <wz> *(Werkzeug)* • hollow milling tool

Hohlfuß *m* <druck> • hollow mount

hohlgegossen <prod> • hollow-cast

Hohlgelenk *n* <autom> *(Industrieroboter)* • hollow wrist

hohlgeschliffen <opt> *(konkav; z. B. Linse)* • concave-ground

hohlgeschliffen <prod> • hollow-ground

Hohlglas *n* <silik> • hollow glassware; hollow ware

Hohlguss *m* <prod.metall> • hollow casting

Hohlguss *m* <prod.silik> • drain casting; hollow casting

Hohlkammerfelge *f* <fz> • hollow rim

Hohlkanteisen *n* <wz> • fluted bar iron

Hohlkastenquerschnitt *m* <bau> • box section

Hohlkastenstütze *f* <bau> • box column

Hohlkastenträger *m* <bau> *(z. B. Brücke)* • box beam; box girder

Hohlkathode *f* <el> • hollow cathode

Hohlkathodenentladung *f* <el> • hollow-cathode discharge

Hohlkathodenlampe *f* <licht> • hollow-cathode lamp

Hohlkegel *m* <tech.allg> • hollow cone; internal taper

Hohlkegel *m* <mil> *(Hohlladung)* • hollow cone

Hohlkegeldüse *f* <verf> • hollow cone nozzle; hollow-cone nozzle

Hohlkehle *f* <tech.allg> • fillet; round corner

Hohlkehle *f* <tech.allg> *(betont: sehr schmal)* • furrow

Hohlkehle *f* <tech.allg> • gorge

Hohlkehle *f* <bau> • quirk

Hohlkehle *f* <masch> • channel

Hohlkehlenradius *m* <tech.allg> • fillet radius

Hohlkehlenverfugung *f* <bau> • keyed pointing

Hohlkehlnaht *f* <füg> *(Schweißtechnik)* • concave fillet weld

Hohlkehlzange *f* <wz> • longitudinal grooved and round nose plier

Hohlkeil *m DIN6881* <füg> • saddle key; hollow saddle key

Hohlkörnerspitze *f* <wz> • hollow center; female center

Hohlkörper *m* <tech.allg> *(allg.)* • hollow part; hollow body

Hohlkörper *m* <tech.allg> *(betont: rohrförmig)* • tubular part

Hohlkörper *m* <bau> *(Stahlbeton)* • filler block; hollow block; hollow

Hohlkörperblasen *n* <kst> • blow molding; blow molding of hollow articles *did*

Hohlkörperblasmaschine *f* <kst> • blow-molding machine

Hohlkörperdecke *f* <bau> • hollow-block floor

Hohlkörperprüfgerät *n* <qualit> • hollow-parts testing device

Hohlkolben *m* <masch> • hollow plunger

Hohl-Kreuzwelle *f* <msr> *(Drehmomentmesswelle)* • hollow cruciform

Hohlkrümmung *f DIN 45510* <av> *(Krümmung des Magnetbandes quer zur Bandebene)* • cupping

Hohlkugel *f* <tech.allg> • hollow sphere

Hohlläufer *m* <autom> • elctric motor with hollow rotor

Hohlleiter *m* <allg> • flange

Hohlleiter *m* <el> • hollow conductor; hollow core; hollow-core conductor

Hohlleiter *m* <el.tele> *(betont: für Wellen)* • waveguide; wave guide

Hohlleiterabschluss *m* <el> • waveguide termination

Hohlleiterachse *f* <el> • waveguide axis

Hohlleiterblende *f* <el> • waveguide shutter

Hohlleiterdämpfungsglied *n* <el> • waveguide attenuator

Hohlleiterfassung f <el> • waveguide mount
Hohlleitergrenzfrequenz f <el> • waveguide cut-off frequency
Hohlleiterknie n <el> • waveguide bend; waveguide elbow
Hohlleiter-Koaxialleiter-Übergangsstück n <el.navig> (z. B. Radar) • waveguide-to-coaxial adapter
Hohlleiterkopplung f <el> • waveguide junction; waveguide joint
Hohlleiternachrichtenübertragung f <tele> • hollow-pipe waveguide communication; hollow-pipe waveguide transmission
Hohlleiterquerschnitt m <el> • waveguide cross-section
Hohlleiterübergangsstück n <el> • waveguide taper
Hohlleiterverbindung f <el> • waveguide junction
Hohlleiterwelle f <tele> (z. B. Radar) • guided wave
Hohlmaß n <msr> • capacity measure
Hohlmauer f <bau> (z. B. Talsperre) • cavity dam; cavity wall
Hohlmauertrennwand f <bau> • double partition
Hohlmauerwerk n <bau> • cavity walling
Hohlnaht f <füg> (Schweißtechnik) • concave weld
Hohlnaht f <füg> • throated fillet weld
Hohlniet m <füg> • pop rivet
Hohlpfahl m <bau> • tubular pile; pipe pile
Hohlpfosten m <bau> • boxed mullion
Hohlplatte f <bau> (eher flach) • core panel; cored panel
Hohlplatte f <bau> (eher dick) • core slab; cored slab
Hohlplatte f <verf> • hollow plate
Hohlprägen n DIN 9870 <prod> • embossing
Hohlprägepresse f <wz.masch> • embossing press
Hohlprägestempel m <wz> • embossing die
Hohlprisma n <phys> • hollow prism
Hohlprofil n <tech.allg> • hollow profile; hollow shape
Hohlprofil n <tech.allg> (rohrförmig) • tubular section
Hohlprofil n prakt <kfz> (tragend) • chassis section pract; channel section
Hohlprofil n <prod> (Abschnitt, Teil einer größeren Einheit) • hollow section
Hohlprofilstrangpressen n <metall> • tubular extrusion; tubular extruding
Hohlprofilträger m <logist> (Längstraverse) • boxed beam
Hohlrad n DIN 3998 <antr> (allg.) • ring gear; annulus gear GB; gear ring
Hohlrad n <kfz.antr> (innenverzahnt) • internal gear; internal ring gear; internally toothed ring; internally toothed annulus
Hohlrad n <kfz.antr> (im Planetenradsatz) • internal gear; internal ring gear; annulus gear; ring gear
Hohlräume mpl <nukl> • voids pl
Hohlräumwerkzeug n <wz> • pot broach
Hohlraum m <allg> • hollow space; empty space
Hohlraum m <tech.allg> • cavity
Hohlraum m <geo> (Öffnung) • opening
Hohlraum m <kfz> (Rahmenprofil) • boxed-in section; box section; cavity
Hohlraum m <mat> (Leerstelle) • void
hohlraumarm <bau> (z. B. Beton) • low-voidage
Hohlraumbildung f <förd> (von Pumpen) • cavitation; cavity formation
Hohlraumbildung f <mat> (Werkstoffgefüge) • cavity formation
Hohlraumbildung f <phys> (durch örtlichen Unterdruck in der strömenden Flüssigkeit) • cavitation
Hohlraumboden m <bau.innen> • drywall cavity floor :V
Hohlraumdeckenplatte f <bau.mat> • hollow floor slab
Hohlraumdübel m <bau.mat> • cavity fixing
Hohlraumfilter n <verf> • granular-bed separator
Hohlraumfluten n <kfz> • cavity flooding

Hohlraumfrequenzmesser m <tele> • cavity frequency meter
hohlraumgekoppelt <el> • cavity-coupled
Hohlraumgitter n <el> • resonator grid
hohlraumisoliert <el> • cavity-insulated
Hohlraumkabel n <el> • air-spaced cable; air-space cable; dry-core cable
Hohlraumkonservierung f <obfl> (allg.) • cavity sealing; cavity protection Porsche
Hohlraumkonservierung f <obfl> (betont: Einsprühen von Wachs) • wax injection; wax lancing
Hohlraumkonservierungsmittel n <obfl> • cavity sealant
Hohlraumresonator m <el> • cavity resonator; rhumbatron
Hohlraumschutzwachs n <obfl> • cavity sealing wax
Hohlraumschwingung f <phys> • cavity mode
Hohlraumstrahler m <phys> • cavity radiator; black-body radiator
Hohlraumstrahlung f <therm> (Thermodynamik) • cavity radiation; black-body radiation
Hohlraum-Strahlungsempfänger m <energ.sol> • cavity receiver; cavity-type receiver; cavity absorber; cavity-type absorber; internal receiver
Hohlraumversiegelung f <obfl> (allg.) • cavity sealing; cavity protection Porsche
Hohlriss m <led> • grooved channel; groove
Hohlrohrteiler m <tech.allg> • cut-off attenuator
Hohlroststab m <verbr> • hollow grate bar
Hohlschaber m <wz> • hollow-ground scraper
hohlschleifen vt <prod> • hollow-grind vt; dish vt
Hohlschliff m <prod> • hollow grinding
Hohlschliff m <wz> (einer Säge) • side clearance
Hohlschraube f <füg> • banjo bolt; hollow bolt
Hohlschraube der Zulaufleitung f <kfz.mot> • feed line connector
Hohlschraubenverbindung f <füg> • banjo fitting
Hohlseide f <textil> • bully yarn
Hohlseide f <textil.kst> (Chemiefaser) • hollow filament
Hohlseil n <el> • hollow-stranded conductor
Hohlsog m <energ.hydr> (Gefahr für Turbinenschaufeln) • cavitation
Hohlsog m <förd> (von Pumpen) • cavitation; cavity formation
Hohlspiegel m <opt> • concave mirror; concave reflector; concentrating reflector; collecting mirror
Hohlspindel f <masch> • sleeve screw
Hohlspindel f <prod> • hollow mandrel; hollow spindle
Hohlspindeldrehmaschine f <wz.masch> • hollow-mandrel lathe
Hohlspindelzwirnmaschine f <textil> • hollow-spindle twisting machine; hollow-spindle twister
Hohlsprühkegel m <tech.allg> • hollow spray cone
Hohlsprühkegeldüse f <tech.allg> • hollow-cone nozzle
Hohlstein m <bau.mat> • hollow block; hollow brick
Hohlstempel m <wz> • hollow ram
Hohlstempelstrangpressverfahren n <prod> • inverted extrusion process; indirect extrusion process
Hohlstößelstange f <kfz.mot> • hollow push rod
Hohlstrahlschieber m <energ.hydr> • hollow jet valve
Hohlstrahlventil n norm DIN 4048 <energ.hydr> • hollow jet valve
Hohltafel f <bau> • cored panel
Hohlteil n <tech.allg> • hollow component; hollow part
Hohlteil n <tech.allg> (Hülle, Schale) • shell
Hohlteil n <prod> (rohrförmig) • tubular part
Hohltreiben n <kfz.rep> • hollowing
Hohlventil mit Natriumfüllung n <mot> • sodium cooled exhaust valve; sodium filled exhaust valve

Hohlwalze f <masch> • hollow roll
Hohlwanddosenfräser m <bau.wz> • drywall router :V
hohlwandig <tech.allg> • hollow-walled
Hohlwelle f <kfz.antr> • hollow shaft; sleeve shaft; quill shaft; quill
Hohlwelle mit Anfräsung f <masch> (Drehmoment-messwelle f) • hollow tube with flats
Hohlwellenantrieb m <antr> • hollow-shaft motor drive; quill drive
Hohlwellen-Drehgeber m <msr> • hollw shaft encoder
Hohlwellengetriebe n <masch> • hollow-shaft drive
Hohlwirbel m <phys> • hollow vortex
Hohlziegel m <bau.mat> (gute Wärmedämmung) • cavity brick; hollow brick
Hohlzylinder m <tech.allg> • hollow cylinder
Hohlzylinder m <druck> (Innentrommelrecorder) • hollow cylinder
Hohraumdosenfräser m <bau.wz> • drywall router :V
HOK <ents> • HOK
Holdfunktion f <edv.av> • hold
holende Part f <nav> • hauling part
Hole Opener m <petr> • hole opener; reamer
holistisch <tech.allg> (z. B. Betrachtung eines Problems) • holistic; overall; comprehensive; all-embracing; exhaustive
holistische Betrachungsweise f <tech.allg> (z. B. von Technikfolgenabschätzung) • holistic view
Holländer m <pap.verf> • Hollander beater; Hollander beating engine; Hollander; pulp engine; stuff engine
Holländer-Bauart Valley m <pap> • Valley-type beater
Holländereintrag m <pap> • furnish; furnishing; loading
Holländerfärbung f <pap> • beater dyeing; beater coloring
Holländergrundwerk n <pap> • beater bedplate; beater bowl; beater plate
Holländerlakenkonservierung f <led> • raceway brining
Holländermesser npl <pap> • blades; bars; teeth; knives
Holländertrog m <pap> • beater tank; beater pan; beater tub; beater vat
Holländerwalze f <pap> • beater roll; Hollander roll
Holländische Liste fsg <ents> • Dutch list
Holm m <aerospace> (in Tragflächen) • spar; wing spar
Holm m <aerospace> (in Längsrichtung) • longeron; stringer
Holm m <bau> • capping beam; cross beam
Holm m <energ.wind> (Teil eines Tragflügels bzw. eines Rotorblatts) • spar; blade spar
Holm m rar <kst> (Spritzgießmaschine) • tie bar; tie rod; column
Holm m <nav> • waler
Holmantenne f <kfz> • pillar antenna :V
Holmfräser m <wz> • spar cutter
Holmgurt m <aerospace> (Flugzeug) • spar cap; spar boom; spar flange; cap [strip]
Holmium n (Ho) <chem> • holmium (Ho)
Holmstummel m <aerospace> • spar stump
Holoeder n <mat> • holohedron
Holoedrie f <mat> • holohedry
holografischer Speicher m <edv> • holographic storage; holographic data memory; holographic memory
Hologramm n <phys> • hologram
Hologramminterferometer n <msr> • hologram interferometer
Hologramminterferometrie f <msr> • hologram interferometry; holographic interferometry
Hologrammplatte f <phys> • hologram plate
Hologrammscanner m <edv> • holographic scanner; hologram scanner
Holographie f <opt> • holography

holographische Aufnahme f <opt> • three-dimensional image
holographische Interferometrie f <msr> • holographic interferometry
holographischer Combiner m <kfz.msr> • holographic combiner
holographischer Datenspeicher m <edv> • holographic storage; holographic data memory; holographic memory
holographischer Scanner m <edv> • holographic scanner; hologram scanner
holographischer Speicher m <edv> • holographic storage; holographic data memory; holographic memory
holokristallin <mat> • holocrystalline
holonom <math> • holonomic
holonomes System n <math> • holonomic system
Holosight n <mil> (Visier) • holosight
holprig <verk> (Fahrbahn, Startbahn, befahrenes Gelände) • bumpy
Holster m rar <mil> (für Waffe) • holster
Holster n <mil> (für Waffe) • holster
Holsystem n <ents> (für Zeitungen am Straßenrand) • curbside system US; kerbside system GB
Holz n <mat> • wood
Holzabfall m <holz.ents> • timber waste
Holzabfallverwertung f <holz.ents> • wood-waste utilization
Holzabfuhr-Lokomotive f <bahn> • logging engine
Holzabfuhrstraße f <verk.holz> • logging road
Holzalkohol m obs.rar <chem.petr> (als Kfz-Kraftstoff) • methanol; methyl alcohol coll; wood alcohol obs.rare
Holzart f <holz> • tree species
Holzartenverteilung f <agri> • distribution of species
holzartig <mat> • ligneous; woody coll
Holzasche f <verbr> • wood ash
Holzaufschluss m <pap> • wood pulping
Holzausbau m <min> • timbering; wooden support
Holzausbau erneuern vi <min> • retimber vt
Holzausstattung f <kfz.innen> • wood trim
Holzbalken m <bau.mat> (groß, schwer; z. B. als Dachbalken, Deckenbalken) • balk US; baulk GB
Holzbalkendecke f <bau> • timber beam floor
Holzbalkendecke f <bau.innen> • wooden floor
Holzbau m DIN 1080-5 <bau> • timber construction
Holzbauteile npl <holz> (Zimmerei) • carpenter's woodwork; carpentry
Holzbauteile npl <holz> (Tischlerei) • joiner's woodwork; joinery
Holzbearbeitungsmaschine f <wz.masch> • woodworking machine
Holzbearbeitungswerkzeug n <wz> • woodworking tool
Holzbedarf m <agri> (Forstwirtschaft) • wood requirements
Holzbeize f <obfl.holz> • wood stain
Holzbergepfeiler m <min> • chock
Holzbiegeform f <wz> • wood-bending template
Holzbiegemaschine f <wz.masch> • wood-bending machine
Holzbild n <obfl.holz> (Holzcharakteristik) • texture; figure
Holzblenden in Instrumententafel und Mittelkonsole fpl <kfz.innen> • dash/console wood inlays
Holzbodenwrange f <nav> • floor timber
Holzbohlenrahmen m <min> • coffer
Holzbohrautomat m <wz.masch> • automatic wood-boring machine
Holzbohrer m <wz> (großer Handbohrer) • auger
Holzbohrer m <wz> (für Bohrmaschine) • machine bit for wood
Holzbohrer m <wz> (allg.) • wood-boring bit
Holzboot n <nav> • wooden boat

Holzbügel *m* <wz> *(Tierpräparierung)* • wooden stretcher; stretching frame

Holzcellulose *f* <mat> • lignocellulose; wood cellulose

Holzdefizitländer *pl* <geo.ökon> • wood-poor countries

Holzdesign... *werb* <mat> *(z. B. Kfz-Innenaustattung)* • mock wood; ersatz wood *derog*; ecological wood *advert*

Holzdestillation *f* <chem.verf> • wood distillation

Holzdrehmaschine *f* <wz.masch> • wood-turning lathe; patternmaker's lathe

Holzdübel *m* <bau> *(für Mauerwerk)* • nog

Holzdübel *m* <füg> *(für Bauholzverbindungen)* • timber connector

Holzdübel *m* <holz> *(aus Holz bestehend)* • dowel pin; dowel

Holzeigenschaften *fpl* <holz.qualit> • wood properties

Holzeinlegearbeit *f rar* <obfl.holz> *(z. B. in Möbeln, Kfz-Innenausstattung)* • intarsia; wood inlay

Holzeinschlag *m* <holz> • felling

Holzerzeugnisse *npl* <pap> • forestal products

Holzessig *m* <chem> • wood vinegar

Holzfachwerk *n* <bau> • timber framing

Holzfaser *f* <mat> • wood fiber *US*; wood fibre *GB*

Holzfaserbruch *m* <qualit.mat> • fibrous fracture; woody fracture

Holzfaserdämmplatte *f* <bau.mat> • wood-fiber insulating board; wood-fibre insulating board

Holzfaserdämmstoff *m* <bau.mat> • wood fiber insulation material

Holzfaser-Feuchtigkeitsschutzplatte *f* <bau.mat> • water resistant wood fiber board *:V*

Holzfaserhartplatte *f* <bau.mat> • wood-fiber hardboard *US*; wood-fibre hardboard *GB*

Holzfaserplatte *f DIN 68753* <bau.mat> • wood fiber board *US*; wood fibre board *GB*; fiberboard *US*

Holzfaserstoff *m* <mat> • wood-fiber product

Holzfaser-Trittschalldämmung *f* <bau.mat> • wood fiber impact sound board *US*; wood fibre impact sound board *GB*

Holzfaser-Wärmedämmplatte *f* <bau.mat> • wood fiber heat insulation board *US*; wood fibre heat insulation board *GB*

Holzfaser-Winddichtungsplatte *f* <bau.mat> • wind resistant wood fiber board *US*; wind resistant wood fibre board *GB*

Holzfenster *n* <bau> • wood window

Holzfeuchte *f* <qualit> • wood moisture

Holzfeuchtigkeit *f* <qualit> • wood moisture

Holz-Flachbohrer *m* <wz> • flat wood drill bit; flat wood bit

Holz-Flachfräsbohrer *m* <wz> • flat wood drill bit; flat wood bit

Holzforschung *f* <holz> • wood research; timber research

Holzfräser *m* <wz> • wood-milling cutter; carving machine cutter

Holzfräsmaschine *f* <wz.masch> • wood-milling machine

holzfrei (h'fr) <pap.qualit> *(Papier)* • woodfree; wood-free

holzfreies Papier *n* <pap> • woodfree paper; paper without cellulose; paper without wood pulp; fine paper; free sheet

Holzfülldichte *f* <pap> • chip capacity

Holzgas *n* <chem.verbr> *(verwendbar als Kraftstoff für Motoren)* • wood distillation gas; wood gas

holzgetäfelt <bau> • wood-panelled

Holzgitter mit Alarmdrahteinlage *n :V* <alarm> • wooden screen; wood screen; breakwire grid

Holzhackschnitzel *pl* <energ.verbr> *(z. B. zum Verbrennen)* • wood chips *pl*

holzhaltig (h'h) <pap.qualit> *(Papier)* • wood-containing

holzhaltiges Papier *n* <pap> • mechanical paper; wood-containing paper *rare*

Holzhobelmaschine *f* <wz.masch> • wood planing machine; wood planer

holzig <mat> • ligneous; woody *coll*

Holzimitat *n* <mat> *(z. B. Kfz-Innenaustattung)* • mock wood; ersatz wood *derog*; ecological wood *advert*

Holzimprägniermittel *n* <holz.qualit> • water-repellent preservative

Holzindustrie *f* <holz.ökon> • timber industry

Holzinhaltsstoffe *mpl* <obfl.holz> • wood elements

Holzkantenbestoßmaschine *f* <wz.masch> • wood trimmer

Holzkarton *m* <pap> • wood-pulp cardboard; pulp cardboard

Holzkern *m* <bau> • wood core

Holzkernkasten *m* <metall> *(Gießerei)* • wooden core box; wood core box

Holzkitt *m* <obfl.holz> • plastic wood; crack filler; wood putty; joiner's putty; wood cement

Holzkleber *m* <füg.holz> • wood adhesive

Holzklebstoff *m form* <füg.holz> • wood adhesive

Holzkohle *f* <chem> • charcoal; carbo vegetabilis *thsc*

Holzkohlenfrischverfahren *n* <metall> • charcoal hearth process

Holzkonservierung *f* <holz.chem> *(Holz allg.)* • wood preservation

Holzkonservierung *f* <holz.qualit> *(Bauholz)* • timber preservation; timber proofing

Holzkonservierungsmittel *n* <holz.chem> • wood preservative

Holzkonstruktion *f* <bau> • timber construction

Holzkühlturm *m* <verf> • wood cooling tower

Holzkugelsitzauflage *f* <kfz> • bead seat mat; beaded seat cushion

Holzlack *m* <obfl> • woodwork varnish

Holzlatte *f* <bau.mat> • wood lath; wood slat

Holzleim *m* <füg> • wood adhesive; wood glue

Holzleim *m prakt* <füg.holz> • wood adhesive

Holzlenkrad *n* <kfz.innen> • wood steering wheel; woodrim wheel *GB*

Holz-Look-... <mat> *(z. B. Kfz-Innenaustattung)* • mock wood; ersatz wood *derog*; ecological wood *advert*

Holzmangelländer *pl* <geo.ökon> • wood-poor countries

Holzmarktforschung *f* <holz.ökon> • timber market research

Holzmassenaufnahme *f* <holz.logist> • timber inventory; measurement of standing timber *did*

Holzmehl *n* <holz> • wood flour

Holzmehlpapier *n* <pap> • oatmeal paper

Holzmeißel *m* <wz> • wood chisel

Holzmodell *n* <metall> *(für Gießerei)* • wood pattern

Holzmutter *f* <mus> *(Orgel)* • wooden nut

Holznagel *m* <holz.füg> • wooden peg

Holznagelbinder *m* <bau> • nailed timber truss; nailed truss

Holzöl *n* <mat> • tung oil; China wood oil *pract*

Holzpalette *f* <logist> • wooden pallet

Holzperlenaufleger *m* <kfz> • bead seat mat; beaded seat cushion

Holzpfahlrost *m* <bau> • wood pilework

Holzpolitur *f* <obfl> • wood finish; wood polish

Holzporen *fpl* <obfl.holz> • pores of the wood

Holzraspel *f* <wz> • wood rasp

Holzriemenscheibe *f* <masch> • wood pulley

Holzriffelwalze *f* <wz> • wooden fluted roll

Holzrolle *f* <textil> *(Wickelei)* • wooden spool

Holzrücker *m* <masch> • skidder

Holzruß *m* <holz.verbr> • wood soot

Holzsäge *f* <wz> • wood saw

Holzsägeblatt *n* <wz> • wood-cutting blade

Holzschalung *f* <bau> • timber formwork

Holzschleifband n <wz> • sanding belt
Holzschleifblatt n <wz> • sanding disc; sander disc
Holzschleifen n <pap.ents> (zur Herstellung von Holz-schliff) • mechanical pulping; pulpwood grinding; grinding
Holzschleifen n <prod> (Oberflächenbearbeitung von Holz) • wood sanding; glass-papering of woodwork
Holzschleiferei f <pap> • mechanical pulp mill; ground-wood mill; pulp mill
Holzschleifmaschine f <pap> (zur Herstellung von Holz-schliff) • pulpwood grinder
Holzschleifmaschine f <wz.masch> (zur Oberflächen-bearbeitung) • sanding machine; glass-papering machine; wood sander
Holzschleiftrommel f <wz> • sanding drum; sander drum
Holzschliff m <ents> • ground wood (GW); groundwood; wood pulp; mechanical wood pulp did; stuff
Holzschliffentwässerungsmaschine f <pap> • pulp-drying machine; pulp machine; wet half-stuff machine; wet machine; presse-pâte
Holzschliffpapier n <pap> • groundwood paper; wood-containing paper
Holzschliffpappe f <pap> • wood-pulp board
Holzschnitzel m <pap> (Rohstoff zur Papiererzeugung) • wood chip
Holzschraube f <füg> • wood screw
Holzschraubenanspitzmaschine f <wz.masch> • lag screw gimlet pointer
Holzschraubengewinde n (Hg) DIN 7998 <füg> • wood screw thread; wood-screw thread; wood thread ISO 1891
Holzschraubenschlüssel m <wz> • lag screw wrench
Holzschraubkloben m <bau.mat> (für Fensterläden; mit Spitzgewinde für Holz od. Dübel) • window shutter hinge anchor screw :V
Holzschutz m <holz> (Bauholz) • timber preservation
Holzschutz m <holz.qualit> (allg.) • wood preservation
Holzschutzmittel n <holz.chem> • wood preservative
Holz-Set n rar <kfz.innen> • wood paneling kit
Holzsorte f <holz> • type of wood; kind of wood; species of wood
Holzsortimente npl <holz> • timber assortments
Holzspachtel m <kunst.wz> • wooden spatula; wooden putty-knife
Holzspan m <pap.mat> (Zellstoff- und Holzstoffproduk-tion) • wood chip; chip
Holzspan-Dämmstein m <bau.mat> • wood-chip insulat-ing brick :V
Holzspanplatte f <bau.mat> • chipboard US.GB; particle board US; pressboard rare
Holzspant n <nav> • timber
Holzspantrockner m <verf> • wood chip drier
Holzspiritus m <chem> • wood alcohol
Holzsplitter m <tech.allg> • sliver of wood
Holzspurlatte f <min> • wooden guide rod; wooden guide
Holzstabmaschine f <prod> • slat machine
Holzständer m <bau.innen> • stud; timber stud
Holzständerwand f <bau.innen> • timber stud wall
Holzstempel m <bau> • soldier
Holzstempel m <min> • timber prop; wooden prop
Holzstiel m <wz> (Axt, Hammer) • wooden handle
Holzstift m <füg> • peg; nog
Holzstoff m prakt <holz> • lignin
Holzstoff m <pap> (auf chemischem Wege hergestellt) • chemical pulp
Holzstoff m <pap.ents> (auf mechanischem Weg herge-stellt) • mechanical pulp; mechanical woodpulp; ground-wood pulp
Holzstoff aus Hartholz m <pap> • hardwood pulp
Holzstofferzeugung f <pap.ents> • mechanical pulp pro-duction

holzstofffreies Papier n <pap> • woodfree paper; paper without cellulose; paper without wood pulp; fine paper; free sheet
holzstoffhaltiges Papier n <pap> • mechanical paper; wood-containing paper rare
Holzstrahlen mpl <obfl.holz> • wood rays; xylem rays
Holztäfelung f <bau.innen> (typ. aus Holz) • wainscot; wall paneling US; paneling US; panelling GB
Holztransport m <nfz.logist> • logging operation
Holztransportschiff n <nav> • timber carrier
Holztrockenofen m <holz.verf> • timber-drying kiln; sea-soning kiln
Holzüberschussländer pl <geo.ökon> • wood-rich coun-tries
Holzunterklotzung f <bau> • wood chock
Holzunterkonstruktion f <bau.innen> • timber frame; wood frame; wooden frame
Holzverkleidung f <bau> (als Schutz gegen Umweltein-flüsse) • weather boarding
Holzverkleidung f <bau> • wood lagging
Holzverkohlung f <chem.verf> • wood carbonization; charcoal burning
Holzversenkbohrer m <wz> • countersink bit
Holzversorgungsdefizit n <holz.ökon> • timber supply deficit
Holzverzuckerung f <chem.verf> • wood saccharification; wood hydrolysis
Holzvorrat m <agri> (Forstwirtschaft) • volume of standing timber; standing volume; growing stock
Holzwolle f <pack> • excelsior US; wood wool GB
Holzwollebauplatte f prakt <bau.mat> • wood-wool building slab; wood-wool slab pract
Holzwolleleichtbauplatte f <bau.mat> • wood-wool building slab; wood-wool slab pract
Holzwurm m <bio> • woodworm
Holzwurmschäden mpl <holz.qualit> • woodworm marks
Holzzellstoff m <pap> • wood pulp
Holzzementplatte f <bau.mat> • cement-fiber slab
holzzerstörender Pilz m <obfl.holz> • wood-destroying fungus
Holzzierleiste f <kfz.innen> • wood trim strip
Holzzinnerz n <min> (Zinnstein mit holzartiger Struktur) • fibrous cassiterite; wood tin
Holzzucker m <chem> • xylose; wood sugar
Holzzuwachs m <holz> • increment; accretion
Home Location Register n <tele> • Home Location Register (HLR)
Homepage f (HP) ugs <edv> (WWW; private Internet-präsenz) • home page (hp) coll
Homepage f prakt <edv> (im Internet/WWW; die erste Seite einer Internetpräsenz) • home page (hp)
Homepage f ugs <edv> (WWW; meist mehrere Web-seiten) • web site; home page coll
HOME-Taste f <navig> (Empfänger) • HOME key
Hometrainer m <fz> • exerciser; cycle exerciser
homochromatisch <opt> • homochromatic
Homodynempfang m <tele> • homodyne reception; zero-beat reception
homoedrisch <mat> • homohedral
Homöopathika npl <pharm> • homeopathic drugs; ho-meopathic remedies
homöopathisch <med> • homeopathic US; homoeopa-thic GB
homöopathische Arzneimittel npl <pharm> • homeo-pathic drugs; homeopathic remedies
homöopathische Dosis f <med> • homeopathic dose
homöopathische Hausapotheke f <pharm> • homeo-pathic home remedy kit

homöopathische Heilmittel *npl* <pharm> • homeopathic drugs; homeopathic remedies

homöopathische Spülung *f* <med> • homeopathic douche

homöopatische Heilstoffe *mpl* <pharm> • homeopathic drugs; homeopathic remedies

homöopolar <chem> • homopolar; covalent

homöopolare Bindung *f* <chem> • electron pair bond; homopolar bond; covalent bond; non-atomic bond; electron-pair linkage

Homoepitaxie *f* <el> • homoepitaxy

homogen <qualit.mat> • homogeneous

homogene Legierung *f* <mat> • homogeneous alloy; solid-solution alloy

homogene Partikelverteilung *f* <edv> • homogeneous particle distribution; uniform particle distribution

homogener Raketentreibstoff *m* <aerospace> • rocket monopropellant

homogener Treibstoff *m* <chem.petr> *(allg.)* • monofuel

homogener Wellenleiter *m* <el> • waveguide

homogenes Feld *n* <phys> • uniform field

homogenes System *n* <math> • homogeneous system

homogene Vermischung *f* <kst> • fusion

Homogenfeld *n* <phys> • uniform field

Homogenisation *f* <tech.allg> • homogenization *US*; homogenisation *GB*

Homogenisator *m* <nahr.prod> • homogenizer; homogeniser

Homogenisierdruck *m* <nahr.prod> • homogenizing pressure

Homogenisieren *n* <tech.allg> • homogenization *US*; homogenisation *GB*

homogenisieren *vt* <nahr.prod> • homogenize *vt*; homogenise *vt*

Homogenisierer *m* <nahr.prod> • homogenizer; homogeniser

Homogenisiermaschine *f* <nahr.prod> • homogenizer

Homogenisierring *m* <kst> • mixing ring

Homogenisiertemperatur *f* <nahr.prod> • homogenizing temperature

Homogenisierung *f* <tech.allg> • homogenization *US*; homogenisation *GB*

Homogenisierung nach dem Pasteurisieren *f V:* <nahr.prod> • down-stream homogenization

Homogenisierungsausbeute *f* <verf> • mixing efficiency

Homogenisierungsglühen *n* <metall> • homogenization

Homogenisierungsmaschine *f* <tech.allg> • homogenizing machine

Homogenisierungszone *f* <kst> • metering section

Homogenisierventil *n* <nahr.prod> • homogenizing valve; homogenizer valve

Homogenität *f* <tech.allg> • homogeneity

Homogenität der Schmelze *f* <kst> • melt quality

Homogenitätstest *m* <qualit> • homogeneity test

Homogenkohle *f* <mat> • pure carbon; homogeneous carbon

Homograft *m* <med.tech> *(Herzklappenersatz)* • allograft valve [substitute]; homograft valve [replacement]; allograft cardiac valve; tissue valve; cadaveric valve *pract*

homokinetisches Gelenk *n* <antr> *(z. B. in Antriebswellen von Pkw mit Frontantrieb)* • constant velocity joint (CVJ); constant velocity universal joint *form*; homokinetic joint; CV-joint *pract*

homolog <tech.allg> • homologous

homolog <med> • homologous; human

homologer Gefäßersatz *m obs* <med.tech> • allogenic vascular graft; vascular allograft; vascular homograft; homologous vascular replacement *rare*

Homologie *f* <tech.allg> • homology

homolographische Projektion *f* <astron> • homolographic projection

Homolyse *f* <chem> • homolysis

homometrisch <mat> • homometric

Homomorphismus *m* <math> • homomorphism

homöopathische Kombinationspräparate *npl* <pharm> • homeopathic combinations

Homophon *n* <term> • homophone

Homopolymer *n* <chem> • homopolymer

Homopolymerisat *n* <chem> • homopolymer

Homopolymerisation *f* <chem> • homopolymerization

homothetisch <tech.allg> • homothetic

Homoübergang *m* <energ.sol> • homojunction

homozentrisch <phys> • homocentric

Honahle *f* <wz> • honing tool

Honahle *f prakt* <wz> *(zur Feinstbearbeitung von Zylinderinnenlaufflächen)* • cylinder hone; glaze breaker *pract*; hone *coll*

Honda-Radialventiltechnik *f* (RFVC) <kfz> *(Motorrad)* • Radial Four Valve Combustion Chamber, (RFVC) *Honda*

Honen *n* <prod> • honing

honen *vt* <mot.rep> *(Zylinderbohrungen, mit Honahle)* • hone *vt*

honigartig <nahr> *(Wein)* • honey-sweet

Honigbiene *f* <bio> • honey bee; apis mellifica

Honigstein *m* <min> • mellite

honigsüß <nahr> • honey-sweet

Honigtuch *n prakt.ugs* <obfl> • tack rag *US*; tack cloth; tacky cloth *rare*; dust trapping cloth *GB*

Honigwabe *f* <aerospace> • honeycomb

Honigwabenspule *f* <el> • honeycomb coil

Honmaschine *f* <wz.masch> • honing machine

Honorar *n* <jur> • fee; professional fee; fee for professional services; remuneration; rate

Honstein *m DIN ISO 603-10* <wz> • honing stone; oilstone; stone for honing and superfinish *ISO 603-10*

Hook *m ugs* <edv> *(CAD)* • hook

Hooke'scher Schlüssel *m* <masch> • Hooke's coupling

Hooke'sches Gesetz *n* <mech> *(Festigkeitslehre: Beziehung zw. Spannung und Dehnung)* • Hooke's law

hookescher Schlüssel *m* <masch> • Hooke's coupling

hookesches Gesetz *n* <mech> *(Festigkeitslehre: Beziehung zw. Spannung und Dehnung)* • Hooke's law

Hoopes-Prozess *m* <metall> • Hoopes process; Hoopes electrolytic-refining process

Hoopes-Verfahren *n* <metall> • Hoopes process; Hoopes electrolytic-refining process

Hopfendarre *f* <agri> • hop drier; hop kiln

Hopfenfräse *f* <agri> • rotary hop cultivator

Hopfenpflückmaschine *f* <agri> • hop picking machine

Hopfenpflug *m* <agri> • hop plough

Hopfenpresswasser *n* <agri> • hop press liquor

Hopfenseiher *m* <agri> • hop strainer; hop back

Hopperbagger *m* <bau.mat> *(z. B. für Wasserstraßen)* • hopper dredger

Hopperklappe *f* <förd> • hopper door

HOPPLA-Befehl *m* <edv> • OOPS command

Horchboje *f* <mil> *(Lauscheinrichtung)* • acoubuoy

Horchgerät *n* <kfz.wz> *(für Motorgeräusche)* • mechanics' stethoscope; sonoscope *rare*

Horde *f* <min> • hurdle

Horde *f* <prod> *(zum Trocknen)* • tray; floor

Hordenschüttler *m* <verf.agri> • multiple-section shaker; straw rack *pract*

Hordenschwingtrockner *m* <verf.agri> • vibrating-tray drier

Hordentrockner *m* <verf.agri> • tray drier; deep-bed drier

Hordenwagen *m* <agri> • tray truck

Hordenwascher *m* <min> • hurdle scrubber; hurdle washer

Horizont *m* <allg> • horizon
Horizont *m* <geo> • level
Horizont *m* <geo.min> • layer; stratum
Horizont *m ugs* <licht.theat> • cyclorama lights *pl form*; cyclights *pl coll*
Horizontabtastgeber *m* <aerospace> • horizon scanner
horizontal <allg> • horizontal
horizontal <tech.allg> • flat
horizontal <verk> *(z. B. Flug, Straße)* • level
Horizontalablenkgerät *n* <av> • horizontal deflection unit
Horizontalablenkplatte *f* <av> • horizontal deflection plate; X plate
Horizontalablenkstufe *f* <av> • line sweep stage
Horizontalabschnitt *m* <tech.allg> • horizontal section
Horizontalabtastung *f* <msr> • horizontal scanning
Horizontalachse *f* <tech.allg> • horizontal axis
Horizontalachsen-Windenergie-Konverter *m obs* <energ.wind> • horizontal axis wind turbine (HAWT) *IEV 415*; propeller-type turbine; wind-axis turbine *obs*
Horizontalachser *m prakt* <energ.wind> • horizontal axis wind turbine (HAWT) *IEV 415*; propeller-type turbine; wind-axis turbine *obs*
Horizontalachswindkraftanlage *f* (HAWK) *IEV 415* <energ.wind> • horizontal axis wind turbine (HAWT) *IEV 415*; propeller-type turbine; wind-axis turbine *obs*
Horizontalauflösung *f* <av> • horizontal resolution; horizontal definition
Horizontalauflöung *f* <edv> • horizontal resolution; video resolution
Horizontalausgangsübertrager *m* <av> • line output transformer
Horizontalauslenkung *f* <navig> *(Kreiselorientierung)* • tilt
Horizontalaustastlücke *f* <av> • line blanking interval
Horizontalaustastung *f* <av> • horizontal blanking
Horizontalbalken *m* <bau> • horizontal beam
Horizontalbalkengenerator *m* <av> • horizontal-bar oscillator
Horizontalbandsägemaschine *f* <wz.masch> • horizontal band-sawing machine
Horizontalbemaßung *f* <edv> • horizontal dimensioning
Horizontalbewegung *f* <tech.allg> • horizontal movement
Horizontalbohrmaschine *f* <wz.masch> • horizontal borer
Horizontaldarre *f* <nahr> • horizontal kiln
Horizontal Dilution of Precision *f* <navig> • horizontal dilution of precision (HDOP)
Horizontaldrift *f* <geo> • drift; epeirogeny *thsc*
Horizontale *f* <edv> • horizontal
horizontale Ablenkfrequenz *f* <av> *(Bildröhre; in KHz)* • horizontal frequency; horizontal deflection frequency; horizontal scan rate; horizontal scanning frequency; line scanning frequency
horizontale Ablenkung *f* <edv> • horizontal deflection
horizontale Abmessung *f* <mil> *(Schussloch)* • horizontal dimension
horizontale Abweichung *f* <petr> • horizontal displacement
horizontale Anlage *f* <agri.tech> • plug flow-type digester; plug flow digester
horizontale Auflösung *f* <av> • horizontal resolution; horizontal definition
horizontale Auflösung *f* <edv> • horizontal resolution; video resolution
horizontale Ausgleichung *f* <navig> • horizontal adjustment
horizontale Auslenkgeschwindigkeit *f* <geo.msr> • horizontal displacement velocity; horizontal displacement speed

horizontale Ausrichtung *f* <edv> *(Strichcodesymbol)* • picket fence orientation; horizontal orientation
Horizontalebene *f* <allg> • horizontal plane
horizontale Bildseiteneinstellung *f* <av> • horizontal centering control
Horizontale Drift *f* <nukl> • horizontal drift
horizontale Genauigkeit *f* <navig> • horizontal accuracy; horizontal position accuracy; horizontal positioning accuracy
horizontale Geschwindigkeit *f* <logist> *(RFZ)* • horizontal travel speed *US*; horizontal speed *US*; travel speed *US*
Horizontaleinheit *f* <autom> • horizontal unit
horizontale Interfacewand *f* <edv> *(LIMDOW)* • horizontal interface wall
horizontale Laststange *f* <licht.theat> • bar
horizontale Luftströmung *f did* <phys> • advection
Horizontalendpentode *f* <av> • line output pentode
Horizontalendstufe *f* <av> • horizontal final stage; line sweep output stage
horizontale Positionsgenauigkeit *f* <navig> • horizontal accuracy; horizontal position accuracy; horizontal positioning accuracy
horizontale Präzisionsminderung der Position *f* (HDOP) <navig> • horizontal dilution of precision (HDOP)
horizontaler Bogenrechen *m* <verf.hydr> • horizontal arc screen *V*
horizontaler Erdreichwärmetauscher *m did* <hlk> • ground coil; horizontal underground heat exchanger *did*
horizontaler Gasdurchtritt *m* <chem.verf> • horizontal gas flow
horizontaler Hub *m* <autom> • horizontal stroke
horizontale Richtwirkung *f* <tele> *(Antenne, Sender)* • horizontal directivity
horizontaler Kreuzverband *m* <logist> *(von Lagerregalen)* • diagonal bracing in the horizontal plane
horizontaler Schnittbildindikator *m* <phot> • horizontally oriented split-image spot
horizontaler Strichcode *m* <edv> • horizontal bar code; picket-fence bar code
horizontales Auflösungsvermögen *n* <av> • horizontal resolution; horizontal definition
horizontales Extrudieren *n* <prod> *(allg.; z. B. von Kunststofffolien, -profilen, Speiseeis)* • horizontal extrusion
horizontales Flügelprofil *n* <bau> • rail; sash rail
horizontales Keiretsu *n* <ökon> *(Firmenverbund mit wechselseitigen Aktienanteilen)* • horizontal keiretsu; financial keiretsu
horizontales Metallprofil *n* <bau.innen> • runner; track
horizontales Strecke *f* <navig> • horizontal distance
horizontales Umlaufregal *n form, prakt* <logist> • horizontal carousel
horizontale Synchronisation *f* <edv> *(Bildschirm)* • horizontal synchronization *US*; horizontal synchronisation *GB*
horizontale Turbine *f* <energ.hydr> • horizontal-shaft turbine; horizontal-axis turbine
horizontale Übertragung *f* <med> • horizontal transmission
horizontale Verminderung der Genauigkeit *f* <navig> • horizontal dilution of precision (HDOP)
horizontale Verringerung der Genauigkeit *f* <navig> • horizontal dilution of precision (HDOP)
horizontale Verschlechterung der Genauigkeit *f* <navig> • horizontal dilution of precision (HDOP)
Horizontal-Extruder *m* <prod.nahr> *(Speiseeis)* • horizontal extruder
Horizontalflug *m* <aerospace> • horizontal flight; level flight; forward flight

Horizontalfrequenz f <av> (Bildröhre; in KHz) • horizontal frequency; horizontal deflection frequency; horizontal scan rate; horizontal scanning frequency; line scanning frequency

Horizontalgatter n <wz.masch> • horizontal log frame saw

Horizontalgeschwindigkeit f <aerospace> • horizontal speed; level speed

horizontal geteiltes Gehäuse n <masch> (z. B. Pumpe, Turbine, Getriebe) • axially split casing; horizontally split casing; horizontal-split casing; longitudinally split casing

horizontal geteiltes Kurbelgehäuse n <kfz.mot> • horizontally split crankcase

Horizontalimpuls m prakt <av> (im Bildröhren-Synchronsignal) • horizontal synchronizing pulse; horizontal drive pulse; line sync pulse; HD pulse; H sync [pulse] pract

Horizontalintensität f <phys> (Magnetfeld) • horizontal intensity

Horizontalkamera f <phot> (Luftbildaufklärung) • horizontal camera

Horizontalkammerofen m <verf> (Hochtemperaturverkokung von Steinkohle) • horizontal-chamber oven; horizontal oven

Horizontalkippgerät n <av> • horizontal deflection unit

Horizontalklärer m <ents> (Abwasserbehandlung) • horizontal clarifier

Horizontalkolonne f <chem.verf> (Destillation) • horizontal still

Horizontalkommissionierer m prakt <logist> • low lift truck; low-lift order picker; low-level order picker

Horizontalkomparator m <opt> • horizontal comparator

Horizontalkraft f <tech.allg> • horizontal force

Horizontalkreis m <tech.allg> • horizontal circle

Horizontalmaß n <edv> • horizontal dimension

Horizontalöffner m <textil> (Spinnen) • horizontal opener

Horizontalparallaxe f <phot> • horizontal parallax; X parallax

Horizontalpendel n <mech> • horizontal pendulum

Horizontalplattenentstauber m <verf> • horizontal plate-type precipitator

Horizontalpolarisation f <phys> • horizontal polarization

Horizontalprojektion f <phot> • wall projection; horizontal projection

Horizontalpumpe f <förd> • horizontal pump; horizontal-shaft pump

Horizontalregelung f <av> • horizontal centering control

Horizontalreproduktionskamera f <phot> • horizontal camera

Horizontalrichtwirkung f <tele> • horizontal directivity

Horizontalrohrverdampfer m <rls> • horizontal tube evaporator

Horizontalrücklauf m <av> • horizontal flyback; line flyback

Horizontalschiebefenster n <bau> (allg.) • gliding window; glider; sliding window; slider; horizontal slider

Horizontalschiebefenster n <bau> (mit zwei beweglichen Flügeln) • double slide window

Horizontalschiebeflügel m <bau> • sliding sash

Horizontal-Schlitzverschluss m <phot> • horizontal-run focal-plane <type> shutter

Horizontalschub m <aerospace> • horizontal thrust

Horizontalschweißen n <füg> • horizontal welding

Horizontalseismometer n <geo> • horizontal seismometer

Horizontalsichter m <ents> • horizontal air classifier

Horizontalsichter mit mehreren Fraktionen m <ents> • horizontal air classifier with several fractions

Horizontalsprungweite f <geo> • offset fault; offset

Horizontalsteuerspannung f <av> • horizontal drive voltage

Horizontalstrahl m <tech.allg> • horizontal beam

Horizontalstrahlungsdiagramm n <navig> (Radarantenne) • horizontal radiation pattern

Horizontalsynchronimpuls m <av> (im Bildröhren-Synchronsignal) • horizontal synchronizing pulse; horizontal drive pulse; line sync pulse; HD pulse; H sync [pulse] pract

Horizontalturbine f obs <energ.wind> • vertical axis wind turbine (VAWT) IEV 415; cross-wind-axis turbine obs

horizontal umlaufendes Fachbodenregal n popw <logist> • horizontal carousel

Horizontalverband m <logist> (Regalrahmen) • horizontal brace US; horizontal bracing US; horizontal tie GB

Horizontalverschiebung f <geo> • horizontal displacement; strike-slip fault

Horizontalverschiebung f <logist> (Regal) • side sway; sidesway

Horizontalverstärker m <el> • horizontal amplifier

Horizontalwinkel m <tech.allg> • horizontal angle

Horizontalzelle f <bio> • Billiter cell; horizontal cell

Horizontalzug m <ents> • horizontal boiler pass

Horizontebene f DIN ISO 10209-2 <doku> (horizontale Ebene durch das rojektzionszentrum,) • horizon plane ISO 10209-2

Horizontierschraube f <wz.masch> • adjustable leveling screw US; jack screw; adjustable levelling screw GB

Horizontlinie f <geo> • horizon line

Horizontrampe f <licht.theat> • cyclorama lights pl form; cyclights pl coll

Horizontstabilisierung f <navig> • attitude stabilization

Horizontsucher m <navig> • horizon scanner

Horn n <av> • horn

Horn n prakt <av> (Einheit aus Horntreiber, Druckkammer und Horn) • horn loudspeaker; horn pract

Horn n prakt <fz> (Rad) • rim flange; flange pract

Horn n <mus> • horn

Horn n <wz> (Amboss) • beak

Hornantenne f <el> (z. B. Radar) • horn radiator; horn antenna US; horn aerial GB; conical-horn antenna US; conical-horn aerial GB

hornartige Stößelverlängerung f <wz> • ram extension

hornartige Tischverlängerung f <wz.masch> (Abkantpresse) • bed extension

Hornblende f <min> • hornblende

Hornblende f <min> (i.e.S.) • hornblende

Hornbohrung f <kfz.wz> (Spritzpistole) • horn hole

Hornbüchse f <petr> • horn socket; slip socket

Horndruckring m <kfz> • horn ring

Hornfußradius m prakt <kfz> (Rad) • rim flange toe radius; flange toe radius pract

Hornhals m <av> • throat

Hornhöhe f prakt <kfz> (Rad) • rim flange height; flange height pract

hornig <led> • bony

Hornkontaktschalter m <kfz> • horn-break switch

Horn-Lautsprecher m <av> (Einheit aus Horntreiber, Druckkammer und Horn) • horn loudspeaker; horn pract

Hornlautsprecher m <av> • horn loudspeaker

Hornlenker m <fz> (Fahrrad) • bullhorn bar

Hornmund m <av> • mouth

Hornring m KPZ <kfz> (Felge) • side ring; continous side ring did; endless side ring did; flange ring US

Hornschiene f <bahn> • wing rail

Hornsilber n prakt.ugs <min> • chlorargyrite; horn silver

Hornstrahler m <el> (z. B. Radar) • horn radiator; horn antenna US; horn aerial GB; conical-horn antenna US; conical-horn aerial GB

Horntreiber m <av> • horn driver; driver

Horstablagemaschine f <agri> • spacing drill

Hose f <bekl> • pants pl; trousers pl
Hose mit Bügelfalten f <bekl> • dress pants
Hosen fpl <bekl> • pants pl; trousers pl
Hosenboje f <nav> • breeches buoy
Hosenbund m <bekl> • waist; waistband
Hosenklammer f <fz.bekl> • trouser clip
Hosenrohr n <energ.hydr> (betont: Gabelung) • bifurcation
Hosenrohr n <kfz> (Abgassystem, typ. Flammrohrbauart) • Y-pipe; twin headpipe; twin header; twin front pipe
Hosenrohr n <rls> (allg.) • Y-pipe; wye pract
Hosenschurre f <förd> • two-way chute
Hosenspange f <fz.bekl> • trouser clip
Hosenträger mpl <bekl> • suspenders pl
Hosenträgergurt m <kfz> • harness system; safety harness; harness
Host m <edv.allg> • host computer; host
Host-Adapter m <edv> • host adapter; host adaptor Panasonic
Hostcomputer m <edv.allg> • host computer; host
Host-Daten <edv> • host data
Hostrechner m <edv.allg> • host computer; host
Host-System n <edv> • host system
Hot Billing n <tele> • hot billing
Hot-box-Verfahren n <prod> • hot-box process
Hotchkiss-Hinterachse f <kfz> (Konstruktionsprinzip) • Hotchkiss drive
Hot-Dry-Rock-Verfahren n (HDR) <energ.geo> • hot-dry-rock process (HDR); HDR process
Hotel n <tour> • hotel
Hotkey m coll <edv> • hotkey; shortcut
Hotmelt-Kleber m <füg> • hot melt [adhesive]
Hot Shop m <werb> • hot shop
Hotspot m <edv> • hotspot; pool of light rare
Hot-spot m <ents> • hot spot
Hot Spot m <geo> (auf der Erdoberfläche) • hot spot
Hot-Spot-Effekt m <energ.sol> • hot spot effect; hot spot pract
Hot Spot-Fährte f <geo> • hot-spot track
Hot Spots mpl <astron> • hot spots pl
Hot Spots mpl <kfz> • hot spots
Hot Spot-Spur f <geo> • hot-spot track
Hot-Swap-Controller m <el> (erlaubt Austausch eingeschalteter Komponenten) • hot-swap controller
Hot-Swapping-Technologie f <edv> • hot swappable technology
Hot-Tack-Test m <kst> • hot-tack test
Houdriformen n <chem> • houdriforming
HOW <navig> • handover word (HOW)
Howell-Bunger-Ventil n <energ.hydr> (Regelarmatur in Druckrohrleitung) • fixed cone valve; Howell Bunger valve
HOZ <metall> • blast furnace cement; blast-furnace cement; blast furnace slag cement; blast-furnace slag cement
HP <edv> (WWW; private Internetpräsenz) • home page (hp) coll
H-Papier n <el> (für Kabel) • metallized paper US; metallised paper GB
H-Parameter m <el> • hybrid parameter; H-parameter
HPF <edv.av> • high-pass filter (HPF); highpass filter; highpass pract; high-pass pract; high pass pract
HPL-Platte f prakt <mat> • high-pressure laminate (HPL); laminated board pract; HPL board
H-Profil n <bau> (allg.; Stahlträger, Aluprofil, Kunststoffprofil etc.) • H-section
H-Profil n EN 10079 <bau.mat> (schwerer Stahlträger) • broad flanged heavy section EN 10079
HP-Schale f <bau> • hyperbolic paraboloid shell; hyperbolic paraboloid

HPV <fz> • human powered vehicle (HPV)
HQI <licht> • metal halide lamp
HQI-Brenner m <tech.allg> • metal halide lamp; metal halide burner; HQI-lamp; HQI-light; halogen quartz iodide light
HQI-Lampe f <tech.allg> • metal halide lamp; metal halide burner; HQI-lamp; HQI-light; halogen quartz iodide light
HQI-Leuchte f <tech.allg> • HQI-lamp
HQI-Strahler m <tech.allg> • metal halide lamp; metal halide burner; HQI-lamp; HQI-light; halogen quartz iodide light
HQL-Lampe f prakt <licht> • high-pressure mercury vapor lamp; high pressure HQL-lamp; HQL-lamp pract
HQL-Leuchte f <tech.allg> • HQL-lamp
HQ Super Vision f <av> • VHS High Quality System (VHS HQ); High Quality VHS; HQ High Quality
HQTE-Elektrode f <el.chem> • hanging mercury drop electrode (HMDE)
HR <edv> • High Resolution (HR)
HR <licht> • hot re-strike (HR)
HRAK <bau.innen> • tapered with round edge (RE)
HRB <qualit.mat> (Eindringkörper: Kugel) • Rockwell hardness scale B (HRB)
HRC <qualit.mat> (Eindringkörper: Kegel) • Rockwell hardness scale C (HRC)
HRG-Verfahren n <energ> • HRG-method; horizontal ribbon growth method; low-angle growth method; low-angle ribbon growth method
HRK <bau.innen> • round edge :V
Hs <chem> (Ordnungszahl 108, superschweres Element) • hassium (Hs); unniloctium obs
HSCSD-Protokoll n <tele> • high-speed circuit-switched data protocol (HSCSD); high-speed circuit-switched data
H-Seil n <bau> (bei Hängebrücken) • H-type cable; H-type stay cable
HSG <edv> • High Sierra Group (HSG)
HSLA <tech.allg> • high strength low alloy (HSLA)
HSM <edv> • Hierarchical Storage Management (HSM)
HSP <el.chem> • half-wave potential
HSR <edv> • hidden-surface removal
HSS <edv> • High Sierra Standard (HSS)
HSS-Spiralbohrer m norm <wz> • high speed steel twist drill; carbon steel twist drill
HSS-Wendelbohrer m norm <wz> • high speed steel twist drill; carbon steel twist drill
HST <kst> (z. B. Dekorfolie mit Kunststoffformteil hinterspritzt) • in-mold decoration (IMD); IMD method; rear injection rare
HSV <edv> • Hue-Saturation-Value (HSV) stand.
HSV-Farbmodell n (HSV) <edv> • Hue-Saturation-Value (HSV); HSV color model
HSW <kfz> (allg.) • rear wiper system; rear wiper
H-Synchronimpuls m prakt <av> (im Bildröhren-Synchronsignal) • horizontal synchronizing pulse; horizontal drive pulse; line sync pulse; HD pulse; H sync [pulse] pract
HS-Zement m prakt <bau.mat> • high sulfate-resistant cement; HS cement pract
H-Theorem n <phys> (Thermodynamik) • H-theorem
HTI <licht> (Kurzbogen-Metalldampflampe) • HALOMET-lamp (HTI) Osram
HT-Koks m prakt.ugs <verbr> • high-temperature coke
HTP <nukl> • high temperature plasma; high-temperature plasma; hot plasma
HTR <nukl> • high-temperature reactor (HTR)
H-Träger m <bau> (breiter als ein Doppel-T-Träger) • H-beam; wide-flange beam; wide-flange girder; H-girder
HTSL <energ> (bei Temp. von −180 bis −240 °C) • high-temperature superconductor

HU <qualit.mat> • universal hardness (HU); Vickers hardness under load; HVL

Hu *m obs* <verbr> *(ohne Verdampfungswärme des Wasserstoffs)* • net calorific value; lower heating value; net combustion heat; net heating value

Hub *m* <tech.allg> *(Vorgang; z. B. Aufzug, Ladeplattform)* • elevation

Hub *m* <tech.allg> *(betont: Aufwärtsbewegung)* • rise

Hub *m* <aerospace> *(sehr großer Flughafen)* • hub

Hub *m prakt* <av> *(zw. Frequenzen)* • frequency deviation; deviation *pract*

Hub *m* <el> *(Wert)* • sweep width; sweep

Hub *m* <el> *(Frequenzhub)* • swing; frequency deviation; deviation

Hub *m* <kfz.mot> *(lineare, reziproke Bewegung; z. B. Kolben in Zylinder)* • stroke; travel

Hub *m* <masch> *(z. B. von Kolben)* • axial travel; linear travel; stroke

Hub *m* <qualit.mat> • travel

Hub *m* <textil> *(Fadenführer)* • traverse

Hubänderung *f* <masch> • variation of stroke

Hubantrieb *m* <theat> • hoisting mechanism; elevating mechanism

Hubarbeit *f* <mech> • lifting work

Hubarm *m* <förd> • lift arm

Hubbalkenglühofen *m* <metall> • walking-beam annealing furnace; walking-beam furnace

Hubbalkenofen *m* <metall> • rocker-bar type furnace; walking-beam furnace

Hubbegrenzer *m* <masch> • stop; stroke-limiting stop

Hubbegrenzer *m* <rls> • limit stop

Hubbegrenzungsbügel *m* <kfz.mot> *(Membranventil)* • reed stop; restrictor; stopper [plate]

Hubbeine der Plattform *npl* <petr> • jack-up-legs

Hubbereich *m* <av> *(zw. Frequenzen)* • frequency deviation; deviation *pract*

Hubbewegung *f* <tech.allg> *(z. B. Hubbrücke, Kran, Ventil, Kolben)* • lifting motion; elevating motion; raising motion

Hubble-Konstante *f* <astron> • Hubble constant; Hubble's constant

Hubbohrinsel *f* <petr> • jack-up oil rig; off-shore self-elevating drilling platform; self-elevating drilling platform; jack-up drilling platform

Hub-Bohrungs-Verhältnis *n* <kfz> • bore:stroke ratio; stroke-bore ratio

Hub-Bohrungsverhältnis *n* <kfz> • bore:stroke ratio; stroke-bore ratio

Hubbrücke *f* <bau> • vertical-lift bridge; lift bridge

Hubdach *n* <kfz.tour> *(z. B. Wohnmobil)* • pop top; pop-up roof; elevating roof *form*

Hubdach-Camper *m* <kfz.tour> • pop-top camper; pop-up camper

Hubdach-Caravan *m* <kfz.tour> *(Caravan mit aufstellbarem Dach)* • pop-top caravan; pop-up roof caravan

Hubejektor *m* <pap> • lifting ejector

Hubel *m* <silik> • blank

Hubendabschaltung *f* <nfz> • anti-two block system *Grove*

Hubende *n* <masch> *(am UT; von Kolben, Stößel)* • bottom stroke

Hubende *n* <masch> *(allg.)* • end of stroke

Hubfänger *m* <masch> *(Ventil)* • valve guard

Hubfeder *f* <masch> • lift spring

Hubgabel *f* <förd> • lifting fork

Hubgerüst *f* <förd> • lift frame

Hubgerüst *n DIN ISO 5053* <logist> *(Hochregalstapler)* • mast *ISO 5053*

Hubgeschwindigkeit *f* <förd> *(betont: von Kranhaken)* • hook speed

Hubgeschwindigkeit *f* <förd> *(allg. beim Heben)* • lifting speed; hoisting speed

Hubgeschwindigkeit *f* <logist> *(RFZ)* • vertical travel speed *US*; vertical speed *US*; hoist speed *US*; lifting speed *GB*; lift speed *GB*

Hubgetriebe *n* <förd> *(Elektrozug, Kran)* • elevating mechanism; elevating drive

Hubgewindespindel *f* <masch> • elevating screw

Hubglied *n* <masch> • follower

Hubhöhe *f* <förd> *(Elektrozug, Kran)* • elevation height; hoisting height

Hubhöhe *f* <förd> *(Gabelstapler)* • fork-elevation height

Hubhöhe *f* <logist> *(RFZ)* • lifting height

Hubhöhe *f* <masch> *(Kolben)* • stroke height

Hubhöhe *f* <masch> *(Ventil)* • valve lift

Hubinsel *f* <petr> *(allg.)* • self-elevating platform; self-erecting platform; jack-up platform; jack-up rig *pract*; jack *coll*

Hubinselbeine *npl* <petr> • support for self-elevating platforms

Hubkasten *m* <textil> • rising box; drop box

Hubkippwagen *m* <bahn> • wagon with lifting and tipping bucket

Hubkolbenkompressor *m form* <masch> • reciprocating piston compressor *form*

Hubkolbenmotor *m DIN 1940* <mot> • reciprocating internal combustion engine *ISO 7967-2*; reciprocating engine

Hubkolbenpumpe *f* <förd> • reciprocating pump; positive displacement reciprocating pump *form*; reciprocating positive displacement pump *form*; reciprocating piston pump

Hubkolben-Verbrennungsmotor *m* <mot> • reciprocating internal combustion engine *ISO 7967-2*; reciprocating engine

Hubkolbenverdichter *m* <masch> • reciprocating compressor; reciprocating piston compressor

Hubkraft *f* <förd> • lifting power; hoisting power

Hubkupplung *f* <agri> • pick-up hitch

Hubladebühne *f rar* <nfz> • liftgate; tail-gate lift *GB*; tail lift *GB*; elevating tailgate *US.rare*; elevating end gate *US.rare*

Hubladeklappe *f* <nfz> *(eines LKW)* • elevator tailboard

Hublänge *f* <masch> *(Kolben,Schlitten)* • length of stroke; stroke length

Hublängenskala *f* <wz.masch> • stroke-indicator dial

Hublängenverstellung *f* <wz.masch> • stroke-length adjustment

Hublage *f* <masch> • ram-stroke position; stroke position

Hublagenverstellung *f* <wz.masch> • stroke-position adjustment

Hubleistung *f* <verf.hydr> *(eines Reinigungselements)* • lifting capacity

Hublenkersystem *n* <theat> • screw-actuated lift

Hubmagnet *m* <el> *(z. B. in Relais, Aktuator)* • solenoid

Hubmagnet *m* <förd> • crane magnet; lifting magnet

Hubmanschette *f* <förd> • lifting collar

Hubmast *m* <logist> *(Hochregalstapler)* • mast *ISO 5053*

Hubmechanismus *m* <theat> • hoisting mechanism; elevating mechanism

Hubmotor *m* <förd> *(Kran)* • elevating motor; lifting motor; hoisting motor

Huborgan *n* <förd> • lifting mechanism

Hubpfahl *m* <bau.masch> *(zum Anheben des Schwimmbaggers)* • lifting spad

Hubphase *f* <kfz.mot> • stroke phase

Hubplatte *f* <förd> *(z. B. an LKW)* • lift slab

Hubplattenverfahren *n* <bau> • lift-slab method; Youtz-Slick method

Hubplattform f <masch> • elevating platform; lifting platform

Hubpresse f <petr> • telescopic jack; jack

Hubrad n <agri> • slat circular cage

Hubrad n <masch> *(Getriebe)* • stroke wheel

Hubrad n <masch> • wheel elevator

Hubraum m <masch> *(von Hubkolbenmaschinen allg.; Raum zw. UT und OT)* • swept volume; piston displacement

Hubraum m <mot> *(Bohrung x Hub von Hubkolbenmotoren; in Liter od. ccm, cm#)* • cubic capacity (cc); displacement *form*; capacity *pract*; swept volume *rar*

Hubraumleistung f <kfz.mot> • volumetric efficiency

hubraumvergrößert <kfz.mot> *(Motor)* • bored and stroked

Hubring m <verf> • lifting ring; hoisting ring

Hubrückschlagventil n <rls> • lift check valve

Hubsägeblatt n <wz> • power hacksaw blade

Hubsattelauflieger m <nfz> • slide axle trailer *Dakota*; roll-back trailer

Hubscheibe f <förd> *(Materialfluss)* • feed-driving disk *US*

Hubscheibe f <kfz.mot> • cam plate

Hubscheibe f <masch> • main-driving gear; crank gear

Hubscheibe f rar <mot> *(Kurbelkröpfung)* • crank web *ISO 7967-2*; crankshaft web; crank cheek *rare*

Hubscheibenklappe f <med.tech> *(Herzklappenersatz)* • caged-disk valve *US*; caged-disc valve *GB*

Hubscheibenprothese f <med.tech> *(Herzklappenersatz)* • caged-disk valve *US*; caged-disc valve *GB*

Hubscheibenrad n <masch> • bull gear

Hubschlitten m <logist> *(RFZ)* • carriage *US*; lift carriage *US*; load platform *GB*

Hubschlitten m <textil> • reciprocating carriage

Hubschnecke f <kst> *(Spritzgießmaschine)* • reciprocating screw

Hubschranke f <bau> *(z. B. Garage, Zollbrücke)* • lifting gate

Hubschrauber m <aerospace> • helicopter; rotating-wing aircraft; rotary-wing aircraft; rotor aircraft; gyrodyne [aircraft]

Hubschrauber-Deck n <tech.allg> *(z. B. auf Krankenhaus, Hotel, Bohrinsel)* • helicopter landing deck; helicopter port; helicopter platform; heli port; helipad *US*

Hubschrauberflugplatz m <aerospace> • helicopter aerodrome; heliport

Hubschrauberlandeplatz m <tech.allg> *(z. B. auf Krankenhaus, Hotel, Bohrinsel)* • helicopter landing deck; helicopter port; helicopter platform; heli port; helipad *US*

Hubschrauberlandeplatz m <aerospace> *(betont: im Gelände)* • helicopter landing field

Hubschütz n <energ> *(Wehr, Schleuse)* • lifting gate

Hubseil n <förd> • hoisting line; hoisting rope; hoisting cable

Hubseil n <verf.hydr> *(Rechenreiniger mit Seilantrieb)* • hoist rope

Hubspindel f <masch> *(z. B. Hebezeug, Presse, Maschinenfuß)* • elevation screw; elevating screw; lifting screw; jack screw

Hubspindelmutter f <masch> *(z. B. Wagenheber)* • elevating nut

Hubstange f <masch> • lift rod; lifting rod

Hubstange f <textil> • rod

Hubstapler m <förd> • high-lift fork truck; stacker truck

Hubtisch m <tech.allg> *(betont: Höhe anpassbar)* • height-adjustable table

Hubtisch m <förd> • lift table

Hubtisch m <prod> *(Coil-Wagen)* • saddle

Hubtor n <hydr.bau> *(Schleuse, Wehr)* • vertical-lift gate

Hubtriebwerk n <aerospace> *(Senkrechtstarter)* • lifting engine; vertical-thrust generator

Hub- und Senkstation f <förd> • raise and lower station

Hub vergrößern vi <kfz.mot> • stroke *vt*

Hubvergrößerung f <kfz.mot> • stroking *coll*

Hubverhältnis n <el> • deviation ratio

Hubverlagerung f <masch> • stroke positioning; ram positioning

Hubverstellung f <masch> • stroke adjustment

Hubvolumen n norm <kst> *(allgemein)* • injection volume; displacement; stroke volume

Hubvolumen n norm <kst> *(bei Kolbenspritzgießmaschinen)* • injection piston displacement

Hubvolumen n norm <kst> *(bei Schneckenspritzgießmaschinen)* • injection screw displacement

Hubvolumen n <masch> *(Kolbenmaschine)* • stroke volume

Hubvolumen n wiss <masch> *(von Hubkolbenmaschinen allg.; Raum zw. UT und OT)* • swept volume; piston displacement

Hubvolumen n <mot> • piston displacement

Hubvolumen n form <mot> *(Bohrung x Hub von Hubkolbenmotoren; in Liter od. ccm, cm³)* • cubic capacity (cc); displacement *form*; capacity *pract*; swept volume *rar*

Hubvorrichtung f <förd> • lifting unit

Hubwagen m <förd> *(z. B. Scherenhubwagen)* • elevating-platform truck

Hubwagen m <förd> *(Gabelstapler)* • fork carriage

Hubwagen m DIN ISO 5053 <förd> *(Flurförderzeug)* • lift truck *ISO 5053*

Hubwagen m <logist> *(RFZ)* • carriage *US*; lift carriage *US*; load platform *GB*

Hubwange f rar <mot> *(Kurbelkröpfung)* • crank web *ISO 7967-2*; crankshaft web; crank cheek *rare*

Hubwechselpunkt m <masch> • dead center *US*; dead centre *GB*; dead point

Hubweg eines Ventils m <masch> • valve travel

Hubwelle f <agri> • rock shaft

Hubwerk n <förd> • lifting gear; hoisting gear

Hubwerk n <logist> *(RFZ)* • vertical drive *US*

Hubwerk n <wz.masch> *(Radialbohrmaschine)* • arm elevating mechanism

Hubwerkantrieb m <logist> *(RFZ)* • hoist drive *US*; lift motor *GB*

Hubwinde f <förd> • hoisting winch

Hubzähler m <msr> • stroke counter

Hubzahl f <prod> • number of strokes

Hubzahl pro Minute f <prod> *(z. B. Presse)* • strokes per minute

Hubzapfen m <mot> • crank pin *ISO 7967-2*; con rod journal *pract.coll*; connecting rod journal; connecting rod throw/pin

Hubzylinder m <masch> *(i.a. hydraulisch)* • lift cylinder

Hubzylinder m <nfz> • hoist ram

Huckepackflugzeug n <aerospace> *(Trägerflugzeug)* • carrier aircraft with pickaback plane

Huckepackflugzeug n <aerospace> *(transportiertes Flugzeug)* • pickaback aircraft; pickaback plane

Huckepack-Känguruhwagen m <bahn> • kangaroo-type wagon

Huckepackkarte f <edv> • piggyback board

Huckepackverkehr m <logist> • pickaback traffic; pickaback service; piggyback service

Huckepackverstärker m <el> • pickaback amplifier

Huckepackwagen m <bahn> • piggy back car

HUD <kfz.msr> • head-up display

Hüftdrehung f <autom.prod> *(Roboter)* • waist rotation

Hüftgelenk n <prod.autom> *(Roboter)* • waist joint; waist

Hüftpolster n <bekl> • hip padding

Hüftprotektor m <bekl> *(z. B. in Motorradbekleidung)* • hip protector; hip armour

Hüftslip *m* <bekl> • hip-hugger
Hue-Lightness-Saturation *f rar* <edv> • Hue-Lightness-Saturation (HLS)
Hue-Lightness-Saturation *f* <edv> • Hue-Lightness-Saturation (HLS); HLS color model
Hüllbahn *f* <masch> *(Kinematik)* • envelope
Hülle *f* <tech.allg> *(betont: harte Umhüllung)* • casing
Hülle *f* <tech.allg> *(metallisch; zum Schutz von darunterliegendem anderem Metall)* • cladding
Hülle *f* <tech.allg> *(eine oberflächenbedeckende Schicht; z. B. umhüllte Elektrode)* • coat
Hülle *f* <tech.allg> *(Schutz- oder Abdeckfunktion)* • cover
Hülle *f* <tech.allg> *(betont: von allen Seiten abgeschlossen)* • enclosure
Hülle *f* <tech.allg> *(betont: Umhüllung, eher weich)* • envelope
Hülle *f* <tech.allg> *(z. B. für Kabel, Instrumente, Bücher)* • jacket
Hülle *f* <tech.allg> *(betont: eng anliegend)* • sheathing; sheath
Hülle *f* <bio> *(von Lipoproteinpartikeln)* • surface film; surface coat
Hülle *f* <bio> *(naturlich; z. B. Haut, Schale, Rinde)* • integument
Hülle *f* <edv> • jacket; disk jacket
Hülle *f* <nukl> *(eines Brennstoffstabes)* • fuel can
Hülle *f* <pack> *(betont: Transport- und/ oder Schutzfunktion)* • encasement
Hülle *f* <pack> • wrapper
Hüllebene *f* <math> • enveloping plane
Hüllenelektron *n* <nukl> • orbital electron; extranuclear electron; sheath electron
Hüllenelektroneneinfang *m* <nukl> • orbital electron capture
Hüllenintegral *n* <math> • closed surface integral
Hüllenmaterial *n* <nukl> *(Brennstab (Kernkraftwerk))* • can material; cladding material
Hüllenprüfung *f DINEN1330-8* <qualit.mat> *(Dichtheitsprüfung)* • hood test
Hüllenwand *f* <edv> • jacket wall
Hüllfläche *f* <math> • enveloping surface
Hüllglykoproteine *n* **pl** <med> • envelope glycoproteins *pl*
Hüllkreis *m* <math> • enveloping circle
Hüllkugel *f* <navig> • containment tank
Hüllkurve *f* <av> *(Umhüllende der Trägerwelle eines amplitudenmodulierten Signals)* • envelope
Hüllkurve *f* <edv.av> *(zeitlicher Verlauf verschiedener Klangparameter, als Grafik dargest.)* • envelope; contour *form*; envelope curve
Hüllkurve *f* <math> • envelope curve
Hüllkurve *f* <mech> *(Kinematik)* • generating curve
Hüllkurve *f* <msr> • characteristic output curve; typical output curve
Hüllkurve *f turck GB* <msr> • variation in sensing distance on side approach *turck GB*; characteristic curve; typical output curve
Hüllkurveneinstellung *f* <edv.av> • envelope parameter
Hüllkurvengenerator *m* (EG) <edv.av> • envelope generator (EG); contour generator
Hüllkurvengleichrichtung *f* <edv.av> • envelope detection
Hüllkurvenintensität *f* <edv.av> • envelope amount; contoured cutoff *Moog*
Hüllkurvenlevel *m* <edv.av> • stage; envelope stage; level; envelope level
Hüllkurvenparameter *m* <edv.av> • envelope parameter
Hüllkurvenpegel *m* <edv.av> • stage; envelope stage; level; envelope level

Hüllkurvenphase *f* <edv.av> • envelope time; time; envelope rate; rate
Hüllkurvenstufe *f* <edv.av> • stage; envelope stage; level; envelope level
Hüllkurvenverfolger *m* <edv.av> • envelope follower
Hüllkurvenverlauf *m* <edv.av> *(zeitlicher Verlauf verschiedener Klangparameter, als Grafik dargest.)* • envelope; contour *form*; envelope curve
Hüllpapier *n* <pack.pap> • wrapping paper
Hüllprofil *n* <prod> • enveloping profile
Hüllrohr *n prakt* <nukl> • fuel rod cladding; cladding tube; fuel cladding *pract*
Hüllrohr *n* <rls> • casing duct; casing
Hüllrohrbruch *m* <nukl> • cladding rupture
Hüllrohrelektrode *f* <el> • concentric tube electrode
Hüllrohrmaterial *n* <nukl> • cladding tube material
Hüllrohrriss *m* <nukl> • cladding rupture
Hüllschnitt *m* <doku> • generating cut
Hülse *f* <tech.allg> *(z. B. Patronenhülse)* • cartridge; case
Hülse *f* <tech.allg> *(fest)* • case
Hülse *f* <tech.allg> *(Rohrform)* • tube
Hülse *f* <tech.allg> *(innen/außen, fest/lose)* • sleeve
Hülse *f* <tech.allg> *(eng anliegend)* • sheathing
Hülse *f* <bau> *(Bohrer)* • socket
Hülse *f* <masch> *(außen; z. B. auf Welle, eher lose)* • sleeve; quill
Hülse *f* <masch> • collar
Hülse *f* <msr> *(Lehre)* • ring
Hülse *f* <textil> • bobbin
Hülse *f* <textil> *(Kop)* • tube
Hülsenauszieher *m* <wz> • cartridge-case extractor; extractor
Hülsenboden *m* <tech.allg> • cartridge head
Hülsenbund *m* <masch> • sleeve joint
Hülsendipol *m* <el> • sleeve dipole
Hülsenfänger *m* <mil> *(für Patronenhülsen)* • case catcher; case collector
Hülsenfangvorrichtung *f* <mil> *(für Patronenhülsen)* • case catcher; case collector
Hülsenführungsachse *f* <fz> • sliding pillar suspension
Hülsenfundament *n* <bau> • socket foundation; socket base
Hülsenkette *f* <antr> • sleeve-type chain
Hülsenklebemaschine *f* <füg> • tube gluing machine
Hülsenklemmer *m* <mil> • jammed cartridge
Hülsenlehre *f* <msr> • ring gauge
Hülsenpuffer *m* <bahn> • sleeve buffer; plunger buffer
Hülsenrohr *n* <rls> *(äußerer Teil eines Stopfbuchskompensators)* • traverse chamber
Hülsensammler *m* <mil> *(für Patronenhülsen)* • case catcher; case collector
Hülsenschneidemaschine *f* <wz.masch> • tube cutting machine
Hülsensicherung *f* <el> • tube fuse
Hülsensockel *m* (S) <licht> • shell cap (S); shell contact base *US*; shell contact cap *GB*
Hülsenstoß *m* <masch> • sleeve splice
Hülsenteil *n* <msr> *(Drehmomentsensor mit Differentialtransformator)* • tubular section
Hülsenwickelmaschine *f* <wz.masch> • tube winding machine
Hüpfen *n* <verf> • saltation
Hue-Saturation-Value *m* <edv> • Hue-Saturation-Value (HSV) *stand.*
Hütchenkondensator *m* <el> • hat-type capacitor
Hüte und Mützen *pl* <textil> *(Artikel)* • millinery *sg*
Hütte *f* <bau> *(kleines Haus)* • cabin; cottage; hut; cot *coll*
Hütte *f* <bau> *(primitiv; z. B. zum Lagern)* • shed; shack *US*
Hütte *f* <metall> • smelting plant; smeltery

Hütte *f obs* <metall> • refinery
Hüttenaluminium *n* <mat> • commercially pure aluminum; primary aluminum; primary aluminum pig
Hüttenbims *m* <bau.mat> • expanded blast-furnace slag; foamed slag
Hüttenkoks *m* <verbr> • blast-furnace coke; metallurgical coke
Hüttenkunde *f* <metall> • metallurgy; process metallurgy
Hüttenkupfer *n* <mat> • refined copper
Hüttenrohzink *n* <metall> • crude zinc
Hüttentechnik *f* <metall> *(betont: Schmelzen und Gießen)* • foundry technology
Hüttentechnik *f* <metall> *(betont: Verfahrenstechnik und Metallkunde)* • metallurgy
Hüttenwerk *n* <metall> • smelting plant; mill
Hüttenwolle *f* <bau.mat> • slag wool
Hüttenzement *m* <bau.mat> • blast-furnace cement; Portland blast-furnace cement; blast-furnace slag cement
Huf *m* <math> *(von Kegel, Prisma, Zylinder)* • ungula
hufeisenförmig <allg> • horseshoe-shaped
Hufeisenmagnet *m* <tech.allg> • horseshoe magnet; U-shaped magnet
Hufeisenspurlager *n* <masch> • horseshoe thrust bearing
HU-Fuge *f* <füg> *(geschweißt)* • single-J groove weld *US*; single-J butt weld *GB*; J-groove weld *US.pract*
Hughes-Typendrucker *m* <tele> • Hughes printing telegraph
Hugoniot-Kurve *f* <math> • Hugoniot curve
humane monoklonale Antikörper *mpl* <med> *(Therapie)* • human monoclonal antibodies *pl*
Human Feel-Funktion *f* <edv.av> *(Funktion in Sequenzern)* • humanizing; human feel; human touch
Human Interface Supervision System *n* (Hiss) <msr> *(sieht, hört, riecht)* • Human Interface Supervision System (Hiss)
humanisieren *vt* <edv.av> • humanize *vt*
humanisierte monoklonale Antikörper *m pl* <med> *(Therapie)* • humanized monoclonal antibodies *pl*
Humanisierung *f* <edv.av> *(Funktion in Sequenzern)* • humanizing; human feel; human touch
humanitäres Hilfsprogramm *n* <jur> • humanitarian relief programme
Humanize-Funktion *f* <edv.av> *(Funktion in Sequenzern)* • humanizing; human feel; human touch
humanizen *vt jarg.* <edv.av> • humanize *vt*
humanoides Biogas *n* <chem> *(Emissionsergebnis)* • human-generated biogas
Human Touch-Funktion *f* <edv.av> *(Funktion in Sequenzern)* • humanizing; human feel; human touch
Humantoxikologie *f* <ents> • humantoxicity
humantoxikologisch <ents> • humantoxicological
Humatin *n Handelsname* <med.pharm> • neomycin
Humidor *m* <hlk> *(für Zigarren)* • humidor
Humifizierung *f DIN ISO 11074-* <agri> • humidification *ISO 11074-*; formation of humus *did*; humification
Huminsäure *f* <chem> • humic acid
humitische Kohle *f* <verbr> • humic coal; humite
humorale Immunität *f* <med> • humoral immunity
Hump *m* <kfz> *(Felge)* • hump; rim ridge; ridge
Hump *m* <kfz.antr> *(Viskosekupplung)* • hump mode
Hump-Felge *f* <kfz> • hump rim
Hump-Modus *m* <kfz.antr> *(Viskosekupplung)* • hump mode
Humus *m* <chem.agri> • humus
Humuskohle *f* <verbr> • humic coal; humite
Humussäure *f* <chem> • humic acid
Hundegang *m prakt* <nfz> *(Autokran)* • crab steer mode; crab steer *pract*; dog's movement *rare*

Hundehaar *n* <textil> • dog hair
Hundehütte *f* <bau> • doghouse
Hundehütte *f* <metall> *(SM-Ofen)* • doghouse
Hundekurve *f* <math> *(zieht sich nach hinten zu)* • pursuit curve; pursuit path; dog-leg curve
Hundemarke *f* <mil> *(auch b. Hund; Metall od. elektron.)* • dog tag
Hundemilch *f* <bio> • dog's milk; lac caninum
Hundertfachuntersetzer *m* <tele.av> • ampliscaler
hundertprozentig prüfen *vt* <allg> • screen *vt*
Hundeschutzgitter *n* <kfz> *(für Kombis)* • dog guard
Hunde-Transportbox *f* <kfz> • portable kennel *:V*; Vari Kennel *TM*
Hundswut *f* <med> • rabies; lyssa; hydrophobia
Hunt *m* <min> *(Stollenbahn)* • hutch
Hunt *m* <min> • mine waggon; mine lorry; mine car; tramcar; tram
Hunting *n* <led> • hunting suede
Huntingcalf *n* <led> • hunting calf
Huntington-Pendelrollenmühle *f* <min> • Huntington mill; Huntington roller mill
Hupe *f* <kfz> • horn; hooter
Hupe *f prakt.ugs* <kfz.el> • horn
Hupenknopf *f ugs* <kfz.msr> *(große Taste oder Fläche in der Lenkradmitte)* • horn boss; horn pad; horn button *coll*
Hupenknopf *f ugs* <kfz.msr> *(kleine Taste auf Lenkradspeiche)* • horn button
Hupenkranz *m* <kfz.msr> *(am Lenkrad)* • horn rim
Hupenring *m* <kfz.msr> *(am Lenkrad)* • horn rim
Hupentaste *f* <kfz.msr> *(große Taste oder Fläche in der Lenkradmitte)* • horn boss; horn pad; horn button *coll*
Hupentaste *f* <kfz.msr> *(kleine Taste auf Lenkradspeiche)* • horn button
Hurenkind *n ISO/IEC 2382-23* <edv> *(letzte Absatzzeile steht allein am Anfang der neuen Seite/ Spalte)* • widow *ISO/IEC 2382-23*
Hut *m* <masch> *(z. B. Mutter)* • cap; hat
Hut *m* <textil> • hat
Hutablage *f obs* <kfz.innen> • rear shelf
Huth-Kühn-Schaltung *f* <el> • tuned-grid tuned-anode oscillator
Hutmutter *f DIN1587* <füg> *(allg.)* • cap nut; domed nut
Hutmutter *f DIN ISO 1891* <füg> *(hohe Form, Kuppe spitz)* • acorn nut; domed cap nut; cap nut; crown nut *BE.rare*
Hutprofil *n* <kfz> *(Blechprofil von tragenden Teilen)* • top hat section *pract*
Hut-Profilschiene *f* <innen> *(z. B. Gardine, Vorhang)* • U-rail
Hutschiene *f DIN EN 50 022* <el> *(zur Schnappbefestigung von Geräten, z. B. in Schaltschränken)* • mounting rail *IEC 715*; snap-on mounting rail
Hutschiene 35 mm *f* <el> *(zur Schnappbefestigung von Geräten, z. B. in Schaltschränken)* • 35-mm mounting rail *IEC 715*
Hutschienenmontage *f DIN EN 50 022* <el> • snap-on fitting on mounting rails *:V*
hutschienenmontierbar *DIN EN 50 022* <el> • designed for snap-on rail mounting *:V*
Hutschraube *f DIN ISO 1891* <füg> • acorn hexagon head bolt
Huygens'sche Elementarwelle *f* <phys> • Huygens' wavelet
Huygens'sches Okular *n* <opt> • Huygens' eyepiece; Huygens eyepiece
Huygens-Okular *n* <opt> • Huygens' eyepiece; Huygens eyepiece
HV <qualit.mat> • Vickers hardness (HV) *norm*; Vickers pyramid hardness; pyramid hardness (number); diamond penetrator hardness *rar*

HVA-Element n Honda <kfz> (Hydraulic Valve Adjuster System) • Hydraulic Valve Adjuster System (HVA) Honda

H-Verzweiger m <tele> • H-plane junction

HVL <qualit.mat> • Vickers hardness under load (HVL)

HVLP-Spritzpistole f <kfz.wz> • HVLP spray gun

HV-Naht f <füg> • single-bevel groove weld

HV-Schraube f <füg> • high-strength friction-grip bolt; high-tensile prestressed bolt; friction-grip bolt

HV-Schraubenverbindung f <füg> • friction-grip bolting

HV-Transistor m <el> • high-voltage transistor; HV transistor

HWDP <petr> • heavy weight drill pipe (HWDP)

H-Welle f <el> • transverse electric wave; H-wave

HWS-Syndrom n wiss <kfz.med> (Halswirbel; durch Heckaufprall) • whiplash injury

HWS-Verletzung f prakt <kfz.med> (Halswirbel; durch Heckaufprall) • whiplash injury

HWZ <med.pharm> (von Arzneimitteln) • half-life period; half-time; half-life

HWZ <nukl> (radioaktives Material) • half-life; physical half-life; half-life period

Hyalit m <min> • hyalite

Hybrid m prakt <edv.ic> • hybrid circuit; hybrid integrated circuit formal; hybrid coll

Hybrid m wiss <kfz> (Crashtests) • dummy

Hybrid n <chem> • hybrid

Hybrid 1. Art n <nukl> • fuel factory

Hybridanlage f <energ.sol> • hybrid system

Hybridantrieb m <kfz.antr> • hybrid drive; hybrid propulsion; hybrid-electric propulsion

Hybridblanket n <nukl> • breeding blanket

Hybridbus m <nfz> (Kraftomnibus mit Hybridantrieb) • hybrid bus; hybrid electric bus; electric hybrid bus; hybrid propulsion bus

Hybrid-CD f <edv> • hybrid disc

Hybrid-CD/-WO f <edv> • hybrid disc

Hybrid-Disc f <edv> • hybrid disc

Hybriddivertor m <nukl> • hybrid divertor

Hybride f <edv> • hybrid junction

hybride Anordnung f <nukl> • hybrid frequency

hybride Frequenz f <nukl> • hybrid frequency

Hybridempfänger m <navig> • hybrid receiver

hybrider Empfänger m <navig> • hybrid receiver

hybrider Kollektor m <energ.sol> • hybrid collector; hybrid photovoltaic-thermal energy system

hybrides Konzept n <nukl> • hybrid frequency

hybride Verbundschaltung f <el> • hybrid circuit

Hybridfahrzeug n <kfz> • hybrid electric vehicle (HEV); hybrid vehicle; hybrid car

Hybridkartierung f <astron> • hybrid mapping

Hybridkühlturm m <verf> (kombiniert Nass- und Trockenkühlung) • wet/dry-cooling tower; hybrid cooling tower; dry/wet-cooling tower

Hybridkühlturm m <verf> (betont: zur Vermeidung sichtbarer Schwaden) • plume abatement cooling tower

Hybridkühlturm m <verf> (betont: zur Verringerung des Zusatzwasserbedarfs) • water conservation cooling tower

Hybridkühlung f <verf.hlk> • wet/dry-cooling

Hybridlager n <masch> • hybrid bearing

Hybridmikroschaltkreis m <el> • hybrid microcircuit

Hybridom n <med> • hybridoma

Hybridparameter m <el> • hybrid parameter; h-parameter pract

Hybrid-Platte f <druck> (lichtempfindliche Druckplatte) • silver hybrid plate; hybrid plate

Hybridplattform f <petr> • hybrid platform

Hybridprogrammierung f <autom> • mixed programming

Hybridraketentriebwerk n <aerospace> • hybrid rocket engine

Hybridrechensystem n <edv> • hybrid computing system

Hybridrechner m <edv> • hybrid computer

Hybridrelais n <el> • hybrid relay

Hybridrichtkoppler m <el> • hybrid coupler

Hybridschaltkreis m <el> • hybrid circuit

Hybridschaltung f <edv.ic> • hybrid circuit; hybrid integrated circuit formal; hybrid coll

Hybridstation f DIN ISO 3309 <edv> (Datenübermittlung) • combined sation ISO 3309

Hybridsynthesizer m <edv.av> (Analogsynthesizer mit DCO) • hybrid synthesizer

Hybridsynthesizer m <edv.av> • workstation

Hybridsystem n <el> • hybrid system; hybrid power system

Hybridsystem n <energ.sol> • hybrid system

Hybridtechnik f <msr> • hybrid technology

Hybrid-Technologie f <druck> (konventionelle CtP-Technologie) • silver hybrid technology; hybrid technology; mask technology pract

Hybridtreibstoff m <aerospace> • hybrid propellant

Hybridwelle f <el> • hybrid wave

hydractiv Citroën <kfz> • hydroactive :V

Hydrafrac-Verfahren n <petr> • hydraulic fracturing

Hydragas-Federung f Leyland <kfz> • hydropneumatic suspension; Hydragas suspension Leyland; Moulton Hydragas suspension Leyland; oleo-pneumatic suspension obs

Hydra-Matic f <kfz.antr> • Hydra-Matic

Hydrant m <feuer> (Unterflur- oder Überflurausführung) • fire hydrant

Hydrastis canadensis <bio> • golden seal; hydrastis canadensis

Hydratation f <chem.verf> (durch Wasseranlagerung; von Zement, Beton, Mörtel) • hydration

Hydratationswärme f <bau> (von Beton beim Abbinden freigesetzt) • hydration heat

Hydratcellulose f <mat> • hydrated cellulose; regenerated cellulose

Hydration f <chem.verf> (durch Wasseranlagerung; von Zement, Beton, Mörtel) • hydration

hydratisieren vt <chem> • hydrate vt

hydratisierte Dichte f <med> • hydrated density

Hydratisierung f rar <chem.verf> (durch Wasseranlagerung; von Zement, Beton, Mörtel) • hydration

Hydratwasser n <chem> • water of hydration; hydrate water

Hydraulik f prakt <antr> • hydraulic system

Hydraulik f prakt.ugs <antr.hydr> • hydraulic drive; hydraulic power system; hydraulic transmission

Hydraulik f <hydr> • hydraulics

Hydraulik f prakt.ugs <hydr> • hydraulic circuit

Hydraulikabstützung f <nfz> • hydraulic outriggers pl

Hydraulikaggregat n <hydr> • hydraulic power pack

Hydraulikanlage f <antr> • hydraulic system

Hydraulikantrieb m <antr.hydr> • hydraulic drive; hydraulic power system; hydraulic transmission

Hydraulik-Bereich m <hydr> • hydraulics

Hydraulik-Druckmedium n wiss <antr> • hydraulic fluid; hydraulic oil

Hydraulikflüssigkeit f <antr> • hydraulic fluid; hydraulic oil

Hydraulikfluid n <antr> • hydraulic fluid; hydraulic oil

Hydraulikgetriebe n <hydr> • hydraulic transmission

Hydraulikkreis f <hydr> • hydraulic circuit

Hydraulikleitung f <hydr> • hydraulic line

Hydraulikmaschine f <kst> (Spritzgießmaschine mit hydraulischer Schließeinheit) • hydraulic machine; hydraulic clamp machine; hydraulic lock machine

Hydraulikmotor m <antr> • hydraulic motor

Hydrauliköl n prakt <antr> • hydraulic fluid; hydraulic oil

Hydraulikölbehälter *m* <hydr> • hydraulic oil reservoir; hydraulic oil tank

Hydraulikplan *m* <doku> *(allg.)* • hydraulic system diagram

Hydraulikplan *m* <kfz.antr> *(für Automatikgetriebesteuerung)* • hydraulic control circuit diagram; hydraulic control circuit chart

Hydraulikpresse *f* <tech.allg> *(z. B. zum Verdichten)* • hydraulic press; ram-type press

Hydraulikpresse *f* <nfz> *(zum Kippen von Kippaufbauten)* • hydraulic hoist

Hydraulikpuffer *m* <logist> *(RFZ)* • hydraulic buffer

Hydraulikpumpe *f* <hydr> • hydraulic pump; hydraulic pressure pump; hydraulic oil pump; oil-hydraulic pump

Hydraulikrohrverbindung *f* <rls> • hydraulic pipe coupling

Hydraulik-Schlauch *m* <hydr> • hydraulic hose

Hydraulikschlüssel *m* <wz> • flare nut wrench; line wrench *pract*

Hydraulikschnellkupplung *f* <hydr> • quick-release hydraulic coupling

Hydraulikspreizer *m* <wz> • spreader; hydraulic wedge

Hydraulikstempel *m* <bau/min> *(als Stütze)* • hydraulic prop

Hydraulikstempel *m* <hydr> *(ausfahrbarer Kolben)* • hydraulic piston

Hydrauliksystem *n* <antr> • hydraulic system

Hydrauliksystem *n* <kst> • hydraulic system

Hydraulikventilkörper *m* <rls> • hydraulic valve body

Hydraulik-Wagenheber *m* <kfz.wz> • hydraulic jack

Hydraulikzylinder *m* <antr> • hydraulic cylinder

hydraulisch <tech.allg> • hydraulic

hydraulisch abbauen *vt* <min> • hydraulick *vt*; sluice *vt*

hydraulisch abfahrbarer Schwanenhals *m* <nfz> • hydraulic gooseneck *Dakota*; hydraulic folding gooseneck

hydraulisch betätigt <hydr> • hydraulically operated; hydraulically actuated; hydraulic-operated

hydraulisch betätigte Kupplung *f* <kfz.antr> • hydraulically operated clutch

hydraulisch betrieben <hydr> • hydraulically operated

hydraulische Abraumbeseitigung *f* <ents> • hydraulic stripping

hydraulische Aktionsturbine *f* <turb> *(i. a. Pelton-Turbine)* • impulse water turbine

hydraulische Bohrmaschine *f* <wz.masch> • hydraulic drill

hydraulische Bremsanlage *f* <kfz.brems> • hydraulic braking system

hydraulische Dämpfung *f* <phys> • fluid-friction damping; hydraulic damping

hydraulische Druckzerstäubung *f* <verf> • hydraulic pressure spraying

hydraulische Durchlässigkeit *f* <ents> • hydraulic conductivity

hydraulische Förderung *f DIN 15201* <förd> • hydraulic conveyance

hydraulische Kelter *f* <nahr> *(Wein)* • hydraulic press

hydraulische Klassierung *f* <verf> • water classification

hydraulische Kraftübertragung *f* <hydr> • hydraulic power transmission

hydraulische Kupplung *f* <tech.allg> *(allg., Oberbegriff f. nichtmechan. Wellenkupplung)* • fluid coupling; hydraulic coupling

hydraulische Lenkhilfe *f* <kfz> • power assisted steering (pas); power steering *pract.coll*; p/steering *advert*; hydraulic power steering; boosted steering *coll.press*

hydraulische Presse *f* <pack> • hydraulic press

hydraulischer Abbau *m* <min> • ground sluicing; hydraulicking

hydraulischer Antrieb *m* <hydr> • hydraulic drive

hydraulischer Binder *m* <ents> • hydraulic binder; hydraulic binding agent

hydraulischer Bremskraftverstärker *m* <kfz.brems> • hydraulic brake booster; hydraulic-assisted brake booster

hydraulischer Druchmesser *m DIN 4044* <phys> *(Strömungslehre)* • hydraulic diameter

hydraulischer Druck *m* <phys> • hydraulic pressure

hydraulischer Druckabfall *m* <energ> *(Wasserkraftwerk, Pumpenanlage)* • head loss

hydraulischer Druckbegrenzer *m* <kfz.brems> • braking force limiter *Teves*

hydraulischer Düsenwebautomat *m* <textil> • water-jet loom

hydraulischer Entrinder *m* <holz> • hydraulic barker; stream barker

hydraulischer Grundbruch *m* <bau> • seepage face failure; seepage failure

hydraulischer Hebebock *m* <förd> • hydraulic jack

hydraulische Rissbildung *f* <petr> • fracturing

hydraulischer Kalk *m* <mat> • hydraulic lime

hydraulischer Klassierer *m* <verf> • water classifier; hydroclassifier

hydraulischer Kurzschluss *m* <energ.hydr> • hydraulic short circuit

hydraulischer Lenkungsdämpfer *m* <kfz> • hydraulic steering stabilizer

hydraulischer Motor *m* <hydr> • hydraulic motor

hydraulischer Rechenreiniger *m* <verf.hydr> • hydraulic trash rake

hydraulischer Rechenreiniger mit Gelenkarm *m* <verf.hydr> • hinged-arm hydraulic trash rake

hydraulischer Rechenreiniger mit Teleskoparm *m* <ents> *(Kläranlage)* • telescoping arm hydraulic trash rake

hydraulischer Regler *m* <hydr> • hydraulic governor

hydraulischer Reibungskoeffizient *m* <phys> • resistance coefficient

hydraulischer Retarder *m ugs* <nfz.brems> • hydraulic retarder; hydrodynamic retarder

hydraulischer Schlag *m* <hlk> *(Kältetechnik)* • slugging

hydraulischer Sprung *m* <hydr> • hydraulic jump; water jump

hydraulischer Stößel *m* <kfz.mot> • hydraulic valve lifter; hydraulic tappet; hydraulic lifter; auto lash adjuster; hydraulic lash adjuster *Chrysler*

hydraulischer Stoß *m wiss* <rls> *(in Wasserleitungen)* • water hammer

hydraulischer Stoßdämpfer *m* <fz> • dashpot shock absorber; dashpot

hydraulischer Ventilstößel *m* <kfz.mot> • hydraulic valve lifter; hydraulic tappet; hydraulic lifter; auto lash adjuster; hydraulic lash adjuster *Chrysler*

hydraulischer Wagenheber *m* <kfz.wz> • hydraulic jack

hydraulischer Widder *m* <förd> • hydraulic ram

hydraulischer Wirkungsgrad *m* <masch> *(z. B. Pumpe)* • hydraulic efficiency

hydraulischer Zement *m* <ents> • hydraulic cement

hydraulisches Bindemittel *n* <ents> • hydraulic binder; hydraulic binding agent

hydraulische Schließeinheit *f* <kst> • hydraulic clamping unit

hydraulische Schmiedepresse *f* <prod> • hydraulic die forging press

hydraulische Servolenkung *f* <kfz> • hydraulically assisted steering

hydraulisches Getriebe *n* <hydr> • hydraulic transmission; hydraulic power system

hydraulische Spannpresse *f* <prod> • hydraulic jack

hydraulisches Steuerventil *n* <hydr> • hydraulic control valve

hydraulische Steuerung *f* <msr> • hydraulic control

hydraulische Stützfüße *fpl* <nfz> • hydraulic outriggers *pl*

hydraulisches Verdeck *n* <kfz> • hydraulic top

hydraulische Verluste *mpl* <förd> • internal losses *pl*

hydraulische Werkzeugzuhaltung *f* <prod> • hydraulic clamping

hydraulische Winde *f* <förd> • hydraulic jack

hydraulisch gewinnen *vt* <min> • hydraulick *vt*; sluice *vt*

hydraulisch glatt <phys> *(z. B. Rohrinnenwand: Strömung)* • hydraulically smooth

hydraulisch-mechanischer Regler *m* <kfz.mot> • hydraulic-mechanical governor

hydraulisch rau <phys> *(z. B. Rohrinnenwand: Strömung)* • hydraulically rough

hydraulisch unterstützte Rosslenkung *f* <kfz> • Ross power-assisted steering; power-assisted Ross-type steering

Hydrazintriebwerk *n* <aerospace> • hydrazine engine

Hydrazobenzol *n* <chem> • hydrazobenzene

Hydrid *n* <chem> *(z. B. Metallhydrid)* • hydride

hydridmoderiert <nukl> • hydride-moderated

Hydrierbenzin *n* <chem.verf> • hydrogenation gasoline; hydrogenation petrol

hydrieren *vt* <chem.verf> • hydrogenate *vt*; hydrogenize *vt*

hydrierende Entschwefelung *f* <verf> • hydrodesulfurization

hydrierende Raffination *f* <chemverf> • hydrorefining

hydrierendes Kracken *n* <chem> • hydrogenation cracking; hydrocracking

hydrierende Spaltung *f* <chem> • hydrogenation cracking; hydrocracking

Hydrierkatalysator *m* <chem> • hydrogenation catalyst

Hydrierung *f* <chem.verf> • hydrogenation

Hydrierung in der Gasphase *f* <chem.verf> • vapor-phase hydrogenation

Hydrierung in flüssiger Phase *f* <chem.verf> • liquid-phase hydrogenation

Hydroabbau *m* <min> • hydraulic mining; hydroextraction

Hydroakustik *f* <phys> • hydroacoustics

hydroakustisches Ortungsgerät *n* <navig> *(allg.)* • sonar; sonar set

Hydrochinonentwickler *m* <phot> • hydroquinone developer

Hydrochlorierung *f* <chem> • hydrochlorination

Hydrocracken *n* <chem.petr> • steam cracking; hydrocracking

Hydrocracken *n* <tribo> • hydrocracking

Hydrocracking *n* <tribo> • hydrocracking

Hydrocracköl *n* <tribo> • hydrocrack oil

Hydrodesulfurierung *f* <chem> • hydrodesulfurization

Hydrodynamik *f* <phys> • hydrodynamics; fluid dynamics

hydrodynamisch <phys> • hydrodynamic

hydrodynamische Auftriebskraft *f* <energ.hydr> • hydrodynamic lift

hydrodynamische Druckgleichung *f* <phys> • Bernoulli's equation

hydrodynamische Kupplung *f* <kfz.antr> • fluid coupling; hydrodynamic clutch; fluid flywheel; fluid clutch; Foettinger coupling

hydrodynamischer Retarder *m* <nfz.brems> • hydraulic retarder; hydrodynamic retarder

hydrodynamische Schmierung *f* <tribo> *(vollständige Trennung der Reibflächen)* • hydrodynamic lubrication *ISO 4378-3*

hydrodynamische Schmierung *fsg* <tribo> • complete lubrication *sg*; fluid lubrication *sg*; liquid lubrication *sg*; hydrodynamic lubrication *sg*

hydrodynamisches Getriebe *n* <masch> • fluid flywheel

hydrodynamisches Lager *n* DIN ISO 4378-1 <masch> • hydrodynamic bearing *ISO 4378-1*

hydrodynamische Stabilität *f* <nukl> • hydrodynamic stability

hydrodynamische Tragfähigkeit *f* <tribo> • load-carrying capacity; load-carrying [cap]ability

hydrodynamische Wellenabdichtung *f* <förd> • hydrodynamic shaft seal

hydroelastische Federung *f* <masch> • hydroelastic suspension

hydroelektrisch <tech.allg> • hydroelectric

hydroelektrisches Element *n* <el> • hydroelectric cell

Hydrofining *n* <chem.petr> • hydrofining; hydrotreating

Hydroförderung *f* <förd> • hydraulic transport

Hydroformen *n* <prod> • hydro forming

Hydroformen *n* prakt <prod> *(von Hohlkörpern, Rohren)* • hydroforming; hydroforming process

Hydroformen von Rohren *n* :V <prod> • tubular hydroforming; tube hydroforming

Hydroforming *n* <prod> *(von Hohlkörpern, Rohren)* • hydroforming; hydroforming process

Hydroformylierung *f* <chem> • hydroformylation; oxo process; oxo synthesis

hydrogeformt <prod> *(z. B. A-Säule)* • hydroformed

Hydrogel *n* <chem> • hydrogel

Hydrogencarbonat *n* <ents> • hydrogencarbonate

Hydrogenchlorid *n* <chem> • hydrogen chloride (HCl)

Hydrogenerator *m* <hydr> • hydroelectric generator

Hydrogenkarbonat *n* <chem> • hydrogen carbonate

Hydrogenphosphat *n* <chem> (HPO_4^{2-}) • monohydric phosphate

Hydrogensalz *n* <chem> • acid salt

hydrogeochemisch <geo> • hydrogeochemical

Hydrogeologie *f* <geo> • hydrogeology

hydrographische Vermessung *f* <geo> • hydrographic survey

Hydroisolation *f* <bau.min> • grouting

Hydro-Jet-Schneiden *n* <prod> • water jet cutting

Hydrokautschuk *m* <kst> • hydrogenated rubber; hydrorubber

Hydrokinetik *f* <phys> • hydrokinetics

Hydroklassieren *n* <verf> • wet classification

Hydrokolbenmotor *m* <hydr> • piston-type motor

Hydrokolloide *fpl* <chem> • hydrocolloids; colloids

Hydrokonik-Schiffskörperform *f* <nav> • hydroconic hull form

Hydrokopiereinrichtung *f* <wz.masch> • hydraulic copying attachment; hydraulic copying unit

Hydrokopiersupport *m* <wz.masch> • hydraulic copying rest

Hydrokracken *n* <petr> • hydrogenation cracking; hydrocracking

Hydrolager *n* <kfz.mot> • anti-vibration mounting; hydromount

Hydrolastik *f* Leyland <kfz> • Hydrolastic suspension *Leyland*; Moulton hydrolastic suspension *Leyland*

Hydrolastik-Federung *f* Leyland <kfz> • Hydrolastic suspension *Leyland*; Moulton hydrolastic suspension *Leyland*

Hydrolenkung *f* <kfz> • hydraulic servo power steering; hydraulic servomechanism power steering *did*

Hydrologie *f* <geo> • hydrology

Hydrolokator *m* <tech.allg> • hydrolocator

Hydrolyse *f* <chem> • hydrolysis

Hydrolysebeständigkeit *f* <tribo> • hydrolytic stability; hydrolytic resistance

hydrolysieren *vt* <verf> • hydrolyze *vt*
hydrolytisch <tech.allg> • hydrolytic
hydrolytische Spaltung *f* <chem> • hydrolysis
hydrolytische Stabilität *f* <tribo> • hydrolytic stability; hydrolytic resistance
Hydromagnetik *f* <phys> • magnetohydrodynamics; hydromagnetics
Hydromechanik *f* <phys> • hydromechanics
hydromechanische Gewinnung *f* <min> • hydraulic winning; hydraulicking; hydraulic mining; hydroextraction
Hydrometallurgie *f* <metall> • hydrometallurgy
Hydrometer *n* <kfz.wz> *(für Blei/Säure-Batterien)* • hydrometer; battery tester; battery checker; battery syringe; electrolyte tester
Hydrometer *n* <msr> • hydrometer
Hydromonitor *m* <min> • hydraulic gun
Hydromotor *m* <hydr> • hydraulic motor
Hydronfarbstoff *m* <obfl> • hydron dye
Hydronik *f* <hydr> • hydronics
Hydroniumion *n* <chem> • hydronium ion
hydrophil <druck> *(Druckplatteneigenschaft)* • hydrophilic; water-attracting
hydrophob <druck> *(Druckplatteneigenschaft)* • hydrophobic; water-repellent
hydrophobe Ausrüstung *f* <textil> • water-repellent finish
hydrophober Filter *m/n* <med.tech> • heat and moisture exchanging filter (HMEF); hydrophobic filter
hydrophobes Teilchen *n* <ents> • hydrophobic particle
Hydrophobie *f* <med> • rabies; lyssa; hydrophobia
Hydrophobieren *n* <textil> • water-repellent finishing; water-repellent finish
Hydrophobiermittel *n* <tech.allg> • hydrophobing agent; water repellent
Hydrophobierungsmittel *n* <tech.allg> • hydrophobing agent; water repellent
Hydropneumatik *f* <kfz> • hydropneumatic suspension; Hydragas suspension *Leyland*; Moulton Hydragas suspension *Leyland*; oleo-pneumatic suspension *obs*
hydropneumatisch <pneum> • hydropneumatic
hydropneumatische Federung *f* <kfz> • hydropneumatic suspension; Hydragas suspension *Leyland*; Moulton Hydragas suspension *Leyland*; oleo-pneumatic suspension *obs*
hydropneumatische Hilfskraftbremsanlage *f form.rar* <kfz.brems> • hydraulic brake booster; hydraulic-assisted brake booster
hydropneumatischer Speicher *m* <pneum> • compressed-gas accumulator
Hydropulsanlage *f* <kfz.emiss> • hydropulser
Hydroraffination *f* <chem.verf> • hydrofining
Hydroreiniger *m* <agri> • hydrocleaner
hydroskopisch *adj* <energ.sol> • hydroscopic *adj*
Hydrospeicher *m* <kfz.brems> *(hydr. Bremskraftverstärker)* • pressure accumulator
Hydrospeicher *m* <kst> • hydraulic reservoir; oil reservoir; hydraulic accumulator
Hydrosslenkung *n* <kfz> • Ross power-assisted steering; power-assisted Ross-type steering
Hydrostatantrieb *m* <kfz.antr> • hydrostatic transmission; hydrostatic drive
Hydrostatik *f* <phys> • hydrostatics
hydrostatische Höhe *f* <phys> • hydrostatic height
hydrostatische Lenkung *f* <kfz> • hydrostatic steering
hydrostatischer Antrieb *m* <kfz.antr> • hydrostatic transmission; hydrostatic drive
hydrostatischer Auftrieb *m* <phys> • hydrostatic lift; buoyant lift; buoyancy *pract*
hydrostatischer Druck *m* <phys> • hydrostatic pressure; fluid pressure

hydrostatischer Druckversuch *n* <rls.qualit> • hydrostatic pressure test; internal pressure test; system hydro *pract*
hydrostatischer Fahrantrieb *m* <antr> • hydrostatic travelling drive
hydrostatische Schmierung *f* DIN ISO 4378-3 <tribo> *(vollständige Trennung der Reibflächen)* • hydrostatic lubrication *ISO 4378-3*
hydrostatisches Gleichgewicht *n* <phys> • hydrostatic equilibrium
hydrostatisches Lager *n* DIN ISO 4378-1 <masch> • hydrostatic bearing *ISO 4378-1*
hydrostatisches selbstsperrendes Stirnraddifferential *n* <kfz.antr> • hydrostatic limited-slip spur differential
hydrostatisches Strangpressen *n* <prod> • ramless extrusion
hydrostatische Wägung *f* <msr> • hydrostatic weighing
Hydrostößel *m* <kfz.mot> • hydraulic valve lifter; hydraulic tappet; hydraulic lifter; auto lash adjuster; hydraulic lash adjuster *Chrysler*
Hydrosulfit *n* obs <ents> *(Bleichmittel)* • sodium dithionite; hydrosulfite *obs*
Hydrotechnik *f* <hydr> • hydraulic engineering
Hydrotherapie *f* <med> • hydrotherapy; water therapy
hydrothermal <geo.mat> • hydrothermal
Hydrothermalsynthese *f* <chem> • hydrothermal synthesis
hydrothermische Oxidation *f wiss* <edv.ic> *(Oxidation in feuchter Atmosphäre)* • wet oxidation
Hydro- und Aeromechanik *f* <phys> • mechanics of fluids; fluid mechanics
Hydrovakuumkühlung *f* <agri.logist> • hydrovacuum cooling
Hydroxid *n* <verf> • hydroxide
Hydroxyl-Ion *n* <chem> • hydroxyl ion
Hydroxylion *n* <chem> • hydroxyl ion
Hydroxylzahl *f* <chem> • hydroxyl number; hydroxyl value
Hydroxy-methyl-glutaryl-Coenzym A *n* (HMG-CoA) <bio> • hydroxy-methyl-glutaryl coenzyme A (HMG CoA); HMG-CoA reductase
Hydroxypyrolin *n* <led> *(Hautsubstanz)* • hydroxypyroline
Hydrozyklon *m* <verf> • hydraulic cyclone separator; hydraulic cyclone; hydrocyclone; wet cyclone classifier; wet cyclone
Hydrozyklon *n* <verf> • hydrocyclone; hydraulic cyclone; liquid cyclone; cyclone
Hygienepapier *n* <hygi> • tissue
hygienische Anforderungen *pl* <prod> *(Vorgaben; Normen)* • hygiene standards; hygienic standards
Hygrograph *m* <msr> • humidity recorder; hygrograph
Hygrometer *n* <msr> *(für Luftfeuchtigkeit)* • hygrometer
Hygrometrie *f* <msr> • hygrometry
hygrophil <phys> • hygroscopic
Hygroscopic Condenser Humidifier *m* (HCH) <med.tech> • hygroscopic condenser humidifier (HCH)
Hygroscopic Condenser Humidifier Filter *n* (HCHF) <med.tech> • hygroscopic condensifier humidifier filter (HCHF)
Hygroskopie *f* <chem> • hygroscopicity
hygroskopisch <chem> • hygroscopic; hygroscopical; water-absorbing
hygroskopisch <phys> • hygroscopic
hygroskopisches Wasser *n* <tech.allg> • hygroscopic water
Hygroskopizität *f* <obfl.holz> • hygroscopicity
Hygrostat *m* <msr> • controlled humidity cabinet; humidity cabinet
HY-Naht *f* <füg> • single-bevel tee butt weld
Hyperband *n* <av> • hyperband tuner

Hyperband-Tuner *m* <av> • hyperband tuner
Hyperbel *f* <edv/math> • hyperbola
Hyperbelbahn *f* <aerospace> • hyperbolic orbit
Hyperbelbewegung *f* <mech> • hyperbolic motion
hyperbelförmig <tech.allg> • hyperbolic
Hyperbelfunktion *f* <math> • hyperbolic function
Hyperbelinversor *m* <math> • hyperbolic inverter
Hyperbelkosinus *m* <math> • hyperbolic cosine; cosh
Hyperbelkotangens *m* <math> • hyperbolic contangent; coth
Hyperbelnavigation *f* <navig> • hyperbolic radio navigation; hyperbolic navigation
Hyperbelnavigationssystem *n* <navig> • hyperbolic system
Hyperbelnavigationsverfahren *n* <navig> • hyperbolic system
Hyperbelortung *f* <navig> • hyperbolic position finding
Hyperbelparaboloid *n* <math> • hyperbolic paraboloid
Hyperbelrad *n* <antr> • hyperboloid gear
Hyperbelrad *n* <masch> • skew gear
Hyperbelstandlinie *f* <navig> • hyperbolic line of position
hyperbolische Geometrie *f* <math> • hyperbolic geometry; Lobachevskian geometry
hyperbolische Paraboloidschale *f* <tech.allg> *(z. B. Tragwerk)* • hyperbolic paraboloid shell; hyperbolic paraboloid; saddle *pract*
hyperbolischer Hohlspiegel *m* <astron> • concave hyperboloid
hyperbolischer Kosinus *m* <math> • hyperbolic cosine; cosh
hyperbolischer Kotangens *m* <math> • hyperbolic contangent; coth
hyperbolischer Kühlturm *m* <verf> • hyperbolic cooling tower
hyperbolischer Paraboloid *m* <math> • hyperbolic paraboloid; saddle *coll*
Hyperboloid *n* <math> • hyperboloid
Hypercar *n* <kfz> • hypercar
Hyper-Editor *m* <edv.av> • controller editor; hyper editor
hypereutektisch <mat> • hypereutectic
Hyperfeinstruktur *f* <mat> • hyperfine structure
Hyperfeinstrukturwechselwirkung *f* <mat> • hyperfine-structure interaction
Hyperfragment *n* <nukl> • hyperfragment
hypergeometrische Differentialgleichung *f* <math> • hypergeometric differential equation
hypergeometrische Reihe *f* <math> • hypergeometric series
hypergeometrische Verteilung *f* DIN 55350-22 <math> *(Statistik)* • hypergeometric distribution
Hypergeschwindigkeit *f* <aerospace> • hyper speed
Hypergol *n* <aerospace> • hypergolic propellant
hypergoler Raketentreibstoff *m* <aerospace> • hypergolic propellant
Hyperkapnie *f* <med> • hypercapnia; hypercarbia
Hyperkern *m* <nukl> • hypernucleus
hyperkomplexe Zahl *f* <math> • hypercomplex number
Hyperladung *f* <nukl> • hypercharge
Hyperon *n* <phys> • hyperon
Hyperquantelung *f* <phys> • hyperquantization
Hyperrahmen *m* <tele> • hyperframe
hyperreagibel <med> • hyperreactive
Hyperrealismus *m* <kunst> • photo-realism; photorealism
Hyperschallflugzeug *n* <aerospace> • hypersonic aircraft
Hyperschallgeschwindigkeit *f* <aerospace> • hypersonic speed
Hyperschallströmung *f* <phys> • hypersonic flow
Hypersensibilität *f* <med> • hypersensitivity

hypersonisch <phys> • hypersonic
hypervariable Region *f* <med> *(Antikörper)* • hypervariable region
hypervariable Schleife *f* <med> • hypervariable loop; V3 loop
Hyperventilation *f* <med.tech> • hyperventilation
Hyper Zoom *n* JVC <av> • motor zoom; power zoom JVC
Hypochlorit *n* (HClO) <chem> • hypochlorite (HClO)
Hypochloritbleiche *f* <pap/textil> • hypochlorite bleaching
Hypochloritbleichlauge *f* <verf> • hypochlorite bleach liquor; hypochlorite bleach
Hypochloritsüßen *n* <petr> • hypochlorite treatment; hypochlorite sweetening
Hypocholesterinämikum *n* <med> • cholesterol-lowering drug; cholesterol-reducing drug; cholesterol reducer
Hypoglykämie *f* <med> • hypoglycaemia *GB*; hypoglycemia *US*
Hypoglykosämie *f rar* <med> • hypoglycaemia *GB*; hypoglycemia *US*
Hypoidachse *f prakt* <kfz.antr> • hypoid axle drive; hypoid axle *pract*
Hypoidgetriebe *n* <masch> • hypoid gearing
Hypoidkegelrad *n* <masch> • hypoid bevel gear
Hypoid-Kegelradgetriebe *n* <antr> *(z. B. in Differential)* • hypoid bevel gears *pl*; hypoid bevel gear system
Hypoidöl *n* <tribo> • hypoid oil
Hypoidritzel *n* <masch> • hypoid pinion
hypoidverzahnte Achse *f prakt* <kfz.antr> • hypoid axle drive; hypoid axle *pract*
hypoidverzahnter Achsantrieb *m* <kfz.antr> • hypoid axle drive; hypoid axle *pract*
hypoidverzahnter Kegeltrieb *m* <antr> *(z. B. in Differential)* • hypoid bevel gears *pl*; hypoid bevel gear system
hypoidverzahnter Winkeltrieb *m* <antr> *(z. B. in Differential)* • hypoid bevel gears *pl*; hypoid bevel gear system
hypoidverzahntes Kegelradgetriebe *n* <antr> *(z. B. in Differential)* • hypoid bevel gears *pl*; hypoid bevel gear system
hypoidverzahntes Winkelgetriebe *n* <antr> *(z. B. in Differential)* • hypoid bevel gears *pl*; hypoid bevel gear system
Hypoidwälzfräsautomat *m* <wz.masch> • automatic hypoid generator
Hypoidzahnrad *n* <antr> • hypoid gear
Hypokapnie *f* <med> • hypocapnia; hypocarbia
hypokristallin <mat> • hypocrystalline; merocrystalline; semicrystalline
Hypolipidämikum *n* <pharm> • lipid-lowering drug; antilipidemic drug; hypolipidemic drug; hypolipoproteinemic drug
Hypotenuse *f* <math> *(Dreieck)* • hypotenuse
Hypothese *f* <allg> • hypothesis
Hypotrochoide *f* <math> • hypotrochoid
Hypoventilation *f* <med.tech> • hypoventilation
Hypoxämie *f* <med> • hypoxaemia *GB*; hypoxemia *US*
Hypoxie *f* <med> • hypoxia
Hypozentrum *n* <geo> *(Erdbeben)* • focus
Hypozykloide *f* DIN 3998 <math.antr> • hypocycloid
Hypozykloidenform *f* <tech.allg> • hypocycloidal shape
Hypozykloidengeradführung *f* <mech> *(kinematisches Getriebe)* • hypocycloid straight-line motion
hypozykloidische Bewegung *f* <mech> • hypocycloidal motion
hypsochrom <phys> • hypsochromic; hypsochrome
Hypsochromie *f* <phys> • hypsochromic shift
Hypsometer *n* <geo.msr> *(zur Vermessung; z. B. als Lasergerät)* • hypsometer
Hypsometer *n* <meteo.msr> • hypsometer

Hysterese f <msr> *(von Näherungsschaltern; in Prozent des Realschaltabstands)* • hysteresis; switching hysteresis; differential travel

Hysterese f <phys> • hysteresis

Hysteresefehler m <tech.allg> • hysteresis error

Hysteresekonstante f <tech.allg> • hysteresis constant

Hysteresekurve f <phys> *(magnet. Flussdichte od. magnet. Polarisation vs. magnet. Feldstärke)* • hysteresis curve

Hysteresemesser m <msr> • hysteresis meter

Hysteresemotor m <el> • hysteresismotor

Hystereseschleife f <tech.allg> • hysteresis cycle; hysteresis loop

Hystereseschleife f *DIN IEC 50* <av> • hysteresis loop *DIN IEC 50*; magnetic hysteresis loop

Hystereseschreiber m <msr> • hysteresigraph

Hystereseventil n <tech.allg> • hysteresis valve

Hystereseverlust m rar <el> *(von Transformatoren)* • iron loss; core loss *rare*

Hystereseverlust m <phys> • hysteresis loss

Hysteresezyklus m <tech.allg> • hysteresis cycle; hysteresis loop

Hysteresis f <phys> • hysteresis

Hysteresismotor m <el> • hysteresismotor

Hz <phys> *(Einheit der Frequenz)* • hertz (Hz); 1/s

Hz/V-Charakteristik f <edv.av> • Hertz/Volt proportion *Korg, Yamaha*; Hz/V proportion

I

I <chem> • Iodine (I)

I <el> *(in Ampere)* • amperage (I)

I <mech> • areal moment of inertia (I); moment of area of the second order

I <msr> *(abstrakt; in Henry)* • inductance (I); inductivity

i.c. <med> • intracutaneous (i.c.)

i.d. <med> • intradermal (i.d.)

i.Link *Sony* <av> *(Schnittstellen-Norm)* • FireWire (1394) *IEEE 1394*; IEEE 1394 *stand*; i.Link *Sony*; Lynx

i.m. <med> • intramuscular (i.m.)

i.O. <qualit> *(gut genug für den Zweck)* • correct (OK); all right; satisfactory; acceptable; adequate

i.v. <med> • intravenous (i.v.)

I0 <msr> • no-load supply current (I0); quiescent current *rare*; off load current *rare*

I3L <el> • isoplanar integrated injection logic (I3L)

I:E Ratio f <med.tech> *(Beatmungsgerät)* • I:E ratio

I:E Verhältnis n <med.tech> *(Beatmungsgerät)* • I:E ratio

IAN <pack> • International Article Numbering (IAN)

IAQ-Sensor m <hlk> • indoor air quality sensor; IAQ sensor

IBR <edv> • image-based rendering (IBR)

IC <edv.ic> *(Mikrochip mit integrierter Halbleiterschaltung)* • integrated circuit (IC); chip *pract*; microcircuit *rare*; monolith *rare*

IC <edv.ic> • integrated circuit

IC-Abzieher m <edv.wz> • IC puller

ICA-Protokoll n <tele> • Independent Computing Architecture (ICA) *Citrix*

ICB <edv> • Truevision Graphics Array (TGA)

ICD <med.tech> • implantable cardioverter-defibrillator (ICD); pacemaker cardioverter defibrillator; PCD

ICFR-Heizung f <nukl> • heating in the ion cyclotron range; ion cyclotron [frequency resonant] heating; ICFR-heating; heating at the ion cyclotron frequency; heating at the ion cyclotron resonance

IC-Karte f <edv> *(Kunststoffkarte mit eingebautem Speicherchip)* • chip card; integrated-circuit card *rare*; IC-card *rare*; smart card *rare*

IC mittleren Integrationsgrads m <ic> • MSI circuit

IC-Puller m <edv.wz> • IC puller

IC-Träger m <ic> • lead frame

IC-Zieher m <edv.wz> • IC puller

I-Darstellung f <navig> *(Radar)* • I display

ID-Code m <tech.allg> *(alphanumerische Zeichenfolge)* • identification code; ID code

ideale Flüssigkeit f *DIN 4044* <phys> • perfect fluid; inviscid fluid; ideal liquid

ideal elastisch <mech> *(Stoß)* • perfectly elastic

ideal-elastischer Körper m <mech> • Hookean solid

ideal-elastischer Zusammenstoß m <mech> *(verlustfrei)* • billiard-ball collision

ideale Reflexion f <opt> • specular reflection

idealer Eindruck m <qualit.mat> *(Vertiefung beim Härtetest)* • perfect indentation

idealer Isolierstoff m <el> • ideal dielectric; perfect insulator; ideal insulating material; loss-free dielectric

idealer Kristall m <mat> • ideal crystal; perfect crystal

idealer Leiter m <el> • ideal conductor; perfect conductor

idealer Prozess m <therm> • theoretic cycle

idealer Schwarzer Körper m <phys> • ideal black body

idealer Temperaturstrahler m <phys> • ideal black body

ideales Dielektrikum n <el> • ideal dielectric; perfect insulator; ideal insulating material; loss-free dielectric

ideales Gas n <phys> • ideal gas; perfect gas

ideale Transmission f wiss <opt> • ideal transmission *thsc*; transparency *pract*

ideal für den Einsatz in … <tech.allg> • well suited for use in …

Idealgitter n <mat> • ideal lattice; perfect lattice

idealisierte Kennlinie f <tech.allg> • idealized characteristic

idealisiertes System n <tech.allg> • idealized system

Idealkristall m <mat> • ideal crystal; perfect crystal

idealperiodisch <el> • perfectly periodic

ideal schwarz <phys> *(Körper; z. B. Absorberfläche)* • ideal black; perfectly black

Idealverhalten n <tech.allg> • ideal behaviour

Idealweiß n <phys> • equal-energy white

ideal zur Erzielung von / für … <tech.allg> • optimal choice for …

ideelle Gleichspannung f <el> • ideal no-load d.c. voltage

Ideenträger m <kfz> • concept car

Identcode m <edv> • data identifier (DI)

Identifikation f <tech.allg> *(Vorgang)* • identification

Identifikation f <tech.allg> *(Objekt; z. B. Etikett, Nummer)* • identifier (ID); identification

Identifikationsfeld n <tech.allg> • identification field

Identifikationspunkt m <logist> *(HRL)* • load identification station; input station; identification station; inbound inspection; entry check point

Identifikations-Set n <tech.allg> • identifier kit

Identifikationssymbol n <tech.allg> • identifying symbol

Identifikationssystem n <tech.allg> • identification system; ID-System

identifizieren vt <tech.allg> *(betont: identifizieren, z. B. Person, Bauteiltyp, Bauteilhersteller)* • identify vt

Identifizieren bösartiger Anrufer n <tele> *(Zusatzdienst)* • malicious call identification (MCID)

Identifizierung f <tech.allg> *(Vorgang)* • identification

Identifizierung f <tech.allg> *(Objekt; z. B. Etikett, Nummer)* • identifier (ID); identification

Identifizierung des Anrufers f <tele> *(Zusatzdienst)* • malicious call identification (MCID)

Identifizierungscode m <tech.allg> *(alphanumerische Zeichenfolge)* • identification code; ID code

Identifizierungsreaktion f <chem> • identifying reaction

Identifizierungssystem n <tech.allg> • identification system; ID-System

identisch <allg> • identical

Identität f <tech.allg> • identity

Identitätsprüfung f <qualit> • identification test

Ident-Nummer f rar <tech.allg> • identification number (ID); ID-number pract

Identsystem n rar <tech.allg> • identification system; ID-System

IDE-Schnittstelle f <edv> • IDE interface; AT interface obs; AT-bus interface obs; ATA interface obs

IDI <kfz.mot> • indirect fuel injection process

idiochromatisch <mat> • idiochromatic

idiomorph <mat> • idiomorphic

idiophan <mat> • idiophanous

idiotensicher ugs <tech.allg> *(ganz einfach; z. B. Benutzeroberfläche)* • idiotproof coll

idiotensicher ugs <tech.allg> *(sicher funktionierend, ohne Risiko, Verletzungsgefahr)* • foolproof coll

Idiotentest m ugs.derog <verk.med> • medical-psychological examination

Idlerfrequenz f <el> • idler frequency

IDM-Modulation f <el> *(z. B. bei Mini Disc)* • identified delay modulation code (IDM); identified delay modulation

IDN <tele> • integrated digital network (IDN)

i-drive *TM* <edv> *(Software für Internetzugang von jedem PC oder Mobilgerät)* • i-drive *TM*; Internet drive did; idrive rare

iDrive m *TMBMW* <kfz.msr> *(Multifunktionsknopf)* • iDrive *TMBMW*

IDVS <aerospace> • integrated data processing and visualization system (IDVS)

IEC <org> • International Electrotechnical Commission (IEC)

IEEE 1394 norm <av> *(Schnittstellen-Norm)* • FireWire (1394) *IEEE 1394*; IEEE 1394 stand; i.Link Sony; Lynx

I-E-Kurve f <el.chem> • current-voltage curve; current-potential curve; i-E curve; c.v. curve

IES <aerospace> • inflight entertainment system (IES)

IES <agri.chem> • indole-3-acetic acid (IAA)

IFA <med.tech> • immunoflourescence assay (IFA)

IFF <edv> *(Logik)* • IF-AND-ONLY-IF (IFF)

IFGS <aerospace> • Integrated Flight Guidance System (IFGS)

IFN- <med> *(Interferon)* • interferon-gamma (IFN-)

IFNR <emiss> *(dreistufige Verbrennung)* • in-furnace NOx reduction (IFNR)

IFN-ß <med> • interferon-beta (IFN-ß); interferons

IFR <aerospace> • instrument flight rules pl (IFR)

IFR <emiss> *(Typ gestufter Verbrennung)* • in-furnace reduction (IFR)

I-Frame m <edv> • intraframe; I-frame; key frame

IFS <prod> • Intelligent Manufacturing System (IMS)

IF-Stahl m <metall> *(von interstitiellen Elementen freier Stahl)* • interstitial-free steel; I-F steel

IF-Verbinder m <petr> • internal-flush tool joint; IF tool joint

Ig <bio> • immunoglobulin

IGBT-Schaltelement n <el> • IGBT switching device

Igel m VW.prakt <kfz.mot> • electric EFE system

Igelstrecke f <textil> • porcupine drawing frame

Igeltransformator m <el> • hedgehog transformer

Igeltrommel f <textil> • porcupine cylinder

IGES <edv> • Initial Graphics Exchange Specification (IGES)

IGES-Schnittstelle f (IGES) <edv> • Initial Graphics Exchange Specification (IGES)

IGFET m <el> • insulated-gate FET (IGFET)

Ignitron n <el> • ignitron

i-Halbleiter m <el> • i-type semiconductor

IHK <org> • Chamber of Industry and Commerce; chamber of commerce

I-HQ <av> • I-HQ (I-HQ) Dae

I-HQ-Bandeinmessung f (I-HQ) Dae <av> • I-HQ (I-HQ) Dae

Ihre Anfrage vom … <ökon> • your inquiry dated …

IHU <prod> *(von Hohlkörpern, Rohren)* • hydroforming; hydroforming process

IHU-Bauteil n <prod> • hydroformed component

IHU-Fertigungssystem n <prod> • hydroforming system

IHU-Presse f <prod> • hydroforming press

I-I-Wendekreisel m <navig> • double-integrating gyro

IK <edv> *(Animationsverfahren)* • inverse kinematics (IK); goal-directed motion

IKL <av> • in-head-localization

Ikone f <tech.allg> • pictogram; pictograph; icon

Ikonoskop n <av> • iconoscope

Ikosaeder n <math> *(von zwanzig gleichseitigen Dreiecken begrenzte Form)* • icosahedron

Ikositetraeder n <math> • icositetrahedron; trapezohedron

i-Leiter m <el> • intrinsic semiconductor; intrinsic conductor

i-Leitung f <el> • intrinsic conduction

Ilgner-Aggregat n <el.masch> • Ilgner flywheel system

Ilgner-Schwungrad n <masch> • Ilgner flywheel

I-Linie f <edv.ic> • I-line

illegaler Müllablagerungsplatz m <ents> • open dump

Illustration f rar <doku> *(betont: zum Erläutern, Klären, Erhellen)* • illustration

Illustration f <doku> *(betont: zur visuellen Verdeutlichung)* • illustration

Illustrationsdruck m <druck> • illustration printing

Illustrationsdruckfarbe f <druck> • process ink

Illustrationsdruckpapier n form <druck> *(besonders glatte Oberfläche)* • art paper; supercalendered paper form

Illustrator m <kunst> • illustrator

Illustrierte f <doku> • glossy magazine; glossy coll

ILM <kfz> • integral optical-fiber scope technology :V

Ilmenit m <min> • ilmenite; titanic iron ore

ILS <aerospace> • instrument landing system (ILS)

ILV-Beatmung f <med.tech> • independent lung ventilation (ILV); master-slave ventilation

IM <av> • intermodulation distortion

IM <doku> • inter-office memo (IOM)

IMA <org> • International MIDI Association (IMA)

Image n <werb> • image

Image Based Rendering n (IBR) <edv> • image-based rendering (IBR)

Imagegewinn m <werb> • image boost

Image-Mapping n <edv> • image mapping

Image-Orthikon n <astron> • image-orthicon camera

imaginär <allg> • imaginary

imaginäre Achse f <math> *(Gaußsche Zahlenebene)* • imaginary axis

imaginäre Antenne f <el> • image antenna

imaginäre Zahl f <math> • imaginary number

Imaginärteil m <math> • imaginary part

im Baukastensystem aufgebaut <tech.allg> • modular; unitized

Imbibition f <chem> • imbibition

im Brutschrank aufbewahren vt <med> • incubate vt
IMC <kst> • in-mold coating (IMC)
im Crashtest testen vt <kfz.sich> (z. B. Pkw) • crash vt
im Dreieck geschaltet <el> • delta-connected
im Duplexverfahren erschmelzen vt <metall> • duplex vt
IMD-Verfahren n <kst> (z. B. Dekorfolie mit Kunststoffformteil hinterspritzt) • in-mold decoration (IMD); IMD
   method; rear injection rare
im Eilgang bewegen vt <wz.masch> (Werkzeug, Werkstück, Schlitten) • fast-traverse vt; rapid-traverse vt
im Einklang mit <tech.allg> (Vorschrift XYZ, Norm XYZ
   etc.) • compliant
im Einklang stehen mit vi <allg> (den Regeln, Vorschriften, Normen) • comply with vt; conform to vt; fulfill vt; fulfil
   vt
im Einstechverfahren geschliffen <prod> • plunge-
   ground
im Farbton abweichend <obfl> • off-shade
im Flammspritzverfahren auftragen vt <obfl> • flame-
   deposit vt
im Freivorbau errichten vt <bau> (Kragwerk, Brücke)
   • cantilever vt
im Garn färben vt <textil> • dye in the yarn vt
im Garn färben vt <textil.verf> • yarn-dye vt
im Garn gefärbt <textil> • yarn-dyed
im Gegenuhrzeigersinn drehen vt <tech.allg> (z. B.
   Regler) • rotate counterclockwise vt
im Gelände <kfz> (Fahrbetrieb) • off-road; off-highway US
im Gesenk geformt <prod> • die-formed
im Gesenk geschmiedet <prod> • drop-forged
im Gesenk pressen vt <prod> • die-press vt
im Gesenk schmieden vt <prod> • die-forge vt
im Gleichgewicht halten vt <mech> (z. B. Kräfte, Momente, elektrische Spannung) • equilibrate vt; keep in
   equilibrium vt
im Gleichzug arbeiten vi <tech.allg> • operate in synchronized timing vi
Imhoff-Brunnen m <hydr> (Wasser) • Imhoff tank
Imhoff-Trichter m <chem> • Imhoff sediment cone; Imhoff
   cone
im Holländer färben vt <pap> • dye in the beater vt
Imitat... <tech.allg> • imitation ...; ersatz ... derog; fake ...
   derog
Imitatgarn n <textil> • imitation yarn
Imitatspinnerei f <textil> • imitation yarn spinning
imitieren vt <allg> (Modell, Vorlage, Vorbild, Muster)
   • imitate vt; copy vt
im Kavitationsbereich laufen vi <masch> (Pumpen,
   Wasserturbinen, Schiffsschrauben) • cavitate vi
Im-Kopf-Lokalisation f (IKL) <av> • in-head-localization
Im-Kopf-Ortung f <av> • in-head-localization
im Leerlauf <el> (nicht am Netz; Generator) • open-circuited
im Leerlauf bergab rollen <nfz.logist> • mexican overdrive sl
Im-Leerlauf-Bergabrollen n <kfz> (ohne Bremswirkung
   des Motors, unkontrolliert, zu schnell) • mexican overdrive
   sl
Immaterialgüter npl <ökon> • immaterial goods pl; immaterial property
immaterielles Anlagevermögen nsg <fin> (Bilanz) • intangible assets pl; intangibles pl; intangible fixed assets
   pl; intangible property sg
immaterielle Vermögensgegenstände npl <fin> (Bilanz) • intangible assets pl; intangibles pl; intangible fixed
   assets pl; intangible property sg
Immediatanalyse f <chem> • proximate analysis
im Mehrschichtensystem arbeiten v <jur> • operate
   round the clock v

Immersionsflüssigkeit f <chem> (allg.) • immersion
   liquid
Immersionsflüssigkeit f <lwl> (zur Verbesserung der
   Lichtein- und auskopplung) • index matching fluid
Immersionslinse f <opt> • immersion lens
Immersionsobjektiv n <opt> • immersion objective
Immersionsöl n <verf> • immersion oil
im Mischbetrieb verwenden vt <edv> (Strichcodetypen)
   • intermix vt
Immission f <ökol> (Einwirkung von Emissionen auf die
   Bio- und Ökosphäre) • immission
Immissionsgrenzwerte für Neuanlagen mpl <ökol.jur>
   (US-Gesetzgebung) • New Source Performance Stan-
   dards (NSPS)
Immissonsschäden pl <ökol.emiss> • damage by at-
   mospheric pollution
immobilisieren vt <tech.allg> • immobilize vt
immobilisieren vt <ents> (z. B. Risikoabfall vor Auswa-
   schung und Erosion schützen) • immobilize vt
Immobilisierung f <ents> • immobilization
Immobilisierung fsg <tech.allg> (z. B. von Schadstoffen,
   Gefahrstoffen) • immobilization
Immobilisierungsgrad m <ents> • degree of immobiliza-
   tion achieved
immortalisierte Zelle f <bio> • immortalized tumor cell
Immunantwort f <bio> • immune response
Immundefekt m <bio> • immunodeficiency; immunity defi-
   ciency
Immundefizienz f <bio> • immunodeficiency; immunity
   deficiency
Immunfloureszenzassay m (IFA) <med.tech> • immu-
   noflourescence assay (IFA)
Immunglobulin n (Ig) <bio> • immunoglobulin
Immunisation f rar <bio> • immunisation
Immunisierung f <bio> • immunisation
Immunmediator m <pharm> • immunomodulator
Immunmodulator m <pharm> • immunomodulator
Immunnephelometrie f <med.tech> • immunonephelo-
   metry
Immunoadhäsin n <bio> • immunoadhesin
Immunogen n <bio> • antigen
Immunogenität f <bio> (Fähigkeit, eine Immunantwort
   hervorzurufen) • immunogenicity
Immunozyt m <bio> (an der Immunanbwehr beteiligte
   Zelle) • immunocyte
Immunreaktion f (Ir) <bio> • immune response
Immunserum n <pharm> • immune serum; antiserum
Immunstimulator m <pharm> • immunomodulator
Immunsuppressiva npl <pharm> • immunosuppressives pl
Immunsystem n <bio> • immunological system
im Nebenschluss schalten vt <tech.allg> • shunt vt
im Netzverbund <energ.sol> • grid-connected; on-grid
   coll
im Ofen darren v <nahr> • kiln v
Impact-Drucker m rar <druck> (z. B. Nadeldrucker,
   Typenraddrucker) • impact printer; mechanical printer
IMPACT-Einsatz m form <wz> • impact socket; power
   socket rare
IMPACT-Kardangelenk n form <wz> (Kardangelenk für
   Maschinenschrauber) • impact universal joint
IMPACT-Verlängerung f form <wz> • impact extension
   [bar]
Impakt-Drucker m rar <druck> (z. B. Nadeldrucker,
   Typenraddrucker) • impact printer; mechanical printer
Impakt-Druckverfahren n <edv> • impact printing; me-
   chanical transfer printing; mechanotransfer printing
Impaktdüse f <masch> • impinging stream nozzle
Impedanz f <av> (eines Lautsprechers/Lautsprecher-
   Chassis) • nominal impedance; impedance

Impedanz *f* (Z) <el> • impedance (Z); electrical impedance
Impedanzanpassung *f* <el> • impedance matching
Impedanzanpassungsblende *f* <el> • impedance matching plate
Impedanz-Equalizing *n* <av> • impedance equalizing
Impedanzkorrektor *m* • impedance compensator
Impedanzkurve *f* <av> *(eines Lautsprechers)* • impedance characteristic; impedance curve
Impedanz-Linearisierung *f* <av> • impedance equalizing
Impedanzmessbrücke *f* <el> • impedance bridge
Impedanzmesser *m* <msr> • impedance meter
Impedanzrelais *n* <el> • impedance relay
Impedanzschutz *m* <el> • impedance protective system
Impedanz-T-Glied *n* <el> • series T junction
Impedanztransformation *f* <el> • impedance transformation
Impedanzverstärker *m* <el> • impedance amplifier
Impedanzwandler *m* <el> • impedance converter; impedance transformer
Impedanzwandlung *f* <el> • impedance conversion; impedance transformation
Impellerantrieb *m* <masch> • impeller drive
Impeller-Pumpe *f* <förd> • flexible impeller pump; flexible vane pump
Imperialversion *f* <pap> • imperial version
Impermeabilität *f* <tech.allg> • impermeability
impfen *vt* <tech.allg> • inoculate *vt*
impfen *vt* ugs <bio.chem> *(Nährmedium)* • inoculate *vt*
impfen *vt* <mat> *(z. B. zur Züchtung von Kristallen)* • seed *vt*
impfen *vt* <med> • vaccinate *vt*; inoculate *vt*
Impfkristall *m* <mat> • seed crystal
Impfpistole *f* <wz> • jet-injection instrument
Impfschlamm *m* rar <verf.ents> *(Abwasserreinigung)* • activated sludge; activated sewage sludge *form*; aerated sludge *rare*; bio sludge *rare*
Impfschutz *m* <med> *(durch Impfung erzielte spezifische Immunität)* • vaccine protection; protection due to vaccination; protection due to inoculation; protective immunity
Impfstoff *m* <pharm> • vaccine; vaccinum *thsc.rare*
Impfung *f* <mat> *(zur Kristallzüchtung)* • seeding
Impfung *f* <med> *(zur Immunisierung)* • inoculation; vaccination; jag *coll*
Impfungszusatz *m* <prod> • inoculating agent
Impfversager *m* <pharm> *(Impfstoff)* • unsuccessful vaccination
Impfzusatz *m* <prod> • inoculating agent
Impinger *m* <msr> *(Waschflasche zur Bestimmung von Luftverunreinigungen)* • impinger
Implantat *n* <med.tech> • implant; graft
implantationsdotiert <el> • implantation-doped
Implantationsporosität *f* <med.tech> *(Gefäßersatz)* • implantation porosity
Implantationstechnik *f* <med.tech> • implant technology; implantation technology
Implantationszone *f* <ic> • implanted region
implantierbarer Kardioverter-Defibrillator *m* (ICD) <med.tech> • implantable cardioverter-defibrillator (ICD); pacemaker cardioverter defibrillator; PCD
implantierbarer Schrittmacher *m* <med.tech> • implantable pacemaker
implantierte Atome *npl* <phys> • trapped atoms *pl*
implantierte Zone *f* <ic> • implanted region
implementierbar <tech.allg> *(z. B. Vorschlag, Lösung, Konstruktion)* • feasible; practicable; doable *coll*
implementieren *vt* <tech.allg> *(z. B. Programm, System, Philosophie)* • implement *vt*
Implementierung *f* <tech.allg> • implementation
Implikation *f* <allg> • implication

implizit <math> • implicit
implizite Programmierung *f* <edv> • implicit programming
implodieren *vi* <tech.allg> *(z. B. Bildröhre von Fernseher, Computer)* • implode *vi*
Implosionsschutz *m* <sich> • implosion protection
Implosionsschutzscheibe *f* <av> *(vor Bildröhre)* • implosion guard
implosionssicher <av.qualit> *(Bildröhre)* • implosion-proof
Import *m* <edv> *(Daten; z. B. in Datenbank)* • import
Import *m* <ökon> *(Waren, Güter)* • import
Importeur *m* <jur> • importer
importieren *vt* <edv> *(Daten; z. B. in Datenbank)* • import *vt*
importieren *vt* <ökon> *(Waren, Güter)* • import *vt*
Imprägnationsbohrkrone *f* <wz> *(diamantgehärtet)* • impregnated bit; diamond-impregnated bit
Imprägnationserz *n* <min> • impregnation ore; disseminated ore
Imprägnationslagerstätte *f* <min> • impregnated deposit; impregnation deposit; interstitial deposit
imprägnieren *n* <textil.led> *(zum Schutz vor Durchnässung; z. B. Textilien, Leder)* • water-repellent finishing
imprägnieren *vt* <tech.allg> *(allg.)* • impregnate *vt*
imprägnieren *vt* <ents> *(Hackschnitzel)* • impregnate *vt*
imprägnieren *vt* <obfl> *(betont: beständig machen gegen etw.)* • proof *vt*
imprägnieren *vt* <obfl> *(betont: chemisch behandeln)* • treat chemically *vt*
imprägnieren *vt* <obfl> *(betont: wasserabweisend machen; z. B. Gewebe, Holz, Leder)* • waterproof *vt*
Imprägnierfoulard *m* <textil> • impregnating mangle
Imprägnierharz *n* <mat> • impregnating resin
Imprägniermittel *n* <holz> *(zur Oberflächenkonservierung)* • preservative
Imprägniermittel *n* <obfl> *(allg.)* • impregnating agent; impregnant; proofing agent
Imprägnieröl *n* <holz> • preservative oil
Imprägnierpapier *n* <pap> • saturating paper
imprägnierte Bauplatte *f* ugs <bau.mat> • moisture resistant wallboard (MR); water resistant wallboard
imprägnierte Feuerschutzplatte *f* ugs <bau.mat> • water resistant fire check board *GB*; moisture resistant fire check board *GB*; FIRECODE water resistant core board *USG*
imprägnierte Gipskarton-Bauplatte *f* (GKBi) <bau.mat> • moisture resistant wallboard (MR); water resistant wallboard
imprägnierte Gipskarton-Feuerschutzplatte *f* (GKFi) <bau.mat> • water resistant fire check board *GB*; moisture resistant fire check board *GB*; FIRECODE water resistant core board *USG*
Imprägnierung *f* <holz> *(konservierend)* • preservation
Imprägnierung *f* <obfl> *(allg.)* • impregnation
Imprägnierung *f* <obfl> *(wasserabweisend)* • waterproofing
Imprinter *m* <druck> • imprinting unit; imprinter
improvisierte Dunkelkammer *f* <phot> • improvised darkroom; temporary darkroom
Impuls *m* <allg> *(Physik, Psychologie, Biologie; z. B. Drang etwas zu tun, mech. Kraft)* • impulse
Impuls *m* <el> *(kurze Spannungs- oder Stromstärkeänderung)* • pulse
Impuls *m* ugs <el> *(kurze Spannungs- oder Stromstärkeänderung)* • impulse; current impulse; current rush; current surge; impulse current
Impuls *m* <mech> *(betont: linear wirkendes Moment)* • linear momentum

Impuls m <mech> (einwirkende Kraft mal Zeit der Ein-
wirkung) • impulse; momentum
Impuls m <mech> (Kraftvektor) • momentum
Impulsabfallzeit f <tech.allg> (Steilheit der hinteren
Flanke) • pulse decay time; pulse fall time
Impulsabfragesender m <navig> • interrogator
Impulsabstand m <tech.allg> • pulse interval; pulse
spacing; pulse-to-pulse interval; pulse-to-pulse spacing
Impulsabstiegsversteilerung f <el> • pulse trailing-edge
squaring
Impulsabtrag m <prod> • workpiece removal per dis-
charge
Impulsabtrennstufe f <av> • pulse clipper
Impulsabtrennung f <av> • pulse clipping
Impulsamplitude f <phys> • pulse amplitude; pulse
height
Impulsamplitudenanalysator m <el> • pulse-height
analyzer
Impulsanalysator m <el> • pulse analyzer
Impulsanregung f <el> • pulse triggering
Impulsanstiegsversteilerung f <el> • pulse-front squar-
ing
Impulsanstiegszeit f <el> • pulse rise time
Impulsantwort f <el> • pulse response
Impulsart f <phys> • pulse mode
Impulsartikel m <ökon> (zum Spontankauf; meist in Kas-
sennähe) • impulse item; novelty [sales item] US
Impulsartikel für Kinder npl <ökon> • children's novelty
products pl; children's novelties pl
Impulsausgang m <el> • pulse output
Impulsauslösung f <el> • pulse triggering
Impulsauswahl f <tele> • pulse selection
Impulsauswerteeinheit f <el> • pulse analyzer
Impulsbandbreite f <tele> • pulse bandwidth
Impulsbegrenzer m <el> • pulse clipper
Impulsberegnung f <agri> • pulse irrigation
Impulsbetrieb m <tech.allg> (Betrieb mit Unterbrechun-
gen) • intermittent operation
Impulsbetrieb m <el> (pulsierend) • pulsed operation;
pulsing [mode of operation]
impulsbetrieben <el> • pulse-operated; pulsed
Impulsbonden n <füg> • pulse bonding
Impulsbreite f <el> • pulse width
Impulsbreitenmodulation f rar <el> • pulse-width modu-
lation (PWM)
Impulsdach n <el> (allg. Rechteckimpuls) • pulse top
Impulsdauer f <tech.allg> • pulse duration; pulse time;
pulse length; pulse width
Impulsdehner m <el> • pulse stretcher
Impulsdemodulator m <el> • pulse detector
Impulsdichte f <phys> (Impulse pro Zeiteinheit) • pulse
rate
Impulsdichtemesser m <msr> (bei Zählimpulsen)
• counting rate meter
Impulsdichtemesser m <phys> (allg.) • pulse rate meter
Impulsdrehzahlmesser m <msr> • impulse tachometer
Impulsecho n <qualit.mat> (Ultraschall-Prüfung) • pulse
echo
Impuls-Echo-Gerät n <msr> (Ultraschall) • ultrasonic in-
strument; impulse echo unit
Impuls-Echo-Messgerät n <msr> (Ultraschall) • ultra-
sonic instrument; impulse echo unit
Impulsechomethode der Fehlerortung f <qualit>
(Ultraschall-Prüfung) • pulse-echo testing method; reflec-
tion method of ultrasonic testing; echo sounding method
Impuls-Echo-Niveaumessung f <msr> • ultrasonic level
measurement
Impulsechoverfahren n <qualit> (Ultraschallprüfung)
• pulse-echo method; pulse-echo technique

Impulseingang m <el> • pulse input
Impulseis n <nahr> (Speiseeis) • novelty ice cream US;
impulse ice cream GB; frozen novelties US
Impulseis für Erwachsene n <nahr> (Speiseeis) • adult
novelty ice cream
Impulsentladung f <el> • pulse discharge
Impulsentzerrer m <phys> • pulse equalizer; pulse re-
generator
Impulsentzerrung f <el> (Signalkorrektur) • pulse correc-
tion; pulse regeneration; pulse restoration
Impulserhaltung f <mech> • conservation of momentum
Impulserhaltungssatz m <mech> • momentum conser-
vation law; momentum conservation theorem
Impulserzeuger m <phys> • pulse generator; pulser
Impulserzeugerleitung f <el> • pulse-forming line
Impulserzeugung f <phys> • pulse generation
Impulsfernmessgerät n <msr> • pulse-type telemeter
Impulsflanke f <phys> • pulse edge
Impulsflankensteilheit f <el> • pulse slope
Impulsfolge f <msr> (allg.) • pulse train; pulse sequence
rare; pulse-stream rare
Impulsfolge f DIN EN 475 <msr> (Gruppe von Impulsen
mit einem erkennbaren Rhythmus; als Signal) • alarm
tone sequence; burst ASTM F 1463
Impulsfolgefrequenz f <el> • pulse frequency; pulse re-
currence frequency; pulse repetition frequency; pulse
repetition rate
Impulsfolgeperiodendauer f <el> • pulse repetition pe-
riod; pulse recurrence period
Impulsform f <el> • pulse shape
Impulsformer m <el> (allg.) • pulse shaper
Impulsformer m <el> (betont: Schaltung) • pulse-shaping
circuit; pulse-shaping network
Impulsformerschaltung f <el> (betont: Schaltung)
• pulse-shaping circuit; pulse-shaping network
Impulsformung f <el> • pulse shaping
Impulsfrequenz f <el> • pulse frequency; pulse repetition
rate
Impulsfrequenzteiler m <el> • pulse-frequency divider
Impulsfront f <el> • pulse front
Impulsfunkhöhenmesser m <aerospace> • pulse radio-
altimeter
Impulsfuß m <phys> • pulse base
Impulsgabe f <el> • pulsing
Impulsgeber m <kfz.el> (elektron. Zündanl.) • pickup
module; pulse generator; pickup assembly; pickup limb
Impulsgeber m <msr> (betont: Digitalisierung) • digitizer
Impulsgeber m <msr> (betont: elektronisch) • electronic
pulse generator
Impulsgeber m <msr> (allg.) • pulse generator; pulsing
device; pulser
Impulsgeber m <msr> (betont: mit Rotor) • pulse tacho-
meter
Impulsgeberläufer m <kfz.el> (Lucas) • timing rotor
Lucas
Impulsgeber mit HF-Messkopf m <msr> • HF-pulse
generator; HF-pulse tachometer
Impulsgeber mit Hochfrequenz-Messkopf m <msr>
• HF-pulse generator; HF-pulse tachometer
Impulsgeberrad n <kfz.el> (des Induktionsgebers im
Zündverteiler) • trigger wheel; reluctor Chrysler.Lucas;
armature Ford; timer core; rotating pole piece rare
Impulsgeberrelais n <el> • pulsing relay
Impulsgebertaste f <el> • pulse-sending key
Impulsgenerator m rar <msr> (allg.) • pulse generator;
pulsing device; pulser
Impulsgerät n <el> (allg.) • pulser unit
impulsgesteuert <msr> • pulse-controlled
Impulsgleichung f <mech> • equation of momentum

Impulsgruppe f <el> • burst pulses
Impulsgruppenfolge f <el> • pulse group sequence
Impulshinterflanke f <el> • pulse trailing edge
Impulshöhe f <phys> • pulse amplitude; pulse height
Impulshöhenanalysator m <el> • pulse-height analyser
Impulshöhendiskriminator m <el> • pulse-height discriminator
Impulshöhenmesser m <aerospace> (Radarhöhenmesser) • pulse altimeter
Impulshöhenspektrum n <el> • pulse-height spectrum
Impulshöhenverteilung f <el> • pulse-height distribution
Impulsinstabilität f <phys> • pulse jitter
Impulsintervall n <phys> • pulse interval; pulse spacing
Impulsionisationskammer f <nukl> • pulse ionization chamber
Impulskette f <msr> (allg.) • pulse train; pulse sequence rare; pulse-stream rare
Impulskode m <el> • pulse code
Impulskontakt m <el> • pulse contact
Impulskraft f <phys> • impelling force; motive force
Impulskurzschlussstrom m <el> • pulse short-circuit current
Impulslängenmodulation f <el> • pulse-length modulation
Impulslängenverhältnis n <el> • mark-to-space ratio
Impulslandeverfahren n <aerospace> • pulsed-guide path landing system
Impulslaser m <licht> • pulsed laser
Impulslaufzeit f <el> • pulse delay; pulse-time delay
Impulslaufzeitdifferenz f <el> • pulse-arrival-time difference
Impulsleerlaufspannung f <el> • open-circuit voltage
Impulsleistung f <el> • pulse power
Impulsleistungsmesser m <el> • pulse-power calibrator
Impulsleistungsverhältnis n <av> • pulse-duty factor
Impulslicht n <msr> • pulsed light
Impulslichtquelle f <phys> • pulsed light source; intermittent light source
Impulsmagnetisierung f <phys> • flash magnetization; impulse magnetization
Impulsmasse f <mech> • inertial mass
Impulsmesser m <msr> • pulse meter
Impuls mit langer Laufzeit m <el> • broad pulse
impulsmodulierter Träger m <el> • pulse-modulated carrier
impulsmoduliertes Radar n <navig> • pulse-modulated radar
Impulsmoment n <mech> • moment of momentum
Impulsmoment n wiss <phys> • angular momentum; moment of momentum
Impulsmomentensatz m <mech> • law of moment of momentum
Impulsnutzverhältnis n <el> (relative Entladungsdauer) • relative discharge duration
Impulsoperator m <phys> • momentum operator
Impulsoszillator m <el> • pulsed oscillator
Impulspause f <el> • interpulse period
Impulspeiler m <navig> • pulse direction finder
Impulsperiode f <edv> • duty cycle
Impulsperiodendauer f <phys> • pulse period
Impulsquelle f <phys> • pulse source
Impuls-Radar m <navig> • impulse radar
Impulsradar n <navig> • pulse radar [system]
Impulsrate f <av> (allg.) • pulse rate
Impulsrate f <msr> (Zählimpuls) • counting rate
Impulsrate f <phys> (Impulse pro Zeiteinheit) • pulse rate
Impulsraum m <mech> • momentum space
Impulsrauschen n <el> • pulse noise
Impulsreaktor m <nukl> • pulsed reactor

Impulsregenerierung f <el> • pulse regeneration; pulse correction; pulse restoration
Impulsreihe f <msr> (allg.) • pulse train; pulse sequence rare; pulse-stream rare
Impulsrelais n <el> • pulse relay
Impulsrückflanke f <el> • pulse trailing edge
Impulsrückstrahlung f <navig> • pulse reflection
Impulssatz m <mech> • momentum equation
Impulsschärfung f <alarm> • pulse-controlled arming
Impulsschalter m <el> • pulse switch
Impulsschaltung f <el> • pulse circuit
Impulsschleppkante f <phys> • pulse back edge
Impulsschreiber m <el> • pulse recorder
Impulsschwingung f <av> (Wellenform eines Oszillators, die Grund- und Obertöne enthält) • pulse wave
Impulsselektor m <tele> • pulse selector
Impulssender m <el> • pulse transmitter
Impulssensor mit HF-Messkopf m <msr> • HF-pulse generator; HF-pulse tachometer
Impulssensor mit Hochfrequenz-Messkopf m <msr> • HF-pulse generator; HF-pulse tachometer
Impulsserie f <msr> (allg.) • pulse train; pulse sequence rare; pulse-stream rare
Impulssiegeln n <füg> • impulse sealing
Impulssohle f <phys> • pulse bottom
Impulsspannung f <el> (die Spannung eines Impulses) • pulse voltage
Impulsspannung f rar <el> (plötzlicher Spannungsanstieg; meist unerwünscht) • voltage surge
Impuls-Spannungs-Charakteristik f <msr> • counting rate/voltage characteristic
Impulsspeicherrelais n <el> • notching relay
Impulsspektrum n <el> • pulse-height spectrum
Impulssperrung f <av> • gating
Impulsspitzenleistung f <el> (Sender) • peak pulse power
Impulssteilheit f <el> • pulse slope
Impulssteuerung f <el> • pulse control
Impulssteuerung f <el> (betont: Auslösen der Impulse) • pulse triggering
Impulsstörungen fpl <phys> • pulse noise
Impulsstrom m <el> • pulsed current
Impulsstromkreis m <el> • pulse circuit; pulsing circuit
Impulssummierer m <el> • pulse adder; pulse totalizer
Impulstachometer m <msr> • impulse speedometer
Impulstaktgeber m <el> • clock-pulse generator
Impulstastverhältnis n <av> • pulse-duty factor
Impulstechnik f <tech.allg> • pulse technique
Impulstelegrafie f <tele> • pulse telegraphy
Impulstor n <el> • pulse gate
Impulsträger m <phys> • pulse carrier
Impulstransformator m <el> • pulse transformer
Impulstrennung f <av> • pulse separation
Impulstriggerung f <el> • pulse triggering
Impulsübergangsfunktion f <msr> • impulse response [function]
Impulsübergangskennlinie f <el> • pulse response characteristic
Impulsüberwachung f <tele> • pulse monitoring
Impulsumformer m rar <el> (allg.) • pulse shaper
Impulsuntersetzer m <el> • pulse scaler; pulse divider
Impulsuntersetzerschaltung f <el> • scaling circuit; pulse-dividing circuit
Impulsverbreiterung f <phys> • pulse spreading; pulse dispersion
Impulsverfahren n <phys> • pulse testing
Impulsverflechtung f <tele> • pulse interleaving
Impulsverlängerung f <el> • pulse extension
Impulsverschachtelung f <tele> • pulse interleaving
Impulsverschleifung f <el> • pulse degradation

Impulsverschleiß *m* <prod> *(an der Elektrode)* • electrode removal per discharge

Impulsverschlüsselung *f* <tele> • pulse coding

Impulsverschlüssler *m* <tele> • pulse coder

Impulsverstärker *m* <el> • pulse amplifier

Impulsverteilung *f* <mech> • momentum distribution

Impulsverzerrung *f* <edv> • pulse distortion; impulse distortion *rare*

Impuls-Verzerrungen *fpl* <av> • transient distortion

Impulsverzögerungszeit *f* <el> • pulse delay [time]

Impulsvorderflanke *f* <phys> • pulse leading edge; pulse front edge

Impulswähler *m* <el> • pulse selector

Impulswahl *f* <tele> *(altes Telefon, Fax)* • pulse dialing *US*; pulse dialling *GB*; impulse-action dialing *rare*

Impulswandler *m* <el> • pulse transformer

Impulswelle *f* <av> *(Wellenform eines Oszillators, die Grund- und Obertöne enthält)* • pulse wave

Impulswellenformgenerator *m* <el> • pulse waveform generator

Impulswiederholer *m* <el> • pulse repeater

Impulswiederkehrgeschwindigkeit *f* <phys> • pulse repetition rate

Impulszähler *m* <alarm> *(Schaltung zur Vermeidung von Falschalarm)* • accumulating circuit; pulse counting accumulator; accumulator circuit; pulse count *pract*

Impulszähler *m* <msr> *(allg.)* • pulse counter

Impulszähler *m* <nukl> • pulse detector

Impulszählschaltung *f* <msr> • counting circuit

Impulszeitgeber *m* <el> • clock-pulse generator

im Rhythmus der Taktfrequenz <allg> • at the scanning frequency

im Ruhezustand geschlossen *:V* <el> *(Schalter, Stromkreis)* • normally closed (NC)

im Ruhezustand offen *:V* <el> *(Schalter, Stromkreis)* • normally open (NO)

im Scheibenzwischenraum <bau> • enclosed

im Schleuderverfahren gießen *v* <metall> *(Erbenis: Schleuderguss)* • cast centrifugally *v*

im Schnitt darstellen *v* <doku> *(technische Zeichnung)* • section *v*

im Schwingtrog auswaschen *v* <min> *(Goldwäsche)* • rock out *v*

Imsi-Catcher *m* <tele> *(Abhörgerät)* • imsi catcher

im Stern geschaltet <el> • star-connected

im Stoff färben *v* <pap> • dye in the stuff *v*

im Stücklohn arbeiten *v* <ökon> • work on a piecework basis *v*

im Tagebau abbauen[verfahren] *v* <min> • surface-mine *v*

im Tauchverfahren beschichten *v* <obfl> • dip-coat *v*

im Uhrzeigersinn <tech.allg> *(drehen)* • clockwise (CW)

im Uhrzeigersinn drehen *v* <tech.allg> • rotate clockwise *v*

im Uhrzeigersinn drehen *vt* <tech.allg> *(z. B. Regler)* • rotate clockwise *vt*

im Umriss bearbeiten *v* <prod> • profile *v*

im Umriss nachformen *v* <prod> • contour-machine *v*

im Unendlichen <math> • at infinity

im Unendlichen liegender Bildpunkt *m* <opt> • infinite image point

im Vakuum aufgedampft <obfl.prod> • vacuum-deposited

im Walkfass gefärbtes Leder *n* <bekl> • drum-dyed leather

im Zickzack bearbeiten *vt* <prod> • zigzag *vt*

im Zug-Druck-Wechselbereich beanspruchen *v* <mech> • apply alternating tension and compression loads *v*

In <chem> • indium (In)

in 1,3-Stellung <chem> • meta; in meta position; meta-located; meta-situated; located meta

I-Naht *f* <füg> *(geschweißt)* • square groove weld *US*; square butt weld *GB*

inaktiv <tech.allg> *(z. B. Bauteil, System)* • inactive; passive

inaktiv <nukl> *(nicht radioaktiv)* • non-radioactive; cold *coll*

inaktivieren *vt* <tech.allg> • inactivate *vt*

inaktiviertes Virus *n* <bio> • inactivated virus; whole killed virus

Inaktivierung *f* <agri.chem> • inactivation

Inaktivität *f* <tech.allg> • inactivity

Inaktivität *f* <chem> *(in Bezug auf chem. Reaktionen)* • inertness

Inaktivruß *m* <kst> • inactive black; non-reinforcing black

in Anführungszeichen setzen *vt* <druck> • put in quote marks *vt*; put in quotes *vt*; quote *vt*

inapparent <med> *(Krankheitsverlauf ohne bekannte typische Symptome)* • inapparent; symptom-free

Inappetenz *f* <med> • inappetence; lack of appetite *coll*

in Arbeitsstellung bringen *vt* <masch> • place into working position *vt*

inbegriffen <ökon> *(Lieferungen, Leistungen)* • included

in Betrieb <tech.allg> *(System, Anlage)* • in operation; active

In-Betrieb-Anzeige *f* <edv> *(von Laufwerken)* • operation indicator lamp; drive-activity LED; power on/busy LED indicator

Inbetriebnahme *f* <tech.allg> *(offizielle Übergabe größerer Objekte; z. B. Anlage, Fabrik, Schiff)* • commissioning

Inbetriebnahme *f* <tech.allg> *(erstes Anfahren)* • first start-up; initial start-up

Inbetriebnahme *f* <tech.allg> *(Vorgang des Inbetriebsetzens)* • putting into operation; putting into service

Inbetriebnahme *f* <tech.allg> *(eines Systems; Vorgang; auch typ. Überschrift in Handbuch)* • startup

in Betrieb nehmen *vt* <tech.allg> *(Anlage, System)* • put into operation *vt*; bring into operation *vt*

in Betrieb setzen *vt* <tech.allg> *(starten; z. B. Anlage, Fahrzeug, Gerät, Maschinerie)* • start *vt*; activate *vt*

in Betrieb setzen *vt* <masch> *(größere Geräte und Verbraucher; z. B. Maschinen, Anlagen)* • put into operation *vt*

Inbetweening *n* <edv> *(Animationsverfahren)* • inbetweening

In-Betweening *n* <edv> • tweening; in-betweening

Inbord-Navigationssystem *n* (INS) <navig> • inboard navigation system (INS)

in Brand setzen *vt* <feuer> • set on fire *vt*; set afire *vt*; fire *vt*; set aflame *vt rare*; inflame *vt rare*

in Brücke geschaltet <el> • bridge-connected

in Brücke schalten *vt* <el> • bridge *vt*

Inbuseinsatz *m* <wz> • hex bit socket *US*; hex head driver *US*; hexagon socket bit *GB*

Inbusschlüssel *m* <wz> *(allgemein für Innensechskantschrauben)* • hex key *US*; hexagon key *GB*; Allen key *coll*

Inbusschlüssel *m* <wz> *(einseitig abgewinkelt; für Innensechskantschrauben)* • hex key [wrench] *US*; Allen wrench *US*; hexagon key *GB*; hexagon wrench *GB*; hexagon wrench key *GB*

Inbusschlüssel *m rar* <wz> *(gerade mit Heft; für Innensechskantschrauben)* • hex screwdriver; hex tip screwdriver *AE.form*; hexagon screwdriver *GB*

Inbusschraube *f prakt* <füg> • hexagon socket head cap screw *ISO 4762*; Allen screw

Incentive *n* <werb> • incentive

Inch-Gewinde *n rar* <füg> • inch thread; inch-measure thread *rar*

inchromieren *vt* <metall> • chromize *vt*
Inch-Skala *f* <msr> • inch scale
In-Circuit-Test *m* <el.qualit> *(von Schaltungen, Leiterplatten)* • in-circuit test
in cis <med> *(aus der Nähe)* • in cis
Incore-Instrumentierungsrohr *n* <nukl> • incore instrument guide tube
Incore-Kraft-Manipulator *m* <nukl> • incore power manipulator
Incore-Trageplatte *f* <nukl> • incore support plate
Increment-Controller *m* <edv.av> *(MIDI)* • data increment
Indanthren *n* <textil> *(Färberei)* • indanthrene
in das Fahrerhaus hineinragender Motorkasten *m* <nfz> • in-cab doghouse *coll*
indefinit <math> • indefinite
in den Hafen einlaufen *vi* <nav> • run into a port *vi*; put into a port *vi*
Indenter *m* <qualit.mat> *(Härteprüfung)* • indentation body; indenter *US*; indentor *GB*; impressor; penetrator
in der Erde verlegen *vt* <bau> *(Leitung)* • bury *vt*; lay underground *vi*
in der Leitung bleiben *vi* <tele> • hold the line *vi*
in der Luft <aerospace> *(schwebend; z. B. Flugzeug)* • airborne
in der Luft bleiben *vi* <aerospace> • remain aloft *vi*
in der Masse färben *vt* <pap> • dye in the stuff *vt*
in der Mitte erregter Dipol *m* <el> • center-fead dipole
in der Randzone aufkohlen *vt* <metall> *(Einsatzhärten)* • case-carburize *vt*
in der Randzone zementieren *vt* <metall> *(Einsatzhärten von Stahl)* • case-carburize *vt*
Indeterminiertheit *f* <phys> • indeterminacy
Index *m* <av> *(zum Wiederfinden best. Bandstellen)* • index; index mark; mark
Indexellipsoid *n* <phys> *(Kristallographie)* • reciprocal ellipsoid; index ellipsoid
Indexfehler *m* <edv> • index error
Index für Objektivansatz *m* <phot> *(Markierung am Bajonett; z. B. ein roter/weißer Punkt)* • lens mounting index
Indexgrenzenliste *f* <edv> • bound pair list
Indexieren *n* <tech.allg> • indexing
Indexiertisch *m* <wz.masch> • indexing table
Indexkarte *f* <prod> • index card; guide card; register card
Indexkerbe *f* <prod> • index notch
Indexklinke *f* <prod> • indexing latch
Indexkopf *m* <edv> *(Festplatte)* • SERVO HEAD
Indexloch *n* <edv> *(5,25-Zoll-Diskette)* • index hole
Index-Löschen *n* <av> • index erase
Indexmarke *f* <edv> • index gap; index mark
Index-Markierung *f* <av> *(zum Wiederfinden best. Bandstellen)* • index; index mark; mark
Indexmineral *n* <geo> • typomorphic mineral; index mineral; guide mineral; diagnostic mineral
Indexname *m* <edv> • index name
Indexraststift *m* <prod> • indexing latch pin
Indexregister *n* <edv> • index register
Indexröhre *f* <av> • beam-indexing tube
Indexschaltung *f* <fz> • indexing derailleur
indexsequentiell <edv> • indexed-sequential
indexsequentielle Datei *f* <edv> • indexed sequential file
indexsequentieller Speicher *m* <edv> • indexed sequential storage
indexsequentieller Zugriff *m* <edv> • indexed sequential access
indexsequentielle Speicherung *f* <edv> • indexed sequential storage
Indexsignal-Aufnahmeanzeige *f* <av> • cue write indicator; write indicator

Indexspeicher *m* <edv> • index store; modifier store
Indexspur *f* <edv> • index track
Index-Suche *f* <av> • index search; index scan
Index-Suchlauf *m* <av> • index search; index scan
Index-Taste *f* <av> *(zum Setzen von Markierungen)* • index button
Indexzahl *f* <tech.allg> • index number
in die Nationale Prioritätenliste aufgenommene Altlast *f* <ents> *(Superfund)* • final site [in the NPL]
in Dienst stellen *vi* <nav> *(Schiff)* • commission *vi*
Indienststellung *f* <nav> *(Schiff)* • commissioning
in die Schleuse einlaufen *vi* <nav> • lock in *vi*
indifferent <tech.allg> • indifferent
indifferenter Stoff *m* <mat> • inert substance
indifferentes Gleichgewicht *n* <mech> • neutral equilibrium
Indifferenz *f* <tech.allg> • indifference
Indifferenz *f* <chem> *(Reaktionsträgheit)* • inertness
Indifferenzzone *f* <phys> *(Magnet)* • indifferent zone
Indigoblau *n* <chem> • indigo dye; indigo-blue dye
Indigodruck *m* <druck> • indigo print
Indigofarbstoff *m* <chem> • indigo dye; indigo-blue dye
indigoider Farbstoff *m* <chem> • indigoid dye
Indikator *m* <chem> *(für chem. Elemente, Verbindungen)* • indicator
Indikator *m* <msr> *(Melder)* • annunciator
Indikator *m* <msr> *(zum Aufspüren)* • detector; tracer
Indikatoratom *n* <chem> • tracer atom; tagged atom
Indikatorchemie *f* <chem> • tracer chemistry
Indikatordiagramm *n* <mot> • indicator diagram
Indikatorelektrode *f* <el.chem> *(Polarographie und Voltammetrie)* • working electrode (WE); controlled electrode; indicator electrode
Indikatorelement *n* <chem> • indicator element; tracer element
Indikatorgasverfahren *n* <chem.verf> • tracer gas dilution method
Indikatorgemisch *n* <chem> • mixed indicator
Indikatorisotop *n* <chem> • isotopic tracer
Indikatorkolben *m* <mot> • indicator piston
Indikatormethode *f* <chem.verf> • tracer method
Indikatornocken *m* <masch> • indicator boss
Indikatorpapier *n* <chem> *(z. B. für Lackmustest)* • indicator paper; reaction paper; test paper
Indikatorröhre *f* <el> • indicator tube
Indikator-Stoppbad *n* <phot> *(verfärbt sich bei Erschöpfung)* • indicator stop bath
Indikatorsubstanz *f* <nukl> • tracer element; tracer isotope
Indikatortrommel *f* <mot> *(zur Aufnahme d. Indikatordiagramms)* • indicator drum
Indikatorumschlag *m* <chem> *(typ. eine Farbveränderung)* • indicator change
Indikatorversuch *m* <tech.allg> • indicator test
indirekt <allg> • indirect
indirekte Adresse *f* <edv> • indirect address
indirekte Adressierung *f* <edv> • indirect addressing
indirekte Adressierung *f* <edv> *(betont: auf mehreren Ebenen)* • multilevel addressing
indirekte Beleuchtung *f* <edv> *(Display)* • backlighting; screen backlighting; display light *pract*; backlight
indirekte Beleuchtung *f* <licht> *(von Räumen)* • indirect lighting; cove lighting; bounced lighting *rare*; diffuse lighting
indirekte Belüftung *f* <hlk> • indirect ventilation
indirekte Datenbereitstellung *f* <edv> • off-line data feeding
indirekte Datenfernverarbeitung *f* <edv> • off-line teleprocessing

indirekte Datenverarbeitung f <edv> • off-line data processing

indirekte Einspritzung f <kfz.mot> • indirect injection

indirekte Erhitzung f <tech.allg> • indirect heating

indirekte Feuchtung f <druck> • indirect dampening

indirekte Heizung f <hlk> • indirect heating

Indirekteinspritzverfahren n (IDI) <kfz.mot> • indirect fuel injection process

indirekte Leuchte f <licht> • indirect lighting fitting

indirekte Luftkondensation f <verf> (Trockenkühlverfahren; z. B. in Kühltürmen) • indirect dry cooling system

indirekter Betrieb m <edv> • off-line operation

indirekter Blitz m <phot> (über die Decke oder Wand) • bounce flash; bounced flash

indirekter Halbleiter m <energ.sol> • indirect-bandgap semiconductor; indirect absorber

indirekter Schaden m <tech.allg> (Unfallschaden) • indirect damage; secondary damage

indirektes Blitzlicht nsg <phot> (über die Decke oder Wand) • bounce flash; bounced flash

indirektes elektrostatisches Kopierverfahren n <büro> • xerography

indirekte Strahlung f <phys> (allg.; z. B. Licht) • diffuse radiation; scattered radiation; stray radiation

indirekte Trockung f <verf> • indirect drying

indirekt geheizte Kathode f <el> • heater-type cathode; indirectly heated cathode; equipotential cathode

Indirektleuchte f <licht> • indirect lighting fitting

Indirektmessung f <msr> • indirect measurement

indirekt proportional zu <math> • indirectly proportional to

indirekt wirkend <tech.allg> • indirect-acting

Indirektzerstäuberbrenner m <verbr> • indirect nebulizer burner

Indirektzerstäuberbrenner m <verbr> (betont: laminare Strömung) • laminar-flow burner

Indium n (In) <chem> • indium (In)

Indiumantimonid n (InSb) <chem> (Halbleiter; z. B. für Hall-Elemente) • indium antimonide (InSb)

Indiumoxid n <chem> • indium oxide

Indiumperle f <el> • indium bead

Indiumphosphid n (InP) <chem> (strahlungsstabiler Verbindungshalbleiter; z. B. für Raumfahrtsolarzelle) • indium phosphide (InP)

Indiumphosphidlaser m <licht> • indium phosphide laser

Indium-Zinnoxid n (ITO) <chem> • indium-tin-oxide (ITO)

Individualdosimeter n <nukl> • personal dosimeter

Individualsoftware f <edv> • custom-made software

individuell <allg> • individual

individuelle Abnehmerleitung f <tele> • individual trunk

individuelle Ansteuerung der Antriebe f <autom.msr> (von Robotern) • individual control

individuelle Okulareinstellung f <opt> • individual eyepiece focusing US; individual eyepiece focussing GB

individuelle Ruftöne mpl <tech.allg> • customized ring tones

indizieren vt <tech.allg> (z. B. Datenbankfelder) • index vt

indizierte Adresse f <edv> • indexed address

indizierte Datei f <edv> • indexed file

indizierte Festigkeitswerte mpl <pap> • indexed strength values

indizierte Leistung f <mot> • indicated power

indizierter Mitteldruck m <mot> • mean indicated pressure

indizierter Wirkungsgrad m <mot> • indicated efficiency

Indizierung f <edv> (z. B. von Dateien, Datenbankfeldern) • indexing

Indol-3-essigsäure f (IES) <agri.chem> • indole-3-acetic acid (IAA)

Indoor-Shooting n <phot> (Fototermin) • indoor shooting

Inductosyn m <autom> • inductosyn

Induktanz f <el> • inductive reactance

Induktion f <phys> (allg.; jede Art) • induction

induktionsarm <el> • low-inductance

induktionsarme Wicklung f <el> (betont: zweiadrig) • bifilar winding

induktionsarme Wicklung f <el> (allg.) • low-induction winding

induktionsbeheizter Ofen m <verf> • induction furnace

Induktionsbeschleuniger m <nukl> • induction accelerator

Induktionserwärmung f <el> • induction heating

Induktionserwärmungsanlage f <tech.allg> • induction-heating equipment

Induktionsfeld n <el> • induction field

Induktionsfluss m <phys> • magnetic induction flux

induktionsfrei <el> • non-inductive

induktionsfreier Kondensator m <el> • non-inductive capacitor

induktionsfreier Widerstand m <el> • non-inductive resistor

induktionsfreies Kabel n <el> • anti-induction cable

induktionsfreies Relais n <el> • non-reactive relay

induktionsfreie Wicklung f <el> • non-inductive winding

Induktionsfrequenzwandler m <el> • induction frequency converter

Induktionsgeber m <kfz.el> • magnetic pickup [assembly]; inductive pickup [assembly]; induction-type pulse generator; inductive pulse pickup; sensor coil

induktionsgehärtet <metall> • induction-hardened

induktionsgehärteter Stahl m <metall> (durch Induktionshärten) • induction-hardened steel

Induktionsgenerator m <el> • induction generator

Induktionsgesetz n <phys> • Faraday`s law of induction

Induktionsglühen n <metall> • induction annealing

Induktionshärtemaschine f <metall> • induction hardening machine

Induktionshärten n <metall> • induction hardening

Induktionshartlöten n <füg> (mit Hartlot; z. B. Messing) • induction brazing

Induktionsheizung f <el> • induction heating

Induktionsinstrument n <el> • induction instrument; Ferraris instrument

Induktionskoeffizient m <el> • coefficient of induction; factor of induction

Induktionskompass m <navig> • induction compass

Induktionskonstante f <el> • space permeability

Induktionskupplung f <el> • induction coupling

Induktionslöten n <füg> (mit Hartlot; z. B. Messing) • induction brazing

Induktionslöten n <füg> (mit Weichlot; z. B. Zinn) • induction soldering

induktionslos <el> • non-inductive

Induktionsmaschine f <el.mot> • induction machine

Induktionsmessgerät n <msr> • induction meter

Induktionsmotor m <el.mot> (typ. Asynchronmotor) • induction motor

induktionsoberflächengehärtet <metall> • induction surface-hardened

Induktionsofen m <verf> • induction furnace

Induktionsperiode f <el> • induction period

Induktionspumpe f <förd> • induction pump

Induktionsrauschen n <el> • induction noise

Induktionsregler m <el> • induction regulator

Induktionsrelais n <el> • induction relay

Induktionsrinnenofen m <metall> • channel-type induction furnace; core-type induction furnace; induction channel furnace

Induktions-Rollennahtschweissen *n* <füg> • induction seam welding

Induktionsschleife *f* <el> • induction loop

Induktionsschmelzanlage *f* <metall> • induction melting equipment

Induktionsschmelzofen *m* <metall> • induction-heated melting furnace

Induktionsschutz *m* <tele> • anti-inductive arrangement

Induktionsschweißen *n* <füg> • induction welding

Induktionsspannung *f* <el> • induced voltage

Induktionsspannungsregler *m* <el> • induction voltage regulator

Induktionsspule *f* <el> • induction coil

Induktionsspule *f* <el> *(konkret; Bauteil)* • inductance coil; inductor [coil]

Induktionsspule ohne Eisenkern *f* <el> • air induction coil

Induktionsströmungsmesser *m* <msr> • induction flowmeter

Induktionsstrom *m* <el> • induced current; induction current

Induktionstachogenerator *m* <msr> • induction tacho-generator

Induktionstiegelofen *m* <verf> *(Schmelzofen; z. B. von Metall)* • crucible-type induction furnace; coreless-type induction furnace; induction crucible furnace

Induktionsweichlöten *n* <füg> *(mit Weichlot; z. B. Zinn)* • induction soldering

Induktionswicklung *f* <el> *(allg.)* • inductive winding

Induktionswicklung *f* <msr> *(in Induktionsgeber)* • pick-up coil; sensor coil; inductive winding

Induktionszähler *m* <msr> • induction meter

Induktionszeit *f* <el> • induction period

induktiv <el> • inductive

induktiv beheizt <el> • induction-heated

induktive Abtastung *f* <msr> • inductive sensing; inductive detection

induktive Dreipunktschaltung *f* <el> *(Schwingkreis)* • Hartley circuit; Hartley oscillator

induktive Erdung *f* <el> • inductive earthing

induktive Erfassung *f* <msr> • inductive sensing; inductive detection

induktive Erwärmung *f* <el> • induction heating; inductive heating

induktive Kopplung *f* <el> • inductive coupling

induktive Last *f* <el> • inductive load; reactive load

induktive Leitlinienführung *f* <logist> *(von FTS; durch im Boden verlegten Leitdraht)* • wire guidance

induktiver Analoggeber *m* <msr> • inductive analog sensor *US*

induktiver Blindleitwert *m* <el> • inductive susceptance

induktiver Blindwiderstand *m* (XL) <el> *(von Spulen)* • inductive reactance

induktiver Blindwiderstand *m* <el> • inductive reactance

induktiver Drucksensor *m* <msr> • inductive pressure transducer

induktiver Durchflussmesser *m* <msr> • induction flowmeter

induktiver Geber *m* <el> • inductive pick-up; inductive transducer; magnetic pick-up

induktiver Längensensor *m* <msr> • inductive displacement transducer

induktiver Leistungsfaktor *m* <el> • reactive power-factor; lagging power-factor

induktiver Näherungsinitiator *m* <msr> • inductive proximity switch; inductive proximity sensor

induktiver Näherungsschalter *m* <msr> • inductive proximity switch; inductive proximity sensor

induktiver Näherungssensor *m* <msr> • inductive proximity switch; inductive proximity sensor

induktiver Näherungssensor mit analogem Ausgang *m* <msr> • inductive proximity sensor with analog output *US*; inductive proximity sensor with analogue output *GB*

induktiver Sensor *m* <msr> • inductive sensor

induktiver Sensor mit integrierter Zeitverzögerung <msr> • inductive sensor with integrated time delay

induktiver Sensor mit integrierter Zeitverzögerung *m* <msr> • inductive sensor with integrated time delay

induktiver Steuerknüppel *m* <el> • inductive joystick

induktiver Stromkreis *m* <el> • inductive circuit

induktive Rückkopplung *f* <el> • inductive feedback

induktive Rückkopplungsschaltung *f* <el> • Meissner circuit

induktiver Wandler *m* <el> • inductive transducer

induktiver Wegsensor *m* <msr> • inductive displacement transducer

induktiver Widerstand *m* <el> • inductive reactance

induktives Bauelement *n* <el> • inductor

induktives Durchflussmessgerät *n* <msr.rls> • magnetic flow meter

Induktives Identifikationssystem *n* <msr> • inductive identification system

Induktives Identsystem *n* <msr> • inductive identification system

induktive Spannungsspitze *f* <el> • induced voltage peak

induktives Potentiometer *n* <el> • inductive potentiometer

induktives Sensorprinzip *n* <msr> • inductive sensor principle

induktives Vorschaltgerät *n* <el> • inductive ballast

induktives Wegabgriffselement *n* <msr> • inductive position transducer

induktives Zündsystem *n* <kfz.el> • inductive ignition system

induktive Wegerfassung *f* <msr> • inductive position control

Induktivführung *f* <msr> • inductive steering

Induktivgeber *m* <kfz.el> • magnetic pickup [assembly]; inductive pickup [assembly]; induction-type pulse generator; inductive pulse pickup; sensor coil

induktiv geerdet <el> • reactance-earthed

induktiv gespeister Gleisstromkreis *m* <el> • reactance-fed track circuit

induktiv gesteuerte Transistorzündanlage *f* <kfz.el> • transistorized ignition with magnetic pickup (TI-I) *Bosch*; transistorized ignition with inductive pickup; transistor controlled magnetic pulse type ignition; transistorized ignition system with inductive pulse generator; transistorized ignition with induction-type pulse generator

Induktivität *f* <el> *(konkret; Bauteil)* • inductance coil; inductor [coil]

Induktivität *f* (l) <msr> *(abstrakt; in Henry)* • inductance (I); inductivity

induktivitätsarm <el> • low-inductance

Induktivitätsbelag *m* <el> • inductance per unit length

Induktivitätsbrücke *f* <el> • inductance bridge

induktivitätsfrei <el> • non-inductive

Induktivitätsmessbrücke *f* <el> • inductance bridge

Induktivitätsmesser *m* <msr> • inductance meter

Induktivitätsnormal *n* <el> • inductance standard

Induktivitätsverteilung *f* <el> • distributed inductance

Induktivschleife *f* <el> *(z. B. im Fahrbahnbelag eingebettet)* • inductive loop

Induktometer *n* <el> • inductometer

Induktor *m* <el> *(konkret; Bauteil)* • inductance coil; inductor [coil]

Induktoranruf m <alarm> • magneto call
Induktorkurbel f <tele> • magneto crank
Induktormaschine f <el> • inductor alternator
Induktorspannung f <el> • inductor voltage
Induktorstrom m <el> • inductor current
Induktorstromkreis m <el> • inductor circuit
Induktorwicklung f <el> • inductor winding
in Durchlassrichtung betrieben f <el> *(Transistor)*
• forward biased
in Durchlassrichtung gepolt f <el> *(Transistor)* • forward biased
in Durchlassrichtung vorgespannt f <el> *(Transistor)*
• forward biased
Industrial Scientific Medicine f (ISM) <pharm> • Industrial Scientific Medicine (ISM)
Industrie f <ökon> • industry
Industrieabfall m <ents> • industrial waste; industrial refuse *rare*
Industrieabnehmer m <ökon> • industrial consumer
Industrieabwasser n <ents> • industrial waste water; industrial sewage; industrial effluent; trade effluent
Industrieanlage f <prod> • industrial plant
Industrieanwendung f <tech.allg> • industrial application
Industrieatmosphäre f <hlk> • industrial atmosphere
Industrieautomation f <prod.autom> • industrial automation
Industriebahn f <bahn> • industrial railway
Industriebatterie f <el> • industrial battery
Industriebau m <bau> *(Baubranche)* • industrial construction
Industriebau m <bau> *(Gebäude)* • industrial building
Industrie-controller m <edv> • industrial controller
Industriediamant m <mat> • industrial diamond
Industrieeinspeisung f <energ> *(Stromversorgung)* • industrial feed-in; industrial infeed
Industrieelektronik f <el> • industrial electronics
Industriefernsehen n <av> • industrial television
Industriefeuerung f <verbr> • industrial furnace; industrial combustion plant; industrial firing installation
Industriefeuerungsanlage f <verbr> • industrial furnace; industrial combustion plant; industrial firing installation
Industriefußbodenheizung f <hlk> • industrial floor heating
Industriegasbrenner m <verbr> • industrial gas burner
Industriehafen m <nav> • industrial port
Industrieholz n <pap> • industrial wood
Industrieklebstoff m <füg> • industrial adhesive
Industriekohle f <verbr> • industrial coal
Industrielack m <obfl> • industrial paint
industrielle Bauweise f <bau> • industrialized construction method; industrialized building method
industrielle Herstellung f <prod> *(Realisierung; z. B. von Erfindungen, Produktideen)* • industrial realization
industrielle Herstellung f <prod> *(fabrikmäßige Produktion)* • industrial production
industrielle Messtechnik f <msr> • industrial measurement technology
industrielle Plasma-Oberflächentechnik f VDMA 24385 <obfl> • industrial plasma-surface treatment *VDMA 24385*
industrielle Prozesswärme f <verf> • industrial process heat
industrieller Abfall m <ents> • industrial waste; industrial refuse *rare*
industrielles Bauen n <bau> • industrialized construction; industrialized building; building by industrialized methods
industrielle Störung f <tele> *(akustisch, elektromagnetisch)* • man-made noise

industrielle Wiegetechnik f <msr> • industrial weighing technology
industrielle Zugmaschine f <nfz> • industrial tractor
industriell hergestellte Holzschnitzel mpl <pap> • factory chips
industriell hergestelltes Speiseeis n <nahr> • industrial ice cream
Industriemessgerät n <msr> • industrial measuring instrument
Industriemülldeponie f <ents> • industrial landfill
Industrienetzteil n <el> • industrial power supply
Industrieniederschlag m <emiss> *(als Niederschlag auf Oberflächen im Freien; z. B. auf Autolack)* • industrial fallout; environmental fallout; chemical fallout; fallout *sg coll*
Industrieofen m <verbr> *(allg.)* • industrial furnace
Industrieofen m <verbr> *(Drehrohrofen)* • industrial kiln
Industriequalität f <prod> • industrial quality
Industrierestholz n <ents.holz> • industrial waste wood
Industrieroboter m (IR) <prod.autom> • industrial robot (IR); robot *coll*
Industrieroboteranlage f <autom> • industrial robot installation; robot installation
Industrierobotertechnik f <autom> • industrial robotics; robotics
Industrieschalter m <el> • industrial switch
Industriespeiseeis n <nahr> • industrial ice cream
Industriestandardarchitektur f (ISA) <edv> • Industry Standard Architecture (ISA)
Industriestaub m <emiss> *(als Niederschlag auf Oberflächen im Freien; z. B. auf Autolack)* • industrial fallout; environmental fallout; chemical fallout; fallout *sg coll*
Industrieumgebung f <tech.allg> *(Einsatzbedingungen eines Produkts)* • factory environment; industrial setting
Industrieumspannstation f <el> • industrial substation
Industrie- und Handelskammer f (IHK) <org> • Chamber of Industry and Commerce; chamber of commerce
Industriezweig m <ökon> • branch of industry; manufacturing branch
induzieren vt <phys> *(Spannung)* • induce vt
induzierte Aktivität f <nukl> • induced radioactivity; induced activity
induzierte elektromotorische Kraft f <el> *(Spannung)* • induced electromotive force; induced EMF
induzierte EMF f <el> *(Spannung)* • induced electromotive force; induced EMF
induzierte Gamma-Aktivität f <nukl> • induced gamma activity
induzierte Ladung f <el> • induced charge
induzierte Radioaktivität f <nukl> • induced radioactivity; induced activity
induzierte Reaktion f <chem.phys> *(z. B. induzierte Detonation)* • sympathetic reaction
induzierter Strom m <el> • induced current
induzierter Widerstand m <phys> *(durch Luftwirbelbildung; z. B. an Tragflügelspitze)* • induced drag
induzierte Spannung f <el> • induced voltage
inearer Ausdehnungskoeffizient m <mech> • coefficient of linear expansion
In-Ear-Monitor m <av> • in-ear monitor
ineinander geschachtelt <tech.allg> • nested
ineinander greifen vi <masch> *(formschlüssige Teile; z. B. Zahnräder, Klauen)* • engage vi; mesh vi
ineinander greifend <masch> *(beweglich; z. B. Zahnräder, Schnecke und Schneckenrad)* • engaging; meshing
ineinander greifend <masch> *(verriegelnd)* • interlocking
ineinander greifende Packungsringe mpl <masch> *(Stopfbuchspackung)* • intersetting packing [rings]
ineinander greifende Platinenexzenter mpl <prod> • interlocking sinker cams

ineinander kämmende Rotoren *mpl* <masch> *(z. B. Schraubenverdichter)* • intermeshing rotors
ineinander stecken *vt* <tech.allg> *(z. B. Stecker und Buchse)* • plug into each other *vt*
in eine Form einspritzen *vt* <prod> *(Masse)* • inject in a mold *vt*
in eine Leitung einschalten *vr* <el> *(abhören)* • listen in on a circuit *vi*
in eine Leitung einschalten *vr* <tele> *(anzapfen)* • tap *vt*
in einem Durchgang bearbeiten *vt* <prod> • machine in one pass *vt*
in einem Stück gießen *vt* <prod> • cast integrally *vt*
in einer Aufspannung bearbeiten *v* <prod> • machine in one setting of the work *v*
in einer Aufspannung bearbeiten *vt* <prod> • machine in one setting *vt*
in Eingriff bringen *v* <masch> *(z. B. Zahnräder)* • put into mesh *v*
in Eingriff bringen *vt* <masch> *(formschlüssige Verbindungen; z. B. Zahnräder, Schnecke)* • engage *vt*
in Eingriff stehen mit *vi* <masch> *(Zahnrad)* • mesh with *vi*; engage with *vi*
inelastisch <mat> • inelastic
inelastischer Stoß *m* <mech> • inelastic collision
in entgegengesetzte Richtungen drehen *vr* <masch> • rotate in opposite directions *vi*
inert <chem> • inert; chemically inert; chemically indifferent; chemically inactive
inerte Atmosphäre *f* <chem> *(z. B. beim Schutzgasschweißen, Explosionsschutz)* • inert atmosphere
inerte Partikel *npl* <chem> *(z. B. als Schwebstoffe)* • inert particulates
inerter Abfall *m* <ents> • inert waste
inertes Gas *n* <chem> *(chemisch fast völlig inaktiv; z. B. Neon, Argon, Krypton)* • inert gas; rare gas; noble gas
Inertgas *n* <chem> *(chemisch fast völlig inaktiv; z. B. Neon, Argon, Krypton)* • inert gas; rare gas; noble gas
Inertgaslichtbogenschweißen *n* <füg> • inert-gas shielded arc welding; inert-gas arc welding
Inertgasschutzmedium *n* <chem> • inert-gas shielding medium
Inertgas-Schweißbrenner *m* <füg.wz> • inert gas arc-welding torch
Inertgasschweißen *n* <füg> • inert-gas welding
Inertia *f wiss.rar* <phys> • inertia
inertiales Navigationssystem *n* <navig> *(mit Lagekreisel)* • inertial navigation system (INS)
Inertiallenkung *f* <aerospace> • inertial guidance
Inertialmasse *f* <mech> • inertial mass
Inertialnavigation *f* <navig> • inertial navigation
Inertialraum *m* <navig> • inertial space; inertial frame of reference; inertial system; i frame
Inertialsystem *n* <navig> • inertial space; inertial frame of reference; inertial system; i frame
Inertialsystem *n* <navig> *(mit Lagekreisel)* • inertial navigation system (INS)
Inertstaub *m* <min> • inert dust
in Faserlängsrichtung <kst> • along fiber direction; in fiber direction; parallel to fiber direction
Infectio *f wiss.rar* <med> • infection
Infektion *f* <med> • infection
Infektionskrankheit *f* <med> • infectious disease
Infektionszeitpunkt *m* <med> • time of infection
Infiltration *f* <bio> *(Einlagerung von Entzündungszellen, Flüssigkeiten usw.)* • infiltration
Infiltration *f* <mil> *(z. B. von Einzelkämpfern)* • infiltration
Infiltrierung *f* <bio> *(Einlagerung von Entzündungszellen, Flüssigkeiten usw.)* • infiltration
infinitesimal <math> • infinitesimal *adj*

infinitesimal benachbart <math> • infinitesimally separated
Infinitesimalgröße *f* <math> • infinitesimal
Infinitesimalrechnung *f* <math> • infinitesimal calculus
Infixnotation *f* <edv> • infix notation
Infixschreibweise *f* <edv> • infix notation
infizieren *vt* <tech.allg> *(mit Viren; z. B. einen Datenträger)* • infect *vt*
infiziert <tech.allg> *(Substanz; z. B. Lebensmittel, Tier, Mensch, Computer)* • infected
Inflexibilität *f* <tech.allg> • inflexibility
Inflight-Entertainment-System *n* (IES) <aerospace> • inflight entertainment system (IES)
Influenz *f* <el> • influence
Influenza *f* <med> • influenza; flu *coll*
Influenzmaschine *f* <el> *(Generator)* • influence machine; electrostatic generator
Influenzrauschen *n* <phys> • induced noise
Info *f ugs* <tech.allg> *(z. B. als Notiz, E-Mail)* • message (MSG)
Infobahn *f* <tele> • information superhighway (Iway); data superhighway; Information Highway; electronic highway; Information Autobahn *rare*
INFO-Funktion *f* <navig> *(Empfänger)* • INFO function
informatiertes Dokument *n* <doku> • unformatted text; unformatted document
Informatik *f* <tech.allg> • information science; informatics
Information *f* <allg> • information *sg*
Information *f* <tech.allg> *(z. B. als Notiz, E-Mail)* • message (MSG)
Information-Retrieval *n prakt* <edv> *(Suchen, Lokalisieren, Bereitstellen von Daten aus Datei oder Speicher)* • information retrieval (IR); data retrieval; retrieval [of data]
Informationsaufzeichnung *f* <edv> • information recording
Informationsausgabe *f* <edv> • information output
Informationsaustausch *m* <tech.allg> • exchange of information; information exchange; information interchange
Informationsaustausch *m* <edv> • data interchange; data exchange; information interchange
Informationsauswahlsystem *n* <edv> • information selection system
Informationsbelag *m* <edv> • information content
Informationsbit *n* <edv> • information bit
Informationsblock *m* <edv> • information block
Informationsdarstellung *f* <edv> • information representation; information presentation
Informationsdichte *f* <tech.allg> *(allg.)* • information density
Informationsdichte *f* <edv> *(in einem Strichcodesymbol)* • bar code density; character density; symbol density
Informationsdienst *m* <tele> • content service provider (CSP)
Informationsebene *f* <logist> • management control level
Informationseingabe *f* <edv> • information input; feeding-in of information
Informationseinheit *f* <tech.allg> • information unit
Informationsentropie *f* <psych> *(Informationstheorie)* • entropy
Informationserfassung *f* <msr> • information acquisition
Informationsfluss *m* <tech.allg> • information flow
Informationsfluss pro Zeiteinheit *m* <tech.allg> • information rate
Informationsgehalt *m* <tech.allg> • information content
Informationsgeschwindigkeit *f* <edv> • information rate
Informationsgewinnung *f* <tech.allg> • information gathering; information acquisition
informationshalber <tech.allg> • indicatively

Informationskanal *m rar* <tele> *(ISDN)* • B channel; bearer channel; information channel

Informationskapazität *f* <tech.allg> • information capacity

Informationslesedraht *m* <el> • information read wire

Informationsmenge *f* <tech.allg> • amount of information; information quantity

Informationsmenge pro Zeiteinheit *f* <edv> • information rate

Informationsparameter *m* <msr> • information parameter

Informationsquelle *f* <tech.allg> • information source

Informationsrecherchesystem *n* <edv> • information retrieval system

Informations-Retrieval-System *n* <edv> • retrieval system

Informationsrückgewinnung *f rar* <edv> *(Suchen, Lokalisieren, Bereitstellen von Daten aus Datei oder Speicher)* • information retrieval (IR); data retrieval; retrieval [of data]

Informationsrückmeldung *f* <edv> • information feedback

Informationsschicht *f* <edv> *(Leseschicht von magn. od. opt. Speichermedien)* • recording layer; storage layer *Mitsumi*; recorded layer *ISO*; information layer; memory layer

Informationssignal *n* <tele> • information signal

Informationsspeicherung *f* <edv> • information storage

Informationsspeicherungsdichte *f* <edv> • information storage density

Informationsspur *f* • information track

Informationstechnik *f* (IT) <edv> *(konkret)* • information engineering

Informationstechnik *f* <edv> *(Branche)* • information technology (IT)

Informationstechnologie *f* (IT) <edv> *(Branche)* • information technology (IT)

Informationstheorie *f* DIN 44301-16 <tech.allg> • information theory

Informationstransfer *m* <did> *(z. B. Wissenschaft-Praxis, Forschung-Lehre)* • information transfer

Informationsübertragung *f rar* <did> *(z. B. Wissenschaft-Praxis, Forschung-Lehre)* • information transfer

Informationsumfang *m* <tech.allg> • information capacity

Information-Superhighway *m* <tele> • information superhighway (Iway); data superhighway; Information Highway; electronic highway; Information Autobahn *rare*

Informationsverarbeitung *f* DIN 44300 <edv> • information processing

Informationsverarbeitungsanlage *f* <edv> • information processing system

Informationsverarbeitungszelle *f* <edv> • information processing cell

Informationsverlust *m* <tech.allg> • information loss

Informationsverteilung *f* <tech.allg> • information dissemination; information distribution

Informationswiedergewinnung *f* <edv> *(Suchen, Lokalisieren, Bereitstellen von Daten aus Datei oder Speicher)* • information retrieval (IR); data retrieval; retrieval [of data]

Informationswissenschaft *f* <tech.allg> • information science; informatics

Informationszeile *f* <edv> • information line

Information und Kommunikation *f* (IuK) <edv> *(Branche)* • information and communication

in Formen geblasenes Glas *n* <silik> • mold-blown glass

INFO-Taste *f* <navig> *(Empfänger)* • INFO key

infrarot *adj* <phys> • infrared *adj*

Infrarot *n* <phys> • infrared

Infrarotabsorption *f* <phys> • infrared absorption

Infrarotabsorptionsfilter *n* <phys> • infrared-absorbing filter

Infrarot-Absorptions-Gasanalysator *m form.rar* <msr> • infrared gas analyser; infrared photometer

Infrarotabsorptionsspektroskopie *f* <phys> • infrared absorption spectroscopy

Infrarotabsorptionsspektrum *n* <phys> • infrared absorption spectrum

Infrarotabtasteinrichtung *f* <phys> • infrared scanner

Infrarot-Alarmanlage *f* <alarm> • infrared alarm system

Infrarotastronomie *f* <astron> • infrared astronomy

infrarotaufnahmeröhre *f* <phot> • infrared pick-up tube

Infrarotbereich *m* <phys> • infrared range

Infrarot-Bewegungsmelder *m* <alarm> • passive infrared motion detector (PIR); passive infrared detector/sensor; infrared motion detector/sensor; IR motion detector/sensor; passive IR

Infrarotbild *n* <phot> • infrared image; thermal image

Infrarotbildwandler *m* <el> • infrared image converter

Infrarotbildwandlerröhre *f* <el> • infrared image converter tube

Infrarot-Detektor *m* <msr> • IR detector

Infrarotdetektor *m* <msr> • infrared detector

Infrarotdetektor/-melder/-sensor *m* <alarm> • passive infrared motion detector (PIR); passive infrared detector/sensor; infrared motion detector/sensor; IR motion detector/sensor; passive IR

Infrarotdunkelstrahler *m* <phys> • far-infrared radiation element

Infrarotdurchlässigkeit *f* <phys> • infrared transmittance

infrarotemittierende Diode *f* (IRED) <el> • infrared-emitting diode (IRED)

Infrarotempfänger *m* <av> *(von IR-Fernbedienung)* • infrared receiver

infrarotempfindlich <phys> • infrared-sensitive

infrarotempfindlicher Film *m* <phot> • infrared-sensitive film

infrarote Strahlung *f* <phys> • infrared radiation

Infrarotfarbfilm *m* <phot> • color infrared film; color IR-film

Infrarot-Fernbedienung *f* <msr> *(z. B. Garagentor, Zentralverriegelung, Radio, etc.)* • infrared remote control; IR remote control

infrarotferngesteuertes Regaletikett *n* <werb> • infrared-controlled shelf price display

Infrarotfilm *m* <phot> • infrared film; infrared-sensitive film *form*; IR-film *pract*

Infrarotfilter *n/m* <phot> • IR filter

Infrarotfotografie *f* <phot> • infrared photography

Infrarot-Gasanalysegerät *n* <msr> • infrared gas analyser; infrared photometer

Infrarotgebiet *n* <phys> *(im Spektrum)* • infrared range

Infrarothartlöten *n* <füg> • infrared brazing

Infrarotheizkörper *m* <hlk> • infrared heater

Infrarotheizung *f* <hlk> • infrared heating

Infrarothellstrahler *m* • near-infrared radiation element

Infrarot-Impuls-Lichtschranke *f* <alarm> • modulated infrared beam; pulsed infrared beam

Infrarotindex *m* <phot> *(am Objektiv)* • infrared focusing mark; infrared mark; IR-mark

Infrarotinstrument *n* <pap> • IR-gauge

Infrarotkleber *m* <füg> • infrared-drying adhesive

Infrarot-Kompensationsindex *m* <phot> *(Objektivmarkierung)* • infrared compensation index

Infrarotlampe *f* <licht> • infrared lamp

Infrarotlaser *m* <licht> • infrared laser; iraser

Infrarot-Laserdiode *f* <el> • infrared laser diode; IR-laser diode

Infrarot-Laserimpuls *m* <licht> • infrared laser impulse

Infrarot-Lichtschranke *f* <alarm> • active infra-red detector; active infra-red beam barrier/device *form*; infrared photoelectric beam system; infra-red beam *pract*; invisible beam *coll*

Infrarotmaser *m* <phys> • infrared maser

Infrarotmikroskop *n* <opt> • infrared microscope

Infrarotmikroskopie *f* <opt> • infrared microscopy

Infrarotnäherungssensor *m* <msr> • infrared proximity sensor

Infrarotofen *m* <obfl> *(z. B. zur Lacktrocknung)* • infra-red radiation drier; infra-red drier; IR drier

Infrarotofen *m* <verf> • infrared furnace

Infrarot-Photometer *m* <kfz.emiss> • NDIR analyzer; non-dispersive infrared analyzer

Infrarotplatte *f* <druck> *(Druckplatte)* • thermal plate; thermal medium *Creo*; infrared plate; IR plate *pract*

Infrarotreceiver *m* <av> • infra red receiver

Infrarotrückstrahlmessgerät *n* <msr> • infrared backscatter gauge

Infrarotscheinwerfer *m* <licht> • infrared headlight

Infrarotschnittstelle *f* <edv> *(z. B. an Mobiltelefon, Notebook, Maus, Tastatur, Kopfhörer etc.)* • infrared interface

Infrarotschranke *f* <alarm> • active infra-red detector; active infra-red beam barrier/device *form*; infrared photoelectric beam system; infra-red beam *pract*; invisible beam *coll*

Infrarot-Schwarzweißfilm *m* <phot> • black-and-white infrared film; black-and-white IR-film

Infrarotschweissen *n* <füg> *(von Kunststoff)* • infrared welding

Infrarotsender *m* <av> *(Fernbedienung)* • infra red transmitter

Infrarot-Sensor *m* <msr> • IR sensor

Infrarotspektralphotometer *n* <phys> • infrared spectrophotometer

Infrarotspektroskopie *f* <phys> • infrared spectroscopy

Infrarotsperrfilter *n* <phys> • infrared-absorbing filter

Infrarotstern *m* <astron> • infrared star

Infrarotstrahl *m* <phys> • infrared ray

Infrarotstrahler *m* <licht> *(z. B. Belichtungslampe, Wärmetherapie)* • infrared lamp

Infrarotstrahler *m* <phys> *(bel. Körper, Stern)* • infrared emitter; infrared radiator

Infrarotstrahlung *f* <phys> *(Wellenlängenbereich von 800 nm bis 1 mm)* • infrared radiation; IR radiation

Infrarotstrahlungsempfänger *m* <phys> • infrared radiation detector

Infrarotstrahlungsheizung *f* <hlk> • infrared radiation heating

Infrarotstrahlungslampe *f* <licht> *(z. B. Belichtungslampe, Wärmetherapie)* • infrared lamp

Infrarotstrahlungsquelle *f* <phys> • infrared radiation source

Infrarotsuchscheinwerfer *m* <mil> *(z. B. auf Panzer)* • infrared searchlight

Infrarot-Thermoelement *n* <msr> • infrared thermocouple

Infrarottransmitter *m rar* <av> *(Fernbedienung)* • infra red transmitter

Infrarottrockenstrecke *f* <verf> • infrared drying duct

Infrarottrockner *m* <verf> • infrared drier

Infrarottrocknung *f* <obfl> *(von Lack)* • IR drying [process]; infrared drying [process]

Infrarotübertragung von Bild- und/oder Tonsignalen *f* <av> *(z. B. zw. Camcorder und TV)* • optical link

infrarotundurchlässig <mat> • opaque to infrared

Infrarotvidikon *n* <el> • infrared vidicon

Infrarotweichlöten *n* <füg> • infrared soldering

Infraschall *m* <akust> *(akust. Ereignis)* • infrasound

Infraschall *m* <phys> *(Bereich)* • infrasonics

Infraschallbereich *m* <akust> *(unterhalb der Hörgrenze)* • sub-audio frequency range; infrasonic-frequency range; infrasound range

Infraschallfrequenz *f* <akust> • subaudio frequency

Infraschallfrequenz *f* <phys> • infrasonic frequency

Infraschallschwingung *f* <phys> • infrasonic vibration

Infraschallwelle *f* <phys> • infrasonic wave

Infrastruktur *f* <tech.allg> • infrastructure

In-Furnace-NOx-Reduktion *f* (IFNR) <emiss> *(dreistufige Verbrennung)* • in-furnace NOx reduction (IFNR)

In-Furnace-Reduktion *f* (IFR) <emiss> *(Typ gestufter Verbrennung)* • in-furnace reduction (IFR)

Infusionsgerät *n* <med.tech> • infusion apparatus

Infusorienerde *f wiss* <verf> *(aus den Panzern von Kieselalgen gewonnenes Pulver; Filtermaterial)* • diatomaceous earth; infusorial earth; mountain flour; kieselguhr; fossil meal

Ingangsetzen *n* <tech.allg> *(eines Vorgangs)* • start-up; initiation; starting

in Gang setzen *vt* <tech.allg> *(aktivieren)* • actuate *vt*

in Gang setzen *vt* <tech.allg> *(Vorgang, Prozess initiieren; z. B. Reaktion, Gespräche)* • initiate *vt*

in Gang setzen *vt* <tech.allg> *(starten; z. B. Anlage, Fahrzeug, Gerät, Maschinerie)* • start *vt*; activate *vt*

in Gang setzen *vt* <masch> *(größere Geräte und Verbraucher; z. B. Maschinen, Anlagen)* • put into operation *vt*

in Gegenrichtung wirkend <tech.allg> • acting in opposite direction

Ingenieurbau *m* <bau> *(Tiefbau, Hochbau, Wasserbau…)* • civil engineering; construction engineering

Ingenieurdatenbank *f* <edv> • engineering data base

Ingenieurgeodäsie *f* <bau> • engineering survey

Ingenieurgeologie *f* <geo> • engineering geology

Ingenieurhochbau *m* <bau> • structural engineering

Ingenieurholzbau *m* <bau.holz> • timber engineering

Ingenieur-Kunststoffe *mpl* <kst> • engineering plastics

Ingenieurseismik *f* <geo.min> • seismic engineering investigation; seismic prospecting

Ingenieurtechnik *f* <tech.allg> • technical engineering; engineering *pract*

in gerader Linie anordnen *vt* <tech.allg> *(z. B. zwei Kanten, mehrere Bohrungen etc.)* • align *vt*

Ingestion *f* <bio> • ingestion

Inglasurdekor *n* <obfl> • in-glaze decoration

in gleichem Abstand *ugs* <tech.allg> *(z. B. Teilung, Werkzeugführung)* • equidistant; equally spaced *pract*; evenly spaced *coll*

in Gleitbauweise errichten *vt* <bau> • slip-form *vt*

Ingot *m* <el.ic.prod> *(Einkristallstab für Wafer)* • ingot

Ingot *m* <metall> • ingot

Ingredienzen *fpl rar* <nahr> • ingredients

in Gruppe anordnen *vt* <prod> • group *vt*

Inhaber *m* <jur> *(eines Patents)* • owner; proprietor

Inhalation *f* <med> • inhalation

Inhalationsgerät *n* <med.tech> • inhaler

Inhalationsnarkose *f* <med> • inhalation anaesthesia

Inhalationstoxizität *f* <chem> • inhalation toxicity

Inhalator *m* <med.tech> • inhaler

Inhalt *m* <tech.allg> *(in Buch, Koffer)* • contents

Inhalt *m ugs* <tech.allg> *(allg.)* • volume (V)

Inhalt *m* <math> *(einer zweidimensionalen geometrischen Figur; z. B. eines Dreiecks)* • area

Inhaltsadresse *f* <edv> • register address

inhaltsadressierbar <edv> • content-addressable

inhaltsadressierter Speicher *m* <edv> • content-addressed memory (CAM)

Inhaltsmanometer n <msr> • cylinder-pressure gauge

Inhaltsüberwachung f <edv> • contents supervision

Inhaltsverzeichnis n <edv> *(eines Datenträgers; z. B. Festplatte)* • directory

inhibieren vt <tech.allg> *(z. B. Reaktion, Korrosion)* • inhibit vt

inhibierte Spülung f <petr> • inhibited mud; inhibited system

Inhibitionsschaltung f <el> • inhibiting circuit; inhibition circuit

Inhibitleitung f <el> • inhibit line

Inhibitor m <chem> *(allg. in chemischen Reaktionen)* • inhibitor; inhibiting substance; retarding agent; retarder

Inhibitorwirkung f <chem> • inhibitor action; inhibitory action

in Hocken aufstellen v <agri> • stack sheaves v

in Hocken aufstellen vt <agri> • shock vt

inhomogen <tech.allg> • inhomogeneous; non-homogeneous rare

inhomogene Lorentz-Gruppe f <math> • inhomogeneous Lorentz group; Poincaré group

inhomogenes Magnetfeld n <phys> • inhomogeneous magnetic field

Inhomogenität f <tech.allg> *(z. B. im Material)* • inhomogeneity; heterogeneity

Inhour-Gleichung f <nukl> • inhour equation

Initialbrandphase f <feuer> • initial phase of fire

Initialisieren n <tech.allg> *(z. B. System, Drucker)* • initialization

initialisieren vt <tech.allg> *(allg.)* • initialize vt

initialisieren vt <edv> *(durch Reset, Aus- und Einschalten; z. B. Drucker)* • reset vt

Initialisieren auf bekannten Punkt n <navig> • known point method

Initialisieren auf neuem Punkt n <navig> • new point method

Initialisieren mit Initialisierungsplatte n <navig> • initializer plate method

Initialisierung f <tech.allg> *(z. B. System, Drucker)* • initialization

Initialisierungsbefehl m <edv> • initialization command

Initialisierungsschicht f <edv> *(vormagentisierte Schicht eines LIMDOW-Mediums)* • initialisation layer; initializing layer

Initialladung f <spreng> • initiating charge; initiation charge

Initialsetzung f <geo> *(Bodenmechanik)* • initial settlement

Initialsprengstoff m <spreng> • initiating explosive; primary explosive; detonator; primer

Initialstrahlung f <nukl> • initial radiation; prompt radiation rare

Initialtemperatur f <tech.allg> • initial temperature

Initialwelle f <phys> • initial wave

Initialwort n <term> • initialism

Initialzündung f <spreng> • initial ignition

Initiator m <tech.allg> *(Vorgangsauslöser; z. B. ein Katalysator, Näherungsschalter)* • initiator

Initiator m <chem> *(chem. Substanz)* • initiating agent

Initiatormolekül n <chem> *(Polymertechnologie)* • initiator molecule

initiieren vt <tech.allg> *(Handlung, Prozess)* • initiate vt

in jedem Verhältnis mischbar <tech.allg> • miscible in all proportions

Injektion f <med> • injection

Injektionsanker m <bau> • injection anchor

Injektionsbohrloch n <bau.min> *(zum Verpressen, Verfestigen)* • consolidation hole; grout hole

Injektionsbohrung f <petr> • injection well; input well

Injektionsgut n <tech.allg> • injection material

Injektionsgut n <bau.mat> *(zum Verpressen; z. B. Mörtel, Beton)* • grout; grouting material

Injektionsimpfstoff m <pharm> • injectable vaccine

Injektionslaser m <licht> • injection laser

Injektionslogik f <el> • injection logic

Injektionslumineszenzdiode f <el> • injection luminescent diode

Injektionsnadel f <med.tech> *(von Spritzen)* • injection needle; hypodermic needle

Injektionsoptik f <opt> • injection optics

Injektionsschleier m <bau.min> • grout curtain

Injektionsspritze f <med.tech> • hypodermic syringe

Injektionsstelle f <med> • injection site

Injektionsstrom m <el> *(Halbleiter)* • injection current

Injektionsverfahren n <bau> *(z. B. Tunnelbau)* • injection process

Injektion von Ladungsträgern f <el.ic.prod> *(Halbleiter)* • charge carrier injection

Injektor m <tech.allg> • injector

Injektor m <förd> *(speziell zur Kesselspeisung)* • injector; steam injector

Injektorbrenner m <füg> *(typ. Schweißbrenner in D)* • injector-type torch; low-pressure torch

Injektordüse f <masch> • injector nozzle

Injektormischer m <verf> • injector mixer

Injektorpumpe f <masch> • injection pump

injizieren vi <energ.sol> • inject vi

injizieren vt <tech.allg> • inject vt

injizieren vt <bau> *(verpressen, z. B. mit Beton, Bentonit, Mörtel)* • grout under pressure vt

in Kaskade schalten vt <el> • connect in cascade vt

Ink-Jet-Papier n <pap> • ink-jet paper

Ink-Jet-Plotterpapier n <pap> • ink-jet plotter paper

in Klammern einschließen vt <math/doku> *(Ziffer, Zahlen, Textteile)* • set in brackets vt; enclose in brackets vt; set in parentheses vt; parenthesize vt; bracket vt

in Klammern setzen vt <math/doku> *(Ziffer, Zahlen, Textteile)* • set in brackets vt; enclose in brackets vt; set in parentheses vt; parenthesize vt; bracket vt

in kleinem Maßstab <allg> • small-scale …

inklinante Buhne f <hydr> • attracting groyne

Inklination f <astron> *(Winkel zwischen der Bahnebene eines Planeten und der Ekliptik)* • inclination

Inklination f <navig> *(von Satelliten)* • inclination

Inklinationsnadel f <msr> *(magnet. Feldstärkemessung)* • dipping needle

Inklinationswinkel m <navig> • angle of dip

Inklinometer n <msr> • inclinometer

Inklinometer n norm <msr> • batter level; inclinometer norm; clinometer

inkohärent <astron> • incoherent

inkohärentes Licht n <licht> • incoherent light

Inkohärenz f <tech.allg> • incoherence

Inkohlung f <min> • coalification; carbonification; incoalation rare

Inkohlungsgrad m <min> *(Inkohlung)* • degree of coalification

in Kombination mit <allg> • in conjunction with

inkompatibel <tech.allg> *(z. B. Komponenten, Systeme, Personen)* • incompatible

Inkompatibilität f <tech.allg> • incompatibility

inkompressibel <phys> • incompressible

Inkompressibilität f <phys> • incompressibility

Inkorporation f <bio> *(z. B. von Nahrung, Schadstoffen, Radioaktivität)* • incorporation; intake

inkorporieren vt <bio> *(z. B. radioaktive Partikel)* • incorporate vt

Inkorporierung f <bio> *(z. B. von Nahrung, Schadstoffen, Radioaktivität)* • incorporation; intake

Inkraftsetzung f <allg> *(von Maßnahmen, Vorschriften)* • introduction; implementation

Inkreis m <math> • inscribed circle; incircle

Inkreismittelpunkt m <math> • incenter

Inkreisradius m <math> • inradius

Inkrement n *wiss.rar* <allg> *(eher stufenweise)* • increment

Inkrement n <math> • increment

inkrementale Bemaßung f <doku> • chain dimensioning; chained dimensioning; incremental dimensioning; point-to-point dimensioning

inkrementale Koordinaten fpl <edv> • incremental coordinates pl

inkrementaler Encoder m <msr> • incremental encoder; incremental angular encoder

inkrementaler Geber m <msr> • incremental position transducer

inkrementaler Messwertdrucker m <msr> • incremental digital recorder

inkrementaler Winkelkodierer m <msr> • incremental encoder; incremental angular encoder

inkrementales Maß n <edv> • chained dimension; incremental dimension; chain dimension

inkrementales Messsystem n <autom> • incremental measuring system

Inkrementalmethode f <tech.allg> • level-at-a-time method

Inkrementalplotter m <doku> • incremental plotter

Inkrementalrechner m <edv> • incremental computer

Inkrementalwandler m <msr> • incremental transducer

inkrementell <tech.allg> *(z. B. Bemaßung, Anzeige)* • incremental

inkrementelles Backup n <edv> • incremental backup

Inkrementgröße f <math> • increment size

inkrementieren vi <math> • increment vi

Inkrustation f *rar* <tech.allg> *(Bildung unerwünschter harter Ablagerungen; z. B. Schmutz)* • incrustation; encrustation; hard-caking

Inkrustierung f *wiss* <tech.allg> *(Bildung unerwünschter harter Ablagerungen; z. B. Schmutz)* • incrustation; encrustation; hard-caking

Inkrustierungsapparat m <agri> *(Saatgutbeizung)* • coater

Inkubationszeit f <bio> *(einer Krankheit)* • incubation period; latent period

Inkubationszeit f <phot> *(beim Entwickeln)* • build-up time; response time; reaction time

inländisch <allg> *(z. B. Produktion, Anlagen, Markt, Einkommen)* • domestic; national; internal

inländisches Werk n <prod> • domestic plant

in Längsrichtung beweglich <tech.allg> • longitudinally movable

Inlands-... <allg> *(z. B. Produktion, Anlagen, Markt, Einkommen)* • domestic; national; internal

Inlands... <allg> *(z. B. Handel, Verkehr, Flug)* • domestic ...; inland ...; internal ...

Inlandsverkehr m <verk> • domestic traffic

in Laufrichtung f <pap> • lengthways

Inlay n <med.tech> *(in Zahn)* • inlay

In-line-Füller m <prod> *(Füllmaschine, mit der mehrere Gebinde pro Takt parallel abgefüllt werd)* • in-line filler

In-line-Messung f <msr> • in-situ measurement; in-line measurement

In-Line-Prüfung f <qualit> • in-line testing

Inlinepumpe f <förd> • in-line pump

In-Line-Pumpe f <förd> • in-line pump

in Listenform ausdrucken vt <doku> • list vt

in Lösung bringen v <chem> • render soluble v

in Lösung bringen vt <chem> • put into solution vt

Inmarsat <Org> • International Maritime Satellite Organization f (Inmarsat)

Inmarsat-System n <navig> • Inmarsat system

in Meta-Stellung [befindlich] <chem> • meta; in meta position; meta-located; meta-situated; located meta

In-Mould-Coating n (IMC) <kst> • in-mold coating (IMC)

in M-Stellung <chem> • meta; in meta position; meta-located; meta-situated; located meta

in Nebenschluss schalten vt <el> • shunt vt

Innen... *rar* <prod> *(z. B. -fräsen, -schneiden, -wirbeln)* • internal-thread ...; internal ...

Innenabmessung f <tech.allg> • internal dimension

Innenabschäumer m <verf> *(Aquarium)* • inside protein skimmer

Innenabspulung f <edv> • center-roll feeding

Innenabzieher m <wz> • internal puller

Innenalarm m <alarm> • internal alarm

Innenangriff m <füg> *(bei Schrauben)* • driving recess; internal drive

Innenanstrich m <bau.obfl> • indoor finish; interior painting; inside painting

Innenanstrichfarbe f <obfl> • indoor paint; interior paint; paint for internal walls

Innenantenne f <av> *(außerhalb des Geräts, aber innerhalb des Gebäudes)* • indoor antenna US; indoor aerial GB

Innenanwendung f <tech.allg> • indoor application

Innenarchitektur f <bau.innen> • interior design

Innenatomisation f <obfl.wz> *(bei Spritzpistole, Airbrush)* • internal atomization; internal mix pract

Innenaufnahme f <av> *(Ton-, Videoaufzeichnung)* • indoor recording

Innenaufnahme f <phot> *(einzelnes Foto)* • indoor shot

Innenaufnahmen fpl <phot> *(Fototermin)* • indoor shooting

Innenaufstellung fsg <hlk> *(von Geräten; z. B. Wärmepumpe)* • indoor installation

Innenausbau m <bau.innen> • interior finishing [work]; internal finish

innen ausgerundete Ecke f <tech.allg> • filleted corner

Innenausstattung f <bekl> *(von Schutzhelmen)* • comfort padding; comfort liner

Innenausstattung f <kfz.innen> • interior trim

Innenbackenbremse f <brems> • inside shoe brake; internal-expanding shoe brake

Innenbackenkupplung f <masch> • internal-expanding clutch

Innenbahn f <phys> • inner orbit

Innenballast m <nav> • internal ballast

Innenballistik f <mil> • interior ballistics pl; internal ballistics pl

Innenbandbremse f <brems> • internal band brake

Innenbarre f <hydr> • inner bar

Innenbearbeitung f <prod> *(von Bohrungen)* • machining of inside diameters; machining of internal diameters

Innenbecken n <hydr> • inner basin

Innenbekleidung f <bau> *(Profilrahmen zum Verdecken der Anschlussfuge zwischen Fenster und Wand)* • inside casing; interior casing; interior finish; inside trim

Innenbelag m <brems> *(Vollkontakt-Scheibenbremse)* • inboard pad

Innenbeleuchtung f <kfz.el> • courtesy light[s] US; interior lamp[s] GB

Innenbeleuchtung f <licht> *(Gebäude)* • indoor lighting

Innenbeleuchtung f <licht> *(allg.; z. B. in Haus, Fahrzeug, Kühlschrank)* • interior lighting

Innenbeleuchtungssatz m <el> *(Modellbau; z. B. für Eisenbahnwagen, Häuser)* • interior lighting set

innenbelüftete Bremsscheibe f <brems> • ventilated brake disk; ventilated disk

Innenbeschichtung f <obfl> *(allg.; z. B. von Rohr, Glühbirne)* • interior coating; inner coating; internal coating

Innenblech *n* <kfz> *(bei doppelwandigen Blechen)* • inner panel

Innenblende *f* <bau.mat> • internal cover profile

Innenboden *m* <fz> *(Radfelge)* • rim well; well [base]; rim base

Innenboden *m* <nav> • inner bottom

Innenbohrung *f* <masch> • interior bore

Innenbondanlage *f* <el.ic.prod> • inner lead bonder; inner lead bonding equipment

Innenbonden *n* <el.ic.prod> • inner lead bonding

Innenbord *m* <masch> *(Innenzentrierung)* • center-guide flange

Innenbord *m* <rls> *(am Innendurchmesser eines Metallbalgs)* • extended end; extended neck; neck end

Innenbordmotor *m* <nav.mot> • inboard engine; inboard motor *rare*

Innenbreite *f* <tech.allg> • interior width

Innenbügelmaschine *f* <textil> • lining ironing machine

Innendichtring *m* <kfz.el> *(Zündkerze)* • inside gasket

Innendichtschicht *f* <fz> *(in Reifen)* • innerliner

Innendichtung *f* <bau.hydr> *(von Dämmen, Deichen)* • core

Innendrehdiamant *m* <wz> • boring diamond

Innendrehen *n* <prod> • internal turning; turning of internal surfaces

Innendrehmeißel *m* <wz.masch> • boring tool; internal-turning tool

Innendreikant *m* <füg> • triangle socket

Innendruck *m* <tech.allg> *(in aufblasbaren Gegenständen; z. B. Reifen, Schlauchboot)* • air pressure; inflation pressure

Innendruck *m* <fz> *(Druck, mit dem ein Reifen aufgepumpt ist)* • tire pressure; inflation pressure; air pressure

Innendruck *m* <phys> *(allg.; z. B. in Behältern, Rohrleitungen)* • internal pressure

Innendruck *m rar* <phys> • cohesion pressure; intrinsic pressure

Innendruckaufweitung *f* <prod> *(Umformverfahren)* • autofrettage

Innendruckversuch *m* <rls.qualit> • hydrostatic pressure test; internal pressure test; system hydro *pract*

Innendurchmesser *m* <tech.allg> *(z. B. von runden Öffnungen, Bohrungen, Rohren)* • inside diameter (ID); internal diameter; inner diameter

Innendurchmesser *m* <masch> *(von kalibrierten Bohrungen; z. B. Düse, Waffenlauf)* • caliber *US*; calibre *GB*

Innendurchmesser der Auflagefläche *m* <füg> *(von Schrauben)* • transition diameter

Innendurchmesser der Auflagefläche *m* <füg> *(von Muttern)* • diameter of the countersink

Inneneckdrehmeißel *m* <wz> • side-facing tool

Inneneckspachtel *m* <bau.verk> • interior corner tool *US*; internal corner tool *GB*

Inneneinrichtungszeichnung *f* DIN ISO 10209-4 <bau.doku> • interior decoration drawing *ISO 10209-4*

Innen-Einsprengzange *f* <wz> • internal snap ring pliers *US*; internal retaining ring pliers *US*; internal circlip pliers *GB*

Innenelektron *n* <phys> • inner electron

Innenfedertaster *m* <msr> • inside spring-joint caliper

Innenfehler *m* <qualit> • inside defect; inside flaw

Innenfensterbank *f* <bau> • inner sill

Innenfensterbankaufsatz *m* <bau> • stool

Innenfeuerung *f* <verbr> • internal firing

Innenfilter *m* <verf> • internal filter

Innenfläche *f* <tech.allg> • inner surface; inside surface; interior surface; internal surface

Innenflächenfräsen *n* <prod> • internal milling

Innenflügel *m* <tech.allg> • inner wing

Innenfokussierung *f* <av> • inner focusing

Innenfokussierungslinse *f* <opt> • internal focussing lens

Innenführung *f* <masch> *(z. B. Stanzwerkzeug)* • center guide

innengelagerte Achse *f* <fz> • inside journal axle

Innengelenk *n* <rls> *(Kompensator)* • internal tie rods

Innengeräusche *npl* <fz.akust> • interior noise *sg*

Innengeräuschpegel *m* <fz.akust> • interior noise level

Innengestaltung *f* <innen> • interior decoration; interior design

Innengetriebe *n* <masch> • annular gearing; internal gear drive; internal gearing

Innengewinde *n* <tech.allg> *(allg.; z. B. von Bauteilen, Rohren, Lampenfassungen)* • female thread

Innengewinde *n* <füg> *(in Bohrungen, Muttern allg.)* • internal thread; female thread; nut thread *ISO*; class B thread *US*; B thread *US*

Innengewinde... <prod> *(z. B. -fräsen, -schneiden, -wirbeln)* • internal-thread ...; internal ...

Innengewindeeinsatz *m* <füg.rep> *(zur Gewindereparatur; allg., jeder Typ; z. B. Buchse od. Draht)* • thread insert; internal thread insert; screw-thread insert; thread repair insert

Innengewindefräsapparat *m* <wz.masch> • internal thread milling attachment

Innengewindeherstellung *f* <prod> • internal threading

Innengewindekupplung *f* <masch> • female coupling

Innengewindelehrdorn *m* <msr> • internal thread gauge

Innengewindemeißel *m* <wz> • internal screw-cutting tool

Innengewinden *n rar* <prod> • internal threading

Innengewindeschleifen *n* <prod> • internal thread grinding

Innengewindeschneideinrichtung *f* <wz.masch> • tapping jig

Innengewindeschneiden *n* <prod> • internal thread cutting; internal threading; thread tapping; tapping

Innengewindeschneidmaschine *f* <wz.masch> • internal thread cutting machine; tapping machine

Innengewindestrehler *m* <wz> • internal thread chaser

Innengewindewalzen *n* <prod> • internal-thread rolling

innengezahnte Fächerscheibe *f* <füg> • serrated internal tooth lock washer

innengezahnte Zahnscheibe *f* <füg> • internal tooth lock washer; internal lock washer

Innenglied *n* <masch> *(Rollenkette)* • roller link

Innenhaken *m* <pack> *(SOT-Deckel-Nomenklatur)* • inner hook

Innenhandschuh *m* <bekl> • inner glove

Innenhaut *f* <verf> *(beim Präparieren)* • flesh side

Innenhautdichtung *f* <bau> • internal damp-proofing coat

Innenhochdruckumformen *m* (IHU) <prod> *(von Hohlkörpern, Rohren)* • hydroforming; hydroforming process

Innenhochdruck-Umformung *f* <prod> *(z. B. von Stahlrohr-Blanks)* • interior pressure shaping *:V*

Innenhochdruckumformverfahren *n form* <prod> *(von Hohlkörpern, Rohren)* • hydroforming; hydroforming process

Inneninspektion *f* <qualit> • internal inspection

Innenjalousie *f* <kfz> *(an Heckfenster)* • car blinds; venetian blinds

Innenkante *f* <tech.allg> • inner edge; inside edge

Innenkegel *m* <tech.allg> • hollow cone; internal taper

Innenkegel *m* <masch> • internal taper; female taper; female cone

Innenkegeldrehen *n* <prod> • internal taper turning

Innenkegelrad *n* <masch> • internal bevel gear

Innenkeilprofil n <füg> (Schraubenantrieb) • six-spline socket; fluted socket

Innenkernrohr n <petr> • inner core barrel; inner tube

Innenkontur f <doku> (technische Zeichnung) • internal profile

Innenkonus m <tech.allg> • hollow cone; internal taper

Innenkopiereinrichtung f <wz.masch> • internal copying attachment

Innenkorrosion f <obfl> • internal corrosion

Innenkotflügel m <kfz> (Blech, fester Bestandteil der Karosserie) • inner fender panel US; inner wing GB

Innenkotflügel m <kfz> (Kunststoffeinsatz) • undershield; wheel housing liner; protective wheel arch liner; wheel arch protector; fender house liner US

Innenkotflügel m <kfz> (Schutzblech im Radkasten) • wheel house panel; inner fender skirt AE.did; fender liner AE.pract; fender shield AE.pract; fender house splash shield US

Innenkranz m <turb> • runner crown

Innenkrempe f <rls> (Balg-Kompensator) • inner knuckle

Innenkurzgewinde n <masch> • internal short thread

Innenlackieren n <obfl> (Vorgang; z. B. von Dosen) • inside coating; internal coating

Innenlackierung f <obfl> (Beschichtungsstoff) • inside coat[ing]; internal coat[ing]

Innenlage f <tech.allg> (betont: im Inneren von etw.; steif od. flexibel, jedes Material) • inner layer

Innenlage f <rls> (ganz innen; z. B. von Schläuchen, Kompensatoren) • inside ply

Innenlager n <masch> (z. B. Kurbelwelle) • inner bearing; internal bearing; inside bearing

Innenlaminat n <kst> • inner laminate

Innenlasche f <masch> (Rollenkette) • inner link

Innenleiter m <el> (mittig) • center conductor

Innenlenker m obs <kfz> • sedan US; saloon GB; limo BE.coll

Innenleuchte f <kfz.el> • interior light

Innenlicht n rar <kfz.el> • courtesy light[s] US; interior lamp[s] GB

Innenlicht-Verzögerungsschalter m Conrad <kfz.el> • courtesy lights delay relay; delay switch for courtesy lights

innenliegend <fz> (allg.; z. B. Scheibenbremsen, Motor) • inboard

innenliegende Sprosse f <bau> (Sprossenfenster) • muntin sealed inside the airspace; muntin sealed between the glass

Innenloch n <edv> (Loch in der Mitte einer Magnetplatte oder CD) • centerhole; central hole; driving-hub access hole

Innenmagnet m <förd> (Magnetpumpe) • internal magnet; impeller magnet

Innenmantelfläche f <math> • internal cylindrical surface

Innenmaß n <tech.allg> • internal size; internal dimension

Innenmaß n <kfz> (beim Rad; Felgenmaß) • rim width; flange-to-flange width; nominal rim width

innenmattierte Lampe f <licht> • internally frosted lamp

innenmattierter Kolben m <licht> • internally frosted bulb; satin-etched bulb

Innenmesser n <prod> (z. B. von Trimmerwerkzeug) • inner knife

Innenmessfühlhebel m <msr> • indicator with internal feeler

Innenmessgerät für Bohrungen n <msr> • bore measuring gauge; hole gauge

Innenmessschraube f <msr> • inside micrometer; internal micrometer GB; inside mike US.pract

Innenmessung f <msr> • inside measurement; internal measurement

Innenmikrometer n <msr> • inside micrometer; internal micrometer GB; inside mike US.pract

Innenmischdüse f <wz> (Spritzpistolentyp) • internal mix air cap

Innenmischer m <verf> (z. B. für Kautschuk und Zusatzstoffe) • internal mixer; Banbury mixer; closed mixer

Innenmisch-Luftkappe f <wz> (Spritzpistolentyp) • internal mix air cap

Innennachformeinrichtung f <wz.masch> • internal copying attachment

Innennaht f <textil> • inseam

Innenpassteil n <tech.allg> • internal mating member

Innenpolanker m <el> • inner-pole armature

Innenpolmaschine f <el> • inner-pole machine; revolving-field machine

Innenpolster n <bekl> (von Schutzhelmen) • comfort padding; comfort liner

Innenpolsterung f <bekl> (von Schutzhelmen) • comfort padding; comfort liner

Innenpolwechselstromgenerator m <el> • internal field alternator

Innenputz m <bau> • interior plastering; internal plastering

Innenrad n <antr> (Planetengetriebe; z. B. in Automatikgetriebe) • sun gear; sun wheel GB; center gear; sun pinion; internal gear

Innenradius m <tech.allg> • internal radius; inside radius

Innenräumarbeit f <prod> • internal broaching operation

Innenräummaschine f <wz.masch> • internal broaching machine

Innenräumwerkzeug n <wz> • internal broach

Innenrahmen m <navig> (trägt die Laufachse eines kardanisch gelagerten Kreisels) • inner gimbal

Innenraum m prakt <kfz.innen> • passenger compartment; interior; cabin

Innenraumanlage f <tech.allg> • indoor installation

Innenraumbelastung f <hlk.ökol> (z. B. mit Zigarettenrauch, Kunststoff-Ausdünstungen) • indoor air pollution; indoor pollution

Innenraumbeleuchtung f <kfz.el> • courtesy light[s] US; interior lamp[s] GB

Innenraumbeleuchtung mit Ausschaltverzögerung f <kfz.el> • delay courtesy light

Innenraumbeleuchtung-Verzögerungsschalter m <kfz.el> • courtesy lights delay relay; delay switch for courtesy lights

Innenraumleuchte f <kfz.el> (im Dach, meist in der Mitte) • dome lamp

Innenraum-Luftverunreinigung f <hlk.ökol> (z. B. mit Zigarettenrauch, Kunststoff-Ausdünstungen) • indoor air pollution; indoor pollution

Innenraumreiniger m <kfz> • interior cleaner

Innenraumschaltanlage f <el> • indoor substation; indoor switching substation

Innenraumsicherung f <alarm> • space protection; volumetric security; volumetric detection; volumetric protection

Innenraumüberwachung f <alarm> • space protection; volumetric security; volumetric detection; volumetric protection

Innenreibschleifmaschine f <wz.masch> • internal lapping machine

Innenreiniger m prakt <kfz> • interior cleaner

Innenring m DIN ISO 5593 <masch> (Wälzlager) • inner ring ISO 5593; inner race pract; inner member rare

Innenriss m <qualit.mat> • internal crack

Innenrohr n <masch> (Strukturteil) • inner tube

Innenrohr n <rls> (für Mediumtransport) • inner pipe

Innenrückblickspiegel m <kfz> • interior mirror; interior driving mirror

Innenrüttler m <bau.wz> *(zur Betonverdichtung)* • internal vibrator; immersion vibrator; poker vibrator

Innenrüttlung f <bau> *(von Beton)* • internal vibration

Innenrundreibschleifen n <prod> • internal cylindrical lapping

Innenrundschleifen n <prod> • internal cylindrical grinding

Innenrundschleifmaschine f <wz.masch> • internal cylindrical grinding machine

Innensäule f <tech.allg> • inner column

Innensäule f <bau> • inner pillar

Innenschale f <bekl> *(Helm)* • interior shell

Innenschale f <kfz.emiss> *(Katalysator)* • converter shell

Innenschale f <phys> *(Atom)* • inner shell

Innenschalung f <bau> *(Beton)* • inner formwork; interior formwork; inside formwork *rare*

Innenscheinwerfer m <kfz.el> • inner headlight

Innenschleifeinrichtung f <wz.masch> • internal grinding attachment

Innenschleifen n <prod> • internal grinding

Innenschleifmaschine f <wz.masch> • internal grinding machine

Innenschruppmeißel m <wz> • internal rough-turning tool

Innenschweller m <kfz> *(verdeckt hinter dem von außen sichtbaren Schweller)* • inner sill

Innenschweller m prakt <kfz> *(senkrechtes Blech zwischen Außen- und Innenschweller)* • sill membrane; sill stiffener; sill diaphragm panel

Innenschwenktür f <nfz> • inward-swinging door; inward opening slide-glide door

Innenschwingtür f <nfz> • inward-swinging door; inward opening slide-glide door

Innensechkantgewindestift m <füg> • hexagon socket setscrew; socket-type setscrew

Innensechskant m <füg> *(Schraubenkopfform)* • hexagon socket; hex socket *pract*; internal hexagon

Innensechskantangriff m <füg> *(Schraubenkopfform)* • hexagon socket; hex socket *pract*; internal hexagon

Innensechskantbit n <wz> • hex bit US; hexagon bit GB

Innensechskant-Einsatz m <wz> • hex bit socket US; hex head driver US; hexagon socket bit GB

Innensechskantklinge f <wz> • hex bit US; hexagon bit GB

Innensechskantschlüssel m <wz> • hollow hexagon wrench

Innensechskantschraube f <füg> *(allg.)* • hexagon socket head screw

Innensechskantschraube f <füg> • hexagon socket head cap screw ISO 4762; Allen screw

Innensechskanttiefe f <füg> *(bei Innensechskant)* • recess depth

Innenseele f <fz> *(in Reifen)* • innerliner

Innenseite f <bio> *(Tierpräparation)* • flesh side; skin side; inner side; inside of the skin

Innenseite der Haut f <bio> *(Tierpräparation)* • flesh side; skin side; inner side; inside of the skin

innenseitige Glasleiste f <bau> *(Profilleiste zum Befestigen und Abdichten der Verglasung)* • interior stop; interior glazing bead

Innen-Sicherungszange f <wz> • internal snap ring pliers US; internal retaining ring pliers US; internal circlip pliers GB

Innensicke f <pack> *(SOT-Deckel-Nomenklatur)* • inner bead

Innensickenpräge f <pack> *(SOT-Deckel-Nomenklatur)* • inner bead coin

Innensignalgeber m <alarm> • annunciator

Innensirene f <alarm> • indoor siren

Innenspannfutter n <wz.masch> • internal chuck

Innenspiegel m <kfz> • interior mirror; interior driving mirror

Innenspule f <el> *(allg.)* • internal coil

Innenstern m <kfz.antr> *(Gleichlaufgelenk)* • inner race

Innentank m <logist> • enclosed vessel

Innentasche f <bekl> • inside pocket; inner pocket

Innentaster m <wz> *(zum Messen von Innenmaßen)* • inside caliper; machinist's inside caliper US; internal caliper gauge; inside calliper GB

Innenteil n <tech.allg> *(einer Steckverbindung)* • male member

Innentemperatur f <tech.allg> • internal temperature

Innentemperatur f ugs <hlk> *(in Gebäuden; typ. 20 °C)* • room temperature (RT); ambient temperature; inside temperature; interior temperature; ordinary temperature *rare*

Innenthermometer n <msr> • internal thermometer

Innentorx <füg> • internal TORX drive; internal TORX; recessed TORX; TORX recess

Innentrittstuhl m <textil> • inside treading loom

Innentrombe f <verf> *(in Zyklon)* • inner vortex; inner spiral flow; ascending vortex

Innentrommelbelichter m <druck> *(Recorderarchitektur)* • internal drum recorder; in-drum recorder; internal drum platesetter

Innentrommelrecorder m <druck> *(Recorderarchitektur)* • internal drum recorder; in-drum recorder; internal drum platesetter

innen- und außenverzahnte Zahnradpumpe f <förd> • internal gear pump; internal-gear two-teeth-difference pump; internal-gear rotary pump; crescent pump *pract*

Innenverankerung f <rls> *(Kompensator)* • internal tie rods

Innenverblendung f <bau> *(Profilrahmen zum Verdecken der Anschlussfuge zwischen Fenster und Wand)* • inside casing; interior casing; interior finish; inside trim

innenverdrahtet <el> • internally wired

Innenverdrahtung f <el> • internal wiring

Innenverkleidung f <tech.allg> *(zur Verschönerung, Verzierung, Abdeckung; jede Form)* • interior trim

Innenverkleidung f <tech.allg> *(aus glattflächigen Teilen; z. B. Holz)* • interior paneling US; interior panelling GB

Innenverkleidung f <bau.innen> *(typ. aus Holz)* • wainscot; wall paneling US; paneling US; panelling GB

Innenverkleidung f <bekl> *(Schutzhelm)* • interior; inner lining

Innenverkleidung aus Holz f <innen> • wood paneling

Innenverkleidungs-Lösewerkzeug n <kfz.wz> • trim pad release tool; trim pin remover; trim pad remover

innenverrippt <rls> • internally ribbed

Innenverrippung f <rls> • internal ribbing

Innenverschalung f <bau> *(Beton)* • inner formwork; interior formwork; inside formwork *rare*

innenverspiegelte Lampe f <licht> • internal mirror lamp

innenverzahnt <masch> *(Zahnrad)* • internally toothed; annular-toothed

innenverzahnter starrer Ring m <masch> • circular spline

Innenverzahnung f <füg> *(Schraubenantrieb)* • six-spline socket; fluted socket

Innenverzahnung f <kfz.antr> *(allg.; Zahnrad)* • internal toothing

Innenverzahnungsschabemaschine f <wz.masch> • internal gear-shaving machine

Innenvierkant m <füg> *(in Schraubenkopf)* • square socket; square hole *coll*

Innenwand f <tech.allg> *(z. B. Behälter)* • inner wall; inside wall; internal wall

Innenwand f <rls> *(ganz innen; z. B. von Schläuchen, Kompensatoren)* • inside ply

Innenwiderstand m <el> • internal resistance

Innenwinkel m <math> • interior angle; internal angle

Innenzählrohr n <nukl> • internal counter

Innenzahnrad n DIN 3998 <masch> • internal gear; annular gear

Innenzahnradfräsen n <prod> • internal gear milling

Innenzahnradpumpe f <förd> • internal gear pump; internal-gear two-teeth-difference pump; internal-gear rotary pump; crescent pump *pract*

innenzentriert <mat> *(kubisches Kristallgitter mit Atom in Würfelmitte)* • space-centered US; body-centred GB

innenzentriertes Gitter n <metall> • space-centered lattice US; body-centred lattice GB

Innenzentrierung f <wz> *(typ. ein 60°-Konus im Werkzeug)* • internal center; female center

Innenziehräumwerkzeug n <wz> • internal pull-type broach

Innenzug m <verbr> • internal flue

Innenzwölfkant m <füg> • bihexagon socket; 12-point socket

Innenzwölfzahn DIN ISO 1891 <masch> *(Antriebsform)* • twelve point socket; bihexagon socket

Innenzwölfzahn m <füg> • bihexagon socket; 12-point socket

inneratomar <phys> • intra-atomic

innerbetrieblicher Transport m <logist> • internal transportation

innerbetriebliches Recycling nsg <ents> • in-house recycling

innere Abdeckung f <energ.sol> • inner cover

innere Abschirmung f <el> • internal shield; internal shielding

innere Anlagefläche f <kfz> *(von Radschüssel)* • inner attachment face; inner mounting face

innere Anschlagdichtung f <bau> • inner compression seal; inner seal

innere Auflagefläche f <kfz> *(von Radschüssel)* • inner attachment face; inner mounting face

innere Austrittsarbeit f • inner work function

innere Ballistik f • interior ballistics

innere Compliance f <med.tech> *(Beatmungssystem)* • patient circuit compliance; circuit compliance; tubing compliance

innere Dämpfung f <av> • internal damping

innere Deckelverschlussklappen fpl <pap> • end flaps

innere Elektronenschale f <nukl> • inner shell

innere Energie f <phys> • intrinsic energy

innere Energie f (U) DIN 1345 <therm> • internal energy (U)

innere Flüssigkeitsreibung f <phys> • internal fluid friction

innere Gemischbildung f <kfz.mot> • internal mixing process

innere Glasleiste f <bau> *(Profilleiste zum Befestigen und Abdichten der Verglasung)* • interior stop; interior glazing bead

innere Induktivität f <el> • inner self-inductance

innere Konversion f <phys> • internal conversion

innere Kraft f <phys> • internal force

innere Kreisbahn f <nukl> • inner orbit

innere Kreisbahn f <verf> *(in Zyklon)* • inner vortex; inner spiral flow; ascending vortex

innere metallische Abschirmung f <el> • internal metallic shield

innere Mitkopplung f <el> • auto self-excitation

innerer Basiswiderstand m <el> • internal base resistance

innerer Durchmesser der Auflagefläche m <füg> *(von Schrauben)* • transition diameter

innerer Durchmesser der Auflagefläche m <füg> *(von Muttern)* • diameter of the countersink

innere Reibung f <mech> *(z. B. in Kraftmaschinen)* • internal friction

innerer Gitterwiderstand m <el> • grid resistance

innerer Kollisionsraum m <autom> • internal collision zone

innerer lichtelektrischer Effekt m <phys> • internal photoelectric effect; photoconductive effect; intrinsic photoelectric effect; photoconductive effect

innerer Photoeffekt m <phys> • internal photoelectric effect; photoconductive effect; intrinsic photoelectric effect; photoconductive effect

innerer Röhrenwiderstand m <el> • plate resistance

innerer Speicher m <edv> • internal memory

innerer Stromkreis m <el> • internal circuit

innerer Weichmacher m <kst> • polymerizable plasticizer

innerer Widerstand m <el> • internal resistance

inneres Ärmelbündchen n <bekl> • inner sleeveband

innere Schäden mpl <tech.allg> • internal damage sg

innere Schutzhülle f <el> *(Kabel)* • armour bedding; bedding under the armour

inneres Elektron n <phys> • inner electron

inneres Feld n <el> • internal field

inneres Felgenhorn n <fz> *(Radfelge)* • inner rim flange; inboard rim flange; back flange *pract*; rear flange *pract*

inneres Führungsrohr n <rls> • internal sleeve; liner; baffle sleeve; telescoping sleeve

inneres Horn n prakt <fz> *(Radfelge)* • inner rim flange; inboard rim flange; back flange *pract*; rear flange *pract*

inneres Hüllglykoprotein n <bio.chem> • transmembrane protein (TM); inner membrane glycoprotein

inneres Kernrohr n <petr> • core-receiving barrel; inner core barrel; inner core tube

inneres lineares Voreilen n <masch> *(Strömungsmaschine)* • linear exhaust lead

innere Spanabfuhr f <wz.masch> *(z. B. innerhalb eines Bohrers)* • central chip disposal

inneres Produkt n <math> *(von Vektoren)* • dot product; scalar product

innere Spülung f <masch> *(einer Pumpenwellendichtung)* • product flushing; product flush; internal flushing

inneres Rohr n <tech.allg> *(Strukturteil)* • inner tube

inneres Verblendungsprofil n <bau> *(Profilrahmen zum Verdecken der Anschlussfuge zwischen Fenster und Wand)* • inside casing; interior casing; interior finish; inside trim

innere Totlage f <kfz.mot> *(Gegenkolbenmotor)* • inner dead center

innere Totzeit f <msr> • recovery time

innere Umwandlung f <nukl> • internal conversion

innere Ventilfeder f <kfz.mot> • inner valve spring

innere Verluste mpl <förd> • internal losses pl

innere Wicklung f <el> • inner winding

innermolekular <chem> • intramolecular

innermolekulare Umlagerung f <chem> • intramolecular rearrangement

innernuklear <phys> • intranuclear

Innerortstraße f <bau> • street

innerstaatliches Recht n <jur> • national legislation

innerstädtische Geschäftsstraße f <verk> • downtown street US; business street GB

innerstädtische Hauptverkehrsstraße f <verk> • arterial street

innerstädtischer Pendlerverkehr m <verk> • suburban commuter traffic

innerstädtischer Personennahverkehr m <verk>
• suburban commuter traffic

innig <allg> *(z. B. Kontakt)* • intimate

Innovation f <allg> • innovation

Innovationszyklus m <tech.allg> • innovation cycle

innovativ <tech.allg> *(weitere Neuerungen stimulierend, richtungsweisend)* • innovative

innovative Konstruktionsdetails npl <tech.allg> • innovative design features

Inoculum n <ökol> • inoculum

Inokulation f <med> *(zur Immunisierung)* • inoculation; vaccination; jag *coll*

inokulieren vt wiss <bio.chem> *(Nährmedium)* • inoculate vt

in Ordnung (i.O.) <qualit> *(gut genug für den Zweck)* • correct (OK); all right; satisfactory; acceptable; adequate

InP <chem> *(strahlungsstabiler Verbindungshalbleiter; z. B. für Raumfahrtsolarzelle)* • indium phosphide (InP)

in Passform gearbeiteter Artikel m <textil> • full-fashioned article

Input m prakt <tech.allg> *(von Daten, Informationen; Vorgang und Ergebnis)* • input; entry

Input m prakt <edv> • data input; input *pract*

in Querrichtung beweglich <masch> • laterally movable

in Querrrichtung f <pap> • crossways

in Reihe geschaltet <tech.allg> *(z. B. Widerstände, Pumpen, Apparate)* • series-connected; series connected; serially connected; in series

in Reihe geschalteter Stromkreis m <el> • series circuit

in Reihe schalten vt <tech.allg> *(z. B. elektr. Widerstände, Pumpen, Apparate)* • connect in series vt

in Reihe schalten vt <tech.allg> *(z. B. Batterien, Pumpen, Förderbänder, el. Verbraucher)* • connect in series vt

in Richtung früh verstellen vt <kfz.el> *(Zündzeitpunkt)* • advance vt

in Richtung spät verstellen vt <kfz.el> *(Zündzeitpunkt)* • retard vt

in ruhigem Zustand gefrorenes Eis n <nahr> *(typ. Eis am Stiel)* • quiescently frozen confection

INS <navig> • inboard navigation system (INS)

in Säcke abfüllen vt <pack> • sack vt

Insasse m <fz.vers> • vehicle occupant; occupant

Insassenerkennung f <kfz.msr.sich> *(von Fahrzeugsitzen; für Airbagauslösung)* • occupant sensing

Insassen-Rückhaltesystem n form <kfz> • restraint system; occupant restraint system; passenger restraint system; safety restraint system

Insassenschutz m <fz.sich> • occupant protection; passenger protection

InSb <chem> *(Halbleiter; z. B. für Hall-Elemente)* • indium antimonide (InSb)

in Schräglage bringen vt <aerospace> • bank vt

in Schrumpffolie verpacken vt <pack> • shrink wrap vt; shrinkwrap vt

Insektenabwehrstoff m <bio> • insect repellent; insectifuge *rare*

Insektenbefall m <obfl.holz> • attack by insects

Insektenfraß m <led> *(Haut)* • insect bite

Insektengitter n <bau> *(an Fenstern)* • insect screen; window screen

Insektengitterbefestigungsprofil n <bau> *(an Türen, Fenstern)* • screen molding

Insektenlockstoff m <bio.chem> • insect attractant

Insektenplage f <agri> • insect pest

Insektenschutzgitter n <bau> *(an Fenstern)* • insect screen; window screen

Insektenschutzmittel n <bio.chem> • insect repellent

Insektenschutzrollo n <bau> • roll-up screen

Insekten- und Splittabweiser m <kfz> • bug/rock shield

Insekten- und Splittschutzgitter n <kfz> • full-front bug screen and gravel guard; bug screen and gravel guard

Insektenvertilgungsmittel n <bio.chem> • insecticide

Insektizid n <bio.chem> • insecticide

Inselbein n <petr> *(Bohrinsel)* • jacket leg

Inselbetrieb m <tech.allg> *(bel. Einrichtungen, Anlagen)* • stand-alone operation

Inselbetrieb m <energ> *(Stromerzeugung)* • isolated grid operation; isolated operation

Inselbildung f <el> • island effect

Inselbogen m <geo> • island arc

Inseleffekt m <el> • island effect

Inselnetz n <energ> *(z. B. Notstromaggregat, Sonnenfarm)* • stand-alone power system; off-the-grid power system US; autonomous power system

Inselpfosten m <bau> • bollard

Inselsystem n <energ> *(z. B. Notstromaggregat, Sonnenfarm)* • stand-alone power system; off-the-grid power system US; autonomous power system

Inserat n <werb> • advertisement; ad

in Serie geschaltet <tech.allg> *(z. B. Widerstände, Pumpen, Apparate)* • series-connected; series connected; serially connected; in series

Insert n rar <tech.allg> *(eingebettetes Teil, z. B. Hartmetall in Weichmetall)* • insert

Insert n <kst> *(in Spritzgießwerkzeugen)* • insert; inset

Insert-Schnitt m <av> • insert edit; insert editing; cut-in

Insertschnitt-Anzeige f <av> • insert editing indicator

Insertschnitt-Taste f <av> • insert editing button

ins Gleichgewicht bringen vt <tech.allg> • equilibrate vt

ins Gleichgewicht bringen vt <mech> *(allg. Massen)* • balance vt; equilibrate vt

in sich geschlossen <allg> • self-contained

in sich geschlossene Wicklung f <el> • closed-coil winding; endless winding

in sich verankert <bau> • self-anchored

In situ-Hybridisierung f <med> *(Antigennachweis)* • in situ hybridizytion

In-situ-Laugung f <min> • in-situ leaching; solution mining; underground leaching; leaching in place

In-situ-Messung f <msr> • in-situ measurement; in-line measurement

In-situ-Verbrennung f <verbr> • in situ combustion

ins Langsame übersetzen v <masch> • reduce the speed v

ins Langsame übersetzen vt <antr> • gear down vt

in SMT-Technik <el> *(Baustein; z. B. Kondensator, Diode)* • surface-mount …; SMT-…

Insolation f <energ.sol> • insolation

Insolation f wiss <energ.sol> *(durch Sonnenlicht; in MJ/m² oder kWh/m²)* • insolation; radiant exposure; irradiation *pract*; sunlight exposure *coll*

Insourcing n <org> • insourcing

Inspektion f ugs <tech.allg> *(allg.; betont: Vorgang)* • maintenance; servicing; upkeeping *coll.rare*

Inspektion f <qualit> *(allg.)* • inspection

Inspektion f ugs <rep> *(betont: Ereignis)* • service

Inspektionsluke f <tech.allg> • inspection hatch

Inspektionsöffnung f <verf> • inspection access

Inspektionsspiegel m <kfz.wz> • inspection mirror

in Sperrrichtung leitend <el> • reverse-conducting

in Sperrrichtung betrieben f <el> *(Transistor)* • reverse biased

in Sperrrichtung gepolt f <el> *(Transistor)* • reverse biased

in Sperrrichtung vorgespannt f <el> *(Transistor)* • reverse biased

Inspiration f <med.tech> • inspiration

Inspirationsdruck m <med.tech> • inspiratory pressure

Inspirationsflow *m* <med.tech> • inspiratory flow
Inspirationstülle *f* DIN ISO 4135 <med.tech> • inspiratory port ISO 4135
Inspirationsventil *n* <med.tech> • inspiratory valve ISO 4135
Inspirationszeit *f* <med.tech> • inspiratory time; inspiration time; inspiratory phase time ASTM F 1100
inspiratorische O₂-Konzentration *f* <med.tech> • fraction of inspired oxygen
inspiratorische Pause *f* <med.tech> • end-inspiratory pause (EIP); end-inspiratory plateau; inspiratory pause ISO 4135
inspiratorischer Flow *m* <med.tech> • inspiratory flow
inspiratorischer O₂-Anteil *m* <med.tech> • fraction of inspired oxygen
inspiratorisches Plateau *n* <med.tech> • end-inspiratory pause (EIP); end-inspiratory plateau; inspiratory pause ISO 4135
inspiratorisches Reservevolumen *n* (IRV) <med.tech> • inspiratory reserve volume (IRV)
Inspizient *m* <theat> • stage manager
ins Quadrat erheben *vt* <math> • square *vt*
ins Schleudern geraten *vi* <kfz> (Fahrzeug) • come offline *vi*; swerve *vi*
ins Schnelle übersetzen *vt* <antr> • gear up *vt*; step up *vt*
instabil <chem/phys> (vorübergehender Übergangszustand, Phase, Vorgang) • transient; unstable
instabil <phys> (Gleichgewicht, Strömung) • unstable
instabiles Isotop *n* <nukl> • radioisotope; radioactive isotope
instabiles Isotop *n* <phys> • unstable isotope
instabiles System *n* <tech.allg> (z. B. PC-Betriebssystem) • unstable system
Instabilität *f* <tech.allg> • instability
Instabilität gegen Austauschdeformation *f* <nukl> • flute instability; interchange instability; Kruskal-Schwarzschild instability; convenctive instability
Instabilitätsbereich *m* <tech.allg> • instability region
Installation *f* <tech.allg> • installation
Installation *f* <bau> (Sanitär) • plumbing
Installation *f* <edv> (von Software; z. B. Programme, Treiber) • installation
Installation *f* <edv> (von Hardware; z. B. Grafikkarte, Speicherbausteine) • hardware installation; installation
Installationsflansch *m* <bau> (Verbindung zum Mauerwerk) • anchoring fin
Installationsgeschoss *n* <bau> • mechanical floor
Installationskern *m* <bau> • mechanical core; utility core
Installationsobjekte *npl* <rls> • fixtures and fittings
Installationsplan *m* DIN ISO 10209-4 <el.doku> • installation diagram ISO 10209-4
Installationsrohr *n* <bau.el> (für Kabel; in Decken und Wänden) • cable conduit; electric wiring conduit; conduit *pract*
Installationsschema *n* <el.doku> • installation diagram ISO 10209-4
Installationstechnik *f* <bau> (Rohrsysteme, Armaturen, für Wasser, Gas, Luft) • domestic engineering
Installationsverteiler *m* <el> • distribution board
Installationswand *f* <bau> (mit Hohlraum für haustechnische Installationen) • installation wall; chase wall; plumbing wall
Installationszelle *f* <bau> • plumbing unit; services unit
installieren *vt* <tech.allg> (Hardware, Bauteile; erstmals oder nach Ausbau) • install *vt*
installieren *vt* <bau> (Sanitärteile; z. B. Wasserleitung) • plumb *vt*
installieren *vt* <edv> (Software, Programm) • install *vt*

installieren *vt* <füg> (allg.; an/auf etw.) • fasten *vt*; mount *vt*; attach *vt*; install *vt*; fix *vt* coll
installieren (an/auf) *vt* <tech.allg> (an oder auf etw. anbringen) • install (at/on) *vt*
installierte Leistung *f* <tech.allg> (Fähigkeit, Kapazität; z. B. Förderstrom) • installed capacity
installierte Leistung *f* <el> (Stromversorgung) • installed power
installierte Leistung *f* <energ> (von Stromerzeugungsanlagen) • rated power; installed capacity; rated capacity
Instamatic-Film *m* <phot> • Instamatic-camera film; 126 film
Instamatic-Kamera *f* <phot> • Instamatic camera; 126 camera
instandhalten *vt* <kfz> • maintain *vt*
Instandhaltung *f* form <tech.allg> (allg.; betont: Vorgang) • maintenance; servicing; upkeeping coll.rare
Instandhaltungen und Reparaturen *fpl* <fin> (Kostenfaktor) • maintenance and repairs; repairs and maintenance
Instandhaltungsarbeiten *fpl* <rep> • maintenance work
Instandhaltungshandbuch *n* <doku.rep> • service manual; maintenance manual
Instandhaltungsintervall *n* <tech.allg> • maintenance interval
Instandhaltungskosten *pl* <tech.allg> • maintenance cost; repair and maintenance cost; maintenance charges; upkeep expenses
instandsetzen *vt* <rep> • repair *vt*; recondition *vt* rare
Instandsetzung *f* <rep> • repair
Instandsetzungsanleitung *f* <doku.rep> • service instructions; repair instructions
Instandsetzungsanweisungen *fpl* <doku.rep> • service instructions; repair instructions
Instandsetzungsauftragschweißen *n* <obfl> • resurfacing by welding
Instandsetzungsbetrieb *m* <rep> • repair shop
Instandsetzungshandbuch *n* <doku.rep> • service manual; repair manual
Instandsetzungsschweißen *n* <füg> • repair welding
Instandsetzung und Unterhaltung *f* <rep> • repair and maintenance
Instant ReView *n* JVC <av> • instant review; Instant ReView JVC; Easy programme playback Hit; instant replay Sha; one-touch playback Aiw
Instant-Stop *m* <prod.nahr> (Speiseeis; Freezer) • instant-stop
instationäre Strömung *f* <phys> (z. B. in Ansaugkrümmern) • unsteady flow
in Stellung bringen *vt* <mil> (z. B. Geschütz, Radarstation) • position *vt*
Instruktion *f* <did> • instruction
Instrument *n* <tech.allg> • instrument
Instrument *n* prakt <kfz.msr> (in der Instrumentenanlage) • gauge
instrumentell bedingte Streuung *f* <qualit> • instrumental straggling
Instrumentenanalyse *f* <qualit> • instrumental analysis
Instrumentenanflug *m* <aerospace> • blind approach; instrument approach
Instrumentenanlage *f* <kfz.msr> (Gesamtheit der Bedienungselemente und Anzeigen) • instrument panel; instrument board; dashboard; dash US.coll; fascia GB
Instrumentenbehälter *m* <tech.allg> • instrument container
Instrumentenbeleuchtung *f* <msr> • instrument lighting
Instrumentenbeleuchtungsregler *m* <kfz.msr> • instrument panel illumination control; panel light control
Instrumentenblock *m* <kfz.msr> • instrument cluster

Instrumentendatei f <edv.av> • sound library; audio library; music library

Instrumentenfehler m <msr> • instrument error

Instrumentenflug m <aerospace> • instrument flight; blind flight

Instrumentenflugregeln fpl (IFR) <aerospace> • instrument flight rules pl (IFR)

Instrumentenflugwetterbedingungen fpl <aerospace> • instrument meteorological conditions pl (IMC)

Instrumentengang m <msr> • instrument shift

Instrumentengenauigkeit f <msr> • instrumental accuracy

Instrumentenkapsel f <tech.allg> • instrument capsule

Instrumentenklang m <edv.mus> • instrument sound; instrumental sound

Instrumentenkombi n rar <kfz.msr> • instrument cluster

Instrumentenkonstante f <msr> • instrument constant

Instrumentenlager n <tech.allg> • instrument mount

Instrumentenlandesystem n (ILS) <aerospace> • instrument landing system (ILS)

Instrumentenlandung f <aerospace> • instrument landing

Instrumentenleuchte f <tech.allg> • instrument panel lamp

Instrumentennummer f <edv.av> • program number; patch number

Instrumentenschalter m <msr> • instrument switch

Instrumentensound m <edv.mus> • instrument sound; instrumental sound

Instrumententafel f <kfz.msr> (Gesamtheit der Bedienungselemente und Anzeigen) • instrument panel; instrument board; dashboard; dash US.coll; fascia GB

Instrumententafelstütze f <kfz> • instrument panel support

Instrumententisch m <msr> • instrument table

Instrumententräger m <kfz> (tragendes Karosserieelement) • dash panel; dashboard support

Instrumententräger m rar <kfz.msr> • instrument cluster

Instrumententreiber-Bibliothek f <msr> • instrument driver library

Instrumentenverkleidung f :V <kfz> • pod

Instrumente und Bedienungselemente <doku> (Überschrift in Betriebsanleitung) • instruments and controls

Instrumentierung f <msr> • instrumentation

Instrument mit unterdrücktem Nullpunkt n <msr> • suppressed-zero instrument

in Stufen <tech.allg> • in steps

in Stufen einstellbar <tech.allg> (z. B. Drehzahl, Vorschub) • step-adjustable; adjustable in steps

in Stufen regelbar <tech.allg> (z. B. Drehzahl) • variable in steps

Insufflation f <med.tech> • inspiration

Insulated-Gate-FET m <el> • insulated-gate FET (IGFET)

Inszenierung f <kino> • staging

Inszenierung f <theat> • production

in Tätigkeit <mech> (Maschinenteile) • active

Intarsia-Muster n <textil> (in Strickwaren) • intarsia design; intarsia pattern; intarsia

Intarsiamusterung f <textil> (in Strickwaren) • intarsia design; intarsia pattern; intarsia

Intarsie f <obfl.holz> (eingelegtes Holzelement) • intarsia

Intarsien fpl <obfl.holz> (z. B. in Möbeln, Kfz-Innenausstattung) • intarsia; wood inlay

Intarsieneinrichtung f <textil> • intarsia design facility

Intarsienmuster n <innen> (Möbel) • intarsia pattern

IN-Technik f <tele> • IN technology

integrabel <math> • integrable

Integral n <math> • integral

Integralbauweise f <nfz> • integral construction; monocoque construction; monocoque design; integrated monocoque design; integral chassisless design

Integralbauweise von Aufbau und Unterbau f <nfz> • integral body design

Integralbelegungsfunktion f <math> • integrated spectrum

Integralbremssystem n <kfz.brems> (Motorrad) • linked braking system (LBS)

Integraldarstellung f <math> • integral representation

Integral-Differential-Regelung f <msr> • integral-derivative control; ID control

Integraldosis f <nukl> • integral dose

Integraldrossel f <msr> • integral restriction

integrale Doppelspulen-Direktzündung f <kfz.el> • Integrated Direct Ignition System (IDI) GM

integrale Dosis f <nukl> • integral dose

integrale Lichtleit-Messtechnik f (ILM) <kfz> • integral optical-fiber scope technology :V

Integralfaktor m <msr> • integral control factor; integral factor; I factor

Integralgleichung f <math> • integral equation

Integralglied n <msr> • integral element; I action element; I element

Integralhelm m <bekl> • full-face helmet

Integralkern m <math> • integral kernel

Integralkosinus m <math> • cosine integral

Integrallogarithmus m <math> • logarithm integral

Integralmessung f <phot> • averaging metering; integral measurement

Integralmodus m <phys> • photon-flow integrating mode

Integralnebenbedingung f <math> • integral constraint

Integraloperator m <math> • integral operator

Integralprinzip n <mech> • integral variational principle

Integral-Rad n <kfz> (Rad mit Notlaufeigenschaften) • CTS wheel TM

Integralrechnung f <math> • integral calculus

Integralregelung f <msr> • integral control; integral-action control; floating control; I control; reset control rare

Integralregler m <msr> • integral controller; integral-action controller; I controller

Integralschleifen n <prod> • abrasive machining

Integralsinus m <math> • sine integral

Integralsitz m <kfz> • integral molded seat

Integral-System n <kfz> • Conti Tire System (CTS); CTS pract

Integraltransformierte f <math> • integral transform

Integralverfahren n <obfl> • integral color anodizing; hard color anodizing

Integralverhalten n <msr> • integral action; integral behaviour; floating action; I action

Integralwert der Kopfbelastung m did <kfz> • HIC value

Integralwirkung f <msr> • integral action; integral behaviour; floating action; I action

Integralzeichen n <math> • integral sign

Integrand m <math> • integrand

Integrase f <med> • endonuclease (endo)

Integration f <tech.allg> • integration

Integrationsdichte f <edv.ic> (Anzahl der Transistoren etc. pro Chip; z. B. SSI, MSI, LSI, VLSI) • level of integration; package density; packaging density; device scale; scale of integration

Integrationsgrad m <edv.ic> (Anzahl der Transistoren etc. pro Chip; z. B. SSI, MSI, LSI, VLSI) • level of integration; package density; packaging density; device scale; scale of integration

Integrationsgrenze f <tech.allg> • integration limit

Integrationskonstante f <math> • integration constant

Integrationsstufe *f* <el> • integrator
Integrationstechnik *f* <el> • integration technology
Integrationsweg *m* <math> • path of integration
Integrator *m* <el> • integrator
integrieren *vt* <tech.allg> *(mathematisch, technisch, organisatoisch)* • integrate *vt*
integrierender Frequenzteiler *m* <tele> • integrating divider
integrierender Kreiselbeschleunigungsmesser *m* <navig> • pendulous integrating gyro accelerometer (PIGA)
integrierender Wendekreisel *m did* <navig> • rate-integrating gyro
integrierendes Instrument *n* <msr> • integrating instrument
integrierendes Messinstrument *n* <msr> • integrating instrument
integrierendes Netzwerk *n* <msr> • integrating network
integrierendes Relais *n* <el> • integrating relay
Integrierglied *n* <el> • integrating element
Integrierkreisel *m* <navig> • gyro integrator; integrating gyroscope
Integrierschaltung *f* <ic> • integrating circuit
integriert <tech.allg> *(Bauteil, Funktion)* • integral; integrated
integriert <tech.allg> • built-in; integrated; inbuilt *rare*
integriert <edv> *(auf der Platine vorhanden; z. B. Baustein, Funktion)* • on-board; on-chip; built-in; embedded
integrierte Anpassungsschaltung *f* <el> • interface integrated circuit
integrierte Antenne *f* <tele> *(im Innern, außen nicht sichtbar)* • built-in antenna *US*; built-in aerial *GB*
integrierte Automatik-Videoleuchte *f* <av> • built-in auto light; integrated auto light
integrierte Checkliste *f* <edv> • built-in checklist
integrierte Datenverarbeitung *f* <edv> • integrated data processing
integrierte Dauerlüftung *f* <hlk> • integral ventilating system
integrierte Dickfilmschaltung *f* <el.ic> • thick film circuit; thick film integrated circuit *form*
integrierte Dickschichtschaltung *f* <el.ic> • thick film circuit; thick film integrated circuit *form*
integrierte Diode *f* <el> • integrated diode
integrierte Dünnfilmschaltung *f* <el.ic> • thin-film circuit; thin-film integrated circuit *form*
integrierte Dünnschichtschaltung *f* <el.ic> • thin-film circuit; thin-film integrated circuit *form*
integrierte Elektronik *f* <el> • integrated electronics
integrierte Höchstfrequenzschaltung *f* <ic> • microwave integrated circuit
integrierte Hybridschaltung *f norm* <edv.ic> • hybrid circuit; hybrid integrated circuit *form*; hybrid *coll*
integrierte Injektionslogik *f* <el> • integrated injection logic; merged transistor logic
integrierte Mikroschaltung *f* <ic> • integrated microcircuit
integrierte Optik *f* <opt> • integrated optics
integrierter Belichtungsmesser *m* <phot> • built-in exposure meter; integrated exposure meter
integrierter Bildschirmadapter *m* <edv> • built-in display adapter; built-in video on the motherboard; on-board display adapter; integrated display adapter
integrierter Farbbehälter *m* <wz> *(Sprühpistole)* • integral paint reservoir
integrierter GPS-Empfänger *m* <navig> • integrated GPS receiver
integrierter Grafikcontroller *m* <edv> • embedded graphics controller
integrierter Handschuh *m* <bekl> • integrated glove

integrierter Hybridschaltkreis *m* <ic> • hybrid integrated circuit
integrierter Interfaceschaltkreis *m DIN 44472* <el> • integrated interface circuit
integrierter Kindersitz *m* <kfz> • integrated child safety seat; integrated child seat
integrierter Kompressor *m* <med.tech> • internal compressor
integrierter Mikrowellen-Leistungsverstärker *m* <el> • integrated-circuit microwave power amplifier
integrierter Nierengurt *m* <bekl> • built-in kidney belt
integrierter Objektivdeckel *m* <av> • built-in lens cover; built-in lens cap
integrierter Pflanzenschutz *m* <agri.chem> • integrated pest management; integrated pest control
integrierter Prozessor *m* <edv> • embedded processor
integrierter Rollentisch *m* <förd> • integrated roller table
integrierter Schaltkreis *m* <edv.ic> *(Mikrochip mit integrierter Halbleiterschaltung)* • integrated circuit (IC); chip *pract*; microcircuit *rare*; monolith *rare*
integrierter Schaltkreis *m* <edv.ic> • integrated circuit
integrierter Schaltungsbaustein *m* <ic> • integrated circuit package; packaged circuit module
integrierter Schnittcomputer *m* <av> • integral editing computer
integrierter Sensor *m* <msr> • integrated sensor
integrierter Sicherheitsgurt *m* <kfz> • seat-integrated seat belt [system]; seat-anchored belt; seat-integrated belt system, SBS *BMW*
Integrierter Starter-Alternator-Dämpfer *m* (ISAD) <kfz.el> • Integrated Starter/Alternator Damper (ISAD)
integrierter Timer *m* <el> • built-in timer
integrierter Transistor *m* <ic> • integrated-circuit transistor
integrierter Umweltschutz *m* <ökol> • integrated pollution control (IPC)
integrierte Sammlung *f* <ents> • combined collection
integriertes Ausdrucken *nsg* <msr> • printing in continuous lines
integrierte Schaltung *f* (IC) <edv.ic> *(Mikrochip mit integrierter Halbleiterschaltung)* • integrated circuit (IC); chip *pract*; microcircuit *rare*; monolith *rare*
integrierte Schaltung *f* (IC) <edv.ic> • integrated circuit
integrierte Schaltungstechnik *f* <ic> • integrated circuit technique
integrierte Schnittstellenschaltung *f* <el> • interface integrated circuit
integrierte Datenverarbeitungs- und Anzeigesystem *n* (IDVS) <aerospace> • integrated data processing and visualization system (IDVS)
integriertes Dauerlüftungssystem *n* <hlk> • integral ventilating system
integriertes Design *n* <edv> • integrated artwork
integriertes digitales Telefonnetz *n* <tele> • integrated digital network (IDN)
integrierte Serienverschaltung *f* <energ.sol> *(von Dünnschicht-Solarzellen)* • monolithic integration; series interconnection
Integriertes Flugführungssystem *n* (IFGS) <aerospace> • Integrated Flight Guidance System (IFGS)
integriertes Gurtsystem *n* <kfz> • seat-integrated seat belt [system]; seat-anchored belt; seat-integrated belt system, SBS *BMW*
integriertes Laufwerk *n* <edv> • internal drive; built-in drive; integrated drive
integriertes Lüftungssystem *n* <hlk> • integral ventilating system
integriertes Monitoring *n* <med.tech> • built-in monitoring; internal monitoring

integriertes Terminal n <edv> • integrated terminal
Integriertes Text- und Datennetz n (IDN) <tele> • integrated digital network (IDN)
integrierte Strohballenpresse f <agri> • built-in straw baler
integriertes Übersetzungssystem n <transl> *(Textverarbeitung, Terminologiedatenbank und Übersetzungsspeicher)* • translation-memory system; TM system *pract*
integrierte Uhr f <tech.allg> *(z. B. EDV, Heizung, Werkzeugmaschine)* • internal clock
integrierte Zeitverzögerung f <msr> • integrated time delay
Integrität f <tech.allg> • integrity
Integritätsanforderungen fpl <tech.allg> • integrity requirements pl
Integritätsprüfung von hydrophoben Membranfilterelementen f DIN 58356-12 <med.tech> • integrity test of hydrophobic membrane filters *DIN 58356-12*
Integritätsüberwachung f <navig> • integrity monitoring
Integritätswarnung f <navig> • integrity warning
Integrity Monitoring n <navig> • integrity monitoring
Integrity-Prüfung f <navig> • integrity monitoring
Integrodifferentialgleichung f <math> • integro-differential equation
Integument n *wiss* <bio> *(naturlich; z. B. Haut, Schale, Rinde)* • integument
intelligent <edv> • intelligent
Intelligent Cruise Control f <kfz.msr> • Adaptive Cruise Control (ACC) *ContiTeves*; intelligent cruise control
intelligente Alarme fpl <med.tech> • smart alarms *pl*; smart alarm systems *pl*
intelligente Alarmsysteme fpl <med.tech> • smart alarms *pl*; smart alarm systems *pl*
intelligente Chip-Karte f <edv> • smart card
intelligente Datenspeicherung f <edv> • intelligent data storage
intelligente Funktionskontrolle f <av> • intelligent function control
intelligente Geschwindigkeitsregelung f <kfz.msr> • Adaptive Cruise Control (ACC) *ContiTeves*; intelligent cruise control
intelligente IC-Karte f <edv> • smart card
intelligenter Arbeitsplatz m <edv> • workstation
intelligenter Roboter m <autom> • intelligent robot
Intelligenter Sensor m <msr> • smart sensor; intelligent transducer
intelligentes ...-System n <tech.allg> • smart ... system
intelligentes Auto n <kfz> • smart car
intelligentes Endgerät n <edv> • programmable terminal; intelligent terminal
intelligentes Fertigungssystem n (IFS) <prod> • Intelligent Manufacturing System (IMS)
intelligentes Longplay n *Toshiba* <av> • automatic speed-switching; automatic speed record mode; automatic tape-speed record mode; auto longplay; Time Limit Plus *Sharp*
Intelligentes Netz n (IN) <tele> • intelligent network (IN)
intelligentes Strichcodeterminal n <edv> • intelligent bar code terminal
intelligentes System n <tech.allg> *(z. B. EDV, Regelung, Qualitätssicherung)* • intelligent system; smart system
intelligentes Terminal n <edv> • intelligent terminal
intelligente Tastatur f <edv> • intelligent keyboard
intelligente Zahlkarte f <edv> *(z. B. für Maut)* • stored-value "smart card"
Intensimeter n <msr> • intensimeter
Intensität f <tech.allg> • intensity
Intensität des Umgebungslichts f <edv> • ambient light level

Intensitätsabgleich m <phys> • intensity match
Intensitätsänderung f <tech.allg> • intensity change; intensity variation
intensitätsarm <tech.allg> • low-intensity
Intensitätskennzahl f <phys> • intensity index
Intensitätsmessgerät n <msr> • intensity meter
Intensitätsmessung f <msr> • intensity measurement
Intensitätsmodulation f <phys> • intensity modulation
Intensitätspegel m <phys> • intensity level
Intensitätspyrometer n <msr> • photoelectric pyrometer
Intensitätsschwächung f <tech.allg> • intensity decrease
Intensitätsschwankung f <phys> • intensity fluctuation
Intensitäts-Stereophonie f <av> • intensity stereophony
Intensitätsverluste mpl <energ.sol> • optical losses *pl*
Intensitätsverteilung f <phys> • intensity distribution
Intensivbeize f <obfl> • weight loss-metal etch; deep etching *pract*
intensive Größe f DIN 1345 <therm> • intensive quantity
intensiver Lichtfleck m <phot> • hot spot
intensivieren vt *rar* <tech.allg> *(z. B. Anstrengung, Kontrast, Verfahren)* • intensify vt
Intensivierung der Prüftätigkeit f <qualit> • increased testing
Intensivkühlung f <hlk> • rapid cooling
Intensivpflegestation f <med.tech> • intensive care unit (ICU)
Intensivstation f (IPS) <med.tech> • intensive care unit (ICU)
Intensiv-Transportmischer m <nfz> • high-intensity truckmixer
interaktiv <tech.allg> • interactive; conversational
interaktive CD f <edv> *(Green Book)* • CD-Interactive (CD-I)
interaktive Compact-Disc f <edv> *(Green Book)* • CD-Interactive (CD-I)
interaktive Computergrafik f <edv> • interactive computer graphics
Interaktive Phasenverzerrung f (iPD) <edv> • interactive phase distortion (iPD)
interaktive Programmiersprache f <edv> • interactive programming language
interaktives Menü n <edv> • interactive menu
interaktive Verarbeitung f <edv> • conversational mode; interactive mode
interatomar <phys> *(z. B. Kraft)* • interatomic
Interbandübergang m <phys> • transition between different bands
Intercarrierbrumm m <av> • intercarrier buzz; 7
Intercarrierdemodulator m <av> • intercarrier demodulator
Intercarrierverfahren n <av> • intercarrier sound system
Interceptfaktor m <energ.sol> • intercept factor
Intercitybus m *rar* <nfz> *(allgemein für Überlandverkehr)* • intercity bus; intercity coach; interurban coach *stand*; cross-country bus; coach *GB*
Intercom n *prakt* <mil> *(z. B. in Panzer)* • intercom
Intercooler m <kfz> *(zwischen Lader und Motor)* • intercooler
Interdigitalleitung f <el> • interdigital line
Interdigitalwandler m <el> • interdigital transducer
Interessentenzuschrift f <werb> • confirmed prospect
Interessenverband m <org> • branch institution
Interfacebuchse f <edv> • interface connector; interface port
Interface-Crimp-Kontakt m <el> • interface crimp contact
Interfacegerät n <el> • interface device
Interfaceschaltung f <el> • interface circuit

Interferenz *f* <tech.allg> • interference
Interferenz *f* <el> *(gegenseitige Signalbeeinflussung)*
• noise; interference; parasitic noise; interfering noise
Interferenzbild *n* <opt> • interference pattern
Interferenz der Wahrscheinlichkeit *f* <math> • interference of probability
Interferenzerscheinung *f* <phys> • interference phenomenon
Interferenzfading *n* <tele> • interference fading
Interferenzfarbe *f* <phys> • interference color
Interferenzfarben *fpl* <astron> • interference colors *pl*; Newton's rings *pl*
Interferenzfeld *n* <el> • interference field
Interferenzfigur *f* <opt> • interference figure
Interferenzfilter *n* <tech.allg> • interference filter
Interferenzfleck *m* <tech.allg> • interference spot
Interferenzfrequenzmesser *m* <phys> • heterodyne frequency meter
Interferenzgebiet *n* <phys> • interference area; fringe area
Interferenzgerät *n* <phys> • interferometer; interference device
Interferenzkomparator *m* <tech.allg> • interference comparator
Interferenzkomparator *m* <phys> *(für Längenmessung)* • length-measuring interferometer; gauge-block interferometer; end-gauge interferometer
Interferenzlichtfilter *n* <opt> • interference filter; interference light filter
Interferenzlinie *f* <phys> • interference line
Interferenzmessverfahren *n* • interferometry
Interferenzmikroskop *n* <phys> *(Spannungsoptik)* • interference microscope
Interferenzmikroskopie *f* <opt> • interference microscopy
Interferenzmuster *n* <astron> • interference fringe pattern; fringe pattern
Interferenzpfeifen *n* <tele> • heterodyne whistle; beat whistle
Interferenzplanglas *n* <opt> • optical flat
Interferenzpunkt *m* <energ.el> • point of interference (POI)
Interferenzring *m* <opt> • circular interference fringe
Interferenzschicht *f* <opt> • interference coating
Interferenzschwund *m* <tele> • interference fading
Interferenzspektrometer *n* <phys> • interference spectrometer
Interferenzspektroskop *n* <phys> • interference spectroscope
Interferenzspektroskopie *f* <phys> • interference spectroscopy; interferometric spectroscopy
Interferenzstreifen *m* <opt> • interference fringe
Interferenz-Unterdrückungsfilter *n* <edv> • antialiasing filter
Interferenzverfahren *n* <phys> • interference method
Interferenzwellenmesser *m* <phys> • heterodyne wavemeter
Interferenzwiderstand *m* <phys> • interference drag
Interferometer *n* <astron> • interferometer
Interferometrie *f* <astron> • interferometry
Interferometrie mit direkt gekoppelten Teleskopen *f* <astron> • shorter-baseline interferometry
Interferometrie mit sehr großer Basislänge *f* <astron> • very-long-baseline interferometry
interferometrisch <phys> • interferometric
interferometrische Brechzahlbestimmung *f* <opt> • interferometric refractometry
interferometrische Prüfung *f* <phys> • interferometric test; interferometric testing

Interferone *npl* <med> • interferon-beta (IFN-ß); interferons
Interframe-Compression *f* <edv> • interframe compression
intergalaktisch <astron> • intergalactic
intergalaktisches Medium *n* <astron> • intergalactic medium; intracluster medium
interionisch <phys> • interionic
interionische Wechselwirkung *f* <phys> • ionic interaction
Interkalation *f* <chem> *(z. B. von Gastmolekülen zwischen Schichten, planaren Ringsystemen)* • intercalation
interkardinaler Kurs *m* <navig> • intercardinal course; intercardinal heading
interkardinaler Schlingerfehler *m* <navig> • intercardinal rolling error
Interkom *n prakt* <tele> *(Sprechen in beiden Richtungen gleichzeitig möglich)* • intercom system; intercommunication system *form*
Interkombination *f* <nuklphys> • intercombination
interkontinentale ballistische Rakete *f* <mil> • intercontinental ballistic missile (ICBM)
Interkontinentalrakete *f* <mil> • intercontinental ballistic missile (ICBM)
Interkostalträger *m* <nav> • intercostal girder
interkristallin <mat> • intercrystalline; intergranular
interkristalline Brüchigkeit *f* <mat> • cleavage brittleness
interkristalline Korrosion *f DIN EN ISO 8044* <obfl> • intergranular corrosion *ISO 8044*; intercrystalline corrosion
interkristalliner Bruch *m* <mat> • intercrystalline fracture
interkristalliner Riss *m* <qualit.mat> • grain boundary crack; intercrystalline crack; intergranular crack
interkristalline Spannungsrisskorrosion *f* <qualit.mat> • intergranular stress-corrosion cracking
Interlaced-Modus *m* <av> *(Bildschirmdarstellung)* • interlaced mode; line interlacing; interlaced scanning; scanning interlace system *rare*; staggered scanning
Interlaced-Verfahren *n* <av> *(Bildschirmdarstellung)* • interlaced mode; line interlacing; interlaced scanning; scanning interlace system *rare*; staggered scanning
interleaved <edv> • interleaved
Interleaved-Strichcode *m* <edv> • interleaved bar code
Interleave-Faktor *m* <edv> • interleave ratio; interleave factor
Interleave-Wert *m* <edv> • interleave ratio; interleave factor
Interleaving *n* <edv> *(versetztes Schreiben der Sektoren auf die Festplatte)* • interleaving; memory interleaving; interleaved design
Interlingua *f* <transl> • interlingua; intermediate language
Interlock *m* <textil> • interlock
Interlock-Rundstrickmaschine *f* <textil> • interlock circular knitting machine
Interlockstich *m* <textil> • interlock stitch
Interlocktechnik *f* <textil> • interlock gating
Interlockware *f* <textil> • interlock fabric; interlock
intermediäre Kopplung *f* <phys> • intermediate coupling
intermediäre Verbindung *f* <chem> • intermediate compound
intermediäre Wärme *f* <phys> • differential heat
Intermediärlipoprotein *n* <bio> • intermediate-density lipoprotein (IDL)
Intermediärprodukt *n* <prod> • reaction intermediate
intermetallisch <mat> • intermetallic
intermetallische Verbindung *f* <chem> • intermetallic compound; intermetallic phase; metal compound
intermittierend <tech.allg> *(in Intervallen; z. B. Betrieb, Last)* • intermittent

intermittierend <tech.allg> • intermittent
intermittierende Messung f <msr> • intermittent measurement; intermittent sampling
intermittierender Betrieb m <tech.allg> *(eher kurze Intervalle; z. B. Scheibenwischer)* • intermittent operation; interval operation; on/off operation
intermittierender Kontakt m <el> • intermittent contact
intermittierender Ruf m <tele> • interrupted ringing
intermittierende Überdruckbeatmung f <med.tech> • intermittent positive pressure ventilation (IPPV)
intermittierende Zwangsbeatmung f <med.tech> • intermittent mandatory ventilation (IMV)
intermodaler Transport m <logist> • intermodal transport
intermodaler Verkehr m <logist> • intermodal transport
Intermodulation f <el> • intermodulation
Intermodulationsrauschen n <el> • intermodulation noise
Intermodulations-Verzerrungen f (IM) <av> • intermodulation distortion
intermolekular <chem> • intermolecular
intern <edv> *(Schriftart, Strichcodezeichensatz)* • resident *adj;* internal *adj*
Internalarm m <alarm> • internal alarm
Intern-Alarmierungseinrichtung f <alarm> • annunciator
Internal-flush Tool Joint m <petr> • internal-flush tool joint; IF tool joint
Internal Flush Verbinder m <petr> • internal-flush tool joint; IF tool joint
Internalisierung f <tech.allg> • internalization
Internalisierungsdefekt m <tech.allg> • internalization defect
International Article Numbering (IAN) <pack> • International Article Numbering (IAN)
Internationale Artikelnummerierung f <pack> • International Article Numbering (IAN)
internationale Blendenreihe f <phot> • internationally standardized set of f-stop values
internationale Buchstabiertafel f <norm> • international spelling table
internationale elektrotechnische Kommission f <org> • International Electrotechnical Commission (IEC)
internationale Funkstille f <tele> • international radio silence
internationale Kennung der Mobilstation f <tele> • International Mobile Station Equipment Identity (IMEI)
Internationale Kerze f <phys> • international candle power (ICP)
International Electrotechnical Commission f (IEC) <org> • International Electrotechnical Commission (IEC)
internationale Mobilfunk-Teilnehmerkennung f <tele> • International Mobile Subscriber Identity (IMSI)
internationale Norm f <norm> • international standard
Internationale Organisation für Normung f <org> • International Organization for Standardization (ISO)
Internationale Organisation für Normung f <org.norm> • International Standards Organization (ISO)
internationale Patentanmeldung f <jur> • international patent application
Internationale Raumstation f (ISS) <aerospace> *(Mir-Nachfolger)* • International Space Station (ISS)
internationaler Fernschreibkode m <tele> • international teletype code
internationaler Selbstwählfernverkehr m <tele> • international dialling
Internationaler Thermonuklearer Testreaktor m (ITER) <nukl> • International Thermonuclear Test Reactor (ITER)
internationale Rufnummer f (MSISDN) <tele> • Mobile Station international ISDN number (MSISDN)

internationales Amt n <tele> • international exchange
Internationale Schifffahrtsorganisation f <org> • International Maritime Organization (IMO)
Internationale Seefunksatellitenorganisation f <Org> • International Maritime Satellite Organization f (Inmarsat)
internationale Seenotfrequenz f <tele> • international distress frequency
Internationale Seeschifffahrtsorganisation f <org> • International Maritime Organization (IMO)
Internationales Einheitensystem n (SI) <phys> • International System of Units (SI); SI-System *pract*
internationales Kopfamt n <tele> • international gateway exchange
internationale Soforthilfemaßnahme f <jur> • international relief support
internationale Spedition f <logist> *(als Firma)* • international shippers
Internationale Standard-Buchnummer f (ISBN) <druck> • International Standard Book Number (ISBN)
Internationale Standardnummer für Forschungsberichte <druck.norm> • International Standard technical Report Number (ISRN)
Internationale Standardnummer für fortlaufende Serienwerke f (ISSN) *DIN ISO 3297* <druck> • International Standard Serial Number (ISSN) *ISO 3297*
Internationale Standardnummer für Musikalien f (ISMN) <druck.mus> • International Standard Music Number (ISMN)
internationales Überwachungssystem n <ökol> *(z. B. Umweltschutz, Walfang)* • international monitoring system
internationale wissenschaftliche Benennung f <term> • international scientific term
Internationale Zivilluftfahrtorganisation f <org> • International Civil Aviation Organization (ICAO)
Internationalismus m <term> • internationalism
International Maritime Satellite Organization f (Inmarsat) <Org> • International Maritime Satellite Organization f (Inmarsat)
International MIDI Association f (IMA) <org> • International MIDI Association (IMA)
International Organization for Standardization f (ISO) <org> • International Organization for Standardization (ISO)
interne Antenne f <tele> *(im Innern, außen nicht sichtbar)* • built-in antenna *US;* built-in aerial *GB*
interne Datenbreite f <edv> • internal data width
Internegativ n <phot> • internegative
Interne Mitteilung f (IM) <doku> • inter-office memo (IOM)
interne Nummerierung f <logist> *(für Waren ohne EAN/UPC-Symbol)* • local assigned code (LAC); instore numbering
interner Alarmgeber m <alarm> • annunciator
interner Befehl m <edv> • intrinsic instruction
interner Datenspeicher m <edv> • internal storage; primary storage; primary memory
interner PC-Lautsprecher m <edv> • PC internal speaker; internal PC speaker; PC speaker
interner Speicher m <edv> • internal storage; primary storage; primary memory
interne Schärfung f <alarm> • arming for internal alarm :V
interne Scharfschaltung f <alarm> • arming for internal alarm :V
internes LAN n <edv> • inhouse LAN
internes Laufwerk n <edv> • internal drive; built-in drive; integrated drive
internes lokales Netz n <edv> • inhouse LAN
internes Mikrofon n <av> • built-in microphone; built-in mic

internes Mikrophon n <av> • built-in microphone; built-in mic

interne Standardfunktion f <edv> • intrinsic function; built-in function

interne Stufung f <verf> *(Luftzufuhr bei NOx-armen Brennern)* • internal staging

Internetanschluss m <edv> *(z. B. im Büro, Hotelzimmer, Lkw-Parkplatz)* • linkup to the Internet

Internetcafé n <edv/gastr> • cybercafé

Internet-Commerce m <edv> *(elektronischer Geschäftsverkehr)* • electronic commerce; e-commerce

Internet-Diensteanbieter m <tele> *(z. B. AOL, CompuServe, Psinet, Uunet)* • Internet Service Provider (ISP)

Internet-Fax n <tele> • IP fax machine

Internet-Faxverkehr m <tele> • fax over IP

Internetfirma f <edv/ökon> • dot-com company; dot-com *coll*

Internet-Hosting n <edv> • internet hosting

Internetkühlschrank m <el> • internet refrigerator

Internetpräsenz f <edv> *(WWW; meist mehrere Webseiten)* • web site; home page *coll*

Internetprovider m <tele.edv> *(betont: Zugang zum WWW)* • web access provider (WAP)

Internet-Service-Provider m (ISP) <tele> *(z. B. AOL, CompuServe, Psinet, Uunet)* • Internet Service Provider (ISP)

Internet-Telefon n <tele> *(mit integrierter Internetanbindung)* • IP phone

Internet-Telefonie f (VoIP) <tele> *(Telefonieren via PC und Internet)* • voice over IP (VoIP)

interne Uhr f <tech.allg> *(z. B. EDV, Heizung, Werkzeugmaschine)* • internal clock

interne Zerstäubung f <obfl.wz> *(bei Spritzpistole, Airbrush)* • internal atomization; internal mix *pract*

Internschärfung f <alarm> • arming for internal alarm :V

intern scharf <alarm> • armed for internal alarm; set for internal alarm

Intern-scharf-aus-Meldelinie f obs <alarm> • late return disarming feature :V

Intern-scharf-extern-unscharf-Schaltungsvariante f <alarm> • late return disarming feature :V

Internsignalgeber m <alarm> • annunciator

Internspeicher m <edv> • internal memory

internuklear <phys> • internuclear

interplanetar <aerospace> *(z. B. Forschungssonde)* • interplanetary

interplanetarer Flug m <aerospace> • interplanetary flight

interplanetarer Orbit m <aerospace> • interplanetary orbit

interplanetarer Raum m <astron> • interplanetary space

interplanetares Magnetfeld n <astron> • interplanetary magnetic field

interplanetares Medium n <astron> • interplanetary medium

interplanetarisch <aerospace> *(z. B. Forschungssonde)* • interplanetary

Interpolation f <math> • interpolation; tweening *coll*

Interpolationspolynom n <math> • interpolation polynom

Interpolationsverfahren n <math> • interpolation method

Interpolator m <math> • interpolator

Interpolatorplotter m <druck> • interpolating plotter

interpolieren vi <math> • interpolate vi

Interpreter m <edv> • interpreter; interpreting program

interpretieren vt <psych> *(Texte, Bilder)* • interpret vt

InterRegio m <bahn> *(Zugtyp)* • InterRegio long-distance express train

Interrogator m <navig> • interrogator

Interrupt m prakt <edv> *(allg.)* • interrupt request (IRQ); interrupt *pract*

Interrupt m <edv> *(betont: Kanal)* • interrupt line

Interruptanforderung f rar <edv> *(allg.)* • interrupt request (IRQ); interrupt *pract*

Interruptaufruf m <edv> • interrupt call

Interruptbefehl m <edv> • interrupt instruction

Interruptfreigabe f <edv> • interrupt enable

interruptgesteuert <edv> • interrupt-driven

Interruptkanal m <edv> *(betont: Kanal)* • interrupt line

Interruptleitung f <edv> *(betont: Kanal)* • interrupt line

Interruptpriorität f <edv> • interrupt priority level

Interruptprogramm n <edv> • interrupt routine; interrupt program

Interruptquittierung f <edv> • interrupt acknowledge

Interrupt-Request m (IRQ) <edv> *(allg.)* • interrupt request (IRQ); interrupt *pract*

Interruptsignal n <edv> • interrupt signal

Intersatellitenfunkdienst m <tele> • intersatellite service

Intersektion f <edv> *(Boolesche Operation; Objekt aus Schnittmenge zweier Ausgangsobjekte)* • intersection

interstellar <astron> • interstellar

interstellare Materie f <astron> • interstellar matter

interstellare Raumnavigation f <navig> • interstellar navigation

Interstitiallösung f <mat> • interstitial solution; interstitial solid solution

interstitielle feste Lösung f <mat> • interstitial solution; interstitial solid solution

Intersymbolstörung f <tele> • intersymbol interference

Intertgas-Schweißbrenner m <füg> • inert gas arc-welding torch

Intervall n <tech.allg> *(zwischen zwei Ereignissen)* • time interval

Intervall... <tech.allg> *(Betrieb; z. B. Scheibenwischer)* • intermittent

Intervallaufnahme f <av> • interval recording

Intervall-Aufnahme-Modus m <av> • interval recording

Intervallautomatik f <füg.wz> *(von Schutzgasschweißgerät)* • intermittent weld control

Intervallbetrieb m <tech.allg> *(eher kurze Intervalle; z. B. Scheibenwischer)* • intermittent operation; interval operation; on/off operation

Intervallgeber m <kfz.el> *(für Wischer)* • intermittent wipe module

Intervallmitte f <qualit> *(Klassenbildung)* • class midpoint

Intervallschachtelung f <edv> • nest of intervals

Intervallschätzung f <math> • interval estimation

Intervallschalter m <tech.allg> • interval switch

Intervallschaltung f <kfz.el> *(für Scheibenwischer)* • windshield wiper delay control; intermittent wiper control; interval wiper control *Ford*

Intervallschmierung f DIN ISO 4378-3 <tribo> • periodical lubrication *ISO 4378-3*

Intervallsteuerung f <füg.wz> *(von Schutzgasschweißgerät)* • intermittent weld control

Intervallsteuerung f <msr> *(allg.)* • interval control

Intervallzeitgeber m <msr> • interval timer

Interventionswert m Holl. Liste <ents> • intervention value *Dutch list*

Interventionszeit f <alarm> *(zwischen Detektion des Einbruchs und dem Eintreffen von Sicherheitskrä)* • response time; alarm response time

Interworking-Funktion f (IWF) <tele> *(der MPC; zur Anpassung der unterschiedlichen Netzprotokolle)* • interworking function (IWF)

intestinales Immunsystem n <bio> • intestinal immunologic system

Intestinalsender m <med.tech> • endoradiosonde

Intorx <füg> • internal TORX drive; internal TORX; recessed TORX; TORX recess

Intoxikation *f* <bio.chem> • intoxication
intraatomar <phys> • intra-atomic; intranuclear
intradermal (i.d.) <med> • intradermal (i.d.)
Intra-Frame *m* <edv> • intraframe; I-frame; key frame
Intraframe-Compression *f* <edv> • intraframe compression
intrakristallin <mat> • intracrystalline
intrakristalliner Bruch *m* <qualit.mat> • intracrystalline fracture
intrakutan (i.c.) <med> • intracutaneous (i.c.)
intraluminale Gefäßprothese *f* <med.tech> • endovascular graft; intraluminal prosthesis; endoluminal graft; intraluminal [vascular] graft; endoluminal prosthesis
intramolekular <chem> • intramolecular
intramuskulär (i.m.) <med> • intramuscular (i.m.)
intranuklear <phys> • intra-atomic; intranuclear
intraokulare Linse *f* (IOL) <med.tech> *(gegen grauen Star)* • intraocular lens (IOL)
Intra-ply-Hybrid *n* <chem> • intra-ply-hybrid
intravasal <med.tech> *(Aktion)* • invasive
intravaskuläres Katheter zur einmaligen Verwendung *n* DIN EN ISO 1055 <med.tech> • single-use intravascular catheter *DIN EN ISO 1055*
intravenös (i.v.) <med> • intravenous (i.v.)
intravenös Drogenabhängiger *m* (IVDA) <med> • intravenous drug abuser (IVDA)
intravenöse Immunglobulingabe *f* (IVIG) <med> • intravenous immunoglobulin application (IVIG)
intrazelluläre Immunisierung *f* <bio> • intracellular immunization
Intrinsic-Halbleiter *m* <el> • intrinsic semiconductor; i-type semiconductor
Intrinsic-Leitfähigkeit *f* <el> • intrinsic conductivity; i-type conductivity
intrinsische Schicht *f* <ic> *(undotierte Materialschicht zwischen p- und n-Region)* • intrinsic layer; i-layer
Intrittfallmoment *n* <el> • pull-in torque
Intrittfallversuch *m* <el> • pull-in test
Intro-Scan *n* <av> *(Wiedergabe der ersten Sekunden, z. B. eines Musikstücks, Senders)* • intro scan; intro search
Intro-Search *n* <av> *(Wiedergabe der ersten Sekunden, z. B. eines Musikstücks, Senders)* • intro scan; intro search
intrudieren *vt* <geo.mat> • intrude *vt*
Intrusion *f wiss* <tech.allg> *(allg.; unerwünschtes Eindringen von etw in etw.; z. B. Crash, Alarm)* • intrusion
Intrusionsmeldeanlage *f* <alarm> • intruder alarm system; intruder alarm; intrusion alarm [system]; intruder detection system; intrusion detection system
Intrusionsmeldezentrale *f form* <alarm> *(zentrale Steuereinheit einer Alarmanlage)* • burglar alarm control [unit]; alarm control unit; control unit *pract*
Intrusionsverfahren *n* <kst> *(Spritzgießverfahren, bei dem mit rotierender Schnecke gefüllt wird)* • intrusion molding; flow molding; intrusion method *rare*
Intrusivgestein *n* <geo> • intrusion rock; intrusive rock
Invar *n* <mat> • invar
Invariabilität *f* <tech.allg> • invariability
invariant <math> • invariant *adj*; non-variant *adj*
Invariante *f* <math> • invariant
invariante Masse *f* <phys> • invariant mass
Invariantentheorie *f* <math> • invariant theory
invariante Untergruppe *f* <math> • invariant subset
Invarianz *f* <math> • invariance
invasiv <med.tech> *(Aktion)* • invasive
Inventar *n* <allg> • inventory
Inventar *n* <tech.allg> *(Ausrüstungen, Gegenstände)* • equipment

Inventar *n* <logist> • inventory; stock
Inventarkosten *pl* <ökon> • inventory costs *pl*
Inventarliste *f* <doku> *(von Einrichtungen, Arbeitsmitteln, Material)* • inventory list
Inventarliste *f* <logist.doku> *(Lagerbestand)* • inventory list; stock list
Inventur *f* <fin> *(Vorgang der Inventarerfassung)* • stocktaking; stock-taking; inventory taking
Inventur *f* <fin> • physical inventory; physical inventory taking; inventory count; physical stocktaking; physical count
Inventur machen *vt* <logist> • take inventory; take stock; draw up an inventory
Inverkehrbringen *n form* <ökon> *(von Waren, Nachrichten, Daten usw., meist gegen Entgelt)* • distribution
invers <edv> • inverse *adj*
Inversbetrieb *m* <el> • inverse operation
Inversdarstellung *f* <tech.allg> *(am Bildschirm oder gedruckt)* • reverse image; inverse image
Inversdarstellung *f* <druck> *(gedruckte Inverswiedergabe)* • reverse image; inverse image
Inversdruck *m* <druck> *(gedruckte Inverswiedergabe)* • reverse image; inverse image
Inverse Kinematik *f* (IK) <edv> *(Animationsverfahren)* • inverse kinematics (IK); goal-directed motion
Inversemulsionsspülung *f* <petr> • invert oil emulsion mud; inverted emulsion mud
inverse Polarographie *f* <el.chem> • stripping polarography
inverse Pulsvoltammetrie *f* <el.chem> • normal pulse stripping voltammetry
inverser aktiver Bereich *m* <el> • inverse active region
Inverse-Ratio-Ventilation *f* <med.tech> • inverse ratio ventilation (IRV)
inverse Square-Wave-Voltammetrie *f* <el.chem> • stripping square wave voltammetry; square-wave stripping voltammetry
inverse Voltammetrie *f* <el.chem> • stripping voltammetry
inverse Wahrscheinlichkeit *f* <math> • inverse probability
inverse Zahl *f* <math> • reciprocal
Inversion *f* <tech.allg> • inversion
Inversion *f prakt* <meteo> *(Wetterlage)* • atmospheric inversion
Inversionsdrehachse *f* <mat> • inversion axis
Inversionsgetriebe *n* <masch> • inversion mechanism
Inversionsladung *f* <el> • inversion charge
Inversionspunkt *m* <chem.verf> *(Destillation)* • phase-inversion point
Inversionsschaltung *f* <el> • inversion circuit
Inversionsschicht *f* <ic> *(z. B. bei Solarzellen)* • inversion layer
Inversionsschicht *f* <meteo> *(Wetterlage)* • inversion layer; atmospheric inversion layer
Inversionsspektrum *n* <tech.allg> • inversion spectrum
Inversionssymmetrie *f* <tech.allg> • inversion symmetry
Inversionstemperatur *f* <tech.allg> • inversion temperature
Inversionswetterlage *f* <meteo> *(Wetterlage)* • atmospheric inversion
Inversionszentrum *n* <tech.allg> • inversion center
Inverspolarographie *f* <el.chem> • stripping polarography
Inversstromverstärkung *f* <el> • inverse current gain
Inversvoltammetrie *f* <el.chem> • stripping voltammetry
Inversvoltammetrie mit anodischer Anreicherung *f* <el.chem> • cathodic stripping voltammetry (CSV)
Inversvoltammetrie mit kathodischer Anreicherung *f* <el.chem> • anodic stripping voltammetry (ASV)

inversvoltammetrisch <el.chem> • stripping voltammetric

Inverswiedergabe f <tech.allg> (am Bildschirm oder gedruckt) • reverse image; inverse image

Inverter m <el> (z. B. bei Solarstromanlagen) • inverter; DC-AC inverter; DC to AC inverter rare; grid-tie inverter rare; power conditioning unit rare

Invertflüssigzucker m <nahr> • liquid invert sugar

invertierender Verstärker m <el> • inverting amplifier; phase-inverting amplifier

Invertiergatter n <el> • inverting gate

invertierte Benennung f <term> • inverted term

invertierte Form f <term> • inverted form

invertierte ODER-Schaltung f <msr> • NOR circuit

invertiertes Seitenband n <tele> • inverted sideband

Invertierung f <tech.allg> • inversion

Invertierverstärker m <el> • inverting amplifier; phase-inverting amplifier

Invertzucker m <nahr> • invert sugar; inverted sugar

Invertzuckersirup m <nahr> • invert sugar syrup

Investitionskosten pl <ökon> • investment costs pl; capital costs pl; initial costs pl; first costs pl

Investment-Feinguss m <prod> • precision investment casting

Investmentguss m <prod> • investment casting

In-vitro-Blutzuckermesssystem n DIN EN ISO 15197 <med.tech> • in vitro blood glucose monitoring system DIN EN ISO 10079

Involution f <math> • involution

in Zahlung gegebenes Fahrzeug n <kfz.ökon> • traded-in vehicle; trade-in coll

Inzidenzwinkel m <phys> (z. B. von Licht, Strahlung) • angle of incidence; angle of entry

in zwei Richtungen arbeitend <tech.allg> • bidirectional; two-directional

in zwei Richtungen wirkend <tech.allg> • bidirectional; two-directional

I/O-Adressbereich m <edv> • I/O adresses

I/O-Adressen fpl <edv> • I/O adresses

Iod n (I) <chem> • iodine (I)

Iodfilter m <nukl> • iodine filter

Iodglühlampe f <licht> • tungsten-iodine lamp

iodhaltig <chem> • iodine-containing

Iodid n <nukl> • iodide

Iodierung f <chem> • iodization

Iodkaliumstärkepapier n <pap> • potassium-iodide starch paper

Iodoformprobe f <chem.verf> • iodoform test

Iodometrie f <chem.verf> • iodometry

iodometrisch <chem.verf> • iodometric

Iodsilber n <phot> • silver iodide

Iodstärkepapier n <pap> • starch iodide paper

Iodtablette f <nukl> (Kaliumiodid) • iodine tablet

Iodwasserstoffsäure f <chem> • hydroiodic acid

Iodzahl f <chem> • iodine number; iodine value

Ioffe-Leiter mpl <nukl> • Ioffe bars pl

IOL <med.tech> (gegen grauen Star) • intraocular lens (IOL)

Ion n <phys> • ion

Ion Beam Milling n <el.ic.prod> • ion beam milling; ion beam etching

Ionenätzen n <el.ic.prod> (trockenes physikalisches Ätzverfahren) • ion etching; sputter etching; ion milling

Ionenaktivität f <phys> • ion activity

Ionenantrieb m <aerospace> • ion propulsion

Ionenatmosphäre f <phys> • ion atmosphere

Ionenaufnahme f <chem> • ion absorption

Ionenausbeute f <chem> • ion yield

Ionenausschlussverfahren n <chem> • ion exclusion process

Ionenaussendung f <phys> (Koronaentladung; z. B. im Kopierer) • ion emission

Ionenaustausch m DIN 54400 <chem.verf> • ion exchange

Ionenaustauschchromatographie f <chem> • ion-exchange chromatography

Ionenaustauscher m <verf> • ion exchanger

Ionenaustauscher m <verf> (betont: zur Wasserenthärtung) • ion exchanger; demineralizer

Ionenaustauscherharz n <chem> • ion-exchange resin

Ionenaustauschharz n <chem> • ion-exchange resin

Ionenaustauschreaktion f <chem> • ion-exchange reaction

Ionenbeschleuniger m <phys> • ion accelerator

Ionenbeschuss m <phys> • ion bombardment

Ionenbeweglichkeit f <chem> • ion mobility

Ionenbewegung f <phys> • ion movement

Ionenbindung f <chem> • ionic bond; electrovalent bond; heteropolar bond; electrovalency

Ionenbrennfleck m <el> • ion burn; ion spot

Ionendeformation f <phys> • ionic deformation

Ionendichte f <chem> • ion concentration; ionic concentration; ionic density; ion density

Ionendipol m <phys> • ion dipole

Ionendosis f <nukl.bio> (in Coulomb je Kilogramm, früher in Röntgen) • exposure dose; ion dose; ion dosage

Ionendosisleistung f <nukl.bio> • exposure dose rate; ion dose rate

Ionendosisrate f <nukl.bio> • exposure dose rate; ion dose rate

Ionendrift f <phys> • ion drift

Ionendrucker m <druck> • ion deposition printer

ionendurchlässig <phys> • ion-permeable

Ionenemission f <phys> • ion emission

Ionenentladung f <phys> • ion discharge

ionenerzeugend <phys> • ion-generating; ion-producing

Ionenfalle f <phys> • ion trap

Ionenfallenmagnet m <phys> • ion trap magnet

Ionenfanggitter n <phys> • ion repeller mesh

Ionengetterpumpe f <phys> • getter-ion pump

Ionengitter n <phys> • ionic crystal lattice; ionic lattice

Ionengleichgewicht n <phys> • ionic equilibrium

Ionengleichung f <chem> • ionic equation

Ionenhalbleiter m <el> • ion semiconductor; ionic semiconductor

Ionenheizung f <nukl> • heating in the ion cyclotron range; ion cyclotron [frequency resonant] heating; ICFR-heating; heating at the ion cyclotron frequency; heating at the ion cyclotron resonance

Ionenimplantation f <el.ic.prod> • ion implantation; ion implant

Ionenimplantationsanlage f <el.ic.prod> • ion implantation system; ion implanter

Ionenimplanter m <el.ic.prod> • ion implantation system; ion implanter

ionenimplantiert <chem> • ion-implanted

ionenimplantierter Übergang m <el> • ion-implanted junction

ioneninaktiv <chem> • non-ionic

Ionenkonzentration f <chem> • ion concentration; ionic concentration; ionic density; ion density

Ionenkristall m <mat> • ionic crystal

Ionenladung f <phys> • ionic charge

Ionenlaser m <phys> • ion laser

Ionen-Lautsprecher m <av> • plasma loudspeaker

Ionenlawine f <el> • ion avalanche

Ionenleerstelle f <chem> • ion vacancy

ionenleitender Festkörper m <el> • solid-state ion conductor

Ionenleiter *m* <el> • ionic conductor
Ionenleitfähigkeit *f* <el> • ion conductivity; ion conductance; ionic conductance; ionic conductivity
Ionenleitung *f* <el> • ionic conduction
Ionenlücke *f* <chem> • ion vacancy
Ionenmikroskop *n* <phys> • ion microscope
Ionenmikrosonde *f* <phys> • ion microprobe
Ionenniederschlagdruck *m* <druck> *(variables Druckverfahren)* • ion deposition printing; ion projection electrographic printing
Ionenniederschlagdrucker *m* <druck> • ion deposition printer
Ionenniederschlagsdruck *m* <druck> *(variables Druckverfahren)* • ion deposition printing; ion projection electrographic printing
Ionenoptik *f* <opt> • ion optics
Ionenpaar *n* <chem> • ion pair
Ionenpaarbildung *f* <chem> • ion pairing
Ionenplasma *n* <phys> • ion plasma
Ionenplattieren *n* <obfl> • ion plating
Ionenprodukt *n* <phys> • ion product; ionic product
Ionenprojektionsanlage *f* <phys> • ion projection system
Ionenpumpe *f* <phys> • ion pump
Ionenquelle *f* <phys> • ion source
Ionenradius *m* <phys> • ion radius; ionic radius
Ionenrakete *f* <aerospace> • ion rocket
Ionenraketentriebwerk *n* <aerospace> • ion rocket engine
Ionenrauschen *n* <el> • ion noise; gas noise
Ionenreaktion *f* <chem> • ionic reaction
Ionenrekombination *f* <chem> • ion recombination
Ionenrichtgitter *n* <phys> • ion focus grid
Ionenröhre *f* <el> • ion tube; ion valve
Ionenrumpf *m* <phys> • ion core
Ionenschallwelle *f* <akust> • ion acoustic wave
Ionenschwarm *m* <phys> • ion cluster
Ionensonde *f* <phys> • ion probe
ionenspezifische Elektrode *f* <el> • specific ion electrode
Ionenstärke *f* <chem> • ion strength; ionic strength
Ionenstörung *f* <phys> • ionic defect
Ionenstoß *m* <phys> • ion impact
Ionenstoßionisation *f* <phys> • ion impact ionization
Ionenstrahl *m* <phys> • ion beam
Ionenstrahlätzen *n* <el.ic.prod> • ion beam milling; ion beam etching
Ionenstrahlanalyse *f* <phys> • ion-beam scanning
Ionenstrahlantrieb *m* <aerospace> • ion-jet propulsion
Ionenstrahlbelichtung *f* <phys> • ion-beam exposure
Ionenstrahlbeschichtung *f* <obfl> • ion beam coating
Ionenstrahler *m* <phys> • ion gun
Ionenstrahllithographie *f* <prod> • ion-beam lithography
Ionenstrahlzerstäubung *f* <prod> • ion-beam sputtering
Ionenstrom *m* <el> *(allg.)* • ion current
Ionenstrom *m* <verf> *(zwischen Sprüh- und Niederschlagselektroden in Elektroentstaubern)* • corona current; corona discharge current
Ionenstrommessung *f* <msr> *(z. B. bei Zündkerzen)* • ionic current measuring technique; ionic-current measuring method
Ionenstrom-Messverfahren *n* <msr> *(z. B. bei Zündkerzen)* • ionic current measuring technique; ionic-current measuring method
Ionentauscher *m* rar <verf> • ion exchanger
Ionentrennung *f* <phys> • ion separation
Ionentriebwerk *n* <aerospace> • ion engine
Ionenventil *n* <el> • ion valve
Ionenverbindung *f* <chem> • ionic compound
Ionenverdampferpumpe *f* <chem> • chemical ion pump

Ionenverzögerungsverfahren *n* <phys> • ion-retardation process
Ionenwanderung *f* <phys> • ion migration
Ionenwechselwirkung *f* <chem> • ionic interaction; ion-ion interaction; interionic action
Ionenwertigkeit *f* <chem> • ionic valency
Ionenwind *m* <phys> *(allg.)* • ionic wind
Ionenwind *m* <verf> *(in Elektroentstaubern)* • ionic wind; electric wind
Ionenwolke *f* <phys> • ion cloud
Ionenzähler *m* <phys> • ion counter
Ionenzentrifuge *f* <verf> *(Abscheider)* • ionic centrifuge
Ionenzerstäuberpumpe *f* <phys> • ion pump
Ionen-Zyklotron-Frequenz *f* <nukl> • ion cyclotron frequency
Ionen-Zyklotronheizung *f* <nukl> • heating in the ion cyclotron range; ion cyclotron [frequency resonant] heating; ICFR-heating; heating at the ion cyclotron frequency; heating at the ion cyclotron resonance
Ionen-Zyklotron-Welle *f* <nukl> • ion cyclotron wave
Ionisation *f* <phys> • ionization
Ionisationsdichte *f* <nukl> • ionization density; density of ionization
Ionisationsdosimeter *n* <nukl> • ionization dosemeter
Ionisationsenergie *f* <phys> • ionization energy
Ionisationsgeschwindigkeit *f* <phys> • ionization rate
Ionisationsgrad *m* <phys> • degree of ionization
Ionisationsimpuls *m* <phys> • ionization pulse
Ionisationskammer *f* <msr> *(FID-Bestandteil)* • ionization chamber
Ionisationskern *m* <phys> • ionization nucleus
Ionisationskolorimeter *n* <msr> • ionization colorimeter
Ionisationsmanometer *n* <msr> • ionization gauge; ionization pressure gauge
Ionisationsmelder *m* <msr.feuer> *(Brandschutz)* • smoke detector; smoke-sensitive fire detection system
Ionisationspotential *n* <nukl> • ionization potential; ion potential
Ionisationspumpe *f* <phys> • ionization pump
Ionisationsrauschen *n* <phys> • ionization noise
Ionisationsstoß *m* <phys> • ionization impact; ionization collision; ionization pulse
Ionisationsstrom *m* <phys> • ionization current
Ionisationsvakuummeter *n* <msr> • ionization vacuum gauge; vacuum ionization gauge
Ionisationszähler *m* <msr> • ionization counter
Ionisationszeit *f* <phys> • ionization time
Ionisierbarkeit *f* <phys> • ionizability
ionisieren *vt* <phys> *(Koronaentladung; z. B. in Kopierer)* • ionize *vt*
ionisierende Strahlung *f* <nukl> • ionizing radiation
ionisierende Wirkung *f* <nukl> • ionizing effect
ionisiert <phys> • ionized
ionisierte Luft *f* <tech.allg> • ionized air
ionisiertes Atom *n* <phys> • ionized atom
ionisierte Schicht *f* <tech.allg> • ionized layer
Ionisierung *f* <phys> • ionization
Ionisierungsdichte *f* <nukl> • ionization density; density of ionization
Ionisierungsgitter *n* <el> • animating electrode
Ionisierungskoeffizient *m* <phys> • ionization coefficient
Ionisierungskonstante *f* <phys> • ionization constant
Ionisierungsquerschnitt *m* <phys> • ionization cross-section
Ionisierungswahrscheinlichkeit *f* <phys> • ionization probability
Ionium *n* <chem> • ionium
ionogener grenzflächenaktiver Stoff *m* <phys> • ionic surfactant

ionoide Addition f <phys> • ionic addition
Ionolumineszenz f <phys> • ionoluminescence
Ionomer n <chem> • ionomer
Ionometer n <msr> • ionometer
ionometrisch <chem> • ionometric
Ionophorese f <chem> • ionophoresis
Ionosonde f <phys> • ionosonde
ionospärische Störung f <geo> • ionospheric disturbance
Ionosphäre f <geo> • ionosphere
Ionosphärenmesssatellit m <aerospace> • ionosphere satellite
Ionosphärenmodell n <navig> • ionospheric model
Ionosphärenstörung f <geo> • ionospheric disturbance
ionosphärisch <geo> • ionospheric
ionosphärische Streuausbreitung f <tele> • ionospheric scatter
ionosphärische Streuung f <tele> • ionospheric scatter
ionosphärische Verzögerung f <navig> • ionospheric delay
Ionosphore f <navig> • ionosphere
ionosphorische Brechung f <navig> • ionospheric refraction
ionosphorische Refraktion f <navig> • ionospheric refraction
I/O-Ressourcen fpl <edv> • I/O resources; input/output resources
IO-Schalter m rar <el> (allg.; Netz- od. Batteriebetrieb) • on-off switch; on/off switch; power switch; IO switch rare
iosodynamischer Lautsprecher m <av> • isodynamic loudspeaker; magnetostatic loudspeaker; isostatic loudspeaker USA
IO-Taste f rar <el> (allg.; Netz- od. Batteriebetrieb) • on-off button; on/off button; power button; IO button rare
I/O-Transaktion f <edv> • I/O transaction
Ioxynil n <agri.chem> • ioxynil
IPAS-Programm n <edv> (für IXP-, PXP-, AXP-, SXP-Grafikfunktionen) • IPAS program
iPD <edv> • interactive phase distortion (iPD)
IP-Fax n <tele> • IP fax machine
IP-Faxverkehr m <tele> • fax over IP
I-Profil n <bau.innen> • I-stud
I-Profil n <masch> • I-section
IPS <med.tech> • intensive care unit (ICU)
IP-Telefon n <tele> (mit integrierter Internetanbindung) • IP phone
IP-Telefonie f <tele> (Telefonieren via PC und Internet) • voice over IP (VoIP)
I-Punkt m <logist> (HRL) • load identification station; input station; identification station; inbound inspection; entry check point
I-Querschnitt m <masch> • I-section
Ir <bio> • immune response
Ir <chem> • iridium (Ir)
iR-Abfall m <el> • iR drop; iR loss; ohmic drop
IR-Alarmanlage f <alarm> • infrared alarm system
IR-Analysator m <msr> • infrared gas analyser; infrared photometer
Iraser m <licht> • infrared laser; iraser
IrDA-Kommunikationsschnittstelle f <edv> (für Punkt-zu-Punkt IR-Verbindung bis zu 1,5 m) • IrDA communications interface; IrDA link
IrDA-Schnittstelle f <edv> (für Punkt-zu-Punkt IR-Verbindung bis zu 1,5 m) • IrDA communications interface; IrDA link
Irdenware f ugs.rar <silik> (meist einseitig glasiert) • earthenware; heavy clay ware rare
IRED <el> • infrared-emitting diode (IRED)
IR-Farbfilm m <phot> • color infrared film; color IR-film

IR-Fernbdienung f <msr> (z. B. Garagentor, Zentralverriegelung, Radio, etc.) • infrared remote control; IR remote control
IR-Film m <phot> • infrared film; infrared-sensitive film form; IR-film pract
IR-Filter n/m <phot> • IR filter
IRIDIUM <tele> (satellitengestütztes Telekommunikationssystem) • IRIDIUM
Iridium n (Ir) <chem> • iridium (Ir)
IR-Index m <phot> (am Objektiv) • infrared focusing mark; infrared mark; IR-mark
Iris f prakt <opt> (variable runde Öffnung) • iris diaphragm GB; iris shutter US; iris pract
Irisblende f <opt> (variable runde Öffnung) • iris diaphragm GB; iris shutter US; iris pract
Irisches Moos n <nahr> (Stabilisator) • carrageen; Irish moss
Irisdruck m <druck> • iridescent printing
Irisfarbe f <obfl> • iridescent color
irisieren vi <obfl> (Farbe, Lack) • iridesce vi
irisierend <obfl> • iridescent
irisierende Farben fpl <obfl> • iridescent pigments
Irispapier n <pap> • iridescent paper
Irländisch Moos n <nahr> (Stabilisator) • carragean; Irish moss
IR-Laserdiode f <el> • infrared laser diode; IR-laser diode
IR mit kartesischem Arbeitsraum m <autom> • rectangular coordinate robot
IR mit kugelförmigem Arbeitsraum m <autom> • polar coordinate robot
IR mit zylindrischem Arbeitsraum m <autom> • cylindrical coordinate robot
IR-Photometer n <msr> • infrared gas analyser; infrared photometer
IR-Platte f prakt <druck> (Druckplatte) • thermal plate; thermal medium Creo; infrared plate; IR plate pract
IRQ <edv> (allg.) • interrupt request (IRQ); interrupt pract
irrationale Zahl f <math> • irrational number; surd
Irrationalzahl f <math> • irrational number; surd
irreführen v <edv.navig> • spoof v
irreführende Werbung f <werb> • deceptive advertising
irregulär <allg> • irregular
irreparabel <tech.allg> • irrepairable; beyond repair
irreparabel beschädigt <tech.allg> • damaged beyond repair
irreversibel <allg> • irreversible; non-reversible
irreversibel <tech.allg> (Vorgang) • irreversible; non-reversible
irreversible Reaktion f <chem> • irreversible reaction; one-way reaction
irreversibler Prozess m <tech.allg> • irreversible process
irreversibler Vorgang m <tech.allg> • irreversible process
Irrfahrtsmethode f <math> • random walk method
Irrtumswahrscheinlichkeit f <math> (Statistik) • significance level; error probability; significance probability
Irrzeichen n <tele> • phantom signal
IR-Schranke f prakt <alarm> • active infra-red detector; active infra-red beam barrier/device form; infrared photoelectric beam system; infra-red beam pract; invisible beam coll
IR-Sensor m prakt <msr> • IR sensor
IR-Spektrometrie f <chem> • IR spectrometry
IR-Strahler m <obfl> (z. B. für Lacktrocknung) • IR radiator
IR-Strahlung f <phys> (Wellenlängenbereich von 800 nm bis 1 mm) • infrared radiation; IR radiation
IR-SW-Film m <phot> • black-and-white infrared film; black-and-white IR-film
IR-Temperaturmessgeber m <msr> • IR temperature sensor

IR-Thermoelement n <msr> • infrared thermocouple

IR-Trockner m <obfl> (z. B. zur Lacktrocknung) • infra-red radiation drier; infra-red drier; IR drier

IR-Trocknung f <obfl> (von Lack) • IR drying [process]; infrared drying [process]

IRV <med.tech> • inspiratory reserve volume (IRV)

I/S <el> • current density

ISA <edv> • Industry Standard Architecture (ISA)

ISAD <kfz.el> • Integrated Starter/Alternator Damper (ISAD)

ISAD <kfz.mot> (integrated starter-alternator-damper system) • integrated starter-alternator-damper system (ISAD); ISAD system

ISAD-System n <kfz.mot> (integrated starter-alternator-damper system) • integrated starter-alternator-damper system (ISAD); ISAD system

Isakuste f <akust> • isacoustic curve; isacoustic line

ISBN <druck> • International Standard Book Number (ISBN)

ISBN-Code m <druck> (als EAN-13-Strichcode dargestellte ISBN-Nummer) • ISBN Code

i-Schicht f <ic> (undotierte Materialschicht zwischen p- und n-Region) • intrinsic layer; i-layer

ISDN <tele> • integrated services digital network (ISDN)

ISDN-Adapter m <tele> (zum Anschluss von analogen Geräten an ISDN-Anschluss) • terminal adapter (TA); ISDN adapter

ISDN-Primärmultiplexanschluss m <tele> (30 B-Kanäle, 1 D-Kanal) • primary rate access (PRA); primary rate interface; primary rate service coll; primary access pract; primary rate

ISE-Effekt m <qualit.mat> (Härteprüfung) • indentation size effect (ISE)

Isenthalpe f <therm> (Linie gleicher Enthalpie) • isenthalp

Isentrope f DIN 1345 <therm> (Linie gleicher Entropie) • isentrope

isentrope Kompression f <nukl> • pellet compression

Isentropenexponent m <therm> • adiabatic exponent; isentropic exponent; ratio of specific heats

isentroper Prozess m <therm> • isentropic process; adiabatic process, ideal gas only

isentropischer Wirkungsgrad m <therm> • isentropic efficiency

ISEU-Schaltungsvariante f <alarm> • late return disarming feature :V

Ising-Modell n <phys> (Phasenübergänge) • Ising model

ISM <pharm> • Industrial Scientific Medicine (ISM)

ISMN <druck.mus> • International Standard Music Number (ISMN)

ISO <org> • International Organization for Standardization (ISO)

Isobar n <therm> (gleicher Druck) • isobar

Isobaranalogzustand m <phys> • isobaric analog state

Isobare f <phys> (Linie gleichen Druckes, z. B. Wetterkarte) • isobar; constant-pressure line

Isobarenregeln fpl <phys> • isobaric laws

Isobarenspin m <phys> • isobaric spin; isotopic spin; isospin

isobarer Spin m <phys> • isobaric spin; isotopic spin; isospin

Isobase f <geo> • isobase

Isobathe f <nav> • depth contour; depth curve; isobath

Isobronte f <meteo> • isobront

Isobutylen-Isopren-Kautschuk m <kst> • isobutylene-isoprene rubber

Isocandelakurve f <phys> • isocandela curve; isocandela line

Isocarbamid n <agri.chem> • isocarbamid

Isochore f <therm> (Linie gleichen Volumens) • isochor

Isochromate f <opt> • isochromatic curve; isochromatic line

isochromatisch wiss <opt> • homochromatic; isochromatic thsc; equal-colored coll

Isochrone f <phys> • isochronous curve; isochrone

Isochronregelung f <msr> • isochronous control

Isochronzyklotron n <nukl> • isochronous cyclotron

ISO-Container <logist> • ISO freight container

Isocyanatkunststoff m <kst> • isocyanate resin; isocyanate plastic

Isocyclen pl <chem> • isocyclic compounds; carbocyclic compounds

isocyclisch <chem> • isocyclic; carboxylic

Isodiapher n <phys> • isodiaphere

isodispers <phys> • isodisperse

Isodosenkurve f <phys> • isodose curve; isodose

Isodosenschreiber m <phys> • isodose recorder

Isodyname f <geo.phys> • isodynamic curve; isodynamic line

isoelektrische Fokussierung f <bio.chem> (Labormethode zur Bestimmung von Apolipoproteinen) • isoelectric focussing

isoelektrischer Punkt m <el> • isoelectric point

Isoelektrofokussierung f <bio.chem> (Labormethode zur Bestimmung von Apolipoproteinen) • isoelectric focussing

Isogeotherme f <geo> • isogeotherm; geoisotherm

ISO-Gewindeprofil n <füg> • ISO basic profile

Iso-Glas <bau> • insulating glass; insulated glass

Isogon n <math> • isogon

isogonal <math> • isogonal

Isogone f <geo.phys> • isogonic line; isogone

Isogonenkarte f <geo.phys> • isogonic chart

ISO-Grundprofil n <füg> • ISO basic profile

Isogyre f <opt> • isogyric curve; isogyre

Isohypse f <geo> (Landkarte) • isohypse; surface contour line

ISO Inch-Extrafein-Gewinde n <füg> • UNEF thread; Unified National Extra Fine thread

ISO Inch-Feingewinde n <füg> • UNF thread; Unified National Fine thread

ISO-Inch-Gewinde n <füg> • ISO inch screw-thread

ISO Inch-Gewinde n <füg> • unified screw thread; unified inch screw thread; ISO inch screw thread

ISO Inch-Regelgewinde n <füg> • UNC thread; Unified National Coarse thread

Isokale f <phys.therm> • isocalorific curve; isocalorific line; isocal

Isoklinalfalte f <geo> • isoclinal fold; isoclinic fold

Isolarierung gegen Erde f <el> • insulation against earth; insulation to earth rare

Isolation f rar <tech.allg> (elektrisch, thermisch, akustisch; Vorgang und Ergebnis) • insulation

Isolation gegen Erde f <el> • insulation against earth; insulation to earth rare

Isolationsdiode f <el> • isolating diode

Isolationsdurchschlag m <el> • dielectric breakdown

Isolationsfehler m <qualit> • insulation defect; insulation fault

Isolationsfestigkeit f <el> (eines Dielektrikums) • dielectric strength; electric strength; insulating strength; breakdown strength; puncture strength

Isolationsklasse f <tech.allg> • insulation class

Isolationsmessung f <tech.allg> • insulation measurement

Isolationsnennspannung f <el> • rated insulation voltage

Isolationsoberflächenwiderstand m <el> • leakage resistance; surface-creeping resistance

Isolationspegel m <el> • insulation level

Isolationsprüfer m <el> • insulation tester; insulation leakage indicator

Isolationsprüfung f <el> • insulation test; dielectric test

Isolationsschicht f <tech.allg> • insulating layer

Isolationsspannung f <el> • insulation voltage

Isolationsverluste mpl <tech.allg> • insulation losses

Isolationsvermögen n <el> (eines Dielektrikums) • dielectric strength; electric strength; insulating strength; breakdown strength; puncture strength

Isolationswiderstand m <el> • dielectric resistance; insulation resistance

Isolator m <el> (konkretes Bauteil; z. B. an Zündkerze) • insulator

Isolator m prakt <el> • dielectric; non-conducting material; nonconductor; insulating material; insulator pract

Isolator m <obfl> (Grundierungssorte) • isolator; barrier paint

Isolatorelektronik f <el> • isolator electronics

Isolatorenkette f <el> • insulator chain; insulator string

Isolatorfuß m <kfz.el> (Zündkerze) • insulator nose; core nose; nose core; insulator nose core; insulator base rare.Beru

Isolatorfußspitze f <kfz.el> (Zündkerze) • insulator tip; insulator firing end; firing end

Isolatorglocke f <el> • petticoat insulator

Isolatorklöppel m <el> • insulator pin

Isolator mit Kriechstrombarriere m <kfz.el> (Zündkerze) • anti-flashover insulator

Isolatormuffe f <el> • insulating bush

Isolatorstütze f <el> (bügelförmiger Halter) • insulator bracket

Isolatorstütze f <el> (stiftförmig) • insulator pin

Isolatorüberschlag m <el> • insulator arc-over

Isolier... <el> (elektrisch/galvanisch trennen) • insulating ...

Isolier... <phys> (räumlich trennen) • isolating ...

Isolierband n <el> (ein Klebeband) • insulating tape; insulation tape; adhesive insulating tape

Isolierbauplatte f <bau.mat> • structural insulation board

Isolierbuchse f <el> • insulating bushing

Isolierdeckel m <kfz.el> • coil cap; insulating cap; ignition coil cap rare

Isolierei n <el> • egg-shaped insulator

isolieren vi/vt <phys> (gegen Wärme, elektr. Strom, Schall) • insulate vi/vt

isolieren vi/vt <phys> (räumlich trennen; belebte oder unbelebte Objekte) • isolate vt; set apart vt

isolieren vt <bau> (akustisch, thermisch) • insulate vt

isolierend <bau.mat> (akustisch, thermisch) • insulating

isolierende Schicht f <textil> (in Hightech-Gewebe; z. B. wasserabweisend) • insulation layer

isolierende Unterlage f <el> (z. B. als Isolierung gegen Erde) • insulated base

Isolierfarbe f <obfl> (betont: undurchdringbar) • impenetrable paint

Isolierfarbe f <obfl> (allg.) • insulating paint

Isolierfenster n ugs <bau> (mit 2 Scheiben; 3-Scheibenglas analog) • double-glazed window; insulating window; double-pane window; insulated glass window; insulating glass window

Isolierfilz m <bau.mat> (allg.) • insulating felt

Isolierfilz m <rls> (Verkleidung, Auskleidung) • lining felt

Isolierfirnis m <el> • insulation varnish

Isolierflüssigkeit f <el> • insulating liquid

Isolierfolie f <mat> (Metall oder metallbeschichtet; z. B. Goldfolie gegen Wärmeabstrahlung) • insulating foil

Isolierfolie f <pack> (Kunststoff; z. B. gegen Feuchtigkeit) • insulating sheet

Isolierfuß m <el> • insulating base; insulating support

Isolierglas n <bau> • insulating glass; insulated glass

Isolierglaseinheit f <bau> • insulating glass unit; insulated glass unit

Isolierglasfenster n <bau> (mit 2 Scheiben; 3-Scheibenglas analog) • double-glazed window; insulating window; double-pane window; insulated glass window; insulating glass window

Isolierglasscheibe f <bau> • insulating glass panel

Isolierhülle f <el> • conductor insulation; core insulation

Isolierhülse f <el> • bushing insulator

Isolierkanalwerkzeug n <kst> • insulated runner mold

Isolierkarton m <pack> • insulating cardboard

Isolierklemme f <el> • insulating clamp; insulating cleat rare

Isolierklinker m <bau> • insulating brick

Isolierkörper m DIN EN 60383 <el> (konkretes Bauteil; z. B. an Zündkerze) • insulator

Isolierkoffer m <nfz> (aus isolierenden Paneelen; für temperaturgeführten Trockenfrachttrans) • insulated van body

Isolierkofferaufbau m <nfz> (aus isolierenden Paneelen; für temperaturgeführten Trockenfrachttrans) • insulated van body

Isolierlack m <el> (typ. für Spulen) • coil varnish; insulating lacquer; insulating varnish

Isolierlack m <kfz.el> (für Verteilerkappen) • anti-track paint

Isolierlackband n <el> • varnished insulating tape

Isolierlasche f <mat> • insulating fishplate

Isoliermantel m <tech.allg> • insulating sheath

Isoliermantelkabel n <el> • non-metallic sheathed cable

Isoliermasse f <el> • insulating compound

Isoliermaterial n <bau.mat> (für Wärme, Schall; z. B. Mineralwolle) • insulation; insulating material; insulant

Isoliermaterial n <mat> (allg.; elektr., thermisch, akustisch) • insulation material

Isoliermatte f <bau.mat> • insulating mat

Isoliermuffe f <el> • insulating sleeve

Isolieröl n <el> • insulating oil

Isolierpapier n <el.pap> • insulating paper; electrical insulating paper

Isolierpappe f <pap> • insulating cardboard

Isolierperle f <el> • insulating bead

Isolierplatte f <bau.mat> • insulation board; insulation slab

Isolierporzellan n <el.silik> • insulation porcelain; electrical insulation porcelain

Isolierpressstoff m <el.kst> • compression-molded insulating material

Isolierring m <el> • insulating ferrule

Isolierrohr n <el> • insulating conduit

Isolierrohrschelle f <rls> • conduit clip

Isolierscheibe f <el> • insulating washer

Isolierschemel m <el> • insulating stool

Isolierschicht f <el> • insulation layer

Isolierschichtdicke f <mat> • insulating layer thickness

Isolierschiene f <el> • insulated rail

Isolierschirm m <el> • insulating screen

Isolierschlauch m <el> (für elektr. Leitungen) • flexible insulating tubing

Isolierschlauch m <rls> (für Rohre) • insulated sleeving

Isoliersockel m <el> • insulating base; insulating support

Isolierstation mit umgekehrtem Infektionsschutz f <med.tech> • isolation ward with reverse protection against infections

Isolierstoff m <bau.mat> (für Wärme, Schall; z. B. Mineralwolle) • insulation; insulating material; insulant

Isolierstoff m rar <el> • dielectric; non-conducting material; nonconductor; insulating material; insulator pract

Isolierstoffgehäuse n <allg> • molded case; plastic housing

Isolierstoß m <el> *(Schiene)* • insulated rail joint

isoliert <tech.allg> *(akustisch, elektrisch, thermisch)* • insulated

isoliert <tech.allg> *(räumlich getrennt, einzeln)* • isolated

isolierte Flachsteckhülse f <el> *(zum Verbinden mit Flachstecker)* • insulated female disconnect; insulated female quick disconnect

isolierte Kfz-Flachsteckhülse f <el> *(zum Verbinden mit Flachstecker)* • insulated female disconnect; insulated female quick disconnect

Isolierteppich m ugs <bau.mat> • insulating mat

isolierter Draht m <el> • insulated wire

isolierter Flachstecker m <el> *(zum Verbinden mit Flachsteckhülse)* • insulated tab connector; insulated male tab connector; insulated tab *pract*; insulated spade connector *GB*

isolierte Ringöse f <el> • insulated ring terminal; insulated ring tongue terminal

isolierter Koffer m <nfz> *(aus isolierenden Paneelen; für temperaturgeführten Trockenfrachttrans)* • insulated van body

isolierter Kofferaufbau m <nfz> *(aus isolierenden Paneelen; für temperaturgeführten Trockenfrachttrans)* • insulated van body

isolierter Kurvenpunkt m <math> *(Kurvendiskussion)* • acnode

isolierter Leiter m <el> • insulated conductor

Isolierung f <tech.allg> *(elektrisch, thermisch, akustisch; Vorgang und Ergebnis)* • insulation

Isolierung f <tech.allg> *(mechanische, räumliche Trennung)* • isolation

Isolierverbindung f <el> • insulating joint

Isolierverglasung f <tech.allg> • double-glazing; dual-pane windows

Isolier-Verglasung f <energ.sol> • collector cover; cover glazing; glazing

Isolierwandler m <el> • isolation transformer

Isolierzange f <el.wz> • insulated pliers

Isoluxe f <opt.licht> *(Linie gleicher Helligkeit; z. B. Scheinwerferlichtverteilung)* • isolux curve; equal-light-density curve *did*; isophotic line; isophote; isolux

Isoluxkurve f <opt.licht> *(Linie gleicher Helligkeit; z. B. Scheinwerferlichtverteilung)* • isolux curve; equal-light-density curve *did*; isophotic line; isophote; isolux

Isomer n <chem.petr> • isomer

isomere Säure f <chem> • iso acid

Isomerie f <chem> • isomerism

Isomerisationsgleichgewicht n <chem> • isomerization equilibrium

Isomerisierung f <chem> • isomerization

ISO-Methode 1 f <doku> *(Technisches Zeichnen; Seitenansicht von links steht rechts)* • first-angle orthographic representation; first angle projection *ISO 10209-2*

ISO-Methode 3 f <doku> *(Technisches Zeichnen; Seitenansicht von links steht links)* • third-angle orthographic representation; third angle projection *ISO 10209-2*

ISO-Methode A f obs <doku> *(Technisches Zeichnen; Seitenansicht von links steht links)* • third-angle orthographic representation; third angle projection *ISO 10209-2*

ISO-Methode E f obs <doku> *(Technisches Zeichnen; Seitenansicht von links steht rechts)* • first-angle orthographic representation; first angle projection *ISO 10209-2*

Isometrie f prakt <doku> *(techn. Zeichnung; Maßstäbe aller drei Achsen gleich)* • isometric projection; isometry *pract*; isometric drawing; isometric axonometry *ISO 10209-2*

isometrisch <mat.msr> *(in allen Raumrichtungen gleich lang (z. B. Partikel))* • isometric

isometrische Darstellung f DIN ISO 10209-2 <doku> *(techn. Zeichnung; Maßstäbe aller drei Achsen gleich)* • isometric projection; isometry *pract*; isometric drawing; isometric axonometry *ISO 10209-2*

isometrische Darstellung f <math> • parallel perspective; parallel projection

isomorphe Menge f • isomorphic set

isomorpher Kristall m <mat> • isomorphous crystal

Isomorphie f <chem> • isomorphism

Isomorphismus m <chem> • isomorphism

Isooctan n <chem> • isooctane

Isooktan n <chem> • isooctane

Isopathie f <med> • isopathy

isoperimetrisch <math> • isoperimetric

Isophone f <akust> • isophone

Isophote f <opt.licht> *(Linie gleicher Helligkeit; z. B. Scheinwerferlichtverteilung)* • isolux curve; equal-light-density curve *did*; isophotic line; isophote; isolux

isoplanare integrierte Injektionslogik f (I3L) <el> • isoplanar integrated injection logic (I3L)

Isoplanar-IIL f <el> • isoplanar integrated injection logic (I3L)

isopolymorph <mat> • isopolymorphic

Isopotentiallinie f <phys> *(Linie gleichen Potentials)* • isopotential line

Isoprenkautschuk m (IR) <kst> • isoprene rubber (IR)

ISO-Profil n <füg> • ISO basic profile

Isopropyl-N-(3-chlorphenyl)-carbamat n <agri.chem> • isopropyl 3-chlorophenylcarbamate

Isopropyl-N-phenylcarbamat n <agri.chem> • isopropyl phenylcarbamate

isopyknisch <phys> • isopycnic

Isoseiste f <geo> • isoseismal curve; isoseismal line

ISO-SIM f <tele> • Subscriber Identification Module (SIM); SIM card *pract*

Isospin m <phys> • isospin; isotope spin; isotopic spin; i-spin

ISO-Spurwechsel m <kfz.qualit> • lane-change test according to ISO

Isostasie f <geo> *(Theorie vom Gleichgewichtsausgleich der Erdkruste)* • isostasy

isostatisch <phys> • isostatic

isostatischer Lautsprecher m ACR <av> • isodynamic loudspeaker; magnetostatic loudspeaker; isostatic loudspeaker *USA*

isostatisches Gleichgewicht n <nav> • buoyant stability

isostatisches Heißpressen n <prod> • hot isostatic pressing

isoster <phys> • isosteric

Isosterie f <phys> • isosterism

ISO-System für Grenzmaße und Passungen n DIN ISO 286 <masch> • ISO system of limits and fits *ISO 286*

Isotache f <phys> • isotach

isotaktisch <phys> • isotactic

Isoteniskop n <phys> • isoteniscope

isotherapeutische Agenzien fpl <med> • isotherapeutic agents

isotherm <phys> • isothermal

Isotherme f <phys> *(Linie gleicher Temperatur)* • isotherm

isothermes Abschrecken n <metall> • isothermal quenching

isothermes Schmieden n <prod> • isothermal forging

isotherme Umwandlung f <mat> *(Gefüge)* • isothermal transformation; constant-temperature transformation

Isothermhärtung f <metall> • bainitic hardening

Isoton n <phys> • isotone; nuclear isotone

isotonisch <phys> • isoosmotic; isosmotic; isotonic

isotop adj <chem> • isotopic adj

Isotop n <chem> • isotope

Isotopenanalysator m <chem.verf> • isotope analyzer US; isotope analyser GB

Isotopenanalyse f <chem.verf> • isotope analysis

Isotopenanreicherung f <nukl> • isotope enrichment

Isotopenaufbewahrungsbehälter m <nukl> • isotope storage container

Isotopenaustausch m <nukl> • isotope exchange

Isotopenaustauschreaktion f <nukl> • isotopic exchange reaction

Isotopenbatterie f <nukl> • radioisotope battery; nuclear battery; atomic battery

Isotopendosimetrie f <nukl> • isotope dosimetry

Isotopeneffekt m <nukl> • isotope effect

Isotopenfraktionierung f <chem.verf> • isotope fractionation

Isotopengeochemie f <chem> • isotope geochemistry

Isotopengewicht n <chem> • isotopic weight

Isotopenindikator m <chem> • isotopic tracer; isotopic indicator

Isotopenlabor[atorium] n <nukl> • isotopic laboratory

Isotopenparität f <chem> • isotopic parity

Isotopenregel f <phys> • isotope rule

isotopenrein <chem> • isotopically pure; monoisotopic

Isotopenschleuse f <nukl> • isotope sluice

Isotopensonde f <med.tech> • isotopic sounding apparatus

Isotopentausch m <nukl> • isotope exchange

Isotopentherapie f <med> • isotope therapy

Isotopentomograph m <med.tech> • radioisotopic tomoscanner

Isotopentracer m <chem> • isotopic tracer; isotopic indicator

Isotopentrennanlage f <nukl.verf> • isotope separation plant; isotope separation facility

Isotopentrenner m <nukl.verf> • isotope separator

Isotopentrennung f <nukl.verf> • isotope separation; isotopic separation rare

Isotopentrennungsanlage f <nukl.verf> • isotope separation plant; isotope separation facility

Isotopenverdünnungsverfahren n <chem.verf> • isotope dilution process; isotope dilution method

Isotopieeffekt m <phys> • isotope effect

Isotopieverschiebung f <phys> • isotope shift

Isotopstrahler m <phys> • isotropic radiator; spherical radiator

Isotron n <nukl> • isotron

isotrop <phys> (gleich in allen Richtungen) • isotropic

isotroper Strahler m <phys> • isotropic radiator; spherical radiator

isotropes Lager n DIN ISO 1925 <masch> (gleiche dynamische Eigenschaften in jeder radialen Richtung) • isotropic bearing support ISO 1925

Isotropie f <phys/chem> (von Eigenschaften) • isotropy; isotropism

Isotypie f <mat> • isotypy; isotypism

Isozahl-Konturen fpl <nukl> • isocount contours

ISO Zoll-Extrafein-Gewinde n <füg> • UNEF thread; Unified National Extra Fine thread

ISO Zoll-Feingewinde n <füg> • UNF thread; Unified National Fine thread

ISO Zollgewinde n <füg> • unified screw thread; unified inch screw thread; ISO inch screw thread

ISO Zoll-Regelgewinde n <füg> • UNC thread; Unified National Coarse thread

ISP <tele> (z. B. AOL, CompuServe, Psinet, Uunet) • Internet Service Provider (ISP)

ISS <aerospace> (Mir-Nachfolger) • International Space Station (ISS)

ISSN <druck> • International Standard Serial Number (ISSN) ISO 3297

Ist-... <tech.allg> (Zustand) • actual

Ist-... <tech.allg> (Wert; z. B. Leistung) • actual; as-is

Istabmaß n <prod> • actual deviation

Istanzeige f <msr> • actual indication

Istdurchmesser m <prod> • actual diameter

Istfrequenz f <tele> • actual frequency

Istgröße f <prod> (einzelnes Maß oder Bauteil insgesamt) • actual size; actual dimensions

Istmaß n <prod> (einzelnes Maß oder Bauteil insgesamt) • actual size; actual dimensions

Istoberfläche f <prod> • actual surface; real surface

I-Stoß m <füg> (Schweißen) • square butt joint

Istposition f <autom> • actual position

Istprofil n <prod> • actual profile; measured profile; real profile

Iststellung f <autom> • actual position

I-Stumpfnaht f <füg> (geschweißt) • square groove weld US; square butt weld GB

Istvorschub m <wz.masch> • actual feed rate

Istwert m <msr> (Wert einer Regelgröße im betrachteten Zeitpunkt) • actual value; real value

Istwertanzeige f <msr> (z. B. auf Display, Skala) • actual value reading

Istwertbildung f <msr> • determination of actual value

Istwertmessung f <msr> • actual measurement

Istzeit f <msr> • real time

Istzustand m <tech.allg> • actual condition; actual state

IT <edv> (konkret) • information engineering

IT <edv> (Branche) • information technology (IT)

ITER <nukl> • International Thermonuclear Test Reactor (ITER)

Iteration f <math> • iteration; successive approximation

Iterationsalgorithmus m <math> • iteration algorithm

Iterationsmethode f <tech.allg> • iteration method; method of successive approximation; iteration procedure; iterative method

Iterationsverfahren n <tech.allg> • iteration method; method of successive approximation; iteration procedure; iterative method

iterativ <tech.allg> • iterative

iterative Methode f <math> • iterative method

iteratives Addieren n <math> • iterative addition

iterativ lösen vt <math> • solve by iteration vt

iterieren vt <math> • iterate vt

Iterierte f <math> • iterate

i-t-Kurve f <el.chem> • current-time curve; i-t curve

ITO <chem> • indium-tin-oxide (ITO)

I-Träger m DIN 1025 <mat> (breit; schmal; IPB, IPBl, IPBv) • I-beam BS EN 10024; hot rolled taper flange I section

IuK <edv> (Branche) • information and communication

IU-Kennlinie f <el> • IU characteristic

I-U-Kurve f <el> • current-voltage characteristic; voltage-current characteristic; I-V-curve; V-I-curve; volt-ampere characteristic

IU-Lademethode f <el> (von Akkus) • IU charging method

IVDA <med> • intravenous drug abuser (IVDA)

IVIG <med> • intravenous immunoglobulin application (IVIG)

I-Wendekreisel m <navig> • rate-integrating gyro

IWF <tele> (der MPC; zur Anpassung der unterschiedlichen Netzprotokolle) • interworking function (IWF)

IYRU-Plakette f <nav> (der Intern. Yacht Racing Union) • building fee plaque; IYRU-plaque

Izod-Probekörper m <qualit.mat> • Izod test specimen

Izod-Prüfung f DIN EN ISO 180 <qualit.mat> • Izod impact test; impact resistance test method A; Izod test

Izod-Schlagfestigkeitsprüfung f <qualit.mat> • Izod impact test; impact resistance test method A; Izod test

J

J <phys> *(SI-Einheit von Arbeit, Energie, Wärme)* • joule (J); Newtonmeter; Wattsecond

J <phys> *(Trägheit eines Körpers bei Drehbewegungen)* • mass moment of inertia (J); moment of inertia

Ja-Antwort f <msr> *(Näherungsschalter-Signal)* • On-signal

Jacke f <bekl> • jacket

Jacket n prakt <petr> *(Stützgerüst n)* • jacket

Jackpumpe f rar <masch> *(z. B. fußbedient für Wagenheber)* • jack pump

Jacquard m <textil> • jacquard fabric

Jacquardeinrichtung f <textil> • jacquard attachment; jacquard mechanism; jacquard selection device

Jacquardflachstrickmaschine f <textil> • jacquard power flat knitting machine; jacquard power flat

jacquardgemustert <textil> • jacquarded

jacquardgemusterte Reliefware f <textil> • blister <structure>; relief fabric

Jacquardhebemesser npl <textil> • jacquard lifting knives

Jacquardheber m <textil> • jacquard lifter

Jacquardkarte f <textil> • jacquard card

Jacquardkartenbindemaschine f <textil> • jacquard card lacer

Jacquardkartenkette f <textil> • jacquard steel chain

Jacquardkartenschläger m <textil> • jacquard card puncher

Jacquardkette mit Mustergliedern f <textil> • jacquard pattern chain

Jacquardkopiermaschine f <textil> • jacquard repeating machine

Jacquardmaschine f <textil> • jacquard loom; jacquard machine

Jacquardmusterkarte f <textil> • jacquard card

Jacquardnadelbrett n <textil> • jacquard needle board

Jacquardnadelgehäuse n <textil> • jacquard needle box

Jacquardpatrone f <textil> • jacquard design chart

Jacquardplatinenboden m <textil> • jacquard bottom board

Jacquardrundstrickmaschine f <textil> • jacquard circular knitting machine

Jacquardschnürung f <textil> • jacquard tie

Jacquardschnurbrett n <textil> • jacquard comber-board

Jacquardstuhl m <textil> • jacquard loom; jacquard machine

Jacquardware f <textil> • jacquard

Jacquardwebstuhl m <textil> • jacquard loom; jacquard machine

jäh <allg> • sudden

jährliche Aberration f <astron> • annual aberration

jährlicher Wirtschaftsplan m <holz.ökon> • annual management plan

Jagdbüchse f <mil> *(Büchse)* • hunting rifle

Jagdflinte f <mil> *(für Schrot)* • hunting shotgun

Jagdgewehr n <mil> *(Büchse)* • hunting rifle

Jagdgewehr n <mil> *(für Schrot)* • hunting shotgun

Jaggy n ugs. <edv> • jaggy pract.; stair step rare

Jahn-Teller'sche Regel f <phys> • Jahn-Teller theorem; Jahn-Teller rule

Jahn-Teller-Theorem n <phys> • Jahn-Teller theorem; Jahn-Teller rule

Jahr-2000-Fähigkeit f <edv> *(von Software; Datumsübergang 1999–2000)* • year-2000 capability

Jahresabflussmenge f <energ.hydr> • annual discharge; annual flow

Jahresantriebsarbeit f <el> *(Gesamtenergiebedarf zum Betrieb eines Systems über 1 Jahr; in kWh)* • total annual kWh input; total annual kWh consumption

Jahresarbeit f <energ> *(von Kraftwerken)* • annual energy output (AEO) *IEV 415*; annual energy production

Jahresarbeitsvermögen n <energ> *(von Kraftwerken)* • annual energy output (AEO) *IEV 415*; annual energy production

Jahresarbeitszahl f <hlk> *(z. B. von Wärmepumpen)* • seasonal performance factor (SPF)

Jahresarbeit zum Antrieb f <el> *(Gesamtenergiebedarf zum Betrieb eines Systems über 1 Jahr; in kWh)* • total annual kWh input; total annual kWh consumption

Jahresbelastungsdiagramm n <energ> • annual load diagram

Jahresdosis f <nukl> • annual dose; yearly dose rare

Jahresenergieerzeugung f *IEV 415* <energ> *(von Kraftwerken)* • annual energy output (AEO) *IEV 415*; annual energy production

Jahresganglinie f <tech.allg> • annual load graph

Jahresgebühr f <jur> *(für Patente)* • annuity fee; back renewal fee GB; maintenance fee; renewal fee

Jahreskapazität f <prod> • annual capacity

Jahresmittel der Abflussmengen n <energ.hydr> • mean annual run-off

Jahresmittel der Windgeschwindigkeit n *IEV 415* <energ.wind> • annual average wind speed *IEV 415*; annual mean wind speed

Jahresnutzwärme f <hlk> • annual heat energy made available

Jahresring m <holz> • annual ring; growth ring; annual growth ring

Jahresringchronologie f <holz> • dendrochronology; tree ring age determination

Jahresspitze f <math> • absolute peak

Jahrestonnen fpl (jato) <prod> *(z. B. Ölraffinerie, Stahlwerk)* • tons per year pl US; tonnes per year pl GB

Jahreswasserfracht f <energ.hydr> • annual discharge; annual flow

Jahrring m <holz> • annual ring; growth ring; annual growth ring

Ja-Information f <msr> *(Näherungsschalter-Signal)* • On-signal

Jalousette f <bau> • shade screen; sun screen

Jalousie f <bau> • louvre

Jalousie f <bau.innen> *(an Fenster; mit verstellbaren horizontalen Lamellen)* • venetian blind; shutter rare

Jalousieauslass m <hlk> *(z. B. Lüftung, Heizung)* • discharge register; outlet grill US; outlet grille GB

Jalousieblech n <chem.verf> *(Wanderschichtreaktor; z. B. Entschwefelung)* • shutter steel

Jalousieeffekt m <av> *(Bildübergang)* • Venetian blinds

Jalousiefenster n <bau> • louvre window US.GB; louver window US

Jalousie im SZR des Isolierglases f <bau> • venetian blind in double-glazed window; venetian blind inside the insulating glass; venetian blind inside the airspace

Jalousiekassette f <phot> • roll-shutter dark slide

Jalousiekasten m <bau> • blind box

Jalousieklappe f <hlk> • multileaf damper

Jalousiekühler m <hlk> • louvre cooler

Jalousieschild n <verf.hydr> *(Rundräumer)* • louver-type blade

Jalousiesichter m <verf> • louvre deduster

Jalousiesieb n <verf> • louvre screen

Jalousietrockner m <verf> • louvre drier

Jamesonit m <min> • jamesonite; feather ore

Jamin-Interferometer n <opt> • Jamin interferometer

Jaminscher Interferenzrefraktor m <opt> • Jamin interferometer

JAN <edv> • Japanese Article Number (JAN)

Ja-Nein-Code m <edv> • on-off code

Japanische Artikelnummer f (JAN) <edv> • Japanese Article Number (JAN)

Japankampfer m <chem> • Japan camphor

Japanlack m <obfl> • Japanese lacquer; Japan lacquer pract; japan coll

Japan Midi Standards Committee n (JMSC) <edv.mus> • Japan Midi Standards Committee (JMSC)

Japanning n <obfl.holz> • japanning

Japanpapier n <pap> • Japanese paper; Japan paper

Japanseide f <textil> • Japan silk

Japanseidenpapier n <pap> • Japanese tissue paper

Japanwachs n <obfl> • Japan wax; Japan tallow

Japon m <textil> • Japan silk

Jaspis m <min> • jasper

Jaspisporzellan n <silik> • jasperated china

Jaspisware f <silik> • jasper ware

jato <prod> (z. B. Ölraffinerie, Stahlwerk) • tons per year pl US; tonnes per year pl GB

Jaucheberegnung f <agri> • liquid-manure sprinkling

Jauchedüngung f A <agri> • liquid manure application

Jauchegrube f <agri> • liquid manure pit; slurry pit; collecting pit

Jauchepumpe f <agri> • liquid-manure pump

Jaucheverteiler m <agri> • liquid-manure spreader

Jaucheverteiler m A <agri> • liquid manure spreading device; liquid manure spreader

jaulen vt <av> (z. B. Bandgerät) • wow and flutter vt; howl vi

Javakunstpapier n <pap> • batik paper

Jawa Oilmaster-Getrenntschmiersystem n <kfz.mot> (für 2-Takt-Mot.) • Jawa Oilmaster System

Jaz-Diskette f <edv> • Jaz disk

Jaz-Laufwerk n <edv> • Jaz drive

Jaz-Wechselplatte f <edv> • Jaz disk

Jazz-Pants pl <bekl> • hi-cut brief; hi-leg brief

JBKM <nahr> (Stabilisator) • locust bean gum (LBG); carob bean gum; carob gum

JDF <druck> (Dateiformat) • Job Definition Format (JDF)

Jeansstoff m <textil> (ursprgl. aus Nîmes: de Nîmes) • denim

Jeantaud-Achse f obs <kfz> • Ackermann axle; Jeantaud axle obs

Jedermannfunk m rar <tele> • CB radio

JEDOCH-NICHT-Gatter n <msr> • EXCEPT gate

JEDOCH-NICHT-Tor n <msr> • EXCEPT gate; inhibitory gate

Jenaer Glas n <silik> • Jena glass

Jersey m prakt <textil> • single jersey

Jerseyware f <textil> • single jersey

Jessner-Treppen fpl <theat> • Jessner steps; Jessner treppen

Jet m ugs <aerospace> • jet airplane; jet coll

Jet m <astron> • jet

Jet A-1 m prakt <aerospace> (Siedebereich 180…280 °C) • jet fuel A-1; aviation turbine fuel Jet A-1 form; Jet A-1 pract

Jet-B m prakt <aerospace> (Siedebereich 50…240 °C) • jet fuel B; aviation turbine fuel Jet-B form; Jet-B pract

Jet Fuel m prakt <aerospace> (Treibstoff für Strahltriebwerke, kein Benzin) • jet fuel pract; kerosine rare; aviation turbine fuel ASTM D1655

Jet Fuel A-1 m <aerospace> (Siedebereich 180…280 °C) • jet fuel A-1; aviation turbine fuel Jet A-1 form; Jet A-1 pract

Jet Fuel B m <aerospace> (Siedebereich 50…240 °C) • jet fuel B; aviation turbine fuel Jet-B form; Jet-B pract

Jethelm m <bekl> • open-face helmet

Jetspinnen n prakt <textil> • air-jet spinning; vortex spinning; air-jet spinning process

Jetting-Einrichtung f <petr> • jetting device

Jetting-Pumpe f <petr> • jetting pump

jeu d'orgue n rar <licht.theat> • jeu d'orgue

JFET <el> • junction fet (JFET)

J-Horn n <kfz> (typ. Pkw-Felgenhorn) • J-flange

Jigger m <textil> • jigger; jig

Jingl m <werb> • jingle

J-Integral-Theorie f <prod> • J-integral theory

JIT <logist> • just-in-time (JIT)

JIT-Konzept n <logist> • just-in-time system; kanban

Jitter m <el> (z. B. von Speichermedien) • phase jitter; time base error; jitter

Jitter n rar <av> (beim Aufnehmen mit Camcorder; durch Mensch verursacht) • jitter; shake coll

JJD-Rad n <kfz> (bei Pkw; Sicherheitsrad mit Notlaufeigenschaften) • JJD wheel; wheel with double rim; twin wheel; dual wheel

JMSC <edv.mus> • Japan Midi Standards Committee (JMSC)

J-Naht f <füg> (geschweißt) • single-J groove weld US; single-J butt weld GB; J-groove weld US.pract

Job m <ökon> (Beschäftigung, Anstellung) • employment; occupation; work; labor US; job

Jobanweisung f <edv> • job statement

Jobbearbeitung f <edv> • job processing

Jobbetriebssprache f <edv> • job control language

Jobbibliothek f <edv> • job library

Job Definition Format n (JDF) <druck> (Dateiformat) • Job Definition Format (JDF)

Jobdurchführung f <edv> • job execution

Jobende n <edv> • job end

Jobferneingabe f <edv> • remote job entry

Jobfolge f <edv> • job stream

Jobmaster-Felge f <nfz> (Schrägschulterfelge; typ. auf Erdbewegern) • Jobmaster rim; four-piece earth-mover rim did; four-piece EM rim; 4P EM rim pract

Jobsteuerbefehl m <edv> • job control command

Jobsteuersprache f <edv> • job control language

Jobsteuerung f <edv> • job control

Jobticket n <druck> (Datei) • job ticket

Job Ticket n <druck> (Datei) • job ticket

Jobverarbeitung f <edv> • job processing

Jobverwaltung f <edv> • job management

Joch n <tech.allg> • yoke

Joch n <bau> • trestle

Joch n <min> • barring; wall crib

Jochbrücke f <bau> • trestle bridge

Jochmethode f <el> • yoke method

Jochwandler m <el> • bar-and-post transformer

Jod n <chem> • Iodine (I)

Joghurt m <nahr> • yogurt; yoghurt; yoghourt

Joghurteis n <nahr> • frozen yogurt

Joghurtpudding m <nahr> • yoghurt pudding

Jog-Scheibe f <av> • jog; jog dial

Jog/Shuttle n <av> (typ. an Videorecordern) • jog/shuttle; jog/shuttle control

Jog/Shuttle-Regler m <av> (typ. an Videorecordern) • jog/shuttle; jog/shuttle control

Jog/Shuttle-Ring-Regler m <av> (typ. an Videorecordern) • jog/shuttle; jog/shuttle control

Jog/Shuttle-Scheibe f <av> (typ. an Videorecordern) • jog/shuttle; jog/shuttle control

Johannisbrotkernmehl n (JBKM) <nahr> (Stabilisator) • locust bean gum (LBG); carob bean gum; carob gum

Johnson-Rauschen n <el> • thermal noise; Johnson noise; Nyquist noise; thermal agitation noise; resistance noise

Join-Funktion f <edv.mus> • join; mix; sample mix

Joint Photographic Expert Group f (JPEG) <edv> • Joint Photographic Expert Group (JPEG); JPG

Joint Program Office f (JPO) <navig.org> • Joint Program Office (JPO); GPS Joint Program Office

Joint venture n <ökon> • joint venture

Jojobaöl n <tribo> • Jojoba oil

Jokerzeichen n <edv> • wildcard; joker

Jolle f <nav> • centerboarder; jolly boat

Jominy-Stirnabschreckversuch m <qualit.mat> • Jominy end-quench test; Jominy end-cooled test

Jominy-Versuch m <qualit.mat> (Stahl) • hardenability test by end quenching ISO 642; Jominy test

Jordan'sche Nachwirkung f <phys> • Jordan lag

Jordan-Kegel[stoff]mühle f <pap> • Jordan mill; Jordan refiner; perfecting engine

Jordan-Kurve f <math> • Jordan curve

Josephson-Effekt m <nukl> • Josephson effect; Josephson tunnelling; two-particle tunnelling effect

Josephson-Tunnelelement n <nukl> • Josephson tunnel junction

Josephson-Tunnelstrom m <nukl> • Josephson current

Jot-Naht f <füg> (geschweißt) • single-J groove weld US; single-J butt weld GB; J-groove weld US.pract

Joukowski'sche Abbildung f <phys> (Tragflügel-Theorie) • Joukowski transformation

Joukowski-Profil n <phys> (Tragflügel-Profil) • Joukowski profile

Joule'sches Gesetz n <therm> • Joule's law

Joule'sche Stromwärme f <phys> • Joule heat

Joule'sche Wärme f <phys> • Joule heat

Joule n (J) DIN 1301 <phys> (SI-Einheit von Arbeit, Energie, Wärme) • joule (J); Newtonmeter; Wattsecond

Joule-Effekt m <phys> • Joule effect; Joule magnetostriction effect rare

Joule-Effekt-Aufheizung f <phys> • ohmic heating

Joule-Magnetostriktion f <phys> • Joule magnetostriction

Joule-Thomson'scher Drosselversuch m <therm> • Joule-Thomson experiment

Joule-Thomson-Effekt m <therm> • Joule-Thomson effect; Joule-Kelvin effect

Joystick m <edv> (für Computerspiele) • joystick

Joystick-Anschlussstelle f <edv> • joystick interface; joystick port; joystick connector; game port; gameport

Joystick-Port m <edv> • joystick interface; joystick port; joystick connector; game port; gameport

Joystick-Schnittstelle f <edv> • joystick interface; joystick port; joystick connector; game port; gameport

JPEG <edv> • Joint Photographic Expert Group (JPEG); JPG

JPG <edv> • Joint Photographic Expert Group (JPEG); JPG

JPO <navig.org> • Joint Program Office (JPO); GPS Joint Program Office

J-Profil n <bau.innen> (typ. aus Metall; z. B. an Fenstern) • J-runner

Juchtenleder n <led> • Russia leather

Jüngstenboot n <nav> • junior sailing dinghy

Jüngstensegeln n <nav> • junior sailing

jüngstes Objekt n <edv> (Hierarchieknoten ohne untergeordnete Kindobjekte) • leaf object; leaf child; leaf coll

Jugendherberge f <tour> • youth hostel

Jumper m <edv> (typ. on PCBs) • jumper

Jumper-Block m <edv> • jumper block

Jumpereinstellung f <edv> (Vorgang) • jumper setting

Jumpereinstellung f <edv> (Resultat, Zustand) • jumper configuration; jumper setting

Jumperkonfiguration f <edv> (Vorgang) • jumper setting

Jumperkonfiguration f <edv> (Resultat, Zustand) • jumper configuration; jumper setting

jumpern vt <edv> • jumper vt

Jumpersetzen n <edv> (Vorgang) • jumper setting

Jumperstellung f <edv> (Resultat, Zustand) • jumper configuration; jumper setting

junger Beton m <bau.mat> • green concrete

jungfräulich <bio> (auch fig.; z. B. Schnee) • virgin

jungfräuliche Kurve f <phys> (Magnetisierung) • virgin curve

Jungpflanzen fpl <agri> • plantlets pl; young plants pl; transplants pl

Juniorkontakter m <werb> • junior account executive (AE); junior account manager (BE)

Juniorsäge f <wz> • junior hacksaw; jab saw

Juniperus sabina <bio> • savin juniper; juniperus sabina

Junk-E-Mailer m <edv> (von unerwünschter E-Mail) • spammer

Junktor m <edv> • connective

Justage f rar <tech.allg> (z. B. von Bauteilen, Anordnungen, Werten) • adjustment

Justage f <el> (elektr. Bauteile, IC) • alignment

Justagefehler m <tech.allg> • adjustment error

Justagemarke f <prod> • alignment mark

Justier... <tech.allg> (z. B. Einrichtung, Regler, Knopf, Schraube) • adjusting

Justiereinheit f <tech.allg> (z. B. bei LWL) • adjustment unit

justieren vt <tech.allg> (z. B. Messgeräte, Regler, Werte, Anschläge) • adjust vt

justieren vt <mil> (Schusswaffe) • true vt

justieren vt <msr> (einstellen; z. B. Maschine, Werkzeug) • set vt

justieren vt <msr> (genau abgleichen, trimmen) • trim vt

Justierfehler m <tech.allg> • adjustment error

Justiergenauigkeit f <msr> • adjusting accuracy

Justiermikroskop n <msr> • alignment microscope

Justiermutter f <tech.allg> (allg.) • adjusting nut

Justiermutter f <tech.allg> (zum Höhenausgleich; z. B. Maschinenfuß, Tischbein) • leveling nut US; levelling nut GB

Justierplatte f <druck> • trimming plate

Justierschiene f <masch> • adjustment rail

Justierschiene f <wz> • aligner bar

Justierschraube f <masch> (zum Trimmen, feinen Abgleich) • trimming screw

Justierschwingbügel m <bau.mat> (z. B. für direktbefestigte Vorsatzschalen) • resilient bracket; bracket

Justiersystem n <el.ic> • alignment system

Justierung f <tech.allg> (z. B. von Bauteilen, Anordnungen, Werten) • adjustment

Justierung f <el> (elektr. Bauteile, IC) • alignment

Justierungsfehler m <energ.sol> (falscher Neigungswinkel von Sonnenzellen, Konzentratoren) • slope error

Justierwiderstand m <el> • trimming resistor; adjusting resistor; trimmer pract

Just-in-sequence-Lieferung f <logist> • just-in-sequence delivery

Just-In-Time (JIT) <logist> • just-in-time (JIT)

Just-in-time-Konzept n <logist> • just-in-time system; kanban

Jute f <textil> • jute

Juteabfallklauber m <ents> • jute waste picker

Jutedichtung f <masch> • jute packing

Jutefaser f <textil> • jute fiber

Jutegarn n <textil> • jute yarn

Jutehedegarnspinnerei f <textil> • jute tow spinning
juteisoliertes Kabel n <el> • jute-insulated cable
Jutequetschmaschine f <textil> • jute softener
Jutequetschwalze f <textil> • jute softener roller
Jutesack m <textil> • jute sack
Juteweberei f <textil> • jute weaving
Jutewebstuhl m <textil> • jute loom
Jutewerggarnspinnerei f <textil> • jute tow spinning
juveniles Wasser n <geo> • juvenile water; magmatic water
Juxtaposition f <allg> • juxtaposition

K

KA <msr> *(allg.)* • load cell; load transducer; force transducer *rare*
Kaba-Nova-Schlüssel m <msr> *(z. B. für Zugangskontrolle, Schließanlage, Zeiterfassung)* • multi-function key
Kabel n ugs <av> • cable television; cable TV *pract*
Kabel n <el> *(Leiter aus mehreren gegeneinander isolierten Einzeladern)* • cable
Kabel n <el> *(eher dünn, sehr flexibel; z. B. Netzkabel, Telefonkabel)* • cord
Kabelabfangschiene f <msr> • cable clamping rail
Kabel-Abisolierwerkzeug n <el.wz> • cable stripping tool
Kabelabmantelung f <el> • cable stripping
Kabelabschirmung f <el> • cable screening; cable shield
Kabelabschluss m <el> • cable termination; cable head
Kabelabschnitt m <el> • cable section
Kabelabzweig m <el> • cable branching
Kabelabzweigmuffe f <el> • cable distribution box; multiple cable joint
Kabelader f <el> • cable conductor; cable core
Kabeladernpaar n <el> • cable pair
Kabel als Meterware n <el> • bulk cable
Kabelanker m <el> • cable anchor
Kabelanlage f <el> • cable plant
Kabelanschellmaschine f <lwl> • cable clamping machine
Kabelanschluss m <el> *(Verbindung)* • cable connection
Kabelanschluss m <el> *(Klemme)* • cable terminal
Kabelanschlussende n <el> *(in Kabelzentrale)* • wiring closet end
Kabelanschlusskasten m <el> *(abgedichtet)* • cable sealing box; cable joint box
Kabelanschlussklemme f <el> • cable terminal; cable connector terminal
Kabelanschlussstutzen m <el> • cable gland
Kabelarmatur f <el> • cable fitting
Kabelarmierungsdraht m <el> • cable armoring wire *US*; cable armouring wire *GB*
Kabelart f <el> • type of cable
Kabelaufführungspunkt m <bau.el> • cable lifting point; cable head point
Kabelaufhänger m <bau.el> • cable suspender; cable bearer; cable sling
Kabel auf Putz verlegen vt <bau.el> • wire on the surface vt
Kabelaufwicklung f <el> *(z. B. von Staubsauger)* • cable rewind
Kabelausgang m <el> • cable outlet

Kabelauslastungsfaktor m <el> *(Nutzquerschnitt zu Gesamtquerschnitt)* • cable fill factor
Kabelbagger m <bau.masch> • excavating cableway; slackline cableway; cableway excavator
Kabelbaggerlaufkatze f <bau.masch> • slackline cable trolley
Kabelbaggerzugschaufel f <bau.masch> • slackline cable bucket
Kabelbahn f rar <el> *(räumliche Anordnung)* • cable run; cable routing; cable layout
Kabelbahn f <förd.agri> *(zum Transport von Bananenbüscheln)* • cableway; banana trolley
Kabelbaum m <el> *(eher dick)* • cable harness; cable loom
Kabelbaum m <el> *(eher dünn; z. B. bei Kfz)* • wiring harness; wiring loom *GB*
Kabelbaumverdrahtung f <el> • preformed wiring; cableform wiring
Kabelbefestigungsschraube f <fz> *(zum Festklemmen des Bowdenzug-Drahts; z. B. f. Handbremse)* • cable anchor screw
Kabelbelastung f <el/mech> *(z. B. durch Zug od. el. Verbraucher)* • cable load
Kabelbelastung f <mech> *(z. B. durch Zug)* • cable stress
Kabelbelegungsplan m <el.doku> • cable assignment record
Kabelbewehrungsmaschine f <prod> • cable-armoring machine *US*; cable-armouring machine *GB*
Kabelbinder m <el> • cable tie; cable wrap
Kabelboden m <bau/el> • cable room
Kabelbohranlage f <petr> • cable-tool drilling rig
Kabelbohren n <petr> • cable-tool drilling; percussion drilling
Kabelbruch m <el> • cable breakage; cable break
Kabelbrücke f <bau/el> • stayed cable bridge; cable bridge
Kabelbrunnen m <bau/el> • splicing manhole; cable vault; cable pit
Kabelbündel n <el> • bunched cable
Kabeldämpfung f <el> • cable attenuation
Kabeldiagramm n <el.doku> • cabling diagram
Kabeldichtung f <el> *(Packung, Tülle, Manschette)* • cable gland
Kabeldichtungsmasse f <el.mat> • cable sealing compound
Kabeldose f <el> • cable box
Kabeldurchführung f <bau/el> *(Loch durch Wand, Decke)* • cable penetration
Kabeldurchführung f <bau/el> *(mech. Schutz in Wand, Decke; typ. ein Rohr)* • cable penetration sleeve; cable bushing
Kabeldurchführung f <el> *(Schutz und Abdichtung; eher weich; z. B. Gummitülle)* • cable gland
Kabeleinführung f <msr> *(Eingangsstelle, z. B. in Gehäuse, Gebäude)* • cable entry
Kabeleinzugstaste f <el> *(z. B. auf Staubsauger)* • cable rewind button
Kabelendgestell n <el> • cable terminating rack; cable support rack
Kabelendmuffe f <el> • cable end box; cable sealing head; cable terminal box; cable end sleeve; pothead *pract*
Kabelendstift m <el> • wire pin
Kabelendstift mit Isolation m <el> • insulated wire pin
Kabelendverschluss m <el> • cable end box; cable sealing head; cable terminal box; cable end sleeve; pothead *pract*
Kabelendverschlussisolator m <el> • cable end box insulator; pothead insulator *pract*
Kabelendverschraubung f <el> • cable gland

Kabelendverstärker *m* <el> • line amplifier

Kabelendverteiler *m* <el> *(Kasten)* • cable distribution head; dividing box

Kabelfehlerortung *f* <el> • cable fault localization *US*; cable fault localisation *GB*

Kabelfernsehen *n* <av> • cable television; cable TV *pract*

Kabelfernsehen zu Überwachungszwecken *n* <av> *(z. B. in Fertigung, Ausbildung, Objektschutz)* • closed circuit television (CCTV)

Kabelfett *n* <tribo> *(gegen Korrosion; erleichtert Biegen)* • cable filler

Kabelflansch *m* <el> • cable gland

Kabelflaschenzug *m* <förd> • wire-rope tackle block

Kabelformbrett *n* <prod> • lacing board; wiring jig

Kabelformstein *m* <bau.mat> • cable-duct section; cable tile

Kabelführung *f* <bau> *(Spannbeton)* • cable profile

Kabelführung *f* <el> *(räumliche Anordnung)* • cable run; cable routing; cable layout

Kabelführungsplan *m* <el.doku> • cable layout plan; cable routing map; cable map; cable layout

Kabelfüllmaterial *n* <el.mat> *(innen)* • cable filling compound; cable filler

Kabelgang *m* <bau/el> • cable gallery; cable subway

Kabelgarn *n* <el.mat> • cable yarn

Kabelgarnitur *f* <el> • cable accessories

Kabelgeschirr *n* <el> • wire manifold; cable gear

Kabelgestell *n* <el> • cable rack

Kabelgleitfett *n* <tribo> • cable lubricant; cable grease

Kabelgraben *m* <bau/el> • cable trench

Kabelhänger *m* <bau/el> *(von oben)* • cable suspender; cable hanger

Kabelhängeschelle *f* <bau/el> • cable suspension clamp

Kabelhalter *m* <bau/el> *(von oben)* • cable suspender; cable hanger

Kabelhalter *m* <bau/el> *(Träger, Stütze von unten)* • cable support; cable bearer

Kabelhalter *m* <edv> *(z. B. Kunststoffclip für PC-Anschlusskabelbündel)* • cable retainer

Kabelhaspel *f* <el/logist> • cable drum; cable reel

Kabelheizer *m* <hlk> *(für Aquarien, Terrarien etc.)* • heating cable; cable heater

Kabelhochführung *f* <bau/el> • cable lifting

Kabelhochführungsschacht *m* <bau/el> • cable chute; vertical wall cable duct; vertical wall duct

Kabelhülle *f* <el> *(allg.; Isolierung und Schutz)* • cable jacket *US*; cable sheath *GB*; cable sheathing *GB*

Kabelhülle *f* <el> *(umgossen, beschichtet)* • cable coating

Kabelhülle *f* <el> *(hart, Panzerung)* • cable housing

Kabelimprägniertank *m* <el> • cable tank

Kabelisolieröl *n* <el> • cable oil

Kabelisolierpapier *n* <el> • cable paper

Kabelisolierung *f* <el> *(z. B. PVC, Teflon, Kapton, TKT)* • cable insulation

Kabelkanal *m* <av> *(Fernsehkanal)* • cable channel

Kabelkanal *m* <bau/el> *(geschlossen oder offene Pritsche)* • cable channel; cable duct; cable raceway; cable gallery *rare*

Kabelkanal *m* <bau/el> *(offen; Gitterkonstruktion)* • cable tray; cable support rack; cable shelf; wiring trough *rare*

Kabelkanalformstein *m* <bau.mat> • cable conduit brick

Kabelkapazität *f* <el> • cable capacity

Kabelkasten *m* <el> • cable box

Kabelkeller *m* <bau/el> • underground distribution chamber

Kabelklappmesser *n* <el.wz> • cable splitting pocket knife

Kabelklassifizierung *f* <el> • cable-grading

Kabelklemme *f* <el> • cable terminal; cable connecting terminal; cable lug

Kabelklemmschraube *f* <fz> *(zum Festklemmen eines Bowdenzug-Drahts; z. B. f. Handbremse)* • cable anchor screw

Kabelkode *m* <el> • cable code

Kabelkran *m* <förd> *(z. B. Schiffswerft, Talsperrenbau)* • aerial cableway; cableway crane; cable crane; cableway

Kabelkupplung *f* <el> • female cable connector; female cable plug; cable connecting socket

Kabelkurzschluss *m* <el> • cable short

Kabellänge *f* <tech.allg> • cable length

Kabellänge *f* <navig> *(nautisches Längenmaß; 1/10 Seemeile = 185,2 m)* • cable length; cable

Kabellänge nach Maß *f* <el> • custom cable length

Kabellageplan *m* <el.doku> • cable layout plan; cable routing map; cable map; cable layout

Kabelleger *m* <nav> • cable-laying ship; cable layer; cable ship

Kabellegeschiff *n* <nav> • cable-laying ship; cable layer; cable ship

Kabelleistungsfaktor *m* <el> • cable power factor

Kabelleiter *m* <el> • cable conductor

Kabellitze *f* <el> • cable strand

Kabellötstelle *f* <el.füg> • cable soldering joint; soldered cable joint

kabelloses Gerät *n* <tech.allg> • cableless device; cableless unit

Kabelmanschette *f* <el> *(zur Markierung)* • cable marker

Kabelmantel *m* <el> *(allg.; Isolierung und Schutz)* • cable jacket *US*; cable sheath *GB*; cable sheathing *GB*

Kabelmantelisolator *m* <el> • cable sheath insulator

Kabelmantelpressanlage *f* <el.prod> • cable sheath pressing plant

Kabelmantelverbinder *m* <el> • cable sheath bond

Kabelmasse *f* <el.mat> *(außen)* • cable coating compound; cable sealing compound

Kabelmasse *f* <el.mat> *(innen)* • cable filling compound; cable filler; cable size

Kabelmast *m* <bau/el> • cable pole; cable post

Kabelmessdienst *m* <el> • cable test service

Kabelmesser *n* <el.wz> • cable sheath-splitting knife; cable dismantling knife; cable stripping knife; electrician's knife; stripper

Kabelmesskoffer *m* <tele> • portable cable-measuring set

Kabelmesswagen *m* <el> • cable testing van; cable testing car

Kabelmesswagen *m* <tele> • mobile testing unit

Kabel mit abgeschirmten Leitern *n* <el> • screened-conductor cable; shielded-conductor cable

Kabel mit Abschirmung *n* <el> • shielded cable; screened cable *rare*

Kabel mit blankem Bleimantel *n* <el> • plain lead-covered cable

Kabel mit Bleimantel *n* <el> • lead-covered cable; lead cable

Kabel mit Einzeladerschirmen *n* <el> • screened cable; radial field cable; individually screened cable; screened type conductor cable; shielded conductor cable

Kabel mit einzeln geschirmten Adern *n* <el> • screened cable; radial field cable; individually screened cable; screened type conductor cable; shielded conductor cable

Kabel mit extrudiertem Dielektrikum *n* <el> • extruded dielectric cable; extruded cable

Kabel mit Feststoffisolierung *n rar* <el> • polymeric cable; polymeric-insulated cable *form*; plastic-insulated cable; plastic cable *coll*; solid-dielectric [insulated] cable *rare*

Kabel mit gemeinsamem Schirm *n* <el> • non-radial field cable; collectively shielded cable

Kabel mit geringer Adernzahl *n* <el> • small-capacity cable

Kabel mit Isolierung aus PVC *n* <el> • PVC cable; PVC insulated/power cable; p.v.c.[-insulated] cable; polyvinyl chloride insulated cable; cable insulated with PVC

Kabel mit längsveränderlicher Bespulung *n* <el> • taper-loaded cable

Kabel mit Luftisolierung *n* <el> • air-spaced cable; air-space cable; dry-core cable

Kabel mit Luftraumisolierung *n* <el> • air-spaced cable; air-space cable; dry-core cable

Kabel mit Massivisolierung *n* <el> • tight-core cable; solid cable

Kabel mit Metallmantel *n* <el> • metal-clad cable

Kabel mit nicht radialem Feld *n* <el> • non-radial field cable; collectively shielded cable

Kabel mit nicht radialem Verlauf des elektrischen Feldes *n* <el> • non-radial field cable; collectively shielded cable

Kabel mit PVC-Isolierung *n* <el> • PVC cable; PVC insulated/power cable; p.v.c.[-insulated] cable; polyvinyl chloride insulated cable; cable insulated with PVC

Kabel mit Stahlbandbewehrung *n* <el> • band-armored cable *US*; band-armoured cable *GB*

Kabel mit Sternverseilung *n* <el> • quadded cable; quad cable

Kabel mit Zugentlastung *n* <edv> • strain-relief cable

Kabelmuffe *f* <el> *(Anschlusskasten)* • cable joint box

Kabelmuffe *f* <el.füg> • cable sleeve

Kabelnachbildung *f* <el> • artificial balancing cable; imitated line

Kabelnachziehschlauch *m* <el> • split cable grip

Kabelnetz *n* <el> • cable system; cable network

Kabelöl *n* *prakt* <el> • cable oil

Kabelöse *f* <el> *(zum Löten)* • cable eye; cable lug; cable tag

Kabel ohne Feldsteuerung *n* <el> • non-radial field cable; collectively shielded cable

Kabelortung *f* <el> • cable localizing *US*; cable locating

Kabelpapier *n* <el> • cable paper

Kabelplan *m* DIN ISO 10209-4 <bau.doku> • cable diagram *ISO 10209-4*

Kabelplan *m* <el.doku> • cable layout plan; cable routing map; cable map; cable layout

Kabelpritsche *f* <bau/el> *(offen; Gitterkonstruktion)* • cable tray; cable support rack; cable shelf; wiring trough *rare*

Kabelprüfung *f* <edv> • cable testing

Kabelrinne *f* <bau/el> • cable channel

Kabelrohr *n* <bau> *(Spannbeton)* • cable housing

Kabelrohr *n* <bau/el> • cable conduit

Kabelrolle *f* <tech.allg> • cable sheave

Kabelrollenwagen *m* <bahn> • cable coil car

Kabelrost *m* <bau/el> *(offen; Gitterkonstruktion)* • cable tray; cable support rack; cable shelf; wiring trough *rare*

Kabelrundfunk *m* <av> • cable broadcasting; wire broadcasting

Kabelsalat *m* <el> • spaghetti syndrome

Kabelschacht *m* <bau.el> *(Tiefbau; begehbar, z. B. in Straße)* • manhole chimney; street manhole

Kabelschacht *m* <bau/el> *(allg.)* • cable runway

Kabelschacht *m* <bau/el> *(vertikal; für Steigleitungen)* • cable chute; cable shaft

Kabelschaden *m* <el> • faulty cabling

Kabelschelle *f* <el> • cable clamp; cable collar; cable clip

Kabelschema *n* <bau.doku> • cable diagram *ISO 10209-4*

Kabelschirm *m* <el> • cable screening; cable shield

Kabelschlagseil *n* <förd> • cable-laid rope

Kabelschlauch *m* <el> • flexible insulation sheath; flexible cable conduit

Kabelschleife *f* BMW <kfz.sich> *(Airbag)* • contact coil *Bendix*; clock spring *Chrysler*; coil spring *VW*

Kabelschloss *n* <fz> • wire lock

Kabelschneider *m* <el> • cable cutter

Kabelschrank *m* <el> • cable terminal cabinet

Kabelschuh *m* <el> *(U-förmige Zunge)* • fork terminal; spade terminal *US*; spade tongue terminal *US*

Kabelschuh *m* <kfz.el> *(Verbindung zwischen Batteriekabel und Endpol)* • battery lug

Kabelschuhklemmzange *f* <el.wz> *(zum Schneiden, Abisolieren, Crimpen von Kabeln)* • wire stripper/crimper tool; terminal crimper/stripper; crimping tool; crimping pliers

Kabelschuh ohne Isolation *m* <el> *(U-förmige Zunge)* • non-insulated fork terminal; non-insulated spade terminal; non-insulated spade tongue terminal *rare*

Kabelschutzrohr *n* <bau/el> • cable protective conduit; cable conduit

Kabelschutzschlauch *m* <el> • cable protecting hose

Kabelseele *f* <el> • cable core

Kabelsockel *m* (K) <licht> *(Soffittensockel oder einseitiger Sockel mit mehradrigem Kabel)* • K-cap

kabelsparendes Einbruchmeldesystem *n* <alarm> *(via 230-V-Netz)* • intruder alarm with mains wiring communication; line carrier system; carrier current system

Kabelspezifikation *f* <edv> • cable definition

Kabelspleißung *f* <füg> • cable splice

Kabelstecker *m* <el> • male cable connector; cable plug *rare*; wire plug *rare*

Kabelsteckverbinder *m* <el> *(Buchse oder Stecker)* • cable connector; cable coupler

Kabelstollen *m* <bau/el> • cable gallery; cable subway

Kabelstrecke *f* <av> • cable television transmission link

Kabelstripper *m* <el.wz> • cable stripper

Kabelstromwandler *m* <el> • slip-over current transformer; cable current transformer

Kabelstumpf *m* <el> • cable end

Kabelstutzen *m* <el> • cable gland

Kabelsuchgerät *n* <el.wz> • cable detector; cable locator

Kabeltester *m* <el.wz> • cable scanner; cable fault locator *GB*

Kabeltonne *f* <nav> *(Wasserstraßenmarkierung)* • cable buoy

Kabelträger *m* <bau/el> • cable bearer

Kabeltragschelle *f* <el> • cable carrying clamp

Kabeltrasse *f* <el> *(Route)* • cable route

Kabeltrasse *f* <el> *(das Kabel selbst)* • cable run

Kabeltrassierung *f* *form* <el> *(räumliche Anordnung)* • cable run; cable routing; cable layout

Kabeltrommel *f* <el/logist> • cable drum; cable reel

Kabeltrommelanhänger *m* <nfz> • cable reel trailer

Kabeltülle *f* <el> • cable grommet; cable bush; bushing

Kabeltunnel *m* <bau> • cable subway; cable gallery; cable tunnel

Kabeltyp *m* <el> *(Aufbau)* • cable construction

Kabeltyp *m* <el> *(Sorte)* • cable type

Kabelummantelung *f* <el> *(allg.; Isolierung und Schutz)* • cable jacket *US*; cable sheath *GB*; cable sheathing *GB*

Kabelummantelungslinie *f* <el> • cable sheathing line

Kabelumwickelmaschine *f* <wz.masch> • cable covering machine

Kabelverbinder *m* <el.füg> • cable connector; cable coupler; cable sleeve

Kabelverbinder *m* <el.füg> *(zum Verquetschen von zwei Kabelenden; isoliert od. unisoliert)* • butt splice; butt connector

Kabelverbindung *f* <el> *(konkret od. abstrakt)* • cable link

Kabelverbindung *f* <el.füg> *(konkret)* • cable connection; cable coupling

Kabelverbindungskasten *m* <el> • cable sealing box; cable joint box

Kabelverbindungsstelle *f* <el.füg> • cable joint

Kabelvergussmasse f <el.mat> • cable sealing compound

Kabelverlauf m ugs <el> (räumliche Anordnung) • cable run; cable routing; cable layout

Kabelverlauf m <el> (Route) • cable route

Kabelverlaufsplan m <bau.doku> • cable-run drawing

Kabelverlegewinde f <förd> • cable-laying hoist

Kabelverlegung f <bau> (Vorgang) • cable laying

Kabelverlegung f <prod> (Ergebnis) • cabling

Kabelverlustwinkel m <el> • cable power factor

Kabelverschraubung f <el.füg> • threaded cable connection; threaded cable gland

Kabelverseilmaschine f <wz.masch> • cable stranding machine; quadding machine

Kabelverteilerschrank m <el> • cable distribution cabinet

Kabelverwaltung f <el> • cable management

Kabelverzweiger m <el> • cable distribution head; cable distribution box; cross connection point

Kabelverzweigung f <el> • cable branching

Kabelwachs n <el> • cable paraffin; cable wax

Kabelwagen m <nfz> • wheeled cable drum carriage; cable trolley

Kabelwickelpapier n <el> • cable binding paper

Kabelwinde f <förd> • cable winch

Kabelzentrale f <el> (Schrank, Kammer) • wiring closet

Kabelziehkeil m <prod> • cable grip

Kabelziehstrumpf m <prod> • split cable grip

Kabelzubringerleitung f <el> • cable contribution circuit

Kabelzuführung f <el> • cable entry

Kabelzugpflug m <agri> • plough for winch haulage

Kabelzwischenstück n <el> • intermediate cable

Kabine f prakt <tech.allg> (z. B. RFZ, Kran, Baumaschine) • operator cab US; operator's cab; driver's cab GB; driver cab GB; cab pract

Kabine f <aerospace> (Strukturteil) • nacelle

Kabine f rar <aerospace> (Pilotenraum) • cockpit

Kabine f <bau> (kleiner Raum; z. B. für Konferenzdolmetscher) • booth

Kabine f <fz> (z. B. von Lkw) • cab

Kabine f <fz> (für Passagiere; Flugzeug, Schiff) • cabin

Kabine f ugs <kfz> • bubblecar

Kabine f <nfz> (von Lkw) • cab; driver's cabin form; cabin; shed sl

Kabinendach n <aerospace> (haubenartig; von Sport-, Segel-, Kampfflugzeug) • cockpit canopy; canopy

Kabinenheizung f <fz> • cabin heater

Kabineninnensteuerung f <förd> (Aufzug, Seilbahn) • car switch control

Kabinenroller m <kfz> • bubblecar

Kabinenschutzdach n <fz> (z. B. von Hochregalstaplern, Baumaschinen) • overhead guard

Kabinensteuerung f <förd> (Aufzug, Seilbahn) • car switch control

Kabinenverglasung f <aerospace> • cockpit glazing

Kabinettfeile f <wz> • cabinet file

Kabotage f <nav> • coastal navigation; coastal shipping; coasting trade; cabotage

Kabriolett n obs <kfz> (allg., jede Variante) • convertible (conv); open-air automobile press; topless automobile press; droptop pract; ragtop coll

Kachel f <edv> (Datenpuffer) • page frame

Kachel f <edv> (wiederholbares Texturelement) • tile

Kacheln n ugs <bau> (Vorgang; von Böden, Wänden) • tiling

Kacheln n <edv> (von Bitmaps) • tiling

Kachelpresse f <wz> • pot press

Kadenacy-Effekt m <mot> (bei 2-Takt-Motoren) • Kadenacy effect

kadmieren vt <obfl> • cadmium-plate vt

Kadmierung f <obfl> (Schicht) • cadmium coating

Kadmium n obs <chem> • cadmium (Cd)

Käfer m VW <kfz> • beetle VW

Käfig m <tech.allg> • cage

Käfig m <fz> (einer Fahrrad-Kettenschaltung; lagert die Kettenleitrollen) • cage

Käfig m DIN ISO 5593 <masch> (von Wälzlagern) • cage ISO 5593; retainer

Käfig m <masch> (mit mehreren Armen; z. B. für Planetenräder) • spider

Käfigankermotor m <el.mot> (Asynchronmotortyp) • squirrel-cage induction motor; squirrel-cage motor; cage motor

Käfigbolzen m DIN ISO 5593 <masch> (Wälzlager) • cage pin ISO 5593

Käfigdipol m <el> • cage dipole

Käfigeffekt m <nukl> • cage effect

Käfigeinschlussverbindung f <chem> • clathrate compound; cage compound; clathrate

Käfigführungsfläche f DIN ISO 5593 <masch> (Wälzlager) • cage riding land ISO 5593

Käfigläufer m <el> (Rotor; Teil des Motors) • short-circuited rotor; squirrel-cage rotor

Käfigläufer m prakt <el.mot> (Asynchronmotortyp) • squirrel-cage induction motor; squirrel-cage motor; cage motor

Käfigmagnetron n <el> • squirrel-cage magnetron

Käfigsteg m DIN ISO 5593 <masch> (Wälzlager; zwischen den Käfigtaschen) • cage bar ISO 5593

Käfigtasche f DIN ISO 5593 <masch> (Wälzlager; nimmt einen oder mehrere Wälzkörper auf) • cage pocket ISO 5593

Käfigventil n <msr> • cage valve

Käfigwicklung f <el> • squirrel-cage winding

Käfigzunge f DIN ISO 5593 <masch> (Wälzlager) • cage prong ISO 5593

Kälbertränkautomat m <agri> (Milchspender) • automatic milk feeder; teat-type milk feeder; calf milk dispenser; calf self-feeder

kälken vt <bau.obfl> • lime-coat vt

Kälte f <allg> (Thermodynamik, Kältetechnik) • cold

Kälte f <allg> (als Empfindung) • coldness

Kälteaggregat n <hlk> (allg.) • refrigeration unit

Kälteanlage f <hlk> (allg.) • refrigerating plant; refrigeration plant; cooling plant

Kälteanlage f <nahr> (unter 0 °C) • refrigerating plant

Kältebehandlung f <nahr.prod> (von Most, Wein; z. B. zur Verlangsamung der Gärung) • refrigeration; chillproofing; chilling; cooling

kältebeständig <qualit.mat> (z. B. Werkstoff, Schmierstoff, Baustoff) • cold-resistant

Kältebeständigkeit f <tech.allg> • low-temperature resistance; cold resistance

Kältebeständigkeit f <kst> • low-temperature stability; cold resistance

Kältebeständigkeitsprüfung f <qualit.mat> • low-temperature test

Kältebrücke f <tech.allg> (schlechte Isolierung; z. B. von Gebäuden, Fahrzeugen) • thermal bridge; cold bridge; cold spot coll

kälteerzeugend <tech.allg> • frigorific

kälteerzeugend <hlk> • refrigeratory; refrigerant

Kälteerzeugung f <hlk> • refrigeration

Kältefach n <hlk> • refrigeration compartment

Kältefaktor m <hlk> • coefficient of performance; refrigeration efficiency

Kältefalle f DIN 25401-3 <nukl> • cold trap

Kälte-Fließverhalten n <tribo> • low temperature flow characteristics pl; low temperature fluidity properties; low temperature characteristics pl; low temperature fluidity; low temperature performance

Kältekammer f <qualit> (Prüfkammer; z. B. für Autos, Elektrogeräte; bis ca. −40 ℃) • cold chamber

Kältekammer f <qualit.mat> (für Tiefsttemperaturen, bis −273 ℃) • cryochamber

Kältekompressor m MB <hlk> (Klimaanlage) • compressor; air conditioning compressor; a/c compressor

Kältekompressor m <hlk> (Kältetechnik allg.) • compressor

Kältekreislauf m <hlk> • refrigeration circuit; refrigerant circuit; refrigerant cycle

Kältelagerraum m <hlk> • refrigerating room; chill room

Kälteleistung f <hlk> (Kühlschrank, Kühlgerät, Kältemaschine) • refrigerating capacity; cooling capacity coll

Kältemaschine f <hlk> • refrigerating machine; refrigeration machine; refrigerator

Kältemaschinenkreisprozess m <therm> • refrigeration cycle

Kältemaschinenöl n <tribo> • refrigerator oil

Kältemaschinensatz m form <hlk> (allg.) • refrigeration unit

Kältemesser m <msr> • frigorimeter

Kältemischung f <hlk> • refrigerant mixture

Kältemittel n <hlk> (in Kühlschränken, Klimaanlagen, Wärmepumpen) • refrigerant; refrigerant fluid; working fluid; refrigeration medium rare; refrigerating medium rare

Kältemittelaustritt m <hlk> • refrigerant outlet

Kältemitteldampf m <hlk> • refrigerant vapor US; vapor refrigerant

Kältemitteleintritt m <hlk> • refrigerant inlet

Kältemittelfluss m <hlk> • refrigerant flow

Kältemittelgemisch n <hlk> • refrigerant mixture

Kältemittelkreislauf m <hlk> • refrigeration circuit; refrigerant circuit; refrigerant cycle

Kältemittelleitung f <hlk> • refrigerant line

Kältemittelmischung f <hlk> • mixture of refrigerants

Kältemittelrohrleitung f <hlk> • refrigerant tube

Kältemittelsammler m <hlk> (in der Niederdruck/Saugdruckleitung) • accumulator-drier; refrigerant acumulator did; suction-line accumulator did; accumulator pract

Kältemittelschlauch m <hlk> • refrigerant hose

Kältemittelverdampfungstemperatur f <hlk> • refrigerant evaporating temperature

Kältemittelverdichter m <hlk> • refrigerating compressor; refrigerant compressor

Kältemittelverlust m <hlk> • loss of refrigerant

Kälteprüfstrom m <kfz.el> (Batterie) • test current for low temperatures

Kälteprüfung f <qualit> • low-temperature test; cold test

Kältereaktivität f <phys> • cold reactivity

Kälteregler m <msr> • cryostat

Kältesatz m rar <hlk> (allg.) • refrigeration unit

Kälteschaden m <agri> (von Obst, Gemüse etc.; z. B. von Bananen) • chilling injury; chilling

Kälteschlagzähigkeit f <qualit.mat> • low temperature impact strength

Kälteschutzmittel n <tech.allg> • cold protective

Kältesystem n <hlk> • refrigeration system

Kältetechnik f <hlk> (zum Kühlen) • refrigerating engineering; refrigerating technology; refrigeration

Kältetechnik f <verf> (theoret. bis −273 ℃) • cryogenic engineering

Kältetechnik und Klimatisierung f <hlk> • refrigeration engineering and air conditioning

Kältethermometer n <msr> • cold-test thermometer

Kältetunnel m <nahr.prod> (Speiseeis) • hardening tunnel; freezing tunnel Hoyer; chilling tunnel

Kälte- und Klimatisierungstechnik f <hlk> • refrigeration engineering and air conditioning

Kälteverdichter m <hlk> • refrigerating compressor; refrigerant compressor

Kälteverhalten n <tech.allg> • low-temperature behavior US; low-temperature behaviour GB

Kälteverhalten n <tribo> • low temperature flow characteristics pl; low temperature fluidity properties; low temperature characteristics pl; low temperature fluidity; low temperature performance

Kämmaschine f <textil> • combing machine; comber pract

Kämmaschinenband n <textil> • combed sliver

Kämme mpl <nahr> (Wein) • stalks; stems

kämmen vi <antr> (Zahnräder) • mesh vi

kämmen vt <allg> (Haare etc.) • comb vt

kämmen vt <textil> (Flachs) • hackle vt

kämmend <masch> (Zahnräder; ineinander greifend) • engaged; meshing

kämmen mit vi <masch> (Zahnrad) • mesh with vi; engage with vi

Kämmereiausputz m <textil> • comber strippings

Kämmling m <textil> • comber waste; noil

Kämmlinge mpl <textil> (Seide) • bourrette silk; bourrette; silk noil; noil silk; noils

Kämmlingsband n <textil> • comber waste sliver

Kämmtrommel f <textil> • comb cylinder

Kämmungszahl f <textil> • carding number

Kämmwickel m <textil> • comber lap

Kämpfer m <bau> (Fensterbauteil; betont: Anschlagsleiste, horiz. od. vertikal) • abutment

Kämpfer m <bau> (Stütze unterhalb eines Anfängers) • impost

Kämpfer m <bau> (horizontaler Balken zw. Hauptflügel und Oberlicht od. zw. zwei Fenster) • transom bar; transom; crossbar

Kämpfer m <bau> (Stein, Block zw. Säulenplatte und Gurtbogen) • springer stone; springer block; springer pract; springing stone rare

Kämpfer m <bau> (Stein, Block; zw. Säulenplatte und Gewölbebogen) • springer stone; springer block; springer pract

Kämpfergelenk n <bau> • support hinge

Kämpfergesims n <bau> • impost moulding

Kämpferhöhe f <bau> • springing level

Kämpferlinie f <bau> • springing line; spring line

Kämpferplatte f <bau> (zwischen Anfänger und Säulenkapitell) • impost block; impost

Kämpferstein m <bau> (zwischen Anfänger und Säulenkapitell) • impost block; impost

Käse m <nahr> • cheese

Käsebruch m <nahr> • cheese curd

Käsebruchbereitung f <nahr> • cheese curd preparation

Käseecke f <kfz> (dreieckige Blende im Fensterausschnitt vor der C-Säule) • quarter window filler panel :V

Käsefertiger m <nahr> • cheese-making machine

Käsegeschäft n <ökon> (Branche insgesamt) • cheese business

Käsemarkt m <nahr> • cheese market

Käseplatte f <nahr> • cheese platter

Käserei f <nahr> • cheese factory

Käufer m <ökon> • buyer; purchaser

Käufer m DIN 8402 <ökon> • purchaser ISO 8402; buyer; acquirer rare

Kaffeebecher m <büro> • coffee mug

Kaffeeküchenklatsch m :V <büro> • water cooler gossip

Kaffeelöffel m <gastr> • teaspoon

Kaffee-Service n <gastr> • coffee table set :V

Kaffeeweißer m <nahr> • coffee creamer

Kahlappretur f <textil> • pileless finish

kahler Abtrieb m <holz> • clear felling

Kahlhieb m <holz> • clear felling

Kahlhiebsgenehmigung f <holz> • clear-felling licence; licence for clear felling

Kahlschlag *m* <holz> • clear felling

Kahlschlagsgenehmigung *f* <holz> • clear-felling licence; licence for clear felling

Kai *m* <bau/nav> *(massiver, stationärer, künstlicher Anlegeplatz für Schiffe)* • quay

Kailaufkran *m* <förd> • dockside travelling crane

Kaimauer *f* <bau> • quay wall

Kainit *m* <min> • kainite

Kajak-Träger *m* <kfz> • Kayak carrier

Kajütboot *n* <nav> • cabin cruiser; cruiser

Kakao *m* <nahr> • cocoa

Kakaobohne *f* <nahr> • cocoa bean

Kakaobutter *f* <nahr> • cocoa butter; cocoa oil; theobroma oil

Kakaofettglasur *f* <nahr> • chocolate flavored coating *US*; chocolate flavoured coating *GB*; compound coating; fat coating

kakaohaltige Fettglasur *f* <nahr> • chocolate flavored coating *US*; chocolate flavoured coating *GB*; compound coating; fat coating

Kakaopulver *n* <nahr> • cocoa powder

Kakerlake *f* <bio/tour> • cockroach; blatta orientalis

Kalamitätsnutzung *f* <holz> • sanitation felling

Kalander *m* <prod> • calender

Kalanderappretur *f* <textil> • calender finish

Kalanderauftrag *m* <obfl> • calender coating

Kalanderausrüstung *f* <textil> • calender finish

Kalandereffekt *m* <kst> • calender grain

Kalanderfärbung *f* <pap> • calender coloring *US*; calender staining; calender colouring *GB*

Kalanderfolie *f* <kst> • calendered sheet

Kalanderleimung *f* <pap> • calender sizing

Kalandern *n* <prod> • calendering

kalandern *vt* <prod> *(z. B. Folien, Laminate, Gewebe)* • calender *vt*

Kalanderplatte *f* <kst> • calendered sheet

Kalandertücher *npl* <textil> • calender sheeting

Kalanderwalze *f* <prod> • calender roll

Kalanderwalzenpapier *n* <pap> • calender roll paper

Kalanderwalzensatz *m* <kst.prod> • calender stack

Kalander-Walzenspalt *m* <pap> • calender nip

kalandrieren *vt* <prod> *(z. B. Folien, Laminate, Gewebe)* • calender *vt*

kalandrierte Folie *f* <kst> • calendered sheet

Kalbfell *n* <led> • calf skin

Kalbfleisch *n* <nahr> • veal

Kalbleder *n* <bekl> • calf leather

Kalbnappa *n* <led> • calf nappa

Kalbvelours *n* <led> • suede calf

Kaldaune *f* <bau> • naked wall; blank wall; blind wall

Kalenderdatum *n* form <allg> • date; calendar date *form*

Kalenderjahr *n* <doku> • calendar year

Kalenderschaltkreis *m* <msr> • calender circuit

Kalendertag *m* <doku> • calendar day

Kali *n* <chem> • potash

Kalialaun *m* <chem> • potassium aluminum sulfate; potassium alum

Kalialaun *m* <min> • potash alum; kalinite

Kaliber *n* <tech.allg> *(exakter Durchmesser od. lichte Weite; meist von kleinen Bohrungen)* • caliber *US*; calibre *GB*

Kaliber *n* <metall> *(Walzenprofil)* • groove; pass

Kaliber *n* <mil> *(Schusswaffe)* • caliber *US*; calibre *GB*; bore; bore diameter *rare*

Kaliber *n* <petr.msr> *(Bohrloch-Messeinrichtung)* • caliber; calliber *rare*

Kaliberabnahme *f* <metall> • reduction per pass

Kaliberanzug *m* <prod> • groove taper; pass taper

Kaliberbohrer *m* <wz> • three-flute drill

Kaliberdorn *m* <kst.prod> *(Extruder)* • mandrel

Kaliberdorn *m* <wz> *(zum Kalibrieren; als Räumwerkzeug)* • broach

Kaliberfolge *f* <metall> *(Walzwerk)* • passes and reductions; pass sequence

Kalibergbau *m* <min> • potash mining

kaliberhaltig <qualit> *(Durchmesser)* • true

Kaliberhaltigkeit *f* <qualit> • trueness

Kaliberlog *n* <tech.allg> • caliper log

Kalibermessung *f* <petr> *(Bohrlochdurchmesser)* • caliper survey; caliper log

Kaliber mit geringer Reduzierung *n* <prod> • pinch pass

Kaliberpresse *f* <wz.masch> • sizing press

Kaliberreibahle *f* <wz> • sizing reamer

Kaliberring *m* <msr> • female gauge

Kaliberverjüngung *f* <prod> *(von Walzen)* • groove taper; pass taper

Kaliberwalze *f* <metall> • grooved roll; groove roll

Kaliberzahl *f* <metall> *(Walzwerk)* • number of roll passes

Kalibrierarbeiten *fpl* <prod> • calibration service

Kalibrierblasdorn *m* <kst> • blow pin

Kalibrierdorn *m* <kst> *(innerhalb von extrudierten Profilen)* • sizing mandrel

Kalibriereinheit *f* <kfz.msr> • calibration unit; calibration assembly *Ford*

Kalibrieren *n* <msr.jur> • calibration

kalibrieren *vt* <tech.allg> • calibrate *vt*

kalibrieren *vt* <prod> *(auf Endmaß bearbeiten)* • finish to size *vt*; finish-size *vt*

kalibrieren *vt* <prod> *(mit Skala, Teilstrichen)* • graduate *vt*

kalibrieren *vt* <prod> *(exakte Größe herstellen)* • size *vt*

kalibrieren in Gurley-Sekunden *vt* <pap> • calibrate against Gurley seconds *vt*

Kalibrierfolie *f* <pap> • calibration film

Kalibriergerät *n* <agri.wz> *(für Bananen)* • caliper

Kalibriergesenk *n* <wz> • finish-impression sizing die; sizing die

Kalibrierhilfe *f* <pap> • calibration pattern

Kalibrierkörper *m* DIN EN 1330-1 <msr> • calibration block

Kalibriermanschette *f* <kst> *(außerhalb extrudierter Profile)* • sizing sleeve

Kalibriermaß *n* <pap> • calibration standard dimension

Kalibrierplatte *f* <kst> • sizing plate

Kalibrierprotokoll *n* <qualit.doku> • calibration protocol

Kalibrierpunkt *m* <msr> • calibration point

Kalibrierräumwerkzeug *n* <wz> • sizing broach

kalibrierte Bohrung *f* <masch> *(sehr fein; z. B. von Einspritzdüsen, Verzögerungsventilen)* • metered port; metered drilling; metered bore; bore

kalibriertes Unterdrucksignal *n* <kfz.el> *(für die Zündzeitpunktverstellung)* • ported vacuum advance (PVA); ported spark

kalibriertes Unterdrucksignal *n* <kfz.msr> *(allg.)* • ported vacuum

Kalibrierung *f* <tech.allg> *(Anpassung, Einstellung)* • calibration

Kalibrierung *f* <kst> *(von extrudierten Profilen)* • sizing

Kalibrierung *f* <msr> *(mit Skala)* • graduation

Kalibrierung mit statischen Gewichten *f* <pap> • calibration through deadweight loading

Kalibrierung nach Norm *f* <tech.allg> • standard calibration

Kalibrierungsschema *n* <metall> *(Walzwerk)* • roll-pass design

Kalibriervorrichtung *f* <tech.allg> • calibration equipment

Kalibrierwalze *f* <prod> • sizing roll

Kalibrierwerkzeug n <wz> • sizing tool; sizer
Kalibrierzahn m <wz> • finishing tooth
Kalibrierzertifikat n <qualit.doku> • calibration certificate
Kali bromatum <chem> • potassium bromide; kali bromatum
Kali carbonicum <chem> • potassium carbonate; kali carbonicum
Kalidüngemittel n <agri.chem> • potash fertilizer
Kalidünger m <agri.chem> • potash fertilizer
kalihaltig <chem> • potassiferous; potassic
Kali iodatum <chem> • potassium iodide; kali iodatum
Kalilauge f <chem> • potassium hydroxide solution; caustic potash solution; potash lye
Kali muriaticum <chem> • potassium chloride; kali muriaticum
Kali nitricum <chem> • potassium nitrite; kali nitricum
Kali phosphoricum <chem> • potassium phosphate; kali phosphoricum
Kalisalpeter m <chem> *(Kaliumvariante)* • potassium nitrate
Kalisalz n <chem> • potassiferous salt; potash salt; potash
Kalisalzlagerstätte f <min> • potash deposit
Kaliseife f <hygi> • potassium soap; potash soap
Kali sulphuricum <chem> • potassium sulfate; kali sulfuricum
Kalium n (K) <chem> • potassium (K)
Kaliumaluminiumsulfat n <mat> • exsiccated alum; burnt alum
Kalium-Argon-Datierung f <chem.verf> • potassium-argon method of physical age determination; potassium-argon method; potassium-argon dating
Kaliumbitartrat n <chem> • cream of tartar; potassium bitartrate
Kaliumbromid n <chem> • potassium bromide; kali bromatum
Kaliumcarbonat n <chem> • potassium carbonate; potash
Kaliumchlorat n (KClO3) <chem> *(für Zündhölzer, Feuerwerk, Sprengstoffe)* • potassium chlorate (KClO3)
Kaliumchlorid n <chem> • potassium chloride; kali muriaticum
Kaliumdichromat n <chem> • chromate of potassium
Kaliumdisulfit n <chem> • potassium disulfite
Kaliumferrocyanid n <chem> • potassium prussiate; potassium ferrocyanide(II); yellow prussiate of potash; yellow prussiate
kaliumhaltig <chem> • potassium-containing
Kaliumhexacyanoferrat(III) n <chem> • potassium prussiate; potassium hexacyanoferrate(III); prussiate of potash; red prussiate
Kaliumhydroxid n <chem> • potassium hydroxide; potassium hydrate; caustic potash
Kaliumiodatstärkepapier n <chem> • potassium-iodate starch paper
Kaliumiodid n <chem> • potassium iodide; kali iodatum
Kaliumiodidstärkepapier n <chem> • potassium-iodide starch paper
Kaliumkarbonat n <chem> • potassium carbonate; kali carbonicum
Kaliumlinie f <chem> • potassium line
Kaliummetabisulfit n <chem> • potassium metabisulfite; potassium pyrosulfite; metabisulfite
Kaliumnatriumtartrat n <chem> • potassium-sodium tartrate; Seignette salt; Rochelle salt
Kaliumnitrit n <chem> • potassium nitrite; kali nitricum
Kaliumperchlorat n (KClO4) <chem.spreng> • potassium perchlorate (KClO4)
Kaliumpermanganat n <chem> • potassium permanganate

Kaliumphosphat n <chem> • potassium phosphate; kali phosphoricum
Kaliumpyrosulfit n <chem> • potassium metabisulfite; potassium pyrosulfite; metabisulfite
Kaliumsulfat n <chem> • potassium sulfate; kali sulfuricum
Kaliwasserglas n <chem> • potassium water glass; potash water glass
Kalk m <bau.mat> • lime
Kalk m <geo> • limestone; lime
Kalkäscher m <chem> • lime pit
Kalkanreicherungshorizont m <geo> • lime accumulation horizon
kalkarm <agri> *(Boden)* • sour
kalkarm <geo> • lime-deficient
kalkartig <mat> • calcareous; limy
Kalkausblühung f <bau> *(z. B. an Mauern)* • lime bloom
Kalkbeton m <bau.mat> • lime concrete
Kalkbeuche f <textil> • lime boil
Kalkbilanz f <agri> • lime balance
Kalkbildung f <chem> • calcification
Kalkboden m <agri> • calcareous soil
Kalkbrennen n <prod> • lime calcining; lime burning
Kalkbrennofen m <prod> • lime kiln
Kalkdrehofen m <verf> • rotary lime kiln
Kalkdüngemittel n <agri> • lime fertilizer
Kalkdünger m <agri> • lime fertilizer; lime fertiliser *GB*
kalkecht <mat> • fast to lime
Kalken n <tech.allg> *(z. B. Böden, Wände, Oberflächen)* • liming
kalken vt <agri> *(Boden mit Kalk düngen)* • lime vt
kalken vt <obfl.bau> *(Wände, mit weißer Kalkfarbe)* • lime vt; whitewash vt; limewash v; whiten vt
Kalkgrube f <min> • lime pit
Kalkhärte f <mat> • calcium hardness
kalkhaltig <geo> *(Boden)* • calcareous; limy *coll*
kalkhaltiges Wasser n <tech.allg> • hard water
Kalkhydrat n <chem> *(CaO₂)* • calcium hydroxide; hydrated lime; slaked lime; slaklime
Kalk-Kohlensäure-Verfahren n <chem.verf> • lime-carbon-dioxide process; carbonation process
Kalklicht n <licht.theat> • Drummond's limelight; Drummond light; calcium light; limelight
Kalklöschapparat m <verf> • lime slaker
Kalklöschen n <chem> • lime slaking
Kalklöschtrommel f <verf> • lime slaking drum
Kalklöschturm m <verf> • lime slaking tower
Kalklöschvorrichtung f <verf> • lime slaker
Kalklunker m <mat> • fish-eye
Kalkmergel m <geo> • calcareous marl; lime marl
Kalkmilch f <ents> *(allg.)* • milk of lime; slaked lime; lime water
Kalkmilch f <verf.emiss> *(zur Entschwefelung)* • washing fluid; scrubber slurry <liquid>; limestone slurry; alkaline spray liquor; calcium suspension
Kalkmilchklassierer m <verf> • lime-milk classifier
Kalkmilchprüfung f <qualit.mat> • chalk crack test
Kalkmilchscheidung f <chem.verf> • defecation with milk of lime; wet liming
Kalkmörtel m <bau.mat> • lime mortar
Kalkmühle f <prod> • lime crusher
Kalkofen m <prod> • lime kiln
Kalkputz m <bau.mat> • lime plaster
Kalkringofen m <verf> • lime ring furnace
Kalksalpeter m <chem> • calcium nitrate; lime saltpeter *US*; lime saltpetre *GB*; lime nitrate
Kalksandstein m <bau.mat> • lime-sand brick; sand-lime brick
Kalksandstein m <geo> • calcareous sandstone; sandy limestone; lime sandstone

Kalkschachtofen *m* <prod> • lime vertical-shaft kiln

Kalkscheidung *f* <chem.verf> • lime defecation

Kalkschiefer *m* <geo> • limestone shale

Kalkschlämme *f* <bau> • lime slurry

Kalkschlamm *m* <bau.mat> • lime sludge; lime mud

Kalkschlamm *m* <pap> • carbonate sludge

Kalkschlammgrube *f* <bau> • sludge pit

Kalkschleier *m* <phot> • chalk fog

Kalkschwefelnatriumäscher *m* <led> • sharpened lime

Kalksinter *m* <geo> • calcareous sinter; calc sinter; calctufa; tufa

Kalk-Soda-Enthärter *m* <chem> • lime-soda ash softener

Kalk-Soda-Verfahren *n* <chem.verf> • lime-soda process

Kalkspat *m* <geo> • calcareous spar; calcite

Kalkspülung *f* <petr> *(für Bohrloch)* • lime mud

kalkstabilisiert <geo> • lime-stabilized; lime stabilised GB

Kalkstein *m* <geo> • limestone

Kalksteinaufbereitung *f* <verf> • limestone recovery

Kalksteinüberschuss *m* <metall> • excess limestone

Kalksteinzusatz *m* <metall> • limestone addition

Kalkstickstoff *m* <chem> • lime nitrogen; nitrolime

Kalkstreuer *m* <agri> • lime spreader

Kalktrichterofen *m* <verf> • lime funnel furnace

Kalktünche *f* <bau.obfl> • lime whiting; limewash

Kalkül *m* <math> • calculus

kalkulierbar <math> *(tatsächlich ausrechenbar)* • calculable; computable

Kalkung *f* <agri> • liming

Kalkuranglimmer *m* <min> • uranium mica; calcouranite

Kalkwaschlösung *f* <emiss> • limestone-solution

Kalkwasser *n* <chem> • lime liquor; lime water

Kalkzementmörtel *m* <bau.mat> • cement-lime mortar

kalligraphischer Bildschirm *m rar* <edv> • vector display; calligraphic display; stroke display *rare*

Kalman-Filter *m/n* <navig> *(in GPS-Software)* • Kalman filter

Kalomel *n* <el.chem> • calomel

Kalomelelektrode *f* <el.chem> • calomel reference electrode; calomel electrode

Kalomelhalbzelle *f* <el> • calomel half-cell

Kalomelnormalelelektrode *f* <el.chem> • normal calomel electrode

Kaloreszenz *f* <phys> • calorescence

Kalorie *f DIN 68035* <therm> *(veraltete Einheit für Wärmemenge)* • calorie

kalorienarme Produkte *f* <nahr> • low calorie products

kalorienreduziert <nahr> • calorie reduced

kalorienreduzierte Produkte *f* <nahr> • low calorie products

Kalorimeter *n* <msr> *(Messung von Wärmemengen)* • calorimeter

Kalorimeterbombe *f* <msr> • bomb calorimeter

Kalorimetergefäß *n* <msr> • calorimeter vessel

Kalorimetermessung *f* <msr> • calorimetric measurement

Kalorimetrie *f* <msr> • heat measurement; calorimetry

kalorimetrische Messung *f* <msr> • calorimetric measurement

kalorisch <therm> • caloric

kalorisches Äquivalent *n* <therm> • thermal equivalent

kalorisches Arbeitsäquivalent *n* <therm> • heat equivalent

kalorisches Energieäquivalent *n* <therm> • heat equivalent

kalorische Zustandsgröße *f* <therm> *(z. B. innere Energie, Enthalpie, Entropie)* • caloric property of state

kalorisieren *vt* <metall> *(Stahl, Eisen)* • calorize *vt*

Kalotte *f* <math> *(Form)* • spherical surface; spherical cap

Kalotte *f* <qualit.mat> *(Eindruck bei Härteprüfung mit Prüfkugel)* • indentation cup; spherical indentation; ball indentation; impression; cup

Kalotte *f* <qualit.mat> *(gelenkiges Teil der oberen Druckplatte einer Druckprüfmaschine)* • universal ball joint

Kalotte *f* <verf> *(von Behältern, Kesseln, Wärmetauschern)* • hemispherical head

Kalottenboden *m* <verf> *(von Behältern, Kesseln, Wärmetauschern)* • hemispherical head

Kalottendurchmesser *m* <qualit> *(Härteprüfung)* • ball impression diameter; indentation diameter

Kalottenfläche *f* <qualit> *(Härteprüfung)* • ball indentation area; ball impression area

Kalotten-Hochtöner *m* <av> • dome loudspeaker; dome midrange speaker; dome tweeter

Kalottenhöhe *f* <pap> • dome height

Kalotten-Lautsprecher *m* <av> • dome loudspeaker; dome midrange speaker; dome tweeter

Kalotten-Mitteltöner *m* <av> • dome loudspeaker; dome midrange speaker; dome tweeter

kalt (C) <licht> *(Eigenschaft jeder Farbe, die Blau enthält; z. B. kalte Beleuchtung)* • cool (C); cold

kalt *ugs* <nukl> *(nicht radioaktiv)* • non-radioactive; cold *coll*

kalt abbindend <kst> • cold-setting

kaltabbindend <kst> • cold-setting; cold-curing

kaltabbindender Klebstoff *m* <füg> • cold-curing adhesive; cold-setting adhesive; cold-setting glue *coll*

Kaltabgraten *n* <prod> • cold trimming [of flash]

Kaltabgratgesenk *n* <wz> • cold-trimming die

Kaltabschaltung *f DIN 25401-3* <nukl> • cold shutdown (CSD)

Kaltalkalisierung *f* <pap> • cold alkali refining

Kaltarbeitsstahl *m* <metall> *(für Schneidwerkzeug)* • cold-forming tool steel; cold-forming steel; cold work tool steel; cold work steel

kalt aufpressen *vt* <füg> *(z. B. Zahnrad auf Wellenzapfen)* • drive on cold *vt*; press on cold *vt*

Kaltbadtauchen *n* <obfl> • cold immersion; cold dipping

Kaltband *n EN 10079* <metall> • cold rolled narrow strip *EN 10079*; cold-rolled strip

Kaltbandwalzwerk *n* <metall> • cold strip rolling mill; cold strip mill

Kaltbearbeitung *f* <prod> • cold working; cold processing

Kaltbiegen *n* <prod> • cold bending

Kaltbiegeprobe *f* <qualit.mat> • cold-bend test specimen

Kaltbiegeversuch *m* <qualit.mat> • cold-bending test

kaltblasen *vt* <prod> *(mit Dampf)* • cold-blast *vt*; cold-blow *vt*; steam *vt*

Kaltbondern *n* <metall> • cold bonderizing

Kaltbreitband *n EN 10079* <metall> • cold rolled wide strip *EN 10079*

kaltbrüchig <qualit.mat> • cold-brittle; cold-short

Kaltbrüchigkeit *f* <qualit.mat> *(z. B. von Stahl)* • cold brittleness; cold shortness

Kaltcenternglimmentladungsröhre *f* <el> • glow-discharge cold-cathode tube; glow-discharge cold-cathode valve

Kaltcenternglimmröhre *f* <el> • glow-discharge cold-cathode tube; glow-discharge cold-cathode valve

Kaltdampfkältemaschine *f* <hlk> • vapor compression-refrigeration machine

Kaltdampfkältemaschinenanlage *f* <hlk> • vapor compression-refrigeration machine

Kaltdampfzylinder *m* <verf> • cold-steam cylinder

Kaltdruckfestigkeit *f* <qualit.mat> • cold crushing strength

Kaltdruckfixierung *f* <druck> *(Fixierung)* • cold pressure fusing; pressure fusing *pract*

Kaltdusche f <prod> • cold shower

Kalteinsenken n <prod> • cold broaching; cold hobbing; die hobbing

kalt einsenken vt <prod> • hob vt; hub vt

Kalteinsenkpresse f <wz.masch> • hobbing press

kalte Kathode f <el> • cold cathode

kalte Kernfusion f <nukl> • cold fusion

kalte Leitung f <nukl> (im DWR; vom DE zum RDB; typ. 300 °C) • cold leg

kalte Lötstelle f <füg> (Defekt) • faulty soldered joint; dry soldered joint

kalte Lötstelle f <msr> (Thermoelement; Vergleichspunkt außerhalb des Messorts) • cold junction

Kaltemail n <obfl> • cold top enamel

Kaltemission f <el> • field emission; cold emission

Kaltentgraten n <prod> • cold trimming

kalt erblasen vt <metall> • cold-blast vt

kalter Fluss m <mat> • cold flow

kalter Fluss m <mat> (betont: unmerklich langsames Fließen; z. B. v. Kunststoff, Glas, Metall) • cold flow

kalte Rotte f <verf.ents> • cold rot :V

kalter Rauch m <feuer> • coldsmoke

kalter Stopfen m <kst> • cold slug

kalter Strang m <nukl> (im DWR; vom DE zum RDB; typ. 300 °C) • cold leg

kaltes Bein n ugs <nukl> (im DWR; vom DE zum RDB; typ. 300 °C) • cold leg

kalte Seite f <hlk> • low temperature end

kaltes Fließen n <mat> (betont: unmerklich langsames Fließen; z. B. v. Kunststoff, Glas, Metall) • cold flow

kaltes Neutron n <nukl> • cold neutron

kaltes Papier n <phot> (mit bläulichen Grau- und Schwarztönen) • cold-tone paper

kalte Stelle f <tech.allg> • cold spot

Kalte-Wand-Paradoxie f <therm> • cold-wall paradox

Kaltextrusion f <prod> • cold extrusion

kalte Zündkerze f <kfz.el> • cold spark plug; cold running spark plug; cold type spark plug; hard spark plug

Kaltfärben n <textil> • low-temperature dyeing; cold dyeing

Kaltfärbeverfahren n <textil> • cold-bath method of dyeing; cold-bath method

Kaltfalle f <nukl> • cold trap

Kaltfederindikator m <mot> • indicator with external spring; outside-spring indicator

Kaltfläche f <tech.allg> • cold surface

kaltfließfähig <mat> • cold-flowable

Kaltfließpresse f <wz.masch> • cold-extrusion press

Kaltfließpressen n <prod> • cold-impact extruding; cold-impact extrusion; cold extrusion

Kaltfließpresswerkzeug n <wz> • cold-extrusion tool; cold-extrusion die

Kaltformen n <prod> (z. B. von Stahl) • cold forming; cold working

Kaltformung f <prod> (z. B. von Stahl) • cold forming; cold working

Kaltgärhefe f <nahr> • cold-tolerant yeast

Kaltgang m <metall> • cold state

Kaltgas n <verf> • cold gas

Kaltgasabblasen n <verf> • gas quenching

Kaltgasgenerator m <verf> (z. B. für Airbags) • cold-gas generator

Kaltgaskältemaschine f <verf> • cold-gas refrigerating machine

Kaltgasmantel m <nukl> • cold gas blanket; cold plasma blanket

Kaltgasmaschine f <verf> • cold-gas refrigerating machine

kaltgelagert <logist> • cold-stored

kaltgenietet <füg> • cold-riveted US; cold-rivetted GB

kaltgepilgert <metall> (Walzwerk) • cold-pilger-rolled

kaltgeprägt <prod> • cold-coined

Kaltgerätebuchse f <el> (Netzeingang direkt am Gerät, für Netzkabel mit Kaltgerätestecker) • primary power receptacle US.Newark; recessed power receptacle US.Belden; AC receptacle US.Belden; appliance inlet connector US.Feller

Kaltgerätesteckdose f <el> (Netzeingang direkt am Gerät, für Netzkabel mit Kaltgerätestecker) • primary power receptacle US.Newark; recessed power receptacle US.Belden; AC receptacle US.Belden; appliance inlet connector US.Feller

kalt geschlagenes Leinöl n <kunst> • cold pressed linseed oil

kaltgeschlagenes Öl n <nahr> • cold-pressed oil; cold-drawn oil

kaltgeschweißt <füg> • cold-welded

Kaltgesenkdrückmaschine f <wz.masch> • cold-swaging machine

kaltgestaucht <metall> • cold-headed; cold-upset

kaltgewalzt <metall> (z. B. Karosserieblech) • cold-rolled

kaltgewalztes Band n <metall> • cold-rolled strip

kaltgewalztes Blechband n <metall> • cold-rolled strip steel

kaltgewalztes Profil n <metall> • cold-formed steel member

kaltgewalztes Stahlblech n <metall> • cold rolled sheet steel

kaltgewickelt <metall> (Blech) • cold-wound; cold-coiled

Kaltgewindewalzen n <prod> • cold thread rolling

kaltgezogen <metall> (z. B. Stahl) • cold-drawn

kaltgrau <kunst> • bluish grey

Kaltguss m <metall> • cold casting

Kalthämmermaschine f <wz.masch> • cold-swaging machine; swaging machine

Kalthämmern n <prod> • cold hammering; swaging

kalthärtend <füg> (vernetzend; z. B. Klebstoff) • cold-curing

kalthärtend <mat> (allg.) • cold-hardening; cold-setting

kalthärtender Klebstoff m <füg> • cold-curing adhesive; cold-setting adhesive; cold-setting glue coll

Kalthärtung f <metall> (Anstieg der Festigkeit und Härte nach Kaltumformung) • strain-hardening; work-hardening; wear-hardening; cold-work hardening; hardening under cold work

Kalthärtung f <verf> (durch Vernetzung) • cold cure

Kaltkammerdruckgießen n <prod> • cold-chamber die casting

Kaltkammerdruckgießmaschine f <metall> • cold-chamber die-casting machine

Kaltkammerverfahren n <prod> • cold-chamber process

Kaltkanalwerkzeug n <kst> • cold runner mold

Kaltkathode f <el> • cold cathode

Kaltkathodenanzeigeröhre f <el> • cold-cathode display tube

Kaltkathodenentladung f <el> • cold-cathode discharge

Kaltkathodenröhre f <el> • cold-cathode valve; cold-cathode tube

Kaltkathodenzählröhre f <nukl.msr> • cold-cathode counting tube; cold-cathode counter

Kaltkautschuk m <kst> • cold rubber

Kaltkleber m <füg> • cold-curing adhesive; cold-setting adhesive; cold-setting glue coll

Kaltkonservierung f <obfl> • cold conservation

Kaltkreissäge f <wz.masch> • cold circular saw

Kaltlagerung f <nahr.prod> (Speiseeis) • aging US; ageing GB; cold storage; maturation rare; ripening rare

Kaltlaufeigenschaften fpl <kfz> • cold drivability

Kaltlauge f <chem> • cool brine
Kaltleim m <füg> • cold glue
Kaltleim m <obfl.holz> • casein glue; cold glue
Kaltleiter m <el> • positive temperature coefficient resistor; PTC thermistor; PTC resistor; posistor
Kaltlichtquelle f <licht> • cold-light source
Kaltlichtspiegel m <licht> • dichroic reflector; cold mirror; cold-light reflector *rare*
Kaltlöten n <füg> • cold soldering
Kaltlötstelle f <füg> *(Elektronik, Thermoelement)* • cold solder joint; cold junction; dry joint
Kaltlufteinbruch m <tech.allg> • cold air ingress
Kaltluft-Gebläsefroster m <prod.nahr> *(Speiseeis)* • air blast freezer
Kaltluftgefrieren n <prod.nahr> *(Speiseeis)* • blast freezing
Kaltluftkältemaschine f <verf> *(Kältetechnik)* • cold-air refrigerating machine
Kaltmassivumformung f <prod> • cold solid forming
Kaltmatrize f <wz> • cold die block; cold die
Kaltmeißel m *rar* <wz> *(zum Schlagen mit Hammer)* • cold chisel; flat chisel
Kaltmeißel m <wz> *(grob)* • blacksmith's chisel; sett
Kaltmeißeln n <prod> • cold chiseling *US*; cold chiselling *GB*
Kaltmischmethode f <nahr.prod> *(Speiseeismix)* • cold blending
Kaltnaßspinnmaschine f <textil> • cold-water spinning frame
Kaltnebenschluss m <kfz.el> *(Zündkerze)* • cold shunting
Kaltnetzmittel n <textil> • cold wetting agent
Kaltnieten n <füg> • cold riveting *US*; cold rivetting *GB*
Kaltphosphatierung f <obfl> *(Vorgang)* • cold phosphating
Kaltpilgern n <metall> *(Walzwerk)* • cold pilger rolling
Kaltprägung f <prod> *(allg.; auch Papier)* • cold embossing; cold blocking
Kaltprägung f <prod.metall> • cold coining
Kaltpressdruck m <prod> • cold pressure
Kaltpressen n <prod> *(in Tiefziehpresse)* • cold pressing; cold drawing
Kaltpressgesenk n <wz> • cold-pressing die
Kaltpressmasse f <kst> • cold-molding compound
Kaltpressschweißen n (KP) *DIN 1910* <füg> • cold pressure welding; cold welding
Kaltpresswerkzeug n <wz> • cold-pressing die
Kaltprofil n <mat> *(Halbzeug; z. B. U-Stahl, Winkelstahl)* • cold-rolled section
Kaltprofilieren n <metall> • cold roll-forming; cold shaping
Kaltrauch m <feuer> • coldsmoke
Kaltreaktivität f <phys> • cold reactivity
Kaltreiniger m <kfz> *(z. B. für Kfz-Motoren)* • degreaser; cold cleaner; cold-solvent cleaner *rare*
Kaltrichten n <metall> • cold straightening
Kaltriss m <qualit.mat> • cold crack
Kaltrissbildung f <qualit.mat> • cold-crack forming; cold cracking
Kaltsäge f <wz.masch> • cold saw
Kaltsägeblatt n <wz> • cold-saw blade
Kaltsägen n <prod> • cold sawing
Kaltsatz m <druck> • cold composition
Kaltschere f <wz.masch> • cold shear
Kaltschliff m <pap> • cold-ground pulp
Kaltschliffverfahren n <prod> • cold grinding
Kaltschmieden n <metall> • cold forging
Kaltschrotmeißel m <wz> • cold chisel; cold set
Kaltschweißstelle f <füg> • weld mark
Kaltschweißstelle f <qualit.mat> *(Gieß- oder Schmiedefehler)* • cold shut; cold lap

Kaltschweißverbindung f <tech.allg> • cold-welding fusion
Kaltsiegelklebstoff m <prod> • cold-adhesive
Kaltsiegelung f <prod> • cold sealing
Kaltsodaverfahren n <chem.verf.pap> • cold caustic soda process; cold soda process
Kaltspritzen n <obfl> • cold spraying
kaltspröde <qualit.mat> • cold-brittle; cold-short
Kaltsprödigkeit f <qualit.mat> • cold brittleness; cold shortness
Kaltstart m <tech.allg> *(Vorgang)* • cold starting
Kaltstart m <tech.allg> *(Resultat des Vorgangs)* • cold start
Kaltstart m <kfz> *(Warmlaufphase nach dem Kaltstartvorgang)* • cold driveaway
Kaltstart m <licht> *(Leuchtstofflampe; ohne Vorheizung)* • instant start; cold start
Kaltstartanreicherung f <kfz.mot> *(allg.)* • cold-start enrichment
Kaltstartanreicherung f <kfz.mot> *(Kraftstoff/Luft-Gemisch)* • cranking enrichment
Kaltstarthilfe f <mot> *(Kolbenmotor)* • cold-starting aid
Kaltstart-Hochleistungsbatterie f <kfz.el> • cold start HD battery
Kaltstartlampe f <licht> • cold-start lamp
Kaltstartmagnetschalter m <kfz.el> *(Saugrohrbeheizung)* • EFE solenoid *GM*
Kaltstartnageln n <kfz.mot> *(von Dieselmotoren)* • cold-start knock *:V*
Kaltstartprogramm n <kfz.mot> *(elektronische Einspritzanlage)* • cold-start program
Kaltstartschalter m <kfz.mot> • Lean Authority Limit Switch *GM*
Kaltstartsystem n <kfz.mot> *(Vergaser)* • cold start system
Kaltstartventil n <kfz.mot> *(Kraftstoffeinspritzung)* • cold start injector; cold start valve
Kaltstauchautomat m <wz.masch> *(z. B. Schraubenfertigung)* • automatic cold forging machine; automatic cold header; automatic upsetter; upsetter
Kaltstauchen n <prod> • cold heading; cold upsetting
Kaltstauchmaschine f <wz.masch> • cold heading machine; cold forging machine
Kaltstauchmatrize f <wz> • cold upsetting die; cold heading die
Kalttonentwickler m <phot> • cold-tone developer
Kalttonpapier n <phot> *(mit bläulichen Grau- und Schwarztönen)* • cold-tone paper
Kalttrockenfarbe f <druck> • cold-set ink
Kaltumformbarkeit f <mat> • cold workability; cold formability
Kaltumformung f <prod> • cold deformation; cold forming; cold working
Kaltverarbeitung f <prod> • cold processing; cold working
Kaltverbinden n <füg> • cold jointing
Kaltveredelung f <pap> • cold alkali refining; cold refining
kaltverfestigbar <mat> • hardenable under cold work; strain-hardenable; work-hardenable
kaltverfestigender Klebstoff m <füg> • cold-curing adhesive; cold-setting adhesive; cold-setting glue *coll*
kaltverfestigt <metall> *(z. B. Stahl)* • hardened under cold work; hardened by cold working; hardened by cold forming; strain-hardened; work-hardened
Kaltverfestigung f <metall> *(Anstieg der Festigkeit und Härte nach Kaltumformung)* • strain-hardening; work-hardening; wear-hardening; cold-work hardening; hardening under cold work
Kaltvergärung f <nahr.prod> • cold fermentation

Kaltvergussmasse f <mat> (zum Abdichten) • cold-setting sealing compound; cold-setting compound

kaltvernetzender Klebstoff m <füg> • cold-curing adhesive; cold-setting adhesive; cold-setting glue coll

Kaltverstrecken n <metall> • cold drawing

Kaltverwinden n <prod> • cold twisting

Kaltverzinken n <obfl> • cold galvanizing; cold galvanising GB

Kaltvulkanisation f <kst> (Gummi) • cold vulcanization; cold curing

kaltvulkanisierend <kst> (Gummi) • room-temperature-vulcanizing (RTV); room-temperature-curing

Kaltwalze f <prod> • cold roll

Kaltwalzen n <metall> • cold rolling

Kaltwalzgerüst n <metall> • cold-strip rolling stand; cold rolling stand

Kaltwalzgrad m <metall> (Abwalzen; z. B. Dicke von 2 mm auf 1 mm = 50% Kaltreduktion) • cold reduction

Kaltwalzprofil n <metall> • cold-formed steel member

Kaltwalzreduktion f <metall> (Abwalzen; z. B. Dicke von 2 mm auf 1 mm = 50% Kaltreduktion) • cold reduction

Kaltwalzwerk n <metall> • cold rolling mill

Kaltwaschechtheit f <textil> • fastness to cold washing

Kaltwasser n <hlk> • chilled water

Kaltwasserabführung f <verf> (Kühlturm-Auffangbecken) • return line

Kaltwasserablauf m <verf> (Kühlturm-Auffangbecken) • cold water outlet; outlet connection

Kaltwasseraustritt m <verf> (Kühlturm-Auffangbecken) • cold water outlet; outlet connection

Kaltwasserbecken n <verf> (unter Kühlturm; zum Auffangen des gekühlten Wassers) • cold water basin; collection basin; collecting pond GB

Kaltwasserröste f <textil> • cold-water retting

Kaltwasserrückleitung f <verf> (Kühlturm-Auffangbecken) • return line

Kaltwassertemperatur f <verf> (allg.) • cold water temperature

Kaltwasserwalke f <textil> • cold-water milling

Kaltwind m <verf> • cold blast

Kaltwindkupolofen m <verf> • cold-blast cupola

Kaltwindofen m <verf> • cold-blast furnace

kaltziehbar <metall> • cold-drawable

Kaltziehen n <metall> • cold drawing

Kaltziehmatrize f <wz> • cold-drawing tool

Kaltzustand m <licht> • cold state

Kalzinationsprodukt n <chem> • calcine; calx

Kalzinationsprodukt n <prod> (Resultat von Kalzinierungsprozessen) • roasting residue; calcine; roasted material

Kalzinieren n <verf> • calcination

kalzinieren vt <verf> • calcinate vt; calcine vt; burn vt

Kalzinierer m <verf> • calcining kiln; calciner

Kalzinierofen m <verf> • calcining kiln; calciner

kalziniertes Erz n <min> • roast ore; calcined ore

kalzinierte Soda f <chem.pap> • calcined soda; anhydrous sodium carbonate thsc; soda ash coll

Kalzinierung f <chem.verf> • calcination

kalziothermisch <prod> • calciothermal

Kalzium n ugs <chem> • calcium (Ca)

Kalziumfluorid n wiss <obfl> • fluorspar; fluorite

Kamelfuß m <bio> • camel toe

Kamelwolle f <textil> • camel's wool

Kamera f prakt <av> (für Fernsehaufnahmen) • TV camera; television camera; camera pract; telecamera rare

Kamera f ugs <av> (allg. für Videoaufnahmen) • video camera; camera coll

Kamera f prakt <edv> (virtuelles Grafikwerkzeug; legt Blickrichtung fest) • virtual camera; camera pract

Kamera f <phot> (für Fotos) • photographic camera; camera

Kameraansicht f <edv> • camera view point; viewing point; camera view; view point; view pract

Kameraauszug m <phot> • camera extension

Kamerabalgenleder n <led/phot> • camera bellows leather

Kameradecoder m <edv> (für Strichcode) • video barcode decoder; video decoder; camera decoder; video camera decoder

Kamerafahrgestell n <av> • camera truck

Kamerafahrt f <av> (Computergrafik; virtueller Spaziergang durch eine Szene) • walkthrough; walkaround rare

Kamerafenster n <tech.allg> • (z. B. in Fluggerät, Satellit) camera porthole; camera port

Kamera für lichtschwache Objekte f <astron> • faint-object camera

Kamera für Zielfotografie f <phot> • photo-finish camera

Kameragehäuse n <phot> • camera body; camera box

Kamerakabel n <av> • camera cable

Kamerakontrollgerät n <av> • camera monitor

Kamera-Koordinatensystem n <edv> • camera coordinate system (CCS)

Kameralaufboden m <av> • camera bed

Kameralaufwagen m <av> • camera trolley

Kameraneiger m <phot> (an Stativ) • tilting head

Kameraobjektiv n <phot> • photographic lens; camera lens; photo lens; lens pract

Kameraöffnung f <tech.allg> • camera porthole; camera port

Kamerarecorder m rar <av> (Videokamera mit integriertem Recorder) • camcorder; camera recorder; video camera coll; movie camera coll; cam rare

Kamerarückwand f <phot> (Kamera) • back cover; camera back; back pract.coll.

Kamerascanner m <edv> (CCD-Scanner, der wie eine Kamera gebaut ist) • camera scanner; image camera

Kameraschwenk m ugs. <edv> • panning; camera panning

Kamerastandort m <phot> • camera position

Kamerasteuereinheit f <av.msr> • television camera control unit; camera control unit

Kamerasucher m rar <phot> • viewfinder; finder pract; camera viewfinder rare

Kameratrageriemen m <phot> (für Kamera) • neck strap; camera strap

Kameraverbindungssender m <av.tele> • pick-up link transmitter

Kameraverschluss m <phot> • camera shutter

Kameraverschluss auslösen vi <phot> • release the camera shutter vi

Kameravorsatz m <phys> • camera bezel adapter

Kamerawagen m <av> • camera truck; camera dolly; dolly

Kamille f <bio> • chamomile; chamomilla vulgaris; camomile rare

Kamin m <hlk> • fireplace

Kamin m <verbr> (Rauchabzug) • chimney; smokestack; stack; flue; chimney stack rare

Kaminabgas n <ents> • stack gas

Kamineffekt m <feuer> (thermischer Auftrieb, z. B. von Rauch, in schachtartigem Raum) • chimney effect ISO 13943

Kamingas n <ents> • stack gas

Kaminkühlturm m <verf> • natural draft cooling tower US; natural draught cooling tower GB; atmospheric cooling tower

Kaminkühlung f <verf> • cooling by natural-draft cooling tower

Kamin mit aufsteigendem Zug m <verbr> • flue with upward draught

Kaminsäule f <bau> • chimney shaft

Kaminwirkung f ISO 13943 <feuer> (thermischer Auftrieb, z. B. von Rauch, in schachtartigem Raum) • chimney effect ISO 13943

Kaminwirkung f <phys> (allg. Sog, Saugzug aufgrund von Temperaturdifferenz) • chimney effect; draft effect US; draught effect GB

Kaminzug m <verbr> (Unterdruck, Auftrieb im Schornstein) • chimney draft US; flue draft US; flue draught GB; draft US.pract; draught GB.pract

Kaminzugwirkung f <phys> (allg. Sog, Saugzug aufgrund von Temperaturdifferenz) • chimney effect; draft effect US; draught effect GB

Kaminzugwirkung des Kühlturms f <energ> • draft effect of cooling tower

Kamm'scher Reibkreis m <phys> (z. B. Kräfte in der Aufstandsfläche von Reifen) • Kamm circle of frictional forces

Kamm m <el> (Lötösenstreifen) • fanning strip

Kamm m <geo> • ridge

Kamm m <textil> • comb

Kamm m <verf.hydr> (eines Rechenreinigers) • comb

Kamm m prakt <verf.hydr> (eines Zerkleinerers) • comb bar; cutting comb

Kammaufsatz m <hygi> (auf Rasierer) • grooming attachment

Kammbewegung f <textil> • nip of comb

Kammblech n <verf.hydr> • cleaner plate; comb plate; tine plate

Kammbuchse f <masch> • brasses

Kammdrucklager n <masch> • horseshoe thrust bearing

Kammer f <allg> (ein beratender Ausschuss) • cabinet

Kammer f <tech.allg> • chamber; compartment

Kammer f <geo> • magma chamber

Kammer f <kfz.mot> (Brennraum eines Kreiskolbenmotors) • chamber; cell

Kammer f <mil> (in Schusswaffe) • chamber

Kammer f <min> • opening; room

Kammer f <nfz> (einzelner Behälter innerhalb eines Tank- oder Silobehälters) • compartment

Kammerachse f <phot> • camera axis; optical axis

kammerartiger Abbau m <min> • room and pillar working; chamber working

Kammerbau m <min> • room-and-pillar technique; room-and-pillar method; pillar-and-chamber working

Kammerfangstück n <mil> • slide stop

Kammerfeuerung f <verbr> • furnace with combustion chamber

Kammerfilterpresse f <ents> • plate-and-recessed-plate filter press; plate-and-frame filter press; chamber filter press; filter press

Kammerhals m <min> • room neck; neck

Kammerkonstante f <phot> • calibrated principal distance; calibrated focal length; principal distance

Kammerleuchte f <licht.theat> • compartment unit form; compartment flood gen

Kammerofen m <obfl> • box furnace

Kammerofen m <silik> • chamber-box kiln; chamber kiln

Kammerofen m <verbr> • compartment furnace; oven-type furnace; chamber furnace

Kammerofenkoks m <verbr> • oven coke

Kammerpfeilerbau m <min> • pillar-and-chamber working; pillar-and-stall method; pillar caving [method]; room-and-stoop; pillar working

Kammerrakel f <druck> • chambered doctor blade

Kammerringofen m <verf> • annular chamber kiln

Kammersäure f <chem> • chamber acid; chamber sulfuric acid US

Kammerschleuse f <förd> • star feeder

Kammerschleuse f <hydr> • chamber navigation lock; chamber lock; tide lock

Kammerschott n <nav> • joiner bulkhead; partition

Kammerschweißen n <füg> • chamber welding; enclosed resistance welding

Kammersprengung f <min> • gopher-hole blasting; coyote-hole blasting; chamber blasting; heading blast

Kammerstengel m <mil> • repeater lever :V

Kammerstrecke f <min> • stope drive; stope drift

Kammerstutzen m <phot> • camera cone

Kammerton m <mus> • standard musical pitch; A above middle C

Kammerton A m <mus> • standard musical pitch; A above middle C

Kammertrockner m <verf> • compartment drier; tray-truck drier; chamber drier; cabinet drier

Kammertrocknung f <verf> • kiln drying

Kammerüberhitzer m <mot> • chamber superheater

Kammerverfahren n <chem.verf> • chamber process

Kammerwand f <bau.hydr> (Schleuse) • sidewall

Kammerwasserschloss n <energ.hydr> • chamber surge tank

Kammerzentrifuge f <verf> • multichamber centrifuge

Kammfilter m <av> (zur Farbübersprechkompensation) • combfilter; matched filter rare

Kammfilter n <tele> • notch filter

Kammfiltereffekt m <edv.av> • comb filter effect; flanging

Kammflug m <textil> • comber fly

Kammgarn n DIN 60900 <textil> • worsted yarn

Kammgarnanzug m <bekl> • worsted suit

Kammgarnanzugstoff m <textil> • worsted suiting

Kammgarndoppelkrempel f <textil> • double worsted card

Kammgarngewebe n DIN 60900 <textil> • worsted fabric

Kammgarnkrempel f <textil> • worsted card

Kammgarnspinnverfahren n <textil> • worsted spinning

Kammgarnstoff m ugs <textil> • worsted fabric

Kammgarnwalke f <textil> • worsted milling

Kammgarnwolle f <textil> • worsted wool

Kammkäfig m DIN ISO 5593 <masch> (Wälzlager) • prong cage ISO 5593

Kammklemme f <nav> • clam cleat

Kammlager n <masch> • horseshoe thrust bearing; collar thrust bearing

Kammmeißel m <wz> • rack-shaped cutter

Kammmeißelwälzstoßmaschine f <wz.masch> • gear-planing machine

Kammputz m <bau.obfl> • combed stucco

Kammrechen m <verf.hydr> • reciprocating rake bar screen

Kammringlager n <masch> • collar bearing

Kammschlitten m rar <bau.wz> (Handspachtel mit gezahntem Spachtelblatt zum Kleberauftrag) • adhesive spreader; notched trowel

Kammschlitzbarre f <textil> • carriage comb

Kammsegment n <textil> • comb segment

Kammspiel n <textil> • comb nip

Kammstab m <textil> • gill bar

Kammstechen n <textil> (Einbringen der Kettfäden in das Webblatt) • reeding; sleying

Kamm stechen vi <textil> (Einbringen der Kettfäden in das Webblatt) • reed vt; sley vt; bob the reed vi; enter the reed vi

Kammstuhllaufleder n <led> (Textilmaschinen) • combing leather

Kammzahn m <verf.ents> (Zerkleinerer) • comb tooth

Kammzahn m <verf.ents> (an Rechen) • raking tooth; rake tooth

Kammzapfen m <masch> • thrust journal

Kammzug m <textil> *(Ziehen und Drehen von Fasern)* • slubbing; top

Kammzugband n <textil> • combed sliver

Kammzugdruck m <textil> • vigoureux printing

Kammzugfärben n <textil> • top dyeing

Kammzugplättmaschine f <textil> • lisseuse

Kammzug-Waschmaschine f <textil> • lisseuse; backwashing machine

Kampagne f <werb> • advertising campaign; campaign

Kampferbaum m <bio> • camphor; laurus camphora

Kampfhelikopter m rar <mil> • attack helicopter; helicopter gunship

Kampfhubschrauber m <mil> • attack helicopter; helicopter gunship

Kampfstoff m <mil> • combat agent

Kampfstoffrückstände mpl <ents> • combat agent residues

Kampfstoffvernichtung f <ents> *(z. B. durch Veraschung)* • combat agent destruction

Kampf um die Erhaltung der Umwelt m <ökol> • environmental battle

kanadische Gelbwurz f <bio> • golden seal; hydrastis canadensis

Kanadischer Mahlgradprüfer m <pap> • Canadian Freeness tester

Kanäle mpl <kfz.emiss> *(in Monolith-Katalysatoren)* • passages pl

Kanal m <tech.allg> *(für Fluide, allg.; jeder Querschnitt; vertikal od. horiz.)* • channel

Kanal m <tech.allg> *(für Flüssigkeiten und Gase, betont: Leitung; eher geschlossen)* • conduit

Kanal m <tech.allg> *(betont: Durchdringung eines Körpers, Passage)* • passage

Kanal m <tech.allg> *(für Lüftung oder Kabel)* • duct; ductwork

Kanal m <av> *(am Radio oderTV eingestellte Station)* • station; channel

Kanal m <av> *(auf einem Magnetband)* • track; channel

Kanal m <bau> *(für Wasser; offen; z. B. für Schiffe)* • canal

Kanal m <bau/nav> *(betont: für Binnenschifffahrt)* • interior navigation canal

Kanal m <chem.verf> *(durch Filtermedien oder Porensysteme)* • tortuous path

Kanal m <edv> • transmission channel; channel

Kanal m <el> *(für elektr. Signale; z. B. Audio- videokanal)* • channel

Kanal m <hlk> *(z. B. für Zu- und Abluft)* • duct

Kanal m <kfz.mot> *(Ein- u. Auslasskanal v. Viertakt-Ottomotoren)* • valve port

Kanal m <logist> *(Tunnellager)* • lane

Kanal m <masch> *(betont: Ein- oder Ausgangsöffnung einer Passage)* • port

Kanal m <masch> *(betont: Laufbahn, z. B. für Rollen, Kugeln, Schüttgut)* • race

Kanal m prakt <navig> • signal processing channel; receiver channel; channel CHAN pract

Kanalabgleich m DIN 45510 <av> *(Einstellung ident. Charakteristiken i. bd. Kanälen eines Stereosystems)* • channel balancing

Kanalabschluss m <el> • channel termination

Kanalabstand m <tele> *(z. B. Fernsehbänder, Mobilfunk)* • interchannel space; channel separation; channel spacing

Kanalabtastung f <av> • channel scanning

Kanaladressierung f <edv> • channel addressing

Kanaladresswort n <edv> • channel address word

Kanalanforderungsblock m <edv> • channel request block

Kanalanzeige f <av.tele> • channel indicator

Kanalauslastung f <tele> • channel load factor; channel utilization

Kanalausnutzung f <tele> • channel load factor; channel utilization

Kanalbandbreite f <tele> • channel bandwidth

Kanalbau m <bau> • canal construction

Kanalbefehl m <edv> • channel command

Kanalbefehlswort n <edv> • channel command word (CCW)

Kanalbereich m <av> • channel range

Kanalbezeichnung f <msr> • channel legend; channel label

kanalbezogene Druckdynamik f <edv.av> • channel pressure; monophonic aftertouch

kanalbezogener Aftertouch m <edv.av> • channel pressure; monophonic aftertouch

Kanalbildung f <tech.allg> • channel formation; channeling US; channelling GB

Kanalbit n <edv> • channel bit

Kanalbitfolge f <edv> • channel bit stream

Kanalblende f <tele> • channel filter

Kanalböschungsschutz m <bau> • canal slope protection

Kanalbreite f <verf.ents> • width of channel

Kanalbündelungseinrichtung f <tele> • channelling equipment

Kanalcode m <edv> • channel code; modulation code

Kanalcodierer m <edv> • channel encoder; channel coder; modulator

Kanalcodierung f <edv> • channel encoding; channel coding

Kanal-Conditioning n <tele> • channel conditioning

Kanaldamm m <bau> • canal embankment

Kanaldaten pl <edv.av> • channel voice message; system channel message

Kanaldotierung f <el> • channel doping

Kanaldurchführung f <bau/hlk> *(durch Wand, Decke)* • duct penetration

Kanalebene f <logist> *(Tunnellager)* • lane level

Kanaleffektfaktor m <nukl> • channeling effect factor US; channelling effect factor GB

Kanaleinlassbauwerk n <bau/hydr> • canal headworks

Kanaleinschlussverbindung f <chem> • channel inclusion compound

Kanalfehlerroutine f <edv> • channel check handler

Kanalfilter n <tele> • channel filter

Kanalführung f <bau.hlk> • ducting

Kanalgas n <emiss> • sewer gas

Kanalgebiet n <el> • channel area

kanalgebunden <tele> • channel-associated

Kanalguss m <bau.mat> • sewer castings

Kanalisation f <bau.ents> *(allg.)* • sewage collection system; sewerage system; public sewers

Kanalisation f <bau.ents> *(Bau von Abwasserkanälen)* • canalization US; canalisation GB

Kanalisation f <bau.hydr> *(Regenwasser)* • storm water collection system; storm sewage system

Kanalisationsrohr n <bau.ents> *(für Abwasser aus Gebäuden)* • sewer pipe; sewage pipe

Kanalisationsrohr n <bau.rls> *(für Oberflächenwasser, Regenwasser)* • storm sewer; storm drain; storm pipe

Kanalisationstechnik f <bau> • sanitary engineering

kanalisieren vt <bau/hydr> *(z. B. Fluss)* • canalize vt

kanalisieren vt <ents> *(Abwasser, Regenwasser in das Kanalsystem ableiten)* • sewer vt

Kanalisierung f <bau.ents> *(Bau von Abwasserkanälen)* • canalization US; canalisation GB

Kanalisierung f <bau/hydr> *(von Abwässern)* • canalization US; canalisation GB; sewerage; sewering

Kanalisierung f <nukl> • channeling US; channelling GB; channelling effect GB

Kanalkapazität f <edv> • channel capacity

Kanalkennbuchstabe m <tele> • channel identification letter

Kanalkennzeichnung f <tele> • channel coding

Kanallager n <logist> • deep lane storage

Kanallücke f <tele> • interchannel gap

Kanalmehrfachbelegung f <tele> • channel congestion

Kanalnachricht f <av> • channel message

Kanalnebensprechen n <tele> • channel cross-talk

Kanalnetz n <ents> • channel network

Kanalnummer f <edv.av> • channel number

Kanalnummer f <tele> • channel designation number; channel designation

Kanalofen m <verf> • tunnel kiln

Kanalplatte f <el> • channel plate

Kanalplatte f <kfz.antr> (Steuerkasten Automatikgetriebe) • transfer plate; adapter plate

Kanalprofil n <bau> • canal section

Kanalprogramm n <edv> • channel program

Kanalquerschnitt m <agri> • bale chamber section

Kanalquerschnitt m <bau.hydr> • channel section; channel opening rare

Kanalquerschnitt m <therm> • port cross-section

Kanalrad n <förd> • non-clogging impeller; channel impeller

Kanalradpumpe f <förd> • non-clogging pump; nonclog pump; impeller channel pump; unchokeable pump; nonchoke pump

Kanalradpumpe f <masch> • ducted-impeller pump

Kanalregal n <logist> • deep lane storage stacker rack

Kanalriet n <textil> • tunnel-type reed

Kanalruß m <kst> • channel black

Kanalrußverfahren n <kst> • channel process

Kanalschleuse f <bau/hydr> • canal lock

Kanalsohle f <bau.ents> (Abwasserkanal) • sewer bottom; invert

Kanalsohle f <bau/hydr> (allg.) • channel invert; canal bottom

Kanalsohlenkote f <bau> • channel invert elevation

kanalspezifische MIDI-Nachricht f <edv.av> • channel voice message; system channel message

Kanalspülung f <ents> • sewer flushing

Kanalsteuereinheit f <edv> • channel controller

Kanalstrahl m <phys> • positive ray; canal ray

Kanalstrahlanalyse f <phys> • positive-ray analysis; canal-ray analysis

Kanalstrahlentladung f <phys> • canal-ray discharge

Kanalstrahlrohr n <el> • canal-ray tube

Kanalstrahlteilchen n <phys> • canal-ray particle

Kanalsystem n <bau> • ductwork

Kanaltiefe f <bau/hydr> • channel depth

Kanaltiefe f <bau/nav> • passage depth

Kanaltiefe f <kst> (Schnecke) • channel depth

Kanaltrennung f <av> • channel separation; separation

Kanaltrockner m <silik> • corridor drier

Kanaltrockner m <verf> • drying tunnel; tunnel drier; canal drier

Kanalüberhitzung f <nukl> • hot-channel effect

Kanalumschaltung f <av> • channel switching

Kanalumschaltung f <phys> (Oszilloskop) • beam switching

Kanalumsetzer m <tele> • channel translating equipment; channel modulating equipment; channel modulator

Kanalumtastung f <tele> • channel shifting

Kanalversetzung f <tele> • staggering

Kanalverstärker m <nukl> • window amplifier

Kanalverteiler m <tele> • channel distributor

Kanalverzweigung f <ents> • offtake

Kanalwähler m <av> • television tuner; tuner

Kanalwähler m <el.tele> • channel selector

Kanalwahl f <el.tele> • channel selection

Kanalwahl durch Impulsschwingungsarten f <tele> • pulse-mode multiplexing; pulse-mode multiplex

Kanalwahltaste f <av> • channel select button "up" or "down"; channel selector button; station select button; channel button

Kanalweiche f <tele> • channel diplexer; channel separating filter; channel combining unit

Kanalwort n <edv> • modulation symbol

Kanalzuordnung f <edv.av> • channel assignment

Kanalzuordnung f <tele> • channel allocation

Kanalzuweisung f <edv.av> • channel assignment

Kandidatenliste f <tech.allg> (z. B. Objektliste beim Raytracing) • candidate list

kandieren vt <nahr.prod> (Früchte) • candy vt; crystallize vt

kandierte Früchte fpl <nahr> • candied fruits; crystallized fruits; glaced fruits

Kanister m <tech.allg> (für Kraftstoff oder Wasser, bes. die typ. Militärbauart) • canister US; jerrycan GB; can coll

Kanister m obs <tech.allg> (eher klein, transportabel, dünnwandig aus Blech oder Kunststoff) • canister

Kanji-Zeichen n <doku> • kanji character

Kanne f <gastr> (Kaffee, Tee etc.) • pot

Kanne f rar <gastr> (für Saft, Milch etc.) • jug

Kanne f <nahr.prod> (für Speiseeis) • bulk can; can

Kanne f <nahr.prod> (für Milch, Sahne; zum Buttern) • churn

Kannelierapparat m <holz> • fluting attachment

Kannengatter n <textil> • can creel

Kannenkühler m <agri> • churn cooler

Kannenkühlung f <agri> • in-churn cooling

Kannenmelkanlage f <agri> • direct-to-can milking installation; in-churn milking system

Kannette f <textil> • pirn; quill US; cop of weft thread; bobbin of filling yarn US; package of weft yarn

Kanonenbohrer m <wz> • half-round bit; simple D-bit; cylinder bit

Kante f <tech.allg> (Körper, Blech, Papier etc.) • edge

Kante f DIN 8805 <edv> (Randlinie von Polygonen) • edge ISO 8805

Kante f <math> (Linie zwischen zwei Eckpunkten einer Fläche) • vertex; edge

Kante f <textil> • edge; edging

Kanteinrichtung f <prod> (zum Kippen) • canting device; tilting device

Kante laschenförmig zuschneiden <pap> • cut the edge so that it forms a blunt point

kanten vt <prod> • edge vt

kanten vt <prod> (kippen; z. B. ein Werkstück) • cant vt; tilt vt

Kantenabdeckung f <obfl> • edge coverage

Kantenabschrägen n <prod> • edge chamfering; edge beveling US; edge trimming; edge bevelling GB

Kantenabschrägmaschine f <wz.masch> • edge beveling machine US; edge bevelling machine GB

Kantenabstand-Dekodierung f <edv> • edge-to-similar-edge decoding

Kantenausbrechen n <led> • edge staking

Kantenausbrechen n <prod> (unerwünscht) • edge chipping

Kantenausbrüche mpl <edv> (von Strichcodelementen) • edge roughness; edge errors pl

Kantenausroller m <textil> • selvage uncurler

Kantenbearbeitung f <prod> (Abschneiden, Begradigen) • edge trimming

Kantenberührung f <tech.allg> • edge contact
Kantenbesäumfräsen n <wz.masch> • edge milling
Kantenbesäumschere f <wz> • squaring shears
Kantenbeschichtung f <obfl> • edge coverage
Kantenbeschneidmaschine f <wz.masch> • edge trim-
ming machine
Kantenbeschneidung f <prod> • edge trimming
Kantenbeschneidung f <textil> • listing
Kantenbrechen n <prod> • breaking of the corners;
chamfering
Kanten brechen vi <prod> (abschrägen, fasen) • bevel vt
Kantenbrennmaschine f <prod> • edge burnishing ma-
chine
Kantenbruch m <qualit.mat> • edge fracture
Kantendurchbiegung f <pap> • edge displacement
Kanteneffekt m <phys> • edge effect
Kanteneinfassung f <kfz> (von Teppichbodenmatten)
• edge binding; binding
Kanteneingriff m <tech.allg> • edge interference
Kanteneinkerbmaschine f <wz.masch> • edge notcher
Kanteneinleger m <textil> • tucking unit; tuck-in unit;
tucker unit
Kanteneinstellgerät n <prod> • corner locator
Kantenemission f <phys> • absorption-edge emission;
edge emission
Kantenemitter m <opt.lwl> • edge emitter
Kanten-Endelstich m <textil> (Konfektion) • overedge
stitch
Kantenfalte f <pap> • edge fold
Kantenfehler mpl <edv> (von Strichcodelementen) • edge
roughness; edge errors pl
Kantenfestbügeln n <textil> • edge underpressing
Kantenfläche f <pap> • edge surface
Kantenflucht f <obfl> (von Lack) • running away; thinning
out; thinning; running
kantengeführtes Folienziehen n <energ.sol> (Solar-
zellen) • edge-defined film-fed growth (EFG); EFG-me-
thod
Kantenglättung f <edv> • anti-aliasing
Kantenhobelmaschine f <wz.masch> • edge-planing
machine; edger
Kantenkehlmaschine f <holz.wz> • edge molder
Kantenkorrosion f <obfl> • knife-edge corrosion
Kantenlackieren n <obfl> • edge coating
Kantenlänge f <tech.allg> • edge length; side length
Kantenlänge der Bedämpfungsfahne f <msr> • length
of target
Kantenlänge des Bedämpfungsobjekts n <msr>
• length of target
Kantenmodell n <edv> (im 3D-Grafikprogramm; CAD)
• wire-frame model; mesh object; wire model
Kantenpressung f <bau> (allg.) • edge pressure
Kantenpressung f <mech> (z. B. bei Wellenlagern)
• edge loading
Kantenproblem n <pap> • edge problem
Kantenrauigkeit f <edv> (von Strichcodelementen)
• edge roughness; edge errors pl
Kantenrauschen n <av> • picture edge noise
Kantenriss m <qualit.mat> (z. B. Glas, Keramik) • edge
crack
Kantenrost m <obfl> • rusty edge; dogleg rust
Kantenschärfe f <opt> • picture edge sharpness; acu-
tance; edge definition; edge acuity; edge sharpness
Kantenschleifen n <silik.prod> (von Glasscheiben; Vor-
gang) • edge grinding; edging
Kantenschleifmaschine f <wz.masch> (z. B. für Glas-
scheiben) • edge grinding machine
Kantenschliff m <silik.prod> (von Glasscheiben; Vor-
gang) • edge grinding; edging

Kantenschutz m <obfl> (vor Korrosion; Versiegelung)
• edge protection; edge sealing
Kantenschutzleiste f <bau.mat> • corner bead; angle bead
Kantenschutzprofil n <bau.mat> • corner bead; angle
bead
Kantenschutzprofil n <kfz> (an Autos; zum Aufstecken)
• snap-on edge trim; edge trim
Kantenschutzschiene f <bau.mat> (an Treppenstufe)
• stair nosing
Kantenschutzschiene f <bau.mat> • corner bead; angle
bead
Kantensequenz f <edv> • edge sequence
Kantenstauchdruck m <pap> • edge crush pressure
Kantenstauchversuch m <pap> (betont: bei Wellpappe)
• corrugated crush test (CCT)
Kantenstauchversuch m (ECT) <qualit.mat> (allg.)
• edge crush test (ECT)
Kantenstauchwiderstand m <pap> (von Wellpape) • re-
sistance to edgewise compression; edgewise compres-
sion strength; edgewise crush resistance; edge crush re-
sistance; edge crush strength
Kantenstecker m <edv> (an Leiterplatte) • circuit board
edge connector
Kantensteckverbinder m <edv> (an Leiterplatte) • circuit
board edge connector
Kantensteilheit f <phys> (Signal) • steepness of the edge
Kantenstoß m <füg> (im spitzen Winkel; z. B. geschweißt)
• edge joint
Kantenstoß des Dampfs m <turb> • shock at entry
Kantensymbol n <mat> • index of the crystral edge
kantentexturiert <textil> • edge-crimped
Kantenverleimung f <füg.holz> • edge gluing
Kantenversagen n <pap> • edge compression failure
Kantenversatz m DIN EN ISO 6520-1 <füg.qualit>
(Schweißfehler) • linear misalignment ISO 6520-1
Kantenversetzung f <prod> • edge dislocation
Kantenvorbereitung f <prod> (z. B. zum Schweißen)
• edge preparation
Kantenwachstum n <mat> • edge growth
Kantenwelligkeit f <prod> • edge waviness
Kantenwinkel m <tech.allg> • angle between faces
Kantenwirbel m <phys> • rim vortex
Kantenzange f rar <wz> • pincers; carpenters' pincers;
end-cutting nippers; nippers
Kantenziehen n <bau> • fitchering; lining
Kantenziehverfahren n <chem.petr> • edge crimping
Kantenziehverfahren n <textil> • edge crimp method
Kantenzug m <edv> • edge sequence
Kantenzwinge f <wz> • corner clamp
Kante-zu-Kante <pap> • edge-to-edge
Kantholz n <bau.mat> (relativ schlank) • scantling
Kantholz n <bau.mat> (Balken) • square-sawn timber;
rectangular timber; squared timber
Kantholzgerüst n <bau> • plank scaffold
Kantholzsäge f <wz.masch> • log-squaring saw
Kantholzträger m <logist> (Palette) • stringer
Kantieren n <led> • edge staking
Kantieren n <prod> (Schuhfertigung) • top-stitching
kantig <tech.allg> (mit Ecken und Kanten) • angular in
shape; angular
kantig <tech.allg> (z. B. Karosserieform) • boxy
Kantigkeit f <tech.allg> (Eigenschaft eines Körpers mit
Ecken und Kanten) • angularity
Kantrinne f <masch> • guide channel
Kantungswinkel m <phot> • swing angle
Kanu n <nav> • canoe
Kanüle f <tech.allg> • tubule
Kanüle f <med.tech> (z. B. von Spritzen) • cannula; needle
coll

Kanzel f obs <aerospace> (Pilotenraum) • cockpit
kanzerogener Stoff m <med> • carcinogen
Kaolin m <mat> • porcelain clay; china clay; kaolin
Kaolinerde f <mat> • porcelain clay; china clay; kaolin
Kaolinfüllstoff m <pap> • clay filler
kaolingefüllt <pap> • clay-filled
Kaolinsand m <mat> • kaolin sand
Kaolintrübe f <pap> • clay milk
Kaon n <phys> • K meson; kaon
kaonisch <phys> • kaonic
Kapazität f <edv> (von Magnetbändern, Festplatten, CDs etc.) • storage capacity; capacity; data [storage] capacity; recording capacity TEAC; media capacity
Kapazität f <edv> • storage capacity; capacity; data [storage] capacity; recording capacity TEAC; media capacity
Kapazität f <el> (von Kabeln) • capacitance
Kapazität f prakt <el> (von Akkus, Batterien; in Ah oder mAh) • battery capacity; rated battery capacity; ampere-hour capacity; Ah capacity pract; capacity pract
Kapazität f <logist> (von Behältern, Containern etc.; z. B. in m³) • capacity; volume
Kapazität f <msr> (von flüchtigen Speichern; z. B. RAM) • memory capacity
Kapazität des pn-Übergangs f <el> • junction capacitance
Kapazität ohne Datenkompression f <edv> • uncompressed capacity; native capacity Conner; capacity without data compression
Kapazität pro Flächeneinheit f <el> • unit-area capacitance
Kapazitätsabweichung f <el> • capacitance deviation
Kapazitätsänderung f <el> • change in capacitance
kapazitätsarm <el> • low-capacitance
kapazitätsarmer Schalter m <el> • anticapacitance switch
kapazitätsarmes Kabel n <el> • low-capacity cable
kapazitätsarm gewickelt <el> • bank-wound
Kapazitätsausnutzung f <masch> • utilization of the capacity
Kapazitätsbelag m <el> • total capacitance per unit length; capacitance per unit length; distributed capacitance
Kapazitätsbelag m <el> • unit-area capacitance
Kapazitätsdiode f <el> • voltage-variable capacitance diode; variable capacitance diode; capacitance diode; varactor [diode]; varicap
Kapazitätseffekt m <el> • capacitance effect
Kapazitätseinstellung f <el> • capacity trimming; trimming
Kapazitätsfaktor m <nukl> (Kernkraftwerk; gefahrene Last dividiert durch Nennlast) • capacity factor
kapazitätsfrei <el> • non-capacitive
kapazitätsgerader Drehkondensator m <el> • straight-line capacitance capacitor
Kapazitätskoeffizient m <el> • coefficient of capacitance
kapazitätslinearer Drehkondensator m <el> • variable capacitor with linear capacitance increase
Kapazitätsmessbrücke f <msr> • capacitance checker; capacitance bridge
Kapazitätsmesser m <msr> • capacitance meter; farad-meter
Kapazitätsmessung f <msr> • capacitance measurement
kapazitätsproportionaler Kondensator m <el> • straight-line capacitance capacitor
Kapazitätspumpe f <förd> • surface condensation pump
Kapazitätsreserve f <el> (Batterie) • reserve capacity
Kapazitätssonde f <el> • capacitance probe
Kapazitätsstrom m <el.chem> • capacitive current; condenser current; charging current
Kapazitätssymmetrie f <el> • capacitance balance
Kapazität zwischen Elektroden f <el> • interelectrode capacitance

Kapazitanz f <el> (von Kondensatoren) • capacitive reactance
kapazitative Entladung f <el.füg> (z. B. zum Schweißbonden) • capacitor discharge
kapazitiv <el> (z. B. Sensor) • capacitive
kapazitiv beschwerte Antenne f <el> • top-capacitor antenna US; top-loaded aerial GB
kapazitive Abstimmung f <el> • capacitive tuning
kapazitive Abtastung f <msr> • capacitive sensing; capacitive detection
kapazitive Dreipunktschaltung f <el> • Colpitts oscillator; Colpitts circuit
kapazitive Erfassung f <msr> • capacitive sensing; capacitive detection
kapazitive Feldüberwachungsschranke f :V <alarm> • volumetric capacitive detector
kapazitive Kopplung f <el> • capacitive coupling
kapazitive Ladung f <el> • capacitive charge
kapazitive Last f <el> • capacitive load; leading load
kapazitiver Analoggeber m <msr> • capacitive proximity sensor with analog output US; capacitive proximity sensor with analogue output GB; capacitive analog sensor
kapazitiver Ausgang m <el> • capacitor-coupled output
kapazitiver Beschleunigungsmesser m <msr> • capacitive accelerometer
kapazitiver Blindwiderstand m (XC) DIN EN 1330-1 <el> (von Kondensatoren) • capacitive reactance
kapazitiver Drucksensor m <msr> • capacitive pressure transducer; capacitive pressure sensor
kapazitive Reaktanz f <el> (von Kondensatoren) • capacitive reactance
kapazitiver Effekt m <el> • capacitive effect
kapazitiver Feldänderungsmelder m (KFM) <alarm> • capacitive proximity detector; capacitance alarm/detector/sensor; capacitance proximity detector/sensor; proximity detector; proximity alarm/sensor
kapazitiver Füllstandsmelder m <msr> • capacitive level sensor; capacitive level meter
kapazitiver Füllstandssensor m <msr> • capacitive level sensor; capacitive level meter
kapazitiver Geber m <msr> • capacitive transducer; capacitive pick-up
kapazitiver Handgriff m <el> • capacitive palm button; palm button
kapazitiver Initiator m <msr> • capacitive proximity sensor; capacitive sensor; capacitive prox
kapazitiver Kurzschlusskolben m <el> • choke piston
kapazitiver Melder m <alarm> • capacitive proximity detector; capacitance alarm/detector/sensor; capacitance proximity detector/sensor; proximity detector; proximity alarm/sensor
kapazitiver Messkopf m <textil> (Gespinstkontrolle; Gespinstreinigung) • capacitive measuring head
kapazitiver Messwandler m <msr> • capacitive transducer
kapazitiver Näherungsinitiator m <msr> • capacitive proximity sensor; capacitive sensor; capacitive prox
kapazitiver Näherungsschalter m <msr> • capacitive proximity switch
kapazitiver Näherungssensor m <msr> • capacitive proximity sensor; capacitive sensor; capacitive prox
kapazitiver Nebenschluss m <el> • capacitive shunt
kapazitiver Sensor m <msr> • capacitive proximity sensor; capacitive sensor; capacitive prox
kapazitiver Sensor mit analogem Ausgang m <msr> • capacitive proximity sensor with analog output US; capacitive proximity sensor with analogue output GB; capacitive analog sensor
kapazitiver Spannungsteiler m <el> • capacitive voltage divider; capacitor voltage divider

kapazitiver Spannungswandler m <el> • capacitor transformer

kapazitiver Strom m <el.chem> • capacitive current; condenser current; charging current

kapazitiver Stromanteil m <el> • capacitive component

kapazitiver Tonabnehmer m <av> • capacitive pick-up; capacitor pick-up

kapazitive Rückkopplung f <el> • capacitive feedback

kapazitiver Wandler m <msr> • capacitive transducer

kapazitiver Wegfühler m <msr> • capacitive proximity sensor; capacitive sensor; capacitive prox

kapazitiver Widerstand m <el> • capacitive reactance; capacitance

kapazitive Speicherung f <edv> • capacitive recording

Kapazitiv-Feldänderungsmelder m <alarm> • capacitive proximity detector; capacitance alarm/detector/sensor; capacitance proximity detector/sensor; proximity detector; proximity alarm/sensor

Kapazitivfeldschutz m <alarm> • capacitive proximity detector; capacitance alarm/detector/sensor; capacitance proximity detector/sensor; proximity detector; proximity alarm/sensor

kapazitiv gekoppelt <el> • capacitively coupled

kapazitiv gespeister Gleisstromkreis m <el> • capacitor-fed track circuit

kapazitiv zusammenschalten vt <el> • join capacitively vt

Kapelle f <bau> (kleine Kirche) • chapel

Kapelle f <chem> (Abzugshaube) • fume hood

Kapellenofen m <metall> • cupellation furnace; assay furnace

Kapellenprobe f <metall> • cupel test

kapillar <phys> • capillary

Kapillarableitung f <tech.allg> (Leckage) • capillary leak

kapillaraktiv <phys> • capillary-active

Kapillaraszension f <phys> • capillary rise; elevation

Kapillarattraktion f wiss <phys> • capillary attraction

Kapillardepression f <phys> • capillary depression

Kapillardrossel f <phys> • capillary restriction

Kapillardruck m <phys> • capillary pressure

Kapillardruckhöhe f <phys> • capillary head

Kapillare f <tech.allg> • capillary tube; capillary

Kapillare f <el.ic.prod> (Bondwerkzeug beim Ball-Bonden) • capillary

Kapillare f <textil> (Filament) • capillary

kapillare Haftkräfte fpl <phys> • capillary attraction

kapillare Kondensation f <chem> • capillary condensation

Kapillarelektrometer n <msr> • capillary electrometer

Kapillarenmündung f <phys> • capillary orifice; capillary opening US

Kapillarenöffnung f <phys> • capillary orifice; capillary opening US

Kapillarenspitze f <el.ic.prod> (Drahtbonder) • capillary tip

Kapillarenverschluss m <tech.allg> • capillary plugging; capillary clogging

Kapillarenverstopfung f <tech.allg> • capillary plugging; capillary clogging

kapillare Steighöhe f <phys> • height of capillary rise; capillary rise

kapillarinaktiv <phys> • capillary-inactive

Kapillarität f <phys> • capillarity

Kapillarkondensation f <chem> • capillary condensation

Kapillarkonstante f <phys> • capillary constant

Kapillarkräfte fpl <phys> • capillary forces pl

Kapillarleitung f <tech.allg> • capillary tubing

Kapillarpore f <tech.allg> • capillary pore

Kapillarresponse f <el.chem> (einer tropfenden Queck-silberelektrode) • capillary response

Kapillarröhrchen n <tech.allg> • capillary tube; capillary

Kapillarrohr n <tech.allg> • capillary tube; capillary

Kapillarrohr n <hlk> (Klimaanlage; Alternative zum Ex-pansionsventil) • fixed orifice tube (FOT); expansion tube pract; orifice tube

Kapillarsäule f <phys> (Labor, Messtechnik) • capillary column

Kapillarsaum m <phys> • capillary fringe

Kapillarviskosimeter n <msr> • capillary tube viscometer; capillary-type viscometer; friction viscosimeter; capillary viscometer; friction viscometer

Kapillarwasser n <tech.allg> • capillary water

Kapillarwellen fpl <tech> • capillary waves

Kapillarwirkung f <phys> (benetzende Flüssigkeit in Kapillaren) • capillary action; capillarity

Kapital n <fin> • capital

Kapitalanlage f <fin> • investment

Kapitalausstattung f <fin> • capital equipment; capital resources

Kapitalband n <druck> • headband

Kapitalbewegungen fpl <fin> • capital movements; movement of capital; capital transfer; capital transaction

Kapitalmaschine f <druck> • headbanding machine

Kapitalsteg m <druck> • gripper margin

Kapitalverkehr m <fin> • capital movements; movement of capital; capital transfer; capital transaction

Kapitalvermögen n <fin> • capital assets

Kapitell n <bau> • chamfer

Kapitell n <bau> (z. B. Korinthisch) • column capital; capital

Kaplanpumpe f <förd> • screw-propeller pump

Kaplanturbine f <energ.hydr> • Kaplan water turbine; Kaplan turbine

Kapnograph m <med.tech> • capnograph

Kapnographie f <med.tech> • capnography

Kapnometer n <med.tech> • capnometer

Kapnometrie f <med.tech> • capnometry

Kapok m <textil> • kapok

Kappa-Zahl f DIN 54357 <pap> • kappa number

Kappe f <tech.allg> (Abdeckungsteil) • cap piece

Kappe f <tech.allg> (allg., Abdeckung; z. B. auf Reifen-ventilen) • cap

Kappe f <aerospace> (Fallschirm) • canopy

Kappe f <bau> (kuppelartig) • dome

Kappe f <bau> (Gewölbe) • vault

Kappe f <bekl> (Schuh, Stiefel) • toe-cap; cap

Kappe f <fz> (in Reifen) • innerliner

Kappe f <min> (Deckenbalken) • roof timber; headpiece; roof bar; canopy; bar

Kappe f VDI/VDE 2171 73 <navig> (trägt die Laufachse eines kardanisch gelagerten Kreisels) • inner gimbal

kappen vt <tech.allg> (Vorgang vorzeitig beenden) • cut off vt

kappen vt <prod> • hack vt

Kappenachse f <navig> (Kreisel) • inner gimbal axis

Kappenisolator m <el> • cap-and-pin-type insulator; cap-and-pin insulator

Kappenkalander m <prod> (Reifen) • innerliner calender

Kappenkopf m <prod> • gib-and-cotter end; butt end

Kappenlochmaschine f <led.prod> (Schuhfertigung) • toe-cap perforating machine

Kappenlösung f <fz> (Reifen) • innerliner separation

Kappenständer m <metall> • open-topped housing

Kappenverschließmaschine f <pack> • capping machine

Kapplage f <füg> (Schweißtechnik) • capping bead; capping pass

Kapplageneinbringung f <füg> • root sealing run

Kapplagenschweißen n <füg> • rewelding from the back; capping

Kappnaht *f* <füg.led> • semifelled seam
Kappnaht *f* <füg.textil> • lapped seam
Kappschuh *m* <min> • jointing shoe
Kapp- und Gehrungssäge *f* <wz> *(z. B. für Bilderrahmen)* • miter saw; mitre-cutting saw *GB*; mitre saw *GB*
Kaprinsäure *f* <chem> • capric acid; decanoic acid
Kaprolaktam *n* <chem.petr> • caprolactam
Kapsel *f* <tech.allg> *(dichtes od. besonders widerstandsfähiges Gehäuse)* • jacket; enclosure; shell; case
Kapsel *f* <msr> *(z. B. Barometer)* • capsule
Kapsel *f* <pack> *(auf Flaschenhals)* • capsule
Kapsel *f* <silik> • saggar
Kapselabtrennung *f* <aerospace> *(Raumfahrzeug)* • cabin separation
Kapselbergungsraketentriebwerk *n* <aerospace> • emergency capsule escape rocket
Kapselfederdruckmessglied *n* <msr> • diaphragm pressure element
Kapselfedermanometer *n* <msr> • pneumatic capsule gauge
Kapselfederzugmesser *m* <msr> • double-diaphragm draft gauge *US*; double-diaphragm draught gauge *GB*
kapselförmig <tech.allg> *(z. B. Raumfahrzeug, Behältnis)* • capsular
Kapselgebläse *n* <masch> • positive-displacement blower; valveless compressor; lobe-type compressor
Kapselkatapultsitz *m* <aerospace> • jettisonable cockpit capsule; ejection cockpit capsule; escape cockpit capsule
Kapselmaschine *f* <pack> • capsuling machine
Kapselmotor *m* <mot> • box motor
Kapseln *fpl* <med> *(Medikament)* • capsules
kapseln *vt* <tech.allg> *(betont: abdichten)* • seal *vt*
kapseln *vt* <tech.allg> *(isolieren)* • isolate *vt*
kapseln *vt* <allg.tech> • enclose *vt*; encase *vt*; case *vt*
kapseln *vt* <el> *(Bausteine, Prozessoren)* • package *vt*
kapseln *vt* <nukl> • can *vt*
kapseln *vt* <pack> • encapsulate *vt*
Kapselpumpe *f* <förd> *(Quecksilber als Sperrflüssigkeit gegen chemisch aggressive StoffeQ)* • mercury rotating pump
Kapselpumpe *f* <förd> *(mit Drehflügel)* • lobe pump
Kapselpumpe *f* <kfz> *(Ölpumpe)* • rotor-type pump; Eaton pump; eccentric rotor pump *did*; trochoid pump *rare*
Kapselton *m* <silik> • saggar clay
Kapselung *f* <el> *(elektr. Bauteile; z. B. durch Vergießen)* • packaging
Kapselung *f* <masch> *(feste Umhüllung; meist aus Metall)* • canning; enclosure
Kapselung *f* <prod> *(Einbetten in Vergussmasse)* • potting
Kapteyn'sche Eichfelder *npl* <astron> • Selected Areas *pl*
Kapton *n* <el.kst> *(Kabelisolierungsmaterial, aromatisches Polyimid)* • Kapton
Karabinerhaken *m* <füg> *(z. B. für Bergseil, Takelage)* • spring catch; spring hook; spring clip; snap hook
Karabinernadel *f* <textil> • carbine needle
Karamelmalz *n* <nahr> • caramel malt
Karamelzucker *m* <nahr> • caramelized sugar; caramelised sugar *GB*
Karat *n* <msr> *(0,2 Gramm)* • metric carat
Karbid *n ugs* <chem> • carbide
Karbonat *n ugs* <chem> • carbonate
Karbonathärte *f obs* <qualit.mat> • carbonate hardness; temporary hardness
Karbonatisierung *f obs* <bau.mat> • carbonation
Karbonatschmelze-Brennstoffzelle *n* <chem> • molten carbonite fuel cell (MCFC)
Karbonband *n* <druck> • carbon ribbon

Karbon-Bremse *f* <kfz.brems> • carbon brake
Karbondruck *m* <druck> • carbon coating
Karbondruckmaschine *f* <druck> • carbon coating machine
Karbonfilm *m* <msr> • carbon film
Karbonitrierung *f* <metall> • carbonitriding; gas cyaniding; dry cyaniding
Karbonpapier *n* <doku> *(für Durchschläge)* • carbon-base paper; carbon paper
Karbonpapier *n alt* <el> • carbon paper; carbon-black paper; semi(-)conducting carbon paper; semiconducting paper; carbon loaded paper
Karborundschleifscheibe *f* <wz> • carborundum grinding wheel; carborundum wheel
karbothermisch <metall> • carbothermic
Karboxylatkautschuk *m* <kst> • carboxylic rubber; acid rubber
karburieren *vt* <tech.allg> • carburet *vt*
Karcheln *n CH* <med> • stertorous breathing
Kardanantrieb *m* <antr> *(für nicht fluchtende Wellen)* • cardan drive; cardan-shaft transmission
Kardanaufhängung *f* <navig> *(eines Kreisels)* • gimbal suspension; gimbal mounting
Kardangelenk *n* <antr> *(bekannteste Bauart eines Kreuzgelenks; z. B. in Kardanwellen)* • cardan joint
Kardangelenk *n alt* <el> • carbon paper; carbon-black paper; semi(-)conducting carbon paper; semiconducting paper; carbon loaded paper
Kardangelenk *n ugs* <antr> *(in Antriebswellen)* • universal joint (UJ); U-joint *pract*; cardan joint *rare*
Kardangelenk *n* <wz> *(Verbindungsteil für Steckschlüsseleinsätze)* • universal joint; U-joint *pract*
Kardangelenkeinsatz *m* <wz> • universal joint socket; universal socket; flexible socket *US*; flex socket *US.coll*
Kardangelenk für Kraftschrauber-Einsätze *n form* <wz> *(Kardangelenk für Maschinenschrauber)* • impact universal joint
Kardangelenkkupplung *f* <masch> • universal coupling
Kardangelenkwelle *f* <antr> *(allg. Welle mit Kreuz- bzw. Kardangelenken)* • cardan shaft; universally jointed shaft
kardanische Aufhängung *f* <masch> • cardanic suspension
kardanische Aufhängung *f* <navig> *(eines Kreisels)* • gimbal suspension; gimbal mounting
kardanische Lagerung *f* <navig> *(eines Kreisels)* • gimbal suspension; gimbal mounting
kardanische Sattelkupplung *f* <nfz> • oscillating fifth wheel; fifth wheel with lateral movement *Rockinger*
kardanisches Gelenk *n obs* <antr> *(bekannteste Bauart eines Kreuzgelenks; z. B. in Kardanwellen)* • cardan joint
Kardankreisel *m* <navig> • gimbaled gyro
Kardanlagerung *f* <navig> *(eines Kreisels)* • gimbal suspension; gimbal mounting
Kardanrahmen *m* <navig> *(äußere Aufhängung)* • outer gimbal
Kardanring *m* <masch> • gimbal
Kardanring *m* <navig> *(Kreiselkompass)* • gimbal
Kardantunnel *m prakt.ugs* <kfz> • transmission tunnel; driveshaft tunnel
Kardanwelle *f* <antr> *(allg. Welle mit Kreuz- bzw. Kardangelenken)* • cardan shaft; universally jointed shaft
Kardanwelle *f ugs* <kfz.antr> *(bei Kfz m. Frontmotor u. Heckantrieb; zw. Getriebe u. Achsdifferential)* • propeller shaft; propshaft *pract.coll*; drive shaft
Kardan-Zündkerzenschlüssel *m* <kfz.wz> *(Steckschlüsseleinsatz)* • universal spark plug socket; flex[ible] spark plug socket
Karde *f* <textil> *(Spinnerei)* • carding machine; card
Kardenband *n* <textil> • carded sliver; card sliver
Kardenbandnummer *f* <textil> • card sliver count
Kardenbandzuführung *f* <textil> • card delivery
Kardenbeschlag *m* <textil> • card clothing

Kardendeckel *m* <textil> • card flat; flat
Kardenflorteilung *f* <textil> • card-web division
Kardenleder *n* <led> *(Textilmaschinen)* • card clothing leather; carding leather; card leather
Kardennadelrichter *m* <textil> • card grinder
Kardenrahmen *m* <textil> • card frame
Kardenrauhmaschine *f* <textil> • teasel raising machine
Kardenschleifer *m* <textil> • card grinder
Kardensetzer *m* <textil> • card setter; card fixer
Kardensetzmaschine *f* <textil> • card setting machine
Kardenwender *m* <textil> • card stripper
kardieren *vt* <textil> • comb *vt*; card *vt*
Kardierflügel *m* <textil> • carding arm
Kardierkonstante *f* <textil> • carding constant
kardiertes Garn *n* DIN 60900 <textil> • carded yarn
Kardinalfläche *f* <opt> • cardinal plane
Kardinalpunkte *mpl* <opt> • conjugate points; cardinal points
Kardinalstrecke *f* <opt> • cardinal distance; cardinal length
Kardinalzahl *f* <math> • cardinal number
Kardioiddunkelfeldkondensor *m* <opt> • cardioid condenser
Kardioide *f* <math> • cardioid
Kardioidenkennlinie *f* • heart-shaped diagram; cardioid diagram
Kardioidkennlinie *f* • heart-shaped diagram; cardioid diagram
Kardiostimulator *m* <med.tech> • cardiostimulator
karierte Bahn *f* <kfz.wz> *(Karosseriehammer)* • cross-milled serrated face; cross-hatched face; cross-grooved face; corrugated face; serrated face *pract*
kariert gefräste Bahn *f* <kfz.wz> *(Karosseriehammer)* • cross-milled serrated face; cross-hatched face; cross-grooved face; corrugated face; serrated face *pract*
Karierwebstuhl *m* <textil> • multiple shuttle loom; multiple box loom
Karikatur *f* <kunst> • cartoon
Karkasse *f* <fz> *(von Reifen)* • carcass; tire body *US*; body plies; body ply cord; casing *rare*
Karkasse *f* <rls> *(von Schläuchen, Kompensatoren)* • reinforcement fabric; tire cord *US*; tyre cord *GB*; carcass *rare*
Karkassengummi *m* <kst> • carcass rubber; casing rubber
Karkassenlage *f* <prod> *(z. B. von Reifen)* • carcass ply; casing ply
Karkassmischung *f* <kst> • carcass compound; carcass stock
Kármán'sche Strömung *f* <phys> *(Hydrodynamik)* • Kármán flow
Kármán'sche Wirbelstraße *f* <phys> *(Hydrodynamik)* • Kármán's vortex street; Kármán vortex street
Kármán-Trefftz-Profil *n* <aerospace> • Kármán-Trefftz profile
Kármán-Trefftz-Verallgemeinerung *f* <phys> • Kármán-Trefftz generalization *US*; Kármán-Trefftz generalisation *GB*
karmesinrot <kunst> • carmine red; crimson
Karminlack *m* <obfl> • madder-lake
karminrot RAL 3002 <kunst> • carmine red; crimson
Karnaubawachs *n* <obfl> *(z. B. für Holz-, Lackschutz)* • carnauba wax; hard wax; carnauba
Karnies *n* <bau> *(Säulenschmuck; z. B. in Würfelkapitell)* • cyma
Karnofsky-Index *m* <med> • Karnofsky's score
Karobgummi *m* <nahr> *(Stabilisator)* • locust bean gum (LBG); carob bean gum; carob gum
Karosse *f rar* <kfz> • automotive body; motor-vehicle body; car body; body *coll*

Karosserie *f* <kfz> • automotive body; motor-vehicle body; car body; body *coll*
Karosserie *f* <kfz> *(das nackte Blechgerippe eines Autos, ohne An- und Einbauteile)* • body shell; hull *coll*
Karosserie *f ugs.rar* <kfz> *(bei Pkw und Lkw; insbes. bei Rahmenbauweise)* • bodywork; body *pract*; coachwork *GB.obs*
Karosserie-Anbauteile *npl* <kfz> *(Spoiler, Schürzen etc.)* • ground effects package; body styling kit
Karosserieaufbau *m rar* <kfz> *(Struktureinheit nach dem Ausschweißen)* • body-in-white; body framework; body frame; body framing; master build
Karosserieaufbau *m* <kfz.prod> *(Prozess)* • body framing
Karosserieaufbaukomplex *m* <kfz.prod> • body framing complex
Karosserieaufbaustation *f* <kfz.prod> • framing station
Karosserieaufbaustraße *f* <kfz.prod> • body framing line
Karosserieaufbauvorgang *m* <kfz.prod> • framing operation
Karosserieausschnitt *m* <kfz> • body shell aperture
Karosserie-Außenhautteil *n* <kfz> • body-shell panel; car body panel
Karosserie-Außenteil *n* <kfz> • exterior body part
Karosseriebau *m* <kfz.prod> • car body manufacture; body construction
Karosseriebauer *m prakt* <kfz> • body manufacturer; body builder *coll*; coachbuilder *obs*
Karosseriebauteil *n* <kfz> *(allg.)* • car body component; body component
Karosseriebauteil *n* <kfz.prod> *(geformte Platine im Karosseriebau)* • body panel; body sheet metal; body sheet
Karosserieblech *n* <kfz.prod> *(geformte Platine im Karosseriebau)* • body panel; body sheet metal; body sheet
Karosserieblech *n* <metall> *(als Halbzeug, z. B. als Coil)* • body sheet metal
Karosserieblechmeißel *m* <wz> *(zum Trennen von Blechen, Schweißpunkten, Schweißfugen)* • splitting chisel; bodywork chisel
Karosserie-Blechschneider *m* <kfz.wz> • manual panel cutter
karosseriebündige Bereifung *f* <kfz> • flush-mounted wheels :V
Karosseriedichtmasse *f* <kfz.mat> • body sealer; body caulking compound
Karosseriefalz *m* <kfz> • body flange
Karosseriefeile *f* <kfz.wz> • body file; panel file; cheese grater file *pract*; Vixen file *US.pract*; fender file *US.pract*
Karosseriefeilenblatt *n* <kfz.wz> *(für Karosseriefeilen-Halter)* • body file [blade]; body blade
Karosseriefeilen-Halter *m* <kfz.wz> • file frame; body blade holder
Karosseriefeilen-Spannhalter *m* <kfz.wz> • file frame; body blade holder
Karosseriefilz *m* <kfz> • underfelt
Karosseriefräser *m* <kfz.wz> *(konische Form)* • tapered reamer *US*; taper cutter *GB*
Karosseriegerippe *n* <kfz> • body skeleton
Karosseriegerippe *n* BMW <kfz> *(Struktureinheit nach dem Ausschweißen)* • body-in-white; body framework; body frame; body framing; master build
Karosseriegerippe-Ausschweißen *n* <kfz.prod> • body framework welding
Karosseriehammer *m* <kfz.wz> *(allg.)* • panel hammer; dinging hammer *US*; panel beating hammer; panel beater *GB*; bumping hammer
Karosseriehandwerker *m form* <kfz> • body repair man; body man *coll*; body and fender man *US*

Karosseriehauptbock *m* <kfz.prod> • body framing complex

Karosseriehersteller *m* <kfz> • body manufacturer; body builder *coll*; coachbuilder *obs*

Karosserieinstandsetzung *f form* <kfz.rep> *(allg.)* • body and fender repair *US*; body repair

Karosserieklebung *f* <kfz> • panel bonding

Karosseriekontur *f* <kfz> • body contour

Karosseriekreide *f* <kfz> • body chalk

Karosserielack *m* <kfz.obfl> • body enamel; body finish

Karosseriemeißel *m* <kfz.wz> *(Druckluftwerkzeug)* • panel cutter

Karosseriemeißel *m* <wz> *(zum Trennen von Blechen, Schweißpunkten, Schweißfugen)* • splitting chisel; bodywork chisel

Karosseriemessplan *m* <kfz.rep> • dimensional diagram of the body

Karosserie mit ausgestellten Kotflügeln *f :V* <kfz> • flareside body

Karosserie mit karosseriebündiger Bereifung *f* <kfz> • flush-wheel body

Karosserienaht *f* <kfz> • body joint

Karosseriepresse *f* <wz.masch> • body press

Karosseriepresswerk *n* <kfz.prod> • press shop

Karosserieraspel *f* <kfz.wz> • body filler rasp

Karosseriereparateur *m rar* <kfz> • body repair man; body man *coll*; body and fender man *US*

Karosseriereparatur *f* <kfz.rep> *(allg.)* • body and fender repair *US*; body repair

Karosseriereparaturbetrieb *m form* <kfz> • body repair shop; body shop *pract*; smash repair shop *AUS.sl*

Karosserierohbau *m* <kfz> *(Struktureinheit nach dem Ausschweißen)* • body-in-white; body framework; body frame; body framing; master build

Karosserierohbau *m* <kfz.prod> *(Produktionsabschnitt in einem Automobilwerk)* • body shop; body assembly shop; body-in-white

Karosserierumpf *m* <kfz> *(Karosseriegerippe ohne demontierbare Blechteile)* • body tub

Karosserieschlageisen *n* <kfz.wz> • bumping blade; bumping file

Karosserieschlosser *m* <kfz> • body repair man; body man *coll*; body and fender man *US*

Karosserieseitenblech *n* <kfz> *(von A- bis C-Säule, gesamte Türeinfassung)* • aperture panel; side panel; side aperture [panel]; side frame *BMW*

Karosserieseitenblech *n* <kfz> *(hinten, ab B-Säule)* • quarter panel; side panel; quarter side panel *obs*; rear side panel

Karosseriespengler *m prakt* <kfz> • body repair man; body man *coll*; body and fender man *US*

Karosseriesteifigkeit *f* <kfz> • torsional stiffness

Karosseriestichsäge *f* <kfz.wz> • body power jigsaw; saber saw *US.rare*

Karosseriestruktur *f* <kfz> • body structure

Karosserieteil *n* <kfz> *(allg.)* • car body component; body component

Karosserietiefziehpresse *f* <wz.masch> • automotive body deep-drawing press; body deep-drawing press

Karosserieumriss *m* <kfz> • body contour

Karosserievariante *f* <kfz> • body variant

Karosserievorderbau *m rar* <kfz> *(Windschutzscheibenunterkante bis Stoßfänger)* • front end; frame forestructure *form*

Karosseriewerk *n* <kfz.prod> • pressing plant

Karosseriewerkstatt *f prakt* <kfz> • body repair shop; body shop *pract*; smash repair shop *AUS.sl*

Karosseriewerkzeug *n* <kfz.wz> • body tool; panel beating tool *GB*

Karosserieziehpresse *f* <wz.masch> • body drawing press

Karosseriezinn *n* <kfz.rep> • body lead; body solder; lead solder; filling solder

Karosseriezusammenbau *m* <kfz.prod> • body assembly

Karossier *m obs* <kfz> • body manufacturer; body builder *coll*; coachbuilder *obs*

Karplus-Strong-Synthese *f* <edv.av> • Karplus-Strong synthesis; Karplus-Strong algorithm

Karren *m ugs* <förd> *(klein, einfach; zum Ziehen, Schieben)* • cart

Karrenbahn *f* <druck> • carriage track; bed track

Karrenbalkenstanze *f* <led.prod> • traveling-head cutting machine *US*; carriage-beam cutting press; travelling-head cutting machine *GB*

Karrenrahmen *m* <druck> • bed frame

Karrenspritze *f* <agri> • barrow sprayer; spray barrow

Karrenwalze *f* <led> *(Sohlleder)* • sole leather rolling machine; butt roller; carriage roller; rolling jack *US*

Karrotage *f* <petr> • logging; log

Karrotagegerät *n* <petr> • borehole logging apparatus

Karte *f* <el> *(Platine, bestückt, mit Kontaktkamm zum Einstecken)* • card; printed-circuit board; board *pract*; plug-in board *rare*

Karte *f* <navig.doku> *(See-, Land-, Straßenkarte)* • map

Karte *f* <navig.doku> *(nur Seekarte)* • chart

Kartei *f* <doku> *(allg.; jede Größe)* • card index

Kartei *f* <doku> *(große Systeme, z. B. bei Behörden)* • card index

Karteikarton *m* <pap> • index board

Kartenanzeige *f* <navig> *(Display)* • map display

Kartenaufnahme *f* <geo> *(Vermessung)* • surveying

Kartenaufnahme *f* <geo.doku> *(Kartierung)* • mapping

Kartenauswerteanlage *f* <doku> • chart comparison unit

Kartenbezugssystem *n* <navig> *(z. B. für GPS)* • reference datum; chart datum; geodetic datum; reference frame; datum

Kartenbindemaschine *f* <textil.prod> • card lacing machine; card lacer

Kartenbinder *m* <textil.prod> • card lacing machine; card lacer

Kartendarstellung aus Vogelperspektive *f* <navig.doku> • bird's eye view map drawing

Kartendatum *n* <navig> *(z. B. für GPS)* • reference datum; chart datum; geodetic datum; reference frame; datum

Kartendatum-Anzeigefeld *n* <navig> *(Display)* • map datum field

Kartendurchzugleser *m* <edv> *(Strichcode-Lesegerät)* • slot reader; badge reader; slot badge reader

Karteneinschub *m* <edv> • card plug-in unit; card plug-in

Karteneinstellungsseite *f* <navig> *(Display)* • map setup page

Kartenfeld *n* <navig> *(Display)* • map field

Kartenfenster *n* <navig> *(Display)* • map window (MAP); chart window

Kartenführung *f* <tech.allg> *(für Kreditkarte)* • card guide

kartengesteuert <msr> • card-controlled; card-operated

Kartenhalter *m* <pap> • board holder

Kartenherstellung *f* <druck> *(Produktion)* • map production; map making

Kartenherstellung *f* <navig.doku> *(Datenerfassung)* • map compilation

Kartenkette *f* <textil> • chain of cards

Kartenkopieren *n* <textil> • card repeating

Kartenkurs *m* <navig> *(Seefahrt)* • chart course; real course

Kartenkurs *m* <navig> • course over ground (COG); track

Kartenkurs *m* <navig.aerospace> • true track

Kartenlayout n <edv> • board layout

Kartenleseleuchte f <fz> (z. B. Boot, Flugzeug, Kfz) • map reading light; map light pract

Kartenlesen n <edv> (Plug and Play) • card reading; card sensing

Kartenlesen n <navig> • map reading

Kartenleser m <edv> • card reader; card scanner

Kartenmaßstab m <navig> • map scale

Kartennetz n <navig> • map graticule; map grid; grid

Kartennetzentwurf m <geo> • map projection

Kartennull n <navig> • chart datum

Kartenpapier n <pap> • geography paper; chart paper; map paper

Kartenplotter m <druck/navig> • chart plotter; graphic plotter

Kartenpresse f <textil> • press spring

Kartenprisma n <textil> • jacquard cylinder; card cylinder; prism

Kartenprojektion f <navig> • map projection

Kartenrand m <edv> (von Steckkarten) • edge of the board

Kartenrückschlagvorrichtung f <textil> • card reversing motion

Kartenschacht m <edv> • slot; cartridge slot

Kartenschläger m <textil> • card cutter

Kartenschlagen n <textil> • card perforating; card punching; card cutting

Kartenschlagmaschine f <textil> • card punching machine

Kartenschnürer m <textil> • card lacer

Kartenschublade f <druck> • map drawer

Kartenseite f <navig> (Display) • map page

Kartenspareinrichtung f <textil> • card saving device

Kartensteckplatz m form <edv> • slot

Kartentasche f <kfz> (Motorrad; z. B. auf Tank od. Tankrucksack) • map pouch

Kartentasche f <kfz.innen> (z. B. in Türverkleidung oder Sonnenblende) • map pocket

Kartenvergleichsgerät n <navig> (Radar) • chart comparison unit

Kartenzeichner m <druck> • map drawer

kartesisch <math> (Koordinatensystem; rechtwinklig) • Cartesian

kartesische Koordinaten fpl <math> (z. B. für Roboter) • Cartesian coordinates pl

Kartesischer Taucher m <phys> • Cartesian diver; Cartesian devil

kartesisches Koordinatensystem n <msr> (z. B. Achsen von Werkzeugmaschinen) • Cartesian coordinate system; orthogonal coordinate system

kartieren vt <doku> (Topographie etc. zeichnerisch erfassen) • chart vt; map vt; plot vt

Kartiergerät n <doku> (Plotter) • mapping instrument; plotter

kartierte Fläche f <geo> • mapped area

kartiertes Gebiet n <geo> • mapped area

Kartiertisch m <doku> • coordinatograph; plotting table; tracing table

Kartierung f <doku> • charting; mapping; plotting

Kartoffeldämpfer m <agri> • potato steamer

Kartoffeldammschar n <agri> • sweep for ridged potatoes

Kartoffelhäufler m <agri> • potato ridger

Kartoffelhydrometer n <agri> • potato hydrometer

Kartoffelkombine f <agri> • potato harvester

Kartoffelkrautschläger m <agri> • potato haulm remover; haulm chopper; haulm slasher

Kartoffelkrautzieher m <agri> • potato haulm extractor; potato haulm plucker

Kartoffellegemaschine f <agri> • potato planter

Kartoffelpflanzlochstern m <agri> • potato dibbler

Kartoffelpressschrot n <agri> • crushed potato

Kartoffelquetsche f <gastr> • potato masher

Kartoffelroder m <agri> • potato harvester; potato spinner; potato digger

Kartoffelsammelroder mit Absackstand m <agri> • bagging potato harvester

Kartoffelschrägförderer m <agri> • potato elevator

Kartoffelstärkemehl n <textil> (Ausrüstung) • potato starch meal

Kartoffelstaudenzieher m <agri> • potato puller

Kartoffelverladeband n <agri> • potato elevator

Kartoffelverladeroder m <agri> • potato harvester with delivery to trailer

Kartoffelwaschmaschine f <agri> • potato washer

Kartogramm n <doku> • cartogram

Kartographie f <navig.doku> • cartography; mapping

Karton m <pack> • cardboard box; carton

Karton m <pap> • cardboard; paperboard; board

Kartonage f <pack> • cardboard packaging

Kartonagen fpl <pack> (Schachteln aus Wellpappe) • corrugated containers; corrugated boxes

Kartonagenfabrik f <pack> • cardboard-box factory

Kartonagenlos n <pap> • box lot

Kartonagenpappe f <pack> • folding boxboard; boxboard

Kartonagenqualität f <pack> • box quality

Kartonagenumfang m <pack> • box perimeter

Karton-Ausschuss m <pap.ents> • board broke

Kartonfabrik f <pap> • paperboard mill

Karton für Flüssigkeitsbehälter m <pap> • liquid packaging board

kartonieren vt <pap> • board vt

kartonieren vt <prod> • cartonize vt

Kartonierer m <prod> • cartonizer US; cartoniser GB

Kartonmaschine f <pap> • board-making machine; board machine; vat machine

Kartonpapier n <pap> • paperboard; cardboard; board

Kartonrollenschneidmaschine f <pap.prod> • cardboard reel cutter

Kartonschaden m <pack> (Einknicken, Zerdrücken) • crushing of the box

kartonstarkes Papier n <phot> (für Abzüge, Vergrößerungen) • paper of double-weight thickness; double-weight paper

Kartonverschließautomat m <pack> • package sealer

Kartothek f <doku> (große Systeme, z. B. bei Behörden) • card index

Kartusche f <mil> (für Flinte) • shot cartridge

Kartusche f <mil> (kleine Patrone; von Druckluft-, CO_2-Waffen) • pressure cylinder

Kartuschenlager n <mil> (für Schrotpatrone) • cartridge chamber

Karussellaufnahme f <phot> • panoramic exposure

Karussellbeflockungseinrichtung f <textil> • flocking carrousel

Karusselldrehmaschine f <wz.masch> • vertical turning and boring mill

Karussellförderer m <förd> • merry-go-round conveyor

Karussellrevolverdrehmaschine f <wz.masch> • vertical turret lathe

Karussellspeicher m <wz.masch> • carousel magazine

Karusselltür f form <bau> (Luftschleusentür mit drei oder mehr Flügeln, Drehwinkel beliebig) • revolving door

Karusselregal n popw, press <logist> • horizontal carousel

Karzinotron n <el> • carcinotron

Kaschierband n <pap> • magnetic laminating tape

Kaschieren n <kst> • laminating; doubling

kaschieren vt <obfl> (Rückseite; mit Papier, Folie) • back vt; coat vt

kaschieren vt <obfl> (Innenseite, Hohlraum) • line vt

kaschieren vt <pap> • laminate vt; paste vt; line vt

kaschieren vt <textil> • bond vt; laminate vt; coat vt

Kaschieren von Spanplatten n <holz> • particle board laminating

Kaschierfolie mit Holzmaserung f <bau> (z. B. für Kunststofffenster) • woodgrain lamination

Kaschierkalander m <pap.prod> • lining calender

Kaschierklebstoff m <füg> • laminating adhesive

Kaschiermaschine f <druck> • laminating machine; laminator

Kaschierpapier n <pap> • pasting paper; lining paper

kaschierte Folie f <mat> (Metallfolie; z. B. Alu mit Papier kaschiert) • laminated foil; backed foil

kaschiertes Gewebe n <textil> • combined fabric; coated fabric

Kaschierung f <pap> (Zusammenkleben von Papierlagen) • pasting

Kasein n <bio.chem> (Milchprotein) • casein

Kaseinat n <chem> • casenate

Kasein-Bindemittel n <kunst> • casein binding medium

Kaseinfaser f <textil> • casein fiber

Kaseinleim m <füg> • casein glue; casein adhesive

Kaseinleim m <obfl.holz> • casein glue; cold glue

Kaskade f <tech.allg> • cascade

Kaskade f <el> (Schaltung) • cascade set; cascade

Kaskade f <verf> (Wasser) • cascade

kaskadenartig anordnen vt <tech.allg> • cascade vt

Kaskadendestillationsanlage f <verf> • continuous shell still

Kaskadendurchlass m <bau> • cascade culvert

Kaskadenentstauber m <verf> • cascade deduster

Kaskadenentwicklung f <druck> • cascade development

Kaskadengenerator m <el> • voltage-multiplier rectifier; cascade generator

kaskadengeschaltete Steuerung f <msr> • concatenated control

Kaskadengleichrichter m <el> • cascade rectifier

Kaskadenkältekalorimeter n <msr> • cascade cold calorimeter

Kaskadenmilchkühler m <agri> • cascade milk cooler

Kaskadenmotor m <mot> • cascade motor

Kaskadenmühle f <verf> • cascade mill

Kaskadenofen m <verbr> • cascade burner

Kaskadenprinzip n <verf> (z. B. bei Entfettungsbädern) • multi-cascade counter flow

Kaskadenregelung f <msr> • cascade control

Kaskadenschaltung f <tech.allg> • cascade connection

Kaskadenschaltung f <el> • cascade connection; cascade circuit

Kaskadenschauer m <nukl> • cascade shower

Kaskadenschweißung f <füg> • cascade welding

Kaskadensichter m <verf> • cascade classifier

Kaskadenspannungswandler m <el> • cascade-connected voltage transformer

Kaskadenteilchen n <nukl> • cascade particle; Xi hyperon

Kaskadentrockner m <verf> • cascade drier

Kaskadenübergang m <el> • cascade transition

Kaskadenüberschlag m <el> • cascading

Kaskadenübertrag m <edv> • cascaded carry

Kaskadenumformer m <el> • cascade converter; motor converter

Kaskadenverbesserungsprogrammkosten f <nukl> • Cascade Improvement Program costs; CIP-costs

Kaskadenverdampfer m <verf> • multiple-effect evaporator; cascade evaporator

Kaskadenverflüssigung f <verf> • cascade liquefaction

Kaskadenverstärker m <el> • cascade amplifier

Kaskadenzerfall m <nukl> • cascade decay

kaskadierbar <edv> • end-stackable

kaskadiert <el> • cascade-connected

Kaskodenschaltung f <el> (von Transistoren; Emitter an Kollektor) • cascode circuit

Kaskodenverstärker m <el> • cascode amplifier

Kaskoversicherung f <vers> (Mietwagen) • collision damage waiver (CDW)

Kasse f <fin> • cash

Kassenautomat m <verk> (z. B. im Parkhaus) • pay machine GB

Kassenbestand m <fin> • cash on hand; cash in hand; petty cash US; cash balance; cash holding

Kassenscanner m <edv> • point-of-sale scanner; checkout scanner; POS scanner

Kassensystem n <edv> • point-of-sale system; POS system; POS equipment

Kassenterminal n <edv> • point-of-sale terminal; POS terminal

Kasserolamboss m <wz> • bottom anvil

Kassette f <tech.allg> (Einschubbehälter) • cassette

Kassette f prakt <av> (Kassette einschl. Band) • video tape; video cassette; cassette pract; tape coll

Kassette f <bau> (versenktes Paneel) • coffer

Kassette f <bau.mat> (Plattenart in quadratischer Form) • tile

Kassette f <edv> • cartridge

Kassette f <ents> (Deponie) • landfill cell; refuse cell; subcell

Kassette f <logist> (Lagerhilfsmittel) • storage tray; cassette

Kassette f <phot> (für Platten) • dark slide; plate holder

Kassette f <phot> (für Film) • film magazine; magazine; cassette

Kassette f <theat> (Schlitz im Bühnenboden) • sloat US; slote US

Kassettenausgabetaste f <av> (an Kassettengerät) • eject button

Kassettenauswurftaste f <av> (an Kassettengerät) • eject button

Kassetten-Blanket n <nukl> • cassette-blanket; assembled blanket

Kassettendeck n <av> • cassette deck

Kassettendecke f <bau> (Beton; z. B. bei großen Spannweiten, Konzertsälen) • coffered ceiling; waffle-slab ceiling

Kassettendecke f <bau.innen> (waffelartig stark strukturierte Deckenverkleidung, typ. aus Holz) • cassette ceiling

Kassettenfach n <av> • cassette compartment

Kassettenfeld n <bau> (versenktes Paneel) • coffer

Kassettenfilm m <phot> • cartridge film

Kassettengehäuse n <edv> • cartridge body

Kasetteninterface n <edv.av> • cassette interface

Kassettenkapazität f <edv> • cartridge capacity

Kassettenklappe f <theat> • floor board

Kassettenladesystem n <edv> • cassette-loading system

Kassettenlaufwerk n <el> (allg.) • cartridge tape drive

Kassettennabe f <fz> • cassette hub

Kassettenplatte f <bau> • coffered slab

Kassettenrecorder m <av> • cassette recorder; cartridge recorder

Kassettenrekorder m <av> • cassette recorder; cartridge recorder

Kassettenrollo n <kfz> • cassette blind

Kassettenschacht m <av> • cassette compartment

Kassettenschieber m <phot> • dark slide

Kassettenschlitz m <av> • tape loading slot; cassette loading slot; cassette slot; tape slot

Kassettenschnittstelle f <edv.av> • cassette interface

Kassettenspeicher m <edv> • cartridge memory; cassette memory

Kassettenspulgerät n <av> (z. B. für Videotheken) • cassette rewinder; rewinder

Kassettentoilette f <kfz.tour> • cassette toilet

Kassettenwahlschalter m Panasonic <av> (Bandlänge; relevant für die Zählwerkanzeige) • tape select switch; manual playing time input Grundig

Kassettenwechsel m <av> • cassette changing

Kassettenwechsel m <phot> • magazine changing

Kassettenwechsler m <autom> • magazine changer

kassettieren vt <bau> (Paneele, Wände, Decken) • coffer vt

Kassieren n <fin> (Supermarkt) • check-out

Kassiterit m <min> • cassiterite; tin stone

Kasten m <tech.allg> (jede Form, jede Größe, jedes Material) • box; case

Kasten m <logist> (für Getreide, Kohle u.ä.) • bin

Kasten m <logist> (mit Trichter; für Schüttgut; z. B. für Streusand) • hopper

Kasten m <min> (zum Abstützen) • chock

Kastenabhebestift m <prod> • flask-lifting pin

Kastenaufbau m <nfz> (leichte Nutzfahrzeuge) • van body

Kastenaufkohlen n <metall> (zum Härten) • box carburizing US; box carburising GB

Kastenbalken m <bau> • box beam

Kastenballenöffner mit Staubabzug m <textil> • exhaust hopper bale opener

Kastenbandfilter n <verf> • traveling-pan filter US; travelling-pan filter GB

Kastenbandförderer m <förd> • apron conveyor with side plates and cleats

Kastenbett n <wz.masch> (z. B. Drehmaschine) • box-section bed

Kastenbrett n <prod> • molding board

Kastenbrücke f <bau> • box-girder bridge

Kastendämpfer m <textil> • cottage steamer

Kastendock n <nav> • box dock

Kastendrän m <bau> • box drain

Kastendurchlass m <bau> • box culvert

Kasteneinschub m <tech.allg> • plug-in subassembly

Kasteneinschub m <el> • box plug-in unit

Kasteneinsetzen n <metall> (zum Einsatzhärten) • box carburizing US; box carburising GB

Kastenfadenführer m <textil> (Strickmaschine) • adjustable thread guide

Kastenfangdamm m <bau.hydr> • cofferdam; box cofferdam rare

Kastenfangedamm m rar <bau.hydr> • cofferdam; box cofferdam rare

Kastenfeile f <kfz.wz> • box-type bumping file

Kastenfelge f <fz> • box-type rim

Kastenfenster n <bau> • dual window :V; double window :V

kastenförmig <tech.allg> • box-like; box-shaped; boxy

kastenförmig ausgebildet <tech.allg> • box-like; box-shaped; boxy

kastenförmige Ausführung f <tech.allg> • box-section construction

Kastenformerei f <prod> (Gießerei) • flask molding; box molding; box moulding GB

Kastenfuß m <masch> (kastenförmiger Sockel) • box pedestal

Kastenfuß m <masch> (Bein eines Kastens) • cabinet leg

Kastengerinne n <bau> • box drain

Kastengerippe n <fz> (z. B. von Kasten-, Kofferaufbau) • body framework

Kastenglühen n <metall> (z. B. Diffusionsglühen) • close annealing; flask annealing; pot annealing; box annealing

Kastenglühen n <obfl> • box annealing

kastenglühen vt <obfl> • box-anneal vt

Kastenglühofen m <metall> • box-annealing furnace

Kastenguss m <prod> • box casting

Kastengussteil n <prod> • box casting

Kastenholm m <aerospace> • spar beam; box spar

Kastenkaliber n <metall> • box groove

Kastenkalibrierung f <prod> • box pass

Kastenkamera f <phot> • box camera

Kastenkarren m <förd> • box cart

Kastenkippwagen m <bahn> • side dump car US; side tipping wagon GB; dump car US; box tipper

Kastenkristallisator m <verf> • tank crystallizer

Kastenmutter f <kfz> • captive nut

Kastenprofil n <kfz> • box section; box member

Kastenprofilträger m <logist> (Längstraverse) • boxed beam

Kastenquerschnitt m <bau> • box section

Kastenrahmen m <kfz> • perimeter frame; channel and box section frame form; box-section frame

Kastenrahmen m <masch> • box-section frame

Kastenreiniger m <verf> • box purifier

Kastenrinne f <bau> (Dachrinne) • parallel gutter; trough gutter; box gutter

Kastensäule f <bau> • box column

Kastensäule f <kfz> • box-section pillar; box-section post

Kastenschute f <nav> (Schiffstyp) • closed barge; box barge

Kastenschwelle f <bahn> • box sleeper

Kastenspeiser m <textil> • hopper feeder

Kastenspundbohle f <bau> • box-section sheet pile

Kastenständer m <masch> (z. B. Werkzeugmaschine) • square box-section column; box-section column; box upright; box column

Kastenständerbohrmaschine f <wz.masch> • box column floor-type drilling machine; vertical box column drilling machine; box column drilling machine; vertical box column drill

Kastensystem n <opt> (für Brillengläser) • boxing system

Kastentisch m <masch> • box table

Kastenträger m <bau> • box beam

Kastenträger m <bau> (Stahlbetonbau, Stahlbau; z. B. von Brücken) • box girder

Kastentrockner m <agri> • bin drier

Kastenverschluss m <agri> • closing catch; latch

Kastenvorkalibrierung f <metall> (Walzen) • box pass

Kastenwagen m <bahn> (hohe Seitenwände) • high-sided gondola car; high-side gondola; high-sided gondola

Kastenwagen m <nfz> (auf PKW-Basis) • cube van GB

Kastenwagen m <nfz> (Transporter) • panel van; delivery van; van coll; box-type delivery van rare

Kastenwagen mit Abdeckung m <bahn> (halbhoch) • covered gondola

Kastenwagen mit klappbarer Stirnwand m <bahn> (halbhoch) • drop-end gondola

Kastenzange f <wz> (Schmieden) • square-work tongs

Kastenzimmerung f <min> • boxing

Kat <kfz.emiss> (Bauteil der Auspuffanlage) • catalytic converter (CC); automotive exhaust gas [catalytic] converter form; catalytic exhaust gas converter form; cat press.coll; converter

katabolisieren vt <bio> • catabolize vt

Katabolismus m <bio> (in lebenden Organismen; das Aufbrechen komplexer Stoffe in einfachere) • catabolism; degradation; destructive metabolism

katadioptrisches System n rar <phot> • mirror lens; cat [lens]; catadioptric lens form

Katalog *m* <werb> • catalog *US*; catalogue *GB*

Katalogdatenträger *m* <edv> • control volume

katalogisierte Datei *f* <edv> • cataloged file *US*; cata-
logued file *GB*

Katalogspeicher *m* <edv> • catalog memory *US*; catalogue store *GB*

Katalysator *m* <chem> *(in chemischen Reaktionen)* • reaction catalyst; catalyst; catalyzer *US*; catalyser *GB*

Katalysator *m* <kfz.emiss> *(chem. Funktionseinheit im
Abgaskatalysator)* • catalyst

Katalysator *m prakt.ugs* <kfz.emiss> *(Bauteil der Auspuffanlage)* • catalytic converter (CC); automotive exhaust
gas [catalytic] converter *form*; catalytic exhaust gas converter *form*; cat *press.coll*; converter

Katalysatorabrieb *m* <emiss> *(durch Vibrationen; bes.
bei Schüttgutkat.)* • catalyst erosion

Katalysator-Anzeige *f* <kfz.el> • CATALYST indicator;
catalyst maintenance reminder

Katalysator-Anzeige *f* <kfz.emiss> *(mechanisches Signal)* • catalyst maintenance reminder flag

Katalysatorauslass *m* <kfz.emiss> *(eigtl.: Konverteraus-
lass)* • converter outlet

Katalysatoraustritt *m* <kfz.emiss> *(eigtl.: Konverteraus-
lass)* • converter outlet

Katalysatorauswaschkolonne *f* <verf> • catalyst scrubber column

Katalysatorauto *n ugs* <kfz.emiss> • controlled vehicle;
catalytic converter equipped vehicle; catalyst-equipped
vehicle; cat car *GB.press*

Katalysatorbauart *f* <kfz.emiss> • catalytic converter
type; type of catalytic converter

Katalysatorbett *n* <kfz.emiss> • catalyst bed

Katalysatoreinlass *m* <kfz.emiss> • converter inlet

Katalysatorersatzrohr *n* <kfz.emiss> *(wird anstelle des
Kat. eingesetzt)* • catalytic converter test tube; catalytic
converter test pipe; test tube *pract*; test pipe *pract*

Katalysatorfahrzeug *n* <kfz.emiss> • controlled vehicle;
catalytic converter equipped vehicle; catalyst-equipped
vehicle; cat car *GB.press*

Katalysatorfüllung *f* <chem> *(von Schüttgut-Katalysa-
toren)* • catalyst charge

Katalysatorgehäuse *n* <kfz.emiss> • converter shell;
converter housing; converter casing; catalyst container;
canister

Katalysatorgehäusefalz *m* <kfz.emiss> • converter belt

Katalysatorgehäusenaht *f* <kfz.emiss> • converter belt

Katalysatorgift *n* <chem> • catalyst poison; paralyzer *US*;
paralyser *GB*

Katalysator-Kontrolllampe *f* <kfz.el> • CATALYST indicator; catalyst maintenance reminder

katalysatorlos <kfz.emiss> *(Automodell vor Einführung
des Abgaskatalysators)* • pre-cat

katalysatorlos <kfz.emiss> *(Modellvariante ohne Abgaskatalysator)* • non-cat

Katalysator mit Lambda-Regelung *m wiss* <kfz.emiss>
• computer controlled catalytic converter [system]; feedback catalytic converter *pract*; catalytic converter with
oxygen sensor *did*; catalytic converter with lambda control
[system] *thsc*; C-4 system *GM*

Katalysator mit Lambda-Sonde *m did* <kfz.emiss>
• computer controlled catalytic converter [system]; feedback catalytic converter *pract*; catalytic converter with
oxygen sensor *did*; catalytic converter with lambda control
[system] *thsc*; C-4 system *GM*

Katalysator mit selektiv-katalytischer Reduktion *m
did* <kfz> • SCR catalytic converter; catalytic converter
with selective catalytic reduction *did*

Katalysator ohne Stützmaterial *m* <emiss> • unsupported catalyst

Katalysatorpulver *n* <chem> • powdered catalyst

Katalysatorregenerator *m* <chem> • catalyst regenerator

Katalysatorschädigung *f* <kfz.emiss> • catalyst degradation

Katalysatorschlamm *m* <chem> • catalyst slurry

Katalysatorschüttung *f* <chem> *(von Schüttgut-Kataly-
satoren)* • catalyst charge

Katalysatorstripper *m* <chem.verf> • catalyst removal
column

Katalysatortemperaturfühler *m* <kfz.msr> *(ein Thermoelement)* • catalytic converter thermocouple

Katalysatortopf *m* <kfz.emiss> • converter shell; converter housing; converter casing; catalyst container; canister

Katalysatorträger *m* <kfz.emiss> *(Katalysator; Körper
oder Material)* • catalyst substrate; catalyst support; substrate *pract*

Katalysatorvergiftung *f* <kfz.emiss> *(z. B. durch bleihaltiges Benzin)* • catalyst contamination; catalyst poisoning

Katalysatorverschluss *m* <kfz.emiss> *(bei Schüttgutkat.)* • fill plug kit; fill plug assembly

KATALYSATOR-Warnleuchte *f* <kfz.el> • CATALYST
indicator; catalyst maintenance reminder

Katalysatorwirkung *f* <chem> • catalytic action; catalyst
action

Katalysatorwirkungsgrad *m* <kfz.emiss> • catalyst efficiency; catalytic efficiency

Katalysatorwirkungsweise *f* <chem> • operating principle of a catalyst

Katalysatorzerstörung *f* <chem> *(allg.)* • catalyst deterioration

Katalysatorzerstörung *f* <kfz.emiss> *(z. B. durch bleihaltiges Benzin)* • catalyst contamination; catalyst poisoning

Katalyse *f* <chem> • catalysis

katalysieren *vt* <chem> • catalyze *vt US*; catalyse *vt GB*

katalysiertes Acryllacksystem *n :V* <obfl> • catalyzed
acrylic enamel system *US*; catalysed acrylic finish system
GB

katalytisch <chem> • catalytic

katalytisch aktive Schicht *f did.ugs* <chem> • catalytic
layer; catalyst coating; catalytically active surface [area]

katalytische Aktivität *f* <chem> • catalytic activity

katalytische Beschichtung *f* <chem> • catalytic layer;
catalyst coating; catalytically active surface [area]

katalytische Druckentschwefelung *f* <chem.petr>
• hydrofining; hydrotreating

katalytische NOx-Reduktion an Aktivkohle *f* (ACCR)
<verf.ents> • activated-carbon catalytic reduction (ACCR);
activated-coke catalytic reduction

katalytischer Auto-Abgaskonverter *m rar* <kfz.emiss>
(Bauteil der Auspuffanlage) • catalytic converter (CC);
automotive exhaust gas [catalytic] converter *form*; catalytic exhaust gas converter *form*; cat *press.coll*; converter

katalytischer Brenner *m* <hlk> • catalytic burner; catalytic hydrogen burner; diffusion burner

katalytischer DeNOx *m* <emiss.verf> *(selektive katalytische Reduktion)* • SCR-process

katalytischer Heizer *m* <hlk> • catalytic burner; catalytic
hydrogen burner; diffusion burner

katalytischer Konverter *m wiss* <kfz.emiss> *(Bauteil der
Auspuffanlage)* • catalytic converter (CC); automotive exhaust gas [catalytic] converter *form*; catalytic exhaust gas
converter *form*; cat *press.coll*; converter

katalytisches Abgasreinigungsgerät *n* <kfz.emiss>
• catalytic emission control device; catalytic exhaust
emission control device *form*

katalytisches Krackbenzin *n* <chem> • cat-cracked petrol

katalytisches Kracken *n* <chem.verf> • catalytic cracking; cat cracking

katalytische Spaltung *f* <chem.verf> • catalytic cracking

katalytisches Reformieren *n* <chem.verf> • catalytic reforming

katalytisches Verfahren *n* <chem.verf> • catalytic process

katalytisches Wirbelschichtkracken *n* <chem.verf> • fluid-bed catalytic cracking; fluid catalytic cracking

katalytische Verbrennung *f* <chem> *(Oxidationswirkung)* • surface combustion

katalytische Verbrennung *f* <chem.verf> *(flammenlose Oxidation von Brennstoffen)* • catalytic combustion

katalytische Wärmetönung *f* <msr> *(Kohlenwasserstoff-Messung)* • catalytic oxidation; heat of combustion; heat of reaction

katalytische Wirkung *f* <chem> • catalytic action

Katamaran *m* <nav> • catamaran; twin-hull *pract*; double-hull ship

Kataphorese *f* <chem> *(Teilchenwanderung)* • cataphoresis

Kataphorese *f* <obfl> *(allg.)* • cathodic electropainting (CED); cathodic painting; cathodic electro-coating; cathodic electrodeposition; cataphoresis

Kataphoresegrundierung *f* <obfl> *(Verfahren)* • cathodic electro-priming; cathodic electro-application of primer; cataphoretic priming

Kataphoresegrundierungslack *m* <obfl> • cathodic electro-primer; cathodic primer; cathodic electrodeposition primer; cathodic electrocoat primer

Kataphoreselack *m* <obfl> • cathodic electropaint; cathodic electrocoat paint

Kataphoreseprimer *m* <obfl> • cathodic electro-primer; cathodic primer; cathodic electrodeposition primer; cathodic electrocoat primer

Kataphoreseschicht *f* <obfl> *(allg.)* • cathodic electrodeposition coating; cathodic electrodeposition coat

Kataphoresetauchgrundierung *f* <obfl> *(Verfahren)* • cataphoretic dip priming

Kataphoresetauchgrundierung *f* <obfl> *(Schicht)* • cataphoretic dip primer coat

Kataphoresetauchlackierung *f* <obfl> *(Vorgang)* • cathodic dip painting; cathodic dipping

kataphoretische ETL *f* <obfl> *(Vorgang)* • cathodic dip painting; cathodic dipping

kataphoretische Lackapplikation *f* <obfl> *(allg.)* • cathodic electropainting (CED); cathodic painting; cathodic electro-coating; cathodic electrodeposition; cataphoresis

kataphoretische Tauchgrundierung *f* <obfl> *(Verfahren)* • cataphoretic dip priming

Kataplasma *n* <med> • cataplasm; poultice

katapultartige Stöße *mpl* <kfz> • jolts

Katapultflugzeug *n* <aerospace> *(Flugzeugträger)* • catapult plane; cataplane

Katapultiereinrichtung *f* <tech.allg> *(z. B. für Modellflugzeuge, Lenkwaffen)* • ejector

Katapultiereinrichtung *f* <aerospace> • catapulting device; catapult device

Katapultieren *n* <mil> *(z. B. Lenkwaffe, Schleudersitz)* • ejecting; ejection

katapultieren *vt* <tech.allg> *(allg.)* • catapult *vt*

katapultieren *vt* <tech.allg> *(hinaus aus etw.; z. B. Schleudersitz)* • eject *vt*

katapultieren *vt* <tech.allg> *(starten mit Katapult; z. B. Flugkörper)* • launch by catapult *vt*

katapultieren *vt* <aerospace> *(hinweg von etw.; z. B. Flugzeug vom Flugzeugträger)* • catapult off *vt*

Katapultsitz *m obs* <mil> *(bei Kampfflugzeugen)* • catapult seat; ejection seat

Katapultstart *m* <aerospace> *(Kampfflugzeug auf Flugzeugträger)* • catapult-assisted take-off; catapult launching; catapult take-off

Katarakt *m* <med.opt> • cataract

Katastrophe *f* <allg> • disaster; catastrophe

Katastropheneinsatz *m* <allg> • emergency response

Katastrophenphase *f* <allg> • emergency phase

Katastrophenschutz *m* <tech.allg> *(als Maßnahmenbündel)* • disaster control

Katastrophenschutz *m* <tech.allg> *(als Organisation)* • disaster control services

Katastrophenschutzdienst *m* <tech.allg> *(als Organisation)* • disaster control services

Katastrophenschutzeinrichtung *f* <tech.allg> *(als Organisation)* • disaster control services

Katastrophenschutzstelle *f* <tech.allg> *(als Organisation)* • disaster control services

Katastrophenvorsorge *f* <jur> • emergency relief

Katathermometer *n* <hlk.msr> *(Klimatechnik)* • katathermometer; catathermometer

Kat-Auto *n* <kfz.emiss> • controlled vehicle; catalytic converter equipped vehicle; catalyst-equipped vehicle; cat car *GB.press*

Kategorie *f* <allg> *(von Produkten, Anforderungen)* • class; category

Katenoid *n* <math> • catenoid

Katharometer *n* <msr> • thermal-conductivity cell; katharometer

Kathedralglas *n* <silik> • configurated glass; cathedral glass; diffusing glass

Kathete *f* <math> *(im rechtwinkligen Dreieck)* • small side; side

Kathetensatz *m* <math> • Euclidean theorem

Kathetometer *n* <phys> • cathetometer

Kathode *f* DIN EN ISO 8044 <obfl> *(negative Elektrode)* • cathode ISO 8044; negative terminal

Kathodenabbau *m* <el> • cathode disintegration

Kathodenableiter *m* <el> • cathode arrester

Kathodenableitung *f* <el> • cathode tail

Kathodenanheizzeit *f* <el> • cathode heating time

Kathodenanschluss *m* <el> • cathode terminal

Kathodenausgangsleistung *f* <el> • cathode output

Kathodenausgangsleistung *f* <el> • cathode output power

Kathodenauskopplung *f* <el> • cathode follower output

Kathodenaustrittsarbeit *f* <el> • cathode work function

Kathodenbecher *m* <el> • focusing cup

Kathodendunkelraum *m* <el> • cathode dark space

Kathodenfall *m* <el> • cathode drop; cathode fall

Kathodenfallableiter *m* <el> • cathode arrester; cathode-drop arrester

Kathodenfläche *f* <el> • cathode area

Kathodenfleck *m* <el> • cathode spot

Kathodenfolger *m* <el> • cathode follower

Kathodengekoppelt <el> • cathode-coupled

Kathodenglimmlicht *n* <el> • cathode glow

Kathodenheizleistung *f* <el> • cathode heating power

Kathodenimpulsmodulation *f* <el> • cathode pulse modulation

Kathodenkondensator *m* <el> • cathode bypass capacitor

Kathodenkopplung *f* <el> • cathode coupling

Kathodenkupfer *n* <mat> • electrolytic copper; cathode copper

Kathodenleitwert *m* <el> • cathode conductance

Kathodenlicht *n* <el> • cathode glow; blue glow

Kathodenlumineszenz *f* <el> • cathode luminescence; cathodoluminescence

Kathodenmodulation *f* <el> • cathode modulation

Kathodenniederschlag *m* <el> • cathode deposit; cathodic deposit

Kathodenoberfläche *f* <el> • cathode surface

Kathodenpolarisation *f* <el> • cathodic polarization *US*; cathode polarisation *GB*

Kathodenpotential *n* <el.chem> • cathode potential

Kathodenraum *m* <el> • cathode compartment

Kathodenrauschen *n* <el> • cathode noise

Kathodenreaktion *f* <obfl> • cathodic corrosion reaction; cathodic reaction *ISO 8044*

Kathodenregenerierung *f* <chem> • cathode regeneration; cathode revitalization *US*

Kathodenrückkopplung *f* <el> • cathode feedback

Kathodensaum *m* <el> • cathode border

Kathodenschicht *f* <el> • cathode layer

Kathodenschutz *m* <obfl> *(von Eisen und Stahl)* • galvanic protection *ISO 8044*; cathodic corrosion protection; electrolytic protection; cathodic protection; sacrificial protection

Kathodenschutzanlage *f* <obfl> • cathodic protection system

Kathodenspalt *m* <el> • cathode gap

Kathodenspannung *f* <el> • cathode voltage

Kathodenspitzenstrom *m* <el> • peak cathode current

Kathodenstrahl *m* <el> • cathode ray

Kathodenstrahlbündel *n* <el> • cathode-ray beam; cathode-ray pencil

Kathodenstrahlfernsehröhre *f* <el> • cathode-ray television tube

Kathodenstrahlfleck *m* <el> • cathode-ray spot

Kathodenstrahlfunktionsgenerator *m* <el> • cathode-ray function generator

Kathodenstrahloszillograph *m* <el> • cathode-ray oscillograph

Kathodenstrahloszilloskop *n* <el> • cathode-ray oscilloscope

Kathodenstrahlröhre *f* <av> *(z. B. in Fernseher, Monitor, Oszilloskop)* • cathode ray tube (CRT)

Kathodenstrahlröhrenschirm *m* <el> • cathode-ray tube screen

Kathodenstrahlröhrenspeicher *m* <edv> • cathode-ray tube memory

Kathodenstrahlspeicherröhre *f* <el> • cathode-ray storage tube

Kathodenstrom *m* <el> • cathode current; cathodic current

Kathodenvergiftung *f* <el> • cathode contamination

Kathodenverstärker *m* <el> • cathode amplifier

Kathodenverstärkerröhre *f* <el> • cathode follower tube

Kathodenverunreinigung *f* <el> • cathode contamination

Kathodenvorspannung *f* <el> • cathode bias

Kathodenvorwiderstand *m* <el> • biased resistor

Kathodenwiderstand *m* <el> • cathode resistor

Kathodenzerstäubung *f* <el> • cathode sputtering; cathodic sputtering

Kathoden-Zerstäubung *f* <obfl> • cathode sputtering

Kathodenzerstäubungsanlage *f* <el> • cathode sputtering plant

kathodische Differenzpulsinversvoltammetrie *f* <el.chem> • differential pulse cathodic stripping voltammetry (DPCSV)

kathodische Differenz-Puls-Inversvoltammetrie *f* <el.chem> • differential pulse cathodic stripping voltammetry (DPCSV)

kathodische Elektrotauchgrundierung *f* <obfl> *(Verfahren)* • cataphoretic dip priming

kathodische Elektrotauchlackierung *f* (KTL) <obfl> *(Vorgang)* • cathodic dip painting; cathodic dipping

kathodische Inhibition *f* <el> • cathodic inhibition

kathodische Inversvoltammetrie *f* <el.chem> • cathodic stripping voltammetry (CSV)

kathodische Korrosionsschutzanlage *f* <obfl> • cathodic protection system

kathodische Reaktion *f DIN EN ISO 8044* <obfl> • cathodic corrosion reaction; cathodic reaction *ISO 8044*

kathodische Reinigung *f* <el> • cathode cleaning

kathodischer Korrosionsschutz *m* <obfl> *(von Eisen und Stahl)* • galvanic protection *ISO 8044*; cathodic corrosion protection; electrolytic protection; cathodic protection; sacrificial protection

kathodischer Schutz *m* <obfl> *(von Eisen und Stahl)* • galvanic protection *ISO 8044*; cathodic corrosion protection; electrolytic protection; cathodic protection; sacrificial protection

kathodischer Teilprozess *m* <obfl> • cathodic corrosion reaction; cathodic reaction *ISO 8044*

kathodisches Beizen *n* <prod> • cathode pickling; cathodic pickling

kathodische Teilreaktion *f* <obfl> • cathodic corrosion reaction; cathodic reaction *ISO 8044*

kathodische TL *f* <obfl> *(Vorgang)* • cathodic dip painting; cathodic dipping

Kathodolumineszenz *f* <el> • cathode luminescence; cathodoluminescence

Kathodophon *n* <av> • glow-discharge microphone

Kathodophosphoreszenz *f* <el> • cathodophosphorescence

Katholyt *m* <chem> • catholyte

Kation *n* <chem> • cation

kationaktiv <chem> • cation-active; cationic

kationaktiver Stoff *m* <chem> • cationic agent

kationenaktiv <chem> • cation-active; cationic

Kationenaustauscher *m* <verf> • cation exchanger

Kationenaustauscherharz *n* <verf> • cation-exchange resin

Kationenaustauschharz *n* <verf> • cation-exchange resin

Kationenfehlstelle *f* <chem> • cation vacancy

Kationenumtauschkapazität *f* <chem> *(z. B. von Ackerböden)* • cation exchange capacity (CEC); cation adsorbing capacity

kationisch <chem> • cationic

kationische Polymerisation *f* <kst> • cationic polymerization *US*; cationic polymerisation *GB*

kationoid <chem> • cationoid; electrophilic

Katkracken *n* <chem.petr> • catalytic cracking; cat cracking

kat-los *press* <kfz.emiss> *(ohne Abgaskatalysator)* • uncontrolled

Katmai-Prozessor *m* <edv> • Katmai processor

Katode *f rar* <obfl> *(negative Elektrode)* • cathode *ISO 8044*; negative terminal

Katolyt *m* <chem> • catholyte

KAT-Stutzen *m* <kfz> • cat nozzle :V

Kattunbindung *f* <textil> • calico weave

Kattundruck *m* <textil> • cotton printing; calico printing

Kattundruckpapier *n* <pap> • chintz paper

Katze *f* <textil> • jack

Katzenauge *n* <fz> *(Fahrrad)* • red-reflex reflector; rear reflector; retroreflector

Katzenauge *n* <min> • cat's eye

Katzenauge *n ugs* <sich> • cat's-eye reflector; cat's-eye

Katzenaugen-Effekt *m ugs.* <edv> • retroreflexion

Katzenklo *n* <hygi> *(mit Granulat)* • litter box

Katzfahrbahn *f* <förd> • trolley track

Katzfahrgeschwindigkeit *f* <förd> • trolley traverse speed

Katzfahrschaltung f <förd> *(Laufkatze bei Kran)* • crab connection

Katzfahrseil n <förd> • carriage traversing rope; traversing rope

Katzlaufrad n <förd> • trolley wheel

Katzrahmen m <förd> *(Laufkatze bei Kran)* • crab frame; trolley frame

Kauertz-Motor m <mot> • Kauertz engine

Kaufabsichtserklärung f did <tech.allg> • letter of intent (LOI)

Kaufhaus n <ökon> • department store

Kaufhausabfälle mpl <ents> • supermarket waste

Kaufschrott m <ents> • purchased scrap

Kaufvertrag m <ökon/jur> • sales contract; contract of sale

Kausalgesetz n <philos> • causality principle

Kausalzusammenhang m <allg> *(Ursache-Wirkungs-Beziehung)* • causal connection

Kausch f <masch> *(Scheuerschutz für Seile; z. B. Formstahlkausche, Vollkausche)* • thimble

Kaustifizieranlage f <pap> • causticizing department US; causticizing plant US; causticising plant GB

Kaustifizierbehälter m <pap> • causticizing tank US; causticising tank GB

Kaustifizierung f <pap> • recausticizing US; recausticising GB

Kaustik f <opt> • caustic; caustic surface

Kaustiklinie f <opt> • caustic line

Kaustiktransformator m <tech.allg> • cautery transformer

kaustisch wiss <chem> *(Wirkung)* • caustic

kaustische Sodalösung f rar <chem> *(typ. Behandlungsflüssigkeit beim Ätzen)* • sodium hydroxide solution; caustic soda solution; caustic ash solution; soda lye coll

Kauter m <med.tech> *(elektr.)* • electrosurgical knife; cautery knife; cautery; cauter

kauterisieren vt <med> *(Blutung durch Hitzeeinwirkung stoppen)* • cauterize vt

Kaution f <fin> • deposit; security deposit; caution money; surety

Kautschuk m <mat> *(betont: unvulkanisierter Rohgummi)* • rubber; unvulcanized rubber US.GB; unvulcanised rubber GB

Kautschuk m <mat> *(allg.; noch unvulkanisiert)* • rubber (NR); natural rubber; caoutchouc

kautschukartig <mat> • rubber-like; rubbery

Kautschukbahn f <prod> *(in Reifen)* • rubber sheet; rubber strip

Kautschukfell n <prod> *(in Reifen)* • rubber sheet; rubber strip

Kautschukklebstoff m <füg> • rubber adhesive; rubber cement; solvent rubber cement rare; rubber solution adhesive rare

Kautschuklatex m <mat> • rubber latex

Kautschukluftschlauch m <kunst> • india rubber air hose

Kautschukmischung f <kst> *(Kautschuk, Füllstoffe, Weichmacher, Chemikalien, Vulkanisationsmittel)* • rubber compound; compound; batch; stock

Kautschukplatte f <mat> • rubber slab

Kautschukvulkanisat n <mat> • vulcanized rubber US; vulcanised rubber GB

Kavalierperspektive f <doku> *(Darstellungsart)* • cavalier perspective; cavalier axonometry ISO 10209-2; cabinet drawing

Kavalier-Projektion f DIN ISO 10209-2 <doku> *(Darstellungsart)* • cavalier perspective; cavalier axonometry ISO 10209-2; cabinet drawing

Kavalierstart m <kfz> • racing start; Jackrabbit start US.coll

Kaverne f <energ.hydr> *(unterirdisch angeordnetes Wasserkraftwerk)* • cavern; cave

Kavernenkraftwerk n <energ.hydr> • underground power station; underground hydro-electric power plant; cavern power station

Kavität f <kst> *(Hohlraum im Werkzeug, durch den ein Formteil geformt wird)* • cavity; molding cavity

Kavität f <kst> *(Summe der Formnestvolumina)* • cavity; mold cavity; cavities

Kavitation f <energ.hydr> *(Gefahr für Turbinenschaufeln)* • cavitation

Kavitation f <förd> *(von Pumpen)* • cavitation; cavity formation

Kavitation f <phys> *(Verdampfung der Flüssigkeit durch örtlichen Unterdruck)* • cavitation

Kavitation f <phys> *(durch örtlichen Unterdruck in der strömenden Flüssigkeit)* • cavitation

Kavitationsbeiwert m <masch> *(von Kreiselpumpen, Wasserturbinen)* • cavitation number

kavitationsbeständig <energ.hydr> *(durch Bauart und Betriebsgrenzen)* • cavitation-resistant

Kavitationsbildung f <phys> *(örtl. Druck unterschreitet Dampfdruck)* • cavitation formation

Kavitationsblase f <phys> *(durch Strömung verursachte Dampfblase)* • cavity

Kavitationserosion f <mat> • cavitation wear

Kavitationskorrosion f <obfl> *(Wasserturbine, Kreiselpumpe, Schiffsschraube)* • cavitation corrosion

Kavitationsströmung f <phys> *(örtlicher Druck unterschreitet Dampfdruck)* • cavitational flow

Kavitationstank m <logist> • cavitation tunnel

Kavitationsverlust m <masch> *(Wirkungsgradverringerung durch Kavitationserosion)* • cavitation loss

Kavitationsverschleiß m DIN ISO 4378-2 <qualit> • cavitation wear ISO 4378-2

Kavitationsversuch m <qualit> *(Kreiselpumpen, Wasserturbinen, Schiffsschrauben)* • cavitation test

Kavitationszahl f <masch> *(von Kreiselpumpen, Wasserturbinen)* • cavitation number

kavitieren vi <masch> *(Pumpen, Wasserturbinen, Schiffsschrauben)* • cavitate vi

Kawasaki Injectolube-Getrenntschmiersystem n <kfz.tribo> *(Zweitaktmotor)* • Kawasaki Injectolube-System

Kayser n <phys> *(Atomspektroskopie: Einheit der Wellenzahl)* • kayser

KB <edv> *(1 Kilobyte = 1024 Bytes)* • kilobyte (KB); KByte; Kbyte

K-Band n <phys> *(Frequenzbereich elektromagnetischer Wellen, z. B. Radar)* • K-band

KB-Film m <phot> • 35mm film

KB-Format n <phot> • 35mm format

KB-Kamera f <phot> • 35mm camera

KB-SLR-Kamera f <phot> • 35 mm single lens reflex camera; 35 mm SLR camera; 35 mm SLR coll

KByte n <edv> *(1 Kilobyte = 1024 Bytes)* • kilobyte (KB); KByte; Kbyte

KClO3 <chem> *(für Zündhölzer, Feuerwerk, Sprengstoffe)* • potassium chlorate (KClO3)

KClO4 <chem.spreng> • potassium perchlorate (KClO4)

kD <med> • kilodalton (kD)

K-Darstellung f <navig> • K display

KdW <nav.navig> • course to steer (CTS); course steered; course through water; steered course

KE <obfl> • conventional enameling US; conventional enamelling GB; two-coat/two-fire enameling US; wet two-coat two-fire enamelling GB

Keder m <kfz> *(allg.)* • piping; beading; welting

Kederleiste f <kfz> *(allg.)* • piping; beading; welting

Kefir *m* <nahr> *(Milchgetränk)* • kefir
Kegel *m* <tech.allg> *(nach vorne weisend; z. B. Flugzeug-nase, Radarnase)* • nose
Kegel *m* <tech.allg> • cone
Kegel *m* <druck> *(Drucktype)* • type body; type size; body size; body
Kegel *m* <edv> *(Fläche)* • cone
Kegel *m* <edv> *(Körper)* • cone
Kegel *m* <masch> *(verstopfend, Verschluss; z. B. im Hahn)* • plug
Kegel *m* <masch> *(keilförmig)* • taper
Kegel *m* <math> *(allg.)* • cone
Kegelabtasten *n* <navig> • conical scanning
Kegelanguss *m* <kst> • direct gate; direct feed; sprue gate; centre gate
Kegelanode *f* <el> • cone anode
Kegelansatz *m* <tech.allg> *(konisch zulaufendes Ende, Spitze)* • cone end
Kegelansatz *m* <masch> *(abgeschrägte Kanten; z. B. an Schrauben, Bolzen, Stiften)* • chamfered end
Kegelantriebsritzel *n* <antr> • bevel drive pinion
Kegelblume *f* <bio> • coneflower; echinacea angustifolia
Kegelbohrung *f* <prod> • tapered bore; conical hole; conical bore; taper bore
Kegelbrecher *m* <verf> • gyratory crusher; cone crusher
Kegelbremse *f* <brems> • cone brake
Kegelbund *m* <füg> *(z. B. von Radschrauben)* • taper seat
Kegeldichtsitz *m* <mot.el> *(Zündkerze)* • taper seat *Champion*; conical seating *form*; taper sealing seat *Beru*; conical seat *Bosch*
Kegeldistanz *f* <masch> • cone distance
Kegeldreheinrichtung *f* <wz.masch> • taper turning attachment
Kegeldrehen *n* <prod> • taper turning
Kegeldruckhärte *f* <qualit.mat> • cone indentation hardness
Kegeldrucksonde *f* <geo.msr> • cone penetrometer
Kegeldruckversuch *m* <qualit.mat> • cone indentation test
Kegeleinbruch *m* <min> • cone cut
Kegeleinsatz *m* <masch> • taper adapter
Kegelfallpunkt *m* <qualit.mat> *(für die Bestimmung der Feuerfestigkeit)* • pyrometric cone equivalent (PCE); cone softening point
Kegelfeder *f prakt* <masch> • truncated-cone spring; conical-cone spring; conical spring
Kegelflachlehre *f* <msr> • flat taper gauge
Kegelfläche *f* <tech.allg> • conical surface
Kegelfläche *f* <edv> *(Fläche)* • cone
Kegelflansch *m* <masch> • taper flange
kegelförmig <tech.allg> *(keilförmig zulaufend; meist in Bezug auf Bohrungen)* • tapered; tapering; taper *adj*
kegelförmig <tech.allg> *(rotationssymmetrisch spitz zu-laufend; meist ein Körper)* • cone-shaped; conical; conic
kegelförmige Auswanderung der Laufachse *f did* <navig> *(beim Lagerkreisel)* • coning effect
kegelförmiger Verdichtungsstoß *m* <phys> *(Schall-mauer)* • shock wave cone
Kegelformen *n* <metall> • taper forming
Kegelfräseinrichtung *f* <wz.masch> • taper-milling attachment
Kegelfräsen *n* <prod> • taper milling
Kegelfräser *m* <wz> • bevel cutter
Kegelfriktionskupplung *f* <masch> • cone friction clutch; cone clutch
Kegelfußpfahl *m* <bau> • belled caisson; caisson pile
Kegelgewinde *n rar* <masch> • taper screw-thread; taper thread; tapered thread; tapering thread; conical thread *rare*

Kegelgewindebohrer *m rar* <wz> • tapered tap; taper-thread tap
Kegelgranulator *m* <prod> • short-head cone crusher
Kegelgrundfläche *f* <math> • cone base
Kegelhobeln *n* <prod> • taper planing
Kegelhülse *f* <masch> *(Adapter)* • taper adapter; taper sleeve
Kegelhülse *f* <prod> *(Bohren)* • drill sleeve
Kegelhuf *m* <math> • ungula of the cone
kegelig <tech.allg> *(Form)* • conical
kegelig <tech.allg> *(z. B. selbstdichtendes Rohrgewinde)* • taper *adj*
kegelig <tech.allg> *(Form)* • conic; conical; cone-shaped; tapered
kegelig <masch> *(Bohrung)* • tapered
kegelig aufreiben *vt* <prod> *(Bohrung)* • taper-ream *vt*
kegelig aussenken *vt* <prod> *(Bohrung)* • countersink *vt*
Kegeligbohren *n* <prod> • taper drilling; taper boring
kegelig bohren *vt* <prod> • taper-drill *vt*
kegelige Buchse *f* <masch> • taper bushing; taper bush
kegelige Einsteckhülse *f* <masch> • taper socket
kegeliger Anschnitt *m* <prod> • bevel lead
kegeliger Dichtsitz *m norm* <mot.el> *(Zündkerze)* • taper seat *Champion*; conical seating *form*; taper sealing seat *Beru*; conical seat *Bosch*
kegeliger Gewindebohrer *m* <wz> • tapered tap; taper-thread tap
kegelige Schleifscheibe *f* <wz> • taper wheel
kegelige Senkbohrung *f* <prod> • countersink
kegeliges Gas-Sondergewinde *n :V* <rls> • special gas taper thread (SGT)
kegeliges Gewinde *n* <masch> • taper screw-thread; taper thread; tapered thread; tapering thread; conical thread *rare*
kegeliges Rohraußengewinde *n* (R) *prDIN EN 10226* <rls> • tapered external pipe thread (R) *BS 21; ISO 7/1*
kegeliges Rohrgewinde *n* <rls> *(allg.)* • taper pipe thread; tapered pipe thread; conical pipe thread *rare*
kegelig geschliffen <prod> • taper-ground
Kegeligkeit *f* <tech.allg> *(z. B. von Bohrung, Kolben, Lagerzapfen)* • taper; conicity
Kegelklemmhülse *f* <masch> *(allg.)* • split taper sleeve
Kegelklemmhülse *f* <wz.masch> *(allg.; für Werkzeug, Werkstück)* • collet-type sleeve
Kegelklemmhülse *f* <wz.masch> *(betont: für Bohrer)* • drill driver
Kegelkondensator *m* <el> • cone capacitor
Kegelkuppe *f* <füg> *(z. B. an Gewindestift)* • chamfer point; flat chamfered end; chamfered end; chamfered point
Kegelkupplung *f* <masch> • cone clutch; conical clutch
Kegellager *n* <masch> • cone bearing
Kegellehrdorn *m* <msr> • taper plug gauge
Kegellehre *f* <msr> • taper gauge
Kegellehrhülse *f DIN 234-1* <msr> • taper ring gauge
Kegellehrring *m* <msr> • taper ring gauge
Kegellineal *n* <wz.masch> *(Drehmaschine)* • taper-guide bar; tangent bar
Kegellochwalzwerk *n* <wz.masch> • rotary rolling mill
Kegelmantelfläche *f* <math> • conical surface
Kegelmesser *n* <pap.prod> • core bar
Kegelmühle *f* <pap.verf> • refining engine; perfecting engine; refiner *pract*
Kegelmühle *f* <verf> *(allg.)* • rotary crusher; cone mill
Kegelmühle *f* <verf> *(zur Feinstmahlung; z. B. von Kaffee)* • cone mill; conical ball mill
Kegelnabe *f* <masch> • bevel hub
Kegelniet *m* <füg> • cone-head rivet
Kegelpendel *n* <phys> • conical pendulum
Kegelpendelregler *m* <msr> • governor with sleeve

Kegelpfanne f <füg> • spherical washer
Kegelprojektion f <doku> • conical projection
Kegelrad n DIN 3998 <antr> • bevel gear; bevel wheel
Kegelradantrieb m <antr> • bevel gear drive
Kegelradausgleichsgetriebe n <kfz.antr> • bevel differential
Kegelraddifferential n <kfz.antr> • bevel differential
Kegelradformfräsen n <prod> • bevel gear milling
Kegelradformfräser m <wz> • bevel gear formed cutter
Kegelradfräsmaschine f <wz.masch> • bevel gear cutting machine
Kegelradgeradverzahnung f <antr> • straight bevel gear teeth
Kegelradgetriebe n <antr> • bevel gear system; bevel gear transmission; bevel gear train; bevel gears pl
Kegelradhobelmaschine f <wz.masch> • bevel gear planing machine
Kegelradpaar n <antr> • bevel gear pair
Kegelrad-Rohrturbine f <energ.hydr> • bevel gear bulb turbine
Kegelradschwingungsläppmaschine f <wz.masch> • bevel gear oscillating lapping machine
Kegelradumlaufgetriebe n <antr> • bevel epicyclic train
Kegelradverzahnung f <antr> • bevel gear teeth
Kegelradwälzfräsmaschine f <wz.masch> • bevel gear generating machine
Kegelradwälzschleifmaschine f <wz.masch> • bevel gear generating grinding machine
Kegelradwälzstoßmaschine f <wz.masch> • generating bevel gear planing machine; generating bevel gear planer
Kegelrädergetriebe n DIN 3971 <antr> • bevel gear
Kegelrefiner m <pap> (betont: konische Form) • conical refiner
Kegelrefiner m <pap.ents> (betont: durch Zentrifugalkraft) • centrifugal refiner
Kegelreibahle f <wz> • taper reamer
Kegelreibrad n <antr> (z. B. stufenloses Getriebe) • conical friction wheel; bevel friction wheel
Kegelreibungskupplung f <masch> • cone friction clutch
Kegelritzel n <antr> • bevel gear pinion
Kegelrolle f <masch> (allg.) • tapered roller; taper roller
Kegelrolle f <petr> (gesteinszerkleinerndes Element im Rollenmeißel) • cone; bit cone
Kegelrollenlager n DIN ISO 5593 <masch> (komplettes Lager) • tapered roller bearing ISO 5593; Timken [roller] bearing pract; taper roller bearing; inclined roller bearing; conical roller bearing
Kegelrollenlager n <masch> (Käfig mit Wälzkörpern, ohne Lagerschale) • bearing cone; cone
Kegelrotor m <tech.allg> (z. B. Elektromotor) • rotor; core; plug
Kegelschaft m <masch> (z. B. Werkzeug) • taper shank
Kegelschaftbohrer m <wz> • taper-shank drill
Kegelschaftfräser m <wz> • taper-shank mill
Kegelschaftreibahle f <wz> • taper-shank reamer
Kegelschale f <mech> (Modell für Festigkeitsrechnung) • conical shell
Kegelscheibenhälfte f <masch> • pulley flange; V-pulley half
Kegelscheibenpaar n <antr> (stufenlos verstellbares Riemengetriebe) • V-pulley
Kegelschleifen n <prod> • taper grinding
Kegelschleuder f <pap.ents> • centrifugal cleaner
Kegelschliffverbindung f <füg> • tapered joint; conical joint
Kegelschnitt m <math> (z. B. Ellipse, Hyperbel) • conic section; conic
Kegelschraube f <füg> (spitz zulaufende Schraube) • conical screw

Kegelschraube f <füg> (mit kegeligem Kopf) • tapered-head screw
Kegelschraubtrieb m <masch> • recirculating ball screw and nut
Kegelsenker m <wz> • countersink
Kegelsenkschraube f DIN ISO 1891 <füg> • deep flat countersunk bolt
Kegelsenkschraube f <füg> (mit Spitzgewinde) • countersink-type of screw
Kegelsitz m <mot.el> (Zündkerze) • taper seat Champion; conical seating form; taper sealing seat Beru; conical seat Bosch
Kegelsitzventil n <rls> • bevel-seated valve
Kegelspitze f <tech.allg> • cone vertex
Kegelstauchen n <prod> • taperforming
Kegelsteigung f <doku> (technische Zeichnung) • taper per unit length
Kegelstift m DIN 1-9 <füg> • taper pin
Kegelstiftbohrer m <wz> • taper-pin drill
Kegelstiftdurchmesser m <masch> • taper-pin diameter
Kegelstiftverbindung f <füg> • taper-pin connection
Kegelstoffmühle f <pap.verf> • refining engine; perfecting engine; refiner pract
Kegelstopfen m <rls> • cone plug
Kegelstrahldüse f <masch> • hollow-cone nozzle; cone nozzle
Kegelstrahlschieber m <energ.hydr> (Regelarmatur in Druckrohrleitung) • fixed cone valve; Howell Bunger valve
Kegelstück n <kfz.mot> (Ventilbefestigungselement) • valve keeper; valve lock[ing] key; valve lock; split collar; split keeper
Kegelstuhl m <textil> • draw loom
Kegelstumpf m <math> (geometr. Körper) • frustum of a cone; truncated cone; cone frustum
Kegelstumpffeder f <masch> • truncated-cone spring; conical-cone spring; conical spring
kegelstumpfförmig <tech.allg> • frusto-conical
kegelstumpfförmig <med> (Morphologie; z. B. Viruskern) • conical; bullet-shaped
Kegelstumpfkopf m <math> • cone head
Kegeltonne f <nav> • conical buoy
Kegeltrieb m <antr> • bevel gear system; bevel gear transmission; bevel gear train; bevel gears pl
Kegelübergang m <tech.allg> (zw. unterschiedl. Durchmessern) • tapered transition
Kegelventil n norm DIN 4048 <energ.hydr> (Regelarmatur in Druckrohrleitung) • fixed cone valve; Howell Bunger valve
Kegelventil n <rls> • bevel-seated valve; cone valve
Kegelverhältnis n <masch> (bei Rotationskörpern, Bohrungen) • taper per unit length
Kegelverjüngung f <masch> (bei Rotationskörpern, Bohrungen) • taper per unit length
Kegelversenk n <kfz> (Radbefestigung) • conical countersink
Kegelverzahnung f <antr> • bevel gear
Kegelwalzenlager n <masch> • taper-roller bearing
Kegelwalzwerk n <metall> • cone mill
Kegelwiderstand m <mech> (Reibung) • cone friction
Kegelwinkel m <tech.allg> • included angle; taper angle
Kegelzapfen m <masch> (an Wellenende, Bolzen) • cone point
Kehlbalken m <bau> • collar beam
Kehlbalkendach n <bau> • collar-beam and rafter roof; collar-beam roof
Kehlbeitel m <holz.wz> • gouge
Kehlblech n <bau> (z. B. zw. Kamin und Dach) • flashing
Kehle f <bau> (zwischen Dachschrägen) • valley

Kehle f ugs <bau> *(Ringkehle, z. B. in Attischer Säulenbasis; i. Ggs. zu Torus)* • trochilus

Kehle f <bio> *(im Hals)* • throat

Kehle f <prod> *(Aushöhlung; eher länglich)* • hollow

Kehle f <prod> *(konusförmige Öffnung; z. B. in Werkstück)* • throat

Kehle f <rls> *(z. B. Venturirohr)* • throat; restriction

Kehleisen n <wz> • necking tool

kehlen vt <prod> *(Längsnuten erzeugen)* • flute *vt*; channel *vt*; groove *vt*; furrow *vt rare*

Kehlhammer m <wz> *(Schmieden)* • top fuller

Kehlhobel m <wz.holz> • molding plane

Kehlhobelmaschine f <holz.wz.masch> • wood molding machine; molder

Kehlhobeln n <holz> • wood molding; molding

Kehlhobeln n <prod> • contour shaping

kehlig <kfz.emiss> *(Auspuffsound)* • throaty

Kehlkopfmikrofon n <av> • larynx microphone; throat microphone; laryngophone *rare*

Kehlkopfspiegel m <med.tech> • laryngoscope

Kehlleiste f <bau> • fillet strip

Kehlnaht f <füg> *(geschweißt)* • fillet weld

Kehlnahtmesslehre f <msr> *(Schweißtechnik)* • fillet gauge

Kehlnahtschenkel m <füg> *(Schweißtechnik)* • fillet weld gauge; fillet leg

Kehlnahtschweißen n <füg> • fillet welding

Kehlnahtwurzel f <füg> • fillet weld root

Kehlnut herstellen vt <prod> *(Längsnuten erzeugen)* • flute *vt*; channel *vt*; groove *vt*; furrow *vt rare*

Kehlschrot m <prod> *(Schmieden)* • bottom fuller

Kehlsparren m <bau> • valley rafter; collar rafter

Kehlträger m <logist> *(Regalträger)* • stepped beam

Kehlung f <holz> *(Leiste)* • bead molding; beading; bead

Kehlung f <holz> • molding

Kehlung f <min> • weather check

Kehlung f <prod> *(einer Öffnung, Bohrung)* • throating

Kehrbild n <phot> • inverted image

Kehrbildentfernungsmesser m <phot> • invert-type range finder

Kehrgut n <nfz.logist> *(in Kehrmaschine)* • debris

Kehrgutbehälter m <nfz> • hopper

Kehrichtverbrennungsanlage f CH <ents.verbr> • waste incineration plant; waste incinerator *GB*; refuse incineration plant *rare*

Kehrlage f <tech.allg> • inverted position

Kehrlage f <tele> • inverted sideband

Kehrmaschine f <verk> *(z. B. für Straße, Startbahn)* • road sweeping machine; mechanical sweeper; road sweeper

Kehrmatrix f <math> • inverse matrix

Kehrpflug m <agri> • reversible plow *US*; reversible plough *GB*

Kehrschleifengarnitur f <bahn> *(Modelleisenbahn)* • reverse loop set

Kehrstrecke f <textil> • ribbon lap machine; lap drawing frame

Kehrwert m <math> • reciprocal value; inverse number; inverse value; reciprocal; inverse

Keil m <tech.allg> • wedge

Keil m <bau> *(aus Stein, Holz, etc.; z. B. als Verschluss)* • quoin

Keil m <druck> *(zum Sichern von Drucktypen)* • quoin

Keil m <füg> *(Verbindungsteil zwischen Welle und Nabe)* • taper key

Keil m ugs <kfz.wz> *(zum Sichern gegen Wegrollen)* • wheel chock; chock; wheel block *rare*

Keil m <masch> *(splintähnl. Verbindungselement)* • cotter

Keil m <masch> *(zwischen den Nuten einer Keilwelle)* • male spline

Keil m <min> *(Ausbau)* • lag

Keil m <min> *(im Schram)* • nog

Keil m <textil> • gusset; gore

Keilangel f <holz.wz> *(Gattersäge)* • key buckle

keilartig <tech.allg> *(schräg zulaufend)* • wedge-like; tapered

Keilbauch m <masch> *(Unterseite eines Keils)* • key bottom

Keilbefestigung f <masch> • fastening by key; keying

Keilbolzen m <masch> • wedge bolt

Keilbonden n <el> • wedge bonding

Keildraht m <mat> • wedgewire; wedge-shaped wire

Keildruckprüfgerät n <qualit.mat> • instrument for wedge-type compressive tests

Keilen n DIN 6883ff. <füg> *(mit Keil befestigen; z. B. Nabe auf Welle)* • keying

keilen vt DIN 6883ff. <füg> *(mit Keil befestigen; z. B. Nabe auf Welle)* • key *vt*

Keile und Federn pl DIN6883ff. <füg> *(als Oberbegriff)* • keys *pl*

Keilfänger m <petr> *(Bohrtechnik)* • slip socket

Keilfilter n <opt> • wedge filter

Keilflachtrieb m <antr> • V-flat drive

Keilflächenlager n DIN ISO 4378-1 <masch> • lobed bearing *ISO 4378-1*

Keilflächenlager n <masch> • pad thrust bearing *ISO 4378-1*; taper land bearing

Keilflankenschleifen n <prod> • spline grinding

Keilflanschkupplung f <masch> • ridge-and-groove coupling

keilförmig <tech.allg> • wedge-shaped; sphenoid; sphenoidal

keilförmige Rille f <masch> • V-shaped groove

keilförmige Vierkantscheibe f <füg> • square taper washer for I-sections; square tapered washer

keilförmige Vierkantscheibe f <füg> • square taper washer for U-sections; square tapered washer

keilförmige Vierkantscheibe für I-Träger f <füg> • square taper washer for I-sections; square tapered washer

keilförmige Vierkantscheibe für U-Träger f <füg> • square taper washer for U-sections; square tapered washer

Keilgetriebe n <antr> • wedge mechanism

Keilhaue f <min> • pick

Keilklemme f <qualit.mat> *(für die Zugprobe beim Zugversuch)* • wedge grip

Keilküvette f <chem> • wedge cell

Keillappen m <wz.masch> *(an Wz-Schaft, z. B. Spiralbohrer)* • tang; flat driving tang; tanged end

Keilleiste f <masch> • taper strip; taper gib; gib strip

Keillochfräsmaschine f <wz.masch> • cotter slot milling machine

Keilloch- und Keilnutenfräsmaschine f <wz.masch> • cotter and keyway milling machine

Keilnabe f <masch> • splined hub

Keilnabenprofil n <masch> *(Längsnuten in Nabe)* • internal splines; internal spline

Keilnabenprofilsitz m <masch> *(von Nabe auf Welle)* • spline fitting

Keilnachstellleiste f <masch> • tapered gib; taper gib

Keilnagel m <bau.mat> • anchor pin

Keilnase f <masch> *(von Nasenkeil)* • key head; gib head

Keilnut f <masch> *(nahezu rechteckiger Querschnitt, für Längsverzahnung, z. B. in Welle)* • spline; female spline *rare*

Keilnut f <masch> *(zum Einsetzen von Keilen; in Nabe und Welle)* • keyway; keyseat; key groove; keyslot *rare*

Keilnuten einarbeiten vi <prod> • keyseat *vt*

Keilnutenfräsapparat *m* <wz.masch> • keyway milling attachment

Keilnutenfräsen *n* <prod> • keyway milling; keyway cutting; keywaying

Keilnutenfräser *m* <wz> • keyway milling cutter

Keilnutenfräsmaschine *f* <wz.masch> • keyway milling machine

Keilnutenhobelmaschine *f* <wz.masch> • keyway shaper

Keilnutenlehre *f* <msr> *(für Längsverzahnungen)* • spline gauge

Keilnutenmaschine *f* <wz.masch> • keyway seating machine

Keilnutenräumen *n* <prod> • keyway broaching

Keilnutenräumwerkzeug *n* <wz.masch> • keyway broach

Keilnutenstoßmeißel *m* <wz> • keyway shaping tool

Keilnutenwelle *f* <masch> *(Längsnuten mit etwa rechteckigem Querschnitt; i. Ggs. zu Kerbzahnwelle)* • splined shaft; spline shaft; multiple spline shaft *rare*

Keilnutenziehmaschine *f* <wz.masch> • draw-cut type seater

Keilpaar *n* <masch> • angular parallels; taper parallels

Keilpaar *n* <masch> • pair of keys; key pair

Keilphotometer *n* <opt> • wedge photometer

Keilpinne *f* <kfz.wz> *(Pinnhammer)* • wedge end; chisel end

Keilplatte *f* <masch> • key plate

Keilplatte *f* <rls> *(in Schieber)* • valve disk *US*; valve disc *GB*

Keilplattenschieber *m* <rls> *(betont: mit zwei Platten)* • double-disk taper-seat gate valve

Keilplattenschieber *m* <rls> *(betont: mit massiver Platte)* • solid wedge gate valve

Keilplattenschieber *m* <rls> *(allg.)* • wedge gate valve; solid wedge gate valve

Keilpresse *f* <wz.masch> • wedge press

Keilprofil *n* <aerospace> *(eines Flügels)* • wedge-type aerofoil

Keilprofil *n* <masch> • spline profile

Keilprofilschleifmaschine *f* <wz.masch> *(für Längsverzahnungen)* • spline grinding machine; spline grinder

Keilramme *f* <tech.allg> • wedge ram

Keilriemen *m* <antr> *(V-förmiger Querschnitt, Reibschluss)* • V-belt; Vee belt

Keilriemenabdeckung *f* <kfz.mot> • engine pulley cover; pulley and belt guard

Keilriemenabdeckung *f* <masch> *(allg.)* • pulley and belt guard

Keilriemenantrieb *m* <antr> • V-belt drive; Vee belt drive

Keilriemengetriebe *n* <kfz.antr> • variable belt transmission; continuously variable belt transmission; Variomatic transmission *DAF.Volvo*; Variomatic *DAF.Volvo*

Keilriemenscheibe *f* <antr> • V-belt pulley

Keilriemenvariator *m* <antr> *(stufenloses Getriebe)* • V-belt variator

Keilrille *f* <masch> *(z. B. in Riemenscheiben, für Keilriemen, Poly-V-Riemen)* • V-groove; vee groove

Keilring *m* <masch> • conical ring

Keilrippenriemen *m* <kfz.mot> • poly-V-belt; ribbed V-belt; serpentine belt

Keilrücken *m* <masch> *(Oberseite eines Keils)* • key top

Keilscheibe *f* <füg> • square taper washer for I-sections; square tapered washer

Keilscheibe *f* <füg> • square taper washer for U-sections; square tapered washer

Keilscheibe *f* <masch> *(allg.)* • taper washer

Keilschieber *m* <rls> *(allg.)* • wedge gate valve; solid wedge gate valve

Keilschraube *f* <füg> • splined bolt

Keilschraube *f* <füg> • wedge bolt

Keilschubgetriebe *n* <masch> • straight-wedge mechanism

Keilsensitometer *n* <opt> • continuous wedge sensitometer; step wedge sensitometer

Keilsitz *m* <füg> • keyseat

Keilspalt *m* <masch> • wedge-shaped space

Keilspaltsieb *n* <verf> • wedge-wire screen

Keilspannfutter *n* <wz.masch> • wedge-actuated collet chuck

Keilspannklemme *f* <qualit.mat> *(für die Zugprobe beim Zugversuch)* • wedge grip

Keilspannkopf *m* <qualit.mat> *(für die Zugprobe beim Zugversuch)* • wedge grip

Keilspannzeug *n* <qualit.mat> *(für die Zugprobe beim Zugversuch)* • wedge grip

Keilspektrograph *m* <opt> • wedge spectrograph

Keilsperrfangvorrichtung *f* <förd> • jaw-type safety device

Keilspundung *f* <füg.holz> • vee grooving and tonguing

Keilstein *m* <bau> *(jeder Stein in einem gemauerten Rundbogen od. Gewölbe)* • voussoir; arch stone; wedge-shaped stone *coll*

Keilstein *m* <bau> *(keilförmiger Ziegel in einem gemauerten Rundbogen od. Gewölbe)* • arch brick

Keilstück *n* <tech.allg> • wedge-shaped piece; wedge member

Keilstück *n* <masch> *(Vorrichtungsbau)* • drawback

Keilstück *n* <metall> *(Kern)* • false core

Keilstücke *npl* <masch> • angular parallels; taper parallels

Keilstückvolumen *n* <nav> • wedge-shaped volume

Keilstumpf *m* <math> *(geometrischer Körper)* • truncated wedge

Keiltreiber *m* <wz> • cotter driver; wedge driver

Keiltreiber *m* <wz> • drift pin

Keilverankerung *f* <bau> • wedge anchorage

Keilverbindung *f* <ic> *(beim Drahtbonden)* • wedge bond

Keilverbindung *f* <masch> • keyed joint; key joint; key fastening *rare*

Keilverschluss *m* <masch> • cam lock

Keilverschluss *m* <mil> • sliding-wedge breechblock; wedge breechblock

Keilwelle *f* <masch> *(Längsnuten mit etwa rechteckigem Querschnitt; i. Ggs. zu Kerbzahnwelle)* • splined shaft; spline shaft; multiple spline shaft *rare*

Keilwelle mit Vielnutnabe *f* <masch> • splined shaft with hub; multiple spline shaft with hub

Keilwellenfräsen *n* <prod> • spline-shaft milling; spline milling

Keilwellenfräser *m* <wz> • spline-shaft milling cutter

Keilwellenfräsmaschine *f* <wz.masch> • spline-shaft milling machine; spline mill

Keilwellennut *f* <masch> *(nahezu rechteckiger Querschnitt, für Längsverzahnung, z. B. in Welle)* • spline; female spline *rare*

Keilwellenprofil *n* <füg> • spline profile

Keilwellen-Verbindung mit geraden Flanken und Innenzentrierung *f* *DIN ISO 14* <masch> • straight-sided spline with internal centering *ISO 14*

Keilwellenwälzfräsen *n* <prod> • spline-shaft hobbing; spline hobbing

Keilwellenwälzfräser *m* <wz> • spline hob

Keilwinkel *m* <masch> *(Kinematik)* • included tooth angle

Keilwinkel *m* <masch> *(Sägezahn)* • sharpness angle

Keilwinkel *m* <masch> *(Keilriemen)* • wedge angle

Keilwinkel *m* <masch> *(z. B. von Drehmeißel)* • cutting wedge angle; wedge angle

Keilzapfen *m* <wz.masch> *(an Wz-Schaft, z. B. Spiralbohrer)* • tang; flat driving tang; tanged end

Keilziegel *m* <bau> *(keilförmiger Ziegel in einem gemauerten Rundbogen od. Gewölbe)* • arch brick

Keilziegel *m* <bau.mat> • wedge-shaped brick; wedge brick; compass brick

Keilzone *f* <verf> *(Siebbandpresse)* • taper zone

Keilzugprobe *f* <qualit.mat> • wedge-drawing specimen

Keilzugversuch *m* <qualit.mat> • wedge-drawing test

Keilzugversuch nach Sachs *m* <qualit.mat> • Sachs wedge-drawing test

Keim *m* <mat> • seed

Keim *m* <mat> • seed crystal

Keim *m* <med> *(Mikroorganismus)* • germ

Keim *m* <metall> • nucleus

keimbildender Zusatz *m* <metall> • nucleation agent

keimbildendes Mittel *n* <metall> • nucleation agent

Keimbildner *m* <metall> • nucleation agent

Keimbildung *f* <mat> • formation of nuclei; nucleation

Keimbildungsgeschwindigkeit *f* <mat> • nucleation rate

Keimeigenschaften *f* <holz> • germination characteristics

keimfrei machen *vt* • degerm *vt*

keimfrei machen *vt* <verf.med> • sterilize *vt*

Keimfreimachung *f* <verf.med> • sterilization *US*; sterilisation *GB*

Keimhemmungsmittel *n* <agri> • sprout retardant

Keimkristall *m* <mat> • seed crystal

Keimlösung *f* <chem> *(Kolloidchemie)* • nuclear solution

keimtötend <hygi> • disinfectant; germicidal

Keimtrommel *f* <agri> • germinating drum

Keimung *f* <med> • germination

Kein Alkohol am Steuer <verk> *(Motto)* • Don't mix drinking and driving

kein Anbohren der Karosserie *n* <kfz> *(z. B. für Antennenmontage)* • no drilling into body

keine Beeinflussung durch X <tech.allg> *(z. B. el. Felder, Radiofrequenzen, Feuchtigkeit, Staub)* • immune to X

keine beweglichen Teile <tech.allg> • no moving parts

keine Datei ausgewählt <edv> *(Bildschirmmeldung)* • no file selected

keine Fehler *mpl* <qualit> *(Irrtümer, Fehlhandlungen)* • no mistakes *pl*

keine Lesung *f* <edv> • non-read; non-scan; no-read; no-scan

K-Einfang *m* <nukl> • K capture; K-electron capture

Keiretsu *n* <ökon> *(jap. Konzernsystem)* • keiretsu

Kekulé-Struktur *f* <chem> • Kekulé structure; Kekulé-like structure

Kelch *m* <tech.allg> *(z. B. durch kreisförmige Extrusion erstellbares Objekt)* • goblet

K-Elektron *n* <nukl> • K electron

K-Elektroneneinfang *m* <nukl> • K capture; K-electron capture

Kelle *f* <bau.wz> *(zum Auftragen, Verstreichen von Gips, Putz etc.; abgesetzter Griff)* • trowel

Kelle *f* <mil> *(Schießstand-Trefferanzeige)* • wand

Keller *m* <bau> *(nicht ausgebaut, zum Lagern etc.)* • cellar

Keller *m* ugs <bau> • basement; basement floor

Keller *m* <metall> *(des Flammofens)* • vault

Kellerautomat *m* <edv> • push-down machine

Kellerbefehl *m* <edv> • stack instruction

Kellerfenster *n* <bau> • basement window; basement sash; cellar sash

Kellergeschoss *n* <bau> • basement; basement floor

Kellerliste *f* <edv> • last-in-first-out list; push-down list; LIFO list

Kellerrechner *m* <edv> • stack computer

Kellerspeicher *m* <edv> • last-in-first-out memory; push-down memory; push-down stack; push-down store; LIFO memory

Kellerspeicher *m DIN 19237* <msr> • stack register

Kellerspeichertiefe *f* <edv> • stack depth

Kellerung *f* <edv> • push-down storage; push-down storing; stacking

Kellerungsprinzip *n* rar <tech.allg> *(last in - first out)* • LIFO-method; last in, first out method; LIFO principle

Kellerungsprinzip *n* <edv> • last-in-first-out principle

Kellerungstiefe *f* <edv> • stack depth

Kellner'sches Okular *n* <opt> • Kellner eyepiece

Kelly *f* prakt <petr> • grief stem; kelly *pract*

Kelly *f* <petr> *(überträgt Drehmoment vom Drehtisch auf den Bohrstrang)* • kelly; grief stem *rare*

Kellyhahn *m :V* <petr> *(Ventil im Bohrstrang)* • kelly cock

Kellyschonstück *n* <petr> • kelly saver sub

Kellystange *f* <petr> • grief stem; kelly *pract*

Kelter *f* <nahr> *(zum Auspressen von Maische)* • press

Kelterboden *m* <nahr> *(Winzerei)* • press bottom

Kelterhaus *n* <nahr> *(Winzerei)* • press room; press house

Kelterkorb *m* <nahr> *(z. B. für Weintrauben)* • press cage; press basket

Keltern *n* <nahr> *(von Weintrauben)* • pressing

Kelterpresse *f* <nahr> • basket press; juice press

Kelvin'sche Stromwaage *f* <el> • Kelvin balance

Kelvin *n* (K) <phys> *(Temperatureinheit; absolute Temperatur; −273 °C = 0 K)* • Kelvin (K)

Kelvin-Effekt *m* <el> • Kelvin effect

Kelvin-Skala *f* <phys> *(absolute Temperatur)* • kelvin scale; thermodynamic temperature scale; kelvin absolute temperature scale

Kelvin-Skale *f* <phys> *(absolute Temperatur)* • kelvin scale; thermodynamic temperature scale; kelvin absolute temperature scale

Kelvin-Temperatur *f* <phys> • absolute temperature (T)

Kenaf *n* <textil> • kenaf

Kendyr *n* <textil> • kendyr

Kennabschnitt *m* <tele> • significant interval

Kennbake *f* <navig> • identification beacon

Kennbuchstabe *m* <tech.allg> *(z. B. für Werkstoff, Güteklasse, Reifentyp)* • code letter; identifying letter

Kennbuchstabe *m* <aerospace> • recognition letter

Kenndaten *npl* prakt <tech.allg> *(z. B. bzgl. Leistungsaufnahme, -abgabe, Druck, Temperatur, Drehzahl)* • ratings *pl*; nominal ratings *pl*

Kennfaden *m* <textil> • colored tracer thread; marking thread; cotton binder; tracer thread

Kennfarbe *f DIN 5381* <tech.allg> *(z. B. für Sicherungen, Rohrleitungen: Luft, Wasser usw.)* • identification color *US*; identification colour *GB*

Kennfeld *n* <tech.allg> *(z. B. von Kraft- od. Arbeitsmaschinen)* • family of characteristics; characteristic curve family; characteristics *pl*

Kennfeld *n* <kfz.msr> *(Motorsteuerung)* • characteristic map; mapping; engine map

kennfeldgesteuerte Zündung *f* <kfz.el> • electronic-map ignition [system]; grid-controlled ignition [system]; mapped ignition [system] *VW*; map-controlled ignition *VW*; microprocessor spark timing system MSTS *GM/Vauxhall*

Kennfeldzündung *f* <kfz.el> • electronic-map ignition [system]; grid-controlled ignition [system]; mapped ignition [system] *VW*; map-controlled ignition *VW*; microprocessor spark timing system MSTS *GM/Vauxhall*

Kennfeuer *n* <navig> • identification beacon; marker-beacon light; code light

Kennfrequenz *f* <tele> • assigned frequency

Kenngröße *f* <tech.allg> • characteristic [value]

Kenngröße *f* <tech.allg> • characteristic value

Kennkurve *f* <tech.allg> *(z. B. Leistung, Temperatur, Druck, Frequenzgang, Spannung)* • characteristic [curve]

Kennlicht *n* <aerospace> *(am Flugzeug)* • aeronautical light

Kennlicht *n* <navig> • marker light

Kennlinie *f* <tech.allg> *(z. B. Leistung, Temperatur, Druck, Frequenzgang, Spannung)* • characteristic [curve]

Kennlinie *f prakt* <verf> *(für Betriebsverhalten, Leistungsabgabe; z. B. von Arbeitsmaschinen)* • performance curve; characteristic curve *pract*

Kennlinie der Gesamthelligkeitswiedergabe *f* <av> • overall-brightness transfer characteristic

Kennlinienast *m* <tech.allg> • characteristic branch

Kennlinienfeld *n* <tech.allg> *(z. B. von Kraft- od. Arbeitsmaschinen)* • family of characteristics; characteristic curve family; characteristics *pl*

Kennlinienknick *m* <tech.allg> • bend of the characteristic

Kennlinienschar *f* <tech.allg> *(z. B. von Kraft- od. Arbeitsmaschinen)* • family of characteristics; characteristic curve family; characteristics *pl*

Kennlinienschreiber *m* <msr> • characteristic curve tracer; curve tracer; plotter [of characteristics]

Kennmelodie *f ugs* <av> *(Tonzeichen)* • signature tune

Kennnummer *f* <tech.allg> • identification number (ID); ID-number *pract*

Kennsatz *m* <edv> *(von Daten)* • label; label record; descriptor; header

Kennsatzbehandlung *f* <edv> • label handling

Kennsatzprüfung *f* <edv> • label checking

Kennsatzspur *f* <edv> • label track

Kennsatzverarbeitung *f* <edv> • label processing

Kennschalldruckpegel *m DIN* <av> *(eines Lautsprechers für zugeführte Leistung; in dB/W/m)* • sensitivity (SPL); sound pressure level

Kennschild *n* <doku> *(hart)* • identification plate; ID-plate

Kennschild *n* <doku> *(weich; z. B. Aufkleber)* • identification label; ID-label

Kennübertragungsfaktor *m* <av> • characteristic response to voltage

Kennübertragungsfaktor *m* <av> *(Mikrofon)* • rated free-field sensitivity

Kennung *f* <allg> • designation

Kennung *f* <tech.allg> *(Objekt; z. B. Etikett, Nummer)* • identifier (ID); identification

Kennung *f* <tech.allg> *(alphanumerische Zeichenfolge)* • identification code; ID code

Kennung eines Leuchtfeuers *f* <navig> • characteristic of a beacon

Kennungsabfragegerät *n* <navig> • challenger

Kennungsänderung *f* <pap> • identification change

Kennungsfeld *n* <tech.allg> • identification field

Kennungsfeld *n* <pap> • identifier field

Kennungsgeber *m* <edv> • identification key

Kennungsgeber *m* <tele> • answerback unit

Kennungsgerät *n* <mil> • friend-or-foe identification device

Kennungsgerät *n* <tele> • identification facility

Kennungssignal *n* <navig> *(z. B. Luftfahrt)* • identification signal; code signal

Kennwert *m* <allg> *(Spezifikation)* • specification

Kennwert *m* <tech.allg> • characteristic [value]

Kennwert *m* <tech.allg> *(betont: Wert als Merkmal)* • parameter; characteristic value

Kennwertermittlung *f* <tech.allg> • parameter identification

Kennwerttoleranz *f* <msr> *(von Sensoren)* • tolerance of characteristic value

Kennwiderstand *m* <av> • image impedance

Kennwiderstand *m* <el> *(allg.)* • characteristic impedance

Kennwort *n* <edv> *(zum Zugang)* • password; keyword *rare*

Kennwortoperand *m* <edv> • keyword operand

Kennwortschutz *m* <tech.allg> • password protection

Kennzahl *f* <tech.allg> *(z. B. für Güteklasse, Werkzeuge)* • code number; characteristic number; code *pract*

Kennzeichen *n* <allg> *(Charakteristik, z. B. eines Produkts; meist ein Vorteil)* • characteristic feature; distinguishing feature; special feature; feature *pract*

Kennzeichen *n* <tech.allg> *(besonderes Zeichen, Markierung; z. B. ein Kode)* • identification sign; characteristic sign; mark

Kennzeichen *n* <tech.allg> *(Symbol)* • symbol

Kennzeichen *n* <edv> • flag

Kennzeichen *n* <nav> *(auf dem Segel; Bootsklasse, Nationalität, Segelnummer)* • identification mark; sail marking

Kennzeichenbeleuchtung *f* <kfz.el> *(betont: das Licht)* • license light *US*; numberplate light *GB*

Kennzeichenbit *n* <edv> • flag bit

Kennzeichen der Erfindung *n* <jur> • distinguishing feature of the invention

Kennzeichen der Erfindung *npl* <jur> • characteristic features of the invention

Kennzeichenfeld *n* <edv> • flag field

Kennzeichen für Befehlsverkettung *n* <edv> • chain command flag

Kennzeichen für Datenverkettung *n* <edv> • chain data flag

Kennzeichen für die Güte der Waren *n* <qualit> • criterion of the quality of the goods

Kennzeichenhalterung *f* <kfz> • license plate bracket

Kennzeichenkanal *m* <tele> • signaling channel *US*; signalling channel *GB*

Kennzeichenleuchte *f* <kfz.el> *(betont: die Leuchteneinheit)* • license light *US*; license lamp *US*; rear license plate light/lamp *form*; rear number plate lamp *GB*; numberplate lamp *GB*

Kennzeichennachricht *f* <tele> • signaling message *US*; signalling message *GB*

Kennzeichenschild *n* <kfz> • registration plate; number plate; licence plate

Kennzeichenumsetzer *m* <tele> • signaling converter *US*; signalling converter *GB*

kennzeichnen *vt* <allg> *(z. B. Betriebsverhalten, Verfahren, Mitarbeiter)* • characterize *vt US*; characterise *vt GB*

kennzeichnen *vt* <allg> *(z. B. mit Farbe, Anhänger)* • mark *vt*

kennzeichnen *vt* <allg> *(z. B. mit Etikett, Aufschrift)* • mark *vt*; sign *vt rare*

kennzeichnen *vt* <tech.allg> *(identifizieren, eindeutig markieren)* • identify *vt*; ID *vt pract*

kennzeichnen *vt* <tech.allg> *(spezifizieren)* • specify *vt*

kennzeichnen *vt* <tech.allg> *(mit Etikett, Aufkleber)* • label *vt*

kennzeichnen *vt* <tech.allg> *(einritzen)* • scribe *vt*

kennzeichnen *vt* <el> *(konkret und metaphorisch; mit Fahne oder Attribut)* • flag *vt*

kennzeichnen *vt* <term> *(z. B. durch Buchstabe, Zahl, Symbol)* • designate *vt*

kennzeichnende Eigenschaft *f* <allg> • characteristic; characteristic feature; feature

kennzeichnende Merkmale eines Schaltelements *n EN 60947* <msr> • switching element characteristics *EN 60947*

kennzeichnen mit Brandmarke *f* <agri> *(Vieh)* • brand *vt*

Kennzeichner *m* <edv> • qualifier

Kennzeichnung *f* <allg> *(zum Identifizieren)* • identification

Kennzeichnung *f* <tech.allg> *(Objekt; z. B. Etikett, Nummer)* • identifier (ID); identification

Kennzeichnung f <pap> • flagging
Kennzeichnung geforderter Behandlungen f <doku> *(in techn. Zeichnungen)* • indication of lines or surfaces to which a special requirement applies
Kennzeichnungsstreifen m <pack> • flasher tape
Kennzeichnungssystem n <tech.allg> • identification system; designating system; marking system
Kennzeitpunkt m <tele> • significant instant
Kennziffer f <tech.allg> *(z. B. von Wendeschneidplatten, Schleifkörpern)* • characteristic
Kennziffer f <tech.allg> • characteristic figure
Kennziffer f <tech.allg> *(Schlüsselnummer)* • index number
Kennzustand m <tele> • significant condition; significant state
Kenotaph n <bau> *(symbolisches Grabmal)* • cenotaph
Kenotron n <el> • kenotron
Kentermoment n <nav> • upsetting moment; tipping moment
Kentern n DIN 4049-3 <geo> *(Wechsel von Flutstrom auf Ebbestrom und umgekehrt)* • turn of the tide
Kentern n <nav> *(Umkippen von Schiffen, Booten)* • capsizing
kentern vi <nav> *(z. B. durch verrutschende Ladung, Sturm)* • capsize vi
Kenworth-Truck m <nfz> • Kenworth truck; k-whopper sl; kenny sl
Kepler'sche Bewegung f <astron> *(Planeten)* • Keplerian motion
Kepler'sche Gesetze npl <astron> • Kepler's laws
Kepler'sches Fernrohr n <opt> • collimator pen
Kepler-Bewegung f <astron> • Keplerian motion
Kepler-Ellipse f <astron> • Keplerian ellipse; orbital ellipse
Kepler-Gesetze npl <astron> • Kepler's laws
Kepler-Problem n <astron> • Kepler problem
Kerametall n <mat> • cermet
Keramfaser f <mat> • ceramic fiber US; ceramic fibre GB
Keramik f <silik> *(Material)* • ceramics pl; ceramic materials
Keramik f <silik> *(Geschirr, Sanitär)* • ceramic ware; pottery coll; ceramic products
Keramikartikel m <silik> *(Geschirr, Sanitär)* • ceramic ware; pottery coll; ceramic products
Keramikbaustein m <el> • ceramic module
keramikbeschichtet <obfl> • ceramic-coated
keramikbestückt <wz> • ceramic-tipped
Keramikbindung f <wz> *(Schleifwerkzeug; Bindung der Schleifkörner)* • ceramic bond
Keramik-Bremsscheibe f <brems> • ceramic brake disk US; ceramic brake disc GB
Keramikchipantenne f <edv> *(für WLAN, Bluetooth)* • ceramic chip antenna
Keramik-Druckaufnehmer m <msr> • ceramic pressure sensor
Keramikdruckaufnehmer m <msr> • ceramic diaphragm
Keramikdurchführung f <el> • ceramic-insulated feed-through; ceramic feed-through; ceramic bushing
Keramikfaser f <mat> • ceramic fiber US; ceramic fibre GB
Keramikferrule f <edv> • ceramic ferrule
Keramikfolie f <mat> *(Keramikpulver in Polymermatrix)* • ceramic sheet :V
Keramikgehäuse n <el> • ceramic package; ceramic case
Keramikisolator m <el> • ceramic insulator
Keramikkatalysator m <kfz.emiss> • ceramic catalyst
Keramikkondensator m <el> • ceramic capacitor
Keramikmalerei f <kunst> • ceramic decoration

Keramikmonolith m <kfz.emiss> • ceramic monolith; ceramic honeycomb
Keramikschaft m <tech.allg> • ceramic shaft
Keramikschicht f <obfl> • ceramic layer
Keramikschneidplatte f <wz> • ceramic tip
Keramik- und Ziegelindustrie f <bau> • ceramics and brickworks
Keramikventil n <kfz.mot> • ceramic valve
Keramikwälzlager n <masch> • ceramic roller bearing
Keramikwerkstoffe mpl <silik> *(Material)* • ceramics pl; ceramic materials
Keramikwolle f <mat> *(filzähnlich; z. B. als Wärmeisolierung)* • ceramic felt
keramische Abbauprodukte npl DIN EN ISO 1099 <ents> • degradation products from ceramics DIN EN ISO 1099
keramische Bindung f <mat> • vitrified bond; clay bond
keramische Faser f <mat> • ceramic fiber US; ceramic fibre GB
keramische Produkte <silik> *(Geschirr, Sanitär)* • ceramic ware; pottery coll; ceramic products
keramischer Durchführungskondensator m <el> • feed-through ceramicon
keramischer Isolator m <el> • porcelain insulator; ceramic insulator
keramischer Klebstoff m <füg> • ceramic adhesive
keramischer Kondensator m <el> • ceramic capacitor
keramischer Monolith m <kfz.emiss> • ceramic monolith; ceramic honeycomb
keramischer Werkstoff m <mat> • ceramic material
keramisches Gehäuse n <el> • ceramic package
keramisches Material n <silik> • ceramic material; ceramic
keramisches Mikrofon n <av> • ceramic microphone
keramisch gebunden <mat> *(z. B. Schleifkörper)* • ceramic-bonded
keramisch gebunden <mat> *(verglast)* • vitrified
Keramtechnik f <silik> • ceramic technology
Kerargyrit m <min> • cerargyrite; horn silver
Keratin n <led> • keratin
Keratinfaser f <mat> • keratin fiber US; keratin fibre GB
Keratoskop n <opt> • keratoscope
Kerbbiegeprobe f <qualit.mat> • notch bending specimen
Kerbbiegeversuch m <qualit.mat> • notch bending test
Kerbe f <tech.allg> *(eher in einer Fläche)* • notch
Kerbe f <obfl> *(klein)* • nick
Kerbe f <obfl> *(Kratzer)* • score
Kerbe f <qualit> *(in den Lack, für Prüfzwecke)* • scribe
Kerbe f <qualit.mat> *(z. B. in Izod-Probekörper)* • notch
kerbempfindlich <qualit.mat> • notch-sensitive
Kerbempfindlichkeit f <qualit.mat> • notch sensitivity
Kerbempfindlichkeitszahl f <qualit.mat> • fatigue notch sensitivity
kerben vt <obfl> *(kleine Stelle einkratzen, einkerben; meist unabsichtlich)* • nick vt
kerben vt <obfl> *(zerkratzen)* • score vt
kerben vt <prod> *(Rille, Nut erzeugen)* • groove vt
kerben vt <prod> *(tief)* • notch vt
Kerbfaktor m <mech> • theoretical stress concentration factor
Kerbfilter n <tech.allg> • notch filter
Kerbformzahl f <mech> • theoretical stress concentration factor
kerbfrei <qualit.mat> • unnotched
Kerbgrund m <masch> • notch groove; notch base; notch root
Kerbnabe f prakt <kfz> *(bei Sport- und Rennwagen)* • central-locking hub; spline hub pract; splined hub pract; Rudge hub pract.obs; Rudge-Whitworth hub form.obs

Kerbnagel m DIN EN ISO 8746 <füg> • grooved pin with round head ISO 8746

Kerbnut f <masch> (klein, schmal) • V-groove

Kerbrahmen m <led> • indenting welt

Kerbschlagbiegeprobe f <qualit.mat> (allg.) • notched-bar impact test specimen; notched-bar impact test piece

Kerbschlagbiegeversuch m <qualit.mat> (allg.) • notched-bar impact test BS 131

Kerbschlagbiegeversuch nach Charpy m <qualit.mat> (Probestab horizontal, Pendelschlag mittig) • impact resistance test according to Charpy method; Charpy impact resistance test; Charpy test pract

Kerbschlagbiegeversuch nach Charpy mit V-Kerbe m <qualit.mat> (bei Stahl; im Ggs. zu U-Kerbe) • Charpy V-notch pendulum impact test

Kerbschlagprüfgerät n <qualit.mat> • measuring instrument for notched impact strength; measuring instrument for notched bar impact strength

Kerbschlagversuch nach Charpy m DIN EN ISO 179 <qualit.mat> (Probestab horizontal, Pendelschlag mittig) • impact resistance test according to Charpy method; Charpy impact resistance test; Charpy test pract

kerbschlagzäh <qualit.mat> • notch-ductile

Kerbschlagzähigkeit f <qualit.mat> • impact strength; impact resistance

Kerbschlagzähigkeit nach Izod f ISO 180 <qualit.mat> • Izod impact strength ISO 180

Kerbschnitzwerkzeug n <wz> • carving tool

Kerbspannung f <mech> • notch stress

Kerbstab m <qualit.mat> • notched test bar; notched bar; notched test specimen; test specimen with notch

Kerbstelle f <qualit.mat> (z. B. in Izod-Probekörper) • notch

Kerbstift m DIN EN ISO 8739 <füg> (div. Ausführungen) • grooved pin ISO 8739; slotted pin; notched pin; splined pin rare; notched taper pin rare

kerbverzahnt <masch> (Welle, Nabe) • splined

Kerbverzahnung f <masch> (von Welle und Nabe) • serration

Kerbverzahnungswälzfräser m <wz> • serration hob

Kerbwirkung f <mech> • notch effect

Kerbwirkungszahl f <mech> (Spannungskonzentration; Bruchmechanik) • factor of stress concentration

Kerbwirkungszahl f <mech> • stress-concentration factor

Kerbwirkungszahl f <qualit.mat> • fatigue strength reduction factor; fatigue notch factor; notch factor

Kerbzahnnabe f <masch> (V-förmig) • serrated hub

Kerbzahnnabenprofil n <masch> (V-förmig) • internal serrations; internal serration

Kerbzahnprofil n <masch> (V-förmig) • serrated profile; serrations

Kerbzahnwelle f <masch> (V-förmige Rillen) • serrated shaft

Kerbzahnwellenprofil n <füg> • external serrations; external serration

Kerbziffer f <mat> (werkstoffabhängiger Spannungskonzentrationsfaktor) • concentration factor

Kermesbeere f <bio> • poke root; phytolacca decandra

Kern m <tech.allg> (Mitte) • center US; centre GB

Kern m <tech.allg> (allg.; z. B. von elektr. Wicklungen, beim Umformen) • core

Kern m prakt <tech.allg> (als Gesteinsprobe; z. B. Bodenprobe, Beton) • drill core; core pract; center core rare; center plug rare

Kern m <astron> • center US; centre GB; nucleus; core

Kern m <av> • hub

Kern m <füg> (einer Flamme; z. B. Schweiß-, Bunsenbrenner) • inner core

Kern m <fz> (Drahteinlage im Reifenwulst) • bead bundle; bead core GB; bead wires

Kern m <geo> (ältester Teil der Kontinente) • craton; core of a continent; continental nucleus; core

Kern m <holz> • heart

Kern m <holz> (in Baumstamm; hart, umgeben vom Mantelhoz) • heartwood; core

Kern m <led> (Teil der Haut nach Entfernung von Bauch, Flanken und Hals) • butt

Kern m <nahr> (in Traubenfrüchten) • seed

Kern m <nahr> (von Nüssen) • kernel

Kern m <navig> (Lagekreisel; Plattformbezugssystem) • cluster

Kern m prakt <nukl> (z. B. bei Druckwasserreaktor) • reactor core; core pract

Kern m <petr> (Bohrloch) • well core

Kern m <phys> (aus Protonen und Neutronen) • core; atomic nucleus; nucleus

Kern m DIN ISO 5419 <wz> (Spiralbohrer) • web ISO 5419

Kern... <nukl> (in Zusammensetzungen) • nuclear

Kernabschaltung f <verf> • zoning system

Kernabsorption f <phys> • nuclear absorption

Kernabstand m <phys> • internuclear spacing; interatomic distance; nuclear distance; nuclear spacing

Kernabstimmschlüssel m <el> • core aligner

Kernader f <el> • core wire

kernaktive Komponente f <nukl> • nuclear-active component

Kernanalyse f prakt <geo> (z. B. für Tiefbauplanung, Forschung, Erdölprospektion) • drill core analysis; core analysis pract

Kernanregung f <nukl> • nuclear excitation

Kernansatz m <füg> (Schraubenende) • half dog point

Kernanziehung f <phys> • nuclear attraction

Kernaufbau m <phys> • nuclear constitution; nuclear structure

Kernausdrücker m <metall> (Gießerei) • core knock-out

Kernausrichtung f <nukl> • nuclear alignment

Kernausrundung f prakt <masch> (Gewinde) • rounded root; radiused root; curved root rare

Kernausstoßhammer m <metall> • core ejecting hammer

Kernbaustein m <nukl> • nuclear constituent; nuclear particle; nucleon

Kernbauweise f <bau> (Tunnelbau) • multiple-drift method

Kernbehälter m <nukl> (allg.) • core support cylinder

Kernbehälter m <nukl> (177-BE-Kern) • core support shield

Kernbeschuss m <nukl> • bombardment of nuclei; nuclear bombardment

Kernbeton m <bau.mat> • core concrete

Kernbett n <metall> • core drier

Kernbett n <metall> • core support

Kernbildung f <mat> • nucleation

Kernbinder m <metall> (Gussform) • core binding agent; core binder

Kernbindungsenergie f <nukl> • nuclear binding energy

Kernblasmaschine f <metall> (Gießerei) • core blowing machine

Kernblech n <el> (z. B. Trafoblech) • core lamination; core plate

Kernbohren n <petr> • coring; core drilling

Kern bohren vi <min> • core vi

Kern bohren vi <prod> • carry out coring vi

kernbohren vt <prod> • core-drill vt; core vt

kernbohren vt <prod> (flach; mit Lochsäge o.ä.) • trepan vt

Kernbohrer m <min> • core drill

Kernbohrer m <wz> (für Gewindelöcher) • core drill

Kernbohrer m <wz> (für flache Kernbohrungen oder zum Ausschneiden von Kreisen) • trepanning drill

Kernbohrkopf m <wz.masch> • trepanning-bar cutter head; trepanning head

Kernbohrkopfmesser n <wz> • trepanning-head cutting bit; trepanning bit

Kernbohrkrone f <petr> • core bit; core head

Kernbohrkrone f <wz> • annular borer

Kernbohrkrone f <wz> (für Tunnelvortrieb) • core drill bit

Kernbohrloch n <petr> • core hole

Kernbohrung f <min> • core drilling

Kernbohrung f <prod> (für nachfolgendes Gewindebohren, -fräsen etc.) • tap hole; tapping hole; taphole rare; tap-size hole rare; tapping-size hole rare

Kernbrennen n <metall> • core baking

Kernbrennstab m rare <nukl> • fuel rod; fuel pin; nuclear fuel rod; rod-type fuel element rare

Kernbrennstoff m DIN 25401-3 <nukl> • nuclear fuel; nuclear reactor fuel rare

Kernbrennstoffelement n rar <nukl> • fuel assembly (FA); nuclear fuel assembly form; nuclear fuel element form; fuel element; fuel bundle rare

Kernbrennstoffwiederaufbereitungsanlage f <nukl> • nuclear-fuel reprocessing plant; fuel reprocessing plant

Kernbrennstoffzyklus m <nukl> • nuclear fuel cycle; fuel cycle pract

Kernbrett n <prod> (Gießerei) • core board

Kernbruchstück n <nukl> • nuclear fragment

Kernchemie f <nukl.chem> • nuclear chemistry

Kerndämmung f <bau> (Holz-Rahmenkonstruktion) • core insulation

Kerndeformation f <nukl> • nuclear deformation

Kern der Erde m <geo> • core of the earth; earth's core; centrosphere rare

Kerndichte f <nukl> • nuclear density

Kerndichtung f <bau.hydr> (von Dämmen, Deichen) • core

Kerndicke f <masch> (Wandstärke) • web thickness

Kerndraht m <füg> • core wire

Kerndrehimpuls m <nukl> • nuclear spin

Kerndurchmesser m <tech.allg> • core diameter

Kerndurchmesser m <masch> (kleinster Durchmesser; bei Innengewinden an den Gewindespitzen) • crest diameter (I.D.); minor diameter; inside diameter; minor thread diameter form

Kerndurchmesser m <masch> (kleinster Durchmesser; bei Außengewinden am Gewindegrund) • root diameter; minor diameter; minor thread diameter form

Kerndurchmesser m <wz> (Bohrer; z. B. Gewindebohrer) • core diameter; web diameter

Kernebene f <phot> • epipolar plane

Kerneinfang m <nukl> • nuclear capture

Kerneisen n <prod> (Gussform) • core iron

Kernelektron n <phys> • nuclear electron

Kernemulsion f <phys> • nuclear photographic emulsion; nuclear track emulsion; nuclear emulsion

Kernen n <bau> • coring; core drilling

Kernen n <petr> • coring; core drilling

Kernenergetik f <energ.nukl> • nuclear energetics

Kernenergie f <energ.nukl> • nuclear power; nuclear energy; atomic energy; atomic power coll

Kernenergieantrieb m <nav.nukl> (z. B. Schiff, U-Boot) • nuclear propulsion

Kernenergieantriebsanlage f <antr.nukl> • nuclear propulsion plant

kernenergiegetrieben <antr.nukl> • nuclear-propelled

kernenergiegetrieben <nukl> (allg.) • nuclear-powered

Kernenergieniveau n <nukl> • nuclear energy level

Kernentnahme f <petr/bau> • core extraction

Kernfaden m <textil> • core thread

Kernfänger m <petr> (zum Abreißen des Kernes vom Gestein) • core catcher; core lifter

Kernfahne f <prod> • flipper

kernfaul <holz> • heart-rotten

Kernfeld n <nukl> • nucleonic field; nuclear field

Kernfeldkräfte fpl <nukl> • nuclear forces

Kernfläche f <masch> (Gewinde) • root area

Kernfolge f <petr> • suite of cores

Kernform f <prod> (Gussform) • core mold

Kernformen n <prod> • core molding

Kernformmaschine f <metall> (Gießerei) • core-molding machine; core-making machine

Kernforschung f <nukl> • nuclear research; atomic research

Kernfragment n <nukl> • nuclear fragment

Kernfunktion f <math> • kernel function

Kernfusion f (KF) <nukl> (z. B. in Kerntechnik, Sonnen) • nuclear fusion

Kernfusionsreaktion f <nukl> • nuclear fusion reaction

Kernfusionsreaktor m <energ.nukl> • nuclear-fusion reactor; fusion reactor

Kerngarn n <textil> • core spun yarn

Kerngaskanal m <metall> • core vent

Kerngewinnung f <geo/min> (beim Tiefbohren) • core extraction; core recovery

Kernglas n <silik> • inner glass core

Kerngrößenresonanz f <phys> • nuclear size resonance

Kernguss m <prod> (Vorgang) • core casting

Kernguss m <prod> (Ergebnis) • cored castings; cored parts

Kernguss m <silik> • solid casting

Kernhälfte f <prod> (Gussform) • core half

Kernholz n <holz> (in Baumstamm; hart, umgeben vom Mantelholz) • heartwood; core

kernig <kfz.mot> (Ansauggeräusch) • throaty

kernig <led> (Leder) • full; butty; compact

kernig <nahr> (Wein) • sturdy

kerninaktiv <phys> • nuclear-inactive

Kerninduktion f <phys> • nuclear magnetic induction; nuclear induction

Kerning n <druck> (Zusammenrücken benachbarter Buchstaben) • kerning

Kernisobar n <phys> • nuclear isobar

Kernisomer n <phys> • nuclear isomer

Kernisomerie f <phys> • nuclear isomerism

Kernkasten m <prod> (Gießerei) • core box

Kernkorrosion f <nukl.obfl> • radiation corrosion; nuclear corrosion

Kernkraft f <energ.nukl> • nuclear power; nuclear energy; atomic energy; atomic power coll

kernkrafttechnische Anlage f <nukl> (z. B. BE-Fabrik, KKW, Zwischenlager) • nuclear facility; nuclear installation

Kernkraftwerk n (KKW) <energ.nukl> • nuclear power plant (NPP) US; nuclear power station GB

Kernladung f <phys> • nuclear charge; electric charge of nuclei

Kernladungszahl f <chem> (Anzahl der Protonen im Atomkern) • atomic number (at.no.); nuclear-charge number; proton number; Z number

Kernleiter m <el> • central wire

Kernlicht n <opt.lwl> • core light

Kernloch n <prod> (für nachfolgendes Gewindebohren, -fräsen etc.) • tap hole; tapping hole; taphole rare; tap-size hole rare; tapping-size hole rare

Kernlochbohren n <bau/petr> • core-hole drilling

Kernlochbohren n <prod> (Gewindeherstellung) • tap drilling; pretapping

Kernlochbohrer *m* <wz> • tap drill

Kernlochdurchmesser *m* <masch> • minor thread diameter

Kernlochdurchmesser *m* <masch> *(Gewindebohren)* • tap drill size (TDS); tapping drill size; tapping hole size; drill-hole size

Kernlochstift *m* <prod> *(Gussform)* • core pin

kernlos <nahr> *(Obst; z. B. Trauben)* • seedless

kernlose Bohrung *f* <min/petr> • non-core drilling; rotary drilling

kernlose Spule *f* <el> *(Elektromagnet)* • air-cored coil; air-cored solenoid

Kernluft *f Steinmüller* <ents.verbr> • primary air; primary combustion air

Kernmacherei *f* <metall> *(Gießerei)* • core-making department; core-molding plant

Kernmagnet *m* <el> • core magnet

kernmagnetische Resonanz *f* <phys> • magnetic nuclear resonance

kernmagnetische Resonanzspektroskopie *f* <phys> • nuclear magnetic resonance spectroscopy

kernmagnetisches Moment *n* <phys> • nuclear magnetic moment

Kernmagnetismus *m* <phys> • nuclear magnetism

Kernmagnetmesswerk *n* <msr> • core magnet measuring system

Kernmagneton *n* <phys> • nuclear magneton

Kernmantelfaden *m* <textil> • core spun yarn

Kernmarke *f* <prod> *(Gussform)* • core mark; core print

Kernmasse *f* <phys> • nuclear mass

Kernmasse *f* <prod> *(Gussform)* • core mixture

Kernmaterial *n* <tech.allg> • core material

Kernmaterial *n* <prod> *(Sandwichbau)* • foam core

Kernmaterie *f* <nukl> • nuclear matter

Kernmatrix *f* <tech.allg> • core matrix

Kernmeson *n* <nukl> • nuclear pi-meson; nuclear meson; nuclear pi-pion

Kernmodell *n* <metall> *(Gießerei)* • core pattern

Kernmodell *n* <phys> • nuclear model; model of the nucleus

Kernmoment *n* <phys> • nuclear moment

Kernmühle *f jarg* <nukl.ents> • transmutation plant

Kernnagel *m* <prod> *(Gießen)* • chaplet; core nail; sprig

Kernniederschmelzen *n* <nukl> • meltdown

Kernniveau *n* <nukl> • nuclear energy level

Kernoberflächenenergie *f* <nukl> • nuclear surface energy

Kernöl *n* <metall> • core oil

Kernöl *n* <nahr> *(z. B. von Kürbissen, Nüssen)* • kernel oil

Kernpaketverfahren *n* <prod> *(Niederdruck-Gießprinzip)* • core package process

Kernparamagnetismus *m* <phys> • nuclear paramagnetism

Kernphotoeffekt *m* <nukl> • nuclear photoelectric photodisintegration; nuclear photoelectric effect; nuclear photoeffect

Kernphotoreaktion *f* <nukl> • photonuclear reaction

Kernphysik *f* <nukl.phys> • nuclear physics

Kernplatte *f* <kst> • force plate; punch plate

Kernpolarisation *f* <nukl> • nuclear polarization *US*; nuclear polarisation *GB*

Kernpotential *n* <nukl> • nuclear potential

Kernpräzessionsmagnetometer *n* <nukl> • proton-precession magnetometer; nuclear magnetometer

Kernprobe *f* <min> *(für Analyse)* • core sample

Kernquadrupolmoment *n* <phys> • nuclear quadrupole moment

Kernquadrupolresonanz *f* <phys> • nuclear quadrupole resonance

Kernquerschnitt *m* <tech.allg> • core cross-section

Kernquerschnitt *m* <prod> *(Gießkern)* • web section

Kernrachenlehre *f* <msr> • core snap gauge

Kernradius *m* <masch> *(Gewinde)* • root radius; thread root radius *form*

Kernradius *m* <phys> • radius of nucleus; nuclear radius

Kernreaktion *f* <nukl> • nuclear reaction

Kernreaktion mit Massenverlust *f* <nukl> • exoergic nuclear reaction

Kernreaktionsausbeute *f* <nukl> • nuclear reaction yield

Kernreaktionsformel *f* <nukl> • nuclear reaction equation; nuclear reaction formula; nuclear equation

Kernreaktionsgleichung *f* <nukl> • nuclear reaction equation; nuclear reaction formula; nuclear equation

Kernreaktor *m* <nukl> • nuclear reactor; atomic reactor; reactor

Kernreaktorleistungsbeiwert *m* <nukl> • nuclear reactor power coefficient

Kernreaktorstilllegungsvorgang *m* <nukl> • nuclear reactor shut-down procedure

Kernreiter *m* <prod> *(in Reifen; dreikantiger Gummistreifen)* • bead apex

Kernresonanz *f* <nukl> • nuclear resonance *n*

Kernresonanzfluoreszenz *f* <nukl> • nuclear resonance fluorescence

Kernresonanzspektrograph *m* <nukl> • nuclear resonance spectrograph

Kernriss *m* <holz> • heart check; heart shake

Kernriss *m* <qualit.mat> • internal crack

Kernrösten *n* <nahr> • kernel roasting

Kernrohr *n* <metall> • vent pipe

Kernrohr *n* <petr> • core barrel; core tube

Kernrohr *n* <verf> • core tube

Kernrotation *f* <phys> • nuclear rotation

Kernrückstoß *m* <phys> • nuclear recoil

Kernrüttelmaschine *f* <prod> *(Gießerei)* • core-jolting machine

Kernsand *m* <prod> *(Gussform)* • core sand

Kernsandaufbereitung *f* <prod> *(Gießerei)* • core sand preparation

Kernsandbinder *m* <prod> *(Gussform)* • core binder

Kernsatz *m* <petr> • suite of cores

Kernschablone *f* <prod> *(Gießerei)* • core board

kernschälig <holz> • ring-shaky

Kernschaltung *f* <edv> • core circuit

Kernschatten *m* <astron> • umbra

Kernschatten *m* <opt> • deepest shadow

Kernschmelzrückhalteeinrichtung *f* <nukl> *(in KKW, unter dem Reaktorkern)* • core catcher system; core catcher *pract*

Kernschrott *m* <ents> • solid scrap

Kernseigerung *f* <metall> *(beim Erstarren; Gussblock)* • central segregation

Kernspalt *m* <led> *(unterer Spalt des Croupons einer Rindhaut)* • butt split

Kernspaltung *f* <nukl> • nuclear fission

Kernspaltungsenergie *f* <nukl> • fission energy

Kernspaltungskettenreaktion *f* <nukl> • fission chain reaction

Kernspaltungswärme *f* <nukl> • nuclear heat of fission

Kernspeicher *m* <edv> *(nichtflüchtiger RAM-Typ; bis 1968 üblich)* • core memory; magnetic core memory

Kernspeicher *m obs.rar* <edv> *(flüchtig)* • random access memory (RAM); memory *coll*; working storage *rare*

Kernspeicherblock *m* <edv> • core memory block; core memory stack

Kernspeichermatrix *f* <edv> • core matrix

Kernspeicherprotokoll *n* <edv> • storage snapshot

Kernspektroskopie *f* <nukl> • nuclear spectroscopy

Kernspektrum *n* <nukl> • nuclear spectrum
Kernspin *m* <phys> • nuclear spin
Kernspinnfaden *m* <textil> • corespun thread
Kernspinquantenzahl *f* <phys> • nuclear spin quantum number
Kernspinresonanz *f* <phys> • nuclear magnetic resonance
Kernspintomographie *f* <med.tech> • magnetic resonance imaging (MRI)
Kernspur *f* <nukl> • nuclear track
Kernspuraufnahme *f* <nukl> • nuclear track photography
Kernspurmessmikroskop *n* <nukl> • nuclear track microscope
Kernspurplatte *f* <nukl> • nuclear plate
Kernstabilität *f* <nukl> • nuclear stability
Kernstärke *f rar* <wz> *(Bohrer; z. B. Gewindebohrer)* • core diameter; web diameter
Kernstahlgerippe *n* <metall> • core frame; core grid
Kernstange *f* <prod> • core bar
Kernstatistik *f* <nukl> • nuclear statistics
Kernsteigung *f* <prod> • web taper
Kernstopfmaschine *f* <metall> • core extrusion machine
Kernstoß *m* <phys> • nuclear collision
Kernstrahlung *f* <nukl> • nuclear radiation
Kernstrahlungsdetektor *m* <nukl> • nuclear-radiation detector
Kernstreuung *f* <nukl> • nuclear scattering
Kernstrom *m* <verbr> *(des Abgases im Abgasrohr)* • center of the flow *US*; centre of the flow *GB*
Kernstrom *m* <verf> *(in Zyklonen; im Ggs. zum Ringstrom)* • inner spiral flow; inner vortex; core flow; central vortex flow
Kernstruktur *f* <phys> • nuclear constitution; nuclear structure
Kernstück *n* <tech.allg> • core
Kernstück *n* <led> *(Teil der Haut nach Entfernung von Bauch, Flanken und Hals)* • butt
Kernstück *n* <metall> • false core
Kernstütze *f* <prod> *(Gießform; mit mehreren Stegen)* • core frame; core grid
Kernstütze *f* <prod> *(Gießen)* • chaplet; core nail; sprig
Kernsubstitution *f* <chem> • substitution in the ring
Kerntechnik *f DIN 25401* <nukl> • nuclear engineering; nuclear technology; nucleonics *rare*
kerntechnisch <nukl> • nuclear-engineering
kerntechnische Anlage *f* <nukl> *(z. B. BE-Fabrik, KKW, Zwischenlager)* • nuclear facility; nuclear installation
Kernteil *m* <led> *(Teil der Haut nach Entfernung von Bauch, Flanken und Hals)* • butt
Kernteilchen *n* <phys> • nuclear constituent; nuclear particle; nucleon
Kerntemperatur *f* <nahr> *(Speiseeis)* • core temperature
Kerntemperatur *f* <nukl> *(Reaktorkern)* • core temperature
Kernterm *m* <nukl> • nuclear energy level
Kerntheorie *f* <nukl> • nuclear theory
Kerntransformator *m* <el> • core transformer
Kerntrockenkammer *f* <prod> *(Gießerei)* • core oven; core stove
Kernübergang *m* <nukl> • nuclear transition
Kernüberzug *m* <metall> • core coating
Kernumfassung *f* <nukl> *(allg.)* • core basket assembly
Kernumfassung *f* <nukl> *(177-BE-Kern)* • core barrel cylinder assembly
Kernumwandlung *f* <nukl> • nuclear transformation; nuclear transmutation; transmutation
Kernumwandlung *f* <nukl> • nuclear decay; nuclear disintegration
Kernverdampfung *f* <nukl> • nuclear evaporation

Kernversatz *m* <lwl> • core offset
Kernversatz *m* <prod> *(beim Pressen, Gießen, Spritzgießen)* • core shift; core mismatch; core offset
Kernverschmelzung *f* <nukl> *(z. B. in Kerntechnik, Sonnen)* • nuclear fusion
Kernwaffe *f* <mil> • nuclear weapon
Kernwaffenarsenal *n* <mil> • nuclear weapons arsenal
Kernwechselwirkung *f* <nukl> • nuclear interaction
Kernwickelmaschine *f* <prod> *(Reifen)* • bead winding machine
Kernwickeln *n* <prod> *(Reifen)* • bead winding; winding into bead hoops
Kernwickelring *m* <prod> *(Reifen)* • bead winding machine
Kernwickeltrommel *f* <prod> *(Reifen)* • bead winding drum
Kernwickler *m* <textil> • center-wind take-up stand
Kern-Zeeman-Effekt *m* <nukl> • nuclear Zeeman effect
Kernzerfall *m* <nukl> • nuclear decay; nuclear disintegration
Kernzerschmiedung *f* <prod.metall> • forging burst; hammer burst; hammer pipe; split center *US*; split centre *GB*
Kernzersplitterung *f* <nukl> • nuclear spallation; spallation
Kernzertrümmerung *f* <nukl> • nuclear spallation; spallation
Kernzieheinheit *f* <metall> • core pulling unit
Kernziehmechanik *f* <metall> • core pulling mechanism
Kernzug *m* <kst> • core pull
Kernzugeinrichtung *f* <kst> • core-pulling device
Kernzusammenstoß *m* <nukl> • nuclear collision
Kernzustand *m* <nukl> • nuclear state
Kernzwirn *m* <textil> • core-spun thread
Kernzylinder *m* <nukl> • core barrel
Kerosin *n* <aerospace> *(Treibstoff für Strahltriebwerke, kein Benzin)* • jet fuel *pract*; kerosine *rare*; aviation turbine fuel *ASTM D1655*
Kerosin *n* <chem.petr> • kerosine; paraffin oil
Kerosinfraktion *f* <chem.petr> *(Erdöldestillation)* • kerosine fraction
Kerr-Effekt *m* <opt> • Kerr effect; Kerr rotation
Kerr-Zellen-Verschluss *m* <phys> • Kerr cell shutter
Kerze *f prakt* <kfz.el> • spark plug; sparking plug *GB.rare*; plug *coll.pract*; sparks *pl coll*
Kerze *f* <licht> • candle
Kerze *f* <verf> *(Filter)* • tube; candle
Kerzenelektrodenabbrand *m* <mot> • point erosion
Kerzenentstörstecker *m* <kfz.el> • spark-plug suppressor
Kerzenfilter *n* <verf> • candle filter; tube filter
Kerzengehäuse *n* <kfz.el> • spark plug shell; plug shell
Kerzengesicht *n prakt* <kfz.el> • spark plug condition; spark plug appearance; firing end condition *pract*
Kerzenhalter *m* <licht> *(wandmontiert)* • sconce
Kerzenhalter *m* <licht> • candlestick
Kerzenkörper *m prakt* <kfz.el> • spark plug body; plug body *pract*
Kerzenlicht *n* <licht> • candlelight
Kerzenlicht-Modus *m* <av> • lowlight mode
Kerzenschlüssel *m ugs* <kfz.wz> *(Schraubenschlüssel)* • spark plug wrench; sparking plug spanner *GB*; plug spanner *GB*
Kerzenständer *m* <licht> • candlestick
Kerzenstecker *m prakt* <kfz.el> • spark plug connector; plug connector *pract*; spark plug terminal *rare*; plug terminal *rare*
Kerzensteckschlüssel *m prakt* <kfz.wz> • spark plug socket; sparking plug socket *GB*; plug socket *pract*

Kessel *m* <gastr> *(z. B. zum Wasserkochen)* • kettle
Kessel *m* <geo> *(Oberflächenform; z. B. Vulkan, Mar)* • cauldron; caldron
Kessel *m* *prakt* <hlk> • heating boiler; boiler *pract*
Kessel *m* <logist> *(zum Lagern)* • tank
Kessel *m* <verf> *(Vulkanisierung)* • tank; pan
Kesselabblasehahn *m* <rls> • boiler blow-off cock
Kesselabgasstutzen *m* <verbr> • boiler flue outlet nozzle; boiler flue outlet
Kesselablasshahn *m* <rls> • boiler drain cock
Kesselabnahmeprüfung *f* <qualit> • boiler acceptance test
Kesselabschlämmung *f* <verf> • boiler blow-off
Kesselabwärme *f* <verf> • boiler waste heat
Kesselarmatur *f* <rls> • boiler fittings
kesselartig erweitern *vt* <min> • spring *vt*
Kesselasche *f* <ents> • boiler ash; boiler dust; boiler slag
Kesselbau *m* <verf> • boiler construction; boiler making
Kesselbekohlungsanlage *f* <energ> • boiler coaling plant
Kesselbetrieb *m* <hlk> • boiler operation
Kesselblech *n* <mat> • boiler plate
Kesselboden *m* <verf> • boiler bulkhead; boiler head; boiler end
Kesselbündel *n* <verf> • boiler bank
Kesseldom *m* <bahn> *(auf Tankwagen)* • tank dome
Kesseleinmauerung *f* <bau> • boiler brickwork setting; boiler setting
Kesselfeuerraum *m* <verbr> • boiler furnace
Kesselflammrohr *n* <verbr> • boiler flue
Kesselfundament *n* <bau> • boiler seating; boiler seat
Kesselgebläse *n* <verf> • boiler blower; boiler fan
Kesselgerüst *n* <verf> • boiler frame structure
Kesselgewindebohrer *m* <wz> • boiler tap
Kesselheizfläche *f* <verf> • boiler heating surface
Kesselisolierung *f* <verf> • boiler lagging
Kesselkohle *f* <verbr> • boiler coal; steam coal
Kesselkompressor *m* <wz> *(für Druckluftwerkzeuge)* • tank compressor
Kesselkopfschieber *m* <verf> • boiler main stop valve
Kessellagerung *f* <verf> • boiler bedding; boiler setting
Kessellaugenentspanner *m* <verf> • blow-down vessel; blow-down tank
Kesselleistung *f* <verf> • boiler output
Kesselmantel *m* <verf> • boiler envelope; boiler casing; boiler shell
Kessel mit Innenfeuerung *m* <verbr> • internal firebox boiler
Kessel mit Unterkessel *m* <rls> • double cylindrical boiler
Kesselnaht *f* <füg> *(geschweißt)* • boiler seam; boiler weld
Kesselölschalter *m* <el> • bulk-oil circuit breaker; dead-tank oil circuit breaker
Kesselraum *m* <nav> *(Dampfer)* • stokehold
Kesselraum *m* <verf> • boiler compartment; boiler room
Kesselraumschott *n* <nav> • stokehold bulkhead
Kesselrohr *n* <rls> • boiler tube
Kesselrohrnaht *f* <füg> *(geschweißt)* • boiler tube weld
Kesselrohrreiniger *m* <rls> • flue cleaner
Kesselrost *m* <verf> • boiler grate
Kesselrundnaht *f* <füg> *(geschweißt)* • boiler circumferential weld
Kesselschlacke *f* <ents> • boiler ash; boiler dust; boiler slag
Kesselschuss *m* <rls> • shell ring
Kesselschweißen *n* <füg> • boiler welding
Kesselsicherheitsventil *n* <rls> • boiler pop valve
Kesselspeisepumpe *f* <rls> • boiler feed pump

Kesselspeisewasser *n* <verf> • boiler feed water; boiler feeding water
Kesselspeisewasserregelung *f* <msr> • boiler feed-water control
Kesselspeisewasservorwärmer *m* <verf> *(Economiser)* • boiler feed-water heater; feed-water heater
Kesselstaub *m* <ents> • boiler ash; boiler dust; boiler slag
Kesselstein *m* <rls> *(in Rohren, Behältern)* • scale; boiler incrustation; boiler scale
Kesselstein abklopfen *vi* <obfl> • descale *vt*; scale *vt*
Kesselsteinansatz *m* <obfl> • scale crust
Kesselstein bilden *vi* <obfl> • scale *vi*
kesselsteinbildendes Salz *n* <chem> • scale-producing salt
Kesselsteinbildner *m* <chem> • scale-producing substance
Kesselsteinbildung *f* <obfl> • scale formation; scaling
Kesselstein entfernen *vi* <obfl> • descale *vt*; scale *vt*
Kesselsteinentfernung *f* <obfl> • boiler scale removal; descaling
Kesselsteinlösemittel *n* <obfl> • boiler-cleansing compound; antiscaling composition; descaling agent
Kesselsteinschicht *f* <obfl> • scale layer
kesselsteinverhütend <obfl> • scale-preventing; anti-incrustant; antiscale
Kesselsteinverhütungsmittel *n* <obfl> • boiler antiscaling composition; antiscaling composition; scale inhibitor; disincrustant
Kesselstirnwand *f* <verf> • boiler front-end plate
Kesselsystem *n* <verf> • boiler system
Kesselthermostat *m* <msr> • boiler thermostat
Kesseltränkung *f* <holz> • open-tank treatment
Kesseltrommel *f* <verf> • boiler drum
Kesselverkleidung *f* <verf> • boiler jacket
Kesselwagen *m* DIN 25632 <bahn> *(ein- oder mehrdomig)* • tank car; tank wagon
Kesselwagen *m* <nfz> • tank truck *US*; tank lorry *GB*
Kesselwandung *f* <verf> • boiler shell
Kesselwarte *f* <msr> • boiler switchboard
Kesselwirkungsgrad *m* <verf> *(thermisch oder gesamt)* • boiler efficiency
Kesselzug *m* <verbr> • boiler pass; boiler flue pass
Kesselzugüberhitzer *m* <verbr> • superheater placed in the flue
Kestner-Verdampfer *m* <verf> • long-tube evaporator; long-tube vertical-film evaporator; LTV evaporator
Keto-Enol-Tautomerie *f* <chem> • keto-enol-tautomerism
Keton *n* <chem> • ketone
Keton-Benzol-Verfahren *n* <chem.verf> • benzol-ketone process
Ketonharz *n* <kunst> • ketone resin
Ketonkörper *m* <chem> • ketone body
Kettablassvorrichtung *f* <textil> • let-off motion
Kettbaum *m* DIN ISO 8116-1 <textil> • weaver's beam; warp beam; beam roll *US*; whip roll; slip roll
Kettbaumablaufgestell *n* <textil> • warp beam creel
Kettbaumaushebung *f* <textil> • warp beam lifter
Kettbaumfärben *n* <textil> • warp beam dyeing; beam dyeing
Kettbaumregler *m* <textil> • let-off motion
Kettbaumregulator *m* <textil> • let-off motion
Kettbaumschären *n* <textil> • warp beam warping; beam warping
Kettbaumscheibe *f* <textil> • warp beam flange
Kettbaumtransportwagen *m* <textil> • warp beam truck
Kettbaumwagen *m* <textil> • warp beam truck
Kettdichte *f* <textil> • warp density
Kettdruck *m* <textil> • warp printing

Kette f <tech.allg> • chain
Kette f <bau> *(zum Verbinden der Gewichte bei vertikalen Schiebefenstern)* • sash chain; chain
Kette f <edv> *(Zeichenkette)* • string
Kette f <fz.antr> *(z. B. von Crawler, Panzer)* • track chain
Kette f <nfz> *(Raupenkette; z. B. von Planierraupen, Panzern)* • track; tread
Kette f <phys> *(Kinematik)* • couple
Kette f <prod> *(Fertigungsstraße)* • transfer line; line
Kette f <textil> *(längslaufende Fäden)* • warp thread; warp; chain *GB*
Kettelmaschine f <textil> • linking machine; looper
Kettelnaht f <textil> • linking seam
Kettenabbrecher m <chem> • chain stopper
Kettenabbruch m <chem> • chain breakage; chain termination
Kettenabbruchmittel n <chem> • chain stopper
Kettenabbruchreaktion f <chem> • chain-breaking reaction; cessation reaction; break-off reaction *pract*
Kettenabdeckung f <masch> *(allg.)* • chain cover
Kettenadressregister n <edv> • chain-address register
Kettenanknüpfmaschine f <textil> • warp tying machine
Kettenantrieb m <antr> • chain drive; chain and sprocket drive *rare*; chain transmission *rare*
Kettenantriebsrad n <nfz> • track sprocket; crawler wheel
Kettenauge n <nfz> *(Kettenfahrzeug)* • track lug
Kettenauslage f <druck> • low pile delivery
Kettenausleger m <druck> • chain gripper delivery
Ketten-Auspuff-Rohrabschneider m <kfz.wz> • exhaust and tailpipe cutter; tailpipe cutter
Kettenbahnförderung f <förd> • endless-chain haulage
Kettenbecherwerk n <förd> • chain and bucket conveyor; chain and bucket elevator
Kettenbefehl m <edv> • chain instruction; chain command
Kettenbemaßung f <doku> • chain dimensioning; chained dimensioning; incremental dimensioning; point-to-point dimensioning
Kettenblatt n <fz> *(Fahrrad; am Tretlager, treibt über Kette ein Ritzel an)* • chainwheel; chainring; front sprocket
Kettenbohrapparat m <wz.masch> • chain drill
Kettenbolzen m <masch> • chain pin; link pin
Kettenbolzen m <nfz> • master pin
Kettenbremse f <wz.sich> *(von Kettensägen)* • chain brake
Kettenbrief m <edv> • chain letter
Kettenbruch m <math> • continued fraction
Kettenbrücke f <bau> • chain bridge
Kettendämpfer m <kfz.mot> • chain snubber
Kettendämpfungsfaktor m <phys> • iterative attenuation factor
Kettendatei f <edv> • threaded file; chained file
Kettendaten pl <edv> • chain data
Kettendichte f <textil> • warp setting
Kettendorn m <nav> • cable punch
Kettendraht m <mat> *(Drahtweberei)* • warp wire
Kettendrucker m <edv> *(variabler Druck)* • chain printer
Kettendüngerstreuer m <agri> • endless-chain fertilizer distributor; endless-chain distributor
Kettendurchhang m <masch> • chain sag
Kettenegge f <agri> • chain harrow
Ketteneinziehstuhl m <textil> • drawing-in frame
Kettenendlager n <kfz.rep> *(Richtbankzubehör)* • chain anchor horn
Kettenentrinder m <holz/pap> • chain barker
Kettenfahrzeug n rar <bau.masch> *(langsam; z. B. Baumaschine, Schaufelradbagger)* • crawler
Kettenfahrzeug n <fz> *(Schwerlasttransportmittel)* • crawler vehicle

Kettenfahrzeug n <mil> *(Panzer)* • track vehicle; tracked vehicle
Kettenfallhammer m <prod> *(z. B. Schmiede)* • chain lift hammer
Kettenfläche f <math> • catenoid
Kettenflaschenzug m <förd> *(Handhebezeug)* • chain block; chain hoist
Kettenförderer m DIN 15201 <förd> • chain conveyor
kettenförmig <chem.petr> • chain-like
kettenförmiger Kohlenwasserstoff m <chem> • aliphatic hydrocarbon
kettenförmige Verbindung f <chem> • chain compound
Kettenform f <chem> • chain form
Kettenfortpflanzungsreaktion f <chem> • chain-propagating reaction
Kettenfräsmaschine f <wz.masch> • chain mortising machine; chain mortiser
Kettenführung f DIN ISO 8090 <fz> • chain guide *ISO 8090*
Kettenführungsrolle f DIN ISO 8090 <fz> *(Fahrradkettenschaltung)* • jockey wheel; jockey roller *ISO 8090*; guide pulley; jockey pulley
Kettengehäuse n <kfz.antr> • chain case; chain housing
Kettengeschwindigkeit f <tech.allg> • chain speed; chain velocity
Kettengetriebe n <antr> *(Zugmittelgetriebe)* • chain transmission; chain mechanism; chain drive
kettengetrieben <antr> • chain-driven
kettengetriebene Ventilsteuerung f <kfz.mot> • chain-driven timing system
kettengewirkt <textil> • warp-knitted; warp-knit
Kettenglied n <antr> *(z. B. von Crawler, Panzer)* • track chain link; chain tread
Kettenglied n <masch> *(z. B. Rollenkette)* • chain link; link
Kettenglied n <textil> • pattern chain link; chain link
Kettengreifer m <förd> • chain gripper
Ketten-Gripzange f <kfz.wz> • vise grip chain wrench *US*; self-grip chain wrench *GB*
Kettenhammermühle f <ents> • chain mill
Kettenimpedanz f <el> • iterative impedance
Kettenindexziffer f <math> • chain index number
Kettenisolator m <el> • chain suspension insulator; string insulator; chain insulator
Kettenisomerie f <chem> • chain isomerism
Kettenkasten m <fz> *(Fahrrad)* • gear case; chain case
Kettenkasten m <kfz.antr> • chain case; chain housing
Kettenkasten m <nav> *(z. B. für Ankerkette)* • chain locker; cable locker
Kettenklaue f <nav> • housing stopper
Kettenkneifer m <nav> • chain stopper
Kettenkode m <edv> • chain code
Kettenkratzerförderer m <förd> • scraper chain conveyor; scraper conveyor
Kettenkrautschläger m <agri> • chain haulm slasher
Kettenkupplung f <masch> • chain coupling
Kettenleitbleche npl <fz> • chain deflector
Kettenleiter m <el> • lattice network; ladder network; iterative network
Kettenleitrad n <nfz> *(Kettenfahrzeug)* • track idler
Kettenleitrolle f <fz> *(Schaltwerk einer Fahrrad-Kettenschaltung)* • roller; roller wheel; pulley wheel; chain roller
Kettenlinie f <math> • funicular curve; funicular line
Kettenlinie f <mech> *(Kurve der Durchbiegung einer Kette, eines Seiles)* • catenary
Kettenmagazin n <wz.masch> *(für Werkzeuge)* • chain magazine
Kettenmaß n <doku.msr> *(gemessen vom letzten Punkt einer Folge von Messungen)* • incremental dimension

Kettenmaß n <edv> • chained dimension; incremental dimension; chain dimension

Kettenmaßprogrammierung f <edv> • incremental programming

Kettenmaßsteuerung f <prod> • incremental positioning

Kettenmaßsystem n <doku> (Maßeintragung in Zeichnungen) • floating-first-difference system; floating-zero system; incremental system

Kettenmatrix f <el> • iterative matrix; chain matrix

Kettenmolekül n <chem> • linear molecular chain; chain molecule

Kettennietausdrücker m <fz.wz> (z. B. für Fahrradketten) • chain rivet extractor; chain tool; chain breaker; chain cutter; chain rivet remover

Kettennietdrücker m <fz.wz> (z. B. für Fahrradketten) • chain rivet extractor; chain tool; chain breaker; chain cutter; chain rivet remover

Kettennieten-Entferner m <fz.wz> (z. B. für Fahrradketten) • chain rivet extractor; chain tool; chain breaker; chain cutter; chain rivet remover

Kettennietung f <füg> (Vernieten der Kettenglieder) • chain riveting US; chain rivetting GB

Kettennietung f <füg> (kettenartige Anordnung von Nieten) • chain-spaced rivet rows

Kettenöl n <tribo> • chain-saw lubricant oil; chain-saw lubricant

Ketten-Ölfilterschlüssel m <kfz.wz> • chain filter wrench

Kettenpoller m <nav> • chain bitts

Kettenpolymerisation f <kst> • chain polymerization US; chain polymerisation GB

Kettenpumpe f <förd> • chain pump

Kettenrad n <masch> (z. B. Fahrrad, Motor) • sprocket; sprocket wheel; chain-drive sprocket rare

Kettenradfräser m <wz> • sprocket-wheel milling cutter; sprocket-wheel cutter

Kettenradwälzfräser m <wz> • sprocket hob

Kettenrad-Zahn m <antr> • sprocket tooth

Kettenräumer m <verf> (Kläranlage) • chain scraper; chain-type scraper; conveyor sludge collector US

Kettenrapport m <textil> • repeat of warp threads

Kettenreaktion f <allg> • chain reaction

Kettenreaktion einleiten vi <chem> • set off a chain reaction vi

Kettenrechen m <verf.hydr> • chain screen; chain raking bar screen

Kettenrechnung f <math> • chain method

Kettenrechwender m <agri> • chain-side delivery rake; chain-side rake

Kettenregel f <math> • chain rule

Kettenritzel n <kfz> • drive sprocket

Kettenröhrenreiniger m <tech.allg> • chain tube cleaner

Ketten-Rohrschneider m <kfz.wz> • exhaust and tailpipe cutter; tailpipe cutter

Kettenrohrspanner m <wz> • chain pipe vice

Kettenrohrzange f <wz> • chain pipe wrench

Kettenrolle f <masch> • chain pulley

Kettenrost m <verbr> • traveling grate US; chain grate; travelling grate GB

Kettenrostfeuerung f <verbr> • chain grate stoker

Kettensäge f <wz> • chain saw

Kettensägefeile f <wz> • chain saw file

Kettensäge mit Benzinmotor und Einmannbedienung f <wz> • one-man gasoline-engined chain saw US; one-man petrol-engined chain saw GB

Kettensägenschärfer m <wz> • chain saw sharpener

Kettenschacht m ugs <kfz.mot> • timing chain chamber; cam chain chamber

Kettenschaltung f <el> • cascade connection; chain connection

Kettenschaltung f DIN ISO 8090 <fz> • derailleur ISO 8090; derailleur gear

Kettenschleife f <tech.allg> • chain loop

Kettenschleifer m <wz> • chain grinder

Kettenschleppe f <agri> • diamond-link chain harrow

Kettenschlinge f <antr> • chain sling

Kettenschloss n <fz> (z. B. zum Abschließen von Fahrrädern, Gittertoren) • chain lock

Kettenschloss n <fz> • chain connecting link

Kettenschlüssel m <kfz.wz> (z. B. für Ölfilter) • chain wrench

Kettenschluss m <mot> • closing of the chain

Kettenschmiermittel n <tribo> • chain-saw lubricant oil; chain-saw lubricant

Kettenschmieröl n <tribo> • chain-saw lubricant oil; chain-saw lubricant

Kettenschmierung f <tribo> • chain lubrication

Kettenschrämmaschine f <min> • chain coal cutter

Kettenschutz m <fz> (Kettenfahrzeug) • track guard

Kettenschutz m DIN ISO 8090 <fz> • chain guard ISO 8090

Kettenschutz m <masch> (z. B. Landmaschine, Kettensäge) • chain guard

Kettenschweißautomat m <füg> • automatic chain welder

Kettenschweißnaht f <füg> • chain intermittent weld

Kettenschweißung f <füg> • chain intermittent welding

Kettenspaltung f <chem> • chain splitting; chain scission

Kettenspanneinheit f <förd> • tension unit

Kettenspanner m <masch> (z. B. von Steuerketten) • chain tensioner; chain tightener; chain adjuster

Kettenspanner m <nfz> (Kettenfahrzeug) • track tensioner

Kettenspeicher m <edv> • chain memory

Kettenspeicher m <wz.masch> (für Werkzeuge) • chain magazine

Kettenspindelbremse f <bahn> • chain screw brake

Kettenstart m <chem> • chain initiation

Kettensteg m <masch> • stud pin

Kettenstichnaht f <textil> • chain stitch seam

Kettenstift m <mil> • barrel link pin

Kettenstopper m <förd> (bei Kettenwinden, z. B. Ankerkette) • chain stopper

Kettenstopper m DIN ISO 3828 <nav> • cable stopper ISO 3828

Kettenstrang m <antr> • chain run; chain strand; strand of chain

Kettenstrebe f <fz> • chainstay

Kettenstrecke f <textil> • chain bar drawing frame

Kettenstropp m <nav> • chain sling; sling

Kettenstuhl m <textil> • warp knitting machine ISO 7839; warp knitting loom; tricot machine

Kettentechnik f <textil> • warp knitting

Kettenteilung f <masch> (Abstand zwischen benachbarten Kettenbolzen, Mittenabstand) • chain pitch; pitch of chain

Kettenterminator m <chem> (Molekül) • chain terminator

Kettentraktor m <nfz> • track-type tractor; crawler tractor

Kettentrenner m <fz.wz> (z. B. für Fahrradketten) • chain rivet extractor; chain tool; chain breaker; chain cutter; chain rivet remover

Kettentrieb m <antr> (Zugmittelgetriebe, formschlüssig) • chain drive

Kettentrieb m <antr> • chain drive; chain and sprocket drive rare; chain transmission rare

Kettentrum n <antr> • chain run; chain strand; strand of chain

Kettenübertragungsmaß n <el> • iterative propagation constant

Kettenumlenklager *n* <kfz.rep> *(Richtbankzubehör)* • chain anchor head

Kettenumschlingung *f* <antr> • chain wrap

Kettenversatz *m* <fz> *(Schieflauf)* • chain misalignment

Kettenverschlussglied *n* <fz> • chain connecting link

Kettenverstärker *m* <el> • distributed amplifier; chain amplifier

Kettenverstärker *m* <tele> • transmission-line amplifier

Kettenverzweigung *f* <chem> • chain branching

Kettenwachstum *n* <chem> • chain propagation; chain growth

Kettenware *f* <textil> • warp knitted fabric

Kettenwechsler *m* <fz> • derailleur; rear derailleur

Kettenwechsler *m* <textil> • warp changer

Kettenwelle *f* <fz> • sprocket shaft

Kettenwerfer *m* <fz> • front derailleur; front changer *GB*; front mech *coll*

Kettenwiderstand *m* <el> • iterative impedance

Kettenwinkelmaß *n* <el> • iterative phase-change coefficient; iterative phase constant

Kettenwirkautomat *m* <textil> *(mit einer Nadelbarre)* • tricot machine

Kettenwirkautomat *m* <textil> *(mit zwei Nadelbarren)* • simplex machine

Kettenwirken *n* <textil> • warp knitting

Kettenwirkerei *f* <textil> • warp knitting

Kettenwirkmaschine *f DIN ISO 7839* <textil> • warp knitting machine *ISO 7839*; warp knitting loom; tricot machine

Kettenwirkungsgrad *m* <el> • string efficiency

Kettenzerfall *m* <nukl> • chain decay; chain disintegration

Kettenzug *m* <förd> *(Hebezeug)* • chain-type hoist; chain hoist

Kettenzug *m* <mech> *(Zugkraft in der Kette)* • chain pull

Kettenzugsäge *f* <wz> • hand chain tooth saw

Kettfaden *m* <textil> • warp thread; end

Kettfadenbruch *m* <textil> • broken warp thread

Kettfadenbruch *m* <textil> • warp breakage

Kettfadeneinstellung *f* <textil> • warp setting

Kettfadenführer *m* <textil> • warp guide

Kettfadenknoten *m* <textil> • warper's knot

Kettfadenlochnadel *f* <textil> • warp guide

Kettfadenreiter *m* <textil> • warp drop wire

Kettfadenrichtung *f* <textil> • warp direction

Kettfadenwächter *m* <textil> • warp stop motion; broken-end indicator; drop wire; stopper

Kettfadenzahl pro Zoll <textil> • epi

Kettfadenzahl pro Zoll *f* <textil> • ends per inch

Kettfäden *mpl* <fz> *(Reifencordgewebe)* • warp

Kettfäden *mpl* <textil> • warp yarns; warp threads

Kettfärbemaschine *f* <textil> • warp dyeing machine

Kettflottierung *f* <textil> • warp float

Kettfolie *f* <textil> • film strips

Kettgarn *n* <textil> • warp thread; end

Kettgarnkötzer *m* <textil> • warp cop

Kettgarnspulmaschine *f* <textil> • warp winding frame; warp winder

Kettköper *m* <textil> • warp twill

Kettnummer *f* <textil> • warp count

Kettrahmen *m* <textil> • warp frame

kettschären *vt* <textil> • warp *vt*

Kettschlichte *f* <textil> • warp size

Kettschlichten *n* <textil> • warp sizing

kettschonend <textil> • warp-saving

Kettspannung *f* <textil> • warp tension

Kettspulautomat *m* <textil> • automatic warp winder

Kettspule *f* <textil> • warp bobbin

Kettstreifen *m* <textil> • warp streak; warp stripe

kettstreifig <textil> • reedy

Kett- und Warenbaumträger *m* <textil> • beam support bracket

Kettvorbereitung *f* <textil> • warp preparation

Kettzylinder *m* <textil> • warp roller

Ket-Vektor *m* <phys> • ket vector

Keuchhusten *m* <med> • whooping cough; pertussis

Keule *f* <navig> *(Radar, Anflugbake)* • lobe

Keulenbärlapp *m* <bio> *(Pflanze)* • wolfsclaw club moss; lycopodium clavatum

Keulenbreite *f* <navig> *(z. B. Radar)* • spread

Keulenhalbwertsbreite *f* <navig> • lobe half-power width

Keulenumtastung *f* <navig> *(Radar)* • beam lobe switching; lobe switching

Keulenwandler *m* <el> • doorknob transformer

Keule schwenken *vi* <tele> *(Antenne)* • shift the lobe *vi*

keV <phys> • kilo electron volt (keV)

Kevatron *n* <nukl> • kevatron

kevlar-verstärkte Handfläche *f* <bekl> *(Handschuh)* • kevlar reinforced palm

Key *m* <edv> • key

Key *n* <druck> *(Grundfarbe)* • key; black

Keyboard *n* <edv.av> *(Musikinstrument)* • keyboard; portable keyboard; personal keyboard

Keyboard-Decoder *m* <edv> • keyboard wedge decoder; wedge decoder

Keyboarder *m* <mus.el> • synthesist; synthesizer player; keyboarder

Keyboardsplitting *n* <el.mus> *(in Tastaturzonen, die mit versch. Klängen belegt sind)* • keyboard splitting; keyboard split; keyboard division; splitting *coll*

Keyboard Tracking *n* <edv.av> • keyboard tracking; key tracking; tracking; key follow

Key-Follow *n* <edv.av> • keyboard tracking; key tracking; tracking; key follow

Keyframe *m* <edv> *(in einer Animationssequenz)* • key frame; pivotal scene *rare*

Key-Frame *m* <edv> • intraframe; I-frame; key frame

Keyframeanimation *f* <edv> • keyframing; key-frame animation

Keyframer *m* <edv> • keyframer

Keyframe-Technik *f* <edv> • keyframing; key-frame animation

Keyframing *n* <edv> • keyframing; key-frame animation

Keygroup *f* <edv.av> • keyboard zone; key zone; key group

Keying *n* <av> • keying

Keyless-Go-System *n MB* <msr> • keyless-go system *MB*

Key Scaling *n* <edv.av> • key scaling

Key Visual *n* <werb> • key visual

Key-Zone *f* <edv.av> • keyboard zone; key zone; key group

KF <nukl> *(z. B. in Kerntechnik, Sonnen)* • nuclear fusion

k-Faktor *m* <msr> *(Dehnmessstreifen)* • gauge factor (GF) *US.GB*; k-factor; sensitivity factor

KFK <kst> • carbon fiber reinforced plastic (CFRP) *US*; carbon fibre reinforced plastic *GB*

KFK *m obs* <kst> • carbon fiber reinforced plastic (CFRP) *US*; carbon fibre reinforced plastic *GB*

KFM <alarm> • capacitive proximity detector; capacitance alarm/detector/sensor; capacitance proximity detector/sensor; proximity detector; proximity alarm/sensor

Kf-Wert *m* <ents> • coefficient of permeability

Kfz-Flachstecker *m* <el> *(zum Verbinden mit Flachsteckhülse)* • tab connector; male tab connector; tab *pract*; spade connector *GB*

Kfz-Flachstecker mit Isolation *f* <el> *(zum Verbinden mit Flachsteckhülse)* • insulated tab connector; insulated male tab connector; insulated tab *pract*; insulated spade connector *GB*

Kfz-Flachstecker ohne Isolation f <el> *(zum Verbinden mit Flachsteckhülse)* • non-insulated tab connector; non-insulated male tab connector; non-insulated tab *pract*; non-insulated spade connector *GB*

Kfz-Flachsteckhülse f <el> *(zum Verbinden mit Flachstecker; mit od. ohne Isolation)* • female disconnect; female quick disconnect

Kfz-Flachsteckhülse ohne Isolation f <el> *(zum Verbinden mit Flachstecker)* • non-insulated female disconnect; non-insulated female quick disconnect; non-insulated tab receptacle *rare*

Kfz-Haftpflicht f ugs <kfz> • motor insurance *GB.form*; car insurance *GB.coll*

Kfz-Haftpflichtversicherung f <kfz> • motor insurance *GB.form*; car insurance *GB.coll*

Kfz-Industrie f prakt <ökon> • automotive industry; automobile industry; motor industry *GB*; auto industry *pract*; car industry *coll*

Kfz-Motorenfertigungslinie f <prod> • automotive engine production line

Kfz ohne Einrichtungen zur Schadstoffreduktion n form <kfz.emiss> • uncontrolled vehicle

Kfz-Steuer f <kfz.fin> • motor vehicle tax; tax on motor vehicles; tax on vehicles; motor vehicles licence duty *GB*; automobile licence tax *US*

Kfz-Technik f prakt <kfz> *(als Fach, Disziplin)* • automobile engineering; automotive engineering; auto engineering *pract*

Kfz-Verbandkasten m form <kfz> *(im Auto)* • first aid kit

Kfz-Versicherung f <kfz> • automobile insurance; car insurance

Kfz-Werkzeug n <kfz.wz> • automotive tool; car tool *coll*

kg <phys> *(SI-Einheit der Masse)* • kilogram (kg) *US*; kilogramme *GB*

KG-Steckdose f <el> *(Netzeingang direkt am Gerät, für Netzkabel mit Kaltgerätestecker)* • primary power receptacle *US.Newark*; recessed power receptacle *US.Belden*; AC receptacle *US.Belden*; appliance inlet connector *US.Feller*

KH <qualit.mat> • carbonate hardness; temporary hardness

KH-Lack m prakt <obfl> *(trocknet durch Verdunstung und Oxidation)* • synthetic enamel; enamel *pract*; synthetic-resin varnish *rare*; synthetic varnish *rare*

K-Horn n <kfz> *(an Radfelge)* • K-flange

kHz <phys> *(Frequenz; 1000 Hertz)* • kilohertz (kHz)

KI <edv> • artificial intelligence (AI)

Kichererbse f <bio> • chick pea; lathyrus sativa

Kick m <petr> • kick

Kick-Bike n rar <fz> *(Tretroller, kompakt, typ. aus Alu, klappbar)* • miniscooter; funscooter

Kickboard n <fz> *(Tretroller, kompakt, typ. aus Alu, klappbar)* • miniscooter; funscooter

Kickdown m <kfz.antr> *(bei gestuften Automatikgetrieben)* • kickdown; forced downshift *GB*

Kickdown m <kfz.antr> *(bei stufenlosen Riemengetrieben)* • kickdown

Kickdownabschaltung f <kfz.antr> *(Automatikgetriebe)* • kickdown shutoff

Kickdown-Gestänge n <kfz.antr> *(Automatikgetriebe)* • kickdown linkage

Kickdown-Hysterese f <kfz.antr> • kickdown hysteresis

Kickdown-Schalter m <kfz.antr> *(Automatikgetriebe)* • kickdown switch

Kickdownschieber m <kfz.antr> *(Automatikgetriebe-Steuerung)* • kickdown valve; detent valve

Kickdown-System n <kfz.antr> *(Automatikgetriebe)* • kickdown system

Kickdownventil n <kfz.antr> *(Automatikgetriebe-Steuerung)* • kickdown valve; detent valve

Kickstarter m <fz> *(Motorrad)* • kick-starter

Kiefer f <bio> *(Nadelbaum)* • pine

Kiefernharz n <mat> • pine resin; pine rosin

Kiefernholz n <holz> *(Weichholz)* • pine

Kiefernholzteer m <mat> • pine tar

Kieferorthopädie f DIN 13971-2 <med.tech> • orthodontics DIN 13971-2

kieferorthopädische Produkte npl DIN 13971-2 <med.tech> • orthodontic products

Kieferschutz m <bekl> *(Helm)* • chin bar; chin guard; face protector; lower face cover

Kiel m <nav> • keel

Kielablauf m <nav> • single-way launching

Kielblock m <nav> • keel block

Kielblockramme f <nav> • keel-track ram

Kielboot n <nav> *(im Ggs. zu Schwertboot)* • keel boat; keeler

Kielflosse f <nav> • fin keel

Kielgang m <nav> • garboard strake; keel strake

Kielhöhe f <nav> • keel siding

Kieljacht f <nav> • keel yacht

Kielklotz m <nav> • keel block

Kiellegung f <nav> • keel laying; laying down

Kiellinie f <nav> • keel line

Kielneigung f <nav> • keel drag

Kielpalle f <nav> • keel block

Kielplanke f <nav> • garboard plank

Kielraum m <nav> • bilge

Kielschuh m <nav> • false keel; keel shoe

Kielschwein n <nav> • keelson; kelson; keelson timber; hog

Kielschwertjacht f <nav> • keel and center-board yacht *US*

Kielstapel m <nav> *(betont: Gesamtheit)* • stocks

Kieltunnel m <nav> • pipe tunnel

Kielwasser n <nav> • wash; wake

Kielyacht f <nav> • keel yacht

Kienöl n <bio> • pine oil

Kies m DIN 4047-3 <geo.allg> *(Lockergestein, abgerundet, 2–63 mm Durchmesser)* • gravel

Kies m <min> • pyrites

Kiesabbrand m <chem.verf> • roasted pyrites; calcined pyrites

Kiesaufbereitungsanlage f <bau.mat> • gravel plant

Kiesaufschüttung f <bau> • gravel fill

Kiesbett n <verf> • gravel aggregate bed

Kiesbettfilter m <verf> • gravel aggregate filter; gravel aggregate bed filter

Kiesbettung f <bau.mat> • gravel-ballast course

Kiesdamm m <bau> • shingle raising

Kieselerde f <bau.mat> • silica

Kieselgel n <bau.mat> • gelatinous silica; silica gel

Kieselglas n <silik> • vitreous silica; silica glass

Kieselgur f prakt <verf> *(aus den Panzern von Kieselalgen gewonnenes Pulver; Filtermaterial)* • diatomaceous earth; infusorial earth; mountain flour; kieselguhr; fossil meal

Kieselgurfilter m <verf> *(für Aquarien)* • diatom filter; diatomaceous earth filter

Kieselkupfer m <min> • chrysocolla

Kieselmanganerz n <min> • rhodonite

Kieselsäure f <chem> *(H4SiO4)* • silicic acid; orthosilicic acid; tetraoxosilicic acid

kieselsäurehaltig <chem> • siliceous

kieselsaures Erz n <min> • siliceous ore

Kieselschiefer m <geo> • siliceous rock; lydite

Kieselsinter m <min> • siliceous sinter; geyserite

Kieselzinkerz n <min> • siliceous calamine; hemimorphite; calamine

Kieselzinkerz n <min> • hemimorphite; calamine
Kiesfang m <energ> (Stauwehr) • gravel catchment
Kiesfilter n <verf> • gravel-packed filter; gravel filter; sand filter
Kiesgrube f <bau.mat> • gravel working; gravel pit
Kiesnassbagger m <förd> • gravel dredger
Kiespumpe f <verf> • gravel pump
Kiessand m <bau.mat> • gravelly sand; gravel sand; grit
Kiesschicht n <verf> • gravel aggregate bed
Kiesschichtfilter m <verf> • gravel aggregate filter; gravel aggregate bed filter
Kies unregelmäßiger Körnung m <bau.mat> • poorly graded gravel
Kiesunterbau m <bau> • road graveling US; road gravelling GB
Kieszuschlagstoff m <bau.mat> • gravel aggregate
Kikuchi-Beugungsfigur f <phys> • Kikuchi's diffraction pattern
Kikuchi-Linie f <phys> • Kikuchi line
Killen n <nav> (eines Segels) • flap; shiver
Killerzelle f <bio> • killer cell; K-cell
Killing-Gleichung f <math> • Killing's equation; Killing equation; characteristic equation
Kilo... (k) <edv> (Vorsilbe für Bit oder Byte, 2^{10}; z. B. 1 Kilobyte = 1024 Bytes) • kilo (k)
Kilo... (k) <phys.msr> (Vorsilbe für Einheiten: 10^3) • kilo (k)
Kiloampere n <el> (Stromstärke) • kiloampere
Kilobyte n (KB) <edv> (1 Kilobyte = 1024 Bytes) • kilobyte (KB); KByte; Kbyte
Kilodalton n (kD) <med> • kilodalton (kD)
Kiloelektronenvolt n (keV) <phys> • kilo electron volt (keV)
Kilogramm n (kg) <phys> (SI-Einheit der Masse) • kilogram (kg) US; kilogramme GB
Kilogrammmolarität f <chem> • kilogram molarity; molarity
Kilohertz n (kHz) <phys> (Frequenz; 1000 Hertz) • kilohertz (kHz)
Kilojoule n (kJ) <phys> (Einheit der Energie, Arbeit, Wärme; 1000 Joule) • kilojoule (kJ)
Kilometer m (km) <phys> (Längeneinheit, 1000 m) • kilometer (km) US; kilometre GB
Kilometergeld n <fin> • mileage allowance; allowance per kilometer
Kilometerleistung f <kfz> (von Reifen oder Fahrzeugen) • mileage
Kilometerpauschale f <fin> • blanket amount per km; flat mileage rate
Kilometer pro Stunde mpl (km/h) <phys> (Einheit der Geschwindigkeit, i.a. von Landfahrzeugen) • kilometres per hour (kph)
Kilometerstand m <kfz> • mileage
Kilometerwellen fpl <phys> (Funkwellen) • kilometric waves
Kilometerwellenbereich m <av> • low-frequency range
Kilometerzähler m <kfz.msr> • odometer; totalizer US; cyclometer rare
Kilometerzähler m ugs.rar <kfz.msr> • trip recorder US; trip mileage counter GB; trip pract.coll; trip odometer; trip meter rare
Kilopond n <phys> (veraltete Einheit der Kraft, des Gewichtes) • kilogram force
Kilopondmeter n <phys> (veraltete Einheit der mechanischen Arbeit) • kilogram-force metre
Kilovolt n (kV) <phys> (Einheit der elektr. Spannung; 1000 Volt) • kilovolt (kV)
Kilovoltampere n (kVA) <el> (Einheit der elektrischen Leistung) • kilovoltampere (kVA)
Kilowatt n (kW) <el> (Einheit der elektr. Leistung; 1000 Watt) • kilowatt (kW)

Kilowattstunde f (kWh) <el> (Einheit der elektr. Arbeit, Energie) • kilowatt-hour (kWh); Board of Trade Unit; BTU
Kilowattstundenzähler m <msr> • kilowatt-hour meter
Kimm f <nav> • turn of bilge; bilge
Kimm f <nav> (für Astronavigation) • visible horizon; apparent horizon
Kimm f <nav> (hart) • chine
Kimm f <nav> (weich) • bilge
Kimme f <mil> • rear sight; rearsight
Kimmenausschnitt m <mil> • rear sight notch
Kimmenblatt n <mil> • rear-sight blade
Kimmenbreite f <mil> • rear sight width
Kimmgang m <nav> • bilge strake
Kimmkiel m <nav> • bilge chock; bilge keel
Kimmpalle f <nav> • bilge block
Kimmstringer m <nav> • stringer
Kimmstütze f <nav> • bilge shore
Kimmstützplatte f <nav> (bei einfachem Boden) • bilge bracket
Kimmstützplatte f <nav> • margin plate bracket
Kimmstützplatte f <nav> (bei Schiffsdoppelboden) • tank-side bracket
Kimmtiefe f <astron> • horizon dip
Kimmwegerung f <nav> • ceiling of the floor heads; bilge planking; bilge ceiling
Kinase f <bio> (Enzym) • kinase f
Kinderautosicherheitssitz m <kfz> (Kombination aus Sitzschale, Gurtsystem und/oder Fangkörper) • child seat; child's safety seat GB; child restraint seat Chrysler; child car seat; child safety seat
Kinder-Autositz m <kfz> (Kombination aus Sitzschale, Gurtsystem und/oder Fangkörper) • child seat; child's safety seat GB; child restraint seat Chrysler; child car seat; child safety seat
Kinder-Autositz m Storchenmühle <kfz> (Sitzpolster) • booster seat; seat belt cushion
Kinderbekleidung fsg <bekl> • children's wear sg
Kinderbett n <innen> (Krippe, Wiege) • cot GB
Kinderkrankheit f <qualit> (metaph.; Anfangsprobleme) • teething troubles pl
Kinder-Prüflunge f <med.tech> • child test lung
Kinder-Rückhaltesystem n <kfz.sich> • child restraint system; child restraint
Kindersicherung f <av> • child lock; childproof lock; parental lock; electronic lock; ChildLoc Sony
Kindersicherung f <kfz.sich> (für die hinteren Türen; meist ein kleiner Hebel) • child lock lever; children safety catch; child lock
Kindersicherungsriegel m <bau.sich> (Beschlag) • child safety latch; safety latch
Kindersitz m <fz> (für Fahrräder) • baby carrier
Kindersitz m <kfz> (Kombination aus Sitzschale, Gurtsystem und/oder Fangkörper) • child seat; child's safety seat GB; child restraint seat Chrysler; child car seat; child safety seat
Kindersitzbank zum Aufklappen m <kfz> (im Heck) • dickey [seat]; dicky [seat]
Kinderwagen m <fz> • baby carriage; perambulator form.rare; pram GB.coll
Kindobjekt n <edv> (Grafikelement) • child; child object rare
Kinefilm m <kino> • cinematographic raw film; cinematographic film; raw film stock; raw stock
Kinematik f <phys> (z. B. in Bezug auf Roboter) • kinematics pl; theory of motion
kinematisch <mech> (Ggs. zu kinetisch) • kinematic
kinematische Ähnlichkeit f <mech> • kinematic similarity
kinematische Animation f <edv> • skeleton animation

kinematische Kette f <masch> • kinematic chain
kinematische Methode f <navig> • kinematic survey; kinematic positioning; kinematic method; kinematic surveying
kinematischer Empfänger m <navig> • kinematic receiver
kinematischer Kardanfehler m <navig> • gimbal error
kinematischer Zwang m <masch> (z. B. von Robotern) • geometrical constraint
kinematisches Verfahren n <navig> • kinematic survey; kinematic positioning; kinematic method; kinematic surveying
kinematische Umkehr f <mech> • inversion of kinematic chains
kinematische Vermessung f <navig> • kinematic survey; kinematic positioning; kinematic method; kinematic surveying
kinematische Viskosität f <förd> • kinematic viscosity
Kineskop n <av> • kinescope
Kinetik f <phys> • kinetics
kinetisch <mech> • kinetic
kinetische Energie f <phys> • energy of motion; kinetic energy
kinetische Gastheorie f <phys> • kinetic theory of gases
kinetische Impedanz f <akust> • motional impedance
kinetischer Impuls m <mech> • kinetic momentum
kinetisches Rußmodell n <kfz.emiss> (Dieselmotor) • kinetic soot model
kinetographisches Verfahren n <av> • intermediate-film method
Kingspule f <textil> (Wickelei) • king spool
Kinnbelüftung f <bekl> (Helm) • chin ventilation
Kinnbügel m <bekl> (Helm) • chin bar; chin guard; face protector; lower face cover
Kinnbügelprüfung f <bekl> (Helmprüfung) • chin bar test
Kinnriemen m <bekl> (Helm) • chin strap
Kinnriemenpolster n <bekl> (Helm) • chin strap padding
Kinnriemensicherung f <bekl> (Helm) • chin strap stopper
Kinnschutz m <bekl> (Helm) • chin-cup
Kinnspoiler m <bekl> (Helm) • chin bar; chin guard; face protector; lower face cover
Kinnspoiler/Kinnriemen-Verschluss m <bekl> (Helm) • chin guard/chin strap combination :V
Kinnteil n <bekl> (Helm) • chin bar; chin guard; face protector; lower face cover
Kinn- und Kopfstütze f <med.tech> (Ruhigstellung des Kopfes für med. Untersuchung) • chin and forehead rest
Kino n <kino> • movie theater US; cinema GB
Kinofilm m <kino> (Material) • motion-picture film; cine film
Kinofilm m <kino> (zum Anschauen) • motion-picture; cinema film GB; movie US
Kinofilmtonaufzeichnungsgerät n <kino> • motion-picture film sound recorder; cine film sound recorder
Kinoformat n <kino> • motion picture format; cine film format
Kinoleinwand f <kino> • cinema screen; theatre screen GB
Kinoprojektor m <kino> • cine projector; motion-picture theatre projector GB; cinema movie projector
Kinospot m <werb> • cinema commercial
Kinowerbung f <werb> • cinema advertising
Kipp'scher Apparat m <chem> • Kipp gas generator; Kipp generator
Kipp'scher Gasentwickler m <chem> • Kipp gas generator; Kipp generator
Kippablenkung f <el> • sweep deflection
Kippachse f <masch> (abstrakte Achse) • horizontal axis; tilting axis

Kippachse f <masch> (konkreter Lagerzapfen) • trunnion
Kippachse f <nfz> (Gelenkbolzen) • hinge pin
Kippamplitude f <av> • sweep amplitude
Kippamplitude f <el> • relaxation amplitude
Kippanhänger m <agri.fz> (Mistkarren) • tumbril
Kippanhänger m <nfz> • dump trailer; tipping trailer GB
Kippaufbau m <nfz> • dump body
Kippauflieger m <nfz> • dump trailer; tipping semitrailer GB
Kippaufzug m <förd> • skip hoist
kippbar <tech.allg> • tiltable; tilting
kippbar angeordnet <tech.allg> • tiltably mounted
kippbare Presse f <wz.masch> • tilting head press
kippbarer Wagen m <bahn> • dump car
kippbares Fahrerhaus n <nfz> • tilt cab; tilting cab MB
kippbares Fördergefäß n <förd> • dump skip
Kippbetrieb m <energ.hydr> (Kraftwerkskette) • tilting operation
Kippbock m <nfz> • body pivot
Kippbühne f <bau> • tip platform
Kippbunker m <agri.logist> • tipping hopper
Kippdämpfer m <agri> • lever-type steamer; tipping steamer
Kippdeckelprothese f <med.tech> (Herzklappenersatz) • tilting disk valve US; tilting disc valve GB; pivoting-disc valve GB.rare; single-disk valve US.rare
Kippdiagramm n <el> • sweep diagram
Kippe f <ents> (z. B. Müllkippe) • refuse tip; tip site; tip
Kippe f ugs.rar <ents> (ungeordnete Ablagerung von Abfällen) • uncontrolled dump US; uncontrolled tip; illegal dump site; waste dump; dump coll.rare
Kippe f <masch> • inclination joint
Kippe f <min> • overburden dump
Kippe f <min> • spoil heap
Kippeinheit f <prod.autom> (für Werkstücke) • tipping unit
Kippen n <tech.allg> • tilting
Kippen n <tech.allg> (Abweichung von der horizontalen Lage) • tilt
Kippen n <bau.masch> • tipping
Kippen n <edv> (Rotation eines Strichcodesymbols) • tilt
Kippen n <el> • relaxation
Kippen n <el> • sweep
Kippen n <ents> (zum Entleeren von etw.) • tip
Kippen n <logist> (Regal) • overturning
Kippen nsg <phot> • inverting
kippen vi <el> (Strahl, Signal) • sweep vi
kippen vi <mech> (Versagen durch Eintritt labilen Gleichgewichts) • buckle sideways vi
kippen vi <mech> • buckle sideways vi
kippen vt <el> • flip vt
kippen vt <el> (Schalter) • throw vt
kippen vt <förd> • dump vt; tip vt
kippen vt <metall> (z. B. Konverter) • turn down vt
kippen vt <phot> • invert vt
kippen vt/vi <tech.allg> • tilt vt/vi; cant vt/vi
kippen vt/vi <tech.allg> (z. B. Boot, Werkstück) • turn over vt/vi; upset vt/vi
kippende Wellen fpl <pap> • falling flutes
Kippentlader m <nav> • dumper n
Kipper m <nfz> (jede Bauart, z. B. 3-Seiten-Kipper) • tilting truck US; dump truck US; dumper US; tipping lorry GB; tipper GB
Kipper m ugs <nfz> (mit Stahl- oder Alu-Mulde) • dumper US; dump truck US; tipper GB
Kipperaufbau m <nfz> • dump body US; tipper body GB
Kippfehler m <phot> • tilt error
Kippfenster n <bau> (nach innen öffnend) • hopper; bottom-hinged inswing window; hopper window
Kippfensterflügel m <bau> • balance sash

Kippflügel *m* <bau> • tilt-in sash
Kippflügelfenster *n* <bau> • horizontal pivot-hung window
Kippflügelfenster *n* <bau> *(nach innen öffnend)* • hopper; bottom-hinged inswing window; hopper window
Kippform *f* <metall> • tilting mold
Kippfrequenz *f* <el> *(betont: Abfallpunkt)* • relaxation frequency
Kippfrequenz *f* <el> *(Abtaststrahl)* • sweep frequency
Kippfrequenzregelung *f* <av.msr> • hold control
Kippfunktion *f* <bau> • tilt-in function
Kippgefäßwaage *f* <msr> • tilting-bin weighing machine; tilting-bin weighing device
Kippgenerator *m* <el> • sawtooth sweep generator; blocking oscillator; sweep generator; sweep oscillator
Kippgerät *n* <nfz> *(Anbau an Gabelstapler)* • dumping attachment; dumper
Kipphebel *m* <tech.allg> *(allg. ein kippender Hebel)* • tilting lever
Kipphebel *m* <kunst.wz> *(Airbrushpistole)* • back lever; rocker
Kipphebel *m* <masch> *(z. B. an Schalter, Ventil)* • toggle
Kipphebel *m* <masch> • toggle lever
Kipphebel *m* DIN ISO 7967-3 <mot> *(Ventilsteuerung)* • rocker arm *ISO 7967-3*; rocker
Kipphebelachse *f* <mot> • rocker arm shaft; rocker spindle; rocker shaft
Kipphebelantrieb *m* <antr> • toggle actuator
Kipphebelblock *m* <mot> • valve-rocker pedestal; rocker-arm bracket; rocker pedestal; rocker bracket
Kipphebelbuchse *f* <mot> • rocker arm bushing
Kipphebel-Drehachse *f* <mot> *(Mittellinie der Kipphebelachse)* • rocker arm pivot
Kipphebelgehäuse *n* <mot> • rocker box
Kipphebellagerbock *m* <mot> • rocker arm bearing block; rocker arm bearing bracket
Kipphebel-Lagerbock *m* <mot> • rocker arm bearing block; rocker arm bearing bracket
Kipphebel-Ölversorgungsleitung *f* <mot> • rocker arm oil line
Kipphebelrolle *f* <mot> • valve roller
Kipphebelschalter *m* <el> • toggle switch; tumbler switch
Kipphebelventil *n* <rls> • toggle valve
Kipphebelwelle *f* ugs <mot> • rocker arm shaft; rocker spindle; rocker shaft
Kipphebelzapfen *m* <mot> • valve-rocker fulcrum pin
Kipphelltastimpuls *m* <av> • sweep bright-up pulse
Kippherd *m* <metall> • tilting hearth
Kippherd *m* <verf> *(Aufbereitung)* • rack frame
Kipphorde *f* <agri> • dumping floor
Kipphordenumlauftrockner *m* <verf> • reversing pan drier; tilting pan drier
Kippkante *f* <ents> *(Mülldeponie)* • tipping face; unloading area
Kippkarren *m* <bau> • tip cart; tipping barrow
Kippkraft *f* <mech> • tilting force
Kippkreis *m* <el> • relaxation circuit
Kippkreis *m* <el> *(betont: zum Auslösen von etw.)* • trigger circuit
Kippkreis *m* <el> *(für Kathodenstrahl)* • sweep circuit
Kippkübel *m* <förd> • skip; tipping skip; dump skip
Kippkübelaufzug *m* <förd> • skip hoist
Kippkübelbegichtung *f* <metall> *(Hochofen)* • skip charging; skip filling
Kipplager *n* <bau> *(Brückenbau)* • rocker bearing
Kipplast *f* <mech> • buckling load
Kipplaufgewehr *n* <mil> • tip-up arm; tip-up gun
Kipplaufwaffe *f* <mil> • tip-up arm; tip-up gun
Kipp-Lkw *m* <nfz> • tipper; tipping lorry *GB*

Kipplore *f* <bau.masch> • tipping car
Kipplore *f* <min> • dump-car; hopper
Kippmethode *f* <phot> • inverting
Kippmischer *m* <bau.masch> • tilting mixer
Kippmoment *n* <el.mot> *(Synchronmotor)* • pull-out torque; breakdown torque
Kippmoment *n* <mech> *(allg.)* • tilting moment; overturning moment; tipping moment; upsetting moment
Kippmoment *n* <nav> *(Kentern)* • capsizing moment
Kippmulde *f* <ents> • tipping trough
Kippmulde *f* <nfz> • dump box
Kippofen *m* <metall> • tilting furnace
Kipppfanne *f* <metall> • lip-poured ladle
Kipppflug *m* <agri> • balance plow *US*; balance plough *GB*
Kipppresse *f* <wz.masch> • tilting-head press
Kipppritsche *f* <nfz> • tipping platform
Kipppunkt *m* <el> • breakover point; cut-off point
Kippregel *f* <opt> • telescopic alidade; sight rule
Kipprelais *n* <el> • throw-over relay; trigger relay
Kippriegel *m* <bau> *(Fensterbeschlag)* • tilt latch
Kippriegel *m* <mot> • rocker bar
Kippring *m* <kfz.antr> *(Membranfederkupplung f)* • pivot ring; fulcrum ring *GB*; diaphragm-spring ring
Kipprost *m* <verbr> • tipping grate
Kippsattel *m* ugs <nfz> • dump trailer; tipping semitrailer *GB*
Kippsattelanhänger *m* <nfz> • dump trailer; tipping semitrailer *GB*
Kippschalter *m* <el> *(mit Kipphebel)* • toggle switch; tumbler switch *rare*; flip switch *coll.rare*
Kippschalter *m* <el> *(zum Aktivieren einer Kippbewegung)* • tilting switch
Kippschaltermanschette *f* <el> • toggle switch cover; toggle switch boot; rubber cap [for toggle switch]; toggle cover *pract*
Kippschalter mit 3 Stellungen *m* <el> • 3-position toggle switch; 3-position tumbler switch *rare*
Kippschalter mit beleuchtetem Griff *m* <el> • illuminated handle toggle switch; lighted handle toggle switch
Kippschaltung *f* <el> *(Bildröhre)* • sweep circuit
Kippschaltung *f* <el> *(allg., zum Auslösen, Ansteuern; z. B. Schmitt-Trigger)* • trigger circuit
Kippschaltung *f* <el> *(als Impulserzeuger)* • multivibrator; multivibrator circuit
Kippschaufelanbaugerät *n* <bau.masch> • shovel attachment; scoop attachment
Kippscheibenklappe *f* <med.tech> *(Herzklappenersatz)* • tilting disk valve *US*; tilting disc valve *GB*; pivoting-disc valve *GB.rare*; single-disk valve *US.rare*
Kippscheibenprothese *f* <med.tech> *(Herzklappenersatz)* • tilting disk valve *US*; tilting disc valve *GB*; pivoting-disc valve *GB.rare*; single-disk valve *US.rare*
Kippschlitten *m* <nav> • cradle
Kippschraube *f* <av.phot> *(z. B. für Kamera)* • tilt screw
Kippschute *f* <nav> • self-dumping barge; self-tilting barge; self-dump barge; tipper barge
Kippschwingröhre *f* <el> • thyratron
Kippschwingung *f* <el> *(Vorgang)* • relaxation oscillation; sawtooth oscillation
Kippschwingung *f* <mech> *(Vorgang)* • sawtooth oscillation
Kippschwingung *f* <phys> • sawtooth wave; sawtooth oscillation
Kippschwingungsgenerator *m* <el> • sawtooth generator; relaxation generator
Kippschwingungsoszillator *m* <el> • sawtooth oscillator; relaxation oscillator
Kippschwingungswandler *m* <el> • sawtooth inverter; relaxation inverter

Kippsegment n <masch> (eines Gleitlagers) • pivoted segment; tiltable shoe

Kippsegmentlager n <masch> (z. B. Turbine) • pivoted segmental bearing

Kippsicherheit f <mech> • safety against overturning

Kippsilo n <nfz> • intermediate bulk container; in-site silo

Kippsilobehälter m <nfz> • intermediate bulk container; in-site silo

Kippspannung f <el> • breakover continuous voltage

Kippspannung f <el> • sawtooth voltage; sweep voltage

Kippspiegel m :V <opt> • tilting mirror

Kippspule f <el> • tilting coil

Kippständer m DIN ISO 8090 <fz> • prop stand ISO 8090; kick-stand

Kippständer m <fz> (z. B. Motorrad) • side stand

Kippstelle f <ents> (konkrete Stelle; z. B. Rampe) • dumping point; tipping point GB

Kippstellung f <bau> (Fenster) • tilt position; ventilating position; tilt-in ventilating position; tilt mode rare

Kippstrom m <el> • sweep current; scan current

Kippstromgenerator m <el> • scan current generator

Kippstufenrost m <ents> • rocking grate

Kippstuhl m <pack> • downender; upender

Kippsupport m <wz.masch> • swivel head

Kippteil n <masch> (längs- od. querkippend) • tilting section

Kippteil n <masch> (einknickend, einklappend) • jackknife section

Kipptest m <nfz> • rollover test

Kipptisch m <masch> • tilting table

Kipptor n <bau> • up-and-over door; glide-over door

Kipptreppengenerator m <el> • stair-step generator; staircase generator

Kipptriode f <el> • controlled rectifier; controlled switch; sweep triode

Kipptrommelmischer m <bau.masch> • tilting-drum mixer; tilt-drum mixer

Kipp- und Dreheinheit f <edv> (Bildschirmfuß) • tilt and swivel base

Kippung f <tech.allg> (Neigung) • inclination

Kippung f <tech.allg> (Abweichung von der horizontalen Lage) • tilt

Kippung f <ents> (zum Entleeren von etw.) • tip

Kippung f <mech> (seitliches Ein- od. Ausknicken) • lateral buckling

Kippverlängerung f <wz> • wobble extension [bar]

Kippverstärker m <el> • sweep amplifier

Kippverstärker m <el> (Schmitt-Trigger) • Schmitt-Trigger circuit

Kippverstärkung f <el> • sweep amplification

Kippvorrichtung f <förd> (zum Entleeren, Auskippen; z. B. für Abfallbehälter) • dumping mechanism; tipping mechanism; tipping device

Kippvorrichtung f <masch> (allg. Erzielen einer Schräglage) • tilting arrangement; tilting mechanism; tilting device; tilter

Kippvorrichtung f <nfz> • truck tipper; tipple; tipper

Kippwagen m <bahn> (mit mittigem Gelenk) • hingedbody car; cradle car

Kippwagen m <bahn> • side-dump car US; dump car US; tip-up wagon GB; side-tipping wagon GB; tipping wagon GB

Kippwagen m <förd> (automatisch entleerend) • selfdumping car; tilting car

Kippwagen m <min> • tipping lorry

Kippwinkel m <edv> (Rotation eines Strichcodesymbols) • tilt

Kippwinkel m <nfz> • dump angle

Kippzeit f <el> (Kippschwingung; Abfallzeit) • relaxation time

Kippzeit f <el> (Übergangszeit) • transit time

Kippzwilling m <mat> • pressure twin

Kips n <led> • kip

Kirchhoff'sche Gesetze npl <el> • Kirchhoff's laws

Kirchhoff'sches Gesetz n <chem> (Temperaturabhängigkeit von Reaktionsenthalpien) • Kirchhoff's law

Kirchhoff'sches Strahlungsgesetz n <phys> • Kirchhoff's law of emission of radiation

Kirkendall-Effekt m <phys> • Kirkendall effect

Kirschbaumholz n <holz> • cherrywood

Kirschner-Flügel m <textil> • Kirschner beater

Kirschrotglut f <metall> • cherry-red heat

Kissen n <prod> (Drahtziehen) • drawing cushion

Kissen n <textil> (auf Sitz, Sessel) • cushion

Kissen n <textil> (auf Bett, Sofa) • pillow

Kissen n <tribo> (Schmierkissen) • pad

Kissenfallschirm m <aerospace> • seat-pack parachute; chair parachute; seat parachute

kissenförmiger Körper m <geo> (zwischen Kruste und Mantel) • basaltic swell; mantle swell

kissenförmige Verzeichnung f <opt> • trapezium distortion

kissengeschmiert <tribo> • pad-lubricated

Kissenkörper m <geo> (zwischen Kruste und Mantel) • basaltic swell; mantle swell

Kissenlava f <geo> • pillow lava

Kissenschmierung f DIN ISO 4378-3 <tribo> • pad lubrication ISO 4378-3

Kissenstruktur m <geo> (zwischen Kruste und Mantel) • basaltic swell; mantle swell

Kissenverzeichnung f <av> (von Bildröhren) • pincushion distortion

kistenähnlich <tech.allg> (z. B. Karosserieform) • boxy

Kisteneinsatzhärten n <metall> • pack hardening

Kistenglühen n <metall> (z. B. Diffusionsglühen) • close annealing; flask annealing; pot annealing; box annealing

Kistenglühen n <obfl> • box annealing

Kistenglühofen m <metall> • box-annealing furnace

Kistenheber m <förd> • box hook

Kistenlager n <logist> (Palettenboxen) • pallet box store

Kistenöffner m <wz> (Brechstange) • box opener; ripping bar

Kitt m <bau> (Verglasungsdichtstoff auf Ölbasis; für alte Fenster) • putty

Kitt m <bau.mat> (z. B. Fensterkitt) • luting; luting agent; lute pract

Kittbett n <bau> (für Verglasungen) • bedding; bed

Kittbettverglasung f <bau> • bed glazing

kitten vt <bau> (Fugen) • putty vt

kitten vt <bau.füg> (z. B. Glas, Porzellan, Holz) • cement vt; lute vt

Kittfalz m <bau> (an Fensterrahmen) • rebate

Kittfalzhobel m <holz.wz> (Fensterbau) • rabbeting plane; fillister

Kittglied n <opt> (von Linsen) • lens component

Kittpech n <opt> • pitch adhesive; pitch

Kittschale f <opt> • pitch lap

kJ <phys> (Einheit der Energie, Arbeit, Wärme; 1000 Joule) • kilojoule (kJ)

KKB <kfz.kst> (komplexes Blasformteil) • plastic fuel tank

KK-Gewehr n prakt <mil> • .22 rifle; rimfire rifle

KKM <kfz.mot> • rotary piston engine; rotary engine pract; Wankel engine rare

KK-Pistole f prakt <mil> • rimfire pistol

KKW <energ.nukl> • nuclear power plant (NPP) US; nuclear power station GB

Kläranlage f DIN 19569 <verf.ents> • sewage treatment works pl; sewage works pl; effluent treatment works pl; sewage treatment plant; waste water facilities pl

Klärapparat m <verf> • clarifier; clarifying apparatus; settling apparatus; settler

Klärbad n <chem> • clearing bath

Klärbecken n <verf.hydr> (offen; zur Entfernung von Sinkstoffen; Wasseraufbereitung) • settling tank; precipitation tank; sedimentation tank; clarifying basin; subsidence basin

Klärbehälter m <wz.masch> (für Schmier/Kühlmittel) • settling tank

klären vt <allg> (offene Fragen, Probleme, Texte, Bedeutung) • clarify vt; clear vt

klären vt <verf> (Flüssigkeit) • fine vt; purify vt

Klärfilter n <verf> • clarifying filter; polishing filter

Klärgas n <ents.emiss> • sewage gas

Klärgefäß n <verf> • clarifying tank; settling tank; clarifier; settler

Klärgefäß n <verf> (eher geschlossen) • settling tank; precipitation tank; clarifier pract; settling chamber rare

Klärgrube f ugs <ents> • cesspool; cesspit GB; catch pit; settling pit

Klärhilfsmittel n <ents> • clarifying agent; clarificant; clarifier

Klärleistung f <ents> • clarifying capacity

Klärmittel npl <nahr> (Wein) • clarifying agents; finings; fining agents

Klärprahm m <nav> • sludge vessel

Klärschlamm m <ents> • sewage sludge; wastewater sludge

Klärschlammtanker m <ents> • sludge tanker

Klärschleuder f <nahr> (für Wein, Saft) • centrifuge

Klärtank m <ents> (allg.) • clarifying tank

Klärtank m <verf> (eher geschlossen) • settling tank; precipitation tank; clarifier pract; settling chamber rare

Klärteich m <ents> • settling pond

Klärung f prakt <ents> • waste water treatment; sewage treatment; sewage purification; sewage clarification; wastewater purification

Klärung f <nahr> (von Wein) • clarification; fining

Klärung f <verf> (allg.) • clarification; fining; purification

Klärung des Abwassers f <ents> • purification of sewage water

Klärwerk n <verf> (allg.) • clarification plant

Klärwerk n <verf.ents> • sewage treatment works pl; sewage works pl; effluent treatment works pl; sewage treatment plant; waste water facilities pl

Klärzeit f <phot> (beim Fixieren von Filmen) • clearing time

Klärzeit f <verf> (Dauer eines Klärvorgangs) • clearing time

Klärzentrifuge f <ents> • centrifugal clarifier

klaffen vi <textil> (Naht) • grin vi; gape vi

klaffender Riss m <bau.mat> • gaping crack

Klafter m <min> (altes Raummaß; 1,17 m³) • fathom

klagbar <jur> (z. B. Recht, Anspruch, Schadensersatz) • enforceable at law; recoverable at law; actionable; suable US

Klage f <jur> (erheben, einreichen) • action; suit; legal proceedings; complaint; appeal

Klage anstrengen (gegen) vt <jur> • bring an action (against) vt

Klammer f <bau> (für Mauern, Balken) • cramp iron; cramp

Klammer f <druck> (in Text) • parenthesis

Klammer f <füg> (klein; z. B. für Papier) • clip

Klammer f <füg> (zum Heften, z. B. von Papier, Stoff, Folien) • staple

Klammer f <masch> (zum Zusammenspannen) • clamp

Klammerauflösung f <math> • removal of brackets; removal of parentheses

Klammerausdruck m <druck> • expression in parentheses; term in parentheses; expression in brackets; term in brackets

Klammerdraht m <mat> (für Heftklammern) • staple wire

Klammer-Gripzange f <wz> (Zangentyp) • C-clamp; vise grip C-clamp US; self-grip C-clamp GB; C-clamp pliers

Klammerheftmaschine f <druck> • stapling machine; stapling press

Klammerheftung f <druck> • stapling

Klammerlasche f <bau.füg> (zum Verbinden von Trägern) • fishplate

klammern vt <tech.allg> (einspannen) • clamp vt

klammern vt <bau.füg> (mit großen Klammern) • cramp vt

klammern vt <prod> (mit kleinen Klammern befestigen; z. B. mit Büroklammer) • clip vt

Klammerschaltung f <el> • clamping circuit

Klammerschaltung f <el> • clamping circuit; clamp circuit; clamper; clamp

Klammerzwinge f <wz> • locking bar clamp

Klampe f <nav> • cleat

Klang m <akust> (z. B. einer Glocke) • ring

Klang m <akust> (Schallereignis) • sound; signal; acoustic event

Klang m <av> (Audioinformationen auf Sampling-CDs) • sound; sample sound; sampling sound

Klang m prakt <av> (Güte der Tonwiedergabe; z. B. von Lautsprechern) • audio quality; tone; sound quality pract; sound coll

Klang m <edv.av> (Audioqualität eines Synthesizers) • tone; sound

Klang m <edv.av> (gespeicherte und abrufbare Parameterwerte für einen Klang) • sound program; sound; timbre; patch; program

Klanganalysator m <av> • sound analyzer US; sound analyser GB

Klangausgabe f <av> • sound output

Klangbank f <edv.av> • sound bank

Klangbearbeitung f <edv.av> • sound editing

Klangbearbeitung f <edv.av> • programming; sound programming; editing; sound editing; sound edit

Klangbibliothek f <edv.av> • sound library; audio library; music library

Klangbild n <av> • acoustic contour; acoustic pattern

Klangbildregler m <av> (z. B. an Aktivboxen) • acoustic contour control

Klangblende f <av> (grob; mit Höhen-/Tiefen-Regler) • tone control; bass-treble control

Klangboard n <edv> • sound card; audio board; sound board; audio card

Klangboden m <akust> • soundboard

Klangcharakter m <edv.av> (Audioqualität eines Synthesizers) • tone; sound

Klangdatei f <av> • sound format; audio format; sample (data) format; audio file; sound output format

Klangeditierung f <edv.av> • sound editing

Klangeditierung f <edv.av> • programming; sound programming; editing; sound editing; sound edit

Klangeffekt m <el.mus> (Klangveränderung) • sound effect; effect pract

Klangeffekte mpl <av> • sound effects; audio effects

Klangerzeugung f <av> • sound synthesis; audio synthesis

Klangerzeugungsprinzip n <edv.av> • method of synthesis; method of sound synthesis

Klangfarbe f <av.mus> • timbre of sound; tone quality; tone color

Klangfarbenkorrektur f <av> *(differenziert; mit Equalizer)* • sound correction; tone correction; tone regulation *rare*

Klangfarbenregelung f <av> *(differenziert; mit Equalizer)* • sound correction; tone correction; tone regulation *rare*

Klangfarbenregelung f <av> *(grob; mit Höhen-/Tiefen-Regler)* • tone control; bass-treble control

Klangfilter n <av> • sound filter

Klangfrequenz f <av> *(Audioband 16 Hz – 20 kHz)* • audio frequency (AF); sound frequency; audible frequency; voice frequency *rare*; sonic frequency *rare*

Klangfülle f <av> • sound volume

Klangfülle f <mus> • tone richness

Klanggenerator m rar. <av.edv> • synthesizer; sound engine; synth *jarg.*; sound processor

Klangkarte f <edv> • sound card; audio board; sound board; audio card

Klangleistung f <av> • audio performance

Klangmodulation f <akust> *(betont: Klangbeeinflussung)* • modulation; sound modulation

Klangparameter m <edv.av> *(Klangparameter)* • parameter; sound parameter

klangpolyphon <mus.akust> *(Eigenschaft von Musikinstrumenten)* • multi-timbral

Klangpolyphonie f <mus.akust> *(Eigenschaft klangpolyphoner Musikinstrumente)* • multi-timbrality

Klangproben nehmen vt <edv.av> • sample vt; record samples vt; record digitally vt; digitize vt; digitalize vt

Klangprogramm n <edv.av> *(gespeicherte und abrufbare Parameterwerte für einen Klang)* • sound program; sound; timbre; patch; program

Klangprogrammbank f <edv.av> • sound bank

Klangprogrammierung f <edv.av> • programming; sound programming; editing; sound editing; sound edit

Klangqualität f <edv.av> *(Audioqualität eines Synthesizers)* • tone; sound

Klangquelle f <edv.av> • sound source; audio source

Klangregelung f <av.akust> • volume control; volume adjustment; sound control

Klangregler m <av.msr> *(zum Einstellen von Höhen und Tiefen)* • bass-treble control; tone control

klangrichtig <av> *(ohne Verfälschung der Klangfarbe)* • tone-compensated

Klangschöpfungsverfahren n <edv.av> • method of synthesis; method of sound synthesis

Klangspektrum n <akust> • sound spectrum

Klangsynthese f <av> • sound synthesis; audio synthesis

Klangteppich m <av> *(im Hintergrund)* • carpet sound

Klangtreiber m <av> • sound driver; driver

Klanguntermalung f <av> • sound support

Klangunterstützung f <av> • sound support

Klangverarbeitung f <edv.av> • sound processing; audio processing; signal processing

Klangwiedergabe f <edv.av> • sampling playback; sample playback; digitized playback; audio playback; sound playback

Klapp... <tech.allg> • fold-down ...; folding

Klappanhänger m prakt.ugs <kfz.tour> • hard-sided caravan; rigid-fold caravan

klappbar <tech.allg> *(z. B. Container, Tisch)* • collapsible; folding; fold-down ...

klappbar <tech.allg> *(mit Scharnier)* • hinged

klappbar <tech.allg> *(kippend)* • tiltable

klappbare Bordwand f <nfz> • dropside; fold-down body side *rare*

klappbar gelagerte Säule f <pap> • hinged deckle

Klappbett n <innen> • foldaway bed

Klappblende f <licht> *(Scheinwerfer)* • drop shutter

Klappbrücke f <bau> *(mit Gegengewicht)* • bascule bridge

Klappbrücke f <förd> • hinged section

Klappcaravan m <kfz.tour> • hard-sided caravan; rigid-fold caravan

Klappchassis n <el> • tilt-out chassis

Klappdeckel m <tech.allg> *(eher klein, jede Anordnung)* • flap

Klappdeckel m <tech.allg> *(betont: mit Scharnier)* • hinged lid

Klappdeckel m <logist> *(auf Behälter; horizontal)* • drop lid

Klappdeckelwagen m <bahn> • hinged covers wagon

Klappe f prakt <aerospace> *(erhöht den Tragflügelauftrieb)* • camber-changing flap; camber flap; flap *pract*

Klappe f <bau> *(Fallklappe)* • trap-door

Klappe f <druck> *(Buchumschlag)* • flap

Klappe f <förd> *(z. B. Klappkübel, Güterwagen)* • drop

Klappe f <hlk> *(allg. Steuerelement in Luft-Kanälen/-Leitungen)* • damper; damper door; door *pract*; flap *coll*; flapper valve *rare*

Klappe f <kfz.innen> *(z. B. Heck~, Handschuhfach~, Tank~)* • door

Klappe f <licht.theat> *(einer Torblende)* • blade

Klappe f <masch> *(relativ groß)* • hatch

Klappe f <mus> *(von Blasinstrumenten; z. B. Klarinette, Oboe)* • key

Klappe f <obfl.prod> *(in Zinkaufdampfanlagen)* • shutter

Klappe f <pack> *(z. B. von Karton, Schachtel)* • lid

Klappe f <rls> *(z. B. in Rückschlagventil)* • pipe valve disk

Klappe f <verf> *(unten; z. B. an Behälter)* • bottom door

Klappe f :V <verf.hydr> • vane

Klappe f <wz.masch> *(Hobelmaschine)* • tool block; flapper; clapper

klappen vt <tech.allg> *(allg.; z. B. Stuhl, Sitzlehne, Sonnenblende etc.)* • fold vt

Klappenbetätigung f <aerospace> • flap actuation

Klappendurchflussmesser m <rls.msr> • flap-type flowmeter; airfoil flowmeter

Klappenfalz m <druck> • blade fold

Klappenfalzwerk n <druck> • jaw folder

Klappenhalterstift m <wz.masch> • clapper pin

Klappenkolben m <hydr> • bucket

Klappenluftpumpe f <förd> • flap-valve pump

Klappenprothese f <med.tech> • prosthetic heart valve; prosthetic cardiac valve *form*; valvular prosthesis; heart valve prosthesis

Klappenpumpe f <förd> • flap-valve pump

Klappenschrank m <alarm> • drop indicator panel

Klappenschrank m <tele> • drop switchboard; indicator switchboard

Klappenschrank für Induktoranruf m <tele> • magneto switchboard

Klappenstreifen m <tele> • strip of indicators

Klappenventil n <rls> *(Rückschlagventil; betont: mit Klack-Geräusch beim Schließen)* • clack valve

Klappenventil n <rls> *(Rückschlagventil einfachster Bauart)* • flap valve

Klappenverschluss m <tech.allg> • flap shutter

Klappenwehr n <hydr> • balance gate

Klappenzylinder m <druck> • jaw cylinder

Klapper m ugs <kfz.tour> • hard-sided caravan; rigid-fold caravan

Klappergeräusche in der Karosserie npl <kfz> • body rattle

Klappfahrrad n <fz> • folding bicycle

Klappfenster n <bau> *(oben angeschlagener Flügelrahmen)* • awning window

Klappflügel m <bau> *(Fenster; Scharnier an Oberkante)* • top hung sash *Roto*; awning

Klappflügelfenster n <bau> *(oben angeschlagener Flügelrahmen)* • awning window

Klappformkasten *m* <metall> • snap flask

Klappfußtritt *m* <fz> *(Motorrad)* • folding step

Klappkiste *f* <pack> *(typ. aus Recyclat-Kunststoff; z. B. zum Einkaufen)* • folding crate

Klappkorn *n* <mil> • folding front sight; folding leaf sight

Klappladen *m* <bau> • shutter; window shutter; blind

Klapplamellenverschluss *m* <masch> • louver shutter *US*; louvre shutter *GB*

Klappmast *m* <tech.allg> *(z. B. für mobile Antenne)* • collapsible mast

Klappmesser *n* <wz> *(großes Taschenmesser)* • jack-knife; jackknife

Klappmessereffekt *m* <kfz> • jack-knifing [effect]

Klapppodest *n* <nfz> • hinged platform

Klappprahm *m* <nav> • dump scow

Klapprad *n* <fz> • folding bicycle

Klapproller *m* <fz> *(Tretroller, kompakt, typ. aus Alu, klappbar)* • miniscooter; funscooter

Klapprost *m* <verbr> • dumping grate; tipping grate

Klapprunge *f* <bahn> • hinged stake

Klappsäge *f* <wz> • folding saw

Klappschalenbauweise *f* <druck> • clamshell design

Klappscheinwerfer *mpl* <kfz> • concealed headlights; pop-up headlights *coll*

Klappscheinwerfer-Kontrollleuchte *f* <kfz.msr> • headlight retractor indicator lamp

Klappschornstein *m* <nav> • lowering funnel; hinged funnel

Klappschute *f* <nav> • self-dumping barge

Klappsitz *m* <tech.allg> *(z. B. in Fahrzeug, Theater)* • tip-up seat

Klappspaten *m* <wz> • folding shovel

Klappspiegel *m* <opt> *(zum Zusammenklappen)* • folding mirror

Klappspiegel *m* <opt> *(mit seitlichen Flügeln)* • swing-out mirror; wing mirror

Klappstecker *m* <füg> • clip pin

Klapptisch *m* <innen> • retractable table; folding table

Klapptisch *m :V* <kfz.innen> *(an Sitzlehne)* • tray table; picnic table *Jaguar*

Klapptisch *m :Vugs* <kfz.innen> *(bei Kombis, ausklappbar)* • load floor extension *Ford*; picnic tray *Ford*

Klapptor *n* <bau> • tilting gate

Klapptritt *m* <fz> • fold-away step

Klapptürgriff *m* <kfz> *(Außentürgriff)* • lift-bar type door outside handle; flipper-type handle

Klappventil *n* <rls> *(Rückschlagventil einfachster Bauart)* • flap valve

Klappverdeck *n ugs* <kfz> *(wie bei 2CV, Fiat500; zum Falten, Rollen)* • sun roof top

Klappverdeck *n ugs* <kfz> *(bei offenen Autos allg.)* • folding top; fold-away top

Klappvisier *n* <bekl> *(Helm)* • movable face shield; moveable face shield; flip-up/snap-down face shield

Klappwaschbecken *n* <kfz.tour> *(z. B. in Caravan, Wohnmobil)* • fold-away basin; tip-up wash basin; up-and-over basin

klar <allg> *(z. B. Flüssigkeit, Glas, Logik)* • clear

klar <bekl> *(Visier)* • clear

klar <nahr> *(Wein)* • limpid; clear

klarer Vorteil *m* <allg> • obvious advantage

Klarfiltration *f* <verf> • polishing filtration; clarification

Klarfleck *m* <phot> *(bei Weichzeichnerfiltern)* • clear center *US*; clear centre *GB*

Klarflüssigkeit *f* <ents> *(Überlauf)* • overflow product

Klarflüssigkeit *f* <verf> *(allg.)* • clarified liquid

Klarglas *n* <silik> • clear glass

Klarglas-Blinkerabdeckung *f* <kfz> • clear glass indicator lens; unpatterned clear glass indicator cover *rare*

Klarglas-Scheinwerferabdeckung *f* <kfz> *(allg.; z. B. bei BMW)* • clear glass headlight cover; unpatterned clear glass headlight cover

Klarglasscheinwerfer in Brillantoptik *m* <kfz.el> *(auffallend verspiegelt; z. B. ab VW Golf IV)* • clear glass headlight; headlight with clear glass lens cover; headlight with clear glass lens; headlights with clear glass optics *rare.VW*

Klarlack *m DIN 55 945* <obfl> *(allg., als Material)* • clear coat *ISO 4618/1*; clear lacquer; clear varnish *GB*

Klarlack *m* <obfl> *(als Schicht)* • clear coat finish; clear coat; clear *pract*

klarlackbehandelt <obfl> • clearcoated

Klarlackschicht *f* <obfl> *(Schicht)* • clear coat finish; clear coat; clear *pract*

Klarlufturbulenz *f* <meteo> • clear air turbulence

Klarmeldelampe *f* <msr> • all-clear signal light; all-ready signal light; ready signal light

Klarschrift *f* <edv.doku> *(z. B. auf Etiketten, Formularen)* • human-readables *pl*; human-readable characters *pl*; human-readable information; human-readable data; plain writing

Klarschrift... <edv.doku> *(durch den Menschen lesbar)* • human-readable

Klarschriftausgabe *f* <doku> • hard-copy output

Klarschrifterkennung *f* <edv> • optical character recognition (OCR)

Klarschriftkodierer *m DIN 9774-1* <edv> • character encoder

Klarschriftleser *m* <edv> • optical character-recognition reader; optical character reader; character reader; OCR reader *pract*

Klarschriftsortierleser *m* <edv> • clear-text sorter reader

Klarschriftzeichen *n* <edv> • human-readable character

Klarsichtfach *n* <fz> *(für Straßenkarte; z. B. in Tankrucksack)* • map pocket

Klarsichtfolie *f rar* <doku> • overhead transparency; overhead projection film; transparency *coll.pract*

Klarsichtfolie *f* <kst.pack> • transparent film

Klarsicht-Kraftstofffilter *m* <kfz> • see-through fuel filter; see-thru fuel filter *coll*

Klarsichtmittel *n* <chem> • antidimming agent; antifogging agent; antifoggant

Klarsignalzone *f* <aerospace> • equisignal zone; bisignal zone; twilight zone

Klartext *m* <doku> • clear text; plain text

Klartext *m* <edv.doku> *(z. B. auf Etiketten, Formularen)* • human-readables *pl*; human-readable characters *pl*; human-readable information; human-readable data; plain writing

Klartext... <edv.doku> *(durch den Menschen lesbar)* • human-readable

Klartextprotokoll *n* <msr> • plain text log; plain text printout; printout in full alphanumeric characters

Klarwasser *n* <ents.hydr> • clarified waste water; settled waste water

Klarwasser *n* <hydr> *(nach der Klärung)* • clarified water; clear water

Klarwasser *n* <verf.hydr> *(zum Spülen)* • rinsing water; spray water

Klarzeichner *m* <av> *(zum Schärfen des Videowiedergabesignals)* • crispening circuit; crispener

Klarzeichnerschaltung *f* <av> *(zum Schärfen des Videowiedergabesignals)* • crispening circuit; crispener

Klasse *f* <allg> *(von Produkten, Anforderungen)* • class; category

Klasse *f* <tech.allg> *(qualitativ)* • grade

Klasse *f* <tech.allg> *(betont: Kategorie, Wertung; z. B. Mercedes S-Klasse)* • class

Klassenbildung f DIN 55350-23 <math> (Statistik) • classification

Klassenhäufigkeit f <qualit> (Statistik) • class frequency

Klassenregel f <nav> • class rule

Klassenzeichen n <nav> • class emblem

Klassenzertifikat n <nav> • classification certificate; class certificate

Klassieranlage f <verf> • classifying plant; screening plant; grading plant; sorting plant; sizing plant

klassieren vt <verf> • classify vt

klassieren vt <verf> (nach Qualität) • grade vt

klassieren vt <verf> • sort into sizes vt; screen vt; size vt

klassieren vt <verf> (z. B. nach Größe, Dichte, Gewicht) • separate vt

Klassierer m DIN 4045 <ents.hydr> (zum Abtrennen von körnigen Feststoffen aus Abwasser) • grit classifier; grit separating device stand; grit washer; sand separator

Klassierer m <verf> (allg.) • classifier

Klassiergüte f <verf> • classification efficiency; sizing efficiency

Klassiergut n <verf> • material being classified; material being graded; material being sized

Klassierkegel m <verf> • cone classifier

Klassierrost m <verf> • classifying grate

Klassiersieb n <verf> • classifying screen; grading screen; sizing screen

Klassiertrog m <verf> • classifier trough

Klassiertrübe f <verf> (Zellstoff) • fluid pulp

Klassierung f <tech.allg> (allg.) • classification

Klassierung f <verf> (nach Qualität) • grading

Klassierung f DIN ISO 9045 <verf> (nach Größe) • size classification; sizing ISO 9045

Klassierung f <verf.hydr> • classification; grit classification

Klassierzyklon m <verf> • cyclone classifier

Klassifizierung für Gruppenbearbeitung f <masch> • component family formation

Klassik-Effekt m <av> (simuliert das Schwarz-Weiß und Flimmern alter Filme) • classic effect

klassische Bühne f <theat> • chariot-and-pole-system; chariot-wing-system; carriage-and-frame-system; wing-and-border-system

klassische Hüllkurve f <av> • ADSR envelope; ADSR envelope curve; standard envelope

klassische Mechanik f <mech> (Ggs. zu Quantenmechanik, Relativitätstheorie) • classical mechanics; Newtonian mechanics; non-quantum mechanics

klassisches Package n <werb> • mail-order kit

klassisches System n <phys> • non-quantized system; classical system

klassisches Zündsystem n <kfz.el> • conventional ignition [system]; conventional coil ignition [system]; conventional point-type ignition [system]; contact breaker point ignition [system]; standard ignition [system] obs

klastisch <geo> • fragmental; clastic

klastische Paläoseife f <geo> • detrital palao-placer

Klaubeband n <min> (z. B. Kohle) • sorting belt; picking belt

klauben vt <agri> • hand-pick vt

klauben vt <min> • sort out vt; pick vt; sort vt

Klauberost m <min> • picking bar

Klaubetisch m <tech.allg> (z. B. Abfall, Kohle, Lebensmittel) • sorting table; picking table

Klaue f <bau.holz> • bird's mouth

Klaue f <led> (Haut) • shank

Klaue f <masch> (allg.) • claw; dog; jaw

Klaue f <masch> (beweglich; z. B. Sperrklinke) • pawl

Klauenausreckmaschine f <led> • shanking machine; shank setting machine

Klauenbeschnitt m <led> (Abfall) • shank trimmings pl

klauengeschaltetes Getriebe n <kfz.antr> • constant mesh transmission US; constant-mesh gearbox GB

Klauenhammer m <wz> • claw hammer

Klauenkupplung f <antr> • positive clutch; jaw clutch; dog clutch; square-tooth clutch rare; claw clutch rare

Klauenöl n <tribo> • neat oil; neat's foot oil

Klauenpolläufer m <kfz.el> (Drehstromgenerator) • rotor; claw-pole rotor rare

Klauenpol-Magnetgestell n form.rar <kfz.el> (Drehstromgenerator) • rotor; claw-pole rotor rare

Klauenschweißung f <füg> • split weld

Klaviatur f <mus> (z. B. Klavier, Flügel) • keyboard

Klavierband n ugs <tech.allg> (Scharnier; lang und schmal) • hinge band; piano hinge coll; strap hinge; flap hinge

Klavierlack m <obfl> • piano lacquer

Klebblech n <el> • residual plate

Klebdispersion f <füg> • adhesive dispersion

Klebeanker m <bau.mat> • resin bolt; resin-anchored bolt

Klebeband n <av> (für Magnetbänder) • splicing tape

Klebeband n <büro.füg> (dünne Folie, glasklar od. transparent) • transparent tape rare; Scotch Tape ® US.coll; Sellotape ® GB.coll

Klebeband n DIN EN 12481 <füg> (Kunststoff, mit oder ohne Textilverstärkung) • adhesive tape; pressure-sensitive tape US; tape coll; self adhesive tape

Klebeband n <pack> (aus Papier; gummiert, braun od. weiß) • gummed tape; sealing tape

Klebeband n <pack> (aus Kunststofffolie; typisch braun, auch glasklar) • mailing tape

Klebeband zum Verschließen von Folienbeuteln n <pack> • adhesive neck tie

Klebebeschichtung f <füg> (meist auf Rückseite) • adhesive backing; adhesive coating

Klebebindemaschine f <druck> • adhesive binding machine; adhesive binder

Klebebindung f <druck> • adhesive binding; flexible binding; perfect binding

Klebedichtstoff m <füg> • adhesive sealer; sealant-adhesive

Klebedispersion f <füg> • dispersion adhesive

Klebedübel m <bau.mat> • resin bolt; resin-anchored bolt

Klebeeigenschaft f <qualit> • adhesive property

Klebeetikett n <tech.allg> (mit Gummierung zum Anfeuchten) • gummed label

Klebeetikett n form <doku> (selbstklebend) • sticker; adhesive label form; decal coll.obs

Klebefestigkeit f <pap> • glue bond strength

Klebefolie f <kst.obfl> (Kunststofffolie mit Klebeschicht) • adhesive film; self-adhesive plastic sheeting

klebegebunden <druck> (allg.) • perfect-bound

klebegebunden <füg> (allg.) • adhesive-bound

Klebegewicht n <kfz> (zum Radauswuchten) • adhesive weight; adhesive wheel weight; stick-on weight pract; stick-on wheel weight; adhesive-backed wheel weight did

Klebekarton m <pap> • pasteboard

Klebekitt m <fz> (Schlauchreparatur) • vulcanizing cement US; rubber cement; vulcanising cement GB

Klebelack m <obfl> • adhesive lacquer; decorators' size

Klebelaminierverfahren n <textil> • adhesive laminating method; adhesive laminating process

Klebelösung f <füg> (für Gummi, PVC etc.) • cement

Klebemontage f <füg> (Aufkleben von Teilen) • stick-on mounting

Kleben n <füg> (allg.) • adhesive bonding; joining with adhesives did

Kleben n ugs <füg> (der Elektrode beim Schweißen; unerwünscht) • sticking

kleben vi <tech.allg> (allg., Adhäsion mit oder ohne Kleber) • adhere vi

kleben vi <kst> (ohne Klebstoff aneinander hängen bleiben; z. B. Frischhaltefolie) • cling vi

kleben vt <füg> (betont: mit Leim, Alleskleber) • glue vt

kleben vt <füg> (betont: zusammenpappen mit pastösem Kleber) • paste vt

kleben vt <füg> (zwei Enden zusammenflicken; z. B. Magnetbänder) • splice vt

kleben vt <füg> (allg.; z. B. mit Klebestift) • stick vt

kleben vt <füg> (betont: zuflicken, abdecken; z. B. Zielscheiben, Defekt, Riss) • patch vt

kleben vt <füg> (allg.; mit Klebstoff an-, auf-, verkleben) • bond vt

kleben vt <füg> (mit spurlos, glasklar und/oder steinhart aushärtendem Kleber; z. B. PS) • cement vt

klebend <tech.allg> (Oberfläche, Folie, Teil) • adhesive adj; tacky coll

klebend <mat> • agglutinant adj

klebende Verunreinigungen fpl <pap.ents> (in Altpapier) • stickies pl; sticky contaminants pl; adhesives pl; bonding agents pl

Klebepresse f <füg> (für Film oder Magnetband) • jointer; splicer

Klebepresse f <füg> • pasting press

Kleber m <bau.mat> (für Gipskartonplatten) • adhesive pract; drywall adhesive; compound pract

Kleber m prakt <prakt> • adhesive ASTMD 1907-74; glue coll

Kleber mpl <pap.ents> (in Altpapier) • stickies pl; sticky contaminants pl; adhesives pl; bonding agents pl

Kleberabscheidung f <pap.ents> (Altpapierrecycling) • stickies removal; stickies separation

Kleberand m <füg> (allg.) • jointing edge

Kleberand m <pap> (gummiert) • glue lap; gummed edge

kleberbeschichtetes Laminat n <textil> • adhesive-coated laminate

Kleberolle f <druck> • adhesive roll

Kleberrückstände mpl <pap.ents> (in Altpapier) • stickies pl; sticky contaminants pl; adhesives pl; bonding agents pl

Klebeschicht f <füg> • adhesive layer; bonding layer

Klebespleiß m <lwl> • mechanical splice

Klebestelle f <füg> (Film, Magnetband) • splice

Klebestelle f <silik> (Fehler) • tear

Klebestellengeräusch n <av> (Tonband) • bloop

Klebestreifen m <büro.füg> (dünne Folie, glasklar od. transparent) • transparent tape rare; Scotch Tape ® US.coll; Sellotape ® GB.coll

Klebetrocknung f <füg> • paste drying

Klebezwicken n <füg.led> • cement lasting

Klebfähigkeit f <füg> • adhesive capacity

Klebfähigkeit f <füg> (Klebrigkeit) • adhesiveness; adhesivity

Klebfestigkeit f <qualit> • bonding strength

Klebfläche f <füg> • adherend

Klebfolie f rar <kst> (zum Bekleben/Dekorieren von Oberflächen) • adhesive film; pressure-sensitive film

Klebfolie f rare <kst.obfl> (Kunststofffolie mit Klebeschicht) • adhesive film; self-adhesive plastic sheeting

Klebfügeteil n <füg> • adherend

Klebgarn n <textil> • bonded yarn

Klebgummischicht f <obfl> • adhesive rubber layer

Klebkitt m <füg> • bonding cement

Klebklack m <füg> • solvent adhesive; solvent cement; solvent-based adhesive; solvent-borne adhesive rare; solvent-containing adhesive

Kleblöser m <füg> • solvent

Klebpapier n <füg> • gum paper

klebrig <kst.obfl> (etwas; neutral oder unangenehm, z. B. Kunststoffteile, Schaltknauf) • tacky

klebrig <mat> (sehr; eher unangenehm; cf. klebend) • sticky

klebrig DLG <nahr> (Speiseeisfehler) • gummy; chewy; gluey; sticky; pasty

klebrige Oberfläche f <kfz.rep> (Spachtelfehler) • surface tack

klebriger Oberflächenfilm m <obfl.holz> • tacky surface coating

Klebrigkeit f <obfl> (eher gering; z. B. von noch nicht trockenen Lacken) • tackiness; tack

Klebrigkeit f <obfl> (hoch) • stickiness

Klebsandform f <metall> • loamy-sand mold

Klebsandform f <prod> (Gießerei) • sand and clay mold

Klebschweißen n <füg> • weldbonding

Klebstift m <el> • residual stud

Klebstoff m DIN16920 <füg> • adhesive ASTMD 1907-74; glue coll

Klebstoff auf Basis von Wasserglas m <füg> • glass adhesive; glassy adhesive

Klebstoff auf Epoxidbasis m <füg> • adhesive based on epoxy resin; epoxy based adhesive

Klebstoff auf Epoxidharzbasis m <füg> • adhesive based on epoxy resin; epoxy based adhesive

Klebstoffauftragmaschine f <füg> • adhesive applying machine; cement applying machine

Klebstoff auf Wasserbasis m <füg> • water-based adhesive; water-borne adhesive rare; aqueous-based adhesive rare; aqueous adhesive rare

Klebstoffbeschichtung f <füg> (meist auf Rückseite) • adhesive backing; adhesive coating

Klebstoff in Pastenform m <füg> • paste adhesive; paste-form adhesive; paste-type adhesive; adhesive paste

Klebstoff mit Spaltüberbrückungsvermögen m <füg> • gap-filling adhesive; void-filling adhesive

Klebstoff mit volumenüberbrückender Eigenschaft m <füg> • gap-filling adhesive; void-filling adhesive

Klebstoffreste mpl <füg> (z. B. auf Papier) • tape remnants

Klebstoffschicht f <füg> • bond line; glue line coll

Klebstoffsystem n DIN16920 <füg> • adhesive system ASTMD1907-74

klebt <qualit> (Relais, Magnetschalter) • sticking; frozen

Klebverbindung f <füg> • glued joint

Klebverbindung f <füg> • adhesive-bonded joint

Klebvliesstoff m <textil> • adhesive-bonded non-woven; bonded fibre fabric GB

Klebvliesverfahren n <textil> • adhesive bonding technique

klecksen vi <obfl> • spatter vi

Klee m <bio> • clover; melilotus officinalis

Kleeblattantenne f <av> • clover-leaf antenna US; clover-leaf aerial GB

Kleeblattbogenblende f <bau> (über Fenstern; z. B. in Kirchturm) • blind trefoil arch

Kleeblattquerschnitt m <textil> • trilobal fiber cross-section

Kleeblattzapfen m <metall> (Kupplungszapfen, z. B. für Walzen) • wobbler

Kleereiber m <agri> • clover rubber; clover huller

Kleid n <textil> • dress

Kleiderhaken m <kfz.innen> • coat hook

Kleidermonitor m <nukl> • clothing monitor

Kleidungsstück n <textil> • garment

Kleidungsstücke npl <textil> • clothes pl; garments

klein <allg> (Fläche; Format) • small-sized; small-size; small

Klein... <allg> • small-scale ...

Klein... <tech.allg> • baby ...

Kleinanhänger m <kfz> (für Pkw) • utility trailer

Kleinanwendung f <tech.allg> • small-scale application

Kleinanzeige f <kfz.werb> (für Gebrauchtwagen) • classified [ad]; small ad

Kleinbahn f <bahn> (allg.) • narrow-gauge railway

Kleinbeatmungsgerät n <med.tech> • small-type respiration unit

Kleinbetrieb m <ökon> • small business; small firm; small business corporation

Kleinbildfilm m <phot> • 35 mm film

Kleinbildformat n <phot> • 35 mm format

Kleinbildkamera f <phot> • 35 mm camera

Kleinbohrungsmessgerät n <msr> • small-bore gauge

Kleinbohrungsmessmikroskop n <msr> • small-bore measuring microscope

Kleinbus m <nfz> (allg.) • minibus; small bus; small-size bus; microbus; passenger van

Kleinbus m <nfz> (auf Transporterbasis; nur in den USA) • cutaway bus US; cutaway conversion US; cutaway US

Kleinbus m ugs <nfz> • passenger van; van coll

kleindimensioniert <tech.allg> • small-size

kleine Achse f <math> (z. B. Ellipse) • minor axis

kleine Ader f <min.bio> (z. B. in Erzlager, Insektenflügel) • venule

kleine Auflage f <druck> • short run

kleine Fahrt machen vi <nav> • sail slowly vi

kleine Großstudios npl <kino> • minimajors pl

kleine Inspektion f <rep> • service minor

Kleineis n <nahr> (Speiseeis) • novelty ice cream US; impulse ice cream GB; frozen novelties US

Kleineisen n <bahn> • rail fasteners; track fittings

kleine Metallsäge f <wz> • junior hacksaw; jab saw

kleiner Buchstabe m <druck> • lower case letter; lower case pract

kleiner Defekt m <qualit> • imperfection; minor flaw; blemish

kleiner Doppelmaulschlüssel m form <wz> • midget open-end wrench US; compact open-end spanner GB; miniature offset open-end wrench GB; electrical spanner GB.coll

kleiner Erzgang m <min> • venule

kleiner Formfaktor m <lwl> (Verbindung) • small form factor

kleiner Gang m <geo> • veinlet

kleiner Gartentraktor m <agri> • horticultural midget tractor; midget tractor

kleiner Kopf m <füg> (Schraubenkopf; mit ebener Kopfauflage) • small head

kleiner Kopf m <füg> (Senkkopf) • shallow head; trim head

kleiner Plasmaquerschnitt m <nukl> • small plasma cross-section; small cross-section

kleiner Plasmaradius m <nukl> • minor plasma radius; minor radius

kleiner Querschnitt m <nukl> • small plasma cross-section; small cross-section

kleiner Rosenkranz m <rel> (1/3 der normalen Länge) • chaplet

kleiner Strom m <el> • low current

kleines Büro oder häusliches Arbeitszimmer n <tech.allg> (typ. Arbeitsumgebung für PC, Peripherie und IT-Einrichtungen) • single-office and home office (SOHO); small office or home office; small business or home office

kleines Differentialantriebskegelrad n <antr> • differential axle-drive bevel pinion

kleines Fertigungslos n <prod> • short run; small lot

kleines Geschaftsbüro oder Büro im eigenen Heim n <tech.allg> (typ. Arbeitsumgebung für PC, Peripherie und IT-Einrichtungen) • single-office and home office (SOHO); small office or home office; small business or home office

kleines Häppchen für zwischendurch n <nahr> • street food

kleines Immergrün n <bio> • lesser periwinkle; vinca minor

kleines I-Profil n EN 10079 <metall> (Höhe unter 80 mm) • small I section EN 10079

kleines Kreuz n <textil> • chain lease

kleines Pleuelauge n <mot> • connecting rod small end ISO 7967-2; small end coll; piston pin end; wrist pin end; gudgeon pin end GB

kleines U-Profil n EN 10079 <metall> (Höhe unter 80 mm) • small U section EN 10079

kleine und mittelständische Unternehmen npl (KMU) <ökon> • small and medium-sized enterprises (SME); small and medium-sized undertakings; small and medium-sized businesses

Kleinfeuerungsanlage f <verbr> • small furnace; small combustion plant; small heating installation

Kleinfeuerwerkskörper m <spreng> • small explosive device for private fireworks

kleinflächig <allg> • small-area

kleinflächiges Leder n <led> • small-area leather

Kleinformat n <allg> (z. B. Papier) • small size; small format

kleinformatig <allg> • small-sized; small-size

kleinformatige Offsetdruckmaschine f <druck> • small size offset press

kleinformatiger Offsetdruck m <druck> • small offset; small offset printing

Kleingabelschlüssel m <wz> • midget open-end wrench US; compact open-end spanner GB; miniature offset open-end wrench GB; electrical spanner GB.coll

Kleingeldtasche f <bekl> • money pocket; change pocket

Kleingerät n <tech.allg> • small-scale application

Klein-Gordon-Gleichung f <phys> • Klein-Gordon equation; Schrödinger-Klein-Gordon equation

Kleinhochofen m <metall> • compact blast furnace (CBF)

Kleinintegration f <ic> • small-scale integration (SSI)

Kleinkaliberbohren n <prod> • small-diameter drilling

Kleinkaliberbüchse f rar <mil> • .22 rifle; rimfire rifle

Kleinkalibergewehr f <mil> • .22 rifle; rimfire rifle

Kleinkalibermunition f <mil> • rimfire ammunition

Kleinkaliberpatrone f <mil> • rimfire cartridge

Kleinkaliberpistole f <mil> • rimfire pistol

Kleinkaliberprothese f <med.tech> (alloplastische Gefäßprothese) • small bore prosthesis; small caliber graft

kleinkalibrig <tech.allg> (Bohrung) • small-bore; of small bore

kleinkalibrig <mil> • small-caliber US; of small calibre GB

kleinkalibrige Prothese f <med.tech> (alloplastische Gefäßprothese) • small bore prosthesis; small caliber graft

Kleinkehrmaschine f <nfz> • compact sweeper

Kleinkindabteil n <bahn> • parent-and-child compartment

Kleinkläranlage f <ents.hydr> • treatment works for isolated buildings; small domestic treatment works; small domestic treatment work

Kleinkohle f <min> • coal fines

Kleinkonimeter n <min> • midget impinger

Kleinkonverter m <metall> (z. B. Bessemer) • baby converter

Kleinkreis m <geo> • small circle

Kleinkühlturm m <verf> • packaged cooling tower; package cooling tower

Kleinlaster *m ugs* <nfz> *(allg.)* • light truck

Kleinlaster *m* <nfz> • pickup; pick-up; cowboy cadillac *sl*; bonneted ute *NZ*; ute *NZ.coll*

Kleinlasthärtemessgerät *n* <qualit.mat> • low-load hardness tester; measuring instrument for low-load hardness

Kleinlasthärteprüfer *m* <qualit.mat> • low-load hardness tester; measuring instrument for low-load hardness

Kleinlasthärteprüfmaschine *f* <qualit.mat> • low-load hardness tester; measuring instrument for low-load hardness

Kleinlasthärteprüfung *f* <qualit.mat> • low-load hardness testing

Kleinlastkraftwagen *m* <nfz> *(allg.)* • light truck

Kleinlötkolben *m* <füg.wz> • soldering pencil

Kleinlokomotive *f* <bahn> • rail tractor

kleinmaschig <tech.allg> • fine-meshed; close-meshed

kleinmaßstäblich <allg> • small-scale ...

Kleinmotor *m* <el> *(z. B. für Fensterheber, Spiegel-, Sitzverstellung, Lüftungsklappen)* • mini motor; small-power motor *rare*

Klein-Nishima-Formel *f* <phys> • Klein-Nishima formula

Kleinoffsetdruckmaschine *f* <druck> • offset duplicator *ASTM*; small offset printing press; small offset press

Kleinoffsetmaschine *f DIN* <druck> • offset duplicator *ASTM*; small offset printing press; small offset press

Kleinpackung *f* <ökon> *(zum Spontankauf; meist in Kassennähe)* • impulse item; novelty [sales item] *US*

Kleinpackungs-Becher *m* <nahr.pack> *(z. B. für Speiseeis, Joghurt, Quark)* • cup

Kleinpflaster *n* <bau> • small sett paving

Kleinpflasterdecke *f* <bau.mat> • small block *US*; small sett *GB*

kleinporig <mat> *(Gefüge; z. B. Sintererzeugnis)* • close

kleinporig <mat> • small-pore

Kleinprivatwald *m* <holz> • small private woodlands

Kleinraupe *f* <agri> • small track-laying tractor

Kleinraupentraktor *m* <agri> • small track-laying tractor

Kleinreaktor *m* <nukl> • low-power reactor

Kleinrechner *m* <edv> • small-scale computer; small computer; minicomputer

Kleinregner *m* <agri> • small irrigator

Kleinrelais *n* <el> • midget relay

Kleinrohrheizung *f* <hlk> • small-bore pipe heating system; small-bore system

Kleinrundstrickmaschine *f* <textil> • small-diameter knitting machine

Kleinschrämmaschine *f* <bau.masch> • breast machine

Kleinserie *f* <prod> • small batch; small lot

Kleinserienfertigung *f* <prod> *(allg.)* • series small-batch production; small-batch production; small-batch manufacture; small-volume production

Kleinserienfertigung *f* <prod> *(betont: nur kurzzeitig)* • short-run production

Kleinsignal *n* <el> • low-level signal; small signal

Kleinsignalparameter *m* <el> • small signal parameter

Kleinsignaltransistor *m* <el> • small signal transistor

Kleinsignalverstärkung *f* <el> • small-signal gain

Kleinst... <tech.allg> • mini ...; baby ...; miniature ...

Kleinstanstrahler *m* <licht> • miniature spotlight; minispot

Kleinstbauelement *n* <el> • subminiature component

Kleinstbildkamera *f* <phot> • ultraminiature camera; subminiature camera

Kleinstbohrer *m* <wz> • capillary drill; microdrill

Kleinstdurchlüfter *m* <verf> • mini-sized aeration device :V

kleinste Bauform *f* <allg> • miniature construction

kleinste Bauformen *f* <allg> • miniature construction

kleinste obere Grenze *f* <math> • least upper bound

kleinster Augenblickswert *m* <av> • valley value *DIN IEC 50*

kleinster Betriebsstrom *m* (Im) <msr> • minimum operational current (Im)

kleinster gemeinsamer Nenner *m* <math> • least common denominator (LCD); lowest common denominator

kleinster gemeinsamer Teiler *m* <math> • least common denominator (LCD); lowest common denominator

kleinster programmierbarer Schritt *m* <edv> • smallest programmable increment

kleinster Wendekreisdurchmesser *m* <fz> • turning circle; turning circle between walls

kleinster zulässiger Biegeradius *m* <prod> • minimum bend radius

kleinstes gemeinsames Vielfaches *n* <math> • least common multiple

kleinstes wahrnehmbares Signal *n* <alarm> • minimum discernible signal

kleinste und größte Werte *mpl* <allg> • minimum and maximum values

kleinste wirksame Dosis *f* <med> • minimum effective dose

Kleinstfeuerwerkskörper *m* <spreng> • miniature explosive device for private fireworks

Kleinstlebewesen *n ugs* <bio> • microorganism

Kleinstlufttrimmer *m* <el> • air variable miniature capacitor

Kleinstmaß *n* <tech.allg> • minimum dimension; minimum limit

Kleinstmaß *n* <tech.allg> • minimum size

Kleinstmotor *m* <mot> • micro motor; subfractional motor *rare*; subfractional horse-power motor *rare*

Kleinstrechner *m* <edv> • microcomputer

Kleinströhre *f* <el> • subminiature valve; subminiature tube

Kleinströhre *f* <el> *(UHF-Röhre in Eichelform)* • acorn tube; acorn valve

Kleinstrohrabschneider *m* <wz> • compact tube cutter; mini tube cutter

Kleinstselbstschalter *m* <el> • automatic microswitch

Kleinstspannung *f* <el> • extra-low voltage

Kleinstspiel *n* <masch> • minimum clearance

Kleinststecker *m* <el> • microminiature plug

Kleinstübermaß *n* <masch> • minimum interference

Kleinstwasserkraftwerk *n* <energ.hydr> *(Leistung bis 100 kW)* • micro hydropower plant; micro hydroelectric plant

Kleinstwert *m* <tech.allg> • minimum value; minimum

Kleinstwert *m DIN IEC 50* <av> • valley value *DIN IEC 50*

Kleinstzähnezahl *f* <masch> • minimum number of gear teeth; minimum number of teeth

Kleinteile *npl* <tech.allg> *(betont: aus Massenfertigung)* • mass-production parts

Kleinteile *npl* <prod> *(allg.)* • small parts

Kleinteilelager *n* <logist> • small parts storage

Kleinteile-Zählung *f* <prod> • counting of small parts

Kleinteilmontage *f* <prod> • small-component assembly

Kleintierfell *n* (KTF) <led> • small skin

Kleintraktor *m* <agri> • small tractor

Kleintrawler *m* <nav> • dragger *US*; small trawler

Klein- und Mittelbetriebe *mpl* <ökon> • small and medium-sized enterprises (SME); small and medium-sized undertakings; small and medium-sized businesses

Kleinunternehmer *m* <ökon> • small-scale entrepreneur; small trader; small entrepreneur; small businessman

Kleinverbraucher *m* <el> • small-scale energy user

Kleinverbraucher *m* <el> • small-scale consumer

Kleinverbrennungsanlage mit zwei Brennkammern *f* :V <ents> *(US-Klassifikation von MVA)* • modular unit; two-stage combustor

Kleinverpackung *f* <pack> • small package

Kleinverstäuber m <agri> (manuell) • hand duster

Kleinversuch m <tech.allg> • small-scale experiment

Kleinviehwagen m <bahn> • small cattle wagon

kleinvolumig <mot> (Motor) • small-displacement

Kleinwählerzentrale f <tele> • unit automatic exchange

Kleinwagen m <kfz> • compact car; small car

Kleinwasserkraftwerk n <energ.hydr> • small hydropower station; minihydropower plant; small hydropower plant

Kleinwinkelkorngrenze f <mat> • small-angle grain boundary; subboundary

Kleinwinkelstreuung f <phys> • small-angle scattering; scattering by small angles

Kleinzellennetz n <tele> • micro cellular network

Kleinzyklon m <chem.verf> • small-diameter cyclone

Kleinzyklus m <edv> • minor cycle

Kleister m DIN 16920 <füg> • paste ASTM D 907-74

Klemmabdeckung f <tech.allg> (z. B. von PC-Einbauschachtblenden) • snap-lock cover

Klemmautomat m BMW <kfz.sich> • webbing grabber; clamping reel; belt stopper BMW; belt clamping device BMW

Klemmautomatik f <prod> • automatic clamping device; automatic clamp

Klemmbacke f <prod> • gripping die

Klemmbacke f <wz> (allg.; von Spannvorrichtung, Schraubstock) • clamping jaw; gripping jaw; jaw pract; grip rare

Klemmbacke f <wz.masch> (eines Spannfutters) • chuck jaw

Klemmband n <förd> (hebend) • lifting belt

Klemmbereich m <edv> (von Speicherplatten) • clamping zone

Klemmbolzen m <fz> (Lenkervorbau von Fahrrädern) • expander bolt

Klemmbolzen m <prod> • clamping bolt; binding bolt

Klemmbreite f <tech.allg> • clamp width

Klemmbuchse f <masch> • locking bushing; fixing bushing

Klemmbügel m <füg> • coulter clamp

Klemmbügel m <kfz.el> (für Scheinwerferglühlampe) • bulb retaining spring; retaining spring clip; retaining clip

Klemmdiode f <el> • clamping diode; clamp diode

Klemmdose f rar <el.bau> (mit Klemmen; typ. oben in der Wand) • junction box; connecting box; joint box

Klemme f <allg> • thumbclip

Klemme f <tech.allg> (Befestigungsmittel; z. B. für Draht, Kabel, Schlauch) • clamping device; clamp

Klemme f <tech.allg> (kleines Befestigungselement mit Schnappeffekt; typ. aus Kunststoff) • clip

Klemme f <el> (für elektr. Anschlüsse allg.) • terminal

Klemme f <nav> • cleat

Klemme f <opt.lwl> (zur Fixierung der Fasern vor Spleißen) • clamp

Klemmeinsatz m <wz> • clamped insert; clamped tip

Klemmeißelhalter m <wz> • clamp-on tool-holder

klemmen vi <masch> (blockieren, verkanten; schiebende Teile; z. B. Schubladen) • get jammed vi; jam vi

klemmen vi <masch> (festfressen; Kolben, Schlitten) • seize vi

klemmen vi <mech> (unerwünscht festhängen, steckenbleiben; z. B. Gelenk, Kolben) • bind vi; stick vi

Klemmenanschluss m <el> • terminal chamber; terminal compartment

Klemmenanschlussplan m <el.doku> • terminal assignment diagram; terminal connection diagram; terminal diagram

Klemmenanschlussraum m <el> • terminal chamber; terminal compartment

Klemmenanschlussstück n <el> • terminal connection piece

Klemmenbelegung f <el> • terminal assignment

Klemmenbelegungsplan m <el.doku> • terminal assignment diagram; terminal connection diagram; terminal diagram

Klemmenbezeichnung f <el> • terminal marking

Klemmenblock m <el> • terminal block

Klemmenbrett n <el> • terminal board

Klemmendeckel m <el> • terminal cover

klemmende Sicherungsmutter f <füg> • prevailing torque nut; prevailing torque locknut

klemmende Sicherungsschraube f <füg> • prevailing torque bolt

Klemmengeschwindigkeit f <pap> • clamp velocity

Klemmenkasten m <el> • terminal box

Klemmenleiste f <el> • terminal strip; connecting block

Klemmenleistung f <el> (Elektromotor) • output power

Klemmenpaar n <el> • terminal pair

Klemmenplan m <el> • terminal diagram

Klemmenplatte f <el> • terminal board; connection plate

Klemmenraum m <el> • terminal chamber; terminal compartment

Klemmenschraube f <el> (mit Mutter, eher groß) • terminal bolt

Klemmenschraube f <el> (allg., eher klein) • terminal screw

Klemmenspannung f <el> (z. B. an Batterie) • terminal voltage

Klemmenstreifen m <el> • terminal assembly; strip terminals

Klemmenverbinder m <el> • terminal connector

Klemmenwiderstand m <el> • terminal resistance

Klemmenzuleitung f <el> • terminal lead

Klemmfingersystem n <prod> • gripping finger system

Klemmgesperre n <masch> • friction ratchet gearing

Klemmgewicht n <kfz> • clip-on weight; clip-on wheel weight; press-fit [wheel] weight pract

Klemmgriff m <prod> (Spannvorrichtung) • clamping lever

Klemmhalter m <wz> • clamp-type tool-holder

Klemmhalter mit Wendeschneidplatte m <wz> • disposable-insert tool-holder

Klemmhalterung f <kunst> • clamp mounting

Klemmhebel m <prod> • clamping lever; binder lever

Klemmhebel m <wz.masch> (an Drehmaschinen-Reitstock; klemmt die Pinole) • lock lever; locking lever

Klemmhülse f <tech.allg> (eher konisch) • clamping collet; collet

Klemmhülse f <masch> (verriegelnd) • locking bushing

Klemmhülse f <masch> (allg.) • clamping sleeve

Klemmisolator m <el> • split-knob insulator; cleat insulator

Klemmkörperfreilauf m <antr> • sprag clutch; sprag type clutch; sprag type freewheel

Klemmkontakt m <el> • clip contact

Klemmkraft f <mech> (betont: verriegelnd, festhaltend) • locking force

Klemmkraft f <prod> (z. B. zwischen Klemmbacken und Werkstück, Kabelklemme) • clamping force

Klemmkraftabfall m <füg> • locking effectiveness loss

Klemmkugelfreilauf m <antr> • triple diameter roller type clutch

Klemmkupplung f <masch> (nicht ausrückbar) • compression coupling

Klemmlänge f <tech.allg> • grip

Klemmlänge f <füg> (von Nieten) • rivet grip; grip

Klemmlager n <ents> • clamping support

Klemmlasche f <logist> (zur Arretierung von Regalböden und Paneelen) • cladding location clip US; decking location clip GB

Klemmleiste f <kfz> (für Dichtgummis, -profile) • grip channel

Klemmleiste f <rls> (zur Montage eines Gewebebalgs) • clamping strip

Klemmmuffe f <el> (z. B. für Kabel) • clamping sleeve

Klemmmutter f <tech.allg> (z. B. an Bowdenzug) • clamping nut

Klemmmutter f <füg> (aus Blech gestanzte Mutter für Blechschrauben) • speed nut; seating stop nut

Klemm-Mutter f <füg> • speed nut; single-thread nut; single-thread engaging nut rare; Tinnerman Speed Nut ®; seating stop [nut] rare

Klemmmutter f <masch> (sichernd, verriegelnd) • locking nut

Klemmplättchen n <masch> • locking plate

Klemmplatte f <el> • terminal board; connection plate

Klemmring m <masch> (zum Pressen; z. B. von Stopfbuchsen) • packing ring

Klemmring m <masch> (zum Einstellen) • adjusting collar

Klemmring m <masch> (zum Feststellen) • clamping ring; locking ring; lock ring

Klemmrolle f <masch> • pinch roller

Klemmrolle f <masch> (in Freilaufkupplung) • wedging roller

Klemmrollenfreilauf m <kfz.antr> • one-way roller clutch; roller one-way clutch; roller-type freewheel; single diameter roller-type clutch

Klemmschaltung f <el> • clamping circuit; clamp circuit; clamper; clamp

Klemmschiene f <masch> (zum Befestigen) • parallel attachment

Klemmschraube f <masch> (eher mit Mutter, eher groß) • clamping bolt

Klemmschraube f <masch> (allg.; z. B. an Spannvorrichtungen, in Spannhülsen) • clamping screw

Klemmschutz m <kfz.msr> (el. Fensterheberfunktion) • auto reverse

Klemmspannstock m <prod> • nipper temple

Klemmstange f <tech.allg> • clamping bar

Klemmstelle f <tech.allg> • nip

Klemmstück n <masch> (allg.) • clamp

Klemmstück n <wz.masch> (Waagerechtstoßmaschine) • adjustable block

Klemmung f <el> • clamping circuit; clamp circuit; clamper; clamp

Klemmverbindung f <tech.allg> (z. B. zw. Werkzeugen, Wellen) • compression coupling

Klemmverbindung f <el> • clipped connection; clamp connection

Klemmvermögen f <allg> • clamping ability

Klemmverschluss m <tech.allg> (z. B. Ladebordwand, Kiste, Mannloch) • clip seal

Klemmvorrichtung f <led> (von Streich- und Stollmaschinen) • holding clamp

Klemmvorrichtung f <prod> • clamping device; clamper; clamp

Klemmwirkung f <tech.allg> (festhaltend) • clamping action; clamping effect

Klemmwirkung f <mech> (verkeilend) • wedging action

Klemmwirkung f <mech> (ein-, zusammendrückend) • pinching effect

Klemmwirkung f <mech> (quetschend) • nipping effect

Klemmwirkung f <prod> (greifend) • gripping effect

Klemmzange f <wz> (mit speziellen Spannbacken) • locking clamp; self-grip clamp GB

klempnern vi <hlk> • plumb vi

Klenganstalt f <holz> • seed extractory; cone extractory

Klenge f <holz> • seed extractory; cone extractory

Klettband n <bekl> (als Riemen) • Velcro strap

Klettband n <füg.textil> (Streifen, z. B. zum Aufbügeln; z. B. bei Verdeck und Abdeckplanen) • Velcro strip

klettenhaltige Wolle f <textil> • burry wool

Klettenwolf m <textil> • mechanical burr crusher

Kletterbühne f <min> • raise platform; raise climber

Klettereisen npl <bekl> (allg.) • climbing irons

Klettereisen npl <bekl.wz> (zum Besteigen von Holzmasten) • pole climbers

Kletterfilmverdampfer m <verf> • rising-film evaporator

Kletterkran m <förd> • climbing crane

Klettern n <min> (Hobelstellung) • climbing

Klettern von Versetzungen n <mat> (im Gefüge; Bruchmechanik) • climbing of dislocations

Kletterrechen m <verf.hydr> (mit seitlichen Ritzeln an triebstockverzahnten Zahnstangen) • climber screen; cogwheel driven reciprocating bar screen form; climbing raking screen; cog rake bar screen; climbing screen pract

Kletterschalung f <bau> (Beton) • climbing formwork

Kletterseil n <sport> • climbing rope

Kletterstange f <sport> • jacking rod; jack rod

Klettverschluss m <bekl> • Velcro closure; Velcro seal

Klick m <edv.av> • metronome; click

Klick n <tech.allg> • click

klicken vt rar <edv> (mit Maus, Taste; z. B. Option in Menü, Fenster) • click vt

Kliff n DIN 4047-2 <geo> (durch Abbruch entstandenes Steilufer) • cliff

Klimaanlage f <hlk> (allg.; z. B. in Wohnung, Hotel, Auto) • air conditioning system (a/c); air conditioning; air conditioner pract; air cond ad; aircon coll

Klimaanlage f <hlk> (stationär; größere Anlage) • air conditioning plant; air conditioning equipment

Klimaanlage mit Kapillarrohr f <hlk> • accumulator-drier system; accumulator-dehydrator system

Klimaanlagen-Kompressor m rar <hlk> (Klimaanlage) • compressor; air conditioning compressor; a/c compressor

Klimaanlagen- und Heizungseinheit f <kfz.hlk> • air conditioning and heater unit

Klimaautomatik f <kfz.hlk> (hält eine gewählte Temperatur durch Heizen/Kühlen selbsttätig aufrecht) • automatic climate control system (ACC); climate control system; automatic climate control; automatic air conditioning system; automatic air conditioning

Klimaelement n <meteo> • weather element

klimafest <qualit.mat> • tropic-proof; tropicalized US; tropicalised GB

Klimagerät n <hlk> (zum Wand- od. Fenstereinbau od. als Mobilgerät) • room air conditioner; package conditioner; unit conditioner

Klimagerät zum Einbau in die Außenwand n <hlk> (typ. in USA und Asien) • thru-the-wall room air conditioner; room air conditioner for thru-the-wall installation

Klimagerät zum Wandeinbau n <hlk> (typ. in USA und Asien) • thru-the-wall room air conditioner; room air conditioner for thru-the-wall installation

Klimakammer f <bio> • growth chamber

Klimakammer f <hlk> • controlled environment facility; climatic chamber; controlled environment room; environmental test chamber

Klimalabor n <qualit> • environmental testing laboratory

Klimaprüfschrank m <qualit> • climatic test cabinet

Klimaprüfung f <qualit> • environmental test

Klimaregelung f <hlk> • air-conditioning control

Klimaschutz m <ökol> • climatic protection

Klimasummenmaße npl DIN 33403-3 <hlk.msr> • climate indices pl

klimatisiert <hlk> (Haus, Raum, Fahrzeug) • air-conditioned; conditioned pract; with air conditioning; has ice coll.advert

klimatisierte Kabine f <fz.hlk> • air-conditioned cabin
klimatisierte Luft f <hlk> • conditioned air
Klimatisierung f <hlk> • air conditioning (a/c)
Klimatisierungsautomatik f MB <kfz.hlk> *(hält eine gewählte Temperatur durch Heizen/Kühlen selbsttätig aufrecht)* • automatic climate control system (ACC); climate control system; automatic climate control; automatic air conditioning system; automatic air conditioning
Klimawindkanal m <obfl.qualit> • climatic wind tunnel VW
Klimazone f <bekl> *(Gewebe)* • climate zone
Klinge f <agri> *(Mähzone)* • mower section
Klinge f <wz> *(Messer)* • blade
Klingel f ugs <akust> *(klein, z.T. Haustürsignal)* • bell
Klingel f <alarm> *(von Alarmanlage)* • bell; alarm bell
Klingelbatterie f <tele> • ringing battery
Klingeldraht m <tele> • ringing wire
Klingeln n prakt <kfz.mot> *(durch Selbstentzündung)* • engine knock; detonation *form*; knock[ing] *pract*; ping[ing] *pract*; spark knock *rare*
Klingeln n prakt.ugs <kfz.mot> *(betont: durch Ölkohleablagerungen; v.a. bei alten Motoren)* • carbon knock
klingeln vi <akust> *(allg.)* • ring vi
klingeln vi <tele> *(Telefon)* • ring vi
klingeln vt ugs <kfz.mot> • knock vt
Klingelschaltung f <tele> • ringing circuit
Klingeltrafo m prakt <el> • bell-ringing transformer; bell transformer *pract*
Klingeltransformator m <el> • bell-ringing transformer; bell transformer *pract*
Klingen n <akust> • microphonism; microphonics; microphonic effect
klingen vi <akust> *(z. B. Glocke, Instrument)* • sound vi
Klingenbefestigung f <wz> • blade clamping; blade securing
Klingenlänge f <wz> • blade length
Klingenmagnet m <verf> *(gegen Algen im Aquarium)* • algae magnet
Klingentexturierverfahren n <textil> • edge crimp method
Klinke f <tech.allg> *(zum Verriegeln, Festhalten)* • catch
Klinke f ugs <bau> *(von Haus- u. Wohnungstüren)* • doorhandle; handle *pract*
Klinke f <masch> *(einhakend, niederhaltend)* • detent
Klinke f <masch> *(zum Zurück-, Festhalten)* • retainer
Klinke f <masch> *(von Sperrklinkenmechanismus)* • pawl
Klinke f <masch> *(betont: Einschnapp-, Schlossfalle)* • catch
Klinke f <masch> *(betont: Arretierung)* • detent
Klinke f <masch> *(betont: fingerartiges Verriegelungsstück)* • latch finger
Klinke f <masch> *(allg.; z. B. am Handbremshebel von Pkw oder in Ratschen)* • pawl; locking pawl
Klinke f <tele> *(Stecker; Telefon)* • jack
Klinke f <wz> *(betont: in Ratsche)* • ratchet pawl
Klinkenbrett n <tele> *(alte Telefonanlage)* • jack board; jack panel; jack field
Klinkendrehpunkt m <masch> *(von Sperrklinken)* • pawl pivot
Klinkenfeder f <masch> *(in Ratschen)* • ratchet spring
Klinkenfeld n <tele> *(alte Telefonanlage)* • jack board; jack panel; jack field
Klinkengesperre n <masch> *(Ratsche)* • ratchet-and-pawl mechanism
Klinkenhülse f <el> *(von Stecker)* • jack barrel
Klinkenkupplung f <masch> • pawl coupling
Klinkenrad n <masch> • toothed ratchet wheel; ratchet wheel
Klinkenstange f <masch> • ratchet rod

Klinkenstecker m <el> • jack plug
Klinkenstecker m <tele> • phone plug
Klinkenstöpsel m ugs.rar <el> • jack plug
Klinkenstöpsel m ugs <tele> • phone plug
Klinker m <bau.mat> *(glasierter Baustein)* • clinker brick; vitrified brick; clinker
Klinker m <bau.mat> *(betont: säurefest)* • acid-proof brick
Klinkerbauweise f <bau> • clinker construction
Klinkerbauweise f <nav> • clinker planking system; lapstrake system; clinker system
Klinkhebel m <masch> *(z. B. von Sperrklinkenmechanismus)* • lever with pawl; ratchet lever
Klinoachse f <mat> • clinoaxis
Klinodiagonale f <mat> • clinodiagonal
Klinometer n <kfz.msr> • clinometer; inclinometer
Klinometer n <msr> • inclinometer; clinometer
klipsen (auf/an) vt <füg> • clip (on/to) vt
Klipsfühler m <kfz.brems> *(für Bremsbelagverschleißanzeige)* • clip sensor
Klirrdämpfung f <av> • harmonic distortion attenuation
Klirrdämpfung f <el> • harmonic distortion (HD); harmonic distortion coefficient; distortion factor; peak distortion
Klirren n <allg> • clink
klirren vt <tech.allg> • clank vt; clink vt; clatter vt
Klirrfaktor m (THD) <av> *(von Audioanlagen, Verstärkern)* • total harmonic distortion (THD); total distortion *rare*
Klirrfaktor m <el> • harmonic distortion (HD); harmonic distortion coefficient; distortion factor; peak distortion
Klirrfaktorcharakteristik f <el> • harmonic distortion characteristic
Klirrfaktormessbrücke f <av> • harmonic detector; distortion bridge
Klirrfaktormesser m <el> • distortion factor meter; distortion analyzer US; distortion analyser GB
Klirrgeräuschmelder m <alarm> *(Einbruchmeldeanlage)* • acoustic glassbreak detector; acoustic glassbreak sensor; non-contact acoustic detector; audio discriminator; sound discriminator
Klirrgrad m <av> • percentage harmonic content
Klischeezylinder m <pack> *(Decorator)* • plate cylinder
Kloben m <bau.mat> *(für Tür- und Fensterladenbeschläge; z. B. zum Einschrauben, Eingipsen)* • hinge-pin anchor
Kloben m prakt <bau.mat> *(für Fensterläden; mit Maschinenschraubgewinde)* • window shutter hinge anchor bolt :V
Kloben m prakt <bau.mat> *(für Fensterläden; mit Spitzgewinde für Holz od. Dübel)* • window shutter hinge anchor screw :V
Kloben m <fz> *(Fahrrad; verstellbare Befestigung an der Sattelstütze)* • loop clip
Kloben m <wz> *(kleiner Handschraubstock)* • vise US.GB; vice GB
Klobrille f ugs <hygi> • toilet seat
Klöppel m <mus> *(in Glocke)* • tongue; clapper; hammer
Klöppel m <textil> • lace bobbin
Klöppelspule f <textil> • lace bobbin
Klötzchen n <bau> *(Fenstereinbau)* • glazing block; setting block; block *pract*
Klötzchenkoppel f <mus> • block coupler
Klon m <holz> • clone
Klon m <med> *(in vivo)* • clone
Klon m <med> *(in vitro)* • clone
Klonierung f <med> • recombinant technique
Klonierungsexperiment n <med> • recombinant technique
Klonierungsvektor m <med> • cloning vector
klopfbegünstigend <mot> *(Kraftstoff)* • pro-knock

Klopfbremse *f ugs.rar* <chem.petr> *(Benzinadditiv)* • anti-knock additive; anti-knock agent; knock inhibitor; octane improver; anti-detonant

Klopfeigenschaften *fpl* <mot> *(Benzin, Motor)* • knock characteristics

Klopfen *n* <kfz.mot> *(durch Selbstzündung)* • engine knock; detonation *form*; knock[ing] *pract*; ping[ing] *pract*; spark knock *rare*

Klopfen *n* <kfz.mot> *(betont: durch Ölkohleablagerungen; v.a. bei alten Motoren)* • carbon knock

Klopfen *n* <verf> *(zum Abreinigen von Filtern)* • shaking

klopfen *vi* <kfz.mot> • knock *vi*

klopfen *vt* <allg> *(z. B. zum Reinigen: Filter, Teppich)* • rap *vt*

klopfen *vt* <allg> *(an, auf, gegen etwas; eher leicht)* • tap *vt*

klopfen *vt* <textil> • willow *vt*

klopfen *vt/vi* <allg> • beat *vt/vi*

Klopfen unter Last *n* <kfz.mot> • knocking under load

Klopfer *m* <el.chem> *(Tropfzeitkontrolle)* • drop knocker; drop hammer; drop dislodger; drop terminator

Klopfer *m* <prod> *(kurzhubige, schnelle Schläge)* • rapper

Klopfer *m* <prod.nahr> *(zum Lösen von Speiseeis; Härtetunnel)* • hammer

Klopfer *m* <tele> *(zum Ton erzeugen)* • sounder

klopffester Kraftstoff *m* <chem.petr> • antiknock fuel; knockproof fuel; knock-resistant fuel; knock-free fuel

klopffestes Benzin *n* <chem.petr> • antiknock gasoline *US*; antiknock petrol *GB*

Klopffestigkeit *f DIN 51 756* <chem.petr> *(Kennzahl von Ottokraftstoff)* • anti-knock index

Klopffestigkeit *f* <mot> *(allg.; Eigenschaft von Motoren und Kraftstoffen)* • anti-knock quality; knock resistance

klopffrei <mot> • non-knocking; knock-free

klopffreudig <mot> • prone to knocking

Klopfgrenze *f* <mot> • knock limit

Klopfintervall *n* <verf> *(Filterreinigung)* • shaking interval

Klopfneigung *f* <mot> *(eines Motors)* • knocking susceptibility; knock proneness *rare*

Klopfprüfmotor *m* <mot> *(für Vergasermotoren)* • cooperative fuel research engine; CFR engine; knock-test engine

Klopfregelung *f* <kfz.msr> • knock control; electronic spark control *GM*

Klopfsensor *m* <kfz.msr> • detonation sensor; knock sensor

Klopfstärke *f* <mot> • knock intensity

Klopfverhalten *n* <mot> • knock behavior *US*; knocking behaviour *GB*

Klopfvorrichtung *f* <verf> *(Rüttler; Filterreinigung)* • shaking device

Klopfvorrichtung *f* <verf> *(schlagend; Filterreinigung)* • rapping mechanism; rapper

Klopfwalze *f* <led> *(Schleifstaubentfernung)* • beating cylinder

Klopfwerk *n* <verf> *(schlagend; Filterreinigung)* • rapping mechanism; rapper

Klopfwert *m* <mot> • antiknock value; knock rating; knock value; octane value

Klopfwolf *m* <textil> • willow; shaker

Klosettank *m* <nav> • sanitary tank

Klothoide *f* <bau.verk> *(Straße)* • transition curve; easement curve; spiral transition curve

Klothoide *f* <math> • Cornu's spiral; clothoid

Klothoidenparameter <bau> • transitional spiral parameter

Klotoide *f* <bau.verk> *(Straße)* • transition curve; easement curve; spiral transition curve

Klotoidenparameter *m* <bau> • transitional spiral parameter

Klotz *m* <tech.allg> • block

Klotz *m* <tech.allg> *(zum Sichern, Stützen, Festklemmen)* • chock

Klotz *m* <bau> *(Fenstereinbau)* • glazing block; setting block; block *pract*

Klotz *m* <logist> *(Palette)* • spacer; block *US*

Klotz *m* <masch> *(Schuh, zum Unterlegen)* • shoe

Klotzbremse *f* <bahn.brems> *(insbes. an Güterwagen)* • shoe brake; block brake

Klotzbremse *f* <fz.brems> *(Fahrrad; alte Bremsenart; drückt von oben auf den Reifen)* • plunger brake

Klotzbrücke *f* <bau> *(Fensterbau)* • block; setting block; glazing block

Klotz-Dämpf-Färbeverfahren *n* <textil> • pad-steam process

Klotz-Dämpf-Küpendruckverfahren *n* <textil> • pad-steam vat-printing process

Klotzdruck *m* <textil> • slop-pad printing; block printing

klotzen *vt* <textil> • slop-pad *vt*; pad *vt*

Klotz-Fixier-Verfahren *n* <textil> • pad-fix process

Klotzflotte *f* <textil> • slop-pad liquor; padding liquor

Klotzgrundierfarbe *f* <textil> • padding ground shade

Klotzlager *n* <masch> • segmental bearing

Klotzmaschine *f* <textil> • padding machine; padding mangle; padder; pad

Klotzung *f* <bau> • blocking

Klotzverfahren *n* <textil> • padding process; padding method

Klotzwalze *f* <textil> • padding roller

KLR <navig> • Attitude Heading Reference System (AHRS)

Klümpchen *n* <mat> *(verklumpte Masse; z. B. Teig, Lehm)* • nodule

Klüse *f* <nav> *(Öffnung in Bug oder Heck)* • hawsehole; hawse *pract*

Klüse *f DIN ISO 3828* <nav> *(Seilführung; z. B. in Flaschenzug)* • fairlead *ISO 3828*

Klüsenband *n* <nav> • hawse hook

Klüsendeckel *m* <nav> • hawse buckler

Klüsenrohr *n DIN ISO 3828* <nav> • hawse pipe *ISO 3828*

Kluft *f* <geo> *(sehr tief, Abgrund)* • chasm

Kluft *f* <geo> *(allg.)* • cleft; rift; joint

Kluft *f rar* <geo> *(eher schmal)* • fissure; cleft; crack

Kluftrose *f* <bau> • joint rosette; joint rose

Kluftschar *f* <geo> • joint set

Kluftwasser *n* <geo> • fissure water; crack water; joint water

Klumpen *m* <tech.allg> *(Erde, Ton, Erz, Mehl)* • clod; clot

Klumpen *m* <tech.allg> *(fest od. halbfest, bes. verstopfend; z. B. Blut)* • clot

Klumpen *m* <tech.allg> *(eher groß, fest, schwer)* • lump

Klumpen *mpl* <kst> *(im Granulat)* • lumps

Klumpen *n ugs* <tech.allg> *(meist unerwünscht; z. B. von Schüttgut, Granulat, Pulver)* • caking

klumpen *vi* <allg> • clot *vi*

klumpen *vi ugs* <tech.allg> • agglutinate *vt*

klumpen *vi ugs* <tech.allg> *(meist unerwünscht; z. B. Schüttgut, Granulat, Pulver)* • cake *vi*; lump *vi*; form lumps *vi*

klumpen *vi ugs* <nahr> *(z. B. Fettkügelchen)* • agglomerate *vi*; cluster *vi*; clump *vi coll*; nodulize *vi*

Klumpenauswahlverfahren *n* <math> *(Statistik)* • cluster sampling

Klumpenbildung *f* <tech.allg> *(meist unerwünscht; z. B. von Schüttgut, Granulat, Pulver)* • caking

Klumpenprobenahme *f DIN 55350-12* <math> *(Statistik)* • cluster sampling

Klumpenstichprobenverfahren *n* <math> *(Statistik)* • cluster sampling

Klumpung f <nahr> (Fettkügelchen) • agglomeration; clustering; clumping

Kluppe f <textil> • stenter hook

Kluppe f <wz> (zum Feilen) • filing block

Kluppe f <wz> (mit auswechselbaren Schneidbacken; für Whitworth-Rohrgewinde) • screw plate stock; inserted-chaser solid die; screw stock; die stock

Kluppenspannrahmen m <textil> • clip frame

Klutenabweiser m <agri> • clod deflector

Klutenbrecher m <verf> • clod breaker

Klutenräumer m <agri> • clod remover

Klutentrenner m <agri> • clod separator

Klydonograph m <el> • surge-voltage recorder; klydonograph

Klystron n <el> • klystron

km <phys> (Längeneinheit, 1000 m) • kilometer (km) US; kilometre GB

K-Meson n <phys> • K meson; kaon

KMF <mat> • man-made mineral fiber (MMMF) US; man-made mineral fibre GB

km/h <phys> (Einheit der Geschwindigkeit, i.a. von Landfahrzeugen) • kilometres per hour (kph)

KMU <ökon> • small and medium-sized enterprises (SME); small and medium-sized undertakings; small and medium-sized businesses

kn <nav> (Einheit der Geschwindigkeit; 1,852 km/h) • international knot (kn); nautical miles per hour; knot

Knabbelkohle f <min> • cobbles

Knabber m prakt <kfz.wz> • nibbler; sheet metal cutter form.rare; Monodex-type cutter

Knabbermaschine f <wz.masch> • nibbling machine; nibbler

knabberschneiden vt DIN 9870 <prod> • nibble vt

Knabberzange f <kfz.wz> • nibbler; sheet metal cutter form.rare; Monodex-type cutter

Knacken n <av> (im Lautsprecher) • clicking

Knacken n <av> • blip; crackle

Knacken n <kfz> (Geräusch, z. B. im Fahrwerk) • cracking sound

Knackgeräusche npl <el> (z. B. in Telefonleitung) • acoustic clicks; impulsive noise form; clicks coll

Knacks m <akust> (Geräusch) • crack

Knackschutz m <el> • acoustic shock absorber; click suppressor

Knäppern n <min> • bulldozing plaster shooting; bulldozing pop shooting; block holing

Knäpperschießen n <min> • bulldozing plaster shooting; bulldozing pop shooting; block holing

Knäpperschuss m <min> • adobe shot; cap shot; mudcap shot

Knäuel m <chem> (Molekül) • coil

Knäuel m <textil> • ball

Knäuelmolekül n • coiled molecule

Knäuelwickelmaschine f <textil> • balling machine

Knagge f <bau> (Holzbau) • cleat

Knagge f <masch> (Lager) • bearing block

Knagge f <masch> (Mitnehmer, Auslöser) • dog

Knagge f <masch> (Stütze) • stay

K-Naht f <füg> (Schweißtechnik) • double-bevel butt weld; double-bevel groove weld

Knall m <akust> (z. B. Überschallknall) • bang

Knall m <akust> (z. B. Explosion) • report

knallen vi <akust> • bang vi

knallen vi <kfz> (durch Rückschlag; z. B. Fehlzündung) • backfire vi

knallen vi <kfz> (Vergaserpatschen) • pop back vi

knallen vi <min> • crack vi

knallen vi <verbr> (Flamme) • pop vi

Knallfunke m <phys> • cracking spark

Knallgas n <chem> (Batterie) • oxyhydrogen gas; hydrogen gas pract; detonating gas

Knallgaselement n <chem> • hydrogen-oxygen fuel cell; hydrogen-oxygen cell; oxyhydrogen cell

Knallgasgebläse n <chem> • oxyhydrogen blowpipe

Knallkapsel f <spreng> • detonator

Knalltrauma n <med> (z. B. durch Schussknall, Explosion, Presslufthammer, Disco) • acoustic trauma; ear damage due to noise overload

knapp ugs <doku> (Text) • concise; brief; short

Knarrblock m <nav> • ratchet block

Knarre f <masch> • ratchet

Knarre f DIN 898 <wz> (Antriebswerkzeug für Steckschlüsseleinsätze) • ratchet; ratchet handle; ratchet wrench

Knarre mit Feinverzahnung f <wz> • fine-tooth ratchet

Knarrenbohrer m <wz> • ratchet drill

Knarren-Ringschlüssel m form <wz> • ratcheting box wrench US; ratchet box wrench; ratchet wrench US.rare; ratchet ring spanner GB; ratchet spanner GB

Knarrenschlüssel m <wz> • ratchet spanner

Knarrenschraubendreher m <wz> • ratcheting screwdriver; ratchet screwdriver

Knarrgeräusche npl <qualit> (z. B. in Instrumentenanlage) • creaking noise

knattern vi <av> (Störgeräusche) • sizzle vi; crackle vi

Knauf m <allg> (Verdickung; z. B. am Griff eines Schwerts) • pommel

Knauf m <allg> • knob

Knautsch... <kfz> • crush ...

knautschen vi <kfz> • crush vi

Knautschzone f <kfz> • crumple zone; crash crumple zone; crumpling zone; crush zone

Knebel m DIN ISO 1891 <masch> (Stange, Stab zum Drehen von etw.) • tommy

Knebel m <masch> (eher dick; runder Drehgriff) • turning knob

Knebel m <wz> (Drehgriff an Schraubzwinge; verschiebbar) • sliding-pin handle

Knebelgriff m <prod> (zum Verriegeln, Festklemmen) • locking handle

Knebelknopf m <licht.theat> • rotary toggle knob

Knebelschalter m <el> • revolving snap switch

Knebelschraube f DIN 6304/6306 <füg> • tommy screw

Kneeling n <nfz> (von Omnibus) • kneeling feature; kneeling system; kneeling facility; kneeling device

Kneelinganlage f <nfz> (von Omnibus) • kneeling feature; kneeling system; kneeling facility; kneeling device

Kneeling-Einrichtung f <nfz> (von Omnibus) • kneeling feature; kneeling system; kneeling facility; kneeling device

Kneelingsystem n <nfz> (von Omnibus) • kneeling feature; kneeling system; kneeling facility; kneeling device

kneifen vt <prod> (mit Backen, Kanten; z. B. mit Zange) • nip vt; pinch vt

Kneifzange f norm.prakt <wz> • pincers; carpenters' pincers; end-cutting nippers; nippers

Knet-Disperger m <ents> • kneading disperger

Knete f <mat> (zum Modellieren) • Plasticine ®

kneten vt <tech.allg> • knead vt

kneten vt <nahr> (Teig) • dough vt

kneten vt <silik> (Lehm) • pug vt

Kneter m <verf> (z. B. für Kautschuk und Zusatzstoffe) • internal mixer; Banbury mixer; closed mixer

Kneter m <verf> (allg.; für teigige, pastöse viskose Medien) • kneading machine; kneader

Knetlegierung f <mat> (z. B. Aluminium) • wrought alloy

Knetmaschine f <nahr.prod> (für Teig) • dough kneading machine; dough kneader

Knetmaschine f <verf> (allg.; für teigige, pastöse viskose Medien) • kneading machine; kneader

Knetmasse f <mat> *(zum Modellieren)* • Plasticine ®
Knetmischer m <verf> • kneader mixer
Knetschaufel f <verf> • mixing blade
Knetschaufel f <verf> • agitator blade; stirrer blade; mixing blade
Knetschnecke f <verf> • mixing screw
Knetteller m <verf> • rotary kneading table; kneading table
Knettrog m <verf> • kneading trough; mixing chamber
Knetung f <pap.ents> *(von Faserstoff)* • kneading
Knetwalze f <prod> *(für Gummi)* • mastication roller; kneading roller; roll *pract*
Knick m <tech.allg> *(in Draht, Papier, Blech, Schlauch, Rohr, Diagrammkurve)* • kink
Knick m <doku> *(Kurve im Schaubild)* • knee
Knick m <phot> • break
Knickarm m <masch> • articulated arm; elbow arm
Knickarmroboter m <autom> • articulated arm robot; jointed arm robot; articulated robot
Knickbauchen n *DIN 8584-6* <prod> • upset bulging
Knickbeanspruchung f <mech> • buckling load
Knickbeanspruchung f <mech> *(von schlanken Körpern)* • collapsing load
Knickbeiwert m <mech> *(in Formel zur Berechnung der Knicklast, je nach Knickfall)* • buckling coefficient
Knicken n <tech.allg> *(von Draht, Schlauch)* • kinking
Knicken n <mech> *(von Stäben, Säulen; seitl. Ausweichen)* • buckling
Knicken n <mech> *(von Stäben, Säulen; Kollaps)* • collapse
knicken vi <mech> *(Eintritt labilen Gleichgewichts; kollabieren)* • collapse vi
knicken vi <mech> *(unter Last; Balken, Träger, Rohr, Stabelement)* • buckle vi
knicken vi/vt <tech.allg> *(brechen)* • break vi/vt
knicken vi/vt <mech> *(verbiegen)* • bend vi/vt
knicken vt <tech.allg> *(z. B. Draht, Schlauch)* • kink vt
knicken vt <kfz> *(Schlauch)* • kink vt
knicken vt <masch> *(dünnes Blech)* • cripple vt
knickfest <mech> • resistant to buckling; non-buckling
Knickfestigkeit f <led> • bursting strength; burst strength
Knickfestigkeit f <pap.qualit> • ability to resist buckling; buckling strength
Knickfestigkeit f <qualit.mat> *(allg.)* • buckling resistance; breaking strength; buckling strength; column strength
Knickflügel m <verf.hydr> *(von Siebbändern)* • gull wing
Knickformel f <mech> *(nach Euler)* • Euler's formula for columns; formula for columns
Knickfrequenz f <msr> • corner frequency; break frequency
Knickgang m <nav> • knuckle strake
Knickinstabilität f <nukl> • kink instability
Knickkante f <kfz> *(Karosserieschaden)* • pressure ridge; ridge
Knicklast f <mech> *(Last, die das Knicken auslöst)* • crippling load; buckling load
Knicklenker-Muldenkipper m <nfz> • articulated dumper
Knicklinie f <doku> • broken line
Knicklinie f <nav> *(Schiffsheck)* • knuckle line
Knickpunkt m <math> *(Kurve)* • break point
Knickpunkt m <min> • yield load
Knickrahmenlenkung f <fz> • articulated steering
Knickschutz m <el> • antikink device
Knickschutz m <nfz> • anti-jackknife device; anti-jackknifing-device *GB*
Knickschutzeinrichtung f <nfz> • anti-jackknife feature
Knickschutzregelung f <nfz> • anti-jackknife feature
Knickschutztülle f <el> *(an Kabeleintritt in Gehäuse)* • insulator boot
Knicksicherheit f <mech> • safety against buckling

Knickspannung f <mech> • buckling stress; crippling stress; column stress
Knickspant n <nav> • chine-type frame; hard-chine
Knickstab m <mech> *(Euler)* • Eulerian column; column *pract*
knicksteif <mech> • buckleproof
Knickstelle f <kfz> *(Unfallschaden)* • breakover
Knickstelle f <qualit.mat> *(betont: der Ort)* • kink site
Knickstelle f <qualit.mat> *(klein; z. B. in Schläuchen, Rohren)* • kink
Knickstück n <petr> • bent sub; angle sub; deflection sub; deviation sub; off-set sub
Knicktragfläche f <aerospace> • gull wing
Knickung f rar <tech.allg> *(von Draht, Schlauch)* • kinking
Knickung f <mech> *(von Stäben, Säulen; Kollaps)* • collapse
Knickung f rar <mech> *(von Stäben, Säulen; seitl. Ausweichen)* • buckling
Knickungswinkel m <tech.allg> • angle of curvature
Knickversagen n <qualit> • failure by buckling
Knickversuch m <qualit.mat> • buckling test
Knickwert m <mech> • critical buckling value; critical value
Knickwiderstand m <led> • folding resistance
Knickwiderstand m <mech> • buckling resistance
Knickwinkelschutz m <nfz> • anti-jackknife feature
Knickzetter m <agri> • roller conditioner
Knie n <bio> • knee
Knie n <nav> *(Eckverstärkung)* • knee
Knie n prakt <rls> *(Rohr)* • elbow fitting; quarter bend *form*; elbow; knee; ell *pract*
Knie-Airbag m <kfz.sich> • knee airbag
Kniebeugenständer m <sport> • squat rack
Kniefreiheit f <kfz.innen> *(auf den Rücksitzen)* • rear knee room
Kniegelenkgetriebe n <masch> • toggle linkage mechanism
Kniegelenkgetriebe n <masch> • toggle mechanism
Kniehebel m <masch> • toggle joint; toggle linkage; toggle lever; toggle *pract*
Kniehebelantrieb m <masch> • toggle drive
Kniehebelbackenbrecher m <min> • toggle crusher
Kniehebelformschließeinheit f rar <kst.prod> *(Spritzgießmaschine)* • toggle clamping unit
Kniehebelgetriebe n <masch> • toggle mechanism
Kniehebelgreifer m <prod.autom> *(Roboter)* • standard hand
Kniehebelluke f <kfz> *(in Caravandach)* • rooflight; skylight
Kniehebelmaschine f <prod> • toggle machine; toggle clamp machine; toggle lock machine
Kniehebelmatrizenpresse f <prod> • knuckle-joint embossing press
Kniehebelmechanismus m <masch> • toggle mechanism; toggle linkage
Kniehebelpresse f rar <kst.prod> *(Spritzgießmaschine)* • toggle clamping unit
Kniehebelpresse f <prod> • knucklejoint press; toggle joint press; toggle lever press; toggle press
Kniehebelprinzip n <mech> • toggle mechanism
Kniehebelschließeinheit f <kst.prod> *(Spritzgießmaschine)* • toggle clamping unit
Kniehebelspanner m <prod.wz> • toggle clamp
Kniehebelziehpresse f <prod> • toggle drawing press
Kniekontaktplatte f <alarm> • knee-actuated hold-up alarm *:V*
Kniepolster n <bekl> *(z. B. von Motorradkombi)* • knee padding; knee pad
Kniepolster n <kfz.innen> *(Instrumentenanlage)* • knee impact bolster; knee bolster

Knieprotektor m <bekl> *(z. B. Motorradkombi, Skating-Outfit)* • knee protector; knee armour *GB*

Knierohrbiegemaschine f <wz.masch> • elbow forming machine

Knierostfeuerung f <verbr> • furnace with knee-shaped grate bars

Kniesaugrohr n <energ.hydr> • elbow draft tube

Knieschleifer m <kfz> • knee slider

Knieschoner m <kfz.bekl> *(für Knie und Schienbein)* • knee cup; kneepad; knee brace

Knieschützer m <kfz.bekl> *(für Knie und Schienbein)* • knee cup; kneepad; knee brace

Knieschutz m <kfz.sich> • knee restraint

Knieschutzpolster n <kfz.innen> *(Instrumentenanlage)* • knee impact bolster; knee bolster

Knieschutzstange f <kfz> • knee bar

Kniespannung f <el> *(Halbleiter)* • collector saturation voltage

Kniestück n <rls> *(Rohr)* • elbow fitting; quarter bend *form*; elbow; knee; ell *pract*

Knirscheffekt m <led> *(Saffian)* • squeak

knirschen vi <akust> • grind vi

knirschen vi <textil> *(Seide)* • scroop vi

knirschend appretieren vt <textil> • scroop vt

knirschend ausrüsten vt <textil> • scroop vt

knirschende Appretur f <textil> • rustling finish

Knirschgriff m <textil> • scroopy feel

Knirschgriffappretur f <textil> • rustling finish

Knistergeräusch n <akust> • crackling noise; crackling; frying

Knistergeräusch n <el> *(Funkempfang)* • sizzling

knistern vi <akust> *(z. B. Schallplatte, Lautsprecher)* • crackle vi

knistern vi <el> *(beim Funkempfang)* • sizzle vi

knistern vi <textil> *(Seide)* • rustle vi

Knitter m <pap> *(Papier)* • crease; wrinkle

Knitter m <textil> *(z. B. Kleidung)* • wrinkle

knitterarm ausgerüstet <textil> • crease-proofed; anti-creased

knitterbeständige Appretur f <textil> • anticrease finish; crease-resistant finish; non-crease finish; wrinkle-resistant finish

knitterbeständige Ausrüstung f <textil> • anticrease finish; crease-resistant finish; non-crease finish; wrinkle-resistant finish

Knittererholung f <textil> • wrinkle recovery

Knittererholungswinkel m <textil> • wrinkle recovery angle

knitterfest <textil> • wrinkle-resistant; crease-resistant; non-creasing

Knitterfestausrüstung f <textil> • anticrease finish; crease-resistant finish; non-crease finish; wrinkle-resistant finish

Knitterfestigkeit f <pap> • crease resistance

Knitterfestigkeit f <textil> • wrinkle resistance; crease resistance

knitterfrei <textil> • wrinkle-free; creaseless

Knittermaschine f <textil> • flexing machine

Knittern n <mat> • wrinkling

Knitterwiderstand m <textil> • wrinkle resistance; crease resistance

knittrig <led> • crusty

Knochen m ugs <wz> *(für Fahrrad)* • 10-way box wrench; ten-way box wrench

Knochenbrücke f <bio> *(Taxidermie; Schildkröte)* • bridge

Knochenleim m <füg> • bone glue

Knochenleitungsaudiogramm n <akust.med> • bone conduction audiogram

Knochenleitungshörer m <akust.med> • bone-conduction headphone; bone-conduction receiver; bone conductor

Knochenporzellan n form <silik> *(feinste und härteste Qualität)* • bone china

Knochenschwarz n <obfl> • bone black; ivory black; animal black; drop black

Knochensucher m <nukl> • bone-seeker

knochentrocken ugs <nahr> *(Wein)* • fully fermented out; bone-dry *coll*

Knochenzapfen m <bio> *(Taxidermie)* • base of the antler [of horn]

knochig <nahr> *(Wein)* • bone-dry and of high acidity

Knöchelschutz m <kfz.bekl> *(an Cross-Stiefel)* • ankle protector; ankle cup

Knöllchen n <mat> *(verklumpte Masse; z. B. Teig, Lehm)* • nodule

Knöpfchen n ugs <kfz> • manual door lock; door lock knob *coll*

Knöpfelsetzmaschine f <bekl.prod> • button fixing machine

Knötchen n <bio> *(in Gewebe)* • nodule; tubercle

Knötchen n <kst.qualit> • fish-eye

Knötchen n <mat> • nodule

Knötchen n <textil.qualit> • mote; burl

Knötchen bilden vi <textil> • pill vi

Knötchenbildung f <textil> • pilling

Knötchen entfernen vi <textil> • mote vi

Knolle f <bau> *(Wandverzierung)* • crocket

Knolle f <geo/min> *(Klumpen)* • nodule

Knollenfußpfahl m <bau> • underreamed pile

knollig <allg> • nodular

knollig <tech.allg> • lumpy

Knoop-Härte f (HK) <qualit.mat> • Knoop hardness (HK); Knoop hardness number; KHN

Knoop-Härteprüfung f <qualit.mat> • Knoop hardness testing

Knopf m <tech.allg> *(zum Ziehen und/oder Drehen)* • knob

Knopf m <tech.allg> • key button; push-button; key press-button; press-button *rar*, button

Knopf m ugs <phot> *(für Kameraverschluss)* • shutter release button; operating button; shutter release

Knopf m <textil> • button

Knopfamboss m <prod> • cambered flatter

Knopfannähmaschine f <textil> • button sewing machine

Knopfbatterie f ugs <el> *(z. B. in Taschenrechnern, Kameras, Hörgeräten)* • coin cell *US*; button cell; button battery *rare*

Knopfbeziehmaschine f <textil> • button covering machine

Knopf-im-Ohr m ugs <av> • in-ear monitor

Knopflack m <obfl> • button shellac

Knopfleiste f <textil> • button border

Knopflochautomat m <textil> • automatic buttonhole machine

Knopflocheisen n <textil> • buttonhole punch

Knopflochmikrofon n <av> • lapel microphone

Knopflochzange f <textil> • buttonhole spring punch

Knopfmaß n <wz> • pocket slide caliper; slide rule caliper; pocket caliper

Knopfmaß-Taschenschieblehre f <wz> • pocket slide caliper; slide rule caliper; pocket caliper

Knopfmikrofon n <av> • button-type microphone

Knopfröhre f <el> *(UHF-Röhre in Eichelform)* • acorn tube; acorn valve

Knopfzelle f <el> *(z. B. in Taschenrechnern, Kameras, Hörgeräten)* • coin cell *US*; button cell; button battery *rare*

Knorpel m <led> *(Haut)* • gristle

Knopfsonde   ball probe

Knorpelgerüst n <med> • cartilaginous framework; framework of cartilages

knospendes Virion n <bio> • budding particle

Knospung f <bio> *(Ausschleusen eines Viruspartikels aus der Zelle)* • budding

Knoten m DIN IEC 50 <av> *(einer stehenden Welle)* • node DIN IEC 50

Knoten m <edv> *(Hierarchie)* • node

Knoten m <edv> *(Splines; CAD)* • nurbs

Knoten m <masch> *(in Fachwerk)* • joint

Knoten m <nav> *(in Tau)* • hitch; knot

Knoten m (kn) <nav> *(Einheit der Geschwindigkeit; 1,852 km/h)* • international knot (kn); nautical miles per hour; knot

Knoten m <pap.qualit> *(Störstoff im Faserstoff)* • knot

Knoten m <textil.qualit> *(im Gespinst)* • knot

Knoten n <textil> *(Vorgang)* • knotting

Knotenabstand m <tele> • internodal distance

Knotenachse f <akust> • nodal line

Knotenamt n <tele> • junction exchange; tandem central office; main center office; junction center

Knotenamtsbereich m <tele> • tandem area

Knotenapparat m <textil> *(Gespinstreinigung)* • knotter apparatus; knotter

Knotenbahnhof m <bahn> • junction station

Knotenblech n <masch> *(Fachwerk)* • gusset plate; junction plate; gusset

Knotenblech n <nfz> *(Rahmen)* • gusset plate; sheet metal gusset; gusset pract

Knotenbüschel pl <agri> • nodal clusters pl

Knotenebene f <phys> • nodal plane

Knotenfänger m <pap> • knot screen; strainer; knotter

Knotenfänger m <textil> *(an Strickmaschinen)* • knot catcher stop motion

Knotenfläche f <phys> • nodal surface

Knotengarnzwirnmaschine f <textil> • slub yarn doubling frame

Knotenlinie f <akust> • nodal line

knotenlose Fadenverbindung f <textil> • splice

Knotenpotential n <el> • node potential

Knotenpunkt m <bahn> *(im Streckennetz)* • junction

Knotenpunkt m <bau> *(von Blechen, Platten)* • panel joint

Knotenpunkt m <bau> *(von Trägern)* • truss joint

Knotenpunkt m <edv> *(CAD; zwischen zwei Linien; bildet einen Spline)* • edit point; knot point

Knotenpunkt m <edv> *(Hierarchie)* • node

Knotenpunkt m <el> • major node; junction

Knotenpunkt m <math> *(Vieleck vielflach; pl: Vertices)* • vertex; point

Knotenpunkt m <mech> *(Verbindungsstelle)* • joint

Knotenpunkt m <phys> • nodal point; node

Knotenpunktgleichung f <el> • node equation

Knotenpunktregel f <el> • Kirchhoff's current law

Knotenpunktsatz f <el> • Kirchhoff's current law

Knotenpunktverbindung f <tele> • nodal joint

Knotenpunktverschiebung f <mech> *(statische Berechnung)* • joint displacement

Knotenpunktverstärker m <tele> • junction amplifier

Knotenvermittlungsstelle f <tele> • nodal switching center; nodal exchange; junction center

Knotenzahl f <mech> *(Berechnung von Kräften in Fachwerken)* • number of joints

Knoter m <prod> • knotting mechanism; knotter

knotig <textil> *(Faden)* • knotty

Knotkopf m <textil> • pigtail tie-up facility

Knotvorgang m <textil> *(Gespinstreinigung)* • knotting cycle

Know-how n <tech.allg> • know-how

Knudsen-Effekt m <nukl> • Knudsen effect

Knudsen-Manometer n <msr> • Knudsen absolute manometer; Knudsen radiometer gauge; Knudsen vacuum gauge

Knudsen-Strömung f <phys> • free molecular diffusion; Knudsen flow

Knudsen-Zelle f <nukl> • Knudsen cell

knüpfen vt <tech.allg> *(Faden, Seil)* • knot vt

knüpfen vt <bau> *(Stahlbetonbewehrung)* • bind vt

knüpfen vt <füg> *(z. B. Knoten)* • tie vt

Knüpferscheibe f <agri> *(Sammelpresse)* • twine disk

Knüpferschnabel m <agri> *(Sammelpresse)* • knotter hook; twine bills

Knüpferzunge f <agri> *(Sammelpresse)* • lower bill

Knüpfteppich m DIN ISO 2424 <bau.innen> • knotted-pile carpet ISO 2424

Knüppel m <metall> • billet

Knüppelausstoßer m <metall> • billet pushout; billet pusher

Knüppelbohrmaschine f <wz.masch> • billet drilling machine; billet boring machine

Knüppelbrecher m <wz.masch> • billet parter

Knüppelfertigwalzen n <metall> • billet finishing

Knüppelkaltschere f <wz.masch> *(Stahlwerk, Walzwerk)* • bar cropping machine

Knüppelschaltung f ugs <kfz.antr> • floor shift (ss); floor change GB; central gear change GB; stick shift US.coll

Knüppelschere f <wz> • billet shears

Knüppelschlepper m <metall> • billet buggy

Knüppeltasche f <metall> • billet cradle

Knüppelwalze f <metall> • billet roll

Knüppelwalzen n <metall> *(Knüppel als Eingangsmaterial)* • billet rolling

Knüppelwalzwerk n <metall> • billet rolling mill; billet mill

Koagel n <chem> • coagel

Koagulat n <chem> • coagulate

Koagulation f wiss <chem.verf> • flocculation; coagulation; clotting coll

Koagulationsbad n wiss <verf> *(betont: durch Zusammenklumpen)* • coagulation bath

Koagulationsmittel n <chem> • coagulating agent; coagulant; flocculant

koagulieren vi <chem> • coagulate vi

koagulieren vt <chem.verf> • coagulate vt; flocculate vt; clot vt

Koaguliermittel n wiss <chem> • coagulant; precipitant; precipitating agent

Koagulierwasser n <obfl> *(Lackrestausfällung)* • coagulating water

Koaleszenz f <chem> • coalescence

Koaleszenz f <nahr> *(von Fettkügelchen)* • coalescence; churning

koaliertes Garn n <textil> • bonded yarn

koaxial <tech.allg> *(z. B. Strahlen, Kabel, Wellen)* • coaxial

koaxial <masch> *(Wellen)* • coaxial

Koaxialanschluss-Palette f <el> • coaxial connectivity

Koaxialantenne f <tele> • coaxial antenna US; coaxial aerial GB

Koaxial-Busanschluss m <edv> • coax bus connection

Koaxial-Crimpanschluss m <el> • crimp coaxial connector

koaxiale Leitung f <el> • coaxial line

koaxialer Transistor m <el> • coaxial transistor

koaxiales Kabel n <el> • coaxial cable; concentric cable; coax pract

Koaxialkabel n <el> • coaxial cable; concentric cable; coax pract

Koaxialkabel-Passstück n <el> • coaxial cable matcher

Koaxial-Kupplung f <el> • feed-thru coaxial connector

Koaxial-Lautsprecher *m* <av> • coaxial loudspeaker; coaxial speaker

Koaxialleitung *f* <el> • coaxial line

Koaxialsteckverbinder *m* <el> • coaxial connector; coaxial plug

Koaxial-Verflüssiger *m* <hlk> *(Wärmepumpe)* • coaxial condenser; tube-in-tube condenser

Koaxialverflüssiger *m* <hlk> *(Wärmepumpe)* • coaxial condenser; tube-in-tube condenser

Koaxial-Wärmetauscher *m* <hlk> *(Wärmepumpe)* • coaxial heat exchanger; tube-in-tube heat exchanger

Koaxialwärmetauscher *m* <hlk> *(Wärmepumpe)* • coaxial heat exchanger; tube-in-tube heat exchanger

Koaxkabel *n prakt* <el> • coaxial cable; concentric cable; coax *pract*

Koaxstecker *m* <el> • coaxial plug

Koazervat *n* <chem> • coacervate

Kobalt *n ugs* <chem> • cobalt (Co)

Kobaltbinder *m* <füg> • cobalt binder

Kobaltblau *n* <chem> • cobalt blue

Kobaltblüte *f* <min> • erythrite; cobalt bloom

Kobaltglanz *m* <min> • cobaltite; cobalt glance

Kobaltglas *n* <silik> *(blau)* • cobalt glass; blue glass

Kobaltmonoxid *n* <chem> • cobalt monoxide

Kobaltoxid *n* <obfl> • cobalt oxide

Kobalttherapieeinrichtung *f* <med.tech> • cobalt radiotherapy unit; cobalt therapy unit; cobalt-60 unit

Kochbanane *f* <agri> • plantain

kochbeständig <qualit.mat> *(z. B. Textilien)* • resistant to boiling; boilproof; boilfast

Kochbeständigkeit *f* <qualit.mat> • boiling resistance; boiling fastness

Kochbläschen *npl* <obfl.qualit> *(Lackfehler)* • solvent pop; popping

Kochechtheit *f* <textil> *(Färberei)* • fastness to boiling

Kochen *n* <phys> • bubble

kochen *vt* <tech.allg> • heat in boiling water *vt*

kochen *vt* <chem> • boil *vt*

kochen *vt* <pap> • digest *vt*; cook *vt*

kochen *vt* <textil> *(in Lauge)* • buck *vt*

kochend färben *vt* <textil.obfl> • dye at the boil *vt*

Kochen von Zellstoff *n* <pap> • pulping

Kocher *m* <pap.prod> • digester; kier

Kocher *m* <verf> *(Behälter)* • boiling vessel; boiler

Kocher *m* <verf> *(Behälter, Apparat, Anlage; z. B. in Brauerei)* • cooking apparatus; cooker

Kocherabgas *n* <pap.emiss> • digester relief gas

Kocherei *f* <pap.prod> • digester house; boiling house

Kochereiablauge *f* <pap.ents> • waste liquor; spent liquor

Kochereintrag *m* <pap.prod> • digester contents; digester charge

Kocherfüllapparat *m* <pap.prod> • chip distributor

Kochergrube *f* <pap.prod> • receiving tank; blow tank; blow pit

kochfertig <nahr> • ready-to-cook

Kochfestigkeit *f* <textil> *(Faden)* • resistance to boiling; resistance at the boil

Kochflüssigkeit *f* <pap> • digestion liquor; cooking liquor

Kochgeschmack *m* <nahr> *(Speiseeisfehler)* • cooked flavour; cooked

Kochgut *n* <pap> • digester contents; digester charge

Kochkäse *m* <nahr> • cooking cheese

Kochkessel *m* <verf> • boiling vessel; boiling kettle

Kochkolben *m* <chem.verf> *(Laborgerät)* • boiling flask

Kochlauge *f* <pap> • alkaline cooking liquor; digestion liquor; cooking liquor

Kochlaugenanlage *f* <pap.prod> • liquor-making plant

Kochmaische *f* <verf> • decoction mash

Kochperiode *f* <metall> • carbon blow; carbon boil

Kochpunkt *m* <tech.allg> *(allg., z. B. von Bremsflüssigkeit, Kühlmittel)* • boiling point; boiling temperature

Kochpunkt *m ugs* <phys> *(von Wasser)* • boiling point (b.p.)

Kochsäure *f* <pap.prod> *(allg.)* • digestion liquor; cooking liquor; cooking acid

Kochsäure *f* <pap.prod> *(Sulfitverfahren)* • bisulfite cooking liquor; sulfite cooking liquor

Kochsäureanlage *f* <chem.verf> • acid-making plant; acid plant

Kochsalz *n* <chem.nahr> • sodium chloride (NaCl); natrum muriaticum *thsc*; common salt; cooking salt *pract*; salt *coll*

kochsalzhaltiges Wasser *n ugs* <chem> • brine solution; brine *coll*; salt brine *rare*

Kochschnitzel *npl* <pap.prod> • wood chips; chippings; chips

Kochung *f* <pap.prod> • cooking process; digestion; cooking

Kochutensilien *npl* <gastr> • cooking outfit; cooking utensils

Kochverfahren *n* <verf> *(zur Extraktion von Aroma, Farbe etc.)* • decoction mashing process; decoction process

Kochversuch *m* <led> *(Prüfverfahren bei der Chromgerbung)* • shrinkage test

Kochversuch *m* <verf> • boiling test

Kode *m rar* <tech.allg> • code

Kodealphabet *n* <tech.allg> • code alphabet

Kodeaufbau *m* <tech.allg> • code structure

Kodebake *f* <navig> • code beacon

Kodebuchstabe *m rar* <tech.allg> *(z. B. für Werkstoff, Güteklasse, Reifentyp)* • code letter; identifying letter

Kodedrehgeber *m* <msr> • rotary encoder

Kodeelement *n* <tech.allg> • code element

kodeerzeugendes Programm *n* <edv> • code generator

Kodefläche *f* <tech.allg> • code area

Kodefolge *f rar* <tech.allg> • code sequence

Kodeformat *n* <tech.allg> • code format

Kodegenerator *m rar* <navig> • code generator

kodegesteuert *rar* <tech.allg> • code-operated

kodegesteuerter Schalter *m rar* <edv> • code-operated switch

Kodein *n* <bio> • codeine; codeinum

Kodelänge *f rar* <edv> *(Anzahl Zeichen)* • code length

Kodeleser *m rar* <tech.allg> *(z. B. für Strichcode, Magnetstreifen)* • code reader

Kodemessung *f rar* <navig> • code phase tracking; code tracking

Kode mit variablen Adressen *m* <edv> • variable address code

kodemoduliert <tech.allg> • code-modulated

Kodemuster *n rar* <msr> *(z. B. für Winkelkodierer)* • code pattern; coding pattern

Kodeprüfung *f* <tech.allg> • code checking; code check

Koderekonstruktion *f rar* <edv> • code reconstruction

Kodescheibe *f* <tech.allg> • code disk

Kodescheibe *f rar* <msr> *(z. B. von Winkelkodierer)* • code disk; coded disk

Kodeschlüssel *m* <tech.allg> • key

Kodesicherung *f* <tech.allg> • code protection

Kodesignal *n* <tech.allg> • code signal

Kodesprache *f* <tech.allg> • code language

Kode-Sprach-Wandler *m* <tele> • voice encoder-decoder; vocoder

Kodestruktur *f* <tech.allg> • code structure

Kodesystem *n rar* <edv> *(zur Verschlüsselung)* • encryption system; encoding system; key system

Kodeträger *m rar* <msr> • code carrier

Kodeumsetzer *m* <tech.allg> • code converter

Kodeumsetzung f <tech.allg> • code conversion

Kodeumsetzung f <tech.allg> • coding; encoding; encodation *rare*

Kodevielfachzugriff m <tele> • code-division multiple access

Kodewähler m <tech.allg> • code selector

Kodewort n rar <edv> • codeword *norm*

Kodezeichen n <tech.allg> • code character

kodierbarer Zeichensatz m <edv> • encodable character set

Kodierblock m <edv> • code block

Kodieren n <tech.allg> • coding; encoding; encodation *rare*

kodieren vt <tech.allg> *(allg. Nachricht in Zeichen umsetzen; ohne Verschlüsselung)* • encode vt; code vt

kodieren vt <edv> *(geheime, vertrauliche Nachricht, Daten)* • encrypt vt; code vt pract; encode vt; encipher vt obs.rare

Kodierer m <tech.allg> • coding device; encoder

Kodierer m rar <druck> *(in Kopierer; steuert die Verstellmechanik der Objektive)* • encoder board

Kodierer-Dekodierer m <tech.allg> • coder-decoder

Kodierer-Dekodierer m rar <av> *(Video-Compression/Decompression)* • codec; coder-decoder *rare*

Kodierformular n <mil.doku> • coding sheet; coding form

Kodiermatrix f <tech.allg> • encoding matrix; coding matrix

Kodierröhre f <el> • coding tube

Kodierschaltung f <el> • coding circuit

kodierte Dezimalschreibweise f <tech.allg> • coded decimal notation

kodierte Fläche f <tech.allg> • encoded area; coded area

kodierter Drehgeber m <msr> • rotary encoder; shaft encoder; angular sensor; rotary pulse generator

kodierte Scheibe f rar <msr> *(z. B. von Winkelkodierer)* • code disk; coded disk

Kodierung f <tech.allg> • coding; encoding; encodation *rare*

Kodierungsfehler m <tech.allg> • coding error

Kodierungsfolge f <tech.allg> • coding sequence

Kodierungskreis m rar <el> • coding circuit

Kodierungsregel f <tech.allg> • encodation rule

Kodierungsvorschrift f <tech.allg> • coding scheme

Kodierverfahren n <tech.allg> • coding method

Kodierzeile f <tech.allg> • coding line

Köder m <allg> *(zum Anlocken; z. B. als Falle, beim Angeln)* • bait

Köder m rar <kfz> *(allg.)* • piping; beading; welting

Koeffizient m <math> • coefficient

Koeffizientenpotentiometer n <el> • coefficient potentiometer

Köhler'sches Beleuchtungsprinzip n <opt> *(Mikroskopie)* • Köhler's method of illumination

Königsholz n <holz> *(cf. Rosenholz)* • rosewood

Königskerze f <bio> *(Pflanze)* • Aaron's rod; mullein; Verbascum thapsus

Königsspeiche f <tech.allg> • king spoke

Königsstuhl m <verf.hydr> *(Drehlager einer Rundbecken-Räumerbrücke)* • center support

Königstuhl m <verf.hydr> *(Drehlager einer Rundbecken-Räumerbrücke)* • center support

Königswasser n <chem> *(starke Säuremischung)* • chloronitrous acid; aqua regia

Königswasser-Aufschluss m DIN EN ISO 1558 <chem.verf> • aqua regia digestion DIN EN ISO 1558

Königswelle f <kfz.mot> *(senkrecht zum Zylinderkopf stehende Antriebswelle mit Kegelrädern)* • bevel shaft; vertical shaft

Königswellenantrieb m <kfz.mot> • bevel gear drive

Königszapfen m <tech.allg> • center pin; king pin

Königszapfen m <masch> *(einer Laufkatze o.ä.)* • trolley pivot

Königszapfen m <nfz> *(in Aufliegerplatte)* • king pin

Königszapfen m <verf.hydr> *(Drehlager einer Rundbecken-Räumerbrücke)* • center support

Koepe-Förderanlage f <förd> • Koepe hoist

Köper m <textil> *(Gewebe mit Köperbindung)* • twill

Köperatlas m <textil> • satin twill

Köperbindung f <textil> *(typ. Diagonalstruktur)* • twill weave; twilled weave

Köpergrat m <textil> • twill line

Koepe-Scheibe f <förd> • Koepe wheel

Köpfaggregat n <agri> *(Rübenvollerntemaschine)* • topping unit

Köpfen n DIN EN ISO 4618 <obfl> *(Abschleifen abstehender kleiner Teilchen)* • de-nibbing ISO 4618-3

köpfen vt <obfl> *(Oberfläche leicht anschleifen)* • sand slightly vt

Köpfgerät n <agri> *(Rübenerntemaschine)* • topping device; beet topping device

Köpfmesser n <agri> *(Rübenvollerntemaschine)* • topping knife

Köpfschlitten m <agri> *(Rübenvollerntemaschine)* • topping unit

Köpftaster m <agri> *(Rübenvollerntemaschine)* • topping unit

Körbchenextraktor m <med.tech> • basket extractor

Körbchengröße f <bekl> *(BH; z. B. 75 B)* • cup size

Körnchen n <edv.av> • grain

Körnen n <prod> *(der Bohrlochmitte; Vorgang)* • center punching US; centre punching GB

körnen vt <verf> *(Granulat)* • pelletize vt US; pelletise vt GB; grain vt rare; granulate vt rare

Körner m <wz> • center punch US; centre punch GB; puncher coll; pointed punch rare

Körnerbunker m <agri> *(Mähdrescher, Silo)* • grain bin; grain storage tank; grain tank

Körnerdurchsatz m <agri> • grain feed rate

Körnereinschütttrichter m <agri> • grain hopper

Körnergebläse n <förd> *(z. B. Mähdrescher)* • grain blower

Körnerlochschleifmaschine f <wz.masch> • center-bore grinding machine US; centre-bore grinding machine GB

Körnermarke f <prod> *(Ergebnis des Ankörnens; kleine Kerbe)* • center-punch mark US; centre-punch mark GB; dotting mark

Körnermikrophon n <akust> • granular microphone

Körnerschnecke f <agri> *(in Mähdrescher, Silo)* • grain auger

Körnerschüttung f <verf> • granular bed; bed of granular solids

Körnerspitze f <wz.masch> *(Reitstock)* • machine-tool center US; dead center US; dead centre GB; work-holding center US; work-holding centre GB

Körnerspitzenhülse f <wz.masch> • work-center sleeve US; work-centre quill GB

Körnerspitzenschleifmaschine f <wz.masch> • center-grinding machine US; centre-grinding machine GB

Körnertransportwagen m <agri> *(Anhänger; mit Trichter)* • grain trailer; trailed grain hopper

Körnertrockner m <verf> • grain drier

Körnerzählgerät n <msr> • grain counter

Körnerzählgerät n <nahr> • kernel counter

körnig <mat> *(kies-, splittähnlich)* • gritty

körnig <mat> *(Form, Struktur)* • granular

körnig <nahr> *(Speiseeisfehler)* • coarse; grainy; spiny; ice pellets

körnig <phot> *(Film, Bild)* • grainy
körnige Stoffe *mpl* <mat> • grained material
körnige Struktur *f* <mat> • granular structure
Körnigkeit *f* <tech.allg> *(Feinheit der Struktur von Material od. Oberflächen)* • granularity; graininess; grain *pract*
Körnung *f* <tech.allg> *(Feinheit der Struktur von Material od. Oberflächen)* • granularity; graininess; grain *pract*
Körnung *f rar* <prod> *(der Bohrlochmitte; Vorgang)* • center punching *US*; centre punching *GB*
Körnung *f rar* <prod> *(Ergebnis des Ankörnens; kleine Kerbe)* • center-punch mark *US*; centre-punch mark *GB*; dotting mark
Körnung *f* <verf> • particle size distribution; grain size distribution
Körnung *f* <wz> *(von Schleifpapier, Schmirgelleinen etc.; z. B. Körnung 320)* • grit; grit size; grade *GB*
Körnung 180 *f* <wz> *(Beispiel für Schleifpapier)* • 180 grit
Körnungsnummer *f* <tech.allg> *(Korngröße)* • grain-size number
Körnungsnummer *f* <wz> *(Schleifmittel)* • fineness number
Körnungsziffer *f* <bau.mat> • fineness modulus
Körper *m* <bio> *(von Lebewesen)* • body
Körper *m* <math> *(betont: massiv)* • solid
Körper *m* <math> • object
Körper *m prakt* <math> *(massiv; in Geometrie, Computergrafik-Volumenmodell)* • solid object; solid *pract*
Körper *m* <nahr> *(z. B. von Wein, Speiseeis)* • body
Körper *m* <phys> *(betont: materiell im Ggs. zu immateriell)* • material body
körperarm <nahr> *(z. B. Wein)* • thin; meager; weak
körperbehindert <tech.allg> *(z. B. Anwender, Benutzer; von Systemen, Gebäuden etc.)* • physically handicapped
Körperbemalung *f* <kunst> • body painting
Körperberechnung *f* <math> • mensuration of solids
körperbetont <psych> *(Einstellung, Behandlung, Training etc.)* • body-centered *US*; body-centred *GB*
Körperdosis *f* <nukl.med> *(effektive Äquivalentdosis und Teilkörperdosis)* • whole-body dose; body dose *rare*
körpereigenes Koordinatensystem *n* <autom> • coordinate system of manipulated body
Körperelektrode *f rar* <kfz.el> *(Zündkerze)* • ground electrode *US*; side electrode; earth electrode *GB*; outer electrode; tip *pract*
Körperfarbe *f* <kunst> • body paint
Körperfarbe *f* <phys> • non-self-luminous color; pigment
körperfester Drehkegel *m* <tech.allg> • body cone
Körperform *f* <bio> *(Tierpräparation)* • body form; mounting body
Körpergewicht *n* <nav> • body weight
Körperinhalt *m* <tech.allg> • cubic content
Körperkante *f* <doku> *(techn. Zeichnung)* • outline; part edge *rare*
Körperkapazität *f* <el> • body capacitance
Körperkapazitätswarnanlage *f* <el> • body-capacitance alarm system
körperlich <allg> • physical
körperlich <msr> • material
körperliche Bestandsaufnahme *f* <fin> • physical inventory; physical inventory taking; inventory count; physical stocktaking; physical count
körperliche Verfassung *f* <med> *(von Personen)* • physical condition
Körpermodell *n* <edv> *(mit Werkstoffeigenschaften)* • solid model
körpernah <bekl> • body-hugging
körperorientiert <psych> *(Einstellung, Behandlung, Training etc.)* • body-centered *US*; body-centred *GB*
körperreich <nahr> *(Wein)* • full-bodied

Körperscanner *m* <bekl> • body scanner
Körperschaftswald *m* <holz> • corporate forests
Körperschall *m* (KS) <akust> • structure-borne noise; solid-borne noise; structure-borne sound
Körperschallmelder *m* <alarm> • structure-borne sound detector *:V*
Körperschallmikrofon *n* <av> • contact microphone
Körperschallsensor *m* <alarm> • structure-borne sound detector *:V*
Körperschallüberwachungssystem *n* (KÜS) <akust.msr> • structure-borne noise monitoring system
Körperschatten *m* <edv> • object shadow
Körperschluss *m* <el> • body contact
Körperschutzmittel *npl* <sich> • personal protective equipment
Körperschwerpunkt *m* <mech> • center of mass of a body
Koerzimeter *n* <phys> • coercimeter
Koerzitivfeldkraft *f* <phys> *(eines Magnetfelds; in Oersted)* • coercive field strength *DIN IEC 50*; coercivity; coercive force
Koerzitivfeldstärke *f* <av> *(von magnetischen Speichermedien, z. B. Bändern; je höher umso besser)* • coercive force; coercivity; retentivity
Koerzitivfeldstärke *f DIN IEC 50* <phys> *(eines Magnetfelds; in Oersted)* • coercive field strength *DIN IEC 50*; coercivity; coercive force
Koerzitivität *f* <phys> *(eines Magnetfelds; in Oersted)* • coercive field strength *DIN IEC 50*; coercivity; coercive force
Koerzitivkraft *f* <av> *(von magnetischen Speichermedien, z. B. Bändern; je höher umso besser)* • coercive force; coercivity; retentivity
Koerzitivkraft *f* <druck> *(bei Kopierern und Laserdruckern)* • retentivity
Koerzitivkraft *f* <phys> *(eines Magnetfelds; in Oersted)* • coercive field strength *DIN IEC 50*; coercivity; coercive force
Kötzer *m obs* <textil> *(konisch aufgewickelte Garnspule)* • cop
koexistente Phasen *fpl* <phys> *(Dampfzustände, z. B. flüssig, gasförmig)* • coexisting phases
koextrudiert <kst> • co-extruded
Koextrusionskopf *m* <kst> • coextrusion head
Koextrusionswerkzeug *n* <kst> • coextrusion tool
Kofaktor *m* <med> • cofactor
Koffer *m* <tour> *(allg.)* • suitcase
Koffer *m* <tour> *(großer Reisekoffer od. Transportcontainer)* • trunk
Kofferaufbau *m* <nfz> *(kastenförmig, aus flachen Paneelen gefertigt)* • van body
Kofferbrücke *f* <kfz> *(auf Kofferraumdeckel, für Cabrios)* • rear-deck luggage rack; trunk mount rack *Ford*
Kofferdamm *m* <bau.hydr> • cofferdam; box cofferdam *rare*
Kofferdammschott *n* <nav> • cofferdam bulkhead
Kofferdeckel *m* <kfz> • trunk lid *US*; deck lid *US*; boot lid *GB*; luggage compartment door *form*
Kofferdeckelgriff *m* <kfz> • trunk handle *US*; boot handle *GB*
Kofferdeckschiff *n* <nav> • trunk deck ship
Kofferfernsehgerät *n obs* <av> • portable TV; portable television set
Kofferklappe *f rar* <kfz> • trunk lid *US*; deck lid *US*; boot lid *GB*; luggage compartment door *form*
Kofferleder *n* <led> • case leather
Kofferleitdamm *m* <bau> • rock-filled jetty
Kofferradio *n* <av> • portable radio; portable receiver *form.rare*; portable set *rare*

Kofferraum m <kfz> • trunk US; boot GB; deck [compartment] US; luggage boot GB.rare; turtle back US.coll.obs

Kofferraum m <nfz> (Bus) • luggage compartment; luggage bay US; storage bay US; baggage compartment US

Kofferraum-Ablagebox f <kfz> • trunk box

Kofferraumauskleidung f <kfz> • trunk lining; trunk liner

Kofferraumbeleuchtung f <kfz.el> • trunk illumination US; luggage compartment illumination GB

Kofferraumblech n <kfz> (Pkw-Karosserieblech hinter der Heckscheibe) • deck panel; deck opening panel; rear deck panel; deck; saddle panel rare

Kofferraumboden m <kfz> (allg.) • trunk floor US; boot floor GB

Kofferraumboden m <kfz> (betont: Blechteil der Karosserie) • trunk floor panel US; boot floor panel GB

Kofferraumbodenmatte f <kfz> • trunk mat

Kofferraumbrücke f <kfz> (oberes Versteifungsblech im Kofferraum) • deck panel reinforcement US; luggage compartment upper panel GB; inner deck panel US

Kofferraumdeckel m <kfz> • trunk lid US; deck lid US; boot lid GB; luggage compartment door form

Kofferraumdeckelentriegelung f <kfz> • trunk release

Kofferraumdeckel-Fernentriegelung f <kfz> • internal trunk release US; internal boot release US; remote boot release GB

Kofferraumentriegelung f <kfz> • trunk release

Kofferraumhaube f rar <kfz> • trunk lid US; deck lid US; boot lid GB; luggage compartment door form

Kofferraumleuchte f <kfz.el> • trunk lamp/light US; luggage compartment lamp/light GB; boot lamp/light GB

Kofferraum montiert <kfz> (außen oder innen; z. B. Antenne) • trunk-mount

Kofferraummulde f <kfz> • trunk recess

Kofferraumseitenwand n <kfz> (inneres seitliches Stehblech im Kofferraum) • deck side panel US

Kofferraum-Teppichboden m <kfz> • carpet-lined trunk US; carpet-lined boot GB

Kofferraumvolumen n <kfz> • cargo volume US.GB; trunk capacity US; trunk space US; boot space GB

Kofferraum-Wanne f <kfz> • trunk dish :V

Koffersatz m <tour> (z. B. speziell für ein Fahrzeugmodell) • luggage set; traveller's set

Kofferträger m <kfz> (Motorrad) • support bar

kogredient <math> • cogredient

Kogredienz f <math> • cogrediency

kohärent <allg> • coherent

kohärent <phys> (Schwingungen, Strahlung) • coherent

kohärenter Oszillator m <navig.el> (Radarempfänger) • coherent oscillator

kohärentes Einheitensystem n <phys> (z. B. SI, CGS) • coherent system of units

kohärentes Licht n <phys> • coherent light

kohärente Streuung f <phys> • coherent scattering

Kohärenz f <allg> (Zusammenhalt; z. B. logischer Zusammenhang) • coherence

Kohärenz f <phys> (von Wellen, Strahlen; z. B. von Laserlicht) • coherence; coherency rare

Kohärenzlänge f DIN EN ISO 11145 <phys> (z. B. Laser) • coherence length ISO 11145

Kohärenzzeit f DIN EN ISO 11145 <phys> (z. B. Laser) • coherence time ISO 11145

kohärieren vi <allg> • cohere vi

Kohäsion fsg <tech.allg> (z. B. Zusammenhalt von Molekülen) • cohesion

Kohäsionsarbeit f <phys> • cohesive work

Kohäsionsdruck m <phys> • cohesion pressure; intrinsic pressure

Kohäsionsenergie f <phys> • cohesive energy

Kohäsionsfestigkeit f <phys> • cohesive strength

Kohäsionskraft f <phys> • cohesive force; cohesion force

kohäsionslos <tech.allg> • cohesionless; non-cohesive

kohäsiv <tech.allg> • cohesive

Kohle f <verbr> • coal

Kohleabbau m <min> • coal mining; coaling

Kohleabbau im Tagebau m <min> • opencast coal mining

Kohleabbau im Tiefbau m <min> • underground coal mining

Kohleadsorptionsanlage f <verf> • carbon bed

Kohleaufbereitung f <tech.allg> (betont: Reinigung) • coal cleaning

Kohleaufbereitung f <tech.allg> (allg.) • coal preparation; coal cleaning

Kohleaufbereitungsanlage f <tech.allg> (betont: Reinigung) • coal cleaning plant

Kohleaufbereitungsanlage f <tech.allg> (allg.) • coal preparation plant

Kohleausbruch m <min> • coal outburst; coal burst; coal bump; coal bounce

Kohleband n <druck> • carbon ribbon

kohlebefeuert <verbr> (allg.) • coal-fired

kohlebeheizt <verbr.hlk> • coal-fired

Kohlebergwerk n <min> • coal mine; colliery; coal pit coll

Kohlebeschickungsmaschine f <verf> • coal-charging machine

Kohlebildung f <geo> • coalification; coal formation; carbonification

Kohlebogenlampe f <el> • carbon-arc lamp

Kohlebrikett n <verbr> • coal briquette

Kohlebrikettierung f <prod> • coal briquetting

Kohlebürste f DIN EN 60276 <el> (in E-Motor oder Generator) • carbon brush; brush; graphite brush rare

Kohlebunker m <logist> (z. B. in Wärmekraftwerk, Heizwerk) • coal bunker; coal hopper; coal bin

Kohlechemie f <chem> • coal chemistry

Kohledruckregler m <el> • carbon regulator

Kohledrucksäule f <el> • carbon pile

Kohledruckspannungsregler m <el> • carbon pile voltage regulator

Kohleelektrode f <el> • graphite electrode; carbon electrode

Kohleentgasung f <min> • coal degassing; degassing of coal

Kohlefadenlampe f <el> • carbon filament lamp

Kohlefaser f prakt <mat> (hochfestes, leichtes Verstärkungsmaterial) • carbon fiber US; carbon fibre GB; C-fiber US; C-fibre GB

Kohlefaser-Bremse f <kfz.brems> • carbon brake

Kohlefaser-Verbundwerkstoff m <mat> • carbon reinforced composite [material]

kohlefaserverstärkt <kst> • carbon reinforced

kohlefaserverstärkter Kunststoff m (CFK) <kst> • carbon fiber reinforced plastic (CFRP) US; carbon fibre reinforced plastic GB

kohlefaserverstärktes Bauteil n <tech.allg> • CFR component; carbon-fiber-reinforced component US; CFR part pract

Kohlefeuerung f <verbr> • coal firing

Kohlefilter m <tech.allg> (mit Aktivkohle) • carbon filter; charcoal filter

Kohleflöz n <min> • coal stratum; coal seam; coal bed

Kohleformmasse f <mat> • carbon paste

kohleführende Schicht f <min> • coal measure

kohleführendes Gebirge n <min> • coal measures

Kohlefüllwagen m <förd> • coal-charging car

kohlegefeuert <verbr> (Ofen, Kraftwerk) • coal-fired

kohlegefeuerter Dampferzeuger m <energ> • coal-fired steam generator; coal-fired boiler

Kohlegrieß m <min> *(gröber als Grus; z. B. zur Verbrennung)* • small coal; granular carbon; carbon grain; rubbles

Kohlegrube f ugs <min> • coal mine; colliery; coal pit *coll*

Kohlegrus m <min> *(feiner als Kohlegries)* • coal slack; fines *pl*

Kohlehalter m <el> • carbon holder

Kohlehautabdruck m <prod> • carbon extraction replica

Kohlehydrat n <chem> • carbohydrate; saccharide

Kohlehydrierung f <chem.verf> • coal hydrogenation

Kohlekanister m Ford <kfz.emiss> *(für Tankentlüftung in Autos; betont: Bauteil, Behälter)* • activated carbon canister; vapor canister *pract*; charcoal canister *pract*; activated charcoal trap; adsorption canister

Kohleklein n <min> *(gröber als Grus; z. B. zur Verbrennung)* • small coal; granular carbon; carbon grain; rubbles

Kohle-Kraftwerk n <energ> • coal-burning power station

Kohlekraftwerk n <energ> • coal-fired power plant *US*; coal-fired power station *GB*

Kohlelichtbogen m <el> • carbon arc

Kohlelichtbogenlampe f <el> • carbon-arc lamp

Kohlemahlung f <verf> • coal milling; coal grinding

Kohlemikrofon n <av> • carbon microphone; carbon granule microphone *rare*

Kohlemikrophon n rar <av> • carbon microphone; carbon granule microphone *rare*

Kohlemikrophontonabnehmer m <av> • carbon contact pick-up

Kohlemühle f <verf> *(z. B. in Kohlekraftwerk)* • coal-pulverizing mill; coal pulverizer; coal dust mill; coal mill

kohlen vi <min> • get coal vi; win coal vi

kohlen vi <nav> *(bunkern)* • coal vi

kohlen vt rar <metall> *(Stahl; beim Einsatzhärten)* • carburize vt; carbonize vt; cement vt

Kohlenartenmischung f DIN 22020-1 <min.geo> • blended coal

Kohlenbank f <min> • head coal; top coal

Kohlenbohrmaschine f <min> • coal drill

Kohlendioxid n (CO_2) <chem> *(farbloses, unbrennbares, schwach säuerlich schmeckendes/riechendes Gas)* • carbon dioxide (CO_2)

Kohlendioxidaustausch m <chem> • exchange of carbon dioxide

Kohlendioxid austreiben vi <chem> • decarbonate vi

Kohlendioxideis n <verf> • dry ice; carbon dioxide ice; solid carbon dioxide

Kohlendioxidfeuerlöscher m <feuer> • carbon-dioxide fire extinguisher; CO_2 fire extinguisher *pract*

Kohlendioxidflasche f <wz> *(z. B. als Druckgasquelle)* • carbon dioxide cylinder

Kohlendioxid-Gehalt m <verbr> *(im Abgas)* • carbon dioxide content; CO_2 content *pract*

Kohlendioxidhandel m <ökol> • carbon-dioxide commerce; CO_2 commerce

Kohlendioxidlaser m <opt> • carbon-dioxide laser; CO_2 laser

Kohlendioxidschnee m <verf> • carbon dioxide snow

Kohlendioxidschreiber m <msr> • carbon-dioxide recorder

Kohleneisenstein m <min> • carbonaceous ironstone

Kohlenflöz n <min> • coal stratum; coal seam; coal bed

Kohlengas n <mat> • coal gas

Kohlenhobel m <min> • coal plow *US*; coal plough *GB*; coal planer

Kohlenhydrat n <chem> • carbohydrate; saccharide

Kohlenkai m <nav> • coal wharf

Kohlenlore f <min> • coal tub

Kohlenmonoxid n (CO) <chem> • carbon monoxide (CO)

Kohlenmonoxid-Sensor m <msr> • carbon monoxide sensor

Kohlenmonoxidspürgerät n <msr> • carbon monoxide detector

Kohlenpetrographie f <min> • coal petrography

Kohlenpfeiler m <min> • coal pillar; coal barrier

Kohlenpflug m <min> • coal plow *US*; coal plough *GB*; coal planer

Kohlenpier m <nav> *(Hafen)* • coal jetty

Kohlensack m <metall> *(Gießerei)* • belly

Kohlensackunterkante f <metall> • upper bosh line

Kohlensäure f <chem> (H_2CO_3) • carbonic acid

Kohlensäuredosiergerät n <nahr.verf> • carbonating apparatus

Kohlensäuredosierung f <nahr.verf> *(z. B. bei Wein)* • impregnation with carbon dioxide; carbon dioxide enrichment

Kohlensäureerstarrungsverfahren n <metall> • carbon dioxide molding process

kohlensäurehaltiges Getränk n <nahr> • carbonated beverage

kohlensäurehaltiges Wasser n <nahr> *(meist ein Mineralwasser)* • soda water; carbonated water

Kohlensäureschnee m <verf> • carbon-dioxide snow

Kohlensäureschneelöscher m <feuer> • carbon-dioxide fire extinguisher; CO_2 fire extinguisher *pract*

Kohlensäurezufuhr f <nahr.verf> *(z. B. bei Wein)* • impregnation with carbon dioxide; carbon dioxide enrichment

Kohlenschiff n <nav> • coal carrier

Kohlenschiff n <nav> • collier

Kohlenschlechte f <min> • bord; cleat

Kohlenstaub m <emiss> • coal dust

Kohlenstaub m <min> • breeze; coal dust

Kohlenstaub m <verbr> *(unter Zugabe von Heißgasen gemahlene Kohle)* • pulverized coal; powdered coal; pulverised coal *GB*

Kohlenstaubbrenner m <verbr> • pulverized-coal burner

Kohlenstaubdüse f <verbr> • coal nozzle

Kohlenstaubexplosion f <min> • coal-dust explosion

Kohlenstaubfeuerung f <verbr> • pulverized-coal firing; suspension firing of coal

Kohlenstaubluftdüse f <verbr> • coal nozzle

Kohlenstaubluftgemisch n <verbr> • cool and primary air; cool air

Kohlenstaublunge f ugs <med.min> • anthracosis; collier's lung *coll*

Kohlenstaubmikrofon n <av> • carbon dust microphone; carbon dust transmitter

Kohlenstaubmotor m <mot> *(Forschung)* • coal-dust engine

Kohlenstaubverbrennung f <verbr> • powdered-coal combustion; powdered-coal firing

Kohlenstoff m (C) <chem> • carbon (C)

Kohlenstoff-14 m <chem> • radiocarbon; carbon-14; C14

Kohlenstoff-14-Alter n <phys> • radiocarbon age

Kohlenstoff-14-Methode f <geo> • carbon-14 dating; radiocarbon dating; radiocarbon dating method

kohlenstoffarm <mat> *(z. B. Stahl)* • low-carbon

kohlenstoffarm <mat> *(betont: als Nachteil)* • poor in carbon

kohlenstoffartig <mat> • carbonaceous

Kohlenstoffaufnahme f <metall> *(z. B. bei der Einsatzhärtung)* • carbon pick-up

Kohlenstoff-Brennen n <nukl> • Carbon-Nitrogen cycle; carbon cycle

Kohlenstoffelement n <el> *(C verbrauchend)* • carbon-consuming cell

Kohlenstofffaser f <mat> *(hochfestes, leichtes Verstärkungsmaterial)* • carbon fiber *US*; carbon fibre *GB*; C-fiber *US*; C-fibre *GB*

kohlenstofffaserverstärkter Kunststoff *m* (KFK) <kst>
• carbon fiber reinforced plastic (CFRP) *US*; carbon fibre
reinforced plastic *GB*

Kohlenstoffgehalt *m* <chem> • carbon content

kohlenstoffhaltig <tech.allg> • carbon-containing; carbonaceous

Kohlenstoffmuskel *m ugs* <msr> *(z. B. als Aktuator)*
• bucky tube; carbon muscle *coll*

kohlenstoffreich <mat> • high-carbon; rich in carbon

kohlenstoffreicher Stahl *m ugs.rar* <metall> *(harter
Stahl mit hohem C-Gehalt; 0,5–2,2% C; Werkzeugstahl)*
• high-carbon steel; high steel *pract*; hard steel *coll.rare*

Kohlenstoffring *m* <chem> • carbon ring

Kohlenstoff-Rückstand *m rar* <verbr> • carbon residue

Kohlenstoffschwarz *n* <chem> *(z. B. als Pigment für
Tinten, Toner, Reifenfarbe)* • carbon black

Kohlenstoff-Seele *f* <mat> *(Verbundmaterial)* • carbon
base; carbon substrate

Kohlenstoffstahl *m* <metall> *(harter Stahl mit hohem C-
Gehalt; 0,5–2,2% C; Werkzeugstahl)* • high-carbon steel;
high steel *pract*; hard steel *coll.rare*

Kohlenstoffstein *m* <mat> • carbon brick

Kohlenstoffstern *m* <astron> • carbon star

Kohlenstoff-Stickstoff-Zyklus *m* <nukl> • Carbon-
Nitrogen cycle; carbon cycle

kohlenstoffverarmt <metall> • carbon-depleted

Kohlenstoffverbindung *f* <chem> • carbon compound

Kohlenstoff-Verbrennung *f* <nukl> • Bethe-Weizsäcker
cycle; carbon-nitrogen cycle; carbon cycle

Kohlenstoffzyklus *m* <nukl> • Carbon-Nitrogen cycle;
carbon cycle

Kohlenstoß *m* <min> • coal face

kohlenstoßseitig <min> • coal-face side

Kohlentagebau *m* <min> *(Vorgang, Methode)* • opencast
coal mining; open-pit coal mining

Kohlentagebaubetrieb *m* <min> • opencast coal mine

Kohlenteer *m* <chem.petr> • coal tar

Kohlenteeröl *n* <chem.petr> • coal-tar oil; coal-tar pitch;
coal oil

Kohlentrübe *f* <min> • slurry slump

Kohlenübernahme *f* <logist> • coaling

Kohlenwasserstoff *m* (KW) <chem> • hydrocarbon
(HC)

Kohlenwasserstoffadsorber *m* <emiss> • hydrocarbon
adsorber

Kohlenwasserstoffe *mpl* (KW) <kfz.emiss> • hydrocarbons (HC)

Kohlenwasserstoffe ohne Methan *mpl* (NMHC)
<kfz.emiss> • non-methane hydrocarbons (NMHC)

Kohlenwasserstoffgas *n* <chem> • hydrocarbon gas

kohlenwasserstoffhaltiges Gas *n* <chem> • hydrocarbon gas

Kohlenwasserstoffkette *f* <chem> • hydrocarbon chain

Kohlenwasserstoff-Kunststoffe *mpl* <kst> • hydrocarbon plastics; HC plastics

Kohlenwasserstofflagerstätte *f* <geo> • natural hydrocarbon deposit; natural hydrocarbon source

kohlenwasserstofflöslich <chem> • hydrocarbon-
soluble

Kohlenwasserstoffreihe *f* <chem> • family of hydrocarbons

Kohlenwasserstoffverbindung *f* <chem> • hydrocarbon
(HC)

Kohlenwehr *n* <therm> • auxiliary fire bridge

Kohlepapier *n* <doku> *(für Durchschläge)* • carbon-base
paper; carbon paper

Kohlepulver *n* <mat> • powdered coal

Kohleschicht *f ugs* <min> • coal stratum; coal seam; coal
bed

Kohleschichtdrehwiderstand *m* <el> • carbon control
potentiometer; carbon track potentiometer; carbon potentiometer

Kohleschichtpotentiometer *n* <el> • carbon potentiometer

Kohleschichtwiderstand *m* <el> • carbon-film resistor;
carbon-deposited resistor

Kohleschiffchen *n* <chem> • carbon boat

Kohleschütttrichter *m* <förd> • coal hopper

Kohlestabofen *m* <metall> • carbon-bar furnace

Kohlestabwiderstand *m* <el> • rod-type carbon resistor

Kohlestaub *m* <emiss> • coal dust

Kohlestaub *m* <min> • breeze; coal dust

Kohlestaub *m* <verbr> *(unter Zugabe von Heißgasen gemahlene Kohle)* • pulverized coal; powdered coal; pulverised coal *GB*

Kohlestaubverbrennung *f* <verbr> • pulverized coal
combustion

Kohlestift *m* <el> *(z. B. als Zündverteiler-Mittelelektrode)*
• carbon pin

Kohlestift *m* <kunst> • charcoal pen

Kohletiegel *m* <metall> • carbon crucible

Kohleveredlung *f* <chem.verf> • coal conversion

Kohleverflüssigung *f* <chem.verf> • coal liquefaction

Kohlevergasung *f* <chem.verf> • coal gasification

Kohleverkokung *f* <chem.verf> • coal carbonization;
Kohleverschwelung *f*

Kohlevorkommen *n* <min> • coal deposit

Kohlevorschub *m* <tech.allg> • carbon feed

Kohlewäsche *f* <min> • coal cleaning; coal washing

Kohlewertstoffe *mpl* <chem> • coal chemicals

Kohlewiderstand *m* <el> • carbon resistor

Kohlewiderstandssäule *f* <el> • carbon pile

Kohlezeche *f prakt* <min> • coal mine; colliery; coal pit
coll

Kohlezwischenbunker *m* <energ> *(Kohlekraftwerk)*
• auxiliary coal hopper

Kohlrausch'sches Gesetz *n* <phys> • Kohlrausch law;
law of independent migration of ions

Kohlsaatöl *n* <tribo> • rapeseed oil; rape oil; colza oil

Kohlungsmittel *n* <metall> • carburizing agent; carburizing medium; carburizer

Koinzidenz *f wiss* <allg> *(von Ereignissen)* • coincidence

Koinzidenz *f wiss* <tech.allg> *(eher zufällig)* • coincidence

Koinzidenzanordnung *f* <tech.allg> • coincidence arrangement

Koinzidenzentfernungsmesser *m* <msr> • coincidence
range finder

Koinzidenzlibelle *f* <msr> *(Feinwerktechnik)* • coincidence level

Koinzidenzmethode *f* <msr> • coincidence method

Koinzidenzmikrofon *n* <av> • coincidence microphone

Koinzidenzschaltung *f* <msr> • coincidence circuit

Koinzidenzspeicher *m* <edv> • coincidence memory

Koinzidenzstromauslesen *n* <edv> • coincident current
read-out

Koinzidenzstromauswahl *f* <edv> • coincident current
selection

Koinzidenzstromkernspeicher *m* <edv> • coincident
current core memory

Koinzidenzstromkernspeicherung *f* <edv> • coincident
current core storage

Koinzidenzverstärker *m* <el> • coincidence amplifier

Koinzidenzzähler *m* <msr> • coincidence counter

koinzidieren *vi* <tech.allg> • coincide *vi*

Koje *f* <allg> • berth

Kokain *n* <chem> • cocaine; coke *coll*; snow *coll*

Kokain-Dealer *m* <ökon> • coke pusher

koken *vi* <chem.verf> • coke *vi*

Kokerei f <verf> • coke-carbonization plant; coke-oven plant; coking plant; cokery

Kokereianlage f <verf> • coke-carbonization plant; coke-oven plant; coking plant; cokery

Kokereigas n <verbr> • coke-oven gas; coal gas

Kokereiteer m <chem> • coke-oven tar

Kokille f <metall> *(Metallform für Kokillenguss)* • ingot mold; metal mold; permanent mold

kokillenberuhigter Stahl m <metall> • capped steel; ingot-killed steel

kokillengegossen <metall> • permanent-mold-cast

Kokillengießen n <prod> *(Vorgang allg.)* • permanent-mold casting; gravity diecasting; chill casting

Kokillenguss m <metall> • ingot casting; ingot pouring

Kokillenguss m <prod> *(Vorgang allg.)* • permanent-mold casting; gravity diecasting; chill casting

Kokillengusslegierung f <metall> • permanent-mold alloy; permanent-mold and die-casting alloy

Kokillengussteil n <metall> • permanent-mold casting

Kokillenschlichte f <metall> • mold wash

Kokon m <textil> *(Seide)* • cocoon

Kokonfaden m <textil> *(Seide)* • cocoon filament

Kokonhaspel f <textil> *(Seide)* • cocoon reel

Kokonseide f <textil> • floret silk; florette silk

Kokosfaser f <textil> *(für Matten, Seile etc.)* • coir; coconut fiber *US*; coconut fibre *GB*

Kokosfaser-Fußmatte f <innen> • coco mat

Kokosfett n <nahr> • coconut fat

Kokosöl n <tribo> • coconut oil

Koks m ugs <chem> • cocaine; coke *coll*; snow *coll*

Koks m <verbr> • coke

Koksaschenbeton m <bau.mat> • breeze concrete

Koksausdrückmaschine f <prod> • coke discharging machine; coke pushing machine; coke pusher

Koksausdrückstange f <prod> • coke pusher ram; coke ram

koksbeladen <mat> • coke-contaminated

Koksbrecher m <prod> • coke breaker; coke crusher

Koksfeinkohle f <verbr> • coking smalls

Koksförderband n <förd> • coke belt conveyor

Koksführungsschild m <prod> • coke guide

Koksführungswagen m <prod> • coke guide car

koksgefeuert <verbr> • coke-fired

Koksgenerator m <prod> • coke producer

Koksgrus m <verbr> *(gröber als Staub)* • coke breeze; coke screenings

Kokskammer f <prod> • coke chamber; coking chamber

Kokskohle f <verbr> • coking coal; short-flame coal

Kokskuchen m <verbr> • coke cake; coke button

Kokskühlrampe f <verf> *(Kokerei)* • coke bench; coke wharf

Kokslöschbeton m <bau.mat> • breeze concrete

Kokslösche f <verbr> *(gröber als Staub)* • coke breeze; coke screenings

Kokslöschen n <prod> • coke quenching

Kokslöschturm m <prod> • coke quenching tower

Kokslöschwagen m <prod> • coke quencher car; coke quenching car; flood car

Koksofen m <verbr> • coke oven; coking oven

Koksofenanlage f <prod> • coke-oven plant

Koksofenbatterie f <verf> *(typ. im Hüttenwerk, Teil der Kokerie)* • carbonization bench; coke-oven battery; retort bench

Koksofenfüllwagen m <förd> • coal-charging car

Koksofengas n <verbr> • coke-oven gas; coal gas

Koksofenkammer f <prod> • coke-oven chamber; coking chamber

Koksrampe f <verf> • coke bench; coke wharf

Koksroheisen n <metall> • coke pig

Koksrückstand m <verbr> • carbon residue

Koksseite f <prod> • coke-discharge side; coke side

Koksseparation f <prod> • coke screening; coke separation

Koksstaub m <verbr> • breeze; coke screenings

Kokstransportband n <förd> • coke belt conveyor

Kokungsdestillationsanlage f <verf> • coking still

Kokungsvermögen n <prod> • coking power

Kokungszeit f <prod> • coking time

Kolbe'sche Paraffinsynthese f <chem.verf> • Kolbe electrolysis reaction; Kolbe hydrocarbon synthesis

Kolben m <chem> • bulb

Kolben m <el> • envelope

Kolben m <hydr> • bucket

Kolben m <masch> *(Schneckenpresse)* • pommel

Kolben m <masch> *(Presse)* • ram

Kolben m <masch> *(Motor, Pumpe, Verdichter, Hydraulik)* • piston

Kolben m <masch> *(Tauchkolben)* • plunger

Kolben m <masch> • plunger

Kolben m <mil> • butt

Kolben m <silik> • flask

Kolben n <petr> • swabbing

Kolbenabsatz m <kfz.brems> *(Scheibenbremse)* • piston face recess

Kolbenabsatzwinkel m <kfz.brems> *(Scheibenbremse)* • piston face recess angle

Kolbenabschwächer m <phys> • piston attenuator

Kolbenanguss m <kfz.mot> • piston web

Kolbenantrieb m <masch> • piston drive

Kolbenauge n <mot> • piston boss

Kolbenbeaufschlagung f <mot> • piston load

kolbenbetätigt <tech.allg> • piston-operated

kolbenbetätigt <masch> *(Tauchkolben)* • plunger-operated

Kolbenblasmaschine f <prod.silik> • glass-bulb blowing machine; glass-bulb forming machine

Kolbenblitzlampe f <phot> • flash bulb

Kolbenboden m DIN ISO 7967-2 <kfz.mot> • piston crown; piston top *ISO 7967-2*; piston head

Kolbenbohrung f <masch> • piston bore

Kolbenbolzen m <masch> • piston pin; gudgeon pin *GB*; wrist pin *US*

Kolbenbolzenauge n <kfz.mot> *(im Kolben)* • piston pin boss; gudgeon-pin hole

Kolbenbolzenauszieher m <wz> • gudgeon-pin extractor

Kolbenbolzenbuchse f <kfz.mot> • small-end bush; piston pin bushing; little end bush *rare*

Kolbenbolzenbuchse f <mot> • small end bush; piston-pin bushing; gudgeon-pin bushing *rare*; little end bush *rare*

Kolbenbolzenbüchse f rar <kfz.mot> • small-end bush; piston pin bushing; little end bush *rare*

Kolbenbolzenlager n <kfz.mot> *(in Pleuelstange)* • small end bearing

Kolbenbolzenlager n <kfz.mot> *(im Kolben)* • piston pin boss; gudgeon-pin hole

Kolbenbolzensicherung f <kfz.mot> • piston pin circlip; gudgeon pin circlip *GB*; wrist pin snap ring *US*; piston pin lock

Kolbenbüchse f <masch> • piston box; piston-boss bushing

Kolbendämpfer m <kfz.mot> *(in SU- oder Stromberg-Vergaser)* • piston damper; damper piston; carburetor damper *pract*

Kolbendämpfungsglied n <phys> • piston attenuator

Kolbendampfmaschine f <masch> • piston steam engine; reciprocating steam engine

Kolbendeckelschraube f <masch> • junk ring pin

Kolbendichtung f <hydr/pneum> *(zw. Kolben und Zylinder)* • piston seal

Kolbendosierpumpe f <masch> • piston-type metering pump

Kolbendrehzange f <kfz.brems> • piston-rotating pliers

Kolbendruckgussmaschine f <wz.masch> • piston die-casting machine; plunger die-casting machine

Kolben-Druckstufenventil n <kfz> *(Zweirohr-Stoßdämpfer)* • piston relief valve; piston intake valve

Kolben-Druckventil n <kfz> *(Zweirohr-Stoßdämpfer)* • piston relief valve; piston intake valve

Kolbendurchmesser m <tech.allg> • piston diameter

Kolbenextruder m <kst> • ram extruder

Kolbenfeder f <tech.allg> • piston spring

Kolbenfeder f <masch> *(bei Tauchkolben)* • plunger spring

Kolbenfeder f <masch> *(federnder Kolbenring)* • snap piston ring

Kolbenfederteller m <masch> • plunger spring plate

Kolbenfenster n <mot> *(2-Takt-Mot.)* • window port; cut-out *pract*

Kolbenfläche f <masch> • piston area

Kolbenfressen n <masch> • seizing of the piston

Kolbenfresser m *prakt.ugs* <kfz.mot> • piston seizure; seized piston *pract*; freezing up

Kolbengebläse n <masch> • piston blower

Kolbengeschwindigkeit f <masch> • piston speed

kolbengesteuerter Einlass m <kfz.mot> *(bei 2-Takt-Motoren)* • third port induction

kolbengesteuerter Motor m <kfz> • piston-ported engine

kolbengesteuerter Schlitz m <masch> • piston-controlled port

kolbengesteuerter Zweitaktmotor m <mot> • piston-ported two-stroke engine

Kolbengleitbahnkraft f <masch> • piston-cylinder side thrust

Kolbenhalter m <licht> *(Lampenkolben)* • bulb holder

Kolbenheber m <kfz.mot> *(SU- oder Stromberg-Vergaser)* • piston lifter

Kolbenhemd n DIN ISO 7967-2 <masch> *(dient zur Führung des Kolbens)* • piston skirt ISO 7967-2

Kolbenhingang m <masch> • forward piston stroke

Kolbenhub m <tech.allg> • piston stroke

Kolbenhub m *rar* <kfz.mot> *(lineare, reziproke Bewegung; z. B. Kolben in Zylinder)* • stroke; travel

Kolbenhub m <masch> *(bei Tauchkolben)* • plunger stroke

Kolbenindikator m <masch> • piston indicator

Kolbenkippen n <kfz.mot> • piston slap; piston rocking

Kolbenklemmer m *prakt* <kfz.mot> • piston seizure; seized piston *pract*; freezing up

Kolbenkompressor m <masch> • piston compressor; piston-type compressor

Kolbenkopf m <kfz.mot> • piston crown; piston top ISO 7967-2; piston head

Kolbenkraftdiagramm n <masch> • piston pressure-time diagram

Kolbenkraftmaschine f <masch> *(allg.; Hub- und Kreiskolben)* • piston engine

Kolbenkraftmaschine f <masch> *(mit Hubkolben)* • reciprocating engine; reciprocating piston engine

Kolbenladepumpe f <kfz.mot> • piston charging pump; reciprocating pump

Kolbenlader m <mot> • displacement supercharger

Kolbenlängsschieberventil n <rls> • linear displacement spool valve

Kolbenlaufspiel n <kfz.mot> • piston-in-cylinder clearance; skirt-to-wall clearance; piston-to-wall clearance; wall clearance; piston play *pract*

Kolbenlöten n <füg> • copper-bit soldering

Kolbenmanometer n <msr> • piston-type pressure gauge

Kolbenmanschette f <masch> • piston seal

Kolbenmantel m *rar* <masch> *(dient zur Führung des Kolbens)* • piston skirt ISO 7967-2

Kolbenmarkierung f <kfz.mot> • piston mark

Kolbenmaschine f <masch> *(allg.; Kraft- od. Arbeitsmaschine)* • piston machine

Kolbenmaschine f <masch> *(allg.; Hub- und Kreiskolben)* • piston engine

Kolbenmaschine f <masch> *(mit Hubkolben)* • reciprocating engine; reciprocating piston engine

Kolbenmembran f <kfz.mot> *(z. B. in SU- oder Stromberg-Vergaser)* • piston diaphragm

Kolbenmembranpumpe f <masch> • piston diaphragm pump

Kolben mit Kolbenfenster m <kfz.mot> • ported-skirt piston

Kolbenmotor m <kfz.mot> • piston engine

Kolbennase f <mot> *(zum Verwirbeln des Ansaugstromes)* • deflector

Kolbennut f <kfz.mot> • piston ring groove

Kolbennutenreiniger m <kfz.wz> • piston ring groove cleaner; ring groove cleaner

Kolbenoberteil n <masch> *(Teil, auf das der Gasdruck wirkt, samt Kolbenringen)* • piston crown

Kolbenpresse f <tech.allg> *(z. B. zum Verdichten)* • hydraulic press; ram-type press

Kolbenpumpe f <förd> *(allg.)* • piston pump

Kolbenpumpe f *prakt* <förd> • reciprocating pump; positive displacement reciprocating pump *form*; reciprocating positive displacement pump *form*; reciprocating piston pump

Kolbenpumpe f <förd> *(mit Tauchkolben)* • plunger pump; ram pump

Kolbenpumpe f <kfz.mot> *(Ölpumpe)* • plunger pump

Kolbenpumpe f <masch> *(z. B. fußbedient für Wagenheber)* • jack pump

Kolbenring m DIN ISO 6621-1 <mot> • piston ring ISO 7967-2

Kolbenringflattern nsg <kfz.mot> • piston ring flutter sg

Kolbenringfuge f <mot> • piston-ring joint

Kolbenringnut f <kfz.mot> • piston ring groove

Kolbenringraum m <kfz.brems> *(Hauptzylinder)* • piston annulus

Kolbenringschleifmaschine f <wz.masch> • piston-ring grinding machine

Kolbenringschließband n <kfz.wz> *(zum Kolbeneinsetzen)* • piston ring compressor; piston ring clamp GB; piston-ring tightener

Kolbenringschloss n <mot> • piston-ring lock

Kolbenringsicherung f <kfz.mot> *(bei 2-Taktern; verhindert Wandern der Kolbenringe)* • piston ring stop; piston ring pin; locating pin; peg *pract*; piston ring stop peg *rare*

Kolbenringsicherungsstift m *rar* <kfz.mot> *(bei 2-Taktern; verhindert Wandern der Kolbenringe)* • piston ring stop; piston ring pin; locating pin; peg *pract*; piston ring stop peg *rare*

Kolbenringspannband n <kfz.wz> *(zum Kolbeneinsetzen)* • piston ring compressor; piston ring clamp GB; piston-ring tightener

Kolbenringspanner m <kfz.wz> *(zum Kolbeneinsetzen)* • piston ring compressor; piston ring clamp GB; piston-ring tightener

Kolbenringspannzange f <kfz.wz> • piston ring compressor pliers

Kolbenringsteg m <mot> • piston ring land

Kolbenringzange f <kfz.wz> • piston ring expander; ring expander *pract*; piston ring installer; piston ring pliers GB

Kolbenrückgang *m* <masch> • return piston stroke

Kolbenrückholfeder *f* <kfz.brems> *(Unterdruckbremskraftverstärker)* • power diaphragm return spring

Kolbenrücklauf *m* <kfz.mot> *(bei Tauchkolben)* • plunger return

Kolbenrücksetzzange *f* <kfz.wz> • disk brake piston tool *US*; disk brake pad spreader *US*; piston retracting tool *GB*

Kolbenrückstellfeder *f* <kfz.brems> *(Hauptzylinder)* • piston return spring

Kolbensatz *m* <masch> • set of pistons

Kolbenschaft *m prakt* <masch> *(dient zur Führung des Kolbens)* • piston skirt *ISO 7967-2*

Kolbenschieber *m* <tech.allg> • cylindrical slide valve; piston-type slide valve; piston valve

Kolbenschiebereinsatz *m* <masch> • piston valve liner

Kolbenschiebergehäuse *n* <masch> • piston valve chest

Kolbenschiebersteuerung *f* <masch> • piston valve gear

Kolbenschnecke *f* <kst> *(Spritzgießmaschine)* • reciprocating screw

Kolbenschwärzung *f* <el> *(von Glühlampenglas)* • lamp blackening; bulb blackening *pract*; blackening *coll*

Kolbensetzmaschine *f* <prod> • piston jig; plunger jig

Kolbenspiel *n* <kfz.mot> • piston-in-cylinder clearance; skirt-to-wall clearance; piston-to-wall clearance; wall clearance; piston play *pract*

Kolbenspritzgießm. mit Schneckenplastifizierung *f* <kst> • two-stage screw-plunger machine

Kolbenspritzgießmaschine *f* <kst> • piston injection molding machine; plunger injection molding machine; piston machine; plunger machine; ram machine

Kolbenspritzgießmaschine mit Kolbenvorplastifizierung *f* <kst> • two-stage plunger-plunger machine

Kolbenspritzgussmaschine *f obs.rar* <kst> • piston injection molding machine; plunger injection molding machine; piston machine; plunger machine; ram machine

Kolbenspülpumpe *f* <masch> • piston-type scavenging pump

Kolbenstange *f* <tech.allg> • piston rod

Kolbenstange *f* <kfz> *(in Teleskopstoßdämpfer, Federbein)* • shock absorber shaft; damper rod *pract*; shock rod *jarg*

Kolbenstange *f* <kfz.brems> *(in Hauptzylinder oder Bremskraftverstärker)* • push rod; hydraulic push rod *rare*

Kolbenstangenbund *m* <masch> • piston rod collar

Kolbenstangenführung *f* <kfz> *(Stoßdämpfer)* • piston rod guide; rod guide

Kolbenstellantrieb *m* <hydr> • piston actuator

Kolbenstellung *f* <kfz.mot> • position of the piston

Kolbenstrangpresse *f* <kst> • ram-type extrusion press; ram extruder

Kolbenstrangpressen *n* <kst> • ram extrusion

Kolbentotlage *f* <masch> • piston dead center *US*; piston dead centre *GB*

Kolbentotpunkt *m* <masch> • piston dead center *US*; piston dead centre *GB*

Kolbenträger *m* <silik> • flask holder

Kolbenumsteuerventil *n* <rls> • reversing piston valve

Kolbenunterteil *n DIN ISO 7967-2* <masch> *(dient zur Führung des Kolbens)* • piston skirt *ISO 7967-2*

Kolbenventil *n* <kfz> *(in Zweirohr-Stoßdämpfer)* • piston valve; rebound-relief valve; double-acting valve

Kolbenventil *n* <kfz.antr> *(Hydraulik im Automatikgetriebe)* • spool valve

Kolbenventil *n* <rls> *(allg.)* • plunger valve; piston valve

Kolbenverdichter *m* <masch> *(allg.)* • piston compressor

Kolbenverdichter *m* <masch> *(mit Hubkolben)* • reciprocating compressor

Kolbenverdrängung *f* <masch> • piston displacement

Kolbenverstärkung *f* <kfz.mot> • piston web

Kolbenviskosimeter *n* <msr> • piston-type viscometer; piston-type viscosimeter

Kolbenvorlauf *m* <masch> • forward stroke; piston forward stroke

Kolbenwandung *f* <masch> • piston wall

Kolbenwassermesser *m* <msr> • piston water meter

Kolbenwegdruckdiagramm *n* <masch> • piston position-time diagram

Kolbenwerkstoff *m* <tech.allg> • piston material

Kolbenzähler *m* <rls.msr> • piston-type flowmeter; piston meter

Kolben-Zugstufenventil *n* <kfz> *(Zweirohr-Stoßdämpfer)* • rebound valve; extension valve

Kolben-Zugventil *n* <kfz> *(Zweirohr-Stoßdämpfer)* • rebound valve; extension valve

Kolk *m* <hydr.geo> • underwashing

Kolkbildung *f* <hydr> *(Erosion durch Stromschnellen, Wasserfall)* • cataract action

Kolkbildung *f* <wz.masch> *(Erosionsvorgang in Spanfläche)* • cratering

kolkfest <wz> • crater-resistant

Kolklippenbreite *f* <wz.masch> *(Spanfläche)* • crater lip width

Kolkung *f* <wz.masch> *(Resultat: Krater in Spanfläche)* • crater

Kolkung *f* <wz.masch> *(Erosionsvorgang in Spanfläche)* • cratering

Kolkverschleiß *m* <wz.masch> *(Spanfläche)* • crater wear; cratering wear *rare*

Kolkwirbel *m* <geo.hydr> *(Flußbett)* • whirlpool

Kollabieren *npl* <tech.allg> • collapse

kollabieren *vi* <tech.allg> *(Tragwerk, Strukturteile; z. B. Rahmen, Träger)* • collapse *vi*

kollabieren *vi* <tech.allg> *(z. B. Bauwerk, Höhle, Kartenhaus)* • collapse *vi*

kollabierter Längsträger *m* <kfz> • collapsed side member

Kollagen *n* <led> *(Fasereiweißstoff)* • collagen

Kollagen-Fasergeflecht *n* <led> *(Haut)* • collage fiber network

Kollagenose *f* <med> • connective tissue disease; collagenosis; collagen disease

kollationieren *vt* <druck> *(Seiten, Druckbögen)* • collate *vt*

Kollationiermaschine *f* <druck> • collating machine; gathering machine *rare*

Kollationier- und Heftmaschine *f* <druck> • gatherer-stitcher

kollektiver Beschleuniger *m* <nukl> • collective accelerator

Kollektivkernmodell *n* <phys> • collective model of nucleus

Kollektivmodell *n* <phys> • collective model of nucleus

Kollektor *m* <tech.allg> • collector

Kollektor *m* <chem.verf> *(Flotation)* • collecting agent; promoting agent; promoter

Kollektor *m* <el> *(in Gleichstromgenerator)* • collector; commutator

Kollektor *m* <el> *(Elektrode)* • collector electrode

Kollektor *m ugs* <el> *(in Motor oder Gleichstromgenerator)* • commutator

Kollektor *m* <el.ic> *(bei bipolaren Transistoren)* • collector

Kollektor *m prakt* <energ.sol> *(zur Wärmeerzeugung)* • solar collector; collector *pract*

Kollektor *m* <phys> *(Geophysik)* • potential probe

Kollektor *m* <rls> *(z. B. für Abwasser, Wasser-Dampf-Gemisch (Dampferzeuger))* • collector; collecting pipe; header

Kollektorabdeckung f <energ.sol> • collector cover; cover glazing; glazing

Kollektoranlage f <energ.sol> • collector system

Kollektoranschluss m <el> • collector terminal

Kollektor-Basis-Reststrom m <el> • collector-base cut-off current

Kollektorbauart f <energ.sol> • type of collector

Kollektordiffusionsisolation f <el> (Material) • collector diffusion insulation

Kollektordiffusionsisolation f <el> (Verfahren) • collector diffusion insulation technique

Kollektordurchbruch m <el> (Halbleiter) • collector breakdown

Kollektoreinbau m <energ.sol> (z. B. in einen Rahmen) • collector installation

Kollektorelektrode f <el> • collector electrode

Kollektor-Emitter-Spannung f <el> (Transistor) • collector-emitter voltage

Kollektorfeld n <energ.sol> • collector field

Kollektorfläche f <energ.sol> • collector area

Kollektorgehäuse n <energ.sol> • collector box; collector casing; collector container

Kollektorkanal m <agri> (Bananenplantagenentwässerung) • principal canal; collector [canal]

Kollektorkasten m <energ.sol> • collector box; collector casing; collector container

Kollektorkreis m <energ.sol> • transfer fluid loop; collector loop; primary circuit

Kollektorkreislauf m <hlk> (Solekreislauf von Erdreichkollektoren) • ground loop

Kollektorkreislauf m <hlk> (von Sonnenkollektoren) • collector loop; collector circuit

Kollektorlager[schild] n <kfz.el> (Starter) • commutator end shield; commutator end frame

Kollektorlastwiderstand m <el> (als Größe) • collector-load resistance

Kollektorlastwiderstand m <el> (als Bauteil) • collector-load resistor

Kollektorleckstrom m rar <el> (Halbleiter) • collector residual current; collector leakage current

Kollektorleuchtfeldblende f <opt> • collector iris diaphragm

Kollektormodul m <energ.sol> • collector module

Kollektormontage f <energ.sol> (typ. auf dem Dach) • collector mounting

Kollektormotor m <el> • collector motor

Kollektorneigung f <energ.sol> • collector tilt

Kollektornutzleistung f <energ.sol> • collector performance

Kollektorpaneel n <energ.sol> • collector panel

Kollektorpumpe f <energ.sol> (Umwälzpumpe) • collector pump

Kollektorrahmen m <energ.sol> • collector box; collector casing; collector container

Kollektorreststrom m <el> (Halbleiter) • collector residual current; collector leakage current

Kollektorsättigungsspannung f <el> (Halbleiter) • collector saturation voltage

Kollektorschaltung f <el> • common collector; common collector configuration; common collector connection; common-collector circuit; grounded collector circuit

Kollektorspannung f <el> (an Generator) • commutator voltage; collector voltage

Kollektorsperrschicht f <el> (Transistor) • collector barrier; collector depletion layer

Kollektorsperrstrom m <el> (Transistor) • collector cut-off current

Kollektorspitzenspannung f <el> • collector peak voltage

Kollektorstrom m <el> • collector current

Kollektorstruktur f <energ.sol> (von Solarkollektoren; z. B. zur Dachmontage) • collector structure; collector mounting base; supporting structure; collector pedestal; pedestal pract

Kollektortemperatur f <energ.sol> • collector temperature

Kollektortragstruktur f <energ.sol> (von Solarkollektoren; z. B. zur Dachmontage) • collector structure; collector mounting base; supporting structure; collector pedestal; pedestal pract

Kollektortyp m <energ.sol> • type of collector

Kollektorübergang m <el> (Halbleiter) • collector junction

Kollektorumhüllung f <energ.sol> • cover tube; glass envelope

Kollektorverlustleistung f <el> (Halbleiter) • collector dissipation

Kollektorwiderstand m <el> (als Größe) • collector resistance

Kollektorwiderstand m <el> (als Bauteil) • collector resistor

Kollektorwirkungsgrad m <energ.sol> • collector efficiency

Kollektorzone f <el> (Halbleiter) • collector region

Kollergang m <prod> (Mühle, Mischtrommel) • edge runner [mill]; edge-running machine; mulling machine; pan crusher/grinder; pug mill

Kollergang mit perforierter Mahlbahn m <prod> • perforated edge mill

Kollermühle f <prod> (Mühle, Mischtrommel) • edge runner [mill]; edge-running machine; mulling machine; pan crusher/grinder; pug mill

kollern vt <prod> • mull vt

kollidieren vi <tech.allg> (allg.; bewegte Objekte) • collide vi; come into collision with vi

kolligativ <phys/chem> • colligative

Kollimation f <opt> (Parallelbündelung; z. B. von Laserstrahlen) • collimation

Kollimationsfernrohr n <opt> • collimating telescope

Kollimationslinse f <opt> (zur Parallelbündelung) • collimating lens

Kollimationsspalt m <opt> • collimating slit

Kollimationsspiegel m <opt> • collimation mirror

Kollimator m <opt> • collimator

Kollimatorvisier n <mil> • collimating sight; reflecting sight

kollimieren vt <opt> (Strahlen; parallel bündeln) • collimate vt

kollimierter Strahl m <opt> • collimated beam

kollinear <math> (auf derselben Geraden; z. B. Kräfte, Geschwindigkeitsvektoren) • collinear

kollineare Abbildung f <math> • collineation

kollineare Laserspektroskopie f <opt> • collinear laser spectroscopy

Kollineation f <math> • collineation

Kollision f <allg> (z. B. von Fahrzeugen, Terminen, Atomen) • collision

Kollisionserkennung f <tech.allg> (protokolliert) • collision reports

Kollisionserkennung f <tech.allg> (Suche nach Kollisionspunkten) • collision detection

Kollisionsfreiheit f <prod> (von Kränen, Robotern etc.) • operating clearance

Kollisionsmatte f <nav> • collision mat

Kollisionsraum m <autom> (von Robotern etc.) • collision zone

Kollisionsschott n <nav> • collision bulkhead

Kollisionsschutzradar n <navig> • anticollision radar

Kollisionsverhütung f <navig> • collision avoidance

Kollisionsverhütungssystem *n :V* <kfz> • crash avoidance system *SUS SP-1332*

Kollo *n*; **pl: Kolli** <pack> • package unit; shipping unit; package *pract*; parcel of goods *rare*

Kollodiumwolle *f* <chem> *(löslich; weniger nitriert als Schießbaumwolle; hauptsächlich $C_6H_7N_3O_1$)* • nitrocellulose (NC); cellulose nitrate; collodion wool; soluble gun cotton; pyroxylin

kolloid <chem> • colloid *adj*

Kolloid *n* <chem> • colloid; colloidal matter

kolloidal <chem> • colloid *adj*

kolloidale Lösung *f* <chem> • colloidal solution

kolloidaler Stoff *m* <chem> • colloid; colloidal matter

Kolloidchemie *f* <chem> • colloid chemistry

kolloiddispers <chem> • colloid-disperse

Kolloidelektrolyt *m* <chem> • colloidal electrolyte

Kolloidgraphit *m* <chem> • colloidal graphite

Kolloidmühle *f* <verf> • colloid mill

Kolloidteilchen *n* <chem> • colloidal particle

Kollokation *f* <doku> • collocation

Kollotypie *f* <druck> • collotype; photogelatin printing

Kolloxylin *n* <chem> *(löslich; weniger nitriert als Schießbaumwolle; hauptsächlich $C_6H_7N_3O_1$)* • nitrocellulose (NC); cellulose nitrate; collodion wool; soluble gun cotton; pyroxylin

Kolonne *f* DIN 28016 <verf> *(z. B. Destillation, Säure)* • column; tower

Kolonnendestillation *f* <chem.verf> • column distillation

Kolonnenionisation *f* <phys> • columnar ionization

Kolonnenwirkungsgrad *m* <chem> • column efficiency

Kolophoniumflussmittel *n* <füg> *(Löten)* • rosin flux; rosin-type flux

Kolophoniumflussmittelseele *f* <füg> • rosin flux core

Kolophoniumlötdraht *m* <füg> • rosin-core solder; rosin-cored solder

Koloquinte *f* <bio> • bitter cucumber; citrullus colocynthis

kolorieren *vt* <obfl> *(nachträglich mit Farbe versehen)* • color *vt US*; colour *vt GB*

Kolorimeter *n* <chem.msr> • colorimeter

Kolorimetrie *f* <chem.msr> • colorimetry

kolorimetrisch <chem.msr> • colorimetric

kolorimetrische Analyse *f* <chem.msr> • colorimetric analysis

kolossaler Magnetowiderstand *m* <edv> *(Magnetköpfe für Festplatten)* • colossal magnetoresistance (CMR)

Kolposkop *n* <med.tech> • colposcope

Kolumne *f* <druck> *(z. B. in Wörterbuch, Zeitung)* • column

Kolur *m* <astron> *(Himmelskreis)* • colure

Kolza *m rar* <agri> • rape; colza *rare*; brassica rapus olifera *thsc*

Kolzaöl *n* <tribo> • rapeseed oil; rape oil; colza oil

KOM <nfz> *(allg.)* • bus *stand*; coach *US*; motorbus *rare*; autobus *obs*; omnibus *obs*

Koma *f* <opt.astron> • corna; asymmetric optical aberration

Koma *n* <bio> • coma; comatose condition; comatose state

komafrei <opt.astron> • coma free

Komarestfehler *m* <opt> • residual chromatic aberration

Kombi *f ugs* <kfz.bekl> *(z. B. Leder-, Regenkombi)* • combi suit; riding suit

Kombi *m prakt.ugs* <kfz> • station wagon (wgn) *US*; estate car *GB*; wagon *US.pract.coll*; estate *GB.pract.coll*

Kombianlage *f* <energ> *(Gas/Dampf)* • combined gas and steam turbine generating plant

Kombi-Blechschraube *f* DIN EN ISO 10669 <füg> • tapping screw and washer assembly *DIN EN ISO 10669*

Kombifilter *m* <tech.allg> • combination filter *:V*

Kombifilter *m* <kfz.emiss> *(für Diesel-Pkw)* • electrochemical particulate filter *:V*; electrostatic diesel filter *:V*

Kombi-Gewindebohrer *m rar* <wz> • drill tap; combination drill and tap; combined tap and [core] drill

Kombihebel *m* MB <kfz.msr> *(an Lenksäule)* • multi-function control stalk

Kombi-Instrument *n* <kfz.msr> *(untrennbare Einzelinstrumente)* • instrument cluster

Kombikopf *m* <av> • recording/playback head; record/playback head; recording/reproducing head; combination head

Kombikraftwerk *n* <energ> *(Wärme und Strom)* • combined heat and power station (CHP)

Kombikraftwerk *n* <energ> *(Gas/Dampf)* • combined gas and steam turbine generating plant

Kombi-Ladeflächenmatte *f* <kfz> • station wagon cargo area mat

Kombilaufwerk *n* <edv> • multifunctional drive; multifunction drive; dual-media drive

Kombilimousine *f form* <kfz> • station wagon (wgn) *US*; estate car *GB*; wagon *US.pract.coll*; estate *GB.pract.coll*

Kombi mit Holzaufbau *m* <kfz> • woodie *US.coll*; shooting brake *GB*

Kombination *f* <allg> • combination

Kombinationsantrieb *m* <füg> *(Schraubenkopf)* • dual drive; dual drive system

Kombinationsdünger *m* <agri.chem> • compound fertilizer *US.GB*; multinutrient fertilizer *US.GB*

Kombinationseis *n* <nahr> *(Speiseeis)* • combination ice cream *V:*

Kombinationsfärbung *f* <textil> • combination dyeing

Kombinationsfalzapparat *m* <druck> • pinless combination folder

Kombinationsfenster *n* <bau> *(z. B. Drehkippfenster)* • dual-action window

Kombinationsfrequenz *f* <el> • combination frequency

Kombinationshump *m* (CH) <kfz> • combination hump (CH)

Kombinationsimpfstoff *m* <med> • polyvalent vaccine; mixed vaccine; multivalent vaccine

Kombinationskopf *m* <av> • recording/playback head; record/playback head; recording/reproducing head; combination head

Kombinationslehre *f* <math> *(Lehre der Permutationen, Variationen, Kombinationen)* • combinatorics; combinatorial analysis

Kombinationsleitwert *m* <el> • combined conductivity

Kombinationsmelder *m* <alarm> • dual technology detector; dual intruder detector; dual detection device; combination detector/sensor; combined technology detector

Kombinationsplattform *f* <petr> • hybrid platform

Kombinationspräparat *n* <pharm> • compound

Kombinationsring *m* <nfz> *(Rad)* • split side ring; combination ring; spring flange *US*

Kombinationsschaden *m* <nukl.med> • combined injury

Kombinationsschalter *m* <el> • combination switch; multiple switch

Kombinationsschaltung *f* <el> • combinational circuit

Kombinationsskala *f* <msr> • combination scale

Kombinationstest *m* <med> *(z. B. auf HIV)* • combined test

Kombinationstherapie *f* <med> • combined drug therapy

Kombinationston *m* <akust> • combination tone

Kombinationstrockner *m* <verf> • combination drier

Kombinationswinkel *m* <wz> *(Messwerkzeug)* • combination square; machinists' combination square *US*

Kombinationszange *f* DIN ISO 5742 <wz> *(gezahnte Greifbacken, Aussparung zum Greifen runder Teile, Drahtschnei)* • combination pliers *GB*; engineers' pliers *GB*

Kombination verschiedener Sanierungstechniken *f :V* <ents> • treatment trains *pl*

Kombinatorik *f* <math> • combinatorial analysis

Kombinatorik *f* <math> *(Lehre der Permutationen, Variationen, Kombinationen)* • combinatorics; combinatorial analysis

kombinatorisch <math> • combinatorial

kombinatorische Logik *f* <math> • combinational logic

Kombine *f DDR* <agri> • combine-harvester; harvester-thresher *rare*

kombinierbar <tech.allg> *(zueinander passend; z. B. Werkzeuge, Geräte, Bekleidung, Möbel)* • compatible

kombinierbar <kunst> *(Pigmente, Farben)* • miscible; mixable

kombinieren *vt* <allg> *(verbinden)* • combine *vt*

kombinieren *vt* <tech.allg> *(koppeln)* • couple *vt*

kombinierte Ablagerung *f* <ents> • co-disposal; co-deposition

kombinierte Biege- und Torsionsbelastung *f* <qualit.mat> • combined bending and torsion [load]

kombinierte Gas- und Dampfturbine *f* (GuD) <energ> • combined gas and steam turbine

kombinierte Gas- und Dampfturbinenanlage *f* <energ> *(Gas/Dampf)* • combined gas and steam turbine generating plant

kombinierte Luft-/Ölkühlung *f* <kfz> *(z. B. SACS)* • combined air/oil engine cooling

kombinierte Maßnahmen *fpl* <emiss> • combination of combustion modifications

kombinierte Parallel-/Serienschaltung *f* <energ.sol> *(von Kollektoren, Solarzellen)* • series parallel connection

kombinierter Aufnahme-Wiedergabe-Kopf *m* <av> • combined recording-reproducing head; record-repeat head

kombinierter Flockungskläapparat *m* <verf.hydr> *(Abwasseraufbereitung)* • reactor-clarifier; flocculation tank

kombinierter Gabel- und Gelenksteckschlüssel *m* *form* <wz> • combination flex-head wrench; flex-head combination wrench; combination end/socket wrench *form*; open-end/socket [end] wrench *form*

kombinierter Gelenkschlüssel *m* <wz> • combination flex-head wrench; flex-head combination wrench; combination end/socket wrench *form*; open-end/socket [end] wrench *form*

kombinierter Lese-Schreib-Kopf *m* <edv> • combined read-write head

kombinierter Melder *m* <alarm> • dual technology detector; dual intruder detector; dual detection device; combination detector/sensor; combined technology detector

kombinierter Nebenwiderstand *m* <el> • universal shunt

kombinierter Rücken *m DIN ISO 2424* <innen> *(textiler Bodenbelag)* • attached underlay *ISO 2424*

kombinierter Verkehr *m* <logist> • intermodal transport

kombinierter Widerstand *m* <el> *(als Größe)* • joint resistance

kombiniertes AT-Schweißen *n* <füg> • thermit-combined welding

Kombinierte Schleifscheiben- und Bandschleifmaschine *f* <wz.masch> • disk/belt sander

kombiniertes Durchlaufverfahren *n* <prod> *(Gewindewalzen)* • combined radial and through-feed rolling *:V*

kombiniertes Einstech-Axialschubverfahren *n* <prod> *(Gewindewalzen)* • combined radial and through-feed rolling *:V*

kombiniertes Einstech-Durchlaufverfahren *n* <prod> *(Gewindewalzen)* • combined radial and through-feed rolling *:V*

kombiniertes Gieß/Walz-Verfahren *n did* <metall> • compact strip production (CSP)

kombinierte Spannungen *fpl* <mech> *(z. B. Biegespannung und Torsionsspannung)* • combined stresses

kombiniertes Sende-Empfangs-Gerät *n* <tele> • transmit-receive set; transceiver

kombiniertes Spantensystem *n* <nav> • combination framing

kombiniertes Spritz-/Tauchverfahren *n* <obfl> • combined spray/immersion process; spray/immersion process; spray/dip treatment; combined spray/dip treatment

kombiniertes Strom-/Datenkabel *n* <navig> • power/data cable

kombiniertes Zünd- und Einspritzsystem *n did* <kfz.el> • engine management system *Bosch*; injection and ignition system; Motronic *Bosch*; General Engine Management System, GEMS *Jaguar*

Kombiring *m prakt* <nfz> *(Rad)* • split side ring; combination ring; spring flange *US*

Kombischalter *m prakt.MB* <kfz.msr> *(an Lenksäule)* • multi-function control stalk

Kombi-Schraube *f* <füg> *(mit unverlierbaren Unterlegteilen)* • screw with captive washer

Kombi-Stapler *m prakt* <logist> *(hebt Last und Bedienstand; für Regalgassen)* • high-lift picking truck; driver-elevating order picker; narrow-aisle order picker truck; high-level order picker; high-lift order picker

Kombiventil *n :V* <kfz.brems> • combination valve

Kombiverkehr *m* <logist> • intermodal transport

Kombiversion *f* <kfz> *(einer Limousine)* • station wagon derivative *US*; estate derivative *GB*

Kombi-Volt-/Ampèremeter *n* <el.msr> • voltmeter/ammeter; combination voltmeter/ammeter *rare*

Kombiwagen *m obs* <kfz> • station wagon (wgn) *US*; estate car *GB*; wagon *US.pract.coll*; estate *GB.pract.coll*

Kombiwinkel *m* <wz> *(Messwerkzeug)* • combination square; machinists' combination square *US*

Kombizange *f* <wz> *(typische Allzweckzange, unabhängig von Bauartdetails)* • general purpose pliers; combination pliers *GB*; slip joint pliers *US*

Kombizange *f* <wz> *(gezahnte Greifbacken, Aussparung zum Greifen runder Teile, Drahtschnei)* • combination pliers *GB*; engineers' pliers *GB*

Komet *m* <astron> • comet

kometarische Ströme *mpl* <astron> • comet streams

kometenartig <astron> • cometary

Kometenbahn *f* <astron> • cometary orbit

Kometenkern *m* <astron> • comet nucleus

Kometenschweif *m* <astron> • comet tail

kometenschweifartiger Abbildungsfehler *m* <opt.astron> • coma; asymmetric optical aberration

Komfort *m* <allg> • comfort

Komfortbefeuchtung *f* <hlk> • comfort humidification

Komfortluftbefeuchtung *f* <hlk> • comfort humidification

Komfortmerkmal *n* <tech.allg> *(z. B. Whirlpool, Sitzheizung, Lederausstattung)* • amenity

Komfortpolsterung *f* <bekl> *(von Schutzhelmen)* • comfort padding; comfort liner

Komfortschaltung *f* <kfz.msr> *(schließt und verriegelt automatisch alle Fahrzeugöffnungen)* • automatic closing system *MB*

Komforttelefon *n* <tele> • feature telephone; added-feature telephone

Komma *n* <druck> *(allg.; in Text)* • comma

Komma *n* <math> *(bei Dezimalzahlen; dem entspricht im Engl. ein Punkt)* • decimal point

Kommaanzeige *f* <msr> • decimal point indication

Kommaautomatik *f* <math> • automatic decimal point positioning

Kommadarstellung *f* <msr> *(Skala, Zähler)* • decimal point presentation

Kommaeinstellung f <edv> • decimal point setting
kommaförmig <allg> (z. B. Griff, Henkel, Span) • comma-shaped
kommaförmig <prod> (Span) • wedge-shaped
Kommando n <allg> • command; order
Kommandoanfrage f <edv> • command prompt
Kommandoeingabe f <edv> • command entry
Kommandofolge f <edv> • command sequence
Kommandogeber m <msr> • control-signal generator; control-signal initiator
Kommandoleitung f <av> • talk-back circuit
Kommandoschieber m <kfz.antr> (Automatikgetriebe-Steuerung) • command valve; shift valve; gear shift slider ZF
Kommandosender m <navig> • cut-off-signal transmitter
Kommandosprache f <edv> • command language
Kommandotau n <theat> (Seil, mit dem ein Prospektzug bewegt wird) • hauling line; operating line; purchase line; working rope
Kommandoventil n <kfz.antr> (Automatikgetriebe-Steuerung) • command valve; shift valve; gear shift slider ZF
Kommandowerk n obs <edv> (Teil der Zentraleinheit) • control unit; controller
Kommandozeile f rar <edv> • command line
Kommasetzung f <math> (in Dezimalzahlen) • decimal point location; decimal point position
Kommaverschiebung f <math> (in Dezimalzahlen) • point shift; point shifting
kommensurabel <math> • commensurable
Kommentar m <allg> • comment
Kommentaranweisung f <edv> • comment statement
Kommentarzeile f <allg> • comment line
kommerzielle Datenverarbeitung f <edv> • business data processing
kommerzielle Futtermittel npl <nahr> • commercial livestock feeds
kommerzieller Kocher m <pap.verf> • commercial digester
kommerzieller Satellit m <aerospace> (z. B. Fernmeldesatellit, Wettersatellit) • commercial satellite
kommerzielles Fernsehen n <av> • commercial television
kommerzielles Lettering n <werb> • advertising sign-writing; commercial lettering
Kommission f <logist> (im Lager, beim Kommissionieren; Summe aller gewünschten Artikel) • order; pick order; pick
Kommissionierbereich m <logist> (von Waren, Lagereinheiten) • picking area
Kommissionieren n <logist> (auftragsweises Zusammenstellen von Artikeln) • order picking; picking pract
Kommissionieren außerhalb des Gangs f <logist> (Kommissionieren) • end-of-aisle order picking; out-of-aisle order picking; out-of-aisle picking; station picking
Kommissionieren im Gang n <logist> (Kommissionieren) • in-aisle order picking; travel pick
Kommissionierer m <logist> (Person oder Gerät) • order picker; picker
Kommissionierfahrzeug n <logist> (Flurförderer) • order picker truck; order picker vehicle
Kommissionierlager n <logist> • order-picking warehouse
Kommissionierleistung f <logist> (z. B. in Positionen/Tag oder Greifeinheiten/Stunde) • picking rate; pick rate
Kommissionierliste f <logist> • pick list; picking list; request list; selection list
Kommissionierplattform f <logist> (RFZ) • shuttle table; plain work table; order-picking table

Kommissionierstapler m <logist> (hebt Last und Bedienstand; für Regalgassen) • high-lift picking truck; driver-elevating order picker; narrow-aisle order picker truck; high-level order picker; high-lift order picker
Kommissionierzeit f <logist> (Wegzeit + Greifzeit + Totzeit + Basiszeit) • picking time; order picking time
Kommissionierzone f <logist> (von Waren, Lagereinheiten) • picking area
Kommissions-Autoverkäufer m <kfz> • consignment seller
kommunale Abfälle mpl <ents> • municipal solid waste US; municipal waste US; urban solid waste; urban waste
kommunale Kläranlage f <ents.hydr> • municipal sewage treatment plant; municipal sewage clarification/purification plant; municipal sewerage disposal plant; municipal sewage treatment works; municipal water treatment plant
kommunaler Abfall m <ents> (Hausmüll und hausmüllähnliche Abfälle) • residential waste
Kommunalfahrzeug n <kfz> • municipal vehicle
Kommunikation f <allg> (zw. Menschen, Geräten) • communication
Kommunikation Mensch-Maschine f <tech.allg> • man-machine communication
Kommunikation offener Systeme f <tele> • open systems interconnection (OSI)
Kommunikationsfehler m <tech.allg> • communication error
Kommunikationskarte <el> • communication card
Kommunikationskette f <tech.allg> • communication chain
Kommunikationsknoten m <tech.allg> • communication node
Kommunikationsleitung f <el> • communication line
Kommunikationsmodul n <el> • communication module
Kommunikationspapier n <pap> • communication paper
Kommunikationspolitik f <werb> (Komponente im Marketingmix) • communications mix; promotion mix; promotion policy
Kommunikationsreichweite f <tech.allg> • communications range
Kommunikationssatellit m <navig> • communication satellite
Kommunikationssicherheit f <tech.allg> • communications security (COMSEC)
Kommunikationssteuerschicht f <tele> (OSI-Modell) • session layer
Kommunikation über Funk f <tele> • radio communication; radio link
Kommunikation über Stromkabel f <tele> • powerline communication technology (PLC); powerline technology
kommunizieren vi <allg> • communicate vi
kommunizierende Röhren fpl <phys> (Flüssigkeitsstatik) • communicating tubes
kommutativ <math> (z. B. Boolesche Algebra) • commutative
Kommutativgesetz n <math> • commutative law
Kommutator m form.rar <el> (in Gleichstromgenerator) • collector; commutator
Kommutatoranker m <el> • commutator armature
Kommutatorfahne f <el> • commutator lug
Kommutatorgleichrichter m <el> • commutator rectifier
Kommutatorlamelle f <el> • commutator segment
Kommutatormaschine f <el> • commutator machine
Kommutatormikanit n <el> • commutator mica
Kommutatormotor m <el> • commutator motor
Kommutatorschritt m <el> • commutator pitch
Kommutatorspannung f <el> • commutator voltage
Kommutatorwicklung f <el> • commutator armature winding

Kommutierbarkeit f <allg> • commutability; commutativity

Kommutierbarkeit f <math> *(z. B. von Faktoren; z. B. a × b = b × a)* • permutability; commutativity; commutativity

kommutieren vi/vt <tech.allg> • commutate vi/vt

Kommutierung f <tech.allg> • commutation

Kommutierungsdauer f <el> • commutating period

Kommutierungsfaktor m <el> • commutation factor

Kommutierungsfeld n <el> • commutating field; reversing field

Kommutierungsfrequenz f <el> • commutator ripple frequency

Kommutierungskondensator m <el> • commutating capacitor

Kommutierungskreis m <el> • commutating circuit

Kommutierungskurve f <el> • normal magnetization curve

Kommutierungsschaltung f <el> • commutating circuit

Kommutierungswinkel m <el> • commutating angle

Kommzeit f <alarm> • entry delay; entrance delay

kompakt <tech.allg> *(Bauweise)* • packaged

kompakt <tech.allg> *(autonom)* • self-contained

kompakt <tech.allg> *(massiv)* • solid

kompakt <bau> *(Boden)* • firm; compact

kompakt <mat> • compact

Kompaktabsorber m <hlk> *(von Wärmepumpen)* • air-source heat collector

Kompaktalarmierung f prakt <alarm> • audible and visual warning device :V

Kompaktantrieb m <kfz> *(Motorrad)* • Compact Drive System BMW

Kompaktbau m <bau> • compact building

Kompaktbaustein m <el> • micromodule

Kompaktbauweise f <tech.allg> *(konkrete Ausführung)* • compact construction

Kompaktbauweise f <tech.allg> *(Konzeption)* • compact design

Kompaktbauweise f <masch> *(von Aggregaten; z. B. Motor und Pumpe)* • close-coupled design; monobloc design; compact design; block-type construction

Kompaktbus m rar <nfz> • midibus; mid-size bus; medium-size bus; midi coll

Kompaktdisk f rar <edv> *(allg.; für Ton, Daten, Bild)* • compact disc (CD)

Kompaktdiskette f <edv> • 3-inch diskette

Kompaktdübel m <bau.mat> • concrete anchor

kompakte Bauweise f <tech.allg> • compact design

kompakte Datenübertragung f <tele> • compact data-transmission

kompakte geschlossene Baueinheit f <masch> • package

kompakte Menge f <tech.allg> • compact set

kompakter Leistungsreaktor m <nukl> • package power reactor

kompakter Puder m <hygi> • compact powder

Kompaktgerät n <tech.allg> • compact instrument; compact unit

Kompakthochofen m <metall> • compact blast furnace (CBF)

kompaktieren vt <ents> *(zur Volumenverminderung; z. B. Abfall)* • compact vt

Kompaktiermaschine f <bau.masch> • compactor

Kompaktiermaschine f <verf> • compacting mill

Kompakt-Innenrieselfilter m <verf> • compact internal trickle filter

Kompaktkamera f <phot> • compact camera

Kompaktkühlturm m <verf> • packaged cooling tower; package cooling tower

Kompaktlagersystem n <logist> • high-density system

Kompaktlagerung f <logist> • high-density storage; block stacking

Kompaktmotor m <el> *(extrem flach)* • pancake motor

Kompaktölbrenner m <verbr> • integrated oil burner unit

Kompaktplatte f ugs <bau.mat> • robust gypsum board

Kompaktstapelung f <logist> • tight stacking

Kompaktsynthesizer m <el.mus> • portable synthesizer; analog synthesizer; combo synthesizer obs

Kompakt-Wärmeabsorber m <hlk> *(von Wärmepumpen)* • air-source heat collector

Kompaktwärmepumpe f <hlk> • packaged heat pump; packaged type heat pump; single package heat pump

Kompakt-ZMS n LuK <kfz.mot> • damped flywheel clutch (DFC) LuK

Kompakt-Zündkerze f <kfz.el> • compact spark plug; Bantam type spark plug Champion

kompakt zusammenbauen vt <tech.allg> • package vt

Kompakt-Zweimassenschwungrad n <kfz.mot> • damped flywheel clutch (DFC) LuK

Kompander m <av> • compander; dynamic compresser and expander

Kompander m <tele> • compander; volume compander

Kompandierung f <av> • companding

Komparator m <el> • comparator; comparator circuit

Komparatorprinzip n <el> • comparator principle

Komparatorschaltung f <el> • comparator circuit

Kompass m prakt <navig> • magnetic compass; compass pract

Kompassablenkung f <navig> • compass deviation

Kompass-Abweichung f <navig> • compass variance

kompassgeführter Kurskreisel m <navig> • gyro-magnetic compass; compass-slaved directional gyro; flux gate compass

Kompasshaus n <navig> *(Schiffskreiselkompass)* • binnacle

Kompass-Justierung f <navig> • compass calibration

Kompass-Klinometer n <holz.msr> *(Baumhöhenmessung)* • compass clinometer

Kompasskreisel m <navig> • gyro-magnetic compass; compass-slaved directional gyro; flux gate compass

Kompasskurs m <navig> • compass heading (CH); compass course

Kompassmagnetnadel f <navig> • compass needle; compass magnetized needle; magnetic needle

Kompassmissweisung f <navig> • compass declination

Kompassmutter f <navig> • master compass

Kompassnadel f <navig> • compass needle; compass magnetized needle; magnetic needle

Kompasspeilung f <navig> • bearing (BRG); compass bearing pract; direction finding rare

Kompassrichtung f <navig> • compass course

Kompassrose f <navig> *(fest od. drehbar)* • compass card; compass dial; compass diagram rare

Kompasssäule f <msr> • compass pole

Kompass-Steuerkurs m <navig> • compass heading (CH); compass course

Kompassstrich m <msr> • compass graduation

Kompassstrich m <msr> • compass point

Kompasstochter f <navig> • repeater compass

kompatibel <tech.allg> *(z. B. Geräte, Verfahren, Systeme, Programme)* • compatible

Kompatibilität f <tech.allg> *(z. B. von Geräten, Verfahren, Systemen, Programmen)* • compatibility

Kompatibilität f <kfz> *(beim Crash)* • crash compatibility :V

Kompatibilitätsbedingung f <math> • compatibility condition

kompatibler Server m <edv> • compatible server

kompatible Schnittstelle f <edv> • compatible interface

Kompensation f <allg> (z. B. wirtschaftlich, rechtlich, elektrisch) • compensation

Kompensation f <allg> (elektrisch, mechanisch, thermisch, finanziell) • compensation

Kompensation f <mech> (von Kräften) • neutralization

Kompensation f <msr> • compensation

Kompensation f <msr> (von Störeinflüssen, Messfehlern) • correction; compensation

Kompensationsdiode f <el> • balancing diode

Kompensationsdrossel f <el> (allg.) • compensating reactor; compensation reactor

Kompensationsdrossel f <el> (zur Kompensation von Erdschlussstrom) • earth fault coil; ground fault reactor; compensation reactor

Kompensationsdruck m <masch> (z. B. Kreiselpumpe) • compensatory pressure

Kompensationselektrode f <el> • compensation electrode

Kompensationsfilter n <phot> • correction filter; compensating filter rare

Kompensationsfrequenzmesser m <el> • bridge-type frequency meter

Kompensationsgeschäft n <jur> • barter transaction; exchange transaction; exchange deal; swap deal coll; swap coll

Kompensationsglied n <msr> • equalizer

Kompensationshalbleiter m <el> • compensated semiconductor

Kompensationskammer f <nukl> • compensated ionization chamber

Kompensationsklappe f <kfz.mot> (L-Jetronic) • compensating flap

Kompensationskondensator m <el> • compensation capacitor

Kompensationskondensator m <el> • power-factor capacitor

Kompensationskraft f <tech.allg> (z. B. zum Axialschubausgleich) • equilibrant [force]

Kompensationskreis m <el> • compensating circuit; compensating network; compensation circuit; bucking circuit

Kompensationsleitung f <el> • compensation lead

Kompensationslinienschreiber m <msr> • recording potentiometer

Kompensationsmagnet m <navig> (Seefahrt) • compensating magnet

Kompensationsmikrophon n <av> • balancing microphone; differential microphone

Kompensationsnivellier n <geo.msr> • self-leveling level US; self-levelling level GB

Kompensationsokular n <opt> (z. B. Fernglas) • compensating eyepiece

Kompensationspendel n <phys> • compensated pendulum; compensation pendulum

Kompensationsphotometer n <opt> • compensation photometer

Kompensationspunkt m <phys> (allg.; z. B. Temperatur) • compensation point

Kompensationspyrheliometer n <meteo> • compensation pyrheliometer

Kompensationsregler m <msr> • potentiometer controller

Kompensationsröhrenvoltmeter n <el> • compensating valve voltmeter; slide-back valve voltmeter

Kompensationsrohr n <rls> (allg.) • compensating pipe

Kompensationsrohr n <rls> (zum Ausgleich von Expansion) • expansion pipe

Kompensationsschaltung f <el> • compensating circuit; compensating network; compensation circuit; bucking circuit

Kompensationsschreiber m <msr> • compensating recorder; null-balance-type potentiometer recorder; self-balancing potentiometric recorder

Kompensationsspannung f <el> (als Gegenreaktion) • compensating voltage; balancing voltage; bucking voltage; offset voltage; backing-off potential rare

Kompensationsspule f <el> • compensating coil

Kompensationsstreifen m <msr> (DMS; zum Eliminieren von Störeinflüssen) • dummy gauge US.GB; compensating gauge US.GB

Kompensationsstromversorgung f <el> • backing-off supply

Kompensationssystem n <rls> • hinge system; pin system

Kompensationstemperatur f <phys> • compensation temperature

Kompensationstransformator m <el> • neutralizing transformer

Kompensationsverstärker m <el> • compensated amplifier

Kompensationsvoltmeter n <el> • compensated voltmeter

Kompensationswicklung f <el> • compensated winding; compensation winding

Kompensationswiderstand m <el> (als Bauteil) • compensating resistor

Kompensationswiderstand m <el> (als Größe) • compensating resistance

Kompensator m <tech.allg> • compensator

Kompensator m <mil> (von Schusswaffen) • muzzle brake; compensator

Kompensator m <opt> • optical stabilizer US.GB; optical stabiliser GB

Kompensator m <rls> (zum Ausgleich von Rohrbewegungen) • expansion joint; compensator rare

Kompensatorbohrung f <mil> (vor Laufmündung) • compensator hole :V

Kompensatorkörper m <rls> • expansion joint body

Kompensatorlänge f <rls> (im entspannten Zustand) • face-to-face dimension; assembly length; overall length

kompensieren vt <allg> (z. B. Nachteile, Kosten, Konstruktionsmängel) • offset vt; adjust vt; equalize vt; balance vt; compensate vt

kompensieren vt <tech.allg> (ins Gleichgewicht bringen) • balance vt; compensate vt

kompensierendes Netzwerk n <edv> • compensating network

kompensierte Ionisationskammer f <nukl> • compensated ionization chamber; compensated ionisation chamber GB

kompensierter Repulsionsmotor m <el> • compensated repulsion motor

kompensiertes Voltmeter n <el> • bucking-circuit-type voltmeter

kompilieren vt <edv> (Programm) • compile vt

kompilierendes Programm n rar <edv> (übersetzt Programmiersprache in Maschinensprache) • compiler; compiling program; compiling routine

Kompilierer m <edv> (übersetzt Programmiersprache in Maschinensprache) • compiler; compiling program; compiling routine

komplan <math> • coplanar

komplanar <math> • coplanar

Komplanarität f <math> • coplanarity

Komplanation f <math> • complanation

Komplement n <tech.allg> • complement

Komplement n <tech.allg> (Zahl, Anzahl) • complementary number

komplementäre MOS-Technik *f did* <el> • CMOS technique; complementary metal-oxyde semiconductor technique *did*

komplementärer Glockenkreis *m* <math> *(Statistik)* • complementary Gaussian circuit

Komplementärfarbe *f* <opt> • complementary color

Komplementärnocken *m* <kfz.mot> *(Desmodromik; z. B. bei Ducati)* • closing cam

Komplementärtechnik *f did* <el> • CMOS technique; complementary metal-oxyde semiconductor technique *did*

Komplementärtransistor *m* <el> • complementary transistor

Komplementdarstellung *f* <edv> • complement representation

Komplementsystem *n* <bio> • complement system

Komplementübertrag *m* <edv> • end-around carry

Komplementwerk *n* <edv> • inverter unit

Komplementwinkel *m* <math> *(Geometrie)* • complementary angle

Komplettanschluss *m :V* <kfz> *(eines Caravans oder Wohnmobils am Stellplatz)* • full hook up *US*

komplette Diagnose *f* <tech.allg> • full diagnostics

Kompletteinheit *f* <tech.allg> • complete unit

komplette Instrumentierung *f* <msr> *(z. B. bei Autos)* • full instrument package

komplettes Backup *n* <edv> • complete backup

komplette Umdrehung *f* <tech.allg> • full-circle rotation; full rotation; full circle *coll*

komplette Zeile austauschen <druck> *(Korrektur)* • slug *vi*

komplettieren *vt* <allg> • complete *vt*

komplettieren *vt* <allg> • complement *vt*

komplettieren *vt* <allg> • complete *vt*

komplettieren *vt* <petr> *(Bohrung)* • complete *vt*

komplettieren *vt* <textil> • finish *vt*

Komplettierungssystem *n* <petr> • manifold center *US*; manifold centre *GB*

Komplett-Messsystem *n* <msr> • complete measuring system

Komplettmotor *m* <kfz.mot> *(im Ggs. zu Rumpfmotor)* • long block; target engine *GM*

Komplettprodukt *n* <tech.allg> • complete product

Komplettrad *n* <kfz> *(betont: Rad + Reifen)* • wheel-and-tire assembly *US*; wheel-and-tyre assembly *GB*

Komplettsicherung *f* <edv> • complete backup

komplex <tech.allg> • complex

Komplex *m* <tech.allg> • complex

Komplex *m prakt* <bau> • group of buildings; building complex; complex *pract*

Komplexbefehl *m* <edv> • complex instruction

Komplex bilden *vi* <chem> • complex *vi*

komplexbildend <chem> • complex-forming; complexing

komplexbildender Stoff *m* <chem> • complexing agent

Komplexbildner *m* <chem> • chelating agent; complexing agent; sequestering agent; complexing agent; complex former

Komplexbildung *f* <chem> • complex formation; complexing

Komplexbildungstitration *f* <chem.verf> • complexation titration

komplex binden *vi* <chem> • complex *vi*

Komplexbindung *f* <chem> • complex bond

komplexe Bindung *f* <chem> • complex bond

komplexe Ebene *f* <math> • complex plane; Gaussian plane; plane of complex numbers

komplexer Leitwert *m rar* <el> • admittance; vector admittance

komplexer Widerstand *m* <el> • complex impedance; vector impedance

komplexes Ion *n* <chem> • complex ion

komplexe Verbindung *f* <chem> • complex compound

komplexe Zahl *f* <math> • complex number

komplexe Zahlenebene *f* <math> • complex plane; Gaussian plane; plane of complex numbers

Komplexhomöopathie *f* <med> • complex homoeopathy *GB*; complex homeopathy *US*

Komplexion *f* <math> • complexion

Komplex-Ion *n* <chem> • complex ion

Komplexität *f* <allg> • complexity

Komplexsalz *n* <chem> • complex salt

Komplexseifen-Schmierfett *n* <tribo> • complex soap grease

Komplexstruktur *f* <mat> • complex structure

Komplikation *f* <allg> *(z. B. in Geschäft, Krankheit, Uhrwerk)* • complication

Komponente *f form* <tech.allg> *(als Bestandteil z. B. von Baugruppen, Systemen, Anlagen, Maschinen)* • component part; component; part *pract*

Komponente *f* <mat> • constituent

Komponente *f* <min> *(von Kohle)* • maceral; structural component

Komponente *f* <textil> *(Zwirnerei)* • single[s] yarn; single[s] end; end

Komponententest *m* <qualit> • components test

Kompositbauweise *f* <tech.allg> *(bes. Leichtbau)* • composite construction

Kompositionsprogramm *n* <edv.av> • composer program; composer *pract*; composer software; song writing software; sequencer software

Kompositionssoftware *f* <edv.av> • composer program; composer *pract*; composer software; song writing software; sequencer software

Kompositsignal *n* <el> • composite signal; compound signal

kompostieren *vt* <ents> • compost *vt*

Kompostierung *f* <ents> • composting

Kompostierungsanlage *f* <ents> • composting plant

Kompostierungsanlage *f* <ents> • composting plant

Kompostwerk *n* <ents> • composting plant

Kompotter *m ugs.rar* <edv> *(typ. ein PC)* • computer

Kompounddynamomaschine *f* <el> *(Stromerzeugung)* • compound-wound generator

Kompounderregung *f* <el> • compound excitation

Kompoundgenerator *m* <el> *(Stromerzeugung)* • compound-wound generator

kompoundieren *vt* <el> • compound *vt*

kompoundieren *vt* <verf> *(knetbare Masse)* • compound *vt*

kompoundierter Nebenschlussmotor *m* <el> • stabilized shunt-wound motor *US.GB*; stabilised shunt-wound motor *GB*

Kompoundmaschine *f* <el> *(allg.)* • compound machine

Kompoundmaschine *f* <el> *(Stromerzeugung)* • compound-wound generator

Kompoundmaschine *f* <mot> *(Dampfmaschine)* • compound engine

Kompoundmasse *f* <kst> • compound

Kompoundmotor *m* <el> • compound motor

Kompoundtransformator *m* <el> • compound transformer

Kompoundwicklung *f rar* <el> *(el. Maschinen: Hauptschluss und Nebenschluss)* • compound winding

kompress <druck> *(gesetzt)* • close-set; solid

Kompresser *m* <tele> • volume compressor

kompressibel <phys> *(Stoffeigenschaft)* • compressible

Kompressibilität *f* <phys> *(Kehrwert des Kompressionsmoduls)* • compressibility

Kompressibilitätsfaktor *m* <förd> *(Berechnung des Energiestromes in Gasleitungen)* • compressibility factor

kompressible Strömung f <phys> (Strömungslehre, z. B. Gasdynamik) • compressible flow

Kompression f <tech.allg> (z. B. von Gas, Daten) • compression

Kompression f <edv> (von Daten, Dateien; verlustfrei oder mit Verlust; z. B. ZIP vs. JPEG, M) • data compression; compression; data compaction; data reduction; packing

Kompression f <kfz.mot> (Kraftsttoff/Luft-Gemisch) • compression

Kompression f <masch> (z. B. Dichtungen; Druckerhöhung v. Verdichtern) • compression

Kompression f rar <tele> (der Übertragungsmenge) • volume compression

Kompressionsalgorithmus m <edv> • compression algorithm; compression scheme

Kompressionsdruck m <tech.allg> (z. B. in Motor, Reifen, Druckluftflasche) • compression pressure

Kompressionsdruck m <mot> (in Kolbenmotor) • combustion pressure

Kompressionsdruckmesser m <mot.wz> • compression tester; compression gauge US.GB; compression gage US.rare

Kompressionsdruckmessgerät n form <mot.wz> • compression tester; compression gauge US.GB; compression gage US.rare

Kompressionsdruckprüfer m <mot.wz> • compression tester; compression gauge US.GB; compression gage US.rare

Kompressionsdruckprüfgerät n <mot.wz> • compression tester; compression gauge US.GB; compression gage US.rare

Kompressionsdruckprüfung f <mot> • compression pressure testing; compression check pract

Kompressionsendspannung f <mot> • final compression pressure

Kompressionsentlastung der Schmelze f <kst> • melt decompression

Kompressionsfaktor m <edv> (z. B. von ZIP-Dateien) • compression ratio

Kompressionsgerät n <verf> • consolidation apparatus; consolidation device

Kompressionshub m <mot> • compression stroke

Kompressionshub m rar <mot> (von UT nach OT) • compression stroke; compression cycle

Kompressionskälteanlage f <hlk> (z. B. Kühlhaus, Kunsteisbahn) • compression refrigeration plant; compression refrigeration system

Kompressionskältemaschine f <hlk> • compression refrigerating machine; compression-type chiller; compression chiller

Kompressionskammer f <masch> (in Luftkompressor) • compression chamber

Kompressionskammer f <verf.hydr> (Schneckenpresse) • compaction chamber; compression chamber

Kompressionskühlschrank m <hlk> (im Ggs. zum Absorberkühlschrank) • compression refrigerator; compression-type refrigerator

Kompressions-Luftpistole f <mil> • pneumatic pump air pistol; air pistol using precompressed air

Kompressionsmodul m (K) <qualit.mat> (Elastizitätsmodul für Druck) • bulk modulus (K); volumetric modulus of elasticity; compression modulus; hydrostatic modulus; bulk modulus of elasticity rare

Kompressionsprüfer m prakt <mot.wz> • compression tester; compression gauge US.GB; compression gage US.rare

Kompressionsprüfung f prakt <mot> • compression pressure testing; compression check pract

Kompressionsraum m <kfz.mot> • clearance volume; trapped volume; compression chamber

Kompressionsraum m <mot> • compression chamber

Kompressionsring m <kfz.mot> • compression ring

Kompressionsstufe f <masch> • compression stage

Kompressionstakt m <mot> (von UT nach OT) • compression stroke; compression cycle

Kompressionsverfahren n <edv> • compression algorithm; compression scheme

Kompressionsverflüssigung f <verf> • compression liquefying

Kompressionsverhältnis n <tech.allg> (z. B. von Kolbenmaschinen) • compression ratio

Kompressionsverhältnis n <kst> (Schnecke; Verhältnis der Gangtiefen von Einzugs- und Ausstoßzone) • compression ratio

Kompressionsverlust m <mot> • compression leakage; combustion leakage coll

Kompressionsverminderung f <tech.allg> (z. B. Druckluftanlage, Bremszylinder, Taucherglocke) • decompression

Kompressionsvolumen n <tech.allg> (z. B. von Kolbenmaschinen) • compression volume

Kompressionsvolumen n <med.tech> (Beatmungsgerät) • compressible volume

Kompressionswärme f <therm> • compression heat

Kompressionswärmepumpe f <hlk> • vapor compression heat pump US; vapour compression cycle heat pump GB

Kompressionswelle f <geo> (Erdbeben) • pressure wave; primary wave; push wave; P wave pract

Kompressionswelle f <phys> (allg.) • compression wave; compressive wave rare

Kompressionswelle f <phys> (wirbelfrei) • irrotational wave

Kompressionszone f <kst> (von Spritzgieß- od. Extruderschnecken) • transition zone; compression section; compression zone; transition section; melting section rare

Kompressionszündung f rar <kfz> (beim Dieselmotor) • compression ignition (CI); self-ignition; auto ignition

Kompressor m <tech.allg> (zum Füllen von Druckluftanlagen) • air compressor

Kompressor m <hlk> (Klimaanlage) • compressor; air conditioning compressor; a/c compressor

Kompressor m <hlk> (Kältetechnik allg.) • compressor

Kompressor m rar <kfz.mot> (im Turbolader) • compressor

Kompressor m <masch> (für Gase allg.) • compressor

Kompressor-Anschluss m <wz> (für Druckluftwerkzeuge) • compressor connector; compressor adapter; compressor adaptor

Kompressorfanfare f <fz> (z. B. auf Lkw, Bus, Lok, Schiff) • air horn; air trumpet; air-blast horn

Kompressorkupplung f <kfz.hlk> • compressor clutch

Kompressorleistungsregelung f <msr> • compressor capacity regulation

kompressorlos <tech.allg> • compressorless

kompressorloser Motor m rar <mot> • normally aspirated engine; naturally aspirated engine; self-aspirating engine rare

Kompressor mit Entlastungsregelung m <masch> • self-bleeding compressor

Kompressor mit Leerlaufregelung m <masch> • self-bleeding compressor

Kompressormotor m <mot> • supercharged engine; compressor engine; forced-induction engine rare

Kompressoröl n <tribo> • compressor oil

Kompressorwirkungsgrad m <masch> • compressor efficiency

komprimierbar <tech.allg> *(z. B. Abfall)* • compressible; compactible

komprimierbar <edv> *(Daten)* • compressible

komprimieren *vt* <tech.allg> *(Text, Nachricht)* • compact *vt*

komprimieren *vt* <tech.allg> *(z. B. Gas, Daten, Text)* • compress *vt*

komprimieren *vt* <tech.allg> *(verfestigen)* • consolidate *vt*

komprimieren *vt* <edv> *(Daten, Dateien; allg., jedes Format)* • compress *vt*

komprimieren *vt* <edv> *(Daten, Dateien; im ZIP-Format)* • compress *vt*; zip *vt coll*

Komprimierer *m* <edv> *(z. B. LHARC, PKZIP, WinZIP)* • data compression software; compression software; file compression program

komprimiert <edv> *(Daten, Dateien; z. B. als JPG, MPG, ZIP)* • compressed

komprimiert <edv> *(Dateien; im ZIP-Format)* • compressed; zipped *coll*

komprimierte Schmalschrift *f* <druck> • condensed print; compressed characters

komprimiertes Erdgas *n* (CNG) <chem.petr> • compressed natural gas (CNG)

Komprimierung *f* <edv> *(von Daten, Dateien; verlustfrei oder mit Verlust; z. B. ZIP vs. JPEG, M)* • data compression; compression; data compaction; data reduction; packing

Komprimierung *f* <tele> *(der Übertragungsmenge)* • volume compression

Komprimierung *f* <verf.hydr> *(in Rechengutpresse)* • compaction

Komprimierungsalgorithmus *m* <edv> • compression algorithm; compression scheme

Komprimierungsdichte *f* <edv> *(z. B. von ZIP-Dateien)* • compression ratio

Komprimierungsfaktor *m* <edv> *(z. B. von ZIP-Dateien)* • compression ratio

Komprimierungskammer *f* <verf.hydr> *(Schneckenpresse)* • compaction chamber; compression chamber

Komprimierungsprogramm *n* <edv> *(z. B. LHARC, PKZIP, WinZIP)* • data compression software; compression software; file compression program

Komprimierungsprozessor *m* <edv.av> • compression processor

Komprimierungsverfahren *n* <edv> • compression algorithm; compression scheme

Komprimierungsverhältnis *n* <edv> *(z. B. von ZIP-Dateien)* • compression ratio

Kompromiss *m* <allg> • compromise; trade-off

Konchoide *f* <math> *(Kurvenform, ähnlich Umriss von Eiern)* • conchoid

Konchoidenlenker *m* <masch> *(kinematisches Getriebe)* • conchoidal linkage

Kondensanz *f* <el> • condensance; capacitive reactance; negative reactance

Kondensat *n* <tech.allg> • condensate

Kondensat *n* rar <bau.hlk> *(an relativ kalten Oberflächen, Fenstern)* • condensate; condensation

Kondensatablass *m* <tech.allg> *(z. B. in Klima-, Kühlanlage, chem. Fabrik)* • condensate drain

Kondensatablauf *m* <verbr> *(Brennwertkessel)* • condensate outlet

Kondensatabscheider *m* <tech.allg> *(z. B. in Druckluftsystemen)* • condensate trap

Kondensatbehälter *m* <verf> • condensate vessel; condensate collector; condensate container

Kondensatbildung *f* <tech.allg> *(Vorgang)* • condensation; condensate formation; formation of condensate

Kondensatentleerung *f* <pneum> *(von Druckluftsystemen, Kompressoren)* • moisture removal

Kondensatfalle *f* rar <tech.allg> *(z. B. in Druckluftsystemen)* • condensate trap

Kondensatfalle *f* <med.tech> • water trap

Kondensatgefäß *n* <verf> • condensate vessel; condensate collector; condensate container

Kondensation *f* <tech.allg> *(Vorgang)* • condensation; condensate formation; formation of condensate

Kondensation *f* <bau> *(an relativ kalten Flächen; z. B. an Fensterscheiben, Fliesen)* • condensation

Kondensation *f* <phys> *(Änderung des Aggregatzustands von gasförmig zu flüssig)* • condensation

Kondensationsabscheider *m* <verf> *(Waschentstauber)* • condensation-type dust collector *:V*

Kondensationsanlage *f* <verf> • condensating system

Kondensationsdampfmaschine *f* <energ> • condensing steam engine

Kondensationsdruck *m* <phys> • condensation pressure; condensing pressure

Kondensationsfläche *f* <verf> • condensing surface

Kondensationsgefäß *n* <verf> *(eher klein, z. B. in Labor)* • condenser receiver

Kondensationsharz *n* <kst> • condensation resin

Kondensationshygrometer *n* <msr> • dew-point hygrometer; dew-point meter; dewpointmeter

Kondensationskalorimeter *n* <msr> • steam calorimeter

Kondensationskammer *f* <nukl> • drywell

Kondensationskeim *m* <meteo> *(z. B. zur Nebel-, Wolken- und Regenbildung)* • condensation nucleus; nucleation center/centre *US/GB*; condensation site; condensation center/centre *US/GB*

Kondensationskern *m* <tech.allg> *(z. B. beim Erstarren von Schmelzen)* • condensation center *US*; condensation centre *GB*

Kondensationskern *m* <meteo> *(z. B. zur Nebel-, Wolken- und Regenbildung)* • condensation nucleus; nucleation center/centre *US/GB*; condensation site; condensation center/centre *US/GB*

Kondensationskühleffekt *m* <therm> • condensing refrigerating effect

Kondensationskurve *f* <phys> *(Zustandsschaubild; z. B. von Wasser)* • dew-point curve; condensation curve

Kondensationsmaschine *f* <energ> *(Dampfturbine)* • condensing engine

Kondensationsmaschine *f* <textil> • curing machine

Kondensationspolymerisation *f* (KP) *IUPAC* <kst> • condensation polymerization *IUPAC*

Kondensationspumpe *f* <verf> • condensing pump

Kondensationsreaktion *f* <chem> • condensation reaction

Kondensationstemperatur *f* <phys> • condensation temperature; condensation point

Kondensationsturbine *f* <energ> • condensing turbine

Kondensationsturm *m* <verf> • condensing tower

Kondensationsverfahren *n* <emiss.verf> *(z. B. zur Lösungsmittelrückgewinnung)* • condensation method

Kondensationswärme *f* <therm> *(dem Betrag nach gleich der Verdampfungswärme)* • heat of condensation; latent heat of condensation

Kondensator *m* <el> *(in elektr. Schaltungen)* • capacitor

Kondensator *m* <hlk> *(in Klimaanlage, Wärmepumpe)* • condenser; refrigerant coil *rare*

Kondensator *m* <verf> *(z. B. nach Dampfturbine)* • condenser

Kondensator *m* <verf> *(zum Kondensieren von etw.; z. B. in Destillierapparat)* • condenser; vapor condenser; refrigerator

Kondensatorachse *f* <el> *(Drehkondensator)* • capacitor shaft; capacitor spindle

Kondensatorbatterie *f* <el> • capacitor bank

Kondensatorberohrung f <verf> • condenser tubing
Kondensatordruck m <verf> • condenser pressure
Kondensatorentladung f <el> • capacitor discharge
Kondensatorentladung f <el.füg> (z. B. zum Schweiß-bonden) • capacitor discharge
Kondensatorfelderwärmung f <el> • capacitive heating
Kondensatorgehäuse n <el> • capacitor enclosure; capacitor box rare
Kondensatorgehäuse n <verf> • condenser shell
Kondensatorionisationskammer f <nukl> • capacitor ionization chamber
Kondensatorkasten m <mot> (allg.) • condenser receiver
Kondensatorkühlwasser n <verf> (z. B. für Wärmekraftwerk) • condenser water
Kondensatorlautsprecher m <av> • electrostatic loudspeaker; capacitor loudspeaker
Kondensator-Lautsprecher m obs <av> • electrostatic loudspeaker; ESL Quad
Kondensatormantel m <verf> • condenser shell
Kondensatormikrofon n <av> • capacitor microphone; electrostatic microphone
Kondensator mit Parallelwiderstand m <el> • shunted capacitor
Kondensatormotor m <el> • capacitor motor; capacitor-run motor
Kondensatorrohr n <rls> • condenser tube
Kondensatorrohrschlange f <rls> • condensing coil
Kondensatorsammler m <verf> (z. B. von Turbinen) • condenser receiver
Kondensatorsatz m <verf> • condensing unit
Kondensatorschweißen n <füg> • capacitor-discharge welding; stored-energy welding rare
Kondensatorspeicher m <edv> • capacitor memory
Kondensator-Zündsystem n <kfz.el> • capacitor discharge ignition system (CDI); capacitor discharge ignition; CD ignition [system]; CD system; thyristor ignition rare
Kondensatorzündung f <el> • capacitor ignition; capacitor firing
Kondensatpumpe f <förd> (allg.) • condensate pump
Kondensatpumpe f <förd> (betont: für Dampfkondensat) • condensed-steam pump
Kondensatrückleiter m <rls> • lift steam trap
Kondensatsammelbehälter m <verf> (allg.) • condensate drain tank; condensate collector; condensate trap; condensation pot
Kondensatsammler m <hlk> • hot well
Kondensattopf m <verf> (für Dampf) • steam trap
Kondensattopf m <verf> (allg.) • condensate drain tank; condensate collector; condensate trap; condensation pot
Kondensatunterkühlung f <therm> (meist unerwünscht) • condensate depression
Kondensatwasser n <verf> • condensate water
kondensieren vi <phys> (z. B. Wasserdampf) • condense vi
kondensieren vt <chem.verf> (zu Ringverbindungen) • anellate vt; fuse vt; annulize vt
kondensieren vt <nahr> (zum Aufkonzentrieren, Eindicken) • inspissate vt; boil down vt
kondensieren vt <phys> (z. B. Dampf, Kältemittel) • condense vt
kondensierter Dampf m <therm> • condensed steam
Kondensmilch f <nahr> • evaporated milk US; condensed milk GB
Kondensor m <opt> (opt. System, Linse; z. B. in Fotolabor-Vergrößerern, Scheinwerfern) • condenser; condenser system
Kondensorblende f <opt> • condenser diaphragm; substage diaphragm
Kondensorgerät n <phot> • condenser enlarger

Kondensoriris f <opt> • condenser iris
Kondensoririsblende f <opt> • condenser iris
Kondensorlinse f <opt> • condenser lens; condensing lens
Kondensoröffnung f <opt> • condenser aperture
Kondensoröffnung f <opt> (Mikroskop) • substage aperture
Kondensoroptik f <opt> (opt. System, Linse; z. B. in Fotolabor-Vergrößerern, Scheinwerfern) • condenser; condenser system
Kondensorsystem n <opt> (opt. System, Linse; z. B. in Fotolabor-Vergrößerern, Scheinwerfern) • condenser; condenser system
Kondensorvergrößerer m <phot> • condenser enlarger
Kondenstopf m <verf> (allg.) • condensate drain tank; condensate collector; condensate trap; condensation pot
Kondenswasser n <tech.allg> (allg.) • condensed water; condensation water
Kondenswasser n <tech.allg> (aus Dampf) • condensation water
Kondenswasser n <bau.hlk> (an relativ kalten Oberflächen, Fenstern) • condensate; condensation
Kondenswasserabscheider m <tech.allg> (z. B. in Druckluftsystemen) • condensate trap
Kondenswasseraustritt m <verf> • condensed-water discharge
Kondenswasserhahn m <rls> (an Druckluftleitung, Kompressortank) • pet-cock
Kondenswasserkorrosion f <obfl> • corrosion by condensed water
Kondenswasserrückleiter m <rls> • return-type steam trap
Kondenswasserrückspeiseanlage f <rls> • apparatus for returning water of condensation
Kondenswasserwanne f <kfz.hlk> (unter Verdampfer) • condensate tray
Kondenswasser-Wechselklima-Test m DIN 50018 <obfl.qualit> • moisture condensate alternating atmosphere test
Konditionierapparat m <verf> • conditioning apparatus
konditionieren vt <tech.allg> • condition vt
Konditionieren der Filze n <pap.verf> • conditioning of the felts
Konditionierschrank m <pap.verf> • drying cabinet
konditioniert rar <hlk> (Haus, Raum, Fahrzeug) • air-conditioned; conditioned pract; with air conditioning; has ice coll.advert
konditioniertes Trockenverfahren n <ents.verf> (Abgaskonditionierung vor der Additiveinblasung) • conditioned dry scrubbing process :V
Konditionierung f <tech.allg> • conditioning
Konditionierung f <qualit> (von Material vor Bearbeitung, Prüfung) • conditioning
Konditionierverlust m <textil> • conditioning loss
Konditoreis n <nahr> • artisanal ice cream
Kondom n <hygi> (typ. Verhütungsmittel) • condom; rubber sl
Kondom aus Naturkautschuklatex n DIN EN ISO 4074 <med.tech> • natural latex rubber condom DIN EN ISO 4074
Kondominium n <bau.fin> (allg.; z. B. Wohn-, Bürogebäude, Geschäftshaus) • condominium US
Konduktanz f (S) DIN 40110 <el> (Fähigkeit, Strom zu leiten; Kehrwert des Widerstands; Einheit: Siemens) • conductance (S)
Konduktanz f <phys> (Fähigkeit, Wärme oder Strom zu leiten) • conductance; modulus of admittance; susceptance; admittance
Konduktanzrelais n <el> • conductance relay

Konduktion f <phys> • conduction
konduktiv <allg> • conductive; conducting
konduktive Verluste mpl <energ.sol> • conductive heat losses pl; conduction losses pl; heat losses by conduction pl
Konduktivität f (G) <el> (Konduktanz pro Volumen; Einheit: S/m) • conductivity (G); specific conductance; volume conductivity
Konduktometrie f <chem.el> (Titrationsanalyse) • conductometric titration; conductimetric analysis; conductometric analysis
Konduktometrie f <el> • conductometry
konduktometrisch <el> • conductimetric; conductometric
konduktometrische Analyse f <chem.el> (Titrationsanalyse) • conductometric titration; conductimetric analysis; conductometric analysis
konduktometrische Maßanalyse f <chem.el> (Titrationsanalyse) • conductometric titration; conductimetric analysis; conductometric analysis
Kone f prakt <textil> (kegelförmig) • x-wound cone; cross-wound cone; cone pract
Konfekt n <nahr> (Speiseeis; typ. mit Schokoüberzug; kein Eiskonfekt) • bitesizes; bite-sizes Hoyer
Konfektgießmaschine f <nahr.prod> • candy depositing machine
Konfektion f <bekl> (Kleidung) • ready-to-wear clothes; prêt-à-porter clothing; ready-made clothing rare
Konfektion f <fz.prod> (Wickeln von Reifenrohlingen) • final assembly
Konfektion f <textil> (als Branche) • garment industry
Konfektionär m <bekl> • clothing manufacturer; maker-up
konfektionierbar <el> (vor Ort verdrahtbar) • field wireable
konfektionierbarer Steckverbinder m <el> • field-wired plug
konfektionieren vt <chem> (Substanz) • formulate vt
konfektionieren vt <el> (Kabel und Stecker etc., Kabelbäume) • assemble vt
konfektionieren vt <led> (zueinander passende Häute aussuchen) • confect vt
konfektionieren vt <prod> (Reifen, Gummigewebe) • build vt; assemble vt
konfektionieren vt <textil> • make up vt
Konfektionieren der Kopfnaht n DIN ISO 2424 <textil> (z. B. Bodenbelag) • cross-joining ISO 2424; cross-seaming
Konfektioniermaschine f <prod> (für Reifen) • tire-building machine US; tyre-building machine GB
Konfektioniermaschine f <textil> • lay-up machine
konfektioniertes Anschlusskabel m <el> (fertiges Kabel mit Stecker; z. B. Netzkabel, Verbindungskabel PC-Drucke) • cable assembly; ready made-up connection cable
konfektioniertes Kabel m <el> (fertiges Kabel mit Stecker; z. B. Netzkabel, Verbindungskabel PC-Drucke) • cable assembly; ready made-up connection cable
konfektioniertes Kabel n <el> (auf individuelles Maß zugeschnitten) • customized cable US.GB; customised cable GB.rare
konfektioniertes Netzkabel n <el> (Kabel + Netzstecker) • power cord assembly
konfektioniertes Verbindungskabel m <el> (fertiges Kabel mit Stecker; z. B. Netzkabel, Verbindungskabel PC-Drucke) • cable assembly; ready made-up connection cable
konfektionierte Zuleitung f <el> (Kabel + Netzstecker) • power cord assembly
Konfektionsartikel m <bekl> • ready-to-wear item; prêt-à-porter item

Konfektionsindustrie f <bekl> • clothing industry; garment industry
Konferenzdolmetscheranlage f <transl> • conference interpreting facilities
Konferenzgespräch n <tele> (mit Komforttelefon) • third party call; 3 party call
Konferenzschaltung f <tele> • conference connection
Konfettiparade f <pap> • ticker parade; ticker tape parade
Konfidenzgrenze f <qualit> (Statistik) • confidence limit; fiducial limit
Konfidenzkoeffizient m <qualit> (Statistik) • confidence coefficient
Konfiguration f wiss <tech.allg> (physisch; allg. Ergebnis des Anordnens von Teilen im Raum) • arrangement; configuration
Konfiguration f <tech.allg> (konstruktive Anordnung, Geometrie) • design [configuration]; layout
Konfiguration f <edv> (Einstellung der Hard- und Software; durch den Anwender) • configuration; setup
Konfiguration f <phys/chem> (Atomgitter) • atomic arrangement; spatial arrangement
Konfigurationsenergie f <phys> • configurational energy
Konfigurationsentropie f <phys> • configurational entropy
Konfigurationsformel f <chem> • configurational formula; space formula
Konfigurations-Jumper m <edv> • device configuration jumper; configuration jumper pin
Konfigurations-Jumperstift m <edv> • device configuration jumper; configuration jumper pin
Konfigurationskoordinatenmodell n <mat> • configuration coordinate model; configuration coordinate curve model
Konfigurationsleuchten n <phys> • configurational luminescence
Konfigurationsraum m <phys> • configuration space
konfigurierbar <tech.allg> • configurable
konfigurieren vt <edv> (ein System, Programm) • configure vt
Konfirmationstest m <med> (Antikörpernachweis) • confirmatory test
konfokal <opt> (gleicher Brennpunkt) • confocal
konform <allg> (z. B. Tätigkeit, Methoden, Verlauf) • conformal
Konformation f <chem/phys> • conformation
Konformationsanalyse f <chem> • conformational analysis
Konformationsformel f <chem> • conformational formula
konforme Abbildung f <doku> • conformal mapping
Konformität f ISO 9000 <qualit> (Erfüllung einer Forderung) • conformity ISO 9000
Konformitätserklärung f <qualit> • statement of compliance
Konfrontationstheater n wiss <theat> • amphitheater US; amphitheatre GB
kongenitale Missbildung f <med.nukl> (missbildungserzeugende Wirkung) • teratogenic effect; congenital malformation; congenital deformity
Konglomerat n <chem.geo> • conglomerate
Konglomeratlagerstätte f <geo> • conglomerate deposit
konglomerieren vi <tech.allg> • conglomerate vi
kongruent <math> (z. B. geometr. Figuren, Flächen, Formen) • congruent
Kongruenz f <math> (z. B. von geometr. Figuren) • congruence
Konifere f <agri> • coniferous tree; conifer
Konimeter n <verf.msr> • konimeter; dust counter; coniometer

konisch <tech.allg> *(Form)* • conic; conical; cone-shaped; tapered

konisch <tech.allg> *(Hohlkegel; z. B. große Düse)* • bell-mouthed

konisch <med> *(Morphologie; z. B. Viruskern)* • conical; bullet-shaped

Konischdrehen n <prod> • taper turning

konische Klärspitze f <verf.hydr> • cone classifier; conical settling tank; settling cone

konische Kreuzspule f <textil> *(Gespinstreinigung)* • cone; conical cross-wound bobbin; conical cross-wound package

konische Kugelmühle f <verf> *(zur Feinstmahlung; z. B. von Kaffee)* • cone mill; conical ball mill

konischer Aufbau m <tech.allg> • conic construction

konische Refraktion f <mat> • conical refraction

konischer Kreuzwickel m <textil> *(Wickelei)* • cone

konische Rolle f <förd> • tapered roller

konisches Gewinde n <masch> • taper screw-thread; taper thread; tapered thread; tapering thread; conical thread *rare*

konisches Kurbelviereck n <antr> *(kinematisches Getriebe)* • crank quadrilateral with converging links

konisches Licht n <edv> • spot light; spot

konisches Suchverfahren n <navig> • conical scan tracking

konische Unterlegscheibe f <füg> • square taper washer for I-sections; square tapered washer

konische Unterlegscheibe f <füg> • square taper washer for U-sections; square tapered washer

konisch zulaufend <tech.allg> • cone-ended; tapering; tapered; taper

Konizität f <tech.allg> *(eines Hohlkegels)* • bell-mouthing

Konizität f <tech.allg> *(z. B. von Bohrung, Kolben, Lagerzapfen)* • taper; conicity

Konizität f <masch> *(von Formschrägen, Anzug von Kegelstiften)* • draft

Konizität f <prod> *(z. B. als Angabe in d. techn. Zeichnung)* • degree of taper

konjugiert <tech.allg> *(Winkel, Durchmesser, Zahlen, Ebenen, Punkte)* • conjugate

konjugiert <chem> *(Verbindung)* • conjugated

konjugierte Punkte mpl <opt> • conjugate points; conjugates

konjugierte Reaktion f <chem.phys> *(z. B. induzierte Detonation)* • sympathetic reaction

konjugierte Verbindung f <chem> *(NH$_3$ und NH$_4^+$)* • conjugate

konjugiert-komplex <math> *(zwei Zahlen)* • complex conjugate

konjugiert-komplexes Übertragungsmaß n <math> • conjugate transfer constant

Konjunktion f <tech.allg> *(z. B. Logik, Schaltungen)* • conjunction

Konjunktion f <astron> *(Stellung zweier Gestirne im gleichen Längengrad)* • conjunction

Konjunktion f <msr> *(in Logikschaltung)* • AND operation; logical product; conjunction

konjunktive Normalform f <math> • conjunctive normal form

konkav <tech.allg> *(nach innen gewölbt; z. B. Kehle, Mulde, Spiegel, Linse)* • concave

konkave Linse f <opt> • concave lens; divergent lens; diverging lens

konkave Rolle f <masch> • concave roll

konkaves Speichenhandrad n <masch> *(z. B. an Maschinen, Armaturen)* • dished-arm handwheel

Konkavgitter n <opt> • concave diffraction grating

Konkavgitter n <opt> • concave grating

Konkavgitteraufstellung f <opt> • concave grating mount[ing]

Konkavgitterspektrograph m <opt> • concave grating spectrograph

Konkavglas n <opt> • minus-power spherical lens

Konkavität f <tech.allg> • concavity

konkav-konvex <allg> *(z. B. Schmuckstück)* • concavo-convex

konkav-konvexe Linse f <opt> • concavo-convex lens

Konkavlinse f <opt> • concave lens; divergent lens; diverging lens

Konkavsäge f <wz> • concaved circular saw

Konkavschleifen n <prod> • grinding of concave surfaces

Konkavspiegel m <opt> • concave mirror; concave reflector; concentrating reflector; collecting mirror

Konkav- und Konvexlehre f <msr> • fillet gauge

konkordant <geo> • conformable

Konkordanz f <geo> • conformability; conformation; conformity

Konkurrenzerzeugnisse n <ökon> • competing products

Konkurrenzausschlussklausel f <jur> • competition clause

Konkurs m <fin> • bankruptcy; compulsory winding-up *GB*; straight bankruptcy *US*; commercial failure

Konnektor m *DIN ISO 4135* <el> • connector *ISO 4135*

Konnode f <phys> • conode; tie line

Konnossement n <logist> • loading certificate

Konnubium n <soz> • intermarriage

Konoid n <math> • conoid

Konoidfläche f <math> • conoid

Konoidschale f <bau> • conoidal shell

konphas <phys> • equal-phase; in-phase

konpostieren vt <ents> • compost vt

konsekutiv <tech.allg> *(z. B. Arbeitsvorgänge, chem. Reaktionen)* • consecutive

konservative Plattengrenze f <geo> • transform fault

konservativer Ansatz m <tech.allg> *(vorsichtig)* • conservative approach

konservatives System n <msr> • conservative system

Konservendose f <nahr> *(allg.)* • can *US*; tin *GB*; food tin *GB*

Konservendose f <nahr> *(mit Eingemachtem; Obst, Gemüse)* • preserve tin

Konservenfabrik f <nahr> • cannery *US*; food-canning factory *GB*; canning factory *GB*; preserving plant *rare*; tinning factory *rare*

Konservenglas n <nahr> • preserve jar

Konservenindustrie f <nahr> • canning industry *US.GB*; canned-foods industry *GB*; food tinning industry *rare*; tinning industry *rare*

konservieren vt <led> *(Häute)* • preserve vt

konservieren vt <led> *(mit Salz)* • cure vt

konservieren vt <logist> *(Lagergut)* • conserve vt

konservieren vt <nahr> *(in Dosen)* • can vt *US.GB*; tin vt *GB.rare*

konservieren vt <nahr> • preserve vt

konservieren vt <obfl> *(versiegeln; Lack etc.)* • seal vt

konservierender Naturschutz m <ökol> • nature preservation

konserviert <nahr> • preserved

konservierte Region f <med> *(Virushülle)* • conserved region; constant region

konserviertes Obst n <nahr> • preserved fruit

Konservierung f <led> • curing; cure

Konservierung f <logist> *(von Transport-, Lagergut; z. B. durch Sprühöl, Wachs, Folien)* • conservation

Konservierung f <nahr> *(Eindosen von Fleisch, Fisch etc.)* • canning *US.GB*; tinning *GB.rare*

Konservierung f <nahr> *(durch Einmachen)* • preservation

Konservierung f <obfl> *(z. B. von Lack, mit Wachs etc.)*
• sealing

Konservierung f <obfl.holz> *(von Möbeln etc.)* • preservation

Konservierungsfehler m <led> *(Salzflecken)* • curing damage

Konservierungsmittel n <led> • preservative

Konservierungsmittel n <nahr> • preservative

Konservierungsmittel n <obfl> *(für Hohlraumversiegelung)* • sealing compound; sealer; sealant

Konservierungsmittel n <obfl> *(in Farben)* • preservative

Konservierungsmittel n <pack> • preservative compound; preserving agent

Konservierungssalz n <led> • preserving salt; curing salt

Konservierungswachs n <obfl> • corrosion-preventive wax

Konservierwachs n *rar* <obfl> • corrosion-preventive wax

Konsinusquadratimpuls m <el> • cosine-squared pulse

konsistent <tech.allg> • consistent

Konsistenz f <nahr.qualit> *(von Speiseeis)* • consistency; body and texture *US*

Konsistenz f <qualit> *(innere Struktur, Gefüge; z. B. geschmeidig, weich)* • consistency

Konsistenz f <qualit.mat> *(Farben, Öle)* • body

Konsistenzfehler fpl <nahr> *(Speiseeis)* • defects in consistency; body and texture defects *US*

Konsistenzklasse f <tribo> • consistency grade; grease number; consistency number

Konsistenzprüfung f <edv> • consistency check

Konsistenzzahl f <geo> *(Beton, Bodenmechanik)* • consistency index

Konsolabfragestation f <edv> • console inquiry station

Konsolanzeige f <edv> • console display

Konsolbalken m <tech.allg> *(Bauwesen, Kran)* • cantilevered beam

Konsolbalken m <bau> • semibeam; semigirder

Konsolblattschreiber m <edv> • console typewriter

Konsole f <tech.allg> *(z. B. Werkzeugmaschine, Kran, Möbel)* • console

Konsole f *rar* <tech.allg> *(ausragend, an einem Ende befestigt; z. B. Konsolträger, Balkonträger)* • cantilever; semibeam *rare*

Konsole f <bau> • bracket

Konsole f <bau> • corbel

Konsole f <bau> *(kurzer Kragarm in Wand als Stütze für Querträger, z. B. unter Fenster)* • corbel

Konsole f <kfz.innen> • console

Konsole f <wz.masch> *(Bedienpult)* • control panel

Konsole f <wz.masch> *(Tischträger)* • knee

Konsole f <wz.masch> *(mit Bedienfeld, Tastatur, Bildschirm)* • operator's console

Konsolengerät n <druck> • console type

Konsolenstein m <bau> *(für ein Gesims; eher hoch als tief)* • ancon

Konsolfräsmaschine f <wz.masch> *(Gestell mit Konsole, horiz. Fräsdorn und Gegenhalter)* • plain milling machine; column-and-knee milling machine; knee-and-column type milling machine

Konsolführung f <masch> • knee slide

Konsolführungsbahn f <wz.masch> • knee-saddle way

Konsolhubspindel f <wz.masch> • knee elevating screw

Konsolklemmung f <wz.masch> • knee clamping

Konsolkran m <förd> • bracket crane

Konsolmaschine f <wz.masch> *(typ. Fräsmaschine)*
• column-and-knee-type machine; knee-and-column type machine; knee-type machine *pract*

Konsoltisch m <wz.masch> • knee table; bracket table

Konsolträger m *rar* <tech.allg> *(ausragend, an einem Ende befestigt; z. B. Konsolträger, Balkonträger)* • cantilever; semibeam *rare*

Konsolträger m <logist> *(Querträger in Quertraversenregal)* • pallet support

Konsonanz f <akust> *(Gleichklang, auch Wohlklang)*
• consonance

konstant <allg> *(stabil)* • stabilized

konstant <allg> *(gleichbleibend; z. B. Auslastung, Nachfrage, Entwicklung)* • continuous; constant

konstant <tech.allg> *(unverändert über die Zeit; Größen, Zustände, Abläufe aller Art)* • constant *adj*

konstant <tech.allg> *(festgelegt)* • fixed

konstant <tech.allg> *(z. B. Prozess, Zustand)* • stable

konstant <tech.allg> *(gleichmäßig; z. B. Bewegung)*
• steady

Konstantan n <mat> *(Kupfer-Nickel-Legierung)* • constantan

Konstantandraht m <mat> • constantan wire

Konstantdrosselung f <nfz> • constant decompression

Konstante f <tech.allg> *(z. B. in Mathematik, Physik, Chemie)* • constant

konstante Abtastgeschwindigkeit f <edv> *(von Datenträgern)* • constant linear velocity (CLV)

konstante Bits f <tele> • fixed bits *pl*

konstante Farbgebung f <kunst.wz> *(Airbrush)* • continous paint regulation

konstante Größe f <phys> • constant quantity

konstante Last f <tech.allg> *(im Ggs. zu transienter Belastung)* • constant load; permanent load; steady load; steady-state load

konstante Lineargeschwindigkeit f (CLV) <edv> *(von Datenträgern)* • constant linear velocity (CLV)

konstante Lineargeschwindigkeit f <el> • constant linear velocity (CLV)

Konstantenbereich m <edv> • constant area

Konstantenergie-Zündsystem n <kfz.el> • Constant Energy Ignition system *Lucas*

Konstantenspeicher m <edv> • constant memory; constant store *rare*

konstante Region f <bio> *(Antikörper)* • constant region

konstante Region f <med> *(Virushülle)* • conserved region; constant region

konstante Rotationsgeschwindigkeit f (CAV) <edv> *(Zugriffsverfahren für Laufwerke)* • constant angular velocity (CAV)

konstanter Verzögerungsblock m <edv> • constant-time lag unit

konstanter Zeilenversatz m <av> • constant line displacement *:V*

konstante Satzfolge f <edv> • fixed sequential

konstante Schattierung f <edv> *(Computergrafik)* • flat shading; polygonal shading; Lambert shading *rare*

konstantes Element n <el> • constant-voltage cell

konstante Winkelgeschwindigkeit f <edv> *(Zugriffsverfahren für Laufwerke)* • constant angular velocity (CAV)

Konstant-Flow-System n <med.tech> *(Beatmungssystem)* • constant-flow system; continuous-flow system

Konstantförderpumpe f <förd> • constant-displacement pump; fixed-delivery pump; fixed-stroke pump

konstant halten vt <tech.allg> *(Variablen; z. B. Drehzahl, Geschwindigkeit, Temperatur)* • keep constant *vt*; maintain constant *vt*

konstant halten vt <tech.allg> *(z. B. Prozess, Messwerte)*
• stabilize *vt*

Konstanthalter m <el> • stabilizer

Konstanthalter m <msr> • regulator

Konstanthaltung f <el> *(betont: Stabilisierung, z. B. v. Spannung, Stromstärke)* • stabilization

Konstanthaltung f <msr> *(betont: Regulierung)* • regulation

konstant hohe Produktqualität *f* <qualit> • high and uniform product quality

Konstantleistungs-Filter *n* <el> • constant output filter

konstantsiedend <phys> • constant-boiling

Konstantspannung *f* <el> • constant voltage; stabilized voltage

Konstantspannungs-Filter *n* <av> • constant voltage filter

Konstantspannungsgenerator *m* <el> • constant-voltage generator

Konstantspannungsnetz *n* <el> • parallel system of distribution; shunt system of distribution

Konstantspannungsquelle *f* <el> • constant-voltage source; constant-voltage supply

Konstantspeicher *m* <edv> *(z. B. in Taschenrechner)* • memory for constant values

Konstantstrom *m* <el> • constant current

Konstantstromgenerator *m* <el> • constant-current generator

Konstantstromnetz *n* <el> • series system of distribution

Konstantstromquelle *f* <el> • constant-current supply; constant-current source

Konstantverzögerungsblock *m* <edv> • constant-time lag unit

Konstanz *f* <tech.allg> *(von Werten, Qualität)* • consistency

Konstellation *f* <allg> • constellation

Konstellation *f* <navig> *(aller Satelliten eines Navigationssystems)* • satellite constellation; constellation

Konstellation *f* <navig> *(aller sichtbaren Satelliten)* • satellite constellation; constellation

Konstellation *f* <navig> *(der zur Navigation herangezogenen Satelliten)* • satellite constellation; constellation

Konstitutionsbestimmung *f* <chem> • structure determination; structure elucidation

Konstitutionsformel *f* <chem> • constitutional formula; structural formula

Konstitutionsmittel *n* <pharm> • constitutional drug; constitutional remedy

Konstitutionstherapie *f* <med> • constitutional treatment

Konstitutionstyp *m* <med> • constitutional type

Konstitutionswasser *n* <mat> • constitutional water

konstitutiv gebundenes Wasser *n* <mat> • constitutional water

Konstruieren *n* <tech.allg> *(Vorgang)* • design [effort]

konstruieren *vt* <tech.allg> *(entwerfen und berechnen; z. B. Bauteil, Maschine, System)* • design *vt*

konstruieren *vt* <tech.allg> *(z. B. geom. Figur, Maschine, Bauwerk)* • construct *vt*

Konstrukteur *m* <tech.allg> • design engineer

Konstruktion *f* <tech.allg> *(Dimensionierung eines Tragwerks etc.)* • structural design

Konstruktion *f* <tech.allg> *(als Disziplin)* • design engineering

Konstruktion *f* <tech.allg> *(Vorgang)* • design [effort]

Konstruktion *f* <tech.allg> *(Konzeption, Entwurf)* • design [concept]

Konstruktion *f* <tech.allg> *(allg. Bauart; technische Konzeption)* • design

Konstruktion *f* <tech.allg> *(konstruktive Anordnung, Geometrie)* • design [configuration]; layout

Konstruktion *f* <tech.allg> *(Struktur, Gefüge, Tragwerk)* • structure

Konstruktion *f* <tech.allg> *(konkrete, physische, realisierte Bauweise)* • construction

Konstruktion *f* <tech.allg> *(Realisierung mit bestimmten Merkmalen; z. B. robust, ex-geschützt)* • construction

Konstruktion *f* <doku> *(geometrisch; beim techn. Zeichnen)* • geometrical construction

Konstruktion nach dem Baukastensystem *f* <tech.allg> • unitized construction; building-block construction

konstruktionsbedingt <tech.allg> • inherent in design

Konstruktionsbeton *m* <bau.mat> • structural concrete

Konstruktionsebene *f* <doku> *(Ebene in der eine techn. Zeichnung erstellt wird)* • construction plane

Konstruktionselement *n* <tech.allg> • structural component; structural element; structural member; structural unit

Konstruktionsfehler *m* <qualit> *(Baufehler, Fehler in der Ausführung)* • construction fault

Konstruktionsfehler *m* <qualit> *(konzeptueller Fehler; z. B. falsch berechnet)* • design fault

Konstruktionsfehler *m* <qualit> *(falsch dimensioniert)* • design fault; dimensioning error

Konstruktionsfestigkeit *f* <tech.allg> • structural strength

Konstruktionsgewinde *n* E DIN ISO 965-3 <masch> • constructional thread *ISO 965-3*

Konstruktionsglied *n* <tech.allg> *(Bauglied)* • member

Konstruktionshöhe *f* <bau> *(betont: zu bauende oder gebaute Höhe)* • construction height

Konstruktionskeramik *f* <silik> *(hart, chemisch inert)* • structural ceramics

Konstruktionsklebstoff *m* <füg> • structural adhesive; engineering adhesive

Konstruktionslänge *f* <tech.allg> *(z. B. Maschine, Brücke)* • designed length

Konstruktionsleichtbeton *m* <bau.mat> • structural lightweight concrete

Konstruktionsmerkmal *n* <tech.allg> • design feature

Konstruktionsparameter *m* <tech.allg> • design parameter

Konstruktionsspant *n* <nav> • body section; design section

Konstruktionsspantenriss *m* <nav> *(Konstruktionszeichnung)* • body plan; frame lines *rare*

Konstruktionsstahl *m* <bau.mat> • structural steel; structural framework steel

Konstruktionstiefgang *m* <nav> • design draft *US*; designed draught *GB*; moulded draught *GB*

Konstruktionswasserlinie *f* <nav> • designed waterline; load water-line

Konstruktionswasserverdrängung *f* <nav> • designed displacement

Konstruktionswerkstoff *m* <mat> • structural material

Konstruktionszeichnung *f* <doku> • engineering structural drawing; engineering construction drawing

konstruktiv <allg> • constructive

konstruktiv <tech.allg> *(Teil der Struktur; meist tragend)* • structural

konstruktive Auslegung *f* <tech.allg> *(konstruktiv, rechnerisch; z. B. für bestimmte Lastfälle)* • design

konstruktive Auslegung *f* <tech.allg> *(Dimensionierung eines Tragwerks etc.)* • structural design

konstruktive Berechnung *f* <tech.allg> • design calculation

konstruktive Bewehrung *f* <bau> *(nichtstatisch)* • non-statical reinforcement

konstruktiver Kielfall *m* <nav> • keel drag; designed rake of keel; slope of keel; designed drag; drag

konstruktiver Leichtbeton *m* <bau.mat> *(betont: bewehrt)* • reinforced light-weight concrete

konstruktiver Leichtbeton *m* <bau.mat> *(allg.)* • structural light-weight concrete

konstruktives Teil *n* rar <tech.allg> *(belastetes Teil eines Tragwerks)* • structural part; structural component; load-carrying component; load-bearing component; structural member

Konsumelektronik f <el> *(allg. Elektrogeräte)* • consumer electronics; home electronics

Konsument m <ökon> • consumer

Konsummilch f <nahr> • consumers milk

Kontakt m <tech.allg> *(mechanisch, elektrisch, chemisch)* • contact

Kontakt m <kfz.el> *(betont: ein einzelner Kontakt des Unterbrechers)* • contact breaker point (CB point); contact point; breaker point; ignition point; contact

Kontaktabbrand m <kfz.el> *(bei Unterbrecherkontakten)* • pitting; contact erosion; burning

Kontaktabfrage f <msr> • contact scanning

Kontaktabgriff m <el> • contact pick-off

Kontaktabstand m <el> *(allg.)* • contact clearance; contact gap; contact distance *rare*

Kontaktabstand m <kfz.el> *(in mech. Zündverteiler)* • contact breaker gap; breaker points gap; contact gap; points gap *pract*; CB gap *pract*

Kontaktabtragverfahren n <prod> • electric contact electromachining

Kontaktabzug m <phot> • contact print

Kontaktanordnung f <el> • contact configuration

Kontaktarm m <el> • contact arm

Kontaktarm m <tele> • wiper

Kontaktarmsatz m <tele> • wiper set

Kontaktarmträger m <el> • brush rod

Kontaktarmträger m <tele> • wiper shaft

Kontaktaureole f <geo> • aureole

Kontaktbacke f <el> • contact shoe

Kontaktbacke f <masch> • contact jaw

Kontaktbank f <el> • contact bank

Kontaktbank f <tele> • line bank

Kontaktbauelement n <el> • contact component

Kontaktbelastung f <el> • contact rating

Kontaktbelegung f <el> *(bei Steckverbindern, Elektroniknikbausteinen)* • pin assignment; pin configuration; pin definition; pin allocation; contact configuration *rare*

Kontaktbelichtung f <el.ic.prod> *(von Wafern; obs)* • contact printing

Kontaktbelichtung f <phot> • contact exposure

Kontaktbestückung f <el> • contact configuration

Kontaktbett n <chem> • catalyst bed

Kontaktbildschirm m <edv> • touch screen; touch-sensitive screen; touch panel

Kontaktblock m <el> • bank of contacts

Kontaktbogen m <phot> *(Kontaktkopie eines ganzen Films)* • contact sheet; proof sheet; proofs *pl pract*

Kontaktbrücke f <el> *(in Magnetschalter; z. B. von Anlasser)* • moving contact

Kontaktbuchse f <kfz.emiss> *(Lambda-Sonde)* • contact sleeve

Kontaktbürste f <el> *(Kohle)* • carbon brush

Kontaktbürste f <el> *(allg.; typ. Kupfer od. Kohle)* • contact brush

Kontaktbürste f <el> *(Emitter)* • emitter brush

Kontaktdirektor m <werb> • director client services *US*; director account service *US*; client service director *GB*

Kontaktdraht m <el> *(allg.)* • contact wire

Kontaktdraht m <msr> *(sehr dünn)* • whisker

Kontaktdruck m <mech> • contact pressure

Kontaktdüse f <wz> *(Schutzgasschweißen)* • contact nozzle

Kontakte mpl prakt <phot> *(Kontaktkopie eines ganzen Films)* • contact sheet; proof sheet; proofs *pl pract*

Kontakteinsatz m <el> *(z. B. ein Kontaktträger)* • contact insert

Kontaktelektrizität f <el> • contact electricity

Kontaktelektrode f <el> • contact electrode

Kontakt-EMK f <el> • contact electromotive force; contact emf

Kontaktenergie f <verf> *(in Waschentstaubern)* • contacting power

Kontakter m prakt <werb> • account executive *US*; account manager *GB*

Kontaktfahne f <el> *(an Bausteinen)* • contact tag; tab

Kontaktfeder f <el> • contact spring

Kontaktfedersatz m <el> • contact spring assembly

Kontaktfeile f <kfz.wz> • ignition file; ignition point file *US*; contact file *GB*; magneto file *GB*

Kontaktfeldschalter m <tele> • bank-and-wiper switch

Kontaktfenster n <el> • contact window

Kontaktfeuer nsg <el> *(an Unterbrechern)* • arcing; sparking at the contacts

Kontaktfiltration f <chem.verf> • contact filtration

Kontaktfinger m <el> • contact finger

Kontaktfläche f <tech.allg> *(z. B. Flansch, Dichtung, Klebverbindung, Reibfläche)* • contact area; contact surface

Kontaktfläche f <agri.tech> *(für Mikroorganismen; z. B. für Biogasentwicklung)* • settling surface; contact surface

Kontaktfläche f <el> *(von Unterbrecherkontakten)* • contact face

Kontaktfläche f <füg> • bonding area; bond surface

Kontaktfroster m <prod.nahr> *(Speiseeis)* • plate freezer; contact plate freezer; contact hardener; plate hardener; contact plate hardener

Kontaktfühler m <wz> *(zum Nachfahren von Konturen)* • tracer

Kontaktfunken m <el> *(an Unterbrechern)* • arcing; sparking at the contacts

Kontaktgabe f <el> • contact making; contact connection

Kontaktgeber m <el> • contactor; contact maker

Kontaktgeberzähler m <tele> • meter relay

Kontaktgefrieren n <prod.nahr> *(Plattenfroster)* • direct contact freezing; plate freezing; contact hardening; plate hardening

Kontaktgestein n <geo> • contact-altered rock; contact rock

kontaktgesteuertes Halbleiter-Zündsystem n rar <kfz.el> • breaker-triggered transistorized ignition [system] (TI-B) *Bosch*; contact-controlled transistorized ignition

kontaktgesteuerte Spulenzündung f <kfz.el> • conventional ignition [system]; conventional coil ignition [system]; conventional point-type ignition [system]; contact breaker point ignition [system]; standard ignition [system] *obs*

kontaktgesteuerte Transistorspulenzündung f TSZ-K <kfz.el> • breaker-triggered transistorized ignition [system] (TI-B) *Bosch*; contact-controlled transistorized ignition

kontaktgesteuerte Transistorzündung f (TZ-K) *Bosch* <kfz.el> • breaker-triggered transistorized ignition [system] (TI-B) *Bosch*; contact-controlled transistorized ignition

Kontaktgetterung f <el> • contact gettering

Kontaktgitter n <energ.sol> *(von Solarzellen)* • front grid

Kontaktgleichrichter m <el> • contact rectifier; commutator rectifier

Kontaktglied n <el> • contact link

Kontaktgruppe f <el> • contact set

Kontakthammer m <el> • trembler

Kontaktheizfläche f <tech.allg> • contact heating surface

Kontaktheizung f <tech.allg> • contact heater

Kontaktheizung f <textil> *(Falschdrahtverfahren)* • contact heater

Kontaktherstellung f <prod> • contacting

Kontakthöcker *m* <ic> *(auf Chip)* • bump
Kontakthof *m* <bau.jur> *(Strafvollzug)* • meeting area
Kontakthof *m* <geo> • contact aureole
Kontakthof *m* <geo> • aureole
Kontakthülse *f* <el> • contact bush
Kontaktierdraht *m* <ic> • bonding wire; bond wire
Kontaktieren *n* <ic> *(von Chips und Anschlussdrähten)*
• bonding
kontaktieren *vt* <allg> *(Kontakt aufnehmen; mit Objekten, Personen)* • contact *vt*
kontaktieren *vt* <ic> *(Anschlussdrähte an Chip)* • bond *vt*
Kontaktiergerät *n* <el.ic.prod> • wire bonder
Kontaktiergerät *n* <ic.wz.masch> *(Chip-Prod.)* • bonder
Kontaktierung *f* <allg> • contacting
Kontaktierung *f* <el> • bonding
Kontaktkammer *f* <chem> *(Katalysator)* • catalyst chamber
Kontaktkatalyse *f* <chem> *(Katalysator wird Kontakt genannt)* • heterogeneous catalysis; contact catalysis
Kontaktkleber *m* <füg> • contact adhesive; contact cement; contact bond[ing] adhesive; contact-type adhesive; contact bond cement
Kontakt-Kleber *m* <füg> • contact adhesive; contact cement; contact bond[ing] adhesive; contact-type adhesive; contact bond cement
Kontaktklebstoff *m* <füg> • contact adhesive; contact cement; contact bond[ing] adhesive; contact-type adhesive; contact bond cement
Kontakt-Klebstoff *m* <füg> • contact adhesive; contact cement; contact bond[ing] adhesive; contact-type adhesive; contact bond cement
Kontaktklotz *m* <el> • contact block
Kontaktknopf *m* <el> • contact stud
Kontaktkolben *m* <tech.allg> • contact piston
Kontaktkonfiguration *f* <el> • contact configuration
Kontaktkopie *f* <phot> • contact print
Kontaktkopien herstellen *vi* <phot> *(von Fotos)* • contact-print *vt*; contact *vt pract*
Kontaktkopierer *m* <phot> • contact printer
Kontaktkopiergerät *n* <phot> • contact printer
Kontaktkopierrahmen *m* <phot> • contact printing frame
Kontaktkorrosion *f* <obfl> • bimetallic corrosion *ISO 8044*; galvanic corrosion *ISO 8044*; contact corrosion; couple corrosion; disimilar metals corrosion
Kontaktkraft *f* <el> • contact force
Kontaktkranz *m* <tele> • group of contacts
Kontaktlagerstätte *f* <geo> • contact deposit
Kontaktleiste *f* <el> *(für Schaltschrankmodul)* • rack-and-panel connector
Kontaktleiste *f* <el> *(allg.; mit Federkontaken, Kontaktlamellen etc.)* • contact strip
Kontaktlesegerät *n* <edv> • contact reader; touch reader
Kontaktleser *m* <edv> • contact reader; touch reader
Kontakt-Lesestift *m* <edv> • contact wand scanner; contact wand
Kontaktlinse *f ISO 8320-1* <opt> *(statt Brille)* • contact lens *ISO 8320-1*
Kontaktlinsenpflegemittel *n DIN EN ISO 1198* <opt>
• contact lens care product *DIN EN ISO 1198*
Kontaktloch *n* <el> *(zw. zwei Leitungsebenen)* • contact hole; via *pract*; contact via *rare*; via hole *rare*
Kontaktloch *n* <el> *(allg.)* • contact hole
Kontaktlog *n* <geo> *(Geophysik)* • microlog
kontaktlos <tech.allg> *(z. B. messen, scannen, lesen, abdichten)* • non-contact; contactless; without contact; noncontacting
kontaktlos <el> • contactless
kontaktlose Fernmessung *f* <msr> • remote sensing
kontaktloser Lesestift *m* <edv> • non-contact wand

kontaktloser Schnappschalter *m* <el> • solid state sensitive switch
kontaktloses Schaltgerät *n* <el> • solid-state switching device
kontaktlose Steuerung *f* <msr> *(betont: vollelektronisch)* • solid-state controller
kontaktlose Steuerung *f* <msr> *(allg.)* • contactless control
kontaktlose Transistorzündanlage *f* <kfz.el> • breakerless transistorized ignition [system]; contactless electronic ignition [system]
kontaktlose Transistorzündung *f* <kfz.el> • breakerless transistorized ignition [system]; contactless electronic ignition [system]
kontaktlos gesteuertes Zündsystem *n* <kfz.el>
• breakerless transistorized ignition [system]; contactless electronic ignition [system]
kontaktlos gesteuerte Transistorzündung *f* <kfz.el>
• breakerless transistorized ignition [system]; contactless electronic ignition [system]
Kontaktmasse *f* <chem> *(Katalysator)* • catalyst
Kontaktmatte *f* <alarm> • pressure mat; tread mat; undercarpet mat/pad/sensor/switch; floor mat; step mat
Kontaktmelder *m* <alarm> *(zur Überwachung von beweglichen Teilen; z. B. an Türen, Fenstern)* • contact switch; door contact/switch; protective switch; contact
Kontaktmesser *m prakt* <msr> • contact measuring device
Kontaktmesser *m* <el> *(klingenartige Kontaktzunge)*
• contact blade
Kontaktmessgerät *n* <msr> • contact measuring device
Kontaktmikrofon *n* <av> • contact microphone
Kontakt mit Selbstreinigung *m* <el> • self-cleaning contact
Kontaktmittel *n* <el> *(zum Reinigen, Desoxidieren von Schaltkontakten)* • cleaning fluid; switch cleaner; electrical cleaning fluid *rare*
Kontaktnachlauf *m* <el> • contact follow
Kontaktnocken *m* <kfz> *(Unterbrecher)* • contact-breaker cam
Kontaktöffnung *f* <el> *(Vorgang)* • contact opening
Kontaktöffnung *f rar* <el> *(allg.)* • contact clearance; contact gap; contact distance *rare*
Kontaktöffnungszeit *f* <el> • contact break time; contact opening time
Kontaktofen *m* <chem.verf> • contact reactor
Kontaktpapier *n* <phot> • contact paper
Kontaktpinsel *m* <el> • cat whisker
Kontaktplättchen *n* <licht> • contact plate
Kontaktplan *m* (KOP) <edv> *(eine graphische Sprache)*
• ladder diagram (LD)
Kontaktpotential *n* <el> • contact potential
Kontaktpotentialwall *m* <el> • contact potential barrier
Kontaktprellen *n* <el> • contact bounce; contact chatter; bouncing; chattering
Kontaktpressverfahren *n* <kst> • contact molding; impression molding
Kontaktpunkt *m* <tech.allg> • contact point
Kontaktraster *m* <druck> • contact screen
Kontaktrauschen *n* <el> • contact noise
Kontaktreihe *f* <el> • contact bank
Kontaktreihe *f* <el> • contact row
Kontaktreport *m* <werb> • contact report
Kontaktrolle *f* <nfz.el> *(Oberleitungs-Bus)* • trolley
Kontaktsammelschiene *f* <el> • contact collecting bar
Kontaktsatz *m* <el> • contact assembly
Kontaktsatz *m* <el> • contact set
Kontaktsatz *m* <tele> • contact bank
Kontaktsatz *n* <kfz.el> *(als Ersatzteil)* • contact point set; contact set; set of contact points; set of breaker points

Kontaktscannen *n* <edv> • contact scanning; touch scanning

Kontaktscanner *m* <edv> • contact scanner; touch scanner

Kontaktschale *f* <opt> • contact lens

Kontaktschieber *m* <el> • adjusting slider

Kontaktschiene *f* <el> • contact rail; contact bar

Kontaktschlitten *m* <el> • contact carriage

Kontaktschloss *n* <alarm> *(Scharfschalteeinrichtung bei der Impulsschärfung)* • tamper-proof key switch *:V*

Kontaktschmierstoff *m* <tribo> • contact lubricant

Kontaktschmoren *n* <el> • contact scorching

Kontaktschutzbeschaltung *f* <el> • contact protection

Kontaktschwefelsäure *f* <chem> • contact sulfuric acid; contact acid

Kontaktsengen *n* <textil> • contact singeing

Kontaktsensor *m* <alarm> *(zur Überwachung von beweglichen Teilen; z. B. an Türen, Fenstern)* • contact switch; door contact/switch; protective switch; contact

Kontaktspannung *f* <el> • contact potential difference

Kontaktspannungsabfall *m* <el> • contact potential drop; contact drop

Kontaktspitze *f* <el> • contact tip

Kontaktspule *f* <kfz.sich> *(Airbag)* • contact coil *Bendix*; clock spring *Chrysler*; coil spring *VW*

Kontaktstelle *f* <tech.allg> • contact point

Kontaktstelle *f* <el> *(an einer Klemme)* • terminal area

Kontaktstelle *f* <el> *(auf einer Leiterplatte)* • terminal pad

Kontaktstelle *f* <msr> *(eines Thermoelements)* • thermojunction

Kontaktstellentemperatur *f* <msr> *(Thermoelement)* • junction temperature

Kontaktstift *m* <el> • connector pin

Kontaktstift *m* <el> • contact pin

Kontaktstrecke *f* <el> • contact path

Kontaktstück *n* <tech.allg> • contact piece; contact member

Kontakttemperatur *f* <msr> *(Thermoelement)* • junction temperature

Kontaktthermographie *f* <msr> • contact thermography

Kontaktthermometer *n* <msr> • contact thermometer

Kontaktträger *m* <tech.allg> • contact carrier

Kontaktträger *m* <chem> *(Katalysatorsubstrat)* • catalyst carrier; catalyst support

Kontaktträger *m* <chem> • catalyst support

Kontakttrennungskraft *f* <el> • contact separation force

Kontakttrocknung *f* <verf> • contact drying; conduction drying

Kontaktüberwachung *f* <tech.allg> *(Kontrolle der Kontakte)* • monitoring of the contacts

Kontaktüberwachung *f* <alarm> *(mit Hilfe von Kontakten)* • contact surveillance *:V*

Kontaktverfahren *n* <chem> *(H2SO4)* • contact process

Kontaktverfahren *n* <pap.prod> • cast coating

Kontaktverfahren *n* <phot> • contact printing *sg* ; proofing *sg*

Kontaktverlust *m* <tech.allg> • contact loss

Kontaktverschweißen *n* <el> *(Defekt, durch Lichtbogenbildung)* • fusing of contacts

Kontaktverschweißen *n* <füg> • contact welding

Kontaktvoltmeter *n* <el> • contact-making voltmeter

Kontaktwendel *f* <el> *(Kabelabschirmung)* • contact helix; copper equalizing tape; counter helix

Kontaktwerkstoff *m* <el> • contact material

Kontaktwiderstand *m* <el> *(Größe, Wert)* • contact resistance

Kontaktwinkel *m* <tech.allg> • contact angle

Kontaktwinkel *m* <obfl> *(zw. Substrat und Flüssigkeit; je kleiner desto besser die Benetzung)* • contact wetting angle; wetting angle; contact angle; angle of contact

Kontaktzeit *f* <tech.allg> • contact time

Kontaktzone *f* <tech.allg> • contact zone

Kontaktzunge *f* <el> *(allg.; steif oder federnd; z. B. an H4-Lampe, in Steckverbinder)* • contact blade

Kontaktzunge *f* <kfz.el> *(federnd; z. B. Lampenfassung od. Verteilerfinger)* • contact spring

Kontaminant *m* wiss <ents> *(verunreinigt oder verhindert Nutzung; z. B. Schweröl in Grundwasser)* • contaminant; pollutant; noxious matter; obnoxious substance *rare*

Kontaminant *m* wiss. <kfz.emiss> *(in bezug auf Katalysatoren)* • contaminant

Kontamination *f* <nukl> *(radioaktiv)* • contamination

Kontamination durch Schwermetalle *f* <ökol> • heavy-metal contamination

Kontaminationslinie *f* <phys> *(Elektronenmikroskopie)* • contamination line

Kontaminationsmonitor *m* <nukl> *(Strahlenschutz)* • contamination monitor

Kontaminationsschicht *f* <ents> • layer of contaminants

Kontaminationsüberwachung *f* <nukl> • contamination monitoring

kontaminieren *vt* <tech.allg> *(allg. verunreinigen)* • contaminate *vt*; soil *vt*

kontaminieren *vt* <tech.allg> *(mit Strahlung, Chemikalen, Bakterien viren u.ä.)* • contaminate *vt*

kontaminierend *form* <verf> • contaminating

kontaminiert <tech.allg> *(allg.; z. B. Umwelt)* • contaminated; polluted

kontaminiert <nukl> *(radioaktiv)* • contaminated

kontaminierte Fläche *DIN ISO 11074-1* <ökol> *(Bodenbeschaffenheit)* • problem site *ISO 11074-1*

kontaminierter Boden *m* <ents> *(an Ort und Stelle)* • contaminated soil

kontaminiertes Sickerwasser *n* <ents> • contaminated leachate

Kontaminierung *f* <nukl> *(radioaktiv)* • contamination

Kontaminierung nach dem Pasteurisieren *f V:* <nahr.prod> • post pasteurization contamination

Konterdruck *m* <druck> • counter print

Kontergewicht *n* <förd> *(am Kran; typ. hinten am Ausleger od. unten am Turmsockel)* • kentledge; counterweight

Kontermarschstuhl *m* <textil> • positive lift loom

Kontermutter *f* <füg> *(Schraubensicherung)* • lock nut

Kontermutter der Ventilspiel-Einstellschraube *f* <kfz.mot> *(bei alten Motoren)* • valve adjustment locknut; tappet locknut *GB*

Konterumdruck *m* <druck> • counter transfer

Kontextanalyse *f* <edv> *(Programmierung)* • context analysis

Kontinent *m* <geo> *(Festland mit Kontinentalsockel)* • continent

Kontinentalabhang *m* <geo> • continental slope

Kontinentaldrift *f* <geo> *(Plattentektonik)* • continental drift

Kontinentaldrift-Theorie *f* <geo> • theory of continental drift

kontinentale Kruste *f* <geo> • continental crust

Kontinentaleuropa *n* <geo> • mainland Europe

Kontinentalkern *m* <geo> *(ältester Teil der Kontinente)* • craton; core of a continent; continental nucleus; core

Kontinentalklotz *m* rar <geo> • continental plate

Kontinentalmeisterschaft *f* <sport> • continental championship

Kontinentalplatte *f* <geo> • continental plate

Kontinentalrand *m* <geo> • continental margin

Kontinentalrand des pazifischen Typs *m* <geo> • passive continental margin

Kontinentalrift *n* <geo> • continental rift *(thscs-ppsc)*

Kontinentalschelf *n/m* <geo> • continental basement; continental shelf

Kontinentalscholle *f* <geo> • continental plate

Kontinentalsockel *m* <geo> • continental basement; continental shelf

Kontinentalverschiebung *f* <geo> *(Plattentektonik)* • continental drift

Kontinentalverschiebungstheorie *f* <geo> • theory of continental drift

Kontinentkante *f* <geo> • continental margin

Kontinentkern *m* <geo> *(ältester Teil der Kontinente)* • craton; core of a continent; continental nucleus; core

Kontinentsockel *m* <geo> • continental basement; continental shelf

Kontinentverschiebung *f* <geo> *(Plattentektonik)* • continental drift

Kontinentwanderung *f* <geo> *(Plattentektonik)* • continental drift

Kontingent *n* <logist> *(Waren, Lieferungen)* • allotment; quota

Kontingenz *f* <math> *(Statistik)* • contingency

Kontintalrand des atlantischen Typs *m* <geo> • active continental margin

Kontinuebetrieb *m* <textil> *(Färberei)* • continuous operation

Kontinuebleiche *f* <textil> • continuous bleaching

Kontinuebreitwaschmaschine *f* <textil> • continuous open-width washer

Kontinuedämpfer *m* <textil> • continuous steamer

Kontinuefärben *n* <textil> • continuous dyeing

Kontinueküpenfärben *n* <textil> • continuous vat dyeing

Kontinuespinnanlage *f* <textil> • continuous spinning system

Kontinuespinnverfahren *n* <textil> • continuous spinning

kontinuierlich <allg> *(gleichbleibend; z. B. Auslastung, Nachfrage, Entwicklung)* • continuous; constant

kontinuierlich <tech.allg> *(ständig; z. B. Messung, Steuerung, Bestrahlung)* • continuous; non-intermittent

kontinuierlich <tech.allg> *(Prozess)* • continuous

kontinuierlich <tech.allg> *(z. B. Entwicklung, Energieversorgung)* • sustained

kontinuierlich arbeitend <tech.allg> *(Prozess)* • continuous

kontinuierlich arbeitender Partikelfilter *m* <kfz> *(Diesel)* • continuous regeneration trap (CRT)

kontinuierlich arbeitender Stofflöser *m* <pap.ents> • continuous pulper

kontinuierliche Abreinigung *f* <verf> *(von Filtern, Abscheidern)* • continuous cleaning; on-line cleaning

kontinuierliche Beatmung *f* <med.tech> • continuous mandatory ventilation (CMV); controlled mechanical ventilation; continuous mechanical ventilation

kontinuierliche Benzineinspritzung *f* <kfz.mot> • continuous injection system (CIS)

kontinuierliche Datenübertragungsrate *f* <edv> • sustained data transfer rate; sustained transfer rate; sustainable data transfer rate; sustainable transfer rate; internal transfer rate

kontinuierliche Destillation *f* <chem.verf> • continuous distillation

kontinuierliche Füllstandsmessung *f* <msr> • continuous level measurement

kontinuierliche Hüllkurve *f* <tech.allg> • continuous envelope; continuous envelope curve

kontinuierliche maschinelle Beatmung *f* <med.tech> • continuous mandatory ventilation (CMV); controlled mechanical ventilation; continuous mechanical ventilation

kontinuierliche Messung *f* <msr> • continuous measurement

kontinuierliche Nachführung *f* <energ.sol> *(von Konzentratoren; z. B. von Parabolrinnenspiegeln)* • continuous tracking; continuous adjustment

kontinuierliche Pasteurisierung *f* <nahr.prod> • continuous pasteurization *US.GB*; continuous pasteurisation *GB*

kontinuierliche Phase *f* <nahr> *(Speiseeis)* • continuous phase; lamella

kontinuierlicher Betrieb *m* <tech.allg> • continuous operation

kontinuierlicher Code *m* <edv> *(Strichcode ohne Lücken)* • continuous code

kontinuierliche Regelung *f* <msr> • continuous control

kontinuierliche Registrierung *f* <msr> • continuous recording mode

kontinuierlicher Eisfreezer *m* <nahr.prod> *(Speiseeis)* • continuous freezer; continuous ice cream freezer; instant freezer; continuous frozen dessert mix freezer *rare*

kontinuierlicher Freezer *m* <nahr.prod> *(Speiseeis)* • continuous freezer; continuous ice cream freezer; instant freezer; continuous frozen dessert mix freezer *rare*

kontinuierlicher Laser *m* <opt> • continuous-wave laser

kontinuierlicher Speiseeisgefrierer *m rar* <nahr.prod> *(Speiseeis)* • continuous freezer; continuous ice cream freezer; instant freezer; continuous frozen dessert mix freezer *rare*

kontinuierlicher Stofflöser *m* <pap.ents> • continuous pulper

kontinuierlicher Tintenstrahl *m* <druck> *(Tintenstrahlplotter)* • continuous ink jet

kontinuierlicher Zeitraffer *m* <av> • continuous high-speed picture *:V*

kontinuierliche Schneckenpresse *f* <nahr> *(für Trauben)* • continuous screw press; continuous press

kontinuierliches Färben *n* <textil> • continuous dyeing

kontinuierliches Feuerverzinken *n* <obfl> *(von Stahlband, -draht)* • continuous hot-dip galvanizing *US.GB*; continuous hot-dip zinc coating; continuous hot-dip galvanising *GB*

kontinuierliches Gefrieren *n* <prod.nahr> • continuous freezing

kontinuierliches Merkmal *n* <math> *(Statistik; Qualitätssicherung)* • measurable characteristic; continuous characteristic

kontinuierliches Signal *n* <el> • continuous signal

kontinuierliches Spektrum *n* <opt> • continuous spectrum; continuum

kontinuierliches System *n* <pap.ents> *(als Entstufe in Pulperentsorgungssystemen)* • continuous operation

kontinuierliches Verfahren *n* <tech.allg> • continuous process

kontinuierliches Verzinkungsverfahren *n* <obfl> • continuous galvanizing process

kontinuierliches Walzwerk *n* <metall> *(im Ggs. zum Reversierwalzwerk)* • continuous rolling mill; continuous mill

kontinuierliche Wechselstromzündung *f* <kfz.el> • Continuous AC Ignition System (CACIS); CACIS ignition

kontinuierlich positiver Atemwegsdruck *m* <med.tech> • continuous positive airway pressure (CPAP); constant airway pressure

Kontinuität *f* <allg> *(einer Entwicklung, eines Ablaufes)* • continuity

Kontinuitätsgleichung *f* <phys> *(Strömungslehre; Volumenstrom, Massenstrom, Massenbilanz)* • continuity equation

Kontinuum *n* <allg> *(z. B. Raum, Zeit, Farbverlauf, Spektrum)* • continuum

Kontinuum *n* <opt> • continuous spectrum; continuum

Kontinuumsmechanik *f* <phys> *(im Ggs. zu Quantenmechanik)* • continuum mechanics

Kontinuumstheorie *f* <phys> • continuum theory

Konto n <fin> *(bei einer Bank)* • account
Kontonummernsucher m <edv> • account number detector
kontragredient <math> • contragredient
kontrahieren vi <tech.allg> • contract vi
kontrahieren vi wiss <tech.allg> *(z. B. bei Kälte, Trocknung)* • contract vr
kontrahierender Strahl m <phys> *(z. B. Wasserstrahl hinter Düse)* • contracting jet
kontrahierendes Universum n <astron> • contracting universe
Kontrahierungspolitik f <werb> • pricing policy; price policy
Kontraktion f <phys> • contraction
Kontraktionsziffer f <phys> *(z. B. Strahlkontraktion beim Auslauf aus Behältern)* • contraction coefficient
Kontrapropeller m <nav> • contra-propeller
Kontraruder n <nav> • contra-guide rudder; contra rudder
Kontrast m <tech.allg> *(Licht, Farbe, Motiv; z. B. hell/dunkel, kalt/warm, hart/weich)* • contrast
Kontrast m <phot> • contrast; contrast between bright and dark areas; contrast between lit and unlit areas
Kontrastabschwächung f <tech.allg> • contrast falling-off
Kontrastabschwächung f <av> *(Fernsehbild)* • decrease in contrast
Kontrastanzeigefeld n <edv> *(Display)* • contrast field
kontrastarm <phot> *(Bild, Beleuchtung; als Nachteil)* • low in contrast; poor in contrast; flat; dull
kontrastarm <phot> • contrasty; high in contrast; rich in contrast; hard *pej*; harsh *pej*
kontrastarm <phot> *(Bild, Beleuchtung; vorteilhaft)* • soft; low in contrast
kontrastarmes Bild n <phot> • low-contrast image
Kontrastausgleich m <av> • contrast equalization
Kontrastausgleich m <phot> • contrast adjustment
Kontrastausgleichssteuerung f <el> • contrast control circuitry
Kontrastblende f <tech.allg> • contrast stop
Kontrastdruck m <druck> • contrasting print
Kontrasteinstellung f <tech.allg> • contrast setting
Kontrastentwickler m <phot> • high-contrast developer
Kontrasterkennung f <tech.allg> • contrast detection
Kontrastfärbung f <opt> *(z. B. für Mikroskopie, Röntgenaufnahmen)* • contrast staining
Kontrastfärbung f <textil> • differential dyeing
Kontrastfaktor m <phot> *(auch bei Digitalfotobearbeitung)* • gamma value; gamma *pract*; photographic gamma 4rare
Kontrastfilter n/m <phot> *(für SW-Aufnahmen)* • contrast filter
kontrastieren vi <allg> *(z. B. Helligkeit, Farben)* • contrast vi
Kontrastlicht n <phot> • contrast type light
kontrastlos <phot> *(Bild, Beleuchtung; als Nachteil)* • low in contrast; poor in contrast; flat; dull
Kontrastlosigkeit f <phot> • flatness
Kontrastmittel n DIN EN 1330-3 <opt> *(z. B. für Durchstrahlungsprüfung von Lebewesen, Werkstoffen)* • contrast agent; contrast medium
Kontrastregelung f <av> • contrast control
Kontrastregler m <av> *(z. B. am Bildschirm)* • contrast control
kontrastreich <phot> *(Bild, Beleuchtung; vorteilhaft)* • high in contrast; rich in contrast; contrasty
kontrastreich rar <phot> *(Bild, Beleuchtung; nachteilig)* • hard; harsh; high in contrast *rare*
Kontraströntgenaufnahme f <med> • contrast radiograph; contrast radiography; contrast roentgenogram *rare*

Kontrastschicht f <obfl> *(Reparaturlackierung)* • guide coat
Kontrastschwelle f <licht> • contrast threshold
Kontrastspannung f <druck> *(auf der fotoleitenden Trommel)* • contrast voltage
Kontraststeuerung f <phot> • contrast control sg
Kontrastübertragungsfaktor m <opt> • contrast transfer factor
Kontrastumfang m <opt> *(Bild)* • contrast range; range of contrast
Kontrastverminderung f <opt> • contrast reduction
Kontrastverstärkung f <opt> • contrast intensification
Kontrastwandelpapier n <phot> • variable-contrast paper; multigrade paper *Ilford*; multicontrast paper *Agfa*; polycontrast paper *Kodak*; selective-contrast paper
kontravariant <math> • contravariant
kontravarianter Vektor m <math> • contravariant vector
Kontrollabdeckung f <tech.allg> • inspection cover
Kontrollabhören n <av> • audio monitoring
Kontrollanalyse f <tech.allg> *(an Werkstücken, an Verfahren, an Unfallursachen)* • check analysis
Kontrollanschlag m <prod> • master stop
Kontrollausdruck m form <druck> *(zur Endkontrolle, Imprimatur)* • hardproof; final proof; proof *pract*
Kontrollbefehl m <edv> • supervisory instruction
Kontrollbehälter m <mil> • measuring box
Kontrollbereich m <nukl> • controlled area; controlled-access area; regulated stay area *rare*; exclusion area *rare*; controlled injury zone *rare*
Kontrollbescheinigung f <allg> • inspection certificate
Kontrollbild n <av> • master control picture
Kontrollbildschirm m <av> *(eingeblendeter oder separater, meist kleiner Bildschirm)* • monitor
Kontrollbit n <edv> • check bit; checking bit
Kontrollblatt n <med.tech> • checklist
Kontrollbogen m <qualit> *(Formblatt; z. B. Betriebsabrechnung)* • check sheet
Kontrollbrunnen m <ents> • monitoring well; monitor well; inspection well; observation well
Kontrolldrucker m <edv> • monitor printer
Kontrolldüse f <pap> • check nozzle
Kontrolle f <allg> *(eher kurzer Vorgang; z. B. von Füllstand, Verriegelung, Reisegepäck)* • check; checking
Kontrolle f <allg> *(Einfluss auf od. über etw.; z. B. über ein Fahrzeug, System, Gelände)* • control
Kontrolle f <tech.allg> *(eher langfristig; z. B. von Prozessen, Messwerteinhaltung)* • monitoring; supervision
Kontrolle der Qualität der Zulieferungen f <qualit> • delivery quality control
Kontrolleinheit f ugs.rar <energ.sol> *(von Solaranlagen)* • control system; control unit
Kontrolleinheit f <navig> *(Empfänger)* • control unit
Kontrolleinrichtung f <tech.allg> *(zum Überprüfen von etw.)* • checking device; controlling device *rare*; control instrument *rare*
Kontrolleinrichtung f <edv> *(als Zusatz, Ansatz, Anbauteil)* • verifying attachment
Kontrolleinrichtung f <msr> *(zum Regeln, Steuern, Bedienen)* • controlling device
Kontrolleinrichtung f <prod.msr> *(für Ablaufsteuerung)* • sequence control equipment
Kontrolleinrichtung f <qualit> *(für Sichtprüfungen)* • inspection equipment
Kontrollendbild n <av> • final amplifier check picture
Kontrollerkarte f <edv> • controller board; controller card
Kontrolle vor Ort f <qualit> *(z. B. am Einbauort, auf der Baustelle)* • on-site inspection
Kontrollfolie f <pap> • inspection film
Kontrollfrequenz f <el> • check frequency

Kontrollgang m <energ.hydr> • inspection gallery

Kontrollgerät n <tech.allg> *(zum Überprüfen von etw.)*
• checking device; controlling device *rare*; control instrument *rare*

Kontrollgerät n <tech.allg> *(zur Überwachung)* • monitoring device; monitor device *rare*

Kontrollglimmleuchte f <el> • neon indicator light; neon pilot light; neon indicator *pract*

Kontrollhahn m <rls> • test cock

Kontrollhebelblockierung f <nfz> *(Sicherheitseinrichtung bei Autokranen)* • control lever lockout

kontrollieren vt <allg> *(eher kurzer Vorgang; z. B. Füllstand, Verriegelung, Reisegepäck)* • check vt

kontrollieren vt <tech.allg> *(eher langfristig; überwachen)* • monitor vt

kontrollieren vt <qualit> *(sicherheitshalber, erneut; z. B. Ergebnisse, Zahlen, Zustand)* • check vt

kontrollieren vt <qualit> *(verifizieren, sicherstellen; z. B. dass etwas im gewünschten Zustand is)* • verify vt; make sure vt

kontrollieren vt <qualit> *(kurze Kontrolle mit oder ohne Hilfsmittel)* • check vt

kontrollierte Atmosphäre f <hlk> *(z. B. Verpackungsanlage, Verbrennung, Wärmebehandlung)* • controlled atmosphere

kontrollierte Beatmung f <med.tech> • continuous mandatory ventilation (CMV); controlled mechanical ventilation; continuous mechanical ventilation

kontrollierte Expansion f <bau.mat> *(von Montageschaum)* • controlled expansion

kontrollierte Kernfusion f <nukl> *(als Forschungsbereich)* • Controlled Thermonuclear Research (CTR)

kontrollierte Kernfusion f <nukl> *(allg.)* • controlled nuclear fusion; controlled thermonuclear fusion

kontrollierter Bereich m <kfz.verk> *(nur für Berechtigte mit Einfahrerlaubnis; z. B. Innenstadt)* • controlled-access area; restricted zone *Singapore*

kontrollierter Flug in den Boden m :V <navig> • controlled flight into terrain

kontrollierter Luftstrom m <ents> *(stark, heftig)* • controlled air blast

Kontrollkarte f <mil> *(Waffenkontrolle)* • Control Card

Kontrollkörper m <qualit> *(allg.)* • reference standard

Kontrollkommandoempfänger m <aerospace> • cut-off test receiver

Kontrollkopf m <av> • control head; CTL head; synch head

Kontrolllampe f <msr> *(Anzeige, dass etwas betriebsbereit od. eingeschaltet ist; kein Blinker)* • pilot lamp; telltale lamp *rare.coll*; neon *rare.coll*

Kontrolllampe f <msr> *(allg. für Betriebszustand; z. B. EIN/AUS; jede Farbe möglich)* • indicator lamp

Kontrolllautsprecher m <av> • pilot loudspeaker

Kontrolllehre f <msr> • master gauge

Kontrolllehre f <msr> • check gauge; reference gauge; master gauge

Kontrollleuchte f <msr> *(allg. für Betriebszustand; z. B. EIN/AUS; jede Farbe möglich)* • indicator light (IND LITE); indicator *pract.coll*; signal light *rare*

Kontrollleuchte für Warnblinkanlage f <kfz.msr> • hazard warning signal indicator *US*

Kontrollmanometer n <msr> *(für Druckprüfungen)* • check gauge; reference gauge; master gauge

Kontrollmarke f *rar* <allg> *(kleiner Strich; typ. in Fünfergruppen)* • tally

Kontrollmarke f <masch> *(mit Körner)* • punch mark

Kontrollmaß n <msr> *(Einstellmaß)* • standard for setting

Kontrollmenü n <edv> • diagnostic menu

Kontrollmessung f <msr> • check measurement

Kontrollmitteilung f <fin> *(typ. bei Außenprüfungen)*
• tracer note; information document; control notice; information at source *US*; information return *US*

Kontrollnummer f <tech.allg> • control number; number of control *rare*

Kontrolloszilloskop n <msr> • monitor oscilloscope

Kontrollpeilung f <navig> • test bearing

Kontrollprogramm n <qualit> *(eher kurz, punktuell, für Einzelprüfungen)* • check program

Kontrollprogramm n <qualit> *(über längere Zeit)* • monitor program

Kontrollpult n <msr> *(konsolartig; typ. schräg, an der Wand)* • monitoring console

Kontrollpult n <msr> *(eher freistehend)* • monitoring desk

Kontrollpunkt m <allg> *(punktuelle Kontrolle; z. B. an Grenzübergang)* • checkpoint

Kontrollpunkt m <tech.allg> *(bei Überwachung)* • monitoring point

Kontrollpunkt m <edv> *(beim Morphing)* • reference point

Kontrollpunkt m *prakt* <edv> • control vertex (CV); control point *pract*; anchor point

Kontrollpunkt m <logist.qualit> *(Station; für ausgehende Lagereinheiten)* • outbound inspection station; outbound quality audit; delivery check station; dispatch control

Kontrollpunktverfahren n DIN ISO 3309 <edv> *(Wiederherstellung mit Hilfe des P/F-Bits)* • checkpointing ISO 3309

Kontrollraum m ugs <tech.allg> *(allg. von Anlagen)* • control room; control center *US*; control centre *GB*; control stand *rare*

Kontrollraum m *prakt* <msr> *(größere Einrichtung; z. B. eines Kraftwerks)* • central control room

Kontrollrelais n <el> • monitoring relay

Kontrollrelais n <tele> • supervisory relay

Kontrollring m <pack> *(Pre-Necker/Necker)* • control ring

Kontrollringhalter m <pack> *(Pre-Necker/Necker)* • chuck mandrel

Kontrollringkurve f <pack> *(Pre-Necker/Necker)* • control ring cam

Kontrollroutine f <qualit> • check routine

Kontrollschacht m DIN 4048-1 <energ.hydr> *(Staudamm)* • inspection shaft

Kontrollschaltung f <el> • check circuit

Kontrollscheibe f <mil> *(hinter Zielscheiben)* • backing target

Kontrollsegment n <navig> • control segment; ground segment; ground control segment; monitor and control segment

Kontrollsender m <tele> • telltale transmitter

Kontrollsignal n <msr> • control signal

Kontrollspur f <av> • synchro track; synchronous track; synch track; control track; CTL track

Kontrollstab m ugs.rar <nukl> *(Neutronenabsorber; z. B. im DWR)* • control rod (CR)

Kontrollstab m <pack> *(Pre-Necker/Necker)* • control rod

Kontrollstation f <tech.allg> *(z. B. Förderanlage, Hafenbehörde)* • control station

Kontrollstollen m <energ.hydr> • inspection gallery

Kontrollstreifen m <tech.allg> • check strip

Kontrollsumme f <tech.allg> *(allg.; z. B. die Quersumme)* • check sum

Kontrollsumme f <math> • hash total

Kontrollsystem n <tech.allg> • monitor system

Kontrollsystem n <qualit> • checking system

Kontrolltaste f • check key

Kontrollturm m <aerospace> *(Flughafen)* • control tower; tower *pract*

Kontrollventil *n rar* <tech.allg> *(verhindert Rückströmung)* • check valve; flow check valve; non-return valve; one-way valve; unidirectional valve *rare*

Kontrollventil *n rar* <rls> *(zum Ansteuern eines anderen Ventils)* • pilot valve; relay valve

Kontrollvermessung *f* <nav> • control measurement

Kontrollvermessung *f* <navig> • control surveying

Kontrollverstärker *m* <el> • monitoring amplifier

Kontrollvoltmeter *n* <el> • pilot voltmeter

Kontrollwaage *f* <msr> • check weigher

Kontrollwecker *m* <alarm> • pilot alarm

Kontrollwerk *n obs* <edv> *(Teil der Zentraleinheit)* • control unit; controller

Kontrollwinkel *m* <msr> • master square

Kontrollwort *n* <edv> • check word

Kontrollzählrohr *n* <nukl> • monitor counter

Kontrollzeichen *n* <edv> • check character; check digit *rare*; check signal *rare*

Kontrollzentrum *n* <tech.allg> *(konkret od. figurativ)* • control center *US*; control centre *GB*

Kontrollziffer *f* <edv> • check digit

Kontrollzone *f* <aerospace> • terminal control area

Kontur *f* <tech.allg> • contour

Kontur *f rar* <av> • acoustic contour; acoustic pattern

Kontur *f* <doku> *(Zeichnung)* • outline

Kontur *f* <prod.wz> *(betont: Umriss; z. B. von Werkzeug, Werkstück)* • contour

Konturabtastung *f* <wz.masch> • contour following

Konturätzen *n* <prod> *(Tiefätzverfahren)* • chemical milling; chemical machining; photoetching

Konturauswertung *f* <edv> • contour analysis

Konturbild *n* <autom> • contour image

Konturenabtastung *f* <wz.masch> • contour following

Konturenfolger *m* <wz.masch> • contour follower

Konturenschärfe *f* <av> • contour sharpness

Konturentreue *f* <druck> • definition

Konturlinienermittlung *f* <autom> • edge extraction region growing

Konturpflügen *n DIN 4047-9* <agri> *(parallel zur Höhenlinie, wirkt Erosion entgegen)* • contour plowing *US*; contour ploughing *GB*

Konturregler *m* <av> *(z. B. an Aktivboxen)* • acoustic contour control

Konus *m* <tech.allg> • cone

Konus *m* <druck> *(Drucktype)* • type body; type size; body size; body

Konus *m* <masch> *(am Ende von etw.; z. B. an Wellen)* • tapered end

Konus *m* <masch> *(z. B. an Reibungskupplungen, Wellen)* • cone

Konus *m* <pap.verf> *(in Kegelstoffmühle)* • rotor

Konus *m* <petr> *(gesteinszerkleinerndes Element im Rollenmeißel)* • cone; bit cone

Konus *m* <theat> • cone; conus

Konus *m* <wz.masch> *(an Werkzeugen)* • shank taper

Konusantenne *f* <tele> • cone antenna *US*; conical antenna *US*; cone aerial *GB*; conical aerial *GB*

Konus-Chassis *n* <av> • cone-type loudspeaker; cone-type chassis; cone-type driver; cone loudspeaker

Konusdichtsitz *m* <mot.el> *(Zündkerze)* • taper seat *Champion*; conical seating *form*; taper sealing seat *Beru*; conical seat *Bosch*

Konuseinsatz *m* <masch> • taper adapter

Konusfärbeapparat *m* <textil> • cone dyeing apparatus

konusförmiger Schaft *m* <wz.masch> *(an Werkzeugen)* • shank taper

Konuskugellager *n* <masch> • cup-and-cone bearing

Konuskupplung *f* <masch> • cone clutch; conical clutch

Konuslager *n* <kfz> *(Gummi-Metall-Element)* • conical mount

Konuslautsprecher *m* <av> • cone-type loudspeaker; cone-type chassis; cone-type driver; cone loudspeaker

Konusmembran *f* <av> *(von Lautsprechern)* • cone diaphragm; cone membrane

Konus-Membran mit Sicken *f* <av> *(Lautsprecher)* • corrugated cone diaphragm; corrugated cone

Konusmühle *f* <verf> *(zur Feinstmahlung; z. B. von Kaffee)* • cone mill; conical ball mill

Konusring *m* <masch> • conical ring

Konusschärmaschine *f* <textil> • cone warping machine

Konusschlüssel *m* <fz.wz> *(für Radnaben)* • hub cone adjusting wrench

Konussinkscheider *m* <verf> *(Aufbereitung)* • conical dense-medium bath

Konus-Sperrdifferential *n* <kfz.antr> • clutch-cone limited-slip differential

Konustreiber *m* <av> • cone-type loudspeaker; cone-type chassis; cone-type driver; cone loudspeaker

Konustreiber *m* <wz> • drift

Konusverbindung *f rar* <füg> • taper-pin connection

Konusverschraubung *f* <rls> *(von Rohren)* • conus connection; compression fitting

Konvektion *f* <geo> *(im Erdmantel)* • convection

Konvektion *f prakt* <therm> • thermal convection; convection *f pract*

Konvektionsbewegung *f* <geo> • convection current

Konvektionsentladung *f* <el> • convective discharge

Konvektionsheizfläche *f* <hlk> • contact heating surface; convection heating surface; convective surface

Konvektionsheizkörper *m* <hlk> • convection heater

Konvektionsheizung *f* <hlk> • convection heating; convective heating

Konvektionskühlung *f* <hlk> *(allg.)* • convection cooling

Konvektionskühlung *f* <phys> *(betont: durch Luftzirkulation)* • convection ventilation

Konvektionsschalter *m* <el> • convection circuit breaker

Konvektionsströmung *f* <geo> • convection current

Konvektionsstrom *m* <geo> • convection current

Konvektionssystem *n* <geo> • convection system

Konvektionstrockner *m* <verf> • convection drier

Konvektionstrocknung *f* <verf> • convection drying; direct drying

Konvektionsverluste *mpl* <energ.sol> • convective heat losses *pl*; convection losses *pl*; heat losses by convection *pl*

Konvektionsvortrockner *m* <textil> • convection predrier

Konvektionswalze *f* <geo> • convection cell

Konvektionszelle *f* <geo> • convection cell

Konvektionszone *f* <astron> • convection section

konvektiv <phys> • convective

konvektive Verluste *mpl* <energ.sol> • convective heat losses *pl*; convection losses *pl*; heat losses by convection *pl*

konvektive Wärmeübertragung *f* <therm> • convective heat transfer

Konvektor *m DIN EN 442* <hlk> *(Wärmetauscher)* • convector

Konvention *f* <jur> • convention

konventionell <tech.allg> *(z. B. Technologie, Verfahren)* • conventional

konventionelle CtP-Druckplatte *f* <druck> *(Druckplatte)* • conventional ctp-printing plate; conventional digital plate

konventionelle digitale Druckplatte *f* <druck> *(Druckplatte)* • conventional ctp-printing plate; conventional digital plate

konventionelle Druckplatte *f* <druck> *(Druckplatte)* • conventional offset-printing plate; conventional printing plate

konventionelle Emaillierung *f* (KE) <obfl> • conventional enameling *US*; conventional enamelling *GB*; two-coat/two-fire enameling *US*; wet two-coat two-fire enamelling *GB*

konventionell eingerichtete Labors *npl* <chem> • conventional laboratories

konventionelle Kontaktplatte *f obs* <druck> *(Druck-platte)* • conventional offset-printing plate; conventional printing plate

konventionelle Offsetdruckplatte *f* <druck> *(Druck-platte)* • conventional offset-printing plate; conventional printing plate

konventioneller Antrieb *m* <kfz.antr> *(Antriebskonzept; in D die Ausnahme mit ca. 11% Anteil)* • conventional drive layout; longitudinally mounted front engine with rear-wheel drive

konventioneller Flachkollektor *m* <energ.sol> • standard flat-plate collector; typical flat-plate collector

konventioneller Kreisel *m* <navig> • conventional gyro

konventioneller Oxidationskatalysator *m* <kfz.emiss> *(Bauteil der Auspuffanlage)* • conventional oxidation converter

konventioneller Reifen *m obs.rar* <prod> *(i. Ggs. zu Gürtelreifen)* • cross ply tire; bias angle tire *thsc*; bias ply tire *rare*; diagonal tire *rare*; conventional tire *obs.rare*

konventionelles Druckverfahren *n norm* <edv> • conventional printing process *stand*

konventionelles Lackieren *n* <obfl> *(allg.)* • conventional painting; orthodox painting

konventionelle Spulenzündanlage *f* <kfz.el> • conventional ignition [system]; conventional coil ignition [system]; conventional point-type ignition [system]; contact breaker point ignition [system]; standard ignition [system] *obs*

konventionelle Spulenzündung *f* <kfz.el> • conventional ignition [system]; conventional coil ignition [system]; conventional point-type ignition [system]; contact breaker point ignition [system]; standard ignition [system] *obs*

konventionelle Zweischichtemaillierung *f* <obfl> • conventional enameling *US*; conventional enamelling *GB*; two-coat/two-fire enameling *US*; wet two-coat two-fire enamelling *GB*

konventive Instabilität *f* <nukl> • flute instability; interchange instability; Kruskal-Schwarzschild instability; convenctive instability

konvergent <tech.allg> *(zusammenlaufend, einschnürend; z. B. Rohr, Strömung)* • converging; convergent

konvergente Krone *f* <verf> *(Kühlturm)* • convergent top

konvergenter Lichtstrahl *m* <opt> • convergent beam of light

konvergenter Strahl *m* <phys> *(allg.)* • convergent beam

konvergenter Teil *m* <verf> *(Venturi)* • converging section

Konvergenz *f* <tech.allg> • convergence

Konvergenzabszisse *f* <math> • abscissa of convergence

Konvergenzelektrode *f* <av> • convergence electrode

Konvergenzgeschwindigkeit *f* <phys> • convergence rate; convergence speed; rate of vonvergence

Konvergenzgrenze *f* <phys> • convergence limit

Konvergenzhalbebene *f* <math> • convergence half-plane

Konvergenzkorrekturmagnet *m* <av> • convergence magnet

Konvergenzkreis *m* <el> • convergence circuit

Konvergenzkreis *m* <math> • convergence circle

Konvergenzkriterium *n* <math> • convergence criterion

Konvergenzsatz *m* <math> • convergence theorem

Konvergenzverhältnis *n* <phys> • convergence ratio

Konvergenzwinkel *m* <opt> *(allg.)* • convergence angle

Konvergenzwinkel *m* <phot> *(zw. zwei optischen Achsen)* • angular parallax

Konvergenzzone *f* <geo> • boundary of convergence; consuming plate boundary; converging plate boundary

konvergieren *vi* <tech.allg> • converge *vi*

konvergierende Bogenweiche *f* <bahn> • turn-out on similar flexive curve

konvergierende Plattengrenze *f* <geo> • boundary of convergence; consuming plate boundary; converging plate boundary

konvergierender Verkehr *m* <verk> • merging traffic

Konversion *f* <tech.allg> • conversion

Konversion *f* <tech.allg> *(z. B. Daten, Formate, Einheiten, Chemikalien)* • conversion

Konversionsanlage *f* <nukl> • conversion plant

Konversionselektron *n* <phys> • conversion electron; internal conversion electron

Konversionsfilter *m/n form* <licht> • correction filter; conversion filter *form*

Konversionsgrad *m* <kfz.emiss> *(von Katalysatoren)* • conversion rate

Konversionsrate *f* <med> • seroconversion rate; conversion rate

Konversionsreaktor *m* <nukl> • converter reactor

Konversionsschicht *f wiss* <obfl> • conversion coating

Konversionsverfahren *n* <tech.allg> • conversion process

Konversionsverhältnis *n* <tech.allg> • conversion ratio

Konversionswahrscheinlichkeit *f* <phys> • internal conversion probability

Konversionszone *f* <tech.allg> • conversion zone

Konverter *m* <tech.allg> • converter

Konverter *m* <av> *(für Farbartsignal)* • frequency mixer; frequency converter; converter; mixer

Konverter *m* <el> *(Schaltkreis oder Zusatzgerät)* • converter

Konverter *m* <metall> *(z. B. Bessemer)* • converter

Konverter *m* <nukl> *(Reaktor)* • converter reactor

Konverter *m* <opt> *(vorne an Kameraobjektiv; z. B. für Tele-, Weitwinkel-, Makrofunktion)* • converter

Konverter *m* <verf> • converter

Konverterauskleidung *f* <verf> • converter lining

Konverterband *n* <textil> • converted top; converter sliver

Konvertereinsatz *m* <metall> • converter charge

Konverterfrischverfahren *n* <metall> • Bessemer process; acid converter process; acid Bessemer process; acid process

Konverterfutter *n* <verf> • converter lining

Konverterstahl *m* <metall> • Bessemer steel; acid converter steel; acid Bessemer steel; converter steel; acid steel

Konverterverfahren *n* <metall> • Bessemer process; acid converter process; acid Bessemer process; acid process

Konverterwindkasten *m* <metall> • converter blast box

konvertieren *vt* <chem> • convert *vt*

konvertieren *vt* <edv.av> • convert *vt*

Konvertierung *f* <tech.allg> *(z. B. Daten, Formate, Einheiten, Chemikalien)* • conversion

Konvertierungsfilter *m/n rar* <licht> • correction filter; conversion filter *form*

Konvertierungsgrad *m* <kfz.emiss> *(von Katalysatoren)* • conversion rate

Konvertierungsprogramm *n* <edv> • conversion program; conversion routine; conversion software

Konvertierungsrate *f* <kfz.emiss> *(von Katalysatoren)* • conversion rate

konvex <tech.allg> *(nach außen gewölbt)* • convex

konvex <obfl> *(eher geringe Wölbung)* • domed; convex; cambered

konvexe Rolle *f* <förd> • convex roll
Konvexität *f* <tech.allg> • convexity
konvex-konkave Linse *f* <opt> • convexo-concave lens
Konvexlinse *f* <opt> *(bündelt, fokussiert)* • converging lens; convergent lens; collecting lens; convex lens; collective lens *rare*
Konvexschleifen *n* <prod> • grinding of convex surfaces
Konvexspiegel *m* <opt> • convex mirror
Konvex- und Konkavfräseinrichtung *f* <prod> • cherrying attachment
Konvulsion *f* <med> • convulsion
Konvultionskode *m DDR* <edv> *(Fehlerkorrektur)* • convolutional code
Konzentrat *n* <chem> • concentrate
Konzentration *f* <chem> *(einer Lösung)* • strength
Konzentration *f* <verf> *(Vorgang; von Flüssigkeiten; z. B. durch Verdunstung)* • concentration; inspissation *thsc*; thickening *coll*
Konzentration eines Abwassers *f* <ents> • concentration of raw sewage; strength of raw sewage
konzentrationsabhängig <chem> • concentration-dependent
Konzentrationsänderung *f* <chem> • concentration change
Konzentrationselement *n* <el.chem> *(allg.)* • concentration cell
Konzentrationselement *n* <el.chem> *(Korrosionselement)* • concentration corrosion cell
Konzentrationsgefälle *n* <chem> • concentration gradient
Konzentrationsmaß *n* <chem> • concentration scale
Konzentrationspolarisation *f* <el.chem> • concentration polarization *US.GB*; concentration polarisation *GB*
Konzentrationsüberspannung *f* <el> • concentration overvoltage
Konzentrationsverhältnis *n* <tech.allg> • concentration ratio
Konzentrationsverhältnis *n* <energ.sol> *(von Spiegeln, Linsensystemen)* • concentration ratio
Konzentration von CO, NOx und KW *f* <emiss> *(z. B. in Fahrbahnnähe)* • NMHC concentrations
Konzentrator *m* <energ.sol> *(z. B. Parabolrinnenspiegel)* • concentrator; concentrating collector
Konzentratorzelle *f* <energ.sol> • concentrator cell
Konzentratschaum *m* <verf> • concentrate-laden froth
konzentrieren *vt* <allg> • concentrate *vt*
konzentrieren auf *vr* <allg> *(abstrakt; z. B. ein Thema, Gegenstand, Problem)* • concentrate on *vt*; focus on *vt*; deal with *vt*; cover *vt*
konzentrierender Kollektor *m* <energ.sol> *(z. B. Parabolrinnenspiegel)* • concentrator; concentrating collector
konzentrierende Solarzelle *f* <energ.sol> • concentrator cell
konzentriert <allg> • concentrated
konzentriert <allg> *(in Klumpen o. ä. zusammengefasst, geballt)* • lumped
konzentrierte Feinsprühpigmentfarbe *f form* <kunst> • airbrush paint; concentrated pigmented fine airbrush paint *form*
konzentrierte Induktivität *f* <el> • concentrated inductance; lumped inductance
konzentrierte Kapazität *f* <el> • lumped capacitance
konzentrierte Last *f* <mech> • point load; concentrated load
konzentrierter Fruchtsaft *m* <nahr> • concentrated fruit juice
konzentrierter Most *m* <nahr> • concentrated must
konzentrierter Traubenmost *m* <nahr> • concentrated grape must
konzentrierte Säure *f* <chem> • concentrated acid

konzentrierte Salpetersäure *f* <chem> • concentrated nitric acid
konzentrierte Wicklung *f* <el> *(Erregerfeld)* • concentrated field winding
konzentrisch <tech.allg> *(mit gleichem Mittelpunkt)* • concentric
konzentrische Doppelleitung *f* <el> • coaxial pair
konzentrischer Cu-Leiter *m* <el> • concentric copper conductor
konzentrischer Kupferleiter *m* <el> • concentric copper conductor
konzentrischer Leiter *m* <el> • concentric conductor
konzentrische Spuren *fpl* <edv> *(auf Disketten, Festplatten, CDs)* • concentric tracks
konzentrisch verseiltes Mehrleiterkabel *n* <el> • multicore concentric cable
Konzept-Car *n press* <kfz> • concept car
Konzepttest *m* <werb> • concept test
Konzern *m* <ökon> • group; combine *GB*; combination *US*; group of affiliated companies; consolidated companies
konzipiert für *ugs* <tech.allg> *(Einsatzzwecke, Betriebsbedingungen, Nenn-Belastungen etc.)* • designed for; rated for
konzis *wiss* <doku> *(Text)* • concise; brief; short
Kooperation *f* <org> • cooperation; collaboration
ko-operative Erscheinungen *fpl* <nukl> • cooperative phenomena *pl*; collective phenomena
Koordinate *f* <tech.allg> *(Mathematik, Schaubild, Werkzeugmaschine)* • coordinate
Koordinatenachse *f* <tech.allg> *(Mathematik, Schaubild, Werkzeugmaschine)* • coordinate axis
Koordinatenanfang *m* <math> *(Schnittpunkt von Koordinatenachsen)* • origin
Koordinatenauswertung *f* <tech.allg> *(Auftragen, Ausdrucken von Koordinatenpunkten)* • coordinate plotting
Koordinatenbezugssystem *n* <tech.allg> • coordinate reference system
Koordinatenbohren *n* <prod> *(Aufbohren)* • coordinate boring
Koordinatenbohren *n* <prod> *(ins Volle)* • coordinate drilling
Koordinatenbohrmaschine *f* <wz.masch> • coordinate drilling machine; coordinate boring machine
Koordinatenbohrtisch *m* <wz.masch> • coordinate drilling table; coordinate boring table
Koordinatendrehung *f* <tech.allg> *(z. B. in Mathematik, Mechanik)* • coordinate rotation
Koordinatendreibein *n* <tech.allg> *(kartesisches System)* • coordinate trihedral
Koordinatenebene *f* <tech.allg> *(Mathematik, CAD, CNC-Technik)* • coordinate plane
Koordinateneinstellung *f* <tech.allg> *(konkrete Positionierung; z. B. von Werkzeug, Werkzeugmaschine)* • coordinate positioning
Koordinateneinstellung *f* <tech.allg> *(z. B. Visier, Werte)* • coordinate setting
Koordinatengeometrie *f* <math> • coordinate geometry
Koordinatenlehrenbohrwerk *n* <wz.masch> • coordinate jig boring machine
Koordinatenmanipulator *m* <autom> • rectilinear manipulator
Koordinatenmaße *npl* <doku> *(techn. Zeichnung)* • coordinates
Koordinatenmessgerät *n DIN 32880-1* <msr> • coordinate measuring machine; 3-D-coordinate measuring machine; coordinate measuring instrument
Koordinatenmessmaschine *f* <msr> • coordinate measuring machine; 3-D-coordinate measuring machine; coordinate measuring instrument

Koordinatenmesstechnik f DIN 32880-1 <msr> • coordinate measuring technology

Koordinatenmesstisch m <msr> • coordinate measuring table

Koordinatennetz n <doku> (z. B. für Zeichnung, Schaubild, Statistik) • coordinate grid

Koordinatenobjekttisch m <msr> • coordinate micrometer stage

Koordinatenpositioniereinrichtung f <tech.allg> (Werkzeugmaschine visier, Luftbildauswertung, Kartographie) • coordinate positioning equipment

Koordinatenraum m <math> • coordinate space

Koordinatenschalter m <tele> • cross-bar switch

Koordinatenschreiber m <edv> (Flachbettplotter) • XY plotter; two-axis plotter; coordinate plotter; XY recorder

Koordinatensystem n <math> (allg.) • coordinate system

Koordinatensystem des Handhabungsobjektes n <autom> • coordinate system of manipulated body

Koordinatensystem des Handhabungsobjektes n <autom> • coordinate system of manipulated body

Koordinatentisch m <prod> (z. B. Messmaschine, Werkzeugmaschine) • coordinate table; XY table; XY stage

Koordinatentransformation f <phys> (z. B. Mechanik) • coordinate transformation

Koordinatenumwandlung f <navig> • coordinate conversion

Koordinatenursprung m form <math> (Schnittpunkt von Koordinatenachsen) • origin

Koordinatenverschiebung f <tech.allg> (Mathematik, CNC-Technik) • coordinate displacement

Koordinatenwähler m <tele> • cross-bar selector

Koordinatenwandler m <edv> (CAD; z. B. kartesische in Zylinderkoordinaten) • coordinate converter; resolver

Koordination f <tech.allg> (von Zielen, Verfahren, Prozessen) • coordination

Koordinationschemie f <chem> • coordination chemistry

Koordinationsgitter n <mat> • coordination lattice

Koordinationspolyeder n <mat> • coordination polyhedron

Koordinationsverbindung f <chem> • coordination compound

Koordinationszahl f <chem> • coordination number; covalence number; ligancy

koordinativ <tech.allg> (zugeordnet) • coordinate

koordinativ anlagern vr <chem> • coordinate vr

koordinativ binden vt <chem> • coordinate vt

koordinative Bindung f <chem> • coordinate bond; dative bond; dative covalency; coordinate covalence; dative covalence

koordinative Bindung f <chem> • half-polar bond

koordinative Wertigkeit f <chem> • coordination number; covalence number; ligancy

Koordinatograph m <edv> • flat-bed plotter

koordinierte Weltzeit f (UTC) <navig> (z. B. Flugsicherung) • universal time coordinated (UTC); UTC-time pract; coordinated universal time; universal time coll

Koordinierungsentfernung f <tele> (Funk) • coordination distance

Koordinierungsumriss m <tele> (Funk) • coordination contour

KOP <edv> (eine graphische Sprache) • ladder diagram (LD)

Kop m <textil> (konisch aufgewickelte Garnspule) • cop

Kopal m <obfl.holz> • copal; copal resin

Kopalharz n <obfl.holz> • copal; copal resin

Kopf m <allg> • head

Kopf m prakt <av/edv> (für magnet. Speichermedien) • magnetic head; magnetic read/write head; data head; head pract

Kopf m <druck> (z. B. einer Buchseite) • top

Kopf m prakt <edv> (z. B. von Dateien, E-Mails) • header; prefix; preamble

Kopf m <kfz.rep> (Spachtel) • high filler spot

Kopf m <led> (Haut) • head; cheek

Kopf m <masch> (Verzahnung) • tip

Kopf m <metall> (SM-Ofen) • port

Kopf m prakt <mot> (allg. Hubkolbenmotor; auf Motorblock) • cylinder head ISO 7967-1

Kopf m <nav> (Segelboot) • throat

Kopf m <nukl> (Brennelement) • upper end

Kopf m <wz> (Extruder-, Spritz-, Setz-, Schneidkopf) • die head

Kopfabrieb m <av> • head wear

Kopfabrundung f <masch> • top radius

Kopfabschliff m <av> • head wear

Kopfabschliff m <edv> (bei Band- u. Diskettenlaufwerken) • head wear

Kopfabstand m <edv> (zur Festplattenoberfläche) • working distance; head-to-disk spacing; head-to-disk separation

Kopfaggregat n <av> • video head assembly; head assembly pract

Kopfanfasung f <masch> (Zahnrad) • tip chamfer

Kopfanker m <bau> • beam tie

Kopfanschluss m <el> • top cap connector

Kopfanschlusskappe f <el> • top cap

Kopfansicht f <doku> • head-on view

Kopfantriebsservo n <av> (Video) • head drum servo [system]; drum servo [system]; head wheel servo [system]; wheel servo [system]

Kopfarm m <av> (von FD-, HD-Laufwerken; Aktuatorteil mit den Schreib-/Leseköpfen) • head mounting arm; actuator arm; arm pract

Kopfauflage f <füg> (bei Schraubenkopf ohne Bund o.ä.) • bearing face; bearing surface

Kopfauflage f <füg> (bei Schraubenkopf mit Bund, Flansch o.ä.) • washer face

Kopfauflagefläche f <füg> (bei Schraubenkopf ohne Bund o.ä.) • bearing face; bearing surface

Kopfauflagefläche f <füg> (bei Schraubenkopf mit Bund, Flansch o.ä.) • washer face

Kopfaufsetzer m <edv> • head crash

Kopfbahnhof m <bahn> (muss keine Endstation sein; z. B. Frankfurt, Leipzig, Stuttgart) • dead-end station; railhead station; stub terminal

Kopfband n <bau> • knee brace; strut

Kopf/Band-Frequenzgang m <av> • head-to-tape frequency response; tape-to-head frequency response

Kopf/Band-Geschwindigkeit f <av> • tape-to-head speed; tape-to-head velocity; head-to-tape speed

Kopf/Band-Kontakt m <av> • tape-to-head contact; head-to-tape contact

Kopfbandpfette f <bau> • strutted ridge purlin

Kopf-Belag-Abstand m <av> (Magnettontechnik) • head-to-coating separation

Kopfberuhigungszeit f <edv> (bei Schreib/Lesekopfpositionierung) • settle time

Kopfbeschnitt m <led> (Abfall) • head trimmings

Kopfbewegung f <av> (bei Videoaufnahme und -wiedergabe) • direction of video head movement

Kopf-Boden-Schmelzen n <metall> • top-and-bottom process

Kopfbohrloch n <min> • header

Kopfbund m <füg> (unter Schraubenkopf) • collar; underhead collar; washer

Kopfdecke f <bio> (Taxidermie) • cape; scalp

Kopfdichtung f prakt <mot> • cylinder head gasket ISO 7967-1; head gasket pract

Kopfdrän m <agri> • head drain
Kopfdrehmaschine f <wz.masch> • facing lathe
Kopfdurchmesser m <tech.allg> (z. B. von Schrauben allg.) • head diameter; diameter of the head
Kopfdurchmesser m <füg> (von Senkschrauben) • head diameter; diameter of the head
Kopfeinheit f prakt <av> • video head assembly; head assembly pract
Kopfeinmessen n <av> (Magnetkopfjustage in Bezug auf Spur- u. Spaltlage) • head adjustment; head alignment
Kopfeinstellung f DIN 45510 <av> (Magnetkopfjustage in Bezug auf Spur- u. Spaltlage) • head adjustment; head alignment
Kopfempfänger m <el> (Funk- od. IR-Empfänger am Kopf) • head receiver
Kopffalz m <druck> • head fold
Kopffase f <masch> (Zahnrad) • tip chamfer
Kopffenster n <edv> • head window
Kopffläche f <antr> (Zahnrad) • top land; crest; tooth tip coll
Kopfflanke f DIN 868 <masch> (Zahnrad) • addendum flank; tooth face; face
Kopfflughöhe f <edv> (Festplatten-Schreib/Lesekopf) • flying height; fly height
Kopfform f <bio> • head form
Kopfform f <füg> (von Schrauben) • head type; head style; head shape; head form
Kopffraktion f <chem.petr> (Destillation) • top fraction
Kopffreiheit f <kfz.innen> • headroom
Kopfgang m <logist> (Regalsystem) • header aisle
kopfgesteuerter Motor m <kfz.mot> (Viertaktmotor mit im Kopf hängend angeordneten Ventilen) • overhead valve engine; ohv engine pract; valve-in-head engine rare
kopfgesteuertes Flugzeug n <aerospace> • canard airplane
Kopfguss m <metall> • top casting; downhill casting
Kopfhaut f <bio> (Taxidermie) • cape; scalp
Kopfhöhe f <füg> • height of head; thickness of head
Kopfhöhe f <masch> (Zahnradzahn) • addendum
Kopfhöhenkorrektur f <antr> (Zahnrad) • addendum correction; addendum modification; addendum shift
Kopfhörer m <edv.av> (allg.) • headphone; earphone
Kopfhörer m <tele> (für Funk, Radio) • head receiver
Kopfhöreranschluss m <av> (z. B. an CD-ROM-Laufwerk, Walkman) • headphone jack; phone output; phone jack
Kopfhörerausgang m <av> (z. B. an CD-ROM-Laufwerk, Walkman) • headphone jack; phone output; phone jack
Kopfhörerbuchse f <av> (z. B. an CD-ROM-Laufwerk, Walkman) • headphone jack; phone output; phone jack
Kopfhörerbügel m <av> • headband; headphone bow
Kopfhörergarnitur mit Mikrofon f <av> (allg.; z. B. für Spracheingabe am PC, Call Center, Intercom) • headset with microphone; headgear with microphone; microphone headset
Kopfhörerlautstärke f <av> • headphone level
Kopfhörer-Lautstärkeregler m <av> • headphone volume control
Kopfhörermikrofon n <av> (allg.; z. B. für Spracheingabe am PC, Call Center, Intercom) • headset with microphone; headgear with microphone; microphone headset
Kopfholz n <min> • headboard
Kopfinformation f <msr> (Übersichtsdaten) • header information
Kopfkegel m DIN 3998 <masch> (Kegelradgetriebe) • tip cone; face cone
Kopfkegelwinkel m <masch> • face angle
Kopfklappe f <bahn> (Wagenstirnwand) • drop end

Kopfkontakt m <tech.allg> • head contact
Kopfkontakt m <tele> • vertical off-normal contact
Kopfkontaktklemme f <msr> • screw terminal IMO, S. 251; screw connection
Kopf-Kopf-Polymerisation f <chem> • head-to-head polymerization; head-to-head polymerisation GB
kopfkorrigiert <masch> (Zahnrad) • addendum-corrected
kopfkorrigierte Verzahnung f <masch> • addendum-corrected gearing
Kopfkreis m DIN 3998 <masch> (Zahnrad) • addendum circle; addendum line; outside circle; tip diameter; tip circle
Kopfkreisdurchmesser m <masch> (Zahnrad) • addendum circle; addendum line; outside circle; tip diameter; tip circle
Kopfkreiszylinder m <masch> (Zahnrad) • addendum cylinder
Kopfkreuz n <textil> • end-and-end lease; head lease
Kopfkürzung f DIN 3998 <masch> (Zahnrad-Fertigung) • addendum reduction; reduced addendum; tip relief
Kopflandung f <edv> • head crash
kopflastig <tech.allg> • top-heavy
kopflastig <fz> • nose-heavy
kopflastig <kfz> (vorne tiefer als hinten) • nose-down
kopflastig <nav> • bow-heavy
Kopflastigkeit f <tech.allg> (z. B. Werkstück) • top-heaviness
Kopflastigkeit f <fz> • noseheaviness
Kopflastigkeit f <kfz> (z. B. eines Caravans) • nose-down attitude
Kopflastigkeit f <nav> • bow-heaviness
Kopfleitwerk n <aerospace> • forward tail group
kopflos <tech.allg> (z. B. Schraube, Niet) • headless
Kopfmacher m <füg> (Nieten; Gegenhalter) • punch-type dolly; snap
Kopfmacher m <füg> (Werkzeugsatz zum Nieten) • rivet set
Kopfmeißel m <wz> • end-cut tool
Kopfmessumformer m <msr> (zum Einbau im Anschlusskopf) • sensor-head transducer :V
Kopf mit eingezogener Auflagefläche m <füg> (von Schrauben) • undercut head; undercut washer head
Kopf mit Stützrand m <füg> (von Schrauben) • undercut head; undercut washer head
Kopfplatte f <bau> • head plate
Kopfplatte f <masch> • top plate
Kopfplatte f <verf> (Plattenwärmetauscher) • fixed end cover; fixed end; head terminal; fixed plate
Kopfpositionierung f <edv> (von Schreib/Leseköpfen; Vorgang) • positioning
Kopfpositionierzeit f did <edv> • seek time; positioning time
Kopfprodukt n <chem.petr> • top product; overhead product
Kopfprodukt n <chem.petr> (Destillation) • top product
Kopfprodukt n <chem.verf> (Destillation) • overhead product
Kopfquerträger m <bau> (z. B. Brücke) • end support
Kopfrad n <av> (in Videorecorder; allg., jede Bauart) • video head wheel; video head drum; head wheel; wheel pract; drum pract
Kopfrad n <av> (rotierendes Teil einer Kopftrommel) • video head disk; rotary disk; upper head drum; upper drum
Kopfrad n <av> (zylindr. Teil des Kopfaggregats beim Schrägspurverfahren) • video head drum; head drum; drum
Kopfradservo n <av> (Video) • head drum servo [system]; drum servo [system]; head wheel servo [system]; wheel servo [system]

Kopfrolle f <masch> • head pulley

Kopfrücknahme f <masch> (Zahnrad-Fertigung) • addendum reduction; reduced addendum; tip relief

Kopf-Schaft-Verhältnis n <masch> (Torsionsfeder) • head-shaft ratio; head-to-shaft ratio

Kopfscheibe f <av> (rotierendes Teil einer Kopftrommel) • video head disk; rotary disk; upper head drum; upper drum

Kopfschlitz m <füg> (quer über Schraubenkopf) • slot; slotted drive form

Kopfschmieren n <av> (von Magnetköpfen) • head clogging; clogging

Kopfschraube f rar <füg> (Schraube mit Kopf, im Ggs. zu Schrauben ohne Kopf) • cap screw; headed screw rare

Kopfschraubenklemme f <msr> • screw terminal IMO, S. 251; screw connection

Kopfschützer m <bekl> (in Helm) • helmet liner

Kopfschuppen fpl <med> (kosmetisches od. medizinisches Symptom) • dandruff sg

Kopfschutzschild m <bekl> • head shield

Kopf-Schwanz-Anordnung f <chem> • head-to-tail arrangement

Kopf-Schwanz-Polymerisation f <chem> • head-to-tail polymerization; head-to-tail polymerisation GB

Kopf-Schwanz-Verkettung f <chem> • head-to-tail linkage

Kopf-Schwanz-Verknüpfung f <chem> • head-to-tail linkage

Kopfseigerung f <metall> (in Gussteilen) • top segregation

Kopfservoschaltung f <av> (Video) • head drum servo [system]; drum servo [system]; head wheel servo [system]; wheel servo [system]

Kopfspalt m <el> (in Magnet-Schreib/Lesekopf) • head gap; gap

Kopfspalt m <led> • head split

Kopfspaltbreite f <av> • gap length

Kopfspaltdämpfung f <av> (von Magnetköpfen) • gap effect; gap loss

Kopfspalteffekt m <av> (von Magnetköpfen) • gap effect; gap loss

Kopfspalteinstellung f <av> (Schreib/Lesekopf) • azimuth adjustment; azimuth alignment

kopfspalten vt <led> • headsplit vt; cheek vt

Kopfspaltlänge f <av> • gap width

Kopfspaltmaschine f <led> • head splitting machine; cheeking machine; necking machine

Kopfspalttiefe f <av> • gap depth

Kopfspaltverlust m <av> (von Magnetköpfen) • gap effect; gap loss

Kopfspaltweite f <av> • gap length

Kopfspaltwinkel m <av> (Magnetkopf) • azimuth angle; head azimuth

Kopfspeicher m <energ.hydr> • top reservoir

Kopfspeicher m <kst> (Blasformen) • accumulator head

Kopfspiegel m <av> (Magnetkopf-Kontaktfläche) • head tip; head surface

Kopfspiegelabschliff m <av> • head wear

Kopfspiel n DIN 3998 <masch> (von Zahnrädern) • bottom clearance; crest clearance; tip clearance

Kopfstärke f <bau.hydr> (von Rechen) • bar size; width of bar profile

Kopfstation f <förd> (Stetigförderer) • head station

Kopfstation f <logist> (für einzulagernde und ausgelagerte Ladeeinheiten) • P/D station; P&D station; pick & deposit station; pick-up & dispatch station; I/O station

kopfstehendes Bild n <phot> • inverted image

Kopfstein m <bau> (Straßenpflaster) • cobblestone; cobble

Kopfstein m <bau> (Mauerwerk) • header; binding stone

Kopfsteinpflaster n <bau.verk> (Straßenbelag) • cobblestones

Kopfstrecke f <min> • head gate; top gate; top road

Kopfstück n <tech.allg> • head; head end

Kopfstück n <bahn> (Pufferbohle) • buffer beam

Kopfstück n <msr> (von Fühler, Sensor) • sensing head; sensor head

Kopfstück n <textil> (Wirkmaschine) • center bed US; centre bed GB

Kopfstück n <verf.hydr> (Siebband) • head section

Kopfstütze f <kfz.innen> • head restraint; headrest coll

Kopfstützen hinten fpl <kfz.innen> (Ausstattungsmerkmal) • rear head restraints (rhr)

Kopfstützenlautsprecher m <kfz.av> • head restraint speaker

Kopfstützenschoner m <kfz> • head rest cover

Kopfteil n <tech.allg> • head; head end

Kopfteil n <aerospace> • forebody

Kopfteil n <aerospace> (Rakete) • rocket head

Kopftemperatur f <chem.verf> (Destillation) • overhead temperature

Kopftext m <doku> • header

Kopfträger m <av> • head assembly

Kopftrommel f <av> (zylindr. Teil des Kopfaggregats beim Schrägspurverfahren) • video head drum; head drum; drum

Kopftrommel f <edv> (Bandlaufwerk, Streamer) • drum

Kopftrommel f <förd> • head pulley

Kopftrommel in Sandwichtechnik f <av> • middle-drum rotating system; MD system

Kopftrommelregelschaltung f <av> (Video) • head drum servo [system]; drum servo [system]; head wheel servo [system]; wheel servo [system]

Kopftrommelservo n <av> (Video) • head drum servo [system]; drum servo [system]; head wheel servo [system]; wheel servo [system]

Kopftrommelsystem mit rotierendem Oberteil n <av> • upper drum rotating system; UD system

Kopftrommelunterteil n <av> • lower head drum; lower drum

kopfüber direkt montierter Siliziumchip m did <el.ic> • flip-chip device; flip chip pract

Kopfüberstand m <av> • tip projection

Kopfumschalter m <av> • video head switcher; head switcher; RF switcher

Kopfumschaltung f <av> • head switching

Kopfverletzungsrisiko n (HIC) <kfz.qualit> • Head Injury Criterion (HIC)

Kopfverschleiß m <av> • head wear

Kopfverschmutzung f <av> (von Magnetköpfen) • head clogging; clogging

Kopfverstärker m <av> • head amplifier

Kopfverzögerung f <kfz.qualit> (beim Crash) • head deceleration

Kopfwand f <bau> • end wall

Kopfwechselzeit f <edv> (Festplatte) • head switch time

Kopfwelle f <aerospace> • leading-edge shock wave

Kopfwelle f <phys> (Stoß, Druck, Schall) • shock wave; shock front

Kopfwelle f <phys> (allg.) • head wave

Kopfwelle f <spreng> (Detonation) • primary blast wave; primary shock wave

Kopfwiedergabeverstärker m <av> • playback amplifier; PB amplifier; PB amp

Kopfwipper m <min> • end tippler; kickback dump

Kopfzeile f ISO/IEC 2382-23 <edv> • page header ISO/IEC 2382-23; running head; header

Kopfzeilendruck m <edv> • top boarder printing

Kopfzugversuch *m* <qualit.mat> *(z. B. an Punktschweiß-verbindungen)* • cross tension test

Kopfzylinder *m DIN 3998* <masch> *(Zahnradgetriebe)* • tip cylinder

Kopie *f* <av> *(eines Bands, Films)* • copy; dub *rare*

Kopie *f* <büro> *(von Vorlagen; z. B. auf Papier, Folie)* • copy

Kopie *f* <doku> *(betont: zweites Exemplar; z. B. von Rechnung, Urkunde)* • duplicate

Kopie *f* <druck> *(z. B. eines Buchs, Bilds)* • reproduction; facsimile

Kopie *f* <kunst> *(z. B. eines Bilds, einer Skulptur)* • copy

Kopie *f* <phot> *(Abzug)* • print

Kopie *f* *ugs* <prod> *(von techn. Erzeugnissen aller Art; legal oder als Produktpiraterie)* • copy construction; reproduction; copy *coll*

Kopie 1:1 *f* <büro> • fullsize copy; 1:1 copy

Kopie auf Mikrofilm *f* <doku> *(Ergebnis im Archiv)* • microfilm record; microfilm copy

Kopie im Vollformat *f* <büro> • fullsize copy; 1:1 copy

Kopienablage *f* <büro> *(Kopierer)* • copy tray

Kopienauffangbehälter *m* <büro> *(Kopierer)* • copy tray

Kopienbehälter *m* <büro> *(Kopierer)* • copy tray

Kopiendichte *f* <büro> • copy density

Kopiensatz *m* <büro> • set of copies

Kopiensatzzähler *m* <büro> *(an Kopierer)* • set counter

Kopienvorwahlanzeige *f* <büro> • copy count display

Kopienzahl *f* <büro> *(z. B. pro Auftrag od. Minute)* • number of copies

Kopieranweisung *f* <edv> • copy statement

Kopierart *f* <büro> • copy mode

Kopierausgabe *f* <büro> • copy exit

Kopierautomat *m* <wz.masch> *(für Werkstücke)* • automatic copying machine; automatic copier

Kopierbearbeiten *n* <prod> *(von Werkstücken)* • copy machining

Kopierbezugsstück *n* <prod> • copying master

Kopierdämpfung *f DIN 45510* <av> • print-through level

Kopierdreheinrichtung *f* <wz.masch> • copy turning attachment

Kopierdrehen *n* <prod> • copy turning; duplicate turning

Kopierdrehmaschine *f* <wz.masch> • duplicating lathe; copying lathe; contouring lathe

Kopierdrehmeißel *m* <wz.masch> • copying lathe tool

Kopierdruckfarbe *f* <druck> • copying ink

Kopierdurchlauf *m* <büro> *(Kopierer)* • run

Kopiereffekt *m DIN 66010* <edv> *(unerwünschte Übertragung magnetischer Aufzeichnungen)* • print through ISO/IEC 2382-23; print-through effect

Kopiereffekt *m* <el> *(von Signalen)* • echo effect

Kopiereinrichtung *f* <wz.masch> *(allg.)* • copying attachment; duplicating attachment; tracing attachment; duplicator

Kopiereinrichtung *f* <wz.masch> *(an Drehmaschine)* • copying attachment; duplicating attachment; contouring attachment; contour follower; duplicator

Kopieren *n* <prod> *(spanend; z. B. Drehen, Fräsen)* • copy machining; duplicate machining; duplicating; copying

kopieren *vt* <allg> *(Modell, Vorlage, Vorbild, Muster)* • imitate *vt*; copy *vt*

kopieren *vt* <tech.allg> *(z. B. Dokument, Tonträger, Werkstück)* • copy *vt*; duplicate *vt*

kopieren *vt* <av> *(Band, Film)* • dub *vt*; copy *vt*

kopieren *vt* <büro> *(Vorlage; z. B. Dokument)* • copy *vt*; duplicate *vt rare*

kopieren *vt* <edv> *(CAD-Elemente, Grafikobjekte)* • copy *vt*; duplicate *vt*

kopieren *vt* <edv> *(Datei)* • copy *vt*

kopieren *vt* <phot> • enlarge *vt*; print *vt*; blow up *vt*; copy *vt*

kopieren *vt* <wz.masch> • duplicate-machine *vt*

kopieren und einfügen *vt* <edv> • copy and paste *vt*

Kopieren von Band zu Band *n* <av> • tape-to-tape dubbing

Kopierer *m* <büro> • copier; copying machine *form*; duplicator *rare*

kopierfähig <doku> • capable of being copied

kopierfähig <mat> • printable

Kopierfinger *m* <prod> • guide finger

Kopierfräsen *m* <prod> • copy milling

Kopierfräsmaschine *f* <wz.masch> • copy-milling machine Kopierfühler Wkz copying trac

Kopierfühler *m* <wz.masch> • copying tracer

Kopiergerät *n* <büro> • copier; copying machine *form*; duplicator *rare*

kopiergeschützt <edv> *(Datenträger oder Datei; z. B. Diskette, CD, Band)* • copy-protected

Kopiergeschwindigkeit *f* <tech.allg> • copy speed

Kopierhobelmaschine *f* <wz.masch> • form-copying planer

Kopierhobeln *n* <prod> • copy planing

Kopierlack *m* <obfl> • cold top

Kopierlack *m* <prod> *(Photolithographie)* • copying resist; photoresist; resist *pract*

Kopierlampe *f* <büro> • printing lamp

Kopierlauf *m* <büro> • copy pass

Kopierlineal *n* <prod> • master plate; guide plate; form plate; template; former

Kopiermaschine *f DIN 9775* <büro> • copier; copying machine *form*; duplicator *rare*

Kopiermaschine *f* <wz.masch> *(für Werkstücke)* • duplicating machine; copying machine; contouring machine; profiler

Kopiermaßstab *m* <druck> • reproduction ratio

Kopiernocken *m* <prod> • master cam

Kopierobjektiv *n* <phot> • printing lens

Kopierpapier *n* <pap> • copy paper

Kopierpapier *n* <pap> *(typ. 80 g/m²)* • copy paper

Kopierpapier *n* <phot> • printing paper

Kopierrahmen *m* <druck> *(Computer-to-Film)* • copy-frame; copying frame

Kopierrahmen *m* <phot> • printing frame

Kopierrolle *f* <prod> • roller follower

Kopierschablone *f* <prod> • master template; former template

Kopierschablone *f* <wz.masch> • copying template; copying templet *rare*; former *rare*

Kopierschicht *f* <druck> *(lichtempfindlich)* • light-sensitive coating

Kopierschlitten *m* <druck> • copying carriage

Kopierschlitten *m* <wz.masch> • copying saddle; copying carriage; copying slide *rare*

Kopierschutz *m* <edv> *(z. B. von Software)* • copy protection; copy prevention *rare*

Kopierschutzstecker *m* <edv> *(typ. an Parallelschnittstelle)* • dongle

Kopierstift *m* <büro> • copying pencil; indelible pencil

Kopierstift *m* <wz.masch> • copying tracer; stylus follower; follower stylus; former pin; guide pin

Kopiertafel *f* <druck> • copyboard

Kopiertaste *f* <druck> • print key

Kopiertaststift *m* <wz.masch> • copying tracer; stylus follower; follower stylus; former pin; guide pin

Kopiertisch *m* <druck> • printing stage

Kopier- und Einfügefunktion *f* <edv> *(Strg-C und Strg-V)* • copy and paste function

Kopierverfahren *n* <druck> • copying process

Kopiervolumen *n* <büro> • copy volume

Kopierwaagerechtstoßmaschine f <wz.masch> • copying shaper

koplanar <phys> (z. B. Vektoren, Licht) • coplanar

Kopolymerisation f rar <chem> • copolymerization US.GB; copolymerisation GB

Koppel f <agri> (Weide) • paddock

Koppel f A <bekl> (Gürtel; z. B. Uniform) • belt

Koppel f <masch> (Verbindungsstange; z. B. kinematisches Getriebe) • connecting rod

Koppel f <masch> (allg., Verbindungsstück) • connecting link; coupler

Koppel f <mus> (in Orgeltraktur) • coupler

Koppel n <bekl> (Gürtel; z. B. Uniform) • belt

Koppelaufbau m <mus> (in Orgeltraktur) • coupler system; coupler unit; coupler action; coupler design; coupler assembly

Koppelbaustein m <tele> • switching module

Koppelbewegung f <mech> (Kinematik) • coupler motion

Koppelbit n <edv> • merging bit

Koppelbogen m <el> (Wellenleiter) • bend coupling

Koppeldämpfung f <lwl> • coupling attenuation

Koppelebene f <mech> (Kinematik) • coupler plane

Koppeleinrichtung f <mus> (in Orgeltraktur) • coupler system; coupler unit; coupler action; coupler design; coupler assembly

Koppelelement n <el> • coupling element

Koppelelement n <masch> • coupler

Koppelelement n <tele> • switching element

Koppelfilter n <el> • coupling filter

Koppelgerät n <tech.allg> • coupling device

Koppelgetriebe n <masch> (mit Kurbel) • crank mechanism; coupler mechanism

Koppelhebel m <mus> (Orgelbau) • coupler rocker; coupler lever

Koppelimpedanz f <el> • coupling impedance

Koppelkapazität f <el> • coupling capacitance

Koppelkurve f <masch> (kinematisches Getriebe) • coupler curve

Koppellage f <mech> (Kinematik) • coupler position

Koppelleitung f <el> • strapping

Koppellenkerachse f <kfz> • semi-independent suspension; twist-beam rear axle; crossmember-type suspension did.rar

Koppelmittellinie f <masch> (symmetrisches kinematisches Getriebe) • coupler link

koppeln vt <allg> (verbinden; z. B. technisch, thematisch) • link vt

koppeln vt <tech.allg> (elektrisch, mechanisch) • couple vt

koppeln vt <tech.allg> (miteinander verbinden; konkret od. abstrakt) • interlink vt

koppeln vt <el> (wechselseitig verbinden; z. B. Schaltkreise) • interconnect vt

koppeln vt <el> (über eine Schnittstelle; z. B. Peripheriegerät) • interface vt

koppeln vt <prod> (direkt verbinden, anschließen; z. B. Fertigungsvorgänge) • connect vt

Koppelnavigation f <navig> • dead reckoning navigation (DR NAV); dead reckoning

Koppelnetzwerk n <el> • coupling network; interstage network

Koppelort m <navig> • dead-reckoning position

Koppelort m <navig> • DR position

Koppelpunkt m <el> • cross point

Koppelpunkt m <mech> (Kinematik) • coupler point

Koppelquarz m <el> • piezoelectric coupler

Koppelrastgetriebe n <masch> (Antriebsseite stetig treibend, Abtriebsseite aussetzend bewegt) • coupler dwell mechanism; coupler rest mechanism; coupler stop mechanism; linkage dwell mechanism

Koppelrechnung f <navig> • dead reckoning navigation (DR NAV); dead reckoning

Koppelreihe f <masch> (kinematisches Getriebe) • connecting row

Koppelreihe f <tele> • switching row

Koppelschwingungen fpl <mech> • coupled vibrations

Koppelstrecke f <tech.allg> • coupling section

Koppelstufe f <tele> • coupling stage

Koppelsubstanz f <qualit.mat> (Ultraschallprüfung) • couplant

Koppelträger m <bau> • cantilevered and suspended beam

Koppeltrafo m prakt <el> • coupling transformer

Koppelverlust m <lwl> • coupling loss

Koppelvielfach n <tele> • connecting matrix; switching matrix

Koppelviereck n <mech> (Kinematik, Getriebelehre) • four-bar linkage; four-bar mechanism; four-bar motion

Koppelwippe f <mus> (Orgelbau) • coupler rocker; coupler lever

Koppelzuordnung f <mech> (Kinematik) • coupler coordination

Koppers-Koksofen m <verbr> • Koppers oven

Koppler m <tech.allg> • coupler

Koppler m <el> (Übertrager; z. B. optisch, opto-elektronisch) • coupler

Koppler m <lwl> • coupler

Kopplung f <tech.allg> • interconnection

Kopplung f <tech.allg> (über Adapter) • coupling; union

Kopplung f <aerospace> (z. B. von Raumfahrzeugen) • docking; link-up

Kopplung f <av> (akustisch) • coupling

Kopplung f DIN IEC 50 <el> (z. B. von Stromkreisen) • coupling DIN IEC 50

Kopplung f <masch> (kinematisch; mit Gestängen, Gelenken etc.) • linkage

Kopplung f <masch> (Vorgang) • linking

Kopplung durch wechselseitige Induktion f <el> • mutual-inductance coupling

Kopplungsbügel m <el> (z. B. zw. Zellen) • strap

Kopplungseinheit f <aerospace> • docking unit

Kopplungsenergie f <phys> • coupling energy

Kopplungsfaktor m <el> • coupling coefficient; coupling factor; amount of coupling; degree of coupling; percentage coupling

Kopplungsfenster n <el> (typ. ein Schlitz) • coupling aperture; coupling hole

Kopplungsglied n <mech> • coupling link

Kopplungsgrad m <el> • coupling coefficient; coupling factor; amount of coupling; degree of coupling; percentage coupling

Kopplungskondensator m <el> • coupling capacitor; blocking capacitor

Kopplungskonstante f <phys> • coupling constant

Kopplungskreis m <el> • coupling circuit

Kopplungsleitung f <el> • interconnection line

Kopplungsmatrix f <tech.allg> • coupling matrix

Kopplungsschaltung f <el> • coupling circuit

Kopplungsschleife f <el> • coupling loop

Kopplungsschlitz m <el> • coupling slot

Kopplungsschwingung f <el> (von Stromkreisen) • coupled circuit oscillation

Kopplungsspule f <el> • coupling coil; coupler [coil]

Kopplungsstecker m <el> • coupler plug

Kopplungstransformator m <el> • coupling transformer

Kopplungstransformator m <tele> • jigger

Kopplungswiderstand m <el> • coupling resistance; coupling impedance; interaction impedance

Kopplungswirkungsgrad m <lwl> • coupling efficiency

Kops m <textil> (konisch aufgewickelte Garnspule) • cop

Kopsfärbeapparat *m* <textil> • cop dyeing machine
Kopsspulmaschine *f* <textil> • bobbin winder for cops
kopunktal <math> • copunctal
Kopwechsel *m* <textil> • cop change; change of cops
Korallenbank *f* <geo> • coral reef
Korb *m* <allg> • basket
Korb *m* <av> *(Lautsprecher)* • frame; chassis; basket; bucket
Korb *m* <bau/förd> • bucket
Korb *m* <min.förd> *(Schachtförderanlage; z. B. Fahrkorb)* • cage
Korbbandsiebmaschine *f* <verf.hydr> *(z. B. als Fischschutz in Einlaufbauwerken)* • basket-type band screen
Korbbeschickung *f* <metall> *(Lichtbogenofen)* • bucket charging
Korbbodenwicklung *f* <el> • basket winding; spider-web winding
Korbeinstellskala *f* <agri> • concave indicator
Korbflasche *f* <chem> *(bes. für Säuren)* • demijohn; carboy
Korbgitter *n* <agri> • concave grate
Korbmäher *m* <agri> • bucket mower
Korbpresse *f* <nahr> *(z. B. für Weintrauben)* • basket press
Korbrostfeuerung *f* <verbr> • basket-grate furnace
Korbscheider *m* <verf> *(Aufbereitung)* • basket jig
Korbsieb *n* <verf.hydr> • semicircular basket
Korbspule *f* <el> • basket coil; spider-web coil
Korbverzinken *n* <obfl> • spin galvanizing; centrifuge galvanizing; centrifuge galvanising *GB*
Kord *m* <textil> *(z. B. für Hosen)* • corduroy; cord
Kordel *f* <masch> *(typ. rautenförmiges Rändelmuster; z. B. an Schrauben)* • diamond knurl; diamond pattern *rare*; diamond-shaped knurling *rare*
Kordel *f* <textil> *(Schnur, verdrillt; eher dick; auch als Verzierung)* • twine; cord; round twine *rare*
Kordelgriff *m* <masch> • knurled knob
Kordelgriff *m* <wz> • knurled handle
Kordelmutter *f rar* <füg> *(allg.)* • knurled nut; thumb nut; hand nut
Kordelschraube *f rar* <füg> *(niedrige Form)* • knurled thumb screw *form*; knurled thin thumb screw *stand*; knob *coll*; knurled thumb screw
Kordelstab *m* <bau> *(Schmuck; z. B. an Korinthischem Kapitell)* • beading
Kordelteilung *f* <prod> • knurl-teeth pitch
Kordgewebe *n* <textil> • cord fabric
Kordgummierung *f* <textil> • cord rubberizing
Kordhose *f* <bekl> • corduroy trousers
Kordieren *n* <prod> • diamond-shaped knurling; double-wheel knurling
kordieren *vt* <obfl> • knurl with double-wheel knurling tool *vt*
Kordierhalter *m* <wz.masch> • double-wheel knurl holder
Kordierit *n* <kfz.emiss> • Cordierite ®
Kordierrädchen *n* <wz> • knurling wheel
Kordierrädchen *n* <wz.masch> • knurl
Kordierspindel *f* <textil> • cabling spindle
Kordierwerkzeug *n* <wz.masch> • double-wheel knurling tool
Kordkettengewirke *n* <textil> • warp-knit cord
Kordlage *f* <tech.allg> *(z. B. in Autoreifen)* • carcass ply; casing ply
Kordlage *f* <tech.allg> • cord ply
Kordstoff *m* <textil> *(z. B. für Hosen)* • corduroy; cord
kordumsponnener Schlauch *m* <tech.allg> • cord-braid hose; cord-braided hose
Korinthisches Kapitell *n* <bau> *(von Säulen)* • Corinthian capital

Kork *m* <mat> • cork
Korkdämmplatte *f* <bau.mat> • corkboard
Korkdichtung *f* <tech.allg> • cork gasket
Korken *m* <nahr> *(als Flaschenverschluss)* • cork
korkenzieherartig gewunden <textil> *(Baumwolle)* • corkscrewed
Korkenzieherregel *f* <el> • corkscrew rule
Korkkrustenthrips *m* <agri> • corky scab thrips
Korkmaschine *f* <nahr> *(z. B. zur Verkorkung von Flaschen)* • corking machine; corker
Korkschrot *n* <mat> • granulated cork
Korn *n prakt* <tech.allg> *(Feinheit der Struktur von Material od. Oberflächen)* • granularity; graininess; grain *pract*
Korn *n* <agri> *(Getreide; z. B. Weizen, Hafer)* • corn
Korn *n* <mat> *(scharfkantig; z. B. Splitt)* • grit
Korn *n* <mat> *(Partikel; jede Form)* • particle; granule
Korn *n* <mil> *(Schrotkorn als Munition)* • pellet
Korn *n* <mil> *(Visier; vorne)* • front sight; foresight *GB*
Korn *n* <verf> • particle
Korn *nsg* <phot> *(Bildmerkmal)* • grain *sg*
Kornabstand *m* <masch> *(Schleifkörper)* • grain spacing
Kornabstufung *f* <bau.mat> *(z. B. von Kies, Betonzuschlag)* • aggregate gradation
Kornabstufung *f* <verf> • particle gradation; particle-size distribution
Kornabstumpfung *f* <prod> *(Schleifkörper)* • glazing
Kornaufbau *m* <mat> • particle gradation
Kornbildung *f* <mat> • granulation
Kornblatt *n* <mil> *(Visier)* • front sight blade
Kornbreite *f* <mil> *(Visier)* • front sight width
Kornbruchverschleiß *m* <wz> • grain fracture wear
Korndichte *f* <mat> • grain density
Kornealschale *f* <opt> • corneal lens
Kornelevator *m* <förd> • grain elevator
Kornflächenätzung *f* <qualit.mat> *(für Schliffbilder)* • contrast etching
Kornfraktion *f* <verf> *(Siebanalyse)* • grain-size fraction
Korngefüge *n* <mat> • grain structure
Korngerüst *n* <bau.mat> *(Beton)* • aggregate skeleton
Korngrenze *f* <mat> *(Kristallgefüge)* • grain boundary
Korngrenzenangriff *m* <metall> *(Korrosion)* • grain-boundary attack; intergranular attack; intercrystalline attack
Korngrenzenbruch *m* <mat> • intercrystalline fracture; intercrystalline failure
Korngrenzendiffusion *f* <mat> • grain-boundary diffusion
Korngrenzenfließen *n* <mat> • grain-boundary flow
Korngrenzenkorrosion *f* <obfl> • intergranular corrosion *ISO 8044*; intercrystalline corrosion; grain-boundary corrosion
Korngrenzenverfestigung *f* <mat> • intercrystalline solidification; grain-boundary strengthening
Korngröße *f* <tech.allg> *(von losen Teilchen; z. B. Schüttgut, Kies, Sand, Staub)* • particle size; grain size
Korngröße *f* <mat> *(innere Struktur)* • grain size
Korngröße *f* <verf> *(Siebklassierung)* • screen size
Korngrößenanalyse *f DIN ISO 2395* <tech.allg> *(allg.)* • particle-size analysis *ISO 2395*; grain-size analysis; granulometric analysis; grain-particle-size analysis
Korngrößenanalyse *f* <verf> *(betont: mechanisch)* • mechanical analysis
Korngrößenanalyse *f* <verf> *(betont: durch Sieben)* • screen analysis; sieve analysis
Korngrößenbereich *m* <mat> • grain size range; range of particle sizes; size range
Korngrößenbereich *m* <verf> *(Siebanalyse)* • range of screen sizes
Korngrößeneinteilung *f* <verf> • grain classification

Korngrößenfraktion f <verf> (alle Teilchen der gleichen Größe; z. B. Schwebstoff) • particle size fraction; grain-size fraction; grain fraction; size category; size fraction

Korngrößenstufe f <verf> (alle Teilchen der gleichen Größe; z. B. Schwebstoff) • particle size fraction; grain-size fraction; grain fraction; size category; size fraction

Korngrößenverfeinerung f <verf> (Vorgang) • grain-size refinement

Korngrößenverteilung f <bau.mat> (bei Betonzuschlag) • particle size distribution

Korngrößenverteilung f <verf> (Schwebstoffe in einem Gasstrom) • size distribution; grain size consist; size consist

Korngrößenverteilung f <verf> • particle size distribution; grain size distribution

Korngrößenverteilungslinie f <verf> (z. B. von Zuschlägen, Sand, Staub) • granulometric curve; granulation characteristic; grain-size distribution curve; particle-size distribution curve; grading curve

Kornklasse f <verf> (alle Teilchen der gleichen Größe; z. B. Schwebstoff) • particle size fraction; grain-size fraction; grain fraction; size category; size fraction

Kornmittel n <verf> • average particle size

Kornorientierung f <mat> • grain orientation

Kornpolymerisation f <chem> • bead polymerization US.GB; bead polymerisation GB; suspension polymerization US.GB; suspension polymerisation GB

Kornsattel m <mil> • front sight mount

Kornscheide f <verf> • cut point; effective screen cut point

Korntiefenentwicklung f <phot> • grain depth development

Korntiefenstaffelung f <phot> • grain density in radial direction

Kornträger m <mil> • front sight mount

Kornverfeinerung f <mat> • grain refinement; refinement of coarse grains

Kornvergröberung f <mat> (allg.; z. B. durch Glühen) • grain coarsening

Kornvergröberung f <metall> (Stahl) • grain growth; grain coarsening; grain-size enlargement rare; grain-size increase rare

Kornvergröberung f <metall> (Stahl) • grain growth; grain coarsening; grain-size enlargement rare; grain-size increase rare

Kornverteilung f <mat> • grain-size distribution

Kornverteilungsgesetz n <phys> • law of particle-size distribution; law of size distribution; size distribution law

Kornverteilungskurve f <verf> (z. B. von Zuschlägen, Sand, Staub) • granulometric curve; granulation characteristic; grain-size distribution curve; particle-size distribution curve; grading curve

Kornwachstum n <metall> (Stahl) • grain growth; grain coarsening; grain-size enlargement rare; grain-size increase rare

Kornzerfall m <mat> (allg.) • grain decay; grain disintegration

Kornzerfall m <obfl> • intergranular corrosion ISO 8044; intercrystalline corrosion; grain-boundary corrosion

Korona f <astron> (Sonne; aus ionisierten Gasen) • corona; aureole

Korona f <el> • corona discharge; corona

Korona f <nukl> • corona

Koronaanfangsspannung f <el> (z. B. für Elektroentstauber) • corona-starting potential; corona-starting voltage; corona-onset voltage

Koronaaufladung f <druck> • corona charging

Koronadraht m <druck> • corona wire

Koronaeinheit f <druck> • corona unit

Koronaeinsatzspannung f <el> (z. B. für Elektroentstauber) • corona-starting potential; corona-starting voltage; corona-onset voltage

Koronaentladung f <el> • corona discharge; corona

Koronaentladungsröhre f <el> • corona gas-discharge tube

Koronaentladungsstrom m form <verf> (zwischen Sprüh- und Niederschlagselektroden in Elektroentstaubern) • corona current; corona discharge current

koronafreie Leitung f <el> • corona-free line

Korona-Geschosse npl <astron> • coronal bullets pl

Korona-Hochtöner m <av> • plasma loudspeaker

Koronaionen npl <druck> • corona ions pl

koronarer Stent m <med.tech> • coronary stent

Koronarstent m <med.tech> • coronary stent

Koronaschleife f <astron> • coronal loop

Koronastabilisatorröhre f <el> • corona voltage-reference tube

Koronastrahl m <astron> • coronal streamer

Koronastrahl m <el> • coronal ray

Koronastrom m <druck> • corona current

Koronastrom m <verf> (zwischen Sprüh- und Niederschlagselektroden in Elektroentstaubern) • corona current; corona discharge current

Koronaverlust m <el> • corona loss

Koronograph m <astron> • coronograph

Korotroneinheit f <druck> • corotron

Korpuskel n <phys> • material particle; matter particle; corpuscle

Korpuskularfotografie f <phys.phot> • nuclear track photography

Korpuskularstrahl m <phys> • corpuscular ray

Korpuskularstrahlung f <phys> • corpuscular radiation; particle radiation

Korpuskulartheorie f <phys> • corpuscular theory

korrekt eingestellt <tech.allg> • correctly adjusted

Korrektion f <opt> • correction

Korrektionsfaktor m <opt> • correction factor

Korrektionsglas n ISO 13666 <opt> (Glas bzw. Brillenglas mit dioptrischer Wirkung) • corrective glass ISO 13666

Korrektionskurve f <qualit> • correcting curve

Korrektionsplatte f <opt> • Schmidt correction plate

Korrektionsschaltung f rar <el> (z. B. eine Ausgleichs- od. Entzerrerschaltung) • corrector circuit; correction circuit; correcting network; corrective network; shaping network

Korrektur f <allg> (von Fehlern, Abweichungen) • correction; adjustment rare

Korrektur f <doku> • correction

Korrektur f <edv> (Programmergänzung) • patch

Korrektur f <msr> (von Störeinflüssen, Messfehlern) • correction; compensation

Korrekturabzug m <druck> (z. B. Fahne) • copy proof

Korrekturband n DIN 32756 <büro> (Schreibmaschine) • correcting ribbon

Korrekturdaten npl <navig> • correction parameters pl; correction data pl; corrections pl

Korrektureinrichtung f <tech.allg> (zum Ausgleich, zur Kompensation von etw.) • compensating device

Korrektureinrichtung f <masch> • corrector-bar system

Korrekturen fpl <navig> • correction parameters pl; correction data pl; corrections pl

Korrekturfaktor m <tech.allg> • correction factor; corrective factor

Korrekturfaktor m <msr> • reduction factor; sensing range reductions; sensing range reduction factor; reduction of sensing distance

Korrekturfilter m/n <licht> • correction filter; conversion filter form

Korrekturfilter m/n <phot> • correction filter

Korrekturflüssigkeit f <büro> • correction fluid; Wite-Out ®BIC

Korrekturfräser m <kfz.wz> • valve seat cutter

Korrekturgewicht n <nav> • corrector weight

Korrekturglied n <msr> *(Messtechnik, Regler)* • compensating network; correcting element; equalizer

Korrekturkommando n <aerospace> • corrective signal

Korrekturkreis m <el> *(z. B. eine Ausgleichs- od. Entzerrerschaltung)* • corrector circuit; correction circuit; correcting network; corrective network; shaping network

korrekturlesen vt <doku> • proofread vt

Korrekturlesen der Druckfahnen n <druck> • galley proofreading

Korrekturlineal n <wz> • corrector bar

Korrekturlinse f <opt> • correcting lens; corrective lens

Korrekturmassnahme f ISO 9000 <tech.allg> *(z. B. Regelung, Qualitätssicherung)* • corrective action

Korrekturnetzwerk n <msr> • equalizing network

Korrekturnetzwerk n rar <msr> • compensating network

Korrekturprogramm n <edv> *(allg.)* • correction program

Korrekturprogramm n <edv> *(zum Troubleshooting)* • patch routine

Korrekturschalter m <edv> • offset switch

Korrekturschaltung f <el> *(z. B. eine Ausgleichs- od. Entzerrerschaltung)* • corrector circuit; correction circuit; correcting network; corrective network; shaping network

Korrektursignal n <msr> • correction signal

Korrekturspule f <av> • correcting coil

Korrekturspule f <tele> • peaking coil

Korrekturtabelle f <tech.allg> *(für systematische Fehler)* • correction table

Korrekturtaste f <edv> • correcting key; error reset key; error cancelation key US

Korrekturtaste f <tele> • reset key

Korrekturwerte mpl <navig> • correction parameters pl; correction data pl; corrections pl

Korrekturwert-Einstellung f <phot> *(Funktion und Bedienungselement)* • compensation factor control

Korrekturwinkel m <tech.allg> • correction angle

Korrekturwirkung f <tech.allg> *(z. B. Regelung, Qualitätssicherung)* • corrective action

Korrelation f <allg> • interrelation; correlation

Korrelationsanalysator m <chem> • correlator

Korrelationsformel f <pap> • correlation formula

Korrelationsfunktion f <math> • correlation function

korrelationsgeschützt <aerospace> • correlation-protected

Korrelationskoeffizient m <math> • correlation coefficient; correlation factor

Korrelationsrechner m <edv> • correlation computer

Korrelationsverhältnis n <math> • correlation ratio

Korrelator m <tech.allg> • correlator

korrelieren vi/vt <math> *(z. B. Werte, Größen)* • correlate vi/vt

korrespondierend <allg> • corresponding; conjugate adj

korrespondierende Base f <chem> • conjugate base

korrespondierende Säure f <chem> • conjugate acid

korrespondierendes Pendel n <phys> • equivalent pendulum

korrespondierende Zustände mpl <phys> • corresponding states

korrigieren vt <allg> *(durch Modifikation)* • modify vt

korrigieren vt <tech.allg> *(durch Nachstellen, Justieren)* • readjust vt

korrigieren vt <tech.allg> *(Defekte, Fehler)* • correct vt; adjust vt rare

korrigierte Bauzeichnung f <bau.doku> *(stimmt mit Bauausführung überein)* • as-built drawing ISO 10209- 4; record drawing

korrigierte Bitfehlerrate f <edv> • corrected bit error rate; corrected error rate; output error rate

korrigierte Schneide f <wz> • modified cutting edge; modified lip

korrodierbar <mat> • corrodible

korrodieren vi <obfl> *(chemisch/elektrochemisch zerstört werden)* • corrode vi; corroded, be

korrodieren vt <obfl> *(betont: durch Lochfraß, Pitting)* • pit vt

korrodieren vt <obfl> *(Stahl, Eisenteile; z. B. Betonarmierung)* • rust vt

korrodieren vt <obfl> *(chemisch/elektrochemisch angreifen)* • corrode vt

korrodierendes Mittel n DIN EN ISO 8044 <chem> • corrosive agent ISO 8044; corrosive

korrodierend wirkend <chem> • corrosive adj

korrodiert werden <obfl> *(chemisch/elektrochemisch zerstört werden)* • corrode vi; corroded, be

Korrosion f DIN 5090082 <obfl> *(chemischer und/oder elektrochemischer Vorgang)* • corrosion ISO 8044; deterioration

Korrosion an tragenden Bauteilen f <obfl> • structural corrosion

Korrosion der Brennerheizflächen f <obfl> • furnace corrosion

Korrosion der Metalle f <obfl> • metallic corrosion

Korrosionsabnutzung f <obfl> • corrosive wear

korrosionsanfällig <obfl.chem> • susceptible to corrosion; prone to corrosion

Korrosionsanfälligkeit f <qualit.mat> • susceptibility to corrosion

Korrosionsangriff m <obfl> *(chemisch, elektrochemisch)* • corrosion attack

Korrosionsart f <obfl> • type of corrosion; form of corrosion

Korrosionsbelastung f <obfl> • corrosion load

korrosionsbeständig <obfl> • corrosion-resistant; non-corroding

korrosionsbeständige Legierung f <mat> • corrosion-resistant alloy

Korrosionsbeständigkeit f DIN EN ISO 8044 <obfl> • corrosion resistance ISO 8044; resistance to corrosion; non-corrodibility

Korrosionselement n <obfl> • corrosion cell; corrosion couple

Korrosionsermüdung f <obfl> • corrosion fatigue; corrosion fatigue cracking

Korrosionserscheinung f <obfl> • corrosion phenomenon

korrosionsfähig <mat> • corrodible

korrosionsfest <obfl> • corrosion-resistant; non-corroding

Korrosionsfestigkeit f <obfl> • corrosion resistance ISO 8044; resistance to corrosion; non-corrodibility

Korrosionsflächenregel f <obfl> • catchment area principle; catchment principle

korrosionsfördende Wirkung f <obfl> *(einer gegebenen Umgebung)* • corrosivity ISO 8044; corrosive action

korrosionsfördernd <obfl> *(Einsatzbedingungen)* • corrosion-promoting; corrosion-stimulating

Korrosionsform f <obfl> • type of corrosion; form of corrosion

korrosionsgefährdet <obfl> • exposed [to corrosion]

korrosionsgeschützt <obfl> • corrosion-protected

Korrosionsgeschwindigkeit f DIN EN ISO 8044 <obfl> • corrosion rate ISO 8044

korrosionshemmend <obfl> • anti-corrosive; corrosion-inhibiting

Korrosionshemmer m <obfl> *(allg.)* • corrosion inhibitor ISO 8044

Korrosionshemmstoff *m* <obfl> • anticorrosive agent; corrosion-protective agent; anti-corrosion agent

Korrosionshemmung *f* <chem> • corrosion inhibition

Korrosionsinhibitor *m* <tech.allg> *(z. B. in Lack, Schmieröl)* • corrosion inhibitor; corrosion-preventive additive; anti-corrosion additive

Korrosionsinhibitor *m DIN EN ISO 8044* <obfl> *(allg.)* • corrosion inhibitor *ISO 8044*

Korrosionsinspektion *f* <obfl> • rust inspection; rust check

Korrosionskunde *f* <obfl> • corrosion science

Korrosionslandkarte *f* <obfl> • corrosion map

Korrosionsmedium *n DIN5090082* <obfl> *(korrosive Umgebung)* • corrosive environment *ISO 8044*; corrosion environment

Korrosionsmittel *n* <obfl> *(korrosionsverursachende oder -beschleunigende Substanz)* • corrodent *ISO 8044*; corrosive medium; corrosive agent; corrosive

Korrosionsneigung *f* <mat> • corrodibility; corrosion susceptibility

Korrosionsprodukt *n DIN EN ISO 8044* <obfl> *(bei Korrosionsreaktionen entstehender Stoff; z. B. Rost)* • corrosion [product] *ISO 8044*

Korrosionsprüfeinrichtung *f* <qualit.mat> • apparatus required for corrosion tests

Korrosionsprüfung <qualit.mat> *(bei Eisen und Stahl)* • rust check; rust inspection

Korrosionsprüfung *f* <qualit.mat> *(allg.)* • corrosion test

Korrosionsprüfung *f* <qualit.mat> *(durch Bewitterung)* • weathering test

Korrosionsreaktion *f* <obfl> • corrosion reaction

Korrosionsschaden *m DIN EN ISO 8044* <obfl> • corrosion damage *ISO 8044*

Korrosionsschutz *m* <obfl> *(Maßnahmen zur Vermeidung von Korrosionsschäden)* • corrosion control; corrosion protection; corrosion prevention; anti-corrosion protection *rare*

Korrosionsschutz *m* <obfl> *(Schutzmittel)* • corrosion prevention agent

Korrosionsschutzadditiv *n* <tech.allg> *(z. B. in Lack, Schmieröl)* • corrosion inhibitor; corrosion-preventive additive; anti-corrosion additive

Korrosionsschutzanstrich *m* <obfl> • anticorrosive paint coat; corrosion-protective paint coat

Korrosionsschutzaufbau *m* <obfl> • anti-corrosion build up

Korrosionsschutzbehandlung *f* <obfl> • anti-corrosion treatment; corrosion prevention treatment

Korrosionsschutzeigenschaften *fpl* <tribo> • corrosion-inhibiting properties *pl*; corrosion preventing properties *pl*; corrosion protection characteristics *pl*; corrosion properties *pl*

Korrosionsschutzfarbe *f* <obfl> • anticorrosive paint; corrosion-protective paint

Korrosionsschutzgarantie *f* <jur> • anti-corrosion warranty *US*; corrosion protection warranty *US*; rust protection warranty *US*; guarantee against corrosion *GB*; corrosion warranty *US*

korrosionsschutzgerechte Gestaltung *f* <obfl> • proper design for corrosion control; corrosion design

korrosionsschutzgerechte Konstruktion *f* <obfl> • proper design for corrosion control; corrosion design

Korrosionsschutzinhibitor *m rar* <obfl> *(allg.)* • corrosion inhibitor *ISO 8044*

Korrosionsschutzinspektion *f* <obfl> • rust inspection; rust check

Korrosionsschutzmaßnahme *f* <obfl> • corrosion prevention measure; anti-corrosion measure

Korrosionsschutzmaterialien *npl* <obfl> • anti-corrosion materials *pl*

Korrosionsschutzmittel *n* <obfl> • anticorrosive agent; corrosion-protective agent; anti-corrosion agent

Korrosionsschutzöl *n* <obfl> • anti-corrosion oil; corrosion-protection oil

Korrosionsschutzpapier *n* <obfl> • anticorrosive paper; antitarnish paper

Korrosionsschutzplanung *f* <obfl> • anti-corrosion scheme; corrosion protection scheme

Korrosionsschutzsystem *n* <obfl> • anti-corrosion system; corrosion prevention system; corrosion protection system

Korrosionsschutztechnik *f* <obfl> • anti-corrosion technology

Korrosionsschutztechnologie *f* <obfl> • anti-corrosion technology

Korrosionsschutzüberzug *m* <obfl> • coating for corrosion control; corrosion-protective coat

Korrosionsschutzverfahren *n* <obfl> • corrosion protection process; corrosion prevention method

Korrosionssicherheit *f* <obfl> • corrosion resistance *ISO 8044*; resistance to corrosion; non-corrodibility

Korrosionsstimulator *m* <obfl> • corrosion accelerator; corrosion accelerating factor

Korrosionsstrom *m* <obfl> • corrosion current

Korrosionssystem *n norm* <obfl> • corrosion system stand

Korrosionstest *m* <qualit.mat> *(allg.)* • corrosion test

Korrosionstest im Drei-Kammern-System *m* <obfl.chem> • three-chamber corrosion test method

korrosionsunempfindlich <obfl> • corrosion-immune

Korrosionsuntersuchung *f DIN 50900* <obfl> • corrosion testing

Korrosionsverhalten *n* <obfl> • corrosion behavior *US*; corrosion performance; corrosion behaviour *GB*

korrosionsverhindernd <obfl> • anticorrosive; corrosion-preventive

Korrosionsverhütung *f rar* <obfl> *(Maßnahmen zur Vermeidung von Korrosionsschäden)* • corrosion control; corrosion protection; corrosion prevention; anti-corrosion protection *rare*

Korrosionsverlust *m* <mat> • corrosion loss

Korrosionsversuch *m DIN EN ISO 8044* <obfl.qualit> • corrosion test *ISO 8044*

Korrosionsversuch *m DIN 5090085* <obfl.qualit> • corrosion experiment

Korrosionsverzögerer *m* <obfl> • anticorrosive agent; corrosion-protective agent; anti-corrosion agent

Korrosionsvorgang *m* <obfl> • corrosion process

Korrosionszeitfestigkeit *f* <qualit.mat> • corrosion fatigue endurance limit

Korrosionszentrum *n* <obfl.qualit> *(Prüfanlage)* • corrosion testing facility; corrosion test installation; corrosion test center

Korrosion unter Ablagerungen *f* <obfl> • deposit corrosion

korrosiv <obfl> *(Oberfläche chemisch angreifend)* • etching

korrosiv <obfl> *(Einsatzbedingungen)* • corrosion-promoting; corrosion-stimulating

korrosiv beansprucht <obfl> • exposed [to corrosion]

korrosiver Verschleiß *m* <obfl> • corrosive wear

Korrosivität *f DIN EN ISO 8044* <obfl> *(einer gegebenen Umgebung)* • corrosivity *ISO 8044*; corrosive action

Korrrosionsverhalten *nsg* <tribo> • corrosion-inhibiting properties *pl*; corrosion preventing properties *pl*; corrosion protection characteristics *pl*; corrosion properties *pl*

Korsett *n* <bekl> • corset

Korsett *n* <nukl> • support structure; corsett

Kortdüse *f* <nav> • Kort nozzle

Kortikograph m <med.tech> • corticograph

Kortikoide npl <bio/pharm> • corticosteroids pl; steroids pl

Kortikosteroide npl <bio/pharm> • corticosteroids pl; steroids pl

Korund m <min> • corundum

Korundschleifscheibe f <wz> • corundum grinding wheel; corundum wheel

Korundstein m <bau.mat> • corundum brick

Koschenille f <obfl> (roter Farbstoff) • cochineal

Kosekans m <math> • cosecant

Kosinus m <math> • cosine; cos

Kosinusentzerrer m <av> • aperture corrector with delay line

kosinusförmig <tech.allg> (z. B. Welle, Schwingung) • cosinoidal

Kosinusimpuls m <el> • cosine pulse

Kosinuskurve f <math> • cosinusoid

Kosinussatz m <math> • cosine law; cosine rule; law of cosines

Kosmetikspiegel m <kfz.innen> • vanity mirror

Kosmetikspiegel mit Beleuchtung m <kfz.innen> (z. B. für Fahrer und Beifahrer) • illuminated vanity mirror; illuminated visor vanity mirror; illuminated sunvisor; lighted vanity mirror; lighted vanity coll

kosmetische Korrosion f <obfl> • cosmetic corrosion

kosmisch <astron> • cosmic; celestial

kosmische Geschwindigkeit f <aerospace> • cosmic speed

kosmische Rakete f DDR <aerospace> • space rocket; extraterrestrial rocket; astrorocket; cosmic rocket

kosmischer Maser m <astron> • cosmic maser

kosmischer Raum m rar <aerospace> • outer space; space pract; cosmic space rare; cosmos rare

kosmischer Staub m <astron> • cosmic dust

kosmisches Rauschen <astron> • galactic noise; cosmic noise

kosmische Strahlen mpl <astron> • cosmic rays

kosmische Strahlung f <astron> • cosmic radiation

Kosmodrom n DDR <aerospace> • spaceport; cosmodrom

Kosmogonie f <astron> • cosmogony

Kosmologie f <astron> • space research; cosmology

kosmologische Konstante f <astron> • cosmological constant

Kosmonaut m DDR <aerospace> • astronaut; spaceman; cosmonaut in Russia

Kosmonautik f DDR <aerospace> • astronautics; space flight; space aviation; cosmonautics in Russia

Kosmos m <aerospace> • outer space; space pract; cosmic space rare; cosmos rare

Kosten pl <fin> • expenses; costs; charges

Kosten des Umweltschutzes f <ökol> • environmental costs; anti-pollutive costs

kostengünstig <tech.allg> (wirtschaftlich; z. B. Lösung, Konstruktion, Produkt) • cost-effective

kostengünstig <ökon> (wettbewerbsfähig; Produkt, Ware) • competitive in price; well priced

kostenloser Internetzugang m <tele> • free Internet access; access the Internet for free

Kosten/Nutzen-Analyse f <ökon> • cost/benefit analysis

kostenoptimierte Produktentwicklung f <prod> • design-to-cost method (DTC); design-to-cost approach; DTC philosophy

kostensenkend <ökon> (z. B. Innovation, Konstruktion) • cost-cutting; cost-saving

Kostensenkung in der FuE-Phase f <prod> • design-to-cost method (DTC); design-to-cost approach; DTC philosophy

Kostenstelle f <ökon> • cost center US; cost centre GB

Kosten von F + E pl <ökon> (Bilanz) • research and development cost; cost of research and development; R&D expenses; expenses for R&D; cost of R&D

Kostenvoranschlag m <fin> (typ. bei Reparaturkosten) • cost estimate; estimate [of costs]

Kostüm n <bekl> (Damen; Jacke und Rock) • two-piece suit; two-piece; suit

Kostüm n <bekl> (Verkleidung, historisch) • costume

Kot m <bio.ents> (aus den Därmen) • excrements pl; feces pl

Kotangens m <math> • cotangent; cot

Kote f prakt <bau> (in Metern über/unter Erdboden) • relative elevation; elevation pract

Kote f <geo> (Gelände) • level; altitude

Kotexturierung f <textil> • cotexturing

Kotflügel m <kfz> • fender US; wing GB; mudguard GB.AUS

Kotflügelantenne f <kfz.av> • fender antenna US; wing aerial GB; fender-mounted antenna US; wing-mount aerial GB

Kotflügelauflageblech n <kfz> • fender landing section US; wing landing section GB

Kotflügelbefestigung m <kfz> (Falz od. Flansch an den Motorraumseitenwänden) • fender mounting [flange] US

Kotflügelbefestigungsleiste f <kfz> (Falz od. Flansch an den Motorraumseitenwänden) • fender mounting [flange] US

Kotflügeleinsatz m <kfz> (Kunststoffeinsatz) • undershield; wheel housing liner; protective wheel arch liner; wheel arch protector; fender house liner US

Kotflügeleinsatz m <kfz> (Schutzblech im Radkasten) • wheel house panel; inner fender skirt US.did; fender liner US.pract; fender shield US.pract; fender house splash shield US

Kotflügelhaltestrebe f <kfz> • fender brace US; mudguard bracket GB; wing support bracket GB

Kotflügelhammer m <kfz.wz> • fender bumping hammer

Kotflügel-Kederleiste f <kfz> • fender welting US; wing piping GB

Kotflügelleuchte f <kfz> • fender lamp; wing lamp

Kotflügelprofil n <kfz> • fender line US; wing line GB

Kotflügel-Randeinfassung f <kfz> • fender drip US; mudguard drip GB.AUS

Kotflügel-Reparaturecke f <kfz> (Reparaturblech) • fender repair cap US

Kotflügelscheibe f <kfz.füg> (breite, dünne U-Scheibe) • fender washer :V

Kotflügelschramme f <kfz> • fender gash US; wing gash GB

Kotflügelschutz m <kfz.rep> (Kunststoffmatte zum Überhängen) • fender cover

Kotflügel-Spritzschutz m <kfz> • fender splash apron US

Kotflügelstütze f <kfz> • wing stay

Kotflügelverbreiterung f <kfz> (rundlich, sanft verlaufend; für breitere Reifen) • fender flare US; wing arch GB; flared wing arch GB; flared wheel arch; arch coll

Kotflügelverbreiterung f <kfz> (eckige Erweiterung) • fender blister US; mudguard extension; wheel arch extension GB

Kotflügelverbreiterungssatz m <kfz> • wheel arch kit

Kotflügelverlängerung f <kfz> (Teilblech am vorderen unteren Kotflügelbereich) • fender extension

Kotflügelverstärkung f <kfz> • front fender reinforcer US; wing strengthening buttress GB

Kotflügelwulst m <kfz> (abgerundete Kotflügelkante) • fender beading US; wing beading GB

kovalent <chem> (Bindung) • homopolar; covalent; unipolar

kovalente Bindung f <chem> (Prozess) • electron pair bonding; homopolar bonding; covalent bonding; atomic bonding

kovalente Bindung f <chem> (zwei Atome haben ein Elektronenpaar gemeinsam) • covalent bond; non-polar atomic bond; shared-pair chemical bond; shared-electron-pair bond; covalency

kovalenter Bindungsradius m <chem> • covalent radius

kovalente Wertigkeit f <chem> • covalency

kovalente Wertigkeit f <chem> (Wertigkeit) • covalence

Kovalenz f <chem> (Wertigkeit) • covalence

Kovalenz f <chem> (zwei Atome haben ein Elektronenpaar gemeinsam) • covalent bond; non-polar atomic bond; shared-pair chemical bond; shared-electron-pair bond; covalency

Kovalenzbindung f <chem> (zwei Atome haben ein Elektronenpaar gemeinsam) • covalent bond; non-polar atomic bond; shared-pair chemical bond; shared-electron-pair bond; covalency

Kovalenzradius m <chem> • covalent radius

Kovariante f <math> • covariant

kovariantes Differential n <math> • covariant differential

Kovarianz f <math> • covariance

Kovarianzfunktion f <math> • covariance function

Kovarianzmatrix f <math> • covariance matrix

Kovolumen n <phys> • covolume

KP <füg> • cold pressure welding; cold welding

KP <kst> • condensation polymerization IUPAC

K-Punkt m <logist.qualit> (Station; für ausgehende Lagereinheiten) • outbound inspection station; outbound quality audit; delivery check station; dispatch control

Kr <chem> • krypton (Kr)

krabben vt <textil> (Kreppeffekt erzeugen) • crab vt

Krabbmaschine f <textil> • crabbing machine

Krachtöter m <tele> • noise gate; silencing device

Krachtötung f <tele> • quieting

Krackanlage f rar <chem.petr> • cracking plant

Krackausbeute f rar <chem.petr> • cracking yield

Krackbenzin n <chem.petr> • cracked petrol

Kracken n rar <chem.petr> (von Alkanen, in Raffinerie) • cracking

kracken vi/vt <chem.verf> • crack vi/vt

Kracken auf flüssigen Rückstand n rar <chem.verf> • residue cracking

Kracken im Festbettverfahren n rar <chem.verf> • fixed-bed cracking

Kracken im Gemischtphaseverfahren n <chem.verf> • mixed-phase cracking

Kracken im Wirbelbettverfahren n <chem.verf> • fluidized-bed cracking US.GB; fluidised-bed cracking GB; fluid-bed cracking

Kracken in Dampfphase n <chem.verf> • vapor-phase cracking US; vapour-phase cracking GB

Krackgas n rar <chem.petr> • cracked gas

Krackreaktor m rar <chem.petr> • cracking chamber

Krad <kfz> • motorcycle; bike coll

Kräfteaddition f <mech> • addition of forces; vector addition [of forces]

Kräftebild n <mech> • system of forces

Kräftediagramm n <mech> • force diagram

Kräftedreieck n <mech> • triangle of forces

Kräfteeinleitung f <bau.phys> • transfer of force

kräftefrei <mech> (z. B. neutrale Achse, Ebene im Biegestab) • neutral

kräftefrei <phys> • force-free

Kräftefreiheit f <phys> • freedom from forces

Kräftegleichgewicht n <phys> • equilibrium of forces

Kräfte in einer Ebene fpl <mech> • coplanar forces; in-plane forces

Kräftemaßstab m <mech> • scale of force

Kräftepaar n <phys> (gleich groß, parallel, entgegengesetzt gerichtet) • couple of forces; force couple

Kräfteparallelogramm n <mech> • parallelogram of forces

Kräfteplan m rar <mech> • force diagram

Kräftepolygon n <mech> • polygon of forces

Kräftevieleck n <mech> • polygon of forces

Kräftezerlegung f <mech> • resolution of forces; force resolution

Kräftezusammensetzung f <mech> • combination of forces

kräftig <tech.allg> (z. B. Motor) • powerful; strong

kräftig <chem> (schütteln, umrühren) • vigorous

kräftig <masch> (Querschnitt; z. B. Blech, Rohrwand) • heavy

kräftig <mat> (robust) • sturdy

kräftig <nahr> (Wein) • robust

kräftig <obfl> (Farbe) • rich

kräftiger Anzug m <fz> • keen acceleration

Krähenfussrissbildung. f <obfl.qualit> • crow's foot cracking

Krählarm m <ents.verf> (Kläranlage) • rabble arm; moving arm; rotating arm; raking arm; rabbler

krählen vt <ents.verf> • rabble vt

krählen vt <ents.verf> (mit Krählarm) • rake vt

Krählwerk n <ents.hydr> (Eindicker) • rabble rake; raking mechanism

krängen vi <nav> (Schiff) • heel vi; list vi

Krängung f <nav> (eines Schiffs) • heel; list; cant coll; heeling

Krängungsfehler m <nav> • heeling error

Krängungsmagnet m <nav> • heeling magnet

Krängungsmesser m <nav> • inclinometer

Krängungsmoment n <nav> • heeling moment

Krängungsschreiber m <nav> • inclinograph

Krängungstank m <nav> • heeling tank

Krängungsversuch m <nav> • heeling test; inclining test

Krängungswinkel m <nav> • heeling angle

Krätzblei n <mat> • slag lead

Krätze f <mat> (Zink) • blue dust

Krätze f <metall> (metallische Schlacke, Abfall beim Schmelzen) • dross; scoria; skimmings; blue dust

Krätzeschaden m <led> (Haut) • scabies damage

Krätzfrischen n <metall> • refining of waste

Kräuselbeständigkeit f <textil> (Falschdrahtverfahren) • crimp rigidity

Kräuseldehnung f <textil> • crimp module

Kräuselgarn n <textil> (betont: strukturiert) • crimped yarn; textured yarn; crimp yarn; crinkled yarn

Kräuselgarn n <textil> (betont: dehnelastisch) • stretch yarn

Kräuselgarnverfahren n <textil> (Falschdrahtverfahren) • texturing method

Kräuselkontraktion f <textil> • crimp contraction

Kräusellack m <obfl> • wrinkle varnish

Kräuseln n <textil> • crimping

Kräuseln n <textil> (Vorgang) • crimping; crinkling; crêping

kräuseln vr <mat> (meist unbeabsichtigt) • curl vi; coil vi

kräuseln vt <pap> • crepe vt

kräuseln vt <textil> • crimp vt; crinkle vt

Kräuselung f <pap> (Resultat) • curl

Kräuselung f <pap> (Vorgang) • curling

Kräuselung f <textil> (Resultat) • crimp

Kräuselung f <textil> (Vorgang) • crimping; crinkling; crêping

Kräuselungsanzahl f <textil> • number of crimping arcs

Kräuselungsbeständigkeit f <textil> • crimp stability

Kräuselungsgrad m <textil> • crimp contraction

Kräuselungsschwankungen *fpl* <pap> • curl variations

Kräuselung und Verdrehung *f* <pap> • curl and twist

Kräuselvorgang *m* <textil> *(Falschdrahtverfahren)* • texturing process; texturing operation

Kräuselwellen *fpl* <hydr> • capillary waves; ripples *coll*

Kraft *f* <allg> *(von Lebewesen; körperlich, metaphorisch; z. B. geistig, kreativ)* • strength

Kraft *f* <energ> *(Energie; z. B. elektr. Energie, Strom)* • power

Kraft *f* <ökon> *(eines Landes, Unternehmens; z. B. Wirtschafts-, Innovationskraft)* • strength; power

Kraft *f* <ökon> *(Person)* • employee

Kraft *f* (F) DIN 1305 <phys> *(in Newton, N)* • force (F)

Kraftabgabeseite *f* <mot> *(hinten am Motor)* • power end

Kraftangriff *m* <füg> *(von Schrauben; formschlüssig)* • driving feature; driving medium

Kraftangriff *m* <phys> • action of force[s]

Kraftangriffshöhe *f* <füg> *(bei Schrauben mit Außenantrieb)* • wrenching height

Kraftangriffslinie *f* <mech> • line of action

Kraftangriffspunkt *m* <phys> • point of force application; point of applied force; point of application of force *rare*

Kraftantrieb *m* <antr> • power drive

Kraftantriebsblock *m* <msr> • actuator assembly

Kraftantriebszylinder *m* <rls> • actuator cylinder

Kraftarm *m* <mech> *(Hebel)* • moment arm; force arm; effort arm *rare*

Kraftaufnahmevermögen *n* <qualit> • load carrying ability; load bearing capibility

Kraftaufnehmer *m rar* <msr> *(allg.)* • load cell; load transducer; force transducer *rare*

Kraftausgleich *m* <mech> • force balance

Kraft-Außenangriff *m* <füg> • external drive

Kraftband *n* <ents> *(durch eine Deckplatte miteinander verbundene parallele Keilriemen)* • joined V-belt; multiple vee belt

kraftbeansprucht *rar* <mech> *(unter Last; z. B. Strukturteil)* • loaded; subjected to forces *rare*

kraftbedientes Flurförderzeug *n* <förd> • power industrial truck; power truck

kraftbetätigt <tech.allg> • power-operated

kraftbetätigt <masch> *(z. B. Bremse, Ruder)* • power-actuated

kraftbetrieben <tech.allg> • power-driven

Kraftdynamometer *n* <msr> • force dynamometer

Krafteinheit *f* DIN 1301 <phys> *(SI-Einheit: Newton)* • unit of force; force unit

Kraft-Einsatz *m* <wz> • impact socket; power socket *rare*

Krafteintrag *m* <mech> • force application; application of a force

Krafteinwirkung *f* <phys> • action of force[s]

Kraftfahrzeug *n* <kfz> • motor vehicle

Kraftfahrzeugabgase *npl* <kfz.emiss> • automotive exhaust emissions *pl*

Kraftfahrzeugabgasemissionen *fpl wiss* <kfz.emiss> • automotive exhaust emissions *pl*

Kraftfahrzeugbatterie *f form* <kfz.el> • car battery; lead-acid car battery *form*; automotive battery; starter battery; battery *coll*

Kraftfahrzeugbau *m* <kfz> *(als Fach, Disziplin)* • automobile engineering; automotive engineering; auto engineering *pract*

Kraftfahrzeugbremse *f* <brems> • automotive brake

Kraftfahrzeugbrief *m form* <fz.doku> • vehicle registration document *GB*

Kraftfahrzeugelektrik *f* • automotive electric system

Kraftfahrzeugelektrik *f* • automotive electrical equipment

Kraftfahrzeugelektrik *f* <kfz> • motor-vehicle electrical equipment

Kraftfahrzeugelektriker *m* <kfz> • automotive electrician

Kraftfahrzeugemissionen *fpl* <kfz.emiss> • automotive emissions; motor vehicle emissions *form*

Kraftfahrzeugindustrie *f* <ökon> • automotive industry; automobile industry; motor industry *GB*; auto industry *pract*; car industry *coll*

Kraftfahrzeugkarosserie *f form* <kfz> • automotive body; motor-vehicle body; car body; body *coll*

Kraftfahrzeugkonstruktion *f* <kfz> • automotive design

Kraftfahrzeuglenksystem *n* • automotive steering system

Kraftfahrzeuglenksystem *n* • motor-vehicle steering system

Kraftfahrzeugmechaniker *m* <kfz> • automobile mechanic; car mechanic *coll*; motor mechanic *rare*

Kraftfahrzeug mit emissionsmindernder Einrichtung *n* <kfz.emiss> • controlled vehicle; detoxed vehicle *Lucas*

Kraftfahrzeugmotor *m* <kfz> • motor-vehicle engine

Kraftfahrzeugmotor *m* <mot> • automotive engine

Kraftfahrzeug ohne emissionsmindernde Einrichtungen *n form* <kfz.emiss> • uncontrolled vehicle

Kraftfahrzeug ohne Katalysator *n* <kfz.emiss> • preconverter vehicle

Kraftfahrzeugpark *m* <ökon> *(z. B.Spediteur)* • motor-vehicle fleet

Kraftfahrzeugsteuer *f* <kfz.fin> • motor vehicle tax; tax on motor vehicles; tax on vehicles; motor vehicles licence duty *GB*; automobile licence tax *US*

Kraftfahrzeugsteuer *f* <kfz.fin> • road tax *GB*; vehicle tax

Kraftfahrzeugsteuergesetz *n* <kfz.jur> • Motor Vehicle Tax Law

Kraftfahrzeugtechnik *f* <kfz> *(als Fach, Disziplin)* • automobile engineering; automotive engineering; auto engineering *pract*

Kraftfeld *n* <phys> • field of force[s]; force field

Kraftfluss *m* <tech.allg> • power flow

Kraftfluss *m* <antr> • power flow; flow of power

Kraftfluss *m* <phys> • flux of force

Kraftformer *m* ® <kfz.wz> *(Blech-Umformmaschine)* • Kraftformer ®

kraftfreies Bedienungselement *n* <msr> *(ohne Mechanik; z. B. mit Optosensor)* • zero-force control

Kraftfutterdosiergerät *n* <agri> • concentrate metering hopper

Kraftgas *n* <mot> • power gas

Kraft-Gelenksteckschlüssel *m* <wz> *(Steckschlüsseleinsatz für Maschinenschrauber)* • impact swivel socket

Kraftgewinde *n rar (z. B. Trapezgewinde einer Spindel)* • translation thread; power-transmission thread; motion transmitting screw thread

Krafthaus *n obs.rar* <energ> *(mit Turbinen und Generatoren)* • turbine hall; power house; machine hall

Kraftheber *m* <förd> • hydraulic lift

Kraft-Innenangriff *m* <füg> *(bei Schrauben)* • driving recess; internal drive

Kraft-Kardangelenk *n* <wz> *(Kardangelenk für Maschinenschrauber)* • impact universal joint

Kraftkompensationsregler *m* <msr> • force-balance diaphragm-type controller

Kraftkompensationsverfahren *n* <msr> • force-balance process

Kraftkomponente *f* <mech> *(Vektor)* • component force; force component

Kraftkonstante *f* <mech> • force constant

Kraftkonstanthalteeinrichtung *f* <qualit.mat> *(Werkstoffprüfung)* • load stabilizer *US.GB*; load stabiliser *GB*

Kraft-Kugelgelenk *n* <wz> *(Kardangelenk für Kraft-Steckschlüsseleinsätze)* • impact swivel ball universal joint

Kraft-Längungs-Schaubild n <qualit.mat> *(Zugversuch)* • force-elongation diagram; load-elongation curve

Kraftlenkung f <kfz> *(vollhydraulisch)* • power steering

Kraftliner m <pap> • kraft liner

Kraftlinie f <phys> • line of force

Kraftliniendichte f <phys> • magnetic flux density (B); flux density

Kraftlinienfluss m <phys> • flux of lines of force

Kraftlinienrichtung f <mech> *(im belasteten Körper)* • direction of lines of force

Kraftlinienstreuung f <phys> • flux leakage

Kraftlinienverdrängung f <phys> • distortion of lines of flux

Kraftlinienverlauf m <mech> • path of lines of force

Kraftmanipulator m <autom> • power manipulator

Kraftmaschine f <mot> *(allg., jede Bauart; el., hydr., pneum.)* • motor

Kraftmaschine f <mot> *(primäre Kraftquelle; z. B. E-Motor, Verbrennungskraftmaschine)* • prime mover

Kraftmessbereich m <qualit.mat> *(z. B. einer Zugprüfmaschine)* • load range; force range

Kraftmessdose f (KA) <msr> *(allg.)* • load cell; load transducer; force transducer *rare*

Kraftmessdose für Druckbelastung f <msr> *(allg.)* • pressure cell; compression-type load cell

Kraftmesser m <msr> *(z. B. für Aufzugs-, Kranlasten)* • dynamometer

Kraftmessplatte f <msr> • dynamometer

Kraftmessplattform f <msr> • dynamometer

Kraftmessscheibe f <msr> *(Kraftsensor)* • quartz load washer; quartz force washer

Kraftmessschlüssel m form.obs <wz> • torque wrench; torque handle *rare*; torque-controlled spanner *GB.rare*; torque-limiting wrench *US.rare*

Kraftmessung f <msr> • force measurement

Kraftmesszelle f <msr> • load cell

Kraftmesszelle mit Dehnmessstreifen f <msr> • strain-gauge load cell; strain-gauge force transducer

Kraftmoment n (M) <mech> • moment of force (M)

Kraft-Momenten-Sensor m <msr> • force-torque sensor

Kraftnullwert m <mech> • zero force

Kraftomnibus m (KOM) norm <nfz> *(allg.)* • bus *stand*; coach *US*; motorbus *rare*; autobus *obs*; omnibus *obs*

Kraftomnibus m <nfz> *(eines privaten Busunternehmens)* • commercial bus

Kraft-Packpapier n <pap> *(betont: zum Einschlagen, Verpacken)* • kraft wrapping paper

Kraftpapier n <pap> • kraft paper; kraft *pract*

Kraftpapier n <pap> *(betont: zum Einschlagen, Verpacken)* • kraft wrapping paper

Kraftpolygon n <mech> • force polygon

Kraftquelle f <bio> *(z. B. zur Sportausübung)* • energy source

Kraftquelle f <el> • power source

Kraftrad n form.obs <kfz> • motorcycle; bike *coll*

Kraft-Reduzierstück n <wz> • impact adapter; impact reducer; impact adaptor *GB*

Kraftresultante f <phys> • resultant force; resultant

Kraftrichtung f <mech> • line of action

Kraftrichtung f <phys> • direction of force

Kraftröhre f <el> • field tube; flux tube

Kraftroller m form.rar <kfz> • motor scooter; scooter *coll*

Kraftsackpapier n <pap.pack> • sack kraft paper

Kraftsauger m <kfz.wz> • dent puller

Kraftschaber m <wz> • power scraper; power scraping tool

Kraftschaufel f <bau.wz> *(Handschrapper)* • power shovel

kraftschlüssig <masch> *(Verbindung; i. Ggs. zu formschlüssig)* • force-closed; frictional; non-positive

kraftschlüssige Paarung f <masch> • force-closed pair

kraftschlüssiger Antrieb m <masch> *(z. B. Reibungsantrieb)* • non-positive drive

kraftschlüssige Verbindung f <masch> *(i. Ggs. zu formschlüssig)* • force-closed joint; non-positive joint; non-positive connection

Kraftschluss m <kfz.antr> *(im Antriebsstrang; von Getrieben, Kupplungen)* • positive engagement

Kraftschluss m <masch> *(Zusammenhalt durch äußere Kraft; i. Ggs. zu Form-, Stoffschluss)* • force closure; non-positive closure; frictional connection

Kraftschlussbeanspruchung f <kfz> *(zwischen Reifen und Fahrbahn)* • frictional connection requirements

Kraftschlussbeiwert m <mech> • coefficient of adhesion

Kraftschnitt m <prod> • heavy cut

Kraft-Schraubendrehereinsatz m <wz> • impact bit socket *US*; impact socket bit *GB*

Kraftschrauber m <wz> *(mit Außenvierkantaufnahme)* • impact wrench

Kraftschrauber m form <wz> *(elektrisch/pneumatisch; mit Innenaufnahme)* • screwdriver

Kraftschrauber-Einsatz m <wz> • impact socket; power socket *rare*

Kraftseitenschneider m <wz> • high leverage diagonal cutting pliers; heavy-duty diagonal cutting pliers

Kraftsensor m <msr> • force sensor; force transducer

Kraftsensor mit DMS m <msr> • strain-gauge load cell; strain-gauge force transducer

Kraftsensor mit schwingender Saite m <msr> • vibrating-element force transducer; vibrating-wire force transducer

Kraftsensor mit Schwingsaite m <msr> • vibrating-element force transducer; vibrating-wire force transducer

Kraftspanneinrichtung f <wz> • power-operated work-holding device

Kraftspannfutter n <wz> • power chuck

Kraftspeicherantrieb m <antr> • stored-energy drive

Kraft-Steckschlüsseleinsatz m <wz> • impact socket; power socket *rare*

Kraftstellglied n <msr> • power actuator

Kraftstoff m <kfz> *(Benzin, Diesel)* • fuel

Kraftstoffabscheider m <ents> • fuel trap

Kraftstoffabsperrventil n <kfz> *(Diebstahlsicherung)* • fuel lock; gas lock *US.pract*

Kraftstoffanlage f <fz> • fuel system

Kraftstoffanzeige f <kfz.msr> • fuel gauge *US.GB*; fuel level gauge *rare*; fuel gage *US.rare*

Kraftstoffbehälter m <kfz> • fuel tank

Kraftstoffbeständigkeit f <mat> • fuel resistance

Kraftstoffcomputer m <kfz.msr> *(Teilsystem des Bordcomputers)* • fuel computer

Kraftstoffdämpfe mpl <kfz> • fuel vapors *pl US*; fuel fumes *pl*; fuel vapours *pl GB*

Kraftstoffdampf-Auffangsystem n Ford <kfz.emiss> • evaporative emission control system (EECS); fuel vapor recirculation system *US*; evaporation loss control system; EVAP system *pract.Ford*

Kraftstoffdampf-Rückhaltesystem n <kfz.emiss> • evaporative emission control system (EECS); fuel vapor recirculation system *US*; evaporation loss control system; EVAP system *pract.Ford*

Kraftstoff-Direkteinspritzung f <mot> • direct fuel injection

Kraftstoffdruck m <kfz> • fuel pressure

Kraftstoffdruckregler m <kfz.mot> *(Jetronic)* • fuel pressure regulator

Kraftstoffeinfüllrohr n <kfz> • fuel filler tube

Kraftstoffeinfüllstutzen m <kfz> • fuel filler neck

Kraftstoffeinsparung f <ökon> • fuel saving

Kraftstoffeinspritzanlage f <mot> • fuel injection system; FI system

Kraftstoff-Einspritzpumpe f DIN 7876-1 <kfz.mot> • fuel injection pump

Kraftstoffeinspritzpumpe f <mot> • fuel-injection pump

Kraftstoffeinspritzung f <mot> • fuel injection (FI)

Kraftstoffemissions-Prüfraum m <kfz.emiss> • sealed housing for evaporative determination (SHED)

Kraftstoffenergie f <kfz> • energy of the fuel

Kraftstoffentlüfter m <verf> • fuel deaerator

Kraftstofffilm m <kfz.mot> • fuel film

Kraftstofffilter m <kfz.mot> • fuel filter

Kraftstoffflächenbehälter m <aerospace> (in Tragflügel) • wing fuel tank

Kraftstoffförderung f <kfz.mot> • fuel delivery

Kraftstoff-Füllstand m <kfz> (im Behälter, Tank) • fuel level

Kraftstofffüllstandgeber m <kfz.msr> • fuel tank level sensor; fuel tank sending unit

Kraftstofffüllstutzen m rar <kfz> • fuel filler neck

Kraftstoffgemisch n <mot> • fuel mixture

Kraftstoff-Gewicht-Verhältnis n <aerospace> (Rakete) • fuel-weight ratio

Kraftstoffhahn m <kfz> (Motorrad) • fuel valve; petcock; fuel cock; petrol tap GB; fuel tap GB

Kraftstoffhahn m <kfz> (allg.) • fuel shut-off cock

Kraftstoffklappenschloss n <kfz> • gas door lock US

Kraftstoffklopfen n <mot> • fuel knock

Kraftstoffleiste f <kfz.mot> (L/LE-Jetronic) • fuel supply rail

Kraftstoffleitung f <kfz> (allg.) • fuel line

Kraftstoff/Luft-... <mot> • air/fuel ... (A/F ...)

Kraftstoff-Luft... <mot> (s. auch Kraftstoff/Luft...) • air-fuel ...

Kraftstoff/Luft-Gemisch n <mot> • air/fuel mixture; A/F mixture; air/fuel mix pract

Kraftstoff/Luft-Verhältnis n <mot> (z. B. 14,7 Teile Luft auf 1 Teil Kraftstoff) • air/fuel ratio; A/F ratio pract

Kraftstoff-Masse-Verhältnis n <aerospace> (Rakete) • fuel-mass ratio

Kraftstoffmehrverbrauch m <kfz> • fuel economy penalty; reduced fuel economy; lower mileage

Kraftstoffmenge f <kfz.mot> • amount of fuel

Kraftstoffmengenbemesssung f <kfz.mot> • fuel metering

Kraftstoffmengenteiler m <kfz.mot> (K-Jetronic) • fuel distributor

Kraftstoffmessdüse f <mot> • fuel-metering nozzle; fuel-metering orifice

Kraftstoffnebel m <mot> • fuel mist; fuel vapor US; fuel vapour GB

Kraftstoffniveau n <kfz> (im Behälter, Tank) • fuel level

Kraftstoffnormverbrauch m <kfz> • level road fuel consumption

Kraftstoff/Öl-Gemisch n <mot> (für Zweitakter; z. B. für Rasenmäher, Kettensägen, Mopeds) • gas/oil mixture US; gas/oil mix US.pract; petroil mixture GB; petroil mix GB.pract

Kraftstoff/Öl-Mischung f <mot> (für Zweitakter; z. B. für Rasenmäher, Kettensägen, Mopeds) • gas/oil mixture US; gas/oil mix US.pract; petroil mixture GB; petroil mix GB.pract

Kraftstoffpegel m <kfz> (im Behälter, Tank) • fuel level

Kraftstoffpumpe f <kfz> (allg.; Otto- oder Dieselkraftstoff) • fuel pump

Kraftstoffpumpe f <kfz> (Ottokraftstoff) • fuel pump

Kraftstoffpumpeneinstellung f <kfz> • fuel pump timing

Kraftstoffpumpen-Hauptschalter m <kfz.msr> (el. Kraftstoffpumpe) • fuel pump shutoff switch; fuel cut-off switch; inertia fuel cut-off switch

Kraftstoffpumpenmembran f <kfz> • fuel pump diaphragm

Kraftstoffpumpen-Trägheitsschalter m <kfz.msr> (el. Kraftstoffpumpe) • fuel pump shutoff switch; fuel cut-off switch; inertia fuel cut-off switch

Kraftstoffqualität f <chem.petr> (Güte) • fuel quality

kraftstoffreich rar <mot> (Kraftstoff/Luft-Gemisch) • rich

Kraftstoffreiniger m <verf> (Sieb) • fuel strainer

Kraftstoff-Reinigungszusatz m <kfz> • fuel system cleaning agent

Kraftstoffreserveanzeige f <kfz.msr> • low fuel indicator; low fuel level indicator light Ford

Kraftstoffringbehälter m <kfz> • annular fuel tank

Kraftstoffrücklaufbehälter m <mot> • fuel reclaiming tank

Kraftstoff-Rückleitung f <kfz> • fuel return line

Kraftstoffrückleitung f <kfz.mot> • fuel return line

Kraftstoffsaugpumpe f <förd> (betont: Hebepumpe, z. B. aus unterirdischem Tank) • fuel lift pump

Kraftstoffsaugpumpe f <förd> (allg.) • fuel suction pump

Kraftstoff-Sicherheitsschalter m <kfz.msr> (el. Kraftstoffpumpe) • fuel pump shutoff switch; fuel cut-off switch; inertia fuel cut-off switch

Kraftstoffspeicher m <kfz.mot> (K-Jetronic) • fuel accumulator

Kraftstoffspiegel m rar <kfz> (im Behälter, Tank) • fuel level

Kraftstoffstand m <kfz> (im Behälter, Tank) • fuel level

Kraftstoffstrahl m <kfz> (aus Düse) • fuel jet

Kraftstoffsystem n <fz> • fuel system

Kraftstofftank m <kfz> • fuel tank

Kraftstofftank-Belüftungsventil n <kfz.emiss> (Verdunstungsanlage) • fuel tank breather gravity valve

Kraftstofftankdeckel m <kfz> (Verschluss des Einfüllstutzens) • fuel filler cap; gas cap pract.coll

Kraftstofftankdeckel mit Schnappverschluss m <kfz> • flip-top fuel filler cap

Kraftstofftankentlüftungsleitung f form <kfz.emiss> • fuel tank vent line; fuel tank vent connection

Kraftstofftankinhalt m <kfz> (Fassungsvermögen) • fuel tank capacity

Kraftstofftankinhalt m <kfz> (tatsächlicher Inhalt) • fuel tank inventory

Kraftstofftankklappe f <kfz> (Karosserieteil, das den eigentlichen Tankdeckel verdeckt) • fuel filler door; fuel filler flap; fuel filler lid

Kraftstofftankumschalter m <kfz.msr> • fuel tank selector switch

Kraftstoffteilchen n <kfz.mot> • fuel particle

Kraftstofftröpfchen n <kfz.mot> • fuel droplet

Kraftstoffverbrauch m form <kfz> • fuel consumption; fuel economy in specs; fuel mileage pract; fuel con in tables

Kraftstoffverbrauch im Stadtverkehr m <kfz> • city fuel economy

Kraftstoffverbrauchsanzeige f MB <kfz.msr> • fuel economy indicator; fuel-consumption indicator rare

Kraftstoffverbrauchsmesser m <kfz.msr> (als Zeigerinstrument) • fuel-consumption gauge

Kraftstoffverdampfer m <mot> • fuel vaporizer US.GB; fuel vaporiser GB

Kraftstoffverdampfungsanlage f <kfz.emiss> • evaporative emission control system (EECS); fuel vapor recirculation system US; evaporation loss control system; EVAP system pract.Ford

Kraftstoff-Verdampfungssystem n <kfz.emiss> • evaporative emission control system (EECS); fuel vapor recirculation system US; evaporation loss control system; EVAP system pract.Ford

Kraftstoffverdunstungssystem *n* <kfz.emiss> • evaporative emission control system (EECS); fuel vapor recirculation system *US*; evaporation loss control system; EVAP system *pract.Ford*

Kraftstoffverteiler *m* <kfz.mot> *(L/LE-Jetronic)* • fuel supply rail

Kraftstoffverteiler *m* ugs <kfz.mot> *(von Einspritzanlagen; parallel zum Zylinderkopf)* • fuel rail; fuel manifold; fuel header; distributor tube *Bosch*; fuel distributor

Kraftstoffverteiler-Baugruppe *f* <aerospace> • fuel flow divider assembly

Kraftstoff-Verteilerrohr *n* form <kfz.mot> *(von Einspritzanlagen; parallel zum Zylinderkopf)* • fuel rail; fuel manifold; fuel header; distributor tube *Bosch*; fuel distributor

Kraftstoffvorratsanzeige *f* form <kfz.msr> • fuel gauge *US.GB*; fuel level gauge *rare*; fuel gage *US.rare*

Kraftstoffvorratsanzeiger *m* ugs <kfz.msr> • fuel gauge *US.GB*; fuel level gauge *rare*; fuel gage *US.rare*

Kraftstoff-Warnleuchte *f* <kfz.msr> • fuel reserve indicator

Kraftstoffzerstäuber *m* <mot> • fuel atomizer

Kraftstoffzuführungsleitung *f* form <kfz.mot> *(Rohr, Schlauch)* • fuel supply line

Kraftstoffzuführungsrohr *n* <kfz.mot> • fuel supply pipe

Kraftstoffzufuhr *fsg* <kfz> • fuel supply

Kraftstoffzulauf *m* <kfz.mot> • fuel inlet

Kraftstoffzulaufbohrung *f* <kfz.mot> • fuel inlet bore

Kraftstoffzuleitung *f* <kfz.mot> *(Rohr, Schlauch)* • fuel supply line

Kraftstoffzumessung *f* <kfz.mot> • fuel metering

Kraftstoffzusatz *m* <kfz> • fuel additive

Kraftstrom *m* A <el> *(380–400 V Drehstrom)* • power current; heavy current *rare*

Kraftstromkabel *n* A <el> • electric power supply cable; electric power cable

Kraftstromsteckdose *f* A <el> *(380–400 V Drehstrom; z. B. für Schweißgeräte)* • three-wire receptacle; three-wire power outlet

Kraft übertragen *vi* <mech> • transmit power *vi*; feed power *vi*

kraftübertragende Flanke *f* <masch> *(Zahnradgetriebe)* • working flank

Kraftübertragung *f* <antr> *(abstrakt)* • power transmission; transmission *pract*

Kraftübertragung *f* <antr> *(konkrete Komponenten; z. B. Kupplung, Getriebe, Wellen)* • drive train; power train; driveline *GB*; transmission *GB.rare*; power-transmission chain *rare*

Kraftübertragung *f* <bau> *(z. B. in Spannbeton)* • transfer of force; stress transfer; load transfer

Kraftübertragungsanlage *f* <tech.allg> • power transmission installation

Kraftübertragungselement *n* <antr> • power-transmitting element; transmission element

Kraftübertragungsmoment *n* <phys> • momentum

Kraftübertragungsweg *m* <masch> • power train

Kraftumlenkung *f* <tech.allg> • force-line reversal; force reversal

Kraftumlenkung *f* <kfz.antr> • power turn

Kraft- und Schmierstoffe *mpl* <logist> *(für Fahrzeuge)* • fuels and lubricants

Kraftvektor *m* <mech> • force vector

Kraftverbund *f* <bau.innen> • key; bond

Kraft-Verformungskurve *f* <pap.qualit> • force-deformation curve

Kraft-Vergrößerungsstück *n* <wz> • impact adapter/or

Kraft-Verlängerung *f* <wz> • impact extension bar; impact extension

Kraftvervielfältiger *m* <wz> *(für Drehmomentschlüssel)* • torque multiplier

Kraftvornschneider *m* <wz> • high leverage end cutting pliers; heavy duty end cutting pliers

Kraftwaage *f* <masch> • force balance

Kraft-Wärme-Kopplung *f* (KWK) <energ> *(Lieferung von mechanischer Leistung und Wärme)* • combined heat and power (CHP) *GB*; cogeneration *US*

Kraft/Wärme-Kopplungs-Anlage *f* <energ> • total energy system; cogeneration system

Kraft-Wärme-Kupplung *f* rar <energ> *(Lieferung von mechanischer Leistung und Wärme)* • combined heat and power (CHP) *GB*; cogeneration *US*

Kraftwagen *m* <kfz> • motor vehicle

Kraftwagen *mpl* <kfz> *(als Oberbegriff für Pkw, Busse und Lkw)* • cars, buses and trucks; cars and trucks *coll*

Kraftwagen-Verbandkasten *m* DIN 13164 <kfz> *(im Auto)* • first aid kit

Kraftwerk *n* <energ> • power plant *US*; power station *GB*; power generating plant/station *US/GB*; central power station *GB*; electric power station *GB*

Kraftwerkbauer *m* prakt <el> • power plant builder; power plant producer

Kraftwerkhersteller *m* <el> • power plant builder; power plant producer

Kraftwerksabwärme *f* <energ> • power-plant waste heat *US*; power-station waste heat *GB*

Kraftwerksbetreiber *m* <energ.el> • public utility; power plant operator

Kraftwerkskette *f* <energ.hydr> • swell chain

Kraftwerksleistung *f* <energ> *(in MW oder GW; z. B. 1.300 MW)* • power plant capacity *US*; plant power output *US*; generating-station capacity *GB*; station capacity *GB*

Kraftwerkswirkungsgrad *m* <energ> • power plant efficiency *US*; generating-station efficiency *GB*

Kraftwirkung *f* <phys> • action of force[s]

Kraftzellstoffkocher *m* <pap.verf> • kraft digester

Kraft zum Zeitpunkt des Versagens *f* <qualit.mat> • force at failure

Kragarm *m* <tech.allg> *(ausragend, an einem Ende befestigt; z. B. Konsolträger, Balkonträger)* • cantilever; semibeam *rare*

Kragarm *m* <bau> *(horizontal, einseitig eingespannt)* • cantilever; cantilever beam; one-ended encastré beam *rare*

Kragarm *m* <logist> *(im Kragarmregal)* • cantilever arm

Kragarmregal *n* <logist> • cantilever rack; cantilever racking

Kragarmträger *m* <bau> *(horizontal, einseitig eingespannt)* • cantilever; cantilever beam; one-ended encastré beam *rare*

Kragdach *n* <bau> • cantilevered roof

Kragelement *n* <bau> *(überhängender Gebäudeteil)* • jetty

Kragen *m* <bekl> • collar

Kragenmutter *f* <füg> *(z. B. als Einstellmutter am Radlager)* • staked nut

Kragspant *n* <nav> • cantilever frame

Kragstein *m* <bau> *(als Konsole)* • console

Kragstein *m* <bau> *(als Stütze für Balken; z. B. in Burgen)* • corbel

Kragträger *m* <tech.allg> *(einseitig eingespannt)* • cantilever beam; semibeam

Kragtreppe *f* <bau> *(Stufen einseitig eingespannt)* • cantilevered steps; hanging steps

Krakelee *n* <obfl> *(Rissmuster)* • crackle pattern

Krakelieren *n* <kunst> *(mit Reißlack)* • cracking

Kralle *f* <masch> *(Gewindefurchen; an der Flankenspitze)* • scallop :V

Krallengreifer *m* <wz> • pick-up tool; retrieving tool *US*; mechanical finger *US*; claw pick-up *US.rare*

Krallengreifer mit flexiblem Schaft m <wz> • flexible pick-up tool
Krallenkette f <förd> • lugged gatherer chain
Krallenverbinder m <tech.allg> (z. B. Flachriemen, Endlosgurt) • claw-type fastener; claw fastener
Krampe f <bau.füg> (z. B. für Holzbalken) • cramp iron; cramp pract
Krampen m A <bau.füg> (z. B. für Holzbalken) • cramp iron; cramp pract
Krampstock m <metall> • slag skimmer
Kran m DIN 15001 <förd> • crane
Kran m <mil> (Revolvertrommel) • yoke; cylinder crane; crane pract
Kranausleger m <förd> • crane jib
Kranauslegeranbaugerät n <nfz> (z. B. an Traktor, Unimog) • crane-jib attachment; cantilever jib
Kran-Ausleger-Stützwagen m <bahn> (an Kranwagen gekoppelt) • boom support car
Kranbahn f <förd> • crane track; crane runway; crane way
Kranbahnschiene f <förd> (allg.) • crane rail
Kranbahnschiene f <förd> (betont: von Portal-, Brückenkran) • gantry rail
Kranbahnträger m <bau> (mit Brückenkranschienen) • crane girder
Kranbereich m <förd> (Arbeitsraum) • crane area
Kranbrücke f <förd> (trägt die Laufkatze) • crane bridge
Kranbrückenträger m <förd> • crane girder
Kranfahrbewegung f <förd> • traveling US; travelling GB
Kranfahrgeschwindigkeit f <förd> (eines Portal- od. Brückenkrans; in Hallenlängsrichtung) • downshop traveling speed US; downshop travelling speed GB
Kranführerkabine f <förd> • crane operator cabin; crane cabin; crane cab
Kranführerkorb m <förd> • crane operator cabin; crane cabin; crane cab
Kranführerstand m <förd> • crane operator stand; crane stand
Krangießpfanne f <metall> • bull ladle
Kranhaken m <förd> • crane hook
Kranhubschrauber m <aerospace> (für schwere Außenlast) • crane-type helicopter; flying-crane helicopter
Krankenfahrzeug n <nfz> • ambulance vehicle; ambulance
Krankenhausabfall m <ents> • medical waste; hospital waste
Krankenhausabteilung für stationäre Behandlung f <med> • in-patient department
Krankenhausbetriebssystem n <edv> • hospital information system
Krankenhaus mit stationärer Behandlung n <med> • in-patient clinic
Krankentrage f DINEN1865 <med.tech> • stretcher DIN EN 1865
Krankenwagen m <bahn> • red-cross coach
Krankenwagen m prakt <nfz> • ambulance vehicle; ambulance
Krankheitserreger m <med> (Krankheitsverursacher) • causative agent; causative organism; pathogen; exitant of disease
krankmachend <med> • pathogenic; pathogenetic
Kranlasthaken m <förd> • crane hook
Kranlaufkatze f <förd> • crane trolley
Kranlaufrad n DIN 15083 <förd> (bearbeiteter Radreifen) • crane rail wheel; rail wheel
Kran mit Drehausleger m <förd> • swing-jib crane
Kran mit festem Ausleger m <förd> • fixed-cantilever crane
Kranöse f <förd> • lifting ring
Kranpfanne f <förd> • crane ladle

Kranportal n <förd> • gantry
Kranschiene f <metall> • crane rail EN 10079
Kran-Schutzwagen m <bahn> • crane spacer car
Kranständer m <förd> • crane pillar
Kranträger m <förd> • crane girder
Kranvorsatz m <förd> (Anbauteil mit Haken und Schlingen) • jib with hook and slings
Kranwagen m <bahn> • crane car; crane wagon
Kranz m <allg> (Gebinde, Geflecht; z. B. Blumen, Lorbeer) • wreath
Kranz m <bau> (Vorsprung entlang Gebäudefassade) • cornice
Kranz m <masch> (Rand; z. B. von Riemenscheiben, Zahnrädern) • rim
Kranz m <metall> (Hochofen) • lid
Kranzanschnitt m <kst> • ring gate
Kranzgesims n <bau> (Vorsprung entlang Gebäudefassade) • cornice
Kranzgesims n <bau> (beim griech. Tempel) • cornice
Kranzspannfutter n <wz> • geared screw chuck
Kranzug m <bahn> • crane train
Kranzverbindung f <masch> (z. B. große Treibscheiben) • connection of rim segments
Krapplack m <obfl> • madder-lake
krapprosa <kunst> • rose madder
krapprot <obfl> • solar scarlet Magic Color
krarupisieren vt <el> • load continuously vt
krarupisieren vt <tele> • krarupize vt
Krarupisierung f <tele> • continuous loading; krarupization
Krarup-Kabel n <tele> • continuously loaded cable; Krarup cable
Krater m <el> (durch Funkenüberschlag, Lichtbogen; z. B. an Kontakten) • arc crater
Krater m <füg> (beim Schweißen) • weld crater
Krater m <geo> (Vulkan) • crater
Krater m <masch> (Gewindefurchen; an der Flankenspitze) • scallop :V
Kraterbildung f <kfz.el> (bei Unterbrecherkontakten) • pitting; contact erosion; burning
Kraterbildung f DIN EN ISO 4618 <obfl.qualit> (Lackfehler: kleine runde Vertiefungen) • cratering ISO 4618-2
Kraton m <geo> (ältester Teil der Kontinente) • craton; core of a continent; continental nucleus; core
Kratzband n <förd> • scraper-chain conveyor; drag conveyor pract; flight conveyor
Kratzbandförderer m <förd> • scraper-chain conveyor; drag conveyor pract; flight conveyor
Kratzbandklassierer m <bau.mat> • scraper-type classifier
Kratzboden m <agri> (für Dung) • scraper floor
Kratzboden m <förd> (allg.) • floor conveyor; scraper floor; slat conveyor
Kratzbrett n <bau> • devil float
Kratze f <led> (Haut) • butt edge
Kratze f <metall> (zum Abschöpfen, Abschäumen) • skimmer
Kratze f <textil> (Spinnerei) • card; raising card; teasel
Kratze f <wz> • rake
Kratzeisen n prakt <bau.masch> (Bagger) • raker
Kratzeisen n <bau.wz> (Außenputzbearbeitung) • wire comb
kratzen vt <obfl> • scratch vt
kratzen vt <textil> • card vt
Kratzenbeschlag m <textil> • card clothing
Kratzenblatt n <textil> • card sheet
Kratzendraht m <textil> • card wire
Kratzenleder n <led> (Textilmaschinen) • card clothing leather; carding leather; card leather

Kratzenrauhmaschine *f* <textil> • wire raising machine; raising machine; napping machine; napper

Kratzensetzmaschine *f* <textil> • card setting machine

Kratzenzahn *m* <textil> • card staple

Kratzer *m* <bau.masch> *(Schaber)* • scraper

Kratzer *m* <bau.wz> *(Außenputzbearbeitung)* • wire comb

Kratzer *m* <ents.verf> *(Kläranlage)* • rabble arm; moving arm; rotating arm; raking arm; rabbler

Kratzer *m DIN ISO 8785* <obfl> *(Defekt; z. B. durch Verschleiß, Vandalismus)* • score *ISO 8785*; scratch mark; scratch

Kratzer *m* <obfl> *(betont: langgezogene Linie; z. B. Lackschaden)* • scratch line

Kratzer *m* <petr> • wall scratcher; scratcher

Kratzer *m* <rls.wz> *(Reiniger für Rohre, Kamine)* • go-devil

Kratzer *m ugs* <verf> • scraper blade

Kratzer *m* <wz> *(Späneförderung)* • paddle

Kratzerarm *m* <verf.hydr> • scraper arm

Kratzerband *n* <agri> • scraper belt

Kratzerbildung <obfl.qualit> *(meist unerwünscht)* • scratching

Kratzerboden *m* <agri> *(für Dung)* • scraper floor

Kratzerförderer *m* <förd> • scraper-chain conveyor; drag conveyor *pract*; flight conveyor

Kratzerkette *f* <förd> • scraper chain; gathering chain

kratzfest <obfl> *(allg.; z. B. Kunststoff, Lack)* • scratch-resistant; resistant to scratches; scratch-proof

kratzfest <obfl> *(durch spezielle Behandlung, Beschichtung; z. B. Visier)* • anti-scratch

Kratzfestigkeit *f* <obfl> *(z. B. von Kunststoff, Lack)* • scratch resistance; resistance to scratching

Kratzförderer *m* <förd> • scraper-chain conveyor; drag conveyor *pract*; flight conveyor

Kratzkühler *m* <prod.nahr> • scraped surface cooler

Kratzwärmetauscher *m* <prod.nahr> • scraped-surface heat exchanger (SSHE); scraped-surface exchanger

krauser Ampfer *m* <bio> • curled dock; rumex crispus

Krautabblättermaschine *f* <agri> *(für Kohl)* • cabbage stripper

Krautentfernung *f* <nahr> • haulm stripping

Krautfang *m* <agri> • weed screen

Krauthaken *m* <agri> • weed hook

Krautkette *f* <agri> • haulm chain

Krautschlagen *n* <nahr> • haulm stripping

Krautschneider *m* <agri.wz> • weed cutter

Krawatte *f* <textil> • neck-tie; tie *coll*

Krawattenstoff *m* <textil> • material for neck-ties

Kreation *f* <werb> • creative department

Kreativdirektor *m* <autom> • creative director

kreatives Team *n* <werb> • creative team; creative group

krebserzeugender Stoff *m* <chem> • carcinogenic substance

krebserzeugende Substanz *f* <chem> • carcinogenic substance

Kreditgeber *m* <fin> • lender

Kreditkartenbelegdrucker *m* <druck> *(für Kreditkartenbelege, mechanisch-manuell)* • imprinter *NBS*

Kreditkartendetails *npl* <fin> • credit card details

Kreide *f* <geo> *(Erdzeitalter)* • Cretaceous Age; Cretaceous

Kreide *f* <mat> • chalk

Kreideabbau *m* <min> • chalk quarrying

Kreidehaftverfahren *n* <qualit.mat> *(Fluoreszenzrissprüfung)* • chalk adhesion method

Kreiden *n* <obfl> *(Bildung eines weißlichen Belages auf Aluminium; unerwünscht)* • chalking

Kreiden *n* <obfl> *(Entstehen einer pudrigen Oberfläche auf Anstrichen, Kunststoffteilen)* • chalking

kreiden *vi* <obfl> *(Anstriche)* • chalk *vi*

kreiden *vi* <obfl> *(Aluminium)* • chalk *vi*

Kreidepapier *n* <pap> • chalk paper

Kreidereliefzurichtung *f* <druck> • chalk relief make-ready

kreidungsbeständig <obfl> • chalk-resistant; resistant to chalking

Kreis *m* <allg> • circle

Kreis *m* <tech.allg> *(betont: endlos, Schleife; z. B. Regelkreis)* • loop

Kreis *m ugs* <el> • electric circuit; circuit *pract*

Kreis *m* <math> • circle; circle perimeter *form*

Kreisablaufbahn *f* <nav> • cambered standing ways

Kreisabschnitt *m* <math> *(entsteht durch Sekante; im Ggs. zu Kreissektor)* • circle segment; segment of a circle

Kreisantenne *f* <el> • circular antenna *US*; circular aerial *GB*; ring antenna *US*; ring aerial *GB*

Kreisausschnitt *m* <math> *(Kreisfläche im Innern eines Zentriwinkels)* • circle sector; circular sector

Kreisbahn *f* <tech.allg> • circular path

Kreisbahn *f ugs.rar* <tech.allg> *(von Elektronen, Satelliten, Planeten; elliptisch od. kreisförmig)* • orbit

Kreisbahn *f* <aerospace> *(von Objekten in genau kreisförmigem Orbit; z. B. Erdsatellit)* • circular orbit; circular trajectory

Kreisbahn *f* <kfz> *(Testgelände)* • skid pad

Kreisbahn *f* <masch> *(Schiene, Führung; z. B. Lokomotivdrehscheibe)* • circular track

Kreisbahngeschwindigkeit *f* <astron> *(für eine erdnahe Umlaufbahn nötig; beträgt 7,9 km/s = 28000 km/h)* • first cosmic speed; orbital velocity; circular velocity; satellite velocity *pract*

Kreisbahngeschwindigkeit *f* <phys> *(allg.)* • circular orbital speed; circular orbital velocity

Kreisbahnhelling *f* <nav> • cambered slipway

Kreisberegnung *f* <agri> • circular sprinkling irrigation; circle watering

Kreisberegnungsanlage *f* <agri> *(drehender Großflächenregner; typ. selbstfahrend)* • circular irrigation system; pivot circular irrigation system; center pivot spraying system *US*

Kreisbeschleuniger *m* <phys> • circular accelerator

Kreisbewegung *f* <phys> • circular motion

Kreisblattdiagramm *n* <doku> • circular-chart record; circle diagram

Kreisblattschreiber *m* <msr> *(z. B. Fahrtenschreiber, Sonnenstandregistriergerät)* • circular-chart recorder; round-chart recorder

Kreisblende *f* <tech.allg> • circle aperture; circular aperture

Kreisbogen *m* <bau> • circular arch

Kreisbogen *m* <math> *(Teil des Umfangs eines Kreises)* • arc; circle arc *rare*; circular arc *rare*

Kreisbogennocken *m* <masch> • circular-arc contour cam

Kreisbogennocken mit Übergangsgeraden *m* <masch> • straight-sided cam

kreisbogenverzahnt <masch> *(im Ggs. zu evolventenverzahnt)* • circular-arc teeth

Kreisbogenverzahnung *f* <masch> *(im Ggs. zu Evolventenverzahnung)* • circular-arc curved teeth

Kreisbogenzahnprofil *n* <masch> *(z. B. Triebstockgetriebe)* • circular-arc tooth profile

Kreisbohrer *m* <wz> • circle cutter

Kreisbrennschnitt *m* <prod> • circular flame cut

Kreisbüschel *n* <math> • family of circles

Kreisbussole *f* <navig> • circular compass

Kreisdämpfung *f* <el> • circuit damping

Kreisdiagramm *n* <doku> • circle diagram

Kreiseinteilung *f* <msr> *(z. B. von Rundskalen, Radarschirmen)* • circular graduation

Kreisel *m* <mech> *(allg. ein rotierender Gegenstand)*
• spinning body; spinning mass

Kreisel *m* VDI/VDE 2171 73 <navig> *(Baugruppe eines konventionellen Kreiselgeräts)* • gyro element; sensitive element

Kreisel *m* VDI/VDE2171 73 <navig> *(Sensor für Drehbewegungen)* • gyroscope; gyro *pract*

Kreisel *m* <navig> *(Gerät zur Bestimmung der geographischen Nordrichtung)* • directional gyro (DG) ISO 8728; gyro compass

Kreiselaggregat *n* <navig> • gyro unit

Kreiselbewegung *f* <phys> • gyration; gyroscopic motion

Kreiselbrecher *m* <verf> • gyratory breaker; gyratory crusher

Kreiselegge *f* <agri> • rotary cross harrow *US*; circular spike harrow

Kreiselgerät *n* <navig> *(Sensor für Drehbewegungen)* • gyroscope; gyro *pract*

Kreiselgerät *n* <petr> • gyroscopic instrument; gyro

Kreiselgleichungen *fpl* <phys> • equations of gyroscopic motion

Kreiselhorizont *m* VDI/VDE2171 73 <navig> • gyro horizon; artificial horizon *pract*; gyroscopic horizon; automatic horizon

Kreiselinstrument *n* <navig> • gyroscopic instrument

Kreiselkipper *m* <min> • rotary dumper; rotary tippler; tumbling tom

Kreiselkipper *m* <min> • rotary dumper

Kreiselkompass *m* DIN EN ISO 8728 <navig> *(Gerät zur Bestimmung der geographischen Nordrichtung)* • directional gyro (DG) ISO 8728; gyro compass

Kreiselkompasskursanzeiger *m* <navig> • gyro course indicator

Kreiselkompassmessung *f* <petr> *(Bohrlochverlauf)* • gyroscopic survey

Kreiselkondensator *m* <mot> • centrifugal condenser

Kreiselkraft *f* <phys> • gyroscopic force

Kreiselkugel *f* <navig.nav> *(Schwimmer in Schiffskompass)* • gyrosphere; gyro ball

Kreisellader *m* <mot> *(für Kompressormotoren)* • centrifugal-flow supercharger

Kreiselläufer *m* <navig> *(Kreiselbauelement)* • rotor; spinner; gyro wheel

Kreisellüfter *m* <verf> • centrifugal fan

Kreiselmäher *m* prakt <agri> • rotary mower

Kreiselmagnetkompass *m* <navig> • gyro-magnetic compass; compass-slaved directional gyro; flux gate compass

Kreiselmechanik *f* <phys> • gyrodynamics

Kreiselmischer *m* <verf> • gyro mixer

Kreisel mit drei Freiheitsgraden *m* <navig> • two-degree-of-freedom gyro; TDF gyro

Kreisel mit zwei Freiheitsgraden *m* <navig> • single-degree-of-freedom gyro; SDF gyro

Kreiselmodell *n* <phys> • gyroscopic model

Kreiselmoment *n* <phys> • gyroscopic torque

Kreiselpendel *n* <phys> • gyroscope pendulum

Kreiselpflug *m* <agri> • rotary plow *US*; rotary plough *GB*

Kreiselpumpe *f* DIN EN 12262 <förd> • rotary pump; impeller pump; rotodynamic pump *rare*; impeller-driven pump *rare*

Kreiselpumpenfilter *m* <verf> • canister filter

Kreiselrad *n* <mech> • gyro wheel

Kreiselradgebläse *n* <masch> • gyro blower

Kreiselradpumpe *f* <förd> *(z. B. Kreisel-, Seitenkanal-, Peripheralpumpe)* • impeller pump; rotodynamic pump; rotary impeller pump

Kreiselradverdichter *m* <masch> *(allg.)* • centrifugal compressor

Kreiselrahmenanschlag *m* <navig> • gimbal stop

Kreiselschwader *m* <agri> • rotary windrower

Kreiselselbststeueranlage *f* <navig> • gyropilot

Kreiselsextant *m* <navig> • gyroscopic sextant

Kreiselsichter *m* <verf> *(zum Entstauben)* • rotary-disk deduster

Kreiselsichter *m* <verf> *(zum Klassieren)* • whizzer classifier; finger-type classifier

kreiselstabilisiert <tech.allg> *(z. B. Flugkörper, Kamera)* • gyrostabilized *US*; gyrostabilised *GB*

Kreiselstabilisierung *f* <tech.allg> • gyroscopic stabilization *US*; gyroscopic stabilisation *GB*

Kreiseltheorie *f* <phys> • gyroscope theory

Kreiseltochter *f* <navig> • repeater compass

Kreiselträgheit *f* <navig> • gyroscopic inertia; gyroscopic rigidity; rigidity in space; gyro inertia; gyro rigidity

Kreiselverdichter *m* <masch> *(allg.)* • centrifugal compressor

Kreiselverdichter *m* <mot> *(für Kompressormotoren)* • centrifugal-flow supercharger

Kreiselverstärkungsfaktor *m* <navig> • gyro gain

Kreiselwipper *m* <min> • rotary dumper; rotary tippler; tumbling tom

Kreiselzettwender *m* <agri> • rotary tedder and turner

kreiseln *vi* <tech.allg> *(im Kreis laufen, fahren, fliegen)* • circle *vi*

kreisen *vi* <phys> *(in kreisförmiger Umlaufbahn; z. B. Nachrichtensatellit)* • orbit in a circle *vi*

kreisen in Thermik *vi* <aerospace> *(Segelflugzeug, Gleitschirm)* • circle in a thermal *vi*

Kreisezeichnen *n* <edv> *(Grafikkartenfunktion)* • circle draw

Kreisfenster *n* <bau> • circle window; circular window

Kreisfläche *f* <math> • circle area

Kreisflächenregner *m* <agri> *(drehender Großflächenregner; typ. selbstfahrend)* • circular irrigation system; pivot circular irrigation system; center pivot spraying system *US*

Kreisförderer *m* <förd> *(an Hängebahn)* • overhead trolley conveyor

Kreisförderer *m* <förd> *(betont: Hängebahn an Kette)* • circular overhead chain conveyor; overhead chain conveyor

kreisförmig <tech.allg> *(z. B. Werkzeug, Bewegung)* • circular

kreisförmige Anordnung *f* <edv> • circular array; radial array

kreisförmige Bewegung *f* <phys> • circular motion

kreisförmige Öffnung *f* <tech.allg> • circular aperture; round aperture

kreisförmiger Farbverlauf *m* <obfl> • spotlight effect

kreisförmiger Querschnitt *m* <tech.allg> *(z. B. von Profilen, Stabmaterial)* • circular cross-section

kreisförmiger Querschnitt *m* <tech.allg> *(z. B. von Stäben)* • circular cross-section; circular section

kreisförmiger Steg *m* <masch> *(als Mantel, Hemd)* • shroud

kreisförmiger Strichcode *m* <edv> • circular bar code; bull's eye bar code; bull's eye symbol

kreisförmige Umlaufbahn *f* <aerospace> *(von Objekten in genau kreisförmigem Orbit; z. B. Erdsatellit)* • circular orbit; circular trajectory

kreisförmig polarisierte Welle *f* <phys> • circularly polarized wave

kreisförmig verengen *v* <pap> • circularly neck down *v*

Kreisformabweichung *f* <qualit> • error in circularity; error of roundness

Kreisformmessverfahren *n* <qualit> • roundness measuring technique

Kreisfrequenz f DIN IEC 50 <phys> (Omega) • angular frequency DIN IEC 50; pulsatance; radian frequency
Kreisfundament n <bau> • circular foundation; circular footing
Kreisfunkbake f <navig> • circular radio beacon; non-directional radio beacon
Kreisfunktion f <math> (z. B. sin, cos, tan, arcsin, arctan) • circular function
kreisgeschlossen <tech.allg> • circularly closed
Kreisgleichung f <math> • equation of a circle
Kreisgüte f <el> • quality factor; Q factor; factor of quality; factor of merit
Kreisintegral n <math> (Linienintegral, geschlossener Weg) • circular integral
Kreisinterpolation f <math> (z. B. bei CNC, CAD, CIM) • circular interpolation
Kreiskamm m <textil> • comb segment
Kreiskegel m <math> • circular cone
Kreiskegeldiffusor m <masch> • circular diffuser
Kreiskolbenflügel m <förd> (mit umlaufender Nabe) • lobe
Kreiskolbenflügel m <förd> (mit feststehender Nabe) • rotor-piston element
Kreiskolbengebläse n <masch> • disk piston blower
Kreiskolbenmotor m (KKM) <kfz.mot> • rotary piston engine; rotary engine pract; Wankel engine rare
Kreiskolbenpumpe f <förd> (mit umlaufender Nabe) • lobe pump; lobular pump; lobe type pump; lobular type pump; lobar type pump
Kreiskolbenpumpe f <förd> (mit feststehender Nabe) • circumferential piston pump
Kreiskoordinaten fpl <math> • circular coordinates
Kreislauf m <tech.allg> (z. B. von Luft, Wasser, Paletten, Geld) • circulation; circulatory flow rare
Kreislauf m <tech.allg> (z. B. Arbeitszyklus, Rechenzyklus, Fertigung) • cycle
Kreislaufbetrieb m <verf> • recirculation mode; closed-circuit mode
Kreislaufgas n <verf> • recycle gas
Kreislaufkühlung f <verf> • closed-circuit cooling; closed-cycle cooling
Kreislaufrückwasser n <pap> • white water; backwater
Kreislaufwasser n <verf> • circulating water; circulation water
Kreislaufwirtschaft f <ents> • recycling industry
Kreislaufwirtschafts- und Abfallgesetz n (KrW-/AbfG) <ents> (in Deutschland) • Closed Substance Cycle and Waste Management Act
Kreislinie f form <math> • circle; circle perimeter form
Kreismesser n <wz> • circular knife; disk knife; circular slitting knife
Kreismesserschere f <wz> • circular cutter shear
Kreis mit Sprachübertragungsgüte m <tele> • voice-grade circuit
kreisnahe Bahn f <aerospace> • near-circular orbit
Kreisnut f <prod> (in einer Fläche) • circular groove
Kreisplatte f <tech.allg> • circular plate
Kreispolarimeter n <opt> • circle polarimeter
Kreisprozess m <phys> (z. B. Carnot- Prozess, Joule-Prozess) • cycle; working cycle
Kreisquerschnitt m <tech.allg> (z. B. von Stäben) • circular cross-section; circular section
Kreisquerschnitt m <tech.allg> (z. B. von Profilen, Stabmaterial) • circular cross-section
Kreisregner m <agri> (großer Impulsregner) • rain gun; rain gun sprinkler
Kreisregner m <agri> • rotary sprinkler
Kreisregner m <agri> (drehender Großflächenregner; typ. selbstfahrend) • circular irrigation system; pivot circular irrigation system; center pivot spraying system US

Kreisring m rar <tech.allg> • annulus
Kreisringstück n <masch> • circular-ring sector
Kreisrost m <verbr> (Ofen, Dampfkessel) • circular grate
Kreissägeautomat m <wz.masch> • automatic circular sawing machine
Kreissägeblatt-Scharfschleifmaschine f <wz.masch> • circular saw blade grinding machine
Kreisscheibe f <tech.allg> • circular disk
Kreisschere f <wz> • circle-cutting shear
Kreisschieberumsteuerventil n <rls> • disk rotary selector
Kreisschieberventil n <rls> • disk rotary valve
Kreisschiene f <masch> (Schiene, Führung; z. B. Lokomotivdrehscheibe) • circular track
Kreisschneider m <kunst.wz> • circle cutter; curve cutter
Kreisschnitt m <doku> (Zeichnung) • circular section
Kreisschnitt m <prod> (Ergebnis) • circle cut; circular cut
Kreisschnitt m <prod> (Vorgang) • circle cutting; circular cutting
Kreisschwenkbewegung f <tech.allg> (z. B. Kranausleger, Drehbrücke, Antenne) • circular swiveling motion US; circular swivelling motion GB
Kreisschwingsieb n <verf> • circle-throw screen
Kreissegment n <math> (entsteht durch Sekante; im Ggs. zu Kreissektor) • circle segment; segment of a circle
Kreisseiltrieb m <antr> (im Ggs. zum Pendelbetrieb) • continuous rope drive
Kreissektor m <math> (Kreisfläche im Innern eines Zentriwinkels) • circle sector; circular sector
Kreisskala f <tech.allg> • circular scale; dial scale
Kreisskale f A <tech.allg> • circular scale; dial scale
Kreisskalenanzeige f <msr> • round-scale indication
Kreisstabilität f <msr> • closed-loop stability
Kreisstapel m <nav> • cambered standing ways
Kreisstrom m <el> • circular current
Kreisstrom m <nukl> • circular current; toroidal current; circularing ring current; circularing current
Kreisteilmaschine f <wz.masch> • circular dividing machine
Kreisteiltisch m <wz.masch> (z. B. zur Zahnradfertigung, für Bohrungen in Flanschen) • circular indexing table
Kreisteilung f <masch> (regelmäßiger Abstand; z. B. von Zahnradzähnen, Flanschbohrungen) • circular pitch
Kreisteilung f <math> (Aufteilung eines Kreises, auch unregelmäßig) • circle division
Kreisteilung f <msr> (z. B. von Rundskalen, Radarschirmen) • circular graduation
Kreisteilungsfehler m <masch> (Verzahnung) • adjacent pitch error
Kreisumlaufbahn f <aerospace> (von Objekten in genau kreisförmigem Orbit; z. B. Erdsatellit) • circular orbit; circular trajectory
Kreisungspunktkurve f <mech> (Kinematik) • cubic of stationary curve
Kreisverhalten n <msr> • closed-loop response
Kreisverkehr m <verk> • rotary traffic US; roundabout traffic GB; gyratory traffic GB.rare
Kreisverkehrsinsel f <verk> • rotary island US; roundabout island GB
Kreisverstärkung f <msr> • closed-loop gain
Kreisweg m <tech.allg> • circular path
Kreiswirkungsgrad m <el> • circuit efficiency
Kreiszweieck n <math> (Geometrie) • crescent
Kreiszylinder m <math> • circular cylinder
Kreiszylinderschale f <tech.allg> • circular cylindrical shell
Kremeis n <nahr> • ice cream containing eggs V:
Krempe f <rls> • knuckle
Krempel f <textil> (Spinnerei) • card; raising card; teasel

Krempel f <textil> (Spinnerei) • carding machine; card
Krempelausputz m <textil> • card strips
Krempelband n <textil> • card sliver; carded sliver
Krempeldeckel m <textil> • card flat
Krempelkette f <textil> • card chain
Krempelleder n <led> (Textilmaschinen) • gilling leather
Krempelmaschine f <textil> • carder; carding machine
krempeln v <textil> • comb v
krempeln vt <textil> • card vt
Krempelputzer m <textil> • card stripper
Krempelreinigung f <textil> • card stripping
Krempelsatz m <textil> • set of cards
Krempelspeiser m <textil> • card feeding apparatus
Krempelwalzenschleifmaschine f <wz.masch> • card-roller grinding machine
Krempelwolf m <textil> • carding willow
Krempenradius m <rls> • knuckle radius
Krempler m <textil> • carder; carding machine
Kremserweiß n <kunst> • Chremnitz white
Kreosotimprägnierverfahren n <holz> • creosote full-cell wood preservation process; creosote wood preservation process
Kreosotöl n <chem.petr> • coal-tar creosote; coal-tar creosote oil; creosote oil
kreppen vt DIN 6730 <pap> • crepe vt
Kreppgarn n <textil> • crepe yarn
Kreppkalander m <pap> • creping calender
Kreppkautschuk m <mat> • crepe rubber
Krepppapier n DIN 6730 <pap> • crepe paper
Kreuz n <allg> • cross
Kreuzaufspanntisch m <wz.masch> • compound-type work-holding table
Kreuzband n <pack> • newspaper wrapper
Kreuzbettbauweise f <wz.masch> (z. B. Fräsmaschine) • cross-bed type
kreuzbeweglich <tech.allg> (z. B. Bettschlitten) • cross-sliding; movable in longitudinal and transverse direction; traversing in longitudinal and transverse direction
kreuzbeweglicher Ständer m <wz.masch> • cross-sliding column
Kreuzbodenbeutel m <pack> • block bottom bag
Kreuzbodensack m DIN EN 26590 <pack> • hexagonal bottom sack
Kreuzbohrmeißel m <petr> (Tiefbohrtechnik) • star bit
Kreuzbreite f <füg> (Schraube) • wing diameter
Kreuzbruchfalz m <druck> • right-angle fold
Kreuzbruchfalzer m <druck> • double folder
Kreuzdeckmuster n <textil> • cable stitch
Kreuzdipol m <el> • turnstile dipole
Kreuzdrahtschweißen n <füg> • cross-wire welding
kreuzen vi <nav> (Segelmanöver hart am Wind) • beat vi
kreuzen vi <nav> (Meere; z. B. Kreuzfahrtschiff, Kreuzer) • cruise vi
kreuzen vr <allg> (z. B. Linien, Straßen, Leitungen) • intersect vi; cross vi
kreuzen v <edv> (Abtastlinien) • interlock vi
kreuzen vt <allg> (beim Gehen, Fahren, Verlegen; z. B. Straße, Leitungen) • cross vt
kreuzen vt <agri> (verschiedene Pflanzen) • hybridize vt
kreuzen vt <bio> (Tiere) • interbreed vt
Kreuzer m <mil.nav> • cruiser
Kreuzfachwerkbinder m <bau> (Fachwerkbinder) • lattice truss; lattice girder; lattice beam
Kreuzfadengewebe n <textil> (Reifen) • square woven fabric
Kreuzfeder f <kfz.brems> (bei Scheibenbremsen) • cross spring
Kreuzfeldmultiplikator m <phys> • crossed-fields electron-beam multiplier

Kreuzfilmkryotron n <phys> • cross-film cryotron; crossed-film cryotron
kreuzförmig <allg> • cruciform; cross-shaped
kreuzförmiges Anschlussstück n <tech.allg> (Adapter) • cross connector
Kreuzgang m <obfl> (Arbeitsweise beim Spritzlackieren) • cross coat; cross spraying
Kreuzgegenstromadsorber m <ents> • multiple path adsorber
Kreuz-/Gegenstromkühlturm m <verf> • mixed-flow cooling tower
Kreuzgelenk n <antr> (in Antriebswellen) • universal joint (UJ); U-joint pract; cardan joint rare
Kreuzgelenk n rar <wz> (Verbindungsteil für Steckschlüsseleinsätze) • universal joint; U-joint pract
Kreuzgelenkgabel f <antr> (in Gelenkwelle) • yoke
Kreuzgelenkkupplung f <masch> • universal coupling
kreuzgeriffelt <qualit.mat> (Probenoberfläche) • cross-fluted
kreuzgewickelte Spule f <el> • cross-wound coil
Kreuzgewölbe n <bau> (z. B. Kirche, Kloster) • cross vault; groin vault; intersecting vault
Kreuz-Gitter-Interferometrie f <astron> • cross-grating interferometry
Kreuzglied n <el> • lattice network; lattice section
Kreuzgliedfilter n <el> • lattice filter
Kreuzgriff m <masch> • star knob
Kreuzhaspel f <textil> • windlass
Kreuzhaspelung f <textil> • cross reeling
Kreuzhieb m <wz> • serrations pl; cross hatching
Kreuzhiebfeile f <wz> • double-cut file
Kreuzklampe f <nav> • belaying cleat
Kreuzknoten m <nav> • reef knot; carrick bend; square knot
Kreuzköper m <textil> • cross twill; transposed twill
Kreuzkopf m <masch> (Kolbenmaschine) • crosshead
Kreuzkopfende n <masch> (Dampfmaschinenschubstange) • small end
Kreuzkopfführung f <masch> (Dampfmaschine) • crosshead guide
Kreuzkopfkolben m <masch> • crosshead piston
Kreuzkopfschleifer m <masch> • slide block
Kreuzkopfzapfen m <masch> • crosshead pin; gudgeon [pin]
Kreuzkopf-Zweitaktdiesel m <nav> • cross-head two-stroke diesel [engine]
Kreuzkopplung f <av> (von Stereo-Lautsprechern) • speaker crosstalk; stereo crosstalk; crosstalk
Kreuzkopplungsfehler m <navig> • cross coupling error
Kreuzkorrelation f <navig> • cross correlation
Kreuzkorrelationsfunktion f <math> • cross-correlation function
Kreuzleistungsspektrum n <phys> • cross spectrum
Kreuzlenker m <masch> • cross-shaped link
Kreuzlibelle f <msr> (Wasserwaage) • cross level
Kreuzloch n <füg> (als Antrieb) • cross hole; set pin holes in side
Kreuzlochmutter f DIN ISO 1891 <füg> (rund) • round nut with set pin holes in side
Kreuzlochschraube f <füg> • capstan screw
Kreuzlochschraube mit Schlitz f DIN 404 <füg> • slotted capstan screw
Kreuzmeißel m <petr> (Tiefbohrtechnik) • star bit
Kreuzmeißel m <wz> (allg.) • cape chisel; cross cut chisel GB
Kreuzmeißel m <wz> (betont: für Nuten) • cross-keyseating chisel
Kreuzmodulation f <el> • cross modulation
Kreuzmuster n <prod> • diamond pattern

Kreuzparitäts-Prüfung f <phys> • cross-parity check
Kreuzpeilung f <navig> • cross bearing
Kreuzpinzette f <wz> • cross jaw tweezer
Kreuzprodukt n <math> *(von Vektoren)* • cross product; outer product
Kreuzrändel n <masch> *(typ. rautenförmiges Rändelmuster; z. B. an Schrauben)* • diamond knurl; diamond pattern *rare*; diamond-shaped knurling *rare*
Kreuzrahmen m <fz> • X frame
Kreuzrahmenantenne f <tele> • crossed-coil antenna *US*; cross-coil aerial *GB*
Kreuzrahmenpeilverfahren n <navig> • Bellini-Tosi system
kreuzreagieren (mit) vi <chem> • cross-react (with) vi
Kreuzreaktion f <chem> • cross-reaction
Kreuzrollenlager n DIN ISO 5593 <masch> • crossed roller bearing *ISO 5593*
Kreuzrollenlager n INAr <masch> • cross roller bearing
Kreuzrute f <textil> • lease rod
Kreuzschalter m <tech.allg> *(Elektrik, Pneumatik, Hydraulik)* • intermediate switch
Kreuzschaltung f <el> • cross connection; back-to-back connection
Kreuzschichtung f <geo> • discordant bedding; false bedding
Kreuzschichtung f <verf> *(Filterelemente)* • oblique bedding
Kreuzschieber m <wz.masch> *(Fräsmaschine)* • saddle
Kreuzschiebetischfräsmaschine f <wz.masch> • kneeless milling machine
Kreuzschiene f <textil> • lease rods; lease sticks *US*
Kreuzschienenverteiler m <autom> • plugboard with crossbar matrix
Kreuzschienenverteiler m <el> • cross-bar distributor
Kreuzschlag m <förd> *(Drahtseil)* • ordinary lay; regular lay
Kreuzschlagseil n <förd> • ordinary-lay rope; regular-lay rope
Kreuzschleife f <masch> *(Kinematik)* • Scotch crank; Scotch yoke; cross slider
Kreuzschleifengetriebe n <masch> • Scotch-crank mechanism; Scotch-yoke mechanism; cross-slider mechanism
Kreuzschleifenkette f <masch> • double-slider crank chain
Kreuzschleifenkurbel f <masch> • rotating cross-sliding crank
Kreuzschliff m <prod> • cross hatch
Kreuzschlitten m <wz.masch> • compound rest slide; swivel slide
Kreuzschlitz m <füg> *(Schraubenkopfart; z. B. Phillips, Pozidriv)* • cross recess; cruciform [drive]
Kreuzschlitz m <masch> *(allg.)* • intersecting slots
Kreuzschlitz... *prakt.ugs* <wz> *(Antriebsform von Schrauben und Schraubendrehern)* • Phillips recess
Kreuzschlitzbit n <wz> *(Phillips)* • Phillips bit *US/GB*; cross slot bit *GB*
Kreuzschlitzdurchmesser m <füg> *(Schraube)* • wing diameter
Kreuzschlitz-Einsatz m <wz> *(PHILLIPS-RECESS)* • Phillips bit socket *US*; Phillips [tip] driver *US*; cross slot socket bit *GB*
Kreuzschlitz Form H m <füg> *(typ. Schraubenkopfausführung)* • Phillips drive; cross recess Phillips *stand*
Kreuzschlitz Form Z m <füg> *(Schraubenkopf; Kreuz mit spitzen Ecken, 45° Markierung)* • Pozidriv; cross recess Pozidriv *stand*
Kreuzschlitz H m <füg> *(typ. Schraubenkopfausführung)* • Phillips drive; cross recess Phillips *stand*

Kreuzschlitzklinge f <wz> *(Phillips)* • Phillips bit *US/GB*; cross slot bit *GB*
Kreuzschlitz-Kraftangriff m <füg> *(Schraubenkopfart; z. B. Phillips, Pozidriv)* • cross recess; cruciform [drive]
Kreuzschlitz Phillips m norm <füg> *(typ. Schraubenkopfausführung)* • Phillips drive; cross recess Phillips *stand*
Kreuzschlitz Pozidriv m norm <füg> *(Schraubenkopf; Kreuz mit spitzen Ecken, 45° Markierung)* • Pozidriv; cross recess Pozidriv *stand*
Kreuzschlitzschraube f DIN 967/968 <füg> • cross recessed head screw; recessed-head screw
Kreuzschlitzschraubendreher m <wz> *(allg.; z. B. Phillips, Pozidriv, Supadriv)* • cross-head screwdriver; cross-point screwdriver *GB*
Kreuzschlitzschraubendreher m <wz> *(Phillips-Typ; verbreitetste Ausführung)* • Phillips screwdriver; Phillips head screwdriver *US*; Phillips-type screwdriver *US*; cross-head screwdriver *GB*; cross-point screwdriver *GB*
Kreuzschlitz Z m <füg> *(Schraubenkopf; Kreuz mit spitzen Ecken, 45° Markierung)* • Pozidriv; cross recess Pozidriv *stand*
Kreuzschlüssel m <kfz.wz> *(für Radschrauben, -muttern)* • 4-way lug wrench *US*; 4-way wheel nut wrench *GB*; four-way wheel wrench *GB*; 4-arm wheel nut wrench *GB*; cross rim wrench *rare*
Kreuz-Schnittbild-Indikator m <phot> • cross-split-image rangefinder
Kreuzschnürung f <bekl> • cross tie
Kreuzschraffur f <doku> *(techn. Zeichnung)* • cross hatching; counterhatching *rare*
Kreuzschraubendreher m <wz> *(Phillips-Typ; verbreitetste Ausführung)* • Phillips screwdriver; Phillips head screwdriver *US*; Phillips-type screwdriver *US*; cross-head screwdriver *GB*; cross-point screwdriver *GB*
Kreuzschuss m <mil> • cross fire; cross fire shot
Kreuzsee f DIN 4049-3 <geo> *(Überlagerung von Wellen aus unterschiedlichen Richtungen)* • crossing sea
Kreuzspeichenrad n <kfz> • cross-spoke wheel
Kreuzspektraldichte f <phys> *(Kreuzkorrelationsfunktion)* • cross spectrum
Kreuzsprosse f <bau> • crossbar
Kreuzspülung f <mot> *(Zweitaktmotor)* • reverse-flow scavenging
Kreuzspulautomat m <textil> *(allg.)* • automatic cross-bobbin winder; automatic winding-machine
Kreuzspulautomat m <textil> *(für konische Spulen)* • automatic cone winder
Kreuzspule f <el> • crossed coil; cross coil
Kreuzspule f <textil> *(kegelförmig)* • x-wound cone; cross-wound cone; cone *pract*
Kreuzspule f <textil> *(allg.; zylindrisch oder kegelförmig)* • x-wound bobbin; cross-wound bobbin; x-wound package; cheese
Kreuzspulfärbeapparat m <textil> • cheese dyeing machine
Kreuzspulmaschine f <textil> *(Gespinstreinigung)* • cross-bobbin winder; cone winding frame; cone winder; cheese winder; cross winder
Kreuzspulmessinstrument n <msr> • crossed-coil measuring instrument
Kreuzstabfeld n <textil> • split rod section
Kreuzstäbe mpl <textil> • lease rods; lease sticks *US*
Kreuzstapelauslage f <druck> • criss/cross delivery
Kreuzstapelung f <logist> • cross-stacking
Kreuz-Steckschlüssel m norm <kfz.wz> *(für Radschrauben, -muttern)* • 4-way lug wrench *US*; 4-way wheel nut wrench *GB*; four-way wheel wrench *GB*; 4-arm wheel nut wrench *GB*; cross rim wrench *rare*

Kreuzstichbauweise f <wz.masch> (z. B. Fräsmaschine) • cross-table type

Kreuzstoß m <füg> • double-tee joint

Kreuzstrebe f <tech.allg> • diagonal cross brace

Kreuzströmer m <verf> • cross-current adsorber; crossflow reactor

Kreuzstrom m <tech.allg> (jedes Fluid; z. B. Wasser, Luft) • cross flow; transverse flow

Kreuzstromadsorber m <verf> • cross-current adsorber; crossflow reactor

Kreuzstromkühlturm m <verf> • crossflow cooling tower

Kreuzstromprinzip n <verf> • crossflow principle

Kreuzstromspülung f <mot> (Zweitaktmotor) • reverse-flow scavenging

Kreuzstromsystem n <verf> • crossflow principle

Kreuzstück n <tech.allg> (Adapter) • cross connector

Kreuzstück n <tech.allg> (allg.; z. B. Rohrfitting etc.) • cross

Kreuzstütze f rar <kfz.innen> (in Sitzen) • lumbar support

Kreuztisch m <opt> (Mikroskop) • mechanical stage

Kreuztisch m <qualit.mat> (mit T-Nuten zur Probeneinspannung) • T-slot table

Kreuzung f <allg> (z. B. von Straßen, Wegen, Gleisen, Leitungen) • crossing

Kreuzung f <agri> (von Tieren) • cross-breeding

Kreuzung f <bio> (von Pflanzen) • hybridization

Kreuzung f <el> (von Freileitungen) • transposition

Kreuzung f prakt <verk> • intersection US.GB; crossroad GB

Kreuzungsbauwerk n <verk.bau> (Brücken, Unterführungen etc.; z. B. bei Autobahnen) • interchange

Kreuzungsflachs m <textil> • hybrid flax

kreuzungsfrei <verk> (Straße) • unintersected

Kreuzungsgestänge n <el> (Freileitung) • transposition pole

Kreuzungsklemme f <el> (für Luftkabeltragseile) • stay clamp

Kreuzungsmuster n <textil> • cross-over stitches

Kreuzungspunkt m <tech.allg> (z. B. von Geraden, Kurven, Straßen) • crossing point

Kreuzungsstelle f <verk> • traffic intersection

Kreuzungsstück n <bahn> • obtuse crossing

Kreuzungsweiche f <bahn> • slip switch; slip points; double slip

Kreuzungswinkel von Wellen m <masch> (Getriebe) • angle of shafts

Kreuzverband m <tech.allg> (verhindert seitl. Schwanken von Rahmenkonstruktionen; z. B. von Regalen) • cross brace; side sway brace; side cross brace; diagonal bracing; diagonal tie

Kreuzverbinder m <bau.innen> • connector

Kreuzverbindung f <el> • cross-connect termination

Kreuzverstrebung f <tech.allg> • cross bracing

Kreuzverstrebung f <bau> • diagonal bracing; cross bracing; X-bracing pract; diagonal cross bracing rare

kreuzverzahnt <masch> • stagger-tooth ...; staggered teeth ...

kreuzverzahnte Reibahle f <wz> • duplex spiral reamer

kreuzverzahnter Fräser m <wz> • alternate helical-tooth cutter; alternate helical-tooth milling cutter

Kreuzverzahnung f <masch> • staggered teeth joint; staggered alternate-angle teeth

Kreuzweife f <textil> • cross reel

kreuzweise bewehrt <bau.mat> (Stahlbeton) • doubly reinforced; two-way reinforced

kreuzweise bewehrt <mat> (z. B. Beton, GFK) • two-way reinforced

kreuzweise bewehrte Platte f <bau> • two-way slab

kreuzweise Bewehrung f <bau> • two-way reinforcement

kreuzweise verleimt <füg.holz> • cross-bonded

Kreuzwelle f <msr> (Drehmomentmesswelle) • cruciform torque shaft

Kreuzwickelspule f <el> • honeycomb coil

Kreuzwicklung f • cross winding; honeycomb winding

Kreuzzahnscheibenfräser m <wz> • staggered-tooth side milling cutter

Kreuzzeichen n <doku> (Bezugsmarke, Referenzmarke) • dagger

Kreuzzeigerinstrument n <aerospace> • cross-pointer instrument

kriechaktive Farbe f <obfl> • fast spreading paint

Kriechanlasser m <el> • inching starter

Kriechbeiwert m <bau.mat> • coefficient of creep

Kriechdehngrenze f <qualit.mat> • creep limit

Kriechdehnung f <qualit.mat> • creep strain

Kriechdruck m <bau.mat> • creep pressure

Kriechen n <tech.allg> (schleichende Bewegung) • creep

Kriechen n <el> (Vorgang; schleichender Stromverlust) • surface leakage; surface creepage

Kriechen n <kfz> (Fz. mit Automatgetriebe) • idling drag; creep coll

Kriechen n <kst> • creep

Kriechen n <mat> (betont: unmerklich langsames Fließen; z. B. v. Kunststoff, Glas, Metall) • cold flow

kriechen vi <tech.allg> (z. B. Werkstoff, Strom, Fahrzeug) • creep vi

kriechen vi <el> (Leckstrom) • leak vi

kriechendes Einschwingen n <el> • undershoot

Kriechfähigkeit f <obfl> (z. B. von Korrosionsschutzmitteln, Rostlösern) • creeping capability; penetration ability

Kriechfehler m VDI/VDE2600 <msr> (schleichende Änderung eines Ausgangssignals) • creep ANSI MC6.1.197

Kriechfestigkeit f <qualit.mat> • creep resistance; creep strength

Kriechfunke m <kfz.el> (Vorgang; z. B. außen an Zündkerze, Verteilerkappe) • flashover

Kriechgalvanometer n <phys> • fluxmeter

Kriechgang m <tech.allg> (z. B. Skilift, Förderband) • creep motion

Kriechgang m <kfz.antr> (Getriebe) • crawler gear; creeper gear; cross-country reduction gear; off-road reduction gear

Kriechgang m <nfz.antr> • crawler gear; deep reduction gear AUS; crawler coll

Kriechgang m <wz.masch> • creep feed

Kriechganggetriebe n <antr> • creep-speed gear

Kriechgeschwindigkeit f <tech.allg> (Strecke pro Zeiteinheit) • creep rate

Kriechgeschwindigkeit f <qualit.mat> (Dehnungszuwachs je Zeiteinheit) • creep rate

Kriechkurve f <qualit.mat> • creep curve

Kriechneigung f <kfz> (Fz. mit Automatgetriebe) • idling drag; creep coll

Kriechöl n <tribo> (z. B. als Rostlöser) • penetrating oil

Kriechprüfmaschine f <qualit.mat> • creep testing machine; creep tester

Kriechspur f <el> (von Kriechströmen; z. B. an Isolatoren) • tracking path; surface-leakage path

Kriechspur f <verk> (für Lkw etc.) • slow lane; creeper lane rare; crawler lane rare

Kriechspurbildung f <el> (z. B. auf Isolatoren) • tracking

Kriechstrecke f <el> (kürzester Abstand zw. leitfähigen Teilen) • creepage distance IEC 60601-1

Kriechstrecke f <el> (der Verlauf) • leakage path; leaking path

Kriechströme mpl <chem.verf> (auch von Flüssigkeiten) • creep currents

Kriechstrom m <el> (allg.) • leakage current; fault current due to leakage rare; fault current due to creepage rare

Kriechstrom *m* <el> *(betont: an der Oberfläche)* • surface leakage current

Kriechstrom *m* <el> *(gegen Erde)* • ground leakage current

Kriechstrombarriere *f* <kfz.el> *(Zündkerze)* • flashover protection *Champion*; leakage-current barrier *Bosch*; leak current barrier *Beru*

kriechstromfest <el> • non-tracking

kriechstromfester Isolator *m* <el> • non-tracking insulator; non-tracking dielectric *thsc*

kriechstromfestes Dielektrikum *n wiss* <el> • non-tracking insulator; non-tracking dielectric *thsc*

Kriechstromfestigkeit *f* <el> *(von Isolatoren)* • resistance to tracking; non-tracking quality; track resistance; surface-creepage resistance

Kriechstromspur *f* <el> *(z. B. an Verteilerkappe, Zündkerzen)* • tracking mark; sign of tracking

Kriechüberschlag *m* <el> • leakage

Kriechüberschlagstrecke *f* <el> • surface creepage distance; surface leakage distance

Kriechverformung *f* <kfz> *(von Federelementen)* • creep deformation; sagging *coll*

Kriechverhalten *n* <qualit.mat> *(z. B. von Kunststoffen)* • creep behavior; creep behaviour

Kriechversuch *m* <qualit.mat> *(von Kunststoffen)* • creep test[ing]

Kriechversuch *m prakt* <qualit.mat> *(Metall)* • constant-stress test[ing]; creep test[ing] *pract*; creep-rupture test[ing]; stress-rupture test[ing]

Kriechweg *m* <el> *(sichtbare schwärzliche Spuren)* • flashover path; carbon tracking; carbon path

Kriechwegbildung *f* <el> *(z. B. im Verteilerdeckel)* • carbon tracking; tracking

Krimpwerkzeug *n* <opt.lwl> • crimping tool

kringeln *vr* <mat> *(meist unbeabsichtigt)* • curl *vi*; coil *vi*

Kringel werfen *vi* <textil> *(Faden)* • snarl *vi*

Krispelholz *n* <led> • graining board; cork board; pommel

Krispelmaschine *f* <led> • boarding machine; graining machine

krispeln *vt* <led> • board *vt*; grain *vt*

Krispelnarben *fpl* <led> • boarded grain

Kristall *m* <mat> • crystal

Kristallachse *f* <mat> • crystal axis

Kristallachsenmesser *m* <opt> • conoscope

Kristallaggregat *n* <mat> • crystal aggregate

Kristallanisotropie *f* <mat> • crystal anisotropy; crystalline anisotropy

Kristallbau *m* <mat> • crystal structure

Kristallbaufehler *m* <qualit.mat> • lattice imperfection; lattice defect; crystal defect; lattice disorder

Kristallbehang *m* <licht> *(Lüster)* • crystal drapes

Kristallbildgleichrichter *m* <el> • crystal video rectifier

Kristallbildung *f* <mat> • crystal formation; crystallization *US*; crystallisation *GB*

Kristalldefekt *m* <qualit.mat> • lattice imperfection; lattice defect; crystal defect; lattice disorder

Kristalldehnung *f* <mat> • crystal dilatation

Kristalldetektor *m* <el> • crystal detector

Kristalldiode *f* <el> • crystal diode

Kristalldrilling *m* <mat> • trilling

Kristalldruse *f* <geo> *(kristallbesetzte Gesteinshöhlung)* • druse; geode; vugg; vug

Kristallebene *f* <mat> • crystal plane; crystallographic plane

Kristalleerstelle *f* <qualit.mat> • crystal vacancy

Kristallempfänger *m* <el> • crystal receiver

Kristallerholung *f* <mat> • crystal recovery

Kristallfehler *m* <qualit.mat> *(im Kristallgitter)* • crystal defect; crystal imperfection; lattice defect

Kristallfehlordnung *f* <qualit.mat> • crystal disorder

Kristallfeldtheorie *f* <phys> • crystal field theory

Kristallfilter *n* <el> • quartz filter; crystal filter

Kristallfläche *f* <mat> • crystal face

Kristallform *f* <mat> • crystal form

Kristallgitter *n* <mat> *(innere Struktur)* • lattice; crystal lattice

Kristallgitterabstand *m* <mat> • crystal lattice spacing

Kristallgitterinterferenz *f* <phys> • X-ray interference in crystal lattices; X-ray interference in crystal lattice

Kristallgitterschwingung *f* <phys> • crystal lattice vibration

Kristallglas *n* <silik> • crystal glass

Kristallgleichrichter *m* <el> • crystal rectifier

Kristallhabitus *m* <mat> • crystal habit

kristallin <mat> • crystalline

kristallin *DLG* <nahr> *(Speiseeisfehler)* • icy

Kristallin-Amorph-Verfahren *n* <edv> • phase change recording; phase change

kristalline Flüssigkeit *f* <mat> • nematic liquid-crystal material

kristalliner Bruch *m* <qualit.mat> • crystalline fracture

kristalliner Stoff *m* <mat> • crystalline material

kristalliner Zustand *m* <phys> • crystalline state

kristalline Schicht *f* <mat> • crystalline layer

kristallines Email *n* <obfl> • crystalline porcelain; crystalline vitreous enamel

kristallines Material *n* <mat> • crystalline material

kristallines Metall *n* <mat> • crystalline metal

kristalline Soda *f* <chem> • salt of soda; washing soda

kristalline Solarzelle *f* <energ.sol> • crystalline solar cell

kristallines Silizium *n* (c-Si) <energ.sol> *(mono- od. polykristallin)* • crystalline silicon (c-Si)

kristalline Struktur *f* <mat> • crystalline structure

kristallinisch <mat> • crystalline

Kristallinität *f* <mat> • crystallinity

Kristallisation *f* <mat> • crystal formation; crystallization *US*; crystallisation *GB*

Kristallisation anregen *vi* <mat> • induce crystallization *vi*

Kristallisationsgeschwindigkeit *f* <mat> • rate of crystallization

Kristallisationskeim *m* <obfl> • nucleation site

Kristallisationswärme *f* <phys> • heat of crystallization

Kristallisationszentrum *n* <mat> • nucleation center *US*; nucleation centre *GB*

Kristallisator *m* <verf> • crystallizer *US.GB*; crystalliser *GB*

kristallisierbar <mat> • crystallizable *US.GB*; crystallisable *GB*

kristallisieren *vi* <chem> • crystallize *vi*; crystallise *vi*

kristallisieren *vi/vt* <mat> • crystallize *vi/*vt *US.GB*; crystallise *vi/*vt *GB*

Kristallisierpfanne *f* <verf> • tank crystallizer

Kristallit *m* <mat> • crystallite

Kristallkante *f* <mat> • crystal edge

Kristallkeim *m* <mat> • crystal nucleus; crystal initial nucleus; seed crystal

Kristallkeimbildung *f* <mat> • crystal nucleus formation; seed crystal formation; nuclei formation; nucleation

Kristallkeime bilden *vi* <mat> • nucleate *vi*

Kristallkern *m* <mat> • crystal nucleus; crystal initial nucleus; seed crystal

kristallklar <allg> *(Flüssigkeit, Glas etc.)* • crystal-clear

Kristallklasse *f* <mat> • crystal class; symmetry class

Kristall-Kronleuchter *m ugs* <licht> • crystal glass chandelier

Kristall-Lautsprecher *m rar* <av> • piezoelectric loudspeaker; piezo loudspeaker; crystal loudspeaker

Kristall-Mikrofon *n* <av> • piezoelectric microphone; crystal microphone *rare*

Kristallmodulator *m* <el> • crystal modulator; frequency-changer crystal

Kristallnadel *f* <mat> • crystal needle

Kristallöl *n* <chem.obfl> *(Lösungs- und Verdünnungsmittel für Lack)* • white spirit; mineral spirit; varnish makers' and painters' naphtha *rare*

Kristallographie *f* <phys> • crystallography

kristallographisch <phys> • crystallographic

kristallographische Achse *f* <mat> • crystal axis; crystallographic axis

kristallographische Zone *f* <mat> • crystallographic zone

Kristalloid *n* <mat> • crystalloid

Kristalloptik *f* <opt> • crystal optics

Kristallorientierung *f* <mat> • crystal orientation

Kristallquarzfenster *n* <verbr> • crystal quartz window

Kristallresonator *m* <el> • piezoelectric resonator; crystal resonator; quartz crystal resonator

Kristallseigerung *f* <mat> *(Entmischung; z. B. im abkühlenden Gussstück)* • dendritic segregation; microsegregation

Kristallskelett *n rar* <mat> *(z. B. in Gussteilen)* • dendrite; fir-tree crystal

Kristallsoda *f* <chem> • salt of soda; washing soda

Kristallspektrograph *m* <phys> • crystal spectrograph

Kristallspiegelglas *n DIN 1249-3* <silik> *(für Fenster, Spiegel)* • plate glass; polished plate glass

Kristallspitzendiode *f* <el> • point-contact crystal diode

Kristallsteuerstufe *f* <el> • crystal control stage; quartz-excited control stage

Kristallsteuerung *f* <el> • crystal control; crystal drive *rare*

Kristallstörung *f* <mat> • crystal imperfection

Kristallstruktur *f* <mat> • crystal structure

Kristallstrukturanalyse *f* <mat> • crystal analysis; crystal-structure analysis

Kristallsymmetrie *f* <mat> • crystal symmetry

Kristallsystem *n* <mat> • crystal system; crystallographic system

Kristalltemperatur *f* <phys> • crystal temperature

Kristalltonabnehmer *m* <av> • crystal pick-up; crystal phonograph pick-up

Kristallüberzug *m* <obfl> • crystalline layer

Kristallviolett *n* <obfl> • crystal violet; crystal violet stain

Kristallwachstum *n* <mat> • crystal growth

Kristallwasser *n* <chem> • water of crystallization *US.GB*; water of crystallisation *GB*

kristallwasserfrei <chem> • anhydrous

kristallwasserfreie Soda *f* <chem.pap> • calcined soda; anhydrous sodium carbonate *thsc*; soda ash *coll*

Kristallzähler *m* <msr> • crystal counter

Kristallziehen *n* <prod> • crystal pulling

Kristallzone *f* <mat> • crystal zone

Kristallzüchtung *f* <prod> • crystal growing

Kristallzüchtung aus der Lösung • crystal growth from solution

Kristallzüchtung aus der Lösung *f* <prod> • crystal growing from solution

Kristallzüchtung aus der Schmelze • crystal growth from the melt

Kristallzüchtung aus der Schmelze *f* <prod> • crystal growing from the melt

Kristallzwilling *m* <mat> • twin [crystal]

Kriterium *n* <tech.allg> • criterion

Kritikalität *f* <nukl> • criticality

Kritikalitätsstörfall *m* <nukl> • criticality accident

Kritikpunkt *m* <qualit> • point of criticism

kritisch <tech.allg> *(z. B. Last, Drehzahl, Druck, Temperatur)* • critical

kritische Dichte *f* <astron> • critical density

kritische Drehzahl *f* <masch> *(von Wellen; z. B. von Motoren)* • critical speed; critical shaft speed

kritische Durchbiegung *f* <pap> • critical deflection; critical displacement

kritische Energieverstärkung *f* <nukl> • critical gain

kritische Feldstärke *f* <el> • critical field

kritische Frequenz *f* <el> *(allg.)* • critical frequency

kritische Frequenz *f* <phys> • resonant frequency; resonance frequency; critical frequency

kritische Größe *f* <tech.allg> • critical size

kritische Kopplung *f* <tech.allg> • critical coupling

kritische Kruskal-Shafranov-Grenze *f* <nukl> • Kruskal-Shafranov limit

kritische Masse *f* <nukl> *(Auslösung der Kernspaltung)* • critical mass; chain-reacting mass *rare*

kritische Mischungstemperatur *f* <chem> • consolute temperature; critical solution temperature

kritische Neutronenflussdichte *f* <nukl> • critical flux density; critical neutron flux density

kritischer Anstellwinkel *m* <aerospace> *(Flügel, Rotorblatt)* • stalling angle; angle of stall; critical angle [of attack]

kritischer Druck *m* <rls> *(von Balg-Kompensatoren)* • critical buckling pressure; critical squirm pressure; internal crippling pressure

kritische Reichweite *f DIN 1320* <akust> • cross-over range

kritischer Fehler *m* <qualit> • critical defect; critical non-conformance

kritischer Keim *m* <mat> • critical nucleus

kritischer Kontrollpunkt *m* (CCP) <prod.nahr> • critical control point (CCP)

kritischer Mündungsdruck *m* <turb> • critical outlet-opening pressure

kritischer Pfad *m* <ökon> *(Netzplantechnik, Projektplanung)* • critical path

kritischer Punkt *m* <tech.allg> *(z. B. Thermodynamik)* • point of criticality; critical point

kritischer Reaktor *m* <nukl> • critical reactor

kritischer Weg *m rar* <ökon> *(Netzplantechnik, Projektplanung)* • critical path

kritischer Wert *m* <tech.allg> *(z. B. für Druck, Temperatur)* • critical value

kritischer Zustand *m* <therm> *(Dampf)* • critical state

kritisches Magnetfeld *n* <phys> • critical magnetic field

kritisches Organ *n* <tech.allg> • critical organ

kritische Spannung *f* <mech> *(Zug oder Druck)* • critical stress

kritische Stromdichte *f* <el> • critical current density

kritische Stromdichte *f* <nukl> • critical flux density; critical neutron flux density

kritisches Übermaß *n* <qualit> • critical oversize

kritisches Volumen *n* <tech.allg> • critical volume

kritische Temperatur *f* <therm> *(Wasserdampf)* • critical temperature

kritische Wärmestromdichte *f DIN 25401-3* <nukl> • critical heat flux

kritische Wellendrehzahl *f* <masch> *(biegekritisch oder torsionskritisch)* • shaft critical speed

kritische Zustandsgrößen *fpl* <phys> *(z. B. Wasserdampf)* • critical constants

kröpfen *vt* <masch> *(z. B. eine Welle, Kurbel)* • crank *vt*; double-bend *vt*; offset *vt*

Kröpfung *f* <tech.allg> *(z. B. Welle, Werkzeug, Kurbel)* • shoulder; offset; gooseneck

Kröpfung *f prakt* <mot> *(zwei Kurbelwangen und dazwischen ein Pleuelzapfen)* • crank

Krokodil n <bahn> (E-Loktyp) • crocodile
Krokodilhaut f <led> • crocodile skin
Krokodilhautbildung f <obfl.qualit> (Art der Rissbildung in Beschichtungen) • crocodiling
Krokodilklemme f <el> • alligator clip
Kroko-Imitation f <led> • imitation crocodile
Krokoklemme f ugs <el> • alligator clip
Krone f <agri> (Bananen) • crown
Krone f <bau> (Oberseite einer freistehenden Mauer) • coping; crowncope; cope; top
Krone f <bau> (Oberseite einer freistehenden Mauer) • crown; top
Krone f <bau> (Abdeckung einer freistehenden Mauer) • coping; cope; cap
Krone f <bau.hydr> (oberer Abschluss eines Absperrbauwerkes; z. B. Deich, Staudamm) • crest
Krone f prakt <licht> (z. B. 6-flammig) • chandelier
Krone 6-flg f <licht> • six-light chandelier; 6-light chandelier; 6-lt. chandelier
Kronecker-Symbol n <math> • Kronecker symbol; Kronecker delta
Kronenarmatur f <metall> (Hochofen) • top fittings
Kronenblock m <petr> • crown block
Kronenbohrer m <petr> • annular bit
Kronenbohrer m prakt <wz> (Bohrmaschineneinsatz zum Entfernen von Schweißpunkten an Blechen) • spot-weld remover; zip-cut pract
Kronendurchmesser m <füg> (bei Kronenmuttern) • diameter of the castle
Kronenfäule f <agri> (Bananenkrankheit) • crown rot
Kronenkappe f <wz> (Spritzpistole, Airbrush) • crown cap
Kronenkopf m <füg> • cross-slotted head; formula-T head
Kronenlänge f DIN 4048-1 <energ.hydr> (Damm) • crest length
Kronenmutter f DIN ISO 1891 <füg> (Krone direkt in Mutter) • slotted nut pract; slotted hex nut; hexagon slotted nut BS3692
Kronenmutter f DIN 534, 979 <füg> (mit Kronenaufsatz) • castle nut; castellated nut; hexagon castle nut ISO 1891
Kronenverschluss m <pack> (Flasche) • crown cap; crown closure
Kronglas n <silik> • crown glass; optical crown
Kronierung f <masch> • castellation
Kronig-Penney-Modell n <mat> • Kronig-Penney model
Kronleuchter m <licht> (z. B. 6-flammig) • chandelier
Kropfkrone f <pap> (des Holländers) • backfall crest; backfall crown
Krückstock-Diebstahlsicherung f :V <kfz> • steering wheel and brake lock; hook-type steering wheel/brake pedal lock; Crooklock GB®
Krückstockschaltung f <kfz.antr> • dashboard gearchange; dashboard shift; dashboard change GB
krümelig <allg> • crumbly
krümelig <mat> (z. B. Gestein) • friable
krümelig <nahr.qualit> (Speiseeisfehler) • crumbly; brittle; friable; flaky
Krümelpflug m <agri> • pulverizer plow US; pulveriser plough GB
Krümelrechen m <agri> • crumbling rake
Krümelschamottemasse f <bau.mat> • semidry clay
Krümelstoff m <pap.ents> • crumbly stock
Krümelstruktur f <mat> • crumb structure
Krümelwalze f <agri> • clod breaker
krümmen vr <allg> • arch vr
krümmen vr rar <mat> (sich verzerren; z. B. Holz durch Schwinden, Schweißteil durch Abkühlen) • distort vi; become warped vi
krümmen vt <tech.allg> • bend vt

Krümmer m <kfz.mot> (Ein-, Auslass-, Ansaug-, Abgask.) • manifold
Krümmer m <rls> (Verteiler) • manifold
Krümmer m rar <rls> (1 bis 90°) • pipe elbow; pipe bend; elbow fitting; elbow
Krümmerbrücke f :V <kfz.emiss> (bei V-Motoren) • exhaust cross over [pipe]; cross over [pipe]
Krümmerdichtung f <kfz.mot> • manifold-to-head gasket
Krümmerdurchflussmengenmesser m <rls.msr> • elbow meter
Krümmerströmung f <rls> • flow through elbows; flow through pipe bends
Krümmung f <tech.allg> (gebogene, gekrümmte Linie, Form) • curvature
Krümmung f <bau> (z. B. Weg, Fassade, Fluss) • curve
Krümmung f <math> (Kehrwert des Krümmungsradius) • curvature
Krümmung f <math> (arithmet. Mittelwert der 4. Potenz der standardisierten Beobachtungsw) • kurtosis
Krümmung f <mech> (unter Last; Durchbiegung) • deflection
Krümmung f <rls> • bend
Krümmungshalbmesser m <tech.allg> • radius of bend; radius of curve; radius of curvature
Krümmungskreis m <math> • circle of curvature
Krümmungskreis m <math> • osculating circle
Krümmungsmittelpunkt m <math> (Mittelpunkt des Krümmungskreises) • center of curvature
Krümmungsmittelpunktskurve f <math> • evolute
Krümmungstensor m <math> • curvature tensor
Krümmungswinkel m <math> • angle of curvature
Krümmungswinkel m <rls> • elbow angle
Krümmungszahl f <av> (Lautsprechertrichter) • flare factor
Krüppelwalmdach n <bau> • false hip-roof
Krug m <gastr> (für Saft, Milch etc.) • jug
Krume f ugs <geo> • A horizon thsc; eluviated horizon thsc; eluvial horizon; top-soil layer; top soil pract
Krumenpacker m <agri> • furrow press; land packer
krumm ugs <tech.allg> • curved
krummes Bohrloch n <petr> • crooked hole
krummlinig <tech.allg> • curvilinear
Krummzapfen m <masch> • pin of bent crank
Krumpfanlage f <textil> • shrinking unit
Krumpfarmausrüstung f <textil> • shrink-resist finish
krumpfecht <textil> • shrink-resistant; non-shrinking
Krumpfechtappretur f <textil> • non-shrink finish; unshrinkable finish
krumpfecht ausgerüstet <textil> • shrink-proofed
Krumpfechtheitsprüfung f <textil> • shrinking test
krumpfen vt <textil> • shrink vt
Krumpffestausrüstung f <textil> • non-shrink finish; unshrinkable finish
Krumpfkontrolle f <textil> • shrinkage control
Krumpfung f <textil> • shrinkage; shrinking
Krumpfvliesstoff m <textil> • shrink fiber fabric; shrink fibre fabric
krustal <geo> • crustal
Kruste f <bio> (Hautauflagerung) • crust; crusta rar
Kruste f prakt <geo> • crust [of the earth]; earth's crust
Kruste f <nahr> (z. B. Brot, Spanferkel) • crust
Kruste bilden vi <geo> • encrust vi
Kruste-Mantel-Grenze f <geo> • Moho; Moho-discontinuity (thsc-ppsc); Mohorovicic-discontinuity (thsc-ppsc)
Krustenbildung f <allg> • incrustation; encrustation; crust formation
Krustenblock m <geo> (Tektonik; Scholle, Einheit, Block) • plate; slab
Krustenplattenrand <geo> • plate margin; edge (ppsc)

KrW-/AbfG <ents> *(in Deutschland)* • Closed Substance Cycle and Waste Management Act

kryoelektrischer Speicher *m* <el> • cryoelectric memory

Kryoelektronik *f* <el> • cryoelectronics

Kryoelektrotechnik *f* <el> • cryogenic electrical engineering

kryogen <phys> • cryogenic

kryogener Speicher *m* <el> • cryogenic memory; cryotron memory; cryogenic store *rare*

kryogenisch <phys> • kryogenic

Kryogenspeicher *m* <el> • cryogenic memory; cryotron memory; cryogenic store *rare*

Kryokabel *n* <el> • cryocable; cryogenic cable; low-temperature cable

Kryometer *n* <phys> *(Tieftemperaturmessung)* • cryometer

Kryophor *m* <phys> • cryophorus

Kryophysik *f* <phys> • cryophysics; low-temperature physics

Kryoplatte *f* <phys> • kryoplate

Kryopumpe *f* <phys> • cryogenic pump; cryopump

Kryopumpkondensator *m* <phys> • cryogenic pump; cryopump

kryoresistentes Kabel *n* <el> • cryocable; cryogenic cable; low-temperature cable

Kryosar *m* <el> • cryosar

Kryosistor *m* <el> • cryosistor

Kryoskopie *f* <phys> • cryoscopy

kryoskopisch <phys> • cryoscopic

Kryosorption *f* <phys> • kryoadsorption; low temperature adsorption

Kryosorptionsplatte *f* <phys> • kryoplate

Kryosorptionspumpe *f* <phys> • cryogenic pump; cryopump

Kryostat *m* <msr> • cryostat

kryostatische Stabilisierung *f* <nukl> • kryostatic stabilization; kryostatic stabilisation *GB*

Kryotechnik *f* <verf> *(theoret. bis −273 °C)* • cryogenic engineering

Kryotron *n* <el> • cryotron

Krypta *f* <bau> • crypt

Kryptoanalyse *f* <edv> • cryptoanalysis

Kryptochip *m* <ic> • crypto chip

Kryptographie *f* <edv> *(als Wissensgebiet)* • cryptography

Kryptographie *f* <tele> *(als Datenschutzmaßnahme)* • data encryption; data encipherment *rare*

Kryptologie *f* <edv> • cryptology

Krypton *n* (Kr) <chem> • krypton (Kr)

Kryptonbogenlampe *f* <licht> • krypton arc lamp

Kryptonionenlaser *m* <phys> • krypton ion laser

Kryptonlampe *f* <licht> • krypton lamp

Kryptostandard *m* <tele> • data encryption standard (DES)

KS <akust> • structure-borne noise; solid-borne noise; structure-borne sound

K-Schale *f* <chem> *(Elektronenschale)* • K-shell; two-electron shell

K-Schirm *m* <navig> • K scope

KSF <ents.verf> • plastic waste separation by selective precipitation

KSS <wz.masch> *(allg. beim Zerspanen; typ. Öl/Wasser-Emulsion)* • cooling lubricant; metalworking fluid; lubricating coolant

KSS <wz.masch> *(beim Gewindeschneiden)* • tapping fluid; threading fluid

KS-Sensor *m* <alarm> • structure-borne sound detector *:V*

KSS-Nebel *m* <wz.masch> • coolant-lubricant vapor *US*; coolant-lubricant vapour *GB*

Ks-Sockel *m* <licht> • Ks-cap

KT <kst> *(Isolierungsmaterial)* • PTFE-coated Kapton (KT)

KTF <led> • small skin

KTL <obfl> *(Vorgang)* • cathodic dip painting; cathodic dipping

Kubikinhalt *m* <tech.allg> • cubic capacity (cc); volumetric capacity

Kubikwurzel *f* <math> • cubic root; cube root

Kubikzoll *m* <kfz.mot> *(Hubraum in ~)* • cubic inch displacement (CID)

kubisch dichteste Packung *f* <mat> *(Atome im Kristallgitter)* • cubic-close packing; cubic-closest packing

kubische Gleichung *f* <math> • third-degree equation; equation of the third degree; cubic equation

kubische Kontraktion *f* <phys> • ratio of contraction of volume

kubische Projektion *f* <edv> • cubic mapping; cubic image mapping

kubischer Ausdehnungskoeffizient *m* <obfl> • coefficient of dilation; coefficient of dilatation; coefficient of cubical expansion

kubischer Klirrfaktor *m* <el> • third-order harmonic distortion

kubisches Kristallsystem *n* <mat> • cubic crystal system

kubische Spiegelung *f* <edv> • cubic reflection mapping

kubisches System *n* <mat> • regular system

kubisch-flächenzentriert <mat> *(Kristallgitter; z. B. Austenit)* • cubic face-centered *US*; cubic face-centred *GB*; face-centered cubic *US*; face-centred cubic *GB*

kubisch-flächenzentriertes Gitter *n* <mat> • face-centered cubic lattice *US*; face-centred cubic lattice *GB*

kubisch-flächenzentriertes Raumgitter *n* <mat> • face-centered cubic lattice *US*; face-centred cubic lattice *GB*

kubisch-raumzentriert <metall> *(Kristallgitter; z. B. Ferrit)* • body-centered cubic (BCC) *US*; body-centred cubic *GB*; cubically centered *obs.rare*

kubisch-raumzentriertes Raumgitter *n* <metall> • body-centered cubic lattice *US*; body-centred cubic lattice *GB*; BCC lattice *pract*

kubisch-zentriert <metall> *(Kristallgitter; z. B. Ferrit)* • body-centered cubic (BCC) *US*; body-centred cubic *GB*; cubically centered *obs.rare*

Kubus-Gehäuse *n rar* <msr> • rectangular housing; cube housing; block housing *rare*

Kuchen *m prakt* <verf> *(allg. auf Filter)* • filter cake; cake *pract*

Kuchenbildungsgeschwindigkeit *f* <verf> *(Filtration)* • rate of deposition

Kuchendicke *f* <verf> *(Filtration)* • cake thickness

Kuchenfiltration *f* <verf> *(Gewebefilter)* • cake filtration

Kuchengabel *f* <gastr> • pastry fork; cake fork

Kuchenquetschapparat *m* <verf> *(Filterkuchen)* • cake compressor

Kübel *m* <allg> *(z. B. großer Holzkübel)* • tub

Kübel *m* <bau> *(z. B. Baggergefäß)* • bucket

Kübel *m* <förd> • skip; tipping skip; dump skip

Kübelaufzug *m* <förd> • skip hoist

Kübelbegichtung *f* <metall> *(Hochofen)* • bucket charging

Kübelschneide *f* <förd> *(z. B. von Schaufelbagger)* • leading edge of bowl; leading edge of bucket

Kübelspritze *f* DIN 14405 <feuer> • bucket pump

Kübelwagen *m* <kfz.mil> • Kübelwagen

Küchenabfälle *mpl* <ents> • kitchen waste; garbage *GB*

Küchenmaschine *f* <el> • food processor

Küchenschabe *f* <bio/tour> • cockroach; blatta orientalis

Küchenschelle *f* <bio> *(Pflanze)* • wind flower; pulsatilla nigricans

KÜG <navig> • course over ground (COG); track
Kügelchen n <allg> (z. B. Fett) • globule
Kügelchen n rar <allg> (z. B. aus Glas) • bead
Kügelchen n <mat> (z. B. Schrot) • pellet
Kühlaggregat n <logist.hlk> (zur Kühlung von Frachtgut; in Lkw, Güterwaggon) • refrigeration unit; reefer unit pract; reefer coll
Kühlanlage f <logist.hlk> • cold-storage plant
Kühlanlage f <nahr> (über 0°C) • refrigerating plant
Kühlanlage f <verf> (allg.) • cooling plant
Kühlapparat m <verf> • cooling apparatus; cooler
Kühlbad n <metall> (z. B. Härterei) • cooling bath
Kühlband n <förd> • cooling conveyor
Kühlbecken n <verf> (eher groß, offen) • cooling basin
Kühlbehälter m <tech.allg> (eher klein; z. B. für Nahrungsmittel, Medikamente) • cool box
Kühlbehälter m <logist> (jede Größe; geschlossen) • cooling container
Kühlbehälter m <verf> (eher groß; offen oder geschlossen) • cooling tank
Kühlbetrieb msg <hlk> • cooling mode; cooling cycle
Kühlbett n <verf> • cooling bed
Kühlblech n <tech.allg> (betont: Rippe oder Finne als Wärmesenke) • cooling fin
Kühlblech n <tech.allg> (betont: als Wärmesenke) • heat sink
Kühlblech n <el> (eher dick) • cooling plate
Kühlbox f <kfz.hlk> (Eiswürfelbereiter; z. B. bei Großraumlimousinen mit Klimaanlage) • ice maker
Kühlcode m <logist> • refrigeration code
Kühlcontainer m <logist> • refrigeration container; refrigerated container
Kühldecke f <hlk> (Klimaanlage) • cooling ceiling
Kühldelta n <verf> • cooling delta
Kühleinbauten mpl <verf> (in Kühltürmen; typ. ein Rieselwerk) • filling US; fill US; packing GB
Kühleinrichtung f <verf> • cooling facility
Kühleisen n <metall> • chill
Kühlelement n <verf> (Einbau in Trockenkühlturm) • cooling element; heat exchanger element; finned tube element; fin tube element; fin tube bundle
Kühlen n <tech.allg> • cooling
kühlen vt <tech.allg> • cool vt
kühlen vt <hlk> (Nahrungsmittel etc.) • refrigerate vt
kühlen vt <verf> (Medium, Komponente, System; auf eine best. Temperatur) • cool down vt; cool vt
Kühler m <tech.allg> • cooler
Kühler m <kfz> (im Motorkühlkreislauf) • radiator; rad coll
Kühler m <verf> (zum Kondensieren von etw.; z. B. in Destillierapparat) • condenser; vapor condenser; refrigerator
Kühler m <verf> • cooling apparatus; cooler
Kühlerabdeckung f <kfz> • radiator shroud
Kühlerablasshahn m <kfz> • radiator drain cock; radiator drain petcock
Kühlerablassschraube f <kfz> • radiator drain plug; coolant drain plug
Kühlerabschlussblech n <kfz> • radiator closure panel
Kühlerauslaufstutzen m <kfz> • radiator outlet connection
Kühlerblech n <kfz> (vorderstes Karosserieteil) • front panel; radiator support panel
Kühlerblende f rar <kfz> • radiator grille; grille coll
Kühlerblock m <kfz> • radiator core; radiator block
Kühlerdeckel m ugs <kfz> • radiator cap; radiator filler cap rare
Kühlereinlaufstutzen m <kfz> • radiator inlet connection
Kühlerfigur f ugs <kfz> (z. B. Stern, Spirit of Ecstasy, Jaguar) • hood ornament US; radiator mascot GB

Kühlerfrostschutz m prakt.ugs <kfz> • radiator antifreeze
Kühlerfrostschutzhaube f <kfz> • radiator muff
Kühlerfrostschutzmittel n <kfz> • radiator antifreeze
Kühlerfuß m <kfz> • radiator support; radiator mounting
Kühlergehäuse n <kfz> • radiator frame
Kühlergitter n <kfz> • radiator grille; grille coll
Kühlergitterblech n <kfz> • radiator grille surround; radiator grille panel; grille face panel; grille panel
Kühlergrill m <kfz> • radiator grille; grille coll
Kühlergrill-Abschlussblech n <kfz> • radiator grille surround; radiator grille panel; grille face panel; grille panel
Kühlergrillverkleidung f <kfz> • radiator grille surround; radiator grille panel; grille face panel; grille panel
Kühlerhalterung f <kfz> (Querblech hinter dem Kühlermaskenblech) • radiator support [panel]; radiator cowl; radiator mounting panel; radiator shield panel; radiator core support
Kühlerhaube f <kfz> • radiator bonnet
Kühlerlamelle f <kfz> • radiator lamination
Kühlerlüfter m <kfz> (bei wassergekühltem Motor) • radiator fan; cooling fan rare
Kühlerlüfter-Viskosekupplung f <kfz.mot> • viscous fan clutch
Kühlermaske f <kfz> • radiator grille; grille coll
Kühlermaskenblech n <kfz> • radiator grille surround; radiator grille panel; grille face panel; grille panel
Kühlerschutzbügel m <kfz> • radiator guard
Kühlerschutzring m <kfz> • radiator safety ring
Kühlerseitenschutz m <kfz> • side radiator guard
Kühlerspritzblech n <kfz> • radiator baffle plate
Kühlerstrebe f <kfz> • radiator strut
Kühlerteilblock m <kfz> • radiator element
Kühlerträger m <kfz> (Querblech hinter dem Kühlermaskenblech) • radiator support [panel]; radiator cowl; radiator mounting panel; radiator shield panel; radiator core support
Kühlerverkleidung f <kfz> • radiator shield
Kühlerverkleidungsblech n <kfz> • radiator grille surround; radiator grille panel; grille face panel; grille panel
Kühlerverschluss m <kfz> • radiator cap; radiator filler cap rare
Kühlerverschlussdeckel m <kfz> • radiator cap; radiator filler cap rare
Kühlerzarge f <kfz> • radiator frame
Kühlerzwischenwand f <kfz> (Querblech hinter dem Kühlermaskenblech) • radiator support [panel]; radiator cowl; radiator mounting panel; radiator shield panel; radiator core support
Kühlfahrzeug n <nfz> • refrigerated truck
Kühlfalle f <verf> (z. B. bei der Vakuumkonzentration) • cold trap; condensation trap; cooling trap; low-temperature trap
Kühlfläche f <tech.allg> • cooling surface; cooling area
Kühlfläche f <tech.allg> (betont: als Wärmesenke; z. B. an Prozessoren) • heat sink
Kühlfläche f <verf> (als Flächenangabe; z. B. von Wärmetauschern, z. B. in m²) • cooling surface; cooling area
Kühlflügel m <el> • electrode radiator
Kühlflüssigkeit f <tech.allg> (flüssig; z. B. Wasser, Glykol, Öl) • coolant
Kühlflüssigkeit f <kfz> (typ. ein Gemisch aus 50% Wasser und 50 % Frostschutzmittel) • engine coolant; coolant pract
Kühlflüssigkeitspumpe f rar <tech.allg> • coolant pump
Kühlfrachtschiff n <nav> • refrigerated cargo ship; refrigerated carrier
Kühlgebläse n <kfz> (bei luftgekühlten Motoren) • cooling fan; blower
Kühlgerät n <tech.allg> • cooling appliance; cooling device

Kühlgeschwindigkeit f <verf> • cooling rate
Kühlgrenzabstand m <verf> (von Kühltürmen; in Kelvin) • approach
Kühlgrenze f <verf> • theoretical limit of cooling
Kühlgrenztemperatur f <verf> • theoretical limit of cooling
Kühlgut n <prod> • chilled goods
Kühlgutlagerdauer f <logist> • cold-storage life
Kühlguttransport m <logist> • refrigerated cargo transport; refrigerated transport
Kühlhaus n <logist> • cold warehouse; cold storage
Kühlhaus n <nahr.prod> (z. B. für Speiseeis, Tiefkühlnahrung, Buttervorräte) • cold store; cool store; refrigerated warehouse; cold storage warehouse
Kühlhausbutter f <nahr> • cold stored butter
Kühljacket n <metall> (Stranggießen) • water jacket
Kühlkammer f <verf> • cooling chamber
Kühlkanal m <energ.sol> (in Solarkollektor) • fluid tube; fluid passage; flow passage; fluid flow tube; transfer fluid tube
Kühlkanal m prakt <mot> • coolant duct; coolant passage; water passage prakt
Kühlkanal m <verf> (allg.) • cooling duct; cooling channel
Kühlkette f <nahr.logist> • cold chain; distribution cold chain
Kühlkörper m <tech.allg> (z. B. Strangguss-Rippenprofil, z. B. auf CPU) • heat sink
Kühlkoffer m ugs <nfz> • refrigerated van body; refrigerated van coll
Kühlkompressor m <hlk> • refrigerating compressor
Kühlkreislauf m <tech.allg> (System) • cooling circuit; cooling loop prakt
Kühlkreislauf m <tech.allg> (betont: Vorgang, Zyklus) • cooling cycle
Kühllager n <logist> • cold warehouse; cold storage
Kühllagerbehälter m <logist> • refrigerated holding tank
Kühllagerung f <logist> • low-temperature storage; cold storage
Kühllamelle f <tech.allg> (eher dünn) • cooling fin
Kühllamelle f <tech.allg> (eher dick) • cooling rib
Kühllast f <verf> (z. B. bei Kühlgeräten, Kältemaschinen) • cooling load
Kühllastzone f <verf> • cooling-load zone
Kühlleistung f <hlk> (von Wärmesenke; Wärmetauscher; z. B. Kühlturm) • thermal performance; thermal capacity; heat rejection rate
Kühlleistung f <hlk> (Kühlschrank, Kühlgerät, Kältemaschine) • refrigerating capacity; cooling capacity coll
Kühlluft f <tech.allg> • cooling air
Kühlluft-Einlassöffnung f <tech.allg> • air intake
Kühlluftgebläse n <masch> (allg.) • air-cooling fan
Kühlluftgebläse n <masch> (hoher Durchsatz) • cooling blower
Kühlluftkanal m <nfz.hlk> (zur Verteilung von Kühlluft im Aufbau) • refrigeration chute
Kühlluftleitblech n <tech.allg> (allg.; z. B. Motor, Turbine) • cooling guide vane
Kühlluftleitblech n <verf> (stark ab- od. umlenkend; z. B. Prallblech) • cooling baffle
Kühlluftmantel m <tech.allg> (z. B. von Motoren) • cooling-air jacket; cooling-air casing
Kühlluftregelklappe f <hlk> • cowl flap
Kühlmantel m <förd> • cooling jacket
Kühlmantel m <kfz.mot> • cooling jacket; water jacket coll
Kühlmantel m <prod> (Tank; sehr kalt) • refrigerant jacket; cooling jacket; refrigeration jacket
Kühlmaschinencontainer m <logist> • mechanically refrigerated container
Kühlmedium n <tech.allg> (ein Fluid; Gas, Flüssigkeit) • cooling agent; cooling medium; cooling fluid

Kühlmittel n <tech.allg> (flüssig; z. B. Wasser, Glykol, Öl) • coolant
Kühlmittel n <tech.allg> (ein Fluid; Gas, Flüssigkeit) • cooling agent; cooling medium; cooling fluid
Kühlmittel n prakt <kfz> (typ. ein Gemisch aus 50% Wasser und 50 % Frostschutzmittel) • engine coolant; coolant prakt
Kühlmittel-Ablassschraube f <kfz> • radiator drain plug; coolant drain plug
Kühlmittelaufbereitung f <verf> • coolant make-up
Kühlmittel-Ausgleichsbehälter m <kfz> (im geschlossenen Kühlkreislauf) • coolant recovery bottle; expansion tank; recovery bottle/tank; coolant reserve tank Chrysler; coolant expansion reservoir Ford
Kühlmittelbehälter m <tech.allg> • coolant tank
Kühlmittel des Primärkreislaufs n rar <nukl> • reactor coolant; primary coolant
Kühlmitteldüse f <tech.allg> • coolant nozzle
Kühlmitteldurchsatz m <tech.allg> • coolant flow rate
Kühlmittel-Hauptleitung f <kfz> • main coolant pipe
Kühlmittelkreislauf m <tech.allg> (System) • coolant circuit
Kühlmittelkreislauf m <tech.allg> (Vorgang) • coolant circulation
Kühlmittelleitung f <rls> • coolant pipe
Kühlmittelmantel m <tech.allg> (z. B. um Zylinder, Werkzeugnester) • coolant jacket; water jacket prakt
Kühlmittelpumpe f <tech.allg> • coolant pump
Kühlmittelpumpe f <mot> (für Motorkühlmittel) • coolant pump; water pump prakt.coll
Kühlmittelpumpen-Riemenscheibe f <mot> • coolant pump pulley
Kühlmittelrücklauf m <tech.allg> • coolant return
Kühlmittelstabilisierung f <nukl> (z. B. kryostatisch) • coolant stabilization; coolant stabilisation GB
Kühlmittelstandsgeber m <msr> • coolant fluid level sensor
Kühlmittelstand-Warnleuchte f <msr> • coolant level warning light; low coolant warning light
Kühlmitteltemperaturanzeige f <msr> • coolant temperature gauge
Kühlmittel-Temperaturfühler m <kfz.msr> • coolant temperature sensor (CTS); coolant temperature sender
Kühlmitteltemperaturfühler m <kfz.msr> • coolant temperature sensor
Kühlmittel-Temperaturgeber m <kfz.msr> • coolant temperature sensor (CTS); coolant temperature sender
Kühlmitteltemperaturschalter m <msr> • coolant temperature switch
Kühlmittelumlauf m <tech.allg> (Vorgang) • coolant circulation
Kühlmittelumlaufpumpe f <tech.allg> • coolant-circulating pump
Kühlmittelverdampfungstemperatur f <tech.allg> • coolant evaporating temperature
Kühlmittelvorratsbehälter m <tech.allg> • coolant reservoir
Kühlmittelvorwärmgerät n form.MB <kfz.mot> • engine block heater; cylinder block heater; block heater coll
Kühlmittelzuflussventil n <rls> • coolant supply valve
Kühlmittelzuführung f <tech.allg> • coolant supply; coolant delivery
Kühlnagel m <metall> • chill nail
Kühlnebel m <tech.allg> • coolant mist
Kühlöl n <masch> • cooling oil
Kühlofen m <metall> (betont: zur Wärmebehandlung) • annealing lehr
Kühlofen m <verf> (allg.) • lehr
Kühlofenbeschicker m <verf> • lehr loader

Kühlplatte f <el> *(eher dick)* • cooling plate

Kühlprozess m <tech.allg> • cooling process

Kühlraum m <hlk> • refrigerator room

Kühlraum m <logist> • cold store; cold-storage room

Kühlraum m <nahr.prod> *(z. B. für Speiseeis, Tiefkühl-nahrung, Buttervorräte)* • cold store; cool store; refrigerated warehouse; cold storage warehouse

Kühlraum m <nav> • refrigerated hold

Kühlraumkapazität f <hlk> • refrigerator capacity

Kühlregal n <logist> *(z. B. im Supermarkt)* • cooling shelve

Kühlregelung f <hlk.msr> • refrigeration control

Kühlring m <kst> *(zur Außenkühlung bei Schlauchfolienextrusion)* • air ring

Kühlrippe f <masch> *(z. B. an Zylindern, Kühlkörpern)* • cooling fin; cooling rib *rare*

Kühlriss m <qualit.mat> • cooling crack

Kühlriss m <silik> • dunt

Kühlrohr n <tech.allg> • cooling tube

Kühlrohr n <verf> *(Kondensatorschlange)* • condensing tube

Kühlsäule f <verf> • cooler column

Kühlschiff n <nav> • refrigerated carrier; refrigerated cargo ship; reefer ship; reefer *pract*

Kühlschirm m <verf> • furnace water wall

Kühlschirmrohr n <rls> *(Dampferzeuger)* • screen tube

Kühlschlange f <hlk> *(in Kühlschrank, Klimagerät)* • refrigerating coil

Kühlschlange f <rls> *(allg.)* • cooling coil

Kühlschlange f <verf> *(zum Kondensieren)* • condensing coil

Kühlschlauch m <tech.allg> • cooling hose

Kühlschlitz m <tech.allg> • cooling slot

Kühlschlitz m <tech.allg> *(Lüftungskanal)* • ventilation duct; venting slot

Kühlschmiermittel n <wz.masch> *(allg. beim Zerspanen; typ. Öl/Wasser-Emulsion)* • cooling lubricant; metalworking fluid; lubricating coolant

Kühlschmiermittel n <wz.masch> *(beim Gewindeschneiden)* • tapping fluid; threading fluid

Kühlschmierstoff m (KSS) *DIN 51385* <wz.masch> *(allg. beim Zerspanen; typ. Öl/Wasser-Emulsion)* • cooling lubricant; metalworking fluid; lubricating coolant

Kühlschmierstoff m (KSS) <wz.masch> *(beim Gewindeschneiden)* • tapping fluid; threading fluid

Kühlschrank m <hlk.nahr> • refrigerator; fridge *coll*

Kühlschranktest m <med.tech> *(stehendes Plasma)* • refrigeration test; standing plasma test

Kühlsole f <nukl> • refrigerating brine; cooling brine; cold brine

Kühlsolepumpe f <nukl> • brine pump

Kühlspannung f <mech> • cooling stress

Kühlstern m <el> *(Wärmesenke)* • star-shaped heat dissipator

Kühlstrecke f <obfl> *(in Bandverzinkungsanlagen)* • cooling zone

Kühlsystem n <tech.allg> • cooling system

Kühlsystem-Entlüftungsventil n <tech.allg> • cooling system bleed valve

Kühlsysteminhalt m <tech.allg> • cooling system capacity

Kühltank m <verf> • cooling tank

Kühlteich m <verf> • cooling pond; cooling lake

Kühltemperaturbereich m <tech.allg> *(z. B. Klimaanlage)* • cooling range

Kühltransport m <logist> • refrigerated transport

Kühltrog m <metall> *(Schmieden)* • water bosh; bosh

Kühltrog m <verf> • cooling trough

Kühltrommel f <verf> *(Kühlgut ist innen; befüllt z. B. mit Röstgut für Nusskrokantstreusel, K)* • cooling drum

Kühltrommelverfahren n <nahr.prod> *(Margarineherstellung)* • chill-roll method

Kühltrommelverfahren n <verf> *(Margarineher-stellung)* • dry-drum cooling method

Kühltunnel m <nahr.prod> • cooling tunnel

Kühltunnel m <nahr.prod> *(Speiseeis)* • aftercooler; cooling tunnel; chill tunnel

Kühltunnel m <verf> *(allg.)* • lehr

Kühlturm m <verf> *(z. B. Kernkraftwerk)* • cooling tower

Kühlturmeinbauten pl <verf> *(in Kühltürmen; z. B. Rieselflächen)* • internal parts pl

Kühlturmkrone f <verf> • cooling tower top

Kühlturm mit drückend angeordnetem/n Ventilator/en m <verf> • forced-draft cooling tower *US*; forced-draught cooling tower *GB*

Kühlturm mit drückendem/n Ventilator/en m <verf> • forced-draft cooling tower *US*; forced-draught cooling tower *GB*

Kühlturm mit geschlossenem Primärkreislauf m <verf> • closed-circuit cooling tower

Kühlturm mit natürlicher Belüftung m <verf> • natural draft cooling tower *US*; natural draught cooling tower *GB*; atmospheric cooling tower

Kühlturm mit offenem Kreislauf m <verf> • open-circuit cooling tower

Kühlturmmündung f <verf> • air outlet [of cooling tower]; air discharge [of cooling tower]

Kühlturmtasse f <verf> • cold water basin; collection basin; collecting basin; collecting pond *GB*

Kühlung f <tech.allg> • cooling

Kühlung f <hlk> *(in Kälteanlagen)* • refrigeration

Kühlung mit Gas f <obfl> *(in kontinuierlich arbeitenden Zinkaufdampfanlagen)* • gas jet cooling

Kühlung mit Zwischenmedium f wiss <tech.allg> • liquid cooling system; liquid cooling

Kühlungskristallisator m <prod> *(Zuckergewinnung)* • cooling crystallizer

Kühlungsnut f <tech.allg> • cooling slot

Kühlventilator m <tech.allg> *(jede Größe; z. B. in Projektor, Kühlturm)* • cooling fan

Kühlverlust m <verf> *(z. B. Kühlteiche, Kühltürme)* • cooling loss

Kühlvitrine f <nahr> *(für Kühlgutangebot; z. B. im Supermarkt)* • chill show-case; display refrigerator

Kühlvorrichtung f <tech.allg> • cooling attachment

Kühlwagen m <bahn> *(z. B. Interfrigo)* • reefer car *US*; refrigerator wagon *GB*; refrigerator car; refrigerated car; reefer *coll*

Kühlwagen mit Werbeaufschrift m <bahn> • billboard reefer [car]

Kühlwalze f <druck> *(für bedruckte Papierbahn)* • cooling roller; chill roll; chill

Kühlwalze f <prod> *(Kühlgut ist außen; allg.)* • cooling roll; chill roll

Kühlwalzenständer m <druck> • chill roll stand; roll chill stand; chill roll unit; chill

Kühlwalzenstand m <druck> • chill roll stand; roll chill stand; chill roll unit; chill

Kühlwandung f <tech.allg> *(z. B. Kühlkammer, Kühlzylinder)* • cooling wall

Kühlwasser n <tech.allg> • cooling water

Kühlwasser n ugs <kfz> *(typ. ein Gemisch aus 50 % Wasser und 50 % Frostschutzmittel)* • engine coolant; coolant *pract*

Kühlwasserablass m <mot> *(z. B. am Kühler)* • cooling water drain

Kühlwasserablauf m <tech.allg> *(z. B. von Boots-, Schiffsmotoren)* • cooling-water discharge

Kühlwasserabteilung f <prod> *(Plattenwärmetauscher)* • cooling section; cooler section

Kühlwasserauslaufstutzen m <verf> • cooling-water outlet connection

Kühlwassereinlauf m <verf.hydr> • cooling water intake

Kühlwassereinlaufstutzen m <verf> *(Wärmetauscher, Kühler)* • cooling-water inlet connection

Kühlwassereinsparung f <verf> • conservation of cooling water

Kühlwasserkanal m <mot> • coolant duct; coolant passage; water passage *pract*

Kühlwasserkreislauf m <tech.allg> *(Vorgang; durch Pumpe oder Naturumlauf)* • cooling-water circulation

Kühlwasserkreislauf m <tech.allg> *(als System)* • cooling water system

Kühlwassermantel m *prakt* <tech.allg> *(z. B. um Zylinder, Werkzeugnester)* • coolant jacket; water jacket *pract*

Kühlwassermantel m <kfz.mot> • cooling jacket; water jacket *coll*

Kühlwassermantel m <nukl> *(Kernreaktor)* • water jacket

Kühlwasserpumpe f <mot> • cooling-water circulating pump

Kühlwasserreinigungsanlage f <verf.hydr> • cooling water screening plant

Kühlwasserrohrleitung f <rls> • cooling-water piping

Kühlwassertechnik f <verf.hydr> • cooling water engineering

Kühlwassertemperaturfühler m *prakt* <kfz.msr> • coolant temperature sensor (CTS); coolant temperature sender

Kühlwassertemperaturfühler m *prakt* <kfz.msr> • coolant temperature sensor

Kühlwasserthermostat m <kfz.hlk> *(im Kühlkreislauf)* • thermostat

Kühlwasserumlauf m <tech.allg> *(Vorgang; durch Pumpe oder Naturumlauf)* • cooling-water circulation

Kühlwasserzirkulation f <tech.allg> *(Vorgang; durch Pumpe oder Naturumlauf)* • cooling-water circulation

Kühlwirkung f <tech.allg> *(z. B. durch Luftbewegung, Verdunstung)* • cooling effect; cooling action

Kühlwirkung f <hlk> *(intensiv; z. B. durch Kühlaggregat)* • refrigerating effect

Kühlwirkung f <hlk> *(Wirksamkeit einer Klimaanlage)* • cooling efficiency

Kühlzeit f <kst> *(beim Spritzgießen; zw. Einspritzstart und Werkzeugöffnen)* • cooling time

Kühlzentrifuge f <verf> • refrigerated centrifuge

Kühlzone f <verf> • cooling compartment

Kühlzone f <verf> *(von Kühltürmen; Differenz zwischen Warm- und Kaltwassertemperatur)* • cooling range

Kühlzonenbreite f <verf> *(von Kühltürmen; Differenz zwischen Warm- und Kaltwassertemperatur)* • cooling range

Kühlzug m <bahn> • reefer train; refrigerated goods train

Kühlzylinder m <tech.allg> • cooling cylinder

Kühlzylinder m <prod> *(Kühlgut ist außen; allg.)* • cooling roll; chill roll

Kühlzylinder m <verf> *(Kühlgut ist innen; befüllt z. B. mit Röstgut für Nusskrokantstreusel, K)* • cooling drum

Küken n <rls> *(Hahnküken)* • plug

Kümmerwuchs m <agri> • dwarfing; nanism *thsc*; stunting

Kümo n *prakt* <nav> • coastal cargo liner; short-sea cargo liner; motor coastal ship; motor coaster

kümpeln vt <prod> *(Bleche)* • dish vt

Kümpelpresse f <wz.masch> • dishing press

kündigen vt <jur> *(Vertrag)* • cancel vt; terminate vt

Kündigung f <jur> *(eines Vertragsverhältnisses)* • termination

künstlerisch <kunst> • artistic

künstlich <allg> *(artifiziell)* • artificial

künstlich <tech.allg> *(nachgemacht; z. B. Leder, Seide; im Ggs. zu original, echt)* • imitated

künstlich <tech.allg> *(betont: von Menschen hergestellt, im Ggs. zu natürlich)* • man-made

künstlich <mat> *(Substanz, Werkstoff etc.)* • synthetic

künstlich angelegter Hafen m <bau.hydr> • artificial harbor *US*; artificial harbour *GB*

künstlich bewässert <agri> *(z. B. Felder, Plantagen, Äcker, Rasen)* • irrigated

künstliche Alterung f <mat> • artificial aging

künstliche Antenne f <tele> *(strahlungsfreier Abschlusswiderstand; Funk)* • artificial antenna *US*; dummy antenna *US*; dummy aerial *GB*; phantom antenna *rare*; standard input circuit *rare*

künstliche Aromastoffe fpl <nahr> *(nicht naturidentisch; z. B. Äthylvanillin)* • artificial flavorings *US*; synthetic flavourings *GB*

künstliche Beatmung f <med> • artificial respiration

künstliche Bodenverfestigung f <bau> • artificial ground consolidation; artificial soil cementation

künstliche Erde f <tele> *(Antenne)* • counterpoise

künstliche Grundwasserabsenkung f <bau> *(z. B. durch Braunkohletagebau)* • artificial ground-water lowering; man-made ground-water lowering

künstliche Hand f <prod> • manipulator

Künstliche Intelligenz f (KI) <edv> • artificial intelligence (AI)

künstliche Kernumwandlung f <nukl> • artificial transmutation

künstliche Leitung f <tele> • line simulator; artificial line

künstliche Luftzufuhr f <hlk> • artificial air supply

künstliche Mineralfaser f (KMF) *VDI 3469-10* <mat> • man-made mineral fiber (MMMF) *US*; man-made mineral fibre *GB*

künstliche Nase f <med.tech> • artificial nose

künstliche Niere f *ugs* <med.tech> • dialyzer *US*; dialyser *GB*; dialysis machine; artificial kidney *coll*; kidney machine *coll*

künstlicher Asphalt m <chem.petr> *(Raffinerieprodukt)* • asphalt; mineral pitch; artificial asphalt; petroleum asphalt

künstlicher Atemweg m <med.tech> • artificial airway

künstlicher Erdsatellit m <aerospace> • artificial earth satellite

künstlicher Farbstoff m <nahr> • artificial color *US*; artificial colouring *GB*

künstlicher Gefäßersatz m *prakt.ugs* <med.tech> *(Gefäßprothese, Patch)* • synthetic vascular graft; synthetic vessel substitute; synthetic vascular replacement; alloplastic vascular replacement *rare*

künstlicher Horizont m *prakt* <navig> • gyro horizon; artificial horizon *pract*; gyroscopic horizon; automatic horizon

künstlicher Körper m <bio> *(Tierpräparat)* • artificial body

künstlicher Luftweg m *DIN ISO 4135* <med.tech> • artificial airway

künstlicher Ohrknorpel m <bio> *(für Tierpräparat)* • ear liner

künstlicher Satellit m <astron> • artificial satellite

künstlicher Stern m *rar* <navig> • GPS satellite; satellite space vehicle SV; satellite vehicle *rare*; sat *rare*

künstlicher Sternpunkt m <el> • artificial neutral point

künstlicher Trabant m *rar* <astron> • artificial satellite

künstlicher Werkstoff m <mat> *(z. B. Keramik, Kunststoff)* • man-made material

künstlich erzeugte Anisotropie f <mat> • induced anisotropy

künstlich erzeugter Zug m <verbr> (Ofen) • forced drauft US; forced draught GB; impelled draught GB

künstliches Blutgefäß n ugs.prakt <med.tech> • synthetic vascular graft; synthetic vascular prosthesis

künstliches Echo n <allg> • artificial echo

künstliches Echo n <navig> (Radar) • plume; feather

künstliches Licht n <licht> • artificial light

künstliches Material n <mat> (z. B. Keramik, Kunststoff) • man-made material

künstliches Neuron n <edv> • artificial neuron; information processing cell

künstliches Öl n <verbr> • artificial crude

künstliche Spaltung f <nukl> • induced fission

künstliche Sprache f <edv> • artificial language

künstliche Veralterung f <ökon> • built-in obsolence; planned obsolence

künstliche Verjüngung f <holz> (des Waldes) • artificial regeneration

künstlich gekräuselt <textil> • man-crimped

Küpe f <textil> (zum Färben) • vat

Küpenfärberei f <textil> • vat dyeing

Küpenfarbstoff m <textil> (Färberei) • vat dyestuff; vat dye

Küpenflüssigkeit f <obfl.textil> • vat liquor

Küpensäureverfahren n <textil> • vat acid process

Küraß m <med.tech> (Beatmungsgerät) • cuirass

Kürschner m <obfl.holz> • blistered veneer

kürzen vt <allg> (Länge reduzieren) • shorten vt

kürzen vt <math> (Bruch) • abbreviate vt; reduce vt

kürzeste Zeitbasis f <msr> (Abtaststrahl) • fastest sweep

Kürzung f <allg> (kürzer machen oder werden; Vorgang und Ergebnis) • shortening

Kürzung f <ents> (durch Abschneiden, Zerhacken; z. B. von Fasern) • cutting

Kürzung f <fin> (von Finanzmitteln, Budgets, Haushalt) • cut; deduction; cutback; reduction; curtailment

Kürzung f <math> (bei Brüchen) • cancellation

KÜS <akust.msr> • structure-borne noise monitoring system

Küste f <geo> • coast; sea-coast; seashore; shore

Küstenbau m <bau> • coastal engineering

Küstenbauwerk n <bau> • shore structure; shore-protective structure

Küstenbefeuerung f <navig> • shore lighting

Küstenbohrinsel f <petr> • offshore oil-rig

Küstenbrechung f <navig> • coastal refraction

Küsteneffekt m <meteo> (Temperatur, Wind) • shore effect

Küsteneffekt m <navig> • coastal deviation

Küstenfahrgastschiff n <nav> • coastal passenger ship

Küstenfahrzeug n <nav> • coastwise craft

Küstenfischerei f <nav> • inshore fishery; coastal fishery

Küstenfrachter m <nav> • coastal cargo liner; short-sea cargo liner; motor coastal ship; motor coaster

Küstenfunkstation f <navig.tele> • coastal radio station; coast station

Küstenfunkstelle f <navig.tele> • coastal radio station; coast station

Küstenkabel n <el> • shallow-water cable; 7shore-end cable

Küstenlinie f <geo> • coastal line

Küstenmotorschiff n <nav> • coastal cargo liner; short-sea cargo liner; motor coastal ship; motor coaster

Küstenpeilstelle f <navig> • coastal direction-finding station

Küstenprofillinie f <geo> • coastal contour line

Küstenradaranlage f <navig> • shore-based radar

Küstenschutzbauten mpl <bau> • shore-protective structures; coastal works

Küstenvermessung f <geo> • coast survey

Küvette f <chem> • cuvette; glass cell; test cell

Kufe f <tech.allg> • skid; sliding shoe; shoe skid

Kufe f <logist> • bottom runner

Kufe f <nfz> (Saugmundführung bei Kehrfahrzeugen) • skid

Kufe f <sport> (Bob, Rodel) • runner

Kufe f <sport> (Schlittschuh) • blade

Kufe f <textil> (Färbebottich) • dye vessel

Kufenfahrgestell n <aerospace> • skid undercarriage

Kufenflugzeug n <aerospace> (zum Starten/Landen auf Schnee) • sled plane

Kufentaster m <agri> (Rübenvollernter) • skid feeler

Kugel f <allg> (kugelförmiges Objekt) • sphere; globe

Kugel f <tech.allg> (Bauteil; eher klein, z. B. in Kugellager, Rückschlagventil) • ball

Kugel f <edv> (3D-Grundelement beim Flächenmodell) • sphere; surface of the sphere

Kugel f <edv> (3D-Grundelement beim Volumenmodell) • sphere

Kugel f <el.ic.prod> (an Drahtbond) • ball

Kugel f ugs <mil> (einer Waffe) • projectile; bullet coll

Kugel f <nahr> (Speiseeis) • scoop

Kugelabschnitt m <math> • segment of a sphere; spherical segment

Kugelabsorber m <energ.sol> • spherical absorber

Kugelabstandshalter m <masch> (in Kugellager) • ball separator

Kugelantrieb m <antr> • ball drive

Kugelausschnitt m <math> • sector of a sphere; spherical sector

Kugelausströmer m <kfz.hlk> • eyeball vent

Kugelbahn f DIN 15201 <förd> • ball track

Kugelbakentonne f <navig> • globe buoy

Kugelbehälter m <logist> (z. B. für Gas) • spherical vessel

Kugelblitz m <meteo> • ball lightning

Kugelbolzen m <kfz.mot> • ball pin

Kugelbolzenausdrücker m <kfz.wz> • ball joint separator; ball joint puller/splitter; joint splitting tool GB; screwdown remover GB; taper-breaking tool GB

Kugelbrennraum m <mot> • spherical combustion chamber

Kugelbund m <füg> (z. B. von Radschrauben) • radius seat

Kugeldorn m <wz> • ball mandrel

Kugeldreheinrichtung f <wz.masch> • ball turning attachment; spherical turning attachment

Kugeldrehmaschine f <wz.masch> • ball turning lathe

Kugeldrehsupport m <wz.masch> • ball turning rest

Kugeldrehverbindung f <masch> • ball-bearing slewing ring; slewing ball ring

Kugeldruckhärte f DIN 53 456 <kst.qualit> (z. B. Brinell, Rockwell HRB) • ball indentation hardness; ball-impression hardness; ball thrust hardness obs

Kugeldruckhärteprüfer m <qualit.mat> • ball-indentation testing apparatus

Kugeldruckhärteprüfung f <qualit.mat> (Brinell; Rockwell B) • indentation hardness test with ball indenter; ball-indentation test

Kugeldruckspeicher m <kfz.brems> (hydr. Bremskraftverstärker) • pressure accumulator

Kugeleindringkörper m <qualit.mat> • ball penetrator

Kugeleindruck m <qualit.mat> (z. B. Brinell-Härteprüfung) • +spherical indentation; ball impression

Kugeleis n ugs <nahr> • scoopable ice cream; scooping ice cream; soft scoop ice cream; dipping ice cream; spoonable ice cream

Kugelendmaß n <msr> • end-measuring rod with spherical ends; spherical-end measuring gauge

Kugelfallhärte f <qualit.mat> • scleroscope hardness

Kugelfallviskosimeter n <msr> • ball viscometer; dropping-ball viscosimeter; falling-sphere viscometer; falling-ball viscometer

Kugelfallwerk n <qualit.mat> • drop-weight device

Kugelfang m <mil> (allg.; Schießstand) • backstop

Kugelfang m prakt <mil> (für Diabolos) • pellet trap; pellet catcher

Kugelfangkasten m <mil> (für Diabolos) • pellet trap; pellet catcher

Kugelfangprofil n <tech.allg> • ball guide cone

Kugelfläche f <math> • spherical surface

Kugelflächenfunktion f <math> • spherical surface harmonic

kugelförmig prakt <tech.allg> • spherical; ball-shaped coll

kugelförmig <prod.autom> (Arbeitsraum; von Robotern, Automaten) • spherical

kugelförmige Laufbahn f DIN ISO 5593 <masch> (Wälzlager) • spherical raceway ISO 5593

kugelförmige Projektion f <edv> • spherical mapping; spherical image mapping; spherical projection

kugelförmiger Brennraum m <mot> • spherical combustion chamber

kugelförmiger Strahlungsempfänger m rar <energ.sol> • spherical absorber

kugelförmiges Ende n <masch> • ball end

kugelförmiges Endstück n <masch> • ball end

Kugelförmigkeit f <math> • sphericity

Kugelfräsen n <prod> • cherrying

Kugelfräser m <wz> • cherry

Kugelfunkenstrecke f <el> • sphere gap

Kugelfunktion f <math> • spherical function; spherical harmonic

kugelgelagert <masch> • ball-bearing adj; carried in ball bearings; supported by ball bearings

Kugelgelenk n <masch> (z. B. an Spurstangenköpfen) • ball joint; ball-and-socket joint; spherical joint; tilting head

Kugelgelenkabzieher m <kfz.wz> • ball joint separator; ball joint puller/splitter; joint splitting tool GB; screw-down remover GB; taper-breaking tool GB

Kugelgelenkausdrücker m <kfz.wz> • ball joint separator; ball joint puller/splitter; joint splitting tool GB; screw-down remover GB; taper-breaking tool GB

Kugelgelenk der Vorderradaufhängung n <kfz> • front suspension ball joint

Kugelgelenk-Stecknuss f <wz> (Steckschlüsseleinsatz für Maschinenschrauber) • impact swivel socket

Kugelgelenk-Trenngabel f <kfz.wz> • ball joint separator; ball joint remover; tie rod [end] separator; pitman arm wedge

Kugelgelenkwelle f <masch> • ball-joint shaft

Kugelgestalt f <math> • sphericity; globosity

Kugelgestaltsabweichung f did.rar <opt> • spherical aberration

kugelgestrahlt <obfl> • shot-peened

Kugelgewinde n <masch> (Linearführung, -antrieb) • ball screw; recirculating ball screw

Kugelgewindespindel f did.rar <masch> (Linearführung, -antrieb) • ball screw; recirculating ball screw

Kugelgewindetrieb m <masch> (Lineartechnik) • ball-type linear drive

Kugel-Gleichlauf-Festgelenk n <kfz.antr> • constant velocity fixed ball joint

Kugel-Gleichlaufgelenk n <kfz.antr> • constant-velocity ball joint; Rzeppa-type [universal] joint; Birfield-type [universal] joint; Hardy-Spicer [universal] joint

Kugel-Gleichlauf-Topfgelenk n <kfz.antr> • constant velocity slip ball joint; constant velocity plunging ball joint

Kugel-Gleichlauf-Verschiebegelenk n <kfz.antr> • constant velocity slip ball joint; constant velocity plunging ball joint

Kugelgraphit m <mat> • nodular graphite; spheroidal graphite; nodulized graphite US; nodulised graphite GB

Kugelgraphit bilden v <mat> • spheroidize v

Kugelgraphit bilden vi/vt <metall> • nodulize vi/vt; nodulise vi/vt GB

Kugelgraphitbildung f <metall> • spheroidizing US; spheroidising GB; nodulizing US; nodulising GB; balling-up [of graphite] coll.rare

Kugelgraphitguss m <mat> (z. B. für Kurbelwellen) • ductile cast iron; nodular cast iron

Kugelgriff m <wz> • ball handle

Kugelhahn m DIN 4048-2 <rls> (Absperrarmatur mit drehbarem Verschlusskörper; jede Größe) • spherical valve; ball valve pract; plug valve; ball cock coll

Kugelhalter m <masch> (in Kugellager) • ball cage; ball retainer; ball cage retainer rare

Kugelhammer m prakt.ugs <wz> (englische Form mit Bahn und Kugel) • ball peen hammer US; machinists' hammer US; ball pein hammer GB; engineers' ball pein hammer GB.form; ball pein engineering hammer GB.rare

Kugelhaube f <tech.allg> • spherical cap

Kugelhaufen m <astron> • globular cluster

Kugelhaufenreaktor m <nukl> • pebble bed reactor

Kugelhülse f <masch> • ball bush

kugelig <tech.allg> (in Kugelform gebracht; eher klein) • spheroidized US; spheroidised GB

kugelig ugs <tech.allg> • spherical; ball-shaped coll

kugeliger Perlit m <metall> • granular pearlite; pearlit nodule

kugelig gelagert <masch> • spherically seated

Kugelionisationskammer f <nukl> • spherical ionization chamber; spherical ionisation chamber GB

Kugelkäfig m <masch> (in Kugellager) • ball cage; ball retainer; ball cage retainer rare

Kugelkäfigklappe f <med.tech> (Herzklappenersatz) • caged-ball valve; ball cage valve; ball valve

Kugelkäfigprothese f <med.tech> (Herzklappenersatz) • caged-ball valve; ball cage valve; ball valve

Kugelkalibrieren n <prod> • ballizing; ballising GB

Kugelkalotte f <qualit.mat> (gelenkiges Teil der oberen Druckplatte einer Druckprüfmaschine) • universal ball joint

Kugelkeil m <masch> • spherical wedge

Kugelkette f <el> (Antenne) • bead chain

Kugelkettenhalter m <el> • ball-chain retainer

Kugelklasse f DIN ISO 5593 <masch> (Wälzlager) • ball grade ISO 5593

Kugelkocher m <pap.prod> • spherical boiler; spherical digester

Kugelkondensator m <el> • spherical capacitor

Kugelkoordinatensystem n <math> • spherical-coordinate system

Kugelkopf m <druck> (Schreibmaschine) • spherical head; type ball; golf ball coll; spherical printball rare

Kugelkopf m <kfz> (Anhängekupplung) • trailer hitch ball; hitch ball; trailer ball; tow ball; ball

Kugelkopfabspannisolator m <el> • ball-headed strain insulator

Kugelkopfabzieher m <kfz.wz> • ball joint separator; ball joint puller/splitter; joint splitting tool GB; screw-down remover GB; taper-breaking tool GB

Kugelkopfgelenk n ugs <masch> (z. B. an Spurstangenköpfen) • ball joint; ball-and-socket joint; spherical joint; tilting head

Kugelkopfschraubendreher m <wz> • ball hex driver US; ball-ended hex driver GB; ball end hexagon screwdriver GB

Kugelkopf-Stiftschlüssel *m rar* <wz> • ball hex driver *US*; ball-ended hex driver *GB*; ball end hexagon screwdriver *GB*
Kugelkreisel *m* <navig> • spherical gyro
Kugelkreisel *m* <phys> • spherical top
Kugelkühler *m* <chem.verf> • ball condenser; bulb condenser
Kugelkuppe *f* <masch> *(z. B. an Schrauben)* • ball point
Kugelkupplung *f* <rls> • spherical coupling
Kugelkurbel *f* <masch> • ball-handle crank
Kugelläppen *n* <prod> • lapping of spherical surfaces
Kugelläppmaschine *f* <prod> • ball-lapping machine
Kugellager *n* <masch> • ball bearing
Kugellagerabzieher *m* <wz> • ball bearing puller :*V*
Kugellageraußenring *m* <masch> • ball-bearing outer race
Kugellagerauszieher *m* <wz> • ball bearing puller :*V*
Kugellagergehäuse *n* <masch> • ball-bearing cup
Kugellagerinnenring *m* <masch> • ball-bearing inner race
Kugellagerlaufbahn *f* <masch> *(Rille in Kugellager)* • ball track
Kugellagerringkäfig *m* <masch> • ball-bearing retainer; ball-bearing spacer
Kugellampe *f* <licht> • globe lamp; globular lamp *rare*
Kugellaufbahn *f* <masch> *(Rille in Kugellager)* • ball track
Kugellaufbuchse *f* <masch> • ball bushing
Kugellaufrille *f* <masch> *(z. B. in Kugellager, Schubladenschiene, Kugelumlaufuhr)* • ball groove
Kugellehre *f* <msr> • ball gauge
Kugelmessung *f* <msr> • ball measurement
Kugelmikrofon *n* <av> • non-directional microphone; omnidirectional microphone
Kugelmühle *f* <verf> • ball mill; ball crusher; pebble mill
Kugelmutter-Hydrolenkung *f* <kfz> *(Servolenkung)* • rotary-valve power steering; torsion bar power steering; ball-and-nut power steering
Kugelmutterlenkung *f rar* <kfz> • recirculating ball steering; ball-and-nut steering
Kugelnickel *n* <mat> • nickel pellets; nickel shot
Kugeloberfläche *f* <edv> *(3D-Grundelement beim Flächennmodell)* • sphere; surface of the sphere
Kugel- oder Stifteindrückversuch *m* <kst.qualit> • ball or pin impression test
Kugelpackung *f* <mat> *(Kristallgitter)* • spherical packing; sphere packing
Kugelpendel *n* <phys> • spherical pendulum
Kugelperforation *f* <petr> *(Bohrtechnik)* • gun perforation
Kugelpfanne *f* <masch> *(Kugelgelenk; z. B. an Spurstangen)* • ball socket; ball cup
Kugelpfannenlager *n* <masch> • ball socket bearing; hemispherical bearing; ball cup bearing
Kugelpolieren *n* <obfl> • ball burnishing
kugelpoliert <obfl> • ball burnished
Kugelprothese *f* <med.tech> *(Herzklappenersatz)* • caged-ball valve; ball cage valve; ball valve
Kugelresonator *m* <phys> • spherical resonator
Kugelringmühle *f* <masch> • ball-and-ring mill; ball-and-ring pulverizer; ball-and-ring pulveriser *GB*
Kugelrohrmühle *f* <masch> • bulb-tube mill
Kugelrückschlagventil *n* <rls> *(allg.)* • ball check valve
Kugel-Rückschlagventil *n* <rls> *(als Einwegeventil)* • ball-type check valve
Kugel-Rückströmsperre *f* <kst> *(z. B. in Spritzgießmaschine, Einspritzdüse)* • ball-type non-return valve
Kugelrutschkupplung *f* <antr> • ball-type safety clutch
Kugelschale *f* <tech.allg> • ball cup
Kugelschale *f* <bau> • spherical shell
Kugelschale *f* <masch> *(Kugelgelenk; z. B. an Spurstangen)* • ball socket; ball cup

Kugelschaltung *f* <antr> • ball-and-socket gear change; ball-and-socket gear shifting
Kugelschaufler *m* <bau.masch> • revolving cutter-head dredger
Kugelscheibe *f DIN 6319* <füg> • spherical washer
Kugel-Scheiben-Integrator *m* <tech.allg> • ball-and-disk integrator
Kugelschicht *f* <math> • sphere zone; spherical zone
Kugelschieber *m ugs* <rls> *(Absperrarmatur mit drehbarem Verschlusskörper; jede Größe)* • spherical valve; ball valve *pract*; plug valve; ball cock *coll*
Kugelschlagbohren *n* <prod> • pellet impact drilling
Kugelschlaghärteprüfung *f* <qualit.mat> • ball-impact hardness test; dynamic ball-impact test
Kugelschmelzverfahren *n* <verf> • marble melt process
Kugelschraubtrieb *m* <kfz> *(Lenkung)* • recirculating ball screw and nut
Kugelschreiber *m DIN ISO 12756* <büro> *(auch in Stiftplottern)* • ball point pen *ISO 12756*
Kugelschreibermine *f DIN ISO 12757-1* <büro> • ball point refill *ISO 12757-1*
Kugelschussapparat *m* <petr> • perforating gun; perforator
Kugelschutzkappe *f* <kfz> *(für Kugelkopf der Anhängekupplung)* • trailer hitch ball cover
Kugelsegment *n* <math> • spherical segment
Kugelsektor *m* <math> • spherical sector
kugelsicheres Glas *n* <silik> *(z. B. VIP-Limousine)* • bullet-proof glass
kugelsintern *v* <prod> • pelletize *v*
kugelsintern *vt* <prod> • nodulize *vt*; nodulise *vt GB*
Kugelsitz *m* <masch> *(allg.)* • ball seat; hemispherical seat
Kugelsitz *m* <masch> *(Kugelgelenk; z. B. an Spurstangen)* • ball socket; ball cup
Kugel-Solarzelle *f* <sol> • spheral solar
Kugelspeiser *m* <metall> • spherical feeder
Kugelsperre *f* <masch> • ball catch
Kugelspiegel *m* <tech.allg> *(z. B. Solaranlage, Antenne)* • spherical reflector; spherical mirror
Kugelspindel *f prakt* <masch> *(Linearführung, -antrieb)* • ball screw; recirculating ball screw
Kugelspitze *f* <büro> *(Kugelschreiber)* • ball point
Kugelspitze *f* <edv> *(eines Lesestifts)* • ball tip
Kugelstehlager *n* <masch> • ball-bearing pillow block
Kugelsternhaufen *m* <astron> • globular cluster
Kugelsteuerschieber *m* <rls> • ball baffle
Kugelstift *m* <bekl> *(Piercing)* • barbell
Kugelstrahlen *n* <metall> *(Gussputzen)* • cloudburst treatment
Kugelstrahlen *n DIN EN ISO 4618* <obfl> *(zum Reinigen; typ. mit Metallkugeln)* • shot blasting *ISO 4618-3*
Kugelstrahlen *n* <obfl> *(als Oberflächenbehandlung)* • shot peening
Kugelstrahler *m* <phys> • isotropic radiator; spherical radiator
Kugelsymmetrie *f* <math> • spherical symmetry
kugelsymmetrisch <math> • spherically symmetric[al]
Kugeltaster *m* <msr> • globe caliper
Kugelthermometer *n* <msr> • bulb thermometer
Kugeltisch *m* <logist> *(Lastaufnahmemittel, RFZ)* • ball table
Kugelumlaufbuchse *f* <masch> • recirculating ball bushing
Kugelumlaufführung *f* <masch> *(Lineartechnik)* • ball-type linear guide
Kugelumlaufgetriebe *n* <masch> • recirculating ball screw and nut
Kugelumlauflenkung *f* <kfz> • recirculating ball steering; ball-and-nut steering

Kugelumlaufmutter f <masch> • recirculating ball nut
Kugelumlaufspindel f <masch> (Linearführung, -antrieb) • ball screw; recirculating ball screw
Kugelventil n <rls> (allg.) • ball valve; globe valve
Kugelventil n prakt <rls> (als Einwegeventil) • ball-type check valve
Kugelventil n prakt <rls> (Absperrarmatur mit drehbarem Verschlusskörper; jede Größe) • spherical valve; ball valve pract; plug valve; ball cock coll
Kugelventilpumpe f <förd> • ball pump
Kugelverschluss m <rls> (Ventil) • ball cock
Kugelversenk <kfz> (Radschraubenform) • spherical countersink
Kugelvisier n <bekl> (Helm) • aerodynamic visor; aerovisor
Kugelviskosimeter n <msr> • ball viscometer; ball viscosimeter rare
Kugelwelle f DIN EN 1330-4 <phys> (z. B. Ultraschall) • spherical wave
Kugelzählrohr n <msr> • spherical counter
Kugelzapfen m <masch> • ball journal; ball pin
Kugelzone f <math> • sphere zone; spherical zone
Kugelzweieck n <math> • spherical lune
Kuhfuß m pract.jarg <wz> • wrecking bar; crow bar; pry
Kuhhaut f <led> • cow hide
Kuhkalb n <led> • bovine calf
Kuli m ugs <büro> (auch in Stiftplottern) • ball point pen ISO 12756
Kuli m <logist.fz> (in Lagerkanal) • shuttle car
Kulieren n <textil> • kinking; sinking
Kulierexzenter m <textil> • draw cam; stitch cam
Kulier-Flachwirkmaschine f <textil> • straight bar frame
Kulierkurve f <textil> • slurcock
Kulierkurvenschiene f <textil> • slurcock bar
Kulierplatine f <textil> • sinker; sinker devider; jack sinker; loop-forming sinker
Kulierware f <textil> • filling knit fabric
Kulierwirkerei f <textil> • weft knitting
Kulierwirkmaschine f <textil> • weft-knitting machine; filling-knitting machine; weft-knit machine US; weft-knitting frame; weft-knitting united needle machine
Kulisse f <kfz> (Schalthebel) • gear-shifting gate; gear-shifting quadrant
Kulisse f <masch> • main trunnion-mounted link
Kulisse f <masch> (schlitzförmige Führungsbahn; für oszillierende Hebel, Pleuel u.ä.) • gate
Kulisse f <textil> • slider
Kulisse f <theat> (Bühnenbildteil; insbes. seitlich) • wing; wing flat; wing piece; coulisse
Kulisse f <theat> (seitlich) • side scene
Kulisse f <theat> (Gesamtheit) • scene
Kulisse f <wz.masch> (mit Schlitz) • pivoted link
Kulissenantrieb m <masch> • link drive
Kulissenbühne f <theat> • picture-frame stage; picture stage
Kulissenbühne f <theat> • chariot-and-pole-system; chariot-wing-system; carriage-and-frame-system; wing-and-border-system
Kulissenrad n <masch> (mit Kurbel) • crank gear; bull gear
Kulissenrad n <masch> (Hauptantrieb) • main driving gear
Kulissenradritzel n <masch> • bull-gear pinion
Kulissenrudermaschine f <nav> • link-drive steering engine
Kulissenschaltung f <kfz> • gate change
Kulissenstange f <masch> • link rod
Kulissenstein m <masch> (z. B. Kurbelschwinge) • sliding block

Kulissensteuerung f <masch> • link motion
Kulissenwagen m <theat> • chariot; wing carriage
Kulminationspunkt m <astron> • culmination point
Kultivator m <agri> • grubber; field cultivator; cultivator
kultiviert <tech.allg> (z. B. Design, Ausstattung) • elegant; stylish; classy
kultiviert <kfz> (Motor oder gesamtes Fahrzeug) • refined
Kultur f <holz> (durch Saat oder Pflanzung begründeter Jungbestand) • plantation; artificial stand
Kulturkontakt m <soz> • cultural contact
Kulturlandschaft f DIN 4047-1 <geo.agri> • man-made landscape
Kulturlein m <textil> • cultivated flax
Kulturschock m <soz> • culture shock
Kummet n <led> (Pferdegeschirr) • horse collar
Kumulante f <math> (Statistik) • half invariant
kumulatives Abkling-Spektrum n <av> • cumulative decay spectrum
kumulatives Zerfalls-Spektrum n <av> • cumulative decay spectrum
kumulative Wirkung f <allg> (von Einflüssen aller Art) • cumulative effect; cumulative action
Kunde m DIN EN ISO 8402 <ökon> (Organisation oder Person, die ein Produkt empfängt) • customer ISO 8402; client
Kundenabzug m <druck> • clean proof
Kundenbeanstandung f <qualit> • customer complaint
Kundenberater m <werb> • account executive US; account manager GB
Kundenbetreuung f <org> • customer relations management (CRM)
Kundendienst m <ökon> • service department
Kundendienst rund um die Uhr m <werb> • 24-hour customer service
Kundendienst-Scheckheft n <kfz> • service record; maintenance record Ford
Kundendienstzentrum n <ökon> • service center US; service centre GB; technical service center US
Kundenendgerät n :V <tele> (vor Ort) • customer premises equipment (CPE)
Kundenetat m <werb> (in Werbeagentur) • account
Kundenidentifikationskarte f did <tele> • Subscriber Identification Module (SIM); SIM card pract
kundenindividuelle Massenproduktion f <prod> (Direktmarketing) • mass customization; mass customisation GB
kundenindividuelle Serienfertigung f <prod> (Direktmarketing) • mass customization; mass customisation GB
kundennahe Erprobung f <qualit> • field test[ing] :V
Kundenreklamation f <qualit> • customer complaint
Kundenschaltung f <el> • custom circuit; fully custom circuit
Kundensoftware f <edv> • custom-made software
kundenspezifisch <allg> (auf die Kundenwünsche abgestimmt) • customized; customised GB
kundenspezifisch <allg> (speziell angefertigt) • custom-made
kundenspezifische Anpassung f <tech.allg> (von Bauteilen, Systemen, Anlagen) • customization US; customisation GB
kundenspezifische Gestaltung f <tech.allg> • custom design; customized design
kundenspezifischer Schaltkreis m <el> • custom circuit
kundenspezifisch gestalten vt <tech.allg> • customize vt; customise vt GB
Kundenzufriedenheit f <ökon> • customer satisfaction
Kundenzufriedenheitsindex m <ökon> • customer satisfaction index (CSI)
Kundt'sches Rohr n <phys> • Kundt's tube

Kundt'sche Staubfigur f <akust> • Kundt's dust figure

Kunstdruck m <druck> • art print

Kunstdruckkarton m <druck> • art board; art card board

Kunstdruckpapier n <pap> (besonders glatte Oberfläche) • art paper; supercalendered paper form

Kunstdruckpapier n <pap> (glänzend beschichtet) • enameled paper US; enamelled paper GB

Kunstdruckpapier n ugs <pap> (Spitzenqualität bei gestrichenen Bedruckstoffen) • real art paper; art paper coll

Kunstdünger m <agri.chem> • artificial fertilizer; artificial fertiliser GB; fertilizer pract

Kunsteis n <allg> (jegliches von Menschen geschaffene Eis) • manufactured ice; artificial ice

Kunsteishalle f <sport.bau> • ice rink; artificial ice rink

Kunstfaser f <kst.textil> • chemical fiber US; chemical fibre GB; synthetic fiber US; synthetic fibre GB; man-made fiber US.rare

Kunstfaserpapier n <pap> • synthetic fiber paper US; synthetic fibre paper GB

Kunstfaserzellstoff m <pap> • rayon pulp

Kunstflug m <aerospace> • acrobatic flying

Kunstflugprogramm n <aerospace> • acrobatic flying program

Kunstflugrahmen m <navig> (All-Lagen-Kreiselgerät) • outer gimbal

Kunstflug-RC-Segler m <aerospace> • acrobatic RC sailplane; acrobatic RC glider

kunstflugtaugliches Kreiselgerät n <navig> • all-attitude gyro

Kunstharz m <kst> (allg.; z. B. in Farben, GFK-Teilen, Bindemitteln) • synthetic resin; resin pract

Kunstharzausrüstung f <textil> • resin finish; synthetic-resin finish

Kunstharzaustauscher m <verf> (Ionenaustauscher) • resinous exchanger

Kunstharzbindemittel n <chem> • synthetic-resin vehicle

Kunstharzbindung f <wz> (Schleifscheibe) • synthetic-resin bonding; resinoid bonding; synthetic-resin bond

Kunstharzfilterung f <verf> • artificial resin filtration

kunstharzhaltige Bindung f <wz> (Schleifscheibe) • synthetic-resin bonding; resinoid bonding; synthetic-resin bond

kunstharzisoliert <el> • resin-insulated; synthetic-resin-insulated

Kunstharzkitt m <füg> • synthetic-resin cement

Kunstharzkleber m <füg> • synthetic-resin adhesive

Kunstharzlack m <obfl> (trocknet durch Verdunstung und Oxidation) • synthetic enamel; enamel pract; synthetic-resin varnish rare; synthetic varnish rare

Kunstharzleim m <füg> • synthetic-resin glue

Kunstharzmodell n <prod> • resin model

Kunstharzpressholz n <mat> • compregnated wood

Kunstharzspachtel m <obfl> • polyester filler; body filler coll; plastic filler; resin filler

Kunstharzsperrholz n <holz> • resin-bonded plywood

kunstharzverleimt <füg> • resin-glue-bonded

Kunstholz n <mat> • artificial wood

Kunsthorn n <mat> • artificial horn; casein plastic

Kunstkautschuk m <kst> • synthetic rubber (SR); artificial rubber; man-made rubber

Kunstkautschukklebstoff m <füg> • synthetic rubber adhesive

Kunstkeramik f <silik.kunst> • art ceramics

Kunstkopf m DIN 1320 <akust> • artificial head

Kunstleder n <mat> (betont: nicht echt) • imitation leather

Kunstleder n <mat> (allg.) • artificial leather

Kunstleder auf Vliesbasis n <mat> • imitation leather on nonwoven backing

Kunstlederlack m <obfl> • artificial leather finish

Kunstleitung f <tele> • artificial line

Kunstlicht n <licht> (Farbtemperatur 3200–3400 K) • tungsten light; artificial light; tungsten pract

Kunstlichtfilm m <phot> (im Ggs. zu Tageslichtfilm) • tungsten-balanced film; tungsten film; indoor film

Kunstlichtquelle f <phot> • artificial light source

Kunst-Logistik f <logist> • artwork logistics

Kunstschaltung f <el> • artificial network

Kunstschnee m <sport> • artificial snow; man-made snow form

Kunstseide f <textil> • rayon

Kunstspeiseeis n <nahr> • manufactured ice [cream]

Kunststein m <bau.mat> (Zementwerkstein) • artificial cement stone; cast stone

Kunststoff m <kst> • plastic [material]; vinyl coll.pract

Kunststoffabdeckung f <energ.sol> (auf Absorbern) • plastic glazing

Kunststoffabdeckung f <kfz.el> (steif; Kunststoff; z. B. Generatorrückseite) • dust cover; molded cover Lucas

Kunststoffabdeckung f <kst> (allg., Formteil) • molded cover

Kunststoffabfälle mpl <kst.ents> • plastic waste sg

Kunststoffabfall m <kst.ents> (aus der Produktion) • waste plastic

Kunststoffabfall m <kst.ents> • plastic waste sg

Kunststoffauflage f <obfl> • plastic coating

Kunststoffauskleidung f <pack> • plastic lining

Kunststoffaußenhülle f <el> • oversheath; over-sheath; extruded oversheath; plastic oversheath; protective sheath[-ing]

Kunststoffaußenmantel m <el> (von Kabeln) • plastic sheath; synthetic cable jacket; outer plastic sheath

Kunststoffbeplankung f <bau> (z. B. von Holzrahmen) • vinyl cladding

kunststoffbeschichten vt <pap> (Etiketten o. ä.) • plasticize vt; plasticise vt

kunststoffbeschichtet <kst.obfl> (eher weich; z. B. Cabrioverdeckmaterial) • vinyl-coated

kunststoffbeschichtet <obfl> (allg.) • plastic-coated

kunststoffbeschichtetes Papier n <phot> • resin-coated paper; RC paper; plastic-coated paper; plastic-based paper; plastic paper

Kunststoffbeschichtung f <obfl> (z. B. von Papier) • plastic coating

Kunststoffbeutel m <pack> (typ. aus PE oder PP) • polythene bag

Kunststoffbindung f <doku> • plastic binding

Kunststoff-Blend m/n <kst> • polyblend

Kunststoffdecke f <kst> • plastic cover

Kunststoffdichtungsbahn f <ents> (Deponiesohle) • plastic liner; plastic liner sheet

Kunststoff-Display n <edv> • LEP display; plastic display rare

Kunststoffdruckform f <druck> • polymer printing plate; polymer plate pract; plastic printing plate rare

Kunststoffdruckplatte f <druck> • polymer printing plate; polymer plate pract; plastic printing plate rare

Kunststoffe mpl <kst> (Thermoplaste, Duroplaste und Elastomere) • plastics pl; synthetic polymers

Kunststoffeinkapselung f <pharm> (z. B. von Tabletten) • plastic encapsulation

Kunststoffe mit geringem Fogging-Effekt mpl <kst> (mit geringen Weichmacher-Ausdünstungen) • low-fog plastics

Kunststoff-Entwicklungsdose f <phot> • plastic tank; plastic developing tank

Kunststofffaseroptik f <opt> • synthetic fiber optics; synthetic fibre optics GB

Kunststofffenster *n* <bau.kst> • vinyl window; PVC window *rar*

Kunststoff-Filterkörper *m* <verf> • resin filter medium

Kunststofffförderband mit integrierten Rollen *n* <förd> • roller top belt

Kunststofffolie *f* <kst> *(Kunststoff, Dicke <0,25 mm)* • film

Kunststofffolie *f* <kst> *(Kunststoff, als Platte; Dicke >0,25 mm)* • sheet; plastic sheet

Kunststofffolienkondensator *m* <el> • plastic film capacitor

Kunststofffolienschweißgerät *n* <füg> • plastic film welder; plastic sheeting welder

Kunststofffolienzuschnitt *m* <pack> • plastic-sheet blank

Kunststoffformen *n* <kst.prod> • plastic molding

Kunststoffformmasse *f* <kst> • plastic molding material

Kunststoffformteil *n* <prod> • plastic molding

Kunststoff-Füllkörper *m* <verf> • resin filter medium

Kunststoffgehäuse *n* <tech.allg> • plastic housing

Kunststoffgehäuse *n* <el> *(von Bauelementen)* • plastic package; plastic case; molded case; plastic housing

Kunststoffgewinde *n* <kst> • plastic thread

Kunststoffgriff *m* <tech.allg> *(z. B. von Werkzeug, Pfannen, Essbesteck)* • plastic handle

Kunststoffhalbzeug *n* <kst> • plastic semiproduct; semifabricated plastic

Kunststoffhammer *m* <wz> • plastic hammer; plastic-faced hammer; plastic tip hammer *US*

Kunststoffhilfsstoff *m* <kst> • plastic additive

Kunststoffhülse *f* <textil> *(Spule, Wickel, Rolle)* • plastic tube

kunststoffimprägniert <mat> • plastic-proofed

Kunststoffindustrie *f* <ökon> • plastics industry

kunststoffisoliert <tech.allg> *(el. Strom, Feuchtigkeit, Wärme)* • plastic-insulated

kunststoffisolierter Leiter *m* <el> • plastic-insulated conductor

kunststoffisoliertes Kabel *n* <el> • plastic-insulated cable

kunststoffisoliertes Kabel *n* <el> • polymeric cable; polymeric-insulated cable *form*; plastic-insulated cable; plastic cable *coll*; solid-dielectric [insulated] cable *rare*

Kunststoffisolierung *f* <el> • plastic insulation

Kunststoffkabel *n* <el> • polymeric cable; polymeric-insulated cable *form*; plastic-insulated cable; plastic cable *coll*; solid-dielectric [insulated] cable *rare*

Kunststoffkarosserie *f ugs* <kfz> • GRP body *form*; glass fibre bodywork *GB*; fiberglass body *US*; fiberglass bodywork *GB*; glass body *coll*

Kunststoffkleben *n* <füg> • bonding of plastics; plastic bonding

Kunststoffkleber *m prakt* <füg> • plastic adhesive; plastic-bonding adhesive *US.rare*

Kunststoffklebstoff *m* <füg> • plastic adhesive; plastic-bonding adhesive *US.rare*

Kunststoffkörper *m* <bio> *(Tierpräparation)* • body form; mounting body

Kunststoffkörper *m* <verf> • resin filter medium

Kunststoffkompensator *m* <rls> • non-metallic expansion joint

Kunststoff-Kraftstoffbehälter *m* (KKB) <kfz.kst> *(komplexes Blasformteil)* • plastic fuel tank

Kunststoffkühlturm *m* <verf> • plastic cooling tower

Kunststofflaminat *n* <kst> • laminated plastic

Kunststofflegierung *f* <kst> • plastic alloy

Kunststoff-Lichtwellenleiter *m* <lwl> • polymere optical fiber (POF); polymere optical waveguide

Kunststoffmantel *m* <el> *(von Kabeln)* • plastic sheath; synthetic cable jacket; outer plastic sheath

Kunststoffmantelkabel *n* <el> • plastic-sheathed cable

Kunststoffmasse *f* <kst> • plastic molding compound

Kunststoffmischung *f* <kst> • plastic composition

kunststoffmodifizierter Spritzbeton *m* <bau.mat> • sprayed polymer cement concrete (SPCC); polymer-modified cementicious mix for spray application *:V*; polymer-modified sprayed concrete *:V*; sprayed concrete with polymer additive

Kunststoffmotor *m* <kfz.mot> *(besteht im Wesentlichen aus Kunststoffteilen)* • plastic engine *:V*

Kunststoffmutter *f* <füg> • plastic nut

Kunststoffpresse *f* <kst> • plastics press

Kunststoffpressteil *n* <kst> • compression-molded plastic [part]

Kunststoffprofil *n* <bau.kst> • vinyl profile

Kunststoffprüfung *f* <qualit.mat> • testing of plastics

Kunststoffpumpe *f* <förd> • plastic pump

Kunststoffreiniger *m* <kst> • vinyl cleaner

Kunststoffring *m* <kst> • vinyl ring

Kunststoffsack *m* <pack> *(typ. aus PE oder PP)* • polythene bag

Kunststoffsaugrohr *n* <kfz> *(Ansaugkrümmer)* • plastic intake manifold

Kunststoffschnitzel *npl* <ents> • plastic cuttings

Kunststoffschrott *msg ugs* <kst.ents> • plastic waste *sg*

Kunststoffschweißen *n* <füg> • plastic welding; welding of plastics; plastics welding *rare*

Kunststoffschwelle *f* <bahn> • plastic sleeper

Kunststoffsicherungskappe *f* <kfz.mot> *(Vergaser)* • anti-tampering plug; idle mixture adjustment screw limiter [cap]; limiter cap

Kunststoffspachtel *m* <obfl> • polyester filler; body filler *coll*; plastic filler; resin filler

Kunststoffspirale *f* <phot> *(Entwicklerdose)* • plastic tank reel; plastic reel

Kunststoff-Spiraleinsatz *m* <phot> *(Entwicklerdose)* • plastic tank reel; plastic reel

Kunststoffstreifen *m* <tech.allg> • plastic strip; styrene strip *coll*; vinyl strip *coll*

Kunststoffsubstrat *n* <mat> • plastic substrate

Kunststoffsyntheseverfahren *n* <kst> *(Oberbegriff für Additions- und Kondensations-Syntheseverfahren)* • polymerization

Kunststofftechnik *f* <kst> • plastics engineering

Kunststoffteil *n* <kst> • plastic component

Kunststofftierkörper *m* <bio> *(Tierpräparation)* • body form; mounting body

Kunststofftrennung durch selektive Fällung *f* (KSF) <ents.verf> • plastic waste separation by selective precipitation

Kunststoffüberzug *m* <obfl> • plastic coat[ing]

Kunststoffumhüllung *f* <pack> *(Folienverpackung)* • plastic wrap

kunststoffummantelter Zahnriemen *m* <kfz.mot> • plastic coated toothed belt; plastic coated spur belt

kunststoffummanteltes Kabel *n* <el> • plastic-sheathed cable

Kunststoffummantelung *f* <kst> • plastic coating

Kunststoffumpressung *f obs.rar* <el> *(von Bauelementen)* • plastic package; plastic case; molded case; plastic housing

kunststoffverarbeitende Industrie *f* <ökon> • plastics processing industries

Kunststoffverarbeitungstechnik *f* <kst> *(als Verfahren, Methode)* • plastics processing technique

Kunststoff-Verbindungselement *n* <füg> *(z. B. Clips, Schrauben und Muttern aus Kunststoff)* • plastic fastener

kunststoffvergüteter Spritzmörtel *m* <bau.mat> • sprayed polymer cement concrete (SPCC); polymer-modified cementicious mix for spray application *:V*; polymer-modified sprayed concrete *:V*; sprayed concrete with polymer additive

kunststoffverkappt <pack> • plastic-encapsulated

Kunststoffverkleidung *f* <bau> *(z. B. von Holzrahmen)* • vinyl cladding

Kunststoffverkleidung *f* <bekl> *(Stiefel)* • plastic sheathing

Kunststoff-Verkleidungen *fpl* <kst> • vinyl trim *sg*

Kunststoffwalze *f* <druck> • synthetic roller

Kunststoffwerkstoff *m* <kst> • plastic material

Kunststoffzusatzstoff *m* <kst> • plastic additive

Kuoxamfaser *f* <textil> • cuprammonium fiber *US*; cuprammonium fibre *GB*

Kuoxamseide *f* <textil> • continuous-filament cuprammonium rayon

Kupellation *f* <metall> • cupellation; cupellation assay; cupel assay

Kupelle *f* <metall> *(bes. für Edelmetalle)* • cupel

Kupellenprobe *f* <metall> • cupellation; cupellation assay; cupel assay

Kupellieren *n* <metall> • cupellation; cupellation assay; cupel assay

kupellieren *vt* <metall> *(Edelmetallanalyse)* • cupel *vt*; heat and refine in a cupel *vt*

Kupellierofen *m* <metall> *(mit Kupelle)* • cupellation furnace; cupel

Kupfer *n* (Cu) <chem> • copper (Cu); cuprum metallicum

Kupferarsenit *n* <chem> • copper arsenite; Scheele's green; copper orthoarsenite; cupric arsenite

Kupferbad *n* <obfl> *(zum Verkupfern)* • copper bath; copper plating bath; copper solution

Kupferbanderder *m* <el> • copper-strip earth conductor

Kupferbandwendel *f* <el> *(Kabelabschirmung)* • contact helix; copper equalizing tape; counter helix

Kupferblech *n* <mat> *(eher dick)* • copper plate

Kupferblech *n* <mat> *(eher dünn)* • copper sheet; sheet copper

Kupferchloridverfahren *n* <petr> • copper chloride process; copper chloride sweetening process

Kupfer-Chrom-Nachbehandlung *f* <textil> • copper-chrome aftertreatment

Kupferdraht *m* <el> • copper wire

Kupferdrahtkäfig *m* <tech.allg> • copper wire cage; copper cage

Kupferdruck *m* <druck> • copperplate printing

Kupfer/Eisen-Vorschaltgerät *n* <el> *(Induktivität)* • iron-copper ballast

Kupfererstarrungspunkt *m* <phys> *(Fixpunkt)* • freezing point of copper

Kupferfolie *f* <mat> • copper foil

Kupfergeflecht *n* <el> • copper braid

Kupfergewebe *n* <el> *(z. B. gegen stat. Aufladung)* • copper gauze

Kupferglanz *m* <min> • chalcocite; copper glance

kupferhaltig <min> *(Erz)* • copper-bearing; cupriferous

Kupferhammer *m* <wz> • copper-faced hammer

Kupfer(II)-oxid *n* <chem> • copper (II) oxide

Kupferindigo *m* <min> • blue copper; indigo copper

Kupfer-Indium-Diselenid *n* (CIS) <el> *(Verbindungshalbleiter)* • copper indium diselenide (CIS)

Kupfer(I)-oxid-Gleichrichter *m* <el> • copper oxide rectifier; cuprous oxide rectifier; cuprox rectifier

Kupferkabel *n* <el> • copper cable

Kupferkäfig *m* <tech.allg> • copper wire cage; copper cage

Kupferkalkbrühe *f* <chem> • Bordeaux mixture

kupferkaschierter Schichtstoff *m* <mat> • copper-clad laminate

kupferkaschiertes Laminat *n* <mat> • copper-clad laminate

Kupferkern *m* <kfz.el> *(Zündkerze)* • copper core; copper nucleus

Kupferkies *m* <min> • chal-copyrite; yellow copper ore

Kupferkohle *f* <el> • copper-plated carbon

Kupferkonverter *m* <metall> • copper converter

Kupferkunstseide *f* <textil> • copper rayon

Kupferlackdraht *m* <el> *(typ. für Spulen; z. B. in Trafos)* • enameled copper wire *US*; enamelled copper wire *GB*

Kupferlegierung *f* <mat> *(z. B. Messing, Bronze)* • copper alloy; copper-base alloy

Kupferleiter *m* <el> • copper conductor

Kupferlitze *f* <el> • stranded copper wire; copper strand; copper litz wire

Kupferlösung *f* <chem> • copper solution

Kupfermanteldraht *m* <mat> • copper-clad wire

kupfern *vt* <textil> • copperize *vt*

Kupfernachbehandlung *f* <metall> • copper aftertreatment

Kupfernickel *n* <mat> • cupro-nickel; cupro-alloy

Kupfer-Oxid-Verfahren *n* <emiss.verf> • Copper Oxide process

kupferplattiert <obfl> • copper-clad

Kupferplattierung *f* <obfl> *(eher dick)* • copper cladding

Kupferraffination *f* <metall> • copper refining

Kupferrückgewinnung *f* <ents> • copper recovery

Kupferschiefer *m* <min> • copper shale; copper schist

Kupferschwamm *m* <min> • copper sponge

Kupferseide *f* <textil> • copper rayon

Kupferstein *m* <metall> • copper matte

Kupfersteinkonverter *m* <metall> • copper converter

Kupfersteinverblasen *n* <metall> • copper converting

Kupferstich *m* <kunst> • copperplate engraving

Kupfersüßung *f* <petr> • copper sweetening

Kupfersulfid *n* (CuS) <min> • copper sulfide (CuS); Covellite

Kupfertiefdruck *m* <druck> • photogravure printing; rotogravure

Kupfertiefdruckpresse *f* <druck> • gravure press; gravure printing press

Kupferüberzug *m* <obfl> *(eher dünn)* • copper coating

Kupferüberzug *m* <obfl> *(eher dick)* • copper cladding

Kupferverlust *m* <el> *(von Trafos)* • short-circuit loss; copper loss

Kupfervitriol *n* <min> • copper vitriol; chalcanthite *thsc*; blue vitriol; bluestone *coll*

Kupferwalze *f* <textil.druck> *(für Textildruck)* • copper roller

Kupferwalzwerk *n* <metall> • copper rolling mill

Kupferzahl *f* <pap> *(Zellstoff)* • copper number

Kupolofen *m* <metall> • cupola furnace; cupola

Kupolofenvorherd *m* <metall> • cupola receiver

Kupon *m* <werb> *(Rücksendeabschnitt; z. B. auf Werbemails)* • return coupon; coupon

Kuppe *f* <allg> • crest

Kuppe *f* <geo> • dome

Kuppe *f* <verk> *(Straße)* • summit

Kuppel *f* <bau> *(z. B. Kirche)* • dome; cupola

Kuppel *f* <edv> *(halbkugelförmiges Objekt; CAD)* • dome

Kuppel *f* <verbr> *(eines Ofens)* • crown

Kuppeldach *n* <tech.allg> *(Bau, auch bei Kfz)* • domed roof

Kuppelgewölbe *n* <bau> • arch dome

kuppelieren *vt* <metall> *(mit Probetiegel)* • cupel *vt*

Kuppelkette *f* <masch> • lashing chain

Kuppelleitung *f* <tele> • trunk feeder; interconnecting feeder; interconnecting trunk

kuppeln *vi* <kfz> *(mit lösbarer Kupplung)* • clutch *vi*

kuppeln *vt* <tech.allg> *(anschließen)* • connect *vt*
kuppeln *vt* <tech.allg> • couple *vt*
kuppeln *vt* <tech.allg> *(hintereinander; z. B. Kondensatoren, Werkzeuge)* • gang *vt*
kuppeln *vt* <tech.allg> *(miteinander verbinden, wechselseitig verriegeln)* • interlock *vt*
kuppeln *vt* <masch> *(formschlüssig)* • engage *vt*
kuppeln *vt* <textil> *(Färberei)* • couple *vt*
Kuppelradsatz *m* <bahn> *(Lokomotive)* • coupled wheel pair
Kuppelschleuse *f* <hydr> • chain of locks
Kuppelschraube *f* <bahn> *(z. B. mit Bundmutter und Unterlage für Doppelschwellen)* • coupling screw
Kuppelstange *f* <bahn> *(zw. Antriebsrädern)* • connecting rod
Kuppelstaumauer *f* <bau.hydr> • dome dam
Kuppeltisch *m* <wz.masch> • tandem table
Kuppelzelt *n* DIN ISO 7152 <tour> • hoop tent *ISO 7152*
Kuppenausrundung *f* <verk.bau> *(Straßenbau)* • summit curve
Kuppenkreis *m* <masch> • nose circle
kuppenverspiegelt <licht> *(Lampe)* • crown silvered
Kuppenwinkel *m* <kfz.antr> *(Fahrzeugaufbau)* • ramp breakover angle; breakover angle
Kupplung *f* <antr> *(ausrückbare Wellenverbindung zur Kraftübertragung)* • clutch
Kupplung *f prakt* <bahn> • railway coupling; coupling *pract*
Kupplung *f* <el> *(Übertrager; z. B. optisch, opto-elektronisch)* • coupler
Kupplung *f* <el> *(komplett mit Kabel)* • female plug cable
Kupplung *f* <masch> *(Verbindung von Wellen, nicht schaltbar)* • coupling
Kupplung für Belichtungsmesser *f* <phot> *(zwischen Objektiv und Gehäuse; z. B. ein Stift)* • meter-coupler
Kupplung für Vorlauf *f* <wz.masch> • forward clutch
Kupplung im Ölbad *f* <kfz.antr> • wet clutch; oil-immersed clutch
Kupplung mit Membranfeder *f* <kfz.antr> • diaphragm-spring clutch
Kupplung mit Schraubenfedern *f* <kfz.antr> • coil-spring clutch; Borg and Beck clutch *rare*; direct-pressure coil-spring clutch *rare*
Kupplung mit Tellerfeder *f* <kfz.antr> • diaphragm-spring clutch
Kupplungsaktuator *m* <kfz.antr> *(EKM)* • clutch actuator
Kupplungsantrieb *m* <tech.allg> • coupling drive
Kupplungsausrückgabel *f rar* <kfz.antr> • clutch release lever/yoke; throwout lever/fork/yoke; release lever; clutch fork; actuating lever
Kupplungsausrückhebel *m* <kfz.antr> • clutch release lever/yoke; throwout lever/fork/yoke; release lever; clutch fork; actuating lever
Kupplungsausrücklager *n* <kfz.antr> • clutch release bearing; throwout bearing *pract*; release bearing *pract*; clutch throw-out bearing *rare*
Kupplungsausrückung *f* <kfz.antr> • clutch throw-out; clutch withdrawal
Kupplungsausrückwelle *f* <kfz.antr> • clutch withdrawal shaft
Kupplungsbelag *m* <kfz.antr> • clutch lining; clutch facing
kupplungsbetätigt <antr> *(ein- und ausrückbar)* • clutch-actuated; clutch-operated
Kupplungsbetätigungsgabel *f rar* <kfz.antr> • clutch release lever/yoke; throwout lever/fork/yoke; release lever; clutch fork; actuating lever
Kupplungsbolzen *m* <masch> *(Teil einer Bolzenkupplung)* • coupling bolt
Kupplungsbremse *f* <kfz.antr> • clutch brake; clutch stop

Kupplungsbügel *m* <bahn> • D-link; looped coupling link
Kupplungsbügel *m* <masch> • bent coupling link
Kupplungsbütte *f* <obfl> • coupling vat
Kupplung schleifen lassen *vi* <kfz.antr> • slip the clutch *vi*; let the clutch slip *vi*
Kupplung schnell kommen lassen *vi* <kfz> • sidestep the clutch *vi*
Kupplungsdaumen *m* <antr> *(Nocken)* • clutch cam
Kupplungsdeckel *m* <kfz.antr> • clutch cover
Kupplungsdorn *m* <kfz.wz> • clutch aligning tool; clutch alignment tool
Kupplungsdruckfeder *f* <kfz.antr> • clutch thrust spring
Kupplungsdrucklager *n* <antr> • clutch thrust bearing
Kupplungsdruckplatte *f* <kfz.antr> • clutch pressure plate; clutch thrust plate *rare*; clutch presser plate *rare*
Kupplungsdruckscheibe *f rar* <kfz.antr> • clutch pressure plate; clutch thrust plate *rare*; clutch presser plate *rare*
Kupplungseffekt *m* <phys> *(Tieftemperatur-Physik)* • proximity effect
Kupplungsexpansionsring *m* <masch> • clutch spreader
Kupplungsflansch *m* <masch> • coupling flange
Kupplungsflotte *f* <obfl> • developing liquor
Kupplungsflüssigkeit *f* <kfz.antr> • clutch fluid
Kupplungsführungsdorn *m* <kfz.wz> • clutch aligning tool; clutch alignment tool
Kupplungsführungslager *n* <antr> • clutch guide bearing
Kupplungs-Führungslager *n* <kfz.antr> • clutch pilot bearing; clutch pilot bushing
Kupplungsfußhebel *m form.rar* <kfz> • clutch pedal
Kupplungsgeberzylinder *m* <kfz.antr> *(hydraulische Kupplungsbetätigung)* • clutch master cylinder
Kupplungsgehäuse *n* <kfz.antr> *(von Lamellenkupplungen; z. B. in Automatikgetriebe)* • clutch retainer
Kupplungsgehäuse *n* <kfz.antr> *(an Schaltgetriebe)* • clutch bell housing; clutch housing; bell housing *pract*
Kupplungsgehäuse *n* <masch> *(allg. bei Schaltkupplungen)* • clutch housing; clutch case
Kupplungsgestänge *n* <kfz> *(z. B. zwischen Kupplungspedal und Kupplung)* • clutch linkage
Kupplungsglocke *f* <kfz.antr> *(an Schaltgetriebe)* • clutch bell housing; clutch housing; bell housing *pract*
Kupplungshälfte *f* <masch> • half-coupling
Kupplungshaken *m* <bahn> • coupling hook; drawhook
Kupplungshaken *m* <fz> *(Anhänger)* • drawbar hook; drawhook; tow-hook
Kupplungshebel *m* <kfz> *(am Motorradlenker; rechts)* • clutch lever
Kupplungskabel *n* <kfz> *(Bowdenzug; Motorrad)* • clutch control-lever cable
Kupplungskabel *n rar* <kfz> *(Hülle und Seil)* • clutch cable
Kupplungskegel *m* <antr> *(Reibungskupplung)* • clutch cone
Kupplungsklaue *f* <antr> *(Teil der Klauenkupplung; nur im Stillstand schaltbar)* • clutch dog
Kupplungsklaue *f* <nfz> • hook
Kupplungskomponente *f* <obfl> *(von Lacksystemen)* • coupling component
Kupplungskopf *m* <kfz> *(Anhängerkupplung; Kopfstück der Deichsel)* • coupling head; coupler head
Kupplungskopf *m* <nfz.brems> *(Bajonettkupplung der Druckluftleitungen Zugfahrzeug/Anhänger)* • gladhand coupling; quick release end coupling *GB*; brake line coupling; end coupling *GB*
Kupplungskugel *f* <kfz> *(Anhängekupplung)* • trailer hitch ball; hitch ball; trailer ball; tow ball; ball

Kupplungslänge f <bahn> • length between couplings

Kupplungslager n <kfz.antr> • clutch pilot bearing; clutch pilot bushing

Kupplungslamelle f <antr> (trägt die Reibflächen) • clutch segment

Kupplungsmuffe f <masch> (im Betrieb schaltbar) • clutch sleeve

Kupplungsmuffe f <masch> (im Betrieb nicht schaltbar) • coupling sleeve

Kupplungsmuffenführung f <masch> (in schaltbarer Kupplung) • clutch sleeve guide

Kupplungsmutter f <masch> • coupling nut

Kupplungsnabe f <kfz.antr> • clutch hub; hub plate

Kupplungsnehmerzylinder m <kfz.antr> (hydraulische Kupplungsbetätigung) • clutch slave cylinder

Kupplungspedal n <kfz> • clutch pedal

Kupplungspedal kommen lassen <kfz> • release the clutch pedal vi; engage the clutch vi

Kupplungspunkt m <kfz.antr> (Drehmomentwandler) • coupling point

Kupplungsreibbelag m <antr> (auf Kupplungsscheibe) • clutch facing; clutch friction-surface facing rare

Kupplungsrolle f <phot> (Entfernungsmesser) • coupling wheel; RF coupling wheel

Kupplungsrupfen n <kfz.antr> (ruckartiges, aussetzendes Greifen) • clutch judder; clutch shudder

Kupplungsrutschen n <antr> (von Reibungskupplungen allg.) • clutch slip

Kupplungsschaltung f <antr> (Vorgang) • clutch operation

Kupplungsscheibe f <kfz.antr> (in Trockenkupplung; inkl. Reibbelag) • clutch disc US.GB; clutch disk US; friction plate; friction disc; driven plate US.rare

Kupplungsscheibe mit federndem Scheibenkranz f <kfz.antr> • spring clutch hub; sprung clutch hub

Kupplungsscheibe ohne Belagfederung f <masch> • rigid clutch hub

Kupplungsschleifen n <kfz.antr> (im Ggs. zu Kupplungsrutschen) • clutch drag

Kupplungsschlupf m <kfz.antr> (unerwünschte Relativbewegung zwischen Kupplungsscheibe und Schwungrad) • clutch slip

Kupplungsschraube f DIN 5917 <bahn> (z. B. mit Bundmutter und Unterlage für Doppelschwellen) • coupling screw

Kupplungsschutz m <masch> • protective guard [of a coupling]

Kupplungsschwengel m <bahn> • coupling screw handle; coupling screw lever

Kupplungsseil n <kfz.antr> (Draht im Bowdenzug) • clutch cable wire

Kupplungsspiel n <kfz> (Totgang in der Kraftübertragung zw. Pedal und Kupplung) • clutch pedal clearance; clutch free play rare

Kupplungsspiel-Einstellmutter f <kfz.antr> • clutch pedal free travel adjusting nut

Kupplungsspindel f <bahn> • coupling screw; coupling rod

Kupplungsstange f <bahn> • coupling screw; coupling rod

Kupplungssteckverbinder m <el> • receptacle

Kupplungssteuerung f <antr> • clutch-and-brake steering

Kupplungsstift für automatische Blendensteuerung m <phot> • EE servo coupling post Nikon

Kupplungsstück n <masch> • coupler; coupling

Kupplungsteil n <antr> (einer Schaltkupplung) • clutch member

Kupplungstreibscheibe f <antr> (allg.) • clutch drive plate

Kupplungstreibscheibe f <kfz.antr> (in Zweischeibenkupplung) • intermediate plate; intermediate drive plate; center drive plate US; interplate

Kupplungsverzahnung f <masch> • clutch teeth

Kupplungswandler m <kfz.antr> • TRILOK torque converter; TRILOK converter

Kupplungswegsensor m <kfz.msr> • clutch travel sensor

Kupplungszapfen m <masch> • driving end; tenon end; palm end

Kupplungszapfen m <masch> (an Rüttler) • wobbler

Kupplungszapfenlager n <antr> • clutch spigot bearing

Kupplungszentrierdorn m <kfz.wz> • clutch aligning tool; clutch alignment tool

Kupplungszentrierscheibe f <kfz.wz> • clutch aligning tool

Kupplungszentrierwerkzeug n <kfz.wz> (kompl. Satz) • clutch aligning set; clutch aligner set; clutch pilot tool set US; clutch aligning kit GB

Kupplungszug m <kfz> (Bowdenzug; Motorrad) • clutch control-lever cable

Kupplungszug m <kfz> (Hülle und Seil) • clutch cable

Kupplungszug m <kfz.antr> (Draht im Bowdenzug) • clutch cable wire

Kurbel f <tech.allg> (Teil eines Kurbeltriebs) • crank

Kurbel f ugs <bau> (zum Betätigen von Dreh- und Klappflügelfenstern) • roto handle; rotary-gear operator form; crank handle; crank coll

Kurbel f <förd> (als Winde) • winch

Kurbel f <fz> (Fahrrad) • crank

Kurbel f <masch> (zum Hochdrehen von etw.; z. B. an Fenster, Seilwinde) • winding handle

Kurbel f DIN 898 <wz> (im Steckschlüsselsatz) • speeder handle US; speed handle US; speeder [wrench] US; speeder brace GB; speed brace GB

Kurbelabkantpresse f <wz.masch> (für Bleche) • crank-type folding press; mechanical press brake

Kurbelabzieher m <fz> (für Fahrräder) • cotterless crank extractor; crank puller

Kurbelachse f <kfz> (Achse gezogen) • trailing link suspension

Kurbelarm m <fz> • crank arm; crankarm

Kurbelarm m <masch> (allg.) • crank arm

Kurbelbetätigung f <antr> • crank operation

Kurbeldrehgelenk n <masch> • crankpin joint

Kurbeldrehwinkel m <masch> • crank angle; crank rotation angle

Kurbeldrehzahl f <mech> • crank speed

Kurbelfenster n <tech.allg> • crank-operated window

Kurbelfenster n <bahn> • sash window

Kurbelfenster n <kfz> (manuell) • roll-up window; wind-up window GB; crank-operated side window rare

Kurbel für manuelles Filmrückspulen f <phot> (im Ggs. zum Rückspulen mit Motor) • manual-rewind crank

Kurbelgarnitur f <fz> • crankset

Kurbelgehäuse n DIN ISO 7967-1 <mot> (unterer Teil des Motorblocks) • crankcase ISO 7967-1; bottom end assembly coll; bottom end coll

Kurbelgehäuseabgase npl <kfz.emiss> (aus dem Kurbelgehäuse) • crankcase emissions pl

Kurbelgehäusebefestigungsschraube f <kfz.mot> • crankcase screw; crankcase bolt

Kurbelgehäuse-Befestigungsschraube f <kfz.mot> • crankcase screw; crankcase bolt

Kurbelgehäusebelüftung f prakt <kfz.emiss> (Zwangsentlüftung; gesetzl. vorgeschr.) • positive crankcase ventilation (PCV); crankcase emission control

Kurbelgehäusedeckel m DIN ISO 7967-1 <mot> • crankcase door ISO 7967-1

Kurbelgehäusedichtungssatz *m* <kfz.mot> • bottom end gasket set

Kurbelgehäuseemissionen *fpl* <kfz.emiss> *(aus dem Kurbelgehäuse)* • crankcase emissions *pl*

Kurbelgehäuseentlüfter *m* <kfz.emiss> *(Einrichtung, allg., jede Art)* • crankcase ventilation system; crankcase breathing system *GB*; crankcase vent; crankcase breather; breather *pract*

Kurbelgehäuseentlüftung *f* <kfz.emiss> *(Vorgang)* • crankcase ventilation

Kurbelgehäuseentlüftung *f* <kfz.emiss> *(Einrichtung, allg., jede Art)* • crankcase ventilation system; crankcase breathing system *GB*; crankcase vent; crankcase breather; breather *pract*

Kurbelgehäuseentlüftung *f* <kfz.emiss> *(Zwangsentlüftung; gesetzl. vorgeschr.)* • positive crankcase ventilation (PCV); crankcase emission control

Kurbelgehäuseentlüftungsleitung *f* <kfz.emiss> *(mit Anschluss an Saugrohr)* • crankcase purge line; smog tube *coll*

Kurbelgehäuseentlüftungsleitung *f* <kfz.emiss> *(ins Freie, nach unten heraushängend)* • road-draft tube *US*; road-draught tube *GB*

Kurbelgehäusegase *npl* <kfz.emiss> *(im Kurbelgehäuse)* • crankcase blow-by gases; crankcase blow-by; blow-by gases

Kurbelgehäusegase *npl* <kfz.emiss> *(aus dem Kurbelgehäuse)* • crankcase emissions *pl*

Kurbelgehäusehälfte *f* <kfz.mot> *(meist von Motorradmotoren)* • crankcase half

Kurbelgehäusehälften trennen *vi* <kfz.mot> • split the cases *vi*

Kurbelgehäusespülung *f* <mot> • crankcase scavenging

Kurbelgehäuse- und Aktivkohlefilterventilation *f* <kfz.emiss> • crankcase and canister purge system

Kurbelgehäuseunterdruck *m* <mot> • crankcase depression; crankcase vacuum

Kurbelgehäuseverdichtung *f* <mot> *(bei Zweitaktmotoren)* • crankcase compression; crankcase precompression

Kurbelgehäusevolumen *n* <kfz.mot> • crankcase air space; crankcase clearance volume; free volume of the crankcase

Kurbelgehäusezwangsentlüftung *f wiss.form* <kfz.emiss> *(Zwangsentlüftung; gesetzl. vorgeschr.)* • positive crankcase ventilation (PCV); crankcase emission control

Kurbelgehäuse-Zwangsentlüftungsventil *n did* <kfz.emiss> • PCV valve; positive crankcase ventilation valve; pollution control valve *coll*

Kurbelgelenkkraft *f* <mech> • crankpin force

Kurbelgestänge *n* <masch> • crank assembly; crank and link arrangement; pivoting linkage

Kurbelgestellpunkt *m* <masch> • crank pivot

Kurbelgetriebe *n* <antr> • crank mechanism; crank driving mechanism *rare*

Kurbelgetriebeschwungradpumpe *f* <masch> • crank and flywheel pump

Kurbelgriff *m* <bau> *(zum Betätigen von Dreh- und Klappflügelfenstern)* • roto handle; rotary-gear operator *form*; crank handle; crank *coll*

Kurbelgriff *m* <masch> *(zum Hochdrehen von etw.; z. B. an Fenster, Seilwinde)* • winding handle

Kurbelhub *m* <mech> • crank stroke

Kurbelinduktivität *f* <el> • inductance box

Kurbelinduktor *m* <el> *(mit Handkurbel)* • crank inductor; hand generator; magneto inductor

Kurbelkastenpumpe *f* <kfz.mot> • crankcase pumping chamber

Kurbelkastenspülung *f obs* <mot> • crankcase scavenging

Kurbelkastentotraum *m* <kfz.mot> • crankcase air space; crankcase clearance volume; free volume of the crankcase

Kurbelkastenunterdruck *m obs* <mot> • crankcase depression; crankcase vacuum

Kurbelkastenverdichtung *f* <mot> *(bei Zweitaktmotoren)* • crankcase compression; crankcase precompression

Kurbelkastenvorverdichtung *f* <mot> *(bei Zweitaktmotoren)* • crankcase compression; crankcase precompression

Kurbelkeil *m* <fz> *(Fahrrad; befestigt die Tretkurbel an der Tretlagerachse)* • crank cotter pin; cotter pin

Kurbelkette *f* <antr> • crank chain

Kurbelkopf *m* <masch> *(Pleuelfuß)* • crank end

Kurbelkreis *m* <mech> *(Bahn des Kurbelzapfens)* • crank circle

Kurbelkröpfung *f DIN ISO 7967-2* <masch> *(Abstand zw. Kurbelzapfen und Kurbelwellenachse; halber Hub; z. B. 40 mm)* • crank throw *ISO 7967-2*

Kurbelkröpfung *f* <masch> • crank pin

Kurbelkröpfungswange *f* <masch> • crank cheek

Kurbelkupplung *f* <masch> • crank-connecting link

Kurbellager *n* <masch> • crankshaft bearing

Kurbellagerbock *m* <masch> • crank bearing pedestal

Kurbellagerbock *m* <masch> • shaft bearing pedestal

Kurbelnabe *f* <masch> • crank boss

Kurbelpresse *f* <pack> • crank press

Kurbelpresse *f* <wz.masch> *(z. B. Tiefziehen)* • crank press

Kurbelpresse mit einfach gekröpfter Welle <wz.masch> • single-crank press

Kurbelpresse mit zweifach gekröpfter Welle <wz.masch> • double-crank press

Kurbelradius *m* <mech> *(zw. Kurbelwellenmitte und Kurbelzapfenmitte)* • crank radius

Kurbelriegel *m* • crank latch

Kurbelschalter *m* <el> • radial-arm switch

Kurbelscheibe *f* <masch> • crank cam

Kurbelscheibe *f* <masch> • crank disc

Kurbelscheibe *f* <masch> • disc crank

Kurbelscheibe *f rar* <mot> *(Kurbelkröpfung)* • crank web *ISO 7967-2*; crankshaft web; crank cheek *rare*

Kurbelschenkel *m* <masch> • crank cheek

Kurbelschenkel *m rar* <mot> *(Kurbelkröpfung)* • crank web *ISO 7967-2*; crankshaft web; crank cheek *rare*

Kurbelschere *f* <wz> • alligator shear

Kurbelschere *f* <wz.masch> • guillotine shears

Kurbelschleife *f* <masch> *(Kinematik)* • slider crank

Kurbelschleifenachse *f* <kfz> • damper strut suspension

Kurbelschleifenachse *f obs* <kfz> *(Fahrwerk)* • MacPherson suspension; strut suspension

Kurbelschleifengleitführung *f* <masch> • crank guide

Kurbelschleifengleitführung *f* <masch> • slotted piece

Kurbelschlüssel *m* <masch> • crank handle

Kurbelschmiedepresse *f* <wz.masch> • crank forging press

Kurbelschutzhaube *f* <sich> • crank guard

Kurbelschwinge *f* • crank and rocker mechanism

Kurbelschwinge *f* <masch> *(z. B. Hobelmaschine (Shaping))* • crank and rocker

Kurbelschwinge *f* <masch> *(v. Kurbel angetriebene Schwinge)* • crank arm

Kurbelschwinge *f* <masch> • main driving link

Kurbelschwinge *f* <masch> • main trunnion-mounted link

Kurbelschwinge *f* <masch> *(z. B. Waagrechtstoßmaschine)* • rocker arm

Kurbelschwinge f <wz.masch> (z. B. Waagrecht-Stoß-maschine) • pivoted link

Kurbelschwingsieb n <verf> • crank-shaking screen; screen with twin crankshaft drive

Kurbelstange f <masch> (allg., Verbindungsstange in Kurbeltrieb) • rotating link

Kurbelstange f obs.rar <mot> (zw. Kolben und Kurbel-welle) • connecting-rod; con-rod coll

Kurbelstangenkopf m <masch> • connecting-rod end; connecting-rod head

Kurbelstativ n <av> (für Kamera) • elevator tripod

Kurbelstütze f <kfz> (von Caravans) • corner steady; steady leg

Kurbelstuhl m <masch> • crank loom

Kurbeltrieb m <kfz.mot> (im Kurbelgehäuse) • crankshaft drive; bottom end coll

Kurbeltrieb m <masch> (allg.) • crank mechanism; crank driving mechanism

Kurbeltrog m <masch> • crank race

Kurbelversetzung f <masch> • crank displacement

Kurbelwagenheber m ugs <kfz.wz> (allg.; im Ggs. zu hydraulischem Wagenheber) • screw-type jack

Kurbelwange f DIN ISO 7967-2 <mot> (Kurbelkröpfung) • crank web ISO 7967-2; crankshaft web; crank cheek rare

Kurbelwannenheizung f <hlk> • crankcase heater

Kurbelweg m prakt <mech> (Kurbellage richtig durch Winkel angeben) • crank path

Kurbelwelle f <kfz.mot> • crankshaft; crank coll

Kurbelwellenauge n <masch> • crank eye

Kurbelwellen-Ausgleichsgewicht n <kfz.mot> • crankshaft counterweight

Kurbelwellenbund m <masch> • crankshaft shoulder

Kurbelwellendichtring m <kfz.mot> • crankshaft oil seal

Kurbelwellendrehmaschine f <wz.masch> • crankshaft lathe

Kurbelwellendrehung f <kfz.mot> • crankshaft rotation

Kurbelwellenfräsmaschine f <wz.masch> • crankshaft milling machine

Kurbelwellenhauptlager n <mot> (Hubkolbenmotor) • crankshaft main bearing; crankshaft bearing; main bearing

Kurbelwellenhauptlagerdeckel m <kfz.mot> • crankshaft main bearing cap; main bearing cap pract

Kurbelwellenhauptlagerstuhl m <kfz> (trägt die Kur-belwellenhauptlager) • crankshaft main bearing pedestal; main bearing pedestal; main bearing cradle; main bearing block; main bearing pillow rare

Kurbelwellenkettenrad n <förd> • crankshaft sprocket

Kurbelwellenkröpfung f <kfz.mot> (Maß) • crank throw

Kurbelwellenkröpfung f <mot> (zwei Kurbelwangen und dazwischen ein Pleuelzapfen) • crank

Kurbelwellenlager n prakt <mot> (Hubkolbenmotor) • crankshaft main bearing; crankshaft bearing; main bearing

Kurbelwellenlagerdeckel m <masch> • crankshaft bearing cap

Kurbelwellenlagerdeckel m <mot> • main bearing cap

Kurbelwellenlagerflansch m <kfz.mot> • crankcase main bearing flange

Kurbelwellenlagerschraube f <kfz.mot> • main bearing bolt

Kurbelwellenlagerzapfen m <kfz.mot> (im KW-Haupt-lager) • crankshaft journal; journal pract; crank journal ISO 7967-2

Kurbelwellenrad n <kfz.mot> • crankshaft sprocket

Kurbelwellenriemenscheibe f <kfz.mot> • crankshaft pulley

Kurbelwellenritzel n <kfz.mot> • crankshaft sprocket

Kurbelwellenschleifmaschine f <wz.masch> • crank-shaft grinding machine

Kurbelwellen-Startergenerator mit integriertem Drehschwingungstilger (ISAD) <kfz.mot> (integrated starter-alternator-damper system) • integrated starter-alternator-damper system (ISAD); ISAD system

Kurbelwellenumdrehung f <kfz.mot> • crankshaft revo-lution; revolution of crankshaft

Kurbelwellenwinkel m <kfz.mot> • degree of crankshaft rotation

Kurbelwellenwinkel m rar <kfz.mot> • crank angle; crankshaft angle

Kurbelwinkel m <kfz.mot> • crank angle; crankshaft angle

Kurbelwinkelgeber m <kfz.el> (elektronische Zündung) • reference mark sensor; firing point sensor VW; refer-ence pickup Chrysler

Kurbelwinkelskala m <kfz.el> • timing tab

Kurbelzapfen m DIN ISO 7967-2 <mot> (Kurbelwelle; trägt Pleuelfuß) • crank pin ISO 7967-2; crank-pin; con rod journal pract; connecting rod journal; connecting rod throw/pin rare

Kurbelzapfendreheinrichtung f <wz.masch> • crankpin turning attachment

Kurbelzapfenende n rar <kfz.mot> (auf dem Kurbelzap-fen gelagerter Teil des Pleuels) • connecting-rod big end; big end coll; crank pin end GB; bottom end ISO 7967-2; crankshaft end

Kurbelzapfengelenk n <masch> • crankpin joint

Kurbelzapfenmittelpunkt m <mech> • crank pivot

Kurbelzapfenschleifmaschine f <wz.masch> • crankpin grinding machine

Kurbelzapfenversatz m <kfz.mot> (Gabelmotor) • crank-pin offset

Kurbelziehpresse f <wz.masch> • crank drawing press

Kurier m <logist> (allg.) • courier; express delivery man; courier service man; dispatch service man

Kurier m <logist> (Fahrrad- od. Motorradkurierdienst) • dispatch rider

Kurkumapapier n <pap.chem> (Reagenzpapier) • tur-meric paper

Kurre f <nav> • bottom trawl; trawl

Kurrleine f <nav> • trawl warp; warp

Kurs m <navig> (eines Fahrzeugs allg.; z. B. Schiff, Flug-zeug) • course

Kurs m <navig> (eines Schiffs) • heading (HDG); course

Kurs m <sport> (Langlauf) • track; course

Kursablage f <navig> (senkrecht zur Kurslinie gemessen) • crosstrack error (XTE); cross track error; course-line de-viation; course deviation

Kursablageanzeiger m <navig> (Display) • course devia-tion indicator (CDI); course deviation scale; CDI display; crosstrack error indicator

Kurs absetzen vi <navig> • shape course for vi; lay the course vi

Kursabweichung f <navig> (senkrecht zur Kurslinie ge-messen) • crosstrack error (XTE); cross track error; course-line deviation; course deviation

Kursabweichungsalarm m <navig> (Empfänger) • XTE alarm

Kursabweichungsanzeige f <navig> (Display) • course deviation indicator (CDI); course deviation scale; CDI dis-play; crosstrack error indicator

Kurs ändern vi <navig> (Luftfahrzeug, Schiff) • change the course vi; alter the course vi

Kurs am Wind m <nav> • close-hauled course

Kursanzeige f <navig> (Instrument) • heading display; heading field; course indicator

Kursanzeiger m <navig> • heading indicator

Kursaufzeichnung f <navig> (Empfänger) • track plotting

Kursaufzeichnungs-Anzeigefeld n <navig> (Display) • record track field

Kursbeständigkeit f <navig> • course stability; course-keeping stability

Kursdisplay n <navig> (Instrument) • heading display; heading field; course indicator

Kurs durch Wasser m (KdW) <nav.navig> • course to steer (CTS); course steered; course through water; steered course

Kursfeuer n <navig> (allg.; Licht) • leading light; course-indicating beacon; route beacon; track beacon

Kursfeuer n <navig.aerospace> • airway beacon

Kursfunkfeuer n <navig> • course-indicating beacon; track beacon

Kursgeber m <navig> (Sollwert) • course setter; course setting device

Kursgeber m <navig> (Istwert) • course transmitter; heading sensor

Kursgleiche f <math> • rhumb line; rhumb pract

Kurs halber Wind m <nav> • beam reach

Kurs halten vi <navig> • keep the course vi

Kursivschrift f <doku> • italics

Kurskoppler m <navig> • automatic navigator

Kurskorrektur f <navig> • heading correction; off-course correction; course correction

Kurskreisel m VDI/VDE2171 73 <navig> (Lagekreisel mit Azimutwinkelmessung; Trägheitsnavigation) • directional gyro IEEE528 75; azimuth gyro; azimuth gyroscope

Kurskreisel m <navig> (betont: nach gyromagnetischem Effekt arbeitend) • gyromagnetic compass

Kurslinie f <navig> • course line; heading line

Kursnachführungsgerät n <navig> • tracker

Kursplotter m <navig> • track plotter; track recorder; course recorder

Kursprojektion f <navig> • track

Kursradar n <navig> • true motion radar

Kurs raumer Wind m <nav> • broad reach

Kursrechner m <aerospace.navig> • arbitrary course computer

Kursrechner m <navig> • offset course computer; course-line computer

Kursregler m <navig> • directional controller

Kursschreiber m <navig> • track plotter; track recorder; course recorder

kursstabil <fz> (z. B. Kraftfahrzeug, Schiff, Flugzeug) • directionally stable

kursstabil <navig> • course-keeping

Kursstabilität f <fz> • directional stability

Kurssteuerdüse f norm <aerospace> (Raumfahrzeug) • yaw-control nozzle; yaw-control jet

Kurs über Grund m (KÜG) <navig> • course over ground (COG); track

Kursübertragung f <navig> (vom Kreiselkompass auf Tochterkompasse) • transmission system

Kurs- und Abstandsrechner m <navig> • course-and-distance calculator; course-and-distance computer

Kurs- und Lagereferenzsystem n (KLR) <navig> • Attitude Heading Reference System (AHRS)

Kursverfolgung f <navig> • tracking

Kursversatz m (XTE) <navig> (senkrecht zur Kurslinie gemessen) • crosstrack error (XTE); cross track error; course-line deviation; course deviation

Kursversatzanzeige f (CDI) <navig> (Display) • course deviation indicator (CDI); course deviation scale; CDI display; crosstrack error indicator

Kursversatzanzeigefeld n <navig> (Display) • CDI scale field

Kursversatzskala f <navig> (Display) • CDI scale

Kursversetzung f <navig> • heading displacement

Kursvisier n <navig> • course sight

Kurs vor dem Wind m <nav> • run

Kurswagen m <bahn> • through coach

Kurswinkel m <navig> • heading angle

Kurszeichen n <navig> • course signal

Kurtosis f DIN 55350-23 <math> (arithmet. Mittelwert der 4. Potenz der standardisierten Beobachtungsw • kurtosis

Kurtschatovium n obs <chem> • rutherfordium (Rf); unnilquadium obs; kurtchatovium obs

Kurve f <allg> (jede Richtung; in Schaubild, Straße, Eisenbahntrasse, Flugbahn etc.) • curve

Kurve f <allg> (nach rechts oder links; Straße, Flugbahn) • turn

Kurve f ugs <av> • filter characteristic; filter curve

Kurve f <msr> (Kennlinie; z. B. Drehmomentverlauf über Drehzahl) • characteristic

Kurve f <verk> (Straße außerhalb von Ortschaften) • bend

Kurve f <wz.masch> (Exzenter, Nocken; z. B. zum mech. Steuern von Bewegungen) • cam

Kurve gleicher Pegellautstärke f DIN 1320 <akust> • isophone

Kurve mit Knickpunkt f <math> • sharp-kneed curve

Kurvenabtaster m <edv> • graph follower

Kurvenabtaster m <prod> (mechanisch, zum Nachfahren; z. B. beim Kopierfräsen) • curve follower

Kurvenabtaster m <prod> (berührungslos) • curve scanner

Kurvenanordnung f <wz.masch> (Steuernocken, Kurvenautomat) • cam arrangement; camming

Kurvenanstieg m <masch> (Nocken) • rise on the cam surface

Kurvenanstieg m <math> • curve slope; slope

Kurvenbahnfräsen n <prod> • cam-track milling

Kurvenband n <förd> • curving conveyor

kurvenbetätigt <masch> (Analogsteuerung mit Nocken, Kurvenscheiben) • cam-actuated; cam-operated

Kurvenbewegung f did <edv> (Animationsprinzip; kurvenförmiger Verlauf natürlicher Bewegungen) • arcs pl

Kurvenbild n <doku> • graphical plot

Kurvenblatt n <doku> (Diagramm) • curve sheet

Kurvenblock m <wz.masch> (z. B. Kurvenautomat) • cam segments on master drum

Kurvenbogen m <math> • curve arc

Kurvenbremsregelung f <kfz> • cornering brake control (CBC)

Kurvendiskussion f <math> • curve tracing

Kurvendrehautomat m <wz.masch> (kurvengesteuert; zur Schraubenfertigung) • cam-operated screw machine; cam-controlled screw machine

Kurvendrucker m <edv> • graph plotter

Kurveneingriffsglied n <masch> (Kurvensteuerung) • cam follower

Kurvenelement n <math> • path element

Kurvenfahren n <kfz> • cornering

Kurvenfahrt f <kfz> • cornering

Kurvenfahrverhalten n <kfz> (im Grenzbereich) • cornering performance; cornering ability; cornering power

Kurvenfaktor m CF <energ.sol> • fill factor (FF); curve factor CF

Kurvenfehler m <navig> • turn error

Kurvenfestigkeit f <kfz> (ohne Ausbrechen, geringe Wankneigung) • cornering stability; stability in turns; vehicle stability in turns rare

Kurvenflanke f <masch> (von Steuernocken) • cam face

kurvenförmig <allg> • curve-shaped

Kurvenform f <tech.allg> • curve shape

Kurvenform f <edv.av> (von einem Oszillator erzeugte Wellenform) • waveform; wave form; wave

Kurvenfräsmaschine f <wz.masch> • cam-milling machine

Kurvenführung f <tech.allg> *(z. B. an Stetigförderer, Werkzeugmaschine)* • curved guide

kurvengängig <fz> *(z. B. Flurförderer, Landmaschine, Kehrgerät)* • curve-going

Kurvengängigkeit f <med.instr> *(Stent, Trägersystem, Katheter)* • crossability

Kurvengenerator m <edv.av> • envelope generator (EG); contour generator

Kurvengeschwindigkeit f <kfz> • cornering speed

kurvengesteuert <msr> *(Analogsteuerung)* • cam-controlled

kurvengesteuerter Automat m <wz.masch> • cam-operated screw machine

Kurvengetriebe n <masch> *(Kinematik, Steuerung)* • cam mechanism

Kurvengierigkeit f <kfz> *(von Reifen)* • cornering ability

Kurvengrenzbereich m <kfz> • cornering limit

Kurvenhobeleinrichtung f <wz.masch> • cam-planing attachment

Kurvenhub m <msr> • cam throw

kurveninneres Rad n <kfz> • inside wheel

Kurvenintegral n <math> • line integral; curvilinear integral

Kurvenlage f <aerospace> • bank

Kurvenlage f obs.rar <kfz> *(im Grenzbereich)* • cornering performance; cornering ability; cornering power

Kurvenleser m <edv> • graph reader

Kurvenlineal n <doku> *(zum Zeichnen)* • French curve; irregular French curve *rare*

Kurvenlineal n <edv> • spline

kurvenlos <masch> *(ohne Nocken; Steuerung)* • camless

kurvenloser Automat m <wz.masch> • camless automatic

kurvenloser Drehautomat m <wz.masch> • camless automatic lathe

kurvenlose Steuerung f <masch> • camless control

Kurvenmechanismus m rar <masch> *(Kinematik, Steuerung)* • cam mechanism

Kurvenmessrad n <msr> • opisometer

Kurvenneigung f <fz> • roll; lateral sway

Kurvennetz n <doku> *(Schaubild)* • net of curves

Kurvennut f <masch> • cam groove

kurvenreich <allg> *(z. B. Landstraße)* • sinuous; curvy

kurvenreicher Straßenverlauf m <verk> • sinuous course of road

kurvenreiche Strecke f <verk> • twisty road; winding road; twisting road; twisties pl coll

Kurvenrolle f <masch> *(rollt an einer Nocke ab)* • cam roll; cam roller

Kurvenrolle f <masch> *(allg.)* • follower roll

Kurvenrolle f DIN ISO 5593 <masch> *(Laufrolle, deren Innenring in Form eines Bolzens verlängert ist)* • stud-type track roller *ISO 5593*

Kurvenrollenstößel m <msr> • cam-roller follower

Kurvenscanner m <prod> *(berührungslos)* • curve scanner

Kurvenschablone f <kunst> *(Zubehör)* • French curve; curve template; curve templet

Kurvenschaltgetriebe n <wz.masch> • index cam mechanism

Kurvenschar f <math> • family of curves; group of curves; set of curves

Kurvenscheibe f <autom> *(Exzenter, Nocken; zur Steuerung)* • radial cam; cam disk US; cam disc GB; edge cam

Kurvenscheibe f <energ.hydr> *(Turbinenschaufelverstellung)* • gate gear mechanism

kurvenscheibengesteuert <masch> *(z. B. Dreh-, Verpackungsmaschine)* • disk-cam-operated US; disc-cam-operated GB

Kurvenscheibengetriebe n <masch> • disk cam mechanism US; disc cam mechanism GB

Kurvenscheibenhub m <msr> • cam rise

Kurvenschere f <wz> *(mit zwei Klingen)* • curve shear; curve shears; curved shear; curved shears

Kurvenschere f <wz> *(mit rotierendem Messer)* • rotary curve-cutting shear

Kurvenschieber m <masch> • sliding cam plate

Kurvenschiebernut f <masch> *(Gleitsteineinführung)* • cam slot

Kurvenschneider m <kunst> *(Schneidewerkzeug)* • round-handled scalpel

Kurvenschnittmesser m <kunst> *(Schneidewerkzeug)* • round-handled scalpel

Kurvenschreiber m <druck> *(für Messwerte)* • XY plotter; graph plotter; function plotter; curve plotter

Kurvenschubgetriebe n <masch> *(Kinematik)* • cam-sliding follower mechanism

Kurvensegment n <tech.allg> • curved segment

Kurvenstabilität f <kfz> *(ohne Ausbrechen, geringe Wankneigung)* • cornering stability; stability in turns; vehicle stability in turns *rare*

Kurvensteilheit f <doku> *(Schaubild)* • peakedness

Kurvensteuerung f <masch> *(Analogsteuerung mit Nocken)* • cam control

Kurvenstößel m <msr> *(Nockensteuerung)* • cam follower

Kurvenstück n <tech.allg> • curve element

Kurvenstück n <bahn> *(Schiene)* • curved section

Kurventrommel f <autom> *(zur Steuerung; z. B. von Maschinen)* • drum cam; barrel cam; cylindrical cam; cam drum

kurventrommelgesteuert <wz.masch> *(z. B. Mehrspindel-Kurvenautomat)* • drum-cam operated

Kurventrommelsteuerautomat m <wz.masch> *(z. B. Mehrspindel-Drehmaschine)* • drum-cam-operated automatic; ram-type automatic

Kurvenüberhöhung f <bau.verk> • superelevation; banking; cant

Kurvenverhalten n <kfz> *(allg.; z. B. Seitenneigung)* • cornering behavior US; cornering behaviour GB

Kurvenverhalten [bei sportlicher Fahrweise] n <kfz> *(im Grenzbereich)* • cornering performance; cornering ability; cornering power

Kurvenverlauf m <msr> • curve trace

Kurvenvorschub m <wz.masch> *(z. B. bei Kurvenautomat)* • cam feed

Kurvenwelle f <masch> *(mit Nocken)* • camshaft

Kurvenwilligkeit f <kfz> *(von Reifen)* • cornering ability

Kurvenzug m <msr> • curve trace

Kurvenzylinder m <masch> *(Analogsteuerung)* • cam cylinder

kurvig <allg> *(z. B. Landstraße)* • sinuous; curvy

kurz <allg> *(räumlich, zeitlich)* • short

kurz <doku> *(Text)* • concise; brief; short

kurz <nahr> *(Wein)* • short finish

Kurzalterung f <qualit.mat> • accelerated aging

Kurzanleitung f <doku> *(meist auf festem Papier, Karton)* • quick reference guide; quick reference card

Kurzarbeit f <ökon> • shift reduction

Kurzarmschwinge f <fz> *(Motorrad)* • link fork

Kurzatmigkeit f <kfz.mot> *(eines Motors)* • shortness of breath

Kurzbalken m <bau> • half-beam

kurz bauender Motor m <kfz> *(Motor)* • compact engine

Kurzbauverteiler m <kfz.el> *(Zündverteiler ohne Schaft)* • short-type distributor

Kurzbedienanleitung f <doku> *(meist auf festem Papier, Karton)* • quick reference guide; quick reference card

Kurzbedienungsanleitung f <doku> (meist auf festem Papier, Karton) • quick reference guide; quick reference card

Kurzbefehl m <edv> • hotkey; shortcut

Kurzbettdrehmaschine f <wz.masch> • short-bed lathe

Kurzbewitterung f <qualit.mat> (von Oberflächen) • accelerated weathering [test]; artificial weathering rare

Kurzbewitterungsprüfung f <qualit.mat> (von Oberflächen) • accelerated weathering [test]; artificial weathering rare

Kurzblockmotor m <kfz.mot> (relativ kurz bauend; z. B. V6 ist kürzer als Reihe 6 oder V8) • short block engine; short engine; short block

Kurzbogenlampe f <licht> • short-arc lamp

kurzbrennweitig <opt> (Objektiv, Linse) • short-focal; short-focal-length

kurze Ansprechzeit f <msr> (von Sensoren) • quick response

kurze Bauform f <tech.allg> • short-bodied version

kurze Druckfarbe f <druck> • short ink

kurze Faser f <tech.allg> (z. B. Textil, Zellstoff, Glas) • short fiber US; short fibre GB

kurze Flotte f <textil> (Färberei) • concentrated liquor; concentrated bath

kurze freie Einspannlänge f <tech.allg> • short free span

kurze Produktlebensdauer f <econ> • short product life cycle

kurzer Abbaustoß m <min> • shortwall

kurzer Balken m <bau> • stub beam

kurzer Drall m <masch> (35°–45°) • quick helix

Kurzerhitzung f <nahr> (Wein) • flash pasteurization

kurzer Schraubendreher m <kfz.wz> (für Schlitzschrauben, kurze Ausführung) • stubby screwdriver; chubby screwdriver GB.form

kurzer Schraubendreher m <wz> (allg., jede Art) • stubby screwdriver; chubby screwdriver GB.form

kurzes Fahrerhaus n <nfz> • short cab; day cab coll

kurzes Joch n <min> • end crib; end plate

kurzes Übersetzungsverhältnis n <antr> (Getriebe) • low gearing ratio; low gearing

kurze Übersetzung f <antr> (Getriebe) • low gearing ratio; low gearing

kurze Zeitkonstante f <el> • fast time constant

Kurzfarbwerk n <druck> • anilox inking system

Kurzfaser f <tech.allg> (z. B. Textil, Zellstoff, Glas) • short fiber US; short fibre GB

Kurzfaser f <textil> • flock; milled fiber US; milled fibre GB; short-staple fiber US

Kurzfaserflachs m <textil> • short fiber flax

kurzfaserig <tech.allg> • short-fiber; short-fibre

kurzfaserig <textil> • short-stapled; short-staple

kurzfaseriger Zellstoff m <pap> • short fiber pulp US; short fibre pulp GB

Kurzfaserzellstoff m <pap> • short fiber pulp US; short fibre pulp GB

Kurzfassung f <doku> (grobe Beschreibung von etw.) • thumbnail description

kurzflammige Fettkohle f <verbr> • fat short-flame coal

kurzflammige Kohle f <verbr> • short-flame coal

Kurzflintglas n <silik> • short flint glass

Kurzflottenfärbemaschine f <textil> • short-liquor dyeing machine

Kurzform der Benennung f <term> • short form of term; short form

kurzfristig <jur> • short-term

kurzfristige Sicherungsmaßnahme f <ents> • short-term safegarding measure

kurzfristige Wettervorhersage f <meteo> • short-range weather forecast

kurzgeschlossen <el> (Stromkreis, Kontakte) • short-circuited; shorted pract

kurzgeschlossenes Paar n <el> • shorted pair

kurzgeschlossene Wicklung f <el> • short-circuited winding; shorted winding

Kurzgetriebe n <masch> • short-center drive US; short-centre drive GB

Kurzgewinde n <füg> • short-length thread; short thread

Kurzgewindefräsen n <prod> • plunge milling; plunge-cut milling

Kurzgewindefräser m rar <wz> • multiple thread-milling cutter; mulitple-tooth cutter

Kurzgewindefräsmaschine f <wz.masch> • plunge-cut thread-milling machine

Kurzgewindeschleifen n <prod> • plunge grinding; plunge-cut grinding; plunge-cut thread-grinding; plunge-type grinding

Kurzglasfaser f <kst> • milled glass fiber; chopped glass fiber

Kurzhäckselvorrichtung f <agri> • short-cutting device

Kurzhalsrundkolben m <chem> (Laborgerät; für Ständer) • short-neck round-bottom flask; balloon flask

Kurzhalsstehkolben m <chem> (Laborgerät; mit flachem Boden) • short-neck flat-bottom flask

Kurzhantel f <sport> • dumbbell (db)

Kurzhauber m <kfz> (bei Pkw) • short-nosed car :V

Kurzhobeln n <prod> • shaping

Kurzholz n <nfz.logist> • short logs pl; shorts coll

Kurzhub m <masch> (Kolbenbewegungen allg.) • short stroke

Kurzhuber m prakt <mot> (z. B. Bohrung 90 mm, Hub 80 mm) • short-stroke engine; oversquare engine

Kurzhubhonen n <prod> • superfinishing

Kurzhubhonstein m <wz> • superfinishing stone

kurzhubig <masch> (z. B. Kolbenmotor) • short-stroke

kurzhubiges Kleinhebezeug n <förd> • jack

Kurzhubmotor m <mot> (z. B. Bohrung 90 mm, Hub 80 mm) • short-stroke engine; oversquare engine

Kurzkanaltransistor m <el> • short-channel transistor

Kurzkarte f <edv> • scored card

kurzkettig <chem> • short-chain

Kurzkommando n <edv> • abbreviated command

Kurzkupplung f <bahn> • tight coupling; short-shank coupler

Kurzkupplung f <kfz> (für Anhänger) • short coupling

kurzlebig <tech.allg> (z. B. Isotopen) • short-lived

kurzlebige Plasmen npl <phys> • short-lived plasmas pl

kurzlebiges Radioisotop n <nukl> • short-lived radio-isotope

Kurzlichtbogen m <el> (z. B. für Schweißen) • short arc

Kurzmitteilung f <tele> (auf Handy) • SMS message; short message; text message; SMS coll

Kurznachricht f <tele> (auf Handy) • SMS message; short message; text message; SMS coll

Kurznachrichtendienst m <tele> (via Mobilfunknetz) • Short Message Service (SMS); short text messaging

Kurznassbeize f <agri> • instant dip

kurzöliges Alkydharz n <kst> • short-oil alkyd

Kurzperiode f <chem> (im Periodensystem) • short period; small period

Kurzpfahl m <bau> • short pile

Kurzprüfung f <qualit> • accelerated test; rapid test; short-time test rare

kurzreichweitig <tech.allg> • short-range

kurzröscher Stoff m <pap> • short free stock; short free stuff

Kurzrohrverdampfer m <verf> • short-tube evaporator

Kurzrufnummer f <tele> • abbreviated directory number

Kurzschaftkolben *m* :*V* <kfz.mot> • slipper piston; trunk piston; full slipper

Kurzschleifentrockner *m* <verf> • short-loop drier

kurzschließen *vt* <el> • short-circuit *vt*; short *vt pract*

Kurzschließer *m* <el> • short-circuiter; shorting device

Kurzschluss *m* <el> • short circuit; short

Kurzschlussanker *m* <el> • squirrel-cage armature

Kurzschluss aufheben *vi* <el> • rectify the short-circuit *vi*; eliminate the short-circuit *vi*

Kurzschlussauslöser *m* <el> • short-circuit release; overcurrent release

kurzschlussbedingt ausgefallen <el> *(Stromversorgung)* • shorted out

Kurzschlussbegrenzungsspule *f* <el> • short-circuit limiting reactor

Kurzschluss beheben *vi* <el> • rectify the short-circuit *vi*; eliminate the short-circuit *vi*

Kurzschluss beseitigen *vi* <el> • rectify the short-circuit *vi*; eliminate the short-circuit *vi*

Kurzschlussbremsung *f* <bahn> • short-circuit braking

Kurzschlussbrücke *f* <el> *(allg., jede Art; z. B. ein Stück Draht)* • shorting bridge

Kurzschlussbügel *m* <el> *(feste Brücke)* • shorting link; shorting bar; U-link

Kurzschlussdrossel *f* <el> • short-circuit limiting reactor

Kurzschlussdrosselspule *f* <el> • short-circuit limiting reactor

Kurzschlussersatzschaltbild *n* <el> • constant-current equivalent circuit

Kurzschlussfall *m* <el> • case of short circuit

kurzschlussfest <el> • short-circuit proof; short-circuit protected

Kurzschlussfestigkeit *f* <el> • resistance to short-circuiting; short-circuit strength

Kurzschlussfortschaltung *f* <msr> • automatic reclosure

kurzschlussgeschützt <el> • short-circuit protected; short-circuit proof

Kurzschluss im Netz *m* <el> • system short circuit

Kurzschlussimpedanz *f* <el> • short-circuit impedance; closed-end impedance

Kurzschlusskäfig *m* <el> • squirrel-cage winding

Kurzschlusskennlinie *f* <el> • short-circuit characteristic

Kurzschlusskolben *m* <el> • shorting plunger

Kurzschlussläufer *m* <el> *(Rotor im Motor)* • squirrel-cage rotor

Kurzschlussläuferinduktionsmotor *m* <el.mot> *(Asynchronmotortyp)* • squirrel-cage induction motor; squirrel-cage motor; cage motor

Kurzschlussläufermotor *m* <el.mot> *(Asynchronmotortyp)* • squirrel-cage induction motor; squirrel-cage motor; cage motor

Kurzschlusslasche *f* <el> *(feste Brücke)* • shorting link; shorting bar; U-link

Kurzschlussleistung *f* <el> • short-circuit power; short-circuit capacity

Kurzschlussleitung *f* <el> • short-circuited line

Kurzschlussleitwert *m* <el> • short-circuit conductance

Kurzschlusslichtbogen *m* <el> • short-circuit arc

Kurzschlussprüfung *f* <el> • short-circuit test

Kurzschlussring *m* <el> *(betont: an Läuferende)* • rotor end ring

Kurzschlussring *m* <el> *(allg.)* • short-circuit ring

Kurzschlussring *m* <el> *(Spaltpolmotor)* • shading ring

Kurzschlussschalter *m* <el> • short-circuiting switch; fault-initiating switch

Kurzschlussscheinleitwert *m* <el> • short-circuit admittance

Kurzschlussschleife *f* <el> • short-circuited loop

Kurzschluss-Schnellauslöser *m* <el> • instantaneous magnetic trip

Kurzschluss-Schnellauslösung *f* <el> *(durch elektromagn. Unterbrecher)* • instantaneous magnetic trip

Kurzschlussschutz *m* <el> • short circuit protection

kurzschlusssicher <el> • short-circuit-proof

Kurzschlusssicherung *f* <el> • short circuit protection

Kurzschlussspannung *f* <el> • short-circuit voltage

Kurzschlussspülung *f* <mot> *(Zweitaktmotorproblem)* • short circuiting

Kurzschlussstecker *m* <el> *(allg.)* • short-circuiting plug

Kurzschlussstecker *m* <el> *(an Leitungsende)* • short-circuiting termination

Kurzschlussstöpsel *m* <el> • bridging plug

Kurzschlussstrom *m DIN EN 60865* <el> • short-circuit current

Kurzschlusstaste *f* <el> • short-circuit key

Kurzschlussüberwachung *f* <msr> • short circuit monitoring

Kurzschlussverhältnis *n* <el> • short-circuit ratio

Kurzschlussverlust *m* <el> *(von Trafos)* • short-circuit loss; copper loss

Kurzschlussvorwärtssteilheit *f* <el> • forward transadmittance

Kurzschlusswicklung *f* <el> *(Spaltpolmotor)* • shading coil

Kurzschlusswicklung *f* <el> • short-circuited winding

Kurzschlusswiderstand *m* <el> • short-circuit impedance; closed-end impedance

Kurzschlusswinkel *m* <msr> • fault angle

Kurzschluss zwischen Phasen *m* <el> • line-to-line fault; line-to-line short

Kurzschwinge *f* <fz> *(Motorrad)* • link fork

Kurzsignal *n* <tele> • short-code signal

Kurzspan *m* <wz.masch> *(beim Drehen, Fräsen etc.)* • short chip; finely broken chip

kurzspanend <mat> *(beim Drehen, Fräsen etc.)* • short-chip

Kurzspeicher *m* <edv> • short-time memory

Kurzspeicherausdruck *m* <edv> • indicative dump; short-time store *rare.obs*

Kurzspinnverfahren *n* <textil> • abbreviated spinning process

Kurzstabantenne *f* <kfz.av> • bendable unbreakable antenna *US*; rubber aerial *GB.coll*

kurzstapelig <textil> *(Faser; z. B. Baumwolle)* • short-staple; short-stapled

kurzstapelige Baumwolle *f* <textil> • short-staple cotton

Kurzstart- und -landeflugzeug *n* <aerospace> • short take-off and landing aircraft; STOL aircraft; STOL plane

Kurzstiefel *m* <bekl> • mid-height boot; over-the-ankle footgear

Kurzstrahldüse *f* <agri> *(Regner)* • spreader nozzle

Kurzstrahlregner *m* <agri> • short-range sprinkler

Kurzstreb *m* <min> • shortwall

Kurzstrebbau *m* <min> • shortwall working

Kurzstrebschrämmaschine *f* <min> • shortwall coal cutter

Kurzstrecke *f* <verk> *(mit Auto, Bus, Bahn etc.)* • short-distance trip; short journey *GB*

Kurzstreckenbetrieb *m* <kfz> *(von Autos)* • short-distance operation; short-trip driving

Kurzstreckenbetrieb *m* <verk> *(allg.)* • short-distance operation

Kurzstreckenfahrt *f* <verk> *(mit Auto, Bus, Bahn etc.)* • short-distance trip; short journey *GB*

Kurzstreckenflugzeug *n* <aerospace> • short-range aircraft

Kurzstrecken-Klemmspannung *f* <el> • clamping voltages

Kurzstreckennavigation f <navig> • short-range navigation

Kurzstreckennavigationssystem n <navig> • short-range navigation system

Kurzstreckentransport m <logist> • short-haul transport

Kurzstreckenzähler m VAG <kfz.msr> • trip recorder US; trip mileage counter GB; trip pract.coll; trip odometer; trip meter rare

kurz übersetzt <kfz.antr> (Getriebe) • low geared

kurz übersetzter Gang m <kfz.antr> (Getriebe) • low gear

kurz und bündig <doku> (Text) • concise; brief; short

Kurzunterbrechung f <tech.allg> • short interruption

Kurzunterbrechung f <el> (automatisches Wiedereinschalten einer Sicherung) • automatic reclosing; rapid reclosing

Kurzwaffe f <mil> • handgun; handfirearm rare

Kurzwahl f <tele> • abbreviated dialing US; abbreviated dialling GB; compressed dialling US

Kurzwegdestillation f <chem.verf> • short-path distillation

Kurzwegdestillierapparat m <chem.verf> • short-path still

Kurzwegtaster m <msr> (mit kurzem Messhub) • short-stroke gauge head

Kurzweg-Vakuumdestillation f <chem.verf> • short-path high-vacuum distillation

Kurzwelle f (KW) <tele> (Radiofrequenz zwischen Mittelwelle und 30 MHz) • high frequency (HF)

Kurzwellenantenne f <tele> • short-wave antenna US; short-wave aerial GB

Kurzwellenbereich m <tele> (1600 kHz – 30 MHz) • high-frequency range; short-wave range; HF-range

Kurzwellenempfänger m <av> • high-frequency receiver; short-wave receiver; HF-receiver

Kurzwellenfilter m <phys> • short-wavelength cut-off

Kurzwellenlupe f <av> • short-wave band spread

Kurzwellensendeanlage f <tele> • short-wave radio station

Kurzwellensender m <av> • high-frequency transmitter; short-wave transmitter

Kurzwellentotalschwund m <av> • radio fade-out

kurzwellig <phys> • short-wave

kurzwellige Grenze f <opt> • short-wave limit

kurzwellige Strahlung f <phys> (Wellenlänge < 3 Mikrometer) • shortwave radiation

kurzwolliges Schaffell n <led> • short-length wool sheepskin

Kurzzeichen n <doku> • acronym

Kurzzeichen n <doku> (in Stenographie o.ä.) • shorthand symbol

Kurzzeichen n <term> (z. B. A für Bruchdehnung) • designating symbol

Kurzzeichenklassifikation f <doku> • shorthand format classification

Kurzzeit... <allg> • short-term

Kurzzeitaufnahme f <av> • Quickshot

Kurzzeitbad n <obfl> (z. B. beim Phosphatieren) • short-term bath

Kurzzeitbehandlung f <prod> • short-time treatment

Kurzzeitbestrahlung f <med> • short exposure; short irradiation

Kurzzeitbetrieb m <tech.allg> • short-time service; short-time duty

Kurzzeitdiagnostik f <tech.allg> • short-time diagnostics

Kurzzeitdrehmoment m <mot> • short-duration torque; short-time torque; impulse torque

Kurzzeiterhitzer m <nahr.prod> • high-temperature short-time pasteurizer

Kurzzeiterhitzung f <nahr> (Wein) • flash pasteurization

Kurzzeitfotografie f <phot> • high-speed photography

Kurzzeit-Hocherhitzung f <nahr.prod> (Pasteurisierung) • high-temperature-short-time pasteurization (HTST); HTST-pasteurization; flash pasteurization; flash pasteurisation GB

kurzzeitig <allg> (für kurze Dauer) • short-duration; short-term

kurzzeitig <allg> (temporär) • transient

kurzzeitige Bildstörung f <av> • flash

Kurzzeitkonservierung f <nahr> • short-term preservation

Kurzzeitkonstanz f <phys> • short-time stability

Kurzzeitmessgerät n <msr> • short-time measuring device

Kurzzeitpasteurisation f <nahr.prod> • short-hold pasteurization; short-time heat treatment

Kurzzeitpeilung f <navig> • transient bearing

Kurzzeitprüfverfahren n <qualit> • accelerated test procedure

Kurzzeitschwankung f <tech.allg> • short-time fluctuation

Kurzzeit-Speicherung f <tech.allg> (von Gütern, Energie etc.) • short term storage

Kurzzeitstabilität f <msr> • short-time stability

Kurzzeitstandversuch m <qualit.mat> • short-time creep test

Kurzzeitstrom m <el> • short-time current

Kurzzeit-Temperaturbeständigkeit f <qualit.mat> • short-time resistance against temperature

Kurzzeittrockner m <verf> • short-retention-time drier; short-time drier

Kurzzeitversuch m <qualit> • accelerated test; rapid test; short-time test rare

Kurzzeitwiederholgenauigkeit f <prod> • short-term repeatability

kutane Anergie f <med> • skin test anergy

kutaner Tuberkulintest m <med> • purified protein derivative (PPD)

Kutschlack m <obfl> • coach paint

Kuvert n DIN 678 <büro> • envelope

Kuvertiermaschine f DIN 32747-1 <druck> • inserting machine; insetting machine; inserter

Kuverwasser n DIN 4047-2 <geo.hydr> (durch den Deichkörper sickerndes Drängewasser) • seep water

kV <phys> (Einheit der elektr. Spannung; 1000 Volt) • kilovolt (kV)

kVA <el> (Einheit der elektrischen Leistung) • kilovoltampere (kVA)

kW <el> (Einheit der elektr. Leistung; 1000 Watt) • kilowatt (kW)

KW-Empfänger m <av> • high-frequency receiver; short-wave receiver; HF-receiver

K-Wert m prakt <el> (je höher, desto besser die elektr. Isolierung) • dielectric constant; permittivity rare; relative permittivity rare

K-Wert m prakt <therm> (Wärmeisolierung) • heat transfer coefficient; K value pract; K factor pract; thermal transmission coefficient form; thermal transmittance value rare

kWh <el> (Einheit der elektr. Arbeit, Energie) • kilowatt-hour (kWh); Board of Trade Unit; BTU

KWK <energ> (Lieferung von mechanischer Leistung und Wärme) • combined heat and power (CHP) GB; cogeneration US

KW-Lager n prakt <mot> (Hubkolbenmotor) • crankshaft main bearing; crankshaft bearing; main bearing

Kybernetik f <msr> • cybernetics

kybernetisches Modell n <tech.allg> (z. B. von Maschinen, Systemen) • cybernetic model

kyrillisches Alphabet n DIN EN ISO 3098 <doku> • cyrillic alphabet ISO 3098-6

K-Zelle f <bio> • killer cell; K-cell

L

L0 <qualit.mat> *(z. B. Zugversuch)* • original gauge length (L0); initial gauge length

L1-Frequenz f <navig> • L1 frequency

L1-Signal n <navig> • L1 signal; L1-C/A code signal

L1-Trägerfrequenz f <navig> • L1 carrier frequency

L1-Trägerphase f <navig> • L1 carrier phase

L2-Frequenz f <navig> • L2 frequency

L2-Signal n <navig> • L2 signal

L2-Trägerfrequenz f <navig> • L2 carrier frequency

L2-Trägerphase f <navig> • L2 carrier phase

L/4-Platte f <edv.opt> *(Speicher)* • quarter wave plate; 1/4 wave plate; Faraday rotator

La <chem> • lanthanum (La)

Label n rar <doku> *(dünn, weich; z. B. Folie, Papier; meist selbstklebend)* • label

labiles Gleichgewicht n <tech.allg> *(chemisch; elektrisch, mechanisch, thermisch)* • unstable equilibrium; labile equilibrium

Labilitätsenergie f <phys> • energy of instability

Labo n ugs <chem> • laboratorium; lab *pract*

Labor n <tech.allg> *(z. B. Chemie-, Prüf-, Foto-, Sprachlabor)* • lab

Labor n prakt <chem> • laboratorium; lab *pract*

Labor n <phot> • darkroom; photo laboratory; photo lab

Laborant m <chem> • operator

Laborantin f <chem> • operator

Laboratorium n <chem> • laboratorium; lab *pract*

Laboratoriumsmedizin f DIN 58936-2 <med.tech> • laboratory medicine DIN 58936-2

Laborautomatisierung f <autom> • laboratory automation

Laborbedingungen fpl <tech.allg> • laboratory conditions

Laborbelichtungsmesser m <phot> • darkroom exposure meter

Laborblatt n <pap> • handsheet

Labor-Blattpresse f <pap> • laboratory sheet press

Laborblatt-Schnelltrockner m <pap> • rapid dryer

Labordaten npl <tech.allg> • laboratory data

Labor einer Wellpappenfabrik n <pap> • corrugated board laboratory

Laboreinrichtung f <tech.allg> • laboratory equipment

Laboreinsatz m <tech.allg> • laboratory use

Laborfreezer m <nahr.prod> *(Speiseeis)* • laboratory freezer

Laborgerät n <tech.allg> • laboratory apparatus; laboratory instrument

laborgewellt <pap> • laboratory-fluted

Laborleuchte f <phot> • darkroom light; safelight

Laborlicht n <phot> • darkroom illumination; darkroom lighting; safelighting

Laborlöschpapier n <pap> • laboratory blotter

labormäßige Herstellung f <tech.allg> • laboratory production

labormäßig gewellt <pap> • laboratory corrugated

Labormahlgerät n <verf> • laboratory beater

Labormanipulator m <tech.allg> • remote manipulator; master-slave manipulator

Labor-Messrechner m <msr> • laboratory computer

Labormessungen fpl <msr> • laboratory tests

Labormodell n <tech.allg> • laboratory model

Labormodell n <el> • breadboard model

Labormuster n <el.ic> • engineering sample

Laborplasma n <nukl> • terrestrial plasma

Laborprobe f <qualit> • laboratory sample

Laborpumpe f <förd> • laboratory pump; lab pump

Laborschale f <phot> • processing tray; processing dish; tray; dish; lab dish

Labor-Sortierer Bauart Somerville m <pap> • Somerville fractionator

Laborsystem n <phys> *(Bezugssystem)* • laboratory system

Laborthermometer n <phot> *(zum Messen der Verarbeitungstemperaturen)* • darkroom thermometer; lab thermometer

Labortisch m <tech.allg> • laboratory bench

Laboruhr f <phot> *(zum Messen der Verarbeitungszeiten)* • darkroom timer; timer

Laborversuch m <tech.allg> • laboratory test; laboratory experiment

Laborwaage f <msr> • laboratory balance; analytical balance; laboratory scale

Labor-Wellenbildner m <pap> • laboratory corrugator

Labor zur manuellen Messung n <pap> • manual laboratory

Labyrinthabscheider m <verf> • labyrinth collector

Labyrinthbuchse f <masch> • labyrinth box; labyrinth ring

Labyrinthdichtung f <masch> • labyrinth packing; labyrinth sealing; labyrinth seal; labyrinth gland

Labyrinthkolben m <masch> • labyrinth piston

Labyrinthkondensatableiter m <masch> • labyrinth trap

Labyrinthring m <masch> • labyrinth washer

Labyrinthstopfbuchse f <masch> • labyrinth gland

Labyrinthtrichter m <phot> *(im Deckel der Entwicklungsdose)* • light trap Jobo; baffle system

Labyrinthverlust m <masch> • diaphragm leakage loss

Lac caninum n <bio> • dog's milk; lac caninum

Lachgas n ugs <chem> • nitrous oxide (N_2O); dinitrogen oxide; laughing gas coll

Lack m <hygi> *(für Finger- und Zehennägel)* • nail polish; polish

Lack m <obfl> *(allg., Oberflächenbeschichtung, meist glänzend)* • coating; finish

Lack m DIN 55 945 <obfl> *(allg., Erzeugnisse zur Oberflächenbehandlung)* • paint; enamel

Lack m <obfl> *(besonders langlebiger, dunkler oder schwarzer Lack, urspr. aus Japan)* • japan

Lack m <obfl> *(auf Celluloseester- oder Harzbasis)* • lacquer; lac

Lack m <obfl> *(Ergebnis des Lackierens)* • paint coating; paintwork; paint job; finish; paint

Lack m <obfl.druck> *(auf Druckprodukten)* • varnish

Lack m <obfl.holz> *(für Holz, pigmentiert)* • paint

Lack m <obfl.holz> *(für Holz, klar)* • varnish

Lackabbeizer m <obfl> • paint stripper; paint remover

Lackabfüllanlage f <verf> • lacquer filling plant

Lackabscheidung f <obfl> *(z. B. durch Strom)* • deposition of paint

Lackanstrich m <obfl> • varnish coating; varnish coat

Lackapplikation f <obfl> • paint application

Lackapplikation mit Hilfe elektrischer Felder f <obfl> • electropainting

Lackapplikation unter Ausnutzung elektr. Felder <obfl> • electropainting

Lackaufbau m <obfl> • paint system

Lackauftrag m <obfl> • paint application

Lackauftragmaschine f <obfl.holz> • roller coater

Lackauftragsbalken m <pack> *(Coater)* • coating rail

Lackauftragsgewicht n <obfl> • coating weight; film weight

Lackauftragsgewicht n <pack> • coating weight

Lackausbesserung f <obfl.rep> • touch-up; touching in

Lackausbesserungsarbeit f <obfl.rep> • spot repair

Lackbalken m <pack> *(Coater)* • coating rail

Lackband n <el> • varnished tape
Lackband n <textil> • varnished cambric
Lackbaumwollkabel n <textil> • varnished cambric cable
Lackbenzin n <chem.obfl> *(Lösungs- und Verdünnungsmittel für Lack)* • white spirit; mineral spirit; varnish makers' and painters' naphtha *rare*
Lack-Dauerschutz m <kfz.obfl> *(Lackschutz, z. B. mit Carnauba, ohne Reiniger)* • car wax; non-abrasive car wax; automobile polish; car polish
Lackdraht m <el> • enamelled wire; enamel-insulated wire; lacquered wire
Lackdruck m <druck> *(Resultat)* • lacquer print
Lackdruck m <druck> *(Vorgang)* • lacquer printing
Lackentferner m <obfl> • paint-remover
Lackentferner m <obfl> • paint stripper; paint remover
Lackentfernung f <obfl> • stripping
Lackfarbe f <obfl> *(Öllackfarbe)* • paint; varnish paint *GB*
Lackfarbe f <obfl> *(Trockenfarbe)* • lake color; gloss paint; varnish paint *norm*
Lackfarbe f <obfl> *(auf Cellulose- oder Harzbasis)* • lacquer paint
Lackfarbe f <obfl> *(mit Lösungsmittel verdünnter pigmentierter Lack)* • solvent-thinned pigmented paint
Lackfarbe f <obfl> *(allg., Erzeugnisse zur Oberflächenbehandlung)* • paint; enamel
Lackfilmdicke f <obfl> • coating film thickness
Lackfirnis m <obfl.holz> *(Lack auf Ölbasis)* • varnish
Lackgewebe n <textil> • varnish-coated fabric; varnished fabric
Lackgewicht n <obfl> • coating weight; film weight
Lackgewicht n <pack> • coating weight
Lackgießen nach dem Vorhang-Prinzip n <el> *(Lötstoplack auf Leiterplatten)* • curtain coating
Lackhaftgrund m <obfl> • paint base
Lackhaftmaske f <ic> • resist mask
Lackhaftung f <obfl> • paint adhesion
Lackhaftvermögen n <obfl> • paint adhesion
Lackharz n <obfl> • lacquer resin; resin for paints and varnishes; coating resin; varnish resin
Lackhersteller m <obfl> • paint manufacturer
Lackierablauf m <obfl> • painting procedure; painting process
Lackieranlage f <obfl> • painting plant; paint equipment; paint installation
Lackierautomat m <obfl> • automatic paint sprayer; automatic spraying machine
lackierbar <obfl> *(Eigenschaft eines Materials, einer Oberfläche)* • paintable
lackierbar <obfl> *(Zustand eines Teils; nur grundiert und Lackierung nach Bedarf)* • paint as required (PAR)
Lackierbarkeit f <obfl> • paintability
Lackiereinheit f <pack> *(Coater)* • coating unit; coating station
Lackiereinrichtung f <druck> • coater; coated unit; coating unit
Lackieren n <obfl> *(Überziehen mit Lack auf Celluloseoder Harzbasis)* • lacquering
Lackieren n <obfl> *(allg.)* • coating
Lackieren n DIN 16529 <obfl.druck> *(von Bedruckstoffen; meist farblos)* • coating; varnishing
lackieren vt <obfl> • varnish vt *wood*; finish vt
lackieren vt <obfl> *(Lackauftrag im Spritzverfahren)* • paint vt; spray vt *pract*
lackieren vt <obfl> *(betont: Decklack aufbringen)* • finish vt
lackieren vt <obfl> *(allg., alle Verfahren)* • coat vt
Lackiererei f <kfz> *(Betrieb)* • paint shop; painters pl coll; auto paint shop
Lackiererei f <obfl> • paint shop

lackierfähig <obfl> *(Eigenschaft eines Materials, einer Oberfläche)* • paintable
Lackierfähigkeit f <obfl> • paintability
Lackierfehler m <obfl> • paintwork defect; paint defect
Lackiergut n <obfl> • articles to be painted
Lackierkabine f <obfl> *(allg., alle Verfahren)* • paint booth
Lackierkabine f <obfl> *(nur Spritzverfahren)* • spray booth; spraying booth
Lackiermaschine f <druck> • varnishing machine
Lackiermaschine f <pack> • coater; coating machine
Lackiermethode f <obfl> *(Methode)* • painting technique; painting method
Lackierroboter m <obfl> • spray-painting robot; painting robot
Lackierstaubtuch n <obfl> • tack rag *US*; tack cloth; tacky cloth *rare*; dust trapping cloth *GB*
Lackierstraße f <obfl> • painting line; paint line
Lackiertechnik f <obfl> *(Teilgebiet der Technik)* • painting technology
Lackiertechnik f <obfl> *(Methode)* • painting technique; painting method
lackiertechnische Anforderungen fpl <obfl> • paint coating requirements
Lackiertrommel f <obfl.verf> • tumbling barrel; paint barrel
Lackierturm m <druck> • tower coater
Lackierung f <obfl> *(Ergebnis des Lackierens)* • paint coating; paintwork; paint job; finish; paint
Lackierverfahren n <obfl> • painting method
Lackierwerk n <druck> • coater; coated unit; coating unit
Lackierwerk n CH <kfz> *(Betrieb)* • paint shop; painters pl coll; auto paint shop
Lackkabel n <el> • enameled-wire cable *US*; enamelled-wire cable *GB*
Lackkonservierer m <kfz.obfl> *(Lackschutz, z. B. mit Carnauba, ohne Reiniger)* • car wax; non-abrasive car wax; automobile polish; car polish
Lackkonservierer zum Aufsprühen m <obfl> • spray wax; spray car polish
Lackläufer m <obfl> *(Lackfehler; eher punktuell, einzeln)* • run; hanger *pract*
Lackleinöl n <obfl> • linseed oil for varnish
Lacklösungsmittel n <verf> • lacquer solvent
Lackmaske f <el.ic> • resist mask
Lackmuspapier n <chem> • litmus test paper; litmus paper
Lackmustest-Papier n <chem> • litmus test paper; litmus paper
Lackpapierdraht m <el> • varnished paper-insulated wire; paper-insulated enamelled wire
Lackpolitur f <kfz.obfl> *(zur Grundreinigung verwitterter Lacke)* • finish restorer; cleaner
Lackreiniger m <kfz.obfl> *(zur Grundreinigung verwitterter Lacke)* • finish restorer; cleaner
Lackschäden mpl <obfl> *(z. B. an Autokarosserie)* • damage to the finish
Lackschicht f <obfl> • coat of paint; paint film; paint coat
Lackschiene f <pack> *(Coater)* • coating rail
Lackschlamm m <ents> • paint sludge
Lackschlauch m <el> • flexible varnished tubing
Lackschutzscheibe f <kfz> *(Wettbewerbs-Haubenhalter)* • scuff plate
Lack-Schutzschicht f <edv> *(auf CDs)* • coating layer
Lackschutzüberzug m <obfl> *(Klarlack)* • lacquer protective coating; varnish protective coating
Lackschwarz n <obfl> • bone black; ivory black; animal black; drop black
Lackstation f <pack> *(Coater)* • coating unit; coating station

Lackstift *m* <obfl.wz> • touch-up pen; touch-up applicator; touch-up pencil
Lackstrip *m* <el.ic> • resist strip
Lackturm *m* <druck> • tower coater
Lackuntergrund *m* <obfl> • paint substrate *thsc*
Lackunterrostung *f* <obfl> • creepage; underpaint corrosion; subcoating rust development *Audi*
Lackunterwanderung *f* <obfl> • creepage; underpaint corrosion; subcoating rust development *Audi*
Lackverdünner *m* <obfl> • thinner *pract*; lacquer thinner
Lackvorbereitung *f* <obfl> • paint preparation; pre-paint preparation; surface preparation
Lackwerk *n* <druck> • coater; coated unit; coating unit
Lacticum acidum *n* <chem> • lactic acid (E 270); lacticum acidum; hydroxypropionic acid
Lactoferrin *n* <chem.nahr> *(Protein der Kuhmilch)* • lactoferrin
Lactose *f* <chem> • lactose; milk sugar
Lactoseanlage *f* <verf> • lactose equipment
Lac vaccinum defloratum *n* <nahr> • skimmed cow's milk; lac vaccinum defloratum
Lade *f* <allg> *(herausziehbar; z. B. in Schrank, Kommode)* • drawer
Lade *f* <textil> • sley; slay; lay; lathe; fly-beam
Ladeadresse *f* <edv> • load address
Ladeagens *n* <druck> *(für Toner)* • charge control agent
Ladealgorithmus *m*, <el> *(Ladegerät)* • control algorithm
Ladeanzeigelampe *f* <el> *(z. B. Kfz, Handstaubsauger (Akku), Schnurlostelephon)* • charging light indicator
Ladeband *n* <förd> • loading belt; loading belt conveyor; conveyor loader; loading conveyor
Ladebandausleger *m* <förd> • loading boom
Ladebaum *m* <nav> • boom; derrick
Ladebaumhanger *m* <förd> *(Kran)* • derrick span
Ladebefehl *m* <edv> • load instruction
Ladebereitschaftsanzeige *f* <logist> *(auf Schiff)* • notice of readiness for loading; stem note
Ladeboje *f* <petr> *(z. B. Brent Spar)* • single anchor leg mooring (SALM)
Ladebordwand *f* <nfz> • liftgate; tail-gate lift *GB*; tail lift *GB*; elevating tailgate *US.rare*; elevating end gate *US.rare*
Ladebühne *f* <logist> • loading platform
Ladebühne *f* <min> • scraper ramp
Ladedruck *m* <kfz.mot> *(Aufladung)* • boost pressure; supercharging pressure; supercharge pressure; charging pressure; boost *pract.coll*
Ladedruckanzeige *f* <kfz.mot> • boost gauge; boost pressure gauge; manifold-pressure indicator
Ladedruckregelung *f* <kfz.mot> • boost pressure control; boost control
Ladedruckregelventil *n* <kfz.mot> *(allg., in Abgasleitung oder Ladeluftleitung)* • blow-off valve; boost control valve; by-pass valve
Ladedruckregelventil *n* <kfz.mot> *(insbes. bei Turbolader; abgasseitig angeordnet)* • wastegate; wastegate valve; exhaust dump valve *rare.did*; wastegate boost actuator *rare*
Ladedruckregler *m* <kfz.mot> *(im Krümmer)* • manifold-pressure control
Ladedruckregler *m* <kfz.mot> *(allg., unabhängig von Art und Anordnung)* • boost pressure controller
Ladedruckverhältnis *n* <kfz.mot> • charging ratio
Ladeeinheit *f* (LE) <logist> • unit load; load
Ladeeinrichtung *f* <el> • charger; charging device
Ladeeinrichtung *f* <förd> • loading mechanism; loader
Ladeeinrichtung *f* <masch> • loading device
Lade/Entlade-Wirkungsgrad *m* <el> *(von Batterien)* • efficiency

Lade/Entlade-Zyklus *m* <el> *(von Batterien)* • charge/discharge cycle
Ladefähigkeit *f* <förd> • loading capacity
Ladefähigkeit *f* <fz> *(allg.; z. B. LKW, Güterwagen, Schiff)* • carrying capacity
Ladefähigkeit *f* <fz> *(obere Grenze)* • load limit
Ladefähigkeit *f* <logist> *(Schiff, Flugzeug)* • cargo-carrying capacity
Ladefähigkeit *f* <logist> *(allg.)* • loading capacity; load capacity; carrying capacity
Ladefähigkeit *f* <nav> • useful deadweight; useful load
Ladefaktor *m* <el> • charging factor
Ladefläche *f* <kfz> *(bei Kombis, Pickups, Betonung auf Oberfläche)* • cargo area
Ladefläche *f* <logist> *(Palette)* • deck
Ladefläche *f* <nfz> *(Pick-Up)* • bed; box
Ladefläche *f* <nfz> *(z. B. LKW, Schiff)* • load platform; load floor; payload area; loading area; load area
Ladeflächenbox *f* Pick-Ups <nfz> • storage chest *pickup trucks*; tool box *pickup trucks*
Ladeflächenmatte *f* <kfz> *(für Pickups)* • cargo area mat; bed protector
Ladeflächenverbreiterung *f* <nfz> • side extension
Ladeflächenverlängerung *f* :V <kfz.innen> *(bei Kombis, ausklappbar)* • load floor extension *Ford*; picnic tray *Ford*
Ladefördermittel *n* <förd> • loading conveyor
Ladegenerator *m* <el> • charging generator
Ladegerät *n* <el> • battery charger; charger
Ladegerät *n* prakt <el> • battery charger; charger *pract*
Ladegerät *n* <el> • charger; charging device
Ladegerät *n* <förd> • loading device; loader
Ladegeschirr *n* <logist.förd> • cargo-handling gear; cargo gear
Ladegeschwindigkeit *f* <logist> • loading rate
Ladegestell *n* <logist> *(hochfüßig)* • skid
Ladegestell *n* <logist> • stillage; dead platform stillage
Ladegleichrichter *m* <el> • charging rectifier
Ladegleis *n* <bahn> • loading siding
Ladegrad *m* <kfz.mot> *(Zweitakter)* • trapping efficiency
Ladegrenze *f* <fz> *(obere Grenze)* • load limit
Ladehebel *m* Hämmerli <mil> *(Freie Pistole)* • breech-block lever
Ladehemmung *f* <mil> • jam; stoppage
Ladehilfsmittel *n* form.prakt <logist> *(Lagerbereich)* • storage aid *form.pract*; load carrier *pract*
Ladehöhe *f* <fz> • loading height
Ladehub *m* <mot> • intake stroke
Ladekante *f* <kfz> *(besonders in bezug auf deren Höhe)* • liftover height; sill *GB.coll*; load sill *GB*
Ladekapazität *f* <el> • charging capacity
Ladekapazität *f* <logist> *(allg.)* • loading capacity; load capacity; carrying capacity
Ladekarte *f* <edv> • load card
Ladekennlinie *f* <el> • charging characteristic
Ladeklappe *f* <nfz> • tail board
Ladekolben *m* <kfz.mot> • charging piston
Ladekondensator *m* <el> • charging capacitor
Ladekontrolle *f* prakt <kfz.el> • alternator charging light (ALT CHG LI); battery charge indicator; charge indicator *pract*
Ladekontrolllampe *f* <el> • charge control lamp
Ladekontrollleuchte *f* <kfz.el> • alternator charging light (ALT CHG LI); battery charge indicator; charge indicator *pract*
Ladekontrolllicht *n* <el> *(betont: Warnleuchte bei entladener Batterie)* • discharge warning light
Ladekorona *f* <druck> • charge corona
Ladekorotron *n* <druck> • primary corona wire
Ladekran *m* <nfz> • crane

Ladekreis *m* <el> • charging circuit

Ladekühlraum *m* <logist> • refrigerated cargo hold; refrigerated hold; insulated cargo space; insulated hold

Ladelinie *f* <nav> • load water-line; load line

Ladeluftführung *f* <kfz> • charge air routing

ladeluftgekühlt <kfz.mot> *(z. B. Turbomotor)* • intercooled

Ladeluftkühler *m* <kfz> *(zwischen Lader und Motor)* • intercooler

Ladeluftkühler *m* <kfz.mot> *(zwischen zweitem Lader und Motor)* • aftercooler

Ladeluftkühlung *f* <kfz.mot> *(zwischen Verdichterausgang und Motor)* • charge-air cooling; intercooling *pract.coll*; aftercooling *rare*

Ladeluftrückführung *f* <kfz.mot> • charge air recycling system; charge air recycling

Ladeluftstrecke *f* <kfz> • charge air path

Ladeluft-Temperaturfühler *m* <kfz.msr> • charge air temperature sensor

Ladeluke *f* <nav> • cargo hatch; cargo hatchway; loading trap

Lademarke *f* <nav> • load-line mark

Lademaß *n* <fz> • loading gauge

Lademaß *n* <logist> *(für Eisenbahnwaggons etc.)* • template

Lademaßbegrenzung *f* <fz> *(z. B. Lkw, Eisenbahnwaggon)* • load limit gauge

Lademasse *f* <fz> • load limit; net load

Lademasse *f* <logist> • load weight

Lademodul *m* <logist> • load module

Lademuster *n* <logist> *(z. B. auf Lkw, Schiff)* • stowage pattern

Laden *n* ugs <av> *(Vorgang, bei Cassetten)* • tape threading; tape loading; threading *pract*; loading *coll*

laden *vt* <tech.allg> • load *vt*

laden *vt* <av> *(ein Band)* • load *vt*

laden *vt* <edv> *(Programm, Daten)* • load *vt*

laden *vt* <el> *(Energiespeicher; z. B. Akku, Starterbatterie, Kondensator)* • charge *vt*

laden *vt* <logist> *(Fracht, Güter; z. B. in Schiffe, Lkw)* • load *vt*

laden *vt* <mil> *(Schusswaffe; z. B. Pistole, Gewehr)* • load *vt*; charge *vt*

Ladenanschlag *m* <textil> • beating-up

Ladenantrieb *m* <textil> • lathe driving

Ladenarm *m* <textil> • lathe sword

Ladenbaum *m* <textil> • sley check

Ladendeckel *m* <textil> • sley top; sley cap

Ladenfront *f* <werb> *(eines Geschäfts)* • shop front *US.GB*; store front *US*

Ladenfuß *m* <textil> • lathe sword

Ladenhub *m* <textil> • lathe stroke

ladeninterne Nummerierung *f* <logist> *(für Waren ohne EAN/UPC-Symbol)* • local assigned code (LAC); instore numbering

Ladenklotz *m* <textil> • sley check

ladenneu <kfz> *(Gebrauchtwagenmerkmal)* • showroom new

Ladenpassage *f* <bau> *(überdachter Durchgang mit Ladengeschäften)* • shopping arcade; arcade *coll*

Ladenschere *f* <textil> • crank arm; lay

Ladenschlag *m* <textil> • battening

Ladenschwingung *f* <textil> • sley oscillation

Laden von Wegpunkten *n* <navig> • waypoint loading

Ladenzapfen *m* <textil> • batten pin

Ladepalette *f* <logist> • loading pallet

Ladeforte *f* <nav> • cargo port; cargo door

Ladepfosten *m* <nav> • central post; king post; derrick post

Ladeplatte *f* <logist> *(zum Transport)* • pallet

Ladeplatte *f* <logist> • stillage

Ladepritsche *f* <logist> *(Ladehilfsmittel)* • skid; stillage

Ladepritsche *f* <logist> *(LKW)* • loading platform; skid platform

Ladeprofil *n* <fz> • loading gauge

Ladeprofil *n* <logist> *(Palettenladung)* • load profile

Ladeprofil *n* <logist> *(für Eisenbahnwaggons etc.)* • template

Ladeprogramm *n* <edv> • loading program; loading routine; loader routine; loader

Ladepunkt *m* <edv> • load point

Lader *m* <bau.masch> *(z. B. Schaufellader m)* • loader

Lader *m* <edv> • loader

Lader *m* <kfz.mot> *(Kompressionssteigerung)* • blower; supercharger

Laderahmen *m* <förd> • loading frame

Laderampe *f* <druck> *(CtP-System)* • load table

Laderampe *f* <logist> • loading dock *US*; loading bay *GB*; platform; dock *pract*

Laderaum *m* <fz> *(Schiff, Flugzeug, LKW)* • cargo hold

Laderaum *m* <fz> *(allg.)* • transportation space

Laderaum *m* <kfz> *(bei Kombis, Pickups)* • cargo bay; cargo area

Laderauminhalt *m* <logist> • cargo hold capacity; hold capacity

Laderaumsaugbagger *m* <bau.masch> *(selbstfahrend, mit Laderäumen für das Baggergut)* • hopper dredger

Laderaumschott *n* <nav> • hold bulkhead

Laderaum voll ausnutzen *vi* <nfz.logist> *(z. B. Lkw, Bahnwaggon, Schiff)* • cube out *vt*

Laderaumwegerung *f* <nav> • hold ceiling

Laderaupe *f* <bau.masch> • crawler-mounted loader

Laderegler *m* <energ.sol> • charge controller; charge regulator; charge control regulator

Ladergröße *f* <kfz.mot> • size of supercharger

Laderichtung *f* <av> • loading direction

Laderoboter *m* <autom> • loading robot; unloading robot

Ladersystem *n* <kfz.mot> • forced-induction system

Laderutsche *f* <förd> • loading chute

Ladeschalter *m* <el> • charging switch

Ladeschaltung *f* <el> • charging circuit

Ladeschaufel *f* <bau.masch> • bucket

Ladeschaufler *m* <bau.masch> • front-end loader; loading shovel; tractor shovel

Ladeschema *n* <logist> *(Palette)* • stacking pattern

Ladeschlitten *m* <förd> • skid

Ladeschlussspannung *f* <kfz.el> • final charging voltage

Ladeschlussstrom *m* <kfz.el> • final charging current

Ladeschublade *f* prakt <edv> *(von CD-Laufwerk)* • disk tray *US*; disc tray *GB*; CD tray *pract*; drawer *coll*; tray *coll*

Ladeschütte *f* <förd> • loading chute

Ladeschurre *f* <förd> • loading chute

Ladeseil *n* <logist> • cargo whip

Ladesicherung *f* <logist> • aid to securing loads

Ladespannung *f* <el> • charging voltage

Ladestation *f* prakt <kfz.el> *(für Elektrofahrzeuge)* • battery charging station; charging point *pract*

Ladestation *f* <prod> *(Fertigungsstraße)* • loading station

Ladestrom *m* <el> *(von Batterien; in Ampere)* • charging current; charging amperage; charging rate *coll*

Ladestrom *m* <el.chem> • capacitive current; condenser current; charging current

Ladestromdrossel *f* <el> • charging current choke

Ladestromkontrolllampe *f* <el> • charge control lamp

Ladestropp *m* <logist> *(Anschlagmittel (die Last wird angeschlagen))* • cargo sling

Ladetakelung *f* <nav> • cargo rig

Ladeteil *n* <kfz.el> *(Schaltgerät Thyristorzündung)* • charging device

Ladetiefgang m <nav> • loaded draught
Ladetisch m <druck> (CtP-System) • load table
Ladetonne f <logist> (Angabe der Lade- oder Transport-menge) • cargo ton GB; shipping ton GB
Ladeumformer m <el> • charging converter
Lade- und Datenübertragungsbasis f <edv> (z. B. für Notebooks) • docking station; communications unit; trans-ceiver-charger
Lade- und Datenübertragungsstation f <edv> (z. B. für Notebooks) • docking station; communications unit; transceiver-charger
Lade- und Entladeeinrichtung f <logist> • loading and unloading device
Lade- und Löschausrüstung f <nav.logist> • cargo-handling equipment
Lade- und Messgerät n <msr> • charger-reader
Ladeverdrängung f <nav> • full-load displacement
Ladeverluste mpl <kfz.mot> • charge losses pl
Ladevolumen n <logist> (z. B. LKW, Eisenbahnwagen, Frachtflugzeug) • load space; cargo space; cubic capac-ity; carrying volume
Ladevorrichtung f <textil> • box loading supply
Ladewagen m <agri> • chuck wagon
Ladewagen m <bahn> • loader wagon
Ladewasserlinie f <nav> • load water-line; load line
Ladewiderstand m <el> • charging resistance
Ladewinde f <förd> (Schiff) • cargo hoist winch; cargo winch
Ladewinde f <förd> (z. B. auf LKW) • loading winch
Ladezeit f <tech.allg> • loading time
Ladezeit f <el> (Batterie) • charging time
Ladezeit f <mot> (Kolbenmotor) • charging time
Ladezeitkonstante f <el> • charging-time constant
Ladezustand m prakt <el> (von Akkus, Batterien) • state of charge (SOC); battery state of charge; battery condi-tion; charge condition; charge state
Ladezustandsanzeige f <kfz.el> (Batterie) • battery con-dition indicator; battery test indicator; test indicator
Ladezustandsanzeige f prakt <kfz.el> (von Elektroautos) • battery discharge indicator; battery charge indicator; battery discharge meter; battery state indicator; discharge indicator pract.coll
Ladung f prakt <el> • electrical charge (Q); electric charge; charge pract
Ladung f <fz> (LKW, Schiff) • load
Ladung f <kfz.mot> (mit Kraftstoff/Luft-Gemisch) • charge
Ladung f <logist> (z. B. Güterwagen, Flugzeug (Fracht)) • cargo; freight
Ladung f <nav> (nur: eines Schiffes) • freight of ship
Ladung f <spreng> • blasting charge; shot pract.coll
Ladung f <verf> (Füllung; z. B. e-es Bioreaktors) • batch; charge
Ladung bei konstantem Strom f <el> • constant-current charge
Ladungsabhängigkeit f <nukl> • charge dependence
Ladungsableitung f <el> • charge dissipation
Ladungsanzeige f <el> (für Batterie; z. B. Lampe an Camcorder, Balken auf Handy-Display) • charge indicator
Ladungsaufbau m <el> • charge build-up
Ladungsausgleich m <phys> • charge balancing; charge equalization
Ladungsaustausch m <phys> • charge exchange
Ladungsaustauschstreuung f <phys> (von Elementar-teilchen) • charge-exchange scattering; charge exchange scattering
Ladungsaustauschverluste mpl <nukl> • charge ex-change losses pl
Ladungsbild n <el> (z. B. auf Kopierertrommel) • charge-density pattern; charge pattern

Ladungsbild n <el> • electrical image
Ladungsdichte f <el> • charge density
Ladungsdichte f <spreng> (Sprengstoff) • loading density
Ladungsdoppelschicht f <phys.el> • electric double layer
Ladungsdurchgang m <el> • charge passage
Ladungseinheit f <el> • unit charge
Ladungserhaltung f <el> • charge conservation
Ladungsfluss m <av> • charge flux
ladungsfrei <el> • neutral; uncharged; free of charge
ladungsgekoppelt <el> • charge-coupled
ladungsgekoppelter Baustein m rar <el> (Bildwandler; z. B. in Kameras, Scannern) • charge-coupled device (CCD)
ladungsgekoppeltes Bauelement n rar <el> (Bildwand-ler; z. B. in Kameras, Scannern) • charge-coupled device (CCD)
Ladungshöhe f <logist> • load height
Ladungshülle f <mil> • charge envelope
Ladungskonjugation f <phys> (Quantenfeldtheorie) • charge conjugation operation; charge conjugation
Ladungskonjugationsparität f <phys> • charge conju-gation parity
ladungskonjugiert <phys> • charge-conjugated; charge-conjugate
Ladungslöschlampe f <druck> • erase lamp
Ladungsmengenmesser m <el> • coulometer; coulomb-meter; voltameter
Ladungsmultiplett n <phys> (Elementarteilchenmultiplett) • charge multiplet
Ladungsnetz n <förd> (z. B. beim Frachtumschlag, für Hubschrauber-Außenlast) • cargo net
Ladungsparität f <phys> (Quantenfeldtheorie) • charge parity
Ladungsquantenzahl f <phys> (Quantenfeldtheorie) • charge quantum number
Ladungsreduzierungsstation f <druck> • post develop-ment erase lamp
Ladungsrotation quer zur Zylinderachse f <kfz.mot> • tumble
Ladungsrückstand m <el> • residual charge
Ladungsschemel m <nfz> • bolster
Ladungssicherung f <logist> (funktional) • load security
Ladungssicherung f <logist> (als Einrichtung; z. B. Schutz gegen Verrutschen) • load securing system
Ladungsspeicher m <edv> • charge-coupled memory; charge-coupled store
Ladungsspeicherbaustein m <el> • charge-coupled de-vice (CCD)
Ladungsspeicherdiode f <el> • charge-storage diode
Ladungsspeicherelement n <el> (Halbleiterbauelement) • charge-storage element
ladungsspeichernd <el> • charge-storing
Ladungsspeicherröhre f <el> • charge-storage tube
Ladungsspeicherung f <el> • charge storage
Ladungssteuerung f <el.msr> • charge control
Ladungssymmetrie f <phys> • charge symmetry
Ladungsteilchen n <phys.el> • charged particle
Ladungsträger m <el> • charge carrier
Ladungsträger m prakt <logist> (Lagerbereich) • storage aid form.pract; load carrier pract
Ladungsträgerbeweglichkeit f <el> • charge-carrier mobility; carrier mobility
Ladungsträgerdichte f <el> • charge-carrier density; car-rier density
Ladungsträgerdiffusion f <el> • charge-carrier diffusion
Ladungsträgerinjektion f <el> • charge-carrier injection
Ladungsträgertransport m <el> • charge transport; charge transfer

Ladungsträgerwanderung f <el> • carrier migration
Ladungstragfähigkeit f <nav> • paying deadweight
Ladungstransport m <el> • charge transport; charge transfer
Ladungstransport m <phys.el> • charge transfer; charge transport
Ladungstrennung f <el> • charge separation
Ladungsübergang m <el.chem> • electron transfer
Ladungsverschiebeelement n rar <el> *(Bildwandler; z. B. in Kameras, Scannern)* • charge-coupled device (CCD)
Ladungsverschiebeschaltung f <autom> • charge transfer device (CTD)
Ladungsverstärker m <msr> • charge amplifier
Ladungswechsel m <mot> • charge exchange process; charge changing process
ladungtragend <el> • charged; charge-carrying
Ladyshave m <hygi> • lady shaver
Lähmung f <med> • paralysis; palsy *coll*
Länderkennzeichen n <tech.allg> *(z. B. die ersten zwei Stellen des EAN-Codes)* • country code
Länderkennziffer f <tech.allg> *(z. B. die ersten zwei Stellen des EAN-Codes)* • country code
Ländervorwahl f <tele> *(z. B. 0049 für Deutschland, 001 für die USA, 0044 für Großbritannien)* • telephone country code
ländliche Siedlung f <ökon> • rural settlement
Länge f (l) <tech.allg> *(Basisgröße)* • length (l)
Länge f <astron> • longitude
Länge f *ugs* <geo.navig> • longitude (LON); geographical longitude; degree of longitude *rare*
Länge der Datenkette f <edv> • message length
Länge der Nachricht f <edv> • message length
Länge der Schmelzzone f <metall> • zone length
Länge der Verkohlung f <qualit.textil> *(Flammfestigkeitsprüfung)* • char length (C.L.)
Länge der Visierlinie f *Hämmerli* <sport> • sight radius; sight base *Hämmerli*; distance between sights *STR 4.4.6*
Länge des abgespulten Seiles f <msr> • distance of sensing weight travel
Länge des Einheitsschritts f <tele> *(Modulation)* • signal interval; unit interval
Länge des Kopfstückes f <msr> • length of sensing head *pf liste*
Länge des Reißweges f <pap> • length of the path torn
längen vt <prod> *(z. B. durch Schmieden)* • elongate vt; lengthen vt
längen vt <prod> • extend vt
längen vt *DIN 8585-2* <prod> *(durch Zugspannung)* • stretch vt
Längenabnahme f <mech> • axial compression; compression; shortening
Länge nach Maß f <prod> • custom length
Längenänderung f <tech.allg> *(z. B. in der Konstruktion, an Prüfstäben)* • change of length; linear deformation
Längenänderung f <qualit.mat> • elongation *norm*
Längenanschlag m <prod> • length stop; longitudinal stop
Längenausdehnung f <tech.allg> • linear expansion
Längenausdehnungskoeffizient m <mech> • coefficient of linear expansion
Längenausdehnungskoeffizient m <phys> • coefficient of linear expansion; linear expansion coefficient
Längenausgleich m <antr> *(von Gelenkwellen)* • longitudinal displacement
Längenbemaßung f <doku> *(Maßlinien beziehen sich auf eine gemeinsame Basislinie)* • baseline dimensioning; absolute dimensioning; datum dimensioning; reference-line dimensioning

Längendehnungskoeffizient m <mech> • coefficient of linear expansion
Längeneffekt m <phys> *(kosmische Strahlung)* • longitude effect
Längeneingang m <textil> • shrinkage in length
Längeneinheit f *DIN 1301* <phys> *(SI: Meter)* • unit of length; length unit
Längeneinstellung f <tech.allg> • length adjustment
Längenelastizitätsmodul m <qualit.mat> • modulus of longitudinal extension
Längengrad m *prakt* <geo.navig> • longitude (LON); geographical longitude; degree of longitude *rare*
Längenkontraktion f <tech.allg> *(z. B. beim Abkühlen)* • linear contraction
Längenkontraktion f <phys> *(Relativitätstheorie; ähnlich der Zeitkontraktion)* • relativistic contraction; Fitzgerald-Lorentz contraction; Lorentz contraction
Längenkreis m <astron> *(durch Zenit und Nadir des Horizonts)* • meridian
Längenmaß n <tech.allg> • linear measure; length measure
Längenmaß n <doku> *(technische Zeichnung)* • baseline dimension; absolute dimension
Längenmaß n <msr.wz> *(Gerät zu Längenmessung)* • length-measuring instrument
Längenmaß n <phys> *(lineare Ausdehnung)* • linear dimension
Längenmaß mit Teilung n <msr> • line-graduated measuring instrument
Längenmaßstab m <msr> • scale of length
Längenmesskomparator m <msr> • length measuring comparator
Längenmessmaschine f <msr> • length measuring machine
Längenmesssystem n <msr> • linear measuring system
Längenmesstechnik f *DIN 2257* <msr> • dimensional metrology; length metrology
Längenmesstechnik f <msr> *(Verfahren)* • linear measuring technique; length measuring technique
Längenmessung f <msr> • length measurement; linear measurement
Längenmetazentrum n <nav> • longitudinal metacenter
Längennormal n <msr> • primary standard of length; length standard
Längenprüftechnik f <msr> • dimensional metrology; length metrology
Längenschärfegrad m <nav> • prismatic coefficient
Längenschrumpfung f <tech.allg> • linear contraction
Längenschrumpfung f <prod> *(z. B. Gussstück)* • length shrinkage
Längensensor m <msr> • displacement transducer
Längensortierautomat m <prod> • automatic length sorter
Längenteilmaschine f <prod> • linear dividing machine; linear indexing machine
längentreu <tech.allg> *(z. B. Darstellung, Fertigung)* • length-preserving
Längenunterschied m <tech.allg> • length difference
Längenverhältnis n <tech.allg> • length ratio; relative length
Längenverkürzung f <allg> *(kürzer machen oder werden; Vorgang und Ergebnis)* • shortening
Längenverkürzung f <füg> *(durch Materialverlust)* • material loss
Längenzugabe f <füg> *(Abbrennschweißen)* • stock length allowance
Längenzugabe für Stauchung n <prod> • upset allowance
Längenzunahme f <mech> • axial extension; axial elongation; extension; elongation; lengthening

Längenzunahme f <mech> (durch Zugkräfte) • stretch

Längenzunahme f <nfz> (einer halbelliptische Blattfeder unter Belastung) • lengthwise movement

Längenzunahme f <qualit.mat> (z. B. Zugversuch) • elongation

Länge über alles f <tech.allg> (bei größeren oder komplexeren Objekten; z. B. Schiffen) • overall length (LOA); length over all rare

Länge über Puffer f (LüP) <bahn> • length between buffers; length inclusive buffers

Länge zwischen den Loten f <tech.allg> • length between perpendiculars (LBP)

länglich <edv> (Abtastpunkt) • elliptical; elongated

Längsaberration f <opt> • longitudinal aberration

Längsablauf m <nav> (Stapellauf) • end launching

Längsabmessung f <tech.allg> • longitudinal dimension

Längsachse f <tech.allg> • longitudinal axis

Längsachsenankerstrom m <el> • direct-axis component of armature current

Längsanschlag m <prod> • longitudinal-travel limiting stop; longitudinal stop; length stop

Längsansicht f <tech.allg> (in einer Zeichnung) • longitudinal view

Längsauflage f <logist> (in Längstraversenregal) • horizontal rack beam; horizontal shelf beam; horizontal beam; rack beam; shelf beam

Längsaufriss m <doku> • longitudinal elevation; longitudinal view

Längsband n <nav> (Deck) • tie plate

Längsbedeckungsmaschine f <prod> (Kabelfertigung) • longitudinal insulating machine; longitudinal covering machine

Längsbelastbarkeit f <logist> (Container) • restraint capability

längsbelastet <mech> • longitudinally loaded; axially loaded

Längsbelastung f <mech> (Vorgang) • longitudinal loading; axial loading

Längsbelastung f <mech> (auf Bauteile jeder Art; Zug oder Schub) • axial load; longitudinal load

Längsbeschleunigung f <phys> • longitudinal acceleration

Längsbewegung f <tech.allg> • longitudinal motion; longitudinal movement

Längsbewegung f <wz.masch> (gleitend) • sliding movement

Längsbewehrung f <bau.mat> (in Stahlbeton) • longitudinal reinforcement; principal reinforcement; main bars pract

Längsbiegungsschwinger m <qualit.mat> • longitudinal flexural oscillator

Längsbohrung f <kfz.brems> (Axialbohrung im Druckstangenkolben) • bleeder hole; compensating hole rare

Längsdämpfung f <phys> • longitudinal attenuation; longitudinal damping

Längsdehnung f <phys> (allg.; z. B. durch Wärme) • linear expansion

Längsdehnung f <phys> (durch Belastung, z. B. Zug, in Längsrichtung) • linear extensional strain

Längsdehnungsschwinger m <qualit.mat> • longitudinal dilatation oscillator

Längsdifferential n <kfz.antr> (zw. Vorder- und Hinterachse) • central differential; inter-axle differential; center differential US; centre differential GB

Längsdifferentialschutz m <el> • longitudinal differential protection; biased differential protection

Längsdilatation f <mech> • linear dilatation

Längsdurchflutung f <el> • direct-axis component of magnetomotive force

Längseinbau m <kfz.mot> • north-south installation

längs eingebaut <kfz> (z. B. Motor) • longitudinally mounted

Längseinlagerung f <logist> (Palette) • long side handling

Längseinstellung f <kfz> (Passung von Hauben etc.) • fore/aft adjustment

Längseinzug m <druck> • long feed

Längsentzerrer m <el> • series equalizer

Längsentzerrung f <el> • series equalization

Längsfalz m <doku> • longitudinal fold

Längsfalz m <pack> (dreiteilige Dose) • side seam

Längsfalz m <prod> (allg.) • longitudinal seam

Längsfalzen n <pack> (dreiteilige Dose) • side seaming

Längsfaserspeisung f <textil> • parallel fiber feed

Längsfeld n <el> • longitudinal field; axial field

Längsfeldspannung f <el> • direct-axis voltage

Längsfuge f <tech.allg> (z. B. Rohr, Behälter) • longitudinal joint

Längsfurchenberieselung f <agri> • long-line furrow method

Längsgefälle n <verk> • gradient

Längsgelenkwelle f form <kfz.antr> (bei Kfz m. Frontmotor u. Heckantrieb; zw. Getriebe u. Achsdifferential) • propeller shaft; propshaft pract.coll; drive shaft

längsgeteiltes Gehäuse n <masch> (z. B. Pumpe, Turbine, Getriebe) • axially split casing; horizontally split casing; horizontal-split casing; longitudinally split casing

längsgeteilte Stauchmatrize f <prod> • longitudinally divided heading die

Längsgewindeschleifen n <prod> • traverse thread grinding; thread traverse grinding

Längsgleiten n <allg> • lengthwise sliding

Längsglied n <el> • series element

Längsheftung f <druck> • longitudinal stitching; straight stitching

Längshelling f <nav> • slipway for end launching

Längshobeln n <prod> • longitudinal planing; planing lengthwise pract

Längsholm m <aerospace> (z. B. in Flugzeugrumpf) • longeron

Längsholm m <bau> • longitudinal spar

Längsholm m <fz> • beam

Längsimpedanz f <el> • series impedance; direct-axis impedance

Längsinduktivität f <el> • series inductance

Längskeil m <masch> (zwischen Welle und Nabe) • key; machine key

Längskeilnut m rar <masch> (zum Einsetzen von Keilen; in Nabe und Welle) • keyway; keyseat; key groove; keyslot rare

Längskeilverbindung f <füg> (z. B. Welle und Nabe) • keyed joint

Längskräfte fpl <kfz> (Reifen) • longitudinal forces pl; circumferential forces pl

Längskraft f <mech> • longitudinal force; axial force

Längskraft mit Biegung f <mech> (zusammengesetzte Beanspruchung) • combined axial and bending force; axial stress and bending; direct stress and bending

Längskreisdurchflutung f <el> • direct-axis component of magnetomotive force

Längslager n rar <masch> (Gleitlager oder Wälzlager; nimmt Axialkräfte auf) • thrust bearing; axial bearing rare; end-thrust bearing rare

Längslast f <mech> (auf Bauteile jeder Art; Zug oder Schub) • axial load; longitudinal load

Längslenker m <tech.allg> • longitudinal control arm

Längslenker m <kfz> (Achse gezogen) • trailing link

Längslenker m <kfz> (Achse geschoben) • leading link

Längslenkerachse f <kfz> (Achse gezogen) • trailing link suspension

Längslenkerachse f <kfz> (Achse geschoben) • leading link suspension

Längsmagnetisierung f <phys> • longitudinal magnetization

Längsmagnetostriktion f <phys> • longitudinal magnetostriction

Längsmotor m <kfz> • longitudinal engine

Längsnaht f <füg> (allg.) • longitudinal seam

Längsnaht f prakt <füg> (geschweißt) • longitudinal weld; longitudinal weld seam

Längsnahtschweißmaschine f <füg> • longitudinal seam welding machine; longitudinal seam welder pract

Längsneigung f <aerospace> (Flugzeug) • pitch attitude; pitch

Längsneigung f <bau> (Steigung bzw. Gefälle; z. B. von Straße) • longitudinal grade; longitudinal gradient GB; longitudinal slope

Längsneigung f <fz> • longitudinal inclination; longitudinal tilt

Längsneigung f <nav> • trim

Längsneigung f <phot> • tip

Längsneigungsdüse f <aerospace> • pitch-reaction jet; pitch-control jet; pitch-control nozzle

Längsneigungsfehler m <aerospace> • pitch error

Längsneigungsskale f <aerospace> • pitch scale

Längsneigungswinkel m <aerospace> • pitch angle

Längsnut f <masch> (allg.; z. B. in Welle) • longitudinal groove

Längsnut f <masch> (für Längsverzahnung, in Welle oder Bohrung) • spline

Längsnut f <masch> (allg.; für Feder oder Keil) • keyway; keyseat

längsnuten vt <prod> • cut longitudinal grooves vt

längsnuten vt <prod> (für eine Längsverzahnung) • spline vt

Längsoperation f <prod> (Automat) • end working

Längsparität f <edv> • longitudinal parity

Längsperforation f <druck> • longitudinal perforation device; line perforation; line perf

Längsperforationseinrichtung f <druck> • longitudinal perforation device; line perforation; line perf

Längsprofil n <bau.innen> • main bar :V; longitudinal bar :V

Längsprofil n DIN 4762 <obfl> (Oberflächenrauheit) • longitudinal profile

Längsprüfung f <qualit> • longitudinal check

Längspuraufzeichnung f <av> • longitudinal recording method (LVR); longitudinal scanning method; linear recording method; linear scanning method; longitudinal recording

Längsräumer m <verf.hydr> • longitudinal scraper; rectangular sludge collector US

Längsrapport m <textil> (auch z. B. Tapete) • longitudinal repeat

Längsrauen n <textil> • longitudinal raising

Längsredundanzprüfung f <edv> • longitudinal redundancy check

Längsreißfestigkeit f <textil> • non-woven strength in the machine direction norm; MD strength pract

Längsrekord m <bau> (Einlaufrost-Typ) • strip-type inlet grating

Längsrichtung f <tech.allg> • longitudinal direction

Längsrillanlage f <druck> • rotary creaser

Längsrippe f <masch> (z. B. Rohr, Wärmetauscher) • longitudinal rib

Längsrippenrohr n <rls> • longitudinal-fin tube

Längsriss m <doku> • longitudinal elevation

Längsriss m <qualit> (Bruchmechanik) • check

Längsriss m DIN EN ISO 6520 <qualit.mat> (in Schweißnähten, parallel zur Schweißnahtachse) • longitudinal crack ISO 6520-1

längssägen vi/vt <prod> (in Faserrichtung) • rip vt

Längssägeschnitt m <prod> • rip-sawing cut; rip-sawing work

Längssaugräumer m <verf.hydr> • longitudinal suction scraper

Längsschaben n <prod> • parallel-axes shaving

Längsschieber m <kfz.antr> (Automatikgetriebe-Steuerung) • valve spool; valve

längsschiffs <nav> • fore and aft

Längsschildräumer m <verf.hydr> • longitudinal sludge scraper

Längsschleifen mit mehrprofiliger Schleifscheibe n <prod> • multi-rib wheel traverse grinding

Längsschliff m <prod> • longitudinal grinding

Längsschlitten m <wz.masch> • longitudinal slide

Längsschlitz m <füg> (quer über Schraubenkopf) • slot; slotted drive form

Längsschlitz m <masch> • longitudinal slot; longitudinal slit

Längsschneideinrichtung f <druck> • longitudinal cutter

Längsschneidemaschine f <pap> • slitting machine; ripping machine; slitter; ripper

Längsschneiden n <holz> (in Faserrichtung) • rip-sawing

Längsschneiden n <pap> • slitting; ripping

Längsschneiden n <prod> • longitudinal cutting

Längsschneider m <druck> • longitudinal cutter

Längsschnitt m <tech.allg> • longitudinal cut

Längsschnitt m <doku> (Ansicht, z. B. in techn. Zeichnungen) • longitudinal view

Längsschnitt m <nav> • inboard profile plan; inboard elevation

Längsschnittsäge f <wz> • rip saw

Längsschnittsdarstellung f <tech.allg> • longitudinal sectional view; longitudinal cross-sectional view

Längsschott n <nav> • fore-and-aft bulkhead; longitudinal bulkhead

Längsschriftaufzeichnung f <av> • longitudinal recording method (LVR); longitudinal scanning method; linear recording method; linear scanning method; longitudinal recording

Längsschriftverfahren n <av> • longitudinal recording method (LVR); longitudinal scanning method; linear recording method; linear scanning method; longitudinal recording

Längsschweißnaht f <füg> (geschweißt) • longitudinal weld; longitudinal weld seam

Längs-Schwerachse f <kfz> (geometrisch) • axial centroid center line

längsschwingender Kristall m <mat> • longitudinal crystal

Längsschwinger m <mot> • longitudinal vibrator

Längsschwingung f <masch> • shuttle motion

Längsschwingung f <nav> • fore-and-aft oscillation

Längsschwingung f <phys> • longitudinal vibration; axial vibration

Längsseite f <tech.allg> (von quaderförmigen Hohlkörpern; z. B. Kastenträger, Behälter, Hohlleite) • side wall

längsseits gehen vt <nav> (Schiff, Boot; an ein anderes Wasserfahrzeug) • go alongside vt

Längsslip m <nav> • end-on slip

Längsspannung f <el> • direct-axis component of voltage; longitudinal voltage

Längsspannung f <mech> • longitudinal stress

Längsspannung f <textil> • warp tension

Längsspant m <aerospace> • stringer

Längsspant n <fz> • longitudinal frame

Längsspant n <nav> • longitudinal; stringer

Längsspantenbauweise f <fz> • longitudinal framing construction; longitudinal framing system

Längssperre f <kfz.antr> • center differential lock

Längsspiel n <masch> • axial play; end play; end clearance

Längsspritzkopf m <kst> • horizontal extruder head; axial extruder head

Längsspülung f <mot> • uniflow scavenging; through scavenging US; uni-directional [flow] scavenging; end-to-end-scavenging

Längsspur f <av> (Magnetspur, die parallel zur Bandkante verläuft) • longitudinal track; linear track

Längsspurrecorder m <av> • longitudinal video recorder; longitudinal recorder

Längsspur-Tonaufzeichnung f <av> • longitudinal audio recording; longitudinal sound recording

Längsspurverfahren n (LVR) <av> • longitudinal recording method (LVR); longitudinal scanning method; linear recording method; linear scanning method; longitudinal recording

Längsspurverfahren n <av> • longitudinal recording system; longitudinal scanning system; linear recording system; linear scanning system; direct recording

Längsstabilität f <aerospace> • pitch stability

Längsstabilität f <fz> (z. B. Flugzeug, Schiff) • longitudinal stability

Längsstapellauf m <nav> • end launching

Längssteghohlleiter m <el> (Wellenleiter) • septate waveguide

Längssteifigkeit f <qualit.mat> (einer Prüfmaschine) • lateral stiffness

Längsstoß m <phys> • longitudinal impact

Längsstrahler m <el> • end-on directional aerial; end-on directional array; end-fire aerial

Längsstrebe f <aerospace> • jack stay

längssymmetrischer Vierpol m <el> • symmetrical two-terminal-pair network

Längstaktmaschine f <prod> • in-line transfer machine

Längsteilung f <msr> (der Messschraube) • sleeve scale

Längsteilung f <prod> • linear indexing

Längsteilung f <verf> (Bandmaterial) • coil slitting

Längstisch m <wz.masch> • reciprocating table

Längsträger m <tech.allg> • longitudinal beam

Längsträger m <aerospace> • longeron

Längsträger m <bau> (z. B. von Brücken) • longitudinal beam; longitudinal member; stringer

Längsträger m <kfz> (im Rahmen, Fahrgestell) • side member; longitudinal member; side rail

Längsträger m <kfz> (kurzes tragendes Profil; Hilfsträger) • chassis leg

Längsträger m <masch> (von Rahmen) • frame side bar

Längsträger m <nav> • fore-and-aft beam; fore-and-aft girder

Längsträger m <nfz> • chassis rail; longitudinal member

Längsträgerwand f <kfz> • sidewall

Längstragseil n <förd> • longitudinal carrier cable

Längstraverse f <logist> (in Längstraversenregal) • horizontal rack beam; horizontal shelf beam; horizontal beam; rack beam; shelf beam

Längstraversenregal n prakt.ppwiss <logist> • multi pallet bay system pract.ppsc; multi pallet opening system pract.ppsc

Längstrimm m <nav> • longitudinal trim

Längstwelle f <av/el> • very-low-frequency wave

Längstwelle f prakt <av/el/navig> (3 bis 30 kHz) • very low frequency (VLF)

Längstwelle f <phys> • myriametric wave

Längstwellenfrequenz f <av/el/navig> (3 bis 30 kHz) • very low frequency (VLF)

Längsüberdeckung f <füg> (z. B. Klebverbindung) • end lap

Längsüberdeckung f <phot> • forward lap

Längs- und Plandrehmaschine f <wz.masch> • plain turning and surfacing lathe; straight turning and facing lathe

Längsverband m <logist> (in Quertraversenregal) • down-aisle tie

Längsverband m <masch> • longitudinal bracing

Längsverrippung f <tech.allg> (dünn, lamellenartig; z. B. von Wärmesenken) • longitudinal finning

Längsverrippung f <tech.allg> (eher dickwandig; z. B. zur Versteifung) • longitudinal ribbing

längsverschiebbar <tech.allg> • longitudinally displaceable

Längsverschiebung f <masch> • longitudinal displacement

Längsversteifung f <tech.allg> • longitudinal stiffening

Längsversteifung f <aerospace> • stringer

längsverstellbar <tech.allg> • longitudinally adjustable

Längsverstellung f <kfz> (Sitze) • seat adjustment; fore and aft adjustment GB

Längsverstellung f <prod> • longitudinal adjustment; lengthwise adjustment rare

Längsverwerfung f <geo> • longitudinal fault

längsverzahntes Führungsrohr n <masch> • splined guide tube

Längs-Vorschub m <wz.masch> (Drehmaschine) • sliding feed

Längsvorschub m <wz.masch> • longitudinal feed

Längswalzen n <prod> • stretch

Längswelle f rar <kfz.antr> (bei Kfz m. Frontmotor u. Heckantrieb; zw. Getriebe u. Achsdifferential) • propeller shaft; propshaft pract.coll; drive shaft

Längswelle f <phys> • longitudinal wave

Längswiderstand m <el> • series resistance

Längszug m <masch> • power longitudinal feed; longitudinal feed; longitudinal traverse

Längung f <tech.allg> (durch Überdehnung; z. B. von Antriebsriemen, Ketten) • lengthening; elongation; axial elongation rare

Längung f <fz> (von Seilzügen; unerwünscht) • stretching

Längung f <nfz> (einer halbelliptische Blattfeder unter Belastung) • lengthwise movement

läppen vt <prod> (allg.) • lap vt

Läppfilm m <edv> • lapping film

Läppmaschine f <wz.masch> • lapping machine

Lärchen-Terpentin n <obfl> • larch turpentine

Lärm m <akust> (laut, als unangenehm empfunden) • noise

lärmarm <akust> (z. B. Kompressor) • low-noise

lärmarmer Reifen m <kfz> • low-noise tire

Lärmbekämpfung f <akust> • noise reduction; noise suppression; noise control; noise abatement

Lärmbelästigung f <emiss> • noise pollution; sound pollution rare; disturbance caused by noise rare; noise nuisance rare

Lärmbelastungsprognose f <bau> • noise exposure forecast (NEF)

Lärmbewertung f <akust> • noise rating

Lärmbild n <pharm> • noise map; noise excitation map thsc

Lärmemission f <emiss.akust> • sound emission

lärmend <akust> • very noisy

Lärmkontrollmessung f <akust> • noise-control measurement

Lärmminderung f <akust> • noise control; reduction of acoustic pressure thsc; noise reduction

Lärmpegel m <ökol> (in einer Umgebung; z. B. in der Nähe von Fahrzeugen, Maschinen, Anlagen) • noise level
Lärmquelle f <akust> • noise source
Lärmrichtwerte mpl <emiss> • noise criteria
Lärmschutz m <bau.akust> (Maßnahme) • sound insulation
Lärmschutzmauer f <bau.akust> (typ. an Straßen) • sound barrier; noise protection wall; noise barrier; sound wall
Lärmschutzmittel npl <akust> • noise guards
Lärmschutzwall m <bau.akust> (typ. an Straßen) • sound barrier; noise protection wall; noise barrier; sound wall
Lärmschutzzaun m <bau.verk> • acoustic fence; acoustic fencing
Lärmschutzzone f <akust> • noise abatement area; noise abatement zone; noise control area
Lärmzone f <bau> • noise zone
Lässigkeitsverlust m <turb> (Turbine) • leakage loss
Lästigkeitspegel m <akust> • perceived noise level
Läufer m <tech.allg> (sich drehendes Bauteil, Läufer allg.) • rotor
Läufer m <bau> (langer, schmaler Teppich auf Treppen) • stair carpet
Läufer m <bau> (Mauerverband) • stretcher
Läufer m <druck> (Farbreiber) • brayer
Läufer m <el> (Generator) • rotor; generator rotor
Läufer m <el> (in Generator, Elektromotor) • armature; rotor
Läufer m <förd> (rotierende Verdrängerpumpe) • rotor; impeller rare
Läufer m prakt <kfz.el> (Drehstromgenerator) • rotor; claw-pole rotor rare
Läufer m prakt <masch> (Welle+Laufrad) • pump rotor; rotor pract; rotor assembly; rotating assembly; rotating element
Läufer m <nav> (laufendes Gut; bewegliche Teile der Takelage) • hauling part; running part; runner
Läufer m <navig> (Kreiselbauelement) • rotor; spinner; gyro wheel
Läufer m <obfl> (eher flächiger Defekt) • sag; curtain
Läufer m prakt <obfl> (Lackfehler; eher punktuell, einzeln) • run; hanger pract
Läufer m <prod.autom> • slider
Läufer m <tech> (Rechenschieber) • cursor; runner pract
Läufer m <textil> (Kammwalze) • porcupine
Läufer m <textil> (Ringzwirnmaschine) • traveller
Läufer m DIN ISO 2424 <textil> (schmaler Teppich) • runner ISO 2424
Läufer m <verf> (Mahlstein, Mühlstein) • runner millstone
Läuferanlasser m <el> • rotor-resistance starter; rotor starter pract
Läuferblechpaket n <el> • rotor core
Läuferbremse f <kfz.el> (Starter) • armature brake; brake disc; brake disk
Läufererhitzung f <textil> • traveller burn
läufergespeist <el> • rotor-fed
Läuferkreis m <el> • rotor circuit
Läufer mit Klauenpolen m did.Bosch <kfz.el> (Drehstromgenerator) • rotor; claw-pole rotor rare
Läuferrad n <el> • magnet wheel
Läuferschicht f <bau> • stretcher course
Läuferstern m <el> (Synchronmaschine) • field spider
Läufertrommel f <masch> • rotor barrel
Läuferwaage f <msr> • sliding weight balance; Roman balance; steelyard balance; steelyard
Läuferwelle f <kfz.el> (im Starter oder Gleichstromgenerator) • armature shaft
Läuferwelle f <masch> (allg.) • rotor shaft
Läuferwicklung f <el> • rotor winding

Läuferzug m <textil> • traveler tension US; traveller tension GB
Läuterelais n <tele> • ringer relay
läutern vt <nahr> (Bierwürze) • lauter vt
läutern vt <silik> • refine vt; fine vt
läutern vt <verf> (allg.; reinigen) • purify vt; clarify vt
läutern vt <verf> (Erz, durch Waschen) • wash vt
Läutertrommel f <masch> • washing cylinder; washing drum
Läutertrommel f <verf> • picking drum
Läuterungsmittel n <silik> • fining agent
Läuterwanne f <silik> • refining chamber; refiner pract
Läutewerk n form <alarm> (von Alarmanlage) • bell; alarm bell
Läutewerk n <bahn> (Warnglocke) • warning bell
Lage f <allg> (in Erklärungen: Lage der Dinge, Lage der Nation) • state
Lage f <tech.allg> (Ort im Raum) • location; position
Lage f <tech.allg> (allg., Schicht) • layer
Lage f <tech.allg> (Schicht in mehrlagigem, laminiertem Teil; z. B. in Metallbalg, Reifen) • ply; lamination rare
Lage f <bau> (z. B. Ziegel, Blocksteine) • course
Lage f <bau> (Ort, Grundstück; z. B. Gebäude, Stadt) • site
Lage f <druck> (Papier, bedruckt, sortiert, gefaltet) • quire
Lage f <füg> (beim Schweißen) • pass; run
Lage f <füg> (Schweißen) • pass; run
Lage f <geo> (geol. Schicht) • stratum; band; seam
Lage f <kfz> (einer Blattfeder) • leaf
Lage f <mil> (Situation) • situation
Lage f <mil> • location of shots
Lage f <rls> (Gewebebalg) • layer
Lage 1 f <geo> • sedimentary layer; layer one
Lage 2 f <geo> • basement layer; transitional layer; layer two
Lage 3 f <geo> • oceanic layer; layer three
lageabhängig <msr> • position-dependent
Lageanzeiger m <msr> • location indicator; position indicator
Lagebeurteilung f <mil> • estimate of the situation; appreciation of the situation
Lage des Toleranzfeldes f <qualit> (in Bezug auf Nennwert) • disposition of the tolerance zone
Lageeinstellungsfehler m <prod> • positioning error
lageempfindlich <tech.allg> (z. B. Messgerät) • position-sensitive
Lageempfindlichkeit f <msr> (eines Sensors) • position sensitivity
Lageenergie f <phys> • potential energy
Lageerfassung f <allg> • position detection RS
Lageermittlung f <autom> • localization
Lagefehler m <tech.allg> • alignment error
Lagefehler m <prod> • position error; positional error
Lagegeber m <msr> • position detector
lagegenau <prod> (z. B. Werkstück oder Merkmal) • accurately located; accurately positioned
Lagegenauigkeit f <tech.allg> (allg.; von Teilen, Merkmalen; z. B. in der Fertigung) • accuracy of location; position accuracy; accuracy of position
Lagegenauigkeit der Bohrung f <prod> • hole-location accuracy
lagegenau setzen vt <füg> • place accurately vt
lagegerecht <prod> (Werkstück, Werkzeug) • correctly positioned; correctly located
Lagegleichung f <mech> • equation of position
Lagehöhe f <masch> (Teil der Pumpenförderhöhe) • elevation head
Lagekoordinate f <prod> • position coordinate
Lagekoordinate im Raum f <math> • spatial coordinate
Lagekorrektur f <prod> • position correction

Lagekorrekturtriebwerkseinheit f <aerospace> (Raum-fahrzeug) • corrective power unit
Lagekreisel m <navig> (z. B. in Raketen) • displacement gyro; displacement gyroscope rare; attitude gyroscope rare; position gyro rare
lagemäßig ausgleichen vt <phot> • adjust planimetrically vt
Lagemagnet für Blau m <av> • blue-positioning magnet
Lagemissweisung f <msr> • site error
lagenartiger Bruch m <qualit.mat> • laminated fracture
Lagenfalzung f <druck> • quire folding
Lagenfolge f <füg> (Schweißtechnik) • bead sequence
Lagenfolge f <füg> (Schweißen) • pass sequence; run sequence; weld-layer sequence
Lagenholz n <holz> • laminated wood; plywood
Lagenholzverleimung f <füg> • laminated-wood gluing
Lagenlegemaschine f <textil> • cloth spreading machine
Lagenlösung f <prod> • ply separation
Lagenschweißung f <füg> (Betonung auf: mehrere La-gen) • multi-layer welding
Lagenschweißung f <füg> (Betonung auf: mehrere Durchgänge) • multiple-pass welding
Lagentextur f <geo> • banded structure
Lagentrennung f <prod> • ply separation
lagenweise <bau.mat> • in layers
Lagenzahl f <rls> • number of plies
Lagenzuordnung f <mech> (Kinematik) • position coordi-nation
Lagepasspunkt m <phot> • horizontal control point
Lageplan m DIN ISO 10209-4 <bau.doku> • location drawing ISO 10209-4
Lageplan m <doku> (von Gebäuden) • layout [plan]
Lageplan m <doku.bau> • layout; site plan; layout plan
Lageplan m <doku.bau> (Flächenbelegung, Gebäude) • location plan; ground plan
Lageplan m <doku.masch> (betont: Anordnung von Ein-zelteilen) • parts placement diagram
Lageplan-Display n <alarm> • map board display; map board; map display; zone locator
Lageplan-Tableau n <alarm> • map board display; map board; map display; zone locator
Lageplantableau n <alarm> • map board display; map board; map display; zone locator
Lager n <geo> • stratum; layer; bed
Lager n <logist> (zum Aufbewahren von Gütern; eher klein) • store
Lager n <logist> (betont: Gebäude; zum Aufbewahren von Gütern; eher groß) • warehouse (whse); warehousing facility; stores building; storehouse
Lager n <logist> (betont: Funktion) • warehouse; store
Lager n <logist> (groß; typ. mehrere Gebäude auf großem Gelände) • depot; storage facility
Lager n <masch> (für Wellen etc.) • bearing
Lager n <min> (z. B. Kohle) • deposit; seam
Lagerabdichtung f <masch> • sealing of the bearing; bearing seal
Lagerabzieher m <kfz.wz> • bearing puller
Lageradresse f <logist> (Regal) • address
Lager ausgießen vt <prod> (allg.) • bearing lining
Lagerausguss m <masch> (mit Weißmetall) • babbitting
Lagerausguss m <mat> (Lagermetall) • bearing liner; liner
Lagerausguss m <prod> (allg.) • bearing lining
Lagerausgussschichtdicke f <masch> • bearing lining thickness
Lagerauslegung f <masch> • bearing design
Lageraußenwand f <masch> • bearing back
Lagerbahnhof m <logist> (für einzulagernde und ausge-lagerte Ladeeinheiten) • P/D station; P&D station; pick & deposit station; pick-up & dispatch station; I/O station

Lagerbalken m <tech.allg> • bearing beam
Lagerbalken m <logist> • carrier bar
Lagerbalken m <masch> • bearing frame
Lagerbalkenkopf m <mot> • front end of frame
Lagerbedienbühne f <logist> • large item unit load S/R machine
Lagerbelastung f DIN ISO 4378-4 <mech> (radial, axial) • bearing load ISO 4378-4
Lagerbeständigkeit f <nahr> • shelf life
Lagerbestand m <logist> • inventory
Lagerbestand m <logist> • inventory; stock
Lagerbock m <masch> • bearing block; pillow block; bearing pedestal
Lagerbock m <wz.masch> (einstellbar; Waagerechtbohr-werk) • adjustable block
Lagerbohrung f <masch> • bearing bore
Lagerbolzen m <masch> • bearing bolt; cap bolt
Lagerbreite f <masch> • bearing width
Lagerbreitenreihe f <masch> • bearing width series
Lagerbronze f <mat> (für Gleitlager) • bearing bronze
Lagerbuchse f <masch> (typ. bei Gleitlagern) • bearing bushing; bearing bush; bearing sleeve
Lagerbuchse f <masch> (rund, hülsenförmig) • bearing bushing; bearing bush
Lagerbühne f <logist> (von Hochregallager) • platform; raised storage area; raised storage platform
Lagerbund m <masch> • bearing collar
Lagerbunker m <ents.logist> (für Abfall) • storage pit; re-fuse pit; furnace bunker; refuse bunker; receiving bin
Lagerdeckel m <masch> (z. B. von Kurbelwellen) • bear-ing cover; bearing cap; bearing top; cap crown
Lagerdeckelplatte f <masch> • flat bearing cap
Lagerdeckelschraube f <masch> • bearing-cap bolt
Lagerdeckscheibe f DIN ISO 5593 <masch> (Wälzlager) • bearing shield ISO 5593
Lagerdruck m <masch> • bearing pressure
Lagerdurchmesserreihe f <masch> • bearing diameter series
Lagerebene f <logist> (Regal) • storage level
Lagerebene f <logist> (Tunnellager) • lane level
Lagerregel f <math> • position rule
Lagerregelkreis m <autom> • position control-loop
Lagerregelung f <aerospace> (von Flugkörpern) • position control servomechanism; position feedback control
Lagerregelung f <msr> (allg.) • position control
Lagerregler m <msr> • position controller
Lagereinheit f <logist> • unit load; load
Lagereinlaufschicht f DIN ISO 4378-1 <masch> • plain bearing running-in layer ISO 4378-1; running-in layer; overlay
Lagereinrichtung f <logist> • storage fixture
Lagerelemente npl <autom> • bearings pl
Lagerfähigkeit f <ents> • storing capacity
Lagerfähigkeit f <nahr> • shelf life
Lagerfläche f <tech.allg> (tragend, unter Flächenpres-sung) • bearing surface
Lagerfläche f <logist> (Bodenfläche) • floor area; floor space
Lagerfläche f <masch> (eines Auflagers) • bed
Lagerfruchthaspel f <agri> • laid-grain reel
Lagerfuge f <bau> • horizontal joint; bed joint
Lagerfuß m <masch> • pedestal base
Lagergang m <geo> • intrusive sheet; fissure vein; bed vein; sill
Lagergebäude n <logist> (betont: Gebäude; zum Aufbe-wahren von Gütern; eher groß) • warehouse (whse); warehousing facility; stores building; storehouse
Lagergehäuse n <kfz.el> (Starter) • commutator end shield; commutator end frame

Lagergehäuse n <kfz.mot> *(Turbolader)* • bearing housing assembly; bearing housing

Lagergehäuse n <kfz.mot> • bearing carrier; bearing frame

Lagergehäuse n DIN ISO 4378-1 <masch> *(von Gleitlagern)* • plain bearing housing ISO 4378-1

Lagergehäuse-Oberteil n DIN ISO 4378-1 <masch> • plain bearing housing cap ISO 4378-1

Lagergehäuse-Unterteil n DIN ISO 4378-1 <masch> • plain bearing housing block ISO 4378-1

Lagergerät n prakt <logist> *(Lagerbereich)* • storage aid form.pract; load carrier pract

Lagergut n <ents> • waste mass; fill mass

Lagergut n <logist> • stores npl

Lagerhals m <masch> • bearing neck; journal

Lagerhaltung f <logist> • storekeeping; stock-keeping; stockholding; storage; warehousing

Lagerhaltungskosten npl <logist.fin> • warehousing costs npl; storage costs npl

Lagerhilfsmittel n form.prakt <logist> *(Lagerbereich)* • storage aid form.pract; load carrier pract

Lagerhof m <logist> *(Baumaterial)* • stacking yard

lagerichtig <tech.allg> • in correct position; in the correct position; positionally accurate

Lagerkäfig m <tech.allg> *(für Wälzlager)* • bearing cage

Lagerkanal m <logist> *(Tunnellager)* • lane

Lagerkapazität f <logist> • storage capacity; system capability; storage capability

Lagerkappe f rar <masch> *(z. B. von Kurbelwellen)* • bearing cover; bearing cap; bearing top; cap crown

Lagerkasten m <logist> *(Lagerhilfsmittel für Kleinteile; meist Kunststoffschale)* • bin

Lagerkörper m <masch> • bearing body; pedestal body

Lagerkonus m <masch> • bearing cone

Lagerkraft f DIN ISO 4378-4 <masch> • bearing force ISO 4378-4

Lagerkragen m <masch> • bearing collar

Lagerkugel f <masch> • bearing ball

Lagerlauffläche f <masch> • bearing raceway

Lagerlaufring m <masch> • bearing ring; bearing race

Lagerlaufspiel n <masch> *(allg., jede Richtung)* • bearing clearance; bearing slackness; bearing play; bearing shake; slack pract.coll

Lagerlegierung f <mat> *(für Gleitlager)* • bearing alloy; antifriction alloy

Lagerlift m <logist> *(Kleinteilelager)* • miniload S/R machine; miniload storage/retrieval machine

Lagerluft f <masch> *(allg., jede Richtung)* • bearing clearance; bearing slackness; bearing play; bearing shake; slack pract.coll

Lagermaschine f prakt <logist> • automated storage/retrieval system (AS/RS); automated high-rise storage system; high-rise S/R system; unit load AS/RS; AS/R system pract

Lagermaßreihe f <norm> • bearing dimension series

Lagermetall n rar <masch> *(Gleitlager; z. B. für Kurbelwellenlagerschalen)* • babbit metal

Lagermetall n <mat> • bearing metal; antifriction metal

Lagern n <logist> *(eher von Rohstoffen oder Halbfabrikaten; z. B. im Vorrats-, Zwischenlag)* • storage

Lagern n <logist> *(eher von Fertigwaren)* • warehousing

lagern vt <tech.allg> *(z. B. Träger, Welle)* • support vt; support in a bearing vt; carry vt

lagern vt <logist> • store vt; warehouse vt

lagern vt <masch/bau> *(einbetten)* • bed vt

lagern vt <silik> *(Ton)* • sour vt; age vt

Lagerordnung f <logist> *(Artikel)* • stock arrangement

Lagerorganisation f <logist> • warehouse organisation

Lagerplatte f <ents> *(Kläranlage)* • sole plate; bearing plate

Lagerplatte f <masch> *(Schwenkradgetriebe)* • tumbler bracket

Lagerplatz m <logist> *(betont: Ort; z. B. im Regal)* • storage location

Lagerplatz m <logist> *(zum Abkippen; z. B. für Bauschutt)* • dumping ground

Lagerplatz m <logist> *(zum Stapeln; z. B. Betonfertigteile)* • stacking ground

Lagerplatz m <logist> *(Ort, Gelände; z. B. für Ersatzteile, Maschinen)* • storage site

Lagerplatzkennzeichnung f <logist> • stock locator system

Lagerplatzreservierung f <logist> *(Hochregal)* • storage allocation; slot allocation

Lagerplatzverwaltung f <logist> • warehouse location management

Lagerplatzzuweisung f <logist> *(Hochregal)* • storage allocation; slot allocation

Lagerpunkt m <tech.allg> • pivot point; pivot

Lagerraum m <logist> • storage space; storage cube

Lagerreibung f <mech> • bearing friction

Lagerreibungsverlust m <mech> *(Verlust mechanischer Leistung, Umwandlung in Wärme)* • bearing-friction loss

Lagerreihe f DIN ISO 5593 <masch> • bearing series ISO 5593

Lagerring m <masch> • bearing ring; bearing race

Lagerrolle f <verf> *(Schleudergießmaschine)* • bottom roll; bottom roller

Lagerrumpf m <masch> • pedestal body

Lagersatz m <tech.allg> • bearing assembly; bearing package

Lagerschaber m <wz> *(Schaber mit zwei Schneiden, gebogen)* • bearing scraper; curved half round bearing scraper form; curved scraper pract

Lagerschale f <masch> *(halbkreisförmig; typ. bei Kurbelwellen)* • half-bearing ISO 4378-1

Lagerschale f rar <masch> *(typ. bei Gleitlagern)* • bearing bushing; bearing bush; bearing sleeve

Lagerschale f <masch> *(rund, hülsenförmig)* • bearing bushing; bearing bush

Lagerschalenschlüssel m <wz> • hooked key for brasses

Lagerscheibe f DIN ISO 5593 <masch> • bearing washer ISO 5593

Lagerschild m <masch> *(z. B. Pumpe)* • end bell

Lagerschild m <masch> *(z. B. Getriebe)* • end shield; end plate; end frame

Lagerschild n <kfz.el> *(allg.; Generator, vorn, hinten)* • end fitting US; end bracket GB; end cover; end shield Chrysler

Lagerschuppen m <logist> • storage shed

Lagersichtkasten m <logist> *(Lagerhilfsmittel für Kleinteile; meist Kunststoffschale)* • bin

Lagersilo n <logist> • rack-supported storage system; rack-supported building

Lagerspiel n <masch> *(allg., jede Richtung)* • bearing clearance; bearing slackness; bearing play; bearing shake; slack pract.coll

Lagerspiel n DIN ISO 4378-1 <masch> *(radial)* • diametral clearance ISO 4378-1

Lagerspiel n <masch> *(axial)* • axial clearance; lateral clearance; side shake

Lagerstätte f <geo> *(Ablagerung; von Sedimenten)* • deposit

Lagerstätte f <petr> *(als Vorrat)* • reservoir

Lagerstättenbemusterung f <min> • exploration of deposits

Lagerstättendruck m <min> • formation pressure

Lagerstättendruck m <petr> • reservoir pressure

Lagerstättenenergie f <min> • formation energy
Lagerstättenenergie f <petr> • reservoir energy
Lagerstättenerkundung f <min> • exploration of mineral deposits; exploration of deposits; prospecting
Lagerstätteninhalt m <petr> • reservoir content
Lagerstättenverlust m <petr> (nicht abbaufähiger Lagerstättenanteil) • residual oil
Lagerstelle f <kfz> • bearing position
Lagerstelle f <mech> • point of support; point of bedding
Lagerstrategie f <logist> • storage policy; storage strategy; placement strategy
Lagerstrukturvariante f <logist> • warehouse layout alternative
Lagerstütze f <masch> • pillow block
Lagerstützschale f <masch> • bearing back
Lagerstuhl m <tech.allg> (z. B. Maschinenbau) • bearing block; bearing pedestal
Lagerstuhl m <masch> • bearing block; pillow block; bearing pedestal
Lagersystem n <logist> • storage system; warehousing system
Lagertank m <logist> • storage tank; storage vat; storage vessel
Lagertemperatur f <logist> (z. B. von Lebensmitteln) • storage temperature
Lagertemperatur f <masch> (z. B. von Achslagern an Güterwagen) • bearing temperature
Lagertemperaturfühler m <msr> • bearing temperature detector
Lagerträger m <förd> (von Pumpen mit Gehäusefüßen) • bearing bracket; bearing frame
Lagerträger m <kfz.mot> • bearing carrier; bearing frame
Lagertrocknung f <agri> • barn drying
Lagerückführung f <msr> • position feedback
Lagerumschlag m <logist> • throughput; turnover; parts usage activity US
Lager- und Transporttemperatur f <logist> • storage and transport temperature
Lagerung f <tech.allg> (Befestigung, Montage) • mounting; mount
Lagerung f <geo> (von Schichten) • stratification; bedding
Lagerung f <logist> • storage; storing
Lagerung f <logist> (eher von Rohstoffen oder Halbfabrikaten; z. B. im Vorrats-, Zwischenlag) • storage
Lagerung f <logist> (eher von Fertigwaren) • warehousing
Lagerung f <masch> (z. B. einer Welle) • bearing
Lagerung f <masch> (Sitz) • seating
Lagerung f <masch> • support
Lagerung f <nahr> (zur Nachgärung) • secondary fermentation; afterfermentation
Lagerung f <qualit> (von Material vor Bearbeitung, Prüfung) • conditioning
Lagerung auf Schneiden f <masch> • knife-edge suspension
Lagerung in Wälzlagern f <masch> • antifriction mounting
Lagerung nach Abmessungen f <logist> • storage by size
Lagerung nach Eigenschaften f <logist> • storage by characteristics
Lagerung nach Umschlagshäufigkeit f <logist> • frequency placing; storage by popularity
Lagerungsdichte f <logist> • degree of compaction; compactness
Lagerungsfähigkeit f <qualit> • storage life; shelf life
Lagerungsstörung f <geo> • displacement; normal fault; fault
Lagerungstemperatur f <logist> • storage temperature
Lagerverfärbung f <qualit> • bearing discoloration

Lagerverklammerung f <füg> • bearing anchorage
Lagerverlust m <mech> (Leistungsverlust durch Reibung) • bearing loss
Lagerverwaltung f <logist> • warehouse management
Lagerverwaltungsrechner m <logist.edv> • warehouse management computer system; warehouse management computer
Lagerwalze f <masch> • journal
Lagerweißmetall n rar <masch> (Gleitlager; z. B. für Kurbelwellenlagerschalen) • babbit metal
Lagerzapfen m prakt <kfz.mot> (im KW-Hauptlager) • crankshaft journal; journal pract; crank journal ISO 7967-2
Lagerzapfen m <masch> (von Wellen) • journal pin; journal
Lagerzapfen m <masch> (kurz, eher dick; zum Kippen) • pivot pin; trunnion
Lagerzeit f <edv> • shelf life
Lageschalter m <msr> • position switch
lagestabilisiert <phys> (z. B. Kreisel, Waffenlafette) • attitude-controlled; attitude-stabilized
Lagesteuerung f <msr> • position control; positioning control
Lagetoleranz f <doku> (z. B. in techn. Zeichnung) • position tolerance; positional tolerance; location tolerance
Lageüberwachungskreisel m <aerospace> • attitude gyro
Lageumsetzer m <edv> • shaft position-to-digital converter
lageunabhängig <tech.allg> • omnidirectional
lageunabhängig <msr> • position-independent
Lageungenauigkeit f <prod> (ungenau, nicht passgenau) • positional inaccuracy; mislocation
Lageveränderung f <prod> (z. B. Werkstück, Werkzeug, Schlitten, Tisch) • change of position
Lagrange'sche Bewegungsgleichungen fpl <phys> • Lagrange's dynamical equations pl
Lagrange'sche Interpolationsformel f <math> • Lagrange's interpolation formula
Lagrange'sches Polynom n <math> • Lagrange's polynomial
Lagrange'sches Prinzip n <autom> • Lagrange's principle
Lagrange-Dichte f <math> • Lagrangian density
Lagrange-Funktion f <math> • Lagrangian function; Lagrangian
Lagrange-Funktion elastischer Spannung f <mech> • Lagrangian function of elastic stress
Lagrange-Punkt m <astron> • Langrangian point
lagrangesche Bewegungsgleichungen fpl <phys> • Lagrange's dynamical equations pl
lagrangesche Interpolationsformel f <math> • Lagrange's interpolation formula
lagrangesches Polynom n <math> • Lagrange's polynomial
lagrangesches Prinzip n <autom> • Lagrange's principle
lahm ugs <tech.allg> (träge, langsam; z. B. Reaktion, Motor, Absatz) • sluggish
Lahmlegen n <tech.allg> (System) • jamming
Lahn m <textil> (Metallflachfaden) • tinsel
LAI <tele> (via BCCH) • Location Area Identification (LAI)
Laibung f <bau> (innere seitliche Flächen einer Wand-, Fenster-, Türöffnung) • reveal
Lake f <mat> • brine solution
Lakes-Pipes fpl <kfz> • Lakes pipes pl; lake pipes pl
Laktodensimeter n <msr> (Milchspindel) • lactometer
Laktometer n <msr> (Milchspindel) • lactometer
Laktose f <chem> • lactose; milk sugar
Laktosekristalle fpl <nahr> (z. B. in Speiseeis) • lactose crystals

Lamawolle f <textil> • llama hair
Lamb'sche Verschiebung f <phys> • Lamb shift; Lamb-Retherford shift
Lambda n <edv> • lambda
Lambda-1/4-Platte f <edv.opt> *(Speicher)* • quarter wave plate; 1/4 wave plate; Faraday rotator
Lambda/4-Antenne f <el> • quarter-wave antenna *US*; quarter-wave aerial *GB*
Lambda-Fenster n <kfz.emiss> • lambda window
Lambda-Hyperon n <nukl> • lambda hyperon; lambda particle
Lambda-Plättchen n <opt> • full-wave plate; whole-wave plate
Lambdaregelung f <kfz.emiss> *(allg.)* • A/F control
Lambdaregelung f <kfz.emiss> *(betont: mit Lambda-Sonde)* • closed loop A/F control; oxygen sensor emission control; limit cycle control *rare*; feedback air-fuel-ratio control *rare*
Lambda-Regelventil n <kfz.mot> • fuel metering solenoid *GM*
Lambda-Sonde f <kfz.emiss> *(für geregelten Katalysator)* • oxygen sensor (OXS); exhaust gas oxygen sensor *form*; lambda sensor; lambda probe
Lambdasondenwarnleuchte f <kfz.el> • oxygen sensor indicator light; oxygen sensor indicator
Lambdaviertel-Antenne f <el> • quarter-wave antenna *US*; quarter-wave aerial *GB*
Lambda-Viertel-Antenne f <el> • quarter-wave aerial *GB*
Lambda-Viertel-Plättchen n <opt> • lambda quarter-wave plate; quarter-wave plate
Lambdaviertelplättchen n <phys> • quarter-wave plate
Lambda-Viertel-Schicht f <opt> • quarter-wave coating; quarter-wave layer
Lambert'sche Fläche f <opt> • Lambert surface; uniform diffuser
Lambert'scher Strahler m <phys> • Lambertian emitter; Lambertian diffuser
Lambert'sches Absorptionsgesetz n <phys> • Lambert's absorption law
Lambert'sches cos-Gesetz n <phys> *(Strahlung des schwarzen Körpers)* • Lambert's cosine law; Lambert's cosine law of emission; cosine emission law; cosine law
Lambert'sches Gesetz n <phys> *(Strahlung des schwarzen Körpers)* • Lambert's cosine law; Lambert's cosine law of emission; cosine emission law; cosine law
Lambert'sches Kosinusgesetz n <phys> *(Strahlung des schwarzen Körpers)* • Lambert's cosine law; Lambert's cosine law of emission; cosine emission law; cosine law
Lambert m <licht> • lambert
Lambert-Beer'sches Gesetz n <phys> • Lambert-Beer absorption law; Lambert-Beer law; Beer's law
Lambertfläche f <opt> • Lambert surface; uniform diffuser
lambertsche Fläche f <opt> • Lambert surface; uniform diffuser
lambertscher Strahler m <phys> • Lambertian emitter; Lambertian diffuser
lambertsches Absorptionsgesetz n <phys> • Lambert's absorption law
lambertsches Gesetz n <phys> *(Strahlung des schwarzen Körpers)* • Lambert's cosine law; Lambert's cosine law of emission; cosine emission law; cosine law
lambertsches Kosinusgesetz n <phys> *(Strahlung des schwarzen Körpers)* • Lambert's cosine law; Lambert's cosine law of emission; cosine emission law; cosine law
Lambert-Shading n <edv> *(Computergrafik)* • flat shading; polygonal shading; Lambert shading *rare*
lambsche Verschiebung f <phys> • Lamb shift; Lamb-Retherford shift

Lamb-Shift m <phys> • Lamb shift; Lamb-Retherford shift
Lamb-Verschiebung f <phys> • Lamb shift; Lamb-Retherford shift
lamellar <mat> *(z. B. Grauguss)* • lamellar
lamellare Verbindung f <chem> • lamellar compound
Lamelle f <tech.allg> *(sehr dünne Lage, Schicht)* • lamella; folium
Lamelle f <antr> *(in Lamellenkupplung)* • disk *US*; disc *GB*; plate
Lamelle f <bau> *(Jalousie)* • louver *US*; slat; louvre *GB*
Lamelle f <el> *(eines Stromwenders, Kollektors)* • commutator segment; commutator bar
Lamelle f <hlk> *(dünne Rippe; typ. an Heiz- oder Kühlkörpern)* • fin
Lamelle f <hlk> *(dünn, schmal)* • vane
Lamelle f <hlk> *(Lüftung; Ausströmer; meist pl.)* • louver
Lamelle f <masch> *(Feder)* • blade; leaf
Lamelle f <masch> *(von Membranventil)* • reed; petal; blade *rare*
Lamelle f <phot> *(in Blende, Verschluss)* • blade; leaf
Lamelle f <textil> *(als Fadenbruchmelder)* • dropper; drop wire
Lamellen fpl <kfz> *(im Reifenprofil)* • sipes *pl*; kerfs *pl*
Lamellen fpl <nahr> *(Speiseeis)* • continuous phase; lamella
Lamellenabscheider m <verf.hydr> • lamellar settler *V*
Lamellenbremse f <brems> • multi-disc brake; multidisc brake; multi plate brake; multiplate brake
Lamellendecke f <bau.innen> • blind-type ceiling *:V*
Lamellenhaken m DIN 15404-2 <förd> *(z. B. Gießkran)* • laminated hook
Lamellenkühler m <hlk> • cellular radiator
Lamellen-Kühlergrill m <kfz> • slatted grille
Lamellenkupplung f <antr> *(z. B. in Automatikgetrieben)* • multi-plate clutch; multiple-disc clutch; multi-disc clutch; multiplate clutch; multiple-plate clutch
Lamellenportal n <theat> • adjustable proscenium
Lamellenpumpe f <prod> • lamella pump
Lamellenreifen f <fz> • multi-siped tire
Lamellenrohr n <rls.hlk> *(zur Wärmeübertragung)* • finned tube; gilled tube; gilled pipe
Lamellenrohr-Heizkörper m <hlk> • finned-tube radiator
Lamellensatz m <kfz.antr> • disk set
Lamellen-Scheinwerferabdeckung f *:V* <kfz> • headlight louvers
Lamellen-Schleifscheibe m DIN 69184 <wz> • flap wheel
Lamellen-Schleifstift m DIN 69183 <wz> • flap wheel with shafts
Lamellenschlitzverschluss m <phot> • metal-blade focal-plane shutter
Lamellenspannung f <el> • segment voltage; bar voltage
Lamellen-Sperrdifferential n <kfz.antr> • multiple-disc limited-slip differential; friction-disc differential; multi-plate limited-slip differential
Lamellenstempel m <min> • lamellar prop
Lamellenstruktur f <mat> • lamellar structure
Lamellenteilung f <el> • segment pitch
Lamellenträger m <kfz.antr> *(Lamellenkupplung)* • disk carrier
Lamellenventil n <masch> *(allg.)* • reed valve; leaf valve *US*; blade-type valve *did*; diaphragm valve *rare*
Lamellenverdampfer m <hlk> • fin coil evaporator; gilled evaporator
Lamellenverfahren n <geo> *(Bodenmechanik)* • method of slices
Lamellenverflüssiger m <verf> • air-cooled condenser
lamellenverleimt <füg> • glue-laminated
Lamellenverschluss m <phot> • bladed shutter; leaf shutter

Lamellenwärmetauscher m <hlk> • fin coil heat exchanger; coil

lamellieren vt <prod> • laminate vt

lamellierter Eisenkern m <kfz.el> (Zündspule) • laminated iron core

Lamellierung f <prod> • lamination

laminar <phys> (Strömung, turbulenzfrei) • streamline; laminar

Laminarbox f <el> • laminar flow cabinet; laminar flow booth

Laminardelle f <aerospace> • low-drag bucket

laminare Bewegung f prakt <phys> • laminar flow; viscous flow; streamline flow; streamlined flow

laminare Strömung f DIN EN 1330-1 <phys> • laminar flow; viscous flow; streamline flow; streamlined flow

laminare Unterschicht f <phys> (Grenzschicht) • laminar sublayer

Laminargitterinterferometer n <opt> • lamellar grating interferometer

Laminarprofil n <aerospace> • laminar airfoil; laminar profile

Laminarströmung f <phys> • laminar flow; viscous flow; streamline flow; streamlined flow

Laminat n <kst> • laminate

Laminat n <mat> (allg., jedes Material) • laminate

Laminat n <textil> • laminated fabric

Laminatschweißmaschine f <füg> • laminate welding machine

Laminieren n <kst> • laminating; doubling

Laminieren n <prod> (Vorgang) • laminating

Laminieren n <prod> (z. B. von Rotorblättern) • pulltrusion

laminieren vt <obfl> • laminate vt; laminate with plastic foils vt did

laminieren vt <prod> (allg.) • laminate vt

Laminieren mit Schaumstoff n <verf> • foam-backing

Laminierpresse f <prod> • laminating press

laminiert <bau> (Holzprofile) • laminated

Lammblöße f <led> • lamb pelt

Lammfell n <led> • lambskin

Lammfellfutter n <led> • lining shearling

Lammfell-Sitzbezug m <kfz> • sheepskin seat cover

Lammpelzfell n <led> • sueded shearling lamb

Lammpelzfutter n <led> • lambskin lining

La-Mont-Kessel m <rls> (Dampferzeuger) • La-Mont boiler; La-Mont steam generator boiler

Lampe f DIN 5039,5040 <licht> (allg.; z. B. Glüh- od. Glimmlampe, Neonröhre, Gasentladungslampe) • lamp

Lampe f prakt <licht> (mit Glühfaden; im Ggs. zu Leuchtstoff-, Gasentladungslampen) • incandescent lamp; incandescent filament lamp form; lamp pract; light bulb coll; bulb coll

Lampe f ugs <licht.innen> (allg.; z. B. Decken-, Wand-, Steh-, Tischleuchte) • light; luminaire

Lampe f ugs <licht.innen> (fest installiert; z. B. Decken-, Wandleuchte) • lighting fixture; lighting fitting; light coll

Lampe aus blendfreiem Glas f <licht> • antiglare lamp

Lampe mit Edison-Sockel f <licht> • screw-type lamp

Lampenanzeige f <msr> • lamp indication

Lampenblech n <kfz> • lamp panel

Lampenblitz m <phot> • bulbflash

Lampenblitzgerät n <phot> • bulbflash

Lampenbrennspannung f <licht> (von Entladungslampen) • tube voltage; lamp voltage

Lampenfassung f <el> • lamp socket; bulb holder pract.coll; lampholder

Lampenfassung mit Bajonettsockel f <licht> • bayonet lampholder

Lampenfeld n <tele> • bank of lamps; lamp array; lamp panel

Lampenfuß m <el> • stem

Lampengehäuse n <phot/theat> • lamphouse; lamp housing

Lampengewinde n ugs <el> • Edison screw-thread (E); electric-light-bulb thread coll

Lampenglas n prakt <licht> (für Leuchten und Scheinwerfer; z. B. von Autos) • lens; diffusing lens thsc

Lampenglocke f <licht> • lamp globe

Lampenhaus n <phot/theat> • lamphouse; lamp housing

Lampenhilfsnormal n <licht> • secondary luminous standard; reference lamp

Lampenkasten m <kfz> • headlamp mounting panel; headlamp support panel

Lampenkasten m <licht> • light fixture; shop light

Lampenkolben m <licht> • bulb; envelope; jacket; light bulb; lamp bulb

Lampenlebensdauer f <licht> • rated life; lamp life

Lampenleistung f <el> • lamp power; lamp wattage

Lampenruß m <mat> (z. B. Ausgangsstoff für Farbstoffherstellung) • lampblack

Lampenschirm m <licht> • lamp shade

Lampenschlitten m <licht.theat> • lamp carrier; lamp tray; carrier

Lampenschwärzung f prakt <el> (von Glühlampenglas) • lamp blackening; bulb blackening pract; blackening coll

Lampenschwarz n <kunst> (Farbton) • lampblack

Lampensockel m <el> • lamp socket; lamp base

Lampenspannung f <licht> (von Entladungslampen) • tube voltage; lamp voltage

Lampenspannungskurve f <el.licht> • voltage curve of the lamp

Lampenstrom m <licht> • lamp current

Lampensymbol n <navig> (Display) • light bulb icon

Lampentableau n <allg> • indicator board

Lampenträger m <kfz.el> (allg.) • bulb holder

Lampenträger m <kfz.el> (für Heckleuchten) • rear lamp cluster bulb holder

Lampenwagen m <druck> • lamp carriage

Lampenwendel f <licht> • lamp coiled filament; lamp filament

Lampenwiderstand m <el> • lamp resistance

Lampenwiderstand m <el> (als Widerstand wirkende Lampe) • resistance lamp

LAN <edv> • local area network (LAN)

Lancashire-Kessel m <rls> • Lancashire boiler

LANC-Edit n <av> • LANC edit

Land & Groove-Struktur f <edv> • land and groove

Land n <tech.allg> (fester Boden) • ground

Land n <agri> • soil

Land n <edv> (von opt. Speichermedien; z. B. CDs) • land; mirror surface; reflective surface; space; flat area

Land n <geo> (im Ggs. zum Meer) • land

Land n <geo> (Ufer eines Gewässers) • shore

Land n <geo> • land

Landanschluss m <hydr> (Mole) • root

Landanschluss m <nav> • dockside connection; shore connection

Landau-Dämpfung f <phys> • Landau damping

Landauer m <kfz> • landaulet; landau

Landaufstellung f <energ.wind> • onshore installation

Landaulet n <kfz> • landaulet; landau

Landau-Niveau n <phys> • Landau level

Land-Bereich m <edv> (von opt. Speichermedien; z. B. CDs) • land; mirror surface; reflective surface; space; flat area

Landé'sche Intervallregel f <nukl> • Landé interval rule

Landé'scher Aufspaltungsfaktor m <phys> (Atomspektren) • splitting factor g; g factor

Landeanflug m <aerospace> • approach (APPR); closing-in; landing approach

Landeanflugfunkbake f <aerospace> • radiomarker beacon

Landeapparat m <aerospace> (z. B. Mondlandung) • descent capsule

Landebahn f <aerospace> • landing runway

Landebahnfeuer n <aerospace> • runway light

Landebahnleuchte f <aerospace> • landing-area floodlight

Landebahnmittellinie f <aerospace> • runway center line; runway axis

Land-Ebene f <edv> (von opt. Speichermedien; z. B. CDs) • land; mirror surface; reflective surface; space; flat area

Landedeck n <aerospace> (z. B. auf Ölbohrplattform, Schiff, Gebäude) • landing deck

Landeeinrichtung f <aerospace> • landing facility; landing aid rare

Landé-Faktor m <nukl> • Landé g-factor; gyro-magnetic factor

Landefluglage f <aerospace> • landing attitude

Landeflugplatz m <aerospace> • landing airfield

Landefunkbake f <aerospace> • approach beacon; landing-radio beacon

Landegeschwindigkeit f <aerospace> • landing speed

Landegestell n <aerospace> (Flugzeug) • landing gear; undercarriage rare; alighting gear obs.rare

Landehilfen fpl <aerospace> • landing aids

Landeinspeisung f <el> • shore feeding

Landeinstrument n <navig> • landing instrument

Landeklappe f <aerospace> • landing flap; trailing-edge flap; airbrake

Landekufe f <aerospace> (z. B. Segelflugzeug) • landing skid

Landekufen fpl <aerospace> • skid landing gear; skid under-carriage

Landekurs m <navig> • localizer course

Landekursempfänger m <navig> • localizer course receiver

Landekurssender m <aerospace> • glide-path localizer; field localizer; airport localizer; runway localizer

landen vi/vt <allg> (Flugzeug, Schiff; Treffer beim Boxen; im Gefägnis) • land vi/vt

landen vi/vt <aerospace> • make a landing vi

landen mit Autopilot vi <aerospace> • land on autopilot vi

Landeplatz m <aerospace> • arrival airfield

Landeplatz m <aerospace> • landing place

Landepunkt m <petr> (einer Richtbohrung) • target

Landeradaranlage f <aerospace> • radar approach control equipment

Landeraketentriebwerk n <aerospace> • landing rocket engine

Landeraum m <petr> (abgelenkte Bohrung) • target area

Landerollstrecke f <aerospace> • landing run distance

landésche Intervallregel f <nukl> • Landé interval rule

Landescheinwerfer m <aerospace> (Flugzeug) • board landing light; landing searchlight

landéscher Aufspaltungsfaktor m <phys> (Atomspektren) • splitting factor g; g factor

Landesforsten pl <holz> • forests owned by the Laender

Landeskennzahl f <edv> • national code

Landeskennzahl f <term> • country code

Landeskoordinatensystem n <phot> (Geodäsie) • state plane coordinate system

Landespflegefunktion f <holz> • protection function

landesspezifische Website f <edv> • local web site

Landestrecke f <aerospace> • landing distance; landing run

Landesvermessung f <geo> • land survey

Landesvermessung f <geo> (amtlich) • ordnance survey

Landewinkel m <aerospace> • landing angle

Landfahrzeug n <fz> • ground vehicle

Landfunkstelle f <tele> • land radio station; land station

Landgericht n <jur> • regional court

landgestütztes Flugzeug n <aerospace> • land-based aircraft

Landkabel n <el> • land cable

Landkartenpapier n <pap> • map paper

Landkennungsfeuer n <navig> • landfall light; making light

Landmarke f <geo> • landmark

Landmaschine f <agri> • agricultural machine; farm machine

Landmeile f <msr> (1 Meile = 1,6093472 km) • mile (mi)

Landmeilen pro Stunde fpl rar <verk> • miles per hour (MPH)

Landnavigation f <navig> • land navigation; surface navigation

Landnavigationssystem n <navig> • land navigation system; surface navigation system

Landnetzgruppe f <tele> • rural district

Landolt'scher Ring m <opt> • Landolt ring

landoltscher Ring m <opt> • Landolt ring

Landpeilstation f <navig> • land direction finding station

Land-/Pit-Übergang m <edv> • land/pit transition; change from land to pit

Landpoller m <nav> • mooring bollard; checking bollard

Landrohr n <bau.masch> (Spülbagger) • shore delivery pipe

Landschaft f <geo> • landscape

Landschaftsaufnahme f <phot> (fotografische Aufnahme) • landscape picture; landscape photograph

Landschaftsbauarbeiten fpl <bau> • landscaping work

Landschaftsfoto n ugs <phot> (fotografische Aufnahme) • landscape picture; landscape photograph

Landschaftsfotografie f <phot> (fotografische Aufnahme) • landscape picture; landscape photograph

Landschaftsfotografie fsg <phot> (Teilbereich der Fotografie) • landscape photography sg

landschaftsgärtnerisch gestalten vt <bau> • landscape vt

Landschaftsgestalter m <bau> • landscape architect

Landschaftsgestaltung f <bau> • roadside development

Landschaftsgestaltung in Straßenrandgebieten f <bau> • roadside development

Landschaftsgestaltungsprozess m <bahn> (Modellbau) • scenicking process

Landschaftspflege f <bau> • landscape preservation

landseitige Elektroenergieversorgung f <el> • shore electric power supply

Landstraße f <verk> • rural highway US; country lane GB

Landstromversorgung f <el> • shore electric power supply

Landtechnik f <agri> • agricultural engineering; farm machinery

landtragend <geo> • continent-bearing

Land- und Forstwirtschaft f <agri> • agriculture and forestry

land- und forstwirtschaftlicher Betrieb m <agri> • agricultural and forestry establishment; agricultural and forestry enterprise

Landung f <aerospace> (Flugzeug, Hubschrauber) • landing

Landung f <verk> (Passagiere) • disembarkation

Landung mit großer Geschwindigkeit f <aerospace> • fast landing; hot-speed landing

Landung nach Sicht f <aerospace> • ground-contact landing; visual landing

Landung ohne Sicht f <aerospace> • zero-zero landing; blind landing

Landungsbrücke f <bau.nav> *(stationär oder halb auf Pontons)* • landing pier; wharf

Landungssteg m <bau.nav> *(auf Pfeilern; u.U. mit Gebäuden)* • pier; wharf

Landverfüllung f <verf> • landfilling

landverlegtes Kabel n <el> • land cable

Landvermessung f <geo> • land surveying

Landvermessungstechnik f <geo.msr> • geodesy; geodetics; geodetic surveying; geodetic engineering; surveying

Landwirtschaft f <agri> • agriculture; farming *pract.coll*

landwirtschaftliche Chemie f <chem> • agricultural chemistry; agrochemistry

landwirtschaftliche Ertragsfähigkeit fsg DIN ISO 11074-1 <agri> • soil productivity ISO 11074-1

landwirtschaftliche Erzeugnisse npl <nahr> • agricultural produce

landwirtschaftliche Geräte npl <agri> • agricultural implements; farm implements

landwirtschaftlicher Abfall m <ents> • agricultural waste

landwirtschaftlicher Allzweckwagen m <agri> • multi-purpose farm vehicle

landwirtschaftlicher Betrieb <econ> • agricultural undertaking; agricultural establishment; agricultural enterprise; farm estate

landwirtschaftliches Bauen n <bau> • agricultural construction; farm-building construction

landwirtschaftliches Gebäude n <agri> • farm building

landwirtschaftliches Produkt n <agri> • produce sg

landwirtschaftlich nutzbares Land n <agri> *(allg.)* • land fit for cultivation; arable land

Landwirtschafts-Atemschutzmaske f <agri> • agri-spray respirator

Landwirtschaftschemie f <chem> • agricultural chemistry; agrochemistry

Landwirtschaftstraktor m form <agri> *(für Landwirtschaftsgeräte etc.)* • tractor; agricultural motor tractor form; agricultural tractor; farm tractor

Landzentrale f <tele> • unit automatic exchange

Landzunge f <geo> • tongue; cape

lang <allg> • long

Langarmzentrifuge f <verf> • long-arm centrifuge

Langbecken n <verf.hydr> • rectangular tank; rectangular settling tank

Langbeck-Gripzange f <kfz.wz> • long nose vise grip pliers US; long nose vise-grip pliers; long nose self-grip pliers GB; long nose self-grip wrench GB

Langbettdrehmaschine f <wz.masch> • extended-bed lathe; long-bed lathe

Langblattsägewerkzeug n <wz> • long frame-saw saw blade; long saw blade

Langblattsägewerkzeug n <wz> • web :V

Langblockmotor m <kfz.mot> • long block engine; long engine pract.coll; long block pract.coll

langbrennweitig <opt> • long-focal-length

langbrennweitig <phot> • of long focal length

langbrennweitiges Objektiv n <opt> • long-focal-length lens

Langdrahtantenne f <av> • long-wire antenna US; long-wire aerial GB; wave antenna US; wave aerial GB; Beverage antenna US

Langdrehautomat m <wz.masch> • traversing-head bar machine

Langdreheinrichtung f <wz.masch> • longitudinal turning attachment

Langdrehen n <prod> • cylindrical turning; longitudinal turning; plain turning

Langdrehmaschine f <wz.masch> • sliding lathe

Langdrehvorschub m <wz.masch> • sliding feed

lange Faser f <pap.ents> • long fiber US; long fibre GB

lange Flotte f <textil> *(Färberei)* • long liquor; long bath

lange Lebensdauer f <qualit> • long service life

lange Lebensdauer f <qualit> *(tatsächlich lang)* • long longevity

langer Drall m <masch> • slow helix

lange reelle Zahl f <math> • long real

langer Gewindebohrer m <wz> *(allg.)* • extension tap pract

Langerhans-Zelle f <med> • Langerhans cell

langer Radstand m <kfz> • extended wheelbase

langer Steckschlüsseleinsatz m <wz> • deep socket

Langerzeugnis n <metall> • long product EN 10079

langes Fahrerhaus n <nfz> • sleeper cab; night cab

langes Gehäuse n <el> • long body

langes Joch n <min> • wall plate

langes Übersetzungsverhältnis n <antr> *(Getriebe)* • high gearing ratio; high gearing

lange Übersetzung f <antr> *(Getriebe)* • high gearing ratio; high gearing

Langfaser f <pap.ents> • long fiber US; long fibre GB

Langfaserflachs m <textil> • long fiber flax US; long fibre flax GB

langfaserig <textil> • long-fiber; long-fibered; long-staple; long-stapled

Langfaserzellstoff m <pap.ents> • long fiber pulp

langflammige Kohle f <verbr> • long-flame coal

Langform f <term> • full form; expanded form; expansion

Langformat n <druck> • oblong size

Langfräsmaschine f <wz.masch> • planer-type milling machine; plano-milling machine

Langfräsmaschine f <wz.masch> • planing machine; planer; surfacer

langfristig <allg> • long-term

langfristige Sanierung f <ents> • long-term cleanup; long-term remediation

langfristige Speicherung f <energ.sol> • long-term storage

langfristige Wettervorhersage f <meteo> • long-range weather forecast

Langfrontbau m <min> • longwall mining; longwall operation

Langgewinde n <masch> • long thread; long-length thread

Langgewindefräsen n <prod> • traverse thread-milling; single-cutter thread milling; long-thread milling

Langgewindefräsmaschine f <wz.masch> • traverse thread-milling machine; single-cutter thread-milling machine; long-thread milling machine

Langgewindeschälmaschine f <wz.masch> • long-thread peeling machine

Langgewindeschleifmaschine f <wz.masch> • traverse thread-grinding machine

langglasfaserverstärkt <kst> • long fiber reinforced US; long fibre reinforced GB

Langgut n <logist> • bar stock US; lengthy loads npl GB

Langgutkassette f <logist> *(Lagerhilfsmittel)* • storage tray; cassette

Langgutlager n <logist> • long goods storage; storage for lengthy goods

Langhaarschneider m <hygi> • long-hair trimmer

Langhaarziege f <led> • long-hair goat

Langhantel f (LH) <sport> • barbell

Langhaus n <bau> *(Kirche)* • nave

Langhobelmaschine f <wz.masch> • planing machine; planer

Langholz n <nfz.logist> • long logs pl; longs coll

Langholz-Nachläufer *m* <nfz> • logging trailer; semi-logger *AUS*

Langholzwagen *m* <logist> • lumber haulage vehicle *US*; timber haulage vehicle *GB*

Langhuber *m* ugs <kfz.mot> • long stroke engine; under-square engine

langhubig <kfz> *(z. B. Pedale)* • long-travel

langhubig <kfz.mot> *(Motor)* • long-stroke

langhubig <masch> *(Kolbenmaschine, Presse)* • long-stroke

Langhubmotor *m* <kfz.mot> • long stroke engine; under-square engine

langkettig <chem> *(z. B. Kohlenstoffkette)* • long-chain

Langkolben *m* <mot> • oval piston; oblong piston

Langkopierdrehen *n* <prod> • copy cylindrical turning

Langlaufski *m* <sport> • cross country ski

Langlaufzeitecho *n* <navig> • long-delay echo

Langlebensdauerröhre *f* <el> *(allg.)* • long-life performance tube; long-life tube

Langlebensdauerröhre *f* <el> *(betont: für harten Einsatz)* • ruggedized-variety tube; ruggedized-variety valve

langlebig <allg> *(Erzeugnisse, Gesetze, Gewohnheiten)* • durable

langlebig <phys> *(z. B. Phänomen, Effekt, Istotop)* • long-lived

langlebig <qualit> *(ausdauernd; z. B. Produkt, Batterie)* • long-life

Langlebigkeit *f* <edv> *(eines Etiketts, Aufdrucks für Barcodeleser)* • durability; scan life

Langlebigkeit *f* ugs <qualit> *(von Produkten; z. B. von Lkw; die ~ kann auch kurz sein)* • longevity

Langlebigkeit *f* <qualit> *(tatsächlich lang)* • long longevity

Langlichtbogen *m* <prod> *(z. B. Schweißen)* • long arc

Langloch *n* <tech.allg> • elongated hole; oblong hole; longitudinal slot; slotted hole

Langloch *n* <masch> *(Bohrung)* • deep hole

Langlochblechsieb *n* <agri> *(Getreide- und Saatgutreiniger)* • screen with rectangular perforations

Langlochbohren *n* <prod> • deep-hole drilling

Langlochbohren *n* <prod> *(Holz)* • routing

Langlochbohrer *m* <wz> • deep-hole drill

Langlochbohrer *m* <wz> *(für Waffenläufe)* • gun drill

Langlochbohrer *m* <wz> *(Holz)* • router bit

Langlochbohrhammer *m* <min> • deep-hole drill

Langlochbohrmaschine *f* <wz.masch> • deep-hole drilling machine

Langlochbohrmaschine *f* <wz.masch> *(Holz)* • router

Langlochbohrwerkzeug *n* <wz> *(Holz)* • router bit

Langlochbrenner *m* <verbr> • long-slot burner

Langlochfräsen *n* <prod> • slot milling; slotting

Langlochfräser *m* <wz> • shank-type slotting mill; shank-type slotting cutter; slotting mill; slotting cutter; cotter mill

Langlochfräsmaschine *f* <wz.masch> • slot milling machine; groove milling machine

Langlochkolben *m* <mot> • oval piston; oblong piston

Langlochlehre *f* <mil> *(Schießen)* • skid gauge

Langlochöffnung *f* <tech.allg> • oblong aperture

Langlochplatte *f* <min> • core panel; cored panel; core slab

Langlochprüfer *m* <mil> *(Schießen)* • skid gauge

Langloch-Prüflehre *f* <mil> *(Schießen)* • skid gauge

Langloch-Schuss *m* <mil> • skid shot

Langlochsieb *n* <verf> *(Aufbereitung)* • slotted-hole screen

Langlochsprengung *f* <spreng> • long-hole blasting

Langloch- und Keilnutenfräsmaschine *f* <wz.masch> • slot-and-keyway milling machine

Langlochvorfräser *m* <wz> • routing cutter

Langlochziegel *m* DIN 105 <bau.mat> • horizontally perforated brick

Langmaschensiebgewebe *n* <textil> • oblong-mesh cloth; rectangular-opening cloth

Langmuir'sche Waage *f* <msr> • Langmuir's film balance

Langmuir'sche Welle *f* <phys> • electrostatic wave; Langmuir wave

langmuirsche Waage *f* <msr> • Langmuir's film balance

langmuirsche Welle *f* <phys> • electrostatic wave; Langmuir wave

Langmuir-Sonde *f* • Langmuir probe

Langmuir-Welle *f* <phys> • electrostatic wave; Langmuir wave

Langnachformdrehen *n* <prod> • plain contouring; copy turning

langöliges Alkydharz *n* <mat> • long-oil alkyd

langröscher Stoff *m* <pap> • long free stuff; long free stock

Langrohrverdampfer *m* <verf> • long-tube evaporator

Langrost *m* <verbr> • long grate

langsam abbindend <mat> *(z. B. Mörtel, Zement, Klebstoff)* • slow-setting

langsamabbindend <mat> • slow-setting

langsam abbindender Klebstoff *m* <füg> • slow-curing adhesive; slowly curing adhesive; slow-setting adhesive; slowly setting adhesive

langsamabbindender Zement *m* <bau.mat> • slow-setting cement

langsam abfallend <el> • slow-releasing

langsam ansprechendes Messinstrument *n* <msr> • slow-response meter

langsam auslaufende Kennlinie *f* <msr> • tailed characteristic

langsam aussickern *vi* <ents> • ooze out *vi*; ooze *vi*

Langsambewegung *f* <tech.allg> *(z. B. Kran)* • inching

Langsambewegung *f* <masch> • slow movement; slow motion

Langsamdreher *m* <logist> *(Artikel mit geringer Umschlagshäufigkeit)* • slow mover; slow-moving product

langsame bewertete Gleichlaufschwankungen *fpl* <av> • weighted wow

langsame Gleichlaufschwankungen *fpl* <av> *(unter 10 Hz)* • wow

langsame Gruppe *f* ugs <nfz.antr> • low range

langsamer als ... <kfz> *(Fahrleistungen vergleichbarer Autos)* • outdriven by ...

langsamere Laufwerke *npl* prakt <edv> *(z. B. für CD-ROM, DVD)* • lower-speed drives

langsamer Fahrbereich *m* <nfz.antr> • low range

langsamer fahren *vi* <nfz.logist> • back down *vi*

langsamer Klebstoff *m* <füg> • slow-curing adhesive; slowly curing adhesive; slow-setting adhesive; slowly setting adhesive

langsamer Reaktor *m* <nukl> • slow neutron reactor; slow reactor

langsamer Reaktor *m* <nukl> • thermal neutron reactor; slow reactor; thermal reactor

langsamer Speicher *m* <edv> • low-access memory

langsame Schicht *f* <geo> *(Seismik)* • low-velocity layer

langsames Laden mit geringem Ladestrom *n* <el> • trickle charge

langsames Neutron *n* <nukl> • slow neutron

Langsamfahrtsignal *n* <bahn> • caution signal

Langsamfahrtstelle *f* <bahn> • slow-speed stretch

Langsamfahrwiderstand *m* <fz> • slow-down resistance

Langsamfilter *n* <verf> *(Wasserbehandlung)* • slow filter

Langsamfilter *n* <verf> *(Wasserbehandlung; für Sand)* • slow sand filter

langsamflüchtig <mat> • slow-evaporating

Langsamgang *m* <tech.allg> *(allg.)* • inching travel

Langsamgang *m* <masch> *(z. B. Zustellbewegung)* • slow-feed motion

langsamhärtender Klebstoff m <füg> • slow-curing adhesive; slowly curing adhesive; slow-setting adhesive; slowly setting adhesive

Langsamläufer m <energ.hydr> (Turbine) • low specific speed turbine; low-speed wheel

Langsamläufer m <energ.wind> • low speed wind turbine; low speed device; slow running wind turbine

Langsamläufer m <förd> (Pumpe) • low-specific-speed pump

Langsamläufer m <förd> (Laufrad) • low-specific-speed impeller

Langsamläufer m <logist> (Artikel mit geringer Umschlagshäufigkeit) • slow mover; slow-moving product

Langsamläufer m <masch> (Verbrennungskraftmaschine) • slow-speed engine

Langsamläufer m <mot.el> (Motor) • slow-speed motor; low-speed motor

langsamläufige Pumpe f <förd> (Pumpe) • low-specific-speed pump

langsamlaufend <tech.allg> • slow-running; slow-speed

langsamlaufender Motor m <masch> (Verbrennungskraftmaschine) • slow-speed engine

langsamlaufender Motor m <mot.el> (Motor) • slow-speed motor; low-speed motor

langsamlaufender Ventilator m <hlk> • low speed fan

Langsamregner m <agri> • slow-rate sprinkler

Langsamscherversuch m <qualit.mat> • drained shear test

Langsamspeicher m <edv> • slow-access memory; slow-access store

Langsamstflug m <aerospace> • stalling flight

Langsamtrennschalter m <el> • slow-break switch

Langsamvorschub m <wz.masch> • creep feed

langsamwirkend <tech.allg> • slow-acting

Langsandfang m <verf.hydr> • longitudinal grit chamber

Langschaber m rar <wz> (Schaber mit zwei Schneiden, gebogen) • bearing scraper; curved half round bearing scraper form; curved scraper pract

Langschaftdüse f <masch> • long-stem nozzle

Langschaft-Gewindebohrer für Tieflochgewinde m :V <wz> (gleicher Schaft- und Gewindedurchmesser) • pulley tap

Langschermaschine f <textil> • longitudinal shearing machine

Langschlitzkoppler m <masch> • long-slot coupler

Langschraube f <kfz.el> (längs durch Generator, Starter) • through bolt; anchor bolt

Langsieb n <pap> • Fourdrinier wire

Langsiebpapiermaschine f <pap> • Fourdrinier paper machine; Fourdrinier machine

Langspan m <prod> • long continuous chip

langspanend <mat> (z. B. zähe Werkstoffe) • long-chip; continuous-chip

langspanend <qualit.mat> • stringy

Langspielplatte f <av> • album GB

Langstabisolator m <el> • rod-type suspension insulator

langstapelig <textil> (Baumwolle) • long-stapled; long-staple

langstapelige Baumwolle f <textil> • long-staple cotton; long-stapled cotton

Langstreb m <min> • longwall

Langstreckenbetrieb m <kfz> (auf Autobahnen und Landstraßen) • highway driving; cruising; cruise; touring [conditions]; long-haul driving GB

Langstreckenkabel n <el> • extended distance cable

Langstreckenmessverfahren n <navig> • long-range accuracy radar system

Langstreckennavigation f <navig> (allg.) • long-range navigation

Langstreckennavigation f <navig> (techn. Ausrüstung) • long-range navigation system

Langstreckenradargerät n <navig> • long-range radar

Langstrecken-Reisebus m <nfz> • long-distance coach

Langstreckenverkehr m <kfz> (auf Autobahnen und Landstraßen) • highway driving; cruising; cruise; touring [conditions]; long-haul driving GB

Langtischflächenschleifmaschine f <wz.masch> • planer-type surface grinding machine; reciprocating-table surface grinding machine; planer-type surface grinder

Langträger m <bahn> • solebar

Langtunnel m <prod.nahr> (Speiseeis) • long tunnel

lang übersetzt <kfz.antr> (Getriebe) • high geared

lang übersetzter Gang m <kfz> (Getriebe) • high gear

Langversion eines Sport-utility-Fahrzeugs f did <kfz> • SUV stretch; stretch SUV

Langwaffe f <mil> • rifle

Langwegdehnungsaufnehmer m <qualit.mat> • high range extensometer; high elongation extensometer; high extension extensometer; high range extensometer

langweilig <allg> (z. B. eine schlechte Präsentation) • boring; dull

Langwelle f (LW) <tele> (alles unter 500 kHz; Radio 30 kHz bis 300 kHz) • kilometric wave (LF); low-frequency wave; long wave

Langwellensendeanlage f <tele> • long-wave radio station

langwellig <phys> • long-wave

langwelliger Spektralbereich m <phys> • long-wavelength spectral region

langwelliges Spektralgebiet n <phys> • long-wavelength spectral region

langwellige Strahlung f <phys> (Wellenlänge über 3 Mikrometer) • long-wavelength radiation; long wave radiation; long-wave radiation; longwave radiation

langwirkend <tech.allg> • long-acting

Langwort n norm. <edv> • long word stand.

Langzeit... <tech.allg> (z. B. Prüfung) • long-term ...

Langzeitbad n <obfl> (beim Phosphatieren) • long-term bath

Langzeitbeatmungsgerät n <med.tech> • long-term ventilator; long-term respirator

Langzeitbelastung f <bau> • sustained loading

Langzeitbelichtung f <phot> • time exposure

Langzeitbestrahlung f <med/nukl> • protracted irradiation

Langzeitdosimeter m <nukl> • long-term dosimeter

Langzeitdrift m <autom> • long-term drift

Langzeitecho n <navig> • long-delay echo

Langzeitelektrode f <prod> • long-term electrode

Langzeitgarantie f <kfz> • longlife warranty US; longlife guarantee GB

Langzeitkonservierung f <qualit> • long-term preservation

Langzeitkorrosionsschutz m <obfl> • long-term anti-corrosion protection

Langzeitmessung f <msr> • long-term measurement

Langzeitprüfung f <qualit> • long-term test

Langzeitqualität f <kfz.qualit> • long-term value :V

Langzeitrelais n <el> • slow-acting relay

Langzeitschutz m <tech.allg> • long-term protection

Langzeitschutz m <obfl> • long-term anti-corrosion protection

Langzeitspeicherung f <edv> • long-term storage

Langzeit-Speicherung f <energ.sol> • long term storage

Langzeitstabilität f wiss <tech.allg> (betont: Haltbarkeit von Bauteilen und Material) • durability; service life; life coll

Langzeitstabilität f <msr> (von Fühlern) • long-term sta-
bility
Langzeitstandversuch m <qualit.mat> • long-time creep
test
Langzeittrockner m <verf> • long-retention-time drier
Langzeitverhalten n <kst> • long-term behavior; long-
term behaviour
Langzeitversuch m <qualit> • long-term test
Langzeitwiederholgenauigkeit f <autom> • long-term
repeatability
Langzeitzündkerze f <kfz.el> • long-life spark plug
langziehend <tribo> (Schmierfett) • fibrous
L-Antenne f <el> • L antenna US; L-shaped aerial GB;
L aerial GB
Lanthan n (La) <chem> • lanthanum (La)
Lanthanglas n <silik> • lanthanum glass
Lanthanid n <chem> • lanthanide; lanthanoid element;
lanthanoid
Lanthanidenreihe f <chem> • lanthanide series; lantha-
noid group; lanthanoid series
Lanthanoid n <chem> • lanthanide; lanthanoid element;
lanthanoid
Lanthanoidenreihe f <chem> • lanthanide series; lantha-
noid group; lanthanoid series
LAN-Verkabelung f <edv> • LAN wiring
Lanzenwebstuhl m <textil> • rapier loom
Lanzette f <med> • lancet
Lanzette f <wz> • slicker
Lanzettnadel f <med.tech> (Präpariernadel) • lancet-point
dissecting needle
lanziertes Gewebe n • lance
lanziertes Gewebe n <textil> • embroidered fabric
LAPC-1 <edv.av> • LAPC-1
Laplace'sche Differentialgleichung f <math> • Lap-
lace's equation
Laplace'sche Gleichung f <math> • Laplace's equation
Laplace'scher Dämon m <phys> (Quantentheorie)
• Laplace's demon
Laplace'sches Gesetz n <phys> • Laplace's theorem
Laplace-Operator m <math> • Laplacian
Laplace-Operator m <math> • Laplacian operator
Laplace-Rücktransformation f <math> • inverse
Laplace transformation
laplacesche Differentialgleichung f <math> • Laplace's
equation
laplacesche Gleichung f <math> • Laplace's equation
laplacescher Dämon m <phys> (Quantentheorie)
• Laplace's demon
laplacesches Gesetz n <phys> • Laplace's theorem
Laplace-Transformation f DIN 5487 <math> • Laplace
transformation
Laplace-Transformierte f <math> • Laplace transform
Laporte'sche Auswahlregel f <phys> (Atomspektren)
• Laporte parity rule; Laporte selection rule
Laporte'sche Regel f <phys> (Atomspektren) • Laporte
parity rule; Laporte selection rule
laportesche Auswahlregel f <phys> (Atomspektren)
• Laporte parity rule; Laporte selection rule
laportesche Regel f <phys> (Atomspektren) • Laporte
parity rule; Laporte selection rule
Lappen m prakt <kfz> (Spurverstellung) • disc panel; panel
prakt
Lappen m <masch> (z. B. von Rotor) • lobe
Lappen m <masch> (Öse o. ä.) • lug
Lappen m <wz.masch> (an Wz-Schaft, z. B. Spiralbohrer)
• tang; flat driving tang; tanged end
Lappen m <wz.textil> (zum Abwischen, Reinigen) • rag
lappen vt <füg> • tongue vt
lappenförmig absetzen vt <prod> • tang vt

Lappenscheibe f <led> (Polieren) • cloth polishing wheel
Lappetstuhl m <textil> • lappet loom
Laptop m obs <edv> (Größe > DIN A4, Gewicht >3 kg;
Vorläufer der Notebooks) • laptop computer; laptop
Laptop m ugs <edv> (volle PC-Funktionalität; DIN A4-For-
mat, Dicke <5 cm; Gewicht ca. 2–3) • notebook com-
puter; notebook
Lardöl n <tribo> • lard oil
Larmor-Kreisfrequenz f <el> • Larmor frequency
Larmor-Präzession f <el> • Larmor precession
Laryngoskop n <med.tech> • laryngoscope
Laryngostroboskop n <med.tech> • laryngostroboscope
Lasche f <antr> (von Rollenketten; z. B. von Fahrrad-,
Steuerkette) • link plate
Lasche f <bahn> • splice piece; fish-plate; rail splice
Lasche f <bau> (zum Verbinden von Trägern; z. B. bei
Fachwerkbrücken) • fish-plate; flitch; link plate; sideplate
coll
Lasche f <bekl> (z. B. Tasche) • flap
Lasche f <füg> • bracket joint
Lasche f <masch> (zum Verbinden von Stumpfstößen)
• cover plate; covering plate; butt plate; covering butt
strap; covering strap
Lasche f <masch> (kleine Zunge, Fortsatz; z. B. an
Blechen) • tab
Lasche f prakt <masch> (meist rechteckige Platte; z. B. für
Schienen, Träger) • joint piece
Lasche f <pack> (zum Aufreißen, am Getränkedosen-
deckel) • tab ring
Laschenanschlussfläche f <füg> • fishing surface
Laschenbolzen m prakt <füg> • fish bolt
laschenförmiges vorderes Ende n <pap> • point
Laschenformwerkzeug n <pack> • forming tab die
Laschengelenk n <masch> • shackle joint
Laschengitter n <pack> (Band mit fertig geformten
Laschen) • tab strip
Laschennietung f <füg> (überlappende Bleche) • lap-
riveted joint US; lap-rivetted joint GB
Laschennietverbindung f <füg> (Stumpfnaht mit Bei-
lageblech) • butt-strap riveted joint; butt-strap joint; riveted
butt joint with cover plate rare
Laschenschneidwerkzeug n <pack> • cutting tab die
Laschenschraube f DIN ISO 1891 <füg> • flat square
countersunk bolt
Laschenschraube f DIN 5903 <füg> • fish bolt
Laschenschweißnaht f <füg> • strap weld
Laschenstoß m <füg> • butt-strapped joint; fished joint
Laschenverbindung f <füg> • strap connection; butt-
strap connection; fish-plating; fished joint; fishing
Laschenwerkzeug n <pack.prod> (Umformpresse) • tab
die; tab die tooling
La-Schweißen n rar <füg> • laser beam welding (LBW);
laser welding pract
L-Ascorbinsäure f <chem.nahr> • L-ascorbic acid
Laser m ugs <bau.wz> • laser alignment tool; laser level
Laser m <licht> • laser; light amplification by stimulated
emission of radiation rare
Laser-Ablenkeinheit f <msr> (Zubehör für Laservermes-
sungssysteme) • two-way sighting unit
Laser-Abtastung f <av> • scanning by laser beam
Laser-Ätzung f <prod> • laser etching; laser etch
Laseranemometer n <msr> (Durchflussmessung) • laser
anemometer
Laserauftragsschweißen und Formfräsen n <prod>
(z. B. im Formenbau, Werkzeugreparatur) • controlled
metal buildup (CMB)
Laser-Beam-Recorder m <edv> • laser beam recorder;
LBR; master recorder
Laserbearbeitung f <prod> • laser machining

Laserbelichtung f <druck> *(Digitalkopierer)* • laser exposure

Laserbildschirm m <edv> • laser display

Laserbohren n <prod> • laser drilling

Lasercaving n <prod> • laser caving

Laserdiode f <opt> • diode laser; semiconductor laser; laser diode

Laserdiode f <opt.lwl> • laser diode

Laserdiodenscanner m <edv> • laser diode scanner

Laserdiodenzeile f <druck> *(Belichtungseinheit)* • laser diode array

Laser-Direktverbindung f <tele> *(z. B. zw. Bürogebäuden; bis ca. 2,5 km)* • laser-beam PTP connection; point-to-point connection through laser beam

Laserdisc f (LD) <av> • laser disc (LD)

Laser-Doppler-Schwingungsmesser m <msr> • laser Doppler vibrometer

Laserdruck m <edv> • laser printing

Laserdrucker m <druck> • laser printer; laser-jet printer

Laserdrucker m *prakt* <druck> • laser-jet printer

Laserdruckerpapier m <pap> • laser paper

Laser-Drucker/Plotter m <edv> • laser printer/plotter

Laserdruckerqualität f <druck> • laser-printer quality

Laser-Einheit f <opt> • laser engine

Laserentfernungsmesser m <msr> • laser range finder

Laserentfernungsmessung f <msr> • laser ranging

Laseretikett n <edv> • laser label

Laserfräsen n <prod> • laser caving

Laserfusion f <nukl> • laser fusion; laser-driven fusion

Lasergerät n <bau.wz> • laser alignment tool; laser level

lasergeschnittener Videokopf m <av> • laser-cut video head

lasergesteuert <msr> • laser-controlled

lasergestütztes Drehen n <prod> *(z. B. von Hart-Werkstoffen, Keramik)* • laser-assisted turning

Lasergrabenzelle f <energ.sol> *(ohne Abschattung)* • laser-grooved buried-grid solar cell (LGBG); buried-grid solar cell; LGBG cell *pract*

lasergravieren vt <edv> • laser-engrave vt

Lasergravierer m <edv> • laser engraver *stand*

Laser-Graviermaschine f <edv> • laser engraver *stand*

Lasergravur f <edv> • laser engraving

Lasergravurgerät n *norm* <edv> • laser engraver *stand*

Laserhonen n <prod> • laser honing

laserinduzierte Fluoreszenz-Spektroskopie f (LIF) <msr> • laser induced fluorescence spectroscopy (LIF); LIF spectroscopy; laser induced fluorescence spectrometry; LIF spectrometry

Laserinterferometer n <msr> • laser interferometer

Laserinterferometrie f <msr> • laser interferometry :V

Laserklasse f <edv> • laser class

Laserkoagulator m <med> • laser ophthalmocoagulator

laserkompatibler Ausgang m <edv> • laser compatible output; laser compatible port

laserkompatibles Ausgangssignal n <edv> • laser compatible output signal; laser compatible output

Laserkopfreiter m <druck> *(Belichtungsoptik [Außentrommel])* • lead guide

Laserkreisel m <navig> • laser gyro

Laserkreisel m <navig> • laser gyro

Laserleistung f <opt> • laser performance; laser power

Laserleser m <edv> • laser reader

Laserlicht n <licht> • laser light

Laserlicht ausstrahlen vi <opt> • lase vi

LaserLink n Son <av> • LaserLink Son

Laserlinse f <edv> • pick-up lens

Laserlöten n <füg> • laser soldering

Lasermarkierung f ÜV <edv> • laser marking

Lasermikroanalysator m <opt> • laser microprobe

Laser mit drei Energieniveaus m <phys> • three-level laser

Laser mit Impulsanregung m <phys> • pulsed laser

Lasernachführgerät n <msr> • laser tracker

Lasernachführungsgerät n <msr> • laser tracker

laser-optisch <opt> • laser-optical

laser-optischer Speicher m <edv> • optical storage medium; optical storage device; optical medium

laser-optischer Speicher m <edv> • optical storage system; optical storage device; optical storage

Laserpistole f <edv> • laser gun

Laserplatine f BMW <kfz.prod> • tailored blank

Laserplotter m <edv> • laser plotter

Laser-Printer/Plotter m <edv> • laser printer/plotter

Laser-Projektoreinheit f <kfz.wz> *(Zubehör für Laservermessungssystem)* • laser unit

Laserprüfgerät n <edv> • laser verifier

Laserpunkt m <druck> *(Belichtung)* • laser dot

Laserradar n <opt> • laser radar; ladar

Laserresistenz des Schaftes von Trachealtuben f DIN EN ISO 1199 <med.tech> • laser resistance of tracheal tube shafts DIN EN ISO 1199

Laserresonator m <phys> • laser cavity resonator; laser cavity

Laserröhre f <edv> • laser tube

Laserscanner m *norm* <edv> • laser scanner *stand*; laser beam scanner

Laserscanner-Pistole f <edv> • laser gun

Laserschweißanlage f <füg> • laser welding unit

Laserschweißen n (LA) <füg> • laser beam welding (LBW); laser welding *pract*

Lasersensor m <msr> • laser sensor

Lasersintern n <prod> • laser sintering

Laser-Sintern n <prod> *(Rapid Prototyping)* • laser sintering

Laserspeicher m <opt> • laser memory; laser store

Laserspot m <opt> • light spot; laser spot; spot of light

Laserstrahl m <edv> • laser beam

Laserstrahlabtastung f <opt> • laser-beam scanning

Laserstrahldrucker m <druck> • laser-jet printer

Laserstrahl-Prüfgerät n <edv> • laser verifier

Laserstrahlschneiden n DIN 2310 <prod> • laser beam cutting

Laserstrahl-Testgerät n <edv> • laser verifier

Laserstrahlung f <druck> *(Laser)* • laser radiation

Laserstrahlvisierung f <mil> • laser-beam sights *pl*; laser sights *pl pract*

Laserstrahlzuschnitt m <prod> • laser cutting

Lasertechnik f <opt> • laser technology

Laserterminal n <edv> • laser terminal

Lasertester m <edv> • laser verifier

Laser-Testgerät n <edv> • laser verifier

Laserübertragungssystem n <tele> • laser communication system

Laserverstärker m <phys> • laser amplifier

Laser-Vision f (LV) <av> • Laser Vision® videodisc; video long play; VLP

Laservision n Phi <av> • Laservision Phi

Laser Vision Bildplatte f <av> • Laser Vision® videodisc; video long play; VLP

Laserwellenlänge f <phys> • laser wavelength; lasing wavelength

Laserzielverfolgungsgerät n <mil> • laser tracker

Lasieren n <obfl.holz> • glazing

lasieren vt <obfl> • glaze vt

lasierend <obfl.holz> • glazed

lasierende Druckfarbe f <druck> • transparent ink

Last f <tech.allg> • load

Last f <el> • load; burden

Last f <el> *(z. B. für Netz, Generator)* • load
Last f <kfz.mot> • engine load
Last f <nav> *(Vorratsraum an Bord)* • store room
Lastabbremsung f <förd> • load braking
Lastabfall m <el> • load drop
Lastabfall m <energ.hydr> *(Trennung des Generators vom Netz unter Last)* • load rejection
Lastabgabeende n <förd> *(Gurtförderer)* • unload end
lastabhängig <tech.allg> *(gesteuert von der anliegenden Last)* • load-controlled; load-sensitive; load-dependent *rare*
lastabhängig <tech.allg> *(Verhalten, Wirkungsgrad (z. B. E-Motor, Turbine))* • depending on load
lastabhängige Antriebskraftverteilung f <kfz> • load-controlled power distribution; load-dependent power distribution; variable power distribution
lastabhängiger Bremskraftregler m <kfz.brems> • load-sensitive proportioning valve; height-sensing proportioning valve *Chrysler*; regulated proportioning valve; load-sensitive braking force regulator *Teves*
Lastabwurf m <el> • load shedding
Lastabwurf m <el> *(bei drohender Tiefentladung)* • low voltage disconnect; load breaker
Lastabwurf m <energ.hydr> *(Trennung des Generators vom Netz unter Last)* • load rejection
Lastabwurfschaltung f <el> *(bei drohender Tiefentladung)* • low voltage disconnect; load breaker
Lastangriff m <mech> • load application
Lastangriffswinkel m <mech> • load angle
Lastanhänger m DIN.rar <nfz> • goods trailer *DIN.rare*
Lastannahme f <bau> • design load
Lastannahme f <mech> *(bei der statischen Berechnung)* • assumed load; loading assumption
Lastanpassung f <el> • load matching
Lastarm m <mech> • load arm
Lastaufgabeende n <förd> • load end
Lastaufnahme f <förd> • load suspension
Lastaufnahmefähigkeit f <förd> • load-bearing capacity
Lastaufnahmefähigkeit f <förd> • load-bearing value
Lastaufnahmemittel n <förd> *(Heben)* • lifting attachment; lifting and handling device
Lastaufnahmemittel n <förd> *(Trageinrichtung)* • load handling device
Lastaufnahmemittel n <förd> *(zum Heben; Gerät)* • load lifting device
Lastaufnahmemittel n <förd> *(zum Heben; z. B. Gurte, Haken, Ösen)* • load lifting tackle
Lastaufnahmemittel n <förd> • load take-up
Lastaufnahmemittel n <logist> *(RFZ)* • shuttle *US*; load carrier *GB*
Lastaufnahmeorgan n <förd> • fork-lift truck attachment
Last aufnehmen vi <förd> • seize vt; grab vt
lastaufnehmende Fläche f <mech> *(betont: Größe, Abmessungen; z. B. in mm^2)* • support area; bearing area; load-carrying area
Lastausgang m <tech.allg> • outlet
Lastausgleich m <tech.allg> *(z. B. Flugzeug, Schiff)* • load balance
Lastausschalter m <sich> • load break cut-out
Lastbegrenzungsrelais n <el> • load-levelling relay; load-limiting relay
Lastberührungslinie f <mech> *(von gepaarten Maschinenelementen, Zahnrädern)* • line of action; action line
Lastbetrieb m <kfz.mot> • operation under load
Lastbild n <mech> • loading diagram
Lastdruckbremse f <brems> *(Elektrozug)* • load brake
Lastdurchbiegungskurve f <mech> • load-deflection diagram; load-deflection curve
Lasteinbruch m <el> • inrush

Lastenaufzug m <förd> • freight elevator *US*; goods lift *GB*
Lastenfallschirm m <aerospace> • cargo parachute
Lastenheft n <doku> • specification book
Lastenseilbahn f <förd> • cableway for handling materials
Lastenseilschwebebahn f <förd> • cableway for handling materials
Lastenträger m <kfz> *(Dachtraversen)* • top carriers pl; carrying bars pl; roof bars pl *Jaguar*
Laster m ugs <nfz> *(allg.)* • truck *US.GB*; lorry *GB*
Lastfahrt f <förd> • load trip
Lastfaktor m DIN ISO 5593 <masch> *(axial oder radial; Wälzlagerberechnung)* • load factor *ISO 5593*
Lastfall m <mech> *(Festigkeitsrechnung: statisch, schwellend, wechselnd)* • load case; loading case; loading condition; loading scheme
lastfrei <el> • no-load
Lastgang m (L) <kfz.antr> *(Automatikgetriebe)* • Low (L); hill-climbing gear; braking gear; hill-climbing and braking gear *ZF*
Lastgehänge n <förd> • load carrier
Lastgehänge n <förd> • load-suspension attachment
Lastgrenzwert m <tech.allg> • load limit
Lastgruppe f <mech> • series of loads
Lastgüte f <el> • external Q factor; external Q *pract*
Lasthaken m <förd> • lifting hook; load hook
Lasthakenmutter f DIN 15413 <förd> • hook nut
Lasthebemagnet m <förd> • electrolifting magnet; lifting magnet; hoisting magnet; holding magnet
Lasthebezange f <förd> • lifting tongs
Lasthub m <förd> • loaded lift
Lastigkeit f <fz> *(z. B. Flugzeug,Schiff)* • heaviness trim
Lastimpedanz f <msr> • load impedance
Lastkennlinie f <el> • load characteristic
Lastkette f <förd> • hoisting chain
Lastkollektiv n <tech.allg> • load population
Lastkraftwagen m <nfz> *(allg.)* • truck *US.GB*; lorry *GB*
Lastkraftwagen mit zwei gelenkten Vorderachsen m <nfz> • twin steerer
Lastkraftwagenzug m DIN <nfz> *(Lastkraftwagen mit Anhänger)* • truck and full trailer *US*; drawbar combination *GB*; truck-trailer *US.coll*; truck'n trailer *US.coll*; road train *AUS*
Lastkraftwagenzug mit Sattelauflieger und Anhängern m <nfz> *(nur in Australien)* • road train *AUS*
Lastkreis m <el> • load circuit
Lastlaufwerk n <förd> • trolley
Lastmoment n <tech.allg> *(E-Motor, Seiltrommel)* • load moment
Lastmoment n <förd> *(Drehmoment)* • lifting torque
Lastmomentbegrenzung f <förd> *(z. B. Ladekran)* • load moment system *Grove*
Lastneigung f *(Bodenmechanik)* • load inclination
Last Note-Priorität f <edv.av> • last note priority
Lastrahmen m <qualit.mat> • load frame
Lastrakete f <aerospace> • cargo rocket
Lastrakete f <aerospace> *(Zubringer)* • ferry rocket vehicle
Lastreduzierung f <tech.allg> • load reduction
Lastregelung f <msr> • load control
Lastregelung f <msr> • load ratio control
Lastschale f <msr> *(Waage)* • pan; balance pan
Lastschalter m <el> • heavy duty switch; load break switch *km*; load-break switch; power circuit breaker; on-load switch
Lastschaltgetriebe n (LSG) <kfz.antr> • powershift transmission; load-changeable transmission
Lastschaltgetriebe n <masch> • load-changeable mechanism

Lastschwankung f <tech.allg> • load variation; variation in load

Lastschwerpunkt m <mech> • load center

Lastseil n <förd> *(Kran)* • fall rope

Lastseil n <förd> • hoisting rope

Lastsenkungsarbeit f <phys> • external body-deforming work

Lastsetzungsdiagramm n <geo> *(Bodenmechanik)* • load-consolidation diagram; load-consolidation curve

Lastsignal n <kfz.el> • load signal

Lastspannung f <el> • load voltage; running voltage *rare*

Lastspiel n <mech> • load cycle; loading cycle

Lastspiel bei Schwellbeanspruchung n <mech> • cycle of fluctuating stress

Lastspiel bei Wechselbeanspruchung n <mech> • cycle of reversed stress

Lastspielzahl f <masch> *(z. B. Kurbelwelle, Wälzlager, Kranhaken)* • endurance; lifetime

Lastspielzahl f <mech> • number of cycles

Lastspielzahl f <qualit.mat> • number of flexing cycles

Lastspielzahl f obs <qualit.mat> • number of stress cycles

Lastspitze f <tech.allg> • peak load

Lastspitze f <el> *(Stromversorgung)* • maximum demand

Lastspitze f <logist> • peak period

Lastspule f <el> • load coil

Laststange f <licht.theat> *(im Scheinwerfergerüst)* • scaffolding tube

Last Station Memory n <av> • last station memory

Laststeckdose f <el> • socket outlet

Laststoß m <el> • power impulse

Laststufe f <el> • load increment

Laststufenregler m <el> • on-load tap changer

Lastteilung f <edv> • load-sharing

Lasttisch m <logist> *(RFZ)* • shuttle table; plain work table; order-picking table

Lasttrageverhalten nsg <tribo> • load-carrying capacity; load-carrying [cap]ability

Lasttragevermögen nsg <tribo> • load-carrying capacity; load-carrying [cap]ability

Lasttrennschalter m <sich> • load break cut-out

Lasttrum n <antr> *(Zugmittelgetriebe; z. B. Riemengetriebe)* • driving side; tight side

Lasttrumspannung f <förd> • tight-side tension

Lasttrumspannung f <förd> *(Fördergurt)* • working tension

Lastübergabe f <förd> *(Entladevorgang)* • unloading

Lastübergabe f <förd> *(Be- und Entladevorgang)* • load transfer

Lastübergabestation f <förd> • unloading station

Lastübernahmestation f <förd> • loading station

Lastumschalter m <el> • load transfer switch

Lastumschaltwiderstand m <el> • load shifting resistor

Lastverluste mpl <el> • load losses; load loss

Lastverminderung f <tech.allg> • load reduction

Lastverstimmung f <el> *(bei Elektronenröhren)* • pulling

Lastverstimmungsmaß n <el> *(Oszillator)* • pulling factor; pulling figure

Lastverteiler m <logist> *(z. B. für Regalrahmen)* • base plate

Lastverteilerzentrale f <el> • load dispatcher station

Lastverteilung f <el> • load distribution

Lastverteilungsprinzip n <bau> • load-sharing concept

Lastverteilungsschalter m <el> • load distribution switch

Lastwagen m <nfz> • haulage vehicle

Lastwechsel m <kfz> *(allg., Gas geben oder wegnehmen)* • load alteration; throttle adjustments; load transitions; power off *coll*; throttle lift-off *coll*

Lastwechsel m form <kfz> *(abrupt, Fuß vom Gas)* • power off; throttle lift off

Lastwechsel m <mech> *(schwellende o. schwingende Beanspruchung; z. B. volle Umdrehung v. Welle)* • complete reversal of stress; complete reversal

Lastwechsel m <mech> • reversal of load; reversal of stress

Lastwechseleinrichtung f <bahn.brems> • empty-loaded change-over device

Lastwechselreaktion f <kfz> *(Fahrverhalten)* • load alteration effect; load alternation effect; load alternation reaction; power-off effect *coll*

Lastwechselverhalten n <kfz> *(Fahrverhalten)* • load alteration effect; load alternation effect; load alternation reaction; power-off effect *coll*

Lastwert m <mech> • load; load rating

Lastwiderstand m <el> *(Bauteil)* • ballast resistor; load resistor

Lastwiderstand m <el> *(physikalische Größe)* • load resistance; load impedance

Lastzelle f rar <msr> *(allg.)* • load cell; load transducer; force transducer *rare*

Last zentrisch aufnehmen vi <förd> • go around the load vi

Lastzug m <nfz> • trailer truck; truck-trailer vehicle; lorry and trailer *GB.rare*

Lastzug m prakt <nfz> *(Lastkraftwagen mit Anhänger)* • truck and full trailer *US*; drawbar combination *GB*; truck-trailer *US.coll*; truck'n trailer *US.coll*; road train *AUS*

Lastzug m <theat> • rigging system

Lasur f <obfl> *(Oberflächenbehandlung allg.)* • varnish

Lasur f <obfl> *(Holz)* • stain

Lasur f <obfl.kunst> *(auf Gemälden, Holz)* • glaze

Lasurfarbe f <druck> • transparent ink

Lasurfarbe f <kunst> • brilliant dye; glazing color *Metz*

LA-Synthese f <edv.av> • linear aritmetic synthesis (LA); linear-arithmetic synthesis; LA synthesis *Roland TM*

LAT <geo> • latitude (LAT); geographical latitude

Latch m <msr> • latch

Latch-Kreis m <msr> *(elektronische Selbsthalteschaltung)* • latch circuit

Lateinsegel n <nav> • lateen sail

Latentbild n <opt> • latent image

Latentbild n <phot> • latent photographic image

Latentbild n <phot> • latent image

latente Kristallisationswärme f <therm> • latent heat of solidification

latentes Bild n <phot> • latent image

latente Schmelzwärme f <therm> *(ist dem Betrag nach gleich der Erstarrungswärme)* • heat of fusion; effective latent heat of fusion; latent heat of fusion

latentes elektrostatisches Bild n <druck> • electrostatic latent image

latente Umwandlungswärme f <therm> • latent heat of transformation

latente Verdampfungswärme f <therm> • latent heat of evaporation; latent heat of vaporization; evaporation cold *coll*; evaporative cold *coll*

latente Verdichtungswärme f <therm> • latent heat of compression

latente Wärme f <therm> • latent heat

Latentwärmespeicher m Behr <kfz> • latent-heat storage tank

Latenz f <edv> • rotational latency; latency

Latenzzeit f <allg> • latency period; latent period; latency

Latenzzeit f <edv> • latency

Latenzzeit f <edv> • rotational latency; latency

Latenzzeit f <el> • induction period

Lateralbewegung f <rls> *(von Rohren; unerwünscht)* • lateral deflection; lateral offset; lateral movement

laterale Auslenkung f <rls> *(von Rohren; unerwünscht)* • lateral deflection; lateral offset; lateral movement

lateraler Transistor m <el> • lateral transistor

laterale Verschiebung f <rls> (von Rohren; unerwünscht) • lateral deflection; lateral offset; lateral movement

Lateralkanal m <hydr> • lateral canal

Lateralkörper m <med> (Morphologie) • lateral body

Lateralkompensator m <rls> • lateral expansion joint :V

Lateral-Kompensator m norm <rls> • lateral expansion joint :V

Lateralkompensator mit Einfachgelenk m <rls> • lateral hinged expansion joint :V

Lateralkompensator mit Kardangelenk m <rls> • lateral gimbal expansion joint :V

Lateralplan m <nav> • lateral plane

Lateraltransistor m <el> • lateral transistor

Lateralvergrößerung f <opt> • lateral magnification; transverse magnification

Lateralwiderstand m <nav> • lateral resistance

Laterne f <bau> (Dach, z. B. in Türmen) • lantern

Laterne f <licht> • lantern pract-ugs; street lantern; street lamp pract-ugs

Laterne f <masch> (Pumpe) • distance piece; connecting piece

Laterne f <masch> (z. B. Pumpe) • side opening

Laternendach n <kfz> • lantern roof

Laternenring m <förd> • lantern ring; seal cage

Latex n <kst> • latex

Latexallergie f <med> (z. B. durch Reinraumhandschuhe) • latex allergy

Latexbindemittel n <chem> • latex binder

Latexschaum m <mat> • foamed latex rubber; latex foam rubber; latex foam

Latexschaumgummi m <mat> • foamed latex rubber; latex foam rubber; latex foam

Lathyrus sativa <bio> • chick pea; lathyrus sativa

latinisierte Schreibweise f <term> • romanized form

LATM-Technologie f <edv> • low-overhead auto transport multiplexing (LATM)

Latte f <bau.innen> • runner; track

Latte f <holz> • lath; slat; batten

Latte f <mat> (aus Holz, Metall, Kunststoff etc.) • slat; batten

Latte f <msr> • graduated staff

Latten f ugs <sport> (Sportgerät) • ski; slats coll

Lattenband n <agri> (Kartoffelförderer) • slatted chain

Lattendeck n <nav> • slatted deck

Lattenfehler m <msr> • rod error

Lattenfehler m <msr> • staff error

Lattenkiste f A <pack> (für Obst, Gemüse) • crate

Lattenkreissägemaschine f <wz.masch> • ripping circular saw

Lattenrostfußboden m <bau> • slatted floor

Lattenschott n <nav> • batten and space bulkhead; lattice bulkhead

Lattentasche f <nav> • sail batten pocket; batten pocket

Lattenteilung f <msr> (Messlatte) • staff graduation

Lattentrommel f <led> • slatted drum

Lattentrommel f <textil> • lattice drum

Lattentuch n <textil> • lattice

Lattenzaunanordnung f <edv> (Strichcodesymbol) • picket fence orientation; horizontal orientation

Lattenzaunausrichtung f <edv> (Strichcodesymbol) • picket fence orientation; horizontal orientation

Lattenzauncode m <edv> • horizontal bar code; picket-fence bar code

Lattenzaun-Strichcode m <edv> • horizontal bar code; picket-fence bar code

Lattung f <bau.innen> • runners; tracks

Latzhose f <bekl> • bib overalls pl; salopettes pl

Laubbaum m <bio> • deciduous tree; broad-leafed tree

Laubenganghaus n <bau> • gallery block; balcony-access block

Laubholz n <holz> (nicht immer härter als Nadelholz) • hardwood; deciduous wood

Laubholzarten fpl <holz> • broadleaved species; broadleaves

Laubholzbestand m <holz> • broadleaved stand

Laubholzmischbestand m <holz> • mixed broadleaved stand

Laubmoos n <bio> • moss

Laubsäge f <wz> (Säge mit sehr schmalem, in U-förmigen Bügel eingespanntem Blatt) • fretsaw GB

Laubsägeblatt n <wz> • fretsaw blade GB

Laubsägenblatt n <wz> • fretsaw blade GB

Laub- und Abfallsauger m <agri> (zum Saugen und Blasen; mit Fangsack) • multi-purpose vacuum/blower

Laub- und Lebermoose npl <bio> • bryophytes; moss coll.rare

Laubwald m <holz> • broadleaved forest

Lauch m <bio> • leek; sempervivum tectorium

Laue-Asterismus m <mat> • Laue asterism

Laue-Aufnahme f <phys> • Laue photograph; Laue pattern

Laue-Beugungsdiagramm n <phys> • Laue diffraction pattern

Laue-Fleck m <phys> • Laue spot

Laue-Interferenz f <phys> • Laue interference

Lauf m <tech.allg> • path; course

Lauf m <bahn> • path

Lauf m <masch> (z. B. einer Maschine, eines Motors) • motion

Lauf m <masch> • running; run

Lauf m <masch> (z. B. Kran) • travel

Lauf m <masch> • working; action

Lauf m <masch> (von Maschinen) • working; running; functioning

Lauf m <mil> (Schusswaffe) • barrel

Laufachse f <fz> • carrying axle; idle axle

Laufachse f <mil> • axis of gun; centerline of bore; axis of bore

Laufachse f <navig> (konstruktiv erzwungene Kreiselachse) • spin axis (SA); spinner axle

Laufanweisung f <edv> • do-statement; for-statement

Laufbahn f <förd> (Kreisförderer) • trackage; track

Laufbahn f <förd> (Kran) • runway

Laufbahn f <masch> • bearing track; raceway; track

Laufbahn f DIN ISO 3395 <masch> (Wälzlager) • raceway ISO 3395

Laufbahn f <masch> (Zylinder) • working surface

Laufbahn f <masch> (Karusselldrehmaschine) • track

Laufbahnrille f <masch> (z. B. Kugellager) • raceway groove

Laufband n <förd> • moving walkway

Laufbeschwerung f <mil> • barrel weight

Laufbetrieb m <energ.hydr> • run-of-river operation

Laufbildkamera f <kino> • motion-picture camera

Laufbildwerfer m <kino> • motion-picture projector; cine projector

Laufboden m <phot> • base board; baseboard; focusing rail

Laufbreite f <füg> (Elektrodenrolle) • track width

Laufbrücke f <tech.allg> (Fabrikshallen, Gerüst, Kran) • catwalk

Laufbrücke f <bau> • gangway

Laufbrücke f <bau> • monkey bridge; flying bridge

Laufbrücke f <nav> • fore-and-aft bridge; fore-and-aft gangway

Laufbuchse f <masch> (Gleitlager, Motorzylinder) • bushing; bush

Laufbuchse f <masch> (z. B. Diesel-Motor) • liner
Laufbuchse f prakt <masch> (für Kolben; Einsatz z. B. in Aluminiummotoren) • cylinder liner; cylinder sleeve US; liner pract; sleeve pract
Laufbuchse f <mil> • barrel bushing
Laufbuchse f <wz.masch> • arbor-bearing sleeve
Laufbüchse f rar.ugs <masch> (für Kolben; Einsatz z. B. in Aluminiummotoren) • cylinder liner; cylinder sleeve US; liner pract; sleeve pract
Laufbügel m <textil> (Jacquardstuhl) • cradle
Laufbühne f <rep> • service platform
Laufdecke f <kfz> (Reifen) • outer cover
Lauf der Sonne m <energ.sol> • movement of the sun; solar path; path of the sun; route of the sun
Laufdrehgestell n <bahn> • carrying bogie
Laufdrehmoment n <masch> (Wellen aller Art) • running torque
Laufeigenschaft f <fz> • riding quality
Laufeigenschaft f <masch> • running quality
laufen vi <tech.allg> (z. B. Wasser) • flow vi
laufen vi <tech.allg> (tatsächlich in Betrieb sein; z. B. Maschine, Motor) • run vi
laufen vi <tech.allg> (z. B. Anlage, Maschine) • run vi; operate vi
laufen vi <förd> (z. B. Förderband) • move vi
laufen vi <kfz> (Motor u.ä.) • run vi
laufen vi <masch> (z. B. Kolben, Schlitten, Tisch) • travel vi
laufen vi <masch> (in Betrieb sein, z. B. Heizung, Waschmaschine) • work vi
laufen vi <msr> (z. B. Zähler) • operate vi
laufen vi <obfl> (Anstrichmittel) • sag vi
laufend <fin> • current; continuous; consecutive; running
laufend abgeglichen <allg> (z. B. Datenbank) • continuously balanced
laufende Bestandskartei f <doku> • perpetual inventory file
laufende Instandsetzungsarbeit f <rep> • routine repair work
laufende Part f <nav> • running part
laufendes Gut n <nav> • running rigging
laufende Überprüfung f <qualit> • routine test; routine testing
laufende Wartung f <tech.allg> • running maintenance
Laufendhaltung f <edv> • updating
laufen lassen vt <psych> (Dinge, Vorgänge) • run vt
lauffähig <tech.allg> • in running order
Lauffeldmagnetron n <el> • travelling-wave magnetron
Lauffläche f <bahn> (Schiene) • running surface
Lauffläche f <bahn> (Rad) • wearing surface
Lauffläche f <fz> (Wälzlager) • bearing race; race
Lauffläche f <fz> (Rad, Reifen) • tread form
Lauffläche f <kfz> (Reifen) • tread; camelback
Lauffläche f <masch> • bearing surface
Lauffläche f <masch> • face
Lauffläche f <masch> (z. B. Zylinderlauffläche) • sliding surface
Lauffläche f <masch> (z. B. Zylinder) • working surface
Lauffläche f <textil> • slider
Laufflächenablösung f <kfz> • tread separation
Laufflächenabrieb m <kfz> (Reifen) • tread wear
Laufflächenkrümmung f <kfz> • tread radius flatness
Laufflächenprofil n <kfz> (Reifen) • tread pattern
Laufflächenprofil n form <kfz> (betont: Gestaltung, Design) • tread design; tread profile; tread pattern
Laufflächenspritzkopf m <prod> (Reifen) • tread head
Laufflächenspritzmaschine f <wz.masch> (für Reifen) • tread extruder
Laufflächenspritzpresse f <prod> (Schneckenpresse für Laufflächen) • tread extruder form; tuber pract

Laufflächenverschleiß m <kfz> • treadwear
Laufgang m <bau> (lang, schmal, meist überdacht, an einem oder beiden Enden offen) • gallery
Laufgang m <bau> (schmaler Durchgang) • gangway
Laufgang m <bau> (Betonung auf: erlaubt den Durchgang) • passageway
Laufgang m <bau> (in Anlagen, Kanälen, Lagerräumen) • walkway
Laufgang m <bau> (meist hoch oben, schmal) • catwalk
Laufgang m <nfz> (zwischen Bus-Sitzreihen) • aisle; gangway
Laufgenauigkeit f <tech.allg> • running trueness; running accuracy
Laufgeräusch n <tech.allg> (allg.; z. B. von Motoren, Lüftern, PC-Laufwerken) • running noise
Laufgeräusch n <akust> (speziell des Motors) • motor rumble
Laufgeräusch n <akust> (Plattenspieler) • turntable rumble
Laufgeschwindigkeit f <tech.allg> • running speed
Laufgeschwindigkeit f <druck> • press speed
Laufgeschwindigkeit f <masch> (geradlinig) • travel speed
Laufgeschwindigkeit f <msr> (I-Regler) • floating rate
Laufgewicht n <mil> • barrel weight
Laufgewichtsstück n <masch> • jockey
Laufgewichtsstück n <msr> (Waage) • slider; balance-beam rider
Laufgrenze f <kfz.el> (Zündkerze) • misfire limit
Laufgüte f <bahn> (Fahrkomfort) • riding quality
Laufgüte f <masch> (Maschinenlauf) • running quality
Laufhöhe f <mil> (von Schusswaffe) • barrel height
Laufkarte f <prod> • operation sheet
Laufkatze f <förd> (allg.; von Portalkran, Theatertechnik etc.) • crab; trolley
Laufkatze f <förd> (betont: von Kran) • crane trolley
Laufkatze f <förd> (betont: zum Heben) • lifting crab; hoist trolley
Laufkatze f <förd> (betont: auf Monoschiene) • monorail trolley
Laufkatzenfahrbahn f <förd> • overhead trackage
Laufkatzenflaschenzug m <förd> • traveller-chain block
Laufkette f <mil> • barrel link
Laufkette f <nfz> (Raupenkette) • track
Laufkettenstift m <mil> • barrel link pin
Laufkraftwerk n <energ.hydr> • run-of-river power plant; run-of-river power station
Laufkraftwerk n <energ.hydr> • run-of-river plant; run-of-river power station
Laufkran m <förd> • overhead travelling crane; travelling crane
Laufkranz m <bahn> • tread
Laufkreis m <mech> • rolling circle
Laufkreisdurchmesser m <bahn> • rim diameter
Laufkultur f <kfz> (Fahrzeug gesamt oder Motor, meist positiv wertend) • refinement
Laufkultur f <kfz.mot> (Motor allg., neutral, ohne Wertung) • running characteristics; performance
Lauflänge f <mil> • barrel length
Lauflängenbedingung f <edv> • run-length condition
lauflängenbegrenzter Code m <edv> • run-length-limited code; RLL code
Lauflängenbegrenzung f <edv> (Aufzeichnungsverfahren) • Run Length Limited (RLL); Run Length Limited code
lauflängenlimitierter Code m <edv> • run-length-limited code; RLL code
Lauflager n <masch> • plummer block
Lauflager n <nav> • tunnel shaft bearing

Laufleder *n* <led> *(für Treibriemen und Zylinder an Textilmaschinen)* • travelling leather

Laufleistung *f* <kfz> *(von Reifen oder Fahrzeugen)* • mileage

Lauflinie *f* DIN 18065 <bau> *(Treppe)* • walking line BS 5578

laufmaschenfest <textil> • ladder-proof; run-resistant; runproof

Laufmaschensperre *f* <textil> • run-resist barrier

Lauf mit Vielfachsteuerung *m* <bahn> *(gekuppelte Triebwagen)* • multiple-unit running

Laufmündung *f* <mil> *(vorderes Ende eines Laufs)* • muzzle

Laufnummernanzeige *f* <edv> • sequence-number display

Laufnummerngeber *m* <druck> • numbering machine

Laufnummernsender und -vergleicher *m* <tele> • numbering transmitter and comparator

Laufportalkran *m* <förd> • travelling gantry crane

Laufrad *n* <tech.allg> *(mit Schaufeln)* • blade wheel

Laufrad *n* <tech.allg> *(lasttragend)* • carrying wheel

Laufrad *n* <aerospace> • undercarriage wheel

Laufrad *n* <bahn> *(von Drehgestell)* • bogie wheel

Laufrad *n* <bau.masch> *(Kran)* • travelling wheel; trolley wheel

Laufrad *n* prakt <förd> *(Kreiselpumpe)* • impeller; bladed impeller; runner *rare*; pump wheel

Laufrad *n* DIN ISO 8090 <fz> *(Fahrrad, vorn oder hinten)* • wheel ISO 8090

Laufrad *n* <logist> *(RFZ)* • drive wheel

Laufrad *n* <masch> *(nachlaufend)* • trailing wheel

Laufradabdichtung *f* <turb> • runner sealing

Laufraddurchmesser *m* <turb> • runner diameter

Laufradeinlauf *m* <förd> • impeller eye

Laufradeintritt *m* <förd> • impeller eye

Laufradhaube *f* <turb> • runner cone; hub cover

Laufradkanal *m* <förd> • impeller channel; impeller passage; vane channel; vane passage

Laufradkegel *m* <turb> • runner cone; hub cover

Laufradmagnet *n* <förd> *(Magnetpumpe)* • internal magnet; impeller magnet

Laufradmantel *m* <energ.hydr> • discharge ring; throat ring

Laufradnabe *f* <turb> • runner hub

Laufradnabenlager *n* <turb> *(Kaplanturbine)* • runner bearing

Laufradring *m* <förd> • impeller wear ring; impeller wearing ring

Laufradringmantel *m* <energ.hydr> • discharge ring; throat ring

Laufradsatz *m* <bahn> *(Lokomotive)* • truck

Laufradsaugmund *m* <förd> • impeller eye

Laufradschacht *m* <aerospace> • wheel well

Laufradschaufel *f* <energ.hydr> *(Gleichdruckturbine und Francisturbine)* • runner blade; runner vane; runner bucket; moving blade

Laufradschaufel *f* <masch> • rotor blade

Laufradschaufel *f* <turb> • runner vane

Laufradschaufeln *fpl* <förd> • impeller vanes *pl*; impeller blades *pl*

Laufradscheibe *f* <pump> • blade disc

Laufradservomotor *m* <energ.hydr> *(Kaplan-Turbine)* • blade servomotor

Laufraster *m* • moving grid

Laufraum *m* *(Laufzeitröhre)* • drift space

Laufraumelektrode *f* • drift tunnel

laufrichtungsgebundenes Profil *n* <fz> • directional tread pattern

Laufring *m* <druck> • bearer ring

Laufring *m* <förd> • impeller wear ring; impeller wearing ring

Laufring *m* <masch> *(Wälzlager; z. B. Kugellager)* • race; bearing race; track ring *rare*

Laufrinne *f* <prod> *(z. B. Gießerei)* • launder

Laufrolle *f* <tech.allg> *(nachlaufendes Rädchen, z. B. Einkaufswagen, Konzertflügel, Bürostuhl)* • castor

Laufrolle *f* <tech.allg> • roller

Laufrolle *f* <tech.allg> *(in Schiene laufend; z. B. Schiebetür, Vorhang)* • track roller

Laufrolle *f* <fz> *(Schaltwerk einer Fahrrad-Kettenschaltung)* • roller; roller wheel; pulley wheel; chain roller

Laufrolle *f* <masch> *(betont: ohne Drehmomentübertragung)* • idler

Laufrolle *f* <masch> *(Riemenscheibe, z. B. als Spannrolle)* • idler pulley

Laufrolle *f* DIN ISO 5593 <masch> *(Wälzlager)* • track roller ISO 5593

Laufrolle *f* <theat> *(Rad eines Bühnenwagens oder einer Drehscheibe)* • bobbins spool; caster

Laufrolle *f* <theat> *(Seilrolle am Schnürboden)* • grid block

Laufrollen *fpl* <kunst.wz> • coasters; wheels

Laufruhe *f* <tech.allg> • quietness of operation

Laufruhe *f* <tech.allg> • quietness of running

Laufruhe *f* <kfz.mot> *(Motor)* • smooth running; running smoothness

Laufruhe *f* <mot> • smooth running; running smoothness

Laufruhe *f* <prod> • quiet ride

Laufruhe *f* <prod> *(Reifen)* • quiet ride

Laufruhe *f* nsgl <masch> • smooth running; smooth operation; quiet running

Laufschaufel *f* <energ.hydr> *(Gleichdruckturbine und Francisturbine)* • runner blade; runner vane; runner bucket; moving blade

Laufschaufel *f* <energ.hydr> *(Pumpenturbine)* • impeller vane; impeller blade

Laufschaufel *f* <masch> *(z. B. Kreiselpumpe, Turbine)* • moving blade

Laufschaufel *f* <masch> *(Wasserturbine)* • runner vane

Laufschaufel *f* <turb> • turbine blade

Laufschaufelaustrittswinkel *m* <masch> *(Verdichter, Kreiselpumpe, Turbine)* • blade exit angle

Laufschaufeleintrittswinkel *m* <masch> *(Verdichter, Kreiselpumpe, Turbine)* • blade inlet angle

Laufschaufeln *fpl* <förd> • impeller vanes *pl*; impeller blades *pl*

Laufschaufelverstellung *f* <förd> • impeller blade adjustment; pitch adjustment of the impeller vanes

Laufschicht *f* <kfz.mot> *(von Gleitlagern)* • overlay

Laufschiene *f* <förd> *(Elektrohängebahn)* • travel rail; roller rail; running rail

Laufschiene *f* <förd> *(für Laufkatze)* • trackage

Laufschiene *f* <förd> *(über Kopf; für Laufkatze)* • overhead trackage

Laufschriftwiedergabe *f* <kfz.av> *(Radiodisplay)* • scroll mode display

Laufschriftwiedergabe *f* <kfz.av> *(Radiodisplay)* • scroll mode display

Laufseele *f* <mil> • axis of gun; centerline of bore; axis of bore

Laufsitz *m* <masch> • running fit

Laufsohle *f* <bekl> *(Stiefel)* • outsole

Laufspiel *n* <masch> • diametral clearance

Laufspindel *f* <förd> *(Schraubenspindelpumpe)* • idler screw

Laufspindel *f* <masch> • bearing spindle

Laufspule *f* <textil> • revolving bobbin

Laufsteg *m* <bahn> • bridge

Laufsteg *m* <bahn> *(veraltete Personenwagen)* • running board

Laufsteg m <bau> *(meist hoch oben, schmal)* • catwalk
Laufsteg m <bau> *(z. B. auf Gerüsten, Kranen, in Werks-hallen)* • walkway
Laufsteg m <bau> • gangway
Laufsteg m <theat> • catwalk; cat-walk
Laufstein m <verf> *(oben)* • runner stone; upper millstone; mill runner; runner
Laufstreifen m <fz> *(Rad, Reifen)* • tread *form*
Laufstreifen m <kfz> *(profilloses Bauteil in der Reifenfer-tigung)* • camelback; tread
Laufstutzen m <ents> • rotation support
Lauftext m <doku> • body copy
Laufvariable f <edv> • control variable
Laufverhalten n <pap> • runnability running properties
Laufwagen m <förd> *(allg.; von Portalkran, Theatertech-nik etc.)* • crab; trolley
Laufwagentrennsäge f <wz.masch> • carriage edger
Laufwasserkraftwerk n <energ.hydr> • run-of-river plant; run-of-river power station
Laufwasserturbine f <energ.hydr> • Francis turbine
Laufweg m <hlk> *(Luftkanal)* • air duct
Laufwelle f <förd> *(bei rotierenden Verdrängerpumpen mit mehreren Verdrängerkörpern)* • idler shaft
Laufwelle f <masch> • intermediate shaft
Laufwelle f <nav> • line shaft; tunnel shaft; intermediate shaft
Laufwerk n <av> *(Magnetbandgerät)* • tape transport; tape drive; tape deck; deck
Laufwerk n <av> *(Plattenspieler)* • turntable unit
Laufwerk n DIN 25602 <bahn> • running gear
Laufwerk n <edv> *(Diskette oder Band)* • drive; drive unit
Laufwerk n <förd> • trolley
Laufwerke mit niedrigerer Drehzahl npl <edv> *(z. B. für CD-ROM, DVD)* • lower-speed drives
Laufwerk für Disketten n <edv> *(z. B. 3,5")* • floppy-disk drive (FDD) *US.GB*; flexible disk drive; diskette drive; FD drive
Laufwerkhöhe f <edv> • drive height
Laufwerk mit halber Bauhöhe n <edv> • low-profile drive; half-height drive
Laufwerkplatte f <av> *(Plattenspieler)* • motor board
Laufwerksbuchstabe m <edv> • drive letter
Laufwerkschacht m <edv> • drive bay; chassis bay; bay *pract*
Laufwerkselektronik f <edv> • drive electronics
Laufwerksfehler m <edv> *(z. B. Schreib/Lese-Fehler)* • drive failure
Laufwerkskabel n <edv> • drive cable
Laufwerks-Konfigurations-Jumper m <edv> • device configuration jumper; configuration jumper pin
Laufwerksmechanismus m <edv> • drive mechanism
Laufwerksspindel f <edv> *(Welle; z. B. Plattenlaufwerk)* • drive spindle
Laufwerksteuerung f <edv> • floppy-disc control
Laufwiderstand m <bahn> • tractive resistance
Laufwinkel m <el> • transit phase angle; transit angle
Laufzapfen m <masch> *(Fräser)* • pilot
Laufzapfen m <masch> • roll neck; neck; journal
Laufzeit f • delay
Laufzeit f <tech.allg> *(z. B. Uhr, mechanisches Spielzeug)* • operating time; running time
Laufzeit f <tech.allg> *(z. B. Anlage, Maschine)* • running time; runtime
Laufzeit f prakt <tech.allg> *(elektrisch)* • delay time *form*; delay *pract*
Laufzeit f <av> *(betont: Zeitverzögerung)* • delay time; delay
Laufzeit f <el> • transit time; travel time
Laufzeit f <msr> • delay time; distance-velocity lag; lag time; dead time

Laufzeit f <msr> • time delay; time lag
Laufzeit f <nukl> *(Teilchen)* • time of flight
Laufzeit f <phys> • reflection time
Laufzeit f <phys> *(z. B. Welle)* • propagation time
Laufzeit f <tele> • propagation time
laufzeitabhängige Verzerrung f <el> • transit-time-dependent distortion
Laufzeitanalysator m <nukl> • time-of-flight analyser
Laufzeitanzeige f <av> • running time display
Laufzeitausgleich m <el> • transit-time compensation
Laufzeitausgleich m <phys> • delay equalization
Laufzeitbibliothek f <edv> • runtime library
Laufzeit des Patents f <jur> • term of a patent
Laufzeitdiagramm n <doku> • time chart
Laufzeitdifferenz f <astron> • delay
Laufzeitdrossel f MB <kfz.antr> • running time throttle MB
Laufzeiteffekt m <el> • transit-time effect
Laufzeitentzerrer f <el> • delay equalizer
Laufzeitentzerrung f <av> • rise-time correction
Laufzeitentzerrung f <el> • delay-distortion correction; transit-time correction
Laufzeitfehler m <av> • phase-delay error
Laufzeitfehler m <el> • phase-delay distortion
Laufzeit für Hin- und Rückweg f <phys> • reflection time between emission and receipt
Laufzeitgenerator m <av> • electron oscillator
Laufzeitglied n <msr> • delay element; lag element
Laufzeitkarte f <prod> • job time card
Laufzeitkette f <av> • delay line
Laufzeitkette f <msr> • delay network
Laufzeitleitung f <av> • delay line
Laufzeitleitung f <msr> • delay line
Laufzeit-Lizenz f <pap> • runtime license
Laufzeitmassenspektrometer n <nukl.msr> • time-of-flight mass spectrometer
Laufzeitmessung der Mikrowellenimpulse f <phys> *(z. B. Radar)* • reflection time of microwave impulses
Laufzeitmethode f <nukl> • time-of-flight method
Laufzeitprüfung f <tech.allg> • runtime check
Laufzeitröhre f <el> • transition-time tube; velocity-modu-lated tube; drift tube
Laufzeitspeicher m <edv> • delay-line memory; delay-line store; circulating memory
Laufzeitspektrometer n <nukl> • time-of-flight spec-trometer
Laufzeit-Spektrometrie f (TDS) <av.msr> • time-delay spectrometry (TDS)
Laufzeit-Stereophonie f <av> • delay stereophony
Laufzeitunterschied m <el> *(betont: unterschiedliche Laufzeit des Signals)* • transit-time difference
Laufzeitunterschied m <msr> *(betont: unterschiedliche Ankunft des Signals)* • arrival-time variation
Laufzeitunterschied m <opt.lwl> • delay difference
Laufzeitverzerrung f <el> • transient effect
Laufzeitverzerrung f <el.av> • phase-delay distortion; delay distortion
Laufzeit-Verzögerung f form <tech.allg> *(elektrisch)* • delay time *form*; delay *pract*
Laufzeitverzögerung f <el> • transit-time delay
Laufzeitwinkel m <el> • transit phase angle
Laufzeug n rar <masch> *(Welle+Laufrad)* • pump rotor; rotor *pract*; rotor assembly; rotating assembly; rotating element
Laufzeug n <mot> *(Turbolader)* • wheel assembly
Lauge f <chem> • leach
Lauge f <chem> *(veraltet für Base)* • lye
Lauge f ugs.obs <chem> • alkaline solution; basic solution; liquor; base; lye

Lauge f <metall> *(zum Herauslösen von Metallen aus festen Stoffen; kann auch Säure sein)* • leach

Lauge f <textil> *(zum Waschen oder Bleichen)* • buck

Lauge f <verf> • liquor; leach

Lauge f <verf> *(durch (Aus-)Laugung entstanden)* • lye

Laugeeinwirkung f <textil> *(Merzerisieren)* • caustic impregnation

Laugemittel n <verf> • leaching agent; leachant

Laugen n <obfl.holz> • leaching out

laugen vt <metall> • leach vt; lixiviate vt

laugen vt <textil> • buck vt

laugen vt <textil> *(mercerisieren)* • mercerize vt

Laugenansetzkasten m <verf> • lye preparation box

laugenbeständig <mat> *(gegen alkalische Angriffe)* • caustic-proof; alkali-proof; lye-proof

laugenbeständig <qualit> • alkali-resistant; resistant to alkali; alkali-fast; fast to alkali

Laugenbeständigkeit f <mat> • alkali resistance

laugenecht <mat> • fast to lye

Laugenkühler m <mot> • blow-off cooler

laugenrissbeständig <qualit.mat> • resistant against caustic cracking

Laugenrissbeständigkeit f <qualit.mat> • resistance to caustic cracking

Laugenrissigkeit f prakt <mat> • caustic embrittlement

Laugenrissigkeit f <qualit> • caustic cracking

Laugensprödigkeit f <mat> *(Werkstoffversprödung durch Laugeneinwirkung)* • caustic embrittlement; caustic cracking

Laugensprödigkeit f <mat> • caustic embrittlement

Laugenturm m <pap> • reaction tower

Laugenwäsche f <petr> • alkali wash; caustic wash

Laugung f <metall> • leaching; leach

Laugung f <nukl> • leaching

Laugungsbehälter m <nukl> • leaching vat; leaching tank

Laugungsprozess m <nukl> • leaching process

Laugungszeit f <nukl> • leaching time

Launch m <werb> • launch

launchen vt <werb> • launch vt

Laurasia f <geo> *(ehem. Kontinent im Norden)* • Laurasia

Laurent-Halbschattenplatte f <opt> • Laurent half-shade plate

Laurin... <chem> • lauric ...

Laurinsäure f <chem> *(Basis für Wasch-/Reinigungsmittel)* • lauric acid

Laurostearinsäure f <chem> *(Basis für Wasch-/Reinigungsmittel)* • lauric acid

Laurostearinsäure f <chem.verf> • laurostearic acid

Laurus camphora <bio> • camphor; laurus camphora

Lauschen n <tele.edv> • eavesdropping

lauter Alarm m <alarm> • loud alarm

Lautfernsprecher m <av> • loud-speaking telephone

Lauth'sches Triowalzwerk n <metall> • Lauth mill

Lautheit f <akust> • loudness

Lautheit f <av> • volume (VOL); loudness level; loudness; level

Lautheitsaddition f • loudness addition

Lautheitsminderung f <av> • loudness level reduction

Lauthören n <av> • loud-speaker monitoring

Lauthören n <tele> • open listening; direct listening

Lauthörtaste f <tele> • open listening key; direct listening key

lauthsches Triowalzwerk n <metall> • Lauth mill

Lautsprecher m <av> • loudspeaker; loudspeaker system; speaker system; speaker pract.coll

Lautsprecher m <kfz> *(Gegensprechanlage für Motorradhelme)* • earpiece; helmet speaker

Lautsprecheranlage f <av> *(mehrere Einheiten, Boxen)* • loudspeaker system; sound system

Lautsprecheranlage f <av> • public address system

Lautsprecheranschluss m <tele> • loudspeaker terminal

Lautsprecher-Chassis n <av> *(Treiber)* • loudspeaker drive unit

Lautsprechergehäuse n <av> *(allg., insbes. Kunststoff)* • speaker housing; loudspeaker housing

Lautsprechergehäuse n <av> *(aus Holz)* • speaker cabinet; loudspeaker cabinet

Lautsprechergrill m <kfz.av> • speaker grille

Lautsprecherkabel n <av> • speaker wire

Lautsprechermembran f <av> • loudspeaker diaphragm

Lautsprecherschwingspule f <av> • loudspeaker voice coil

Lautsprecher-System n <av> *(einzelne Einheit, Box)* • loudspeaker system

Lautsprecher-System n <av> • loudspeaker; loudspeaker system; speaker system; speaker pract.coll

Lautsprecherwagen m <werb> • public address car; loudspeaker van

Lautstärke f DIN 1318 <akust> *(Einheit: Phon)* • loudness level

Lautstärke f <akust> *(Intensität)* • sound intensity

Lautstärke f <av> • sound volume; volume

Lautstärke f <av> • volume (VOL); loudness level; loudness; level

Lautstärkeeinheit f <av> • volume (VOL); loudness level; loudness; level

Lautstärkehüllkurve f <av> *(Lautstärkeverlauf eines Klanges)* • amplifier envelope; amplifier contour; amplifier EG; volume contour; volume EG

Lautstärkeindex m <akust> • loudness rating

Lautstärkekontrolle f <av.akust> • volume control; volume adjustment; sound control

Lautstärkemesser m <akust.msr> • loudness level meter; phonometer; sound level meter

Lautstärkemessung f <akust.msr> • loudness measurement

Lautstärkepegel m <av> • volume (VOL); loudness level; loudness; level

Lautstärkeregelung f <av.akust> • volume control; volume adjustment; sound control

Lautstärkeregler m <av.msr> *(z. B. Knopf, Taste oder Schieberegler am Gerät)* • volume control; volume

Lautstärkeregler m <av.msr> • attenuator

Lautstärkeregler m <edv.av> • volume controller

Lautstärkeregler für Kopfhörer m <av> • headphone volume control

Lautstärkeschwankung f <akust.av> • tremolo

Lautstärkeschwellenwert m <akust.av> • threshold

Lautstärkeschwellwert m <edv.av> • threshold

Lautstärkesteuerung f <av.akust> • volume control; volume adjustment; sound control

Lautstärkeumfang m <akust> • dynamic range; volume range

Lautstärkevibrato n <av> • amplitude vibrato

Lautverständlichkeit f <akust> • articulation in sound-reproducing systems

Lautverständlichkeit f <akust> • sound intelligibility

Lava f <geo> • lava *(thsc-oral)*

Lavaldüse f <phys> *(Anwendung: Dampfturbine, Windkanal (Überschall))* • convergent-divergent nozzle

Lavaldüse f <turb> *(Dampfturbine)* • Laval nozzle

Lavaliermikrofon n <av> • Lavalier microphone

Lavendelkopie f <phot> • lavender print

Laves-Phase f <mat> • Laves phase

Lawine f <el> • avalanche

lawinenartig <verf> • avalanching

Lawinendiode f <el> • avalanche diode

Lawinendurchbruch m <el> • avalanche breakdown

Lawinendurchbruchspannung f <el> • avalanche breakdown voltage
Lawinendurchschlag m <el> • avalanche breakdown
Lawineneffekt m <el> (in Halbleitern) • avalanche effect
Lawinenlaufzeitdiode f <el> • impact avalanche transit time diode; avalanche transit time diode; Read diode
Lawinenphotodiode f <el> • avalanche photodiode
Lawinentransistor m <el> • avalanche transistor
Lawrencium n (Lr) <chem> • lawrencium (Lr)
Lawrentium n <chem> • lawrencium (Lr)
Lawson-Kriterium n <nukl> • Lawson criterion
Layer m <edv> (z. B. einer Grafik) • layer
Layer m ugs <edv> (CAD, Computergrafik; zum Strukturieren von Zeichnungen) • layer
Layer m <edv.av> (Klangprogramm) • layer; stack; stack sound
Layersound m <edv.av> (Klangprogramm) • layer; stack; stack sound
Layertechnik f <edv> • layers
Layout n <tech.allg> (Anordung von Elementen in der Fläche; z. B. von Anlagen, Seiten, Leiter) • layout
Layout n <werb> (der graphischen Gestaltung) • layout
L-Band n <navig> • L-band
L-Band n <phys> (elektromagnetische Wellen) • L band
L-Band-Störung f <navig> • L-band interference
LBH <füg> • manual metal arc welding ISO 4063; manual arc welding
LC <chem.verf> • liquid chromatography (LC)
LCAT <med> • lecithin:cholesterol acyltransferase (LCAT)
LCAT-Transport-Komplex m <bio> • cholesteryl ester transfer complex (CETC); cholesterol transfer complex
LCB <energ.sol> • linear current booster (LCB)
LCD <edv> • liquid crystal display (LCD)
LCD <el> • liquid crystal display (LCD); LCD display
LCD <msr> • liquid crystal display (LCD)
LCD-Anschlusskontakt m <kfz.el> • LCD connector
LCD-Anzeigefeld n <el> • liquid crystal display (LCD); LCD display
LCD-Anzeigefenster n <av> • LCD display
LCD-Bildschirm m <el> • liquid crystal display; LCD display; LCD screen
LCD/CRT-Dualmodus m <edv> • LCD and CRT dual mode
LCD-Display n <av> • LCD display
LC-Display n <el> • liquid crystal display (LCD); LCD display
LCD-Kartenplotter m <navig> • LCD chart plotter
LCD-Monitor m <av> • LCD monitor
LCF <qualit.mat> • low cycle fatigue (LCF)
LC-Filterkette f <el> • LC filter
LC-Kopplung f <el> • choke-capacitance coupling
L/cm <druck> (Maßeinheit) • lines per centimeter pl (lpcm)
L-Conveyor m <druck> (Conveyor) • L-conveyor
LCOS-Technologie f <el> (für Minibildschirme) • liquid-crystal-on-silicon technology; LCOS technology
LCR <tele> (für günstige Telefontarife) • least cost router (LCR); call manager
LCR-Technologie f <metall> • liquid-core reduction technology (LCR)
LC-Schwingkreis m <el> • LC circuit
LCT n <nukl> • Large Coil Task (LCT)
LD <av> • laser disc (LD)
LD$_{50}$ <med> • median lethal dose; mean lethal dose; mid-lethal dose
LD$_{50}$-Dosis f <med> • median lethal dose; mean lethal dose; mid-lethal dose
LDAC-Verfahren n <metall> (Stahlfrischen) • LDAC process
LDL <bio> (Makromolekül) • low-density lipoprotein (LDL); beta-lipoprotein

LDL-C <med> • LDL cholesterol
LDL-Cholesterin n (LDL-C) <med> • LDL cholesterol
LDL-Rezeptor m <med> • LDL receptor; apo-B,E receptor
LDL-Rezeptor-System n <med> • LDL-receptor pathway; LDL-receptor system; Brown-Goldstein pathway rare
LDL-Rezeptor-Weg m <med> • LDL-receptor pathway; LDL-receptor system; Brown-Goldstein pathway rare
L-Dock n <nav> • offshore dock
LDPE <kst> (Dichte <0,930 g/cm^3) • low-density polyethylene (LDPE)
LD-Sauerstoffaufblasverfahren n <metall> (Stahlherstellung) • basic oxygen steelmaking process; basic oxygen process; L-D process; Linz-Donawitz process rare; Linz-Donawitz basic oxygen process rare
LDSS <emiss.verf> • low-dust SCR system (LDSS)
LD-Stahl m prakt <metall> (wichtigste Stahlsorte) • basic oxygen steel; basic oxygen furnace steel rare
LD-Stahlwerk n <metall> (Linz-Donawitz-Sauerstoffaufblasverfahren) • L-D plant
L/D-Verhältnis n <kst> (Schnecke) • L/D ratio
L/D-Verhältnis der Schnecke n <kst> • screw L/D ratio
LE <el.chem> (unterbindet Ionenmigration) • supporting electrolyte; indifferent electrolyte; indifferent salt GB
LE <logist> • unit load; load
Leadsled m <kfz> (Custom Car) • leadsled
Leaflet n <werb> • broschure; leaflet
Lean Production f <prod> • lean production
Learning Relationship f <prod> • learning relationship
Least-Cost-Planning n <prod> • least-cost planning
Least-Cost-Router m (LCR) <tele> (für günstige Telefontarife) • least cost router (LCR); call manager
Least Significant Bit n (LSB) <edv> • least significant bit (LSB)
lebendig <nahr> (Wein) • fresh; lively
Lebendimpfstoff m <med> • live vaccine
Lebendvakzine f <med> • live vaccine
Lebensbaum m <bio> • tree of life; thuja occidentalis
Lebensdauer f <tech.allg> (betont: Haltbarkeit von Bauteilen und Material) • durability; service life; life coll
Lebensdauer f <bau> • design life; durability; life span :Roto
Lebensdauer f <energ.sol> (einer Batterie) • battery life; battery cycle life; cycle life
Lebensdauer f <fz> (von Reifen) • tread life
Lebensdauer f <min> • life; durability
Lebensdauer f <msr> (eines Sensors) • operating life; working life; life pract
Lebensdauer f <prod> (eines Werkzeuges od. einer Schneide) • cutting life
Lebensdauer f <qualit> (Reifen) • tread life
Lebensdauer f <qualit> (allg.) • life; lifetime
Lebensdauer f <qualit> (tech. Nutzungsdauer ohne Rücksicht auf bestimmten Betrieb) • life; physical life; useful life
Lebensdauer f <qualit> (z. B. eines Bauteils unter Belastung) • endurance; duration
Lebensdauer f <qualit> (z. B. einer Maschine od. Anlage) • operating life; working life
Lebensdauer f <qualit> (insgesamte Betrachtung) • overall life
Lebensdauer f <qualit> (z. B. von Aggregaten, Systemen; betont: Zeit) • service life; service lifetime; life pract; physical lifespan
Lebensdauer f ugs <qualit> (von Produkten; z. B. von Lkw; die ~ kann auch kurz sein) • longevity
Lebensdauer f <rls> (eines Kompensators) • cyclic life; fatigue life expectancy; fatigue life; life expectancy; number of cycles to failure
Lebensdauer f <wz.qualit> (eines Werkzeuges) • tool life

Lebensdauer *f prakt* <wz.qualit> *(Haltbarkeit von Werkzeugen mit Schneidkanten)* • service life; life *pract*; tool life; edge life

Lebensdauer der Elektrode *f* <tech.allg> • electrode's working life

Lebensdauer des Filzes *f* <pap> • felt lifespan

Lebensdauer des Impulses *f rar* <tech.allg> • pulse duration; pulse time; pulse length; pulse width

Lebensdauer eines Tropfens *f* <el.chem> • drop life; life of a drop; drop-life *(GB)*; drop lifetime; lifetime of a drop

Lebensdauerprüfung *f* <qualit> • life test; life endurance test; endurance test

Lebensdauerschmierung *f DIN ISO 4378-3* <tribo> • life-time lubrication *ISO 4378-3*

Lebenserhaltungssystem *n* <aerospace> • life support system

Lebenserwartung *f* <qualit> *(von Systemen, Bauteilen)* • life expectancy

Lebenskraft *f* <bio> • vitality

Lebensmittel *n* <nahr> • food; foodstuff

Lebensmittelbereich *m* <allg> • food processing industry; food industry

Lebensmittelfarbe *f prakt* <nahr> *(z. B. zum Kuchenbacken, Ostereierfärben)* • food color; edible color

Lebensmittelfarbstoff *m* <nahr> • food dye

Lebensmittelfarbstoff *m* <nahr> *(z. B. zum Kuchenbacken, Ostereierfärben)* • food color; edible color

Lebensmittelgesetz *n* <nahr> • food law

Lebensmittelindustrie *f* <nahr> • food industry; food-processing industry

Lebensmittelindustrie *f* <nahr> • food-processing industry; food industry

Lebensmittelkennzeichnung *f* <nahr> • food labelling

Lebensmittelkonservierung *f* <nahr> • food preservation

Lebensmittelnotration *f* <nahr> • emergency food ration

lebensmitteltauglich <prod> *(Material in Lebensmittelproduktion; z. B. Schmier-, Kühlmittel)* • foodgrade

lebensmittelverträgliche Schmierpaste *f* <tribo> • foodgrade lubrication paste; foodlube ®

Lebensmittelverträglichkeit *f* <kst> *(von Kunststoffen)* • alimentarity

Lebensmittelwissenschaftler *m* <nahr> • nutritionist

Lebensmittelzusatz *m* <nahr> • food additive

Lebensmittelzusatzstoff *m* <nahr> • food additive

Lebensmittelzusatzstoffe *fpl form* <nahr> *(z. B. Emulgator, Verdickungsmittel, Farbstoff)* • additives; food additives *form*

Lebensraum *m* <bio> *(von Pflanzen, Tieren)* • habitat

Lebensraum des Wildes *m* <bio> *(z. B. Wald)* • wildlife habitat

Lebensrettungsgeräte *npl* <sich> • life-saving equipment; life-saving appliances

Lebensversicherung *f* <vers> • life insurance; life assurance

Lebermoos *n* <bio> • liverwort

lebhaft <allg> • quick

lebhaft <bio> *(Mensch, Tier)* • vigorous

lebhaft <chem> • brisk

lebhaft <textil> *(Zwirn)* • lively

Le Chatelier-Braun'sches Prinzip *n* <therm> • principle of least resistance; Le Chatelier-Braun principle; Le Chatelier principle

Lecher-Leitung *f* <el> • Lecher wires; parallel-wire line; Lecher line

Lecher-Oszillator *m* <el> *(UHF-Technik)* • parallel-rod oscillator

Lecithin:Cholesterin-Acyltransferase *f* (LCAT) <med> • lecithin:cholesterol acyltransferase (LCAT)

leck <tech.allg> • untight

Leck *n* <tech.allg> • leak

Leck *n prakt.ugs* <kfz> • leak; leakage

Leck abdichten *vi* <tech.allg> *(mittels Stopfen, Stöpsel)* • plug a leak *vi*

Leck abdichten *vt* <rls> *(Leck, undichte Stelle)* • stop a leak *vt*

Leckage *f* <tech.allg> *(betont: Austritt, Stelle)* • leakage

Leckage *f* <tech.allg> *(betont: Ausströmgeschwindigkeit)* • leak rate

Leckage *f wiss* <kfz> • leak; leakage

leckagefrei <tech.allg> *(betont: kein Austritt von Flüssigkeit)* • leak-proof; leak-tight; leak-free; leakage-free; zero-leakage

leckagesicher <tech.allg> *(betont: kein Austritt von Flüssigkeit)* • leak-proof; leak-tight; leak-free; leakage-free; zero-leakage

Leck-Anschluss *m* <kfz.mot> • leakage-fuel connection

leckdicht <tech.allg> • leakproof; leak-tight

lecken *vi* <tech.allg> *(undicht sein; z. B. Behälter, Rohr, Boot)* • leak *vi*

lecken *vt* <allg> *(einen Gegenstand; z. B. zum Anfeuchten; z. B. Briefmarke, Eiscreme)* • lick *vt*

leckfrei <tech.allg> *(betont: kein Austritt von Flüssigkeit)* • leak-proof; leak-tight; leak-free; leakage-free; zero-leakage

Leckidentifizierung *f* <msr> *(z. B. in Öltanks, Leitungen)* • leak identification; leak localization

Leckleitwert *m* <msr> • leakance

Leckluft *f* <tech.allg> *(Vakuumtechnik)* • inleakage

Leckluft *f* <ents> • leakage

Leckmenge *f* <tech.allg> *(Menge des Fluids)* • amount of leakage; leakage

Leckmenge *f* <tech.allg> *(Austrittsgeschwindigkeit)* • leak rate

Leckölleitung *f* <kfz.tribo> *(Entsorgung von ausgetretenem Schmieröl)* • drain pipe; oil-leakage drain pipe

Leckölleitung *f* <nav> • overflow oil line

Lecköleitungsanschluss *m* <nav> • overflow oil line connection

Leckpumpe *f* <masch> • flood pump

Leckrate *f* <tech.allg> *(betont: Ausströmgeschwindigkeit)* • leak rate

Leckrate *f* <nukl> • leakage rate; leak rate

Leckschraube *f* <nav> • bleed cock

lecksicher <tech.allg> *(betont: kein Austritt von Flüssigkeit)* • leak-proof; leak-tight; leak-free; leakage-free; zero-leakage

Leckstelle *f* <tech.allg> • leakage point

Leckstelle *f prakt.ugs* <kfz> • leak; leakage

Leckstrahlung *f* <phys> • leakage radiation

Leckstrom *m* <el> • leakage current; stray current

Leckstrom *m* <el> *(unbeabsichtigt)* • vagabond current; stray current

Leckstrommesser *m* <msr> • electrical leakage tester

Lecksuche *f* <tech.allg> *(bereits vorhandene Leckstellen)* • leak detection

Lecksuche *f* <tech.allg> *(auf Dichtigkeit prüfen)* • leak testing; testing for leak tightness

Lecksucher *m* <masch> • leak detector

Leckverlust *m* <tech.allg> *(allg.)* • leakage loss

Leckverlust *m* <tech.allg> *(betont: Ausströmgeschwindigkeit)* • leakage rate

Leckwasser *n* <energ.hydr> • leakage water; seepage; leakage

Leckwiderstand *m* <el> • leakage resistance

Leclanché-Element *n* <el> *(z. B. Zink-Mangandioxid-Element)* • Leclanché cell

LED • light-emitting diode (LED)

LED <el> • light-emitting diode (LED); luminescence diode
rare
LED-Alarmspeicher *m* <alarm> • latching alarm LED;
alarm LED; latching indicator
LED-Anzeige *f* <av> *(z. B. für Betriebsbereitschaft, Fehler
etc.)* • LED display
LED-Anzeige *f* <edv> • LED indicator
LED-Anzeige für Turbo-Modus *f* <edv> • high-speed
LED
ledeburitisch <mat> *(Stahl mit ca. 4,3% Kohlenstoff,
eutektisch)* • ledeburitic
LED-Einzelanzeige *f* <alarm> • latching alarm LED; alarm
LED; latching indicator
Leder *n* <allg> • leather *US.GB*; hide *GB*
Lederärmel *m* <led> *(Walze)* • leather sleeve
Lederandruckpolster *n* <led> *(Universalstollmaschine)*
• leather bolster
Lederaufdopplung *f* <bekl> • double thickness leather;
double leather
Lederausstattung *f* <kfz.innen> • leather interior trim;
leather trim; leather interior
Lederbekleidung *f* <bekl> • leather apparel *US*; leathers
pl GB
Lederbeschnitte *pl* <led> • tanned trimmings *pl*
lederbezogen <kfz.innen> *(Sitze, Lenkrad etc.)* • leather
...
Lederblouson *m* <bekl> • bomber-style leather jacket
Leder-Dreiecktuch *n* <bekl> • leather bandana
Ledereinband *m* <druck> *(Buch)* • leather binding
Lederfaserwerkstoff *m* <led> • fibrous leather board;
leather fiberboard *pract*
Lederfaserwerkstoff *m* <led> • leather board; reconsti-
tuted leather
Leder für Arbeiterschutzartikel *n* <led> • protective
clothing leather; leather for protective wear
Lederhäubchen *n* <mus> *(Orgel; Dichtung zw. Windkas-
ten und Ventilabzugsdraht)* • leather gland; purse *pract*
Lederhaut *f* <led> • corium; true skin
lederhinterlegter Frontreißverschluss *m* <bekl>
• leather backed front zip
Lederhose *f* <bekl> • leather pants *pl*; leather trousers *pl*
Lederimitat *n* <mat> *(betont: nicht echt)* • imitation leather
Lederjacke *f* <bekl> • leather jacket
Lederjeans *fpl* <bekl> • leather jeans *pl*; hide jeans *pl*
Lederkeil-Manschette *f* <bekl> • leather gusseted sleeve
Lederkitt *m* <füg> • leather cement
Lederklebstoff *m* <füg> • leather adhesive
Lederkohle *f* <mat> • leather charcoal
Lederkombi *f* <kfz.bekl> • leather suit
Lederleim *m* <füg> • leather glue; hide glue; skin glue
Lederlenkrad *n* <kfz.innen> • leather steering wheel;
leather wheel *coll*; leather rim wheel *GB*; leather trimmed
steering wheel; leather wrapped [steering] wheel
Ledermanschette *f* <led> *(Walze)* • leather sleeve
Ledermanschettendichtung *f* <masch> • leather cuff;
leather cup
Ledermutter *f* <füg> • leather nut
Lederöl *n* <bekl> • leather oil
Lederpflegemittel *n* <led> • liquid leather care; leather
care product
Lederpolster *npl press* <kfz.innen> • leather-upholstered
seats; leather upholstery; leather seats *pract.specs*
Lederpolsterung *f press* <kfz.innen> • leather-upholstered
seats; leather upholstery; leather seats *pract.specs*
Lederpresse *f* <led> *(zum Glätten oder Narbenpressen)*
• leather press
Lederpulpete *f* <mus> *(Orgel; Dichtung zw. Windkasten
und Ventilabzugsdraht)* • leather gland; purse *pract*
Lederrücken *m* <druck> *(Buch)* • leather back

Ledersack mit Schrotfüllung *m* <rep> *(Blechtreiben)*
• shot bag
Lederseite *f* <verf> *(beim Präparieren)* • flesh side
Ledersitze *mpl* <kfz.innen> • leather-upholstered seats;
leather upholstery; leather seats *pract.specs*
Lederstärke *f* <bekl> • leather thickness
Leder-Stretcheinsatz *m* <bekl> *(z. B. in Motorradanzug
in den Kniekehlen und an den Waden)* • stretch leather
panel; leather flex panel; leather spandex
Lederstruktur *f* <kfz> *(Cabrioverdeck)* • leather-grain
surface
lederüberdeckter Bunddruckknopf *m* <bekl> • leather
covered waistband snap fastener; leather covered press
stud
lederüberlegter Bunddruckknopf *m* <bekl> • leather
covered waistband snap fastener; leather covered press
stud
lederummantelt <kfz.innen> *(Lenkkranz)* • leather-
wrapped
lederverkleidet <kfz.innen> *(Innenausstattung)* • trimmed
in leather
Lederwalze *f* <led> • bend roller; butt roller
Lederwaren *fpl* <led> • leather goods *pl*
Leder/Wildledersitze *mpl* <kfz.innen> • leather-and-
suede-upholstered seats
LED-Statusanzeige *f* <navig> *(Display)* • LED status indicator
Leduc-Righi-Effekt *m* <phys.therm> *(Änderung des
Wärmeleitwiderstandes von el. Leitern im Magnetfeld)*
• Righi-Leduc effect
Ledum palustre <bio> *(Pflanze)* • wild rosemary; ledum
palustre
lee *IEV 415* <energ.wind> • downwind *IEV 415*; lee side;
leeward
Leehafen *m* <nav> • lee port
Leeläufer *m* <energ.wind> • downwind turbine; downwind
machine; downwind system; downwind rotor
leer <allg> *(z. B. Blatt Papier, Blick etc.)* • blank
leer <allg> *(nicht gefüllt; z. B. Behälter, Tank, Kanister etc.)*
• empty
leer <tech.allg> *(frei und verfügbar; Platz jeder Art, z. B.
Haus, Sitz, Wohnung)* • vacant
leer <allg.edv> *(Datenträger, Formularfeld, Schreibblatt)*
• blank
leer <bau> *(nicht bewohnt; z. B. Büro, Haus, Wohnung)*
• unoccupied
leer *ugs* <el> *(Batterie)* • discharged; flat *pract.coll*; dead
coll; low *coll*; run-down *coll*
leer <mat> *(z. B. Platz im Kristallgitter)* • void
leer <nahr> *(z. B. Wein)* • thin; meager; weak
leer abschlagen *vi* <mil> • drop the hammer on an empty
chamber *vt*
Leeradresse *f* <edv> • blank address
Leeranweisung *f* <edv> • no-operation statement; dummy
statement
Leerband *n* <av> • clean tape; blank tape
Leerbaustein *m* <allg> *(Mosaikbaustein)* • module recep-
tacle
Leerbefehl *m* <edv> • no-operation instruction (NOOP);
dummy instruction; no-waste instruction
Leerbit *n* <edv> • blank bit
Leerdatei *f IBM* <edv> • null file
Leerdrucksperre *f :V* <druck> *(Kreditkartenbelegdrucker)*
• No Card No Print feature
Leere *f* <allg> *(physisch und psychisch)* • emptiness
Leere *f* <phys> *(Vakuum)* • vacuum
Leere *f* <phys> *(Hohlraum)* • void
leere Menge *f* <math> • void set; empty set
leeren *vt* <allg> *(z. B. Behälter)* • empty *vt*

leeren vt <logist> (z. B. Einkaufstasche, Waggon) • unload vt

leeres Energieband n <phys> • empty band

leere Speicherplatte f <edv> • blank disk; blank disc rare

Leerfahrt f <förd> • no-load trip

Leerfahrt f <kfz> (LKW, Taxi) • light running

Leerfahrt f <logist> (Regalförderzeug) • unproductive travel

Leerfahrt f <logist> • idle running; empty running

Leergewicht n DIN 70020 <kfz> • curb weight; kerb weight GB

Leergut n <logist> (z. B. Flaschen, Kisten) • empties

Leerhub m <masch> • idle stroke

Leerhub m <masch> (Kolben) • return stroke

Leerhub m <prod> (z. B. Werkzeug) • no-load stroke

Leerhub m <prod> (z. B. Stanze) • non-cutting stroke

Leerkarte f <edv> • blank card

Leerklemme f <el> • vacant terminal

Leerkontakt m <el> • vacant contact

Leerkupplung f <bahn> • dummy coupling

Leerlauf m <tech.allg> • idle movement; idle running; idling

Leerlauf m <tech.allg> • no-load operation; no-load running

Leerlauf m <el> • open-circuit operation

Leerlauf m <el> • off-load; idle stroke

Leerlauf m IEV 415 <el> • idling IEV 415

Leerlauf m <kfz> (Drehzahl) • idle speed

Leerlauf m (N) <kfz.antr> (Getriebeschaltstellung) • neutral (N); neutral position

Leerlauf m <kfz.mot> (Motorbetriebszustand) • idle; idling; engine idle form

Leerlauf m <kfz.mot> (allg. Drehzahl im Leerlauf) • idle speed

Leerlauf m <masch> (Gießerei) • dry cycling

Leerlaufabschaltventil n <kfz.mot> (allg., jede Bauart) • idle stop valve; anti-run-on valve; running-on control valve; anti-dieseling device

Leerlaufabschaltventil n <kfz.mot> (elektromagnetisch) • idle stop solenoid valve; idle stop solenoid; idle shut-off solenoid

Leerlaufadmittanz f <el> • open-circuit admittance

Leerlaufanzeige f <kfz> (Motorrad) • neutral light

Leerlaufausschalter m <el> • no-load cut-out

Leerlaufautomatik f :V <kfz.el> • automatic idle speed (AIS) Chrysler

Leerlaufbegrenzungsschraube f <mot> (Vergaser) • idle adjusting screw

Leerlaufbereich m <kfz.mot> • idling range

Leerlauf-Drehsteller m <kfz.mot> (Motronic) • idle speed stabilizer; idle stabilizer; rotary idle adjuster Bosch

Leerlaufdrehsteller m <kfz.mot> (Motronic) • idle speed stabilizer; idle stabilizer; rotary idle adjuster Bosch

Leerlaufdrehzahl f <tech.allg> • idle running speed; idling speed

Leerlaufdrehzahl f <kfz> (Drehzahl) • idle speed

Leerlaufdrehzahl f <kfz.mot> • idle speed

Leerlaufdrehzahl f <kfz.mot> (allg. Drehzahl im Leerlauf) • idle speed

Leerlaufdrehzahl f <kfz.mot> (bei betriebswarmem Motor) • curb idle speed form

Leerlaufdrehzahl f <kfz.mot> (erhöhte) • fast idle speed; fast idle

Leerlaufdrehzahl f <masch> (nicht unter Last) • no-load speed

Leerlaufdrehzahleinsteller m <mot> • idle speed adjuster

Leerlaufdrehzahlregler m <kfz.mot> • idle-speed governor

Leerlaufdüse f <kfz> (Vergaser) • idle jet

Leerlaufdüse f <mot> • idling jet nozzle; idling nozzle

Leerlaufdüse f <mot> (Vergaser) • no-load nozzle

Leerlauf-Einstellschraube f <kfz.mot> • idle-speed adjusting screw

Leerlaufeinstellschraube f <kfz.mot> (Vergaser allg.) • idle adjusting screw; idle speed screw

Leerlaufeinstellschraube f <kfz.mot> (Kraftstoffeinspritzung) • bypass screw

Leerlaufeinstellschraube f <kfz.mot> (bei Stromberg-Vergaser) • throttle adjustment screw

Leerlaufeinstellung f <kfz.mot> (Vorgang und Ergebnis) • idle speed adjustment

leer laufen vi <tech.allg> • run idle vi; idle vi

leerlaufen vi <tech.allg> (Flüssigkeit) • drain vi

leerlaufen vi <mot> (Motor) • run idle vi; idle vi

leerlaufend <tech.allg> • idling

leerlaufend <el> • open-circuited; open-ended

leerlaufende Leitung f <msr> • unloaded line

Leerlauferregung f <el> • no-load excitation

Leerlaufersatzschaltbild n <el> • constant-voltage equivalent circuit

Leerlauffeder f <kfz.mot> • idle spring

Leerlauffrequenz f <tech.allg> • idler frequency

Leerlauf-Gemischeinstellschraube f <kfz.mot> (Vergaser, Jetronic) • mixture control screw

Leerlaufgemisch-Einstellung f <kfz.mot> • idle mixture adjustment; idle mixture setting

Leerlaufgemisch-Regulierschraube f <kfz.mot> • idle mixture adjustment screw form; idle screw pract.coll

Leerlaufgleichspannung f <el> • floating voltage; floating potential

Leerlaufgütefaktor m <el> • non-loaded Q; basic Q

Leerlaufhub m <prod> • no-load stroke

Leerlaufimpedanz f <el> • open-circuit impedance

Leerlaufkennlinie f <el> (z. B. Transformtor) • no-load characteristic

Leerlaufkennlinie f <el> • open-circuit characteristic

Leerlaufkolben m <kfz.mot> • idle plunger

Leerlauf-Kontrollleuchte f <kfz> (Motorrad) • neutral light

Leerlaufkraftstoff-Luftdüse f <kfz.mot> • idle mixture jet

Leerlauf-Kraftstoffregulierschraube f <kfz.mot> (Stromberg-Vergaser) • jet adjuster screw; jet adjuster

Leerlaufkurzschlussverhältnis n <el> • short-circuit ratio

Leerlaufleistung f <tech.allg> • idle power; no-load power; no-load input power

Leerlaufluftdüse f <kfz.mot> (Vergaser) • idle air jet

Leerlaufluftschraube f <kfz.mot> • idle air-adjusting screw

Leerlaufregelung f <kfz.mot> • idle-speed control

Leerlaufregelung f <msr> (z. B. Verdrängerpumpen) • zero-flow control

Leerlaufregler m <kfz.mot> (allg.) • idle speed stabilizer; idle stabilizer; IDLE SPD STAB

Leerlaufreibung f <masch> • idling friction

Leerlaufsättigungskurve f <el> • open-circuit saturation curve

Leerlaufschaltung f <el> • no-load connection

Leerlaufscheinleitwert m <el> • open-circuit admittance

Leerlaufscheinwiderstand m <el> • open-circuit impedance

Leerlaufspannung f <el> • no-load voltage

Leerlaufspannung f <el> • open-circuit voltage

Leerlaufstab m <el> • idle bar

Leerlaufstabilisator m <kfz.mot> (allg.) • idle speed stabilizer; idle stabilizer; IDLE SPD STAB

Leerlaufstabilisierung f <kfz.el> • idle speed control (ISC)

Leerlaufstellung f <kfz.antr> *(Getriebeschaltstellung)* • neutral (N); neutral position

Leerlaufstellung f <kfz.mot> • idle position

Leerlaufstrom m <el> • no-load current

Leerlaufstrom m (I0) EN 60947 <msr> • no-load supply current (I0); quiescent current *rare*; off load current *rare*

Leerlaufsystem n <kfz.mot> *(Vergaser)* • idle system

Leerlauftemperatur f <energ.sol> • no-flow temperature; stagnation temperature

Leerlauftrommel f • idler drum

Leerlaufverbrauch m <tech.allg> *(z. B. Motor, Stetigförderer)* • idle power consumption

Leerlaufverhalten n <kfz.mot> • idle quality

Leerlaufverlust m <el> • no-load loss

Leerlaufverlust m <el> • open-circuit loss

Leerlaufzeit f <tech.allg> • idle time

Leerlaufzeit f <tele> • unoccupied time

Leerlauf-Zündzeitpunkt m <kfz.el> • idle timing

Leermasse f <kfz> • unloaded weight

Leermasse f <nav> • light weight

Leermeldung f <allg> • empty signal

Leermeldung f <msr> • low alarm

Leerpackung f <werb> *(für Werbeaufnahmen, Ausstellungszwecke etc.)* • dummy

Leerpalettenmagazin n <logist> *(Palettierlinie)* • pallet dispenser

Leerplatzkartei f <logist> • empty location box

leerpumpen vt <tech.allg> *(z. B. Fass, Tank, Keller)* • evacuate vt

leerpumpen vt <förd> *(Behälter, Raum, System; betont: völlig leer; auch luftleer)* • evacuate vt

Leerraum m <nahr> • headspace

Leerrücklauf m <tech.allg> *(z. B. Schlitten einer Werkzeugmaschine)* • idle return stroke

Leerschritt m <edv> *(Klarschrift)* • space; blank

Leersignal n <edv> • dummy

Leerspalte f <edv> • blank column

Leerspule f <av> • empty spool

Leerstation f <masch> • idle station

Leerstation f <pack> *(Station, an der keine Bearbeitung erfolgt)* • idle station

Leerstelle f <edv> • blank space; blank; space

Leerstelle f <mat> *(z. B. in stoffschlüssigen Verbindungen)* • void

Leerstelle f <qualit.mat> *(in Kristallgitter)* • vacant lattice site; vacant site; vacancy

Leerstellenkonzentration f <qualit.mat> • vacancy concentration

Leerstellenkriechen n <mat> • vacancy creep

Leerstellensuchlauf m <av> • blank search; seek function JVC

Leerstellenwanderung f <mat> • vacancy migration

Leerstellung f <aerospace> *(Verstellpropeller)* • feathering position

Leerstromaufnahme f <msr> • no-load supply current (I0); quiescent current *rare*; off load current *rare*

Leertakt m <allg> • idle stroke

Leertaste f <edv> • space bar; space key

Leertiefgang m <nav> • light draught

Leertrum m <förd> *(Gurtförderer)* • slack strand

Leertrum n <förd> *(Gurtförderer)* • slack side

Leertrumspannung f <förd> • slack side tension

Leervergrößerung f <opt> • empty magnification

Leerwagen m <bahn> • empty wagon

Leerweg m <tech.allg> • idle movement

Leerweg m <kfz> *(eines Pedals)* • free travel

Leerzeichen n <edv> *(Klarschrift)* • space; blank

Leerzeichen n <edv> • blank character; blank space; blank

Leerzeichentaste f <edv> • space; space key

Leerzeit f <tech.allg> • idle time

Leerzeit f <kst.prod> *(z. B. Spritzgießen)* • time delay

Lee-Seite f <energ.wind> • downwind IEV 415; lee side; leeward

LEFA-Material n <led> • leather board; reconstituted leather

Leg n <navig> • route leg; navigation leg; leg pract

Legaldefinition f <jur> • legal definition

Legebarre f <textil> • guide bar

Legemaschine f <agri> • planter

Legemaschine f <textil> • folding machine; cloth laying-up machine

legen vt • deposit vt

legen vt • place vt

legen vt <allg> *(z. B. Kabel, Eier, Grundstock, Nachdruck auf etwas)* • lay vt

legen vt <allg> • put vt

legen vt <allg> • put down vt

legen vt <tech.allg> *(z. B. Leitung)* • install vt

legen vt <agri> • sow vt

legen vt <mil> *(z. B. Minen)* • plant vt

legen vt <textil> *(Bekleidung, Wäsche)* • fold vt

legen vt <textil> *(Faden in den Nadelhaken)* • feed vt

legen vt <textil> *(Schuss; auf Raschelmaschinen und Kettenwirkautomaten)* • inlay vt

Legende f <doku> *(bei Karten)* • legend

Legende f <doku> *(von Abbildungen)* • legend

Legendre'scher Koeffizient m <math> • Legendre polynomial

Legendre'sches Polynom n <math> • Legendre polynomial

legendrescher Koeffizient m <math> • Legendre polynomial

legendresches Polynom n <math> • Legendre polynomial

Legeschiene f <textil> *(Wirkmaschine)* • guide bar

Legeschiene f <textil> • guide bar

legierbar <metall> • alloyable

legieren vt <metall> • alloy vt

legiert <tribo> *(Schmieröl)* • compounded

legierter Baustahl m <mat> • structural alloy steel

legierter Stahl m <mat> • alloy steel

Legierung f <tech.allg> • alloy

Legierungsbestandteil m <mat> • alloying component; alloying constituent

legierungsdiffundiert <metall> • alloy-diffused

Legierungsdiffusionstransistor m <el> • alloy-diffused transistor

Legierungsdiode f <el> • fused-junction diode; alloy diode

Legierungsgrundgefüge n <metall> • alloy matrix

Legierungskomponente f <mat> • alloying component; alloying constituent

Legierungsperle f <metall> • alloying bead; alloyed dot

Legierungstransistor m <el> • alloyed junction transistor; alloy junction transistor; fused junction transistor; alloyed transistor pract; alloy transistor pract

Legierungsübergang m <el> *(Halbleiter)* • alloy junction; alloyed junction

Legierungsübergang m <metall> • fused junction

legierungsverzinkt <obfl> • alloy galvanized US; alloy galvanised GB

Legierungszusatz m <metall> • alloy addition

Lehm m <bau.mat> • loam

Lehm m <mat> • clay

lehmhaltig <bau.mat> • loamy

lehmhaltig <mat> • clayey

Lehmkneter m <bau> • loam pugger

Lehmwall m <ents> • clay barrier
Lehne f <allg> (Stuhl, Sessel, Sofa, Bank) • back
Lehne f <tech.allg> (Stütze) • support
Lehne f <innen> (Stuhl: Rückenlehne, Armlehne) • rest
Lehnenentriegelungshebel m <kfz.innen> • recliner release lever
Lehnenheizelement n <kfz.innen> • backrest heater element
Lehnenverstellung f <kfz.innen> • recliner; seat back reclining mechanism form
Lehrbogen m <bau> • arch centring; cradling
Lehrdorn m <msr> • plug gauge; male gauge
Lehre f <bau> • setting jig
Lehre f <metall> (Formschablone zum Abschaben o.ä.) • strickle
Lehre f <msr> • gage US; gauge GB
Lehre f <msr> (Dickenmessung) • caliper
Lehre f <msr> (Vorlage, Schablone) • template
Lehre f <prod> (Bohren) • jig
Lehre mit Gut- und Ausschussseite f <msr> • go no-go gauge
Lehren n DIN 2257 <qualit> • gaging US; gauging GB
lehren vt <msr> • gage vt US; gauge vt GB
Lehrenbohren n <prod> • jig boring
Lehren bohren vi <prod> • jig-bore vi
Lehrenbohrermikroskop n <prod> • jig-borer microscope
Lehrenbohr- und -fräswerk n <wz.masch> • jig-boring and milling machine
Lehrenbohrwerk n <wz.masch> • jig boring machine; jig borer
Lehrenform f <msr> (Schablone) • template
Lehrenform f <prod> (zum Ur- od. Umformen) • master form; master; pattern; model
Lehrenfräsmaschine f <wz.masch> • jig milling machine; jig mill
lehrenhaltig <qualit> • accurate to gauge
lehrenhaltig <qualit.msr> (z. B. Durchmesser, Gewinde) • true to gauge
Lehrenkopf m <msr> • gauging head
Lehrenplatte f <msr> • gauge plate
Lehrenschleifmaschine f <wz.masch> • jig grinding machine; jig grinder
Lehrgerüst n <bau> (Bogen- und Gewölbebau) • center US; centring; centre GB
Lehrgerüst n <bau> • profile
Lehrgerüst n <bau> (Betonbau) • falsework; falsework structure
Lehrgerüst n <bau> (für Beton) • falsework; formwork structure; falsework structure
Lehrgrenzdorn m <msr> • plug limit gauge
Lehrhülse f <msr> • female taper gauge
Lehrling m <ökon> • apprentice; trainee; business apprentice; business trainee
Lehrprogramm n <edv> • teaching program
Lehrring m <msr> • plain ring gauge; female gauge; ring gauge
Lehrsatz m <tech.allg> • law
Lehrsatz m <tech.allg> • proposition; theorem
Lehrsatz m <math.phys> • theorem
Lehrsatz des Pythagoras m <math> • Pythagoras's theorem; Pythagorean proposition; Pythagorean theorem
Lehrschnecke f <prod> • master worm
Lehr- und Lernsoftware f <did> • educational software
Lehrzahnrad n <prod> (für Zahnradfertigung) • circular gear master; master gear
Lehrzahnstange f <prod> (Zahnradherstellung) • master rack; rack master
Leibung f <bau> (Gewände) • flanning

Leibung f <bau> (bei Bögen und Gewölberippen) • intrados
Leibung f <bau> (Tür, Fenster) • jamb
Leibung f <bau> (innere seitliche Flächen einer Wand-, Fenster-, Türöffnung) • reveal
Leibungstiefe f <bau> • reveal depth
Leibwäsche fsg rar <bekl> (allg.) • underwear sg
Leichenklappe m ugs <med.tech> (Herzklappenersatz) • allograft valve [substitute]; homograft valve [replacement]; allograft cardiac valve; tissue valve; cadaveric valve pract
Leichenwagen m ugs <nfz> • funeral car; hearse; funeral van NZ
leicht <allg> (i. Ggs. zu kompliziert) • easy
leicht <allg> (z. B. Koffer, Mahlzeit,Wein, Zigarre, Kleidung) • light
leicht <allg> (i. Ggs. zu schwer; bezogen auf das Gewicht) • light-weight
leicht <bekl> • lightweight
leicht <nahr> (Wein) • light
leicht <psych> (z. B. Aufgabe, Erklärung) • simple
leicht ablesbar <msr> (z. B. Skala, Tabelle) • easy-to-read
leicht ablesbare Instrumente npl <kfz.msr> • easy-to-read instruments
leicht anfärben vt <obfl> • tinge vt
Leichtbau m <tech.verf> • light-weight manufacture; light-weight construction VW
Leichtbau-Chassis n <kfz> • light-weight chassis
Leichtbaukonstruktion f <tech.allg> • light-weight construction
Leichtbauplatte f <bau.innen> • wallboard
Leichtbauplatte f <bau.mat> • light-weight building board; building board
Leichtbauplatte f <bau.mat> • fiberboard US; fiber slab; fibreboard GB
Leichtbauteil n <tech.allg> • light-weight structural component
Leichtbauweise f <tech.allg> • light-weight construction
Leichtbauweise f <kfz> • light-weight design
Leichtbenzin n <chem.petr> • light gasoline
Leichtbeton m <bau.mat> (typ. Porenbeton) • lightweight concrete; light-weight concrete
Leichtbeton m <bau.mat> (z. B. als Dämmbeton) • aerated concrete; porous concrete did; gas concrete pract
Leichtdieseltriebwagen m <bahn> • railbus
leichte Baueinheit f <tech.allg> • light-weight unit
leichte Betriebsstörung f <tech.allg> • operational irregularity
leichte Bettstelle f <innen> • cot
leichte Egge f <agri> • light harrow
leichte Einfärbbarkeit f <kst> • ease-of-colorability US; ease-of-colourability GB
leicht einzuparken <kfz> • parking-friendly Carweek
leichte Lenkbarkeit f <kfz> • steering ease
leichte Montage f <allg> • ease of installation
leicht entzündbar <tech.allg> • highly inflammable
Leichter m <nav> • lighter
leichtern vt <nav> • lighten vt
Leichterträgerschiff n <nav> • barge-carrying ship
leichter Wasserstoff m <chem> • protium; light hydrogen
leichtes Baumwollfutter n <bekl> • light cotton lining
leichtes Heizöl n ugs <chem.petr> (Gasölderivat für Heizanlagen; ähnlich wie Dieselkraftstoff) • light fuel oil; fuel oil No. 2 US; domestic fuel oil pract
leichtes Nutzfahrzeug n <nfz> (bis 7,5 t zulässiges Gesamtgewicht) • light commercial vehicle; light duty truck
leichtes Öl n <chem.petr> • light oil
leichtes Papier n <druck> • light weight paper

leichtes Wasser n <chem> • protonium oxide; light water
Leichtflintglas n <silik> • light flint glass; light flint
leichtflüchtig <tech.allg> • high-volatile; highly volatile
leichtflüchtige Bestandteile mpl <chem> • volatiles
leichtflüchtiges Lösungsmittel n <chem> • fast solvent
leichtflüchtige Substanz f <chem> • volatile compound (VOC)
leichtflüssig <tech.allg> • free-flowing
leichtflüssig <mat> • easily fusible
Leichtfraktion f <ents> • light fraction
leichtfüßig <kfz> (Fahrzeughandling) • light-footed
leichtgängig <kfz> (Kfz-Bedienung) • light
leichtgängige Führungsschiene f <innen> (Schublade) • easy-glide guide
Leichtgängigkeit f <kfz> (der Lenkung) • ease of steering
leicht geneigt <kfz> (Motorhaube, Frontend) • droopy
leicht geschädigt <holz> (Wald, Bäume; Beginn des Waldsterbens) • ailing
leicht getönt <bekl> (Visier) • light smoke
Leichtgewicht n <kfz> (Auto) • lightweight
Leichtgewichtrad n rar <kfz> (betont: praktischer u. wirtschaftlicher Aspekt) • special spare wheel; special spare pract; light-weight spare wheel did; light-weight spare did; compact spare tire Mitsubishi
Leichtgewichtsanker m <nav> • lightweight anchor
leicht gewölbtes Blech n <kfz> (allg.) • low crown panel
Leichtgut n <förd> • light cargo
leicht haftend <obfl> (Maskierfolie) • soft-tacking
Leichtheit f <tech.allg> (in Bezug auf Masse, Gewicht) • lightness
Leichtkarosserie f <kfz> (aus Stahl) • ultra light steel auto body (ULSAB)
Leichtkraftrad n <kfz> • lightweight motorcycle; light motorcycle
Leichtlaufrad n <fz> (Fahrrad) • commuter bicycle
Leichtlaufreifen m <kfz> • low rolling resistance tire
leicht lesbar <doku> • easily readable
leicht lesbar <psych> • easy-to-read
leicht löslich <chem> • readily soluble
leichtlöslich <chem> • readily soluble; easily soluble
Leichtmetall n <mat> (betont: leichte Legierung) • light alloy
Leichtmetall n <mat> (betont: Alu oder ähnliches Leichtmetall) • alloy
Leichtmetall n DIN EN 23134 <mat> • light metal
Leichtmetall... <mat> • light alloy
Leichtmetallegierung f <mat> • light alloy
Leichtmetallfelge f ugs <fz> • alloy wheel; mag US.coll
Leichtmetallfelgen fpl ugs <kfz> • alloys pl coll; mags pl US.coll
Leichtmetallguss m <mat> (auch Legierung) • cast light alloy
Leichtmetallguss m <prod> (betont: Metall) • light metal cast
Leichtmetallguss m <prod> (Gussteile) • light-metal castings
Leichtmetallgussrad n <fz> • cast alloy wheel; cast aluminum wheel rare
Leichtmetallkolben m <kfz.mot> • alloy piston; light alloy piston rare
Leichtmetalllegierung f DIN EN 23134 <mat> • light metal alloy
Leichtmetallmotor m <kfz.mot> • all-alloy engine
Leichtmetallrad n form <fz> • alloy wheel; mag US.coll
Leichtmetallschmiederad n <fz> (typ. aus Alu; auch aus Magnesium) • forged alloy wheel
Leichtmetallstempel m <min> • light alloy prop; aluminum prop
Leichtmetallwagen m <bahn> • light-weight-metal coach

Leichtmetallzylinder m <kfz.mot> (bei luftgekühlten Motoren) • light-alloy cylinder; light-alloy barrel rare
Leichtmetallzylinderkopf m <kfz.mot> • light-alloy cylinder head; light-alloy head
Leichtmineral n <geo> • light mineral
leicht montierbar <kfz> • bolt-on ...
Leichtöl n <petr> • light oil
Leichtöl n <verbr> • light oil; low-viscosity oil; thin-bodied oil
Leichtparaffin n <chem.petr> • light liquid paraffin
leicht schmelzbar <mat> • easily fusible
leichtschmelzbar <mat> • low-melting; low-melting-point
leichtschmelzend <mat> • low-melting; low-melting-point
Leichtschmutz m <pap.ents> • lightweight contaminant
leichtsiedend <chem.petr> • low boiling; low-boiling
leicht spanbar <prod> • easy-to-machine
Leichtstoffbau m <tech.allg> • light-weight construction
Leichtteile npl <pap.ents> • lights pl; light compounds pl
Leichttiefgang m <nav> • light draught
leicht verständliche Menüs npl <edv> • easy-to-follow menus
Leichtwasser n <nukl> • light water
Leichtwasser-Hybridreaktor m <nukl> • light-water hybrid reactor (LWHR)
leichtwassermoderiert <nukl> • light-water-moderated
leichtwassermoderierter Reaktor m <nukl> • light water moderated reactor; light water reactor
Leichtwasserreaktor m (LWR) <nukl> • light water reactor (LWR); light-water reactor
Leichtwassersiedereaktor m <nukl> • boiling-water reactor
leicht zerspanbar <prod> • easy-machining
Leichtzündsatz m <aerospace> • inflammable compound
leicht zugänglich <tech.allg> (z. B. Bauteil) • readily accessible; easy-to-get-to
Leichtzuschlagbeton m <bau.mat> • light-weight concrete
Leichtzuschlagstoff m <bau.mat> • light-weight aggregate
Leidener Flasche f <el> (Zylinderkondensator) • Leyden jar
Leidgen-Maschine f <led> (Streichen) • Leidgen-type machine
Leihantikörper mpl <med> (Pädiatrie) • maternal antibodies
Leim m <füg> (tierische Ausgangsstoffe wie Hufe, Häute, Knochen etc.) • glue
Leim m <füg> (allg., pflanzl., tier. oder synthet. Ausgangsstoffe) • size; sizing material did
Leim m ugs <füg.holz> • wood adhesive
Leim m <obfl.holz> • glue
Leim m <pap> (füllt die Poren, macht Papier beschreibbar) • size
Leimabstreifer m <druck> • glue wiper
Leimananlage f <pap> • sizing stage
Leimauftragmaschine f <füg> • glue applicator; glue spreader; gluer
Leimauftragwalze f <füg> • gluing cylinder; gluing roller
Leimbarkeit f <pap> • gluability
Leimdurchschlag m <obfl.holz> • glue stain
leimen vt <füg> • glue vt
leimen vt <pap> • size vt
leimend <mat> • agglutinant adj
Leimfarbe f <obfl> • calcimine; distemper
Leimfilm m <füg> • glue film
Leimfläche f <füg> • glued area; surface to be glued
Leimfleck m <obfl.holz> • glue stain
Leimfuge f <füg> • glue joint; glued joint
Leimfugenscherfestigkeitsprüfung f <qualit.mat> • glued-joint shear test

Leimgelatine f <led> • technical gelatin
Leimgrundierung f <füg> • glue priming
leimig DLG <nahr> (Speiseeisfehler) • gummy; chewy; gluey; sticky; pasty
Leimknecht m <füg> • gluing cramp
Leimleder n <led> • glue stock; glue hide stock; hide scrapings pl; hide shavings pl; spetches pl
Leimmilch f <pap> • size emulsion
Leim-Nagel-Verbindung f <füg> • glue-nail joint
Leimpresse f <pap> • size press
Leimpressenbetrieb m <pap> • size press operation
Leimschicht f <füg> • glue line
Leimstoff m <ents> • bonding agent
Leimtechnik f <füg> • gluing technique
Leimung f <füg> • gluing
Leimung f <pap> • sizing
Leimungsgrad m <pap> • degree of sizing
Leimungsmittel n <pap> (füllt die Poren, macht Papier beschreibbar) • size
Leimungsstoff m <pap> (füllt die Poren, macht Papier beschreibbar) • size
Leimverbindung f <füg> • glue bond; glued bond; glued joint; glue joint; glued assembly
Leimverfahren n <füg> • gluing operation
Leimwalze f <füg> • gluing roller
Leimwalze f <pap> • sizing press roll
Lein m <textil> (zur Flachsproduktion) • flax
Leine f <tech.allg> (z. B. geflochten, gewebt) • cord
Leine f <tech.allg> (z. B. Wäscheleine, Angelschnur) • line
Leine f <nav> • rope
Leinen n <druck> • cloth
Leinen n <textil> • linen
Leinenband m <druck> • cloth binding
Leinenbindung f <textil> • plain weave; linen weave; homespun weave US; taffeta weave; calico weave
Leinenfaser f <textil> • linen fiber
Leinengewebe n <textil> • linen fabric; linen cloth
Leinennähfaden m <textil> • linen thread
Leinenprägekalander m <textil> • linen-finish calender; linenizing calender
Leinenzwirn m <textil> • linen thread
L-Einfang m <nukl> • L-electron capture; L capture
Leinöl n <mat> • linseed oil
Leinölfirnis m <obfl> • linseed oil varnish; boiled linseed oil
Leinöl-Standöl n <obfl> • stand linseed oil
Leinraufmaschine f <agri> • flax puller
Leinsamen m <textil> • linseed; flaxseed uncommon
Leinwand f <kunst> (allg.) • canvas
Leinwandbindung f <textil> • plain weave; linen weave; homespun weave US; taffeta weave; calico weave
Leinwandbindung f <textil> • tabby weaving; tabby
Leinwandeinlage f • breaker
Leinwandeinlage f <textil> (z. B. im Reifen) • ply
leise Alarmierung f <alarm> • remote alarm; silent alarm; signalling GB; remote annunciation/signalling; alarm transmission
leiser Reifen m <kfz> • low-noise tire
leises Verbrennungssystem n <mot> (Dieselmotor) • quiescent combustion system
Leiste f <bau> (zum Abdecken, z. B. von Fugen, insbes. für Kehlnähte) • fillet
Leiste f <bau> • strip
Leiste f <druck> • border
Leiste f <holz> • batten
Leiste f <holz> (Latte) • lath
Leiste f <holz> (halbrundes Profil) • beading
Leiste f prakt <kfz> (Verzierung oder Blende an oder auf Stoßfängern) • nerf strip; nerf pract

Leiste f <kst> (Profil) • molding
Leiste f <mat> (aus Holz, Metall, Kunststoff etc.) • slat; batten
Leiste f <textil> (an Stoffrand, als Sicherung gegen Ausfasern) • selvage; selvedge
Leisten m <wz> (z. B. für Schuhreparatur) • last
Leistenaufroller m <textil> • selvage uncurler
Leistenbildungsapparat m <textil> • tucker device; tuck-in device; tucking unit
Leistendämpfapparat m <textil> • selvage steaming apparatus
Leistenfeder f <kfz.mot> (des Wankelmotors) • apex seal spring; sealing strip spring
Leistenhobelmaschine f <wz.masch> • fillet molding machine; molding machine
Leistung f <allg> • yield
Leistung f <tech.allg> (Kapazität; z. B. Stetigförderer, Flughafen) • capacity
Leistung f <tech.allg> (Effizienz, Produktivität) • efficiency; productivity
Leistung f <tech.allg> (z. B. Motor, Transformator, Pumpe) • output
Leistung f <tech.allg> (umfassend, nicht nur auf kW bezogen) • performance
Leistung f <el> (z. B. elektr. Anlagen; in Watt) • wattage
Leistung f prakt <el> (in Watt; [P] = 1 W) • active power; actual power; effective power; wattage pract
Leistung f <kfz> (Betriebsverhalten) • performance
Leistung f <kfz.mot> (von Kfz-Motoren; als Messgröße; z. B. 160 kW (218 PS) bei 5800/min) • power (pwr); engine power; muscle coll
Leistung f <lwl> • optical power
Leistung f <phot> (eines Blitzgerätes) • light output
Leistung f <phys> (Pferdestärke) • horsepower
Leistung f (P) <phys> (Arbeit je Zeiteinheit) • power (P)
Leistung abgeben vi <tech.allg> • give out power vi
Leistung am Radumfang f <kfz> • output at the wheel rim
Leistung am Zughaken f <bahn> (Lokomotive) • drawbar power; output at the drawbar
Leistung aufnehmen vi <tech.allg> (Stromverbraucher, Pumpe, Werkzeugmaschine) • consume power vi
Leistung aufnehmen vi <masch> (Motor, Turbine) • take power vi
Leistung eines Mikrowellenpulses f <phys> • power of a microwave pulse
Leistung im oberen Drehzahlbereich f <kfz.mot> • top-end power
Leistung in Tonnen f <masch> (Zugkraft, Druckkraft) • tonnage
Leistungsabfall m <tech.allg> (mechanische, elektrische Leistung) • decrease in power; drop in power coll
Leistungsabfall m <tech.allg> (z. B. elektrische Leistung, Förderleistung) • decrease of output
Leistungsabgabe f <tech.allg> • power output
Leistungsabgabe f <tech.allg> (typ. in Watt) • output power; power output
leistungsabhängiger Speicher m <edv> • regenerative memory
leistungsabhängige Speicherung f <edv> • volatile storage
Leistungsangabe f <tech.allg> (allg. Kraftmaschinen) • power rating; output rating
Leistungsangabe f <mot> (Verbrennungskraftmaschine) • engine rating
Leistungsangabe f <mot.el> (eines Elektromotors) • motor rating
Leistungsangaben fpl <masch> • output data
Leistungsanpassung f <el> • matching for optimum power transfer; matching for power transfer; power matching

leistungsarm <tech.allg> • low-power
leistungsarme Logik f <edv> • low-level logic
Leistungsaufnahme f <tech.allg> (Betriebsanforderung von Arbeitsmaschinen; z. B. einer Pumpe, eines Verd) • operating energy input
Leistungsaufnahme f <el> (elektr. Energiekonsum; z. B. von Maschinen, typ. in W/h od. kW/h) • power consumption; input power; power demand; power requirements pl; power drain rare
Leistungsausnutzung f DIN 25401-3 <nukl> (Kernkraftwerk; gefahrene Last dividiert durch Nennlast) • capacity factor
Leistungsbedarf m <el> (elektr. Energiekonsum; z. B. von Maschinen, typ. in W/h od. kW/h) • power consumption; input power; power demand; power requirements pl; power drain rare
Leistungsbedarfsspitze f <el> • maximum power demand
Leistungsbegrenzung f <el> • power limitation
Leistungsbegrenzungsschutz m <el> (betont: nach oben) • overpower protection
Leistungsbegrenzungsschutz m <el> (betont: nach unten) • underpower protection
Leistungsbeiwert m IEV 415 <energ.wind> (angegeben als Dezimalbruch, z. B. 0,59) • coefficient of performance (COP) IEV 415; power coefficient; power performance
Leistungsbereich m <tech.allg> • range of outputs; power range; output range
leistungsbestimmender Teil m <kfz.mot> • performance-improving section
leistungsbezogene Masse f <fz> (Triebwerk) • power-to-mass ratio
Leistungsbrutreaktor m <nukl> • power breeder reactor
Leistungscharakteristik f <kfz> (Betriebsverhalten) • performance
Leistungsdämpfung f <el> • power attenuation
Leistungsdaten pl <tech.allg> • performance specifications; performance data
Leistungsdichte f <kfz.mot> (allg.) • power density
Leistungsdichte f <nukl> (Reaktor) • cross-section
Leistungsdichtespektrum n <nukl> • power density spectrum
Leistungsdiode f <el> • power diode
Leistungsdiode f <kfz.el> (im Drehstromgenerator) • rectifier diode
Leistungseinbruch m DIN 25401-3 <nukl> (Kernreaktor) • trip
Leistungselektronik f <el> • power electronics
Leistungselektronik f DIN IEC 60050-5 <el> • power electronics DIN IEC 60050-5
Leistungsendstufe f <kfz.el> (elektronische Motorsteuerung) • power output stage
Leistungserfassungsmodul n (PDAU) <msr> • power data acquisition unit (PDAU)
Leistungsexkursion f <nukl> • power excursion
leistungsfähig <el> • sensitive
Leistungsfahrt f <tech.allg> • power test run
Leistungsfaktor m <tech.allg> • efficiency factor
Leistungsfaktor m <tech.allg> • factor of merit
Leistungsfaktor m <el> • power factor (PF)
Leistungsfaktorausgleich m <el> • power-factor compensation
Leistungsfaktor Eins m <phys> • unity power factor
Leistungsfaktorkorrektur f <el> • power-factor correction
Leistungsfaktormesser m <el.msr> • power-factor meter; phase meter
Leistungsfaktorregler m <msr> • power-factor regulator
Leistungsfaktorschreiber m <msr> • graphic power-factor meter

Leistungsfernmessgerät n <msr.el> • telewattmeter
Leistungsflussberechnung f <el> • load-flow computation
Leistungsformfaktor m DIN 25401-3 <nukl> (für eine einzelne Stelle im Reaktor) • power form factor
Leistungsgewicht n <kfz> • power-to-weight-ratio; weight-to-power ratio
Leistungs-Gewichts-Verhältnis n <kfz> • power-to-weight-ratio; weight-to-power ratio
Leistungsgewinn m <el> • power gain
Leistungsgleichrichter m <el> • power rectifier
Leistungshalbleiter m <el> • power semiconductor
Leistungsimpuls m <el> • power pulse
Leistungskennlinie f <verf> (für Betriebsverhalten, Leistungsabgabe; z. B. von Arbeitsmaschinen) • performance curve; characteristic curve pract
Leistungskoeffizient m <phys> • performance coefficient
Leistungskondensator m <el> • power capacitor
leistungskräftiger Verstärker m <el> • high power amplifier pf liste
Leistungsloch n <kfz.mot> (beim Beschleunigen) • flat spot
leistungslos <el> • wattless
leistungsloser Speicher m <edv> • permanent memory; non-volatile memory
Leistungsmasse f <fz> • power-to-mass ratio
Leistungsmasse f <masch> (Kraftmaschine: Motor, Turbine) • weight per unit of power; mass per unit of power; weight ratio
Leistungsmerkmal n <tech.allg> (eines Produkts) • feature
Leistungsmerkmal n <tech.allg> • facility
Leistungsmerkmal n <edv> • performance issue
Leistungsmerkmal n <tele> • service facility; user facility
Leistungsmerkmal n <tele> (seitens Telefonnetzbetreiber, Anbieter) • supplementary service
Leistungsmesser m <el.msr> (mittels Bremsdynamo) • dynamometer
Leistungsmesser m <el.msr> • power meter
Leistungsmesser m <el.msr> • wattmeter; Watt meter pf.liste
Leistungsmesssender m <msr> • high-power signal generator; high-power test generator
Leistungsmessung f <msr> (elektrisch, mechanisch) • power measurement
Leistungsmodulation f <el> • power modulation
Leistungs-MOSFET m <el> (MOS-Feldeffekttransistor) • power MOSFET
Leistungsniveau n <qualit> • performance level
Leistungsnormal n <norm> • power standard
Leistungsoszillator m <el> • power oscillator
Leistungsparameter m <tech.allg> • performance parameter
Leistungspegel m <el> • power level
Leistungsprüfstand m <kfz> • dynamometer
Leistungsreflexionsfaktor m • power standing-wave ratio
Leistungsregelstab m <nukl> • power control rod
Leistungsregelung f <energ.wind> • power control; power regulation
Leistungsregelung f <msr> • power control
Leistungsregelungssystem n <energ.wind> • control system; power control system
Leistungsregler m <el> • output regulator
Leistungsregler m <msr> (über Drehzahl) • governor; load governor
Leistungsregler m <msr> • power controller
Leistungsrelais n <el> • power relay
Leistungsreserve f <kfz.mot> • power reserves
Leistungsrichtungsrelais n <el> • power direction relay

Leistungsrichtungsschutz *m* <el> • directional power protection

Leistungsröhre *f* <el> • power tube; power valve

Leistungsschalter *m* <el> • circuit breaker; circuit-breaker *Siemens WB*; power circuit breaker

Leistungsschalter *m* <msr> • power switch

Leistungsschalter mit Lichtbogenlöschung *m* <el> • quenched arc circuit breaker

Leistungsschiene *f* <el> • power bus bar

Leistungsschild *n* <tech.allg> • data plate

Leistungsschild *n* <tech.allg> *(z. B. Motor, Pumpe)* • nameplate

Leistungsschild *n* <edv> • rating plate

Leistungsschreiber *m* <el> • power level recorder

Leistungsschreiber *m* <msr> • output recorder

Leistungsschutz *m* <el> • power protection

Leistungsschutzschalter *m* <el> • miniature circuit-breaker; circuit breaker

leistungsschwach <kfz.mot> *(Motor)* • low-powered

Leistungsschwankung *f* <tech.allg> • power fluctuation

Leistungsschwingkreis *m* <el> • tank circuit; tank oscillator

Leistungssicherung *f* <el> • power fuse

Leistungsspektraldichte *f* <phys> • power spectral density

Leistungsspektrum *n* <el> • power spectrum

Leistungsspitze *f* ugs. <kfz.mot> *(eines Motors)* • peak power [output]

leistungsstark <edv> • sophisticated

leistungsstark <kfz.mot> *(Motor)* • powerful; high-powered

leistungssteigernder Teil *m* <kfz.mot> • performance-improving section

Leistungssteuerschalter *m* <el> • power control switch

Leistungssteuerung *f* <msr> • power control

Leistungsteiler *m* <el> • power divider

Leistungsthyristor *m* <el> • power thyristor

Leistungstransformator *m* <el> • power transformer

Leistungstransistor *m* <el> • power transistor

Leistungstrennschalter *m* <el> • circuit interruptor; disconnecting switch

Leistungsüberschuss *m* <kfz.mot> *(betont: zuviel, z. B. beim Power Slide)* • excess power

Leistungsüberschuss *m* <kfz.mot> • power reserves

Leistungsübertragungsfunktion *f* <el> • power transfer function

Leistungsübertragungsgrad *m* <el> • power response

Leistungsumsetzer *m* <el> • power converter

Leistungsumwandlung *f* <el> • power conversion

Leistungsverbrauch *m* <el> • power consumption; power drain

Leistungsverhältnis *n* <tech.allg> • efficiency ratio

Leistungsverhältnis *n* <therm> *(Kältemaschine, Wärmepumpe)* • power ratio

Leistungsverhalten *n* <energ.wind> *(angegeben als Dezimalbruch, z. B. 0,59)* • coefficient of performance (COP) *IEV 415*; power coefficient; power performance

Leistungsverhalten *n* <masch> • service performance

Leistungsverlust *m* <tech.allg> • loss of efficiency

Leistungsverlust *m* <el> *(betont: physikalische Leistung, Kraft)* • power loss

Leistungsverstärker *m* <av> *(optisch: Bildverstärkung)* • image power amplifier

Leistungsverstärker *m* <av> *(allg., akustisch und optisch)* • output amplifier

Leistungsverstärker *m* rar <av> *(Baustein einer Hifi-Anlage)* • power amplifier; power stage *rare*

Leistungsverstärker *m* <edv> • line driver

Leistungsverstärker *m* <el> • power amplifier; power booster

Leistungsverstärker *m* <el> *(betont: Baugruppe)* • power unit; booster unit

Leistungsverstärker für Impulsbetrieb *m* <el> • pulse-modulated amplifier

Leistungsverstärkung *f* <autom> • power amplification

Leistungsverstärkung *f* <el.edv> • power gain; power amplification

Leistungsverteilung *f* <el> • power distribution

Leistungsverteilung *f* prakt <kfz.antr> *(bei Allradantrieb)* • power distribution; drive torque distribution *form*; torque distribution; torque split *pract*; power split *coll*

Leistungsverzeichnis *n* DIN ISO 10209-4 <bau.doku> *(Dokument für eine Ausschreibung)* • bill of quantities *ISO 10209-4*

Leistungswandler *m* <el> • power converter

Leistungswechselrichter *m* <el> • power inverter

Leistungswelligkeitsfaktor *m* <el> • power standing-wave ratio

Leistungswicklung *f* <el> • power winding

Leistungszahl *f* <hlk> • coefficient of performance (COP)

Leistungszeiger *m* <el> • power phasor

Leistungszuführung *f* <el> • power input

Leistungszuführung *f* <el> • power lead

Leitachse *f* <bahn> • leading axle

Leitadresse *f* <edv> • key address; leading address

Leitapparat *m* <masch> *(nichtrotierende Elemente zur Lenkung der Strömung, z. B. in Turbinen)* • guide vanes; fixed guides

Leitapparat *m* <masch> *(zur Reduzierung der Strömungs-geschwindigkeit und Druckerhöhung)* • diffuser; recuperator; diffusing system; diffuser system; vaned diffuser

Leitbacke *f* <masch> • follower

Leitbahn *f* <el.ic> • metal interconnection; metal conductor

Leitband *n* <edv> • master tape

Leitband *n* <el> • conduction band

Leitband-Einbruchsalarmanlage *f* <alarm> • foil tape alarm system

Leitblech *n* <tech.allg> *(Metall; richtungslenkend)* • baffle plate; directional baffle; baffle

Leitblech *n* <förd> *(z. B. Ablenken des Fördergutes (Gurtförderer))* • chute

Leitblech *n* <nav/aerospace> • fairing plate

Leitblech *n* <rls> • internal flow liner

Leitblech *n* <verf> *(in Leitungen, Konvertern, Mischern)* • deflector plate

Leitcompound *m* <kst> • semi-conducting compound; semiconducting polymeric material; carbon-loaded plastic; carbon-filled polymer; carbon-dispersed polymer

Leitdamm *m* <bau.hydr> • jetty

Leitdraht *m* <logist> • guide wire

Leitebene *f* • twilight zone

Leitebene *f* <aerospace> • plane-of-flight reference

Leitebene *f* <navig/aerospace> • equisignal zone; bisignal zone

Leiteinrichtung *f* <masch> *(zur Reduzierung der Strömungsgeschwindigkeit und Druckerhöhung)* • diffuser; recuperator; diffusing system; diffuser system; vaned diffuser

Leitelektrolyt *m* (LE) <el.chem> *(unterbindet Ionenmigration)* • supporting electrolyte; indifferent electrolyte; indifferent salt *GB*

Leitelement *n* <av> • tape guide element

leiten *vt* • carry *vt*

leiten *vt* <allg> *(eine Abteilung, ein Unternehmen, Orchester)* • direct *vt*

leiten *vt* <allg> *(Unternehmen; Flüssigkeit, Gas durch Rohre)* • lead *vt*

leiten *vt* <tech.allg> *(Rohr leitet Flüssigkeit, Gas, Dampf; Kabel, Schiene, Leiter leitet Str)* • conduct *vt*

leiten vt <tech.allg> (z. B. Person oder Tier) • guide vt
leiten vt <tech.allg> (durch Rohre) • pipe vt
leiten vt <aerospace> (Flugsicherung) • correct the flight
path vt
leiten vt <ökon> (kontrollieren; z. B. Unternehmen) • control vt
leiten vt <phys> (z. B. Licht, Wärme) • transmit vt
leiten vt <tele> • route vt
leitend <allg> • conductive; conducting
leitender Stoff m <mat> • conducting material
leitende Schicht f <el> • conductive layer; conducting
layer
leitendes Feld n <msr> (Winkelkodierer mit galvanischer
Abtastung) • conducting segment; conducting section;
conducting area
leitendes Gas n <prod> (z. B. Plasma (Schweißtechnik))
• conductive gas
leitende Verbindung f <el> • ohmic contact; contact
leitend machen vt <el> • render conductive vt
Leiter f DIN EN 131-1 <tech.allg> (z. B. Sprossenleiter)
• ladder
Leiter m <el> • conductor
Leiter m <el> • core
Leiter m prakt <el> • electric conductor; conductor pract
Leiterabstand m <edv> • conductor spacing
Leiterabstand m <el> • conductor spacing; conductor
distance
Leiteranordnung f norm <edv> • ladder orientation stand;
vertical orientation; step ladder orientation; ladder format;
stacked orientation
Leiteranzahl f <el> • conductor quantity
Leiterarmierung f <el> • conductor shielding
Leiterausrichtung f <edv> • ladder orientation stand; ver-
tical orientation; step ladder orientation; ladder format;
stacked orientation
Leiterbahn f <av> • conductor track
Leiterbahn f <el> • conductor path; conducting path; con-
ductor
Leiterbahn f <el> • interconnection track
Leiterbahn f <el.ic> • metal interconnection; metal con-
ductor
Leiterbahn f <füg> • conductor; lead
Leiterbahn f <msr> • conductor path
Leiterbahnbreite f • conductor width
Leiterbahnfolie f :V <msr> (Folie mit Leiterbahnen und
evtl. Bauelementen) • flexible printed circuit (FPC)
Leiterbahnraster n <el> (Verlauf der Leiterbahnen auf
einem Substrat) • conductive pattern
Leiterbahnverlauf m <el> • conductor routing
Leiterbild n <el> (Verlauf der Leiterbahnen auf einem
Substrat) • conductive pattern
Leiterbock m <förd> • ladder hoist gantry
Leiterbruchausschalter m <el> • conductor break cut-out
Leiterbruchschutz m <el> • open-phase protection
Leiterbruchschutzrelais n <el> • open-phase protection
relay
Leiterbündel n <el> • group of conductors; bunch of con-
ductors
Leitercode m <edv> • vertical bar code; ladder code; step
ladder code
Leiter der Auswertung m <mil> • Chief Classification
Officer m
Leiter des Auswertungsbüros m ATR 11.1 <mil>
• Chief Classification Officer m
Leitererdspannung f <el> • voltage to neutral
Leiter erster Klasse m <el> • electronic conductor; first-
class conductor
Leiter erster Ordnung m <el> • electronic conductor;
first-class conductor

Leiter für hohe Stromstärken m <el> • ampere con-
ductor
Leitergang m <geo> • ladder vein
Leitergerüst n <bau> • ladder scaffold; ladder scaffolding
Leitergruppe f <el> • group of conductors
Leiterisolation f <el> • conductor insulation
Leiterisolierung f <el> • conductor insulation; core insu-
lation
Leiterkarte f <el> • circuit card
Leiterkonfiguration f <edv> • ladder orientation stand;
vertical orientation; step ladder orientation; ladder format;
stacked orientation
Leiterkonstante f <el> • conductor constant
Leiterlast f (mechanisch) • conductor loading
Leiter mit Rückenschutz m <verf> • ladder with safety
cage
Leiterplatine f <el> • PC board
Leiterplatte f <el> (unbestückt, beschichtet, ungeätzt oder
geätzt) • board
Leiterplatte f <el> (geätzt, unbestückt oder bestückt, ge-
bohrt od. ungebohrt) • printed circuit board (pcb); printed
circuit; board pract
Leiterplattenbaugruppe f <el> • circuit board assembly
Leiterplattenbestückung f <el> • circuit board insertion
Leiterplattenkontaktstelle f <el> • circuit board pad
Leiterplattentechnologie f <edv> • circuit-bord techno-
logie
Leiterplattentest m <qualit> (in Elektrotechnik und Elekt-
ronik) • board test; PCB test
Leiterplattenträgermaterial n <el.mat> • circuit board
substrate material; circuit board substrate
Leiterplatte ohne halogenhaltige Zusatzstoffe f <el>
• halogen-free flame-resistant PCB :V
Leiterquerschnitt m <el> • conductor cross-section
Leiterrahmen m <ic> • lead frame
Leiterrahmen m <kfz> • ladder frame; ladder chassis;
ladder-type frame; ladder-style frame
Leiterschicht f <el> • conductor layer; conducting layer
Leiterschirmung f <el> • conductor shielding
Leiterschleife f <el> • conductor loop; conducting loop
Leiterseele f <el> • conductor core
Leiterseil m <el> • stranded conductor; stranded wire
Leiterseil n <el> (Freileitung) • transmission line conduc-
tor; overhead power-transmission conductor
Leiterseildurchhang m <el> • overhead line conductor sag
Leiterspannung f <el> (zwischen Phasen) • circuit volt-
age
Leiterspannung f <el> • conductor voltage; line voltage
Leiterstärke f <edv> • conductor gauge
Leiterwellenlänge f <phys> (Hohlleiter) • guide wave-
length
Leiterwerkstoff m <el> • conductor material; conducting
material
Leiterzug m • conductor track; wiring track; circuit board
wiring track; circuit board wiring path
Leiterzug m <el.ic> • metal interconnection; metal con-
ductor
Leiterzug m <füg> • conductor; lead
Leiter zweiter Klasse m <el> • ionic conductor; second-
class conductor; electrolytic conductor
Leiter zweiter Ordnung m <el> • ionic conductor; sec-
ond-class conductor; electrolytic conductor
Leitfaden m ISO 9000 <qualit.doku> (Dokument, das
Empfehlungen oder Anregungen gibt) • guideline
ISO 9000
leitfähig <phys> • conductive; conducting
leitfähige Mischung f <kst> • semi-conducting compound; semiconducting polymeric material; carbon-loaded
plastic; carbon-filled polymer; carbon-dispersed polymer

leitfähiger Anstrich *m* <obfl> *(z. B. Bauelemente, Leiterplatte)* • conductive coating

leitfähiger Kompound *m* <kst> • semi-conducting compound; semiconducting polymeric material; carbon-loaded plastic; carbon-filled polymer; carbon-dispersed polymer

leitfähiger Kunststoff *m* <kst> • semi-conducting compound; semiconducting polymeric material; carbon-loaded plastic; carbon-filled polymer; carbon-dispersed polymer

leitfähiger Polymer-Compound *m* <kst> • semi-conducting compound; semiconducting polymeric material; carbon-loaded plastic; carbon-filled polymer; carbon-dispersed polymer

leitfähiges Band *n* <el> • semi-conducting tape; semiconducting tape

leitfähige Schicht *f* <el> • screen; semiconducting screen/layer; electrostatic screen; semiconducting shield *US*; semiconducting shielding *US*

leitfähiges Gewebe *n* <el> • conductive fabric

leitfähiges Kabelband *n* <el> • semi-conducting tape; semiconducting tape

leitfähiges Kabelpapier *n* <el> • carbon paper; carbon-black paper; semi(-)conducting carbon paper; semiconducting paper; carbon loaded paper

leitfähiges Papier *n* <el> • carbon paper; carbon-black paper; semi(-)conducting carbon paper; semiconducting paper; carbon loaded paper

leitfähiges Selbstklebemittel *n* <füg> *(typ. wärmeleitend; z. B. zum Aufkleben von Kühlkörpern)* • pressure-sensitive conductive adhesive

leitfähige Stäube *mpl* <verf> • conductive dusts; conductive particulates

leitfähige Tinte *f* <mat> • conductive ink; electrographic ink

Leitfähigkeit *f* <tech.allg> *(für Wärme, Strom)* • conductivity; conductivity capacity

Leitfähigkeitsdichtemesser *m* <msr> • conductance-bridge hydrometer

Leitfähigkeitsfeuchtemesser *m* <msr> • conductivity-type moisture meter

Leitfähigkeitsmessbrücke *f* <msr> • conductance bridge; conductivity bridge

Leitfähigkeitsmessfühler *m* <msr> • conductivity sensor

Leitfähigkeitsmessgerät *n* <msr> • conductivity meter; conductivity measuring instrument *did*; conductometer *pract*

Leitfähigkeitsmessung *f* <msr> • conductivity measurement; electrical conductivity measurement

Leitfähigkeitsmesszelle *f* <msr> • conductivity cell

Leitfähigkeitsmodulation *f* <msr> • conductivity modulation

Leitfähigkeitssonde *f* <msr> • conductivity probe

Leitfähigkeitstensor *m* <phys> *(Anw. d. Tensoralgebra (Math.))* • conductivity tensor

Leitfähigkeitstitration *f* <msr> *(Maßanalyse)* • conductometric titration

Leitfähigkeitstyp *m* <el> *(Halbleiter)* • conductivity type

Leitfähigkeitswasser *n* <mat> • conductivity water

Leitfehler *m* <qualit> • control error

Leitfernrohr *n* <opt> • guiding telescope; tracking telescope

Leitfeuer *n* <navig> • leading light; range light

Leitfinger *m* <masch> • guide finger

Leitfläche *f* <aerospace> • tail surface

Leitflächenruder *n* <nav> • contra-guide rudder; contra rudder

Leitfossil *n* <geo> • index fossil; guide fossil; key fossil

Leitfunkstelle *f* <tele> • directing station

Leitgerät *n* <el> • manual-automatic switch

Leitgerät *n* <msr> • control station

Leitgerät *n* <msr> • master device; guiding device

Leithorizont *m* <geo> • datum horizon; index bed; marker bed

Leitimpuls *m* <msr> • master pulse

Leitisotop *n* prakt <nukl> • tracer element; tracer isotope

Leitisotop *n* <phys.nukl> • isotopic indicator; isotopic tracer; radioactive tracer; tracer

Leitisotopenmethode *f* <chem.phys> • tracer method

Leitkabel *n* <el> • leader cable

Leitkanal *m* <tech.allg> • conduit

Leitkanal *m* <tech.allg> • guide passage

Leitkanal *m* <förd> • diffuser passage; diffusing channel; diffusing passage

Leitkarte *f* <aerospace> • control map

Leitkarte *f* <edv> • guide card; header card; tab card; register card

Leitkegel *mpl* <verk> • traffic cones *pl*; safety control cones *pl*

Leitkleben *n* <füg> • bonding with conductive adhesives *:V*

Leitkleber *m* <füg> *(z. B. für Leiterplatten; statt Lot)* • conductive adhesive

Leitkranz *m* <masch> • guide-blade diaphragm rim; guide-blade disc rim

Leitkranz *m* rar <masch> *(nichtrotierende Elemente zur Lenkung der Strömung, z. B. in Turbinen)* • guide vanes; fixed guides

Leitkurve *f* <masch> • lead cam

Leitkurve *f* <math> • directrix

Leitlack *m* <el> • conductive lacquer

Leitlack *m* <el> • semiconducting varnish

Leitlineal *n* <prod> • form plate; former plate

Leitlineal *n* <prod> • tangent bar; guide bar; lead bar

Leitlinie *f* <edv> • control curve; drive curve

Leitlinie *f* <masch> *(Kegel)* • directrix

Leitlinie *f* <verk> *(Fahrbahnmarkierung)* • lane line

Leitlinie am Fahrbahnrand *f* <verk> • side-of-pavement line

Leitlochstreifen *m* <edv> • pilot tape

Leitmauer *f* <bau> • guide wall

Leitmineral *n* <geo> • typomorphic mineral; index mineral; guide mineral; diagnostic mineral

Leitnocken *m* <msr> • cam replica

Leitnut *f* <masch> • guide groove

Leitpeilfunkstelle *f* <navig> • direction-finding control station

Leitpfosten *m* <bau> • reflector post; reflectorizing traffic stud

Leitplanke *f* <förd> • guide board

Leitplanke *f* ugs. <kfz> • crash barrier

Leitplanke *f* <verk> *(Straße, Autobahn)* • crash barrier; guard rail; barrier

Leitplankenversuch *m* <kfz> • crash barrier test

Leitplastik *f* <msr> • conductive plastic; conductive-plastic

Leitprobe *f* <phys.chem> *(Spektralanalyse)* • standard sample; standard

Leitprogramm *n* <edv> • master program; executive routine

Leitrad *n* <kfz> *(von Caravans)* • jockey wheel

Leitrad *n* <kfz.antr> *(im Strömungswandler, Automatikgetriebe)* • stator; reactor; torque multiplier; reaction member

Leitrad *n* <masch> *(allg. Rad mit Führungsfunktion)* • guiding wheel

Leitrad *n* <masch> *(Kettentrieb)* • idler sprocket; guiding idler sprocket

Leitrad *n* ugs <masch> *(nichtrotierende Elemente zur Lenkung der Strömung, z. B. in Turbinen)* • guide vanes; fixed guides

Leitrad n <masch> (zur Reduzierung der Strömungsgeschwindigkeit und Druckerhöhung) • diffuser; recuperator; diffusing system; diffuser system; vaned diffuser

Leitradfreilauf m <fz> (Strömungswandler, z. B. Kfz, Lokomotive) • stator roller clutch; reactor one-way clutch; converter clutch

Leitradkanal m <förd> • diffuser passage; diffusing channel; diffusing passage

Leitradpumpe f <förd> • diffuser pump; diffuser-type pump

Leitradregulierung f <energ.hydr> • guide vane control

Leitradring m (Turbine) • distributor ring

Leitradschaufel f <energ.hydr> • guide vane; wicket gate; stationary blade

Leitradschaufeln fpl <förd> • guide vanes pl; diffuser vanes pl; diffusion vanes pl; diffusing vanes pl

Leitradscheibe f <masch> • guide-blade diaphragm; guide-blade disk

Leitradservomotor m <energ.hydr> • wicket gate servomotor; gate servomotor; guide vane servomotor

Leitradstütze f <antr> (Drehmomentwandler) • stator shaft; reaction shaft

Leitrechner m <edv> • master computer

Leitrechner m <edv.allg> • host computer; host

Leitregler m <msr> • master controller; pilot controller

Leitring m <masch> (Pumpe) • vaneless diffuser; diffuser ring; diffusion ring

Leitrohr n <masch> (Rührer) • draft tube US; draught tube GB

Leitrohr n <rls> • internal sleeve; liner; baffle sleeve; telescoping sleeve

Leitrohrtour f (Bohrtechnik) • conductor pipe

Leitrohrtour f <petr> • surface pipe string; surface string

Leitrolle f <förd> (Bandförderer) • guide pulley

Leitrolle f <fz> (Fahrradkettenschaltung) • jockey wheel; jockey roller ISO 8090; guide pulley; jockey pulley

Leitrolle f <masch> • belt idler pulley; belt jockey pulley

Leitsalz n <el.chem> (unterbindet Ionenmigration) • supporting electrolyte; indifferent electrolyte; indifferent salt GB

Leitsalz n <verf> (Galvanotechnik) • conducting salt

Leitsalzkonzentration f <el.chem> • concentration of supporting electrolyte; supporting electrolyte concentration; indifferent electrolyte concentration

Leitschaufel f <energ.hydr> • guide vane; wicket gate; stationary blade

Leitschaufel f <masch> (z. B. Kreiselpumpe, Turbine) • guide vane

Leitschaufel f <masch> (Strömungsmaschine) • stator blade; stationary blade

Leitschaufel f <turb> • fixed blade; fixed guide

Leitschaufel f V <verf.hydr> • distribution vane

Leitschaufelapparat m <masch> (nichtrotierende Elemente zur Lenkung der Strömung, z. B. in Turbinen) • guide vanes; fixed guides

Leitschaufelaustrittswinkel m <turb> • nozzle efflux angle

Leitschaufelgehäuse n <förd> • diffusion casing; diffusion vane casing

Leitschaufelkanal m <förd> • diffuser passage; diffusing channel; diffusing passage

Leitschaufelkranz m <masch> • vane ring

Leitschaufelmantel m <energ.hydr> • guide vane casing

Leitschaufeln fpl <förd> • guide vanes pl; diffuser vanes pl; diffusion vanes pl; diffusing vanes pl

Leitschaufeln fpl <masch> (Strömungsmaschinen) • guide vanes

Leitschaufeln fpl <masch> (nichtrotierende Elemente zur Lenkung der Strömung, z. B. in Turbinen) • guide vanes; fixed guides

Leitschaufelverstellung f <förd> • guide vane adjustment; pitch adjustment of the guide vanes

Leitscheibe f <masch> • deflector

Leitschicht f <el> • conducting layer

Leitschicht f <el> • screen; semiconducting screen/layer; electrostatic screen; semiconducting shield US; semiconductive shielding US

Leitschicht f <geo> • index bed; key bed

Leitschicht f <phys> (Wellenausbreitung) • duct

Leitschiene f <förd> (Ablenken des Fördergutes) • chute

Leitschiene f <förd> • guide rail

Leitschiene f <masch> • guide bar

Leitschienenstück n <verk> • guardrail US; safeguard; rail guard

Leitschienenstück n <verk> • safety rail; check rail; side rail

Leitschienenzuführung f <masch> • chute feeding

Leitspindel f <wz.masch> (Drehmaschine; nötig zum Gewindeschneiden) • lead screw

Leitspindel-Gewindebohren n <prod> • leadscrew tapping

Leitstand m form <tech.allg> (allg. von Anlagen) • control room; control center US; control centre GB; control stand rare

Leitstand m <msr> (von Maschinen) • control station; control center

Leitstandskabine f <msr> • control room

Leitstange f <masch> • radius bar; guide rod

Leitstation f DIN ISO 3309 <edv> • primary station ISO 3309

Leitstelle f <alarm> (für Einbruch, Überfall, Feuer) • monitoring station; monitoring center; remote center

Leitstelle f <jur> • focal point

Leitstelle f <logist.navig> (Flottenmanagement) • dispatch center

Leitsteuerung f <autom> • coordinating control

Leitstich m <prod> • leader pass

Leitstrahl m • equisignal line

Leitstrahl m <math> • radius vector; position vector

Leitstrahl m <navig> • guiding beam; guide beam; localizer beam; lead beam; beam

Leitstrahlanflugverfahren n <navig> • beam procedure

Leitstrahlanlage f <navig> • radio directive device

Leitstrahlaufschaltung f <navig> • guide-beam superposition

Leitstrahlbakensystem n <navig> • visual-aural radio range

Leitstrahlbereich m <navig> • bisignal zone; equisignal zone; twilight zone

Leitstrahldrehung f <navig> • beam switching; lobing

Leitstrahlempfänger m <navig> • guide-beam receiver; beam-rider receiver

Leitstrahlführung f <aerospace> • beam control pilotage

Leitstrahlgerät n <aerospace> • beam control apparatus

Leitstrahlgerät n <navig> • guide-beam unit

Leitstrahllandeverfahren n <navig> • beam approach beacon system

Leitstrahllenkung f <navig> • beam guidance; beam-rider guidance; beam-climber guidance; beam-follower guidance

Leitstrahllinie f <navig> • equisignal line

Leitstrahlpeiler m <navig> • switched beam direction finder

Leitstrahlsender m <navig> • directional signal beacon; directional signal radio beacon

Leitstrahlsender m <navig> (z. B. Flugsicherung) • equisignal radio-range beacon; equisignal localizer

Leitstreifen m <bau.verk> (typ. Beton) • marginal strip

Leitstruktur f <med> • lead compound

Leitstück n <kfz.el> *(Hallgeber)* • conductive element
Leitsubstanz f <ents> • indicator substance
Leitsymptom n <med> • guiding symptom
Leitsystem n <tele> • management system
Leittechnik f *DIN 19226* <el> • control engineering
Leittechnik f <msr> • instrumentation and control
Leittechnik f <msr> • instrumentation and control systems
(I&C); I&C systems
leittechnische Systeme npl <msr> • instrumentation and
control systems (I&C); I&C systems
Leitton m <navig> • course signal
Leit- und Auswertestelle f <aerospace> • data-pro-
cessing and control centre
Leit- und Zugspindeldrehmaschine f <wz.masch>
• screw-cutting lathe; sliding
Leitung f <tech.allg> *(z. B. von el. Strom, Flüssigkeit, Gas)*
• conduction
Leitung f <tech.allg> *(für Flüssigkeit, Gas)* • duct; ducting
Leitung f <el> *(isoliert)* • cable
Leitung f <el> • transmission line; line
Leitung f <el> *(für elektrischen Strom)* • lead; connection
Leitung f <rls> *(i.a. für Flüssigkeit)* • conduit
Leitung f <rls> *(Rohrleitung)* • line
Leitung besetzt halten vi <tele> • hold a circuit vi
Leitungen fpl <chem.verf> *(allgemein)* • lines
Leitungen fpl <rls> *(Rohr-)* • pipes; ducts; pipework; piping
Leitungen installieren vi <bau> • wire vt
Leitung mit Stecker f <el> • plug-terminated cord
Leitungsabgleich m <el> • line balancing
Leitungsabschluss m <tele> • line termination
Leitungsabschnitt m <tech.allg> *(Stromnetz, Rohrnetz)*
• circuit section
Leitungsabschnitt m <el> • line section
Leitungsabschnitt m <tele> • link
Leitungsabzweig m <el> • branch; branch line
Leitungsabzweig m <el> • branch-circuit connection
Leitungsabzweigung f <el> • branching-off of cable
lines; branching-off of conductor
Leitungsanpassung f <el> • matching network
Leitungsansatz m <el> • stub line
Leitungsanschluss m <el> • wiring connection
Leitungsanschluss m <tele> • line terminal
Leitungsanzapfung f <el> • line tap
Leitungsauftrennung f <tele> • line splitting
Leitungsausfall m <tele> • circuit outage
Leitungsausstattung f <el> • line fill
Leitungsband n <el> • conduction band
Leitungsbandkante f <el> • conduction band edge
Leitungsbau m <el> • line construction; line erection
Leitungsbelag m <el> • linear electric constant
Leitungsberührung f <el> • line-to-line fault
Leitungsblockierung f <tele> • lock-out
Leitungsbruch m <tech.allg> • line break
Leitungsbruch m <el> *(betont: Blick auf einzelnen Leiter)*
• cable break
Leitungsbruch m <el> *(betont: Blick auf unterbrochenen
Stromkreis)* • circuit break; open-circuit
Leitungsbruch m <el> • wire breakage; wire break
Leitungsbruchrelais n <el> • line-break relay
Leitungsbruchüberwachung f <el> • open-circuit
monitoring function; open-circuit monitoring
Leitungsbrücke f <el> • wire jumper; jumper
Leitungsbündel n <tele> • circuit group; trunk group
Leitungsbündel n <tele> • group of junction lines; group
of lines; group of trunks; bunch of trunks
Leitungscode m <tele> • line code; cable code
Leitungsdämpfung f <el> • line attenuation
Leitungsdämpfung f <el> *(betont: Verlust)* • line loss
Leitungsdämpfung f <tele> • transmission loss

Leitungsdraht m <el> • line wire; conducting wire; lead
wire
Leitungsdruck m <rls> • line pressure
Leitungsdruck m <rls> *(Kraftmaschinen)* • manifold pres-
sure
Leitungseinführung f • bush
Leitungseinführung f <tech.allg> • leading-in
Leitungselektron n <phys> • conduction electron
Leitungsentzerrer m <tele> • line equalizer
Leitungsentzerrung f <tele> • line equalization
Leitungsfehler m <edv> • line failure
Leitungsführung f <el> • wiring; running of wires
Leitungsführung f prakt <el> *(räumliche Anordnung)*
• cable run; cable routing; cable layout
Leitungsführung f <kfz> • routing
Leitungsführung f <tele> • routing; route
leitungsgebundene Nachrichtentechnik f <tele> • line
communication; transmission-line communication
leitungsgebundener Störer m <msr> • conducted in-
terference
leitungsgerichtete Welle f <el> • guided wave
leitungsgesteuertes Relais n <edv> • lead-sensing re-
lay
Leitungsgraben m <bau> • utility trench
Leitungsheizfläche f • conducting heating surface
Leitungskabel n <tech.allg> • cable
Leitungskanal m <bau> • service duct; service run; utility
run
Leitungskapazität f <el> • line capacitance; transmission-
line capacitance
Leitungsklemme f <el> • cable clip
Leitungsklemme f <el> • line terminal
Leitungsknoten m <el> • node
Leitungskode m <tele> • line code; cable code
Leitungskonstante f <phys.el> • conductor constant; line
constant; circuit constant
Leitungskopplung f <el> • cable-connecting socket
Leitungskopplung f <el> *(Schnurverbinder)* • flexible-
lead connector
Leitungskreuzung f <el> • conductor cross-over; cross-
over; crossing of lines
Leitungskreuzung f <el.tele> • transposition
Leitungsmast m <bau> • pylon
Leitungsmast m <el> • overhead transmission-line pole;
pole
Leitungsmast m <el> • tower
Leitungsnachbildung f <el> • artificial line; imitated line
Leitungsnachbildung f <tele> • line balance; balancing
network; equivalent line
Leitungsnetz n <el> • line network
Leitungsnetzwerk n <el> • line network
Leitungsparameter m <el> • line parameter
Leitungsplan m <el> • wiring diagram; wiring scheme
Leitungsprüfer m • circuit indicator
Leitungsprüfer m <el.qualit> • line tester; continuity tester
Leitungsprüfung f <el.qualit> • line test; continuity test
Leitungsqualität f <el> • lead-type
Leitungsquerschnitt m <el> • line cross-section
Leitungsrahmen m <ic> • lead frame
Leitungsrauschpegel m <el> • line noise level; circuit
noise level
Leitungsrelais n <el> • line relay
Leitungsresonator m <el> • waveguide resonator
Leitungsrichtung f <el> • conduction direction
Leitungsrohr n • cable conduit
Leitungsrohr n <bau.el> *(für Kabel; in Decken und Wän-
den)* • cable conduit; electric wiring conduit; conduit pract
Leitungsrohr n <rls> • conduit
Leitungssatz m <msr> • cord set

Leitungsschalter *m :V* <el> *(in Netzkabel eingesetzt; z. B. an Tischleuchten, Stehleuchten)* • through switch
Leitungsschelle *f* <füg> • clip
Leitungsschnappverbindung *f* <kfz> • snap connector
Leitungsschnittstelle *f* <el> • line interface
Leitungsschnur *f* <el> • flexible cord
Leitungsschutzdrossel *f* <el> • line choking coil
Leitungsschutzrohr *n* <bau.el> *(für Kabel; in Decken und Wänden)* • cable conduit; electric wiring conduit; conduit *pract*
Leitungsschutzschalter *m* <el> • automatic cut-out
Leitungsschwingkreis *m* <el> • resonant line circuit; resonant line
Leitungs-Sharer *m* <edv> • line-sharer
Leitungsspannung *f* <el> • line voltage
Leitungsspannungsabfall *m* <el> • line voltage drop; line drop
Leitungsstörung *f* <el> • line failure; line fault
Leitungsstromdichte *f* <el> • conduction current density
Leitungssymmetrie *f* <el> • line balance
Leitungssystem *n* <el> • line system
Leitungssystem *n* <kfz.hlk> *(Verbindungsschläuche, -rohre und Fittinge)* • plumbing
Leitungssystem *n* <rls> • ductwork
Leitungstreiber *m* <edv> • line driver
Leitungstülle *f* <el> • cable grommet; cable bush; bushing
Leitungsüberschlag *m* <el> • arc-over between phases
Leitungsübertrager *m* <el> • line transformer
Leitungsübertrager *m* <tele> • repeating coil
Leitungsüberwachungsgerät *n* <el> • line monitor
Leitungsunterbrechung *f* <el> • line disconnection; line interruption
Leitungsverbinder *m* • cable connector
Leitungsverbinder *m* • conductor joint
Leitungsverbindung *f* <el> • line connection
Leitungsverkürzung *f* <el> • line shortening; artificial line shortening
Leitungsverlängerung *f* <el> • line extension
Leitungsverlauf *m* <kfz> • routing
Leitungsverlegung *f* <el> • wiring; line installation; cable installation
Leitungsverlegung auf Putz *f* <el.bau> • surface wiring; surface installation
Leitungsverlegung unter Putz *f* • buried wiring; buried installation
Leitungsverlust *m* <el> • conduction loss
Leitungsverlust *m* <el> • transmission loss; line loss
Leitungsverlust *m* <rls> • main leakage
leitungsvermittelter Trägerdienst *m* <tele> • circuit-mode bearer service
leitungsvermitteltes öffentliches Datennetz *n* prakt <tele> • Circuit Switched Public Data Network (CSPDN)
Leitungsvermittlung *f* <tele> • line switching; circuit switching
Leitungsversprung *m* <rls> • pipe misalignment
Leitungsverstärker *m* <el> • line driver
Leitungsverstärker *m* <el> • line amplifier
Leitungsverstärker *m* <tele> • telephone repeater
Leitungsverstärkerkarte *f* <el> • line driver card
Leitungsverteiler *m* <el> • distribution frame; embranchment frame
Leitungsverzerrung *f* <el> • line distortion
Leitungsverzweigung *f* <chem.verf> • ductwork branching
Leitungsvoltmeter *n* <msr> • feeder voltmeter
Leitungswähler *m* <tele> • line selector; final selector; connector
Leitungswasser *n* <tech.allg> • tap water; plain water; mains water

Leitungswiderstand *m* <el> • line resistance
Leitungszug *m* <el> • wiring run; conductor run
Leitvorrichtung *f* <masch> *(zur Reduzierung der Strömungsgeschwindigkeit und Druckerhöhung)* • diffuser; recuperator; diffusing system; diffuser system; vaned diffuser
Leitvorschub *m* <masch> • lead
Leitwalze *f* <tech.allg> • guide roller
Leitwalze *f* <masch> *(z. B. Papiermaschine)* • leading roll
Leitwand *f* <tech.allg> • baffle
Leitwand *f* <tech.allg> • guide wall
Leitweg *m* <tele/edv> • route
Leitwegangabe *f* <verk> • route indication
Leitwegcode *m* <edv> • routing code
Leitwegführung *f* <edv> • routing
Leitwegkenngruppe *f* <edv> • routing indicator
Leitwegkode *m* <edv> • routing code
Leitwegplan *m* <edv> • routing plan
Leitwegsteuerung *f* <aerospace> • routing control
Leitwegsteuerung *f* <tele> • route management
Leitwegzuteilung *f* <tele> • route allocation
Leitwerk *n* <aerospace> • tail assembly; empennage
Leitwerk *n* <edv> *(Teil der Zentraleinheit)* • control unit; controller
Leitwerk *n* <hydr> • staging; jetty
Leitwerkflattern *n* <aerospace> • tail flutter
Leitwerksträger *m* <aerospace> • tail boom
Leitwert *m* prakt <el> *(Konduktanz pro Volumen; Einheit: S/m)* • conductivity (G); specific conductance; volume conductivity
Leitwert *m* <jur> • guide value
Leitwertabweichung *f* <el> • shift in conductivity
Leitwert bei kleinem Signal *m* <el> • small-signal forward transadmittance
leitwertgesteuerte Niveauregelung *f* <msr> *(in Aquarien)* • conductivity-controlled water level regulation
leitwertgesteuerter Niveausensor *m* <msr> • conductivity level sensor
Leitwert-Handmessgerät *n* <msr> • portable conductivity measuring device *:V*; portable conductivity device
Leitwertmatrix *f* <el> • admittance matrix
Leitwertmesser *m* <msr> • conductometer
Leitwert-Messgerät *n* <msr> • conductivity measuring instrument
Leitwertmessgerät *n* <msr> • conductivity measuring instrument
Leitwert-Mess- und -Regelgerät *n* <msr> • conductivity measuring and controlling device
Leitwertoperator *m* <el> • vector admittance
Leitwertsteuerung *f* <tech.allg> • conductivity regulation
Leitwort *n* <edv> • control word
Leitzahl *f* (LZ) <phot> • flash guide number; guide number
Leitzahl *f* <tele> • routing code
LE-Jetronic *f* <kfz.mot> *(elektronisch gesteuerte Einspritzanlage)* • LE-Jetronic
L-Elektroneneinfang *m* <nukl> • L-electron capture; L capture
Lemniskate *f* <math> • lemniscate; two-leaved rose
Lemniskatenkennlinie *f* <el> • figure-of-eight characteristic
Lenard-Röhre *f* <el> • Lenard tube
Lenard-Strahlen *mpl* *(Elektronenstrahlen)* • Lenard rays
Lendenstütze *f* MB.werb <kfz.innen> *(in Sitzen)* • lumbar support
Lendenwirbelstütze *f* <kfz.innen> *(in Sitzen)* • lumbar support
Lenkachse *f* <bahn> • adjustable axle; radial axle
Lenkachse *f* <fz> • turning axle
Lenkachse *f* <kfz> • steer axle; steering axle

Lenkachse *f* <kfz> • steering control shaft

Lenkachse *f* <kfz> • steering axis; swivel axis *GB*; steering-swivel axis *GB*; pivot axis; kingpin axis

Lenkachsenpunkt *m* <kfz> • swivel-pin axis intersection with ground

Lenkanlassschloss *n* VAG <kfz.el> *(betont: Schalter + Lenkungsverriegelung)* • ignition and steering lock; ignition/starter switch and steering lock *BL*; ignition/steering column lock; ignition/steering lock

Lenkanschlag *m* <kfz> • steering stop

Lenkautomatik *f* <kfz> • automatic steering system

lenkbare Achse *f* <kfz> • steered axle; steerable axle; steer axle

lenkbare Antriebsachse *f* <kfz.antr> • steer drive axle

lenkbares Luftschiff *n* <aerospace> • dirigible airship

Lenkbarkeit *f* <fz> *(z. B. Gabelstapler, LKW, Schiff)* • manoeuvrability

Lenkbarkeit *f* <fz> • steerability

Lenkdifferenzwinkel *m* <kfz> • toe-out on turns; Ackermann angle

Lenkeigenschaften *fpl* <kfz> *(betont: Handling des Fahrzeugs oder von Reifen)* • handling properties; handling

Lenkeinschlagwinkel *m* <kfz> • steering angle; steer angle; lock angle; angle of lock

lenken *vt* <allg> *(dirigieren, leiten; z. B. ein Unternehmen, den Verkehr)* • direct *vt*

lenken *vt* <tech.allg> *(kontrollieren; z. B. Verkehr, Produktion)* • control *vt*

lenken *vt* <tech.allg> *(leiten; z. B. Person, Tier; überwachen; z. B. Aktionen)* • guide *vt*

lenken *vt* <kfz> *(fahren; z. B.)* • drive *vt*

lenken *vt* <kfz> *(steuern; z. B. Kraftfahrzeug)* • steer *vt*

lenken *vt* <kfz> • steer *vt*; pilot *vt bob*

Lenker *m* <fz> *(Fahrrad)* • handle bar

Lenker *m* <kfz> *(Fahrwerk)* • suspension link; link; control arm

Lenker *m A* <kfz> *(eines Kfz; z. B. eines Lkw, Autos, Motorrads)* • driver; operator *form.rare*

Lenker *m* <masch> *(Kinematik)* • linkage; link

Lenkerarmaturen *pl* <kfz> *(Motorrad)* • handlebar controls *pl*

Lenkerband *f* <fz> • handlebar tape

Lenkerbeutel *m* <fz> • handlebar bag; bar bag

Lenkerendschalter *m* <fz> • bar-end shifter; handlebar-end shifter; bar-end control

Lenkerendschalthebel *m* <fz> • bar-end shifter; handlebar-end shifter; bar-end control

Lenkergriff *m* <fz> *(an Fahrrad, Motorrad, Roller)* • handle grip

Lenkerhaltekette *f* <agri> *(Dreipunktanbau)* • linkage check chain

Lenkerin *m A* <kfz> *(eines Kfz; z. B. eines Lkw, Autos, Motorrads)* • driver; operator *form*

Lenkermuffe *f* <fz> • handle lug; handlebar lug

Lenkerstab *m* <fz> • guide rod

Lenkertasche *f* <fz> • handlebar bag; bar bag

Lenkervorbau *m* <fz> *(der Lenkstange)* • stem; handle stem

Lenkfähigkeit *f* <kfz> • steering control; steerability

Lenkfinger *m* <kfz> • steering finger

Lenkführungshebel *m* <kfz> *(Lenkung f)* • idler arm; idler; intermediate knuckle arm *US*; relay lever *GB*

Lenkgabel *f* <kfz> • steering fork

Lenkgehäuse *n* <kfz> • steering box; steering-gear box; steering-gear housing

Lenkgeometrie *f* <kfz> • steering geometry

Lenkgeometrie mit Lenkrollradius gleich Null *f* <kfz> • center point steering

Lenkgeometrie mit negativem Lenkrollradius *f* <kfz> • negative offset steering; over center point steering

Lenkgeometrie mit positivem Lenkrollradius *f* <kfz> • positive offset steering

Lenkgestänge *n* <kfz> • steering linkage; steering arms

Lenkgestell *n* <bahn> • bissel bogie; bissel; pony truck

Lenkgetriebe *n* <kfz> • steering gear; steering box *GB*; integral gear

Lenkhebel *m* <kfz> • pitman arm

Lenkhebel *m* <kfz> • steering arm; steering control arm; steering knuckle arm; steering lever

Lenkhebelanschlag *m* <kfz> • steering-arm stop

Lenkhebelpresse *f* <prod> • swivel-arm press

Lenkhebelwelle *f* <kfz> • pitman arm shaft; rocker shaft *GB*; steering box output shaft *GB*; sector shaft; cross shaft

Lenkhilfe *f* <kfz> • power assisted steering (pas); power steering *pract.coll*; p/steering *advert*; hydraulic power steering; boosted steering *coll.press*

Lenkhilfspumpe *f rar* <kfz> • power steering pump; steering pump; S-pump *in dwgs*

Lenkholm *m* *(Traktor)* • handle bar

Lenkkopf *m* <fz> • head tube

Lenkkopf *m* <kfz> *(Motorrad)* • steering head; steering-head tube

Lenkkopfaufnahme *f* <kfz> *(Motorrad)* • steering head lug

Lenkkopflager *n* <kfz> *(Motorrad)* • steering head lug

Lenkkopfmuffe *f* <fz> • head lug

Lenkkopfwinkel *m* <fz> *(Zweirad)* • rake angle; steering head rake angle

Lenkkorrektur *f* <kfz> • steering correction

Lenkkraft *f* <kfz> • steering effort

Lenkleitstrahl *m* <aerospace> • guidance radar beam

Lenkmotor *m* <förd> *(FTS)* • steering motor

Lenkmutter *f* <kfz> • steering nut

Lenkpräzision *f* <kfz> *(des Fahrzeuges)* • transition steering response

Lenkrad *n* <tech.allg> *(angelenktes Rad; z. B. an Einkaufswagen)* • castor

Lenkrad *n* <kfz> • steering wheel; driving wheel *GB.obs.rare*

Lenkradabzieher *m* <kfz.wz> • steering wheel puller

Lenkrad-Airbag *m* <kfz.sich> • driver air bag [system]

Lenkraddurchmesser *m* <kfz> • steering wheel diameter

Lenkradhülle *f* <kfz> • steering wheel cover

Lenkradkralle *f* <kfz.sich> • steering wheel lock; steering wheel safety lock

Lenkradmesswaage *f* <kfz> • steering wheel balance :V

Lenkradmitteleinstellung *f* <kfz> • steering wheel centering

Lenkradnabenverkleidung *f* <kfz.innen> • steering wheel skirt

Lenkradschaltung *f* <kfz.antr> • column-mounted gearchange; column gear-change; column change; steering column shift; column shift

Lenkradschloss *n* <kfz.sich> • steering-wheel lock

Lenkradumdrehung *f* <kfz> • steering-wheel turn

Lenkradumdrehungen von Anschlag zu Anschlag *fpl* <kfz> • steering-wheel turns lock to lock; lock-to-lock revolutions; turns lock to lock

Lenkrakete *f* <aerospace> • guided rocket

Lenkrakete *f* <mil> • guided missile

Lenkraketenstartanlage *f* <mil> • missile launching device; missile launcher

Lenkreaktion *f* <kfz> *(der Reifen)* • transition steering response

Lenkreaktion *f* <kfz> *(des Fahrzeuges)* • transition steering response

Lenkrechner *m* <aerospace> • guidance computer

Lenkregelung *f* <förd> *(FTS)* • steering control

Lenkritzel *n* <kfz> *(Zahnstangenlenkung)* • steering pinion
Lenkritzelwelle *f* <kfz> *(Zahnstangenlenkung)* • steering pinion shaft
Lenkrohr *n* <kfz> • steering tube
Lenkrohrstrang *m* <kfz> • steering column
Lenkrohrstummel *m* <kfz> • steering-tube extension
Lenkrolle *f* <förd> • guide pulley
Lenkrolle *f* <kfz> • steering roller
Lenkrollhalbmesser *m* <kfz> • scrub radius; kingpin offset; offset *pract*
Lenkrollradius *m* <kfz> • scrub radius; kingpin offset; offset *pract*
Lenkrollradius gleich Null *m* <kfz> • zero scrub radius; zero kingpin offset
Lenkrollradius Null *m* <kfz> • zero scrub radius; zero kingpin offset
Lenksäule *f* <kfz> • steering column
Lenksäulenhalter *m* <kfz> • steering column bracket; steering-column bracket
Lenksäulenhalterung *f* <kfz> • steering column bracket; steering-column bracket
Lenksäulenhebel *m* <kfz.el> *(Schalter an der Lenksäule)* • control stalk; antennae switch *GB*
Lenksäulenrohr *n* <kfz> • steering-column tube
Lenksäulenverkleidung *f* <kfz.innen> *(allg., jede Form)* • steering column cover
Lenksäulenverkleidung *f* <kfz.innen> *(länglich, in Lenksäulenrichtung)* • steering column shroud; steering column jacket
Lenkschenkel *m* <kfz> • steering arm
Lenkschloss *n* <kfz.sich> *(betont: Lenkungsverriegelung)* • steering lock; steering-column lock
Lenkschloss mit Zündstartschalter *m* MB <kfz.el> *(betont: Schalter + Lenkungsverriegelung)* • ignition and steering lock; ignition/starter switch and steering lock *BL*; ignition/steering column lock; ignition/steering lock
Lenkschnecke *f* <kfz> • steering worm
Lenkschneckenrad *n* <kfz> • steering-worm wheel
Lenkschubstange *f* <kfz> • steering drag link; drag link; steering rod
Lenksegment *n* <kfz> • steering segment
Lenkspindel *f* <kfz> • steering column; steering screw
Lenkspindel *f* <kfz> *(allg.; insbes. auch die Lenkgetriebeeingangswelle)* • steering gear shaft; steering shaft; steering pinion shaft *GB*; pinion shaft *GB*; steering column shaft *Chrysler*
Lenkspurhebel *m* <kfz> • drop arm
Lenkstange *f* <fz> *(Fahrrad)* • handle bar
Lenkstange *f* <kfz> *(Automobillenkung)* • drag link
Lenksteuerung *f* <förd> *(FTS)* • steering control
Lenkstock *m* <kfz> • steering-column assembly
Lenkstockhebel *m* <kfz> *(Lenksystem)* • pitman arm; drop arm *GB*; steering gear arm
Lenkstockhebel *m* <kfz.el> *(Schalter an der Lenksäule)* • control stalk; antennae switch *GB*
Lenkstockhebelabzieher *m* <kfz.wz> • pitman arm puller; drop arm puller *GB*
Lenkstocklenkung *f* <kfz> • pitman arm steering system; pitman arm steering; parallelogram steering system; parallelogram steering
Lenkstockschaltung *f* <kfz> • steering-column gear change
Lenkstockwelle *f* <kfz> • pitman arm shaft; rocker shaft *GB*; steering box output shaft *GB*; sector shaft; cross shaft
Lenksystem *n* <mil> • guidance system
Lenksystemblock *m* <aerospace> • control system package
Lenktrapez *n* <kfz> • steering trapezium

Lenkübersetzung *f* <kfz> • steering ratio
Lenkung *f* <tech.allg> *(z. B. des Verkehrs, des Geldumlaufes)* • control
Lenkung *f* <tech.allg> • guidance
Lenkung *f* <kfz> *(Fahren)* • driving
Lenkung *f* <kfz> • steering system; steering
Lenkung *f* <kfz> • steering; steering system
Lenkung mit dreiteiliger Spurstange *f* did <kfz> • pitman arm steering system; pitman arm steering; parallelogram steering system; parallelogram steering
Lenkungsanschlag *m* <kfz> • steering stop
Lenkungsausschlag *m* <kfz> • steering lock
Lenkungsbock *m* <kfz> • steering-gear mounting
Lenkungsdämpfer *m* <kfz> • steering damper; steering wheel damper
Lenkungsflattern *n* <kfz> *(Seitenschlag; spürbar und/oder sichtbar)* • shimmy; wheel judder *US*; wheel shudder *GB*
Lenkungslagerring *m* <kfz> • steering race cup
Lenkungslagerung *f* <kfz> • steering support structure; steering support
Lenkungsspiel *n* <kfz> • steering free play
Lenkungsstöße *mpl* <kfz> • bump steer; steering kickback
Lenkungsventil *n* <kfz> *(Servolenkung)* • steering valve
Lenkunterstützung *f* <kfz> • steering assistance; steering assist
Lenkwelle *f* <kfz> *(allg.; insbes. auch die Lenkgetriebeeingangswelle)* • steering gear shaft; steering shaft; steering pinion shaft *GB*; pinion shaft *GB*; steering column shaft *Chrysler*
Lenkwelle *f* <kfz> • pitman arm shaft; rocker shaft *GB*; steering box output shaft *GB*; sector shaft; cross shaft
Lenkwellenoberlager *n* <kfz> • steering-shaft upper bearing
Lenkwinkel *m* <fz> *(Zweirad)* • rake angle; stearing head rake angle
Lenkwinkel *m* <kfz> • steering angle; steer angle; lock angle; angle of lock
Lenkwinkelfühler *m* <kfz> • steering angle sensor
Lenkwinkelsensor *m* <kfz> • steering angle sensor
Lenkwinkelsprung *m* <kfz> *(Fahrer und Fahrzeug als Regelkreis)* • step steering input
Lenkwinkelsprungtest *m* <kfz> • step steering input test *: V*
Lenkzapfen *m* <kfz> • steering pivot; steering-knuckle pin; swivel pin
Lenkzapfen *m* rar <kfz> *(zum Schwenken des Radträgers)* • kingpin; fulcrum pin *GB*; steering swivel pin *GB*; knuckle pin; pivot pin
Lenkzapfenachse *f* rar <kfz> • steering axis; swivel axis *GB*; steering-swivel axis *GB*; pivot axis; kingpin axis
Lenkzapfensturz *m* rar <kfz> *(Vorderachsgeometrie)* • steering axis inclination (SAI) *US*; kingpin inclination, KPI *GB*; swivel angle *GB*; steering-swivel inclination *GB*; balljoint inclination
Lenkzwischenhebel *m* <kfz> *(Lenkung f)* • idler arm; idler; intermediate knuckle arm *US*; relay lever *GB*
Lenkzwischenstange *f* <fz> • radius rod
Lenkzwischenstange *f* <kfz> • intermediate rod; center link; relay rod; center track rod
Lenkzwischenwelle *f* <kfz> • intermediate shaft
Lennard-Jones-Potential *n* <chem> • Lennard-Jones potential
lentisch DIN 4049-2 <geo.hydr> *(Gewässer mit fehlender oder geringer Strömung)* • lentic
Lentivirus *n* <med> • lentivirus; slow virus
Lentz-Steuerung *f* • Lentz valve gear
Lenz'sche Regel *f* <msr> • Lenz's law; Lenz's rule

Lenz'sches Gesetz n <msr> • Lenz's law; Lenz's rule
Lenzhahn m <nav> • bilge cock
Lenzleitung f <nav> • bilge line; bilge pipeline
Lenzpumpe f <nav> • bilge pump
Lenzrohr n <nav> • bilge suction pipe; bilge pipe
lenzsche Regel f <msr> • Lenz's law; Lenz's rule
lenzsches Gesetz n <msr> • Lenz's law; Lenz's rule
LEO <aerospace> • low earth orbit (LEO); near-earth orbit
LEO-Mission f <aerospace> • LEO mission
Leonard-Satz m <el> • Ward-Leonard speed-control set; Ward-Leonard set
Leonard-Schaltung f <el> • Ward-Leonard speed-control system; Ward-Leonard system
Leos <navig> • low earth orbit systems (leos)
LEP-Display n <edv> • LEP display; plastic display rare
Leporello- <pap> (Faltungsart; in Zusammensetzungen; z. B. Endlosetiketten) • fanfold ...; fan-fold ...; fan-folded ...
Leporellobuchfalzung f <druck> • accordion folding; accordion fold; concertina folding; concertina fold
Leporello-Etikett n <pap> • fanfold label; fan-folded label; computer label
Leporellofalz m prakt <druck> • accordion folding; accordion fold; concertina folding; concertina fold
Leporellofalzmaschine f <druck> • interfolder
Leporellofalzung f <druck> • accordion folding; accordion fold; concertina folding; concertina fold
Leporelloformular n <pap> (z. B. für Matrixdrucker) • fanfold form paper; fanfold form; endless form paper; endless form
Leporelloformular n <pap> (z. B. für Matrixdrucker) • continuous form paper; continuous form
leporellogefalzt <pap> • fanfold
Leporellopapier n <pap> (z. B. für Matrixdrucker) • fanfold form paper; fanfold form; endless form paper; endless form
Leporellopapierführung f <druck> • fanfold paper guide
Leptom n wiss <bio> (Siebteil der Leitbündel) • phloem
Lepton n <nukl> • lepton
Leptonenzahl f <nukl> • lepton number
Leptonenzerfall m <nukl> • lepton decay; leptonic decay
leptonische Ladung f <nukl> • lepton number
lernende Beziehung f <prod> • learning relationship
lernender Automat m <autom> • learning automaton
lernender Computer m <edv> • learning computer
lernfähig <edv> (EDV-Programm, künstliche Intelligenz) • adaptive; self-adaptive; learning
lernfähiges System n <tech.allg> • learning system
lernhelfendes Freizeitangebot n <did> • leisure time activity with educational objective
Lernmatrix f <edv> • learning matrix
Lernprogramm n <edv> • self-teaching program
Lernsoftware f <did> • educational software
lesbar <doku> (allg.; für Mensch od. Maschine) • readable
lesbar <edv> (für Scanner; z. B. Strichcodedefekt) • scannable
lesbare Bildplatte f <edv> • optical read-only memory
Lesbarkeit f <allg> (von Ziffern, Markierungen, Strichcodes) • readability
Lesbarkeit f <doku> (von Schrift, Text) • legibility; readability
Leseabstand m norm <edv> • reading distance stand; scanning range; working distance; reading range
Leseanweisung f <edv> • read statement
Leseband n <verf> • sorting belt; picking belt
Lesebefehl m <edv> • read instruction; read command
Lesebereich m <edv> (mögliche Breite des Strichcodes) • reading area; scanning area; scannable area; field of view
Lesebereich m <edv> • decode zone; read zone

Lesebestätigung f <edv> • read acknowledgement; read confirm
Lesebreite f norm <edv> (von Strichcode) • field of view (FOW) stand; scan width; field width; width of field; reading field width
Lesebreite f <edv> (mögliche Breite des Strichcodes) • reading area; scanning area; scannable area; field of view
Lesedraht m <edv> • read wire; sense wire
Lesedurchgang m <edv> • read cycle; read operation
Leseelement n <edv> • read element
Leseentfernung f <edv> • reading distance stand; scanning range; working distance; reading range
Lesefehler f <edv> • non-read; non-scan; no-read; no-scan
Lesefehler m <edv> • read error; reading error
Lesefehler m <edv> (von Scanner, Strichcodeleser) • scan error; reading error
Lesefeld n <edv> (von Strichcode) • field of view (FOW) stand; scan width; field width; width of field; reading field width
Lesefeldbreite f <edv> (von Strichcode) • field of view (FOW) stand; scan width; field width; width of field; reading field width
Lesefeldhöhe f <edv> • vertical reading field width :v
Lesefenster n norm <edv> (Bereich vor dem Scanner) • scanning window stand; scanner window; reading window
Lesefenster n <edv> (für Scanner-Abtaststrahl) • output port; scanner window; scan window
Lesefläche f <edv> (von Barcode) • scan band; scan area
Lesefrequenz f <edv> (von Scannern, CD-Laufwerken) • scan rate; scan frequency; read rate/frequency; scan repetition rate
Lesefunktion f <edv> • read function
Lesegerät n <edv> (für Strichcodes, einzelnes Gerät) • bar code reader; reading device; reader
Lesegerät n <opt> • enlarging head
Lesegerät n <opt> (z. B. Mikrofilm, EDV) • reading device; reader
Lesegerät nsg <edv> (Ausrüstung) • reading equipment
Lesegerät mit automatischer Codeunterscheidung f <edv> • multicode reader; autodiscrimination reader
lesegeschützt <edv> • read-protected
Lesegeschwindigkeit f <edv> • reading rate; reading speed
Lesegeschwindigkeit f <edv> (von Scannern, CD-Laufwerken) • scan rate; scan frequency; read rate/frequency; scan repetition rate
Lesehöhe f <edv> (Schlitzleser) • slot height
Leseimpuls m <edv> • read pulse
Lesekopf m <av> • playback head; PB head; reproduce head; reproducing head
Lesekopf m <edv> • read-head
Lesekopf m <edv> (von Scanner, Kopierer, Fax) • scan head; scanner head; scanning head; read head
Lesekopf m <msr> • reading head; code reader; read unit rare; read head; sensing head
Lesekürzung f <term> • acronym
Leseleitung f <edv> • read line; read-out line
Leseleuchte f <licht> • reading light
Leseleuchte mit biegsamem Metallarm f <kfz> • flexible map lamp; gooseneck-mounted map light
Leseleuchten im Fond fpl <kfz.el> • rear seat reading lights
Leselocher m <edv> • punch reader; read punch
Leselocher m <edv> • punch reader
Leselupe f <opt> • reading magnifier
Leselupe f <opt> (betont: zum Lesen) • reading glass
Lesemaske f <edv> • read mask

Lesemethode f <edv> *(Scanner)* • scan method; reading method; scan process
Lesen n <edv> • reading; read-out
Lesen n <edv> • read cycle; reading process; read process; read operation; read *coll*
lesen vi/vt <allg> • read *vi/vt*
lesen vt prakt <edv> *(Daten)* • read out *vt*; read *vt pract*
lesen vt <edv> *(maschinenlesbare Zeichen; z. B. Text, Strichcode)* • scan *vt*; machine-read *vt*; read *vt*
Leseoperation f <edv> • read-back characteristics
Leseoptik f <edv> *(Scanner, CD)* • lens system; reading lens system
Leseoptik f <edv> *(Referenzpunkt für Entfernungsangaben)* • face of scanner; face
Lesepistole f <edv> • pistol grip scanner; scanner gun
Leseprofil n <edv> • scan reflectance profile *norm*; scan profile
Leseprogramm n <edv> • reading program; read-in program
Leseprozess m <edv> • reading operation; reading process; read process; read cycle
Lesepuffer m <edv> • read buffer
Lesepunkt m <edv> *(von Scanner, Strichcodeleser)* • scan spot
Lesequittung f <edv> • read acknowledgement; read confirm
Leser m <edv> • reader
Leser m <edv> *(für Strichcodes, einzelnes Gerät)* • bar code reader; reading device; reader
Leserate f <edv> *(von Scannern, CD-Laufwerken)* • scan rate; scan frequency; read rate/frequency; scan repetition rate
Leserichtung f <edv> • direction of scan; reading direction
Leserlichkeit f <doku> *(von Schrift, Text)* • legibility; readability
Leserlichkeit f DIN 1450 <druck.edv> *(von Schrift)* • legibility
Leserservicekarte f <doku> • reader service card
Lese-Schreib-Speicher m <edv> • read-write memory
Lese-Schreib-Zyklus m <edv> • read-write cycle
Lesesicherheit f <edv> • scan reliability; reading reliability
Lesespeicher m <edv> • read-only memory (ROM)
Lesesperre f <edv> • read lock
Lesespitze f <edv> *(Lesestift)* • tip
Lese-Stanz-Einheit f <edv> • read-punch unit
Lesestanzer m <edv> • punch reader
Lesestation f <edv> • reading station; sensing station
Lesestift m <edv> • light pen; wand; light wand; wand scanner; scanning wand
Lesestift m <msr.edv> *(für Strichcode)* • wand reader
Lesestiftemulation f <edv> • light pen emulation; pen emulation; wand emulation
Lesestiftkippwinkel m <edv> • read angle; tilt angle; wand angle
Lesestift-Prüfgerät n <edv> *(Prüfgerät für Strichcodes)* • light pen verifier
Lesestiftterminal n <edv> • light pen terminal
Lesestifttester n <edv> *(Prüfgerät für Strichcodes)* • light pen verifier
Lesestrahl m <edv> • scan beam; scanner beam
Lesesystem n <edv> • reading system; scanning system
Lesetaste f <edv> • read-out key; read-out button
Leseteil m <opt> • reading segment area; segment area
Leseteil m <opt> *(Brillenglas)* • reading portion *ISO 13666*; reading segment; segment area
Lesetiefe f <edv> *(von Scannern)* • depth of field; depth cue *rare*
Leseverfahren n <edv> *(Scanner)* • scan method; reading method; scan process

Leseverstärker m <av> • playback amplifier; PB amplifier; PB amp
Leseverstärker m <edv> • read amplifier; sense amplifier
Lesevorgang m <edv> • reading operation; reading process; read process; read cycle
Lesevorgang m <edv> • read cycle; reading process; read process; read operation; read *coll*
Lese-Vorgang n <edv> • read cycle; read operation
Lesewicklung f <edv> • read winding
Lesewinkel m <edv> • read angle; tilt angle; wand angle
Lesezugriff m <edv> • read seek
Lesezugriffszeit f <edv> • read access time
Lesezyklus m <edv> • reading operation; reading process; read process; read cycle
Leslie m jarg. <edv.av> • rotary speaker; leslie speaker; leslie; rotary box; leslie box
Leslieeffekt m <edv.av> • rotary speaker simulator; leslie simulator
Leslieeffektgerät n <edv.av> • rotary speaker simulator; leslie simulator
Lesliesimulator m <edv.av> • rotary speaker simulator; leslie simulator
Lesung f <edv> • read
Lesungen pro Sekunde fpl <edv> • scans per second *pl*; scans/sec; lines per second; lines/sec
Lesungen/s <edv> • scans per second *pl*; scans/sec; lines per second; lines/sec
LET <nukl> • linear energy transfer (LET); specific ionization
Letaldosis f <med> *(z. B. von radioaktiver Strahlung, eines Toxins)* • lethal dose
letale Dosis f <med> *(z. B. von radioaktiver Strahlung, eines Toxins)* • lethal dose
Letalität f <med> • lethality; mortality
Lethargie f <nukl> • neutron lethargy
Lethargie f <psych> • lethargy
Letten pl <min> • clay
Lettenschlag m <agri> • clay baffle
Letter-Box... *Bildformat* <av> • wide-screen *picture format*; letter-box *picture format*
Letter of Intent m (LOI) <tech.allg> • letter of intent (LOI)
Letterset m <pack> • letterset; dry offset
LET-Verteilung f <nukl> • linear energy transfer distribution; LET distribution
letzte Meile f <tele> • local loop; last mile
letzter Bearbeitungsschritt m <prod> *(spanend, schneidend)* • finishing cut
Letztsignalmeldung f <allg> • last signal alarm
Letztverbraucher m rar <ökon> • end user; end consumer; final consumer; retail customer; ultimate consumer
Letztweg m <tele> • last-choice route
Leuchtanzeige f <av> *(z. B. für Betriebsbereitschaft, Fehler etc.)* • LED display
Leuchtanzeige f <msr> *(betont: beleuchtetes Display)* • illuminated display
Leuchtanzeige f <msr> *(betont: leuchtender Anzeiger)* • light indicator
Leuchtbake f <navig> • light beacon
Leuchtbalkenanzeige f • bar-graph display
Leuchtband n <licht> • luminous row
Leuchtbild n <av> • fluorescent pattern
Leuchtboje f <navig> • light buoy
Leuchtdecke f <bau> • luminous ceiling
Leuchtdecken System n <licht> • luminous ceiling system
Leuchtdichte f (L) <licht> • luminance (L); photometric brightness
Leuchtdichte f (L) <licht> • luminance (L); photometric brightness; brightness *ugs*

Leuchtdichte f <phys> • radiant emittance
Leuchtdichtekanal m <av> • luminance channel
Leuchtdichtenormal n <av> • luminance standard
Leuchtdichtesignal n <av> (Farbbild) • luminance signal; y-signal; composite signal; composite video signal; composite picture signal
Leuchtdichteunterschiedswahrnehmung f <licht> • luminance difference perception
Leuchtdichteverteilung f <licht> (z. B. von Autoscheinwerfern) • luminance distribution
Leuchtdiode f (LED) <el> • light-emitting diode (LED); luminescence diode rare
Leuchtdiodenanzeige f <av> (z. B. für Betriebsbereitschaft, Fehler etc.) • LED display
Leuchtdiodenband n <tech.allg> • line of light-emitting diodes; line of LEDs
Leuchtdioden-Einzelanzeige f <alarm> • latching alarm LED; alarm LED; latching indicator
Leuchtdraht m rar <el> (in Glühlampen; oft eine Wendel) • filament; incandescent filament rare; glowing filament rare
Leuchtdraht m <licht> • filament
Leuchtdruckfarbe f <druck> • fluorescent ink
Leuchtdruckschalter m <msr> • illuminated push-button switch
Leuchtdrucktaste f <msr> • illuminated push-button
Leuchte f DIN 5039 <licht.innen> (allg.; z. B. Decken-, Wand-, Steh-, Tischleuchte) • light; luminaire
Leuchte f <licht.innen> (fest installiert; z. B. Decken-, Wandleuchte) • lighting fixture; lighting fitting; light coll
Leuchteinheit hinten f <kfz.el> • rear lamp cluster
Leuchteinheit vorn f <kfz.licht> • headlight assembly
Leuchtelektron n <phys> • luminous electron; emitting electron; optical electron
Leuchtenausschnitt m <kfz> • lamp aperture
Leuchtenband n <kfz.el> (Scheinwerfer) • headlight panel; wideband lighting panel BMW
Leuchtenbaustoff m <licht> • luminaire material
leuchtend <kunst> (Farbton) • luminous; glowing
leuchtende Gasnebel mpl <astron> • glowing nebulae pl
leuchtende Materie f <astron> • luminous matter
leuchtendes Polymer n <kst> (z. B. für Datendisplays, statt LCD. LED) • light-emitting polymer (LEP)
Leuchtengehäuse n <licht> • luminaire housing; luminaire body
Leuchtengestaltung f <licht> • luminaire design
Leuchtenglocke f <licht> • globe; sphere
Leuchtenkasten m <kfz.licht> (Rückleuchten) • taillight box
Leuchtenkörper m <licht> • luminaire housing; luminaire body
Leuchtenmaterial n <licht> • luminaire material
Leuchtenschirm m rar <licht> • lamp shade
Leuchtenwirkungsgrad m <licht> (allgemein) • luminaire efficiency
Leuchtenwirkungsgrad m <licht> (Straßenbeleuchtung) • luminance yield
Leuchtenwirkungsgrad m <licht> • percentage of total luminaire output US; fitting light output ratio; fitting efficiency; coefficient of utilization
Leuchter m <licht> • candlestick
Leuchterscheinung f <licht> • luminous effect
Leuchtfaden m <phys> (Plasma) • streamer
Leuchtfarbe f <bekl> (Farbton eines Kleidungsstücks) • luminous color
Leuchtfarbe f <obfl> (Anstrichstoff) • luminescent paint; luminous paint
Leuchtfeld n <msr> • light-display indicator panel; light-display panel

Leuchtfeldblende f <tech.allg> (Mikroskop) • field diaphragm; field stop
Leuchtfeuer n <navig> • navigational light; flash light
Leuchtfeuer n <navig> (Schiffahrt) • beacon light; light
Leuchtflammenbrenner m <verbr> • nozzle-mix burner
Leuchtfleck m <av> • beam spot
Leuchtfleck m <licht> • light spot; luminous spot
Leuchtfleck m <navig> (Radar) • blip
Leuchtfleck m <opt> • light spot; laser spot; spot of light
Leuchtfleckabtaster m <opt> • light-spot scanner
Leuchtfleckaufweitung f <navig> • blooming
Leuchtflecküberhellung f <navig> • blooming
Leuchtkegel m <verk> (Leitkegel in Leuchtfarbe) • luster cone
Leuchtkörper m <licht> (betont: Glühwendel, -faden) • incandescent filament
Leuchtkörper m <licht> (allg.) • illuminant; luminous element
Leuchtkondensator m <licht> • luminescence cell
Leuchtkraft f <allg> (z. B. von Farben) • brilliance
Leuchtkraft f <tech.allg> (Helligkeit) • brightness
Leuchtkraft f <kunst> (von Farben) • brightness
Leuchtkraft f <licht> • luminous power; luminosity
Leuchtkugel f <mil> • flare
Leuchtlupe f <opt> • illuminated magnifier
Leuchtmarke f obs <edv> (Positionsmarkierung auf dem Bildschirm; z. B. ein Pfeil) • cursor; screen cursor
Leuchtmelder m DIN VDE 0660 <msr> (allg. für Betriebszustand; z. B. EIN/AUS; jede Farbe möglich) • indicator light (IND LITE); indicator pract.coll; signal light rare
Leuchtmittel n form <licht> (allg.; z. B. Glüh- od. Glimmlampe, Neonröhre, Gasentladungslampe) • lamp
Leuchtöl n obs <chem.petr> (Siedebereich 160...250 °C; für Jet Fuel, Lösungsmittel, Lampen etc.) • kerosine; illuminating oil ASTM; lamp oil rare
Leuchtornament n <licht> • neon sign
Leuchtpistole f <alarm> • flare gun; signalling gun
Leuchtpunktunterdrückung f <el> • luminous spot suppression
Leuchtpunktvisier n <mil> (versch. Bauarten) • red dot sight; red dot optical sight
Leuchtpunktzielgerät n Walther <mil> (versch. Bauarten) • red dot sight; red dot optical sight
Leuchtrahmensucher m <phot> • brilliant-frame viewfinder
Leuchtröhre f <licht> • tubular discharge lamp
Leuchtröhre f form <licht> • neon lamp; neon tube
Leuchtsatz m <licht> • illuminating composition; illuminating charge
Leuchtsatz m <mil> (für Leuchtspurmunition) • tracer composition; tracer mixture
Leuchtschalter m <msr> • illuminated switch
Leuchtschirm m <av> (Fernsehschirm) • television viewing screen
Leuchtschirm m <edv> • luminescent screen; fluorescent screen; phosphor screen
Leuchtschirm m <opt> • viewing screen
Leuchtschirmbild n • cathode-ray pattern
Leuchtschrift f <licht> • neon sign
Leuchtschriftanzeige f <druck> • LCD display
Leuchtsicherung f <kfz.el> • glow fuse
Leuchtsignal n <alarm> • flare
Leuchtsignal n <av> • luminance signal
Leuchtskale f <msr> • illuminated dial; luminous dial; illuminated scale
Leuchtspur f <mil> • light trace; luminous trace
Leuchtstärke f <astron> • luminosity
leuchtstark <astron> (Stern) • very luminous; luminous
Leuchtstoff m <licht> • luminescent material; luminophor; fluorescent substance; phosphor coll

Leuchtstoffbelag *m* <licht> • phosphor coating
Leuchtstofflampe *f* <licht> *(typ. in Röhrenform)* • fluorescent lamp
Leuchtstofflampenband *n* <licht> • fluorescent lighting strip
Leuchtstofflampenbeleuchtung *f* <licht> • fluorescent lighting
Leuchtstofflampendrossel *f* <licht> • fluorescent-lamp ballast
Leuchtstofflampenleuchte *f* <licht> • fluorescent fixture *US*; fluorescent lamp luminaire; fluorescent luminaire
Leuchtstoffleuchte *f* <licht> • fluorescent fixture *US*; fluorescent lamp luminaire; fluorescent luminaire
Leuchtstoff-Niederdrucklampe *f form* <licht> • fluorescent tube; tubular fluorescent lamp *form*
Leuchtstoffpunkt *m* <av> • phosphor dot
Leuchtstoffröhre *f* <druck> *(Belichtungs-, Ladungslöschlampe in Kopierer)* • fluorescent lamp
Leuchtstoffröhre *f* <licht> • fluorescent tube; tubular fluorescent lamp *form*
Leuchtstoffschicht *f* <licht> • phosphor coating
Leuchtstoffstreifen *m* <av> • phosphor color stripe
Leuchtstoffzähler *m* <nukl> • scintillation counter; scintillation detector; scintillator
Leuchttaste *f* <edv> *(jegliche beleuchtete Taste)* • illuminated key; luminous key
Leuchttaste *f* <el> *(betont: zum Drücken)* • lighted push-button
Leuchttastenschalter *m* <msr> • illuminated push-button switch
Leuchttastschalter *m* <el> • illuminated push button
Leuchttisch *m* <doku> *(Setzerei, Druckerei, Werbeagentur)* • layout table; light table
Leuchttonne *f* <navig> • light buoy
Leuchtturm *m* <navig> • light-house *US*; lighthouse *GB*
Leuchtweitenbegrenzung *f* <edv> • range restriction
Leuchtweitenregler *m* <kfz.msr> *(meist ein vertikales Einstellrad)* • headlight levelling control
Leuchtweitenregulierung *f* <kfz.el> *(manuell oder automatisch)* • headlight leveling
Leuchtwerbung *f* <werb> • illuminated advertising
Leuchtwinkel *m* <licht> • coverage
Leuchtwinkel *m* <opt> • light sector
Leuchtwinkel *m* <phot> • angle of illumination
Leuchtwirkung *f* <licht> • luminous effect
Leuchtzeichen *n* <tech.allg> • illuminated sign
Leuchtzeichen *n* <alarm> • telltale light
Leuchtzeichen *n* <förd> *(z. B. im Personenaufzug)* • position indicator light
Leuchtzeiger *m* <msr> • illuminated pointer; luminous pointer
Leuchtzeiger *m* <msr> *(an Uhr)* • luminous hand
Leuchtzeit *f* <phot> *(Elektronenblitz)* • flash duration
Leuchtziffer *f* <msr> • luminous figure
Leuchtzifferblatt *n* <msr> • luminous dial
Leuchtziffernanzeige *f* <msr> • illuminated digital display; luminous digital indicator
Leukämie *f* <med> • leukaemia *GB*; leukemia *US*
Leukopenie *f* <med> • leucopenia
Leute einstellen *vi* <ökon> • upgrade the workforce *vi*; staff up *vi coll*
Leute entlassen *vi* <ökon> • downsize the workforce *vi*
Levanteleder *n* <led> • Levant
Levante-Pressnarben *fpl* <led> • Levant grain
levantieren *vt* <led> • board *vt*; grain *vt*
Levantierholz *n* <led> • graining board; cork board; pommel
Level Controller *m* <edv.av> • level controller
Lever *m Roland* <edv.av> *(zur Steuerung von Modulation und/oder Pitchbending)* • lever; control lever

LEV II <kfz.emiss> • LEV II-Legislation on Emissions (LEV II)
LEV II-Abgasgesetzgebung *f* (LEV II) <kfz.emiss> • LEV II-Legislation on Emissions (LEV II)
LEV II-Gesetzgebung *f* <kfz.emiss> • LEV II-Legislation on Emissions (LEV II)
LEV-Motor *m* <kfz.mot> • LEV engine; clean diesel engine *coll*; clean diesel *coll*
Lewis-Zahl *f* <phys.verbr> *(Verhältnis von Vorheiz- zu Massendiffusionszone in einer Flamme)* • Lewis number
Leylandauge *n* <kfz> *(Blattfederende)* • Leyland eye
LF-Heizung *f* <nukl> • low frequency heating
L-Filter *n* <el> • L-pad filter
LFO <edv.av> *(unter 20 Hz)* • low-frequency oscillator (LFO); modulation generator *obs*; MG *obs*
L-förmiger Brennraum *m* <kfz.mot> *(seitengesteuerter Motor in Motorrad)* • L-head; L-shaped combustion chamber
l/f-Rauschen *n* <el> • flicker noise; l/f noise
LF-Taste *f* <druck> • line feed switch
L-Glied *n* <el> • L network
L-Glied *n* <el> • L-pad
L/G-Wert *m* <verf> *(SO₂)* • liquid-to-gas ratio
LH <masch> • left-hand thread (LH)
LH <sport> • barbell
LHD <kfz> • left-hand drive (LHD)
LHR-Heizung *f* <nukl> • heating at the lower hybrid resonance; heating in the low hybrid frequency range; low hybrid resonant heating; LHR heating
Li <chem> • lithium (Li)
Libelle *f* <msr> • spirit level; spirit vial
Libellenblase *f* <wz> *(in Wasserwaage)* • air bubble
Libellennivellier *n* <msr> • bubble level
Libellensextant *m* <navig> • bubble sextant
Liberty-Schiff *n* <nav> *(Serienfrachter mit 10.000 t Tragfähigkeit)* • liberty ship
Librarian *m* <edv.av> *(Klangprogramm)* • librarian; bank manager
Libration *f* <astron> • libration
Librationswolke *f* <astron> • libration cloud
Librationszentrum *n* <astron> • libration point
licht *rar* <obfl> *(Farbe, Farbton)* • light *adj*; light-toned; light in tone
Licht *n* <allg> *(in einem anderen, günstigen Licht; übertragen: grünes Licht)* • light
Licht *n* <licht> *(allgemein für Lampen oder Leuchten)* • light; lights *pl*
Licht *n* <phys> *(für das Auge sichtbare Strahlung)* • light
Licht *n* <phys.med> *(Wellenlänge ca. 380 bis 780 nm)* • visible radiation; light radiation
lichtabbaufähige Folie *f* <ents> • photodegradable film
Lichtabfall *m* <edv> • falloff; dropoff *rare*
Lichtabfall *msg* <phot> • light-loss; falling-off of illumination; fall-off of illumination; falling-off in illumination; fall-off in illumination
Lichtablenkung *f* <opt> • light deflection
Lichtablenkvorrichtung *f* <astron> • guided-light deflector
lichtabsorbierend <mat> • light-absorbing
Lichtabsorption *f* <opt> • light absorption
lichtaktivierend <licht> • light-activating
Lichtalterung *f* <mat> • light aging
Lichtanlage *f* <fz> *(Fahrrad)* • lighting set
Lichtanlage *f* <licht> • electric lighting installation; lighting installation
Lichtart *f* <licht> • light source
lichtaufnehmendes Element *n* <edv> • light-collecting element; light-sensitive element; photoreceptor; photo sensor; light detector

Lichtausbeute f <licht> • efficacy *form*; luminous efficacy *form*; light efficiency; light yield; efficiency *pract.coll*

Lichtausbeute f <licht> • light gain

Lichtausbreitung f <opt> • light propagation

Lichtausfallwinkel m *Herst* <licht> • cut-off angle

Lichtausgang m <licht> • light output

lichtaussendend <licht> • light-emitting

Lichtaussendung f <licht> • light emission; emission of light

Lichtausstrahlung f <licht> • light emission; emission of light

Lichtaustritt m <lwl> • optical outlet

Lichtautomatik f :V *ugs* <kfz.el> • headlight on/off delay system; autolamp on/off delay system *Ford*

lichtbeständig <kunst> *(Pigmente)* • non-fading; light stable; lightfast

lichtbeständig <obfl> *(Farbe, Textilien, Papier)* • lightfast; non-fading; unfading; light-resistant; fadeless *rare*

Lichtbeständigkeit f <kst.qualit> *(von Kunststoffen)* • UV resistance

Lichtbeständigkeit f <kunst> • lightfastness; light resistance *stand*; resistance to fading; fastness to light; light fastness

Lichtbeugung f <opt> • light diffraction

Lichtbild n *form.obs* <phot> *(fotografische Aufnahme)* • photograph; photo; picture; shot *coll*; exposure

Lichtbildwand f <kino> • screen

Lichtblitz m <tech.allg> • light flash; flash of light

Lichtblitzentladungslampe f <licht> • flash tube

Lichtblitzstroboskop n <licht> • flash-type stroboscope; stroboscope

Lichtbogen m <el> • arc; electric arc; voltaic arc *rare*

Lichtbogenabfall m <el> • arc drop

Lichtbogenabriss m <füg> • arc break; chopping *pract*

Lichtbogenanode f <füg> • arc anode

Lichtbogenauftragschweißen n <füg> • arc weld surfacing; arc surfacing

Lichtbogen ausbilden vi <el> • strike an arc *vi*

Lichtbogenausfugen mit Druckluft n <prod> • air arc gouging; oxygen gouging

lichtbogenbeständig <füg> • arc-resistant; arc-proof

Lichtbogenbeständigkeit f <füg> • arc stability

Lichtbogenbeständigkeit f <qualit.mat> • arc resistance *ISO 13943*

Lichtbogen bilden vi <el> • arc *vi*

Lichtbogenbildung f <el> • arc formation; arcing

Lichtbogenbolzenschweißen n <füg> • stud arc welding (SW)

Lichtbogenbrenndauer f <el> • arc duration

Lichtbogenbrennschneiden n <prod> • oxy-arc cutting; arc cutting

Lichtbogendurchschlag m <el> • breakdown

Lichtbogenentladung f <el> • arc discharge

Lichtbogenentladungsröhre f <el> • arc discharge tube

Lichtbogenerdschluss m <msr> • arcing ground *US*; arcing earth *GB*; arc-over earth fault

lichtbogenerwärmt <el> • arc-heated

Lichtbogenfestigkeit f *ISO 13943* <qualit.mat> • arc resistance *ISO 13943*

Lichtbogenfestigkeit fsg <qualit.mat> • resistance to arcing; arc resistance

Lichtbogenfußpunkt m <el> *(auf der Anodenseite)* • anode point

Lichtbogenfußpunkt m <el> *(auf der Kathodenseite)* • cathode point

Lichtbogenfußpunkt m <füg> *(Schweißen)* • root

lichtbogengelötet <füg> • arc-brazed

lichtbogengeschweißt <füg> • arc-welded

Lichtbogengleichrichter m <el> • arc rectifier

Lichtbogenhandschweißen n (LBH) *DIN EN ISO 4063* <füg> • manual metal arc welding *ISO 4063*; manual arc welding

Lichtbogen-Handschweißen n <füg> • metal-arc welding; arc welding *pract.coll*

Lichtbogenheizung f <verf> *(z. B. Schmelzofen)* • electric arc heating; arc heating

Lichtbogenhobeln n <prod> • arc gouging

Lichtbogenkathode f <füg> • arc cathode

Lichtbogenkennlinie f <füg> • arc characteristic

Lichtbogenkern m <el> • arc core

Lichtbogenkern m <füg> • arc center *US*; arc centre *GB*

Lichtbogenkohle f <füg> • arc carbon; arc lamp carbon

Lichtbogenkontakt m <el> • primary arcing contact; arcing contact

Lichtbogenlampe f <el> • arc lamp

Lichtbogenleitblech n <füg> • arc baffle

Lichtbogenlöscheinrichtung f <el> • arc-extinction device; quencher *pract*

Lichtbogenlöschkammer f <el> *(Schalter)* • arc chute

Lichtbogenlöschkammer f <el> • arcing chamber

Lichtbogenlöschspule f <el> • arc-suppression coil

Lichtbogenlöschung f <el> • arc extinction; arc quenching; arc suppression

Lichtbogenlöten n <füg> • arc brazing

Lichtbogenmetallspritzen n <prod> • arc metal spraying; arc metallizing

Lichtbogenofen m <verf> *(allg.; z. B. für Edelstähle, zum Verglasen von Rückständen)* • arc furnace; electric arc furnace; arc-heated furnace

Lichtbogenplasmabrenner m <prod> • arc plasma torch

Lichtbogenpressschweißen n *DIN 1910-2* <füg> • arc pressure welding

Lichtbogensäule f <el> • arc column

Lichtbogenschmelzofen m <verf> • arc melting furnace

Lichtbogenschneiden n <prod> • arc cutting

Lichtbogenschneiden mit Druckluft n <prod> • air arc cutting

Lichtbogenschneiden mit Sauerstoff n <prod> • oxygen arc cutting

Lichtbogenschutzarmatur f <verf> • arc-protective fitting; arcing shield

Lichtbogenschutzgasschweißen n *DIN 1910-4* <füg> • gas metal arc welding *US*; inert-gas-shielded arc welding *form.did*; gas-shielded arc welding; gas-shielded welding

Lichtbogen-Schutzgasschweißen n <füg> • inert arc welding

Lichtbogenschutzhorn n <el> *(Starkstromfreileitung)* • arcing horn

Lichtbogenschutzkammer f <el> • arc deflector

Lichtbogenschutzring m <el> *(Starkstromfreileitung)* • arcing ring

Lichtbogenschutzstrecke f <el> • arcing air gap

Lichtbogenschweißautomat m <füg> • automatic arc welding machine

Lichtbogenschweißelektrode f <füg> • arc welding electrode

Lichtbogenschweißen n *DIN 1910* <füg> • arc welding *ISO 4063*; electric arc welding *form.did*

Lichtbogenschweißmaschine f <füg> • arc welding machine

Lichtbogenschweißroboter m <autom> • arc-welding robot

Lichtbogenschweißtransformator m <füg> • arc welding transformer

Lichtbogenschweißverfahren n <füg> • arc welding technique

Lichtbogenschwingung f <el> • arc oscillation

Lichtbogensender *m* <el> • arc transmitter
Lichtbogenspannung *f* <el> • arc voltage
Lichtbogenspannung *f* <el> • arc voltage; arc potential
Lichtbogenspektrum *n* <el.opt> • arc spectrum
Lichtbogenspritzen *n* <prod> • electric arc spraying; arc spraying
Lichtbogenstabilisator *m* <el.verf> • arc stabilizer
Lichtbogenstrahlungsofen *m* <metall> • indirect arc-heated furnace; indirect arc furnace
Lichtbogenstrecke *f* <el> • arc gap
Lichtbogenstrom *m* <el> • arc current
Lichtbogenüberschlag *m* <el> • arc-over; arc flash-over; arcing-over
Lichtbogenunterdrückung *f* <el> • arc suppression
Lichtbogenventil *n* <el> • arc rectifier
Lichtbogenverluste *mpl* <el> • arc-drop losses
Lichtbogenwanderung *f* <el> • arc migration
Lichtbogenwiderstand *m* <qualit.mat> • resistance to arcing; arc resistance
Lichtbogenwiderstandsofen *m* <verf> • arc resistance furnace
Lichtbogenzündung *f* <el> • arc ignition; arc initiation *form.did*; arc starting *pract*
lichtbrechend <opt> • refracting; refractive
Lichtbrechung *f* <opt> • refraction of light
Lichtbrechung *f* ugs <opt> • (von Lichtstrahlen an Grenz-fläche; z. B. an Prisma) • refraction of light; refraction
Lichtbrechungsvermögen *n* <opt> • refractivity
Lichtbündel *n* <licht> • beam of light; light beam; light pencil
Lichtbündelung *f* <allg> • optical beaming; focusing
Lichtbündelung *f* <licht> • light concentration; light bunching
lichtchemisch <licht> • actinic
Lichtdesigner *m* form <licht.theat> • lighting designer
lichtdicht <phot> • light-proof; light-fast; light-tight
Lichtdiffusor *m* <opt> • light diffuser
Lichtdispersionskoeffizient *m* <pap> • light dispersion coefficient
Lichtdosiergerät *n* <msr> • light-integrating meter
Lichtdrehschalter *m* <el> • light spindle switch
Lichtdruck *m* <druck> • photogelatin printing process; photogelatin process; heliotype printing; collotype
Lichtdruck *m* <phys> • light pressure; radiation pressure
Lichtdruckfarbe *f* <druck> • photogelatin ink; collotype ink
Lichtdruckplatte *f* <druck> • collotype plate
lichtdurchlässig <energ.sol> • translucent; transparent
lichtdurchlässig <licht> • light-transmitting
lichtdurchlässig <mat> • transparent; translucent; non-opaque; diaphanous
lichtdurchlässig <qualit.mat> • transparent
lichtdurchlässig <qualit.mat> • translucent
lichtdurchlässiger Metall-Look *m* <obfl> (z. B. von Handytastaturen) • translucent metal look
lichtdurchlässiger Optikkitt *m* <füg.opt> • transparent optical cement
lichtdurchlässiges Dach *n* <kfz> • translucent roof
lichtdurchlässiges Feld *n* <msr> (optoelektronischer Winkelkodierer) • transparent segment; transparent section; transparent area
Lichtdurchlässigkeit *f* <mat> • light transmission; transparency
Lichtdurchlässigkeit *f* <mat> • light transmittance; light transmission
Lichtdurchlässigkeit *f* <opt.mat> (Material) • transparence; transparency; translucency
Lichtdurchlässigkeitsprüfer *m* <textil.opt> • transparency tester

lichtdurchscheinend <qualit.mat> • translucent
lichtecht <kunst> (Pigmente) • non-fading; light stable; lightfast
lichtecht <obfl> (Farbe, Textilien, Papier) • light-fast; non-fading; unfading; light-resistant; fadeless *rare*
lichtecht <obfl> • lightfast; fast to light
lichtecht <obfl.mat> (z. B. Kunststoff, Anstrich) • color fast; color stable; light fast
Lichtechtheit *f* DIN 53 388 <kunst> • lightfastness; light resistance *stand*; resistance to fading; fastness to light; light fastness
Lichtechtheit *f* <mat> (gegen Ausbleichen oder Farb-veränderung) • fastness to light; resistance to light
Lichtechtheit *f* <obfl> (gegen Ausbleichen) • fade resistance
Lichtechtheit *f* <obfl> • color fastness to light ISO 105 B01
Lichtechtheit *f* <textil> (Färberei) • fastness to light; light fastness
Lichtechtheitsprüfer *m* <opt> • fadeometer
lichte Einbauhöhe *f* <tech.allg> • daylight height; daylight
Lichteffekt *m* ugs <kunst> (hellste Fläche, Lichtakzent; in Bildern allg.; z. B. Fotos, Gemälde) • highlight; accent light
lichte Höhe *f* <tech.allg> • free headroom
lichte Höhe *f* <bau> (z. B. Raum, Stollen, Tunnel, Unter-führung, Brücke) • clearance; clearance over the ground; overhead clearance
lichte Höhe *f* <bau> • headroom
lichte Höhe *f* <bau> • maximum daylight
Lichteinfall *m* <licht> • light incidence
Lichteinfall durch das Okular *m* <phot> • light entering through the eyepiece
Lichteinlass *m* <tech.allg> (jede Lichteintrittsöffnung) • window opening; light
Lichteinlass für LCD *m* <phot> • LCD illumination window
Lichteinlass für Skalenbeleuchtung *f* <phot> • scale-illumination window
Lichteinschaltgerät *n* <alarm> • light control system; lighting control
Lichteintrittsfenster *n* <opt> • radiation entrance window
Lichteinwirkung *f* <phot> • action of light
lichtelektrisch <licht> • light-activated
lichtelektrisch <phys> • photoelectric
lichtelektrisch abtasten *vt* <opt> • scan photoelectrically *vt*
lichtelektrisch aktiv <phys> • photoactive
lichtelektrisch angeregt <phys> • photoexcited; photo-stimulated
lichtelektrische Aktivität *f* <phys> • photoactivity
lichtelektrische Anregung *f* <phys> • photoexcitation
lichtelektrische Dissoziation *f* <chem> • photodissociation
lichtelektrische Empfindlichkeit *f* <phys> • photoelectric sensitivity; photosensitivity
lichtelektrische Empfindlichkeit *f* <phys.msr> • photoelectric response
lichtelektrisch empfindlich <mat> • photosensitive; light-sensitive
lichtelektrischer Effekt *m* <msr> • photoelectric effect
lichtelektrischer Effekt *m* <phys> • photoelectric effect; photoeffect
lichtelektrischer Empfänger *m* <opt> • photodetector
lichtelektrischer Empfänger *m* <phys> • photocell receiver
lichtelektrischer Widerstand *m* <el> (betont: Bauteil) • photoelectric resistance cell
lichtelektrischer Widerstand *m* <el> (betont: phys. Größe) • photoresistance

lichtelektrisches Halbleiterbauelement n <el> • photo-electric device

lichtelektrisches Halbleiterbauelement n <el> • photo-electric semiconductor device

lichtelektrisches Relais n <el> • photoelectric relay

lichtelektrische Steuerung f <msr> • photoelectric control

lichtelektrisch negativ <el> • light-negative

lichtelektrisch positiv <el> • light-positive

Lichtemission f <licht> • light emission

Lichtemissionsdiode f (LED) • light-emitting diode (LED)

Licht emittieren vi <opt.lwl> (z. B. Diode) • emit light vi

lichtemittierend • light-emitting

lichtemittierende Diode f rar <el> • light-emitting diode (LED); luminescence diode rare

Lichtempfänger m <msr> (optoelektronischer Winkel-kodierer) • light detector; light sensor

lichtempfindlich <tech.allg> • light-sensitive; sensitive to light; photosensitive

lichtempfindliche Diode f <msr> (optischer Sensor) • photodiode; photo diode; photo-electric cell

lichtempfindliche Diode f <msr> • photodiode; photo-conductive diode; photo diode

lichtempfindliche Oberfläche f <obfl> • photosensitive surface; photosurface pract.coll

lichtempfindliche Platte f <druck> (Druckplatte) • light-sensitive plate

lichtempfindlicher Sensor m <el> • photosensor

lichtempfindlicher Sensor m <msr> • light-sensitive detector

lichtempfindliche Schicht f <el.ic.prod> • photoresist layer; photoresist coating; photoresist

lichtempfindliche Schicht f <obfl> • photosensitive layer

lichtempfindliches Element n <edv> • light-collecting element; light-sensitive element; photoreceptor; photo sensor; light detector

lichtempfindliches Element n <opt> • light-sensitive element; photosensor

lichtempfindliches Material n <mat> • photosensitive material

lichtempfindliches Material n <phot> (betont: Licht-empfindlichkeit bewusst hervorgerufen) • sensitized mate-rial

lichtempfindliches Papier n <phot> • sensitized paper

lichtempfindliches System n <el> • photosensor array

lichtempfindliche Zelle f <mat> • light-sensitive cell

Lichtempfindlichkeit f <av> • light sensitivity; sensitivity; minimum illumination

Lichtempfindlichkeit f <mat> (z. B. Kunststoff) • light sensitivity; light-sensitivity; sensitivity to light

Lichtempfindlichkeit f <opt> (Kopiergerät) • sensitivity

Lichtempfindlichkeit f <phot> (Film) • light sensitivity; photo sensitivity

Lichtempfindlichkeit f <phot> • response

Lichtempfindlichkeit f <phot> (der Emulsion) • speed

Lichtempfindlichkeit f <phys> • photosensitivity

lichtempfindlich machen vt <büro> (Kopierer) • sensi-tize vt

lichtempfindlich machen vt <phot> (z. B. fotografische Platte) • sensitize vt

Lichtenberg'sche Figur f <phys> • Lichtenberg figure

lichtenbergsche Figur f <phys> • Lichtenberg figure

Lichtenergie f <phys> • light energy

Lichter npl <licht> (allgemein für Lampen oder Leuchten) • light; lights pl

Lichter npl <phot> • highlights pl; highlight areas pl

lichte Rahmenweite f <holz> (Gatter) • inside width of a frame

lichte Rechenstabweite f <verf.hydr> • bar spacing; clear space; clear opening of a bar screen; aperture

lichter Ocker n <kunst> • yellow ochre

Lichter ohne Zeichnung npl <phot> (bei Überbelichtung oder zu starkem Kontrast) • burned-out highlights pl; washed-out highlights pl

Lichterpartien fpl <phot> • highlights pl; highlight areas pl

lichter Raum m <tech.allg> • clearance

lichter Säulenabstand m norm <kst> • clear distance between columns

lichter Strebepfeilerabstand m <bau.hydr> (Talsperren-bau) • clear buttress spacing; arch span

lichterzeugend <licht> • luminiferous; light-producing

lichterzeugend <phys> • photogenic

Lichterzeugung f <opt> • light generation

lichte Ständerweite f <prod> (z. B. Portalfräsmaschine) • space between standards

lichte Unterfahrhöhe f <förd> (Ladegestell) • undercle-arance

lichte Unterfahrhöhe f <fz> • ground clearance

lichte Weite f <tech.allg> • bearing distance

lichte Weite f <tech.allg> • daylight

lichte Weite f <tech.allg> • inside width

lichte Weite f <energ.hydr> • bar spacing; clear space

lichte Weite f <msr> (Innendurchmesser) • bore size; in-side diameter

lichte Weite f <msr> (Innenmaß (Schrankbreite, Türrah-men, Mannloch)) • clear span

Lichtfalle f <licht> • light trap

Lichtfangleistung f <astron> • light-gathering power

Lichtfarbe f <licht> • color appearance; light color; light source color

Lichtfarbe f <opt> • color of the spectrum

Lichtfarbe f <phys> (warm, kalt) • color temperature; light color

Lichtfeld n <licht> • spread

lichtfest <textil> (Faden) • resistant to sunlight; photo-resistant

Lichtfilter n <opt> • light filter

Lichtfilter n/m <edv> • gels pl

Lichtfläche f <licht.theat> • lighting segment

Lichtfleck m <tech.allg> • light spot; light patch

Lichtfleck m <edv> • scan spot; scanning spot

Lichtfleck m <opt> • light spot; laser spot; spot of light

Lichtfluss m <licht> • light flux

Licht führen vi <lwl> • guide light vi

lichtführend <licht> • light-guiding

lichtgeschützt <tech.allg> • protected from light; screened from light

lichtgeschützt aufbewahren vt <logist> • keep screened from light vt

Lichtgeschwindigkeit f (c) <phys> • velocity of light (c); speed of light; light velocity

Lichtgestalter m form <licht.theat> • lighting designer

lichtgesteuert <msr> • light-controlled

Lichtgitter n <sich> (Fingerschutz; z. B. an Pressen) • light grid

Lichtgitter n prakt <sich> (allg.; an Alarmanlagen, Ma-schinen-Unfallschutz) • multiple infra-red beam barrier

Lichtgitterrost m <bau> • open-mesh flooring

Licht gleicher Wellenlänge n <phys> • coherent light

Lichtgriffel m <edv> • light pen

Lichtgriffel m <edv> • light pen; wand; light wand; wand scanner; scanning wand

Lichtgriffel m <edv> • light pen; electronic pen

Lichthärtung f <tech.allg> (z. B. bestimmte Kunststoffe unter UV-Licht) • light hardening

Lichthauptsignal n <bahn> • home signal

Lichthof m <astron/opt> (durch Lichtbrechung z. B. i.d. Atmosphäre) • halo; nimbus

Lichthof m <mil> • gap

Lichthof *m* <opt> • halo
Lichthofbildung *f* <phot> • halation
lichthoffrei <phot> • non-halating; antihalo
Lichthofschutzschicht *f* <phot> • anti-halation layer; anti-halation coating; anti-halation backing; anti-halo coating; anti-halo backing
Lichthofschutzschicht *f* <phot> • antihalation layer; antihalo backing; antihalo coating; antihalo layer; anti-halo layer
Lichtholzart *f* <holz> • light demander
Lichthupe *f* <kfz> • flasher; flash light; flash
Lichthupenhebel *m* <kfz.msr> • passing light lever *US*; headlight flasher *GB*; headlamp flasher *GB*; flash-to-pass lever
Lichtimpuls *m* <msr> • light pulse
Lichtintensität *f* <av> • light intensity; luminous intensity
Lichtintensität *f* <licht> • light intensity; intensity of light
Lichtjahr *n* <astron> • light year; light-year
Lichtkabel *n* <licht> • light cable; lighting cable
Lichtkatalysator *m :V* <hlk> *(Luftreiniger)* • photo catalyzer *US*; photo catalyser *GB*
lichtkatalysiert <chem/bio> • photocatalyzed; light-catalyzed
Lichtkegel *m* <edv> • hotspot; pool of light *rare*
Lichtkegel *m* <licht> • illuminating cone; light cone
Lichtkopplung *f* <opt> • light coupling
Lichtkorpuskel *n* <phys> • corpuscle of light
Lichtkreis *m* <licht> • beam edge quality
Lichtkurve *f* <opt> • light curve
Lichtlaufzeitmessung *f* <phys> • time-of-flight method
Lichtleistung *f* <licht> • luminous efficiency; light efficiency
Lichtleistung *f* <phot> *(eines Blitzgerätes)* • light output
Lichtleistungsverlust *m* <opt.lwl> • optical power loss
Licht leiten *vi* <lwl> • guide light *vi*
Lichtleiter *m* <lwl> • fiber-optics *turck*; light guide; light conduit
Lichtleiter *m* <lwl> *(typ. Glasfaser)* • optical waveguide (OWG); optical fiber waveguide *form*; fiber-optic light guide; optical guide; optical fiber *coll*
Lichtleitertechnik *f* <kfz.el> • fiber optics
Lichtleitfaser *f* <lwl> • optical fiber
Lichtleitfolie *f* <licht> • optical lighting film (OLF) *3M*
Lichtleitstab *m* <lwl> • light-conducting rod; rigid-fiber rod
Lichtleitung *f* <licht> • electric lighting mains; lighting mains
Lichtleitung *f* <lwl> • light guidance
Lichtleitung *f* <opt> • light transmission
Lichtleitung im Material *f* <edv> • paper bleed
Lichtleitung im Papier *f* <edv> • paper bleed
Lichtlesestift *m* <edv> • hand-held scanner
Lichtlinienschreiber *m* <druck> • luminous line recorder
Lichtmarke *f* <msr> • indicating light spot; light spot
Lichtmarkeninstrument *n* <msr> • optical-pointer instrument
Lichtmaschine *f prakt.ugs* <fz.el> • generator
Lichtmaschine *f ugs.obs* <kfz.el> • generator; DC generator; dynamo *GB.obs.coll*
Lichtmaske *f* <phot> • photolithographic mask
Lichtmast *m* <bau> • lightpole; lightning pole; lightning column; light column
Lichtmast *m* <licht> • lamp pole; lamp post
Lichtmast *m* <nfz> • floodlamp boom *MB*
Lichtmenge *f* <licht> • quantity of light in lumen-seconds; time integral of the luminous flux *did*; quantity of light; light intensity
Lichtmenge *f* <phot> • amount of light; quantity of light
Lichtmesstechnik *f DIN 5032-6* <msr> • photometry

Lichtmessung *f* <phot> • incident light reading
Lichtmikroskop *n* <opt> • optical microscope; light microscope
lichtmikroskopisch <opt> • light-microscopical
Licht mit definierter Phasenlage *n* <phys> • coherent light
Lichtmodulation *f* • light-carrier injection
Lichtmodulation *f* <licht> • optical modulation; light modulation
Lichtmodulator *m* <licht> • light modulator; light valve *pract*
Lichtmodulator *m* <phys> • radiation chopper
Lichtmühle *f* <phys> • lightmill; light-mill; Crooke's radiometer; solar engine
Lichtnetz *n* <licht> • lighting network; lighting circuit
Lichtnetz *n* <licht> • public mains lighting supply
Lichtnormal *n* <licht> • primary standard of light
lichtoptisch <opt> • photooptical; light-optical
lichtoptische Lithographie *f* <druck> • photooptical lithography; photolithography
Lichtorgel *f* <licht.theat> • jeu d'orgue
Lichtpause *f* <büro> *(Kopie)* • blueprint; photocopy
Lichtpause *f* <doku> • diazo print; diazo copy; print
Lichtpause *f* <doku> *(techn. Zeichnung)* • blueprint; cyanotype
Lichtpausverfahren *n* <druck> • diazo process
Lichtpunkt *m norm* <edv> • scan spot; scanning spot
Lichtpunkt *m* <opt> • light spot; laser spot; spot of light
Lichtpunkt *m* <phot> *(Rasterfotografie)* • highlight dot
Lichtpunktabtaster *m* <ic> • flying-spot device; flying-spot scanner; light-spot scanner; optical scanner
Lichtpunktabtastung *f* <edv> • flying-spot scanning
Lichtpunktgröße *f* <edv> • spot size; scan spot size
Lichtpunktschreiber *m* <msr> • galvanometer recorder
Lichtpunktspeicher *m* <edv> • flying-spot store
Lichtputzschere *f* <wz> *(für Kerze)* • snuffers; pair of snuffers
Lichtquant *n* <phys> • quantum of light; photon; light quantum; light quant
Lichtquant *n* <phys> • photon; light quantum
Lichtquantenimpuls *m* <phys> • photon momentum
Lichtquantenzähler *m* <msr> • photon counter
Lichtquelle *f* <licht> • light source; illuminant; luminous source; source of light
Lichtquellensymbol *n* <edv> • light source symbol
Lichtrasterdecke *f* <bau.innen> • grid ceiling for lights *:V*
Lichtraumbreite *f* <msr> *(Innenmaß (z. B. von Wand zu Wand))* • clear width
Lichtraumprofil *n :V* • clearance universal gauge
Lichtraumprofil *n* <bahn> *(von Tunneln; neue Tunnel haben ein großes ~)* • structure clearance; structure gauge; clearance
Lichtraumprofil *n* <bau> • road clearance
Lichtreaktion *f* <bio> *(Photosynthese; i.Ggs. zu Dunkelreaktion)* • photochemical reaction
Lichtregieraum *m* <licht.theat> • control booth; light booth; control room
Lichtrelais *n* <el> • photoelectric relay; light relay
Lichtrichtung *f* <phot> • direction of light
Lichtriese *m* <phot> • extremely fast lense *:V*
Lichtring-Standlicht *n* <kfz.el> • light-ring parking lights *:V*
Lichtröhre *f press* <licht> • light pipe *GE*
Lichtrohr *n* <licht> • light pipe *GE*
Lichtrohrsystem *n* <licht> • light tube system
Lichtrufanlage *f* <alarm> • light-signal call installation
Lichtsatz *m* <edv> *(Druckverfahren)* • photocomposition printing; photocomposition; phototypography; photo comp; filmsetting

Lichtschacht *m* <bau> • light-well; well; light shaft
Lichtschacht *m* <phot> • focusing hood *US*; focussing hood *GB*; screen hood
Lichtschachtsucher *m* <phot> • waist-level finder
Lichtschachtvergrößerer *m* <phot> • diffuser enlarger; diffused-light enlarger; diffusion enlarger
Lichtschalter *m* <bau/el> *(Wandschalter)* • light switch
Lichtschalter *m* <el> *(allg.; auch Hauptschalter Kfz-Beleuchtung)* • lighting switch; light control; light switch
Lichtschaltgerät *n* <alarm> • light control system; lighting control
Lichtschleuse *f* <prod> • light lock; light trap
lichtschluckend <mat> • light-absorbing
Lichtschnittmikroskop *n* <opt> • light section microscope; light-cut microscope
Lichtschnittverfahren *n* <opt> *(Rauheitsprüfung)* • light-slit method
Lichtschranke *f* (LS) <alarm> *(gesamtes Gerät)* • photoelectric beam detector; beam interruption detector; broken beam detector; photoelectric detector
Lichtschranke *f* <alarm> *(Lichtstrahl selbst)* • photoelectric beam; light beam
Lichtschranke *f* <alarm> *(Sensor des Gerätes)* • photoelectric sensor; photoelectric eye
Lichtschranke *f* <msr> • light barrier; photoelectric barrier; optical barrier
Lichtschranke *f* <opt> • reflective sensor; optical coupler; photoelectric detector; photoelectric sensor
Lichtschranke *f* <opt> • reflective sensor; retro-reflective sensor
Lichtschreiber *m* <licht> • light pen; light pencil
Lichtschreiber *m* <msr> • light-beam recorder
Lichtschutz *m* <tech.allg> • light protection; protection from light; light shield
lichtschwach <licht> • low-luminosity
lichtschwaches Objektiv *n* <phot> • slow lens
Lichtschwächung durch Rauch *f* ISO 13943 <feuer.opt> • opacity of smoke *ISO 13943*
Lichtsensor *m* <kfz> • light sensor
Lichtsensor *m* <msr> *(optischer Sensor)* • photodiode; photo diode; photo-electric cell
Lichtsignal *n* <alarm> • light signal
Lichtsignal *n* <licht> • luminous signal
Lichtsignal *n* <verk> • traffic light signal; traffic signal
Lichtsignalanlage *f* <verk> • traffic lights; traffic light; traffic signals
Lichtsignalgerät *n* <tech.allg> • blinker light
Lichtsignalgerät *n* <msr> • lamp signaller
Lichtsignalsteuerung *f* <verk> • traffic signal control
Lichtspannung *f* <druck> • light voltage
Lichtspektrum *n* <phys> • light spectrum; spectrum; spectrum of light; light color spectrum
Lichtsprechgerät *n* <tele> • optical telephone equipment; radiooptical telephone; optical telephone
lichtstabilisiert <kst> • light stabilized
Lichtstärke *f* <av> • light intensity; luminous intensity
Lichtstärke *f* <licht> *(physikal. Größe, angegeben in Candela)* • luminous intensity; candlepower; light intensity; intensity of light; brightness *coll*
Lichtstärke *f* <opt> *(z. B. eines Objektivs)* • speed
Lichtstärke *f* <opt.lwl> • emissivity
Lichtstärke *f* <phot> • light-transmitting power
Lichtstärke *f* <phot> *(Film)* • rapidity
Lichtstärke *f* <phot> *(im allgemeinen, ohne Zahlenwert)* • lens speed; maximum aperture; maximum opening; light-gathering power
Lichtstärke *f* <phot> *(konkret, mit Zahlenangabe)* • maximum aperture; maximum opening; f-number
Lichtstärkemessung *f* <astron> • photometry

Lichtstärkeverteilung *f* <licht> *(z. B. von Scheinwerfern)* • luminous intensity distribution; intensity distribution
lichtstark <phot> *(Objektiv)* • fast
lichtstark <phot> *(Film)* • rapid
lichtstarkes Objektiv *n* <phot> • fast lens
Lichtstellung *f* <licht.theat> • cue state
Lichtsteuereinheit *f* <pap> • Light Control Unit (LCU)
Lichtsteuerröhre *f* <licht> • light modulator
Lichtsteuerung *f* <msr> *(z. B. Jalousie)* • light control
Lichtstift *m* <edv> • light pen; electronic pen
Lichtstift *m* <edv> • hand-held scanner
Lichtstift *m* <edv> • light pen; wand; light wand; wand scanner; scanning wand
Lichtstimmung *f* <licht.theat> • cue state
Lichtstrahl *m* <edv> • ray of light; luminous ray; light ray; ray
Lichtstrahl *m* <licht> • beam of light; light beam; stream of light; beam
Lichtstrahlabtastung *f* <opt> • spotlight scanning
Lichtstrahldurchmesser *m* <edv> • spot size; scan spot size
Lichtstrahlen *mpl* <druck> • light rays *pl*
Lichtstrahloszillograph *m* <msr> • galvanometer oscillograph; light-moving-coil oscillograph; light-beam oscillograph
Lichtstrahl-Schreiber *m* <msr> • light-beam recorder
Lichtstrahlschreiber *m* <msr> • light-beam recorder
Lichtstrahlschweißen *n* <füg> • light-beam welding; light radiation welding
Lichtstrahlung *f* <licht> • radiation of light
lichtstreuend <licht> • light diffusing
lichtstreuender Körper *m* <licht> • diffuser
Lichtstreuung *f* <opt> • light scattering
Lichtstrom *m* <licht> • luminous flux *(wiss)*; light output *(prakt)*
Lichtstromabfall *m* <licht> • maintenance
Lichtstromdichte *f* <licht> • luminous flux density
Lichtstromkreis *m* <licht> • lighting circuit
Lichtstrommesser *m* <phys.msr> • integrating sphere photometer; sphere photometer
Lichtstromphotometer *n* <phys.msr> • integrating sphere photometer; sphere photometer
Lichtstromverteilung *f* <licht> • light distribution
Lichttaste *f* <navig> *(Empfänger)* • LIGHT key
Lichttaster *m* <opt> • reflective sensor; retro-reflective sensor
Lichttechnik *f* <licht> • illumination engineering; lighting technology; lighting engineering
lichttechnische Anforderungen *pl* <licht> • photometric requirements
lichttechnische Angaben *pl* <licht> • photometric data *pl*
lichttechnische Daten *pl* <licht> • photometric data *pl*
Lichtteilchen *n* <astron> • photon
Lichttelefon *n* <tele> • photophone
Lichttelefoniegerät *n* norm.did <tele> • photophone
Lichtteleskop *n* <astron> • light-gathering telescope; optical telescope
Lichttisch *m* <kunst> • light table
Lichtton *m* <kino> • optical sound
Lichttonaufnahmegerät *n* <kino> • optical sound recorder; photographic sound recorder
Lichttonaufnahmeverfahren *n* <kino> • optical sound recording technique; optical sound motion-picture recording technique
Lichttonaufzeichnung *f* <kino> • optical sound recording; photographic sound recording
Lichttongerät *n* <kino> • optical sound head; optical electronic reproducer
Lichttonspur *f* <kino> • optical sound track; optical motion-picture sound track

Lichttonwiedergabe f <kino> • optical sound reproduction

Lichttonwiedergabegerät n <kino> • optical sound reproducer; photographic sound reproducer

Lichttransmissionsgrad m ISO 13666 <opt> (Verhältnis des durchgelassenen Lichtstromes zum auftreffenden) • luminous transmittance ISO 13666

Lichtübergang m <licht.theat> (Veränderung einer Licht-stimmung) • lighting cue (Q)

Lichtübertragung f <opt> • light transmission

Lichtübertragungseinheit f <edv> • light transmitting module

Lichtübertragungssystem n <opt> • optical relay system; light relay system

Lichtumlenkelement n <bau> (z. B. Spiegelbaugruppe) • light deflector

lichtundurchlässig prakt <phys> • opaque

lichtundurchlässiger Körper m <mat> • opaque body

lichtundurchlässiges Feld n <msr> (optoelektronischer Winkelkodierer) • opaque segment; opaque section; opaque area

Lichtundurchlässigkeit f ugs <phys> (Materialeigen-schaft) • opacity

lichtunempfindlich <mat> • light-insensitive

Lichtventil n <licht> • light valve

Lichtverhältnisse pl <mil> • light conditions pl; lighting conditions pl

Lichtverhältnisse pl <phot> • lighting conditions pl; light-ing condition; lighting situation; light situation

Lichtverlust m <licht> • light loss

Lichtverstärker m <licht> • light amplifier; optoelectronic amplifier

Lichtverstärkung f <licht> • light amplification

Lichtverstärkung durch induzierte Strahlungsemis-sion f rar <licht> • laser; light amplification by stimulated emission of radiation rare

Lichtverstärkung durch stimulierte Emission von Strahlung f rar <licht> • laser; light amplification by stimulated emission of radiation rare

Lichtverteilungskurve f <licht> • light distribution curve

Lichtverteilungsphotometer n <msr> • light-distribution photometer

Licht von oben nsg <phot> • top lighting sg

Licht von unten nsg <phot> • lighting from below sg :V

Lichtvorhang m <edv.förd> (eines automatischen Scan-ners) • scan curtain; scanning curtain

Lichtvorhang m prakt <sich> (allg.; an Alarmanlagen, Maschinen-Unfallschutz) • multiple infra-red beam barrier

Licht-Vorsignal n <bahn> • distant signal

Lichtwarner m <kfz.msr> (meist Summer, Warnmelodie, oder Warnansage) • lights-on reminder; headlamps on in-dicator Ford; headlights reminder pract.coll

Lichtwarnsummer m <kfz.msr> • lights-on buzzer

Lichtwechsel m <licht> • light variation

Lichtwechsel m <licht.theat> (Veränderung einer Licht-stimmung) • lighting cue (Q)

Lichtweg m <opt> • light path

Lichtwelle f <phys> • light wave

Lichtwellenleiter m (LWL) <lwl> (typ. Glasfaser) • optical waveguide (OWG); optical fiber waveguide form; fiber-optic light guide; optical guide coll

Lichtwellenleiter-Betrieb m <lwl> • fiber-optic operation US; fibre-optic operation GB

Lichtwellenleiterbündel n <lwl> • fiber-optic bundle; light-carrying fiber bundle; optical fiber bundle

Lichtwellenleiterkabel n <lwl> • optical fiber cable US; optical fibre cable GB; glass fiber cable US; glass fibre cable GB

Lichtwellenleiter mit niedriger Dämpfung m <lwl> • low-loss optical waveguide; low-loss optical fiber

Lichtwellenleiter-Strecke f <lwl> • transmission link

Lichtwellenleitertechnik f <lwl> • optical guided-wave technology; fiber-optic technology

Lichtwellenleiter-Übertragungsstrecke f <lwl> • trans-mission link

Lichtwellenleiterverbindung f <lwl> • fiber-optic com-munication link; fiber-optic transmission link; optical fiber link

Lichtwellenzug m <phys> • light wave train

Lichtwerbung f <werb> • illuminated advertising

Lichtwerfer m rar <av> (zur Projektion von Film, Dias videos, Daten) • projector; light projector rare

Lichtwert m <phot> • exposure value

Lichtzeiger m <msr> • light-beam pointer; optical pointer; spot pract.coll

Lichtzeigergalvanometer n <msr> • light-beam galva-nometer

Lichtzerhacker m rar <emiss.msr> (NDIR-Gasanalyse-gerät) • chopper

Lichtzerhacker m <licht> • light-beam chopper; light chopper

Lichtzerlegung f <opt> • light decomposition

lichtzugewandte Zelle f <energ.sol> • top cell

Lie'sche Gruppe f <math> • Lie group; Lie's group

Lie-Algebra f <math> • Lie algebra

Liebhaberei f <allg> • hobby activity; hobby

Liebhaberfahrzeug n <kfz> • enthusiast car :V

lieblich <nahr> (Wein) • suave; pleasant

Lieferant m ISO 9000 <qualit> (Organisation oder Person, die ein Produkt bereitstellt) • supplier ISO 9000

Lieferantenaudit m <qualit> • supplier audit

lieferbar <kfz> (Ausstattungsmerkmale) • available

Lieferbehälter m <logist> • shipping container; shipping cylinder

Lieferbescheinigung f <doku> • delivery certificate

Lieferbeton m <bau.mat> • ready-mixed concrete; transit-mix concrete; truck-mixed concrete

Lieferdatum n <ökon> • date of supply

Lieferdruck m <masch> (Pumpe, Verdichter) • delivery pressure

Lieferdruck m <masch> (Pumpe) • discharge pressure

Lieferfahrrad n norm <fz> • carrier bicycle

Liefergalette f <textil> (Zwirn-Fach-Zwirnmaschine) • roller feeding system; roller delivery system; feed rollers pl

Liefergeschwindigkeit f <tech.allg> (Output pro Zeitein-heit) • delivery rate; rate of delivery

Liefergeschwindigkeit f <logist> (von Waren, Fracht) • delivery speed

Liefergrad m <kfz.mot> (Verhältnis angesaugter zu theo-ret. möglicher Frischluftmasse) • volumetric efficiency

liefern vt <logist> (Frachtgut; mit Lkw o.ä.) • deliver vt

liefern vt <ökon> (Waren, Produkte) • supply vt

Lieferort m <ökon> • place of delivery

Liefer-Protokoll n <ökon> • delivery record

Lieferschein m <logist> • delivery note; bill of delivery; note of delivery

Lieferspezifikation f <ökon> • scope of supplies (SOS); delivery specification rare

Lieferspule f <el> (z. B. für Drähte) • delivery spool

Lieferstrom m <pneum> • delivery rate

Lieferumfang m <edv> • package contents; delivery scope

Liefer- und Leistungsumfang m <ökon> (auch als Dokument-Titel) • scope of supplies and services (SOS)

Lieferung f <logist> • delivery; supply; consignment; ship-ment

Lieferung f <textil> (Fadengeschwindigkeit) • delivery

Lieferungsort m <ökon> • place of delivery

Lieferwagen *m* ugs <nfz> *(Transporter)* • panel van; delivery van; van *coll*; box-type delivery van *rare*
Lieferwalze *f* <büro> • feed roller; delivery roller
Lieferwalze *f* <textil> • draw box
Lieferwerk *n* <textil> *(Stufen-Zwirnmaschine)* • delivery system; delivery device
Lieferzeit *f* <allg.tech> *(aus der Sicht des Auftraggebers)* • lead time
Liegegebühr *f* <nav> *(auf Reede)* • anchorage; groundage
Liegegebühr *f* <nav> *(Liegeplatz an Kai, Ufer)* • mooring fee
liegen *vi* <allg> *(betont: ist dort plaziert worden)* • be placed *vi*
liegen *vi* <allg> *(sich befinden)* • be situated *vi*; be located *vi*
liegen *vi* <tech.allg> *(auf etwas aufliegen, ruhen auf)* • rest on *vi*
liegen *vi* <jur> *(bei jemandem; z. B. Entscheidung)* • rest *vi*
liegen *vi* <nav> *(z. B. vor Anker, auf Reede)* • lie *vi*
liegend <kfz.mot> *(Motoranordnung)* • horizontal
liegende Jahresringe *pl* <obfl.holz> • horizontal annual rings; flat grain
liegender Dampfkessel *m* <rls> • horizontal boiler
liegender Konverter *m* <metall> • barrel converter
liegender Motor *m* <kfz.mot> • horizontal engine
liegender Scheinwerfer *m* <kfz> • sloping headlamp
Liegendes *n* <geo> • ledger wall; lying wall; footwall
Liegendes *n* <min/geo> • bottom; floor
liegendes Flöz *n* <min> • underlying seam
liegende Turbine *f* <energ.hydr> • horizontal-shaft turbine; horizontal-axis turbine
Liegendflöz *n* <min> • underseam
Liegendschram *m* <min> • bottom cut; floor cut; undercut
Liegendschwelle *f* <min> • base frame
liegengebliebenes Fahrzeug *n* <kfz> • disabled vehicle
Liegenlassen von Altlasten *n* <ents> • natural bioattenuation (NBA) *US*
Liegeplatz *m* <agri> • laying box
Liegeplatz *m* <agri> *(für Erzeugnisse, Ernte)* • resting area
Liegeplatz *m* <agri> *(Stall)* • stand
Liegeplatz *m* <bahn> • couchette
Liegeplatz *m* <bahn> • reclining berth
Liegeplatz *m* <nav> *(für Schiffe, Boote; abgegrenzter Bereich)* • berth
Liegeplatz *m* <nav> *(zum Vertäuen, Ankern von Schiffen, Booten)* • mooring place; berthage; mooring *pract*
Liegerad *n* <fz> • recumbent bicycle; recumbent
Liegesitz *m* <fz> *(Kfz, Eisenbahn, Flugzeug)* • reclining seat; full recliner *US*
Liegesitzpolster *n* <kfz.innen> • convertabed cushion
Liegestuhl *m* <innen> • lounger
Liegewagen *m* <bahn> • couchette coach; slumber coach
Liek *n* <nav> *(Spriet- und Schratsegel)* • edge of a sail
Liek *n* <nav> *(Achterliek)* • leech
Liektau *n* <nav> • bolt rope
Liénard-Wichert-Potentiale *npl* <phys> • Liénard-Wichert potentials
liesche Gruppe *f* <math> • Lie group; Lie's group
Liesmich-Datei *f* <edv> • readme file
LIF <msr> • laser induced fluorescence spectroscopy (LIF); LIF spectroscopy; laser induced fluorescence spectrometry; LIF spectrometry
Lifecycle-Assessment *n* <ökol> • life cycle assessment (LCA) *ISO 14040*
Lifestyle-Drittwagen *m* press <kfz> *(z. B. Buggies)* • recreational vehicle (RV)
Lifo-Methode *f* <tech.allg> *(last in - first out)* • LIFO-method; last in, first out method; LIFO principle

LIFO-Prinzip *n* <logist> • last-in-first-out principle
LIFO-Speicher *m* <edv> • last-in-first-out memory; LIFO memory
Lifo-Verfahren *n* <tech.allg> *(last in - first out)* • LIFO-method; last in, first out method; LIFO principle
LIF-Spektroskopie *f* <msr> • laser induced fluorescence spectroscopy (LIF); LIF spectroscopy; laser induced fluorescence spectrometry; LIF spectrometry
Liftachse *f* <nfz> • lift axle
Liftleitung *f* <chem> *(katalytisches Kracken)* • lift line
Lift-off *n* <energ.sol> *(Strukturierung von Dünnschichtsolarzellen)* • lift-off method
Lift-off-Verfahren *n* <energ.sol> *(Strukturierung von Dünnschichtsolarzellen)* • lift-off method
Lift-slab-Verfahren *n* <min> *(Hubplattenverfahren)* • lift-slab method; Youtz-Slick method
Lift-the-Dot-Druckknopf *m* <kfz> • lift-the-dot fastener
Ligand *m* <med> • ligand
Ligandenblot *m* <med> • ligand blotting
Ligandenblotting *n* <med> • ligand blotting
Ligandenblotverfahren *n* <med> • ligand blotting
Ligandenfeldtheorie *f* <chem> • ligand crystal field theory; ligand field theory
Ligase *f* <med> • ligase
Ligatur *f* <druck> • ligature
Light-Field-Rendering *f* <edv> • light field rendering; light field
Light-Field-Technik *f* <edv> • light field rendering; light field
Lighting designer *m* did <licht.theat> • lighting designer
Light Pipe *f* <licht> • light pipe *GE*
Light-Taste *f* <navig> *(Empfänger)* • LIGHT key
light trapping <energ.sol> • light trapping
Lignin *n* <holz> • lignin
Lignin *n* <mat> *(Holzbestandteil)* • lignin
Ligninpech *n* <pap> *(Sulfitablaugenkonzentrat)* • lignin pitch
Lignit *m* wiss <min> *(braun bis schwarz; faserig; Wasser bis 67%; wenig C; niedriger Heizwer)* • lignite; brown coal *coll*
Lignit *m* <verbr> • lignite
Ligroin *n* <chem> *(Benzin mittleren Siedebereichs)* • ligroin; ligroine
Ligroin *n* <chem.obfl> *(Lösungs- und Verdünnungsmittel für Lack)* • white spirit; mineral spirit; varnish makers' and painters' naphtha *rare*
Ligroin *n* <chem.petr> *(Benzinfraktion für techn. Zwecke; Siedebereich 90 – 120 °C)* • naphtha
LIM <kst> • liquid injection molding (LIM)
LIMA <fz.el> • generator
Limbus *m* <msr> *(Theodolit)* • limb
LIMDOW-Verfahren *f* <edv> • Laser Intensity Modulation Direct Overwrite (LIMDOW)
Limes *m* <math> • limit
Limiter *m* <el> *(für Grenzpegel)* • limiter; clipper; delimiter
Limiterschatten *m* <nukl> • limiter shadow
limitieren *vt* <allg> *(Anzahl, Wert; z. B. Drehzahl, Emissionen, Auflage)* • limit *vt*
limitierender Faktor *m* <ents> • limiting factor
limitierte Stückzahl *f* <prod> • limited run
limnisch <bio> • limnic
limnisch <geo> • lacustrine; limnic
limnische Lagerstätte *f* <geo> • lacustrine deposit
Limnologie *f* DIN 4049-2 <ökol> *(Ökologie der Binnengewässer)* • limnology
Limonit *m* <geo> • limonite; brown iron ore
Limousine *f* <kfz> • sedan *US*; saloon *GB*; limo *GB.coll*
Limousine mit langem Radstand *f* <kfz> • extended wheelbase sedan *US*; extended wheelbase saloon *GB*

Linac m <nukl> • lineac; linear accelerator
Lindeck-Rothe-Kompensator m <msr> • deflection potentiometer
Linde-Luftverflüssigungsverfahren n <verf> • Linde air-liquefaction process
lindengrün <kunst> • lime green; linden green
Lindenholz-Ausströmer m <tech> *(in Aquarium)* • airstone made from linden wood *:V*
Lindenholz-Luftausströmer m <tech> *(in Aquarium)* • airstone made from linden wood *:V*
lindgrün <kunst> • lime green; linden green
Lineal n <wz> *(zum Zeichnen, Ziehen von Linien; mit Maß-Skala)* • ruler; rule *rare*
Lineal n <wz.masch> *(betont: Führungsfunktion)* • guide
Lineament n *wiss* <geo> • line of weakness; zone of weakness; lineament *thsc*
linear <tech.allg> • linear
linear <chem.petr> *(z. B. Molekül)* • linear; straight
Linearantrieb m <el> • linear drive
Linear Arithmetic-Synthese f <edv.av> • linear aritmetic synthesis (LA); linear-arithmetic synthesis; LA synthesis *Roland TM*
Linear-arithmetische Synthese f (LA) <edv.av> • linear aritmetic synthesis (LA); linear-arithmetic synthesis; LA synthesis *Roland TM*
Linearbeschleuniger m <nukl> • lineac; linear accelerator
Linearbeschleuniger-Spaltstoffgenerator m <nukl> • linear accelerator fuel generator
Linearbeschleunigung f <phys> • linear acceleration
Linearbewegung f <masch> • linear motion; straight-line motion
Linearbolometer n • linear bolometer
Linear Current Booster m (LCB) <energ.sol> • linear current booster (LCB)
Lineardispersion f <phys> • linear dispersion
lineare Abhängigkeit f <math> • linear dependence; straightline relationship
lineare Amplitudenabnahme f <phys> • linear amplitude decrement; linear decrement
lineare Anordnung f <edv> • linear array
lineare Antennenanordnung f <navig> • linear aerial array
lineare Ausdehnung f <phys> • linear expansion
lineare Bemaßung f <edv> *(techn. Zeichnung)* • linear dimensioning
lineare Bewegung f <masch> • linear motion; straight-line motion
lineare Beziehung f <math> • straight-line relationship
lineare Datenaufzeichnung f <edv> • serpentine recording; linear recording; longitudinal recording; linear serpentine recording
lineare Deemphasis f <av> • static de-emphasis
lineare Dichte f <edv> *(Bits pro Flächeneinheit auf einem Datenträger)* • bit density; linear bit density; linear density
lineare Dipolgruppe f <navig> • linear aerial array
lineare Energieübertragung f <nukl> • linear energy transfer (LET)
lineare Energieübertragungs-Verteilung f <nukl> • linear energy transfer distribution; LET distribution
lineare Feder f <kfz> • linear spring
lineare Fresnelllinie f <energ.sol> • linear Fresnel lens; extended Fresnel lens
lineare Informationsdichte f <edv> • linear information density
lineare Interpolation f <math> • linear interpolation; smoothing
lineare Lesegeschwindigkeit f <edv> *(von Datenträgern)* • constant linear velocity (CLV)

lineare Mehrkanalaufzeichnung f (MLR) *Tandberg* <edv> • Multi-Channel Linear Recording (MLR)
lineare Modulation f <phys> • linear modulation
lineare Näherung f <math> • linear approximation
lineare Polarisierung f <phys> • linear polarization
lineare Präemphasis f <av> • static pre-emphasis
lineare Programmierung f <edv> • linear programming
linearer Ausdehnungskoeffizient m <phys> • coefficient of linear expansion; linear expansion coefficient
linearer Dehnungskoeffizient m <phys> • coefficient of linear expansion; linear expansion coefficient
linearer Drehstrominduktionsmotor m <el> • linear motor; linear induction motor
lineare Regelung f <msr> • linear control
lineare Regression f <math> • linear regression
lineare Regressionsrechnung f <math> • linear regression calculation
lineare Reihe f <edv> • linear array
linearer elektrooptischer Effekt m <opt> • Pockels effect
linearer Energietransfer m (LET) <nukl> • linear energy transfer (LET); specific ionization
linearer Induktionsmotor m <el> • linear induction motor
linearer Regler m <msr> • linear controller
linearer Strichcode m <edv> • linear symbology *stand*; linear bar code
linearer variabler Differentialtransformator m *rare* <msr> *(induktiver Sensor)* • linear variable differential transformer (LVDT); differential transformer *pract*
linearer Wärmeausdehnungskoeffizient m <phys> • coefficient of linear expansion; linear expansion coefficient
linearer Zugriff m <edv> • sequential access; serial access
lineares Bandzählwerk n <av> • real-time counter; real-time tape counter; real-time tape counting mechanism; linear tape counter; linear tape counter
lineare Schaltung f <el> • linear circuit
lineare Skala f <msr> • linear scale
lineare Skale f *rar* <msr> • linear scale
lineares Netz n <el> • linear electrical network
lineares Polarisationsfilter n/m <phot> • linear polarizing filter; linear polarizer
lineares Polfilter n/m <phot> • linear polarizing filter; linear polarizer
lineares Voreilen n <tech.allg> *(z. B. Kolben, Strömung)* • linear lead
lineare Symbologie f *norm* <edv> • linear symbology *stand*; linear bar code
lineare Transformation f <edv> • linear transformation
lineare Verzeichnung f <av> • linear distortion
lineare Verzerrung f <el> • linear distortion
linear fokussierendes System n <energ.sol> • line-focusing system; line-focus system; line-focussing system *GB*
Lineargeschwindigkeit f <edv> • linear velocity
Lineargleitlager n <masch> • linear bearing
Linearinductosyn n <autom> • linear inductosyn
Linearinduktionsmotor m <el> • linear induction motor
Linearinterpolation f <autom> *(CNC-Werkzeugmaschine)* • linear interpolation; straight-line interpolation
Linearinterpolation f <math> *(allg.)* • linear interpolation
Linearisierung f <math> • linearization *US*; linearisation *GB*
Linearisierung f <msr> • linearization *US.GB*; linearisation *GB*
Linearisierungswiderstand m <el> *(physikal. Phänomen)* • peaking resistance
Linearisierungswiderstand m <el> *(Bauteil)* • peaking resistor

Linearität f <tech.allg> • linearity
Linearitätsabweichung f <msr> • linearity error; error of linearity; non-linearity
Linearitätsfehler m <msr> • linearity error; error of linearity; non-linearity
Linearitätsregelung f <msr> • field linearity control; linearity control
linear konzentrieren vt <energ.sol> • focus to a line vt
Linearkugellager n <masch> • linear ball bearing
Linearlager n <masch> (allg.) • linear bearing; linear-motion bearing
Linearlager mit Kugelumlauf n DIN ISO 5593 <masch> • recirculating linear ball bearing ISO 5593
Linearmaß n <edv> • linear dimension
Linearmotor m <edv> • voice coil motor (VCM); voice coil; linear motor
Linearmotor m <el> • linear motor; linear induction motor
Linearoptimierung f <math> • linear optimization
Linear-PE n <kst> (Dichte >0,940 g/cm³) • high-density polyethylene (HDPE)
linear polarisiert <opt> • linearly polarized
linear polarisiertes Licht n <licht> • plane-polarized light
Linearpolyethylen n <kst> • linear polyethylene; low-pressure polyethylene
Linearpolymerisation f <kst> • linear polymerization
Linearprogramm n <edv> • linear program; linear routine
Linearprogrammierung f <edv> • linear programming
Linearregler m <msr> • linear regulator; linear controller; linear control system
Linearschaltkreis m <el> • linear circuitry
Linearspeicher m <edv> • linear memory
Linear Tape Open (LTO) <edv> • Linear Tape Open (LTO)
Linearverstärker m <el> • linear amplifier
linear-viskoses Verhalten n <phys> (z. B. Newtonsche Flüssigkeiten) • linearly viscous behaviour
Linearwälzlager n DIN ISO 5593 <masch> • linear-motion rolling bearing ISO 5593
Linearwischanlage f form <kfz.el> • linear wiper; linear wiper system form
Linearwischer m <kfz.el> • linear wiper; linear wiper system form
Lineation f <geo> (Textur) • lineation
Line-Ausgang m <edv.av> • line output
Line-Drawing-Engine f <edv> • line-drawing engine
Line-in-Anschluss[buchse] f <edv> (IN) • audio input; audio input jack; line-in jack; line input
Line-in-Eingangskanal m <edv> (IN) • audio input; audio input jack; line-in jack; line input
Line-in-Signaleingang m <edv> (IN) • audio input; audio input jack; line-in jack; line input
Line-out m <edv.av> • line output
Linepegel m <edv.av> • line volume level
Liner m <pap> • liner
Liner m <petr> • liner (LNR); liner pipe
Linerboard n <pap> • linerboard
Linerboard-Lagen fpl <pap> • linerboard facings
Liner-Papiermasse f <pap> • liner pulp
Linerprobe f <pap> • liner sample
Linerschuh m <petr> • liner shoe
Lines per Inch fpl <druck> (Maßeinheit) • lines per inch pl (lpi)
linguistische Analyse f <philol> • linguistic analysis
Linie f <doku> • line
Linie f <verk> (z. B. Buslinie, U-Bahn) • line
Linie f <verk> • regular route service; scheduled service; regular [fixed-route] service; fixed-route service; line
Linie anreißen vi <bau> • snap a line vi
Linie anreißen mit Schnur vi <bau> • snap a line vi

Linienabsorptionskoeffizient m <astron> • line absorption coefficient
Linienabsorptionsspektrum n <phys> • line absorption spectrum
Linienabstand m <druck> • line spacing
linienadressierbar <edv> • line-addressable
Linienangriff m <prod> • line application
Linienart f <edv> • line type; line style
Linienaufspaltung f <phys> (Spektrallinien) • line splitting
Linienbandschreiber m <msr> • continuous chart pen recorder
Linienberührung f <masch> (z. B. zwischen Zahnflanken) • line contact
Linienbetrieb m <verk> • fixed-route service
linienbeweglich <förd> • line restricted
Linienbreite f <edv> • line weight
Linienbreitefaktor m <edv> • linewidth scale factor
Linienbus m <nfz> (allg.) • regular service bus; regular route service bus; regular bus US; fixed-route bus US; service bus GB
Linienbus m norm <nfz> • city bus; urban bus stand; transit bus US; transit coach US; bus GB
Liniendicke f <edv> • line thickness
Liniendienst m <verk> • regular route service; scheduled service; regular [fixed-route] service; fixed-route service; line
Linieneinstellschraube f <kunst.wz> • line adjusting screw
Linienemission f <astron> • emission of spectral lines
linienförmige Lichtquelle f <licht> • line light source
Linienführung f <bau> (im Aufriß) • vertical alignment; alignment in elevation
Linienführung f <bau> (im Grundriß) • horizontal alignment; alignment in plan
Linienführung f <el> • route
Linienführung f <kunst> • linework; lines
Linienführung f <verk> • route mapping; routing
Liniengeber m norm. <edv> • stroke device stand.
liniengelagert <masch> • line-supported
Linienintegral n <math> • line integral; curvilinear integral
Linienlast f <mech> • line load
Linienmaschine für die Stieleiserstellung f <prod.nahr> (Speiseeis) • straight-line stick bar machine
Liniennetz n <tech.allg> • grid
Liniennetz n <doku> • lattice
Liniennetz n <edv> (Fernverarbeitung) • multidrop line
Liniennetz n <verk> (z. B. Autobus, Straßenbahn, U-Bahn) • line network
Liniennetzanalyse f <metall> • grid strain analysis
Linienomnibus m <nfz> (allg.) • regular service bus; regular route service bus; regular bus US; fixed-route bus US; service bus GB
Linienprofil n <astron> • line profile
Linien pro Inch fpl (lpi) <druck> (Maßeinheit) • lines per inch pl (lpi)
Linien pro Millimeter fpl (L/mm) <edv> • lines per millimeter pl (lpmm) US; lines per millimetre pl GB
Linien pro Zentimeter fpl (L/cm) <druck> (Maßeinheit) • lines per centimeter pl (lpcm)
Linienquelle f <phys> • line source
Linienraster m <doku> • line grating
linienreiches Spektrum n <phys> • many-line spectrum; many-lined spectrum
Linienriss m <nav.doku> (techn. Zeichnung) • lines drawing; ship's lines drawing; ship line; lines plan; lines
Linienscanner m <edv> • line scanner
Linienschreiber m <edv> • line recorder
Linienschreiber m <msr> • continuous chart pen recorder
Linienschwerpunkt m <mech> • centroid of a line; center of gravity of a line

Liniensignal n <el> • line signal
Linienspektrum n <phys> • line spectrum; discrete spectrum
Linienstichprobenverfahren n <verf> • line sampling
Linienstrahlung f <phys> • line radiation
Linienstraken n <nav/aerospace> • fairing of lines
Linientesttafel f <opt> • bar target
Linienträgheitsmoment n <mech> • linear moment of inertia
Linientyp m <doku> • linetype
Linien- und Vollflächenentwicklung f <büro> (Kopiergerät) • semi-solid-development
Linienverbreiterung f <av> • line broadening
Linienverkehr m <verk> • regular route service; scheduled service; regular [fixed-route] service; fixed-route service; line
Linienverkettung f <masch> • interlocking of lines
Linienverschiebung f <edv> (z. B. CAD) • line shift
Linienwähleranlage f <tele> • intercommunication plant
Linienwagen m rar <nfz> (allg.) • regular service bus; regular route service bus; regular bus US; fixed-route bus US; service bus GB
Linienzeichnen n <doku> • line draw
Linienzeichnung f <doku> • line drawing
Linienziehgerät n <büro> • ruling device
Linienzug n norm <edv> • polyline
Liniergerät n <kfz.wz> • pinstriping tool; striping wheel GB; striper coll
Liniermaschine f <pap> • machine ruler; ruling machine
linierschwarz obs <kunst> • line black
Linierung f <doku> • ruling
linierweiß obs <kunst> • line white
Linierwerk n prakt <pap> • machine ruler; ruling machine
Liniiermaschine f <pap> • machine ruler; ruling machine
Liniierung f <doku> • ruling
Liniierwerk n <pap> • machine ruler; ruling machine
Linimentum n <petr> • embrocation; liniment
Link m ugs <edv> (Hypertext; z. B. in HTML-Dokument, auf Web-Seite) • link
linke Buchseite f <druck> (mit geradzahliger Paginierung) • left-hand page; even-numbered page; verso form
linke Fahrzeugseite f <kfz> • LH side; nearside GB.AUS
Linke-Hand-Kriterium n <phys> (Stabilitätskriterium) • Nyquist criterion; Nyquist stability criterion; left-hand rule
Linke-Hand-Regel f <el> • left-hand rule
linke Kurbelgehäusehälfte f <kfz.mot> • left-side crankcase
linke Masche f <textil> • rib stitch; rib loop
linke Seite f <allg> • LH side; lefthand side
linke Weiche f <bahn> • left switch
Link-Kopplung f <el> • link coupling
links <allg> • left hand (LH)
links <theat> (auf der Bühne, aus der Sicht der Zuschauer; im Engl. umgekehrt) • stage right (R); opposite prompt side coll; O.P. coll; right coll
links... <chem/phys> (drehend) • levo ...; laevo ...
links... <masch> • left-hand ...; left-handed ...
Linksabbiegespur f <verk> • left-turn lane
Linksabbiegestreifen m <verk> • left-turn lane
Linksabweichung f <tech.allg> • left-hand deviation
links angeschlagen <bau> (Fenster, Tür) • left hinge; hinged left
Linksappretiermaschine f <textil> • backfilling mangle
Linksausdreher m ugs <kfz.wz> • screw extractor; tapered screw extractor form; stud extractor coll; easy-out GB.coll.oral
links ausgerichtet <edv> • left justified; left-justified
links austreiben vt <edv> • quad left vt
Linksbiegen n <prod> • left-hand bending

linksbündig <druck> (Satzspiegel) • left-adjusted; left-justified; flush left
linksbündig <edv> • left justified; left-justified
Linkschaltung f <el> • link circuit
Linksdrall m <tech.allg> • left-hand twist
Linksdrall m <masch> • left hand ...
linksdrehend <chem/phys> • levorotatory; levogyrate; levorotary; levogyre; levo
linksdrehend <masch> (z. B. Motor, Pumpe) • counter-clockwise rotating; ccw rotating; rotating counter-clockwise; rotating anti-clockwise
linksdrehender Fräser m <wz> • top-going cutter
linksdrehender Quarz m <opt> • left-hand quartz
linksdrehende Säure f <chem.bio> • levorotatory acid; laevorotatory acid rare
Linksdreher m ugs <kfz.wz> • screw extractor; tapered screw extractor form; stud extractor coll; easy-out GB.coll.oral
Linksdreher m rar <wz> • screw extractor; tapered screw extractor form; stud extractor pract; easy-out GB
Linksdrehung f <tech.allg> (allg.; z. B. Welle, Hebel, Regler) • counter-clockwise rotation US; ccw rotation US; anticlockwise rotation GB; left-hand rotation rare; LH rotation rare
Linksdrehung f <chem/bio> • levorotation
Linksdrehung f <textil> (Zwirnerei) • left hand twist
Linksflanke f <masch> (Zahn) • left-hand tooth surface
linksgängig <masch> (Gewinde, Schraube, Schnecke) • left-hand
linksgängig <masch> • left-hand ...; left-handed ...
linksgängig <math> • sinistrorse
linksgängige Schiffsschraube f <nav> • left-handed propeller
linksgängige Schraube f <masch> • left-hand screw
linksgängiges Gewinde n <masch> • left-hand thread (LH)
linksgängige Wicklung f <el> • left-handed winding
linksgängig geschlagenes Seil n <masch> (z. B. Drahtseil) • left-lay rope
linksgedrallt Wz. <masch> • left-hand ...; left-handed ...
linksgesteuert (LHD) <kfz> • left-hand drive (LHD)
Linksgewinde n (LH) <masch> • left-hand thread (LH)
linksgewundene Kurve f <math> • sinistrorsum curve
linkshändig <geo> • left-lateral; ministral thsc
linkshändiges Koordinatensystem n <tech.allg> • left-handed system of coordinates; left-handed system
linkshändiges System n <tech.allg> • left-handed system of coordinates; left-handed system
linksherum drehen vr <tech.allg> • rotate counterclockwise vi
Linksimprägnierkalander m <textil> • backfilling mangle
Linkskopie f <druck> • facing page copy
Linkskurve f <verk> • left-hand turn; LH turn; left-hander coll
linksläufig <masch> (Wellendrehbewegung) • anticlockwise
linksläufig <masch> (Welle, Maschine) • left-hand
Linkslauf m <tech.allg> (von Wellen, Rotoren etc.) • counterclockwise rotation; anticlockwise rotation; left-hand rotation; ccw rotation; LH rotation
Linkslauf m <masch> (Welle, z. B. von Motor, Pumpe) • counter-clockwise rotation; ccw rotation; anticlockwise rotation; anticlockwise running
Linkslauf m <wz.masch> (bei Werkzeugen mit Drehbewegung, z. B. Bohrmaschine) • reversing
Linkslaufrad n <förd> • left-handed impeller; left-hand impeller; counterclockwise impeller; ccw impeller
Linkslenker m <kfz> • left-hand drive vehicle
Linkslenkung f <kfz> • left-hand drive (LHD)

Links-Links-Flachstrickmaschine f <textil> • flat purl knitting machine

Links/Links-Flachstrickmaschine f <textil> • horizontal-bed flat knitting machine

Links-Links-Nadel f <textil> • double-head needle

Links-Links-Rundstrickmaschine f <textil> • circular links-and-links knitting machine

Links-Links-Strickmaschine f <textil> • purl knitting machine

Links/Links Ware f <textil> • links-links fabric; purl knitted fabric; pearl fabric

Linksmasche f <textil> • rib stitch; rib loop

Linkspropeller m <aerospace> • left-handed propeller

Linksquarz m <mat> • laevorotatory quartz; laevorotatory quartz crystal

Linksquarz m <opt> • left-handed quartz; left-hand quartz

Links-Rechts-Rändel n <masch> *(typ. rautenförmiges Rändelmuster; z. B. an Schrauben)* • diamond knurl; diamond pattern *rare*; diamond-shaped knurling *rare*

linksschief <math> *(z. B. Verteilung)* • negatively skewed; skewed to the left

linksschneidend <prod> • left-hand cutting; left-hand cut

linksschneidende Blechschere f <wz> • left-handed tin snips

linksschneidender Meißel m <wz> • left-hand tool

Linksschraube f <aerospace> • left-handed propeller

Linksschuss m <mil> • left shot; shot to the left

linksseitig <geo> • left-lateral; ministral *thsc*

linksseitiger Grenzwert m <math> • left-hand limit; left limit

Linksspirale f *Bass* <wz> • left-hand flute; left-hand spiral

Linksspiralnut f <wz> • left-hand flute; left-hand spiral

linkssteigend <masch> • left-hand ...; left-handed ...

Linksstrickmaschine f <textil> • purl knitting machine

Linkssystem n <tech.allg> • left-handed system of coordinates; left-handed system

Linksumdrehung f <tech.allg> • anticlockwise turn

links- und rechtsbündig <tech.allg> • full flush

Links-Weiche f <bahn> • left hand point

linkswendend <agri> *(Pflug)* • left-handed

Linkswendung f <verk> • left turn; left-hand turn

Linkswicklung f <el> • left-hand winding; left-handed winding

Link-Trainer m <aerospace> • Link trainer

LIN-Netzwerk n <edv> *(Datenprotokoll)* • local interconnect network (LIN)

Linse f <füg> *(Teil von Linsenkopf o.ä.)* • raised portion; oval portion

Linse f <füg> *(Punktschweißung)* • nugget

Linse f <füg> *(Teil von Linsenkopf o.ä.)* • raised portion; oval portion

Linse f <geo> *(im Gestein)* • lentil

Linse f <opt> *(z. B. in Auge, Objektiv, Okular)* • lens

Linse für Blendenablesung f <phot> • aperture reading lens

Linsenachse f <opt> • optical axis; lens axis

Linsenantenne f <tele> • lens antenna *US*; lens aerial *GB*

linsenartiger Erzkörper m <nukl> • lenticular ore body

Linsenfarbraster m • lenticular screen

Linsenfassung f <opt> • lens mount; lens mounting

Linsenfernrohr n <opt> • refracting telescope; refractor

linsenförmig <tech.allg> • lenticular

linsenförmige Galaxie f <astron> • lenticular galaxy

linsenförmiger Einschluss m <qualit.mat> • lens

linsenförmiger Gesteinskörper m <geo> • lenticle; lentil

Linsengang m <geo> • lenticular vein

Linsenglas n <silik> • optical glass; lens glass

Linsengranulat n <kst> • pellets

Linsengrundstellung f <druck> • lens home position

Linsengruppe f <phot> • lens system

Linsenkondensor m <opt> • lens condenser

Linsenkopf m <füg> • binding head

Linsenkopfschraube f <füg> • fillister-head screw; fillister-headed screw

Linsenkopfschraube mit Bund und Kreuzschlitz f <füg> • cross recessed pan head screw with collar

Linsenkuppe f <füg> *(Schraubenende)* • rounded end; rounded thread end; round point *US*; oval point *GB*

Linsenlichtfleck m <opt> • flare spot

linsenlos <opt> • lensless

Linsenobjektiv n <phot> *(nur aus Linsen bestehendes Objektiv; im Ggs. zu Spiegelobj.)* • standard optical lens *:V*; standard refractive lens *:V*

Linsenpressling m <opt> • lens blank

Linsenraster m <opt> • lenticular screen

Linsenrasterfilmsystem n <phot> *(Farbfotografie)* • lenticular film system

Linsenrohling m <opt> • lens blank

Linsenscheinwerfer m <licht.theat> • plano-convex spotlight *form*; focus spotlight *gen*; focus spot *gen*

Linsenscheitel m <opt> • lens vertex

Linsenschirm m <av> • flag

Linsenschirm m <phot> • gobo

Linsenschleifmaschine f <wz.masch> • lens grinding machine

Linsenschraube mit Kreuzschlitz f DIN ISO 1891 <füg> • cross recessed raised cheese fillister head screw; cross recessed raised cheese head screw

Linsensenk-Blechschraube mit Kreuzschlitz f DIN ISO 1891 <füg> • cross recessed raised countersunk oval head tapping screw; cross recessed raised countersunk head tapping screw

Linsensenkblechschraube mit Kreuzschlitz f <füg> • cross recessed raised countersunk head tapping screw

Linsensenk-Holzschraube mit Kreuzschlitz f DIN ISO 1891 <füg> • cross recessed raised countersunk oval head wood screw; cross recessed raised countersunk head wood screw

Linsensenk-Holzschraube mit Schlitz f DIN 95 <füg> • slotted raised countersunk head wood screw; slotted raised countersunk oval head wood screw

Linsensenkkopf m DIN ISO 1891 <füg> • oval head; oval countersunk head; raised countersunk head; French head; instrument head

Linsensenk-Schneidschraube mit Schlitz <füg> • slotted raised countersunk head thread cutting screw

Linsensenkschraube f <füg> • oval head screw; raised countersunk head screw

Linsensenkschraube mit Kreuzschlitz f DIN ISO 1891 <füg> • cross recessed raised countersunk oval head screw; cross recessed raised countersunk head screw

Linsensenkschraube mit Schlitz und kleinem Kopf f DIN ISO 1891 <füg> • slotted shallow raised countersunk oval trim head screw; slotted shallow raised countersunk head screw

Linsensenkschraube mit Schlitz und Zapfen f DIN ISO 1891 <füg> • slotted raised countersunk head screw with full dog point

Linsensystem n <opt> *(z. B. Fotoapparat, Fernrohr, Mikroskop)* • compound lens; lens combination; lens system

Linsentragkörper m <prod.opt> *(zum Schleifen)* • grinding block

Linsentrübung f <med.opt> • cataract

Linsenumkehrsystem n <opt> • lens-erecting system

Linsenvergütung f <opt.obfl> • antireflection lens coating

Linsenvorsatz m <opt> *(vorne an Kameraobjektiv; z. B. für Tele-, Weitwinkel-, Makrofunktion)* • converter

Linsenzone f <energ.sol> • segment
Linsenzylinderkopf m DIN ISO 1891 <füg> • fillister head; raised cheese head
Linsenzylinderschraube f <füg> • fillister head screw; fillister screw; raised cheese head screw
Linsenzylinderschraube mit Ansatz und Schlitz f <füg> • slotted flat mushroom head screw with full dog point
Linsenzylinderschraube mit großem Kopf und Schlitz f <füg> • slotted flat mushroom head screw
Linsenzylinderschraube mit Schlitz f DIN ISO 1891 <füg> • slotted raised cheese fillister head screw; slotted raised cheese head screw
Linsenzylinderschraube mit Schlitz und großem Kopf f DIN ISO 1891 <füg> • slotted large raised cheese head screw
Linsenzylinderschraube mit Schlitz und kleinem Kopf f DIN ISO 1891 <füg> • slotted small raised cheese head screw
Linsenzylinderschraube mit unverlierbarer Feder-scheibe f DIN ISO 1891 <füg> • raised cheese head screw with captive spring washer
Linters pl <textil> • linters
Linting n <druck> (durch Papierstaubteilchen und Druck-farbenanteile) • linting
Linz-Donawitz-ARBED-Centre-National-Verfahren n <metall> (Stahlfrischen) • LDAC process
Linz-Donawitz-Verfahren n rar <metall> (Stahlherstel-lung) • basic oxygen steelmaking process; basic oxygen process; L-D process; Linz-Donawitz process rare; Linz-Donawitz basic oxygen process rare
Liouville'scher Satz m <math> • Liouville's theorem
Liouville'sches Theorem m <math> • Liouville's theorem
Liouville-Gleichung f <math> • Liouville equation
liouvillescher Satz m <math> • Liouville's theorem
liouvillesches Theorem n <math> • Liouville's theorem
LIP <el> (in Zusammensetzungen) • lithium ion polymer ... (LIP)
Lipase f <med> • lipase
LIP-Batterie f <el> (z. B. für ZEV, Handys, Notebooks; ca. 150 Wh/kg) • lithium polymer battery; lithium ion polymer battery
Lipidanalyse f <med> • lipid analysis
Lipidbeladung f <bio> • lipid loading; lipidation
Lipidbestandteil m <bio> • lipid component; lipid moiety
Lipid-Bilayer m <bio> (Morphologie) • lipid bilayer
Lipid-Doppelschicht f <bio> (Morphologie) • lipid bilayer
Lipidelektrophorese f <bio.chem> • lipid electrophoresis; lipoprotein electrophoresis
Lipidkonstellation f <bio.chem> • lipid profile; lipid con-stellation; lipid pattern
Lipidmuster n <bio.chem> • lipid profile; lipid constella-tion; lipid pattern
Lipidprofil n <bio.chem> • lipid profile; lipid constellation; lipid pattern
Lipidregulans n <pharm> • lipid-lowering drug; antilipi-demic drug; hypolipidemic drug; hypolipoproteinemic drug
Lipidsenker m <pharm> • lipid-lowering drug; antilipi-demic drug; hypolipidemic drug; hypolipoproteinemic drug
Lipidstatus m <bio.chem> • lipid profile; lipid constellation; lipid pattern
Lipidtransferprotein n (LTP) <bio> • lipid transfer protein (LTP)
LiPo-Akku f <el> (z. B. für ZEV, Handys, Notebooks; ca. 150 Wh/kg) • lithium polymer battery; lithium ion polymer battery
Lipolyse f <bio> • lipolysis
Lipomikron n <bio> • chylomicron (CYM)
Lipopeptidkopplung f <pharm> • lipopeptide-viruspep-tide-conjugate

Lipoprotein n (LP) <bio> • lipoprotein
Lipoproteinanalyse f <bio.chem> • lipoprotein analysis
Lipoproteinelektrophorese f <bio.chem> • lipid electro-phoresis; lipoprotein electrophoresis
Lipoprotein-Elektrophoresemuster n <bio.chem> • electrophoretic pattern; lipoprotein pattern; lipoprotein profile
lipoproteinfreies Serum n <pharm> • lipoprotein-defi-cient serum (LPDS)
Lipoprotein intermediärer Dichte n <bio> • intermedi-ate-density lipoprotein (IDL)
Lipoproteinlipase f (LPL) <bio> • lipoprotein lipase (LPL)
Lipoproteinmuster n <bio.chem> • electrophoretic pat-tern; lipoprotein pattern; lipoprotein profile
Lipoproteinmuster n <bio.chem> • lipoprotein profile; lipoprotein pattern
Lipoprotein niedriger Dichte n <bio> (Makromolekül) • low-density lipoprotein (LDL); beta-lipoprotein
Lipoproteinprofil n <bio.chem> • lipoprotein profile; lipo-protein pattern
Lipoproteinprofil n <bio.chem> • electrophoretic pattern; lipoprotein pattern; lipoprotein profile
Lipoprotein sehr niedriger Dichte n <med> (das Makro-molekül) • very-low-density lipoprotein; prebeta-lipoprotein
Lipoprotein X n (Lp-X) <bio> • lipoprotein X (Lp-X)
Lipoprotein Y n (Lp-Y) <bio> • lipoprotein Y (Lp-Y)
Liposom n <chem> • liposome
Lippe f <masch> • lip
Lippendichtung f <tech.allg> • lip-seal
Lippendichtung f <bau> (als Dichtungsprofil; z. B. an Fenstern und Türen) • lip-shaped gasket :V; lip-shaped seal :V; lip gasket :V
Lippendichtung f <masch> (als Packung, Stopfbuchse) • lip packing
Lippsyncing n <edv> • lip-syncing
Liquidation f <ökon> (von Unternehmen) • winding-up
Liquid Crystal Display n (LCD) <edv> • liquid crystal display (LCD)
Liquid-Crystal-on-Silicon-Technologie f <el> (für Minibildschirme) • liquid-crystal-on-silicon technology; LCOS technology
Liquid Injection Molding (LIM) <kst> • liquid injection molding (LIM)
Liquiduslinie f <mat> (Zustandsdiagramm; z. B. Eisen-Kohlenstoff-Diagramm) • liquidus; liquidus curve; liquidus line
Liquidustemperatur f <mat> • liquidus temperature; liq-uidus point
Liquor m <med> • cerebrospinal fluid
liquorgängig <pharm> • cross into the cerebrospinal fluid vt
Liquorraum m <med> • subarachnoid space
Li-Schweißen n rar <füg> • light-beam welding; light radiation welding
Lisene f <bau> (flach hervortretender Mauerstreifen) • lisene
Lissajous'sche Figuren fpl <phys> • Lissajous figures; Lissajous pattern; Lissajous curves
Lissajous-Figuren fpl <phys> • Lissajous figures; Lissa-jous pattern; Lissajous curves
lissajoussche Figuren fpl <phys> • Lissajous figures; Lissajous pattern; Lissajous curves
Lisseuse f <textil> • lisseuse; backwashing machine
lissieren vt <textil> • backwash vt
Listenabarbeitung f <edv> • list processing
Listenbewehrung f <bau> • standard reinforcement
Listendatei f <edv> • list file; report file
Listendrucker m <edv> • list printer; lister
Listenformat n <edv> • list format; report format

Listenmatte f <bau.mat> • standard mat
Listenpreis m <ökon> (z. B. Kfz) • list price (FADP); book price coll; factory advertised delivery price form
Listenprogramm n <edv> • report program; reporting program
Listenprogrammgenerator m <edv> • report program generator
Listenverarbeitung f <edv> • list processing
Liter m (l) DIN 1301 <phys> (SI-fremde Volumeneinheit: 0,001 Kubikmeter) • liter (l) US; litre GB
Literal n <edv> • literal; literal operand
Literleistung f <kfz.mot> • volumetric efficiency
Literleistung f <mot> (allg., ohne Zahlenangabe) • engine output per unit of displacement; engine power per unit cc
Literleistung f <mot> (mit konkreter Zahlenangabe; z. B. 60 kW/l) • engine output per liter US; engine output per litre cylinder capacity GB
Literleistung f <verf.hydr> (Wasseraufbereitung) • performance in litres per hour (LPH) :V
Literleistung des Motors f <mot> (allg., ohne Zahlenangabe) • engine output per unit of displacement; engine power per unit cc
Literleistung des Motors f <mot> (mit konkreter Zahlenangabe; z. B. 60 kW/l) • engine output per liter US; engine output per litre cylinder capacity GB
Litermasse f <kst> • foam blow ratio
Lithion-Akku m prakt <el> (z. B. für Notebooks; ca. 120 Wh/kg) • lithium ion battery
Lithium n (Li) <chem> • lithium (Li)
Lithiumbatterie f <el> • lithium battery
Lithium-Bleiiodid-Batterie f <el> • lithium-lead-iodide battery
Lithiumfett n <tribo> • lithium-base grease
Lithiumfett n <tribo> • lithium soap grease
Lithium-Iod-Batterie f <el> • lithium-iodine battery
Lithium-Ionen-Akku f <el> (z. B. für Notebooks; ca. 120 Wh/kg) • lithium ion battery
Lithium-Ionen-Polymer-... (LIP) <el> (in Zusammensetzungen) • lithium ion polymer ... (LIP)
Lithium-Ionen-Polymer-Batterie f <el> (z. B. für ZEV, Handys, Notebooks; ca. 150 Wh/kg) • lithium polymer battery; lithium ion polymer battery
Lithium-Polymer-Akku m <el> (z. B. für ZEV, Handys, Notebooks; ca. 150 Wh/kg) • lithium polymer battery; lithium ion polymer battery
Lithium-Polymer-Batterie f <el> (z. B. für ZEV, Handys, Notebooks; ca. 150 Wh/kg) • lithium polymer battery; lithium ion polymer battery
Lithiumseifen-Schmierfett n <tribo> • lithium soap grease
Lithium-Silberchromat-Batterie f <el> • lithium-silver-chromate battery
Lithium-Thionylchlorid-Batterie f <el> • lithium-thionyl-chloride battery
Lithoanstalt f <werb> • foto-engraver
Lithofarbe f <druck> • lithographic ink
lithogeochemisch <geo> • lithogeochemical
Lithographie f <druck> (Ergebnis) • lithographic print; lithograph
Lithographie f <druck> (ein typisches Flachdruckverfahren) • lithographic printing; litho printing; lithography
Lithographiepapier n <druck> • lithographic paper
lithographischer Firnis m <druck> • lithographic varnish; litho varnish
lithologisch <geo> • lithic
lithophiles Element n <chem> • lithophile element; oxyphile element
Lithophone-Pigmente npl <obfl> • lithophone pigments
Lithopone f <obfl> • lithopone; zinc baryta white

Lithosphäre f <geo> • lithosphere
lithosphärisch <geo> • lithospheric
Lithotherapie f <med> • lithotherapy
Litoral n DIN 4049-2 <geo> (Lebensraum im Uferbereich stehender Gewässer) • littoral
litorale Ablagerung f <geo> • littoral deposit
Litronic-Scheinwerfer m Bosch <kfz.licht> • gas discharge headlight; motor vehicle headlight with a gas discharge lamp; gaseous discharge headlight; discharge-type headlight
Littrow-Aufstellung f (Monochromator) • Littrow mounting
Litze f <el> • stranded wire; flexible stranded conductor form; stranded conductor; strand pract
Litze f <förd> (Seil) • strand
Litze f <kfz> (Reifen) • strand
Litze f <textil> • heddle US; heald
Litze f <textil> (flaches Geflecht) • braid
Litzenanker m <bau.mat> • multi-strand anchor
Litzenaufbau m <el> • litz-construction; litz wire construction
Litzenauge n <textil> • heddle eye; heald eye; heald mail
Litzenflechtmaschine f <prod> • stranding machine
Litzenflechtmaschine f <textil> • heald braiding machine
Litzennormalseil n <förd> • standard hoisting rope
Litzenschiene f <textil> • ridge bar
Litzenseil n <förd> • stranded rope
Live <av> (Rundfunk-, Fernsehsendung) • live
Lizenz f <jur> • license US; licence GB
Lizenz auf ein Patent erteilen vi <jur> • grant a licence under a patent vi
Lizenz auf ein Patent erwerben vi <jur> • take out a licence under a patent vi
Lizenzbereitschaft f <jur> • willingness to grant a license
Lizenzdauer f <jur> • life of a patent; duration of a patent
Lizenzeinnahmen fpl <jur.fin> • income from royalties; license income; royalty income; income under license agreements; royalties
Lizenzerzeugnis n <jur> • licensed product
Lizenzgeber m <jur> • licensor
Lizenzgebiet n <jur> (räumlich) • territory of license
Lizenzgebühr f <jur.fin> • royalty; license fee; licence fee
lizenzgebührenpflichtig <jur> (Patentnutzer) • subject to payment of royalties
Lizenzgegenstand m <jur> • licensed article
lizenziert <jur> • licensed
Lizenzkraftverwirkung f <jur> • license by estoppel
Lizenznehmer m <jur> • licensee
lizenzpflichtig <jur> • subject to royalties
Lizenzsatz m <jur> • license rate
Lizenzvergabe f <jur> • licensing
Lizenzvertrag m <jur> • license agreement
Lizenzverwertung f <jur> • exploitation of a license
Ljapunow-Diagramm n <math> • Ljapunow diagram
L-Jetronic f <kfz.mot> (elektronische Einspritzanlage) • L-Jetronic; electronically controlled fuel injection
LK <bio> • lymphnode; lymphatic node; lymph gland; nodus lymphaticus
LK <kfz> (Felge) • pitch circle (PC); pitch circle of bolt holes did; stud hole circle; stud circle; bolt hole circle rar
L-Kalander m <kst> (Herstellung von Kunststofffolien, z. B. aus PVC) • L type of calender
LK-Durchmesser m prakt <kfz> (Felge) • pitch circle diameter (PCD); pitch circle diameter of bolt holes; stud hole circle diameter; stud circle diameter; bolt hole circle diameter
L-Kettenglied n <el> • mid-shunt termination
LK-M <masch> • metric Self-Lock thread (LK-M); metric Self-Lock coarse thread; Self-Lock thread; Self-Lock coarse thread

LK-MF <masch> • metric Self-Lock fine thread (LK-MF); Self-Lock fine thread

L-Kopf m <kfz.mot> (seitengesteuerter Motor in Motorrad) • L-head; L-shaped combustion chamber

Lkw m <nfz> (allg.) • truck US.GB; lorry GB

Lkw m ugs <nfz> (Lastkraftwagen mit Anhänger) • truck and full trailer US; drawbar combination GB; truck-trailer US.coll; truck'n trailer US.coll; road train AUS

Lkw m ugs <nfz> (Sattelzugmaschine mit Sattelanhänger; typ. in USA) • tractor-trailer US; articulated vehicle GB; truck US; 18-wheeler US.coll; rig US.coll

Lkw-Fahrer m <logist> • truck driver; truck operator; trucker coll; truckie AUS.NZ

Lkw-Kipper mit Allradantrieb m <nfz> • dump truck with all-wheel drive

Lkw mit Hakenabrollgerät m <nfz> • hook-lift truck; roll-off tipper GB

Lkw-Reifen m <nfz> • truck tire US; truck tyre GB; lorry tyre GB

Lkw-Waschanlage f <kfz> • truck wash

L-Lampe f <licht> • fluorescent tube; tubular fluorescent lamp form

lm <licht> (Einheit des Lichtstromes; pl Lumen oder Lumina) • lumen (lm); candela.steradian; spherical flow of light

L-Meson n <phys> • L meson

L/mm <edv> • lines per millimeter pl (lpmm) US; lines per millimetre pl GB

L-Modus m <el> (Wellentyp) • transverse electromagnetic mode

LM-Potenz f <med> • LM potency; quinquagenimillesimal potency rar

LM-Rad n <fz> • alloy wheel; mag US.coll

LNG <petr> • liquefied natural gas (LNG)

LNG-Anlandeterminal n/m <petr> • LNG receiving terminal

LNG-Carrier m <nav> • liquified petroleum gas tanker; liquified natural gas tanker; liquid gas tanker; LNG carrier pract; LNG tanker pract

LNG-Plattform f <petr> • LNG platform

LNG-Puffer m <petr> • LNG buffer

LNG-Tanker m <nav> • liquified petroleum gas tanker; liquified natural gas tanker; liquid gas tanker; LNG carrier pract; LNG tanker pract

LNG-Übergabesytem n <petr> • LNG unloading system

LNG-Verladearm m <petr> • LNG boom

LNG-Zwischenlager n <petr> • LNG storage tank

Load While Play-Funktion f <edv.av> • load while play

Localbus m <edv> • local bus

Local Off n <edv.av> • local off

Local Off-Funktion f <edv.av> • local off

Local On n <edv.av> • local on

Local On-Funktion f <edv.av> • local on

Location f <werb> (von Fotos videoclips etc.) • location

Locator m <edv.av> • locator

Locator Beacon m <aerospace.navig> (Funkfeuer; z. B. Kennung MNW, MSW) • locator beacon

Loch n ugs <allg> (jede Art und Form) • aperture; orifice form; opening pract; hole coll

Loch n <tech.allg> (Öffnung allg.) • opening; aperture

Loch n ugs <tech.allg> (Resultat des Bohrens) • bore; boring; hole coll; borehole rare

Loch n <bau> (Vertiefung) • pit

Loch n ugs <edv> (in der Speicherschicht einer optischen Platte; z. B. CD) • pit; recording mark; mark

Loch n ugs <kfz.mot> (beim Beschleunigen) • flat spot

Loch n <mat> (z. B. in stoffschlüssigen Verbindungen) • void

Loch n <obfl> (nadelfein) • pinhole

Loch n <phys> • defect electron; electron vacancy; deficiency electron; electron hole; hole

Loch n <qualit.mat> (in Gitterstruktur) • lattice vacancy; vacant lattice site; vacancy

Lochabstand m <prod> • hole center distance; hole distance

Lochabstandtoleranz f <prod> (techn. Zeichnung: Sollwerteingrenzung) • center-distance tolerance

Lochabsteller m <textil> • fall-out detector

Lochband n <edv> (veraltete Methode zur Datenspeicherung) • punched paper tape; punched tape; punch tape; paper tape

Lochbandabtastung f <edv> • punched-tape reading; punched-tape sensing

Lochbandaufzeichnung f <edv> • punched-tape record

Lochbandausgabe f <edv> • punched-tape output

Lochbandcode m <edv> • punched-tape code

Lochbanddoppler m <edv> • punched-tape reproducer; tape reproducer

Lochbanddopplung f <edv> • punched-tape duplication; tape duplication

Lochbanddrillmaschine f <agri> • belt feed drill; belt seeder

Lochbandeingabe f <edv> • punched-tape input

lochbandgesteuert <edv> • punched-tape-controlled

lochbandgesteuerte Abtastvorrichtung f <druck> • reader

Lochbandkode m <edv> • punched-tape code

Lochbandlesekopf m <edv> • punched-tape reading head

Lochbandleser m <edv> • punched-tape reader; paper-tape reader; tape reader

Lochbandlocher m <edv> • punched-tape punch; paper-tape punch; tape punch

Lochbandspur f <edv> (Informations- und Führungsspur) • punched-tape track

Lochbearbeitung f <prod> • hole machining

Lochbild n <kfz.rep> (Richtbank) • hole pattern

Lochblech n <mat> • perforated sheet; perforated sheet metal; perforated plate

Lochblechschere f <wz> • hole cutting snips; circle snips; hole cutting shear

Lochblechsieb n <verf> • punched-plate screen

Lochblende f <tech.allg> • circle aperture; circular aperture

Lochblende f <av> (Dissektorröhre) • scanning aperture

Lochblende f <phot> • pinhole diaphragm; pinhole aperture; pinhole stop

Lochblende f <rls> (z. B. zur Durchflussmessung) • orifice plate; orifice pract

Lochbohrer m <wz> • piercing drill; drift

Lochdorn m <wz> • piercing mandrel

Lochdüse f <kfz.mot> • orifice-type injector

Lochdurchmesser m <tech.allg> (von Löchern allg.; z. B. gebohrt, gestanzt, gesägt) • hole diameter

Locheisen n <wz> • hollow punch

Lochen n <pack> • piercing holes

lochen vt DIN 8583-6 <prod> (Blech) • blank vt

lochen vt <prod> (Umformtechnik) • hollow-forge vt

lochen vt <prod> (perforieren) • perforate vt

lochen vt <prod> (durchstechen) • pierce vt

lochen vt <prod> (z. B. Papier) • punch vt

Locher m <prod> (allg.) • perforator

Locher m <wz> (zum Durchstechen) • piercer

Locher m <wz> (z. B. für Papier) • puncher; punch

Locherkupplung f <tech.allg> • punch clutch

Lochermatrize f <prod> • punch die

Locherstift m <edv> • punching pin

Lochfalle f • hole trap

Lochfeile f <wzwz> • riffler

Lochfeld *n* <edv> • punched-card field
Lochfeldansteuerung *f* <edv> • field selection
Lochfeldsteuerung *f* <edv> • field selection
lochförmiger Angriff *m* <obfl> • pitting attack
Lochfraß *m* <kfz.el> *(bei Unterbrecherkontakten)* • pitting; contact erosion; burning
Lochfraß *m* norm <obfl> *(Ergebnis der Lochkorrosion)* • pitting corrosion; pitting; pits *pl*
Lochfraß *m* prakt <obfl> *(Vorgang)* • pitting corrosion ISO 8044; pitting *coll*
Lochfraß *m* did.prakt <qualit> *(in benetzten Oberflächen)* • pitting
Lochfraßfaktor *m* <obfl> • pitting factor
Lochfraßkorrosion *f* prakt <obfl> *(Vorgang)* • pitting corrosion ISO 8044; pitting *coll*
Lochfraßschaden *m* <obfl> • pitting damage
Lochgreifer *m* <autom> • pin gripper
Lochgröße *f* <ents> *(in Sieben)* • aperture; mesh size
Lochkaliber *n* <msr> • plug gauge
Lochkarte *f* <edv> • punch card; punched card
Lochkartensteuerung *f* <msr> • punch card control
Lochkathode *f* <el> • perforated cathode
Lochkathode *f* obs <el> • perforated cathode
Lochkennung *f* <av> *(an S-VHS-Kassette für D-VHS)* • perforation code
Lochkopplung *f* <phys> *(um Felder aus einem Hohlleiter in einen Hohlraumresonator einzukoppeln)* • hole coupling
Lochkorrosion *f* DIN EN ISO 8044 <obfl> *(Vorgang)* • pitting corrosion ISO 8044; pitting *coll*
Lochkranz *m* rar <kfz> *(Felge)* • pitch circle (PC); pitch circle of bolt holes *did*; stud hole circle; stud circle; bolt hole circle *rar*
Lochkreis *m* <doku> *(techn. Zeichnung)* • pitch circle
Lochkreis *m* (LK) <kfz> *(Felge)* • pitch circle (PC); pitch circle of bolt holes *did*; stud hole circle; stud circle; bolt hole circle *rar*
Lochkreis *m* <masch> • index circle
Lochkreis *m* <masch> • hole circle
Lochkreisdurchmesser *m* <kfz> *(Felge)* • pitch circle diameter (PCD); pitch circle diameter of bolt holes; stud hole circle diameter; stud circle diameter; bolt hole circle diameter
Lochlehre *f* <msr> • hole gauge
Lochleibung *f* <masch> *(z. B. Bolzen, Niet)* • bearing pressure of projected area
Lochmaschine *f* <wz.masch> • perforating press
Lochmaske *f* <av> • shadow mask; dot mask; circular-hole shadow mask
Lochmaskenröhre *f* <av> • circular-hole shadow-mask tube; three-gun shadow-mask color picture tube *norm.did*; three-gun shadow-mask tube
Lochmatrize *f* <wz> • piercing die
Lochmittenabstand *m* <prod> • hole-center distance
Lochnadel *f* <textil> *(Kettenwirkmaschine)* • guide needle; guide
Lochnadel *f* <textil> • stitching yarn guide
Lochnadelbarre *f* <textil> • guide bar
Lochnaht *f* <füg> • plug weld
Lochpflege *f* <hygi> • rim job
Lochplatte *f* <bau> *(Beton)* • core slab
Lochplatte *f* <bau.mat> • cored panel
Lochplatte *f* <prod> *(Umformtechnik)* • swage block
Lochplatte *f* DIN ISO 2395 <verf> *(Siebtechnik)* • perforated plate ISO 2395; apertured plate
Lochplattierung *f* <prod> • in-hole plating; hole plating
Lochpresse *f* <wz.masch> • punch press; piercing press
Lochprüfer mit Tastatur *m* <edv> • key verifier
Lochpunktschweißen *n* <kfz.rep> • plug welding; puddle welding; buttonhole welding *US*

Lochraster *m* <prod> • hole matrix
Lochsäge *f* <wz> *(Stichsäge für besonders enge Radien)* • keyhole saw
Lochsäge *f* <wz> *(runder Einsatz für Bohrmaschine)* • holesaw; hole cutting tool
Lochscheibe *f* <agri> • seed plate; perforated plate
Lochscheibe *f* <kst> • breaker plate
Lochscheibe *f* <prod> *(z. B. Teilapparat)* • perforated disk *US*; apertured disk *US*; perforated disc *GB*; apertured disc *GB*
Lochscheibenrad *n* <kfz> • disk wheel with holes; disk wheel with pierced apertures
Lochschere *f* <wz> • hole cutting snips; circle snips; hole cutting shear
Lochschere *f* <wz.masch> • punch press
Lochschneidbrennen *n* <prod> • piercing; piercing by means of flame cutter *did*
Lochschnitt *m* <prod> • punching cut; piercing cut
Lochschreiber *m* <edv> • punching recorder
Lochschreiber *m* <tele> • perforated-tape telegraph recorder
Lochschweißen *n* <kfz.rep> • plug welding; puddle welding; buttonhole welding *US*
Lochschweißnaht *f* <füg> • plug weld
Lochsiebblech *n* <ents> *(bei Sortierern)* • screen plate hole
Lochsiebkorb *m* <pap.ents> *(bei Sortierern)* • drilled screen basket
Lochsirene *f* <akust> • perforated-disk siren *US*; perforated-disc siren *GB*
Lochsortierer *m* <pap.ents> • hole screen; perforated screen
Lochsortierung *f* <ents> • screening
Lochstanze *f* <wz.masch> • hole punching machine; punching machine; punch press; punchpress
Lochstein *m* <bau.mat> • perforated brick
Lochstein *m* <metall> • nozzle brick
Lochstempel *m* <wz> • piercing punch
Lochstreifen *m* <edv> *(veraltete Methode zur Datenspeicherung)* • punched paper tape; punched tape; punch tape; paper tape
Lochstreifen *m* <msr> *(z. B. für alte NC-Maschinen)* • punched paper tape; punched tape; paper tape; perforated tape
Lochstreifenempfänger *m* <tele> • reperforator
Lochstreifengeber *m* <edv> • perforated-tape transmitter
lochstreifengesteuert <edv> • punched-tape-controlled; tape-controlled
Lochstreifenleser *m* <edv> • paper tape reader
lochstreifenlos <edv.msr> • tapeless
lochstreifenlose numerische Steuerung *f* <prod.autom> • tapeless numerical control
Lochstreifenrücklauf *m* <edv> • tape rewind; punched-tape rewind
Lochstreifenschnellsender *m* <edv> • high-speed tape transmitter
Lochstreifenschreiber *m* <tele> • perforated-tape telegraph recorder
Lochstreifensender *m* <tele> • automatic tape transmitter; autotransmitter
Lochstreifenspeichervermittlung *f* <tele> • reperforator switching
Lochstreifenstanzen *n* <edv> • tape punching
Lochstreifenstanzer *m* <edv> • paper-tape punch; tape punch; tape perforator
Lochstreifensteuerung *f* <msr> • tape control; paper-tape control
Lochstreifentechnik *f* DIN 66218 <edv> • punched tape technique

Lochstreifenübertragung f <tele> • tape retransmission
Lochtaster m <msr> • inside caliper
Lochtrommel f <verf> • perforated basket
Loch- und Tasterlehre f <msr> • fixed caliper gauge
Loch- und Ziehpresse f <wz.masch> • piercing and drawing press
Lochung f <tech.allg> (z. B. von Papier, Blech) • perforation
Lochung f <logist> (in Regalständern, zur Aufnahme der Fachböden) • perforation; hole pattern; slot pattern
Lochwalzen n <prod> • rotary piercing
Lochwalzwerk n <wz.masch> • rotary piercing mill
Lochwanderung f <el> • hole migration
Lochwandung f <prod> • hole wall
Lochwandungsoberflächengüte f <prod.qualit> • wall finish; hole-wall finish; wall surface finish
Lochweite f <tech.allg> • hole size
Lochwerkzeug n <wz> • piercing tool
Lochzange f <kfz.wz> (für Karosserieblech-Punktschweißarbeiten) • hole punch; punch; spot pliers
Lochzange f <wz> (für Fahrkarten) • ticket punch
Lochziegel m <bau.mat> • perforated brick
Lochzirkel m <wz> (zum Messen von Innenmaßen) • inside caliper; machinist's inside caliper US; internal caliper gauge; inside calliper GB
Lockenspan m <prod> • continuous curly chip; curled chip
Lockente f <sport> (Jagd) • sitting duck
lockerer Freitag m ugs <büro> • Casual Friday; Dress Down Day; Casual Dress Day; Business Casual Day; Mufti Friday coll
lockeres Gestein n <geo> • unconsolidated rock; sediment; loose rock; scall
lockeres Material n <ents> • loose material
Lockergestein n <geo> • unconsolidated rock; sediment; loose rock; scall
lockern vr <füg> (unabsichtlich) • work loose vi
lockern vt <tech.allg> (z. B. Boden) • break up vt
lockern vt <tech.allg> • release vt
lockern vt <agri> (mit Hacke; Boden, Erdreich) • hoe vt; loosen vt
lockern vt <füg> (Schraubverbindungen) • loosen vt; slacken vt
lockern vt <masch> (z. B. Gurt, Riemen, Seil) • slacken vt
lockern vt <mech.füg> (lösbare Verbindung) • ease vt; ease off vt; loosen vt
lockern vt <rück> (Sicherheitsgurt) • add slack vt
Lockerpflug m <agri> • tormentor
Lockerstelle f <mat> • loose position; loose place
locker werden <textil> (Fadenlagen) • slacken vi
Lock-in n <navig> • lock-in
Lock-in-Effekt m <navig> • lock-in
Locking n <edv> • locking
Lock-in-Verstärker m • lock-in amplifier
Lockup n <edv> • lockup
LOCOS-Verfahren n <ic> (Diffusionsmaskenherstellung) • local oxidation of silicon process; LOCOS process
LÖBRO-Gelenk n <kfz.antr> • constant-velocity ball joint; Rzeppa-type [universal] joint; Birfield-type [universal] joint; Hardy-Spicer [universal] joint
Löcherbesetzung f <el> • hole population
Löcherbeweglichkeit f <el> • hole mobility
Löcherdichte f <el> • hole density
Löchereinfang m <el> • hole capture; hole trapping
Löcherfalle f <el> • hole trap
Löcherfangstelle f <el> • hole trap
Löcherinjektion f <el> • hole injection
löcherleitend <el> • hole-conducting
Löcherleitfähigkeit f <el> • hole conductivity
Löcherleitung f <el> • p-type conduction; defect electron conduction; hole conduction; p-conduction

Löcherstrom m <el> • hole current
Löcherüberschuss m <el> • excess of holes
Löffel m <bau.masch> (Schwimmbagger) • dipper bucket
Löffel m <bau.masch> (Löffelbagger) • dump bucket; shovel bucket; bucket; shovel; spoon rare
Löffel m <förd> (Hochlöffelbagger) • shovel dipper
Löffel m <wz> (Gießerei, auch Glas) • ladle
Löffelbagger m <bau.masch> • shovel excavator; power shovel
löffelbar <nahr> (Speiseeis) • spoonable
Löffelbarkeit f <nahr> (Speiseeis) • spoonability
Löffelbohrer m <bau.masch> • spoon bit; auger
Löffelegge f <agri> • chisel-toothed harrow; Canadian harrow; scuffler
Löffeleisen n <kfz.wz> (allg.) • body spoon; metalworking spoon; spoon coll
Löffelfüllungsgrad m <förd> • fill factor
Löffelhaken m <wz> (Bohrtechnik) • grapnel; fishing hook; fishing spear
Löffelprobe f <min> • spoon sample
Löffelrad n <masch> • cup-feed wheel
Löffelradsämaschine f <agri> • cup-feed drill; cup drill
Löffelschaber m <wz> • half-round scraper
Löffelschaber m <wz> (mit drei Schneiden) • triangular scraper
Löffelschaber m prakt <wz> (Schaber mit zwei Schneiden, gebogen) • bearing scraper; curved half round bearing scraper form; curved scraper pract
Löffelschaufeln fpl <turb> • spoon-shaped blades
Löffelstiel m <förd> • dipper arm; dipper stick; dipper handle; dipper boom
Löffler-Kessel m <hlk> (Zwangsumlaufkessel) • Löffler boiler
lösbar <tech.allg> (Verbindung; z. B. Schraubverbindung) • detachable
lösbar <tech.allg> (z. B. elektrische, mechanische Verbindung) • disconnectable
lösbar <masch> (trennbar) • separable
lösbar <masch> (durch Abschrauben) • unscrewable
lösbar <mat> (in Lösungsmittel) • resolvable
lösbar <math> (Gleichung) • solvable
lösbare Verbindungselemente npl <tech.allg> (z. B. Klammer, Schraube) • fasteners; fastening devices
Lösbarkeit f <math> (z. B. einer Gleichung) • solubility
Löschanlage f <verf> (Kokerei) • quenching plant
löschbar <bau.mat> (Kalk) • slakable; slakeable
löschbar <edv> (magnetisch, optisch) • erasable
löschbar <feuer> • extinguishable
löschbar <phys> (durch Abschrecken) • quenchable
löschbare Bildplatte f <edv> • erasable videodisk
löschbare optische Aufzeichnung f <opt> • reversible optical recording
löschbare optische Speicherplatte f <edv> • erasable digital optical disk (EDOD); erasable laser optical disk
löschbarer optischer Speicher m <edv> • erasable digital optical disk (EDOD); erasable laser optical disk
löschbarer Speicher m <edv> • erasable memory
löschbare Speicherung f <edv> • erasable storage
Löschbarkeit f <edv> (eines Datenträgers) • erasability
Löschbefehl m <edv> • erase instruction; clear instruction
Löschbit n <edv> • erase bit
Löschblattprobe f <verf> • blotter test; lubricating oil drop test
Löschbrause f <feuer> • safety shower; emergency shower
Löschdämpfung f <av> • erasing attenuation; erase attenuation; erase ratio
Löschdauer f <el> • arcing time
Löschdiode f <el> • protective diode; arc-suppression diode

Löschdiode für Spannungsspitzen *f* <msr> • surge absorbing diode
Löschdominanz *f* <msr> • dominant reset
Löschdrossel *f* <av> • bulk eraser
Löschdrossel *f* <el> • quenching choke
Löschdurchgang *m* <edv> *(von Daten auf e. Datenträger)* • erasure; erasing; erase cycle; erase operation
Löschdurchgang *m* <edv> *(Daten auf e. Datenträger)* • erase operation; erase process
Lösche *f* <verf> *(Kokslösche)* • breeze
Löschen *n* DIN 44300 <edv> *(von Daten auf e. Datenträger)* • erasure; erasing; erase cycle; erase operation
Löschen *n* <edv> *(von Zeichen, Textpassagen, Daten, Dateien)* • deletion; erasure
löschen *vt* <allg> *(allg., unleserlich oder unbrauchbar machen)* • blot out *vt*
löschen *vt* <bau.mat> *(Kalk)* • slake *vt*
löschen *vt* <did> *(durch Abwischen; z. B. Tafelbild)* • wipe out *vt*
löschen *vt* <doku> • blank *vt*; blank out *vt*
löschen *vt* <edv> *(z. B. Daten)* • erase *vt*
löschen *vt* <edv> *(Daten; z. B. von Festplatte, Band)* • delete *vt*; erase *vt*
löschen *vt* <edv> *(Daten in flüchtigem Speicher; z. B. in Register)* • clear *vt*; cancel *vt*
löschen *vt* <feuer> *(Flammen, Feuer, Brand)* • extinguish *vt*
löschen *vt* <kfz.el> *(Zündfunke)* • quench *vt*
löschen *vt* <nav> *(Schiffsladung)* • discharge *vt*
löschen *vt* <nav.logist> *(Schiffsladung)* • unload *vt*
löschen *vt* <verf> *(abschrecken, mit Wasser; z. B. Koks)* • quench *vt*
Löschen-Anzeigefeld *n* <navig> *(Display)* • clear field
löschendes Lesen *n* <edv> • destructive read-out (DRO); destructive reading
löschendes Positionsanzeigesymbol *n* <edv> • destructive cursor
Löschen von Bandmarkierungen *n* <av> • index erase
Löscher *m* <el> • quencher
Löscher *m* ugs <feuer> • fire extinguisher; fire drencher rare
Löschfahrzeug *n* <kfz> • fire-fighting vehicle; fire engine US; fire fighting truck coll; fire truck coll
Löschfrequenzgenerator *m* <av> *(für Aufzeichnung)* • erase frequency generator
Löschfunkensender *m* <el> • quenched-spark transmitter
Löschfunkenstrecke *f* <el> • quenched-spark gap
Löschgas *n* <el> • quenching gas; arc-extinction gas
Löschgenerator *m* <av> • erase oscillator; erasing oscillator
Löschgerät *n* <av> • bulk eraser
Löschgeschirr *n* <nav> • discharging gear
Löschgeschwindigkeit *f* <edv> • erasing speed
Löschglied *n* <msr> • resetting element
Löschgruppenfahrzeug *n* DIN <nfz> • fire crew vehicle MB
Löschhebel *m* <edv> • clearing lever
Löschimpuls *m* <edv> • erase pulse; erasing pulse; reset pulse
Löschkalk *m* <bau.mat> • hydrated lime; water-slaked lime; slaked lime
Löschkalk *m* <chem> *(CaO2)* • calcium hydroxide; hydrated lime; slaked lime; slacklime
Löschkammer *f* <el> *(Löschrohrableiter)* • arcing chamber
Löschkammer *f* <el> *(Schalter)* • blow-out chute; arc chute
Löschkammer *f* <el> *(Schaltlichtbogen)* • quenching chamber; extinguishing chamber

Löschkammer *f* <el> • arcing chamber
Löschkammerschalter *m* <el> • pot-type breaker
Löschkarton *m* <pap> • blotting board; blotting cardboard; absorbent board
Löschkondensator *m* <el> *(Stromrichter)* • commutating capacitor
Löschkondensator *m* <el> *(allg.)* • quench capacitor; quenching capacitor
Löschkopf *m* <av> • erase head; erasing head
Löschkreis *m* <el> *(Stromrichter)* • commutating circuit
Löschkreis *m* <el> *(allg.)* • quenching circuit
Lösch-Lichtstrahl *m* <edv> • erase beam
Löschmittel *n* <el> *(für Lichtbogen)* • arc-extinguishing medium
Löschmittel *n* <feuer> • fire-extinguishing agent
Löschoszillator *m* <av> • erase oscillator; erasing oscillator
Löschpapier *n* <pap> *(zum Aufsaugen überschüssiger Tinte)* • blotting paper
Löschprozess *m* <edv> *(Daten auf e. Datenträger)* • erase operation; erase process
Löschrelais *n* <el> *(Lichtbogenunterdrückung)* • arc-suppression relay
Löschrohr *n* <el> • expulsion tube; expulsion element
Löschrohr *n* <el> *(Überspannungsableiter)* • protector tube
Löschrohrableiter *m* <el> • expulsion arrester
Löschrohrsicherung *f* <el> • expulsion fuse [unit]
Löschschaltung *f* <el> *(Tilgen von Daten)* • erase circuit; erasing circuit
Löschschaltung *f* <el> *(Funkenunterdrückung)* • quenching circuit
Löschschutzlasche *f* <av> *(Audio- videocassette; zum Ausbrechen)* • erasure prevention tab; erasure lock
Löschschutztaste *f* <edv> • erasure-prevention key; erasure-prevention tab
Löschsignal *n* <edv> • erase signal; clear signal
Löschspannung *f* <el> • erase voltage; erasing voltage
Löschspannung *f* <el> *(Gasentladungsröhre)* • deionization potential; extinction potential
Löschspannung *f* <el> • extinction voltage; extinguishing voltage
Löschsperre *f* <av> • erase cut-out key
Löschspule *f* <el> • quenching coil; extinguishing coil; blow-out coil
Löschspule *f* <el> • absorption coil
Löschtaste *f* <tech.allg> *(für falsche Eingaben; z. B. auf Taschenrechner)* • clear key; cancel button; CLR key; erase key rare; clearing button rare
Löschtechnik *f* <nav.logist> • unloading technique
Löschtransformator *m* <el> • neutral compensator; neutralizing transformer
Löschtrog *m* <metall> • quenching tank
Löschtrog *m* <metall> *(Schmieden)* • water bosh; bosh
Löschturm *m* <verf> *(Kokerei)* • quenching tower
lösch- und programmierbarer Festwertspeicher *m* (EPROM) <edv> • erasable programmable read-only memory (EPROM); erasable programmable ROM
Löschung *f* <edv> *(von Eingabedaten)* • clearing
Löschung *f* <edv> *(von Zeichen, Textpassagen, Daten, Dateien)* • deletion; erasure
Löschung *f* <el> *(eines Lichtbogens; z. B. in Leistungsschaltern)* • quenching
Löschung *f* <feuer> • extinguishing
Löschung *f* <msr> *(auch EDV)* • reset
Löschung *f* <msr> *(auf Null setzen)* • zero reset
Löschung *f* <nav> *(der Ladung eines Schiffes)* • unloading; discharging; discharge
Löschung *f* <phys> • extinction

Löschung rückgängig machen vi ISO/IEC 2382-23 <edv> • undelete vt ISO/IEC 2382-23
Löschverteilerstutzen m (Tanker) • discharge header
Löschvorgang m DIN 44300 <edv> (Daten auf e. Datenträger) • erase operation; erase process
Löschvorgang m <edv> (von Daten auf e. Datenträger) • erasure; erasing; erase cycle; erase operation
Löschwagen m <metall> • quenching car
Löschwasserpumpe f <feuer> • fire pump
Löschzeichen n <edv> • delete character; erase character; erasure flag
Löschzeit f <edv> • erase time; erasing time
Löschzeit f <el> • deionization time
Löschzyklus m <edv> • erase cycle
Lösebehälter m <verf> (Regenerationsstufe einer REA) • dissolution tank; dissolving tank
Lösedauer f <kfz.brems> • release time
Löseeinrichtung f <masch> • releasing device; unclamping device
Lösegeschwindigkeit f • rate of dissolution
Lösehebel für Papierhalter m <druck> • paper bail release lever
Lösemittel n <chem> (allg.; zum Auflösen/Reinigen) • solvent
lösemittelfrei prakt <chem> • solvent-free; solventless
lösemittelfreier Klebstoff m <füg> • solvent-free adhesive; solventless adhesive; non-solvent adhesive
lösemittelfreier Lack m <obfl> • low-emission paint
lösemittelhaltiger Klebstoff m <füg> • solvent adhesive; solvent cement; solvent-based adhesive; solvent-borne adhesive rare; solvent-containing adhesive
Lösemittelkleber m <füg> (glasklar und/oder steinhart aushärtend) • solvent cement; solvent-containing cement; solvent-based cement
Lösemittelverklebung f <füg> • solvent bonding; solvent cementing; solvent welding
Lösemoment n <mech> • loosening moment
Lösen n <masch> (z. B. von etwas Eingespanntem) • release
lösen vr <tech.allg> (betont: ohne Zutun) • get loose vi
lösen vr <chem> • dissolve vi; go into solution vi
lösen vt <allg> (Problem, Aufgabe, Gleichung) • solve vt
lösen vt <tech.allg> (etwas Befestigtes, Festgeklebtes; z. B. Aufkleber) • detach vt
lösen vt <tech.allg> (z. B. elektr. Verbindung, Steckverbindung) • disconnect vt
lösen vt <tech.allg> (Verknüpfung, Knoten) • untie vt
lösen vt <chem> (auflösen; feste Substanz in Flüssigkeit) • dissolve vt
lösen vt <chem> (Feststoff in Flüssigkeit in Lösung bringen; z. B. Salz in Wasser) • dissolve vt; put into solution vt
lösen vt <füg> (betont: entfernen; z. B. Schrauben, Muttern) • remove vt; loosen vt
lösen vt <kfz.mot> (von Dichtungen) • break vt
lösen vt <masch> (mech. Verbindung) • disjoint vt
lösen vt <masch> (Reibungskupplung) • declutch vi
lösen vt <masch> (im Eingriff stehende, blockierte Teile; z. B. Parkbremse) • disengage vt
lösen vt <masch> (Verriegelung, Sperre mit Klinke) • unlatch vt
lösen vt <masch> (Verriegelung) • unlock vt
lösen vt <masch> (durch Abschrauben) • unscrew vt
lösen vt <math> (Aufgabe; z. B. Gleichung) • solve vt
lösen vt <min> (Erz) • breast out vt; breast vt
lösen vt <min> (Kohle) • dig vt
lösen vt <min> (durch Hauen) • hew vt
lösen vt <petr> (Gestängeverbinder) • back off vt
lösen vt <petr> (Gestängeverbinder) • break out vt

lösen vt <prod> (etwas Festgehaltenes) • release vt
lösen vt <prod.rep> (z. B. Schraubverbindung, Steckverbindung) • unfasten vt
lösen vt <sich> (Sicherheitsgurt) • unbuckle vt
lösender Kern m <math> (Integralgleichung) • resolvent kernel
Löseneinbruch m <min> (Sprengarbeit) • drag cut
Löseventil n <bahn> • release valve; discharge valve
Lösewalzwerk n <prod> • detaching mill
Lösewerkzeug n <min> • cutting tool
Lösezeit f <bahn> (Bremse) • release time
löslich <chem> • dissoluble; soluble
Löslichkeit f <chem> • solubility
Löslichkeitsgrenze f <chem> • solubility limit
Löslichkeitskurve f <chem> • solubility curve
Löslichkeitsprodukt n <chem> • solubility product
löslich machen vt <chem> • solubilize vt
Lößboden m <geo> • loess soil
Lösung f <chem> • solution
Lösung f <masch> (Trennen) • disconnection
Lösung f <masch> (Trennen in Eingriff stehender Teile voneinander) • disengagement
Lösung f rar <masch> (z. B. von etwas Eingespanntem) • release
Lösung f <math> (Ergebnis des Lösens einer Aufgabe, Gleichung) • solution
Lösungsanode f <el.chem> • soluble anode
Lösungsbaum m <edv> (Künstliche Intelligenz) • solution tree
Lösungsbeispiel n <did> • worked example; worked example of solution
Lösungsbenzin n <petr> • petroleum spirit; mineral spirit
Lösungsbergbau m <min> • in-situ leaching; solution mining; underground leaching; leaching in place
Lösungsdruck m <phys> • electrolytic solution pressure; solution pressure; solution tension
Lösungselektrode f <el.chem> • soluble anode
Lösungsfigur f <prod> • etch figure; corrosion figure
lösungsgefärbt <textil> • solution-dyed
Lösungsgleichgewicht n <chem> • solution equilibrium; dissolution equilibrium
Lösungsglühen n <metall> • solution annealing; solution heat treatment; solution treatment; solutionizing treatment
Lösungskleber m <füg> (glasklar und/oder steinhart aushärtend) • solvent cement; solvent-containing cement; solvent-based cement
Lösungsmittel n <chem> (allg.; zum Auflösen/Reinigen) • solvent
Lösungsmittel n <füg> • solvent
Lösungsmittel austreiben vi <verf> • desolventize vt
Lösungsmittelbeize f <obfl.holz> • solvent stain
lösungsmittelbeständig <qualit.mat> • solvent-resistant; solvent-resisting; fast to solvents
Lösungsmittelbeständigkeit f <qualit.mat> • solvent resistance
Lösungsmitteldämpfe mpl <chem> • solvent vapors pl US
Lösungsmitteldampfentfettung f <obfl> • solvent vapor degreasing
Lösungsmittel entfernen vi <verf> • solventize vt
Lösungsmittelentfettung f <obfl> (Vorgang) • solvent degreasing
Lösungsmittelextraktion f <verf> • solvent extraction process; solvent extraction
lösungsmittelfrei <chem> • solvent-free; solventless
lösungsmittelfreie, reaktive Klebstoff-Formulierung f <füg> • solvent-free reactive adhesive formulation
lösungsmittelfreie reaktive Klebstoff-Formulierung f <füg> • solvent-free reactive adhesive formulation

lösungsmittelfreier Klebstoff *m* <füg> • solvent-free adhesive; solventless adhesive; non-solvent adhesive

lösungsmittelfreier reaktiver Acrylatklebstoff *m* <füg> • non-volatile reactive acrylic adhesive

lösungsmittelhaltiger Klebstoff *m* <füg> • solvent adhesive; solvent cement; solvent-based adhesive; solvent-borne adhesive *rare*; solvent-containing adhesive

Lösungsmittelkleben *n* <füg> • solvent bonding; solvent cementing; solvent welding

Lösungsmittelkleber *m* <füg> *(glasklar und/oder steinhart aushärtend)* • solvent cement; solvent-containing cement; solvent-based cement

Lösungsmittelklebstoff *m* <füg> *(allg.)* • solvent adhesive; solvent-containing adhesive; solvent-based adhesive

Lösungsmittelklebstoff *m* <füg> *(glasklar und/oder steinhart aushärtend)* • solvent cement; solvent-containing cement; solvent-based cement

Lösungsmittelklebstoff *m* <füg> • solvent adhesive; solvent cement; solvent-based adhesive; solvent-borne adhesive *rare*; solvent-containing adhesive

lösungsmittelreaktivierter Kleber *m* <füg> • solvent-activated adhesive; solvent activated adhesive; adhesive that is activated with solvent; adhesive that is reactivated with solvent

lösungsmittelreaktivierter Klebstoff *m* <füg> • solvent-activated adhesive; solvent activated adhesive; adhesive that is activated with solvent; adhesive that is reactivated with solvent

Lösungsmittelreiniger *m* <verf> • solvent cleaner

Lösungsmittelrückgewinnung *f* <ents> • solvent recovery

lösungsmittelverdünnt <tech.allg> • solvent-thinned

Lösungsmittelverklebung *f* <ents> • solvent welding

Lösungspolymerisation *f* <kst> • solvent polymerization

Lösungspotential *n* <chem> • solution potential

Lösungsschweißen *n* <chem> • solvent welding

Lösungsspinnen *n* <textil> • solution spinning; wet spinning

Lösungstaste *f* <masch> *(z. B. Bremse)* • release key

Lösungsvermittler *m* <chem> • solubilizing agent; solubilizer; solution assistant

Lösungsvermögen *n* <chem> • dissolving power; solvent power; solvency

Lösungswärme *f* <phys> *(wird abgegeben oder aufgenommen, wenn z. B. ein Salz in Lösung geht)* • heat of solution

Lötabdeckung *f* <el> *(für Leiterplatten; Lack oder Folie)* • masking film

Lötanschluss *m* <el> *(betont: gelötete Verbindung)* • soldered connection

Lötanschluss *m* <el> *(allg.; z. B. als Lötfahne)* • soldering terminal; solder connector; soldering connection

Lötauge *n* <el> *(Loch; z. B. in Lötfahne)* • flow hole

Lötbad *n* <füg> • dipping solder bath; solder bath

Lötbadweichlöten *n* <füg> • dip soldering

lötbar <füg> *(Hartlöten)* • brazable

lötbar <füg> *(Weichlöten)* • solderable

Lötbarkeitsversuch *m* <qualit.mat> • solderability test

Lötblei *n* <füg> • lead solder

Lötbrenner *m* <kfz.wz> • blow torch *US*; blowtorch *US*; blowlamp *GB*

Lötbrenner *m* <verbr> • gas blowtorch; soldering torch; blowtorch

Lötbrüchigkeit *f* <qualit.mat> • solder embrittlement

Lötbrunnen *m* <füg> • cable jointing box; jointing box; jointing chamber

Lötdrähtchen *n* <füg> • pigtail lead

Lötdraht *m* <füg> • solder wire; wire solder

Löten *n* <füg> *(Hartlöten)* • brazing

Löten *n* <füg> *(Weichlöten)* • soldering

löten *vt* <füg> *(hartlöten)* • braze *vt*

löten *vt* <füg> *(weichlöten; typ. bei elektr. Verbindungen)* • solder *vt*

Löten mit Lötkolben *n* <füg> • iron soldering

Lötfahne *f* <el> *(an el. Bauteilen)* • solder tail; pigtail; soldering tag; soldering lug; solder tag terminal

Lötfahne mit Loch *f* <el> • flow hole solder tail; soldering tag [with flow hole]; solder tag terminal [with flow hole]

Lötfett *n* <füg> • soldering paste

Lötfläche *f* <füg> • soldering surface

Lötflamme *f* <füg> • soldering torch

Lötflussmittel *n* <füg> • soldering flux; solder flux

lötfreie Drahtverbindung *f* <füg.el> • wire wrap

Lötfuge *f* <füg> • soldering joint clearance; joint clearance

Lötgabel *f* <füg> • solder fork connector

Lötinsel *f* <el> *(auf Platine)* • soldering pad

Lötklemme *f* <füg> • soldering terminal

Lötkolben *m* <füg.wz> • soldering bit; soldering iron; soldering copper

Lötkontakt *m* <el> • solder contact; solder bond

Lötkontakthügel *m* <füg> • solder bump

Lötlampe *f* <kfz.wz> • blow torch *US*; blowtorch *US*; blowlamp *GB*

Lötlasche *f* <el> • soldering tag; soldering tab

Lötlegierung *f* <mat> • soldering alloy; solder alloy; solder

lötlose Verdrahtung *f* <el.füg> • wrap method

lötlos verdrahten *vt* <el.füg> • wrap *vt*

Lötmittel *n* <füg> • solder

Lötmuffe *f* <füg> • soldering sleeve; soldering box

Lötnaht *f* <füg> • soldered seam; soldering seam

Lötnahtfestigkeit *f* <qualit.mat> • solder strength

Lötöse *f* <el> • soldering eye; soldering lug; soldering tag; eyelet

Lötösenleiste *f* <el> • soldering-lug strip; soldering-lug terminal strip; tag-strip

Lötofen *m* <füg> *(Hartlöten)* • brazing furnace

Lötofen *m* <füg> *(Weichlöten)* • soldering furnace

Lötpaste *f* <füg> • soldering paste; paste solder

Lötpaste *f* <kfz.rep> • solder paint *GB*; tinning compound; tinning butter *pract*

Lötperle *f* <füg> • solder blob; blob

Lötpistole *f* <wz> • soldering gun

Lötpunkt *m* <füg> *(zum Weichlöten vorgesehen)* • soldering point; soldering spot

Lötpunkt *m* <füg> *(weichgelötet)* • soldered point; soldered spot

Lötrohranalyse *f* <chem/min> • blowpipe analysis

Lötsäure *f* <füg> • soldering acid

Lötschuh *m* <el> • sweating thimble

Lötspachtel *m* <kfz.wz> • solder paddle; lead paddle; leading paddle; wooden paddle *coll*

Lötspritzer *m* <füg> • solder splash

Lötstange *f* <füg> • solder stick; soldering stick

Lötstelle *f* <el> *(Thermoelement)* • thermojunction; thermocouple junction

Lötstelle *f* <füg> *(zum Weichlöten vorgesehen)* • soldering point; soldering spot

Lötstelle *f* <füg> *(hartgelötet)* • braze soldered joint; braze soldered junction

Lötstelle *f* <füg> *(weichgelötet)* • soldered point; soldered spot

Lötstift *m* <füg.wz> • soldering pin

Lötstoplack *m* <el> *(auf Leiterplatten; z. B. beim Wellenlöten)* • masking lacquer *:V*; Blue Mask ®

Lötstück *n* <füg> • part to be soldered; part being soldered

Lötverbindung *f* <füg> • brazed joint

Lötverbindung f <füg> • soldered connection; soldered joint; solder joint

Lötvorrichtung f <füg> • soldering fixture

Lötwanne f <füg> (Tauchlöten) • solder pot

Lötwasser n <füg> • soldering fluid

Lötzinn n <füg> (typ. ein Zinn-Blei-Lot; vor allem für elektr. Verbindungen) • solder; soft solder

Lötzinn n ugs <kfz.rep> • body lead; body solder; lead solder; filling solder

Löwenherzgewinde n <opt> • Lowenhertz thread; Löwenherz thread

Log n <nav> • log

Log n <petr.doku> (von Bohrungen) • log; borehole log

Logarithmenbasis f <math> • logarithm base

Logarithmenpapier n <doku> • logarithmic paper

Logarithmierverstärker m <el> • logarithmic amplifier

logarithmisch auftragen vt <math> • plot logarithmically vt

logarithmische Einheit f DIN 5493 <phys> • logarithmic unit

logarithmische Formänderung f <prod> • natural logarithm of the extrusion ratio

logarithmische Größe f DIN 5493 <math.phys> • logarithmic quantity

logarithmische Reihe f <math> • logarithmic series

logarithmischer Kondensator m <el> • logarithmic capacitor

logarithmischer Verstärker m <el> • logarithmic gain amplifier; logarithmic amplifier

logarithmisches Dekrement n <phys> (Schwingung) • logarithmic decrement; damping factor

logarithmisches Formänderungsverhältnis n <prod> • degree of deformation; logarithmic deformation

logarithmische Skale f <math> (Diagrammachse, Meßgerät, Anzeige) • logarithmic scale

logarithmisches Papier n <doku> (für Schaubilder) • logarithmic paper

logarithmische Spirale f <math> • equiangular spiral

logarithmische Teilung f <math> (Skala, Diagramm-achse) • logarithmic graduation

logarithmisch unterteilt <math> • logarithmically spaced

Logarithmus m <math> • logarithm

Logatom n <akust> • logatom

Logbuch n <aerospace> (betont: für Flugzeug) • aircraft log

Logbuch n <aerospace> (betont: Flugaufzeichnungen) • flight log

Logbuch n <doku> (allg.) • logbook

Logbuch n <navig.doku> (allg.) • logbook

Logbuch n <navig.doku> (betont: Navigationseintragun-gen) • navigation log

Loggen n <nukl> • logging

Logik f <philos> • logic

Logikanalysator m <edv> • logic analyzer US; logic ana-lyser GB

Logikbaustein m <el> • logic module

Logikbefehl m <edv> • logic instruction

Logikchip m <el.ic> • logic chip

Logikdiagramm n <msr> • logic diagram

Logikelement n <msr> • logic element

Logikgatter n <el> • logic gate

Logikmodul n <el> • logic module

Logiknetzwerk n <autom> • logic network

Logikoperand m <edv> • logic operand

Logikoperator m <edv> • logic operator

logikorientierte Programmiersprache f <edv> • logic programming language; logic language

Logikpegel m <edv> • logic level

Logikschaltplan m <el> • logic diagram

Logikschaltung f <edv> (z. B. Regeltechnik) • logic circuit

Logiksteuerung f <msr> • logic control

Logiktransistor m <el> • logic transistor

logische Ausschließung f <math> (z. B. Schaltalgebra) • exclusion

logische Bombe f <edv> (Computervirus, greift erst bei Bestehen bestimmter Bedingungen an) • logic bomb

logische Ebene f <edv> • logic level

logische Eins f <msr> • logic one

logische Entscheidung f <msr> • logical decision

logische Grundoperation f <math> • fundamental logi-cal operation

logische Grundschaltung f <el> • logic circuit

logische Kapazität f <edv> • formatted capacity; user capacity

logische Netzwerkadresse f <edv> • network logical ad-dress

logische Operation f <msr> • logical operation

logischer Ausdruck m <math> • logical expression

logischer Ausdruck m <term> • logical expression; Boolean expression

logischer Baustein m <edv> • logical block

logischer Befehl m <edv> • logical instruction

logischer Fehler m <qualit> • logical error

logischer Kanal m <tele> • logic channel

logischer Pegel m <edv> • logic level

logischer Schluss m <msr> • logical interference

logischer Speicherplatz m norm. <edv> • logical loca-tion stand.

logischer Zustand m <edv> • logic state

logische Schaltung f <el> • logic circuit

logische Schaltung f <msr> (Funktion) • logic function

logische Schaltung f <msr> (Schaltkreis) • functional cir-cuit

logisches Diagramm n <doku> • functional diagram

logisches Diagramm n <msr> • logical diagram

logisches Element n <msr> • logical element; logic ele-ment; decision element

logisches Feld n <edv> • logic array

logisches Mikrobauelement n <edv> • micrologic ele-ment

logische Speicherkapazität f <edv> (auf einem Daten-träger verfügbar) • volume space

logisches Produkt n <math> • logical product

logisches Schaltbild n <doku> • functional diagram

logisches Schaltelement n <msr> • logic element

logische Struktur f <tech.allg> • logic design

logisches UND n <msr> • AND operator

logisches Verknüpfungsglied n <msr> • logical ele-ment; gate

logisches Zeichen n <math> • logical symbol

logische Verknüpfung f <math> (z. B. Boole'sche Alge-bra) • logical connective; logical operation

logische Verriegelung f <edv> (Computersicherheit) • padlocking

logische Verschiebung f <msr> • logical shift; logic shift

Logistik f <logist> • logistics

Logistikdefizite npl <logist> • supply problems

Logistikdienstleister m <logist> • shipper

logistische Defizite npl <logist> • supply problems

logistische Kurve f <math> • logistic curve; Pearl-Reed curve

Logleine f <nav> • log line

Lognormalverteilung f DIN 55350-22 <math> (Statistik) • log-normal distribution; Gibrat distribution

Logo n <werb> • logo; logotype; logogram

Logogramm n norm.did <werb> • logo; logotype; logo-gram

Lohbrühe f <led> • bark liquor

Lohe *f* <led> • tanbark; bark
lohgar <led> • bark-tanned; oak-tanned
Lohgerbung *f* <led> • bark tannage
Lohgrube *f* <led> • tanning pit; handler
Lohmühle *f* <led> • bark mill
Lohnanreicherung *f* <nukl> • toll enrichment
Lohnbürowagen *m* <bahn> • payroll car *US*
Lohnverzinkung *f* <obfl> • batch galvanizing
LOI <tech.allg> • letter of intent (LOI)
LOI <kst.qualit> *(Bestimmung des Brandverhaltens)* • limiting oxygen index (LOI); oxygen index
Loipe *f* <sport> *(Langlauf)* • track; course
loipen *vt* <sport> *(Skistrecke)* • prepare *vt*; groom *vt*
LOI-Wert *m* <textil> *(für schwer entflammbare Faserstoffe)* • limiting oxygen index value; LOI value
Lok *f ugs* <bahn> • locomotive; loco *coll*
Lokalbahn *f* <bahn> • local railway
Lokalbatterie *f* <el> *(einzelne)* • local battery
Lokalbatterie *f* <el> *(System)* • local battery system
Lokalbestrahlung *f* <nukl> • local irradiation
Lokalbetrieb *m* <edv> • local mode
Lokaldosis *f* <nukl> • local dosage; local dose
lokale Achse *f* <edv> • local axis
lokale Dehnung *f* <kfz.rep> *(begrenzte, oft ziemlich tiefe Druckstelle im Blech)* • indentation
lokale Gebühren *fpl* <kfz> *(Mietwagen)* • local surcharges
Lokale Gruppe *f* <astron> • Local Group
Lokalelement *n* <obfl> • local-action cell; local galvanic element; microgalvanic cell; local element; local cell
Lokalelementbildung *f* <chem> • local-element formation; local-cell formation
lokale Neutralität *f* <nukl> • local neutrality
lokaler Alarm *m* <alarm> • local alarm
lokaler Anwendungsbereich *m norm.* <edv> • local scope *stand.*
Lokaler Superhaufen *m* <astron> • Local Supercluster
lokales Beleuchtungsmodell *n* <edv> • local illumination model
lokales Gitter *n* <navig> • local map grid; local grid
lokales Koordinatensystem *n* <edv> • local coordinate system
lokales Koordinatensystem *n* <navig> • local map grid; local grid
lokales Netz *n* <edv> • local area network (LAN)
lokales Netzwerk *n* (LAN) <edv> • local area network (LAN)
lokales thermodynamisches Gleichgewicht *n* (LTG) <nukl> • local thermal equilibrium
lokales Überhitzen *n* <tech.allg> • local overheating
lokalisieren *vt* <tech.allg> *(Fehler, Störungsursache finden)* • localize *vt*
lokalisieren *vt* <tech.allg> *(Objekt; z. B. Person, Schiff, Sender, Ziel; Störungsursache)* • locate *vt*; position *vt*
lokalisieren *vt* <doku> *(an Zielkultur anpassen)* • localize *vt*
Lokalisierer *m norm.* <edv> • locator device *stand.*; locator
lokalisierte Korrosion *f* <obfl> • localized corrosion
Lokalisierung *f* <doku> *(von Produkten und Dokumentation)* • localization
Lokalisierung *f* <ents> • location
Lokalizer *m* <navig> • localizer
Lokalkorrosion *f* <obfl> • local corrosion; localized corrosion
lokal operierendes Netzwerk *n* (LON) <msr> *(Gebäudeleittechnik)* • locally operating network (LON); locally operating net
Lokalreaktion *f* <med> • local reaction
Lokalterm *m* <el> • local level

Lokasil-Verfahren *n* <mat> • Lokasil process
Lokation *f* <petr> • final location; location
Lokator *m* <edv.av> • locator
Lokführer *m* <bahn> • engineman
Lok mit Climax-Gelenkwellenantrieb *f* <bahn> • Climax-geared locomotive
Lok mit Heisler-Gelenkwellenantrieb *f* <bahn> • Heisler-geared locomotive
Lok mit Shay-Gelenkwellenantrieb *f* <bahn> • shay-geared locomotive
Lokomotivbetriebswerk *n* <bahn> • engine terminal; engine facilities
Lokomotivdieselmotor *m* <mot> • locomotive diesel engine
Lokomotive *f* <bahn> • locomotive; loco *coll*
Lokomotive mit Gelenkwellenantrieb *f* <bahn> *(z. B. Climax, Heisler, Shay)* • locomotive with articulated drive; locomotive with prop-shaft drive :V
Lokomotive mit Heisler-Antrieb *f* <bahn> *(Dampflok, mit Kardanwelle)* • Heisler-geared locomotive
Lokomotive mit Kardanantrieb *f :V* <bahn> *(z. B. Climax, Heisler, Shay)* • locomotive with articulated drive; locomotive with prop-shaft drive :V
Lokomotive mit Schlepptender *f* <bahn> *(Kohle-/Wasserbehälter auf sep. Fahrgestell angehängt)* • locomotive with tender *US*
Lokomotive mit Tender *f* <bahn> *(Kohle-/Wasserbehälter auf sep. Fahrgestell angehängt)* • locomotive with tender *US*
Lokomotivförderung *f* <förd> • locomotive haulage
Lokomotivschuppen *m* <bahn> *(jede Form; z. B. zweiständig)* • enginehouse; roundhouse *pract*
Lokschuppen *m prakt* <bahn> *(jede Form; z. B. zweiständig)* • enginehouse; roundhouse *pract*
Loktalröhre *f* <el> *(Achtelektrodenröhre mit Sockelverriegelung)* • loktal tube
Loktalsockel *m* <el> • loktal base
Loktypenklassifikation *f* <bahn> *(z. B. ooOOOo oder 2-C-1 oder 4-6-2)* • locomotive classification
LO-LO-Schiff *n* <nav> • lift-on-lift-off ship
Lomer-Cottrell-Versetzung *f* <mat> • Cottrell dislocation
LON <geo.navig> • longitude (LON); geographical longitude; degree of longitude *rare*
LON <msr> *(Gebäudeleittechnik)* • locally operating network (LON); locally operating net
London'sche Eindringtiefe *f* <phys> *(in Supraleitern)* • London penetration depth
londonsche Eindringtiefe *f* <phys> *(in Supraleitern)* • London penetration depth
Ionenchromatographie *f* DIN EN ISO 1506 <chem.verf> • liquid chromatography of ions DIN EN ISO 1506
Long-Cage-Schaltung *f* <fz> • long cage derailleur
Longitudinalaufzeichnung *f* <av> • longitudinal recording method (LVR); longitudinal scanning method; linear recording method; linear scanning method; longitudinal recording
Longitudinaleffekt *m* <msr> • longitudinal effect; longitudinal piezoelectric effect
longitudinale Welle *f* DIN IEC 50 <av> • longitudinal wave DIN IEC 50; irrotational wave *rare*
Longitudinalkontrolle *f* <edv> • longitudinal parity check
Longitudinalrecorder *m* <av> • longitudinal video recorder; longitudinal recorder
Longitudinal Recording *n* <av> • longitudinal recording system; longitudinal scanning system; linear recording system; linear scanning system; direct recording
Longitudinalschwingung *f* <phys> • longitudinal vibration

Longitudinalverfahren *n* <av> • longitudinal recording system; longitudinal scanning system; linear recording system; linear scanning system; direct recording
Longitudinal Video Recording *n* (LVR) *Bas* <av> • Longitudinal Video Recording (LVR) *Bas*
Longitudinalwelle *f* <av> • longitudinal wave *DIN IEC 50*; irrotational wave *rare*
Longitudinalwelle *f* <geo> *(Erdbeben)* • primary wave; pressure wave; push wave
Longplay *n* (LP) <av> *(im PAL-Format; verdoppelt die Bandlaufzeit)* • long play (LP); longplay; long-play mode
Long-Play *n* <av> *(im PAL-Format; verdoppelt die Bandlaufzeit)* • long play (LP); longplay; long-play mode
Longplay-Aufnahme *f* <av> • long-play recording
Longplaymodus *m* <av> *(im PAL-Format; verdoppelt die Bandlaufzeit)* • long play (LP); longplay; long-play mode
Long-Range-Scannen *n* <edv> • long-range scanning
Longtunnel *m* <prod.nahr> *(Speiseeis)* • long tunnel
LON-Schnittstelle *f* <edv> • local operating network interface; LON interface
Loop *f selten* <edv.av> *(Sequenzerfunktion)* • loop; cycle
Loop *f selten* <edv.av> *(Samplerfunktion)* • loop; sustain loop
Loop *m ugs* <edv> • animation loop; loop *coll*
Loop *m* <edv.av> *(Sequenzerfunktion)* • loop; cycle
Loop *m* <edv.av> *(Samplerfunktion)* • loop; sustain loop
Loop *m* <med.tech> *(z. B. P/V-Loop, V/Flow-Loop, P/Flow-Loop)* • loop
Loopback <el> • loopback
Loopbildung *f* <edv.av> • looping
Loop-Crossfade-Funktion *f* <edv.av> • loop crossfade; smoothing
Loop-Durchgang *m* <el.mus> *(von Samples)* • looping; loop
Loopen *n* <edv.av> • looping
Loopen *n* <el.mus> *(von Samples)* • looping; loop
loopen *vt* <edv.av> • loop *vt*
Loop-Ende *n* <edv.av> • loop stop; loop stop position
Loop-Endpunkt *m* <edv.av> • loop stop; loop stop position
Loop Find-Funktion *f* <edv.av> • autoloop; loop-find; loop find
Loopfind-Funktion *f* <edv.av> • autoloop; loop-find; loop find
Looping *n jarg.* <edv.av> • looping
Looping-Animation *f* <edv> • looping animation
Looppunkt *m* <edv.av> • loop point
Loopstabilität *f* <füg> • loop stability
Loop-Start *m* <edv.av> • loop start; loop start position
Loop-Startpunkt *m* <edv.av> • loop start; loop start position
Loop-Through *n* <edv> • loop through
Loose-fill-Verpackung *f* <pack> • loose-fill packaging
Loppfilm *m* <edv> • lapping film
Lorac-System *n* <navig> • long-range accuracy radar system (lorac)
Loran-C *n* <navig> • LORAN-C system
Loran-C-Empfänger *m* <navig> • LORAN-C receiver
Loran-C-System *n* <navig> • LORAN-C system
Loran-C-Verfahren *n* <navig> • LORAN-C system
Loran-Kette *f* <navig> • LORAN chain
Loran-Verfahren *n* <navig> • long-range air navigation system
Lordosenstütze *f form* <kfz.innen> *(in Sitzen)* • lumbar support
Lore *f* <förd> *(Hängeseilbahn)* • telpher
Lore *f* <min> *(Grubenbahn)* • lorry
Lorenkippwagen *m* <bahn> • dump car
Lorentz'sche Bewegungsgleichungen *fpl* <phys> *(Elektronentheorie)* • Lorentz equations of motion
Lorentz-Gruppe *f* <math> • Lorentz group

Lorentz-Invarianz *f* <phys> • Lorentz invariance
Lorentz-Kontraktion *f* <phys> • Lorentz contraction
Lorentzkraft *f* <astron> • Lorentz force
Lorentz-Kraft *f* <phys> • Lorentz-force; electrodynamic force; force of current interaction
lorentzsche Bewegungsgleichungen *fpl* <phys> *(Elektronentheorie)* • Lorentz equations of motion
Lorentz-Transformation *f* <math> • Lorentz transformation
Lorentz-Triplett *n* <nukl> • Lorentz triplet
Lores *f* <edv> • low resolution *form.*; lores *pract.*
Lorin-Rohr *n* <aerospace> • aerothermodynamic duct; atherodyde; athodyde
Lorin-Triebwerk *n rar* <aerospace> • ramjet engine
Los *n* <prod> *(Menge eines Produktes, die unter einheitlichen Bedingungen entsteht)* • batch; production run; lot
Losblatteinrichtung *f* <textil> • loose-reed mechanism
Losblattschützenwächter *m* <textil> • loose-reed warp protector
Losblattstuhl *m* <textil> • loose-reed loom
Losboden *m* <metall> *(Konverter)* • removable bottom
Losbrechmoment *n* <mech> *(z. B. von Stoßdämpfern)* • initial friction; starting friction
Losbrechmoment *n* <mech> *(beim Ingangsetzen drehender Teile)* • starting torque; break-away torque; start-up torque; initial torque
Losbrechwiderstand *m* <masch> *(Maschine, Fahrzeug)* • breakaway force
Loschmidt'sche Zahl *f obs* <chem> • Avogadro number; Loschmidt's number *obs*
Loschmidt-Konstante *f* <chem> • Avogadro constant (N)
lose <allg> *(beweglich)* • free; movable
lose <allg> *(nicht straff gespannt)* • slack
lose <tech.allg> *(nicht befestigt)* • loose
lose <tech.allg> *(locker; eher unerwünscht)* • loose
lose <füg> *(z. B. Mutter)* • movable
lose <logist> *(z. B. Baumaterial)* • in bulk
lose <masch> *(nicht montiert)* • unmounted
lose Bordscheibe *f DIN ISO 5593* <masch> *(Wälzlager)* • loose rib *ISO 5593*
lose Kopplung *f* <phys> *(z. B. von Schwingkreisen)* • weak coupling; loose coupling
lose laufen *vi* <tech.allg> • rotate freely *vi*
lose Maske *f* <obfl> *(liegt nicht unmittelbar auf der Oberfläche)* • soft mask
lose Part *f* <nav> • hauling part
loser Dämmstoff *m* <bau.mat> • bulk insulation material; bulk insulation
loser Durchhang *m* <tech.allg> • slack
loser Kiel *m* <nav> • false keel
loser Narben *m* <led> • empty grain
lose Rolle *f* <masch> • lose roller; dead roller
loser Stent *m* <med.tech> • bare stent
loser Zement *m* <bau.mat> • bulk cement
loses Eis *n* <nahr> *(allg)* • bulk ice cream
loses Korn *n* <wz> • loose abrasive grain
loses Schleifmittel *n* <prod> • loose abrasive
loses Speiseeis *n* <nahr> *(allg)* • bulk ice cream
lose Stoffe *mpl* <chem> • lose material
lose Verlegung *f DIN ISO 2424* <bau.innen> *(textiler Bodenbelag)* • loose installation *ISO 2424*
losfahren *vi* <kfz> *(vom Stillstand)* • drive off *vi*; move off *vi*
losfahren *vi ugs* <verk> *(allg., ohne Fahrplan; z. B. Auto)* • start *vi*
Losflansch *m* <rls> • rotatable flange; swivel flange
losgelöstes Furnier *n* <obfl.holz> • loose veneer; peeling veneer; cleaving veneer; detached veneer
Losgröße *f* <prod> *(als Anzahl oder Menge; z. B. 1000 Stück oder 1000 kg)* • batch size; batch quantity; lot size

Loskiel m <nav> • false keel; keel shoe
losklopfen vt <metall> (Modell) • rap vt
Loskugellager n <masch> • aligning ball bearing
Loslager n <mech> (erlaubt Bewegung in mindestens einer Richtung) • movable bearing; loose bearing
Loslassen n <masch> (z. B. von etwas Eingespanntem) • release
loslassen vt <prod> (etwas Festgehaltenes) • release vt
Loslassgeschwindigkeit f <edv.av> • release velocity
Loslösung f <obfl.holz> (Aufspaltung) • cleavage
Loslösung zwischen zwei Schichten f <obfl.holz> • interlaminal cleavage
LOSOS-Technik f <verf> • local oxidation of silicon on sapphire techniques; LOSOS techniques
Losrad n <bahn> (im Ggs. zum starren Radsatz) • individual wheel
Losrad n <kfz.antr> (in Schaltmuffengetriebe) • idler gear; idler
Losrad n <masch> (in Zahnradölpumpe) • driven gear; idler [gear]
losreißen vr <allg> • tear off vi; pull off vi
Losreißmoment n <mech> • breakaway torque
Losscheibe f <masch> • loose pulley
Losschlagplatte f <metall> (Formen) • rapping plate
losschrauben vt <masch> • unbolt vt
losschrauben vt <masch> • unscrew vt; screw off vt
Losumfang m <prod> (als Anzahl oder Menge; z. B. 1000 Stück oder 1000 kg) • batch size; batch quantity; lot size
Lot n <bau.wz> (Gewicht an Schnur) • mason's level; mason's plumb line; plumb bob; plummet
Lot n <füg> (typ. ein Zinn-Blei-Lot; vor allem für elektr. Verbindungen) • solder; soft solder
Lot n rar <navig> (Tiefenmessung) • sonar; echo sounder; echo depth finder; acoustic depth finder; echo sounding device
Lotabweichung f <bau> • plumb-line deviation
Lotbadhartlöten n <füg> • dip brazing
Lotbrückenbildung f <el> • solder bridging
Lotebene f <math> • perpendicular plane
loten vi/vt <msr> • plumb vi/vt
loten vi/vt <nav.msr> (Echolot) • sound vi/vt
Lot fällen vt <math> (Geometrie) • drop a perpendicular vt
Lotfühler m <bau> • pendulous erection device
Lotfußpunkt m <edv> • perpendicular point
Lotion f <hygi> • lotion
lotisch DIN 4049-2 <geo.hydr> (rasch fließend, starke Strömung) • lotic
Lotkreisel m <navig> • vertical gyro
lotrecht <math> (im rechten Winkel zu oder auf etw. stehend) • normal; perpendicular
Lotrechte f <math> • normal; surface normal; perpendicular
lotrechte Lage f <tech.allg> • verticality; vertical position
Lotröhre f <nav> • sounding tube
Lotschnur f <bau> • plumb line
Lotsenfunk m <nav> • pilot radio service
Lotsextant m <nav> • sounding sextant
Lotstab m <navig> (Geodäsie) • range pole
Lotstange f <nav> • sounding pole
Lotuseffekt m <obfl> (von Oberflächen; Hydrophobie plus spezielle Struktur; Bionik) • lotus effect; self-cleaning effect coll
Lotusfolie f prakt <kst> (schmutzabweisend, selbstreinigend) • hydrophobic nanostructured plastic sheeting; Lotus sheet[ing]
Loudness f prakt <av> (Anhebung von Tiefen und Höhen bei geringer Lautstärke) • automatic loudness; loudness pract
Love-Welle f <geo> (seismische Welle) • Love wave

Low-Deck-Sattelzugmaschine f <nfz> • low-height tractor; low-profile tractor
Low Density <edv> • low density
Low-Density-Lipoprotein n (LDL) <bio> (Makromolekül) • low-density lipoprotein (LDL); beta-lipoprotein
Low-Dust-Entstickungsvariante f (LDSS) <emiss.verf> • low-dust SCR system (LDSS)
Low-Dust-Schaltung f rar <emiss.verf> (SCR-Anlage am Ende der Abgasreinigung; typ. für MVA) • tail-end position; tail-end configuration
Low-Earth-Orbit-Systeme npl (Leos) <navig> • low earth orbit systems (leos)
Low-E Glas n <silik> (mit Metall- oder Metalloxidbeschichtung) • low E glass; low emissivity glass; low-e glass; heat-absorbing glass
Low-Key-Aufnahme f <phot> • low-key picture
Low-Level-Formatierung f <edv> (von Festplatten) • low-level formatting US.GB
Low-Light-Modus m <av> • lowlight mode
Low noise Transistor m <el> • low noise transistor
Low-noise-Transistor m <el> • low noise transistor
Low Note-Priorität f <edv.av> • low note priority
Low-Power-SRAM m <edv> • low-power SRAM
low radius startup n <nukl> • low radius startup
Low Rider m <fz> • low rider; low ride carrier
Lowrider m <kfz> • low rider
Loxodrome f <math> • loxodrome; loxodromic curve
Loxodrome f <navig> • rhumb line
Loxodrome-Projektion f rar <navig> • Mercator map projection; Mercator projection; rhumb projection rare
loxodromische Linie f <math> • rhumb line; rhumb pract
LP <av> (im PAL-Format; verdoppelt die Bandlaufzeit) • long play (LP); longplay; long-play mode
LP <bio> • lipoprotein
LP f ugs <av> • album GB
LP-Beton m <bau.mat> • air-entrained concrete
LPE-Verfahren n <energ.sol> • LPE growth technique; liquid phase epitaxial growth technique
LPG <tech.allg> (allg.) • liquified petroleum gas (LPG) US.GB; liquified gas US.GB.pract; liquid petroleum gas; liquefied petroleum gas rare
LPG <chem.petr> • liquified petroleum gas (LPG); liquid petroleum gas
lpi <druck> (Maßeinheit) • lines per inch pl (lpi)
LPL <bio> • lipoprotein lipase (LPL)
L-Profil n (LW) <bau.innen> • L-stud
L-Profil n <metall> (aus Stahl) • angle; angle-iron GB.coll; angle section; angle bar coll
L-Profil n <prod> (allg.) • angle section
Lp-X <bio> • lipoprotein X (Lp-X)
Lp-Y <bio> • lipoprotein Y (Lp-Y)
LP-Zusatz m <bau.mat> (Beton) • air-entraining additive; air-entraining agent
Lr <chem> • lawrencium (Lr)
L-Regler m <el.msr> • L-pad attenuator
L-Ring m <kfz> (Kolbenring) • L-section ring
LS <alarm> (gesamtes Gerät) • photoelectric beam detector; beam interruption detector; broken beam detector; photoelectric detector
LS <kfz.emiss> • air-borne noise
LSA-Diode f <el> • limited space-charge accumulation diode
LSB <edv> • least significant bit (LSB)
LSB <edv> • least significant bit (LSB); least-significant bit; lowest-order bit
LSB <edv.av> • least significant bit (LSB)
L-Schale f <chem> (Elektronenschale) • L-shell
L-Schaltung f <el> • L-network
L-Schirm m <navig> • L-scope

LSG <kfz.antr> • powershift transmission; load-changeable transmission

LS-Getriebe n <kfz.antr> • powershift transmission; load-changeable transmission

LSI <el.ic> (von Schaltkreisen) • large-scale integration (LSI)

L-Signal n <msr> • logic one signal; logic 1 signal; one

LSI-Schaltung f <ic> • large-scale integrated circuit

LS-Kopplung f <nukl> • Russell-Saunders coupling; LS-coupling

LSOH-Kabelmantel m <el/feuer> • low-smoke zero halogen sheath; LSOH sheath

LSOH-Mantel m <el/feuer> • low-smoke zero halogen sheath; LSOH sheath

L-Stahl m <mat> • steel angle; steel angles

L-Stellung f <masch> (Zylinderanordnung) • rectangular arrangement

LSZ-Theorie f <phys> • axiomatic S-matrix theory

LTG <nukl> • local thermal equilibrium

LTO <edv> • Linear Tape Open (LTO)

LTO-Band n <edv> • LTO tape

LTO-Standard m <edv> (für Bandspeicher) • linear tape open (LTO); LTO standard

LTP <bio> • lipid transfer protein (LTP)

L-Typ m <el> (Wellentyp) • transverse electromagnetic mode; TEM mode

Lu <chem> • lutetium (Lu)

Lu <qualit.mat> • final gauge length (Lu)

Lubricator m prakt <pack> • lubricator; oiler

Lubrizieren n <edv> • lubrication

lubrizieren vt <edv> • lubricate vt

Ludwig-Soret-Effekt m <phys> (Thermodiffusion) • Soret effect

Lüa <tech.allg> (bei größeren oder komplexeren Objekten; z. B. Schiffen) • overall length (LOA); length over all rare

Lübecker Hüte mpl <verk> • traffic cones pl; safety control cones pl

Lücke f <tech.allg> • gap

Lücke f <tech.allg> (z. B. zwischen Brettern, Latten, Blendleisten) • interstice

Lücke f <druck> (zwischen Zeichen) • space

Lücke f <edv> (Abstand, weiße Stelle in Strichcode) • space; gap; white bar

Lücke f rar <edv> (zur Abgrenzung einzelner Sektoren; z. B. e. Festplatte) • gap

Lücke f <msr> (Zackenrad) • gap

Lücke f <msr> (Nutenrad) • slot

Lücke f <qualit.mat> (im Kristallgitter) • lattice vacancy; vacant lattice site; vacant site; vacancy

Lücke im Empfangsbereich f <tele> (Mobilfunk, Rundfunk, Fernsehen) • dead spot; blind spot

Lücke in der Netzabdeckung f <tele> (Mobilfunk, Rundfunk, Fernsehen) • dead spot; blind spot

Lückenbreite f <edv> • space width

lückender Strom m <el> • discontinuous current

Lückengrund m <antr> (Zahnrad) • bottom land; space bottom

lückenlos <tech.allg> (Abfolge von Ereignissen) • uninterrupted; continuous; unbroken; straight

Lückentiefe f <masch> (Zahnlücke) • total depth

Lückentiefe f <masch> (Verzahnung) • whole depth US

Lückenwinkel m <masch> • gash angle

Lückenzeit f (Magnetband, Magnettrommel) • black-out time

Lücke zwischen Bandaufzeichnungen f <av> • inter-record gap

Lüders'sche Linien fpl <qualit.mat> • Lüders lines; Luders lines; lines of yielding

Lüders'sches Theorem n <phys> (Quantenfeldtheorie) • Lüders-Pauli theorem; CPT theorem

lüderssche Linien fpl <qualit.mat> • Lüders lines; Luders lines; lines of yielding

lüderssches Theorem n <phys> (Quantenfeldtheorie) • Lüders-Pauli theorem; CPT theorem

Lüften n <tech.allg> (der Luft aussetzen, frische Luft zulassen; z. B. Raum) • aeration; airing

Lüften n <masch> (Abheben von Bremsbacken, Bremsbändern) • lift

Lüften n <nahr> (von Wein; z. B. beim Abstich) • aeration

lüften vt <tech.allg> (frische Luft zuführen, an die Luft bringen; z. B. Räume, Bettwäsche) • air vt; aerate vt

lüften vt <kst> (Form) • degas vt

lüften vt <masch> (abheben; z. B. Bremsbelag von Scheibe) • lift vt

Lüfter m <tech.allg> (relativ geringer Durchsatz, z. B. Kühlerlüfter) • fan

Lüfter m <kfz> (bei wassergekühltem Motor) • radiator fan; cooling fan rare

Lüfterantriebsriemen m <kfz> • fan belt

Lüfterblende f <bau> • ventilator louvers

Lüfterflügel m <hlk> • fan blade

lüftergekühlt <kfz> • fan-cooled

Lüfterhaube f <masch> • ventilation cowl; fan cowl; fan shroud

Lüfterjalousie f <kfz> • multilouvre damper

Lüfterkeilriemen m <antr> • fan vee belt; fan belt

Lüfterkühler m <tech.allg> • fan heat sink

Lüfterkupplung f <kfz.mot> • radiator fan clutch; fan clutch

Lüftermotor m <kfz.mot> (z. B. eines Autokühlers) • radiator fan motor

Lüftermotor m <mot> • fan motor

Lüfterrad n <masch> • fan runner; fan propeller

Lüfterradwelle f <masch> • fan shaft

Lüfterrelais n <kfz.mot> • radiator fan relay

Lüfter-Riemenscheibe f <kfz.mot> • fan pulley

Lüfterschalter m <kfz.mot> • radiator fan control switch

Lüfterübersetzungsgetriebe n <antr> (Drehzahlerhöhung) • cooling-fan increasing gear

Lüfterwirkungsgrad m <masch> • fan efficiency

Lüftspiel n <kfz.antr> (Reibungskupplung) • air space

Lüftspiel n <kfz.brems> (in Trommel- und Scheibenbremsen) • clearance; air gap

Lüftung f <allg> • ventilation

Lüftung f <metall> (Gussform) • venting

Lüftungsanlage f <bau.hlk> • ventilating system

Lüftungsanlage f <nukl.hlk> • ventilation facility; ventilation system

Lüftungsblech n <kfz> • cowl US; scuttle GB; cowl panel US; windscreen support panel GB

Lüftungsfenster n <kfz> (in Felgen) • ventilation slot; ventilating slot; vent slot pract; through hole rare

Lüftungsflügel m <bau> (Fenster) • ventilator; vent

Lüftungsgitter n <hlk> (allg.) • grating

Lüftungsgitter n <hlk> (mit Gitterblende) • air outlet; air register

Lüftungskanal m <hlk> (allg.; Zu- od. Abluft) • ventilation duct; air duct pract; ventilation conduit rare

Lüftungskanal m <hlk> (betont: Luftverteilung) • air distribution duct

Lüftungsklappe f <hlk> • ventilation damper

Lüftungsöffnung f <bau> • vent hole

Lüftungsorgan n <pneum> • breather

Lüftungsrohr n <hlk> • ventilation pipe

Lüftungsschacht m <bau> • ventilation shaft

Lüftungsschacht m <nav.hlk> • ventilation trunk

Lüftungsschlitz m <hlk> (allg.) • vent slot; venting slot

Lüftungsschlitz m <kfz> (in Felgen) • ventilation slot; ventilating slot; vent slot pract; through hole rare

Lüftungsschlitze *mpl* <kfz> *(lamellenartig; meist viele; z. B. in Morgan Plus 8-Motorhaube)* • louvers *pl US*; louvres *pl GB*

Lüftungsstellung *f* <bau> • vent position; ventilation position

Lüftungssteuerung *f* • ventilation control

Lüftungssystem *n* <tech.allg> *(allg.; z. B. in Bauteilen, Wänden, Fenstern)* • ventilation system

lüftungstechnische Anlage *f* <bau.hlk> • ventilating system

Lüftungsverlust *m* <el> *(Elektromotor, Generator)* • windage loss

Lüftungsverluste *mpl* <hlk> • ventilation losses

Lüftungswärmebedarf *m* <bau.hlk> • infiltration heat loss

Lüftungswärmeverlust *m* <bau.hlk> • infiltration heat loss

Lüftungszug *m* <kfz.hlk> • vent control cable

Lünette *f* <wz.masch> *(Drehmaschine; allg. jede Position)* • lathe steady; steady rest; steady

Lünette *f* <wz.masch> *(Waagerechtbohrwerk)* • steady bracket

Lünette *f* <wz.masch> *(allg.)* • work steady; backstay; back rest; steady

Lünette *f* <wz.masch> *(Drehmaschine; mittige Unterstützung)* • center rest

Lünette *f* <wz.masch> *(auf Spitzendrehmaschinen; ganz außen, feststehend oder mitlaufend)* • end column; end-support column; outer stay

Lünettenständer *m* <wz.masch> • boring-bar steady

LüP <bahn> • length between buffers; length inclusive buffers

Lüsterglasur *f* <obfl> • luster glaze *US*; lustre glaze *GB*

Lüsterklemme *f* <el> *(typ. als Kunststoffstreifen, abläng-bar; früher Porzellan)* • European-style terminal strip; Europa-series terminal strip

Lüsterklemmen-Schraubendreher *m rar* <wz> • electrician's screwdriver

Lüsterleuchte mit Kristallbehang *f* <licht> • crystal glass chandelier

lüstrieren *vt* <textil> • luster *vt US*; glaze *vt*; lustre *vt GB*

Lüstriermaschine *f* <textil> • lustring machine

Luft *f prakt* <allg> • play

Luft *f* <tech.allg> • air

Luft *f prakt* <tech.allg> *(zwischen Gegenständen oder um etw. herum)* • clearance

Luftabführung *f* <metall> *(Gießform)* • air gate

luftabgeschlossen <tech.allg> • hermetically sealed; air-sealed

luftabgeschreckt <mat> • air-quenched

Luftablass *m* <tech.allg> • deaeration

Luftablass *m* <rls> • bleeding-off

Luft ablassen *vi* <tech.allg> *(z. B. aus Reifen, Luftmatratze, Schlauchboot)* • deflate *vt*

Luftablasshahn *m* <rls> • blow-off cock

Luftablassschraube *f* <rls> • bleeder screw

Luftablassventil *n* <kunst> *(Airbrush)* • air extraction valve

Luftabsauger *m* <hlk> • suction ventilator

Luftabsaugung *f* <verf> • air suction

Luftabscheidevermögen *n* <tribo> *(von Schmieröl)* • air separation characteristics; air release characteristics

Luftabscheidung *f* <verf> • air separation

Luftabschluss *m* <tech.allg> *(betont: Abdichtung; z. B. von Verpackung)* • hermetic seal

Luftabschluss *m* <verf> *(Ausschluss von Luft; z. B. beim Glühen)* • exclusion of air

Luftabschreckung *f* <metall> • air quenching

Luft-Absorber *m* <hlk> *(von Wärmepumpen)* • air-source heat collector

Luftabsperrhahn *m* <rls> • air shut-off valve

Luftabzug *m* <tech.allg> *(betont: zum Entweichen von Luft)* • air escape

Luftabzug *m* <hlk> *(betont: mit Gebläseunterstützung)* • air exhauster; exhauster; air fan

Luftäquivalent *n* <phys> • air equivalent

Luftansauggeräuschdämpfer *m* <mot> • air intake silencer; aspirator silencer

Luftansauggruppe *f* <mot> *(Bauteil des Kompressors)* • air-intake system

Luftansaugrohr *n* <tech.allg> • air intake pipe

Luftansaugrohr *n* <kfz> *(konusförmiger Luftfiltereinlass)* • air-cleaner snorkel; diffusor snorkel

Luftansaugschlauch *m* <tech.allg> • air intake hose

Luftansaugstufe *f* <förd> *(Pumpe)* • priming stage; self-priming stage

Luftansaugsystem *n* <tech.allg> • air induction system

Luftansaugung *f* <tech.allg> • air induction

Luft auffüllen *vi* <kfz> *(Reifen)* • air *vt*

Luftaufnahme *f* <tech.allg> *(Absorption von Luft; meist unerwünscht; z. B. in Öl, Bremsflüssigkeit)* • aeration

Luftaufnahme *f* <aerospace> *(Fotografie aus einem Luftfahrzeug)* • aerial photograph; air photograph; aerial photo *pract*; aerial view *coll*

Luftaufnahmesystem *n* <kfz.emiss> • air gulp system

Luftaufnahmetechnik *f* <aerospace> *(Vorgang)* • aerial photography; air photography

Luftaufnahmeventil *n* <kfz.emiss> *(gegen Auspuffknallen)* • air gulp valve; gulp valve *pract*; deceleration valve

Luftaufschlag *m* <nahr> *(Speiseeis)* • overrun; over-run

Luftauftrieb *m* <verf> *(z. B. in Kaminen, Kühltürmen)* • draft *US*; draught *UK*

Luftblaseventil *n* <turb> *(Verdichterbauteil)* • air bleed valve; bleed valve; blow-off valve

Luftauslass *m* <tech.allg> *(betont: zum Entweichen von Luft)* • air escape

Luftauslass *m* <tech.allg> *(konstruktive Öffnung)* • air outlet

Luftauslassdämpfer *m* <kfz.emiss> *(Sekundärluftsystem)* • air pump muffler *pract*; air pump diverter muffler *form*

Luftaustausch *m* <hlk> • air change

Luftaustauschrate *f* <bau> • air change rate

Luftaustritt *m* <allg> *(Vorgang)* • air discharge

Luftaustritt *m* <tech.allg> *(ungewollt; Undichtigkeit)* • air leak

Luftaustritt *m* <tech.allg> *(konstruktive Öffnung)* • air outlet

Luftaustrittsdüse *f prakt* <hlk> *(allg.)* • air outlet

Luftaustrittsdüse *f* <hlk> *(betont: Punktdüse, gezielter, kühlender Luftstrom)* • spot cooler

Luftaustrittsöffnung *f* <tech.allg> *(konstruktive Öffnung)* • air outlet

Luftaustrittsöffnung *f* <hlk> *(allg.)* • air outlet

Luftaustrittsprinzip *n* <pap> • air leakage principle

Luftauswerfer *m* <kst> *(für Spritzlinge)* • air ejector

Luftbad *n* <tech.allg> • air bath

Luftbalg *m* <kfz> *(mit Druckluft gefülltes Federelement der Luftfederung)* • air bellows *sg* ; air spring; air sleeve; suspension bag

Luftbefeuchter *m* <hlk> *(allg.)* • humidifier; air damper

Luftbefeuchter *m* <hlk> *(betont: zur Verbesserung des Raumklimas)* • air improver

Luftbefeuchter *m did* <hlk> *(für Zigarren)* • humidor

Luftbefeuchter *m* <verf> *(in Sprühnebelkammer, turmförmig)* • humidifying tower; air saturator tower

Luftbefeuchtung *f* <verf> • air humidification

Luftbehälter *m* <tech.allg> • air reservoir; air tank

luftbelastet <masch> • air-loaded

Luftbereich *m* <nukl> • drywell
luftbereift <kfz> • pneumatic-tired
Luftbereifung *f* <kfz> • pneumatic tires
Luftbeschaffenheit *f* <emiss> • air quality
luftbeständig <mat> • air-stable; stable in air; fast in air
luftbetätigt <pneum> *(allg.; z. B. Stellglied, Kolben, System)* • pneumatic; air-operated
luftbetrieben <pneum> *(allg.; z. B. Stellglied, Kolben, System)* • pneumatic; air-operated
luftbetriebener Bodenfilter *m* <verf> *(Aquarium)* • air-operated undergravel filter
Luftbild *n* ugs <aerospace> *(Fotografie aus einem Luftfahrzeug)* • aerial photograph; air photograph; aerial photo *pract*; aerial view *coll*
Luftbildaufnahme *f* rar <aerospace> *(Fotografie aus einem Luftfahrzeug)* • aerial photograph; air photograph; aerial photo *pract*; aerial view *coll*
Luftbildaufnahme *f* <aerospace> *(Vorgang)* • aerial photography; air photography
Luftbilder aufnehmen *vi* <aerospace> • take aerial photographs *vi*
Luftbildfotografie *f* <aerospace> *(Vorgang)* • aerial photography; air photography
Luftbildgeologie *f* <geo> • photogeology
Luftbildinterpretation *f* <aerospace> • air photo interpretation; aerial photographic interpretation *rare*; air photographic interpretation *rare*
Luftbildkamera *f* <aerospace> *(für Kartographie und Vermessung)* • aerial mapping camera; aerial cartographic camera; aerial survey camera; air-survey camera; air camera
Luftbildkarte *f* <verm> • aerial map
Luftbildkartographie *f* <verm> • aerial mapping
Luftbildmesskamera *f* <aerospace> *(für Kartographie und Vermessung)* • aerial mapping camera; aerial cartographic camera; aerial survey camera; air-survey camera; air camera
Luftbildmessung *f* <aerospace> • aerial photogrammetry; aerophotogrammetry
Luftbildplan *m* <verm> • photomap; rectified mosaic; controlled mosaic; photomosaic
Luftbildumzeichner *m* <doku> *(Photogrammetrie)* • sketchmaster
Luftbildvermessung *f* <verm> • aerial surveying; aerial mapping; aerial survey; air survey
Luftbläschen *n* <nahr> • air cell; air bubble
Luftbläschen *npl* <phot> *(z. B. auf Film beim Entwickeln)* • air bubbles *pl*
Luftbläschenbildung *f* <obfl> *(Lackfehler)* • pinholing
Luftblase *f* <tech.allg> *(in Flüssigkeiten oder Feststoffen; erwünscht oder unerwünscht)* • air bubble; bubble of air
Luftblase *f* <nahr> • air cell; air bubble
Luftblasen *fpl* <phot> *(z. B. auf Film beim Entwickeln)* • air bubbles *pl*
Luft-Boden-Rakete *f* <mil> • air-to-ground missile
Luftbrücke *f* <mil.logist> • airlift
Luftbürste *f* <prod> • air knife
Luftbürstenauftragmaschine *f* <kst> • air knife coater
Luftbypass-Schraube *f* <kfz.mot> *(Kraftstoffeinspritzung)* • bypass screw
Luftdämpfung *f* <phys> • air friction damping
luftdicht <tech.allg> *(z. B. Versiegelung)* • hermetical; hermetic; airtight
luftdicht abdichten *vt* <tech.allg> • seal hermetically *vt*
luftdicht abschließen <tech.allg> • provide an airtight seal
Luftdichte *f* <phys> *(allg. Luft)* • air density
Luftdichte *f* <phys> *(betont: Atmosphäre)* • atmospheric density

Luftdichtemesser *m* <wz> *(Dichtemessung von Gasen, Luft)* • aerometer
luftdichter Verschluss *m* <masch> • airtight seal
Luftdielektrikum *n* <el> • air dielectric
Luftdosis *f* <tech.allg> *(bestimmte Luftmenge)* • air dose
Luftdosis *f* <nukl> *(Dosis in freier Luft)* • free-air dose; in-air dose
Luftdrehkondensator *m* <el> • variable air capacitor; air-dielectric variable capacitor
Luftdrossel *f* <el> • air-core choke; air-cored choke
Luftdruck *m* <tech.allg> *(allg.; z. B. atmosphärisch, in Pneumatiksystemen etc.)* • air pressure
Luftdruck *m* ugs <tech.allg> • atmospheric pressure; air pressure *coll*; barometric pressure
Luftdruck *m* <tech.allg> *(in aufblasbaren Gegenständen; z. B. Reifen, Schlauchboot)* • air pressure; inflation pressure
Luftdruck *m* <fz> *(Druck, mit dem ein Reifen aufgepumpt ist)* • tire pressure; inflation pressure; air pressure
Luftdruckfühler *m* <kfz.msr> • barometric pressure sensor (BARO)
Luftdruck in den Federbälgen ablassen *vi* <nfz> • deflate air bellows *vi*
Luftdruckmeißel *m* <wz> • air chipper
Luftdruckmesser *m* <kfz.msr> *(z. B. an Tankstellen)* • tire pressure gauge; tire gauge
Luftdruckmesser *m* ugs <meteo.msr> *(für atmosphärischen Luftdruck; z. B. in Wetterstation)* • barometer
Luftdruckmesser *m* <msr> *(allg.)* • air-pressure gauge; air gauge; air gage *rare*
Luftdruckmessung *f* <msr> • air-pressure measurement; barometry
Luftdruckminderventil *n* <masch> • air-pressure release valve
Luftdruckprüfer *m* <kfz.msr> *(z. B. an Tankstellen)* • tire pressure gauge; tire gauge
Luftdruckprüfer *m* <msr> *(allg.)* • air-pressure gauge; air gauge; air gage *rare*
Luftdruckschalter *m* <el> • air-pressure switch
Luftdruckschalter *m* <pneum> • compressed-air circuit breaker
Luftdruckschreiber *m* <meteo> • barograph
Luftdrucksteuerventil *n* <msr> • air control valve
Luftdüse *f* <tech.allg> *(Einlass oder Auslass; eher groß)* • air nozzle
Luftdüse *f* <tech.allg> *(Auslass; eher klein)* • air jet
Luftdüsenkräuselung *f* <textil> • air-jet crimping; air-jet texturing
Luftdüsenspinnen *n* <textil> • air-jet spinning; vortex spinning; air-jet spinning process
Luftdüsenweben *n* <textil> • air-jet weaving
luftdurchlässig <tech.allg> • air-permeable
Luftdurchlässigkeit *f* <mat> • air permeability; permeability to air
Luftdurchlässigkeit nach Bendtsen *f* <pap> • air permeance Bendtsen; Bendtsen air permeance
Luftdurchlässigkeit nach Gurley *f* <pap> • air permeance Gurley; Gurley air permeance
Luftdurchlässigkeit nach Sheffield *f* <pap> • air permeance Sheffield; Sheffield air permeance
Luftdurchlässigkeitsmesser *m* <pap> • air permeability tester
Luftdurchlass *m* <tech.allg> • air passage
Luftdurchsatz *m* <verf> *(als Volumen- oder Massenstrom)* • air flow rate; air rate *pract*; air flow *pract*; air through-put *coll*
Luftdurchsatzmessgerät *n* <msr> • air flow meter
Luftdurchwirbelung *f* <pap> • air agitation
Lufteinblasesystem *n* <kfz.emiss> *(mit Luftpumpe)* • air injection system

Lufteinblasung f <verf> (allg.) • air injection
Lufteinbruch m <verf> (allg., Falschluft) • air infiltration
Lufteinlass m <tech.allg> (allg.) • air intake
Lufteinlass m <kfz> (bündig mit Oberfläche) • air scoop
Lufteinlasskanal m <tech.allg> • air-intake duct; air inlet duct
Lufteinlassstutzen m <tech.allg> • air-intake nozzle
Lufteinschlag m <nahr> (Speiseeis) • overrun; over-run
Lufteinschluss m <tech.allg> (unerwünschte Luftansammlung; z. B. in Rohrleitungen, beim Eintauchen od) • air pocket
Lufteinschluss m <tech.allg> • entrapped air
Lufteinschluss m <rls> (unerwünscht; führt z. B. zu Unterbrechung des Förderstroms) • air lock
Lufteintritt m <tech.allg> (Vorgang) • air inlet
Lufteintritt m <tech.allg> (Öffnung, Kanal) • air inlet
Lufteintrittsgehäuse n <turb> (Gehäuseteil) • air intake casing
Lufteintrittsgitter n <verf> • air inlet screen
Lufteintrittsjalousien fpl <verf> (von Kühltürmen) • air inlet louvers/louvres US/GB
Lufteintrittsleitwände fpl <verf> (von Kühltürmen) • air inlet louvers/louvres US/GB
Lufteintrittsöffnung f <tech.allg> (Öffnung, Kanal) • air inlet
Lufteinwirkung aussetzen v <tech.allg> • expose to air v
Lufteinzug m rar <tech.allg> • air induction
Lufteinzugsdüse f <verf> (Aquarium) • air diffusor nozzle
Lufteinzugsystem n rar <tech.allg> • air induction system
Luftelektrizität f • atmospheric electricity
Luftentfeuchtung f <hlk> • air dehumidification
Luftentnahmeleitung f • discharge pipe
Luftentölbox f <förd> (an Kompressor; zur Entölung der Druckluft) • air-de-oiling filter
luftentzündlich ISO 13943 <mat.feuer> • pyrophoric ISO 13943; inflammable by exposure to air
Lufterhärtung f <mat> (z. B. von Beton) • air curing
Lufterhitzer m <verf> • air heater
Lufterneuerung f <hlk> • replacing of ventilated air
Luftfach n <min> • air compartment
Luftfängerkegel m <aerospace> • air intake cone
Luftfahrt f <aerospace> • aviation; aeronautics rare; aerial navigation UK.rare
Luftfahrtelektronik f <aerospace> • avionics
Luftfahrthandbuch n <aerospace> • Aeronautical Information Publication (AIP)
Luftfahrtkarte f <navig> • sectional chart US; aeronautical chart UK; aeronautical map UK
luftfahrttauglich <aerospace> • airworthy
Luftfahrttauglichkeit f <aerospace> • airworthiness
Luftfahrttechnik f <aerospace> • aviation engineering; aviation; aeronautical engineering rare
Luftfahrtwerkstoff m <mat> • aircraft material
Luftfahrzeug n <aerospace> (Flugzeug, Hubschrauber, Blimp etc.) • aircraft
Luftfahrzeug leichter als Luft n <aerospace> • lighter-than-air aircraft; lighter-than-air craft; aerostat
Luftfahrzeug schwerer als Luft n <aerospace> • heavier-than-air aircraft; heavier-than-air craft; aerodyne
Luftfederbalg m <kfz> (mit Druckluft gefülltes Federelement der Luftfederung) • air bellows sg ; air spring; air sleeve; suspension bag
Luftfeder-Rollbalg m <kfz> (mit Druckluft gefülltes Federelement der Luftfederung) • air bellows sg ; air spring; air sleeve; suspension bag
Luftfederung f <fz> • air suspension; air ride suspension; pneumatic suspension
Luftfeuchte f wiss <tech.allg> • air humidity; air moisture rare

Luftfeuchte f <phys> • atmospheric humidity
Luftfeuchtemesser m <msr> • hygrometer
Luftfeuchtemessung f <msr> • air-humidity measurement; hygrometry
Luftfeuchteregelung f <msr> • humidity control
Luftfeuchteschreiber m <msr> • humidity recorder; hygrograph
Luftfeuchtigkeit f prakt <tech.allg> • air humidity; air moisture rare
Luftfilter m <tech.allg> (ganze Baugruppe oder Einsatz) • air cleaner US; air filter GB
Luftfilter m prakt <tech.allg> (Patrone etc.; z. B. für Motoransaugluft, Lüftungsanlage, Festplattenlau) • air filter element; air filter pract
Luftfilter m <kfz.mot> (Motoransaugluft; gesamte Baugruppe) • air cleaner; air filter assembly; engine air cleaner
Luftfilteransauggeräuschdämpfer m <mot> • air filter intake silencer
Luftfiltereinsatz m <tech.allg> (Patrone etc.; z. B. für Motoransaugluft, Lüftungsanlage, Festplattenlau) • air filter element; air filter pract
Luftfilterelement n <tech.allg> (Patrone etc.; z. B. für Motoransaugluft, Lüftungsanlage, Festplattenlau) • air filter element; air filter pract
Luftfiltergehäuse n <tech.allg> • air filter body
Luftfilterung f <tech.allg> (Vorgang) • air filtration
Luftflügelbremse f <masch> (Prüfstand) • fan-brake dynamometer
Luftflügelbremse f <masch> • fluid-friction brake
Luftförderer m <förd> • air conveyor
Luftförderleistung f <masch> • fan efficiency
Luftfördervolumen n <förd> (Kompressor) • free air delivery (FAD)
Luftfracht f <logist> • air cargo
Luftfrachtcontainer m (ULD) <logist> • unit loading device (ULD)
Luftfühler m <kfz.hlk> (Luftqualitätsmessung) • air sensor
Luftführungsanlage f <hlk> • air ducting system; ductwork
Luftfüllung f <kfz.mot> • air charge; charge of air
Luftfunkenstrecke f <kfz.el> (Zündkerze) • spark air gap
Luftfunkstelle f <navig> • aircraft radio station
Luftgang m <nav> (in Schiffbauteilen) • air course
Luftgangentwicklung f <textil> • developing by air-passage
luftgebauscht <textil> • air-bulked
Luftgebläse n <tech.allg> • air blower
Luftgebläse n <emiss> • forced draft fan (FDF)
Luftgefrierapparat m <verf> • air-blast freezer
Luftgefrierindex m <bau> • air freezing index
luftgeführt <kfz.mot> (Gemischbildung beim DI-Benziner) • air-formed :V
luftgefüllt <tech.allg> • air-filled
luftgehärtet <mat> (allg. mittels oder an Luft gehärtet) • air-hardened
luftgehärtet <mat> (abgeschreckt durch Kaltluft) • air-quenched
luftgekühlt <tech.allg> • air-cooled
luftgekühlter Kondensator m <verf> • air-cooled condenser
luftgekühlter Mantel m <tech.allg> • cooling-air jacket
luftgekühlter Transformator m <el> • air-cooled transformer
Luftgeschwindigkeitsmesser m <aerospace> • airspeed indicator (ASI); airspeed meter
luftgestützt <tech.allg> • air-borne
luftgestützt <aerospace> (Flugkörper) • air-launched
luftgetrocknet <tech.allg> • air-dried

luftgetrocknet <holz> • air-seasoned; air-dried
luftgetrockneter Ziegel m <bau.mat> • air brick
luftgetrocknetes Leder n <led> • air-conditioned leather
Luftgleitkissentechnik f <förd> • hover technology
Lufthärtbarkeit f <qualit.mat> • air hardenability
lufthärtend <mat> (allg.) • air-hardening
lufthärtend <mat> (betont: vernetzend, aushärtend; z. B. Spachtelmasse, Kleber, Kunststoff) • air-setting
lufthärtender Stahl m <mat> • air-hardening steel
Lufthärtung f <metall> (Härten durch Kaltluftabschreckung) • air quenching
Lufthärtung f <prod> (von Formstoff; z. B. Spachtelmasse, Kleber, Kunststoff) • air setting
Lufthärtung f <qualit.mat> (allg.; Härten an oder durch Luft) • air hardening
Lufthaube f <kfz> (hervorstehend) • air scoop
Lufthebebohranlage f <petr> • airlift drilling rig
Lufthebebohrverfahren n <min/petr> (z. B. für Brunnenbohrungen, im Tagebau) • airlift drilling; airlift boring
Luftheber m <förd> (allg.) • air-lift pump; mammoth pump rare
Luftheizer m <hlk> • air heating apparatus
Luftheizung f <hlk> • air heating
Luftheizungsanlage f <hlk> • hot air heating system; hot-air space heating system
Luftherd m <min> (Kohlen) • pneumatic table
Lufthutze f <kfz> (hervorstehend) • air scoop
Lufthutze f <kfz> (bündig mit Oberfläche) • air scoop
lufthydraulisch <hydr> • air-hydraulic
luftig <nahr> (Speiseeisfehler) • fluffy; foamy; spongy; snowy
Luftinduktion f wiss <tech.allg> • air induction
luftisoliert <tech.allg> • air-insulated
Luftkabel n <el> (isoliert, frei verlegt) • aerial insulated cable; overhead insulated conductor; overhead cable
Luftkalk m <mat> • air-hardening lime
Luftkammer f <aerospace> (Luftkissenfahrzeug) • plenum chamber
Luftkammer f <bau> • air chamber
Luftkammer f <kfz.emiss> (Katalysator) • midbed; mixing chamber; air plenum
Luftkammer f Ford <kfz.mot> • intake plenum; intake air plenum; plenum pract; plenum chamber Ford
Luftkammer f <verf> • plenum chamber; plenum
Luftkanal m <tech.allg> (jede Form, jede Größe) • air duct
Luftkanal m <bau> (zur Be- und Entlüftung) • air vent duct; ventilating duct
Luftkanal m <metall> (Gießform) • air gate
Luftkanal m <nfz.hlk> (in Lkw-Aufbau) • air duct; air chute; chute
Luftkasten m <kfz> • cowl plenum chamber; plenum chamber
Luftkasten m <verf> • wind box
Luftkern m <el> • air core
Luftkessel m <pneum> (Kompressor) • air receiver; air tank
Luftkissen n <tech.allg> (tragend; z. B. Werkstücke, Hovercraft) • air cushion
Luftkissen n <tech.allg> (als Puffer, stoßdämpfend) • air cushion; air bolster; air buffer
Luftkissen n <edv> (trägt Schreib-/Lesekopf) • cushion of air; airbearing
Luftkissen-Brustpanzer m <kfz.bekl> (in Air-Pump-System) • air cell system chest protector
Luftkissenfahrzeug n <fz> • air-cushion craft; ground-effect craft form; surface-effect craft; hovercraft pract; air-cushion vehicle rare
Luftkissenförderer m <förd> • air-film conveyor
Luftkissenpalette f <förd> • air-cushion pallet

Luftkissen-Scooter m <fz> • airboard AUS
Luftkissentisch m <wz.masch> • air-bearing stage
Luftklappe f <hlk> • ventilation flap; air flap
Luftklappe f <kfz.mot> (Ansaugluft-Temperaturregelung) • sponge rubber valve
Luftklappen-Unterdruckdose f <kfz.hlk> (zum Umschalten des Belüftungsmodus) • mode door actuator
Luftkolben m <förd> (Mammutpumpe) • air slug
Luftkollektor m <energ.sol> • air-cooled collector; air heater solar collector
Luftkondensator m <el> • air capacitor
Luftkonditionierer m DIN EN 255 <hlk> (allg.; z. B. in Wohnung, Hotel, Auto) • air conditioning system (a/c); air conditioning; air conditioner pract; air cond ad; aircon coll
Luftkonditionierungssystem n rar <hlk> (stationär; größere Anlage) • air conditioning plant; air conditioning equipment
Luftkorrekturdüse f <kfz.mot> (Vergaser) • air correction jet
Luftkorrekturdüse mit Mischrohr f <kfz.mot> • air correction jet with emulsion tube
Luftkorrosion f <obfl> • atmospheric corrosion
Luft-Kosmos-Rakete f <mil> • air-to-space missile
Luftkraft f <phys> • aerodynamic force
Luftkraftbelastung f <mech> (z. B. von Gebäuden, Masten, Rotorblättern) • aerodynamic loads
Luft/Kraftstoff-Verhältnis n rar <mot> (z. B. 14,7 Teile Luft auf 1 Teil Kraftstoff) • air/fuel ratio; A/F ratio pract
Luftkühler m <tech.allg> • air-cooler; air cooler
Luftkühler m <hlk> • plain air condenser
Luftkühlung f <kfz> (durch Fahrtwind) • air cooling
Luftlager n <masch> (allg.; stat. od. dynamisch) • air bearing
Luftlager n prakt <masch> • aerodynamic bearing ISO 4378-1; air bearing pract
Luftlager n prakt <masch> • aerostatic bearing ISO 4378-1; air bearing pract
Luftlagerung f <tech.allg> (auf Luftkissen) • air cushioning; air bearing
Luftlagerung f <tech.allg> • pneumatic suspension; air suspension
Luft-Laufweg m <hlk> (Luftkanal) • air duct
luftleer <tech.allg> • evacuated
luftleer <tech.allg> (z. B. Zylinder, Leitung, Luftmatratze) • exhausted
luftleerer Raum m <tech.allg> • physical vacuum; empty space; free space
luftleerer Raum m ugs <phys> • absolute vacuum; physical vacuum
luftleer machen vt <prod> (hoher Unterdruck; z. B. in Glühlampe, Röhre) • evacuate vt
luftleer machen vt <verf> (geringer Unterdruck) • exhaust vt
Luftleitblech n <tech.allg> (betont: Leitung) • air baffle
Luftleitblech n <hlk> (jede Form) • vane
Luftleitblech n <verbr> (haubenförmig; in offenen Kaminen) • bonnet
Luftleitblech n <verf> (betont: Kühlung) • cooling baffle
Luftleitung f <akust> (betont: Transport) • air conduction
Luftleitung f <pneum> (Rohr, Schlauch; für Druckluft od. Unterdruck) • air line
Luftleuchten n <meteo> • airglow
Luftloch n ugs <aerospace> • clean-air turbulence (CAT)
Luftlog n <aerospace> • air log
luftlose Zerstäubung f <obfl> (von Lack) • airless atomization; hydraulic atomization
Luft-Luft-Rakete f <mil> • air-to-air missile
Luft/Luft-Wärmepumpe f <hlk> • air-to-air heat pump; air-air heat pump

luftmagnetische Messung f <nukl> • air magnetical survey

Luftmangel m ugs <verbr> (z. B. bei Verbrennungsprozessen; im Kraftstoff/Luft-Gemisch) • oxygen deficiency; lack of oxygen coll; oxygen shortage coll; starved air coll.rare

Luftmantel m <tech.allg> • air jacket; air blanket

Luftmasse f (AM) <phys> • air mass (AM)

Luftmassenmesser m <kfz.mot> (elektronische Kraftstoffeinspritzung) • mass air flow meter (MAF); air flow meter

Luftmassenstrom m <phys> • air mass flow rate

Luftmenge f <tech.allg> (z. B. bei Verbrennungs- oder Lackierprozessen) • air volume; amount of air coll

Luftmengenmesser m <kfz.mot> (elektronische Kraftstoffeinspritzung) • air flow sensor; air flow meter

Luftmengenregelung f <msr> • air volume control

Luftmengenregler m MB <kfz.hlk> (z. B. ein Hebel, Einstellrad; auch Schalter) • air volume control US; air intake control

Luftmengenstrom m <verf> • air volumetric flow rate

Luftmesserstreichmaschine f <pap> • air knife coater

Luftmikrometer m <obfl.wz> (Spritzpistole) • air micrometer

Luftmischklappe f <kfz.hlk> • blend air door

Luftmörtel m <bau.mat> • non-hydraulic mortar

Luftnavigationskarte f <navig> • sectional chart US; aeronautical chart UK; aeronautical map UK

Luftoxidation f <chem> • oxidation by air

luftpatentieren vt <metall> • patent in air vt; air-patent vt

Luftpendelverkehr m <aerospace> • air shuttle service

Luftpfad m <ents> • air pathway

Luftpinsel m CH <kunst.wz> (für Grafikarbeiten) • airbrush gun; airbrush coll; air gun coll; spray gun form; spraying pistol rare

Luftpinsel m <phot.wz> (zum sanften Reinigen von Objektiven, Kameras etc.) • blower brush

Luftpistole f <mil> (Waffe) • air pistol

Luftpistolenscheibe f <mil> • air pistol target

Luftpolster n <tech.allg> (als Puffer, stoßdämpfend) • air cushion; air bolster; air buffer

Luftpolster n <edv> (trägt Schreib-/Lesekopf) • cushion of air; airbearing

Luftpolsterfolie f <pack> • bubble wrap

Luftpolstertisch m <förd> • air-cushion table

Luftpolsterung f <tech.allg> • pneumatic cushioning

Luftporenbeton m <bau.mat> • air-entrained concrete

Luftporenbildner m <bau.mat> (Porenbeton-Zusatzmittel) • air entraining agent

Luftporenbildung f <bau> • air entrainment

Luftporengehaltsprüfer m <bau.wz> • air entrainment meter

Luftpostpapier n <pap> • airmail paper

Luftpresser m DB.MB <tech.allg> (zum Füllen von Druckluftanlagen) • air compressor

Luftpuffer m <pneum> (Druckluftreserve; z. B. der Drucklufttank eines Kompressors) • air buffer; air damper rare

Luftpumpe f <tech.allg> • air pump

Luftpumpe f <wz> (für Reifen) • tire pump

Luftpumpenbalancier m <masch> • air pump beam

Luftpumpenhalter m DIN ISO 8090 <fz> • pump pegs ISO 8090

Luftpyknometer n <msr> • air pycnometer

Luftqualität f <emiss> • air quality

Luftqualitätsnormen fpl <emiss> • air quality standards pl

Luftradioaktivität f <nukl> • airborne radioactivity

Luftrakel f <druck> • air knife; air doctor

Luftrakelstreichmaschine f <holz> • air knife coater

Luftrakelverfahren n <pap> • knife-on-air coating method

Luft-Rauchgas-Kreislauf m <verf> • gas loop

Luftraum m <aerospace> • air space

Luftraum m obs <bau> (Fensterbau; Mehrscheiben-Isolierglas) • air space

Luftraum m <verf> (Lufttechnik) • plenum

Luftraumüberwachung f <aerospace> • air traffic control (ATC)

Luftregelklappe f <kfz> (z. B. in temperaturgesteuertem Luftfilter) • control damper

Luftregelsystem n <kfz.emiss> • AIR management control system GM; AIR system pract

Luftregelventil n <kfz.emiss> • AIR management valve GM

Luftregulierschraube f <kfz> (Vergaser) • mixture control screw

Luftregulierschraube f <kfz.mot> (Vergaser, Jetronic) • mixture control screw; CO adjustment screw; mixture regulating screw rare

Luftregulierung f <hlk> (Luftdurchsatz) • air control; air regulation

Luftregulierventil n <msr> • air-regulating valve

Luftreibung f <phys> • air friction

Luftreifen m <prod> • pneumatic tire

Lufteinhaltung f <ökol> • air pollution control (APC)

Luftreiniger m <hlk> • air purifier

Luftreinigungssystem n <ents> • air purification system

Luftröhrenkühler m <rls> • air-tube radiator

Luftröhrenschnitt m <med> • tracheostomy

Luftruder n <aerospace> • air rudder; aerodynamic rudder

Luftruder n <aerospace> • external control vane; air vane

Luftsack m <tech.allg> (unerwünschte Luftansammlung; z. B. in Rohrleitungen, beim Eintauchen od) • air pocket

Luftsack m <kfz> (der eigtl. Sack) • air bag; air bag cushion rare

Luftsäule f <phys> • air column

Luftsammler m <kfz.mot> • intake plenum; intake air plenum; plenum pract; plenum chamber Ford

Luft-Sandwich-Konstruktion f <fz> (Leichtbau) • air sandwich structure

Luftsauerstoff m <tech.allg> • atmospheric oxygen

Luftsauerstoffbatterie f <el> • air cell battery

Luftsauerstoffelement n <el> (Batterie) • air cell; air-depolarized cell

Luftsauerstoffzelle f <el> (Batterie) • air cell; air-depolarized cell

Luftsaugrohr n rar <tech.allg> • air intake pipe

Luftsaugschlauch m rar <tech.allg> • air intake hose

Luftschacht m <bau> • air shaft

Luftschadstoff m <ökol> • air pollutant; air contaminant; atmospheric pollutant

Luftschadstoffe f <emiss> • pollutants

Luftschall m <bau.phys> • airborne sound

Luftschall m (LS) <kfz.emiss> • air-borne noise

Luftschalldämmung f <akust> • airborne sound insulation; airborne sound reduction

Luftschallmelder m :V <alarm> • audio detector; sound detector/sensor; sonic detector; noise detection unit; acoustic alarm

Luftschalter m <el> • air break switch

Luftschaltstrecke f <el> • air-break gap

Luftschicht f <tech.allg> • air layer

Luftschiff n <aerospace> • airship

Luft-Schiff-Rakete f <mil> • air-to-ship missile

Luftschlangenschneidemaschine f <pap> • paper streamer cutting machine

Luftschlauch m <tech.allg> (für Druckluft oder Unterdruck) • air hose

Luftschleier-Technologie f <hlk> • air-curtain technology

Luftschleiertür f <bau> • air curtain door
Luftschleuse f <bau> (für Personen; z. B. Drehtür) • air lock
Luftschleusenkammer f <bau> • air lock chamber
Luftschlitz m <tech.allg> (besonders schmal) • air slit
Luftschlitz m <tech.allg> (allg.) • air slot
Luftschlitz m <tech.allg> • venting slot
Luftschlitz m <kfz> (in Karosserieblechen) • louver US; louvre GB
Luftschlitz m ugs <kfz.hlk> (Ausströmer in Scheibennähe) • defroster nozzle
Luftschmierung f <tribo> • air lubrication
Luftschnittstelle f <tele> • interface radio m
Luftschraube f form <aerospace> • airplane propeller US; air-screw GB
Luftschraube f <aerospace> • propeller; air propeller; airscrew GB; screw-propeller GB
Luftschraubenblatt n form <aerospace> • propeller blade US; airscrew blade GB
Luftschraubenkreis m <aerospace> • propeller track
Luftschraubennabe f <aerospace> • propeller hub
Luftschraubenprofil n <aerospace> • blade section
Luftschraubenschub m <aerospace> • propeller thrust; airscrew thrust
Luftschraubensteigung f <aerospace> • propeller pitch
Luftschraubenstrahl m <nav> • propeller jet; propeller wash; propwash; backwash; airscrew jet
Luftschraubentriebwerk n <aerospace> • propeller engine; airscrew engine; propeller power unit
Luftschraubenverstellung f <aerospace> • propeller pitch variation
Luftschraubenzug m <aerospace> • propeller draft US; propeller draught GB
Luftschütz n <el> • air-break contactor
Luftseilbahn f <förd> (für Personen und/oder Güter) • cableway US.UK; aerial cableway; ropeway US; tramway US.rare; telpherage obs
Luftseite f <bau.hydr> (Talsperre) • air-side face
Luftseite f <energ.hydr> • downstream face
luftseitige Parallelschaltung f <verf> (von Hybridkühltürmen) • parallel path air flow arrangement
luftseitige Reihenschaltung f <verf> (von Hybridkühltürmen) • series path air flow arrangement
luftseitiger Widerstand m <hlk> • resistance to air flow
luftseitige Schaltungsart f <verf> (von Kühltürmen) • air flow arrangement
luftseitige Schaltungsweise f <verf> (von Kühltürmen) • air flow arrangement
Luftsenkkasten m <bau> (Unterwasserarbeiten; z. B. Brückenpfeilerbau) • compressed-air caisson
Luftsetzmaschine f <min> • pneumatic jig; air jig
Luftsheriff m <aerospace> • air marshal
Luftspalt m <tech.allg> (allg.; z. B. zwischen Kontakten, Bauteilen) • air gap
Luftspalt m <el> (in Schreib/Lesekopf) • head gap; recording gap; gap
Luftspaltdrossel f <el> • air-gap choke
Luftspaltdrossel f <el> (mit Fe-kern) • shunt reactor
Luftspalt-Länge f <av> • air gap length
Luftspaltmagnetometer n <phys> • flux-gate magnetometer
Luftspaltstreuung f <el> (Hauptstreuung) • main leakage
Luftspaltstreuung f <el> (an der Peripherie) • peripheral leakage
Luftspalt-Tiefe f <av> • gap depth
Luftspalt-Weite f <av> • air gap width; gap width
Luftspaltwiderstand m <phys> • gap reluctance
Luftspeicher m <kfz.mot> • air cell
Luftspeicherbremszylinder m <brems> • air-cell brake cylinder

Luftspeicherbrennraum m <verbr> • air-cell combustion chamber
Luftspeicherverfahren n <kfz.mot> • air-cell process
Luftspiegelung f <opt> • mirage
Luftspieß m <metall> (Gießen) • pricker; piercer; vent wire; wire riddle
Luftspießen n <metall> • venting
Luftspitze f <textil> • guipure lace
Luftspülung f <min> (Bohrtechnik) • air flushing
Luftspule f <el> (Elektromagnet) • air-cored coil; air-cored solenoid
Luftstempel m <pack> (zum berührungslosen Etikettenaufkleben) • air tamp
Luft-Steuerventil n <kfz> (für Sekundärluft; mechanisch) • air diverter valve; diverter valve pract; air control valve; A.I.R. control valve GM
Luftstickstoff m <chem> • atmospheric nitrogen
Luftstoß m <tech.allg> • air blast
Luftstrahl m <tech.allg> • air jet
Luftstrahlantrieb m <aerospace> • air-jet propulsion
Luftstrahlrohr n <verf> (Gewebefilterreinigung) • air nozzle pipe
Luftstrahltriebwerk n <aerospace> (z. B. Staustrahl- oder Bypasstriebwerk) • airbreathing engine; thermal-jet engine; atmospheric jet engine rare
Luftstrahlverdichter m • compressed-air ejector
Luftstraße f <aerospace> • airway
Luftstrecke f <tech.allg> (Abstand) • clearance
Luftstrecke f <el> (zw. Elektroden, Schalterkontakten, Polen) • air gap
Luftstreuung f <opt> • Rayleigh scattering
Luftstrippen nsg <ents> • air stripping
Luftströmung f <tech.allg> • air flow; airstream rare; stream of air rare
Luftströmungsmesser m <msr> (für Luftströmung allg.) • air flow meter
Luftströmungsmesser-Verstärker m <msr> • air flow meter amplifier
Luftströmungsrichtung f <verf> (z. B. in Wärmetauschern) • direction of air flow
Luftströmungswiderstand m <phys> • resistance to air flow
Luftstrom m <tech.allg> • air flow; airstream rare; stream of air rare
Luftstromgefrieren n <prod.nahr> (Speiseeis) • blast freezing
Luftstromheizung f <hlk> • ventilation heating system
Luftstromkühlung f <hlk> • forced-draught cooling
Luftstrommessmethode f <pap> • air-leak method
Luftstrommühle f <verf> • air-swept mill
Luftstromreiniger m <verf> • air-stream cleaner
Luftstromschalter m rar <el> (mit Lichtbogenlöschung durch Luftstoß) • air-blast circuit breaker
Luftstromsichter m <ents> • air classifier; air separator; air-swept classifier
Luftstromtrockner m <verf> • jet drier
Luftstromverfahren n <textil> (Vliesbildung) • air laying of web
Lufttanken n <aerospace> • in-air refueling US; in-flight refuelling GB; air-to-air refueling US; midair refueling US
Lufttasche f <tech.allg> (unerwünschte Luftansammlung; z. B. in Rohrleitungen, beim Eintauchen od) • air pocket
Lufttaxi n <aerospace> • air taxi
Lufttemperatur bei ungesättigter Luft f <phys> • dry bulb temperature
Lufttemperaturregelung f <kfz.mot> • air intake temperature control
Luftthermometer n <msr> • air thermometer
Lufttisch m <druck> • pneumatic table

Lufttransformator *m* <el> • air-core transformer; oilless transformer

Lufttrichter *m* <kfz.mot> • carburetor venturi; choke tube *Bing*; carburetor throat; carburetor barrel; venturi

lufttrocken <tech.allg> • air-dried

lufttrocken (lutro) <mat> *(Feuchtigkeitsgehalt)* • air dry (A.D.); air-dry

Lufttrockenmaschine *f* <verf> • air-drying machine

lufttrocknen *vt* <holz> • air-dry *vt*

lufttrocknend <tech.allg> *(z. B. Lack, Kleber)* • air drying

lufttrocknend <holz> • air-drying; air-seasoning

lufttrocknender Anstrichstoff *m* <obfl> • air-drying paint

lufttrocknender Kunstharzlack *m* <obfl> • air dry synthetic enamel

lufttrocknender Lack *m* <obfl> • air drying paint; air drying enamel

Lufttrockner *m* <tech.allg> *(trocknet mithilfe von Luft)* • atmospheric drier

Lufttrockner *m* <tech.allg> *(trocknet Luft)* • dehumidifier

Lufttrockner *m* <msr> *(in Feinwaagen)* • balance desiccator

Lufttrockner *m* <nfz> • air dryer

Lufttrocknung *f* <tech.allg> *(allg.; z. B. von Lack, Tabak)* • air drying

Lufttrocknung *f* <tech.allg> *(betont: Aushärten durch Vernetzung)* • air curing

Lufttrocknung *f* <tech.allg> *(mithilfe von Luft)* • atmospheric drying

Lufttrocknung *f* <hlk> *(Luft selbst)* • dehumidification

Lufttrocknung *f* <holz> • air seasoning; natural seasoning

Lufttrocknung *f* <verf> *(z. B. Holz)* • open-air drying

Lufttrübungsfaktor *m* <phys> • atmospheric turbidity factor

Luftüberschuss *m* <kfz.mot> *(allg., überschüssige Luft)* • excess air

Luftüberschuss *m* <kfz.mot> *(Kraftstoff/Luft-Gemisch)* • leanness

Luftüberschussmesser *m* <verbr> • excess air meter

Luftüberwachung *f* <tech.allg> • air monitoring

Luftüberwachungsanlage *f* <msr> *(in bezug auf Staubgehalt)* • dust monitor

Luftüberwachungsanlage *f* <nukl> *(allg.)* • air monitor

Luftumleitventil *n* <kfz> *(für Sekundärluft; mechanisch)* • air diverter valve; diverter valve *pract*; air control valve; A.I.R. control valve *GM*

Luftumschaltventil *n* <kfz.emiss> *(Sekundärluft, allg.)* • air select valve; air switching valve

Luftumschaltventil *n* <kfz.emiss> *(Sekundärluft, elektr.)* • electric air switching valve

Luftumwälzofen *m* <verbr> • air-circulation furnace; recirculating furnace

Luftumwälzung *f* <tech.allg> • air circulation

Luftumwälzung *f* <hlk> *(erzwungen)* • forced air circulation

Luft- und Raumfahrtelektronik *f* <aerospace> • aerospace electronics

Luft- und Raumfahrtindustrie *f* <aerospace> • aerospace industry

Luft- und Raumfahrttechnik *f* <aerospace> • aerospace engineering

Luft- und Raumfahrttechnologie *f* <aerospace> • aerospace technology

luftundurchlässig <tech.allg> • air-impermeable

luftunterstützter Stoßdämpfer *m* <kfz> • air shock absorber; air-assisted shock absorber; self-leveling shock absorber; air adjustable shock absorber

luftunterstütztes Federbein *n* <kfz> *(Fahrwerk)* • self-leveling suspension strut *US*; air-assisted suspension strut; level control [suspension] strut; modular air strut; self-levelling strut *GB*

Luftunterstützung *f* <mil> • air support

Luft-Unterwasser-Rakete *f* <mil> • air-to-underwater missile

Luft-Vakuum-Verteiler *m* <pack> *(Coater/Decorator)* • air/vacuum manifold

Luftventil *n* <tech.allg> • air valve

Luftventilfeder *f* <obfl.wz> *(von Spritzpistole, Airbrush)* • air valve spring; plunger spring

Luftventiltauchkolben *m* <kunst.wz> • valve plunger *Badger*; valve rod; valve shaft

Luftverbesserungsmittel *n* <hlk> *(allg.)* • air improver

Luftverbesserungsmittel *n* <hlk> *(betont: gegen üble Gerüche)* • deodorizer

Luftverbrauch *m* <allg> • air consumption

Luftverdichter *m rar* <tech.allg> *(zum Füllen von Druckluftanlagen)* • air compressor

Luftverdichtung *f* <allg> • air compression

luftverdünnter Raum *m* <phys> • partial vacuum; rarefied-air space

Luftverdünnung *f* <phys> • air rarefaction

Luftverfilzer *m* <textil> • air-felting unit

Luftverfilzungsverfahren *n* <textil> • air-felting process

Luftverflüssigung *f* <verf> • air liquefaction

Luftvermessung *f* <verm> • aerial surveying; aerial mapping; aerial survey; air survey

Luftverschluss *m* <pack> • air seal

Luftverschmutzung *f DIN ISO 4225* <ökol> *(Vorgang und Ergebnis)* • air pollution *ISO 4225*; air contamination; atmospheric pollution

Luftverschmutzung durch Gas *f* <ökol> • gaseous pollution

Luftverstärker *m* <hlk> • air amplifier

Luftverteiler *m* <hlk> • air diffuser

Luftverteiler *m* <kfz.emiss> *(für Sekundärlufteinblasung)* • air injection manifold; air manifold *pract*

Luftverteilerkanal *m* <kfz.emiss> *(Sekundärluft)* • air injection manifold

Luftverteilerrohr *n* <kfz.emiss> *(Sekundärluft)* • air injection manifold

Luftverteilungsregler *m* <hlk> • airflow control

Luftverunreinigung *f* <ökol> *(Vorgang und Ergebnis)* • air pollution *ISO 4225*; air contamination; atmospheric pollution

Luftverwirbelung *m* <verf> *(zum Mischen)* • air mixing

Luftvorrat *m* <tech.allg> • air supply

Luftvorwärmer *m* (LUVO) <verf> *(z. B. von Entstickungsanlage)* • air preheater

Luftwäsche *f* <verf> *(trocken, Reinigen mit Luft)* • pneumatic cleaning; dry cleaning *pract*

Luftwäsche *f* <verf> *(nasses Reinigen von Luft)* • air washing

Luftwandionisationskammer *f* <phys> • air-wall ionization chamber

Luft/Wasser-Wärmepumpe *f* <hlk> • air-to-water heat pump

Luftwechsel *m* <hlk> • air change

Luftwechselrate *f* <bau> • air change rate

Luftwege *mpl* <bio> • anatomical airway

Luftwegzähler *m* <aerospace> • air log

Luftwerbung *f* <werb> • sky advertising

Luftwiderstand *m* <energ.wind> • drag *prac*; drag force *thsc*

Luftwiderstand *m* <phys> • drag; aerodynamic drag *thsc*; air resistance *coll*

Luftwirbel *m* <phys> • air vortex

Luftwirbel *mpl* <kfz.mot> • swirl; turbulence

Luftwirbelspinnen *n* <textil> • air-vortex spinning; open-end pneumatic spinning

Luftzelle *f* <nahr> • air cell; air bubble

Luftzerlegung f <verf> • air decomposition
Luftziehkissen n <prod> • air cushion
Luftzirkulation f <allg> • ventilation
Luftzirkulation f <tech.allg> • air circulation
Luftzuführung f <tech.allg> • air supply
Luftzuführungskanal m <tech.allg> • air supply duct
Luftzufuhr f <tech.allg> • air supply
Luftzug m <hlk> • air draft US; air draught GB
Luftzugaberohr n <kfz.emiss> (Sekundärluftsystem) • air injection tube
Luftzutritt m <tech.allg> (erwünscht oder unerwünscht) • air access
Luftzutritt m <tech.allg> (zulässig) • air admission
Luftzwischenraum m <bau> (Schalenwand) • air space
Luftzwischenraum m obs <bau> (Fensterbau; Mehrscheiben-Isolierglas) • air space
Luke f <nav> • hatchway
Luke f <nav/aerospace> • hatch
Lukenabdeckung f <nav> • hatchway covering
Lukenband n <logist> (Silo) • door band
Lukendeckel m DIN ISO 3828 <nav> • hatch cover ISO 3828; hatchway cover
Lukengräting f <nav> • hatch grating; grated hatch
Lukenlängsträger m <fz> • hatch-side girder
Lukensicherungsriegel m <nav> • hatch securing bar
Lukenstringer m <nav> • hatchway tie plate
Lukensüll n <nav> • hatch coaming
Lukensüllstütze f <nav> • coaming stay
lukratives Erzeugnis n <ökon> • lucrative product
Lumen n (lm) DIN 1301 <licht> (Einheit des Lichtstromes; pl Lumen oder Lumina) • lumen (lm); candela.steradian; spherical flow of light
Lumen n <textil> (Baumwolle) • lumen
Lumen pro Quadratfuß n <licht> • lumen per square foot; foot-candle obs
Lumensekunde f <licht> • lumen-second
Lumenstunde f <licht> • lumen-hour
Luminanz f <licht> (von Beleuchtung) • lightness; luminance; brightness
Luminanz-Decoder m <av> (bei Wiedergabe) • luminance decoder
Luminanz-Encoder m <av> (bei Aufnahme) • luminance encoder
Luminanzkanal m <av> • luminance channel
Luminanzsignal n <av> (Farbbild) • luminance signal; y-signal; composite signal; composite video signal; composite picture signal
Luminanzübersprechen n <av> • luminance crosstalk
Lumineszenzaktivator m <phys> • luminescence activator
Lumineszenzanalyse f <phys> • fluorescence analysis
Lumineszenzanregung f <el> • luminescence excitation
Lumineszenzanzeige f <el> • luminescence display; electroluminescence display
Lumineszenzdiode f rar <el> • light-emitting diode (LED); luminescence diode rare
Lumineszenzfarbe f <licht> (Farbstoff) • luminescent dye
Lumineszenzfarbe f <licht> (Anstrichstoff) • luminescent paint
Lumineszenzlöschung f <el> • luminescence quenching
Lumineszenzmikroskopie f <verf> • fluorescence microscopy
Lumineszenzplatte f <el> • electroluminescent light panel
Lumineszenzschirm m <el> • luminescent screen
Lumineszenzschwelle f <phys> • luminescence threshold
Lumineszenzspektralanalyse f <msr> • luminescence spectral analysis
Lumineszenzzelle f <el> • electroluminescent cell; luminescent cell

Lumineszenzzentrum n <licht> • luminescent center US; luminescent centre GB
Luminophor m <licht> • luminophor norm.thsc; luminescent substance did; luminescent material did
Lummer-Brodhun-Photometerwürfel m <opt> (Prismenwürfel) • Lummer-Brodhun cube; photometric cube
Lummer-Brodhun-Würfel m <opt> (Prismenwürfel) • Lummer-Brodhun cube; photometric cube
Lummer-Gehrke-Interferenzplatte f <opt> • Lummer-Gehrke plate
Lumpen mpl <pap> • rags pl
Lumpenbrecher m <pap> • rag breaker; breaking engine; half-stuff beater; rag engine
Lumpenentstaubungstrommel f <pap> • rag shaker
Lumpenhalbstoff m <pap> • rag pulp; rag stock; rag stuff
Lumpenklauber m <ents> • rag picker
Lumpenpapier n ugs <pap> • rag paper; all-rag paper
Lumpenreinigungsmaschine f <pap> • rag cleaning machine
Lumpenreißer m <pap> • rag shredder
Lumpenschmälzmaschine f <textil> • rag oiler
Lungenbeatmungsgerät n DIN ISO 4135 <med.tech> • lung ventilator ISO 4135; mechanical ventilator; ventilator pract
Lungenbelüftung f <med.tech> • pulmonary ventilation
lungengängiger Feinstaub m form <emiss> (Partikelgröße <10 μm) • respirable dust
lungengängiger Staub m <emiss> (Partikelgröße <10 μm) • respirable dust
Lungengängigkeit f <tech.allg> (von Aerosolen, Partikeln; z. B. Dieselruß, Asbest) • pulmonary intrusion
Lungenkrankheit f <med> • lung disease; pulmonary affection
Lungenmechanik f <med.tech> • lung mechanics pl; respiratory mechanics
Lungenmoos n <bio> • lungwort; sticta pulmonaria
Lunker m DIN EN ISO 6520 <metall> (betont: innerer Hohlraum durch Volumenkontraktion) • shrinkage cavity ISO 6520-1; contraction cavity; shrink hole coll
Lunker m <qualit> (Gasaustrittöffnung an Gussteiloberfläche) • blow-hole
Lunker m <qualit.mat> (schlauchförmig, durch Entgasung) • pipe cavity; pipe pract
Lunker m <qualit.mat> (Hohlraum in Gussteilen, Metall und Kunststoff; luftleer; Materialfehle) • void
Lunkerabdeckmasse f <metall> • antipipe compound
Lunkerbildung f <metall> (z. B. in Gussstücken) • piping; cavitation [forming]
lunkerfrei <qualit.mat> (betont: ohne Lunker, Poren) • without voids
lunkerfrei <qualit.mat> (betont: keine schlauchförmigen Gasaustrittskanäle) • pipeless
lunkerfrei <qualit.mat> (einwandfrei; tadelloses Gussteil) • sound
lunkerig <qualit.mat> (z. B. Gussstück, Schweißnaht) • unsound
Lunkern n <metall> (z. B. in Gussstücken) • piping; cavitation [forming]
Lunkerpulver n prakt <metall> • anticavitation agent; antipiping compound; cavity-preventing agent; pipe eliminator pract; antipipe powder pract
Lunkerverhütungsmittel n <metall> • anticavitation agent; antipiping compound; cavity-preventing agent; pipe eliminator pract; antipipe powder pract
Lunte f <spreng> • explosive fuse; fuse; match
Lunte f ugs.obs <spreng> (einer Sprengladung, Bombe) • fuse; blasting fuse; fuse cord; igniter cord; match cord rare
Lunte f <textil> (Spinnerei; fein) • roving
Lunte f <textil> (Spinnerei; grob) • slubbing; slubber

Lunte f <textil> *(Spinnerei; weniger gebräuchlich)* • rove; roving sliver

Luntenführer m <textil> • traverse guide

Lupe f prakt <edv> *(für Grafiktablett)* • cursor puck; crosshair cursor; cursor with crosshairs; digitizing cursor; tablet cursor

Lupe f <opt> • magnifier; magnifying lens

Lupe f <opt> *(betont: zum Lesen)* • reading glass

Lupenaufnahme f <phot> • low-power photomicrograph

lupenrein <qualit.mat> *(Edelstein, Diamant)* • flawless

Lupfen des Gaspedals n ugs.rar.süddt <kfz> *(abrupt, Fuß vom Gas)* • power off; throttle lift off

Luppe f <metall> • puddle ball; pellet

Luppen bilden vi <metall> • ball vi

Lurgi-Druckgasverfahren n <verf> • Lurgi high-pressure process; Lurgi pressure-gasification process

Lurgi-Druckvergaser m <verf> • Lurgi pressure gasifier

Lurgi-Spülgasschwelverfahren n <verf> • Lurgi Spülgas low-temperature carbonization proces

LUT-DAC m prakt <edv> *(auf Grafikkarten)* • look-up table digital-to-analog converter (LUT-DAC)

Lutetium n (Lu) <chem> • lutetium (Lu)

lutro <mat> *(Feuchtigkeitsgehalt)* • air dry (A.D.); air-dry

Lutte f <min> • ventilation duct; air duct; ventilation pipe; duct

Luttenlüfter m <min> • duct fan

Luttenstrang m <min> • ducting

luv IEV 415 <energ.wind> *(Windkraftwerk, Segelschiff)* • upwind IEV 415; upwind side; windward

Luvläufer m <energ.wind> • upwind turbine; upwind machine; upwind system; upwind rotor

LUVO <verf> *(z. B. von Entstickungsanlage)* • air preheater

Luvreling f <nav> • weather rail

Luv-Seite f <energ.wind> *(Windkraftwerk, Segelschiff)* • upwind IEV 415; upwind side; windward

Luvwinkel m <aerospace> • crab angle

Lux n (lx) DIN 1301 <licht> *(Beleuchtungsstärke; Lumen pro m²)* • lux (lx)

Lux n <licht> *(Lichtempfindlichkeit)* • lux

Luxmeter n <msr> • illuminance meter; luxmeter; illuminance photometer rare; illuminometer rare; luxometer rare

Luxon n <astron> • luxon

luxuriös <allg> *(Ausstattung, z. B. Wohnung, PKW)* • luxurious; posh GB.coll

Luxus- <allg> *(in Zusammensetzungen)* • luxury ...

Luxus... <kfz> *(in Zusammensetzungen)* • luxury ...

Luxusbus m <nfz> • luxury coach

Luxus-Fernreisebus m <nfz> • luxury coach

Luxuslimousine f <kfz> • luxury sedan US; luxury saloon GB

Luxus-Reisebus m <nfz> • luxury coach

Luxus-Reisecar n CH <nfz> • luxury coach

LV <av> • Laser Vision® videodisc; video long play; VLP

LVDT <msr> *(induktiver Sensor)* • linear variable differential transformer (LVDT); differential transformer pract

LVR <av> • longitudinal recording method (LVR); longitudinal scanning method; linear recording method; linear scanning method; longitudinal recording

LVR <av> • Longitudinal Video Recording (LVR) Bas

LVR <av> • longitudinal video recording system (LVR); longitudinal video recording; LVR system

LVR-System n (LVR) <av> • longitudinal video recording system (LVR); longitudinal video recording; LVR system

LW <bau.innen> • L-stud

LW <tele> *(alles unter 500 kHz; Radio 30 kHz bis 300 kHz)* • kilometric wave (LF); low-frequency wave; long wave

LWC-Papier n <druck> *(leichtes, beschichtetes Papier, z. B. im Katalogdruck eingesetzt)* • LWC paper; light weight coated paper

L-Welle f <el> • transverse electromagnetic wave; TEM wave; L-wave

LWL <lwl> *(typ. Glasfaser)* • optical waveguide (OWG); optical fiber waveguide form; fiber-optic light guide; optical guide; optical fiber coll

LWL-Betrieb m <lwl> • fiber-optic operation US; fibre-optic operation GB

LWL-Kabel n <lwl> • optical fiber cable US; optical fibre cable GB; glass fiber cable US; glass fibre cable GB

LWL-Verlegung durch Abwasserleitungen f <lwl> *(FAST)* • owg routing through sewer tubes

LWL-Verlegung durch Gasleitungen f <lwl> • owg routing through gas pipelines

LWL-Verlegung durch Trinkwasserleitungen f <lwl> • owg routing through drinking water pipes

LWL-Verteiler m :V <lwl> • optical distribution frame (ODF)

LWR <nukl> • light water reactor (LWR); light-water reactor

LWR mit Hochenergiebeschleuniger m <nukl> • accelerator driven LWR (ADLWR)

lx <licht> *(Beleuchtungsstärke; Lumen pro m²)* • lux (lx)

Lycopodium clavatum <bio> *(Pflanze)* • wolfsclaw club moss; lycopodium clavatum

Lycra-Pad n <kfz> *(Brustpanzer)* • lycra pad

Lyman-alpha-Linie f <astron> • Lyman-alpha line

Lyman-Serie f <phys> • Lyman series

Lymphknoten m (LK) <bio> • lymphnode; lymphatic node; lymph gland; nodus lymphaticus

Lymphokine npl <bio> • lymphokins pl; cytokines pl

Lynx rar <av> *(Schnittstellen-Norm)* • FireWire (1394) IEEE 1394; IEEE 1394 stand; i.Link Sony; Lynx

lyophil <verf> • lyophilic

lyophilisieren vt <verf> • lyophilize vt; freeze-dry vt

Lyophilisierung f <nahr.prod> • vacuum freeze drying

Lyophilisierung f <verf> • lyophilization; freeze drying

lyophob <verf> • lyophobic

Lyrabogen m <hlk> *(Kompensator)* • horseshoe bend

Lysholm-Lader m <kfz> • Lysholm supercharger

Lysholm-Smith n <kfz.antr> • Lysholm-Smith

Lysimeter n <meteo> • lysimeter

Lyssa f <med> • rabies; lyssa; hydrophobia

LZ <phot> • flash guide number; guide number

L-Zement m <bau.mat> • slow setting cement

LZR m obs <bau> *(Fensterbau; Mehrscheiben-Isolierglas)* • air space

Lyo-Stopfen lyophilisation stoppers

M

M10 Bohrung f <masch> • M10 threaded hole

MA <nfz> *(der beiden Felgenmitten bei Zwillingsbereifung)* • dual spacing (DS); center-to-center distance US; center distance US; centre distance GB

MA f <werb> • media analysis

MAC <el> *(medienspezifisches Zugangsprotokoll)* • Media Access Control (MAC)

Maceral m DIN 22005-2 <min.geo> *(mikroskopisch erkennbarer Grundbestandteil der Kohle)* • maceral

Mach'scher Kegel m <aerospace> • Mach cone; Mach front

Mach'scher Knall m <aerospace> *(Überschall)* • sonic boom

Mach'scher Winkel m <phys> *(Überschallströmung)* • Mach angle

Mach'sches Prinzip *n* <phys> • Mach principle

Mach'sche Welle *f* <phys> • Mach wave

Mach-Band-Effekt *n* <opt> • Mach banding

machbar *ugs* <tech.allg> *(z. B. Vorschlag, Lösung, Konstruktion)* • feasible; practicable; doable *coll*

Machbarkeitsstudie *f ugs* <tech.allg> • feasibility study; project feasibility study *rare*

Machkegel *m* <aerospace> • Mach cone; Mach front

Machmeter *n* <aerospace> *(Überschallflugzeug)* • Machmeter; Mach indicator

Mach-Prozessor *m* <edv> • Mach processor

Mach-Täuschung *f* <opt> • Mach banding

Machzahl *f* <phys> • Mach number

Mach-Zehnder-Interferometer *n* <opt> • Mach-Zender interferometer

Maclaurin'sche Reihe *f* <math> • Maclaurin series

MACT-Stufung *f* <emiss> • MACT process

MACT-System *n* <emiss> • MACT system

MAD <mil> *(Doktrin; Abschreckungsprinzip durch gesicherte Zweitschlagkapazität)* • mutually assured destruction (MAD)

Madenschraube *f ugs* <füg> • setscrew; wormscrew; headless setcrew *did*; grubscrew

Madrasware *f* <led> *(vegetabil vorgegerbte Häute und Felle aus Ostindien)* • East Indian goods (E.I.); Madras goods

MADT <el> • microalloy diffused transistor (MADT)

Mäanderspannung *f* <el> • square-wave voltage

Mäanderstruktur *f* <allg> • meander pattern; meander

Mäanderwelle *f* <kunst> • meander wave

Mächtigkeit *f* <geo> *(von geologischen Schichten; z. B. Schicht, Flöz)* • thickness; size

Mächtigkeit *f* <math> *(Mengenlehre)* • potency; cardinality; power

Mächtigkeitsverringerung *f* <geo> • convergence

Mähbalken *m* <agri> • cutter bar; mower cutter bar; sickle bar

Mähbinder *m* <agri> • harvesterbinder; binder *pract*; grain harvesterbinder *form*

Mähdreschbinder *m* <agri> • combine with binder attachment

Mähdrescher *m* <agri> • combine-harvester; harvesterthresher *rare*

Mäher *m* <agri> *(allg., jede Größe)* • mower

Mähhäcksler *m* <agri> • chopper-harvester

Mählader *m* <agri> • cutter-loader

Mähmaschine *f* <agri> • mowing machine; standing-crop cutting machine *form*; mower *coll*

Mähmesser *n* <agri> • mower knife; sickle *coll*; knife *coll*

Mähmesserklinge *f* <agri> • knife section

Mähquetschzetter *m* <agri> • mower-crusher; hay mower and crusher

Mähwender *m* <agri> • mower-conditioner

Mähwerk *n* <agri> *(Traktoranbau od. Teil e. Mähmaschine)* • mower

Mähwerkantrieb *m* <agri> *(z. B. am Traktor od. eig. Motor)* • mower drive

Mälzerei *f* <nahr> *(Anlage)* • malt factory; malt house; malting plant

Mälzerei *f* <nahr> *(Prozess)* • malting

Mängelbeseitigung *f* <bau> • snagging

Mängelhaftung *f* <qualit.jur> • warranty for defects

märkischer Verband *m* <bau> • flying bond; monk bond

mäßig geneigt <min> *(mäßig geneigte Lagerung)* • semistep gradient

Mäusedreck *m ugs.* <edv> • remaining pixels *pl*; mouse droppings *pl coll.*

Mäusekino *n ugs.pej* <kfz.msr> • electronic cluster

Mäuseklavier *n ugs* <edv> • DIP switch; setup switch *rare*; dipswitch *rare*; dual in-line package switch *rare*

MAF <bio> • macrophage-activating factor (MAF)

Mafo *f* <werb> • market research

MAG <allg> • magnetic (MAG)

Magazin *n rar* <doku> • magazine

Magazin *n* <mil> *(von Schusswaffen)* • magazine

Magazin *n* <prod> *(betont: mit Zuführ-, Ladeeinrichtung)* • loader

Magazin *n* <prod> *(für Teile, Werkzeuge)* • magazine

Magazinautomat *m* <wz.masch> • magazine-fed automatic

Magazinbau *m* <min> • magazine mining; shrinkage mining; shrinkage stoping; lay system

Magazinboden *m* <tech.allg> • magazine bottom

Magazinfalz *m* <druck> *(Falzart)* • quarterfold; magazine fold

Magazinfeder *f* <tech.allg> • magazine spring; magazine follower spring

Magazingatter *n* <textil> • supply creel

Magazinhalter *m* <mil> • magazine catch lock; magazine holder catch *Hämmerli*

Magazinhalter-Druckknopf *m* <mil> • magazine catch; magazine release catch

Magazinhalterfeder *f* <mil> • magazine catch spring

Magazinhalter mit Innensechskantaufnahme *m* <wz> • magnetic screwdriver with magazine handle

magazinieren *vi* <tech.allg> *(betont: in Kassette)* • load into a cassette *vi*

magazinieren *vt* <logist> • bank *vt*

magazinieren *vt* <wz.masch> *(lagern, speichern; z. B. Kleinteile, Werkzeuge)* • store *vt*

magazinierte Schnellbauschrauben *fpl* <bau.mat> *(auf ein Band gezogen)* • collated screws

Magazininhalt *m* <mil> *(Anzahl Patronen; z. B. 5 ... 20)* • magazine capacity

Magazinkammer *f* <min> • shrinkage stope

Magazinkapazität *f* <mil> *(Anzahl Patronen; z. B. 5 ... 20)* • magazine capacity

Magazinknopf *m* <mil> *(z. Entriegelung)* • magazine button

Magazinlippen *fpl* <mil> • magazine lips; feed lips

Magazinrechen *m* <ents> • magazine bar

Magazinrohr *n* <mil> • magazine box

Magazinrutsche *f* <logist> • magazine chute

Magazinschacht *m* <mil> *(in Waffe)* • magazine well

Magazinschleifer *m* <wz.masch> • magazine grinder

Magazin-Schraubendreher *m* <wz> • magnetic screwdriver with magazine handle

Magazinschrauber *m* <bau.wz> • self-feeding screwgun

Magazinspulengatter *n* <textil> • magazine creel

Magazinwechsel *m* <mil> • magazine changing

Magazinzuführung *f* <wz.masch> • magazine feed; magazine feeding

MAGC <füg> *(Schutzgasschweißen mit CO_2)* • metal arc mixed gas welding (MAGC)

magenta *adj* <kunst> • magenta *adj*

Magenta *n* <druck> *(Grundfarbe der subtraktiven Farbmischung, bläuliches Rot)* • magenta

magentarot *adj* <kunst> • magenta *adj*

Magentatoner *m* <druck> *(Farbkopierer)* • magenta toner

mager <kfz.mot> *(Kraftstoff/Luft-Gemisch)* • lean *US*; weak *GB*

mager <min> *(Erz)* • lean; low-grade

mager <nahr> *(z. B. Wein)* • thin; meager; weak

mager <textil> *(Filament)* • sheer

Magerbeton *m* <bau.mat> *(z. B. als Füllbeton)* • lean-mixed concrete; lean concrete; weak concrete; inferior concrete; poor concrete

magere Lagerhaltung *f* <logist> • lean inventory

magerer Lack *m* <obfl> • short-oil varnish

magerer Ton *m* <bau.mat> • green clay; meagre clay *GB*

Magererz *n* <min> • low-grade ore; lean ore

mageres Fell *n* <led> • substance-lacking skin

mageres Gemisch *n* <mot> • lean mixture

mageres Kraftstoff/Luft-Gemisch *n* <mot> • lean air/fuel mixture

Magerkalk *m* <bau.mat> • poor lime

Magerkohle *f* <min> *(zw. Braunkohle und Anthrazit; Destillat reagiert basisch; 75–91,5% C)* • low-grade anthracite; semianthracite coal; semianthracite; lean coal

Magerlauffähigkeit *f* <kfz.emiss> • lean runability *:V*

Magermilch *f* <nahr> • skim milk; skimmed milk

Magermilchkonzentrat *n* <nahr> • concentrated skim milk

Magermilchpulver *n* (MMP) <nahr> • skim milk powder (SMP); skimmed milk powder

Magermixmotor *m* <kfz.mot> • lean mix engine; lean-burn engine; lean burner *coll.press*

Magermotor *m* <kfz.mot> • lean mix engine; lean-burn engine; lean burner *coll.press*

Magillzange *f* <med.tech> • Magill forceps

magisches Auge *n* ugs <av.msr> *(bei alten Radios)* • cathode-ray tuning indicator; cathode-ray indicator; indicator tube; magic eye *coll*

magische Waage *f* rar <av.msr> *(bei alten Radios)* • cathode-ray tuning indicator; cathode-ray indicator; indicator tube; magic eye *coll*

magische Zahlen *fpl* <math> • magic numbers

magistral *adj* <med> • magistral *adj*

Magma *n* <geo> • magma

Magmakammer *f* <geo> • magma chamber

magmatisch <geo> • magmatic; igneous

magmatische Erzlagerstätte *f* <min> • igneous ore deposit; igneous deposit; primary ore deposit; primary deposit

magmatische Isochrone *f* <geo> • magnetic isochron; magnetic anomaly

magmatischer Bogen *m* <geo> • volcanic arc; vulcanic arc; magmatic arc

magmatisches Gestein *n* <geo> • magmatic rock; igneous rock

magmatische Uranvorkommen *npl* <geo> • igneous uranium occurence

Magmatit *m* <geo> • magmatic rock; igneous rock

Magnesiabinder *m* <bau.mat> • magnesium oxychloride cement; magnesia cement

Magnesia carbonica <chem> • magnesium carbonate; magnesia carbonica

Magnesia muriatica <chem> • magnesium chloride; magnesia muriatica

Magnesia phosphorica <chem> • magnesium phosphate; magnesia phosphorica

Magnesia sulphurica <chem> • magnesium sulfate; magnesia sulfurica

Magnesit *m* <geo> • magnesite; bitter spar

Magnesitauskleidung *f* <mat> *(z. B. von Öfen)* • magnesite lining

Magnesitstein *m* <mat> • magnesite refractory [brick]

Magnesittiegel *m* <metall> • magnesite-lined crucible

Magnesitzustellung *f* <mat> *(z. B. von Öfen)* • magnesite lining

Magnesium *n* (Mg) <chem> • magnesium (Mg)

Magnesiumblitzlampe *f* <phot> • magnesium flash lamp

Magnesiumchlorid *n* <chem> • magnesium chloride; magnesia muriatica

Magnesiumdruckgusslegierung *f* <mat> • magnesium-base die-casting alloy

Magnesiumkarbonat *n* <chem> • magnesium carbonate; magnesia carbonica

Magnesiumlegierung *f* <mat> • magnesium alloy

Magnesiumoxid *n* (MgO) <verf> • magnesium oxide

Magnesiumphosphat *n* <chem> • magnesium phosphate; magnesia phosphorica

Magnesium-Pyridoxal 5-phosphat-Glutaminat *n* (MPPG) <med.pharm> • Magnesium-pyridoxal 5-phosphate glutamate (MPPG)

Magnesiumschmieden *n* BBS <prod> • magnesium forging *BBS*

Magnesium-Silberchlorid-Zelle *f* <el> • magnesium silver-chloride cell

Magnesiumsulfat *n* <chem> • magnesium sulfate; magnesia sulfurica

Magnet *m* <tech.allg> • magnet

Magnetabscheider *m* <verf> • magnetic separator; iron separator

Magnetabscheidung *f* <verf> *(mit Permanent- od. Elektromagnet)* • magnetic separation; separation of ferrous materials

Magnetabschirmung *f* <phys> • magnetic screening; magnetic shielding

Magnetanker *m* <tech.allg> *(betont: zum Halten)* • holding-on magnet

Magnetanker *m* <el> *(als Läufer)* • magnet armature

Magnetanker *m* <kfz.el> *(in Relais, Magnetschalter)* • solenoid armature

Magnetanlasser *m* <el> • magnet-type starter; solenoid starter

Magnetanomalie *f* <geo> • magnetic anomaly

Magnetaufzeichnungsgerät *n* <av> • magnetic recorder

Magnetaufzeichnungsverfahren *n* <av> • magnetic recording technique

Magnetband *n* <av> *(für Ton video, Daten)* • magnetic tape; tape *pract*

Magnetbandantrieb *m* <av> • magnetic tape drive

Magnetbandaufnahme *f* <av> • magnetic tape recording; tape recording

Magnetbandaufzeichnungsgerät *n* <av> • magnetic tape recorder

Magnetbandbefehl *m* <edv> • magnetic tape command

Magnetbandbetriebssystem *n* <edv> • magnetic tape operating system; tape operating system

Magnetbanddatei *f* <edv> • magnetic tape file; tape file

Magnetbanddicke *f* <av> • magnetic tape thickness

Magnetbandeinheit *f* VDI <edv> *(zur Datensicherung)* • magnetic tape drive; magnetic tape cartridge drive *form*; magnetic tape cassette drive; tape backup system; streamer *pract*

Magnetbandformat *n* <edv/av> • magnetic tape format; tape format

Magnetbandgerät *n* form.rar <av> *(allg.)* • tape deck; tape recorder; magnetic tape recorder *rare*; magnetic-tape deck *rare*

magnetbandgesteuert <msr> • magnetic-tape-controlled; tape-controlled *pract*; tape-driven *coll*

Magnetbandkassette *f* DIN 66010 <av/edv> *(allg.)* • magnetic tape cartridge; tape cartridge; magnetic tape cassette

Magnetbandkassette *f* <edv> *(zur Datensicherung)* • data cartridge; magnetic tape cartridge; streamer cartridge; tape cartridge

Magnetbandkassettenlaufwerk *n* form <edv> *(zur Datensicherung)* • magnetic tape drive; magnetic tape cartridge drive *form*; magnetic tape cassette drive; tape backup system; streamer *pract*

Magnetbandkassettenlaufwerk *n* <el> *(allg.)* • cartridge tape drive

Magnetbandlaufwerk *n* <av/edv> *(allg.)* • magnetic tape drive; tape drive

Magnetbandlaufwerk *n* <edv> *(zur Datensicherung)*
• magnetic tape drive; magnetic tape cartridge drive *form*;
magnetic tape cassette drive; tape backup system;
streamer *pract*

Magnetbandleser *m* <edv> • magnetic tape reader

Magnetbandoberfläche *f* <edv> • magnetic tape surface;
tape surface

Magnetbandrolle *f* <ents> • magnetic pulley

Magnetbandrückstellung *f* <av> • tape backspacing

Magnetbandspeicher *m* <edv> • magnetic tape storage;
tape storage

Magnetbandspeicherung *f* <edv> *(Vorgang)* • magnetic
tape storage

Magnetbandspule *f* <av/edv> • magnetic tape reel

Magnetbandsteuereinheit *f* <msr> • magnetic tape control unit; tape control unit

Magnetbandsteuerung *f* <msr> • magnetic tape control

Magnetbandvorsatz *m* <av> • beginning tape label

Magnetbild *n* <av> • magnetically recorded image; magnetically recorded picture

Magnetbildaufzeichnung *f* <av> • video tape recording

Magnet-Bits-Schraubendreher *m* <wz> *(Halter mit Innensechskantaufnahme für Schraubendreherbits)*
• magnetic screwdriver handle; magnetic tip screwdriver
handle *form*; magnetic screwdriver; bit holder

Magnetblasendisplay *n* <edv> • magnetic bubble display

Magnetblasenspeicher *m* <edv> • magnetic bubble
memory; bubble memory; magnetic bubble store; bubble
store

Magnetblasschalter *m* <el> • magnetic blow-out circuit
breaker

Magnetbremse *f* <brems> • magnetic brake; solenoid brake

Magnetbürstenentwicklung *f* <druck> *(Kopierer)*
• magnetic brush development

Magnetcode-Kartenleser *m* <edv.allg> • magnetic stripe
reader (MSR); magnetic badge reader; magnetic code
reader

Magnetcodeleser *m* <edv.allg> • magnetic stripe reader
(MSR); magnetic badge reader; magnetic code reader

Magnetdefektoskopie *f* <qualit.mat> • magnetic inspection

Magnetdispersion *f* <chem> *(für magnet. Datenträger;
z. B. Tonbänder, Festplatten)* • magnetic dispersion

Magneteinschluss *m* <nukl> • magnetic confinement

Magneteisenstein *m* <min> • magnetite; magnetic iron ore

magnetelektrischer Kompass *m* <navig> • induction
compass

Magnetfalle *f* <phys> *(Plasma)* • magnetic confinement
system; confining field; plasma confining field

Magnetfalle *f* <wz.masch> *(z. B. zum Abscheiden von
Spänen im Schmieröl)* • magnetic filter; magnetic trap

Magnetfeld *n* <phys> • magnetic field

Magnetfeldausschalter *m* <el> • field breaking switch

magnetfeldbetätigte Brennstoffpumpe *f* <masch>
• autopulse magnetic fuel pump

Magnetfeld der Erde *n* <geo.phys> • terrestrial magnetic
field; geomagnetic field; earth's magnetic field *coll*

Magnetfelddetektor *m* <navig> • flux detector; flux gate
valve

Magnetfelddichte *f* <phys> • magnetic flux density (B);
flux density

Magnetfelddruck *m* <phys> • magnetic field pressure;
magnetic compression; magnetic energy density

magnetfeldfest <qualit.mat> *(z. B. Sensoren)* • weld field
immune; insensitive against magnetic fields; magnetic
field immune; weld-immune

magnetfeldfester Näherungsschalter *m* <msr> • weld
field immune proximity switch; weld-immune proximity
switch; magnetic field immune proximity switch; proximity
switch immune to weld fields

Magnetfeldglühen *n* <metall> • magnetic annealing

Magnetfeldmodulation *f* <edv> *(Aufzeichnungsverfahren
für Magnetspeicher)* • modified frequency modulation
(MFM); magnetic field modulation; multiple frequency
modulation

Magnetfeldregler *m* <el> • field regulator

Magnetfeldröhre *f* <el> *(Radar)* • traveling-wave magnetron *US*; travelling-wave magnetron *GB*; crossed-field
microwave tube; crossed-field tube; magnetron *pract*

Magnetfeldsensor *m* <msr> • magnetic field sensor

Magnetfeldsonde *f* <navig> • flux detector; flux gate
valve

Magnetfeldstärke *f* <phys> • magnetic field strength (H);
magnetic field intensity

magnetfest <tech.allg> *(allg.)* • magnetic field immune

magnetfest <msr> *(Sensoren; unempfindlich gegenüber
Schweißarbeiten)* • weld field immune; weld-immune

Magnetfilmspeicher *m* <edv> • magnetic film memory

Magnetfilter *n* <wz.masch> *(z. B. zum Abscheiden von
Spänen im Schmieröl)* • magnetic filter; magnetic trap

Magnetflüssigkeitsbad *n* <mat> • magnetic-particle bath

Magnetfluss *m* <phys> • magnetic flux

Magnetfolie *f* <kst> • magnetic film

Magnetfusion *m* <nukl> • magnetic confinement

Magnetfutter *n* <wz.masch> • magnetic chuck

Magnetfutterwerkstückaufspannung *f* <wz.masch>
• magnetic chucking

magnetgetriebene Kreiselpumpe *f* <förd> *(stopfbuchslose Kreiselpumpe)* • magnetically coupled pump; magnetic-drive pump *pract*

Magnetgleitkupplung *f* <masch> • magnetic slide coupling

Magnetgreifeinheit *f* <autom> • magnetic pickup

Magnetgreifer *m* <autom> • magnetic pickup

Magnetgrundplatte *f* <phys> • magnetic base

Magnethalter *m* <wz> *(für Einsätze eines Handwerk-
zeugs)* • magnetic bit holder

Magnetheber *m* <kfz.wz> • magnetic pick-up [tool]; magnetic retrieving tool *US*; pick-up tool

Magnet-Hochspannungs-Kondensatorzündung *f*
(MHKZ) <kfz.el> • magneto capacitor-discharge ignition
(MCDI)

Magnetic-Tunnel-Junction *f* (MTJ) <ic> • magnetic tunnel junction (MTJ)

magnet-induktiv <phys> • magnet inductive

magnetinduktiv <phys> • magnet-inductive

magnet-induktiver Sensor *m* <msr> • magnet-inductive
sensor

magnetisch (MAG) <allg> • magnetic (MAG)

magnetische Abkühlung *f* <phys> *(adiabatische Entmagnetisierung)* • magnetic cooling

magnetische Abschirmung *f* <phys> • magnetic
screening; magnetic shielding

magnetische Abstimmung *f* <phys> • permeability
tuning

magnetische Abstoßung *f* <phys> • magnetic repulsion

magnetische Abstützung *f* <wz.masch> • magnetic
suspension

magnetische Achse *f* <nukl> • magnetic axis

magnetische Anisotropie *f* <mat> • magnetic anisotropy

magnetische Anomalie *f* <geo> • magnetic isochron;
magnetic anomaly

magnetische Aufzeichnung *f* (MAZ) <av> *(von Ton
und/oder Bild; typ. auf Band; Vorgang und Ergebnis)*
• magnetic recording

magnetische Aufzeichnung *f* <edv> *(von Daten; z. B.
auf Festplatte, Band)* • magnetic storage; magnetic recording

magnetische Aufzeichnungstechnologie *f* <tech.allg>
• magnetic recording technology

magnetische Ausrichtung f <phys> *(von Teilchen)* • orientation; magnetic alignment; alignment

magnetische Beblasung f <el> • magnetic blowing; magnetic blow-out

magnetische Beschichtung f <av/edv> *(auf Bändern, Disketten, Festplatten)* • magnetic layer; magnetic coating; ferromagnetic film; magnetic film

magnetische Bildaufzeichnung f <av> • magnetic video signal recording; magnetic video recording

magnetische Bildsignalaufzeichnung f <av> • magnetic video signal recording; magnetic video recording

magnetische Blaseinrichtung f <el> • magnetic blow-out device

magnetische Blaswirkung f <el> • magnet blowout effect

magnetische Bogenlöschung f <el> • magnetic blowing; magnetic blow-out

magnetische Dämpfung f <phys> • magnetic damping

magnetische Deklination f wiss <navig> *(Kompass)* • magnetic variation (VAR); magnetic declination; declination *pract*; variation *pract*

magnetische Dichte f <phys> • magnetic flux density (B); flux density

magnetische Doppelbrechung f <phys> • magnetic birefringence; Cotton-Mouton effect; Cotton-Mouton birefringence

magnetische Drehung f <phys> • magnetic rotation

magnetische Druckfarbe f <druck> • magnetic ink

magnetische Eigenschaften fpl <phys> *(des Pigments)* • magnetic properties; magnetic characteristics

magnetische Energiedichte f <phys> • magnetic field pressure; magnetic compression; magnetic energy density

magnetische Falle f <tech.allg> • magnetic trap

magnetische Fehlerprüfung f <qualit.mat> *(allg.)* • magnetic flaw detection

magnetische Fehlerprüfung f <qualit.mat> *(Risse)* • magnetic crack detection

magnetische Feldenergie f <phys> • magnetic field energy; magnetic energy

magnetische Feldlinie f <phys> • magnetic field line

magnetische Feldmodulation f <edv> *(Aufzeichnungsverfahren für Magnetspeicher)* • modified frequency modulation (MFM); magnetic field modulation; multiple frequency modulation

magnetische Feldstärke f (H) <phys> • magnetic field strength (H); magnetic field intensity

magnetische Feldverschiebung f <phys> • magnetic field displacement; magnetic displacement

magnetische Feldwaage f <msr> • magnetic field balance; magnetic balance

magnetische Festplatte f rar <edv> *(magnet. Speichermedium; einzelne Scheibe im Laufwerk)* • hard disk (HD); magnetic hard disk *rare*; fixed disk *BASF.rare*

magnetische Flasche f <phys> • magnetic bottle

magnetische Flussdichte f (B) <phys> • magnetic flux density (B); flux density

magnetische Flusslinie f <phys> • magnetic flux line; line of magnetic flux

magnetische Flussverkettung f <phys> • flux interlinking; flux linkage

magnetische Folie f <kst> • magnetic film

magnetische Gleich- und Wechselfelder npl <el> • electromagnetic AC and DC fields

magnetische Hysterese f DIN IEC 50 <av> • magnetic hysteresis DIN IEC 50

magnetische Hystereseschleife f <av> • hysteresis loop DIN IEC 50; magnetic hysteresis loop

magnetische Induktion f <phys> • magnetic induction

magnetische Inklination f <navig> • magnetic inclination; magnetic dip *pract*; dip *coll*

magnetische Kernresonanz f <phys> • nuclear magnetic resonance

magnetische Kernresonanzspektroskopie f <phys> • nuclear magnetic resonance spectroscopy

magnetische Kraft f <phys> • magnetic force

magnetische Kraftlinie f <phys> • field line; magnetic line of force

magnetische Kraftliniendichte f <phys> • magnetic flux density (B); flux density

magnetische Kraftlinienstreuung f <phys> • flux leakage

magnetische Kraftlinienverdrängung f <phys> • distortion of lines of flux

magnetische Leitfähigkeit f <phys> • magnetic conductivity; permeance

magnetische Linse f <phys> • magnetic lens

magnetische Luftspaltinduktion f <el> • air-gap flux density

magnetische Missweisung f <navig> *(Kompass)* • magnetic variation (VAR); magnetic declination; declination *pract*; variation *pract*

magnetische Nachwirkung f <phys> • magnetic after-effect; magnetic lag; magnetic relaxation

magnetische Oberfläche f <phys> • magnetic surface

magnetische Orientierung f <phys> *(von Teilchen)* • orientation; magnetic alignment; alignment

magnetische Permeabilität f <phys> • magnetic permeability

magnetische Polarisation f <av> • remanent magnetic flux density DIN IEC 50; magnetic polarization US.GB; magnetic polarisation GB

magnetische Polarisation f <phys> • magnetic polarization US.GB; magnetic polarisation GB

magnetische Polarisierung f <phys> • magnetic polarization US.GB; magnetic polarisation GB

magnetische Protonenresonanz f <phys> • proton magnetic resonance

magnetischer Abstandssensor m <msr> • magnetic distance transducer

magnetischer Auftrieb m <astron> • magnetic buoyancy

magnetischer Bereich m <edv> • domain; magnetic domain

magnetischer Datenträger m <av/edv> *(z. B. Band, Diskette, Festplatte)* • magnetic data storage medium; magnetic medium

magnetischer Dipol m <nukl> • magnetic dipole

magnetischer Druck m <phys> • magnetic field pressure; magnetic compression; magnetic energy density

magnetischer Dünnfilm m <edv> • magnetic thin film

magnetischer Einheitspol m <phys> • unit magnetic pole

magnetischer Einschluss m <nukl> • magnetic confinement

magnetische Remanenz f DIN IEC 50 <phys> *(von der Sättigung ausgehend)* • magnetic remanence DIN IEC 50

magnetische Reynoldszahl f <nukl> • Reynolds number

magnetischer Fluss m <phys> • magnetic flux

magnetischer Fremdfeldeinfluss m <el> • external magnetic-field effect; external magnetic-field influence

magnetischer Geber m <msr> • magnetic pick-up

magnetischer Impulsgeber m <msr> • magnetic pulse tachogenerator; magnetic pulse generator

magnetischer Impulssensor m <msr> • magnetic pulse tachogenerator; magnetic pulse generator

magnetischer Induktionsfluss m <phys> • magnetic induction flux

magnetischer Kopf m <av/edv> *(für magnet. Speicher-medien)* • magnetic head; magnetic read/write head; data head; head *pract*

magnetischer Kraftfluss m <phys> • magnetic flux

magnetischer Kreis m *DIN IEC 50* <av> • magnetic circuit *DIN IEC 50*

magnetischer Kurs m <navig> • magnetic course

magnetischer Lautsprecher m <av> • electromagnetic loudspeaker; induction loudspeaker; moving-iron loudspeaker

magnetischer Leitwert m <phys> • magnetic conductance; permeance

magnetischer Luftspaltwiderstand m <phys> • gap reluctance

magnetischer Näherungssensor m <msr> • magnetic proximity sensor

magnetischer Nordpol m <geo> • magnetic north pole; magnetis polus arcticus

magnetischer Nordpol m <geo> • north pole; north magnetic pole

magnetischer Pol m <geo> • magnetic pole

magnetischer Pol m <phys> • magnetic pole

magnetischer Rührer m <verf> • magnetic stirrer; magnetic mixer; magnetic agitator

magnetischer Schutz m <el> • magnetic shielding

magnetischer Sensor m <msr> • magnetic proximity sensor

magnetischer Speicher m <av/edv> • magnetic storage medium

magnetischer Spiegel m <nukl.phys> *(Einschluss)* • magnetic mirror coil; magnetic mirror system; magnetic mirror geometry; magnetic mirror

magnetischer Spiegel m <nukl.phys> *(betont: Barrierenfunktion)* • magnetic barrier

magnetischer Streufluss m <phys> • magnetic leakage flux

magnetischer Sucher m *rar* <kfz.wz> • magnetic pick-up [tool]; magnetic retrieving tool *US*; pick-up tool

magnetischer Südpol m <geo> • magnetic south pole; magnetis polus australis

magnetischer Tankrucksack m <kfz> *(für Motorrad)* • magnetic-mount tank bag; magnetic tank bag

magnetischer Tonabnehmer m <av> *(für Schallplatten)* • magnetic pick-up; moving-iron pick-up

magnetischer Verstärker m <phys> • magnetic amplifier; transductor

magnetischer Wandler m <el> • magnetic transducer

magnetischer Widerstand m <phys> • magnetic reluctance

magnetischer Winkelkodierer m <msr> • magnetic encoder; magnetic angular encoder

magnetischer Zug m <phys> • magnetic pull

magnetisches Ablenkungsfeld n <phys> • magnetic deflection field

magnetische Sättigung f *DIN IEC 50* <av> • magnetic saturation *DIN IEC 50*

magnetisches Atommoment n <phys> • atomic magnetic moment

magnetisches Bahnmoment n <phys> • orbital magnetic moment

magnetisches Blasen des Lichtbogens n <el> • magnetic arc-blow

magnetische Schicht f <av/edv> *(auf Bändern, Disketten, Festplatten)* • magnetic layer; magnetic coating; ferromagnetic film; magnetic film

magnetische Schirmwirkung f <phys> • magnetic shielding effect

magnetisches Drehvermögen n <phys> • magnetic rotatory power

magnetisches Eigenmoment n <phys> • intrinsic magnetic moment

magnetisches Feld n <msr> *(auf der Codescheibe eines magnetischen Winkelkodierers)* • magnetized segment; magnetized section; magnetized area

magnetisches Feld n <phys> • magnetic field

magnetisches Filtersieb n <masch> • magnetic filter

magnetisches Gleichfeld n <phys> • constant magnetic field

magnetisches Gut n <ents> • magnetic material; magnetics

magnetisches Kernmoment n <nukl.phys> • magnetic moment of the nucleus; nuclear magnetic moment

magnetisches Material n <chem> • magnetic pigment; magnetic material

magnetisches Material n <ents> • magnetic material; magnetics

magnetisches Moment n <nukl> • magnetic moment

magnetisches Moment Null n <phys> • zero magnetic moment

magnetische Speicherplatte f <edv> *(in Festplatten-laufwerk)* • magnetic disk; platter; disk platter

magnetische Speicherung f <edv> *(von Daten; z. B. auf Festplatte, Band)* • magnetic storage; magnetic recording

magnetisches Pigment n <chem> • magnetic pigment; magnetic material

magnetisches Rauschen n <phys> • magnetic noise

magnetisches Registriergerät n <av> • magnetic recorder

magnetisches Restfeld n <phys> • remanent magnetic field; residual magnetic field

magnetisches Speichermedium n <av/edv> *(z. B. Band, Diskette, Festplatte)* • magnetic data storage medium; magnetic storage medium; magnetic medium

magnetisches Störfeld n <edv> • stray magnetic field

magnetisches Teilchen n <phys> • magnetic particle

magnetische Streuung f <phys> • magnetic leakage

magnetische Struktur f <phys> • domain structure

magnetische Suszeptibilität f <phys> • magnetic susceptibility

magnetisches Wechselfeld n <el> • alternating magnetic field

magnetische Tinte f <druck> • magnetic ink

magnetische Transversalwelle f <phys> • transverse magnetic wave

magnetische Urspannung f <phys> • magnetomotive force

magnetische Verluste m *norm* <av> • magnetic losses *stand*

magnetische Verschiebung f <phys> • magnetic displacement

magnetische Videoaufzeichnung f <av> • magnetic video signal recording; magnetic video recording

magnetische Videosignalaufzeichnung f <av> • magnetic video signal recording; magnetic video recording

magnetische Vorspannung f <el> • magnetic bias; magnetic biasing

magnetische Vorzugsrichtung f <edv> • magnetic preferred direction; preferred direction

magnetische Wechselplatte f <edv> *(Festplatte)* • removable disk

magnetische Widerstandsänderung f <phys> • magnetoresistance effect

magnetische Zeichenerkennung f <edv> • magnetic ink character recognition

magnetisch weich <phys> • magnetically soft

magnetisch wirkendes Gerät n <petr> *(zur Ermittlung von Bohrlochneigung und -richtung)* • magnetic instrument; magnetic survey instrument

magnetisch wirkendes Instrument n <petr> (zur Ermittlung von Bohrlochneigung und -richtung) • magnetic instrument; magnetic survey instrument

magnetisch wirkendes Messgerät zur Einzelpunktvermessung n <petr> • magnetic single-shot survey instrument

magnetisch wirkendes Messgerät zur Mehrpunktvermessung n <petr> • magnetic multiple-shot survey instrument

magnetisch wirkendes Messgerät zur Single-Shot-Messung n <petr> • magnetic single-shot survey instrument

magnetisierbar <phys> • magnetizable US.GB; magnetisable GB

magnetisierbare Speicherschicht f <av/edv> (auf Bändern, Disketten, Festplatten) • magnetic layer; magnetic coating; ferromagnetic film; magnetic film

Magnetisierbarkeit f <phys> • magnetizability US.GB; magnetisability GB

magnetisieren vt <phys> • magnetize vt US.GB; magnetise vt GB

Magnetisierung f <phys> • magnetization US.GB; magnetisation GB

Magnetisierungsfeld n <el> • magnetizing field US.GB; magnetising field GB

Magnetisierungskurve f DIN IEC 50 <av> • magnetization curve DIN IEC 50; magnetisation curve GB; B-H curve

Magnetisierungsmuster n <edv> • magnetic pattern

Magnetisierungsrichtung f <phys> • direction of magnetization; magnetization direction; magnetic polarity

Magnetisierungsspule f <el> • magnetizing coil US.GB; magnetising coil GB

Magnetisierungsstrom m <el> • magnetizing current US.GB; magnetising current GB; polarizing current US.GB; polarising current GB; exciting current

Magnetismus m <phys> • magnetism

magnetis polus arcticus <geo> • magnetic north pole; magnetis polus arcticus

Magnetis polus australis <geo> • magnetic south pole; magnetis polus australis

Magnetit m <min> • magnetite; magnetic iron ore

Magnetjochverfahren n <el> • magnetic yoke method; yoke method

Magnetkarte f <edv> (mit Magnetstreifen; z. B. Bankkarte) • magnetic card ISO4909:1987

Magnetkartenleser m <edv.allg> • magnetic stripe reader (MSR); magnetic badge reader; magnetic code reader

Magnetkartenspeicher m <edv> • magnetic card memory

Magnetkartenspeicherung f <edv> • magnetic card storage

Magnetkern m <tech.allg> • magnetic core

Magnetkernantenne f <el> • magnetic core antenna US; magnetic core aerial GB

Magnetkernkopplungselement n <edv> • magnetic core coupling element

Magnetkernmatrix f <edv> • magnetic core matrix

Magnetkernspeicher m <edv> (nichtflüchtiger RAM-Typ; bis 1968 üblich) • core memory; magnetic core memory

Magnetkernspeichermatrix f <edv> • magnetic memory matrix

Magnetkernspeicherung f <edv> • magnetic core storage

Magnetkies m <min> • pyrrhotine; pyrrhotite; magnetic pyrites

Magnetkissenfahrzeug n <förd> • magnetic levitation vehicle

Magnetklinge f <druck> • magnetic blade

Magnetkompass m <navig> • magnetic compass; compass pract

Magnetkompasskreisel m <navig> • gyro-magnetic compass; compass-slaved directional gyro; flux gate compass

Magnetkompasskurs m <navig> • compass heading (CH); compass course

Magnetkompasspeilung f <navig> • magnetic bearing

Magnetkompasspeilung f form <navig> • bearing (BRG); compass bearing pract; direction finding rare

Magnetkontakt m <el> • magnetic reed switch; magnetic contact [switch]; magnetic switch; reed magnetic switch; reed switch

Magnetkopf m <av/edv> (für magnet. Speichermedien) • magnetic head; magnetic read/write head; data head; head pract

Magnetkopfspalt m <av> • head gap

Magnetkopplung f <el> • magnetic coupling; electromagnetic coupling

Magnetkreis m <el> • magnetic circuit

Magnetkreiselpumpe f <förd> (stopfbuchslose Kreiselpumpe) • magnetically coupled pump; magnetic-drive pump pract

Magnetkupplung f <masch> • magnetic clutch

Magnetkupplungsteuerung f <tech.allg> • magnetic clutch control

Magnetlegierung f <mat> • magnetic alloy

Magnetlocher m <edv> • magnetic punch

Magnetmanometer n <msr> • magnetic manometer

Magnetmaterial n <chem> • magnetic pigment; magnetic material

Magnetnadel f <tech.allg> • magnetic needle

Magnetnadel f <navig> • compass needle; compass magnetized needle; magnetic needle

magnetoakustisch <phys> • magnetoacoustic

Magnetodiode f <el> • magnetic semiconductor diode; madistor

magnetodynamisches Relais n <el> • magnetodynamic relay; magnetoelectric relay

Magnetöl n <qualit.mat> (Magnetpulverprüfung) • detecting ink

magnetoelastisch <phys> • magnetoelastic

magnetoelastischer Drehmomentsensor m <msr> • magnetoelastic torque transducer

magnetoelastischer Effekt m <msr> • magnetoelastic effect

magnetoelastischer Kraftsensor m <msr> • magnetoelastic force transducer

magnetoelektrisch <el> • magnetoelectric

magnetoelektrische Maschine f <el> • magneto alternator

Magnetogasdynamik f (MGD) <phys> • magnetogas dynamics (MGD)

Magnetogramm n <astron> • magnetogram

magnetographisches Druckverfahren n <druck> (variables Druckverfahren) • magnetographic printing; magnetic printing

Magnetohydrodynamik f (MHD) <phys> • magnetohydrodynamics pl (MHD); magnetofluid dynamics

magnetohydrodynamisch <phys> • magnetohydrodynamic

magnetohydrodynamischer Generator m wiss <phys.el> • magnetohydrodynamic generator; magnetohydrodynamic power generator thsc; MHD generator pract

magnetohydrodynamische Welle f <phys> • magnetohydrodynamic wave; MHD wave

magnetohydrostatisch <phys> • magnetohydrostatic

magnetokalorisch <phys> • magnetocaloric

magnetokalorischer Effekt m <phys> • magnetocaloric effect

magnetomechanisch <phys> • magnetomechanical

magnetomechanische Anomalie f <phys> • magnetomechanical anomaly

magnetomechanisches Sauerstoffmessverfahren n <msr> • magneto-mechanical oxygen measuring method

Magnetometer n <msr> • magnetometer

Magnetometervermessung f <msr> • magnetometer survey

magnetomotorisch <phys> • magnetomotive

magnetomotorische Kraft f <phys> • magnetomotive force (mmf)

magnetomotorischer Speicher m <edv> • magnetomotoric storage

Magnetooptik f <phys> • magnetooptics

magnetooptisch <edv> • magneto-optic; opto-magnetic

magnetooptische Diskette f <edv> (beliebig oft beschreibbar; 3,5 und 5,25 Zoll) • MO disc (MOD); MO removable disc; magneto-optical disc

magnetooptische Drehung f <phys> • Faraday effect; Faraday magnetooptic rotation; Faraday rotation; magnetooptic rotation

magneto-optische Platte f <edv> • magneto-optical disc; opto-magnetical disc

magnetooptische Platte f <edv> (beliebig oft beschreibbar; 3,5 und 5,25 Zoll) • MO disc (MOD); MO removable disc; magneto-optical disc

magnetooptischer Kerr-Effekt m did <opt> • Kerr effect; Kerr rotation

magnetooptische Rotation f <phys> • Faraday effect; Faraday magnetooptic rotation; Faraday rotation; magnetooptic rotation

magneto-optischer Speicher m <edv> • magneto-optical storage; opto-magnetical storage

magnetooptischer Verschluss m <phot> • magnetooptical shutter

magnetooptisches Laufwerk n <edv> • magneto-optical drive; magneto-optical disc drive; optical hard drive; MO drive pract

magnetooptische Speicherung f <edv> • magneto-optical recording

Magnetopause f <geo> (Grenze zwischen Sonnenwind und Magnetosphäre der Erde) • magnetopause

Magnetoplasmadynamik f (MPD) <phys> • magnetoplasmadynamics (MPD)

magnetoplasmadynamischer Generator m wiss <phys.el> • magnetohydrodynamic generator; magnetohydrodynamic power generator thsc; MHD generator pract

Magnetoplasmaeffekt m <phys> • magnetoplasma effect

magnetopneumatisches Sauerstoffmessverfahren n <emiss.msr> • magnetopneumatic oxygen measuring method

magnetoresistiver Effekt m <msr> • magnetoresistive effect

magnetoresistiver Kopf m <edv> • magnetoresistive head (MRH); MR head

magnetoresistiver Sensor m <msr> • magnetoresistive transducer

magnetorheologische Flüssigkeit f <av> • ferrofluid; ferromagnetic fluid form

Magnetorotation f <phys> • Faraday effect; Faraday magnetooptic rotation; Faraday rotation; magnetooptic rotation

Magnetosheath f <geo> (Geomagnetik) • magnetosheath

Magnetosphäre f <astron> • magnetosphere

magnetosphärisches Plasma n <phys> • magnetospheric plasma

Magnetostat m Rega Planar <av> • isodynamic loudspeaker; magnetostatic loudspeaker; isostatic loudspeaker USA

Magnetostatik f <phys> • magnetostatics

magnetostatischer Lautsprecher m <av> • isodynamic loudspeaker; magnetostatic loudspeaker; isostatic loudspeaker USA

Magnetostriktion f DIN IEC 50 <phys> • magnetostriction DIN IEC 50

magnetostriktiver Schwingungserzeuger m <av> • magnetostriction oscillator

magnetostriktiver Stabschwinger m <msr> • bar magnetostrictor

magnetostriktiver Wandler m <phys> • magnetostriction transducer

magnetostriktives Filter n <el> • magnetostrictive filter

Magnetowiderstand m <phys> • magnetoresistance

Magnetoxiddispersion f <chem> (für magnet. Datenträger; z. B. Tonbänder, Festplatten) • magnetic dispersion

Magnetpartikel n <phys> • magnetic particle

Magnetpartikel hoher Koerzitivkraft n <phys> • high-coercivity magnetic particle; highly coercive magnetic particle

Magnetpartikel niedriger Koerzitivkraft n <phys> • low-coercivity magnetic particle

Magnetpigment n <chem> • magnetic pigment; magnetic material

Magnetplatte f <edv> (in Festplattenlaufwerk) • magnetic disk; platter; disk platter

Magnetplatten-Array n <edv> • disk array US.GB; array

Magnetplattenstapel m <edv> • stack of platters; disk pack US; disc pack GB

Magnetpol m <phys> • magnetic pole

Magnetpolschuh m <el> • pole piece

Magnetpulver n <mat> • ferromagnetic powder; magnetic powder; magnetic particles

Magnetpulver n <qualit.mat> (betont: zur Magnetpulverprüfung) • magnetic inspection powder

magnetpulverbeschichtetes Band n <edv> • magnetic-powder-coated tape

Magnetpulverkupplung f <masch> • magnetic particle clutch :V; magnetic powder coupling

Magnetpulverölaufschlämmung f <qualit.mat> • magnetic inspection paste; magnetic particles paste

Magnetpulverprüfung f <qualit.mat> • magnetic particle test; magnetic particle inspection

Magnetpulverrissprüfung f <qualit.mat> • magnetic particle method of crack detection

Magnetpumpe f prakt <förd> (stopfbuchslose Kreiselpumpe) • magnetically coupled pump; magnetic-drive pump pract

Magnetreedkontakt m (MK) <el> • magnetic reed switch; magnetic contact [switch]; magnetic switch; reed magnetic switch; reed switch

Magnet-Reedschalter m <el> • magnetic reed switch; magnetic contact [switch]; magnetic switch; reed magnetic switch; reed switch

Magnetregelung f <tele> • magneto timing

Magnetron n <el> • magnetron

Magnetronvakuummeter n <msr> • magnetron vacuum gauge

Magnetrüttler m <verf> • electromagnetic vibrator

Magnetschalter m <el> (allg.; Relais) • solenoid switch; contactor

Magnetschalter m prakt <kfz.el> (Starter) • starter solenoid; solenoid starter switch form; solenoid pract

Magnetschaltschütz n <el> (eletromagnetischer Trennschalter) • magnetic contactor; magnetic cut-out; solenoid contactor

Magnetscheibe *f* <edv> *(in Festplattenlaufwerk)* • magnetic disk; platter; disk platter

Magnetscheiden *n* <verf> • magnetic grading; magnetic separation

Magnetscheider *m* <min> • magnetic ore separator

Magnetscheider *m* <verf> • magnetic grader; magnetic separator

Magnetschenkel *m* <phys> • magnet leg; 1 magnet limb

Magnetschicht *f* <av/edv> *(auf Bändern, Disketten, Festplatten)* • magnetic layer; magnetic coating; ferromagnetic film; magnetic film

Magnetschichthaftung *f* <av/edv> • magnetic layer adhesion

Magnetschichtspeicher *m* <av/edv> • magnetic storage medium

Magnetschichtträger *m* <av> *(bei Bändern; z. B. PE)* • tape base; base

Magnetschichtträger *m* <edv> *(bei Festplatten)* • substrate; base

Magnetschienenbremse *f* <bahn.brems> • magnetic rail brake; magnetic track brake; solenoid track brake

Magnetschienenbremsung *f* <bahn.brems> • magnetic braking

Magnetschloss *n* <sich> • magnetic lock

Magnetschlüsselsatz *m* <kfz.wz> • ignition wrench set; ignition spanner set *GB*

Magnetschranke *f* <el> • Hall vane switch; vane switch; magnet sensor; sensor switch; Hall-effect switch

Magnetschrift *f* <edv> • magnetic script

Magnetschriftleser *m* <edv> • magnetic character reader

Magnetschriftsortierer *m* <edv> • magnetic character sorter

Magnetschrift-Zeichenerkennung *f* <edv> • magnetic ink character recognition (MICR)

Magnetschriftzeichenerkennung *f* <edv> • magnetic ink character recognition

Magnetschütz *n* <el> *(eletromagnetischer Trennschalter)* • magnetic contactor; magnetic cut-out; solenoid contactor

Magnetschwebebahn *f* <bahn> • magnetic levitation system

Magnetschweif *m* <astron> • magnetotail

Magnetspannzeug *n* <wz.masch> • magnetic chuck

Magnetspeicher *m* <av/edv> • magnetic storage medium

Magnetspeichermatrix *f* <edv> • magnetic-memory matrix

Magnetspeicherplatte *f* <edv> *(in Festplattenlaufwerk)* • magnetic disk; platter; disk platter

Magnetspeichersystem *n* <av/edv> • magnetic storage medium

Magnetspektrograph *m* <msr> • magnetic spectrograph

Magnetspektrometer *n* <msr> • magnetic spectrometer

Magnetspritzventil *n* <obfl.wz> • solenoid spray valve

Magnetspule *f* <el> *(Elektromagnet allg.)* • coil; magnet coil

Magnetspule *f* <el> *(in Relais, Aktuator)* • solenoid

Magnetspule mit Eisenkern *m* <el> • iron-core coil

Magnetspur *f* <av> *(auf Band, Platte)* • magnetic track; track *pract*

Magnetstäbchenspeicher *m* <edv> • magnetic rod memory; magnetic rod store

Magnetstahl *m* <mat> • magnetic steel

Magnetstarter *m* <kfz> • magnetic starter

Magnetstellantrieb *m* <msr> • solenoid actuator

Magnetsteuerventil für Air-Gulp-Ventil <kfz.emiss> • air gulp valve solenoid valve

Magnetstreifen *m* <edv> *(z. B. auf Kreditkarten)* • magnetic stripe *ISO 4909:1987*; magnetic strip *rare*

Magnetstreifen-Encoder *m* <edv> • magnetic stripe encoder

Magnetstreifenleser *m* <edv.allg> • magnetic stripe reader (MSR); magnetic badge reader; magnetic code reader

Magnetstreifenleseremulation *f* <edv> • magnetic stripe reader emulation

Magnetsucher *m* <kfz.wz> • magnetic pick-up [tool]; magnetic retrieving tool *US*; pick-up tool

Magnetsummer *m* <msr> • magnetic buzzer

Magnetsystem *n* <nukl> • magnet system; magnetic configuration

Magnetteilchen *n* <phys> • magnetic particle

Magnettinte *f* <druck> • magnetic ink

Magnettonaufnahmeverfahren *n* <av> • magnetic sound-recording technique

Magnettonaufzeichnung *f DIN 45510* <av> • magnetic sound recording

Magnettonband *n* <av> • magnetic sound-recording tape

Magnettonfolie *f DIN 45510* <av> *(in Scheiben-, Blatt- oder Manschettenform)* • magnetic sound recording film

Magnettongerät *n* <av> • magnetic tape recorder

Magnettonkopieranlage *f* <av> • magnetic sound-record copying machine

Magnettonspur *f* <av> • magnetic sound track

Magnettonwiedergabe *f* <av> • magnetic sound reproduction

Magnettrommel *f* <edv> *(obs.)* • magnetic drum storage; magnetic drum memory *rare*

Magnettrommel *f* <ents> *(für aushebende Arbeitsweise)* • magnetic drum

Magnettrommelscheider *m* <verf> • magnetic drum separator

Magnettrommelspeicher *m* <edv> *(obs.)* • magnetic drum storage; magnetic drum memory *rare*

Magnetumformung *f* <prod> • magnetic forming

Magnetunterlage *f* <msr> • magnetic base

Magnetunterlage *f* <prod> • magnetic mount

Magnetventil *n* <tech.allg> • solenoid valve; solenoid-operated valve *form*; electrovalve *coll*; magnetic valve *rare*

Magnetverschluss *m* <sich> • magnetic lock

Magnetverstärker *m* <el> • magnetic amplifier

Magnetverstärkerkippschaltung *f* <el> • magnetic amplifier flip-flop; magnetic flip-flop

Magnetvibrator *m* <verf> • electromagnetic vibrator

Magnetwaage *f* <msr> • magnetic balance

Magnetwalze *f* <druck> *(Magnetbürstenentwicklung)* • magnet drum; magnet roller

Magnetwerkstoff *m* <mat> • magnetic material

Magnetwicklung *f* <el> • solenoid winding; electromagnet winding *rare*; magnet winding *rare*

Magnetzeichenleser *m* <edv> • magnetic character reader

Magnetzündanlage *f* <kfz.el> • magneto ignition

Magnetzünder *m* <kfz.el> • magneto; mag *coll*

Magnetzündung *f* <kfz.el> • magneto ignition

Magnitude *f* <astron> *(von Sternen)* • magnitude; intrinsic brightness; luminosity

Magnitudo *f, pl: -ines* (M) <astron> *(Einteilung der Sterne in Größenklassen)* • magnitude (M)

Magnon *n* <phys> • magnon

Magnox-Reaktor *m* <nukl> • Magnox reactor

Magnus-Effekt *m* <phys> • Magnus effect

Magnus-Effekt *m* <phys> • Magnus force

MAG-Schweißen *n* <füg> • MAG-welding; metal active gas welding *did*

Mahagoni *n* <holz> • mahogany

Mahlanlage *f* <verf> • grinding mill; grinder; pulverizing equipment

Mahlbarkeitszahl *f* <verf> • grindability index; grindability value

Mahlen n <verf> • grinding

mahlen vt <tech.allg> • grind vt

mahlen vt <pap> (im Holländer) • refine vt; beat vt; grind vt

mahlen vt <verf> • grind vt; mill vt

Mahlfeinheit f <verf> • grinding fineness; fineness of grinding

Mahlgang m <verf> (Vorgang) • milling cycle

Mahlgerät n <pap.ents> • refiner; beater

Mahlgrad m <pap> (Holländer) • degree of beating; freeness

Mahlgrad m <verf> • fineness of grinding

Mahlgradprüfer m <pap.qualit> • freeness tester; beaten stuff tester; beating and freeness tester

Mahlgut n <kst> • regrind

Mahlgut n <min> (Erz vor dem Mahlen) • material to be ground; material to be crushed

Mahlgut n <min> (Erz nach dem Mahlen) • ground ore

Mahlgut n <nahr> (Getreide) • corn for grinding

Mahlgut n <pap> (Zellstoff etc.) • beating material; fibrous furnish; pulp furnish

Mahlgut n <verf> (allg.) • grinding stock; grist

Mahlgut n <verf> (nach dem Mahlen) • ground material; ground stock

Mahlgut n <verf> (vor dem Mahlen) • material to be ground

Mahlgut n <verf> (beim Mahlen) • material being ground

Mahlholländer m <pap> • pulp grinder

Mahlkammergehäuse n <prod> • mill chamber housing

Mahlmaschine f <pap.ents> • refiner; beater

Mahlraum m <verf> • grinding chamber; pulverizing chamber

Mahlscheibe f <verf> • pulverizer disk US; pulveriser disc GB

Mahlscheibenmühle f <verf> (Reibmühle) • disk mill US; disc mill GB

Mahlstein m <verf> (allg., oben oder unten) • grindstone; millstone

Mahlstein m <verf> (oben) • runner stone; upper millstone; mill runner; runner

Mahltrocknung f <verf> • mill drying; in-the-mill drying

Mahltrommel f <verf> • grinding drum; mill shell

Mahlung f <pap.ents> (von Zellstoff etc.) • refining; beating; grinding

Mahlung f <verf> (allg.) • milling; grinding

Mahlwalze f <wz> • grinding roll

Mail f ugs <edv> • e-mail; electronic mail did

Mail n rar <edv> • e-mail; electronic mail did

Mailbox f <edv> • mail box

Mailing n <werb> • mailing

Mailleuse f <textil> • sinkerwheel

Mail-order Package n <werb> • mail-order kit

Mainboard n prakt <edv> (mit CPU, BIOS, RAM, Steckplätzen etc.) • mainboard; motherboard

Mainframe m prakt <edv> • mainframe computer; mainframe pract

Mainframe-Computer m rar <edv> • mainframe computer; mainframe pract

Mais m ugs <agri> (als Tierfutter) • corn US; maize GB

Mais m ugs <nahr> (zum Essen) • sweet corn US; Indian corn US; maize GB; corn US.coll

Maischapparat m <nahr> (Wein) • crusher; grape mill

Maischbottich m <nahr> • mashing tub; mash tub

Maische f <nahr> (Wein) • mash; grape mash; crush; pulp; must

Maischeerhitzung f <nahr> (Wein) • heating the pulp

Maischekochkessel m <nahr> • mash tun; mash kettle

Maischekolonne f <nahr> (Bier) • beer column

Maischepumpe f <nahr> (Wein) • crusher and must pump

Maischeschwefelung f <nahr> • sulfuring the pulp

Maisdrillmaschine f <agri> • corn drill US; corn planter US; maize drill GB

Maisentlieschmaschine f <agri> • corn husking machine US; maize husker GB; maize sheller GB

Maiserntemaschine f <agri> • corn harvester US; maize harvester GB; maize combine GB

Maisgebiss n <agri.wz> (Traktoranbau) • corn attachment US; maize attachment GB; maize header GB

Maisgrieß m <mat> • maize grits

Maishäcksler m <agri.wz> • corn chopper; maize chopper; husker shredder

Maisöl n <tribo> (umweltfreundlich) • corn oil

Maisrebbler m <agri> • corn husking machine US; maize husker GB; maize sheller GB

Maisrebler m <agri> • corn husking machine US; maize husker GB; maize sheller GB

Maisstengelschläger m <agri> • maize stalk shredder

Majorana-Effekt m <nukl> • Majorana effect

Majorana-Kraft f <nukl> • Majorana force

Majorana-Teilchen n <nukl> • Majorana particle

Majorante f <math> • majorant

Majoritätsgatter n <el> (Schwellwertgatter) • majority gate; voter

Majoritätsladungsträger m <el> • majority carrier

Majoritätslogik f <el> • majority logic

Majoritätssystem n <edv/msr> • majority system

Majoritätsträger m <el> • majority carrier; dominant carrier

MAK <bio> • monoclonal antibody (mab)

MAK <med> (z. B. von chem. Substanzen in Raumluft) • maximum working-site concentration

Makadamdecke f <bau.verk> (Straßenbelag nach McAdam) • macadam; macadam pavement

makellos <obfl.qualit> (ohne Flecken, Unreinheiten) • blemish-free

makellos <qualit> (fehlerfrei) • flawless

makellose Oberfläche f <qualit> • blemish-free surface

Makeln n <tele> (Zusatzdienst, Merkmal eines Komfortelefons) • Call Waiting (CW)

Make-up-Spiegel m <kfz.innen> • vanity mirror

Mako-Baumwolle f <textil> • Egyptian cotton

Makro n prakt <edv> • macro; script

Makroachse f <mat> • macroaxis

Makroätzung f <obfl> • deep-etching; macroetching

Makroanalyse f <chem> • macroanalysis

Makroanweisung f <autom> • macro statement; macroinstruction

Makroassembler m <edv> • macroassembler; macroassembly program

Makroassemblerprogramm n <edv> • macroassembler; macroassembly program

Makroassemblersprache f <edv> • macroassembly language

Makroaufnahme f prakt <phot> (Ergebnis, Bild) • macrophotograph; photomacrograph

Makroaufruf m <edv> • macrocall

Makrobefehl m <edv> • macro; script

Makrobefehlsspeicher m <edv> • macroinstruction memory

Makrobibliothek f <edv> (CAD; Zeichnungselemente) • template and shape library

Makrobibliothek f <edv> • macrolibrary; macroinstruction library rare

Makrobiegung f <lwl> • macrobending

Makro-Close-up n <av> • macro close-up

Makrofotografie f <phot> (Ergebnis, Bild) • macrophotograph; photomacrograph

Makrofotografie f <phot> (Vorgang, Kategorie) • macrophotography; photomacrography

makrofotografische Aufnahme f form <phot> (Ergebnis, Bild) • macrophotograph; photomacrograph

Makrogefüge n <mat> • macrostructure
Makroinstabilitäten fpl <nukl> • MHD-instabilities pl;
MHD-modes; MHD-turbulences; macroinstabilities
Makrokode m <edv> • macrocode
Makrokopiereinrichtung f <phot> • macro copy stand
Makrokosmos m <astron> • universe; cosmos; macro-
cosmos
makrokristallin <mat> • macrocrystalline
Makro-Linse f rar <opt> • macro lens
Makromolekül n <chem> • macromolecule
makromolekular <kst> • macromolecular
Makro-Nahaufnahme f <av> • macro close-up
Makro-Objektiv n <opt> • macro lens
Makroobjektiv n <opt> • macro lens
Makrophage m <bio> • macrophage
Makrophagen-aktivierender Faktor m (MAF) <bio>
• macrophage-activating factor (MAF)
Makroprogramm n <edv> • macro pract; script
makroprogrammierbar <edv> • macroprogrammable
Makroprogrammierung f <edv> • macroprogramming
Makroschliff m <qualit.mat> • macrosection
Makroseigerung f <mat> • macrosegregation
makroskopisch <phys> • macroscopic
Makrostruktur f <tech.allg> • macrostructure
Makrozustand m <mat> • macrostate
Makulatur f <druck.ents> (defektes Druck-Erzeugnis; z. B.
fehlerhafte Bögen) • paper spoilage; spoilage pract; paper
wastage; wasted paper; spoiled sheets
Malachit m <min> • malachite; green copper ore
Malachitgrün n <obfl> • malachite green; benzaldehyde
green
Malaria f <med> • malaria; marsh fever; periodic fever
Malbutter f <kunst> (gelförmig) • megilp
Maldigestion f <med> • indigestion; impaired digestion;
disturbed digestion; hypopepsia; dyspepsia
Maler-Algorithmus m <edv> • painter's algorithm; depth
sort algorithm
Malgrund m <obfl> (für Spritzlackierungen u. dgl.) • sub-
strate ISO 4618/1; painting surface; painting ground;
ground pract
Malignom n <med> • malignant growth
Mallkante f <nav> • molding edge; molded line
Malmedie-Bibby-Kupplung f <masch> • worm-spring
coupling
Malmittel n <kunst> (Additiv) • painting medium
Malteserkreuz n <masch> • Geneva cross; Maltese cross
Malteserkreuzbewegung f <masch> (Kinematik) • Ge-
neva motion
Malteserkreuzgetriebe n <masch> • Maltese-cross
mechanism; Geneva mechanism
Malteserkreuzscheibe f <masch> • Geneva wheel
Maltuch n <kunst> (Textilmalerei) • fabric
Malus'scher Satz m <opt> • theorem of Malus
malusscher Satz m <opt> • theorem of Malus
Malzbereitung f <nahrverf> • malting
Malzbürstmaschine f <nahr.verf> • malt polishing appa-
ratus; malt polisher
Malzdarre f <nahr.verf> • malt kiln
Malzeichen n Kinder <math> • multiplication sign
Malzgerste f <nahr> • malting barley
Malzquetsche f <nahr.verf> • malt crusher; malt mill
Malztreber pl <nahr> • malt spent grains
Malztrichter m <nahr.verf> • malt hopper
Malzwendevorrichtung f <agri> • malt turning device
Malzwürze f <nahr> • malt wort
MAMMOS-Auslesemethode f <edv> (für opt. Speicher-
medien) • Magnetic Amplified Magneto Optical System
(MAMMOS)

Mammutpumpe f <förd> (allg.) • air-lift pump; mammoth
pump rare
Mammutpumpe f <petr> (Erdölförderung) • air-lift pump;
air lift pract; mammoth pump rare
Mammutpumpenverfahren n <petr> (zur Erdölförde-
rung) • air-lift process
Mammutrührwerk n <verf> • airlift mixer
MAN <tele> • metropolitan-area network (MAN)
Management n <admin> • management
Management der Logistik-Kette f rar <logist> (Integra-
tion von Lieferanten und Abnehmern) • supply chain
management
Managementsystem n ISO 9000 <qualit> • management
system ISO 9000
Managementsystem für den Schiffsverkehr n
<navig> • Vessel Traffic Management System (VTMS)
Manchester-Encoding-Technik f <edv> (für Netzwerk-
standard nach IEEE 802.3) • Manchester Encoding
Manchester-Verfahren n <verf> (Gasreinigung) • Man-
chester process
mandatorisch <jur> • mandatory
mandatorischer Atemhub m <med.tech> • mandatory
breath; mechanical breath; machine breath
Mandel f <min> • amygdale; amygdule; geode
Mandelbrot-Fraktal n <math> • Mandelbrot fractal
Mandelbrotmenge f <math> (Fraktal) • Mandelbrot image
Mandelstam-Darstellung f <mech> (Kinematik) • Man-
delstam representation
Mandrel n <pack> (Coater/Decorator) • mandrel
Mandrelrad n <pack> (Coater/Decorator) • mandrel wheel
Mandrel-Schaltmechanismus m <pack> (Coater/Deco-
rator) • mandrel trip mechanism
Mandrel-Trip-Mechanismus m prakt <pack> (Coater/
Decorator) • mandrel trip mechanism
Mangan n (Mn) <chem> • manganese (Mn); manganum
metallicum
Manganat n <chem> • manganate
Manganbronze f <mat> • manganese bronze
manganhaltig <mat> • manganiferous
Manganhartstahl m <mat> • hard manganese steel;
austenitic manganese steel; high-manganese steel
Mangan(IV)-oxid n <chem> • manganese dioxide
Manganknolle f <geo> • manganese nodule
Manganknolle f <geo> (betont: vom Meeresgrund)
• ocean-floor manganese nodule
Manganknollenlagerstätte f <min> • nodular manga-
nese deposit
Manganometrie f <chem> (Maßanalyse) • perman-
ganometry
Manganphosphatierung f <obfl> • manganese phos-
phating
Manganphosphatschicht f <obfl> • manganese phos-
phate coating
Mangansiliciumstahl m <mat> • silicomanganese steel;
silicon-manganese steel
Manganstahl m <mat> • manganese steel
Manganum metallicum <chem> • manganese (Mn);
manganum metallicum
Mangel f <textil> • mangle
Mangel m <qualit> (qualitativ; biologisch, medizinisch,
physikalisch, chemisch, technisch) • deficiency; short-
coming coll
Mangel m <qualit> (quantitativ; Fehlen von etw.) • lack
Mangel m ISO 9000 <qualit> (in Bezug auf beabsichtigten
oder festgelegten Gebrauch) • defect ISO 9000
Mangel m rar <qualit.edv> (Defekt in Programmen, Soft-
ware) • bug
Mangel an Aroma m DLG <nahr> (Speiseeisfehler)
• lacks flavouring

Mangel an Süße *m* <nahr> *(Speiseeisfehler)* • lacks sweetness

mangelfrei <qualit> • perfect

mangelhaft <qualit> *(Bauteil, System)* • faulty; defective; faulted *rare*

mangelhafte Bindung *f* <füg> • lack of penetration *ISO 6520-1*; lack of fusion; incomplete fusion; poor fusion

mangelhafte Fadenbildung *f* <textil> • faulty thread formation

mangelhafte Qualität *f* <qualit> • low quality; poor quality

mangelhaftes Durchschweißen *n DIN EN ISO 6520* <füg> • lack of penetration *ISO 6520-1*; lack of fusion; incomplete fusion; poor fusion

Mangelleitung *f* <el> • p-type conduction; defect electron conduction; hole conduction; p-conduction

mangelnde Bindung *f* <druck> *(Druckfarbe an Papier etc.)* • poor adhesion

mangelnde Schmierung *f* <tribo> • lack of lubrication

Mangelschmierung *f* <tribo> • mixed lubrication; semifluid lubrication; incomplete lubrication

Mangelschmierungszustand *m* <tribo> • mixed lubrication; semifluid lubrication; incomplete lubrication

manifester Nahpunkt *m* <opt> • near point

Manifoldsystem *n* <petr> • manifold center *US*; manifold centre *GB*

Manilahanf *m* <textil> *(musa textilis)* • abaca fiber; manila fiber; abacá; Manila hemp; Manilla hemp *rare*

Manilahanffaser *f* <textil> *(musa textilis)* • abaca fiber; manila fiber; abacá; Manila hemp; Manilla hemp *rare*

Manilapapier *n DIN 6730* <pap> • hemp paper; Manilla paper

Manila-Papier *n* <pap.kunst> • manila paper

Manipulationsfunktion *f* <edv> *(in CAD-Software)* • modify function

manipulationsgeschützt <pack> *(Etikett)* • tamper-proof; tamper-resistant; tamper-evident

manipulationssicher <pack> *(Etikett)* • tamper-proof; tamper-resistant; tamper-evident

Manipulator *m* <autom> • manipulator

Manipulator mit Positionsregelung *m* <autom> • position controlled manipulator

Manipulatorsteuerung *f* <autom> • manipulator control

Manipulatorzange *f* <prod> • manipulator gripper; manipulator gripping device

manipulieren *vt* <tech.allg> *(unzulässig; z. B. Geräte, Messungen)* • manipulate *vt*

Mannan *n* <pharm> *(Polysaccharid aus Mannose)* • mannan

Mannigfaltigkeit *f* <math> *(z. B. Algebra)* • variety

Mannloch *n* <rls> *(z. B. Behälter)* • manway; inspection opening

Mannschaftsfahrerhaus *n* <nfz> • crew cab; double cab *AUS*

Mannschaftskabine *f rar* <nfz> • crew cab; double cab *AUS*

Mann-über-Bord (MOB) <nav> • man-over-board (MOB)

Mann-über-Bord-Betrieb *m* <navig> • man-over-board mode; MOB mode

Mann-über-Bord-Funktion *f* <navig> • man-over-board function; MOB function; man overboard function

Manövrierbarkeit f <fz> • manoeuvrability; easy steerability *rare*

manövrieren *vi* <nav> • manoeuvre *vi*

manövrieren *vt* <fz> • maneuvre *vt US*; manoeuvre *vt GB*

manövrierfähig <fz> • maneuvrable *US*; manoeuvrable *GB*

Manövrierfähigkeit *f* <fz> *(z. B. Pkw, Lkw, Gabelstapler, Schiff)* • maneuvrability *US*; manoeuvrability *GB*

Manövrierstand *m* <tech.allg> • maneuvring stand *US*; manoeuvring stand *GB*; maneuvring station *US*

manövrierunfähig <fz> *(Schiff, Raumfahrzeug)* • unmaneuvrable *US*; unmanoeuvrable *GB*; not under command

Manövrierunfähigkeit *f* <fz> • unmaneuvrability *US*; unmanoeuvrability *GB*

Manövrierunfähigkeitslaterne *f* <nav> • not-under-command light

Manometer *n* <msr> *(für Gas- oder Flüssigkeitsdruck)* • pressure gauge; manometer; pressure indicator

Manometerabsperrventil *n* <msr> • pressure-gauge isolating cock

Manometerprüfpumpe *f* <msr> • pressure-gauge test pump

Manometerstutzen *m* <msr> • pressure-gauge stem

Manometerzuleitung *f* <msr> • pressure-gauge line

manometrisches Thermometer *n* <msr> • pressure thermometer

Manostatgewicht *n* <pap> • monostat weight

Manovakuummeter *n* <msr> • pressure-and-vacuum gauge; compound pressure-and-vacuum gauge

Man-over-Board-Taste *f* <navig> *(Empfänger)* • MOB key

Mansarddach *n* <bau> • mansard roof

Manschette *f* <tech.allg> *(typ. aus gummiähnl. Mat.; z. B. Staubschutzm.)* • boot

Manschette *f* <bekl> • cuff

Manschette *f* <masch> *(Packungsdichtung)* • lip-type packing

Manschettenleder *n* <led> *(zum Abdichten)* • hydraulic leather; packing leather *US*

Mantel *m* <tech.allg> *(Hülle; z. B. um Kabel, Ofen, Rohr)* • jacket

Mantel *m* <bekl> • coat

Mantel *m* <bio> *(von Lipoproteinpartikeln)* • surface film; surface coat

Mantel *m* <el> *(von Kabeln)* • jacket; outer sheath; sheathing; sheath

Mantel *m* <geo> • mantle

Mantel *m* <kfz> *(Reifen)* • outer cover

Mantel *m prakt* <lwl> *(den Kern umhüllendes optisches Material eines LWL)* • cladding; cladding glass; sheath glass

Mantel *m* <masch> *(hart, Gehäuse)* • outer casing

Mantel *m* <math> *(eines Zylinders)* • cylindrical surface

Mantel *m* <obfl> *(Beschichtung)* • coat

Mantel *m* <verf> *(von zylindr. Komponenten; z. B. Druckbehälter, Dampferzeuger)* • shell

Mantel... <mil> *(Munition mit Voll- oder Teilmantelgeschoss)* • jacketed ...

Mantelbandagierung *f* <el> *(für Kabel)* • reinforcement; reinforcing tape; pressure-reinforcing tape; sheath reinforcing tape; cable reinforcement

Mantelbewegung *f* <geo> *(im Erdmantel)* • convection

Mantelblech *n* <kfz.el> *(Zündspule)* • outer sheath of iron *Lucas*

Mantelblech *n* <verf> *(z. B. von zylindr. Behältern, Dampferzeugern)* • shell plate

Manteldiapir *m* <geo> *(säulenförmiger Magmaaufstieg)* • plume

Manteldraht *m* <el> • sheathed wire

Manteldrossel *f* <el> • iron-clad reactance coil

Manteldurchmesser *m* <lwl> • cladding diameter

Mantelelektrode *f* <füg> *(Schweißtechnik)* • coated electrode; covered electrode; sheathed electrode

Mantelfläche *f* <math> *(Zylinder, Kegel)* • circumferential surface

Mantelfläche *f* <math> *(eines Zylinders)* • cylindrical surface

Mantelgehäusepumpe *f* <förd> • barrel pump; barrel casing pump; double casing pump; barrel-type pump

Mantelgeschoss n <mil> • jacketed projectile
Mantelglas n <lwl> *(den Kern umhüllendes optisches Material eines LWL)* • cladding; cladding glass; sheath glass
Mantelheizung f <hlk> • jacket heating
Mantelholz n <holz> *(weich; zw. Borke und Kernholz)* • sapwood
Mantelhülse f <msr> *(Mikrometer)* • thimble
Mantelkabel n <el> • sheathed cable
Mantelkasten m <bau> *(Caisson)* • open caisson
Mantel-Kern-Garn n <textil> • core-spun yarn; core yarn
Mantelkessel m <verf> *(Boiler)* • shell-type boiler
Mantelkühler m <rls> • jacket cooler
Mantelkühlung f <verf> • jacket cooling
Mantelkurve f <prod> *(von Rotationskörpern; z. B. Gerade, Parabel)* • axial surface contour :V
Mantelleiter m <el> • external conductor
Mantelluft f <chem.verf> *(NOx)* • secondary air
Mantelmagnet m <phys> • encased magnet
Mantelofen m <verbr> • jacket furnace
Mantelreibung f <bau> *(Pfahlgründung)* • skin friction
Mantelreibungspfahl m <bau> • suspended pile
Mantelrohr n <bau> *(Bohrtechnik)* • casing tube; casing pipe
Mantelrohr n <hlk> *(Wärmetauscher)* • jacket tube; shell tube
Mantelrohr n <kfz> *(Lenksäule)* • jacket tube
Mantelrohr n <rls> • jacket pipe; jacketed pipe; outer sleeve
Mantelrohraggregat n <kfz> • jacket tube assembly
Mantelrohrschlange f <rls> • external coil
Mantelschoner m <fz> • dress guard
Mantelschuss m <rls> • shell ring
Mantelschutzhülle f <el> • oversheath; over-sheath; extruded oversheath; plastic oversheath; protective sheath [-ing]
Mantelströmung f <geo> *(im Erdmantel)* • convection
Mantelstrom m <el> • sheath current
Mantelstrom-Triebwerk n <aerospace> *(typ. Flugzeugtriebwerk)* • bypass engine; turbofan engine; double-fan jet engine *rare*; ducted-fan jet engine *rare*; double-flow engine *rare*
Mantelstrom-Turbinenluftstrahltriebwerk n <aerospace> *(typ. Flugzeugtriebwerk)* • bypass engine; turbofan engine; double-fan jet engine *rare*; ducted-fan jet engine *rare*; double-flow engine *rare*
Mantelthermoelement n <msr> • mineral-insulated metal-sheathed thermocouple
Manteltransformator m <el> • shell-type transformer
Mantelverlust m <el> • sheathing loss
Mantelwirbelstrom m <el> • sheath eddies
Mantisse f <math> *(eines Logarithmus)* • mantissa
Manualkoppel f <mus> *(Orgel)* • manual coupler
manuell adj <tech.allg> • manual adj
manuell adv <tech.allg> • manually; by hand
Manuell 3D-Modus m <navig> *(Empfänger)* • Manual 3D mode; Forced 3D mode
manuell betätigt <tech.allg> • manually operated; manually actuated
manuelle Ablaufsteuerung f <msr> *(Handsteuerung; z. B. von Fertigungsschritten)* • manual sequence control
manuelle Beatmung f <med.tech> • manual ventilation
manuelle Belichtung f <druck> • manual exposure
manuelle Belichtungskorrektur f <phot> *(Funktion und Bedienungselement)* • exposure adjustment control
manuelle Blendeneinstellung f <phot> • manual aperture control; manual aperture setting
manuelle Blendensteuerung f <phot> • manual aperture control; manual aperture setting

manuelle Brennweiteneinstellung f <av> • manual focus setting; manual focusing; manual focal length setting; manual distance setting
manuelle Einstellung f <tech.allg> • manual adjustment
manuelle Entfernungseinstellung f <av> • manual focus setting; manual focusing; manual focal length setting; manual distance setting
manuelle Entnahme f <logist> *(Kommissionieren)* • manual order picking; manual picking
manuelle Feinjustage f <tech.allg> • manual fine adjustment; hand fine adjustment *rar*
manuelle Fließbettfeuerung f <verbr> • manual fluidized bed combustion
manuelle Fokussierung f <av> • manual focus setting; manual focusing; manual focal length setting; manual distance setting
manuelle Gasse f <kfz.antr> • manual track
manuell eingeben vt <tech.allg> • input manually vt
manuelle Nebenstellenanlage f <tele> • private manual branch exchange (PMBX)
manuelle Position f <navig> • manual position
manuelle Prozesssteuerung f <msr> *(Handsteuerung; z. B. von Prozessparametern)* • manual process control
manueller 2D-Modus m <navig> *(GPS Positionsmodus)* • Manual 2D mode; Forced 2D mode
manueller Bandschnitt m <av> • mechanical tape editing; mechanical editing; manual tape editing; manual editing
manueller Eingriff m <tech.allg> • manual intervention
manueller Eingriff m <tech.allg> • operator intervention
manueller Eingriff m <sich> *(z. B. Steuern e.Flugzeuges)* • manual override
manueller Elektronenblitz m <phot> • manual electronic flash unit; manual electronic flash
manueller Scanner m <edv> • manual scanner
manueller Schnitt m <av> • mechanical tape editing; mechanical editing; manual tape editing; manual editing
manuelle Scharfeinstellung f <av> • manual focus setting; manual focusing; manual focal length setting; manual distance setting
manuelle Scharfstellung f <av> • manual focus setting; manual focusing; manual focal length setting; manual distance setting
manuelle Senderbenennung f <av> • manual naming of TV channels
manuelles Environment-Mapping n <edv> • cubic reflection mapping
manuelle Sitzverstellung f <kfz.msr> • manual seat control
manuelle Sortierung f <ents> • sorting by hand; manual sorting
manuelle Spieldauereingabe f Grundig <av> *(Bandlänge; relevant für die Zählwerkanzeige)* • tape select switch; manual playing time input Grundig
manuelles Programmieren n <automedv> • manual programming
manuelle Spurlagenregelung f <av> • manual tracking; manual tracking system; manual tracking control system
manuelle Spurregelung f <av> • manual tracking; manual tracking system; manual tracking control system
manuelles Scannen n <edv> *(i. Ggs. zum automatischen Scannen; z. B. von Dias)* • hand scanning; manual scanning
manuelles Schiebedach n <kfz> • manual sliding roof (msr)
manuelles Schweißen n <füg> • manual welding
manuelles Tk-System n <tele> • private manual branch exchange (PMBX)
manuelles Tracking n <av> • manual tracking; manual tracking system; manual tracking control system

manuelle Telekommunikationsanlage *f* <tele> • private manual branch exchange (PMBX)

manuelle Tk-Anlage *f prakt* <tele> • private manual branch exchange (PMBX)

manuelle Trockenputzverarbeitung *f* <bau.innen> • dot and dab fixing; dot and dabbing

manuelle Türverriegelung *f* <kfz> • manual door lock; door lock knob *coll*

manuelle Verarbeitung *f* <bau.innen> • hand application

manuell gesteuerte Bewegungseinrichtung *f* <prod> • manually controlled handling device; manually controlled handling unit

manuell gesteuertes Elektronenblitzgerät *n* <phot> • manual electronic flash unit; manual electronic flash

Manuell-Notauswurf-Öffnung *f* <edv> *(vorn in CD-Laufwerk)* • manual eject hole; manual emergency eject hole

manuell steuern *vt* <msr> • control manually *vt*

manuell zuschaltbarar Allradantrieb *m* <kfz.antr> *(z. B. bei Lkw, Geländewagen)* • manually selectable four wheel drive; driver-operated four wheel drive; selectable four wheel drive; part-time four wheel drive; four wheel drive facility

manuell zuschaltbarer Allradantrieb *m* <kfz.antr> • manually selectable four-wheel drive; driver-operated four-wheel drive *ppwiss-mdl*; part-time four-wheel drive *ppwiss-mdl*

Manufacturing Automation Protocol (MAP) <autom> • Manufacturing Automation Protocol (MAP)

MAN-Umkehrspülung *f* <kfz.mot> *(Dieselmotor)* • counter-flow scavenging *MAN*

Manuskripthalter *m* <büro> • copy-holder

MAP <autom> • Manufacturing Automation Protocol (MAP)

Map *f* <edv> *(Bild, das einem Objekt zugewiesen wird)* • map; image map

Mappenleder *n* <led> • case leather

Mapping *n* <tech.allg> *(Zuordnung, abbildende Übertragung)* • mapping

Mapping *n prakt* <edv> *(Grafik; eines Bitmaps auf einen dreidimensionalen Körper)* • mapping

Mapping *n prakt* <edv> • picture mapping; mapping *pract*

Mapping *n* <el.mus> *(Verteilung verschiedener Samples auf Tastatur und Velocityzonen)* • mapping

Marbach-Faltmaschine *f* <pap> • Marbach creaser

Marder *m* <kfz.bio> *(insbes. Steinmarder; knabbert Kfz-Gummiteile an)* • marten

Marder-Abwehranlage *f Audi* <kfz> • marten repeller

Marderbiss *m* <kfz.kst> *(an Schläuchen, Kabeln)* • marten damage

Marder-Schutzgerät *n* <kfz> • marten repeller

Marderverbiss *m* <kfz.kst> *(an Schläuchen, Kabeln)* • marten damage

Mareograph *m* <msr> • marigraph

Margarine *f* <nahr> • margarine; marge *coll*

Margarineherstellung *f* <nahr.prod> • margarine production

Marginaltest *m* <edv> • marginal test

Marienglas *n* <mat> $(M_2SeO_3;$ *kristallin, transparent)* • selenite

Marine *f* <nav> • navy

Marineantenne *f* <navig> • marine antenna *US*; marine aerial *GB*

Marinekessel *m* <nav> • marine boiler

marine Lagerstätte *f* <min> • marine deposit

Marinemessing *n* <mat> • naval brass

Marine-Satellitennavigationssystem *n rar* <navig> • Transit; Navy Navigation Satellite System NNSS *rare*; Transit system

Marineschiffbau *m* <nav> • naval shipbuilding

marin gebildetes Phosphat *n* <geo> • marine phosphorite

Mark *n* <el> *(Anliegen eines Signals; binär 1)* • mark

markant <nahr> *(Wein)* • marked character

Marke *f* <tech.allg> *(Kennzeichen)* • marker

Marke *f* <av> *(zum Wiederfinden best. Bandstellen)* • index; index mark; mark

Marke *f* <edv> *(Kennzeichnung bestimmter Objekte; z. B. an Dateien, in Dokumenten)* • flag; tag; sentinel

Marke *f* <ökon> *(eines Produkts)* • brand *US*; marque *GB*; make; label *coll*

Mark-Edge-Recording *n* <edv> • mark edge recording

Markenartikel *m* <jur> • branded articles; trade-marked goods; trade-mark commodities; patent articles

Markenbekanntheit *f* <werb> • brand awareness

Markenbezeichner *m* <edv> • label identifier

Markeneis *n* <nahr> • brand ice cream

Markeneishersteller *m* <nahr> • brand ice cream manufacturers

Markenemblem *n* <kfz> *(allg.)* • badge; medallion *US.rare*

Markengeber *m* • marker generator

Markengeschichte *f* <kfz> • badge history

Markenimage *n* <werb> • brand image

Marken-Impulseis *n* <nahr> • brand impulse ice cream

Markenloyalität *f* <ökon> • brand loyalty

Marken-Park *m* <ökon> *(z. B. die VW-Autostadt)* • brand park

Markenware *f* <jur> • branded articles; trade-marked goods; trade-mark commodities; patent articles

Markenwelt *f* <werb> • brand environment

Markenzeichen *n* <werb.jur> • trademark

Markeerie *f* <obfl.holz> *(Möbel-Verzierungstechnik)* • marquetry

Marketing *n* <werb> • marketing

Marketinginstrument *n* <werb> • marketing vehicle; marketing instrument

Marketing Mix *n* <werb> • marketing mix

Marketingmix *n* <werb> • marketing mix

Marketingstrategie *f* <werb> • marketing strategy

Market-Research *f* <werb> • market research

Markeur *m* <agri> *(Furchenzieher)* • marker

Markieren *n* <prod> *(Tiefätzen)* • application of a resist

markieren *vt* <allg> *(z. B. mit Etikett, Aufschrift)* • mark *vt*; sign *vt rare*

markieren *vt* <allg> *(z. B. mit Farbe, Anhänger)* • mark *vt*

markieren *vt* <tech.allg> *(mit Etikett, Aufkleber)* • label *vt*

markieren *vt* <tech.allg> *(einritzen)* • scribe *vt*

markieren *vt* <edv> • highlight *vt*

markieren *vt* <el> *(konkret und metaphorisch; mit Fahne oder Attribut)* • flag *vt*

markieren *vt* <navig> *(mit Stroboskopblitz)* • strobe *vt*

Markierer *m* <tech.allg> • marker

Markierfilz *m* <pap> • marking felt; ribbed felt

Markierimpuls *m* <el> • marker pulse; mark pulse

Markierimpuls *m* <navig> • strobe pulse

Markierkanal *m* <edv> • mark channel

Markierkreis *m* <navig> *(Radarschirm)* • distance mark

Markierschablone *f* <wz> • marking die; marking stencil; tracing pattern

Markierstab *m* <bau> • peg stake

Markierstreifen *m* <edv> • manual encoding stripe *Sugg.*

Markiertaste *f* <av> *(zum Setzen von Markierungen)* • index button

markierter Einstellknopf *m* <tech.allg> • legend-engraved knob

markierter Leiter *m* <el> *(z. B. in Kabel)* • marked wire

markiertes Atom *n* <nukl> • tagged atom; labeled atom *US*; labelled atom *GB*

Markierung f <tech.allg> *(Kennzeichen)* • marker
Markierung f <tech.allg> *(Vorgang)* • marking
Markierung f <tech.allg> *(zur Kennzeichnung)* • mark
Markierung f <av> *(zum Wiederfinden best. Bandstellen)* • index; index mark; mark
Markierung f ugs <edv> *(Kennzeichnung bestimmter Objekte; z. B. an Dateien, in Dokumenten)* • flag; tag; sentinel
Markierung f <nukl> *(mit Isotopen)* • tagging
Markierung f <textil> *(Schützenstreifen)* • shuttle mark
Markierungsbake f <navig> • marker beacon
Markierungsbeton m <bau> • concrete for roadway marking
Markierungsbit n <edv> • tag bit; flag bit; marker bit
Markierungsbit n DIN ISO 3309 <edv> • poll/final bit ISO 3309; P/F bit ISO 3309
Markierungsboje f <navig> • marker buoy
Markierungselement n <nukl.chem> • tracer element
Markierungsempfänger m <navig> • beacon receiver
Markierungsfeld n <edv> *(in Zellweger-Code)* • manual encoding field
Markierungsfeuer n <navig> *(Licht)* • marker light; identification light
Markierungsfeuer n <navig> *(Funksignal)* • marker beacon (MKR); radio marker beacon; aeronautical marker beacon station rare
Markierungsfunkfeuer n <navig> *(Funksignal)* • marker beacon (MKR); radio marker beacon; aeronautical marker beacon station rare
Markierungsimpuls m <el> • marker pulse; mark pulse
Markierungsisotop n <nukl.chem> • tracer isotope
Markierungslabel n <edv> • designation label
Markierungslesen n <edv> • mark reading; mark sensing
Markierungsleser m <edv> • mark reader
Markierungslinie f <verk> *(auf Fahrbahn)* • marker line
Markierungsstrahl m <tech.allg> • marker beam
Markierungsstrahl m <edv> *(Barcode-Handscanner)* • marker beam; beam marker; finder beam
Markierungsstreifen m <edv> • designation stripe
Markierungsstrich m <msr> • graduation mark
Markierungstaste f <navig> *(Empfänger)* • MARK key
Markierungsuntersuchung f <chem> *(allg.)* • tracer test; tracer investigation
Markierungsuntersuchung f <nukl> *(mit radioaktiven Isotopen)* • radioactive tracer test
Markierungszeichen n <edv> *(Kennzeichnung bestimmter Objekte; z. B. an Dateien, in Dokumenten)* • flag; tag; sentinel
Markierung zum Zählen f rar <allg> *(kleiner Strich; typ. in Fünfergruppen)* • tally
Markierung zur Ausrichtung f ISO 13666 <opt> *(Brillenglas)* • alignment reference marking ISO 13666
Markise f <bau> *(Vordach, z. B. über Terrasse)* • awning
Markow'sche Kette f <math> • Markov chain
Markow'scher Entscheidungsprozess m <math> • Markovian decision process
Markow'scher Prozess m <math> • Markov process
Markow-Prozess m <math> • Markov process
Markscheide f <min> • boundary line; limit line; boundary; border
Markscheidekunde f <min> • mine surveying
Markscheiderausrüstung f <min> • mine surveying equipment
Markscheidesicherheitspfeiler m <min> • boundary pillar
Markstrahlen mpl <obfl.holz> • wood rays; xylem rays
Markt m <ökon> • market; marketplace
Markteinführung f <ökon> *(eines neuen Produkts)* • launch

marktfähig <ökon> *(Produkt)* • marketable
marktfähiges Endprodukt n <ökon> • marketable end product; saleable end product
Marktforscher m <werb> • market researcher
Marktforschung f <werb> • market research
Marktforschungsabteilung f <werb> • market research department; research department
marktgängige Masse f ISO 801 <pap> *(z. B. Zellstoff)* • saleable mass ISO 801
marktnaher Firmenstandard m <norm> • publicly available specification (PAS)
Marktsegment n <werb> • market segment
Marktwert m <fin> • market value; current market value; current value; market price; open market value
Marktzellstoff m <pap> • market pulp
Marmoreffekt m <kst> • marble effect
Marmorieren n DIN EN ISO 4618 <obfl> *(Nachahmen des Erscheinungsbildes von poliertem Marmor)* • marbling ISO 4618-3
marmorieren vt <tech.allg> *(wolkiges Muster; z. B. Fliesen, Packpapier)* • mottle vt
marmorieren vt <obfl> • *(allg.)* marble vt
marmorieren vt <obfl> *(Marmor imitierend)* • marbleize vt
marmorieren vt <obfl> *(streifenbetont, adrig)* • vein vt
Marmorierschnecke f <kst> • marbleizing screw
marmorierter Buchschnitt m <pap> • marbled edge
Marmorpapier n <pap> • marbled paper
Marmorplatte f <bau.mat> • marble slab
Marmorschnitt m <pap> • marbled edge
Marmorsteinbruch m <min> • marble quarry
Marschflugkörper m <mil> • cruise missile
Marschgeschwindigkeit f <min> • travel speed
Marschland n <geo> *(nasser Boden, meist baumlos)* • marsh
Marschstufe f <aerospace> *(Rakete)* • sustainer stage; sustainer
Marschtriebwerk n <aerospace> • cruise engine; propulsion engine
Marschtriebwerk n <mil.aerospace> *(Rakete)* • sustainer rocket engine
Marschtriebwerksdüse f <mil.aerospace> • cruise engine nozzle; sustainer engine nozzle
Martensit m <metall> • martensite
Martensitaushärten n <metall> • maraging
Martensitbildung f <metall> • martensite formation
Martensitgefüge n <mat> • martensitic structure
martensitisch <mat> • martensitic
martensitischer Stahl m <metall> • martensitic steel
Martensitumwandlung f <metall> • martensitic transformation
Marx-Schaltung f <el> • Marx circuit
Masche f <textil> • knitted stitch; stitch
Maschen fpl <tech.allg> *(Netzwerk, Linien-od Drahtgeflecht)* • mesh
Maschenanode f <el> • mesh anode; meshed anode
Maschenbildung f <textil> • loop formation; formation of stitches
Maschendraht m <bau.mat> *(einzelner Draht im Geflecht)* • screen wire; mesh wire
Maschendraht m <bau.mat> *(sehr feinmaschig)* • wire gauze
Maschendraht m <bau.mat> *(feinmaschig)* • wire fabric
Maschendraht m <bau.mat> *(grobmaschig)* • wire netting
Maschendrahtgitter n <tech.allg> *(aus Stahl)* • steel mesh
Maschendrahtzaun m <bau.mat> • wire-netting fence
Mascheneinstreichtechnik f <textil> • presser foot technique
maschenfest <textil> *(z. B. Strümpfe)* • ladder-proof; nonravel; run-proof

Maschenfläche f <edv> • freeform surface; sculptured surface

Maschenfuß m <textil> • leg of a loop; foot of a loop

Maschengitter-Sicherheitsmantelrohr n <kfz> (Sicherheitslenksäule) • Japanese lantern-type jacket tube

Maschenkopf m <textil> • head of a loop

Maschennetz n <el> • meshed network; mesh network; fully intermeshed network rare

Maschennetzschalter m <el> (betont: Sicherung) • network protector

Maschennetzschalter m <el> (allg.) • mesh network switch

Maschenreihe f <textil> • course; row; stitches course

Maschensatz m <el> • Kirchhoff's second law; Kirchhoff's voltage law

Maschenschaltung f <el> • mesh connection

Maschenscheinwiderstand m <el> • mesh impedance

Maschenschenkel m <textil> • arm of a loop; side of a loop

Maschensieb n <verf> • mesh screen

Maschenstäbchen n <textil> • wale

Maschenstent m <med.tech> • mesh stent

Maschenstrom m <el> • mesh current

Maschenteilung f <verf> (Siebfilter; lichte Weite zwischen zwei benachbarten Drähten) • pitch; mesh size; screen aperture; mesh aperture; mesh

Maschenübertragungsschlitten m <textil> • stitch transfer carriage

Maschenware f <bekl> • knitwear; knitted goods

Maschenweite f <verf> (Siebfilter; lichte Weite zwischen zwei benachbarten Drähten) • pitch; mesh size; screen aperture; mesh aperture; mesh

Maschenzahl f DIN ISO 9045 <verf> (Anzahl der Öffnungen pro Längeneinheit; z. B. Drahtsiebfilter) • mesh count ISO 9045; mesh number; mesh pract

Maschine f ugs <kfz> • motorcycle; bike coll

Maschine f <masch> • machine; engine rare

Maschine für zweiseitigen Druck f <druck> • duplex printing machine

maschinell <tech.allg> • mechanical

maschinelle Einrichtung f <verf> (z. B. von Kühltürmen) • mechanical equipment

maschinelle Gewinnung f <min> • machine mining; machine cutting

maschinelle Glasbearbeitung f <prod> • glass machining

maschineller Atemhub m <med.tech> • mandatory breath; mechanical breath; machine breath

maschinelle Rauchabzugsanlage f (MRA) DIN V18232-5 <feuer> • powered smoke exhaust system DIN V18232-5

maschineller Vorschub m <wz.masch> • power feed

maschinelles Auszacken n <textil> (von Rändern) • machine pinking

maschinelles Schneiden n <wz.masch> • machine cutting

maschinelles Übersetzungssystem n <transl> • machine translation system; automatic translation system; MT system pract

maschinelle Übersetzung f (MÜ) <transl> • machine translation (MT); automatic translation

maschinelle Verarbeitung f <bau.innen> (Auftrag, Applikation; z. B. Spachtel-, Fugenmassen, Putz, Estrich) • machine-application; mechanical application

maschinell gereinigter Rechen m <verf.hydr> • bar screen; mechanical bar screen

maschinell gewebt <textil> • power-loomed

maschinell hergestellte Zeichnung f <doku> • mechanical drawing

maschinell lesbar <tech.allg> (z. B. Kodierung auf Werkstück, Werkzeug, Ladegut) • machine-readable

maschinell lesbarer Datenträger m <edv> • machine-readable data medium; machine-readable medium

Maschine mit Fremdbelüftung f <masch> • externally ventilated machine

Maschine mit Kühlluftführung f <tech.allg> (z. B. E-Motor) • duct-ventilated machine

Maschine mit mehreren Arbeitsstellen f <prod> • multiple-station machine

Maschine mit verstellbarer Spindel f <wz.masch> • adjustable-spindle machine

Maschine mit Wahlscheibeneinstellung f <tech.allg> (z. B. Waschmaschine, Geschirrspüler) • dial-type machine

Maschine mit zwei Spindelköpfen f <wz.masch> • double-head machine

Maschinenabzug m <doku> • machine proof

Maschinenadresse f <edv> • absolute address; machine address; actual address; direct address

Maschinenanpassungsprogramm n <edv> • postprocessor program

Maschinenantrieb m <masch> • machine drive

Maschinenausfall m <prod> • machine failure

Maschinenausfallzeit f <prod> • machine outage time; machine down time

Maschinenausgangsseite f <masch> • machine exit side

Maschinenauslastung f <prod> • machine utilization

Maschinenbahnsteuerung f <wz.masch> • machine continuous path control; machine path control

Maschinenbau m <masch> • mechanical engineering

Maschinenbauindustrie f <masch> • mechanical engineering industry; machine-building industry

maschinenbaulicher Bestandteil m <masch> • mechanical component

Maschinenbedienelemente npl <masch> • machine controls

Maschinenbedienpersonal n <prod> • machine crew; machine operators

Maschinenbedienpult n <masch> • machine control console

Maschinenbefehl m <edv> • machine instruction

Maschinenbelegung f <prod> • machine loading

Maschinenbett n <kst> (Spritzgießmaschine) • machine base; machine support; machine bed

Maschinenbett n <wz.masch> (mit Führungsbahnen für Schlitten, Tisch etc.; z. B. von Drehmaschine) • machine bed

Maschinenbreite f <prod> (z. B. lichte Weite zwischen Säulen) • machine width

Maschinenbütte f <pap> • supply chest; supply tank; machine chest

Maschinenbütten n <pap> • mold-made paper

Maschinenbüttenpapier n <pap> • mold-made paper

Maschinencode m <autom> • machine code

Maschinendarstellung f <edv> • hardware representation

Maschinendüse f <kst> • machine nozzle

maschineneigene Darstellung f <edv> • hardware representation

Maschineneinrichteblatt n <masch> • set-up instruction sheet

Maschinenelement n <masch> • machine element

Maschinenende n DIN ISO 4135 <med.tech> (eines Tubus) • machine end ISO 4135

Maschinenersatzteil n <masch> • machine spare part

Maschinenfärben n <textil> • machine dyeing

Maschinenfehler

1162

Maschinenfehler *m obs.rar* <edv> *(Fehler an Systemkomponenten; im Ggs. zu Softwarefehler)* • hardware fault; hardware malfunction; hardware error; machine error
Maschinenfehler *m* <prod> • machine error
Maschinenfehlerprüfung *f* <qualit> • machine check
Maschinenfett *n* <tribo> • machine grease
Maschinenformen *n* <prod> *(Gießerei)* • machine molding
Maschinenformkasten *m* <prod> *(Gießerei)* • machine-molding box
Maschinenführer *m* <tech.allg> *(von Werkzeug-, Spritzgießmaschinen etc.)* • operator; machine operator
Maschinenfundament *n* <bau> • machine foundation
Maschinenfundament *n* <masch> *(von Verbrennungskraftmaschinen; z. B. Notstromdiesel)* • engine foundation
Maschinenfuß *m* <masch> *(typ. höhenverstellbar, mit Dämpfungseinsatz)* • machine mount
Maschinenfuß *m* <wz.masch> *(von Ständer-, Portalmaschinen)* • column base
Maschinenfuß *m* <wz.masch> *(ggf. unter dem Maschinenbett)* • machine base; machine pedestal *rare*
Maschinengeber *m* <tele> • automatic transmitter; automatic key
maschinengeformte Zähne *mpl* <prod> • machine-molded teeth
Maschinengeschwindigkeit *f* <prod> • machine speed
Maschinengestell *n* <masch> • machine frame
maschinengestützt <tech.allg> • machine-aided; machine-assisted
Maschinengewindebohrer *m* <wz.masch> *(für Innengewinde; meist Einschnittgewindebohrer)* • machine tap
Maschinenglätte *f* <pap> • machine finish
Maschinenglättwerk *n* <pap> • machine calender stack; machine calender
maschinenglatt <pap> • machine-finished; mill-finished
maschinenglattes Kraftpapier *n* <pap> • MG-kraft paper
Maschinengondel *f rar* <energ.wind> • nacelle *IEV 415*; machine cabin; gondola; equipment pod *rare*
Maschinengrundkörper *m* <masch> *(allg.)* • machine structure
Maschinengrundkörper *m* <wz.masch> *(aus Guss)* • main casting
Maschinengrundplatte *f* <masch> • machine base plate
Maschinengrundreibahle *f* <wz> • rose chucking machine reamer
Maschinengrundzeit *f* <ökon> *(Produktionszeit)* • production time
Maschinengrundzeit *f* <prod> *(betont: Bearbeitungszeit pro Werkstück)* • machining time per component
Maschinengrundzeit *f* <wz.masch> *(betont: Spanabnahme)* • metal-removal time
Maschinenguss *m* <prod> • machine casting
Maschinenhalle *f* <bau> • machine floor
Maschinenhammer *m* <prod> • power hammer
Maschinenhauptrahmen *m* <masch> • machine main frame
Maschinenhaus *n* <energ> *(mit Turbinen und Generatoren)* • turbine hall; power house; machine hall
Maschinenhaus *n* <energ.wind> • nacelle *IEV 415*; machine cabin; gondola; equipment pod *rare*
Maschinenhauskran *m* <energ.hydr> • powerhouse crane
Maschinenheftung *f* <prod> *(Buchbinderei)* • machine sewing
Maschinenhilfszeit *f* <prod> • *(allg.)* machine-handling time
Maschinenhilfszeit *f* <wz.masch> • non-cutting time

Maschineninstandhaltung *f* <rep> • machine maintenance
Maschineninstandsetzung *f* <rep> • machine repair
Maschinenkegelreibahle *f* <wz> • machine taper reamer
Maschinenkomponente *f* <masch> *(meist eine Baugruppe)* • machine component
Maschinenkoordinaten-Nullpunkt *m DIN ISO 2806* <prod.autom> • machine coordinate origin *ISO 2806*
Maschinenkreis *m* <energ.sol> • power conversion system
Maschinenkühlwagen *m* <bahn> • mechanically refrigerated wagon; mechanical refrigerator car
Maschinenleimleder *n* <led> • glue stock; glue hide stock; hide scrapings *pl*; hide shavings *pl*; spetches *pl*
maschinenlesbar <edv> • machine readable; machine-sensible *rare*; computer-readable *rare*
maschinenlesbare Kodierung *f* <logist> *(z. B. an Fördergut/Lagergut)* • machine readable coding; scannable coding
Maschinenlesbarkeit *f* <edv> • machine readability
Maschinenmelken *n* <agri> • machine milking
Maschinenmontage *f* <prod> *(Zusammenbauen)* • machine assembly
Maschinenmontage *f* <prod> *(Errichten)* • machine erection
Maschinenmutternbohrer *m* <wz> • machine nut tap
Maschinennähen *n* <textil> • machine sewing
maschinennahe Programmiersprache *f* <edv> • low-level programming language; low-level language
Maschinennebenzeit *f* <prod> • machine ancillary time
Maschinennieten *n* <prod> • machine rivetting *US*; machine rivetting *GB*
Maschinennietlochreibahle *f* <wz> • machine bridge reamer
Maschinennullpunkt *m DIN ISO 2806* <prod.autom> *(festgelegt vom Hersteller)* • machine zero *ISO 2806*; zero reference point; machine reference; machine datum
Maschinenöl *n* <tribo> • machine oil
maschinenorientiert <tech.allg> • machine-oriented
maschinenorientiert <edv> *(Programmierung, Sprache)* • computer-oriented
maschinenorientierte Sprache *f* <autom> • machine-oriented language
maschinenorientierte Sprache *f* <edv> • computer-oriented language
maschinenorientierte Sprache *f* <edv> • computer-oriented programming language; computer-oriented language; machine-oriented language
Maschinenpark *m* <tech.allg> *(fahrbare Geräte; z. B. Bauunternehmen, Bauernhof)* • equipment fleet
Maschinenpark *m* <tech.allg> *(stationär od. mobil)* • machinery
Maschinenperiode *f* <prod> • machine cycle
Maschinenproduktivität *f* <prod> • machine productivity
Maschinenprogramm *n* <edv> • machine program; machine routine
Maschinenpunktsteuerung *f* <wz.masch> • point-to-point machine control
Maschinen-Querprobestreifen *m* <pap> • cross-machine test strip
Maschinenquerprofil der Zugsteifigkeitsausrichtung *n* <pap> • TSO cross-machine profile
Maschinenquerprofilprobe *f* <pap.qualit> • cross-machine profile sample
Maschinenrahmen *m* <tech.allg> • machine frame
Maschinenrahmen *m* <masch> *(eher bei Kraftmaschinen)* • engine frame
Maschinenraum *m* <tech.allg> *(z. B. Seilbahn)* • machinery room; machinery compartment

Maschinenraum *m* <nav> • engine room

Maschinenraumschacht *m* <energ> *(z. B. Wasserkraft-werk)* • machinery casing

Maschinenraumschacht *m* <nav> • engine casing

Maschinenreibahle *f* <wz> *(im Ggs. zur Handreibahle)* • chucking reamer; machine reamer

Maschinenrichtung *f* <tech.allg> • machine direction (MD)

Maschinensatz *m* <masch> • set of machines

Maschinenschaben *n* <bau> • power scraping

Maschinenschaden *m* <tech.allg> *(schwer)* • machine breakdown

Maschinenschaden *m* <tech.allg> *(eher gering)* • machine defect

Maschinenschere *f* <wz.masch> • power shears; shearing machine

Maschinenschlitten *m* <wz.masch> • machine slide

Maschinenschneideisen *n* <wz.masch> • machine die

Maschinenschrauber *m form* <wz> *(mit Außenvierkant-aufnahme)* • impact wrench

Maschinenschrauber *m form* <wz> *(elektrisch/pneuma-tisch; mit Innenaufnahme)* • screwdriver

Maschinenschraubstock *m* <prod> • machine vise *US*; machine vice *GB*

Maschinenseite *f* <verf> *(Koksofen)* • pusher side

Maschinensender *m* <tele> • autotransmitter; automatic transmitter

Maschinensockel *m* <masch> *(eher bei Kraftmaschinen)* • engine bedplate; engine base

Maschinensockel *m rar* <wz.masch> *(ggf. unter dem Maschinenbett)* • machine base; machine pedestal *rare*

Maschinenspindel *f* <wz.masch> • machine spindle

Maschinenspinnen *n* <textil> *(Spinnerei)* • machine spinning

Maschinenspitze *f* <textil> • machine-made lace

Maschinensprache *f* <tech.allg> • machine language

Maschinenständer *m* <wz.masch> *(z. B. von Portal-maschinen)* • machine column; machine upright

Maschinen-Steckschlüsseleinsatz *m* <wz> • impact socket; power socket *rare*

Maschinensteifigkeit *f* <masch> • machine stiffness

Maschinensteuerung *f* <msr> *(betont: Einzelsteuerung)* • individual control

Maschinensteuerung *f* <msr> *(allg.)* • machine control

Maschinenstillstandszeit *f* <prod> *(abgeschaltet, heruntergefahren)* • machine down time

Maschinenstillstandszeit *f* <prod> *(Leerlauf, Wartezeit; z. B. beim Be- und Entladen)* • machine idle time

Maschinenstörung *f* <prod> • machine malfunction

Maschinenstraße *f* <prod> • machine line

Maschinenstreckensteuerung *f* <msr> • machine straight-cut control

Maschinenstrich *m* <pap> • on-machine coating

Maschinentambour *m* <pap> • machine reel

Maschinenteil *m* <verf> *(z. B. von Kühltürmen)* • mechanical equipment

Maschinenteil *n* <masch> *(Einzelteil)* • machine detail; machine part

Maschinentelegraf *m* <nav> *(von Brücke zum Maschi-nenraum)* • engine-room telegraph; engine telegraph

Maschinentelegraf *m obs* <tele> *(Ticker mit Papierstrei-fen)* • perforated-strip-type transmitter *obs*

Maschinenthermometer *n* <msr> • industrial thermo-meter

Maschinentischbaugruppe *f* <wz.masch> • work-table assembly

Maschinenträger *m* <masch> • bed plate; mainframe; main carrier

maschinentrocken <pap> • machine-dried

maschinentrocken <pap> • steam-dried

Maschinenturm *m* <förd> *(Kabelkran)* • head mast; head tower

maschinenübersetztes Programm *n* <edv> • object program

Maschinenübersetzung *f* <transl> • machine translation; automatic translation

Maschinenüberwachungsraum *m* <msr> • machine control room

Maschinenüberwachungsraum *m* <nav> • engine control room

maschinenunabhängig <tech.allg> • machine-independent

maschinenunabhängig *rar* <edv> • computer-independent

maschinenunabhängige Sprache *f* <edv> • machine-independent language

Maschinen und Anlagen *fpl* <ökon> • plant and machinery

Maschinen- und Gerätebau *m* <masch> • machinery and equipment building

Maschinen- und Querrichtungsmessungen *fpl* <pap> • MD and CD tests

Maschinen-Unterbaugruppe *f* <masch> • machine sub-assembly

maschinenunterstützt <tech.allg> • machine-aided; machine-assisted

Maschinenvariable *f* <wz.masch> • machine variable

Maschinenverkettung *f* <prod> • machine link-up; machine linkage

Maschinenwärter *m* <prod> • machine tender

Maschinenwäsche *f* <bekl> • machine wash

Maschinenwäsche *f* <verf> • mechanical laundering

Maschinenwartung *f* <rep> • machine servicing

maschinenwaschbar <bekl> • machine-washable

maschinenwaschbar <bekl> • machine washable

Maschinenwelle *f* <masch> • machine shaft

Maschinenwelle *f* <mot> • engine shaft

Maschinenwerkzeug *n* <wz> *(Werkzeug für eine Ma-schine)* • machine tool

Maschinenwort *n* <edv> • machine word

Maschinenzeichnung *f* <doku> *(allg.)* • machine drawing

Maschinenzeichnung *f* <doku> *(maschinell erstellte Zeichnung)* • mechanical drawing

Maschinenzubehör *n* <masch> • machine accessories

Maschinenzustandsüberwachung *f* <qualit> • condition monitoring of machinery

Maschinenzyklus *m* <prod> • machine cycle

Maschinerie *f* <mech> *(Geräte, maschinelle Anlagen)* • machinery

Maschine zum Füllen von Waffeltüten *f* <nahr.prod> *(Speiseeis)* • cone filler

Maschinist *m obs* <tech.allg> *(von Werkzeug-, Spritz-gießmaschinen etc.)* • operator; machine operator

Maser *m* <phys> • maser

Maserieren *n DIN EN ISO 4618* <obfl> *(Nachahmen des Erscheinungsbildes von Holzoberflächen)* • graining ISO 4618-3

Maser mit Dreiniveausystem *m* <phys> • three-level maser

Maser mit Zweiniveausystem *m* <phys> • two-level maser

masern *v* <obfl.holz> • vein *v*

masern *vt* <obfl> • grain *vt*

Masern-Mumps-Röteln-Impfstoff *m* (MMR) <pharm> • measles-mumps-rubella vaccine (MMR)

Maserrichtung *f* <holz> • grain direction

Maserübergang *m* <phys> • maser transition

Maserung *f* <holz> • grain

Maserung f <holz> (z. B. von Holzpaneelen) • grain; texture

Maserverstärker m <phys> • maser amplifier

Maskaligner m <el.ic.prod> • mask aligner

Maske f <tech.allg> • mask

Maske f <el.ic.prod> (maskierende Schicht auf Wafer) • mask

Maske aus Papierfetzen f <kunst> (als Abdeckung beim Airbrushing) • torn paper mask

Maskenband n <phot> • masking strip; masking slide

Maskenebene f <el.ic.prod> • mask layer

Maskenfamilie f <el.ic.prod> • set of masks

Maskenfeld n <el> • mask array

Maskenfilm m <obfl> • masking film

Maskenfolie f <el.ic.prod> • rubylith

Maskenform f <prod> • shell mold

Maskenformverfahren n <prod> (Gießereitechnik) • Croning process; shell-molding process

Maskenherstellung f <el.ic.prod> • maskmaking

Maskenkopie f <tech.allg> • mask copy

maskenprogrammierbar <edv> • mask-programmable

maskenprogrammierbarer Festwertspeicher m <edv> • mask-programmable read-only memory

Maskenprogrammierung f <edv> • mask programming

Maskenrahmen m <phot> (Teil des Vergrößerungsrahmens) • masking frame

Maskenregister n <edv> • mask register

Maskenröhre f <av> (Farbbildröhre) • shadow mask tube

Maskensatz m <el.ic.prod> • set of masks

Maskentechnik f <tech.allg> • mask technology; masking technology; masking method; masking

Maskenverfahren n <tech.allg> • mask technology; masking technology; masking method; masking

Maskenvorlage f <el.ic.prod> • mask pattern; mask artwork

maskieren vt <navig> (ungünstige Satelliten) • mask vt

maskieren vt <obfl> • mask (off) vt

maskieren vt <phot> (beim Belichten) • mask vt

Maskierfilm m <obfl> • masking film

Maskierflüssigkeit f form <kunst> • liquified stenciling solution; liquid mask; gum emulsion for masking

Maskierfolie f <obfl> • masking film

maskierte Brühe f <led> • masked liquor; masked solution

Maskierung f <tech.allg> • masking

Maskierung f <chem> (von Kationen) • sequestration

Maskierung f <druck> • resist

Maskierungsmittel n <chem> • masking agent

Maskierungsmittel n <chem> (für Kationen) • sequestrant; sequestering agent

Maskierungsmittel n <el> • maskant

Maskierverfahren n prakt <druck> (konventionelle CtP-Technologie) • silver hybrid technology; hybrid technology; mask technology prakt

Maß n <allg> (Grad) • degree

Maß n <allg> (für etw.) • measure

Maß n <msr> (Dimension; z. B. Länge, Breite, Höhe, Dicke) • measurement; dimension; size

Maß... <textil> (z. B. Bettzeug, Kleidung) • fitted

Maßabweichung f <qualit> • dimensional variation; size deviation; size variation; off-size

Maßanalyse f <prod> (allg.) • mensuration analysis

maßanalytisch <chem> • volumetric; titrimetric

Maßangabe f <pap> • dimensional property

Maßband n prakt <msr> (z. B. aus Stahl mit Aufrollrahmen oder Aufrollkapsel) • measuring tape; tape measure; tape rule

Maßband mit Feststellbremse f <msr> • locking tape; lock tape

Maßberechnung f <tech.allg> • dimensional calculation

Maßbereich m <tech.allg> • dimensional range; size range

Maßbeziehung f <math> (geometrisch) • dimensional relationship

Maßbezugskante f <doku> (techn. Zeichnung) • reference edge; dimensional reference edge rare

Maßbezugslinie f <doku> (techn. Zeichnung) • reference line

Maßbild n <doku> (bemaßte Skizze) • dimensioned drawing

Maßblatt n rar <doku> (bemaßte Skizze) • dimensioned drawing

Masse f <tech.allg> (große Menge; z. B. Schüttgut) • bulk

Masse f <el> (z. B. Blechkarosserie, Metallchassis; meist Minuspol) • ground (GND) US; earth GB

Masse f <mat> (pastöse Mischung) • compound

Masse f <pap> • stock; stuff

Masse f (m) DIN 1305 <phys> • mass (m)

Masse f <silik> • paste

Masseäquivalent n <phys> • mass equivalent

Masse anschließen, an ~ <el> • ground vt US; earth vt GB

Masseanschluss m <el> (an Rahmen) • frame connection

Masseanschluss m <el> • ground connection US; earth connection GB

massearm <astron> • low-mass

Masseband n <kfz.el> (z. B. zw. Motor od. Batterie und Karosserie) • ground strap US; earth strap GB; earth connection GB

massebelastet <tech.allg> • weight-loaded; weighted

Massebilanzgleichung f <chem> • mass-balance equation

Masse des leeren Schiffes f <nav> • light weight

Massedosierung f <msr> • metering by weight; weight batching; weight feeding

Massedosiervorrichtung f <msr.verf> • weight feeder; weight feeding device

Massedurchflussmessgerät n <msr> (z. B. nach dem Coriolis-Effekt) • mass-flow meter

Masseeinheit f DIN 1301 <phys> (SI: kg) • unit of mass; mass unit

Masseelektrode f <kfz.el> (Zündkerze) • ground electrode US; side electrode; earth electrode GB; outer electrode; tip pract

Masse-Energie-Beziehung f <phys> • mass-energy relation

Masseerhaltung f <phys> • mass conservation

Masseerhaltungssatz m <phys> • mass conservation law

Masseexzess m <phys> • mass excess

Massefärbung f <pap> • beater dyeing; beater coloring

Masseformverfahren n <metall> • loam molding process

massefrei <el> • floating; floated; off-earth

massegefärbtes Papier n <pap.ents> • mass-dyed paper

massegefüllt <mat> • compound-filled

massegeleimt <pap> • beater-sized; pulp-sized

Maßeinheit f <phys> (z. B. Meter, Kilogramm) • unit of measurement; measuring unit; unit of measure; unit pract

Maßeinheiten-Anzeigefeld n <navig> (auf Display) • units field

Maßeinheitensystem n <phys> • system of units

Maßeinheiten-Umschalter m :V <kfz.msr> (z. B. km in miles, Liter in gallons etc.) • US/MET button

Maßeinteilung f <msr> (Markierung auf Lineal, Messinstrument, Zifferblatt) • scale

Maßeintragung f <doku> (techn. Zeichnung) • dimensioning

Massekabel n <el> *(imprägniert)* • compound-impregnated cable

Massekabel n <el> *(Verbindung zur Masse; meist das Minuskabel)* • ground lead *US*; earth lead *GB*; GND cable *US*

Massekabel n <el> *(nicht flexibel, keine Litze)* • solid-type cable

Massekabel n <kfz.el> *(an Batterie; Minus an Masse)* • battery ground cable; negative battery cable

Massekammer f <kst> • plenum chamber

Massekern m <el> • ferromagnetic iron core

Massekern m <el> *(aus Eisenpulver)* • powdered-iron core

Massekernspule f <el> *(nit Eisenpulverkern)* • iron-dust core coil

Masseklasse f <led> • weight class

Massel f *DIN EN 1676* <metall> *(Halbzeug)* • ingot *DIN EN 1676*

Massel f <metall> *(festes Roheisen)* • pig

Masselbett n <metall> • pig bed

Masselbrecher m <metall> • pig breaker

Masse legen, an ~ <el> • ground *vt US*; earth *vt GB*

Masseleimung f <pap> • beater sizing; pulp sizing44; engine sizing

Masse-Leuchtkraft-Beziehung f <phys> • mass-luminosity relation

Masselformmaschine f <metall> • pig molding machine

Masselgießmaschine f <metall> • pig casting machine

masselos <phys> • massless; zero-mass

Massenabsorptionskoeffizient m <phys> • mass absorption coefficient

Massenanziehung f <phys> *(als Phänomen, Effekt)* • gravitation; gravitational attraction

Massenanziehungskraft f <phys> • gravitation force

Massenausgleich m <masch> *(Effekt; z. B. bei Kolbenmaschinen)* • balancing of masses; compensating of masses; mass compensation; counterbalancing; mass balancing

Massenausgleichsgetriebe n *DIN ISO 7967-2* <mot> *(exzentrische Massen, von der Kurbelwelle über Getriebe angetrieben)* • dynamic balancer *ISO 7967-2*

Massenauszug m <bau> • bill of quantities

Massenberechnung f <bau> *(Ermittlung der notwendigen Baustoffe)* • quantity surveying; taking-off

Massenberechnung f <math> • mensuration

Massenbeton m <bau.mat> • mass concrete; bulk concrete

Massenbilanzgleichung f <chem> • mass-balance equation

Massenbonden n <el> • mass-bonding

Massenbremsvermögen n <phys> • mass stopping power

Massendatenübertragung f <tele> • bulk data transmission

Massendefekt m <phys> • mass deficiency

Massendichte f *obs.rar* <phys> *(Masse pro Raumeinheit)* • density; mass density *obs.rare*

Massendifferenz f <phys> • mass deficiency

Massendiffusion f <ents> • bulk diffusion

Massendruckpapiere npl <pap.ents> • mass printing papers *pl*

Massendrucksache f <werb> • bulk mailing

Massendurchflussmesser m <msr> *(z. B. nach dem Coriolis-Effekt)* • mass-flow meter

Massendurchsatz m <förd> • rate of conveying

Massendurchsatz m <phys> *(Masse pro Zeiteinheit; z. B. g/s, t/h)* • mass flow rate; mass flow *pract*; mass throughput *rare*

Massendurchsatz pro Sekunde m <aerospace> • fuel flow per second; propellant flow per second; rate of fuel consumption per second

Masseneffekt m <nukl> • packing effect

Masseneffekt m <phys> • mass effect

Massenelektronik f :V <el> • high-volume electronics (HVE)

Massenfertigung f <ökon> • mass production

Massenfertigung f <prod> • mass manufacture

Massenfluss-Bilanz f <kfz.verk> • traffic flow balance :V

Massenfluss-Bilanz f <phys> • mass flow balance

Massenflussdichte f <phys> • mass velocity

Massenformel f <nukl> • mass formula

Massengalvanisieren n <obfl> • bulk plating; rack plating

massengefertigt <prod> • mass-produced; mass-manufactured

Massengut n <logist> *(loses, unverpacktes Material)* • bulk freight; bulk cargo; bulk goods; dumpable cargo

Massengutfrachtschiff n <nav> • bulk cargo ship; bulk freighter; bulk carrier; bulker

Massengutladung f <logist> • bulk cargo; cargo in bulk

Massenkommunikationsmittel n <werb> • mass media

Massenkonzentration f <verf> • particle mass concentration

Massenkräfte fpl <mech> *(z. B. in Kolbenmotoren)* • inertia forces *pl*

Massenkraft f <phys> • inertial force

Massenkraftabscheider m <verf> *(Entstauber)* • inertial separator; inertial precipitator

Massen-Kunststoffe mpl <kst> • commodity plastics

Massenmailer m <edv> *(von unerwünschter E-Mail)* • spammer

Massenmittelpunkt m <mech> *(einer Masse)* • center of mass

Massenmittelpunkt m <phys> • center of gravity (CG); centroid *thsc*; center of mass; centre of gravity *GB*; mass centre *GB*

Massenmoment n <mech> *(z. B. bei Kolbenmaschinen: I. und II. Ordnung)* • mass moment; moment of a mass *rare*

Massenmoment 2. Grades n <phys> *(Trägheit eines Körpers bei Drehbewegungen)* • mass moment of inertia (J); moment of inertia

Massenoperator m <phys> *(Quantenfeldtheorie)* • mass operator

Massenpunkt m <mech> *(Annahme für Berechnung)* • concentrated mass

Massenpunkt m <mech> • material point

Massenpunkt m <phys> • point particle

Massenreichweite f <phys> *(von ionisierenden Teilchen)* • mass range

Massenrenormierung f <phys> *(Quantenfeldtheorie)* • mass renormalization

Massenschwächungskoeffizient m <phys> • mass attenuation coefficient

Massenschwerpunkt m <phys> • center of gravity (CG); centroid *thsc*; center of mass; centre of gravity *GB*; mass centre *GB*

Massenschwungrad n *rar* <masch> *(allg.)* • flywheel

Massenspeicher m <edv> • mass storage device; mass storage system; mass storage

Massenspeichersystem n <edv> • mass storage device; mass storage system; mass storage

Massenspeicherung f <edv> • mass-storage capability

Massenspektralanalyse f <phys> • mass spectral analysis

Massenspektrogramm n <phys> • mass spectrogram

Massenspektrograph m <phys> • mass spectrograph

Massenspektrometer n <phys> • mass spectrometer

massenspektrometrisch <phys> • mass-spectrometric

massenspektrometrische Ionenstrahlanalyse f <phys> • ion-beam scanning

Massenspektroskopie f <phys> • mass spectroscopy

Massenspektrum n <phys> • mass spectrum
Massensprengung f <spreng> • mass shooting
Massenstahl m <mat> (z. B. Baustahl) • standard steel
Massenstrahler m <phys> • mass radiator
Massenströmung f <phys> (Masse pro Zeiteinheit; z. B. g/s, t/h) • mass flow rate; mass flow pract; mass throughput rare
Massenströmungsmesser m <msr> • mass flow meter
Massenstrom m <phys> (Masse pro Zeiteinheit; z. B. g/s, t/h) • mass flow rate; mass flow pract; mass throughput rare
Massenstromdichte f <nukl> (Reaktor) • mass velocity
Massenteil n <prod> • mass-produced part
Massenteilefertigung f <prod> • mass-production of parts
Massentierhaltung f <agri> • large-scale animal husbandry
Massenträgheit f <phys> • inertia
Massenträgheitsdurchflussmesser m <msr> • momentum flowmeter
Massenträgheitsgesetz n prakt.ugs <mech> • Newton's first law; first law of motion; law of inertia
Massenträgheitsmoment n <kfz> • moment of inertia wiss-mdl; rotational inertia; mass momentum BMW
Massenträgheitsmoment n (J) <phys> (Trägheit eines Körpers bei Drehbewegungen) • mass moment of inertia (J); moment of inertia
Massenübergang m <phys> • mass transition
Massenumwandlung f <phys> (in Energie) • conversion of mass
Massen- und Angebotsliste f <bau.doku> • list of quantities and prices
Massenverhältnis n <mech> • mass ratio
Massenverlust m <tech.allg> (z. B. durch Korrosion) • material consumption; weight loss
Massenvernichtungswaffen fpl <mil> • weapons of mass destruction (WMD)
Massenversand von E-Mails m <edv> (unerwünscht) • spamming
Massenverschluss m <mil> • blowback action; recoil operation
Massenversender m <edv> (von unerwünschter E-Mail) • spammer
Massenwert m rar <phys> (absolut) • atomic mass
Massenwiderstand m <mech> • inertness
Massenwirkung f <phys> • mass action
Massenwirkungsgesetz n <phys> • law of mass action; principle of mass action; mass action law
Massenwirkungskonstante f <phys> • mass action constant; equilibrium constant
Massenzahl f <phys> • nucleon number; mass number; number of nucleons
Massepfropfen m <metall> (für Stichloch) • bod; bott
Massepolster n <kst> (bei Kolbenspritzgießmaschinen) • piston cushion
Massepolster n <kst> (bei Schneckenspritzgießmaschinen) • screw cushion
Massepolster n <kst> (Massepolster bei Ende Nachdruckzeit) • remaining cushion; cushion pract; melt reserve
Massepolymerisation f <chem> • bulk polymerization; mass polymerization
Massepotential n <el> (Erdung) • chassis earth
Masseprozent n <tech.allg> (Mischung) • weight percent; percentage by weight
Massepunktverschraubung f <kfz.el> • ground connection
Massereduzierung f <tech.allg> (Konstruktionsziel, z. B. bei Kfz) • weight reduction

Massereduzierung f <phys> (allg.) • mass reduction
Massereduzierungsbohrung f <prod> • lightening hole
massereich <astron> • massive
Masseschluss m <el> • body contact
Masseschluss m <kfz.el> (beabsichtigt oder unbeabsichtigt) • ground connection US; earth contact GB
Masseschlussklemme f <el> • body contact terminal
Masseschlussprüfung f <aerospace> • earthing check-up
Masseschwankungen fpl <textil> (Bandfeinheit) • sliver weight variations
massesparend <tech.allg> • weight-saving
Massespeicher m <bau.mat> • thermal mass
Massestrang m <nukl> • clay column
Masseteilchen n <mat> • material particle
Masseteilchen n <phys> • mass particle
Masseteile npl <tech.allg> • quantities by weight
Masse-Temperatur f <kst> • melt temperature
Massetemperatur f <kst> • injection temperature; stock temperature
Massetrichter m <kst> (auf Extruder oder Spritzgießmaschine) • feed hopper; hopper; machine hopper; feeder; material hopper
Masseverbindung f <el> • ground connection; earth connection
Masseverbindung lösen vi <el> • unground vt; unearth vt
Masseverlust m <tech.allg> • loss of mass
Masseverschluss m <mil> • blowback action; recoil operation
Massewalze f <druck> • composition roller; gelatin roller
Massewiderstand m <el> • composition resistor
Massezusammensetzung f <silik> • body composition
Massezylinder m <kst> (Spritzgießmaschine; enthält die Schnecke) • plasticizing barrel; barrel pract; cylinder pract
Maßfehler m <qualit> • dimensional error; faulty dimension; size error
maßgenau <qualit> • dimensionally accurate; dimensionally correct; dimensionally true; accurate to size; true to size
maßgerecht <qualit> • dimensionally accurate; dimensionally correct; dimensionally true; accurate to size; true to size
maßgeschneidert <tech.allg> (Konstruktion, Konzept) • custom-designed
maßgeschneidert <tech.allg> (speziell angefertigt) • custom-made
maßgeschneidert <bekl> (nach Maß angefertigt) • tailor-made; made-to-measure
maßgeschneiderte doppelt-vernähte Autoabdeckung f <kfz> • custom-tailored car cover with double-stitched seams
maßgeschneidertes Halbzeug n <prod> • tailored blank
maßgeschneiderte Transferstraße f <prod> • custom-made transfer line
Maßgrenze f <tech.allg> • dimensional limit
maßhaltig <qualit> • dimensionally stable
maßhaltig bleiben vi <prod> • hold size vi
Maßhaltigkeit f <prod.qualit> (gleiche Maße aller Fertigteile) • dimensional consistency
Maßhaltigkeit f <qualit.mat> (eines gegebenen Objekts; z. B. von Kunststoffformteilen) • dimensional stability
Maßhilfslinie f <doku> (zw. Gegenstand und Maßlinie) • extension line; projection line
massig <tech.allg> • bulky
massig <min/geo> • tight-bedded
massige Erzlagerstätte f <min> • massive ore body
massiges Erzvorkommen n <min> • massive ore body
massiv <tech.allg> (schwer, dick, solid; z. B. Bauweise) • heavy

massiv <tech.allg> • massive

massiv <mat> *(z. B. Holz, Metall; im Gegensatz zu Verbundmaterial)* • solid; one-piece

massiv <qualit> *(robust; z. B. Konstruktion, Möbel)* • sturdy

Massivanode f <el.chem> • solid anode; heavy anode

Massivbauweise f *auch Beton* <bau> • masonry wall construction

Massivbuchse f <masch> *(Gleitlager)* • solid bushing; solid bushing without lining

massive Arbeitsplatzverluste mpl <ökon> • massive job losses

massiver Leiter m <el> *(im Ggs. zu Litze)* • solid conductor; single-wire conductor

massiver Meißel m <wz> • one-piece tool; solid tool

massive Wand f <bau> • solid wall

massive Welle f <masch> *(Ggs. zu Hohlwelle)* • solid circular shaft; solid round shaft

massiv gießen vt <metall> • cast solid vt

Massivholz n <holz> • solid wood; all-wood

Massivinduktor m <el> • one-piece inductor

Massivisolation f <el> • solid insulation

Massivleiter m <el> *(im Ggs. zu Litze)* • solid conductor; single-wire conductor

massiv parallele Prozessoren mpl (MPP) <edv> • massive parallel processors (MPP)

Massivreifen m <fz> *(jedes Material)* • band tire

Massivreifen m <fz> *(Gummi; z. B. bei Einkaufswagen)* • solid-rubber tire

Massivumformen n <prod> • solid-blank forming; solid-stock forming

Massivumformleistung f <prod> • solid-work capacity

Massivwand f <bau> • solid wall

Maßkolben m <chem> • volumetric flask

Maßkontrolle f <qualit> • dimensional inspection; dimensional check

Maßlehre f <msr> • limit gauge

Maßlinie f <doku> • dimension line

Maßlöffel m <msr.wz> • measuring spoon

Maßnahme f <allg> • measure

Maßnahme f <allg> *(betont: Aktion)* • action

Maßnahmen zur Abgasreinigung fpl <emiss> • flue gas treatment; post-combustion emission control

Maßpfeil m <doku> *(Maßlinien)* • arrow head; arrow

Maßplan m <doku> • dimension plan

Maßprüfung f <msr> *(von Blech, Folie, Draht, Profilen)* • gauging

Maßreihe f <masch> *(z. B. Wälzlager)* • dimension series

Maßsprung m <msr> • increment

Maßstab m <doku> *(einer Zeichnung, Karte)* • scale

Maßstab m rar <msr.wz> • folding rule; fold rule; zig-zag folding rule coll; carpenter's rule; multiple-folding rule rare

Maßstabsänderung f <msr> • scale change; rescaling

Maßstabseinfluss m <tech.allg> *(Modellversuch)* • scale effect

Maßstabsfaktor m <tech.allg> • scale factor

Maßstabsfehler m <tech.allg> • scale error

maßstabsgerecht <msr> *(z. B. Modell, Zeichnung)* • true to scale

maßstabsgetreu <msr> *(z. B. Modell, Zeichnung)* • true to scale

maßstabsgetreues Modell n <tech.allg> • scale model; true-to-scale model

maßstabsgetreu zeichnen vi/vt <doku> • draw to scale vi/vt; draw to scale vi/vt

Maßstabsmodell n <tech.allg> • scale model; true-to-scale model

Maßstabsskala f <msr> *(z. B. auf der Säule von Vergrößerern)* • scale

Maßstabsübertragung f <msr> • scale transfer

Maßstabsveränderung f <edv> • scaling

Maßstabsvergrößerung f <tech.allg> • scale enlargement

Maßstabsverkleinerung f <doku> • scale reduction

Maßstabszahl f <tech.allg> • magnification

maßstäblich <msr> *(z. B. Modell, Zeichnung)* • true to scale

maßstäbliche Zeichnung f <doku> • drawing to scale

maßstäblich vergrößern vt <tech.allg> • scale up vt

maßstäblich verkleinerte Abmessung f <msr> • scaled-down dimension

maßstäblich zeichnen vi/vt <doku> • draw true to scale vi/vt

Maßsystem n <phys> • system of units

Maßteilung f <msr> • graduation

Maßtext m <edv> • dimension text

Maßtoleranz f DIN 406-12 <qualit> • dimensional tolerance; tolerance coll; size tolerance rare

Maß über alles n <tech.allg> • overall dimension

maßungenaues Werkstück n <prod> • off-size workpiece; off-size coll

maßverchromter Präzisionsstahl m <mat> • chromium plated silver steel; chrome-plated silver steel

Maßverkörperung f DIN 13191-1 <msr> • material standard; dimensional standard; non-indicating gauge; solid gauge; fixed gauge

Maßverlust m <prod> • size loss

Maßwerk n <bau> • tracery

Maßwert m <edv> • measure

Maßzahl f <doku> • dimension value

Maßzeichnung f <doku> *(mit Bemaßung)* • dimension drawing; dimensioned drawing

Maßzugabe f <tech.allg> *(z. B. für Sicherheit, Verschleiß, Bearbeitung)* • dimensional allowance

Mast m <tech.allg> • mast

Mast m <bau> *(eher klein; z. B. typ. Telegrafenmast)* • pole

Mast m <bau> *(für Tragseile, Brücken etc.; meist sehr groß, hohl; z. B. aus Stahl)* • pylon

Mast m <bau> *(groß, jedes Material; z. B. Beton, Gitter; z. B. für Hochspannungsleitun)* • tower

Mast m <energ.wind> • tower

Mast m <nav> • mast

Mast m <navig> *(in Meridiankreisel)* • mast

Mastabspannung f <bau> • pole guy; pole tie

Mastabstand m <bau> • pole distance

Mastabstand m <bau> • pole spacing

Mastabstand m <el> *(zw. Hochspannungsmasten)* • span

Mastanker m <bau> • pole guy; pole tie

Mastaufführung f <el> *(Kabel)* • post head

Mastausleger m <bau.el> *(von Hochspannungsmasten)* • side arm; cantilever

Mastausleger m <förd> *(Kran)* • derrick boom

Mastbefeuerung f <navig> • mast warning lights

Mastbelastung f <el> • tower loading

Mastbox n <led> • veal box

Mastducht f <nav> *(in Jolle)* • mast thwart; thwart

Mastenbauweise f <bau> • light-weight precast framing system

Mastenbauweise f <bau> • pole-type construction

Masten und Tragwerke m <bahn> *(Oberleitungssystem)* • poles and wires

Master m <edv> *(übergeordnetes Laufwerk bei Anschluss von zwei Laufwerken)* • master

Master m <edv> *(Vorlage für die Vervielfältigung von CD-ROMs)* • master disc; master CD-ROM; master

Master m <licht.theat> • master

Master-Aufnahmesystem n JVC <av> • synchro edit

Masterband n <edv> • master tape; tape master; production master

Masterbatch m <kst> • masterbatch; mother stock rare

Master Control Station f (MCS) <navig> (GPS-Zentrale) • Master Control Station (MCS); Master Control facility

Masterdisc f <edv> (Vorlage für die Vervielfältigung von CD-ROMs) • master disc; master CD-ROM; master

Masterdungswiderstand m <el> • tower earthing resistance

Masterfilm m <edv> • film master stand

Mastering n <prod> (von CDs) • mastering; master-recording

Masterkeyboard n <edv.av> • master keyboard; remote controller

Masterkeyboard-Controller m <edv.av> • master keyboard controller

Master-Matrize f <edv> (Vorlage für die Vervielfältigung von CD-ROMs) • master disc; master CD-ROM; master

Master-Oszillator m <edv.av> • master oscillator

Masterplan m <tech.allg> • master plan

Masterplatte f <edv> (Vorlage für die Vervielfältigung von CD-ROMs) • master disc; master CD-ROM; master

Masterprozessor m <edv> • master processor

Master-Recording n <prod> (von CDs) • mastering; master-recording

Master-Recording-Prozess m <prod> (von CDs) • mastering; master-recording

Master-Slave Beatmung f <med.tech> • independent lung ventilation (ILV); master-slave ventilation

Master-Slave-Programmierung f <autom> • master slave programming

Masterslave-Steckdosenleiste f <el> • master-slave power outlet box

Masterslave-Steckdosenleiste mit Schaltschwellen-einstellung f <el> • master-slave power outlet box with adjustable switching threshold

Master-Slave-System n <autom> • master-slave system

Masterstation f <navig> (GPS-Zentrale) • Master Control Station (MCS); Master Control facility

Mastervolumen n <edv.av> • overall volume; overall gain; master volume

Mastfalte f <led> (Haut) • fat wrinkle; grain wrinkle

Mastfundament n <bau> • tower base

Mastfundament n <el> • tower foundation

Mastfuß m <bau> • pole butt

Mastfuß m <nav> • mast foot; foot of the mast; heel of the mast

Mastfußverstärkung f <bau> • pole-butt reinforcement

Mastikation f <prod> (Zerkleinerung von Naturkautschuk) • mastication

Mastikationswalze f <prod> (für Gummi) • mastication roller; kneading roller; roll pract

Mastix m <mat> (Baumharz; für Firnisse, Lacke und Klebemittel) • mastic; gum mastic; gum resin; mastic gum

mastizieren vt <prod> • masticate vt

Mastiziermaschine f <verf> • plasticator; masticator

Mastkalbfell n <led> • veal skin

Mastkalbleder n <led> • veal box

Mastkörper m <el> • tower body

Mastkran m <förd> • derrick crane

Mastkran m <nav> • mast crane; rigging shears

Mastloch n <nav> • mast hole

Mastmontage f <energ.sol> (z. B. von Solarzellen) • pole-mounting

mastmontierte Solarzellen fpl <energ.sol> • pole-mounted solar panels

Mastschaft m <el> • tower body

Mastschalter m <el> • pole switch

Mastschott n <nav> • mast bulkhead; bulkhead

Mastschuh m <nav> • mast step; mast foot track; step

Mastspitze f <nav> • mast top; top of the mast

Mastspur f <nav> • mast step; mast foot track; step

Mastspurvorrichtung f <nav> • mast step device

Masttopp m <nav> • mast top; top of the mast

Masttransformator m <el> • pole transformer

Masttrennschalter m <el> • pole isolator; pole disconnector

Mastverankerung f <bau> • guy wire

Mastverbinder in H-Form m <el> • H-pole fixture

Mastverstärker m <el> (Antenne) • mast-head amplifier

Mastvieh n <nahr> • store cattle

MAT <el> • microalloy transistor (MAT)

Material n <mat> • material

materialabhängig <mat> • material-dependent

Materialantwort f <qualit.mat> • material response

Materialaufmaß n <prod> • stock allowance

Materialaufwand m <fin> • raw materials and consumables; cost of materials

Materialaufwand m <ökon> • material expenditure

Materialausbruch m <qualit> (trocken, mechanisch) • pitting

Materialbehälter m <pap> • stock tank

Materialbibliothek f <edv> • material library

Materialdehnung im Laufe der Zeit f <qualit.mat> • time yielding

Materialdispersion f <lwl> • material dispersion

Materialdüse f <obfl.wz> (Spritzpistole) • fluid tip; fluid nozzle

Materialdurchlass m <wz.masch> (Stangenvorschub) • bar capacity

Materialdurchlass m <wz.masch> (allg.) • stock capacity

Materialeckdaten npl <qualit.mat> • performance characteristics of materials pl; material characteristics pl; material identification characteristics pl; material identification data pl; material identification value

Materialeditor m <edv> (Grafik) • materials editor

Materialeigenschaft f <mat> • material property

Materialeigenschaftswerte mpl <qualit.mat> • performance characteristics of materials pl; material characteristics pl; material identification characteristics pl; material identification data pl; material identification value

Materialentnahmeliste f <logist> • pick list; picking list; request list; selection list

Materialermüdung f <qualit.mat> • material fatigue; fatigue

Materialfehler m <qualit.mat> • defect of material; defect in material; material defect; material flaw

Materialfehlerprüfung f <qualit.mat> • defectoscopy

Materialfluss m <logist> • material flow; flow of materials

Materialflussauslegung f <prod> • workflow layout

Materialflussfunktion f <logist> • handling function

Materialflussverfolgung f <logist> • tracking of materials; tracking of inventory; material tracking

Materialgröße f <ents> • material size

Material-Handhabesystem n <förd> • materials handling system

Materialisierung f <allg> • materialization

Materialkassette f <druck> (Druckplattenhandling) • printing plate cassette; plate cassette; plate magazine

Materialkenndaten npl <qualit.mat> • performance characteristics of materials pl; material characteristics pl; material identification characteristics pl; material identification data pl; material identification value

Materialkennwert m <qualit.mat> • performance characteristics of materials pl; material characteristics pl; material identification characteristics pl; material identification data pl; material identification value

Materialkonstante f <mat> • material constant

Materialkonstante f <phys> • matter constant

Materialkosten fpl <allg.tech> • material costs

Materialkugel f <edv> • materials sphere
Materialmengenregulierschraube f <obfl.wz> *(Spritzpistole)* • fluid adjustment screw; fluid control screw
Materialmodell n <pap> • material model
Materialopazität f <qualit.mat> • material opacity
Materialpaarung f <obfl> • coupling of materials
Materialprüfreaktor m <qualit.mat> • materials testing reactor
Materialprüfung f <qualit.mat> • materials testing
Materialrecycling n <ents> *(aus Abfällen)* • resource recovery; materials recovery; material recovery; salvage of materials
Materialrückgewinnung f <ents> *(aus Abfällen)* • resource recovery; materials recovery; material recovery; salvage of materials
Materialschicht f <rls> *(Gewebebalg)* • layer
Materialschieberegler m <edv> • material slider
Materialstärke f <nav> • scantlings
Materialtransport m <tech.allg> *(z. B. in Drucker)* • material feed
Materialtrichter m <verf> *(sehr groß; für Prozessmaterial; z. B. für Zuschläge, Kohle, Müll)* • feed hopper; charging hopper; input hopper; hopper *pract*
materialunabhängig <mat> • material-independent
materialunterscheidender Näherungsschalter m <msr> • metal distinguishing proximity switch; metal discriminating proximity sensor; selective sensor; non-ferrous/ferrous sensor *rare*; selective switch *rare*
Materialversagen n <qualit.mat> • material failure
Materialvorschub m <tech.allg> *(z. B. in Drucker)* • material feed
Materialwahlfenster n <edv> • material selector
Materialwechsel m <kst> • material change
Materialzugabe f <tech.allg> *(z. B. beim Abmessen, Dimensionieren, Zuschneiden von etw.)* • allowance
Materialzugabe f <prod> *(bei Halbzeug, Metall)* • stock allowance
Materie f <phys> • matter
Materieausbruch m <astron> • outburst
materiefrei <phys> • matter-free
materieller Punkt m <tech.allg> • material point
materieller Punkt m <phys> • point particle
materielles Teilchen n <phys> • material particle; particle of matter
Materiesturm m <astron> • gale of matter
Materieteilchen n <phys> • material particle; matter particle; corpuscle
Materietensor m <phys> • matter tensor; energy-momentum tensor
Materietransport m <astron> • matter transport
Materiewelle f <phys> • matter wave; de Broglie wave
Mathematik f <math> • mathematics
mathematisch beweisbar <math> • mathematically provable; mathematically demonstrable
mathematische Beziehung f <math> • mathematical relationship
mathematische Entscheidungsforschung f <math> • operations research
mathematische Erwartung f <math> • mathematical expectation
mathematische Gleichung f <allg> • equation
mathematische Logik f <math> • mathematical logic
mathematische Logik f <math> • symbolic logic; symbolical logic; mathematical logic
mathematische Modellierung f <math> • mathematical simulation
mathematische Prüfung f <math> • mathematical check
mathematischer Erwartungswert m DIN 1319-1 <math.msr> • expectation value

mathematischer Koprozessor m <edv> • math coprocessor
mathematisches Modell n <math> • mathematical model
mathematisches Pendel n <phys> • simple pendulum
Matratze f <textil> • mattress
Matrix f <tech.allg> • matrix
Matrix f <geo> • ground-mass
Matrix f *wiss* <mat> • embedding material; matrix *thsc*
Matrix f <math> • array
Matrix f <nahr> *(Speiseeis)* • continuous phase; lamella
Matrixadresse f <edv> • matrix address
Matrixdarstellung f <math> • matrix representation
Matrixdrucker m <edv.druck> • matrix printer; dot matrix printer; dot-matrix impact printer *rare*; sytlus printer *rare*
Matrixeditor m <el.mus> • grid editor
matrixförmige Anordnung f <tech.allg> • matrix array
Matrix-Heckleuchte f <el.kfz> • matrix-type tail light
Matrixinversion f <math> • matrix inversion
Matrixkernspeicher m <edv> • matrix core memory
Matrixmessung f <phot> • matrix metering; segmented metering
Matrixprotein n <bio.chem> *(p17)* • outer core [protein]; matrix protein
Matrixpunkt m <druck> *(einer Matrix)* • matrix dot
Matrixröhre f <edv> • matrix storage tube
Matrixschaltkreis m <edv> • matrix circuit
Matrixschreibweise f <math> • matrix notation
Matrixspeicher m <edv> • matrix memory
Matrixspiel n <math> *(Spieltheorie)* • matrix game
Matrize f <druck> *(für Lettern)* • matrix; mat
Matrize f <edv> *(für CDs; zweites Negativreplikat der Masterplatte)* • stamper; son
Matrize f <geo> • matrix
Matrize f <metall> *(allg.)* • female die
Matrize f <metall> *(unten, mit Kavität; beim Schmieden, Pressen)* • female die; female die part; impression die; lower die; bottom die
Matrize f <metall> *(Gießen)* • cavity block; casting bed
Matrize f <prod> *(mit einer od. mehreren Extrud.-Düsen)* • extruder head
Matrize f <prod.av> *(Schallplattenherstellung)* • stamper
Matrizenalgebra f DIN 1303 <math> • matrix algebra
Matrizendarstellung f <math> • matrix representation
Matrizendüse f <wz> • die orifice; die aperture
Matrizeneinsatz m <prod> • bottom plug
Matrizeneinsatz m <wz> • die insert
Matrizenexponentialfunktion f <math> • matrix exponential function
Matrizenfräsmaschine f <wz.masch> • die-sinking machine
Matrizenhalter m <wz> • die holder
Matrizen-Herstellung f <opt> *(optische Nur-Lese-Speicherplatte, Fertigung)* • stamper production; submastering
Matrizeninversion f <math> • matrix inversion
Matrizenkalkül m <math> • matrix calculus
Matrizenmechanik f <mech> • matrix mechanics
Matrizenmechanik f <phys> • quantum mechanics
Matrizenöffnungswinkel m <wz> • conical die entry profile
Matrizenplatte f <kst> • retainer plate
Matrizenrechnung f <math> • matrix calculus
Matrizenschreibweise f <math> • matrix notation
Matrizenstahl m <mat> • die steel
Matrizenumkehrung f <math> • matrix inversion
Matrizenwalze f <prod> • bottom roll; bottom roller
Matrizierung f <opt> *(optische Nur-Lese-Speicherplatte, Fertigung)* • stamper production; submastering
matt <obfl> *(stumpf, nicht glänzend; z. B. Papier, Lack, Möbel)* • mat *adj US.GB*; matt *adj US.GB*; matte *adj US*

matt <obfl> *(als Defekt; z. B. Lack)* • dull; dead *coll*; lusterless *US*; lacking luster *US*; lustreless *GB*

matt <textil> *(Baumwolle)* • soft

Mattätze f <obfl> • frosting

Mattätzen n <obfl> *(von Glas)* • acid etching; acid frosting

mattätzen vt <verf> *(z. B. Glas)* • frost vt

Mattauch'sche Isobarenregeln fpl <phys> • isobaric laws

Mattbraunkohle f <min> • dull brown coal

Mattbrenne f <obfl> *(Galvanotechnik)* • matt dip

Mattbrennen n <metall> • dead dipping

Mattbürsten n <obfl> • dulling

Mattdekatur f <textil> • dull decating; dull decatizing

Matte f <tech.allg> • mat

Matte f <sport> *(z. B. Ringkampf)* • mat

Matte f <verf> • mat

matte Farbe f <kunst> *(stumpf)* • dull color *US*; dull colour *GB*

matte Farbe f <obfl> • matte color *US;* matt colour *GB;* mat colour *GB*

Mattenbewehrung f <bau.mat> *(Stahlbeton)* • wire-mesh reinforcement

Mattenbewehrung f <mat> *(allg.; Beton, GFK)* • fabric reinforcement

Mattenliste f <bau> • mat schedule

Mattenpressverfahren n <prod> • mat molding

Mattenverkleidung f <bau> • mat revetment

matte Oberfläche f <obfl> • mat finish; flat finish; lusterless finish *US*; lustreless finish *GB*

matte Polyesterfolie f <doku> *(ein transparenter Zeichnungsträger)* • mat PE film; matte PE film *US*

matter Endloszwirn m <textil> • dull filament thread

matter Glanz m <obfl.holz> • subdued gloss effect

mattes Wetter n <min> • foul weather

matte Wetter npl <min.hlk> • foul air; dead air; black damp

Mattfilm m <obfl> *(Maskierfilm mit rauer Oberfläche)* • frosted mask film; matte film; mat film

mattgestrichenes Papier n <pap.ents> • matt coated paper

mattglänzend <textil> *(Spinnfasergarn)* • of dull luster *US*; of dull lustre *GB*

mattglänzende Oberfläche f <obfl.holz> • matt surface

Mattglanz m <obfl> • dull finish; dull gloss; dull luster *US*; dull lustre *GB*; low lustre *GB*

Mattglanzfläche f <obfl.holz> • matt surface

Mattglas n <silik> *(geätzt)* • frosted glass

Mattglas n <silik> *(geschliffen)* • ground glass

Mattglas n <silik> *(betont: nicht mehr durchsichtig)* • obscured glass

Mattieren n <obfl.holz> • dulling

mattieren vt <obfl> *(stumpf machen)* • dull vt; matte vt *US*; matt vt *GB*; mat vt *GB*; flat vt

mattieren vt <obfl> *(mit matter Oberfläche versehen)* • matte-finish vt *US*

mattieren vt <prod.obfl> *(Metall)* • tarnish vt

mattieren vt <silik> *(typ. durch Ätzen; z. B. Glas)* • frost vt

mattieren vt <textil> *(vorhandenen Glanz beseitigen)* • deluster vt *US*; delustre vt *GB*; remove luster vi *US*; remove lustre vi *GB*

mattieren vt <textil> *(Glanz beseitigen)* • remove luster vi *US*; remove lustre vi *GB*

mattiert <holz> *(ohne Spiegelglanz; z. B. Holz)* • dulled

mattiert <obfl> *(weiß, raureifähnlich; z. B. Glühlampe)* • frosted

mattierte Glasscheibe f <silik> *(durch Schleifen mattiert)* • ground glass [plate]

mattierte Lampe f <licht> • frosted lamp

Mattierung f <obfl.holz> • dulling agent

Mattierung f <phot> • mat finish *US.GB*; matte finish *US*

Mattierungsmittel n <obfl> • matting agent; matting medium; flatting agent

Mattierungsmittel n <obfl.holz> • dulling agent

Mattierungsmittel n <textil> *(entfernt Glanz)* • delustring agent; delustrant

Mattine f <obfl.holz> • dulling agent

Mattkohle f <min> • dull coal; kennel coal; durain DIN 22005-2

Mattlack m <obfl> • flat finish; flat varnish

Mattolein n <kunst> *(Additiv)* • mattolein

Mattpolieren n <obfl.holz> • dull finishing; egg shell finishing

Mattsalz n <silik> • frosting agent

Mattscheibe f ugs <av> *(TV)* • television screen; TV screen

Mattscheibe f <phot> *(Zone einer Einstellscheibe in Sucher)* • mat field *US.GB*; matte field *US*

Mattscheibe f <phot> *(betont: zum Fokussieren)* • focusing screen *US*; focussing screen *GB*

Mattscheibe f <phot> *(betont: Sucherbildschirm)* • viewing screen

Mattscheibe f <silik> *(durch Schleifen mattiert)* • ground glass [plate]

Mattscheibenbild n <phot> • screen image; ground glass image

Mattscheibeneinstellung f <phot> *(allg.)* • screen focussing *US*; screen focussing *GB*

Mattscheibeneinstellung f <phot> *(bei Suchern mit auswechselbaren Einstellscheiben)* • ground-glass screen focusing *US*; ground-glass screen focussing *GB*

Mattscheibenkamera f <phot> • screen focusing camera *US*; screen focussing camera *GB*

Mattschleifen n <obfl> • dulling

Mattschleifen n <prod> • dull grinding

Mattschliff m <prod> • frosting

mattschwarz <obfl> *(totale Absorption, völlig reflexionsfrei)* • flat black; mat black *US.GB*; matte black *US*

matt werden vi <obfl> • dull vi; haze vi

matt werden lassen vt <obfl> • dull vt

Mauer f <bau> • wall

Mauerabdeckung f <bau> • coping

Maueranker m <bau> *(in der Wand; z. B. Schwerlastdübel)* • anchor; wall anchor

Maueranker m <bau.füg> *(an der Wand befestigte Zugstange etc.)* • wall tie

Maueranschlussdeckleiste f :V <bau> • brick molding; brick mold; brick molding; brick mould

Maueranschlussdeckprofil n :V <bau> • brick molding; brick mold; brick molding; brick mould

Maueranschlussleiste f :V <bau> • brick molding; brick mold; brick molding; brick mould

Maueranschlussverblendprofil n :V <bau> • brick molding; brick mold; brick molding; brick mould

Mauerausbau m <bau> *(verkleidend)* • masonry lining

Mauerausbau m <bau> *(stützend)* • masonry support

Mauerbauweise f <bau> • masonry wall construction

Mauerbohrer m <bau.wz> • masonry drill; stone drill; wall drill

Mauerbügel m <bau.füg> • wall bracket

Mauergewölbe n <bau> • brick arching

Mauergründung f <bau> • wall footing

Mauerkapelle f <bau> *(Kirche)* • wall chapel

Mauerkreuzung f <bau> • junction of walls

Mauerkrone f <bau> • coping

Mauerleibung f <bau> *(innere seitliche Flächen einer Wand-, Fenster-, Türöffnung)* • reveal

Mauerlichte f <bau> • rough opening size

Mauermörtel m <bau.mat> • mortar for brickwork; mortar for stonework

mauern vi <bau> • lay bricks vi

mauern *vi/vt* <bau> • build with stones *vi/vt*; build in bricks *vi/vt*; mason *vi*

mauern *vt* <bau> *(eine Wand)* • brick up *vt*

Mauernische *f* <bau> • niche

Mauerpfeiler *m* <bau> • wall-supporting buttress; buttress; counterfort *rare*

Mauerschicht *f* <bau> • course

Mauerschnur *f* <bau> • line

Mauerschnurhaltestift *m* <bau> • line pin

Mauerschraube *f* <füg> *(für Beton, Stein etc.; div. Formen)* • foundation bolt

Mauerschraube *f* <füg> *(mit Spalt)* • masonry bolt; wall screw *coll*

Mauerverband *m* <bau> • brick bond

Mauerwerk *n* <bau> *(aus Steinen, Ziegeln)* • masonry; brickwork

Mauerwerksplan *m DIN ISO 10209-4* <bau.doku> • masonry drawing *ISO 10209-4*

Mauerwerksverankerung *f* <bau> • tieing of the brickwork

Mauerziegel *m DIN 105* <bau.mat> • clay brick

mauken *vi* <silik> *(Keramik)* • age *vi*; mature *vi*; sour *vi*

Maul *n* <bau.masch> *(Einlassöffnung; z. B. Backenbrecher)* • inlet

Maul *n* <prod> • gap

Maul *n* <wz> *(z. B. Gabelschlüssel, Rachenlehre)* • jaw; mouth

Maul *n* <wz.masch> *(z. B. Presse)* • throat

Maulbeerbaum *m* <pap.ents> • mulberry

Maulbeerseide *f* <textil> • mulberry silk

Maulbeerspinner *m* <bio.textil> • bombyx mori; mulberry silkworm; domesticated silkworm; cultivated silkworm; silk worm moth

Maul-Gelenkschlüssel *m* <wz> • combination flex-head wrench; flex-head combination wrench; combination end/socket wrench *form*; open-end/socket [end] wrench *form*

Maulhöhe *f* <prod> • gap

Maul-Ringschlüssel *m rar* <wz> • combination wrench *US.GB*; combination spanner *GB*

Maulschlüssel *m* <wz> • open-end wrench *US.GB*; open-end[ed] spanner *GB*; jaw spanner *GB*; open jaw wrench *rare*

Maulschützen *m* <textil> • gripper-projectile; gripper-shuttle

Maul-Steckschlüssel *m* <wz> • combination flex-head wrench; flex-head combination wrench; combination end/socket wrench *form*; open-end/socket [end] wrench *form*

Maultiefe *f* <masch> • throat depth

Maul- und Klauenseuche *f* (MKS) <agri.med> • foot-and-mouth disease; aphthous fever *thsc*; hand-and-mouth disease; hoof-and-mouth disease

Maulweite *f* <kfz> *(beim Rad; Felgenmaß)* • rim width; flange-to-flange width; nominal rim width

Maulweite *f* <wz> *(Gabelschlüssel)* • jaw opening; wrench opening *US*; spanner opening *GB*

Maulwurfdränpflug *m* <agri> • mole plow *US*; mole plough *GB*

Maulwurfdränung *f* <agri> • mole drain; mole drainage; subsurface drainage; underdrainage

Maulwurfpumpe *f* <förd> • close-coupled pump

Maulwurfrohrdränung *f* <bau> • lined subsurface drainage

Maurerhammer *m DIN 5108* <wz.bau> • mason's hammer

Maus *f* <edv> *(Eingabegerät)* • mouse

Mausablage *f* <el> • mouse tray

Mauscursor *m rar* <edv> *(u.U. anders als Schreibmarke im Text)* • mouse cursor

Mauseloch *n* <petr> *(verrohrtes Loch zum Abstellen von Bohrgestänge)* • mousehole; rathole

mausgesteuert <edv> • mouse-controlled

Mausmatte *f A* <el> • mouse pad

Mausschnittstelle *f* <edv> • mouse interface

Maussoftware *f* <edv> • mouse software

Mausverlängerung *f* <el> *(z. B. seriell, USB)* • mouse extension

Mauszeiger *m* <edv> *(u.U. anders als Schreibmarke im Text)* • mouse cursor

Maut *f prakt.A* <verk> *(für Verkehrswege; z. B. für Autobahnen, Tunnels, Brücken)* • toll

Mautgebührabbuchung im Vorbeifahren *f* <verk.fin> *(mit Chip-Karte)* • road-pricing

Mautschaltung *f* <kfz.msr> *(el. Fensterheber)* • toll circuit

Mautschranke *f* <verk> *(an Grenze, Mautstelle)* • tollgate; turnpike *obs*

Mautstelle *f* <verk> • tollgate

Mautstraße *f* <verk.fin> *(gebührenpflichtige Straße)* • toll road; turnpike *US*

Mautstrecke *f* <verk.fin> *(gebührenpflichtige Straße)* • toll road; turnpike *US*

Mauve *n* <phot> • mauve

Maxi-Diskette *f obs* <edv> • 8-inch floppy disk; maxi diskette; 200 mm flexible disk cartridge *ECMA.rare*

Maximadämpfer *m* <el.chem> • maximum suppressor; maxima suppressor; maximum-suppressor *GB*

Maximalabstand *m* <tech.allg> *(z. B. beim Vergrößern: zw. Gerätekopf und Grundbrett)* • maximum distance

Maximalauslenkung *f* <msr> • maximum deflection

Maximalauslöser *m* <tech.allg> *(Überlastungsschutz)* • overload release

Maximalauslösung *f* <el> • overload tripping; overcurrent circuit breaking

Maximalbeanspruchung *f* <energ> *(Strombelastung eines Kraftwerks)* • maximum load demand; maximum load; maximum demand; maximum power load; maximum power demand

Maximalbedingung *f* <math> • maximum condition

Maximalbelastbarkeit *f* <mech> *(in Masse-, Gewichts-od. Krafteinheiten)* • permissible load; maximum loadability

Maximalbelastung *f* <tech.allg> • maximum load; maximum loading

Maximalbelastung *f* <energ> *(Strombelastung eines Kraftwerks)* • maximum load demand; maximum load; maximum demand; maximum power load; maximum power demand

Maximaldosis *f* <med> • maximum dose

Maximaldruck *m* <rls> *(z. B. Behälter, Rohr)* • maximum pressure

Maximaldruckventil *n* <rls> *(allg.; in Hydraulik, Pneumatik)* • pressure-limiting valve; relief valve

Maximaldruckventil *n rar* <rls> • overload relief valve

Maximale *f* <math> • maximal

maximale Abweichung *f* <nukl> • maximum deviation

maximale Arbeitsplatzkonzentration *f* (MAK) <med> *(z. B. von chem. Substanzen in Raumluft)* • maximum working-site concentration

maximale Belastung *f* <mech> • maximum load

maximale Dämpfung *f* <phys> • maximum attenuation

maximale Datentransferrate *f* <edv> *(maximal erreichbare Geschwindigkeit bei der Datenübertragung)* • maximum data transfer rate; external transfer rate; raw data rate; burst transfer rate; burst rate *pract*

maximale Datenübertragungsrate *f* <edv> *(maximal erreichbare Geschwindigkeit bei der Datenübertragung)* • maximum data transfer rate; external transfer rate; raw data rate; burst transfer rate; burst rate *pract*

maximale Dauerbetriebstemperatur f <tech.allg> *(z. B. Ofen, Gasturbine)* • maximum continuous service temperature

maximale Einschlusszeit f <nukl> • maximum confinement time

maximale Emissionskonzentration f <emiss> • maximum-state-limited emission concentration

maximale Empfindlichkeit f <msr> • peak response

maximale Flugbahnhöhe f <mil> *(ballistisch; Geschoss, Rakete)* • trajectory peak

maximale Immissionskonzentration f (MIK) <ökol.emiss> *(höchste Konzentration luftverunreinigender Stoffe in der freien Atmosp)* • threshold limit value in the free environment (TLV)

maximale Last f <mech> • maximum load

maximale Lastaufnahme f <förd> • maximum load

maximale Lauflänge f <edv> • maximum run length

maximaler Ausschlag m <nukl> • maximum radius

maximaler Aussteuerbereich m <edv.av> • maximum full-range

maximaler CO2-Gehalt m <verbr> • maximum CO_2 content

maximaler Druck m <tech.allg> *(von Druckluft)* • maximum high pressure; maximum pressure

maximaler Kurzschlussstrom m <el> • peak cathode fault current

maximaler Lichthelligkeitsbereich m <edv> • hotspot; pool of light *rare*

maximaler Wert der Korrelationsfunktion m <navig> • correlation peak

maximaler Wirkungsquerschnitt m <nukl> • peak cross-section

maximal erzielbare Reichweite f <tech.allg> *(z. B. Flugzeug, Sender)* • maximum operating range

maximales Betriebsgewicht n <logist> *(als Nennwert; Container)* • weight rating; maximum operating gross weight

maximale Schussmasse f <kst> *(Spritzgießen)* • shot capacity

maximales Element n <math> • maximal element; maximal member

maximales Hubvolumen n <kst> *(allg.; maximaler Dosierweg x wirksame Querschnittsfläche)* • maximum injection volume; maximum displacement; maximum stroke volume

maximales Hubvolumen n <kst> *(bei Kolbenspritzgießmaschinen)* • maximum injection piston displacement

maximales Hubvolumen n <kst> *(bei Schneckenspritzgießmaschinen)* • maximum injection screw displacement

maximale Sicherheit n <tech.allg> *(eines Orts, Systems)* • maximum safety; zero risk *coll*

maximales Kopierformat n <druck> • maximum copy paper

maximales Korrelationsprodukt n <navig> • correlation peak

maximales Ladevolumen erreichen vi <nfz.logist> *(z. B. Lkw, Bahnwaggon, Schiff)* • cube out *vt*

maximale Speisespannung f <el> • maximum supply voltage

maximale Stellenzahl f <edv> • capacity

maximales Vorlagenformat n <druck> • maximum original size

maximale Tragfähigkeit f <mech> *(zulässige Belastung)* • maximum load rating

maximale Transferrate f <edv> *(Daten; z. B. von Festplatten)* • peak transfer rate

maximale Wattzahl f <licht> *(von Lampen in Leuchten)* • maximum wattage

maximale Wertigkeit f <chem> • maximum valence

Maximalfüllung f <logist> • maximum admission

Maximalgröße f <tech.allg> • maximum size

Maximallast f <energ> *(Strombelastung eines Kraftwerks)* • maximum load demand; maximum load; maximum demand; maximum power load; maximum power demand

Maximallauflänge f <edv> • maximum run length

Maximalleistung f <tech.allg> • maximum output; maximum power

Maximalleistung f IEV 415 <energ> *(Kraftwerk)* • maximum power IEV 415; maximum power output; peak power

Maximalrelais n <el> • overcurrent relay; overload relay; maximum-current circuit breaker; overcurrent circuit breaker; overload switch

Maximalschalter m <el> • overcurrent relay; overload relay; maximum-current circuit breaker; overcurrent circuit breaker; overload switch

Maximalschwärzung fsg <phot> • maximum density *sg*

Maximalspannungsausschalter m <el> • overvoltage circuit breaker

Maximalstrom m <el> • maximum current

Maximalvalenz f <chem> • maximum valence

Maximalwert m <allg> • maximum value; maximum; highest value; peak value

maximal zulässig <allg> • maximum allowable; maximum permissible

maximal zulässige Konzentration f <tech.allg> *(z. B. v. Schadstoffen)* • maximum allowable concentration (MAC); maximum permitted concentration

maximal zulässige Last f <mech> *(in Masse-, Gewichtsod. Krafteinheiten)* • permissible load; maximum loadability

maximal zulässiger Ablass m <aerospace> *(z. B. von Kraftstoff)* • maximum permitted drain

maximal zulässiger Emissionswert m did <kfz.emiss> • emission standard

maximal zulässiger Fehler m <msr> • error limit; limit of error; margin of error; accuracy limit

maximal zulässiger Luftdruck m <tech.allg> *(von aufgeblasenen Objekten; z. B. Reifen, Ballons, Schlauchbooten)* • maximum permissible inflation pressure

maximal zulässiger Strom m <el> • maximum permissible current

maximal zulässiges Fahrzeuggewicht n <fz> • maximum loaded vehicle weight

Maximaunterdrücker m <el.chem> • maximum suppressor; maxima suppressor; maximum-suppressor *GB*

Maxima-Unterdrücker m <el.chem> • maximum suppressor; maxima suppressor; maximum-suppressor *GB*

Maximize n <edv.av> *(z. B. von Samplern, MP3-Konvertern)* • normalize function; maximize function; optimize function

Maximum n <allg> • maximum value; maximum; highest value; peak value

Maximum an Schwarz <av> • peak black

Maximum an Weiß <av> • peak white

Maximumanzeige f <msr> • maximum indication; maximum reading

Maximumanzeiger m <msr> • maximum demand indicator

Maximumaufgabe f <math> • maximum problem

Maximumbedingung f <math> • maximum condition

Maximum Length Sequence f (MLS) <av> • maximum length sequence (MLS)

Maximum-Likelihood-Methode f <math> • maximum likelihood method

Maximum-Minimum-Thermometer n <msr> • maximum-and-minimum thermometer

Maximum-Minimum-Verhältnis n <tech.allg> *(periodische Funktion)* • peak-to-valley ratio

Maximum Power Point *m* (MPP) <energ.sol> • Maximum Power Point (MPP); Peak Power Point *obs*

Maximum Power Point Tracking *n rar* <energ.sol> • MPP tracking; maximum power tracking *rare*; maximum power point tracking *rare*

Maximum Power Tracking *n rar* <energ.sol> • MPP tracking; maximum power tracking *rare*; maximum power point tracking *rare*

Maximumregistriergerät *n* <msr> • maximum recording device

Maximum-Run-Length *f* <edv> • maximum run length

Maximumsiedepunkt *m* <phys> • maximum boiling point

Maximumthermometer *n* <msr> • maximum thermometer

Maximumzähler *m* <msr> • maximum-demand meter

Maxwell'sche Geschwindigkeitsverteilung *f* <nukl> • Maxwellian distribution; Maxwell distribution

Maxwell'sche Gleichungen *fpl* <phys> • Maxwell's equations

Maxwell'scher Spannungstensor *m* <math> • Maxwell's stress tensor

Maxwell'sche Schraubenregel *f* <phys> • corkscrew rule

Maxwell'sches Diagonalverfahren *n* <phys> *(Strömung)* • Maxwell's diagonal method

Maxwell'sches Kräftefeld *n* <phys> • Maxwell field

Maxwell'sche Verteilung *f* <phys> • Maxwellian distribution

Maxwell-Boltzmann-Statistik *f* <phys> • Maxwell-Boltzmann statistics; classical statistics

Maxwell-Brücke *f* <el> • Maxwell bridge; Maxwell-Wien bridge

Maxwell-Verteilung *f* <nukl> • Maxwellian distribution; Maxwell distribution

MAZ <av> *(von Ton und/oder Bild; typ. auf Band; Vorgang und Ergebnis)* • magnetic recording

Mazeral *n* <min> *(von Kohle)* • maceral; structural component

Mazeration *f* <verf> • maceration

mazerieren *vt* <verf> *(durch Einweichen)* • macerate *vt*

MB <edv> *(1 Megabyte = 2^{20} Byte = 1048576 Byte)* • megabyte (MB); MByte; Mbyte

MBGA <el.ic.prod> *(Gehäuseform)* • micro ball grid array (MBGA)

MByte *n* <edv> *(1 Megabyte = 2^{20} Byte = 1048576 Byte)* • megabyte (MB); MByte; Mbyte

MC <kfz.sport> *(Geländerennen)* • motocross (MX); scrambling

MCC <nahr> *(Stabilisator)* • microcrystalline cellulose (MCC)

McCulloh Circuit <alarm> • McCulloh circuit; McCulloh loop; party line system

MCFC <chem> • molten carbonite fuel cell (MCFC)

MCFC <energ> • molten carbonate fuel cell (MCFC)

MCI <edv.av> • Media Control Interface (MCI); MCI interface

MCI-Schnittstelle *f* <edv.av> • Media Control Interface (MCI); MCI interface

McKey-Verfahren *n* <bekl> *(Schuhherstellung)* • McKey-method

MCN <tele> • micro cellular network (MCN)

MCNC-Steuerung *f* <autom> • multicomputer control

MCN-Funknetz *n* <tele> • MCN network

McPherson-Achse *f* <kfz> *(Fahrwerk)* • MacPherson suspension; strut suspension

McPherson-Federbein *n prakt* <kfz> *(Fahrwerk)* • MacPherson strut; Chapman strut *rare*

McPherson-Vorderachse *f* <kfz> • MacPherson front suspension; strut front suspension *pract.coll*; MacPherson strut front suspension *form*

MCS <navig> *(GPS-Zentrale)* • Master Control Station (MCS); Master Control facility

MCS-Beschichtungssystem *n* <kst> • molecular coating system (MCS)

mc-Si <energ.sol> • polycrystalline silicon

MCV <edv.av> • MIDI-to-CV converter; MIDI-CV converter

MD <edv> • DATA MiniDisc (MD); MiniDisc

MD <petr> • measured depth (MD)

MDA <edv> • Monochrome Display Adapter (MDA)

MDA-Karte *f* <edv> • monochrome display adapter (MDA)

MD-DATA-Laufwerk *n* <edv> • MiniDisc DATA drive; MD DATA drive

MDE-Gerät <edv> • portable data collection device; portable data collection terminal; portable data terminal; portable data entry terminal

MDE-Terminal *n* <edv> • portable data collection device; portable data collection terminal; portable data terminal; portable data entry terminal

MDI <edv> • Multiple Document Interface (MDI)

MDSI-Verfahren *n* <msr> *(z. B. zur Insassenerkennung)* • Multiple Double Short Time Integration (MDSI)

ME-Band <av> • metal evaporated tape (ME tape)

mechanical Plating *n* <obfl> *(mit Zink)* • mechanical plating; mechanical galvanizing

Mechanik *f* <mech> • mechanics

Mechanik *f* <mus> • mechanical action; tracker action; mechanism

Mechanik der festen Körper *f* <mech> • mechanics of solids

Mechanik der Flüssigkeiten und Gase *f* <phys> • mechanics of fluids; fluid mechanics

Mechanik der Kontinua *f* <phys> • continuum mechanics

Mechanik der Massepunkte *f* <phys> • particle mechanics

Mechanikerdrehmaschine *f* <wz.masch> • bench lathe; precision lathe

Mechanik ruhender Körper *f* <mech> • statics

Mechanikwippe *f* <mus> *(Orgel; mechanische Traktur)* • backfall; rocking-lever; rocker; back-fall

mechanisch <mech> • mechanical

mechanisch abfahrbarer Schwanenhals *m* <nfz> • mechanical folding gooseneck; mechanic gooseneck

mechanisch bedingter Koppelverlust *m* <opt.lwl> • extrinsic coupling loss

mechanisch beschickte Feuerung *f* <verbr> • mechanically charged firing

mechanische Abreinigung *f* <verf> • mechanical cleaning

mechanische Abwasserreinigung *f* <verf.hydr> *(in Absetzbecken und/oder Rechen- und Siebanlagen)* • primary treatment

mechanische Addiereinrichtung *f* <autom> • mechanical adding device

mechanische Aufladung *f* <mot> • mechanical supercharging

mechanische Beanspruchung *f* <tech.allg> • mechanical stress

mechanische Beschleunigung *f* <nukl> • mechanical acceleration

mechanische Dividiereinrichtung *f* <autom> • mechanical dividing device

mechanische Eigenschaften *fpl* <qualit> • mechanical properties

mechanische Einrichtung *f* <masch> • mechanism

mechanische Elemente *npl* <tech.allg> • mechanical elements

mechanische Entladung *f* <logist> *(z. B. Güterwaggon)* • gravity unloading

mechanische Entwässerung *f* <verf> • mechanical dewatering

mechanische Festigkeit f <qualit.mat> • mechanical strength

mechanische Klärung f <verf.hydr> (in Absetzbecken und/oder Rechen- und Siebanlagen) • primary treatment

mechanische Latenz f <edv> (Summe aus Positionierzeit, Umdrehungslatenz und head switch time) • mechanical latency

mechanische Maus f <edv> (bis ca. 2001 die typische Maus) • track ball mouse

mechanische Oberflächenbehandlung f <obfl> • mechanical surface treatment

mechanische Orgel f <mus> • tracker organ; tracker-actioned organ; tracker action organ; mechanical action organ

mechanische Presse f <prod> • mechanical press

mechanische Pumpe f <förd> • mechanical pump

mechanischer Aufbau m <tech.allg> • mechanical construction

mechanischer Aufschluss m <pap> • mechanical pulping; groundwood pulping

mechanischer Bandschnitt m <av> • mechanical tape editing; mechanical editing; manual tape editing; manual editing

mechanischer Bildstabilisator m (MIS) <av> • mechanical image stabilizer (MIS); mechanical image stabilization; mechanical image stabilizing system

mechanischer Bildstabilisierer m <av> • mechanical image stabilizer (MIS); mechanical image stabilization; mechanical image stabilizing system

mechanischer Dispersionswäscher m <verf> • disintegrator scrubber; dynamic type scrubber; disintegrator washer

mechanischer Drehzahlmesser m <msr> • centrifugal tachometer; mechanical tachometer

mechanischer Drehzahlregler m <mot> • engine speed governor

mechanischer Drehzahlregler m <msr> (z. B. Fliehkraftregler) • speed governor; mechanical governor

mechanischer Drucker m <druck> (z. B. Nadeldrucker, Typenraddrucker) • impact printer; mechanical printer

mechanische Registertraktur f <mus> (Orgel) • mechanical stop action; stop mechanism

mechanische Registratur f <mus> (Orgel) • mechanical stop action; stop mechanism

mechanische Reinigung f <verf.hydr> (in Absetzbecken und/oder Rechen- und Siebanlagen) • primary treatment

mechanischer Einschluss m <ents> (zur Stabilisierung von Schadstoffen) • physical stabilization

mechanischer Entstauber m <emiss.verf> • mechanical dust collector

mechanischer Erschütterungskontakt m <alarm> (mit Federkontakt) • vibration detector; mechanical vibro-contact; mechanical vibration detector; vibration alarm/contact; contact vibration sensor

mechanischer Erschütterungsmelder m <alarm> (nach Massenträgheitsprinzip) • mass inertia detector; mass inertia type shock sensor; inertia detector; inertia sensor; shock sensor

mechanischer Gleichrichter m <el> • commutator rectifier; Delon rectifier

mechanischer Greifer m <autom> • mechanically-operating gripper

mechanischer Kamera-Auslöser m <phot> (im Ggs. zu elektr. Auslöser für Motorbetrieb) • mechanical shutter release

mechanischer Kontakt m <el> • mechanical contact; mechanical switch

mechanischer Lader m <mot> • positive displacement supercharger; supercharger

mechanischer Parallelmanipulator m <autom> • mechanical master slave manipulator

mechanischer Rührer m <verf> • impeller agitator

mechanischer Schnitt m <av> • mechanical tape editing; mechanical editing; manual tape editing; manual editing

mechanischer Speicher m <autom> (z. B. Kurventrommel, Nocken) • mechanical memory

mechanischer Spleiß m <lwl> • mechanical splice

mechanischer Treibhammer m <kfz.wz> (Blechformen) • power hammer

mechanischer Turbinenregler m <turb> • mechanical turbine governor

mechanischer Unterbrecher m <el> • chopper

mechanischer Verschleiß m <qualit> • mechanical wear

mechanischer Webstuhl m <textil> • power loom

mechanischer Wert <qualit> • mechanical value

mechanischer Wirkungsgrad m <phys> • mechanical efficiency

mechanisches Aufzeichnungsgerät n <msr> • mechanical recorder

mechanisches Druckverfahren n <edv> • impact printing; mechanical transfer printing; mechanotransfer printing

mechanisches Frequenzrelais n <el> • resonant reed frequency relay; resonant reed relay

mechanisches Lichtäquivalent n <phys> • mechanical equivalent of light

mechanisches Mischgefäß n <ents> • mechanical mixing vessel

mechanisches Moment n <phys> • eigen angular momentum

mechanische Spannung f rar <mech> (durch Verformung induzierte Kraft pro Flächeneinheit; in N/mm^2) • stress; unit stress; mechanical stress rare

mechanische Spieleinrichtung f <mus> • mechanical key action; tracker key action; tracker key-action; key mechanism

mechanische Spieltraktur f <mus> • mechanical key action; tracker key action; tracker key-action; key mechanism

mechanische Spielventiltraktur f <mus> • mechanical key action; tracker key action; tracker key-action; key mechanism

mechanisches Plattieren n <obfl> (mit Zink) • mechanical plating; mechanical galvanizing

mechanisches Reinigen n <obfl> (durch Reiben, Scheuermittel) • abrasive cleaning; mechanical cleaning

mechanische Stabilität f <qualit.mat> • mechanical stability

mechanisches Umsetzelement n <msr> • mechanical sensing element; elastic sensing element; flexure; elastic element; elastic member

mechanisches Verformungselement n <msr> • mechanical sensing element; elastic sensing element; flexure; elastic element; elastic member

mechanisches Wärmeäquivalent n <therm> • thermal equivalent

mechanische Tastatur f <edv> • mechanical keyboard

mechanische Tonsteuerung f <mus> • mechanical key action; tracker key action; tracker key-action; key mechanism

mechanische Traktur f <mus> • mechanical action; tracker action; mechanism

mechanische Verbindung f <edv> • mechanical connector

mechanische Verfestigung f <chem> (von Filzen) • mechanical interlocking; mechanical bonding

mechanische Verluste mpl <tech.allg> • friction losses

mechanische Verluste *mpl* <mech> *(z. B. durch Reibung)* • mechanical losses *pl*

mechanische Verriegelung *f* <masch> • mechanical interlock; mechanical interlocking

mechanische Verspannung *f* <tech.allg> • mechanical strain

mechanische Verwitterung *f* <geo> • disintegration

mechanische Windnachführung *f* <energ.wind> • passive yaw

mechanische Zentrierung *f* <masch> • mechanical centering *US*; mechanical centring *GB*

mechanische Zündzeitpunktverstellung *f* <kfz.el> *(mechanisches, altes System)* • ignition advance mechanism; advance mechanism *pract*

mechanisch gekuppelte Bauelemente *npl* <tech.allg> • ganged components

mechanisch gereinigtes Abwasser *n* <verf.hydr> • primary effluent

mechanisch-technologische Werkstoffprüfung *f* <qualit.mat> • mechanical materials testing

mechanisch zugeführt <prod> • power-fed

mechanisieren *vt* <autom> • mechanize *vt US*; mechanise *vt GB*

mechanisierter Ausbau *m* DIN 21549 <min> *(z. B. Schreitausbau)* • powered support

Mechanisierung *f* <autom> • mechanization *US*; mechanisation *GB*

Mechanisierungsgrad *m* <autom> • level of mechanization

Mechanismus *m* <tech.allg> • mechanism

Mechanismustyp *m* <masch> • type of mechanism

mechanokalorischer Effekt *m* <phys> • mechanocaloric effect

Mechatronik *f* <masch> • mechatronics

Mechatroniksoftware *f* <prod> • mechatronics software

Mediaabteilung *f* <werb> • media department

Media Access Control *n* (MAC) <el> *(medienspezifisches Zugangsprotokoll)* • Media Access Control (MAC)

Mediaagentur *f* <werb> • media agency

Mediaanalyse *f* <werb> • media analysis

Media Control Interface *n* (MCI) <edv.av> • Media Control Interface (MCI); MCI interface

Media-Director *m* <werb> • media director

Mediadirektor *m* <werb> • media director

Mediaeinkauf *m* <werb> • media buying; space buying

Media Mix *m* <werb> • media mix

Mediane *f* <math> *(Statistik)* • median

Mediankarte *f* <qualit> *(Qualitätssicherung)* • median control chart

Medianwert *m* <math> • median value; median

Mediaplan *m* <werb> • media plan; media schedule

Mediaplaner *m* <werb> • media planner; media man

Mediaplanung *f* <werb> • media planning; media scheduling

Medienbetreuung *f* <werb> *(bei Veranstaltungen aller Art, z. B. Sport, Kunst, Messe)* • media relations

Medienhaltbarkeit *f* <edv> • media durability

medienorientierter Systemtransport *m* (MOST) <kfz.msr> • media-oriented systems transport (MOST)

medikamentenresistent <pharm> *(z. B. Salmonellen, Bakterien)* • drug-resistant

medikamentenresistente Bakterien *npl* <hygi> • drug-resistant bacteria

medikamentenresistente Salmonellen *fpl* <nahr> • drug-resistant salmonella

Medikamentenvernebler *m* <med.tech> *(Erzeugung von Medikamenten-Aerosolen)* • nebulizer *US*; nebuliser *GB*

Medium *n* <tech.allg> • medium

Medium *n* <edv.tele> *(z. B. für Kommunikation)* • medium

Medium *n* <werb> • medium; advertising medium; media vehicle; advertising vehicle

mediumberührt <rls.obfl> • wetted

mediumberührte Oberfläche *f* <rls> *(z. B. Innenseite von Rohren, Armaturen)* • wetted surface

Medium Density <edv> • medium density

Medium-Earth-Orbit-System *n* (Meos) <navig> • medium earth orbit system (Meos)

Medium-Range-Scannen *n* <edv> • medium-range scanning

Mediumtemperatur *f* <prod> • medium temperature

medizinische Absauggeräte *npl* DIN EN ISO 10079 <med.tech> • medical suction equipment DIN EN ISO 10079

medizinische Elektrogeräte *npl* <el> • medical electrical equipment IEC 60601-1

medizinische Elektronik *f* <med.tech> • medical electronics

medizinische Illustration *f* <doku> • medical illustration; medical rendering

medizinische Mikrobiologie *f* DIN 58940-3 <med.bio> • medical microbiology DIN 58940-3

medizinischer Edelstahl *m* <mat.med> • medical grade [stainless] steel; surgical grade [stainless] steel; 316L stainless steel; medical steel; 316L steel *pract*

medizinisches Gas *n* <med.tech> • medical gas

medizinische Technik *f* <med.tech> • medical engineering; medical device technology *rare*

medizinisch-psychologische Untersuchung *f* (MPU) <verk.med> • medical-psychological examination

Medizinprodukt *n* <med.tech> • medical device

Medizintechnik *f* <med.tech> • medical engineering; medical device technology *rare*

Meeresablagerung *f* <geo> • marine deposit

Meeresatmosphäre *f* <obfl> • marine atmosphere

Meeresbauwerk *n* <petr> • marine structure; offshore structure

Meeresbecken *n* <geo> • ocean basin

Meeresbergbau *m* <min> • ocean mining; marine mining

Meeresboden *m* <geo> • ocean floor; sea bed; sea floor; sea bottom

Meeresboden-Gründung *f* <bau> • seabed foundation

Meeresgeologie *f* <geo> • marine geology

Meeresgrund *m* <geo> • ocean floor; sea bed; sea floor; sea bottom

meeresklimabeständig <qualit> *(Korrosion)* • resistant to marine climate

Meeresküste *f rar* <geo> • coast; sea-coast; seashore; shore

Meereskunde *f* <geo> • oceanology; oceanics

Meeresluft *f* <obfl> • marine atmosphere

Meeresspiegel *m* <geo> • sea level

Meeresspiegelbezugsebene *f* <geo> • mean sea level (msl); sea-level datum plane; reference level; zero level; ordnance datum

Meeresströmung *f* <geo> • ocean current; sea current

Meerestechnik *f* <petr> • marine engineering; ocean engineering; offshore engineering

meerestechnische Einheit *f* <petr> • offshore unit

Meeres- und Offshore-Technik *f* <petr> • marine and offshore engineering

Meeresverschmutzung *f* <ökol> • marine pollution

Meersalz *n* <nahr> • marine salt; sea salt

meertragend <geo> *(mit ozeanischer Kruste bedeckt)* • ocean-bearing

Meerverlegung *f* <tech.allg> *(von Pipelines, Kabeln)* • submarine laying

Meerwasser *n* <chem> • sea-water

meerwasserecht <obfl> *(Farbe, Lack)* • fast to sea-water

Meerwasserentsalzung f <verf> (z. B. mit Solarenergie) • desalination; sea-water desalination; sea-water desalting

Meerwasserentsalzungsanlage f <verf> • sea-water desalination plant; sea-water desalting plant

meerwasserfest <mat> (Material, Gewebe) • resistant to seawater

Meerwasserkorrosion f DIN EN ISO 8044 <obfl> (Meerwasser als Hauptbestandteil des Korrosionsmediums) • marine corrosion ISO 8044

Meeting n <werb> • meeting

Mega... (M) <phys.msr> (Vorsilbe für Einheiten: 10^6) • mega (M)

Megabit n <edv> • megabit

Megabyte n (MB) <edv> (1 Megabyte = 2^{20} Byte = 1048576 Byte) • megabyte (MB); MByte; Mbyte

Megaelektronenvolt n (MeV) <phys> • mega-electron volt (MeV)

Megahertz n (MHz) <phys> (1.000.000 Schwingungen od. Takte pro Sekunde) • megahertz (MHz)

MegaLogic n Gru <av> • MegaLogic Gru

Megaohm n <el> • megohm

Megaohmmeter n <msr> • megohmmeter; megger jarg

Megaphon n <akust> • megaphone

Megawattanlagen fpl <energ.wind> • megawatt sized wind turbines

Megawatt-Tag pro Tonne m <energ> • megawatt-day per ton

Mehl n <agri> (eher grobkörnig, essbar; z. B. von Getreide, Saatgut, Nüssen) • meal

Mehl n <nahr> (z. B. aus Weizen, Fisch, Kartoffeln) • flour

Mehlen n <druck> (von Druckfarben) • chalking

Mehlkleister m <füg> • starch paste

Mehlkorn n <bau.mat> (Beton) • fines pl; fine matter

Mehlstaub m <nahr.prod> • flour dust

Mehltankwagen m <nfz> • bulk flour tanker

Mehrachsanhänger m <nfz> • multiaxle trailer

Mehrachsantrieb m <bahn> • multi-axle traction :V

Mehrachsantrieb m <nfz> • multi-axle drive :V

Mehrachsenfahrzeug n <nfz> • multiaxle vehicle

Mehrachsensteuerung f <wz.masch> • multiaxis control

mehrachsig <fz> (z. B. LKW) • multiaxle

mehrachsig <mech> (Spannungszustand) • multiaxial

mehrachsig <mech> (Spannungszustand) • multi-axial

mehrachsig <wz.masch> • multidirectional

Mehradressbefehl m <edv> • multiaddress instruction; multiple-address instruction

mehradrig <el> (Kabel) • multicore; multiwire

mehradriges Kabel n <el> • multicore cable; multi-core cable; multiconductor cable; multiple-conductor cable

Mehranodengleichrichter m <el> • multianode rectifier

mehrarmiger Lichtleiter m <lwl> • multi-branch light guide

mehrarmiger Roboter m <autom> • multiple-arm robot

mehratomig <chem> • polyatomic

Mehrbackenbrecher m <verf> • multijaw crusher

Mehrbahneneinwickelmaschine f <pack> • multi-lane wrapper

Mehrbahnofen m <verbr> • multipassage kiln

Mehrbandantenne f <tele> • multiband antenna US; multiband aerial GB

Mehrbandtrockner m <verf> (allg.) • multiconveyor drier; multiple-belt drier

Mehrbandtrockner m <verf> (Tunneltrockner) • multiple-belt tunnel drier

Mehrbandtrockner m <verf> (mehrstufig) • multistage belt drier

mehrbasig <chem> (Säure) • polybasic

mehrbasige Säure f <chem> • polybasic acid; polyacid

Mehrbelastung f <allg> (physisch und geistig; z. B. von Personal oder Hardware) • additional load

Mehrbenutzerbetrieb m <edv> • multiuser operation; multiuser mode

Mehrbenutzersystem n <edv> • multiuser system

Mehrbenutzerumgebung f <edv> • multiuser environment

Mehrbereichsinstrument n <msr> • multirange instrument

Mehrbereichskerze f <kfz.el> • multi-range spark plug :V

Mehrbereichsmessinstrument n <msr> • multirange instrument

Mehrbereichsöl n <tribo> (mit mehreren Viskositätsklassen; z. B. 10W-40) • multigrade oil

Mehrbereichsschreiber m <msr> • multirange recorder; multispan recorder rare

Mehrbereichsverstärker m <el> • multiband amplifier

Mehrbereichszündkerze f <kfz.el> • multi-range spark plug :V

mehrbettige Setzmaschine f <druck> • multideck table

Mehr-Bit-Scanner m <edv> • multi-bit scanner

Mehrblattfeder f <masch> (z. B. bei Lkw, Güterwaggons) • multi-leaf spring

Mehrbreitencode m <edv> (Strichcodetyp) • multi-level symbology; multi-level code

Mehrbreitensymbologie f <edv> (Strichcodetyp) • multi-level symbology; multi-level code

Mehrchipspeichersystem n <edv> • multichip memory system

mehrchorig <textil> • multiframe

Mehrdeckersiebmaschine f <verf> • multideck screen

Mehrdecksiebmaschine f <verf> • multideck screen

mehrdeutig <math> • multivalued; multiple-valued; many-valued

Mehrdeutigkeit f <math> • multivaluedness; many-valuedness

Mehrdienstterminal n <tele> • multifunction terminal; multi-services terminal

mehrdimensional <tech.allg> • multidimensional; poly-dimensional

mehrdimensionale Analyse f <math> • multivariate analysis

mehrdimensionale Normalverteilung f <math> • multivariate distribution

mehrdimensionale Verteilung f <math> • multivariate distribution

mehrdrähtiger Leiter m <el> • stranded conductor; multistrand conductor; stranded wire; strand

mehrdrähtiger Rundleiter m (RM) VDE <el> • stranded circular conductor IEC; circular stranded conductor

mehrdrähtiger Sektorleiter m (SM) VDE <el> • stranded shaped conductor IEC; shaped stranded conductor; stranded sector conductor; sector strand

Mehrdrahtantenne f <tele> • multiwire antenna US; multiwire aerial GB

Mehrdrahtschutzgasschweißen n <füg> • inert-gas multielectrode welding

Mehrdruckdampfturbine f <turb> • mixed-pressure turbine

Mehrdruckturbine f <turb> • mixed-pressure turbine

Mehrdüsenvergaser m <mot> • multijet carburetor US; multijet carbureter US; multijet carburettor GB

Mehrebenenbearbeitung f <edv> • multilevel processing

Mehrebenendrehschalter m <el> • multigang rotary switch

Mehrebenenleiterplatte f <el> • multilevel printed circuit board; multilevel pcb

Mehrebenenspeicherung f <edv> • multilevel storage

Mehrebenensteuerung f <msr> • multilevel control; hierarchic control ladder rare

Mehrebenensystem *n* <tech.allg> • multilevel system
Mehrebenenverdrahtung *f* <el> • multilayer wiring
Mehreck *n* <math> • polygon
mehreindeutig <math> • many-to-one
Mehrelektrodenröhre *f* <el> • multielectrode valve
Mehrelektronenspektrum *n* <phys> • many-electron spectrum
Mehrelektronensystem *n* <phys> • multielectron system
mehrere Dichtebenen *fpl* <bau> *(z. B. von Fenstern, Türen)* • multiple seals *pl*
mehrere Dichtungsebenen *fpl* <bau> *(z. B. von Fenstern, Türen)* • multiple seals *pl*
Mehretagenofen *m* <verbr> • multihearth furnace; multi-storey furnace *GB*
Mehretagenpresse *f* <prod> • multidaylight press; multi-platen press
Mehrfach... <tech.allg> • multiple-...; multi-...; poly-...
Mehrfachabdeckung *f* <energ.sol> *(von Absorbern)* • multiple glazing
mehrfach abgestimmte Antenne *f* <el> • multiple-tuned antenna *US*; multiple-tuned aerial *GB*
Mehrfachabruf *m* <tele> • multiple polling
Mehrfachabtastung *f* <edv> • multiple reading; multiple scanning
Mehrfachabtastung *f* <edv> • multiple scanning
Mehrfachadressierung *f* <edv> • multiaddressing
Mehrfachanguss *m* <kst> • multiple gating; multiple gate; multi gating
Mehrfachanregung *f* <el> • multiple excitation
Mehrfachanschluss *m* <el> • multi-access line
Mehrfachantenne *f* <av> *(betont: für mehrere Frequenzen)* • multiple-tuned antenna *US*; multiple-tuned aerial *GB*
Mehrfachantenne *f* <av> *(betont: mehrere Einheiten)* • multiunit antenna *US*; multiunit aerial *GB*
Mehrfachaufspannung *f* <prod> • multiple set-up
Mehrfachausnutzung *f* <tele> *(eines Frequenzbands)* • multiplexing; multiple utilization; channeling *US*; channelling *GB*
Mehrfachbedingung *f* <edv> • compound condition
Mehrfachbelichtung *f* <phot> *(allg.)* • multiple exposure
Mehrfachbelichtung *f* <phot> *(Vorgang; Belichten von zwei oder mehr Negativen auf ein Blatt Fotopapier)* • multiple negative printing; multiple exposure
Mehrfachbelichtung *f* <phot> *(Ergebnis)* • multiple print; multiple exposure
Mehrfachbelichtungshebel *m* <phot> • multiple exposure lever
Mehrfachbelichtungsknopf *m* <phot> • multiple-exposure button
Mehrfachbelichtungsrahmen *m* <phot> • multiple exposure frame
Mehrfachbelichtungsschalter *m* <phot> • multiple-exposure control
Mehrfachbeschichtung *f* <obfl> • multilayer coating
Mehrfachbeschleunigung *f* <phys> • multiple acceleration
mehrfach beschreibbare Digital Versatile Disc *f* did <edv> *(ca. 100.000× beschreibbar; Phase Change)* • DVD-RAM; DVD-Random Access Memory
mehrfach beschreibbarer optischer Speicher *m* <edv> • erasable digital optical disk (EDOD); erasable laser optical disk
Mehrfachbild *n* <av> • multiple image
Mehrfachbindung *f* <chem> • multiple bond
Mehrfachbohren *n* <prod> • multidrilling
Mehrfachdrahtziehmaschine *f* <wz.masch> • multiple wire drawing machine
Mehrfachdrahtzug *m* <metall> • continuous wire drawing

Mehrfachdrehkondensator *m* <el> • gang capacitor; multisection capacitor
Mehrfachecho *n* <qualit.mat> *(z. B. Ultraschallprüfung)* • multiple echo
Mehrfacheinzug *m* <textil> • corkscrew drawing-in draft
Mehrfachelektrode *f* <el> • multiple electrode; polyelectrode
Mehrfachempfang *m* <av> • multipath reception; multiplex reception; diversity reception *rare*
Mehrfachendgeräteanschluss *m* <tele> • multi-terminal installation
Mehrfachentwickler *m* <phot> • reusable developer
Mehrfacherdschluss *m* <el> • multiple earth fault; multiple earth leakage
Mehrfacherregung *f* <el> • multiple excitation
Mehrfacherzeugung *f* <prod> • plural production
Mehrfachexpansionsmaschine *f* <masch> • multiple-expansion engine
Mehrfachextraktions-Verfahren *nsg* <ents> • Multiple Extraction Procedure (MEP)
Mehrfachfahrtmesser *m* <aerospace> • speed indicator combination
Mehrfachform *f* <kst> *(Spritzgießen, Thermoformen)* • multicavity mold
Mehrfachform *f* <prod> *(Pressen)* • multi-impression mold
Mehrfachfunkenstrecke *f* <el> • multiple spark gap
Mehrfachgarn *n* DIN 60900 <textil> • plied yarn
mehrfach gekröpft <masch> *(z. B. Welle)* • multithrow
Mehrfachgelenkglied *n* <masch> • compound link
Mehrfachgesenk *n* <wz> • multiple impression die block
Mehrfachgewebe *n* <textil> • multilayer fabric
Mehrfachgleitprozess *m* <mat> • multiple slip
Mehrfachhalbleitersystem *n* <el> • multiple-unit semi-conductor device
Mehrfachhubgerüst *n* <logist> *(Hochregalstapler)* • multiple lift mast
Mehrfachindizierung *f* <edv> • multiple indexing
Mehrfachinterferenz *f* <phys> • multiple-beam interference
Mehrfachkammer *f* <phot> • multilens camera
Mehrfachkeilwelle *f rar* <masch> *(Längsnuten mit etwa rechteckigem Querschnitt; i. Ggs. zu Kerbzahnwelle)* • splined shaft; spline shaft; multiple spline shaft *rare*
Mehrfachkette *f* <antr> • multiple chain
Mehrfachkette *f* <el> *(von Isolatoren)* • multiple insulator chain
Mehrfachkondensator *m* <el> *(allg.)* • gang capacitor; multisection capacitor
Mehrfachkontakt *m* <el> • multiple contact
Mehrfachkontur *f* <av> *(Bildfehler)* • multiple ghosting
Mehrfachkopie *f* <büro> • multicopy
Mehrfachkoppler *m* <tele> • multiplexer
Mehrfachlichtbogenschweißen *n* <füg> • multiple-arc welding
Mehrfachlichtschranke *f* <sich> *(allg.; an Alarmanlagen, Maschinen-Unfallschutz)* • multiple infra-red beam barrier
Mehrfachlinie *f rar* <edv> • polyline
Mehrfach-Masseelektrode *f* <kfz.el> *(Zündkerze)* • multiple-ground electrode; multipolar ground electrode *rare.Beru*
Mehrfachmeißelhalter *m* <wz.masch> • multitool block
Mehrfachmesserschalter *m* <el> • tandem knife switch
Mehrfach-Messgerät *n* <msr> *(z. B. Rauchgas-Analysegerät)* • multi-component measuring instrument
Mehrfachmessinstrument *n* <msr> • multimeter; multipurpose measuring instrument; universal measuring instrument
Mehrfachmessung *f* <msr> • multimetering
Mehrfachmodulation *f* <phys> • multiple modulation

Mehrfachnebenwiderstand *m* <el> • universal shunt
Mehrfachnocken *m* <masch> • multilobe cam
Mehrfachpotentiometer *n* <el> • gang potentiometer; ganged potentiometer
Mehrfachprisma *n* <phot> *(Vorsatzlinse)* • multiple-image filter
Mehrfachprismenführung *f* <wz.masch> • multivee slide
mehrfach programmierbarer Nur-Lese-Speicher *m* (EEPROM) <edv> *(elektrisch löschbar)* • electrically erasable programmable read-only memory (EEPROM)
mehrfach programmierbarer Nur-Lese-Speicher *m* (EPROM) <edv> *(durch UV-Licht löschbar)* • erasable programmable read-only memory (EPROM)
Mehrfachprogrammierung *f* <edv> • multiple programming; multiprogramming
Mehrfachpunktschreiber *m* <msr> • multipoint recorder
Mehrfachpunktschweißen *n* <füg> • multiple-electrode spot welding
Mehrfachpunktschweißmaschine *f* <füg> • multiple-spot welding machine
Mehrfachräumwerkzeugsatz *m* <wz> • multiple-broach assembly
Mehrfachrahmen *m* <masch> • multiframe
Mehrfachrahmensynchronisierung *f* <tele> • multi-framing
Mehrfachreflexion *f* <phys> *(elektromagnetischer Wellen)* • zigzag reflection
Mehrfachreflexion *f* <qualit.mat> *(Ultraschallprüfung)* • multiple reflection
Mehrfachreflexionsfunkverbindung *f* <tele> • multihop transmission
Mehrfachregelung *f* <msr> • multiple control
Mehrfachröhre *f* <el> • multiunit tube; multiple-unit tube; multiunit valve; multiple tube
Mehrfachrollenkette *f* <antr> • multistrand roller chain
Mehrfachsammelschiene *f* <el> • multiple bus bar
Mehrfachschalter *m* <el> • gang switch; multiple switch
Mehrfachschaltpunkte *mpl* <msr> • multiple switching points
Mehrfachschicht *f* <obfl> • multilayer coating
Mehrfachschicht *f* <obfl> *(betont: Schutzschicht)* • multi-layer protective coating
Mehrfachschicht *f* <phys> *(Adsorptionsschicht)* • multi-molecular layer
Mehrfachschmetterlingsantenne *f* <el> • superturnstile antenna *US*; superturnstile aerial *GB*
Mehrfach-Schnellkupplungsanschlüsse *mpl* <tech.allg> • multi quick-release connectors; manifold quick-release connectors
Mehrfachschnitt *m* <prod> *(allg.)* • multiple cut
Mehrfachschnitt *m* <prod> *(im Presswerk)* • multiple blanking
Mehrfachschreiber *m* <msr> • multirecorder; multirecord instrument
Mehrfachschweißmaschine *f* <füg> • multiple welding machine; multiple welder
Mehrfachserienbohren *n* <prod> • multiple repetition drilling
Mehrfachsortierung *f* <verf.ents> • multiple sorting
Mehrfachsperrschichtzelle *f* <energ.sol> *(zur spektralen Zerlegung der Sonnenstrahlung)* • multigap cell; multi-bandgap cell; multijunction cell; tandem cell
Mehrfach-Spiegel-Teleskop *n* <astron> • Multiple Mirror Telescope (MMT)
Mehrfachspleiß *m* <lwl> • multifiber splice *US*; multifibre splice *GB*
Mehrfachspleißverbinder *m* <lwl> • multifiber splice
Mehrfachspleißverbindung *f* <lwl> • multifiber splice *US*; multifibre splice *GB*

mehrfach stabilisierte Abbaugarnitur *f* <petr> • multi-stabilizer dropping assembly
mehrfach stabilisierte Aufbaugarnitur *f* <petr> • multi-stabilizer building assembly
mehrfach stabilisierte Bohrgarnitur *f* <petr> • multi-stabilizer assembly
mehrfach stabilisierte Haltegarnitur *f* <petr> • multi-stabilizer holding assembly
Mehrfachstecker *m* <el> • multi-plug [connector]; multiple-cavity connector *US*; multiple plug; multicontact plug; multipoint plug
Mehrfachstecker *m* <lwl> • multifiber connector
Mehrfach-Steckverbinder *m* <el> • multi-plug [connector]; multiple-cavity connector *US*; multiple plug; multicontact plug; multipoint plug
Mehrfachsteckverbinder *m* <el> • multi-plug [connector]; multiple-cavity connector *US*; multiple plug; multicontact plug; multipoint plug
Mehrfachsteckverbinder *m* <lwl> • multifiber connector *US*; multifibre connector *GB*
Mehrfachsteuerung *f* <msr> • multiple-unit control
Mehrfachstichprobenplan *m* <qualit> • multiple-sampling plan
Mehrfach-Stichprobenprüfung *f* <qualit> • multiple sampling inspection
Mehrfachstichprobenprüfung *f* <qualit> • multiple-sampling inspection
Mehrfachstoß *m* <nukl> • multiple collision
Mehrfachstreuung *f* <phys> • plural scattering
Mehrfachstreuung *f* <tele> • multiple scattering
Mehrfachstromkreis *m* <el> • multiple circuit
Mehrfachstromrichter *m* <el> • multiple converter
Mehrfachtarifzähler *m* <tele> • multiple tariff meter
Mehrfachteilen *n* <prod> • multiple indexing
Mehrfachtelegrafie *f* <tele> • multiple telegraphy; multiplex telegraphy
Mehrfachübertragung *f* <tech.allg> • multiple transmission
Mehrfachübertragung *f* <av> • multipath transmission; multiplex transmission
Mehrfachumschalter *m* <el> • multiple change-over switch; multiway switch
mehrfach ungesättigte Phosphatidylcholine *npl* <chem> • polyunsaturated phosphatidyl cholines (PPC); essential phospholipids *pl*
Mehrfachunterbrechung *f* <tech.allg> • multiple interruption
Mehrfachverarbeitung *f* <edv> • multiprocessing
Mehrfachverglasung *f* <bau> *(Fenster, Türen)* • multiple glazing; multiple glass glazing *rare*
Mehrfachverglasung *f* <energ.sol> *(von Absorbern)* • multiple glazing
Mehrfachverkehr *m* <tele> • multiplexing
Mehrfachverriegelung *f* <bau> *(von Fenstern, Türen)* • multi-point locking system; multiple-point locking hardware
Mehrfachvervielfacher *m* <tele> *(mehrstufig)* • multi-stage multiplier
Mehrfachwerkzeug *n* <kst> *(allg., mit mehreren Formnestern)* • multi-cavity mould *US*; multi-impression mold *US*; multi-cavity mould *GB*
Mehrfachwerkzeug *n* <kst> *(mit verschiedenförmigen Formnestern)* • family mold
Mehrfachwerkzeug *n* <metall> • multiple cavity die; multicavity die
Mehrfachwicklung *f* <el> • multiple winding
mehrfachwirkend <tech.allg> • multiaction
Mehrfachzeichen *npl* <tele> • eccentricity signals
Mehrfachzeilensprung *m* <edv> • multiple interlacing

Mehrfachzerfall m <nukl> (z. B. verzweigter Zerfall) • multiple disintegration

Mehrfachzug m <prod> (Drahtziehen) • multiple drawing

Mehrfachzug-Drahtziehmaschine f <wz.masch> • single-shaft wire-drawing machine

Mehrfachzugriff m <edv> • multiple access; multiaccess

Mehrfachzugriffsnetz n <edv> • multiaccess network

Mehrfachzyklon m <verf> • multi-cyclone separator; multiclone; multicellular cyclone; multiple-unit cyclone

Mehrfadenlampe f <licht> • multifilament lamp

mehrfädig <textil> • multifilament

Mehrfaktorenanalyse f <math> • multiple factor analysis

Mehrfamilienhaus n <bau> • apartment house US; home in multiple occupation form; multiple dwelling unit form; multi-family unit form

Mehrfarbendruck m <druck> • multicolor printing US; multicolour printing GB; process printing

Mehrfarben-Druckmaschine f <druck> • multi-color printing press

Mehrfarbeneffekt m <tech.allg> • multicolor effect; multicolour effect

Mehrfarbenfilter n <opt> • multicolor filter US; multicolour filter GB

Mehrfarbenspritzen n <kst> • multicolor molding US; multicolour molding GB

Mehrfarbenspritzgießmaschine f <kst> • multi-color injection molding machine US

Mehrfarbensteindruck m <druck> • chromolithography

Mehrfarbgrafikbereich m <edv> • multicolor graphics array (MCGA) US; multicolour graphics array GB

mehrfarbig <tech.allg> • polychrome; polychromatic; multicolor US; multicolour GB

mehrfarbige Kette f <textil> • multicolor warp US; multicolour warp GB

mehrfarbige Kopie f <druck> • multi-color copy US; multi-colour copy GB

mehrfarbiger Effekt m <tech.allg> • multicolored effect US; multicoloured effect GB

Mehrfasenbohrer m <wz> • multicut drill

Mehrfasen-Stufenbohrer m <wz> • subland drill

Mehrfeld-Elektroentstauber m <verf> • multi-stage electrostatic precipitator

Mehrfeldmessung f <phot> • matrix metering; segmented metering

Mehrfeldplatte f <bau> • continuous slab

Mehrfeldrahmen m <bau> (Tragwerk, Brücke) • multiple-span frame

Mehrfeldrahmen m <masch> (Regal, Gehäuse) • multi-bay frame

mehrfeldrig <tech.allg> (z. B. Regal) • multibay

mehrfeldrig <bau> (Brücke) • multispan

Mehrfeldträger m <bau> (als Bauteil; i.a. statisch unbestimmt) • continuous girder; continuous beam

Mehrfenstertechnik f <edv> • multiwindow technique; multiwindowing

Mehrflächenfräsen n <prod> • multisurface milling

Mehrflächenlager n DIN ISO 4378-1 <masch> • profile bore bearing ISO 4378-1

mehrflächig <tech.allg> (mit vielen Facetten) • multifacetted

mehrflächig <tech.allg> (allg.) • multiple-area

Mehrflammenbrenner m <verbr> • multijet torch

mehrflammiger Brenner m <verbr> • heating torch

mehrflügelig <bau> (z. B. Fenster) • multi-sash; multi-lite; multi-light

mehrflügelig <masch> (Laufrad) • multibladed

mehrflügelige Kreiskolbenpumpe f <förd> • multi-lobe pump

Mehrflügel-Kolbenpumpe f <förd> • multi-lobe pump

mehrflutig <energ.hydr> (Turbine) • multi-jet

mehrflutig <förd> (Kreiselpumpe; meist zweiströmig) • multi-suction; multi-entry; multi-inlet

mehrflutig <masch> (z. B. Pumpe, Turbine) • multiflow

Mehrfrequenzkode m <tele> • multifrequency code

Mehrfrequenzmonitor m <edv> • multiscan monitor; MultiSync monitor ®NEC; freescan monitor rare; variable frequency display; VFD

Mehrfrequenznetz n (MFN) <tele> • multi-frequency network (MFN)

Mehrfrequenzsystem n <tele> (z. B. Mobil-Telephonie) • multifrequency system

Mehrfrequenztastenwahl f <tele> • voice-frequency key sending

Mehrfrequenzwahlverfahren n (MFWV) <tele> • Dual Tone Multifrequency (DTMF)

Mehrfrequenzzeichen n <tele> • compound signal

Mehrfunkenspule f <kfz.el> • multi-spark ignition coil; multiple spark coil; multiple-spark ignition coil

Mehrfunkenzündspule f <kfz.el> • multi-spark ignition coil; multiple spark coil; multiple-spark ignition coil

mehrgängig <masch> (Gewinde, Schnecke) • multistart; multiple-threaded; multi-threaded; multithread

mehrgängig <masch> (siehe auch unter: ...gängig) • multiple ...; multi...

mehrgängige Parallelwicklung f <el> • multiple parallel winding

mehrgängige Schnecke f <masch> • multi-start worm

mehrgängiges Gewinde n <masch> • multiple-start thread; multiple thread; multiple-lead thread; multiple-pitch thread; multi-start thread

mehrgängige Wicklung f <el> • multiplex winding

Mehrganggewinde n rar <masch> • multiple-start thread; multiple thread; multiple-lead thread; multiple-pitch thread; multi-start thread

Mehrgasmonitor m <msr> (meldet Gase über Sensoren, z. B. O, CO, H_2S usw.) • multi-gas monitor

Mehrgefäßbagger m <bau.masch> • multiple-bucket excavator

Mehrgehäuseturbine f <turb> (insbes. Dampfturbine) • multicylinder turbine

mehrgehäusige Bauweise f <hlk> (z. B. Wärmepumpe) • split system; split type

mehrgehäusige Wärmepumpe f <hlk> • split-system heat pump; split-type heat pump; remote heat pump

Mehrgelenktrieb m <autom> • multi-linkage mechanism

mehrgerüstig <metall> (Walzwerk) • multistand; multiple-stand

mehrgerüstiges Walzwerk n <metall> • multiple-stand rolling mill; multiple-stand mill

mehrgeschossig <bau> (Gebäude, Bauweise) • multi-story US; multistorey GB; multi-floor

mehrgeschossige Regalanlage f <logist> • multi-level shelving ct; multi-tier shelving GB

mehrgeschossiges Fachhochregal n <logist> (Fachbodenregal) • multi-level shelving US, norm; multi-tier shelving GB; multi-tier binning GB

mehrgeschossiges Gebäude n <bau> • multistory building US; multistorey building GB; multi-floor building

Mehrgitterröhre f <el> • multi-electrode valve; multigrid tube; multigrid valve

mehrgleisig <bahn> • multitrack

mehrgliedriger Ausdruck m <math> • polynomial

mehrgliedriger Ausdruck m rar <term> • multi-word term

Mehrgratköper m <textil> • combined twill; stitched twill

Mehrgrößenregelung f <msr> • multivariable control

Mehrgruppentheorie f <phys> • multigroup theory

Mehrheitsentscheidungselement n <msr> • majority decision element; majority voting element

Mehrheitsglied n <msr> • majority element; majority gate
Mehrheitslogik f <el> • majority logic
Mehrheitsorgan n <msr> • selecting element; selection element; voter
Mehrheitsträger m <el> • majority carrier
mehrholmig <fz> • multispar
mehrholmig <masch> • multiweb
Mehrimpulsschweißen n <füg> • multiple-impulse welding; pulsation welding
mehrisotopes Element n <chem> • multi-isotopic element
mehrisotopiges Element n <chem> • multi-isotopic element
Mehrkammereinheit f <licht.theat> • multiple unit
Mehrkammer-Elektroentstauber m <verf> • multi-stage electrostatic precipitator
Mehrkammerfilter n <verf> • multi-stage filter
Mehrkammerklystron n <el> • multicavity klystron
Mehrkammermagnetron n <el> • multicavity magnetron; multisegment magnetron
Mehrkammermühle f <verf> • multicompartment mill; compound mill; compartment mill
Mehrkammerofen m <verbr> • multichamber kiln
Mehrkammerprofil n <bau> • multi-chambered profile; multicell profile
Mehrkammerrampe f <licht.theat> • multiple unit
Mehrkammertrockner m <verf> • multicompartment drier; compartment drier
Mehrkammerzentrifuge f <verf> • multichamber centrifuge
Mehrkanalanalysator m <phys> • multichannel analyzer US; multichannel analyser GB; pulse-height analyzer US; pulse-height analyser GB
Mehrkanalaufzeichnung f HP <edv> • Multi-Channel Linear Recording (MLR)
Mehrkanalbetrieb m <el> • multichannel operation; multiplex operation
Mehrkanalbetrieb msg <el> • multi-channel operating mode; multi-channel mode; multiplexing
Mehrkanal-Breitbandantenne f <tele> • all-channel antenna
Mehrkanaldekodierer m <tele> • all-channel decoder
Mehrkanaldurchschubofen m <verbr> • multipassage kiln
Mehrkanalempfänger m <navig> • multichannel receiver; multi-channel receiver; continuous tracking receiver; continuous receiver; parallel receiver
Mehrkanalfernsehen n <av> • multichannel television
Mehrkanalfernsprechen n <tele> • multichannel telephony
mehrkanalig <tech.allg> • multichannel
Mehrkanallautsprecheranlage f <av> • multichannel loudspeaker system
Mehrkanal-Parallel-Empfänger m rar <navig> • multi-channel receiver; multi-channel receiver; continuous tracking receiver; continuous receiver; parallel receiver
Mehrkanalrad n <förd> • multi-channel impeller; multiple channel impeller
Mehrkanalspeicher m <edv> • multiport store; multiport memory
Mehrkanalverstärker m <el> • multichannel amplifier
Mehrkantdreheinrichtung f <wz.masch> • polygonal turning attachment
mehrkantig <wz> • multiedged
Mehrkantprisma n <opt> • polyhedral prism
Mehrkegelkupplung f <masch> • multicone friction clutch
mehrkernig <phys> • multinuclear; polynuclear
Mehrkernleiter m <el> • multicore conductor
Mehrklauenkupplung f <masch> • multijaw clutch

Mehrkörperkräfte fpl <phys> • many-body forces
Mehrkörperproblem n <astron> • many-body problem
Mehrkolbenpumpe f <förd> (Tauchkolben) • multiplunger pump
Mehrkolbenpumpe f <förd> (allg.) • multi-cylinder pump; multi-piston pump
Mehrkomponenten-Beschichtungsstoff DIN EN 971-1 <obfl.mat> • multi-pack product ISO 4617
Mehrkomponenten-Dynamometer n <msr> • dynamometer
Mehrkomponentenkleber m <füg> • multiple-component adhesive
Mehrkomponentenklebstoff m <füg> • multiple-component adhesive
Mehrkomponenten-Kraftsensor m <msr> • multi-component force transducer; multicomponent force transducer
Mehrkomponentenmaschine f <kst> • multi-component machine; multi-barrel machine
Mehrkomponenten-Messgerät n <msr> (z. B. Rauchgas-Analysegerät) • multi-component measuring instrument
Mehrkomponentenspritzgießen n <kst> (Spritzgießen mit mehreren Materialien) • multi-component injection molding
Mehrkomponentenspritzgießen n <kst> (Sandwich Molding: Spritzen von Außenhaut und Kern) • sandwich molding
Mehrkomponentensystem n <mat> • multicomponent system
mehrkomponentiger Klebstoff m <füg> • multiple-component adhesive
Mehrkoordinatenmessgerät n <msr> • multicoordinate measuring device
Mehrkopfflachkämmer m <textil> • rectilinear combing machine; rectilinear comb
Mehrkopfstrecke f <prod> • multiple-head draw frame
Mehrkornabrichter m <prod> • multipoint truer
mehrkränzig <wz> • multirow
mehrkränzige Turbine f <turb> • multirow turbine
Mehrkreisempfänger m <av> • multituned circuit receiver
Mehrkreisfilter n <el> • multicircuit filter; multisection filter
Mehrkreistriftröhre f <el> • multicavity velocity-modulated tube
Mehrkristall m <mat> • polycrystal
mehrkristallin rar <mat> (z. B. Silicium) • polycrystalline
mehrkristalline Kathode f <el> • polycrystalline cathode
Mehrlagenleiterplatte f <el> • multilayer board; multilayer printed circuit board; multilayer pcb
Mehrlagennaht f <füg> (Schweißen) • multilayer weld; multiple-pass weld; multiple-multirun weld rare
Mehrlagenraupe f <füg> (Schweißen) • multiple bead
Mehrlagenschweißen n <füg> • multilayer welding; multiple-pass welding; multiple-multirun welding
Mehrlagenwicklung f <el> • multilayer winding
mehrlagig <tech.allg> (Gewebe) • multi-ply
mehrlagig <tech.allg> (allg.) • multilayer; multilayered rare
mehrlagig <füg> (Schweißnaht) • multiple-pass; multirun
mehrlagige Blätter npl <pap> • multi-layer sheets
mehrlagige Blattfeder f <masch> • laminated suspension spring
mehrlagige gedruckte Schaltung f rar <el> • multilayer board; multilayer printed circuit board; multilayer pcb
mehrlagige Leiterplatte f <el> • multilayer board; multilayer printed circuit board; multilayer pcb
mehrlagige Naht f <füg> (Schweißen) • multilayer weld; multiple-pass weld; multiple-multirun weld rare
mehrlagige Pappe f <pap> • multiply board
mehrlagiger Balg m <rls> • multi-ply bellows; multiple ply bellows

mehrlagiges Asphaltpappdach *n* • asphalt built-up roof
mehrlagige Schweißnaht *f* <füg> *(Schweißen)* • multilayer weld; multiple-pass weld; multiple-multirun weld *rare*
mehrlagige Spule *f* <el> • multilayer coil
mehrlagig geschweißte Naht *f* <füg> *(Schweißen)* • multilayer weld; multiple-pass weld; multiple-multirun weld *rare*
Mehrlaufregelung *f* <msr> • multispeed control
Mehrlaufregler *m* <msr> • multispeed controller
Mehrlaufverhalten *n* <msr> • multispeed action
Mehrleiterantenne *f* <av> • multiwire antenna *US*; multiwire aerial *GB*
Mehrleiterendverschluss *m* <el> • cable dividing box
Mehrleiterkabel *n* <el> • multicore cable; multi-core cable; multiconductor cable; multiple-conductor cable
Mehrleitungssystem *n* <rls> • multiline system
Mehrlenker-Hinterachse *f* (MLH) <kfz> • multi-link rear suspension
Mehrlinienspektrum *n* <phys> • multiline spectrum
mehrlinsig <opt> *(Objektiv; z. B. 7 Linsen in 3 Gruppen)* • multicomponent; multilens
Mehrlippenbohrer *m* <wz> • subland drill
Mehrlitzenseil *n* <förd> • multistrand rope
mehrlitziges Seil *n* <förd> • multistrand rope
Mehrlochdüse *f* <kfz.mot> • multi-orifice type injector; multijet nozzle; multi-hole nozzle; multiple-orifice injector
Mehrlocheinspritzdüse *f* <kfz.mot> • multi-orifice type injector; multijet nozzle; multi-hole nozzle; multiple-orifice injector
Mehrloch-Einspritzdüse für Dieselmotoren *f* <kfz.mot> • multi-hole diesel engine injector
Mehrlochkabelkanal *m* <bau> • multiple-duct conduit
Mehrlochkern *m* <prod> *(Gießerei)* • multihole core; multiaperture core
Mehrlochsonde *f* <msr> • multi-hole probe
mehrlösige Druckluftbremse *f* <brems> • graduated release-air brake
mehrmalig programmierbarer Nur-Lese-Speicher *m* <autom> • reprogrammable read-only memory (RPROM)
Mehrmaschinenbedienung *f* <autom> *(von Robotern etc.)* • multiple machine assignment
mehrmehrdeutig <math> • many-to-many
Mehrmeißelarbeit *f* <prod> • multicutting
Mehrmeißelaufspannplatte *f* <wz.masch> • combination tool plate holder
Mehrmeißelaufspannung *f* <wz.masch> • gang-tool set-up
Mehrmeißelautomat *m* <wz.masch> • multiple-tool automatic
Mehrmeißeldrehen *n* <prod> • multitool turning
Mehrmeißelhalter *m* <wz.masch> • gang-type tool-holder
mehrmesserig <wz> • multibladed
Mehrmode... <lwl> • multimode ...
Mehrmodenfaser *f* <lwl> • multimode fiber
mehrmotorig <antr> *(allg., auch E-Motoren)* • multimotor
mehrmotorig <fz> *(bei Verbrennungskraftmaschinen)* • multiengined; multiengine
mehrmotoriges Flugzeug *n* <aerospace> • multiengined airplane; multiengine airplane
Mehrnadelflachmaschine *f* <textil> • multineedle flatbed sewing machine
mehrpaarig <el> • multipair
mehrpaariges Kabel *n* <el> • multipair cable; multiple-twin cable
Mehrphasengenerator *m* <el> • polyphase generator
Mehrphasengleichrichter *m* <el> • polyphase rectifier
Mehrphasen-Hüllkurve *f* <phys> • multi-phase envelope
Mehrphasenmotor *m* <el> • polyphase induction motor; polyphase motor

Mehrphasennebenschlussmotor *m* <el> • polyphase shunt commutator motor; polyphase series commutator motor
Mehrphasensammelschiene *f* <el> • polyphase bus
Mehrphasenschaltung *f* <el> • polyphase circuit
Mehrphasenstrom *m* <el> • polyphase current
Mehrphasentransformator *m* <el> • polyphase transformer
Mehrphasen-Wattstundenzähler *m* <el> • polyphase watt-hour meter
Mehrphasenwebmaschine *f* <textil> • multiphase loom
Mehrphasenwechselstrom *m* <el> • polyphase alternating current
Mehrphasenwicklung *f* <el> • polyphase winding
Mehrphasenzähler *m* <el> • polyphase meter
mehrphasig <tech.allg> *(z. B. Stoff, Wechselstrom)* • polyphase; multiphase
mehrphasiger Wechselstrom *m* <el> • polyphase alternating current; polyphase AC
mehrphasiges Mitsystem *n* <el> • positive-sequence polyphase system
mehrphasige Wicklung *f* <el> • polyphase winding
Mehrplattengefrierapparat *m* <nahr> • multiplate freezer
Mehrplattenkondensator *m* <el> • multivane capacitor
Mehrplatzanwendung *f* <edv> • group application
Mehrplatzregal *n* prakt <logist> • multi pallet bay system *pract.ppsc*; multi pallet opening system *pract.ppsc*
Mehrplatzsystem *n* prakt.ppwiss <logist> • multi pallet bay system *pract.ppsc*; multi pallet opening system *pract.ppsc*
Mehrpol *m* <phys> • multipole
mehrpolig <el> • multipole *adj*; multipolar
mehrpolige Masseelektrode *f* Beru <kfz.el> *(Zündkerze)* • multiple-ground electrode; multipolar ground electrode *rare.Beru*
mehrpoliger Messerschalter *m* <el> • tandem-knife switch
mehrpoliger Schalter *m* <el> • multipole switch; multipolar switch
mehrpoliger Stecker *m* <el> • multipin plug
mehrpoliger Steckverbinder *m* <el> • multipole connector
mehrpolige Steckdose *f* <el> • multicontact socket
mehrpolige Steckverbindung *f* <el> • multi-plug [connector]; multiple-cavity connector *US*; multiple plug; multicontact plug; multipoint plug
mehrprofilig <tech.allg> *(mit vielen Kanten)* • multiedged
mehrprofilig <tech.allg> *(mit vielen Rippen, Stegen)* • multiribbed
mehrprofilige Schleifscheibe *f* <wz> • multi-ribbed grinding wheel; multi-rib grinding wheel; multiple-edge grinding wheel
mehrprofiliges Einstechschleifen *n* <prod> • multi-rib wheel plunge grinding
mehrprofiliges Längsschleifen *n* <prod> • multi-rib wheel traverse grinding
Mehrprofilschleifkörper *m* <wz> • multiedge wheel
Mehrprogrammbetrieb *m* <edv> • multiprogramming mode; multiprogramming operation; multiprogramming
Mehrprogramm-Verarbeitung *f* <autom> • multiprogramming
Mehrprozessorbetrieb *m* <edv> • multiprocessing
Mehrprozessorsteuerung *f* (MPST) <autom> • multiprocessor control
Mehrprozessorsystem *n* <edv> • multiprocessor system; multiprocessing system; multiprocessor
Mehrpunktleitung *f* <el> • multipoint line
Mehrpunktregelung *f* <msr> • multipoint control; multiposition control; multistep control

Mehrpunktregler *m* <msr> • multipoint controller; multiposition controller; multistep controller

Mehrpunktsignal *n* <edv> • multipoint signal; multiposition signal; multistep signal

Mehrpunktverankerung *f* <petr> • multi-point mooring

Mehrpunktverbindung *f* <tech.allg> • multi-point connection

Mehrpunktverbindung *f* <edv> • multidrop

Mehrpunktverhalten *n* <msr> • multipoint action; multiposition action; multistep action

Mehrpunktvermessung *f* <petr> • multiple shot survey; multishot survey

Mehrpunktvermessung mit magnetisch wirkendem Messgerät *f* <petr> *(für Bohrloch-Neigung und -richtung)* • magnetic multiple shot survey; magnetic multi-shot survey

Mehrquadrantenprogrammierung *f* <edv> • multiquadrant programming

Mehrrechnersteuerung *f* <autom> • multicomputer control

Mehrrechnersystem *n* <edv> • multicomputer system

Mehrreihennietung *f* <füg> • multiple riveting *US*; multiple rivetting *GB*

mehrreihig <tech.allg> • multirow

mehrreihig genietet <füg> • multiple-riveted *US*; multiple-rivetted *GB*

Mehrrillengewindefräser *m* <wz> • multithread milling cutter; multithread cutter; thread-milling hob

mehrrillig <masch> *(betont: mit vielen Rillen)* • multigroove

mehrrillig <masch> *(betont: mit vielen Rippen)* • multiribbed; multirib

mehrsäurig <chem> • polyacid

Mehrschalengreifer *m* <förd> *(z. B. für Bauschutt, Schrott)* • multijaw grab; orange-cactus grab; orange-multisegment grab; orange-peel grab

Mehrscharpflug *m* <agri> • gang plow *US*; multiple-furrow plough *GB*; gang plough *GB*

Mehrscheibenbremse *f* <brems> • multi-disc brake; multidisc brake; multi plate brake; multiplate brake

Mehrscheiben-Isolierglas *n* (MIG) <bau> • multi-pane insulated glass; multi-pane insulating glass

Mehrscheibenkupplung *f* <antr> *(z. B. in Automatikgetrieben)* • multi-plate clutch; multiple-disc clutch; multi-disc clutch; multiplate clutch; multiple-plate clutch

Mehrscheibenschleifmaschine *f* <wz.masch> • multiwheel grinding machine

Mehrscheibentrockenkupplung *f* <masch> *(z. B. Werkzeugmaschine)* • dry multiplate clutch

mehrscheibig <masch> • multiple-wheel

mehrscheibig <turb> • multiwheel

Mehrschicht... <obfl> *(Überzug, Beschichtung; z. B. Lackierung)* • multi-layer

Mehrschichtdurchführung *f* <el> • composite bushing

Mehrschichtenbelag *m* <obfl> • multilayer coating

Mehrschichtenglas *n* <silik> • laminated glass

Mehrschichtenpellet *n* <nukl> • high gain pellet

Mehrschichtenplatte *f* <bau.mat> • multilayer slab; multiple sandwich slab

Mehrschichtenschweißung *f* <füg> • layer welding

Mehrschichtenüberzug *m* <obfl> • composite plating

Mehrschichtenwicklung *f* <el> • multilayer winding

mehrschichtig <tech.allg> *(laminiert; z. B. Glas, Kunststoff, Bodenbelag)* • laminated

mehrschichtig <tech.allg> *(z. B. Sperrholz, Reifen, Papiertaschentücher)* • multi-ply

mehrschichtig <tech.allg> *(z. B. Leiterplatten, ICs)* • multilayer

mehrschichtig <obfl> *(Überzug, Beschichtung; z. B. Lackierung)* • multi-layer

mehrschichtige Pappe *f* <pap> • multi-ply board; pasteboard

mehrschichtiger Code *m* <edv> *(Strichcodetyp)* • multilevel symbology; multi-level code

mehrschichtiger Fotoleiter *m* <druck> • multi-layer photoconductor

mehrschichtiges Gewebe *n* <verf> • fabric made of several layers

Mehrschicht-Keramikchipkondensator *m* :V <el> • multilayer ceramic chip capacitor (MLCCC)

Mehrschicht-Keramikträger *m* <ic> • multilayer ceramic substrate

Mehrschichtlackierverfahren *n* <obfl> *(betont: mehrstufig)* • multi-stage painting process

Mehrschichtlacksystem *n* <obfl> • multicoat paint system

Mehrschicht-Lebensmittelschale *f* <pack> • multiple-barrier food tray; multiple-layer food tray

Mehrschichtresisttechnik *f* <el> • multilayer resist technology; multilevel resist technology

Mehrschichtschaltung *f* <ic> • multilayer circuit

Mehrschicht-Sicherheitsglas *n* <silik> • laminated safety glass

Mehrschichtsubstrat *n* <ic> • multilayer substrate

mehrschleifig <msr> *(z. B. Regelung)* • multiloop; multiple-loop

mehrschleifiger Regelkreis *m* <msr> • multiple-loop feedback system; multiple-loop system

Mehrschlittendrehmaschine *f* <wz.masch> • multislide lathe

Mehrschlitzmagnetron *n* <el> • multislot magnetron

Mehrschneckenextruder *m* <kst> • multiscrew extruder

Mehrschneidenwerkzeug *n* <wz.masch> • multi-point tool; multipoint cutting tool; multiple-edge tool; multicutting-edge tool

mehrschneidig <wz> • multi-point; multiple-edged; multiedged

Mehrschnittbrennschneidmaschine *f* <prod> • multitorch cutting machine

Mehrschnittdrehmaschine *f* <wz.masch> • multicut lathe; multitool lathe

mehrschnittig <wz> • multishear

Mehrschnittschneidmaschine *f* <prod> • multicut cutting machine

Mehrschrittalgorithmus *m* <edv> • multistep algorithm

mehrschüssig <textil> • multiweft

mehrschüssiges Gewebe *n* <textil> • multiweft fabric

mehrschützig <textil> *(Webautomat)* • multishuttle

Mehrsegmentkrümmer *m* <rls> • multiple-segment mitred bend

Mehrseilförderung *f* <förd> *(eher vertikal)* • multirope hoisting

Mehrseilförderung *f* <förd> *(allg.)* • multirope winding

Mehrseilgreifer *m* <förd> • multirope grab bucket

Mehrseitenbearbeitung *f* <prod> • multiside machining

Mehrseitenlangfräsmaschine *f* <wz.masch> *(i. a. Holzbearbeitung)* • multisided planer

mehrseitig arbeitende Langfräsmaschine *f* <wz.masch> • multisided planer

mehrsitzig <fz> • multiseat

mehrsitziges Flugzeug *n* <aerospace> • multiseat airplane

mehrsortiges Speiseeis *n* <nahr> • multi-flavored ice cream *US*; multi-flavoured ice cream *GB*

Mehrspindelanordnung *f* <wz.masch> • multispindle arrangement

Mehrspindelautomat *m* <wz.masch> • multispindle automatic

Mehrspindelbauart *f* <wz.masch> • multispindle design; multispindle type

Mehrspindelbohren *n* <prod> • multiple-spindle drilling; multispindle drilling; multidrilling

Mehrspindelbohrkopf *m* <wz.masch> • multispindle drill head

Mehrspindelbohrmaschine *f* <wz.masch> *(Säulenbohrmaschine; vertikal)* • multi-spindle drill press

Mehrspindelbohrwerk *n* <wz.masch> *(horizontal und/oder vertikal)* • multispindle drilling machine

Mehrspindeldrehautomat *m* <wz.masch> • multispindle automatic lathe; multispindle automatic

Mehrspindelfutterautomat *m* <wz.masch> • multispindle chucking automatic

Mehrspindelholzbohrmaschine *f* <wz.masch> • multiple wood borer

mehrspindeliges Bohren *n* <prod> *(Tief- od. Aufbohren)* • multispindle boring

mehrspindeliges Bohren *n* <prod> *(ins Volle)* • multispindle drilling

mehrspindelige Schraubenspindelpumpe *f* did <förd> • multi-screw pump; multiple screw pump; multiple-rotor screw pump; multi-spindle screw pump *rar*

Mehrspindelkonstruktion *f* <wz.masch> • multispindle construction

Mehrspindelkopf *m* <wz.masch> • multiple-spindle head; multihead

Mehrspindelmodell *n* <wz.masch> • multispindle model

Mehrspindelpumpe *f* <förd> • multi-screw pump; multiple screw pump; multiple-rotor screw pump; multi-spindle screw pump *rar*

Mehrspindelschwenkkopf *m* <wz.masch> • multispindle swivel head

Mehrspindelstangenautomat *m* <wz.masch> • multispindle bar automatic

mehrspindlig <wz.masch> • multispindle

Mehrsprachenmenü *n* <doku> *(Software-Benutzeroberfläche)* • multi-language menu

mehrsprachiger Hinweis *m* <doku> *(z. B. Aufkleber, Schild)* • multilingual notice

mehrsprachiges Bildschirmmenü *n* <doku> *(Software-Benutzeroberfläche)* • multi-language menu

Mehrspulenrelais *n* <el> • multicoil relay

Mehrspuraufzeichnung *f* <av> • multi-track recording

Mehrspurband *n* DIN 45510 <av> • multi-track tape

mehrspurig <av> *(Band)* • multi-track

mehrspurig <verk> *(Straße, Fahrbahn)* • multi-lane

mehrspurige Radarnavigation *f* <navig> • multitrack range radar

mehrspurige Schnellstraße *f* <verk> • multi-lane highway *US*; multi-lane motorway *GB*

mehrspuriges Radarnavigationsverfahren *n* <navig> • multitrack range radar method

Mehrspurkopf *m* <av> • multitrack head; head stack

Mehrspurmagnetkopf *m* <av> • multitrack head; head stack

Mehrspurmaschinenprinzip *n* <av> • tape recorder method; multi-track method

Mehrspurprinzip *n* <av> • tape recorder method; multi-track method

Mehrspurtechnik *f* <av> • multi-track recording

Mehrstärkenglas *n* ISO 13666 <opt> • multifocal lens ISO 13666

Mehrstationenmaschine *f* <prod> *(z. B. Spritzgießmaschine mit mehreren Werkzeugeinheiten)* • multistation machine

Mehrstellenschweißumformer *m* <füg> • multiple-operator welding transformer; multi-operator welding transformer

mehrstellig <edv> • multidigit

Mehrstellungsschalter *m* <el> • multiposition switch

Mehrstellungszylinder *m* <autom> • multi-position cylinder

mehrstieliger Doppeldecker *m* <aerospace> • multistrut biplane

mehrstimmig <allg> • multi-voice

mehrstimmig <mus> *(Instrument)* • polyphonic

Mehrstimmigkeit *f* <edv.av> • polyphony

mehrstöckig ugs <bau> *(Gebäude, Bauweise)* • multistory *US*; multistorey *GB*; multi-floor

mehrstöckiges Gebäude *n* <bau> • multistory building *US*; multistorey building *GB*; multi-floor building

Mehrstoffkatalysator *m* <chem> • mixed catalyst

Mehrstofflegierung *f* <mat> • multialloy

Mehrstofflegierung *f* <mat> • multicomponent alloy

mehrsträngig <tech.allg> *(z. B. Seil)* • multistrand

Mehrstrahlhologramm *n* <phys> • multibeam hologram

mehrstrahlig <el> • multibeam

mehrstrahlig <energ> *(Pelton-Turbine)* • multijet

mehrstrahlig <phys> • multiple-beam

Mehrstrahlinterferenz *f* <phys> • multiple-beam interference

Mehrstrahlinterferometer *n* <phys> • multiple-beam interferometer

Mehrstrahlinterferometrie *f* <phys> • multiple-beam interferometry

Mehrstrahloszilloskop *n* <el> • multibeam oscilloscope

Mehrstrahlröhre *f* <el> • multigun tube

Mehrstrahlscanner *m* <edv> *(im Ggs. zu Schwingspiegelscanner)* • raster scanner; rastering line scanner; multiple trace scanner; multiple-beam scanner

Mehrstrahlsystem *n* <druck> *(Belichtungseinheit)* • multi beam laser system; multi beam system; multi channel laser

mehrströmig <förd> *(Kreiselpumpe; meist zweiströmig)* • multi-suction; multi-entry; multi-inlet

Mehrstromgenerator *m* <el> • multiple-current generator

Mehrstromlokomotive *f* <bahn> • multisystem locomotive

Mehrstückspannvorrichtung *f* <prod> • multiple-type fixture

Mehrstufenfräsen *n* <prod> • multiple-step milling

Mehrstufengesenk *n* <wz> • multistage die

Mehrstufenkaltstauchautomat *m* <prod> • multiple-stroke automatic cold header

Mehrstufenmodulation *f* <el> • multilevel modulation

Mehrstufenrakete *f* <aerospace> • multistage rocket

Mehrstufenseparator *m* <verf> • multistage separator

Mehrstufenstauchen *n* <prod> • multiblow heading; multiple-stroke heading; multiblow upsetting

Mehrstufensynthese *f* <chem> • many-step synthesis

Mehrstufenverdampfer *m* <verf> • multistage evaporator; multiple-effect evaporator; multieffect evaporator

Mehrstufenverdichter *m* <masch> • multistage compressor

Mehrstufenverfahren *n* <chem.verf> *(mit vertikaler Destillationskolonne)* • long-tube vertical multiple-effect distillation process

Mehrstufenverstärker *m* <el> • multistage amplifier

Mehrstufenverstärkung *f* <el> • multiple-stage amplification

Mehrstufenwäscher *m* <verf> • multistage washer

Mehrstufenzwirn *m* <textil> • corded thread

mehrstufig <tech.allg> *(z. B. Pumpe, Verdichter, Turbine; Verstärker)* • multi-stage

mehrstufige Anordnung *f* <tech.allg> • staging

mehrstufige Auswahl *f* <qualit> • increment sampling

mehrstufige Homogenisierung *f* <nahr.prod> • multistage homogenization

mehrstufige Hüllkurve f <edv.av> • multi-stage envelope; multi-stage envelope curve; multi-segment envelope; multi-segment envelope curve

mehrstufige Programmunterbrechung f <edv> • multilevel interrupt

mehrstufige Pumpe f <förd> • multi-stage pump

mehrstufige Rakete f <aerospace> • multistage rocket

mehrstufiger Gas-Öl-Trenner m <petr> • multistage gas-oil separator

mehrstufiger Glasfilamentzwirn m <silik> • cabled glass filament yarn

mehrstufiger Kompressor m <masch> • multistage compressor

mehrstufiger Senker m <wz> • step counterbore

mehrstufiger Verdichter m <masch> • multistage compressor

mehrstufiger Verstärker m <el> • multistage amplifier

mehrstufiger Wähler m <tele> • multipoint selector

mehrstufiges Kommissionieren n <logist> • batch picking

mehrstufige Turbine f <turb> • multistage turbine

mehrstufige Zerkleinerung f <verf> • stage crushing

Mehrsystemlokomotive f <bahn> • multisystem locomotive

Mehrsystemröhre f <el> • multiple-unit tube; multiunit tube; multi-section valve

Mehrtalhalbleiter m <el> • many-valley semiconductor

Mehrtalstruktur f <el> • many-valley structure

Mehrtarifzähler m <tele> • multirate meter

Mehrteilchensystem n <phys> • many-particle system

mehrteilig <tech.allg> (zusammengesetzt; z. B. Glasscheibe, Gussform) • composite

mehrteilig <tech.allg> (aus mehreren od. vielen Einzelteilen bestehend) • multipart; multiple-part

mehrteilig <tech.allg> (aus Abschnitten bestehend; z. B. Rippenheizkörper) • sectional

mehrteilig <tech.allg> (in Abschnitte aufgeteilt) • sectionalized

mehrteilig <bau> (zusammenmontiert; z. B. geschweißter, genieteter Doppel-T-Träger) • built-up

Mehrteiligarbeiten n <textil> (Maschenware) • sequential knitting

mehrteilige Felge f <kfz> • multi-piece rim

mehrteilige Felgenbezeichnung f <kfz> • multi-piece rim designation; multi-piece rim size designation

mehrteilige Felgengrößenbezeichnung f <kfz> • multi-piece rim designation; multi-piece rim size designation

mehrteiliger Ölabstreifring m <kfz.mot> • multi-piece oil ring

mehrteiliger zusammengesetzter Exzenter m <masch> • box plate tappet

mehrteiliges Felgensystem n <kfz> • multi-piece rim system

mehrteilige Zugeinheit f <bahn> • multiple-unit train

Mehrthemenumfrage f <werb> • omnibus survey; omnibus pract

Mehrtischausstoßmaschine f <led> (Ausrecken) • serial-table setting-out machine; multiple table setting-out machine

Mehrtöne mpl rar <phot> (Tonwerte zw. Minimal- und Maximaldichte; z. B. Grautöne) • halftones pl

Mehrtrefferereignis n <nukl> • multihit event

Mehrtrefferreaktion f <nukl> • multihit reaction

Mehrventil... <kfz.mot> (Motor) • multivalve ...

Mehrventiltechnik f <kfz.mot> • multi-valve technology

Mehrwalzenbrecher m <verf> • multiroll crusher

Mehrwalzenmühle f <verf> • multiroll mill

Mehrwalzenstuhl m <metall> • multiroll mill

Mehrwegadsorber m <ents> • multiple path adsorber

Mehrwegeausbreitung f <tele> • multi-path propagation

Mehrwege-Box f <av> • multiway loudspeaker; multi-unit loudspeaker; multiway/multi-unit (loud)speaker system

Mehrwege-Drehdurchführung f <masch> (überträgt Medium in rotierendes Maschinenteil) • multi-way rotating union; multi-way rotatary union

Mehrwegeempfang m <navig> • multipath reception

Mehrwegeempfang m <tele> • multipath reception

Mehrwegeführung f <tele> • multiple routing

Mehrwegehahn m <rls> • multiport plug valve

Mehrwege-Lautsprecher m <av> • multiway loudspeaker; multi-unit loudspeaker; multiway/multi-unit (loud)speaker system

Mehrwegeschieber m <rls> • multiway valve

Mehrwegeschwund m <av> • multipath fading

Mehrwege-Signal n <navig> • multipath signal; multipath-affected signal

Mehrwegesignalausbreitung f <tele> • multi-path propagation

Mehrwege-System n <av> • multiway loudspeaker; multi-unit loudspeaker; multiway/multi-unit (loud)speaker system

Mehrwegeübertragung f <tele> • multipath transmission

Mehrwegeventil n <rls> • multiway valve

Mehrwegflasche f <ents> • deposit bottle; returnable bottle

Mehrweg-Frequenzweiche f <el> • multiplexer; multiplexor rare

Mehrwegschalter m <el> • multiple change-over switch; multiway switch

Mehrwegverpackung f <logist> • returnable container

Mehrwegweiche f <förd> • multiple junction

Mehrwellengetriebe n <masch> • multiple-shaft gearing

Mehrwertdienst m <tele> (Telekommunikationsdienst) • value-added service

mehrwertig <chem> • polyvalent; multivalent

mehrwertig <math> • multiple-valued; many-valued

mehrwertige Logik f <math> • multiple-valued logic; many-valued logic

mehrwertiges Element n <chem> • polyvalent element; multivalent element

Mehrwertigkeit f <chem> • polyvalence; multivalence

Mehrwertigkeit f <msr> • multivaluedness; many-valuedness

Mehrwinkel-Handfaust f <kfz.wz> • angle dolly

Mehrwortbefehl m <edv> • multiword instruction; multiple-word instruction

Mehrwortbenennung f <term> • multi-word term

mehrzählig <chem> (Ligand mit mehreren Bindungen) • polydentate; multidentate

mehrzähnig <chem> (Ligand mit mehreren Bindungen) • polydentate; multidentate

mehrzahnig <masch> • multitooth

mehrzeilige Strichcodesymbologie f <edv> (Strichcode) • stacked symbology; two-dimensional symbology; multi-row bar code; stacked code; matrix code

mehrzeilige Symbologie f <edv> (Strichcode) • stacked symbology; two-dimensional symbology; multi-row bar code; stacked code; matrix code

Mehrzellenflotationsmaschine f <verf> • multicell floatation machine

Mehrzellenluftkissensystem n <förd> • multicell-type air cushion system

Mehrzentrenbindung f <chem> • multicenter bond US; multicentre bond GB

Mehrzonenförderung f <petr> • multi-well completion

Mehrzonenreaktor m <nukl> • multiregion reactor

mehrzüngiges Membranventil n <kfz.mot> (Zweitakt-Einlasssteuerung) • multi-reed cage

Mehrzug-Steuerblock *m* <bahn> • multi-train control block

Mehrzweck-Abisolierwerkzeug *n* <el> • multipurpose stripping tool

Mehrzweckfahrzeug *n* <kfz> • general purpose vehicle (GPV); allrounder *coll*

Mehrzweckfeile *f* <wz> • multi-purpose file; multi-cut file

Mehrzweckfett *n* <tribo> • multi-purpose grease (MPG)

Mehrzweckforstwirtschaft *f* <holz> • multiple-use forestry

Mehrzweckgerät *n* <tech.allg> • general-purpose device; general-purpose equipment

Mehrzweck-Handfaust *f* <wz> • general purpose dolly; universal dolly; utility dolly; railroad dolly *US*; rail dolly *US*

Mehrzwecklok *f* ugs <bahn> • multi-purpose locomotive; multi-purpose loco *coll*; all-purpose locomotive; mixed-traffic locomotive

Mehrzwecklokomotive *f* <bahn> • multi-purpose locomotive; multi-purpose loco *coll*; all-purpose locomotive; mixed-traffic locomotive

Mehrzweckmotorrad *n* <fz> • standard motorcycle; universal bike

Mehrzwecköl *n* <tribo> • multipurpose oil

Mehrzweck-Probenkörper *m* <kst.qualit> • multi-purpose specimen

Mehrzweckpumpe *f* <förd> • multi-purpose pump; multi-duty pump

Mehrzweckrechner *m* <edv> • multipurpose computer

Mehrzweckregister *n* <edv> • general-purpose register

Mehrzweckregler *m* <msr> • all-purpose controller

Mehrzweckreifen *m* <kfz> • all-terrain tire; town and country tire; all-surface tire

Mehrzweck-Schlauchanschluss *m* <tech.allg> • dual-purpose hose connector

Mehrzweck-Schmierfett *n* <tribo> • multi-purpose grease (MPG)

Mehrzweckschmiermittel *n* <tribo> *(allg.; meist ist Fett gemeint)* • multi-purpose lubricant

Mehrzweckschnittstelle *f* <tech.allg> • general interface

Mehrzweckstrahldüse *f* <feuer> • combined deluge and fog nozzle

Mehrzylinderpumpe *f* <förd> *(allg.)* • multi-cylinder pump; multi-piston pump

Mehrzylinder-Viertakt-Automotor mit Benzin-Direkteinspritzung *m* <kfz.mot> • multi cylinder automotive direct injected 4 stroke engine

MEI-Edit *n* <av> • MEI edit

Meile *f* <msr> *(1 Meile = 1,6093472 km)* • mile (mi)

Meilen einlösen *vt* <tour> • redeem miles *vt*

Meilen pro Stunde *fpl* <verk> • miles per hour (MPH)

Meilen sammeln *vt* <tour> • earn miles *vt*

Meiler *m* <verbr> • charcoal-burning pile; charcoal pile

M-Einfädelsystem *n* <av> • M-loading [system]; parallel loading [system]

M-Einfädelung *f* <av> • M-loading [system]; parallel loading [system]

M-Einfädelung *f* <av> • M-loading; M-shaped tape lead; M-threading

Meinungsbildner *m* <werb> • opinion leader; influential person

Meinungsführer *m* <werb> • opinion leader; influential person

Meißel *m* prakt <petr.geo> *(für Erdbohrungen)* • drill bit; drilling bit; rotary bit; bit *pract*

Meißel *m* <wz> *(Handwerkzeug)* • chisel

Meißel *m* <wz.masch> *(spanend; z. B. Drehmeißel)* • tool

Meißelabhebeeinrichtung *f* <wz.masch> *(z. B. Hobel- oder Stoßmaschine)* • tool lifting gear

Meißelabhebeschalter *m* <wz.masch> • tool lifting switch

Meißelabhebung *f* <prod> • tool lifting

Meißeldirektantrieb *m* <petr> • downhole motor; mud motor; drilling motor

Meißeleinsatzhalter *m* <wz.masch> • tool-bit holder; tool-insert holder

Meißeleisen *n* <kfz.wz> • wedge dolly; egg dolly; anvil dolly

Meißelfanghaken *m* <wz> • bit hook

Meißelhalter *m* <wz.masch> *(Drehmaschine; auf dem Oberschlitten)* • tool post

Meißelhammer *m* <wz> • chipping hammer

Meißelhydraulik *f* <petr> • bit hydraulics; drilling hydraulics; bit stabilizer

Meißelklappe *f* <wz.masch> *(z. B. Hobel- oder Stoßmaschine)* • tool-holder flap

Meißelklappenträger *m* <masch> • clapper box

Meißelklappenträger *m* <masch> • flapper box

Meißelpflug *m* <agri> • chisel plow *US*; chisel plough *GB*

Meißelschar *n* <agri> • bar-point share

Meißelschar *n* <agri> • chisel

Meißelschleifmaschine *f* <wz.masch> • single-point tool grinding machine

Meißelschlitten *m* <wz.masch> *(allg.)* • head-slide; tool-holder slide

Meißelschlitten *m* <wz.masch> *(Stoßmaschine)* • ram head-slide

Meißelschneide *f* <wz> *(Schnittkante)* • tool cutting edge

Meißelschneide *f* <wz> *(Spitze, Ecke)* • tool tip

Meißelschneide *f* <wz> *(Kante des Einsatzes)* • bit edge

Meißelstabilisator *m* <petr> *(unmittelbar über dem Meißel im Bohrstrang)* • bit stabilizer; near-bit stabilizer

Meißelstandzeit *f* <prod> • bit life

Meißelstandzeit *f* <wz.qualitwz.mas> • tool life

Meißelübergang *m* prakt <petr> • bit rotating sub; bit sub *pract*

Meißner-Effekt *m* <phys> • Meissner effect; Meissner-Ochsenfeld effect; flux jumping

Meißner-Ochsenfeld-Effekt *m* <phys> • Meissner effect; Meissner-Ochsenfeld effect; flux jumping

Meißner-Schaltung *f* <el> • Meissner circuit

Meißner-Zustand *m* <phys> *(Supraleitung)* • Meissner state

Meistergesenkform *f* <prod> • master die; hob

Meisterkegelrad *n* <prod> • master bevel gear

Meisterprofilrolle *f* <prod> • master crusher roll

Meisterrad *n* <prod> • master gear

Meisterschablone *f* <prod> • templet master

Meisterstück *n* <prod> • master piece

Meitnerium *n* (Mt) <chem> • meitnerium (Mt); unnilenium *obs*

Melaminformaldehydharz *n* (MF) <kst> *(z. B. Resopal)* • melamine-formaldehyde resin (MF); melamine resin; MF resin

Melamin-Formaldehydharz-Klebstoff *m* <füg> • melamine formaldehyde resin adhesive

Melamin-Formaldehyd-Harzleim *m* <füg> • melamine formaldehyde resin glue

Melaminharz *n* <kst> *(z. B. Resopal)* • melamine-formaldehyde resin (MF); melamine resin; MF resin

Melaminharzklebstoff *m* <füg> • melamine adhesive; melamine-base adhesive; melamine-resin adhesive; melamine-base glue

Melange *f* <geo> • tectonic melange

Melangedruck *m* <textil> • vigoureux printing

Melangeeffekt *m* <kst> • mixture effect

Melangegarn *n* <textil> • blended yarn; mixture yarn

Melassekernbindemittel *n* <metall> • molasses core binder

Meldeanzeige *f* <tech.allg> *(Display)* • message indicator

Meldeausgang *m* <el> • message output
Meldebaugruppe *f* <alarm> • signaling module *US*; alarm module; signalling module *GB*
Meldebereich *m* <alarm> *(Teil eines Über-wachungsbereichs)* • zone
Meldedisplay *n* <msr> *(typ. eine Multifunktionsanzeige)* • message center
Meldedruckersystem *n* <msr> • event recording system
Meldeeingang *m* <el> • signal input; message input
Meldeeinheit *f* <el> • annunciator unit
Meldefrequenz *f* <msr> • event rate; event frequency
Meldelämpchen *n* <msr> • lamp repeater
Meldelawine *f* <msr> *(Datenflut, z. B. bei Störfall)* • message avalanche
Meldeleitung *f* <tech.allg> • message line
Meldeleuchte *f* <alarm> • telltale lamp
Meldeleuchte *f* <el> • signal light
Meldeleuchte *f* <msr> • indicating lamp
Meldeleuchte *f rar* <msr> *(zur Warnung vor Störung, anomalem Zustand; typ. rot od. gelb)* • warning light (WRNG LITE)
Meldeleuchte *f* <tele> • signal lamp
Meldeleuchtfeld *n* <alarm> • alarm annunciator
Meldelinie *f obs* <alarm> *(Zusammenfassung von Meldern nach Funktion)* • detector circuit; protective circuit/loop; protection loop; detection circuit/loop; detector/sensor loop
Meldelinie *f obs* <alarm> *(Zusammenfassung von Meldern nach Standort)* • zone
Meldelinie *f obs* <alarm> • supervised line; monitored line
Meldelinie *f obs* <alarm> • supervised line; monitored line
melden *vr* <tele> *(am Telefon; reagieren auf Anruf)* • answer *vi/vt*
melden *vt* <allg> *(z. B. e. Unfall)* • report *vt*
melden *vt* <tech.allg> *(signalisieren; Ereignis; z. B. einen Zug)* • signalize *vt*
melden *vt* <msr> *(Messwerte; z. B. Druckabfall, Temperaturanstieg)* • indicate *vt*
Meldeorgan *n* <msr> • sensing element
Meldepunkt *m* <aerospace> • reporting point
Melder *m* <alarm> *(erkennt und meldet ein Alarmereignis)* • detector; sensor; alarm; detection device; sensing device
Melder *m* <alarm> *(optische und/oder akustische Anzeige)* • annunciator
Melderate *f* <msr> • event rate; event frequency
Melderelais *n* <el> • indicator relay; pilot relay; signal relay; verification relay
Meldergruppe *f* <alarm> *(Zusammenfassung von Meldern nach Funktion)* • detector circuit; protective circuit/loop; protection loop; detection circuit/loop; detector/sensor loop
Meldergruppe *f* <alarm> *(Zusammenfassung von Meldern nach Standort)* • zone
Meldeschalter *m* <el> • pilot switch
Meldeschalter *m* <msr> • indicating switch
Meldesicherung *f* <el> • alarm-type fuse
Meldestecker *m* <msr> • signal connector; signal plug
Meldestromkreis *m form* <alarm> • alarm circuit
Meldestromkreis *m* <el> *(allg.)* • signal circuit
Meldetafel *f* <msr> *(für Messwerte, Maschinendaten etc.)* • display panel; indicator panel; display *pract*; indicator board *rare*
Meldeweg *m* <msr> • signaling path *US*; signalling path *GB*; signalling direction *GB.rare*
Meldezentrale *f* <alarm> *(zentrale Steuereinheit einer Alarmanlage)* • burglar alarm control [unit]; alarm control unit; control unit *pract*
Meldezweck *m* <el> • signaling purpose *US*

Meldung *f* <allg> • message
Meldung *f* <alarm> *(unterhalb der Alarmschwelle)* • signal
Meldung *f* <edv> *(auf dem Bildschirm; z. B. Fehlermeldung)* • message
Meldung *f* <msr> *(Signal)* • signal
Meldung *f* <tele> *(im Rundfunk, Fernsehen)* • report
Meldung auf dem Bildschirm *f* <edv> • screen message; on-screen message
Meldungsfolge *f* <msr> • event rate; event frequency
Meldungsgeber *m* <alarm> *(erkennt und meldet ein Alarmereignis)* • detector; sensor; alarm; detection device; sensing device
Meldungspuffer *m* <msr> • event buffer
Meldungssicherheit *f* <alarm> *(von Meldern)* • catch performance
Melierschützen *m* <textil> • shuttle with several bobbins
meliert <obfl> • mottled
meliert <textil> • mixed
Melierung *f* <pap> • mottling
Melilotus officinalis <bio> • clover; melilotus officinalis
Melioration *f wiss* <agri> • amelioration; soil conditioning; land improvement; soil improvement
Meliorationslanze *f* <agri> *(für flüssige Düngemittel)* • amelioration injector
Melissa *f prakt* <av> *(Lautsprecher-Messverfahren; verwendet das MLS-Signal)* • maximum length sequence spectrum analyzer (MLSSA); Melissa *pract*
Melkanlage *f DIN ISO 5707* <agri> • milking plant *ISO 5707*; milking installation
Melkbecher *m* <agri> • teat cup
Melkkarussell *n* <agri> • milking carousel; milking carrousel; revolving milking parlour *GB*; rotary milking parlor *US*
Melkmaschine *f DIN ISO 3918* <agri> • milking machine; mechanical milker
Melktakt *m* <agri> • pulsation sequence
Melkzeug *n* <agri> • milking unit; cluster assembly; cluster; teat-cup unit
Mellotron *n* <edv.av> • Mellotron
Melodie-Fanfare *f* <kfz> • musical trumpet horn
Melodie-Kompressorfanfare *f* <kfz> • musical air-blast horn
Melodiesound *m* <edv.av> • melodic sound; melody sound
Meltdown *m prakt* <nukl> • meltdown
Melt-Flow-Index *m* <kst> • melt flow index (MFI); melt flow rate
Membran *f* <tech.allg> *(z. B. in Lautsprechern, Pumpen, Unterdruckdosen)* • diaphragm; membrane
Membran *f* <bekl> • membrane
Membran *f prakt* <masch> *(von Membranventil)* • reed; petal; blade *rare*
Membranakkumulator *m* <masch> • diaphragm accumulator
Membrananfeuchter *m* <med.tech> • membrane humidifier
Membranantrieb *m* <masch> • diaphragm actuator; diaphragm drive
Membran-Aufhängung *f* <av> *(Konus-Lautsprecher)* • centering spider; diaphragm suspension; spider
Membran-Ausdehnungsgefäß *n* <energ.sol> • diaphragm-type expansion tank
Membranausgleichvorrichtung *f* <rls> • diaphragm expansion joint
Membran-Auslenkung *f* <av> • diaphragm excursion
Membranauslenkung *f* <masch> *(z. B. Pumpe)* • diaphragm displacement
Membranbalg *m* <rls> • diaphragm bellows
Membranbremszylinder *m* <brems> • diaphragm brake chamber

Membrandose f <kfz.el> *(Unterdruck)* • aneroid capsule *Bosch*

Membrandose f <msr> *(betont: Überdruck)* • pressure capsule

Membran-Druckschalter m <el> • pressure-sensitive switch

Membran-Einlasssteuerung f <kfz.mot> • reed valve induction timing

Membran-Elektroden-Einheit f <verbr> *(Brennstoffzelle)* • membrane electrode assembly (MEA)

Membranfeder f <masch> *(Federart; z. B. in Pkw-Kupplungen)* • diaphragm spring; belleville spring

Membranfederkupplung f <kfz.antr> • diaphragm-spring clutch

Membranfestigkeit f <pap> • diaphragm resistance

Membranfilter n <verf> • membrane filter

Membrangleichnis n <mech> *(Verteilung der Torsionsspannungen im Querschnitt)* • membrane analogy

Membraninterferometer n <phys> • pellicle interferometer

Membran-Klemmring m <kfz.mot> • diaphragm retaining ring

Membrankompressor m <pneum> • membrane compressor; diaphragm compressor

Membranlautsprecher m <av> • diaphragm loudspeaker

membranloses Mikrofon n <av> • diaphragmless microphone

Membranmanometer n <msr> • diaphragm pressure gauge; diaphragm gauge

Membranpaar n <rls> • convolution

Membranprofil n <rls> • diaphragm contour

Membranpumpe f <förd> • diaphragm pump

Membranregler m <msr> • force-balance diaphragm-type controller

Membranringmodenfilter n <el> • diaphragm-ring mode filter; diaphragm-ring filter

Membranschale f <bau> *(überwiegend: Zugspannungen)* • membrane shell

Membranschalter m <el> *(allg.)* • membrane switch

Membranschalter m <msr> *(Füllstandmessung)* • diaphragm-box level detector

Membranschweißdichtung f <füg> *(Flanschverbindung)* • welded sealing lips

Membran-Schwingspulen-Einheit f <av> • cone-coil assembly

Membransortierer m <verf> • diaphragm screen

Membranspannung f <mech> *(Membrantheorie)* • diaphragm stress; membrane stress

Membranspannungszustand m <mech> • membrane state of stress

Membransteifigkeit f <pap> • diaphragm stiffness

Membranstellantrieb m <msr> *(z. B. von Ventilen)* • diaphragm actuator; diaphragm actuating mechanism; diaphragm drive

Membranstellmotor m <msr> • diaphragm motor

Membranstellventil n <rls> • diaphragm-actuated control valve

Membrantank m <nav> • membrane tank

Membranvakuummeter n <msr> • diaphragm vacuum gauge

Membranventil n <masch> *(allg.)* • reed valve; leaf valve *US*; blade-type valve *did*; diaphragm valve *rare*

Membranzunge f <masch> *(von Membranventil)* • reed; petal; blade *rare*

Memohalter m <phot> *(für Filmpackungsdeckel)* • memo holder

Memoriskop n <edv> *(Anzeige der Speicherauslastung)* • memory monitor; memoryscope

Memory Aperture Feature n <edv> • memory aperture feature

Memory-Card f <edv> • memory card

Memoryeffekt m <tech.allg> *(z. B. von Batterien, Werkstoffen)* • memory effect

Memoryfunktion f <av> • memory function; memory stop function; zero memory

Memorymetallprothese f <med.tech> • thermal expanding stent; memory [metal] stent *rare*

Memory-Schaltung f <kfz.msr> *(elektrische Sitz- u/o Spiegelverstellung)* • memory system *:V*

Memory-Stent m <med.tech> • thermal expanding stent; memory [metal] stent *rare*

Memory-Stick ®*Sony* <edv> • Memory Stick ®*Sony*

Memory-Taste f <kfz.msr> *(elektr. Sitz-/Spiegeleinstellung etc.)* • memory button

Memory-Zelle f <med> *(bestimmter Lymphozyt)* • memory cell

Mendelejew'sches Periodensystem [der Elemente] n <chem> • Mendeleev's periodic system; Mendeleeff's periodic system

Mendelevium n (Md) <chem> • mendelevium (Md)

Menge f <tech.allg> *(Anzahl)* • amount; quantity

Menge f <math> • set

Mengenberechnung f <bau> • quantity surveying; taking-off

Mengendosierung f <verf.msr> • volume dosage; quantity dosage

Mengendurchsatz m <tech.allg> • volumetric flow

mengengeregelt <msr> • volume-controlled

Mengenlehre f DIN 5473 <math> • set theory

Mengenlehre f <math> • theory of sets; theory of aggregates

mengenmäßig angeben vt <allg> • quantify *vt*

Mengenmaß n <math> • measure of a set

Mengenmesser m <msr> *(Durchfluss)* • flowmeter

Mengenmesser m <msr> *(statisch)* • quantity meter

Mengenmesser m <msr> *(dynamisch; Menge pro Zeiteinheit)* • rate meter

Mengenmessung f <msr> *(zählbare Mengen)* • quantity measurement

Mengenmessung f <msr> *(Volumenstrom pro Zeiteinheit)* • volumetric flow measurement

Mengenregelung f <msr> *(allg.)* • quantity control

Mengenregelung f <msr> *(Durchfluss)* • flow regulation

Mengenregelung f <msr> *(Volumen)* • volume control

Mengenregelung f <turb.msr> *(Turbine)* • quantity governing

Mengenregelventil n <rls> *(Durchfluss; Volumen pro Zeiteinheit)* • flow-control valve; volume-control valve

Mengenregler m <msr> • volume controller; volume regulator; flow controller

Mengenschreiber m <msr> • flow recorder

Mengenstrom m <tech.allg> *(z. B. Rohrleitung, Turbine)* • volumetric flow

Mengenstrommesser m rar <msr> *(Durchfluss)* • flowmeter

Mengenstrommessung f <msr> *(Volumenstrom pro Zeiteinheit)* • volumetric flow measurement

Mengenverhältnis n <verf> *(Gemisch, Gemischregelung)* • volume ratio; quantity ratio

Mengenverhältnisregelung f <verf.msr> • volume ratio control

Mengenvoreinstellung f <msr> • volume presetting

Menge pro Zeiteinheit f <tech.allg> • rate per unit time; rate

Meniskus m <tech.allg> *(halbmondförmig)* • meniscus

Meniskus m <opt> • meniscus lens

Meniskus m DIN 4044 <phys> *(gekrümmte Flüssigkeitsfläche im Kapillarrohr)* • meniscus

Meniskuskorrektionsplatte f <opt> • meniscus corrector plate

Meniskusspiegelteleskop n <astron> • meniscus mirror telescope

Mennige f <chem> • red lead; minium

Mennige f <obfl> • red lead oxide

Mennigekitt m <bau> • red lead cement

menschenunterstützte maschinelle Übersetzung f <transl> • human-aided machine translation (HAMT)

menschenwürdige Umwelt f <ökol> • humane environment

menschliche Arbeitskräfte fpl <autom> • human operatives

menschliches Versagen n <qualit> • human error

Mensch-Maschine-Schnittstelle f <edv> • man-machine interface

Mensch-Maschine-System n <tech.allg> • man-machine system

Mensur f <chem> • measuring glass; graduated cylinder; measuring cylinder; graduate

Menü n <edv> (mit Auswahloptionen) • menu

Menüauswahl f <edv> • menu selection

Menübalken m <navig> (Display) • menu bar

Menübibliothek f <edv> • menu library

Menüfeld n <edv> • menu item

Menügestaltung f <edv> • menu design

menügesteuert <edv> • menu-driven; menu-controlled

menügesteuerte Bedienung f <edv> • menu-driven operation

Menüpunkt m <edv> • menu item

Menüseite f <navig> (Display) • menu page

Menüsprache f <edv> • menu language

Menüsystem n <edv> • menu system

Menütaste f <edv> • menu key; MNU key

Menüwahl f <edv> • menu selection

Meos <navig> • medium earth orbit system (Meos)

Mercalli-Skala f <geo> (Erdbeben) • Mercalli scale

Mercerisieren n <textil> (Ausrüstung) • mercerizing US; mercerising GB

mercerisieren vt <textil> (Ausrüstung) • mercerize vt US; mercerise vt GB

Mercerisiermaschine f <textil> (Ausrüstung) • mercerizing machine US; mercerising machine GB

Merc-O-Matic f <kfz.antr> • Merc-O-Matic

Mergefunktion f <edv.av> • merge; echo-back; merging

Mergel m DIN 4047-3 <bau> • marl

mergen vt <edv.av> • merge vt

Merger m <edv.av> • MIDI merger; merger; MIDI merge box; MIDI mixer

Merger n rar <econ> (von Unternehmen) • merger; amalgamation rare

Merging n <edv.av> • merge; echo-back; merging

Merging-Bit n <edv> • merging bit

Mergingbit n <edv> • merging bit

Meridian m <astron> (durch Zenit und Nadir des Horizonts) • meridian

Meridiandurchgang m <astron> • meridian transit

Meridianebene eines Brillenglases f ISO 13666 <opt> (jede Ebene, die die optische Achse enthält) • meridian of a lens ISO 13666

Meridianinstrument n <astron> • meridian transit instrument

Meridiankreis m <geo> • meridian circle; transit circle

Meridiankreis m <opt> (astronomisches Gerät) • transit telescope

Meridiankreisel m <navig> • meridian gyro

Meridianlinie f <tech.allg> (auch an Laufrädern) • meridian line

Meridianlinie f <geo> • meridian line; meridian curve; meridian

Meridianrichtung f <verf> • meridional direction

Meridian von Greenwich m <navig> • Greenwich meridian; Prime Meridian; central meridian

Meridionalebene f <masch> (z. B. Laufräder, Drehkörper) • meridional plane; meridian plane

Meridionalschnitt m <tech.allg> (z. B. an Laufrädern) • meridian section; meridional section

Meridionalstrahl m <opt> • meridional ray

Meristem n wiss <bio> • meristem

merkaptanfreies Benzin n <chem.petr> • sweet gasoline US; sweet petrol GB

Merkator-Projektion f <navig> • Mercator map projection; Mercator projection; rhumb projection rare

Merkel'sche Hauptgleichung f <verf> • Merkel's equation

Merkelzahl f <verf> • Merkel coefficient

Merkmal n prakt <allg> (Charakteristik, z. B. eines Produkts; meist ein Vorteil) • characteristic feature; distinguishing feature; special feature; feature pract

Merkmal n ISO 9000 <tech.allg> (qualitativ, quantitativ) • characteristic ISO 9000; property; feature

Merkmal n <term> (von Begriffen) • characteristic

Merkmalsextraktion f <autom> • feature extraction

Merkmalstyp m <navig> (GIS) • feature type

Merkmalswert n DIN 55350-12 <math> (Statistik) • characteristic value

Merkposten m <doku> • memorandum item; pro memoria item; reminder item

Merkspur f <av> • cue track

meroedrisch <mat> • merohedral

meromorph <math> • meromorphic

Merzerisierapparat m <textil> • mercerizing frame US; mercerising frame GB

merzerisieren vt <textil> • mercerize vt US; causticize vt US; mercerise vt GB; causticise vt GB

Merzerisierfoulard m <textil> • mercerizing mangle

Mesadiode f <el> • mesa diode

Mesastruktur f <el> • mesa structure; mesa configuration

Mesatransistor m <el> • mesa transistor; mesa junction transistor

MESECAM-Anzeige f <av> • MESECAM indicator

MES-Feldeffekttransistor m (MESFET) <el> • metal-semiconductor field-effect transistor (MESFET)

MESFET <el> • metal-semiconductor field-effect transistor (MESFET)

MESFET <el> • metal-semiconductor field-effect transistor (MESFET)

Mesh-Objekt n <edv> (im 3D-Grafikprogramm; CAD) • wire-frame model; mesh object; wire model

mesisch <nukl> • mesic; mesonic

Meso-Form f <chem> (Stereochemie) • meso form

Mesokolloid n <chem> • mesocolloid

mesomer <chem> • mesomeric

Mesomerie f <chem> • mesomerism; resonance

Mesomerieenergie f <chem> • mesomeric energy

mesomorph <mat> • mesomorphous; mesomorphic

mesomorpher Zustand m <mat> • mesomorphic state; mesomorphous state

Meson n <phys> • meson

Mesonenatom n <phys> • mesonic atom; mesic atom; mesoatom

Mesonenausbeute f <phys> • meson yield

Mesoneneinfang m <phys> • meson capture

Mesonenfabrik f <phys> (relativistisches Zyklotron) • meson factory

Mesonenfeld n <phys> • meson field

Mesonengarbe f <phys> • meson shower

Mesonenmolekül *n* <phys> • mesonic molecule; mesic molecule

Mesonenmultiplett *n* <phys> • meson multiplet

Mesonenresonanz *f* <phys> • meson resonance

Mesonenschauer *m* <phys> • meson shower

Mesonenspur *f* <phys> • meson track

Mesonensteuerung *f* <phys> • meson scattering

Mesonentheorie *f* <phys> • meson theory

Mesonenwolke *f* <phys> • meson cloud

mesonisch <phys> • mesonic; mesic

Mesopause *f* <phys> • mesopause

Mesosphäre *f* <phys> • mesosphere

Mesothorium *n* <phys> • mesothorium

Mess-, Steuer- und Regelsysteme *npl* (MSR) <msr> • instrumentation and control systems (I&C); I&C systems

Messablauf *m* <msr> • test sequence

Messabweichung *f* DIN 1319 <qualit.mat> • measuring error; error of measurement

Messachse *f* <msr> • measuring axis

Messadaptersystem *n* <allg> • measuring and valve control system

Messader *f* <el> • test core

Messader *f* <tele> • pilot wire

Message-Funktion *f* <av> • message function

Messamboss *m* <msr> • measuring anvil; measuring plug

Messanfang *m* VDI/VDE 2600 <msr> • lower range limit; lower limit of range; lower range value

Messanordnung *f* <chem/phys> (Einrichtung, z. B. im Labor) • measuring set-up; test assembly; test set-up

Messanordnung *f* <msr> (bei Experimenten) • experimental set-up

Messanordnung *f* <msr> • measuring apparatus; measuring set-up; measuring arrangement; test set-up

Messantenne *f* <el> • test antenna US; test aerial GB

Messapparatur *f* <msr> • measuring apparatus; measuring set-up; measuring arrangement; test set-up

Messaufbau *m* <msr> • measuring apparatus; measuring set-up; measuring arrangement; test set-up

Messaufnehmer *m* DIN 1319-1 <msr> • sensor; sensing element

Messausgang *m* <msr> • measurement output

Messausrüstung *f* <msr> (Instrumentierung; eher fest installiert) • instrumentation

Messausrüstung *f* <msr> (installiert oder mobil) • measuring equipment

Messband *n* DIN 6403 <msr> (z. B. aus Stahl mit Aufrollrahmen oder Aufrollkapsel) • measuring tape; tape measure; tape rule

Messbank *f* <qualit> • test bench

messbar <msr> • measurable

messbare Menge *f* <msr> • measurable quantity; measurable set rare

messbares Merkmal *n* DIN 53804-1 <math> (Statistik; Qualitätssicherung) • measurable characteristic; continuous characteristic

Messbarkeit *f* <msr> • measurability

Messbasis *f* <msr> (Bezugslinie) • base line

Messbasis *f* <msr> (Bezugsebene) • base plane

Messbatterie *f* <el> • test battery

Messbecher *m* <chem> • beaker; measuring jug; graduated jug

Messbehälter *m* <msr> • calibrated vessel; measuring vessel

Messbereich *m* DIN 2257 <msr> (Teil des Anzeigebereiches innerhalb der Fehlergrenzen) • measuring range; measuring span; measuring effective range

Messbereich *m* <msr> (Gesamtbereich der Anzeige) • scale span

Messbereich *m* <qualit.mat> (z. B. einer Zugprüfmaschine) • load range; force range

Messbereich erweitern *vt* <msr> • extend the measuring range vt; extend the range vt

Messbereichserweiterung *f* <msr> • measuring-range extension; measuring-range increase

Messbereichsfehler *m* <edv.av> • offset error; gain error; fullscale error; offset voltage error

Messbereichsschalter *m* <msr> • instrument range switch; range switch

Messbereichsumschaltung *f* <msr> • measuring-range shifting; range shifting

Messbericht *m* <msr.doku> • test report

Messberührung *f* <msr> • gauging contact

Messbeständigkeit *f* DIN ISO 10012-1 <msr.qualit> • measurement stability ISO 10012-1

Messbild *n* <phot> • mapping photograph; survey photograph

Messblech *n* <msr> (für Näherungssensor) • target; reference plate; operating device; actuator US.rare

Messblende *f* <msr> (Durchflussmenge) • orifice flowmeter

Messblende *f* <rls.msr> (allg.) • measuring orifice; orifice plate; aperture restrictor; calibrated orifice; metering orifice

Messblock *m* <msr> • block gauge

Messbolzen *m* <msr> • micrometer spindle; gauging pin; measuring pin; spindle

Messbox *f* prakt <verbr.msr> (für Rauchgas) • analyzer unit US

Messbrief *m* <nav> • measurement certificate

Messbrücke *f* <qualit> (in Elektrotechnik und Elektronik) • measuring bridge; bridge circuit; bridge

Messbrückenkapazitätsanalysator *m* <el> • bridge-type capacitance analyzer

Messbuchse *f* <el> • test socket

Messbürste *f* <el> • pilot brush

Messcomputer *m* <edv> • measuring computer

Messdaten *npl* <msr> • measurement data; measured data

Messdatenerfassung *f* <msr> • measurement data acquisition; measuring data acquisition

Messdatenfluss *msg* <msr> • flow of measured data

Messdatenverarbeitung *f* <msr> • measurement data processing

Messdauer *f* <msr> • measuring time

Messdiagonale *f* <msr> • galvanometer arm

Messdiagramm *n* <petr.doku> (von Bohrungen) • log; borehole log

Messdistanz *f* <tech.allg> (allg.) • measuring distance

Messdorn *m* <msr> • test mandrel; feeler

Messdose *f* <msr> (z. B. Barometer) • capsule

Messdraht *m* <el> • slide wire

Messdraht *m* <msr> • filament; measuring filament; measuring wire

Messdüse *f* <msr> • measuring nozzle

Messdüse *f* <rls> • flow nozzle

Messeingang *m* <ms> • measurement input

Messeinheit *f* <msr> • measurement unit; measuring unit

Messeinrichtung *f* ISO 9000 <msr> • measuring equipment ISO 10012-1; measuring device ISO 9000

Messelektrode *f* <msr> • sensing electrode; working electrode rare

Messelement *n* <msr> • measuring element; sensing element

Messempfindlichkeit *f* <msr> • measuring sensitivity

Messen *n* <msr> (Vorgang) • measuring; measurement

Messen *n* <msr> (Dicken; z. B. Blechstärke) • gauging

messen *vt* <msr> (Dicke, Stärke; z. B. von Blech, Draht, Folie) • gauge vt

messen *vt* <msr> *(allg.)* • measure *vt*

messen *vt* <msr> *(mit Maß, Messinstrument; z. B. Länge, Temperatur, Spannung)* • meter *vt*

Messende *n VDI/VDE 2600* <msr> • upper range limit; upper limit of range; upper range value

messender Drehmomentschlüssel *m* <wz> *(allg.)* • direct-reading torque wrench

messender Drehmomentschlüssel [mit Biegestab] *m* <wz> • beam-type torque wrench

messender Drehmomentschlüssel [mit Messuhr] *m* <wz> • dial torque wrench

messender Lasersensor *m* <msr> • laser gauging sensor

messendes Stufenrelais *n* <el> • add-and-subtract relay

Messen von Formaldehyd *n VDI 3862-4* <emiss.msr> • measurement of formaldehyde *VDI 3862-4*; formaldehyde measurement

Messen von Innenraumluftverunreinigungen *n VDI2100Blatt2* <ökol.hlk> • determination of indoor air pollutants

Messen während des Bohrens *n* (MWD) <petr> • measuring-while-drilling

Messer *m* <msr> • meter

Messer *n* <tech.allg> *(allg.)* • knife

Messer *n ugs* <bau.innen.wz> *(Spezialmesser zur Bearbeitung von Gipskarton-Platten)* • utility knife; board knife; Stanley knife ®

Messer *n* <druck> • ink blade

Messer *n* <med> • knife

Messer *n* <pap> *(von Papierschneidemaschine)* • cutting bar; blade beam

Messer *n* <wz> *(Klinge zum Einsetzen)* • inserted blade; insert tool

Messer *n* <wz> *(zum Einsetzen)* • tool bit

Messer *n* <wz> • cutting blade

Messeranordnung *f* <led> *(Messerwalze)* • knife arrangement

Messeraufhängung *f* <masch> *(z. B. von Waagebalken)* • knife suspension

Messeraufnahmeschlitz *m* <wz> • body slot

Messerbalken *m* <pap> *(von Papierschneidemaschine)* • cutting bar; blade beam

Messerbaugruppe *f* <tech.allg> • knife assembly

Messerbefestigung *f* <wz> • blade clamping; blade securing

Messerblock *m* <pap> *(Holländer)* • beater plate; dead plate

Messereinstellung *f* <tech.allg> • blade adjustment

Messerfalz *m* <druck> • knife fold

Messerfalzmaschine *f* <druck> • knife folding machine; knife folder

Messerfeile *f* <wz> *(für die Metalbearbeitung)* • knife file; engineers' knife file *ISO*; knife-edge file *rare*

Messerführung *f* <led> *(Spaltmaschine)* • knife backing plate

Messerfurnier *n* <holz> • sliced veneer

Messergebnis *n* <msr> *(Dickenmessung)* • gauging result

Messergebnis *n* <msr> *(allg.)* • measurement result; measuring result

Messergebnis *n* <msr> *(von Tests)* • test result

Messergebnis *n* <msr> *(Ausgang, Ausgabe)* • output

Messergebnis *n* <msr> • measuring result test result

Messergebnis *n* <msr> *(allg.)* • measured value

Messergebnisleitung *f* <msr> *(zur Anzeige)* • read-out line

Messerhalter *m* <wz> • knife block

Messerhalter *m* <wz> *(Clip)* • knife clip

Messerholländer *m* <pap.verf> • Hollander beater; Hollander beating engine; Hollander; pulp engine; stuff engine

Messerhub *m* <tech.allg> • knife stroke

Messerhub *m* <agri> • sickle stroke

Messerhub *m* <prod> *(Klinge)* • blade stroke

Messerklemme *f* <wz> • blade clamp; cutter clamp

Messerklinge *f* <wz> • knife blade

Messerkontakt *m* <el> • knife blade contact; knife contact

Messerkopf *m* <led> *(Falzmaschine)* • shaving cylinder

Messerkopf *m* <wz> *(Bohr- od. Fräskopf)* • cutter head

Messerkopf *m* <wz> *(mit Klinge zum Schneiden)* • knife head

Messerkopf *m* <wz.masch> *(Kegelstirnfräser)* • cone face milling cutter with inserted blades; cone face milling cutter with inserted teeth

Messerkopf *m* <wz.masch> *(Stirnfräser)* • inserted-tooth face milling cutter

Messerkopfschleifmaschine *f* <wz.masch> *(allg.)* • cutter-head grinding machine

Messerkopfschleifmaschine *f* <wz.masch> *(für Stirnfräser)* • face milling cutter grinder

Messerkopfwälzfräsen *n* <prod> • inserted-tooth face milling cutter generating

Messerkorb *m* <verf.hydr> *(Rechenwolf)* • cutting screen

Messerlänge *f ugs* <wz> • blade length

Messerleiste *f* <el> *(Kabelverbinder)* • multiple plug; multipoint plug; plug connector; multiple-connector plug

Messermaschine *f* <holz> • knife-veneer cutting machine

messern *vt* <holz> • slice *vt*

Messerradhäcksler *m* <agri> • flywheel cutter; rotary cutter

Messerrücken *m* <wz> • knife back

Messerschalter *m* <el> • knife blade switch; knife switch *pract*

messerscharf <phot> *(Bild, Aufnahme)* • crystal-clear

Messerscheibe *f* <holz.wz> • disk with swing-out blades *US*; disc with swing-out blades *GB*

Messerscheibenentrinder *m* <holz.wz> • knife barking machine; disk barking machine *US*; knife barker; disk barker *US*; disc barker *GB*

Messerschere *f* <wz> • blade shear

Messerschlagwelle *f* <prod.nahr> *(Speiseeis; Freezer)* • dasher; mutator

Messerschleifmaschine *f* <wz.masch> • blade grinder; blade sharpener; knife grinder

Messerschlitten *m* <wz.masch> • shearing beam

Messerschneide *f* <wz> • knife edge; blade edge

Messerschnitt *m* <led> *(Häutefehler)* • butcher cut; butcher score; gash

Messerschutz *m* <sich> • knife guard

Messersech *n* <agri> • knife coulter

Messersechstiel *m* <agri> • knife coulter arm

Messerspachtel *m* <kfz.rep> • putty *US*; glazing putty *US*; spot putty; stopper *GB*; knifing stopper *GB*

Messerspachtel *m* <wz> *(gerade, scharfe Kante; z. B. für Kfz-Anwendungen)* • putty knife *US*; putty scraper *US*; filling knife *GB*

Messerstangensenker *m* <wz> • removable-blade counterbore

Messerstecker *m* <el> • blade plug; knife plug

Messer- und Federleiste *f* <el> • plug-and-socket connector

Messervorschub *m* <led> *(Bandmesser)* • knife advancer

Messerwalze *f* <led> *(Entfleisch-und Falzmaschinen)* • knife cylinder; bladed cylinder; cutting cylinder

Messerwalze *f* <pap> *(Holländer)* • beater roll; Hollander roll

Messerwalzenegreniermaschine *f* <textil> • knife roller gin

Messerwelle *f Crepaco* <prod.nahr> *(Speiseeis; Freezer)* • dasher; mutator

Messerwelle f <verf.hydr> *(Rechenwolf)* • cutting roller

Messerwellenantrieb m <prod.nahr> *(Speiseeis; Freezer)* • dasher power; dasher motor

Messerwellengeschwindigkeit f <prod.nahr> *(Speise-eis; Freezer)* • dasher speed

Messerwellenquerschneider m <wz.masch> • rotary-knife cutting machine; rotary-knife cutter

Messer-Werkstattfeile f <wz> *(für die Metalbearbeitung)* • knife file; engineers' knife file *ISO*; knife-edge file *rare*

Messerzeiger m <msr> • knife-edge pointer

Messerzylinder m <druck> • blade cylinder; knife cylinder

Messestand m <werb> *(Fläche im Freien)* • exhibition space

Messestand m <werb> *(in Halle)* • exhibition stand

Messfehler m ugs.obs <qualit.mat> • measuring error; error of measurement

Messfeld n <phot> • segment

Messfelge f <kfz> • measuring rim

Messfenster n <msr> *(Mikrosensor m)* • window

Messfilm m <phot> • mapping film

Messfinger m <msr> • contact finger

Messfinger mit Diamantspitze f <msr> • diamond-pointed contact finger; diamond-pointed finger

Messfläche f <msr> *(allg.)* • measurement area; measuring surface; measuring area

Messfläche f <phot> *(im Sucher)* • measuring field

Messflügel m <msr> *(für Mikroströmungen)* • microcurrent meter

Messflügel m <msr> *(allg.)* • hydrometric vane

Messflüssigkeit f prakt <msr> *(chemische Absorption)* • absorbing fluid *pract*; absorbing liquid

Messfolgefrequenz f <allg> • reading rate frequency

Messfühler m <msr> *(ganze Baueinheit)* • sensor (SENS); sending unit

Messfühlhebel m <msr> • indicating contactor

Messfunkenstrecke f <el> • calibrated spark gap; measuring spark gap

Messgas n <msr> • measuring gas; sample gas

Messgasaufbereitungsgerät n <emiss.msr> • gas preparation unit; gas conditioning unit

Messgefäß n <msr> • calibrated vessel; measuring vessel

Messgenauigkeit f <msr> • measuring accuracy; accuracy

Messgenerator m <el> • signal generator

Messgenerator m <msr> • measuring generator

Messgerät n DIN 1319-1 <msr> • measuring instrument; gauge *US.GB*; gage *rare*; measuring device

Messgerät n <petr> *(bei geophysikalischen Messungen)* • logging tool

Messgerät n <petr> *(bei Messungen zur Bohrlochverlaufs-überwachung)* • survey instrument

Messgerätanzeige f <msr> • instrument indication; meter indication; meter reading

Messgeräteausrüstung f <msr> • measuring instrumentation; instrumentation

Messgerätedrift f DIN ISO 10012-1 <msr> • drift *ISO 10012-1*

Messgerätekonstante f <msr> • constant of the measuring instrument

Messgerätempfindlichkeit f <msr> • instrument sensitivity; meter sensitivity

Messgerätesatz m <msr> • measuring set; set of instruments

Messgeräteträger m <kfz> *(in Bauart Lieferwagen, Van)* • instrument van; testing van

Messgerätskala f <msr> • instrument scale

Messgerätskale f A <msr> • instrument scale

Messgerätzeiger m <msr> • meter needle; meter indicator

Messgerät zur Bestimmung der wirksamen Dicke n <pap> • effective thickness gauge

Messgitter n <msr> • ruled grating; grating; graticule

Messgitter n <msr> *(DMS)* • measuring grid; grid

Messgitterlinien fpl <msr> • graticule divisions

Messglas n <chem> • measuring glass; graduated cylinder; measuring cylinder; graduate

Messgleichrichter m <el> • instrument rectifier; meter rectifier

Messglied n <msr> • measuring element; sensing element; metering element; discriminating element

Messgröße f DIN 1319-1 <msr> *(die zu messende physikalische Größe)* • measurand *ISO 10012-1*; quantity; variable; measured variable; measured parameter

Messgrößenaufnehmer m <msr> • sensor; sensing element

Messhilfen fpl <msr> • special instruments

Messhütchen n <opt> • contact tip

Messing n <mat> • brass; yellow brass

Messingblech n <mat> *(betont: Blech aus Messing)* • brass sheet

Messingblech n <mat> *(betont: Messing in Blechform)* • sheet brass

Messingblechstopfbuchse f <masch> • brass-foil packing

Messingdorn m <kfz.wz> • brass punch; brass bar punch

Messingdrahtbürste f <kfz.wz> • brass wire brush

Messingdraht-Handbürste f <kfz.wz> • brass wire brush

Messingdruckguss m <metall> • brass die casting

Messinglot n <füg> • brass solder; brass brazing solder

Messingpressrohling m <prod> • brass slug

Messingpressteil n <prod> • brass pressing

Messing vernickelt n <mat> • nickel-plated brass

Messinstrument n <msr> • measuring instrument; gauge *US.GB*; gage *rare*; measuring device

Messinstrument mit Fernanzeige n <msr> • remote-measuring instrument

Messinstrument mit Nullpunkt in Skalenmitte n <msr> • zero-center instrument; central-zero apparatus; null instrument; balance indicator

Messinstrument mit unterdrücktem Nullpunkt n <msr> • suppressed-zero instrument

Messinstrumenttoleranz f <msr> • meter accuracy allowance

Messkabel n <el> • measuring cable

Messkammer f <msr> • measuring chamber; sample chamber; measuring cavity

Messkammer f <phot> • surveying camera; mapping camera; photogrammetric camera

Messkanal m <el> • measuring channel

Messkegel m <msr> • target

Messkette f DIN 1319-1 <msr> *(z. B. Sensorelement, Messverstärker, Ausgabegerät)* • measuring chain

Messklemme f <el> • test terminal

Messklinke f <msr> • metering jack

Messklötzchen n <msr> • block gauge

Messkoffer m <msr> • portable measuring set

Messkolben m <chem> • graduated flask; measuring flask; volumetric flask

Messkondensator m <el> • precision capacitor

Messkopf m <msr> *(Teil eines Fühlers)* • sensing head; measuring head; gauging head; probe

Messkopf mit zweiseitiger Messung m <msr> • double-sided measurement head

Messkraft f DIN 2257 <msr> • measuring force

Messkreis m <el> • pilot circuit

Messkreis m <el> *(betont: zum Testen)* • testing circuit

Messkreis m <msr> *(Stromkreis, in den ein elektrisches Meßgerät eingeschaltet ist)* • measuring circuit; metering circuit *rare*

Messküvette *f* <emiss.msr> *(in optischen Analysegeräten)* • sample cell

Messküvette *f* <med.tech> • sample chamber; sample cell; test cell

Messkugel *f* <msr> • calibrated ball

Messkurve *f* <tech.allg> • calibration curve

Messkurve *f* <msr> • signal curve

Messlänge *f* <qualit.mat> *(Grundlage für die Messung der Längenänderung)* • gauge length *ASTM E21-92*

Messlänge nach dem Bruch *f* (Lu) <qualit.mat> • final gauge length (Lu)

Messlatte *f* <geo> *(Landvermessung)* • stadia rod; surveyor's rod; graduated rod; measuring staff; stadia *sg pract*

Messlehre *f* <kfz.wz> • tramming equipment; alignment gauge

Messleitung *f* <el> *(allg.)* • measuring line

Messleitung *f* <msr> *(Anschluss eines Messinstruments)* • instrument lead

Messleitung *f* <phys> *(Lecher-Leitung)* • Lecher wire wavemeter

Messleitung *f* <tele> • C-wire

Messlineal *n* <kfz.wz> • tram gauge; frame tram

Messlinie *f* <msr> *(allg.)* • measurement line; measuring line

Messlinie *f* <msr> *(Bezugslinie)* • datum line

Messlinie *f* <msr> *(unter Beobachtung)* • observation line

Messliniensystem *n* <msr> *(Bezugslinien)* • datum line system

Messlupe *f* <opt> • measuring magnifier

Messmarke *f* <geo> *(Fadenkreuz; Landvermessung)* • stadia hair; reticle mark

Messmarke *f* <msr> *(allg.)* • measuring mark

Messmarke *f* <nav> • boom band; band

Messmarke am Baum *f* <nav> • boom band; band

Messmarkenspiegel *m* <msr> • measuring-mark mirror

Messmaschine *f* <msr> • measuring machine

Messmaschine *f* <prod> • check station

Messmedium *n* <tech.allg> • measuring medium

Messmembran *f* <msr> • diaphragm face

Messmethode *f* <msr> • measuring principle; principle of measurement; measuring method; measuring technique

Messmikrophon *n* <akust> • measuring microphone; standard microphone

Messmikroskop *n* <msr> • measuring microscope

Messmittel *n* DIN ISO 10012-1 <msr> • measuring equipment *ISO 10012-1*; measuring device *ISO 9000*

Messmodul *n* <msr> • measuring module

Messmodulator *m* <opt> • measurement chopper

Messmoment *n* <msr> • deflecting torque

Messnadel *f* <phot> • meter needle

Messnebenwiderstand *m* <msr> • instrument shunt

Messnormal *n* <msr> • laboratory standard; standard of measurement

Messobjekt *n* DIN 1319-1 <msr> • measuring object

Messokular *n* <opt> • measuring eyepiece

Messoptik *f* <opt> *(allg.)* • measuring optics

Messoptik *f* <opt> *(System)* • optical measuring system

Messorgan *n rar* <msr> • measuring instrument; gauge *US.GB*; gage *rare*; measuring device

Messparameter *m* <msr> • measuring parameter

Messpegel *m* <msr> • test level

Messpfad *m* <msr> • measuring path

Messpipette *f* <chem> *(mit Skala)* • measuring pipette; graduated pipette

Messplan *m* <msr> *(allg.)* • measurement schedule

Messplan *m* <msr> *(für periodische Tests)* • periodic-test schedule

Messplansteuerung *f* <msr> • measurement schedule management

Messplatte *f* <msr> *(für Näherungssensor)* • target; reference plate; operating device; actuator *US.rare*

Messplatz *m* <chem/phys> *(Einrichtung, z. B. im Labor)* • measuring set-up; test assembly; test set-up

Messposition *f* <msr> • measurement point

Messpositionen *fpl* <prod> • positions measured/tested

Messprinzip *n* DIN 1319-1 <msr> • measuring principle; principle of measurement; measuring method; measuring technique

Messprisma *n* <opt> • measuring prism; test prism

Messprojektor *m* <msr> • optical comparator

Messprojektor *m* <opt> • measuring projector

Messprotokollstreifen *m* <msr> *(Registrierstreifen)* • strip chart

Messprozedur *f* <msr> • testing procedure

Messprozess *m* <msr> • measurement process

Messpufferspeicher *m* <pap> • measuring buffer

Messpumpe *f* <msr> • metering pump; controlled-volume pump

Messpunkt *m* <msr> *(betont: zum Überwachen)* • monitoring point

Messpunkt *m* <msr> *(Ort, an dem Messwerte erfasst werden)* • measuring point; measuring position; point of measurement

Messpuppenkopf *m* VDI <kfz> *(Helmprüfung)* • headform

Messrad *n* <msr> • metering wheel

Messrahmen *m* <phot> *(in der Bildebene)* • focal plane frame

Messraum *m* <msr> *(für Prüfungen)* • inspection room

Messraum *m* <msr> *(für Messungen)* • measuring room

Messraum *m* <msr> *(für Tests)* • test room

Messreihe *f* <msr> • measurement series; series of measurements; test series; run [of measurements]; series of repetitive measurements

Messreproduzierbarkeit *f* <msr> *(von Messungen)* • reproducibility; measurement reproducibility *rare*

Messrolle *f* <msr> • measuring wheel; gauging roller

Messschacht *m* <verf> *(Ultraschall-Wasserspiegeldifferenz-Steuerung)* • stilling well

Messschaltung *f* <msr> *(Messbrücke)* • bridge circuit

Messschaltung *f* <msr> • measuring circuit; metering circuit

Messscheibe *f* <msr> *(Lehrenbohrtisch)* • zero disk *US*; zero disc *GB*

Messschenkel *m* <msr> • measuring jaw

Messschieber *m* <rls> *(eine Art Dosierventil)* • metering valve

Messschieber *m* <wz> *(mit Noniuseinteilung)* • vernier caliper; sliding vernier caliper; vernier gauge; vernier; caliper gauge

Messschieber mit Digitalanzeige *m* <wz> • digital caliper; electronic caliper

Messschieber mit Messuhr *m* <wz> • dial caliper

Messschleife *f* • measuring loop

Messschlitten *m* <kfz.rep> • measuring slide

Messschnabel *m* <wz> *(Teil eines Messschiebers)* • caliper jaw; measuring jaw

Messschneide *f* <msrwz> *(z. B. Schiebelehre)* • knife edge

Messschnur *f* <msr> *(z. B. an Multimeter)* • instrument lead; measuring cord

Messschraube *f* DIN 863 <wz> *(allg.)* • micrometer; mike *US*; micrometer caliper *GB*

Messschraubenbügel *m* <msr> • micrometer C-frame; micrometer frame

Messschraubenspindel *f* <msr> • micrometer lead screw; micrometer screw; precision screw; precision lead screw

Messschreiber *m* <msr> • pen recorder; recording instrument; graphic recording instrument *rare*

Messschritt *m* <msr> • measuring step

Messsender *m* <el> • signal generator; standard-signal oscillator; standard-signal generator

Messsignal *n* DIN 1319-1 <msr> • measurement signal

Messsignal *n* <msr> • measuring signal

Messsignalaufnahmebaugruppe *f* <msr> • measuring signal conditioning module

Messsignalgenerator *m* <el> • signal generator; standard-signal oscillator; standard-signal generator

Messsignalverarbeitung *f* <msr> *(Sensor)* • signal processing; signal-processing

Messskala *f* <msr> • measuring scale; meter scale

Messskale *f* A <msr> • measuring scale; meter scale

Messsonde *f* <geo> • probe

Messsonde *f* <msr> • test probe; measuring probe; sensing probe

Messspanne *f* VDI/VDE 2600 <msr> *(Differenz Messende minus Messanfang)* • span; measuring span

Messspannung *f* <el> *(Spannung im Messkreis)* • measuring circuit voltage

Messspannung *f* <el> *(allg.)* • measurement voltage; measuring voltage

Messspindel *f* <el.wz> *(Schwimmkörper im Säureprüfer für Starterbatterien)* • hydrometer float; float *pract*

Messspindel *f* <msr> • micrometer lead screw; micrometer screw; precision screw; precision lead screw

Messspion *m* obs.ugs <wz> *(allg.)* • feeler gauge

Messspitze *f* <el.wz> *(an Messschnur)* • test prod

Messspitze *f* <kfz.wz> • pointer

Messspitze *f* <msr> *(von Sonden)* • probe tip

Messspitze *f* <msr> *(von Fühlern)* • sensor tip

Messspule *f* <el> • measuring coil

Messspur *f* <msr> • measuring path

Messstab *m* <msr> *(allg.)* • measuring rod

Messstab *m* <msr> *(Flüssigkeitsstand)* • dip stick

Messstab *m* <msr> *(mit Skala)* • graduated rod

Messstab *m* rar <tribo> *(allg.; z. B. für Motor- oder Getriebeölstand)* • dipstick; oil level gauge; oil gauge; oil dipper rod; oil-level dip-stick

Messstation *f* <msr> *(für Dickenmessungen, z.B von Blechen, Draht)* • gauging station

Messstelle *f* <msr> *(Ort, an dem Messwerte erfasst werden)* • measuring point; measuring position; point of measurement

Messstelle *f* <msr> *(für Dickenmessungen, z.B von Blechen, Draht)* • gauging station

Messstelle *f* <msr> *(Thermoelement)* • hot junction

Messstelle *f* <msr> *(ständige Kontrolle)* • monitoring point

Messstelle *f* <msr> *(Messen, Anzapfen, Probenahme)* • sensing and tapping point

Messstelle *f* <msr> *(mit Fühler)* • sensing point

Messstelle *f* <msr> *(Prüfort)* • test point

Messstellenabtaster *m* <msr> • scanner

Messstellentemperatur *f* <msr> *(Thermoelement)* • measuring-junction temperature

Messstellenumschalter *m* <msr> • measuring point selector switch; external measuring-circuit selector; measuring point change-over switch; measuring point change-over; multipoint selector

Messstellenwähler *m* <msr> • measuring point selector switch; external measuring-circuit selector; measuring point change-over switch; measuring point change-over; multipoint selector

Messstellung *f* <msr> • measuring position

Messstereoskop *n* <opt> • measuring stereoscope

Messsteuerung *f* <msr> *(automatische Dickenmessung und -regelung)* • in-process gauging

Messsteuerung *f* <msr> *(autom. Messung/Regelung der Werkstückabmessungen)* • automatic size control; automatic work-size control *form*; work-size control; size control; sizing *pract*

Messstift *m* <msr> *(Messstation)* • measuring stylus; measuring pin; feeler pin; test pin

Messstrahl *m* <opt> • measuring beam; sample beam; specimen beam; test beam

Messstrecke *f* <msr> *(Windkanal)* • conduit

Messstrecke *f* <msr> *(Distanz)* • measuring length

Messstrecke *f* <msr> *(Gesamtanordnung)* • metering installation

Messstrecke *f* <msr.rls> *(z. B. für Volumenstrom)* • metering orifice installation

Messstrecke *f* <phys> *(Windkanal)* • working section

Messstreifen *m* <msr> *(Registrierstreifen)* • strip chart

Messstromdaten *pl* **n** <el> • measuring current data

Messstromkreis *m* <msr> • measuring circuit; measurement circuit

Messsystem *n* <msr> • measuring system

Messtafel *f* <msr> • gauge board

Messtank *m* <msr> *(eher groß)* • measuring tank

Messtaster *m* <msr> • measuring stylus

Messtasterspitze *f* <msr> • probe tip

Messtechnik *f* <msr> *(Verfahren)* • measuring technique; measurement technique

Messtechnik *f* DIN 1319 <msr> *(konkret)* • measurement engineering

messtechnisch <msr> • metrological

Messtechnologie *f* DIN 1319 <msr> • metrology; measuring technology; measurement technology

Messteil *n* <msr> • measuring unit; measurement unit; measurement section

Messtoleranz *f* <msr> • measurement tolerance

Messton *m* <av> • line-up tone

Messton *m* <av.msr> • test tone

Messtrommel *f* <msr> *(allg.)* • graduated drum

Messtrommel *f* <msr> *(Messschraube)* • thimble

Messuhr *f* ISO 463 <wz> • dial indicator; dial gauge

Messuhrdickenmesser *m* <msr> • dial thickness gauge

Messuhrtiefenmaß *n* <msr> • dial depth gauge

Messuhrzeiger *m* <msr> • dial hand

Messumfang *m* <msr> • measurement range

Messumfang *m* rar <msr> *(Gesamtbereich der Anzeige)* • scale span

Messumformer *m* VDI/VDE-2600 <msr> *(analog/adaptiert analog; z. B. Druckanstieg in Spannungsanstieg)* • transducer; measuring transducer *rare*

Messumsetzer *m* <msr> *(analog/digital)* • transducer with digital output signal

Mess- und Richtsystem *n* <kfz.rep> *(Karosserieinstandsetzung)* • measuring and straightening system; universal measuring and straightening system; alignment repair system

Messung *f* DIN 1319-1 <msr> *(Messergebnis, Anzeige)* • measurement; reading

Messung *f* <msr> *(von Blech-, Drahtstärken)* • gauging

Messung *f* ISO 9000 <msr> *(Gesamtheit der Tätigkeiten zur Ermittlung eines Grössenwertes)* • measurement ISO 9000; measuring; metering *rare*

Messung mit Radar-Impulsen *f* <msr> *(z. B. Entfernung, Geschwindigkeit)* • measurement using pulse-radar technology

Messung von Spülungseigenschaften *f* <petr> • mud log

Messunsicherheit *f* DIN ISO 10012-1 <msr> • measurement uncertainty ISO 10012-1; uncertainty of measurement; measuring uncertainty

Messunsicherheitsdiagramm *n* <msr.doku> • accuracy diagram

Messunterlegscheibe *f* <msr> *(Kraftsensor)* • quartz load washer; quartz force washer

Messventil *n* <msr> *(zur Durchflussregelung)* • volume-control valve

Messventil *n* <rls> *(zum Messen, Dosieren)* • metering valve

Messverfahren *n* <msr> • measuring principle; principle of measurement; measuring method; measuring technique

Messverstärker *m* <el> • measuring amplifier

Messverteilung *f* <phot> • degree of metering

Messverzögerung *f* <msr> • measuring lag

Messvolumen *n* <msr> • measuring volume

Messvorrichtung *f* <msr> • measuring device; metering device

Messwagen *m* <kfz> *(in Bauart Lieferwagen, Van)* • instrument van; testing van

Messwagen *m* <msr> *(für Kräfte, Leistungen am bewegten Fahrzeug)* • dynamometer car

Messwagen *m* <msr> *(allg.; z. B. Pkw, Straßen-, Eisenbahnwaggon)* • instrument car

Messwalze *f* <msr> • metering roll

Messwandler *m* <msr> *(analog/adaptiert analog; z. B. Druckanstieg in Spannungsanstieg)* • transducer; measuring transducer *rare*

Messwehr *n* <hydr.msr> *(Durchflussmenge)* • weir flow-meter

Messwelle *f* <msr> *(für Drehmomentmessungen)* • torque shaft; torsion shaft; sensing shaft

Messwerk *n* <msr> *(mech.; z. B. Drehspul-)* • instrument movement; measuring mechanism; meter movement

Messwerk *n* <phot> *(Belichtung)* • metering system; exposure meter

Messwerkregler *m* <msr> • instrument movement controller; measuring-mechanism controller

Messwerkzeug *n* <wz> • measuring tool

Messwert *m* *1319-1* <msr> *(allg.)* • measured value

Messwert *m* <msr> *(von einem Instrument angezeigter und dort abgelesener Wert, z. B. 3 bar)* • reading

Messwert *m* <phot> *(angezeigter Belichtungswert)* • measured value; meter reading

Messwertanpassung *f* <msr> • measured-value conditioning

Messwertanzeige *f* <msr> • display of measured value; reading

Messwertauflösung *f* <msr> • measured-value resolution

Messwertaufnahme *f* <msr> *(Erfassen und Umwandeln in verarbeitbares Signal)* • data aquisition; measured data acquisition; measured value acquisition

Messwertaufnehmer *m* <msr> *(erstes Glied in der Messkette; Fühler)* • sensing element; sensor; primary measuring element *rare*; pick-up

Messwertaufnehmer *m* <msr> • sensor; sensing element

Messwertdatei *f* <msr> • measured value file; measured data file

Messwertdigitalisierung *f* <msr> • digitalization of measured values

Messwertdrucker *m* <msr.druck> • data printer

Messwertdrucker *m* <msr.druck> *(auf Protokollstreifen)* • strip printer

Messwerterfassung *f* <msr> *(Erfassen und Umwandeln in verarbeitbares Signal)* • data aquisition; measured data acquisition; measured value acquisition

Messwerterfassungsanlage *f* <msr> *(Protokollieren, Speichern)* • data logger

Messwerterfassungssystem *n* <msr> • measured data acquisition system; measured value logger

Messwertfernübertragung *f* <msr> • telemetering

Messwertgeber *m* <msr> *(Position)* • position transducer

Messwertgeber *m* <msr> *(betont: Sender eines Messwerts)* • measuring transmitter; measured-value transmitter; transmitter *pract*

Messwertgeber *m* <msr> *(analog/adaptiert analog; z. B. Druckanstieg in Spannungsanstieg)* • transducer; measuring transducer *rare*

Messwertgeber *m* <msr> • transducer

Messwertschreiber *m* <msr> *(für Messdaten)* • data logger; data recorder; logger *pract*

Messwertsender *m* <msr> • data transmitter

Messwertspeicher *m* <msr> *(allg.)* • measured value memory

Messwertspeicher *m* <phot> *(für Belichtungsmesswert)* • exposure memory

Messwertspeicher *m* <phot> *(allg.; z. B. Belichtung, Entfernung)* • memory lock

Messwertspeichertaste *f* <phot> *(für Belichtung)* • exposure lock button

Messwertspeichertaste *f* <phot> *(allg.)* • memory lock button

Messwertumformer *m* <msr> *(analog/adaptiert analog; z. B. Druckanstieg in Spannungsanstieg)* • transducer; measuring transducer *rare*

Messwertumformer *m* <msr> • transducer

Messwertverarbeitung *f* <msr> *(allg.)* • measured-value processing; processing of measured data

Messwertverarbeitung *f* <msr> *(Sensor)* • signal processing; signal-processing

Messwertverlauf *m* <msr> • course of measured values

Messwertwanderung *f* <msr> • drift *ISO 10012-1*

Messwesen *n* <msr> *(konkret)* • measurement engineering

Messwiderstand *m* <el> *(Bauteil)* • measurement resistor

Messwiderstand *m* <el> *(Widerstand)* • shunt

Messwiderstand *m* <el> *(betont: Präzionsw.)* • precision resistor

Messwiderstand *m* <msr> *(Messgerät-Nebenschluss)* • instrument shunt

Messwinkel *m* <msr> *(allg.)* • measuring angle

Messwinkel *m* <msr> *(Erfassungsbereich von Sensoren)* • acceptance angle

Messwinkel *m* <phot> *(Raumwinkel eines Belichtungsmessers; in Grad)* • angle of acceptance

Messzahl *f* <math> • statistic

Messzapfen *m* <msr> • measuring plug; gauging pin

Messzeiger *m* <msr> • meter needle

Messzelle *f* <el.chem> *(Gefäß zur Analyse in der Elektrochemie)* • cell

Messzelle *f* <msr> *(allg.)* • measuring cell

Messzelle *f* <msr> *(Detektor)* • detector

Messzelle *f* <phot> *(Belichtungsmessung)* • meter cell; metering cell; sensor

Messzentrale *f* <msr> • multi-channel scanning system

Messzeug *n* *form* <wz> • measuring tool

Messzusatz *m* <msr> • testing attachment

Messzyklus *m* <msr> • measuring cycle

Messzylinder *m* <chem> • measuring glass; graduated cylinder; measuring cylinder; graduate

meta-... (m-) <chem> *(Stellung, z. B. v. fkt. Gruppen am Molekül, nicht direkt nebeneinander)* • meta-... (m-)

Metaball *m* <edv> • metaball; blobby model

Metabasis *f* <math> • meta basis

Metabiose *f* <bio> *(Zusammenleben von zwei Organismen)* • metabiosis

metabituminöse Kohle *f* <min> • metabituminous coal

metabolisch <bio> • metabolic

metabolisch bedingtes Aktionspotential *n* <bio> • metabolically conditioned action potential

metabolisch bedingtes Verhalten *n* <bio> • metabolically conditioned behavior

Metabolismus *m wiss* <bio> • metabolism

Metabolit <ents> • metabolite

Metachromverfahren *n* <textil> • metachrome dyeing method; metachrome method

Metadyngenerator *m* <el> • metadyne generator

Metadynumformer *m* <el> • metadyne converter

Metagynie *n* <bio> • metagyny

Metakommunikation *f* <bio> • metacommunication

Metall *n* <mat> • metal

Metall-... <tech.allg> *(aus Metall gefertigt)* • metal *adj*; metallic *rare*

Metallabdeckung für Erweiterungssteckplatz *f* <edv> • metal expansion-slot cover

Metallabscheidung *f* <chem> • metal deposition

Metallabscheidung *f* <ents> • metal extraction

Metallabstandhalter *m* <bau> *(zwischen den Scheiben der Isolierglaseinheit)* • metal spacer

metallähnlich <tech.allg> *(z. B. Oberfläche, Eigenschaft)* • metallic

Metall-Aktivgas-Schweißen *n did* <füg> • MAG-welding; metal active gas welding *did*

metallaktiviert <chem> • metal-activated

Metallanteil *m* <ents> • metallic components; metallic segment

metallartig <tech.allg> *(z. B. Oberfläche, Eigenschaft)* • metallic

metallartiges Hydrid *n* <mat> • metal hydride

Metallatom *n* <füg> • metallic atom

Metallaufdampfung *f* <obfl> • metal deposition; metal evaporation

Metallauftrag *m rar* <obfl> *(Vorgang)* • metal coating; metalization *US*; metallisation *GB*

Metallauftrag *m* <obfl> *(Ergebnis des Abscheidens)* • deposited metal

Metallauftrag *m* <prod> *(allg.)* • metal application

Metallausdehnungsthermometer *n* <msr> • solid expansion thermometer

Metallaussteifung *f* <bau> • metal stiffener

Metallbad *n* <metall> • metal bath; molten metal bath *rare*

Metallbadtauchen *n* <obfl> • metal-bath dipping

Metallbadtauchhartlöten *n* <füg> • metal-bath brazing

Metallbalg *m* <rls> • metal bellows

Metallbalgkompensator *m* <rls> • metal bellows expansion joint; metallic expansion joint

Metallband *n* <av> • metal particle tape; metal tape; MP tape

Metallband *n* <mat> • metal strip

metallbearbeitend <prod> *(allg.)* • metal-working

metallbearbeitend <prod> *(spanend)* • metal-machining

Metallbearbeitung *f* <prod> *(allg.)* • metal working

Metallbearbeitung *f* <prod> *(spanend)* • metal machining

Metallbearbeitungsmedium *n* <wz.masch> *(allg. beim Zerspanen; typ. Öl/Wasser-Emulsion)* • cooling lubricant; metalworking fluid; lubricating coolant

Metallbearbeitungsöl *n* <wz.masch> *(allg. beim Zerspanen; typ. Öl/Wasser-Emulsion)* • cooling lubricant; metalworking fluid; lubricating coolant

metallbedampftes Band *n* (ME-Band) <av> • metal evaporated tape (ME tape)

Metallbeize *f* <obfl> • metallic mordant

metallbeschichtet *ugs* <obfl> *(allg.)* • metal-coated

Metallbindung *f* <chem> • metal bond; metallic bond

Metallblättchen *n* <mat> • metal leaf

Metallbügelsäge *f form* <wz> • hacksaw

Metallcarbid *n* <mat> • metal carbide

Metall-Chelat-Komplex *m* <chem> *(z. B. für OLEDs)* • metal chelate complex

metalldampfbeschichtetes Band *n* <av> • metal evaporated tape (ME tape)

Metall-Dehnmessstreifen *m* <msr> • metal strain gauge *US.GB*; metal gauge *US.GB*

Metalldetektor *m* <el> • metal detector

Metalldichtung *f* <masch> *(allg.)* • metal seal

Metalldichtung *f* <masch> *(Packung)* • metallic packing

Metall-DMS *m* <msr> • metal strain gauge *US.GB*; metal gauge *US.GB*

Metalldrahtlampe *f* <licht> • metallic-filament lamp

Metalldrehspan *m* <prod> • metal turning

Metalldruckplatte *f* <druck> *(Druckplatte)* • metal plate

Metalldrücken *n* <prod> • metal spinning

Metalldrückform *f* <prod> *(z. B. Formholz)* • form block; former

Metalldrückmaschine *f* <wz.masch> • metal-spinning lathe

Metalldünnfilmplatte *f* <edv> • plated thin film disk; plated disk

metalldurchwirktes Gewebe *n* <mat> • metallic cloth

Metalleffektlack *m form* <obfl> • metallic paint

Metalleffektlackierung *f* <obfl> *(Ergebnis)* • metallic finish; metallic paint system

Metalleffektpigment *n did* <obfl> *(Glanzpigment aus Metall)* • metal flake; leafing

Metalleichtbau *m* <tech.allg> • light-weight metal construction

Metalleinsatz *m* <metall> • metal charge

Metalleinspritzung *f* <metall> *(Druckguss)* • metal injection; metal filling

Metallelektrode *f* <autom> • metallic electrode

metallen *rar* <tech.allg> *(aus Metall gefertigt)* • metal *adj*; metallic *rare*

metallener Kabelmantel *m* <el> • metallic sheath; metal sheath; cable sheath *US*

metallener Schirm *m* <el> • shield; cable shield [-ing]; metal[lic] shield; metallic screen *ABG*; outside shielding

metall-erkennend <msr> *(durch Induktion)* • metal sensing

Metall erster Schmelzung *n* <metall> • primary metal

Metallextrahierung *f* <ents> • metal extraction

Metallfaden *m* <el> • metal filament

Metallfaden *m* <mat> • metal thread; metallic thread

Metallfadenlampe *f* <licht> • metal-filament lamp

Metallfärbung *f* <obfl> • metal coloring

Metallfahne *f* <msr> *(für Näherungssensor)* • target; reference plate; operating device; actuator *US.rare*

Metallfaser *f* <mat> • metal fiber *US*; metal fibre *GB*; metallic fiber *US*

Metallfaserarmierung *f* <mat> • metal fiber reinforcement; metallic fiber reinforcement

Metallfaserstoff *m* <mat> • metal fiber *US*; metallic fiber *US*; metallic fibre *GB*

Metallfeinbearbeitung *f* <prod> • metal finishing

Metallfenster *n* <bau> • metal window

Metallfolie *f* <metall> *(sehr dünnes Metall, Dicke < 0,15 mm; z. B. Alu-Folie für Schokolade)* • foil; metal foil *rare*

Metallfolien-DMS *m* <msr> • foil strain gauge *US.GB*; foil gauge *US.GB*; metal-foil strain gauge *rare*; metal-foil gauge *rare*

Metallform *f* <prod> • permanent metal mold

metallfrei <tech.allg> • metal-free

metallfreie Zone *f* <allg> • metal-free zone

Metallfügemethode *f* <füg> • metal-jointing method

metallführend <min> • metalliferous

Metallgarn *n* <mat> • metallic yarn

Metallgaze *f* <verf> *(z. B. Filter)* • metal gauze

metallgebunden <füg> • metal-bonded

Metallgeflecht *n* <verf> *(z. B. Sieb)* • metal braid

Metallgehäuse *n* <tech.allg> • metal housing

Metallgehalt *m* <mat> • metal content

metallgekapselt <tech.allg> *(z. B. aus Blech)* • metal-encapsulated; metal-enclosed; encapsulated in metal

Metallgeschmack *m* <nahr> *(Speiseeisfehler)* • metallic flavor *US*; metallic flavour *GB*

Metallgewebe *n* <mat> *(feinmaschig)* • metallic woven fabric

Metallgewebe *n* <mat> *(allg.)* • metal fabric

Metallgewebe *n* <mat> *(sehr feinmaschig)* • wire cloth

Metallgewebe *n* <mat> *(eher netzartig weitmaschig)* • wire netting

Metall-Gewinderohrschalter *m* <msr> • threaded metal barrel switch

Metallgewinnung *f* <metall> *(z. B. aus Erz, Schrott, Abfall)* • extractive metallurgy; metal extraction

Metallgewinnung auf nassem Wege *f* <metall> • wet extraction of metals

Metallgießmaschine *f* <prod> • metal foundry machine

Metallglanz *m* <obfl> • metallic luster *US*; metallic lustre *GB*

Metallgliederband *n* <antr> • metal belt

Metall-Halbleiter-Feldeffekttransistor *m* (MESFET) <el> • metal-semiconductor field-effect transistor (MESFET)

Metall-Halbleiter-Übergang *m* <el> • metal-semiconductor junction

Metallhalogenidlampe *f* <licht> • metal halide lamp

Metallhalogen-Kurzbogenlampe *f* <licht> • metal halide lamp with short arc length; metal halide lamp with short-arc technology

Metallhalogenlampe *f* <licht> • metal halide lamp

Metallhalogen-Mittelbogenlampe *f* <licht> • medium-arc lamp; metal halide medium arc lamp

metallhaltig <mat> • metal-containing; metalliferous

Metallhaube *f* <el> • metallic hood

metallhinterlegt <prod> • metal-backed

Metall-Holz-Laminierung *f* <prod> • metal-to-wood laminating

Metallhülse *f* <masch> *(allg.)* • metal sleeve

Metallhülse *f* <mot> *(Gehäuse; z. B. von Sensoren)* • metal body

Metallhydroxid *n* <chem> • metal hydroxide

Metallichtbogen *m* <füg> *(Schweißen)* • metal arc

Metallichtbogenschweißelektrode *f* <füg> • metal-arc welding electrode

Metallichtbogenschweißen *n* <füg> • metal-arc welding

Metallic-Lack *m* <obfl> • metallic paint

Metallic-Lackierung *f* <obfl> *(Ergebnis)* • metallic finish; metallic paint system

Metallic-Lacksystem *n* <obfl> *(Material)* • metallic paint system

Metallic-Lacksystem *n* <obfl> *(Ergebnis)* • metallic finish; metallic paint system

Metall-Inert-Gas-Schweißen *n* did <füg> • MIG-welding *ISO 4063*; SIGMA-welding; gas-metal arc welding; shielded inert gas metal arc welding *rare*; gas-shielded-metal arc welding *rare*

Metallinterferenzfilter *n* <opt> • metal-dielectric interference filter; metallic-film interference filter

Metallion *n* <chem> • metal ion

metallisch <tech.allg> *(z. B. Oberfläche, Eigenschaft)* • metallic

metallisch bedampftes Alarmglas *n* <alarm> • alarm glass with metallic coating

metallische Berührung *f* <el> • metal-to-metal contact

metallische Beschichtung *f* ugs <obfl> *(metallische Schicht, allg.)* • metallic coating

metallische Bindung *f* <chem> • metallic bond

metallische Darstellung *f* <geo> • metallic isolation; metallic presentation

metallische intermediäre Phase *f* <phys> • intermetallic compound; intermetallic phase

metallischer DMS *m* <msr> • metal strain gauge *US.GB*; metal gauge *US.GB*

metallischer Glanz *m* <obfl> • metallic luster *US*; metallic lustre *GB*

metallischer Grundwerkstoff *m* <obfl> *(für Beschichtungen, Überzüge)* • base metal; substrate metal; metallic substrate; underlying metal *coll*

metallischer Kabelmantel *m* <el> • metallic sheath; metal sheath; cable sheath *US*

metallischer Katalysator *m* rar <kfz.emiss> *(chem. Funktionseinheit)* • metal catalyst

metallischer Kern *m* <el> • metal core

metallischer Kontakt *m* <el> • metal-to-metal contact

metallischer Überzug *m* <obfl> *(metallische Schicht, allg.)* • metallic coating

metallischer Unrat *m* <pap.ents> *(Störstoff in der Fasersuspension)* • metallic waste

metallischer Untergrund *m* <obfl> *(für Beschichtungen, Überzüge)* • base metal; substrate metal; metallic substrate; underlying metal *coll*

metallischer Werkstoff *m* <mat> • metallic material

metallisches Silber *n* <phot> • metallic silver

metallische Verspiegelung *f* <obfl> • metal backing

Metallisieren *n* <obfl> *(Vorgang)* • metal coating; metalization *US*; metallisation *GB*

metallisieren *vt* <obfl> *(z. B. Kunststoffe)* • metalize *vt US*; metal-coat *vt*; metallise *vt GB*

Metallisieren im Vakuum *n* DIN 28400-4 <obfl> • vacuum coating

metallisiert <obfl> • metallized; metalized *US*; metallised *GB*

metallisiertes Garn *n* <textil> • metallic yarn

metallisiertes Gewebe *n* <el> *(z. B. als Abschirmung)* • metallized fabric; metalized fabric *US*; metallised fabric *GB*

metallisiertes Leder *n* <led> • metallized leather; metalized leather *US*; metallised leather *GB*

metallisiertes Papier *n* <el> *(für Kabel)* • metallized paper; metalized paper *US*; metallised paper *GB*

Metallkat *m* prakt <kfz.emiss> *(chem. Funktionseinheit)* • metal catalyst

Metallkatalysator *m* <kfz.emiss> *(chem. Funktionseinheit)* • metal catalyst

Metallkies *m* <ents> *(eher kantig)* • metal grit

Metallkies *m* <obfl> *(eher rund)* • metal shot

Metallkiesstrahlen *n* <prod> • shot peening

Metallkleben *n* <füg> • metal bonding; metal gluing *coll*

Metallkleber *m* <füg> • metal adhesive; metal-bonding adhesive; structural metal adhesive

Metallklebverbindung *f* <füg> • metal-to-metal bonded joint

Metallkönig *m* <metall> • metallic regulus

Metallkoffer *m* <wz> *(für Werkzeug)* • metal case

Metallkolbenröhre *f* <el> • metal-envelope tube; metal tube

Metallkompensator *m* <rls> • metal bellows expansion joint; metallic expansion joint

Metallkomplexfarbstoff *m* <textil> • metallic complex dyestuff; metallized dye

Metallkreissäge *f* <wz.masch> • circular metal cutting saw

Metallkunde *f* <metall> • physical metallurgy

Metall-Kunststoff-Klebstoff *m* <füg> • metal-to-plastic adhesive

Metalllamelle *f* <phot> *(Kameraverschluss)* • metal leaf; metal blade

Metallleiterbahn f <el> • metal line; metal conductor
Metall-Lichtbogenschweißen n DIN 1910 <füg>
• metal-arc welding; arc welding pract.coll
Metall-Lichtbogenschweißen mit Fülldrahtelektrode
n DIN EN ISO 4063 <füg> • self-shielded tubular-cored
arc welding ISO 4063
Metallmantel m <el> • metallic sheath; metal sheath;
cable sheath US
Metallmantelkabel n <el> • metal-clad cable
Metallmaske f <el> • metallic mask
Metallmaßband n <wz.msr> (Bandmaß aus Stahl) • tape
[measure]; measuring tape; tape rule US.form
Metallmaster m <edv> (für CDs) • metal master; first
negative; father disc
Metall-Matrix-Verbund m <mat> • metal matrix composite (MMC)
Metall/Metallionen-Reaktion f <obfl.chem> • anodic cor-
rosion reaction; anodic reaction ISO 8044; metal/metal
ion reaction
Metallmikroskop n <opt> • metallographic microscope;
metallurgical microscope; metalloscope
Metallmikroskopie f <qualit.mat> • metallurgical microscopy; microscopic metallography
Metallmonolith m <kfz.emiss> (Katalysator) • metal
monolith
Metallnebel m <obfl> • metal fog
Metall-Nitrid-Oxid-Halbleiter m <el> • metal-nitride-
oxide semiconductor (MNOS)
Metallnitschelwerk n <textil> • metal rubbers
metallogen <geo> • metallogenic; metallogenetic
Metallogen-Lampe f (HMI) ®OSRAM <licht> • Metallogen-lamp (HMI) ®OSRAM; hygerium metallic iodide-lamp
Metallographie f <qualit.mat> • metallography
metallographische Prüfung f <qualit> • metallographic
examination
Metalloid n <mat> • metalloid
metallorganisch <mat> • metallo-organic; organometallic
metallorganische Verbindung f <chem> • organometallic compound
Metallothermie f <chem> • thermite reaction process
Metallothermie f <chem.verf> • Goldschmidt's process;
thermite reaction method
Metalloxid n <chem> • metal oxide
Metall-Oxid-Halbleiter-Feldeffekttransistor m <el>
• metal-oxide semiconductor field-effect transistorm
Metall-Oxid-Halbleiter-Struktur f <ic> • metal-oxide
semiconductor structure; MOS structure
Metall-Oxid-Silicium-Transistor m <el> • metal-oxide
silicon transistor
Metalloxidvernetzung f <kst> • metallic-oxide cure
Metallpapier n <el> (für Kabel) • metallized paper US;
metallised paper GB
Metallpapier n <pack> • metallized paper; metallic paper
Metallpapier-Druckverfahren n <druck> • metallized-
paper printing
Metallpapierkondensator m <el> • metallized-paper ca-
pacitor
Metallpapier-Registrierung f <druck> • metallized-paper
recording
Metallpapierschreiber m <msr> • metallized-paper re-
corder
Metallpartikelband n <av> • metal particle tape; metal
tape; MP tape
Metallpigment n (MP) <edv> • metal pigment (MP)
Metallplättchen n <obfl> (Glanzpigment aus Metall)
• metal flake; leafing
Metallplatte f <bau.mat> • metal board
metallplattiert <obfl> (eher dicke Schicht) • metal-clad
Metallprobe f <qualit.mat> • metal specimen

Metallpulver n <obfl> • metal powder; powdered metal
Metallpulverfilter n <verf> • metal-powder filter
Metallpulverpresse f <prod> • metal-powder molding
press
Metallpulverpressling m <prod> • powder-metal com-
pact
Metallradiographie f <qualit.mat> • radiometallography
Metallrückgewinnung f <ents> • metals recovery
Metallsäge f <wz> • hacksaw
Metallsägeblatt n <wz> (zum Sägen von Metall) • hack-
saw blade
Metallsägebogen m <wz> • hacksaw frame
Metallsalz n <chem> • metal salt
Metallschattierung f <edv> • metal shading
Metallschaum m <metall> (auf der Schmelze) • dross
Metallschicht f <obfl> (eher dick) • metal layer
Metallschicht f <obfl> (sehr dünn) • metal film
Metallschichtwiderstand m <el> • metal film resistor
Metallschirm m <verf> • metal screen
Metallschlauch m <masch> • flexible metal hose
Metallschliff m <qualit.mat> (Probe allg.) • metallographic
specimen
Metallschliff m <qualit.mat> (betont: poliert) • polished
sample
Metallschliff m <qualit.mat> • ground sample
Metallschlitzen n <prod> • metal slitting
Metallschlitzsäge f <wz> • metal slitting saw; metal slot-
ting saw
Metallschmelze f <metall> • metal melt
Metallschrot n <prod> (z. B. zum Strahlen) • abrasive
shot; metal abrasives
Metallschutzhülse f <tech.allg> • metal protector
Metallschwamm m <tech.allg> • metallic sponge
Metallseife f <tech.allg> • metallic soap
Metall-Silicium-Feldeffekttransistor m <el> • metal
silicon field-effect transistor
Metallspanen n <prod> • metal cutting
Metallspiegel m <opt> • metal mirror; metal reflector
Metallspritzen n <obfl> (mit Metall als Spritzwerkstoff)
• metal spraying; thermal spraying
Metallspritzpistole f <wz> • metal-spraying gun; metal-
spraying pistol
Metallspritzschicht f <obfl> • metal-sprayed coating
Metallständer m <bau.mat> • stud; metal stud
Metallständerwand f <bau.innen> • metal stud wall
Metall-Steckbecher m <obfl.wz> (Farbbehälter für Air-
brushpistolen mit Saugzufuhr) • metal reservoir
Metallstreifen m <prod> • metal strip
Metallsuchgerät n <msr> (z. B. Entminung, Schatzsuche)
• metal detector
Metallthermometer n <msr> • metallic thermometer
Metallträger m <kfz.emiss> (Katalysator) • metal support
Metalltreibriemen m <kfz.antr> (z. B. stufenloses Ge-
triebe) • steel thrust belt
Metalltrennverfahren n • metal cutting-off process
Metalltrockner m <kunst> (Additiv) • metal drying agent
Metalltuch n <mat> • metallic cloth
metallüberzogen <obfl> (allg.) • metal-coated
metallüberzogen <obfl> (eher dicke Schicht) • metal-clad
Metallüberzug m <obfl> • metal coating
Metallumformung f <prod> • metal forming; metal working
metallumkleidet <tech.allg> • metal-encased
metallumsponnener Faden m <textil> • tinsel yarn
Metallunterkonstruktion f <bau.innen> • metal frame;
steel frame
Metallunterlage f <obfl> (für Beschichtungen, Überzüge)
• base metal; substrate metal; metallic substrate; underlying metal coll

metallunterscheidender Näherungsschalter *m rar* <msr> • metal distinguishing proximity switch; metal discriminating proximity sensor; selective sensor; non-ferrous/ferrous sensor *rare*; selective switch *rare*

Metallurgie *f* <metall> *(betont: Verfahrenstechnik und Metallkunde)* • metallurgy

metallurgische Chemie *f* <chem> • metallurgical chemistry

metallurgisches Silizium *n* <energ.sol> • metallurgical grade silicon; MG-silicon

metallurgische Verbindung *f* <tech.allg> • metallurgically bonded metal contact

metallverarbeitend <metall> • metal-processing; metal-working

metallverarbeitende Industrie *f* <ökon> • metal-processing industry

Metallverarbeitung *f* <metall> • metal processing; metal working

Metallverbindung *f* <ents> • metallic compound

metallverkleidet <prod> • metal-clad

Metallwand *f* <mat> • metallic screen

Metall-Wasserstoff-Austausch *m* <chem> • metal-hydrogen exchange

Metallzerspanen *n* <prod> • metal cutting

Metall zweiter Schmelzung *n* <metall> • secondary metal

Metal-Shading *n* <edv> • metal shading

metamer <chem> • metameric

metamikter Kristall *m* <phys> • metamict crystal

metamorphes Gestein *n* <geo> • metamorphic rock; metamorphosed rock

Metamorphit *m* <geo> • metamorphic rock; metamorphosed rock

Metamorphose *f* <bio> • metamorphosis

Metamorphose *f obs* <edv> *(Formveränderung von Grafikobjekten)* • morphing; metamorphosis *obs*

Metamorphose *f* <geo> • metamorphism

Metamorphose *f* <mat> *(strukturell)* • structural change; structural transformation

metamorphosieren *vi* <bio> • metamorphose *vi*

metamorphosieren *vt* <bio> • metamorphose *vt*; transform *vt*

Metamphetamin *n* <chem> *(Designerdroge)* • methamphetamine (meth); horse drug *sl*; crazy drug *sl*; Ya Ba *sl*

Meta-Perspektive *f* <tech.allg> • meta perspective

metaphil <bio> • metaphilic

Metaskop *n* <phys> *(Bildwandler für Infrarotsignale)* • metascope

metasomatische Lagerstätte *f* <geo> • metasomatic deposit; replacement deposit *rare*

Metasomatose *f wiss* <geo> • metasomatism; metasomatosis

metastabil <mat> *(Zustand, z. B. Eisen-Kohlenstoff-Schaubild)* • metastable

metastabiler Zustand *m* <tech.allg> • metastable state

metastabiles System *n* <nukl> • metastable system

metaständig <chem> • meta; in meta position; meta-located; meta-situated; located meta

Meta-Stellung *f* <chem> • meta position

Meta-Verbindung *f* <chem> • meta compound

Metaweinsäure *f* <nahr> • metatartaric acid

Meta-Xylol, s <chem.petr> • meta-xylene; m-xylene

Metazenterhöhe *f* <nav> • metacentric height

metazentrische Höhe *f* <navig> • metacentric height

Metazentrum *n* <tech.allg> • metacenter *US*; meta centre *GB*

Meteor *m* <astron> • meteor

Meteorit *m* <astron> • meteorite

Meteoritenkrater *m* <geo> • meteor crater; meteorite crater

Meteorologie *f* <meteo> • meteorology

meteorologische Auswirkungen *f pl* <verf> • meteorological effects *pl*; meteorologigal impact

meteorologische Optik *f* <meteo> • meteorological optics

meteorologische Rakete *f* <meteo> • meteorological rocket

meteorologischer Dienst *m* <meteo> • weather service

meteorologischer Satellit *m* <meteo> • meteorological satellite

meteorologische Station *f* <meteo> • meteorological observatory

Meteorschweif *m* <astron> • meteor trail

Meteorstein *m* <min> • aerolite; meteorite; meteoric stone

Meter *n* (m) <phys> *(SI-Einheit der Länge)* • meter (m) *US*; metre *GB*

Meteringzone *f* <kst> *(Spritzgießschnecke)* • metering section; pumping section; metering zone

Meter-Kilogramm-Sekunde-System *n* <phys> • meter-kilogram-second system of units *US*; metre-kilogram-second system *GB*

Metermaß *n ugs* <wz.msr> • tape measure; measuring tape; tape rule *US*; tape *coll*

Meterstab *m* <msr.wz> • folding rule; fold rule; zig-zag folding rule *coll*; carpenter's rule; multiple-folding rule *rare*

Meterware *f* <phot> *(Film von der Rolle, zum Selbstkonfektionieren)* • bulk film

Meterwellen *fpl* <phys> • metric waves

Meterwellen *fpl* <tele> • very-high-frequency waves; VHF waves

Meterwellenbereich *m* (VHF) <tele> *(30 bis 300 MHz)* • very-high-frequency range (VHF); VHF range

Methan *n* (CH_4) <chem> *(Hauptbestandteil aller Erdgase; z. B. als Grubengas, Sumpfgas)* • methane (CH_4); methane gas

Methananzeiger *m* <min.msr> • methane indicator

Methangärung *f* <ents> • alkaline fermentation

Methangas *n* <chem> *(Hauptbestandteil aller Erdgase; z. B. als Grubengas, Sumpfgas)* • methane (CH_4); methane gas

Methanol *n* <chem.petr> *(als Kfz-Kraftstoff)* • methanol; methyl alcohol *coll*; wood alcohol *obs.rare*

methanolisierter Wasserstoff *m* <chem.petr> *(als Kfz-Kraftstoff)* • methanol; methyl alcohol *coll*; wood alcohol *obs.rare*

Methanspürgerät *n* <min> • methane detector

Methode *f* <allg> • method

Methode *f* <tech.allg> *(gewählte technische Lösung)* • method

Methode *f* <tech.allg> *(Ansatz; z. B. in der Forschung)* • approach

Methode *f prakt* <tech.allg> *(Vorgehensweise)* • procedure

Methode der finiten Elemente *f did.rar* <prod> • finite-element method (FEM)

Methode des gleitenden Durchschnitts <math> *(Statistik)* • moving average method

Methode finiter Elemente <mech> • finite-element method

methodischer Fehler *m* <qualit> • systematic error

Methylalkohol *m ugs* <chem.petr> *(als Kfz-Kraftstoff)* • methanol; methyl alcohol *coll*; wood alcohol *obs.rare*

Methylcellulose *f* • methyl cellulose

Methylenblau *n* <chem> • methylene blue

Methylenblau Test *m* <chem> • methylene blue test

Methylenquecksilber *n* <chem> • methyl mercury

Methylkautschuk *m* <kst> • methyl rubber

Methylorange *n* <chem> *(Indikator)* • methyl orange; gold orange

Methylsiliconharz *n* <kst> • methyl silicone resin

Me-Too Produkt n <werb> • me-too product; me-toos (npl.)

Metrik f <msr> • metric

metrische Ausführung f <tech.allg> • metric style

metrische Nummer f (Nm) <textil> *(Numerierung)* • number metric (Nm)

metrischer Kegel m DIN 228 <füg> • metric taper

metrisches ...gewinde n <masch> *(siehe auch: metrisches ISO-...gewinde n)* • metric ... thread

metrisches Einheitensystem n <phys> • metric system of units; metric system

metrisches Feingewinde n <füg> • metric fine pitch thread; metric fine thread

metrisches Gewinde n <masch> • metric screw-thread; metric thread

metrisches Gewinde n <masch> • ISO metric thread (M) ISO 68; metric thread; ISO metric screw thread; ISO metric coarse thread; 60-degree thread

metrisches ISO-Feingewinde n (MF) DIN 13 <masch> • ISO metric fine thread (MF) DIN 13; ISO metric fine pitch thread

metrisches ISO-Gewinde n (M) DIN 13 + DIN ISO 68 <masch> • ISO metric thread (M) ISO 68; metric thread; ISO metric screw thread; ISO metric coarse thread; 60-degree thread

metrisches ISO-Gewinde allgemeiner Anwendung DIN ISO 724 <füg> • ISO general purpose metric screw thread ISO 724

Metrisches ISO-Gewinde für Festsitz n DIN 8141 <masch> *(Gewindeverbindung ohne Spiel)* • interference-fit thread; Class 5 interference-fit thread ANSI B1.12; NC 5 ANSI B1.12; interference thread pract

metrisches ISO-Regelgewinde n DIN 13 <füg> • ISO metric coarse pitch thread

metrisches ISO-Regelgewinde n <masch> • ISO metric thread (M) ISO 68; metric thread; ISO metric screw thread; ISO metric coarse thread; 60-degree thread

metrisches ISO-Trapez-Feingewinde n (Tr-F) <masch> • ISO metric trapezoidal fine thread (Tr-F)

metrisches ISO-Trapezgewinde n (Tr) DIN 103 <masch> • ISO metric trapezoidal thread (Tr); ISO metric trapezoidal coarse thread

metrisches ISO-Trapez-Regelgewinde n <masch> • ISO metric trapezoidal thread (Tr); ISO metric trapezoidal coarse thread

metrisches Maßsystem n <msr> • metric system of measurement

metrisches Maßsystem n <phys> • metric system

metrisches Regelgewinde n <füg> • metric coarse pitch thread; metric coarse thread

metrisches Sägengewinde n (S) DIN 513 <masch> *(33° Flankenwinkel)* • buttress thread (S); buttress screw-thread

metrisches Self-Lock-Feingewinde n (LK-MF) <masch> • metric Self-Lock fine thread (LK-MF); Self-Lock fine thread

metrisches Self-Lock-Gewinde n (LK-M) <masch> • metric Self-Lock thread (LK-M); metric Self-Lock coarse thread; Self-Lock thread; Self-Lock coarse thread

metrisches Self-Lock-Regelgewinde n <masch> • metric Self-Lock thread (LK-M); metric Self-Lock coarse thread; Self-Lock thread; Self-Lock coarse thread

metrisches System n <phys> • metric system of units; metric system

metrische Tonne f <phys> *(Einheit der Masse: 1000 kg)* • metric ton; tonne; 1000 kg

Metrischgewinde n rar <masch> • metric screw-thread; metric thread

Metrisierbarkeit f <msr> • metrizability

Metrologie f <msr> • metrology; measuring technology; measurement technology

metrologisches Merkmal n ISO 9000 <msr> *(kennzeichnende Eigenschaft, die die Messung beeinflussen kann)* • metrological characteristic ISO 9000

Metronom n <edv.av> • metronome; click

Metzgerschnitt m <led> *(Häutefehler)* • butcher cut; butcher score; gash

MeV <phys> • mega-electron volt (MeV)

Mezzanin m A <bau> • mezzanine; entresol

MF <kfz.el> *(Scheinwerfer)* • multi-focal (MF)

MF <kst> *(z. B. Resopal)* • melamine-formaldehyde resin (MF); melamine resin; MF resin

MF <masch> • ISO metric fine thread (MF) DIN 13; ISO metric fine pitch thread

MF <phys> • medium frequency (MF)

MFA <msr> *(allg.)* • multi-functional display (MFD)

MF-Band n <av> *(z. B. Rundfunk)* • medium-frequency band; MF band

MFD <edv> • Microtips Fluorescent Display (MFD)

MF-Harz n <kst> *(z. B. Resopal)* • melamine-formaldehyde resin (MF); melamine resin; MF resin

MFI-Index m <kst> • melt flow index (MFI); melt flow rate

MFM <edv> *(Aufzeichnungsverfahren für Magnetspeicher)* • modified frequency modulation (MFM); magnetic field modulation; multiple frequency modulation

MFN <tele> • multi-frequency network (MFN)

M-förmige Bandeinfädelung f <av> • M-loading; M-shaped tape lead; M-threading

M-förmiger Bandweg m <av> • M-loading; M-shaped tape lead; M-threading

MF-Platte f <bau.mat> • mineral fiber board GB; mineral fiber board US

MFS <masch> *(Gewindeverbindung ohne Spiel)* • interference-fit thread; Class 5 interference-fit thread ANSI B1.12; NC 5 ANSI B1.12; interference thread pract

MF-Scheinwerfer m <kfz.el> • MF headlight; multi-focal headlight

M-Funktion f • auxiliary function

MFWV <tele> • Dual Tone Multifrequency (DTMF)

Mg <chem> • magnesium (Mg)

MGA-Prozessor m <edv> • MGA processor

Mg-Behandlung f <mat> *(beim Sphäroguss)* • Mg treatment

MGD <phys> • magnetogas dynamics (MGD)

MgO <verf> • magnesium oxide

MgO-Verfahren n <verf> • MgO wet-recovery process

MG-Silizium n <energ.sol> • metallurgical grade silicon; MG-silicon

MHD <phys> • magnetohydrodynamics pl (MHD); magnetofluid dynamics

MHD-Druckverluste mpl <nukl> • MHD-losses pl

MHD-Generator m <phys.el> • magnetohydrodynamic generator; magnetohydrodynamic power generator thsc; MHD generator pract

MHD-Gleichgewicht n <nukl> • MHD-stability

MHD-Instabilitäten fpl <nukl> • MHD-instabilities pl; MHD-modes; MHD-turbulences; macroinstabilities

MHD-Modell n <nukl> • MHD-model

MHD-Stoßwelle f <phys> • MHD shock wave; magnetohydrodynamic shock wave

MHD-Triebwerk n <aerospace> • MHD engine; magnetohydrodynamic engine

MHD-Wandler m <phys.el> • magnetohydrodynamic generator; magnetohydrodynamic power generator thsc; MHD generator pract

MHD-Welle f <phys> • magnetohydrodynamic wave; MHD wave

MHK <med.bio> • minimum inhibitory concentration (MIC)

MHK-Grenzwert *m* <med.bio> • MIC breakpoint

MHKW <ents.energ> • waste-to-energy plant (WTE-plant); waste-to-energy facility

MHKZ <kfz.el> • magneto capacitor-discharge ignition (MCDI)

MHP <av> *(vereint TV und Internet)* • multi-media home platform (MHP)

MHz <phys> *(1.000.000 Schwingungen od. Takte pro Sekunde)* • megahertz (MHz)

Miasma *n* <med> *(pl: Miasmen)* • miasm; miasma

Miasmatik *f* <med> • miasmatics

Michell-Banki-Turbine *f* <energ.hydr> • cross-flow turbine; Ossberger cross-flow turbine; Michell-Banki turbine

Michell-Lager *n* <masch> • tilting pad thrust bearing

Michell-Ossberger Turbine *f* <energ.hydr> • cross-flow turbine; Ossberger cross-flow turbine; Michell-Banki turbine

Michelson-Interferometer *n* <phys> • Michelson interferometer

Michelsonsches Stufengitter *n* <phys> • Michelson reflection echelon

Mic-in *m* <edv.av> • microphone input; microphone-in; mic-in; micro-in

Microballoon *m* <kst> • microballoon

Micro Cellular Network *n* (MCN) <tele> • micro cellular network (MCN)

Micro Channel-Architektur *f* <edv> • Micro Channel Architecture (MCA)

Microdisk *f* <edv> • Microdisk *VERBATIM*

Microdrive-Festplatte *f* <edv> • micro-drive hard disk

Microdrive-Platte *f prakt* <edv> • micro-drive hard disk

Microfiche *n* <doku> *(typ. 105 mm × 148 mm, DIN A6; 180 × 240 mm)* • microfiche

Microfiche-Ablagesystem *n* <doku> • microfiche filing system

Microfiche-Katalog *m* <doku> • microfiche catalog *US*; microfiche catalogue *GB*

Microficheleser *m* <doku> • microfiche reader; microfiche viewer

Microfiche-Leser/Drucker *m* <doku> • microfiche reader-printer

Microfiche Reader-Printer *m* <doku> • micro-fiche reader-printer

Micro-Flachbandkabel *f* <edv> • micro ribbon cable

Micro-Grip-Antrieb *m* <druck> *(Papierantriebsart, z. B. bei Trommelplottern)* • friction wheel drive; friction feed; micro grip

Micro-Grip-Plotter *m* <edv> • friction-drive plotter; micro-grip plotter

Micronairewert *m* <textil> *(Qualitätsparameter von Baumwolle)* • micronaire value

Micronizer *m prakt* <verf> *(Spiralstrahlmühle)* • micronizer mill; micronizer jet mill

Micronizer-Mühle *f* <verf> *(Spiralstrahlmühle)* • micronizer mill; micronizer jet mill

Microtips Fluorescent Display *n* (MFD) <edv> • Microtips Fluorescent Display (MFD)

Microtuning *n* <edv.av> • microtuning

MID <msr> *(anschlussfertiges Formteil mit integrierten Leiterbahnen und el. Bauel)* • molded interconnected device (MID)

Mid-Drive-Center-Mechanismus *m* <av> • mid-drive; midmount-drive; center-drive *US*; mid-drive chassis; midmount

MIDI <edv.av> • Musical Instrument Digital Interface (MIDI); MIDI interface *pract*; Universal Synthesizer Interface *obs*

Midi *m ugs* <nfz> • midibus; mid-size bus; medium-size bus; midi *coll*

MIDI-Anschluss *m* <edv.av> • MIDI socket; MIDI jack; MIDI connector

Midi-Anschlussbox *f* <el.mus> • Midi expansion box; optional Midi adapter; Midi connector box; optional box; Midi box

MIDI-Anschlussbuchse *f* <edv.av> • MIDI socket; MIDI jack; MIDI connector

Midi-Arrangement *n* <edv.av> • Midi arrangement

MIDI-Ausgang *m* <edv.av> • MIDI out; MIDI out socket

MIDI-Ausgangsbuchse *f* <edv.av> • MIDI out socket

MIDI-Betriebsart *f* <edv.av> • MIDI mode

Midi-Box *f* <el.mus> • Midi expansion box; optional Midi adapter; Midi connector box; optional box; Midi box

Midibus <nfz> • midibus; mid-size bus; medium-size bus; midi *coll*

MIDI-Click *m* <edv.av> • MIDI click

MIDI-Clock *f* <edv.av> • timing clock; MIDI clock

MIDI-Controller *m* <edv.av> • MIDI controller; controller

MIDI-Controller-Nummer *f* <edv.av> • MIDI controller; controller

Midi-Datei *f* <edv.av> • standard Midi file (SMF); Midi format *stand*; Midi songfile standard *form.*; Midi standard file

MIDI-Datenbyte *n* <edv.av> • MIDI data byte

MIDI-Datenfilter *m* <edv.av> • MIDI filter

MIDI-Diskettenlaufwerk *n* <edv.av> • MIDI disk drive; MIDI file player

MIDI-Eingang *m* <edv.av> • MIDI in; MIDI in socket

MIDI-Eingangsbuchse *f* <edv.av> • MIDI in; MIDI in socket

MIDI-Empfangskanal *m* <el.mus> • MIDI receive channel

Midi-Expansionsbox *f* <el.mus> • Midi expansion box; optional Midi adapter; Midi connector box; optional box; Midi box

Midifikation *f* <edv.av> • midification; midi'ing *jarg.*

MIDI-File *n* <edv.av> • Standard MIDI File (SMF); standard MIDI file; MIDI file

MIDI-Fileplayer *m* <edv.av> • MIDI disk drive; MIDI file player

MIDI-Filter *m* <edv.av> • MIDI filter

midifizieren *vt* <edv.av> • midi *vt*; midify *vt*

Midifizierung *f* <edv.av> • midification; midi'ing *jarg.*

Midi-Format *n* <edv.av> • standard Midi file (SMF); Midi format *stand.*; Midi songfile standard *form.*; Midi standard file

MIDI-Implementation-Chart *f* <edv.av> • MIDI Implementation Chart

MIDI-Implementationskarte *f* <edv.av> • MIDI Implementation Chart

MIDI-Implementationsliste *f* <edv.av> • MIDI Implementation Chart

MIDI-In *m* <edv.av> • MIDI in; MIDI in socket

MIDI-In-Anschluss *m* <edv.av> • MIDI in; MIDI in socket

Midi-Interface *n* <edv.av> • Midi interface; Midi-in; Midi port; Midi connector

MIDI-Kabel *n* <edv.av> • MIDI cord; MIDI cable

MIDI-Kanal *m* <edv.av> • MIDI channel

MIDI-Klick *m* <edv.av> • MIDI click

MIDI-Konverter *m* <edv.av> • MIDI converter

MIDI-Kurzschluss *m* <edv.av> • MIDI short circuit

MIDI Manufacturer Association *f* (MMA) <edv.av> • MIDI Manufacturer Association (MMA)

Midi-Mapper *m* <edv.av> • Midi mapper

MIDI-Matrix *f* <edv.av> • MIDI patch bay; MIDI switch board; MIDI junction controller *YAMAHA*

MIDI-Merge-Box *f* <edv.av> • MIDI merger; merger; MIDI merge box; MIDI mixer

MIDI-Merger *m* <edv.av> • MIDI merger; merger; MIDI merge box; MIDI mixer

MIDI-Mixer *m* <edv.av> • MIDI merger; merger; MIDI merge box; MIDI mixer

MIDI-Mode *m* <edv.av> • MIDI mode

MIDI-Mode 3b *m* <edv.av> • multi mode; multi-timbral mode; MIDI multi mode; MIDI multi-timbral mode; MIDI mode 3b

MIDI-Modus *m selten* <edv.av> • MIDI mode

MIDI-Monitor *m* <edv.av> • MIDI monitor

MIDI-Nachricht *f* <edv.mus> • MIDI message

MIDI-Netzwerk *n* <edv.av> • MIDI network; MIDI setup

MIDI-Notennummer *f* <edv.av> • MIDI note number; note number

MIDI-Out *m* <edv.av> • MIDI out; MIDI out socket

MIDI-Out-Anschluss *m* <edv.av> • MIDI out; MIDI out socket

MIDI-Patchbay *f* <edv.av> • MIDI patch bay; MIDI switch board; MIDI junction controller

MIDI-Peripheriegerät *n* <edv.av> • MIDI peripheral device; MIDI peripheral unit

Midi-Port *m* <edv.av> • Midi interface; Midi-in; Midi port; Midi connector

MIDI-Protokoll *n* <edv.av> • MIDI Specification

MIDI-Prozessor *m* <edv.av> • MIDI processor

MIDI-Recorder *m selten* <edv.av> • software sequencer; MIDI recorder; sequencer program

MIDI-Reihenschaltung *f* <edv.av> • MIDI daisy chain network

MIDI-Sample-Dump *m* <edv.av> • sample dump standard (SDS)

Midi-Schnittstelle *f* <edv.av> • Midi interface; Midi-in; Midi port; Midi connector

MIDI-Sendekanal *m* <av.el.mus> • transmit channel; send channel; transfer channel

Midi-Sequenzer *m* <edv.av> *(Soft- od. Hardware)* • Midi sequencer

MIDI-Setup *n* <edv.av> • MIDI network; MIDI setup

MIDI-Software *f* <edv.av> • MIDI software

Midi-Songfilestandard *m form.* <edv.av> • standard Midi file (SMF); Midi format *stand.*; Midi songfile standard *form.*; Midi standard file

Midi-Soundkarte *f* <edv.mus> *(Wavetable-Soundkarte)* • sampleplayer card; wavetable card; wave card; wave board *jarg.*; Midi card

MIDI-Spezifikation *f* <edv.av> • MIDI Specification

MIDI-Splitbox *f* <edv.av> • MIDI thru box; thru box; MIDI split box; split box

MIDI-Standard *m* <edv.av> • MIDI standard

Midi-Standarddatei *f* <edv.av> • standard Midi file (SMF); Midi format *stand.*; Midi songfile standard *form.*; Midi standard file

MIDI-Standard-File *n* <edv.av> • Standard MIDI File (SMF); standard MIDI file; MIDI file

MIDI-Stecker *m* <edv.av> • MIDI plug

MIDI-Steckfeld *n* <edv.av> • MIDI patch bay; MIDI switch board; MIDI junction controller

MIDI-Sternschaltung *f* <edv.av> • MIDI node network; MIDI star connection; MIDI umbrella network; MIDI delta connection

Midi-Synthesizer *m* <edv.av> • wavetable synthesizer; Midi synthesizer; sampling synthesizer; sample synthesizer; wave synthesizer

MIDI-System-Message *f prakt* <edv.av> • MIDI system message

MIDI-Systemnachricht *f* <edv.av> • MIDI system message

MIDI-Thru *m* <edv.av> • MIDI thru socket; MIDI thru

MIDI-Thru-Anschluss *m* <edv.av> • MIDI thru socket; MIDI thru

MIDI-Thru-Box *f* <edv.av> • MIDI thru box; thru box; MIDI split box; split box

MIDI-Thru-Buchse *f* <edv.av> • MIDI thru socket; MIDI thru

MIDI-Time-Code *m* (MTC) <edv.av> • MIDI time code (MTC)

Midi-Tochterkarte *f* <edv.av> • wavetable add-on card; Waveblaster daughter board; optional wave module; Midi daughter board; effects board *jarg*

MIDI-to-CV-Konverter *m* (MCV) <edv.av> • MIDI-to-CV converter; MIDI-CV converter

Midi-UART *m* <av> • universal asynchronous receiver transmitter (UART); Midi UART; UART chip

MIDI-Verbindungskabel *n* <edv.av> • MIDI cord; MIDI cable

MIDI-Verbund *m* <edv.av> • MIDI network; MIDI setup

Midi-Zusatzbox *f* <el.mus> • Midi expansion box; optional Midi adapter; Midi connector box; optional box; Midi box

MID-Komponente *f :V* <msr> *(anschlussfertiges Formteil mit integrierten Leiterbahnen und el. Bauel.)* • molded interconnected device (MID)

Midmount Deck *n* <av> • mid-drive; midmount-drive; center-drive *US*; mid-drive chassis; mid-mount

Mid-Mount-Laufwerk *n* <av> • mid-drive; midmount-drive; center-drive *US;* mid-drive chassis; mid-mount

Mieder *n* <bekl> *(eng)* • basque; bodice

Miederwaren *fpl* <bekl> • corsetry *sg*

Mie-Streuung *f* <energ.sol> • aerosol scattering; Mie scattering

Mieter *m* <jur> • tenant; lessee; hirer; renter

mietfreie Tiefkühltruhen *fpl* <nahr> *(z. B. für Speiseeis)* • free on loan freezer cabinets; FOL cabinets

Mietleitung *f* <tele> • leased line

Mietwagen *m* <kfz> *(allg.)* • rental car

Mietwagen *m* <kfz> *(im gemieteten Zustand)* • rented car

MIG <bau> • multi-pane insulated glass; multi-pane insulating glass

Mignonbatterie *f* <el> • AA battery; AA cell; penlight-size cell

Migrationsfläche *f* <phys> *(Reaktortheorie)* • migration area

Migrationslänge *f* <phys> *(Reaktortheorie)* • migration length

Migrationsstrom *m* <el.chem> • migration current

migrieren *vi* <tech.allg> • migrate *vi*

MIG-Schweißen *n DIN EN ISO 4063* <füg> • MIG-welding *ISO 4063*; SIGMA-welding; gas-metal arc welding; shielded inert gas metal arc welding *rare*; gas-shielded-metal arc welding *rare*

MIK <ökol.emiss> *(höchste Konzentration luftverunreinigender Stoffe in der freien Atmosp)* • threshold limit value in the free environment (TLV)

Mikaband *n* <mat> • mica tape

Mikanit *n* <mat> *(Isolierwerkstoff aus Glimmerpartikeln und Bindemittel)* • micanite; glass-bonded mica

Mikro *n* <edv.av> • microphone (mic); micro; mic

Mikro... <phys.msr> *(Vorsilbe für Einheiten: 10^{-6})* • micro

Mikroätzanlage *f* <obfl> • microetch system

Mikroätzung *f* <obfl> • microetching

Mikroamperemeter *n* <el> • microammeter

Mikroanalysator *m* <phys> • microanalyzer *US*; microanalyser *GB*

Mikroanalyse *f* <phys> • microanalysis

Mikroansatz *m* <opt> • microattachment

Mikroaufnahme *f* <phot> • photomicrograph

Mikroaufnahme *f* <qualit.mat> • micrograph

Mikroautoradiographie *f* <phys> • microautoradiography

Mikroball *m* <kst> • microballoon

Mikro-Ball-Grid-Array *n* (MBGA) <el.ic.prod> *(Gehäuseform)* • micro ball grid array (MBGA)

Mikrobarometer *n* <msr> • microbarometer

Mikrobaueinheit f <tech.allg> • microassembly

Mikrobearbeitung f <prod> • micromachining

Mikrobefehl m <edv> • microcommand; microinstruction

Mikrobefehlskode m <edv> • microcode

Mikrobenfilter m/n <med.tech> • bacterial filter *ISO 4135*; bacteria filter; bacteriological filter *rare*; germ-tight filter *rare*; microbial filter *rare*

Mikrobiegung f <lwl> • microbending

mikrobieller Abbau m <ents> • biodegradation *ISO 11074-1*; microbial degradation; microbial breakdown; biotic decomposition

Mikrobiologe m <bio> • microbiologist

mikrobiologische Dekontamination f <ents> • microbiological decontamination

mikrobiologische Korrosion f <obfl> • microbial corrosion

mikrobiologischer Abbauprozess m <ents> • microbiological degradation process

mikrobiologische Untersuchung f <nahr> • microbiological analysis

Mikrobohren n <prod> • microdrilling; drilling of microscopic holes

Mikrobohrung f <prod> • microscopic hole

Mikrobrenner m <chem> • microburner

Mikrobürette f <chem> • microburette

Mikrocode m <edv> • micro code

Mikrocomputer m obs <edv> • personal computer (PC); micro computer obs

mikrocomputergesteuert <edv> • microcomputer-controlled

Mikrodehnung f <mat> • microstrain

Mikrodensitometer n <opt> • microdensitometer

Mikrodiskette f <edv> • micro disk; micro diskette; micro floppy disk

Mikrodisplay-Modul n <el> • micro-display module

Mikrodraht m <mat> • microwire

Mikrodrahtbonder m <el> • lead bonder

Mikro-Eingang m <edv.av> • microphone input; microphone-in; mic-in; micro-in

Mikroelektrode f <el> • microelectrode

Mikroelektronik fsg <el> • microelectronics pl

Mikroelektronikbaugruppe f <el> • microelectronic package

mikroelektronisch <el> • microelectronic

mikroelektronische Schaltung f <ic> • microelectronic circuit; microcircuit

Mikroelement n <el> • microelectronic element

Mikroexplosion f <tech.allg> • microexplosion

Mikrofaserfilter m <verf> • microfiber filter *US*; microfibre filter *GB*

Mikrofiche n rar <doku> *(typ. 105 mm × 148 mm, DIN A6; 180 × 240 mm)* • microfiche

Mikrofilm m <edv> • microfilm

Mikrofilmaufnahme f <phot> • microphotograph

Mikrofilmaufnahmegerät n <phot> • microfilm recorder

Mikrofilmaufzeichnung f <doku> *(Ergebnis im Archiv)* • microfilm record; microfilm copy

Mikrofilmaufzeichnung f <doku> *(Vorgang)* • microfilming; microfilm recording

Mikrofilmausgabe f <edv> *(Datenausgabe über Mikrofilmplotter)* • computer output on microfilm (COM); microfilm output

Mikrofilmlesegerät n <doku> • microfilm reader

Mikrofilmplotter m <edv> • COM unit; COM device; COM printer; computer output microfilm unit; computer output microfilm printer

Mikrofilmreproduktion f <phot> • microfilm reproduction; microreproduction

Mikrofiltrierung f <verf> • microfiltration

Mikroflügel m <msr> • microcurrent meter

Mikrofon n <edv.av> • microphone (mic); micro; mic

Mikrofon-Anschlussbuchse f <av> • microphone socket; external microphone socket; microphone input socket

Mikrofonanschlussstecker m <av> • microphone connector

Mikrofonaufnahme f <av> • microphone recording

Mikrofonbatterie f <av> • microphone battery

Mikrofonbuchse f <av> • microphone socket; external microphone socket; microphone input socket

Mikrofoneichung f <av> • microphone calibration

Mikrofoneingang m <av> • microphone input; microphone-in; mic-in; micro-in

Mikrofon-Eingang m <av> *(betont: die Buchse)* • microphone socket; external microphone socket; microphone input socket

Mikrofongalgen m <av> • microphone boom; microphone gallows; sound boom

Mikrofongehäuse n <av> • microphone housing

Mikrofongeräusch n <av> • microphone noise

Mikrofonkabel n <av> • microphone cable

Mikrofonkapsel f <av> • microphone capsule; microphone cartridge; microphone inset; carbon button obs

Mikrofonkohle f <av> • microphonic carbon

Mikrofon-Kopfhörer-Kombination f <av> • headset

Mikrofonkopplung f <av> • microphone coupling

Mikrofonmembran f <av> • microphone diaphragm

Mikrofonrauschen n <av> • microphone noise

Mikrofonspeisung f <av> • microphone supply; speaking-current supply

Mikrofonstativ n <av> • microphone stand

Mikrofontaste f <av> • microphone button

Mikrofonteil n <tele> *(eines Telefons; z. B. klappbar)* • mouthpiece

Mikrofonübersteuerung f <av> • sound overshoot

Mikrofonübertragungsfaktor m <av> • microphone efficiency factor

Mikrofonverstärker m <av> • microphone amplifier; speech-input amplifier

Mikrofonvorverstärker m <av> • microphone preamplifier

Mikrofonzentrum n <av> • microphone reference point

Mikrofotografie f <phot> • photomicrography

Mikrofotografie f <phot.doku> *(das Bild)* • photomicrograph; micrograph

mikrofotografische Aufnahme f <phot.doku> *(das Bild)* • photomicrograph; micrograph

Mikrogalvanik f <obfl> • micro galvanics

Mikrogefüge n <mat> • microstructure

mikrogekörnt <mat> • micrograined

Mikrogliazelle f <bio> • microglial cell

Mikrohärte f <qualit.mat> • microhardness

Mikrohärteprüfer m <qualit.mat> • microhardness tester

Mikrohärteprüfung f <qualit.mat> • microhardness testing; microhardness test

Mikrohärteprüfung nach Knoop f <qualit.mat> • Knoop microhardness test

Mikrohärteprüfung nach Vickers f DIN EN ISO 4516 <qualit.mat> • Vickers microhardness test *ISO 4516*

Mikroinstabilitäten fpl <nukl> • microinstabilities pl

Mikrointerferometer n <opt> • microinterferometer; interference microscope

Mikrokalorimeter n <msr> • microcalorimeter

Mikrokanalarchitektur f <edv> • Micro Channel Architecture (MCA)

Mikrokapsel f <mat> • micro capsule

Mikrokodespeicherregister n <edv> • microcode storage register; microcode store register

Mlkrokodierung f <edv> • microcoding
Mikrokomposite pl <mat> • micro composites pl
Mikrokopie f <phot.doku> • microreproduction
mikrokristallin <mat> • microcrystalline
Mikrokristalline Cellulose f (MCC) <nahr> *(Stabilisator)* • microcrystalline cellulose (MCC)
mikrokristalline Struktur f <mat> • microcrystalline structure
Mikroküvette f <chem> • microcell
mikrolegierter Sondertiefziehstahl m <metall> *(von interstitiellen Elementen freier Stahl)* • interstitial-free steel; I-F steel
mikrolegierter Stahl m <metall> • micro alloy steel
Mikrolegierungsdiffusionstransistor m (MADT) <el> • microalloy diffused transistor (MADT)
Mikrolegierungstransistor m (MAT) <el> • microcalloy transistor (MAT)
Mikroleistungsschaltung f <el> • micropower circuit
mikrolithographisches Objektiv n <opt> • microlithographic lens
Mikrolog n <geo> *(Geophysik)* • microlog
Mikrolunker m <metall> • micropipe
Mikrolunkerung f <mat> • pinhole porosity
Mikromanipulator m <autom> *(allg.)* • micro manipulator
Mikromanipulator m <lwl> *(z. B. zur manuellen Justierung der Fasern beim Spleißen)* • micropositioner
Mikromanometer n <msr> • micromanometer
Mikrometeoritendetektor m <astron> • micrometeorite detector; micrometeorite sensor
Mikrometer n (µm) <phys> *(0,000001 m)* • micrometer (um); micron *obs*
Mikrometer n prakt.ugs <wz> *(für Außenmessungen)* • outside micrometer; external micrometer; micrometer caliper; micrometer *pract*; outside mike *coll*
Mikrometer n prakt.obs <wz> *(allg.)* • micrometer; mike *US*; micrometer caliper *GB*
Mikrometereinstellung f <msr> • micrometer adjustment; micrometer setting
Mikrometermessuhr f <msr> • dial indicator micrometer
Mikrometerokular n <opt> • micrometer eyepiece
Mikrometerschraube f <mil> *(an Visierungen)* • micrometer screw
Mikrometerschraube f prakt.obs <wz> *(allg.)* • micrometer; mike *US*; micrometer caliper *GB*
Mikrometerskala f <msr> • micrometer dial
Mikrometerskale f <msr> • micrometer dial
Mikrominiaturisierung f <tech.allg> • microminiaturization
Mikrominiaturschaltung f <el> • microminiature circuit
Mikromischer m <chem.verf> • micro mixer
Mikromodul m <el> • micromodule
Mlkromodultechnik f <tech.allg> • micromodule technique
mikromolekular <chem> • micromolecular
Mikromotor m <mot> • micro motor; subfractional motor *rare*; subfractional horse-power motor *rare*
Mikron n obs <phys> *(0,000001 m)* • micrometer (um); micron *obs*
Mikroorganismenkonzentration f <ents> • concentration of microorganisms
Mikroorganismus m <bio> • microorganism
Mikrophon n <edv.av> • microphone (mic); micro; mic
Mikrophotometer n <msr> • microphotometer
Mikropipette f <chem> • micropipette
Mikropipettiergerät n <chem> • micropipetting device
Mikroplasmabrenner m <chem> • microplasma burner
mikroporös <qualit.mat> • microporous
mikroporöser Gummi m <kst> • microcellular rubber
Mikroporosität f <qualit.mat> • microporosity

Mikroprismenring m <phot> • micro-prism ring; micro-prism focusing aid
Mikroprogramm n <edv> • microprogram
mikroprogrammierbar <edv> • microprogrammable
Mikroprogrammierung f <edv> • microprogramming
Mikroprogrammspeicher m <edv> • microprogram memory
Mikroprogrammsteuerblock m <edv> • microprogram control unit
Mikroprojektionsverfahren n <opt> • microprojection technique
Mikroprozessor m <ic> *(Prozessor, der auf einem einzigen Mikrochip untergebracht ist)* • microprocessor
Mikro-Prozessor m <phot> • micro-processor
Mikroprozessorchip m <ic> • microprocessor chip
Mikroprozessorentwurf m <ic> • microprocessor design
Mikroprozessorsteuereinheit f <msr> • microprocessor control unit (MCU)
Mikroprozessorsteuerung f <msr> • microprocessor control
Mikroprozessortechnik f <ic> • microprocessor technology
Mikroradiographie f <phys> *(Medizin, Werkstoffpüfung)* • microradiography
Mikroreaktionstechnik f <chem.verf> • micro reaction engineering
Mikroreaktor m <chem.verf> • micro reactor
Mikrorille f <prod> • microgroove
Mikroriss m <qualit.mat> *(nur unter dem Mikroskop sichtbar)* • microcrack; microfissure
Mikrorissbildung f <qualit.mat> • microcracking; microfissuring
Mikroröhre f <el> • microtube
Mikrorollfilm m <phot> • roll microfilm
Mikroscanner m <pap> • microscanner
Mikroschalter m <el> • microswitch
Mikroschaltung f <el> • microelectronic circuit; microcircuit
Mikroschaltungsbaustein m <el> • microcircuit module; micromodule
Mikroschaltungstechnik f <ic> • microcircuit engineering
Mikroschliff m <qualit.mat> • microsection
Mikroschliffbild n <qualit.mat> • micrograph
Mikroschwärzungsmesser m <msr> • microdensitometer
Mikroschweißen n <füg> • microwelding
Mikroschweißverfahren n <füg> • micro welding technique
Mikrosensor m <msr> *(Näherungssensor in SMD-Technik)* • micro sensor; miniature proximity sensor; miniature proximity detector *rare*
Mikrosieb n <verf> • micro screen; micro strainer
Mikrosiebanlage f <verf.hydr> • microstrainer system
Mikrosiebfilter m <verf> • micro screen; micro strainer
Mikrosiebfiltration f <verf.hydr> • micro screening; micro straining
Mikrosiebtrommel f <verf.hydr> • micro screen drum
Mikrosiebung f <verf.hydr> • micro screening; micro straining
Mikroskop n <opt> • microscope
Mikroskopie f <opt> • microscopy
Mikroskopierleuchte f <opt> *(allg.)* • microscope illuminator
Mikroskopierleuchte f <opt> *(von unten)* • substage illuminator
mikroskopische Prüfung f <qualit> • microscopic inspection
mikroskopischer Schnitt m <qualit.mat> • microsection
mikroskopische Untersuchung f <opt> • microscopic examination; microexamination

Mikroskop mit Fotozusatz *n* <opt> • photomicrographic microscope

Mikroskop mit Geradtubus *n* <opt> • straight-tube microscope

Mikroskop mit monokularem Tubus *n* <opt> • monocular microscope

Mikroskop mit pankratischem System *n* <opt> • zoom microscope

Mikroskopobjektivfassung *f* <opt> • microscope lens mount

Mikroskopokular *n* <opt> • microscopic eyepiece

Mikroskoptubus *m* <opt> • microscope tube

Mikrosonde *f* <tech.allg> • microprobe

Mikrospeicher *m* <edv> • microstore

Mikrostecker *m* <el> • microminiature plug

Mikrostreifenleiter *m* <phys> • microstrip transmission line; microstrip line

Mikrostreifenleitung *f* <phys> • microstrip transmission line; microstrip line

Mikrostripleitung *f* <phys> • microstrip transmission line; microstrip line

Mikroströmungsfühler *m* <msr> • microflow sensor

Mikrostruktur *f* <mat> • microstructure; fine structure

Mikrostrukturanalyse *f* <mat> *(allg.)* • microstructure analysis

mikrostrukturelle Untersuchung *f* <mat> *(allg.)* • microstructure analysis

Mikrostrukturmaske *f* <el> • fine-geometry mask

Mikrosystemtechnik *f* (MST) <prod> *(Miniatursensoren und -aktoren)* • micro systems engineering

Mikroteilchen *n* <allg> • microparticle

Mikrotitration *f* <chem> • microtitration; microanalytical titration *rare*

Mikrotommesser *n* <qualit.mat> • microtome blade

Mikrotomschnitt *m* <qualit.mat> • microtome section

Mikrotron *n* <nukl> • microtron

Mikrountersuchung *f* <qualit> • microexamination

mikroverkapselter Klebstoff *m* <füg> • microencapsulated adhesive; encapsulated adhesive

Mikroverkapselung *f* <mat> • micro encapsulation *:V*

mikroverstellbar <msr> • microadjustable

Mikrovoltmeter *n* <msr> • microvoltmeter

Mikrowaage *f* <chem> • microchemical balance

Mikrowaage *f* <msr> • microbalance

Mikrowelle *f ugs* <gastr> • microwave oven

Mikrowelle *f* <phys> • microwave

Mikrowellen *fpl* <edv> • microwaves *pl* (MW)

Mikrowellenbauelement *n* <el> • microwave component

Mikrowellenbauelement *n* <el> • microwave device

Mikrowellen-Bewegungsmelder *m* (MW) <alarm> • microwave motion detector

Mikrowellendetektor *m* <alarm> • microwave detector; microwave sensor

Mikrowellen einkoppeln *vt* <phys> • feed microwaves to *vi*

Mikrowellenelektronik *f* <el> • microwave electronics

Mikrowellenerwärmung *f* <phys> • microwave heating

Mikrowellenfeldeffekttransistor *m* <el> • microwave field-effect transistor

Mikrowellengasspektroskopie *f* • microwave gas spectroscopy

mikrowellengeeignet <mat> *(Geschirr)* • microwave safe

Mikrowellengenerator *m* <el> • microwave generator

Mikrowellengerät *n form* <gastr> • microwave oven

Mikrowellenhärten *n* <metall> • microwave baking

Mikrowellenheizung *f* <hlk> • microwave heating

Mikrowellenherd *m* <gastr> • microwave oven

Mikrowellenhintergrund *m* <astron> *(im Weltall)* • background radiation

Mikrowellenlandesystem *n* (MLS) <aerospace> • microwave landing system (MLS)

Mikrowellen-Leistungsverstärker *m* <el> • microwave power amplifier

Mikrowellenleitung *f* <el> *(Vorgang)* • microwave transmission

Mikrowellenleitung *f* <el> *(Kabel)* • microwave transmission line

Mikrowellenmelder *m* <alarm> • microwave detector; microwave sensor

Mikrowellenofen *m form* <gastr> • microwave oven

Mikrowellenoszillator *m* <el> • microwave oscillator; microwave generator

Mikrowellenresonator *m* <el> • cavity resonator; microwave cavity

Mikrowellen-Richtstrecke *f* <alarm> • microwave beam-breaking system; line of sight microwave detector

Mikrowellenröhre *f* <el> • microwave tube; microwave valve

Mikrowellenschaltung *f* <el> • microwave circuit

Mikrowellen-Schranke *f* (MS) <alarm> • microwave beam-breaking system; line of sight microwave detector

Mikrowellenschranke *f* <alarm> • microwave beam-breaking system; line of sight microwave detector

Mikrowellenschweißen *n* <füg> *(von Kunststoffen)* • microwave welding

Mikrowellensensor *m* <alarm> • microwave detector; microwave sensor

Mikrowellenspektroskopie *f* <phys> • microwave spectroscopy

Mikrowellenstrecke *f* <alarm> • microwave beam-breaking system; line of sight microwave detector

Mikrowellenstreifenleitung *f* <el> • microwave strip line; strip transmission line

Mikrowellentechnik *f* <el> • microwave engineering

Mikrowellentransistor *m* <el> • microwave transistor

Mikrowellenverstärker *m* <el> • microwave amplifier

Mikrozelle *f* <tele> • microcell

Mikrozellennetz *n* <tele> • micro cellular network

Mikrozustand *m* <mat> • microstate

mil <msr> *(Angelsächs. Maßeinheit, 1/1000 Zoll = 0,0254 mm)* • mil

Milch *f* <nahr> • milk

milchartige Farbkonsistenz *f* <obfl> • milky paint consistency

Milchbasis *f* <nahr> • milk basis

Milchbasiseiscreme *f* <nahr> • dairy ice cream

Milchbasispudding *m* <nahr> • milk pudding

Milchbestandteile *fpl* <nahr> • milk constituents

Milcheis *n* <nahr> *(Speiseeissorte)* • ice milk *US*; milk ice *GB/Euroglaces*

Milcheis *n ugs* <nahr> *(allg. milchhaltiges Speiseeis)* • dairy ice cream *coll*

Milcheiweiß *n* <nahr> • milk protein

Milchentrahmer *m* <nahr.verf> • cream separator; centrifugal cream separator; milk centrifuge; milk separator

Milcherhitzer *m* <nahr> • milk pasteurizer

Milchertrag *m* <agri> *(pro Kuh und Tag)* • milk yield

Milcherzeugnis *n* <nahr> • milk product; dairy product

Milchfett *n* <nahr> • milk fat

Milchfettkügelchenmembran *f* <nahr> • milk fat globule membrane (MFGM)

Milchfettrefraktometer *n* <nahr> • milk fat refractometer

Milchflaschenabfüllautomat *m* <nahr> • milk bottle filling machine

milchfreie Gefrierdesserts *fpl* <nahr> • nondairy frozen desserts

milchfreies Speiseeis *n* <nahr> • Parev ice cream *GB*; Kosher ice cream *GB*; parevine *US*

Milchgießer *m rar* <gastr> • creamer
Milchglas *n* <silik> • milk glass; opal glass
Milchglasscheibe *f* <fz> *(mattiert)* • frosted window
Milchigwerden *n* <obfl> *(Lacke)* • blushing
Milchindustrie *f* <nahr> • dairy industry
Milchkännchen *n* <gastr> • creamer
Milchkühe *fpl* <agri> • dairy cattle
Milchkühleinrichtung *f* <nahr> • milk cooling equipment
Milchkühlwanne *f* <agri> • refrigerating bulk milk tank
Milchkuhbestand *m* <agri> • cow numbers
Milchleitung *f* <nahr> • milk pipeline; milk line
Milchmischgetränk *n* <nahr> • mixed milk drink
Milchprodukt *n* <nahr> • milk product; dairy product
Milchprotein *n* <nahr> • milk protein
Milchpulver *n* <nahr> • milk powder; dried milk
Milchrecht *n* <jur> • dairy legislation
Milchrohrleitung *f* <nahr> • milk pipeline
Milchsäure *f* (E 270) <chem> • lactic acid (E 270); lacticum acidum; hydroxypropionic acid
Milchsäure-Kasein *n* <obfl> *(Bindemittel)* • lactic casein
Milchsammelwagen *m* <bahn> • milk collecting wagon
Milchserum *n* <nahr> • milk serum
Milchspeiseeis *n Euroglaces* <nahr> *(Speiseeissorte)* • ice milk *US*; milk ice *GB/Euroglaces*
Milchspindel *f* <nahr.msr> • milk areometer; lactodensimeter form
Milchstraße *f* <astron> • Milky Way
Milchstraßensystem *n* <astron> • Milky Way Galaxy
Milchtank *m* <logist> • milk storage vessel; milk tank
Milchtankfahrzeug *n* <nfz> • bulk milk tanker
Milchtrockenmasse *f* <nahr> • milk solids
Milch und Milcherzeugnisse *f* <nahr> *(als Zutaten, Inhaltsstoffe)* • dairy ingredients
Milch und Milcherzeugnisse *f* <nahr> *(allg.)* • dairy products
Milchwirtschaft *f* <nahr> • dairy industry
Milchzentrifuge *f* <nahr> • milk centrifuge; cream separator; milk separator
Milchzucker *m* <chem> • lactose; milk sugar
Milchzuckerkügelchen *npl* <med> • granules
mild <nahr> *(Wein)* • mild
milder Humus *m* <agri> • mull
Mildhartguss *m* <mat> • mottled cast iron; cast iron with mottled outer layer
Milieu *n* <tech.allg> *(z. B. chemisch aggressiv, sauer, staubig, feucht)* • environment; atmosphere
Militäreinheit *f* <mil> • military unit; outfit *pract*
Militärflugzeug *n* <mil> • military aircraft; aviation
militärisch <mil> • military
militärischer Schlag *m* <mil> • strike
Militäroberleder *n* <led> • military footwear upper leather
Miller'sche Indizes *mpl* <mat> • Miller crystal indices; Miller indices
Miller-Cycle *m* <kfz.mot> • Miller cycle
Miller-Cycle-Motor *m* <kfz.mot> • Miller engine; Miller-cycle engine
Miller-Effekt *m* <mot> • Miller effect
Miller-Integrator *m* <phys> • Miller integrator
Miller-Kreis *m* <phys> • Miller circuit
Miller-Motor *m* <kfz.mot> • Miller engine; Miller-cycle engine
Miller-Prinzip *n* <kfz.mot> • Miller cycle
Milli... (m) <phys.msr> *(Vorsilbe für Einheiten: 10^{-3})* • milli (m)
Milliamperemeter *n* <msr> • milliammeter; milliampmeter
Milliarde *f* <math> *(1.000.000.000)* • billion *US.GB*; 1000 million *GB.coll*
Milliardstel Meter *m* <phys> *(10^{-9} Meter)* • nanometer (nm) *US*; nanometre *GB*

Millibar *n* <phys.msr> *(Druckeinheit)* • hectopascal; millibar
Milligoat-Zähler *m* <nukl> • Milligoat counter
Milliken-Leiter *m* <el> • Milliken conductor; segmental conductor *US*; type-M conductor *CAN*; Milliken-type segmental conductor
Milliken-Segmentleiter *m* <el> • Milliken conductor; segmental conductor *US*; type-M conductor *CAN*; Milliken-type segmental conductor
Millimeter *n* <msr> *(0,001 m)* • millimeter *US*; millimetre *GB*
millimetergenaue Länge *f* <tech.allg> • dead-length accuracy
Millimeterpapier *n* <pap> • graph paper with millimeter squares; squared paper with millimeter squares
Millimeterteilung *f* <msr> • millimeter graduation *US*; millimetre graduation *GB*
Millimeterwellen *fpl* <tele> • millimeter waves *US*; millimetre waves *GB*
Millimeterwellenbereich *m* <tele> • millimeter-wavelength region *US*; millimetre-wavelength region *GB*
Million *f* <math> *(1.000.000)* • million
Millionär auf dem Papier *m* <ökon.edv> • millionaire on paper (MOP)
Millionen Befehle pro Sekunde <edv> *(Rechengeschwindigkeit eines Mikroprozessors)* • mega instructions per second (MIPS); million instructions per second; mega instructions per second
Millionen Instruktionen pro Sekunde (MIPS) <edv> *(Rechengeschwindigkeit eines Mikroprozessors)* • mega instructions per second (MIPS); million instructions per second; mega instructions per second
Millivoltmeter *n* <msr> • millivoltmeter instrument; millivoltmeter *pract*
Milzbrand *m* <med> • anthrax; splenic fever; anthrax blain
mimetisch <mat> • mimetic
Min.- oder Max.-Schaltbefehl *m* <msr> • high/low level alarm
Minden-Deutz-Drehgestell *n* <bahn> • Minden-Deutz truck
Mindereinrichtung *f* <textil> *(Strickerei)* • narrowing facility
Minderfinger *m* <textil> *(Strickerei)* • picker
minderflächig <mat> • merohedral
minderhaltiges Vorkommen *n* <min> • low-grade deposit
mindern *vt* <tech.allg> *(z. B. Anteil, Konzentration, Kosten)* • reduce *vt*
mindern *vt* <textil> *(Stricken)* • narrow *vt*
Minderungsgrad *m* <chem> *(Entstickung)* • reduction rate; reduction efficiency
minderwertig <qualit> *(von minderer Qualität)* • low-grade; substandard; low-quality; inferior; poor
minderwertige Kohle *f* <verbr> • low-grade coal
Mindestabstand *m* <tech.allg> • minimum distance; minimum clearance; minimum spacing
Mindestabzugsgewicht *n* <mil> *(von Schusswaffen)* • minimum weight of the trigger pull
Mindestansprechwert *m* <av> • minimum operating value
Mindestauflösung der Position *f* <navig> • minimum resolution of position
Mindestbandbreite *f* <edv> • minimum bandwidth
Mindestbeleuchtung *f* <av> • light sensitivity; sensitivity; minimum illumination
Mindestbelichtung *f* <phot> • minimum exposure
Mindestbetriebsspannung *f* <el> • minimum admissible supply voltage
Mindest-Betriebsspannung *f* <el> • minimum operating voltage

Mindestdicke f <tech.allg> • minimum thickness

Mindestdosis f <med> • minimum dosage; minimum dose

Mindestdrehzahl f <masch> (z. B. Motor, Turbine) • base speed

Mindestdruck m <tech.allg> • minimum pressure

Mindestdruck m <obfl> • minimum air pressure; minimum pressure

Mindestdruckfestigkeit f <qualit.mat> • minimum compressive strength

Mindestdruckventil n <rls> • minimum pressure retaining valve

Mindestfettgehalt m <nahr> • minimum fat content

Mindesthaltbarkeitsdatum n <tech.allg> • use-by date; best-before date

Mindesthellzone f <edv> • minimum quiet zone; minimum quiet margin; minimum clear area

Mindesthöhe f <allg> • minimum height

Mindestkriterien npl <qualit> (zu erfüllende Grenzwerte; z. B. zur Abnahme od. Beförderung) • threshold criteria pl

Mindestlaststrom m <msr> • residual current; off-state current; off-state leakage current

Mindest-Lauflänge f <edv> • minimum run length

Mindestlebensdauer f <qualit> • minimum life; least life

Mindestlichtbedarf m <av> • light sensitivity; sensitivity; minimum illumination

Mindestlizenz f <jur> • minimum royalty

Mindestluftdruck m <obfl> • minimum air pressure; minimum pressure

Mindestmengenleitung f <verf> • boiler feed pump recirculation piping

Mindestnietzahl f <füg> • minimum number of rivets

Mindest-Reflexionsdifferenz f <edv> • minimum reflectance difference (MRD)

Mindestrücklaufverhältnis n <chem> (Destillation) • minimum reflux ratio

Mindestschaltabstand m EN 60947 <allg> • ninimum operating distance EN 60947

Mindestschmelzstrom m <el> • minimum fusing current

Mindestsicherheitsabstand m <verk> • nearest approach

Mindestspitzenspiel n <prod> • minimum crest clearance

Mindeststrichhöhe f <edv> • minimum bar height

Mindeststrom m <el> • minimum operating current

Mindestüberschlagspannung f <el> • minimum flashover voltage

Mindestzähnezahl f <masch> • minimum number of teeth

Mindestzugriffszeit f <edv> • minimum-access time

Mind-Map f <nahr> • mind map

Mind-Map f <psych> • mind map

Mind-Mapping n <psych> • mind mapping

Mine f <büro> (Bleistiftmine) • lead

Mine f <büro> (Ersatz; z. B. für Kugelschreiber) • refill

Mine f <mil> (Sprengkörper) • mine

Mine f <min> • metalliferous mine

Minensuchgerät n <mil> • mine detector; mine locator

Miner'sche Regel f ISO 13760 <kst.qualit> (Berechnungsverfahren für kumulative Schädigungen) • Miner's rule ISO 13760

Mineral n <geo> • mineral

Mineralbestandteil m <mat> • mineral constituent

Mineralbildner m <agri> • mineralizer

Mineraldünger m <agri> • inorganic fertilizer; mineral fertilizer

Mineraleinsprengling m <mat> • xenocryst

Mineralfarbe f <obfl> • mineral paint

Mineralfaser f <bau.mat> • mineral fiber

Mineralfaserplatte f <bau.mat> • mineral fiber board GB; mineral fiber board US

mineralgefüllt <kst> • mineral filled

Mineralgehalt m <mat> • mineral content

Mineralgemisch n <bau.mat> • mineral aggregate

Mineralgerüst n <bau> • mineral skeleton structure; granular framework

mineralgrau <obfl> • slate grey

mineralische Kohle f <min> (im Ggs. zu Holzkohle) • mineral coal; fossil coal

mineralischer Faserstoff m <textil> • mineral fiber US; mineral fibre GB

mineralischer Füllstoff m <ents> • mineral fill

mineralischer Stoff m <mat> • mineral matter; mineral substance

mineralisches Glas n <silik> • natural glass

mineralisches Wachs n <obfl.holz> • mineral wax

mineralische Vorräte mpl <geo> • mineral resources

Mineralisierung m <ökol> (vollständiger biochemischer Abbau organischer Stoffe) • ultimate degradation

Mineralkohle f <min> (im Ggs. zu Holzkohle) • mineral coal; fossil coal

Mineralöl n <tribo> • mineral oil; petroleum oil

mineralölbasisch <tribo> • mineral oil based; petroleum based

Mineralöl-Druckfarbe f <druck> • petroleum-based ink

Mineralölsteuer f <fin> • mineral oil tax; crude oil tax; duty on mineral oils; excise duty on mineral oils; excise duty on hydrocarbon oil GB

Mineralölzusatz m <tribo> (zu Schmieröl) • additive; agent; lubricant additive

Mineralogie f <geo> • mineralogy

Mineralpech n <min> (natürl. Rohstoff) • asphalt; asphaltum thsc; earth pitch; mineral pitch

Mineralschmieröl n <tribo> • mineral lubricating oil

Mineralstoff m <ents> • mineral matter; mineral substance

Mineralstoffe fpl <nahr> • mineral salts

Mineralstoffe npl <verf> • minerals npl; mineral fibers US; mineral fibers GB

mineralstofffrei <tech.allg> • mineral-matter-free

Mineralvergesellschaftung f <geo> • mineral association

Mineralvorkommen n <geo> • occurrence of minerals

Mineralvorkommen n <min> • mineral deposit

Mineralwachs n <obfl.holz> • mineral wax

Mineralwolle f <bau.mat> (Wärmeisolierung) • mineral wool; rock wool

Mineralwolle-Dämmung f <bau.innen> • mineral wool insulation

Minette f <min> (oolithisches Eisenerz) • minette

Mini... <tech.allg> • mini ...; baby ...; miniature ...

Miniaturansichten fpl <edv> (stark verkleinerte Bilder; meist durch Anklicken vergrößerbar) • thumbnails pl; thumbs pl

Miniaturbahnanlage f form.rar <bahn> (z. B. H0) • model railroad layout; model railroad pract; layout coll

Miniaturbalg m <rls> • miniature bellows

Miniaturbauelement n <el> • miniature component

Miniaturelektronik f <el> • miniature electronics

Miniaturgewinde n DIN 14 <masch> • miniature screw thread

miniaturisieren vt <tech.allg> • miniaturize vt; miniaturise vt GB

miniaturisierte gedruckte Schaltung f <ic> • miniaturized printed circuit; miniaturised printed circuit GB

Miniaturisierung f <tech.allg> • miniaturization US; miniaturisation GB

Miniaturkippschalter m <el> • miniature toggle switch; tiny toggle switch

Miniatur-Kippschalter m <el> • miniature toggle switch

Miniaturlötkolben *m* <füg> • miniature bit iron; pencil bit iron

Miniaturreaktor *m* <chem.verf> • micro reactor

Miniaturröhre *f* <el> • miniature tube; miniature valve; bantam valve; bantam

Miniaturschaltung *f* <el> • miniature circuit

Miniatursensor *m* <msr> *(Näherungssensor in SMD-Technik)* • micro sensor; miniature proximity sensor; miniature proximity detector *rare*

Miniatursteckverbinder *m* <el> • miniature connector

Miniatur-Turbine *f* <antr> • mini turbine

Minibus *m* <nfz> *(allg.)* • minibus; small bus; small-size bus; microbus; passenger van

Minicamcorder *m* <av> • mini-camcorder

Mini-Cartridge *f* <edv> • mini cartridge

Minicomputer *m* <edv> • minicomputer

Mini-Data-Cartridge *f* <edv> • mini cartridge

MiniDisc *f* <edv> • DATA MiniDisc (MD); MiniDisc

MiniDisc DATA-Laufwerk *n* <edv> • MiniDisc DATA drive; MD DATA drive

MiniDisk *f* <edv> • DATA MiniDisc (MD); MiniDisc

Mini-Diskette *f obs* <edv> • 5.25-inch floppy disk; mini floppy disk *obs*; mini diskette *obs*; 130 mm flexible disk cartridge *ECMA.rare*

MiniDV-Format *n* <av> • MiniDV format

Minifestplattenlaufwerk *n* <edv> • mini hard disk drive; mini hard drive

Minikassette *f* <av> *(z. B. in Diktiergeräten)* • minicartridge

Minikatalysator *m* <kfz> *(Bauteil der Auspuffanlage)* • mini catalytic converter; mini converter

Minikatalysator *m* <kfz.emiss> *(chem. Funktionseinheit)* • mini catalyst

Minilite-Felge *f* <kfz> • Minilite [alloy wheel]

Minimalauftragverfahren *n* <obfl> • low add-on application techniques

Minimalauslöser *m* <el> • minimum cut-out; minimum trip

Minimalausrüstung *f* <edv> • minimum configuration

minimale Betriebsspannung *f* <el> • minimum operating voltage

minimale Hemmkonzentration *f* (MHK) <med.bio> • minimum inhibitory concentration (MIC)

minimale Lagerhaltung *f* <logist> • lean inventory

minimaler Betriebsstrom *m* <el> • minimum operating current

minimaler Biegeradius *m* <edv> • minimum bend radius

minimaler Lichthelligkeitsbereich *m* <edv> • falloff; dropoff *rare*

minimaler Radius *m* <nukl> • minimum radius

minimales Giebelfachwerk *n* <bau> *(Dreiecksverbund mit Ständer und zwei Diagonalstreben)* • king-post truss

Minimalgeschwindigkeit *f* <aerospace> • minimum speed; stalling speed

Minimallastschalter *m* <el> • underload circuit breaker

Minimalauflänge *f* <edv> • minimum run length

Minimalmengenschmierung *f* (MMS) <wz.masch> • minimum lubrication :*V*

Minimalphasensystem *n* <msr> • minimum-phase system

minimalphasig <tech.allg> • minimum-phase

Minimalprinzip *n* <masch> *(Form- und Lagetoleranzen)* • minimum principle

Minimalstromauslösung *f* <el.msr> • undercurrent release; undercurrent trip

Minimalstromrelais *n* <el> • minimum-current relay; undercurrent relay

Minimalstromschalter *m* <el> • minimum circuit breaker; undercurrent circuit breaker; underload circuit breaker

Minimalsuchzeit *f* <edv> • minimum latency

Minimalsuchzeitprogrammierung *f* <edv> • minimum-access programming

Minimalwert *m* <tech.allg> • minimum value; minimum

Minimaxprinzip *n* <math> *(Spieltheorie)* • minimax principle

Minimaxtheorem *n* <math> *(Spieltheorie)* • min-max theorem

Minimierung *f* <tech.allg> • minimization

Minimierungsverfahren *n* <el> *(Schaltfunktionen)* • minimization technique

Minimum-Alarm *m* <allg> • minimum alarm

Minimumanzeige *f* <msr> • minimum reading

Minimum-Beleuchtungsstärke *f Can* <av> • light sensitivity; sensitivity; minimum illumination

Minimum-B-Konfiguration *f* <nukl> • minimum-B-configuration; minimum-B-geometry; magnetic well

Minimumphasengang *m* <msr> • minimum phase-frequency characteristic

Minimum-Run-Length *f* <edv> • minimum run length

Minimumsiedepunkt *m* <phys> • minimum boiling point

Minimumthermometer *n* <msr> • minimum thermometer

Minirad *n* <kfz> *(betont: praktischer u. wirtschaftlicher Aspekt)* • tempa spare wheel; tempa spare *pract*; mini spare wheel; mini spare

Minirechner *m* <edv> • minicomputer

Miniroller *m* <fz> *(Tretroller, kompakt, typ. aus Alu, klappbar)* • miniscooter; funscooter

Mini-Spare-Rad *n* <kfz> *(betont: praktischer u. wirtschaftlicher Aspekt)* • tempa spare wheel; tempa spare *pract*; mini spare wheel; mini spare

Minisplitter *m* <pap> • mini-shive

Minispotleuchte *f* <licht> • miniature spotlight; minispot

Mini-Stahlwerk *n* <prod> • mini mill

Minivan *m prakt.ugs* <kfz> *(Mehrzweckauto auf Pkw-Basis)* • multi-purpose vehicle (MPV) *US*; mini-van; multi-purpose van, MPV; space wagon *advert*; people carrier

Mini-Van *m press.werb* <kfz> *(Mehrzweckauto auf Pkw-Basis)* • multi-purpose vehicle (MPV) *US*; mini-van; multi-purpose van, MPV; space wagon *advert*; people carrier

Minkowski-Raum *m* <phys> • Minkowski universe; Minkowski world

Minkowski-Welt *f* <phys> • Minkowski universe; Minkowski world

Minlon *n* <kst> *(ein mineralverstärktes Polyamid)* • Minlon

Minor *m* <math> • minor determinant; minor

Minorante *f* <math> • minorant

Minoritätsemitter *m* <el> • minority emitter

Minoritätsheizung *f* <nukl> • minority heating

Minoritätsladungsträger *m* <el> • minority carrier

Minoritätsträger *m* <el> • minority carrier

Minusabweichung *f* <tech.allg> • minus deviation

Minusabweichung *f* <qualit> • minus error

Minusbohrer *m* <wz> • reamer drill; undersize drill

Minusbürste *f* <el> • negative brush

Minusdraht *m* <el> • negative wire; minus wire *rare*

Minus-Eingang *m* <msr> • minus input

Minusglas *n* <opt> • diverging lens; negative lens *rare*

Minuskabel *n* <kfz.el> *(an Batterie; Minus an Masse)* • battery ground cable; negative battery cable

Minusklemme *f* <el> • negative terminal

Minusladung *f* <el.allg> • negative charge

Minuslehre *f* <msr> • minus gauge

Minusleiter *m* <el> • negative conductor

Minusplatte *f* <el> *(Batterie)* • negative plate; negative electrode; -ve plate

Minuspol *m* <el> *(allg.)* • negative terminal

Minuspol *m* <obfl> *(negative Elektrode)* • cathode *ISO 8044*; negative terminal

minusschaltend (npn) <el> • current sinking (npn)

Minustaste f <edv.av> • minus key

Minute f DIN 1301 <phys.msr> (Einheit des ebenen Winkels, der Zeit) • minute

Minutenring m <kfz.mot> • tapered compression ring; taper face ring

Minutentakt m <allg> • minute interval

Mip-Map f <edv> • mip map

Mip-Mapping n <edv> • mip-mapping

MIPS <edv> (Rechengeschwindigkeit eines Mikroprozessors) • mega instructions per second (MIPS); million instructions per second; mega instructions per second

Mirabilit n <min> (Glaubersalz in mineralischer Form, sehr leicht wasserlöslich) • mirabilite

Mire f <opt> • test pattern; test target

Mirror-Maschine f <nukl> (Kernfusion) • mirror machine

MIS <av> • mechanical image stabilizer (MIS); mechanical image stabilization; mechanical image stabilizing system

Mischabsetzer m <verf> • mixer-settler

Mischachse f <druck> (im Tonerbehälter; verhindert Verklumpen des Pulvers) • agitator blade; agitating bar

Mischanlage f <bau.mat> • mixing plant

Mischanweisung f <edv> • merge statement

Mischapparat m <textil> • homogenizer; homogeniser GB

Mischapparat m <verf> • mixer

Mischapparat m <verf> (z. B. Rührgerät) • mixer; mixing apparatus; mixing machine

Mischapparatur f <verf> (z. B. Rührgerät) • mixer; mixing apparatus; mixing machine

Mischatelier n <av> (Tonstudio) • rerecording room

mischbar <tech.allg> (Schmier-, Kühlmittel, Hydraulikflüssigkeit, Lacke etc.) • miscible; mixable coll

mischbar <kunst> (Pigmente, Farben) • miscible; mixable

Mischbarkeit f <tech.allg> • miscibility; mixability

Mischbatterie f <rls> (Badezimmer) • mixer tap; mixing valve; valve mixer

Mischbauweise f <bau> (Städtebau) • mixed development

Mischbefehl m <edv> • merge instruction

Mischbehälter m <nahr.prod> (Speiseeis) • premixer; mixing vat; blending tank; batching tank

Mischbereifung f <kfz> • tire mixing

Mischbestand m <holz> • mixed stand

Mischbetrieb m <edv> • intermix operation; symbology intermixing

Mischbetrieb m <verf> • combined cooling mode

Mischbett n <verf> • mixed bed

Mischbettaustauscher m <verf> (zur Entionisierung von Wasser) • mixed-bed ion exchanger; mixed-bed demineralizer; mixed-bed exchanger

Mischbettfilter n <verf> (zum Reinigen) • mixed-bed filter

Mischbettfilter n <verf> (zum Entionisieren von Wasser) • mixed-bed ion exchanger; mixed-bed demineralizer; mixed-bed exchanger

Mischbett-Ionenaustauscher m <verf> (zur Entionisierung von Wasser) • mixed-bed ion exchanger; mixed-bed demineralizer; mixed-bed exchanger

Mischbildentfernungsmesser m <phot> • superposed-field range finder; coincidence range finder

Mischbit n <edv> • merging bit

Mischblende f <verf> • orifice mixer

Mischboden m <agri> • mixed soil

Mischbox f <phot> • mixing box; scatter box

Mischboxgerät n <phot> • diffuser enlarger; diffused-light enlarger; diffusion enlarger

Mischbühne f <bau> (Beton) • mixing platform; mixing stage

Mischbütte f <pap.ents> • mixing chest

Mischdeponie f <ents> • co-disposal landfill

Mischdüse f <mot> (Vergaser) • mixing nozzle

Mischdüse f <verf> • combining nozzle

Mischdüse f <verf> (Doppeldüse) • twin nozzle

Mischeffekt m <ents> • mixing effect

Mischeinrichtung f <tech.allg> • mixing device

Mischelement n <tech.allg> • mixed element

Mischelement n <chem> • multi-isotopic element

Mischen n <tech.allg> • mixing

Mischen n <prod> (Festkautschuk mit Zusatzstoffen) • mixing

Mischen n <prod> (untrennbar; z. B. Teesorten, Weine, Whisky, Öl) • blending

Mischen n <prod.nahr> (Speiseeismix) • blending; batching; mix blending

mischen vt <tech.allg> (allg.; z. B. Kleinteile, Flüssigkeiten, Gase) • mix vt

mischen vt <tech.allg> (untrennbar) • blend vt

mischen vt <av> (überlagern mit Ton, Stimmen) • dub vt

mischen vt <av> (Bild, Ton) • mix vt

mischen vt <edv> (Strichcodetypen) • intermix vt

mischen vt <edv> (Dateien) • merge vt

mischen vt <obfl> (Farben, Lacke) • blend vt; mix vt

mischen vt <verf> (knetbare Masse) • compound vt

mischen vt <verf> (verschiedene Substanzen, lose; z. B. durch Verrühren) • mingle vt

Mischer m <tech.allg> (z. B. für Beton, elektr. Signale, Licht) • mixer

Mischer m <av> (TV) • adder; adding stage

Mischer m <av> (für Farbartsignal) • frequency mixer; frequency converter; converter; mixer

Mischer m prakt <bau.masch> (allg.; fahrbar od. stationär) • concrete mixer

Mischer m <edv> • collator

Mischer m prakt <med.tech> (Beatmungsgerät) • air-oxygen blender; oxygen proportioner; blender pract; mixer pract

Mischer m <verf> (z. B. Rührgerät) • mixer; mixing apparatus; mixing machine

Mischer m <verf> (für Flüssigkeiten, Schüttgut; ergibt untrennbare Mischung) • blender

Mischer-Abscheider m <chem> (Lösungsmittelextraktion) • mixer-settler

Mischerarm m <verf> • mixer arm

Mischerbühne f <verf> • mixer platform

Mischerfahrzeug n DDR <nfz> (Lkw) • concrete mixer; transit-agitator truck; transit-truck mixer; ready-mix truck; truck mixer

Mischerfertiger m <bau.masch> (Straßenbau) • combined paver; mixer-paver; paving mixer

Mischerinhalt m <bau.mat> • mixed batch capacity

Mischerschaufel f <bau.masch> • mixing arm

Mischerschaufel f <verf> • agitator blade; stirrer blade; mixing blade

Mischerschnecke f <verf> • compound screw

Mischfarbe f <obfl> (konkret) • mixed paint; blended paint US

Mischfarbe f <obfl> (Farbton) • mixed color

Mischfarbstoff m <obfl> • mixed coloring matter; mixed coloring substance; mixed dyestuff; mixed dye

Mischfarbton m <obfl> • blended shade

Mischfaserfarbstoff m <textil.chem> • union dye

Mischfeuer n <nav> • mixed light

Mischflügel m <verf> • agitator blade; stirrer blade; mixing blade

Mischfolge f <edv> • collating sequence

Mischgarn n <textil> • blended yarn; blend

Mischgas n <füg> (Schutzgasschweißen; Gemisch von Argon und Kohlendioxid) • argon/carbon dioxide mix; car-gon gas

Mischgasschweißen n (MAGC) <füg> *(Schutzgasschweißen mit CO₂)* • metal arc mixed gas welding (MAGC)

Mischgatter n <math> *(Logik)* • inclusive OR circuit; OR circuit

Mischgefäß n <verf> *(offen od. geschlossen)* • mixing tank; blending tank; mixing vessel

Mischgefäß n <verf> *(oben offen)* • mixing vat

Mischgerät n <nahr> *(Wein)* • stirrer; stirring apparatus

Mischgewebe n <textil> • blended fabric; union fabric

Mischglied n <el> • mixing element; mixer

Mischgut n <kst> *(Kautschuk, Füllstoffe, Weichmacher, Chemikalien, Vulkanisationsmittel)* • rubber compound; compound; batch; stock

Mischgut n <prod> *(als Zuschlag)* • batch

Mischgut n <verf> *(vor dem Mischen)* • material to be blended; material to be mixed

Mischgut n <verf> *(beim Mischen)* • material being blended; material being mixed

Mischgut n <verf> *(nach dem Mischen)* • mix

Mischheptode f <el> • pentagrid converter; pentagrid

Mischhöhen fpl <av> • mixed highs

Mischholländer m <pap> • mixing poacher; mixing potcher; potching engine

Mischindikator m <mot> • mixed indicator

Mischkammer f <tech.allg> • mixing chamber

Mischkammer f <druck> *(Zweikomponenten-Entwickler)* • developer mixing chamber

Mischkammer f <hlk> • combining chamber

Mischkammer f <kfz> *(Vergaser)* • mixing chamber

Mischkammer f <kfz.emiss> *(Katalysator)* • midbed; mixing chamber; air plenum

Mischkammer f <prod.nahr> *(Speiseeis; Fruchtmischer)* • mixing chamber; blender; enrobing rotor chamber

Mischkanalisation f <ents> • combined sewerage system

Mischkatalysator m <chem> • mixed catalyst

Mischkleber m <füg> • two-component adhesive; mixed adhesive *coll*

Mischkneter m <verf> • kneader-mixer

Mischkollergang m <prod> • muller mixer

Mischkollergang m <silik> • pug mill

Mischkollergang m <verf> • mixing runner

Mischkommunikation f <tele> • mixed-services communication

Mischkomponente f <chem> • blend component

Mischkondensation f <verf> • condensation by mixing

Mischkondensator m <verf> • direct-contact condenser; mixing condenser

Mischkraftstoff m <kfz> • gasoline/alcohol blend

Mischkreis m <el> • mixer circuit

Mischkristall m <mat> • mixed crystal; solid solution

Mischkristallbildung f <mat> • mixed-crystal formation; solid-solution formation

Mischkristallbildungsfähigkeit f <phys> • solid solubility

Mischkristallhärtung f <metall> • solid-solution hardening

Mischkristallverfestigung f <mat> • solid-solution strengthening

Mischkühlung f <verf> • combined cooling

Mischleistungsrelais n <el> • arbitrary phase-angle power relay

Mischleitung f <verf> • mixed conduction

Mischlesung f <edv> • mix reading

Mischlicht n <licht> • blended light

Mischlicht n <phot> • mixed light

Mischlichtlampe f <licht> • mixed-light lamp

Mischluftklappe f <kfz.hlk> • blend air door

Mischmaschine f <tech.allg> • mixing machine

Mischmaschine f rar <bau.masch> *(stationär od. als Anhänger)* • concrete mixer

Mischmaschine f <verf> *(für untrennbare Mischungen; z. B. Flüssigkeit, Schüttgut)* • blending machine

Mischmethode f <tech.allg> • mixing method; mixing technique

Mischöl n <petr> *(Rohöl)* • mixed-base petroleum; mixed-base crude oil

Mischöl n <tribo> *(allg.)* • mixed oil

Mischofen m <metall> • holding furnace

Mischoxid n (MOX) <nukl> • mixed oxide (MOX)

Mischoxidbrennstoff m <nukl> • mixed-oxide fuel; MOX fuel

Mischpalette f <logist> • mixed pallet

Mischpfanne f <metall> • reservoir ladle

Mischphase f <mat> • mixed phase

Mischpolymer n <chem> • copolymer

Mischpolymerisation f <chem> • copolymerization *US.GB*; copolymerisation *GB*

Mischpotential n <el> *(z. B. mehrerer Elektroden)* • mixed potential

Mischprozess m <prod> • mixing operation

Mischpult n <av> • mixing desk; mixing control desk; mixing console; mixer console; mixer *pract*

Mischpumpe f Crepaco <nahr.prod> *(Speiseeis; Freezer)* • mix pump; freezer mix pump; product input pump *Crepaco*; mix feed pump

Mischraum m <av> • mixing room

Mischraum m <av> • rerecording room

Mischraum m <mot> • gas mixing chamber

Mischraum m <textil> • blending room

Mischreibung f DIN ISO 4378-3 <tribo> • mixed film lubrication *ISO 4378-3*; semifluid friction; mixed friction

Mischrezept n <bau> • mix formula

Mischring m <pap> • mixer ring

Mischröhre f <el> • first-detector valve; frequency-changer valve; mixer valve; converter tube

Mischrohr n <kfz.mot> *(im Vergaser)* • emulsion tube

Mischrohr n <kfz.rep> *(Teil des Autogenschweißbrenners)* • mixing head

Mischsäure f <chem> *(Nitriersäure)* • mixed acid; nitrating acid

Mischsalzkatalysator m <chem> • mixed-salt catalyst

Mischschacht m <phot> • mixing box; scatter box

Mischschaltung f <el> • mixer circuit; mixing circuit

Mischschmelzpunkt m <mat> • mixed melting point

Mischschmierung f <tribo> • mixed film lubrication *ISO 4378-3*; semifluid friction; mixed friction

Mischschnecke f <verf> *(in Rührwerk; eher wendelförmig)* • helix agitator

Mischschnecke f <verf> *(eher spindelförmig)* • mixing screw

Mischsignal n <tele> • mixed signal

Mischsortieren n <edv> • merge sorting

Mischsplitt m <bau> *(Straßenbau)* • coated chippings

Mischsteilheit f <el> • conversion conductance; conversion transconductance

Mischstelle f <msr> • mixing point

Mischstrahlung f <phys> • complex radiation

Mischstrecke f <rls> *(z. B. Ölleitung)* • blending intersecting frame

Mischstromführung f <verf> *(Mehrkörperverdampfer)* • mixed-feed operation

Mischstufe f <tech.allg> • mixing stage

Mischstufe f <av> *(TV)* • adder; adding stage

Mischstufe f <el> • mixer stage

Mischstufe f <el> *(Frequenzkonverter; Schaltung, Röhre)* • converter stage; converter; frequency changer; frequency-changing stage

Mischsystem *n* <ents> *(Entwässerung)* • combined sewer system; combined system

Mischsysteme *fpl* <prod.nahr> *(Speiseeismix)* • blending systems; batching systems; mix blending systems

Mischtank *m* <verf> • mixing tank; blending tank

Mischtechnik *f* <edv> • merge technique

Misch-Trenn-Behälter *m* <verf> • mixer-settler

Mischtrichter *m* <verf> • mixing funnel

Mischtrommel *f* <nfz> *(auf Frischbeton-Lkw)* • agitator drum

Mischtrommel *f* <verf> *(allg.)* • mixing drum; blending drum

Mischtrommel *f* <verf> *(das Mischgut umwälzend; eher horizontal)* • tumbling barrel

Mischturm *m* <bau> *(Beton)* • mixing tower

Mischung *f* <tech.allg> • mixture; mix

Mischung *f prakt* <kfz.mot> *(Kraftstoff-Öl-Gemisch für Zweitakter; 1:50 Öl:Kraftstoff)* • mixture *pract*; gas-oil mixture

Mischung *f* <kst> *(Kautschuk, Füllstoffe, Weichmacher, Chemikalien, Vulkanisationsmittel)* • rubber compound; compound; batch; stock

Mischung *f* <prod> *(Zuschlagsmaterial; z. B. Schüttgut, Granulat)* • stock; batch

Mischung *f* <textil> • blend

Mischung *f* <verf> *(von Stoffen, Massen)* • compound

Mischungsentropie *f* <verf> • entropy of mixing

Mischungsformel *f* <bau> • mix formula

Mischungsgrad *m* <verf> • degree of mixing; degree of blending

Mischungsherstellung auf dem Walzwerk *f* <prod> • mill mixing

Mischungskomponente *f* <prod> • mixing component; blending component

Mischungslänge *f* <verf> • mixing length

Mischungslücke *f* <mat> *(z. B. Zweistofflegierung)* • miscibility gap

Mischungsregler *m* <prod> • composition controller

Mischungsrezept *n* <chem> • compound formula; compounding formula; compounding recipe

Mischungsrezept *n* <prod> • mixing formula

Mischungsschmierung *f prakt* <kfz> *(Zweitaktmotor)* • gasoil lubrication *US*; petroil lubrication *GB*

Mischungsturbine *f* <verf> • mixture turbine

Mischungsverhältnis *n* <tech.allg> • mixing ratio

Mischungsverhältnis *n* <bau> *(Beton)* • cement proportion

Mischungsverhältnis *n* <nahr.prod> *(der Zutaten)* • mixing proportion

Mischungsverhältnis *n* <prod> *(Formel, Rezept)* • formula

Mischungsverhältnis *n* <textil> *(Färberei)* • mixing ratio; blending ratio

Mischungsverhältnis *n* <verf> • blending ratio

Mischungswärme *f* <phys> • mixing heat

Mischungsweg *m* <rls> *(z. B. in Rohrleitungen nach Wechsel des Mediums)* • mixing length

Mischungszuführtuch *n* <textil> • mixing feed table

Mischvakzine *f* <pharm> • recombinant hybrid vaccine

Mischventil *n* <hlk> *(zum Temperieren)* • tempering valve; mixing valve

Mischventil *n* <rls> *(allg.)* • mixing valve

Mischverfahren *n* <tech.allg> • mixing method; mixing technique

Mischverfahren *n* <edv> • merge technique

Mischverhältnis *n rar* <tech.allg> • mixing ratio

Mischverlust *m* <el> *(bei der Frequenzumwandlung)* • frequency conversion loss

Mischverstärkung *f* <el> • mixer gain

Mischvorwärmer *m* <verf> • mixer-preheater

Mischvorwärmerentgaser *m* <verf> • deaerating feed-water heater

Mischwähler *m* <tele> • hunter

Mischwalze *f* <tech.allg> • mixing roll

Mischwalze *f* <verf> *(betont: zum Homogenisieren)* • homogenizing roll

Mischwalzwerk *n* <verf> • mixing mill

Mischwasserkanalnetz *n* <ents> • rainwater and sewage water system

Mischwassersammler *m* <bau> • combined sewer

Mischwelle *f* <druck> *(in Mischkammer; rührt den Entwickler)* • mixing screw

Mischwelle *f* <druck> *(im Tonerbehälter; verhindert Verklumpen des Pulvers)* • agitator blade; agitating bar

Mischwerk *n* <verf> *(z. B. durch Drehen, Umwälzen, Umrühren, Rütteln)* • agitator

Mischwirkungsgrad *m* <tech.allg> • mixing efficiency

Mischwolf *m* <verf> • blending willow; blending feeder

Mischzeit *f* <prod.nahr> *(Speiseeismix)* • mixing time

MIS-Feldeffekttransistor *m* (MISFET) <el> • metal insulator semiconductor FET (MISFET); MIS field-effect transistor

MISFET <el> • metal insulator semiconductor FET (MISFET); MIS field-effect transistor

MIS-I-Solarzelle *f* <energ.sol> • MIS-I-solar cell

MISI-Solarzelle *f rar* <energ.sol> • MIS-I-solar cell

MIS-Kontakt *m* <energ.sol> • MIS contact :*V*

Mismatch-Verluste *fpl* <energ.sol> • mismatch losses

missbräuchlich <allg> • abusive

Missbrauch *m* <allg> *(z. B. einer Maschine)* • abuse

Missbrauchserkennungssystem *n* <tele> *(Mobiltelefon)* • misuse detection system

Missfärbung *f* <silik> • discoloration *US*; discolouration *GB*

missglückt <aerospace> *(Start)* • aborted

Misshandlung *f* <allg> *(z. B. einer Maschine)* • abuse

missweisend <navig> • magnetic

missweisende Peilung *f* <navig> • magnetic bearing; aberrational bearing

missweisender Kurs *m* <navig> • magnetic heading (MH); magnetic course

missweisende Vorausrichtung *f* <navig> • magnetic heading (MH); magnetic course

missweisend Nord <navig> • magnetic north

Missweisung *f prakt* <navig> *(Kompass)* • magnetic variation (VAR); magnetic declination; declination *pract*; variation *pract*

Missweisungsanzeiger *m* <navig> • bearing deviation indicator

Mistbreiter *m* <agri> • manure spreader

Mistel *f* <bio> • mistletoe; viscum album

Mistgabelstich *m* <led> *(Häutefehler)* • pitchfork injury

Misthaufen *m* <agri.ents> • midden; dunghill

Mistschaden *m* <led> *(Häutefehler)* • dung damage; dung patch

Miststelle *f* <led> *(Häutefehler)* • dung damage; dung patch

MIS-Zelle *f rar* <energ.sol> • MIS-I-solar cell

mit Abgasturbolader aufladen *vt* <mot> • turbocharge *vt*

mitabscheiden *vt* <chem> • codeposit *vt*

mit Abstand anordnen *vt* <tech.allg> *(z. B. Bohrungen, Leiterbahnen)* • space *vt*; arrange apart *vt*

Mitarbeiter einstellen *vi* <ökon> • upgrade the workforce *vi*; staff up *vi coll*

Mitarbeiter entlassen *vi* <ökon> • downsize the workforce *vi*

mit Band umwickeln *vt* <prod> • tape *vt*

mit Blei auskleiden *vt* <prod> • line with lead *vt*
mit Blei gepanzert <tech.allg> • lead-shielded
mit Buchstaben bezeichnen *vt* <allg> • letter *vt*
Mitchell-Abbauverfahren *n* <min> • Mitchell slicing system
mit Dampf beheizt <hlk> • steam-heated
mit dem Bandmaß ausmessen *vt* <msr> • tape *vt*
mit dem Schlicker bearbeiten *vt* <led> *(Häute)* • sleek *vt*
mit der Drahtbürste bearbeiten *vt* <obfl> • wire-brush *vt*
mit Diamantkronen bohren *vt* <prod> • diamond-drill *vt*
mit Donatoren dotiert <ic> • donor-doped
mit Druck zuführen *vt* <tech.allg> • force-feed *vt*
mit Düsenstrahl bohren *vt* <prod> • jet-pierce *vt*
mit Echolot ausmessen *vt* <navig> • sound *vt*
miteinander gepaart <tech.allg> *(z. B. Zahnräder, allg. Fertigungsprinzip: Paarungsauslese)* • paired
miteinander gepaart <prod> • matched; mating
miteinander verschaltet <el> • interconnected
miteinander verschlingen *vt* <tech.allg> • interlace *vt*
miteinander verschmelzen *vi* <mat> *(auf Molekülebene; z. B. durch Wärme, Lösungsmittel)* • coalesce *vi*
mit einem Fehler von x behaftet sein *vi* <qualit> • be subjected to an error of x *vi*
mit einem Gitterwerk auskleiden *vt* <tech.allg> • honeycomb *vt*
mit einem Schaber entfernen *vt* <obfl> *(betont: mit scharfer Klinge)* • doctor *vt*
mit einem Stropp anschlagen *vt* <logist> *(Ladung)* • sling *vt*
mit Ether ausschütteln *vt* <chem.verf> • extract with ether *vt*; shake out with ether *vt*
mitfällen *vt* <chem> • coprecipitate *vt*
mitfahrend <logist> • onboard *adj*
mitfahrender Erwachsener *m* <kfz> • adult passenger
mitfahrender Mikroprozessor *m* <förd> *(z. B. auf dem Fördergut)* • onboard microprocessor
mitfahrendes Kind *n* <kfz> • child passenger
Mitfahrer *m* <kfz> *(Motorrad)* • passenger
Mitfahrerin *f* <kfz> *(Motorrad, Roller)* • passenger
Mitfeld *n* <el> • positive-sequence field
mit Filz austuchen *vt* <mus> *(Orgel)* • felt bush *vt*
mit Flussmittel behandeln *vt* <obfl> • flux *vt*
mit Fransen besetzen *vt* <textil> • fringe *vt*
mitführen *vt* <tech.allg> • carry along *vt*
Mitführung *f* <phys> *(von Wärme)* • convection
Mitführungsbeschleunigung *f* <mech> • drag acceleration
Mitführungskoeffizient *m* <mech> • drag coefficient
Mitführungskoeffizient *m* <phys> *(Konvektionswärme)* • convection coefficient; convection heat transfer coefficient
mit Gegenstrom arbeiten *vi* <verf> *(Wärmetauscher)* • work with counterflow *vi*
mitgehen *vi* <prod> • follow *vi*
mitgehende Lünette *f* <wz.masch> • following rest; traveling steady *US*; travelling steady *GB*
mitgehender Setzstock *m* <wz.masch> • following rest; traveling steady *US*; travelling steady *GB*
mitgerissenes Wasser *n* <energ> *(in Dampf)* • water entrained with the steam
mitgeschleppter Fehler *m* <qualit> • inherited error
mit Gewebe kaschiert <mat> • fabric-backed
mit gleicher Wahrscheinlichkeit auftreten *vi* <qualit> *(z. B. Fehler)* • occur equally likely *vi*
mit Gleichstrom arbeiten *vi* <therm> *(Wärmetauscher)* • work with parallel flow *vi*
mit Gleisführung <förd> • running on rails
Mitglied *n* <allg> *(z. B. einer Gesellschaft, eines Vereins, einer Schiffsbesatzung)* • member

Mitgliedschaft *f* <jur> • membership
Mitgliedsland *n* <jur> • member country
mit Gold dotiert <ic> • gold-doped
mit Gummi auskleiden *vt* <obfl> • line with rubber *vt*
mit Gummi beschichten *vt* <obfl> • rubber-cover *vt*
mit halben Wind segeln *vi* <nav> • sail with the wind abeam *vi*
mit Hartmetall bestückt <wz> • carbide-tipped; hard-faced
mit Hartmetallplättchen bestückt <wz> • carbide-tipped; hard-faced
mit hebbarem Bedienstand <logist> *(Stapler)* • man-up
Mithöreinrichtung *f* <tele> *(an Telefonapp.)* • monitor
mithören *vi* <tele> *(Gespräch)* • listen in *vi*
mithören *vi* <tele> *(eine Leitung anzapfen)* • tap *vt*
mithören *vt* <tele> *(Gespräch; beobachtend, z. B. durch MAD)* • monitor *vt*
Mithörklinke *f* <tele> • monitoring jack; listening jack; branching jack
Mithörleitung *f* <av> • foldback circuit
Mithörschaltung *f* <tele> • listening circuit; monitoring circuit
Mithörschrank *m* <tele> • monitoring board
Mithörsicherheit *f* <tele> • privacy
Mithörtaste *f* <tele> • listening key; monitoring key
Mithörverstärker *m* <tele> • monitoring amplifier
mit hoher Präzision bearbeiten *vt* <prod> *(spanend)* • precision-machine *vt*
mit Innenverzahnung <masch> *(Zahnrad)* • internally toothed; annular-toothed
MITI-Test *m* <ökol> • MITI test
mit Kernenergie angetrieben <nav> • nuclear-powered; nuclear-powered
mit Kohle befeuertes Kraftwerk *n* <energ> • coal-fired power plant *US*; coal-fired power station *GB*
mit Kohlenstoff anreichern *vt* <metall> *(Stahl; beim Einsatzhärten)* • carburize *vt*; carbonize *vt*; cement *vt*
Mitkomponente *f* <tech.allg> *(z. B. Kraft, Gechwindigkeit)* • positive-direction component
Mitkomponente *f* <el> • positive-sequence component
mit Kondensation arbeiten *vi* <energ.therm> *(Dampferzeuger)* • work condensing *vi*
mit konstanter Spaltweite <verf.hydr> • equispaced
Mitkopplung *f* <msr> • feedforward; positive feedback; regenerative feedback
mit Kranlasthaken anheben *vt* <förd> • lift with crane hook *vt*
mit Kunststoffkarosserie <kfz> • plastic-bodied
mit Lack getränkte Baumwolle *f* <textil> • enamel-bonded cotton
Mitläufer *m* <werb> *(von Meinungsbildnern)* • follower
mitläufig <el> • positive-sequence
mitläufige Komponente *f* <tech.allg> • positive-direction component
mitläufige symmetrische Komponente *f* <el> • positive-sequence symmetrical component
mit Lambdaregelung *f* <kfz.emiss> • closed loop
mitlaufend <tech.allg> *(z. B. Körnerspitze im Reitstock)* • rotating; revolving; live
mitlaufend <wz.masch> *(z. B. Reitstockpinole)* • revolving
mitlaufende Buchse *f* <masch> • revolving bushing
mitlaufende Datenreduktion *f* <edv> • on-line data reduction
mitlaufende Führungsbuchse *f* <wz.masch> • revolving guide bushing; revolving guide bush
mitlaufende Körnerspitze *f* <wz.masch> *(Drehmaschine)* • live center
mitlaufende Reserve *f* <el> *(Generator, z. B. Notstromaggregat)* • spinning reserve

mitlaufender Generator *m* <el> • locked generator

mitlaufender Setzstock *m* <wz.masch> • following rest; traveling steady *US*; travelling steady *GB*

mitlaufende Spitze *f* <wz.masch> • live center

mitlaufendes Zahnrad *n* <masch> *(in Zahnradölpumpe)* • driven gear; idler [gear]

mitlaufende Verarbeitung *f* <edv.av> • demand processing; demand processing mode; demand mode

Mitlaufwähler *m* <tele> • selector repeater; repeater selector; discriminating selector

mit Leerhülsen bestücken *vt* <textil> • don empty tubes *vt*

Mitlesestreifen *m* <tele> *(Fernschreiber)* • home record

mitliefern <allg> • supply

mit Methanol denaturieren *vt* <chem.verf> • methylate *vt*

mit Mörtel auspressen *vt* <bau> • pressure-grout *vt*

Mitnahme *f* <masch> *(Werkstück)* • driving of the work; work drive

Mitnahme *f* <tele> *(Frequenz)* • pulling into tune; pull-in

Mitnahmebedingung *f* <prod> *(z. B. Greifbedingung beim Walzwerk)* • capture condition

Mitnahmebereich *m* <prod> • lock-in range

Mitnahmebereich *m* <tele> • collecting zone

Mitnahmespannung *f* <el> • locking voltage

Mitnahmeschaltung *f* <el> *(Relais)* • intertripping

Mitnahmesynchronisierung *f* <av> • pull-in-type synchronization

mitnehmen <masch> • drive

mitnehmen *vt* <allg> • carry along *vt*

mitnehmen *vt* <allg> *(Getränke, Speisen vom Restaurant)* • take away *vt*

mitnehmen *vt* <wz.masch> • drive the work *vt*

Mitnehmer *m* <tech.allg> *(für lineare Bewegung, Drehbewegung)* • catch

Mitnehmer *m* <chem> • azeotrope-forming agent

Mitnehmer *m* <chem> • entraining agent; entrainer

Mitnehmer *m* <förd> *(Schleppkreisförderer)* • drive dog

Mitnehmer *m* <kfz.el> *(Fliehkraftversteller)* • driver; yoke

Mitnehmer *m* <masch> *(Nase, Vorsprung u.a.)* • tang; lug; tab; dog

Mitnehmer *m* <mil> *(Schusswaffe; Teil des Schlagwerks)* • sear

Mitnehmer *m* <prod> • lifter

Mitnehmer *m* <theat> • carrier; driver

Mitnehmer *m* <wz.masch> *(z. B. Stirnseitenmitnehmer der Spitzendrehmaschine)* • driver

Mitnehmer *m* <wz.masch> • driving carrier

Mitnehmeransatz *m* <masch> • driving tab

Mitnehmerbolzen *m* <prod> *(z. B. Transferstraße)* • driving pin

Mitnehmerbolzen *m* <prod> *(einer Antriebsplatte)* • driving-plate pin

Mitnehmereinrichtung *f* <theat> • coupling system

Mitnehmereinsatz *m* <petr> • kelly bushing

Mitnehmerfeder *m* <masch> *(zw. Nabe/Welle)* • driving key

Mitnehmerfinger *m* <textil> *(Wirkmaschine)* • carrier-rod dog

Mitnehmerflansch *m* <masch> *(an Wellen)* • companion flange; driver flange

Mitnehmergabel *f* <prod> • gripper fork

Mitnehmerklaue *f* <masch> • engaging dog

Mitnehmerklinke *f* <masch> • pawl

Mitnehmerklotz *m* <theat> • driver device

Mitnehmerlappen *m* <masch> • carrier tail

Mitnehmerlappen *m* <wz.masch> *(z. B. am Spiralbohrer)* • tenon

Mitnehmerloch *n* <bahn> *(Radscheibe)* • turning hole

Mitnehmernase *f* <förd> *(z. B. Stetigförderer, Transferstraße)* • driving lug

Mitnehmernase *f* <masch> • driving tab

Mitnehmernut *f* <masch> *(z. B. in Welle oder Nabe)* • drive slot

Mitnehmerplatte *f* <prod> • driving plate

Mitnehmerring *m* <prod> • driving collar

Mitnehmerscheibe *f* <kfz.antr> *(in Trockenkupplung; inkl. Reibbelag)* • clutch disc *US.GB*; clutch disk *US*; friction plate; friction disc; driven plate *US.rare*

Mitnehmerscheibe *f* <kfz.antr> *(bei Kfz mit Automatikgetriebe und hydrodynamischer Kupplung)* • drive plate; flexplate *pract*; torque converter drive plate *form*

Mitnehmerspitze *f* <wz.masch> *(z. B. Stirnseitenmitnehmer bei Drehmaschinen)* • drive center *US*; drive centre *GB*

Mitnehmerstange *f* <petr> *(überträgt Drehmoment vom Drehtisch auf den Bohrstrang)* • kelly; grief stem *rare*

Mitnehmerstangenabsperrhahn *m :V* <petr> *(Ventil im Bohrstrang)* • kelly cock

Mitnehmerstangenschonübergang *m* <petr> • kelly saver sub

Mitnehmerstangenschutzübergang *m* <petr> • kelly saver sub

Mitnehmerstift *m* <prod> • driving pin

Mitnehmerzapfen *m* <masch> • driving lug

mit Netzkabel <el> *(z. B. Heißwasserbereiter, Teekessel)* • corded

mit Nuklearantrieb <nukl> *(z. B. U-Boot, Eisbrecher)* • nuclear-powered; nuclear-driven; atomic-powered *coll*

mit Nullen auffüllen *vt* <edv> • zero-fill *vt*

mit Nuvistoren bestückt <el> • nuvistorized

mit Öl beheizt <hlk> • oil-fired; oil-heated

Mitogen *n* <bio> *(Stoff, der die Zellteilung anregt)* • mitogen

mit Parkett auslegen *vt* <bau> *(Fußboden)* • inlay *vt*

mit Peptisiermitteln erweichen *vt* <kst> • peptize *vt*

mit Pinsel auftragen *vt* <obfl> *(z. B. Farbe)* • brush-apply *vt*; brush on *vt*

Mitralklappenersatz *m* <med.tech> • mitral valve substitute; mitral valve replacement

Mitreaktanz *f* <el> • positive-sequence reactance

Mitreißen *n* <verf> *(von Partikeln, in Strömung)* • entrainment

mitreißen *vt* <verf> *(allg.; Partikel im Förderstrom)* • entrain *vt*; carry away *vt coll*; carry off *vt coll*

mitreißen *vt* <verf> *(abgeschiedenen Staub, in den Förderstrom)* • reentrain *vt US*; re-entrain *vt GB*

mit Roboter geschweißt <füg> • robot-welded

mit Sauerstoff anreichern *vt* <chem> • oxygenate *vt*; oxygenize *US vt*; oxygenise *vt GB*

mit Schalungskästen aussparen *vt* <bau> *(Betonbau)* • box out *vt*

mit Schaumstoff kaschiert • foam-backed

mit Schindeln eindecken *vt* <bau> *(Dach)* • shingle *vt*

mit Schleppnetz fischen *vi* <nav.nahr> • trawl *vi*

Mitschnitt *m rar* <av> *(Vorgang und Ergebnis: Ton- videosignale; z. B. auf Band, CD-ROM, Festp)* • recording

Mitschnitt von Untertiteln *m* <av> • subtitle recording

Mitschreiben *n* <tele> • local recording

mit Schrittschaltwerk fotografieren *vi/vt* <phot> • photograph stepwise *vi/vt*

mit Schrot bohren *vt* <petr> • shot-drill *vt*

Mitschwenk *m* <av> • following shot

mitschwingen *vi* <mech> *(z. B. Karosserieblech, Fensterscheibe)* • covibrate *vi*

mitschwingen *vi* <phys> *(durch Resonanz)* • resonate *vi*

mitschwingend <mech> • covibrating

mitschwingend <phys> • resonant

mitschwingend <phys> • sympathetic
mitschwingender Leiter *m* <el> • equifrequent conductor
mit Seilen absperren *vt* <sich> • rope *vt*
mit Seilsteuerung <tech.allg> *(z. B. Bühnenmaschinerie, Sportflugzeug)* • cable-controlled; cable-operated
mit Servoeinrichtung <masch> • servo-assisted
mit Sonnenenergie betrieben <sol> • solar-powered
mit Spalten durchsetzt <geo> • fissured
mit Spitze besetzen *vt* <textil> • trim with lace *vt*; lace *vt*
mit Stahlader <el> *(Kabel)* • steel-cored
mit Streichroller auftragen *vt* <obfl> • roller-coat *vt*
mit Streifen durchsetzt <tech.allg> • interbanded
Mitstrom-Gegenstromrechenkombination *f* <verf.hydr> *(Abwasser)* • front cleaned rear return bar screen
Mitstromrechen *m* <verf.hydr> • front-cleaned screen; front raked screen; front raked bar screen
Mittagskreis *m* <astron> *(durch Zenit und Nadir des Horizonts)* • meridian
mit Talkum bestäuben *vt* <kst> • soapstone *vt*
mit Tastatur lochen *vt* <edv> *(Lochstreifen, Lochkarte)* • keypunch *vt*
Mitte *f* *ugs* <tech.allg> • center *US*; centre *GB*; middle *coll*
Mitte *f* <math> *(z. B. eines Kreises)* • center [point]; midpoint
Mitte *f* *prakt* <theat> • center stage
mit Teerbindung <bau> *(Straßenbelag)* • tarriated
Mittefahrwassertonne *f* <navig> • mid-channel buoy
mit Teileberührung <füg> • close-jointed
mitteilen *vt* <allg> *(z. B. Nachricht)* • communicate *vt*
mitteilen *vt* <allg> *(z. B. Ereignis, Störfall)* • report *vt*
Mitteilung *f* *form* <tech.allg> *(z. B. als Notiz, E-Mail)* • message (MSG)
Mittel *n* *ugs* <chem> *(allg.)* • agent
Mittel *n* <edv.tele> *(z. B. für Kommunikation)* • medium
Mittel *n* <jur> *(in Patenten; Hilfsmittel, diffus beschriebener Gegenstand)* • means
Mittel *n* <math> *(Durchschnitt; als Zahl angegeben)* • mean value; mean
Mittel *n* <min/geo> *(Gesteinsmittel)* • stone band
Mittelabgriff *m* <el> • center tap *US*; midpoint tap; centre tap *GB*
Mittelabtrieb *m* <kfz.mot> • center drive *US*; centre drive *GB*
Mittelachse *f* <tech.allg> *(Gebäude, Brücke, Fahrzeug, Maschine, Werkzeug)* • central axis
Mittelausströmer *m* <kfz.hlk> • center air outlet *US*; centre air outlet *GB*
Mittelbank *f* <textil> • intermediate frame
mittelbare Regelung *f* <msr.rls> • pilot-valve governing
mittelbares Messen *n* <msr> • comparative measuring; comparative measurement
mittelbar gespeiste Antenne *f* <el> • indirectly fed antenna *US*; indirectly fed aerial *GB*
Mittelbauwerk *n* <verf.hydr> *(Rundräumer)* • center column *US*; centre column *GB*
Mittelbetrieb *m* <ökon> *(z. B. 50 Beschäftigte)* • medium-sized firm; medium-sized business
Mittel bilden *vi* <math> • average *vt*
Mittelblech *n* <mat> *(Dicke 3,0 ... 4,75 mm)* • sheet
Mittelblech *n* <mat> *(mit Walzmustern)* • medium gauge sheet
Mittelbogenlampe *f* <licht> • medium-arc lamp; metal halide medium arc lamp
Mitteldeck *n* <nav> • middle deck
Mitteldecker *m* <aerospace> • mid-wing monoplane
Mitteldestillat *n* <chem.petr> *(Gasöle)* • intermediate cut; intermediate fraction

mitteldicht <geo> *(Boden)* • medium-dense
Mitteldichtung *f* <bau> • center seal; inner seal
mitteldick umhüllt <prod> *(z. B. Elektrode, Kabel)* • medium-coated; semi-coated
Mitteldom *m* <kfz.el> *(Zündverteiler)* • center tower *US*; coil HT chimney *Lucas*; coil high-voltage wire terminal; centre tower *GB*
Mitteldom *m* <kfz.el> *(Zündspule)* • coil tower; center tower *US*; coil chimney *Lucas*; HT outlet *Lucas*; high-voltage terminal [tower]
Mitteldruck *m* *wiss* <kfz.mot> • mean pressure *thsc*
Mitteldruck *m* <masch> *(bei mehrstufigem Verdichter, Dampfturbine)* • intermediate pressure
Mitteldruck *m* <mot> • medium pressure
Mitteldruckanlage *f* <energ.hydr> *(z. B. 100 m Fallhöhe)* • medium-pressure power plant; medium-pressure power station
Mitteldruckdiagramm *n* <mot> • intermediate-pressure diagram; medium-pressure diagram
Mitteldruckgehäuse *n* <hydr> • medium-pressure cylinder
Mitteldruckkessel *m* <rls> *(z. B. 64 bar)* • medium-pressure boiler
Mitteldruckkraftwerk *n* <energ.hydr> *(z. B. 100 m Fallhöhe)* • medium-pressure power plant; medium-pressure power station
Mitteldruckmarschturbine *f* <turb> *(Flugtriebwerk)* • intermediate-pressure cruising turbine; medium-pressure cruising turbine
Mitteldruckpumpe *f* <förd> • medium-pressure pump; moderate-pressure pump; medium head pump; moderate head pump
Mitteldrucksammelpresse *f* <agri> • medium-density pick-up baler
Mitteldruckschieber *m* <rls> • intermediate slide valve
Mitteldruck-Teilturbine *f* *DIN 4304* <energ.therm> *(Dampfturbine)* • intermediate pressure turbine section
Mitteldruckturbine *f* <energ.hydr> *(Francis-Turbine)* • medium-head turbine; medium-pressure turbine
Mitteldruckzylinder *m* <hydr> • medium-pressure cylinder
Mittelebene *f* <tech.allg> • middle plane
Mittelebene *f* <math> • median plane
Mitteleinstieg *m* <fz> *(z. B. Bus)* • central entrance
Mittelelektrode *f* <kfz.el> *(Zündkerze)* • center electrode; central electrode; firing tip
Mittelelektrode *f* <kfz.el> *(im Zündverteiler)* • center terminal; center electrode
mittelempfindlicher Film *m* <phot> • medium-speed film
mittelfein <verf> *(Sieben)* • moderately fine
Mittelfeinheit *f* <verf> • average particle size
mittelfeinkörnig <verf> • medium-grained
Mittelfeld *n* <bau> *(z. B. einer Halle)* • interior span
Mittelfeuer *n* <silik> • midfire
Mittelfläche *f* <tech.allg> • middle surface
Mittelflügel *m* <bau> *(mehrflügelige Fenster)* • center sash
mittelflüssig <tech.allg> *(z. B. Öl)* • medium-bodied
Mittelflyer *m* <textil> • intermediate frame
Mittelformat *n* <phot> • rollfilm format; medium format
Mittelformatkamera *f* <phot> • rollfilm camera; medium-format camera
Mittelfraktion *f* <chem.petr> *(Destillation)* • middle fraction
Mittelfrequenz *f* (MF) <phys> • medium frequency (MF)
Mittelfrequenzband *n* <av> *(z. B. Rundfunk)* • medium-frequency band; MF band
Mittelfrequenzinduktionsofen *m* <verf> • coreless induction furnace; coreless-type induction furnace
mittelfristig <fin> • medium-term

Mittelgang *m* <tech.allg> *(betont: in der Mitte od. der mittlere von mehreren; z. B. in Flugzeug,)* • central aisle

Mittelgang *m* <bau> • central corridor

Mittelgang *m* <nfz> *(zwischen Bus-Sitzreihen)* • aisle; gangway

Mittelgerüst *n* <prod> *(Walzwerk)* • intermediate roll stand

mittelgewichtig <allg> • medium-weight

Mittelglied *n* <math> • mean term

Mittelgrat *m* <prod> *(z. B. Gesenkschmiedestück)* • dividing edge; middle edge

mittelgrob <tech.allg> *(z. B. Korn)* • medium-coarse; moderately coarse

mittelgroß <allg> *(Format, Größe; z. B. Pizza, T-Shirt)* • medium *adj*

Mittelgut *n* <prod> • intermediate material; middlings product; middlings

Mittelhartzerkleinerung *f* <ents> • size reduction of medium-hard materials

Mittelhaupt *n* <hydr> • middle gate

Mittelholm *m rar* <kfz> *(Autokarosserie)* • B-pillar; B-post; center pillar *US*; centre pillar *GB*; lock pillar; door latch pillar

Mittelkasten *m* <prod> • cheek

Mittelkasten *m* <prod> • intermediate box

Mittelkern *m* <el> *(Transformator)* • center core *US*; central core

mittelkettig <chem> *(z. B. Kaprinsäure)* • medium-chain

Mittelkielplatte *f* <nav> • middle-line keel plate; center girder *US*

Mittelkielschwein *n* <nav> • center keelson *US*; middle-line keelson

mittelkörnig <verf> *(z. B. Granulat, Kies)* • medium-grained

Mittelkohle *f DIN 22005-2* <min> *(klassierte Kohle; Körnungsbereich 6/10 bis 30 mm)* • small graded coal

Mittelkonsistenzbereich *m* <pap.ents> • middle-consistency range

Mittelkonsole *f* <kfz.innen> • center console *US*; centre console *GB*

Mittelkorn *n* <verf> • middle grain

Mittelkornbereich *m* <ents> • medium particle category; medium grain category

Mittelkrempel *f* <textil> • second breaker

Mittellänge *f* <druck> *(von Buchstaben)* • x-height

Mittellängsschott *n* <nav> • center-line bulkhead *US*; centre-line bulkhead *GB*; middle-line bulkhead

Mittellängswand *f* <bau> • spine wall

Mittelläufer *m* <förd> *(Pumpe)* • medium-specific-speed pump

Mittelläufer *m* <masch> *(Laufrad)* • medium-specific-speed impeller

Mittellage *f* <tech.allg> *(horizontal)* • central layer

Mittellage *f* <tech.allg> • mid-position; central position; center position *US*; centre position *GB*

Mittellager *n* <kfz.antr> *(von Gelenkwellen; bei Hinterradantrieb)* • center support *US*; centre support *GB*

Mittellager *n* <theat> • center bearing *US*; middle bearing; intermediate bearing

Mittellamelle *f* <pap.ents> • middle lamella

Mittellangträger *m* <bahn> • center sill *US*; centre sill *GB*

Mittelleistungstransistor *m* <el> • medium-power transistor

Mittelleiter *m* <el> *(Sammelschiene)* • center bar *US*; centre bar *GB*

Mittelleiter *m* <el> *(Koaxialkabel)* • center conductor *US*; centre conductor GB; center core *US*; middle conductor *coll*; inner conductor *coll*; central wire *coll*

Mittelleiter *m* <el> *(Dreiphasenstrom, Drehstrom)* • neutral conductor; neutral *pract*

mittelletale Dosis *f* <med> • median lethal dose; mean lethal dose; mid-lethal dose

Mittellinie *f* <tech.allg> • centerline *US*; centreline *GB*

Mittelloch *n* <edv> *(Loch in der Mitte einer Magnetplatte oder CD)* • centerhole *US*; centrehole *GB*; central hole; driving-hub access hole; central spindle hole

Mittellot *n* <math> • midperpendicular

Mittel-Marker *m* <aerospace> *(Anflug zum Flughafen)* • inner marker; medium marker; middle marker

Mittelmastaufhängung *f* <el> • center-pole suspension

Mittelmast mit Tragarm *m* <förd> • towermast with outrigger

Mittelmotor *m* <kfz> • mid-engine; mid-mounted engine

Mittelmotor-Auto *n* <kfz> • mid-engine car

mitteln *vt* <math> *(Durchschnitt errechnen)* • average *vt*

Mittelöffnung *f* <bau> *(Brücke)* • main span

Mittelöl *n* <verbr> • medium oil; middle oil

Mittelpfeiler *m* <baubau> *(eckig; z. B. zw. Fenstern)* • central pier

Mittelpfosten *m* <bau> *(bei mehrflügeligen Fenstern)* • mullion; mull *pract*; center mullion

Mittelplanke *f* <verk> • central barrier

Mittelposition *f* <tech.allg> • mid-position; central position; center position *US*

Mittelpotential *n* <el.chem> • half-wave potential

Mittelpuffer *m* <bahn> *(z. B. bei Schmalspurbahn)* • center buffer *US*; central buffer

Mittelpufferkupplung *f* <bahn> • central buffer coupling

Mittelpunkt *m* <math> *(z. B. eines Kreises)* • center [point] *US*; midpoint

Mittelpunktanschluss *m* <el> • neutral terminal

Mittelpunktanzapfung *f* <el> • midpoint tap

Mittelpunktaufweitung *f* <navig> • center expansion *US*; centre expansion *GB*

Mittelpunktkegelschnitt *m* <math> • central conic

Mittelpunktleiter *m* <el> *(Dreiphasenstrom, Drehstrom)* • neutral conductor; neutral *pract*

Mittelpunktspeisung *f* <el> *(Antenne)* • center feed *US*; centre feed *GB*

Mittelpunktstrahl *m* <phys> • middle ray

Mittelpunkttransformator *m* <el> • static balancer

Mittelriegel *m* <textil> • center traverse beam *US*; centre traverse beam *GB*

Mittelrohrrahmen *m* <fz> *(z. B. Motorrad)* • central tube frame

Mittelrostfeld *n* <verbr> • middle section of grate

mittels Bolzenschießgerät einbringen *vt* <bau> • shot-fire *vt*

Mittelschaltung *f* <kfz.antr> • floor shift (ss); floor change *GB*; central gear change *GB*; stick shift *US.coll*

Mittelscheibe *f* <bau> • center lite *US*

Mittelschiff *n* <bau> *(Kirche)* • nave

Mittelschiff *n* <nav> • midship body; middle body

Mittelschiffsdecksplanke *f* <nav> • king plank

Mittelschiffspant *m* <nav> • midship frame; midship section; midship bend

mittelschlächtig <energ> *(Wasserrad)* • middle-shot

mittelschlächtiges Wasserrad *n* <hydr> *(Wassermühle)* • breast wheel

Mittelschluss *m* <bau> *(Profil)* • check rail; meeting rail; lock rail

Mittelschluss *m* <bau> *(Verschluss bei Kunststoff- und Aluprofilen)* • interlock

Mittelschneider *m* <wz> • plug tap *US*; second tap *GB*; second full-form roughing-tap; plug; plug-chamfer tap

mittelschneller Reaktor *m* <nukl> • intermediate reactor

mittelschnelllaufender Motor *m* <mot> • medium-speed engine

Mittelschnitt *m* <doku> • median section

Mittelschusswächter m <textil> • central weft stop motion

mittelschwer <mat> • medium-heavy

mittelschwere Egge f <agri> • medium harrow

Mittelschwert n <nav> *(Segelboot)* • center-board *US*; centre-board *GB*

Mittelsenkrechte f <math> • midperpendicular

Mittelsenkrechte f <math> • vertical bisector

Mittelserienfertigung f <prod> • mid-volume production

Mittelsitzgruppe f <kfz> • central seating

Mittelspalt m <led> • middle split

Mittelspannung f <el> *(20 kV)* • medium voltage

Mittelspannung f <mech> *(dynamische Belastung)* • mean stress

Mittelspannungsnetz n <energ> • medium-voltage system; medium-voltage network

Mittelspindel f <wz.masch> • center screw *US*; centre screw *GB*

Mittel-ß-Bereich m <nukl> • medium-ß-range

Mittelständer m <fz> *(Motorrad)* • center stand *US*; centre stand *GB*

Mittelstapel m <textil> *(Baumwolle)* • medium staple

mittelstarkes Papier m <phot> • medium-weight paper; paper of medium-weight thickness

mittelstark geschädigt form <holz> *(Wald, Bäume; fortgeschrittenes Waldsterben)* • damaged

Mittelsteg m <fz> *(bei grobstolligen Mountain-Bike-Reifen)* • center ridge *US*; centre ridge *GB*

Mittelstellung f <allg> *(in einem Feld; z. B. im Wettbewerb)* • mid-position

Mittelstellung f <tech.allg> • central position

Mittelstellung f <edv.av> *(eines Reglers, Joysticks)* • center position *US*; centre position *GB*

Mittelstellung f <masch> *(betont: exakt in der Mitte)* • dead-center position *US*; dead-centre position *GB*

Mittelstellung f <masch> *(einer Hubbewegung; z. B. von Kolben)* • midtravel position

Mittelstellung f <masch> *(neutrale Stellung, ohne Kräfte, Eingrif etc.)* • neutral position

Mittelstellung f <prod> *(Werkzeug, Werkzeugschlitten, Messgerät)* • center setting

Mittelstellung f <rls> *(eines Kompensator)* • neutral position; natural free position

Mittelstellungsrasterung f <av> *(Reglerstellung)* • snap home

Mittelstellungsrelais n <el> • neutral relay

Mittelstempel m <min> • foreset

Mittelstift m <masch> • center pin *US*; centre pin *GB*

Mittelstraße f <metall> *(Walzwerk)* • medium-section mill; medium-plate mill

Mittelstrecke f <aerospace> *(z. B. 2000 km)* • medium-range distance

Mittelstrecke f <textil> • intermediate drawing frame

Mittelstreifen m <verk> *(zw. Fahrbahnen)* • median strip; central reserve *GB*

Mittelstreifenbepflanzung f <verk> • median planting

Mittelstromfeuerung f <verbr> • center-flow firing concept *US*; centre-flow firing system *GB*

Mittelstromschiene f <el> • center conductor rail *US*; centre conductor rail *GB*

Mittelstück n <tech.allg> • center piece *US*; centre piece *GB*

Mittelteil m <tech.allg> *(z. B. einer Maschine, eines Waggons)* • center portion

Mittelteil n <rls> • fabric bellows

Mitteltemperaturkoks m <verbr> • medium-temperature coke

Mitteltemperaturverkokung f <verbr> • medium-temperature carbonization

Mitteltöne mpl <druck> • half tints

Mitteltöne mpl <phot> • middle-tones *pl*; mid-tones *pl*

Mitteltöner m <av> • midrange drive unit; midrange driver; MF unit; squawker *obs*

Mittelton... <av> *(Frequenzbereich 300 Hz bis 3000 Hz)* • middle-frequency ... (MF); mid-frequency ...

Mittelton-Chassis n <av> • midrange drive unit; midrange driver; MF unit; squawker *obs*

Mittelton-Lautsprecher m <av> • midrange drive unit; midrange driver; MF unit; squawker *obs*

Mitteltonlautsprecher m <av> • mid-frequency loudspeaker

Mittelträger m <bau> • center girder *US*; centre beam *GB*; spine beam

mittelträge Sicherung f <el> • medium-lag fuse

Mitteltunnel m <kfz> • center tunnel *US*; centre tunnel *GB*

Mittelung f <math> *(von Werten, Messungen)* • averaging

Mittel-Unterflurmotor m <kfz.mot> • underfloor mid-engine

Mittelverriegelung f <bau> *(Verschluss bei Kunststoff- und Aluprofilen)* • interlock

Mittelverschluss m <bau> *(Fenster-Schließbeschlag)* • middle lock

Mittelverschluss m <bau> *(Verschluss bei Kunststoff- und Aluprofilen)* • interlock

mittelviskoser Klebstoff m <füg> • medium-viscosity adhesive

Mittel von Mittelwerten n <math> • grand average

Mittelwald m <holz> • coppice with standards

Mittelwalze f <prod> • center roll *US*; centre roll *GB*

Mittelwand f <tech.allg> • center division *US*; centre division *GB*

Mittelwand f <pap> *(eines Holländers)* • midfeather

Mittelwasser n <energ> *(Laufkraftwerk)* • mean water level

Mittelwasserstand m <geo> • arithmetic mean water level

Mittelweiß n <av> • equal-signal white

Mittelwelle f (MW) <tele> *(Radiofrequenzbereich 500 bis 1600 kHz)* • amplitude modulation (AM)

Mittelwellen-Vierkursfunkfeuer n <navig> • medium-frequency radio range

Mittelwert m <math> *(Durchschnitt; als Zahl angegeben)* • average value; mean value; mean

Mittelwertablesung f <qualit> • average reading

Mittelwertanzeiger m <msr> • average value indicator; mean-reading meter

Mittelwertbildung f <allg> *(i. a. arithmetischer Mittelwert)* • averaging

Mittelwert der Grundgesamtheit m <math> *(Statistik)* • true mean; population mean

Mittelwertgleichrichtung f <el> • average-responsive rectification

Mittelwertkarte f <qualit> • control chart for averages

Mittelwertsatz m <math> • law of the mean; mean value theorem

Mittelwertsteuerung f <av> • mean value brightness control

Mittelwertvoltmeter n <el> • average voltmeter

mittelwollig <led> *(Schaffell)* • medium-length wool

Mittelzapfen m <masch> *(als Drehachse)* • king-pin; central pintle *rare*

Mittelzugbremse f <fz> • center-pull brake *US*; centre-pull brake *GB*

Mitten... <av> *(Frequenzbereich 300 Hz bis 3000 Hz)* • middle-frequency ... (MF); mid-frequency ...

Mittenabstand m <tech.allg> *(z. B. zw. Bohrungen)* • center-to-center spacing *US*; center-to-center distance *US*; centre-to-centre distance *GB*; pitch *pract*

Mittenabstand *m* (MA) <nfz> *(der beiden Felgenmitten bei Zwillingsbereifung)* • dual spacing (DS); center-to-center distance *US*; center distance *US*; centre distance *GB*

Mittenachse *f* <av> *(Lautsprecher-Chassis)* • chassis reference axis; reference axis

Mittenachslenkung *f* <kfz> • center point steering

Mittenanguss *m* <kst> • center gate

mittenbetont <phot> *(Messung)* • center-weighted *US*; centre-weighted *GB*

mittenbetonte Integralmessung *f* <phot> *(Belichtung)* • center-weighted overall metering *US*; centre-weighted overall metering *GB*

mittenbetonte Messung *f* <phot> *(Belichtung)* • subjected-weighted metering; center-weighted metering *US*; centre-weighted metering *GB*

Mittenbohrung *f* <kfz> *(Rad)* • center hole *US*; center bore *US*; centre bore *GB*; centre hole *GB*

Mittenbohrung *f* <masch> • center hole *US*; central hole; centre hole *GB*

Mittendifferential *n* <kfz.antr> *(zw. Vorder- und Hinterachse)* • central differential; inter-axle differential; center differential *US*; centre differential *GB*

Mittendifferentialsperre *f* <kfz.antr> • center differential lock

Mittenebene *f* <tech.allg> • plane of centers *US*; plane of centres *GB*

Mittenelektrode *f* <kfz.el> *(Zündkerze)* • center electrode *US*; central electrode; firing tip

Mittenentfernung *f* <tech.allg> *(z. B. zw. Bohrungen)* • center-to-center spacing *US*; center-to-center distance *US*; centre-to-centre distance *GB*; pitch *pract*

Mittenfrequenz *f* DIN EN 1330-4 <phys> *(z. B. Ultraschallprüfung)* • center frequency *US*; centre frequency *GB*

Mittenkippwagen *m* <bahn> • central tipper

Mittenkontakt *m* <phot> • flash synchronization contact; hot-shoe contact

Mittenkontaktschuh *m* <phot> *(Zubehörschuh mit Kontakt/en)* • hot shoe

Mittenkreis *m* DIN 3998 <masch> *(Schnecke)* • reference circle

Mittenlinie *f* <tech.allg> • line of centers

Mittenloch *n* <kfz> *(Rad)* • center hole *US*; center bore *US*; centre bore *GB*; centre hole *GB*

Mittenlochdurchmesser *m* <fz> *(Rad)* • center hole diameter; hole diameter *pract*; bore diameter *pract*; center bore diameter

Mittenmaßfehler *m* <qualit> • mean error

Mittenrasterung *f* <av> *(Reglerstellung)* • snap home

Mittenselbstentladewagen *m* <bahn> • center-selfunloading car *US*; centre-selfunloading wagon *GB*

Mittenverschleiß *m* <fz> *(Reifenverschleißbild)* • center wear *US*; centre wear *GB*

Mittenzentrierung *f* (MZ) <kfz> *(Rad)* • spigot mounting; spigot centering; hub mounting; hub centering; hubcentric fit *BBS*

mit Teppich auslegen *vt* <innen> *(Boden)* • carpet *vt*

Mittezeichen *n* <edv> *(EAN-Symbol)* • centre pattern [US: center]; centre bar battern [US: center]; centre guard bar [US: center]

mit Thorium beschichten *vt* <obfl> *(z. B. Wolfram-Glühfaden)* • thoriate *vt*

mittig <allg> • central

mittig <tech.allg> *(z. B. Bohrung, Anordnung, Einstellung)* • centered *US*; centric

mittig angeordnet <tech.allg> • arranged centrally

mittig anordnen *vt* <tech.allg> *(z. B. Werkstück, Werkzeug, Text, Bild)* • center *vt US*; centre *vt GB*

mittig ausrichten *vt* <tech.allg> *(z. B. Werkstück, Werkzeug, Text, Bild)* • center *vt US*; centre *vt GB*

mittige Last *f* <mech> • concentric load

mittiger Druck *m* <mech> • axial compression

mittiger Verpolungsschutz *m* <el> *(zentriert auf Steckverbinder)* • center-bumped polarizing *US*; centre-bumped polarising *GB*

mittig-hohl <tech.allg> • hollow-center *US*; hollow-centre *GB*

mittlere Abschlagkante *f* <textil> • center knocking-over surface

mittlere Abweichung *f* <qualit> • mean deviation

mittlere Ausfalldauer *f* <qualit> • mean down time (MDT)

mittlere Ausfallzeit *f* <qualit> *(durchschnittliche Zeitspanne zwischen zwei Fehlern; in Std.)* • mean time between failures (MTBF); MTBF reliability

mittlere Belegungsdauer *f* • average holding time

mittlere Belegungsdauer *f* <tele> • mean holding time

mittlere Bevölkerungserwartungsdosis *f* <nukl> • per capita dose commitment

mittlere Dichte *f* <edv> • medium density

mittlere Durchdringungsgeschwindigkeit *f* <phys> • drift speed; drift velocity

mittlere Entfernung *f* <astron> • mean distance

mittlere Entfernung zur Sonne <kfz> • mean distance to the sun

mittlere Fertigungsgüte *f* <qualit> • process average

mittlere Fraktion *f* • middle fraction

mittlere freie Absorptionsweglänge *f* <phys> • absorption mean free path

mittlere freie Diffusionsweglänge *f* <nukl> • diffusion mean free path

mittlere freie Einfangweglänge *f* <nukl> • capture free path

mittlere freie Streuweglänge *f* <nukl> • scattering mean free path

mittlere freie Weglänge *f* <nukl> • mean free particle path (m.f.p.); mean free path

mittlere freie Zeit *f* <phys> • mean free time

mittlere Hintergrundreflexion *f* <edv> • average background reflectance

mittlere Instandsetzungsdauer *f* <edv> • mean time to repair (MTTR)

mittlere Integration *f* <el.ic> • medium-scale integration (MSI)

mittlere Kante *f* <edv> • average edge

mittlere Kolbengeschwindigkeit *f* <kfz.mot> • mean piston speed; average piston speed

mittlere Korngröße *f* <verf> • average particle size

mittlere Latenzzeit *f* <edv> • average latency time; average latency; average rotational latency

mittlere Lebensdauer *f* <qualit> • mean life; mean life period; median life; mean time to failure; period of average life

mittlere Lesespannungsamplitude *f* DIN 66010 <edv> • average signal amplitude

mittlere Letaldosis *f* (LD50) <med.nukl> *(radioaktive Strahlung)* • median lethal dose (MLD); mean lethal dose; mid-lethal dose; lethal dose 50

mittlere Letalzeit *f* <nukl> • median lethal time (MLT)

mittlere Meereshöhe *f* <geo> • mean sea level (msl); sea-level datum plane; reference level; zero level; ordnance datum

mittlere Neutronenlebensdauer *f* <nukl> • mean life of a neutron; neutron lifetime

mittlere Position *f* <allg> *(in einem Feld; z. B. im Wettbewerb)* • mid-position

mittlere Position *f* <masch> *(einer Hubbewegung; z. B. von Kolben)* • midtravel position

mittlere Positionierungszeit f <edv> • average seek time; average positioning time

mittlere Positionierzeit f <edv> • average seek time; average positioning time

mittlere quadratische Abweichung f <math> *(Statistik)* • mean-square deviation

mittlere quadratische Abweichung f <math> *(Statistik)* • root-mean-square deviation

mittlere quadratische Streuung f <math> • mean square deviation

mittlerer Atemwegsdruck m <med.tech> • mean airway pressure

mittlere Rauhtiefe f <obfl> • ten-point height

mittlerer Ausfallabstand m <qualit> *(durchschnittliche Zeitspanne zwischen zwei Fehlern; in Std.)* • mean time between failures (MTBF); MTBF reliability

mittlerer Bahnradius m <nukl> • average radius

mittlerer Dachpfosten m *rar* <kfz> *(Autokarosserie)* • B-pillar; B-post; center pillar; lock pillar; door latch pillar

mittlerer Drehzahlbereich m <kfz.mot> • mid-speed range

mittlere Rechenzeit f • average calculating time

mittlere Reparaturzeit f <qualit> • mean time to repair

mittlere Reperaturdauer f (MTTR) <edv> • mean time to repair (MTTR)

mittlerer Fehler m <qualit> • average error; mean error

mittlerer Hintergrundreflexionsgrad m <edv> • average background reflectance

mittlerer Informationsgehalt m <psych> *(Informationstheorie)* • average information content

mittlerer Integrationsgrad m <ic> • medium-scale integration (MSI)

mittlerer Jahresabfluss m <energ.hydr> • mean annual flow; mean annual discharge

mittlerer Nutzdruck m <kfz.mot> • mean pressure *thsc*

mittlerer quadratischer Fehler m <math> • root-mean-square error; mean-square error; standard deviation; rms error

mittlerer Siedepunkt m <phys> • mid-boiling point

mittlerer Transinformationsgehalt m <psych> *(Informationstheorie)* • average transinformation content

mittlerer Wasserstand m <geo> *(allg.; z. B. Fluss, See, Meer)* • mean water level

mittleres Arbeitsdargebot n <energ> *(Kraftwerk)* • mean producibility

mittlere Scheibe f <bau> • center lite

mittlere Schicht f <tech.allg> *(horizontal)* • central layer

mittleres Drittel n <allg> • middle third

mittleres Glied n <math> • mean term

mittleres Hochwasser n <geo> • mean high water

mittleres logarithmisches Energiedekrement n <akust> • mean logarithmic energy decrement

mittleres Meeresniveau n <geo> • mean sea level

mittleres Niedrigwasser n <energ> *(z. B. Flußkraftwerk)* • mean low water

mittlere Sonnenzeit f <astron> • mean solar time

mittlere Spannung f <el> • average voltage

mittlere Spannung f <el> • medium voltage

mittlere Spannung f <mech> • mean stress

mittleres Profil n <obfl> *(Oberflächenrauheit)* • mean line

mittlere Spurpositionierzeit f <edv> • average seek time; average positioning time

mittlere Spurstange f <kfz> • intermediate rod; center link; relay rod; center track rod

mittleres Tageslicht n <phot> • standard daylight

mittlere Störstelle f <el> • midgap

mittlere Suchzeit f <edv> • average seek time; average positioning time

mittlere Technologie f <ents> • medium technology

mittlere Teilchengeschwindigkeit f <nukl> • typical particle velocity

mittlere thermische Geschwindigkeit f <nukl> • average thermal velocity

mittlere thermische Reaktorleistung f <nukl> • average thermal power

mittlere Türsäule f *ugs* <kfz> *(Autokarosserie)* • B-pillar; B-post; center pillar; lock pillar; door latch pillar

mittlere Umdrehungsgeschwindigkeit f <edv> • average rotational speed *Quantum*

mittlere Umdrehungsgeschwindigkeit f <masch> *(z. B. Kurbelwelle)* • average rotational speed

mittlere Windgeschwindigkeit f *IEV 415* <energ.wind> • mean wind speed *IEV 415*

mittlere Zeitspanne zwischen zwei Ausfällen f (MTBF) <qualit> *(durchschnittliche Zeitspanne zwischen zwei Fehlern; in Std.)* • mean time between failures (MTBF); MTBF reliability

mittlere Zugriffswartezeit f <edv> • average latency time; average latency; average rotational latency

mittlere Zugriffszeit f <edv> *(für einen zufälligen Zugriff auf einen bestimmten Plattensektor)* • average access time; average access speed; effective access time; mean access time

mittragende Breite f <mech> *(z. B. von orthotropen Platten)* • effective width

mittragender Motor m <fz> *(Motorrad)* • stressed engine

mit Transistoren bestückt <el> • transistorized

mittschiffs <nav> • amidships

Mittschiffsbiegemoment n <nav> • amidship bending moment

Mittschiffsebene f <nav> • center-line plane *US*; centre-line plane *GB*

Mittschiffslinie f <nav> *(längsschiffs verlaufend)* • fore and aft centerline *US*; fore and aft centreline *GB*

Mittschiffslinie f <nav> *(allg.)* • midship line; center line

Mittschiffssektion f <nav> • mid-body section; mid section

mit Überlappstaffelung <av> • overlapping

mit Ultraschallwellen beschallen vt <akust> • expose to ultrasonic waves vt

mit Unterspannung betrieben <el> • underrun

Mitverbrennung f <ents> • co-incineration; waste co-firing; co-firing

Mitverbundererregung f <el> • cumulative compound excitation

mit Verlust behaftet <phys> *(Energie abstrahlend)* • dissipative; lossy

mit Vitaminen anreichern vt <bio.nahr> • vitaminize vt; enrich by vitamins vt; fortify by vitamins vt

mit Vorsteuerung <tech.allg> • servocontrolled

mit Wasserdampf destillieren vt <verf> • steam-distil vt

mit Wattebausch entfernen vt <verf.med> *(z. B. Blut aus Wunde)* • swab away vt

mit Weißmetall ausfüttern vt <masch> *(z. B. Lager)* • babbitt vt

mit Weißmetall ausgießen vt <masch> *(z. B. Lager)* • babbitt vt

mit Windantrieb <mat> *(z. B. Generator, Mühle, Pumpe)* • wind-driven

mit Winde anheben vt <förd> • hoist up vt

mitwirkende Fundamentfläche f <bau> • active foundation plane

Mitzieheffekt m <el> • frequency pulling; pulling effect

Mitzieheffekt m <msr> *(gegenseitige Sensorbeeinflussung durch gleiche Oszillatorfrequenz)* • crosstalk

Mitzieheffekt m <phot> • panning effect

Mitziehen n <el> *(Frequenz)* • lock-in; pull-in

Mitziehen n <phot> *(seitl. bewegte Motive; z. B. Fahrzeug in Vorbeifahrt)* • panning

mit zu hoher Drehzahl laufen lassen vt <masch>
• overspeed vt

mit zu hoher Temperatur anlassen vt <metall> • overdraw vt

Mix m <nahr.prod> (Speiseeis) • mix; ice cream mix

Mixauslass m <nahr.prod> (Speiseeis; Freezer) • mix
outlet

Mixaustritt m <nahr.prod> (Speiseeis; Freezer) • mix outlet

Mixberechnung f <nahr.prod> (Speiseeis) • calculation of
mix

Mixbereitung f <nahr.prod> (Speiseeis) • mix preparation;
preparation of the mix

Mixbetrieb bei Wiedergabe m <av> • audio mixing during playback

Mixdurchlauf m <nahr.prod> • mix flow

Mixdurchlaufgeschwindigkeit f <nahr.prod> • mix flow
rate

Mixeinlass m Hoyer <nahr.prod> (Speiseeis; Freezer)
• mix inlet

Mixeinlasstemperatur f <nahr.prod> • mix inlet temperature; mix input temperature

Mixeintritt m <nahr.prod> (Speiseeis; Freezer) • mix inlet

Mixeintrittstemperatur f <nahr.prod> • mix inlet temperature; mix input temperature

Mixer m <av> (für Farbartsignal) • frequency mixer; frequency converter; converter; mixer

Mixer m <el> (Küchenmaschine) • mixer; blender

Mixer m <gastr> (Rührgerät; Hand-Küchenmaschine)
• pastry blender GB

Mixer-Baustein m <edv> (auf Soundkarte; mischt die verschiedenen Audioquellen) • mixer chip; mixer

Mixfunktion f <edv.mus> • join; mix; sample mix

Mixherstellung f <nahr.prod> (Speiseeis) • mix preparation; preparation of the mix

Mixlager n <nahr.prod> (Speiseeis) • mix storage area

Mix-Luft-Pumpe f <nahr.prod> (Speiseeis; Freezer) • mix
air pump

Mixpumpe f <nahr.prod> (Speiseeis; Freezer) • mix pump;
freezer mix pump; product input pump Crepaco; mix feed
pump

Mixpumpenleistung f <nahr.prod> • mix pump capacity

Mixrezeptur f <nahr.prod> • mix formulation; mix formula;
mix composition

Mixstrom m <nahr.prod> • mix flow

Mixte-Rahmen m <fz> (Damenradrahmen mit einem dop-
pelten Oberrohr) • mixte-frame

Mixtruder m <kst> • double-screw extruder; two-shaft extruder

Mixtur-Trautonium n <edv.av> • Mixtur-Trautonium

Mixviskosität f <nahr.odv> • mix viscosity

Mixvorratsbehälter m <nahr.prod> (Speiseeis) • mix
supply tank

Mixzusammensetzung f <nahr.prod> • mix formulation;
mix formula; mix composition

Mixzwischenlagerung f <nahr.prod> (Speiseeis) • aging
US; ageing GB; cold storage; maturation rare; ripening
rare

MJ-Gewinde n DIN ISO 5855 <aerospace> • Metric J
thread (MJ) ANSI B1.21; aerospace Metric screw thread

MK <el> • magnetic reed switch; magnetic contact [switch];
magnetic switch; reed magnetic switch; reed switch

MKS <agri.med> • foot-and-mouth disease; aphthous fever
thsc; hand-and-mouth disease; hoof-and-mouth disease

MKSA-System n prakt <phys> (Meter, Kilogramm,
Sekunde, Ampere; vgl. SI) • Giorgi system of units obs;
meter-kilogram-second-ampere system US.did; metre-
kilogram-second-ampere system GB.di; Giorgi system;
MKSA system pract

MKS-Einheitensystem n <phys> (Meter, Kilogramm,
Sekunde) • meter-kilogram-second system of units; MKS
system of units

MKS-System n <phys> (Meter, Kilogramm, Sekunde)
• meter-kilogram-second system of units; MKS system of
units

M-Laden n <av> • M-loading; M-shaped tape lead;
M-threading

MLCCC <el> • multilayer ceramic chip capacitor (MLCCC)

MLCC-Kondensator m (MLCCC) :V <el> • multilayer ceramic chip capacitor (MLCCC)

MLH <kfz> • multi-link rear suspension

M-Loading m <av> • M-loading [system]; parallel loading
[system]

M-Loading n <av> • M-loading; M-shaped tape lead;
M-threading

MLP-Empfangsfensterschutz m DIN ISO 7478 <edv>
• receive MLP window guard ISO 7478

MLP-Fenstergröße f DIN ISO 7478 <edv> • multilink window size (MW) ISO 7478

MLR <edv> • Multi-Channel Linear Recording (MLR)

MLS <aerospace> • microwave landing system (MLS)

MLS <av> • maximum length sequence (MLS)

MLSSA <av> (Lautsprecher-Messverfahren; verwendet
das MLS-Signal) • maximum length sequence spectrum
analyzer (MLSSA); Melissa pract

MLS-Spektralanalyse f (MLSSA) <av> (Lautsprecher-
Messverfahren; verwendet das MLS-Signal) • maximum
length sequence spectrum analyzer (MLSSA); Melissa
pract

MMA <edv.av> • MIDI Manufacturer Association (MMA)

MMCD <edv> • multimedia compact disc (MMCD)

MMCD-Player m <edv> • MMCD player

MMP <nahr> • skim milk powder (SMP); skimmed milk
powder

MMR <pharm> • measles-mumps-rubella vaccine (MMR)

MMS <wz.masch> • minimum lubrication :V

MMV/MM <av> • monostable multivibrator (MM/MMV);
non-retriggerable multivibrator; one-shot multivibrator;
single-shot multivibrator; monoflop

Mn <chem> • manganese (Mn); manganum metallicum

mnemonischer Befehlscode m <edv> • mnemonic
code; mnemonic instruction code; mnemonical code

mnemonischer Kode m <edv> • mnemonic code; mnemonic instruction code; mnemonical code

Mnemotechnik f <psych> • mnemonics

mnemotechnischer Code m <autom> • mnemonic
code

mnemotechnischer Code m <edv> • mnemonic code;
mnemonic instruction code; mnemonical code

MnO$_2$ <chem> • manganese dioxide

MNOS-Feldeffekttransistor m (MNOSFET) <el> • metal-
nitride-oxide silicon field-effect transistor (MNOSFET)

MNOSFET <el> • metal-nitride-oxide silicon field-effect
transistor (MNOSFET)

MNU-Taste f <edv> • menu key; MNU key

Mo <chem> • molybdenum (Mo)

MOB <nav> • man-over-board (MOB)

MOB-Betrieb m <navig> • man-over-board mode; MOB
mode

MOB-Funktion f <navig> • man-over-board function; MOB
function; man overboard function

Mobifinder m MAZ <tele> (z. B. im Flugzeug) • mobile-
phone detector; Mobifinder MAZ

mobil <tech.allg> (leichtgängig, eher erwünscht; z. B. auf
Rollen, Rädern verfahrbar) • mobile

mobil <tech.allg> (z. B. Computer, Projektor) • transportable; movable

Mobilbagger m <bau.masch> • self-propelled excavator

mobile Antenne *f* <navig> • mobile antenna *US*; mobile aerial *GB*

mobile Bodensanierungsanlage *f* <ents> • mobile soil cleaning plant

mobile Bohrinsel *f* <petr> • mobile drilling platform

mobile Datenerfassung *f* <edv> • portable data capture

mobile Phase *f* <phys> *(Chromatographie)* • mobile phase

mobiler Einsatz *m* <tech.allg> • mobile use

mobiler Empfänger *m* <navig> • mobile receiver; mobile station

mobiler Fahrkartenautomat *m* <bahn> *(von Zugschaffnern)* • mobile ticketing machine :V

mobiler Fahrscheinautomat *m* <bahn> *(von Zugschaffnern)* • mobile ticketing machine :V

mobiler Reinigungsroboter *m* <autom> *(Service-Roboter; z. B. auf Leipziger Messehallendach)* • mobile cleaning robot

Mobiler Schubladen Container *m* <büro> *(zur Aktenablage)* • mobile pedestal

mobile Satellitenkommunikation *f* <tele> • mobile satellite communication

mobiles Barcode-Erfassungsgerät *n* <edv> • portable bar code data collection terminal; portable bar code terminal

mobiles Datenerfassungsgerät *n* (MDE-Gerät) <edv> • portable data collection device; portable data collection terminal; portable data terminal; portable data entry terminal

mobiles Datenerfassungsterminal *n* <edv> • portable data collection device; portable data collection terminal; portable data terminal; portable data entry terminal

mobiles Datenterminal *n* <edv> • portable data collection device; portable data collection terminal; portable data terminal; portable data entry terminal

Mobile services Switching Centre *n* <tele> • Mobile services Switching Centre (MSC)

mobiles Kompakt-Kühlgerät *n* <med.hlk> *(für Impfstoff)* • vaccine refrigerator

mobiles Offshore-Unterwasser-Arbeitsgerätesyst. *n* <petr> • mobile offshore Deep-Subsea-Working-System (DSWS)

mobiles Strichcode-Datenerfassungsterminal *n* <edv> • portable bar code data collection terminal; portable bar code terminal

mobiles Strichcode-Erfassungsgerät *n* <edv> • portable bar code data collection terminal; portable bar code terminal

mobiles Strichcodeterminal *n* <edv> • portable bar code data collection terminal; portable bar code terminal

Mobile Switching Centre *n* (MSC) *norm* <tele> • Mobile services Switching Centre (MSC)

Mobilfunk *m* *prakt* <tele> • mobile radio telephone service (MRTS); cellular telephony

Mobilfunkanschlusssystem *n* <tele> • mobile access system

Mobilfunkdienst *m* *form* <tele> • mobile radio telephone service (MRTS); cellular telephony

Mobilfunk-Feststation *f* :V <tele> • fixed cellular terminal

Mobilfunknetz *n* <tele> • cellular radio system

Mobilfunknetz der dritten Generation *n* <tele> *(z. B. UMTS)* • 3G network; 3G mobile network; third-generation mobile network

Mobilfunktelefon *n* <tele> *(portables zellulares Funktelefon)* • mobile cellular telephone; cellular [phone] *US*; portable telephone *did*; mobile [phone] *GB.coll*; cell phone *US.coll*

Mobilheim *n* <kfz> • mobile home *US*; holiday caravan

Mobiliar *n* <innen> *(komplett; Möbel, Bilder, Arbeitsmittel)* • furnishings

Mobilisierung *f* <ents> *(Übergang von Stoffen oder Bodenpartikeln in eine mobile Form)* • mobilization; mobilisation *GB*

Mobilität *f* <tech.allg> *(von Anlagen, Einrichtungen)* • mobility

Mobilklimagerät *n* <hlk> *(typ. in D; als Ein- od. Zweischlauchgerät)* • mobile aircon unit

Mobilkran *m* <nfz> • truck crane *US*; mobile crane *GB*; truck-mounted crane *US*; self-propelled mobile crane *rare*

Mobilstation *f* <tele> • mobile station

Mobiltelefon *n* *prakt* <tele> *(portables zellulares Funktelefon)* • mobile cellular telephone; cellular [phone] *US*; portable telephone *did*; mobile [phone] *GB.coll*; cell phone *US.coll*

Mobilvermittlung *f* <tele> • Mobile services Switching Centre

Mobilvermittlungsbereich *m* <tele> • commutation zone

Mobilvermittlungsstelle *f* (MSC) <tele> • Mobile services Switching Centre

MOB-Knopf *m* *ugs* <navig> *(Empfänger)* • MOB key

MOB-Modus *m* <navig> • man-over-board mode; MOB mode

MOB-Taste *f* <navig> *(Empfänger)* • MOB key

Mocha *n* <led> • mocha

Modalität *f* <math> *(Logik)* • modality; mode

Modalwert *m* <math> *(Verteilung)* • modal value; mode

Mode *f* <bekl> • fashion

Mode *f* <math> *(Verteilung)* • modal value; mode

Mode-Feld *n* <msr> *(auf Display)* • mode field

Modefoto *n* <phot> *(Bild)* • fashion photograph

Modefotografie *f* <phot> *(Teilbereich der Fotografie)* • fashion photography

Modeillustration *f* <kunst> • fashion illustration

Model *m* <textil> *(Handdruckform)* • hand block

Modeldruck *m* <textil> • block printing

Modeler *m* *jarg* <edv> *(3D-Software)* • modeler

Modeling *n* *prakt* <edv> *(z. B. mit CAD-Programmen)* • modeling

Modell *n* <tech.allg> *(maßstabsgerechter Nachbau; z. B. von Fahrzeug, Gebäude)* • model

Modell *n* <tech.allg> *(Produktvariante mit best. Merkmalen; z. B. Infrarot- od. Funksender)* • type; model

Modell *n* <tech.allg> *(eine von mehreren Ausführungsmöglichkeiten eines Produkts)* • model; version; type; style; build *rare*

Modell *n* *prakt* <bio> *(für Dermoplastik, Tierpräparation)* • mannikin; model *pract*

Modell *n* <prod> *(zum Gießen)* • foundry pattern

Modell *n* <prod> *(Vorläufer, Prototyp)* • prototype

Modell *n* <prod> *(zum Ur- od. Umformen)* • master form; master; pattern; model

Modellaushebeschräge *f* <prod> • pattern draft

Modellausschmelzgießverfahren *n* <prod> *(Feinguss)* • investment molding process; investment casting

Modellausschmelzverfahren *n* <prod> *(Feinguss)* • investment molding process; investment casting

Modellbahn *f* *prakt* <bahn> *(z. B. H0)* • model railroad layout; model railroad *pract*; layout *coll*

Modellbahnprojekt *n* <bahn> • model railroad project

Modellbau *m* <prod> *(allg.)* • model making; model construction; modeling *US*; modelling *GB*

Modellbau *m* <prod> *(zum Ur- und Umformen)* • pattern-making

Modellbauer *m* <prod> • modelmaker

Modellbezugssystem *n* <tech.allg> • model reference system

Modellbibliothek *f* <edv> • model library

Modelleisenbahnanlage *f* <bahn> *(z. B. H0)* • model railroad layout; model railroad *pract*; layout *coll*

Modelleisenbahner *m* <bahn> • model railroader
Modell-Experiment *n* <tech.allg> *(z. B. im Windkanal)* • model test; model experiment; model trial; scale model test; scale model testing
Modellformstoff *m* <prod> • investment compound
Modellgesetz *n* <phys> • model law
Modellheber *m* <prod> *(allg.)* • pattern lifter
Modellheber *m* <prod> *(Schraube)* • pattern-lifter screw
Modellholz *n* <metall> • pattern wood
Modellierbefehl *m* <edv> *(zur Erzeugung dreidimensionaler Körper)* • modeling command *US*; modelling command *GB*
Modellieren *n* <edv> *(z. B. mit CAD-Programmen)* • modeling
modellieren *vt* <tech.allg> *(Vorlage, Realität)* • model *vt*
modellieren *vt* <tech.allg> *(abstrakt; z. B. Prozesse durch math. Modelle)* • simulate *vt*
modellieren *vt* <kunst> • model *vt*
Modellierer *m* <edv> *(3D-Software)* • modeler
Modellierung *f* <math> • modeling *US*; modelling *GB*
Modelljahr *n* <kfz> • model year (MY)
Modellmaßstab *m* <tech.allg> • model scale; scale ratio of a model
Modell mit einer Betriebsart *n did* <el> *(z. B. Handy)* • single-mode model
Modell mit mehreren Betriebsarten *n did* <tech.allg> *(z. B. Handy)* • multi-mode model
Modell mit zwei Betriebsarten *n did* <tech.allg> *(z. B. Handy)* • dual-mode model
Modellnachführung *f* <msr> • model updating
Modellneutralpunkt *m* <aerospace> *(Flugmodell)* • aerodynamic center of whole model
Modellpflege *f* <kfz> • model refinement; model improvement
Modellplatte *f* <prod> • pattern plate; match plate
Modellrechner *m* <edv> • model computer
Modellregel *f* <phys> *(z. B. Ähnlichkeitsgesetze)* • model law
Modellregelkreis *m* <msr> • control system simulator; model control system; model control system
Modellsand *m* <prod> *(Gießerei)* • facing sand
Modellschleppkanal *m* <nav> • model towing basin; towing basin; towing tank
Modellschleppversuch *m* <nav> *(für Schiffsmodelle, im Tank)* • tank towing test; towing trial
Modellschleppwagen *m* <nav> *(Modellversuchstank)* • ship-model towing carriage; towing carriage *pract*
Modellschnitt *m* <wz> • individual die
Modell-Skript *n* <kino> • model sheet
Modelltischlerei *f* <prod> • patternmaker's shop; woodpattern shop
Modelltischlerei *f* <prod> *(Vorgang)* • patternmaking
Modellvariante *f* <tech.allg> *(eine von mehreren Ausführungsmöglichkeiten eines Produkts)* • model; version; type; style; build *rare*
Modellverbiegung *f* <tech.allg> • model deformation
Modellversuch *m* <tech.allg> *(z. B. im Windkanal)* • model test; model experiment; model trial; scale model test; scale model testing
Modellversuchstank *m* <nav> • model tank; model testing tank; trial tank; model-experimental tank
Modellwechsel *m* <kfz> • model change
modeln *vt* <tech.allg> • modulate *vt*
Modem *n* <el> • modem; modulator-demodulator *dud.rare*
Modemeliminator *m* <el> • modem eliminator
Mode-Message *f* <edv.av> • mode message
Modemkabel *n* <el> • modem cable
Modemsignal *n* <edv> • modem signal
Modendispersion *f* <lwl> • modal dispersion

Modenfilter *n* <tele> • mode filter
Modenfunktion *f* <phys> • mode function
Modenkonversion *f* <phys> • mode conversion
Modenkonversionszone *f* <phys> • mode conversion region
Modenkopplung *f* <phys> • mode locking
Modenrauschen *n* <lwl> • modal noise
Modenwandler *m* <edv> • mode changer
moderate Gangart *f* <kfz> • relaxed driving style
Moderation *f* <nukl> • moderation; thermalization
Moderator *m* <nukl> • moderator
Moderatorblock *m* <nukl> • moderating block
Moderatorsäule *f* <nukl> • moderating column
Moderatorsubstanz *f* <nukl> • moderator
Moderatorwärme *f* <nukl> • moderator heat
moderieren *vt* <tech.allg> • moderate *vt*
moderieren *vt* <nukl> *(schnelle Neutronen)* • moderate *vt*; slow down *vt*
Moderierung *f* <tech.allg> • moderation
Moderierung *f* <nukl> *(von schnellen Neutronen zu thermischen Neutronen)* • moderation; deceleration; slowing-down; thermalization *thsc.rare*
modernes Styling *n* <tech.allg> • contemporary styling
modernste Technik *f* <tech.allg> *(auf dem neuesten Stand der Technik)* • state-of-the-art engineering
Modifikation *f* <tech.allg> *(eher geringfügig)* • modification
Modifikationsmittel *n* <chem/textil> • modifying agent; modifier
Modifikationspunkt *m* <edv> *(beim Morphing)* • reference point
Modifikationspunkt *m* <edv> *(zur Beschreibung von Objekten)* • reference point; pivot point
Modifikator *m* <chem/textil> • modifying agent; modifier
modifizieren *vt* <allg> *(geringfügig ändern)* • modify *vt*; alter *vt*
modifizierte Acrylfaser *f* <textil> • modacrylic fiber *US*; modacrylic fibre *GB*
modifizierte Frequenzmodulation *f* (MFM) *DIN* <edv> *(Aufzeichnungsverfahren für Magnetspeicher)* • modified frequency modulation (MFM); magnetic field modulation; multiple frequency modulation
Modifizierter OECD-Screening-Test *m* <ökol> • modified OECD screening test
modifizierter Plessey-Code *m* <edv> *(Strichcodetyp)* • MSI code; modified plessey code
Modifizierter Sturm-Test *m* <ökol> • modified Sturm Test
modifizierte Stärke *f* <nahr> • modified starch
modifizierte Standardabläufe *mpl Nissan* <kfz> • modified standard procedures
modifiziertes Zwischenstufenvergüten *n* <metall> • modified austempering
modifizierte Wechseltaktschrift *f* <edv> *(Aufzeichnungsverfahren für Magnetspeicher)* • modified frequency modulation (MFM); magnetic field modulation; multiple frequency modulation
modisches Dessin *n* <bekl> • fashion design
MO-Disk *f* <edv> *(beliebig oft beschreibbar; 3,5 und 5,25 Zoll)* • MO disk (MOD); MO removable disk; magneto-optical disk
MO-Disk mit dreifacher Speicherkapazität *f* <edv> • triple-capacity MO disk
Modul *m DIN 780* <antr> *(von Zahnrädern, Schnecken)* • module
Modul *m prEN 1556* <edv> *(Strichcodeelement)* • module *prEN 1556*
Modul *m pl: Moduln [módul]* <math> *(Divisor kongruenter Zahlen)* • modulus (MOD)

Modul *n pl:* **Module** *[Modúl]* <tech.allg> *(austauschbare Baueinheit)* • module; modular component; module component; modular unit *pract*; building block *coll.rare*

Modulantrieb *m* <kfz.mot> • modular drive system

modular <tech.allg> *(nach dem Baukastenprinzip konstruiert)* • modular; unitized

Modularadapter *m* <el> • modular adapter

Modularbuchse *f* <edv> • modular jack

modulare Crimpzange *f* <edv> • modular crimp tool

modulare Energieaufbereitung *f* <energ.sol> • modular power conditioning

modulare Konstruktion *f* <tech.allg> *(konkret)* • modular system; modular design; modular construction; unitized construction; unit construction

modulare Produktionseinheit *f* <kst> • modular production unit

modulare Programmierung *f* <edv> • modular programming

modularer Aufbau *m* <tech.allg> *(abstrakt)* • modular design principle (UCP); module principle of construction; unit/unitized principle of construction; units construction principle; building-block principle

modularer Strichcode *m* <edv> • modular symbology *prEN 1556*; modular bar code

modularer Strichcodetyp *m* <edv> • modular symbology *prEN 1556*; modular bar code

modularer Stromrichter *m* <bahn> • modular power converter (MPC)

modulares Prüfgerät *n* <edv> • modular tester

modulare Steckbaugruppe *f* <tech.allg> • plug-in module

modulare Symbologie *f prEN 1556* <edv> • modular symbology *prEN 1556*; modular bar code

modulare Systemarchitektur *f* <tech.allg> • modular system architecture

modulare Verbindung *f* <el> • modular connection

Modularität *f* <energ.sol> • modularity

Modularkonzept *n* <prod> • modular concept

Modularmotor *m* <kfz.mot> • modular engine

Modularstecker *m* <edv> • modular connector

Modulation *f* <akust> *(betont: Klangbeeinflussung)* • modulation; sound modulation

Modulation *f* <av> *(Umsetzung niederfrequenter Signale in einen höheren Frequenzbereich)* • modulation; frequency modulation

Modulation *f* <tele> *(Veränderung der kennzeichnenden Größen einer Trägerfrequenz)* • modulation

Modulation geringer Tiefe *f* <phys> • shallow modulation

Modulationsanode *f* <el> • modulating anode

Modulationsart *f* <el> • type of modulation

Modulationscode *m* <edv> • channel code; modulation code

Modulationsdrossel *f* <el> • modulating choke

Modulationseffekt *m* <el.mus> • modulation effect

Modulationsfähigkeit *f* <phys> • modulation capability

Modulationsfaktor *m* <phys> • modulation factor

Modulationsfrequenz *f* <av> • modulation frequency

Modulationsfrequenzband *n* <av> • baseband

Modulationsgenerator *m obs* <edv.av> *(unter 20 Hz)* • low-frequency oscillator (LFO); modulation generator *obs*; MG *obs*

Modulationsgrad *m* <phys> • amount of modulation; degree of modulation; modulation percentage; modulation depth; modulation intensity1

Modulationshüllkurve *f* <phys> • modulation envelope

Modulationsindex *m* <av> • modulation index

Modulationsintensität *f* <phys> • amount of modulation; degree of modulation; modulation percentage; modulation depth; modulation intensity1

Modulationskennlinie *f* <phys> • modulation characteristic

Modulationskette *f* <edv.av> • modulation series

Modulationsklirrfaktor *m* <av> • modulation distortion factor; envelope distortion

Modulationskreis *m* <el> • modulation circuit

Modulationsleistung *f* <el> • modulation power; audio-frequency driving power

Modulationsmatrix *f* <edv.av> *(Darstellung der Modulationsmöglichkeiten)* • modulation matrix; modulation grid

Modulationspause *f* <tele> • quiet interval

Modulationsprodukt *n* <av> • modulated signal; modulated carrier

Modulationsquelle *f* <edv.av> • modulation source; modulator

Modulationsrad *n* <edv.av> • modulation wheel; mod wheel; modwheel

Modulationsrauschen *n* <av> • modulation noise; modulation interference

Modulationssatz *m* <tele/av> • auxiliary modulation set

Modulationsscheibe *f* <opt> • chopper disk

Modulationssteilheit *f* <el> • modulation slope

Modulationstiefe *f* <phys> • amount of modulation; degree of modulation; modulation percentage; modulation depth; modulation intensity1

Modulationstiefenabstand *m* <phys> • difference depth of modulation

Modulationstransformator *m* <el> • modulation transformer

Modulationsübertragung *f* <av> • remodulation

Modulationsübertragung *f* <el> • modulation transfer

Modulationsübertragungsfunktion *f* <av> • remodulation function

Modulationsunterdrückung *f* <el> • modulation suppression

Modulationsverlauf *m* <phys> • modulation envelope

Modulationsverstärker *m* <el> • modulation amplifier

Modulationsverzerrung *f* <el> • modulation distortion

Modulationswelle *f* <el> • modulation wave

Modulationsziel *n* <edv.av> • modulation target

Modulationszubringerleitung *f* <av> • contribution circuit

Modulator *m* <tech.allg> • modulator

Modulator *m* <druck> *(in Digitalkopierern; taktet den Laserstrahl)* • modulator

Modulator *m* <edv> • channel encoder; channel coder; modulator

Modulator *m* <edv.av> *(für FM-Synthese)* • modulator; control oscillator *form*

Modulator *m* <edv.av> • modulation source; modulator

Modulator *m* <kfz.antr> *(Aktuator in Automatikgetriebesteuerung)* • modulator; vacuum modulator

Modulator-Demodulator *did.rar* <el> • modem; modulator-demodulator *dud.rare*

Modulatordruck *m* <kfz.antr> *(Automatikgetriebe)* • modulator pressure; throttle pressure; modulating pressure

Modulatorfrequenz *f* <av> *(Frequenz eines Modulators)* • modulator frequency; modulating frequency; secondary frequency; adjacent frequency

Modulatorkette *f* <el> • modulator chain

Modulatorröhre *f* <el> • modulator tube; modulator valve

Modulatorventil *n* <kfz.antr> *(Automatikgetriebesteuerung)* • modulator valve; throttle valve *Chrysler*

Modulatorventil für Druckminderung *n* <kfz.antr> • pressure-reducing modulator valve

Modulatorvorstufe *f* <el> • submodulator

Modulbasis *f* <math> • module basis; module base

Modulbauelement *n* <tech.allg> *(austauschbare Baueinheit)* • module; modular component; module component; modular unit *pract*; building block *coll.rare*

Modulbaustein m <tech.allg> (austauschbare Baueinheit)
• module; modular component; module component;
modular unit pract; building block coll.rare

Modulbauweise f <tech.allg> (abstrakt) • modular design
principle (UCP); module principle of construction;
unit/unitized principle of construction; units construction
principle; building-block principle

Modulbauweise f <tech.allg> (konkret) • modular system;
modular design; modular construction; unitized construction; unit construction

Modulbreite f <edv> • module width; narrow bar width

Modulbreitencodierung f <edv> • module width encoding

Modulbreite X f <edv> (Breite der schmalen Elemente
eines Strichcodesymbols) • x dimension (dX)

Modul der Untergrundreaktion m <bau> • modulus of
subgrade reaction

Moduleinheit f <nfz> (von Schwerlasttransporter) • module

Modulgewinde n <masch> • worm thread

Modulgruppeninverter m <energ.sol> • module group
inverter

Modulierbarkeit f <phys> • modulation capability

Modulierdruck m <kfz.antr> (Automatikgetriebe) • modulator pressure; throttle pressure; modulating pressure

modulieren vt <phys> (Amplitude, Frequenz oder Phase
einer Schwingung ändern) • modulate vt

modulierende Frequenz f <av> (Frequenz eines Modulators) • modulator frequency; modulating frequency; secondary frequency; adjacent frequency

modulierendes Signal n <av> • modulating signal

moduliertes Licht n <licht> • chopped light

moduliertes Signal n <av> • modulated signal; modulated carrier

modulierte Strahlung f <phys> • modulated radiation

modulierte ungedämpfte Welle f <el> • modulated continuous wave

Modulierung f <akust> (betont: Klangbeeinflussung)
• modulation; sound modulation

modulintegrierter Wechselrichter m <energ.sol>
• Module Integrated Converter (MIC)

Modulkehrwert m DIN 3998 <masch> (Zahnrad) • diametral pitch

Modul mit integrierter Schaltungstechnik f (MID)
<msr> (anschlussfertiges Formteil mit integrierten Leiter-
bahnen und el. Bauel) • molded interconnected device
(MID)

Modul mit Produktionseinrichtung n <petr> • production modules

Modul mit Zeitverhalten n <msr> • timer module

Modulo-N-Kontrolle f <edv> • modulo-n check

Modulo-Prüfzeichen n <edv> • modulo check character

Modulo-Verfahren <edv> (Modulo-16, Modulo-43 usw.)
• modulo arithmetic

Modulrasterebene f <bau> • modular plane

Modulspiel n <bau> • modular gap

Modulstecker m <el> • modular connector

Modulstrang m :V <energ.sol> • panel

Modulstromrichter m <energ.sol> • Module Integrated
Converter (MIC)

Modulsynthesizer m <mus> (tastaturloser Synthesizer
als 19"-Modul) • synthesizer module; rackmountable
synthesizer; rackmount synthesizer

Modulsystem n <tech.allg> (konkret) • modular system;
modular design; modular construction; unitized construction; unit construction

Modultechnik f <tech.allg> • modular technique

Modultraverse f <kfz.rep> (Richtbankzubehör) • module
member

Modulus m <math> (Divisor kongruenter Zahlen) • modu-
lus (MOD)

Modulvergrößerer m <phot> • modular enlarger; system
enlarger

Modus m prakt <tech.allg> (z. B. manuell, automatisch)
• mode of operation; operating mode; mode pract

Modus hoher Ordnung m <lwl> • high-order mode

Modus niedriger Ordnung m <lwl> • low-order mode

Modus-Wahlschalter m <msr> • mode selector switch;
operating-mode switch

Möbel n DIN 68880-1 <innen> • furniture

Möbelleder n <led> • furniture upholstery leather

Möbel mit Decküberzug n <obfl.holz> • finished furniture

Möbelnappa n <led> • furniture upholstery nappa

Möbelschreiner m <nav> • joiner

Möbelschrumpfleder n <led> • shrunken grain leather for
furniture upholstery

Möbelspanplatte f <mat> • wood-wool furniture slab

Möbeltischler m <nav> • joiner

Möbelvachette f <led> • split hide for furniture upholstery

Möbelvelours n <led> • furniture upholstery suede

Möchte-gern-GT m :V <kfz> • boy racer US.derog

Mögel-Dellinger-Effekt m <astron> • Dellinger fade-out

Möller m <metall> (Hochofenbeschickung) • charge of ore
and fluxes; batch of ore and fluxes; burden pract

Möllerberechnung f <metall> • burden calculation

Möllergicht f <metall> • burden charge

Möllersonde f <metall> (Hochofen) • charge level indicator

Möllerung f <metall> (Vorgang) • blast-furnace burdening;
furnace burdening

Moellon n <led> (Fettungsmittel) • moellon degras; moel-
lon; degras

Möndchen n <math> • lune

Mörser m <chem> (Gefäß) • mortar

Mörser m <mil> (Waffe) • mortar

Mörserkeule f <chem> • pestle

Mörtel m <bau.mat> • mortar

Mörtelaufbereitung f <bau> • mortar preparation

Mörteleindringen n <bau> • mortar intrusion

Mörtelfuge f <bau> • mortar joint

Mörtelinjektion f <bau> • mortar injection

Mörtelkalk m <bau.mat> • mortar lime

Mörtelmischen n <bau> • mortar mixing

Mörtelmischer m <bau.masch> • mortar mixer

Mörtelsand m <bau.mat> • mortar sand; mortar aggregate

Mörtelspritzmaschine f <bau> • mortar gun

Mörtelstruktur f <bau.mat> • mortar structure

Mößbauer-Effekt m <phys> • Moessbauer effect; nuclear
gamma resonance; nuclear gamma resonance fluores-
cence

Mofa n <kfz> • moped

Mohairvelours n <led> • shaggy suede

Mohnöl n <kunst> (Additiv) • poppy oil

Mohnopumpe f <förd> (nach Moineau) • progressive cav-
ity pump; single-screw pump US; eccentric screw pump
GB; Mono Pump; helical rotor pump GB

Moho-Diskontinuität f <geo> • Moho; Moho-discontinuity
(thsc-ppsc); Mohorovicic-discontinuity (thsc-ppsc)

Moho-Fläche f <geo> • Moho; Moho-discontinuity
(thsc-ppsc); Mohorovicic-discontinuity (thsc-ppsc)

Moho-Grenzfläche f <geo> • Moho; Moho-discontinuity
(thsc-ppsc); Mohorovicic-discontinuity (thsc-ppsc)

Mohorovicic-Diskontinuität f <geo> • Moho; Moho-
discontinuity (thsc-ppsc); Mohorovicic-discontinuity
(thsc-ppsc)

Mohr'sche Hüllkurve f <mech> • rupture envelope; rup-
ture line

Mohr'scher Kreis m <mech> (Spannungen) • Mohr's cir-
cle; Mohr's stress circle

Mohr'scher Spannungskreis *m* <mech> *(Spannungen)* • Mohr's circle; Mohr's stress circle

Mohr'scher Trägheitskreis *m* <mech> • Mohr's area moment circle

Mohr'sches Salz *n* <chem> • Mohr's salt

Mohr'sche Umhüllungskurve *f* <mech> • rupture envelope; rupture line

Mohr-Westphal'sche Waage *f* <msr> • specific-gravity balance

Mohs'sche Härteskala *f* <qualit.mat> • Mohs scale of hardness; Mohs hardness scale; Mohs scale

Moineau-Motor *m* <petr> • positive displacement motor

Moiré *n* <av> • moiré

Moiréappretur *f* <textil> • moiré finish

Moiré-Effekt *m* <av> • moiré

Moiréinterferenzbild *n* <av> • moiré interference pattern; moiré pattern

Moirémuster *n* <av> • moiré interference pattern; moiré pattern

Moiréstreifenbild *n* <av> • moiré fringe pattern

moiriert <obfl> *(wolkig)* • cloudy

moiriert <obfl> • moiré

moiriertes Gewebe *n* <textil> • moiré fabric

Mokettstuhl *m* <textil> • moquette loom

Mokettwebstuhl *m* <textil> • moquette loom

Mokka *m* <nahr> • mocca

Moko *m* <agri> *(Bananenkrankheit)* • moko

Mol *n* <chem> • mol; mole; gram molecule

molal <chem> • molal

Molalität *f* <chem> *(Kilogramm-Molarität)* • molal concentration; molality

molar <chem> • molar

molare Gefrierpunktserniedrigung *f* <therm.mat> • molar freezing-point depression constant; molar depression constant; cryoscopic constant

molare Verdampfungswärme *f* <therm.mat> • vaporization heat per mole

Molarität *f* <chem> *(Volumenmolarität)* • molar concentration; molarity

MO-Laufwerk *n* prakt <edv> • magneto-optical drive; magneto-optical disk drive; optical hard drive; MO drive *pract*

Molch *m* <rls> *(zur Reinigung von Rohrleitungen, Abwasserkanälen)* • scraper; pipeline scraper; go-devil

Molded Interconnected Device *n* <msr> *(anschlussfertiges Formteil mit integrierten Leiterbahnen und el. Bauel)* • molded interconnected device (MID)

Moldflow *n* <edv/kst> *(Rechenprogramm zur rheologischen Auslegung von Werkzeugen)* • Moldflow

Mole *f* <bau> *(als Wellenbrecher oder Pier)* • mole; jetty; harbor mole

Molekül *n* <chem> • molecule

Molekülaggregat *n* <chem> • molecular cluster; molecular aggregate

Molekülbande *f* <chem> • molecular band

Molekülchimäre *f* <bio> • chimeric molecule

Moleküldissoziation *f* <chem> • molecular dissociation

Moleküleinschlussverbindung *f* <chem> • molecular inclusion compound

Molekülformel *f* <chem> • molecular formula

Molekülgeschwindigkeit *f* <phys> • molecular velocity

Molekülgitter *n* <chem.phys> • molecular lattice

Molekülkette *f* <chem> • molecular chain

Molekülknäuel *n* <chem> • coiled molecule

Molekülkomplex *m* <chem> • molecular complex

Molekülkristall *m* <chem> • molecular crystal

Molekülmasse *f* <chem> • molecular mass

Molekülorbital *n* <chem.phys> • molecular orbital

Molekülorbitalmethode *f* <chem.phys> • molecular-orbital method

Molekülphasenraum *m* <chem> • molecular space

Molekülschwarm *m* <phys> • swarm of molecules; bundle of molecules; cluster

Molekülschwingung *f* <phys> • molecular vibration

Molekülspaltung *f* <phys> • molecular cleavage

Molekülspektroskopie *f* <phys> • molecular spectroscopy

Molekülspektrum *n* <chem> • molecular spectrum

Molekülstrahl *m* <phys> • molecular beam; molecular ray

Molekülstrahlresonanz *f* <chem.phys> • molecular-beam resonance

Molekülstruktur *f* <chem.phys> • molecular structure

Molekülverbindung *f* <chem> • molecular compound

Molekülwolke *f* <astron> • molecular cloud

molekular <chem.phys> • molecular

Molekularbewegung *f* <chem.phys> • molecular motion; molecular movement

Molekulardestillation *f* <chem.verf> • molecular distillation

Molekulardestillierapparat *m* <chem.verf> • molecular still

Molekulardispersion *f* <chem.phys> • molar dispersivity; molar dispersion

Molekulardrehung *f* <chem.phys> • molar rotation; molecular rotation

Molekulardruckvakuummeter *n* <chem.verf> • molecular gauge

molekulare Drehung *f* <chem.phys> • molecular rotation

molekulare Drehung der Polarisationsebene <chem.phys> • molecular rotation of the plane of polarization

Molekularelektronik *f* <chem> • molecular electronics; molectronics *pract*

molekulares Bremsvermögen *n* <chem> • molecular stopping power

molekulare Siedepunktserhöhung *f* <therm.mat> • molecular boiling-point-elevation constant; molar boiling-point-elevation constant; molal boiling-point-elevation constant

molekulare Strömung *f* <chem> • molecular flow

Molekularfeld *n* <phys> *(Weißsche Theorie)* • molecular field

Molekularformel *f* <chem> • molecular formula

Molekulargewicht *n* <chem.kst> • molecular weight

Molekularkraft *f* <chem.phys> • intermolecular force; molecular force

Molekularlaser *m* <phys> • molecular laser

Molekularleitfähigkeit *f* <phys> • molecular conductivity

Molekularmagnet *m* <phys> • molecular magnet

Molekularpolarisation *f* <phys> • molecular polarization; molar polarization

Molekularpolarisierbarkeit *f* <phys> • molecular polarizability; molar polarizability

Molekularpumpe *f* <chem.verf> • molecular pump

Molekularrefraktion *f* <chem.verf> • molar refractivity; molar refraction

Molekularrotation *f* <chem> • molecular rotation

Molekularsieb *n* <chem> *(Adsorptionsmittel)* • molecular sieve; molecular sieve; molecule sieve

Molekularsiebchromatographie *f* <chem.verf> • molecular sieve chromatography

Molekularsieb-Katalysator *m* <chem.verf> *(NOx)* • molecular-sieve catalyst

Molekularströmung *f* <chem> • molecular flow

Molekularverbindung *f* <chem> • molecular compound

Molekularverdampfung *f* <chem.phys> • molecular evaporation

Molekularverstärkungsfaktor *m* <phys> • stimulated-emission factor

Molekularwärme f <phys> *(Thermodynamik)* • molecular heat; molar heat

Molenbruch m <chem> *(Konzentration in einer Mischung)* • mole fraction; molar fraction

Moleskin n <textil.mil> *(bes. dichtes Baumwollgewebe)* • moleskin

Molette f <druck> *(Prägewalze)* • grooved roller

Molettewasserzeichen n <pap> • impressed mark

Molke f <nahr> • whey

Molkenerzeugnisse fpl <nahr> • whey products

Molkenprotein f <nahr> • whey protein

Molkenpulver n <nahr> • whey powder; dried whey

Molkenverarbeitung f <nahr.prod> • whey processing

Molkereimaschine f <nahr> • dairy machine

Molkereimaschinen fpl <nahr> • dairy machinery

Molkereiprodukt n <nahr> • milk product; dairy product

Molkereizulieferer m <agri> • dairies supplier

Molli m jarg <mil> • Molotov cocktail; gasoline bomb *US*; petrol bomb *GB*; incendiary bottle

Mollier'sches Zustandsdiagramm n <therm> • Mollier state diagram; enthalpy-entropy diagram; Mollier diagram; Mollier chart

Mollier-Diagramm n <therm> • Mollier state diagram; enthalpy-entropy diagram; Mollier diagram; Mollier chart

Molnormvolumen n <chem> • standard-molar volume; gram-molecular volume

Molotowcocktail m <mil> • Molotov cocktail; gasoline bomb *US*; petrol bomb *GB*; incendiary bottle

Molpolarisation f <chem> • molar polarization; molecular polarization

Molprozent n <chem> • mole percent

Molrefraktion f <chem> • molar refraction; molar refractivity

Molsuszeptibilität f <chem> • molar susceptibility

Molverhältnis n <chem> • mole ratio; molar ratio

Molvolumen n <chem> • molar volume

Molwärme f <chem> • molar heat; molecular heat

Molybdän n (Mo) <chem> • molybdenum (Mo)

Molybdänbinder m <füg> • molybdenum binder

Molybdändisulfid n <tribo> *(ein fester Schmierstoff)* • molybdenum disulfide

Molybdänglanz m <min> • molybdenite

molybdänhaltig <mat> • molybdeniferous

Molybdän-Kolbenring m <kfz.mot> • molybdenum piston ring; moly ring *pract*

Molybdänschiffchen n <geo> • molybdenum tray; sintering boat

Molybdänschnellstahl m <wz> • molybdenum high-speed steel

Molybdit m <min> • molybdite; molybdic ochre

Molzahl f <chem> • number of moles

Moment m <allg> *(Zeitpunkt)* • instant

Moment n <mech> *(Kraftvektor)* • momentum

Moment n <mech> *(Kraftwirkung)* • momentum

Momentanachse f <phys> • resulting axis of rotation; instantaneous axis of rotation

Momentanbeschleunigung f <phys> • instantaneous acceleration

Momentandrehpol m <kfz> • roll center

Momentandrehung f <mech> • instantaneous rotation

momentane Drehachse f <phys> • resulting axis of rotation; instantaneous axis of rotation

momentaner Verbrauch m <kfz.msr> *(Bordcomputer-Anzeige)* • instantaneous fuel economy (INST ECON)

momentanes Drehzentrum n <mech> *(Kinematik)* • instantaneous center of rotation *US*; instantaneous pole; instantaneous centre of rotation *GB*

momentanes Rotationspaar n <mech> • couple of instantaneous rotations

momentane Überspannung f <el> • voltage transient

Momentanfrequenz z <phys> • instantaneous frequency

Momentangeschwindigkeit f <mech> • instantaneous velocity; instantaneous speed

Momentankraft f <mech> • instantaneous force

Momentanleistung f <tech.allg> • instantaneous power

Momentanpol m <mech> *(Kinematik)* • instantaneous center of rotation *US*; instantaneous pole; instantaneous centre of rotation *GB*

Momentanspannung f <el> • instantaneous voltage

Momentanstellung f <prod> • present position

Momentanstrom m <el> • instantaneous current

Momentanwert m <tech.allg> • instantaneous value

Momentanzentrum n <kfz> • roll center

Momentanzentrum n <mech> *(Kinematik)* • instantaneous center of rotation *US*; instantaneous pole; instantaneous centre of rotation *GB*

Momentaufnahme f <phot> • snapshot; instantaneous exposure *form.rare*

Momentaufteilung f rar <kfz.antr> *(bei Allradantrieb)* • power distribution; drive torque distribution *form*; torque distribution; torque split *pract*; power split *coll*

Momentauslöser m <el> • instantaneous release

Moment der Bewegungsgröße n <mech> • moment of momentum about an axis

Moment eines Kräftepaares <mech> • moment of a couple of forces

Moment eines Kräftepaares n <mech> • moment of a couple

Momenteinstellung f <masch> • torque adjustment

Momentenausgleich m <förd> *(z. B. Turmdrehkran)* • moment balancing

Momentenausgleich m <mech> • moment distribution

Momentenausgleichsverfahren n <mech> *(z. B. Berechnung von Stockwerkrahmen)* • moment distribution method

Momentenbeiwert m <aerospace> *(Tragflügel)* • moment coefficient

Momentendeckungsbild n <mech> *(Stahlbetontheorie)* • resistance moment diagram

Momentenfläche f <mech> *(Berechnung von Durchbiegungen)* • moment area; area of moments

momentenfreier Kreisel m <navig> • torque free gyro

Momentengleichgewicht n <mech> • moment equilibrium

Momentengleichung f <mech> • moment equation

Momentenhüllkurve f <mech> • moment limits curve

Momentenkurve f <mech> *(z. B. Biegeträger)* • moment curve

Momentennullpunkt m <mech> • point of zero moment; point of inflection; point of contraflexure

Momentenplan m <mech> • moment diagram

Momentensatz m <mech> • theorem of moments; momentum theorem; generalized theorem of moments

Momentenvektor in Achsrichtung m <mech> • axial moment

Momentenwandler m <antr> • torque transducer

Momenter m <navig> *(Kreisel)* • torquer

Moment erster Ordnung <mech> *(z. B. einer Kraft, Masse)* • static moment

Moment erster Ordnung n <mech> • static moment

Momentrelais n <el> • instantaneous relay

Momentschalter m <el> • quick make-and-break switch; quick-break cut-out

Momentunterbrechung f <el> • quick break

Momentverschluss m <phot> • high-speed shutter

monaural *form.* <edv.av> • monophonic; monaural *form.*

Monazitsand m <min> • monazite sand

Mondbahn f <astron> • moon's orbit; moon's path *coll*

Mondferne f <astron> • apolune
Mondlandekapsel f <aerospace> • lunar landing module; moon capsule
Mondlichtlampe n <licht> • moonlight lamp
Mondnähe f <astron> • perilune
mondnaher Raum m <astron> • near-lunar space
Mond-Nickel n <min> • carbonyl nickel; Mond nickel
Mondsichelpumpe f <förd> • internal gear pump; internal-gear two-teeth-difference pump; internal-gear rotary pump; crescent pump *pract*
Mondsonde f <aerospace> • lunar probe; moon probe
Mondumlaufbahn f <aerospace> • circumlunar orbit
Monelmetall n <mat> *(Nickel- Kupfer- Legierung)* • monel
Monelmetall n <mat> • monel metal
Monergol n <chem> • monopropellant
Moniereisen n obs <bau.mat> • plain rebar steel
Monierzange f <wz> • mechanics' nippers *pl*
Monitor m <av> *(eingeblendeter oder separater, meist kleiner Bildschirm)* • monitor
Monitor m *prakt* <edv> *(Gerät insgesamt)* • monitor (VDU); display; display device; visual display unit *form*; visual display terminal *rare*
Monitor m <msr> *(z. Überwachung von Messwerten etc.)* • monitor
Monitoranschluss m <edv> • video output connector; video output plug
Monitorarm m <edv> • monitor arm
Monitorausgang m <edv> • video output connector; video output plug
Monitorkabel n <edv> • screen cable
Monitorprogramm n <edv> • monitor routine
Monitorprogramm n <qualit> *(über längere Zeit)* • monitor program
Monitorständer m <edv> • monitor support; monitor holder; monitor stand; CRT riser; VDT platform
Monitorstation f <edv> • monitor station
Mono... <av> *(im Ggs. zu Stereo)* • mono ...
monoatomar <chem> • monoatomic; monatomic
Monoblock m ugs <verbr> • burner of the monobloc type; monobloc burner
Monoblockbauweise f <masch> *(von Aggregaten; z. B. Motor und Pumpe)* • close-coupled design; monobloc design; compact design; block-type construction
Monoblockbrenner m <verbr> • burner of the monobloc type; monobloc burner
Monoblockrad n <kfz> • monobloc wheel
Monobrombenzol n <chem> • bromobenzene
Monochiprechner m <edv> • monochip computer
monochrom <obfl> *(z. B. Schwarz auf Weiß, Grün auf Schwarz)* • monochrome
Monochromat m <opt> • monochromat
Monochromatfilter n <phot> • monochromatic filter
monochromatisch <licht> • monochromatic
monochromatische Abbildungsfehler m <opt> • monochromatic aberration
monochromatisches Licht n <edv> • monochromatic light
monochromatische Strahlung f <phys> • monochromatic radiation
Monochromator m <msr> • monochromator
Monochromator m <opt> • monochromatic illuminator
Monochromatorgitter n <opt> • monochromator grating
Monochrombildschirm m <edv> • monochrome display
Monochromdarstellung f <edv> • monochrome display
Monochrom-Display n <edv> • monochrome display
monochrome Bildröhre f <edv> • monochrome CRT
monochrome Darstellung f <edv> • monochrome display
Monochrome Display Adapter m (MDA) <edv> • Monochrome Display Adapter (MDA)

Monochrome Graphics Adapter m <edv> • monochrome graphics adapter (MGA)
Monochrom-Monitor m <edv> • monochrome monitor
Monocoque-Chassis n <kfz> • monocoque chassis
Monocoque-Rahmen m <fz> • monocoque frame; monocoque *pract*
Monodeponie f <ents> • monofill
monoenergetisches Heizungssystem n <hlk> • single energy source heating system
monofil <textil> *(Filament)* • monofile
Monofil m <chem.petr> • monofilament
Monofilament n DIN 60900 <textil> • simple yarn
monofile Seide f <textil> • monofilament; monofilament yarn
Monoflop m <el> *(im Ggs. zum Flip-Flop)* • monoflop; univibrator; monostable multivibrator
Monoflop m <av> • monostable multivibrator (MM/MMV); non-retriggerable multivibrator; one-shot multivibrator; single-shot multivibrator; monoflop
Monoflop n <el> • monoflop; univibrator
monoisotopes Element n <chem> • monoisotopic element; pure element; simple element
Monokanal m <edv.av> • mono channel
monoklin <mat> *(Kristall)* • monoclinic
Monoklinale f <geo> • monocline
monoklines Kristallsystem n <mat> • monoclinic crystal system
monoklonaler Antikörper m (MAK) <bio> • monoclonal antibody (mab)
Monokomparator m <msr> • monocomparator
Monokotyledone f <agri> • monocotylenum; monocot *pract*
monokristallin <mat> *(z. B. Quartz)* • single-crystalline; single-crystal; monocrystalline
monokristallines Silizium n (CZ-Si) <energ.sol> • monocrystalline silicon (CZ-Si)
monokular <opt> • monocular; one-eyed
Monolever m <kfz> • monolever; monolever fork; single-arm pivoted fork; single-sided swingarm *Triumph*
Monolith m rar <edv.ic> *(Mikrochip mit integrierter Halbleiterschaltung)* • integrated circuit (IC); chip *pract*; microcircuit *rare*; monolith *rare*
Monolith m <kfz.emiss> • monolith
Monolith... <kfz.emiss> *(Katalysator)* • monolith; monolithic
Monolithbau m <bau> • monolithic construction
Monolithbeton m rar <bau.mat> *(im Ggs. zu Lieferbeton)* • in-situ concrete; site concrete; cast-in-situ concrete *rare*; cast-in-place concrete *rare*; monolithic concrete *rare*
monolithisch <bau> • monolithic
monolithisch <kfz.emiss> *(Katalysator)* • monolith; monolithic
monolithische Bauweise f <bau> • monolithic construction
monolithische Integration f <el> • monolithic integration
monolithischer Beton m <bau.mat> *(im Ggs. zu Lieferbeton)* • in-situ concrete; site concrete; cast-in-situ concrete *rare*; cast-in-place concrete *rare*; monolithic concrete *rare*
monolithischer Schaltkreis m <ic> • monolithic circuit
monolithische Schaltung f <ic> • monolithic circuit
Monom n <math> • monomial
monomer <kst> • monomer *adj*; monomeric
Monomer n <kst> • monomer
Monomermolekül n <kst> • monomer molecule
Monometallerz n <min> • simple ore
monometallisch <füg> • monometallic; single-metal
monometallisches System n <ic> • single-metal system; monometallic system

Monomode... <lwl> • single-mode ...; monomode ...

Monomodefaser f <lwl> • single-mode fiber; monomode fiber

monomolekular <chem> • unimolecular; monomolecular

monomolekularer Film m <obfl> • monomolecular layer; monolayer

monomolekulare Schicht f <obfl> • monomolecular layer; monolayer

Monomotordrehgestell n <bahn> • single-motor bogie; monomotor bogie

monophon <edv.av> • monophonic; monaural form.

monophone Druckdynamik f <edv.av> • channel pressure; monophonic aftertouch

monophoner Aftertouch m <edv.av> • channel pressure; monophonic aftertouch

Monophonie f <edv.av> • monophony

Monophonieaufnahme f <av> • monophonic sound recording

Monophoniewiedergabe f <av> • monophonic sound reproducing

Monoplan-Lampe f <licht> • monoplane lamp

Monopulsverfahren n <navig> • monopulse method

Monosaccharid n <chem> • monosaccharide; simple sugar coll

Monosampling n <edv.av> • mono sampling; monophonic sampling

Monoschicht f <obfl> • monomolecular layer; monolayer

monoseme Benennung f <term> • monosemic term; monoseme

Monoskop n <av> (Testbild) • monoscope

Monosolverfahren n <petr> • single-solvent process

monostabile Kippschaltung f <el> • monostable flip-flop; univibrator

monostabile Kippstufe f <el> • monostable flip-flop; univibrator

monostabiler Multivibrator m (MMV/MM) <av> • monostable multivibrator (MM/MMV); non-retriggerable multivibrator; one-shot multivibrator; single-shot multivibrator; monoflop

monostabiler Multivibrator m rar <el> (im Ggs. zum Flip-Flop) • monoflop; univibrator; monostable multivibrator

monostabile Schaltung f <el> • monostable circuit; single-shot circuit

monostabiles Element n <el> • monostable element; monostable pract

monostabiles Kippglied n <av> • monostable multivibrator (MM/MMV); non-retriggerable multivibrator; one-shot multivibrator; single-shot multivibrator; monoflop

monostabile Triggerschaltung f <el> • single-shot trigger circuit

Monosubstitution f <chem> • monosubstitution

Monosubstitutionsprodukt n <chem> • monosubstitution product

Monosulfitaufschluss m <pap> • sodium-sulfite pulping

Monotektikum n <mat> • monotectic

monotektisch <mat> • monotectic

monoton <tech.allg> (z. B. Funktion) • monotonic

monotone Instabilität f <phys> • non-oscillatory instability

monoton fallend <math> • monotonically decreasing

monoton steigend <math> (Folge, Reihe) • monotonic increasing

Monotreibstoff m <chem.petr> (allg.) • monofuel

monotrop <chem/mat> • monotropic

Monotropie f <chem/mat> • monotropy

Mono- und Diglyceride von Speisefettsäuren fpl <nahr> (Emulgatoren in Speiseeis) • mono- and diglycerides of fatty acids

monovalent <tech.allg> • monovalent

monovalente Betriebsweise <hlk> (z. B. Sonnenkollektor, Wärmepumpe) • unsupported operation V

monovalenter Antrieb m <kfz.antr> • monovalent mover; monovalent drive

Monovibrator m <av> • monostable multivibrator (MM/MMV); non-retriggerable multivibrator; one-shot multivibrator; single-shot multivibrator; monoflop

Monowasserstoff m <chem> • active hydrogen; monohydrogen

Monozelle f <el> • single-cell battery

Monozyt m <bio> • monocyte

Montage f <tech.allg> (Errichten von Bühnen, Gerüsten, Turmdrehkranen) • erection

Montage f <tech.allg> (Installation, Einbau) • installation

Montage f <tech.allg> (Aufbauen an oder auf etw.) • mounting

Montage f <tech.allg> (von Anlagen oder Ausrüstungen) • rig-up

Montage f <tech.allg> (Anbauen von Teilen an größere Einheiten) • fitting

Montage f <av> (Tonaufnahme, Film) • editing; assembling

Montage f <petr> • rigging

Montageabnahme f <qualit> • field examination

Montageabstand m <allg> • mounting mode clearance

Montageanker m <bau> (in der Wand; z. B. Schwerlastdübel) • anchor; wall anchor

Montageanleitung f <doku> (bei Bausätzen, Baugruppenmontage) • assembly instruction

Montageanleitung f <doku> (für anzubauende Teile) • fitting instructions; mounting instructions

Montagearbeitsplan m <autom> • assembly diagram

Montagearmierung f <bau> • erection reinforcement

Montageband n <förd> (Förderband) • assembly belt

Montagebank f <bau> (kleines Gerüst zur Montage von Decken) • hanger's bench

Montagebewehrung f <bau> • erection reinforcement

Montagebock m <prod> • assembly stand; mounting stand

Montagebohrmaschine f <wz.masch> • portable drilling machine

Montage der Kolbenringe f <kfz.mot> • piston ring installation

Montagedorn m <wz> (allg.; eher dünn) • aligning punch

Montagedorn m <wz> (eher dick, z. B. für Wellen) • pilot shaft; dummy shaft

Montageeisen n <wz> (Hänger) • hanger bar

Montagefehler m <qualit> • gear-mounting error

Montagefehler m <qualit> • installation error; mounting error; assembly defect

montagefertig <tech.allg> • ready-to-fit; ready-to-mount

Montageflansch m <tech.allg> (z. B. an Rohren, Getrieben, Steckern) • mounting flange; attachment flange; fixing flange; flange pract

Montagefolie f <druck> • transparent mounting film; transparent mounting tape

Montagegerät n <prod> • mounting machine

Montagegerüst m <prod> (brücken- od. turmähnlich) • gantry scaffold

Montagegerüst n <prod> (allg.) • erecting scaffold; assembly scaffold

Montagegestell f prakt <energ.sol> (von Solarkollektoren; z. B. zur Dachmontage) • collector structure; collector mounting base; supporting structure; collector pedestal; pedestal pract

Montagegruppe f rar <tech.allg> (aus einzelnen zusammengebauten Komponenten) • assembly (assy); unit pract; group rare; package rare; assemblage rare

Montagehilfe f <tech.allg> • mounting aid

Montagehülse für Ventilschaftdichtungen f <kfz.wz> • valve stem seal installer

Montage im Freivorbau f <bau> *(Brückenbau)* • assembling in cantilever manner

Montagekarte f <qualit> • travel card

Montagekennlinie f <fz> *(von Reifen)* • GG groove

Montagekleber m <füg> • assembly adhesive

Montage-Klebe-Schaum m <bau.mat> *(PU-Schaum aus der Dose)* • PU-foam *pract*; 1-component PU foam

Montagekran m <förd> • erecting crane

Montagelasche f <bau> *(Verbindung zum Mauerwerk)* • anchoring fin

Montageleim m <füg> • assembly glue

Montageloch n <tech.allg> • mounting hole

Montagemaschine f <prod> • assembling machine

Montagemaß n <allg> • mounting dimension

Montagemast m <tech.allg> • gin pole

Montagenaht f <füg> *(allg.)* • assembly weld

Montagenaht f <füg> *(vor Ort geschweißt)* • field weld; site weld

Montagenetzplan m <bau> • erection network

Montageniet m <füg> *(vor Ort genietet)* • field rivet; site rivet

Montageplatte f <prod> • mounting plate

Montagerahmen m <bau> *(für Fenster, Türen)* • installation frame

Montageroboter m <autom> • assembly robot

Montagerohr n <kfz> *(für abnehmbare Anhängerkupplung)* • receiver; box-end receiver

Montage-Rollbrett n <kfz.wz> • creeper; mechanic's creeper

Montagesatz zur Befestigung dicht unter der Decke m <el.innen> *(für Deckenventilatoren)* • hugger kit

Montageschacht für BE-Flaschen m <nukl> • transfer area

Montageschaum m *prakt* <bau.mat> *(PU-Schaum aus der Dose)* • PU-foam *pract*; 1-component PU foam

Montageschlitz m <prod> *(Langloch etc.)* • mounting slot

Montageschraube f <füg> *(kein Spitzgewinde; meist mit Mutter)* • erection bolt

Montageschweißen n <füg> *(betont: zum Assemblieren)* • assembly welding

Montageschweißen n <füg> *(betont: zum Errichten von etw.)* • erection welding

Montageschweißen n <füg> *(vor Ort)* • field welding; site welding

Montagespannung f <mech> • assembly stress

Montageständer m <fz> • work stand

Montagestoß m <bau> *(zur Verbindung vor Ort)* • site joint

Montagestraße f <prod> • assembly line

Montagestütze f <tech.allg> • mounting bracket

Montagetechnik f <prod> • assembly technique; erecting technique; mounting technique

Montageteil n <tech.allg> • assembly component

Montageteil n <tech.allg> • mounting device

Montagetemperatur f <rls> • installation temperature

Montagetisch m <druck> • stripping desk

Montageträger m <kfz> *(tragendes Karosserieelement)* • dash panel; dashboard support

Montageturm m <prod> • assembly tower

Montageüberwachung f <bau> • erection surveillance

Montageungenauigkeit f <rls> • installation inaccuracy

Montageverbindung f <bau> *(Baustellenmontage)* • site connection

Montageverleimung f <füg> • assembly gluing *US*; assembly glueing *GB*

Montagevorgang m <prod> • assembly operation

Montage vor Ort f <bau> *(Assemblierung, z. B. von Komponenten, Maschinen)* • site assembly; on-site assembly; in-situ assembly; field assembly; field assy

Montage vor Ort f <prod> • assembly in the field; field assembly; in-situ assy

Montagevorrichtung f <prod> *(zum Einspannen)* • assembly fixture; assembly jig

Montagevorrichtung für Brennelemente f <nukl> • FA assembly fixture; assembly fixture for fuel assemblies; assembly fixture for fuel elements

Montagevorrichtung für Niederhaltefeder f <nukl> • holddown spring depressor

Montagewerkzeug n <wz> *(zum Zusammenbauen)* • assembling tool

Montagewerkzeug n <wz> *(zum Errichten, Aufrichten)* • erecting tool

Montagewerkzeug n <wz> *(zum Anbauen, Anpassen)* • fitting tool

Montagewerkzeug n <wz> *(zum Montieren)* • mounting tool

Montagewinkel m <allg> • mounting bracket

Montagewinkel m <edv> *(für Laufwerke etc.)* • mounting bracket

Montagezange für Außensicherungsringe f <wz> • external snap ring pliers *US*; external retaining ring pliers *US*; external circlip pliers *GB*

Montagezange für Innensicherungen f <wz> • internal snap ring pliers *US*; internal retaining ring pliers *US*; internal circlip pliers *GB*

Montagezange für Sicherungsringe f <wz> *(für Außen- und Innensicherungen)* • snap ring pliers *US*; retaining ring pliers *US*; circlip pliers *GB*

Montagezeit f <tech.allg> *(für ein Gerüst u.ä.)* • rig-up time

Montagezeit f <prod> *(für Zusammenbau)* • assembly time

Montagezeit f <prod> *(zum Errichten)* • erecting time

Montagezeit f <prod> *(zum Befestigen)* • mounting time

Montagezeit f <prod> *(zum Auf- oder Einstellen)* • setting-up time

Montagezubehör n <allg> • mounting accessories

Montangeologie f <min> • mining geology

Montanwachs n <mat> • mineral wax; montan wax

Mont-Cenis-Verfahren n <chem.verf> *(Ammoniaksynthese)* • Mont Cenis process

Monte-Carlo-Methode f <math> • Monte Carlo method; random-walk method

Monte-Carlo-Rechnung f <nukl> • Monte-Carlo calculation

Montejus n <chem.verf> • acid elevator; acid blowcase; blowcase; montejus; acid egg

montierbar auf der Oberfläche <tech.allg> • surface-mount ...

Montiereisen m <kfz.wz> • tire lever; tire iron *US*; iron *US*

montieren vt <tech.allg> *(Anlage einrichten, Ausrüstung anbringen; z. B. Bühnenbeleuchtung)* • rig up vt

montieren vt *prakt* <tech.allg> *(allg., typ. mit Werkzeug; erstmals oder nach vorigem Zerlegen)* • assemble vt; put together vt coll

montieren vt <av> *(Tonband, Film)* • edit vt

montieren vt <füg> *(allg.; an/auf etw.)* • fasten vt; mount vt; attach vt; install vt; fix vt coll

montieren vt <fz> *(Reifen auf Felge/Rad)* • install vt; mount vt

montieren vt <phot> *(Foto; z. B. auf Karton, Hartschaumplatte)* • mount vt

montieren (an/auf) vt <tech.allg> *(an oder auf etw. anbringen)* • install (at/on) vt

Montierhebel m <kfz.wz> • tire lever; tire iron *US*; iron *US*

Montierungsdruck *m* <prod> • assembling pressure

Mood Board *n* <werb> • mood board

Moor *n* DIN 4047-4 <geo> *(nichtsaurer Boden)* • fen; marsh

Moorhuhnjagd *f* <edv> • grouse shooting

Mooring-Einrichtung *f* <petr> *(Ölplattform)* • mooring system

Mooringsystem *n* <petr> *(Ölplattform)* • mooring system

Mooring-Terminal *n* <petr> • mooring terminal

Mooring- und Entladesystem *n* <petr> • mooring and transloading system

Moorwalze *f* <agri> • bogland roller

Moosgold *n* <prod> *(Aufbereitung)* • cake of gold

Moosgummi *m* prakt <kfz> *(Gummidichtprofil für Kfz)* • sponge piping

Moosgummi *m* <mat> *(allg.)* • microcellular rubber; sponge rubber *pract*

Moosgummileiste *f* <kfz> • sponge rubber strip

Moped *n* <kfz> *(Kleinkraftrad; V$_{max}$ 50 km/h, mit Start-pedalen zum Anlassen)* • moped

Mopf *f* MB.jarg <kfz> • model refinement; model improvement

Mopped *n* jarg <kfz> • motorcycle; bike *coll*

Moräne *f* <geo> *(Geschiebe, Geröll)* • moraine; glacial moraine; till

Morast *m* <geo> *(nasser, schwammiger Boden)* • mire; bog

Morbidität *f* <med> • morbidity

Morellensalz *n* <obfl> *(Pigment)* • caput mortuum

Morphing *n* <edv> *(Formveränderung von Grafikobjekten)* • morphing; metamorphosis *obs*

Morphotropie *f* <mat> • morphotropism

Morph-Target *n* <edv> • morph target

Morph-Ziel *n* <edv> • morph target

morsch werden <textil> *(Faden)* • tender *vi*; become rotten; become brittle

Morsealphabet *n* <tele> • Morse code

Morseaußenkegel *m* <wz.masch> *(z. B. Werkzeugschaft)* • Morse external taper; Morse male taper

Morsedoppelstromsystem *n* <tele> • polar direct-current telegraph system

Morseempfänger *m* <tele> • Morse receiver

Morsegeber *m* <tele> • Morse sender

Morseinnenkegel *m* <wz.masch> *(z. B. Werkzeughalter)* • Morse internal taper; Morse female taper

Morsekegel *m* <wz.masch> • Morse taper

Morsekegelaufnahme *f* <wz.masch> • Morse taper socket

Morsekegellehre *f* DIN 229, 230 <msr> • Morse taper gauge

Morsekegelschaft *m* <masch> *(z. B. Werkzeug)* • Morse taper shank

Morsepunkt *m* <tele> • Morse dot

Morseschnelltelegraf *m* <tele> • Wheatstone automatic system

Morsestreifenlocher *m* <tele> • Morse tape perforator

Morsestrich *m* <tele> • Morse dash

Morsetaste *f* <tele> • Morse key; telegraph key

Morsezeichen *n* <tele> • Morse signal

Morsezwischenraum *m* <tele> • Morse space

mosaikartig <allg> *(z. B. Steinpflaster, Fliesenanordnung, Stoffmuster)* • checkered; mosaic-like; tesselated *US*; tessellated *GB*

Mosaikbelag *m* <bau> • mosaic flooring

Mosaikblock *m* <mat> • mosaic block

Mosaikelektrode *f* <el> • mosaic electrode

Mosaik-Fader *m* <av> • mosaic-pattern fader

Mosaikfenster *n* :V <bau> • panel window

Mosaikfußboden *m* <bau> • mosaic flooring

Mosaikgrenze *f* <mat> • mosaic block boundary; mosaic boundary

Mosaikkristall *m* <mat> • mosaic crystal

Mosaikpflaster *n* <bau> • mosaic paving

Mosaikstein *m* <bau.mat> • tessera

Mosaikstruktur *f* <mat> • mosaic structure

MO-Scheibe *f* <edv> *(beliebig oft beschreibbar; 3,5 und 5,25 Zoll)* • MO disk (MOD); MO removable disk; magneto-optical disk

Moschus *m* <bio> • musk; moschus moschiferus

Moschus moschiferus *m* <bio> • musk; moschus moschiferus

Moseley'sches Gesetz *n* <phys> • Moseley's law; Moseley law

MOS-Kondensator *m* <autom> • MOS-capacitor

MOS-Photodiode *f* <autom> • MOS-photodiode

MOS-Schaltkreis *m* <el> • MOS integrated circuit

MOS-Struktur *f* <ic> • metal-oxide semiconductor structure; MOS structure

MOST <ic> • MOS transistor (MOST)

MOST <kfz.msr> • media-oriented systems transport (MOST)

Most *m* <nahr> • must; grape must

MOST-Bus *m* <kfz.msr> • MOST bus

MOS -Transistor *m* (MOST) <ic> • MOS transistor (MOST)

Mostschlauch *m* <nahr> • must line

MOST-Schnittstelle *f* <kfz.msr> • MOST interface

Mostschwefelung *f* <nahr> • sulfuring the must

Most Significant Bit *n* jarg <edv> • most significant bit (MSB); highest-order bit

MOST-Technologie *f* <kfz.msr> • MOST technology

Motherboard *n* prakt <edv> *(mit CPU, BIOS, RAM, Steckplätzen etc.)* • mainboard; motherboard

Motion-Blur *m* <edv> *(Computergrafik)* • motion blur

Motion-Capture *f* <edv> • motion capture

Motionfilter *m/n* <phot> • motion filter

Motion-Path-Animation *f* <edv> • motion path animation

Motion-Path-Definition *f* <edv> • motion-path definition

Motion-Tracker *m* prakt. <edv> • motion tracker; tracker *pract.*; sensing device *rare*

Motiv *n* <phot> *(Gegenstand einer Photographie; z. B. Person, Landschaft)* • subject; scene

Motivschablone *f* <kunst.wz> • motif stencil

Motocross *n* (MC) <kfz.sport> *(Geländerennen)* • motocross (MX); scrambling

Motocross-Maschine *f* <kfz> • motocross bike

Motocross-Motorrad *n* <kfz> • motocross bike

Motocross-Rennen *n* <kfz.sport> • motocross racing

Motor *m* prakt.ugs <el> • electric motor; motor *pract.coll*

Motor *m* <mot> *(allg., jede Bauart; el., hydr., pneum.)* • motor

Motor *m* <mot> *(Verbrennungskraftmaschine; z. B. in Kfz)* • engine; motor *rare*

Motorabgas *n* <kfz.emiss> • engine exhaust gas; engine exhaust *pract.coll*

Motorabschirmung *f* <kfz> • engine shield

Motorabzweig *m* <el> • motor branch circuit

Motoranker *m* <el> • motor armature

Motoranlasser *m* <mot> • engine starter; motor starter *rare*

Motoranlassschalter *m* <el> • motor starting switch

Motoranlaufzeit *f* <el> *(bis Erreichen der Betriebsdrehzahl)* • spin up time

Motorantenne *f* <kfz.av> • power antenna *US*; power aerial *GB*

Motorantrieb *m* <tech.allg> • motor drive

Motorantrieb *m* <mot> • engine drive

Motorantrieb *m* <phot> • auto-winder

Motor/Antriebsstrang *m* <kfz.antr> • power train *US*
Motor auf Betriebstemperatur bringen <kfz.mot>
• warm up the engine to normal operating temperature
Motoraufhängung *f* <mot> *(im Fahrzeug; nicht bei Sta-tionärmotoren)* • engine mounting; engine suspension; engine support; engine mount
Motorausrüstung *f* <mot> *(z. B. Ventilator, Wasser-pumpe)* • engine auxiliaries
Motorbauart *f* <kfz.mot> • engine design
motorbetätigt <tech.allg> *(z. B. Klappe, Ventil)* • motor-actuated
motorbetrieben <tech.allg> • motor-driven
Motorbetriebsstunden *fpl* <mot> • engine operating hours; engine hours
Motorblock *m* DIN ISO 7967-1 <kfz.mot> • engine block ISO 7967-1; cylinder block; block *coll*
Motorblockheizung *f* <kfz.mot> • engine block heater; cylinder block heater; block heater *coll*
Motorblockoberseite *f* <kfz.mot> *(Dichtfläche zwischen Block und Zylinderkopf)* • engine deck; deck *pract*
Motorblockschloss *n* <alarm> • motor-driven block lock *:V*; motor-driven blocking lock *:V*
Motorbock *m prakt* <kfz.wz> • engine stand; engine mount
Motorbock *m* <masch> • engine bed
Motorboot *n* <nav> *(allg.)* • motor boat
Motorboot *n* <nav> *(betont: starker Motor)* • powerboat
Motorboot fahren *vi* <nav> • motor boat *vi*
Motorbootrennen *n* <nav> • power boat race
Motorbrand *m* <kfz.feuer> • engine burn
Motorbremse *f ugs* <kfz.antr> • engine braking effect; engine brake
Motorbremse *f* <nfz.mot> • exhaust brake; exhaust brake retarder; engine retarder
Motorbremse mit Konstantdrossel <nfz.mot> • active engine break (AEB) *MB*; open throttle valve; constant decompression engine brake; constantly open throttle; engine break with constantly open throttle
Motorbremswirkung *f* <kfz.antr> • engine braking effect; engine brake
Motorcaravan *m* <kfz.tour> • motorhome *US*; motorvan; motorcaravan *GB*
Motordaten *pl* <kfz.doku> • engine specifications
Motordeckel *m* <kfz.mot> *(bei Heckmotorfahrzeugen)* • engine cover; engine cover lid
Motor der Leerlaufautomatik *m :V* <kfz.el> • AIS motor *Chrysler*
Motor der Scheibenwaschpumpe *m* <kfz.el> • washer motor
Motordiagnosegerät *n* <kfz.wz> *(elektronisch)* • engine analyzer; computerized engine analyzer; computer analyzer
Motordiagnosegerät *n obs* <kfz.wz> *(für Motorgeräu-sche)* • mechanics' stethoscope; sonoscope *rare*
Motordiagnosestecker *m* <kfz.mot> • engine diagnostic connector
Motor-Diagnosestecker *m* <kfz.mot> • engine diagnostic connector
Motordichtung *f* <mot> • engine gasket
Motordoktor *m ugs.rar* <kfz.wz> *(für Motorgeräusche)* • mechanics' stethoscope; sonoscope *rare*
Motordrehmoment *n* <tech.allg> *(el., hydr., pneum.)* • motor torque
Motordrehmoment *n* <mot> *(Verbrennungsmotor)* • engine torque
Motordrehzahl *f* <kfz.mot> *(beim Verbrennungsmotor)* • engine speed; rpm
Motordrehzahl *f* <mot> *(Verbrennungsmotor)* • engine speed

Motordrehzahl *f* <mot> *(el., hydr., pneum.)* • motor speed
Motordrehzahlbegrenzer *m* <kfz.msr> • engine speed limiter; rev limiter *pract*; limiter *pract*
Motordrehzahlbereich *m* <mot> • engine speed range
Motordrehzahlfühler *m* <kfz.el> *(elektronische Zündzeit-punktverstellung)* • engine speed sensor; rpm sensor *rare*
Motordrehzahlregler *m* <msr> • engine governor
Motoreingriff *m* <kfz.el> • load-reduction by means of ignition retard *:V*
Motoreinstellung *f* <kfz.mot> *(Zündung, Ventile, ohne Vergaser; Vorgang/Ergebnis)* • engine timing
Motorenfertigungslinie *f* <prod> • engine production line
Motorenöl *n rar* <kfz.mot> • motor oil *on cans*; engine oil *in manuals*; automotive engine oil *ASTM D5533*
Motorenschmieröl *n form.rar* <kfz.mot> • motor oil *on cans*; engine oil *in manuals*; automotive engine oil *ASTM D5533*
Motorfahrrad *n* <kfz> • moped
Motorfahrschalter *m* <bahn> *(z. B. Straßenbahn)* • motor controller
Motorfahrzeug *n* <fz> • motor craft
Motorfahrzeug *n* <kfz> • motor vehicle
Motorfeile *f* <wz> • electric file
Motorfeldregelung *f* <el> • motor-field control
motorferner Katalysator *m* <kfz.emiss> • underfloor catalytic converter
Motorfuchsschwanz *m* <wz> *(handstichsägenähnliche Elektrosäge)* • reciprocating saw *US*; all-purpose power saw *Bosch*
Motor für Einphasenbetrieb *m* <el> • single-phase motor
Motor für Schwerstbetrieb *m* <mot> • arduous-duty motor
Motorfundament *n* <masch> • engine bed
Motorgehäuse *n* <masch> *(von el. Motoren)* • motor frame
Motorgehäuse *n* <phot> *(Gehäuse des Kamera-Motor-antriebs)* • motor-drive housing
Motor-Generator-Aggregat *n* <el> • motor-generator set
Motorgeräusch *n* <kfz.mot> • engine noise
Motor-Getriebe-Einheit *f* <kfz.antr> • engine transmission unit
motorgetrieben <tech.allg> *(mit Verbrennungsmotor)* • engine-driven
motorgetrieben <tech.allg> *(meist elektr.; z. B. Rasen-mäher)* • motor-driven
motorgetriebene Presse *f* <wz.masch> • power press
Motorgleitflugzeug *n* <aerospace> • powered glider
Motorgondel *f* <aerospace> *(für Triebwerk)* • engine nacelle; motor nacelle *rare*
Motorgrundplatte *f* <masch> • engine bedplate
Motorhacke *f* <agri> • motor hoe
Motorhaube *f* <kfz> *(allg.; meist vorn)* • hood *US*; bonnet *GB*
Motorhaube *f* <kfz> *(bei Heckmotorfahrzeugen)* • engine cover; engine cover lid
Motorhauben-Anschlagdämpfer *m* <kfz> *(für Motor-haube)* • hood bump rubber; hood bumper
Motorhauben-Anschlagpuffer *m* <kfz> *(für Motor-haube)* • hood bump rubber; hood bumper
Motorhaubenauflageblech *n* <kfz> • hood landing panel
Motorhaubenaufsteller *m* <kfz> • hood stay *US*; bonnet top stay *GB*; bonnet support stay *GB*; support rod *coll*; hood prop *US*
Motorhaubenauskleidung *f* <kfz> • hood liner
Motorhaubenemblem *n* <kfz> • hood badge
Motorhaubenentriegelung *f* <kfz> • hood release; hood catch release; hood lock release
Motorhaubenentriegelungshebel *m* <kfz.msr> • hood release lever

Motorhaubenfigur f <kfz> (z. B. Stern, Spirit of Ecstasy, Jaguar) • hood ornament US; radiator mascot GB
Motorhaubenhalter m <kfz> • bonnet clip
Motorhauben-Lufthutze f <kfz> • hood scoop
Motorhauben-Notentriegelung f <kfz> • hood release emergency cable
Motorhaubenöffner m <kfz> • bonnet release
Motorhauben-Schließbolzen m <kfz> • hood lock dowel US; bonnet lock plunger GB
Motorhaubenschloss n <kfz> • hood lock
Motorhaubenstütze f <kfz> • bonnet stay
Motorhaubenstütze f <kfz> • hood stay US; bonnet top stay GB; bonnet support stay GB; support rod coll; hood prop US
Motorhaubenverriegelung f <kfz> • hood lock
Motorhaubenverschluss m <kfz> • hood lock
Motorhaubenzug m <kfz> • hood release cable; hood lock release cable
Motorheber m <kfz.mot> • engine hoist; engine lifting device
Motorheizung f ugs <kfz.mot> • engine block heater; cylinder block heater; block heater coll
Motorhilfsrahmen m <kfz> • engine subframe
Motorhome n <kfz.tour> • motorhome US; motorvan; motorcaravan GB
Motor-Identifikationsnummer f <kfz.mot> • engine identification number (EIN); engine type and identification number
motorinterne Maßnahmen fpl <kfz.mot> • engine modifications
Motorisches Farbwechselmagazin n <licht.theat> • color change semaphore
Motorisches Farbwechselrad n <licht.theat> • color change wheel
motorische Unruhe f <med> • hyperactivity
Motorisierungsgrad m <kfz> • car/population ratio; number of cars per head of population did
Motorkapsel f <kfz> • engine enclosure
Motorkarre f <förd> • motor-driven barrow
Motorkasten m <nfz> (in der Fahrerkabine) • engine box; doghouse coll
Motorkennnummer f <kfz.mot> • engine identification number (EIN); engine type and identification number
Motor-Kettensäge f <wz> (Kettensäge mit Benzinmotor) • gas saw; gas chain saw
Motorkettensäge f <wz.masch> • motorized chain saw
Motorklemme f <el> • motor connection
Motorkraftstoff m <mot> • engine fuel
Motorkreuzer m <nav> • motor cruiser; cruiser pract
Motorkühlmittel n <kfz> (typ. ein Gemisch aus 50% Wasser und 50% Frostschutzmittel) • engine coolant; coolant pract
Motorkühlmitteltemperatur f <kfz> • engine coolant temperature (ECT)
Motorkühlschiff n <nav> • refrigerated cargo motor ship
Motorlager n <masch> (z. B. für Kurbelwelle) • engine bearing
Motorlager n <mot> (Verbrennungsmotor) • engine mounting
Motorlager n <mot> (el., hydr., pneumat.) • motor mounting
Motorlagerung f <mot> (im Fahrzeug; nicht bei Stationärmotoren) • engine mounting; engine suspension; engine support; engine mount
Motor-Laubsäge f <wz.masch> • scroll saw; jigsaw
Motorleistung f <fz.mot> (bei Verbrennungsmotoren; Leistungsverhalten) • engine performance
Motorleistung f <fz.mot> (bei Verbrennungsmotoren; spezifiziert in PS, kW) • engine rating; engine output

Motorleistung f <kfz.mot> (von Kfz-Motoren; als Messgröße; z. B. 160 kW (218 PS) bei 5800/min) • power (pwr); engine power; muscle coll
Motorleistung f <mot> (meist elektr., Leistungsverhalten allg.) • motor performance
Motorleistung f <mot> (meist elektr.; spezifiziert, in kW) • motor rating; motor output
motorloser Flug m <aerospace> • powerless flight; engine-inoperative flight; gliding flight; gliding; glide
Motormäher m <agri> • motor mower
Motor-Management-System n Bosch <kfz.el> • engine management system Bosch; injection and ignition system; Motronic Bosch; General Engine Management System, GEMS Jaguar
Motormasseband n <kfz.mot> • engine ground strap
Motor-Masseband n <kfz.mot> • engine ground strap
Motormethode f <chem> (Octanzahlbestimmung) • motor method; F2 method
Motor mit Abgasturbolader m <mot> • turboblown engine
Motor mit Ankersteuerung m <mot.el> • armature-controlled motor
Motor mit Ankerstromsteuerung m <mot.el> • armature-controlled motor
Motor mit Anlassdrossel m <el> • reactor-start motor
Motor mit Ausgleichswellen m <kfz.mot> • balancer shaft engine; counterbalanced engine
Motor mit Berührungsschutz <el> • semienclosed motor
Motor mit Berührungsschutz m <el> • protected motor
Motor mit Bürsten m <el> • brushed motor
Motor mit Direkteinspritzung m (DI) <kfz.mot> (Diesel oder Benziner) • engine with direct injection (DI); directly injected engine; DI engine pract
Motor mit Doppelschlusswicklung m <el> • compound-wound motor
Motor mit Drehzahlregelung m <el> (E-Motor) • speed-controlled motor; motor with speed control
Motor mit Drosselanlasser <el> • reactor-start motor
Motor mit Eigenbelüftung m <el> • self-ventilated motor
Motor mit Eigen- und Fremdbelüftung m <el> • motor with combined ventilation
Motor mit Einzeleinspritzung m <mot> • port-fuel-injected engine
Motor mit elektrischer Zündung <mot> • spark-ignition petrol engine
Motor mit elektrischer Zündung m <mot> • spark-ignition engine
Motor mit Feldsteuerung m <el> • field-controlled motor
Motor mit Fremdbelüftung m <mot> • forced-ventilated motor
Motor mit Fremdzündung m form <kfz.mot> (im Ggs. zu Dieselmotor) • SI engine; spark-ignition engine; gasoline engine US; petrol engine GB; Otto engine rare
Motor mit gleichbleibender Drehzahl m <antr> • constant-speed motor
Motor mit hängenden Ventilen <mot> • I-valve-in-head engine
Motor mit hängenden Ventilen <mot> • I-valve-in-overhead-valve engine
Motor mit hängenden Ventilen <mot> • inverted engine
Motor mit hängenden Ventilen m • I-head engine
Motor mit halbhoher Nockenwelle prakt <kfz.mot> • HC engine; high-camshaft engine
Motor mit hochgesetzter Nockenwelle prakt <kfz.mot> • HC engine; high-camshaft engine
Motor mit hoher Kompression m <mot> • high-compression engine

Motor mit Kompensationswicklung *m* <el> • compensated motor

Motor mit Kondensatoranlauf *m* • capacitor-start motor

Motor mit konstantem Drehmoment *m* <antr> • constant-torque motor

Motor mit konstanter Drehzahl *m* <antr> • constant-speed motor

Motor mit Lader *m* <mot> *(mit Turbolader oder Kompressor)* • supercharged engine; blown engine *coll*; forced-induction engine *rare*

Motor mit Mantelkühlung *m* <mot.el> • ventilated totally enclosed motor

Motor mit mehreren Drehzahlen <el> • multispeed motor

Motor mit mehreren Drehzahlen *m* <mot.el> • multiple-speed motor

Motor mit Nasssumpfschmierung *m* <kfz.mot> • wet-sump engine

Motor mit Nebenschlussverhalten *m* <mot.el> • shunt-conduction motor

Motor mit obenliegenden Nockenwellen *m* <kfz.mot> • double overhead camshaft engine; twin camshaft engine; twin cam engine; dohc engine *pract*; dual cammer *jarg*

Motor mit obenliegender Nockenwelle *m* <kfz.mot> • OHC-engine

Motor mit quadratischem Hubverhältnis *m* <kfz.mot> • square engine

Motor mit regelbarer Drehzahl *m* <mot.el> • adjustable-speed motor

Motor mit Sanftanlauf *m* <mot.el> *(ohne Momentenstoss)* • soft-start motor *:V*

Motor mit Schlitzsteuerung *m* <kfz.mot> • piston-ported engine

Motor mit Schnellanlauf *m* <mot.el> • quick-starting motor

Motor mit schräg stehenden Zylindern *m* <kfz.mot> • inclined engine; slant engine *US*; sloper *coll.GB*

Motor mit Selbstkühlung *m* <mot.el> • self-cooled motor

Motor mit Selbstzündung *m* <mot> • compression-ignition engine

Motor mit Stehlager *m* <el> • pedestal-type motor

Motor mit Tatzlageraufhängung *m* <mot.bahn> • nose-suspended motor

Motor mit Trockensumpfschmierung *m* <kfz.mot> • dry-sump engine

Motor mit Turbolader *m* <mot> • turbocharged engine; turboengine *coll*; supercharged engine

Motor mit überquadratischem Hubverhältnis *m form* <mot> *(z. B. Bohrung 90 mm, Hub 80 mm)* • short-stroke engine; oversquare engine

Motor mit unterquadratischem Hubverhältnis *m* <kfz.mot> • long stroke engine; undersquare engine

Motor mit veränderlicher Drehzahl *m* <mot.el> • variable-speed motor

Motor mit Verdichtungszündung *m* <mot> • compression-ignition engine

Motor mit Widerstandsanlasser *m* <el> • resistance-start motor

Motor mit Zentraleinspritzung *f* <mot> • single-point-injected engine

Motor mit zwei obenliegenden Nockenwellen *m* <kfz.mot> • dohc engine; double overhead camshaft engine; twin overhead camshaft engine

Motor mit zwei Ventilen pro Zylinder *m* <kfz.mot> • two-valve engine; engine with two valves per cylinder

Motor nach US-Norm *m* <kfz.mot> • federal engine

motornah <kfz> • close to the engine

motornah eingebauter Katalysator *m* <kfz.emiss> • close-coupled catalyst (CCC) *SUS SP-1329*

Motornummer *f* <kfz.mot> • engine identification number (EIN); engine type and identification number

Motoröl *n* <kfz.mot> • motor oil *on cans*; engine oil *in manuals*; automotive engine oil *ASTM D5533*

Motorölkreislauf *m* <kfz.mot> • engine lubricating system; engine oiling [system]

Motorölstandsfühler *m* <kfz.mot> • engine oil level sensor

Motor-Ölstandsfühler *m* <kfz.mot> • engine oil level sensor

Motorölstand-Warnleuchte *f* <kfz.msr> • engine oil level warning light; low oil warning light

Motorölsumpf *m rar* <kfz> *(unter Kurbelgehäuse)* • engine oil pan *US*; engine oil sump *GB*; engine sump *pract*

Motorölvolumen *n* <kfz.wz> • engine oil capacity

Motorölwanne *f DIN ISO 7967-1* <kfz> *(unter Kurbelgehäuse)* • engine oil pan *US*; engine oil sump *GB*; engine sump *pract*

Motorölzusatz *m* <kfz> • motor oil treatment

Motor ohne ausgeprägte Pole *m* <el> • smooth-core motor

Motor ohne Kompressor *m rar* <mot> • normally aspirated engine; naturally aspirated engine; self-aspirating engine *rare*

Motor ohne Ladeluftkühlung *m* <mot> • non-charge-cooled engine

Motor-Oktanzahl *f* (MOZ) <chem.petr> • motor octane number (MON)

Motoromnibus *m obs* <nfz> *(allg.)* • bus *stand*; coach *US*; motorbus *rare*; autobus *obs*; omnibus *obs*

Motorparameter *m* <kfz.mot> • engine parameter

Motorprototyp *m* <kfz.mot> *(Verbrennungsmotor)* • prototype engine

Motorprüfstand *m* <mot> • bench dynamometer

Motorprüfstandtest *m* <mot> *(Kat.Test)* • bench test[ing]; engine bench test[ing] *form*

Motorprüfzelle *f* <kfz> • dynamometer cell; dyno cell *pract*

Motorrad *n* (Krad) <kfz> • motorcycle; bike *coll*

Motorradbekleidung *f* <bekl> • motorcycle apparel; motorcycle riding apparel; motorcycle clothing; motorcycle garments; riding gear

Motorradbrille *f* <bekl> • motorcyclist's goggles *pl*

Motorradfahrer *m* <kfz> • motorcyclist; motorcycle operator

Motorrad-Funkanlage *f* <kfz> • cycle-to-cycle communicator

Motorradhandschuh *m* <bekl> • motorcycle glove; cycle glove

Motorradhelm *m* <kfz.bekl> *(für Motorradfahrer)* • protective helmet; crash helmet; protective motorcycle helmet; motorcycle helmet

Motorradjacke *f* <bekl> • motorcycle jacket; riding jacket

Motorradkette *f* <kfz> • motorbike chain

Motorradkombi *f* <kfz.bekl> *(z. B. Leder-, Regenkombi)* • combi suit; riding suit

Motorradkurs *m* <kfz> • rider course

Motorrad-Schutzbekleidung *f* <bekl> • protective clothing for motorcyclists; protective apparel; protective gear

Motorradschutzhelm *m* <kfz.bekl> *(für Motorradfahrer)* • protective helmet; crash helmet; protective motorcycle helmet; motorcycle helmet

Motorradstiefel *m* <kfz.bekl> • motorcycle boot

Motorradsturzhelm *m* <kfz.bekl> *(für Motorradfahrer)* • protective helmet; crash helmet; protective motorcycle helmet; motorcycle helmet

Motorradtank *m* <kfz> • motorbike fuel tank

Motorradzeitschrift *f* <kfz> • motorcycle-enthusiast magazine

Motorrasenmäher *m* <agri> • power lawn mower

Motorraum m <kfz> (allg.) • engine compartment US; engine bay GB; underhood area US; under-the-hood area US.rare

Motorraum-Arbeiten fpl <kfz.rep> • underhood services

Motorraumbereich m <kfz> • underhood area US; under bonnet area GB

Motorraumklappen-Entriegelung f VW <kfz> • hood release; hood catch release; hood lock release

Motorraumleuchte f <kfz.el> • underhood lamp/light

Motorraumseitenblech n <kfz> • fender apron US; mudguard apron GB; flitch panel GB; inner splash panel US; engine bay side panel

Motorraumseitenteil n <kfz> • fender apron US; mudguard apron GB; flitch panel GB; inner splash panel US; engine bay side panel

Motorraum-Stehblech n <kfz> • fender apron US; mudguard apron GB; flitch panel GB; inner splash panel US; engine bay side panel

Motorraumtemperatur f <kfz> • underhood temperature

Motorraumverkleidung f <kfz.akust> • sound-proofing mat; engine bulkhead insulation; sound-insulation mat

Motorreiniger m <kfz> • engine degreaser

Motorroller m <kfz> • motor scooter; scooter coll

Motorrundlauf während der Warmlaufphase m <kfz> • cold drivability

Motorsäge f <wz> (Kettensäge mit Elektromotor) • electric chain saw

Motorsäge f <wz> (Kettensäge mit Benzinmotor) • gas saw; gas chain saw

Motorsäge f <wz.masch> • machine saw

Motorsäge f <wz.masch> • power saw

Motorschaden m <mot> (Totalausfall) • engine failure

Motorschaden m <mot> (Probleme) • engine trouble

Motorschaden m <mot> (Schaden) • engine damage

Motorschelle f <kunst.wz> • motor clamp

Motorschieber m <rls> (mit E-Motor) • motorized valve

Motorschieber m <rls> (pneumatisch, hydraulisch, elektr.) • power-operated valve

Motorschiff n <nav> • motor ship

Motorschlitten m <nfz> • snowmobile

Motorschmiersystem n <kfz.mot> • engine lubricating system; engine oiling [system]

Motorschmierung f <kfz.mot> (Vorgang) • engine lubrication

Motorschmierung mit Hauptstromfilter f <kfz.wz> (Motoröl) • full flow filtration

Motorschutz m <el> • motor protection

Motorschutz m <kunst.wz> • motor protection device; safety cutout; overload protector

Motorschutzblech n <mot> • engine guard plate

Motorschutzrelais n <el> • motor protective relais

Motorschutzschalter m <el> • open-phase circuit breaker

Motorschutzschalter m <el> • protective motor switch

Motorschutzsystem n <el> • motor protective system

Motorschutzthermostat m <hlk> • motor temperature cut-out

Motorschweißaggregat n <füg> • engine-driven welding set

Motorschwingungsdämpfer m <kfz.mot> • engine mount damper

Motor-Schwingungsdämpfer m <kfz.mot> • engine mount damper

Motorsegelflugzeug n <aerospace> • motor glider; powered glider

Motorsegler m <aerospace> • motor glider; powered glider

motorseitig angeregt <kfz> (Drehzahldifferenz) • induced by the engine

motorseitig angeregt <kfz.antr> (Drehzahldifferenz) • induced by the engine

motorseitige Maßnahmen fpl <kfz.mot> • engine modifications

Motorsense f <agri> • power scythe

Motorsirene f <alarm> • motor driven siren; motor-driven siren; mechanical siren

Motorsockel m <masch> • engine base

Motorständer m <kfz.wz> • engine stand; engine mount

Motorstäuber m <verf> • motor duster

Motorstäuber m <verf> • power duster

Motorstall m <min> • stable hole

Motor-Starter m <kfz.msr> • remote key; remote starter

Motor-Starter m <kfz.wz> (für Werkstattzwecke) • remote starter switch; remote control starter switch; remote starter

Motorstaudruckbremse f <nfz.mot> • exhaust brake; exhaust brake retarder; engine retarder

Motorsteller m <el> • motor controller

Motorsteller m <el> • motor operator

Motorsteuerung f <av> • motor control

Motorsteuerung f <av> • drive motor control

Motorsteuerung f <kfz.mot> • valve timing

Motorsteuerung f <mot> • engine control

Motorsteuerung f <mot> • engine timing

Motorsteuerung f <mot> • valve timing; valve control

Motorstichsäge f <wz> (typ. Hand-Elektrosäge) • jigsaw; sabre saw US.Sears; scroller jigsaw rare

Motorstraßenhobel m <bau.masch> • blade grader

Motorstraßenhobel m <bau.masch> • motor grader

Motortemperaturfühler m <kfz.msr> • engine temperature sensor; engine temperature sender

Motortester m <kfz.wz> (Standgerät) • engine analyzer Bosch; engine performance tester Sun

Motortester m <kfz.wz> (Handgerät) • engine analyzer Chrysler; diagnostic readout box DRB Chrysler

Motortesterkabinett n <kfz.wz> (Standgerät) • engine analyzer Bosch; engine performance tester Sun

Motorträger m <masch> • engine bearer

Motortragplatte f <masch> • engine bedplate

Motorüberhitzung f <kfz.mot> • engine overheating

Motorüberholung f <kfz.mot> • engine overhaul

Motorüberlastungsschutz m <el> • motor overload protection

Motorüberspannungsschutz m <el> • motor overvoltage protection

Motorüberstromschutz m <el> • motor overcurrent protection

motorunabhängige Luftheizung f form <kfz> • parking heater :V; engine-independent air heating system form

Motorunterschutz m <kfz> • skid plate

Motoruntersetzung f <masch> (Anbaugetriebe an E-Motoren) • motor reduction unit; motor reducer

Motorunterspannungsschutz m <el> • motor undervoltage protection

Motor Vehicles Emission Group f (MVEG) <kfz.emiss> • Motor Vehicles Emission Group (MVEG)

Motorverfahren n <chem.petr> (Octanzahlbestimmung) • motor method

Motorvorwärmer m <kfz.el> • engine preheater

Motorwähler m <tele> • motor uniselector; motor selector

Motorwärmespeicher m <kfz> • heat storage tank; engine heat storage tank

Motorwärmespeicherung f <kfz> • heat storage system; thermal energy storage system thsc

Motorwagen m DIN <nfz> (Lkw-Zugmaschine ohne Anhänger) • straight truck US; rigid GB

Motorwalze f <bau.masch> (Straßenbau) • power-driven roller; self-propelled roller

Motorwanne f <mot> • lower part of crankcase

Motorwarnleuchte f <kfz.msr> • check engine warning light

Motorwelle f <mot> *(bei Verbrennungskraftmaschine)* • engine shaft

Motorwelle f <mot.el> • motor shaft

Motorwinde f <förd> • motor winch

Motorwirkungsgrad m <tech.allg> • motor efficiency

Motorwirkungsgrad m <mot> *(bei Verbrennungskraft-maschine)* • engine efficiency

Motorzähler m <msr> • motor meter

Motorzange f <wz> *(2-fach verstellb. Gelenk, gezahnte Greifbacken, Aussparung z. Greifen)* • combination slip joint pliers *US*; slip joint combination pliers *US*; slip joint pliers *US.pract*

Motorzoom n <av> • motor zoom; power zoom *JVC*

Motorzoom-Taste f <av> • power zoom control button

Motorzugkraft f <mot> • engine tractive force

Motorzylinder m <mot> • engine cylinder

Motronic f *Bosch* <kfz.el> • engine management system *Bosch*; injection and ignition system; Motronic *Bosch*; General Engine Management System, GEMS *Jaguar*

Mott'sche Streuformel f <nukl> • Mott's scattering formula

mottenbeständig <textil> • mothproof; moth-resistant

mottenecht <textil> • mothproof; moth-resistant

Mottenechtappretur f <textil> • mothproof finish

mottenfest <textil> *(Ausrüstung)* • mothproof

Mottenfestausrüstung f <textil> • mothproof finish

mottenfest machen vt <textil> • mothproof vt

moulinieren vt <textil> *(Seide)* • throw vt

Mountain-Bike n (MTB) <fz> *(Fahrrad)* • mountain bike (MTB)

Mountainbike-Imitat n <fz> • mountainbike lookalike

Mouse Pad n <el> • mouse pad

moussieren vi <tech.allg> *(aufschäumen; z. B. kohlen-säurehaltige Flüssigkeit; z. B. Cola)* • effervesce vi

moussierend <nahr> *(Wein)* • gassy

Moving-Beam-Scanner m <edv> • moving beam scanner m; moving beam reader

Moving Pictures Experts Group (MPEG) <edv> • Moving Pictures Experts Group (MPEG)

MO-Wechselplatte f <edv> *(beliebig oft beschreibbar; 3,5 und 5,25 Zoll)* • MO disk (MOD); MO removable disk; magneto-optical disk

MOX <nukl> • mixed oxide (MOX)

MOX-Brennelement n <nukl> • MOx fuel assembly

MOX-Brennstoff m <nukl> • mixed-oxide fuel; MOX fuel

MOZ <chem.petr> • motor octane number (MON)

Mozarella m <nahr> • mozarella

MP <edv> • metal pigment (MP)

MP-Band n <av> • metal particle tape; metal tape; MP tape

MPC <edv> • multimedia PC (MPC)

MPC-Standard m <edv> • MPC standard

MPD <phys> • magnetoplasmadynamics (MPD)

MPD-Generator m <phys.el> • magnetohydrodynamic generator; magnetohydrodynamic power generator *thsc*; MHD generator *pract*

MPEG <edv> • Moving Pictures Experts Group (MPEG)

MPEG-1 <av> *(Standard für digitale Video- und Audio-kompression)* • MPEG-1

MPEG-2 Audio <av> • MPEG-2 Audio

MPEG-2 Video <av> • MPEG-2 Video

MPEG-Decoder m <edv> • MPEG board; MPEG decoder card; MPEG card

MPEG-Karte f <edv> • MPEG board; MPEG decoder card; MPEG card

MPEG-Verfahren n <edv> • MPEG scheme

MP-Kondensator m <el> *(Metall/Papier)* • metal-paper capacitor

MP-Kondensator m <el> *(metallisiertes Papier)* • metal-lized-paper capacitor

Mp-Leiter m <el> • neutral conductor; neutral *pract*

MPP <edv> • massive parallel processors (MPP)

MPP <energ.sol> • Maximum Power Point (MPP); Peak Power Point *obs*

MPP-Controller m *rar* <energ.sol> • MPP tracker; maximum-power-point tracking; peak power tracking *rare*

MPPG <med.pharm> • Magnesium-pyridoxal 5-phosphate glutamate (MPPG)

MPP-Regler m *rar* <energ.sol> • MPP tracker; maximum-power-point tracking; peak power tracking *rare*

MPP-Tracker m <energ.sol> • MPP tracker; maximum-power-point tracking; peak power tracking *rare*

MPP-Tracking n <energ.sol> • MPP tracking; maximum power tracking *rare*; maximum power point tracking *rare*

MPR <edv> • Statens Mät-och PRovråd (MPR)

MPR I <edv> • MPR I

MPR II <edv> • MPR II

MPST <autom> • multiprocessor control

MPST-Steuerung f <autom> • multiprocessor control

MPU <verk.med> • medical-psychological examination

MPU401 <edv.av> • MPU401 interface card (MPU401)

MPU401-Interface n <edv.av> • MPU401 interface card (MPU401)

MPU401-Schnittstellenkarte f (MPU401) <edv.av> • MPU401 interface card (MPU401)

MPU-Interface n <edv.av> • Midi processing unit (MPU); Midi processing unit interface; MPU interface

MPU-Schnittstelle f <edv.av> • Midi processing unit (MPU); Midi processing unit interface; MPU interface

MRA <feuer> • powered smoke exhaust system *DIN V18232-5*

MRAM-Speicher m <edv> • magneto-resistive RAM (MRAM)

MR-Kopf m <edv> • magnetoresistive head (MRH); MR head

MR/QR-Verhältnis n <pap> • MD/CD ratio

MR/QR-Verhältnisse und -Indizes <pap> • MD/CD ratios and indexes

MS <alarm> • microwave beam-breaking system; line of sight microwave detector

MSAP <edv> • multi-service access platform (MSAP)

MSA-Plattform f (MSAP) <edv> • multi-service access platform (MSAP)

MSB <edv> • most significant bit (MSB); highest-order bit

MSBF <edv> *(z. B. von Jukeboxen)* • mean swaps between failure (MSBF)

MSC <tele> • Mobile services Switching Centre (MSC)

MSC <tele> • Mobile services Switching Centre

M-Serie f <phys> *(Röntgen-Spektrum)* • M series

MSI <el.ic> • medium-scale integration (MSI)

MSI-Code m <edv> *(Strichcodetyp)* • MSI code; modified plessey code

MSI-Lampe f *Philips* <licht> • medium source iodide lamp (MSI) *Philips*

MSISDN <tele> • Mobile Station international ISDN number (MSISDN)

MSNF <nahr> • milk solids not fat (MSNF); serum solids SS; solids not fat; non-fat milk solids; SNF

MSR <msr> • instrumentation and control systems (I&C); I&C systems

MSR-Ausleseverfahren n <edv> • magnetic super resolution read process; MSR read process

MSR/HR-Lampe f *Philips* <licht> • medium source rare earth lamp with hot restrike (MSR/HR) *Philips*

MSR-Lampe f *Philips* <licht> • medium source rare earth lamp (MSR) *Philips Philips*

MSR-Leseverfahren *n* <edv> • magnetic super resolution read process; MSR read process

MSRN <tele> • Mobile Station Roaming Number (MSRN)

MSR-Systeme *npl* <msr> • instrumentation and control systems (I&C); I&C systems

MSS <navig> • multi sensor system (MSS); multiple sensor system; multi-sensor navigation system

MST <prod> *(Miniatursensoren und -aktoren)* • micro systems engineering

m-ständig <chem> • meta; in meta position; meta-located; meta-situated; located meta

M-Stahl *m* <metall> • open-hearth steel

Mt <chem> • meitnerium (Mt); unnilenium *obs*

MT-32 <edv.av> • MT-32 sound module (MT-32); MT-32 sound set; MT-32 set; MT-32 sound expander

MT-32-Set *n* <edv.av> • MT-32 sound module (MT-32); MT-32 sound set; MT-32 set; MT-32 sound expander

MT-32-Soundexpander *m* <edv.av> • MT-32 sound module (MT-32); MT-32 sound set; MT-32 set; MT-32 sound expander

MT-32-Soundmodul *n* (MT-32) <edv.av> • MT-32 sound module (MT-32); MT-32 sound set; MT-32 set; MT-32 sound expander

MTB <fz> *(Fahrrad)* • mountain bike (MTB)

MTBF <qualit> *(durchschnittliche Zeitspanne zwischen zwei Fehlern; in Std.)* • mean time between failures (MTBF); MTBF reliability

MTBF-Rate *f* <qualit> *(durchschnittliche Zeitspanne zwischen zwei Fehlern; in Std.)* • mean time between failures (MTBF); MTBF reliability

MTC <edv.av> • MIDI time code (MTC)

MTJ <ic> • magnetic tunnel junction (MTJ)

MTTR <edv> • mean time to repair (MTTR)

MÜ <transl> • machine translation (MT); automatic translation

müde <nahr> *(Wein)* • tired

Mühle *f* <nahr> *(für Mehl)* • flour mill

Mühle *f* <verf> *(betont: Quetschmühle)* • crusher

Mühle *f* <verf> *(Mahlwerk; z. B. für Kaffee)* • grinder

Mühle *f* <verf> *(allg., kleines Gerät od. große Anlage)* • mill

Mühle *f* <verf> *(Feinstmühle)* • pulverizer

Mühlenanlage *f* <kst.verf> *(zum Mahlen von Kunststoffabfall; z. B. Angüssen, Verteilern)* • granulator; pelletizer; crusher

Mühlsägefeile *f* <wz> • mill file *US*; millsaw file *GB*

Mühlsäge-Schärffeile *f form* <wz> • mill file *US*; millsaw file *GB*

Mühlstein *m* <verf> *(oben)* • runner stone; upper millstone; mill runner; runner

Müll *m ugs* <ents> *(betont: wertlos)* • residual waste; garbage; refuse; rubbish *coll*; trash *coll*

Müllabfuhr *f* <ents> • waste collection; waste removal; garbage collection *US*; refuse collection; rubbish collection *GB*

Müllabwurfschacht *m* <bau.ents> *(betont: der Schacht)* • refuse duct

Müllabwurfschacht *m* <ents> *(Einrichtung als solche)* • refuse chute; rubbish chute *GB*

Müllaltpapier *n* <ents> • recovered waste paper; salvaged waste paper

Müllaufbereitung *f* <ents.verf> • waste processing; refuse processing; waste preparation; waste treatment

Müllaufbereitungsanlage *f* <ents.verf> • waste-treatment plant

Müllaufgabe *f* <ents.förd> *(Beschickung)* • waste feeding [system]

Müllbeseitigung *f ugs* <ents> • waste disposal; refuse disposal *rare*

Müllbunker *m* <ents> • refuse pit; refuse storage pit; refuse bunker; waste bunker; receiving bunker

Müllcontainer *m* <ents> *(z. B. an Baustelle, Werkstatt)* • dumpster *US*; waste skip *GB*

Mülldeponie *f* <ents> *(allg.)* • landfill site; landfill *coll*; waste site *coll*; refuse disposal site *rare*

Mülldeponie *f ugs* <ents> *(betont: für geordnete, sichere Ablagerung von Abfällen)* • sanitary landfill [site] *form*; secure landfill [site]; controlled tip; landfill site; landfill *coll*

Mülldurchsatz *m* <ents> *(einer MVA)* • throughput capacity; throughput

Mülleimer *m ugs* <ents> *(für Hausmüll)* • garbage can *US*; trash can *US*; waste bin *GB*; rubbish bin *GB.coll*; dustbin *GB.coll*

Mülleimer mit Rollen *m* <ents> *(für Hausmüll, außerhalb des Gebäudes)* • mobile garbage can *US*; mobile trash can *US*

Müllfahrzeug *n ugs* <ents> *(allg., jede Bauart; für Hausmüll od. Industrieabfälle)* • waste collection vehicle; collection truck; collecting truck; garbage truck *US*; refuse truck

müllgefeuert <ents> • refuse-fired; waste-fuel fired; waste fuel burning

Müllgemisch *n* <ents> • refuse mix; refuse mixture

Müllhalde *f* <ents> *(ungeordnete Ablagerung von Abfällen)* • uncontrolled dump *US*; uncontrolled tip; illegal dump site; waste dump; dump *coll.rare*

Müllheizkraftwerk *n* (MHKW) <ents.energ> • waste-to-energy plant (WTE-plant); waste-to-energy facility

Müllkessel *m* <ents> • refuse-fired boiler; waste fuel burning boiler

Müllkippe *f* <ents> *(ungeordnete Ablagerung von Abfällen)* • uncontrolled dump *US*; uncontrolled tip; illegal dump site; waste dump; dump *coll.rare*

Müllkörper *m prakt* <ents> • landfill; fill *pract*

Müllkomponente *f* <ents> • refuse component

Müllkran *m* <ents.förd> • refuse crane

Müllsack *m* <pack.ents> • waste bag

Müllsammelfahrzeug *n* <ents> *(allg., jede Bauart; für Hausmüll od. Industrieabfälle)* • waste collection vehicle; collection truck; collecting truck; garbage truck *US*; refuse truck

Müllschlucker *m ugs* <ents> *(Einrichtung als solche)* • refuse chute; rubbish chute *GB*

Müllschluckerschacht *m* <bau.ents> *(betont: der Schacht)* • refuse duct

Müllsortieranlage *f* <ents> • refuse sorting plant; waste separation plant

Müllsortierung *f* <ents> • refuse sorting; refuse separation

Mülltonne *f* <ents> *(für Hausmüll; außerhalb des Hauses)* • garbage can *US*; dustbin *GB*

Mülltrennung [am Entstehungsort] *f* <ents> *(von verschiedenen Materialtypen; z. B. Glas, Papier, Plastik, Restmüll)* • separated collection; collection point separation; source separation

Müllverbrennung *f* <ents.verbr> • waste incineration; waste combustion; refuse incineration

Müllverbrennungsanlage *f* (MVA) <ents.verbr> • waste incineration plant; waste incinerator *GB*; refuse incineration plant *rare*

Müllverbrennungs-Dampfkessel *m* <ents> • refuse-fired boiler; waste fuel burning boiler

Müllverbrennungsofen *m* <ents> • incinerator

Müllverbrennungsschlacke *f* <ents> • slack of waste combustion

Müllverdichter *m* <ents.verf> • waste compactor; refuse compactor

Müllverdichtung *f* <ents.verf> • waste compaction; refuse compaction

Müllvermeidung f <ents.ökol> • waste minimization; waste prevention; minimization of waste

Müllverwertung f <ents.ökol> • waste utilization; garbage utilization US; refuse utilization rare

Müllzerkleinerungsanlage f <ents.verf> • waste crushing plant; refuse crushing plant; refuse grinding plant; waste crusher pract

mündlich <jur> (z. B. Auftrag, Vereinbarung) • oral; by word of mouth; verbal

Mündung f <tech.allg> (aus der etwas austritt; eher klein; z. B. einer Spritzdüse) • orifice

Mündung f <geo> (Flussmündung) • estuary; mouth; issue

Mündung f <mil> (vorderes Ende eines Laufs) • muzzle

Mündung f <silik> (Gießloch) • orifice

Mündungsbär m <metall> (Konverter) • skull

Mündungsbauwerk n <bau.hydr> • outfall works

Mündungsbauwerk n <ents.hydr> • outfall structure

Mündungsbremse f <mil> (von Schusswaffen) • muzzle brake; compensator

Mündungsbund m <mil> • fillet

Mündungsdurchmesser m <verf> • discharge diameter

Mündungsebene f <turb> • plane of the outlet opening

Mündungsenergie f <mil> (Ballistik) • muzzle energy

Mündungsfeuerdämpfer m <mil> • flash hider

Mündungsgeschwindigkeit f <mil> (Projektil) • muzzle velocity; muzzle speed; initial velocity

Mündungswaagerechte f <mil> (Ballistik) • base of trajectory; muzzle horizontal

Mündungswucht f <mil> (Ballistik) • muzzle energy

Münzautomat m <masch> • slot machine; vending machine

Münzfernsprecher m <tele> • coin-operated payphone US; coin-box telephone GB; coin-box GB.coll

Münzlegierung f <mat> • coinage alloy

Münzpresse f <metall> • mint press

Münzzähler m <msr> (allg. für Vorauskasse) • prepayment meter

Münzzähler m <msr> (in Münzautomaten mit Einwurfschlitz) • slot meter

mürbe <led> (Leder) • tender

Müslischale f <gastr> • cereal bowl

MÜ-System n prakt <transl> • machine translation system; automatic translation system; MT system pract

mütterliche Antikörper mpl <med> (Pädiatrie) • maternal antibodies

Mütze f <textil> • cap

Muffe f <tech.allg> (allg.) • sleeve

Muffe f <tech.allg> (außen, lose Hülse) • sleeve

Muffe f <tech.allg> (außen, zur Verstärkung) • reinforcement sleeve

Muffe f prakt <tech.allg> (z. B. von Rohren, Kanälen, Wellen, Stäben) • coupling sleeve; sleeve

Muffe f <el> (Schutz und Abdichtung; für Erdkabelverbindungen) • sealing box; connecting box; closure

Muffe f <fz> (Fahrradrahmen) • lug

Muffe f DIN ISO 4135 <masch> (Adapter, der den äußeren Durchmesser verändert) • sleeve ISO 4135

Muffe f <rls> (außen, klemmend) • sleeve clamp

Muffe f prakt <rls> (Rohr) • bell

Muffel f <silik> (insbes. für Glas, Keramik) • muffle

Muffelofen m <silik> (insbes. für Glas, Keramik) • muffle

Muffelröstofen m <prod> • muffle roaster

Muffeltunnelofen m <prod> • muffle tunnel kiln

Muffelwand f <prod> • muffle wall

Muffenausgussmasse f <el> (für Kabel) • box compound

Muffendruckkurve f <msr> • sleeve-pressure curve

Muffenende n <rls> (Rohr) • bell

Muffengewindebohrmaschine f <wz.masch> • socket-tapping machine

Muffengussrohr n <rls> • joint cast-iron pipe

Muffenkupplung f <rls> • sleeve coupling

muffenlos <fz> (Fahrradrahmen) • lugless

Muffenregler m <msr> • governor with sleeve

Muffenrohr n <rls> • bell-and-spigot pipe; spigot-and-socket pipe

Muffenrohrverbindung f <rls> • bell-and-spigot joint

Muffenrohrverbindung f <rls> • spigot-and-socket joint

Muffenschraubverbindung f <füg> • screwed sleeve joint

Muffenschweißverbindung f <füg> (Rohrverbindung) • socket weld joint

Muffenverbindungsstück n <füg> (mit Gewinde) • screwed coupler

Muffenverbindungsstück n <rls> (gesteckt) • socket fitting

mukoziliäre Clearance f rar <bio> • mechanism of mucociliary clearance; mucociliary mechanism; mucociliary function

mukoziliäre Klärfunktion f <bio> • mechanism of mucociliary clearance; mucociliary mechanism; mucociliary function

mukoziliärer Reinigungsmechanismus m <bio> • mechanism of mucociliary clearance; mucociliary mechanism; mucociliary function

Mulch m <agri> (Bodenabdeckung; z. B. Rinde, Stroh, PE-Folie) • mulch

Mulchgerät n <agri> • mulching machine

Mulde f <tech.allg> (trogähnlich) • trough

Mulde f <geo> • syncline

Mulde f <nfz.ents> (Einwurföffnung am Heck von Müllsammelfahrzeugen) • hopper

Mulde f <nukl> (in Kernbrennstoff-Pellets) • dish

Mulde f <verf> (flach; z. B. in Kolonne) • tray

Muldenaufzug m <förd> • trough hoist

Muldenballenbrecher m <verf> • pedal bale breaker

Muldenband n <förd> • troughed belt

Muldenbandförderer m <förd> • troughed-belt conveyor

Muldenbandtragrolle f <förd> • troughing idler

Muldenfeuerung f <verbr> • furnace with ridge grate

Muldenförderband n <förd> • troughed belt

Muldenform f <bau> (Straßenablauf) • depression type

Muldenfraß m <obfl> (Ergebnis) • shallow pits pl

Muldenfraß m <obfl> (Vorgang und Ergebnis) • shallow pit formation

Muldengurtbandförderer m <förd> • troughed-belt conveyor

Muldengurtförderer m <förd> • troughed-belt conveyor

Muldenhinterkipper m <nfz> • rear dumper US; end-tipping lorry GB; end tipper GB

Muldenkipper m <nfz> (mit Stahl- oder Alu-Mulde) • dumper US; dump truck US; tipper GB

Muldenkorrosion f <obfl> (Vorgang und Ergebnis) • shallow pit formation

Muldenpresse f <prod> • roller press

Muldenpresse f <textil> • rotary press

Muldenrolle f <masch> • trough-shaped idler

Muldenrost m <verbr> • trough grate

Muldenrostfeuerung f <verbr> • trough-grate furnace

Muldenschar n <agri> (Kartoffelerntemaschine) • concave share; incurved share

Muldentragrollenstation f <förd> • troughing idlers

Muldentrockner m <verf> • trough conveyor drier

Muldenverfahren n <ents> (bei Deponierung) • trench-method of landfilling

Muldenvorkrempel f <textil> • shell breaker card

Muldung f <prod> • troughing

Muldungsfähigkeit f ISO 703 <qualit> (Fördergurt) • troughability ISO 703

Mulemaschine f <textil> *(Spinnmaschine)* • mule spinning machine; self-acting mule

mulinieren vt <textil> *(Zwirnerei)* • twist vt

Mull m <agri> • mull

Mull m ugs <med> *(Verband)* • mull

Mullen-Jumbo-Prinzip n <pap> • Mullen Jumbo principle

Mullhumus m <agri> • mull

Mulm absaugen vt <ents.hydr> *(Kläranlage)* • vaccuum gravel vt

mulmiges Erz n <min> • dust ore

Mulmsauger m <verf> • gravel cleaner

Multec-Zünd- und Einspritzsystem n Opel <kfz.el> • Multec system Opel

Multi-... <tech.allg> • multiple-...; multi-...; poly-...

Multi-Abisolierwerkzeug n <el.wz> • multi-strip tool

Multianschluss m <tele> *(30 B-Kanäle, 1 D-Kanal)* • primary rate access (PRA); primary rate interface; primary rate service coll; primary access pract; primary rate

Multi Audio System n ®Grundig <av> *(Nachvertonungstechnologie)* • Multi Audio System ®Grundig

multiaxiale Ermüdung f <qualit.mat> • multiaxial fatigue

Multi-bandgap-Solarzelle f <energ.sol> *(zur spektralen Zerlegung der Sonnenstrahlung)* • multigap cell; multibandgap cell; multijunction cell; tandem cell

multibeam-Sensor m <allg> • Multibeam sensor

Multi-Brand-Fernbedienung f <av> • multi-brand remote control

Multicar m DDR <kfz> • Multicar DDR

Multi-Channel Linear Recording n <edv> • Multi-Channel Linear Recording (MLR)

Multichipbauelement n <el> • multichip component

Multichip-Baustein m <ic> • multichip module; multichip package

Multichipschaltkreis m <el> • multichip circuit

Multichip-Technik f <el.ic> • multichip technology

Multicolor-Filter m/n <phot> • multicolored filter US; multicoloured filter GB

Multicon-Steckersystem n <kfz.el> • Multicon connector system

Multidiodenvidikon n <av> • silicon diode vidicon

multidirektional <tech.allg> *(z. B. Scannermerkmal)* • multi-directional

Multi-Drive n <kfz.antr> • Multi-Drive

Multieffekter m jarg <edv.av> • multi-effect device; multieffect unit

Multieffektgerät n <edv.av> • multi-effect device; multieffect unit

Multiemittertransistor m <el> • multiemitter transistor

multifil <textil> *(Filament)* • multifile

Multifilamentleiter m <el> • multifilament conductor

Multifilseide f <textil> • multifilament yarn; multifilament; multifil

multifokal (MF) <kfz.el> *(Scheinwerfer)* • multi-focal (MF)

Multifokus-Scheinwerfer m <kfz.el> • MF headlight; multi-focal headlight

Multifrequenz-Monitor m <edv> • multi frequency monitor

Multifrequenzmonitor m <edv> • multiscan monitor; MultiSync monitor ®NEC; freescan monitor rare; variable frequency display; VFD

multifunktionaler Schlüssel m <msr> *(z. B. für Zugangskontrolle, Schließanlage, Zeiterfassung)* • multi-function key

multifunktionales Display n <msr> *(allg.)* • multifunctional display (MFD)

Multifunktionalität des Bodens f <ents> *(Holl. Liste)* • multifunctionality of the soil

multifunktioneller Katalysator m rar <kfz.emiss> *(chemische Funktionseinheit)* • three-way catalyst (TWC); 3-way catalyst

Multifunktionsanzeige f (MFA) <msr> *(allg.)* • multifunctional display (MFD)

Multifunktionsdisplay n <msr> *(allg.)* • multi-functional display (MFD)

Multifunktionshebel m <kfz.msr> *(an Lenksäule)* • multifunction control stalk

Multifunktionshelm m <bekl> • multi purpose helmet :V

Multifunktionsknauf m <edv> *(VR-Steuergerät)* • cyberbat

Multifunktionskontrolle f rar <msr> *(allg.)* • multi-functional display (MFD)

Multifunktionslaufwerk n <edv> • multifunctional drive; multifunction drive; dual-media drive

Multifunktionslenkrad n <kfz.msr> • multi-function steering wheel

Multifunktionsteil n <kst> • multi-functional part; multifunctional component

Multigrade-Filter n Ilford <phot> *(zur Kontraststeuerung von Gradationswandelpapier)* • variable-contrast filter; multigrade filter Ilford; polycontrast filter Kodak; gradation filter durst

Multikeyboard n <edv.av> • multi keyboard

Multiklon m <verf> • multi-cyclone separator; multiclone; multicellular cyclone; multiple-unit cyclone

Multikomponentendeponie f <ents> • co-disposal landfill

multikristallin rar <mat> *(z. B. Silicium)* • polycrystalline

multikristallines Silizium n <energ.sol> • polycrystalline silicon

Multilayer m <ic> • multilayer circuit

Multi-Layering n <edv.av> • multi sampling; multi layering; multi mapping; patch mapping

Multilayer-Leiterplatte f <el.ic> • multi-layer pcb

Multi-Lenker-Hinterachse f <kfz> • multi-link rear suspension

Multi-Lenker-Radaufhängung f Nissan <kfz> • multi-arm suspension

Multi-Level-Bonden nsg K&S <füg> • multilevel bonding

Multi-Level-Code m <edv> *(Strichcodetyp)* • multi-level symbology; multi-level code

Multilink-Hinterachse f <kfz> • multi-link rear suspension

Multi-Mapping n <edv.av> • multi sampling; multi layering; multi mapping; patch mapping

Multi-Material-Design m <kfz.mat> • multi material design

Multimedia npl <edv> • multimedia pl

Multimedia-Aufrüstsatz m <edv.av> • multimedia upgrade kit; multimedia bundle; bundle

Multimedia-Bundle n <edv.av> • multimedia upgrade kit; multimedia bundle; bundle

Multimedia Compact Disc f (MMCD) <edv> • multimedia compact disc (MMCD)

Multimedia-Compact-Disc-Player m <edv> • MMCD player

Multimedia-Heimplattform f (MHP) <av> *(vereint TV und Internet)* • multi-media home platform (MHP)

Multimedia-Karte f <edv.av> • multimedia sound card; multimedia card

Multimedia-PC m (MPC) <edv> • multimedia PC (MPC)

Multimedia-Soundkarte f <edv.av> • multimedia sound card; multimedia card

Multimedia-Upgradekit n <edv.av> • multimedia upgrade kit; multimedia bundle; bundle

Multimeter n <msr> • multimeter; multipurpose measuring instrument; universal measuring instrument

Multimeter mit Digitalanzeige n <msr.wz> • digital multimeter

Multi-Mode m <edv.av> • multi mode; multi-timbral mode; MIDI multi mode; MIDI multi-timbral mode; MIDI mode 3b

Multimode... <lwl> • multimode ...

multimodefähig <mus.akust> *(Eigenschaft von Musikin-strumenten)* • multi-timbral

multimodefähiger Synthesizer *m* <el.mus> *(MIDI-Multimode implementiert)* • multi-timbral synthesizer

Multimodefaser *f* <lwl> • multimode fiber

Multi-Mode-Modell *n* <tech.allg> *(z. B. Handy)* • multimode model

Multimodenbetrieb *m* <el> • multimode operation

Multimodeprogramm *n* <edv.av> • multi mode sound program; performance; combination; multi mode program; multi mode sound

Multimode-Synthesizer *m* <edv.av> • multitimbre synthesizer; multi-mode synthesizer; multi-timbral synthesizer

Multimode-Synthesizer *m* <el.mus> *(MIDI-Multimode implementiert)* • multi-timbral synthesizer

Multi-Modus *m* selten <edv.av> • multi mode; multi-timbral mode; MIDI multi mode; MIDI multi-timbral mode; MIDI mode 3b

Multinomialverteilung *f DIN 55350-22* <math> *(Statistik)* • multinomial distribution; polynomial distribution

Multi-Norm-Videorecorder *m* <av> • multi system video recorder; multi norm video recorder

Multipack *m* <nahr> *(Speiseeis)* • multipack

Multipackung *f* <nahr> *(Speiseeis)* • multipack

Multiplaybackverfahren *n* <av> • rerecording

Multiple Document Interface (MDI) <edv> • Multiple Document Interface (MDI)

Multiplett *n* <phys> • multiplet

Multiplettaufspaltung *f* <phys> • multiplet splitting

Multiplettniveau *n* <phys> • multiplet level

Multiplettstruktur *f* <phys> • multiplet structure

Multiplettterm *m* <phys> • multiplet term

Multiplex *n* <el> • multiplex; multichannel

Multiplexanlage *f* <verf> *(System mit mehreren hintereinander geschalteten Walzenpaaren)* • multiplex-roll plant

Multiplexbetrieb *m* <el> • multiplex operation; multiplex mode

Multiplexeinrichtung *f* <el> • multiplexing equipment; channelling equipment

Multiplex-Empfänger *m* <navig> • multiplex receiver; multiplexing receiver

multiplexen *vi* <navig> *(von einem Satelliten zum nächsten schalten)* • multiplex *vi*

multiplexen *vt* <lwl> *(Signalübertragung)* • multiplex *vt*

Multiplexer *m* <el> • multiplexer; multiplexer *rare*

Multiplexer *m* ugs <navig> • multiplex receiver; multiplexing receiver

Multiplexfunksender *m* <el> • multiplex radio transmitter

Multiplexing *n* <el> *(Simultanübertragung mehrerer Signale über denselben Übertragungsweg)* • multiplexing; multichannelling

Multiplexing-Empfänger *m* <navig> • multiplex receiver; multiplexing receiver

Multiplex-Interferenzspektroskop *n* <el> • multiplex interference spectroscope

Multiplexkanal *m* <el> • multiplex channel; multiplexer channel

Multiplex-Kanal *m* <navig> • multiplexing channel

Multiplexmodus *m* <el> • multiplex operation; multiplex mode

Multiplexor *m* rar <el> • multiplexer; multiplexor *rare*

Multiplexsender *m* <el> • multiplex transmitter

Multiplexsystem *n* <allg> • multiplex system

Multiplextechnik *f* <el> *(z. B. für Kfz-Elektrik)* • multiplex technology

Multiplexverfahren *n* <el> *(Simultanübertragung mehrerer Signale über denselben Übertragungsweg)* • multiplexing; multichannelling

Multiplexwalze *f* <metall> • multiplex roll

Multiple Zone Recording *n* <edv> *(zur Datenaufzeichnung auf Festplatten)* • zone-constant angular velocity method (ZCAV); zone bit recording method; ZBR-method; multiple zone recording method; MZR-method

Multiplierschaltung *f* <el> • multiplier circuit

Multiplikand *m* <edv> • multiplicand

Multiplikant *m* <math> • multiplier

Multiplikation *f* <math> • multiplication

Multiplikationsbefehl *m* <edv> • multiply instruction

Multiplikationsfaktor *m* <math> • multiplication factor

Multiplikationskonstante *f* <math> • multiplication constant

Multiplikationskonstante *f* <msr> *(Vermessung)* • stadia lines ratio

Multiplikationsschaltung *f* <el> • multiplier circuit

Multiplikationsstelle *f* <msr> *(in Regelsystemen)* • multiplication point

Multiplikationszeichen *n* <math> • multiplication sign

multiplikativ <math> • multiplicative

multiplikative Mischung *f* <tele> • multiplicative mixing; multiplicative conversion

multiplikative Störung *f* <av> • multiplicative noise

Multiplikator *m* <math> • multiplier

Multiplikatorpotentiometer *n* <el> • multiplier potentiometer

Multiplikatorregister *n* <edv> • multiplier register

Multiplizierer und Addierer *m* <edv.av> • multiply and accumulate (MAC)

Multiplizierer und Summierer *m* <edv.av> • multiply and accumulate (MAC)

Multiplunger-Pumpe *f* <förd> • multi-plunger pump

Multipoint-Betrieb *m* <edv> • multipoint operation

Multipoint Miniverstärkerkarte *f* <el> • mini driver MP card

Multipol *m* <phys> • multipole

multipolar <el> • multipolar

Multipolordnung *f* <phys> • multipole order

Multipolstrahlung *f* <phys> • multipole radiation

Multiprocessing *n* <edv> • multiprocessing

Multiprogrammbetrieb *m* <edv> • multiprogramming operation; multiprogramming mode; multiprogramming

Multi Programme Recording *n* <av> • Multi Programme Recording *n*

Multiprozessor *m* <edv> • multiprocessor

Multirahmen *m* <tele> • multiframe

multiread-kompatibel <edv> • multiread compatible

Multirechnersystem *n* <edv> • multicomputer system

Multirotation *f* <chem> • mutarotation; multirotation

Multi-Sample *n* <edv.av> • multi sample; multi-layered sample

Multisample *n* <edv.av> • multi sample; multi-layered sample

Multi-Sampling *n* <edv.av> • multi sampling; multi layering; multi mapping; patch mapping

Multiscanmonitor *m* <edv> • multiscan monitor; Multi-Sync monitor ®NEC; freescan monitor *rare*; variable frequency display; VFD

Multisensor *m* mk <msr> • multisensor; multi-sensor

Multisensorkopf *m* <msr> • multi-sensor head

Multi-Sensor-System *n* (MSS) <navig> • multi sensor system (MSS); multiple sensor system; multi-sensor navigation system

Multisession-CD-R *f* <edv> • multisession disk; multiple-session disk

Multisession-Disk *f* <edv> • multisession disk; multiple-session disk

Multisession-Laufwerk *n* <edv> • multisession drive

Multi-Shot-Messung *f* <petr> • multiple shot survey; multishot survey

Multi-Shot-Messung mit magnetisch wirkendem Messgerät f <petr> *(für Bohrloch-Neigung und -richtung)* • magnetic multiple shot survey; magnetic multi-shot survey

Multispektralfotografie f <phot> • multispectral photography

Multispektralkamera f <phot> • multispectral camera

Multispektralscanner m <edv> • multispectral scanner

Multisplitklimagerät n <hlk> • multi-split air conditioning system

multistabil <tech.allg> • multistable

Multi-Streifenschneider m <pap> • multistrip cutter

MultiSync monitor ®NEC <edv> • multiscan monitor; MultiSync monitor ®NEC; freescan monitor *rare*; variable frequency display; VFD

Multi-System-Heckablage f <kfz.av> *(für Hifi-Anlagen)* • multi-system rear shelf

Multi-System-Videorecorder m <av> • multi system video recorder; multi norm video recorder

Multi-Tasking n <edv> • multi-tasking

Multitasking n <edv> • multitasking

Multitasking-Betriebssystem n <edv> • multitasking operating system

multitimbral <mus.akust> *(Eigenschaft von Musikinstrumenten)* • multi-timbral

multitimbraler Mode m <edv.av> • multi mode; multi-timbral mode; MIDI multi mode; MIDI multi-timbral mode; MIDI mode 3b

multitimbraler Synthesizer m <edv.av> • multitimbre synthesizer; multi-mode synthesizer; multi-timbral synthesizer

multitimbraler Synthesizer m <el.mus> *(MIDI-Multimode implementiert)* • multi-timbral synthesizer

Multitimbralität f <mus.akust> *(Eigenschaft klangpolyphoner Musikinstrumente)* • multi-timbrality

Multitimbranz f <edv.av> *(Wavetablesynthesizer)* • multi timbre

Multitimbre n <edv.av> *(Wavetablesynthesizer)* • multi timbre

Multi-Timbre n <edv.av> *(Wavetablesynthesizer)* • multi timbre

Multitimbre-Synthesizer m <edv.av> • multitimbre synthesizer; multi-mode synthesizer; multi-timbral synthesizer

Multitrack-Empfänger m <navig> • multichannel receiver; multi-channel receiver; continuous tracking receiver; continuous receiver; parallel receiver

Multiturn-Drehgeber m <msr> • multiturn rotary encoder

Multi-User-Umgebung f <edv> *(von Computern)* • network; computer network; multiuser environment

Multi-Vari-Karte f <qualit> • multivari chart

Multiverfahrenstechnik f <verf> *(z. B. beim Blasformen)* • multi-process technique

Multivibrator m <el> *(als Impulserzeuger)* • multivibrator; multivibrator circuit

Multivibratorkippschaltung f rar <el> *(als Impulserzeuger)* • multivibrator; multivibrator circuit

Multivibratorschaltung f rar <el> *(als Impulserzeuger)* • multivibrator; multivibrator circuit

Multiwire-Technik f <ic> • multiwire technique

Multizellularelektrometer n <el> • multicellular voltmeter; multiple voltmeter

Multizyklon m <verf> • multi-cyclone separator; multiclone; multicellular cyclone; multiple-unit cyclone

Mumps m <med> • parotitis; parotiditis; mumps; epidemic parotitis

Mund m <av> • mouth

Munddruck m (P$_{mo}$) *DIN ISO 4135* <med.tech> • mouth pressure (P$_{mo}$) *ISO 4135*; pressure at the airway opening P$_{ao}$

mundgeblasenes Glas n <silik> • handblown glass

Mundgefühl n <nahr> • mouthfeel; mouth feel

mundig <nahr> *(Wein)* • palatable; savoury; pleasing

Mundokklusionsdruck m <med.tech> *(beim Atmen)* • occlusion pressure

Mundring m <wz> • die backer

Mundschutz m <kfz> • mouth cover

Mundstück n <tech.allg> *(z. B. von Blasinstrumenten)* • mouthpiece

Mundstück n <tech.allg> *(z. B. von Brenner, Düse)* • tip

Mundstück n <prod> • die

Mundstück n <prod> • gooseneck nozzle

Mundstück n <rls> *(Düse)* • nozzle

Mundstück n <wz> *(Einsatz für Blindnietzangen)* • nosepiece

Mundverschlussdruck m <med.tech> *(beim Atmen)* • occlusion pressure

Mundwasser n <hygi> • mouthwash

Mundzerstäuber m <kunst.wz> *(für Fixativ, z. B. auf Kohlezeichnungen)* • atomizer; diffuser

Mund-zu-Mund Kommunikation f <werb> • face-to-face communication

Munition f <mil> • ammunition; ammo *coll*

Munitionskarren m <mil> • caisson

Munitionskiste f <mil> • caisson; ammunition chest

Munitionskontrolle f <mil> • ammunition control

Munitionslager n <mil.logist> • ammunition depot

Munitionsstörung f <mil> • ammunition failure

Munitionsversagen n <mil> • ammunition failure

Munster m <nahr> • munster

Muntzmetall n <metall> • malleable brass; Muntz metal

Murex purpurea <bio> • purple snail; murex purpurea

Muriaticum acidum n wiss <chem> • hydrochloric acid (HCl); muriaticum acidum *thsc*; hydrogen chloride; muriatic acid

Murphy's Law n <qualit> • Murphy's Law

Murphys Gesetz n rar <qualit> • Murphy's Law

Musa-Antenne f <av> • multiple-unit steerable aerial

Musafaser f <textil> *(musa textilis)* • abaca fiber; manila fiber; abacá; Manila hemp; Manilla hemp *rare*

Muschelbruch m <el.ic.prod> *(Beschädigung der Chippassivierung unter oder direkt neben dem Bond)* • cratering

Muschelbruch m <qualit.mat> *(Bruchmechanik)* • conchoidal fracture; clam-shell marked fracture *did.coll*

muschelig <min> • conchoidal; shelly *coll*

muscheliger Bruch m <qualit.mat> *(Bruchmechanik)* • conchoidal fracture; clam-shell marked fracture *did.coll*

Muschelkalk m <geo> *(Formation)* • Muschelkalk; shell limestone

Muschelkurve f ugs <math> *(Kurvenform, ähnlich Umriss von Eiern)* • conchoid

Muschellampe f <licht> • capiz shell light

Muschellinie f <doku> *(z. B. im Kennfeld von Strömungsmaschinen)* • conchoid

Muschelsandstein m <geo> • shelly sandstone

Muschelseide f <textil> • mussel silk

Muscle-Animation f <edv> • muscle animation

Muscle Bike n <kfz> • muscle bike

Muscle Car n <kfz> • muscle car

Muser m <agri> *(Futterquetsche)* • masher

Musical Instrument Digital Interface n (MIDI) <edv.av> • Musical Instrument Digital Interface (MIDI); MIDI interface *pract*; Universal Synthesizer Interface *obs*

Musikaliendruck m <druck> • music printing

Musikbibliothek f <edv.av> • sound library; audio library; music library

Musik-CD f prakt <av> *(für Tonwiedergabe; typ. Musik)* • compact audio disc; digital audio disc; audio disc *pract*; CD *coll*

Musikdusche f <werb.mus> • sound shower
Musikeinspielung f <tele> • music on hold
Musikelektronik f <edv.av> • music electronics
Musikformat n <av> • sound format; audio format; sample (data) format; audio file; sound output format
Musikkassette f <av> • music cassette (MC)
Musikleistung f <av> (Musikbelastbarkeit eines Laut-sprechers) • music power
Musiknotensatz m <druck> • music-type composition
Muskatnuss f <bio> • nutmeg; nux moschata
Muskelatrophie f <bio> • atrophy
muskelgetriebenes Fahrzeug n (HPV) <fz> • human powered vehicle (HPV)
Muskelkraft-Bremsanlage f <kfz.brems> • muscular en-ergy braking system
Muskelschwund m <bio> • atrophy
Mussbestimmung f <jur> • rule; standard; norm
Muster n <tech.allg> (allg.; Farbmuster o.ä. auf Ober-flächen) • pattern
Muster n <tech.allg> (Prototyp etc.; z. B. einer Erfindung) • exemplary embodiment
Muster n <edv> (Strichcode) • pattern
Muster n <edv> • sample wiss - prakt; quantum wiss
Muster n <kunst> (von Bildern) • draft; layout; sketch; plan
Muster n <prod> (zum Ur- od. Umformen) • master form; master; pattern; model
Muster n <prod> (Schablone) • template
Muster n rar <prod> (allg.) • prototype; preproduction pro-totype
Muster n <prod> (ein Objekt zum Kopieren, Nachbauen etc.) • original; master
Muster n <qualit> (repräsentatives Exemplar) • sample; sample piece
Muster n <textil> (z. B. Hahnentritt, Millefleurs, Nadel-streifen) • design; pattern
Musterbau m <bau> • prototype building
musterbildender Faden m <textil> • figuring end
Musterdecker m <textil> (Kulierwirkmaschine) • stitch transfer point for knitting lace stitch patterns
Musterentnahme f rar <qualit> (z. B. aus Material, Fertig-produkten) • sampling
Mustererkennung f <tech.allg> • pattern recognition
Musterfaden m <textil> • pattern thread
Musterfadenspule f <textil> • whip roll
Musterfärben n <textil> • sample dyeing
Musterharnisch m <textil> • figuring harness
Musterkette f <textil> • pattern chain; pattern warp; figur-ing shaft
Musterkurve f <prod> • master cam
Musterlegeschiene f <textil> • patterning guide bar
Musterlochfeld n <prod> • pattern of round holes
Mustermechanismus m <textil> • patterning mechanism; motif patterning mechanism
mustern vt <textil> • pattern vt
Musterpatrone f <textil> • pattern design
Musterrad n <textil> • pattern wheel
Musterschaben n <prod> • frosting
Musterschläger m <textil> • card cutter
Musterstück n <prod> (Urstück) • master component
Musterstück n <prod.qualit> (exemplarisch, Schaustück) • sample workpiece
Mustertrommel f <textil> • pattern drum
Musterweberei f <textil> • pattern weaving
Musterwebstuhl m <textil> • pattern loom
mutagenes Potential n <emiss> (z. B. von Abgasen) • mutagenicity :V
Mutagenität f <emiss> (z. B. von Abgasen) • mutagenicity :V
Mutarotation f <chem> • multirotation

Mutarotation f <chem> • mutarotation; multirotation
muten vt jarg <av> (Ausgangskanäle, Lautsprecher) • mute vt
Muting n <edv> (Fehlerverdeckung bei digitalisierten Daten) • muting
Mutinggerät n <autom> (deaktiviert/überbrückt z. B. Lichtschranken, für automatisches Be- und) • muting controller; muting unit
Mutmaßlichkeitsverhältnis n <math> • likelihood ratio
Mutter f <edv> (CD-Produktion; Positiv-Replikat der Mas-terplatte) • mother; metal mother; mother disc; positive
Mutter f <füg> (auf Schraube; typ. mit Sechskant) • nut
Mutteratom n <phys> • parent atom
Mutterauflage f <füg> (bei Muttern ohne Bund o.ä.) • bearing face; bearing surface
Mutterauflage f <füg> (bei Muttern mit Bund, Flansch o.ä.) • washer face
Mutterband n <edv> • master tape; tape master; produc-tion master
Mutterbaum m <holz> • mother tree
Mutterblechanode f <obfl> (Galvanotechnik) • stripper anode
Mutterblechbad n <obfl> (Galvanotechnik) • stripper tank
Mutterboden m <agri> (oberste, fruchtbare Erdschicht) • top soil; surface soil; root soil rare
Mutterboden m <agri> (allg.; für Anbau geeignete Deck-schicht) • arable soil; topsoil; surface soil rare
Mutterbodenauftrag m <min> (Rekultivierung) • resoil-ing
Mutterende n <füg> (von Stiftschrauben) • nut end :V
Mutterfräsmaschine f <wz.masch> • nut milling machine
Mutter für T-Nuten f DIN 508 <füg> • T-slot nut; nut for T-slots DIN 508
Muttergerät n <tech.allg> • master unit
Muttergestein n <geo> (fester Fels oder Untergrund, z. B. als Fundament) • bedrock; living rock; native rock
Muttergestein n <geo> (als Ggs. zu Ganggestein) • host rock; parent rock; native rock
Muttergestein n <petr> (Erdöl/Erdgaslager) • source rock
Muttergewinde n <füg> (Gewinde einer Mutter) • nut thread
Muttergewinde n <füg> (in Bohrungen, Muttern allg.) • internal thread; female thread; nut thread ISO; class B thread US; B thread US
Muttergewindebohrer m DIN 357 <wz> (mit geradem Schaft) • nut tap
Muttergewindebohrer m <wz> (Schaft um 180° gebo-gen) • hook tap; hook-shank tap
Muttergewindebohrer m <wz> (für spezielle Gewinde-bohrmaschinen) • tapper tap
Muttergewindebohrer mit gebogenem Schaft m <wz> • bent-shank tap
Muttergewindeschneidautomat m <wz.masch> • nut tapping automatic
Muttergewindeschneideinrichtung f <wz.masch> • nut tapping attachment
Muttergewindeschneidmaschine f <wz.masch> • nut-tapping machine; nut-threading machine rare
Mutterhöhe f <füg> • height of the nut; thickness of nut; height of nut
Mutterholz n <obfl.holz> • carcass wood; main wood
Mutterkern m <nukl> • parent nucleus; precursor nucleus
Mutterkorn n <bio> • ergot; secale cornutum
Mutterkreiselkompass m <navig> • master gyro com-pass; master gyro pract
Mutterkristall m <mat> • mother crystal
Mutterlauge f <verf> • mother liquor; mother liquid
Mutterlinie f <bio> (im Stammbaum) • parent line
Muttermaske f <el.ic> • master mask

Muttermatrize f <edv> (CD-Produktion; Positiv-Replikat der Masterplatte) • mother; metal mother; mother disc; positive

Muttermatrize f rar.ugs <metall> (unten, mit Kavität; beim Schmieden, Pressen) • female die; female die part; impression die; lower die; bottom die

Muttermatrize f rar.ugs <metall> (allg.) • female die

Muttermetall n <füg.metall> (beim Schweißen) • base metal

Mutter mit Klemmteil f <füg> • prevailing torque nut; prevailing torque locknut

Mutter mit Linksgewinde f <masch> • left-hand nut

Mutter mit Rechtsgewinde f <masch> • right-hand nut

Muttermodell n <prod> (erstes Präzisionsmodell; z. B. auf Basis einesTonmodells oder von CAD-D) • master model; grand master pattern; master pattern; master form

Mutternabkantmaschine f <wz.masch> • nut beveling machine US; nut bevelling machine GB

Mutternende n <füg> (von Stiftschrauben) • nut end :V

Mutternschlüssel m prakt <wz> (zum Anziehen/Lösen von Schrauben/Muttern) • wrench US.GB.form; spanner GB.form.pract

Mutternsicherung f <füg> • nut locking; nut guard rare

Mutternsprenger m <wz> • nut splitter; nut cracker

Mutternstarter m <wz> • nut starter

Mutteroszillator m <el> • master oscillator

Mutterquarz m <msr> • master crystal

Mutterschiff n <nav> (einer Flotte, eines Schiffsverbands) • basis ship; mother ship

Mutterschiff n <nav> (einer Fischfangflotte) • factory ship

Mutterschiff n <nav.logist> (allg.) • supply ship; depot ship; tender

Mutterschloss n <wz.masch> (Drehmaschine) • lead-screw nut; double half nuts; split nut

Mutterschlosshebel m <wz.masch> • half-nut lever

Mutterschlüssel m <wz> • wrench

Mutterschraube f <füg> • through bolt

Muttersender m <av> • master transmitter

Mutterstück n <msr.wz> (Messschraube) • anvil

Muttersubstanz f <mat> • mother substance; parent substance

Mutterteil n <tech.allg> (allg.; mit Öffnung, Vertiefung etc.) • female part; female piece

Mutteruhr f rar <msr> (zentrale Uhr, Taktgeber) • master clock; primary clock

Mutter- und Tochtergesellschaft <econ> • parent company and subsidiary

Mutterverteiler m <tribo> • elementary feeder

Mutterwerkstoff m <füg.metall> (beim Schweißen) • base metal

Mutterwolle f <textil> • ewe's wool

Mutterzeichnung f <edv.doku> (Variantenkonstruktion) • basic-shape drawing

Mutung einlegen vi <min> • claim vt

MVA <ents.verbr> • waste incineration plant; waste incinerator GB; refuse incineration plant rare

MVEG <kfz.emiss> • Motor Vehicles Emission Group (MVEG)

MVEG-Mix m <kfz> (Kraftstoffverbrauch nach EU-Richtlinie) • MVEG mix

MVI <kst> • melt volume index (MVI)

MVI-Index m (MVI) <kst> • melt volume index (MVI)

MVIP <tele> (CT-Bus-Norm) • Multivendor Integration Protocol (MVIP)

MVI-Protokoll n (MVIP) <tele> (CT-Bus-Norm) • Multivendor Integration Protocol (MVIP)

mV-Spannung f <chem> • redox voltage; mV-voltage; ratio potential; redox potential ant; mV-value

mV-Wert m <chem> • redox voltage; mV-voltage; ratio potential; redox potential ant; mV-value

MW <alarm> • microwave motion detector

MW <tele> (Radiofrequenzbereich 500 bis 1600 kHz) • amplitude modulation (AM)

MWD <petr> • measuring-while-drilling

MWD-System n <petr> • MWD system

MW/LW-Rundfunkempfänger m <av> • AM receiver

m-Xylol n <chem.petr> • meta-xylene; m-xylene

Mycobacterium tuberculosis n <med> • tubercle bacillus; Koch's bacillus

Myelomzelle f <med> • myeloma cell

Mylar $^®$DuPont <kst> (z. B. als Dielektrikum in Kondensatoren) • polyester film; PE-film; mylar film; Mylar $^®$DuPont

Mylarfolie f <kst> (z. B. als Dielektrikum in Kondensatoren) • polyester film; PE-film; mylar film; Mylar $^®$DuPont

Myon n <phys> • mu meson

Myon n <phys> • mu meson; muon

Myonatom n <phys> • muonic atom

Myonenatom n <phys> • muonic atom

Myoneneinfang m <phys> • muon capture

Myonenzerfall m <phys> • muon decay

myonisch <phys> • muonic

Myonium n <phys> • muonium

Myristylierung f <med> • myristoylation

MZ <kfz> (Rad) • spigot mounting; spigot centering; hub mounting; hub centering; hubcentric fit BBS

MZR-Verfahren n <edv> (zur Datenaufzeichnung auf Festplatten) • zone-constant angular velocity method (ZCAV); zone bit recording method; ZBR-method; multiple zone recording method; MZR-method

N

N$_2$-Generator m <chem.verf> • nitrogen generator

N$_2$-Kammer f <obfl> (in kontinuierlich arbeitenden Zinkaufdampfanlagen) • N$_2$-gas room

N$_2$O <chem> • nitrous oxide (N$_2$O); dinitrogen oxide; laughing gas coll

Na <chem> • sodium (Na)

Na$_2$O$_2$ <chem> • sodium peroxide (Na$_2$O$_2$)

Nabe f <edv> (3,5-Zoll-Diskette) • disk hub; hub; clamping plate

Nabe f IEV 415 <energ.wind> • hub IEV 415

Nabe f <masch> (z. B. von Rädern, Riemenscheiben, Propellern) • hub

Nabelpunkt m <math> • umbilical point

Nabelschnurvene f <med.tech> (Gefäßersatz) • human umbilical cord vein allograft (HUVAG); umbilical vein graft; umbilical cord vein; umbilical vein; Dardik graft rare

Nabe mit Kerbverzahnung f did <kfz> (bei Sport- und Rennwagen) • central-locking hub; spline hub pract; splined hub pract; Rudge hub pract.obs; Rudge-Whitworth hub form.obs

Nabenabdeckung f <kfz> (kleine Kunststoff-Zierkappe in Felgenmitte) • hub cap

Nabenabdeckung f prakt <kfz> (bei LM-Rädern; flache, etwa handgroße Platte in Felgenmitte) • center locking disk; center bore cap; center lock BBS

Nabenabzieher m <kfz.wz> • hub puller; wheel hub puller

Naben aussenken vt <prod> • boss vt

Nabenbohrung f <kfz> (Rad) • center hole US; center bore US; centre bore GB; centre hole GB

Nabenbremse f <fz.brems> (Fahrrad) • hub brake

Nabenbuchse f <masch> • hub bush

Nabendeckel m ugs <kfz> (kleine Kunststoff-Zierkappe in Felgenmitte) • hub cap

Nabengehäuse n <masch> (z. B. Fahrrad) • hub shell

Nabenhöhe f IEV 415 <energ.wind> • hub height IEV 415; centerline height rar

Nabenhülse f <el> (Anker) • armature sleeve

Nabenhülse f <masch> (z. B. Fahrrad) • hub shell

Nabenkappe f <kfz> (kleine Metallkappe über Halsmutter und Radlager) • hub cap; spindle cap US

Nabenkeilnut f <masch> • hub keyway

Nabenkörper m <masch> (z. B. Fahrrad) • hub shell

Nabenkopplungsloch n <edv> (3,5-Zoll-Diskette) • hub orientation hole

Nabenmantel m <turb> • runner cone; hub cover

Nabenschaltung f <fz> (Fahrrad) • integral rear hub US; hub gear GB; speed gear hub JAP

Nabenschneidkluppe f <wz> • wheel-hub screw stock

Nabenschraube f <füg> • boss joint bolt

Nabensitz m <kfz> • wheel seat

Nabenstemmmaschine f <wz.masch> • wheel-hub mortiser

Nabenstern m <masch> • hub spider

Nabenteil n <kfz> (Drahtspeichenrad) • center member; shell

Nabenverbindung f <füg> • boss joint

Nabenwirbel m <turb> (Kavitation in Wasserturbine) • root vortex

Nabenwulst m/f <masch> (Kreuzkopf) • boss bead

Nabenzugriffsöffnung f <edv> • hub access hole

Nabla n <math> • nabla operator; del operator; del

Nabla-Operator m <math> • nabla operator; del operator; del

nach <rls> (in Strömungsrichtung eines Mediums) • downstream

Nach... <tech.allg> (als Präfix i.S. von zusätzlich, nachträglich hinzugefügt etc.) • additional ...

nach achtern absacken vt <nav> • fall astern vt

nachaltern vi <tech.allg> • afterage vi

Nachappretur f <textil> • afterfinish; final finish; final finishing

Nacharbeit f <prod> (letzte Bearbeitungsstufe, letzter Schliff; z. B. Entgraten, Polieren) • finishing

Nacharbeit f <prod> (spanend) • remachining

Nacharbeit f <prod.qualit> (zur Behebung von Mängeln) • correction; reworking; rework

nacharbeiten vt <kfz.mot> (Ventilsitze) • reface vt

nacharbeiten vt <prod> (letzte Arbeitsschritte; z. B. entgraten, polieren, säubern) • finish vt

nacharbeiten vt <prod> (spanend) • remachine vt

nacharbeiten vt <prod.qualit> (zum Beseitigen von Mängeln) • rework vt

nacharbeitsfrei <prod.qualit> (spanend) • without remachining

nacharbeitsfrei <prod.qualit> • without reworking

Nachaufbereitungsmaschine f <min> • tailings machine

nach außen aufgehend <bau> (Tür, Fensterflügel) • swing-out; outward opening; projecting out [when opened]; swinging out

nach außen gewölbt <tech.allg> (Blech) • convex

nach außen gewölbt <obfl> (eher geringe Wölbung) • domed; convex; cambered

nach außen öffnend <bau> (Tür, Fensterflügel) • swing-out; outward opening; projecting out [when opened]; swinging out

Nachbaratom n <phys> (z. B. im Kristallgitter) • neighbouring atom; adjacent atom

Nachbarbildträger m <av> • adjacent vision carrier; adjacent-channel picture carrier rare

Nachbarfeld n <min> • adjoining concession

Nachbarfrequenz f <tele> (allg.) • adjacent frequency

Nachbarimpulsnebensprechen n <tele> • intersymbol interference

Nachbarkanal m <tele> • adjacent channel

Nachbarkanaldämpfung f <tele> • adjacent-channel attenuation

Nachbarkanalstörung f <tele> • adjacent-channel interference; sideband splash

Nachbarkanalunterdrückung f <tele> • adjacent-channel rejection

Nachbarland n <geo> • neighbouring country

Nachbarortsverkehr m <tele> • adjacent-city telephone traffic

Nachbarschaft f <tech.allg> (nähere Umgebung; z. B. von Bauteilen, Systemen, Wärmequellen) • proximity; vicinity

Nachbarschaft f <tech.allg> (räumlich, örtlich) • neighbourhood; surroundings; vicinity

Nachbarspur f <el> (magn. Aufzeichnung; Disketten, Platten, Bänder) • adjacent track

Nachbarstellung f <tech.allg> • neighbouring position; near-by position; vicinal position rare.thsc

Nachbartonfalle f <av> • adjacent-channel sound rejector

Nachbartonträger m <av> • adjacent-channel sound carrier

Nachbarwindungen fpl <tech.allg> (in Spulen, Wicklungen, Schraubenfedern) • adjacent turns pl

Nachbarzelle f <tele> (Mobilfunk) • adjacent cell

Nachbau m <prod> (von techn. Erzeugnissen aller Art; legal oder als Produktpiraterie) • copy construction; reproduction; copy coll

Nachbauen n <min> (Bergwerk) • back ripping; rerip; repair

nachbauen vt <min> (Bergwerk) • rerip vt; repair vt

nachbauen vt <prod> (ein Produkt, Vorbild) • reproduce vt; copy vt

Nachbauteil n <kfz.rep> (Karosserieblechteile) • pattern panel; reproduction panel; replica panel

nachbearbeiten vt <av> (Film video, Tonband) • edit vt; cut vt

nachbearbeiten vt <prod> • rework vt

nachbearbeiten vt <prod.qualit> (zum Beseitigen von Mängeln) • rework vt

Nachbearbeitung f <av.kino> (Vorgang des Bearbeitens von Videos, Filmen) • editing; cutting

Nachbearbeitung f <edv> (von Daten) • post processing; data editing

Nachbearbeitung f <prod> (allg.; zum Ausbessern etc.) • reworking

Nachbearbeitung f <prod> (spanend) • remachining

Nachbearbeitungs-Software f <edv> • postprocessing software

nachbehandeln vt <tech.allg> (betont: nach dem Hauptarbeitsgang) • aftertreat vt

nachbehandeln vt <tech.allg> (betont: erneut behandeln) • re-treat vt

nachbehandeln vt <bau> (Beton) • cure vt

nachbehandeln vt <prod> (in Reihenfolge o.ä.) • treat subsequently vt

Nachbehandlung f <tech.allg> (z. B. durch mech. oder chem. Prozesse) • aftertreatment; post-treatment

Nachbehandlung f <bau> (von Beton) • curing; aftertreatment

Nachbehandlung f <med> (Therapie) • follow-up measures; follow-up action

Nachbehandlung f <prod> (betont: nach vorausgegangener Vorbehandlung) • subsequent treatment; secondary treatment; additional treatment; after-treatment

Nachbehandlungsfilm m <bau> • curing membrane
Nachbehandlungsverfahren n <prod> (nach dem Gießen) • post-casting process
Nachbeizen n <obfl> • desmutting; smut removal
Nachbelichten n <phot> (einzelner Bildpartien) • burning-in; printing-in
nachbelichten vt <phot> (einzelne Bildpartien) • burn in vt; print in vt
Nachbelichtung f <phot> (allg.) • postexposure
Nachbeschickung f <metall> (z. B. Hochofen) • additional charging
nachbeschleunigen vt <phys> • postaccelerate vt
Nachbeschleunigung f <phys> (z. B. von radioaktiven Ionen) • postacceleration; afteracceleration; postdeflection acceleration
Nachbeschleunigungsanode f <el> • accelerating anode; additional gun anode; post acceleration anode
Nachbeschleunigungselektrode f <el> • postaccelerating electrode; intensifying electrode; afteraccelerator
nachbessern vt <obfl> (Lackierungsfehler) • touch up vt
nachbessern vt <prod.qualit> (zum Beseitigen von Mängeln) • rework vt
Nachbesserung f <holz> • beating up
Nachbestücken n <el> (von Leiterplatten) • retro-loading :V
nachbiegen vt <mot> (Zündkerzenelektrode) • regap vt; reset the gap vi
Nachbild m <el> (nachleuchtend auf Bildschirm) • afterimage
Nachbilddämpfung f <tele> • balance loss
nachbilden vt <allg> (Modell, Vorlage, Vorbild, Muster) • imitate vt; copy vt
nachbilden vt <tech.allg> (Situation) • simulate vt
nachbilden vt <tech.allg> (Vorlage, Realität) • model vt
nachbilden vt rar <edv> (techn. Verhalten; z. B. Drucker) • emulate vt
nachbilden vt <prod> (z. B. an anderer Stelle) • reproduce vt
Nachbildfehlerdämpfung f <tele> • active balance return loss; hybrid balance
Nachbildmesser m <tele> • return-loss measuring set
Nachbildprüfer m <tele> • balance tester
Nachbildung f <tech.allg> (Simulation) • simulation
Nachbildung f <tech.allg> (maßstabsgerechter Nachbau; z. B. von Fahrzeug, Gebäude) • model
Nachbildung f <allg.tech> (von Anlagen, Systemen; für Tests, Probeläufe) • mock-up
Nachbildung f <chem> (von Isotopen) • recovery
Nachbildung f <kunst> (Imitat eines Originals) • replica
Nachbildung f <el> (Netz) • balancing network
Nachbildungsgestell n <el> • network balancing rack
Nachbildungskurve f <nukl> • growth curve
Nachbildungssucher m <tele> • impedance unbalance finder
Nachblasen n <metall> (Stahlherstellung) • Bessemer afterblow
nachblasen vi <metall> (Bessemer-Verfahren zur Stahlherstellung) • afterblow vi
nachbohren vi/vt <petr> (Ölbohrung) • ream vi/vt
nachbohren vi/vt <prod> (fertigmachen) • finish-bore vi/vt
nachbohren vi/vt <prod> (erneut) • redrill vi/vt; rebore vi/vt
Nachbonden n <el.ic.prod> • rebonding; repair bonding
Nachbrand m <silik> • refiring
Nachbrechen n <verf> • fine crushing
Nachbrecher m <verf> • fine crusher; secondary crusher
Nachbrenndauer f <qualit.mat> (von Kunststoffen) • duration of burning
Nachbrennen n <aerospace> • tail-pipe burning

Nachbrennen n ISO 13943 <feuer> (Flamme, die nach Entfernen der Zündquelle anhält) • afterflame ISO 13943
Nachbrennen n <kfz.mot> • after-burning
Nachbrennen n <verf> • postcombustion
nachbrennen vi <aerospace> (Treibstoff) • reheat vi
nachbrennen vt <silik> • refire vt
Nachbrenner m <tech.allg> (allg., zur Leistungssteigerung od. Abgasreinigung; z. B. Triebwerk) • afterburner
Nachbrenner m <aerospace> • afterburner; tail pipe burner
Nachbrennkammer f <ents> • secondary combustion chamber (SCC); afterburner; afterburner chamber
Nachbrennzone f <ents> • burnout section
Nachbunkern n <nav> • refueling US; refuelling GB
Nachchlorung f <chem.verf> (z. B. von Wasser) • post-chlorination
nach dem Rückstoßprinzip angetrieben <tech.allg> • reaction-propelled
Nachdieseln n <kfz.mot> (beim Ottomotor) • dieseling; running-on; run-on; postignition rare; afterfire rare
nachdieseln vi <mot> • run on vi; diesel vi
Nachdrehen n <prod> (auf Drehmaschine) • re-turning
Nachdrehen n <textil> (Stufen-Zwirnverfahren) • additional-twisting; after-twisting
Nachdrehmaschine f <wz.masch> • second-operation lathe
Nachdrehung f <textil> • additional twist
Nachdruck m <druck> (z. B. eines Buches) • reprint
Nachdruck m norm <kst> (beim Spritzgießen) • holding pressure; hold pressure; dwell pressure; second-stage pressure; 2nd stage pressure
Nachdruck m <metall> • consolidation pressure
Nachdruck m <nahr> (Wein) • final pressings pl; last pressings pl
Nachdruck 1 m <kst> (erster Nachdruck bei gestaffeltem Nachdruck) • first-stage injection pressure
Nachdruck 2 m <kst> • second-stage pressure
nachdrucken vt <druck> • reprint vt
Nachdruckexpansion f <kst> • postmolding expansion
Nachdruckoptimierung f <kst> • holding pressure optimization
Nachdruckweg m <kst> • holding pressure stroke
Nachdruckzeit f <kst> • holding pressure time; dwell time; screw-forward time
Nachdrückphase f <kst> • screw-forward phase
nachdunkeln vi <obfl> (Holz, Anstrich, Tapete) • darken vi; deepen vi; sadden vi rare
Nacheichung f <msr> (betont: vor Ort) • field calibration
Nacheichung f <msr> (allg.) • recalibration
nacheilende Phase f <phys> • lagging phase
nacheilender Kämpferdruck m <bau> • back abutment pressure
nacheilender Strom m <el> • lagging current
Nacheilung f <tech.allg> • lag; lagging
Nacheilungswinkel m <tech.allg> • lag angle
nacheinander <allg> • successive
nacheinander abschalten vt <el> (Stromverbraucher) • shut down one at a time vt
nacheinander abtasten vt <msr> • sample sequentially vt
Nachentflammung f <kfz.el> • post-ignition
Nachentladung f <el> (allg.) • afterdischarge
Nachentladung f <nukl> (Zählrohr) • aftercount
Nachentwicklung f <phot> • redevelopment
Nachentzerrung f <av> • de-emphasis; post-equilization; post-emphasis
nachfärben vt <textil> • redye vt
nachfahren vt <wz> (Kontur, Körper) • trace vt; follow vt rare
Nachfahrgenauigkeit f <prod> • tracing accuracy

Nachfallen *n* DIN EN ISO 4618 <obfl.qualit> *(Lackfehler)* • sinkage; contouring; flat spots *pl*; porosity

nachfallen *vi* <tech.allg> *(kollabieren)* • cave in *vi*

Nachfassaktion *f* <werb> *(z. B. durch Anruf, Mailing)* • follow-up measures; follow-up action

Nachfaulbecken *n* <ents> *(Abwasserbehandlung)* • secondary digestion tank

Nachfaulung *f* <ents> *(Abwasserbehandlung)* • secondary digestion

Nachfeld *n* <el> • postfield

Nachfertigungsteil *n* <kfz.rep> *(Karosserieblechteile)* • pattern panel; reproduction panel; replica panel

nachfetten *vt* <tribo> • regrease *vt*

Nachflammen *n* <nfz> *(Flammstartanlage)* • after-flaming

nachflammen *vi* <nfz.mot> • after-flame *vi*

Nachfließen *n* <qualit.mat> • plastic-flow persistence

Nachflotation *f* <ents> *(Aufbereitung)* • second-stage floatation; post-flotation

nachflotieren *vi* <verf> *(Aufbereitung)* • refloat *vi*

nachfokussieren *vi* <phot> *(Schärfe)* • refocus *vi*

Nachfolgemodell *n* <ökon> *(eines Produkts; z. B. Drucker, Auto, Kampfflugzeug)* • successor

Nachfolger *m* <ökon> *(eines Produkts; z. B. Drucker, Auto, Kampfflugzeug)* • successor

Nachformarbeit *f* <prod> • copy machining operation; duplicate machining operation; reproduction job *pract*; repetition job *coll*

Nachformautomat *m* <wz.masch> *(für Werkstücke)* • automatic copying machine; automatic copier

Nachformbarkeit *f* <prod> • reproducibility

Nachformbewegung *f* <prod> • copying movement

Nachformbezugsstück *n* <prod> • copying master

Nachformbrennschneidmaschine *f* <wz.masch> • oxygen profiling machine

Nachformdrehen *n* <prod> • copy turning; duplicate turning

Nachformdrehmaschine *f* <wz.masch> • duplicating lathe; copying lathe; contouring lathe

Nachformeinrichtung *f* <wz.masch> *(an Drehmaschine)* • copying attachment; duplicating attachment; contouring attachment; contour follower; duplicator

Nachformen *n* <kst> *(spanlos)* • postforming

Nachformen *n* <prod> *(spanend; z. B. Drehen, Fräsen)* • copy machining; duplicate machining; duplicating; copying

nachformen *vt* <wz.masch> • duplicate-machine *vt*

Nachformfräsautomat *m* <wz.masch> *(für Formwerkzeuge)* • automatic die-sinking machine

Nachformfräsen *n* <prod> • copy milling

Nachformfräsmaschine *f* <wz.masch> *(allg.)* • copy-milling machine; profile-milling machine

Nachformfräsmaschine *f* <wz.masch> *(für Formwerkzeuge)* • die-sinking machine

Nachformfrässchablone *f* <wz.masch> • copy-milling template; milling-machine template

Nachformfühler *m* <wz.masch> • copying tracer

Nachformgenauigkeit *f* <prod> • copying accuracy; reproduction accuracy

Nachformhobeleinrichtung *f* <wz.masch> • contour-planing attachment; copy-planing attachment

Nachformhobeln *n* <prod> • copy planing

Nachformhub *m* <prod> *(Werkzeugmaschine)* • copy stroke

Nachformkante *f* <prod> *(der Schablone)* • tracing edge

Nachformmaschine *f* <wz.masch> *(für Werkstücke)* • duplicating machine; copying machine; contouring machine; profiler

Nachformschablone *f* <wz.masch> • copying template; copying templet *rare*; former *rare*

Nachformschleifen *n* <prod> • copy grinding; profile grinding

Nachformschlitten *m* <wz.masch> • copying carriage; copying saddle; copying slide

Nachformsteuerung *f* <wz.masch> • contouring control; duplicator control

Nachformtaststift *m* <wz.masch> • copying tracer

Nachformventil *n* <wz.masch> *(z. B. Hydraulik)* • tracer valve

Nachformwalze *f* <prod> • follower roller

nachfräsen *vt* <mot.rep> *(Ventilsitze)* • recut *vt*

Nachfräser *m* <wz.masch> • finishing cutter

Nachfrage *f* <ökon> *(nach Waren, Dienstleistungen)* • demand

nach früh verstellen *vt* <kfz.el> *(Zündzeitpunkt)* • advance *vt*

Nachführautomatik *f* <aerospace> • automatic guidance system

nachführbarer Absorber *m* <energ.sol> • movable absorber

Nachführbelichtungssystem *n* <phot> • match needle metering

Nachführeinrichtung *f* <energ.sol> • tracking system

nachführen *vt* <energ.sol> *(Kollektoren, Sonnenzellen, Teleskopspiegel)* • track *vt*

nachführen *vt* <prod> *(Teile, Material; z. B. zu Bearbeitungszentren)* • feed *vt*

nachführen *vt* <prod> • reposition *vt*

Nachführgeschwindigkeit *f* <tech.allg> • tracking speed

Nachführgetriebe *n* <masch> *(z. B. Teleskopspiegel, Sonnenkollektoren)* • azimuth gear

Nachführmechanismus *m* <masch> *(z. B. Antenne, Kollektorfeld)* • tracking system

Nachführmotor *m* <masch> • azimuth motor

Nachführrahmen *m* <navig> *(Kreiselkompass)* • phantom member; phantom ring; base ring

Nachführregelung *f* <msr> • compensated control

Nachführsystem *n* <energ.sol> • tracking system

Nachführung *f* <energ.sol> • tracking system

Nachführung *f* <energ.wind> • yaw control; yaw system; wind direction alignment

Nachführung der Scharfeinstellung *f* <opt.msr> *(z. B. Kopiergerät)* • focus follow-up control; focus follow-up

Nachführungsfehler *m* <navig> • tracking error

Nachführungsgerät *n* <tech.allg> • tracking equipment; tracking device; follower; tracker

Nachführungsoszillator *m* <el> • lockable oscillator

Nachfüll... <tech.allg> • refill ...

nachfüllen *vt* <tech.allg> • fill up *vt*; refill *vt*

nachfüllen *vt* <tech.allg> *(Vorrat wieder auffüllen; z. B. Motoröl, Papier, Ware im Verkaufsautomat)* • replenish *vt*

nachfüllen *vt* <druck> *(Toner, Tinte)* • re-ink *vt*

Nachfüllflasche *f* <tech.allg> • filling bottle; refilling bottle; refill bottle

Nachfüllflasche *f* <druck> *(Druckertoner)* • replenishment-toner

Nachfüllöffnung *f* <tech.allg> • refill opening

Nachfüllpackung *f* <tech.allg> *(z. B. Flasche, Beutel)* • refill pack; refill *pract*

Nachfüllpatrone *f* <druck> *(Druckertoner)* • replenishment-toner

Nachfüllpumpe *f* <tech.allg> • refill pump

Nachfüllset *n* <tech.allg> • refill set

Nachfüllung *f* <tech.allg> *(Vorgang)* • refilling

Nachfüllung *f rar* <tech.allg> *(z. B. Flasche, Beutel)* • refill pack; refill *pract*

Nachfüllung *f* <logist> • replenishment

Nachfüllung *f* <petr> • topping up

Nachgärung *f* <nahr> *(von Wein, Bier)* • afterfermentation

nachgeben *vi* <tech.allg> *(konkret und abstrakt)* • yield *vi*

nachgeben *vi* <tech.allg> *(rutschen)* • slip *vi*

nachgebende Rückführung *f* <msr> • variable feedback; elastic feedback *coll*

nachgefrieren *vt* <nahr.prod> *(Speiseeis)* • harden *vt*

nach Gefühl einstellen *vt* <tech.allg> • adjust by feel *vt*

nachgeschaltet <verf> *(in Strömungsrichtung dahinter)* • downstream

nachgeschaltete Rauchgasreinigung *f* <emiss> *(NO$_x$)* • post-combustion NO$_x$-removal

nachgeschaltete Rauchgasreinigung *f* <emiss> • flue gas treatment; post-combustion emission control

Nachgeschichte *f* <msr> *(Störwertaufzeichnung)* • postfault events; postfault data

Nachgeschmack *m* <nahr> *(allg.)* • aftertaste

Nachgeschmack *m* <nahr> *(von Wein)* • aftertaste; finish; end-taste

nachgewiesenes Erz *n* <min> • proved ore

nachgiebiger Ausbau *m* <min> • yielding support; non-rigid support

nachgiebiger Ausbaubogen *m* <min> • yielding arch

nachgiebiger dreiteiliger Ausbaubogen *m* <min> • two-hinged arch

Nachgiebigkeit *f* <mat> *(von elastischem Material)* • resilience; compliance

Nachgiebigkeit *f* <qualit.mat> *(spannungverursachter Deformationszuwachs : Spannung)* • compliance

Nachgiebigkeitsverhältnis *n* <textil> • compliance ratio

nachgießen *vi/vt* <metall> *(Schmelze)* • afterpour *vi/vt*

nachgießen *vt* <tech.allg> *(z. B. Kühlwasser, Öl, Waschflüssigkeit)* • refill *vt*

Nachglimmen *n* <el> *(Röhre, Bildschirm)* • afterglow

Nachglimmen *n* ISO 13943 <feuer> *(nach Entfernung d. Zündquelle u. Erlöschen der Flammen)* • afterglow ISO 13943

Nachglühen *n* <kfz.el> *(Glühkerzen)* • post-heating

nachglühen *vt* <metall> • reanneal *vt*

Nachhärten *n* <kst> *(betont: Vernetzung)* • postcuring

Nachhärten *n* <metall> • posthardening; rehardening

Nachhärten *n* <prod.nahr> *(Speiseeis)* • additional hardening

nachhärten *vt* <kst> *(Vernetzen durch Wärme)* • post-stove *vt*; post-cure *vt*

nachhärten *vt* <nahr.prod> *(Speiseeis)* • harden *vt*

Nachhärtungstemperatur *f* <kst> • post-curing temperature

Nachhall *m* <av> • reverberation; reverb *pract*; reverberant sound *rare*; reverberation sound

Nachhallabsorptionskoeffizient *m* <akust> • reverberant absorption coefficient

Nachhalldauer *f* <akust> *(allg.; z. B. in Konzertsaal)* • reverberation time ISO 3382

nachhallgesteuert <av> • reverberation-controlled

Nachhallkammer *f* <akust> • reverberation chamber

Nachhallkeller *m* <av> • acoustic vault

Nachhallkurve *f* <akust> • reverberation decay curve; echo graph

Nachhallraum *m* <akust> • reveberation room ISO 354; reverberatory room; reverberation chamber

Nachhallzeit *f* DIN EN ISO 3382 <akust> *(allg.; z. B. in Konzertsaal)* • reverberation time ISO 3382

Nachhallzeit *f* prakt <av> *(von Nachhall)* • decay

Nachhalten *n* <mil> *(beim Zielen)* • follow-through

Nachhaltezeit *f* <tech.allg> • hold time

nachhaltig <tech.allg> *(z. B. Entwicklung, Energieversorgung)* • sustained

nachhaltige Energieversorgung *f* <energ> • sustained energy supply

nachhaltiger Geschmack *m* <nahr> *(Wein)* • lingering aftertaste; long finish

nachhaltiges Bauen *n* <bau> • sustained building

Nachhaltigkeit *f* <agri> • sustained-yield system

Nachhaltswirtschaft *f* <agri> • sustained-yield management

nachhauen *vt* <wz> *(Feile)* • recut *vt*

Nachheizung *f* <kst> *(Gummi)* • postvulcanization

Nachhieb *m* <wz> *(Feile)* • recut

Nachimpuls *m* <tech.allg> • afterpulse

Nachimpuls *m* <nukl> *(Zählrohr)* • aftercount

nach innen aufgehend <bau> • inward opening

nach innen kippbarer Flügel *m* <bau> • tilt-in sash

nach innen öffnend <bau> • inward opening

Nachjustage *f* <msr> • readjustment

Nachjustierung *f* <msr> • readjustment

Nachkaufgarantie *f* <gastr> *(für Geschirr, Besteck)* • guaranteed availability; availability guaranteed

Nachklärbecken *n* <ents> *(für Abwasser)* • secondary settler; secondary sedimentation basin; final sedimentation tank; final clarification basin; final settling basin

Nachklärung *f* <verf> *(von Abwasser)* • secondary treatment

nachklassieren *vt* <ents> *(Aufbereitung)* • rescreen *vt*

Nachkleben *n* DIN EN ISO 4618 <obfl.qualit> • after tack ISO 4618-2

Nachklingzeit *f* <av> *(eines Tons)* • release; release time; release phase

Nachkommastellen *f* prakt <edv> • number of decimals; no of dec

Nachkommastellenanzahl *f* <edv> • number of decimals; no of dec

Nachkriegsmodell *n* <kfz> • post-war-period car

Nachkühler *m* <tech.allg> • aftercooler

Nachkühler *m* <kfz.mot> *(zwischen zweitem Lader und Motor)* • aftercooler

Nachkühler *m* <nahr.prod> *(Speiseeis)* • aftercooler; cooling tunnel; chill tunnel

Nachkühlsystem *n* <nukl> • residual heat removal system; RHR system

Nachkühltunnel *m* <nahr.prod> *(Speiseeis)* • aftercooler; cooling tunnel; chill tunnel

Nachkühlung *f* <tech.allg> • aftercooling

Nachkühlung *f* <verf> *(zweite Kühlstufe)* • secondary cooling

nach Kundenwunsch herstellen *vt* <prod> *(Waren aller Art)* • customize *vt*; custom-build *vt*

Nachlackierung *f* prakt <obfl> *(Lackergebnis)* • respray; refinishing job; refinish job

Nachladedruckstoß *m* <kfz> *(Auspuffanlage)* • plugging pulse

nachladen *vt* <el> *(Akku, Batterie)* • recharge *vt*

nachladen *vt* <mil> *(Waffe)* • recharge *vt*; reload *vt*

Nachladung *f* <kfz.mot> • supercharging

Nachläufer *m* <bahn> *(Lok; im Ggs. zu Vorlaufrad)* • trailing wheel; follower wheel

Nachläufer *m* <fz> *(Anhänger)* • trailer

Nachläufer *m* <kfz> *(Abschleppgerät)* • dolly; wheel dollies *pl*

Nachläufer *m* <nfz> *(hinterer Teil eines Gelenkbusses)* • rear section; trailer section

Nachläuferachse *f* <kfz> *(nicht angetriebene Hinterachse)* • dead axle; trailing axle

nach Lage ausgleichen *vt* <phot> • adjust planimetrically *vt*

nachlassen *vi* <tech.allg> *(Eigenschaften; z. B. Qualität, Festigkeit)* • decrease *vi*; diminish *vi*

nachlassen *vi* <tech.allg> *(Schwingungen; z. B. Schall, mech. Vibration)* • die away *vi*

nachlassen *vi* <tech.allg> *(Belastung)* • ease off *vi*
nachlassen *vi* <tech.allg> *(locker werden)* • loosen *vi*
nachlassen *vi* <meteo> *(aufhören; Niederschlag)* • cease *vi*
nachlassen *vi* <meteo> *(Wind, Sturm)* • abate *vi*; calm down *vi*
nachlassen *vi* <phys> *(schwächer werden: Einfluss, Wirkung)* • weaken *vi*
nachlassen *vi* <textil> *(Spannung, Elastizität; schlaff werden)* • relax *vi*
nachlassen *vt* <tech.allg> *(Seil)* • pay out *vt*
nachlassen *vt* <tech.allg> *(lockern; z. B. Seil)* • slacken *vt*
Nachlassen der Bremswirkung *n did* <kfz.brems> • brake fade; fading
Nachlassvorrichtung *f* <wz.masch> *(Seilbohren)* • temper screw
Nachlauf *m* <chem.verf> *(Destillation)* • distillation tail; tailings; tails
Nachlauf *m* <fz> *(von Rädern, Rollen)* • caster *US*; castor *GB*
Nachlauf *m* <fz> *(Anstellwinkel der Lenkachse in Fahrtrichtung, zur Senkrechten)* • caster angle *US*; castor angle *GB*; rake angle; rake
Nachlauf *m* <kfz> *(positiv)* • positive caster *US*; positive castor *GB*
Nachlauf *m* <kfz> *(Lenkgeometrie; in mm)* • trail; caster offset *US*; castor offset *GB*; mechanical trail
Nachlauf *m* <phys> *(Strömung)* • wake flow; wake
Nachlaufachse *f* <bahn> *(Lok; z. B. bei OOo, 2-1)* • idler
Nachlaufachse *f* <kfz> *(nicht angetrieben)* • trailing axle
Nachlaufachse *f* <nfz> *(hinter der Antriebsachse angeordnete zusätzliche Achse)* • tag axle
Nachlaufbohrung *f* <brems> *(in Bremshauptzylinder)* • replenishing port; breather port; feed port *rare*; master cylinder inlet port *rare*; inlet port *rare*
Nachlaufeffekt *m* <fz> • caster effect; caster action
Nachlaufeigenschaften *fpl* <kfz> *(von Anhängern)* • towability
Nachlaufeinrichtung *f* <tech.allg> • follow-up device
nachlaufen *vi* <tech.allg> *(folgen)* • follow *vi*; trail *vi*
nachlaufen *vi* <masch> *(nach dem Ausschalten; z. B. Motoren, Maschinen, drehende Teile)* • coast down *vi*
Nachlaufgerät *n* <wz.masch> *(zum Kopieren)* • automatic curve follower; line tracer
Nachlaufpotentiometer *n* <el> • follow-up potentiometer; slave potentiometer
Nachlaufrad *n* <bahn> *(Lok; im Ggs. zu Vorlaufrad)* • trailing wheel; follower wheel
Nachlaufregelkreis *m* <msr> • servo loop
Nachlaufregelung *f* <msr> • follow-up control; servo control
Nachlaufregler *m* <msr> • follow-up controller; servo controller; follower
Nachlaufschaltung *f* <el> • tracking circuit
Nachlaufschwingung *f* <el> • hunting oscillation
Nachlaufservosystem *n* <wz.masch> • position-control servo mechanism
Nachlaufsteuerung *f* <msr> *(zum Nachfahren von Konturen)* • line tracer
Nachlaufsteuerung *f* <msr> • servo control
Nachlaufstrecke *f* <förd> *(bis zum Stillstand; z. B. Förderband)* • stopping length
Nachlaufstrecke *f* <kfz> *(Lenkgeometrie; in mm)* • trail; caster offset *US*; castor offset *GB*; mechanical trail
Nachlaufströmung *f* <phys> *(Strömung)* • wake flow; wake
Nachlaufversatz *m* <kfz> *(Lenkgeometrie; in mm)* • trail; caster offset *US*; castor offset *GB*; mechanical trail

Nachlaufwinkel *m* <fz> *(Anstellwinkel der Lenkachse in Fahrtrichtung, zur Senkrechten)* • caster angle *US*; castor angle *GB*; rake angle; rake
Nachlaufwirbel *m* <phys> *(in strömendem Medium; Kavitation)* • trailing vortex
Nachleitrad *n* <masch> *(Strömungsmaschine)* • outlet guide vanes
Nachlenzen *n* <nav> • stripping
Nachlenzleitung *f* <nav> • stripping line
Nachlenzpumpe *f* <nav> • stripping pump
Nachlenzsystem *n* <nav> • stripping system
Nachleuchtcharakteristik *f* <licht> • decay characteristic; persistence characteristic
Nachleuchtdauer *f* <phys> • afterglow duration; persistence time; persistence
Nachleuchtemail *n* <obfl> • afterglowing porcelain enamel
Nachleuchten *n* <el> *(Röhre, Bildschirm)* • afterglow
Nachleuchten *n* <phys> *(Lumineszenz)* • afterglow
nachleuchtend <phys> • persistent
nachleuchtende Farbe *f* <obfl> • phosphorescent paint
nachleuchtende Leuchtfarbe *f* <obfl> • afterglow paint
Nachleuchtschirm *m* <el> *(z. B. Radar)* • persistent screen; long-persistence screen
nach links <tech.allg> *(drehen)* • counterclockwise (CCW)
Nachlinksschweißen *n* <füg> • left-forward welding; leftward welding; left-hand welding
Nachluft *f* <therm> *(z. B. Verbrennung)* • supplementary air
nach Maß anfertigen *vt* <prod> • make to size *vt*
nach Maß herstellen *vt* <prod> • make to size *vt*
Nachmessegeschäft *n* <econ> • after-fair sales *:V*
nachmessen *vi/vt* <msr> • remeasure *vi*/vt*
nachmessen *vt* <msr> *(Abmessungen verifizieren)* • verify the dimensions *vt*
nachmessen *vt* <qualit> *(Abmessungen überprüfen)* • check the dimensions *vt*
nachnähen *vt* <textil> *(Naht)* • sew again *vt*
Nachnebeln *n* <obfl> • fading the edge
nach oben blättern *vi* <edv> • page up *vi*
nach oben gerichtete Druckkraft *f* <mech> • upthrust
nach Osten ausrichten *vi* <navig> *(Richtung Orient)* • orient *vi*; orientate *vi*
nach OT <kfz.mot> • ATDC
Nachoxidation *f* <chem> • postoxidation
Nachperiode *f* <phys> *(kalorimetrische Messung)* • final period
Nachpolymerisation *f* <kst> • postpolymerization; afterpolymerization; postpolymerisation *GB*
Nachpotential *n* <el> • afterpotential
nachprüfen *vt* <qualit> *(sicherheitshalber, erneut; z. B. Ergebnisse, Zahlen, Zustand)* • check *vt*
nachprüfen *vt* <qualit> *(betont: erneut gründlich prüfen, untersuchen)* • re-examine *vt*
nachprüfen *vt* <qualit> *(betont: nochmals, erneut kontrollieren)* • recheck *vt*
nachprüfen *vt* <qualit> *(betont: sicherheitshalber)* • verify *vt*
Nachprüfung *f* <qualit> • routine test; routine testing
nach P schaltend *Siemens, WB* <el> • current sourcing (npn)
Nachpumpflüssigkeit *f* <petr> • displacement fluid
nachquellen *vi* <chem> • hydrate *vt*
nachräumen *vi/vt* <petr> *(Ölbohrung)* • ream *vi*/vt*
Nachreaktionszone *f* <verbr> • combustion-completion zone
nach rechts <tech.allg> *(drehen)* • clockwise (CW)
Nachrechtsschweißen *n* <füg> • rightward welding; right-backward welding; right-hand welding

nachrecken vt <led> • reset vt

nachregeln vt <av> (z. B. Helligkeit, Kontrast, Lautstärke) • readjust vt

Nachreifung f <nahr> • afterripening

Nachreinigung f <tech.allg> • postcleaning

Nachreinigung f <chem.verf> (Flotation) • scavenging

Nachreinigung f <obfl> • final cleaning

Nachreinigungszelle f <chem.verf> (Flotation) • scavenger cell; scavenger

Nachreinigungszelle f <prod> • cleaner

nachreißen vt <min> • brush down vt; rerip vt; rip vt

nach Rezept aufbauen vt <chem> (Chemikalie, Verbindung, Medikament) • compound vt; formulate vt

nach Rezeptur aufbauen vt <chem> (Chemikalie, Verbindung, Medikament) • compound vt; formulate vt

Nachricht f <allg> • message

Nachricht f <tech.allg> (z. B. als Notiz, E-Mail) • message (MSG)

Nachricht f <tele> (im Rundfunk, Fernsehen) • report

nachrichten vt <bau> (Bauteile; z. B. rechtwinklig, parallel) • realign vt

nachrichten vt <prod> (z. B. Schleifscheibe) • redress vt

nachrichten vt <prod> (geraderichten; z. B. verzogene Teile nach dem Schweißen) • restraighten vt

Nachrichtenbeginnzeichen n <tele> • start-of-message signal

Nachrichtencode m <tele> • message code

Nachrichtendienst m <allg> (Presse) • news agency

Nachrichtendienst m <tele> • communications service

Nachrichtendienst m <tele> (TV) • news service

Nachrichtenelektronik f <tele> • communication electronics

Nachrichtenende n <tele> • end of message

Nachrichtenfluss m <edv> • message flow

Nachrichtenfunktion f <av> • message function

Nachrichtenkabel n <el> • communication cable

Nachrichtenkanal m <tele> • communication channel

Nachrichtenkennung f <tele> • message identification

Nachrichtenkode m obs <tele> • message code

Nachrichtenkopf m <tele> • message header

Nachrichtenmagazin n <doku> • news magazine

Nachrichtennetz n <tele> • communication network; communication system

Nachrichtensatellit m <tele> (für Telefon, TV etc.) • communication satellite; radio relay satellite obs; relay satellite rare

Nachrichtensatellitensystem n <tele> • communication satellite system

Nachrichtensignalrückwandlung f <tele> • message signal reconversion

Nachrichtenspeicher m <tele> • message store

Nachrichtensystem n <tele> • communication system

Nachrichtentechnik f (NT) <tele> (als Disziplin) • communication engineering; communications pl pract

Nachrichtentechnik f <tele> • telecommunication technology; communication technology; telecommunications engineering; telecommunication engineering; telecommunications

Nachrichtentheorie f <allg> • communication theory

Nachrichtenübermittlungssystem n <tele> • message handling system

Nachrichtenübertragung f <tele> (als Vorgang) • message transmission; message transfer

Nachrichtenübertragung f <tele> (als Disziplin) • communication engineering; communications pl pract

Nachrichtenübertragungsteil m <edv> • message transfer part

Nachrichtenübertragungsverbindung f <tele> • communications link; transmission link rare

Nachrichtenverarbeitung f <edv> • message processing

Nachrichtenverbindung f <tele> • communications link; transmission link rare

Nachrichtenverkehr zwischen Erde und Weltraum m <aerospace> • earth-space communication

Nachrichtenvermittlung f <tele> (speicherorientiert, in Paketen, Blöcken, Rahmen, Zellen) • message switching (MS); message routing

Nachrüsten n prakt <tech.allg> (allg) • backfitting; retrofitting

nachrüsten vt <tech.allg> (nachträglich einbauen) • retrofit vt; backfit vt

Nachrüst-Overdrive m <kfz.antr> • overdrive; aftermarket overdrive

Nachrüstsatz m <kfz> • bolt-on kit

Nachrüstteile npl <tech.allg> (betont: zum Nachrüsten) • aftermarket equipment

Nachrüst-Turbolader-Satz m <kfz> • bolt-on turbocharging kit

Nachrüstung f <tech.allg> (allg) • backfitting; retrofitting

Nachrüstung f <tech.allg> • retrofitting

Nachrüstung f <tech.allg> (Altanlage) • retrofitting

Nachrütteln n <bau> • revibration

Nachsatz m <edv> • trailer label

Nachsaugesteiger m <prod> (Gussform) • feeding head

nach Schablonen ausschneiden vt <prod> (Blech) • copy-nibble from templates vt

Nachschäumerzelle f <chem.verf> (Flotation) • scavenger cell; scavenger; cleaner

Nachschäumzelle f <chem.verf> (Flotation) • scavenger cell; scavenger; cleaner

Nachschalldämpfer m <kfz> (allg.) • rear muffler US; rear silencer GB

Nachschalldämpfer m <kfz.emiss> (Resonator) • resonator

Nachschaltgerät n <msr> • control equipment

Nachschaltgruppe f <nfz.antr> • range change group; range-change group; range change

Nachschaltheizflächen fpl <verf> (Dampferzeuger) • convection passes

Nachschaltturbine f <energ> (hinter Gegendruckturbine) • condensing turbine

Nachschiebefahrt f <bahn> • pusher operation; banking

nachschlagen vt <prod> • restrike vt

nachschleifen vt <prod> (z. B. Werkzeuge) • resharpen vt; regrind vt

nachschleppen vt <tech.allg> (z. B. Anker, Fischernetz, Rad) • drag vt; trail vt

nachschleppen vt <edv> • drag vt

Nachschleppschild m <verf> (Kläranlage) • trailing blade V

Nachschliff m <prod> (Ergebnis) • regrind

Nachschliff m <prod> (Vorgang) • regrinding

nachschmieren vt <tribo> • relubricate vt; regrease vt

nachschneidbar <prod> (Reifen) • regroovable

nachschneiden vt <petr> (Tiefbohrtechnik) • underream vt

nachschneiden vt <prod> (mit Räumwerkzeug) • broach vt

nachschneiden vt <prod> (Gewinde) • rethread vt

Nachschneider m <wz> (für Gewinde) • intermediate tap; second tap; plug tap

Nachschneider m <wz.min> • broaching bit

Nachschneider m <wz.min> (Tiefbohrtechnik) • reamer

Nachschneidezahn m <wz> • follower tooth; square finish tooth

Nachschrumpf m rar <kst> (langfristig, nach dem Entformen; im Ggs. zu Schwindung) • after-shrinkage; shrinkage

Nachschrumpfung f <kst> (langfristig, nach dem Entformen; im Ggs. zu Schwindung) • after-shrinkage; shrinkage

Nachschub m <logist> (Regal) • replenishment

Nachschwaden m <spreng> • afterdamp

Nachschwindung f rar <kst> (langfristig, nach dem Entformen; im Ggs. zu Schwindung) • after-shrinkage; shrinkage

Nachschwingen n <navig> (Radar) • ringing

Nachschwingen n <phys> • postoscillation

Nachschwingzeit f <tele> • ring time

nachsenden vt <logist> (z. B. Brief, Fracht) • forward vt

nachsetzen vt <ents> (Aufbereitung) • rewash vt

nachsetzen vt <metall> • recharge vt

nachsetzen vt <petr> (Gestänge) • make a connection vi

nachsetzen vt <prod> • redress vt

Nachsetzkasten m <ents> (Aufbereitung) • rewash box

nachsintern vt <metall> • resinter vt

Nachsorge f <ents> • maintenance

nachsortieren vt <tech.allg> • resort vt

nachsortieren vt <verf> (Aufbereitung) • rescreen vt; reclean vt

Nachsortierer m <verf> (Aufbereitung) • secondary screen; fine screen

Nachspachteln n <bau.innen> • finishing; second finishing coat; skimming; feather coat

nach spät verstellen vt <kfz.el> (Zündzeitpunkt) • retard vt

Nachspann m <edv> • postamble; postfix; suffix

nachspannen vt <prod> (in einer Spannvorrichtung; z. B. Bohrfutter) • reclamp vt

nachspannen vt <prod> (betont: dehnen) • restretch vt

nachspannen vt <prod> (betont: wieder fest einspannen) • retighten vt

nachspannen vt <prod> (einer Spannung unterwerfen) • tension vt

Nachspannvorrichtung f <el> (Freileitung) • tension regulator

nachspeisen vt <prod> (z. B. beim Gießen) • feed vt; feed hot metal vt

Nachspritzen n <obfl> • reinforcement

Nachspülmittel n <obfl> (Lösung) • after rinse solution; after-rinse

Nachspülung f <obfl> (Vorgang) • after rinse

Nachspülung f <obfl> (Lösung) • after rinse solution; after-rinse

Nachspur f <kfz> • toe-out

Nachspurwinkel m <kfz> • toe-out angle

Nachstartanhebung f <kfz.mot> • after start enrichment

Nachstartprogramm n <kfz.mot> (L/LE-Jetronic) • after start program

nach steigenden Potenzen entwickeln vt <math> • expand in ascending powers vt

Nachstell... <tech.allg> (z. B. Schraube) • adjusting

nachstellbar <tech.allg> (betont: später anpassbar) • adjustable

nachstellbar <tech.allg> (betont: erneut) • readjustable

nachstellbar <wz> (z. B. Werkzeug: Reibahle) • expansive

Nachstellen n <tech.allg> (z. B. von Reibbelägen bei Bremsen, Kupplungen) • adjustment

nachstellen vt <tech.allg> (betont: anpassen; z. B. Instrument, Uhr) • readjust vt

nachstellen vt <masch> (z. B. Bremse, Getriebe, Lager) • take up vt

nachstellen vt <msr> (betont: regulieren) • regulate vt

nachstellen vt <msr> (z. B. Uhr) • reset vt

nachstellen vt <phot> (Schärfe) • refocus vi

Nachstellexzenter m <kfz.brems> • adjuster cam

Nachstellhebel m <kfz.wz> • brake adjusting tool; brake adjustment tool; brake spoon

Nachstellkeil m <masch> • tightening wedge

Nachstellleiste f <masch> • take-up strip; take-up gib; gib strip

Nachstellleiste f <wz> • adjustable gib; adjusting gib; adjustable strip

Nachstellritzel n <kfz.brems> (für Trommelbremsen) • star wheel

Nachstellung f <msr> (erneutes Anpassen) • readjustment

Nachstellung f <msr> (Regulieren) • regulation

Nachstellung f <msr> (z. B. Uhr) • resetting

Nachstellvorrichtung f <masch> (z. B. von Bremsen) • adjusting device

Nachstellzeit f <msr> • integral action time; integral-action time

Nachstellzeit f <msr> • reset time

Nachstellzugstange f <brems> • adjustable brake rod

nachsteuern vt <tech.allg> • follow up vt

nachsteuern vt <prod> • reposition vt

Nachstimmbereich m <msr> • frequency control limits

nachstimmen vt <mus> (Musikinstrument) • retune vt

Nachstopfen m <petr> • top plug

Nachstrecken n <textil> • supplementary drawing

Nachstrom m <aerospace> (z. B. Propellerstrahl) • slipstream

Nachstrompropeller m <nav> • wake-adapted propeller

Nachstromziffer f <nav.phys> (Widerstand) • wake factor; wake coefficient

Nachsynchronisation f <av> (Tonband, Film) • dubbing

Nachsynchronisation f <av> (Film) • postsynchronization

Nachtabfragestelle f <tele> • night service extension

Nachtabsenkung f <hlk> • temperature reduction at night :V

Nachtalarmschalter m <alarm> • night alarm switch

Nachtanken in der Luft n <aerospace> • in-flight refueling US; mid-air-to-air refueling US; mid-air refueling US; air refuelling GB; flight refuelling GB

Nachtankvorrichtung f <aerospace> • replenishing device

Nachtaufnahme f <phot> • night exposure; night shot; night picture

Nachtbelastung f <el> • night load; peak-off load

Nachtberegnung f <agri> • night irrigation

Nacht-Betrieb m prakt <alarm> • secure mode; secure condition; protection on; night operation; night setting

Nachtdesign n <kfz.av> • night design

Nachteffekt m <opt> (Polarisationsfehler) • night error; night effect

Nachteil m <jur> (in Patenttext; Kritik am Stand der Technik) • disadvantage; disadvantageous

nachteilig <jur> (in Patenttext; Kritik am Stand der Technik) • disadvantage; disadvantageous

Nachtfotografie fsg <phot> • night photography sg; nighttime photography sg

Nachtglas n <opt> • night binocular; night glass

Nachthimmelslicht n <astron> • air-glow

Nachtrabant m <av> (Fernsehnorm) • postequalizing pulse

nachträglich <kfz> • aftermarket

nachträglich einbauen vt <tech.allg> • retrofit vt

nachträgliche Installation f <tech.allg> • retrofitting

nachträglicher Abbau m <min> • second mining

nachträglicher Einbau m <tech.allg> (allg) • backfitting; retrofitting

nachträglicher Einbau m <tech.allg> • retrofitting

Nachtrieb m <agri> • regrowth; renewal growth; ratoon

Nachtrockenzylinder *m* <pap> • afterdrier

Nachtrockner *m* <verf> • afterdrier

Nachtrocknung *f* <verf> *(Braunkohle)* • secondary drying

Nachtschaltung *f* <el> • night service connection

Nachtsehfähigkeit *f* <kfz.verk> • night vision

Nachtsicht- <msr> *(in Zusammensetzungen, z. B. System)* • night vision

Nachtsichtgerät *n* <mil> • night vision device; infrared device; infrared equipment

Nachtspeicherheizgerät *n* <hlk> • night-time charge storage heater

Nachtspeicherung *f* <hlk> • night-time storage

Nachtstrom *m* <el> *(allg. niedriger Tarif)* • night current; night-time electricity

Nachturm *m* <pap> *(Zweiturmsystem)* • weak tower

nach unten blättern *vi* <edv> • page down *vi*

Nachunternehmer *m* (NU) <bau.fin> • sub-contractor; subbie *coll*

nachverarbeitet <navig> • postprocessed; post-processed

nachverarbeitet-kinematisch <navig> • postprocessed kinematic

Nachverarbeitung *f* (NV) <edv> • postprocessing (PP); post-processing

nachverbrennen *vt* <tech.allg> *(z. B. zur Leistungssteigerung oder Abgasreinigung)* • afterburn *vt*

Nachverbrennung *f* <verbr> *(Vorgang; z. Leistungssteigerung od. Abgasreinigung)* • afterburning; aftercombustion

Nachverbrennungsanlage *f* <druck> • after-burner

Nachverbrennungsrohr *n* <aerospace> • afterburner

Nachverbrennungszone *f* <ents> • burnout section

Nachverbrennungszone *f* <verbr> • combustion-completion zone

nachverdichten *vt* <obfl> • passivate *vt*; render passive *vt*

Nachverdichtung *f* <bau> • recompaction

Nachverdichtung *f* <obfl> *(anodische Oxidation)* • sealing treatment; sealing

Nachverdichtung *f rar* <obfl> *(z. B. als Korrosionsschutz oder Haftgrund)* • passivation *ISo 8044*

Nachverformung *f* <kst> • postforming

Nachverformung *f* <prod> • postmolding deformation

Nachvergrößerung *f* <phot> • subsequent enlargement

nachvertonen *vt* <av> • dub *vt*

Nachvertonung *f* <av> *(als Ergebnis; nachträglich aufgespielter Ton)* • dub; audio dub

Nachvertonung *f* <av> *(Vorgang)* • dubbing; audio dubbing

Nachvertonungsanzeige *f* <av> • audio dubbing indicator

Nachvertonungstaste *f* <av> • audio dubbing button

Nachvertonungstaste *f* <av> • audio dub button

Nachvollzug *m* <edv> • reexecution

nach vorn gewölbter Ärmel *m* <bekl> • rotated sleeve

Nachvulkanisation *f* <kst> • aftervulcanization; postvulcanization

nachwachsen *vt* <agri> *(z. B. Pflanzen)* • regrow *vt*

nachwachsen *vt* <obfl> *(mit Wachs behandeln)* • overwax *vt*

nachwachsender Rohstoff *m* <bio> • renewable raw material

Nachwachsvorrichtung *f* <obfl> *(z. B. Autowaschanlage)* • overwax attachment

Nachwärme *f DIN 25401-3* <nukl> *(Kernreaktor)* • afterheat

Nachwärme *f prakt* <nukl> • decay heat; afterheat *rare*

Nachwärme *f* <rls> *(z. B. Dampferzeuger)* • postheat

nachwärmen *vt* <prod> • postheat *vt*

Nachwärmeproduktion *f* <nukl> • afterheat production

Nachwärmofen *m* <verf> • reheating furnace

Nachwalzen *n* <metall> *(feuerverzinktes Feinblech)* • temper rolling

nachwalzen *vt* <metall> • reroll *vt*

Nachwaschkohle *f* <verbr> • second product coal

Nachwaschsetzmaschine *f* <ents> *(Aufbereitung)* • rewash jig

Nachweis *m* <tech.allg> *(bestätigender Test)* • confirmatory test

Nachweis *m* <tech.allg> *(Überprüfung zur Sicherheit)* • verification

Nachweis *m* <chem> *(z. B. von Verunreinigungen)* • detection

Nachweis *m* <jur> • identification

Nachweis *m* <nukl> • detection

Nachweis *m* <qualit> *(Beweis)* • proof

Nachweis *m* <qualit> *(Test zum Nachweis)* • proof test

nachweisbar <allg> • provable

nachweisbar <tech.allg> *(z. B. Schadstoff)* • detectable

Nachweiselement *n* <chem> • detecting element

Nachweisempfindlichkeit *f* <msr> • detection sensitivity

nachweisen *vt* <tech.allg> *(beweisen)* • prove *vt*

nachweisen *vt* <tech.allg> *(überprüfen)* • verify *vt*

nachweisen *vt* <chem> *(z. B. Verunreinigungen)* • detect *vt*

nachweisen *vt* <jur> • identify *vt*

Nachweisgerät *n* <msr> • detector; detection unit

Nachweisgrenze *f* <msr> • detection limit; detectable level

Nachweislinien *fpl* <phys> *(Spektralanalyse)* • ultimate lines; persistent lines; sensitive lines; raies ultimes

Nachweisreagens *n* <chem> • analytical reagent; test reagent; reagent *pract*

Nachweisreaktion *f* <chem> *(z. B. Beilsteinprobe)* • test reaction

Nachwirkstrom *m* <el> • absorption current

Nachwirkung *f* <tech.allg> • aftereffect

Nachwirkung *f* <tech.allg> • persistence

Nachwirkungsbild *n* <av> • burn-in picture

Nachwirkungseffekt *m* <tech.allg> • aftereffect

Nachwirkungsstrom *m* <el> • transient-decay current

Nachwirkungsverlust *m* <el> • residual loss

Nachwirkungszeit *f* <nukl> • hangover time

Nachwirkungszeit *f* <phys> • partial restoring time

Nachwirkungszeit *f* <phys> • relaxation time

Nachwirkzeit *f* <nukl> • hangover time

Nachwirkzeit *f* <phys> • partial restoring time

Nachwuchs *m* <agri> • regrowth; renewal growth; ratoon

nachwuchten *vt* <masch> • rebalance *vt*

nachzeichnen *vt* *(Linien)* • trace *vt*

Nachzerfallswärme *f* <nukl> • decay heat; afterheat *rare*

Nachzerfallswärme *f* <nukl> • decay heat

nachzerkleinern *vt* <verf> • recrush *vt*

nachzerkleinern *vt* <verf> • regrind *vt*

Nachzieheffekt *m* <tech.allg> • lag effect

Nachzieheffekt *m* <av> • smear effect; smearing effect; streaking effect

Nachziehen *n* <av> • streaking

Nachziehen *n* <edv> • dragging

Nachziehen *n* <el> • incomplete discharge drainage

Nachziehen *n* <el> *(Signal)* • tailing

nachziehen *vt* <doku> *(mit Tusche)* • trace *vt*; retrace *vt*

nachziehen *vt* <edv> • drag *vt*

nachziehen *vt* <el> *(Signal)* • tail *vt*

nachziehen *vt* <füg> • retorque *vt*

nachziehen *vt* <masch> *(z. B. Schraube, Mutter)* • retighten *vt*

nachziehen *vt* <verf> *(Umformtechnik)* • redraw *vt*

nachziehen *vt* <verk> *(Fahrbahnmarkierung)* • repaint *vt*

Nachziehwerkzeug n <wz> • redrawing die

Nachzielen n <mil> (beim Zielen) • follow-through

Nachzündspannung f <el> • restriking voltage

Nachzündung f <mot> • reignition

Nachzündung f <mot> (Zündfunke zu spät) • spark retard

Nachzug m <mil> • second stage trigger travel; overtravel

Nachzug m <prod> (Umformtechnik) • redrawing; redraw

Nachzug m <prod> (Tiefziehen) • second draw

Nachzugsweg m <mil> • second stage trigger travel; overtravel

Nackenpolster n <bekl> (Helm) • neck roll; neck curtain

Nackenschutz m <bekl> (Helm) • storm curtain

Nackenschutz m <bekl> (Helm) • neck roll; neck curtain

Nackenstütze f rar.obs <kfz.innen> • head restraint; headrest coll

nackt <allg> (z. B. Oberfläche) • bare; naked

nackte Dachpappe f <bau.mat> • saturated felt

nackte Karosserie f ugs <kfz> • bare shell

nackter Lichtbogen m <füg> (Schweißen) • open arc

nackter Reaktor m <nukl> • bare reactor

nacktes Brennelement n <nukl> • uncanned fuel element

Nacktform f <bio> (für Dermoplastik, Tierpräparation) • mannikin; model pract

Nacktmodell n <bio> (für Dermoplastik, Tierpräparation) • mannikin; model pract

Nacktschnecke f <bio> • slug

NaCl <chem.nahr> • sodium chloride (NaCl); natrum muriaticum thsc; common salt; cooking salt pract; salt coll

Nadel f <tech.allg> • needle

Nadel f <av> (Plattenspieler) • stylus

Nadel f ugs <av> (Plattenspieler) • pick-up needle; stylus; needle coll

Nadel f prakt <druck> (Nadeldrucker) • pin

Nadel f <druck> (im Falzapparat einer Rollenoffsetdruckmaschine) • pin; puncture; needle

Nadel f <edv> (Druckelement beim Nadeldrucker) • pin; matrix needle

Nadel f <energ.hydr> (Pelton-Turbine) • nozzle valve; needle

Nadel f <kfz.msr> (allg.; z. B. von Anzeigeinstrument) • needle

Nadel f <kst> • needle; sealing needle; pin

Nadel f <masch> (im Nadellager) • needle

Nadel f DIN ISO 5593 <masch> (Wälzkörper) • needle roller ISO 5593

Nadel f ugs <med.tech> (z. B. von Spritzen) • cannula; needle coll

Nadel f <msr> (von Anzeigeinstrument; z. B. Tacho) • pointer; needle pract; indicator; index

Nadelabstand m <tech.allg> • needle space; needle gauge

Nadelabweichung f <msr> • needle deviation

Nadelabweichung f <navig> (Kompassnadel) • magnetic declination

Nadelanzeige f <phot> • needle-display

Nadelauslenkung f <av> (Plattenspieler) • stylus excursion

Nadelausreißfestigkeit f <textil> • stitch tear resistance

Nadelausschlag m <msr> • needle throw

Nadelaustrieb m <textil> • raise of the needle

Nadelbarre f <textil> • needle bar

Nadelbaum m <agri> • coniferous tree; conifer

Nadelbegrenzungsschraube f AMI <kunst.wz> (für Farbnadeln) • needle chuck; needle locking nut De Vilbiss; needle stop screw; needle securing screw; needle adjusting screw

Nadelbett n <textil> • needle bed

Nadelbettenversatz m <textil> • shog; rack

Nadelbettnut f <textil> • trick ISO 11675

Nadelblei n <mat> • needle lead

Nadelboden m <metall> (Konverter) • pinhole plug

Nadelbrecher m <verf> • pick breaker

Nadelbrett n <textil> • needle board

Nadelbruchabsteller m <textil> • needle protector

Nadeldichtring m <kunst.wz> • needle guide o-ring; needle washer

Nadeldrucker m prakt <edv.druck> • matrix printer; dot matrix printer; dot-matrix impact printer rare; sytlus printer rare

Nadeldruckkopf m <druck> • needle print head

Nadeldüse f <tech.allg> (z. B. Vergaser) • needle nozzle

Nadeldüse f <energ.hydr> • nozzle; jet nozzle

Nadeldüse f <kfz.mot> (SU- oder Stromberg-Vergaser) • needle jet

Nadeldüsenaustritt m <kfz.mot> (Vergaser) • needle jet outlet

Nadeleindringprüfung f :V <chem.petr> • needle penetration test ASTM D1321

Nadeleinsteller m <textil> • needle positioner

Nadelelektrode f <el> • needle electrode

Nadelerz n <min> • needle ore

Nadelfach n <textil> • shed for wire

Nadelfadenspannung f <textil> • needle thread tension

Nadelfadenzug m <textil> • needle thread take-up

Nadelfeder f AMI <kunst.wz> • needle spring; needle tube spring Badger

Nadelfeile f <wz> • needle file; escapement file; Swiss file

nadelfeines Loch n <tech.allg> • pinhole

Nadelfeld n <textil> • bed of gills; set of gills; set of fallers

Nadelfeststellschraube f <kunst.wz> (für Farbnadeln) • needle chuck; needle locking nut De Vilbiss; needle stop screw; needle securing screw; needle adjusting screw

Nadelfilz m <verf> • needle felt; needled felt

Nadelfilzmaschine f <textil> • needle felting machine; needle punching machine

Nadelflorverfahren n <textil> • tufting; tufting process

nadelförmiger Hackschnitzel m <pap> • pin chip

nadelförmiger Kristall m <mat> • needle crystal; spicule crystal

nadelförmiges Gefüge n <mat> • acicular structure EN 10052

Nadelfontur f <textil> • knitting head; needle bed; needle set

Nadelfräsen n <prod> • microscalping

Nadelführung f AMI <kunst.wz> • needle guide; needle tube Badger; needle chucking guide; needle support

Nadelführungs-O-Ring m <kunst.wz> • needle guide o-ring; needle washer

Nadelfunkenstrecke f <el> • needle-point spark gap

Nadelfunktion f <msr> (Stoßfunktion) • needle function

Nadelfuß m <textil> • needle but; needle foot

Nadelgalvanometer n <el> • moving-needle galvanometer; needle galvanometer

Nadelgehäuse n <kunst.wz> • needle guide; needle tube Badger; needle chucking guide; needle support

Nadelgeräuschfilter n <av> (Plattenspieler) • scratch filter

Nadelhaken m <msr> • needle hook

Nadelheber m <msr> • needle lifter

Nadelheber m <textil> • raise cam

Nadelholz n <bio> (Baumart) • conifer trees; coniferous trees

Nadelholz n <holz> (Rohstoff) • softwood; deal

nadeliges Gefüge n EN 10052 <mat> • acicular structure EN 10052

Nadelimpuls m <el> • needle pulse; spike pulse; spike

Nadelimpulssignal n <msr> • needle impulse signal

Nadel-Justierschraube f <kunst.wz> (für Farbnadeln)
• needle chuck; needle locking nut De Vilbiss; needle stop screw; needle securing screw; needle adjusting screw
Nadelkäfig m <masch> (Wälzlager) • needle cage
Nadelkanal m DIN ISO 11675 <textil> • trick ISO 11675
Nadelkappe f <kunst.wz> • needle cap
Nadelkette f <textil> • needle creel
Nadelklemmschraube f <kunst.wz> (für Farbnadeln)
• needle chuck; needle locking nut De Vilbiss; needle stop screw; needle securing screw; needle adjusting screw
Nadelkolben m <textil> • needle shank
Nadelkopf m <textil> • needle head
Nadelkopfmuster n <led> (Krispeln) • pinhead pattern
Nadelkranz m <textil> • dial
Nadelkristall m <el> • crystal whisker; whisker
Nadelkristall m <mat> • spicule crystal
Nadelkupplung f <turb> (Turbine) • needle coupling
Nadellager n DIN ISO 5593 <masch> • needle-roller bearing ISO 5593; needle bearing
Nadellattentuch n <textil> • spiked lattice
Nadelleiste f <textil> • comb strip
Nadelleistenrost m <druck> • pin bar grid
Nadellochbildung f <obfl> (Lackfehler) • pinholing
Nadelmasche f <textil> • needle loop
Nadelmaschine f <textil> • needling machine
Nadelmutter f <kunst.wz> (für Farbnadeln) • needle chuck; needle locking nut De Vilbiss; needle stop screw; needle securing screw; needle adjusting screw
Nadeln n DIN ISO 2424 <textil> (Bodenbelag) • needle-bonding ISO 2424; needling
Nadeln n <verf> • needling
nadeln vt <füg> • pin vt
nadeln vt <textil> • needle-punch vt
Nadelöhr n <textil> • needle eye
Nadelpenetrometer n <msr> (Bodendrucksonde) • pin penetrometer
Nadelrahmen m <druck> • pin frame
Nadelregelung f <energ> (Pelton-Turbine) • needle control
Nadelreihe f <textil> • needle row; needle set
Nadelrollenlager n <masch> • needle-roller bearing
Nadelrückholfeder f <kunst.wz> • needle spring; needle tube spring Badger
Nadelschaft m <textil> • needle stem; needle shank; needle shaft
Nadelschaltung f <el> • symmetrical heterostatic circuit
Nadelschaltung nach Mascart f <el> • symmetrical heterostatic circuit
Nadelschieber m <textil> (LL-Strickmaschinen) • slider selector; slider
Nadelschieberplatine f <textil> (LL-Strickmaschinen)
• slider selector; slider
Nadelschuh m <kfz.antr> (Verschiebegelenk) • needle bed
Nadelsegment n <textil> • needle segment
Nadelsenker m <textil> (Schlossteil zum Bewegen der Nadeln) • stitch cam
Nadelsitzfläche f <kfz.mot> • needle seat
Nadelspannfutter n AMI <kunst.wz> • needle guide; needle tube Badger; needle chucking guide; needle support
Nadelspannrahmen m <druck> • pin frame
Nadelspannvorrichtung f <kunst.wz> • needle guide; needle tube Badger; needle chucking guide; needle support
Nadelspitze f <tech.allg> (z. B. Nähnadel, Vergaser)
• needle point; point of a needle; point; tip of a needle; tip
Nadelspitze f <av> (z. B. Schallplattenspieler) • stylus point
Nadelstab m <textil> • faller; gill bar

Nadelstabstrecke f <textil> • gill box
Nadelstich m <obfl> (Oberflächenfehler in Emaille) • pinhole
Nadelstich m <phot> • pinhole
Nadelstichbildung f <obfl.qualit> (kleine Löcher in der Beschichtung) • pinholing
Nadelstrahl m <druck> • pencil beam
Nadelteilung f (t) <textil> • gauge; needle-space; neeles per inch gauge
Nadelteller m <textil> • dial
Nadeltemperatur f <textil> (Nähprozess) • needle temperature
Nadeltonaufzeichnung f <av> • disc recording
Nadeltonverfahren n <av> • disc-recording method US.GB
Nadeltonverfahren n <av> • mechanical recording system; sound-on-disc system
Nadelträger m <av> (Plattenspieler) • stylus arm; phonograph stylus arm
Nadelträger m <kunst.wz> • needle guide; needle tube Badger; needle chucking guide; needle support
Nadelträgerfeder f <kunst.wz> • needle spring; needle tube spring Badger
Nadeltrieur m <agri> • needle cylinder
Nadelübergabe f <textil> • transfer of needles
Nadelventil n <tech.allg> • needle valve
Nadelventil n <med.tech> • needle valve
Nadelventilhub m <tech.allg> • needle valve lift
Nadelverschlussdüse f <kst> • needle shut-off nozzle
Nadelverschnürung f <textil> • needle tying
Nadelwächter m <textil> • needle control
Nadelwärmeaustauscher m <verf> • bayonet-tube heat exchanger
Nadelwald m <holz> • conifer forest; coniferous forest
Nadelwalze f <textil> • porcupine
Nadelwalzenstrecke f <textil> • porcupine drawing frame; hedgehog drawing frame
Nadelwehr n <hydr> • needle weir
Nadelzahl f <textil> • needle population
Nadelzange f <wz> • thin needle nose pliers
Nadelzarsche f <textil> • groove
Nadelzasche f <textil> (bei Zungennadeln) • needle slot; needle saw cut
Nadelzasche f <textil> (Riefe, Nut bei Spitznadeln) • needle eye; needle groove
Nadelzug m <textil> • taking needles out of action; drawing of needles
Nadelzunge f <textil> • needle latch
Nadelzylinder m <textil> • needle cylinder
Nadir m <astron> (Gegenpunkt des Zenit) • nadir; nadir point
Nadirpunkttriangulation f <geo> • nadir point triangulation; nadir point plot
Na-D-Linie f <phys> • sodium D line
Nächster-Nachbar-Klassifikator m <autom> • next-neighbour classifier
Nähen n DIN 5300 <textil> • sewing
nähen vt <textil> • sew vt
Näher m <textil> • sewer
Näherin f <textil> • sewer
Näherung f <allg> • approximation; approach
Näherung f <math> (Schritt für Schritt) • iteration
Näherungsanalyse f <math> • approximation analysis
Näherungseffekt m <el> • proximity effect
Näherungsfehler m <math> • approximation error
Näherungsformel f <tech.allg> • approximate formula
Näherungsgleichung f <math> • approximation equation
Näherungsinitiator m form <msr> (berührungslos)
• proximity switch; proximity sensor; proximity detector GB; prox coll

Näherungslösung f <math> • approximate solution

Näherungsmasseanzeiger m <msr> • near-weight indicator

Näherungsmethode f <tech.allg> • approximation method; approximate method

Näherungsrechnung f <math> • approximation calculus

Näherungsschalter m <msr> (berührungslos) • proximity switch; proximity sensor; proximity detector GB; prox coll

Näherungsschalter in Flachbauweise m <msr> • flat-pack proximity switch; flat-construction proximity switch; flat-pack pulsor

Näherungsschalter mit erhöhtem Temperaturbereich m <msr> • proximity switch with enhanced temperature range; high temperature sensor

Näherungsschalter mit Flachgehäuse m <msr> • flat-pack proximity switch; flat-construction proximity switch; flat-pack pulsor

Näherungsschalter mit integrierter Zeitverzögerung m <msr> • proximity switch with built-in time delay

Näherungsschalter nach DIN 19234 m <msr> (für explosionsgefährdete Bereiche) • proximity switch with Namur-output; proximity switch according to DIN 19234; proximity switch to DIN 19234; Namur-sensor pract

Näherungsschalter nach NAMUR m <msr> (für explosionsgefährdete Bereiche) • proximity switch with Namur-output; proximity switch according to DIN 19234; proximity switch to DIN 19234; Namur-sensor pract

Näherungssensor m <msr> (berührungslos) • proximity switch; proximity sensor; proximity detector GB; prox coll

Näherungssensor mit analogem Ausgangssignal m <msr> • analog output sensor US; sensor with analog output US; analogue output sensor GB

Näherungssensor mit eingebauter Zeitverzögerung m <msr> • proximity switch with built-in time delay

Näherungssensor mit interner Funktionsüberwachung m <msr> • intrinsically safe proximity switch

Näherungssensor mit umsetzbarem Oszillatormodul m <msr> • modular proximity switch; proximity switch with turnable sensing head

Näherungsschalter mit erhöhtem Schaltabstand m <msr> • proximity switch with extended sensing range; proximity switch with increased sensitivity

Näherungsverfahren n <tech.allg> • approximation method; approximate method

Näherungsverfahren n <math> • simplified analysis

näherungsweise bestimmen vt <tech.allg> • determine approximately vt; determine by approximation vt

Näherungswert m <allg> • approximate value

Nähfaden m <textil> • sewing cotton; sewing thread

Nähfaden aus Naturfaser m <textil> • natural fiber thread

Nähfaden aus synthetischem Spinnfasergarn m <textil> • staple fiber thread

Nähfadenhersteller m <textil> • sewing thread maker; sewing thread manufacturer; sewing thread producer

Nähfadenindustrie f <textil> • sewing thread industry

Nähfadensorte f <textil> • type of thread

Nähfadenspannung f <textil> • thread tension

Nähfadenstärke f <textil> (Zwirn) • thread size

Nähflorverfahren n <textil> • tufting; tufting process

Nähgarn n <textil> • sewing cotton; sewing thread

Nähgewirke n <textil> (Struktur der Bindung) • sew-knit structure

Nähgewirke n <textil> (Wirkwaren) • stitch-bonded textiles pl; stitch-bonded fabric

Nähgut nsg <textil> • sewing material

Nähmaschine f DIN 5307 <textil> • sewing machine

Nähmaschinennadel f <textil> • sewing machine needle

Nähmaschinenöl n <tribo> • sewing machine oil

Nähnadel f <wz> • sewing needle

Nähnadelkonstruktion f <wz> • sewing needle construction; needle construction

Nähnahttype f DIN ISO 4916 <füg.textil> • seam type ISO 4916

Nähprozess m <textil> • sewing process

Nährboden m <ents> (pl -böden) • culture medium

Nähroboter m <textil> • sewing robot

Nährstoff m <ents> • nutrient

Nährstoffgehalt m <ents> • nutrient content

Nährstoffversorgung f <ents> • nutrients supply

Nährwert m <nahr> • nutritive value

Nähstörung f <textil> (Nähmaschine) • sewing fault

Nähwirken n <textil> • stitch-bonding

Nähwirkmaschine f <textil> • stitch-bonding machine

Nähwirktechnologie f <textil> (Malimo-Verfahren) • chain-stitch technique

Nähwirkverfahren n <textil> • stitch-bonding method; stitch-bonding

Nähzwirn m <textil> • sewing cotton; sewing thread

Näpfchenziehversuch m <qualit.mat> • cupping test; cup-drawing test; cup test

Nässeeigenschaft f <prod> (Reifen) • grip and adhesion in the wet

Nässeeigenschaften fpl <prod> (Reifen) • grip and adhesion in the wet; grip in the wet

Nässegriff m <prod> (Reifen) • grip and adhesion in the wet; grip in the wet

Nässegriff m <prod> • grip in the wet

Nässehaftung f <prod> (Reifen) • grip and adhesion in the wet; grip in the wet

Nässestau m <ents> • leachate build-up; accumulation of leachate

Nässungsmittel n <chem> • moisturizer; humectant

Nagel m <bau> • nail

Nagelausziehwiderstandsprüfung f <qualit.mat> • nail withdrawal test

nagelbar <mat> • nailable

nagelbarer Beton m <bau.mat> • nailing concrete

Nagelbett n <qualit> (in Elektrotechnik und Elektronik) • bed of nails pract/coll

Nagelbettadapter m <qualit> (in Elektrotechnik und Elektronik) • bed of nails pract/coll

Nagelbinder m <bau> • nailed truss; nailed timber truss

Nagelbohrer m <wz> (für sehr kleine Löcher in Holz; mit Handgriff) • gimlet

Nageldurchziehprüfung f <mat> • nail head pull-through test

Nageleisen n <wz> • wrecking bar; gooseneck claw bar

Nagelfeile f <hygi.wz> • nail file

nagelfest <druck> (Druckfarbe) • scratch-proof

Nagelflansch m <bau> • nailing fin

Nagelhaltefestigkeit f <füg> • nail holding property; nail holding

Nagelkaliber n <prod> • nail pass

Nagelkopf m <bau> • nail head

Nagelkopfbonden n <el> • nail-head bonding

Nagelkopfkontaktierung f ppws <füg> • nailhead bond

Nagelkopfkontaktierung f ppws <füg> • nailhead bonding

Nagelkopfverbindung f <el> • nail-head bonding

Nagellack m <hygi> (für Finger- und Zehennägel) • nail polish; polish

Nagellänge f <bau> • nail length

Nagelmaschine f <wz> • nailer

Nagel mit gerillter Schaftausbildung m <füg> • ring-shank nail; improved nail; annular ring nail

Nagel mit glatter Schaftausbildung m <bau.mat> • smooth-shank nail

Nageln *n* <akust> • diesel knock
nageln *vt prakt* <kfz.mot> • knock *vt*
nageln *vt* <prod> • nail *vt*
Nagelplatte *f* <bau.mat> *(Betonverschalung)* • nailboard :V; nailpanel :V
Nagelriss *m rar* <obfl> • fishscale
Nagelschaft *m* <bau> • nail shank
Nagelschraube *f* <füg> • drive screw
Nagelspitze *f* <bau> *(eines Nagels)* • nail point
Nagelspitze *f* <bau> *(einer Schraube)* • nail point
Nageltreiber *m* <wz> • nail set; nail setting tool; nail punch
Nagelverbindung *f* <füg> • nail fastening
Nagelzieher *m* <wz> • nail extractor; nail lifter
nagen *vi ugs* <obfl.chem> *(Rost)* • take a bite *vi coll*; take a bite out of *vt*
nagen an *vt* <obfl.chem> *(Rost)* • take a bite *vi coll*; take a bite out of *vt*
Nager *m rar* <kfz.wz> • nibbler; sheet metal cutter *form.rare*; Monodex-type cutter
Nahaufnahme *f* <av> • close-up; close-up shot
Nahaufnahme *f* <phot> • close-up; close-up photograph
Nahaufnahme-Zubehör *n* <phot> • close-up attachments
Nahbereich *m* <tech.allg> • close range; local range
Nahbereich *m* <el> • near zone; proximity zone
Nahbereich *m* <el> • close range
Nahbereich *m* <tech> • near range
Nahbereichsabtasten *n* <edv> • close scanning; proximate scanning
Nahbereichsfotografie *fsg* <phot> • close-up photography *sg*
Nahbereichsnavigation *f* <navig> • short-distance navigation; short-range navigation
Nahbesprechungseffekt *m* <av> *(Mikrofon)* • proximity effect
Nahbesprechungsmikrofon *n* <av> • close-talking microphone
Nahbildmessung *f* <phot> • close-range photogrammetry; short-range photogrammetry
Nahbrille *f* <opt> • reading glasses
Nahbrillenglas *n* <opt> • intermediate lens
Nahecho *n* <navig> • near echo
Nahechodämpfung *f* <navig> *(Radar)* • local echo attenuation; anticlutter gain control
Nahechodämpfung *f* <navig> • sensitivity time control
nahe der Rauschgrenze <navig> *(Signal)* • noise-like
Naheinstellgerät *n* <phot> • near focusing device *US*; near focussing device *GB*
Nahempfang *m* <tele> • short-range reception
Nahempfangsgebiet *n* <tele/av> • primary service area
Nahentfernungsmessbake *f* <aerospace.navig> *(Funkfeuer; z. B. Kennung MNW, MSW)* • locator beacon
naher Infrarotbereich *m* <astron> • near infrared region
naher Infrarot-Bereich *m* <astron> • near infrared region
nahes Infrarot *n* <phys> • near infrared
Nahfeld *n DIN EN 1330-4* <akust> • near field
Nahgrenze *f* <navig> • minimum range
Nah-Infrarot-Spektrometrie *f* (NIRS) <qualit.mat> • near-infrared spectrometry (NIRS)
Nahlinse *f* <phot> • close-up lens
Nahnebensprechdämpfung *f* <tele> • near-end cross-talk attenuation; near-end cross-talk damping
Nahnebensprechen *n* <tele> • near-end cross-talk
Nahordnung *f* <mat> • short-range order
Nahpeilung *f* <navig> *(Suchen)* • close-range direction finding
Nahpeilung *f* <navig> *(Ergebnis)* • short-path bearing
Nahpunkt *m* <opt> • near point
Nahrungsbehälter *m* <aerospace> • food container
Nahrungskette *fsg* <nahr> • food chain

Nahrungsmittelchemie *f* <chem.nahr> • food chemistry
Nahrungsmittelindustrie *f* <nahr> • food-processing industry; food industry
Nahrungsmittelpumpe *f* <förd> • food pump
Nahrungsmittelverarbeitung *f* <nahr> • food processing
Nahrungsverweigerung *f* <med> • refusal to eat or drink
Nahschutz *m* <el> *(Relais)* • underreaching protection
Nahschwund *m* <tele> • short-range fading; short-close-range fading; local fading
nahschwundfrei <av> • free from close-range fading
Nahschwundzone *f* <tele> • close-range fading area
Nahsichtkorrektion *f* <opt> • near correction
Nahsichtprüfgerät *n* <opt> • near-sight tester
Nahstörung *f* <tele> • close-range disturbing effect
Nahstreuung *f* <tele> • short-distance scatter
Naht *f* <füg> • juncture
Naht *f* <füg> • panel-to-panel joint
Naht *f* <füg> *(Schweißverbindung, z. B. Nahtvorbereitung)* • joint
Naht *f* <füg> • juncture
Naht *f* <füg> *(Schweißverbindung)* • seam; welded seam
Naht *f* <prod> *(Teilungslinie der Gießform)* • parting line
Naht *f prakt* <prod> *(Gussnaht)* • cast seam
Naht *f* <prod> *(Schwimmhaut an Gussstück)* • fin
Naht *f* <textil> • seam; sewn seam
Nahtabdichtung *f* <füg> *(Vorgang)* • seam sealing; seam protection; seam treatment
Nahtabdichtungsmasse *f* <obfl> • seam sealant; seam sealer
Nahtabdichtungszelle *f* <obfl> *(Fertigung)* • seam sealing cell; seam sealant cell
Nahtausreibmaschine *f* <led> • seam rubbing machine
Nahtbild *n* <textil> *(Aussehen)* • seam appearance; appearance of the seam
Nahtdicke *f* <füg> *(Schweißen)* • theoretical throat
Nahtdicke *f* <füg> *(Schweißnaht)* • throat
Nahtdicke *f DIN EN 12345* <füg> • throat thickness
Nahteil *m ISO 13666* <opt> *(Brillenglas)* • reading portion *ISO 13666*; reading segment; segment area
Nahteilform *f* <opt> • segment shape
Nahteinbrand *m* <füg> • weld penetration
Nahteinbrandkerbe *f* <füg> • weld undercutting; weld undercut; undercutting
Nahteinbrandkerbe *f* <füg> *(Schweißnahtfehler)* • undercut *ISO 6520-1*
Nahtfuge *f* <füg> • weld groove
Nahthöhe *f* <füg> • actual throat
Nahtinstandsetzungserwärmer *m* <bau.masch> *(für Schwarzdeckenreparaturen)* • joint repair heater
Nahtkrater *m* <füg> • weld crater
nahtlos <tech.allg> *(z. B. Rohre, Damenstrümpfe)* • seamless
nahtlose Formkörbchen *npl* <bekl> *(BH)* • seamless molded cups *pl*
nahtlose Körbchen *npl* <bekl> *(BH)* • seamless cups *pl*
nahtloser BH mit Formbügeln *m* <bekl> • seamless underwire bra
nahtloser Bügel-BH *m prakt* <bekl> • seamless underwire bra
nahtloses Rohr *n* <rls> • seamless tube
nahtloses Stahlrohr *n* <rls> • seamless steel tubing
nahtlos vorgeformte Körbchen *npl* <bekl> *(BH)* • seamless molded cups *pl*
Nahtrissbildung *f* <füg.qualit> • weld cracking
Nahtschutz *m* <bekl> • heel seam reinforcing patch
Nahtschutz *m* <füg> • weld shielding
Nahtschweißen *n* <füg> • seam welding
Nahtschweißen *n* <füg> • stitch welding
Nahtschweißmaschine *f* <füg> • seam-welding machine

Nahtschweißverbindung f <füg> • seam-welded joint
Nahtstelle f <nav> • joint
Nahtstellenschaltung f rar <el> • interface circuit
Nahtüberhöhung f <füg> • weld reinforcement
Nahtzugabe f <textil/led> • seam allowance
Nahunordnung f <mat> • short-range disorder
Nahverkehr m <tele> • short-distance telephone traffic; toll traffic; junction traffic
Nahverkehr m <verk> • short-distance traffic; short-haul traffic
Nahverkehrsamt n <tele> • toll exchange
Nahverkehrsgespräch n <tele> • junction call; toll call
Nahverkehrsleitung f <tele> • short-distance line; toll line
Nahverkehrsträgerfrequenzsystem n <tele> • short-haul carrier telephone system; short-haul carrier system
Nahverkehrswagen m <bahn> • short distance traffic coach; suburban coach
Nahverkehrszug m <bahn> • suburban train; commuter train
Nahwirkungseffekt m <el> • proximity effect
Nahwirkungskraft f <phys> • short-range force
Nahzusatz m <opt> (Brillenglas) • reading addition; near addition
Nail Art <kunst> • nail decoration; nail painting; nail art
Nailhead-Bond m <füg> • nailhead bond
Nailhead-Bonden nsg <füg> • nailhead bonding
Nail Painting n <kunst> • nail decoration; nail painting; nail art
Name m <allg> • name
Namengebertext m <tele> (Fernschreibtechnik) • answer-back code
Namensfeld n <edv> • name field; label field
Namensschild n <allg> (z. B. von Tagungsteilnehmern) • name badge
Namentaste f <edv> • name key
NAMUR <msr> • NAMUR sensor
NAMUR <msr> (in Europa) • Standards Committee of Measurement + Control of the Chemical Industry (NAMUR)
Namur-Sensor m (NAMUR) <msr> • NAMUR sensor
Namur-Sensor m prakt <msr> (für explosionsgefährdete Bereiche) • proximity switch with Namur-output; proximity switch according to DIN 19234; proximity switch to DIN 19234; Namur-sensor pract
NAND n <edv> • NOT-AND
NAND n <math> (Logik, Schaltalgebra) • NAND
NAND-Element n <msr> • NAND gate
NAND-Funktion f <msr> • NAND function
NAND-Gatter mit zwei Eingängen n <msr> (Schaltlogik) • two-input NAND gate
NAND-Glied n <msr> • NAND element
NAND-Schaltung f <msr> • NAND circuit
NAND-Verknüpfung f <msr> • NAND operation
Nanismus m wiss <agri> • dwarfing; nanism thsc; stunting
Nano... (n) <phys.msr> (Vorsilbe für Einheiten: 10^{-9}) • nano (n)
Nanoamperemeter n <el> • nanoammeter
Nanobefehl m <edv> • nanoinstruction
Nanobefehlsdekoder m <edv> • nanoinstruction decoder
Nanocomposite npl <kst> • nano composites pl
Nanometer n (nm) <phys> (10^{-9} Meter) • nanometer (nm) US; nanometre GB
Nano-Muskel m ugs <msr> (z. B. als Aktuator) • bucky tube; carbon muscle coll
Nanoröhrchen n <prod> • nano tube (NT)
Nanosekunde f (ns) <allg> • nanosecond (ns)
Nanosekundenbereich m <tech.allg> • nanosecond region
Nanosekundenimpulsgenerator m <el> • nanosecond pulse generator

Nanosekundenmesstechnik f <msr> • nanosecond techniques
Nanosekundentechnik f <msr> • nanosecond techniques
Nanotechnologie f <prod> (Objektgrößen im Bereich von 1 millionstel Millimeter) • nano technology
Nano-Technologie f <prod> (Objektgrößen im Bereich von 1 millionstel Millimeter) • nano technology
Nansen-Medaille f <jur> • Nansen-Medal
NANUS <navig> • navigational advisories for NAVSTAR users pl (NANUS); notice advisories to NAVSTAR users pl
Napf m <tech.allg> (eher tief) • bowl
Napf m <tech.allg> (breit, flach) • pan
Napf m <prod> (Tiefziehen) • cup
Napfboden m <pack> • cup bottom; cup base
Napffließpressen n 8583 <prod> • can extrusion
Napfpositionierflansch m <pack> (Abstreckpresse) • cup locator
Napfpresse f <pack> • cupping press; cupper pract; cupmaker
Napfscheibe f <füg> • finishing washer
Napfwand f <pack> • cup wall
Napfziehen n <pack> (Cupper) • cupping
Napfziehen n <prod> (eher tief) • cupping
Napfziehen n <prod> (eher flach) • dishing; shallow forming
Napfziehpresse f <pack> • cupping press; cupper pract; cupmaker
Napfziehpresse mit Mehrfachwerkzeug f <pack> • multiple-die cupper
Napfzuführung f <pack> (Abstreckpresse) • cup infeed
naphtenbasisch <tribo> • naphtene base; naphtenic
Naphtene npl <chem> (Hauptbestandteil von Heizöl EL) • naphtenes pl
Naphtha n/f <chem.petr> (Benzinfraktion für techn. Zwecke; Siedebereich 90–120 °C) • naphtha
Naphthaentschwefelung f <verf> • naphtha desulfurization
Naphthalin n <chem> • naphthalene; naphthaline; naphthalin; tar camphor
Naphthalindampf m <chem> • naphthalene vapor
Naphthalinreihe f <chem> • naphthalene series
Naphthaspaltung f <chem.verf> • naphtha cracking
Naphthen n <chem.petr> • cycloalkane
naphthenbasisches Erdöl n <petr> • naphthene-base crude oil; naphthene-base petroleum
naphthenbasisches Rohöl n <petr> • naphthene-base crude
Naphthenerdöl n <petr> • naphthene-base crude oil; naphthene-base crude; naphthenic petroleum; naphthenic crude
Naphtol n <textil> (Färberei) • naphtol
Nappa n <led> • nappa
Nappaleder n <bekl> • grain leather
Narben m <led> • grain
Narben m <led> (von Leder) • grain side; grain
Narben abstoßen vi <led> • degrain vt
Narbenabstoßmaschine f <led> • frizing machine
Narbenbild n <led> (z. B. das Narbenbild herausarbeiten) • grain pattern; grain structure
Narbenbrüchigkeit f <led> • crackiness
Narben-Crustleder n <led> • full-grain crust leather
Narbenfestigkeit f <led> • grain crack resistance
Narbenkorrosion f <chem> • tuberculation
Narbenkorrosion f <obfl> • pitting
Narbenplatte f <led> (Krispeln) • grain board
Narbenpressen n <prod> • embossing
narbenrein <led> • clean-grained

Narben schleifen vi <led> • correct the grain vt
Narbenseite f <led> (von Leder) • grain side; grain
Narbenspalt m <led> • grain split
Narbenstenose f <med> • cicatricial stenosis
narbige Stenose f <med> • cicatricial stenosis
Narkosebeatmungsgerät n <med.tech> • anesthetic ventilator
nascent rar <tech.allg> • nascent
Nase f <tech.allg> • feather
Nase f <bau> (Bogenzwickel ohne Säule darunter) • nosing cusp
Nase f <druck> • nose
Nase f <edv> (einer Scannerpistole) • nose
Nase f <füg> (an Nasenkeil) • gib head; gib
Nase f <masch> (zum Mitnehmen, Einhängen) • catch
Nase f <masch> (z. B. an Motorkolben, Pumpenkolben (Einspritzpumpe)) • deflector
Nase f <masch> (Pleuelkopf) • dipper
Nase f <masch> • lug
Nase f <masch> • nose
Nase f ugs <metall> (an Gussteilen) • lug
Nase f <obfl> (z. B. von Farbe) • sag
Nase f <obfl> (Anstrichfehler) • run
Nase f prakt <obfl> (Lackfehler; eher punktuell, einzeln) • run; hanger pract
Nase f <textil> • nose
Nase n <nahr> (von Wein) • bouquet; aroma; flower; nose
Nasenbluten n <med> • nose bleeding ugs; epistaxis wiss; nasal haemorrhage wiss
Nasenflachkeil m <masch> • flat gib-head key; gib-head flat key; gib-head flat saddle key
Nasenhohlkeil m DIN 6889 <füg> • gib-head saddle taper key; gib-head hollow saddle key
Nasenkegel m <aerospace> • nose cone
Nasenkeil m DIN 6887 <füg> • gib-head taper stock key; taper-key with gib head; taper-key with gib; gib-head key
Nasenkolben m <mot> (2-Taktmotor) • deflector piston; deflector-type piston; deflector-topped piston
Nasenring m DIN ISO 7967-2 <kfz.mot> (schlitzloser Kolbenring) • grooved compression ring DIN ISO 7967-2; scraper type piston ring; scraper ring pract
Nasenring m DIN ISO 7967-2 <kfz.mot> (an Kolben) • oil scraper ring; scraper ring ISO 7967-2; oil control ring ISO 7967-2; oil ring
Nasensärad n <agri> • studded roller; spur cylinder
Nasenschutz m <kfz> • nose cover
Nasenspindel f <textil> • hooked peg; neb peg
Nasenwalze f <textil> • porcupine cylinder
Nasenzahl f <textil> (Trommelöffner) • number of teeth
Nasotrachealtubus m DIN ISO 4135 <med.tech> • nasotracheal tube ISO 4135
nass <allg> (feucht) • moist; damp
nass <allg> • wet
nass <nahr> (Speiseeisfehler) • soggy; wet; doughy
Nass-Abbauhammer m <min> • pneumatic pick equipped with water jets
Nassabgasreiniger m <verf.emiss> (z. B. von Dieselmotoren) • exhaust scrubber; exhaust gas washer
Nassabrichten n <wz> (Schleifkörper) • wet truing
Nassabscheiden n <verf> (allg.) • wet collection; wet precipitation
Nassabscheider m <ents> (simultane Staub- und Schadgasabscheidung) • wet scrubber; scrubber; gas washer; washer
Nassabscheider m <verf> (allg.) • wet scrubber; wet scrubbing device; wet collector; scrubber pract; wet precipitator
Nassabscheider m <verf> (durch Berieselung, Sprühdüsen etc.) • gas scrubber; gas washer; scrubber pract

Nassabscheider m <verf.emiss> (Entstaubung) • wet separator; wet collector
Nassabscheidung mit Komplexbildnern f <emiss> • EDTA process (EDTA)
Nassabsorber m <verf> (allg.) • wet scrubber; wet scrubbing device; wet collector; scrubber pract; wet precipitator
Nassätzen n <el.ic> • wet etching; chemical etching
Nassanalyse f <chem> • wet-way analysis; wet analysis
Nassappretur f <textil> • wet finishing
nassarbeitend <verf> • wet-type
nassarbeitender Abscheider m <verf.emiss> (Entstaubung) • wet separator; wet collector
Nassarbeitsplatz m <phot> • wet area; wet side; wet bench
nass aufbereiten vt <verf> (z. B. Erz, Schotter) • wash vt
Nassaufbereitung f <ents> • wet cleaning; wet processing
Nassaufbereitung f <verf> • washing
Nassaufbereitung f <verf> • wet separation
Nassaufbereitungsanlage f <verf> (z. B. für Erz) • wet-process plant; washing plant; washery
Nass-auf-Nass-Druckverfahren n <textil.druck> • wet-on-wet printing; wet-on-wet printing method
Nassaufstellung f <förd> • wet installation; wet-well installation; wet-pit installation US; wet-sump installation
Nassauftrag m <obfl> • wet application
Nassauftragsverfahren n <obfl> • wet application
Nass-auf-Trocken-Druck m (N-a-T) <druck> • wet-on-dry printing
Nassausschuss m <pap> • wet broke
Nassaustrag m <verf> • wet discharge
Nassbagger m <bau.masch> • floating dredger; dredger
Nassbagger m <nav.förd> (allg.) • floating dredger; dredger
Nassbaggerung f <bau> • dredging
Nassbandschleifen n <prod> • wet-belt grinding
Nassbatterie f <el> • wet-cell battery; wet battery
Nassbehandlung f <ents> • wet cleaning; wet processing
Nassbeizvorrichtung f <agri> • liquid dispenser
Nassbereich m <phot> • wet area; wet side; wet bench
Nassbeständigkeit f <prod> • moisture resistance
Nassbestäuber m <druck> • liquid sprayer
Nassbestäubung f <druck> • liquid spraying
Nassbetrieb m <chem.verf> (Gaserzeugung) • steaming
Nassblatt-Trockengehalt m <pap> • wet sheet dryness
Nassbleiche f <textil> • wet bleaching
Nassbohren n <petr> (Spülbohren) • hydraulic circulating system
Nassbohren n <prod> • wet drilling
Nassbruchkraft f <qualit.pap> • tensile wet strength
Nassbügeln n <bekl> • wet pressing; wet hot pressing
nasschemisches Ätzen n <el.ic> • wet etching; chemical etching
nasschemisches Ätzen n <obfl> • wet-chemical etching
Nassdampf m <phys> (sichtbar, z. B. als Wolke) • wet steam; water vapor US; water vapour GB; steam coll
Nassdehnung f <textil> • wet elongation
Nassdekatur f <textil> • wet decatizing
Nassdeposition f <verf> • wet deposition
Nassdruck m <textil.druck> • wet-on-wet printing
nasse Abreibung f <verf> • wet cleaning
nasse Abscheidung f <ents> • wet scrubbing
nasse Aufbereitung f <min> (Erz, Kohle) • wet cleaning; wet separation; washing
nassecht <textil> • fast to wet treatment
Nassechtheit f <textil> • fastness to wetting; wet fastness
nasse Laufbuchse f <kfz.mot> • wet liner; wet sleeve
nasse Laufbüchse f <kfz.mot> • wet liner; wet sleeve
Nasselektroabscheider m <ents> (Gasreinigung) • wet precipitator; film precipitator

Nass-Elektrofilter *n* <ents> • wet precipitator; wet ESP; wet-type precipitator

Nasselektrolytkondensator *m* <el> • wet electrolytic capacitor

Nasselektrostatik *f* (ESTA) <obfl> • electrostatic wet spraying; wet electrostatic application

nasselektrostatischer Auftrag *m* <obfl> • electrostatic wet spraying; wet electrostatic application

Nasselement *n* <el> • hydroelectric cell; wet cell

Nassemaillierung *f* <obfl> • wet process enamelling

Nassentascher *m* <ents> • water quenched ash discharger; water quenched slag extractor; wet ash extractor; wet slag remover

Nassentaschungsanlage *f* <verf> *(für Kesselanlagen)* • hydraulic ash sluicing system

Nassentrindungsanlage *f* <holz> • waterous barker

Nassentschlacker *m* <ents> • ash sluice; ash trough; clinker pit

Nassentschlacker *m* <ents> • water quenched ash discharger; water quenched slag extractor; wet ash extractor; wet slag remover

Nassentschwefelungsanlage *f* <chem.verf> • wet flue-gas-desulfurization system (wet FGD)

Nassentstauber *m* <ents> • wet dust collector; wet deduster

Nassentstauber *m* <verf> *(durch Berieselung, Sprühdüsen etc.)* • gas scrubber; gas washer; scrubber *pract*

Nassentstauber *m* <verf.emiss> *(Entstaubung)* • wet separator; wet collector

Nassentstaubung *f* <ents> • wet collection of particulate matter

nasse Oxidation *f prakt* <edv.ic> *(Oxidation in feuchter Atmosphäre)* • wet oxidation

nasser Abfall *m* <ents> • wet waste

nasser Gaszähler *m* <msr> • wet-gas meter

nasser Mischkondensator *m* <tech.allg> • wet mixing condenser; wet condenser; jet condenser

nasser Motor *m* <förd.el> • wet motor; wet stator motor

nasses Erdgas *n* <petr> • wet natural gas; combination gas; wet gas

nasses Erdgas *n* <verbr> • casing-head gas; wet natural gas

nasses Furnier *n* <holz> • green veneer

nasses Granulatverfahren *n* <nukl> • wet granulation process

nasses Konversionsverfahren *n* <nukl> • wet conversion process

nasse Solarzelle *f* <energ.sol> • liquid junction solar cell; liquid solar cell; semiconductor-electrolyte cell; photo-electrochemical cell

nasse Solarzelle *f* <sol> • semiconductor-electrolyte cell; photoelectrochemical cell; liquid solar cell; liquid junctin solar cell

nasses Reinigungsverfahren *n* <ents> *(zur Staubabscheidung etc.)* • wet collection method

nasse Staubabscheidung *f* <ents> • wet collection of particulate matter

nasses Verfahren *n* <ents> • wet scrubbing process; wet scrubbing

nasses Verfahren *n* <verf> *(allg.)* • wet process

nasse Verbrennung *f* <ents.verbr> • wet combustion

nasse Zündkerze *f* <kfz.el> • fuel-soaked spark plug

nasse Zylinderlaufbuchse *f* <kfz.mot> • wet liner; wet sleeve

nasse Zylinderlaufbüchse *f* <kfz.mot> • wet liner; wet sleeve

nassfest <textil> *(Faden)* • water-resistant

nassfestes Papier *n* <pap> • wet strength paper; wet-strength paper

Nassfestigkeit *f* <tech.allg> • wet strength

Nassfestigkeitsprüfer *m* <qualit.mat> • wet strength tester

Nassfestleim *m* <pap.füg> • wet-strength resin

Nassfilter *n* <mot> • oil-bath air cleaner

Nassfilter *n* <verf> • wet filter

Nassfilzleitwalze *f* <pap> • wet-felt roll

Nassgas *n* <petr> • wet gas

Nassgasreinigung *f* <chem.verf> • wet gas cleaning

nassgeschliffen <prod> • wet-ground

Nassgespinst *n* <textil> • wet-spun yarn

nassgesponnen <textil> • wet-spun

nassgesponnenes Garn *n* <textil> • wet-spun yarn

nassgezogen <prod> • wet-drawn

Nassguss *m* <prod> • green sand casting; green sand mold casting

Nassgussform *f* <prod> • green sand mold

Nassgussformen *n* <prod> • green sand molding

Nassgussformsand *m* <prod> • green sand

Nassgut *n* <metall> • wet product; wet feed

Nassgutzuführung *f* <metall> *(Aufgabevorrichtung)* • wet feeder

Nassgutzuführung *f* <metall> • wet feeding

Nasshaftung *f* <prod> *(Reifen)* • grip and adhesion in the wet; grip in the wet

Nasshaltevorrichtung für Lackierpistolen *f* <obfl> • spray gun nozzle cleaning unit

Nasshandfeuerlöscher *m* <feuer> • water extinguisher

Nassherd *m* <verf> *(Aufbereitung)* • wet washing table; washer

nass in nass <obfl> *(Lackiervorgang)* • wet on wet

Nass-in-Nass-Auftrag *m* <obfl> *(z. B. Lack)* • wet-on-wet application

Nass-in-Nass-Druck *m* (N-i-N) <druck> • wet-on-wet printing

Nass-in-Nass-Malen *n* <kunst> *(Airbrush)* • wet-on-wet painting; wet-in-wet painting *GB*

nass in nass spritzen *vt* <obfl> • spray wet *vt*

Nass-in-Nass-Verfahren *n* <obfl> • wet-on-wet application process; wet-on-wet technique

Nassklassierung *f* <verf> • hydraulic classification; wet classification

Nasskleber *m* <füg> • wet adhesive

Nassknittererholung *f* <textil> • wet crease recovery (WCR)

Nassknittererholungswinkel *m* <textil> • wet crease recovery angle (WCRA)

Nasskochpunkt *m* <kfz.brems> • wet boiling point

Nasskollergang *m* <verf> • wet pan

Nasskollodiumverfahren *n* <phot> • wet-collodion process; wet-plate process

Nasskonservierung *f* <präp> • liquid preservation

Nasskorrosion *f* <obfl> • cold-condensate corrosion

Nasskühlturm *m* <hlk> • wet cooling tower; evaporative cooling tower

Nasskühlung *f* <hlk> • wet cooling; evaporative cooling

Nasskupplung *f* <kfz.antr> • wet clutch; oil-immersed clutch

Nasskupplung *f* <masch> *(Viscokupplung)* • oil-type clutch

Nasslack *m* <obfl> • liquid paint

Nassladung *f* <logist> • liquid-bulk cargo

Nassläufer *m* <förd.el> • wet motor; wet stator motor

Nassläufermotor *m* <förd.el> • wet motor; wet stator motor

Nasslaufeigenschaft *f* <prod> *(Reifen)* • grip and adhesion in the wet

Nasslichtechtheit *f* <textil> • wet fastness to light

Nasslöschen *n* <verf> *(Koks; Hüttenwerk)* • wet quenching

Nassluftfilter n <verf> • oil-wetted air cleaner
Nassluftreinigung f <verf> (nasses Reinigen von Luft) • air washing
nass machen vt <obfl> (mit viel Flüssigkeit) • wet vt
Nassmagnetscheider m <verf> • wet magnetic separator
Nassmahlung f <obfl> • wet milling; wet grinding
Nassmahlung f <verf> • wet grinding
Nassmahlverfahren n <obfl> • wet milling; wet grinding
Nassmodul m <textil> (Faser) • wet modulus
Nassmühle f <verf> • wet-grinding mill; wet mill
Nassmuser m <agri> • wet masher
Nassmuster n <obfl.qualit> (von Lack etc.) • wet paint sample
Nassoffsetplatte f <druck> (Druckplatte) • wet offset plate; wet plate
Nass-Oxidation f <ents> • wet oxidation; wet-air oxidation
Nassoxidation f <ents> • wet air oxidation (WAO)
Nasspartie f <pap> • wet end wet line; wet end
Nasspochwerk n <tech.allg> • wet stamps; wet stamp
Nasspolieren n <kst> • ashing
Nasspräparat n <bio.chem> • specimen preserved in liquid; specimen in liquid
Nasspressen n <silik> • wet pressing
Nassprobe f <mat> • wet assay
Nassprüfung f <qualit.mat> • wet test
Nassputzen n <prod> (z. B. Gussstücke) • liquid blast cleaning; hydroblasting; waterjet cleaning
Nassputzen n <prod> • liquid honing
Nassputztrommel f <metall> • wet tumbler
Nassrasierer m <hygi> • razor
Nassrauhen n <textil> • wet raising
Nassreiniger m <verf> (für Gase) • washer; scrubber
Nassreiniger m <verf> • wet cleaner
Nassreinigung f <verf> • liquid purification
Nassreinigung f <verf> • wet cleaning
Nassreismähdrescher m <agri> • wet rice combine harvester
Nassreißwolf m <ents> • wet rag-tearing machine
Nassringspinnmaschine f <textil> • wet ring spinning frame
Nassrutschfestigkeit f <prod> • grip in the wet
Nassrutschfestigkeit f <prod> (Reifen) • grip and adhesion in the wet; grip in the wet
Nasssandformen n <prod> • green sand molding
Nasssandkern m <prod> (Gussform) • green sand core; green core
Nasssandstrahlen n <obfl> • wet sandblasting
Nassscheidung f <chem.verf> (Zucker) • wet liming
Nassscheidung f <metall> • wet purification
Nassscheuern n <metall> • wet tumbling
Nassscheuerwirkung f <qualit.mat> • wet abrasion effect
Nassschlamm m <ents> • wet sludge
Nassschleifen n <obfl> (z. B. Kfz-Reparatur) • wet sanding; water sanding US; moist sanding rare; wet rubbing
Nassschleifen n <prod> • wet grinding
nassschleifen vt <led> • wet-buff vt; wet-wheel vt
nass schleifen vt <obfl> (z. B. Autolackiererei) • wet sand vt; wet-and-dry vt
Nassschleifpapier n <wz> • wet and dry sanding paper; wet sanding paper; water sanding paper US
Nassschlichteauflage f <textil> • wet pick-up
Nassschliff m <prod> • wet grinding
Nassschrämen n <min> • wet cutting
Nassschweißen unter Überdruck n <füg> • underwater hyperbaric wet welding
Nasssektion f <verf> • wet section
Nasssetzmaschine f <ents> (Aufbereitung) • wet-process jig; wet jig; jig washer
Nasssieben n <verf> (Aufbereitung) • wet screening

Nasssiebung f <ents> • wet screening
Nasssorption f <ents> • wet scrubbing process; wet scrubbing
nassspalten vt <led> • split in the wet state vt
Nassspinnen n <textil> • wet spinning
Nassspinnmaschine f <textil> • wet spinning frame
Nassspinnverfahren n <chem.petr> (Kunstfaser) • wet spinning
Nassspritzbeton m <bau.mat> • wet mix shotcrete; wet-mix concrete
Nassspritzen n <bau> • wet mix shotcrete method; wet shotcreting
Nassspritzmaschine f <bau> • wet spraying machine
Nassspritzverfahren n <bau> • wet mix shotcrete method; wet shotcreting
Nassstäuben n <agri> • wet dusting
Nass-Staubabscheider m form <verf> (durch Berieselung, Sprühdüsen etc.) • gas scrubber; gas washer; scrubber pract
Nassstrahlen n <obfl> • wet blast cleaning; hydroblasting; liquid blasting; wet blasting; wet cleaning
Nasssumpf m press.ugs <kfz.mot> (Viertaktmotor) • wet sump lubrication; wet sump press.coll
Nasssumpfschmierung f <kfz.mot> (Viertaktmotor) • wet sump lubrication; wet sump press.coll
Nassteil m <verf> • wet section
Nassteilfeld n <textil> • split rod section
Nass-/Trockenkühlturm m <verf> (kombiniert Naß- und Trockenkühlung) • wet/dry-cooling tower; hybrid cooling tower; dry/wet-cooling tower
Nass-/Trockenkühlturm m <verf> (betont: zur Vermeidung sichtbarer Schwaden) • plume abatement cooling tower
Nass-/Trockenkühlturm m <verf> (betont: zur Verringerung des Zusatzwasserbedarfs) • water conservation cooling tower
Nass-/Trockenkühlung f <verf.hlk> • wet/dry-cooling
Nasstrommel f <metall> • wet tumbler
nasstrommelgeputzt <metall> • wet-tumbled
Nasstrommeln n <metall> • wet tumbling
Nassumdruck m <textil> • wet transfer printing
Nass- und Trockenfilter m <verf.hydr> • wet/dry filter
Nassverfahren n <ents> • wet scrubbing process; wet scrubbing
Nassverfahren n <verf> (Rauchgaswäsche, z. B. Entschwefelung) • wet-scrubbing system
Nassverfahren n <verf> (allg.) • wet process
Nassverglasung f <bau> • wet glazing
Nassverzinkung f <obfl> • wet galvanizing
Nassvliesbildung f <textil> • wet sheet formation
Nassvliesformmaschine f <textil> • wet sheet forming machine
Nasswäsche f <ents> • wet scrubbing
Nasswäsche f <ents> • wet scrubbing process; wet scrubbing
Nasswäscher m <ents> (simultane Staub- und Schadgasabscheidung) • wet scrubber; scrubber; gas washer; washer
Nasswäscher m <verf> (allg.) • wet scrubber; wet scrubbing device; wet collector; scrubber pract; wet precipitator
Nasswaschverfahren n <ents> • wet scrubbing process; wet scrubbing
Nasszelle f <bau> (Badezimmer) • bathroom unit; plumbing unit
Nasszelle f <nfz> (z. B. eines Caravans; mit/ohne Toilette/ Dusche) • shower room; toilet compartment
Nassziehen n <prod> • wet drawing
Nassziehschmiermittel n <wz.tribo> • wet drawing lubricant

Nasszuckerung f <nahr> *(von Wein)* • addition of sucrose in aqueous solution; gallisation
Nasszug m <metall> • wet drawing
Nasszwirnen n <textil> *(Zwirnerei)* • wet twisting
Nasszyklon m <verf> *(zum Abscheiden)* • wet cyclone separator; hydraulic cyclone separator; hydrocyclone; liquid cyclone; hydroclone *pract*
Nasszyklon m <verf> *(zum Klassieren)* • wet-cyclone classifier
naszierend <tech.allg> • nascent
N-a-T <druck> • wet-on-dry printing
Nationale Immisionsgrenzwerte für gefährliche Luft mpl <ents> *(US-Gesetzgebung)* • National Emissions Standards for Hazardous Air Pol (NESHAP)
nationale Klassenvereinigung f <nav> • National Class Association; National Class Organisation
Nationale Luftqualitätsziele npl <ents> *(US-Gesetzgebung)* • National Ambient Air Quality Standards (NAAQS)
nationale Prioritätenliste fsg *Superfund* <ents> *(mit Altlasten)* • National Priorities List (NPL) *Superfund*
nationaler Verband m <admin> • National Authority
nationales Gefahrenbewertungssystem nsg *Superfund* <ents> • Hazard Ranking System (HRS) *Superfund*
Nationalitätsbuchstabe m <nav> • national letter
National Television Standards Committee n (NTSC) <av> • National Television Standards Committee (NTSC)
native Faser f <pap> • virgin fiber *US*; native fiber *US*; fresh fiber *US*; new fiber *US*; primary fibre *GB*
native Faser f wiss <textil> • native fiber *US*; native fibre *GB*; natural fiber *US*
NATO-Draht m prakt <mil> • razor barbed wire *GB*; razor barb *GB.pract*
Nato-Kupplung f ugs <nfz> • pintle hook and eye coupling; pintle hook coupling *pract*
Natrit m <min> *(Na$_2$CO$_3$)* • natron
Natrium n (Na) <chem> • sodium (Na)
Natriumaustauscher m <chem> *(Ionenaustauscher)* • sodium exchanger
Natriumbisulfit n <chem> • sodium bisulfite
Natriumbisulfitbleiche f <pap> • sodium bisulfite bleaching
Natrium-Butadien-Kautschuk m <mat> • sodium-butadiene rubber
Natriumcarbonat n <chem.verf> • soda ash; sodium carbonate
Natriumcarbonat n (E 500) <nahr> • sodium carbonate (E 500)
Natriumcarbonatanhydrit m wiss <chem.pap> • calcined soda; anhydrous sodium carbonate *thsc*; soda ash *coll*
Natriumchlorid n (NaCl) <chem.nahr> • sodium chloride (NaCl); natrum muriaticum *thsc*; common salt; cooking salt *pract*; salt *coll*
Natriumchloridgitter n <mat> • sodium chloride lattice
Natriumchloritbleichlauge f <pap> • sodium chlorite bleach liquor; sodium chlorite bleaching liquor
Natriumdampfentladung f <licht> • sodium vapor discharge
Natriumdampffalle f <nukl> • sodium-vapor trap *US*; sodium-vapour trap *GB*
Natriumdampflampe f <licht> • sodium-vapor lamp *US*; sodium-vapor discharge lamp *US*; sodium-vapour lamp *GB*; sodium lamp
Natriumdampf-Niederdrucklampe f <licht> • low-pressure sodium [vapor] lamp
Natriumdithionit n <ents> *(Bleichmittel)* • sodium dithionite; hydrosulfite *obs*
Natrium-D-Linie f <phys> *(Spektrallinie)* • sodium D line

natriumgefülltes Auslassventil n <mot> • sodium cooled exhaust valve; sodium filled exhaust valve
natriumgekühlt <tech.allg> *(z. B. Auslassventile)* • sodium-cooled
natriumgekühlter Graphitreaktor m <nukl> • sodium-cooled graphite-moderated reactor; sodium-graphite reactor; sodium-cooled reactor
natriumgekühlter Reaktor m <nukl> • sodium-cooled reactor
Natrium-Graphit-Reaktor m <nukl> • sodium-graphite reactor
Natrium-Hochdrucklampe f <licht> • High-pressure sodium [vapor] lamp
Natriumhochdrucklampe f <licht> • high-pressure sodium discharge lamp
Natriumhydroxidlösung f <chem> *(typ. Behandlungsflüssigkeit beim Ätzen)* • sodium hydroxide solution; caustic soda solution; caustic ash solution; soda lye *coll*
Natriumhypochloritbleichlauge f <pap> • sodium hypochlorite bleach liquor; sodium hypochlorite bleaching liquor
Natriumjodid n <nukl> • sodium iodide
Natriumkarbonat n <chem> • sodium carbonate; natrum carbonicum
Natriumleckdetektor m <nukl> • sodium leak detector
Natriumlicht n <licht> • sodium light
Natriummetall n <mat> • metallic sodium
Natrium-Niederdrucklampe f <licht> • low-pressure sodium [vapor] lamp
Natriumnitrat n <chem> *(NaNO$_3$)* • sodium nitrate; soda niter; Chile saltpeter; Chile niter; soda nitre *GB*
Natriumperoxid n (Na$_2$O$_2$) <chem> • sodium peroxide (Na$_2$O$_2$)
Natriumphosphat n <chem> • sodium phosphate; natrum phosphoricum
Natriumpresse f <verf> • sodium wire press
Natriumpumpe f <masch> • liquid sodium pump; sodium pump
Natrium-Schwefel-Batterie f ABB <el> • sodium-sulfur battery *US*; sodium-sulphur battery *GB*
Natriumseife f <chem> • sodium soap; soda soap
Natriumspektralleuchte f <licht> • sodium-spectrum lamp
Natriumsulfat n <chem> *(NaSO$_4$)* • sodium sulfate; natrium sulfuricum *thsc*; Glauber's salt; Glauber salt *coll*
Natriumsulfit n <ents> *(Entschwefelung von Rauchgas)* • sodium sulfite
Natrium sulfuricum n wiss <chem> *(NaSO$_4$)* • sodium sulfate; natrium sulfuricum *thsc*; Glauber's salt; Glauber salt *coll*
Natriumsuperoxid n obs <chem> • sodium peroxide (Na$_2$O$_2$)
Natriumtetraborat n <chem> • borax; sodium tetraborate decahydrate
Natriumtrisilikat n <silik> • sodium silicate; soda water glass; water glass
Natron n <chem> • soda; natron; sodium bicarbonate
Natronglas n <silik> • soda glass; soft glass
Natronkalk m <chem> *(Ätznatron-Ätzkalk-Gemisch)* • soda lime
Natronkochlauge f <pap> • soda digestion liquor; soda liquor; soda lye
Natronlauge f prakt <chem> *(typ. Behandlungsflüssigkeit beim Ätzen)* • sodium hydroxide solution; caustic soda solution; caustic ash solution; soda lye *coll*
Natronsalpeter m <chem> *(NaNO$_3$)* • sodium nitrate; soda niter; Chile saltpeter; Chile niter; soda nitre *GB*
Natronseife f <chem> • sodium soap; soda soap
Natronwasserglas n prakt.ugs <silik> • sodium silicate; soda water glass; water glass

Natronzellstoff *m* <pap> • soda pulp
Natronzellstoffkocher *m* <pap> • soda digester
Natrum carbonicum <chem> • sodium carbonate; natrum carbonicum
Natrum muriaticum *n wiss* <chem.nahr> • sodium chloride (NaCl); natrum muriaticum *thsc*; common salt; cooking salt *pract*; salt *coll*
Natrum phosphoricum <chem> • sodium phosphate; natrum phosphoricum
natürlich <allg> *(Material, Farbe; z. B. Holz, Haarfarbe)* • natural
natürlich <allg> *(z. B. Radioaktivität)* • found free in nature; found in nature; natural
natürlich anstehender, dichter Untergrund *m* <ents> • natural barrier; natural impermeable strata
natürlich belüfteter Kühlturm *m* <verf> • natural draft cooling tower *US*; natural draught cooling tower *GB*; atmospheric cooling tower
natürliche Abdichtung *f* <ents> • natural lining
natürliche Alterung *f* <mat> • natural aging
natürliche Anordnung der Elemente *f* <chem> • periodic arrangement of the elements
natürliche Aromastoffe *fpl* <nahr> • natural flavourings; natural flavours
natürliche Astreinigung *f* <holz> • natural cleaning; natural self-pruning
natürliche Atemwege *mpl* <bio> • anatomical airway
natürliche Beleuchtung *f* <licht> • natural lighting
natürliche Belüftung *f* <verf> • generation of air flow by natural draft *(GB: draught)*
natürliche Bodensperrschicht *f* <ents> • natural soil barrier
natürliche Energiebreite *f* <nukl> • natural width of energy level
natürliche Fähigkeit zur Selbstreinigung *f* <obfl> *(von Oberflächen; Hydrophobie plus spezielle Struktur; Bionik)* • lotus effect; self-cleaning effect *coll*
natürliche Farbstoffe *fpl* <nahr> • natural colors *US*; natural colours *GB*; natural colorant *US*
natürliche Faser *f ugs* <textil> • native fiber *US*; native fibre *GB*; natural fiber *US*
natürliche Fusionsreaktionen *fpl* <nukl> • fusion in nature
natürliche Killerzelle *f* <med> • natural killer cell; NK-cell
natürliche Kohle *f* <min> *(im Ggs. zu Holzkohle)* • mineral coal; fossil coal
natürliche Konvektion *f* <phys> • natural convection
natürliche Oxidhaut *f* <obfl> • natural oxide film; natural oxide skin
natürliche Radioaktivität *f* <phys> • natural radioactivity
natürlicher Durchstich *m* <hydr> • avulsive cut-off
natürlicher Farbstoff *m* <obfl> • natural dye
natürlicher Faserstoff *m* <textil> • natural fiber *US*; natural fibre *GB*
natürlicher Füllstoff *m* <mat> *(z. B. Maisstärke in Reifen)* • natural filler
natürlicher Hafen *m* <geo.nav> • natural harbor *US*; natural harbour *GB*
natürlicher Klebstoff *m* <füg> • natural adhesive
natürlicher Logarithmus *m* <math> • natural logarithm; hyperbolic logarithm; Napierian logarithm
natürlicher Ofenzug *m* <verbr> *(im Kamin)* • natural draft *US*; natural draught *GB*
natürlicher Oxidfilm *m* <obfl> • natural oxide film; natural oxide skin
natürlicher Sättigungsgrad *m* <geo> *(Bodenmechanik)* • field moisture equivalent
natürlicher Spannungsausgleich *m* <mech> • natural stress relief

natürlicher Ton *m* <bau.mat> • non-activated clay; natural clay
natürlicher Werkstoff *m* <mat> • natural material
natürlicher Wetterzug *m* <min> • natural draft *US*; natural draught *GB*
natürlicher Zug *m* <bau.hlk> • natural draft *US*; natural draught *GB*
natürliche Schaftreinigung *f* <holz> • natural cleaning; natural self-pruning
natürliches Fettöl *n* <tribo> • fatty oil; fixed oil; fat oil
natürliches Isotopengemisch *n* <chem> • natural isotope mixture; natural isotopic mixture
natürliches Kohlengas *n* <mat> • coal gas
natürliches Licht *n* <licht> • natural light
natürliches Material *n* <mat> • natural material
natürliches Polymer *n* <mat> • natural polymer
natürliche Sprache *f* <term> • natural language
natürliches System *n* <chem> • periodic system
natürliche Trocknung *f* <holz> • air seasoning; natural seasoning
natürliche Verjüngung *f* <holz> • natural regeneration
natürliche Zahl *f* <math> *(ganze positive Z.)* • natural number
natürlich gealtert <mat> • naturally aged
natürlich gewachsen <textil> *(Baumwolle)* • raingrown
natürlich vorkommend <allg> *(z. B. Radioaktivität)* • found free in nature; found in nature; natural
Natur *f* <allg> *(inhärente Eigenschaft einer Sache)* • nature
Natur *f* <bio> • nature
naturaktive Bleicherde *f* <petr> *(Erdölraffination)* • non-activated clay
Naturasphalt *m* <min> *(natürl. Rohstoff)* • asphalt; asphaltum *thsc*; earth pitch; mineral pitch
Naturaufnahme *f* <phot> *(fotografische Aufnahme)* • nature picture; nature shot
Naturenergieträger *m* <verbr> • natural fuel
Naturfarbstoff *m* <textil> *(Färberei; Farbstoff)* • natural dyestuff; natural dye; natural coloring matter *US*
Naturfaser *f* <textil> • native fiber *US*; native fibre *GB*; natural fiber *US*
Naturfaserzwirn *m* <textil> • natural fiber thread
Naturfeinkorn *n* <mat> *(Brikettierung)* • natural fine grain
Naturfoto *n ugs* <phot> *(fotografische Aufnahme)* • nature picture; nature shot
Naturfotografie *f* <phot> *(fotografische Aufnahme)* • nature picture; nature shot
Naturfotografie *fsg* <phot> *(Teilgebiet der Fotografie)* • nature photography *sg*
Naturgasbenzin *n* <chem.petr> • natural gasoline; casing-head gasoline
Naturgips *m* <verf> • natural gypsum
Naturgummi *n* <mat> • natural gum
Naturharz *n* <mat> • natural resin
naturharzhaltige Bindung *f* <wz> *(Schleifkörper)* • resin bond
Naturholzfenster *n HBI* <bau> • wood window
naturidentische Aromastoffe *f* <nahr> • nature identical flavourings; nature identical flavours
Naturkante *f* <verf> *(Walzkante)* • mill edge
Naturkautschuk *m* (NR) <mat> *(allg.; noch unvulkanisiert)* • rubber (NR); natural rubber; caoutchouc
Naturkautschuklatex *m* <mat> • natural-rubber latex
Naturkohle *f* <min> *(im Ggs. zu Holzkohle)* • mineral coal; fossil coal
Naturkorund *m* <mat> • natural corundum
naturnaher Füllstoff *m* <mat> *(z. B. Maisstärke in Reifen)* • natural filler
Naturpapier *n* <pap> • uncoated paper

Naturpflasterstein *m* <bau.mat> • natural paving block *US*; natural sett *GB*

Natursand *m* <bau.mat> • natural sand

Naturschutz *m* <ökol> • nature conservation

Naturschutzgebiet *n* <ökol> • reserve

Naturstein *m DIN EN 12670* <bau.mat> • natural stone; quarry stone

Natursteinmauerwerk *n* <bau> *(aus behauenen, rechteckigen Natursteinen)* • ashlar; ashlar masonry; regular coursed ashlar *rare*

Natursteinplatte *f* <bau.mat> • quarry tile; flag

Natursteinstaumauer *f* <bau> • masonry dam

Natursteinverblendung *f* <bau> *(behauene Quader)* • ashlar facing

Naturstoff *m* <mat> • natural substance

Naturumlaufdampferzeuger *m* <rls> • natural-circulation boiler

Naturumlaufkühlung *f* <tech.allg> • thermosyphon cooling; thermosiphon cooling; natural recirculation cooling

Natururan *m* <geo> • natural uranium

Natururan-Graphit-Reaktor *m* <nukl> • natural uranium graphite-moderated reactor

Natururanreaktor *m* <nukl> • natural uranium-fueled reactor *US*; natural uranium-fuelled reactor *GB*; natural uranium reactor

Naturvaseline *f* <chem.petr> *(salbenartiges Erdöldestillationsprodukt)* • petrolatum

Naturversuch *m* <qualit> • field testing; field test

Naturwissenschaft *f* <allg> • natural science; science

Naturzugkessel *m* <verbr> • natural draft boiler *US*; natural draught boiler *GB*

Naturzugkühlturm *m* <verf> • natural draft cooling tower *US*; natural draught cooling tower *GB*; atmospheric cooling tower

naürlicher Ölaustritt *m* <geo.min> *(aus Sand, Gestein)* • oil seepage; natural oil seepage

nautische Dämmerung *f* <nav> • nautical twilight

nautische Instrumente *npl* <nav> • navigational instruments; navigational aids

nautische Meile *f* <allg> • nautical mile (nm); sea mile

nautischer Fehler *m* <navig> *(Seefahrt)* • error in navigation

nautisches Dreieck *n* <nav> • nautical triangle; navigational triangle

NAV-Display *n* <navig> *(Display)* • navigation display; NAV display; NAV screen

Navier-Stokes-Gleichungen *fpl* <phys> *(Strömungslehre)* • Navier-Stokes equations

Navigation *f* <navig> • navigation

Navigation Information Service *m* <navig> • Navigation Information Service

Navigationsanzeige *f* <navig> *(Display)* • navigation display; NAV display; NAV screen

Navigationsdaten *npl* <navig> • navigation data; nav data *ugs*

Navigationsdisplay *n* <navig> *(Display)* • navigation page

Navigationseigenschaften *fpl* <navig> *(Empfänger)* • navigation features *pl*

Navigationselektronik *fsg* <navig> • navigation electronics *pl*

Navigationsempfänger *m* <navig> • navigation receiver

Navigationsfunkfeuer *n* <navig> • navigation radio beacon

Navigationsfunkhilfe *f* <navig> • aid to navigation radio control

Navigationsfunkpeiler *m* <navig> • navigation radio direction finder

Navigationsfunktionen *fpl* <navig> *(Empfänger)* • navigation features *pl*

Navigationsgerät *n* <navig> • navigation device

Navigationshilfsmittel *npl* <navig> • navigational aids

Navigationsinformationsdienst der US-Küstenwache *m* <navig> • Navigation Information Service

Navigationsleuchte *f* <nav> *(grün auf Steuerbord, rot auf Backbord)* • navigation light

Navigationsleuchte *f* <navig> *(z. B. mit Solarzellen)* • navigation beacon

Navigationsmeldung *f* <navig> • navigation message (NAV-msg); nav message; data message; navigation data message; system data message

Navigationsmenü *n* <navig> *(Display)* • navigation page

Navigationsmodus *m* <navig> *(Empfänger)* • navigation mode

Navigationsnachricht *f* <navig> • navigation message (NAV-msg); nav message; data message; navigation data message; system data message

Navigationsprozessor *m* <navig> • navigation computer unit (NCU); navigation processor *pract*; nav processor

Navigationsrechner *m* <navig> *(System)* • course-line computer; navigation computer

Navigationsrechner *m pract* <navig> • navigation computer unit (NCU); navigation processor *pract*; nav processor

Navigationssatellit *m* <navig> • navigation satellite; navigational satellite

Navigationsseite *f* <navig> *(Display)* • navigation page

Navigationssignal *n* <navig> • navigational signal

Navigationssystem *n* <navig> • navigator system; navigational system; navigation system; route-finder system

Navigationstaste *f* <navig> *(Empfänger)* • navigation key; NAV key

Navigationsvisier *n* <navig> • drift sight

Navigator *m* <edv> • navigator

Navigator *m ugs* <navig> • GPS receiver; GPS navigator; navigator *coll*

navigatorische Daten *npl* <navig> • navigation data; nav data *ugs*

navigatorische Hinweise für NAVSTAR-Nutzer *mpl* (NANUS) <navig> • navigational advisories for NAVSTAR users *pl* (NANUS); notice advisories to NAVSTAR users *pl*

navigatorische Positionsbestimmung *f* <navig> • position fixing for navigation purposes; navigational position fixing

Navigieren *n* <navig> • navigation

NAV-Modus *m ugs* <navig> *(Empfänger)* • navigation mode

NAV-Seite *f* <navig> *(Display)* • navigation page

NAVSTAR-GPS *n form* <navig> • Global Positioning System (GPS); NAVSTAR GPS *form*

NAV-Taste *f* <navig> *(Empfänger)* • navigation key; NAV key

Nawi-Membran *f* <av> *(Lautsprecher)* • NAWI membrane; curvilinear cone shape; flared diaphragm shape

Nb <chem> • niobium (Nb)

n-Buttersäure *f* <chem> • butyric acid; butanoic acid

NC <autom> *(z. b. Werkzeugmaschine)* • numerical control (NC) *ISO 2806*

NC <edv> • network computer (NC)

NC <el> *(Kontakt im Ruhezustand)* • normally closed (NC)

NC-Anpasssteuerung *f* <wz.masch> • adaptive control

NC-Funktion *f* <msr> *(Sensor-Merkmal)* • break function *EN 60947*; normally closed [function]; NC function; break output

NC-gesteuert <wz.masch> • numerically controlled

NC-gesteuerte Prüfmaschine *f* <msr> • numerically controlled inspection machine

NCM <kfz.emiss> • NOx-Control module (NCM) *BMW*

NC-Maschine *f prakt.ugs* <wz.masch> • numerically controlled machine tool

NCR <emiss> • non-catalytic reduction (NCR); non-catalytic reduction process

NC-Steuerung *f* <autom> • numerical control system; numerical control

NC-Streckensteuerung *f* <wz.masch> • line-motion control

NC-Technik *f* <autom> • numerical engineering

NC-Werkzeugmaschine *f* <wz.masch> • numerically controlled machine tool

Nd <chem> • neodymium (Nd)

ND:YAG <opt> *(Festkörperlaser)* • Neodym Yttrium Aluminum Garnet laser (ND:YAG) *thsc*

ND-Filter *m* <phot> • neutral-density filter; ND-filter; optic light filter *rare*

NDIR-Absorptionsverfahren *n prakt* <msr> • NDIR absorption technique *pract*; nondispersive infrared absorption technique *form*

NDIR-Analysator *m* <kfz.emiss> • NDIR analyzer; nondispersive infrared analyzer

NDIR-Gasanalysator *m* <verbr.emiss> • NDIR gas analyzer *US*; NDIR analyser *GB*; nondispersive infrared analyzer *US*

NDIR-Gasanalysegerät *n* <verbr.emiss> • NDIR gas analyzer *US*; NDIR analyser *GB*; nondispersive infrared analyzer *US*

NDIS <kfz> • Nissan Direct Ignition System (NDIS) *Nissan*

n-Dotierung *f* <el.ic> • n-type doping; n-doping

NDPT *ic.qualit* *(von Drahtbonds)* • nondestructive [bond] pull test (NDPT)

NDT <qualit.mat> • nil ductility transition temperature (NDT)

NDT-Methode *f* <qualit> *(Methode)* • NDT method

NDT-Technik *f* <qualit> *(Methode)* • NDT method

NDT-Verfahren *n* <qualit> *(Methode)* • NDT method

NDUV-Gasanalysegerät *n* <msr> • NDUV gas analyser; nondispersive ultraviolet gas analyser *form*

Ne <chem> • neon (Ne)

Neapelgelb *n* <obfl> • Neaples yellow; Naples Yellow; galliolino

Near-End Nebensprechen *n* (NEXT) <edv> • Near-End Crosstalk (NEXT)

Near-Line-Speicher *m* <edv> • near-line storage

Near Miss *m prakt* <aerospace> • near miss

Nebel *m* <astron> • nebula

Nebel *m* <av> • misty effect; misty *adj*

Nebel *m* <meteo> *(dicht)* • fog

Nebel *m* DIN ISO 4225 <meteo> *(Sichtweite 1 bis 2 km)* • mist *ISO 4225*; haze

Nebel *m* <tribo> • oil mist

Nebel *m* <verf> *(feiner Nebel mit Tropfengrößen <1 µm)* • mist

Nebel *m* <verf> *(große Tropfengrößen, sichtbar für das Auge)* • fog

Nebelalarmglocke *f* <alarm> *(Schiff)* • fog bell

Nebelbildung *f* <meteor> • formation of fog

Nebelboje *f* <nav> • fog position buoy; fog buoy

Nebelbüchse *f rar* <mil> • smoke pot

Nebel-Effekt *m* <av> • misty effect; misty *adj*

Nebelfilter *n* <phot> *(ugs: m)* • fog filter

Nebelgerät *n* <tech.allg> *(Theater, Wehrtechnik)* • mist blower

Nebelgerät *n* <agri> • aerosol generator

Nebelgerät *n* <theat> • nebulizer; mist sprayer

Nebelhaufen *m* <astron> • clusters of nebulae *pl*

Nebelhorn *n* <alarm> *(Schiff)* • fog horn

Nebelhorn *n* <kfz> • ocean liner blast horn

Nebelkammer *f* <phys> • Wilson cloud chamber; cloud chamber; fog chamber

Nebelkammerspur *f* <phys> • cloud track; fog track

Nebelkerze *f* <mil> • smoke pot

Nebelkörper *m form* <mil> • smoke pot

Nebelleuchte *f* <licht> • fog lamp

Nebellicht *n* <kfz.el> • fog light

Nebellinie *f* • nebular line

nebeln *vi* <meteo> • mist *vi*

nebeln *vi/vt* <agri> • nebulize *vi/vt*

Nebel- oder Fernscheinwerferset *n* <kfz> • fog or driving light kit; driving or fog light kit

Nebelöler *m* <tribo> • oil-mist lubricator

Nebelrückstrahlung *f* <licht> • fog return

Nebelschaltung *f* <kfz.el> *(Scheibenwischerintervall)* • mist action

Nebelscheinwerfer *m* <kfz.el> • front fog light; front fog lamp; fog light; fog lamp

Nebelschlussleuchte *f* <kfz.el> • rear fog light; rear fog lamp; rear fog guard light *GB*; rear foglight *GB*

Nebelschlusslicht *n* <kfz.el> *(ausgesandtes Licht)* • rear fog guard light

Nebelsignal *n* <alarm> • fog signal

Nebelspur *f* <phys> • cloud track; fog track

Nebelspur in der feldfreien Nebelkammer *f* <phys> • no-field track

Nebelwerfer *m* <mil> • mist blower

Nebelwolken *fpl* <astron> • nebulae *pl*; nebulas *pl*

Neben... <allg> *(z. B. Signal, Effekt)* • spurious

Nebenabtrieb *m* <kfz.antr> *(Zapfwelle)* • power take-off (PTO)

Nebenachse *f* <autom> *(Roboter)* • wrist axis

Nebenachse *f* <math> *(z. B. Ellipse)* • conjugate axis; minor axis; shorter axis

Nebenaggregate *npl* <kfz.mot> • ancillary components

Nebenamt *n* <tele> • branch exchange; minor exchange

Nebenanlagen *fpl* <tech.allg> • ancillary equipment

Nebenanschluss *m* <tele> • private branch extension; extension station; extension

Nebenantrieb *m* <antr> • auxiliary drive; secondary drive

Nebenantrieb *m* <nfz.antr> • power take-off (pto)

Nebenantrieb *m* <prod> • feed drive

Nebenantriebssperre *f* <antr> • auxiliary drive lock

Nebenapparat *m* <tele> • extension telephone; extension set

Nebenapsis mit Ädikula *f* <bau> *(Kirche pl.: -apsiden)* • side apse with aedicule

Nebenarbeiten *fpl* <min> • ancillary operations; ancillary works

Nebenbahn *f* <bahn> • secondary railway; secondary line; branch line

Nebenbande *f* <phys> *(Spektrum)* • sideband

Nebenbefehl *m* <edv> • branch order

Nebenbestandteil *m* <min> *(in Erz etc.; unerwünscht)* • admixture; contaminant; secondary constituent; impurity

Nebenbild *n* <av> • ghost image; parasitic image

Nebeneffekt *m* <allg> • side effect; by-effect

Nebeneffekt *m* <tech.allg> *(unverhofft, unregelmäßig)* • spurious effect

Nebeneffekt *m prakt* <med> *(eher unerwünscht)* • side effect; accompanying symptom *thsc*

nebeneinander angeordnet <tech.allg> • arranged side by side

nebeneinander geschaltet *rar* <tech.allg> *(z. B. Stromverbraucher, Pumpen, Leitungen, Arbeitsvorgänge)* • connected in parallel; in parallel; parallel-connected

nebeneinander geschaltet <el> • parallel-circuited

nebeneinander liegend <allg> *(benachbart)* • adjacent

nebeneinander liegend <allg> *(betont: Seite an Seite)* • side by side

nebeneinander liegende Flanken *fpl* <masch> *(von Zahnrädern)* • adjacent sides *pl*

nebeneinander liegende Gewindeprofile *npl* <masch>
• adjacent threads *pl*

nebeneinander Sammeln *n* <logist> • parallel picking;
split picking; zone picking

Nebeneinanderschaltung *f* <tech.allg> *(z. B. Pumpen,
Turbinen, elektron. Bauelemente)* • parallel connection

Nebeneinanderschaltung *f rar* <el> • parallel circuit;
parallel connection

Nebeneingang *m* <bau> • side entrance

Nebenerzeugnis *n rar* <prod> *(meist nützlich)* • by-product; side product *rare*

Nebenfehler *m* <qualit> • minor nonconformance *form*;
minor defect

Nebenfreifläche *f* <wz> • minor flank

Nebenfrequenz *f* <av> *(Frequenz eines Modulators)*
• modulator frequency; modulating frequency; secondary
frequency; adjacent frequency

Nebengemengteile *mpl* <min> • accessory minerals

Nebengeräusch *n* <akust> • undesired noise

Nebengeräusch *n* <av> • disturbing noise; static noise;
undesired noise *rare*

Nebengestein *n* <geo> • host rock

Nebengestein *n* <geo.min> • surrounding rock; enclosing
rock; wall rock

Nebengestein *n* <min> • adjacent rock; adjoining rock;
accessory mineral

Nebengetriebe *n* <nfz> *(z. B. Traktor)* • power take-off

Nebengewinnungsanlage *f* <verf> • by-recovery plant

Nebengleis *n* <bahn> *(allg.; z. B. zum Überholen, Rangieren, Abstellen)* • siding; railroad side track; secondary
track; shunt; shunt siding

Nebengleis *n* <bahn> *(Abzweig, zum Ausweichen)* • turn-
out

Nebenklasse *f* <math> • coset

Nebenkolonne *f* <verf> *(Stripper)* • side stripper

Nebenlamelle *f* <kfz> *(zweistufige Membranzunge)* • sub-
sidiary petal

Nebenlautsprecher *m* <av> • extension loudspeaker

Nebenleitung *f* <el> • subsidiary line

Nebenleitung *f* <rls> • side line

Nebenlichtbündel *n* <opt> • side beam

Nebenlichtpunkt *m* <licht> • side spot

Nebenlinie *f* • subordinate line

Nebenluft *f* <verbr> *(z. B. Ofen, Vergaser)* • admixed air

Nebenlufteinlass *m* <verbr> • air bleed opening

Nebenpleuel *n* <kfz.mot> *(Doppelkolbenmotor, z. B. Mo-
torrad)* • slave con-rod

Nebenpleuel *n* <kfz.mot> *(z. B. Motorrad)* • slave con-rod

Nebenpleuelstange *f* <mot> • auxiliary connecting rod;
articulated connecting rod

Nebenprodukt *n* <prod> *(meist nützlich)* • by-product;
side product *rare*

Nebenprodukt *n* <verbr> *(eher unerwünscht)* • by-product

Nebenproduktenofen *m* <verf> • chemical-recovery
oven; by-product oven

Nebenprogramm *n* <edv> • secondary program; secon-
dary routine

Nebenquantenzahl *f* <nukl> • azimuthal quantum num-
ber; secondary quantum number

Nebenrad *n* <masch> *(in Zahnradölpumpe)* • driven gear;
idler [gear]

Nebenrahmen *m* <fz> • subframe

Nebenreaktion *f* <chem> *(Katalysator)* • side reaction;
secondary reaction; by-reaction; concurrent reaction

Nebenregelkreis *m* <msr> • slave-control loop; minor
loop

Nebenresonanz *f* <tele> • spurious resonance; stray
resonance; dead-end effect

Nebenrippe *f* <aerospace> • false rib

Nebenrohr *n* <verf> • secondary pipe

Nebenrohrleitung *f* <rls> • secondary piping

Nebenrücken *m* <geo> *(aktiv)* • secondary ridge

Nebenrücken *m* <geo> *(inaktiv)* • secondary ridge

Nebenschaltbereich *m* <el> • sub-switching lobe; sub-
lobe

Nebenschalter *m* <el> • auxiliary switch

Nebenschlüssel *m* <kfz> • secondary key

Nebenschluss *m* <el> *(Leitung)* • bypass

Nebenschluss *m* <el> *(Widerstand)* • shunt

Nebenschluss *m* <kfz.el> *(Zündkerze: Schwächung des
Zündfunkens durch Verbrennungsrückstände)* • shunt

Nebenschluss *m* <kfz.el> *(Zündkerze: im Brennraum)*
• shunt firing; shunting; tracking

Nebenschluss *m* <kfz.el> *(Vorgang; z. B. außen an
Zündkerze, Verteilerkappe)* • flashover

Nebenschluss *m* <kfz.mot> *(bei 2-Takt-Motoren; Neben-
kanal)* • bypass

Nebenschlussauslösung *f* <el> • shunt release

Nebenschlussbildung *f* <el> • shunting

Nebenschlussbogenlampe *f* <licht> • shunt arc lamp

Nebenschlussdämpfungswiderstand *m* <el> • diverter

Nebenschlussdämpfungswiderstand *m* <el>
(Schwingkreis) • shunt damping resistor

Nebenschlussdynamo *m* <el> • shunt dynamo

Nebenschlusserregung *f* <el> • shunt excitation

Nebenschlussgenerator *m* <el> • shunt generator

Nebenschlussglied *n* <el> • shunt element

Nebenschlusskapazität *f* <el> • shunt capacitance

Nebenschlussklemme *f* <el> • shunt terminal

Nebenschlusskommutatormotor *m* <el> • shunt-con-
duction motor

Nebenschlusskreis *m* <el> • shunt circuit

Nebenschluss-Lamelle *f* <kfz.mot> *(Aspes-Neben-
schluss-Steuerung)* • bypass reed valve

Nebenschlussmaschine *f* <el> • shunt-wound machine;
shunt machine

Nebenschlussmotor *m* <el> • shunt-wound motor; shunt
motor

Nebenschlussregelung *f* <msr> • shunt regulation

Nebenschlussregler *m* <msr> • shunt regulator

Nebenschlussrelais *n* <el> • shunt relay

Nebenschlussspule *f* <el> • shunt coil

Nebenschlussstrom *m* <el> • shunt current

Nebenschlussstromkreis *m* <el> • shunt circuit

Nebenschlusssummer *m* <tele> • shunted buzzer

Nebenschlussübergangsschaltung *f* <el> • shunt tran-
sition circuit

Nebenschlussverhalten *n* <el> *(z. B. E-Motor)* • shunt
characteristics

Nebenschlusswicklung *f* <el> • shunt winding

Nebenschlusswiderstand *m* <el> *(phys. Vorgang)*
• shunt resistance

Nebenschlusswiderstand *m* <el> *(Bauteil)* • shunt re-
sistor; shunt

Nebenschlusswiderstand *m* <el> *(Widerstand)* • shunt

Nebenschlusszuleitung *f* <el> • shunt lead

Nebenschneide *f* <wz> • secondary cutting edge; trail
edge

Nebenschneide *f* <wz> *(Bohrer)* • leading edge *ISO 5419*;
leading edge of the land; minor cutting edge

Nebenschwingung *f* <el> • spurious oscillation

Nebensender *m* <navig> • slave transmitter station; slave
transmitter

Nebensender *m* <tele> • repeater transmitter; slave
transmitter

Nebenserie *f* <opt> *(Spektrum)* • subordinate series

Neben-Sonnenblende *f* <kfz.innen> • secondary visor

Nebenspannung *f* <el> • spurious voltage

Nebenspannung f <mech> • secondary stress
Nebenspeiseleitung f <el> • subfeeder
Nebenspindel f <förd> (Schraubenspindelpumpe) • idler screw
Nebensprechabstand m <tele> • signal-to-cross-talk ratio
Nebensprechdämpfung f <tele> • cross-talk damping
Nebensprecheffekte m <el> • near-end crosstalk
Nebensprechen n <av> (von Stereo-Lautsprechern) • speaker crosstalk; stereo crosstalk; crosstalk
Nebensprechen n <el> (allg., benachbarte Leitungen; z. B. in Nachrichtentechnik) • crosstalk
Nebensprechen n <tele> (betont: Geberseite) • sending-end cross-talk
Nebensprechkopplung f <tele> • transverse cross-talk coupling
Nebenstation f <navig> (z. B. einer Decca-Kette) • slave station; secondary station
Nebenstelle f <tele> • extension station; private branch extension; extension
Nebenstelle mit freier Amtswahl f <tele> • subcriber's extension station
Nebenstellenanlage f <tele> (eine Tk-Anlage) • private branch exchange (PBX)
Nebenstellenapparat m <tele> • extension telephone; extension set
Nebenstellenleitung f <tele> • extension line
Nebenstellenschrank m <tele> • private branch exchange switchboard
Nebenstrahl m <opt> • side beam
Nebenstrahlung f <phys> • parasitic radiation; spurious radiation
Nebenstraße f <verk> • second-grade road
Nebenstrecke f <bahn> • branch line; railway US
Nebenstreckenlokomotive f <bahn> • branch line locomotive
Nebenstromfilter m <kfz.mot> (Ölfilter) • bypass filter; partial flow filter; by-flow filter
Nebenstromfilter n <verf> • partial-flow filter
Nebenstromkreis m <el> • branch circuit; subcircuit
Nebenstrommessgerät n <el> • shunt meter
Nebenstromsensor m <med.tech> (CO₂-Messung) • sidestream monitor
Nebenteilstriche mpl <msr> • minor graduations
Nebenturm m <verf> (Stripper) • side stripper
Nebenüberschlag m <el> • sideflash
Nebenübertrag m <edv> • bypass carry
Nebenuhr f <msr> • secondary clock; slave clock
Nebenvalenzbindung f <chem> • secondary valency bond; secondary bond; secondary valency forces
Nebenvalenzkraft f <chem.petr> • secondary valence; subsidiary valence
Nebenwegübertragung f <tele> • side-path transmission
Nebenwelle f <förd> (bei rotierenden Verdrängerpumpen mit mehreren Verdrängerkörpern) • idler shaft
Nebenwelle f <kfz.antr> (im Schaltgetriebe) • countershaft US; layshaft GB; countergear assembly US; countergear [shaft] US; cluster gear
Nebenwelle f <kfz.mot> (im Motor, parallel zur Kurbelwelle) • auxiliary drive shaft; intermediate shaft; layshaft
Nebenwellen fpl <el/tele> • spurious waves; subsidiary waves
Nebenwellenaussendung f <phys> • spurious emission
Nebenwellenrad n <kfz.mot> • auxiliary shaft sprocket
Nebenwellenselektion f <tele> • second-channel rejection
Nebenwiderstand m <el> (Bauteil) • shunt resistor; shunt
Nebenwinkel m <math> • adjacent angle
Nebenwirkung f <allg> • side effect; secondary action

Nebenwirkung f <med> (eher unerwünscht) • side effect; accompanying symptom thsc
Nebenzapfwelle f <agri> (Traktor) • secondary power take-off
Nebenzeit f <tech.allg> • non-productive time; non-machining time; idle time
Nebenzeit f <prod> • auxiliary time
Nebenzeit f <prod> • outage time
Nebenzerkleinerer m <verf.hydr> • associated comminutor
Nebenzipfel m <navig> (z. B. Radar) • secondary lobe; minor lobe
Nebenzipfel m <tele> (Antennencharakteristik) • side lobe; subsidiary lobe
Nebenzipfelecho n <navig> • side-lobe echo
Nebler m <agri> • nebulizer; mist sprayer
Nebler m <theat> • mist blower; fogger
Nebularhypothese f <astron> • nebular hypothesis
NECAR-Projekt n <kfz> • NECAR project
n-Eck n <math> (geometr. Figur) • polygon; n-gon
Neck-Handling n <förd> (PET-Flaschen-Abfüllung) • neck handling
Néel-Temperatur f <phys> • Néel temperature; Néel point
Néel-Wand f <phys> (Weiß'sche Bezirke) • Néel wall
NEEP <med.tech> • negative end-expiratory pressure (NEEP)
nef n <med> • nef
nef n <med> • negative factor; nef
NE/FE-Sensor m <msr> • metal distinguishing proximity switch; metal discriminating proximity sensor; selective sensor; non-ferrous/ferrous sensor rare; selective switch rare
NEFZ <kfz.emiss> • New European Driving Cycle (NEDC)
Negation f <edv> • negation
Negation f <msr> (Logik) • inversion
Negation f <msr> • NOT operation
Negationsgatter n <edv> • negation gate
negativ <allg> • negative
Negativ n <av> • negative art effect; negative art
Negativ n <phot> • negative; photographic negative; negative image; neg coll
Negativ n <prod> (z. B. der Werkstückform) • negative matrix; negative
negativ arbeitende Platte f <druck> (Druckplatteneigenschaft) • negative plate; negative working plate
Negativbeurteilung f <phot> • negative assessment; negative evaluation
Negativbühne f <phot> (in Vergrößerer) • negative carrier; negative stage; negative holder; film carrier
Negativdarstellung f <tech.allg> (am Bildschirm oder gedruckt) • reverse image; inverse image
Negativdruck m <druck> (gedruckte Inverswiedergabe) • reverse image; inverse image
Negativebene f <phot> • film plane; negative plane
negative Beschleunigung f wiss <phys> (Verlangsamung von Bewegungen) • deceleration; slowing-down coll; slow-down coll
negative Bürste f <el> • negative brush
negative Dachschräge f <bau> • sag
negative Dachschräge f <el> (Puls, Signal) • pulse droop
negative Drehung f <tech.allg> (entgegen dem Uhrzeigersinn) • negative rotation
negative Drehung f <edv> • negative rotation
negative EFO fsg <füg> • negative EFO
negative Einpresstiefe f <kfz> (Rad, Felge) • negative offset; negative pitch US.pract; negative wheel dish[ing]; negative wheel offset
negative elektrische Abflammung fsg <füg> • negative EFO

negative Elektrode *f* <el> *(Batterie)* • negative plate; negative electrode; -ve plate

Negative End-Expiratory Pressure *m* (NEEP) <med.tech> • negative end-expiratory pressure (NEEP)

negative Energiebilanz *f rar* <tech.allg> *(nicht erwünschte Wärmeabgabe; z. B. von Motor, Gebäude)* • heat loss; loss of heat

negative EPT *f prakt* <kfz> *(Rad, Felge)* • negative offset; negative pitch *US.pract*; negative wheel dish[ing]; negative wheel offset

negative ET *f prakt* <kfz> *(Rad, Felge)* • negative offset; negative pitch *US.pract*; negative wheel dish[ing]; negative wheel offset

Negativ-Effekt *m* <av> • negative art effect; negative art

negative Flanke *f* <el> *(Signal, Welle)* • trailing edge; negative-going slope; negative-going edge

negative Katalyse *f* <chem> *(von Reaktionen; i. Ggs. zur Katalyse)* • anticatalysis; negative catalysis; inhibition

negative Klemme *f* <el> • negative terminal

negative Korona *f* <verf> • negative corona discharge; negative corona

negative Koronaentladung *f* <verf> • negative corona discharge; negative corona

negative Ladung *f* <el.allg> • negative charge

Negativentwickler *m* <phot> • film developer; negative developer; soup *coll*

negative Parität *f* <edv> • odd parity

negative Pfeilform *f* <aerospace> *(Flugzeugflügel)* • forward sweep; sweepforward; negative sweep

negative Platte *f* <el> *(Batterie)* • negative plate; negative electrode; -ve plate

negative Platte *f* <verf> *(Sammler)* • negative plate

negative Quittung *f* <edv> • negative acknowledgement (NAK)

negative Radeinpresstiefe *f did* <kfz> *(Rad, Felge)* • negative offset; negative pitch *US.pract*; negative wheel dish[ing]; negative wheel offset

negativer arithmetischer Übertrag *m* <math> • borrow

negativer Auftrieb *m* <mech> *(aerodynamisch, z. B. Fahrzeug)* • downward lift

negative Reflexionswelle *f* <kfz.mot> *(Auspuffanlage)* • negative reflection

negative Regeldifferenz *f* <msr> *(Sollwert ist kleiner als Istwert)* • negative deviation

negativer endexspiratorischer Druck *m* <med.tech> • negative end-expiratory pressure (NEEP)

negativer Faktor *m* <med> • negative factor; nef

negativer Falschalarm *m* <alarm> • failure to alarm

negativer Fehlalarm *m* <alarm> • failure to alarm

negativer Katalysator *m* <chem> *(unterbindet chem. Reaktion)* • anticatalyst; negative catalyst; inhibiting agent; inhibitor; retarder

negativer Lenkrollradius *m* <kfz> *(Lenkung)* • negative offset; negative kingpin offset

negative Rotation *f* <edv> • negative rotation

negativer Pol *m* <phys> • minus pole; negative pole

negativer Rückwurf *m* <kfz.mot> *(Auspuffanlage)* • negative reflection

negative Rückführung *f* <msr> *(Regelung)* • degenerative feedback; negative feedback

negativer Widerstand *m* <el> • negative resistance

negativer Zweig *m* <opt> *(Spektren)* • P-branch

negatives Beizbild *n* <obfl.holz> • negative staining effect *V:*

negatives Brillenglas *n* <opt> • concave lens; divergent lens; diverging lens

negatives Ion *n ugs* <chem> • anion

negatives Polygon *n* <edv> • negative polygon

negatives Vorzeichen *n* <math> • minus sign; negative sign

negative Überlappung *f* <wz.masch> *(Drehzahlüberlapp. i. Aufbaunetz v. Werkzeugmasch.-getrieben)* • negative overlap

negative Verzeichnung *f* • negative distortion

Negativ-Federweg *m* <kfz> *(Federelemente)* • negative suspension travel; negative travel; rebound travel

Negativfilm *n* <phot> • negative film; print film

Negativflag *n* <edv> • negative flag

Negativform *f* <verf> • female mold *US*; female mould *GB*; negative mold *US*; negative mould

Negativformat *n* <phot> • negative size

negativ geladen <el.allg> • negatively charged

negativ geladenes Elektron *n* <phys> • negative electron; negatively charged electron; negatron

negativ gepolter Funke *m :V* <kfz.el> • negative spark

Negativhalter *m* <phot> • negative carrier

Negativhülle *f* <phot> • negative file sheet; negative storage sheet; negative envelope

Negativkartei *f* <phot> • negative file

Negativkohle *f* <el> • negative carbon

Negativkopie *f* <phot> • negative copy; negative print

Negativlack *m* <el.ic> • negative resist; negative photoresist

Negativleitungsverstärker *m* <el> • negative impedance repeater

Negativlinse *f* <opt> • diverging lens; negative lens

Negativmaterial *n* <phot> *(Filme)* • negative material

Negativmodulation *f* <av> • downward modulation; negative modulation

Negativ-Photoresist *m* <el.ic> • negative resist; negative photoresist

Negativplatte *f* <druck> *(Druckplatteneigenschaft)* • negative plate; negative working plate

Negativ-Prüfer *m* <mil> • outward gauge; outward scoring gauge

Negativ-Resist *m* <el.ic> • negative resist; negative photoresist

Negativretusche *fsg* <phot> • negative retouching *sg*

Negativ-Schusslochprüfer *m* <mil> • outward gauge; outward scoring gauge

Negativstreifen *m* <phot> • negative strip

Negativverarbeitung *fsg* <phot> • film processing *sg* ; negative processing *sg*

Negator *m* <el> • negator; inverting gate; NOT circuit; NOT gate

Negatron *n rar* <phys> *(negativ geladenes Elementarteilchen)* • electron; negatron *rare*; negative electron *rare*

Negierbefehl *m* <edv> • ignore instruction

negierte ODER-Funktion *f* <msr> • NOR function

negiertes ODER *n* <edv> • NOR

negiertes UND *n* <msr> • NAND

Nehmer *m* <textil> *(Saugdüse für Schussfaden)* • receiver

Nehmerzylinder *m* <antr> *(Hydraulik; z. B. Kupplungsbetätigung)* • slave cylinder; clutch slave cylinder

Neidkratzer *m* <kfz> • envy scratch *:V*

Neigbewegung *f* <autom> • pitch; wrist bend

neigen *vr* <allg> *(durch größeres Gewicht nach unten)* • preponderate *vi*

neigen *vr* <allg> *(z. B. Gebäude)* • sink *vi*

neigen *vr* <allg> *(abfallen)* • decline *vi*; slope downwards *vi*

neigen *vr* <bau> • slant *vi*

neigen *vr* <geo> *(Gelände)* • dip *vi*

neigen *vr* <masch> *(Nickbewegung)* • nutate *vi*

neigen *vr* <msr> *(Waagschale)* • tip *vi*

neigen *vt* <allg> *(zu etwas)* • tend *vi*

neigen *vt* <allg> *(eine schräge od. geneigte Position einnehmen lassen)* • tilt *vt*

neigen *vt* <tech.allg> *(z. B. Kopf)* • incline *vt*

neigen *vt* <autom> • pivot *vt*; bend *vt*

neigen vt <licht.theat> • tilt vt
Neigezug m <bahn> • tilting train Amtrak
Neigung f <allg> • incline; slope; tilt
Neigung f <tech.allg> (Abweichung von Normal, horizontal oder vertikal; auch übertragen) • inclination
Neigung f <tech.allg> (nach unten, Senkung) • declination
Neigung f <tech.allg> (z. B. Gelände) • falling gradient
Neigung f <tech.allg> (Querneigung, Kippung) • tilt
Neigung f <aerospace> (Schräglage) • bank
Neigung f <bau> (gegen Waagerechte; z. B. Schrägfläche, Dach) • slant; slope
Neigung f <edv> • bias; slant
Neigung f <geo> (Gelände) • fall
Neigung f <logist> (Durchlaufregal) • gradient
Neigung f <math> • gradient
Neigung f <navig> (einer Abweichung) • inclination
Neigung f <navig> (von Satelliten) • inclination
Neigung f <petr> • inclination
Neigung der Rückenlehne f <kfz.innen> • seat back angle
Neigungsabbau m <petr> • angle drop off
Neigungsabbaurate f <petr> (Abnahme der Bohrlochneigung in Winkelgrad pro 10 m) • rate of angle drop; rate of drop pract
Neigungsachse f <tech.allg> • inclination axis; tilt axis
Neigungsaufbau m <petr> • angle build up
Neigungsaufbaurate f <petr> (Zunahme der Bohrlochneigung in Winkelgrad pro 10 m) • buildup rate
Neigungsband n <bau> • transition curvature cross slope
Neigungsfehler m <phot> • tilt error
Neigungskompensation f <phot> • tilt compensation
Neigungskorngrenze f <mat> • tilt grain boundary
Neigungsmesser m <kfz.msr> • clinometer; inclinometer
Neigungsmesser m <msr> • inclinometer; clinometer
Neigungsmessgerät n <msr> • inclinometer; clinometer
Neigungsmessung f <geo> • slope measurement; slope test
Neigungsmessung f <petr> • directional surveying
Neigungsmessung mit Säureflasche f <petr> (Bohrloch) • acid dip survey
Neigungsskala f <aerospace> • bank scale
Neigungsskala f rar <aerospace> • bank scale
Neigungsstabilität f <kfz> (geringe Wankneigung bei Kurvenfahrt) • cornering stability; side-tilt stability
Neigungsübergang m <petr> • bent sub; angle sub; deflection sub; deviation sub; off-set sub
neigungsverstellbare Kopfstütze f <kfz> • articulating head restraint
Neigungswaage f <msr> • inclination balance
Neigungswechsel m <tech.allg> (z. B. einer Straße, Eisenbahntrasse, Böschung) • change of gradient
Neigungswinkel m <tech.allg> (relativ zu einer Bezugsebene; z. B. von Solarkollektoren) • inclination angle; angle of inclination form; tilt angle; tilt coll
Neigungswinkel m <tech.allg> (einer aufwärtsgerichteten Bewegung) • ascent angle
Neigungswinkel m <tech.allg> (einer abwärtsgerichteten Bewegung) • descent angle
Neigungswinkel m <fz> (bes. beim Motorrad) • roll angle; banking angle; angle of lean
Neigungswinkel m <petr> (Bohrung) • deflection angle; drift angle pract; hole angle pract; angle of hole deviation
Neigungswinkel m <wz> (Drehmeißel) • side-rake angle
Neigungswinkel der Flugbahntangente m <aerospace> (beim Landeanflug) • angle of descent; angle of arrival
Neigungswinkel der Flugbahntangente m <aerospace> (beim Abflug, Start) • angle of ascent; angle of departure; takeoff angle

Neigungswinkel gegen die Horizontale m <min> (von Adern, Gesteinsschichten) • angle of dip
Neigungswinkel gegen die Vertikale m <geo> (von Adern, Gesteinsschichten) • angle of hade
Neigungswinkelmesser m <kfz.msr> • clinometer; inclinometer
Neigungswinkelmesser m <msr> • inclinometer
Neigungszeiger m <aerospace> • bank indicator
Neigungszeiger m <bahn> • gradient post
Nein-Antwort f <msr> (Näherungsschalter) • Off-signal
Nein-Information f <msr> (Näherungsschalter) • Off-signal
Nekaltest m <qualit.mat> • soap-bubble test
Nekrose f <bio> (Gewebsschädigung) • necrosis
nematisch <mat> (in der termotropen Mesophase; Ausrichtung längs der Molekülachsen) • nematic
nematischer Aggregatzustand m <mat> (von Flüssigkristallen; Orientierung längs der Molekülachsen) • nematic state
nematischer Zustand m <mat> (von Flüssigkristallen; Orientierung längs der Molekülachsen) • nematic state
nematische Substanz f <mat> • nematic liquid-crystal material
NE-Metall n <tech.allg> • non-ferrous metal
NE-Näherungsschalter m rar <msr> • NE-sensor; NE-proximity switch rare
Nenn-... <tech.allg> (in Zusammensetzg; maximal erlaubter Betriebspunkt) • rated ...
Nenn-... <tech.allg> • nominal ...
Nennabmaß n <msr> • variation between basic dimension and limit; nominal allowance
Nennabmaß n <prod> • maximum variation
Nennanschlussspannung f <el> • rated supply voltage
Nennaufnahme f <el> • rated watts input; rated input
Nennausgangsleistung f <av> • rated power output; sine-wave power output
Nennausschaltleistung f <el> • rated interrupting capacity; rated breaking capacity
Nennausschaltstrom m <el> • rated breaking current
Nennausschaltvermögen n <el> (Relais) • contact interrupting rating
Nenn-Außendurchmesser m <mech> • external diameter
Nennaussetzbetrieb m <tech.allg> (z. B. blinkende Verkehrsampel) • intermittent-duty rating
Nennbedingungen fpl <tech.allg> • rated operating conditions; ratings
Nennbelastbarkeit f <av> (Lautsprecher) • rated power-handling capacity
Nennbelastbarkeit f <el> • load rating; power rating
Nennbelastbarkeit f <el> • wattage rating
Nennbelastung f <el> • load rating; power rating
Nennbelastung f <mech> • rated load; nominal load
Nennbereich m <el> (z. B. elektronisches Bauelement) • nominal range
Nennbereich m <msr> • rated range; rating
Nennbetrieb m <aerospace> (Triebwerk) • normal rating; rating
Nennbetriebsart f <el> • rated duty
Nennbetriebsdauer f <el> • rated service time
Nennbetriebsspannung f <el> • rated operating voltage; rated operational voltage rare; nominal operating voltage rare
Nennbetriebsstrom m <el> • rated operating current; rated operational current
Nenn-Betriebstemperatur f <tech.allg> • rated operating temperature
Nennbetriebswert m <tech.allg> • nominal operating value
Nennbreite f <tech.allg> • rated width

Nennbreite f <fz> *(von Reifen)* • section width; tire width
Nennbrenndauer der Lampe f <licht> • rated lamp life
Nennbürde f <el> *(Spannungswandler)* • rated burden
Nenndämpfung f <tele> • nominal loss
Nenndaten pl <el> • rated output
Nenndaten pl <el> • ratings; rated values; rating
Nenndauerleistung f <tech.allg> *(z. B. E-Motor, ortsfester Diesel-Motor)* • continuous-duty rating
Nenndauerstrom m <el> • rated continuous current
Nenndrehmoment n <masch> *(z. B. Getriebe, Motor)* • rated torque
Nenndrehmoment n <mot> *(Drehmoment bei Nenndrehzahl)* • torque at rated load
Nenndrehzahl f <tech.allg> *(z. B. Pumpe, Turbine, Motor)* • design speed
Nenndrehzahl f <kfz.mot> • rated speed; speed rating; nominal engine speed; nominal speed in rpm; nominal speed
Nenndruck m (PN) <rls> *(z. B. Hahn, Rohr, Schieber)* • nominal pressure (PN); working pressure; nominal pressure; pressure rating; rated pressure
Nenndurchfluss m <energ.hydr> *(Wasserturbine)* • nominal discharge
Nenndurchmesser m <doku> *(in der Zeichnung angegeben)* • basic diameter
Nenndurchmesser m <masch> *(z. B. Rohr, Gewinde, Bolzen)* • nominal diameter
Nenndurchmesser m bei ISO-Gew. <masch> *(größter Durchmesser von Innengewinden)* • root diameter; major diameter; major thread diameter; nominal thread diameter ISO thrd.
Nenndurchmesser m <masch> *(größter Durchmesser von Außengewinden)* • crest diameter (OD); major diameter; outside diameter; nominal thread diameter; major thread diameter
Nenneingangsleistung f <el> • rated power input
Nenneinschaltstrom m <el> • rated making current
Nenneinschaltvermögen n <el> *(Relais)* • contact current-closing rating
Nennein- und Ausschaltvermögen n <msr> • rated making and breaking capacities *norm*
Nenner m <math> *(in Brüchen)* • denominator
Nennfallhöhe f <energ.hydr> *(Wasserkraftwerk)* • nominal head
Nennfrequenz f <el> • rated frequency; nominal frequency
Nennfrequenzbereich m <el> • rated frequency range
Nennfrequenzhub m <el> *(Winkelmodulation)* • rated system deviation
Nenngeschwindigkeit f <autom> • rated speed
Nenngrenzfrequenz f <el> *(z. B. Fernsehen, Fernmeldewesen)* • nominal cut-off frequency
Nenngrundlast f <el> • basic load rating
Nennhub m <logist> *(Hochregalstapler)* • overall height of lift
Nenn-Impedanz f <av> *(eines Lautsprechers/Lautsprecher-Chassis)* • nominal impedance; impedance
Nennisolationsspannung f <msr> • nominal insulation voltage
Nennisolationswert m <el> • rated insulation value; rated insulation level
Nennisolierspannung f <el> • rated insulation voltage
Nennkapazität f <edv> • unformatted capacity; raw capacity
Nennkapazität f DIN <kfz.el> *(Batterie)* • rated capacity; nominal capacity; capacity rating
Nennkennwert m <msr> • nominal characteristic value
Nennkontaktstrom m <el> • contact current-carrying rating

Nennkraft f <qualit.mat> • nominal load
Nennkurzschlussspannung f <el> • rated impedance voltage
Nennkurzschlussstrom m <el> • rated short-circuit current
Nennkurzzeitbetrieb m <masch> *(z. B. Motor, Flugtriebwerk)* • short-time rating
Nennkurzzeitstrom m <el> • rated short-time current
Nennlänge f <füg> *(bei Schrauben mit eben aufliegenden Köpfen)* • nominal length
Nennlänge f <füg> *(bei Senkschrauben)* • nominal length
Nennlagefeld n <msr> • true-position pattern
Nennlagetoleranzkreis m <msr> • true-position circle
Nennlast f <tech.allg> • rated load; load rating; nominal load
Nennlast f <tech.allg> • rated yield load
Nennlast f <förd> • nominal load-bearing capacity
Nennlastausschaltstrom m <el> • load-break current rating
Nennlebensdauer f <qualit> • rated life
Nennleistung f <tech.allg> *(betont: Ausgangsleistung)* • nominal output
Nennleistung f <tech.allg> *(allg., z. B. von Motoren, Turbinen; in Watt; z. B. 100 kW, 1.300 MW)* • power rating; rated power; rating *coll*; rated output
Nennleistung f <tech.allg> *(Kapazität; z. B. Durchsatz pro Zeiteinheit; z. B. 2 m³/h)* • rated capacity; nominal capacity
Nennleistung f <energ> *(von Stromerzeugungsanlagen; z. B. 1.300 MW per Block)* • rated power; installed capacity; rated capacity
Nennleistung f <kfz.el> *(Batterie)* • rated capacity; nominal capacity; capacity rating
Nennleistungsaufnahme f <el> • rated watts input
Nennmaß n <tech.allg> *(z. B. Gewinde, Rohr)* • nominal dimension; nominal size
Nennmaß n <doku> *(in der technischen Zeichnung angegeben)* • basic dimension; basic size
Nennmaße npl <edv> • nominal dimensions pl
Nennmessbereich m <msr> *(eines Meßinstruments)* • rating
Nennmessgenauigkeit f <msr> • rated accuracy
Nennmessgröße f <msr> • nominal measurand
Nenn-Netzspannung f <el> • rated system voltage
Nennquerschnitt m <förd> *(Stahldrahtseil)* • rated cross-section
Nennquerschnitt m <rls> *(z. B. Rohr)* • rated cross-sectional area
Nennschallpegel m <akust> • rated sound pressure level
Nennschaltabstand m <msr> • nominal sensing distance; rated operating distance; nominal sensing range
Nennspannung f <el> • rated voltage; nominal voltage; voltage rating
Nennspannung f <masch> *(z. B. Zugfestigkeit von Schrauben)* • nominal stress
Nennspannung f <msr> • nominal voltage; standard voltage; rated voltage; nominal supply voltage
Nennspitzensperrspannung f <el> • peak reverse voltage rating
Nennstehspannung f <el> • rated withstand voltage
Nennstehstrom m <el> • rated withstand current
Nennstoßspannungsschutzpegel m <el> *(Überspannungsableiter)* • rated impulse protective level
Nennstoßstehspannung f <el> • rated impulse withstand voltage
Nennstrahlrichtung f <navig> *(z. B. Funkbake, Radar)* • nominal pointing direction
Nennstrom m <el> • nominal current; rated current
Nennstrombelastung f <el> • rated current load

Nennstromstärke f <el> *(eines Geräts)* • amperage rating

Nennstromstärke f <el> *(für Sicherungen)* • fuse current rating

Nenntemperatur f <tech.allg> *(z. B. E-Motor, Ofen, Waschmaschine)* • rated temperature; nominal temperature

Nenntemperatur f <msr> • indicating temperature

Nennübertragungsfaktor m <av> *(Mikrophon)* • rated free-field sensitivity

Nennübertragungsfaktor m <av> *(Studioabhöreinrichtung)* • rated response to voltage

Nenn-Wärmeleistung f <verbr> *(eines Heizkessels)* • nominal heat output; rated heat output

Nennweite f <allg> • nominal width

Nennweite f <tech.allg> *(z. B. Rohr)* • nominal bore

Nennweite f (DN) <förd> • nominal diameter (DN); nominal width

Nennweite f (DN) <rls> • nominal pipe size (DN); nominal size

Nennweite f <wz.masch> *(Spannfutter)* • nominal diameter

Nennwert m <tech.allg> *(z. B. Leistung, Spannung)* • rating; rated value; nominal value

Nennwerte fpl <tech.allg> *(z. B. bzgl. Leistungsaufnahme, -abgabe, Druck, Temperatur, Drehzahl)* • ratings pl; nominal ratings pl

Nennwindgeschwindigkeit f <energ.wind> • rated wind speed *IEV 415*

Nennzeilenbreite f <edv> • nominal line width

Nennzugkraft f <nfz> *(Seilwinden)* • rated capacity

Neodym n (Nd) <chem> • neodymium (Nd)

Neodymlaser m <opt> *(Festkörperlaser)* • neodymium laser; neodymium glass laser

Neodym Yttrium Aluminum Garnet-Laser m (ND:YAG) *wiss* <opt> *(Festkörperlaser)* • Neodym Yttrium Aluminum Garnet laser (ND:YAG) *thsc*

Neoklassisches Transportmodell n <nukl> • neoclassical model

Neologismus m <term> • neologism

Neomycetin B n <med.chem> • framycetin

Neomycin n <med.pharm> • neomycin

Neon n (Ne) <chem> • neon (Ne)

Neongasanzeigeröhre f rar <el> • neon indicator tube; glow indicator tube *rare*

Neonglimmlampe f rar <el> *(typ. Kontrolllampe für Dauerbetrieb; z. B. in Treppenhauslichtschaltern)* • neon lamp; neon glow lamp; glow-discharge lamp; negative glow lamp; glow lamp

Neonleuchtröhre f • neon tube

Neonreklame f coll. <werb> • illuminated advertising

Neonröhre f • neon tube

Neonröhre f ugs <licht> • neon lamp; neon tube

Neonröhre f ugs <licht> • fluorescent tube; tubular fluorescent lamp *form*

Neopentylglykol n (NPG) <obfl> • neopentyl glycol (NPG)

Neophanglas n <silik> • neophane glass

Neopren n ® <kst> • polychloroprene (PCP); Neoprene ®

Neoprendichtungsring m <tech.allg> • neoprene gasket

Neoprene n <mat> • neoprene

Neoprenkautschuk m <mat> • neoprene rubber

Neopren-Kleber m <füg> • neoprene adhesive

Neoprenklebezement m <füg> • neoprene cement

Neoprenklebstoff m <füg> • neoprene adhesive

Neoprenzement m <füg> • neoprene cement

Neper n <phys> *(Dämpfungsmaß)* • neper (Np)

Nephelometer n <msr> *(Trübungsmesser)* • nephelometric apparatus; nephelometer

Nephelometrie f <chem> • nephelometry; nephelometric analysis

Nephoskop n <meteo> • nephoscope

Neptunium n (Np) <chem> • neptunium (Np)

Neptuniumreihe f <nukl> • neptunium series

Neptuniumzerfallsreihe f <nukl> • neptunium series

neritische Ablagerung f <geo> • shallow-water deposit; neritic deposit

neritische Zone f <geo> • neritic zone

Nernst'sche Gleichung f <obfl> • Nernst equation

Nernst'scher Wärmesatz m <therm> • Nernst heat theorem; third law of thermodynamics

Nernst'sches Metallkalorimeter n <msr> • Nernst calorimeter

Nernst-Brücke f <el> • Nernst bridge

Nernst-Effekt m <phys> • Nernst effect

Nernst-Kalorimeter n <msr> • Nernst calorimeter

Nernst-Lampe f <phys> • Nernst lamp

nernstsche Gleichung f <obfl> • Nernst equation

nernstscher Wärmesatz m <therm> • Nernst heat theorem; third law of thermodynamics

nernstsches Metallkalorimeter n <msr> • Nernst calorimeter

Nernst-Stift m <phys> • Nernst glower; Nernst filament

nervig <nahr> *(Wein)* • vigorous

NE-Sensor m <msr> • NE-sensor; NE-proximity switch *rare*

Nesselfaser f <textil> • nettle fiber

Nestprobenverfahren n <math> *(Statistik)* • cluster sampling

Nettodruckdichte f <pap> • net print density

Nettoenergie f <nukl> • net power

Nettofallhöhe f <energ.hydr> • net head

Nettogewicht n <pap> • net weight

Nettogewicht n <verk> • shipping weight; dry weight; net weight

Nettokapazität f <edv> • formatted capacity; user capacity

Nettomasse f <pack> • net weight

Nettoregistertonne f <nav> • net register ton; net ton

Nettoverkauf m <jur> • net sale

Nettoverkaufsbetrag m <jur> • net selling amount

Nettoverkaufswert m <jur> • net invoice value

Nettowirkungsgrad m <nukl> • net efficiency

Network Sub-System norm <tele> • Network Sub-System (NSS)

Network-Terminator m <tele> *(am S0-Bus; NT1 und NT2)* • network terminator (NT); network termination; network terminating unit *form*; network terminating equipment

Netz n • grid system

Netz n <tech.allg> • grid

Netz n <tech.allg> *(allg., auch Netzwerk)* • net

Netz n <doku> • graticule

Netz n <doku> *(z. B. Landkarte, Schaubild)* • network of lines

Netz n <el> • mains; electric supply mains *form*

Netz n <el> • power supply system

Netz n prakt <el> • electric grid; grid; network; utility grid

Netz n coll <el> • mains voltage form; line voltage; mains input; supply voltage; mains *coll*

Netz n prakt <el> • network *DIN IEC 50*

Netz n prakt <nav> *(für Binnen-, Hochseefischerei)* • fish net; net *pract*

Netz n <textil> • gauze

Netz n <textil> • netting

netzabhängig <el> • mains-dependent

Netzabschlusseinheit f (NT) <tele> *(am S0-Bus; NT1 und NT2)* • network terminator (NT); network termination; network terminating unit *form*; network terminating equipment

Netzabschlusseinrichtung f <tele> (am S0-Bus; NT1 und NT2) • network terminator (NT); network termination; network terminating unit form; network terminating equipment

Netzanalysator m <edv> • network analyser

Netzanbindung f <el> • grid connection; interconnection IEV 415; utility interconnection

Netzanlasser m <el> (für Verbrennungskraftmaschine) • full-voltage starter

Netzanode f <el> • battery eliminator; B-eliminator

Netzanpassung f <el> • line adaptation

Netzanschaltung f <el> • network access

Netzanschluss m <el> (betont: am Stromnetz) • power supply; mains supply coll; mains connection

Netzanschluss m <el> (betont: Bauteil) • power connector

Netzanschluss m IEV 415 <el> • grid connection; interconnection IEV 415; utility interconnection

Netzanschlussbuchse f <av> • power supply socket

Netzanschlusskabel n <tech.allg> (zwischen Verbraucher und Netzsteckdose; 230 V bzw. 110 V; flexibel) • power cord; power supply cord; mains lead coll; supply cord coll; flex GB.coll

Netzanschlussteil n <el> • mains power pack; power pack

Netzanschlussteil n rar <el> (mit Trafo/Gleichrichter; integriert od. separat) • power supply; power pack pract; power supply unit form; power entry module rare

Netzanschlusstransformator m <el> • instrument transformer

Netzantenne f <el> • mains aerial US; mains antenna GB

Netzanzeige f <el.msr> (Stromversorgung eingeschaltet) • power lamp

Netzanzeigelampe f <el> • supply-on lamp

Netzarchitektur f <edv> • network architecture

netzartig <tech.allg> • reticular; reticulate; reticulated; net-like

netzartige Flüssigkeitsverteilung f <verf> • liquid curtain; liquid sheet

Netzausfall m <el> • power failure; mains failure; power-line failure; electric supply failure; line failure

Netzausfall m prakt <energ> • power outage; loss of power; blackout coll

Netzausfallbetrieb m <el> • power failure mode

Netzausfallsicherung f <av> • power failure backup

Netzausfallüberbrückung f Pan <av> • power failure backup

Netzauslösung f <el> • line triggering

Netzbad n <textil> • wetting bath

Netzbandförderer m <förd> • mesh belt conveyor

Netzberechnung f <tech.allg> • network calculation

Netzberechnung f <tech.allg> • network synthesis

Netzbetreiber m <tele> (Mobilfunk) • mobile carrier; carrier pract

Netzbetrieb m <el> (im Ggs. zu Batteriebetrieb) • mains operation; mains power supply

Netzbetrieb m <energ.hydr> • normal grid operation

netzbetrieben <el> • mains-operated

netzbetriebenes Gerät n <el> • mains-operated instrument

Netzbewehrung f <bau> (Beton) • steel-fabric reinforcement; wire-mesh reinforcement

Netzbremsung f <bahn> • regenerative braking; recuperation

Netzbrummfilter n <av> • hum eliminator

Netzcomputer m (NC) <edv> • network computer (NC)

Netzebene f <edv> • network plane; network level

Netzebene f <mat> • atomic plane; lattice plane; net plane

Netzebenenabstand m <mat> • interplanar crystal spacing; lattice spacing

Netzebenenbelastung f <mat> • density of lattice points; packing

Netzebenenschar f <mat> (Kristallgitter) • family of lattice planes; lattice-plane family

Netzegge f <agri> • chain harrow

Netzeigenschaften fpl <tech.allg> • network capabilities

Netzeingang m <edv> • power supply connector; power connector Hitachi

Netzeinholmaschine f <nav> • net hauler

Netzeinschaltmodul n <msr> • mains switch-on module

Netzeinschub m <el> • electrical mains plug-in unit

Netzeinschwingspannung f <msr> • system transient voltage

Netzeinspeisung f <el> • feeding into the grid

Netzelektrode f <el> • net-shaped electrode; wire-gauze electrode

Netzempfänger m <av> • mains-operated receiver; mains receiver

Netzersatzanlage f <el> (betont: andere Stromquelle) • spare current source

Netzersatzanlage f <energ> • emergency power system

Netzersatzanlage f <sich> • emergency standby

Netzersatzschaltung f <el> • standby power system switching

Netzfilter m <el> • power filter power supply filter

Netzform f <allg> • network configuration

Netzform f <tech.allg> • network configuration

Netzfrequenz f <el> • mains frequency; system frequency; power frequency; supply frequency; standard frequency

Netzfrequenz f <el> • power-line frequency

Netzfrequenz f <el> • grid frequency

Netzfrequenzunterdrückung f <el> • line-frequency suppression; line-frequency rejection

Netzgebiet n <math> • network region

Netzgebilde n <allg> • network configuration

netzgebunden <el> • mains-locked

netzgeführter Wechselrichter m <energ.sol> • line commutated inverter; externally commutated inverter

netzgekoppelt <energ.sol> • grid-connected; on-grid coll

Netzgerät n <el> • mains power pack; power pack; mains set; power supply unit

Netzgerät n <el> (mit Trafo/Gleichrichter; integriert od. separat) • power supply; power pack pract; power supply unit form; power entry module rare

netzgespeist <el> • mains-operated; mains-supplied; mains-fed

Netzgewebe n <textil> • net; netting

Netzgewölbe n <bau> • reticulated vaulting

Netzgruppe f <tele> • network group

Netzgruppe f <tele> • subzone

Netzgruppenamt n <tele> • subzone center

Netzgruppenknoten m <tele> • network junction exchange

Netzgruppenschalter m <tele> • network-group switch

Netzheber m <nav> • net lifter

Netzkabel n <tech.allg> (zwischen Verbraucher und Netzsteckdose; 230 V bzw. 110 V; flexibel) • power cord; power supply cord; mains lead coll; supply cord coll; flex GB.coll

Netzkabelanschluss m <el> • mains input

Netzkabelanschlussbuchse f <el> • AC mains lead socket

Netzkennlinie f <tech.allg> • system-regulating characteristic

Netzkennlinie f <el> • load-governing characteristic

Netzknoten m <allg> • network junction

Netzknoten m <tele> • network node

Netzknotenpunkt m <tele> • network junction point

Netzknüpfmaschine f <textil> • netting machine

Netzkonfiguration f <allg> • network configuration

Netzkontrollzentrum n <tele> • network control center
Netzkopplung f <el> • grid connection; interconnection
   IEV 415; utility interconnection
Netzkurzschluss m <el> • system short circuit
Netzkurzschlussstrom m <el> • prospective current
Netzladegerät n <av> *(für Camcorder-Akku)* • DC battery
   recharger
Netzleger m <nav> • net-laying ship; net layer; netter
Netzlegeschiff n <nav> • net-laying ship; net layer; netter
Netzleiter m <el> • line conductor
Netzleitsystem n <msr.el> • system control centre; net-
   work control centre
Netzmantelelektrode f <füg> *(Schweißen)* • fusarc elec-
   trode
Netzmantelelektrodenschweißen n <füg> • fusarc pro-
   cess
Netzmittel n <phot> • wetting agent; photo flo *Kodak*
Netzmittel n <verf.phys> • wetting agent; humectant
Netzmodell n <tech.allg> *(simuliertes Netzwerk)* • simu-
   lated network; network model
Netzmodell n <edv> *(im 3D-Grafikprogramm; CAD)* • wire-
   frame model; mesh object; wire model
Netzmodell n <msr> *(Simulieren von Abläufen; math.
   Modellbildung)* • circuit analyser
Netznachbildung f <edv> • network modelling
Netznachbildung f <el> • line simulator; artificial network
Netzöl n <tech.allg> • wetting oil
Netzparallelbetrieb m <el> • parallel generation; grid-
   connected operation *V*
Netzparameter m <el> • network parameter
Netzpolygon n <edv> • polygon mesh
Netzpunkt m <math> • net point
Netzregler m <el> • line voltage regulator; line regulator
Netzreihe f <textil> *(erste Reihe eines Gestricks)* • setting-
   up course; net course
Netzrissbildung f <obfl> *(unabsichtlich od. absichtlich
   durch Krakelieren)* • cracking
Netzschalter m <el> *(für Netzstromversorgung, typ. 230
   od. 400 V)* • power switch; on/off switch; mains switch
   rare; power-supply switch *rare*
Netzschalter m <el> *(betont: zum Unterbrechen der
   Stromversorgung)* • line breaker
Netzschalter-Taste f <el> *(für Netzstromversorgung, typ.
   230 od. 400 V)* • power button; on/off button; mains button
   rare; power-supply button *rare*
Netzschlinge f <logist> *(z. B. Außenlast Hubschrauber)*
   • cargo net
Netzschlinge f <nav> • net sling
Netzschnur f <el> • mains input cord; power-supply cord
Netzschütz m <el> • mains contactor
Netzschutz m <msr> • power system protection; line pro-
   tection
Netzschutzschalter m <el> • mains protective switch;
   mains protector; network protector
Netzschutzschalter m <el> • open-phase circuit breaker
Netzschwankung f <el> • mains fluctuation; power-line
   fluctuation; power-supply variation
Netzschwankungen fpl <el> • supply voltage fluctuations
   pl; mains fluctuations *pl*; supply fluctuations *pl*
Netzsicherung f <el> • mains fuse
Netzsonde f <nav> *(Fischerei)* • net sounder
Netzspannung f <el> • mains voltage *form*; line voltage;
   mains input; supply voltage; mains *coll*
Netzspannung f <el> *(für Stromverbraucher aller Art)*
   • supply voltage
Netzspannung f <el> • grid voltage
Netzspannungsanlasser m <el> • full-voltage starter
Netzspannungskontrollvoltmeter n <el> • pilot volt-
   meter

Netzspannungskorrektion f <el> • mains voltage com-
   pensation
Netzspannungsregler m <el> • line voltage regulator
Netzspannungsschwankung f <el> • main supply fluc-
   tuation; main supply fluctuations *pl*; mains voltage fluc-
   tuation; mains voltage variation
Netzspannungsschwankungen fpl <el> • main supply
   fluctuation; main supply fluctuations *pl*; mains voltage
   fluctuation; mains voltage variation
Netzspeiseleitung f <el> • network feeder
Netzsperre f <el> *(Filter)* • mains filter
Netzsperre f <mil> • net barrage; net barrier
Netzsteckdose f <el.bau> • mains outlet; wall socket;
   power outlet
Netzstecker m <el> • power plug; mains plug; wall plug
   coll
Netzsternpunkt m <el> • system neutral
Netzsteuerprogramm n <allg> • network control program
   (NCP)
Netzsteuerprotokoll n <tele> • network control protocol
Netzstörfestigkeit f <el> • mains-interference immunity
   factor
- **Netzstörung** f <el> *(betont: Störung via Stromnetz über-
   tragen)* • mains-borne interference
Netzstörung f <el> *(betont: des Netzes selbst)* • power-
   line disturbance
Netzstörung f <msr> • line fault; line disturbance
Netzstrom m <el> • mains current; line current; supply
   current
Netzstromversorgung f <el> • mains supply
Netzstruktur f <allg> • network configuration
Netzstruktur f <tech.allg> *(Gefüge)* • network structure;
   cancelled structure
Netzstruktur f <el> • system configuration
Netz-Subsystem n <tele> • Network Sub-System (NSS)
Netzsynchronisation f <el> • mains synchronization
Netztafel f <doku> • net chart
Netztaste f <el> • power button
Netzteil n <el> *(mit Trafo/Gleichrichter; integriert od. sepa-
   rat)* • power supply; power pack *pract*; power supply unit
   form; power entry module *rare*
Netzteil für DIN-Schienenmontage n <el> • DIN-rail-
   mount power supply
Netzteilgehäuse n <edv> • power unit casing
Netzträger m <tele> • common carrier; carrier *pract*
Netztransformator m <el> • mains transformer; power
   transformer; distribution transformer
netztransparente Zeichengabe f <tele> *(Zusatzdienst)*
   • user-to-user signalling (UUS)
Netzübergang m <tele> • network gateway
Netzübergang m <tele> • gateway
Netzüberlastung f <tech.allg> *(z. B. Fernmeldewesen,
   EDV)* • network congestion
Netzübertragungsverluste mpl <el> • mains transmis-
   sion losses; mains leakage
Netzumgebung f <edv> • network environment
Netzumschalter m <el> • power switch
netzunabhängig <el> *(elektr. Gerät mit Batteriestromver-
   sorgung)* • battery-powered; battery-operated
Netzverbund m <allg> • networking
Netzverbund m <el> • interconnected grid
Netzverluste mpl <el> *(z. B. Energieversorgung)* • net-
   work losses
Netzvermögen n <phys> • wetting ability; wettability
netzverriegelt <el> • mains-locked
Netz verschiedener Förderanlagen n <förd> • con-
   veyor and transfer network
Netzversorgung f <el> • mains supply
Netzversorgung f <tele> • radio coverage

Netzwarte f <msr.el> • system control centre; network control centre

Netzwerk n <tech.allg> *(z. B. EDV, Fernmeldewesen, Energieversorgung)* • network

Netzwerk n <edv> *(von Computern)* • network; computer network; multiuser environment

Netzwerk n *DIN IEC 50* <el> • network *DIN IEC 50*

Netzwerkabschluss m *(tele) (am S0-Bus; NT1 und NT2)* • network terminator (NT); network termination; network terminating unit *form*; network terminating equipment

Netzwerkanalysator m <edv> • network analyzer; network analyser

Netzwerkanalysator m <el> • circuit analyzer *US*; circuit analyser *GB*

Netzwerkanalyse f *norm* <av> • network analysis *stand*

Netzwerk-Analyser m <edv> • network analyzer

Netzwerkanbindung f <el> • network connection

Netzwerkanschluss m <edv> • network tap

Netzwerkarchitektur f <edv> • Network Architecture

Netzwerkbetriebssystem n <edv> • network operating system (NOS)

Netzwerk-Dateisystem n <edv> • network file system (NFS)

Netzwerkdiagnose f <edv> • network diagnostic

Netzwerkknoten m <edv> • node

Netzwerkmonitor m <edv> • network monitor

Netzwerkrechner m <edv> • network computer

Netzwerkschaltung f <el> • network circuit

Netzwerkschicht f <el> • Network Layer

Netzwerk-Schnittstellenkarte f <edv> • network interface card

Netzwerksschema n <doku> *(Übersichtsplan)* • network diagram

Netzwerk-Switching-System n <edv> • network switching system

Netzwerksynthese f *norm* <av> • network synthesis *stand*

Netzwerkterminator m <edv> • network terminator

Netzwerkterminierung f <edv> • network limitation

Netzwerk-Tongenerator m <edv> • network tone generator

Netzwerktopologie f <edv> • network topology

Netzwerkverbindungskabel n <edv> • network daisy-chain cable

Netzwerkverkabelung f <edv> • network

Netzwerkverwaltung f <edv> • management and disaster recovery tool

Netzwerkzugriff m <edv> • network access

Netzwinde f <nav> *(Schleppnetz)* • trawl winch; net winch

Netzzusammenschaltung f <edv> • network hook-up

Netzzweig m <el> • network branch

neu abgleichen vt <msr> *(Messgerät)* • rebalance vt

neu anschleifen vt <prod> • repoint vt

neuartig <allg> • novel

neuartige Konstruktionsdetails npl <tech.allg> • novel design features pl

neu aufbauen vt <edv> *(Bildschirmbild)* • redraw vt

Neuaufforstung f <holz> • new planting

neu auflegen vt <druck> • re-edit vt

neu ausgestattet <innen> *(Raum; z. B. Hotelzimmer mit Internetzugang)* • refurbished

neu ausgießen vt <prod> *(z. B. Lager)* • remetal vt

Neuausrichtung f <bau> • realignment

Neuausrüstung f <bau> • re-equipment

Neubaufenster n <bau> • prime window

Neubelegung f <tele> • new call

neu benennen vt <edv> *(z. B. Datei, Ordner)* • rename vt

Neubestücken n <el> *(von Leiterplatten)* • reloading

Neubestückung f <el> *(von Leiterplatten)* • reloading

neue Ausführung f <kfz> • late type

neue Benennung f <term> • new term

neue globale Tektonik f <geo> • plate tectonics

Neueichung f <msr> *(betont: werksseitig)* • factory calibration

Neueichung f <msr> *(betont: erneut)* • recalibration

neu eindecken vt <bau> *(Gebäude)* • reroof vt

Neueinfädeln n <textil> *(Nähprozess)* • rethreading

neu einlegen vt <phot> *(z. B. Film)* • reload vt

neu einmessen vt <msr> • recalibrate vt

neu einstellen vt <tech.allg> *(z. B. Kopierer, Mikroskop)* • readjust vt

neu einstellen vt <tech.allg> • reset vt

Neueinstellung f <tech.allg> • resetting; reset

Neueinstellung f <masch> • readjustment

Neueinstufung f *ISO 9000* <qualit> *(Änderung der Anspruchsklasse eines fehlerhaften Produktes)* • regrade *ISO 9000*

Neue Kerze f <licht> • standard candle

neue Materialträger aufstecken vi <textil> • insert new cores vi

Neue Österreichische Tunnelbauweise f (NÖT) <bau> • New Austrian Tunnelling Method

Neuer Europäischer Fahrzyklus m (NEFZ) <kfz.emiss> • New European Driving Cycle (NEDC)

neu erstellen vt <edv> • regenerate vt

neue Ware f <kst> *(Granulat; z. B. zum Spritzgießen)* • virgin resin; virgin material

Neugestaltung der Website f <edv> • web site redesign

neugestylt <kfz> *(z. B. Front- und Heckpartie)* • restyled

Neugrad m <math> *(100 Neugrad = rechter Winkel)* • centesimal degree

Neugradteilung f <msr> *(Winkelskala, z. B. Theodolit)* • centesimal graduation

Neuheit f <jur> • novelty

Neuheitsprüfung f <jur> • examination as to novelty

Neuheitsrecherche f <jur> • search for prior art; search

neuheitsschädlich <jur> • detrimental as to novelty; anticipation by prior publication or prior use; destroying novelty; anticipatory

Neukonstruktion f <prod> *(betont: von Grund auf neu)* • ab initio design

Neukurve f <phys> *(Magnetisierung)* • virgin curve; initial curve

neu lackieren vt <obfl> • repaint vt

Neulackierung f *prakt* <obfl> *(Lackergebnis)* • respray; refinishing job; refinish job

Neumann'sche Linien fpl <mat> • Neumann lamellae; Neumann lines; twin bands

Neumann'sches Problem des Handelsreisenden n <math> • Neumann boundary problem

Neumann'sches Randwertproblem n <math> • Neumann boundary problem

Neumann-Kopp'sche Regel f <math> • Kopp and Neumann's law

neumannsche Linien fpl <mat> • Neumann lamellae; Neumann lines; twin bands

neumannsches Problem des Handelsreisenden n <math> • Neumann boundary problem

neumannsches Randwertproblem n <math> • Neumann boundary problem

Neumaterial n <kst> *(Granulat; z. B. zum Spritzgießen)* • virgin resin; virgin material

Neumessing n <mat> • yellow metal

Neuminute f <math> *(Winkeleinheit)* • centesimal minute

Neuneck n <math> • nonagon

neuneckig <math> • nonagonal

Neunerkomplement n <edv> • nines complement; nine's complement

Neunerprobe *f* <edv> • casting-out nines

Neunerübertrag *m* <edv> • standing-on-nines carry

Neun-jot-Symbol *n* <phys> *(Quantenmechanik)* • X coefficient; nine-j-symbol

Neunpolröhre *f* <el> • nine-electrode valve

Neunpunktekreis *m* <math> • nine-point circle

Neunpunktematrix *f* <msr> • nine-dot matrix

Neunzehneck *n* <math> • nonadecagon

Neunzonen-Spritz/Tauch-Durchlaufanlage *f* <obfl> • continuous nine-zone spray/immersion plant

neu positionieren *vt* <prod> • reposition *vt*

Neupreis *m* (NP) <kfz> • original price

Neupunkte *mpl* <phot> *(netzverdichtend)* • pass points

neurales Netz *n* <edv> • neural network

Neuristor *m* <tech> *(Bionik)* • neuristor

Neuritis *f* <med> • neuritis

neuronales Netz *n* <edv> • neural network SUS SP-1356,57

Neusand *m* <prod> *(Gießerei)* • green sand; fresh sand new sand

Neuseeländischer Flachs *m* <textil> • New Zealand flax

Neusekunde *f* <math> *(Winkelmaß)* • centesimal second

Neusilber *n* <mat> • nickel silver; nickel brass; German silver

neu sortieren *vt* <edv> • resort *vt*

neu spannen *vt* <wz.masch> *(z. B. Werkstück)* • reset *vt*

neu speichern *vt* <edv> • restore *vt*

neustarten *vi/vt* <edv> *(Computersystem)* • boot *vi/vt*

neu starten mit Reset-Taste *vt* <edv> • reset *vt*

neutral <tech.allg> • indifferent

neutral (N) <tech.allg> *(allg.)* • neutral (N)

neutral <chem> • neutral

neutral <el> • uncharged; electrically neutral

Neutraldichtefilter *m* <phot> • neutral-density filter; ND-filter; optic light filter *rare*

neutrale Achse *f* <mech> *(spannungslos)* • neutral axis; neutral line

neutrale Faser *f* <mech> • neutral axis

neutrale Flamme *f* <kfz.rep> *(Autogenschweißen)* • neutral flame

neutraler Boden *m* <geo.chem> • sweet soil

neutraler Leiter *m* <el> • neutral conductor

neutrales Kaliumtartrat *n* <chem> • neutral potassium tartrate; dipotassium tartrate

neutrales Kurvenfahrverhalten *n* <kfz> • neutral cornering behavior; neutral cornering

neutrales Kurvenverhalten *n* <kfz> • neutral cornering behavior; neutral cornering

neutrales Öl *n* <mat> • neutral oil

neutrales Relais *n* <el> • non-polarized relay

neutrales Salz *n* • tertiary salt

neutrale Stellung *f* <min> *(Hobel)* • neutral position

neutrale Zone *f* *(Dreipunktregelung)* • dead band

neutrale Zone *f* <el> • neutral zone

neutral färben *vt* <obfl> • dye in a neutral bath *vt*

Neutralfette *npl* <med> *(die Lipide)* • triglycerides *pl*; neutral fats *pl*; triacylglycerol *rare*

Neutralfilter *n* <phot> • neutral density filter; grey filter

Neutralgassystem *n* <aerospace> • inert gas system

Neutralinjektion *f* <nukl> • neutral injection

Neutralisation *f* <ents> • neutralisation

Neutralisationsbehälter *m* <ents> • neutralizer

Neutralisationsindikator *m* <chem> • neutralization indicator

Neutralisationsmittel *n* <chem> • neutralizing agent; neutralizer

Neutralisationsprozess *m* <ents> • neutralization process

Neutralisationsreaktion *f* <chem> • neutralization reaction

Neutralisationswärme *f* <tech> • neutralization heat; heat of neutralization

Neutralisationszahl *f* <tribo> • neutralization number; neutralization value

Neutralisator *m* <tech> • neutralizer

Neutralisator *m* <verf> *(Teil einer REA)* • mixing channel

Neutralisieren *n* <obfl> • neutralizing *GB*; neutralising *US*

neutralisieren *vt* <tech.allg> *(eine Wirkung)* • neutralize *vt*

neutralisieren *vt* <druck> • neutralize *vt*

neutralisieren *vt* <phys> *(Kräfte, Wirkungen)* • neutralize *vt*

Neutralisierungskondensator *m* <el> • neutralizing capacitor

Neutralisierungskorona *f* <druck> • neutralizing corona; detack charger

Neutralisisierung *f* <tech.allg> *(von Kräften, Wirkungen)* • neutralization

Neutralkeil *m rar* <druck> *(allg.)* • neutral-density wedge; tone wedge

Neutralleiter *m* (N) <el> *(Dreiphasenstrom, Drehstrom)* • neutral conductor; neutral *pract*

Neutralöl *n* <chem.petr> • neutral oil

Neutralpunkt *m* <chem> • neutral point

Neutralstrahlen *mpl* <nukl> • neutral beams *pl*

Neutralstrahlrohre *npl* <nukl> • beam lines *pl*

neutral streuender Körper *m* <licht> • non-selective diffuser

Neutralsulfitablauge *f* <pap> • neutral sodium sulfite waste liquor

Neutralsulfit-Halbzellstoff *m* <pap> • neutral sodium sulfite semichemical pulp; neutral sulfite semichemical pulp

Neutralsulfitkochlauge *f* <pap> • neutral sodium sulfite cooking liquor

Neutralteilchen *n* <nukl> • neutral atom; neutral

Neutralteilcheninjektoren *mpl* <nukl> • beam lines *pl*

neutralweiß <licht> *(Lichtfarbe von 4 500 K bei Halogen-Metalldampflampen)* • neutral white

Neutretto *n* <nukl> • neutretto; neutral meson

Neutrino *n* <nukl> • neutrino

Neutrodynkondensator *m* <el> • neutrodyne capacitor; neutralizing capacitor

Neutrodynschaltung *f* <el> • neutrodyne circuit

Neutron *n* <nukl> • neutron

Neutronenabschirmung *f* <nukl> *(Kernreaktor)* • neutron shielding; neutron shield

Neutronenabsorber *m* <nukl> • neutron absorbing material; neutron absorber

Neutronenabsorption *f* <nukl> • neutron absorption

Neutronenabsorptionsquerschnitt *m* <nukl> • neutron absorption cross-section

Neutronenaktivierungsanalyse *f* <nukl> • neutron activation analysis

Neutronenalter *n* <nukl> • Fermi age; neutron age

neutronenarm <nukl> • neutron-deficient

Neutronenausbeute *f* <nukl> • neutron yield

Neutronenausfluss *m* <nukl> • neutron leakage

Neutronenbeschuss *m* <nukl> • neutron bombardment

Neutronenbestrahlung *f* <nukl> • neutron irradiation

Neutronenbeugungsuntersuchung *f* <phys> • neutron diffraction study

Neutronenbilanz *f* <phys> • neutron balance

Neutronenbremsspektrum *n* <nukl> • neutron slowing-down spectrum

Neutronenbremsung *f* <nukl> • neutron slowing-down; neutron moderation

Neutronenbremsvermögen *n* <nukl> • neutron slowing-down power

Neutronendetektor *m* <nukl> • neutron detector

Neutronendichte *f* <nukl> • neutron density
Neutronendiffraktometer *n* <msr> • neutron diffracto-meter; neutron diffraction meter
Neutronendosismesser *m* <msr> • neutron dosimeter; neutron dosemeter
Neutronendotierung *f* <phys> • neutron doping
Neutroneneinfang *m* <nukl> • neutron capture
Neutroneneinfangquerschnitt *m* <nukl> • neutron capture cross-section
Neutroneneinfangwahrscheinlichkeit *f* <nukl> • neutron capture probability
Neutronenemissionsrate *f* <nukl> • neutron emission rate
Neutronenerzeugung *f* <phys> • neutron generation; neutron production
Neutronenfänger *m* <nukl> • neutron absorbing material; neutron absorber
Neutronenfalle *f* <nukl> • neutron trap
Neutronenfluss *m* <nukl> • neutron flux
Neutronenflussdichte *f* <nukl> • neutron flux density
Neutronenflussumwandler *m* <nukl> • neutron flux converter
Neutronengas *n* <nukl> • neutron gas
Neutronengenerator *m* <nukl> • neutron generator; neutron producer
Neutronenhärtung *f* <verf> • neutron hardening
Neutronenimpuls *m* <nukl> • neutron burst
Neutronenindikator *m wiss* <nukl> • tracer element; tracer isotope
neutroneninduzierte Gamma-Aktivität *f* <nukl> • neutron-induced gamma activity
Neutronenkollimator *m* <nukl> • neutron collimator; neutron howitzer
Neutronenlebensdauer *f* <nukl> • mean life of a neutron; neutron lifetime
Neutronenleerstelle *f* <nukl> • neutron vacancy
Neutronenlethargie *f* <nukl> • neutron lethargy
Neutronenloch *n* <nukl> • neutron vacancy
Neutronenmessung *f* <petr> • neutron log
Neutronenmonochromator *m* <phys> • neutron monochromator
Neutronennachweis *m* <nukl> • neutron detection
Neutronennachweisgerät *n* <msr> • neutron detector
Neutronenökonomie *f* <phys> • neutron economy
Neutronenoptik *f* <opt> • neutron optics
Neutronenphysik *f* <nukl> • neutron physics
Neutronen-Protonen-Verhältnis *n* <phys> • neutron-proton ratio
Neutronenquelle *f* <nukl> • neutron source
Neutronenreflektor *m* <nukl> • neutron reflector; neutron reflecting mirror
Neutronenreflexion *f* <nukl> • neutron reflection
Neutronenresonanz *f* <nukl> • neutron resonance
Neutronenselektor *m* <nukl> • neutron selector; neutron velocity selector
Neutronensonde *f* <aerospace> • neutron probe
Neutronenspektrometer *n* <msr> • neutron spectrometer
Neutronenspektrometrie *f* <msr> • neutron spectrometry
Neutronenspektroskop *n* <msr> • neutron spectroscope
Neutronenspektrum *n* <nukl> • neutron spectrum
Neutronenstern *m* <astron> • neutron star; pulsar
Neutronenstrahl *m* <nukl> • neutron beam; neutron ray
Neutronenstrahler *m* <nukl> • neutron emitter
Neutronenstrahlung *f* <nukl> • neutron emission; neutron radiation
Neutronenstreuung *f* <nukl> • neutron scattering
Neutronenstromdichte *f* <nukl> • neutron density

Neutronentemperatur *f* <phys> • neutron temperature
Neutronentransportquerschnitt *m* <phys> • neutron transport cross-section
Neutronenübergang *m* <phys> • neutron transition
Neutronenüberschuss *m* <nukl> • isotopic number; difference number
Neutronenüberschuss *m* <nukl> • neutron excess
Neutronenverdampfung *f* <nukl> • neutron evaporation
Neutronenvergiftung *f* <nukl> • neutron poison effect
Neutronenvergiftung *f* <nukl> • neutron poisoning
Neutronenverlust *m* <nukl> • neutron leakage
Neutronenverlust *m* <nukl> *(Kernreaktor)* • neutron loss
Neutronenvermehrungsfaktor *m* <nukl> • neutron multiplication factor
Neutronenwirkungsquerschnitt *m* <nukl> • neutron cross-section
Neutronenzählrohr *n* <nukl> • neutron counter tube; neutron counter
Neutron-Gamma-Log *n* <petr> • neutron-gamma log
Neutron-Neutron-Bohrlochmessung *f* <petr> • neutron-neutron logging; neutron-neutron borehole logging; neutron-neutron well logging
neu verdrahten *vt* <el> • rewire *vt*
Neuverdrahtung *f* <el> • rewiring
Neuwagen *m* <kfz> • new car
Neuwagengarantie *f* <kfz> • new vehicle warranty
Neuwagenhändler *m* <kfz> • new-car dealer
Neuwagenkäufer *m* <kfz> *(vor dem Kauf)* • new-vehicle shopper
Neuwagenkäufer *m* <kfz> *(nach dem Kauf)* • new-vehicle buyer
Neuware *f prakt* <kst> *(Granulat; z. B. zum Spritzgießen)* • virgin resin; virgin material
Neuwertsignalisierung *f* <msr> • new value signalization
neu zeichnen *vt* <edv> *(Bildschirmbild)* • redraw *vt*
Neuzulassungen *fpl* <kfz> *(von Fz; in Statistik)* • registrations
Neuzustand *m* <kfz> *(Gebrauchtwagenmerkmal)* • showroom condition
Neuzustellung *f* <metall> • fresh lining; relining
neu zuweisen *vt* <edv> • reallocate *vt*
Newton'sche Abbildungsgleichung *f* <phys> • Newtonian formula; Newton's lens equation
Newton'sche Axiome *npl* <mech> • Newton's laws of motion; Newton's laws
Newton'sche Bewegungsgleichung *f* <mech> • Newton's second law of motion; Newton's second law
Newton'sche Flüssigkeit *f* <tribo> • Newtonian liquid
Newton'sche Gesetze *npl* <mech> • Newton's laws of motion; Newton's laws
Newton'sche Mechanik *f* <mech> *(Ggs. zu Quantenmechanik, Relativitätstheorie)* • classical mechanics; Newtonian mechanics; non-quantum mechanics
Newton'sche Ringe *mpl* <phot> • Newton's rings *pl*
Newton'sches Abkühlungsgesetz *n* <phys> • Newton's law for cooling; Newton's law for heat loss
Newton'sches Aktionsprinzip *n* <mech> • principle of action and reaction; law of action and reaction
Newton'sches Gravitationsgesetz *n* <mech> • Newton's law of gravitation
Newton'sches Potential *n* <phys> • Newtonian potential
Newton'sches Spiegelteleskop *n* <astron> • Newtonian telescope; Newtonian reflecting telescope
Newton'sches Widerstandsgesetz *n* <mech> • Newton's law of friction
Newton *n* (N) <mech> *(SI-Einheit der Kraft)* • newton (N)
Newtonmeter *n* <phys> *(SI-Einheit von Arbeit, Energie, Wärme)* • joule (J); Newtonmeter; Wattsecond
Newton-Ringe *mpl* <phot> • Newton's rings *pl*

newtonsche Abbildungsgleichung f <phys> • Newtonian formula; Newtonian lens equation

newtonsche Axiome npl <mech> • Newton's laws of motion; Newton's laws

newtonsche Bewegungsgleichung f <mech> • Newton's second law of motion; Newton's second law

newtonsche Flüssigkeit f <tribo> • Newtonian liquid

newtonsche Gesetze npl <mech> • Newton's laws of motion; Newton's laws

newtonsche Mechanik f <mech> (Ggs. zu Quantenmechanik, Relativitätstheorie) • classical mechanics; Newtonian mechanics; non-quantum mechanics

newtonsche Ringe mpl <phot> • Newton's rings pl

newtonsches Abkühlungsgesetz n <phys> • Newton's law for cooling; Newton's law for heat loss

newtonsches Aktionsprinzip n <mech> • principle of action and reaction; law of action and reaction

newtonsches Gravitationsgesetz n <mech> • Newton's law of gravitation

newtonsches Potential n <phys> • Newtonian potential

newtonsches Spiegelteleskop n <astron> • Newtonian telescope; Newtonian reflecting telescope

newtonsches Widerstandsgesetz n <mech> • Newton's law of friction

Newtonspiegel m <opt> • Newtonian-type mirror

NEXT <edv> • Near-End Crosstalk (NEXT)

NexTView n <av> • NexTView

NF <av> (Audioband 16 Hz − 20 kHz) • audio frequency (AF); sound frequency; audible frequency; voice frequency rare; sonic frequency rare

NF-Band n <av> (16 Hz − 20 kHz) • audio-frequency range; AF-range

NF-Bereich m <av> (16 Hz − 20 kHz) • audio-frequency range; AF-range

NF-Transistor m <el> • low frequency transistor

Nfz-Rad n <kfz> • commercial vehicle wheel

n-gängig <masch> (siehe auch unter: ...gängig) • multiple ...; multi...

n-gängiges Gewinde n <masch> • multiple-start thread; multiple thread; multiple-lead thread; multiple-pitch thread; multi-start thread

n-Gebiet n <el> • n-type region; n-region

NGO-Gewinde n <rls> • national gas outlet thread (NGO)

NGS <rls> • national gas straight thread (NGS)

NGS-Gewinde n <rls> • national gas straight thread (NGS)

NGT-Gewinde n <rls> • national gas taper thread (NGT)

NH$_3$-Schlupf m prakt <emiss> • ammonia slip; NH$_3$-leakage; NH$_3$-slip

n-Halbleiter m <el> • n-type semiconductor

NH-Sicherungs-Lastschaltleiste f DIN 43620 <el> • NH fuse-switch IEC 269

Ni <chem> • nickel (Ni)

Niazin n <med.pharm> • niacin; nicotinic acid

Nibbelschere f <wz> • nibbler

Nibbler m prakt <kfz.wz> • nibbler; sheet metal cutter form.rare; Monodex-type cutter

NiCd-Akku m <el> • rechargeable NiCd battery

Ni-Cd-Akku m <el> • nickel cadmium battery; cadmium-nickel storage battery; nickel-cadmium battery; NiCd battery

NiCd-Akkumulator m <el> • nickel cadmium battery; cadmium-nickel storage battery; nickel-cadmium battery; NiCd battery

Nichols-Diagramm n <msr> • Nichols' diagram; Nichols' chart

NICHT n <edv> (Schaltalgebra) • NOT

nicht abbauwürdig <min> • inexploitable

nicht-abbildend <tech.allg> • nonimaging

nicht abgeblendet <licht> (Scheinwerfer) • undipped

nichtabgedeckt <tech.allg> • bare; unglazed

nicht abgeglichen <av> • out-of-balance

nicht abgeglichen <el> • unbalanced

nicht abgelenkt <opt> (Lichtstrahl) • undeflected

nicht abgenutzt <tech.allg> • unworn

nichtabgeschlossene Schale f <nukl> • incomplete shell

nicht abgesichert <el> • non-fused

nichtabklemmbar <el> • non-rewirable

nicht abschmelzbar <füg> (Elektrode beim Schweißen) • non-consumable

nichtabschmelzend <el> • non-consumable

nichtabschmelzende Elektrode f <füg> (Schweißen) • non-consumable electrode

nicht absorbierender Abschwächer m <el> • reactive attenuator

nichtadressierbar <edv> • non-addressable

nichtaktiv <tech.allg> • inactive

nichtaktiv <nukl> (nicht radioaktiv) • non-radioactive; cold coll

nichtamtsberechtigt <tele> • fully restricted; exchange-barred

Nichtamtsberechtigung f <tele> • trunk-barring level

nicht angelassen <qualit.mat> (z. B. Stahl) • untempered

nicht angeschlossen <edv> • off-line

nicht angetriebene Rolle f <masch> • idler; idle roll

Nichtanwesenheit f <tech.allg> (allg.; Nichtanwesenheit von erwünschten Merkmalen etc.; statisch) • lack

nichtanzeigende Lehre f <msr> • fixed gauge

nicht arbeitsfähig <tech.allg> • inoperative

nichtarchimedisch <math> (z. B. Schnecke, Spirale) • non-Archimedean

nicht aufgeben <doku> (z. B. in Anleitung) • don't despair

nicht aufgeladener Motor m <kfz.mot> • non-pressure-charged engine

nicht auflösbar <opt> • irresolvable

Nichtauftreten n <allg> (allg.; von erwünschten oder unerwünschten Ereignissen, Wirkungen) • non-occurrence

nicht ausblühend <kst> • non-blooming

nicht ausführbar <tech.allg> (z. B. Befehl) • non-executable; non-operable

nichtausführbar <msr> • non-executable

nichtausgeformtes Formteil n <prod> • short molding

nichtausgeglichenes Ruder n <nav> • unbalanced rudder

nicht ausgenutzter Meißel m <petr> • green bit

nicht ausgerüstet <textil> • unfinished

nicht ausgewuchtet <masch> • out-of-balance

nicht auslaufender Guss m <prod> • misrun casting

nichtaustauschbar <tech.allg> • non-exchangeable

nicht auszudruckendes Zeichen n <druck> • non-printing character

nichtautomatischer Melder m norm <alarm> • personal attack device; deliberately-operated device GB.norm; panic alarm priv; hold-up alarm device comm; duress alarm [device]

nichtbackende Kohle f <verbr> • non-caking coal

nicht bedienbares Dachfenster n :V <bau> • stationary roof window; non-operable skylight

nichtbehebbarer Fehler m <edv> • unrecoverable error

nichtbehebbarer Fehler m <qualit> • fatal error

nicht-behebbarer Lesefehler m <edv> • nonrecoverable data error Quantum; nonrecoverable read error Seagate; unrecoverable error Hitachi

nicht behebbare Unstetigkeit f <math> • non-removable discontinuity

nichtbehindert <soz> (Person) • unhandicapped

nicht belegt <el> (Steckplatz, Pin) • not used; spare; no connection

nicht berücksichtigen *vt* <allg> • ignore *vt*

nicht berührungsfrei aufbringen *vt* <edv> *(Etikett)* • touch-apply *vt*

nicht berührungsfreies Aufbringen von Etiketten *n* <edv> • touch application of labels; touch labeling *US*; touch labelling *GB*; contact labeling *US*; contact labelling *GB*

nicht beschlagend <obfl> *(z. B. Brille visier, Linse)* • anti-fog

nichtbesetzt <phys> *(Energieniveau)* • unfilled

nichtbesetzt <phys> *(z. B. Energieniveau)* • unoccupied; unpopulated

nicht betriebsbereit <tech.allg> • inoperable; non-ready

nichtbindig <tech> *(Bodenmechanik)* • non-cohesive; cohesionless

nichtbindiger Boden *m* <bau> • non-cohesive soil; cohesiveless soil; cohesionless soil; granular soil

nichtbrechend <opt> *(Licht)* • aclastic; nonrefracting

nichtbrennbar <mat> • non-combustible

nicht brennbar *ISO 13943* <mat.feuer> • non-combustible *ISO 13943*; incombustible

nichtbrennbare Ladung *f* <logist> • incombustible cargo

Nichtbrennbarkeitsprüfung *f ISO 1182* <qualit.mat> • non-comustibility test *ISO 1182*

nichtbündig <msr> • non-flush; non-shielded

nicht bündig einbaubar <msr> • non flush mountable

nicht bündig einbaubarer Näherungsschalter *m EN 60947* <msr> • non-embeddable proximity switch *EN 60947*

nichtbündig einbaubarer Näherungsschalter *m norm* <msr> • non flush mountable proximity switch; non-shielded proximity switch; unshielded proximity switch; non-embeddable proximity switch *norm, rare*

nichtbündiger Einbau *m* <msr> • non-flush mounting; surface mounting; non-flush fitting

nichtcyclisch <tech.allg> • non-cyclical

nicht dämpfender Werkstoff *m EN 60947* <msr> • non-damping material *EN 60947*

nicht dämpfendes Material *n* <msr> • non-damping material *EN 60947*

Nichtdatenzeichen *n* <edv> *(in Strichcode)* • non-data character

Nichtdiagrammlinie *f* <phys> *(Röntgenspektrum)* • non-diagram line

nichtdispersiver Infrarot-Analysator *m* <kfz.emiss> • NDIR analyzer; non-dispersive infrared analyzer

Nicht-dispersiver-Infrarot-Gasanalysator *m form* <verbr.emiss> • NDIR gas analyzer *US*; NDIR analyser *GB*; nondispersive infrared analyzer *US*

nichtdispersives Infrarotabsorptionsverfahren *n form* <msr> • NDIR absorption technique *pract*; nondispersive infrared absorption technique *form*

Nicht-dispersives Ultraviolett-Gasanalysegerät *n form* <msr> • NDUV gas analyser; nondispersive ultra-violet gas analyser *form*

nicht drehbar <tech.allg> • non-rotating

nicht druckender Bereich *m* <druck> *(Druckplatte)* • non-image area *US*; nonimage area *GB*; non-printing area *US*; nonprinting area *GB*

nichtdruckender Flächenanteil *m* <druck> • non-printing area

nicht durchgängig <obfl> *(z. B. Oxidschicht)* • discontinuous

nicht durch Kernspaltung bedingte Neutronenquellen <nukl> • non-fission neutron sources

Nichtedelmetall *n* <mat> • base metal; non-precious metal; ignoble metal *rar*

Nicht-Edelmetall *n* <mat> • base metal; non-precious metal; ignoble metal *rar*

Nicht-Edelmetallkatalysator *m* <kfz.emiss> • base metal catalyst; non-precious metal catalyst

nichteigensicher <tech.allg> *(z. B. Kernreaktor)* • non-intrinsically safe

nichteingeschalteter Zustand *m* <tech.allg> • off state

nicht einlaufend <textil> • non-shrinking; shrink-resistant

nichteinrastender Schalter *m* <el> • non-locking switch

Nicht-Eisenmetall *n* <allg> • non-ferrous metal

Nichteisenmetall *n DIN 17600* <tech.allg> • non-ferrous metal

Nichteisenmetallurgie *f* <metall> • non-ferrous metallurgy

Nichteisenschwermetall *n* <mat> *(z. B. Kupfer)* • non-ferrous high-density metal

nichtelektrische Heizung *f* <hlk> • non-ohmic heating

Nichtelektrolyt *m* <chem> • non-electrolyte

NICHT-Element *n* <msr> • NOT gate

nicht entflammbar <mat> • flame-proof; non-inflammable; uninflammable

nichtentflammbar *ISO 13943* <mat.feuer> • non-flammable *ISO 13943*; non-inflammable; flame-resistant

nicht entzerrter Bildplan *m* <phot> • uncontrolled mosaic

nicht entzündbar <mat> • non-inflammable; non-flammable

Nichterhaltung der Parität *f* <phys> • non-conservation of parity

nicht essbar <nahr> • inedible

nicht essentielles Gen *n* <med> • non-essential gene

nichteuklidisch <math> *(Geometrie)* • non-euclidean; non-Euclidean; non-euclidian

nichteuklidische Geometrie *f* <math> • non-Euclidian geometry

nicht explosibler Staub *m* <min> • inert dust

nichtfaradayscher Strom *m* <el.chem> • non-faradaic current; nonfaradaic current *(US)*

nicht-faradayscher Strom *m* <el.chem> • non-faradaic current; nonfaradaic current *(US)*

nichtfasernd <textil> • non-linting

nichtfaulend <qualit> *(z. B. Holz, Gewebe, Faden)* • rot-proof; non-fouling

nicht fluchtend <tech.allg> • out-of-line

nichtfluchtend <bau> • misaligned

nicht fluchtende Wellen *fpl* <masch> • non-aligned shafts

nichtflüchtig <edv> • non-volatile

nichtflüchtig <ents> • non-volatile

nichtflüchtige Bestandteile *mpl* <mat> • non-volatile matter; non-volatiles

nicht-flüchtiger Speicher *m* <edv> • nonvolatile storage

nichtflüchtiger Speicher *m* <edv> • non-volatile memory; permanent memory

nichtflüchtiger Speicher *m* <edv> • non-volatile storage; non-volatile memory; permanent storage *rare*; permanent memory *rare*

nichtflüchtiger Stoff *m* <verf> • non-volatile matter

nichtflüchtige Speicherung *f* <edv> • non-volatile storage

nicht flügelstabilisiert <aerospace> *(Flugkörper, Geschoss)* • unfinned; finless

nichtflusend <kfz> *(Velours-Innenausstattung)* • non-raveling

nicht-fokussierbar <energ.sol> • non-focusable

nicht-fokussierendes System *n* <energ.sol> • non-focusing

nicht formatiert <edv> • non-formatted

nichtformatiert <edv> • unformatted; non-formatted

NICHT-Funktion *f* <msr> • NOT logical function; NOT function

nicht gebundenes Wasser n <petr> *(Erdölbohrung)*
• free water
nicht gedruckt <edv> *(Strichcode-Element)* • light *adj*;
reflective
nichtgeerdeter Mittelleiter m <el> • floating neutral
nichtgeerdeter Nulleiter m <el> • floating neutral
nicht gekommenes Bohrloch n <petr> • missed hole;
misfire hole
nicht geladen <mil> *(Feuerwaffe)* • unloaded; not loaded
nichtgelenkig <masch> • rigid
nichtgenormte Benennung f <term> • nonstandardized
term
nicht gepolt <el> • non-polarized
nicht geschalteter Zustand m <el> • open condition
nichtgeschlossener magnetischer Kreis m <phys>
• imperfect magnetic circuit
nichtgetaktete Werkstückweitergabe f <prod> • non-
synchronous work transfer; non-synchronous transfer
nicht gewebte Stoffe mpl <textil> • felted fabrics *pl*;
fibrous material; non-woven fabrics *pl*; non-wovens *pl*;
felts *pl*
nicht gewebte Stoffe mpl <verf> • non-woven fabrics;
felted fabrics
nicht gleitfähige Versetzung f <mat> • sessile dislocation
NICHT-Glied n <edv> • NOT element; negator
nichthärtend <mat> • non-hardening
nichthaftend <phys> *(z. B. Flüssigkeit)* • non-adherent
nichtharmonisch <phys> *(Schwingung)* • anharmonic
nichtholonom <phys> • non-holonomic; anholonom
nichtideal <phys> *(z. B. Flüssigkeit, Gas)* • non-ideal
nicht im Lieferumfang enthalten <tech.allg> *(betont:
nicht im Lieferumfang enthalten)* • not supplied
nichtintelligent <edv> *(Hardware)* • nonintelligent; dumb
coll
nichtintelligentes Terminal n <edv> • dumb terminal
nichtinterpolierende Steuerung f <msr> *(z. B. Werkzeugmaschine)* • non-interpolation control
nicht isotop <nukl> • non-isotopic
Nichtkarbonathärte f NKH <chem> • permanent hardness
Nichtkarbonathärte f <qualit.mat> • non-carbonate hardness; permanent hardness
Nicht-Katalytisches-Verfahren n (NCR) <emiss> • non-
catalytic reduction (NCR); non-catalytic reduction process
nicht klebrig <pack> • tack-free
nichtkokende Kohle f <verbr> • non-coking coal
nicht kompatibel <edv> • incompatible
nicht komprimierbar <phys> • incompressible
Nichtkomprimierbarkeit f <phys> • incompressibility
Nichtkontinuumströmung f <phys> • non-continuum
flow
nichtkonventioneller Kreisel m <navig> • unconven-
tional gyro
nicht konzentrierende Solarzelle f <energ.sol> • non-
concentrating solar cell
nicht konzentrisch <tech.allg> • out-of-truth
nicht korreliert <math> • uncorrelated
nicht-korrigierbarer Datenfehler m *Quantum* <edv>
• nonrecoverable data error *Quantum*; nonrecoverable
read error *Seagate*; unrecoverable error *Hitachi*
nicht korrodierbar <mat> • incorrodible
nichtkräuselndes Papier n <pap> • non-curling paper
nichtkritisch <tech.allg> *(z. B. Drehzahlbereich)* • non-
critical
nichtkritischer Fehler m <qualit> • non-critical defect
nichtleitend <allg> • non-conductive; non-conducting
nichtleitender Stoff m <mat> • non-conducting material

nichtleitendes Feld n <msr> *(Winkelkodierer mit galva-
nischer Abtastung)* • insulating segment; insulating sec-
tion; insulating area
Nichtleiter m wiss <el> • dielectric; non-conducting mate-
rial; nonconductor; insulating material; insulator *pract*
nicht lesbar <edv> • non-readable
Nichtlesung f <edv> • non-read; non-scan; no-read; no-
scan
nichtleuchtende Materie f <astron> • nonluminous mat-
ter
nicht lieferbar <ökon> • not available
nichtlinear <tech.allg> • non-linear
nicht lineare Deemphasis f <av> • dynamic de-empha-
sis; non-linear de-emphasis
nichtlineare Optik f <opt> • non-linear optics
nichtlineare Phasenverzerrung f <el> • phase-ampli-
tude distortion
nicht lineare Präemphasis f <av> • dynamic pre-empha-
sis; non-linear pre-emphasis
nichtlineare Programmierung f <edv> • non-linear pro-
gramming
nicht lineare Regelung f <msr> • non linear control
nichtlinearer Widerstand m <el> • non-linear resistor
nichtlineare Skala f A <msr> • non-linear scale
nichtlineare Skale f <msr> • non-linear scale
nichtlineares Übertragungsglied n <msr> • non-linear
transmission element; non-linear element
nichtlineare Transformation f <edv> • non-linear trans-
formation
nichtlineare Verzerrung f <av> • non-linear distortion
nichtlineare Verzerrung f <edv.av> • waveshaping
(WS); nonlinear distortion; nonlinear phase distortion
nichtlineare Verzerrung f <el> • harmonic distortion
(HD); harmonic distortion coefficient; distortion factor;
peak distortion
nichtlineare Verzerrungen f <av> • nonlinear distortion
Nichtlinearität f <av> • nonlinearity
nicht lösbar <math> • irresolvable
nicht lösbare Verbindung f <masch> • permanent joint
nichtlösbare Verbindung f <masch> • permanent joint
nichtlöschbar <edv> • non-erasable
nichtlöschbarer Speicher m <edv> • non-erasable
memory
nichtlöschbare Speicherung f <edv> • non-erasable
storage
nichtlöschend <edv> • non-destructive
nichtlöschendes Lesen n <edv> • non-destructive read-
out (NDRO); non-destructive reading
nicht löslich <chem> • insoluble; non-soluble
nichtlöslich <tech> • insoluble; non-soluble
nichtmagnetisch <allg> • non-magnetic
nichtmagnetisches Feld n <msr> *(magnetischer Win-
kelkodierer)* • nonmagnetized segment; nonmagnetized
section; nonmagnetized area
nicht maskierbar <edv> • non-maskable
nicht maßstäblich <doku> • not to scale
nichtmechanisch <min> • non-mechanized
nichtmechanischer Drucker m <druck> *(z. B. Laser-,
Tintenstrahl-, Thermotransferdrucker)* • non-impact printer
(NIP)
nichtmechanisches Druckverfahren n <edv> • non-
impact printing
nichtmetallisch <tech.allg> • non-metallic
nichtmetallischer Einschluss m <metall> *(fest)* • solid
non-metallic inclusion
nichtmetallischer Werkstoff m <mat> • non-metallic
material
nichtmetallisches Mineral n <min> • non-metallic min-
eral

Nichtmetallsatz *m* <druck> • cold composition

nicht-militärischer Nutzer *m* <tech.allg> *(z. B. des GPS)* • civil user; non-military user

nichtmineralisch <chem> *(z. B. Öl)* • non-mineral

nicht mischbar <phys> • immiscible

Nichtmischbarkeit *f* <chem> • immiscibility

nicht mitgeliefert <tech.allg> *(betont: nicht im Lieferumfang enthalten)* • not supplied

nichtmitlaufende Spitze *f* <wz.masch> *(Drehmaschinen-Reitstock)* • dead center

nicht mittig <tech.allg> • off-center

nichtmodifizierte Adresse *f* <edv> • presumptive address

nicht mustertreu <textil> *(Färberei)* • off-shade

nicht-nachgeführt <tech.allg> • non-tracking

nicht-nachgeführt <energ.sol> *(Kollektor, Spiegel)* • mounted in a stationary position; with fixed position; fixed; stationary; non-tracking

nicht nachglimmend <verbr> *(Brennstoff)* • smoulderproof

nicht nachweisbar <msr> • undetectable

nicht-Newtonsch <phys> *(Flüssigkeit, Fluid)* • non-Newtonian

nicht-newtonsche Flüssigkeit *f* <tribo> • non-Newtonian liquid

nicht normal <tech.allg> *(z. B. Systemverhalten, Betrieb)* • anomalous

Nichtnullsummenspiel *n* <math> • non-zero sum game

nichtnumerische Datenverarbeitung *f* <edv> • non-numerical data processing

nichtnumerisches Zeichen *n* <edv> • non-numeric character

nichtöffentliches Fernsehen *n* <av> *(z. B. in Fertigung, Ausbildung, Objektschutz)* • closed circuit television (CCTV)

nichtoxidierend <obfl> • non-oxidizing

nichtparametrisch <math> *(z. B. Schätzung, Test)* • non-parametric

nichtparasitäre Krankheit *f* <agri> *(von Pflanzen)* • physiological disorder

Nichtpasser *m* <druck> *(Druckplattenregistrierung)* • misregister; misregister

nichtpermanenter Speicher *m* <edv> • volatile memory

nichtpositive Krümmung *f* <math> • non-positive curvature

Nichtpressen *n* <textil> • miss pressing

nichtprogrammierbares Endgerät *n* <edv> • nonprogrammable terminal; dumb terminal

nichtprogrammierter Stopp *m* <edv> • hang-up

Nicht-Proliferation *f wiss.rar* <nukl> *(z. B. von Plutonium)* • non-proliferation

Nichtquantenmechanik *f* <phys> • non-quantum mechanics

nichtquantisierte Feldtheorie *f* <phys> • classical field theory

nicht quantisiertes System *n* <phys> • non-quantized system

nichtquittiert <edv> • pending

nichtradioaktiv <phys> • non-radioactive; inactive

nicht rastend <masch> • non-locking

nichtrastender Schalter *m* <el> • non-locking switch

Nichtraucherausstattung *f* <kfz> • non-smoker package

nicht rechtwinklig <prod> • out-of-square

nicht reflektierend <edv> *(Strichcodelement)* • dark; printed; non-reflective; inked

nichtrelativistisch <phys> *(Mechanik)* • non-relativistic

nicht retrokollektiv <edv> • non-retrocollective *adj*

nichtröntgensichtbar <med> • radiolucent

nichtrostend <mat> *(z. B. Stahl)* • stainless; rustproof; rustless; rust-resisting

nicht rostend <obfl> • non-corroding; rust-resistant; rust resistant

nichtrostender Stahl *m* <mat> *(rostfrei)* • stainless steel (SS)

nicht rückgängig zu machen <tech.allg> *(Vorgang)* • irreversible; non-reversible

nichtrückgewinnbar <ents> • non-recoverable

nichtrutschend <tech.allg> *(Fahrbahn, Bodenbelag, Schuhsohlen)* • non-skid; antiskid; skid-proof; slip-resistant; non-slip

nicht-rutschig <obfl> *(Oberfläche; z. B. Fahrbahn, Tablett, Tisch)* • non-skid; non-slip

Nichtsammel-Produktion *f ugs* <druck> • straight production; straight run

nicht satt aufliegend <tech.allg> *(Bauteile, jede Größe)* • false-bearing

nichtsaugender Injektor *m* <masch> • non-lifting injector

nichtschaltbar <masch> *(Kupplung)* • permanent

nichtschaltbare Kupplung *f* <masch> • permanent coupling

NICHT-Schaltung *f* <msr> • NOT circuit

nichtschichtbildendes Phosphatierverfahren *n* <obfl> • non-film-forming phosphating process

nicht schienengebunden <förd> • railless

nichtschienengebunden <förd> • railless

nicht schiffbar <geo.nav> *(Fluss, Kanal, See)* • unnavigable; innavigable

nicht schleifbar <obfl> • non-sandable

nicht schmelzbar <tech.allg> • infusible

nichtschmelzbar <tech.allg> • infusible

nicht schneidend <math> *(Flächen, Körper, Linien; Getriebeachsen)* • non-intersecting

nichtschneidend <verk> *(z. B. Straßen)* • non-intersecting

nichtschürender Rost *m* <ents> • non-stoking grate

nichtschwarz <av> • non-black

nichtschwarzer Körper *m* <phys> *(Strahlung)* • non-black body; nonblackbody

nicht segmentierte Aufzeichnung *f* <av> • non-segmented recording

nicht selbstansaugend *did* <förd> • non-self-priming; not self-priming

nicht selbsttragende Bauweise *f* <kfz> • coachbuilt construction

nicht-selektiv <tech.allg> • non-selective; nonselective

Nicht-Selektive-Katalytische-Reduktion *f* (NSCR) <emiss> • non-selective catalytic reduction (NSCR)

nichtselektives Herbizid *n* <agri.chem> • non-selective herbicide

nichtsiedend <chem.petr> • non-boiling

nichtsinusförmige Welle *f* <phys> • distorted wave

nicht so extrem elastisches Garn *n* <textil> *(Falschdrahtverfahren)* • modified stretch yarn

Nichtsortier-Betrieb *m* <büro> *(Sortierer)* • noncollate mode

nicht spaltbar <nukl> • non-fissonable

nichtspaltbar <nukl> • non-fissionable; non-fissile

nichtsperrend <tech.allg> *(kein Hindernis bildend)* • non-blocking; non-barrier

nicht spezifikationskonform <edv> *(Strichcode)* • out of specification; out of spec *pract.coll*

nichtstabil <tech.allg> • astable; unstable

nichtstabil <phys/el> • transient

nichtstabiler Zustand *m* <phys/el> • transient state; transient

nichtstabile Schaltung *f* <el> • astable circuit

nichtstandfestes Gestein *n* <min> • caving ground; soft ground

nicht stationär <phys> *(z. B. Strömung)* • non-stationary; non-steady; mobile; unsteady

nichtstationär <phys> (z. B. Feld, Wellen) • non-stationary; non-steady; mobile; unsteady

nichtstationärer Strom m <el> • non-stationary current

Nicht-stöchiometrische-Verbrennung f <verbr> • off-stoichiometric combustion (BOOS); biased firing,; burners out of service

nichtstrahlend <nukl> (nicht radioaktiv) • non-radioactive; cold coll

nicht stricken vi <textil> • miss vi

nichtsymmetrisch <tech.allg> • asymmetric; non-symmetric; non-symmetrical

nichtsynchronisierte Ablenkung f <el> • free-running sweep

nicht terminiert <edv> • unterminated

nichttextile Gefäßprothese f <med.tech> • nontextile vascular graft; non-fabric vascular graft; nontextile graft; non-fabric graft

nichttextile Prothese f <med.tech> • nontextile vascular graft; non-fabric vascular graft; nontextile graft; non-fabric graft

nichttextiler Gefäßersatz m <med.tech> • nontextile vascular graft; non-fabric vascular graft; nontextile graft; non-fabric graft

nichttextiler Patch m <med.tech> • nontextile patch graft; non-fabric patch graft

nichttherapeutischer Zweck m <pharm> • nontherapeutic purpose

nicht-thermische Plasmatechnik f <verf> • non-thermal plasma technology; NTP technology

nichttoleriertes Maß n <tech.allg> (techn. Zeichnung) • dimension without tolerance

nichttragend <tech.allg> (z. B. Karosserie, Niet) • non-bearing; non-load-bearing; non-structural

nichttragende Flanke f <masch> (Gewinde, Zahnrad) • trailing flank; clearing flank; clearance flank rare; following flank rare

nichttragendes Bauteil n <tech.allg> • non-loadbearing member

nichttragendes Karosserieelement n <kfz> • unstressed body panel

nichttragende Wand f <bau> • self-supporting wall US

nichttragende Wand f <bau> • non-loadbearing wall; non-bearing wall

nicht transparent <tele> • non transparent

nicht trocknendes Öl n <obfl.holz> • non-drying oil

nichttrocknendes Öl n <tribo> • non-drying oil; permanent oil

nichttropfender Zapfhahn m <rls> • antidrip nozzle

nicht umkehrbar <allg> • irreversible; non-reversible

nichtumkehrbar <allg> • irreversible; non-reversible

nicht umkehrbar <tech.allg> (Vorgang) • irreversible; non-reversible

Nichtumkehrbarkeit f <tech.allg> (z. B. thermodynamischer Prozess) • irreversibility

nichtumkehrend <el> (z. B. Eingang, Transistor, Verstärker) • non-inverting

nicht-uniformes rationales B-Spline n (NURBS) <edv> • non-uniform rational B-spline (NURBS)

nicht unterbrechbar <edv> • non-interruptible

Nichtverbreitung f <nukl> (z. B. von Plutonium) • non-proliferation

nicht verbunden <tele> • off-line

nicht verfärbend <mat> (betont: entfärbt sichnicht) • non-discoloring

nicht verfärbend <mat> (betont: verfärbt andere Dinge nicht) • non-staining

Nichtverfügbarkeit f <qualit> • non-availability

nicht verschiebbares Programm n <edv> • non-relocatable program

nicht versenkbar <kfz> (Seitenscheiben) • stationary

nichtverstellbare Pumpe f <masch> • constant-delivery pump; constant-displacement pump

nicht verwertbares Abprodukt n <ents> • waste product

nicht verzweifeln <doku> (z. B. in Anleitung) • don't despair

nicht voll aufgepumpt <kfz> (Reifen) • underinflated

nicht voll ausgeformtes Gewinde n <masch> • incomplete thread; imperfect thread; lead thread

nichtvorfahrtberechtigte Einmündung f :V <verk> • give-way junction

nicht vorgespannt <el> (Relais) • unbiased

nichtwässrig <tech.allg> • nonaqueous; non-aqueous

nichtwanderndes Lipoprotein n <med> • non-migrating lipoprotein

nicht wettbewerbsfähig <econ> (Unternehmen, Produkt oder Produktionsmethoden) • uncompetitive

Nichtwirtschaftswald m <holz> • amenity woodlands

Nichtwohnungsbau... <bau> (für den gewerblichen Bau) • commercial

nicht zerlegbar <phys> (Kraft) • irresolvable

nichtzerstörend <qualit.mat> • non-destructive

nichtzügige Druckfarbe f <druck> • short ink

nichtzündend <el> (z. B. Thyristor) • non-trigger

nicht zulässig <mil> (Waffenstörung) • non-allowable

nichtzunordnend <mat> • non-scaling

nicht zustandegekommene Verbindung f <tele> • ineffective call

nicht zutreffend <doku> (Frage, Antwortfeld in Fragebogen) • unapplicable

nichtzyklisch <tech.allg> (Vorgang) • acyclic

Nickachse f <fz> • transverse axis; pitch axis

Nickbewegung f <autom> • pitch; wrist bend

Nickbewegung f <kfz> • pitching

Nickel n (Ni) <chem> • nickel (Ni)

Nickelabdruck m <edv> (für CDs) • metal master; first negative; father disc

Nickelabscheidung f <obfl> • nickel deposition

Nickelbad n <obfl> • nickel plating bath; nickel bath

Nickelbinder m <füg> • nickel binder

Nickelblech n <mat> • nickel sheet

Nickel-Cadmium-Akkumulator m <el> • nickel cadmium battery; cadmium-nickel storage battery; nickel-cadmium battery; NiCd battery

Nickeldamm m <masch> (sehr dünne Schicht zwischen Einlaufschicht und Gleitschicht) • interlayer ISO 4378-1; bonding layer; nickel dam

Nickel-Dip m <obfl> • nickel flash; nickel dip

Nickel-Eisen-Akkumulator m <el> • nickel-iron accumulator; nickel-iron battery; Ni-Fe accumulator

nickelhaltig <mat> • nickeliferous

Nickelkatalysator m • nickel catalyst

Nickellegierung f <mat> • nickel-base alloy; nickel alloy

Nickel-Metallhydrid-Akku m <el> (ca. 80 Wh/kg) • nickel metalhydride battery; NiMh battery pract

Nickel-Metallhydrid-Batterie f <el> (ca. 80 Wh/kg) • nickel metalhydride battery; NiMh battery pract

Nickelmonoxid n <chem> • nickel monoxide

Nickeloxid n <obfl> • nickel oxide

nickelplattiert <obfl> • nickel-clad

Nickelschicht f <edv> • layer of nickel

Nickelstahl m <mat> • nickel steel

Nicken n <kfz> • pitching

nicken vi <autom> • pitch vi

Nickmoment n <fz> (Kfz-Anhänger, Flugzeug) • pitching moment

Nicol'sches Prisma n <opt> • Nicol prism; Nicol

Nicol n <opt> • Nicol prism; Nicol

nicolsches Prisma n <opt> • Nicol prism; Nicol

Nicotiana tabacum <bio> • tobacco; nicotiana tabacum
Ni-Dip *m* <obfl> • nickel flash; nickel dip
Niederbordwagen *m* <bahn> • low-sided wagon; low-side gondola; low-sided open wagon
Niederbordwagen mit Bremserhäuschen *m* <bahn> • low-sided wagon with brake house
niederbringen *vt* <petr> *(Bohrung)* • sink a bore *vt*; sink *vt*; bore *vt*
niederbringen *vt* <petr> *(Bohrung)* • drill *vt*; sink *vt*
Niederdruck *m* <tech.allg> • low pressure (LP)
Niederdruckanlage *f* <energ.hydr> • low head power plant; low head hydroelectric plant; low head power station; low-head hydroplant
Niederdruckanlage *f* <masch> *(Pumpstation, Wasserkraftwerk)* • low-head scheme
Niederdruckaufladung *f* <kfz.mot> • low-pressure charging
Niederdruckbrenner *m* <verbr> • low-pressure torch
Niederdruckdampf *m* <masch> • low-pressure steam
Niederdruckdampferzeuger *m* <rls> • low-pressure boiler
Niederdruckdampfheizung *f* <hlk> • low-pressure steam heating
Niederdruck-Einspeisesystem *n* <nukl> • low-pressure injection system; low-pressure feed system
Niederdruckentladung *f* <nukl> • low pressure discharge; low-pressure discharge
Niederdruck-Entladungslampe *f* <licht> • low pressure discharge lamp
Niederdruckentwickler *m* <füg> • low-pressure generator
Niederdruckguss-Verfahren *n* <prod> • low-pressure die casting
Niederdruckkammer *f* <masch> • low-pressure chamber
Niederdruckkessel *m* <rls> • low-pressure boiler
Niederdruckkkraftwerk *n* <energ.hydr> • low head power plant; low head hydroelectric plant; low head power station; low-head hydroplant
Niederdrucklampe *f* • low-pressure discharge lamp
Niederdrucklampe *f* <licht> • low pressure discharge lamp
Niederdruckluftverdichter *m* <masch> • low-pressure air compressor
Niederdruckmanometer *n* <msr> • low-pressure gauge
Niederdruck-PE *n* <kst> *(Dichte > 0,940 g/cm³)* • high-density polyethylene (HDPE)
Niederdruckplasma *n* • low-pressure plasma
Niederdruckpolyethylen *n* <kst> • low-pressure polyethylene; high-density polyethylene
Niederdruckpolyethylen *n* <kst> • linear polyethylene; low-pressure polyethylene
Niederdruck-Polyethylen *n obs* <kst> *(Dichte > 0,940 g/cm³)* • high-density polyethylene (HDPE)
Niederdruckpressostat *m* <hlk> • low-pressure cut-out; low pressure cutoff switch
Niederdruckpressostat *m* <kfz.hlk> • low-pressure cut-out
Niederdruckpressverfahren *n* <kst> • contact molding; impression molding
Niederdruckpressverfahren *n* <prod> • low-pressure molding method; low-pressure molding
Niederdruckpumpe *f* <tech.allg> • low-pressure pump; low head pump; low-head pump
Niederdruckrad *n* <turb> • low-pressure disc
Niederdruckregler *m* <msr> • low-pressure governor
Niederdruckreifen *m* <kfz> • low-pressure tire
Niederdruckschäumen *n* <kst> • low-pressure foaming
Niederdruckschalter *m* <kfz.hlk> • low-pressure cut-out
Niederdrucksicherheitsschalter *m* <hlk> • low-pressure cut-out; low pressure cutoff switch

Niederdrucksicherheitsschalter *m form* <kfz.hlk> • low-pressure cut-out
Niederdruckspritzverfahren *n* <kst> • contact spraying process
Niederdruckteil *m* <masch> *(Pumpe, Turbine)* • low-pressure section
Niederdruck-Teilturbine *f DIN 4304* <energ.therm> *(Dampfturbine)* • low pressure turbine section
Niederdruckturbine *f* <turb> • low-pressure turbine
Niederdruckwächter *m* <hlk> • low-pressure cut-out; low pressure cutoff switch
Niederdruckwächter *m prakt* <kfz.hlk> • low-pressure cut-out
Niederdruckwasserkraftwerk *n* <energ> • low-head plant
niederdrücken *vt* <tech.allg> *(betont: Richtung, von oben nach unten; z. B. Hebel)* • press down *vt*; force down *vt*
niederdrücken *vt* <tech.allg> *(z. B. Knopf)* • press *vt*
niederenergetisch <phys> • low-energy
Niederenergiephysik *f* <phys> • low-energy physics
niedere Programmiersprache *f* <edv> • low-level programming language; low-level language
niederes Elementenpaar *n* <chem> • lower pair
Niederflanschnabe *f* <fz> • small flanged hub; small flange hub
Niederflurbauweise *f* <fz> *(Autobus, Straßenbahn)* • low-floor design; low-floor construction
Niederflurbus *m* <nfz> *(Kraftomnibus in Niederflurbauweise)* • low-floor bus
Niederfluromnibus *m* <nfz> *(Kraftomnibus in Niederflurbauweise)* • low-floor bus
Niederflurstraßenbahn *f* <bahn> • low floor tram
Niederflurwagen *m* <nfz> *(Kraftomnibus in Niederflurbauweise)* • low-floor bus
niederfrequent <allg> *(außer im Audio-Bereich!)* • low frequency
niederfrequenter Anteil *m* <msr> • low-frequency content; low-frequency component; lower frequency band
niederfrequenter Drahtfunk *m* <av> • audio-frequency wire broadcasting
Niederfrequenz *f* <tech.allg> *(allg.; relativ niedrig zu einer Bezugsgröße; nicht im Audio-Bereich!)* • low frequency
Niederfrequenz *f* <av> *(Audioband 16 Hz – 20 kHz)* • audio frequency (AF); sound frequency; audible frequency; voice frequency *rare*; sonic frequency *rare*
Niederfrequenz *f* <el> *(30 kHz bis 300 kHz Radiofrequenzband)* • low frequency
Niederfrequenzanteil *m* <msr> • low-frequency content; low-frequency component; lower frequency band
Niederfrequenzausgang *m* <av> • audio-frequency output channel
Niederfrequenzband *n* <av> • audio-frequency band
Niederfrequenzbereich *m* <av> • audio-frequency range
Niederfrequenzfernsprechen *n* <tele> • audio-frequency telephony; voice-frequency telephony
Niederfrequenzgang *m* <av> • audio-frequency response
Niederfrequenzinduktionsofen *m* <metall> • low-frequency induction furnace
Niederfrequenzoszillator *m (LFO)* <edv.av> *(unter 20 Hz)* • low-frequency oscillator (LFO); modulation generator *obs*; MG *obs*
Niederfrequenzsperrkreis *m* <el> • high-pass selective circuit
Niederfrequenztechnik *f* <av> • audio-frequency engineering
Niederfrequenzteil *m* <av> • audio-frequency section
Niederfrequenzverstärker *m* <av> • audio amplifier; audio-frequency amplifier; low-frequency amplifier; AF amplifier

Niedergang *m* <masch> *(z. B. Kolben)* • descent
Niedergang *m* <nav> • companionway
Niedergang *m* <prod> *(z. B. Presse, Hammer)* • down-stroke; downward stroke
niedergehen *vi did* <aerospace> *(Flugzeug)* • descend *vi*; go down *vi*
niedergehen *vi* <masch> *(z. B. Kolben)* • move downward *vi*
niedergehen *vi* <meteo> *(z. B. Hagel)* • descend *vi*
Niederhaltedruck *m* <pack> • blankholder pressure; hold-down pressure
Niederhaltekraft *f* <mech> *(nach unten)* • hold-down force
Niederhalteloch *n* <kfz.rep> *(Richtbank)* • tie-down hole; tie-down box
Niederhalter *m prakt* <kfz.brems> *(bei Trommenbremsen)* • break-shoe hold-down; shoe hold-down; break-shoe retaining spring; shoe steady
Niederhalter *m* <kfz.rep> *(Richtbank)* • tie-down set
Niederhalter *m* <kfz.wz> • valve lifter depressor; valve adjusting tool
Niederhalter *m* <pack> *(Abstreckpresse)* • hold-down ring
Niederhalter *m* <pack> *(Cupper)* • blankholder
Niederhalter *m* <prod> *(Tiefziehen)* • blank holder
Niederhalter *m* <prod> • hold-down device; hold-down
Niederhalter *m* <prod> *(z. B. Tiefziehen, Stanzen)* • stripper
Niederhalter *m* <prod> *(Spannfinger)* • toe dog
Niederhalterdruck *m* <pack> • blankholder pressure; hold-down pressure
Niederhalterkraft *f* <prod> • blank-holder force
Niederhalterkraft *f* <prod> *(allg.)* • hold-down force
Niederhubwagen *m form, prakt* <logist> • low lift truck; low-lift order picker; low-level order picker
Niederhubwagen mit Plattform *m* <logist> • low-lift platform truck
Niederländische Liste *fsg* <ents> • Dutch list
niederlassen *vi* <soz> *(häuslich, beruflich)* • settle *vi*
niederlassen *vt* <förd> *(z. B. Gabeln e. Staplers, Last)* • lower *vt*
Niederlassung *f* <org> • branch establishment; branch office; branch *coll*
Niederleistungsreaktor *m* <nukl> • low-power reactor
niedermolekular <chem> • low-molecular
niedermolekular <chem.petr> • small molecule; simple compound
Niedermoortorf *m DIN 4047-4* <geo.min> • fen peat; low-bog peat
niederohmig <el> *(Impedanz)* • low-impedance
niederohmig <el> • low-resistance; low-resistivity
Niederpotenz *f* <med> • low potency
Niederquerschnitt-Reifen *m* <prod> • low profile tire; low section tire
Niederrahmen *m* <tech.allg> • drop frame
Niederrahmen *m* <fz> • low frame
Niederrahmenfahrgestell *n* <kfz> • low-frame chassis; low-built chassis
niederreißen *vt rar* <bau> *(völlig zerstören; Gebäude, Brücke)* • wreck *vt*; demolish *vt*; pull down *vt*; tear down *vt*
Niederschachtofen *m* <metall> • low-shaft furnace
Niederschläge *f* <meteo> • precipitations *pl*
Niederschlag *m* <chem.verf> *(aus Fällungsprozess)* • precipitate; precipitation; deposit *pract*; bottom settlings *coll.rare*
Niederschlag *m* <chem.verf> *(z. B. ausgeflocktes Sediment)* • precipitate
Niederschlag *m* <el.chem> *(Abscheidung)* • deposit
Niederschlag *m* <meteo> *(z. B. Regen, Schnee)* • precipitation

Niederschlag *m* <nahr> *(Wein)* • amorphous deposits
Niederschlag *m* <nukl> • deposit; precipitate
Niederschlag *m* <obfl> *(galvanische Abscheidung)* • deposit
niederschlagbildende Enthärtung *f* <chem.verf> • precipitation softening
niederschlagen *vr* <chem.verf> *(am Boden absetzen)* • settle *vi*; precipitate *vi*; deposit *vi*; sediment *vi*
niederschlagen *vr* <hlk> *(als Kondensat; z. B. an Wand, Boden)* • condense *vi*
niederschlagen (auf) *vr* <verf> *(Partikel; z. B. Pigmente, Schwebstoffe)* • settle *vi*; deposit on *vi*
Niederschlagselektrode *f* <ents> • collecting plate; collecting electrode; collector plate; collector electrode; precipitating electrode
Niederschlagselektrode *f* <verf> • collecting electrode; receiving electrode; precipitating surface; precipitation electrode
Niederschlagsfläche *f* <verf> • collecting surface; precipitating surface
Niederschlagsmenge *f* <tech.allg> • quantity of precipitate; amount of precipitation
Niederschlagsmesser *m* <meteo> *(allg., für jede Art Niederschlag)* • precipitation gauge; precipitation meter
Niederschlagsmesser *m* <meteo> *(für Regen)* • rain gauge
Niederschlagsmesser *m* <meteo> *(für Schnee)* • snow gauge
Niederschlagsmessgefäß *n* <meteo> • rain gauge bucket
Niederschlagsmessung *f* <meteo> • precipitation gauging; precipitation measurement
Niederschlagsplatte *f* <ents> • collecting plate; collecting electrode; collector plate; collector electrode; precipitating electrode
Niederschlagssammler *m DIN 4049-3* <msr.meteo> • storage gauge
Niederschlagsschreiber *m* <meteo> • precipitation recording instrument; pluviograph
Niederschlagswasser *n* <tech.allg> *(aus Dampf)* • condensation water
Niederschlagswasser *n* <bau.ents> • storm sewage; Regenwasser *n*
Niederschlagswasser *n* <meteo> • rainwater; surface water
Niederschlagwasser *n* <geo> *(aus atmospärischem Niederschlag)* • stormwater; surface water; rainwater
Niederspannung *f* <el> • low voltage (LV); low tension
Niederspannungslampe *f* <licht> • low-voltage projection lamp; low-voltage lamp
Niederspannungsnetz *n* <msr> • low-voltage network; low-voltage mains
Niederspannungsschaltanlage *f* <el> • low-voltage switchgear
Niederspannungsschalter *m* <el> • low-voltage switch
Niederspannungsschaltgerät *n* <el> • low voltage switchgear; low-voltage switchgear and switching elements
Niederspannungstransformator *m* <el> • low-voltage transformer
Niederstapelausleger *m* <druck> • low pile delivery
Niedertemperaturaktivität *f* <kfz> • low temperature activity
Niedertemperatur-Brennstoffzelle *f* <chem> • low temperature fuel cell
Niedertemperaturfreezer *m* <nahr.prod> *(Speiseeis)* • low-temperature freezer; Votator type freezer
Niedertemperaturheizung *f* <hlk> • low-temperature heating

Niedertemperaturkessel m <verbr> • low-temperature boiler

Niedertemperaturwärme f <hlk> • low-grade heat; low-temperature heat

Niedervakuumröhre f <el> • low-vacuum valve; soft valve *pract.coll*

niederviskos *form* <tech.allg> *(z. B. Öl, Lack, Lasur)* • low-viscosity; thin-bodied; thin *pract*; easily flowing *coll*

Niedervoltbatterie f <el> • low-voltage battery

Niedervolt-Halogen-Glühlampe f <licht> • low-voltage tungsten halogen lamp

Niedervoltlampe f <licht.theat> • low-voltage lamp

Niederwald m <holz> • coppice; coppice woodland

Niederwasser n <energ.hydr> • low water

niederwertige Ziffer f <edv> • low-order digit

niederzyklische Ermüdung f (LCF) <qualit.mat> • low cycle fatigue (LCF)

niedrig <allg> *(Niveau; z. B. Geräuschpegel, Füllstand, Qualität)* • low

niedrig <tech.allg> *(z. B. Wert, Temperatur, Druck, Preis, Kosten)* • low

niedrig <bau> *(Brücke, Durchfahrt, Raumhöhe)* • low

niedrigauflösende Grafik f <edv> • low resolution *form.*; lores *pract.*

niedrigbrechend <opt> • low-refractive-index; low-index

niedrige Dichte f <edv> • low density

niedrige Hutmutter f <füg> • cap nut

niedrigempfindlicher Film m <phot> • slow-speed film; slow film

niedrige Mutter f <füg> • thin nut

niedrigenergetisch <phys> • low-energy

Niedrigenergiehaus n <bau> • Lo-Cal house

Niedrigenergielaser m <edv> • low-energy laser

niedrige Rändelmutter f <füg> • knurled nut

niedrige Rändelmutter f DIN ISO 1891 <füg> *(allg.)* • knurled nut; thumb nut; hand nut

niedriger Durchgang m <aerospace> • low-altitude passage

niedrigeren Gang einlegen vi <kfz> *(Getriebe)* • change down vi

niedrigerer Verbrauch m <kfz> *(von Benzin, Diesel)* • better mileage

niedriger Integrationsgrad m <el> • small-scale integration (SSI)

niedriger Kopf m <füg> *(Schraube)* • shallow head

niedriger Kraftstoffverbrauch m <kfz> • good fuel economy; low fuel consumption; high fuel mileage

niedriger Verbrauch m <kfz> • good fuel economy; low fuel consumption; high fuel mileage

niedriges Böckchen n pract <kfz> • low lug

niedrige Sechskanthutmutter f <füg> • cap nut

niedrige Sechskantmutter f DIN ISO 1891 <füg> • hexagon thin nut

niedriges Halteböckchen n <kfz> • low lug

niedrige Übersetzung f <kfz> • low range of gears

niedrigflüchtige Kohle f <verbr> • low-volatile coal

niedriggekohlt • low-carbon

niedrighängende Eisenkette f <bau> *(als Absperrung; z. B. von Denkmälern)* • low-hung iron chain

niedrig komprimierte Gegenstrom-Spülluft f <verf> • low pressure reverse air; low compressed reverse air

niedriglegiert <mat> • low-alloy; low-alloyed

niedriglegierter Stahl m <metall> *(Legierungsbestandteile in Summe <5 %; C zählt nicht)* • low-alloy steel

niedrigoktanig <mot> *(Benzin)* • low-octane

niedrigschmelzend <mat> • low-melting

niedrigschmelzende Legierung f <mat> • low-melting alloy; low-melting-point alloy; fusible alloy

niedrigsiedend <tech.allg> • low-boiling

niedrigsiedende Fraktion f <chem.petr> • low-boiling fraction; light fraction

niedrigsiedendes Lösungsmittel n <chem> • low-boiling solvent; low boiler

Niedrig-ß-Situation f <nukl> • low-ß-regime

Niedrigstapelauslage f <druck> • low pile delivery

Niedrigst-Emissionen-Fahrzeug n <kfz.ökol> • ultra low emission car *Porsche*

niedrigster Gang m <kfz.antr> • first gear; bottom gear; low gear

niedrigstwertiges Bit n (LSB) <edv> • least significant bit (LSB); least-significant bit; lowest-order bit

niedrigstwertiges Bit n <edv.av> • least significant bit (LSB)

niedrigstwertige Stelle f <edv> • least-significant digit (LSD)

niedrigstwertiges Zeichen n <edv> • least significant character (LSC)

niedrigstwertige Ziffer f <edv> • least-significant digit (LSD)

Niedrigtemperaturfreezer m <nahr.prod> *(Speiseeis)* • low-temperature freezer; Votator type freezer

Niedrigtemperatur-Phosphatierung f <obfl> • low-temperature phosphating

Niedrigtemperatur-Rasterelektronenmikroskopie f <prod.nahr> • low-temperature scanning electron microscopy (LT-SEM)

niedrigübersetzt <kfz> • low-geared

niedrigverbleit <kfz.mot> *(Benzin)* • low-leaded

niedrigverdichtend <mot> • low-compression

niedrigviskos rar <tech.allg> *(z. B. Öl, Lack, Lasur)* • low-viscosity; thin-bodied; thin *pract*; easily flowing *coll*

niedrigviskose Druckfarbe f <druck> *(ist schneller)* • low-viscosity printing ink

niedrigviskoser Klebstoff m <füg> • low-viscosity adhesive

Niedrigwasser n <energ.hydr> • low water

Niedrigwasserstandrufer m <alarm> • low-water alarm

niedrigzeiliges Fernsehen n <av> • low-definition television

Niedrigzinktechnologie f <obfl> *(beim Phosphatieren)* • low-zinc technology

Niedrig-Z-Verunreinigungen fpl <nukl> • low-Z-impurities pl

Nierencharakteristik f <av> *(Mikrophon)* • apple-shaped diagram

Nierencharakteristik f <av> *(Mikrophon)* • cardioid diagram

nierenförmig <kfz.mot> • kidney-shaped

Nierengurt m <bekl> • kidney belt; back support; support belt; body belt

Nierenmikrofon n <av> • cardioid microphone

Nierenplattenkondensator m <el> • square-law capacitor

Niersschaber m <verf.hydr> *(Rundräumer)* • louver-type blade

Niet m DIN 101 <füg> *(nicht: Niete!)* • rivet

Nietabstand m <füg> • rivet pitch

Nieten n <füg> *(Vorgang)* • riveting

nieten vt <füg> • rivet

Nietformstation f <pack> • button station

Niethammer m <füg> • rivet hammer

Nietklemmlänge f <füg> • rivet grip

Nietkopf m <füg> • rivet head

Nietkopfabschneider m <wz> • rivet cutter

Nietkopfanstauchmaschine f <füg> • rivet header

Nietkopfschneidbrenner m <wz> • rivet flame-cutting torch

Nietkopfsetzer m <wz> • rivet set

Nietloch n <füg> • rivet hole
Nietlochsenker m <wz> • ship-plate countersink
Nietmeißel m <wz> • rivet chisel
Nietpistole f <kfz.wz> • riveter; rivet tool US; riveting pliers GB; rivet gun
Nietpresse f <füg> • squeeze-riveting machine; riveter
Nietreihenabstand m <füg> • back pitch
Nietschaft m <füg> • rivet shank; rivet body
Nietschließkopf m <füg> • driven rivet head
Nietsetzkopf m <füg> • manufactured rivet head
Nietstation f <pack> • stake station
Nietteilung f <füg> • rivet pitch
Nietträger m <füg> • riveted girder
Nietverbindung f <füg> • rivet joint; riveted joint; rivet connection; rivet fastening
Nietvorformstation f <pack> • bubble station
Nietwärmer m <füg> • rivet hearth
Nietzange f <bau.wz> (für Montage von Metallständerwänden) • stud crimper; crimping tool LAF
Nietzange f <kfz.wz> • riveter; rivet tool US; riveting pliers GB; rivet gun
Nietzwinge f <wz> • riveting clamp
NIGFET m <el> • non-insulated gate fet (NIGFET)
Nikasil n <kfz> • NiCaSil
Nikotinsäure f <med.pharm> • niacin; nicotinic acid
Nimbus m <astron/opt> (durch Lichtbrechung z. B. i.d. Atmosphäre) • halo; nimbus
NiMh-Akku m prakt <el> (ca. 80 Wh/kg) • nickel metalhydride battery; NiMh battery pract
N-i-N <druck> • wet-on-wet printing
Niob n (Nb) <chem> • niobium (Nb)
Niobium n <chem> • niobium (Nb)
Nipkow-Scheibe f <opt> (TV) • Nipkow disc US; Nipkow disc GB
Nippel m <fz> (befestigt Fahrradspeiche an Felge) • nipple
Nippel m <kfz> (z. B. Schmierung, Entlüftung u. dgl.) • nipple
Nippel m <masch> • fitting
Nippel m <tribo> • grease fitting; nipple
Nippelschlüssel m <fz> • spoke wrench US; spoke key GB
Nippelspanner m <fz> • spoke wrench US; spoke key GB
Nippeltränke f <agri> • nipple drinker; teat-type drinker
Nirosta-Stahl m rar <mat> (rostfrei) • stainless steel (SS)
NIRS <qualit.mat> • near-infrared spectrometry (NIRS)
Nissan Direktzündung f (NDIS) Nissan <kfz> • Nissan Direct Ignition System (NDIS) Nissan
NIST-Konnektor prEN 737-1 <med.tech> • NIST connector ISO 4135; non-interchangeable screw-threaded connector
Nit n (nt) <licht> • nit (nt)
Nitinolstent m <med.tech> • nitinol stent
Nitrat n (NO₃) <chem> • nitrate (NO₃)
Nitratgehalt m <chem> • nitrate level
Nitratkonzentration f <chem> • nitrate level
Nitratsprengstoff m <spreng> • nitrate explosive
Nitricum acidum n <chem> • nitric acid; nitricum acidum
Nitrierbad n <metall> • nitriding bath
nitrieren vt <chem> • nitrate vt
nitriergehärtet <kfz.mot> (z. B. Kurbelwelle) • nitrided
nitrierhärten vt <metall> • nitrogen-case-harden vt; nitrogen-harden vt; nitride vt
Nitrierhärtung f <metall> • nitrogen case hardening; nitride hardening
Nitrierkasten m <metall> • nitriding box
Nitrierofen m <metall> • nitriding furnace
Nitriersäure f <chem> • nitrating acid; mixed acid pract. coll
Nitriersalz n <chem> • nitriding salt
Nitrierschicht f <metall> • nitrided layer; nitrided case

Nitrierstahl m <metall> • nitrided steel; nitriding steel
nitriert <kfz.mot> (z. B. Kurbelwelle) • nitrided
nitrierte polyzyklische aromatische Kohlenwasserstoffe pl <chem.emiss> • nitrided polycyclic aromatic hydrocarbons pl
nitrierte Schicht f <metall> • nitrided layer; nitrided case
Nitriertiefe f <metall> • nitriding depth
Nitrierung f <chem> • nitration
Nitrifikation f <chem> • nitrification
Nitrifikationsbakterien fpl <chem> • nitrifying bacteria pl; nitrobacteria pl
nitrifizieren vt <chem> • nitrify vt
nitrifizierende Bakterien fpl <chem> • nitrifying bacteria pl; nitrobacteria pl
Nitrifizierung f <chem> • nitrification
Nitrilchloroprenkautschuk m <kst> • nitrile-chloroprene rubber
Nitrilkautschuk m <kst> • nitrile-butadiene rubber; nitrile rubber pract
Nitril-Phenolharz-Klebstoff m <füg> • nitrile-phenolic resin adhesive
Nitrilsiliconkautschuk m <kst> • nitrile-silicone rubber
Nitrobeschleuniger m <obfl> • nitro-accelerator
Nitrocalcit m <chem> (Ca(NO₃)₂ 3H₂O) • nitrocalcite
Nitrocellulose f <chem> (löslich; weniger nitriert als Schießbaumwolle; hauptsächlich C₆H₇N₃O₁) • nitrocellulose (NC); cellulose nitrate; collodion wool; soluble gun cotton; pyroxylin
Nitrocelluloselack m <obfl> • cellulose lacquer
Nitroglyzerin n ugs <chem> • glycerol trinitrate; nitroglycerine
Nitrolack m <obfl> • nitrocellulose lacquer; cellulose nitrate lacquer
Nitrolack m prakt <obfl> • cellulose lacquer; nitrocellulose paint form; lacquer US.pract; cellulose GB.pract
Nitro-PAK pl prakt <chem.emiss> • nitrided polycyclic aromatic hydrocarbons pl
Nitropulver n kurz <mil> • nitrocellulose powder
Nitrospachtel m <kfz.rep> (allg. und betont: auf Zellulosebasis) • cellulose putty; cellulose stopper
Nitrospachtel m <kfz.rep> • putty US; glazing putty US; spot putty; stopper GB; knifing stopper GB
Nitroverdünner m prakt <obfl> • thinner pract; lacquer thinner
Nitrozelluloselack m form <obfl> • nitrocellulose paint form; lacquer US.pract; cellulose GB.pract
Nitrozellulosepulver n <mil> • nitrocellulose powder
Nitschelfläche f <textil> • rubbing surface
Nitschelhose f <textil> • rubber apron; rubbing apron
nitscheln vt <textil> • rub vt
Nitschelstrecke f <textil> • rubber drawing
Nitschelwalze f <textil> • rubbing roller; traversing condenser roller
Nitschelwerk n <textil> • rubbing condenser; rubber gear
Nitschler m <textil> • rubber gear
Niveau n <tech.allg> • level
niveauabhängiges Filtersystem n <verf> • water leveldependant filter system
Niveauabstand m <tech.allg> • level distance; level spacing
Niveauanzeiger m <msr> • level indicator
Niveauaufnehmer m rar <msr> • level sensor; level transducer; fill level sensor
Niveauaufspaltung f <phys> • level splitting
Niveauausgleich m <tech.allg> • water level adjustment
Niveauausgleich m <kfz> (Vorgang und System) • automatic level control; self-leveling suspension; automatic leveling; electronic load-leveling Chrysler; ride levelling GB.Jaguar

Niveaudichte f <phys> • level density
Niveaufläche f <phys> • equipotential surface
Niveauflasche f <tech.allg> • leveling bottle US; levelling bottle GB
Niveaugefäß n <el.chem> (bei Quecksilbertropfelektrode; zur Regulierung der Quecksilbersäule) • leveling bulb US; levelling bulb GB
Niveaugefäß für Prüflösung n <obfl> (in Sprühnebelkammern) • salt solution reservoir (ASTM)
niveaugleich <tech.allg> • level with; at the same level; level
niveaugleiche Kreuzung f <bahn> • level crossing
niveaugleiche Unterdecke f <bau.innen> • one-levelled suspended ceiling :V
Niveaukonstanthalter m <msr> • constant-level device
Niveaukreuzung f <bahn> • level crossing
Niveaulinie f <bau> • contour line
Niveaulinie f <phys> • equipotential line
Niveaumesser m <msr> • level gauge
Niveaumessung f <msr> • level measurement
Niveaumessung f rar <msr> (allg.; auch für Schüttgut wie z. B. Sand) • level measurement
Niveauregelgerät n <hydr.msr> • water level adjuster; water level regulation device
Niveauregelung f <msr> • liquid level control; level control
Niveauregelventil n <nfz> • height control valve
Niveauregler m <hydr.msr> • water level adjuster; water level regulation device
Niveauregler m <msr> • level controller
Niveauregulierung f <kfz> (Vorgang und System) • automatic level control; self-leveling suspension; automatic leveling; electronic load-leveling Chrysler; ride levelling GB.Jaguar
Niveauregulierung f <kfz> (Vorgang und System) • automatic level control system; self-leveling suspension system; automatic leveling system; electronic load-leveling system Chrysler; ride levelling system GB.Jaguar
Niveaurohr n <rls> • leveling tube US; levelling tube GB
Niveauschema n <chem> • energy-level scheme; energy-level diagram
Niveausensor m <kfz> (Niveauregulierung) • height sensor; load sensor
Niveausonde f <msr> • level probe
Niveausteuerung f <msr> (Vorgang, Funktion) • level monitoring
Niveauüberwachung f <verf.msr> • level control
Niveauwächter m <msr> • level switch
Nivellement n <msr> (Geodäsie) • levelling survey
Nivellier n <msr> • surveyor's level; level
Nivellierbohle f <bau> • leveling beam
Nivellierinstrument n <msr> • leveling instrument US; leveler US; leveller GB; level
Nivellierlatte f DIN 18703 <msr> • leveling rod; levelling staff; levelling pole; graduated rod
Nivellierschraube f <wz.masch> • adjustable leveling screw US; jack screw; adjustable levelling screw GB
Nivellierspindel f <allg> (von Stützen) • adjusting spindle
Nivelliertafel f <geo> (Vermessung) • sighting board; boning board
Nivellierung f <bau> • leveling US; levelling GB
Nivellierungsbolzen m <msr> • bench mark
Nivellierwaage f <msr> • spirit level
Nivellierzeichen n <msr> • level mark
Nixdorf-Code m <edv> (Strichcodetyp) • Nixdorf Code
n-Kalomelelektrode f <el.chem> • normal calomel electrode
n-Kanal m <el> • n-channel
n-Kanal-FET m <el> • n-channel fet
n-Kanal-MOS m <el.ic> • NMOS; n-channel MOS

NKE <el.chem> • normal calomel electrode
n-Körper-Problem n <astron> • n-body problem; many-body problem
N-Komponente f <astron> (kosmische Strahlung) • nuclear-active component
Nkw-Rad n rare <kfz> • commercial vehicle wheel
NK-Zelle f <med> • natural killer cell; NK-cell
n-leitend <ic> • n-conducting; n-type
n-leitender Halbleiterkristall m <el> • n-type crystal
n-leitender Kanal m <el> • n-channel
n-leitendes Material n <el> • n-type material
n-leitende Zone f <el> • n-region
N-Leiter m prakt <el> (Dreiphasenstrom, Drehstrom) • neutral conductor; neutral pract
n-Leitfähigkeit f <el> • n-conductivity
n-Leitung f <el> • electron conduction; n-type conduction
n-Lösung f <chem> • N solution; normal solution; standard solution
NLQ-Qualität f <edv> • near-letter quality (NLQ)
Nm <textil> (Numerierung) • number metric (Nm)
n-Material n <el> • n-material
NMEA-Datenein- bzw. -ausgang m <navig> (zum Anschluss an Peripheriegeräte) • NMEA interface
NMEA-Interface n <navig> (zum Anschluss an Peripheriegeräte) • NMEA interface
NMEA-kompatibles System n <navig> • NMEA compatible system
NMEA-Schnittstelle f <navig> (zum Anschluss an Peripheriegeräte) • NMEA interface
NMHC <kfz.emiss> • non-methane hydrocarbons (NMHC)
NMOG <kfz.emiss> • non-methane organic gases (NMOG)
NMOS <el.ic> • NMOS; n-channel MOS
NMVOC <kfz.emiss> • non-methane volatile organic compounds (NMVOC); volatile hydrocarbons other than methane
NN <geo> • mean sea level (msl); sea-level datum plane; reference level; zero level; ordnance datum
nn-Übergang m <el> • n-n junction
No <chem> • nobelium (No)
NO₃ <chem> • nitrate (NO_3)
Nobelhobel m jarg <kfz> • luxury sedan US; luxury saloon GB
Nobelium n (No) <chem> • nobelium (No)
No-Card-No-Print-Funktion f <druck> (Kreditkartenbelegdrucker) • No Card No Print feature
nochmalige Behandlung f <verf> • retreatment
nochmals laufen lassen vt <edv> • rerun vt
noch nicht bearbeitet <term> (terminologisch) • unprocessed
Nocke f <kfz.mot> • cam lobe; lobe; cam coll
Nocken m <kfz.mot> • cam lobe; lobe; cam coll
Nocken m DIN ISO 7967-3 <masch> • cam ISO 7967-3
Nockenantrieb m <antr> (z. B. Ventile) • cam drive
nockenartig <masch> (exzentrisch) • camlike
Nockenauslegung f <kfz.mot> • cam design
Nockenausrüstung f <masch> • camming
Nockenbahn f <masch> (kinematics) • cam contact; cam contact surface
Nockenbahn f <msr> (bestimmt die Steuerzeiten) • cam path; cam track; cam travel
nockenbetätigt <masch> • cam-actuated; cam-operated
Nockenbremse f <nfz.brems> • cam brake
Nockenerhebung f <mot> • cam lobe; cam lift ISO 7876
Nockenerhebungskurve f <masch> (kinematics) • cam curve
Nockenerhebungszeit f <masch> (Berechnung der Ventilsteuerung (Otto-Motor...)) • cam dwell
Nockenfahrschalter m <bahn> (Straßenbahn, elektr.) • cam controller

nockenförmig <masch> *(exzentrisch)* • camlike
Nockenform *f* <kfz.mot> • cam lobe shape; cam shape; cam lobe contour; cam contour; lobe contour
Nockenform *f* <kfz.mot> • cam lobe profile; cam profile; lobe profile
Nockenformfräsmaschine *f* <wz.masch> • cam cutting machine; cam milling machine
Nockenfräsen *n* <prod> • cam milling
nockengesteuert <msr> • cam-controlled
nockengesteuerter Abstreifer *m* <verf.hydr> • cam operated stripper
nockengesteuerter Automat *m* <wz.masch> *(Schraubenfertigung)* • disk-cam operated screw machine *US*; disc-cam operated screw machine *GB*; plate-cam operated screw machine
Nockengrundkreis *m* <kfz.mot> • cam lobe heel; cam heel
Nockengrundkreisradius *m* <msr> *(bewirkt keinen Stößelhub)* • cam base circle radius
Nockenhub *m* <kfz.mot> • cam lift; lobe lift; cam stroke
Nockenkontakt *m* <masch> • cam contact; cam-actuated contact
Nockenkontur *f* <kfz.mot> • cam lobe shape; cam shape; cam lobe contour; cam contour; lobe contour
Nockenkoppel *f* <mus> • cam coupler
Nockenkurve *f* <masch> *(kinematics)* • cam curve
Nockenlauffläche *f* <kfz.mot> • cam face
Nocken mit Übergangsgeraden *m* <masch> • straight-sided cam
Nockenöler *m* <kfz.el> *(Zündverteiler mit Unterbrecher)* • cam lubricator; oiler
Nockenprofil *n* <kfz.mot> • cam lobe shape; cam shape; cam lobe contour; cam contour; lobe contour
Nockenprogrammgeber *m* <msr> • camshaft timer
Nockenpumpe *f* <masch> • eccentric pump
Nockenrad *n* rar <kfz.mot> *(allg.; ohv, ohc, dohc; Stirnrad-, Ketten-, Riemenantrieb)* • cam wheel
Nockenradsämaschine *f* <agri> • spur drill
Nockenreibkupplung *f* <masch> • inwardly acting pin-type safety clutch
Nockenring *m* <mot> • cam ring
Nockensärad *n* <agri> • studded roller; spur cylinder
Nockenschalter *m* <el> *(betont: durch Nocken)* • cam-operated switch
Nockenschalter *m* <el> *(betont: durch Nockenwelle)* • camshaft-controlled switch
Nockenschalter *m* <el> • thumbwheel switch
Nockenschaltwerk *n* <allg> • camshaft gear
Nockenscheibe *f* <kfz.mot> • cam disk *US*; cam disc *GB*
Nockenscheibe *f* <masch> • plate cam
Nockenscheibe *f* <masch> • cam disk; eccentric disc *rare*; eccentric sheave *rare*
Nockenscheibenpresse *f* <prod> • multicam action mechanical press
Nockenschleifmaschine *f* <wz.masch> • cam grinding machine
Nockensteigung *f* <msr> *(bestimmt die Steuerungszeiten)* • cam lead
Nockensteuerung <masch> *(Kinematik, Steuerung)* • cam mechanism
Nockensteuerung *f* <msr> *(z. B. Ventile (Motor))* • cam control
Nockensteuerung *f* <msr> • cam gear
Nockenstößel *m* <msr> • cam follower
Nockentrommel *f* <autom> *(zur Steuerung; z. B. von Maschinen)* • drum cam; barrel cam; cylindrical cam; cam drum
nockenverriegelt <masch> • cam-locked; cam-lock
Nockenverschleiß *m* <kfz.mot> • cam lobe wear
Nockenverteiler *m* <el> • cam distributor

Nockenwalze *f* <autom> *(zur Steuerung; z. B. von Maschinen)* • drum cam; barrel cam; cylindrical cam; cam drum
Nockenwalze *f* <masch> • cam roller
Nockenwelle *f* DIN ISO 7967-3 <mot> • camshaft ISO 7967-3; cam *coll*
Nockenwellen-Abschlussdeckel *m* <kfz.mot> • camshaft end plate
Nockenwellen-Anlaufscheibe *f* <kfz.mot> • camshaft thrust plate
Nockenwellenantrieb *m* <kfz.mot> • camshaft drive; cam gear
Nockenwellenantriebskette *f* rar <mot> *(Ventilsteuerung)* • timing chain ISO 7967-3; camshaft drive chain *rare*; cam chain *coll*
Nockenwellenantriebsrad *n* <mot> • camshaft timing gear
Nockenwellen-Antriebsriemen *m* <kfz.mot> *(zur Ventilsteuerung)* • timing belt; camshaft drive belt; cam belt; spur belt
Nockenwellen-Antriebsritzel *n* <kfz.mot> *(auf der Kurbelwelle)* • camshaft drive sprocket
Nockenwellenantrieb über eine Kette *m* <kfz.mot> • chain-driven timing system
Nockenwellen-Blockiervorrichtung *f* <kfz.wz> • camshaft lock; camshaft locking tool
Nockenwellendichtring *m* <kfz.mot> • camshaft oil seal
Nockenwellen-Druckscheibe *f* <kfz.mot> • camshaft thrust plate
Nockenwellengehäuse *n* <kfz.mot> *(bei DOHC-Motor)* • camshaft housing
Nockenwellenkettenrad *n* rar <kfz.mot> *(für Steuerkette)* • camshaft sprocket; cam sprocket *pract*; camshaft drive sprocket *rare*
Nockenwellenlager *n* <masch> *(z. B. Kolbenmotor)* • camshaft bearing
Nockenwellen-Lagerdeckel *m* <kfz.mot> • camshaft bearing cap
Nockenwellenlagerzapfen *m* <mot> • camshaft journal; camshaft bearing journal
Nockenwellen-Lagerzapfen *m* <mot> • camshaft journal; camshaft bearing journal
Nockenwellenrad *n* <kfz.mot> *(allg.; ohv, ohc, dohc; Stirnrad-, Ketten-, Riemenantrieb)* • cam wheel
Nockenwellenrad *n* <kfz.mot> *(für Steuerkette)* • camshaft sprocket; cam sprocket *pract*; camshaft drive sprocket *rare*
Nockenwellenrad *n* <kfz.mot> *(für Zahnriemen)* • camshaft pulley; camshaft sprocket *rare*
Nockenwellenrad *n* <mot> *(Zahnrad)* • camshaft gear
Nockenwellenritzel *n* <kfz.mot> *(auf der Kurbelwelle)* • camshaft drive sprocket
Nockenwellenrolle *f* <masch> • camshaft roller
Nockenwellenschaltwerk *n* <msr> • camshaft gear
Nockenwellenschleifmaschine *f* <wz.masch> • camshaft grinding machine
Nockenwelle obenliegend *f* <kfz.mot> *(Motorbauart)* • camshaft in head (CIH)
Node *m* <el> • Node
Nodus lymphaticus <bio> • lymphnode; lymphatic node; lymph gland; nodus lymphaticus
NOEC-Wert *m* <ents> • NOEC value
Noel-Schwelle *f* <chem.ökol> • no effect level (noel)
NÖT <bau> • New Austrian Tunnelling Method
Nötigungscode *m* <alarm> • ambush code; duress code
Noisegate *n* <edv.av> • noise gate; gate
NO-Kontakt *m* <msr/alarm> *(Melder; im Ruhezustand offen)* • normally open contact; make function contact; make contact; N/O contact; NO switch

No-Label-Look-Etikett *n* <kst.pack> • no-label-look label
No-Label-Look-Etikettierung *f* <kst.pack> • no-label-look labeling
Nomenklatur *f* <tech.allg> • nomenclature
Nomenklaturregel *f* <term> • nomenclature rule
Nominal-... <tech.allg> • nominal ...
nominale Ausbreitungsgeschwindigkeit *f* <edv> • nominal velocity of propagation
Nominalmaße *npl* <edv> • nominal dimensions *pl*
Nominalmerkmal *n* DIN 55350-12 <math> *(qualitatives Merkmal ohne Ordnungsbezeichnung für die Werte)* • nominal characteristics
Nominalspannung *f* <allg> • nominal current
nominelle Lebensdauer *f* DIN ISO 5593 <masch> *(Wälzlager)* • nominal life; basic rating life ISO 5593; rating life
No-Mix-Klebstoff *m* <füg> • separate-application adhesive; seperate application adhesive
Nomogramm *n* <doku> • nomogram; nomograph; nomographic chart
Nomographie *f* <math> • nomography
Non-commercial Lagerstätte *f* <petr> • non-commercial field
Non-Impact-Drucker *m* <druck> *(z. B. Laser-, Tintenstrahl-, Thermotransferdrucker)* • non-impact printer (NIP)
Non-Impact-Druckverfahren *n* <edv> • non-impact printing
non-interlaced (ni) <edv> • non-interlaced (ni)
Non-Interlaced-Modus *m* <edv> *(Bildschirm)* • non-interlaced mode
Nonius *m* <msr> • vernier
Noniuseinteilung *f* <msr> • vernier scale
Noniusmikroskop *n* <opt.msr> • vernier microscope
Noniusnullstrich *m* <msr> • vernier zero mark; vernier fiducial mark
Noniusokular *n* <opt.msr> • vernier eyepiece
Noniusskala *f* <msr> *(mit Nonius)* • vernier dial
Noniusskala *f* A <msr> • vernier scale
Noniusskale *f* <msr> • vernier scale
Noniusteilung *f* DIN 2257 <msr> • vernier graduation; vernier division
Non-Preheat-Platte *f* <druck> *(wärmeempfindliche Druckplatte)* • no-preheat thermal plate; no preheat plate; non-preheat plate
Non Return to Zero (NRZ) <edv> • non return to zero (NRZ)
Non-return-to-zero-Codierung *f* <edv> • non-return-to-zero encoding; NRZ encoding
Non Return to Zero Inverted (NRZI) <edv> • Non-Return-to-Zero-Inverted (NRZI)
Nonstop-Anleger *m* <druck> • non-stop feeder
Nonstop-Auslage *f* <druck> • non-stop delivery
Nonstop-Ausleger *m* <druck> • non-stop delivery
Non-Stop-Betrieb *m* ugs <tech.allg> *(z. B. von Bauteilen, Funktionseinheiten, Systemen, Anlagen)* • continuous operation; continuous running; continuous duty; continuous service; continuous use
Non-Stop-Betrieb *m* <ökon> *(ohne Pausen, Stillstandszeiten)* • continuous operation; non-stop operation; 24-hour operation
Non-Stopp-Flug *m* <aerospace> • non-stop flight; direct flight
Nonstop-Stapelwechsler *m* <druck> • non-stop delivery
non-uniform rational B-splines *pl* <math> • NURBS *pl*; non-uniform rational B-splines *pl*
Non-Uniform Relational B-Spline (NURBS) <edv> • Non-Uniform Relational B-Spline (NURBS)
nonvariant <phys> • non-variant
Non-woven *n* <textil> *(Vliesherstellung)* • non-woven

Non-Woven-Material *n* <textil> • non-woven fabric; felted fabric; fibrous material
Non-Wovens *npl* <textil> • felted fabrics *pl*; fibrous material; non-woven fabrics *pl*; non-wovens *pl*; felts *pl*
No-Pickle/No-Nickel-Verfahren *n* <obfl> • no-pickle/no-nickel enamelling; pickle-free enamelling
Noppe *f* <obfl> *(im Gewebe)* • nap
Noppe *f* <textil> • burl; knot
Noppe *f* <textil> *(im Noppengarn)* • slub
Noppeisen *n* <wz> • burling iron
Noppenbasis *f* <textil> *(Bodenbelag)* • pile root ISO 2424
Noppenfuß *m* DIN ISO 2424 <textil> *(Bodenbelag)* • pile root ISO 2424
Noppenverlust *m* DIN ISO 2424 <textil> *(z. B. Bodenbelag)* • tufting out ISO 2424
Nopprahmen *m* <textil> • burling frame
Noppzange *f* <wz> • burling iron
NOR *n* <edv> • NOT-OR
NOR *n* <msr> *(Boolesche Algebra)* • NOR
Noram-Stoffbevorratungs- und -umwälzsystem *n* <pap> • Noram stock storage and circulation system
Norand <edv> *(Strichcodetyp)* • F2F; Norand
Nordic Anti-Corrosion Code *m* <obfl> • Nordic Anti-Corrosion Code for Passenger Cars; Nordic Anti-Corrosion Code
Nordic Anti-Corrosion Code für Pkw *m* <obfl> • Nordic Anti-Corrosion Code for Passenger Cars; Nordic Anti-Corrosion Code
Nordpol *m* <astron> *(Himmel)* • north celestial pole
Nordpol *m* <geo> • north pole; north magnetic pole
Nordpol-Magnet *m* <el> • north seeking pole; north magnetic pole
nordsuchender Kreisel *m* <navig> • north seeking gyro; north settling gyro
Nord-Süd-Asymmetrie *f* <astron> *(kosmische Strahlung)* • north-south asymmetry
Nord-Süd-Orientierung *f* <energ.sol> • north-south orientation; North-South orientation
NOR-Element *n* <msr> • NOR gate
NOR-Funktion *f* <msr> • NOR function
NOR-Gatter *n* <msr> • NOR gate
NOR-Glied *n* <msr> • NOR element
No-Rinse-Verfahren *n* <obfl> *(chemische Oxidation von Aluminium)* • no rinse treatment
NOR-Logik *f* <msr> • NOR logic
Norm *f* <jur> • rule; standard; norm
Norm *f* <kunst> • brand; standard
Norm *f* <norm> *(z. B. ANSI, ASTM, BS, DIN, ISO, ÖN)* • standard
normal <allg> *(allgemein üblich)* • common; regular
normal <allg> *(unauffällig)* • normal
normal <tech.allg> *(nichts Besonderes)* • ordinary
normal <bekl> *(Größe)* • standard
normal <füg> *(neutral; Schweißflamme)* • neutral
normal <math> *(senkrecht)* • perpendicular
normal <math> *(im rechten Winkel zu oder auf etw. stehend)* • normal; perpendicular
Normal *n* prakt <kfz> *(Benzinsorte; nicht mehr erhältlich)* • regular leaded US; 2-star petrol GB.obs; 3-star petrol GB.obs; regular US
Normal *n* <msr> *(z. B. Eichnormal, Oberflächennormal)* • dimensional comparison standard; dimensional standard; standard measure; standard
Normal *n* <msr> • echelon
Normal *n* <msr> *(prototypisch)* • prototype
Normal *n* prakt <qualit> *(allg.)* • reference standard
Normalabstand *m* <math> • normal distance baumer wb
Normalabweichung *f* <math> • standard deviation

normalansaugend <förd> • non-self-priming; not self-priming

Normalausführung f <tech.allg> • standard version; standard type

Normalausführung f <prod> • standard construction

Normalausführung f <prod> (ohne Besonderheiten) • standard design

Normalausrüstung f <tech.allg> (z. B. Kfz) • standard equipment

Normalbedingungen fpl DIN 1343 <tech.allg> • normal temperature and pressure (NTP); normal conditions

Normalbedingungen fpl <phys> (z. B. für Prüfungen, Versuche) • standard temperature and pressure (STP)

Normalbelastung f <tech.allg> (z. B. Brücke, Fußboden, Elektrogerät) • standard load; standard loading; normal load

Normalbelastung f <el> • off-peak load

Normalbenzin n ugs <chem.petr> (Benzinsorte, MOZ ≧82,5 und ROZ ≧91) • regular unleaded US; unleaded GB.on gas pumps; unleaded premium GB.BS7070; regular US

Normalbeschleunigung f <mech> (im Ggs. zur Tangentialbeschleunigung) • normal acceleration

Normalbetrieb m <tech.allg> • normal operation

Normalbetrieb m <navig> (Empfänger) • normal operating mode; normal mode; normal operation

Normal bleifrei n <chem.petr> (Benzinsorte, MOZ ≧82,5 und ROZ ≧91) • regular unleaded US; unleaded GB.on gas pumps; unleaded premium GB.BS7070; regular US

Normalbrennweite f <phot> • standard focal length

normalbrennweitiges Objektiv n <phot> • normal-focal-length lens

normalbrennweitiges Objektiv n <phot> • standard lens; normal lens

Normalcode m <edv> • standard code

Normaldatenpaket n <edv> • information packet; data packet

Normaldecker m <nfz> (Bus) • single-deck bus; single-decker bus; single-decker

Normaldeckerbus m <nfz> (Bus) • single-deck bus; single-decker bus; single-decker

Normaldichte f <druck> • normal density

Normaldosis f • normal dose

Normaldruck m <druck> • normal print mode; normal characters

Normaldruck m <masch> • normal pressure

Normaldruck m <meteo> (Normatmosphäre: 1o1325 Pascal in Meereshöhe) • standard pressure

Normaldruckapparat m <textil> (Textilveredlung) • normal pressure textile finishing apparatus; normal pressure apparatus

Normaldruckausgleichbehälter m <rls> • environmental tank

Normaldruckpumpe f rare <förd> • medium-pressure pump; moderate-pressure pump; medium head pump; moderate head pump

Normaldruckzählrohr n <min> • atmospheric-pressure counter

Normale f <math> • normal; surface normal; perpendicular

normale Abschaltung f IEV 415 <energ.wind> • normal shutdown IEV 415

normale äquivalente Abweichung f <math> • normal equivalent deviation

normale Aufnahme-/Wiedergabegeschwindigkeit f <av> • standard play (SP)

Normalebene f <tech.allg> • central plane

Normalebene f <math> • normal plane

normale Blockseigerung f <metall> • normal segregation

Normale der Darstellungsebene f norm. <edv.doku> • view plane normal stand.

normale Fahrt f <bahn> • normal running

normale Flamme f <füg> (Schweißbrenner) • normal flame

normale Funkenlage f <kfz.el> (Zündkerze, betont: Lage des Funkens) • regular spark position

normale Funkenlage f <kfz.el> (Zündkerze, betont: Lage der Elektroden) • regular gap Champion

normale Kopplung f <nukl> • Russell-Saunders coupling; LS-coupling

Normalelektrode f <el> (Elektrochemie) • reference electrode ISO 8044; comparison electrode

Normalelement n <el> • standard cell; normal cell

normale Lösung f <chem> • standard solution; normal solution

Normalenellipsoid n <opt/mat> • index ellipsoid; indicatrix

Normalentwickler m <phot> • normal developer

normale Post f <edv> • snail mail

normale Pulse-Polarographie f <el.chem> • normal pulse polarography; npp; pulse polarography

normale Pulsinversvoltammetrie f <el.chem> • normal pulse stripping voltammetry

normale Pulspolarographie f <el.chem> • normal pulse polarography; npp; pulse polarography

normale Pulsvoltammetrie f <el.chem> • normal pulse voltammetry

normaler Betrieb m <navig> (Empfänger) • normal operating mode; normal mode; normal operation

normaler Betriebsbedingungsbereich m <kfz> • normal range of operating conditions (NROC)

normaler Burst m <tele> • normal burst

normaler Lkw-Anhänger m ugs <nfz> (mit einer Vorder- und einer oder mehreren Hinterachsen) • full trailer; drawbar trailer GB; pony trailer US.coll; dog trailer AUS.coll

normaler Verdichtungsstoß m <phys> (z. B. Überschallflug) • normal shock wave; normal shock

normalerweise geschlossen (NC) <el> (Kontakt im Ruhezustand) • normally closed (NC)

normalerweise offen (NO) <el> (Kontakt im Ruhezustand) • normally open (NO)

normales Bohren n <prod> (im Gegensatz zum Schlagbohren) • drill-only action

normales Fahrerhaus n <nfz> (Pick-Ups: eine Sitzreihe) • standard cab

normales Multiplett n <phys> • regular multiplet; normal multiplet

normales Pulspolarogramm n <el.chem> • normal pulse polarogram; pulse polarogram

normales Pulsvoltammogramm n <el.chem> • normal pulse voltammogram

normales Zeitverhalten n <msr> • normal time response

normale Temperatur f ugs.rar <hlk> (in Gebäuden; typ. 20 °C) • room temperature (RT); ambient temperature; inside temperature; interior temperature; ordinary temperature rare

normale und abnormale Lastmerkmale pl n EN 60947 <msr> • normal load and abnormal load characteristics EN 60947

normalfeucht <hlk> • conditioned

Normalflamme f <füg> • neutral flame

Normalfrequenzgenerator m <el> • standard frequency generator

Normalfüllung f <phys> (Dampfdiagramm) • normal admission

Normalgattierung f <metall> • standard burden

Normalgewinde n <masch> (z. B. Metrisches ISO-Gewinde) • standard thread

Normalglühen *n* <metall> *(von Stahl; erzeugt feines, homogenes Gefüge)* • normalizing

Normalien *fpl* <prod> *(Vorrichtungsbau)* • standards *pl*; mold standards *pl*; standard mold components *pl*

Normalinstrument *n* <msr> • reference instrument; calibration instrument; standard instrument

Normalisieren *n* <metall> *(von Stahl; erzeugt feines, homogenes Gefüge)* • normalizing

normalisieren *vt* <edv.av> • normalize *vt*

Normalisierungsfunktion *f* <edv.av> *(z. B. von Samplern, MP3-Konvertern)* • normalize function; maximize function; optimize function

Normalität *f* <math> • normality

Normalize *n* <edv.av> *(z. B. von Samplern, MP3-Konvertern)* • normalize function; maximize function; optimize function

Normal-Kalomelektrode *f* <el.chem> • normal calomel electrode

Normalkalomelelektrode *f* (NKE) <el.chem> • normal calomel electrode

Normalkode *m* <edv> • standard code

Normalkomponente *f* <tech.allg> *(z. B. Beschleunigung, Geschwindigkeit, Kraft)* • normal component

Normalkondensator *m* <el> • standard capacitor; capacitance standard

Normalkoppel *f* <mus> • normal coupler; unison coupler

Normalkraft *f* <masch> *(Zahnradgetriebe)* • normal load to the tooth surface; pressure load

Normalkraft *f* <mech> • normal force

Normalkreisteilung *f* <masch> • normal circular pitch

Normalladen *n* <kfz.el> *(Batterie)* • slow charging

Normalläufer *m* <energ.hydr> • normal-speed turbine; normal-speed wheel

Normallagenschweißen *n* <füg> • flat-position welding

Normallampe *f* <opt> *(Photometrie)* • standard lamp

Normallast *f* <tech.allg> • standard load; standard loading

Normallautstärke *f* <av> • normal loudness

Normallehrdorn *m* <msr> • plain plug gauge

Normallehre *f* <msr> • standard gauge

Normallehrring *m* <msr> • plain ring gauge

Normalleistung *f* <tech.allg> *(z. B. Maschine, Programm)* • standard capacity; standard output; standard performance

Normalleistung *f* <mot> • normal power

normalleitend <nukl> • normally conducting; normally conductive

Normalleiter *m* <nukl> • normal conductor

Normallichtquelle *f* <licht> • standard light source

Normallösung *f* <chem> *(Maßlösung)* • N-solution; normal solution; standard solution

Normalluftdruck *m* <meteo> *(Normatmosphäre: abhängig von Höhe über d. Meer)* • standard pressure; normal pressure

Normally-Closed-Schaltlogik *f* <kfz.el> • normally-closed logic

Normally-OFF FET *m* <el> • normally-OFF type

Normally-On FET *m* <el> • normally-ON type

Normalmaß *n* <tech.allg> • nominal dimension; standard basic dimension; standard basic size; standard gauge; nominal size

Normalmaßstab *m* <doku> *(techn. Zeichnung)* • standard scale

Normalmikrofon *n* <av> • standard microphone; standard transmitter

Normalnull *n* (NN) <geo> • mean sea level (msl); sea-level datum plane; reference level; zero level; ordnance datum

Normalobjektiv *n* <phot> • standard lens; normal lens

Normalpapier *n* <pap> • plain paper

Normalpapierkopierer *m* <büro> • plain paper copier

Normalpotential *n* <el.chem> • standard potential

Normalprobe *f* <chem> • standard sample

Normalprofil *n* <bau> *(z. B. Brückenbau, Tunnelbau)* • standard clearance

Normalprojektion *f* DIN ISO 10209-2 <doku> • orthographic representation *ISO 10209-2*

Normalquarz *m* <phys> • piezoelectric frequency standard

Normalrauschgenerator *m* <phys> • standard noise generator

Normalrohrbogen *m* <rls> • regular elbow

Normalsäure *f* <chem> • standard acid

normalsaugend <förd> • non-self-priming; not self-priming

Normalschar *n* <agri> • flat share

Normalschliff *m* <chem> *(Schliffverbindung)* • standard ground joint

Normalschliff *m* <pap> • base pulp

Normalschnittebene *f* <doku> *(techn. Zeichnung)* • central plane

Normalschrift *f* <druck> • normal print mode; normal characters

Normalschwingung *f* <phys> • normal mode of vibration; fundamental oscillation; normal mode

Normalspannung *f* <el> • standard voltage; normal voltage

Normalspannung *f* <mech> *(im Ggs. zur Schubspannung)* • normal stress

Normalspannungshypothese *f* <mech> *(Vergleichsspannung)* • maximum principal stress criterion

Normalspur *f* <bahn> • standard gauge

Normalspurbahn *f* <bahn> • standard gauge railway

Normalstab *m* <qualit.mat> • standard tension test specimen

Normalstahl *m* <mat> • normal steel

Normalstand *m* <energ.hydr> *(Wasserpegel)* • normal level

Normalteilung *f* DIN 3998 <antr> *(Schrägverzahnung)* • normal pitch

Normalthermoelement *n* <msr> • standard couple

Normalton *m* <akust> *(z. B. zum Stimmen v. Musikinstrumenten)* • reference tone; standard musical pitch

Normaltonband *n* <av> • standard-width audio tape

normaltrocken <hlk> *(Luft)* • conditioned

Normaluhr *f* <msr> • standard clock

Normalverbindung *f* <chem> • normal compound

Normal verbleit *n* DIN51600 <kfz> *(Benzinsorte; nicht mehr erhältlich)* • regular leaded *US*; 2-star petrol *GB.obs*; 3-star petrol *GB.obs*; regular *US*

normalverteilt <math> • normally distributed

normalverteilte Größe *f* <math> *(Statistik)* • Gaussian quantity

Normalverteilung *f* <math> *(Wahrscheinlichkeitslehre)* • Gaussian distribution; normal distribution

Normalverzahnung *f* <masch> • full-depth teeth; normal teeth

Normalvolumen *n* DIN 1343 <phys> • normal volume

normal vorgezogene Elektroden *f* <kfz.el> *(Zündkerze, betont: Lage der Elektroden)* • regular gap *Champion*

normal vorgezogene Funkenlage *f* <kfz.el> *(Zündkerze, betont: Lage der Elektroden)* • regular gap *Champion*

normal vorgezogene Funkenlage *f* <kfz.el> *(Zündkerze, betont: Lage des Funkens)* • regular spark position

Normalwasserstoffelektrode *f* <el.chem> • standard hydrogen electrode (SHE); normal hydrogen electrode

Normalwerkzeug *n* <kst> • average two-plate mold; standard mold

Normalwiderstand *m* <el> *(phys. Größe)* • resistance standard

Normalwiderstand *m* <el> *(Bauteil)* • standard resistor

Normalwinkelobjektiv *n* <phot> • normal-angle lens

Normalzinktechnologie *f* <obfl> *(beim Phosphatieren)* • normal-zinc technology

Normalzustand *m* <tech.allg> *(z. B. Gas)* • standard condition; standard state, normal state

Normalzustand *m* <nukl> • ground state; fundamental state; normal state; ground term; basic term

Normatmosphäre *f DIN ISO 2533* <phys> *(Grundlage für Bemessung, Prüfung, z. B. Flugtriebwerke)* • standard atmosphere

Normbauteil *n* <tech.allg> *(z. B. Widerstand, Schraube, Rohrschelle)* • standard component

Normbedämpfungsstück *n baumer wb* <msr> • norm forget *baumer wb*

Normbedämpfungsstück *n rar* <msr> *(für Näherungsschalter)* • standard target *norm*

Normblende *f* <phys> *(Mengenstrommessung)* • standard orifice

Normdüse *f* <phys> *(Mengenstrommessung)* • standard orifice

Normen *fpl* <norm> • standards

Normen-Arbeitsgemeinschaft Mess- und Regeltechnik *fsg* (NAMUR) *DIN 19234* <msr> *(in Europa)* • Standards Committee of Measurement + Control of the Chemical Industry (NAMUR)

Normenbezug *m* <allg> • standard reference

Normenwandler *m* <av> • standards conversion equipment

Normenwandlung *f* <av> • standards conversion

Normfahne *f rar* <msr> *(für Näherungsschalter)* • standard target *norm*

Normfahne *f* <msr> • standard target

Normfahrzyklus *m* <kfz> • standard driving cycle

Normfarbtafel *f* <licht> • CIE diagram; chromaticity table

Normfarbwerte *mpl* <opt> • tristimulus values

Normfarbwertkoordinaten *fpl* <opt> • chromaticity coordinates

Normfrequenzen *fpl ISO 266* <akust.msr> *(für akustische Messungen)* • preferred frequencies *ISO 266*

Normgas *n* <phys> • standard gas

Normgehäuse *n* <allg> • standard housing version; standard housing *pf liste*

normgemäß <tech.allg> • according to standards

normgerechte Profilmessungen *fpl* <msr> • standardized profile measurements *pl*

Normgröße *f* <norm> • standard size

Normiermultiplikator *m* <pap> • multiplying scale factor

normierte flächenbezogene Masse *f* <pap> • normalized basis weight

normierte Normalverteilung *f* <math> • normalized form of the Gaussian distribution function

normierter Modus *m* <edv> *(Fernverarbeitung)* • standard mode

normierter Raum *m* <math> • normed space

normierter Wellenwiderstand *m* <el> • normalized impedance

Normmaß *n* <allg> • standard dimension(s)

Normmessplatte *f EN 60947* <msr> *(für Näherungsschalter)* • standard target *norm*

Norm-Messplatte *f* <msr> *(für Näherungsschalter)* • standard target *norm*

Normmodul *m* <tech.allg> • standard module

Normoventilation *f* <med.tech> • normoventilation

Normprobekörper *m* <qualit.mat> • standard test specimen

Normpumpe *f* <masch> • standard pump

Normrunde *f prakt* <kfz> • standard driving cycle

Normsand *m* <bau.mat.qualit> *(Baustoffprüfung)* • standard sand

Normschachtelzuschnitt *m* <pap> • Regular Slotted Box (RSP)

Normschiene x mm nach DIN y *f* <tech.allg> • x mm rail to DIN y

Normsteuerfahne *f* <msr> • standard target

Normsteuerfahne *f* <msr> *(für Näherungsschalter)* • standard target *norm*

Normteil *n* <tech.allg> • standard component; standardized component

Normteil *n* <tech.allg> *(vereinheitlicht, genormt)* • standardized component; standardized unit; standard element

Normteilebibliothek *f* <edv> • library for standard components; library of standard components

Normtrittschallpegel *m* <akust> • normalized impact-sound level

Normung *f EN 60947* <tech.allg> • standardization EN 60957

Normvalenzsystem *n* <opt> • standard colorimetric system

Normverbrauch *m* <kfz> • Euromix formula

Normvergleichsfrequenz *f* <el> • standard reference frequency

Normvolumen *n* <msr> *(Thermodynamik)* • standard volume

Normzahlenreihe *f* <norm> *(z. B. für Maße, Drehzahlen)* • preferred number series

Normzustand *m* <msr> • STP; standard temperature and pressure

NOR-Schaltung *f* <msr> • NOR circuit

Northern-Blot *m* <med> • Northern blotting; blotting

Nortongetriebe *n* <wz.masch> • Norton mechanism; Norton gear

Nortongetriebekasten *m* <wz.masch> *(Vorschubgetriebe)* • Norton box

Nortonschwinge *f* <masch> *(z. B. Drehmaschine)* • tumbler yoke

Norton-Verfahren *n* <wz> *(Rundschleifen kurzer und mittellanger Werkstücke)* • Norton process

Nortonvorschubgetriebe *n* <wz.masch> • Norton feed box

NOR-Tor *n* <msr> • NOR gate

NOR-Verknüpfung *f* <el> • NOR-configuration

Nosoden *fpl* <med> • nosodes

nostalgische Motorradbrille *f* <bekl> • pilot-style goggles

Notabschaltung *f* <sich> *(z. B. Anlage, Teile davon)* • emergency shut-down; emergency shutdown

Notabschaltung *f* <sich.el> • emergency cut-out

Notabschaltung *f* <sich.nukl> *(Schnellabschaltung im Kernkraftwerk)* • emergency trip; scram

Notabstieg *m* <logist> *(RFZ)* • emergency steps

NOTAM <navig> *(Informationssystem für die Luftfahrt)* • Notice to Airmen system (NOTAM); NOTAM system

NOTAM-System *n* <navig> *(Informationssystem für die Luftfahrt)* • Notice to Airmen system (NOTAM); NOTAM system

notarielle Beurkundung *f* <jur> • notarization of a contract; notarial record; authentication by a notary; official recording of a contract

notarielle Urkunde *f* <jur> • notarial act; notarial instrument; notarial deed; document certified by a notary

Notarztwagen *m* <kfz.med> • ambulance car

Notation *f* <doku> *(System grafischer Symbole und Zeichen)* • notation

Notationssystem *n* <edv> • notation system

Notationssystem *n* <edv> • notation system

Notaufnahmezentrum *n* <jur> • emergency reception center *US*; emergency reception centre *GB*

Notaus *m* <logist> *(RFZ)* • emergency stop

Notausgabeloch *n* <edv> *(vorn in CD-Laufwerk)* • manual eject hole; manual emergency eject hole

Notausgabestift *m* <edv> • emergency ejection pin

Notausgang *m* <tech.allg> *(allg.; z. B. im Theater, Kino, Flugzeug)* • emergency exit

Notausgang *m* <bau> *(im Tunnel oder nach oben)* • emergency exit

Notauslass *m* <verf.hydr> • emergency outlet

Notauslöser *m* <sich> • emergency release button

Notauslösung *f* <theat> • emergency rope

NOT-AUS Schalter *m* <el> *(mechanisch, meist rot auf gelb)* • emergency stop pushbutton

NOT-AUS Schalter *m* <el> *(allg.; mech. Drucktaste oder optoelektronischer Sensor)* • emergency stop switch

Notausschalter *m* <sich> • emergency switch; emergency stop

Notausschaltung *f* <sich> • emergency cut-out

Notausstieg *f* <bau> *(im Tunnel oder nach oben)* • emergency exit

Not-AUS-Taste *f* <el> *(mechanisch, meist rot auf gelb)* • emergency stop pushbutton

Notauswurföffnung *f* <edv> *(vorn in CD-Laufwerk)* • manual eject hole; manual emergency eject hole

Notbatterie *f* <el> • stand-by battery

Notbeleuchtung *f* <logist> *(Lagerbereich)* • emergency lighting

Notbetätigung *f* <sich> • emergency operation; emergency actuation

Notbrause *f* <feuer> • emergency shower; safety shower; drench shower

Notbremse *f* <fz> • emergency brake

Notbremse *f prakt.ugs* <kfz.brems> • secondary braking system *ISO611*; secondary brakes *pl form.pract*; emergency brake *pract.coll*

Notbremsschalter *m* <brems> • emergency braking switch

Notbremsüberbrückung *f* <bahn> *(verhindert Notbremsung im Tunnel bei Brand)* • emergency brake override control; emergency brake override

Notbremsventil *n* <brems> • emergency brake valve

Notbrennschluss *m* <aerospace> *(Trägerrakete, Raumfahrt)* • emergency cut-off

Notbrücke *f ugs* <mil> • emergency bridge

Notcode *m* <alarm> • ambush code; duress code

notdürftig reparieren *vt* <rep> *(kleinere Schäden; z. B. Löcher, Risse, Leitungen, Kabel)* • repair *vt*; patch *vt*; mend *vt*

Note *f* <edv.av> • note

Notebook *n* <edv> *(volle PC-Funktionalität; DIN A4-Format, Dicke <5 cm; Gewicht ca. 2–3)* • notebook computer; notebook

Notebook-Benutzer *m* <edv> • notebook user; road warrior *coll*

Noteingriff *m* <sich> • emergency intervention

Notempfänger *m* <tele> • reserve radio receiver

Notendruckprogramm *n* <edv.av> • score writer

Notendschalter *m* <el> *(allg.)* • terminal stopping switch

Notendschalter *m* <förd> *(z. B. Kran, Seilbahn, Fahrstuhl)* • overtravel limit switch

Notendschalter *m* <förd.el> *(Aufzug)* • top-and-bottom limit switch

Noteneditor *m* <edv.av> • score editor

Notenhänger *m* <edv.av> • hung note

Notennummer *f* <edv.av> • MIDI note number; note number

Notensatzprogramm *n* <edv.av> • score writer

Notentriegelung *f* <kfz> *(z. B. Motorhaube, Heckklappe)* • emergency release cable; emergency release

Note Off *n* <edv.av> • note off; note off message

Note Off-Befehl *m* <edv.av> • note off; note off message

Note On *n* <edv.av> • note on; note on message

Note On-Befehl *m* <edv.av> • note on; note on message

Notfall *m* <jur> • emergency case

Notfall *m* <sich> • emergency

Notfallbeatmungsgerät *n* <med.tech> • transport ventilator

Notfallboot *n* <nav> • emergency boat

Notfallmanagement *n* <tech.allg> • emergency management

Notfonds *mpl* <jur> • Emergency Fond

Notfrequenz *f* <tele/nav> • distress frequency

Nothalt *m* <sich> • emergency stop

Nothammer *m* <sich> *(zum Aufschlagen der Fenster im Notfall)* • window hammer *:V*

Nothilfe *f* <jur> • emergency response; emergency assistance; relief assistance

Nothilfephase *f* <ökon> • emergency phase

Nothilfeprogramm *n* <ökon> • relief oriented programme; relief programme

Nothygieneausrüstung *f* <hygi> • emergency health kit

Notice to Airmen-System *n* (NOTAM) <navig> *(Informationssystem für die Luftfahrt)* • Notice to Airmen system (NOTAM); NOTAM system

Notiz *f* <doku> *(beschriebenes Blatt, formlos)* • note

Notizblock *m* <büro> • jotter

Notizblockspeicher *m* <edv> • scratch-pad memory

Notizbuchrechner *m ugs* <edv> *(Größe <DIN A4-Format, Dicke <5 cm, Gewicht <2 kg)* • subnotebook [computer]

Notknopf *m* <tech.allg> • emergency button; panic button

Notlandebahn *f* <aerospace> • emergency landing runway

Notlaufbetrieb *m* <kfz> *(für Fahrzeug mit Elektronikstörung)* • limp-home mode of operation; limp-home mode

Notlaufeigenschaft *f* <autom> • emergency running property

Notlaufeigenschaft *f* <masch> *(z. B. Gleitlager)* • resistance to galling

Notlaufeigenschaft *f* <tribo> *(von Lagern, Ölen)* • antifrictional property; antiseizing property; antiseizure property

Notlaufeigenschaften *fpl* <kfz> *(von Reifen)* • run flat properties *pl*; run flat capability *sg*; run flat potential *sg*

Notlaufeigenschaften *fpl* <kfz> *(von Reibpaarungen, z. B. Kurbelwellenlager)* • emergency running properties *pl*

Notlaufrad *n rar.did* <kfz> *(betont: eingeschränkte Verwendbarkeit)* • spare wheel for temporary use; spare wheel; temporal spare wheel *Ford*

Notlaufschenkel *m* <bahn> • dust-shield collar

Notlaufschenkel *m* <bahn> • axle-bearing collar

Notlaufsystem *n* <kfz> • run flat system

Notleistung *f* <tech.allg> *(z. B. Generator, Flugtriebwerk)* • emergency rating

Notlenzpumpe *f* <nav> • emergency bilge pump

Notluftventil *n* <med.tech> • inspiratory relief valve

Notrad *n* <kfz> *(betont: eingeschränkte Verwendbarkeit)* • spare wheel for temporary use; spare wheel; temporal spare wheel *Ford*

Notrad *n prakt* <kfz> *(betont: praktischer u. wirtschaftlicher Aspekt)* • special spare wheel; special spare *pract*; lightweight spare wheel *did*; light-weight spare *did*; compact spare tire *Mitsubishi*

Notrad mit Leichtgewichtreifen *n did* <kfz> *(betont: praktischer u. wirtschaftlicher Aspekt)* • special spare wheel; special spare *pract*; light-weight spare wheel *did*; light-weight spare *did*; compact spare tire *Mitsubishi*

Notruderpinne *f* <nav> • emergency tiller

Notrufanlage *f* <alarm> • holdup alarm system; deliberately-operated alarm system *GB.norm*

Notrufauslöser *m* <alarm> • personal attack device; deliberately-operated device *GB.norm*; panic alarm *priv*; hold-up alarm device *comm*; duress alarm [device]

Notruf-Code *m* <alarm> • ambush code; duress code

Notrufdrücker *m* <alarm> • personal attack button; PA button; panic button/switch *priv*; holdup button *comm*; emergency button

Notruf-Fußmelder *m* <alarm> • kick switch; foot rail

Notruf-Meldelinie *f obs* <alarm> • panic circuit; hold-up circuit; twenty-four-hour panic circuit; PA zone

Notrufmelder *m* <alarm> • personal attack device; deliberately-operated device *GB.norm*; panic alarm *priv*; hold-up alarm device *comm*; duress alarm [device]

Notrufsäule *f* <verk> • call box *US*; emergency telephone

Notrufsender *m* <alarm> • radio panic button; hand-held panic button; portable duress sensor

Notrufsender *m* <kfz.tele> • emergency transmitter (ET)

Notrufzentrale *f* <alarm> *(bei einem Wach- und Sicherheitsunternehmen)* • central station; central alarm station; central monitor station; central receiving station

Notrufzentrale *f* <alarm> *(für Einbruch, Überfall, Feuer)* • monitoring station; monitoring center; remote center

Notrufzentrale des Betreibers *f* <alarm> • proprietary station

Notschacht *m* <sich> • escape shaft

Notschalter *m* <el> *(mechanisch, meist rot auf gelb)* • emergency stop pushbutton

Notschalter *m* <el> *(allg.; mech. Drucktaste oder optoelektronischer Sensor)* • emergency stop switch

Notschalter *m* <logist> *(RFZ)* • emergency stop

Notschalter *m* <msr> *(manuell betätigt)* • emergency cutout switch; emergency cutout

Notschalter *m* <sich> • emergency off switch; emergency switch

Notschalter *m* <sich.nukl> • scram button

Notschalterrelais *n* <el> • emergency stop relay

Notschaltung *f* <tech.allg> • emergency connection

Notschleuse *f* <sich> *(Gebäude, Schiff, Raumfahrzeug)* • escape lock

Notschluss *m* <energ.hydr> • emergency closure

Notsender *m* <navig> • emergency locator transmitter (ELT)

Notsituation *f* <jur> • emergency situation

Notsitz *m* <kfz> • spare seat

Notsitz zum Aufklappen *m did* <kfz> *(im Heck)* • dickey [seat]; dicky [seat]

Notstab *m* <nukl> *(Kernreaktor)* • emergency shut-down rod

Notstandsprogramm *n* <jur> • programme of emergency aid; emergency relief programme

Notsteuereinrichtung *f* <sich> • emergency steering gear

Notstich *m* <metall> • auxiliary taphole

Notstopp *m* <logist> *(RFZ)* • emergency stop

Notstopp *m* <msr> • emergency stop

Notstoppbügel *m* <sich> • safety bumper; emergency bumper

Notstrom *m* <energ> • emergency power

Notstromaggregat *n* <energ> *(allg.)* • emergency power-generating set; emergency set *pract*

Notstromdiesel *m* <energ> *(Notstromaggregat)* • emergency diesel

Notstromversorgung *f* <energ> • emergency power supply; reserve power supply *rare*; stand-by power supply *rare*

Nottaste *f rar* <el> *(mechanisch, meist rot auf gelb)* • emergency stop pushbutton

Nottaster *m* <sich> • emergency stop push-button; emergency push-button

Notüberlauf *m* <energ.hydr> • emergency spillway

Notverdeck *n* <kfz> *(für T-Top Sportwagen)* • rain top

Notverkehr *m* <tele> • distress traffic

Notverschluss *m* <energ.hydr> • emergency gate

notwendige Bedingung *f* • necessary condition

notwendige Voraussetzung *f* <allg> • prerequisite; precondition

Nova *f* <astron> *(pl: -ae)* • nova

Novalsockel *m* <el> *(neunstiftig)* • noval base

Novell Net Ware *f* <edv> • Novell Net Ware

Noxa *f rar* <med> • noxa

NOx-Abscheidung *f* <emiss> • flue gas treatment

NOx-armer Brenner *m* <emiss> • low-NOx burner (LNB)

NOx-Control-Modul *n* (NCM) *BMW* <kfz.emiss> • NOx-Control module (NCM) *BMW*

Noxe *f* <med> • noxa

NOx-Entstehungsmechanismen *mpl* <emiss> • NOx-formation mechanisms *pl*

NOx-Minderungsgrad *m* <emiss> • NOx-reduction rate; NOx-reduction efficiency

NOx-Speicherkatalysator *m* <kfz.emiss> • NOx catalytic converter; DeNOx catalytic converter

Np <chem> • neptunium (Np)

NPG <obfl> • neopentyl glycol (NPG)

N-(Phosphonomethyl-)aminosäure *f* <agri.chem> *(Pflanzenschutzmittel)* • glyphosate

npn <el> • current sinking (npn)

npn <el> • current sourcing (npn)

npn-Transistor *m* <el> • n-p-n transistor

n-poliger Stecker *m* <el> • n-pin plug

n-poliger Umschalter *m* <el> • n-pole double-throw switch; nPDT switch

n-poliger Wechselschalter *m* <el> • n-pole double-throw switch; nPDT switch

NPSC-Gewinde *n* <rls> • American Standard straight pipe thread for couplings (NPSC) *ANSI B1.20.1*; straight pipe thread for couplings

NPSF-Gewinde *n* <rls> • dryseal American Standard fuel internal straight pipe thread (NPSF) *ANSI B 1.20.3*; dryseal internal straight pipe thread for fuel; American Standard fuel internal straight pipe thread, dryseal

NPS-Gewinde *n* <rls> *(allg.)* • American Standard straight pipe thread (NPS) *ANSI B1.20.1*; American parallel pipe thread

NPSH-Gewinde *n* <rls> • American Standard straight pipe thread in pipe couplings (NPSH) *ANSI B2.4*; American Standard straight hose coupling thread

NPSH-Wert *m* <förd> • Net Positive Suction Head (NPSH); NPSH value

NPSI-Gewinde *n* <rls> • dryseal American Standard intermediate internal straight pipe thread (NPSI) *ANSI B1.20.3*; American Standard intermediate internal straight pipe thread, dryseal

NPSL-Gewinde *n* <rls> • American Standard straight pipe thread (NPSL) *ANSI B1.20.1*; loose-fitting locknut thread; locknut thread

NPSM-Gewinde *n* <rls> *(mechan. Rohrgew.)* • American Standard straight pipe thread (NPSM) *ANSI B1.20.1*; free-fitting fixture thread

NPTF-Gewinde *n prakt* <rls> • dryseal American Standard taper pipe thread (NPTF) *ANSI B1.20.1/3*; American Standard taper pipe thread, dryseal

NPT-Gewinde *n* <rls> *(allg.)* • American Standard taper pipe thread (NPT) *ANSI B1.20.1*; ANPT

NPTR-Gewinde *n* <rls> • American Standard taper pipe thread for railing joints (NPTR) *ANSI B1.20.1*; railing joint taper pipe thread

np-Übergang *m* <el> • n-p junction
NPV <med.tech> • negative pressure ventilation (NPV)
NR <mat> *(allg.; noch unvulkanisiert)* • rubber (NR); natural rubber; caoutchouc
NRZ <edv> • non return to zero (NRZ)
NRZ-Codierung *f* <edv> • non-return-to-zero encoding
NRZ-Codierung *f* <edv> • non-return-to-zero encoding; NRZ encoding
NRZI <edv> • Non-Return-to-Zero-Inverted (NRZI)
NRZ-Verfahren *n* <edv> • non-return-to-zero recording
ns <allg> • nanosecond (ns)
ns-Bereich *m* • nanosecond region
N-Schale *f* <phys> • N-shell
n-Schicht *f* <el> • n-type layer
NSCR <emiss> • non-selective catalytic reduction (NSCR)
NSS <tele> • Network Sub-System (NSS)
NSSC-Verfahren *n* <pap> • neutral sodium sulfite semi-chemical process; neutral sodium sulfite process; NSSC process
n-ständiger Lokomotivschuppen *m* <bahn> • n-stall enginehouse
n-stellige Zahl *f* <math> • n-digit number; n-place number
NT <tele> *(als Disziplin)* • communication engineering; communications *pl pract*
NT <tele> *(am S0-Bus; NT1 und NT2)* • network terminator (NT); network termination; network terminating unit *form*; network terminating equipment
NTC-Thermistor *m* <msr> • thermistor; NTC thermistor
NTC-Widerstand *m* <el> • resistor with a negative temperature coefficient; negative temperature coefficient resistor; NTC resistor
n-te Wurzel *f* <math> • nth root
NTG-Reifen *m* <prod> • NTG tire
NT-Kessel *m prakt* <verbr> • low-temperature boiler
NTP-Technik *f* <verf> • non-thermal plasma technology; NTP technology
NTSC <av> • National Television Standards Committee (NTSC)
NTSC-Farbfernsehsystem *n* <av> • NTSC color television system; NTSC system *pract*
NTSC-Farbfernsehverfahren *n* <av> • NTSC color television system; NTSC system *pract*
NTSC-System *n prakt* <av> • NTSC color television system; NTSC system *pract*
NTSC-Wiedergabe *f* <av> • NTSC playback
NU <bau.fin> • sub-contractor; subbie *coll*
Nucleobase *f* <chem> • nitrogenous base
nucleophil <chem> • nucleophilic
Nudel *f* <nahr> • noodle
Nudelholz *n* <nahr> • rolling pin
nuklear <nukl> • nuclear
Nuklear... <nukl> *(in Zusammensetzungen)* • nuclear
Nuklearabfall *m form* <nukl.ents> *(allg., jede Art)* • radioactive waste; nuclear waste; active waste *pract*; radwaste *pract*; hot waste *jarg*
nuklearangetrieben <nukl> *(z. B. U-Boot, Eisbrecher)* • nuclear-powered; nuclear-driven; atomic-powered *coll*
nukleare Aufbauprozesse *mpl* <nukl> • nuclear building-up reactions
nukleare Kettenreaktion *f* <nukl> • nuclear chain reaction
nuklearer Wirkungsquerschnitt *m* <nukl> • nuclear cross-section
nukleares Luftstrahltriebwerk *n* <aerospace> • nuclear air-breathing engine
nukleare Wechselwirkung *f* <nukl> • nuclear interaction
nukleare Zweitschlagkapazität *f* <mil> • nuclear second-strike ability
Nuklearforschung *f* <nukl> • nuclear research; atomic research

nuklearmedizinische Einrichtungen *fpl* <med> • nuclear-medical instrumentation
nuklearrein <nukl> • nuclear pure
Nukleartechnik *f rar* <nukl> • nuclear engineering; nuclear technology; nucleonics *rare*
Nuklease *f* <chem.bio> • restriction enzyme; restriction endonuclease; nuclease
Nukleation *f* <chem> *(Eiskristalle)* • nucleation
Nukleon *n* <nukl> *(gemeins. Bezeichnung für Protonen und Neutronen)* • nuclear particle; nuclear constituent; nucleon
Nukleonenfeld *n* <nukl> • nucleonic field
Nukleonenkern *m* <nukl> • nucleon core; nucleor
Nukleonenkomponente *f* <nukl> • nucleonic component
Nukleonenzahl *f* <phys> • nucleon number; mass number; number of nucleons
Nukleon-Nukleon-Wechselwirkung *f* <nukl> • nucleon-nucleon interaction
nukleophil *obs* <chem> • nucleophilic
Nukleosid *n* <med> • nucleoside
Nukleosidanalogon *n* <med> • nucloside analog
Nukleosynthese *f* <astron> • nucleosynthesis
Nukleotid *n* <med> • nucleotide
Nuklid *n* <nukl> • nuclear species; nuclide
null <allg> • zero *adj*; nought *adj*; nil *adj*
Null *f* <tech.allg> • zero
Nullabgleich *m* <msr> • null balance; null balancing; zero adjustment
Nullabgleichanzeiger *m* <msr> • null-balance indicator
Nullabgleichverstärker *m* <msr> • null-balance amplifier
Nullablesung *f* <msr> • zero reading
Nullabweichung *f* <navig> *(Wendekreiselparameter)* • zero offset
Nulladressbefehl *m* <edv> • zero-address command; zero-address instruction
Nulladresse *f* <edv> • zero address
Nulladungspotential *n* <el> • zero charge potential; zero potential
Nulladungspunkt *m* <phys> • point of zero charge
Nullangleichung *f* <msr> *(Kalibrierung)* • zero setting; zero adjustment
Nullanschluss *m* <el> • neutral connection
Nullanstellung *f* <aerospace> *(Tragflügel)* • zero incidence
Nullanzeige *f* <msr> • zero meter reading; zero reading; zero indication
Nullanzeigegerät *n* <msr> • zero-indicating instrument; null indicator; zero indicator; zero instrument
Nullanzeiger *m* <msr> • left-right instrument
Nullauftriebslinie *f* <aerospace> *(Tragflügelprofil)* • zero-lift line
Nullausgang *m* <el.msr> • zero output
Null-Auslaugbarkeit *f* <ents> • zero leachability
Nullausschalter *m* <el> • no-load cut-out; zero cut-out
Nullbezugspunkt *m* <wz.masch> *(CIM)* • zero reference point
Nullbit *n* <edv> *(Bit mit dem Wert Null)* • zero bit
Null-Datei *f* <edv> • null file
nulldimensional <math> • zero-dimensional
Nulldrift *f* <msr> • zero drift
Nulldruck *m* <mech> • zero pressure
Nulldurchgang *m* • bridge balance point
Nulldurchgang *m* <math.phys> *(einer Funktion)* • zero crossing; zero cross-over; zero passage
Nulldurchgang der Spannung *m* <el> • voltage passing through zero; voltage pass through zero; voltage zero
Nullebene *f* <math> • null plane
Nullebene *f* <mech> *(Biegestab)* • neutral plane; neutral surface

Nulleffekt *m* <nukl> • natural background radiation; background effect

Nulleffekt *m* <nukl> • background

Nulleffektimpuls *m* <nukl> • background count

Nulleffektzählrate *f* <nukl> • background counting rate

Null-Eins-Optimierung *f* <msr> • zero-one optimization

Nulleinstellung *f* <msr> • zero adjustment; zero setting

Nulleinsteuerung *f* <edv> • zero insert

Null-Emissionen-Auto *n* <kfz.emiss> • zero emission vehicle (ZEV)

nullen *vt rar* <tech.allg> *(Messgerät, Zählwerk; z. B. von Camcorder)* • reset *vt*; set back *vt rare*

nullen *vt* <edv> *(Programm, Routine)* • roll back *vt*

nullen *vt* <el> • connect to neutral *vt*; neutralize *vt*

nullen *vt* <msr> • reset to zero *vt*; adjust to zero *vt*; zero *vt*; null *vt*

nullen *vt prakt* <msr> • adjust to zero *vt*

Nullenergieniveau *n* <phys.nukl> • zero-energy level

Nullenkomplementdarstellung *f* <edv> • noughts-complement representation

Nullenunterdrückung *f* <edv> • zero suppression; zero compression

Nullenunterdrückung *f* <msr> *(z. B. führende Nullen)* • zero suppression

Nullenzirkel *m* <wz> *(Zeichengerät)* • compasses bow instrument; bow instrument; spring-bow compass

null Fehler *mpl* <qualit> *(Irrtümer, Fehlhandlungen)* • no mistakes *pl*

Nullförderhöhe *f* <masch> *(Pumpe: bei geschlossenem Schieber der Druckleitung)* • shut-off head; closed valve head *did*

Nullförderstrom *m* <masch> *(Pumpe)* • zero capacity; shut-off capacity

Nullförderung *f* <masch> *(Pumpe)* • zero delivery; zero discharge

Nullfolge *f* <math> • null sequence

Nullfolgewiderstand *m* <el> • zero-sequence resistance

Nullfrequenz *f* <phys> • zero frequency

Nullgetriebe *n* <masch> • standard diameter pair of mating gears

Nullgetriebe *n* <masch> *(Zahnradgetriebe)* • X-zero gear pair

Nullhorizontale *f* <navig> • null horizontal

Nullhubstellung *f* <prod> *(z. B. Stanze)* • no-stroke position

Nullhubstellung *f* <rls> *(z. B. Kolben, Ventil)* • zero-delivery position

Nullhypothese *f* <math> *(statistischer Test)* • null hypothesis

Nullimpedanz *f* <el> • zero-sequence field impedance; zero-sequence impedance

Nullindikator *m* <msr> • left-right instrument; null indicator; zero indicator

Nullinstrument *n* <msr> • zero-center instrument; central-zero apparatus; null instrument; balance indicator

Nullisogone *f* <phys> • agonic line

Nullität *f* <math> • nullity

Nulljustierung *f* <msr> *(Kalibrierung)* • zero setting; zero adjustment

Nullkegel *m* <licht> • light cone

Nullkegel *m* <navig> *(Radar)* • cone of silence

Nullkegel *m* <phys> *(Minkowski-Raum)* • null cone

nullkompensiert <pap> • 0-compensated

Nullkomponente *f* <el> • zero phase-sequence component; zero sequence component; zero-frequency component

Nullkontrolle *f* <edv> • zero check

Nullkopie *f* <werb> • answer print

Nulllage *f* <tech.allg> • zero position

Nulllage *f* <edv.av> *(eines Reglers, Joysticks)* • center position *US*; centre position *GB*

Nullleistung *f* <el.msr> • zero output; zero power

Nullleistungsreaktor *m* <nukl> • zero-energy reactor; zero-power reactor

Nullleiter *m* <el> • neutral conductor; zero conductor

Nullleiter *m* <el> *(Funktionen v. Neutral- und Schutzleiter vereint)* • PEN conductor (PEN)

Nullleiterdraht *m* <el> • neutral wire; center wire; middle wire; return wire; third wire

Nulllinie *f* <tech.allg> *(z. B. Messtechnik, Schaubild)* • null line; zero line

Nulllinie *f* <bau> • datum line; reference line

Nulllinie *f* <mech> *(Biegequerschnitt)* • neutral axis

Nulllinie *f* <mech> *(spannungsfrei)* • neutral line

Nulllinie *f* <msr> • axis line; zero line; neutral line; neutral axis

Nulllinie *f* <opt> *(Spektren)* • band origin

Nulllinienversatz *m* <tech.allg> • base-line offset

Nullmarke *f* <msr> • zero graduation; zero mark

Nullmatrix *f* <math> • zero matrix; null matrix

Nullmenge *f* <kfz.mot> • minimum delivery

Nullmenge *f* <math> • empty set; zero set; null set

Nullmeridian *m* <navig> • Greenwich meridian; Prime Meridian; central meridian

Nullmethode *f* <msr> • null measuring method; null balance method; null method; zero method

Nullmodem *n* <el> • Null Modem

Nullmoment *n* <mech> • zero moment

Nullode *f* <el> • electrodeless tube; nullode

Nulloperationsbefehl *m* <edv> • no-operation instruction

Nullordinate *f* <math> • zero ordinate

Nullpegel *m* <msr> *(Pegel der Bezugsgröße)* • zero level

Nullpfad *m* <msr> *(Nulltrendregler)* • scan line

Nullphasenwinkel *m* <phys> *(z. B. zwischen Spannung und Stromstärke)* • zero phase angle; epoch angle

Nullphasenwinkelmodulation *f* <el> • zero phase modulation

Nullpotential *n* <el> • earth potential; zero potential

Nullprüfung *f* <msr> • zero test

Nullpunkt *m* <tech.allg> • zero; zero point

Nullpunkt *m* <el> *(von Kabel, Steckdose)* • earthed neutral

Nullpunkt *m* <el> *(betont: elektr. Masse)* • ground zero

Nullpunkt *m* <math> *(von Kurve in Diagramm)* • origin

Nullpunkt *m* ugs <math> *(Schnittpunkt von Koordinatenachsen)* • origin

Nullpunkt *m* prakt <phys> *(Gefrierpunkt von Wasser)* • zero deg Centigrade

Nullpunktabgleich *m* <msr> • zero balance

Nullpunktabweichung *f* <msr> *(Vorgang)* • null drift; zero drift

Nullpunktabweichung *f* <prod> *(z. B. CNC-Werkzeugmaschine)* • origin distortion

Nullpunktabweichung *f* <prod.qualit> • zero deviation; zero variation; zero error

Nullpunktaufweitung *f* <navig> • center expansion

Nullpunktdepression *f* <msr.doku> *(Schaubild mit unterdrücktem Nullpunkt)* • zero depression

Nullpunktdrift *f* <msr> • zero drift

Nullpunktdrift *f* <msr> *(Vorgang)* • null drift; zero drift

Nullpunktdrift *m* <prod.autom> • zero shift; zero offset

Nullpunktdrossel *f* <el> • absorption coil

Nullpunkteinsteller *m* <msr> • zero-adjust control

Nullpunkteinstellung *f* <msr> prakt • zeroing prakt; zero adjustment; zero setting; setting of zero reference

Nullpunktenergie *f* <phys> • energy of absolute zero; zero-point energy

Nullpunkterdung *f* <el> • neutral earthing

Nullpunktfehler *m* <tech.allg> *(z. B.Fertigung, Mathe-matik, Meßtechnik, Navigation)* • origin distortion
Nullpunktfehler *m* <msr.qualit> • zero error
Nullpunkt-Justierschraube *f* <tech.allg> • zero adjust-ment screw
Nullpunktjustierung *f rar* <msr> • zeroing *prakt*; zero adjustment; zero setting; setting of zero reference
Nullpunktkorrektur *f* <msr.autom> *(z. B. CNC-Werk-zeugmaschine)* • zero correction; zero-point correction
Nullpunktregler *m* <msr> • zero-adjust control
Nullpunktsdrift *m* <prod.autom> • zero shift; zero offset
nullpunktstabilisierter Verstärker *m* <el> • zero-sta-bilized amplifier
Nullpunktsverschiebung *f* <navig> *(Ringlaserkreisel)* • biasing
Nullpunktunterdrückung *f* <msr.doku> *(z. B. Schaubild)* • zero suppression; range suppression
Nullpunktversatz *m* <prod.autom> • zero shift; zero offset
Nullpunktverschiebung *f* <prod.autom> • zero shift; zero offset
Nullpunktwanderung *f* <msr> *(Vorgang)* • null drift; zero drift
Nullpunktwanderung *f* <prod.autom> • zero drift
Null-Rad *n* <masch> *(Zahnradgetriebe)* • X-zero gear
Nullrad *n* <masch> *(Zahnradgetriebe)* • X-zero gear
Nullradpaar *n DIN 3948* <masch> *(Zahnradgetriebe)* • X-zero gear pair
Nullräder *npl* <masch> *(ohne Profilverschiebung)* • stan-dard-diameter gears
Nullräder *npl* <masch> *(V-Null-Verzahnung: Summe der Profilverschiebungen ist Null)* • standard-equal-addendum gears
Nullräder *npl DIN 3992* <mech> • unmodified gears
Nullreaktanz *f* <el> • zero-sequence inductive reactance; zero-sequence reactance
Nullreferenzpunkt *m* <wz.masch> *(CIM)* • zero reference point
Nullreibung *f* <mech> • zero friction
null Risiko *ugs* <tech.allg> *(eines Orts, Systems)* • maxi-mum safety; zero risk *coll*
Nullrückstellung *f* <msr> • resetting to zero
Nullschalter *m* <el> • no-load circuit breaker
Nullschicht *f* <geo> *(Ozeanographie: Schicht ohne Hori-zontalbewegung)* • zero layer
Nullschlitzmagnetron *n* <el> • magnetron with unslotted anode
Nullschwebungsfrequenz *f* <phys> • zero-beat frequency
Nullserie *f* (OS) <prod> *(direkt vor eigentl. Produktionsbe-ginn)* • zero series; 0 series
nullsetzen *vt* <math> • nullify *vt*
nullsetzen *vt* <math> • set to zero *vt*; set equal to zero *vt*
nullsetzen *vt* <msr> *(betont: wieder)* • reset to zero *vt*
Nullsetzung *f* <edv> *(Fehlerverdeckung bei digitalisierten Daten)* • muting
Nullsignal *n* <msr> • zero-measurand output
Nullsignalausgang *m* <msr> • zero signal output
Nullspannung *f* <el> • zero voltage
Nullspannungsauslöser *m* <el> • no-voltage release; no-voltage cut-out; no-voltage trip; zero cut-out
Nullspannungsauslösung *f* <el> • no-voltage release
Nullspannungsausschalter *m* <el> • no-voltage circuit breaker; no-voltage cut-out
nullspannungsgesichert *DIN 19237* <edv.msr> *(z. B. Speicher)* • retentive
Nullspannungsrelais *n* <el> • no-voltage relay
Nullspannungsschaltung *f* <el> • zero-voltage switching
Nullspant *n* <nav> • balanced frame
Nullspiel *n* <kfz.mot> • zero-lash
Nullspur *f* <msr> • zero track

Nullstellenprüfung *f* <edv> • zero check
Nullstellenunterdrückung *f* <msr> *(z. B. führende Nul-len)* • zero suppression
Nullsteller *m* <msr> • zero adjuster
Nullstellung *f* <tech.allg> • home position
Nullstellung *f* <prod> *(z. B. Werkzeug, Schlitten)* • neutral position; zero position
Nullstopp *m* <av> • memory function; memory stop func-tion; zero memory
Nullstrich *m* <msr> *(Skale)* • zero line
Nullstrom *m* <el> • zero current
Nullstromselbstausschalter *m* <el> • automatic zero-current cut-out
Nullsummenspiel *n* <math> *(Spieltheorie)* • zero-sum game
Nullsystem *n* <el> • zero phase-sequence system
Nullsystemdrosselspule *f* <el> • zero-sequence system reactor
Nullsystemrelais *n* <el> • zero phase-sequence relay
Nullsystemschutz *m* <el> • zero phase-sequence pro-tection
Nullträgheitsmodell *n* <mech> • zero-inertia model
Nulltrendprinzip *n* <msr> • quick-scan principle; scan-line principle
Nulltrendregler *m* <msr> • quick-scan controller
Nullung *f* <el> • multiple protective earthing
Nullung *f* <msr> *(auf Null setzen; z. B. Zähler)* • zero set-ting; nulling; zeroing
Nullunterdrückung *f* <edv> • zero suppression; zero compression
Nullvektor *m* <math> • zero vector; null vector
Nullverfahren *n* <msr> • null measuring method; null method
Nullversuch *m* <chem> • blank experiment; blank test; blank
Nullvertikale *f* <navig> • null vertical
Nullverzahnung *f* <masch> *(Zahnradgetriebe)* • equal-addendum teeth
Null werden *vi* <math> • vanish *vi*
nullwertig <chem> • zero-valent; non-valent
Nullwertigkeit *f* <chem> • zero valence
Nullwiderstand *m* <el> • zero resistivity
Nullzacke *f* <msr> • null signal
Nullzähigkeitstemperatur *f* (NDT) <qualit.mat> • nil duc-tility transition temperature (NDT)
Nullzählrate *f* <msr> • zero count rate
Nullzone *f* <el> *(Mehrphasenmaschine)* • neutral plane
Nullzustand *m* <msr/edv> • zero condition; zero state
Nullzweig *m* <phys> *(Spektren)* • Q-branch
Numerierungs-Druckverfahren *n* <edv> • numbering wheel print method; rotary numbering
Numerierungs-Druckwerk *n* <edv> • rotary numbering wheel machine (RNWM); rotary numbering machine; numbering wheel machine; letterpress numbering head
Numerierungssystem *n* <textil> *(Numerierung)* • num-bering system
Numerierwerk *n* <tech.allg> • numbering apparatus
Numerierwerk *n* <druck> • numbering box
Numerik *f* <autom> • numerical control system; numerical control
Numerikmaschine *f* <masch> • numerically controlled machine; NC machine
Numerikrechner *m* <edv> • numerical control computer
numerisch *norm* <edv> • numeric *stand*
numerische Adresse *f* <edv> • numerical address
numerische Analysis *f* <math> • numerical analysis
numerische Anzeige *f* <msr> *(betont: in Ziffern)* • nu-merical display; numerical readout
numerische Apertur *f* (NA) <opt> • numerical aperture

numerische Apertur der Einkopplung f <lwl> • launch numerical aperture

numerische Bahnsteuerung f <wz.masch> • numerical contour control; contouring numerical control

numerische Codierung f <tech.allg> • numerical coding

numerische Daten pl <edv> • numerical data

numerische Direktsteuerung f <wz.masch.msr> • direct numerical control (DNC); computerized numerical control rare

numerische Form f <pap> • numeric form

numerische Frequenzanzeige f <kfz.av> • digital frequency display

numerische Funktion f <pap> • numeric function

numerische Kodierung f <tech.allg> • numerical coding

numerische Programmierung f <edv> • numerical programming

numerischer Code m <tech.allg> (z. B. Werkstoff, Konsumgüter) • numerical code

numerischer Code m rar <tech.allg> • numerical code

numerischer Kode m <tech.allg> (z. B. Werkstoff, Konsumgüter) • numerical code

numerischer Koprozessor m <edv> • math coprocessor

numerischer Tastenblock m <edv> • numeric keyboard

numerisches Datenwort n <edv> • numeric item

numerisches Filter n • digital filter

numerische Sichtanzeige f • digital read-out

numerisches Steuerungssystem n <msr> • numerical control system

numerisches Tastenfeld n <edv> • calculator keys

numerische Steuerung f (NC) DIN ISO 2806 <autom> (z. b. Werkzeugmaschine) • numerical control (NC) ISO 2806

numerische Steuerungstechnik f <autom> • numerical control engineering

numerisches Zeichen n <edv> • numeric character

numerische Zeichenfolge f <edv> • numeric string; character string

numerisch gesteuert <msr> • numerically controlled

numerisch gesteuerte Maschine f <masch> • numerically controlled machine; NC machine

numerisch gesteuerte Messmaschine f <msr> (betont: Messung) • coordinate measuring machine

numerisch gesteuerte Messmaschine f <msr> (betont: Kontrolle, Steuerung) • numerically controlled inspection machine

numerisch gesteuertes Elektronenstrahlschweiß-gerät n <füg> • numerically controlled electron-beam welder; NC/EB welder

numerisch gesteuerte Werkzeugmaschine f <wz.masch> • numerically controlled machine tool

numerisch gesteuerte Zeichenmaschine f DIN 32865 <edv> • plotter; numerically controlled drafting machine ISO 9179

Numerus m <math> • antilogarithm; inverse logarithm; antilog

Numerus m <term> • grammatical number

Nummer f <textil> (Gespinst) • count of yarn

Nummer der Produktionsserie f rar <tech.allg> • serial number

Nummernansageeinrichtung f <tele> • call announcer system

Nummernanzeiger m <tele> • call indicator

Nummernbereich m <textil> (Garn) • count range

Nummerngewinde n <masch> • American number thread; number thread

Nummernschalter m <tele> • telephone dial; dial

Nummernschalterwahl f <tele> • dial pulsing

Nummernscheibe f <tech.allg> (z. B. Fernsprecher, Ziffernschloss) • dial selector; selector

Nummernscheibe f <tele> • telephone dial; dial

Nummernschild n <kfz> • registration plate; licence plate; number plate

Nummernschild n prakt.ugs <kfz> (das Schild) • license plate US; numberplate GB

Nummernschildbeleuchtung f <kfz> • number-plate illumination; number-plate lighting

Nummernschildbeleuchtung f ugs <kfz.el> (betont: das Licht) • license light US; numberplate light GB

Nummernschildblende f <kfz> • license plate frame

Nummernschildhalter m ugs <kfz> (z. B. aus Kunststoff-Recyclat) • license plate frame

Nummernschildleuchte f <kfz> • number-plate illumination lamp; number-plate lamp

Nummernschildrahmen m <kfz> (z. B. aus Kunststoff-Recyclat) • license plate frame

Nummernschild-Sockel m <kfz> • filler panel

Nummernschlucker m <tele> • digit-absorbing selector

Nummerntafel f A <kfz> • registration plate; number plate; licence plate

Nummernwähler m <tele> • numerical selector

Nummernwahl f <tech.allg> • dialling

Nummernwahl f <tele> • impulse action; impulse stepping

Nummernwahlzeichen n <tele> • pulsing signal

Num-Taste f <edv> • NumLock key

NURBS <edv> • non-uniform rational B-spline (NURBS)

NURBS <edv> • Non-Uniform Relational B-Spline (NURBS)

NURBS pl <math> • NURBS pl; non-uniform rational B-splines pl

Nurflügelflugzeug n <aerospace> • all-wing aircraft; flying-wing aircraft; tailless aircraft; Blended-Wing-Body aircraft BoeingNASA

nur im Anschnitt genuteter Gewindebohrer m <wz> • spiral-point-only tap; spiral-pointed-only tap; short-flute spiral-point tap; stub-flute tap rare

Nur-lesbare-DVD f did <edv> (nicht beschreibbar) • DVD-ROM; read-only digital versatile disc did

nur lesbare optische Speicherplatte f <edv> • optical read-only memory disk; OROM-disk

nur lesen vi/vt <edv> • read only vi/vt

Nur-Lese-Speicher m (ROM) <edv> • read-only memory (ROM)

Nuss f prakt <wz> (Einsatz zum Aufstecken; z. B. auf Knarre) • socket

Nussbaumholz n <holz> • walnut wood

Nusselt-Zahl f <therm> (Strömung: Konvektion, Wärme-übergang) • Nusselt number

Nussisolator m <el> • egg insulator

Nusskohle f <min> (klassierte Kohle; Körnungsbereich 6/10/30 bis 80/100/120 mm) • large graded coal

Nussplatte f <nav> • boss plate

Nut f <tech.allg> (allg.; beliebiger Querschnitt, auch unre-gelmäßig) • groove; slot; channel

Nut f <holz> (z. B. in Nut- und Feder-Brett) • rabbet; mortise

Nut f <masch> (Wellen-Längsverzahnung) • flute

Nut f <masch> (allg.; für Feder oder Keil) • keyway; keyseat

Nut f <prod> (spanend erzeugt) • chase

Nutanker m <el> • slotted armature

Nutation f <phys> • nutation

Nutation der Kreiselachse f <mech> • nutation of the gyro-axis

nuten vt <prod> (für Wellen-Längsverzahnung) • flute vt

nuten vt <prod> (allg., auch unregelmäß. Querschnitt) • groove vt

nuten vt <prod> (für Feder oder Keil) • keyway vt

nuten vt <prod> (schmale, lange Vertiefung) • slot vt

Nutenantenne f <tele> • notch aerial
Nutenauslauf m <prod> • cutter sweep
Nuteneinstechen n <prod> • recessing
Nutenfräsen n <prod> (Wellen-Längsverzahnung) • flute milling
Nutenfräsen n <prod> (allg., jede Form) • groove cutting
Nutenfräser m <holz.wz> (für Nut-und-Feder-Verbindungen) • keyway cutter; biscuit jointer US.pract
Nutenfräser m <wz> (allg.) • grooving cutter; slotting cutter; slot-milling cutter
Nutenfräsmaschine f <wz.masch> • flute-milling machine
Nutenfräsmaschine f <wz.masch> (allg., jede Form) • groove-milling machine
Nutenkeil m <el> (rotor in electric machine) • slot closer; slot wedge
Nutenkeil m <masch> • sunk key; feather
Nutenmeißel m <wz> • grooving chisel; keyseating chisel; half-round chisel
Nutenrad n <msr> (Polrad) • slotted wheel
Nutenscheibe f <masch> • disc cam; face cam
Nutenscheibe f <masch> (Waagerechtstoßmaschine) • feed-driving disc
Nutenschneidkopf m <wz> • grooving head
Nutenschneidkopf m <wz.holz> • gaining head
Nutenschritt m <el> • slot pitch; coil pitch
Nutensteg m (Kolben) • piston land
Nutensteigung f <masch> • lead of helix; helix pract
Nutenstoßmaschine f <wz.masch> • push-type keyway slotting machine; push-type keyway slotter; push-type slotting machine; push-type slotter
Nutenverschlusskeil m <el> (des Ankers) • armature key
Nutenverschlusskeil m <el> • slot wedge; slot closer
Nutenwelle f <masch> • splined shaft
Nutenwicklung f <el> • slot winding
Nutenzahl f <el> (Rotor) • slot number
Nutenzahl f <masch> • flute number
Nutenziehmaschine f <wz.masch> • groove-drawing machine
Nutenziehmaschine f <wz.masch> • pull-type keyseating machine
Nutfrequenz f <el> (E-Motor, Generator) • slot-ripple frequency; slot frequency
Nutfrequenz f <el> • tooth pulsation frequency
Nutfüllfaktor m <el> • slot space factor
Nutgrund m <masch> • flute bottom
Nutgrund m <masch> • groove bottom; slot bottom
Nutgrund m <masch> • keyway bottom
Nuthobel m <wz> • grooving plane
Nuthobel m <wz> (für Fensterrahmen) • sash fillister
Nuthobel m <wz.holz> • rabbet plane; plough plane; match plane
Nuthülse f <el> • slot liner
Nutisolation f <el> • slot insulation
Nutkreissäge f <wz.masch> • grooving saw
Nutkurve f <masch> (z. B. Kurvenautomat) • face cam
Nutkurvenscheibe f <masch> (z. B. Kurvenautomat) • face cam
Nutmaschine f <wz.masch> (für Holz) • gainer
Nutmaschine f <wz.masch> • grooving machine
Nutmutter f DIN ISO 1891 <füg> • slotted round nut for hook-spanner
Nutmutternschlüssel m <wz> (Steckschlüsseleinsatz) • spanner socket
Nutpartie f <nfz> (umlaufende Rille in der Grundfelge einer mehrteiligen Felge) • gutter; rim gutter; gutter groove
Nutringmanschette f <kfz.brems> (in Kolben) • piston seal
Nutringmanschette f <masch> • groove-ring collar; chevron-type sealing ring; square-base U-ring

Nutsche f <chem> (Filter) • nutsch filter; porcelain funnel; nutsch
Nutschraube f :V <füg> (z. B. zum Montieren von Gipskartonplatten) • mill-slot screw
Nutstreuung f <el> • slot leakage
Nutteilung f <el> (Wicklung) • slot pitch
Nut und Feder f <holz.füg> (z. B. Paneelverbindung) • tongue and groove (T&G); key and slot; groove and tongue rare; slot and key rare
Nutungsharmonische f <el> • winding harmonic frequency; winding harmonic
Nutungsoberwelle f <el> • winding harmonic frequency; winding harmonic
Nutzanhänger m <kfz> (für Pkw) • utility trailer
Nutzband n <tele> • useful band; wanted band
nutzbare Computerzeit f • available machine time
nutzbare Energie f <phys> • useful energy
nutzbare Fahrtiefe f <nav> • navigable depth channel
nutzbare Gewindelänge f <masch> • effective thread; useful thread
nutzbare Reichweite f <msr> (von Sensoren) • effective sensing distance
nutzbarer Gewindeteil m <masch> • effective thread; useful thread
nutzbare Tischfläche f <prod> • table working area
Nutzbarmachung f <ents> (z. B. von Abfällen) • utilization
Nutzbildfläche f <av> • useful screen area
Nutzbremsschaltung f <bahn> (Elektrotraktion) • regenerative control
Nutzbremsung f <bahn> • regenerative braking; recuperation
Nutz-Byte n <edv> • user byte
Nutzdämpfung f <tele> • effective transmission equivalent; reference equivalent
Nutzdaten fpl <edv> • user data
Nutzdatenzeichen n <edv> • message character
Nutzeffekt m <tech.allg> (von Prozessen) • efficiency; net efficiency
Nutzen m <druck> • copies
nutzen vt <allg> (z. B. Gelegenheit, Mittel) • make use of vt; utilize vt
nutzen vt <allg> (verwenden) • employ vt
Nutzen-Risiko Verhältnis n <pharm> • benefit-risk equation
Nutzer m <tech.allg> (von Diensten) • user
Nutzer-Byte n <edv> • user byte
Nutzerdatenbereich m <edv> • user data area
Nutzerdialog m <edv> • user interaction
nutzerfreundlich <qualit> • user-friendly
nutzerfreundliche Bedienung f <navig.edv> • user-friendly operation
Nutzerprogramm n <edv> • user program; user routine
nutzerprogrammierbar <edv> • user-programmable
Nutzer-Schnittstelle f <navig.edv> • user interface
Nutzersegment n <navig> • user segment
Nutzfahrzeug n <nfz> • commercial vehicle stand; utility vehicle
Nutzfahrzeugrad n stand <kfz> • commercial vehicle wheel
Nutzfilterfläche f <verf> • net filtering area; effective filtering area
Nutzfläche f <tech.allg> (wirksame Fläche; z. B. zur Kraft- od. Wärmeübertragung) • effective area
Nutzfläche f <tech.allg> (z. B. in m²) • usable space
Nutzfläche f <bau> (auf dem Boden) • floor area; floor space
Nutzförderhöhe f <masch> (Pumpe) • operating head
Nutzfrequenz f <edv.av> • useful signal; wanted signal
Nutzholz n <holz> • timber

Nutzhub *m* <kfz.mot> • effective stroke; delivery stroke

Nutzkanal *m* <tele> *(ISDN)* • B channel; bearer channel; information channel

nutzkanalfreier Verbindungsaufbau *m* <tele> • off-air call set-up (OACSU)

Nutzkapazität *f* <edv> • formatted capacity; user capacity

Nutzkraft *f* <mech> *(Vortriebskraft)* • turning force on rim; turning force

Nutzkraftfahrzeug *n* <nfz> • commercial vehicle *stand*; utility vehicle

Nutzkraftwagen *m* <nfz> • commercial vehicle

Nutzkraftwagen *m norm* <nfz> • commercial vehicle *stand*; utility vehicle

Nutzkraftwagenrad *n stand-rare* <kfz> • commercial vehicle wheel

Nutzlast *f* <bau> • superimposed load; imposed load; working load

Nutzlast *f* <logist> *(Regal)* • live load; storage capacity

Nutzlast *f* <verk> *(z. B. Flugzeug, Container)* • payload

Nutzlast-Aufbau-Kraftstoff-Verhältnis *n* <aerospace> • payload-structure-fuel weight ratio

Nutzlast erreichen <nfz> • weigh out

Nutzlastmasse *f* <fz> • payload mass

Nutzlastmasse *f* <logist> • net load

Nutzlastverhältnis *n* <fz> • payload ratio

Nutzlebensdauer *f* <qualit> • service life; useful life

Nutzleistung *f* <tech.allg> • duty

Nutzleistung *f* <tech.allg> • net efficiency; efficiency

Nutzleistung *f* <antr> *(Kraftmaschine)* • effective power; useful power

Nutzleistung *f* <el> *(Batterie)* • service output

Nutzleistung *f* <förd> *(von der Pumpe auf den Förderstrom übertragene nutzbare Leistung)* • pump performance; pump power output

Nutzleistung *f* <masch> • effective capacity

Nutzleistungsturbine *f* <turb> *(Turbinenart)* • power turbine; free power turbine; output turbine

Nutzmessbereich *m* <msr> • effective range

Nutzquerschnitt *m* <tech.allg> *(z. B. Kabel, Seil)* • net section

Nutzquerschnitt *m* <el> • useful cross-section

Nutzraum *m* <tech.allg> *(Volumen; z. B. in Liter m³)* • usable space

Nutzschaltabstand *m* (su) *EN 60947norm* <msr> • usable operating distance (su) *EN 60947*; usable switching distance; usable sensing distance; usable sensing range; useful sensing range

Nutzschicht *f DIN ISO 2424* <textil> *(z. B. Teppich)* • use-surface *ISO 2424*

Nutzsignal *n* <edv.av> • useful signal; wanted signal

Nutzsignal-Störsignal-Verhältnis *n* <el> • signal-to-noise ratio

Nutzspalt *m* <el> *(Magnetkopfwandler)* • front gap

Nutzspannung *f* <el> • useful voltage

Nutzstrahlenbündel *n* <phys> • useful beam

Nutzstrom *m* <el> • useful current

Nutzstrombremsung *f* <bahn> *(Eisenbahn, Straßenbahn, U-Bahn)* • dynamic braking

Nutzung *f* <allg> • utilization

Nutzung *f* <holz> • felling

Nutzung eines Standorts *f* <ents> • use of a site; utilization of a site

Nutzungsdauer *f* <qualit> • useful life; service life; effective life; operating life; working life

Nutzungsfaktor *m* <ökon> *(allg.; z. B. von Maschinen, Arbeitsräumen, Verkehrsflächen, Betten)* • coefficient of utilization; commercial efficiency; utilization factor

Nutzungsgrad *m* <ökon> • degree of utilization

nutzungsorientiert <ökon> • use-oriented

nutzungsrechtliche Kennzeichnung *f VG 95036* <jur> • marking related to right of use *VG 95036*

Nutzungswert *m* <fin> • use value; value in use

Nutzungszeit *f* <tech.allg> • operating time

Nutzwärme *f* <energ.sol> • useful energy gain; heat gain; heat recovery; net rate of energy gain

Nutzwärme *f* **sg** <hlk> • heat energy made available

Nutzwasser *n* <tech.allg> • process water; industrial water

Nutzwiderstand *m* <el> • useful resistance

Nutzzeichen *n* <edv> • message character

Nutzziffer *f* <edv> • message character

Nux moschata <bio> • nutmeg; nux moschata

Nux vomica *f* <bio> *(Samen strychninhaltig)* • poison nut tree; nux vomica

NV <edv> • postprocessing (PP); post-processing

n-Verfahren *n* <bau> *(Stahlbetontheorie)* • modular-ratio design; elastic-modulus method; modular-ratio method; working stress design

NW-8 <edv> *(Strichcodetyp)* • NW-8

Nylon *n* <kst> *(Markenname für sehr elast. Polyamidfaser)* • perlon; nylon *GB*

Nylon *n* (PA) <textil> • Nylon (PA)

Nylonfaser *f* <textil> • nylon fiber

Nylonfaserstift *m* <büro> • nylon tip pen; felt tip pen *coll*

Nylonhalter *m* <el> • nylon retainer

Nylonhammer *m* <kfz.wz> • nylon hammer

Nylon-Kabelbinder *m* <el> • nylon cable tie

Nylonnähfaden *m* <textil> • nylon thread

Nylonsalz *n* <chem.petr> • nylon salt; nylon-66 salt

Nyquist-Diagramm *n* <msr> • Nyquist diagram

Nyquist-Flanke *f* <av> • Nyquist slope

Nyquist-Kriterium *n* <phys> *(Stabilitätskriterium)* • Nyquist criterion; Nyquist stability criterion; left-hand rule

Nyquist-Rate *f* <tele> *(Intersymbolstörung)* • Nyquist rate

Nyquist-Rauschen *n* <el> • thermal noise; Johnson noise; Nyquist noise; thermal agitation noise; resistance noise

Nyquist-Samplingtheorem *n* <av> • sampling theorem; Shannon theorem; Nyquist theorem; Nyquist sampling theorem

Nyquist-Theorem *n* <av> • sampling theorem; Shannon theorem; Nyquist theorem; Nyquist sampling theorem

n-zählige Achse *f* <mat> • n-fold axis; axis with n-fold rotational symmetry; n-fold symmetry axis

n-Zone *f* <el> • n-type region; n-region

O

O₂-Bezug *m prakt* <emiss> • reference oxygen content

O₂-Sensor *m* <msr> *(allg.)* • oxygen sensor

O-Anordnung *f DIN ISO 5593* <masch> *(Wälzlager)* • back-to-back arrangement *ISO 5593*

OBD <edv> • object-relational datbase (OBD)

OBD <kfz.msr> • on-board diagnostic system (OBD); diagnostic system; self-diagnostic system

Obduktion *f* <geo> • obduction

Obenaufgabe *f* <förd> *(Aufgabegut)* • top feed

Obenentnahmefräse *f* <logist> *(Silo)* • top unloader

obengesteuerter Motor *m* <kfz.mot> *(Viertaktmotor mit im Kopf hängend angeordneten Ventilen)* • overhead valve engine; ohv engine *pract*; valve-in-head engine *rare*

obengesteuertes Ventil *n* <mot> • overhead valve

obenliegend <mot> *(z. b. Ventile)* • overhead
obenliegende Nockenwelle *f* <kfz.mot> *(Motorbauart)*
• camshaft in head (CIH)
obenliegende Nockenwelle *f* (SOHC) <mot> *(eine einzige)* • single overhead camshaft (sohc)
obenliegende Nockenwelle *f* (OHC) <mot> *(allg., jede Anzahl)* • overhead camshaft (ohc)
oben ohne <kfz> *(Auto ohne Dach, Offenfahren)* • topless
Oben-ohne-Auto *n* press <kfz> *(allg., jede Variante)* • convertible (conv); open-air automobile *press*; topless automobile *press*; droptop *pract*; ragtop *coll*
Obenschmiermittel *n* <tribo.mot> • upper cylinder lubricant
Ober... <tech.allg> *(z. B. Leitung)* • aerial *adj*; above-ground; overhead
Oberantrieb *m* <prod> *(z. B. Hammer, Presse)* • overcrank action
Oberarm *m* <autom> *(Roboter)* • upper arm
Oberbär *m* <bau.masch> • tup; upper ram
Oberband *n* <druck> • upper tape
Oberbank *f* <min> *(Kohle)* • upper bench; top coal
Oberbau *m* <tech.allg> • superstructure
oberbauloser Webstuhl *m* <textil> • low-built loom
Oberbaumaterial *n* <bau.mat> *(Bahngleis)* • track equipment
Oberbaumesswagen *m* <bahn> • track-recording coach
Oberbauschicht *f* <bau> • surfacing course
Oberbecken *n* <energ.hydr> • upper reservoir; upper basin; head pond
Oberbekleidung *fsg* <textil> • outerwear *sg*
Oberbereich *m* <tech.allg> • upper range
Oberbereich *m* <msr> *(Laplace-Transformation)* • time domain
Oberblech *n* <füg> • top sheet
Oberboden *m* prakt <geo> • A horizon *thsc*; eluviated horizon *thsc*; eluvial horizon; top-soil layer; top soil *pract*
Oberbühne *f* <theat> • flying space
Oberdeck *n* <nfz> *(Doppeldeckerbus)* • upper deck; platform *GB*; top deck
Oberdrempel *m* <hydr> • upper lock sill
Oberdruck *m* <metall> • top pressure
Oberdruckhammer *m* <prod> • double-acting hammer
obere Abdeckung *f* <energ.sol> *(Glasscheibe über Absorber)* • top cover; top glazing
obere Abweichung *f* <qualit.msr> • upper deviation
obere Alarmgrenze *f* <msr> • upper alarm limit
obere Begrenzungsleuchte *f* <kfz.el> • clearance marker lamp
obere Drehpfanne *f* <masch> • bogie pin; bogie pivot
obere Erregerspannung *f* <el> • exciter ceiling voltage
obere Etage *f* <bau> • upper floor
obere Fläche *f* <tech.allg> *(z. B. eines Werkstückes)* • top surface
obere Führungsrolle *f* <verf> *(von Kletterrechen)* • follower roller
obere Führungsschiene *f* <masch> • top rail; overhead rail; top track
obere Gabelbrücke *f* <fz> • stem head
obere Gitterrost *f* <nukl> *(RDB-Einbauten)* • upper grid
obere Grenze *f* <allg> • upper limit
obere Grenzfrequenz *f* <el> • upper cut-off frequency
obere Grenzkorngröße *f* <mat> • upper grain size
obere Hälfte *f* <allg> • upper half; top half
obere Haltung *f* <hydr> • upstream reach
obere Hinterradstrebe,f <fz> • seat stay
obere hybride Frequenz *f* <nukl> • upper hybrid frequency
obere Luftspiegelung *f* <meteo> • superior mirage
obere Mittelklasse *f* <kfz> *(Autokategorie)* • intermediate

obere Polplatte *f* <av> *(Ringspalt-Magnetsystem)* • top plate
oberer Befestigungsriemen *m* <kfz.sich> *(Kindersitz)* • top strap; top tether
oberer Drehzahlbereich *m* <mot> • top end of rpm range
oberer Druckring *m* <verf> *(Seilnetzkühlturm)* • upper compression ring
oberer Grenzwert *m* <tech.allg> • upper limit value; upper limit
oberer Heizwert *m* obs <verbr> • gross calorific value; higher heating value; gross combustion heat *rare*
oberer Holm *m* <verf> *(Plattenwärmetauscher)* • upper carrying bar; top hanging bar
oberer Kühlpunkt *m* <metall> *(im Eisen-Kohlenstoff-Diagramm)* • annealing point; annealing temperature
oberer Längsverband *m* <logist> *(Hochregal)* • cross-aisle tie *US*
oberer Lenker *m* <agri> *(Dreipunktanbau)* • upper link
oberer Luftauslassschlitz *m* <bekl> *(Helmbelüftung)* • top air outlet
oberer Lufteinlassschlitz *m* <bekl> *(Helmbelüftung)* • upper air intake
oberer Siedepunkt *m* <phys> • final boiling point
oberer Staukasten *m* <fz> *(in Caravan, Wohnmobil)* • overhead locker; top locker; roof locker
oberer Totpunkt *m* (OT) <masch> *(von Kolbenmaschinen; z. B. Motor, Pumpe)* • top dead center (TDC) *US*; top dead centre *GB*; upper dead center; outer dead centre *GB.rare*; UDC *rare*
oberer Ventilfederteller *m* <kfz.mot> *(Ventiltrieb; Ein-/Auslaßventile)* • valve spring cap
oberer Verstärkungsring *m* <verf> *(Kühlturm)* • upper ring beam; top ring beam
oberer Zylinder *m* <masch> *(allg.; z. B. Rundstrickmaschine)* • top cylinder
oberes Abdeckprofil *n* <bau> *(Fenster)* • head casing
oberes Abmaß *n* <tech.allg> *(Toleranz)* • high limit; upper deviation
oberes Bekleidungsprofil *n* <bau> *(Fenster)* • head casing
oberes Blendrahmenholz *n* <bau> *(Fensterrahmen)* • head jamb; window head; head
oberes Blendrahmenprofil *n* <bau> *(Fensterrahmen)* • head jamb; window head; head
oberes Ende der Pleuelstange *n* <mot> *(verbunden mit dem Kolben)* • connecting rod top end *ISO 7967-2*; connecting rod small end
oberes Flügelholz *n* DIN <bau> *(Fenster; horizontaler oberer Teil des Flügelrahmens)* • head rail; top rail
oberes Flügelprofil *n* <bau> *(Fenster; horizontaler oberer Teil des Flügelrahmens)* • head rail; top rail
oberes Grenzkorn *n* <verf> *(Partikelgröße; Filter-Parameter)* • upper cut diameter
oberes Kerngerüst *n* <nukl> *(in RDB)* • plenum assembly
oberes Kettenrad *n* <verf.hydr> *(Umlaufrechen, Siebband)* • head sprocket
oberes kritisches Magnetfeld *n* <nukl> • upper critical magnetic field
oberes Pleuelauge *n* <mot> • connecting rod small end *ISO 7967-2*; small end *coll*; piston pin end; wrist pin end; gudgeon pin end *GB*
oberes Pleuelende *n* DIN ISO 7967-2 <mot> • connecting rod small end *ISO 7967-2*; small end *coll*; piston pin end; wrist pin end; gudgeon pin end *GB*
oberes Rahmenholz *n* DIN <bau> *(Fensterrahmen)* • head jamb; window head; head
oberes Rahmenprofil *n* <bau> *(Fensterrahmen)* • head jamb; window head; head
oberes Rahmenrohr *n* <fz> *(Fahrradrahmen)* • top tube

oberes Randglied *n* <verf> *(Kühlturm)* • upper ring beam; top ring beam

oberes Seitenband *n* <av> • upper sideband (USB)

oberes Speicherbecken *n* <energ.hydr> *(Pumpspeicherwerk)* • upper reservoir

obere Streckgrenze *f* <qualit.mat> • upper yield point

obere Tragcplatte *f* <nukl> *(im RDB)* • plenum cover forging

obere Umlenkrolle *f* <förd> *(Flaschenzug)* • head pulley

obere Welle *f* <hydr.turb> • headshaft

Oberfach *n* <textil> • top shed; upper shed

Oberfaden *m* <textil> • upper thread

Oberfelge *f* <kfz> *(Rad)* • upper rim

Oberfeuer *n* <verbr> *(Ofen)* • updraft fire *US*; updraught fire *GB*

Oberfilz *m* <textil> • overfelt; top felt

Oberfläche *f* <tech.allg> *(allg.)* • surface

Oberfläche *f* <tech.allg> *(Flächenangabe; z. B. in mm², m², km²)* • surface area

Oberfläche *f* <tech.allg> *(Struktur, Beschaffenheit)* • surface structure; surface

Oberfläche *f prakt* <obfl> *(betont: Aussehen, Beschaffenheit; z. B. glänzend, matt)* • finish; surface finish

Oberfläche der Bodenpartikel *f* <ents> • surface of the soil particles

Oberfläche der Erde *f* <geo> *(allg.)* • earth's surface

Oberflächenabdichtung *f* <ents> *(Mülldeponie)* • surface sealing; top sealing

Oberflächenabfluss von Wasser *m* <agri> • surface run-off of water

Oberflächenablagerung von Abfällen *f* <ents> • surface discharge of waste

Oberflächenabschmelzung *f* <nukl> • ablation

Oberflächen-Absorber *m* <energ.sol> • surface receiver; external receiver

Oberflächenätzung *f* <obfl> • surface etching

oberflächenaktiv <chem> *(z. B. Waschmittel)* • surface-active; interface-active; interfacially active *rare*

oberflächenaktiver Stoff *m* <chem> *(in Reinigungsmitteln)* • surface-active agent; surfactant; tenside

oberflächenaktive Substanz *f* <chem> • surface-active agent; surface-active substance; surface-active compound; surfactant

oberflächenaktive Verbindung *f* <chem> • surface-active agent; surface-active substance; surface-active compound; surfactant

Oberflächenaktivität *f* <chem> • surface activity

Oberflächenangabe *f* <doku> *(in techn. Zeichnungen)* • symbol for surface finishing; symbol for surface roughness

Oberflächenappretur *f* <textil> • face finish

Oberflächenaufkohlen *n* <metall> *(Prozess)* • surface carburization; surface cementation

Oberflächenauflage *f* <obfl> • surface coat

Oberflächenausdehnungskoeffizient *m* <mech> • coefficient of surface expansion

Oberflächenbarrieredetektor *m* <el> • surface-barrier detector

Oberflächenbearbeitung *f* <prod> *(Endbearbeitung; z. B. Schlichten)* • surface finishing

Oberflächenbearbeitung *f* <prod> *(allg.)* • surface machining

oberflächenbehandelt <obfl> • surface treated

oberflächenbehandelte Gipskartonplatte *f* <bau.mat> • predecorated gypsum board

Oberflächenbehandlung *f* <tech.allg> *(allg.)* • surface treatment

Oberflächenbehandlung *f* <tech.allg> *(betont: Endbehandlung, letzte Bearbeitungsstufe)* • finishing process; finishing

Oberflächenbehandlung *f* <bau> *(Straßenbau)* • surface dressing

Oberflächenbehandlung *f* <obfl> *(durch Überziehen, Beschichten)* • coating

Oberflächenbelag *m* <obfl> • surface layer

Oberflächenbelüftung *f* <agri> • surface aeration

Oberflächenbenetzbarkeit *f* <obfl> • surface wettability

Oberflächenbeschaffenheit *f* <tech.allg> • surface condition

Oberflächenbeschaffenheit der Endfläche *f* <lwl> *(LWL-Stirnfläche)* • end finish

oberflächenbeschichtet <obfl> • surface-coated

Oberflächenbeschichtung *f* <obfl> • surface coating

Oberflächenbeschichtungsmasse *f* <textil> • top coat paste

oberflächenbündig machen *vt* <tech.allg> • flush *vt*

oberflächenbündig montiert <tech.allg> *(in den Boden, in die Wand)* • flush-mounted; recessed

Oberflächendesinfektionsmittel *n DIN EN 13713 19* <med.tech> • surface disinfectant *DIN EN 13713 19*

Oberflächendichte der Ladung *f* <el> • surface charge density

Oberflächendipol *m* <el> • surface dipole

Oberflächendonator *m* <el> • surface donor

Oberflächendotierung *f* <el> • surface doping

Oberflächendruck *m* <mech> • surface pressure

Oberflächeneditor *m* <edv> *(Grafik)* • materials editor

Oberflächeneffekt *m* <tech.allg> • surface effect

Oberflächeneigenschaft *f* <obfl> *(allg.)* • texture; surface structure

Oberflächeneigenschaften *fpl* <obfl.qualit> • surface properties *pl*

Oberflächeneinflussfaktor *m* <mech> *(für die Gestaltfestigkeit)* • surface effect factor

Oberflächen-EKG *n* <med.tech> • surface ECG

Oberflächenenergie *f* <phys> • surface energy

Oberflächenentkohlung *f* <metall> • surface decarburization

Oberflächenentladung *f* <el> • surface discharge

Oberflächenentwässerung *f* <agri> *(Melioration)* • surface drainage

Oberflächenentwässerung *f* <bau> • stormwater drainage; storm drainage; surface drainage

Oberflächenerdung *f* <el> • surface earthing

Oberflächenfehler *m* <obfl> *(fehlerhaftes Finish)* • surface imperfection

Oberflächenfehler *m DIN ISO 8785* <qualit.mat> *(allg.)* • surface defect; surface flaw

Oberflächenfeinbearbeitung *f* <obfl.prod> • surface refining

Oberflächenfeinstruktur *f* <obfl.qualit> • surface texture *ISO 8785*

Oberflächenfeldeffekttransistor *m* <el> • surface field-effect transistor; insulated-gate field-effect transistor; surface FET; insulated-gate FET

Oberflächenfestigkeit *f* <qualit.mat> • surface strength

Oberflächenfeuchte *f* <mat> *(z. B. bei Kohle)* • surface moisture

Oberflächenfilter *n/m* <verf> • surface filter; surface-type filter

Oberflächenfiltration *f* <verf> • surface filtration

Oberflächenfinish *n* <obfl> *(betont: Aussehen, Beschaffenheit; z. B. glänzend, matt)* • finish; surface finish

oberflächengehärteter Stahl *m* <metall> *(allg.; z. B. durch Induktions-, Einsatzhärten)* • surface-hardened steel

oberflächengehärteter Stahl *m* <metall> *(durch Einsatzhärten)* • case-hardened steel

oberflächengehärteter Stahl *m* <metall> *(durch Induktionshärten)* • induction-hardened steel

oberflächengeleimt <pap> • surface-sized

Oberflächengestaltung f <prod> (Kontur, Struktur) • surface formation

oberflächengesteuerter Transistor m <el> • surface-controlled transistor

Oberflächengewässer n <geo> • surface water

Oberflächenglättung f <edv> (Graphikfunktion) • smoothing

Oberflächenglanz m <obfl> (siehe unter: Glanz) • surface gloss

Oberflächenglykoprotein n <bio.chem> • surface envelope glycoprotein; outer surface glycoprotein

Oberflächengüte f <obfl.qualit> • surface finish; surface quality; quality of finish; standard of finish

Oberflächenhärte f <qualit.mat> • surface hardness

Oberflächenhärtung f <metall> (allg.) • surface hardening

Oberflächenhärtung f <metall> (durch Randschichtaufkohlung; Vorgang und Ergebnis) • case hardening

Oberflächenintegral n <math> • surface integral

Oberflächenkatalyse f <chem> • contact catalysis; surface catalysis

Oberflächenkenngröße f <msr> • surface characteristic

Oberflächenkondensator m <el> • surface condenser

Oberflächenkontaktanfeuchter m <med.tech> (aktiver Atemgasanfeuchter) • pass-over humidifier; blow-by humidifier

Oberflächenkontamination f <obfl> (Verunreinigung; z. B. durch Chemikalien, Fallout) • surface contamination

Oberflächenkopplung f <lwl> • surface coupling

Oberflächenkraft f <phys> • surface force

Oberflächenkrümmung f <math> • surface curvature

Oberflächenkühlung f <hlk> • surface cooling

Oberflächenladung f <el> • surface charge

Oberflächenladungsdichte f <el> • surface charge density

Oberflächenladungstransistor m <el> • surface charge transistor (SCT); surface-controlled transistor

Oberflächenleimung f <pap.füg> • surface sizing

Oberflächenleitung f <el> • surface conduction

Oberflächenleitwert m <el> • surface conductance

Oberflächenmessgerät n <msr> (Rauheit) • profilometer

Oberflächenmessgerät n <obfl.msr> • surface-measuring instrument

Oberflächenmontage f <el> • surface mounting

Oberflächenmontagetechnik f <edv.prod> • surface mount technology (SMT)

oberflächenmontiertes Bauteil n (SMD) <el.ic.prod> • surface mounted device (SMD)

Oberflächenmuster n <obfl> (allg.) • texture; surface structure

Oberflächennachbehandlung f <obfl.prod> • surface aftertreatment

oberflächennah <tech.allg> • near the surface; near-surface pract

oberflächennahe Geothermie f <energ.geo> • near-surface geothermal energy

oberflächennaher Bereich m <tech.allg> • near-surface region

oberflächennaher Fehler m <qualit> • nearsurface defect; nearsurface flaw

oberflächennitriert <metall> (einsatzgehärtet) • surface-nitrided; nitrogen case-hardened; nitrided

Oberflächenniveau n <geo> • surface level

Oberflächennormal n <prod> • roughness standard; master roughness block; surface roughness block; surface specimen block

Oberflächennormale f <math> • normal; surface normal; perpendicular

Oberflächenorientierung f <math> (z. B. Vektorrechnung) • surface orientation

Oberflächenpassivierung f <obfl> • surface passivation

Oberflächen-Passivierung f <obfl> (z. B. als Korrosionsschutz oder Haftgrund) • passivation ISo 8044

Oberflächenporosität f <obfl> • surface porosity

Oberflächenpotential n <el.chem> • surface potential

Oberflächenpotentialwall m <phys> (Halbleiter) • surface potential barrier; surface barrier

Oberflächenprobe f <qualit.mat> • surface roughness specimen

Oberflächenprojektion f form <edv> • picture mapping; mapping pract

Oberflächenprotein n <bio> • surface protein

Oberflächenprüfgerät n <obfl.msr> • surface testing instrument; surface-finish testing instrument; surface testing unit; surface tester

Oberflächenprüfung f <qualit> • surface inspection; surface analysis; surface testing

Oberflächenrauheit f DIN 4762 <msr.obfl> • surface roughness

Oberflächenrauigkeit f <msr.obfl> • surface roughness

Oberflächenrauigkeits-Messgerät n <obfl.msr> • surface tester

Oberflächenreaktion f <chem> • surface reaction

Oberflächenreflexion f <obfl.opt> • surface reflectivity

Oberflächenreibung f <mech> (Haftreibung, Gleitreibung, Rollreibung) • surface friction

Oberflächenreibung f <phys> (Strömung; Skineffekt) • skin friction

Oberflächenreibungswiderstand m <phys> • skin frictional resistance

Oberflächenrekombination f <el> • surface recombination

Oberflächenrekombinationsgeschwindigkeit f <el> • surface recombination velocity; surface recombination rate

Oberflächenrekombinationsrate f <el> • surface recombination velocity; surface recombination rate

Oberflächenremnant m <chem> • surface remnant

Oberflächenrezeptor m <bio> • cell receptor; cell surface receptor; cell membrane receptor; cellular receptor

Oberflächenrieselkondensator m <verf> • evaporative surface condenser

Oberflächenriss m <obfl.qualit> • surface crack

Oberflächenrost m <obfl> • flash rust; surface rust; initial rust stand; rust bloom rare

Oberflächenrüttler m <bau.masch> (für Betonverdichtung) • surface vibrator

Oberflächenschaden m <obfl.qualit> (insbes. von Holz) • surface mark; surface blemish; blemish

Oberflächenschatten m <edv> (Computergrafik) • surface shadow

Oberflächenschicht f <tech.allg> (sehr dünn; fest, flüssig, Folie) • surface film

Oberflächenschicht f <tech.allg> (allg.; jede Art, jede Dicke) • surface layer

Oberflächenschicht abnehmen vt <prod> • desurface vt

Oberflächenschutz m <obfl> (aktiv, passiv) • surface protection

Oberflächenschutzschicht f <bau> (betont: abdichtend; z. B. auf Beton) • sealing coat

Oberflächenschutzschicht f <bau> (Straße) • surface dressing

Oberflächenschutzschicht f <obfl> (allg.) • protective surface layer

Oberflächenspannung f DIN 13310 <phys/chem> • surface tension; interfacial surface tension

Oberflächenspannungsmessgerät n <msr> • tensiometer

Oberflächensperrschichtdetektor m <el> • surface barrier detector

Oberflächensperrschichttransistor m <el> • surface-barrier transistor (SBT)

Oberflächenspiegel m <opt> (mit Beschichtung auf der Vorderseite) • front-surface reflector; surtace-silvered mirror; front-surface mirror

Oberflächen-Strahlungsempfänger m <energ.sol> • surface receiver; external receiver

Oberflächenstruktur f <obfl> (allg.) • texture; surface structure

Oberflächentemperatur f <phys> • surface temperature

Oberflächenterm m <nukl> • surface term

Oberflächentextur f DIN ISO 8785 <obfl.qualit> • surface texture ISO 8785

Oberflächenthermometer n <msr> • surface temperature sensor

Oberflächentrockner m <verf> • surface drier

Oberflächenüberzug m <obfl> • surface coating

Oberflächen- und Beschichtungstechnik f <obfl> • surface and coating technology

Oberflächenunebenheit f rar <obfl> • asperity; unevenness; surface irregularity; surface asperity rare

Oberflächen-Unebenheiten fpl <el.ic.prod> • surface irregularities pl

Oberflächenverbrennung f <chem> (Oxidationswirkung) • surface combustion

Oberflächenverdichter m <bau.masch> • surface compactor

Oberflächenverdichtung f <bau> (Boden) • surface compaction

Oberflächenverdunster m <med.tech> (aktiver Atemgasanfeuchter) • pass-over humidifier; blow-by humidifier

Oberflächenverdunster mit Fließpapiereinsatz m <med.tech> (ein Oberflächenkontaktanfeuchter) • wick humidifier

Oberflächenverdunstung f <phys> • surface evaporation

oberflächenveredeltes Papier n <pap> • surface-coated paper

Oberflächenveredelung f <obfl> (z. B. Schutz, Aussehen von Oberflächen) • surface finishing; finishing; surface refinement rare

Oberflächenverfestigung f <metall> • superficial strain hardening; surface hardening

Oberflächenvergleichsstück n <obfl.qualit> (Rauheit) • replica block

oberflächenvergütet <metall> (gehärtet) • hard-faced

oberflächenvergütet <opt> (Linse, Objektiv) • surface-coated

Oberflächenverschleiß m <obfl.qualit> (allg.; z. B. Lager, Werkzeug) • surface wear

Oberflächenversiegelung f <bau> (betont: abdichtend; z. B. auf Beton) • sealing coat

Oberflächenversiegelung f <ents> (einer Deponie) • final cover

oberflächenversilbert <obfl.prod> • surface-silvered

oberflächenverspiegelt <opt> (Linse) • surface-reflective

Oberflächenvorbereitung f <obfl.prod> • surface preparation; surface pretreatment

Oberflächenvorwärmer m <verf> • surface preheater

Oberflächenwärmetauscher m <verf> • surface heat exchanger; surface exchanger

Oberflächenwasser n <geo> (allg.) • natural surface water; surface water

Oberflächenwasser n <geo> (aus atmosphärischem Niederschlag) • stormwater; surface water; rainwater

Oberflächenwelle f <phys> • surface wave

Oberflächenwellenleitung f <el> • surface-wave transmission line

Oberflächenwelligkeit f <obfl.qualit> • surface undulation

Oberflächenwiderstand m <el> • electric surface resistance; surface resistance

Oberflächenwiderstand m <kst> (von Kunststoffen) • surface resistance; surface resistivity

Oberflächenwiderstand m <phys> (Strömung) • drag due to skin friction; skin friction drag

Oberflächenwirkleitwert m <el> • surface conductance

Oberflächenzustand m prakt <tech.allg> • surface condition

oberflächliche Anschmelzung f <geo> (Verglasung) • vitrification

Oberflasche f <förd> (Flaschenzug) • top block

Oberflottenjigger m <textil> • surface jig

Oberflügel m <bau> (Vertikalschiebefenster) • upper sash

Oberflurhydrant m <bau> • overground hydrant

Oberfräsmaschine f <wz.masch> • high-speed router; routing machine

Oberfüller m <prod.nahr> (Speiseeis) • ice cream top filler; top filler

Oberfüllung f <prod.nahr> (Eis) • top filling

Obergesenk n <prod.wz> (allg.; Schmieden, Pressen etc.) • top die; top swage; upper die

Obergesenk n <prod.wz> (Schmieden) • upper forging die

Oberglocke f <metall> (Hochofen) • small bell

Obergrenze f <tech.allg> • upper limit value; upper limit

Obergurt m <bau> (Träger; z. B. I-, U-, L-Träger in Fachwerk) • top boom; top chord; upper chord; upper boom

Oberhälfte f <allg> • upper half; top half

Oberhaupt n <hydr> (Schleusentor, Schütz) • upper gate; inner gate

Oberhaut f <bio> • epidermis

Oberhieb m <wz> (Feile) • upcut; overcut

Oberhitze f <nahr.verf> (Backofen) • upper heat

oberirdisch <tech.allg> (z. B. Leitung) • aerial adj; aboveground; overhead

Oberkammer f <tech.allg> (z. B. in K/KE-Jetronic Mengenteiler) • upper chamber

Oberkante Kiel f <nav> • top of keel

Oberkasten m <prod> (Gussform) • cope; top flask

Oberkette f <textil> • face warp

Oberkiefer m <bio> (Tierpräparierung: Vogel) • upper mandible; maxilla

Oberkiel m <nav> • upper false keel

Oberkielschwein n <nav> (verstärkt den Kielbalken, trägt den Mast) • rider keelson

Oberkörperschutz m <kfz.bekl> (Moto-Cross-Biking) • chest protector; chest armor

Oberkolbenpresse f <prod> • downstroke press; top ram press

Oberlauf m <energ> (Wasserkraftwerk) • headwater

Oberleder n <bekl> (Schuh) • upper leather

Oberleitung f ugs <bahn> (für E-Lok) • catenary; catenary line; overhead conductor did.rare; overhead contact wire rare

Oberleitung f ugs <el.nfz> (für Oberleitungsbus mit Rollenstromabnehmer) • trolley wire; overhead conductor

Oberleitungsbus m <nfz> • trolley bus; trolley coach US; trackless trolley

Oberleitungsomnibus m form <nfz> • trolley bus; trolley coach US; trackless trolley

Oberleitungsset n <bahn> (Eisenbahn-Modellbau) • overhead catenary set

Oberlenker m <agri> (Dreipunktanbau) • upper link

Oberlicht n <tech.allg> (waagerechtes Fenster in Hausdach oder Schiffsdeck) • skylight; roof-light

Oberlicht n <bau> *(senkrechtes Fenster oberhalb von einer Tür)* • transom; transom light

Oberlicht n <bau> *(senkrechtes Fenster oberhalb von einer Tür; halbrund)* • fanlight

Oberlicht n <licht.theat> • battens pl

Oberluft f <verbr> *(oberhalb des Rostes eingeblasene sekundäre Verbrennungsluft)* • overfire air; overgrate blast

Oberluft-Zufuhr f <verbr> • overfire air injection

Obermaschinerie f <theat> • machinery of the flies; overhead machinery

Obermesser n <metall> *(beweglich; Scherwerkzeug)* • moving blade

Obermesser n <pap> *(Querschneider)* • fly knife

Obermesser n <pap> *(Rotorschneidmaschine)* • revolving knife

Obermesser n <wz> *(Schere)* • upper blade; top blade; upper knife; top cutter

Obermesserbalken m <prod> *(Schermaschine)* • upper-blade beam

Oberoktavkoppel f <mus> *(Orgel)* • super-octave coupler

Oberplatte f <geo> *(Tektonik)* • overriding plate; upper plate

Oberputz m <bau> • finish coat; finishing coat; final rendering; final coat

Oberrohr n <fz> *(Fahrradrahmen)* • top tube

Oberrohr n <fz> *(Motorradrahmen)* • main tube

Obersattel m rar <prod.wz> *(allg.; Schmieden, Pressen etc.)* • top die; top swage; upper die

Oberschale f <verf> *(von Kleinkühlturm)* • top section; top unit

Oberschenkelauflage f <innen> *(von Sitzen)* • thigh support

Oberschenkelführung f <innen> *(Sitzfläche)* • thigh supports pl; side bolsters pl

oberschlächtiges Wasserrad n <energ.hydr> • overshot water wheel; overshot wheel

Oberschlagwebstuhl m <textil> • overpick loom

Oberschlinge f <textil> • upper loop

Oberschlitten m <wz.masch> *(Drehmaschine; auf Planschlitten; trägt den Werkzeughalter)* • compound slide rest; upper slide; top slide

Oberschnabel m <bio> *(Tierpräparierung: Vogel)* • upper mandible; maxilla

Oberschuss m <textil> • face pick; face weft

Oberschwingung f <akust> • overtone; harmonic

Oberschwingungsfrequenz f <akust> • overtone frequency; harmonic frequency

Oberschwingungsgehalt m DIN IEC 50 <av> • harmonic factor DIN IEC 50; relative harmonic content thsc; distortion factor; distortion pract

Oberseil n <min> *(Seilförderung)* • headrope

Oberseitenanschluss m <el.ic.prod> *(Kontaktierungsverfahren)* • face-bonding

Obersicht f <phot> • high viewpoint

oberspannungsseitiger Schutz m <el> • primary protection

Oberspannungswicklung f <el> *(Schweißtransformator)* • primary winding

Oberstempel m <min> *(Stütze)* • upper prop

Oberstempel m <pneum> *(Kolben)* • upper plunger

Oberstempel m <prod> *(Formwerkzeug)* • counterdie

Oberstempel m <prod> *(Press-, Stanzwerkzeug)* • upper punch

oberster Kolbensteg m <masch> • piston top land

Oberstrichleistung f <msr> *(Sender)* • peak power of the transmitter

Oberstrichleistung f <navig> *(Radar)* • pulse effective power

Oberstück des Flügelrahmens n <bau> *(Fenster; horizontaler oberer Teil des Flügelrahmens)* • head rail; top rail

Oberteil n <tech.allg> *(Träger, Balken, Tragglied u. dgl.)* • upper member

Oberteil n <tech.allg> *(z. B. von Gehäuse, Bauteil, Kleidung, Bikini)* • top; upper part; u-part rare

Oberteil n <tech.allg> *(komplexes Gebilde; z. B. Bohrplattform)* • top structure

Oberton m <akust> • overtone; harmonic

Obertonspektrum n <av> • overtone spectrum

Obertor n <bau.hydr> *(Schleuse)* • top gate; lock head; head gate

Obertrumspannung f <förd> *(Förderband, Gurt)* • working tension; tight-side tension

Oberwagen m <nfz> *(Autokran; alle Krankomponenten umfassender oberer Teil)* • superstructure; jib head

Oberwagenkabine f <förd> *(Kran)* • upper cab; superstructure cab

Oberwalze f <tech.allg> *(z. B. Walzenpresse, Walzwerk)* • upper roll; top roll

Oberwange f <wz.masch> *(Abkantbank)* • upper beam; folding beam; clamping knife; top beam

Oberwasser n <energ.hydr> *(Flusswasserkraftwerk)* • headwater; upper water; upstream water

Oberwasserkanal m <energ.hydr> *(Wasserkraftwerk)* • head-race canal; intake canal

Oberwasserpegel-Geber m <energ.hydr> • headwater level transmitter

oberwasserseitig <energ.hydr> • upstream

Oberwasserspiegel m <energ.hydr> • headwater level; upper water level; headwater elevation; head-water level

Oberwellenanhebung f <akust> • accentuation of harmonics

Oberwellenanteil m <phys> • harmonic content; distortion factor; harmonic distortion factor

oberwellenerregte Antenne f <phys> • harmonic aerial

Oberwellenerregung f <phys> • harmonic excitation

Oberwellenerzeuger m <phys> • harmonic generator

Oberwellenfilter n <phys> • harmonic filter; harmonic trap

Oberwellengehalt m <phys> • harmonic content; distortion factor; harmonic distortion factor

Oberwellenmessgerät n <el> • distortion bridge

Oberwellenquarz m <el> • overtone crystal; harmonic-mode crystal

Oberwellenrufstromgeber m <tele> • harmonic telephone ringer

Oberwellenspannung f <el> • harmonic voltage; ripple voltage

Oberwellensperrfilter n <el> • harmonic suppressor

Oberwellenstörung f <tele> • harmonic interference

Oberwerksbau m <min> • rise working

Oberwerkzeug n <prod> *(allg.)* • top tool; upper tool

Oberwerkzeug n <prod> *(Kernhälfte)* • male die part

Oberwerkzeug n <prod> *(Stempel)* • punch

Oberwerkzeug n <prod.wz> *(von Formwerkzeug)* • upper die part

Oberwind m <verbr> *(oberhalb des Rostes eingeblasene sekundäre Verbrennungsluft)* • overfire air; overgrate blast

Oberwindkonverter m <metall> *(z. B. LD-Konverter)* • top-blown basic oxygen converter; basic oxygen converter pract

Oberwindöffnung f <verbr> • overfire air port

Oberzug m <fz> *(Motorradrahmen)* • main tube

Oberzug m <verbr> *(Kamin, Rauchabzug)* • overtop flue; upper flue; top flue

Objekt m <tech.allg> *(Ziel von Aktionen; z. B. Erfassung von Messwerten, Zielen)* • target

Objekt n <edv/doku> *(einzelnes Teil einer Zeichnung; z. B. Linie, Kurve, Kreis,Text)* • entity; element; item; object

Objekt n <math> • object

Objekt n prakt <msr> *(von einem Sensor erfasster Gegenstand)* • actuating device; sensing target; operating device

Objekt n <navig> *(im Radarerfassungsbereich)* • radar target

Objekt n <opt> *(Mikroskopie; auf Objektträger)* • specimen

Objekt n <phot> *(Gegenstand einer Photographie; z. B. Person, Landschaft)* • subject; scene

Objekt n rar <term> *(konkret, abstrakt; z. B. Motor, Temperatur, Ölwechsel)* • object *ISO1087*

Objektabstand m <phot> • shooting distance; camera-to-subject distance; object distance

Objektabstand zu gering <phot> • subject too close to camera

Objektabstand zu groß <phot> • subject beyond range

Objektauswahl f <edv> *(CAD, Grafik)* • entity selection

Objektbau... <bau> *(für den gewerblichen Bau)* • commercial

Objektbewegungsfreiheit f <edv> *(CAD)* • control hierarchy

Objektdateiname m <edv> • object file name

Objektebene f <opt> *(Mikroskop)* • specimen plane

Objektebene f <phot> • object plane

Objektentfernung f <phot> • shooting distance; camera-to-subject distance; object distance

Objektfang m <edv> *(Grafik)* • element snap; object snap

Objektfangfunktion f <edv> *(Grafik)* • element snap; object snap

Objektglas n <opt> *(Mikroskop)* • slide

Objektgröße f <phot> • object size

Objektgruppe f <edv> • group; block

Objekthalter m <opt> *(Mikroskop)* • specimen holder

Objekthierarchie f <edv> • parenting

Objektiv n <opt.phot> *(Baugruppe; z. B. Standard-, Weitwinkel-, Teleobjektiv)* • lens

Objektiv n prakt <phot> • photographic lens; camera lens; photo lens; lens *pract*

Objektivanschluss m <phot> • lens mount

Objektivblende f <phot> • lens stop

Objektivdeckel m <phot> • lens cap

Objektivebene f <phot> • lens plane; lens panel plane

Objektiveinstellfassung f <phot> • lens focussing mount

Objektivfassung f <phot> • lens mount

Objektivkonstruktion f <phot> *(optischer Aufbau eines Objektivs)* • lens system; lens construction; optical system; optical train *rare*

Objektivkopf m <opt> *(allg.)* • lens head

Objektivkopf m <opt> *(bei Projektor)* • projection head

Objektiv mit Antireflexvergütung f <phot> • coated lens

Objektivöffnung f <phot> • lens aperture

Objektivprisma n <opt> • objective prism

Objektivrevolver m <kino> *(Film-/Fernsehkamera)* • cine turret; lens turret

Objektivrevolver m <opt> *(Mikroskop)* • revolving nosepiece

Objektivschutz msg <phot> • lens protection

Objektiv-Schutzschieber m <phot> • lens cover slide

Objektivstandarte f <opt> • lens panel; lens stage

Objektivträger m <opt> • lens panel; lens stage

Objektivtubus m <phot> • lens barrel

Objektivvergütung f <phot> • lens coating

Objektivverschluss m <phot> • lens shutter

Objektivverzeichnung f <opt> • lens distortion

Objektivvorsatz m <phot> • lens attachment

Objektklassifizierung f <autom> • object classification

Objektkode m <edv> • object code

Objektkoordinatensystem n <edv> *(CAD)* • local coordinate system; model space

Objektmessung f <phot> • reflected light reading

Objektmikrometer n <opt> *(von Mikroskop-Objektträger)* • stage micrometer

Objekt-Modifikations-Punkt m <edv> • pivot point

Objektmodul m <edv> • object module

objektorientiert <edv> *(z. B. Programmiersprache)* • object-oriented

Objektprogramm n <edv> • object program; object routine

Objektpunkt m <phot> • object point

Objektraum m <math> • object space

Objektrechner m <edv> • object computer; target computer

objektrelationale Datenbank f (OBD) <edv> • object-relational datbase (OBD)

Objektschatten m <edv> • object shadow

Objektschutzleuchte f <licht> • security lighting fixture

Objektsensor m <edv> *(bei autom. Barcodescanner)* • object sensor; presence sensor; presence detector

Objektsprache f <edv> • target language

Objekttisch m <opt> *(Mikroskop)* • object stage; microscope stage; specimen stage; stage

Objektträger m <opt> *(dünnes Glasplättchen für Mikroskop-Objekttisch)* • microscope slide; specimen slide; slide

Objektüberwachung f <alarm> • object protection; point protection; spot protection; object detection; spot detection

Objektweite f <opt> • distance of object; object distance

Objektwelle f <phys> *(z. B. Holographie)* • object wave

Objektzeit f <edv> • object time

obligatorisch <jur> • mandatory; obligatory; binding

Observable f <phys> • observable; observable quantity

Obst nsg <nahr> • fruit

Obstbanane f form <agri> *(zu den Beeren gehörende Frucht)* • banana

Obsterzeugnis n <nahr> • fruit product

Obstmark n <nahr> • fruit pulp

Obstmus n <nahr> • fruit purée

Obstructio f wiss <med> *(eines Hohlorgangs; z. B. Atemwege)* • obstruction; occlusion; clogging; blockage *coll*

Obstruktion f <med> *(eines Hohlorgangs; z. B. Atemwege)* • obstruction; occlusion; clogging; blockage *coll*

Obst- und Gemüsewagen m <bahn> • fruit car

O-Bus m <nfz> • trolley bus; trolley coach *US*; trackless trolley

Obus m rar <nfz> • trolley bus; trolley coach *US*; trackless trolley

Obusfahrleitungsdraht m <nfz.el> • trolley wire

Ochsengalle f <obfl> *(Farb-Additiv)* • oxgall

Ocker m <min> • ochre

OC-Kurve f <qualit> • operating characteristic

OCR <edv> • optical character recognition (OCR)

OCR-Leser m prakt <edv> • optical character-recognition reader; optical character reader; character reader; OCR reader *pract*

OCR-Programm n <edv> • text recognition program; text recognition software; OCR software

OCR-Scanner m <edv> • optical character-recognition reader; optical character reader; character reader; OCR reader *pract*

OCR-Software f <edv> • text recognition program; text recognition software; OCR software

OC-Stahl m prakt <metall> • open-coil decarburized steel; open-coil annealed decarburized steel; open-coil steel *pract*

Octan n <chem> • octane

ODER *n* <math> *(Boolesche Algebra)* • OR

ODER-Element *n* <msr> *(in Auswahl-Logik)* • OR gate

ODER-Funktion *f* <math> *(Boolesche Algebra)* • OR function

ODER-Gatter *n* <msr> *(in Auswahl-Logik)* • OR gate

ODER-Glied *n* <msr> *(in Auswahl-Logik)* • OR gate

ODER-Schaltung *f* <msr> • logical OR circuit; OR circuit

ODER-Schaltung *f* <msr> • OR circuit

ODER-Verknüpfung *f* <edv> • OR operation

ODETTE-Transportetikett *n* <logist> *(Etikettenstandard)* • ODETTE Transport Package Label

Odograph *m* <msr> • odograph

Odometer *n* <msr> • odometer

Oe <phys> • oersted (Oe)

OECD-Test *m* <ökol> • modified OECD screening test

Ödem *n* <bio> • edema *US*; oedema *GB*

Oedema *n* <bio> • edema *US*; oedema *GB*

Ödland *n* DIN 4047-1 <geo> • wasteland

öffentliche Einrichtungen *fpl* <admin> • public facilities

öffentliche Fernsprechzelle *f* form <tele> • telephone booth; call box; telephone box *GB*; telephone kiosk *GB.rare*; telephone cabin

öffentlicher beweglicher Landfunk *m* <tele> • land-mobile radio service; land-mobile service; public access mobile radio

öffentlicher Dienst *m* <admin> • civil service; public service; government service

öffentlicher Fernsprecher *m* <tele> *(mit Münzen od. Karte)* • public payphone *US*; public telephone *GB*; telephone paystation *US.obs*; paystation *US.obs*

öffentlicher Personennahverkehr *m* (ÖPNV) <verk> *(Linienverkehr innerhalb eines Radius von ca. 50 km)* • local public transport; local public transportation; public transit system; transit

öffentliches Datennetz *n* <tele> • public data network

öffentliches Datennetz mit Leitungsvermittlung *n* <tele> • Circuit Switched Public Data Network (CSPDN)

öffentliches Datennetz mit Paketvermittlung *n* <tele> • Packet Switched Public Data Network (PSPDN)

öffentliches Fernsprechnetz *n* <tele> • Public Switched Telephone Network (PSTN)

öffentliches Fernsprechwählnetz *n* <tele> • public switched telephone network

öffentliches Gebäude *n* <admin> • public building

öffentliches Gewässer *n* <jur> • public water

öffentliches Kartentelefon *n* <tele> • card phone; phonecard telephone *rare*

öffentliches Landfunknetz *n* <tele> *(öffentliches Mobilfunknetz)* • public land mobile network (PLMN)

öffentliches Netz *n* <tele> • Public Switched Telephone Network (PSTN)

öffentliches Selbstwählferndienstnetz *n* (SWFD) <tele> • Public Switched Telephone Network (PSTN)

öffentliches Versorgungsunternehmen *n* <energ.org> *(allg.; für Wasser, Strom, Gas)* • public utility company; public service company; public utility *pract*; utility *coll*

öffentliche Verkehrsmittel *npl* <verk> *(als System, Einrichtung)* • mass transit; mass transportation; public transport[ation]; public transit; transit

Öffentlichkeitsarbeit *f* <werb> • public relations (PR)

öffentlich-rechtlich <jur> • public-law; under public law

öffnen *vt* <allg> • open *vt*

öffnen *vt* <tech.allg> *(ein ver-, geschlossenes Objekt; z. B. Paket, Gehäuse, Auto, Tür, Haus)* • open *vt*

öffnen *vt* <el> *(z. B. Kontakt, Stromkreis)* • break *vt*

öffnen *vt* <energ.hydr> *(Wehrverschluss mit vertikalem Schieber; z. B. Einlaufschütz)* • open *vt*; raise *vt*; lift *vt*

Öffnen/Schließen-Taste *f* <edv> *(CD-, DVD-Laufwerk)* • open/close button

öffnen vor schließen <el> *(Kontakt)* • break before make

Öffner *m* <el> *(Ruhestromprinzip)* • normally closed contact (NC); N/C contact; break contact

Öffnerabfall *m* <ents> • opener waste

Öffnerfunktion *f* EN 60947 <msr> *(Sensor-Merkmal)* • break function EN 60947; normally closed [function]; NC function; break output

Öffner-Funktion *m* <msr> *(Sensor-Merkmal)* • break function EN 60947; normally closed [function]; NC function; break output

Öffnertrommel *f* <prod> • opening cylinder

Öffnung *f* <allg> *(jede Art und Form)* • aperture; orifice form; opening *pract*; hole *coll*

Öffnung *f* <tech.allg> *(aus der etwas austritt; eher klein; z. B. einer Spritzdüse)* • orifice

Öffnung *f* <tech.allg> *(Ein- und/oder Auslass)* • port

Öffnung *f* <tech.allg> *(zum Ent- und/oder Belüften)* • vent

Öffnung *f* <bio> *(Anatomie)* • orifice

Öffnung *f* <el> *(eines Stromkreises, Schalters)* • disconnection

Öffnung *f* <energ.sol> *(von Solarkollektor u.ä.)* • aperture; entrance aperture; collector aperture

Öffnung *f* <geo> *(Höhle)* • mouth

Öffnung *f* <mech> *(Verbindung, Kupplung)* • disengagement

Öffnung für den Dampfdruckausgleich *f* <bau> *(in Fenstern)* • ventilation slot :*V*; glass rebate ventilation :*V*; glazing rebate ventilation :*V*

Öffnung für Schreib-Leseköpfe *f* DIN EN 28860-1 <edv> • head window

Öffnungsausgleich *m* <av> • aperture compensation

Öffnungsbegrenzer *m* <bau> *(Tür, Fenster)* • limit stop hardware; opening restrictor

Öffnungsdauer der Einspritzventile *f* <kfz.mot> *(Kraftstoffeinspritzung)* • injection period; fuel injection duration *rare*; duration of injection *rare*

Öffnungsdruck *m* <tech.allg> • opening pressure

Öffnungsdruck *m* <rls> *(Sicherheitsventil)* • release pressure

Öffnungsfeder *f* <el> *(mech. Kontakt)* • break spring

Öffnungsfeder *f* <masch> *(allg.; z. B. für Klappe, Ventil)* • opening spring

Öffnungsfehler *m* <opt> *(allg.)* • aperture aberration; apertural error; apertural defect

Öffnungsfläche *f* <energ.sol> • aperture area

Öffnungsflügel *m* <bau> • ventilating unit

Öffnungsfunke *m* <el> *(zwischen Schaltkontakten beim Unterbrechen des Stromkreises)* • contact-breaking spark; breaking spark; spark at break

Öffnungshub *m* <masch> *(Ventil)* • opening stroke

Öffnungsimpuls *m* <el> *(Transistor)* • gate pulse; break pulse

Öffnungskennlinie *f* <rls> *(Ventil)* • area characteristic

Öffnungs-Kipphebel *m* <kfz.mot> • opening rocker

Öffnungskontakt *m* (ÖK) <alarm> *(zur Überwachung von beweglichen Teilen; z. B. an Türen, Fenstern)* • contact switch; door contact/switch; protective switch; contact

Öffnungskraft *f* <kst> • mold opening force; opening force

Öffnungsmelder *m* <alarm> *(zur Überwachung von beweglichen Teilen; z. B. an Türen, Fenstern)* • contact switch; door contact/switch; protective switch; contact

Öffnungsnocken *m* <masch> *(z. B. Desmodromik)* • opening cam

Öffnungsschieber *m* <rls> • feed gate

Öffnungsseite *f* <bau> • handle side

Öffnungsspalt *m* <opt> • aperture slot

Öffnungsüberwachung *f* <alarm> • operable opening protection

Öffnungsverhältnis *n* <opt> • aperture ratio; relative aperture

Öffnungsweg m <kst> *(Spritzgießwerkzeug)* • opening stroke; mold opening stroke

Öffnungsweite f <kst> *(zwischen Aufspannplatten)* • daylight

Öffnungsweite f <opt> *(Blende in Objektiv)* • aperture width

Öffnungsweite f <verf> *(Sieb)* • aperture size

Öffnungsweite f <wz> *(Gabelschlüssel)* • jaw opening

Öffnungswinkel m <edv> *(von Einstrahlscanner)* • read aperture; read angle

Öffnungswinkel m <masch> *(V-Nut, V-Fuge)* • groove angle

Öffnungswinkel m <math> • included angle

Öffnungswinkel m <mot> *(Zweitakter-Steuerdiagramm)* • opening angle

Öffnungswinkel m <opt> *(Objektiv)* • aperture angle; angular field; field angle

Öffnungswinkel m <opt.lwl> • acceptance angle

Öffnungswinkel der Schallkeule m <akust> • sonic cone angle; beam angle; lobe angle

Öffnungswinkel des Strahls m EN 60947 <phys> • total beam angle EN 60947; beam angle; beam width

Öffnungszahl f rar <phot> *(auf Blendenring angegebene Zahl)* • f-stop; f-number; f/stop; f/number; focal ratio rare

Öffnungszeit f <tech.allg> *(z. B. Armatur, Schalter)* • opening time

Öffnungszeit f <el> *(Torschaltung)* • gate time

Öffnungszeit f <el> *(Kontakttrennung)* • opening time

Öffnungszeit f <kst> • opening time; mold opening time

ÖK <alarm> *(zur Überwachung von beweglichen Teilen; z. B. an Türen, Fenstern)* • contact switch; door contact/switch; protective switch; contact

Öko-Bauer m <agri> • organic farmer

Öko-Bilanz f prakt <ökol> • life cycle assessment (LCA) ISO 14040

Ökologe m <ökol> • ecological expert

Ökologie f <ökol> • ecology

ökologisch <ökol> • ecological

ökologische Anforderungen fpl <tech.allg> • environmental requirements

ökologische Bilanzierung f ISO 14040 <ökol> • life cycle assessment (LCA) ISO 14040

ökologische Elektronik f <el> • green electronics

ökologische Gefahr fsg <ökol> • ecological risk

ökologischer Schaden m <ökol> • ecological damage

ökologischer Schaden m <ökol> *(Resultat von Umweltbelastungen)* • ecological damage; damage to the environment

ökologischer Zusammenbruch m <ökol> • ecological collapse; environmental collapse

ökologisches Elektronikdesign n <el> • green design of electronics

ökologisches Gleichgewicht n <ökol> • ecological balance

ökologisches System n <ökol> • ecosystem

Ökosystem n <ökol> • ecosystem

Ökotoxikologie f <ökol> • ecotoxicology

ökotoxikologisch <ökol> • ecotoxicological

ökotoxikologische Untersuchung f <ökol.chem> • ecotoxicological analysis

Ökotoxizität f <ökol.chem> • ecotoxicity

Öl n <tech.allg> • oil

Ölabdichtung f rar <masch> • oil seal

Ölablass m <tribo> *(z. B. Getriebe, Motor)* • oil drain

Ölablassöffnung f DIN ISO 4378-1 <masch> • oil drain hole ISO 4378-1; oil outlet

Ölablassschraube f <masch> *(z. B. Motor-, Getriebe-, Differentialöl etc.)* • oil drain plug; drain plug

Ölablassventil n <tech.allg> • oil drain valve

Ölablasswanne f <kfz.wz> *(für Ölwechsel)* • drain pan; oil drain pan; waste oil container GB; draining tray shallow

Ölablaufventil n <kfz.mot> *(im stehendem Ölfiltergehäuse)* • oil drain valve

Ölablaufwanne f <kfz.wz> *(für Ölwechsel)* • drain pan; oil drain pan; waste oil container GB; draining tray shallow

Ölablenkblech n <tribo> • oil deflector

Ölabscheider m <tech.allg> *(allg.)* • oil separator; oil trap

Ölabscheider m <kfz.emiss> *(Kurbelgehäuseentlüftung)* • liquid-vapor separator

Ölabschreckbad n <metall> • oil-quenching bath

Ölabschreckung f <metall> • oil quenching

ölabstoßend <mat> • oil-repellent; oil-repelling

Ölabstreicher m <tribo> *(allg.; z. B. Kolbenring, Metall, Gummi)* • oil wiper

Ölabstreifring m <kfz.mot> *(an Kolben)* • oil scraper ring; scraper ring ISO 7967-2; oil control ring ISO 7967-2; oil ring

Ölabstreifring-Stoßspiel n <kfz.mot> • oil ring end gap; oil ring gap

ölabweisend <druck> *(Platteneigenschaft)* • oil-repellent; oleophobic thsc

Ölabziehstein m did <wz> *(Schleifstein für feine Arbeiten)* • Arkansas stone; grinding stone; grind stone

Öladditiv n <tribo> • oil additive

Ölalterung fsg <tribo> • aging of oil US; ageing of oil GB; oil aging US

ölannehmend <druck> *(Platteneigenschaft)* • ink-attracting; oleophillic thsc; oil-attracting; ink-receptive

Ölansaugrohr n <tech.allg> *(z. B. in Ölwanne)* • oil pickup tube; oil pickup

ölanziehend <druck> *(Platteneigenschaft)* • ink-attracting; oleophillic thsc; oil-attracting; ink-receptive

ölarmer Schalter m <el> • low-oil-content circuit breaker

Ölaufschlämmung f <chem> • oil suspension

Ölauftragswalze f <druck> *(in Kopierer-Fixiereinheit)* • oil supply roller

Ölausdehnungsgefäß n <tech.allg> • oil expansion tank

Ölausgleichsbehälter m <el> *(Transformator)* • oil conservator

Ölausschlag m <obfl.holz> • sweating

Ölaustritt m <tech.allg> *(durch Undichtheit)* • oil leakage; oil leak

Ölaustritt m <geo.min> *(aus Sand, Gestein)* • oil seepage; natural oil seepage

Ölbadgetriebe n <masch> • oil-bath gearbox

Ölbadkupplung f <kfz.antr> • wet clutch; oil-immersed clutch

Ölbadschmierung f <tribo> • oil-bath lubrication

Ölbasis f <chem> *(z. B. für Lacke, Schmiermittel)* • oil base

Ölbatch m <tribo> • oil masterbatch

ölbefeuert <verbr> • oil-fired

Ölbehälter m <tech.allg> *(jede Größe, jeder Zweck)* • oil tank; oil reservoir

ölbeheizt <hlk> • oil-heated; oil-fired

Ölbeize f <obfl.holz> • oil stain

Ölberieselung f <tribo> • flood oiling

ölbeständig <mat> • oil-resistant; oilproof coll

Ölbindemittel n <chem> • oil vehicle

Ölbinder m <metall> *(Kern)* • oil binder

Ölbohranlage f <petr> • oil drilling rig

Ölbohranlage f <petr> *(Gesamtanlage inkl. Turm, Kran etc.)* • drilling rig; drilling system; drilling unit; drilling outfit; drill rig

Ölbohrschiff n <petr> • drilling ship; drilling vessel; drill vessel

Ölbohrung f <petr> *(an Land oder Off-Shore)* • oil well

Ölbohrung f <tribo> *(z. B. in Maschinenlager, Kurbelwelle)* • lubrication hole; oil hole coll

Ölbrenner m <verbr> • oil burner
Ölbrenner mit Gebläse m DIN EN 267 <verbr> • forced draught oil burner DIN EN 267
Ölbuchse f <tribo> • oil cup
Öldämpfe mpl <chem> • oil vapors
Öldämpfer m <kfz> (z. B. Federbein) • oil damper
Öldämpfung f <masch> • oil damping
Öldampfsperre f <verf> • oil-vapor baffle
Ölderivate npl <chem.petr> • oil derivatives pl
öldicht <tech.allg> • oil-tight
Öldichtung f <masch> • oil seal
Öldienstschlüssel m <kfz.wz> (allg., jeder Typ) • drain plug wrench; filler and drain plug wrench form
Öldienstschlüssel m <kfz.wz> (für Ölablassschrauben mit Außenantrieb) • drain plug spanner GB
Öldienstschlüssel m <kfz.wz> (für Ölablassschrauben mit Innenantrieb) • drain plug key GB
Öldienstschlüssel m <kfz.wz> (für Ölwannenablassschrauben) • oil drain plug wrench; drain plug wrench; sump plug wrench
Öldiffusionspumpe f <förd> • oil diffusion pump
Öldruck m <tech.allg> • oil pressure
öldruckabhängig <tech.allg> • oil-pressure dependent
Öldruckanzeige f <msr> • oil pressure gauge; oil gauge
Öldruckapparat m <tribo> • mechanical plunger lubricator
Öldruckbremse f <brems> • oil-hydraulic brake; oil-pressure brake
Öldruckgeber m <msr> • oil pressure sending unit; oil pressure sensor
Öldruckgeberschlüssel m <wz> (Spezialsteckschlüsseleinsatz) • oil pressure sending unit socket
Öldruck-Kolbenkompressor m <masch> • oil piston compressor
Öldruck-Kontrollleuchte f <msr> • oil pressure warning light; insufficient oil pressure indicator did; oil-pressure indicator lamp
Öldruckkontrollleuchte f <msr> • oil pressure warning light; insufficient oil pressure indicator did; oil-pressure indicator lamp
Öldrucklager n <masch> • oil-pad bearing
Öldruckmesser m ugs <msr> • oil pressure gauge; oil gauge
Öldruckpolster n <tribo> • oil cushion
Öldruckpumpe f <masch> • oil-feed pump
Öldruckregler m <msr> • oil-pressure controller; oil-pressure governor rare
Öldruckschalter m <msr> • oil pressure switch
Öldruck-Stoßdämpfung f <masch> • oil shock absorption
Öldruckwächter m <msr> • oil-pressure controller; oil-pressure governor rare
Öldruck-Warnleuchte f did <msr> • oil pressure warning light; insufficient oil pressure indicator did; oil-pressure indicator lamp
Öldurchflussmesser m <msr> • oil-flow meter
Öldurchführung f <masch> • oil-filled bushing
Öleindruckschmierung f <tribo> • oil shot lubrication
Öleinfülldeckel m <masch> • oil filler cap
Öleinfüllmenge f <masch> (z. B. von Motor, Getriebe, Differential) • oil capacity
Öleinfüllöffnung f DIN ISO 4378-1 <masch> • oil filler hole ISO 4378-1; oil filler inlet rare
Öleinfüllrohr n <kfz> (allg., eher lang; z. B. auch für ATF, Hydrauliköl) • oil filler tube
Öleinfüllschraube f <masch> • oil inlet screw
Öleinfüllstutzen m <masch> (allg., eher kurz; z. B. für Motoröl) • oil filler nozzle; oil filler neck; oil-fill pipe
Öleinfüllverschluss m <masch> • oil filler cap
Öleinfüllverschlussdeckel m <masch> • oil filler cap

Öleinlassschraube f <masch> • oil inlet screw
Ölentferner m <chem> (allg.) • oil removing agent; oil remover
Ölentfernungsmittel n <chem> (allg.) • oil removing agent; oil remover
Öler m <tribo> (z. B. an Wellenlager) • oiler; oil cup
Ölfalle f <petr> • oil trap
Ölfang m <tribo> (Sammler) • oil collector
Ölfang m <tribo> (Spritzschutz) • oil splash guard
Ölfangbehälter m <masch> • oil-drainage container
Ölfangring m <masch> • oil catch ring
Ölfangschale f <kfz.wz> (für Ölwechsel) • drain pan; oil drain pan; waste oil container GB; draining tray shallow
Ölfangwanne f <kfz.wz> (für Ölwechsel) • drain pan; oil drain pan; waste oil container GB; draining tray shallow
Ölfarbe f DIN 55 945 <obfl> • oil paint; oil color pract
Ölfeder f <masch> • lubricator spring
Ölfeld n <petr> • oil field
Ölfeldfahrzeug m <nfz> • oil field vehicle
Ölfeldfutterrohr n <petr> • oil-well casing; oil-field casing; oil-well casing tube
ölfest ugs <mat> • oil-resistant; oilproof coll
Ölfeuerung f <verbr> • oil-fired furnace; oil burning system DIN EN 267
Ölfilm m <tech.allg> • oil film
Ölfilmstärke f <tribo> • oil film thickness
Ölfilmzerreißfestigkeit f <tribo> • oil-film rupture strength
Ölfilter m <masch.tribo> • oil filter
Ölfilterabdeckung f <kfz.mot> • oil filter cover
Ölfilteranschlussflansch m <kfz.mot> • oil filter mounting pedestal; mounting pedestal coll
Ölfilter-Anschlussflansch m <kfz.mot> • oil filter mounting pedestal; mounting pedestal coll
Ölfilter-Bandschlüssel m <kfz.wz> • oil filter strap wrench; strap oil filter wrench; strap filter wrench
Ölfilter-Bypassventil n <kfz.mot> • oil filter bypass valve
Ölfilterdeckel m <kfz.mot> • oil filter cover
Ölfiltereinheit f <förd> (an Kompressor; zur Entölung der Druckluft) • air-de-oiling filter
Ölfiltereinsatz m <kfz.mot> • oil filter cartridge; oil filter insert
Ölfilterflansch m prakt <kfz.mot> • oil filter mounting pedestal; mounting pedestal coll
Ölfiltergehäuse n <kfz.mot> (zur Aufnahme eines Ölfiltereinsatzes) • oil filter housing
Ölfiltergehäuse n <kfz.mot> (Blechhülle einer Ölfilterpatrone) • oil filter body; oil filter can
Ölfilterglocke f <kfz.wz> • end cap oil filter wrench
Ölfilterpatrone f <kfz.mot> • oil filter cartridge
Ölfilterschlüssel m <kfz.wz> • oil filter wrench; filter wrench; oil filter removing wrench; oil filter remover
Ölfilterschlüssel mit Kette m <kfz.wz> • chain filter wrench
Ölfilter-Umgehungsventil n <kfz.mot> • oil filter bypass valve
Ölfirnis m <obfl.holz> • oil varnish; boiled oil rare
Ölflutlager n <masch> • oil-fed bearing
Ölfördermenge f <hydr> (Hydraulik) • oil flow rate
ölfreie Gasversorgung f <pneum> • non-lubricated gas supply; oil-free gas supply
ölführend <geo> (Sand, Gestein) • oil-bearing
Ölgas n <chem.petr> • oil gas; fatty gas
Ölgebläsebrenner m <hlk> • forced draft oil burner; fan-assisted oil burner
ölgefeuert <verbr> • oil-fired
ölgehärtet <metall> • oil-tempered; oil-hardened
ölgeheizter Ofen m <hlk> • oil furnace
ölgekapselter Transformator m <el> • oil-immersed transformer

ölgekühlt <tech.allg> • oil-cooled
ölgekühlter Transformator m <el> • oil-cooled transformer; oil-immersed transformer; oil-filled transformer; oil transformer
ölgelöscht <metall> • oil-quenched
ölgestreckter Butadien-Styrol-Kautschuk m <kst> • oll-extended styrene-butadiene rubber
ölhärtender Stahl m <metall> • oil-hardening steel
Ölhärter m prakt <metall> • oil-hardening steel
Ölhärtung f <metall> • oil hardening
Ölhafen m <nav> • oil port; oil terminal
ölhaltig <ents> (unerwünscht ölenthaltend; Abfall, Müll) • oily; oil-contaminated
Ölharzfarbe f <obfl> • oleoresinous paint
Ölhaushalt m <tech.allg> • oil supply
Ölheizer m <hlk> • oil-fired heater
Ölheizkessel m <hlk> • oil-fired heating boiler; oil-fired boiler
Ölheizung f <hlk> (abstrakt) • oil-fired heating; fuel oil heating; oil heating; oil firing
Ölheizung f <hlk> (konkret) • oil-fired heating system
Ölheizungsanlage f <hlk> (konkret) • oil-fired heating system
ölhydraulisch <hydr> • oil-hydraulic
ölig <tech.allg> (allg.; Oberfläche) • oily
ölig <ents> (unerwünscht ölenthaltend; Abfall, Müll) • oily; oil-contaminated
ölig <nahr> (ausgeprägte Schwere, Geschmeidigkeit körperreicher Weine) • rich and concentrated; fat and rich
ölig <nahr> (Geschmack; Speiseeisfehler) • oxidized; cardboard flavor; tallowy; cappy; painty
öliger Rückstand m <obfl> (unerwünschte Ablagerung) • oily residue
ölige Verschmutzung f <obfl> (unerwünschte Ablagerung) • oily residue
Ölimmersionsobjektiv n <opt> (z. B. Mikroskop) • oil-immersion objective
ölimprägnierte Papierisolierung f <el> • paper-oil insulation; oil-impregnated paper insulation; impregnated paper insulation; oil-impregnated paper dielectric
Ölinhalt m <masch> (z. B. von Motor, Getriebe, Differential) • oil capacity
Öl-in-Wasser-Emulsion f <tech.allg> (z. B. Kühl-Schmiermittel, Nahrung, Kosmetika) • oil-in-water emulsion
Ölkabel n <el> • oil-filled cable; oilostatic cable
Ölkännchen n <tribo> (klein; zum manuellen Ölen beweglicher Teile) • hand oiler; oil squirt; oil can
Ölkanal m <masch> (z. B. im Zylinderkopf, Motorblock) • oil passage; oil duct; oil channel rare
Ölkanne f <tribo> (klein; zum manuellen Ölen beweglicher Teile) • hand oiler; oil squirt; oil can
Ölkeil m <tribo> (keilförmiger Ölfilm; analog zu Aquaplaning) • wedge-shaped oil film
Ölkernsand m <geo> • oil-core sand
Ölkesselschalter m <el> • bulk-oil circuit breaker; dead-tank oil circuit breaker
Ölkesselsicherung f <el> • oil-tank fuse
Ölkohle f <kfz.mot> (Verbrennungsrückstand; unerwünscht) • carbon; coke coll
Ölkohleablagerungen fpl <kfz.mot> • carbon buildup sg ; carbon deposits pl
Ölkohlerückstände mpl <kfz.mot> • carbon buildup sg ; carbon deposits pl
Ölkondensator m <el> • oil-filled capacitor
Ölkonservator m <el> • oil conservator
Ölkracken n <chem.petr> • oil cracking
Ölkreislauf m <tech.allg> (Vorgang) • oil circulation
Ölkreislauf m <tech.allg> (System; z. B. Kühlung, Schmierung, Hydraulik) • oil circuit

Ölkrise f <logist> • oil embargo; oil crisis
Ölkühler m <tech.allg> • oil cooler
Ölkühlerumgehungsventil n <kfz.mot> • oil cooler by-pass valve
Ölkühlung fsg <kfz.mot> • oil cooling
Öllache f <ökol> (auf dem Boden) • oil spill
Öllack m <obfl> • oil varnish
Öllanze f <verbr> • oil-burner gun
Öllein m <textil> • oil flax
Ölleitung f <tech.allg> (Rohr, Schlauch) • oil line
Ölleitung f <masch.tribo> (Bohrung, Kanal) • oilway; oil gallery
öllöslich <mat> • oil-soluble
Ölluftpumpe f <masch> (unterdruckerzeugend) • oil vacuum pump
Ölmanometer n <msr> • oil-pressure gauge
Ölmessstab m <tribo> (allg.; z. B. für Motor- oder Getriebeölstand) • dipstick; oil level gauge; oil gauge; oil dipper rod; oil-level dip-stick
Ölmessstab-Führungsrohr n <kfz> • dipstick tube
Ölmessstabrohr n prakt <kfz> • dipstick tube
ölmodifiziertes Alkydharz n <chem> • oil-modified alkyd
Ölnase f <tribo> • oil dipper; oil slinger; oil splasher
Ölnebel m <tribo> • oil mist
ölnebelgekühlt <masch> • oil-mist-cooled
ölnebelgeschmiert <tribo> • oil-mist-lubricated
Ölnebelkühlung f <masch> • oil-mist cooling
Ölnebelmelder m <mot.msr> (für Kurbelgehäuse) • crankcase mist detector
Ölnebelschmierung f DIN ISO 4378-3 <tribo> • oil-mist lubrication; oil fog lubrication ISO 4378-3; air-mist lubrication
Ölnippel m <tribo> • oil-cup hole
Ölnut f <tribo> (eine Schmiernut) • oil groove
Ölpapier n <tech.allg> (z. B. Trafo-/Kabelisolierung, Korrosionsschutz) • oil-impregnated paper
Öl-Papier-Isolierung f <el> • paper-oil insulation; oil-impregnated paper insulation; impregnated paper insulation; oil-impregnated paper dielectric
Ölpapierkondensator m <el> • oiled-paper capacitor
Ölpest f <ökol> • oil pollution
Ölpfütze f ugs <ökol> (auf dem Boden) • oil spill
Ölpolster n <tribo> • oil pad
Ölprüfmaschine f <qualit> • oil tester
Ölprüfmaschine f <qualit> • oil testing machine
Ölpumpe f <kfz.mot> • oil pump
Ölpumpenabdeckung f <kfz.mot> • oil pump cover
Ölpumpenantrieb m <kfz.mot> • oil pump drive [gear]
Ölpumpen-Antriebskette f <kfz.mot> • oil pump drive chain
Ölpumpenantriebsritzel n <kfz.mot> • oil pump drive sprocket
Ölpumpendeckel m <kfz.mot> • oil pump cover
Ölpumpenfiltersieb n <kfz.mot> (am Saugrüssel der Ölpumpe) • pickup screen; oil screen; filter screen; oil strainer rare
Ölpumpengehäuse n <masch> • oil pump body; oil-pump casing
Ölpumpensieb n <kfz.mot> (am Saugrüssel der Ölpumpe) • pickup screen; oil screen; filter screen; oil strainer rare
Ölquetschen n <hydr> • oil trapping
Ölraffination f <petr> • oil refining
ölreaktives Harz n <chem> • oil-reactive resin
Ölrest m <chem.petr> • oil residue; residual oil; residual stock
Ölring m prakt.rar <masch> • radial shaft seal ring; lip seal with garter spring; radial seal pract; shaft seal pract; oil seal pract
Ölringlager n <masch> • oil-ring bearing

Ölrückgewinnung f <ents> • oil recovery

Ölrücklaufleitung f <masch> • oil return line

Ölrücklaufrohr n <masch> • oil return pipe; oil return tube

Ölrücklaufschlauch m <masch> • oil return hose

Ölrückstand m <chem.petr> • oil residue; residual oil; residual stock

Ölsaatenkraftstoff m <agri> • oilseed fuel

Ölsäure f <chem> • oleic acid

Ölsand m <geo> • oil sand

Ölsaugrohr n <masch> (z. B. von Ölbrenner, Motor-Ölpumpe) • oil suction pipe; oil suction tube rare

Ölschalter m <el> • oil circuit breaker; oil switch

Öl-Schauglas n <masch> (zur Ölstandskontrolle; z. B. bei Kolbenkompressoren) • oil sight-glass; oil-level check glass; oil-level glass

Ölschiefer m <geo> • bituminous shale; oil shale

Ölschlamm m <petr> • oil mud

Ölschlamm m <tribo> (z. B. in Motoren; unerwünscht) • oil sludge; sludge coll

Ölschleier m <obfl.holz> • smear of oil

Ölschleuderring m <tribo> • oil-flinger ring; oil thrower ring; oil slinger; oil thrower

Ölschlick m <ökol.nav> (Verschmutzung des Meeres oder der Küste) • oil slick

Ölschmierpumpe f <tribo> • oil lubrication pump

Ölschmierung f <tribo> • oil lubrication

Ölschöpfer m <tribo> (z. B. an Kurbelwangen) • oil scoop; oil dipper; oil catcher

Ölschöpfnase f <tribo> (z. B. an Kurbelwangen) • oil scoop; oil dipper; oil catcher

Ölschütz n <el> • oil contactor

Ölsenkwaage f <msr> • oil areometer

Ölsicherung f <el> • oil-quenched cut-out; oil-break fuse; oil-quenched fuse

Ölsieb n <kfz.mot> (am Saugrüssel der Ölpumpe) • pickup screen; oil screen; filter screen; oil strainer rare

Ölsonde f <petr> • oil well

Ölsorte f <tribo> • oil grade

Ölspalt m <masch> (in Lager) • oil clearance; bearing oil clearance

Ölsperre f <ökol> (auf Wasser; gegen Ölpest) • oil barrier; oil stop

Ölspindel f <msr> • oil areometer

Ölspritzblech n <tribo> • oil splash guard

Ölspritze f <tribo> • oil gun

Ölspritzkanne f <tribo.wz> (Ölkanne mit Pumpe) • force feed oil can; lever type oil can

Ölsprudelanzeiger m <tribo> (mit Schauglas) • lubricant flow indicator; glass-dome lubricant flow indicator

Ölspülung f <petr> • oil base mud

Ölspur f <obfl.holz> • smear of oil

Ölstand m <tribo> (z. B. in Tank, Motor, Getriebe) • oil level

Ölstand-Glas n <masch> (zur Ölstandskontrolle; z. B. bei Kolbenkompressoren) • oil sight-glass; oil-level check glass; oil-level glass

Ölstandsanzeige f <kfz.msr> (in der Instrumentenanlage) • oil level indicator

Ölstandschalter m <kfz.msr> (in der Ölwanne) • oil level switch

Ölstandsgeber m <msr> • oil level sending unit; oil level sensor; low-oil sensor

Ölstandskontrolle f <tribo> (allg.) • oil level check; oil check

Ölstandskontrollleuchte f <msr> • check oil indicator light

Ölstein m <prod> • oilstone

Ölstein m <wz> • honing stone; oilstone; stone for honing and superfinish ISO 603-10

Ölstelle f <tribo> • oiling point; oil point

Ölstoßdämpfung f <fz> • oil shock absorption

Ölstrahlschalter m <el> • orthojector circuit breaker

Ölstreckung f <kst> • oil extension

Ölströmungsschalter m <el> • oil-blast circuit breaker

Ölsumpf m rar <masch> (allg.; z. B. von Motoren, Getrieben) • oil pan US; oil sump GB; sump pract

Öltank m <tech.allg> (jede Größe, jeder Zweck) • oil tank; oil reservoir

Öltanker m prakt <nav> • bulk-oil carrying vessel; bulk-oil carrier; oil tanker pract; tanker coll

Öltankschiff n <nav> • bulk-oil carrying vessel; bulk-oil carrier; oil tanker pract; tanker coll

Öltemperatur f <tech.allg> • oil temperature

Öltemperaturanzeige f <msr> • oil temperature gauge

Ölteppich m <ökol.nav> (auf dem Meer; z. B. aus Havarie) • oil spill; oil layer rare

Öltrafo m <el> • oil-cooled transformer; oil-immersed transformer; oil-filled transformer; oil transformer

Öltransformator m <el> • oil-cooled transformer; oil-immersed transformer; oil-filled transformer; oil transformer

Öltrennschalter m <el> • oil-break switch

Öltropfapparat m <tribo> • drip-feed lubricator

Öltropfenfall m <tribo> • oil dripping

Öltropfschale f <tribo> • oil-drip pan

Ölüberdruckventil n <masch> • oil-pressure relief valve

Ölübergabe f <petr> • oil transshipment

Ölüberströmventil n <masch> • oil relief valve

OE-Luftwirbelmaschine f <textil> • vortex open-end spinning machine; vortex open-end spinning frame

Ölumlaufschmierung f <tribo> • circulating oil lubrication; oil-circuit lubrication

Ölumleitventil n <tribo> • oil by-pass valve

ölunabhängiges Heizsystem n <hlk> • non-oil-fired heating system

Öl- und Wasserabscheider m <pneum> (in Druckluftsystemen; z. B. von Kompressoren) • air transformer; oil and water extractor

Ölvakuumpumpe f <masch> • oil vacuum pump

Ölverbrauch m <tech.allg> (z. B. für Heizung, Schmierung, Salate) • oil consumption

Ölverdampfungsbrenner m <verbr> • oil vaporisation burner

Ölvergasung f <verbr> • oil gasification

Ölvergütung f <metall> (von Metalloberflächen) • oil tempering; oil toughening; oil treating

Ölverschmutzung f <ökol> (Erdreich, Gewässer) • oil pollution; oil contamination

Ölverseuchung f <ökol> (Erdreich, Gewässer) • oil pollution; oil contamination

Ölversorgungsleitung f <tech.allg> (Zulauf; z. B. Heizung, Schmierung) • oil feed line

Ölverteilerplatte f <kfz.antr> (Getriebe) • oil distribution plate

ölverunreinigt <ents> • oil-contaminated

Ölviskosität f <tribo> • oil viscosity

Ölvorrat m <tech.allg> • oil supply

Ölvorratsraum m <kfz> (Zweirohr-Teleskopstoßdämpfer) • reservoir; outer chamber

Ölwanne f DIN ISO 7967-1 <masch> (allg.; z. B. von Motoren, Getrieben) • oil pan US; oil sump GB; sump pract

Ölwannendichtung f <kfz.mot> • oil pan gasket US; oil sump gasket GB; pan gasket US; sump gasket GB

Ölwannenschlüssel m prakt <kfz.wz> (für Ölwannenablassschrauben) • oil drain plug wrench; drain plug wrench; sump plug wrench

Ölwannenschutz m <kfz.mot> • oil pan guard US; oil sump guard GB; pan guard US; sump guard GB; skid plate US

Ölwechsel *m* <tribo> • oil change
Ölwechselintervalle *npl* <tribo> *(z. B. Motor, Getriebe, Werkzeugmaschine, Turbine)* • oil change intervals; frequency of oil/fluid change
Ölzerstäuber *m* <tribo> • oil atomizer
Ölzerstäubungsbrenner *m* <verbr> • atomizing oil burner
Ölzuführung *f* <tech.allg> • oil feed
Ölzufuhr *f* <tech.allg> • oil feed
Ölzufuhrnut *f DIN ISO 4378-1* <masch> *(Gleitlager)* • oil outer groove *ISO 4378-1*
Ölzuleitung *f* <tribo> • oil duct
Ölzusatz *m* <tribo> • oil additive
OEM <prod> • original equipment manufacturer (OEM)
OEM-Lieferant *m* <prod> • original equipment manufacturer (OEM)
OEM-Qualität *f* <prod> • OEM quality
Önotannin *n* <nahr> *(Wein)* • grape tannin
ÖPNV <verk> *(Linienverkehr innerhalb eines Radius von ca. 50 km)* • local public transport; local public transportation; public transit system; transit
Oersted *n* (Oe) <phys> • oersted (Oe)
Örterpfeilerbau *m* <min> • pillar mining method
örtliche Abschwächung *f* <phot> • local reduction
örtliche Alarmgabe *f* <alarm> • local alarm
örtliche Erwärmung *f* <tech.allg> • local heating
örtliche Korrosion *f* <obfl> • local corrosion; localized corrosion
örtlicher Alarm *m* <alarm> • local alarm
örtlicher Überfallalarm *m* <alarm> • panic alarm
örtliches Schaltpult *n* <msr> • local control panel
örtliche Synchronisierung *f* <msr> • independent time control
Öse *f* <bekl> • loop
Öse *f* <el> *(weich; in Durchdringung; typ. aus Gummi; Kabelschutz od. Abdichtung)* • grommet
Öse *f* <masch> *(Teil mit Loch zum Einhängen eines Hakens o.ä.; zum Heben)* • ear; eye; eyelet; lug
Öse für Kabelbinder *f* <el> • cable tie eyelet
Öse für Sicherungsseil *f* <licht.theat> • safety anchorage
Öse für Trageriemen *f* <phot> *(an Kamera)* • neck-strap eyelet; shoulder strap holder
ösen *vi* <nav> *(Wasser)* • bail *vt*
Ösenbolzen *m* <füg> • eyebolt
Ösenhaken *m* <masch> • eye hook
Ösenschraube *f DIN ISO 1891* <füg> • eyelet bolt
Ösensetzmaschine *f* <led> • eyeletting machine
Ösenzange *f* <wz> • eyelet pliers
Ösfass *n* <nav> *(flache, breite Kelle, um Wasser aus dem Boot auszuschöpfen)* • bailer
OE-Spinnen *n* <textil> • open-end spinning
OFDM-Technik *f* <tele> • Orthogonal Frequency Division Multiplex[ing] (OFDM)
Ofen *m* <hlk/nahr> *(klein; zum Backen, Heizen)* • stove
Ofen *m* <metall> *(groß; sehr heiß; industrielle Wärmeerzeugung; z. B. zum Schmelzen)* • furnace
Ofen *m* <nahr> *(zum Backen, Kochen; Teil eines Küchenherds)* • oven
Ofen *m* <silik> *(relativ klein; zum Brennen, Einbrennen)* • stove
Ofen *m* <verbr> *(sehr groß; zum Brennen von Kalk, Zement, Müll; meist Drehrohrofen)* • kiln
Ofenabzugskanal *m* <metall> • furnace flue
Ofenabzugskanal *m* <verbr> • kiln flue
Ofenalterung *f* <metall> • furnace aging
Ofenalterung *f* <verbr> • kiln aging
Ofenanschlusswert *m* <el> • oven wattage
Ofenatmosphäre *f* <metall> • furnace atmosphere

Ofenatmosphäre *f* <verbr> • kiln atmosphere
Ofenauskleidung *f* <metall> • furnace lining
Ofenauskleidung *f* <verbr> • kiln lining
Ofenausschuss *m* <silik> • oven loss
Ofenausstoß *m* <silik> • oven output
Ofenausstoß *m* <verbr> • kiln output
Ofenbeschickung *f* <metall> *(Material)* • furnace charge; furnace load
Ofenbeschickung *f* <metall> *(Vorgang)* • furnace charging
Ofenbeschickung *f* <verbr> *(Material)* • kiln charge
Ofenbeschickung *f* <verbr> *(Vorgang)* • kiln charging
Ofendurchsatz *m* <verbr> • kiln throughput
Ofeneinsatz *m* <metall> *(Material)* • furnace charge; furnace load
Ofeneinsatz *m* <verbr> *(Material)* • kiln charge
Ofenführung *f* <verf> • furnace operation
Ofenführung *f* <verf> • furnace technology
Ofenfutter *n* <hlk> • oven lining
Ofenfutter *n* <metall> • furnace lining
Ofenfutter *n* <verbr> • kiln lining
Ofengestell *n* <metall> • furnace body; furnace hearth
ofengetrocknet <verf> • oven-dried; kiln-dried
Ofengewölbe *n* <metall> • furnace arch; furnace roof
ofenhärtend <obfl> *(Lack)* • oven-curable
Ofenhartlöten *n* <füg> • furnace brazing
Ofenkanal *m* <metall> • furnace flue
Ofenkanal *m* <verbr> • kiln flue
Ofenmantel *m* <metall> • furnace shell
Ofenmantel *m* <verbr> • kiln shell
Ofenreise *f* <metall> • furnace campaign
Ofenreise *f* <verbr> • kiln campaign
Ofenrollgang *m* <verbr> • furnace table
Ofenrost *m* <verbr> • furnace grate
Ofenruß *m* <ents> • furnace black
Ofensau *f* <verbr> • furnace bear; furnace sow; salamander
Ofenschacht *m* <metall> • furnace shaft
Ofensohle *f* <metall> • furnace bottom; furnace seat; furnace sump
Ofensohle *f* <verbr> • kiln floor
Ofensumpf *m* <metall> • furnace bottom; furnace seat; furnace sump
Ofentragplatte *f* <metall> • oven deck pad
ofentrocken <mat> *(z. B. Lack, Keramik)* • oven-dry
ofentrocken (otro) <pap> • bone-dry (b.d.); ovendry
ofentrocken <verf> *(Zement, Gips)* • kiln-dried
ofentrocknen *vt* <obfl> • force dry *vt*
ofentrocknender Anstrichstoff *m* <obfl> • stoving paint
ofentrocknender Emaillack *m* <obfl> • stoving enamel
ofentrocknender Lack *m* <obfl> *(allg.)* • baking finish
Ofentrocknung *f* <obfl> *(im Ggs. zu Lufttrocknung)* • force drying
Ofenweichlöten *n* <füg> • furnace soldering
Ofenwiege *f* <verbr> • furnace rocker
Ofenzug *m* <verbr> • flue
Ofenzuschlag *m* <metall> *(Material)* • furnace charge; furnace load
Ofenzuschlag *m* <verbr> *(Material)* • kiln charge
offen <allg> • open
offen <kfz> *(Karosserietyp)* • drophead *adj*
offen <kfz.msr> *(offenstehende Tür, Hecklappe u.ä.; z. B. als Signalleuchte)* • ajar
offen <pack> *(ohne Deckel; z. B. Kiste, Container)* • open-top
offen ausweisen *vt* <fin> *(Rechnungsbetrag, Mehrwertsteuer)* • show separately; present separately
offenbaren *vt* <jur> • disclose *vt*
Offenblende-Messung *f* <phot> • full-aperture metering

offene Ankerwicklung f <el> • open-coil armature winding

offene Anlage f <energ.sol> • open system; open circuit system

offene Antenne f <el> • open antenna *US*; open aerial *GB*

offene Anwendungsumgebung f <edv> • open system; open application environment

offene Deponie f <ents> • uncontrolled dumping; open dumping

offene Destillation f <chem.verf> • differential distillation

offene Düse f <kst> *(Extruder, Spritzgießmaschine)* • open nozzle

offene Flamme f <feuer> • naked flame

offene Fuge f <bau> *(z. B. Brückenbelag)* • drained joint

Offene Kommunikation f <tele> • Open System Interconnection (OSI)

offene Legung f <textil> • open lap

offene Luftionisationskammer f <phys> • open-air ionization chamber

offene Masche f <textil> • open lap

offene Messerwelle f <prod.nahr> *(Speiseeis; Freezer)* • open dasher; open mutator; open frame dasher; open type dasher

Offenendspinnen n <textil> • open-end spinning

offene Papierhülse f <pack> • open-top paper tube

offene-Punkte-Liste f <doku> • open-items list; to-do list

offene Quelle f *rar.did* <edv> • open source code; open source *pract*

offener Abbauraum m <min> • open stope

offener Anker m <el> • open-coil armature

offener Anschlag m <mil> *(Schießen)* • square stance; open stance

offener Doppeldecker m <nfz> *(Bus; typ. für Stadtrundfahrten)* • open-top double-decker; open topper *GB*

offener Gewebebalg m <rls> • open ended fabric bellows

offener Graben m <bau> • ditch

offener Güterwagen m <bahn> • open freight car; open-top freight car; open wagon; truck *rare*

offener Güterwagen mit Gatterwänden m <bahn> • trellis-sided car

offener Helm m <bekl> *(Motorrad)* • touring helmet *US*

offener Herd m <metall> • open hearth

offener hochbordiger Wagen m <bahn> • high-sided open wagon

offener Kabelschuh m <el> • forked terminal

offener Kolben m <masch> • open piston

offener Kühlturm m <verf> • atmospheric cooling tower

offener Quellcode m <edv> • open source code; open source *pract*

offener Ringschlüssel m <wz> • flare nut wrench; line wrench *pract*

offener Rumpf m <nav> • undecked hull

offener Sack m *DIN EN 26590* <pack> • open mouth sack

offener Schießstand m <mil> • outdoor range; outdoor shooting range

offener Schüttgutwagen m <bahn> • open hopper car

offener Sportwagen m <kfz> • open sports car; droptop sportster; open-air sports car

offener Steckschlüsseleinsatz m <wz> • flare nut socket

offener Stromkreis m <el> • open circuit; incomplete circuit

offener Windkanal m <phys> • non-return flow wind tunnel

offener Zweisitzer mit Frontmotor und Heckantrieb <kfz> • front-engine, RWD, 2-passenger, 2-door convertible

offener Zweisitzer mit Frontmotor und Heckantrieb m <kfz> • front-engine, RWD, 2-passenger, 2-door convertible

offenes Ausdehnungsgefäß n <energ.sol> • expansion tank exposed to the air

offenes Auto n <kfz> *(allg., jede Variante)* • convertible (conv); open-air automobile *press*; topless automobile *press*; droptop *pract*; ragtop *coll*

offenes Betonwerk n <bau> • pre-casting yard

offenes Bohrloch n <petr> • open hole; uncased wellbore

offene Schaltung f <el> • open circuit

offene Schießanlage f <mil> • outdoor range; outdoor shooting range

offene Schlägerwelle f <prod.nahr> *(Speiseeis; Freezer)* • open dasher; open mutator; open frame dasher; open type dasher

offenes Dreiphasensystem n <el> • six-wire three-phase system

offenes Fach n <textil> • clear shed

offenes Gerinne n <allg> • open channel (flow)

offenes Gerinne n <tech.allg> • open channel

offenes Gesenk n <prod.wz> • open die; plain die

offenes Gitter n <el> *(ohne festes Potential)* • floating grid; free grid

offenes Intervall n <math> • non-enclosed interval

offenes Laufrad n <förd> *(Pumpe; im Ggs. zum geschlossenen Laufrad)* • open-type impeller; open impeller

offenes Laufrad n <förd> *(Pumpe; ohne Laufrad-Deckscheiben)* • open impeller; unshrouded impeller

offenes Licht n <licht> • naked light

offenes Papier n <pap> *(verursacht Durchscheinen und Durchschlagen)* • porous paper

offenes Polygon n <math> • open polygon

offenes Schneideisen n <wz> • open threading die; opening die

offenes Schnellfilter n <verf> • rapid gravity filter

offenes Schweißen n <füg> • unshielded welding

offenes System n <tech.allg> • open system

offenes System n <edv> • open system; open application environment

offenes System n <energ.sol> • open system; open circuit system

offene Steuerung f <msr> • open-loop control

offene Streuung f <wz> *(Schleifpapier)* • open coat; open grain

offenes Unterprogramm n <edv> • open subroutine; in-line subroutine

offenes Walzwerk n <metall> • looping mill

offene Verbindung f <el> • cable open

offene Visierung f <mil> • open sights *pl*

offene Wasserverteilung f <verf> *(durch ein Warmwasserbecken)* • open water distribution

offene Welle f <prod.nahr> *(Speiseeis; Freezer)* • open dasher; open mutator; open frame dasher; open type dasher

offene Wicklung f <el> • open-circuit winding

Offenfach n <textil> • open shed

Offenfachjacquardmaschine f <textil> • open shed Jacquard machine

Offenfachschaftmaschine f <textil> • open shed cam dobby

Offenfahren n <kfz> *(mit Cabrio etc.)* • top-down driving; driving with the top down; topless driving *coll*; open-air driving; al fresco driving *press.ad*

offen fahren vi <kfz> *(mit Cabrio, Spider, Roadster)* • drive with the top down *vi*

offenkettig <chem> • open-chain

offenkettige Verbindung f <chem> • open-chain compound

offenkundig <jur> *(in Patentschriften)* • known to the public; evident

Offenlegung f <jur> *(z. B. Patentantrag)* • disclosure; publication

Offenlegungspflicht f <jur> (z. B. Störfälle) • disclosure requirements; duty of disclosure

Offenlegungsschrift f <jur> (Patentverfahren) • application document; unexamined laid-open patent application

Offenlegungstag m <jur> (Patent) • date of publication of application

offenporiges Papier n <pap> (verursacht Durchscheinen und Durchschlagen) • porous paper

Offenrohrdiffusion f <phys> • open-tube diffusion

Offenzeit f <el> (von Kontakten) • break time

offizinell <pharm> (Arzneimittel, die in Apotheken vorrätig sind) • officinal

off-line <tech.allg> • off-line ...

offline <edv> • offline; off-line GB

off-line <edv> • offline; off-line GB

Off-line-... <tech.allg> • off-line ...

Off-line-Betrieb m <tech.allg> • off-line processing; off-line operation

Offline-Betrieb m <edv> (Drucker usw.) • off-line operation

Off-line-Datenübertragung f <edv> • off-line data transmission

Off-line-Datenverarbeitung f <edv> • off-line data processing

Off-line-Drucker m <edv> • off-line printer

Off-Line-Lackierung f <obfl> • off-line painting

Off-Line-Modus m <druck> • off-line mode; deselect state; off-line state

Off-Line-Programmierung f <edv> • off-line programming

Off-Line-Speicher m <edv> • off-line storage

Offline-Verarbeitung f <druck> • offline processing

Off-Line-Zustand m <druck> • off-line mode; deselect state; off-line state

offner Windkanal m <phys> • open-jet wind tunnel

Off-Road-Helm m <kfz> • off-road helmet

Offsetandruckpresse f <druck> • offset proof press; offset proofing press

Offset-Bogendruckmaschine f <druck> • sheetfed press; sheet fed press; sheet-fed offset press; sheet-fed press

Offset-Crash m <kfz> • offset crash

Offsetcrash m <kfz> • offset crash

Offset-Crashtest m <kfz.qualit> • offset crash test

Offsetdruck m <druck> • offset printing

Offsetdruckfarbe f <druck> • offset ink

Offsetdruckmaschine f <druck> • offset printing machine; offset printing press; offset machine

Offsetdruckpapier n <pap> • offset paper

Offsetdruckplatte f <druck> (Offsetdruck) • offset printing plate; printing plate; plate pract

Offsetgummituch n <druck> (von Offsetdruckmaschinen) • blanket; printing blanket; offset blanket; rubber blanket

Offsetmaschine f <druck> • offset printing machine; offset printing press; offset machine

Offsetraster m <druck> • litho screen

Offsetrotationsdruck m <druck> • offset rotary printing

Offsetrotationsdruckmaschine f <druck> • rotary offset machine; offset rotary pract

Offsetspannung f <el> (als Gegenreaktion) • compensating voltage; balancing voltage; bucking voltage; offset voltage; backing-off potential rare

Offsetverzerrung f <el> • offset distortion

Offshore-... <tech.allg> (vor der Küste, auf Festlandsockel, bis ca. 200 m Tiefe; z. B. Bohrinsel) • offshore ...

Offshore-Anlage f <petr> • offshore installation

Offshore-Arbeitsfeld n <petr> • offshore operation

Offshore-Aufstellung f <energ.wind> • offshore installation

Offshore-Ausrüstung f <petr> • offshore equipment

Offshorebauten mpl <tech.allg> • offshore constructions pl

Offshore-Bauwerk n <tech.allg> (z. B. Bohrinsel, Windkraftanlage) • offshore structure

Offshore-Betrieb m <tech.allg> • offshore operation

Offshore-Bohrinsel f rar <petr> • offshore drilling platform; offshore platform; offshore oil drilling rig; offshore oil rig; drill platform

Offshore-Bohrplattform f <petr> • offshore drilling platform; offshore platform; offshore oil drilling rig; offshore oil rig; drill platform

Offshore-Bohrung f <petr> • offshore drilling

Offshore-Dienstleistung f <tech.allg> • offshore service

Offshore-Einheit f <tech.allg> • offshore unit

Offshore-Einsatz m <tech.allg> • offshore operation

Offshore-Erdgasfeld n <petr> • offshore natural gas field

Offshore-Erdgasquelle f <petr> • offshore source of natural gas

Offshore-Erdgasverflüssigungsanlage f <petr> • offshore natural gas liquefaction plant

Offshore-Erdölproduktion f <petr> • offshore hydrocarbon produktion

Offshore-Gas n <petr> • offshore gas

Offshore-Gerät n <petr> • offshore equipment

Offshore-Geräte npl <tech.allg> • offshore-equipment; offshore facilities pl

Offshore-Inspektionsaufgaben fpl <tech.allg> • offshore survey tasks pl

Offshore-Komponente f <tech.allg> • offshore component

Offshore-Konstruktion f <tech.allg> (z. B. Bohrinsel, Windkraftanlage) • offshore structure

Offshore-Konstruktionsteile,f <tech.allg> • offshore construction parts

Offshore-LNG-Anlage f <petr> • offshore LNG plant

Offshore-Ölindustrie f <petr> • offshore oil industry

Offshore-Plattform f <tech.allg> • offshore platform

Offshore-Praxis f <tech.allg> • offshore engineering

Offshore-Struktur f <tech.allg> (z. B. Bohrinsel, Windkraftanlage) • offshore structure

Offshore-Technik f <tech.allg> • offshore engineering

Offshore-Technologie f <tech.allg> • offshore technology

Offshore-Terminal n/m <petr.nav> • offshore terminal

Offshore-Versorgungsschiff f <nav> • offshore supply vessel

Offshore-Windenergieanlage f <energ.wind> • offshore wind energy plant

OFHC-Kupfer n <el> • OFHC-copper; oxygen-free high-conductivity copper

O-Gestell n <prod> • straight-side press frame

Ogivalspitze f <bau> • ogival nose

OHC <mot> (allg., jede Anzahl) • overhead camshaft (ohc)

OHC-Motor m <kfz.mot> • OHC-engine

Ohm'sche Belastung f <el> • ohmic load

Ohm'sche Heizspulen fpl <el> (Transformatorspulen) • ohmic heating coils; OH-coils pl

Ohm'sche Heizung f <el> • Ohmic heating; Joule heating; ohmic heating

Ohm'sche Komponente f <el> • ohmic component; resistive component

Ohm'sche Kopplung f <el> • resistive coupling

Ohm'scher Abschlusswiderstand m <el> • terminal resistance; terminating resistance

Ohm'scher Impedanzwandler m <el> (Spannungsteiler) • resistive pad

Ohm'scher Kontakt m <el> • ohmic contact

Ohm'scher Kreis m <el> • resistance circuit

Ohm'scher Nebenschluss *m* <el> • resistive shunt; ohmic shunt; shunting resistance

Ohm'scher Shunt *m* <el> • resistive shunt; ohmic shunt; shunting resistance

Ohm'scher Spannungsabfall *m* <el> • resistance voltage drop

Ohm'scher Spannungsteiler *m* <el> • resistance voltage divider; potentiometer resistor

Ohm'scher Verlust *m* <el> • ohmic loss; resistance loss; copper loss *coll*

Ohm'scher Widerstand *m* <el> *(als elektr. Größe)* • active resistance; ohmic resistance

Ohm'scher Zweig *m* <el> • resistance branch; resistive branch

Ohm'sches Gesetz *n* <el> • Ohm's law

Ohm'sches Gesetz der Akustik *n* <akust> • Ohm's law of acoustics

Ohm'sche Verluste *mpl* <el> • ohmic losses *pl*

Ohm'sche Wicklung *f* <el> • resistance winding

Ohm *n* DIN 1301 <el> *(Einheit des elektrischen Widerstandes; 1 Ohm = 1 Volt/1 Ampere)* • ohm

Ohmmeter *n* <msr> • ohmmeter

ohmsche Belastung *f* <el> • ohmic load

ohmsche Heizspulen *fpl* <el> *(Transformatorspulen)* • ohmic heating coils; OH-coils *pl*

ohmsche Heizung *f* <el> • Ohmic heating; Joule heating; ohmic heating

ohmsche Komponente *f* <el> • ohmic component; resistive component

ohmsche Kopplung *f* <el> • resistive coupling

ohmscher Abschlusswiderstand *m* <el> • terminal resistance; terminating resistance

ohmscher Impedanzwandler *m* <el> *(Spannungsteiler)* • resistive pad

ohmscher Kontakt *m* <el> • ohmic contact

ohmscher Kreis *m* <el> • resistance circuit

ohmscher Nebenschluss *m* <el> • resistive shunt; ohmic shunt; shunting resistance

ohmscher Shunt *m* <el> • resistive shunt; ohmic shunt; shunting resistance

ohmscher Spannungsabfall *m* <el> • resistance voltage drop

ohmscher Spannungsteiler *m* <el> • resistance voltage divider; potentiometer resistor

ohmscher Verlust *m* <el> • ohmic loss; resistance loss; copper loss *coll*

ohmscher Widerstand *m* <el> *(als elektr. Größe)* • active resistance; ohmic resistance

ohmscher Zweig *m* <el> • resistance branch; resistive branch

ohmsches Gesetz *n* <el> • Ohm's law

ohmsches Gesetz der Akustik *n* <akust> • Ohm's law of acoustics

ohmsche Verluste *mpl* <el> • ohmic losses *pl*

ohmsche Wicklung *f* <el> • resistance winding

ohne Abwasseranfall <chem.verf> • effluent-free; without effluent discharge

ohne Aufpreis <ökon> • at no extra cost (ANC)

ohne Aufpreis lieferbar <ökon> • available at no extra cost

ohne Ausbau zu reinigen <hygi> • cleanable in place (CIP)

ohne Bedienung <autom> *(z. B. Tankstelle, Aufzug)* • unattended

ohne Berührung <tech.allg> *(z. B. messen, scannen, lesen, abdichten)* • non-contact; contactless; without contact; non-contacting

ohne Beziehung <allg> *(zu etwas)* • unrelated

ohne Einbauten <verf> *(Apparate; z. B. Kolonnen, Kühltürme)* • without internals; without internal fittings

ohne Einsatz *m* <edv> • frame only

ohne Gewinde <masch> • unthreaded

ohne Kuppe <füg> *(Schraubenmerkmal)* • as-rolled end *stand*; plain rolled point; rolled thread end; flat point

ohne Netzkabel <el> *(z. B. Heißwasserbereiter, Teekessel)* • cordless

Ohne-Rückkehr-zu-Null-Aufzeichnung *f* <edv> • non-return-to-zero recording

ohne Spülung bohren *vi* <prod> • run dry *vi*

ohne Unterbrechung <tech.allg> *(Abfolge von Ereignissen)* • uninterrupted; continuous; unbroken; straight

ohne Zuckerzusatz <nahr> • no added sugar

ohnmachtssicher <nav> *(Rettungsweste)* • protection in case of unconsciousness

OHP <büro> *(für Folien)* • overhead projector (OHP)

OHP-Folie *f prakt* <doku> • overhead transparency; overhead projection film; transparency *coll.pract*

Ohreinlage *f* <bio> *(für Tierpräparat)* • ear liner

Ohrenpolster *n* <bekl> *(Helm)* • ear padding

Ohrenschützer *m* <bekl> *(an Helm oder Mütze, herunterklappbar; Kälteschutz)* • ear-flap

Ohrenschützer *m* <bekl> *(Lärmschutz)* • ear muffs

Ohrenschutz *m* <bekl> *(Helm)* • ear padding

Ohrenstöpsel *m* <bekl> *(Lärmschutz)* • ear plug; ear guard

Ohrhörer *m* <av> • earphone

Ohrhörer *m* <av> • electrostatic earphone

Ohrhörerbuchse *f* <av> • earphone socket

Ohrlochstechen *n* <med> • ear-piercing

Ohrmuschelpolster *n* <av> *(Kopfhörer)* • ear pad

Ohrversteifung *f* <bio> *(für Tierpräparat)* • ear liner

OH-Spulen *fpl* <el> *(Transformatorspulen)* • ohmic heating coils; OH-coils *pl*

OHV <kfz.mot> • overhead valves *pl* (ohv)

OHV-Motor *m prakt* <kfz.mot> *(Viertaktmotor mit im Kopf hängend angeordneten Ventilen)* • overhead valve engine; ohv engine *pract*; valve-in-head engine *rare*

OIS <av> • optical image stabilizer (OIS); optical image stabilization; optical image stabilizing system

okkludieren *vt* <metall> *(Gase und Fremdkörper)* • occlude *vt*

Okklusionsdruck *m* <med.tech> *(beim Atmen)* • occlusion pressure

OKT4-Zelle *f obs* <bio> • helper T cell; T4-cell; CD4+-cell

Oktaeder *n* <math> • octahedron

Oktaederebene *f* <math> • octahedral plane

Oktaedernormalspannung *f* <mech> • octahedral normal stress

Oktaederschubspannung *f* <mech> • octahedral shearing stress

Oktaldarstellung *f* <edv> • octal representation

Oktalröhre *f* <el> • octal-base tube

Oktalschreibung *f* <edv> • octal notation

Oktalstecker *m* <el> • octal plug

Oktalsystem *n* <math> • octal number system

Oktalziffer *f* <edv> • octal digit

Oktametersystem *n* <bau> • octametric system

Oktan *n* <chem> • octane

Oktananpassung *f* <kfz.msr> *(durch Klopfsensoren)* • octane adaptation

Oktant *m* <nav> • octant

Oktanverbesserer *m rar* <chem.petr> *(Benzinadditiv)* • anti-knock additive; anti-knock agent; knock inhibitor; octane improver; anti-detonant

Oktanzahl *f* (OZ) <chem> *(von Kraftstoff; (ROZ + MOZ): 2 = OZ)* • octane number (ON); octane rating

Oktanzahlbestimmung *f* <mot> • octane rating

Oktavbandfilter *n* <av> • octave band filter

Oktavbandpass *m* <av> • octave analyzer *US*; octave analyser *GB*; octave band analyser *US*

Oktave f <mus> • octave
Oktavlage f <edv.av> • footage
Oktavschalter m <el.mus> • octave switch; footage switch
Oktavsieb n <av> • octave analyzer US; octave analyser GB; octave band analyser US
Oktavsieboszillograph m <el> • octave frequency-band oscillator
Oktett n <edv> (8-bit-Byte) • octet
Oktettprinzip n <phys> • octet principle
Oktode f <el> • octode
Oktogon n <math> • octagon
Oktupol m <phys> (Multipol) • octupole
Oktupolstrahlung f <phys> • octupole radiation
Okular n <opt> (allg.; z. B. an Kamera, Mikroskop, Fernrohr) • eyepiece; ocular; eye lens rare
Okular n <phot/av> (Kamerasuchereinblick) • finder eyepiece; eyepiece; viewfinder eyepiece
Okularanzeigespiegel m <phot> • eyepiece information display mirror
Okularblende f <opt> • eyepiece diaphragm
Okulareinstellung f <opt> • eyepiece focusing US; eyepiece focussing GB
Okularfenster n <opt> • eyepiece window
Okular-Korrektur-Regler m <av> • diopter control; diopter compensation; eyepiece corrector control; dioptric control
Okularkorrektur-Regler m <opt> • eyepiece corrector control (ECC)
Okularmessschraube f <opt> • micrometer eyepiece; screw micrometer eyepiece
Okularprisma n <opt> • prismatic eyepiece
Okularstrichkreuz n <msr> • ocular cross hairs
Okularverschluss m <phot> (gegen Fremdlichteinfall) • eyepiece shutter
oL <phot> • optical path
OLB <el.ic.prod> • outer lead bonding (OLB)
Oldie m ugs <kfz> • classic car
Oldtimer m <kfz> • classic car
Oldtimer-Horn n <kfz> • Klaxon horn ®
Oldtimer-Markt m <kfz> • auto jumble
OLED <edv> • organic light emitting display (OLED); organic LED
Olefin n prakt <chem> • alkene; olefin coll; olefin hydrocarbon
oleophil wiss <druck> (Platteneigenschaft) • ink-attracting; oleophillic thsc; oil-attracting; ink-receptive
oleophob wiss <druck> (Platteneigenschaft) • oil-repellent; oleophobic thsc
oleo-pneumatische Federung f obs <kfz> • hydropneumatic suspension; Hydragas suspension Leyland; Moulton Hydragas suspension Leyland; oleo-pneumatic suspension obs
Oleum n prakt.ugs <chem> • fuming sulfuric acid; oleum
Olfaktometrie f VDI 3881 <msr.bio> (Neurologie: Messkunde für Gerüche) • olfactometry
Olive f <bau> • handle
Olive f <nahr> • olive
Olive f <prod> (Räumen) • burnishing shell
Olive f <rls> (Schlauchverbindungsstück) • hose connection
Olivenöl n <nahr> • olive oil
olivgrün <kunst> • Grecian olive
olivgrün RAL 6003 <obfl> • olive green
Ombrédruck m <textil> • shadow printing
Omega-3-Fettsäuren fpl <chem> • omega-3 fatty acids pl
Omega-Bandführung f DIN <av> • omega wrap; omega tape guidance
Omega-Navigationssystem n <navig> • OMEGA navigation system

Omega-System n <navig> • OMEGA navigation system
Omegatron n <phys> (Laufzeitmassenspektrometer) • omegatron
Omega-Umschlingung f <av> • omega wrap; omega tape guidance
Omega-Verfahren n <mech> (Knickberechnung, besonders im Bauwesen) • omega method
Omega-Verfahren n <navig> • OMEGA navigation system
Omnibus m <nfz> (allg.) • bus stand; coach US; motorbus rare; autobus obs; omnibus obs
Omnibusanhänger m <nfz> • bus trailer
Omnibusbahnhof m <verk> (allg.) • bus terminal; bus station; bus depot US; terminal; depot US
Omnibusbahnhof m <verk> (nur für Überlandbusse und Reisebusse) • intercity bus terminal; intercity bus station US; coach station GB
Omnibusbefragung f <werb> • omnibus survey; omnibus pract
Omnibusbetrieb m <verk> (allg.) • bus company; bus carrier; bus operator
Omnibushaltestelle f rar <verk> • bus stop
Omnibushersteller m <nfz> (Unternehmen) • bus manufacturer; bus builder; bus maker; bus producer
Omnibuslinie f <verk> (Strecke) • regular bus route; regular service bus route; bus line
Omnibuslinie f <verk> (Verkehr) • regular bus service; scheduled bus service; regular bus transportation service; bus line; fixed-route bus service US
Omnibuslinienverkehr m <verk> (Verkehr) • regular bus service; scheduled bus service; regular bus transportation service; bus line; fixed-route bus service US
Omnibusunternehmen n <verk> (allg.) • bus company; bus carrier; bus operator
Omnibuszug m <nfz> • passenger road train
omnidirektional <tech.allg> • omnidirectional
omnidirektionaler Scanner m <edv> • omnidirectional scanner
omnidirektionale Zelle f <tele> (Funkzelle) • omnidirectional cell
Omnidirektionalscanner m <edv> • omnidirectional scanner
Omni Light n <edv> (strahlt in alle Richtungen) • omni light; point light; point light source; point spot
Omni-Scanner m <edv> • omnidirectional scanner
OMNITRAC-System n SEL <navig.logist> • OMNITRAC system SEL
OMR <edv> • optical mark recognition (OMR); optical mark reading; mark reading
OMR-Leser m <edv> • optical mark reader
Onboard-Batteriehalter m <el> (z. B. für Knopfzellen) • SMT battery retainer
On-Board-Diagnosesystem n (OBD) <kfz.msr> • on-board diagnostic system (OBD); diagnostic system; self-diagnostic system
On-Demand-Druck m <edv> • variable printing (process); on-demand printing
Ondes Martenot n <el.mus> (ähnlich wie Sphärophon) • Ondes Martenot
Ondograph m <msr> • ondograph
One-Pitch-Shift-Zelle f <ic> • one-pitch shift cell
One-Shot-Sample n <edv.mus> (Sample ohne Halteschleife) • one-shot sample
One-Touch Play n <av> • one-touch play
online <tech.allg> • online; on-line
on-line <tech.allg> • online; on-line
online ugs <edv> (an Netz, Standleitung, Internet) • on-line
Online... <tech.allg> • online; on-line
On-line-... <tech.allg> • online; on-line

Online-Anweisung f <edv> • online instruction
Online-Anzeige f <msr> • on-line lamp
Online-Betrieb m <tech.allg> *(Drucker usw.)* • online operation; online processing
Online-Datenübertragung f <edv> • online data transmission
Online-Datenverarbeitung f <edv> • online data processing
Online-Drucker m <edv> • online printer
Online-Entwickler m <druck> *(Druckplattenentwicklung)* • online-processing unit (OLP); online-processor
Online-Entwicklungseinheit f <druck> *(Druckplattenentwicklung)* • online-processing unit (OLP); online-processor
Online-Feuchtigkeitsmesssystem n <pap> • online moisture scanning system
Online-Geräte npl <tech.allg> • online equipment
Online-Kalibrierung f <pap> • on-line calibration
Online-Lackierung f <obfl> *(z. B. von Kunststoffteilen)* • online painting
Online-Messung f <msr> • online measurement
Online-Modus m <druck> *(Betriebszustand, Status eines Druckers)* • online mode
Online-Programmierung f <edv> *(von Robotern)* • online programming
Online-Retrievalsystem n <edv> • online retrieval system
Online-Schalter m <druck> • on-line switch
Online-Sensor m <msr> • on-line sensor
Online-Sensor-Kalibrierung f <pap> • on-line sensor calibration
Online-Speicher m <edv> • online storage
Online-Stanze f <druck> *(Druckplattenregistrierung)* • online-punch
Online-Taste f <druck> • online button
Online-Verbindung f <edv> • on-line connection
Online-Vertrieb m <edv> *(elektronischer Geschäftsverkehr)* • electronic commerce; e-commerce
On-off-Ventil n <msr> *(z. B. in Automatikgetriebesteuerung)* • on-off valve
Onsager-Beziehungen fpl <chem> • Onsager relations; Onsager reciprocal relations
Onsager-Gleichung f <chem> • Onsager equation
Onsagersche Reziprozitätsbeziehungen fpl <chem> • Onsager relations; Onsager reciprocal relations
On-Screen-Anzeige f <av> *(von aktuellen Funktionen oder Menüs)* • on-screen display (OSD)
On-Screen-Display n <av> *(von aktuellen Funktionen oder Menüs)* • on-screen display (OSD)
On-Screen-Display n (OSD) <edv> *(z. B. von Bildschirmreglern)* • on-screen display (OSD)
On-Screen-Programmierung f <av> *(von TV, VCR)* • on-screen programming (OSP)
Onshore-Aufstellung f <energ.wind> • onshore installation
On-the-Wire-Katheter m <med.tech> • fixed-wire catheter; fixed-wire balloon catheter system *form*; on-the-wire balloon catheter; on-the-wire catheter system; on-the-wire catheter
Opacity-Map f <edv> *(Tabelle mit Opazitätsstufen)* • opacity map
Opacity-Mapping n <edv> *(Abbildungsverfahren)* • opacity mapping
opak <phys> • opaque
Opakilluminator m <opt> *(Mikroskopie)* • opaque illuminator
opaleszieren vt <obfl> • opalesce vt
Opalglas n <silik> • opal glass
Opallampe f <phot> *(z. B. Lichtquelle in Kondensor-Vergrößerern)* • opal lamp

Opazimeter n wiss <msr> *(zur Messung des Schwebstoffanteils)* • opacimeter
Opazität f <phys> *(Materialeigenschaft)* • opacity
Opazitätstabelle f rar <edv> *(Tabelle mit Opazitätsstufen)* • opacity map
Open-Coil-Stahl m <metall> • open-coil decarburized steel; open-coil annealed decarburized steel; open-coil steel *pract*
Open-Deck-Bauweise f <kfz.mot> *(Motorblock)* • open-deck design
Open-Deck-Konstruktion f <kfz.mot> *(Motorblock)* • open-deck design
OpenGL f <edv> • OpenGL; Open Graphics Library
Open Graphics Library f <edv> • OpenGL; Open Graphics Library
Open Prepress Interface n (OPI) <druck> *(Workflow)* • open prepress interface (OPI)
Open Source f prakt <edv> • open source code; open source *pract*
Oper f ugs <bau.theat> • opera house; opera *coll*
Opera Light n :V <kfz> *(an manchen US-Pkw; typ. an C-Säule)* • opera light; pillar light
Operand m <math> • operand
Operandenadresse f <edv> • operand address
Operandenadressierung f <edv> • operand addressing
Operandenregister n <edv> • operand register
Operation f <edv> • operation
Operation f rar <prod> *(z. B. Vorbohren, Aufbohren, Senken, Gewindeschneiden)* • operation; step *pract*
operationeller Status m <navig> • Full Operational Capability (FOC)
Operationsablauf m <edv> • operation cycle
Operationsbefehl m <edv> • operation command; operation instruction
Operationsbefehlswort n <edv> • operation command word (OCW)
Operationscode m <edv> • operation code; function code; opcode
Operationsfolge f <edv> • operational sequence; sequence of operations
Operationsforschung f <prod> • operational research (OR); operations research
Operationsgeschwindigkeit f <edv> • operating speed
Operationskode m <edv> • operation code; function code; opcode
Operationsregister n <edv> • operation register
Operationssteuerung f <msr> • operation control
Operationsteil m <edv> • operation part; opcode field
Operationsverstärker m <el> • operational amplifier
Operationszahl f <edv> • operating number
Operationszeichen n <math> • operator
Operationszeit f <edv> • operation time; execution time
Operationszyklus m <tech.allg> • operation cycle
operative Verfügbarkeit f <navig> *(des GPS)* • Initial Operational Capability (IOC)
Operativspeicher m <edv> • operating memory; working memory
Operativzeit f <prod> • effective working time
Operator m <tech.allg> *(von größeren Systemen, Anlagen; meist in einer Warte)* • operator
Operator m <tech.allg> *(von Werkzeug-, Spritzgießmaschinen etc.)* • operator; machine operator
Operator m <math> • operator
Operatorengleichung f <math> • operator equation
Operatorentheorie f <math> • operator theory
Operatorzelle f <av> *(Klangerzeugung)* • operator cell
Opernhaus n <bau.theat> • opera house; opera *coll*
Opernlicht n :V <kfz> *(an manchen US-Pkw; typ. an C-Säule)* • opera light; pillar light

Opferanode *f DIN EN ISO 8044* <obfl> *(Kathodenschutz)* • sacrificial anode; galvanic anode *ISO 8044*
Opfermetallschicht *f* <obfl> • sacrificial coating
opfern (für) *vr* <obfl> • sacrifice o.s. (for)
Ophiolit *m* <geo> • ophiolite
Ophiolit-Komplex *m* <geo> • ophiolitic suite
ophthalmische Instrumente *npl DIN ENISO 12866* <med.opt> • ophthalmic instruments *DIN ENISO 12866*
OPI <druck> *(Workflow)* • open prepress interface (OPI)
Opinion Leader *m* <werb> • opinion leader; influential person
OP-Kautschuk *m* <kst> • oil-extended polymer
Optical Link *n* <av> *(z. B. zw. Camcorder und TV)* • optical link
Optik *f* <opt> *(Teilbereich der Physik, der sich mit Licht beschäftigt)* • optics
Optik *f* <phot> *(optischer Aufbau eines Objektivs)* • lens system; lens construction; optical system; optical train *rare*
Optikgehäuse *n* <opt> *(z. B. Objektivtubus)* • lens tube
optimale Dimensionierung *f* <tech.allg> • optimum dimensioning
optimale Fließfähigkeit *f* <druck> *(von Druckfarben)* • optimum flowability
optimale Konstruktion *f* <tech.allg> • optimum design
optimale Programmierung *f* <edv> • optimum programming
optimaler Anstellwinkel *m* <tech.allg> *(Flügel, Segel)* • optimum angle of attack
optimale Raumausnutzung *f* <bau> • optimum use of space
optimaler Code *m* <edv> • optimum code
optimaler Funktionszustand *m* <tech.allg> *(System, Anlage)* • well maintained
optimaler Kode *m* <edv> • optimum code
optimales Programm *n* <tech.allg> *(allg.)* • optimum program
optimales Programm *n* <edv> *(betont: Routine mit minimaler Zugriffszeit)* • minimum-access routine
optimales System *n* <tech.allg> • optimum system
optimale Trennschärfe *f* <opt> • skirt selectivity
Optimalitätskriterium *n* <msr> • optimality criterion; optimalization criterion
Optimalitätsprinzip *n* <math> • optimality principle
Optimalwert *m* <tech.allg> • optimum value; optimal value *rare*
Optimalwertkreis *m* <msr> • optimum value circuit
Optimalwertregelung *f* <msr> • optimizing control *US.GB*; optimal control
Optimiereinrichtung *f* <tech.allg> • optimizer *US.GB*; optimiser *GB*
optimieren *vt* <tech.allg> *(allg.; System, Prozess)* • optimize *vt US.GB*; optimise *vt GB*
optimieren *vt* <edv> *(Festplatte)* • optimize *vt US.GB*; optimise *vt GB*
optimieren *vt* <edv> *(Festplatte; umfasst meist das Defragmentieren)* • optimize *vt US.GB*; optimise *vt GB*
Optimierrechner *m* <edv> • optimizer *US.GB*; optimiser *GB*
Optimierregelung *f* <msr> • adaptive control optimization (ACO); adaptive control with optimization; optimizing control; self-optimizing control
optimierte firmeneigene Technologie *f* <edv> • proprietary optimization technology
optimierter Einsatz von <tech.allg> • optimized use of *US.GB*; optimised use of *GB*
Optimierung *f* <edv> *(Festplatte)* • optimization *US.GB*; optimisation *GB*
Optimierungskriterium *n* <qualit> • optimization criterion *US.GB*; optimisation criterion *GB*

Optimierungsproblem *n* <math> • optimization problem *US.GB*; optimisation problem *GB*
Optimierungsverfahren *n* <tech.allg> • optimization procedure *US.GB*; optimisation procedure *GB*
optimistische Dauer *f* <edv> *(Netzwerkverfahren)* • optimistic time
Optimize *n* <edv.av> *(z. B. von Samplern, MP3-Konvertern)* • normalize function; maximize function; optimize function
Option *f* <tech.allg> *(z. B. in Programm-Menü)* • option
optionaler Midi-Adapter *m* <el.mus> • Midi expansion box; optional Midi adapter; Midi connector box; optional box; Midi box
Optionsliste *f press* <doku> • list of options
optisch <opt> • optic; optical
optisch aktiv <mat> • optically active
optisch-akustischer Alarmgeber *m* <alarm> • audible and visual warning device *:V*
optisch anzeichnen *vt* <prod> • mark optically *vt*
optisch anzeigen *vt* <tech.allg> • display *vt*
optisch dicht <opt> • optically dense
optisch dünn <opt> • optically thin
optische Abbildung *f* <opt> *(Ergebnis)* • optical image
optische Abbildung *f* <opt> *(Vorgang)* • optical imaging
optische Achse *f DIN EN ISO 1366* <opt> • optical axis
optische Aktivität *f* <astron> • optical activity
optische Alarmierung *f* <alarm> • visible alarm
optische Anzeige *f* <msr> *(allg.)* • optical display; visual display; video display
optische Anzeige *f* <msr> *(alphanumerisch; z. B. von Fehlercodes)* • optical read-out
optische Aufzeichnung *f* <edv> • optical recording
optische Ausgabe *f* <msr> *(allg.)* • optical display; visual display; video display
optische Auslesung *f* <msr> *(alphanumerisch; z. B. von Fehlercodes)* • optical read-out
optische Bahnverfolgung *f* <mil> • optical tracking
optische Bank *f* <phys> • optical bench
optische Berechnung *f* <opt> *(von Linsen, Objektiven)* • optical design
optische Besetztprüfung *f* <tele> • visual engaged test
optische Bibliothek *f* <edv> • optical disk library; optical library system; optical library; optical jukebox
optische Bilderzeugung *f* <opt> • optical image formation; optical imaging
optische Bildplatte *f rar* <edv> *(Vorläufer der Video-CD; obsolet)* • videodisk *US*; videodisc *Philips.GB*; laser videodisc *obs*; optical video disc *rare*
optische Datenaufzeichnung *f* <edv> • optical recording
optische Datenspeicherung *f* <edv> • optical recording
optische Dichte *f* <druck> *(von bedruckten Flächen)* • blackening; density
optische Dichte *f* <mat> • optical density
optische Disk *f* <edv> • optical disk; optical data storage disk; optical data disk; laser disk
optische Diskette *f* <edv> • floptical diskette; floptical disk; floptical *coll*
optische Drehung *f* <phys> • optical rotation
optische Eigenschaften *fpl* <opt> *(z. B. von Linsen-, Spiegelsystemen)* • optical properties *pl*
optische Entfernungsmessung *f* <msr> • optical ranging
optische Faser *f* <lwl> • optical fiber
optische Faser aus Polymeren *f* <lwl> • polymere optical fiber (POF); polymere optical waveguide
optische Folgeprogrammierung *f* <autom> *(Roboter)* • leadthrough by using a visual sensor
optische Harmonische *f* <phys> • optical harmonic
optisch einachsig <opt> • optically uniaxial

optische Isomerie f <opt> • mirror-image isomerism; optical isomerism

optische Jukebox f <edv> • optical disk library; optical library system; optical library; optical jukebox

optische Kommunikation f <edv> *(auf und zwischen Chips)* • optical interconnect

optische Kontrolle f <qualit> • visual check; optical check *rare*

optische Kopplung f <el> • optical coupling; opto-coupling

optische Library f <edv> • optical disk library; optical library system; optical library; optical jukebox

optische Lithographie f <el.ic> • photolithography; optical lithography

optische Markierungserkennung f (OMR) <edv> • optical mark recognition (OMR); optical mark reading; mark reading

optische Messtechnik f <msr> • optical metrology; optical measuring technique

optische Nachrichtentechnik f <tele.lwl> • light wave communication; optical communications

optische Netzspannungskontrolle f <el> • visual mains-on indication

optische Nur-Lese-Platte f <edv> *(für digitale Daten)* • Compact Disc-Read Only Memory (CD-ROM); read-only optical data disk *ISO/IEC*; CD-ROM disk; CD-ROM disc; CD disk

optische Ortung f <meteo> • optical tracking

optische Platte f <edv> • optical disk; optical data storage disk; optical data disk; laser disk

optischer Abtaster m <msr> • optical scanner

optischer Alarm m <alarm> • visible alarm

optischer Alarmgeber m <alarm> • visual signal device

optischer Aufheller m <obfl.chem> *(z. B. in Waschmittel, Textilien, Papier)* • fluorescent brightener; optical bleaching agent; optical brightening agent; brightener *pract*

optischer Belegleser m <edv> • OCR reader for forms

optischer Belichtungsmesser m <phot> • extinction meter

optischer Bildstabilisator m (OIS) <av> • optical image stabilizer (OIS); optical image stabilization; optical image stabilizing system

optischer Bildstabilisierer m <av> • optical image stabilizer (OIS); optical image stabilization; optical image stabilizing system

optischer Computer m <edv> • optical computer

optischer Datenspeicher m <edv> • optical storage system; optical storage device; optical storage

optischer Datenspeicher mit Nurlese-Zugriff m DIN EN <edv> *(für digitale Daten)* • Compact Disc-Read Only Memory (CD-ROM); read-only optical data disk *ISO/IEC*; CD-ROM disk; CD-ROM disc; CD disk

optischer Datenträger m <edv> • optical storage medium; optical storage device; optical medium

optischer Drehgeber m <msr> • optical shaft encoder

optische Reichweite f <opt> • luminous range

optischer Empfänger m <opt> • optical receiver

optischer Entfernungsmesser m <msr> • optical range-finder

optische Resonanz f <phys> • optical resonance

optischer Geber m <msr> • optical encoder

optischer Gerätebau m <opt> • optical instrument manufacture

optischer Interconnect m <edv> *(auf und zwischen Chips)* • optical interconnect

optischer Kopf m <edv> • optical head

optischer Kreisel m <navig> • laser gyro

optischer Kreisteiltisch m <msr> • optical rotary table

optischer Kristall m <mat> • optical crystal

optischer Kunststoff m <kst> • optical plastic

optischer Leser m <msr> • optical reader

optischer Lichtweg m (oL) <phot> • optical path

optischer Markierungsleser m <edv> • optical mark reader

optischer Mittelpunkt m ISO 13666 <opt> • optical center ISO 13666

optischer Neurocomputer m <edv> • optical neuron device

optische Rotation f <phys> • optical rotation

optischer Quantenverstärker m <phys> • laser amplifier

optischer Schlitzleser m <edv> • optical slot reader; optical badge reader

optischer Sender m <lwl> *(Lichtquelle)* • optical transmitter

optischer Sensor m <msr> • visual sensor

optischer Signalgeber m (SO) <alarm> • visual signal device

optischer Speicher f <edv> • optical storage system; optical storage device; optical storage

optischer Unschärfebereich m <opt> *(Scanner; Abstand zw. Leseoptik und Beginn der Tiefenschärfe)* • optical throw (OT)

optischer Wellenleiter m <lwl> • optical fiber waveguide; light waveguide

optischer Winkelkodierer m prakt <msr> *(hat Code-Scheibe mit Hell/Dunkel-Feldern)* • optical encoder; photoelectric angular encoder; optical angular encoder; photoelectric encoder

optisches Abtasten n <opt> • optical scanning

optisches Auflösungsvermögen n <opt> • optical resolution

optisches Beleuchtungssystem n <licht> • illuminating optical system

optisches Bleichmittel n prakt <obfl.chem> *(z. B. in Waschmittel, Textilien, Papier)* • fluorescent brightener; optical bleaching agent; optical brightening agent; brightener *pract*

optisches Breitbandnetz n <opt> • optical broadband network

optische Schnittstelle f <edv> *(Optokoppler)* • optical interface; optical communication interface; opto-coupling; optical coupling

optisches Datenspeichermedium n <edv> • optical storage medium; optical storage device; optical medium

optisches Drehvermögen n <phys> • optical rotatory power

optisches Fenster n <opt> • optical window

optisches Filter n <opt> • optical filter

optisches Glas n <silik> *(allg.)* • optical glass

optische Sicht f <meteo> • optical distance; optical range

optisches Laufwerk n <edv> • optical disk drive (ODD); optical disk system; optical drive *pract*

optisches Medium n <opt> • optical medium

optisches Modell n <tech.allg> • optical model

optisches Modell n <phys> • optical model of nucleus; cloudy crystal-ball model

optisches Nachrichtenübertragungssystem n <lwl> • optical transmission system; optical fiber link system

optische Sortierung f <ents> • optical sorting

optische Speicherkarte f <opt> • laser card

optische Speicherplatte f <edv> • optical disk; optical data storage disk; optical data disk; laser disk

optische Speicherung f <edv> • optical recording

optisches Präzisionssystem n <opt> • precision optical system

optisches Pumpen n <phys> *(Laser)* • optical pumping

optisches Radar n <navig> • optical radar; coherent light detecting and ranging

optisches Signal *n* <msr> *(betont: selbst leuchtend)* • luminous signal

optisches Signal *n* <msr> *(allg.)* • optical signal

optisches Signal *n* <msr.alarm> *(betont: sichtbar im Ggs. zu hörbar)* • visual signal

optisches Speichermedium *n* <edv> • optical storage medium; optical storage device; optical medium

optisches Speichersystem *n* <edv> • optical storage system; optical storage device; optical storage

optisches Spektrum *n* <phys> • optical spectrum

optisches System *n* <opt> *(allg.; Objektive, Linsen, Spiegel etc.; z. B. von Kopierer, Scanner)* • optical system; optics *pract*

optisches System *n* <opt> *(betont: Linsen und Objektive)* • lens system

optische Störmeldung *f* <tech.allg> • optical trouble indication; optical information on faults

optische Strahlung *f ISO 13666* <opt> *(Wellenlänge zwischen 1 nm und 1 mm)* • optical radiation *ISO 13666*

optisches Warnsignal *n* <alarm> • visual warning signal

optisches Zielverfolgungsgerät *n* <mil> • optical tracker

optische Tiefe *f* <phys> • optical depth

optische Transparenz *f* <opt> *(z. B. der Atmosphäre)* • optical transparency

optische Verluste *mpl* <energ.sol> • optical losses *pl*

optische Verzerrung *f* <opt> • optical distortion

optische Visierung *f* <mil> • optical sights *pl*

optische Weglänge *f* <opt> • optical path

optische Wirkung *f* <opt> • optical power; dioptric power

optische Zeichenabtastung *f* <edv> • mark scanning

optische Zeichenerkennung *f (OCR)* <edv> • optical character recognition (OCR)

optisch gekoppelt <opt> • optically coupled

optisch gepumpt <phys> • optically pumped

optisch gepumpter Laser *m* <phys> • optically pumped laser

optisch lesbare Markierung *f* <edv> *(z. B. Waren im Supermarkt)* • photosensing mark

optisch löschbar <phys> • optically erasable

optisch positiv <mat> • optically positive

optisch wirksame Fläche *f* <opt> • optical surface

Optoelektronik *f* <el> • optoelectronics

optoelektronisch <el> • optoelectronic; optical-electronic *rare*

optoelektronische Maus *f* <edv> • optical mouse

optoelektronische Nachlaufsteuerung *f* <wz.masch> • photoelectric line tracer

optoelektronischer Grenzstandsschalter *m* <msr> *(für Füllstand)* • opto-electronic limit switch

optoelektronischer Impulsgeber *m* <msr> • optoelectronic pulse tachogenerator; optoelectronic pulse generator

optoelektronischer Impulssensor *m* <msr> • optoelectronic pulse tachogenerator; optoelectronic pulse generator

optoelektronischer Koppler *m* <el> • opto-electronic coupler; opto-electronic signal coupler

optoelektronischer Näherungsschalter *m* <msr> • optoelectronic proximity switch

optoelektronischer Sensor *m* <msr> • photoelectric sensor; optoelectronic sensor

optoelektronischer Winkelkodierer *m* <msr> *(hat Code-Scheibe mit Hell/Dunkel-Feldern)* • optical encoder; photoelectric angular encoder; optical angular encoder; photoelectric encoder

optoelektronisches Abtasten *n* <el> • optoelectronic scanning

optoelektronisches Bauelement *n* <msr> • optoelectronic component

optoelektronische Schnittstelle *f* <edv> *(Optokoppler)* • optical interface; optical communication interface; optocoupling; optical coupling

optoelektronisches Nachlaufgerät *n* <prod> • photoelectric line tracer

optoelektronische Zelle *f* <el> • optoelectronic cell

Optokoppler *m* <el> *(von galvanisch getrennten Schaltkreisen)* • optocoupler; photocoupling device; optical isolator; optical coupler; optoisolator

Optokopplung *f* <el> • optical coupling; opto-coupling

optomagnetische Platte *f* <edv> • magneto-optical disk; opto-magnetical disk

optomagnetischer Speicher *m* <edv> • magneto-optical storage; opto-magnetical storage

optomagnetothermische Aufzeichnung *f* <edv> *(reversibles optisches Speicherverfahren)* • thermo-magneto-optic recording; TMO recording

Opto-Sensor *m* <msr> • photoelectric sensor

Optothyristor *m* <el> • light-activated silicon-controlled rectifier

Optotransistor *m* <el> • optical transistor; optotransistor

Optronik *f* <el> • optoelectronics

OPW-Methode *f* <phys> • orthogonalized plane wave method; OPW method

oral <pharm> *(durch den Mund)* • oral; peroral; by mouth *coll*

Oralimpfstoff *m* <pharm> • oral vaccine

Oralimpfung *f* <med> • oral vaccination; oral inoculation

Orange Book *n* <edv> *(Normen für CD-R)* • Orange Book

Orangefilter *m/n* <opt> • orange filter

Orangenhaut *f* <obfl> *(Lackierfehler)* • orange-peel effect; orange-peel appearance; orange peel

Orangenschaleneffekt *m* <obfl> *(Lackierfehler)* • orange-peel effect; orange-peel appearance; orange peel

Orangeschellack *m* <obfl> • orange shellac

Orbit *m wiss* <tech.allg> *(von Elektronen, Satelliten, Planeten; elliptisch od. kreisförmig)* • orbit

Orbitalbewegung *f* <tech.allg> *(z. B. Kernphysik, Astronomie, Raumfahrt)* • orbital motion

Orbitalbewegung *f* <astron> • orbital motion

Orbitaldaten *npl* <navig> *(eines Satelliten)* • orbital data *pl*

Orbitaldrehimpuls *m* <phys> • orbital angular momentum

Orbitalelektron *n* <phys> • orbital electron

orbitalmagnetisches Moment *n* <phys> • orbital magnetic moment

Orbitalmoment *n* <phys> • orbital magnetic moment

Orbitalmotor *m* <kfz.mot> • orbital engine *:V*

Orbitalrakete *f* <aerospace> • orbital missile; orbital rocket

Orbitalsatellit *m* <aerospace> • orbiter

Orbitalschweißen *n* <füg> *(von Rohren)* • orbit welding

Orbitalstation *f* <aerospace> • orbital base

Orbitalsymmetrie *f* <phys> • orbital symmetry

Orbitaltheorie *f* <phys> • orbital theory

Orbitheorie *f* <phys> • orbital theory

Orchestergraben *m* <theat> • orchestra pit

Orchesterhubpodium *n* <theat> • orchestra elevator; pit elevator

Orchesterpodium *n* <theat> • orchestra elevator; pit elevator

ordentlicher Strahl *m* <phys> • ordinary ray

ordentliche Welle *f* <phys> • ordinary wave

Order *f* <logist> *(im Lager, beim Kommissionieren; Summe aller gewünschten Artikel)* • order; pick order; pick

Ordinalmerkmal *n DIN 55350-12* <math> *(Statistik)* • ordinal characteristic

Ordinalmerkmal *n DIN 53804-3* <math> *(Statistik)* • ordinal characteristic

Ordinalzahl *f* <math> *(Zahl zum Ordnen; z. B. 1., 2., ...100. usw.)* • ordinal number

Ordinate f <math> *(Y-Koordinate eines Punktes)* • ordinate

Ordinatenachse f <math> *(senkrecht)* • y-axis; ordinate axis *rare*; axis of ordinates *rare*

Ordinatenmaßstab m <math> • ordinate scale

ordnen vt <allg> *(in best. Reihenfolge; z. B. alphabetisch, nach Größe, Typ)* • order vt

ordnen vt <allg> *(Objekte, räumlich)* • arrange vt

ordnen vt <tech.allg> *(nach Güteklasse)* • grade vt

Ordnung f <tech.allg> *(z. B. Differentialgleichung)* • order

Ordnungsbereich m <obfl> *(Ordnungsdomäne der Legierung)* • ordering domain

ordnungsgemäß <allg> *(wie angeordnet, befohlen)* • duly

ordnungsgemäße Forstwirtschaft f <holz.ökon> • sound forestry practice

Ordnungsgrad m <math> *(z. B. Differentialgleichungen)* • degree of order

Ordnungspolitik f <econ> • regulatory powers

Ordnungs/Unordnungs-Übergang m <phys> • order/disorder transformation; order/disorder transition

Ordnungszahl f <chem> *(Anzahl der Protonen im Atomkern)* • atomic number (at.no.); nuclear-charge number; proton number; Z number

Ordnungszahl f <math> *(Zahl zum Ordnen; z. B. 1., 2., ...100. usw.)* • ordinal number

Ordnungszustand m <autom> • degree of alignment

Organ n <bio> • organ

Organ n <rls> *(z. B. Absperrorgan)* • element

Organdosis f <nukl.med> • organ dose

Organisation f DIN EN ISO 8402 <jur> • organization ISO 8402

Organisation der Zulieferkette f (SCM) <logist> • supply-chain management (SCM)

Organisationskanal m <tele> • signalization channel

Organisationskomitee n <allg> *(z. B. von Tagungen, Konferenzen, Symposien)* • Organizing Committee US; Organising Committee GB

Organisationsoperation f <edv> • red-tape operation; bookkeeping operation

Organisationsprogramm n <autom> *(Robotik)* • executive program; executive routine

organisatorische Eingliederung f <org> *(von Funktionseinheiten, Abteilungen etc.)* • organizational integration

organisatorische Operation f <edv> • red-tape operation; bookkeeping operation

organisch <chem> • organic

organisch <chem> • organic

organische Abfallstoffe f <ents> • organic waste

organische Chemie f <chem> • organic chemistry

organische Elektrolumineszenztechnik f <av> *(für Bildschirme)* • organic electroluminescence technology; EL-technology *pract*

organische Farbstoffschicht f <obfl> • organic dye layer

organische Flüssigkeit f <chem> • organic liquid

organische Fraktion f <ents> • organic fraction

organische Kohlenwasserstoffverbindungen ohne Methananteil fpl (NMOG) <kfz.emiss> • non-methane organic gases (NMOG)

organischer Abfall m <ents> • organic waste; putrescible waste; bio waste *coll*; vegetabilities *pl rare*

organischer Fotoleiter m <druck> *(Kopierer)* • organic photoconductor (OPC)

organischer Halbleiter m <el> • organic semiconductor

organischer Klebstoff m <füg> • organic adhesive

organischer Küchenabfall m <ents> • food waste; organic kitchen waste

organischer Schlamm m <ents> • organic sludge

organischer Stoff m <ents> • organic substance; organic matter; putrescible matter

organische Säure f <chem> • organic acid

organisches Display n <av> • organic display

organisches Glas n <mat> • organic glass

organisches LED n <edv> • organic light emitting display (OLED); organic LED

organisches Leuchtemissionsdisplay n (OLED) <edv> • organic light emitting display (OLED); organic LED

organisches Lösungsmittel n <chem> • organic solvent

organisches Pigment n <obfl> • organic pigment

organisches Radikal n (R) <chem> • organic radical (R)

organische Verbindung f <chem> • organic compound

organisch gebunden <chem> • organically bonded

organofunktionell <chem> • organofunctional

Organophosphor-Verbindung f <chem> • organophosphorus compound

Orgelexpander m <el.mus> *(Synthesizerexpander für Orgelklänge)* • organ sound module; organ expander; organ module

Orgelmodul n <el.mus> *(Synthesizerexpander für Orgelklänge)* • organ sound module; organ expander; organ module

Orgeltraktur f <mus> *(Orgel)* • action

orientalischer Lack m <obfl.holz> • oriental lacquer; rhus varnish

orientieren vr <allg> *(relativ zur Umgebung)* • orient vr

orientieren vr/vt <phys> *(Magnetpartikel; z. B. auf magn. Datenträgern)* • orient vi/vt; align vi/vt

orientieren vt <tech.allg> *(auf ein entferntes Objekt oder eine Richtung; z. B. nach Norden)* • orient vt; orientate vt

orientiert <tech.allg> *(Antenne, Satellitenschüssel, Solarabsorber, Rinnenspiegel etc.)* • oriented

orientierter Kern m <phys> • oriented core

Orientierung f <tech.allg> • orientation

Orientierung f <tech.allg> *(Lage von Objekten zueinander; z. B. Fasern, Magnetpartikel, Gebäude)* • alignment; orientation

Orientierung f <phys> *(von Teilchen)* • orientation; magnetic alignment; alignment

Orientierung der Abdachungsebene f <geo> • slope direction

Orientierungsantrieb m <navig> • orientation system engine

Orientierungsdreieck n <msr> *(Vermessung)* • orientation triangle

Orientierungsgrad m <phys> • state of orientation

Orientierungspolarisation f <phys> • orientation polarization

Orientierungsverbesserung f <tech.allg> • orientation correction

originäres Enzym n <bio> • natural enzyme

originäre Strategie f <math> *(Spieltheorie)* • pure strategy

original <allg> *(unverfälscht; z. B. Ersatzteile, Markenware)* • genuine

original <tech.allg> *(ursprünglich)* • original adj

original <tech.allg> *(echt, keine Nachahmung; z. B. Ersatzteil, Material)* • genuine

Original n <tech.allg> *(ursprüngliche Ausführung, erstes seiner Art)* • original

Original n <büro> *(beim Kopieren)* • original

Original n <prod> *(ein Objekt zum Kopieren, Nachbauen etc.)* • original; master

Originalaufnahme f <av> • direct pick-up

Originalbeleg m <edv> *(Quelle)* • source document

Originalbeleg m <jur> *(echt, keine Kopie)* • original document

Original Emmentaler Käse m <nahr> *(echt, aus der Schweiz)* • Emmentaler Cheese from Switzerland

Originalfotoschablone f <phot> • master photomask
Originalfrequenz f <edv.av> • carrier frequency; fundamental frequency *stand.*; original frequency
Originalgitter n <opt> • master grating
Original-Kunstdruckpapier n <pap> *(Spitzenqualität bei gestrichenen Bedruckstoffen)* • real art paper; art paper *coll*
Originalrohstoff m <kst> *(Granulat; z. B. zum Spritzgießen)* • virgin resin; virgin material
Originalteil aus Altbeständen n <kfz> • new-old-stock part (NOS)
Originaltonhöhe f <edv.av> • original pitch
Originalverpackung f <pack> • original packaging
Originalvorlage f <druck> • master pattern
Original-XYZ-Ersatzteil n <tech.allg> • genuine XYZ spare [part]
Originalzustand n <kfz> *(Sammlerstück)* • original condition; genuine condition *GB*
O-Ring m <tech.allg> *(z. B. auf Wellen, in Flanschen)* • O-ring
O-Ring m prakt <rls> *(zwischen Rohrflanschen)* • joint ring; sealing ring; ring seal; O-ring *pract*
Ormocer n <mat> *(z. B. f. LWL, Isolatoren, Feststoffionenleiter, Glasbeschichtungen, Zah)* • ormocer
Ornamentglas n <bau.mat> • figured glass; rolled figured glass; patterned glass; obscure glass
Ornamentguss m <prod> • ornamental castings
Orogenese f <geo> • orogeny; orogenesis *(thsc)*
Orographie f <geo> • orography
OROM-Disk f <edv> • OROM-disk; optical read only memory disk
Oropharyngealtubus m <med.tech> • oro-pharyngeal airway
Orotrachealtubus m DIN ISO 4135 <med.tech> • orotracheal tube *ISO 4135*
Orsatapparat m <msr> • Orsat analyser; Orsat gas analysis apparatus *rare*
Orsat-Methode f <msr> *(Rauchgasanalyse)* • Orsat method
OR-Schaltung f <msr> • OR circuit
Ort m <allg> • location; position; place
Ort m <allg> *(betont: spezieller Punkt)* • spot
Ort m <bau> *(Standort, z. B. eines Gebäudes)* • site
Ort m <bau> *(Satteldach)* • verge
Ort m <math> • locus
Ort n <min> *(allg.)* • face; head end; working place; breast
Ortbeton m <bau.mat> *(im Ggs. zu Lieferbeton)* • in-situ concrete; site concrete; cast-in-situ concrete *rare*; cast-in-place concrete *rare*; monolithic concrete *rare*
Ortbetonbauwerk n <bau> • in-situ concrete structure; concrete structure created in situ *did*; in-situ cast concrete structure *rare*
Ortbetonpfahl m <bau> • in-situ concrete pile; cast-in-place pile; cast-in-place concrete pile; molded-in-place pile
Ortbetonpfahl mit Stahlmantel m <bau> • cased pile
Ortdämmstoff m <bau.mat> • in situ thermal insulation product
Ort der Geschäftsleitung m <org> • place of management
Ort der Leistung m <ökon> • place of performance
Ort der Leitung m <org> • place of management
Ort der Lieferung m <ökon> • place of delivery
orten vt <tech.allg> *(Objekt; z. B. Person, Schiff, Sender, Ziel; Störungsursache)* • locate vt; position vt
Orthikon n <el> • orthicon
ortho... <chem> *(Stellung, z. B. funktioneller Gruppen am Molekül, nebeneinander)* • ortho...
Orthoachse f <mat> • orthoaxis
orthobare Dichte f <therm> • orthobaric density

orthochromatisch <phot> • orthochromatic
Orthodrome f <navig> • great circle
orthogonal wiss <tech.allg> *(Linien, Flächen allg.)* • rectangular; right-angled *pract*; square *coll*; orthogonal *thsc*; orthographic *rare*
orthogonal <edv> *(Scanner-Abtastlinien, -Abtastmuster)* • orthogonal
orthogonal-anisotrop <mat> • orthotropic
orthogonale Koordinaten fpl <math> *(z. B. für Roboter)* • Cartesian coordinates *pl*
orthogonale Parallelprojektion f <edv> • orthogonal parallel transformation
orthogonaler Vektor m <math> • orthogonal vector
orthogonales Koordinatensystem n <msr> *(z. B. Achsen von Werkzeugmaschinen)* • Cartesian coordinate system; orthogonal coordinate system
Orthogonalisierung f <math> • orthogonalization
Orthogonalprojektion f DIN ISO 10209-2 <doku.opt> *(z. B. technische Zeichnung, Landkarte)* • orthogonal projection *ISO 10209-2*
Orthogonalschnitt m <doku> *(technische Zeichnung)* • orthogonal cutting
Orthogonalsystem n <math> • orthogonal system; orthogonal family
Orthohelium n <chem> • orthohelium
Orthokieselsäure f <chem> *(H4SiO4)* • silicic acid; orthosilicic acid; tetraoxosilicic acid
orthomorph <tech.allg> • orthomorphic
orthonormal <math> • orthonormal
Orthonormalsystem n <math> • orthonormal system
orthopädischer Sitz m MB <kfz.innen> • power seat *Ford*; power enthusiast seat *Chrysler*
orthopädisches Bett n <med> • orthopaedic bed
Orthophosphat n <chem> • orthophosphate
Orthopositronium n <chem> • orthopositronium
orthorhombisch <mat> • orthorhombic
orthorhombisches System n <mat> *(Kristallgitter)* • prismatic system
Ortho-Sitzpneumatik f <kfz.el> • seat inflators; power enthusiast seat inflators *Chrysler*
orthoskopisch <phys> • orthoscopic
ortho-Stellung f <chem> • ortho position
orthotrop <mech> *(z. B. Platte)* • orthotropic
ortho-Verbindung f <chem> • ortho compound
Ortho-Xylol n <chem.petr> • ortho-xylene; o-xylene
Ortrolle f <bau> *(Dach)* • verge course; barge course
Orts... <verk> *(z. B. Fahrzeugverkehr, Fernsprechverkehr)* • short-haul; local
ortsabhängig <phys> • locus-dependent
Ortsalarm m <alarm> • local alarm
Ortsamt n <tele> • local exchange; local central office *rare*
Ortsbatterie f <edv> • local battery (LB)
ortsbesetzt <tele> • locally busy; engaged in local call
Ortsbestimmung f <navig> • position determination
ortsbeweglich <tech.allg> *(mobil)* • mobile
ortsbeweglich <tech.allg> *(transportierbar)* • movable
ortsbewegliche Gasflasche f DIN EN 1089-3 <bahn> • transportable gas cylinder *DIN EN 1089-3*
Ortsbeweglichkeit f <tech.allg> *(von Anlagen, Einrichtungen)* • mobility
Ortsbrust f <min> *(Tunnelbau, Bergbau)* • working face; forehead; breast; face; front
Ortsdosimetrie f <nukl> • building survey radiation monitoring
Ortsdosis f <nukl> • local dosage; local dose; area dosis
Ortsdosisleistung f <nukl> • local dosage rate; local dose rate
Ortsdosisrate f <nukl> • local dosage rate; local dose rate
Ortsempfang m <av> • local reception

Ortsempfang *m* <tele> • short-range reception
Orts-Fern-Schalter *m* <tele> • local-remote switch
ortsfest <tech.allg> *(nicht mobil; z. B. Anlage, Einrichtungen)* • stationary; fixed
ortsfeste Bohrinsel *f* <petr> • stationary platform; fixed drilling platform
ortsfeste Funkstelle *f* <tele> • base transmitter station
ortsfeste Plattform *f* <petr> • stationary platform; fixed drilling platform
ortsfeste Station *f* <tech.allg> *(z. B. Wetterwarte)* • fixed station
Ortsfunktion *f* <math> • position function
ortsgebunden <allg> • stationary
ortsgebundener Vektor *m* <math> • localized vector
Ortsgespräch *n* <tele> • local call
Ortsgleichung *f* <math> • equation of a locus
Ortshöhe *f* <förd> *(Teil der Pumpenförderhöhe)* • elevation head
Ortskabel *n* <lwl> • short-haul cable
Ortskurve des Frequenzgangs *f* <msr> • frequency locus; harmonic response diagram
Ortskurvendiagramm *n* <msr> • locus diagram
Ortsleitstrahlsender *m* <navig> • localizer
Ortsleitungsnetz *n* <tele> • local telephone network
Ortsleitungswähler *m* <tele> • local line selector
Ortsmünzfernsprecher *m* <tele> • public telephone box for local service
Ortsnetz *n* <tech.allg> *(zur Verteilung von etw.)* • local distribution system
Ortsnetz *n* <tele> *(Telefon)* • local telephone network; local exchange network; local network
Ortsnetzumspannstation *f* <el> • distribution substation
ortsungebunden <tech.allg> *(transportierbar)* • movable
Ortsvektor *m* <math> • position vector; radius vector
ortsveränderlich <tech.allg> *(transportierbar)* • movable
ortsveränderliche Bohreinrichtung *f* <petr> • mobile drilling unit
Ortsverbindungskabel *n* <el> • junction cable
Ortsverkehr *m* <verk> • local traffic
Ortsvermittlungsstelle *f* <tele> • local exchange
Ortszeit *f* <allg> • local time
Ortung *f* <navig> *(Vorgang)* • positioning; position fixing; position determination; location; position location
Ortung mit DGPS *f* <navig> • differential positioning
Ortungsbake *f* <navig> *(Funk)* • localizer transmitter
Ortungsboje *f* <navig> *(Schall)* • sonobuoy
Ortungsgenauigkeit *f* <navig> *(Ortsbestimmung)* • accuracy; position accuracy; positioning accuracy
Ortungsgerät *n* <navig> • position finder; location finder; ground position indicator
Ortungspunkt *m* <navig> • landmark
Ortungssystem für gestohlene Fahrzeuge *n* <kfz> • Tracker; stolen vehicle tracking system
Ortungsziel *n* <navig> • bearing object
OS <prod> *(direkt vor eigentl. Produktionsbeginn)* • zero series; 0 series
OSD <av> *(von aktuellen Funktionen oder Menüs)* • on-screen display (OSD)
OSD <edv> *(z. B. von Bildschirmreglern)* • on-screen display (OSD)
OSD-Anzeige *f* <av> *(von aktuellen Funktionen oder Menüs)* • on-screen display (OSD)
OSD Bildschirmdisplay *n* <av> *(von aktuellen Funktionen oder Menüs)* • on-screen display (OSD)
OSD-Dosimeter *n* <nukl.msr> • optically stimulated luminescence dosimeter (OSD); OSD dosimeter *pract*
Os hyoideum *n* <bio> • hyoid bone; os hyoideum
OSI-Architektur *f* <tele> • OSI model; OSI Reference Model

OSI-Modell *n* <tele> • OSI model; OSI Reference Model
OSI-Referenzmodell *n* <tele> • OSI model; OSI Reference Model
OSI-Schichtenmodell *n* <tele> • OSI model; OSI Reference Model
OSI-Siebenschichtenmodell *n* <tele> • OSI model; OSI Reference Model
Oskulationskreis *m* <math> • osculating circle
Osmium *n* (Os) <chem> • osmium (Os)
Osmiumwendel *f* <licht> *(Glühlampe)* • osmium filament
Osmometer *n* <bio> • osmometer
osmotische Druckschwankungen *f* <bio> • changes in osmotic pressure
osmotischer Druck *m* <bio> • osmotic pressure
OSP <av> *(von TV, VCR)* • on-screen programming (OSP)
Ossberger-Turbine *f* <energ.hydr> • cross-flow turbine; Ossberger cross-flow turbine; Michell-Banki turbine
Osterei *n* <edv> *(versteckter Gag in einer Software; z. B. DS124)* • Easter egg
Ostküstenzeit *f* <allg> *(USA)* • Eastern Time (ET)
Ostwald'sches Farbsystem *n* <phys> • Ostwald color system
Ostwald'sches Verdünnungsgesetz *n* <chem> • Ostwald dilution law; Ostwald's dilution law
ostwaldsches Farbsystem *n* <phys> • Ostwald color system
ostwaldsches Verdünnungsgesetz *n* <chem> • Ostwald dilution law; Ostwald's dilution law
Ostwald-System *n* <phys> • Ostwald color system
Ostwald-Viskosimeter *n* <chem> • Ostwald viscometer
Ost-West-Asymmetrie *f* <phys.astron> • east-west asymmetry
Ost-West-Orientierung *f* <energ.sol> • east-west orientation; East-West orientation
Oszillation *f* <tech.allg> • oscillation
Oszillation *f* <tech.allg> *(eher kurzhubig schwingend)* • oscillating motion
Oszillator *m* <el> • oscillator
Oszillatorabgleich *m* <el> • oscillator alignment
Oszillatorensynchronisation *f* <av> • oscillator synchronization; oscillator synchronizing; oscillator sync; OSC synchronizing; OSC sync *pract*
Oszillatorhüllkurve *f* <av> • oscillator envelope; oscillator contour; pitch envelope; pitch contour; frequency envelope
Oszillatorklystron *n* <el> • oscillating klystron
Oszillatormodul *m* <msr> *(in Fühlerkopf)* • oscillator module
Oszillatorröhre *f* <el> • oscillator valve
Oszillator-Schaltung *f* <el> • oscillator circuit
Oszillatorschaltung *f* <el> • oscillator circuit
Oszillatorserienkondensator *m* <el> • oscillator padder
Oszillator-Signal *n* <el> • oscillator signal
Oszillatorspule *f* <el> • oscillator coil
Oszillatorstärke *f* <phys> • oscillator strength
Oszillatorstörstrahlung *f* <phys> • oscillator reradiation
Oszillatorstrom *m* <el> • oscillator current
Oszillatorsync *m prakt* <av> • oscillator synchronization; oscillator synchronizing; oscillator sync; OSC synchronizing; OSC sync *pract*
oszillieren *vi* <tech.allg> *(eher kurzhubig und frequent)* • oscillate *vi*
oszillieren *vi* <phys> • oscillate *vi*
oszillierend <tech.allg> *(hochfrequent schwingend)* • oscillating; oscillatory
oszillierend <tech.allg> *(hin- und her gehend)* • reciprocating
oszillierender Zähler *m* <msr> • oscillating meter
oszillierendes Einschwingen *n* <phys> • oscillating transient

oszillierende Verdrängerpumpe f form <förd> • recip-rocating pump; positive displacement reciprocating pump *form*; reciprocating positive displacement pump *form*; re-ciprocating piston pump

Oszillogramm n <el> • oscilloscope pattern

Oszillograph m <msr> • oscillograph

Oszillographenschirm m <msr> • oscillograph screen

Oszilloskop n <el> • oscilloscope

Oszilloskopbild n <el> • oscilloscope pattern

OT <masch> *(von Kolbenmaschinen; z. B. Motor, Pumpe)* • top dead center (TDC) *US*; top dead centre *GB*; upper dead center; outer dead centre *GB.rare*; UDC *rare*

OTC-Papier n <pap> • OTC paper

OT-Markierung f <kfz> • TDC mark

otro <pap> • bone-dry (b.d.); ovendry

OTR-Sofortaufnahme f <av> *(VCR-Funktion)* • one-touch recording (OTR); quick timer recording; instant timer re-cording; quick recording function; quick timer *coll*

Ottokraftstoff m DIN 51600 <chem.petr> • gasoline *US*; gas *US.pract*; petrol *GB*

Ottokraftstoff Normal unverbleit m DIN 51607 <chem.petr> *(Benzinsorte, MOZ ≧82,5 und ROZ ≧91)* • regular unleaded *US*; unleaded *GB.on gas pumps*; un-leaded premium *GB.BS7070*; regular *US*

Ottokraftstoff verbleit m form <chem.petr> *(für alte Ottomotoren ohne Katalysator)* • leaded gasoline *US*; leaded petrol *GB*; leaded fuel; ethylized fuel *rare*

Ottomotor m <kfz.mot> *(im Ggs. zu Dieselmotor)* • SI en-gine; spark-ignition engine; gasoline engine *US*; petrol engine *GB*; Otto engine *rare*

Ottomotor mit Direkteinspitzung m <kfz.mot> • direct injection SI engine *SUS SP-1314*; gasoline engine with direct fuel injection *US.did*; DI gasoline engine *US*; direct-injection gasoline engine *US*; DISI engine

Otto-Prinzip n <kfz.mot> • four-stroke cycle; four-cycle *coll*; Otto cycle *rare*

Otto-Zwillingsofen m <verbr> • Otto oven

O-Umschlingung f <av> • omega wrap; omega tape guidance

Outer-Lead-Bonding n (OLB) <el.ic.prod> • outer lead bonding (OLB)

Out-of-Band PC-Verbindung f <edv> • out-of-band PC connection

Out-of-Position-Problem n <fz.sich> *(falsche Körper-haltung bei Airbagauslösung)* • out-of-position problem

Output m ugs <edv> *(von Daten)* • output

Outputmeter n <el> • output meter

Outserttechnik f <kst> • outsert method

Outsert-Verfahren n <kst> • outsert method

Outsourcing n <ökon> *(von Aufträgen)* • outsourcing; farming-out *rare*

oval <tech.allg> *(Form)* • ovoid; oval-shaped; egg-shaped

Ovalansatz m <füg> • oval neck

Ovalband n <prod> • oval assembly line

Ovaldreheinrichtung f <wz.masch> • oval turning at-tachment; elliptical turning attachment

ovaler Leiter m <el> • oval conductor; oval shaped con-ductor; oval shaped stranded conductor; oval strand

ovales Fenster n <bau> • oval window

Oval-Handfaust f <kfz.wz> • dome dolly

ovalisiert <fz> *(z. B. Fahrradrahmenrohr)* • ovalized

Ovalkaliber n <metall> • oval groove; oval pass

Ovalkolben m <mot> • oval piston; oblong piston

Ovalkompensator m <rls> • oval expansion joint

Ovalleiter m <el> • oval conductor; oval shaped conduc-tor; oval shaped stranded conductor; oval strand

Ovalradzähler m <msr> *(betont: mit Ovalverzahnung)* • oval-gear meter

Overaxle-Pipe n <kfz.emiss> *(Auspuffbogen über der Hinterachse)* • kick-up pipe; overaxle pipe

Overcoatschicht f <druck> *(Schutzschicht auf Fotopoly-mer-Platte)* • overcoat layer

Overdrive m <kfz.antr> • overdrive; overdrive gear

Overdrive n <edv.av> *(Soundeffekt durch Signalüber-steuerung)* • overdrive; overdrive effect; overdriver

Overdrive-Effekt m <edv.av> *(Soundeffekt durch Signal-übersteuerung)* • overdrive; overdrive effect; overdriver

Overdrive-Getriebe n <kfz.antr> • overdrive transmission; overdrive gearbox *GB*; transmission with overdrive

Overdrive-Getriebe n <kfz.antr> • overdrive; aftermarket overdrive

Overdub m <el.mus> • overdub; overdubbing; overdub mode

Overdubbing n <el.mus> • overdub; overdubbing; over-dub mode

Overdub-Funktion f <el.mus> • overdub; overdubbing; overdub mode

Overdub-Modus m <el.mus> • overdub; overdubbing; overdub mode

Overflow m <edv> *(Speicher, Stack, Zeit)* • overflow; over-run

Overhauser-Effekt m <phys> *(Hochfrequenzspektro-skopie)* • Overhauser effect

Overheadfolie f <doku> • overhead transparency; over-head projection film; transparency *coll.pract*

Overheadprojektor m (OHP) <büro> *(für Folien)* • over-head projector (OHP)

Overheadtransparent n rar <doku> • overhead transpar-ency; overhead projection film; transparency *coll.pract*

Overlapping Action f <edv> • overlapping action

Overlay n <doku> *(Film, Folie; bei Grafiken)* • overlay

Overlay n <masch> • plain bearing running-in layer *ISO 4378-1*; running-in layer; overlay

Overlay-Karte f <edv> • overlay card

Overlay-Lackierung f <obfl> *(Effektlackierung)* • overlay paint

Overlay-Transistor m <el> • overlay transistor

Overlocknähmaschine f <textil> • overlock machine

Overpress n prakt <prod> *(Pressfehler)* • overpress

Overrun n <nahr> *(Speiseeis)* • overrun; over-run

Oversampling n <edv.av> • oversampling

Overshot m <petr> *(Außengewindeschneider zum Heraus-ziehen verlorener Rohre)* • overshot; screw bell; bell socket; die collar; fishing tap

Overspray m <obfl> • overspray; overspray losses

Overspray n prakt <obfl> • overspray

oversquare engl. <edv> • oversquare

oversquared engl. <edv> • oversquare

Over-the-Wire-Ballonkatheter m <med.tech> • over-the-wire balloon catheter [system]

Ovonic n <el> *(Halbleiterbauelement aus Ovshinsky-Glas)* • ovonic device

Ovonic-Schalterelement n <el> • ovonic threshold switch

Ovonic-Speicher m <edv> • ovonic memory

Ovonic-Speicherschalter m <el> • ovonic memory switch (OMS)

ovonischer Speicherschalter m <el> • ovonic memory switch (OMS)

Ovshinsky-Glas n <el> *(Halbleitermaterial)* • Ovshinsky glass

O-Wagen m <bahn> • open wagon

Owen-Messbrücke f <el> • Owen bridge

Oxalicum acidum n <chem> • oxalic acid; oxalicum aci-dum

Oxalsäure f <chem> • oxalic acid; oxalicum acidum

Oxidans n <chem> *(allg.)* • oxidizing agent *ISO 8044*; oxi-dizer; oxidant

Oxidation *fsg* <chem> • oxidation *sg*

oxidationsanfällig <mat> • oxidation-sensitive; oxidation-susceptible

Oxidationsbad *n* <obfl> *(Tauchvorgang)* • anodizing bath *US*; anodising bath *GB*

oxidationsbeständig <qualit.mat> • oxidation-resistant; inoxidizable

Oxidationsbeständigkeit *f* <qualit.mat> *(allg.)* • oxidation resistance

Oxidationsbeständigkeit *f* <tribo> *(von Öl)* • oxidative stability; oxidation stability

Oxidationsflamme *f* <chem> • oxidizing flame

Oxidationsgrube *f* <obfl> • oxidation pit

Oxidationsgrübchen *n* <obfl> • oxidation pit

Oxidationsinhibitor *m* <chem> *(Alterungsschutzmittel gegen Oxidation; z. B. in Öl, Reifengummi)* • antioxidant; antioxidant agent; oxidation inhibitor; antioxidizer

Oxidationskatalysator *m* <kfz> *(Bauteil d. Abgasanlage)* • oxidizing converter; two-way catalytic converter *wiss.did*; two-way converter *wiss.did*

Oxidationskatalysator *m* <kfz.emiss> *(chem. Funktionseinheit)* • oxidizing catalyst; oxidation catalyst; conventional oxidation catalyst, COC; two-way catalyst

Oxidationsmittel *n* DIN EN ISO 8044 <chem> *(allg.)* • oxidizing agent *ISO 8044*; oxidizer; oxidant

Oxidationsperiode *f* <metall> • oxidizing period

Oxidationspotential *n* <el.chem> • oxidation potential

Oxidationsprodukt *n* <chem> • oxidation product

Oxidationsraum *m* <chem> *(Brennerflamme)* • oxidizing zone

Oxidationsschutzmittel *n* <chem> *(Alterungsschutzmittel gegen Oxidation; z. B. in Öl, Reifengummi)* • antioxidant; antioxidant agent; oxidation inhibitor; antioxidizer

Oxidationsschwarz *n* <textil> • aged black

Oxidationsspannung *f* <el.chem> • oxidation potential

Oxidationsstabilität *f* <tribo> *(von Öl)* • oxidative stability; oxidation stability

Oxidationsteich *m* <verf.ents> • oxidation pool; oxidation pond; stabilization pond; sewerage lagoon; lagoon *pract*

Oxidationsverlust *m* <chem.verf> • oxidation loss

Oxidationsverschleiß *m* <obfl> *(z. B. Wälzlager)* • oxidation wear

Oxidationsvorgang *m* <chem> • oxidation process

Oxidationszahl *f* <chem> • oxidation number

Oxidationszone *f* <chem> *(allg.; auch als Oberflächenreaktion)* • oxidizing zone

Oxidationszone *f* <verbr> *(exothermer Verbrennungsbereich; z. B. im Hochofen)* • combustion zone

oxidativer Abbau *m* <kst.ents> • oxidative degradation; oxidative breakdown

oxidative Stabilität *f* <tribo> *(von Öl)* • oxidative stability; oxidation stability

oxidative Vernetzung *f* <chem> • oxidative cross-linkage; oxidizing cross-linkage

Oxidator *m* <aerospace> *(Sauerstoffträger von Raketentreibstoff)* • oxygen carrier

Oxidator *m* <chem> *(allg.)* • oxidizing agent *ISO 8044*; oxidizer; oxidant

Oxidatortank *m* <aerospace> *(Rakete)* • oxidizer tank

Oxidbelag *m* <obfl> *(z. B. auf Alu)* • oxide film; surface oxide film; oxide coat; oxide layer

Oxidbildung *f* <chem> • oxide formation

Oxiddiffusionsmaske *f* <el.ic.prod> *(Halbleiterfertigung)* • oxide diffusion mask

Oxideinfangzentrum *n* <el> *(Halbleiter)* • oxide trap

Oxideur *m* <verf.emiss> *(in Rauchgasentschwefelung)* • oxidizer stage *US.GB*; oxidiser stage *GB.rare*

Oxidfilm *m* <obfl> *(z. B. auf Alu)* • oxide film; surface oxide film; oxide coat; oxide layer

Oxidhaut *f* <obfl> *(z. B. auf Alu)* • oxide film; surface oxide film; oxide coat; oxide layer

oxidieren *vi* <chem> • oxidize *vi*

oxidieren *vt* <chem.verf> • oxidize *vt*

oxidierende Flamme *f* <verbr> • oxidizing flame

oxidierendes Mittel *n rar* <chem> *(allg.)* • oxidizing agent *ISO 8044*; oxidizer; oxidant

oxidierendes Rösten *n* <chem.verf> • oxidizing roasting

oxidiert <nahr> *(Geschmack; Speiseeisfehler)* • oxidized; cardboard flavor; tallowy; cappy; painty

oxidierte Cellulose *f* <chem> • oxycellulose

oxidierte Ölsäure *f* <chem> *(z. B. als PVC-Weichmacher)* • oxidized oleic acid

Oxidimetrie *f* <chem> • oxidimetry

oxidischer Überzug *m* <obfl> • oxide coating

oxidisches Erz *n* <min> • oxide ore; oxidized ore

Oxidkathode *f* <el> • oxide cathode; oxide-coated cathode

Oxidkeramik *f* <silik> • oxide ceramics; cemented oxides

Oxidkeramik-Brennstoffzelle *f* <energ> • solid oxide fuel cell (SOFC)

oxidkeramisch <silik> • oxide-ceramic

Oxidkeramische Brennstoffzelle *f* (SOFC) <energ> • solid oxide fuel cell (SOFC)

oxidkeramischer Stoff *m* <silik> *(z. B. für Schleifwerkzeuge)* • oxide ceramic; cemented oxide

oxidkeramischer Werkstoff *m* <silik> *(z. B. für Schleifwerkzeuge)* • oxide ceramic; cemented oxide

Oxidmaskierung *f* <el.ic.prod> *(Halbleiterfertigung)* • oxide masking

oxidpassiviert <obfl> • oxide-passivated

Oxidpassivierungsschicht *f* <obfl> • oxide passivation layer

Oxidschicht *f* <obfl> *(z. B. auf Alu)* • oxide film; surface oxide film; oxide coat; oxide layer

Oxidsinterung *f* <silik> • oxide sintering

Oxidsperrschicht *f* <ic> • oxide barrier

Oxidwachstum *n* <el.ic.prod> *(Halbleiterfertigung)* • oxide growth

Oxigenstahl *m prakt* <metall> *(wichtigste Stahlsorte)* • basic oxygen steel; basic oxygen furnace steel *rare*

Oxigen-Verfahren *n prakt* <metall> *(LD und LDAC)* • basic oxygen steel process

Oxyarc-Schneiden *n* <prod> • oxy-arc cutting; arc-oxygen cutting

Oxygenierung *f* <med.tech> • oxygenation

Oxyliquit *n* <spreng> • oxyliquit

o-Xylol *n* <chem.petr> • ortho-xylene; o-xylene

Oxymetrie *f* <med.tech> • oximetry

OZ <chem> *(von Kraftstoff; (ROZ + MOZ) : 2 = OZ)* • octane number (ON); octane rating

Ozeanbecken *n* <geo> • ocean basin

Ozeanboden *m* <geo> • ocean floor; sea bed; sea floor; sea bottom

Ozeanboden-Aufspreizung *f* <geo> *(Plattentektonik)* • sea floor spreading

Ozeangrund *m* <geo> • ocean floor; sea bed; sea floor; sea bottom

ozeanische Kruste *f* <geo> • oceanic crust

ozeanische Krustenlage 1 *f* <geo> • sedimentary layer; layer one

ozeanische Krustenlage 2 *f* <geo> • basement layer; transitional layer; layer two

ozeanische Krustenlage 3 *f* <geo> • oceanic layer; layer three

Ozeanographie *f* <geo> • oceanography

Ozeanologie *f* <geo> • oceanology; oceanics

Ozokerit *n wiss* <mat> • earth wax; ozokerite; native paraffin; mineral wax; fossil wax

Ozon *n* <chem> • ozone
Ozonator *m* <msr> *(Chemilumineszenz)* • ozonator; ozone generator; ozonizer
Ozonbehandlung *f* <chem.verf> • ozonization *US*; ozonisation *GB*
ozonbeständig <qualit.mat> • ozone-resistant; ozone-resisting; resistant to ozone
Ozonbeständigkeit *f* <chem> • ozone resistance
Ozonbleiche *f* <pap> • ozone bleach
Ozonfilter *m* <druck> *(z. B. Kopierer, Laserdrucker)* • ozone filter
ozonhaltig <emiss> • ozonic
Ozonisator *m* <msr> *(Chemilumineszenz)* • ozonator; ozone generator; ozonizer
Ozonisierung *f* <chem.verf> • ozonization *US*; ozonisation *GB*
Ozonosphäre *f* <geo> • ozonosphere; ozone layer
Ozonriss *m* <kst.qualit> • ozone crack
Ozonrissbildung *f* <kst.qualit> • ozone cracking
Ozonschutzmittel *n* <chem> • antiozidant; antiozonant
Ozonstation *f* <verf> • ozone unit
Ozonung *f* <chem.verf> • ozonization *US*; ozonisation *GB*
Ozonzerstörer *m* <emiss> • ozone destroyer

P

P2P <edv> *(Netzwerk)* • peer-to-peer (2P2)
P2P-Handel *m* <ökon.edv> *(Tauschbörsen im Internet)* • peer-to-peer exchange; P2P trade
P$_{mo}$ <med.tech> • mouth pressure (P$_{mo}$) *ISO 4135*; pressure at the airway opening P$_{ao}$
PA <jur> • Patent Office (Pat.Off.)
PA <kst> *(Thermoplast)* • polyamide ®
PA <tele> *(30 B-Kanäle, 1 D-Kanal)* • primary rate access (PRA); primary rate interface; primary rate service *coll*; primary access *pract*; primary rate
PA <textil> • Nylon (PA)
Paar *n* <tech.allg> • couple; dyad *thsc*; pair *coll*
Paarbildung *f* <phys> • pair formation; pair production; pair creation; pairing
Paarbildungsnäherung *f* <nukl> • pairing approximation
paaren *vt* <el> • pair *vt*; mount in pairs *vt*
paaren *vt* <prod> • mate *vt*
Paargruppe *f* <tele> • cable complement
paarige Zeilenstruktur *f* <av> *(Fernsehen)* • pairing
Paarigkeit f, <av> *(der Zeilen)* • twinning
Paarigstehen *n* <av> *(der Zeilen)* • twinning
Paarkonversion *f* <nukl> • pair conversion
Paarspektrometer *n* • pair spectrometer
Paarumwandlung *f* <nukl> • pair conversion
Paarung *f* <tech.allg> • pairing
Paarung *f* <masch> • mating pair
Paarung *f* <prod> *(Paarungsauslese (aufgrund der Ist-Passung))* • conjugated pair; matching pair; mating
Paarungslehre *f* <msr> • functional gauge; function gauge
Paarungssitz *m* <masch> • mating fit
Paarvernichtung *f* <nukl> • pair annihilation
Paarverseilmaschine *f* <prod> • pair-twisting machine
paarverseiltes Kabel *n* <el> • paired cable
Paarverseilung *f* <prod> • pair twisting
paarweise angeordnet <tech.allg> • arranged in pairs; in pairs; paired

Paasche Turbo *f* <obfl.wz> • AB turbo; Paasche turbo
P-Abgriff *m* <navig> • proportional pick-off
PAC <kst> • polyacrylonitrile (PAC)
Pacemaker-Kardioverter-Defibrillator *m* <med.tech> • implantable cardioverter-defibrillator (ICD); pacemaker cardioverter defibrillator; PCD
Pachucatank *m* <nukl> • Pachuca vat
Pack *m* <pack> • bundle
Package *n* *pract* <chem.petr> *(z. B. zu Kraftstoff, Öl, Kunststoffen)* • additive package; additive system
Packageboiler *m* <energ> • package boiler
Packaged Chip *m* <edv> • packaged chip
Packaging *n* <el.ic> • packaging
Packalgorithmus *m* <edv> • compression algorithm; compression scheme
Packband *n* <pack> *(aus Papier; gummiert, braun od. weiß)* • gummed tape; sealing tape
Packband *n* <pack> *(aus Kunststofffolie; typisch braun, auch glasklar)* • mailing tape
Packcode *m* <pack> • boxing station code numbers; box number
Packdichte *f* <tech.allg> • packing density
Packdichte *f* <edv> *(z. B. von ZIP-Dateien)* • compression ratio
Packen *m* <pack> • pack
Packen *n* *ugs* <edv> *(von Daten, Dateien; verlustfrei oder mit Verlust; z. B. ZIP vs. JPEG, M)* • data compression; compression; data compaction; data reduction; packing
Packen *n* <pack> *(im Feld)* • field packing
packen *vi* *ugs* <antr> *(Kupplung)* • take up *vi*
packen *vt* *rar* <edv> *(Daten, Dateien; allg., jedes Format)* • compress *vt*
packen *vt* <edv> *(Daten, Dateien; im ZIP-Format)* • compress *vt*; zip *vt* *coll*
packen *vt* <logist> *(ab-, verpacken)* • package *vt*
packen *vt* *ugs* <mech> *(fest fassen, umspannen)* • grip *vt*; grasp *vt*; catch *vt*; grab *vt*; take hold of *vt*
packen *vt* <pack> • pack *vt*
Packer *m* *ugs* <edv> *(z. B. LHARC, PKZIP, WinZIP)* • data compression software; compression software; file compression program
Packer *m* <logist> *(z. B. Spedition)* • packer
Packer *m* <petr> • packer
Packerprogramm *n* <edv> *(z. B. LHARC, PKZIP, WinZIP)* • data compression software; compression software; file compression program
Packet Assembler-Disassembler *m* (PAD) <el> • Packet Assembler-Disassembler (PAD)
Packet-Filter *m* <edv> *(Firewall)* • packet filter
Packetformat *n* <edv> • packetized format
Packfärben *n* <verf> • package dyeing; pack dyeing
Packlage *f* <bau> • bottoming
Packlage *f* <bau> *(Setzpacklage)* • pitching
Packlage *f* <bau> *(Straßenbau aus kleinen Steinen)* • telford base; telford foundation
Packmaschine *f* <pack> *(allg.)* • packaging machine; packing machine; packer
Packmaterial *n* *rar* <pack> *(allg.; z. B. Packpapier, Folien, Kartons)* • packaging material
Packmuster *n* <logist> *(Palette)* • palletizing pattern; pallet pattern
Packmuster *n* <logist> *(z. B. auf Lkw, Schiff)* • stowage pattern
Packpapier *n* *DIN 6730* <pap> • packaging paper
Packpresse *f* <nahr> *(Wein)* • rack and cloth press
Packpresse *f* <pack> • bundle press
Packprogramm *n* <edv> *(z. B. LHARC, PKZIP, WinZIP)* • data compression software; compression software; file compression program

Packshot m <werb> • packshot
Packstation f <pack> (allg.) • packing station; packing plant
Packstation f <pack> (betont: für Schachteln, Kartons) • boxing station
Packtasche f <fz> (Fahrrad) • pannier
Packtasche f <kfz> • motorcycle bag; pannier; bolt-on bag
Packtrockenmaschine f <verf> • package drying machine
Packung f <masch> (Dichtung) • packing
Packung f <masch> (Dichtung) • packing
Packung f <masch> (Pumpe) • stuffing-box packing; gland packing; packing
Packung f <pack> (abgepackte Menge) • package; pack
Packung f <rls> (einer Stopfbuchse) • packing
Packung f <verf> (Filterschüttung, Raschigringe u. dgl.) • aggregate bed; packed bed; packing
Packungsanteil m <tele> • packing fraction
Packungsdichte f <edv.ic> (Anzahl der Transistoren etc. pro Chip; z. B. SSI, MSI, LSI, VLSI) • level of integration; package density; packaging density; device scale; scale of integration
Packungsdichte f <el> • packing density; component density
Packungsdichte f <el.ic> • package density; packaging density
Packungsdichte f <energ.sol> • fill factor
Packungsdichte f <füg> • packaging density
Packungsdichte f <min> • packing density; stowing density
Packungsdichte f <verf> • bulk density
Packungsdichtung f <masch> (Dichtung) • packing
Packungseffekt m <nukl> • packing effect
Packungseinheit f <pack> • package unit; shipping unit; package pract; parcel of goods rare
Packungsraum m <masch> (Dichtung) • packing space
Packungsscheibe f <masch> • packing shim
Packungsstopfbuchse f <masch> • packing gland; stuffing box
Packungstechnik f <pack> • packaging technique; packaging technology
Packungstest m <werb> • packaging test; pack test
Packwerk n <hydr> • wattlework
PaCO₂ <med> • partial pressure of arterial carbon dioxide (PaCO₂); arterial carbon dioxide pressure; arterial carbon dioxide tension
PAD <el> • Packet Assembler-Disassembler (PAD)
PAD <tele> • packet assembly/disassembly facility (PAD)
Pad n <edv.av> (anschlagdynamischer Taster) • pad
Pad n <edv.av> • pad; drum pad; drum control pad
Pad n <el.mus> (Klangteppich) • layer sound; pad pract
Paddel n <nav> • paddle
Paddelfärbemaschine f <verf> • paddle dyeing machine
Paddelrührer m <verf> • paddle mixer; arm mixer; paddle agitator; arm agitator
Paddelrührwerk n <verf> • paddle-type agitator; paddle agitator; paddle-type stirrer; paddle stirrer
Paddel-Strömungswächter m <msr> • paddle-type flow sensor
Padding-Kondensator m <tele> • padding capacitor; tracking capacitor
Paddingmaschine f <textil> • padding machine; padding mangle; padder
Pad-Roll-Färbeanlage f <textil> • pad-roll dyeing range
Pad-Steam-Anlage f <textil> • pad steamer plant
Pad-Zeichen n norm, selten <edv.allg> • filler character stand; pad character stand; fill character; filler
Pädiatriebeatmung f <med.tech> • pediatric ventilation; ventilation in the pediatric setting

Paeonia officinalis <bio> (Pflanze) • paeony; paeonia officinalis
PAF <ökon> (im Ggs. zu Preisgleitformel f) • price adaptation formula
PAFC <el> (Energiespeicher) • phosphoric acid fuel cell (PAFC)
Page Description Language f <druck> • page description language (PDL)
Page-Flipping n <edv> • page flipping
Pager m <tele> • pager form
Pager-Service m <tele> • radio paging service
Pagetmaschine f <textil> • paget machine
Paging n <tele> • paging
Paging Channel m (PCH) norm <tele> • Paging Channel (PCH) Alcatel
Paginiermaschine f <druck> • paging machine
Paginierung f <druck> • page numbering
Pagodendach n <kfz> • pagoda-style roof; pagoda roof
PAH-Emissionen fpl <kfz.emiss> • PAH emissions pl
PAK <emiss> • polycyclic aromatic hydrocarbon (PAH) :V
Paket n <tech.allg> (z. B. Daten, Bleche) • packet
Paket n <el> • Packet
Paket n <geo> (von Schichten) • group
Paket n <kfz> (allg., auch Ausstattungspaket) • package
Paket n <logist> (abgepackte Menge) • package; pack
Paket n <logist> (z. B. Postpaket) • parcel
Paket n <logist> (z. B. Blech) • stack
Paket n <phys> (Teilchen, Wellen) • packet; bunch
Paket n <prod> • group
Paketauslage f <druck> • stack delivery device; packet delivery; stacker delivery
Paketausleger m <druck> • stack delivery device; packet delivery; stacker delivery
paketbasierte Datenübertragungstechnik f did <tele> • general packet radio service [protocol] (GPRS)
Paketbildung im Reflexklystron <el> • reflex bunching
Paketdatennetz n <tele> • Packet Switched Public Data Network (PSPDN)
Paketfahrzeug n <nfz> • parcel van; walk-in van
Paketfeder f <masch> (z. B. bei Lkw, Güterwaggons) • multi-leaf spring
paketieren vt <logist> (Schrott) • pile vt
paketieren vt <pack> (betont: in Ballen) • bale vt
paketieren vt <pack> • bundle vt
paketieren vt <pack> (zum Versand) • pack vt; package vt
paketieren vt <phys> (Teilchen) • bunch vt
paketieren vt <prod> (betont: in ein Bündel) • fagot vt; faggot vt
paketieren vt <verf> (Pulver) • briquette vt
Paketierer/Depaketierer m <edv> • packet assembly/disassembly facility
Paketierpresse f <pack> • packaging machine; baling press
Paketierungs-/Depaketierungseinrichtung f (PAD) <tele> • packet assembly/disassembly facility (PAD)
Paketmodus-Trägerdienst m <tele> • packet-mode bearer service
Paketnockenschalter m <el> • packet-cam-operated switch; built-up rotary switch
paketorientiert <edv> • packet-mode
Paketschalter m <el> • gang switch
Paketschnur f <pack> • binder twine
Paketverfahren n (PR) <edv> • packet recording (PR); packet writing
Paketverlusterkennung f :V <tele> (Datenpakete bei DFÜ) • packet loss detection
paketvermitteltes öffentliches Datennetz n <edv> • packet-switched public data network

paketvermitteltes öffentliches Datennetz *n* <tele>
• Packet Switched Public Data Network (PSPDN)
Paketvermittlung *f* <tele> • packet switching (PS)
Paketvermittlungsprotokoll *n* <edv> • packet level
protocol
Paketwärmofen *m* <metall> • pack heating furnace; sheet
heating furnace
Paketwagen *m ugs* <nfz> • parcel van; walk-in van
Paketwalzen *n* <metall> • pack rolling
PAL <av> • Phase Alternating Line (PAL); PAL color TV
standard
Palenwagen *m* <bahn> • covered flat car with stakers
Palette *f* <kunst> *(Farb~)* • palette
Palette *f ISO 445* <logist> • pallet *ISO 445*
Palette *f* <wz.masch> *(Werkstückträger)* • pallet
Palettenboxenkippgerät *n* <förd> • tipping device for
pallet boxes
Paletten-Einfahröffnung *f* <logist> *(Palette)* • free entry;
notch
Palettenfenster *n form, prakt* <logist> *(Palette)* • spacing
Palettenfrachtschiff *n* <nav> • pallet ship
Palettenfuß *m form, prakt* <logist> *(Palette)* • pallet foot
Palettengabel *f* <förd> *(z. B. Gabelstapler)* • pallet fork
Palettenhubwagen *m* <förd> • pallet lift truck
Palettenkufe *f form, prakt* <logist> • bottom runner
Palettenladung *f* <logist> • pallet load
Palettenpool *m* <logist> • pallet pool
Palettenprüfeinrichtung *f* <logist> *(Gerät)* • pallet
checker; pallet checking device
Palettenregal *n* <logist> • pallet rack
Palettenregal-Einplatzsystem *n* <logist> • single pallet
bay system; single pallet opening system
Palettenregal Mehrplatzsystem *n form* <logist> • multi
pallet bay system *pract.ppsc*; multi pallet opening system
pract.ppsc
Palettensicherung *f* <logist> • corner board
Palettenspeichersystem *n* <wz.masch> • pallet storage
system
Palettenträger *m* <logist> *(in Längstraversenregal)* • hori-
zontal rack beam; horizontal shelf beam; horizontal beam;
rack beam; shelf beam
Palettenüberhang *m* <logist> • pallet overhang
Palettenwaage *f* <msr> *(mit Gabel)* • pallet scale; pallet
scales *pl*
Palettierautomat *m* <logist> • automatic palletizing ma-
chine
Palettierautomat *m* <logist> • palletizer *US*; palletiser *GB*
Palettiereinrichtung *f* <logist> • palletizer *US*; palletiser
GB
palettieren *vt* <prod> • palletize *vt*; palletise *vt*
Palettierer *m* <logist> • palletizer *US*; palletiser *GB*
Palettierlinie *f* <logist> • palletizing line
Palettierroboter *m* <autom> *(i.Ggs. zu anderen Robo-
tern)* • palletizing robot
Palettierroboter *m* <logist> *(betont: i. Ggs. z. B. zu manu-
ellem Palettieren)* • robotic palletizer
Palettierstation *f* <pack> • palletizing station
Palettierungssystem *n* <allg> • palletized system
PAL-Farbfernsehnorm *n* <av> • Phase Alternating Line
(PAL); PAL color TV standard
PAL-Farbfernsehsystem *n* <av> • Phase Alternating
Line (PAL); PAL color TV standard
PAL-Farbfernsehverfahren *n* <av> • PAL color TV sys-
tem; phase-alternating-line system *form.rare*; PAL system
pract
Palisander *m* <holz> *(cf. Rosenholz)* • rosewood
p-Alkalität *f* <chem> *(Wasseranalyse)* • phenolphthalein
alkalinity
Palladium *n* (Pd) <chem> • palladium (Pd)

Palladiumasbest *m* <bau.mat> • palladinized asbestos
Palladium-Pirani-Manometer *n* <msr> • palladium-
Pirani gauge
Palladiumschwamm *m* <metall> • palladium sponge
Pallettenträger *m* <logist> *(Querträger in Quertraversen-
regal)* • pallet support
Pallung *f* <nav> • building block; block
Palmenfaser *f* <textil> • palm fiber
Palmetto *m* <bio> • palmetto; sabal serrulata
Palmfett *n* <nahr> • palm fat
Palmkernfett *n* <nahr> • palm kernel fat
Palmkernöl *n* <tech.allg> *(auch i.d. Nahrung)* • palm ker-
nel oil; palm oil
Palmöl *n* <tech.allg> *(auch i.d. Nahrung)* • palm kernel oil;
palm oil
Palmutter *f* <füg> • palnut
PALplus <av> • Phase Alternating Line plus (PALplus);
PALplus standard
PALplus-Norm *f* <av> • Phase Alternating Line plus
(PALplus); PALplus standard
PAL/SECAM-Umschalter *m* <av> • PAL/SECAM selector
Palstek *m* <nav> *(Seemannsknoten)* • bowline
PAL-System *n* <av> • PAL system
PAL-System *n* <av> • PAL color TV system; phase-alter-
nating-line system *form.rare*; PAL system *pract*
PAL-TV <edv> • phase alternation line TV (PAL-TV)
panchromatisch <phot> *(Film)* • panchromatic
panchromatischer Film *m* <phot> • panchromatic film;
pan-film
Panchromatismus *m* <druck> • panchromaticity
pandemisch <med> • pandemic
Paneel *n* <energ.sol> • panel
Paneeldecke *f* <bau.innen> *(typ. Holz, Kunststoff, Metall;
geklebt od. abgehängt)* • panel ceiling; paneled ceiling
US; panelled ceiling *GB*; pan ceiling *pract*
Paneele *f* <bau.innen> • panel
Panel *n* <bau> *(Türblatt)* • panel
Panel *n* <energ.sol> • panel
PAN-Faser *f* <kst> • polyacrylic fiber
Pan-Funktion *f* <edv> • panning
Pan-Funktion *f* <navig> *(Empfänger)* • panning function;
pan function; panning mode
Pangaea *f* <geo> *(Urkontinent)* • Pangaea
Pangäa *f* <geo> *(Urkontinent)* • Pangaea
Panhardstab *m* <kfz> • track bar; anti-sway bar *GB*; sway
bar *US*; Panhard rod *GB*; transverse rod
Panhardstab-Aufnahmelager *n* <kfz> • Panhard rod
mounting box; Panhard mounting box
Panikalarm *m* <alarm> • holdup alarm *comm*; hold-up
alarm *comm*; panic alarm *priv*
Panikbremsung *f* <kfz> • flat-out braking; emergency
braking *ppwiss-mdl*; panic braking *ppwiss-mdl*
Panikknopf *m* <alarm> • personal attack button; PA button; panic button/switch *priv*; holdup button *comm*; emer-
gency button
pankratisch <opt> • pancratic
Panne *f* <tech.allg> *(im Betrieb; z. B. Fahrzeug unterwegs)*
• breakdown
Panne *f ugs* <tech.allg> *(im Betrieb; z. B. Fahrzeug unterwegs)* • breakdown; glitch *coll*
Pannendienst *m* <kfz> *(z. B. von Automobilclub, Pkw-
Hersteller)* • breakdown service; road service
pannenfest <fz> *(Reifen)* • puncture resistant
Pannenhilfsdienst *m* <kfz> *(z. B. von Automobilclub,
Pkw-Hersteller)* • breakdown service; road service
Pannenkoffer *m* <kfz> • breakdown kit; emergency tool kit
pannensicher <fz> *(Fahrradreifen)* • puncture proof
Pannenspray *n* <kfz> *(behebt Reifenpannen)* • emer-
gency tire inflator; instant spare *ad*

Panner *m* <edv.av> • panner; auto-panner; auto-panning
Panning *n prakt.* <edv> • panning; camera panning
Panning *n* <edv> • panning
Panorama *n* <edv.av> • stereo panorama; panorama; pan
Panoramadarstellung *f* <phot> • panoramic display
Panoramafernrohr *n* <opt> • panoramic telescope
Panoramakamera *f* <phot> • panoramic camera
Panoramakopf *m* <phot> • pan head
Panoramascheibe *f* <kfz> *(Windschutzscheibe)* • wrap-around windshield; panoramic windscreen *GB*
Panoramascheiben *fpl* <nfz> • panoramic windows; large-area panoramic windows
Panoramaspiegel *m ugs* <kfz> *(Rückspiegel)* • convex mirror; nonplanar rearview mirror *thsc*; large-radius convex rearview mirror *thsc*
Panoramatechnik *f* <edv> • panorama technique
Panoramazug *m* <theat> • upstage-downstage flying system
Panoramic-Spiegel *m werb* <kfz> *(Rückspiegel)* • convex mirror; nonplanar rearview mirror *thsc*; large-radius convex rearview mirror *thsc*
Panthalassa <geo> • Panthalassa
Pantoffelholz *n* <led> • graining board; cork board; pommel
pantoffeln *vt* <led> • back-board *vt*
Pantograph *m wiss* <bahn> *(E-Lok)* • pantograph; current collector *rare*
Pantograph *m* <fz> • pantagraph
Pantographgraviermaschine *f* <wz.masch> • pantographic engraving machine; pantograver
Pantographnachformfräsmaschine *f* <wz.masch> • pantographic milling machine
Pantometer *n* <msr> • pantometer
Pantscharbeit *f* <kfz.antr> • churning losses
Pantschverluste *mpl* <kfz.antr> • churning losses
Panzer *m (Schlagmühle)* • liner
Panzer *m* <metall> *(Hochofen)* • shell; armour; casing
Panzer *m* <mil> • tank
Panzer *m* <min> • wear-resisting housing
Panzeraderleitung *f* <el> • armoured conductor; metal-cased conductor
Panzerauftragschweißen *n* <obfl> • hard-surfacing; hard-facing
panzerbrechend <mil> *(Munition)* • armor-piercing *US*; armour-piercing *GB*; armor-penetrating *US.rare*; armour-penetrating *GB.rare*
Panzerförderer *m* <min> • armored face conveyor (a. f. c.) *US*; armoured face conveyor *GB*; panzer conveyor; armored conveyor *US*; armoured conveyor *GB*
Panzergalvanometer *n* <el> • shielded galvanometer
Panzerglas *n* <mat> • bullet-proof glass
Panzerglas *n ugs* <silik> • high security glazing :V
Panzerkabel *n* <förd> • armored cable *US*; armoured cable *GB*; shielded cable
panzern *vt* <tech.allg> • armor *vt US*; armour *vt GB*
panzern *vt* <kfz> • armor-plate
panzern *vt* <obfl> • hard-surface *vt*; hard-face *vt*
Panzerplatte *f* <tech.allg> • armor plate *US*; armour plate *GB*
Panzerplattenhobelmaschine *f* <wz.masch> • armor-plate planing machine *US*; armour-plate planing machine *GB*
Panzerplattenwalzwerk *n* <metall> • armor plate rolling mill *US*; armour plate rolling mill *GB*
Panzerpumpe *f* <förd> • armored pump *US*; armoured pump *GB*
Panzerrohrgewinde *n* <rls> • Panzer Gewinde (Pg) *DIN 40430*; steel conduit thread; steel conduit pipe thread
Panzerschnur *f* <el> • armored cord *US*; armoured cord *GB*

Panzerschott *n* <nav> • armored bulkhead *US*; armoured bulkhead *GB*
Panzerung *f* <tech.allg> • armoring *US*; armouring *GB*; armor *US*; armour *GB*
Panzerung *f* <energ.hydr> *(Druckrohrleitung)* • steel lining
Panzerung *f* <masch> • antiwear lining
Panzerung *f* <obfl> • hard-surfacing; hard-facing
PaO$_2$ <med> • partial pressure of arterial oxygen (PaO$_2$); arterial oxygen pressure; arterial oxygen tension
Paperware *f* <edv> • paperware
Papier *n* <ents> *(der niederen Qualitätsgruppe)* • low grade paper
Papier *n* <pap> • paper
Papierabdeckung *f* <druck> • paper cover
Papierabfall *m* <ents> *(Produktion)* • paper clippings
Papierabfall *m* <pap.ents> *(Müll)* • waste paper
Papierablagefach *n* <druck> • output paper tray; output bin; print tray
Papierableitgitter *n* <druck> • paper separator; paper guide grid; paper deflecting frame
Papierabstreifer *m* <phot> • flat squeegee; paper wiper
Papierandruckbügel *m* <druck> • paper bail; paper holder; roller shaft
Papierandrückrolle *f* <druck> • paper thrust roller
Papieranfangstaste *f* <druck> • form feed button; form feed switch; top of form switch
Papieranlage *f* <druck> • paper guide; sheet guide
Papierantrieb *m* <edv> • paper feed
Papierantrieb *m* <msr> *(Schreiber, Registriergerät)* • paper draw-in mechanism
Papierart *f* <druck> • paper type; form type; media type
Papierart *f* <pap> • paper grade
Papierauffang *m* <druck> • delivery board
Papierausdruck *m* <doku> • hard-copy print-out
Papierausgabefach *n* <druck> • output paper tray; output bin; print tray
Papierausgabe-Wählhebel *m* <druck> • paper exit lever
Papier ausstoßen *vt* <druck> • discharge paper *vt*
Papierauswurf *m* <druck> • paper output
Papierbahn *f* <pap> • paper web; web
Papierbahnabriss *m* <druck> • paper web breaking; paper web break; web break
Papierbahnführung *f* <druck> • web lead; web travel
Papierbahnleitwalze *f* <druck> • web guide roller; forwarding roll; web guides *pl*
Papierbahnriss *m* <druck> • paper web breaking; paper web break; web break
Papierbahnspannung *f* <druck> *(Papierbahn; z. B. beim Rollenoffsetdruck)* • web tension; paper tension
Papierbahnweg *m* <druck> • web path *2ind/amprinter*
Papierband *n* <edv> • paper tape
Papierbaumwollkabel *n* <el> • paper-cotton-covered cable
Papierbeförderung *f* <druck> *(Transport des Papiers innerhalb des Gerätes)* • paper feed; paper transport; paper conveyance
Papierbewegung *f* <druck> • paper movement
Papierbewehrungsstreifen *m* <bau.innen> • paper-type joint tape
Papierbild *n* <phot> • paper print
Papierbohrmaschine *f* <wz.masch> • paper drilling machine; paper drill
Papierbrei *m* <pap> *(Zellulose und Wasser)* • paper pulp; stock
Papierbreite *f* <druck> • paper width; form width
Papierbügel *m* <druck> • paper bail; paper holder; roller shaft
Papierbügellösehebel *m* <druck> • paper bail release lever

Papierchromatographie f <chem> • paper chromatography

Papierdicke f <pap> • paper thickness; paper weight; form thickness

Papierdickenausgleich m <druck> • paper thickness compensation lever

Papierdickenmesser m <msr> • paper gauge

Papierdurchlass m <druck> • paper passage

Papierdurchlassbreite f <druck> • paper passage

Papierdurchlauf m <druck> • paper path; paper guide

Papierdurchlauf mit Umlenkung m <druck> • circuitous paper path

Papiereigenschaften fpl <pap> • paper properties

Papiereinlass m <druck> • paper inlet; paper chute; paper entrance; form chute

Papiereinlassschlitz m <druck> • paper inlet; paper chute; paper entrance; form chute

Papier einlegen vt <druck> • load paper vt; insert paper vt

Papiereinziehhebel m <druck> • paper feed lever

Papiereinzug m <druck> (Kopierer, Drucker) • form feed; paper feed, paper feeding; feeding; paper loading; form loading

Papiereinzugshebel m <druck> • paper feed lever

Papiereinzugsrolle f <druck> • paper feed roller

Papiereinzug von unten m <druck> • bottom feeding

Papierelektrophorese f <el> • paper electrophoresis; microelectrophoresis on paper; electrophoresis on paper

Papierendabschaltung f <msr> • automatic paper-end cut-off; end-of-forms cut-out switch

Papierende n <druck> • paper end

Papierendemelder m <druck> • paper end detector; paper-out sensor

Papierendesensor m <druck> • paper end detector; paper-out sensor

Papierentwicklung fsg <phot> • print development

Papiererzeugung f <pap> (allgemein) • paper making; paper production; papermaking

Papiererzeugungsprozess m <pap> (Vorgang) • paper making process; paper manufacturing process

Papierfabrik f <pap> • paper mill

Papierfarbe f <phot> • paper base tint

Papierfaser f <pap> • paper fiber

Papierfaserstoff m <pap> • paper stock; raw papermaking material

Papier fester Gradation n <phot> • graded paper

Papier-Feuchtigkeitsmesser als Handgerät m <pap> • hand-held paper moisture meter

Papierfilter n <verf> • paper filter

Papierfilz m <phot> • paper fibers pl

Papierformat n <druck> • paper format; paper size; page size; sheet size

Papierformat n <phot> • paper size

Papierformation f <pap> • paper formation

Papierführung f <druck> • paper guide; sheet guide

Papierführung f <druck> • web lead; web travel

Papierführungswalze f <druck> • web guide roller; forwarding roll; web guides pl

Papierfüllstoff m <pap> • paper filler; paper loader

Papierfugendeckstreifen m <bau.innen> • paper-type joint tape

Papiergehalt m <ents> • paper contents

Papiergewebe n <mat> • paper fabric

Papiergewebe n <pack> • paper cloth

Papiergewicht n <druck> • paper weight

Papiergewicht n ugs <pap> • grammage; basis weight; substance

Papiergradation f <phot> • paper contrast grade; paper grade

Papiergröße f <druck> • paper format; paper size; page size; sheet size

Papierhändler m <ökon> • paper merchant; paper stock dealer

Papierhaltebügel m <druck> • paper bail; paper holder; roller shaft

Papierhalter m <druck> • paper bail; paper holder; roller shaft

Papierhersteller m <pap> • paper maker; paper producer; papermaker

Papierherstellung f <pap> (allgemein) • paper making; paper production; papermaking

Papierherstellungsprozess m <pap> (Vorgang) • paper making process; paper manufacturing process

Papierhilfsmittel n <pap> • paper additive products

Papierhilfsstoff m <pap> (im Faserstoff) • additive; auxiliary

Papierhinterkante f <druck> • rear edge

Papierhohlraumkabel n <el> • air-space paper-core cable

Papierholz n <pap> • pulpwood

Papier in Blattform n <pap> • sheeted paper

Papierindustrie f <pap> • paper industry; paper making industry

Papierisolation f <el> (z. B. Kondensator) • paper insulation

Papierisolierrohr n <el> • paper conduit

papierisolierter Draht m <el> • paper-insulated wire; paper-covered wire

papierisolierter Lackdraht m <el> • paper-insulated enamelled wire

papierisoliertes Kabel n <el> • paper-insulated cable

Papierisolierung f <el> • paper insulation; paper-tape insulation; lapped-paper insulation

Papierkabel n <el> • paper-insulated cable; paper cable

Papierkantenfühler m <edv> • paper sensor assembly; paper sensor

Papierkapazität f <druck> • paper capacity

Papierkapazität f <druck> • paper supply; paper capacity

Papierkassette f <druck> • paper cassette; paper deck

Papierkassettenabdeckung f <druck> • paper cassette cover

Papierklebstoff m <füg> • paper adhesive

Papierkondensator m <el> • paper dielectric capacitor; paper capacitor

Papierkonditionieranlage f <pap> • paper conditioning plant

Papierkopie f <doku> • hard copy

Papierkorb m <büro> • paper basket

Papierkreislauf m <pap> • paper cycle

Papierlaufsensor m <druck> • jam sensor; paper sensor

Papierlehre f <msr> • paper gage US; paper gauge GB

Papierleimung f <pap> • paper sizing

Papierleitblech n <büro> (Kopiergerät) • paper deflector

Papierleitblech n <druck> • conveyor guide plate

Papierleitwalze f <druck> • web guide roller; forwarding roll; web guides pl

Papierlochstreifen m <edv> • punched paper tape

Papierlösehebel m <druck> • paper release lever

papierlos <allg> • paperless

papierlose Kommissionierung f <logist> • paperless order-picking

Papierluftraumkabel n <el> • air-core cable; dry core cable

Papiermagazin n <druck> • paper cassette; paper deck

Papiermaschine f <pap> • paper machine; papermaking machine

Papiermaschinenbespannung f <pap> • paper machine clothing

Papiermaschinenfilz m <pap> • papermaker's felt; paper machine felt

Papiermaschinengautsche f <pap> • paper machine couch

Papiermaschinensieb n <pap> • paper machine wire; travelling wire

Papiermasse f <pap> • paper pulp; pulp; stuff

Papiermasse f <pap> *(Zellulose und Wasser)* • paper pulp; stock

Papiermater f <druck> • paper flong

Papiermaulbeerbaum m <textil> • paper mulberry

Papier mit Kohlebeschichtung f <druck> • carbon backed paper

Papier mit Perlmutteffekt n <pap> • mother-of-pearl paper

Papier mittlerer Gradation n <phot> • normal-grade paper; normal-contrast paper

Papieroberfläche f <pap> • paper surface

Papier-Öl-Dielektrikum n <el> • paper-oil insulation; oil-impregnated paper insulation; impregnated paper insulation; oil-impregnated paper dielectric

Papier-Öl-Isolierung f <el> • paper-oil insulation; oil-impregnated paper insulation; impregnated paper insulation; oil-impregnated paper dielectric

Papierprobe f <druck> • paper sample

Papierproduktion f <pap> *(allgemein)* • paper making; paper production; papermaking

Papierprüfgerät n <qualit.mat> • paper testing instrument; paper testing machine

Papierprüftechnik f <qualit.mat> • paper testing

Papierqualität f <qualit.mat> • paper quality

Papierrand m <druck> • margin

Papierreißwächter m <druck.alarm> • web break detector; web break detection system

Papierrolle f <druck> *(unbedrucktes Papier für Groß-druckerei; bei Zeitungspapier ca. 1,5 t sc)* • paper roll; jumbo roll; paper reel

Papierrolle f <pap> *(allg.; z. B. für Tischrechner)* • paper roll

Papierrollenbremse f <druck> *(z. B. Drucker, Kopier-gerät)* • paper reel brake; reel brake

Papierrollenhalter m <druck> • roll paper holder; paper roll holder; paper roll support

Papierrücktransport m <druck> • reverse paper feed

Papierrücktransport zum Seitenanfang m <druck> • reverse form feed

Papierschacht m <druck> • bin; magazine

Papierschlangenschneidemaschine f <druck> • paper streamer cutting machine

Papierschneidemaschine f <druck> • paper cutter; paper trimmer

Papierschnitzel pl <ents> • shredded paper

Papierseparator m <druck> • paper separator; paper guide grid; paper deflecting frame

Papiersorte f <pap> • paper grade

Papierspaltmaschine f <pap> • paper splitting machine :V; splitter/fuser :V; paper restorer :V; paper splitting/ fusing machine :V

Papierspannung f <druck> *(Papierbahn; z. B. beim Rol-lenoffsetdruck)* • web tension; paper tension

Papiersprung m <edv> • paper skip

Papierstärke f <pap> • paper thickness; paper weight; form thickness

Papierstapel m <tech.allg> • paper stack; paper pile

papierstarkes Papier n <phot> • single-weight paper; paper of single-weight thickness

Papierstau m <druck> • paper jam; paper blockage; paper stoppage; jam

Papierstaub m <ents> • paper dust; paper fluff; fluff; lint

Papierstaufühler m <druck> • jam sensor; paper sensor

Papierstoff m <pap> • paper pulp; pulp; stuff

Papierstoff m <pap> • finished stuff; paper stock; stock

Papierstoffleimung f <pap> • paper sizing

Papierstrang m <druck> • ribbon

Papierstütze f <druck> • paper support; paper rest

Papiertechnologie f <pap> • paper technology

Papierträger m <phot> • paper base

Papiertransport m <druck> *(Transport des Papiers inner-halb des Gerätes)* • paper feed; paper transport; paper conveyance

Papiertransporttaste f <druck> • paper feed button; paper feed switch

Papiertransportwalze f <druck> • web guide roller; for-warding roll; web guides pl

Papiertrennung f <druck> • paper separation

Papierüberwachung f <druck> • paper monitoring

Papier- und Pappesorten fpl <pap> • paper and carton-board grades

Papier- und Zellstoffindustrie f <pap> • pulp and paper industry

Papierunterlage f <phot> • paper base

Papierverarbeiter m <pap> • paper converters

Papierverarbeitungsmaschine f <pap> • paper con-verting machine

Papierverbrauch m • paper consumption; consumption of paper

Papierveredelung f <pap> • paper coating and finishing; paper finishing

Papierveredlung f <pap> • paper coating and finishing; paper finishing

Papiervlies n <pap> • paper web

Papiervorrat m <druck> • paper supply; paper capacity

Papiervorrat m <druck> • paper capacity

Papiervorschub m <druck> *(Transport des Papiers in-nerhalb des Gerätes)* • paper feed; paper transport; paper conveyance

Papiervorschub m <druck> • page feed

Papiervorschubgeschwindigkeit f <druck> • paper feed speed; paper transport speed; form feed speed

Papiervorschublöcher npl rar <druck> • guide holes; sprocket holes; transport holes

Papiervorschubmotor m <druck> • paper feed motor

Papiervorschubtaste f <druck> • paper feed button; pa-per feed switch

Papierwaage f <msr> • paper scales

Papierwechsel msg <druck> • change of paper; paper re-supply

Papierweg m <druck> • paper path

Papierweg m 1 manplamagdoku <druck> • web path 2ind/amprinter

Papier weicher Gradation n <phot> • soft-grade paper; soft-contrast paper; soft paper

Papierwender m <druck> • flipper assembly

Papier wird automatisch eingezogen n <druck> • pa-per is machine-fed

Papierwolle f DIN 6730 <pap> • paper shreds

Papierzange f <phot.wz> *(Labor)* • tongs pl; print tongs pl

Papierzellstoff m <pap> • paper pulp

Papierzuführung f <druck> *(Vorrichtung; z. B. an Drucker, Kopiergerät)* • paper feed device; paper feeding device

Papierzuführung f <druck> *(Kopierer, Drucker)* • form feed; paper feed, paper feeding; feeding; paper loading; form loading

Papierzuführungskassette f <druck> • paper input cas-sette

Papierzugspannung f <pap> • paper tension

Papierzwischenlage f <pap> • intermediate layer of pa-per

Pappe f <druck> • heavy weight paper

Pappe f <pap> • paperboard; board; cardboard; carton-board; boxbord

Pappe f DIN 6730 <pap> • board; heavy weight board; paper board

Pappebogen m <pap> • board sheet

Pappeinband m <druck> • cardboard binding; cardboard cover

Pappel f <bio> (Laubbaum) • poplar

Pappelholz n <holz> (Hartholz) • poplar

Pappenbiegemaschine f <druck> • board bending machine

Pappenmaschine f <pap> • board making machine; board machine

Pappenschlitzmaschine f <pap> • board slitting machine

Papphülse f <pack> • paper tube

Papphülse f <textil> (Spule; Wickel; Rolle) • cardboard tube

pappig <nahr> (Geschmack; Speiseeisfehler) • oxidized; cardboard flavor; tallowy; cappy; painty

Pappkarte f <textil> • pasteboard movement card

Pappkartenapparat m <textil> • pasteboard movement card unit

Pappschablone f <kfz.rep> • cardboard template; cardboard pattern

Pappschere f <wz> • cardboard cutter

Paprican-Mikroscanner m <pap> • Paprican microscanner

para-... (p-) <chem> (Stellung der fkt. Gruppen am Molekül einander gegenüber) • para-... (p-)

Para-Aminosalicylsäure f (PAS) <pharm> (gegen Tuberkulose) • para-aminosalicylic acid (PAS)

Parabel f <math> • parabola

Parabelachse f <math> • parabola axis

Parabelfachwerk n <bau> (z. B. Brücke) • parabolic truss

Parabelfeder f <kfz> (Blattfedertyp) • tapered-leaf spring; taper-leaf spring AUS; parabolic spring; taperleaf spring AUS

Parabelflug m <aerospace> (z. B. zum Testen der Schwerelosigkeit) • ballistic flight

Parabelinterpolation f <edv> (z. B. CNC, CIM) • parabolic interpolation

parabelnahe Bahn f <aerospace> • near-parabolic orbit

Parabelsegment n <math> • parabolic segment

Parabelsegmenttragfläche f <aerospace> • parabola wing

Parabelträger m <bau> • parabolic girder

Parabolantenne f <tech.allg> (z. B. Richtfunk, Radar, Astrophysik) • parabolic reflector aerial; parabolic aerial

parabolförmiger Reflektor m <opt> • parabolic reflector; paraboloidal mirror rare

parabolische Kurve f <math> (z. B. in Diagramm) • parabolic curve

parabolische Kurve f <phys> (z. B. Wurfbahn) • parabolic trajectory

parabolischer Rinnenspiegel m <energ.sol> • parabolic trough reflector; cylindrical parabolic solar reflector; cylindro-parabolic reflector ungebr.

parabolischer Trog m <energ.sol> • parabolic trough

parabolischer Trog m <energ.sol> • parabolic trough

parabolisch gekrümmt <bau> (z. B. Gewölbe, Träger) • parabolic-arc cambered

Paraboloid m <energ.sol> • parabolic dish

Paraboloid n <math> • paraboloid

Paraboloidkollektor m <energ.sol> • parabolic dish collector

Paraboloid-Spiegel m <energ.sol> • parabolic mirror

Parabolreflektor m <energ.sol> • parabolic reflector

Parabolrinne f <energ.sol> • parabolic trough

Parabolrinnenkollektor m <energ.sol> • parabolic trough collector

Parabolrinnenspiegel m <energ.sol> • parabolic trough reflector; cylindrical parabolic solar reflector; cylindro-parabolic reflector ungebr.

Parabolspiegel m <opt> • parabolic reflector; paraboloidal mirror rare

Parabolspiegelantenne f <tech.allg> • parabolic reflector antenna US; parabolic reflector aerial GB

Parabolspiegelscheinwerfer m <licht.theat> • beamlight

Parabolzylinder m <energ.sol> • parabolic cylinder

Paradoxon n <philos> • paradox

Paraffin n prakt <chem> (allg.; gesättigter aliphatischer Kohlenwasserstoff; z. B. Methan, Ethan) • alkane; paraffin coll; paraffin hydrocarbon rare; saturated hydrocarbon rare

Paraffin n <chem.petr> (flüssig) • paraffin oil

Paraffin n <chem.petr> (fest) • paraffin wax

paraffinbasisch <tribo> • paraffin base; paraffinic

paraffinbasisches Erdöl n <petr> • paraffin-base petroleum; paraffin-base crude oil

paraffinbasisches Rohöl n <petr> • paraffin-base crude

Paraffineinbettung f (Mikroskopiertechnik) • paraffin embedding

Paraffiniermaschine f <druck> • waxing machine

paraffiniert <obfl> (z. B. Packpapier) • paraffin-coated

Paraffinierung f <präp> • treatment with paraffine; infiltration of paraffine; paraffin infiltration

paraffinisch-naphthenisches Erdöl n <petr> • paraffinic-naphthenic petroleum

paraffinisch-naphthenisches Rohöl n <petr> • paraffinicnaphthenic crude

Paraffinleim m <pap> • paraffin wax size

Paraffinleimung f <pap> • paraffin wax sizing

Paraffinöl n <chem> • paraffinic oil; paraffin oil

Paraffin officinalis n <mat> • earth wax; ozokerite; native paraffin; mineral wax; fossil wax

Paraffinpapier n <pap> • paraffin paper; wax paper

Paraffinreihe f <chem> • alkane family; paraffine series

Paragenese f <bio> • paragenesis

Paraglider m <sport> • paraglider

Paragraph m <jur> (Gesetz) • section; sec.; sect.; article

parallaktische Montierung f <tech> (Feinwerktechnik) • equatorial mounting

parallaktischer Winkel m <phot> (zw. zwei optischen Achsen) • angular parallax

Parallaxe f <opt> (z. B. Messgerät, astronomische Beobachtung) • parallax

Parallaxe fsg <phot> • parallax sg

Parallaxenausgleich m <msr> • parallax correction; parallax compensation

Parallaxenfehler m <msr> • parallax error

parallaxenfrei <msr> • parallax-free

Parallaxenwinkel m <phys> • parallactic angle

parallel <tech.allg> (z. B. geometrisch, gleichzeitig) • parallel

parallel <math> • parallel

Paralleladder m <edv> • parallel adder

Paralleladdierer m <edv> • parallel adder

Paralleladdierung f <edv> • parallel addition

Parallelanschluss m <el> • parallel output

Parallel-Anzeigegerät n <alarm> (reine Meldetafel für Anlagenzustand) • zone annunciator

Parallel-Anzeige-Tableau n <alarm> (reine Meldetafel für Anlagenzustand) • zone annunciator

parallel aufgewunden <textil> (Faden) • parallel wound

Parallelausgabe f <edv> • parallel output

Parallelbalken m <bau> (z. B. als Deckenträger) • joist

Parallelbemaßung f <edv> • parallel dimensioning; aligned dimensioning

Parallelbetrieb m <tech.allg> (z. B. Motoren, Turbinen, Förderanlagen) • parallel operation

Parallelbetrieb m <edv/autom> • parallel mode
Parallelbetrieb m <förd> *(von Pumpen)* • parallel operation; paralleled operation; parallel pumping
Parallelbewegung f <tech.allg> • parallel movement
Parallelbruch m <druck> • parallel fold
Paralleldrahtleitung f <el> • parallel wire line; double line; twin feeder
Paralleldrossel f <el> • shunt reactor
Paralleldrucker m <edv> • parallel printer; line printer
Parallele f <math> • parallel
parallele Eingabe f <edv> • parallel input
Parallel-Einfädelsystem n <av> • M-loading [system]; parallel loading [system]
Paralleleinfädelung f <av> • M-loading [system]; parallel loading [system]
Paralleleingabe f <edv> • parallel input
Paralleleinspeisung f <el> • shunt feeding; parallel feeding
Parallel-Element n <edv> *(CAD)* • offset
parallele Montage f <el> • mounted in parallel
Parallelendmaß n <msr> • precision gauge block *US*; slip gauge; slip block
Parallelendmaß n <msr> *(endgültige Abmessung)* • end measure *ISO 3650*; gauge block
Parallelenpostulat n <math> • parallel postulate
Parallelentwicklung f <prod> • concurrent engineering
Parallelentzerrer m <el> • parallel equalizer
Parallelepiped n <math> • parallelepiped; parallelepipedon
Parallelepipedon n <math> • parallelepiped; parallelepipedon
paralleler Anschluss m <edv> • parallel interface; parallel port; parallel-port interface; Centronics parallel-port interface *Centronics*
paralleler Code m <edv> • parallel code
paralleler Empfänger m <navig> • multichannel receiver; multi-channel receiver; continuous tracking receiver; continuous receiver; parallel receiver
paralleler Hybridantrieb m <kfz.antr> • parallel hybrid propulsion; parallel hybrid drive; parallel arrangement
paralleler Lichtstrahl m <opt> • collimated beam
parallele Schnittstelle f <edv> • parallel interface; parallel port; parallel-port interface; Centronics parallel-port interface *Centronics*
paralleles Kommissionieren n <logist> • parallel picking; split picking; zone picking
Parallele Übertragung f <el> • Parallel Transmission
parallele Ventile f <kfz.mot> • parallel valves
Parallelfachwerkbinder m <bau> • parallel chord truss
Parallelfalte f <geo> • parallel fold; concentric fold
Parallelfalz m <druck> • double parallel fold
Parallelfalz m <druck> • parallel fold
Parallelfalzeinheit f <druck> • parallel fold
Parallelfalzmodul n <druck> • parallel fold
Parallelfeld n <phys> • parallel field of forces; parallel field
Parallelfilter m <kfz.mot> • parallel filter *:V*
Parallelflach n <math> • parallelepiped; parallelepipedon
parallelflanschiges Profil n EN 10079 <mat> *(I-, H-Profil)* • parallel flanged section *EN 10079*
Parallelflanschträger m <mat> *(I-, H-Profil)* • parallel flanged section *EN 10079*
Parallelführung f <masch> *(z. B. Werkzeug, Werkstück, Kranbrücke)* • parallel guide
Parallelführung f <masch> *(Zeichenmaschine)* • parallel motion; parallel mechanism
Parallelführung f <theat> *(Seilverspannung, verhindert Verkanten des Podiums)* • parallel construction; parallel guide; parallel device with wire ropes
Parallelführungsgestänge n <masch> • parallel-motion linkage

Parallelfunkenstrecke f <el> • parallel discharger
Parallelgegenkopplung f <el> • parallel inverse feedback
parallel geschaltet <tech.allg> • parallel-connected
parallelgeschaltet <tech.allg> *(z. B. Stromverbraucher, Pumpen, Leitungen, Arbeitsvorgänge)* • connected in parallel; in parallel; parallel-connected
parallelgeschalteter Kondensator m <el> • parallel capacitor
parallelgeschalteter Stromkreis m <el> • shunt circuit
parallelgeschalteter Widerstand m <el> • shunt resistor
parallel gespeiste Antenne f <tele> • shunt-fed antenna *US*; shunt-fed aerial *GB*
Parallel-Gripzange f <kfz.wz> • parallel action locking pliers; pinch-off tool *US*; vise grip pinch-off tool *US*
parallelgurtiger Fachwerkbinder m <bau> • parallel chord truss; flat truss
parallelhybrider Antrieb m <kfz.antr> • parallel hybrid propulsion; parallel hybrid drive; parallel arrangement
Parallelimpedanz f <el> • shunt impedance; leak impedance
Parallel Input Output Device n <edv> • parallel input output device (PIO); input/output unit; input output unit; I/O unit
parallelisieren vt <tech.allg> *(Fasern)* • parallel vt
Parallelität f <kfz.brems> *(von Bremsscheiben)* • parallelism
Parallelitätsprüfung f <prod> • parallelism checking
Parallelkapazität f <el> • shunt capacitance
Parallelkinematikmaschine f (PKM) <wz.masch> *(z. B. zum Fräsen)* • parallel-kinematics machine tool; parallel-kinematics machine; machine-tool robot
parallelkinematische Maschine f (PKM) <wz.masch> *(z. B. ein Hexapod)* • parallel kinematic machine (PKM) *:V*
Parallelklinke f <masch> • parallel jack
Parallelkondensator m <el> • parallel capacitor; bypass capacitor
Parallelkreis m <el> • parallel circuit; shunt circuit
Parallelkurbelgetriebe n <masch> • parallel crank four-bar mechanism; parallel crank mechanism; parallelogram linkage; parallel linkage
Parallellochbohren n <prod> • parallel hole drilling
Parallelmanipulator m <autom> • master-slave manipulator
Parallelmaß n <tech.allg> • parallel dimension; aligned dimension
Parallelmesserschere f <wz.masch> • guillotine shears
Parallelogramm n <math> • parallelogram
Parallelogrammaufhängung f <tech.allg> • parallelogram-type suspension
Parallelogramm der Geschwindigkeiten n <mech> • parallelogram of velocities
Parallelogramm der Kräfte n <mech> • parallelogram of forces
Parallelogrammführung f <masch> • parallelogram linkage; parallelogram linkage
Parallelogrammverzeichnung f <av> • skew distortion
Parallelogramm-Viergelenktrieb m <autom> • parallelogram four-bar linkage mechanism
Parallelpatent n <jur> • parallel patent
Parallelperspektive f <doku> *(techn. Zeichnung)* • parallel perspective
Parallelperspektive f <geo> *(Landkarte)* • parallel perspective
Parallelperspektive f <math> • parallel perspective; parallel projection
Parallelplattenabscheider m <verf.hydr> • lamellar settler *V*
Parallelplattenkondensator m <el> • parallel-plate capacitor

Parallelplattenschieber *m* <rls> • double-disc parallel-seat gate valve

Parallelport *m* <edv> • parallel port

Parallelprogrammierung *f* <edv> • parallel programming

Parallelprojektion *f DIN ISO 10209-2* <doku.opt> *(z. B. techn. Zeichnung, Landkarte)* • parallel projection *ISO 10209-2*

Parallelprojektion *f norm.* <edv> • parallel transformation *stand.*

Parallelprojektion *f* <math> • parallel perspective; parallel projection

Parallelreaktion *f* <chem> • concurrent reaction

Parallelrechner *m* <edv> • parallel computer; simultaneous computer

Parallelreißer *m* <prod> • marking gauge; surface gauge; scribing block

Parallelresonanz *f* <phys> • parallel resonance; antiresonance

Parallelresonanzkreis *m norm* <el> • parallel-resonant circuit *stand*; parallel resonance circuit; antiresonance circuit; parallel resonant circuit

parallel richten *vt* <opt> *(Strahlen)* • collimate *vt*

Parallelröhrenmodulation *f* <el> • choke modulation

parallelschalten *vt* <tech.allg> *(z. B. Pumpen zur Vergrößerung des Förderstromes)* • connect in parallel *vt*; parallel *vt*

parallel schalten *vt* <tech.allg> • shunt *vt*

parallel schalten *vt* <el> • connect in parallel *vt*; wire in parallel *vt*

parallelschalten *vt* <el> • connect in parallel *vt*; shunt across *vt*; shunt *v*

parallelschalten *vt* <el> *(Synchronmaschine)* • synchronize and close *vt*

Parallelschalter *m* <el> • parallel switch

Parallelschaltsystem *n* <el> • parallel system of distribution; shunt system of distribution

Parallelschaltung *f* <tech.allg> *(z. B. Stromverbraucher, Pumpen, Fahrtreppen)* • connection in parallel; parallel connection; paralleling

Parallelschaltung *f* <el> • paralleling *US*; parallelling *GB*; shunting

Parallelschaltung *f* <el> • parallel circuit; parallel connection

Parallelschere *f* <wz.masch> • guillotine shears

Parallelschieber *m* <rls> • parallel slide valve

Parallelschneider *m* <kunst.wz> • double-line scalpel

Parallelschnittstelle *f* <druck> • parallel interface

Parallel-Schraubstock *m* <kfz.wz> • bench vise *US*; bench vice *GB*

Parallelschraubstock *m* <wz> • parallel vice

Parallelschwingkreis *m* <el> • tank circuit; tank oscillator

Parallelschwingkreis *m* <el> • parallel-resonant circuit *stand*; parallel resonance circuit; antiresonance circuit; parallel resonant circuit

Parallelschwingung *f* <phys> • parallel vibration

Parallel-Serien-Umsetzer *m* • parallel-to-serial converter; parallel-serial converter; dynamicizer

parallel spannende Gripzange *f form* <kfz.wz> • parallel action locking pliers; pinch-off tool *US*; vise grip pinch-off tool *US*

Parallelspeicher *m* <edv> • parallel memory; parallel store

Parallelspeisung *f* <el> • parallel feeding; shunt feeding

Parallelspule *f* <tele> • bridging coil

Parallelsteuerung *f* <autom> • parallel control

Parallelstichleitung *f* <rls> • shunt stub

Parallelstoß *m DIN EN 12345* <füg> • parallel joint

Parallelstrahl *m* <phys> • parallel beam; collimated beam

Parallelstrahlenbündel *n* <licht> • parallel bundle of light

Parallelstrom *m* <tech.allg> • parallel flow

Parallelstrom *m* <verf> *(z. B. Wärmetauscher)* • concurrent flow

Parallelstrombrenner *m* <verbr> • parallel flow burner

Parallelstromkondensator *m* <verf> • parallel-flow condenser

Parallelstromkreis *m* <el> • parallel circuit

Parallelstück *n* <prod> • parallel

Parallel-Tableau *n* (TAB) <alarm> *(reine Meldetafel für Anlagenzustand)* • zone annunciator

parallel takten *vt* <edv> *(z. B. Prozessoren)* • clock in parallel *vt*

Paralleltonempfänger *m* <av> • parallel sound receiver

Paralleltonverfahren *n* <av> • parallel sound scheme

Parallel-Twin *m* <kfz.mot> • parallel twin

Parallelübergabe *f* <edv> • parallel transmission

Parallelübertrag *m* <edv> • simultaneous carry; look-ahead carry

Parallelübertragung *f* <edv> • parallel transfer

Parallelübertragung *f* <tele> • parallel transmission

parallelverarbeitend <edv> • parallel-processing

Parallelverarbeitung *f* <edv> • parallel processing; multi-processing

Parallelverschiebung *f* <tech.allg> • parallel shift; parallel displacement

Parallelverschiebung *f* <geo> • translatory shift

Parallelverschiebung *f* <mech> *(geradlinig, seitlich)* • translational motion

Parallelverschiebung *f* <mech> • translation

parallel versetzter Kurs *m* <navig> • parallel offset course

parallel verwendbar <edv> • reenterable

parallel verwenden *vt* <edv> *(Strichcodetypen)* • intermix *vt*

Parallelverwerfung *f* <geo> • translatory shift

Parallelverzweiger *m* <tech.allg> *(Draht, Kabel, Rohr)* • shunt T

Parallelwicklung *f* <el> • parallel winding; shunt winding

Parallelwiderstand *m* <el> *(Bauteil)* • bleeder resistor

Parallelwiderstand *m* <el> *(Größe)* • parallel resistance; shunt resistance

Parallelwiderstand *m* <el> *(Bauteil)* • shunt resistor

parallel zu den Schichten <chem> • edgewise

Parallelzugriff *m* <tech.allg> • parallel access; simultaneous access

Parallelzweigschutz *m* <el> • split-conductor protective system

Parallel-Zweizylinder *m* <kfz> • parallel twin

Parallel-Zweizylinder *m* <kfz.mot> • parallel twin

Parallübertragung *f* <el> • Parallel Transmission

Paralyse *f* <med> • paralysis; palsy *coll*

Paramagnetikum *n* <mat> • paramagnetic material

paramagnetische Elektronenspinresonanz *f* <phys> • electron paramagnetic resonance

paramagnetische Resonanz *f* <phys> • paramagnetic resonance

paramagnetischer Messeffekt *m* <msr> • paramagnetic measuring effect

paramagnetischer Sauerstoff-Analysator *m* <msr> • paramagnetic oxygen analyser

paramagnetischer Stoff *m* <mat> • paramagnetic material; paramagnetic

paramagnetisches Messprinzip *n* <msr> • paramagnetic measuring principle

paramagnetisches O_2-Messverfahren *n* <med.tech> • paramagnetic O_2 analyzer

Paramagnetismus *m* <phys> • paramagnetism

Parameter *m* <tech.allg> *(allg. in der Technik)* • parameter

Parameter *m* <tech.allg> *(betont: Wert als Merkmal)* • parameter; characteristic value

Parameter *m* <edv.av> *(Klangparameter)* • parameter; sound parameter

Parameter *m* <math> *(z. B. einerGleichung)* • parameter

Parameteranpassung *f* <tech.allg> *(z. B. Elektronik, Qualitätssicherung)* • parameter adjustment

Parameterbereich *m* <tech.allg> • range of parameter value

Parameter bestimmen *vi* <tech.allg> • parametrize *vi*

Parameterdarstellung *f* <math> *(z. B. von Kennlinien)* • parametric representation

Parametererkennung *f* <tech.allg> • parameter identification

parameterfrei <math> *(Statistik)* • non-parametric

Parameterinvarianz *f* <phys> • adiabatic invariance; parameter invariance; adiabatic invariant

Parametermodell *n* <edv> • parametric model

Parameteroptimierung *f* <msr> *(z. B. Regelung)* • parameter optimization

Parameterraum *m* <math> • parameter space

Parametrierungsprogramm *n* <msr> • parameter assignment program

parametrische Darstellung *f* <math> • parametric representation

parametrische Erregung *f* <phys> • parametric excitation

parametrische Fläche *f* <edv> • parametric surface

parametrische Optimierung *f* <tech.allg> *(z. B. Mathematik, Prozesssteuerung)* • parameter optimization

parametrischer Verstärker *m* <el> • mixer amplifier by variable reactance (MAVAR); parametric amplifier

Parametrisierung *f* <edv> • parametrization

Parametron *n* <el.edv> • parametron

paramorph <mat> • paramorphic

Paramorphose *f* <mat> • paramorphism

Parapositronium *n* <nukl> • parapositronium

parasitäre Kopplung *f* <el> • stray coupling

parasitäre Parameter *mpl* <msr> • stray parameters

parasitärer Einfang *m* <nukl> *(von Neutronen)* • parasitic capture

parasitärer Strom *m* <el> • parasitic current

parasitäre Schwingung *f* <phys> • parasitic oscillation; parasitic; spurious oscillation

parasitäres Element *n* <phys> • parasitic element

Parasitärstrahlung *f* <phys> • parasitic radiation

para-Stellung *f* <chem> *(funktionale Gruppen an Molekül stehen einander gegenüber)* • para position

Paratyphus *m* <med> • paratyphoid fever; paratyphoid

para-Verbindung *f* <chem> • para compound

paraxial <opt> • paraxial

paraxialer Strahl *m* <phys> • paraxial ray

paraxiales Gebiet *n* <opt> • Gaussian region; paraxial region; paraxial zone

Paraxialstrahl *m* <phys> • paraxial ray

Para-Xylol *n* <chem.petr> • para-xylene; p-xylene

para-Zustand *m* <chem> • para state

Parblazer *m* <licht.theat> • parcan

Pardunenisolator *m* <el> • guy insulator

parenteral <med> • parenteral

Parent-Object *n* <edv> • parent object

Parfait *n* <nahr> • parfait

Parfaiteis *n* <nahr> • parfait

Pariser Blau *n* <kunst> • Prussian blue; potash blue; iron blue *US*

Parität *f* <tech.allg> • parity

Paritätsauswahlregel *f* <edv> • parity selection rule

Paritätsbit *n* <edv> • parity bit; parity check bit; redundancy bit; check bit

Paritätsbit *n* <el> • Parity Bit

Paritätscodierung *f* <edv> • parity check; Parity Check; parity checking; even-odd check; odd-even check

Paritätserhaltung *f* <phys> • parity conservation

Paritätsfehler *m* <edv> • parity error

Paritätsfehler-Erkennung *f* <edv> • parity-framing error detection

Paritätsflag *n* <edv> • parity flag

Paritätsfreigabe *f* <edv> • parity enable

Paritätskontrolle *f* <edv> • parity check; Parity Check; parity checking; even-odd check; odd-even check

Paritätslaufwerk *n* <edv> • parity drive

Paritätsmodul *m* *[-módul]* <edv> • parity module

Paritätsmuster *n* <edv> • parity pattern

Paritätsprüfung *f* <edv> • parity check; Parity Check; parity checking; even-odd check; odd-even check

Paritätsstrich *m* <edv> • parity bar

Paritätsverletzung *f* <edv> • parity violation

Paritätswechsel *m* <edv> • parity change

Paritätswort *n* <edv> • survey word; parity symbol

Paritätszeichen *n* <edv> • parity character

Paritätsziffer *f* <edv> • parity digit

Parity-Überwachung *f* <edv> • parity check; Parity Check; parity checking; even-odd check; odd-even check

Parity-Zeichen *n* <edv> • survey word; parity symbol

Parity-Zeichen *n* <edv> • parity bit; parity check bit; redundancy bit; check bit

Parkbahn *f* <aerospace> *(z. B. Ausgangslinie für interplanetare/interstellare Flüge)* • parking orbit

Parkbremse *f* BMW <kfz.brems> *(hand- oder fußbetätigt, mit Hebel, Taste od. elektr. automatisch)* • parking brake; emergency brake *coll.rare*

Park Distance Control *f* (PDC) BMW <kfz.msr> • Park Distance Control (PDC) *BMW*

parken *vt* <edv> *(Magnetkopf)* • park *vt*

Parken einer Verbindung *n* <tele> *(Zusatzdienst)* • Call Hold (CH)

Parkerisieren *n* <metall> • parkerizing

Parkes-Verfahren *n* <metall> *(Bleientsilberung)* • Parkes process

Parkettierung *f* <edv> • tesselation

Parkettstabmaschine *f* <prod> • parquetry fillet machine; parquetry machine

parkfreundlich <kfz> • parking-friendly *Carweek*

Parkgebühr *f* <verk> • parking fee *US*; parking charge *GB*

Parkhaus *n* <verk> *(betont: mehrgeschossig)* • multi-level parking lot *US*; multi-storey car park *GB*

Parkhaus *n* <verk> *(allg.)* • indoor parking lot *US*; indoor car park *GB*

Parkhaus *n* <verk> • valet parking *US*

Parkhaus *n* <verk> • self park *US*

Parkhausautomatik *f* <kfz> *(el. FH; autom. Öffnen durch Antippen des Schalters)* • express down feature *Ford*

Parkhaus mit Einparkservice *n* <verk> • valet parking *US*

Parkhaus ohne Einparkservice *n* <verk> • self park *US*

Parkhilfe *f* *prakt.ugs* <kfz.msr> • park distance control system

Parkkralle *f* <kfz> • wheel clamp; heavy yellow boot *GB.coll*; yellow boot/shoe *GB.coll*; Denver boot/shoe *US.coll*; boot *coll*

Park/Leerlauf-Sicherheitsschalter *m* <kfz> *(bei Automatikgetriebe)* • park/neutral safety switch

Parkleuchte *f* <kfz.el> *(betont: die Baueinheit)* • parking light/lamp

Parklicht *n* <kfz.el> *(betont: das Licht)* • parking light

Parkmünzenhalter *m* <kfz.innen> • coin tray

Parkplätze für Senkrechtaufstellung *mpl* <verk> • angle-parking stalls at 90 degrees to aisle *US*

**Parkplätze mit Schrägaufstellung im 30/45/60°
Winkel zur Fahrgasse, mp** <verk> • angle-parking
stalls at 30/45/60 degrees to aisle US
Parkplatz m <verk> (Platz für 1 Auto) • parking space
Parkplatz m <verk> (allg., für mehrere Fahrzeuge) • park-
ing lot US; lot US.coll; car park GB
Parkplatz m <verk> (betont: ohne Einparkservice) • self
park US
Parkplatz m <verk> • valet parking US
Parkplatz m <verk> (Abzweig an Autobahn, Schnell-
straße, Bundesstraße) • turnout US; lay-by GB
Parkplatz mit Einparkservice m <verk> • valet parking
US
Parkrad n <kfz.antr> (Automatikgetriebe) • parking lock gear
Parkscheibe f <kfz> • park time disc GB
Parksperre f <kfz.antr> (Automatikgetriebe) • parking lock
(PL); parking interlock; parking sprag
Parksperrenklinke f <kfz.antr> (Automatikgetriebe)
• parking pawl
Parksperrenrad n <kfz.antr> (Automatikgetriebe) • park-
ing lock gear
Parkspur f <edv> • landing zone; dedicated landing zone
Parkstellung f <verf.hydr> (Rechenreiniger mit Umkehr-
bewegung) • parked position
Parkuhr f <kfz> • parking meter
PAR-Lampe f allg <licht> • par-lamp
Parotitis f <med> • parotitis; parotiditis; mumps; epidemic
parotitis
Parotitis epidemica f <med> • parotitis; parotiditis;
mumps; epidemic parotitis
Parry-Verschluss m <verf> (Hochofen) • bell and hopper
Parsec n <phys> (SI-fremde Einheit der Länge, in der
Astronomie weiter gültig) • parsec; parallax second
Parsonsturbine f <turb> • Parson's steam turbine
Part f <nav> • part
Parthenokapie f <bio> (Produktion von Früchten ohne
Befruchtung) • parthenocapy
Partialantigen n <med> • partial antigen; incomplete anti-
gen; hapten
Partialbruch m <math> • partial fraction
Partialdruck m <phys> (eines Gases in einem Gasge-
misch) • partial pressure
Partial Response Maximal Likelihood f (PRML) <edv>
(Datenaufzeichnungsverfahren) • Partial Response
Maximal Likelihood (PRML); PRML read channel techno-
logy; Partial Response Maximum Likelihood
Partial Response Maximum Likelihood f <edv>
(Datenaufzeichnungsverfahren) • Partial Response Maxi-
mal Likelihood (PRML); PRML read channel technology;
Partial Response Maximum Likelihood
Partialschwingungen fpl <av> (der Lautsprecher-Mem-
bran) • partial oscillation modes pl; partial modes pl; par-
tials pl pract
Partialsumme f <math> • partial sum
Partialton m <akust> • partial
Partialturbine f <turb> • partial-admission turbine
Partialversetzung f <mat> (Atome im Kristallgitter) • par-
tial dislocation
Partialvolumen n <therm> • partial volume
Partialwelle f <phys> • partial wave; partial mode
Particle-System n <edv> • particle system; particle set
animation rare
Partie f <tech.allg> • portion
Partie f <prod> • lot; batch
Partie f prakt <textil> (Färberei) • dye lot; load pract
partielle Ableitung f <math> • partial derivative
partielle Beaufschlagung f <energ.hydr> • partial load
partielle Beeinflussung der Dichte f <phot> • local
density control

partielle Beeinflussung des Kontrasts f <phot> • local
contrast control
partielle Differentialgleichung f <math> • partial differ-
ential equation
partielle Dispersion f <phys> • partial dispersion
partielle Finsternis f <astron> • partial eclipse; penum-
bral eclipse
partielle Obstruktion f <med> • partial obstruction
partieller Druck m <phys> • partial pressure
partielles Voreilen n <kst> • curling
Partikel f <phys> • particle
Partikel f <verf> • particle
Partikel n <emiss> (einzeln; z. B. in Schwebstoffen) • par-
ticle
Partikel n DIN ISO 9045 <mat.verf> (einzelner Stoffbe-
standteil in der Siebtechnik) • particle ISO 9045
Partikelabscheider m <verf> (Staub, Schwebstoffe etc.
in Gasen, Flüssigkeiten) • particulate collector; particle
collector; solids collector rare
Partikelanimation f <edv> • particle system; particle set
animation rare
Partikelbahn f <verf> • loci of the particles; particle tra-
jectory
Partikelemissionen fpl <kfz.emiss> • particulate emis-
sions pl
Partikelfilter m <kfz.emiss> • diesel particulate filter
(DPF); diesel exhaust particulate filter thsc.did; diesel fil-
ter pract; PM trap; diesel trap coll
Partikelfilter m/n <verf> (Staub, Schwebstoffe etc. in
Gasen, Flüssigkeiten) • particulate collector; particle col-
lector; solids collector rare
Partikelgrenzwert m <kfz.emiss> • particulate emission
limit
Partikelgröße f <tech.allg> (von losen Teilchen; z. B.
Schüttgut, Kies, Sand, Staub) • particle size; grain size
Partikel-Luftfilter n DIN EN 779 <hlk> • particulate air filter
Partikelmobilität f <verf> • mobility of particles; mobility of
particulates; particulate mobility
Partikelschaum m (EPS) <chem> • expanded polysty-
rene (EPS)
Partikelstrahlung f <phys> • particle radiation
Partikelsystem n <edv> • particle system; particle set
animation rare
partikulär <math> (z. B. Integral) • particular
partikuläre Lösung f <math> (z. B. e. Differentialglei-
chung) • particular solution
partikular <math> • particular
Partisanen mpl <druck> • hickeys pl
Partition f <edv> • partition; disk partition
Partitionieren n <edv> • partitioning
partitionieren vt <edv> (Festplatte) • partition vt
Partitionierung f <edv> • partitioning
Partnerschutz m prakt <kfz> (beim Crash) • crash com-
patibility :V
Parton n <phys> • parton
parts per million (ppm) <tech.allg> (z. B. Umweltver-
schmutzung) • parts per million (ppm)
PAS <lwl> • Profile Alignment System (PAS)
PAS <pharm> (gegen Tuberkulose) • para-aminosalicylic
acid (PAS)
PAS-16 <edv.av> (Soundkarte) • Pro Audio Spectrum 16
(PAS-16)
Pascal n DIN 1301 <phys> (SI-Einheit des Druckes: 1
N/Quadratmeter) • pascal
Paschen'sches Gesetz n <phys> • Paschen's law;
Paschen's rule
Paschen-Back-Effekt m <phys> • Paschen-Back effect
paschensches Gesetz n <phys> • Paschen's law;
Paschen's rule

Paschen-Serie *f* <phys> • Paschen series
Passage *f* <astron> *(Meridiandurchgang eines Himmels-körpers)* • transit
Passage *f* ugs <bau> *(überdachter Durchgang mit Laden-geschäften)* • shopping arcade; arcade *coll*
Passage *f* <nav.verk> *(z. B. mit einer Fähre)* • passage
Passage *f* <textil> *(Spinnerei)* • passage
Passage *f* <verk> • thoroughfare
Passage *f* <verk.fin> *(Preis für eine Überfahrt)* • passage dues; passage fee
Passageinstrument *n* <astron.msr> • transit instrument; transit telescope
Passageofen *m* <verf> • multipassage kiln
Passagier *m* <verk> • passenger; rider *US*
Passagierebene *f form* <nfz> *(Bus)* • passenger deck; deck *pract*
Passagierflugzeug *n* <aerospace> • passenger airplane; commercial aeroplane *obs*
Passdorn *m* <msr> • check plug
Passeinsatz *m* <masch> • gauge piece
passen *vi* <tech.allg> • fit *vi*
passen *vi* <druck> *(Druckformen)* • register *vi*
passend <allg> *(allg.; z. B. Antwort, Gerät, Werkzeug, Zeitpunkt)* • suitable
passend <tech.allg> • fitting *adj*; well-fitting
passen in *vi* <tech.allg> • fit into *vi*
Passepartout *n* <phot> • mat; print surround; cardboard mat; over-mat
Passer *m* <druck> *(Druckplattenregistrierung)* • color register; color to color registration; color-to-color register; colour register *GB*; register
Passerdifferenz *f* <druck> • register difference
Passerdifferenz *f* <druck> *(Druckplattenregistrierung)* • mis-register; misregister
Passergenauigkeit *f* <druck> • register accuracy
Passerhaltigkeit *f* <druck> • keeping of register
Passerkontrolle *f* <druck> • register control
Passerkreuz *n* <druck> • register cross
Passerkreuz *n* <druck> *(Druckplattenregistrierung)* • register mark
Passermarke *f* <druck> *(Druckplattenregistrierung)* • register mark
Passfeder *f* DIN 6885 <füg> *(Wellen-Naben-Verbindung.)* • parallel key
Passfeder *f* <masch> *(Laufradsicherung)* • key; impeller key
Passfläche *f* <tech.allg> • mating surface
Passform *f* <bekl> • fit
Passform *f* <bekl> • fit
Passform *f* <druck> • register form
Passform-Holster *n* <mil> • tight-fitting holster
passgenau <kfz> *(allg.; z. B. Anbauteile wie Spoiler)* • custom-fit ...
passgenau <qualit> • true to size; true
passgenau <textil> *(Textil; z. B. Teppichsätze, Sitzbe-züge)* • custom-tailored ...
passgenau einschweißen *vt* <kfz.füg> *(von Einzel-blechen in größere Blechpartien)* • weld into position *vt*
Passgenauigkeit *f* <druck> *(Druckplattenregistrierung)* • register accuracy; register precision
Passgenauigkeit *f* <kfz> *(z. B. von Türen und Hauben)* • fit
passgenau machen *vt* <prod> • make true to size *vt*; make to size *vt*; true *vt*
passiv <tech.allg> *(z. B. Bauteil, System)* • inactive; passive
Passivator *m* <tribo> *(Oxidationshibitor)* • metal desactivator
Passivbox *f* <av> *(ohne eig. Verstärker)* • passive loudspeaker; passive speaker

passive Exspiration *f* <med.tech> • passive expiration
passive Immunisierung *f* <med> • passive immunisation
passive Immuntherapie *f* <med> • passive immunotherapy
passive Komponente *f* <obfl> • coupling component; secondary component
passive Korrosion *f* <obfl> • corrosion in the passive state
passiver Bildschirm *m* <edv> • passive screen
passiver Energiegewinn *m* <bau> • solar heat gain; passive solar heat gain
passiver Erddruck *m* <min> • passive earth pressure
passiver Fühler *m* <autom> • passive transducer
passiver Glasbruchmelder *m* <alarm> • piezoelectric glassbreak detector; piezo; high-frequency vibration detector; glass break vibration detector
passiver Glasbruchsensor *m* <alarm> • piezoelectric glassbreak detector; piezo; high-frequency vibration detector; glass break vibration detector
Passiver Infrarotmelder *m* <alarm> • passive infrared motion detector (PIR); passive infrared detector/sensor; infrared motion detector/sensor; IR motion detector/sensor; passive IR
passiver Kontinentalrand *m* <geo> • passive continental margin
passiver Korrosionsschutz *m* <obfl> • corrosion protection by coatings
passiver Melder *m* <alarm> • passive intrusion sensor; passive detector; passive sensor
passiver Mikromodul *m* <el> • subminiature passive component
passiver Sensor *m* <msr> • modulating transducer; passive transducer
passiver Strahler *m* <phys> • parasitic aerial
passives Bauelement *n* <el> • passive device; passive component; passive element; inactive element
passives Bauteil *n* <füg> • passive device; passive element; passive component
passives Gaspendelsystem *n* <kfz.emiss> • passive vapor recovery system *:V*
passive Sicherheit *f* <kfz> • passive safety
passives Netzwerk *n* <el> • passive network
passives Ortungssystem *n* <navig> • passive positioning system
passive Stromschleife *f* <el> • passive current loop
passive Windnachführung *f* <energ.wind> • free or passive yaw *:V*
passive Zone *f* <verf> • passive zone
Passivhaus *n* <bau> • passive house
passivieren *vt* <obfl> • passivate *vt*; render passive *vt*
passivierender Stoff *m* DIN EN ISO 8044 <obfl> • passivator *ISO 8044*
passivierter Bereich *m* <obfl> • passiviated region
Passivierung *f* DIN EN ISO 8044 <obfl> *(z. B. als Korrosionsschutz oder Haftgrund)* • passivation *ISo 8044*
Passivierungsschicht *f* DIN EN ISO 8044 <obfl> • passivation layer *ISO 8044*
Passiv-Infrarot-Bewegungsmelder *m* (PIR) <alarm> • passive infrared motion detector (PIR); passive infrared detector/sensor; infrared motion detector/sensor; IR motion detector/sensor; passive IR
passivinfrarote Schutzeinrichtung *f* DIN VDE 0113-20 <msr> • passive infra-red protective device (PIPD)
Passiv-Infrarotmelder *m* <alarm> • passive infrared motion detector (PIR); passive infrared detector/sensor; infrared motion detector/sensor; IR motion detector/sensor; passive IR
Passivität *f* <el.chem> • passivity
Passivkraft *f* <wz> *(Spanen)* • radial force; thrust force

Passivlautsprecher *mpl* <av> *(ohne eig. Verstärker)* • passive loudspeaker; passive speaker

Passiv-Membran *f* <av> • passive radiator (ABR); auxiliary bass radiator; passive diaphragm

Passivmembran-Lautsprecher *m* <av> • passive radiator loudspeaker

Passiv-Radiator *m* <av> • passive radiator (ABR); auxiliary bass radiator; passive diaphragm

Passivschicht *f* <obfl> • passive film; passive layer

Passiv-Strahler *m* <av> • passive radiator (ABR); auxiliary bass radiator; passive diaphragm

Passkerbstift *m* <füg> • split taper pin

Passkreuz *n* <druck> • register mark; register cross

Passleiste *f* <druck> • register bar

Passleiste *f* <prod> • datum block

Passmarke *f* <tech.allg> • fiducial mark

Passpunkt *m* <phot> • control point

Passpunktnetz *n* <phot> • control network

Passpunktverdichtung *f* <phot> • control extension

Passring *m* <masch> • gauge ring; centring ring

Passring *m* <masch> • shim

Passrohr *n* <rls> • template pipe

Passrohr *n* <rls> *(zum Anpassen)* • adapting pipe; adapting piece; making-template pipe; making-up pipe

Passschaft *m* <füg> *(i.a. Durchmesser größer als Gewindedurchmessser)* • increased shank

Passscheibe *f DIN 988* <füg> • shim ring

Passschraube *f* <füg> • fit bolt; template bolt *rare*

Passstift *m* <kfz.mot> *(im Zylinderkopf)* • cylinder head dowel pin; cylinder head dowel

Passstift *m* <masch> *(allg.; fixiert die genaue Lage)* • dowel pin; alignment pin; alignment dowel; register pin

Passstück *n* <tech.allg> *(an- od. ineinander passend)* • mating part

Passstück *n* <tech.allg> *(Adapter, Übergangsstück zum Anpassen)* • adapter

Passteil *n* <tech.allg> *(an- od. ineinander passend)* • mating part

Passteil *n* <tech.allg> *(Adapter, Übergangsstück zum Anpassen)* • adapter

Passtoleranz *f* <tech.allg> • fit tolerance

Passung *f* <tech.allg> • fit

Passung *f* <prod> *(Ausrichtung; z. B. von Türen, Klappen, Hauben)* • alignment

Passungsgüte *f* <masch> • quality of fit

Passungsrost *m* <obfl> • fretting corrosion; fretting damage

Passungssystem *n* <norm> *(z. B. Einheitsbohrung, Einheitswelle)* • fit classification; fit system

Passwort *n* <edv> *(zum Zugang)* • password; keyword *rare*

Passwortschutz *m* <tech.allg> • password protection

Passzeichen *n* <druck> • registering mark

Paste *f* <kunst> • gel

Pastekathode *f* <el> • paste cathode; pasted filament

Pastell *n* <av> • pastel effect

Pastell-Effekt *m* <av> • pastel effect

Pastellton *m* <kunst> • pastel shade

pastenartiger Klebstoff *m* <füg> • paste adhesive; paste-form adhesive; paste-type adhesive; adhesive paste

Pastenmischer *m* <verf> • paste mill; paste mixer

Pasteur *m* <nahr.prod> • pasteurizer; pasteuriser

Pasteurisation *f* <nahr.prod> • pasteurization; pasteurisation

Pasteurisierapparat *m* <nahr.prod> • pasteurizer; pasteuriser

Pasteurisieren *n* <nahr.prod> • pasteurization; pasteurisation

pasteurisieren *vt* <nahr.prod> • pasteurize *vt*; pasteurise *vt*

Pasteurisierer *m* <nahr.prod> • pasteurizer; pasteuriser

Pasteurisiergerät *n* <nahr.prod> • pasteurizer; pasteuriser

Pasteurisierkessel *m* <nahr.prod> *(Chargenpasteurisierung)* • pasteurizing vat; pasteurizer tank

Pasteurisiertemperatur *f* <nahr.prod> • pasteurizing temperature

Pasteurisierung *f* <nahr.prod> • pasteurization; pasteurisation

Pasteurisierungsapparat *m* <nahr> • pasteurizer

pastieren *vt* <el> *(Akkuplatten)* • paste *v*

pastierte Platte *f* <el> • Faure plate

Pastille *f* <med> • tabloid; tablet

pastillenförmige Elektrode *f* <el> • pellet electrode

Pastillenpresse *f* <verf> • briquetting press

Pasto *n Schmincke* <kunst> • pasto *Schmincke*

pastös <mat> • pasty; paste-like

pastös-adipöser Habitus *m* <med> • pasty adipose habitus *V*

pastöser Klebstoff *m* <füg> • paste adhesive; paste-form adhesive; paste-type adhesive; adhesive paste

pastos <kunst> *(Farbkonsistenz)* • pastos

PA-System *n* (PAS) <lwl> • Profile Alignment System (PAS)

PAT *m* <pap> • Pin Adhesion Test

Patch *n ugs* <edv> *(Programmergänzung)* • patch

Patch *n* <edv.av> *(gespeicherte und abrufbare Parameterwerte für einen Klang)* • sound program; sound; timbre; patch; program

Patch *n* <math> *(rechteckiges Stück Modellgeometrie)* • patch

Patchkabel *n* <edv> • patch cable; patch cord

Patch-Mapping *n* <edv.av> • multi sampling; multi layering; multi mapping; patch mapping

Patch-Modeling *n prakt* <edv> • patch modeling

Patchpanelaussparung *f* <el> • blank patch panel

Patchplastik *f* <med.verf> • patch grafting

Patent *n* <jur> • patent; letters patent *OBrit*

Patentablauf *m* <jur> • expiration of a patent

Patentamt *n* (PA) <jur> • Patent Office (Pat.Off.)

patentamtlicher Bescheid *m* <jur> • patent-office notification

patentamtlicher Entscheid *m* <jur> • patent-office decision

Patentanker *m* <nav> • patent anchor; stockless anchor

Patentanmeldung *f* <jur> • patent application

Patentanspruch *m* <jur> • patent claim; claim

Patentansprüche *mpl* <jur> *(Patent)* • CLAIMS; WHAT WE CLAIM IS

Patentanwalt *m* <jur> • patent attorney *US*; patent agent *GB US*

Patentassessor *m* <jur> • patent assessor

Patentblatt *n* <jur> • Official Gazette; patent office journal; journal

Patentdauer *f* <jur> • duration of a patent

Patentdiebstahl *m* <jur> • piracy

Patenterteilung *f* <jur> • grant of a patent; issue of a patent

Patentfalz *m* <füg> • patent fold

Patentgeber *m* <jur> • patentor

Patentgegenstand *m* <jur> • subject of a patent

Patentgericht *n* <jur> • patent court

Patentieren *n* <metall> *(Wärmebehandlung für spätere Kaltumformung; 425 - 565 °C)* • patenting

patentieren *vt* <jur> • patent *vt*; issue a patent; grant a patent

patentieren *vt* <metall> *(Wärmebehandlung für spätere Kaltumformung)* • patent *vt*

Patentierofen *m* <metall> • patenting furnace
patentiert <jur> • patented; protected by letters patent
Patentiert für <jur> *(Pos. 73 auf Patentschrift)* • Proprietor *EPS*
Patentinhaber *m* <jur> *(Pos. 73 auf Patentschrift)* • Proprietor *EPS*
Patentinhaber *m* <jur> • owner of a patent; patentee; patent holder
Patentklage *f* <jur> • patent action; infringement suit
Patentlog *n* <nav> • patent log
Patentnichtigkeitsklage *f* <jur> • invalidity suit; nullity action against a patent
Patentpapier *n* <pap> • machine-made paper
Patentrolle *f* <jur> • register of patents
Patentschäkel *m* <masch> • patent shackle
Patent-Schlauchklemme *f prakt.obs* <tech.allg> • aircraft-type hose clamp *US*; jubilee clip *GB*; worm-gear hose clamp *did*
Patentschrift *f* <jur> • patent specification; printed patent specification
Patentschutzfrist *f* <jur> • patent term
Patenttalje *f* <förd> *(Differentialflaschenzug)* • differential chain block
Patenturkunde *f* <jur> • letters patent
Patentverlängerung *f* <jur> • extension of a patent
Patentverletzer *m* <jur> • infringer of a patent; patent infringer
Patentverletzung *f* <jur> • patent infringement
Patentverletzungsklage *f* <jur> • patent infringement suit; infringement suit
Patentverletzungsverfahren *n* <jur> • patent infringement proceedings
Patentversagung *f* <jur> • refusal of a patent
patentverschlossenes Seil *n* <masch> • locked-wire rope; locked coil rope
Patentverwertung *f* <jur> • exploitation of a patent
Paternoster *m* <förd> • paternoster; rotary elevator *US*; rotary lift *GB*
Paternoster *m prakt, popw* <logist> • vertical carousel *form, pract*; paternoster *pract*; storage carousel *US*
Paternosterregal *n prakt, popw* <logist> • vertical carousel *form, pract*; paternoster *pract*; storage carousel *US*
pathogen <med> • pathogenic; pathogenetic
pathogene Keime *fpl* <nahr> • pathogenic bacteria *pl*; pathogens *pl*
Path Step *m* <edv> *(bei Extrusion; zwischen Ausgangs- und Endpolygon)* • path step
Patientenanschluss *m DIN ISO 4135* <med.tech> • patient connection port *ISO 4135*
Patientenende *n DIN ISO 4135* <med.tech> *(eines Tubus)* • patient end *ISO 4135*
Patientenmodus *m* <med.tech> • patient mode
Patientenmonitoring *n* <med.tech> • patient monitoring
Patientensystem *n* <med.tech> • patient system; patient circuit; patient service system *PB*; breathing system *ISO 4135*
Patiententransportmittel in der Luft, auf dem Wasser und im Gelände *n DIN EN 13718-2* <med.tech> • air, water and difficult terrain ambulances *DIN EN 13718-2*
Patientenüberwachung *f* <med.tech> • patient monitoring
Patina *f* <obfl> *(pl:-inen)* • patina
Patina ansetzen *vi* <obfl> • patinate *vi*; build a patina *vi*
Patina ausbilden *vi* <obfl> • patinate *vi*; build a patina *vi*
Patinieren *n* <obfl.holz> • patination
patinieren *vi* <obfl> • patinate *vi*; build a patina *vi*
patinierte Messingoberfläche *f* <obfl> • antique brass finish

patinierte Oberfläche *f* <obfl.holz> • patinated surface
Patinierung *f* <obfl.holz> • patination
Patrize *f* <druck> • counter punch; patrix
Patrize *f* <kst> • molding plug; force plug
Patrize *f* <prod> • male die part; male die; negative matrix
Patrize *f* <wz> • punch
Patrizenwaagerechtstoßmaschine *f* <wz.masch> • punch shaping machine
Patrone *f* <tech.allg> *(Einsatz, meist zylindrisch; z. B. Filter)* • cartridge
Patrone *f* <mil> *(Munition)* • cartridge; round; shell *US*
Patrone *f* <textil> • pattern design
Patrone *f* <wz.masch> *(Vorschubpatrone)* • collet
Patronenauswerfer *m* <mil> *(in Schusswaffe; für Patronenhülse)* • ejector; ejector pin; rod ejector; cartridge ejector
Patronenfilter *n* <verf> • cartridge filter
Patronenheizkörper *m* <tech.allg> • cartridge heater
Patronenhülse *f* <mil> *(leer)* • cartridge case; casing; empty cartridge
Patronenlager *n* <mil> *(in Schusswaffe)* • chamber
Patronenpapier *n* <textil> • drafting paper; design paper
Patronensicherung *f* <el> • screw-in-type cartridge fuse; cartridge fuse
Patronensicherung *f* <mil> • non-renewable cartridge fuse
Patronenspannung *f* <masch> • collet gripping
Patronenstandrohr *n* <kfz> *(Federbeinpatrone)* • cartridge tube
Patronenstecktafel *f* <textil> • pegboard matrix
Patronentasche *f* <mil> • pouch
patronieren *vt* <textil> • draft *vt*
Patschen *m ugs, A* <kfz> *(allg.)* • tire failure; flat tire; flat *coll*
Patschen *n ugs* <kfz.mot> • backfire *sg*
Pattern *n* <edv.av> • pattern
Patterngenerator *m* <edv> • pattern generator
Pattern-Song-Prinzip *n* <edv.av> • pattern/song principle
Patterson-Raum *m* <phys> • vector space
Pattisonieren *n* <metall> *(Bleientsilberung)* • pattisonizing
Pauli'sche Spinmatrizen *fpl* <phys> • Pauli spin matrices; Pauli matrices
Pauli-Gleichung *f* <phys> • Pauli equation
Pauli-Matrizen *fpl* <phys> • Pauli spin matrices; Pauli matrices
Pauli-Paramagnetismus *m* <phys> • Pauli paramagnetism
Pauli-Prinzip *n* <phys> • Pauli exclusion principle; Pauli's exclusion principle
paulische Spinmatrizen *fpl* <phys> • Pauli spin matrices; Pauli matrices
Pauli-Verbot *n* <phys> • Pauli exclusion principle; Pauli's exclusion principle
pauschal <fin> • lump-sum; flat; on a flat-rate basis; blanket; global
Pauschalbetrag *m* <fin> *(allg.; z. B. bei Versicherungssummen)* • lump sum
Pauschalbetrag *m* <fin> *(bei Rechnungen)* • flat charge
Pauschalbetrag *m* <fin> *(für Zusatzleistungen, Sonderausgaben, Eventualitäten)* • flat allowance
Pauschale *f* <fin> *(allg.; z. B. bei Versicherungssummen)* • lump sum
Pauschale *f* <fin> *(bei Rechnungen)* • flat charge
Pauschale *f* <fin> *(für Zusatzleistungen, Sonderausgaben, Eventualitäten)* • flat allowance
Pauschalpreis *m* <fin> *(für Lieferungen, Leistungen; z. B. Reparatur, Internetzugang)* • flat rate
Pause *f* <allg> • break
Pause *f ugs* <allg> • work interruption; break *coll*

Pause f <tech.allg> *(von Bewegungen, Flüssen)* • dwell
Pause f <akust> • interval
Pause f <av> • pause
Pause f <doku> *(z. B. techn. Zeichnung)* • blue-print; print
Pause f <doku> *(techn. Zeichnung, Bauplan)* • copy
Pause f <doku> • tracing
Pauseanweisung f <edv> • pause statement
pausen vt <doku> • blue-print *vt*; print *vt*
pausen vt <doku> *(z. B. techn. Zeichnung)* • copy *vt*; trace *vt*
Pausenbild n <av> *(Fernsehen)* • interval slide; interval caption; interlude slide
Pausencode m <tele> • space code
Pausenkode m <tele> • space code
Pausenlänge f <el> *(Pulskodemodulation)* • pulse interval
Pausentaste f <av> *(z. B. bei Tonbandgeräten videorecordern, etc.)* • pause button
Pausenwelle f <tele> • spacing wave
Pausenzeit f norm <kst> *(zwischen Werkzeugöffnung und -schließung)* • pause time; mold pause time; mold delay time
Pausenzeit f <prod> • off-period
Pausenzustand m <tele> • tone-off condition
Pause/Standbild-Funktion f <av> • pause/still function; pause/still
Pause/Standbild-Taste f <av> • pause/still button
Pause/Still-Taste f <av> • pause/still button
Pausetaste f <av> • pause button
Pauspapier n <pap> • tracing paper
PAV <med.tech> • proportional assist ventilation (PAV)
Pay-TV n ugs <av> • pay television; pay TV *coll*
Pay-TV n <av> • pay television; pay TV *pract.coll*
Pay-TV-Decoder m <av> • pay-TV decoder
Pb <chem.mat> • lead (Pb) *[led]*; plumbum metallicum
PBB <kst> *(Flammhemmer)* • polybrominated biphenyl (PBB)
PBC-Vektor m <mat> • periodic bond chain vector
PBDE <kst> *(Flammhemmer)* • polybromated diphenyl ether (PBDE)
PBFA n <nukl> • Particle Beam Fusion Accelerator (PBFA)
PBI <kst> *(Hochleistungskunststoff)* • polybenzimidazole (PBI); Celazole ®
P-Bit n DIN ISO 3309 <edv> • poll bit *ISO 3309*; P bit
PBM <el> • pulse-width modulation (PWM)
Pb-Mantel m <el> *(Kabel)* • lead sheath; lead sheathing; lead jacket
PBO <allg> *(Kfz-Industrie, Unternehmenszweig)* • Bus & Coach Division
PBT <kst> • polybuthylene terephthalate (PBT); polybutyleneterephthalate
PByte n <edv> *(10^{15} Byte)* • petabyte; PByte; Pbyte
PC <autom> • programmable controller (PC); programmable control; programmable logic controller
PC <edv> • personal computer (PC); micro computer *obs*
PC <kst> • polycarbonate (PC); poly carbonate
PC <licht.theat> • prism-convex spotlight (PC)
PCA-Effekt m • polar cap absorption
PC-Anwendungspaket n <navig> • PC kit; PC software kit
PC-Card f <edv> • PC Card
PCD <edv> • Photo CD (PCD)
PCD m <med.tech> • implantable cardioverter-defibrillator (ICD); pacemaker cardioverter defibrillator; PCD
PCH <tele> • Paging Channel (PCH) *Alcatel*
PCI <edv> • Peripheral Component Interconnect (PCI)
PCI <kfz.av> • program comparison and identification (PCI)
PCI-Defektmechanismus m <nukl> • pellet interact defect mechanism; cladding interact mechanism; PCI defect mechanism

PCI-Fehlermechanismus m <nukl> • pellet interact defect mechanism; cladding interact mechanism; PCI defect mechanism
PC-Kit m <navig> • PC kit; PC software kit
PC-kompatibel <navig> • PC compatible
PCM <edv.av> • pulse code modulation (PCM)
PCM <edv.av> • Pulse Code Modulation (PCM)
PCM-Card f <edv.av> • PCM cartridge
PCM-Card-Schacht m <edv.av> • PCM cartridge slot; PCM slot
PCMCIA-Chipkarte f <edv.av> • PCMCIA sound card; PCMCIA sound device; PCMCIA sound module
PCMCIA-Einschubplatz m <edv> • PCMCIA slot; PCMCIA interface
PCMCIA-Festplatte f <edv> • PCMCIA hard disk
PCMCIA-Karte f <edv> • PC Card
PCMCIA-Karte f <edv.av> • PCMCIA sound card; PCMCIA sound device; PCMCIA sound module
PCMCIA-Modul n <edv.av> • PCMCIA sound card; PCMCIA sound device; PCMCIA sound module
PCMCIA-Schacht m <edv> • PCMCIA slot; PCMCIA interface
PCMCIA-Schnittstelle f <edv> • PCMCIA slot; PCMCIA interface
PCMCIA-Slot m <edv> • PCMCIA slot; PCMCIA interface
PCMCIA-Soundkarte f <edv.av> • PCMCIA sound card; PCMCIA sound device; PCMCIA sound module
PCMCIA-Speicherkarte f <edv> • PCMCIA memory card
PCMCIA-Steckkarte f <edv> • PC Card
PCMCIA-Steckplatz m <edv> • PCMCIA slot; PCMCIA interface
PCMCIA-Wechselfestplatte Kodak <edv> • PCMCIA hard disk
PCMCIA-Wechselplatte f <edv> • PCMCIA-removable disk
PCM-Karte f <edv.av> • PCM cartridge
PCM-Kartenschacht m <edv.av> • PCM cartridge slot; PCM slot
PC-Montagesatz m <navig> • PC kit; PC software kit
PCM-Samplingsynthese f <edv.av> • wavetable synthesis; PCM sampling; wavetable playback; GM wavetable synthesis; sampling synthesis *rar*
PCM-Tonaufnahme f <av> • PCM sound recording
PCM-Tonplatte f <av> • Mini-Disc
PCM-Tonspur f <av> • PCM audio track; PCM sound track
PCM-Verfahren n <tele> • pulse-code modulation (PCM)
P-Code <navig> • Precision code (P code); Precise code *ugs*; protected code *ugs*; PPS code *rare*
PC-programmierbar <tech.allg> *(z. B. Handy, ISDN-Anschluss, Messumformer)* • PC-programmable
PCR <bio> • polymerase chain reaction (PCR)
PC-Software- und Kabelsatz m <navig> • PC kit; PC software kit
PC-Steckkarte f <edv> • PC card
PC-Tisch m <büro> • PC table
PCV <med.tech> • pressure control ventilation (PCV); pressure-controlled ventilation *PB*; pressure targeted ventilation
PC-Verbindungssatz m <navig> • PC kit; PC software kit
PCV-Ventil n <kfz.emiss> • PCV valve; positive crankcase ventilation valve; pollution control valve *coll*
PC/XT-Bus m <edv> • PC/XT bus
Pd <chem> • palladium (Pd)
PDA-Computer m <edv> • personal digital assistant (PDA)
PDAU <msr> • power data acquisition unit (PDAU)
PDC <kfz.msr> • Park Distance Control (PDC) *BMW*
PDC f GB <av> • Video Program System (VPS); Programme Delivery Control *GB*; PDC

PD-Cartridge f <edv> • PD cartridge
PDC-Netz n <tele> *(Mobiltelefonnetz in Japan)* • PDC network
PDE <kfz.mot> • unit injector (UI); pump-nozzle unit; pump injector
PDF <druck> *(Dateiformat)* • Portable Document Format (PDF)
PDF-417 <edv> *(Strichcodetyp)* • PDF-417
p-diffundierte Zone f <el> • p-diffused region
PD-Kassette f <edv> • PD cartridge
PDL <druck> • page description language (PDL)
PD-Laufwerk n <edv> • PD drive; PD system; phase-change drive
PD-Medium n <edv> • phase-change medium; phase change optical disk
PD-Medium n <edv> • phase-change medium
PDOP <navig> • position dilution of precision (PDOP); spherical DOP *rare*
PDOP-Maske f <navig> • PDOP mask
p-Dotierung f <el> • p-type-doping; p-doping; p-type doping
PD-Regler m <msr> • proportional plus derivative controller; PD controller; two-term controller; two-mode controller
Pd-Sockel m <licht> • Pd-cap
PD-Synthese f <edv.av> • Phase Distortion synthesis (PD) *Casio*; PD synthesis
PD-System n <edv> • PD drive; PD system; phase-change drive
PD-Verhalten n <msr> • proportional plus derivative action
PE <el> • protective earth conductor (CPC) *IEC 60601-1*; equipment grounding conductor *US*; circuit protective conductor; protective conductor *pract*; earth continuity conductor *rare*
PE <kfz.el> *(Scheinwerfer)* • poly-ellipsoid
PE <kst> • polyethylene (PE); polythene *coll*
Peak m <edv.av> • resonance (Q); emphasis; peak
Peak m <el.chem> • peak
Peak m <phys> *(z. B. Amplitude)* • peak
Peak n <msr> • peak
peakförmig <el.chem> *(Kurvenform)* • peak-shaped
Peakhöhe f <el.chem> *(z. B. einer Gaschromatographie)* • peak height
Peaklage f <el.chem> • peak position
Peak-pellet-Abbrand m <nukl> • peak-pellet burn-up
Peakpotential n <el.chem> • peak potential
Peakspitze f <el.chem> • peak
Peakspitzenpotential n <el.chem> • peak potential
Peak-Spitzenpotential n <el.chem> • peak potential
Peakspitzenstrom m <el.chem> • peak current
Peakspitzenstromstärke f <el.chem> • peak current
peak Watt n <energ.sol> • peak watt
Peanuts-Code m <pack> • Peanuts Code
Pebble n <mat> *(aus hitzebeständigem Material in Wärmesteinerhitzern)* • pebble
Pebble-Heater-Pyrolyse f <petr> • pebble-heater pyrolysis
Pebble-Reaktor m <nukl> • pebble bed reactor
Pech n <mat> • pitch
Pechblende f <min> • pitchblende
Pechfaser f <chem> • pitch fiber *US*; pitch fibre *GB*
Pechglanzkohle f <verbr> • gloss coal
Pechharz n <mat> • mastic pitch
Pechkohle f prakt <min> *(schwarzglänzende, spröde, bituminöse Kohle)* • bituminous lignite; pitch coal *pract*; black lignite
Pechkohle f <verbr> • pitch coal
Pechkoks m <verbr> • pitch coke
Pechpolitur f <silik> • pitch polishing
Péclet'sche Kennzahl f <therm> *(Wärmeübergang)* • Péclet number

pécletsche Kennzahl f <therm> *(Wärmeübergang)* • Péclet number
Péclet-Zahl f <therm> *(Wärmeübergang)* • Péclet number
Pedal n <edv.av> *(für Synthesizer)* • foot switch; foot pedal; pedal
Pedal n <kfz.brems> • pedal; foot pedal *coll*
Pedal n <kfz.msr> • pedal
Pedalachse f <fz> • pedal axle; pedal spindle
Pedalachse f <masch> • pedal-pivot shaft
Pedalanschluss m <pap> • pedal connector
pedalbedingte Verletzungsgefahr im Beinbereich f <kfz> *(beim Crash)* • lower extremity and pedal interaction
Pedaldämpfer m <masch> • pedal buffer
Pedale npl <kfz.msr> • pedals *pl*
Pedalerie f <kfz.msr> • pedals *pl*
Pedaleriekasten m <kfz> • pedal box
Pedalgefühl n <kfz.qualit> • pedal feel
Pedalgummi n <kfz> • rubber pad
Pedalhaken m <fz> *(Fahrradpedal)* • toe clip *ISO 8090*; toeclip
Pedalkoppel f <mus> • pedal coupler
Pedalkraft f <kfz> • pedal force
Pedalkupplung f <kfz> • treadle clutch
Pedal-Leerweg m <kfz.brems> • pedal free play
Pedalpulsieren n <kfz.brems> *(bei aktivem ABS)* • pedal pulsation
Pedalreflektor m <fz> • pedal reflector
Pedal-Reflektor m <fz> • pedal reflector
Pedal-Restweg m <kfz.brems> • pedal clearance
Pedalschalter m <msr> • food switch
Pedalschlüssel m <fz> • pedal wrench *US*; pedal spanner *GB*
Pedalweg m <kfz> • pedal travel
Pedion n <mat> *(Kristall)* • pedion
PED-Verfahren n <el> *(Ionenimplantation)* • proton-enhanced diffusion
PEEP <med.tech> • positive end-expiratory pressure (PEEP)
PEEP/CPAP-Ventil n <med.tech> • PEEP valve; PEEP/CPAP valve; expiratory pressure valve
PEEP-Ventil n <med.tech> • PEEP valve; PEEP/CPAP valve; expiratory pressure valve
Peer-to-Peer (P2P) <edv> *(Netzwerk)* • peer-to-peer (2P2)
Peer-to-Peer-Netzwerk n <edv> • peer-to-peer network; P2P network
PE-Folie f <kst> *(z. B. als Dielektrikum in Kondensatoren)* • polyester film; PE-film; mylar film; Mylar ®*DuPont*
Pegel m <tech.allg> *(Füllstand)* • filling level
Pegel m <tech.allg> *(akustisch, elektronisch)* • level
Pegel m <av> • volume (VOL); loudness level; loudness; level
Pegel m <edv.av> • stage; envelope stage; level; envelope level
Pegel m <geo.msr> • water-level measuring post
Pegelanpassung f <msr> • signal level matching; signal level adapting; signal level conditioning
Pegelausgleich m <tele> • equalization of levels
Pegelband n <av> • standard level tape
Pegelbildgerät n <el> • response tracer
Pegelbrunnen m <ents> *(z. B. Mülldeponie)* • observation well
Pegel-Differenz-Schalter m <msr> • water level sensor; float switch
Pegeleinbruch m <el> • dropout (DO); drop out; missing signal
Pegeleinheit f <akust> • volume unit
Pegelgeber m <tele> • standard level generator

Pegelhaltediode *f* <av> • clamping diode
Pegellatte *f DIN 4049-3* <geo> *(Landvermesssung)* • stadia rod; surveyor's rod; graduated rod; measuring staff; stadia *sg pract*
Pegelmesser *m* <msr> • level gauge; float gauge; level meter
Pegelmesser *m* <tele.msr> • transmission level meter; transmission measuring set; level meter
Pegelmessstelle *f* <msr> • flood measuring post
Pegelmessung *f* <el.tele> • transmission measurement
Pegelmessung *f* <msr> • level measurement
Pegelplan einer Übertragung *m* <tele> • transmission layout
Pegelregelung *f* <akust.msr> • volume control
Pegelregelung *f* <msr> • level control
Pegelregler *m* <akust.msr> • volume controller
Pegelregler *m* <msr> • level controller
Pegelschalter *m* <msr> • water level sensor; float switch
Pegelschreiber *m* <el> • recording transmission measuring set
Pegelschreiber *m* <hydr.msr> • water-level recorder; level recorder
Pegelschreiber *m* <msr> • level recorder
Pegelsender *m* <msr> • level generator; level oscillator
Pegelstand *m* <tech.allg> *(z. B. Fluß, See, Behälter)* • level
Pegelstandsanzeiger *m* <msr> • level gauge; float gauge
Pegelumsetzer *m* <msr> • level converter
Pegelumsetzer *m* <tele> • level shifter
Pegelverschiebung *f* <tele> • level shift
Pegelwandler *m* <msr> • level converter
Pegelzeiger *m* <el> • transmission level indicator
Pegmatitlagerstätte *f* <geo> • pegmatite deposit
PE-HD *n* <kst> *(Dichte >0,940 g/cm³)* • high-density polyethylene (HDPE)
Peierls-Spannung *f* <mat> • Peierls stress
Peigneur *m* <textil> • doffer
Peil *m DIN 4047-2* <geo.hydr> *(schöpfwerksbestimmter Wasserstand)* • sounding
Peilabweichungsanzeiger *m* • bearing deviation indicator
Peilanlage *f* <navig> • direction-finder system
Peilantenne *f* <navig> • direction-finding aerial
Peilanzeige *f* • bearing identification; bearing indication
Peilaufsatz *m* <msr> *(Geodäsie; Vermessungsgerät)* • circle and bearing diopter
Peilbereich *m* <navig> • detection range
Peilempfänger *m* <navig> • radio direction finder
peilen *vt* <chem.verf> *(Ölstand)* • dip *vt*
peilen *vt* <msr> *(Tiefe)* • sound *vt*
peilen *vt* <navig> • ascertain a bearing *vt*; take a bearing *vt*; bear *vt*
Peilernetz *n* <navig> • direction-finder network
Peilfehler *m* <navig> • direction-finding error; bearing error; tracking error
Peilfunkempfänger *m* <navig> • direction-finding receiver
Peilfunksender *m* <navig> • direction-finding transmitter
Peilfunkstelle *f* <navig> • direction-finding station
Peilgenauigkeit *f* <navig> • bearing accuracy
Peilgerät *n* <navig> • direction finder
Peilhilfe *f* <allg> • alignment sight
Peilkompass *m* <navig> • bearing compass; azimuth compass
Peillinie *f* <navig> • bearing line
Peilmaximum *n* <navig> • position of maximum signal
Peilminimum *n* <navig> • position of minimum signal
Peilrahmen *m* <tele> • directional loop; direction-finding loop
Peilrichtung *f* <tele> • bearing direction

Peilseite *f* <tele> • bearing sense
Peilsender *m* <navig> • direction-finding transmitter
Peilsextant *m* <nav> • sounding sextant
Peilsignal *n* <navig> • direction-finder signal
Peilstab *m* <kfz> *(Einparkhilfe)* • guide rod; backup marker :V
Peilstab *m* <msr> *(Flüssigkeitsstand)* • dip stick; gauge stick
Peilstab *m* <nav> • sounding stick; sounding rod
Peilstab *m ugs* <tribo> *(allg.; z. B. für Motor- oder Getriebeölstand)* • dipstick; oil level gauge; oil gauge; oil dipper rod; oil-level dip-stick
Peilstabablesung *f* <msr> • dip-stick reading
Peilstelle *f* <navig> • direction finder
Peilstrahl *m* <tele> • directional beam; bearing beam
Peiltochter *f* <navig> • repeater bearing compass; bearing repeater
Peilung *f* <msr> *(Ölstand)* • gauging; dipping
Peilung *f* <msr> *(Tiefe)* • sounding
Peilung *f prakt* <navig> • bearing (BRG); compass bearing *pract*; direction finding *rare*
Peilungsanzeiger *m* <msr> • bearing indicator
Peilungskorrektur *f* <msr> • bearing correction
Peilung zum Satellitensignal *f* <navig> *(Empfänger)* • satellite lock; lock on the satellite signal
Peilung zum Wegpunkt *f* <navig> • bearing to waypoint (BRG WPT)
Peilvorrichtung *f* <msr> *(für Tanks)* • sounding gauge
Peilvorrichtung *f* <navig> • radio bearing installation
Peilwinkel *m* <navig> • radio bearing; bearing angle
Peilziel *n* <navig> • bearing object; bearing target
PE-isoliertes Kabel *n* <el> • PE cable; PE insulated cable; polyethylene[-insulated] cable
Peitschen *n* <kfz.antr> *(einer Antriebswelle)* • whipping; whirling *GB*
Peitschenantenne *f* <kfz.tele> *(z. B. für CB-Funk)* • whip antenna; whip aerial
Peitscheneffekt *m* <kfz.med> *(Aufprall)* • whiplash injury
Peitschenmast *m* <bau.licht> *(Straßenbeleuchtung)* • upsweep arm column
PE-Kabel *n* <el> • PE cable; PE insulated cable; polyethylene[-insulated] cable
Pektin *n* (E 440) <nahr> *(Stabilisator)* • pectin (E 440)
Pekuliarbewegung *f* <astron> • peculiar motion
pelagische Ablagerung *f* <geo> • pelagic deposit
PE-LD *n* <kst> *(Dichte <0,930 g/cm³)* • low-density polyethylene (LDPE)
PE-Leiter *m* <el> *(Schutzleiter)* • PE conductor
P-Elektron *n* <nukl> • P-electron
Pellagraschutzfaktor *m* <med.pharm> • niacin; nicotinic acid
PE-LLD <kst> • linear low-density polyethylene
Pellet *n* <mat> *(allg.; Granulattyp; eher rundlich)* • pellet
Pellet *n* <nukl> • fuel pellet; pellet
Pellet *n* <prod> • pellet
Pelletablation *f* <nukl> • pellet ablation
Pelletbeschleunigung *f* <nukl> • pellet acceleration
Pelleteindringtiefe *f* <nukl> • pellet penetration length; pellet penetration
Pelleteinschuss *m* <nukl> • pellet injection
Pelletformeinrichtung *f* <prod> • pelletizing device; balling device
Pelletfrequenz *f* <nukl> • pellet frequency; pellet injection frequency
Pelletgeschwindigkeit *f* <nukl> • pellet velocity
pelletieren *vt* <verf> • pelletize *vt US.GB*; nodulize *vt US.GB*; ball *vt coll*; pelletise *vt GB*; nodulise *vt GB*
Pelletierkonus *m* <masch> • pelletizing cone; balling cone

Pelletiermaschine f <prod> • pelletizing machine; pelletizer

Pelletierteller m <prod> • pelletizing disk US.GB; balling disk US; pelletising disc GB

Pelletiertrommel f <verf> • pelletizing drum; balling drum

Pelletinjektion f <nukl> • pellet injection

Pelletkompression f <nukl> • pellet compression

Pelletoberfläche f <nukl> • pellet skin

Pellet-Plasma-Wechselwirkung f <nukl> • pellet-plasma interaction

Pelletpresse f <prod> • pelleting press

Pelletquellen fpl <nukl> • pellet sources pl

Pelletstoßstelle f <nukl> • pellet interface

Pellettemperatur f <nukl> • pellet temperature

Pellistor m <msr> • catalytic oxidation sensor; heat-of-combustion sensor; pellistor rare

Peltier-Effekt m <phys> • Peltier effect

Peltier-Effekt-Kühlung f <therm> • Peltier effect cooling

Peltier-Koeffizient m <phys> • Peltier coefficient

Peltier-Kühler m <verf> • Peltier cooler; gas cooler pract

Peltier-Wärme f <phys> • Peltier heat

Pelton-Düse f <energ.hydr> • nozzle; jet nozzle

Peltonrad n <energ> • Pelton water wheel

Pelton-Schaufel f <energ.hydr> (Peltonturbine) • Pelton wheel bucket US; bowl of the Pelton wheel

Peltonturbine f <energ.hydr> • Pelton turbine; Pelton wheel; impulse water turbine; Pelton free-jet turbine rare; free-jet turbine rare

Pelz m <bekl> (bearbeitet, als Kleidung; z. B. als Mantel) • fur

pelzartiges Gewebe n <textil> • fur fabric

Pelzbekleidung fsg <textil> • furs pl

Pelzen n DIN 16529 <druck> (reliefartiges Anhäufen von Druckfarbe) • piling-up

pelzen vt <textil> • pile up vt

Pelzkrempel f <textil> • second breaker

Pelztrommel f <textil> • lap drum

PEM-BZ f <energ> • polymer electrolyte membrane fuel cell (PEMFC); protone exchange membrane fuel cell

PE-MD <kst> (Dichte 0,930 g/cm^3 ... 0,940 g/cm^3) • medium-density polyethylene (PE-MD)

PEMFC <energ> • polymer electrolyte membrane fuel cell (PEMFC); protone exchange membrane fuel cell

PEMS-Stahl m <mat> • porcelain enamel metal substrate (PEMS)

PEN <el> (Funktionen v. Neutral- und Schutzleiter vereint) • PEN conductor (PEN)

Pen m <edv> (Abtastgerät) • pen

Pendel n <phys> • pendulum

Pendelachse f <kfz> • swing axle; swing arm suspension

Pendelanemometer n <meteo.msr> • pendulum anemometer

pendelartige Schwingung f <mech> • pendulum-like vibration

Pendelaufhängung f <tech.allg> • pendulum suspension

Pendelausschlag m <tech.allg> (z. B. Zeiger) • pendulum swing

Pendelbecherwerk n <förd> • pivoted-bucket conveyor US; pivoted-bucket carrier US; pendulum-bucket conveyor; swing-bucket elevator

Pendel-Besprengung f <pap> • coverage by oscillating showers

Pendelbewegung f <tech.allg> • oscillating motion; pendulum motion

Pendelbewegung f <masch> • shuttling; reciprocating movement

Pendelbohrerhülse f <wz.masch> • floating holder

Pendelbreite f DIN 32511 <füg> (Elektronenstrahlschweißen) • oscillating width

Pendelbus m <nfz> (zwischen Wohnort und Arbeitsplatz) • commuter bus

Pendelbus m <nfz.verk> (zwischen zwei beliebigen Verkehrsmitteln; z. B. zw. City und Flughafen) • shuttle bus; shuttle

Pendelbus m <nfz.verk> (kostenlose Beförderung; z. B. zu Mietwagenfirma, Hotel) • courtesy bus; courtesy coach

Pendeleinsatz m <masch> • free-floating collet; floating collet

Pendeleinsatzhülle f <masch> • free-floating collet; floating collet

Pendelelektron n <nukl> • oscillating electron

Pendelfräsen n <prod> • pendulum milling; reciprocal milling

Pendelfreigabezylinder m <pap> • firing cylinder

Pendelfrequenz f <tele> • quenching frequency; quench frequency

Pendelfrequenzerzeuger m <tele> • quench generator

Pendelgabel f <fz> (Motorrad) • pendulum-type fork

Pendelgang m <textil> • reciprocating movement; oscillatory movement

Pendelgarnitur f <petr> • pendulum assembly

Pendelgleichrichter m <el> • vibrating-reed rectifier; vibrating rectifier; tuned-reed rectifier

Pendelhärteprüfung f <qualit.mat> • pendulum recoil test

Pendelhalter m <masch> • floating bush

Pendelhalter m <wz> • floating tool-holder

Pendelhammer m <wz> • pendulum hammer

Pendelhöhenleitwerk n <aerospace> • all-flying tailplane; all-moving tailplane; all-moving elevators

Pendelhülse f <masch> • floating holder; floating adapter

Pendelkontakt m (PK) <alarm> • tilt detector :V

Pendelkontakt m <el> • pendulum-actuated contact; pendulum contact

Pendelkontaktgeber m <alarm> • tilt detector :V

Pendelkreisel m <navig> • pendulous gyro

Pendelkreissäge f <wz.masch> • pendulum saw

Pendelkugellager n DIN ISO 5593 <masch> • self-aligning ball bearing ISO 5593

Pendellage f <füg> (Schweißen) • weave pass

Pendellager n <masch> • self-aligning bearing

Pendelleuchte f <licht> (z. B. Kronleuchter) • pendant

Pendelleuchte zum Anschluss an die Steckdose f <licht> • swag

Pendelluft f <med.tech> • pendelluft

Pendelmeißelhalter m <wz> • floating holder

Pendelmelder m <alarm> • tilt detector :V

Pendelmoment n <navig> • pendulosity

Pendelmühle f <verf> • pendulum mill

Pendeln n <fz> (beim Zweiradfahren) • wobble

Pendeln n <masch> • wobble; waddle

Pendeln n <msr> (ständiges Schwanken einer Messwertanzeige) • hunting

pendeln vi <tech.allg> (allg.) • move to and fro vi; reciprocate vi

pendeln vi <tech.allg> (oszillieren) • oscillate vi

pendeln vi <bahn> • sway vi

pendeln vi <el> • hunt vi

pendeln vi <masch> (Werkzeug) • float vi

pendeln vi <msr> (z. B. Nadel, Zeiger) • swing vi

pendeln vi <verk> (z. B. Bus) • shuttle vi

Pendelnabe f <energ.wind> • teetering hub; teetered hub

Pendelnahtschweißen n <füg> • weave beading; weaving

pendelnd <allg> • pendulous

pendelnd <masch> (z. B. Werkzeug) • free to float; floating

pendelnd angeordnet <masch> • free to float

pendelnde Lagerung f <masch> • floating mount

pendelndes Löffelwalzwerk n <metall> • hunting spoon rolling mill

pendelnd gegründeter Turm m <petr> • Concrete Articulated Tower

pendelnd verankerte Ladeboje f <petr> • Single Anchor Leg Mooring (SALM)

Pendeloszillator m <el> • squegging oscillator; squegger

Pendelpfeiler m <bau> (Brückenbau) • hinged pier; rocker pier

Pendelregelung f <allg> • average-position control

Pendelrollenlager n DIN ISO 5593 <masch> • spherical roller bearing ISO 5593; swivel-joint roller bearing

Pendelrollenmühle f <verf> • pendulum roller mill

Pendelrückkopplung f <tele> • superregeneration

Pendelrückkopplungsaudion n <tele> • superregenerative detector

Pendelrückkopplungsempfänger m <el> • periodic trigger-type receiver

Pendelrückkopplungsempfänger m <tele> • superregenerative receiver; superregenerator

Pendelrückkopplungsempfang m <tele> • superregenerative reception

Pendelrückkopplungsschaltung f <el> • superregenerative circuit

Pendelsattelbremse f <kfz.brems> • hinged-caliper disc brake

Pendelschlagversuch m DIN 52337 <qualit.mat> (Glasbau) • pendulum impact test

Pendelschlagwerk n <qualit.mat> • pendulum impact testing machine; pendulum impact tester

Pendelschleifen n <prod> • two-way traverse grinding; oscillating grinding

Pendelschwingung f <aerospace> • phugoid oscillation

Pendelseilbahn f <förd> • reversible ropeway US; jigback ropeway; to-and-fro ropeway

Pendelseilschwebebahn f <förd> • reversible ropeway US; jigback ropeway; to-and-fro ropeway

Pendelsperre f <el> (Schutzrelais) • surge guard

Pendelsperre f <msr> • inhibit time; anti-hunt device

Pendelspitze f <textil> • toe pouche

Pendelstichsäge f <wz> (typ. Hand-Elektrosäge) • jigsaw; sabre saw US.Sears; scroller jigsaw rare

Pendelstütze f <bau> (Brückenbau) • hinged pier; hinged column

Pendelstütze f <masch> (z. B. Portalkran) • hinged column

Pendelträgerbelastungsarm m <textil> • pendulum weighting arm

Pendeltransport m <förd> • shuttle haulage

Pendeltür f <bau> • swinging door

Pendelumformer m <tele> • synchronous self-rectifying vibrator

Pendelung der Hochdruckdusche f <pap> • oscillation of the high pressure shower

Pendelverkehr m <verk> • shuttle traffic

Pendelvervielfacher m <phys> • dynamic multiplier

Pendelwagen m <förd> • shuttle car

Pendelwagen m <logist> • shuttle truck

Pendelwalze f <druck> • dancer roller; compensating roller; floating roller

Pendelwalze f <led> (Glätten und Verdichten) • pendulum roller

Pendelwassermenge f <ents> • shuttle water volume

Pendelwerkzeughalter m <wz> • floating tool-holder

Pendelzähler m <msr> • oscillating meter; pendulum meter

Pendelzentrifuge f <verf> • pendulum-type hydroextractor; link-suspended centrifuge

Pendentif n <bau> • pendentive

Pendolino m Fiat ® <bahn> • tilting train Amtrak

penetrieren vt <nukl> ((durchdringen)) • penetrate vt

Penetrieröl n <tribo> • penetrating oil

Penetrometer n <qualit.mat> • penetrometer

PEN-Leiter m (PEN) DIN VDE 0100 <el> (Funktionen v. Neutral- und Schutzleiter vereint) • PEN conductor (PEN)

Penning-Ionenquelle f <el> • Penning ion source

Penning-Vakuummeter n <msr> • Penning gauge

pennsylvanisches Bohren n <verf> (Tiefbohrtechnik) • Pennsylvanian system drilling

Pension f <tour> • pension

Pensky-Martens-Gerät n <msr> (Flammpunktprüfgerät) • Pensky-Martens flash-point apparatus; Pensky-Martens flash-point tester

Pentaeder n <math> • pentahedron

Pentanthermometer n <msr> • pentane thermometer

Pentaprisma n <opt> (pl.: -en) • pentaprism; pentagonal prism

Pentaprisma n <phot> • pentaprism; pentagonal prism

Pentatron n <el> (Elektronenröhre) • pentatron

pentavalent <chem> • pentavalent; quinquevalent

Pentavalenz f <chem> • pentavalence; quinquevalence

Pen-Terminal n <edv.allg> • pen terminal; pen-based terminal

Pentode f <el> • pentode

Penumbra f <astron> • penumbra; half shade; half shadow

PEP <werb> (One-to-One-Kommunikation) • personal expo page (PEP)

PE-Papier n <phot> • resin-coated paper; RC paper; plastic-coated paper; plastic-based paper; plastic paper

PEPSCAN-Methode f <med> • PEPSCAN-technique

Peptidsynthesizer m <med> • peptide synthesizer

Peptid T n INN <med> • peptide T INN

Peptisationsmittel n <chem> • peptizer; deflocculant

Peptisationsmittel n <kst> • plasticizer

peptisieren vt <chem> • peptize vt; deflocculate vt

peptisieren vt <kst> • plasticize vt

Percussionsound m <edv.av> • percussive sound; percussion sound

perfekte Einzelbildfortschaltung f <av> • perfect frame advance; perfect still advance; noiseless frame advance; clear frame advance Son

perfekte Einzelbildschaltung f <av> • perfect frame advance; perfect still advance; noiseless frame advance; clear frame advance Son

perfekte Passform f <bekl> • perfect fit

perfekter Assemble-Schnitt m <av> • perfect assemble edit; perfect AE

perfekter Insert-Schnitt m <av> • perfect insert edit; perfect insert

perfekter Isolator m prakt <el> • ideal dielectric; perfect insulator; ideal insulating material; loss-free dielectric

perfektes Standbild n <av> • perfect still; perfect still picture; noiseless still; clear still Son; perfect freeze Gru

perfekte Standbildfortschaltung f <av> • perfect frame advance; perfect still advance; noiseless frame advance; clear frame advance Son

perfekte Zeitlupe f <av> • perfect slow; noiseless slow; perfect slow motion; noiseless slow motion

perfekte Zeitlupenwiedergabe f <av> • perfect slow; noiseless slow; perfect slow motion; noiseless slow motion

Perfoanker m <bau> • slot and wedge bolt

Perforation f <druck> • perforation

Perforation f <phot> (Film) • perforation; sprocket holes pl

Perforation f <prod> (Vorgang, Ergebnis) • perforation

Perforationseinrichtung f <druck> • perforator

Perforationsgerät n <prod> • perforator

Perforationswalze f <prod> (Film) • sprocket
Perforiereinrichtung f <druck> • perforator
perforieren vt <prod> • perforate vt
perforieren vt <textil/led> (als Ornament; z. B. Schlitze, Löcher in Schuhen) • pink vt
Perforierkamm m <druck> • perforating comb
Perforierleiste f <druck> • perforating bar
Perforierlinie f <druck> • perforating line
Perforiermaschine f <druck> • perforating machine
Perforierpresse f <druck> • perforating press
Perforierschnitt m <druck> • perforating cut
perforierte Böden npl <verf> • perforated plates npl; perforated trays npl
perforierter Bandgreifer m <textil> • perforated plastic tape carrying the gripper head
perforierter Garnträger m <textil> • dyeing tube
perforierte Rostplatte f <verbr> • pin-hole grate
perforiertes Leder n <bekl.led> • ventilated leather; perforated leather
perforiertes Spülrohr n <nahr> • sparge pipe
Perforierwerkzeug n <wz> • piercing tool
Perforierzylinder m <druck> • perforating cylinder
Performance f <edv.av> • multi mode sound program; performance; combination; multi mode program; multi mode sound
Pergament n <mat> • vellum
perhydrieren vt <chem> • perhydrogenate vt
Periaktenbühne f <theat> • periakts stage
Periaktos n <theat> • revolving prism; revolving panel; triangular prism; periaktos; telaro
Periastron n <astron> (sternnächster Punkt einer Umlaufbahn) • periastron
Perigäum n <astron> (erdnächster Punkt einer Umlaufbahn um die Erde) • perigee
Perigäumsgeschwindigkeit f <astron> • perigeal velocity
Perihel n <astron> (sonnennächster Punkt einer Planetenumlaufbahn) • perihelion
Perihelbewegung f <astron> • perihelion motion
periklinal <geo> • periclinal
Periluneum n <astron> (mondnächster Punkt in einer Umlaufbahn) • perilune
Perimeter n ISO 12866 <opt.msr> (ophthalmisches Instrument) • perimeter ISO 12866
Perimeterüberwachung f <alarm> • exterior perimeter protection; perimeter protection
Perimorphose f <mat> • perimorphism
perinatal <med> • perinatal
Periode f <tech.allg> (z. B. Schwingung) • cycle
Periode f <tech.allg> • period
Periode f <tech.allg> (allg.; eher längerer Zeitabschnitt) • period
Periode f <edv.av> • periodic cycle; cycle; vibration period; oscillation time; period of oscillation
Periode f <edv.av> • duration of oscillation; period of vibration; time of vibration
Periode f <masch> (z. B. Kolbenmaschine) • cycle of oscillation
Periode durchlaufen vi <el> • perform a cycle vi; pass through a cycle vi; traverse through a cycle vi
Periode-Leuchtkraft-Beziehung f <licht> • period-luminosity relation
Periodendauer f <allg> • periodic time
Periodendauer f (T) norm <av> • period (T) stand
Periodendauer f <phys> • period of oscillation; period
Periodendauermessung f <msr> • period measurement
Periodengesetz n <chem> • periodic law
Periodenmesser m <msr> • period meter
Periodenmessung f <msr> • period measurement

Periodenmischer m <verf> • batch mixer
Periodensystem n <chem> • periodic system; periodic table
Periodensystem der Elemente n (PSE) <chem> • periodic system; periodic table
Periodenzahl f <allg> • periodicity
Periodenzahl f <tech.allg> • number of periods
Periodenzahl f <phys> • number of cycles
Periodic Binary Code m <edv> (Strichcodetyp) • Periodic Binary Code
periodisch <tech.allg> • periodic
periodisch arbeitender Ofen m <metall> • non-continuous furnace; batch furnace
periodisch arbeitendes Absetzbecken n <verf.ents> • absolute-rest precipitation tank
periodische Änderung f <allg> • cyclic variation
periodische Einstellung f <msr> • sampling action
periodische Größe f <phys> • periodic quantity
periodische Korrektur f <msr> • sampling action
periodischer Betrieb m <tech.allg> (z. B. Scheibenwischer) • intermittent operation
periodischer Charakter m <tech.allg> • periodicity
periodischer Sinuston m <edv.av> • continuous tone; continuous sine tone
periodischer Ton m <edv.av> • continuous tone; continuous sine tone
periodischer Vorgang m <allg> • periodic phenomenon
periodischer Vorgang m <tech.allg> • periodic process; cyclic process
periodischer Vorschub m <tech.allg> (z. B. Fertigung, Photoausarbeitung) • intermittent feed
periodische Schwingung f <edv.av> • periodic cycle; cycle; vibration period; oscillation time; period of oscillation
periodisches System n <chem> • periodic system
periodisches System n <pap.ents> (als Endstufe in Pulperentsorgungssystemen) • batch operation
periodische Taktzeit f <el> • clock-synchronized periodic time
periodische Welle f <phys> • periodic wave
periodisch umkehrendes Magnetfeld n <phys> • periodically reversing magnetic field
periodisch wiederkehren vi <allg> • cycle vt
Periodit m <geo> • periodite
Periodizität f <tech.allg> • periodicity
Periodogramm n <doku> • periodogram
peripher <allg> • peripheral
Peripheral Component Interconnect m (PCI) <edv> • Peripheral Component Interconnect (PCI)
Peripheralpumpe f <förd> • peripheral pump; periphery pump; vortex pump ugs
Peripheralrad n <masch> (z. B. Pumpe) • peripheral impeller
Peripheralradpumpe f <förd> • peripheral pump; periphery pump; vortex pump ugs
periphere Einheit f <edv> • peripheral unit
periphere Einheit f <edv> • peripheral; peripheral equipment; peripheral device
periphere Einheit f <msr> • peripheral unit
periphere Geräte npl <edv> • peripheral devices; peripherals
peripherer Speicher m <edv> (jeder nichtflüchtige Speicher außerhalb der CPU) • external storage; storage subsystem; secondary storage; peripheral storage; auxiliary storage
peripheres Gerät n <tech.allg> • peripheral unit
peripheres Gerät n <tech.allg> • peripheral device; peripheral unit; peripheral appliance; peripheral component; peripheral

peripheres Gerät n <edv> • peripheral; peripheral equipment; peripheral device
Peripherie f <allg> • peripheral systems
Peripherie f <allg.tech> • peripheral equipment
Peripherie f <edv> • peripheral; peripherals pl; periphery
Peripherie f <msr> • peripherals; periphery
Peripherieadapter m <el> • peripheral adapter
Peripheriegerät n <tech.allg> • peripheral device; peripheral unit; peripheral appliance; peripheral component; peripheral
Peripheriegerät n <edv> • peripheral; peripheral equipment; peripheral device
Peripheriegerät n <edv> • peripheral; peripherals pl; periphery
Peripheriegeräte npl <edv> (z. B. Drucker, Scanner) • peripherals
Peripherieprozessor m <edv> • peripheral processor
Peripheriespeicher m <edv> • peripheral memory; peripheral store
Peripheriespeicher m <edv> (jeder nichtflüchtige Speicher außerhalb der CPU) • external storage; storage subsystem; secondary storage; peripheral storage; auxiliary storage
Peripheriesteuereinheit f <edv> • peripheral control unit
Peripherieüberwachung f <alarm> • interior perimeter protection; perimeter protection
Peripheriewickler m <textil> • surface-wind take-up stand; surface winder
Peripheriewinkel m <math> • angle at circumference
Periskop n <opt> • periscopic-type telescope; periscope
Peritektikum n <mat> • peritectic system; peritectic
peritektischer Punkt m <mat> • peritectic point
per Knopfdruck m <allg> • by pressing keys
Perkolat n <chem> • percolate; leachate
Perkolation f wiss <ents> (Boden) • percolation; seepage; infiltration
Perkolationsmethode f <chem.verf> (Bleicherderaffination, Untertagevergasung) • percolation method; percolation process
Perkolator m <med> • percolator
perkolieren vt <verf> • percolate vt
Perkussionsschweißen n <füg> • percussion welding; electropercussive welding
Perkussionszündung f <mil> • percussion priming
Perlator m <rls> (Mischeinsatz in Wasserhahn) • water breaker
Perldrossel f <msr> • bubbler jar
Perle f <allg> (z. B. aus Glas) • bead
Perle f <allg> (echt; Schmuck) • pearl
Perleffektlack m <obfl> • pearlescent paint
Perleffekt-Lackierung f <obfl> • pearlescent finish; pearlescent paint
Perlen n <druck> • mottling
perlen vi <chem> (beim Sieden) • bubble vi; effervesce vi
perlen vi <druck> (Druckfarbe) • marble vi
perlen vi <verbr> (Ruß) • pelletize vi
Perlerz n <min> • pearl ore
Perlfanggestrick n <textil> • half cardigan
perlförmiger Kontakt m <chem> • bead catalyst
Perlglanz-Gouache f <kunst> • pearl-lustre gouache
Perlglanzpigment n DIN 55 943 <kunst> • pearl gloss pigment; nacreous pigment; pearl pigment; pearlescent pigment
Perlit m <geo> (vulkanisches Gestein, z. B. als Dämmstoff verwendet) • perlite
Perlit m <metall> (Stahl) • perlite; pearlite
perlitisch <metall> (Stahl) • pearlitic
Perlitkorn n <metall> • pearlite grain

Perlkondensator m <el> • bead-type capacitor; bead capacitor
Perlkontakt m <chem> • bead catalyst
Perlkontaktmasse f <chem> • beaded material
Perlleim m <füg> • pearl glue
Perlmutt n <bio.mat> • mother-of-pearl; conchiolinum; nacre
Perlmutt-Effektlack m <obfl> • pearlescent paint
Perlmutt-Lackierung f <obfl> • pearlescent finish; pearlescent paint
Perlmuttpigment n <kunst> • pearl gloss pigment; nacreous pigment; pearl pigment; pearlescent pigment
Perlon n <kst> (Markenname für sehr elast. Polyamidfaser) • perlon; nylon GB
Perlon n <textil> • Nylon (PA)
Perlpolymerisation f <chem> • bead polymerization; suspension polymerization
Perlreaktion f <chem> (Vorprobe) • borax bead test
Perlrohr n <msr> • bubbler gauge; bubble pipe
Perlrohrdichtemesser m <msr> • water-bubble density meter
Perlwand f <phot> (z. B. zum Projizieren von Diapositiven) • beaded screen
Permalloy n nsgl <msr> • permalloy nsgl
Permamagnet m rar <phys> • permanent magnet
permanent <allg> (bleibend, dauerhaft; z. B. Farbe) • permanent
Permanent-Allradantrieb m <kfz.antr> • permanent four wheel drive; permanent four-wheel drive; permanently engaged four-wheel drive pract.coll; permanently engaged four wheel drive; full-time four-wheel drive
permanent antistatisch ausgerüstet <textil> • forever non-static
Permanentappretur f <textil> • permanent finish; durable finish
Permanentausrüstung f <textil> • permanent finish; durable finish
permanentdynamischer Lautsprecher m form <av> • dynamic loudspeaker; electrodynamic loudspeaker
permanente Gewebekultur f <bio.chem> • continuous cell line
permanente Härte f <chem> • permanent hardness
permanenter Allradantrieb m <kfz.antr> • permanent four wheel drive; permanent four-wheel drive; permanently engaged four-wheel drive pract.coll; permanently engaged four wheel drive; full-time four-wheel drive
permanenter Code m <edv> • permanent code
permanenter Fehler m <qualit> • persistent error
permanenter Speicher m <edv> • non-volatile storage; non-volatile memory; permanent storage rare; permanent memory rare
permanenter Welkepunkt m <agri> • wilting point
Permanenthärte f <hydr> (Wasser) • permanent hardness
Permanent-Magnet m <allg> • permanent magnet
Permanentmagnet m <phys> • permanent magnet
Permanentspeicher m <edv> • continuous memory; continuous storage; continuous store; permanent storage; permanent store
Permanentspeicher m <edv> • non-volatile storage; non-volatile memory; permanent storage rare; permanent memory rare
Permanganat-Index m DIN EN ISO 8467 <chem> (Wasserbeschaffenheit) • permanganate index ISO 8467
Permanganometrie f <chem> (Maßanalyse) • permanganometry; permanganatometry
Permeabilität f <tech.allg> • permeability
Permeabilitätskurven fpl <pap> • permeability curves
Permeabilitätsmessbrücke f <el> • permeability bridge

Permeabilitätsmesser *m* <msr> • permeameter
Permeabilitätszahl *f DIN EN 1330-1* <el> • relative permeability
Permeameter *n* <msr> • permeameter
Permeanz *f* <phys> • permeance
Permeation *f* <nukl> • permeation
Permeationskonstante *f* <nukl> • permeation constant
Permeationsrate *f* <nukl> • permeation rate
Permeationsverfahren *n* <ents> • permeation method; permeation
Permeiervermögen *n* <chem> • permeativity
Permittivität *f* <el> • absolute permittivity; dielectric coefficient
Permutation *f* <math> • permutation
Permutationsoperator *m* <phys> • exchange operator
Permutierbarkeit *f* <math> *(z. B. von Faktoren; z. B. a × b = b × a)* • permutability; commutability; commutativity
permutieren *vt* <math> *(Ziffern, Zeichenfolgen, von vorne nach hinten und umgekehrt)* • permute *vt*
permutierte Form *f* <term> • permuted term
peroral <pharm> *(durch den Mund)* • oral; peroral; by mouth *coll*
Peroxid *n* <chem> *(Hilfsstoff)* • peroxide
Peroxidbleiche *f* <pap> • peroxide bleaching
Peroxidvernetzung *f* <chem.verf> • peroxide cross-linking
Peroxidvulkanisation *f* <kst> • peroxide cure
Peroxidwaschechtheit *f* <textil> • peroxide fastness
Perron *m* <nfz> • center platform; standing platform
Persenning *f* <kfz> *(gesamte Innenraumfläche)* • tonneau cover
Persenning *f rar* <kfz> *(Cabrios; nur über Verdeckschacht)* • tonneau cover *US.GB*; rear cowl cover; boot cover; top boot *Mazda*; boot *coll*
Persenning *f* <nav> *(wetterfeste Abdeckung; z. B. Segeltuch, für Boote, Ladung)* • tarpaulin
Persistenz *fsg DIN ISO 11074-1* <chem> *(Widerstandsfähigkeit eines Stoffes gegen chem. Veränderung)* • persistence *ISO 11074-1*; stability
Persistor *m* <el> • persistor
persönliche Codenummer *f* <tele> • personal identity number (PIN); PIN code
persönliche Identifikationsnummer *f* (PIN) <tele> • personal identity number (PIN); PIN code
persönliche Kommunikation *f* <werb> • face-to-face communication
persönliche Messe-Information *f* (PEP) <werb> *(One-to-One-Kommunikation)* • personal expo page (PEP)
persönlicher Roboter *m* (PR) <autom> • personal robot (PR)
persönlicher Verkauf *m* <werb> • personal selling
persönliche Schutzausrüstung *f* <bekl> *(z. B. von Feuerwehrleuten)* • personal protection equipment
persönliches Entgiftungspäckchen *n* <mil> • gas casualty first-aid bag
persönliches Kundenprofil *n* <edv> • personal profile
persönliche verfälschende Einflüsse *mpl* <qualit> • human element of error
Personal abbauen *vi* <ökon> • downsize the workforce *vi*
Personalbestand erhöhen *vi* <ökon> • upgrade the workforce *vi*; staff up *vi coll*
Personalbestand verringern *vi* <ökon> • downsize the workforce *vi*
Personal Computer *m* (PC) <edv> • personal computer (PC); micro computer *obs*
Personal einstellen *vi* <ökon> • upgrade the workforce *vi*; staff up *vi coll*
Personal Expo Page *f* <werb> *(One-to-One-Kommunikation)* • personal expo page (PEP)

Personal Identity Number *f norm.rar* <tele> • personal identity number (PIN); PIN code
Personal in der Produktion *n* <ökon> • process operators
Personal Keyboard *n* <edv.av> *(Musikinstrument)* • keyboard; portable keyboard; personal keyboard
Personal Robot *m rare* <autom> • personal robot (PR)
Personen-... <tech.allg> • personal ...; personnel ...
Personenaufzug *m DIN 15306,15309* <förd> • passenger elevator *US*; passenger lift *GB*; elevator *US.coll*; lift *GB.coll*
Personenbahnhof *m* <bahn> • passenger terminal *US*
Personenbeförderung *f* <verk> *(Straßen-, Schienen-, Schiffsverkehr; Aufzug, Seilbahn)* • passenger transport; passenger transportation; carriage of passengers
Personendosimeter *m* <nukl> • personal dosimeter; personal monitor
Personendosimetrie *f* <nukl> • personal dosimetry; personnel dosimetry
Personendosis *f* <nukl> • personal dosis; personal dose
Personenerkennungssystem *n* <edv> • person spotter
Personenförderband *n rar* <verk> • moving sidewalk *US*; moving pavement *GB*; autowalk *pract*; passenger conveyor *rare*
Personenidentifikationschip *m* (PIC) <mil> *(digitale „Hundemarke")* • Personal Information Carrier (PIC)
Personenkraftwagen *m* (Pkw) *form* <kfz> • automobile *US*; passenger car *form*; motor car *GB*; car *pract.coll*; auto *US.coll.rare*
Personenkraftwagen-Bestand *m* <kfz> • total number of cars
Personenkraftwagen mit zuschaltbarem Allradantrieb *m* <kfz> • two-or-four wheel drive car; part-time four wheel drive car
Personenkraftwagenrad *n stand* <kfz> • passenger car wheel
personenlesbare Daten *npl* <edv.doku> *(z. B. auf Etiketten, Formularen)* • human-readables *pl*; human-readable characters *pl*; human-readable information; human-readable data; plain writing
personenlesbare Information *f* <edv.doku> *(z. B. auf Etiketten, Formularen)* • human-readables *pl*; human-readable characters *pl*; human-readable information; human-readable data; plain writing
Personenmonitor *m* <alarm> • personnel monitor
Personenruf *m* <tele> • paging
Personenrufanlage *f* <tele> • paging system
Personenschäden *mpl* <vers> • bodily injury *sg* ; personal injury *sg rare*
Personenstrahlenschutzkontrolle *f* <nukl> • personnel monitoring
Personentransporter *m* <nfz> • passenger van; van *coll*
Personenüberwachung *f* <sich> • personnel monitoring
Personenvereinzelung *f* <sich> *(z. B. durch Drehkreuz)* • segregation of persons
Personenversenkung *f* <theat> • stage trap; grave trap; bridge; stage elevator
Personenwagen *m* <bahn> • passenger car; coach *US*; passenger wagon
Personenwagen mit Automatikgetriebe *m norm* <kfz> • car with automatic transmission; automatic *pract*; auto *coll*
Personenwagen mit Gepäckraum *m* <bahn> • passenger and baggage combine car
Personenwagen mit Schaltgetriebe *m form* <kfz.antr> • passenger car with manual transmission *form*; manual car; manual *coll*; shifter *US.coll*; handshaker *US.coll*
Personenwagen mit zuschaltbarem Allradantrieb *m* <kfz> • two-or-four wheel drive car; part-time four wheel drive car

Personenzug *m* <bahn> • passenger train
Personenzweiseilbahn *f* <förd> • passenger bicable ropeway
Personspotter *m* <edv> • person spotter
Perspektive *f* <edv/phot> • perspective
perspektivisch darstellen *vt* <doku> • show in perspective *vt*; represent in perspective *vt*
perspektivische Abbildung *f norm.* <edv> • perspective transformation *stand.*; perspective projection
perspektivische Aufnahme *f* <phot> • angle shot
perspektivische Darstellung *f DIN ISO 10209-2* <doku> • perspective representation *ISO 10209-2*
perspektivische Verzerrung *f* <phot> • distortion in perspective *:V*
perspektivische Zeichnung *f* <doku> • perspective drawing
perspektivisch verkürzen *vt* <doku> • foreshorten *vt*
Perspektivitätszentrum *n* <math> *(Geometrie)* • perspective center
Pertinax *n* ® <chem> *(als Gruppe; typ. für Leiterplatten)* • phenol-formaldehyde plastic (PF); phenol-aldehyde resin; phenolic resin; PF resins
Pertussis *f* <med> • whooping cough; pertussis
PERT-Verfahren *n* <math> • program evaluation and review technique (PERT)
Perveanz *f* <el> • space-charge factor; perveance
PES <kfz.el> • polyellipsoidal headlight
PES <kst> • polyether sulfone (PES)
PES <textil> • polyester (PES)
PE-Scheinwerfer *m* <kfz.el> • PE headlight
Pessar *n* <med> • pessary
Pessar *n* <med.tech> • contraceptive diaphragm; vaginal diaphragm; diaphragm; pessary
pessimistische Dauer *f* <edv> *(Netzwerkverfahren)* • pessimistic time
Pest *f* <med> • plague
Pestizid *n* <ents> • pesticide
Pestizid *n* <ökol> • pesticide
PET <kst> • polyethylene terephthalate (PET); polyethylene terephtalate *rare.GB*
PET <med.tech> • positron emission tomography (PET)
Peta- (P) <phys.msr> *(Vorsilbe für Einheiten; z. B. Peta-joule = 10^15 Joule)* • peta (P)
Petabyte *n* <edv> *(10^15 Byte)* • petabyte; PByte; Pbyte
Petaflops-Supercomputer *m* <edv> *(mit 10^15 Gleit-kommaoperationen pro Sek.)* • petaflops supercomputer
Petersen-Spule *f* <el> • Petersen coil; arc-suppression coil
Petersilie *f* <bio> • parsley; petroselinum sativum
PET-Flasche *f* <kst.pack> *(aus Polyethylen-Terephthalat)* • PET bottle
PET-Flaschenschnitzel *m* <kst.ents> • PET bottle chip
PET-Folie *f prakt* <kst> • polyethylene terephthalate film; PET film *pract*
Petinetdecker *m* <textil> • lacing point; lace finger
Petinetmuster *n* <textil> • lace stitch pattern; lace pattern; stitch transfer design
Petinetstab *m* <textil> • lacing bar; lace finger rod
PET-Prothese *f* <med.tech> *(alloplastische Gefäßprothese)* • dacron graft; dacron prosthesis; PET-graft; polyester graft
PETRIFIX-Verfahren *n* <ents> • PETRIFIX-Process
petrifizieren *vt* <ents> • petrify *vt*
Petrischale *f* <chem> *(allg.)* • Petri dish
Petrischale *f* <med> *(betont: zum Ansetzen von Kulturen)* • Petri culture dish
Petroasphalt *m* <chem.petr> *(Raffinerieprodukt)* • asphalt; mineral pitch; artificial asphalt; petroleum asphalt
Petrochemie *f* <chem.min> • petrochemistry

Petrochemie *f ugs* <chem.petr> • petrochemistry; petroleum chemistry
petrochemische Industrie *f* <chem.petr> • petroleum chemical<s> industry; petrochemical industry
Petrographie *f* <min> • petrography
Petrolatum *n* <chem.petr> *(salbenartiges Erdöldestillationsprodukt)* • petrolatum
Petrolchemie *f prakt* <chem.petr> • petrochemistry; petroleum chemistry
Petrolchemikalie *f* <chem.petr> • petrochemical
Petrolether *m* <chem.petr> *(Siedebereich 40 – 70 °C)* • petroleum ether; light petroleum; ligroine; ligroin; benzine
Petroleum *n* <chem.petr> *(Siedebereich 160 ... 250 °C; für Jet Fuel, Lösungsmittel, Lampen etc.)* • kerosine; illuminating oil *ASTM*; lamp oil *rare*
Petroleum *n ugs* <chem.petr> • kerosine; paraffin oil
Petroleumasphalt *m* <chem.petr> *(Raffinerieprodukt)* • asphalt; mineral pitch; artificial asphalt; petroleum asphalt
Petroleumfraktion *f* <chem.petr> *(Erdöldestillation; Siedebereich 180 ... 250 °C; für Jet Fuel u. Leuchtöl)* • kerosine fraction
Petroleumgefäß *n* <chem.petr> *(Flammpunktprüfer)* • oil cup
Petroleum Oleum petrae *n wiss* <chem.petr> • rock oil; Petroleum Oleum petrae *thsc*
Petrolharz *n* <chem.petr> • petroleum resin
Petrolkoks *m* <chem.petr> • petroleum coke
Petrologie *f* <min> • petrology
Petroselinum sativum <bio> • parsley; petroselinum sativum
Petzval-Bedingung *f* <opt> • Petzval condition
Petzval-Coddington'sches Gesetz *n* <opt> • Petzval condition
Petzval-Krümmung *f* <opt> • Petzval curve
Petzval-Summe *f* <opt> • Petzval sum
PF <chem> *(als Gruppe; typ. für Leiterplatten)* • phenol-formaldehyde plastic (PF); phenol-aldehyde resin; phenolic resin; PF resins
Pfad *m* <tech.allg> *(z. B. Strompfad)* • path
Pfadfinderelement *n* <nukl> • tracer element; tracer isotope
Pfadtechnik *f* <edv> • motion path animation
Pfahl *m* <bau> *(aus Holz, Stahl, Beton etc., für Fundamente o.ä. im Boden verankert)* • pile
Pfahl *m* <bau> *(lang, zylindrisch, oft schlank, aus Holz, Metall, Beton o.ä.)* • pole
Pfahl *m* <bau> *(oft angespitzt, in den Boden gerammt)* • stake
Pfahlbelastungsversuch *m* <bau> • pile-loading test
Pfahlbrücke *f* <bau> • pile bridge
Pfahlgründung *f* <bau> • pile foundation; piled foundation
Pfahlgruppe *f* <bau> • pile cluster
Pfahljoch *n* <bau> • pile bent
Pfahlkopf *m* <bau> • pile head; pile top
Pfahlmast *m* <bau> • pole mast
Pfahlneigung *f* <bau> • pile batter
Pfahlramme *f* <min> • pile driver
Pfahlrammen *n* <bau> • pile driving
Pfahlrost *m* <bau> • pile-foundation grill
Pfahlrost *m* <bau> • pile grating
Pfahlschuh *m* <bau> • pile shoe
Pfahlspitze *f* <min> • pile toe
Pfahlwand *f* <bau> • pile wall
Pfahlwerk *n* <bau> • pile work
Pfahlzieher *m* <bau> • pile extractor
Pfahlzug *m* <nav> • static bollard pull
Pfandflasche *f* <ents> • deposit bottle; returnable bottle

Pfanne *f* <bau> *(S-förmiger Dachstein)* • pantile
Pfanne *f* <gastr> • pan
Pfanne *f* <msr> *(Waage)* • plate
Pfanne *f* <msr> *(einer Waagschale)* • tray
Pfanne *f* <prod> *(kellenförmig, mit Stiel o.ä.; zum Transport von Flüssigkeiten)* • ladle
Pfannenamalgamation *f* <metall> • pan amalgamation
Pfannenausgang *m* <masch> • ladle lip; ladle nozzle
Pfannenbär *m* <masch> • ladle skull
Pfannenführung *f* <masch> • ladle guide
Pfannenfutter *n* <prod> *(zB. in Gießereipfanne)* • ladle lining
Pfannengabel *f* <masch> • ladle shank
Pfannengrube *f* <prod> • ladle pit
Pfannenkristallisator *m* <verf> • tank crystallizer
Pfannenwagen *m* <förd> • ladle car
Pfauenaugenbindung *f* <textil> • bird's-eye weave
P/F-Bit *n* DIN ISO 3309 <edv> • poll/final bit *ISO 3309*; P/F bit *ISO 3309*
Pfeifabstand *m* <av> • singing margin
Pfeife *f* <allg> *(z. B. Orgel)* • pipe
Pfeife *f* <akust/alarm> • whistle
Pfeife *f* <min> *(Sprengarbeit)* • dead hole
Pfeife *f* <verf> • blowpipe
Pfeifen *n* <akust> • howl
Pfeifen *n* <av> *(eines Verstärkers)* • local singing; singing
pfeiffrei <tele> • free of singing
Pfeifneigung *f* <tele> • tendency to sing
Pfeifpunkt *m* <tele> • singing point
Pfeifsicherheit *f* <tele> • antisinging stability
Pfeifsperre *f* <tele> • singing suppressor
Pfeifton *m* <akust> • howl
Pfeifton *m* <av> *(Funkempfang)* • squealing
Pfeil *m* <tech.allg> • arrow
Pfeil *m* <astron> • sagitta
Pfeilcursor *m* <edv> • arrow cursor; four-way cursor
Pfeiler *m* <bau> • pillar
Pfeiler *m* <bau> *(z. B. für Brücken, Tore, Türen, Fenster; meist aus Metall, Mauerwerk,)* • pier
Pfeilerarkade *f* <bau> *(Kirche)* • pier arcade
pfeilerartige Bauweise *f* <bau> • pillar working
pfeilerartige Wandvorlage *f* <bau> • engaged pillar
Pfeilerbau *m* <min> • pillaring
Pfeilerbruchbau *m* <min> • room-and-pillar caving
Pfeilerkraftwerk *n* <energ.hydr> • pier-head power plant
Pfeilerschutz *m* <bau> *(Brückenbau)* • starling
Pfeilerstaumauer *f* <bau.hydr> • buttress dam
Pfeilflügel *m* <aerospace> • swept-back wing; backswept wing; arrowhead wing; swept-oblique wing; V-wing *pract*
Pfeilflügel *m* <aerospace> • arrowhead wing; backswept wing; V-wing
Pfeilflügelflugzeug *n* <aerospace> • swept-wing aircraft
pfeilförmig <aerospace> *(positiv)* • swept-back
Pfeilform *f* <aerospace> *(Flügel)* • sweep
Pfeilformtragfläche *f* <aerospace> • arrowhead wing; backswept wing; V-wing
Pfeilhöhe *f* <bau> *(Gewölbe, Bogen)* • rise
Pfeilhöhe *f* <bau> *(eines Bogens)* • sagitta
Pfeilhöhe *f* <math> • height of camber
Pfeilrad *n* <antr> • herringbone gear; double-helical gear
Pfeilstellung *f* <aerospace> *(Flügel)* • sweep
Pfeilstirnrad *n* <antr> • herringbone gear; double-helical gear
Pfeiltaste *f* <edv> *(auf Tastatur)* • cursor control key; cursor key; arrow key; direction key
Pfeiltaste *f* <navig> *(Empfänger)* • arrow key
Pfeiltragfläche *f* <aerospace> • arrowhead wing; backswept wing; V-wing
Pfeilung *f* <aerospace> • sweep

pfeilverzahnter Fräser *m* <wz> • cutter with opposing helices; right-and-left-hand helix cutter
pfeilverzahntes Zahnrad *n* <antr> • herringbone gear
Pfeilverzahnung *f* <antr> • double-helical gears
Pfeilverzahnung *f* <antr> • herringbone gearing
Pferd *n* <sport> *(zum Turnen; mit zwei runden Griffbügeln)* • pommel horse
Pferdchen *npl ugs* <phys> *(veraltete Einheit der Leistung)* • horsepower (hp); ponies *US.coll*
Pferdefleischer *m nd* <nahr> • equine butcher
Pferdemetzger *m sd* <nahr> • equine butcher
Pferdestärke *f* (PS) DIN66036 <phys> *(veraltete Einheit der Leistung)* • horsepower (hp); ponies *US.coll*
Pferdewagen *m* <fz> • horse carriage
Pfette *f* <bau> • purlin
PF-Hartschaum *m* <mat> • phenolic foam; PF foam
PF-Harz <chem> *(als Gruppe; typ. für Leiterplatten)* • phenol-formaldehyde plastic (PF); phenol-aldehyde resin; phenolic resin; PF resins
PFI-Minifraktionierer *m* <pap> • Mini-Shive Fractionator PFI
PFI-Mühle *f* <pap> • PFI mill
Pfingstrose *f* <bio> *(Pflanze)* • paeony; paeonia officinalis
Pflanzenfaktor *m* DIN 4047-6 <agri> *(Bewässerung)* • plant coefficient
Pflanzenfaser *f* <textil> • vegetable fiber
Pflanzenfett *n* <nahr> • vegetable fat
Pflanzenleim *m* <füg> • vegetable adhesive; vegetable glue
Pflanzenlicht *n* <licht> • actinic type tube; plant light; actinic bulb; actinic tube
Pflanzenmethylester *n* (PME) <chem> *(Kraftstoff z. B. aus Raps, Sonnenblumen, Soja, Oliven)* • vegetable methyl ester (VME); vegetable oil methyl ester; green diesel fuel *pract*; biodiesel *coll*
Pflanzenöl *n* <tribo> • vegetable oil
Pflanzenölmethylester *n* <chem> *(Kraftstoff z. B. aus Raps, Sonnenblumen, Soja, Oliven)* • vegetable methyl ester (VME); vegetable oil methyl ester; green diesel fuel *pract*; biodiesel *coll*
Pflanzenöl-Schmierstoff *m* <tribo> • vegetable oil
Pflanzenöltechnologie *f* <energ.bio> *(z. B. als Kraftstoff)* • vegetable oil technology
Pflanzenpatent *n* <jur> • plant patent
Pflanzensamen *mpl* <agri> • seeds
Pflanzensamenbank *f* <agri> • seed bank
Pflanzenschutzgerät *n* <agri> • applicator
Pflanzenschutzkontrolle *f* <agri> • phytosanitary control
Pflanzenschutzmaßnahmen *pl* <holz> • phytosanitary measures
Pflanzenschutzmittel *n* <agri> • agricultural control chemical; control agent
Pflanzensorte *f* <jur> • plants variety
Pflanzenverfügbarkeit *fsg* <ents> • plant availability
Pflanzenwachs *n* <obfl.holz> • vegetable wax
Pflanzenzüchtungen *fpl* <jur> • plant growing; plant cultivation
Pflanzgut *n* <holz> • planting stock
Pflanzgut *nsg* <agri> • plantlets *pl*; young plants *pl*; transplants *pl*
Pflanzhilfe *f* <agri> *(zum Ausstechen von Erdreich)* • bulb planter
pflanzliche Faser *f* <textil> • vegetable fiber
pflanzlicher Faserstoff *m* <textil> • vegetable fiber
pflanzlicher Klebstoff *m* <füg> • vegetable adhesive; vegetable glue
pflanzlicher Leim *m* <füg> • vegetable adhesive; vegetable glue
pflanzliches Fett *n* <nahr> • vegetable fat

pflanzliches Öl n <tribo> • vegetable oil
pflanzliches Wachs n <obfl.holz> • vegetable wax
Pflanzlochgerät n <agri> • plant-hole digger; dibbler
Pflanzlochstern m <agri> • star-wheel dibbler
Pflanzmaschine f <agri> • planter; transplanting machine
Pflanzschar n <agri> • furrow opener
Pflanztopfpresse f <agri> • soil-block pressing machine; soil-block making machine
Pflanzung f <agri> • plantation
Pflanzwanne f <agri> • nursery flat
Pflaster n <bau> • pavement; paving
Pflaster n <med> (für Wunde) • plaster
Pflasterblock m <bau.mat> • paving block; paving stone; sett
Pflasterdecke f <bau> • block pavement US; sett pavement; pavement
pflastern vt <bau> • pave vt
pflastern vt <bau> • pitch vt
Pflasterrinne f <bau> • paved gutter
Pflasterstein m <bau.mat> • paving block; paving stone; sett
Pflatschdruck m <textil> • slop pad printing
Pflatschen n <textil> • slop padding
Pflege f <tech.allg> (Aufrechterhaltung der Funktionsfähigkeit) • maintenance
Pflege f <tech.allg> (allg.; techn. Zustand oder Aussehen) • care
Pflege f <bau> • maintenance
Pflege f <kfz> (z. B. von Lack, Innenraum) • appearance care
pflegeleicht <bekl> • easy care
Pflegeleichtausrüstung f <textil> • easy-care finish; wash-and-wear finish
Pflegetraktor m <agri> • row-crop tractor
Pflicht f <jur> • duty; obligation
Pflock m <bau> • peg
Pflücken n <textil> (Baumwolle) • picking
pflücken vt <agri> (Baumwolle, Blumen, Früchte) • pick vt
pflücken vt <agri> (einzeln oder mit Sorgfalt; z. B. Obst) • pick vt
Pflückmaschine f <textil> (Baumwolle) • cotton picker
Pflückrolle f <agri> • picking roller
Pflückvorsatz m <agri> • pluck head
Pflug m <agri> • plow US; plough
Pfluggrindel m <agri> • plough beam
Pflughobel m <bau.masch> • plough plane
Pflugkarren m • fore-carriage
Pflugkörper m <agri> (für schwere Böden) • deep-digger body
Pflugkörper m <agri> (allg.) • plough body; plough bottom
Pflugkörper m <agri> (für mittelschwere Böden) • semi-digger body
Pflugnachläufer m <agri> • plough following unit
Pflugrahmen m <agri> • plough frame
Pflugschar n <agri> • plough share
Pflugscharanker m <nav> • plow anchor US; plough anchor GB; CQR anchor
Pflugsohle f <agri> • plough pan; plough sole
Pfosten m <bau> • post; stanchion
Pfosten m <bau> (Holzbau) • vertical stud; stud
Pfosten m <bau> (bei mehrflügeligen Fenstern) • mullion; mull pract; center mullion
Pfosten m <masch> • post; upright
P-Frame m prakt <edv> • predicted frame form; P-frame pract
Pfropf-Copolymer n <kst> • graft copolymer
Pfropf-Copolymerisation f <kst> • graft copolymerization
Pfropfen n <holz> (von Bäumen) • grafting

Pfropfenbildung f <verf> (z. B. im Rohr) • plug-up
Pfropfenströmung f <mat> (beim Spritzgießen) • plug flow
Pfropfgrad m <chem> • grafting degree
Pfropfpolymerisat n <kst> • graft polymer
Pfropfreis m <holz> • scion
Pfütze f <kfz> (z. B. unter Autos mit Klimaanlage) • puddle
Pfund-Serie f <phys> • Pfund series
Pfuschreparatur f <kfz.rep> • botched-up repair coll; botch coll; bodge coll
Pg <rls> • Panzer Gewinde (Pg) DIN 40430; steel conduit thread; steel conduit pipe thread
PGA <edv> • professional graphics adapter (PGA)
PGE <chem> • element of the platinium group
p-Gebiet n <el> • p-region; p-type region
PGF <ökon> (im Ggs. zu Preisanpassungsformel) • price escalation formula
PGFR m <nukl> • power generating fusion reactor (PGFR)
PGSS-Verfahren n <verf.obfl> • particles from gas saturated solutions [process] (PGSS)
PH₃ <el.ic> • phosphine
Phänomen n <tech.allg> (als beobachtbares dynamisches Ereignis) • phenomenon
Phänomen n <tech.allg> (beobachtbares Einzeleignis) • phenomenon
Phänotypisierung f <med> • phenotyping; typification; typing
p-Halbleiter m <el> • p-type conductor; p-type semiconductor; defect semiconductor; hole semiconductor
phanerokristallin <geo> • phanerocrystalline
Phanotron n <el> • phanotron
Phantasiebindung f <textil> • fancy weave
Phantasiepapier n <werb> • fancy paper
Phantom n <phys> • bluff body
Phantom n <verf> (Radiologie) • phantom
Phantombild n <av> • ghost image
Phantombild n <doku> (i.a. perspektivisch) • X-ray drawing; X-ray view ISO 10209-2; X-ray; phantom drawing rare
Phantombildung f <el> • phantoming
Phantomkreis m <el> • phantom circuit; superimposed circuit
Phantompupinspule f <tele> • phantom-circuit loading coil
Phantomschaltung f <el> • phantom circuit
Phantomschnitt m <kunst> • ghosting
pH-Anzeigegerät n <chem> • pH indicator
Pharma 32/39 <edv> • Pharmacode; Code 3/9 Pharmaceutical; Pharmaceutical Code 3/9; 3/9 Base 32; Pharma 32/39
Pharmaceutical Code 3/9 m <edv> • Pharmacode; Code 3/9 Pharmaceutical; Pharmaceutical Code 3/9; 3/9 Base 32; Pharma 32/39
Pharmacode m <edv> • Pharmacode; Code 3/9 Pharmaceutical; Pharmaceutical Code 3/9; 3/9 Base 32; Pharma 32/39
Pharmafabrik f <pharm> • pharmaceutical factory; drug company coll
Pharmaunternehmen n <pharm> • pharmaceutical factory; drug company coll
pharmazeutische Chemie f <pharm> • pharmaceutical chemistry
pharmazeutische Industrie f <pharm> • pharmaceutical industry
pharyngealer Speichelsee m <med> • pooling of saliva in the pharynx V
Phase f <tech.allg> (Elektronik, Werkstoff, Thermodynamik) • phase
Phase f <edv.av> • envelope time; time; envelope rate; rate

Phase f <edv.av> • periodic cycle; cycle; vibration period; oscillation time; period of oscillation

Phase f *prakt* <el> • phase conductor; phase *pract*; live wire *coll*

Phase f <navig> • carrier phase; carrier beat phase; phase; carrier-wave phase

Phase f <phys.chem> *(in Prozess)* • stage

Phase f <therm> • phase

Phase Alternating Line n (PAL) <av> • Phase Alternating Line (PAL); PAL color TV standard

Phase Alternating Line plus n (PALplus) <av> • Phase Alternating Line plus (PALplus); PALplus standard

Phase Alternation Line-TV (PAL-TV) <edv> • phase alternation line TV (PAL-TV)

Phase-Change-Verfahren n <edv> • phase change recording; phase change

Phase-Distortion-Synthese f (PD) *Casio* <edv.av> • Phase Distortion synthesis (PD) *Casio*; PD synthesis

Phasenabgleich m <av> • phasing

Phasenabgleichkondensator m <el> • phasing capacitor

phasenabhängig <el> • phase-dependent

Phasenabhängigkeit f <el> • phase-frequency characteristic; phase-frequency response; phase characteristic; phase response

Phasenabstand m <el> • phase spacing

Phasenänderung f <edv> *(optische Speicherung)* • phase change; phase transition; state change

Phasenänderung f <mat> • phase change

Phasenänderungsverfahren n <edv> • phase change recording; phase change

Phasenanalyse f <el> • phase-shift analysis

Phasenanomalie f <mat> • phase anomaly

Phasenanpassung f <av> • phase matching

Phasenanschnittsteuerung f <el> • phase-angle control

Phasenanzeiger m <el.wz> • phase indicator

Phasenaufspaltung f <el> • phase splitting

Phasenausfall m <av> • phase failure

Phasenausfallschutz m <msr> • phase failure protection

Phasenausgleich m <el> • phase correction

Phasenausgleich m <tele> • phase compensation

Phasenauswertung f *prakt* <navig> *(durch Messung der Trägerphasenverschiebung)* • carrier-phase tracking; carrier tracking *pract*; phase tracking *pract*; carrier-aided tracking *rare*; carrier-phase observation *rare*

Phasenbahn f <nukl> • phase trajectory

Phasenbelag m <el> *(Kondensator)* • wavelength constant

Phasenbereich m <phys> • phase region

Phasenbestimmer m <el> • phase localizer

Phasenbestimmung f <el> • phase determination

Phasenbeziehung f <metall> • phase relation

Phasendetektor m <el> *(el. Phase, Frequenz)* • phase detector; phase discriminator; phase comparator

Phasendetektor m <verf.msr> *(Dichtemessung; erkennt z. B. Ölschicht auf Wasser)* • phase detector

Phasendiagramm n <tech.allg> • phase diagram

Phasendiagramm n <el> • phase locus diagram

Phasendiagramm n <phys.mat> • constitution diagram; constitutional diagram; equilibrium diagram; phase equilibrium diagram; phase diagram

Phasendifferenz f <el> *(Antennentechnik)* • space phasing

Phasendifferenz f <phys> • phase difference

Phasendifferenzumtastung f <tele> • differential phase shift keying

Phasendiskriminator m <el> • phase discriminator

Phasendiskriminator m <el> *(el. Phase, Frequenz)* • phase detector; phase discriminator; phase comparator

Phasendrehtransformator m <phys> • interphase transformer

Phasendrehung f <av> • phase shifting; phase shift

Phasendrehung f <phys> • angular phase shift

Phasendrehung um 180° f <av> • phase opposition; phase inversion

Phasendrehung um 90° f <av> • phase quadrature

Phasenebene f <msr> • phase plane

Phaseneinstellung f <av> • phasing

Phaseneinstellung f <el> • phase timing

phasenempfindlich <phys> • phase-sensitive

phasenempfindliche Gleichrichtung f <tech.allg> • phase-influenced rectification

phasenempfindlicher Gleichrichter m <el> • phase-sensitive rectifier; synchronous rectifier

Phasenentzerrer m <av> • phase equalizer

Phasenentzerrer m <el> • phase corrector

Phasenentzerrung f <av> • phase equalization; phase correction

Phasenerkennung f <tech.allg> • phase identification

phasenfalsch <phys> • misphased

Phasenfehler m <el> • phase error

Phasenfeld n <metall> • phase field

Phasenfokussierung f <phys.el> • phase focusing; phase focussing; bunching

Phasenfolge f <el> • phase sequence

Phasenfolgeanzeiger m <el> • phase-sequence indicator

Phasenfortschaltung f <av> • phase shifting; phase shift

phasenfreier Widerstand m <el> • non-inductive resistor

Phasen-Frequenzgang m <av> • phase characteristic; phase response

Phasenfrequenzgang m <el> • phase-frequency characteristic; phase-frequency response; phase characteristic; phase response

Phasengang m <av> • phase characteristic; phase response

Phasengang m <el> • phase-frequency characteristic; phase-frequency response; phase characteristic; phase response

Phasengeschwindigkeit f <phys> • phase velocity; periodic wave velocity; wave velocity

phasengesteuerte Vielfachantenne f <el> • phased array

Phasengitter n <opt> • phase grating

phasengleich <tech.allg> • in phase

phasengleich <phys> *(Schwingungen, Strahlung)* • coherent

Phasengleichgewicht n <therm> • phase equilibrium

Phasengleichheit f <tech.allg> • phase balance

Phasengleichheit f <phys> • phase coincidence; phase synchronism

Phasengleichheit f <phys> *(von Wellen, Strahlen; z. B. von Laserlicht)* • coherence; coherency *rare*

Phasengleichlauf m <av> • phase locking

Phasengrenze f <mat> • phase boundary

Phasengrenze f <phys> • interface; interfacial area

Phasengrenzfläche f <ents> • interface; interfacial area; interphase boundary; interface boundary surface; interphase boundary surface

Phasengrenzfläche f <phys> • interface; interfacial area

Phasenhub m <el> • phase deviation

Phaseninverterschaltung f <el> • phase inverter circuit; phase inverter

Phasenisolierung f <el> • phase-coil insulation

Phasenjitter m <tele> • phase jitter

Phasenkette f <phys> • phasing network

Phasenklemme f <el> • line terminal

Phasenkoeffizient m <opt> • phase coefficient

Phasenkomparator m <el> (el. Phase, Frequenz)
• phase detector; phase discriminator; phase comparator
Phasenkompensation f <el> • phase compensation
phasenkompensierter Asynchronmotor m <el> • all-watt motor
Phasenkondensator m <el> • phase condenser
Phasenkonstante f <phys> • phase constant; wavelength constant
Phasenkonstante f <tele> • phase-change coefficient; phase coefficient
Phasenkonstanz f <el> • phase stability
Phasenkontrast m <phys> • phase contrast
Phasenkontrastmikroskop n <phys> • phase-contrast microscope; phase microscope
Phasenkontrastverfahren n <verf> (Mikroskopie)
• phase-contrast technique; phase-contrast method
Phasenkopplung f <el> • phase coupling; mode locking
Phasenkorrektur f <el> • phase correction
Phasenlage f <phys> • phase position
Phasenlaufzeit f <av> • phase delay
Phasenleiter m <el> • phase conductor; phase pract; live wire coll
Phasenmesser m <el> • phase meter; power-factor meter
Phasenmessung f <el> • phase-angle measurement
phasenminimal <msr> • minimum-phase
Phasenminimumsystem n <msr> • minimum phase-shift system; minimum phase system
Phasenmodulation f <phys> • phase modulation (PM)
Phasenmodulator m <el> • phase modulator
Phasennacheilung f <el> • phase lag; phase retardation
Phasenopposition f <phys> • phase opposition
Phasenorter m <navig> • phase localizer
Phasenplatte f <opt> • phase plate
Phasenprüfer m prakt <wz.el> (Schraubendreherform)
• voltage tester; mains tester; mains testing screwdriver
Phasenquadratur f <phys> • phase quadrature; quadrature
Phasenrand m <msr> • phase margin
Phasenraum m <nukl> • phase space
Phasenraumelement n <phys> • phase space cell
Phasenraumvolumen n <phys> • phase space volume
Phasenraumzelle n <phys> • phase space cell
Phasenrauschen n <el> (z. B. von Speichermedien)
• phase jitter; time base error; jitter
Phasenrauschen n <phys> • phase jitter
Phasenregelkreis m <edv.av> • phase-locked loop (PLL)
Phasenregelschleife f <kfz.av> • PLL circuitry; phase-locked loop; PLL-circuit
Phasenregelung f <av> • phase control
Phasenregler m <el> • phase controller
Phasenregler m <tele> • phase shifter
phasenrein <tele> • free from phase shift
Phasenrelais n <el> • phase relay
Phasenresonanz f <phys> • phase resonance; velocity resonance
phasenrichtig <tech.allg> • in-phase; in proper phase
phasenrichtige Addition f <edv> • in-phase addition
Phasenring m <opt> • annular phase plate; phase-shifting annulus; phase annulus
Phasenschieber m <tele> • phase shifter
Phasenschieberkondensator m <el> • phase-shifting capacitor; power-factor capacitor
Phasenschieberspule f <el> • quadrature coil
Phasenschiebertransformator m <el> • phase-shifting transformer; phase transformer
Phasenschiebung f <el> • power-factor improvement
Phasenschiebung f rar <el> (von Sinusschwingungen)
• phase shift; phase offset; phase displacement form; angular displacement rare

Phasenschnittfrequenz f <msr> • phase cross-over frequency
Phasenschwankung f <el> • phase variation; phase jitter
Phasenschwund m <av> • phase fading
Phasenspalter m <msr> • phase splitter
Phasenspannung f <el> • phase voltage; voltage to neutral
Phasenspannung f <el> (Dreiphasenstrom) • star voltage
Phasensprung m <tech.allg> • phase jump
Phasensprung m <navig> • cycle slip
Phasenstabilität f <tele> • phase stability
phasenstarr <el> • phased-locked; locked-phase
phasenstarrer Oszillator m <el> • phase-locked oscillator
Phasensteuereingang m <el> • phase control input
Phasenstrom m <msr> • phase current
Phasensynchronisationsschleife f form. <edv.av>
• phase-locked loop (PLL)
phasensynchronisiert <av> • phase-synchronized; phase-locked
Phasenteiler m <el> • phase splitter
Phasenteilerschaltung f <el> • phase-splitting circuit
Phasentrajektorie f <phys> • phase trajectory
Phasentransformator m <elel> • phase-shifting transformer; phase transformer
Phasentrenner m <ents> • phase separator
Phasentrennung f <ents> • phase separation
Phasenübereinstimmung f <phys> • phase coincidence
Phasenübergang m <edv> (optische Speicherung)
• phase change; phase transition; state change
Phasenübergang m <nukl> • ablation
Phasenübergang m <therm> • phase transition
Phasenumformer m <el> • phase converter
phasenumgetastet <av> • phase-shift keyed
Phasenumkehr f <av> • phase inversion; phase reversal
Phasenumkehrglied n <el> • phase inverter
Phasenumkehrrelais n <el> • phase-reversal relay
Phasenumkehrschalter m <el> • phase inverter
Phasenumkehrschaltung f <el> • phase-inverter circuit
Phasenumkehrstufe f <el> • phase inverter circuit; phase inverter; phase-inverting stage
Phasenumkehrung f <edv.av> • phase inversion
Phasenumkehrverstärker m <el> • phase-inverting amplifier; inverter amplifier
Phasenumschaltung f <av> • phase shifting; phase shift
Phasenumtastung f (PSK) <tele> • phase shift keying (PSK); phase-shift keying
Phasenumwandlung f <edv> (optische Speicherung)
• phase change; phase transition; state change
Phasenumwandlungsmedium n <edv> • phase-change medium
Phasenumwandlungsmedium n <edv> • phase-change medium; phase change optical disk
Phasenungleichheit f <el> • phase unbalance
Phasenunterbrechungsrelais n <el> • phase-balance relay
Phasenunterschied m <phys> • phase difference
Phasenvergleich m <el> • phase comparison
Phasenverhalten n <edv> • phase characteristic
phasenverkehrt <phys> • misphased
Phasenverkettung f <av> • phase interconnection
phasenverriegelt <av> • phase-locked
Phasenversatz m <phys> (z. B. von polarisiertem Licht)
• phase difference; phase shift
Phasenverschiebung f <av> • phase shifting; phase shift
Phasenverschiebung f <el> (von Sinusschwingungen)
• phase shift; phase offset; phase displacement form; angular displacement rare
Phasenverschiebung f <phys> (z. B. von polarisiertem Licht) • phase difference; phase shift

Phasenverschiebungswinkel *m* <el> • phase-shift angle; angle of phase difference; angle of phase displacement

Phasenverschiebung um 90 Grad *f* <phys> • phase quadrature; quadrature

phasenverschoben <astron> • incoherent

phasenverschoben <phys> *(z. B. Schwingungen, Strom und Spannung)* • dephased; displaced in phase; offset in phase; off-phase; out of phase

phasenverschobener Strom *m* <el> • out-of-phase current

phasenvertauscht <phys> • misphased

phasenverzerrt <edv.av> • phase-distorted

Phasenverzerrung *f* <edv/av> • phase distortion; phase frequency distortion

Phasenverzerrungsgrad *m* <av> • phase distortion index

Phasenverzerrungssynthese *f selten* <edv.av> • Phase Distortion synthesis (PD) *Casio*; PD synthesis

Phasenverzögerung *f* <el> • phase lag; phase retardation; phase delay

Phasenverzögerungszeit *f* <av> • phase delay time

Phasenvolumen *n* <phys> • phase-space volume; phase volume

Phasenvoreilung *f* <el> • phase lead; phase advance

Phasenvorhalt *m* <el> • phase advance

Phasenwähler *m* <msr> • phase selector

Phasenwechselmedium *n* <edv> • phase-change medium; phase change optical disk

Phasenwechsel-Platte *f rar* <druck> *(wärmeempfindliche Druckplatte)* • switchable polymer plate

Phasenwechsel-Technologie *f rar* <druck> *(Thermaltechnologie)* • switchable polymer technology

Phasenwechselverfahren *n* <edv> • phase change recording; phase change

Phasenwicklung *f* <el> • phase winding

Phasenwinkel *m* <el> • phase angle

Phasenwinkelfehler *m* <el> • phase-angle error

Phasenwinkelmessung *f* <el> • phase-angle measurement

Phaser *m* <edv.av> • phaser; phaseshifter

Phaseshifter *m* <edv.av> • phaser; phaseshifter

Phase Shift Keying *n* <tele> • phase shift keying (PSK); phase-shift keying

Phasitron *n* <el> • phasitron tube; phasitron

pH-Bereich *m* <chem> • pH range

pH-Bestimmung *f* <chem> • pH determination

pH-Dauerregler *m fachspr* <tech.allg> • pH-controlling device; pH-control

pH-Durchflussmesselektrode *f* <chem> • flow-type pH electrode

Phenformin *n* <pharm> • phenformin

Phenol *n* <chem> • phenol; carbolicum acidum

Phenolabscheider *m* • dephenolizer

Phenol-Formaldehydharz-Klebstoff *m* <füg> • phenol formaldehyde resin adhesive

Phenolharz *n* (PF) <chem> *(als Gruppe; typ. für Leiterplatten)* • phenol-formaldehyde plastic (PF); phenol-aldehyde resin; phenolic resin; PF resins

Phenolharz-Hartschaum *f* <mat> • phenolic foam; PF foam

Phenolharzklebstoff *m* <füg> • phenolic resin adhesive; phenolic adhesive; phenolic cement

Phenolharzlack *m* <obfl> • phenolic varnish

Phenol-Harzleim *m* <füg> • phenolic resin glue

Phenolharz-Nitrilkautschuk-Formulierung *f* <chem> • nitrile-phenolic formulation

Phenolharzpressmasse *f* <kst> • phenolic molding compound

Phenolharzschaumstoff *m* <kst> • phenolic foam

Phenolharzschichtstoff *m* <mat> • phenolic laminate

Phenoplast *m* <kst> • phenoplast; phenolic plastic

Phenylbromid *n* <chem> • bromobenzene

pH-Gebiet *n* <chem> • pH range

PHIGS <edv> • Programmer's Hierarchical Interactive Graphics System (PHIGS)

PHIGS-Schnittstelle *f* (PHIGS) <edv> • Programmer's Hierarchical Interactive Graphics System (PHIGS)

Phillips <wz> *(Antriebsform von Schrauben und Schraubendrehern)* • Phillips recess

Phillips-Kreuzschlitz *m* <füg> *(typ. Schraubenkopfausführung)* • Phillips drive; cross recess Phillips *stand*

Phillips-Recess... *form* <wz> *(Antriebsform von Schrauben und Schraubendrehern)* • Phillips recess

Phi-Meson *n* <nukl> • phi meson

pH-Indikator *m* <chem> • pH indicator

Phiole *f* <pack.chem> *(meist aus Glas, wiederverschließbar)* • vial

phlegmatisieren *vt* <spreng> *(Sprengstoff)* • desensitize *vt*

Phlegmatisierung *f* <spreng> *(Sprengstoff)* • desensitization

Phloem *n wiss* <bio> *(Siebteil der Leitbündel)* • phloem

pH-Messgerät *n allg* <tech.allg> • pH-meter

pH-Mess- und -Regelgerät *n* <tech.allg> • pH-measuring and controlling device

pH-Messung *f* <chem> • pH measurement

pH-Meter *m* <tech.allg> • pH-meter

Phon *n* <akust> • phon

Phone-Ausgang *m* <edv> *(Speaker-Buchse an Soundkarte)* • audio output; phone-out; speaker-out; speaker output; phone output

Phone-out *m* <edv> *(Speaker-Buchse an Soundkarte)* • audio output; phone-out; speaker-out; speaker output; phone output

Phong-Interpolation *f rar* <edv> • Phong shading *pract*; normal-vector interpolation shading; Phong illumination; Phong interpolation

Phong-Shading *n* <edv> • Phong shading *pract*; normal-vector interpolation shading; Phong illumination; Phong interpolation

Phonograph *m* <av> • phonograph

Phonolator *m* ® <tech.allg> *(allg.; Anschlag- oder Schwingsdämpfung; mit Gummi, Feder o.ä.)* • snubber; buffer *rare*

Phonon *n* <phys> • phonon; sound quantum

Phonoscope *n* <av> • Phonoscope

Phosophor *m* <chem> • phosphorus

Phosphat *n* <chem> *(Salz der Phosphorsäure; PO_4^{3-})* • phosphate

Phosphatadsorptionsschicht *f* <obfl> • phosphate adsorption coating

Phosphatdüngemittel *n* <agri> • phosphate fertilizer

Phosphatentschwefelungsverfahren *n* <petr> • phosphate process

Phosphatfällung *f* <chem.verf> • phosphate precipitation

Phosphatglasdosimeter *n* <nukl.msr> • phosphate glass dosemeter

Phosphatieranlage *f* <obfl> • phosphating unit; phosphating plant

Phosphatierbad *n* <obfl> • phosphating bath

Phosphatierbarkeit *f* <obfl> • phosphatability

Phosphatieren *n* DIN EN ISO 4618 <obfl> *(Vorgang)* • phosphating *ISO 4618-3*; phosphatizing; phosphate treatment; phosphate coating application; phosphate coating

phosphatieren *vt* <obfl> • phosphatize *vt*; phosphate *vt*; phosphate coat *vt*

Phosphatierlösung f <obfl> • phosphating solution
Phosphatierschicht f <obfl> • phosphate coating; phosphate film; phosphate layer
Phosphatierung f <obfl> • phosphate coating; phosphate film; phosphate layer
Phosphatierverfahren n <obfl> • phosphating process
Phosphatierzone f <prod> • phosphate section; phosphating zone
Phosphatkristallisation f <obfl> • phosphate crystallization
Phosphatschicht f <obfl> • phosphate coating; phosphate film; phosphate layer
Phosphatüberzug m <obfl> • phosphate coating
Phosphatwäsche f <obfl> • acid wash
Phosphatweichmacher m <kst> (chlorfreier Ester der Phosphorsäure, z. B. TCEP) • phosphate plasticizer
Phosphin n (PH$_3$) <el.ic> • phosphine
Phosphodiesterbindung f <med> • phosphodiester bond
Phospholipide fpl <chem> • phospholipids pl
Phosphor m (P) <chem> • phosphorus (P)
phosphorarm <mat> (z. B. Erz, Stahl) • low-phosphorus
phosphorbeschichtet <edv> • phosphor-coated
phosphordotiert <ic> • phosphorus-doped
Phosphorentzug m <metall> • dephosphorization
Phosphoreszenzfarbe f <obfl> • phosphorescent paint
phosphoreszieren vi <phys> • phosphoresce vi
phosphoreszierende Leuchtfarbe f <obfl> • long-after-glow paint
phosphorhaltig <mat> • phosphorous
Phosphoricum acidum <chem> (H$_3$PO$_4$) • phosphoric acid; phosphoricum acidum
phosphorierende Leuchtschicht f <edv> • luminiphor
phosphorlegiert <mat> (Stahl, z. B. für Karosserieblech) • phosphor-alloy
phosphorreich <mat> • high-phosphorus
Phosphorsäure f <chem> (H$_3$PO$_4$) • phosphoric acid; phosphoricum acidum
Phosphorsäure-Brennstoffzelle f (PAFC) <el> (Energiespeicher) • phosphoric acid fuel cell (PAFC)
Phosphorsäureverfahren n <chem.verf> (katalytische Polymerisation) • phosphoric-acid process
Phosphorsalzperle f <chem> • sodium phosphate bead; phosphate bead
phosphorsaure Brennstoffzelle f <el> (Energiespeicher) • phosphoric acid fuel cell (PAFC)
Phosphorschicht f <edv> • phosphor
Phosphorus <chem> • phosphorus (P)
Phot n <phys> • phot
photoaktiv <phys> • photoactive
photoaktive Chemikalien f Pl <energ.sol> • photoactive chemicals, Pl
Photoanregung f <phys> • photoexcitation
Photo-CD f (PCD) <edv> • Photo CD (PCD)
Photo-CD Master Disc f form <edv> • Photo CD (PCD)
Photo-CD-Player m <edv> • Photo CD player
Photochemie f <chem.licht> • photochemistry
photochemischer Smog m <ökol> (bildet sich durch starke Sonneneinstrahlung) • photochemical smog
photochemisches Äquivalenzgesetz n <phys> (Stark-Einstein) • law of photochemical equivalence; photochemical equivalence law
photochemische Sensibilisierung f <chem> • photochemical sensitization
photochromes Glas n <silik> • photochromic glass
Photochromie f ISO 105 B05 <textil> (umkehrbare, durch Licht hervorgerufene Änderung der Farbe) • photochromism ISO 105 B05
Photodetektor m <msr> • photodetector; photoconductive detector; light-sensitive detector; photosensor

Photodetektor m <msr> (Absorptionsspektrometrie) • photodetector; detector pract
Photodetektor m <opt> • photodetector; phote detector; detector
Photodiffusionsspannung f <el> • photodiffusion voltage
Photodiode f <msr> • photodiode; photoconductive diode; photo diode
Photodiodenarray m <edv> • photodiode array
Photodissoziation f <chem> • photodissociation
Photodruck m <druck> (Resultat) • photoprint
Photodruck m <druck> (Vorgang) • photoprinting
Photoeffekt m <msr> • photoelectric effect
Photoeffekt m <phys> • photoeffect; photoelectric effect
Photoeffekt m <phys> • photoelectric effect; photoeffect
Photoelastizität f <opt> • photoelasticity
photoelektrisch <autom> (Abtastung) • photo-electric
photoelektrische Austrittsarbeit f <el> • photoelectric work function
photoelektrische Einbruchmeldeeinrichtung f <alarm> • photoelectric intrusion detector
photoelektrische Kantenabtastung f <textil> • photoelectric cloth-edge sensing
photoelektrische Leitfähigkeit f <phys> • photoconductivity
photoelektrische Nachlaufsteuerung f <wz.masch> • photoelectric line tracer
photoelektrischer Bandleser m <edv> • photoelectric tape reader
photoelektrischer Belichtungsmesser m <phot> • photoelectric exposure meter
photoelektrischer Effekt m <msr> • photoelectric effect
photoelektrischer Effekt m <phys> • photoelectric effect; photoeffect
photoelektrischer Näherungsschalter m EN 60947 <allg> • photoelectric proximity switch EN 60947
photoelektrischer Strom m <el> • photoelectric current; photocurrent
photoelektrischer Zeitschalter m <el> • phototimer
photoelektrisches Pyrometer n <msr> • photoelectric pyrometer
photoelektrische Zelle f <phys> • photoelectric cell; photocell
Photoelektrizität f <phys> • photoelectricity
photoelektrochemische Solarzelle f <energ.sol> (zur Herstellung chemischer Produkte) • photoelectrolysis cell
photoelektrochemische Solarzelle f <energ.sol> (zur Umwandlung von Sonnenenergie in elektr.Strom) • electrochemical photovoltaic cell
photoelektrochemische Solarzelle f <energ.sol> • liquid junction solar cell; liquid solar cell; semiconductor-electrolyte cell; photoelectrochemical cell
photoelektrochemische Solarzelle f <sol> • semiconductor-electrolyte cell; photoelectrochemical cell; liquid solar cell; liquid junctin solar cell
photoelektromagnetisch <phys> • photoelectromagnetic
photoelektromagnetischer Effekt m <phys> • photoelectromagnetic effect
Photoelektron n <phys> • photoelectron
Photoelektronenstrahl m <phys> • photoelectron beam
Photoelektronenvervielfacher m <nukl> • photomultiplier tube; photomultiplier
Photoelektronik f <el> • photoelectronics
photoelektronischer Vervielfacher m <el> • photoelectronic multiplier; multiplier phototube; photomultiplier
Photoelement n <el> (ein Halbleiterphotoelement) • photovoltaic cell; barrier-layer photocell; blocking-layer photocell; semiconductor photocell
Photoemission f <el> • photoelectric emission; photoemission

Photoemissionseffekt *m* <phys> • photoemissive effect
Photoemissionskathode *f* <el> • photoemissive cathode
Photoemissionsschicht *f* <el> • photoemissive layer
Photoemissionszelle *f* <phys> • photoemissive cell; photoelectric cell; photocell
Photoempfänger *m* <el> • photoelectric receiver; photosensitive cell; photodetector
photoempfindlicher Lack *m* <obfl> • photosensitive resist; photoresist; resist
Photoempfindlichkeit *f* <phys> • photosensitivity
Photoemulsion *f* <phot> • photographic emulsion; sensitive emulsion
Photo Frisket Film *m* <kunst> *(Fotoretusche)* • photo frisket film
Photogrammetrie *f* <phot> • photogrammetry
photogrammetrisches Auswerteverfahren *n* <phys> • photogrammetric restitution procedure
Photograph *m* <phot> • photographer
photographischer Offsetdruck *m* <edv> *(konventionelles Druckverfahren)* • offset lithography; photo offset
Photogravüre *f* <prod> • photoengraving; photogravure
Photogravurtechnik *f* <druck> *(konventionelles Druckverfahren)* • photogravure; photoengraving; heliogravure
Photo-IC *m* <edv> • photodiode array
Photoinjektion *f* <el> • photoinjection
Photoionisation *f* <phys> • photoionization
Photokatalysator *m* <hlk> *(Luftreiniger)* • photo catalyzer *US*; photo catalyser *GB*
photokatalytisch <phys> • photocatalytic; light-catalyzed
Photokathode *f* <el> • photoelectric cathode; photocathode
Photokernreaktion *f* <nukl> • photonuclear reaction
Photolack *m* <el.ic> • photoresist; resist
Photolackprozess *m* <el.ic> • photolithography; optical lithography
photoleitend <el> • photoconductive
Photoleiter *m* <phys> • photoconductor
Photoleitfähigkeit *f* <phys> • photoconductivity
Photoleitung *f* <opt> • photoconduction
Photoleitungseffekt *m* <phys> • photoconductive effect
Photoleitungsempfindlichkeit *f* <phys> • photoconductive response; photoconductive sensitivity
Photoleitwert *m* <phys> • photoconductance
Photolithographie *f* <el.ic> • photolithography; optical lithography
photolithographisch <el.ic> • photolithographic
Photolumineszenz *f* <phys> • photoluminescence
Photolyse *f* • photolysis
photomagnetoelektrisch <phot> • photomagnetoelectrical
Photomaske *f* <el.ic.prod> *(Belichtungsvorlage)* • photomask
Photomaskenschritt *m* <el.ic> • photographic step; photomasking step
Photomaskierungstechnik *f* <prod> • photomasking technology
Photometer *n* <msr> • photometer
Photometerbank *f* <msr> • photometer bench
Photometerkopf *m* <msr> • photometer head
Photometerwürfel *m* <opt> *(Prismenwürfel)* • Lummer-Brodhun cube; photometric cube
Photometerwürfel *m* <phys> • photometric cube
Photometerwürfel nach Lummer-Brodhun *m* <licht> • Lummer-Brodhun cube
Photometrie *f DIN 5032-6* <msr> • photometry
photometrisch <msr> • photometric; photometrical
photometrischer Abgleich *m* <phys> • photometric balance
photometrisches Entfernungsgesetz *n* <opt> • inverse square law

Photomikrographie *f* <phot> • photomicrography
Photomikroskopie *f* <phot> • photomicroscopy
Photomultiplier *m* <msr> *(Chemilumineszenz)* • photomultiplier
Photon *n* <astron> • photon
Photon *n* <phys> • photon; light quantum
Photon *n* <phys> • quantum of light; photon; light quantum; light quant
Photonenflussdichte *f* <phys> • photon flux density
Photonengas *n* <phys> • photon gas
Photonenhypothese *f* <phys> • Einstein hypothesis of light quanta
Photonenimpuls *m* <phys> • photon momentum
Photonenrakete *f* <aerospace> • photon rocket
Photonenraumschiff *n* <aerospace> • photon-propelled spaceship
Photonenrauschen *n* <opt> • photon noise
Photonenstrom *m* <phys> • photon flux
Photonentriebwerk *n* <aerospace> • photonic power plant
Photonenvernichtung *f* <phys> • photon annihilation
Photonenzählrohr *n* <msr> • photon counter
Photoneutron *n* <nukl> • photoneutron
Photon-Phonon-Wechselwirkung *f* <phys> • photon-phonon interaction
photooptisch <opt> • photooptical
Photooxidantien *f* <emiss> • photochemical oxidants
Photooxidation *f* <verf> • photooxidation
Photopapier *n* <pap> • photographic paper
Photoplotter *m* <edv> • photo plotter
Photopolymerdruckplatte *f* <kst> • photopolymer plate; photopolymer block
Photopolymerisation *f* <kst> • photopolymerization
Photoreaktion *f* <chem.verf> • photochemical reaction
Photorepeater *m* <phot> • optical step-and-repeat camera; step-and-repeat camera; optical image repeater; photorepeater; image repeater
Photorepeattechnik *f* <el> • step-and-repeat operation
Photoresist *m* <el.ic> • photoresist; resist
Photoresist *m* <obfl> • photosensitive resist; photoresist; resist
Photoresistablösung *f* <obfl> • photoresist stripping
Photoresistbeschichtung *f* <obfl> • photoresist coating
Photoresistmaske *f* <el> • photoresist mask
Photo-Resist-Schicht *f* <el.ic.prod> • photoresist layer; photoresist coating; photoresist
Photoresistschicht *f* <obfl> • photoresist layer; photoresist film
Photoresisttechnik *f* <el> • photoresist technology
Photosatz *m* <edv> *(Druckverfahren)* • photocomposition printing; photocomposition; phototypography; photo comp; filmsetting
Photoschablone *f* <prod> • photomask
Photoschicht *f* <el.ic.prod> • photoresist layer; photoresist coating; photoresist
Photoschicht *f* <phot> • photolayer; photographic layer
Photoschichtspur *f* <phot> • photolayer track
Photoschritt *m* <el.ic> • photographic step; photomasking step
Photoschwelle *f* <phys> • photoelectric threshold
Photosekundäremissionsvervielfacher *m* <phys> • secondary-emission electron multiplier
Photosensibilisierung *f* <phys> • photosensitization; photochemical sensitization
Photosetzmaschine *f* <druck> • photocomposing machine; photocomposer; filmsetting machine
Photoshooting *n* <werb> • photoshooting
Photospaltung *f* <nukl> • photofission
Photospannung *f* <el> • photoelectric voltage; photovoltage

Photosphäre f <geo> • photosphere

Photostrom m <el> • photoelectric current; light-generated current; photo current; photocurrent

Photosynthese f <chem> • photosynthesis

Phototheodolit m <msr> • phototheodolite

Phototherapie f <med> (Behandlungsmethode mit Licht) • phototherapy

photothermal <energ.sol> • photothermal

photothermale Energieumwandlung f <energ.sol> • photothermal energy conversion

photothermisch <energ.sol> • photothermal

Photothyristor m <el> • light-activated silicon-controlled rectifier (LSCR); photoconductive silicon-controlled rectifier; photothyristor

Phototransistor m <msr> • phototransistor; photo transistor

phototropes Glas n <kfz> • light-sensitive glass

phototropes Material n <opt.mat> (ändert Lichttransmissionseigenschaften mit Wellenlänge) • photochromic material

Photoumwandlung f <av> • photo-conversion

Photovaristor m <el> • photovaristor

Photovervielfacher m <msr> (Chemilumineszenz) • photomultiplier

Photoviatechnologie f <el.ic.prod> (Multilayer-Leiterplatten) • photovia technology

Photovoltaik f (PV) <energ.sol> • photovoltaics (PV)

Photovoltaikanlage f <energ.sol> (Solarkraftwerk mit Solarzellen) • PV plant; photovoltaic solar power plant

Photovoltaikanlage ohne Netzanschluss f <energ.sol> • off-grid photovoltaic system

Photovoltaik-Fassade f <bau> • photvoltaic facade; PV facade

Photovoltaik-Kraftwerk n <energ> • photovoltaic power plant

photovoltaisch <energ.sol> • photovoltaic (PV)

photovoltaischer Effekt m <energ.sol> • photovoltaic effect

photovoltaischer Wandler m <energ.sol> • photovoltaic cell; solar voltaic cell; solar battery obs; solar cell

photovoltaisches Kraftwerk n <energ> • photovoltaic power plant

photovoltaisches System n <energ.sol> • photovoltaic system; PV system

Photovolteffekt m <phys> • photovoltaic effect

Photowiderstand m <el> (physikal. Erscheinung) • photoresistance

Photowiderstand m <msr> (lichtempfindliches Halbleiterbauteil) • photoresistor; light-dependent resistor

Photowiderstandsempfänger m <phys> • photoconductive detector; photoresistive detector

Photowiderstandszelle f <phys> • photoconductive cell; photoresistive cell

Photozelle f <tech.allg> • photocell; photoelectric cell

Photozelle f <phys> (Licht emittierend; z. B. LED) • photoemissive cell

Photozellenpyrometer n <msr> • photometric pyrometer

phraseologische Einheit f <term> • phraseological unit

pH-Schreiber m <chem> • recording pH meter

pH-Sonde f <tech.allg> • pH-probe

Phthalatweichmacher m <kst> • phthalate plasticizer

Phugoidschwingung f <aerospace> • phugoid oscillation

pH-Wert m <chem> • pH-value

pH-Wert-Bestimmung f <chem> • pH value determination

pH-Wert-Schwankung f <chem> • variation in the pH-value; change of the pH-value

Physical Modeling n (PM, VA) <edv.av> • physical modeling (PM, VA); PM synthesis; virtual acoustics

Physical-Modeling n <edv.av> (Waveguide-Synthese) • physical modeling

Physical-Modeling n <edv.av> • waveguide synthesis; physical modeling

Physik f <phys> • physics

physikalisch-chemisch <tech.allg> • physicochemical

physikalisch-chemische Altersbestimmung f <msr> • chemical dating

physikalische Adsorption f <phys> • physical adsorption; reversible adsorption; van der Waals adsorption

physikalische Altersbestimmung f <phys> (Archäologie) • physical dating; radioactive dating; isotopic dating; physical age determination

physikalische Animation f <edv> • physically-based animation

physikalische Atmosphäre f <phys> (SI-fremde Einheit des Drucks; entspricht 101 325 N/m²) • standard atmosphere

physikalische Chemie f <tech.allg> • physical chemistry

physikalische Eigenschaft f <phys> • physical caracteristic

physikalische Eigenschaften fpl <phys> • physical properties

physikalische Einheit f <phys> • physical unit

physikalische Halbwertszeit f <nukl> (radioaktives Material) • half-life; physical half-life; half-life period

physikalische Kapazität f <edv> • uncompressed capacity; native capacity Conner; capacity without data compression

Physikalische Modellierung f <edv.av> (Waveguide-Synthese) • physical modeling

Physikalische Modellierung f <edv.av> • waveguide synthesis; physical modeling

physikalische Optik f <opt> • physical optics

physikalische Prüfung f <qualit> • physical testing

physikalischer Kanal m <tele> • physial channel

physikalische Schicht f <edv> • physical layer

physikalisches Pendel n <mech> (Ggs. zum mathematischen Pendel) • physical pendulum; compound pendulum

physikalisches Röntgenäquivalent n <phys> • roentgen equivalent physical (rep)

physikalische Vorbehandlung f <verf> • physical pretreatment; physical feed preparation

physikochemisch <tech.allg> • physicochemical

physiologische Behaglichkeit f <med> • human thermal comfort

physiologische Blendung f <opt> • disability glare

physiologische Kochsalzlösung f <med> • physiological salt solution; saline

physiologische Störung f <agri> (von Pflanzen) • physiological disorder

Physiotherapie f <med> • physiotherapy

physische Geologie f <geo> • physical geology

Physisorption f <ents> • physical adsorption

Phytolacca decandra <bio> • poke root; phytolacca decandra

Phytotherapie f <med> • phytotherapy; herbalism

PI <kfz.av> • program identification (PI)

Pianoexpander m <edv.av> • piano module; piano sound module; piano expander

Pianomodul n <edv.av> • piano module; piano sound module; piano expander

Pi-Bindung f <chem> • pi bond

PIC <mil> (digitale „Hundemarke") • Personal Information Carrier (PIC)

Pick-and-place-Roboter m <prod> • pick-and-place robot; picker robot pract; picker

Pick-and-Place-System n <autom> (fest programmiert) • handling device; pick-and-place system

Pickel *m ugs* <bau.wz> *(groß, langer Stiel)* • pick; pickaxe *rare.GB*

Pickelbildung *f* <obfl> *(Lackfehler)* • seed

Picker *m* <edv> • pick device

Picker *m* <logist> *(Person oder Gerät)* • order picker; picker

Picker *m prakt* <prod> • pick-and-place robot; picker robot *pract*; picker

Picker *m* <textil> • picker

Pickerl *n A* <verk.fin> • toll sticker *:V*

Pickhammer *m* <wz> *(klein)* • pick hammer; picking hammer; pencil-point pick hammer

Pickup *m ugs* <kfz> *(mit Tiefbett)* • pickup; utility *AUS*; ute *AUS.coll*

Pick-Up *m* <nfz> • pickup; pick-up; cowboy cadillac *sl*; bonneted ute *NZ*; ute *NZ.coll*

Pickup *m* <nfz> • pickup; pick-up; cowboy cadillac *sl*; bonneted ute *NZ*; ute *NZ.coll*

Pickup-Cabrio *n* <kfz> • convertible pickup [truck]; pickup convertible; ragtop pickup *coll*

Pickup mit Alkovenaufsatz *m* <nfz> *(Wohnwagen)* • slide-in truck camper

Pick-Up mit Zwillingsreifen *m* <nfz> • pickup with dual rear wheels; dooley *coll*; dually *coll*

Pick-up-Prozess *m* <nukl> • pick-up process

Pick-up-Walze *f* <pap> • pick-up roll

PI-Code *m* <kfz.av> • PI code

Picozelle *f* <tele> • picocell

Picture-Mapping *n* <edv> • picture mapping; mapping *pract*

PID-Regler *m* <msr> • proportional + integral + derivative controller; PID controller; 3 term controller; three-term controller; three-mode controller

PID-Regler *m* <msr> • proportional-integral-derivative controller; PID controller; three-term controller

PID-Verhalten *n* <msr> • proportional + integral + derivative controller

Piek *f* <nav> • peak

Pi-Elektron *n* <nukl> • pi electron

Piepser *m ugs* <tele> • pager *form*

Pier *m* <bau.nav> *(auf Pfeilern; u.U. mit Gebäuden)* • pier; wharf

piercen *vt* <med> *(Ohrläppchen, Zunge, Nabel etc.)* • pierce *vt*

Pierce-Oszillator *m* <el> • Pierce crystal oscillator

Piezoaktor *m* <kfz.msr> • piezo actuator *:V*

Piezoaufnehmer *m* <msr> • piezoelectric pick-up

Piezo-Bedienfeld *n* <lwl> • piezo control board

Piezoeffekt *m* <msr> • piezoelectric effect; piezo-electric effect *rar*

Piezoeffekt *m* <phys> • piezoelectric effect

piezoelektrisch • piezoelectrically; piezo-electric

piezoelektrische Folie *f* <msr> • piezo film

piezoelektrischer Aufnehmer *m* <msr> • piezoelectric transducer

piezoelektrischer Beschleunigungssensor *m* <msr> • piezoelectric accelerometer

piezoelektrischer Druckmesser *m* <msr> • piezoelectric gauge; piezometer

piezoelektrischer Drucksensor *m* <msr> • piezoelectric pressure transducer

piezoelektrischer Effekt *m* <el> • electrostriction; piezo-electric effect

piezoelektrischer Effekt *m* <msr> • piezoelectric effect; piezo-electric effect *rar*

piezoelektrischer Kopplungskoeffizient *m* <phys> • piezoelectric coupling coefficient

piezoelektrischer Kristall *m* <msr> • piezoelectric crystal

piezoelektrischer Lautsprecher *m* <av> • piezoelectric loudspeaker; piezo loudspeaker; crystal loudspeaker

piezoelektrischer Messwandler *m DIN EN 1330-4* <msr> • piezoelectric transducer

piezoelektrischer Sensor *m* <msr> • piezoelectric pick-transducer; piezoelectric pick-up

piezoelektrischer Sensor *m* <msr> • piezoelectric transducer

piezoelektrischer Tonabnehmer *m* • crystal pick-up

piezoelektrisches Filter *n* <el> • quartz filter; piezoelectric filter *thsc*; crystal filter *rare*

piezoelektrisches Filter *n* <phys> • piezoelectric filter

piezoelektrisches Mikrofon *n* <av> • piezoelectric microphone

piezoelektrisches Stellelement *n* <lwl> • piezo-electrical drive; piezo-electrical positioner

Piezoelektrizität *f* <phys> • piezoelectricity

piezoelektronischer Vibrationskontakt *m* <alarm> • impact detector; seismic detector; electronic vibration detector

Piezo-Element *n* <av> • piezoelectric element

Piezokeramik *f* <keram> • piezoelectric ceramics

Piezokristall *m* <msr> • piezoelectric crystal

Piezokristallisation *f* <mat> • piezocrystallization

Piezo-Lautsprecher *m* <av> • piezoelectric loudspeaker; piezo loudspeaker; crystal loudspeaker

piezolektrischer Mehrkomponenten-Kraftaufnehmer *m* <kfz> • piezoelectric multi-component force transducer

piezomagnetisch <phys> • piezomagnetic

Piezometer *n* <msr> • piezometer

Piezometrie *f* <msr> • piezometry

Piezoquarz *m* <mat> • piezoelectric quartz

piezoresistiver Beschleunigungssensor *m* <msr> • piezoresistive accelerometer

piezoresistiver Effekt *m* <phys> • piezoresistive effect; piezo-resistive effect *rar*

Piezoröhrchen *n* <druck> • piezo tube

Piezotransistor *m* <el> • piezoelectric transistor

Piezotropiemodul *m* <phys> • piezotropic modulus of elasticity

Piezoventil *n* <rls.el> • piezo valve

Pigment *n DIN 7732* <obfl> *(unlöslich, organisch od. anorganisch)* • pigment; coloring substance *rare*; coloring matter *rare*; coloring body *rare*; coloring solid *rare*

Pigmentdruck *m* <druck> *(schwarz)* • carbon printing

Pigmentdruck *m* <druck/textil> *(allg., jede Farbe)* • pigment printing

Pigmentfärbung *f* <textil> • pigment dyeing

Pigmentfarbe *f* <kunst> • pigmented paint

Pigmentfarbstoff *m* <tech.allg> • pigment dyestuff; pigment dye

pigmentieren *vt* <tech.allg> • pigment *vt*

pigmentierte Farbe *f* <kunst> • pigmented paint

pigmentierte Magnetschicht *f* <av/edv> *(auf Bändern, Disketten, Festplatten)* • magnetic layer; magnetic coating; ferromagnetic film; magnetic film

pigmentierte Viskoseseide *f* <textil> • pigment rayon

Pigmentierung *f* <kunst> • pigmentation

Pigmentklotzung *f* <textil> • pigment padding

Pigmentkopie *f* <druck> • carbon print

Pigmentpapier *n* <pap> • pigment paper; carbon tissue

Pigmentteilchen *npl* <druck> • pigment particles *pl*

Pigmentvolumenkonzentration *f DIN EN 971-1* <msr> • pigment volume concentration (PVC)

Pigmentwanderung *f* <tech.allg> • pigment migration

Pigtail *n* <lwl> • pigtail

pikant <nahr> *(Wein)* • piquant

Piko... (p) <phys.msr> *(Vorsilbe für Einheiten: 10^{-12})* • pico (p)

Pi-Kreis *m* <msr> • pi-tuned circuit
Piktogramm *n* <tech.allg> • pictogram; pictograph; icon
Pile *f* <chem> • decomposer
Pilgerdorn *m* <prod> *(z. B. Rohrherstellung)* • pilger mandrel; piercer
Pilgerschrittbewegung *f* <prod> • pilger motion
Pilgerschrittschweißen *n* <füg> • back-step welding; step-back welding
Pilgerschrittverfahren *n* <metall> • pilger process
Pilgerschrittwalzverfahren *n* DIN 8583-2 <metall> • pilger tube-reducing process
Pilgerschrittwalzwerk *n* <metall> • pilger mill
Pilgerwalze *f* <metall> • pilger roll
Pillbildung *f* <textil> • pilling
Pille *f* <el> • pellet
Pille *f* *ugs* <pharm> • birth control pill
pillfest <textil> • pill-resistant
pillieren *vt* <textil> • pill *vt*
Pilling *n* <textil> • pilling
Pillings bilden *vi* <textil> • pill *vi*
Pilotanlage *f* <tech.allg> • pilot plant
Pilotballon *m* <aerospace> • pilot balloon
Pilotballon *m* <meteo> *(Wolkenhöhenmessung)* • ceiling balloon
Pilotbogen *m* <el> • pilot arc
Pilotbohrer *m* <wz> • pilot bit
Pilotempfänger *m* <tele> • pilot receiver
Pilotenkanzel *f* <aerospace> • pilot's cockpit
Pilotfrequenz *f* <tele> • pilot frequency
Pilotkonditionierungsanlage *f* (PKA) <ents> • pilot conditioning plant
Pilotleitung *f* <tele> • pilot
Pilotlicht *n* <msr> • pilot light
Pilotpegel *m* <tele> • pilot level
Pilotregler *m* <msr> • pilot controller
Pilotschwingung *f* <tele> • pilot
Pilotserie *f* *rar* <prod> *(vor Nullserie)* • pilot series; pilot production [run]; pilot run *US.pract*
Pilotton *m* <av> • pilot tone
Pilotträger *m* <tele> • pilot carrier
Pilz *m* <bio> *(giftig)* • toadstool
Pilz *m* <bio> • fungus
Pilz *m* <nahr> *(eßbar)* • mushroom
Pilzanguss *m* <kst> • cone gate; diaphragm gate; valve gate
Pilzanker *m* <nav> • mushroom anchor
Pilzbefall *m* <obfl.holz> • attack by fungi
Pilzdecke *f* <bau> • mushroom floor
Pilzdeckenplatte *f* <bau> • flat slab; mushroom slab
Pilzgrundplatte *f* <bau> • inverted flat slab foundation
Pilzisolator *m* <el> • mushroom insulator; umbrella insulator
Pilzkopf *m* <bau> *(Pilzdecke)* • dropped panel; drop panel
Pilzkopf *m* <bau> *(Stahlbeton)* • splayed head
Pilzlautsprecher *m* <av> • mushroom loudspeaker
Pilzlüfter *m* <nav> • mushroom ventilator
Pilzschale *f* <bau> • umbrella shell
Pilz-Schließzapfen *m* <bau> *(Fensterschloss)* • mushroom cam
Pilzsicherung *f* <kfz> • mushroom-type retainer
Pilzstößel *m* <kfz.mot> • mushroom tappet; mushroom valve lifter
Pilzzapfen *m* <bau> *(Fensterschloss)* • mushroom cam
Pi-Meson *n* <nukl> • pi meson; pion
Pi-Modus *m* <msr> • pi mode
PIN <tele> • personal identity number (PIN); PIN code
Pin *m* <edv> • pin
Pin *m* *prakt* <el> • pin; connecting pin; terminal pin

Pinabstand *m* *prakt* <el> • pin pitch; pin spacing; terminal spacing
Pinakoid *n* • pinacoid
Pinanzahl *f* <ic> *(an ICs, Prozessoren)* • pin count
Pinbelegung *f* <edv> *(RS-422/485 Schnittstelle)* • pin-out
Pinbelegung *f* <el> *(bei Steckverbindern, Elektronikbausteinen)* • pin assignment; pin configuration; pin definition; pin allocation; contact configuration *rare*
Pinbelegung 1:1 *f* <el> • straight-through pinning
Pincheffekt *m* <nukl> • pinch effect
Pinch-Effekt *m* <phys> • pinch effect
Pinch-off-Spannung *f* <el> • pinch-off voltage
Pinch-off-Strom *m* <el> • pinch-off current
PIN-Code *m* <tele> • personal identity number (PIN); PIN code
PIN-Diode *f* <el> • PIN detector
pin-Diode *f* <el> • pin diode
PIN-Diode *f* <lwl> • PIN photodiode
Pineapple-Spule *f* <textil> • pineapple bobbin
pin-Gleichrichterdiode *f* <el> • pin diode
pinkompatibel <el> *(Bausteine)* • pin compatible; pin-compatible
Pink-Slip-Party *f* <econ> • pink slip party
Pinne *f* <füg> • pin
Pinne *f* <nav> • tiller
Pinne *f* <wz> *(Hammerfläche gegenüber der Bahn; Kante oder Halbkugel)* • peen
Pinnenausleger *m* <nav> *(Segelboot)* • tiller extension; hiking stick *US*
Pinnhammer *m* <kfz.wz> • cross-peened hammer; peen hammer; cross-peen hammer; cross-peined chisel hammer *GB*; pein hammer *GB*
Pinole *f* <wz.masch> • spindle sleeve; sleeve; quill
Pinole *f* *prakt* <wz.masch> *(Drehmaschine)* • tailstock quill; tailstock sleeve
Pinolenfestklemmung *f* <wz.masch> • sleeve lock; quill lock
Pinolenrückzug *m* <wz.masch> • sleeve withdrawal; quill withdrawal
Pinolenvorschub *m* <wz.masch> • sleeve feed; quill feed
PIN-Photodiode *f* <lwl> • PIN photodiode
Pinrichtgerät *n* <el.ic> • pin adjuster
Pinsel *m* <kfz.wz> *(für Reinigungszwecke)* • cleaning brush; parts cleaning brush *form*
Pinsel *m* <kunst> • brush; handbrush; paintbrush
Pinsel *m* <wz> *(allgemein)* • paintbrush; brush
Pinselauftrag *m* <obfl.holz> • application by brush
Pinselkopfbürste *f* <kfz.wz> • wire end brush
Pinsellackierung *f* <obfl> • brush-painted bodywork; brush paint job
Pinselputz *m* <bau> • brush plaster
Pinselputz *m* <bau> • dinging
Pinselreiniger *m* <kunst> • brush cleaner
Pinselretusche *f* <druck> • brush retouching
Pinselring *m* <kunst> • metal fe(r)rule of the brush
Pinselstrich *m* <kunst> • paint stroke
Pinselstriche *mpl* <obfl> *(Anstrichfehler)* • brush marks
Pinselzwinge *f* <kunst> • metal fe(r)rule of the brush
Pinstriping *n* <kfz.wz> • pinstriping; coachlining *GB.obs*
Pintsch-Gas *n* <chem> • Pintsch gas
Pintsch-Hillebrand-Verfahren *n* <chem> • Pintsch-Hillebrand process
pin-Übergang *m* <el> • pin junction
Pinzette *f* <kfz.wzwz> • tweezers *pl*; tweezer
Pinzette *f* <präp> *(anatomisch)* • dissecting forceps
PIO <edv> • parallel input output device (PIO); input/output unit; input output unit; I/O unit
Pion *n* <nukl> • pion; pi meson
Pion *n* <nukl> • pi meson; pion

Pionatom m <phys> • pionic atom
Pionenatom n <phys> • pionic atom
Pionenwolke f <phys> • pion cloud
pionisch <phys> • pionic
Pion-Myon-Zerfall m <nukl> • pi-mu decay
PIP <med.tech> • peak inspiratory pressure (PIP)
Pipeline f <rls> *(über lange Strecken; typ. für Erdöl, Erdgas)* • pipeline
Pipelinepumpe f <masch> • pipeline pump
Pipestill-Anlage f prakt <chem.petr> *(zum Fraktionieren)* • pipe-still plant; pipe-still distillation plant; pipe-still installation; pipe-still unit; tube-still plant
Pipestill-Anlage f <petr> • tube-still plant
Pipestill-Destillation f prakt <chem.verf> • pipe-still distillation
Pipette f <med> • pipette
Pipettenflasche f <kunst> • pipette bottle
PIR <alarm> • passive infrared motion detector (PIR); passive infrared detector/sensor; infrared motion detector/sensor; IR motion detector/sensor; passive IR
Pirani-Vakuummesser m <msr> • Pirani gauge
PIR-Bewegungsmelder in Quadro-Technologie m <alarm> • quad-element PIR detector
PIR-DUAL-Melder m <alarm> • dual-element passive infrared sensor
PI-Regler m <msr> • proportional plus integral controller; PI controller; two-term controller; two-mode controller; proportional plus reset controller rare
PIR-Quadro-Melder m <alarm> • quad-element PIR detector
Pistenbefeuerung f <aerospace> • runway lighting; runway lights
Pistenfeuer n <aerospace> • runway light
Pistill n <chem> • pestle
Pistole f <mil> • pistol
Pistolengriff m <edv> *(Lesepistole)* • pistol grip
Pistolengriffrepetierer m <mil> *(mit Geradezugverschluss)* • pistol-grip repeater; grip repeater
Pistolen-Halter m AMI <kunst.wz> • airbrush stand; airbrush rack; table support; airbrush rest; airbrush hanger Badger
Pistolenkoffer n <mil> • pistol case
Pistolenwettbewerb m <mil> • pistol competition; pistol event
pistonieren vt <petr> • swab vt
Pistonierkolben m <petr> • swab
Pit n <edv> *(in der Speicherschicht einer optischen Platte; z. B. CD)* • pit; recording mark; mark
Pitafaser f <textil> • pita fiber
Pitbreite f <edv> • pit width
Pitchbender m <edv.av> • pitchbend wheel; pitch wheel; pitchbender
Pitchbender m <el.mus> • bender; pitchbender
Pitchbending n <edv.av> • pitchbending; pitchbend
Pitchbend-Rad n <edv.av> • pitchbend wheel; pitch wheel; pitchbender
Pitchbend-Wheel n <edv.av> • pitchbend wheel; pitch wheel; pitchbender
Pitch-Correction f <edv.av> • pitch correction
Pitchen in Fahne n <energ.wind> • feather vt
Pitchen in Fahnenstellung n <energ.wind> • feather vt
Pitchregelung f <energ.wind> • pitch control
Pitchshifter m <edv.av> • pitch shifter
Pitch Stick m Clavia <edv.av> • pitch stick
Pitchverstellung f <energ.wind> • pitch control
Pitch-Wheel n <edv.av> • pitchbend wheel; pitch wheel; pitchbender
Pitchwinkel m <energ.wind> • pitch angle IEV 415; rotor blade pitch angle form; blade pitch angle; blade pitch pract; blade angle pract

Pit-Geometrie f <edv> • pit geometry
Pi-Theorem n <phys> • pi theorem
Pi-Theorem von Buckingham n <phys> • pi theorem
Pitlänge f <edv> • pit length
Pit/Land-Übergang m <edv> *(CD, DVD)* • transition from pit to land; transition from pit to space; pit/land transition
Pit/Land-Wechsel m <edv> *(CD, DVD)* • transition from pit to land; transition from pit to space; pit/land transition
Pitotdruck m <kfz.antr> • pitot pressure
Pitotkammer f <kfz.antr> • pitot chamber
Pitotrohr n <kfz.antr> *(Geschwindigkeitsmessung)* • pitot tube; pitot valve; Pitot tube
Pitot-Rohr n <kfz.antr> *(Geschwindigkeitsmessung)* • pitot tube; pitot valve; Pitot tube
Pittiefe f <edv> • pit depth; bump height
Pitting n wiss <qualit> *(in benetzten Oberflächen)* • pitting
Pitting n <qualit> *(trocken, mechanisch)* • pitting
Pitting n <tribo> *(Verschleiß)* • pitting
Pittingbildung f <qualit> *(trocken, mechanisch)* • pitting
PI-Verhalten n <msr> • proportional plus integral action
Pivoting Optical Servo n (POS) <edv> *(DLT-Streamer)* • Pivoting Optical Servo (POS)
Pivot-Point m <edv> *(zur Beschreibung von Objekten)* • reference point; pivot point
Pivot-Punkt m <edv> • pivot point
Pixel n prakt <edv> • picture element; pixel pract; pel IBM.rare
Pixelabstand m <edv> *(Bildschirm)* • dot pitch
Pixelbild n rar.ugs <edv> *(ohne Kompression, nicht vektorisiert; *.bmp)* • bitmap; raster graphics
Pixel-Dropping n <edv> • pixel dropping
Pixelfrequenz f <edv> • pixel frequency
Pixelgrafik f <edv> *(ohne Kompression, nicht vektorisiert; *.bmp)* • bitmap; raster graphics
Pixel-Interpolation f <edv> • pixel interpolation
Pixel mit Mischwert n <edv> • midcolor pixel
Pixel-Morphing n <edv> • pixel morphing
Pixel-Phasing n <edv> • pixel-phasing
Pixelpipeline f <edv> • pixel pipeline
Pixelschattierung f rar <edv> • dithering
Pixelschattierungsalgorithmus von Floyd-Steinberg m <edv> • Floyd-Steinberg dithering algorithm
Pixelspeicher m <edv> *(Bildwiederholspeicher für Rasterbildschirme)* • bit map memory; bit map refresh buffer; frame buffer; bit map pract
Pixeltakt m in Tabelle <edv> • clock in table
Pixel-Textur f <edv> • bitmap texture; pixel texture
Pixel-Verdopplung f <edv> • pixel doubling; pixel replication; pixel duplication
Pizza-Wafer m prakt <el.ic.prod> • 300-mm wafer
PJTF <druck> *(Dateiformat)* • Portable Job Ticket Format (PJTF)
PK <alarm> • tilt detector :V
PKA <ents> • pilot conditioning plant
P-Kanal m <edv> • flag bit
p-Kanal-Feldeffekttransistor m <el> • p-channel field-effect transistor; p-channel FET; p-channel fet
p-Kanal-FET m <el> • p-channel field-effect transistor; p-channel FET; p-channel fet
p-Kanal-Metall-Oxid-Halbleiter m <el> • p-channel metal-oxide semiconductor (PMOS)
PKM <wz.masch> *(z. B. zum Fräsen)* • parallel-kinematics machine tool; parallel-kinematics machine; machine-tool robot
PKM <wz.masch> *(z. B. ein Hexapod)* • parallel kinematic machine (PKM) :V
P-Körnungsreihe f <kfz.wz> *(Schleifpapier)* • P grit numbers pl

Pkw <kfz> • automobile *US*; passenger car *form*; motor car *GB*; car *pract.coll*; auto *US.coll.rare*

Pkw-Instandsetzung *f* <kfz> • car repair

Pkw-Karosserie *f* <kfz> • passenger-car body

Pkw-Lackierung *f* <obfl> *(Vorgang)* • car painting

Pkw mit Automatikgetriebe *m* <kfz> • car with automatic transmission; automatic *pract*; automatic *coll*

Pkw mit Schaltgetriebe *m prakt* <kfz.antr> • passenger car with manual transmission *form*; manual car; manual *coll*; shifter *US.coll*; handshaker *US.coll*

Pkw mit versenkbarem Coupédach *n* <kfz> *(z. B. Mercedes SLK Bj. 1999)* • retractable hardtop (RHT)

Pkw-Rad *n* <kfz> • passenger car wheel

Pkw-Reifen *m* <prod> • car tire; passenger car tire *form*; passenger tire; passenger tyre *GB*; car tyre *GB*

Pkw-Reparatur *f* <kfz> • car repair

Placido-Scheibe *f* <med.tech> *(bei Augenuntersuchungen, spez. in Fotokeratometrie verwendet)* • keratoscope

Plättchen *n* <tech.allg> *(Flocke)* • flake

Plättchen *n* <tech.allg> *(schichtartig)* • lamina

Plättchen *n* <bau> *(z. B. rund in Attischer Säulenbasis od. quadrat. in Würfelkapitell)* • regula

Plättchen *n* <el> *(dünn, klein, durch Schneiden o.ä. abgetrennt)* • slice; chip

Plättchen *n* <mat> *(dünnes Scheibchen)* • slice

Plättchen *n* <wz> *(Werkzeugspitze)* • tool tip

Plättchenbonder *m* <ic> • chip bonder

Plättchenschneidemaschine *f* <wz.masch> • dicing machine; dicing cutter

plätten *vt* <prod> *(glattmachen, mit Hammer oder Walze)* • planish *vt*

Plakat *n* <werb> • poster

Plakatdruck *m* <druck> • poster printing

Plakatpapier *n* <druck> • poster paper

Plakat Tempera *f rar* <kunst> *(Farbe)* • gouache; poster paint

plan <tech.allg> *(flach)* • flat; planar; plane

plan <prod> *(z. B. Werkstückoberfläche)* • flat; plain; plane; level

Planachromat *m* <opt> • planachromatic objective; planachromat

Plananschlag *m* <prod> • facing stop

Plananschlag *m* <wz.masch> • cross stop

Planapochromat *m* <opt> • planapochromat

planar <tech.allg> *(flach)* • flat; planar; plane

Planardiode *f* <el> • planar diode

planare Mapping-Koordinate *f prakt* <edv> • planar mapping; planar image mapping

Planarepitaxialtransistor *m* <el> • planar epitaxial transistor

planarer Übergang *m* <tech.allg> • planar junction

planares Mapping *n* <edv> • planar mapping; planar image mapping

planares Plasmaätzen *n* <el.ic> • planar plasma etching

Planarisierungsschicht *f* <tech.allg> • planarizing layer

Planarstruktur *f* <tech.allg> • planar structure

Planartechnik *f* <el> • planar technique; planar techniques; planar technology

Planartransistor *m* <el> • planar junction transistor; planar transistor

Planarverfahren *n* <el> • planar technique

Planaufbau *m* <nfz> • tilt; tilt and bows *VW*

Planbearbeitung *f* <prod> • facing

Planbearbeitungsmaschine *f* <wz.masch> • facing machine; surfacer

Planbewegung *f* <masch> *(z. B. Plandrehen)* • cross motion; transverse traverse; lateral movement

Planbewegung *f* <wz.masch> *(Drehmaschine)* • surfacing motion

Planck'sche Konstante *f* (h) <phys> • Planck constant (h); Planck's constant; quantum of action

Planck'sche Kurve *f* <licht> • Planck curve

Planck'scher Strahler *m* <energ.sol> • planckian radiator; blackbody; black body; full radiator; complete radiator

Planck'sches Spektrum *n* <licht> • Planck spectrum

Planck'sches Wirkungsquantum *n* <phys> • Planck constant (h); Planck's constant; quantum of action

Planck'sche Temperatur *f* <phys> • black-body temperature

Planck-Boltzmann-Konstante *f* <phys> • Boltzmann atomic constant; Boltzmann constant

plancksche Konstante *f* <phys> • Planck constant (h); Planck's constant; quantum of action

plancksche Kurve *f* <licht> • Planck curve

planckscher Strahler *m* <energ.sol> • planckian radiator; blackbody; black body; full radiator; complete radiator

plancksches Spektrum *n* <licht> • Planck spectrum

plancksches Wirkungsquantum *n* <phys> • Planck constant (h); Planck's constant; quantum of action

plancksche Temperatur *f* <phys> • black-body temperature

Plandichtsitz *m norm* <kfz.el> *(Zündkerze)* • flat seat; gasket seat *Champion*; flat seating *stand*; flat seal; plan sealing seat *rare*

Plandreheinrichtung *f* <wz.masch> • facing attachment

Plandrehen *n* <prod> • facing; face turning; surfacing; transverse turning

Plandrehmaschine *f* <wz.masch> • facing lathe; surfacing lathe

Plandrehmeißel *m* <wz> • facing tool

Plane *f* <nav> *(wetterfeste Abdeckung; z. B. Segeltuch, für Boote, Ladung)* • tarpaulin

Plane *f* <nfz> *(Lkw)* • tarpaulin

Plane *f* <nfz> • canvas tilt; tilt

Plane *f* <textil> • tarpaulin

planebener Übergang *m* <bau> • level transition

plane Fläche *f* <pap> • flat land

plane kreisförmige Fläche *f* <pap> • flat circular land

Planelektrode *f* <el> • plane electrode

Planen *n* <mot> *(des Zylinderkopfs)* • resurfacing; grinding

planen *vt* <prod> • face *vt*; surface *vt*

planen *vt* <rep> *(z. B. Zylinderkopf)* • resurface *vt*

plane Nadelanordnung *f* <textil> • purl gating

Planentuch *n* <tech.allg> *(gewebeverstärkt, schwer)* • tarpaulin; tarp *coll*

Planenwagen *m* <bahn> • canvas-covered car

Planet *m* <kfz.antr> *(z. B. in Automatikgetriebe)* • planet gear; planet pinion; pinion gear; planet wheel

planetar <tech.allg> *(Bewegung, Getriebe)* • planetary

planetarisch <tech.allg> *(Bewegung, Getriebe)* • planetary

planetarische Nebel *mpl* <allg> • planetary nebula

Planetenbewegung *f* <mech> • planetary motion

Planetendifferential *n* <kfz.antr> • planetary gear differential; planetary differential

Planetengetriebe *n* <kfz.antr> *(betont: komplettes Getriebe in Planetenbauweise)* • planetary transmission *US*; epicyclic gearbox *GB*; planetary gear train; compound planetary gearset *rare*; planetary gear set

Planetengetriebe *n* <masch> *(betont: einzelner Planetenradsatz)* • planetary gear set; epicyclic gear set *GB*; planet set; planetary gear train

Planetengetriebe *n* <mech> • planetary gear; planetary gearing; planetary transmission

Planetengetriebekopf *m* <antr> *(an Motoren)* • planetary gearhead

Planetengetriebe mit mehreren Planetenradsätzen *n* <kfz.antr> • compound planetary gearset; Ravigneaux planetary transmission; Ravigneaux transmission; Simpson planetary transmission; Simpson transmission

Planeten-Gewindefräsen n <prod> • planetary thread-milling; planetary threading
Planetenkonstellation f <astron> • planetary configuration
Planeten-Kurzgewindefräsmaschine f <wz.masch> • planetary plunge-milling machine
Planetenrad n DIN 3998 <kfz.antr> (z. B. in Automatikgetriebe) • planet gear; planet pinion; pinion gear; planet wheel
Planetenraddifferential n <kfz.antr> • planetary gear differential; planetary differential
Planetenradgetriebe n <masch> • planetary gearing; planetary gear train; epicyclic gearing; epicyclic gear train
Planetenradpaar n <antr> • twin planets pl :V
Planetenradsatz m <masch> (betont: einzelner Planetenradsatz) • planetary gear set; epicyclic gear set GB; planet set; planetary gear train
Planetenradträger m <tech.allg> (Planetengetriebe) • planet carrier; planet cage; planetary carrier; planet arm; cage
Planetenradträger m <kfz.antr> • planet carrier; planet pinion carrier; pinion carrier
Planetenrad-Zentraldifferential n <kfz.antr> • planetary-gear center differential; epicyclic center differential
Planetenritzel n <masch> • planetary pinion
Planetenrührwerk n <verf> • planetary stirrer
Planetensatz m <masch> (betont: einzelner Planetenradsatz) • planetary gear set; epicyclic gear set GB; planet set; planetary gear train
Planetenspindel f <masch> • planetary spindle
Planetenspindelfräsmaschine f <wz.masch> • planetary milling machine; orbital milling machine
Planetensteg m <kfz.antr> (Automatikgetriebe) • planet spider
Planetenträger m <tech.allg> (Planetengetriebe) • planet carrier; planet cage; planetary carrier; planet arm; cage
Planetenträger m <kfz.antr> • planet carrier; planet pinion carrier; pinion carrier
Planetenwalzwerk n <metall> • planetary mill
Plane und Spriegel pl <nfz> • tilt; tilt and bows VW
Planfeststellungsverfahren n <ents> (BRD-Gesetzgebung) • proceedings for approval of a plan
Planfilm m <phot> • sheet film; cut film; flat film rare
Planfilter n <verf> • table filter
Planfläche f norm <kfz> (von Radschüssel) • inner attachment face; inner mounting face
Planfläche f <prod> • plane surface; end face; face
Planfräsen n <prod> • plain milling; surface milling
Planfräsmaschine f <wz.masch> • fixed bed-type milling machine; fixed bed milling machine; solid bed-type milling machine; solid bed milling machine
plangeschliffene Bahn f <kfz.wz> (Karosseriehammer) • flat face
plangeschliffene Glasplatte f <pap> • face ground glass plate
Plangitter n <verbr> • plane grating
Plangitterspektrograph m <msr> • grating spectrograph
Planglas n <phot> • glass insert
Planglas n <silik> • flat glass
Planglasplatte f <opt> • optical flat
Planheit f <kfz.mot> (z. B. von Motorblock oder Zylinderkopf) • flatness
Planheit f <prod> • planarity; flatness
Planheitsprüfung f <qualit.obfl> • surface evenness inspection
Planiereisen n <kfz.wz> (Handfaust mit länglichem Griff) • mushroom-shaped dolly
Planieren n <kfz.rep> (Blechbearbeitung) • planishing
planieren vt <bau> (Gelände; betont: mit Bulldozer) • bulldoze vt

planieren vt <bau> (Gelände; mit Grader, Planierraupe etc.) • plane vt; grade vt; level vt
Planiergerät n <bau.masch> • grader
Planier-Gleiskettengerät mit Schwenkschild n form <bau.masch> • angledozer; angling dozer; tilting dozer; grade builder pract; trailbuilder coll
Planierhammer m <kfz.wz> (Karosseriehammer) • planishing hammer
Planierhammer m rar <wz> • shrinking hammer; shrink hammer
Planiermaschine f <bau.masch> • road grader
Planierradschlepper m <bau.masch> • wheel dozer
Planierraupe f <bau.masch> • bulldozer; grade-builder; grader
Planierraupe mit hebbarem Schild f <bau.masch> • tiltdozer
Planierraupe mit Schwenkschild f <bau.masch> • angledozer; angling dozer; tilting dozer; grade builder pract; trailbuilder coll
Planierschild m <bau.masch> • bulldozer blade; pusher blade
Planierschleppe f <bau.masch> • drag
planiert <bau> (Gelände; z. B. Straßenunterbau, Müllhalde) • graded; planed rare
Planimeter n <msr> • planimeter
Planimetrie f <msr> • planimetry
planimetrische Lage f <msr> • horizontal position
Plankathode f <el> • plane cathode
Planke f <bau> (eher dünn) • board
Planke f <bau.mat> (lang und schmal, stabil; meist begehbar) • plank
Planke f <bau.mat> (aus Tannen- od. Kiefernholz) • deal
Planke f <nav> (Seite) • panel
Planke f <nav> (Boden) • plank
Planke f prakt.ugs <verk> (Straße, Autobahn) • crash barrier; guard rail; barrier
Plankipprost m <ents> • flat tipping grate
Planknotenfänger m <pap> • flat strainer; flat screen
plankonkave Linse f <opt> • plano-concave lens
Plankonkavlinse f <opt> • plano-concave lens
plankonvexe Linse f <opt> • plano-convex lens
Plankonvexlinse f <opt> • plano-convex lens
Plankonvexlinsenscheinwerfer m form <licht.theat> • plano-convex spotlight form; focus spotlight gen; focus spot gen
Plankopierdrehen n <wz.masch> • contour facing
Plankopiereinrichtung f <wz.masch> • transverse copying attachment
Plankurve f <masch> • face cam
Plankurvenfutter n <wz.masch> • cam-type chuck
Planlage f <druck> (Papier) • flatness
Planlager n <masch> • plane bearing
Planlager n <masch> (Feinwaage) • plate
Planlaufabweichung f <masch> (allg. von Rotationskörpern; z. B. Rad, Bremsscheibe) • lateral runout; side-to-side wobble did; wobble pract.coll
planmäßige Netzabschaltung f <el> • scheduled outage; scheduled mains disconnection
planmäßige Wartung f <rep> • scheduled maintenance
Plannachformdrehen n <wz.masch> • contour facing
plano <druck> • flat
Planoauslage f <druck> • flat-sheet delivery
Planoauslage f <druck> (Baugruppe an Rollendruckmaschinen) • sheeter
Planoausleger m <druck> • flat-sheet deliverer
Planobogen-Auslage f <druck> (Baugruppe an Rollendruckmaschinen) • sheeter
Planoformat n <druck> • full size

planparallel <tech.allg> (z. B. Endmaße) • plane-parallel; parallel-sided

planparalleler Wellenleiter m <phys> (z. B. Radar) • parallel-plane waveguide

Planparallelität f <prod> • plane parallelism

Planparallelschleifmaschine f <wz.masch> • double-disc grinding machine

Planplatte f <prod> • flat

planpolarisiert <opt> • plane-polarized

Planquadrat n <tech.allg> • grid square

Planrad n DIN 3998 <antr> (Zahnradgetriebe) • crown-wheel; crown gear DIN 3998; face gear

Planrevolverkopf m <wz.masch> • cross-sliding turret

Planrost m <ents> • horizontal grate

Planrostfeuerung f <verbr> (Art und Weise) • horizontal-grate firing

Planrostfeuerung f <verbr> (Anlage) • horizontal-grate furnace

Planscheibe f <wz.masch> (Drehmaschine) • faceplate

Planscheibe f <wz.masch> • horizontal table; table

Planscheibendrehzahl f <wz.masch> • faceplate speed

Planscheibendrehzahl f <wz.masch> (Karuselldreh-maschine) • table speed

Planscheibenführung f <wz.masch> (Karuselldreh-maschine) • table track

Planscheibenklaue f <wz.masch> • faceplate jaw

Planscheibenspannschlitz m <wz.masch> • faceplate clamping slot

Planscheibenzahnkranz m <wz.masch> (Karussell-drehmaschine) • table gear rim

Planschieber m <wz.masch> • facing slide

Planschleifeinrichtung f <wz.masch> • face grinding attachment

Planschleifen n <prod> • face grinding

Planschleifmaschine f <wz.masch> • face grinding machine; face grinder pract

Planschlichten n <prod> • transverse finishing

Planschlitten m <wz.masch> (Drehmaschine; auf Bett-schlitten, trägt den Oberschlitten) • cross slide

Planschlitten m <wz.masch> (Drehmaschine) • cross slide; transverse carriage

Planschneider m <pap> • guillotine cutter

Planschneider m <wz> • guillotine trimmer

Planschnitt m <prod> • facing cut

Planschruppen n <prod> • rough facing

Planschverlust m <masch> (z. B. Wirkungsgradver-ringerung durch planschendes Schmieröl) • churning loss

Planschverluste mpl rar <kfz.antr> • churning losses

Planschwingsiebmaschine f <verf> • oscillating screen

Plansenken n <prod> • spotfacing

Plansenker m <wz> • spotfacing tool; spotfacer

Plansichter m <verf> • gyratory screen; gyratory sifter

Plansieb n <verf> • flat sieve; flat screen

Planspiegel m <opt> • plane mirror; planar mirror; flat mirror

Planspiegel des Coudé-Systems m <opt> • coudé flat

Planspiel n <did> • plan game

Planspiel n <math> • operational game

Planspindel f <wz.masch> • cross-feed screw; cross-slide screw

Planspirale f <math> • plane spiral

Plansupport m <wz.masch> (Drehmaschine) • cross slide; transverse carriage

Plantage f <agri> • plantation

Plantagengrubber m <agri> • orchard cultivator

Plantagenpflug m <agri> • orchard plough

Plantago major <bio> • ribwort; plantago major

Plantainbanane f <agri> • plantain

Plantisch m <prod> • plane table

Plantrockenschlichtmaschine f <textil> • flat drying and sizing machine

Planum n <bahn> • subgrade; track formation

Planum n <bau> • subgrade; basement soil

Planum n <bau> • earthgrade US; subgrade US; formation GB

Planumfertiger m <bau.masch> • subgrade grader; formation grader

Planumherstellung f <bau> (Straße) • subgrading; subgrade preparation; construction of formation

Plan- und Ausdrehkopf m <wz> • facing and boring head

Planungsfehler m <qualit> • planning error

Planungsfirma f <bau> • architect-engineer company; architect-engineer

Planungsschablone f <licht.theat> • luminaire stencil; stencil coll

Planungsstudie f rar <tech.allg> • feasibility study; project feasibility study rare

Planungs- und Baufirma f <bau> • architect-engineer company; architect-engineer

Planverdeck n <nfz> • tilt; tilt and bows VW

plan verstellbar <masch> • transversly adjustable

Planverzahnungsprofil n DIN 867 <masch> (Zahnrad) • basic rack outline

Planwelle f <phys> • plane wave

Planwerkzeugträger m <wz.masch> • facing head

Planzug m <wz.masch> • transverse feed; transverse motion; transverse traverse

Planzustellung f <wz.masch> • surfacing feed

Plasma m <phys> (allg.) • plasma

Plasma n <med> (Blutplasma) • plasma; plasm

Plasma n <nukl> (dünnes ionisiertes Gas, z. B. aus Deuterium und Tritium) • plasma

Plasmaätzen n <obfl> • plasma etching

Plasmaantrieb m <aerospace> • plasma propulsion

Plasmaanzeige f <msr> • plasma display

Plasmaausfugen n <prod> • plasma gouging

Plasmabehälter m <nukl> • plasma streath

Plasmabeschichtung f <obfl> • plasma deposition

Plasmabeschleunigung f <phys> • plasma acceleration

Plasma-Beta n <nukl> • beta of plasma; beta

plasmabildend <phys> • plasma-forming

Plasmabildschirm m <edv> • plasma display; gas-discharge display; plasma panel [display]

Plasmabildschirm m <edv> • plasma display panel (PDP); gas plasma display; gas panel; plasma panel

Plasmabildschirmadapter m <edv> • plasma display adapter

Plasmabrenndauer f <nukl> • maximum confinement time

Plasmabrenner m <prod> • plasma arc torch; plasma torch

Plasmadiagnose f <nukl> • diagnostics of plasma; plasma diagnostics

Plasmadiagnostik f <nukl> • diagnostics of plasma; plasma diagnostics

Plasma Display Panel n <edv> • plasma display panel (PDP); gas plasma display; gas panel; plasma panel

Plasmadrift f <nukl.phys> • plasma drift

Plasmadruck m <nukl> • plasma pressure

Plasmaeigenschaften fpl <nukl> • plasma characteristics pl

Plasmaenergieverluste f <nukl> • plasma energy losses; energy losses from a plasma; plasma radiation losses; plasma losses

Plasma-Enzym n <med> • plasma enzyme

Plasmaerzeuger m <phys> • plasma generator; plasmatron

Plasmaerzeugung *f* <nukl> • plasma generation; plasma build-up

Plasmafaden *m* <phys> • plasma column

Plasmafrequenz *f* <phys> *(Kreisfrequenz)* • plasma frequency; plasma oscillation frequency

plasmagespritzt <obfl> • plasma-deposited

Plasmagleichgewicht *n* <nukl> • plasma equilibrium

Plasmagleichgewicht *n* <phys> • plasma balance

Plasmaheizung *f* <nukl> • plasma heating; heating a plasma

Plasmaheizung durch Wellen *f* <nukl> • waveheating; resonant heating

Plasmainjektor *m* <phys> • plasma injector

Plasmainstabilität *f* <phys> • plasma instability

Plasmakanone *f* <phys> • plasma gun

Plasma-Lautsprecher *m* <av> • plasma loudspeaker

Plasmalichtbogen *m* <füg> *(z. B. Schweißen)* • plasma arc

Plasmalichtbogenbrenner *m* <prod> • plasma arc torch

Plasmalichtbogenschneiden *n* <prod> • plasma arc cutting

Plasmalichtbogenschweißen *n* <füg> • plasma arc welding (PAW); plasma welding

Plasmamakroinstabilität *f* <phys> • plasma gross instability

Plasmamantel *m* <füg> *(Schweißen)* • plasma sheath

Plasmamikroinstabiltität *f* <phys> • plasma microinstability

plasma-modifiziert <kst.obfl> *(z. B. Polyolefinpulver)* • plasma-modified

Plasmaofen *m* <verf> • plasma furnace

Plasmaparameter *m* <nukl> • plasma parameters

Plasmapause *f* <phys> • plasmapause

Plasmaphysik *f* <phys> • plasma physics

Plasmapotential *n* <phys> • plasma potential

Plasmarand *m* <nukl> • plasma edge [region]

Plasmarandschicht *f* <nukl> • plasma boundary

Plasmareaktor *m* <nukl> • plasma reactor

Plasmaresonanz *f* <phys> • plasma resonance

Plasmaring *m* <nukl> • plasma column

Plasmaschmelzschneiden *n* <prod> • plasma arc cutting; plasma cutting; plasma torch cutting; plasma flame cutting

Plasmaschneiden *n* <prod> • plasma arc cutting

Plasmaschneiden *n* <prod> • plasma arc cutting; plasma cutting; plasma torch cutting; plasma flame cutting

Plasmaschweißen *n* <füg> • plasma arc welding (PAW); plasma welding

Plasmaschwingung *f* <phys> • plasma oscillation

Plasmasonde *f* <nukl> • plasma probe

Plasmasphäre *f* <geo> • plasmasphere

Plasmaspritzen *n* <obfl> *(Vorgang)* • plasma spraying

Plasmaspritzen *n* <obfl> *(Verfahren)* • plasma spray process

Plasmaspule *f* <nukl> • plasma column

Plasmastrahl *m* <füg> • plasma jet

Plasmastrahl *m* <phys> • plasma beam

Plasmastrahlschweißen *n* (WPS) <füg> • plasma jet welding (WPS); plasma arc welding with non-transferred arc

Plasmastrahlung *f* <phys> • plasma radiation

Plasmastrom *m* <nukl> • plasma current

Plasmateilchen *n* <phys> • plasma particle

Plasmatransport *m* <nukl> • plasma transport

Plasmatriebwerk *n* <aerospace> *(Raumfahrzeug)* • plasma engine

Plasmatron *n* <phys> • plasma generator; plasmatron

Plasmaverunreinigungen *f* <nukl> • impurities in the plasma

Plasmavolumen *n* <nukl> • plasma volume; volume of the plasma

Plasma-Wand-Wechselwirkung *f* <nukl> • plasma wall interaction

Plasmawelle *f* <phys> • plasma wave

Plasmazelle *f* <med> • plasma cell

Plasmazündsystem *n* <kfz.el> • plasma ignition system

Plasmazustand *m* <phys> • plasma state

Plasmid *n* <med> *(Klonierung)* • plasmid

Plast *m DDR* <kst> • plastic [material]; vinyl *coll.pract*

Plastifikator *m* <kst> • chemical plasticizer; plasticizer; plasticizing agent; softening agent

Plastifikator *m wiss* <kst> *(allg. in Kunststoffen, Reifen)* • plasticizer; softening agent; flexibilizer

Plastifiziereinheit *f* <kst> *(bei Spritzgießmaschinen mit Vorplastifizierung)* • plastication unit

Plastifiziereinheit *f* <kst> • injection unit; plasticating unit; injection carriage

plastifizieren *vt norm* <kst> • plasticize *vt US.GB*; plasticate *vt US*; melt *vt*; plastisise *vt GB.rare*

plastifizieren *vt* <kst> *(beabsichtigt)* • plastify *vt*; plasticize *vt*; plasticate *vt*; soften *vt*; flux *vt*

Plastifizierleistung *f* <kst> • plasticizing capacity; melting capacity

Plastifizierschnecke *f* <kst> • plasticizing screw; screw *pract*

Plastifizierstrom *m norm* <kst> • plasticising flow rate; recovery rate

Plastifizierung *f* <kst> *(Vorgang des Plastifizierens)* • plasticization *US*; plastication; plasticisation *GB*

Plastifizierung *f* <kst> • injection unit; plasticating unit; injection carriage

Plastifizierzeit *f* <kst> • plasticating time

Plastifizierzylinder *m* <kst> *(Spritzgießmaschine; enthält die Schnecke)* • plasticizing barrel; barrel *pract*; cylinder *pract*

Plastigage *n* ®*prakt* <kfz.mot> *(Kunststofffaden)* • Plastigage ®*pract*; gaging plastic

Plastikator *m* <prod> • plasticator

Plastikbeutel *m ugs* <pack> *(typ. aus PE oder PP)* • polythene bag

Plastik-Display *n ugs* <edv> • LEP display; plastic display *rare*

Plastikfolie *f ugs* <kst> *(Kunststoff, Dicke <0,25 mm)* • film

Plastikfolie *f ugs* <kst> *(Kunststoff, als Platte; Dicke >0,25 mm)* • sheet; plastic sheet

Plastikgehäuse *n ugs* <el> *(von Bauelementen)* • plastic package; plastic case; molded case; plastic housing

Plastikhammer *m ugs* <wz> • plastic hammer; plastic-faced hammer; plastic tip hammer *US*

Plastikheftung *f* <druck> • plastic binding

Plastikrolle *f* <textil> *(Wickelei)* • plastic spool

Plastiksack *m ugs* <pack> *(typ. aus PE oder PP)* • polythene bag

Plastikstreifen *m ugs* <tech.allg> • plastic strip; styrene strip *coll*; vinyl strip *coll*

plastisch <allg> *(Gegenstand, Darstellung, CAD-System)* • three-dimensional (3D)

plastische Dehnung *f* <mat> • permanent strain

plastische Nachwirkung *f* <qualit.mat> • plastic-flow persistence

plastischer Bereich *m* <qualit.mat> • plastic range

plastischer Sprengstoff *m* <spreng> • plastic explosive

plastischer Stoß *m* <mech> • perfectly inelastic collision

plastischer Ton *m* <mat> • plastic clay; long clay

plastischer Zustand *m* <kst> • stage of plasticity

plastische Sahne <nahr> *(Sahne mit einem Milchfettanteil von 60 bis 80%)* • plastic cream

plastische Seele f <kst> • plastic core
plastisches Fließen n <mech> • plastic flow
plastisches Holz n wiss <obfl.holz> • plastic wood; crack filler; wood putty; joiner's putty; wood cement
plastische Verformbarkeit f <metall> (unter Zug) • ductility
plastische Verformbarkeit [unter Druck] f <metall> (unter Druck-, Schlagbelastung; z. B. beim Hämmern, Schmieden) • malleability
plastische Verformung f <qualit.mat> (betont: zurückbleibend, permanent) • plastic deformation; residual deformation
plastisch-spröder Körper m <mech> • plastic-rigid body
Plastisol n <füg> • plastisol adhesive; plastisol; PVC plastisol; vinyl plastisol; polyvinylchloride-plasticizer system
Plastisol-Klebstoff m <füg> • plastisol adhesive; plastisol; PVC plastisol; vinyl plastisol; polyvinylchloride-plasticizer system
Plastizierleistung f <kst> (in kg/h) • plasticizing capacity
Plastizität f <mat> • plasticity
Plastizitätsbereich m <qualit.mat> • plastic range
Plastizitätsgrenze f <qualit.mat> • plastic limit
Plastizitätsmesser m <msr> • plastometer
Plastizitätsmodul m <mat> • reduced modulus E
Plastizitätstheorie f <mech> • plasticity theory; plastic theory
Plastizitätswasser n <silik> • water of plasticity
Plastizitätszahl f <mat> • plasticity index; plasticity number
Plastmörtel m <bau.mat> • plastic mortar
Plastomer n <kst> (unvernetzt, replastifizierbar) • thermoplastic; thermoplastic material; thermoplastic resin
plastomerer Klebstoff m <füg> • thermoplastic adhesive
Plastometer n <kst> • plastometer
Plastzement m <mat> • plastic binder
Plateaubereich m <petr> • plateau
Plateaubereich m <phys> • plateau of the counter; plateau region
Plateaucharakteristik f <phys> • plateau characteristic
Plateaueffekt m <phys> • plateau effect
Plateau n, <petr> • plateau
Plateau n, <phys> • plateau of the counter; plateau region
Plateauversenkung f <theat> • plateau; plateau bridge; bridge pract
Platformen n <chem.petr> • platforming
Platformer m <petr> • platformer
Platformieren n <chem.petr> • platforming
Platformwagen m <bahn> (ohne Rungen) • flat car
Platformwagen mit Rungen m <bahn> • flat stake car
Platformwagen mit Stirnwand m <bahn> • bulkhead flat car
Platformwagen mit Stirnwand und Rungen m <bahn> • bulkhead flat car
Platin n (Pt) <chem> • platinum (Pt); platinum metallicum
Platinasbest m <mat> • platinized asbestos
platinausgekleidet <obfl> • platinum-lined
Platindraht m prakt <msr> • platinum filament
Platine f <el> (geätzt, unbestückt oder bestückt, gebohrt od. ungebohrt) • printed circuit board (pcb); printed circuit; board pract
Platine f <metall> • sheet bar; plate bar; mill bar
Platine f <prod> (Blechzuschnitt; z. B. zum Pressen, Tiefziehen) • blank
Platine f <prod> (Bodenplatte, Motagebasis; z. B. in Feinwerktechnik) • mounting plate
Platine f <textil> • lifter; hook
Platine f <textil> (RL-Rundstrick-, Einfaden-Kulierwirkmaschinen) • sinker
Platine f <textil> (Jacquardstrickmaschinen) • tipping platine

Platine f <textil> (LL-Strickmaschinen) • slider selector; slider
Platinelektrode f <el.chem> • platinum electrode
Platinenbarre f <textil> • sinker bar
Platinenboden m <textil> (Jacquardmaschine) • bottom board
Platinenbrust f <textil> • sinker belly
Platinenexzenter m <prod> • jack cam
Platinenexzenterring m <textil> • cam ring
Platinenkehle f <textil> • sinker throat
Platinenlader m <prod> (Presswerk) • panel loader
Platinenmasche f <textil> • sinker loop
Platinennase f <textil> • lifter nose; lifter end
Platinennase f <textil> • nose
Platinenrad n <textil> • sinkerwheel
Platinenring m <textil> • sinker ring
Platinenschachtel f <textil> • catch bar
Platinenschalter m form <edv> (typ. on PCBs) • jumper
Platinenschnur f <textil> • neck cord
Platinenstapel m <prod> (Blechrohlinge für Presswerk) • stack of blanks; pile of blanks
Platinenstecker m prakt <edv> (typ. on PCBs) • jumper
Platinenwärmofen m <metall> • sheet bar reheating furnace
Platinenwalzwerk n <metall> • sheet bar rolling mill
Platinenwaschmaschine f <prod> (Presswerk) • panel washer
Platingruppenelement n (PGE) <chem> • element of the platinium group
platinhaltig <mat> • platinum-bearing; platiniferous
Platiniridium n <min> • platiniridium
Platinkatalysator m <ents> • platinum catalyst
Platin-Messdraht m <msr> • platinum filament
Platinmetall n <mat> (Metall der Platingruppe des Periodensystems) • platinum-group metal; platinum metal
Platinmetalle pl <chem> • platinum metals pl
Platinmohr n <chem> (fein verteiltes Platin, z. B. als Katalysator) • platinum black
Platinotron n <phys> • platinotron
Platin-Platinrhodium-Thermoelement n <msr> • platinum/platinum-rhodium thermocouple
platinplattiert <obfl> • platinum-clad
Platinplattierung f <obfl> • platinum cladding
Platinpunkt m <phys> (Erstarrungspunkt des Platins) • platinum point
Platinschwamm m <metall> • platinum sponge; spongy platinum
Platinschwarz n <obfl> • platinum black
Platin/Standardwasserstoffelektrode f (Pt/SWE) <el> • platinum/standard hydrogen electrode (Pt/SHE)
Platintiegel m <metall> • platinum crucible
Platinum metallicum <chem> • platinum (Pt); platinum metallicum
Platinwiderstandsthermometer n <msr> • platinum resistance thermometer
Platinzündkerze f <kfz.el> • platinum spark plug; fine wire spark plug coil
Plattbodenschiff n <nav> • flat-bottom ship; flat-bottomed ship
Platte f <tech.allg> (allg.; groß, flach) • plate
Platte f <bau> (besonders groß) • large panel
Platte f <bau> (weich, zum Dämpfen od. Ausstopfen verwendet) • pad
Platte f <bau> (groß und dünn, bes. Holz od. Sperrholz) • panel
Platte f <bau> (z. B. Waschbetonplatte) • tile
Platte f <bau> (auf Säulenkapitell) • plate
Platte f <druck> • platen
Platte f prakt <druck> (Offsetdruck) • offset printing plate; printing plate; plate pract

Platte f <edv> (Magnetplatte einer Festplatte) • platter form; disk platter; disk coll; hard disk platter

Platte f ugs <edv> (magnetischer Festplattenspeicher; Modul; z. B. 60 GB Kapazität) • hard disk drive (HDD); hard drive pract; disk coll; fixed-disk drive rare.BASF; rigid-disk drive rare

Platte f <edv> (magnet.) • disk US.GB; storage disk; recording disk

Platte f <edv> (opt.) • disc US.GB; storage disc; recording disc

Platte f <el> (Drehkondensator) • disk US; disc GB

Platte f <el> (Akkumulator) • plate

Platte f <geo> (Tektonik; Scholle, Einheit, Block) • plate; slab

Platte f <mat> (z. B. aus Metall) • sheet

Platte f <mat> (breit, flach, relativ dick; z. B. Stein, Holz) • slab

Platte f <msr> (Radiometer) • vane

Platte f <therm> (Plattenwärmetauscher) • plate; heat exchanger plate

Platte f <verf> • fill sheet; plate

Platte mit geschmiegtem Rücksprung f <bau> • plate with chamfered recess

Platten m ugs <kfz> (allg.) • tire failure; flat tire; flat coll

Plattenabmessung f <kst> • platens size

Plattenabscheider m <verf> • plate precipitator

Plattenabstand m <el> (Akkumulator, Batterie) • plate separation

Plattenabtragung f <druck> (Offsetdruck) • printing plate abrasion; plate abrasion; abrasion pract

Plattenabwelkpresse f <led> (zur Entwässerung zwischen zwei Pressplatten) • samming press; drying press

Plattenadresse f <edv> (Festplatte) • disk address US.GB

Plattenapparat m <prod> • plate heat exchanger (PHE)

Plattenarbeitsdatei f <edv> • disc work file

Plattenaufsetzer m <edv> • head crash

Plattenaufspannen n <prod> • plate mounting; plate clamping

Plattenauswerfer m <kst> • full-pattern ejector

Plattenbalken m <bau> (Beton) • beam and slab

Plattenbalkendecke f <bau> • slab and girder floor

Plattenbandaufgabe f <förd> • apron-conveyer feeding system; plate-conveyor feeding system

Plattenbandförderer m <förd> • apron conveyor; slat conveyor; steel-plate conveyor

Plattenbandspeiser m <förd> • plate feeder

Plattenbau m prakt <bau> • panelized structure US; large-panelled structure GB; panelised structure GB

Plattenbauweise f <bau> • large-panel construction; large-panel method; large-panel system

Plattenbauwerk n <bau> • panelized structure US; large-panelled structure GB; panelised structure GB

Plattenbearbeitung f <druck> • plate finishing

Plattenbefehl m <edv> • disc command

Plattenbelichter m prakt <druck> (zur Direktbebilderung von Offset-Druckmedien ohne Filmbelichtung) • computer-to-plate recorder; direct-to-plate recorder; ctp recorder pract; platesetter pract; recorder pract

Plattenbereich m <edv> (bei Festplatten) • disk area

Plattenbesäumen n <prod> • plate-edge planing

Plattenbeschichtung f <druck> (Druckplatte) • printing plate coating; plate coating

Plattenbeschichtung f <obfl> • plate coating

Plattenbetriebssystem n <edv> • disc operating system (DOS)

Plattenbewegung f <geo> • plate motion; motion of a plate (thsc-ppsc)

Plattenbiegemaschine f <wz.masch> • plate bending machine

Plattenblitzableiter m <el> • plate lightning arrester

Plattenblock m <kfz.el> • element; system of plates; block of plates; cell pack

Plattenbohrwerk n <wz.masch> • floor-plate-type horizontal boring mill

Plattenbrücke f <bau> • slab bridge

Platten-Cache m <edv> (Festplatte) • disk cache

Plattenchemie f <druck> (Flüssigkeit) • process chemistry; printing plate chemistry; developer pract

Plattendatei f <edv> • disc file

Plattendekatur f <textil> • plate decating

Plattendrehschieber m <kfz> (Zweitaktmotor-Einlass-steuerung) • rotary disk valve; rotating disk valve

Plattendruckversuch m <qualit.mat> • plate loading test; plate bearing test

Plattendurchmesser m <edv> • disk diameter

Plattendurchsatz m <druck> (Recorderproduktivität) • printing plate throughput; plate throughput

Plattenelektroabscheider m • plate precipitator

Plattenelektrode f <el> • plate electrode

Plattenelektroentstauber m <ents> • plate-type electrostatic precipitator; flate-surface type electrostatic precipitator; plate-type ESP; plate precipitator

Plattenelektrofilter n <ents> • plate-type electrostatic precipitator; flate-surface type electrostatic precipitator; plate-type ESP; plate precipitator

Plattenelektrometer n <el> • plate electrometer

Plattenentwickler m <druck> (Gerät) • printing plate processor; plate processor; developer pract

Plattenentzunderung f <metall> • plate descaling

Plattenerder m <el> • earth plate; ground plate

Plattenerhitzer m <nahr> • plate heat exchanger; plate heater; plate pasteurizer

Plattenfahne f <kfz.el> (Starterbatterie) • current-carrying lug

Plattenfederindikator m <msr> • metallic diaphragm indicator

Plattenfertigung f <edv> • disk manufacture

Plattenfilter n <verf> • plate filter

Plattenförderer m <förd> • apron conveyor

plattenförmig <tech.allg> • plate-like; lamellar

plattenförmig <geo> • tabular

plattenförmiges Brennelement n <nukl> • plate-type fuel element

plattenförmiges Kernbrennstoffelement n <nukl> • fuel-element plate; fuel plate

Plattenformat m <druck> • printing plate size; plate size; printing plate format; plate format

Plattenfräsmaschine f <wz.masch> • plate router

Plattenfroster m <prod.nahr> (Speiseeis) • plate freezer; contact plate freezer; contact hardener; plate hardener; contact plate hardener

Plattenfüßchen n <kfz.el> (Starterbatterie) • bottom lug

Plattenfundament n <bau> (konkretes Fundament) • foundation raft

Plattenfundament n <bau> (Bauprinzip) • slab foundation; raft foundation

Plattengang m <nav> (im Schiffsrumpf) • plate strake

Plattengefrierapparat m <hlk> • plate freezer

Plattengefrierapparat m <nahr> • plate froster

Plattengefrierapparat m <prod.nahr> (Speiseeis) • plate freezer; contact plate freezer; contact hardener; plate hardener; contact plate hardener

Plattengefrieren n <prod.nahr> (Plattenfroster) • direct contact freezing; plate freezing; contact hardening; plate hardening

Platten-Gefrier-Tunnel m <prod.nahr> (Speiseeis) • plate freezer; contact plate freezer; contact hardener; plate hardener; contact plate hardener

Plattengitter n <el> • plate grid
Plattengitter n <kfz.el> (allg. und bei wartungsfreien Batterien) • grid; plate grid
Plattengleichrichter m <el> • dry-disc rectifier
Plattengrenze f <geo> • plate boundary
Plattengröße f <druck> • printing plate size; plate size; printing plate format; plate format
Plattengröße f <kst> • platens size
Plattenhalter m <phot> • plate holder
Plattenhandhabung f <druck> (Druckplattenherstellung) • printing plate handling; plate handling
Plattenhandling n <druck> (Druckplattenherstellung) • printing plate handling; plate handling
Plattenheber m <bau.innen> • panel lifter
Plattenheizung f <hlk> • panel heating
Plattenherstellung f <druck> (Druckvorstufe) • printing plate production; plate production; plate making; plate-making; block making
Plattenkamera f <phot> • plate camera
Plattenkantenhobelmaschine f <wz.masch> • plate edge planer
Plattenkapazität f <edv> • disk capacity
Plattenkassette f <druck> (Druckplattenhandling) • printing plate cassette; plate cassette; plate magazine
Plattenkassette f <edv> • disk cartridge US; disc cartridge GB
Plattenkassette f <phot> • dark slide; plate holder
Plattenkassettenlaufwerk n SyQuest <edv> • removable hard [disk] drive; removable-cartridge disk drive; removable-media [disk] drive; removable-disk drive; SyQuest drive[®]
Plattenkatalysator m <emiss> (allg.) • plate-type catalyst
Plattenkatalysator m <ents> (mit parallelen Platten) • parallel-plate catalyst
Plattenklärer m <verf.hydr> • lamellar settler V
Plattenkondensator m <el> • parallel-plate capacitor; plate capacitor; plate condenser
Plattenkorrektur f <druck> • plate correction
Plattenkühler m <hlk> • plate cooler; plate liquid cooler did
Plattenkurzschluss m <el> (Batterie) • short-circuit between plates
Plattenkurzschluss m <kfz.el> (Starterbatterie) • short circuit between the plates
Plattenlaufwerk n <edv> • disk drive unit US; disc drive unit GB; disk drive US; disc drive GB
Plattenlaufwerk n <edv> (magnetischer Festplattenspeicher; Modul; z. B. 60 GB Kapazität) • hard disk drive (HDD); hard drive pract; disk coll; fixed-disk drive rare.BASF; rigid-disk drive rare
Plattenluftfilter m <kfz> • low-profile air cleaner
Plattenluftvorwärmer m <hlk> • plate-type air pre-heater; plate-type air heater
Plattenmagazin n <druck> (Druckplattenhandling) • printing plate cassette; plate cassette; plate magazine
Plattenmaster m <edv> (Vorlage für die Vervielfältigung von CD-ROMs) • master disc; master CD-ROM; master
Plattenmastering n <prod> (von CDs) • mastering; master-recording
Plattenmesser n KNAUF <bau.innen.wz> (Spezialmesser zur Bearbeitung von Gipskarton-Platten) • utility knife; board knife; Stanley knife TM
Platten-Mittelloch n <edv> • central spindle hole; centre hole; centrehole
Plattenmontage f <bau> • plate mounting
Plattenmontage f <druck> • plate clamping
Plattenoberfläche f <edv> • disk surface; disc surface
Plattenpaket n <kfz.el> • element; system of plates; block of plates; cell pack

Plattenpaket n <verf> (in Plattenwärmetauscher) • plate pack; stack of plates; section
Plattenpasteurisierapparat m <nahr.prod> • plate pasteurizer
Plattenpasteurisierer m <nahr.prod> • plate pasteurizer
Plattenpfeilermauer f <bau> • flat slab deck dam
Plattenpflege f <edv> • disk grooming
Plattenplatz m ugs <edv> • hard disk capacity
Plattenpumpen n <bau> • slab pumping
Plattenrahmen m <el> (Sammler) • frame of plate
Plattenrahmen m <kfz.el> (von Batterieplatten) • plate frame
Plattenrand m <geo> • plate margin; edge (ppsc)
Plattenregistrierung f <druck> (Recorder) • printing plate registration; plate registration
Plattenrotator m <druck> (Druckplattenhandling) • printing plate rotator; plate rotator; rotator pract
Plattenruder n <nav> • center-plate rudder US; centre-plate rudder GB
Plattenrückschlagventil n <kfz.antr> • plate-type check valve
Plattenrüttler m <verf> • plate vibrator
Plattensatz m <edv> • disk pack US; disc pack GB
Plattensatz m <el> • pile of plates
Plattensatz m <kfz.el> • plate group; group [of plates]
Plattenscheider m rar <kfz.el> (in Starterbatterie) • separator
Plattenschicht f <druck> (Druckplatte) • printing plate layer; plate layer
Plattenschleifmaschine f <wz.masch> • plate grinding machine
Plattenschleuder f <verf> • plate whirler
Plattenschluss m DIN <kfz.el> (Starterbatterie) • short circuit between the plates
Plattenschneider m <av> • phonograph recorder
Plattenschneider m <druck> • plate cutter
Plattenschnellgefrierapparat m <prod> • plate freezer; plate froster
Plattenschnitt m <el> (Drehkondensator) • vane shape
Plattenschreibsperre f <edv> • disk write inhibit US; disc write inhibit
Plattensektor m <edv> • disc sector
Plattensenge f <textil> • plate singer
Plattensengmaschine f <textil> • plate singeing machine
plattensicher ugs <fz> (Fahrradreifen) • puncture proof
Plattenspannschiene f <druck> • plate clamp; clamp
Plattenspeicher m <edv> (Gerät) • disk storage device
Plattenspeicher m <edv> • magnetic disk memory US; magnetic disc memory GB; magnetic disk store US; magnetic disc store GB; hard disk US
Plattenspeicherabzug m <edv> • disk dump US; disc dump GB
Plattenspeicherantrieb m <edv> • disk storage drive US; disc storage drive GB
Plattenspeicherbetriebssystem n <edv> • disc operating system (DOS)
Plattenspeicherdatei f <edv> • disk storage file US; disc storage file GB
Plattenspeicherfile m <edv> • disk storage file US; disc storage file GB
Plattenspeicher mit beweglichem Kopf m <edv> • cartridge disk memory US; cartridge disc memory GB; cartridge disk US; cartridge disc GB
Plattenspeicherorganisation f <edv> • disk file organization US; disc file organization GB
plattenspeicherresident <edv> • disk-resident US.GB
Plattenspeichersteuereinheit f <edv> • disk control unit US; disc control unit GB
Plattenspeichersystem n <edv> (Gerät) • disk storage device

Plattenspeicherung f <edv> (Vorgang) • disk storage US; disc storage GB

Plattenspur f <edv> (auf optischen Speichermedien) • disc track US.GB

Plattenspur f <edv> (auf magnetischen Speichermedien) • disk track US; disc track GB

Plattenstärke f <druck> (Druckplatte) • printing plate thickness; plate thickness; plate gauge

Plattenstapel m <edv> • stack of platters; disk pack US; disc pack GB

Plattenstapel für Arbeitsbereiche m <edv> • scratch pack

Plattenstapler m <druck> (Druckplattenhandling) • printing plate stacker; plate stacker; stacker pract

Plattenstoß m <bau.innen> • butt joint; cross joint

Plattenströmung f <phys> • fluid flow past a flat plate; flat-plate flow

Plattensystem n <edv> • hard disc system

Plattenteiler m <druck> • plate cutter

Plattentektonik f <geo> • plate tectonics

plattentektonisch <geo> • plate-tectonic

plattentektonische Studien fpl <navig> • plate tectonic studies

plattentektonische Untersuchungen fpl <navig> • plate tectonic studies

Plattenteller m <av> • record-player turntable; turntable

Plattentheorie f <geo> • plate tectonics

Plattentiefdruck m <druck> • plate gravure printing

Plattenträger m <bau> • plate girder

Plattenträger m KNAUF <bau.innen> (für Gipskartonplatten) • board carrier :V

Plattentrockner m <verf> • shelf drier; tray drier

Plattenventil n <rls> • disc valve; plate valve

Plattenverbinder m <bau> • plate fastener

Plattenverbinder m <el> (Batterie) • plate strap; plate bridge

Plattenverdampfer m <hlk> • flat plate evaporator

Plattenvorratskassette f <druck> (Druckplattenhandling) • printing plate cassette; plate cassette; plate magazine

Plattenvorwärmer m <verf> • baffle feed heater

Plattenwärmeaustauscher m ugs <prod> • plate heat exchanger (PHE)

Plattenwärmetauscher m form <prod> • plate heat exchanger (PHE)

Plattenwärmeübertrager m <prod> • plate heat exchanger (PHE)

Plattenwechsel m <druck> • plate change 1 amprinter; plate changing 1 prwo

Plattenwechselhalbautomat m <druck> • semi-automatic plate changing (S.A.P.C.); Semi Automatic Plate Changing

Plattenwechsel-Halbautomat m <druck> • semi-automatic plate changing (S.A.P.C.); Semi Automatic Plate Changing

Plattenwechsler m <av> (in den Musiktruhen der 50er und 60er Jahre) • record changer; auto-changer

Plattenwechsler m <druck> • plate changer

Plattenwechsler m <druck> • semi-automatic plate changing (S.A.P.C.); Semi Automatic Plate Changing

Plattenziehen n <kst> (am Kalander) • sheet calendering

Plattenzugriff m <edv> (auf Magnetplatte; z. B. Festplatte, Floppy) • disk access US.GB

Plattenzugriff m <edv> (auf opt. Speicherplatte; z. B. CD, CD-R, DVD) • disc access US.GB

Plattenzurichtung f <prod> • plate make-ready

Plattenzuschnitt m <prod> • plate cutting

Plattenzylinder m <druck> • plate cylinder

Plattenzylinder m <pack> (Decorator) • plate cylinder

Plattform f <tech.allg> (zwischen zwei Ständern) • entablature

Plattform f <tech.allg> (konkret oder abstrakt) • platform

Plattformauflieger m rar <nfz> • platform trailer; platform semitrailer GB; flatbed trailer; flatbed semitrailer

Plattform-Betonkörper m <petr> • concrete platform structure

Plattform-Bezugssystem n <navig> • platform reference system

Plattformdeck n <nfz> • platform deck

Plattformhubwagen m <nfz> • platform-lift truck

Plattformmanager m <petr> • offshore installation manager

Plattform mit Eigenantrieb f <petr> • vehicular platform

Plattformnachführung f <navig> • platform slaving system

Plattformrahmen m <kfz> • platform frame

Plattform-Rungenwagen m <bahn> • platform wagon with stakes GB

Plattformsattelauflieger m rar <nfz> • platform trailer; platform semitrailer GB; flatbed trailer; flatbed semitrailer

Plattformträger m <petr> (z. B. für Hubschrauberplattform e. Ölbohrinsel) • platform outrigger

Plattformwagen m <bahn> • flat railcar

Plattformwagen m <nfz> (vierrädrig) • four-wheel platform truck

Plattformwagen m <nfz> (allg.) • platform truck

Plattfuß m ugs <kfz> (allg.) • tire failure; flat tire; flat coll

Platthammer m <wz> • flatter

Plattieren n <obfl> (von Metallen, durch Druck/Temperatur; z. B. durch Walzen, Schweißen) • cladding

Plattieren n <textil> (Bedecken; Farbe oder Material) • plating; plaiting US

plattieren vt <obfl> (z. B. durch Walzen, Auftragsschweißen) • clad vt

plattieren vt <obfl> (Schmuck; mit Gold, Silber) • plate vt

Plattierfaden m <textil> • plating thread

Plattierfadenführer m <textil> • plating carrier; plating-thread carrier did

Plattiermuster n <textil> • plated design; plaited design

Plattierschicht f <obfl> (Ergebnis; z. B. durch Walzen, Auftragsschweißen) • cladding

plattiert <obfl> (eher dicke Schicht) • metal-clad

plattiertes Blech n EN 10079 <mat> • clad sheet EN 10079

Plattierung f <edv> (Beschichtungsverfahren für HD, mechanisch, galvanisch od. chemisch) • plating

Plattierung f <obfl> (Ergebnis; z. B. durch Walzen, Auftragsschweißen) • cladding

Plattierung f <obfl> (Schmuck; aus Gold, Silber) • plating

Plattierungsschweißen n rar <obfl> (Vorgang; zum Verstärken oder Panzern) • weld cladding; weld-deposit cladding; deposit-welding; weld-facing; building-up by welding rare

Plattierwerkstoff m <obfl> • cladding material

plattiges Erz n <min> • flag ore

Platz m ugs <allg> (beansprucht von oder verfügbar für etwas oder jmd.) • space; room coll

Platz m ugs <edv> • hard disk capacity

Platz m <mat> (Gitterplatz eines Atoms) • site

Platz m <prod> • position

Platzanflughöhe f <aerospace> • initial approach altitude

Platzanzeige f <edv> • place indication

Platz auf der Festplatte m ugs <edv> • hard disk capacity

Platzbedarf m <tech.allg> (Montagefläche, z. B. von Elektronikkomponenten auf Leiterplatte) • footprint

Platzbedarf m <tech.allg> (z. B. Aufstellfläche für Maschinen) • floor space requirement

Platzbedarf m <tech.allg> • space requirements npl

Platzbeleuchtung f <licht> • local lighting

Platzbeleuchtung f <prod> *(mittels Spotlicht; z. B. an Maschine)* • spotlighting
Platzdruck m <prod> • burst pressure
Platzeinflugzeichen n <aerospace> *(Anflug zum Flughafen)* • inner marker; medium marker; middle marker
platzen vi <tech.allg> *(z. B. Papiersack, Autoreifen)* • burst vi; blow out vi; blow off vi
platzen vi <tech.allg> *(explosionsartig)* • explode vi
platzen vi <qualit.mat> *(z. B. Blase, Membran, Luftballon)* • crack vi; check vi
Platzer m <prod> • burst
Platzfunkfeuer n <navig> • locator beacon
Platzhalter m <edv> • wildcard; joker
platzieren vt <tech.allg> *(z. B. Werkzeuge, Bauteile)* • set out vt; place vt; locate vt
platzieren vt <edv> *(Symbole auf einem Etikett)* • position vt
Platzlampe f <el> • pilot lamp
Platzlampe f <tele> • position pilot lamp
Platzlampenrelais n <el> • pilot relay
Platznummer f <logist> *(Regal)* • location number
Platzpatrone f <mil> • blank cartridge
Platzrunde f <aerospace> *(um den Flugplatz)* • circuit
Platzscheibe f <chem> • bursting disc; rupture disc
Platzscheibe f <masch> *(Sollbruchstelle)* • bursting disk US; bursting disc GB
Platzschnur f <tele> • switchboard cord
platzsparend <tech.allg> • space-saving; room-saving
Platzumschalter m <prod> • position switch
Platzumschalter m <tele> • position switch; position coupling key
Platzverhältnisse im Fond <kfz.innen> • rear-seat occupant space
Platzwechsel m <phys> • interchange of sites
Platzwechsel m <tele> • transposition
Platzzähler m <tele> • position meter
Playback-Programmierung f <autom> *(manuelles Führen des Roboters längs der Bahnkurve)* • playback programming
Playback-Verfahren n <av> • playback
Player m ugs.werb <av> *(z. B. für Platten, Bänder, Cassetten, CD, DVD)* • player
Player m <edv> • flic playback module
plazieren vt obs <tech.allg> *(z. B. Werkzeuge, Bauteile)* • set out vt; place vt; locate vt
PLC-Technologie f <tele> • powerline communication technology (PLC); powerline technology
PLD-Chip m <edv> • programmable logic device (PLD)
p-leitend <el> • p-conducting
p-leitender Halbleiterkristall m <el> • p-type crystal
p-leitender Kanal m <el> • p-channel
p-leitendes Material n <el> • p-type material
p-leitende Zone f <el> • p-region; p-type region
p-Leiter m <el> • p-type conductor; p-type semiconductor; defect semiconductor; hole semiconductor
p-Leitfähigkeit f <el> • p-conductivity
p-Leitung f <el> • p-type conduction; defect electron conduction; hole conduction; p-conduction
Plenterwald m <holz> • selection forest
Plenum-Rohkabel n <el> • plenum cable
Plessey-Code m <edv> *(Strichcodetyp)* • Plessey Code
Pletscherplatte f <fz> • stay bridge
Pleuel n <mot> *(zw. Kolben und Kurbelwelle)* • connecting-rod; con-rod coll
Pleuelauge n DIN ISO 7967-2 <mot> *(verbunden mit dem Kolben)* • connecting rod top end ISO 7967-2; connecting rod small end
Pleuelbuchse f prakt <kfz.mot> • small-end bush; piston pin bushing; little end bush rare

Pleuelfuß m <kfz.mot> *(auf dem Kurbelzapfen gelagerter Teil des Pleuels)* • connecting-rod big end; big end coll; crank pin end GB; bottom end ISO 7967-2; crankshaft end
Pleuelfußlager n DIN ISO 7967-2 <kfz.mot> *(lagert Pleuel auf dem Kurbelzapfen)* • big end bearing pract; crankshaft-end bearing; crankpin-end bearing
Pleuelfußmutter f <kfz.mot> • con rod nut
Pleuelkopf m DIN ISO 7967-2 <mot> • connecting rod small end ISO 7967-2; small end coll; piston pin end; wrist pin end; gudgeon pin end GB
Pleuelkopflager n <kfz.mot> *(in Pleuelstange)* • small end bearing
Pleuellager n <masch> • connecting-rod bearing
Pleuellager n <mot> *(das kleinere Lager)* • small end bearing
Pleuellagerdeckel m <kfz.mot> • connecting rod bearing cap; con rod bearing cap coll
Pleuellagerschale f <kfz.mot> • con rod bearing shell
Pleuellagerschraube f <kfz.mot> • con rod bearing bolt; rod bearing bolt pract
Pleuelschaft m <kfz.mot> • connecting rod shank; con rod shank pract; connecting rod I-section; con rod I-section pract; connecting-rod shank
Pleuelschraube f <füg> • connecting-rod bolt
Pleuelspiel n <kfz.mot> *(seitlich)* • connecting rod end play; connecting rod side clearance; con rod side clearance; con rod end play
Pleuelstange f rar <mot> *(zw. Kolben und Kurbelwelle)* • connecting-rod; con-rod coll
Pleuelstangenausschlag m <masch> *(Kurbeltriebgeometrie)* • connecting-rod angle
Pleuelstangenkopf m <masch> *(egal welches Ende)* • connecting-rod end
Pleuelstangenkopf m <masch> *(betont: oberes Ende)* • connecting-rod head
Pleuelstern m <masch> • master connecting-rod assembly
Pleuelzapfen m <mot> *(Kurbelwelle; trägt Pleuelfuß)* • crank pin ISO 7967-2; crank-pin; con rod journal pract; connecting rod journal; connecting rod throw/pin rare
Plexiglas n ® <kst> • polymethyl methacrylate (PMMA); acrylic glass; Lucite ®; Plexiglass ®; Perspex ®
PlexiN prakt.ugs <kst> • polymethyl methacrylate (PMMA); acrylic glass; Lucite ®; Plexiglass ®; Perspex ®
Plinthe f <bau> *(Säulensockel)* • plinth
Plissee n <textil> *(Struktur, Muster)* • pleated structure
Plisseefilter m <verf> • pleated filter
Plissiermaschine f <verf> • pleating machine
plissiert <verf> *(z. B. Filterelement)* • pleated
PLL-Schaltung f <edv.av> • phase-locked loop (PLL)
PLL-Schaltung f <kfz.av> • PLL circuitry; phase-locked loop; PLL-circuit
PLL-Treiber m <edv> • PLL driver
plötzlich <allg> • sudden
plötzliche Erhöhung der atmosphärischen Störungen f <tele> • sudden enhancement of atmospherics
plötzliche Ionisationsverstärkung f <phys> • sudden ionospheric disturbance
plötzlicher Kohleausbruch m <min> • coal outburst; coal burst; coal bump; coal bounce
plötzlicher Zufluss im Bohrloch m <petr> • kick
plötzliches Einströmen n <tech.allg> • inrush
Plombe f <pack> • lead seal
Plombenzange f <wz> • lead sealing pliers
Plombierdraht m <mat> • sealing wire
Plombierschraube f <füg> • slotted capstan screw
Plot m <edv> • plot
Plotbereich m <druck> *(druckbarer Bereich eines Plotters)* • plotting area; plot area

Plottbereich m <navig> (Display) • plotting scale

Plott-Bildschirm m <navig> (Display) • plott display; plotter display; plotter screen

Plotteinrichtung f <edv> • plotter; numerically controlled drafting machine ISO9179

Plotten n <navig> • plotting

Plotter m <edv> • plotter; numerically controlled drafting machine ISO9179

Plotter m <edv> (betont: mit Trommel) • drum plotter

Plotter m <edv> (allg., auch flach) • graph plotter

Plotter m <qualit> • plotter

Plotter-Display n <navig> (Display) • plott display; plotter display; plotter screen

Plotterfunktion f <navig> • plotter function

Plottfunktion f <navig> • plotter function

PLU <edv> • price look-up

Plüsch m <textil> • plush

Plüsch m <textil> (plüschbildende Schlingen) • pile

Plüschbindung f <textil> • pile weave

plüschen vt <led> • plush-wheel vt

Plüschfaden m <textil> • pile thread

Plüschwalze f <led> • plush wheel

Plüschwalze f <textil> (Kämmaschine) • clearer roller

Plug-and-Play-Anschluss m <edv> • Plug-and-Play connection

Plug-and-Play-Installation f <edv> • plug-and-play installation

Plug-and-Pray n ugs <edv> • plug-and-play installation

Plug-and-Punish n jarg <edv> • plug-and-play installation

Plug-Flow-Reaktor m rar <agri.tech> • plug flow-type digester; plug flow digester

Plug-in n <edv> • plug-in

Plumbikon n <autom> • plumbicon

Plumbitverfahren n <petr> • plumbite sweetening process; plumbite process

Plumbum metallicum <chem.mat> • lead (Pb) [led]; plumbum metallicum

Plume m <geo> (säulenförmiger Magmaaufstieg) • plume

Plunger m <masch> • hydraulic ram; plunger

Plungerkolben m <masch> • hydraulic ram; plunger

Plungerkolbenpumpe f <förd> (mit Tauchkolben) • plunger pump; ram pump

Plunger-Prinzip n <kfz.brems> (ABS) • plunger principle

Plungerpumpe f <förd> (mit Tauchkolben) • plunger pump; ram pump

Plungerpumpe f <kfz.mot> (Ölpumpe) • plunger pump

Plusabmaß n <tech.allg> • plus limit

Plusbaum m <holz> • plus tree

Plus-Bewegung f rar <mech> • axial extension; axial elongation; extension; elongation; lengthening

Plusbürste f <el> • positive brush

Plusdraht m <el> • positive wire; plus wire

Plus-Eingang m <el> • plus input

Plusglas n <opt> • positive lens; converging lens

Pluskabel n <el> (Batterieanschluss) • positive battery cable

Plusklemme f <el> • positive terminal

Plusleiter m <el> • positive conductor

Plus-Minus-Anzeige f <msr> • bidirectional read-out

Plusplatte f <el> (Batterie) • positive plate; positive electrode; +ve plate

Pluspol m <el> (allg.; z. B. von Batterie, Akku) • positive terminal

Pluspol m <el> (z. B. von galv. Element) • anode ISO 8044; positive electrode

Pluspol m <el> • positive terminal

Plustaste f <edv> • plus key

Plus-und-Minus-Abweichung f <prod> (z. B. Maße in technischen Zeichnungen) • bilateral tolerance

Plutonium n (Pu) <chem> • plutonium (Pu)

Plutoniumbrennstoffzyklus m <nukl> • plutonium cycle

Plutoniumerzeugungsreaktor m <nukl> • plutonium producing reactor; plutonium producer

Plutoniumrückführung f <nukl> • plutonium recycle

Pluviograph m <meteo> • pluviograph

Pluviometer n <meteo> • pluviometer

PLV <med.tech> • pressure limited ventilation (PLV)

PLV <ökon> (Dienstleistungen, Waren jeder Art) • value for money

Ply-Rating n (PR) <prod> • ply-rating (PR)

Pm <chem> • promethium (Pm)

PM, VA <edv.av> • physical modeling (PM, VA); PM synthesis; virtual acoustics

PMA <edv.av> • program memory adress (PMA)

p-Material n <el> • p-material

PMD <edv.av> • program memory data (PMD)

PME <chem> (Kraftstoff z. B. aus Raps, Sonnenblumen, Soja, Oliven) • vegetable methyl ester (VME); vegetable oil methyl ester; green diesel fuel pract; biodiesel coll

PME-Effekt m <phys> • photomagnetoelectric effect

PMMA <kst> • polymethyl methacrylate (PMMA); acrylic glass; Lucite ®; Plexiglass ®; Perspex ®

PMP-Technologie f <tele> • point-to-multipoint technology (PMP); point-to-multipoint

PM-Synthese f <edv.av> • physical modeling (PM, VA); PM synthesis; virtual acoustics

PMTO <kfz.qualit> • postmortal test object (PMTO)

PN <rls> (z. B. Hahn, Rohr, Schieber) • nominal pressure (PN); working pressure; nominal pressure; pressure rating; rated pressure

Pneu m press <kfz> (Luftreifen) • tire US; tyre GB

Pneumatikventil n <pneum> • pneumatic valve; air valve

Pneumatikzylinder m <msr> • compressed-air cylinder; air cylinder

Pneumatik-Zylinder m <pneum> • pneumatic cylinder

Pneumatikzylinder m <pneum> • pneumatic cylinder

pneumatisch <pneum> (allg.; z. B. Stellglied, Kolben, System) • pneumatic; air-operated

pneumatisch betrieben <pneum> • pneumatically operated

pneumatische Abreinigung f <verf> • pneumatic cleaning

pneumatische Aufbereitung f <verf> • pneumatic cleaning

pneumatische Befüllung von Behältern f <förd> • pneumatic filling of vessels

pneumatische Betätigung f <pneum> • pneumatic activation

pneumatische Bremse f <brems> (mit Druck- oder Saugluft) • pneumatic brake

pneumatische Druckförderanlage f <förd> • pressure pneumatic conveying system

pneumatische Entfleischunterlage f <led> (Entfleischmaschine) • pneumatic pressure bolster

pneumatische Expansion f <masch> (z. B. von Wickelwellen) • pneumatic expansion

pneumatische Federung f rar <fz> • air suspension; air ride suspension; pneumatic suspension

pneumatischer Akkumulator m <hydr> • air-hydraulic accumulator

pneumatischer Andruckschlauch m <led> (Entfleischmaschine) • pneumatic pressure hose

pneumatischer Antrieb m <pneum> • pneumatic drive

pneumatischer Arbeitszylinder m <pneum> • ram cylinder

pneumatischer Bagger m <bau.masch> • air-lift dredger

pneumatischer Betonförderer m <bau.masch> • concrete gun; concrete placer

pneumatischer Bohrungsmessdorn *m* <petr> • air gauge

pneumatischer Differentialdruckmelder *m* <alarm> *(zwischen Scheiben e-er Doppelverglasung)* • double-glazed differential pressure system

pneumatischer Differentialdruckmelder *m* <alarm> *(allg.)* • air pressure sensor; pressure differential detector; pressure alarm system

pneumatischer Drosselklappenansteller *m* <kfz.mot> *(Leerlaufdrehzahlanhebung mit Unterdruckdose)* • fast idle capsule

pneumatischer Greifer *m* <autom> • pneumatically-operating gripper

pneumatischer Kopierrahmen *m* <druck> • vacuum frame

pneumatischer Lautsprecher *m* <av> • pneumatic loudspeaker

pneumatischer Leistungsverstärker *m* <pneum> *(betont: Relaisfunktion)* • air relay; booster relay

pneumatischer Leistungsverstärker *m* <pneum> *(Druckluft-Vorsteuerventil)* • amplifying pilot valve

pneumatischer Motor *m* <pneum> • compressed-air motor; air motor *pract*

pneumatischer Platinenanheber *m* <prod> • sheet floater

pneumatischer Pulsationsdämpfer *m* <masch> • pneumatic pulsation damper

pneumatischer Reifen *m rar* <prod> • pneumatic tire

pneumatischer Verstärker *m* <pneum> • pneumatic amplifier

pneumatisches Andruckpolster *n* <led> *(Entfleischmaschine)* • pneumatic pressure bolster

pneumatisches Dralldüsenspinnen *n form* <textil> • air-jet spinning; vortex spinning; air-jet spinning process

pneumatische Servolenkung *f* <kfz> • air-pressure-assisted steering

pneumatische Sortierung *f* <agri> • aspiration cleaning

pneumatisches Sprühgerät *n* <pneum> • atomizing sprayer

pneumatische Steuerung *f* <autom> • air-logic controller

pneumatische Steuerung *f* <msr> • pneumatic control system; air control

pneumatisches Ziehkissen *n* <prod> • air cushion

pneumatische Walzentfleischmaschine *f* <led> • pneumatic pressure cylinder fleshing machine

pneumatische Wasserspiegeldifferenz-Steuerung *f* <verf.hydr.msr> • pneumatic differential controller

Pneumistor *m* <msr> • pneumatic logic element

pneumohydraulisch <hydr> • hydropneumatic

Pneumokokkenpneumonie *f* <med> • pneumococcal pneumonia

Pneumotachometer *n* <med.tech> • pneumotachometer

Pneumothorax *m* <med> • pneumothorax

pneumozyklisches Getriebe *n* <masch> • pneumocyclic gearbox

pn-Flächendiode *f* <el> • p-n junction diode; junction diode

PNG <edv> • Portable Network Graphics (PNG)

pn-Grenzschicht *f* <el> • p-n boundary

pnip-Transistor *m* <el> • p-n-i-p transistor

pn-Isolation *f* <el> • p-n junction isolation

pnp-Transistor *m* <el> • p-n-p transistor

PNPV <med.tech> • positive negative pressure ventilation (PNPV)

pn-Sperrschichtdiode *f* <el> • p-n junction diode; junction diode

pn-Übergang *m* <el> • pn-junction

p-n-Übergang *m* <energ.sol> • p-n-junction

pn-Verbindung *f* <el> • pn-junction

PN-Verteilung *f* <msr> • pole-zero distribution

Po <chem> • polonium (Po)

PO$_2$ <phys> • partial pressure of oxygen (PO$_2$); oxygen gas pressure; oxygen tension; oxygen pressure

Pochstempel *m* <min> • stamp

Pochwerk *n* <min> *(zur Erzzerkleinerung)* • stamp battery; stamp mill

Pockels-Effekt *m* <opt> • Pockels effect

Pockenimpfstoff *m* <med> • smallpox vaccine; vaccinninum

Pockenimpfung *f* <med> • smallpox vaccination

Pocket *f ugs* <phot> • pocket camera; 110 camera

Pocketfilm *m* <phot> • pocket-camera film; 110 film

Pocketkamera *f* <phot> • pocket camera; 110 camera

PoD <druck> *(Digitaldruck)* • print on demand (PoD); print-on-demand; on-demand printing

Podest *n* <tech.allg> • platform

Podestanlage *f* <logist> • multi-level shelving *cf*; multi-tier shelving *GB*

Podestträger *m* <bau> • bearer

POF <lwl> • polymere optical fiber (POF); polymere optical waveguide

Poincaré-Gruppe *f* <math> • Poincaré group

Pointillieren *n* <obfl> • stippling

Point of Purchase *m* <werb> • point of purchase (POP); point of sale; P.O.S.

Point of Sale *m* <werb> • point of purchase (POP); point of sale; P.O.S.

Point-of-Sale-System *n* <edv> • point-of-sale system; POS system; POS equipment

Point-of-Sale-Terminal *n* <edv> • point-of-sale terminal; POS terminal

Poise *n* <phys> *(veraltete Einheit der dynamischen Zähigkeit)* • poise

Poiseuille'sche Strömung *f* <phys> • Poiseuille flow

poiseuillesche Strömung *f* <phys> • Poiseuille flow

Poiseuille-Strömung *f* <phys> • Poiseuille flow

Poisson'sche Gleichung *f* <phys> • adiabatic equation; Poisson's adiabatic equation; Poissons relation

Poisson'sche Integralgleichung *f* <math> *(integrale Darstellung von Bessel-Funktionen)* • Poisson integral formula

Poisson'sche Konstante *f* <phys> • Poisson constant; Poisson's number *rare*

Poisson'sche Potentialgleichung *f* <math> • Poisson's equation

Poisson'scher Fleck *m* <phys> • Poisson's spot; diffraction spot

Poisson'sches Gesetz *n* <phys> • Poisson's law; Poisson's relation

Poisson'sche Transformationsgleichung *f* <math> *(Integralgleichung)* • Poisson transform; potential transform

Poisson'sche Verteilung *f* <math> *(Statistik; Wahrscheinlichkeitsverteilung)* • Poisson distribution

Poisson'sche Zahl *f* <mech> *(Verhältnis Querkontraktion : Längsdehnung)* • Poisson's ratio

Poisson-Effekt *m* <pap> • Poisson effect

Poisson-Gleichung *f* <math> *(allg.)* • Poisson equation

Poisson-Klammer *f* <math> • Poisson bracket

poissonsche Gleichung *f* <phys> • adiabatic equation; Poisson's adiabatic equation; Poissons relation

poissonsche Integralgleichung *f* <math> *(integrale Darstellung von Bessel-Funktionen)* • Poisson integral formula

poissonsche Konstante *f* <phys> • Poisson constant; Poisson's number *rare*

poissonsche Potentialgleichung *f* <math> • Poisson's equation

poissonscher Fleck *m* <phys> • Poisson's spot; diffraction spot
poissonsches Gesetz *n* <phys> • Poisson's law; Poisson's relation
poissonsche Transformationsgleichung *f* <math> *(Integralgleichung)* • Poisson transform; potential transform
poissonsche Verteilung *f* <math> *(Statistik; Wahrscheinlichkeitsverteilung)* • Poisson distribution
poissonsche Zahl *f* <mech> *(Verhältnis Querkontraktion : Längsdehnung)* • Poisson's ratio
Poisson-Verteilung *f* <math> *(Statistik; Wahrscheinlichkeitsverteilung)* • Poisson distribution
Pol *m* <edv.av> *(Einheit für Amplitudenabschwächung bei Filtern; 1 Pol = –6dB/Okt)* • pole
Pol *m* <el> *(betont: Plus- oder Minuspol)* • terminal
Pol *m DIN ISO 2424* <textil> • pile *ISO 2424*
Pol-Abdeckkappe *f* <kfz.el> *(Batterie)* • terminal post cover
Polabdeckung *f* <el> *(z. B. von Lüsterklemmen)* • terminal caps; terminal cap
Polabstand *m* <el> • pole clearance; pole distance
Polabstand *m* <phys> *(Schwingungen)* • polar distance
Polachse *f* <geo> • magnetic axis
Polachse *f* <math> • polar axis
Polanker *m* <el> • pole armature; armature with salient poles
Polanzeiger *m* <el> • polarity indicator
Polarachse *f* <math> • polar axis
Polardiagramm *m* <pap> • polar plot
Polardiagramm *n* <aerospace> *(Tragflügeltheorie)* • polar diagram; polar curve
Polar-Diagramm *n* <av> *(Frequenzgang eines Lautsprechers auf und neben der Systemachse)* • polar diagram; polar characteristic; polar plot
Polardiagramm der Geschwindigkeit *n* <doku> • hodograph
Polardreieck *n* <math> *(projektive Geometrie)* • polar triangle
Polare *f* <math> • polar
polarer Kristall *m* <mat> • polar crystal
polarer Vektor *m* <math> • polar vector
polares Flächenträgheitsmoment *n* <mech> • polar area moment of the second order
Polarimeter *m* <msr> • polarimeter
Polarisation *f* <el.chem> • polarization; polarisation *GB*
Polarisationsblindwiderstand *m* <el> • polarization reactance
Polarisationsdiversity *f* <tele> *(Mehrfachempfang)* • polarization diversity
Polarisationsebene *f* <edv> *(enthält el. Vektor)* • plane of polarization
Polarisationsebene *f* <opt> • polarization plane
Polarisationsellipse *f* <opt> • polarization ellipse
Polarisationsfading *n* <tele> • polarization fading
Polarisationsfehler *m* <el> • polarization error
Polarisationsfilter *n* <edv> • polarizing filter *US*; polarising filtre *GB*; polarizer
Polarisationsfilter *n* <opt> • polarizing beam splitter (PBS); beam splitter; polarizing prism; wave retarder
Polarisationsfilter *n/m* <phot> • polarizing filter; polarizer
Polarisationsfolie *f* <opt> • sheet polarizer; polarization sheet
Polarisationsgrad *m* <phys> • polarization degree
Polarisationsinterferenzfilter *n* <opt> • polarization interference filter
Polarisationskapazität *f* <el> • polarization capacitance; polarization capacity
Polarisationsladung *f* <phys> • polarization charge

Polarisationsmagnet *m* <phys> • polarizing magnet
Polarisationsmikroskop *n* <opt> • polarized-light microscope; polarizing microscope
Polarisationsphotometer *n* <opt> • polarization photometer
Polarisationspotential *n* <el> • polarization potential
Polarisationsprisma *n* <opt> • polarizing beam splitter (PBS); beam splitter; polarizing prism; wave retarder
Polarisationsreaktanz *f* <el> • polarization reactance
Polarisationsrichtung *f* <opt> • direction of polarisation; polarization direction
Polarisationssättigung *f* <opt> • polarization saturation
Polarisationsschlitz *m* <opt> • polarizing slot
Polarisationsschwund *m* <tele> • polarization fading
Polarisationsspannung *f* <el> • polarization voltage
Polarisationsspektrometer *n* <opt> • polarizing spectrometer
Polarisationsstrom *m* <phys> • polarization current; polarizing current
Polarisationswiderstand *m DIN EN ISO 8044* <el> • polarization resistance *ISO 8044*
Polarisationswinkel *m* <opt> • Brewster's angle; polarization angle
Polarisator *m* <phys> • polarizer
polarisierender Strahlenteiler *m* <opt> • polarizing beam splitter (PBS); beam splitter; polarizing prism; wave retarder
polarisierender Strom *m* <el> • polarizing current
polarisierter Elektrolytkondensator *m* <el> • polarized electrolytic capacitor
polarisiertes Relais *n* <el> • polarized relay; center zero relay
polarisierte Strahlung *f* <phys> • polarized radiation
polarisierte Welle *f* <phys> • polarized wave
Polariskop *n* <opt> • polariscope
Polarität *f* <edv> *(der magnet. Schicht)* • polarity; magnetic polarization
Polarität *f* <el> • polarity
Polarität *f* <phys> *(allg.)* • polarity
Polaritätsanzeiger *m* <el> • polarity indicator
Polaritätseffekt *m* • pole effect
Polaritätsumkehr *f* <phys> • polarity reversal
Polariton *n* <phys> • polariton
Polarkegelschnitt *m* <math> • polar conic
Polarkoordinaten *fpl* <autom> • polar coordinates *pl*
Polarkoordinatensystem *n DIN ISO 10209-2* <math.doku> • polar coordinate system *ISO 10209-2*
Polarkurve *f* <math> *(algebraische Geometrie)* • polar curve
Polarmodulationsverfahren *n* <tele> • polar modulation technique
Polarmoment *n* <kfz> • moment of inertia *wiss-mdl*; rotational inertia; mass momentum *BMW*
Polarogramm *n* <el.chem> *(Stromspannungskurve bei der Polarographie)* • polarogram
Polarograph *m* <el.chem> *(Gerät zur Durchführung polarographischer Analysen)* • polarograph
Polarographie *f* <chem> • polarography; polarographic analysis
polarographieren *vt* <el.chem> • polarograph *vt*
Polarographiker *m* <el.chem> • polarographist *US*; polarographer *GB*
polarographisch <el.chem> • polarographic; polarographically
polarographische Analyse *f* <chem> • polarography; polarographic analysis
polarographische Welle *f* • polarographic wave
Polaroidfilm *m* <phot> • Polaroid film
Polaroidfilter *n* <phys> • polaroid filter; polaroid

Polaroidkamera f ®ugs <phot> • instant picture camera; instant camera; Polaroid camera ®, Polaroid-Land camera ®

Polaronwellenfunktion f <phys> • polaron wave function

Polarplanimeter n <msr> • polar planimeter

Polarpotentiometer n <el> • polar potentiometer; bias potentiometer

Polarschreiber m <edv> • polar plotter

Polarstrahlungsdiagramm n <phys> (z. B. Antennencharakteristik) • polar radiation pattern

Polarwinkel m <math> (bei Polarkoordinaten) • amplitude; argument

Polbahn f <geo> • polar wander path

Polbahn f <mech> (Kinematik: Rastpolbahn, Gangpolbahn) • path of instantaneous center; locus of instantaneous center; centrode

Polbahn f <mech> (Kinematik) • pole curve

Polbahntangente f <mech> (Rastpolbahn, Gangpolbahn) • centrode tangent

Polbelegung f <el> (bei Steckverbindern, Elektronikbausteinen) • pin assignment; pin configuration; pin definition; pin allocation; contact configuration rare

Polbeschleunigung f <mech> (Kinematik) • pole acceleration

Polbewegung f <mech> (Kinematik) • polar motion

Polblech n <el> • polar strip

Polbogen m <el> • pole arc

Polbolzen m <el> (Batterie) • terminal pillar

Polbrücke f <el> (Batterie) • plate strap; plate bridge

Polder m <bau> (eingedeichtes Land oder Hochwassereinlaufgebiet) • polder

Polder m <ents> (Deponie) • landfill cell; refuse cell; subcell

Polderverfahren n <ents> • cell method

Poldihärteprüfer m <qualit.mat> • Poldi-type impact hardness tester; Poldi hardness tester

Poldi-Hammer m <qualit.mat> • Poldi-type impact hardness tester; Poldi hardness tester

Poldi-Kugelschlaghammer m rar <qualit.mat> • Poldi-type impact hardness tester; Poldi hardness tester

Poldi-Schlaghärteprüfer m <qualit.mat> • Poldi-type impact hardness tester; Poldi hardness tester

Poldistanz f <astron> • polar distance

Poldreieck n <el> • pole triangle

Poleffekt m <phys> • pole effect

polen vt <el> • polarize vt; pole vt

Polfigur f <phys> • pole figure

Polfilter n/m <phot> • polarizing filter; polarizer

Polfläche f <el> • pole face

Polgehäuse n <kfz.el> (allg.; z. B. Starter oder Gleichstromgenerator) • casing

Polgehäuse n <kfz.el> (von Starter) • starter frame

Polglocke f <kfz.el> (Batterie) • helmet connector; helmet lug

Polhodiekegel m <mech> (Kinematik) • polhodie cone; polhode cone; moving cone of instantaneous axes

Polhodiekegel m <navig> • body cone

Policehelm m <bekl> • three-quarter helmet; 3/4 helmet; three-quarter

Policeschirm m <bekl> (Policehelm) • oversized visor

Polierballen m <obfl.holz> • rubber; polishing fad

Polierband n <wz> • abrasive belt; polishing belt; polishing band

Polierbüchse f <obfl.holz> • polishing kit

Polierbürste f <obfl.holz> • polishing brush

Polierdorn m <prod> • buffing cone

Polieren n <kst> (von Kunststoffteilen) • polishing; clearing

Polieren n <obfl> (allg.) • polishing; burnishing

Polieren n <obfl> (Autolackpflege) • polishing

Polieren n <obfl> (magn. Datenträger; z. B. Disketten) • burnishing

polieren vt <edv> (Magnetplatte) • burnish vt

polieren vt <edv> (Magnetplatte) • burnish vt

polieren vt <obfl> (allg., z. B. Autolack, mit Poliermittel) • polish vt

Polieren in Trommeln n <prod> (z. B. Wälzlagerkugeln) • barrel polishing

Polieren mit Polierpaste n <kfz.rep> • compounding

Polierfilm m <edv> • polishing film

Polierfilter n <chem> • polishing filter

Polierfiltrieren n <chem> • polishing filtration; polishing

Poliergerüst n <metall> • planishing stand

Polierhaube f <wz> • polishing bonnet

Polierkaliber n <wz> • finishing groove; planishing groove

Polierläppen n <obfl> • buffing

polierläppen vt <obfl> • buffing vt

Polierleinwand f <kfz.mot> • emery cloth

Poliermaschine f <wz> (zum Polieren, mit Scheibe; z. B. für Autolack) • buffer; buffer/polisher; buffing machine rare

Poliermaschine f <wz.masch> • polishing machine

Poliermaterialien npl <obfl.holz> • polishing material; polishing agent; polishing compound

Poliermittel n <obfl> (betont: Schleifmittel enthalten) • polishing abrasive

Poliermittel n <obfl> • polishing agent; polish

Poliermittel n <obfl> (allg.) • polishing compound

Poliermittel npl <obfl.holz> • polishing material; polishing agent; polishing compound

Polieröl n <obfl.holz> • polish oil

Polierpad n <edv> • polishing pad

Polierpaste f <obfl> • polishing paste

Polierpaste f <obfl> • cutting compound; rubbing compound

Polierpulver n <obfl> • polishing powder

Polierrot n <obfl> • polishing rouge

Poliersalbe f <obfl.holz> • burnishing cream

Polierschale f <opt> • polishing lap

Polierscheibe f <obfl.wz> • buffing wheel; polishing wheel; polishing mop; buff wheel rare

Polierscheibe f <opt> • polishing lap

Polierscheibe f <wz> • polishing wheel

Polierschermaschine f <textil> (Florhöhe) • combined polishing and shearing machine

Polierschleifen n <prod> • abrasive-band polishing

Polierschleifmittel n <obfl> • polishing abrasive V.; polish abrading agent did

Poliersprit m <obfl.holz> • spirit polish; finishing spirit

Polierständer m <metall> (Walzwerk) • planishing stand; finishing stand

Polierstahl m <wz> • burnisher

Polierstich m <prod> (Ziehen) • finishing pass

Polierstich m <prod> (Walzen) • planishing pass

Polierstock m <kfz.rep.wz> • stake

poliert <obfl> (z. B. Metall, Lack) • polished

poliert <obfl> (z. B. Möbelstücke) • polished; microfinished rare

polierter Dünnschliff m <qualit.mat> • polished thin section

Poliertrommel f <obfl> (z. B. für Kleinteile: Wälzlagerkugeln) • polishing barrel; polishing drum

Polierverdünnungsmittel n <obfl.holz> • polish thinner :V

Polierwalze f <metall> • finishing roll; finisher

Polierwalze f <metall> • planishing roll

Polierwalzen n <obfl> • roller burnishing

Polierwalzwerk n <metall> • planishing mill

Polierwatte f <obfl.holz> • polishing wadding

Poliklinik f <med> • out-patient clinic

Polioimpfung f <med> • polio inoculation
Poliomyelitis-Schutzimpfung f <med> • polio inoculation
Politur f <obfl.holz> *(Mittel)* • polish
Politur f <obfl.holz> *(Beschichtung)* • polish
Politurmaterialien npl <obfl.holz> • polishing material; polishing agent; polishing compound
Polizeiaufschaltung f <alarm> • police connection
Polizeiauto n ugs <kfz> • police vehicle; police car; cop car *US.coll*
Polizeiboot n <nav> • police boat
Polizeieinsatz m <kfz> • police service
Polizeifahrzeug n <kfz> • police vehicle; police car; cop car *US.coll*
polizeiliches Kennzeichen n form <kfz> *(das Schild)* • license plate *US*; numberplate *GB*
polizeiliches Kennzeichen n form <kfz> *(die Nummer)* • license plate number *US*
Polizeisperre f <verk> • police block; police road block
Polkante f <el> • pole edge
Polkante f <el> • pole horn; pole tip
Polkegel m <mech> • moving cone of instantaneous axes
Polkegel m <navig> • body cone
Polkern m <av> • center pole *US*; pole piece; centre pole *GB*
Polkern m <el> • pole body
Polklemme f <el> • cell terminal; electrode terminal
Polklemme f <el> • pole binder; binding post
Polklemme f <kfz.el> *(an Batteriekabel)* • cable clamp; clamp lug; terminal *coll*
Polklemmenabzieher m <el.wz> • battery terminal puller; battery cable clamp puller; battery terminal lifter *GB*
Polklemmen-Abziehzange f <el.wz> • battery clamp remover
Polklemmenaufreiber m <el.wz> • terminal reamer; battery terminal reamer
Polklemmenaufreibzange f <el.wz> *(typ. für Autobatterien)* • battery terminal spreader and cleaner
Polklemmendehnzange f <el.wz> *(typ. für Autobatterien)* • battery terminal clamp spreader; battery terminal spreader; cable clamp pliers
Polklemmenzange f <el.wz> • battery clamp remover
Polkopf m <kfz.el> *(Starterbatterie)* • battery post; terminal post
Polkurve f <math> *(Differentialgeometrie)* • polar curve
Polkurve f <mech> • centrode
Pollagenkurve f <mech> *(Kinematik)* • pole curve
Pollenfilter m <kfz.hlk> • pollen filter
Poller m <bau.nav> *(an Land, zum Vertäuen von Schiffen, Booten; z. B. auf Kaimauer)* • bollard
Poller m <nav> *(an Deck, meist paarweise; für Taue, Ankerkette)* • bitt; bit *rare*
Polling n <el> • polling
Pollücke f <el> • pole gap
Pol mit Reliefoberseite m DIN ISO 2424 <bau.innen> • carved pile *ISO 2424*
polnische Notation f <edv> • Polish notation
Pol-Nullstellen-Analyse f <msr> • pole-zero analysis
Pol-Nullstellen-Verteilung f <msr> • pole-zero configuration
Poloidal-Bundle-Divertor m <nukl> • poloidal-bundle divertor
poloidale Ebene f <nukl> • poloidal field; poloidal magnetic field
poloidales Feld n <nukl> • poloidal field; poloidal magnetic field
poloidales Magnetfeld n <phys> • poloidal magnetic field
poloidales Magnetsystem n <nukl> • poloidal magnet system

Poloidalfeld n <nukl> • poloidal field; poloidal magnetic field
Poloidalfelddivertor m <nukl> • poloidal divertor
Polonium n (Po) <chem> • polonium (Po)
Polortskurve f <msr> • polar plot
Polpaar n <el> • pole pair; pair of poles
Polpaarzahl f <el> *(Elektromotor)* • number of pole pairs
Polpapier n <el> • pole-finding paper; pole reagent paper; pole paper; polarity-indicating paper
Polplatine f <textil> • pile sinker
Polplatte f <av> • pole plate
Polprüfer m <msr> • polarity indicator; polarity tester; pole tester
Polrad n <el> • magnet wheel; cog wheel
Polrad n rar <kfz.el> *(Drehstromgenerator)* • rotor; claw-pole rotor *rare*
Polrad n <msr> • rotor; pulse wheel
Polradkranz m <energ.hydr> • rim sheet assembly
Polradspannung f <el> • synchronous internal voltage
Polradwinkel m <el> • rotor displacement angle
Polscheibe f <kfz.el> • pole piece
Polschicht f DIN ISO 2424 <bau.innen> *(textiler Bodenbelag)* • effective pile *ISO 2424*
Polschuh m <el> • pole shoe; pole piece
Polschuhfläche f <el> • pole face
Polschuss m <textil> • pile pick
Polschwankung f <msr> *(Kreisel)* • polar motion
Polspalt m <el> • pole gap
Polspule f <el> • exciter coil
Polstärke f <phys> • pole strength
Polster m A <textil> *(auf Sitz, Sessel)* • cushion
Polster n <tech.allg> *(z. B. als Schutz, zur Bequemlichkeit)* • padding
Polster n <bekl> *(z. B. Schulter)* • pad
Polster n <el> *(Kabelunterlage)* • bedding; cable bedding
Polster n <kfz.innen> *(ein einzelnes Polster, z. B. in Sitz, Rückenlehne)* • bolster
Polster n prakt <kfz.innen> *(weiche Unterfütterung zur passiven Sicherheit; z. B. Instrumentenanlage)* • padding
Polster n <textil> *(z. B. von Möbeln)* • upholstery sg
Polsterabdeckkappe f BMW <kfz> *(Airbag-Lenkrad)* • impact cushion
Polsterplatte f <kfz> *(Airbag-Lenkrad)* • impact cushion
Polsterschmierung f <tribo> • oil-pad lubrication; pad lubrication
Polsterung f <tech.allg> *(z. B. als Schutz, zur Bequemlichkeit)* • padding
Polsterung f <fz> *(Reifenfunktion)* • cushioning
Polsterung f <kfz.innen> *(weiche Unterfütterung zur passiven Sicherheit; z. B. Instrumentenanlage)* • padding
Polsterung f rar <kfz.innen> *(des Innenraums; Teppiche, Sitze, Verkleidungen; z. B. Leder, Wurzholz)* • upholstery
Polstreuung f <el> • pole leakage
Polstück n <phys> • pole piece
Polteilung f <el> • pole pitch
Polumkehr f <el> • pole reversal; polarity reversal
polumschaltbar <el> • pole-changing
polumschaltbarer Generator m <el> • two-speed generator; dual-speed generator; dual-wound generator
polumschaltbarer Motor m <el> • two-speed motor
polumschaltbarer Motor m <el> • pole-changing motor; change-pole motor; pole changeable motor
polumschaltbare Wicklung f <el> • pole-changing winding
Polumschalter m <el> • pole-changing switch
Polumschaltung f <el> • pole reversal; pole changing
Pol- und Klemmen-Reinigungsbürste f <kfz.wz> *(Werkzeug für Batteriedienst)* • battery terminal brush; battery brush; terminal brush; battery post and terminal brush form

Polung f <el> • polarity
Polung in Durchlassrichtung f <el> (Transistor) • forward biased
Polung in Flussrichtung f <el> (Transistor) • forward biased
Polung in Sperrrichtung f <el> (Transistor) • reverse biased
Polverbindung f <el> • cell connector
Polwanderung f <geo> • polar wander
Polwanderungskurve f <geo> • polar wander path
Polware f <textil> • pile fabric
Polwechsel m <el> • change of polarity; pole changing
Polwechselschalter m <el> • pole-changing switch; pole reverser; polarity reverser
Polwechselwicklung f <el> • pole-changing winding
Polwender m <el> • polarity inverter
Polwicklung f <el> • salient-pole winding
Polwirkmaschine f <textil> • pile fabric knitting machine
Polyacrylamidgel-Elektrophorese f <med> • polyacrylamide gel electrophoresis
Polyacrylfaser f <kst> • polyacrylic fiber
Polyacrylharz n <kst> • acrylate resin
Polyacrylnitril n (PAC) <kst> • polyacrylonitrile (PAC)
Polyacrylnitrilfaser f <kst> • polyacrylic fiber
Polyacrylnitrilfaser f <textil> • polyacrylonitrile fiber
polyad <chem/math> • polyad; polyadic
Polyaddition f <chem.verf> • polyaddition
Polyaddition f obs <kst> • addition polymerization IUPAC; step-growth polymerization
Polyadditionsfaser f <textil> • polyaddition fiber
Polyaddukt n <kst> • addition polymer
Polyalkylenglykol n <chem> (synthetischer Schmierstoff) • polyalkylene glycol; poly glycol
Polyalphaolefin n <chem> (synthetischer Schmierstoff) • polyalphaolefin
Polyamid n (PA) <kst> (Thermoplast) • polyamide ®
Polyamidfaser f <textil> • polyamide fiber
Polyamidgewebe n <bekl> • polyamide fabric
Polyamidklebstoff m <füg> • polyamide adhesive
Polyamidoamin n <kst> • polyamidoamine
polyatomar <chem> • polyatomic
Polybag m <werb> • shrink wrap
Polybenzimidazol n (PBI) <kst> (Hochleistungskunststoff) • polybenzimidazole (PBI); Celazole ®
Polybenzimidazolklebstoff m <füg> • polybenzimidazole adhesive
Polyblend m/n <kst> • polyblend
polybromierter Diphenylether m (PBDE) <kst> (Flammhemmer) • polybromated diphenyl ether (PBDE)
polybromiertes Biphenyl n (PBB) <kst> (Flammhemmer) • polybrominated biphenyl (PBB)
Polybutadien n • polybutadiene
Polybutylen-Terephthalat n (PBT) <kst> • polybuthylene terephthalate (PBT); polybutyleneterephthalate
Polybutylenterephthalat n <kst> • polybuthylene terephthalate (PBT); polybutyleneterephthalate
Polycarbonat n (PC) <kst> • polycarbonate (PC); poly carbonate
Polycarbonatfaser f <kst> • polycarbonate fiber
Polycarbonatfolie f <kunst> • polycarbonate foil
Polycarboxylat-Ether n <chem> (z. B. als Betonzusatzmittel) • polycarboxylate ether
Polychloropren n <kst> • polychloroprene (PCP); Neoprene ®
Polychloropren-Kautschuk-Klebstoff m <füg> • polychloroprene rubber adhesive
Polychloroprenklebstoff m <füg> • polychloroprene adhesive

Polychrest n <med> • polycrest GB; polychrest US
polychrom wiss <tech.allg> • polychrome; polychromatic; multicolor US; multicolour GB
polychrom <druck> • polychromatic
Polychrom-System n <obfl> (Ergebnis) • base and clear system; two-coat [paint] finish; two-coat system; base/clear finish; clear-over-base paint [system]
polycyclisch <chem> • polycyclic
Polydispersität f <tech.allg> • polydispersion; polydispersity
Polyeder n <math> • polyhedron
Polyedermodell n <edv> • facet model :V
Polyellipsoid n (PE) <kfz.el> (Scheinwerfer) • poly-ellipsoid
Polyellipsoid-Scheinwerfer m (PES) <kfz.el> • polyellipsoidal headlight
Polyester m (PES) <textil> • polyester (PES)
Polyesterbildung f <chem> • polyesterification
Polyesterfaser f <textil> • polyester fiber
Polyesterfilm m <druck> (Druckfilm für CtF- und CtP-Recorder) • polyester film
Polyesterfolie f <kst> (z. B. als Dielektrikum in Kondensatoren) • polyester film; PE-film; mylar film; Mylar ®DuPont
Polyesterharz n (UP) <kst> (z. B. Diolen®, Trevira®, Mylar®) • urethane polyester (UP); polyester resin
Polyesterkautschuk m <kst> • polyester rubber
Polyesterklebstoff m <füg> • polyester adhesive
Polyesterkunststoff m <kst> (z. B. Diolen®, Trevira®, Mylar®) • urethane polyester (UP); polyester resin
Polyesternähfaden m <textil> • polyester thread
Polyester-Prothese f <med.tech> (alloplastische Gefäßprothese) • dacron graft; dacron prosthesis; PET-graft; polyester graft
Polyesterpulver n <obfl> • polyester powder
Polyesterspachtel m <obfl> • polyester filler; body filler coll; plastic filler; resin filler
Polyethersulfon n (PES) DIN 7728 <kst> • polyether sulfone (PES)
Polyethylen n (PE) <kst> • polyethylene (PE); polythene coll
polyethylenbeschichtetes Fotopapier n <phot> • resin-coated paper; RC paper; plastic-coated paper; plastic-based paper; plastic paper
Polyethylenfaser f <kst> • polyethylene fiber; polyethylene fibre GB
Polyethylenfolie f <kst> • polyethylene film
Polyethylen hoher Dichte n (HDPE) <kst> (Dichte >0,940 g/cm³) • high-density polyethylene (HDPE)
polyethylenisoliertes Kabel n <el> • PE cable; PE insulated cable; polyethylene[-insulated] cable
Polyethylenkabel n <el> • PE cable; PE insulated cable; polyethylene[-insulated] cable
Polyethylen mittlerer Dichte n (PE-MD) <kst> (Dichte 0,930 g/cm³ ... 0,940 g/cm³) • medium-density polyethylene (PE-MD)
Polyethylen niedriger Dichte n (LDPE) <kst> (Dichte <0,930 g/cm³) • low-density polyethylene (LDPE)
Polyethylen niedriger Dichte mit linearer Struktur n (PE-LLD) <kst> • linear low-density polyethylene
Polyethylen-Papier n <phot> • resin-coated paper; RC paper; plastic-coated paper; plastic-based paper; plastic paper
Polyethylenschaum m <kst> • polyethylene foam
Polyethylenschaumstoff m <kst> • polyethylene foam
Polyethylen-Terephthalat n (PET) <kst> • polyethylene terephthalate (PET); polyethylene terephthalate rare.GB
Polyethylen-Terephthalat-Folie f <kst> • polyethylene terephthalate film; PET film pract

polyfile Seide f <textil> • multifilament yarn; multifilament; polyfilament

Polyfilseide f <textil> • multifilament yarn; multifilament; polyfilament

Polyformieren n <petr> *(thermisches Reformieren mit Gasrückführung)* • polyforming

polyfunktionell <tech.allg> • multifunctional; multiple-function; polyfunctional

Polyglykol n <chem> *(synthetischer Schmierstoff)* • poly-alkylene glycol; poly glycol

Polygon n <math> *(geometr. Figur)* • polygon; n-gon

polygonal <math> • polygonal

polygonales Shading n <edv> *(Computergrafik)* • flat shading; polygonal shading; Lambert shading *rare*

Polygon-Bewegung f <edv> • polygonal movement

Polygondrehen n <prod> • polygonal turning

Polygone füllen n <edv> • polygon fill

Polygonfüllen n <edv> • polygon fill

Polygonierausrüstung f <geo.msr> *(Vermessung)* • traversing equipment

Polygonierung f <geo.msr> *(Vermessung)* • traverse surveying; traverse survey; traversing

Polygonisation f <metall> • polygonization

Polygonlauf m <mil> • polygon barrel

Polygonnetz n <edv> • polygon mesh

Polygonprofil n <autom> • polygonal guide tube

Polygonrad n <edv> • polygon wheel; polygon mirror wheel; rotating polygon; mirror wheel

Polygonrost m <verbr> • polygonal grate

Polygonschaltung f <el> • polygonal connection; polygon connection

Polygonspannung f <el> • polygonal voltage; polygon voltage

Polygonspiegel m <druck> *(Digitalkopierer)* • multi-faceted mirror

Polygonspiegel m <druck> *(Belichtungseinheit)* • polygon mirror

Polygonspiegel m <edv> • polygon wheel; polygon mirror wheel; rotating polygon; mirror wheel

Polygonverband m <bau> • polygonal bond

Polygonzug m <edv> • string; polyline *AUTODESK*; polygon curve *RHV*

Polygonzug m <math> *(Vektoren, z. B. Kräfte)* • progression

Polygonzug m <phot> • survey traverse

Polygonzugaufnahme f <geo.msr> *(Vermessung)* • traversing

Polygonzugverfahren n <math> *(Differentialgleichung)* • polygonal method

Polygraphie f <kunst> • graphic arts

polyhalogenierte Verbindung f <chem> *(giftig; z. B. in Müll und Altlasten)* • polyhalogenated compound

Polyhedron n <edv> • polyhedron

Polyimidklebstoff m <füg> • polyimide adhesive

Polyisobuten n <chem> • polyisobutene; polyisobutylene *coll*

Polyisobutylen n *ugs* <chem> • polyisobutene; polyisobutylene *coll*

polyklonaler Antikörper m <med> • polyclonal antibody

Polykondensatfaser f <chem> • polycondensate fiber; polycondensation fiber; polycondensation fibre *GB*; polycondensate fibre *GB*

Polykondensation f <chem> *(z. B. Herst. synthetischer Fasern)* • polycondensation

Polykondensation f *obs* <kst> • condensation polymerization *IUPAC*

polykristallin <mat> *(z. B. Silicium)* • polycrystalline

polykristalliner Diamant m <mat> • polycrystalline diamond (PCD)

polykristalline Schicht f <el.ic> • polycrystalline layer

polykristallines Silizium n (mc-Si) <energ.sol> • polycrystalline silicon

Polylinie f <edv> • polyline

Polylinie f *AUTODESK* <edv> • string; polyline *AUTODESK*; polygon curve *RHV*

Polylux m *DDR* <büro> *(für Folien)* • overhead projector (OHP)

polymer <chem> • polymeric

Polymer n <chem> • polymerizate; polymer

Polymer n <kst> • polymer

Polymerase f <bio> • polymerase

Polymerase-Kettenreaktion f (PCR) <bio> • polymerase chain reaction (PCR)

Polymer auf ein anderes aufpropfen vi <mat> • join on a polymer to another vi

Polymerbenzin n <chem> • polymer gasoline

Polymer-Blend m/n <kst> • polyblend

polymere LED f <el> • polymer light emitting diode (PLED)

Polymer-Elektrolyt-Membran-Brennstoffzelle f (PEMFC) <energ> • polymer electrolyte membrane fuel cell (PEMFC); protone exchange membrane fuel cell

Polymerelektrolytmembranbrennstoffzelle f *rar* <energ> • polymer electrolyte membrane fuel cell (PEMFC); protone exchange membrane fuel cell

polymere optische Faser f (POF) <lwl> • polymere optical fiber (POF); polymere optical waveguide

polymerer Kohlenwasserstoff m <chem> • hydrocarbon polymer

polymeres Amid n *rar* <kst> *(Thermoplast)* • polyamide ®

Polymerisat n <chem> • polymerizate; polymer

Polymerisatbinder m <chem> • polymer binder

Polymerisatfaser f <textil> • polymeride fiber

Polymerisation f <kst> *(Oberbegriff für Additions- und Kondensations-Syntheseverfahren)* • polymerization

Polymerisation f *obs* <kst> *(radikalisch, anionisch, kationisch oder stereospezifisch)* • addition polymerization *IUPAC*; chain-growth polymerization

Polymerisation in der Gasphase f <chem.verf> • gaseous polymerization

Polymerisation in Emulsion f <chem.verf> • emulsion polymerization

Polymerisation in Masse f <chem.verf> • bulk polymerization

Polymerisationsansatz m <chem.verf> • polymerization recipe

Polymerisationsbenzin n <mot> • polymer gasoline

Polymerisationserreger m <kst> • polymerization initiator; initiator

Polymerisationsgrad m <kst> • degree of polymerization

polymerisierter Lehm m <bau.mat> • polymerized clay

polymerisiertes einwandiges Kohlenstoff-Nanoröhrchen n (P-SWNT) :V <mat> • polymerized single wall carbon nanotube (P-SWNT)

Polymerisierung f <druck> *(Polymertechnologie)* • polymerization *US*; polymerisation *GB*

Polymerkette f <chem> • polymer chain

Polymerlegierung f <kst> • polymer alloy

Polymermischfolie f <textil> • polymer mixture sheet

Polymer-Mischung f <kst> • mixture of polymers

Polymerplatte f <druck> *(wärmeempfindliche Platte)* • polymer plate

Polymer-Recycling durch Lösung n (PRL) <ents.kst> • polymer recycling by dissolution

Polymer-Ruß-Batch m <kst> • carbon black masterbatch

Polymerverbindung f <druck> • polymer compound

Polymethacrylat n <kst> • methacrylate polymer

Polymethylmethacrylat n (PMMA) <kst> • polymethyl methacrylate (PMMA); acrylic glass; Lucite ®; Plexiglass ®; Perspex ®

polymorph <mat> • polymorphous; polymorphic
polynom <math> • polynomial
Polynom *n* <edv> • polynom
Polynom *n* <math> • polynomial function; polynomial
Polynomialverteilung *f* <math> *(Statistik)* • multinomial distribution; polynomial distribution
Polyolefin *n* (PO) <kst> • polyolefine (PO); polyolefin
Polyolefinfaser *f* <kst> • polyolefin fiber; polyolefin fibre
Polyolefinkautschuk *m* <kst> • polyolefin rubber
Polyoximetylen *n* (POM) <kst> • polyoxymethylene (POM)
Polypgreifer *m* <förd> • orange-peel bucket; cactus grab
Polyphasenmischen *n* <edv> • polyphase merge
Polyphenylenamin *n* <mat> • polyphenylenamine
Polyphenylenoxid *n* (PPO) <kst> • polyphenylene oxide (PPO)
Polyphenylen-Vinyl *n* (PPV) <kst> • polyphenylene vinylene (PPV)
polyphon <mus> *(Instrument)* • polyphonic
polyphon <mus.akust> *(Eigenschaft von Musikinstrumenten)* • multi-timbral
polyphone Druckdynamik *f* <edv.av> • polyphonic pressure; key-pressure; polyphonic aftertouch
polyphoner Aftertouch *m* <edv.av> • polyphonic pressure; key-pressure; polyphonic aftertouch
Polyphonie *f* <edv.av> • polyphony
Polyphonie *f* <mus.akust> *(Eigenschaft klangpolyphoner Musikinstrumente)* • multi-timbrality
Polypropylen *n* (PP) <kst> • polypropylene (PP)
Polypropylenfaser *f* <chem> • polypropylene fiber
Polypropylenschaum *m* <kst> • polypropylene foam
Polypropylenschaumstoff *m* <kst> • polypropylene foam
Polypropylen-Thermoformmaschine *f* <kst> • PP thermoforming machine *V*
Polyreaktion *f* <chem> • polyreaction
Polyreaktion *f obs* <kst> *(Oberbegriff für Additions- und Kondensations-Syntheseverfahren)* • polymerization
Polysaccharid *n* <chem> *(z. B. bei Papierprod.)* • polysaccharide; polysaccharose
Polysiloxan *n* <chem> • polysiloxane
Polystyrol *n* (PS) <chem> • polystyrene (PS)
Polystyrol-Hartschaum *m form* <kst> • polystyrene foam; styrofoam *coll*; foamed polystyrene
Polystyrol-Kleber *m* <füg> • polystyrene cement
Polystyrolschaum *m* <kst> • polystyrene foam; styrofoam *coll*; foamed polystyrene
Polysulfiddichtung *f* <bau> • polysulfide gasket; polysulfide seal
Polysulfidkautschuk *m* <kst> • polysulfide rubber
polysynthetisch <chem.petr> • polysynthetic
polysynthetischer Zwilling *m* <chem.petr> • polysynthetic twin
Polytetrafluorethylen *n* (PTFE) <kst> • polytetrafluoroethylene (PTFE); Teflon ®.pract
Polytetrafluorethylenfaser *f* <textil> • polytetrafluorethylene fiber; PTFE fiber
polytrop <math> *(Kurve; z. B. Thermodynamik: Zustandsänderung)* • polytropic
Polytrope *f* <tech.allg> • polytropic curve
Polytropenverlauf *m* <turb.therm> • turbine condition line
polytropische Kurve *f* <tech.allg> • polytropic curve
polytropische Zustandsänderung *f* <therm> • polytropic process
Polyurethan *n* (PU) <kst> • polyurethane (PUR)
Polyurethanfaser *f* <textil> • polyurethane fiber
Polyurethan-Hartschaum *m* <bau.mat> • polyurethane foam; PU foam; rigid polyurethane foam; rigid PU foam
Polyurethanharzsystem *n* <füg> • polyurethane resin system; polyurethane adhesive

Polyurethankautschuk *m* <kst> • polyurethane rubber; isocyanate rubber
Polyurethanklebstoff *m* <füg> • polyurethane adhesive
Polyurethankunststoff *m* (PUR) <kst> • polyurethane resin (PUR)
Polyurethanlack *m* <obfl> • polyurethane coating; polyurethane paint; polyurethane finish
Polyurethanpulver *n* <kst> • polyurethane powder
Polyurethanschaum *m* <kst> *(beide Formen, hart oder weich)* • polyurethane foam
Polyurethanschaum *m* <kst> • polyurethane resin foam; PUR foam *pract*
Polyurethanschaumstoff *m* <kst> • polyurethane foam; PUR-foam
polyvalent <chem> • polyvalent
polyvalenter Impfstoff *m* <med> • polyvalent vaccine; mixed vaccine; multivalent vaccine
Polyvalenz *f* <chem> • polyvalency
Polyvinylacetat *n* (PVAc) <kst> • polyvinyl acetate (PVAc)
Polyvinylacetatklebstoff *m* <füg> • polyvinyl acetate adhesive; polyvinyl acetate glue; PVAc glue
Polyvinylacetat-Leim *m* <füg> • polyvinyl acetate adhesive; polyvinyl acetate glue; PVAc glue
Polyvinylalkohol *m* <chem> • polyvinyl alcohol (PVAL)
Polyvinylalkoholfaser *f* <kst> • polyvinyl alcohol fiber; PVAl fiber
Polyvinylbutyral *n* (PVB) <chem> • polyvinyl butyral (PVB)
Polyvinylbutyral-Folie *f* <kst> *(z. B. in Verbundglas)* • PVB-film
Polyvinylcarbazen *n* (PVK) <kst> • polyvinyl carbazole (PVK)
Polyvinylcarbazol *n* <kst> • polyvinyl carbazole (PVK)
Polyvinylchlorid *n* (PVC) <kst> • polyvinyl chloride (PVC); poly *rare.coll*
Polyvinylchloridfaser *f* <kst> • polyvinyl chloride fiber
Polyvinylcyanid *n* (PVID) <chem> • polyvinyl cyanide
Polyvinylfaser *f* • polyvinyl fiber (PV)
Polyvinylfluorid *n* (PVF) <energ.sol> *(Photovoltaik)* • polyvinyl fluoride (PVF); Tedlar
Polyvinylharz *n* <obfl> *(Additiv)* • polyvinyl resin
Polyvinylidenchlorid *n* (PVDC) <kst> • polyvinylidene chloride (PVDC)
Polyvinylidenchloridfaser *f* (PVD) <chem.petr> • polyvinylidene chloride fiber; saran fiber
Polyvinylidendinitrilfaser *f* <chem.petr> • polyvinylidene dinitrile fiber
Polyvinylidenfluorid *n* (PVDF) <kst> • polyvinylidene fluoride (PVDF); poly-vinylidene fluoride; PVF_2
Polyvinylpolypyrrolidon *n* (PVPP) <chem> *(z. B. zur Weinklärung)* • polyvinylpolypyrrolidone (PVPP)
Poly-V-Riemen *m* <kfz.mot> • poly-V-belt; ribbed V-belt; serpentine belt
Poly-V-Riemenrückseite *f* <antr> • V-ribbed belt backside
Poly-V-Riemenscheibe *f* <antr> • poly-v sheave
Poly-X-Isolierung *f* <el> *(von Kabeln)* • poly-X insulation
polyzyklischer aromatischer Kohlenwasserstoff *m* (PAK) <emiss> • polycyclic aromatic hydrocarbon (PAH) :*V*
Polyzyklon *m* <verf> • multi-cyclone separator; multiclone; multicellular cyclone; multiple-unit cyclone
Polzahl *f* <el> • number of poles
POM <kst> • polyoxymethylene (POM)
Pomerantschuk'sches Theorem *n* <nukl> • Pomeranchuk's theorem
pomerantschuksches Theorem *n* <nukl> • Pomeranchuk's theorem

poncieren vt <led> *(Fleischseite)* • pumice vt; fluff vt
Pond n <phys> *(Krafteinheit, veraltet)* • gram force; gram weight
ponderomotorische Kraft f <phys> • ponderomotive force
Ponton m <nav> *(z. B. für Landungssteg, Behelfsbrücke)* • pontoon; buoyancy device *form*; float *coll*
Pontonbrücke f <bau> *(Schwimmbrücke)* • pontoon bridge
Pontondock n <nav> • pontoon dock
Pontonkarosserie f <kfz> • all-enveloping body; straight-through side styling; slab-sided styling *press*
Pontonkran m <förd> • pontoon crane; floating crane
Pool m <med> • pool
Pool-Palette f <logist> • European exchange pallet; Euro pallet
Pop Art f <kunst> • pop art
Popcorn noise m <el> • popcorn noise
Popel mpl <druck> • hickeys pl
Poperoller m <pap> • pope
Popometer n <kfz> • seat-of-the-pants feel
Popometergefühl n <kfz> • seat-of-the-pants feel
Population f <math> *(Statistik)* • population
Pop-Up-Menü n <edv> • pop-up menu
Poral-Verfahren n <mat> • Poral process
p-Orbital n <nukl> • p-orbital; p-atomic orbital
Porcupine-Öffner m <wz> • porcupine opener
Pore f <mat.metall> *(z. B. im Schleifkörper)* • void
Pore f DIN EN ISO 6520 <metall.qualit> *(etwa kugelförmiger Gaseinschluss)* • gas pore ISO 6520-1
Pore f <obfl> *(Emailfehler)* • pore
Pore f <obfl> *(Oberflächenfehler)* • pinhole
Pore f <obfl> *(kleine Öffnung in einer Oberfläche)* • pore
poren vt <led> • hair-cell print vt
Porenabschluss m <bau> *(der Straßenbelagoberfläche)* • sealing
Porenanteil m <bau.mat> • porosity
Porenanteil m <geo> • void ratio
Porenbeton m <bau.mat> *(allg.; ein Leichtbeton)* • cellular concrete
Porenbeton m <bau.mat> *(z. B. als Dämmbeton)* • aerated concrete; porous concrete *did*; gas concrete *pract*
Porenbeton m <bau.mat> • foamed concrete
Porenbetonsäge f <bau> • cellular-concrete cutter
Porenbild n <led> • pore pattern
Porenbildner m <geo> • pore former
Porenbildung f <metall> • pin-holing
Porendichtigkeit der Beschichtung f <pap> • coating holdout
porenfrei <obfl> *(z. B. Lack, Schweißnaht)* • non-porous; pinhole-free
Porenfüllen n <obfl.holz> • filling the pores; filling the grain
Porenfüller m <obfl> *(allg.)* • sealer; primer
Porenfüller m <obfl.holz> • grain filler
Porenfüller auf Gelatinebasis m <obfl> • decorator's size
Porenfüllflüssigkeit f <obfl.holz> • liquid pore filler; liquid filler
Porenfüllpaste f <obfl.holz> • paste pore filler; paste filler
Porenfüllpulver n <obfl.holz> • powder pore filler; powder filler
Porengröße f <verf> • pore size
Porenradienverteilung f <ents> *(Aktivkohle/-koks)* • pore volume distribution; pore size distribution
Porenraum m <mat> • pore space; interstitial space; void space
Porenschlussschicht f <bau> *(auf Straße)* • sealing coat; seal coat; surface dressing

Porensinter m <bau.mat> • light-weight expanded clay aggregate; light-weight expanded clay
Porenstruktur f <tech.allg> • pore structure
Porensystem n <verf> • pore system
Porenverteilung f <geo> • pore distribution
Porenvolumen n <mat> • void volume
Porenvolumen n <min> • pore volume
Porenvolumenverteilung f <ents> *(Aktivkohle/-koks)* • pore volume distribution; pore size distribution
Porenwasser n <mat> • interstitial water
Porenwasser n <min> *(Kohlenbergwerk)* • pore water; void water
Porenwasserdruck m <min> • pore water pressure
Porenweite f <verf> • pore size
porös <tech.allg> • porous
porös <mat> *(mit Zellstruktur; z. B. Baustoff, Kunststoff)* • cellular
porös <mat> *(weich, schwammig)* • spongy
porös <mat> *(z. B. Gussteil)* • porous
poröser Boden m <ents> • porous soil
poröser Gummi m <mat> • expanded rubber; porous rubber
poröser Stoff m <verf> • porous material; porous system
poröser Werkstoff m <mat> • porous material
poröses Papier n <pap> *(verursacht Durchscheinen und Durchschlagen)* • porous paper
poröses System n <verf> • porous material; porous system
Porosität f <pap> *(von Papierblättern)* • porosity
Porosität f <qualit> *(allg.)* • porosity
Porro-Prisma n <opt> • Porro prism
Porsche-Sperrsynchronisation f <kfz.antr> • Porsche-type synchromesh
Porsche-Steuerkupplung f (PSK) <kfz> *(Lamellenkupplung)* • Porsche electronically controlled multi-plate clutch
Portable m <av> *(allg.; z. B. Radio, TV)* • portable
Portable m ugs <av> • portable TV; portable television set
Portable m <edv> *(tragbarer PC; Koffer im Nähmaschinenformat; zwischen Desktop u. Laptop)* • portable computer; portable
Portable Document Format n (PDF) *Adobe* <druck> *(Dateiformat)* • Portable Document Format (PDF)
Portable Job Ticket Format n (PJTF) <druck> *(Dateiformat)* • Portable Job Ticket Format (PJTF)
Portable Keyboard m <edv.av> *(Musikinstrument)* • keyboard; portable keyboard; personal keyboard
Portable Network Graphics n (PNG) <edv> • Portable Network Graphics (PNG)
Portainer m <logist> • portainer
Portal n <bau> *(großer Eingang)* • portal
Portal n <förd> *(eines Kranes)* • gantry
Portal n <masch> • bridge
Portal n <theat> *(Bühnenbegrenzung aus Zuschauersicht)* • proscenium arc; proscenium frame; proscenium opening
Portal n <wz.masch> • H-frame
Portalachse f <nfz> • portal axle
Portalbrücke f <licht.theat> • lighting bridge; bridge *pract*
Portalerntemaschine f <agri> *(Obstbau)* • straddle harvester
Portalfräsmaschine f <wz.masch> • portal-type milling machine; double-column milling machine
Portalhobelmaschine f <wz.masch> • double-housing planer
Portalhubwagen m <förd> • portal stacker; straddle carrier
Portalkran m <förd> • gantry crane; portal crane
Portallehrenbohrwerk n <wz.masch> • portal-type jig boring machine; jig borer with uprights and cross rail

Portalmanipulator *m* <autom> • overhead gantry robot

Portalmast *m* <tech.allg> • portal structure

Portalmast *m* <bau> • portal mast

Portal mit Miniaturgalerien *f* <edv> *(www)* • thumbs gallery portal (TGP)

Portalrahmen *m* <bau> • portal frame

Portalrahmen *m* <theat> • fourth wall; proscenium opening

Portalrahmen *m* <wz.masch> • bent

Portalregner *m* <agri> • portal irrigation system

Portalroboter *m* <autom> *(von einer Tragkonstruktion hängender IR)* • gantry robot

Portalschleier *m* <theat> • gauze cloth; scrim drop; theatrical bobbinet; theatrical gauze

Portalseite *f* <edv> *(im Internet/WWW; die erste Seite einer Internetpräsenz)* • home page (hp)

Portalstapler *m* <förd> • portal stacker; straddle loader

Portaltraktor *m* <agri> *(Obstbau)* • straddling tree tractor

Portalwagen *m* <bahn> • gantry wagon

Portalwelle *f* <kfz> • final drive shaft

Portamento *n* <edv.av> *(Synthesizerfunktion)* • portamento; glide

Portanzahl *f* <edv> • port number

Portauswahl *f* <edv> • port selection

Portion *f* <msr> *(betont: Teil eines Ganzen)* • portion

portionierbar <nahr> *(Speiseeis)* • scoopable

portionierbares Speiseeis *n* <nahr> • scoopable ice cream; scooping ice cream; soft scoop ice cream; dipping ice cream; spoonable ice cream

Portionierbarkeit *f* <nahr> *(von Speiseeis)* • scoopability

Portioniereis *n* <nahr> • scoopable ice cream; scooping ice cream; soft scoop ice cream; dipping ice cream; spoonable ice cream

portionieren *vt* <nahr> *(Speiseeis)* • dip *vt*; scoop *vt*

Portionierer *m* <nahr> *(Speiseeis)* • scooper; ice cream scoop

Portionierlöffel *m* <nahr> *(Speiseeis)* • spoon

Portioniermaschine *f* <prod> *(allg.)* • portioning machine

Portionierung *f* <tech.allg> • portioning

Portionsbutter *f* <nahr> • butter in portions

Portlandzement *m* <bau.mat> • portland cement

Port-Nummer *f* <edv> • port number

Porträt *n* <phot> *(Bild eines Gesichts, meist Hochformat)* • portrait

Porträtaufnahme *f* <phot> *(Bild eines Gesichts, meist Hochformat)* • portrait

Porträtfotografie *f form* <phot> *(Bild eines Gesichts, meist Hochformat)* • portrait

Porträtfotografie *fsg* <phot> *(Teilbereich der Fotografie als Beruf, Disziplin)* • portrait photography *sg* ; portraiture *sg*

Porträt-Modus *m* <av> *(Betriebsart, z. B. von Fotokamera oder Camcorder)* • portrait mode

portunabhängig <edv> • port-independent

Porzellan *n* <kunst> • porcelain; china

Porzellan *n* <silik> *(feinste und härteste Qualität)* • bone china

Porzellanabdampfschale *f* <chem.verf> *(Laborgerät)* • porcelain evaporating basin; porcelain basin

Porzellanausströmer *n* <verf> • porcelain airstone :V

Porzellandreieck *n* <chem.verf> *(Laborgerät)* • porcelain triangle

Porzellanerde *f* <mat> • porcelain clay; china clay; kaolin

Porzellanfassung *f* <el> • porcelain lamp holder

Porzellanfolie *f* <mat> *(Porzellanpulver in Polymermatrix)* • porcellain sheet :V

Porzellanisolator *m* <el> • porcelain insulator

Porzellankitt *m* <füg> • porcelain cement

Porzellanscherben *m* <silik> • porcelain body

Porzellanschiffchen *n* <verk> *(Laborgerät)* • porcelain boat

Porzellantrichter *m* <chem.verf> *(Laborgerät)* • porcelain funnel

POS <edv> *(DLT-Streamer)* • Pivoting Optical Servo (POS)

POS <navig> • position (POS)

Pos1-Taste *f* <edv> • Home key

Posamente *npl* <textil> • lace work; haberdashery *rare*

Posamentenmaschine *f* <textil> • lace and trimming machine

Posamentenwebstuhl *m* <textil> • lacing loom

Posaune *f* <tele> *(Hohlleiterkreis, Wellenleiter)* • trombone

Pose-to-Pose-Action *f* <kino> • pose to pose action

Position *f* <allg> *(z. B. in Listen)* • item

Position *f* <allg> *(lokal)* • location; place

Position *f* <allg> • location; position; place

Position *f* <tech.allg> *(Ort im Raum)* • location; position

Position *f* <math> • order

Position *f* <navig> *(eines Schiffes oder Flugzeuges)* • fix

Position *f* (POS) <navig> • position (POS)

Position *f* <navig> *(Seefahrt)* • ship's position; position; reckoning

Position *f* <prod> • position

Position-1-Taste *f did* <edv> • Home key

Positional Crossfade *n* <edv.av> • positional crossfade

Position Dilution of Precision *f* (PDOP) <navig> • position dilution of precision (PDOP); spherical DOP *rare*

Positionen anfahren *vi* <prod> • position *vt*

Positioner *m* <prod> • positioning device; positioner

Positioner *m* <wz> *(für Ventile u. dgl.)* • valve positioner

Positionieranlage *f* <petr> • dynamic positioning unit

Positionierarm *m* <edv> *(von FD-, HD-Laufwerken; Aktuatorteil mit den Schreib-/Leseköpfen)* • head mounting arm; actuator arm; arm *pract*

Positionierbewegung *f* <förd> • positioning movement

Positioniereinheit *f* <edv> • positioning mechanism

Positioniereinheit *f* <prod> • locator

Positionierelement *n* <prod> • locator

Positionieren *n* <edv> *(von Schreib/Leseköpfen; Vorgang)* • positioning

positionieren *vr/vt* <autom> • position *vi/vt*

positionieren *vt* <tech.allg> *(örtlich genau)* • position *vt*

positionieren *vt* <edv> *(Magnetkopf)* • position *vt*

positionieren *vt* <prod> • locate *vt*

positionieren *vt* <prod> *(z. B. Werkstück)* • position *vt*; place *vt*

positionieren *vt* <wz.masch> *(in Position bringen; z. B. Werkzeug, Werkstück)* • locate *vt*; position *vt*

positionierende Schaltung *f* <fz> • indexing derailleur

Positionierer *m* <prod> • locator

Positionierfehler *m* <autom> • positioning error

Positioniergenauigkeit *f* <autom> • repeatability; position repeatability *Unimation*; positioning accuracy; repetitive accuracy

Positioniergenauigkeit *f* <wz.masch> *(örtlich)* • positioning accuracy

Positionierhilfe *f* <logist> *(RFZ)* • positioning system; positioning device

Positionierhilfe *f* <prod> • locator

Positioniermarke *f* <av> • registering mark; registration mark

Positioniermarke *f* <wz.masch> • tally mark

Positionierspindel *f* <druck> *(Außentrommelrecorder)* • lead screw

Positioniersteuerung *f* <prod> • positioning control

Positioniersystem *n* <tech.allg> *(allg.)* • positioning system

Positioniersystem *n* <logist> *(RFZ)* • positioning system; positioning device

Positioniertisch *m* <wz.masch> • positioning stage

Positionierung f <tech.allg> *(Ausrichten)* • positioning

Positionierung f <edv> *(von Schreib/Leseköpfen; Vorgang)* • positioning

Positionierung f <navig> *(Vorgang)* • positioning; position fixing; position determination; location; position location

Positionierung f <prod> *(betont: Kontrolle)* • position control

Positionierungsloch n <edv> *(Diskette)* • location hole

Positionierwiederholgenauigkeit f <prod> • repetitive positioning accuracy

Positionierzeit f <edv> • seek time; positioning time

Positionierzeit f <prod> • positioning time

Positioning n <werb> • product positioning; positioning

Positions-, Geschwindigkeits- u. Zeitinformationen fpl <navig> • position, velocity, and time information (PVT)

Positionsabweichung f <autom> • deviation of position

Positionsabweichung f <navig> • positional error

Positionsaktualisierung f <tele> • location update

Positionsanzeige f *Panasonic* <av> • position indicator

Positionsanzeige f <navig> *(auf Empfänger)* • position display

Positionsanzeiger m <tech.allg> *(z. B. Fördertechnik, Fertigung)* • position-indicating device

Positionsanzeiger m <aerospace> *(in der Luft)* • air position indicator

Positionsaufdatierung f <navig> • position update

Positionsaufnehmer m <msr> • position transducer

Positionsausgabe f <navig> • position output

Positionsberechnung f <navig> *(Vorgang)* • positioning; position fixing; position determination; location; position location

Positionsbestimmung f <navig> • position finding; position fixing

Positionsbestimmung f <navig> *(Vorgang)* • positioning; position fixing; position determination; location; position location

Positionsbestimmung für Navigationszwecke f <navig> • position fixing for navigation purposes; navigational position fixing

Positionsbestimmungsgerät n <aerospace> *(in der Luft)* • air position indicator

Positionsboje f <navig> • position buoy; fog buoy

Positionserfassung f <msr> • position detection

Positionsfehler m <autom> • positioning error

Positionsfehler m <navig> • position error; positioning error

Positionsfix n <navig> • position fix; fix

Positionsfix-Messung f <navig> • position fix measurement

Positionsgeber m <kfz.el> *(elektronische Zündung)* • reference mark sensor; firing point sensor *VW*; reference pickup *Chrysler*

Positionsgeber m <mech> • position sensor

Positionsgenauigkeit f <navig> • position accuracy

Positionsgenauigkeit f <navig> *(Ortsbestimmung)* • accuracy; position accuracy; positioning accuracy

Positionsgenauigkeit f <prod> • position accuracy

Positionsinformation f <navig> • position information

Positionsistwert m <autom> • actual value of position

Positionskoordinaten fpl <navig> • position coordinates pl

Positionskorrektur f <navig> • position correction

Positionskreisel m rar <navig> *(z. B. in Raketen)* • displacement gyro; displacement gyroscope *rare*; attitude gyroscope *rare*; position gyro *rare*

Positionslampe f <navig> • navigation light; position light

Positionslaterne f <nav> *(Schiff)* • navigation lantern

Positionsleuchte f <navig> • navigation light; position light

Positionsleuchtengehäuse f <kfz> • sidelight pod

Positionslicht n <aerospace> *(am Flugzeug)* • aeronautical light

Positionslicht n <navig> • navigation light; position light

Positionsmarke f DIN <edv> *(Positionsmarkierung auf dem Bildschirm; z. B. ein Pfeil)* • cursor; screen cursor

Positionsmarkierungsseite f <navig> *(Display)* • mark position page

Positionsmesswertaufnehmer m <msr> • position sensor; position transducer

Positionsmodus m <navig> *(Empfänger)* • position mode; positioning mode

Positionsnummer f DIN ISO 6433 <doku> *(technische Zeichnung)* • item reference ISO 6433

Positionsregelkreis m <autom> • position control-loop

Positionsschätzung f <navig> • position estimate

Positionsschalter m <msr> • position sensor; position switch

Positionsseite f <navig> *(Display)* • position page

Positionssensor m <edv> • motion tracker; tracker *pract.*; sensing device *rare*

Positionssollwert m <autom> • set value of position; desired value of position

Positionssteuerung f <msr> • position control; positional control

Positionsstichprobe f <qualit> • ordered sample

Positionsstreubreite f <autom> • positioning scatter

Positionswinkel m <prod> • position angle

positiv <tech.allg> • positive *adj*

positiv <el> *(Ladung, Pol)* • positive; electropositive

Positiv n <edv> *(Filmmaster)* • positive

Positiv n <phot> *(seiten- und tonwertrichtige Darstellung des Motivs)* • positive

positiv arbeitende Platte f <druck> *(Druckplatteneigenschaft)* • positive plate; positive working plate

Positivbeurteilung f <phot> • positive assessment; print assessment

positive Dachschräge f <el> • pulse tilt

positive Drehung f <tech.allg> *(im Uhrzeigersinn)* • positive rotation

positive Einpresstiefe f <kfz> *(Radfelge)* • positive offset; positive offset *did*; inset *pract*; positive pitch *US*; positive dish[ing]

positive Elektrode f <el> *(z. B. von galv. Element)* • anode ISO 8044; positive electrode

positive Elektrode f <el> *(Batterie)* • positive plate; positive electrode; +ve plate

Positive End-Expiratory Pressure m (PEEP) <med.tech> • positive end-expiratory pressure (PEEP)

positive Energiebilanz f <bau> • heat gain

positive EPT f prakt <kfz> *(Radfelge)* • positive offset; positive offset *did*; inset *pract*; positive pitch *US*; positive dish[ing]

positive ET f prakt <kfz> *(Radfelge)* • positive offset; positive offset *did*; inset *pract*; positive pitch *US*; positive dish[ing]

positive Flanke f <el> *(Kurve)* • leading edge; positive-going slope; positive-going edge

positive Klemme f <el> • positive terminal

positive Korona f <verf> • positive corona discharge; positive corona

positive Koronaentladung f <verf> • positive corona discharge; positive corona

positive Ladung f <phys> • positive charge

positive Matrize f <prod> • positive matrix

Positive Negative Pressure Ventilation f (PNPV) <med.tech> • positive negative pressure ventilation (PNPV)

Positiventwickler m <phot> • positive developer

Positiventwicklung *fsg* <phot> • print development

positive Parität *f* <edv> • even parity

positive Pfeilform *f* <aerospace> *(Flugzeugflügel, -leit-werk)* • positive sweep; backward sweep; sweepback

positive Platte *f* <el> • positive plate

positive Platte *f* <el> *(Batterie)* • positive plate; positive electrode; +ve plate

positive Radeinpresstiefe *f did* <kfz> *(Radfelge)* • positive offset; positive offset *did*; inset *pract*; positive pitch *US*; positive dish[ing]

positive Reflexionswelle *f* <kfz.mot> *(Auspuffanlage)* • positive reflection

positive Regeldifferenz *f* <msr> *(Sollwert ist größer als Istwert)* • positive deviation

positiver endexspiratorischer Druck *m* <med.tech> • positive end-expiratory pressure (PEEP)

positiver Fournisseur *m* <textil> • positive feed device

positiver Lenkrollradius *m* <kfz> *(Lenkung)* • positive offset; positive kingpin offset

positive Rotation *f* <tech.allg> *(im Uhrzeigersinn)* • positive rotation

positiver Pol *m* <el> • positive pole; plus pole

positiver Rückwurf *m* <kfz.mot> *(Auspuffanlage)* • positive reflection

positiver Sperrstrom *m* <el> • off-state current

positiver Strahl *m* <el> • positive ray; canal ray

positive Rückführung *f* <msr> • positive feedback

positiver Zweig *m* <phys> *(Spektren)* • R-branch

positive Säule *f* <phys> • positive column

positives Beizbild *n* <obfl.holz> • positive staining effect

positives Elektron *n* <nukl> • positively charged electron; positive electron; positron

positives Gitter *n* <el> • positive grid

positives Ion *n* <phys> • positive ion; cation

positives Loch *n* <phys> • positive hole; p-hole

positive Sperrzeit *f* <el> • blocking period

positives Steuergitter *n* <el> • positive grid

positives Vorzeichen *n* <tech.allg> *(z. B. in Math., Elektr.)* • positive sign; plus sign

positives Zeichen *n* <tech.allg> *(z. B. in Math., Elektr.)* • positive sign; plus sign

positive Überlappung *f* <masch> *(Drehzahlüberlapp. i. Aufbaunetz v. Werkzeugmasch.-getrieben)* • positive overlap

positive Verzeichnung *f* <opt> • positive distortion

Positivfadenzuführung *f* <textil> • positive feeding device

Positiv-Federweg *m* <kfz> *(Federelemente)* • positive suspension travel; positive travel; bump travel *GB*

Positivfilm *m* <phot> • positive film

positiv geladen <phys> • positively charged

Positiv-Kopie *f* <edv> *(CD-Produktion; Positiv-Replikat der Masterplatte)* • mother; metal mother; mother disc; positive

Positivkopie *f* <phot> • positive copy; positive print

Positivkopie *f rar* <phot> *(Ergebnis)* • enlargement; print *pract*; enlarged print *form.rare*

Positivmodulation *f* <phys> • positive modulation

Positivplatte *f* <druck> *(Druckplatteneigenschaft)* • positive plate; positive working plate

Positiv-Prüfer *m* <mil> • inward gauge

Positivretusche *f* <phot> • positive retouching; print retouching

Positiv-Retuschefarbe *f* <kunst> • positive-retouching paint

Positivverarbeitung *fsg* <phot> • print processing *sg*; paper processing *sg*

Positivzange *f* <phot.wz> *(Labor)* • tongs *pl*; print tongs *pl*

Positron *n* <phys> • positron; positive electron; antielectron; positon

Positron-Elektron-Paar *n* <phys> • positron-electron pair

Positronen-Emissions-Tomographie *f* (PET) <med.tech> • positron emission tomography (PET)

Positronenscanner *m* <phys> • positron scanner

Positronenstrahler *m* <phys> • positron emitter; positron radiator

Positronenzerfall *m* <phys> • positron decay; positron disintegration

Positronium *n* <phys> • positronium

Positron-Negatronpaar *n* <phys> • positronium

POS-Scanner *m* <edv> • point-of-sale scanner; checkout scanner; POS scanner

POS-System *n* <edv> • point-of-sale system; POS system; POS equipment

Postambel *f* <edv> • postamble; postfix; suffix

Postbake-Ofen *m HDPP* <druck> *(CtP-System)* • post-bake oven *HDPP*; burning-in oven *Agfa*

Posten *m* <tech.allg> • batch; lot

Posten *m* <doku> *(z. B. in Rechnungen)* • item

Postenschreibung *f* <edv> • detail printing

Postenumdrucker *m* <tele> • facsimile posting machine

Postenverarbeitung *f* <edv> • item processing

Postenzähler *m* <edv> • item counter

POS-Terminal *n* <edv> • point-of-sale terminal; POS terminal

Postfix *m* <edv> • postamble; postfix; suffix

Postfixnotation *f* <edv> • postfix notation; reverse Polish notation

Postmortales Testobjekt *n* (PMTO) <kfz.qualit> • post-mortal test object (PMTO)

Post-mortem-Programm *n* <edv> • postmortem program; postmortem routine

postnatal <med> • postnatal

postoperative Bestrahlung *f* <med> • postoperational irradiation

Postprocessing *n prakt* <edv> • postprocessing (PP); post-processing

Postprocessing-Methode *f* <navig> • postprocessing method

Postprocessing-Software *f* <edv> • postprocessing software

Post-Production *f* <av> • post-production

Post Production *f* <werb> • post production

Postproduktion *f* <av> • post-production

Postprozessor *m* <edv> • postprocessor

Postsack *m* <logist> • mail bag; pouch

Postschließfach *n form* <logist> *(für Postsendungen)* • P.O. box; post office box *form*

Posttest *m* <werb> • post test; follow-up test

Post-test *m* <werb> • post test; follow-up test

post-transkriptionelle Modifikation *f* <med> • post-transcriptional modification; processing

Post-Triggerzeit *f* <msr> • post-trigger period

Postulat *n* <math> • postulate

Postwagen *m* <nfz> • mail car

Potential *n* <phys> *(allg.; z. B. Spannung, Leistung)* • potential

Potentialabfall *m wiss* <msr> *(über Widerstände, Sensoren etc.)* • voltage drop (Ud); potential drop *thsc*; voltage disturbance *rare*

Potentialabfall *m* <phys> • potential drop

Potentialanstieg *m* <phys> • potential rise

Potentialausgleich *m* <phys> • potential equalization

Potentialausgleichsleiter *m* <el> • potential equalization conductor *IEC 60601-1*

Potentialbild *n* • potential diagram

Potentialdifferenz *f* <el> • potential difference

Potentialdifferenz *f wiss* <el> • voltage gradient; potential difference

Potentialfeld *n* <phys> • potential field
potentialfrei <el> • potential-free; floating
potentialfreies Relais *n* <msr> • floating relay
Potentialfunktion *f* <phys> • potential function
Potentialgefälle *n* <phys> • potential difference; potential gradient
Potentialgleichung *f* <math> *(Analysis)* • potential equation
Potentialgradient *m* <phys> • potential difference; potential gradient
Potentialkurve *f* <phys> • potential energy curve
Potentialmulde *f* <nukl> • potential wall; potential trough; potential pit; potential pot; potential hole
Potentialpegel *m* <phys> • potential level
Potential-pH-Diagramm *n* <obfl> • potential pH diagram; Pourbaix diagram
Potentialschwelle *f* <el> • potential barrier
Potentialschwelle *f* <phys> *(Quantenphysik)* • potential threshold; minimum potential
Potentialsonde *f* <phys> • potential probe
Potentialsprung *m* <phys> • potential jump
Potentialstreuung *f* <phys> • potential scattering
Potentialströmung *f* <phys> • potential flow; irrotational motion
Potentialstufe *f* <el> • potential barrier
Potentialtheorie *f* <math> • potential theory
Potentialtopf *m* <nukl> • potential wall; potential trough; potential pit; potential pot; potential hole
Potentialtopf *m* <phys> • potential well
Potential-Trennung *f* <el> • galvanic isolated
Potentialtrennung *f* <msr> • potential isolation
Potentialunterschied *m* <phys> • potential difference
Potentialverlauf *m* <phys> • potential curve
Potentialwall *m* <phys> • potential barrier; potential wall
Potentialwallbreite *f* <phys> • barrier width
Potentialwirbel *m* <phys> *(Strömungslehre)* • potential vortex; irrotational vortex
potentielle Energie *f* DIN 1345 <phys> • potential energy
Potentiometer *n* <msr> *(einstellbarer Widerstand als Dreh- oder Schieberegler)* • potentiometer; pot *coll*; voltage control *rare*
Potentiometerabgriff *m* <el> • potentiometer pick-off
Potentiometermesskreis *m* <el> • potentiometer measuring circuit
Potentiometermesswandler *m* <el> • potentiometer transducer
Potentiometerstreifen *m* <el> • potentiometer band
Potentiometerwiderstand *m* <el> • potentiometer resistor
potentiometrische Analyse *f* <chem> • potentiometric analysis; potentiometric titration
potentiometrische Maßanalyse *f* <msr> • potentiometric analysis; potentiometry
potentiometrischer Längensensor *m* <msr> • potentiometric displacement transducer
potentiometrischer Wegsensor *m* <msr> • potentiometric displacement transducer
potentiometrischer Winkelsensor *m* <msr> • potentiometric angular displacement transducer
Potentiostat *m* • potentiostat
potentiostatisch <el.chem> • potentiostatic; controlled-potential
Potenz *f* <math> *(Arithmetik)* • power
Potenzexponent *m* <math> • power exponent
Potenzgesetz *n* <opt> • power law
potenzieren *vt* <math> • exponentiate *vt*; raise to a power *vt*
potenzierende Wirkung *f* rar <allg> *(fig.: Vorteile bei Zusammenschlüssen)* • synergy; synergistic effects; synergetic effects

Potenzlinie *f* <math> • radical axis
Potenzpapier *n* <math> *(für Schaubilder)* • log-log paper
Potenzpunkt *m* <math> • radical center
Potenzreihe *f* <math> *(Analysis)* • exponential series; power series
Potenzspektrum *n* <math> *(Stochastik)* • power spectrum
Potenzspektrum *n* <opt> • power law spectrum
Poti *m* prakt <msr> *(einstellbarer Widerstand als Dreh- oder Schieberegler)* • potentiometer; pot *coll*; voltage control *rare*
Potier-EMK *f* <el> • Potier's electromotive force
Pottasche *f* <chem> • potassium carbonate; potash
Pottingechtheit *f* <textil> • potting fastness
Poulsen-Lichtbogen *m* <el> • Poulsen arc
Poulsen-Sender *m* <el> • Poulsen transmitter; arc transmitter
Pourbaix-Diagramm *n* <obfl> • potential pH diagram; Pourbaix diagram
Pourpoint *m* <tribo> • pour point
Pourpoint-Depressant *n* **m** <chem> *(z. B. für Kraftstofffließpunkt)* • pour point depressant; pour-point depressant
Pourpoint-Depressor *m* <chem> *(z. B. für Kraftstofffließpunkt)* • pour point depressant; pour-point depressant
Pourpoint-Erniedriger *m* <chem> *(z. B. für Kraftstofffließpunkt)* • pour point depressant; pour-point depressant
Powderslush *n* <kst> • powder slush molding
Powderslush-Moulding *n* <kst> • powder slush molding
Powderslush-Verfahren *n* <kst> • powder slush molding
Power&Free Förderer *m* <förd> • Power&free conveyor
Powerblock *m* <el> • power block
PowerBook-Kabel *n* <el> • PowerBook cable
Power-Booster-Funktion *f* <kfz.antr> *(z. B. durch ISAD)* • power-booster funktion
Power Dome *m* ugs.werb <kfz> • power dome
Powerflite *n* <kfz.antr> • Powerflite
Powerformer *m* ABB <energ> *(Hochspannungsgenerator)* • Powerformer ABB
Powerhead *m* fachspr <verf> • powerhead *spec.lang*; powerhead pump
Powerhead-Pumpe *f* <verf> • powerhead *spec.lang*; powerhead pump
Powerline-Technologie *f* <tele> • powerline communication technology (PLC); powerline technology
Power-Pack *n* JVC <av> • power pack JVC
Power-Report *m* <qualit> *(Kundenzufriedenheitsindex in Amerika)* • Power Report
Power Save Sensor *m* <el> *(von batteriebetriebenen Geräten; z. B. Camcorder, Notebook)* • power save function; auto power save; auto power save; power save
Power-Strang *m* <förd> *(Power&Free Förderer)* • power track
Powerwall *f* <prod> • Powerwall
Poynting'scher Satz *m* <phys> • Poynting's theorem; Poynting theorem
Poynting'scher Vektor *m* <phys> • Poynting's vector; Poynting vector
poyntingscher Satz *m* <phys> • Poynting's theorem; Poynting theorem
poyntingscher Vektor *m* <phys> • Poynting's vector; Poynting vector
Poynting-Vektor *m* <phys> • Poynting's vector; Poynting vector
Pozidriv-... <wz> *(Schraubwerkzeuge; in Zusammensetzungen)* • Pozidriv ...
Pozidriv-Kreuzschlitz *m* <füg> *(Schraubenkopf; Kreuz mit spitzen Ecken, 45° Markierung)* • Pozidriv; cross recess Pozidriv *stand*
Pozzolan *n* <bau> *(pl:-ane)* • pozzolan
PP <kst> • polypropylene (PP)

PPD <med> • purified protein derivative (PPD)

PPF <druck> *(Dateiformat)* • Print Production Format (PPF)

pp-Kette *f* <nukl> • proton-proton chain; pp-chain; hydrogen burning processes

ppm <tech.allg> *(z. B. Umweltverschmutzung)* • parts per million (ppm)

PPO <kst> • polyphenylene oxide (PPO)

P-Profil *n* <tech.allg> *(Dichtung)* • P-strip

PPS <navig> • Precise Positioning Service (PPS); GPS/PPS; Precise Positioning System *rare*

PPS <prod.msr> • production planning system (PPS)

PPS-Code *m rar* <navig> • Precision code (P code); Precise code *ugs*; protected code *ugs*; PPS code *rare*

PPS-Empfänger *m* <navig> • PPS receiver; PPS equipped receiver

PPS-Genauigkeit *f* <navig> • PPS accuracy

PPSPO <Org> • PPS Program Office (PPSPO)

PPS Program Office (PPSPO) <Org> • PPS Program Office (PPSPO)

PPS-Security-Modul *n* • PPS security module; security module

PPS-Security-Module *n* • PPS security module; security module

PPT-Protokoll *n* <tele> • Point-to-Point Tunneling Protocol (PPTP)

PPV <kst> • polyphenylene vinylene (PPV)

PPV <med.tech> • positive pressure ventilation (PPV)

PR <autom> • personal robot (PR)

PR <edv> • packet recording (PR); packet writing

PR <prod> • ply-rating (PR)

PR *f* <werb> • public relations (PR)

Präambel *f rar* <edv> *(z. B. von Dateien, E-Mails)* • header; prefix; preamble

Präbeta-Lipoprotein *n* <med> *(das Makromolekül)* • very-low-density lipoprotein; prebeta-lipoprotein

Präbeta-VLDL *n* <med> • very-low-density lipoprotein; prebeta-VLDL

Prädikat *n* <edv> • predicate

Prädikatenkalkül *m* <math> *(mathematische Logik)* • predicate calculus

Prädikatenlogik *f* <math> *(mathematische Logik)* • predicate calculus

Prädiktor *m* <mil> • predictor

Prädissoziation *f* <phys> • predissociation

Präemphasis *f* <av> • pre-emphasis; pre-equalization

Präfixnotation *f* <edv> • prefix notation; Polish notation

Prägedruck *m* <druck> • blind stamping

Prägedruck *m* <druck> • embossed printing; embossed print

Prägefolie *f* <kst> • embossed sheet

Prägefolie *f* <prod> • embossing foil; stamping foil

Prägeglätten *n* <prod> • planishing

Prägehaltung *f* <led> • retention of the embossed effect

Prägekalander *m* <pap> • goffering calender

Prägekalander *m* <prod> • embossing calender

Prägelinie *f* <druck> • fillet

Prägemuster *n* <led> • embossed pattern

Prägen *n* <prod> • coining

Prägen *n* <prod> • press forming

prägen *vt* <druck> • block *vt*

prägen *vt* <prod> *(maßgenau)* • coin *vt*

prägen *vt* <prod> *(erhaben)* • emboss *vt*; hob *vt*

prägen *vt* <prod> *(eindrücken)* • stamp *vt*

prägen *vt* <prod> *(Münzen)* • strike *vt*

Prägeplatte *f* <led> • embossing plate

Prägepolieren *n* <prod> • burnishing

Prägepoliermaschine *f* <wz.masch> • burnishing lathe

Prägepresse *f* <prod> *(für eingedrückte Oberfläche)* • stamping press; coining die

Prägepresse *f* <wz.masch> *(für erhabene Oberfläche)* • embossing press; hobbing press

Prägepresse *f* <wz.masch> • dieing stamp

Prägestempel *m* <wz> • embossing punch; coining punch; form punch

Prägestempel *m* <wz> • hob

Prägestock *m rar* <druck> • counter punch; patrix

Prägewalze *f* <wz> • engraved roller; roller stamping die

Prägewalzen *n* <prod> • roll embossing; roller stamping

Prägewerkzeug *n* <wz> • embossing die; stamping die; stamping tool

Prägezeichen *n* <prod> • embossed character

Prägezugabe *f* <prod> • coining allowance

Prägung *f* <ic> • embossed wiring

Prägung *f* <led> • embossed pattern

Prägung *f* <prod> *(Münzen)* • coinage; mintage

Prägung *f* <prod> *(Vorgang und Ergebnis)* • embossing

Prägung *f* <prod> *(Resultat erhaben)* • hobbing

Prägung *f* <prod> *(durch Schlagen)* • striking

Prämit *m* <kfz> *(Kenndatenspeicher)* • transponder

Präoxygenierung *f* <med.tech> • pre oxygenation

Präparat *n* <chem> • preparation

Präparat *n* <med> *(Mikroskopie)* • specimen

Präparat *n* <präp> • mount; specimen

Präparateglas *n* <präp> • preserving jar

Präparatenchemie *f* <chem> • preparative chemistry

Präparatenglas *n* <chem> • specimen jar; preparation dish; preparation glass

Präparation *f* <prod> • processing

Präparation *f* <prod.bio> *(von Tieren)* • taxidermy; animal stuffing *coll*

präparative Chemie *f* <chem> • preparative chemistry

Präparator *m* <prod.bio> • taxidermist; preparator

präparatorisch <prod> *(Tierpräparator)* • taxidermic

Präparieren *n* <textil> *(Ausrüstung)* • finish

präparieren *vt* <bio> *(Tierpräparat)* • mount *vt*; set up *vt*; prepare *vt*

präparieren *vt* <prod> • process *vt*; treat *vt*

präparieren *vt* <sport> *(Skistrecke)* • prepare *vt*; groom *vt*

Präpariermikroskop *n* <opt> • dissecting microscope

Präpariernadel *f* <präp> • dissecting needle; mounting needle

Präparierschere *f* <präp> • dissecting scissors

Präpariertechnik *f* <verf> *(Mikroskopie)* • preparation technique

Präprozessor *m* <edv> • preprocessor

Präsentation *f* <allg> *(Vortrag, Vorstellung von Ideen, Fotos, Produkten; z. B. mit Beamer)* • presentation

Präsentationshilfe *f* <werb> • display material

Präsenzfilter *n* <av> *(Tonkanal)* • presence filter; midlift filter

präventive Wartung *f* <edv> • preventive maintenance

Präzession *f* <navig> • precession

Präzessionsbewegung *f* <navig> *(Kreisel)* • precessional motion

Präzessionsgeschwindigkeit *f* <navig> *(Kreisel)* • precession velocity

Präzessionskegel *m* <navig> *(Kreisel)* • precession cone

Präzessionswinkel *m* <navig> *(Kreisel)* • precession angle

Präzipitation *f wiss* <chem.verf> *(Vorgang)* • precipitation

Präzipitieren *n wiss* <chem.verf> *(Vorgang)* • precipitation

präzise <msr> *(z. B. Abstimmung, Abgleich)* • fine; precise

präzise Taktung *f* <edv> *(von Prozessoren)* • accurate clock timing

Präzision *f* <mil> *(von Schusswaffen)* • accuracy; precision

Präzision *f coll.* <mil> • precision stage; precision course

Präzision *f* <navig> • precision

Präzisions... <tech.allg> *(in Komposita)* • precision ...
Präzisionsabschwächung *f* (DOP) <navig> *(Maß für die Signalbedeckungsgeometrie)* • dilution of precision (DOP); geometric quality
Präzisionsanflugradar *n* <navig> • precision approach radar (PAR)
Präzisionsarbeit *f* <kunst> • precision workmanship
Präzisionsbandmesser *n* <led> *(Spaltmaschine)* • precision-ground band knife
Präzisionsbauelement *n* <el> • precision component
Präzisionsbauteil *n* <prod> • precision component; precision part
Präzisionsbohrmaschine *f* <wz.masch> • precision boring machine
Präzisionscode *m* <navig> • Precision code (P code); Precise code *ugs*; protected code *ugs*; PPS code *rare*
Präzisionsdrehmaschine *f* <wz.masch> • precision lathe; toolroom lathe
Präzisionsdüse *f* <kunst.wz> • precision nozzle
Präzisionsdurchgang *m* <mil> • precision stage; precision course
Präzisionsformteil *n* <kst> *(aus Kunststoff)* • precision molding
präzisionsgefertigte Nadel *f* <kunst.wz> • precision-made needle
Präzisionsgerät *n* <tech.allg> • precision instrument
Präzisionsgerät *n* <msr> • precision measuring instrument
Präzisionsgerätebau *m* <prod> • high-precision instrument manufacture; precision instrument manufacture; precision engineering
präzisionsgeschliffen <prod> • precision ground
Präzisionsgesenkschmieden *n* <prod> • precision die forging
Präzisionsgewinde *n* <masch> • precision thread
Präzisions-GPS-Empfänger *m* <navig> • PPS receiver; PPS equipped receiver
Präzisionsguss *m* <prod> • precision casting; investment casting
Präzisionsguss *m* <prod> *(typ. mit Ausschmelzverfahren)* • precision-casting
Präzisions-Hochgeschwindigkeits-Bohrmaschine *f* form <wz> *(zum Bohren, Schleifen, Trennen, Fräsen, Polieren, Gravieren)* • precision drilling and grinding tool; Dremel ®*pract*
Präzisionsinstrument *n* <tech.allg> • precision instrument; high-accuracy instrument
Präzisionskreisel *m* <navig> • precision gyroscope
Präzisionskühlung *f* <silik> • precision annealing
Präzisionslehre *f* <msr> • precision gauge
Präzisionsmechanik *f* <tech.allg> • precision mechanics
Präzisionsmessgerät *n* <msr> • precision measuring instrument
Präzisionsmessinstrument *n* <msr> • precision measuring instrument
Präzisionsmessuhr *f* <msr> • precision dial gauge
Präzisionsmessung *f* <msr> • precision measurement; high-accuracy measurement
Präzisionsnivellement *n* <opt> • first-order levelling; precise levelling
Präzisionsnivellier *n* <msr> • precision level
Präzisionspistolenscheibe *f* <mil> *(Ziel)* • precision pistol target; precision target
Präzisionsprüfgerät *n* <msr> • high-caliber test equipment; high-calibre test equipment *GB*
Präzisionsscheibe *f* <mil> *(Ziel)* • precision pistol target; precision target
Präzisionsschleifmaschine *f* <wz.masch> • precision grinding machine

Präzisionsschmieden *n* <prod> *(Verfahren; liefert einbaufertige Teile)* • precision forging
Präzisionsschmiedeteil *n* <metall> • precision forging
Präzisions-Tauchkondensator *m* <el> • air-vein capacitor
Präzisionsteil *n* <kst> *(aus Kunststoff)* • precision molding
Präzisionsteil *n* <prod> *(durch Druck hergestellt)* • precision pressing part
Präzisionswaage *f* <msr> • precision balance; precision scale
Präzisionswerkzeug *n* <wz> • precision tool
Präzisionswicklung *f* <el> • precision winding
Präzisionswiderstand *m* <el> • precision resistor
PR-Agentur *f* <werb> • PR agency; public relations agency
Prahm *m* <nav> • pram; scow; barge
Prahmbug *m* <nav> • bow transom; forward transom
praktikabel <tech.allg> *(z. B. Vorschlag, Lösung, Konstruktion)* • feasible; practicable; doable *coll*
Praktikant *m* <org> • intern
Praktikantin *f* <org> • intern
Praktikum *n* <org> • internship
praktisch <allg> *(nahezu, fast)* • all but
praktisch abgasfreies Auto *n* :*V* <kfz> • equivalent zero emission vehicle (EZEV)
praktisch anwenden *vt* <tech.allg> *(z. B. Methode, Prinzip, Werkzeug)* • apply *vt*; apply practically *vt*
praktische Erfahrung *f* <allg> • practical experience
praktische Erfahrung *f* <tech.allg> *(auf einem bestimmten Gebiet)* • field experience
praktische Erfahrung und Wissen <tech.allg> • know-how
praktische Erprobung *f* <qualit> • field testing; field trial; field test
praktische Gipfelhöhe *f* <aerospace> • service ceiling
praktischer Antennengewinn *m* <phys> • power gain
praktischer Boden *m* <verf> *(Destillation)* • actual plate; practice plate
praktisches Einheitensystem *n* <msr> • practical system of units; practical system of measures
praktisches Maßsystem *n* <msr> • practical system of units
praktizieren *vt* <tech.allg> *(z. B. Methode, Prinzip)* • practice *vt US*; practise *vt GB*
Prall... <tech.allg> • baffle ...
Prallabscheiden *n* <ents> • impingement separation
Prallabscheider *m* <verf> • impingement separator; momentum separator; inertial separator
Prallabscheidung *f* <ents> • impingement separation
Prallblech *n* <tech.allg> *(Umlenkung)* • deflector; deflector plate
Prallblech *n* <tech.allg> *(allg.)* • baffle plate; impaction plate; baffle
Prallblech *n* <tech.allg> *(Metall; richtungslenkend)* • baffle plate; directional baffle; baffle
Prallblechglocke *f* <tech.allg> • baffle chamber
Prallbrecher *m* <verf> • impact crusher
Pralldämpfer *m* <kfz> *(typ. zw. Stoßfänger u. Karosserie; meist reversibel)* • impact absorber
Pralldüse *f* <msr> *(pneumat. Regler)* • deflector nozzle
Pralldüse *f* <verf> • impact nozzle
Prallelektrode *f* <phys> • counter electrode
Prallelement *n* <kfz.sich> *(Kindersitz)* • impact cushion :*V*
Prallfläche *f* <tech.allg> *(betont: Oberfläche)* • baffle surface
Prallfläche *f* <kfz> *(allg., vorne und hinten)* • bumper
Prallfläche *f* <verf> *(z. B. Mischer, Brecher, Stetigförderer, Wasserraumkessel)* • deflecting surface; deflecting wall
Prallhammer *m* <ents> • impact crusher
Prallhammermühle *f* <ents> • impact crusher

Prallkern m <metall> • splash core

Prallkissen n <kfz> (der eigtl. Sack) • air bag; air bag cushion rare

Prallkissen n <kfz.sich> (Kindersitz) • impact cushion :V

Prallkörper m <kfz.sich> (Kindersitz) • impact cushion :V

Prallkörper m <verf> (z. B. Mischer, Brecher) • deflector; nozzle anvil

Prallkugel f <verf> (z. B. Brecher) • striking ball

Prallmühle f <verf> • prall mill; impact mill

Prallplatte f <metall> • splash core

Prallplatte f <nukl> (im Divertor) • neutralizing plate

Prallplatte f <verf> • flapper vane; flapper

Prallplatte f <verf> (allg.) • reflecting plate; bounce plate

Prallpolster n VW <kfz> (Airbag-Lenkrad) • impact cushion

Prallrohr n <kfz> (Stoßfänger) • impact pipe

Prallsack m <kfz> (der eigtl. Sack) • air bag; air bag cushion rare

Prallschuss m <mil> (durch Abprallen verursacht) • ricochet; ricochet shot

Prallstift m <tech.allg> • bouncing pin

Pralltopf m <kfz> • impact absorber :V

Prallluftschiff n <aerospace> • non-rigid airship; taut airship

Prallverschleiß m <tech.allg> • impact wear

Prallzerkleinerung f <prod> • baffle crushing; impact crushing

Prandtl'sches Rohr n <phys> (Strömung) • Prandtl's tube

Prandtl'sches Staurohr m <phys> (Strömung) • Prandtl's tube

Prandtl'sche Zahl f <therm> (Berechnung d. Wärmeüberganges) • Prandtl number

Prandtl-Rohr n <phys> (Strömung) • Prandtl's tube

prandtlsches Rohr n <phys> (Strömung) • Prandtl's tube

prandtlsches Staurohr m <phys> (Strömung) • Prandtl's tube

prandtlsche Zahl f <therm> (Berechnung d. Wärmeüberganges) • Prandtl number

Prandtlzahl f <therm> (Berechnung d. Wärmeübergangs) • Prandtl number

Praseodym n (Pr) <chem> • praseodymium (Pr)

Prasselgeräusch n <akust> (z. B. Lautsprecher) • crackling noise; rattling noise; frying noise

Pratze f <masch> (z. B. Spannpratze) • claw

Pratze f <masch> • outrigger

Praxis f <tech.allg> • practice

Praxis orientiert <tech.allg> • practice oriented

praxisorientiert obs <tech.allg> • practice oriented

Preaerator m <prod.nahr> (für Speiseeis) • preaerator; pre-freezer aerator; aerator; air aerator rare

Precise Positioning Service m (PPS) <navig> • Precise Positioning Service (PPS); GPS/PPS; Precise Positioning System rare

Precision Code m (P-Code) <navig> • Precision code (P code); Precise code ugs; protected code ugs; PPS code rare

Precursor m <mat> • precursor

Predicted-Frame m form <edv> • predicted frame form; P-frame pract

Prednisolon n <med> • prednisolone

Prednison n <med> • prednisone

Preemphasis f <av> • pre-emphasis

Prefix m rar <edv> (z. B. von Dateien, E-Mails) • header; prefix; preamble

Preflight m <druck> (Workflow) • preflight; preflighting

Preflighting n <druck> (Workflow) • preflight; preflighting

Prefocussockel m (P) norm <licht> • prefocus-cap stand; prefocus base

P-Regler m <msr> • proportional controller; one-mode controller; single-mode controller; P controller

Pregroove n <edv/av> • pregroove; groove

Preheating n <druck> (Polymertechnologie) • preheating

Preheat-Ofen m HDPP <druck> (Polymertechnologie) • preheat oven

Preheat-Platte f prakt <druck> (wärmeempfindliche Druckplatte) • preheat polymer plate; preheat plate pract

Preheat-Polymer-Platte f <druck> (wärmeempfindliche Druckplatte) • preheat polymer plate; preheat plate pract

Preisabruf m (PLU) <edv> • price look-up

Preisanpassungsformel (PAF) <ökon> (im Ggs. zu Preisgleitformel f) • price adaptation formula

Preisempfehlung f <ökon> • recommended sales price; recommended price

Preisfortschreibung f <ökon> (auf Basis einer vereinbarten Formel, gem. Vertrag; meist Steigerung) • price escalation

Preisgleitformel f (PGF) <ökon> (im Ggs. zu Preisanpassungsformel) • price escalation formula

Preisgleitklausel f <ökon> • price escalation clause

Preisgleitung f <ökon> (auf Basis einer vereinbarten Formel, gem. Vertrag; meist Steigerung) • price escalation

Preisgleitungsindex f <ökon> • price escalation index

Preis-Leistungs-Verhältnis n (PLV) <ökon> (Dienstleistungen, Waren jeder Art) • value for money

Preis/Leistungs-Verhältnis n <ökon> (Dienstleistungen, Waren jeder Art) • value for money

Preispolitik f <werb> • pricing policy; price policy

Preissteigerung f <ökon> • price escalation

Prellbalken m <bahn> • fender beam

Prellbock m <bahn> (mit oder ohne Licht) • bumper; buffer stop; stop block; bumping post

Prelldauer f <el> (Kontakt, Relais) • bounce time

Prellen n <el> • contact bounce; contact chatter; bouncing; chattering

prellen vi <kfz.el> (Unterbrecherkontakte) • bounce vi; chatter vi

Prellen der Kontakte n <msr> • contact bounce

prellfrei <msr> • bounce-free

prellfreier Schalter m <el> • bounce-free switch

Prellpfahl m <bau> • fender pile

Prellschlag m <mil> • piston-induced recoil

Prellschuss m <mil> (durch Abprallen verursacht) • ricochet; ricochet shot

Prellschutz m <el> (Relais) • antipump device

Prellschwingung f <tech.allg> (z. B. an Fahrzeugen, Werkzeugen) • chatter vibration

prellsicher <tech.allg> (Bauweise) • chatter-proof

prellsicher <el> • bounceless; chatter-proof

Prellzeit f <el> (Kontakt, Relais) • bounce time

Preluber m <kfz> • prelubricator; preluber; pre-oiler pract.coll

Pre-Mastering n <edv> • pre-mastering

Premastering n <edv> • pre-mastering

Premium Eiskrem f <nahr> • premium ice cream

Premium-Kraftstoff m <mot> • premium fuel; premium petrol GB

Premix m prakt <kst> • compound; premix

Premix m <nahr.prod> (Speiseeis) • premix

Premix n <kst> • premix

Premixer m <nahr.prod> (Speiseeis) • premixer; mixing vat; blending tank; batching tank

Premix-Verfahren n <nahr.prod> • premix method

Prenaband n DDR.ugs <büro.füg> (dünne Folie, glasklar od. transparent) • transparent tape rare; Scotch Tape ® US.coll; Sellotape ® GB.coll

Pre-Necker m prakt <pack> • pre necker

Prepaid-Karte f <tele> *(für Handys)* • prepaid card
Prepaktbeton m <bau> • prepacked concrete
Prepreg f obs <kst> • sheet molding compound (SMC); prepreg obs
Prepress m <druck> • prepress; pre-press
Prepress-Bereich m <druck> • prepress; pre-press
Pre-Process-Berechnung f <edv> *(Radiosität)* • pre-process calculation
Pre-Process-Berechnung f rar <edv> *(CAD-Funktion)* • radiosity; pre-process calculation rare
Pre Production Meeting n (PPM) <werb> • pre-production meeting (PPM)
Pre-Programmed Synthesizer m <edv.av> • preset synthesizer; pre-programmed synthesizer
Pre-Scan Parameter m <edv> • pre-scan parameter
Presence/Absence-Code m <edv> *(Strichcodetyp)* • Presence/Absence Code
Preset n <edv.av> • preset; preset sound; preset program; factory preset
Preset-Bänke fpl <edv.av> • sound patches; preset banks; factory presets; patches; sound presets
Presetprogramm n <edv.av> • preset; preset sound; preset program; factory preset
Presetsound m <edv.av> • preset; preset sound; preset program; factory preset
Preset-Sounds mpl <edv.av> • sound patches; preset banks; factory presets; patches; sound presets
Presetsynthesizer m <edv.av> • preset synthesizer; pre-programmed synthesizer
Pressagglomeration f <metall> *(Pulvermetallurgie)* • briquetting
Pressautomat m <prod> • automatic molding machine
Pressbalken m <prod> *(Vorrichtung (Druckerpresse, Klebvorrichtung))* • clamping bar
Pressbengel m <druck> • press jack
Pressblasverfahren n <silik> • press-and-blow process
Pressblechhälfte f <prod> • half-pressing
Pressblechrahmen m <kfz> *(Motorrad)* • stamped frame
Pressbolzen m <prod> • extrusion billet
Pressbrett n <druck> *(Buchbinderei)* • pressing board
Pressdichte f *(Sintern)* • pressed density
Pressdorn m <prod> • pressing mandrel
Pressdruck m <verf> • compacting pressure; pressing pressure; press power
Pressdüse f <wz> • extrusion die
Presse f prakt <kfz.wz> *(zum Abkanten; z. B. für Karosserieblech)* • press brake; brake press; brake pract; sheet metal brake
Presse f obs.prakt <kst> • clamping unit; clamp unit; press obs; clamp pract
Presse f <nahr> *(z. B. für Obst)* • squeezer
Presse f <nahr> *(zum Auspressen von Maische)* • press
Presse f <textil> • press; presser bar; presser
Presse f <wz.masch> • press; power press
Presseis n <verf> • dry ice; carbon dioxide ice; solid carbon dioxide
Pressemedien npl <werb> • print media; press media
Pressen n <kst> *(Kunststoffe)* • compression molding
Pressen n <prod> *(Blechteile; z. B. Stahlblech)* • stamping; sheet metal stamping; sheet metal forming
Pressen n <textil> *(schließt Haken der Nadeln)* • pressing
pressen vt <ents> *(zur Volumenverminderung; z. B. Abfall)* • compact vt
pressen vt <kst> *(Umformen)* • mold vt
pressen vt <masch> *(z. B. Dichtung, Stopfbüchse)* • compress vt
pressen vt <nahr> *(auspressen)* • squeeze vt
pressen vt <prod> *(allg.)* • press vt
pressen vt <prod> • stamp vt

pressen vt <textil> *(Kalanderpresse)* • calender vt
Presseneinstellung f <pap> • press tuning
Pressenfließreihe f <prod> • press line
Pressengestell n <wz.masch> • press frame
Pressenhub m <masch> • press stroke
Pressenkarussel n <prod> • merry-go-round tire-building unit
Pressenkörper m <wz.masch> • press body
Pressenpartie f <pap> • press section
Pressenpartiefilz m <pap> • press section felt
Pressenrumpf m <wz.masch> • press body
Pressenschleifer m <pap> • pocket grinder
Pressenständer m <wz.masch> • press column; press upright
Pressenstempel m <masch> *(Brikettpresse)* • stamp
Pressenstößel m <wz.masch> • press ram
Pressenstraße f <prod> • press line
Pressentisch m <wz.masch> • press bed; press table
Pressentisch m <wz.masch> *(Etagenpresse)* • press platen
Pressen-/Trocknereinheit f <pap> • press/dryer section
Pressenwerkzeug n <wz> • press tool
Presser m <el.tele> *(Dynamikregelung)* • volume compressor
Presse- und Öffentlichkeitsreferent m /-in f <werb> • Public Relations Officer
Pressfehler m <prod> • pressing defect
Pressfettschmierung f <tribo> • pressure grease lubrication
Pressfilter n <verf> • press filter
Pressfilz m <prod> • press felt; pressed felt
Pressfinger m <textil> • spring finger
Pressfläche f <prod> • projected area
Pressform f <verf> *(Sintern)* • briquetting die; die
Pressform f <wz> *(z. B. Metall)* • pressing die; press die
Pressform f <wz> *(z. B. Kunststoff)* • pressing mold; press mold
Pressformen n <prod> *(betont: Komprimieren)* • compacting
Pressformen n <prod> *(allg. Umformen)* • press forming
Pressformmaschine f <metall> • squeeze molding machine
Pressformmaschine f <prod> • molding press
Pressfuge f <bau> • construction joint
Pressfuge f <masch> • interference interface
pressgeschweißt <füg> • pressure-welded
Pressgeschwindigkeit f <prod> • extruding speed
Pressgesenk n <wz> • impression die
Pressglanzdekatiermaschine f <textil> • lustre shrinking machine
Pressglanzdekatur f <textil> • pressure decatizing
Pressglas n <silik> • pressed glas
Pressglaslampe f form <licht> • par-lamp
Pressglimmer m <mat> • micanite
Pressgrat m <prod> • fin; flash
Pressharz n <kunst> • compression-molding resin
Presshaupt n <metall> • squeezing head
Pressiometerversuch m <geo.msr> *(Bodenmechanik)* • pressiometric test
Presskammer f <prod> • casting chamber
Presskanal m <agri> *(Stroh- oder Heubündler)* • press channel; bale channel
Presskanal m <metall> *(Pulvermetallurgie)* • press channel
Presskante f <textil> • sinker verge
Presskasten m <pap> *(Holzschleifer)* • pocket
Presskernspule f <el> • iron-dust core coil
Pressklemme f DIN 3093, 3095 <füg> *(z. B. für Drahtseile)* • ferrule

Presskohle f <verbr> • briquetted coal
Presskorb m <nahr> (z. B. für Weintrauben) • press cage; press basket
Presskorkplatte f <bau.mat> • slab cork
Presskraft f <tech.allg> (allg.) • press force
Presskraft f <nahr> (betont: Zusammendrücken; beim Auspressen) • squeezing force
Presskraft f <verf> (betont: Komprimieren; z. B. Pulver und Kunststoff) • compacting force
Presskraft f <verf> (Durchpressen; z. B. beim Extrudieren) • extrusion force
Presskraftmesser m <prod.msr> • tonnage indicator
Presskuchen m <tech.allg> • press cake; pressed cake
Presskuchen m <av.prod> (Schallplattenpressen) • biscuit
Presskuchen m <nahr> (z. B. von Obst, eher weich) • pomace
Presskuchen m <verf> (von Ölfrüchten; z. B. Raps, Kopra) • oil cake; mill cake; press cake
Pressling m <kst> (Kunststoffteil) • molding
Pressling m <mat> (Blech- od. Schmiedeteil) • stamping
Pressling m <mat> • closed die forging; stamping
Pressling m <nukl> (Pellet) • pressed pellet
Pressling m <prod> (aus Metall) • pressing; metal stamping
Pressling m <prod> • blank; compact; pressed blank
Pressling m <prod> • pellet
Pressling m <prod> (nach dem Pressen; für Kfz-Karosserie, Gehäuse) • body panel; pressing; metal stamping
Pressling m rar <verbr> (Kohle) • briquette; briquet; coal briquette; coal briquet
Presslinse f <opt> • pressed lens
Pressluft f ugs.rar <tech.allg> • compressed air
Pressluft... <pneum> (s. Druckluft...) • pressurized-air ...
Pressluftdruckstück n rar <pneum> (Schlauchanschluss) • air hold fitting
Pressluftflasche f ugs <tech.allg> (tragbar / transportierbar) • compressed-air bottle; air bottle pract
Presslufthammer m <bau.wz> (zum Abreißen von Gebäuden, Aufreißen von Straßenbelag etc.) • air hammer; pneumatic hammer
Pressluftmikrometer n <obfl.wz> (Spritzpistole) • air micrometer
Pressluftrauschen n <akust> • roaring pressure
Pressmantelelektrode f <el> • extruded-coating electrode; extruded-shielding electrode
Pressmaschine f <verf> (Pap., Textil, Kst.) • calender
Pressmasse f <kst> • compression-molding compound
Pressmasse f <mat> • press body
Pressmassenfüllstoff m <mat> • macerate
Pressmatrize f <edv> (für CDs; zweites Negativreplikat der Masterplatte) • stamper; son
Pressmatrize f <wz> (zum Komprimieren) • compacting tool
Pressmatrize f <wz> (für Werkstoffextrusion; z. B. Kunststoff) • extrusion die
Pressmethode f <prod> • molded-on-sole process
Pressmost m <nahr> (Wein) • press-run juice; press juice
Pressmuster n <textil> • shell-stitch fabric; shell-stitch
Pressnietmaschine f <füg> • compression riveting machine
Pressöler m <tribo> • compression oil cup
Pressostat mit Entlastung m <msr> • pressure switch with unload
Presspappe f <pap> • pressboard
Presspassung f <masch> • press fit; force fit
Pressplatte f <led> (Lederpresse) • upper platen
Pressplatte f <prod> • squeeze plate; compression plate
Presspolieren n <obfl> • die burnishing

Presspulver n <mat> • molding powder
Pressrädchen n <textil> • pressing wheel
Pressrest m <prod> • extrusion butt
Pressriss m <prod> • pressing crack; compacting crack
Pressscheibe f <prod> (z. B. Schneidvorrichtung) • dummy block
Pressschiene f <textil> • presser bar
Pressschild n <nfz> • packer plate FAUN
Pressschmieden n rar <prod> (Gesenkschmiedeverfahren mit Pressen) • die pressing
Pressschmiedeteil n <prod> • press forging
Pressschmierung f <tribo> • pressure lubrication
Pressschutzschalter m <prod> • safety stop pressure pad
Pressschweißen n DIN 1910 <füg> (im Ggs. zu Schmelzschweißen; keine äquivalente Kategorie in USA) • welding processes involving mechanical pressure US; pressure welding GB; welding with pressure rar
Presssitz m <masch> • press fit; drive fit; force fit
Pressspanplatte f rar <bau.mat> • chipboard US.GB; particle board US; pressboard rare
Pressspanplatte m <bau.mat> • fiberboard
Pressstahlblechgehäuse n form <licht.theat> • pressed sheet steel housing; housing gen
Pressstempel m <metall> (Pulvermetallurgie) • briquetting punch
Pressstempel m <wz> (beim Durchpressen) • extrusion punch
Pressstempel m <wz> • force plug; molding plug
Pressstempel m <wz> (Stauchen) • header punch
Pressstoffgehäuse n <mat> • molded jacket
Pressstoffisolator m <mat> • molded insulator
Pressstufe f <pap> • pressing stage
Pressstumpfschweißen n (RPS) <füg> (ein Widerstands-Pressschweißverfahren) • upset welding (UW) USA; resistance butt welding GB
Presstasche f <pap> (Holzschleifer) • pocket
Pressteil n <kfz> (aus Blech) • pressed panel; pressing pract
Pressteil n <kst> (aus Kunststoff) • compression molded part; compression molding; molding
Pressteil n <prod> (nach dem Pressen; für Kfz-Karosserie, Gehäuse) • body panel; pressing; metal stamping
Pressteil n <prod> (aus Metall) • pressing; metal stamping
Presstemperatur f <prod> • extruding temperature
Presstrichter m <verf.hydr> (Spiralpresse) • restricting cone
Press- und Entwässerungszone f <verf.hydr> (Spiralpresse) • restricting cone
Pressung f <masch> (z. B. Dichtungen; Druckerhöhung v. Verdichtern) • compression
Pressung f <mech> (Vorgang des Pressens) • pressing
Pressungswinkel m <masch> • pressure angle
Pressure Regulated Volume Control f <med.tech> • pressure regulated volume control (PRVC) Siemens
Pressverdichtung f <metall> • squeezing
Pressverdichtung f <verf> • compacting
Pressverfahren n <kst> (Kunststoffe) • compression molding
Pressvergoldung f <obfl> • gold blocking
Pressvulkanisation f <verf> (Autoreifen) • press cure; press curing
Presswalze f <prod> (Druckumformen) • compression roll; press roll
Presswalze f <prod> • squeezing roll
Presswalzenwaschmaschine f <textil> • roller press washing machine
Presswasser n <verf.hydr> (aus Rechengutpresse) • filtrate

Presswerk *n* <prod> *(Bereich in Betrieb; z. B. für Auto-bleche)* • stamping facility; press shop *pract*
Presswerkzeug *n* <metall> *(Pulvermetallurgie)* • pressing tool; pressing mold; compacting die; briquetting die
Presswerkzeug *n* <prod> *(zum Extrudieren)* • extrusion tool; extrusion die
Presswerkzeug *n* <prod> *(allg.; Form)* • pressing tool; pressing die
Presswerkzeugbauer *m* <tech.allg> • press tool designer
Presszahl *f* <prod> • number of pressure applications
Presszange *f* <el.wz> *(zum Schneiden, Abisolieren, Crimpen von Kabeln)* • wire stripper/crimper tool; terminal crimper/stripper; crimping tool; crimping pliers
Presszylinder *m* <led> *(Durchlaufprägen)* • embossing cylinder
Presta-Ventil *n* <fz> • presta valve; french type valve *JAP, TAI*; french pattern valve *JAP, TAI*
Prestigeauto *n* <kfz> • repmobile *coll*
Presto *n* ugs <obfl> *(Polyesterspachtel)* • Bondo *coll*
Pretest *m* <werb> • pre test
Pre-test *m* <werb> • pre test
Preußisch Blau *n* <kunst> • Prussian blue; potash blue; iron blue *US*
Preußischblau *n* <obfl> *(Farbstoff)* • Prussian blue; Berlin blue
Preventer *m* <nav> • preventer guy; preventer
Preventer *m* <petr> • blowout preventer; preventer
Preventerbacke *f* <petr> • ram
Preventergarnitur *f* <petr> • blowout preventer stack; BOP stack *pract.coll*
Preventerkombination *f* <petr> • blowout preventer stack; BOP stack *pract.coll*
Preview *m* ugs. <edv> • preview
Preview *m* <kino> • preview
Price-Look-Up *m* <edv> • price look-up
prickelnd <nahr> *(Wein)* • prickling
Priel *m* DIN 4047-2 <geo.hydr> *(Nebenwasserlauf im Watt)* • slough
prillen *vt* <verf> *(Granulaterzeugung)* • prill *vt*
Prillturm *m* <verf> *(Düngemittelindustrie)* • prilling tower
prim <math> • prime
Primacryl Gesso *n* Schmincke <kunst> • priming white; primacryl gesso *Schmincke*; gesso *pract*
Primärabbau *msg* <ökol> • primary degradation; primary deterioration
Primäranker *m* <el> • primary armature
Primärantrieb *m* <kfz.mot> *(Kraftübertragung zwischen Motor und Getriebe)* • primary drive
Primärantrieb *m* <mot> *(primäre Kraftquelle; z. B. E-Motor, Verbrennungskraftmaschine)* • prime mover
Primäranweisung *f* <edv> • source statement
Primärauslösung *f* <el> • direct release
Primärbacke *f* <kfz.brems> • primary shoe; forward shoe *rare*; leading shoe *rare*; self-energizing breake shoe *rare*
Primärbatterie *f* <el> • primary battery; galvanic battery
Primärbatterie *f* wiss <el> *(nicht wiederaufladbar; eine oder mehrere Primärzellen)* • battery; primary battery *thsc*
Primärbeleg *m* <jur> • original document
Primärbeschleuniger *m* <kst> • primary accelerator
Primärbild *n* <kfz.el> • primary pattern; scope primary pattern
Primärbindung *f* <chem> • primary structure conformation
Primärcoating *n* <lwl> • primary coating
Primärdatei *f* <edv> • primary file
Primärdaten *pl* <tech.allg> • primary data
Primärdestillation *f* <chem> • primary distillation
Primär-Druckregelventil *n* <kfz.antr> *(Automatikgetriebe)* • pressure regulator; pressure regulating valve; main pressure regulator

primäre Erzlagerstätte *f* <min> • igneous ore deposit; igneous deposit; primary ore deposit; primary deposit
primäre Gegeninduktion *f* <kfz.el> • self-induction countervoltage
Primärelektron *n* <phys> • primary electron; initiating electron
Primärelement *n* <el> • primary cell
Primärelement *n* <textil> • primary knitting element
primäre Lichtquelle *f* <licht> • primary light; primary source of light; primary source
primäre Luftschadstoffe *m* <ökol> • precursors of pollutants
Primäremission *f* <el> • primary emission
primäre Nennspannung *f* <el> • rated primary voltage
Primärenergie *f* <energ> • primary energy
Primärenergiequelle *f* <energ> • original energy source
primäre Öffnungsinduktion *f* <kfz.el> • self-induction countervoltage
primäre Öffnungsinduktionsspannung *f* <kfz.el> • self-induction countervoltage
primäre Riemenscheibe *f* <kfz.antr> *(CVT)* • primary V-pulley
primärer Rohstoff *m* <mat> • primary raw material; primary furnish; primary material
primärer Stromkreis *m* <el> • primary circuit
primärer Verbandstoff *m* <med.tech> • primary wound dressing
primäre Spaltproduktausbeute *f* <nukl> • primary fission product yield; primary fission yield
primäres Phosphat *n* <chem> *($H_2PO_4^-$)* • dihydric phosphate
primäre Standleitung *f* <edv> • primary leased line
primäre stille Zone *f* <tele> • primary skip zone
primäre Uranvorkommen *npl* <geo> • igneous uranium occurence
primäre Verbrennungszone *f* <emiss> • primary combustion zone
primäre Wicklung *f* <el> • primary winding
Primärfarbe *f* <druck> *(Gelb, Cyan, Magenta)* • primary color; primitive color; primary
Primärfarbe *f* <kunst> *(beim Malen; Karminrot, Ultramarinblau, Gelb)* • primary color; primitive color; primary
Primärfaser *f* <pap> • virgin fiber *US*; native fiber *US*; fresh fiber *US*; new fiber *US*; primary fibre *GB*
Primärfaserstoff *m* <pap> • virgin fibers *pl*; virgin pulp; virgin fiber material
Primärfederung *f* <fz> • primary suspension
Primärfeld *n* <kfz.el> *(Zündspule)* • primary magnetic field
Primärflammenzone *f* <emiss> • primary flame zone; reduction zone
Primärfokus *m* <opt> • prime focus
Primärfutter *n* <pack> *(Pre-Necker/Necker)* • primary chuck
Primärgruppenumsetzer *m* <tele> • group translating equipment
Primärgruppenverbindung *f* <tele> • group link
Primärionisation *f* <nukl> • primary ionization
Primärkabel *n* <el> • primary cable
Primärkegelscheibenpaar *n* <kfz.antr> *(CVT)* • primary V-pulley
Primärkette *f* <kfz.mot> • primary chain
Primärkettenführung *f* <kfz.mot> • primary chain guide
Primärkettenspanner *m* <kfz.mot> • primary chain tensioner
Primärklemme *f* <el> • primary terminal
Primärkolben *m* <kfz.brems> *(im Tandem-Hauptzylinder)* • primary piston assembly
Primärkreis *m* <el> • primary circuit
Primärkreis *m* <kfz.el> • primary circuit; low-voltage circuit; low-tension circuit *obs*; LT circuit *obs*

Primärkreislauf *m* <pap.ents> *(des Wassers)* • primary white water circuit

Primärkreislauf *m* <verf> • primary circuit; primary loop

Primärkühler *m* <verf> *(betont: erster Kühler; impliziert Existenz eines weiteren Kühlers)* • primary cooler

Primärkühlkreis *m DIN 25401-3* <nukl> • primary coolant circuit

Primärkühlmittel *n* <nukl> • reactor coolant; primary coolant

Primärladestation *f* <druck> • primary charger

Primärlagerstätte *f* <ents> • primary deposit

Primärleitung *f* <alarm> • supervised line; monitored line

Primärlichtquelle *f* <licht> • primary light; primary source of light; primary source

Primärlüfter *m* <verf> *(Feuerung)* • primary-air fan

Primärluft *f* <ents.verbr> • primary air; primary combustion air

Primärmagnetfeld *n* <kfz.el> *(Zündspule)* • primary magnetic field

Primärmaßnahme *f* <ents> • primary measure

Primärmaßnahmen *f* <emiss> *(Modifikation der Verbrennung)* • combustion modification (CM); combustion modification techniques

Primärmetall *n* <metall> • primary metal

Primärmultiplexanschluss *m* (PA) <tele> *(30 B-Kanäle, 1 D-Kanal)* • primary rate access (PRA); primary rate interface; primary rate service *coll*; primary access *pract*; primary rate

Primärnormal *n* <msr> • primary standard

Primäroszillogramm *n* <kfz.el> • primary pattern; scope primary pattern

Primärpumpe *f* <kfz.antr> *(Automatikgetriebe)* • primary pump; front pump

Primärradar *n* <navig> • primary radar

Primärreaktion *f* <chem> • primary reaction; initiating reaction

Primärrelais *n* <el> • primary relay; main current relay

Primärrohstoff *m* <mat> • primary raw material

Primärrohstoff *m* <mat> • primary raw material; primary furnish; primary material

Primärschädigung *f* <nukl> • short-term effect; acute effect; immediate effect

Primärschlüssel *m* <tech.allg> *(z. B. EDV, Kfz, Gebäude)* • primary key

Primärseite *f prakt* <kfz.el> *(der Zündspule)* • primary winding *sg* ; primary coil; primary windings *pl*; primary *coll*; low-tension windings *obs*

Primärseite des Transformators *f* <el> • transformer primary

primärseitig <kfz.el> *(Zündspule)* • primary side

Primärspaltung *f* <nukl> • original fission

Primärspannung *f* <el> • primary voltage

Primärspeicher *m* <edv> • primary memory; primary store

Primärspeicher *m* <edv> • internal storage; primary storage; primary memory

Primärspektrum *n* <astron> *(kosmische Strahlung)* • primary spectrum

Primärspiegel *m* <opt> • primary mirror

Primärspule *f* <el> • primary coil

Primärspule *f* <kfz.el> *(der Zündspule)* • primary winding *sg* ; primary coil; primary windings *pl*; primary *coll*; low-tension windings *obs*

Primärstoff *m* <mat> • primary raw material; primary furnish; primary material

Primärstoff *m* <pap> • virgin fibers *pl*; virgin pulp; virgin fiber material

Primärstrahl *m* <phys> • primary ray

Primärstrahler *m* <el> *(Antenne)* • radiating element

Primärstrahler *m* <phys> • primary radiator

Primärstrahlung *f* <astron> • primary cosmic radiation component; primary cosmic radiation; primary radiation; primary emission

Primärstrom *m* <el> • primary current

Primärstromkreis *m* <tech.allg> • primary circuit

Primärstromkreis *m* <kfz.el> • primary circuit; low-voltage circuit; low-tension circuit *obs*; LT circuit *obs*

Primärstromregelung *f* <kfz.el> *(Schaltgerät Transistorzündung)* • closed-loop primary current control circuit *Bosch*

Primärstrom-Unterbrecher *m rar* <kfz.el> *(in Zündanlage; Funktion und Bauteil; betont: Funktion)* • contact breaker (CB); primary-current contact breaker *rare*

Primärstruktur *f* <kfz> *(tragende Hauptbaugruppen)* • primary structure

Primärstruktur *f* <mat> • primary pattern

Primärtambour *m* <pap> • prime reel

Primärteilchen *n* <nukl> • primary particle

Primärträger *m* <kfz> • primary structure component

Primärtrieb *m* <kfz.mot> *(Kraftübertragung zwischen Motor und Getriebe)* • primary drive

Primärvalenz *f* <opt> • reference stimulus

Primärventil *n* <kfz.antr> *(CVT)* • primary valve

Primärverbrennungsluft *f form* <ents.verbr> • primary air; primary combustion air

Primärversorgungsbereich *m* <tech.allg> • primary service area

Primärwasser *n* <verf> • primary water

Primärwelle *f* <masch> • primary shaft

Primärwicklung *f* <el> *(z. B. an Transformatoren)* • primary winding

Primärwicklung *f* <kfz.el> *(der Zündspule)* • primary winding *sg* ; primary coil; primary windings *pl*; primary *coll*; low-tension windings *obs*

Primärzelle *f* <el> • primary cell

Primat *m* <bio> • ape

Primer *m* <obfl> *(Lackmaterial für Grundierungen)* • primer paint

Primer *n prakt* <obfl> *(betont: die erste, unterste Schicht)* • primer coat; priming coat *ISO 4618/1*; undercoating paint; undercoat *pract*; primer *pract*

Primfaktor *m* <math> • prime factor

primitiv <allg> *(z. B. Kunst, Volk; Form, Gleichung, Gruppe)* • primitive

primitiv <phys> *(Kristall, z. B. kubisches Gitter)* • simple

Primitiv *n* <tele> • primitive

Primitive *npl* <edv> *(grundlegende Bildelemente; z. B. Punkt, Linie, Quadrat, Kreis, Würfel)* • primitive; output primitive; graphic primitive; display element

Primitive *pl* <edv> • primitive

Primzahl *f* <math> • prime number; incommensurable number; prime

Print/Apply-Prinzip *n* <edv> • print/apply method

printen *vt press* <phot> • enlarge *vt*; print *vt*; blow up *vt*; copy *vt*

Printer/Plotter *m* <edv> • printer/plotter; raster plotter

Printmedien *npl* <werb> • print media; press media

Print-Medien *npl* <werb> • print media; press media

Print-on-Demand *m* (PoD) <druck> *(Digitaldruck)* • print on demand (PoD); print-on-demand; on-demand printing

Printplatte *f jarg* <el> *(geätzt, unbestückt oder bestückt, gebohrt od. ungebohrt)* • printed circuit board (pcb); printed circuit; board *pract*

Print Production Format *n* (PPF) <druck> *(Dateiformat)* • Print Production Format (PPF)

Print-Surf-Rauhigkeit *f* <pap> • print-surf roughness

Print Werbemittel *n* <werb> • print advertising material

Printwerbung *f* <werb> • print advertising

Prinzip "first in - first out" *n* <logist> *(Lagerein- und -ausgang)* • fifo method; first-in-first-out principle

Prinzip "highest in - first out" *n* <logist> • highest in - first out (hifo)

Prinzip *n* <allg> • principle

Prinzip der kleinsten Wirkung *n* <phys> • least-action principle; principle of least action

Prinzip der virtuellen Arbeit *n* <mech> • principle of virtual work

Prinzip des Lastenausgleichs *m* <jur> • principle of burden-sharing

Prinzip des vorbeugenden Umweltschutzes *n* <ökol> • principle of anticipation; precautionary principle; prevention principle

Prinzip gekoppelter Massenschwinger *n* <kfz.emiss> • coupled mass oscillation principle

Prinzipien *fpl* <jur> • principles

Prinzip Mann-zur-Ware *n form, prakt* <logist> *(Kommissionieren)* • person-to-material *form, pract*; picker-to-the-picking-face *pract*

Prinzipschaltbild *n* <el> • schematic circuit diagram; schematic wiring diagram; principal circuit diagram

Prinzip von Aktion und Reaktion *n* <mech> • principle of action and reaction

Prinzip von der Erhaltung der Energie *n* <phys> • principle of the conservation of energy; law of the conservation of energy; engergy conservation law

Prinzip von Wirkung und Gegenwirkung *n* <mech> • principle of action and reaction

Prinzip Ware-zum-Mann *n form, prakt* <logist> *(Kommissionieren)* • material-to-person *form, pract*; picking-face-to-the-picker *pract*

Prion *n* <chem> *(Eiweiß in Nervenzellen)* • prion

Priorität *f* <tech.allg> • priority

Priorität *f* <jur> *(Datum der ersten Anmeldung eines gewerblichen Schutzrechtes)* • priority

Priorität auf Wartelisten *f* <tour> • priority reservation waitlisting

Prioritätsauswahl *f* <edv> • priority selection

prioritätsbestimmend <jur> • priority-determining

Prioritätsbetrieb *m* <edv> • priority mode

Prioritätscodierer *m* <edv> • priority encoder; priority coder

Prioritätsdatum *n* <jur> *(Patent)* • priority date

Prioritätsfrist *f* <jur> • period of priority

prioritätsgeordnet <edv> • priority-ordered

Prioritätsjahr *n* <jur> • period of priority

Prioritätsklasse *f* <tele> • priority class

Prioritätskodierer *m* <edv> • priority encoder; priority coder

Prioritätsordnung *f* <edv> • priority rule

Prioritätsprogramm *n* <edv> • priority program; priority routine

Prioritätsrecht *n* <jur> • priority right

Prioritätsstaffelung *f* <edv> • priority grading

Prioritätsstufe *f* <edv> • priority level

Prioritättag *m* <jur> • priority day

Prioritätsunterbrechung *f* <edv> • priority interrupt; vectored interrupt

Prioritätsverarbeitung *f* <edv> • priority processing; priority scheduling

Prioritätswechsel *m* <tele> • change of priority level

Prioritätszuordnung *f* <edv> • priority assignment

Prisma *n* <masch> • vee; V-block; V-prism

Prisma *n* <math/phys> • prism

Prisma für Blendenskala *n* <phot> • eyepiece information display prism

prismatische Probenauflage *n* <prod> *(z. B. für Proben, Werkstücke)* • prismatic support

Prismatoid *n* <math> • prismatoid

Prismenauflage *f* <masch> • vee bearing

Prismenbacken *m* <masch> • V-jaw

Prismenbasis *f ISO 13666* <opt> • base *ISO 13666*

Prismenfeldstecher *m* <opt> • prism binocular

Prismenfestigkeit *f* <qualit.mat> • prism strength

prismenförmig <tech.allg> • prismatic

prismenförmig <masch> • vee-shaped; V-shaped

Prismenfräser *m* <wz> • V-shaped milling cutter

Prismenführung *f* <masch> • inverted vee guide; prismatic guideway

Prismengegenhalter *m* <mat> • vee support; V support

Prismenlinsenscheinwerfer *m* (PC) <licht.theat> • prism-convex spotlight (PC)

Prismenmeißel *m* <wz> • angle tool

Prismenprofil *n* <autom> • prismatic guide tube

Prismenspektrometer *n* <phys> • prism spectrometer

Prismenstück *n* <kfz.rep> *(Richtsatzzubehör)* • V-notch head

Prismenstück *n* <masch> • vee block; V-block

Prismensucher *m* <phot> • eye-level prism finder

Prismenumkehrsystem *n* <opt> • prism erecting system

Pritsche *f* <logist> • stillage

Pritsche *f* <nfz> *(Lkw-Aufbau)* • flatbed; platform; flat top; flatdeck *AUS*

Pritschenabdeckung *f* <kfz> *(für Ladefläche)* • tonneau cover

Pritschenanhänger *m* <nfz> • platform trailer; flatbed trailer

Pritschenaufbau *m* <nfz> • platform body; flatbed body; flat deck body *AUS*

Pritschenauflieger *m* <nfz> • platform trailer; platform semitrailer *GB*; flatbed trailer; flatbed semitrailer

Pritschencontainer *m* <logist> *(z. B. für Rohre)* • tray-type container

Pritschenfahrzeug *n* <nfz> • flatbed truck; platform truck; flat deck truck *AUS*

Pritschenlieferwagen *m* <kfz> *(mit Tiefbett)* • pickup; utility *AUS*; ute *AUS.coll*

Pritschensattelauflieger *m* <nfz> • platform trailer; platform semitrailer *GB*; flatbed trailer; flatbed semitrailer

Pritschenwagen *m* <nfz> • platform truck *US*; platform lorry *GB*

Pritschenwagen *m ugs* <nfz> • flatbed truck; platform truck; flat deck truck *AUS*

privat <allg> • private; personal

Privatanschluss *m* <tele> *(i. Ggs. zum Geschäftsanschluss)* • private connection

Privatbereich-Einbruch/Überfall-Meldeanlage *f :V* <alarm> • residential alarm system; residential alarm; domestic alarm system *GB*

private Forstwirtschaft *f* <holz> • private forestry

privater Haushalt *m* <ökon> • household; private household

Privatfernsehen *n* <av> • commercial television

privat finanziertes Sanierungsprojekt *n :V* <ents> • private party-sponsored project

Privathaftpflichtversicherung *f* <vers> • personal liability insurance (PLI)

Privathaushalt *m* <ökon> • household; private household

Privat-Kühlwagen *m* <bahn> • private-owner reefer car; private-owner reefer

Privatnebenstellenanlage mit Wählbetrieb *n* <tele> • dial private branch exchange

Privatquartier *n* <tour> • guest house

Privatsphäre *f* <tele.edv> • privacy

Privatverkäufer *m* <kfz> *(von Gebrauchtwagen)* • private seller

Privatwald *m* <holz> • private woodlands; private forests

Privatweg *m* <verk> • estate road
Privatzufuhr *f* <verk> • driveway *US*; drive *GB*; private access
privilegiert <jur> • privileged
privilegierter Befehl *m* <edv> • privileged instruction
PR-Kosten *pl* <werb> • publicity expenses
PRL <ents.kst> • polymer recycling by dissolution
PRL-Verfahren *n* <ents.kst> • PRL process
PRML <edv> *(Datenaufzeichnungsverfahren)* • Partial Response Maximal Likelihood (PRML); PRML read channel technology; Partial Response Maximum Likelihood
PRML <edv> • PRML read channel (PRML); Partial Response Maximum Likelihood channel; Partial Response Maximal Likelihood channel
PRML-Kanal *m* (PRML) <edv> • PRML read channel (PRML); Partial Response Maximum Likelihood channel; Partial Response Maximal Likelihood channel
PRN <navig> • pseudorandom noise (PRN); pseudo-random noise; pseudo random noise
PRN-Code *m* <navig> • pseudorandom-noise code; pseudorandom code; pseudo-random-noise-code; pseudo-random code; PRN code
PRN-Nummer *f* <navig> • PRN number; pseudo-random number
Pro Audio Spectrum 16 *f* (PAS-16) <edv.av> *(Soundkarte)* • Pro Audio Spectrum 16 (PAS-16)
Proband *m* <med> *(Teilnehmer einer klinischen Studie)* • subject
Probe *f* <edv> • sample *wiss - prakt*; quantum *wiss*
Probe *f* <obfl> *(allg.)* • sample; test specimen *pl* specimens
Probe *f* <qualit> *(repräsentatives Muster; fest, flüssig, gasförmig)* • sample
Probe *f* <qualit> *(repräsentatives Exemplar)* • sample; sample piece
Probe *f* <qualit> *(punktuelle Kontrolle)* • random test; random check
Probe *f* <qualit.mat> *(für Werkstoffprüfung)* • test specimen; test piece *GB*; specimen *pl* -s *pract*
Probe *f* <werb> • trial sample; sample
Probeanruf *m* <tele> • test call
Probebelastung *f* <bau> • pile loading test
Probebelastung *f* <bau.qualit> *(Bodenmechanik)* • trial loading
Probebetrieb *m* <tech.allg> • proving
Probebetrieb *m* <qualit> • trial operation
Probebohrung *f* <min> • exploration drilling
Probebohrung *f* <min> *(Ergebnis)* • test hole
Probebohrung *f* <min> *(Vorgang)* • trial boring; trial drilling
Probedruck *m* <druck> • test print pattern; test printing; test pattern
Probeentnahme *f* <qualit> *(z. B. aus Material, Fertigprodukten)* • sampling
Probefahrt *f* <kfz.qualit> • test drive; trial run; road test
Probefläche *f* <bio> *(Vegetationskunde; rund oder quadratisch)* • quadrat
Probeglasverfahren *n* ISO 13666 <opt> *(Brillenglas)* • Newton's ring test ISO 13666
Probekörper *m* <qualit.mat> *(für Werkstoffprüfung)* • test specimen; test piece *GB*; specimen *pl* -s *pract*
Probekörper für Zugversuch *m* <qualit.mat> • tensile test specimen; tensile specimen; tension specimen *rare*
Probelauf *m* <tech.allg> • running-in test
Probelauf *m* <qualit> *(allg., versuchsweiser Betrieb einer Einheit)* • trial run; test run
Probelauf *m* <qualit> *(beim Betrieb von Schleifscheiben)* • safety speed test
Probelösung *f* <el.chem> *(Lösung einer zu analysierenden Probe)* • sample solution

Probemontage *f* <prod> • trial fitting
Probenabdruck *m* <opt> • specimen replica
Probenäpfchen *n* <chem> • sample cup
Probenahme *f* prakt <qualit> *(z. B. aus Material, Fertigprodukten)* • sampling
Probenahmegerät *n* <qualit> • sampling apparatus; sampling device; sampler
Probenahme mit Passivsammlern *f* DIN ISO 16000-4 <ökol> • diffuse sampling method DIN ISO 16000-4
Probenahmestelle *f* <qualit> • sampling point
Probenahmestutzen *m* <qualit> *(z. B. Luftgüte)* • sampling nozzle
Probenahmeventil *n* <rls> • sampling valve
Probenahmeverfahren *n* <qualit> • sampling procedure
Probenanalyse *f* <qualit> • specimen analysis
Proben-Auffangbehälter *m* <pap> • sample box
Probenauflage *f* <qualit.mat> *(für Probenkörper)* • support; anvil plate
Probenbreite *f* <pap> • sample width
Probenehmer *m* <qualit> • sampling apparatus; sampling device; sampler
Probeneinführung *f* <chem> *(Gaschromatographie)* • sample inlet
Probenentnahmesonde *f* rar <msr> • flue gas probe; sampling probe *pract*; flue probe; stack probe *rare*
Proben entnehmen *vi* <qualit> • sample *vi*
Probengas *n* rar <msr> • measuring gas; sample gas
Probengröße *f* <qualit.mat> • sample size
Probenhalter *m* <opt> *(Mikroskop)* • specimen holder
Probenkonditionierung *f* <pap> • sample conditioning
Probenlänge *f* <pap> • sample length
Probenlöffel *m* <metall> *(Metallschmelze)* • sampling spoon
Probenmenge *f* <qualit> • sample quantity
Probenmessreihe *f* <pap> • sample series
Probensammelgefäß *n* <qualit> • sample collecting flask
Probenschneider *m* <pap> • sample cutter
Probenstanze *f* <pap> • sample punch
Probenstrahl *m* <opt> • specimen beam
Probenträger *m* <opt> *(Mikroskop)* • specimen carrier
Probenvorbereitung *f* <qualit.mat> • sample preparation
Probenvorbereitungsgeräte *npl* <qualit.mat> • sample preparation tools
Probenvorschub *m* <pap> • sample feed
Probenwechsler *m* <qualit> • sample changer
Probenzerstäubung *f* <verf> • sample atomization
Probenzylinder *m* <qualit> • sampling cylinder
Probequadrat *n* <bio> *(Vegetationskunde)* • square quadrat
Probescheibe *f* <mil> • sighting target
Probeschuss *m* <mil> • sighting shot; sighter *coll*
Probeserie *f* <mil> *(Schießen, Biathlon)* • sighting series
Probesprühen *n* <obfl.qualit> • trial spray
Probestab *m* <mat> • test bar; test rod
Probestab *m* <qualit.mat> *(Zugprobe)* • tensile specimen; tension bar
Probestreifen *m* <phot> • test strip
Probestreifen *m* <qualit.pap> • test strip
Probestreifenmethode *f* <phot> • test stripping
Probestück *n* <qualit> • specimen; test piece
Probestück *n* <qualit> *(repräsentatives Exemplar)* • sample; sample piece
Probetiegel *m* <metall> *(bes. für Edelmetalle)* • cupel
Probevergrößerung *f* <phot> • test print; sample print
Probewürfel *m* <qualit.mat> *(Beton)* • test cube; concrete test cube *did*
Probezeit *f* <ökon> • probationary period
Probezylinder *m* <qualit.mat> *(Beton)* • test cylinder
Probierbrille *f* <opt> • trial frame

probieren vt <min> (Erz) • assay vt
Probiergläserkasten m <opt> • trial lens case
Probierglas n <chem> • test tube
Probiermethode f <tech.allg> • trial-and-error method
Problemabfall m <ents> • hazardous waste; dangerous waste GB
Problemabfall m <ents> (im Hausmüll enthaltene Problemstoffe) • special waste
problematischer Abfall m <ents> • hazardous waste; dangerous waste GB
problembehafteter Abfall m <ents> • hazardous waste; dangerous waste GB
problembeschreibend <edv> • problem-describing
Problem des Basisstationswechsels n <tele> (Mobilfunk; insbes. bei UMTS) • handover problem
Problem des Handlungsreisenden n <math> (Streckenoptimierung; Hamiltonkreis) • traveling salesman problem (TSP) US; travelling-salesman problem GB; shortest-route problem
Problem des Zusetzens durch Papierstaub n <druck> (von Rasterflächen) • linting problem
Probleme mit der Flachlage npl <pap> • twist problems
Probleme mit Passerdifferenzen npl <pap> • mis-register problems
Problemlösung f <allg> • problem solution
Problemlösungsmethode f <qualit> • problem-solving technique
Problemlösungsprogramm n <edv> • problem-solving program
Problemlösungsstrategie f <qualit> • problem-solving strategy
problemlos <allg> (metaphorisch: Ablauf von Ereignissen, Vorgängen) • smooth
Problem mit flickernder Anzeige n <edv> • flicker problem
Problemmüll m <ents> (im Hausmüll enthaltene Problemstoffe) • special waste
problemorientiert <edv> • problem-oriented
problemorientierte Programmiersprache f <edv> • problem-oriented programming language; problem-oriented language
problemorientierte Sprache f <edv> • problem-oriented programming language; problem-oriented language
Problemsprache f <edv> • problem language
Problemtafel f <edv> • problem board
Problemveränderliche f <edv> • problem variable
Procedural External Process m <edv> • procedural external process (PXP)
Procedural-Mapping n <edv> • procedural mapping
Procon-ten n Audi <kfz> • procon-ten Audi
Proctor-Kurve f <bau> • Proctor curve
Proctor-Verdichtungsversuch m <bau> • Proctor compaction test
Production on Demand f <prod> • production on demand (POD)
Product Manager m <werb> • product manager
Produkt n DIN EN ISO 8402 <allg> (Ergebnis eines Prozesses) • product ISO 8402
Produkt n <agri> • produce sg
Produkt n <logist> • stock keeping unit (SKU); item; line item; article; material US
Produkt n <prod> • product
Produktaustragspumpe f <nahr.prod> (Speiseeis; Freezer) • ice cream pump; discharge pump; product discharge pump
Produktbereich Omnibus m (PBO) <allg> (Kfz-Industrie, Unternehmenszweig) • Bus & Coach Division
Produktbereinigung f <ökon> • streamlining of product ranges

Produktdicke f <druck> • product thickness
Produktdiversifikation f <prod> • diversification of products
Produkte aus einer unvollkommenen Verbrennung npl <ents> • products of incomplete combustion (PIC)
Produktfälschung f <ökon> (billige Kopie) • knockoff
Produktformulierung f <tribo> • formulation
Produkt für die Gesundheitsfürsorge n <med.hygi> • health care product
Produktgestaltung f <ökon> • product design
Produktgruppe f <prod> • product line
Produktgruppenkatalog m <werb> • product catalogue
Produkthaftung f DIN EN ISO 8402 <jur> • product liability ISO 8402
Produktidentifikation f <edv> • product identification
Produktidentifizierung f <edv> • product identification
Produktimage n <werb> • product image
Produktinformation f <doku> • product information
Produktion f <ökon> • production department
Produktion f <prod> (Herstellung) • manufacture
Produktion f <prod> (betont: quantitativer Aspekt; z. B. Fabrik, Bergwerk) • output
Produktion f <prod> • production
Produktion f <prod> (Ertrag des Aufwandes) • yield; turnout
Produktion f <prod> (allg.; von Hand oder fabrikmäßig) • production; manufacture; fabrication
Produktion auf Bestellung f <prod> • production on demand (POD)
Produktion im Reinraum f prakt <prod> • production under clean-room conditions
Produktion im Typenmix f <prod> (z. B. unterschiedlicher Karosserievarianten in einer Fertigungsstraße) • random mixed body build
Produktionsabfall-Recycling n <ents> • production scrap recycling
Produktionsablauf m <allg> • production process
Produktionsabschnitt m <prod> • production section
Produktionsabteilung f <ökon> • production department
Produktionsausschuss m <prod.ents> (Abfall) • rejects; scrap work; scrap; broke
Produktionsausstoß m <tech.allg> • output; production output
Produktionsausstoß m <prod> (in Produktionseinheiten pro Zeiteinheit) • rate of production; production output pract
produktionsbedingter Abfall m <ents> • productional waste
Produktionsbedingungen fpl <tech.allg> • production conditions
Produktionsbedingungen fpl <prod> • conditions of manufacture pl; production conditions pl
Produktionsbetrieb m <prod> • factory
Produktionsbohrung f <petr> (Vorgang) • production hole drilling
Produktionsbohrung f <petr> • production well; exploitation well; development well stand
Produktionsdrehmaschine f <wz.masch> • manufacturing lathe
Produktionsinsel f <petr> • production platform
Produktions-Keiretsu n <kfz.prod> • vertical keiretsu; production keiretsu
Produktionskontrolle f <qualit> (Helm) • production quality test
Produktionskreuz n <petr> • christmas tree; oil and gas well Christmas tree
Produktionsmethode f <prod> (Techniken, Verfahren) • production method; manufacturing method; fabrication method; production process

Produktionsoptimierung f <ökon> • production optimization

Produktionsplanung f <prod> • production planning

Produktionsplanungs- und Steuerungssystem n (PPS) <prod.msr> • production planning system (PPS)

Produktionsplattform f <petr> • production platform

Produktionsprobe f <qualit> • production sample

Produktionsprozess m <pap> • production process

Produktionsqualität f <qualit> • production quality

Produktionsrate f <prod> (in Produktionseinheiten pro Zeiteinheit) • rate of production; production output pract

Produktionsrate f <prod> (Teile pro Zeiteinheit) • production rate

Produktionsreaktor m <nukl> • production reactor

Produktionsrohrtour f <petr> • production casing string

Produktionsrohrtour f <petr> • inner conductor; oil string; production casing

Produktionssonde f <petr> • producing well; producer

produktionsspezifischer Abfall m <ents> • process waste; production waste

Produktionssteigerung f <ökon> • production increase

Produktionsverfahren n <prod> • manufacturing method; manufacturing technique; production method; process of manufacture

Produktionsversuchsserie f (PVS) <prod> (vor Nullserie) • pilot series; pilot production [run]; pilot run US.pract

Produktion unter Reinraumbedingungen f <prod> • production under clean-room conditions

produktive Kohleformation f <min> • coal measure

produktive Schicht f <min> (allg.; z. B. kohleführend) • bearing bed

produktives Kohlengebirge n <min> • coal measure

Produktlebenszyklus m <prod> • product life cycle

Produktmanager m <werb> • product manager

Produkt mit vielfältigen Funktionen n <edv> • feature-rich product

Produktpiraterie f <jur> • product piracy

Produktpirateriegesetz n (PrPG) <jur> • product piracy law

Produktpolitik f <werb> • product policy

Produktpositionierung f <werb> • product positioning; positioning

Produktschmierung f <förd> (von Pumpen) • liquid lubrication; product lubrication

Produktsortiment n form <werb> • range

Produktspülung f <masch> (einer Pumpenwellendichtung) • product flushing; product flush; internal flushing

Produktstärke f <druck> • product thickness

Produkttaschen f <prod> • product pockets

Produkttest m <werb> • product test

produzieren vt <prod> (allg.; Waren jeder Art, Teile, Produkte, Erzeugnisse) • produce vt; manufacture vt; fabricate vt; make vt coll

produzieren vt <prod> (komplexere Produkte; z. B. Computer, Autos) • manufacture vt; produce vt; make vt coll

produzierender Horizont m <petr> • producing horizon

Professional Graphics Adapter m (PGA) <edv> • professional graphics adapter (PGA)

professionelle Audiotechnik f <edv.av> • professional audio equipment

professionelles Audiozubehör n <edv.av> • professional audio equipment

professionelle Studiotechnik f <edv.av> • professional audio equipment

Profil n <tech.allg> (allg.; z. B. Verlauf einer Kurve, Form) • profile

Profil n <tech.allg> (reliefartiges Muster; z. B. von Sohle, Lauffläche) • pattern

Profil n prakt <tech.allg> (betont: extrudiert; z. B. Kunststoff, Alu) • extruded profile; extrusion pract

Profil n prakt <bahn> (von Tunneln; neue Tunnel haben ein großes ~) • structure clearance; structure gauge; clearance

Profil n <bau> (Tunnel; z. B. großes P.) • clearance

Profil n <doku> (Längsansicht) • longitudinal view

Profil n <energ.wind> • airfoil US; aerofoil GB; airfoil section US; blade section

Profil n ugs <kfz> (betont: Gestaltung, Design) • tread design; tread profile; tread pattern

Profil n <msr> (einer Aufzeichnungskurve) • log

Profil n <prod> (z. B. gewalzt, extrudiert; z. B. Stahl, Alu, Kunststoff; z. B. L, T, U) • section; shape pract; profiled section form

Profil n <prod.wz> (betont: Umriss; z. B. von Werkzeug, Werkstück) • contour

Profilabrichten n <prod> • form trueing; form truing; wheel forming

Profilabweichung f DIN 4762 <obfl> (Oberflächenrauheit) • profile departure

Profilabweichung f <prod> • mismatch

Profilauftrieb m <phys> (Strömungslehre) • profile lift

Profilbeiwert m <aerospace> • profile coefficient

Profilbericht m <tech.allg> • profile report

Profilbestimmung f <obfl> • profiling

Profilbestimmung in Querrichtung f <pap> • cross-directional profiling

Profil-Bezugsebene f DIN 3998 <masch> (Zahnradgetriebe) • datum plane

Profil-Bezugslinie f DIN 3998 <masch> (Zahnradgetriebe) • datum line

Profilblock m <kfz> (Reifen) • tread bar

Profildicke f <aerospace> • airfoil thickness; profile thickness

Profildispersion f <lwl> • profile dispersion

Profildraht m <el> (z. B. Oberleitung) • profile wire; sectional wire

Profildraht m <mat> • wedgewire; wedge-shaped wire

Profildreieck n <masch> • fundamental triangle; sharp V profile; basic triangular profile rare

Profilelektrode f VDI 3401 <prod> (elektrochemisches Abtragen) • profiling tool; profiling electrode

Profil-Extrusion f <kst> • extrusion of shapes

Profilfahrdraht m <bahn> • grooved trolley wire

Profilfaser f <mat> • profiled fiber; modified cross-section fiber

Profilfehler m <prod> • profile error

Profilfläche f <edv> (CAD) • swept surface

Profilform f <mat> (Stahl) • structural shape

profilgerechter Erdaushub m <bau> • excavation true to profile

Profilgerüst n <metall> • section mill frame

profilgeschliffener Fräser m <wz> • form-ground cutter; form-profile cutter

Profilgestaltung f <kfz> (Reifen) • tread layout

Profilglas n <silik> • figured glass

Profil-Handfaust f <kfz.wz> (mit balligem, gitterförmigem Profil) • shrinking dolly; grid dolly

profilhinterschliffen <prod> • profile-relieved; profile-ground

Profilhobelmaschine f <wz.masch> (Kehlhobelmaschine) • contour-shaping machine

Profilhöhe f <masch> (z. B. Zahnrad, Gewinde, Schnecke) • depth of profile

Profilhöhe f <rls> • convolution depth; convolution height; corrugation depth; corrugation height; span rare

Profilieren des Dosenbodens n <pack> • doming

Profilierstich m <metall> • shaping pass

profilierte Glasleiste f <bau> • profiled glazing bead; profiled stop; profiled glazing stop; profiled bead

profiliertes Rahmenholz n <bau> • rabbeted jamb

profiliertes Sockelgesims n <bau> • profiled base moulding

profilierte Walze f <prod> • grooved roll

Profilierung f <prod.obfl> • profiling

Profil im Normalschnitt n DIN 3998 <masch> (Zahnradgetriebe) • normal profile

Profilkalander m <prod> • profiling calender

Profilkaliber n <metall> • shaping groove

Profilkörper m <edv> (CAD) • swept solid

Profilkontrolle f <logist> (Vorgang) • pallet profile checking; pallet control

Profilkontrolle f <logist> (Kontrollpunkt) • pallet profile checking station; load-and-size station; pallet control station; sizing station

Profilkontrolleinrichtung f <logist> (Gerät) • pallet checker; pallet checking device

Profilkontrollstation f <logist> (Kontrollpunkt) • pallet profile checking station; load-and-size station; pallet control station; sizing station

Profilkrümmung f <tech.allg> • profile curvature

Profillehre f <msr> • profile gauge

Profilleiste f <bau> • profile

Profilleiter m <el> • shaped conductor; non-circular conductor

Profil-Lochzange f <kfz.wz> • wing punch GB

Profilmessrechner m <obfl> • profiler computer

Profilmesssystem n <msr> (techn. Oberfläche) • profiling system

Profilmessung f <msr> • profile measurement

Profilmittellinie f <masch> (z. B. Zahnprofil, Gewinde, Stabstahl) • datum line

Profilnase f ugs <aerospace> (von Tragflügeln, Turbinenschaufeln, Rotorblättern) • leading edge

Profilnegativ-Anteil m <kfz> (Reifen) • Tread Pattern Percentage (TPP)

Profilproben-Schneidmaschine f <pap> • profile sample cutter

Profilproben-Schneid- und Wickelmaschine f <pap> • sample cutter for Autoline

Profilprojektor m <msr> • profile comparator

Profilprojektor m <opt> • contour projector; silhouette projector; shadow-outline projector

Profilquerschnitt m <bau> • cross section of profile :V

Profilquerschnitt m rar <energ.wind> • airfoil US; aerofoil GB; airfoil section US; blade section

Profilradius m <phys> (Strömung in Kanälen mit nicht vollkreisförmigem Querschnitt) • hydraulic radius

Profilrahmen m <fz> (z. B. Motorrad) • section frame

Profilreibahle f <wz> • form reamer

Profilrille f <kfz> (Reifen) • tread groove

Profilrippe f <kfz> (Reifen) • tread rib

Profilruder n <nav> • displacement rudder

Profilscheinwerfer m <licht.theat> • profile spot; leko light coll; leko coll

Profilschleifen n <prod> • profile grinding; form grinding

Profilschleifmaschine f <wz.masch> • profile grinding machine

Profilschleifscheibe f <wz> • formed grinding wheel

Profilschnitt m <doku> (Darstellung (Zeichnung)) • contoured cut

Profilschreiber m <msr> • profile recorder

Profil-Schweiß-Gripzange f <wz> (Zangentyp) • C-clamp; vise grip C-clamp US; self-grip C-clamp GB; C-clamp pliers

Profil-Schweiß-Spannzwinge f form <kfz.wz> (C-Form) • long reach C-clamp

Profilsehne f <aerospace> (Tragflügelprofil (Flugzeug, Hubschrauber, Schaufelblatt)) • chord; chord line

Profilsehne f <energ.wind> (Rotor) • chord line

Profilseide f <textil> (Chemieseide) • bulky yarn

Profilspitze f <füg> (Spitze des Gewindezahns) • crest; thread crest

Profilstab m <bau> • lineal

Profilstärke f <bau.mat> (des Holzprofils) • wood thickness

Profilstahl m <mat> (Stahlprofile; z. B. L, T, U, I) • structural steel; sectional steel; steel shape

Profilstahlwalzwerk n <metall> • structural steel mill; sectional steel mill

Profilstich m <metall> • shaping pass

Profilstollen m <kfz> (Reifen) • tread lug

Profilstollenausbrüche mpl <prod> • chunking

Profilstreifen m <prod> (in Reifen; dreikantiger Gummistreifen) • bead apex

Profiltal n DIN 4762 <obfl> (Oberflächenrauheit) • profile valley

Profiltiefe f <aerospace> (Tragflügel, Rotorblatt, Propelerblatt) • chord

Profiltiefe f <kfz> (Reifen) • tread depth; profile depth

Profiltiefe f rar <masch> • depth of thread; thread height; height of thread

Profiltiefenmesser m <kfz.wz> • tire tread gauge; tire tread depth gauge; tread depth gauge

Profilüberdeckung f DIN 3998 <masch> (Zahnradgetriebe) • transverse contact ratio

Profilüberdeckungsgrad m <masch> (Zahnradgetriebe) • profile contact ratio

Profilverpackung f <pack> (als Stoßpuffer) • profile packaging :V

Profilverschiebung f DIN 3998 <antr> (Zahnrad) • addendum correction; addendum modification; addendum shift

Profilverschiebung f <masch> (Verzahnung) • toothprofile modification

Profilverschiebungsfaktor m DIN 3998 <antr> (Zahnrad) • addendum modification coefficient

Profilverzerrung f <masch> • profile distortion; form distortion

Profilvorderkante f <aerospace> (von Tragflügeln, Turbinenschaufeln, Rotorblättern) • leading edge

Profilwalzblock m <metall> • shaped ingot

Profilwalze f <metall> • section roll; shape roll

Profilwalzen n <metall> • profile rolling; form rolling

Profilwalzwerk n <metall> • profile rolling mill; shape rolling mill

Profilwerkzeug n <wz> • profile tool

Profilwiderstand m <aerospace> (Aerodynamik) • profile drag

Profilzeichnung f <doku> • profile drawing

Profilziehen n <kst> • pultrusion

Profi-Systemarchitektur f <edv> • experts system architecture

profitables Produkt n <ökon> • lucrative product

Profitcenter n <ökon> • profit center

Prognose f :V <tech.allg> • projection; up front prediction

Program Change m <edv.av> • program change; program change message; program change command

Program-Change-Befehl m <edv.av> • program change; program change message; program change command

Program Comparison and Identification f (PCI) <kfz.av> • program comparison and identification (PCI)

Programm n <tech.allg> (z. B. Computer-, Schalt-, Steuer-, Fahrprogramm) • program US.GB

Programm n <av> (Fernsehkanal) • channel

Programm n <av> (Fernsehprogramm/Fernsehsendung) • programme

Programm n <doku> (z. B. Konzert, Theater) • program

Programm n <edv> (festgelegte Abfolge von auszuführenden Schritten) • program; routine

Programmabarbeitung f <edv> • program execution

programmabhängig <tech.allg> • program-dependent

Programmablauf m <tech.allg> • program run

Programmablauf m <edv> • program flow

Programmablaufänderung f <edv> • dynamic sequential control

Programmablaufplan m <doku> • program flow chart; program flow diagram

Programmablaufrechner m <edv> • object computer

Programmablaufsteuerung f <msr> (Kontrolle des reibungslosen Ablaufs) • program flow control

Programmablaufsteuerung f <wz.masch> (betont: Mechanismus) • machining cycle control mechanism

Programmablaufsteuerung f <wz.masch> (z. B. NC-Maschinen) • program-cycle control

Programmablaufzeit f <edv> • object time

Programmable Read-Only Memory n (PROM) <el> (flüchtiger Speicher) • Programmable Read-Only Memory (PROM)

Programmabruf m <edv> • program fetch

Programmabschnitt m <tech.allg> • program control section; program section

programmadressierbare Uhr f <edv> • program-addressable clock

Programm-AE n <av> • program AE; AE record programs; program-controlled AE recording mechanism

Programm-AE mit Spezialeffekten n <av> • program AE with special effects

Programmänderung f <edv> • program change; program modification

Programmanforderung f <edv> • program request

Programmangabe f <av> • programme readout

Programmanweisung f <edv> • program statement

Programmausdruck m <edv> • program display

Programmausführung f <edv> • program execution

Programmausgabe f <edv> • program output; program listing

Programmausprüfung f <edv> • program checking; program check

Programmausstattung f <edv> • software support

Programmautomatik f <tech.allg> • programmed mode

Programmautomatik f <phot> • programmed automatic display prism

Programmbank f <edv.av> • program bank

Programmbaustein m <edv> • program unit

Programmbaustein m <msr> (einer Steuerung) • module

programmbedingt <tech.allg> • program-sensitive

programmbedingter Fehler m <qualit> • program-sensitive error; program-sensitive fault

Programmbefehl m <edv> • program instruction; program command

Programmbeispiel n <edv> • sample program

Programmbereich m <edv> • program partition

Programmbeschreibung f <autom> • program description

Programmbetrieb m <edv> • program mode

Programmbibliothek f <edv> • program library

Programmbinder m <edv> • linking loader; linker

Programmblatt n <edv> • program sheet; coding sheet

Programmdatei f <edv> • program file

Programmdokumentation f <edv> • program documentation; software documentation

Programmdurchlauf m <tech.allg> • program run; program flow; program passage

Programme Delivery Control f GB <av> • Video Program System (VPS); Programme Delivery Control GB; PDC

Programmeingabe f <edv> • program input; program entry

Programmeingriff m <edv> • override

Programmelement n <edv> • program item; program element

Program Memory Adress f (PMA) <edv.av> • program memory adress (PMA)

Program Memory Data f (PMD) <edv.av> • program memory data (PMD)

Programmendwinkel m <aerospace> • theoretical cut-off angle

Programmentwicklung f <edv> • program design

Programmerprobung f <edv> • program checking

Programmerzeugung f <tech.allg> • generation of programs

Programmfaden m <tech.allg> • program thread; thread

Programmfehler m <edv> • program error; program fault; bug

Programmfehlerbeseitigung f <edv> • program debugging

Programmfeld n <tech.allg> • program panel

Programmfolgesystem n <edv> • sequential programming system

Programmformat n <edv> • program format

Programmformular n <edv> • program sheet; coding sheet

Programmgeber m <autom> • program control element

Programmgeber m <msr> • control timer; schedule timer; programmer

Programmgenerator m <edv> • program generator

programmgesteuert <msr> • program-controlled; program-driven

programmgesteuert arbeiten vi <edv> • operate under program control vi; operate under software control vi

programmgesteuerte AE-Aufnahmeautomatiken fpl <av> • program AE; AE record programs; program-controlled AE recording mechanism

programmgesteuerte Bewegungseinrichtung f <autom> • program-controlled handling device; program-controlled handling unit

programmgesteuerter Computer m <edv> • program-controlled computer

programmgesteuerte Werkzeugmaschine f <wz.masch> • automatically programmed machine tool

Programmhalt m <tech.allg> • program stop

Programm-Identifizierung f (PI) <kfz.av> • program identification (PI)

programmierbar <edv> • programmable

programmierbar <msr> (Bauteil; z. B. Sensor) • teachable

programmierbar <msr> • programmable

programmierbare Datenstation f <edv> • intelligent terminal; smart terminal

programmierbare Kommunikationsstelle f <tele> • programmable communication interface

programmierbare logische Anordnung f <msr> • programmable logic array

programmierbarer Festwertspeicher m <msr> • programmable read-only memory (PROM)

programmierbarer Logikbaustein m <edv> • programmable logic device (PLD)

programmierbarer Nur-Lese-Speicher m (PROM) <msr> • programmable read-only memory (PROM)

programmierbarer ROM m <edv> • PROM; programmable ROM; programmable read-only memory

programmierbare Schaltkontrolle f <edv> • programmable switching control

programmierbares Dickenmessgerät n <pap> • programmable micrometer

programmierbares Endgerät n <edv> • programmable terminal; intelligent terminal

programmierbares logisches Feld n <msr> • pro-grammable logic array

programmierbare Steuerung f (PC) <autom> • pro-grammable controller (PC); programmable control; pro-grammable logic controller

Programmierbefehl m <edv> • programming instruction

programmieren vt <edv> • program vt

Programmierer m <autom> • programmer

Programmiergerät n <tech.allg> • programming unit; programmer

Programmiergerät n <prod.autom> • teach box; teach pendant

Programmierhandgerät n <prod.autom> • teach box; teach pendant

Programmierhilfen fpl <edv> • programming aids

Programmiermittel npl <edv> • programming tools

Programmiermodus m <edv.av> • program mode

Programmiersignal n <edv> • program signal

Programmiersprache f <edv> • programming language

Programmiersystem n <tech.allg> • programming sys-tem

programmierte Prüfung f <tech.allg> • programmed checking

programmierter Stopp m <tech.allg> • programmed halt

programmierter Titel m JVC <av> • instant title JVC; programmed title

programmierter Unterricht m <did> • programmed in-struction

programmiertes Lernen n <did> • programmed learning

programmierte Wiedergabe f <av> • programmed play-back

Programmierung f <edv.av> • programming; sound pro-gramming; editing; sound editing; sound edit

Programmierung am Einsatzort f <edv> (von Robo-tern) • online programming

Programmierung durch Spracheingabe f <autom> (z. B. von Industrierobotern) • acoustic programming; voice programming

Programmierung mit Mindestzugriffszeit <edv> • minimum-access programming

Programmierungsfehler m <edv> • programming error; bug

Programmierungsfehlersuche f <edv> • programming debugging

Programmierungs-/Kontrolltaste f <av> • programme/ check button

Programmierung täglich/wöchentlich f Loe <av> • every day/every week function Nok; every day/every week Gru; daily/weekly programmable Sha; daily/weekly repeat Phi; frequent recording options

Programmierung über Bildschirmmenü f (OSP) <av> (von TV, VCR) • on-screen programming (OSP)

Programmierung über TOP-Text f <av> • TOP text programming

Programmierung über Videotext f <av> • direct text programming; tele text programming

Programmierunterstützung f <tech.allg> • programming support

Programmierwerkzeuge npl <tech.allg> • programming tools

Programmintegrität f <edv> • program integrity

Programmkarte f <edv> • program card

Programmkennzeichnung f <tech.allg> • program iden-tification

Programmkettung f <edv> • program chaining

programmkompatibel <edv> • program-compatible; software-compatible

Programmkompatibilität f <edv> • program compatibil-ity; software compatibility

Programmkonserve f <av> (z. B. Fernsehen) • canned program

Programmladekarte f <edv> • bootstrap card

Programmladen n <edv> • program loading; fetching; fetch

Programmlader m <edv> • program loader

Programmlaufzeit f <edv> • execution time

Programmliste f <edv> • manuscript

Programmname m <tech.allg> • program indentification; program name

Programmnummer f <edv.av> • program number; patch number

Programmoptimierung f <edv> • program optimization

Programm-Organisationseinheit f norm. <edv> • pro-gram organization unit stand.

programmorientiert <tech.allg> • program-oriented

Programmpaket n <edv> • program package; software package

Programmpflege f <edv> • program maintenance; soft-ware maintenance

Programmplatz-Anzeige f <av> • channel display

Programmplatzanzeige f <av> • position indicator

Programmprüfung f <edv> • program checking; program check

Programmregelung f <msr> • program control; time-schedule control; time control

Programmregister n <edv> • program register

Programmregler m <edv> (Elektronenrechner) • timed control

Programmregler m <msr> • program controller

Programmrelais n <el> • sequential relay

Programmschalter m <edv> • program switch; sequence switch; controller

Programmschalter m Audi/BMW <kfz> (Automatikge-triebe) • shift mode button HM; program preselector MB; programme switch Audi/ZF; driving program selector Sm; ECO/Sport button Audi

Programmschleife f <edv> • program loop

Programmschleife f <edv.av> • waitstate; wait state

Programmschnitt m <av> • programmed cutting

Programmschnittstelle f <edv> • software interface

Programmschritt m <edv/av> • program step

Programmsegment n <edv> • program segment; segment

Programmsequenzer m <edv.av> • program sequencer

Programm-Service m (PS) <kfz.av> • program service (PS)

Programmsignal n <edv> • program signal

Programmspeicher m <tech.allg> • program storage

Programmspeicher m <av> • channel preset; station memory

Programmspeicher m <edv> • program memory; pro-gram store

Programmspeicherplatz m <av> • channel preset; sta-tion memory

Programmspeicherplatz m <edv> • program storage location

Programmspeicherung f <tech.allg> • program storage

Programmspeicherung f <av> • storage of tuning infor-mations

Programmsprache f <edv> • program language

Programmsprung m <edv> • program jump

Programmstart m <tech.allg> • program start-up; pro-gram start

Programm starten vi <edv> • enter a program vi

Programmstecker m <edv> • program plug

Programmsteuerung f <autom> • program control; time-schedule control

Programmstopp *m* <tech.allg> • break-point
Programmtabelle *f* <edv> • manuscript
Programmtafel *f* <edv> • program panel; program table; program board
Programmtest *m* <edv> • program checkout
Programm-Typ *m* (PTY) <kfz.av> • program type (PTY)
Programmübersetzer *m* <edv> • translator
Programmübersetzung *f* <edv> • program translation
Programm-Überspringfunktion *f Tel* <av> • skip search; scene search; scene finder *JVC*
Programmunterbrechung *f* <edv> • program interrupt
Programmunterbrechungssignal *n* <edv> • interrupt signal
Programmunterstützung *f* <tech.allg> • program support
Programmunterteilung *f* <edv> • program segmentation
Programmverbinder *m* <edv> • linkage editor; linker
Programmverbindung *f* <edv> • program linkage
Programmverkettung *f* <edv> • program chaining
Programmverzweigung *f* <autom> • branch program
Programmverzweigung *f* <edv> • program branching; program branch
Programmvorbereitung *f* <edv> • program preparation
Programmvorbereitung *f* <edv> (Analogrechner) • set-up procedure
Programmvorwahl *f* <tech.allg> (z. B. EDV, TV, Werkzeugmaschine) • program preselection
Programmwahlschalter *m MB* <kfz> (Automatikgetriebe) • shift mode button *HM*; program preselector *MB*; programme switch *Audi/ZF*; driving program selector *Sm*; ECO/Sport button *Audi*
Programmwahltaste „Aufwärts" oder „Abwärts" *f* <av> • channel select button "up" or "down"; channel selector button; station select button; channel button
Programmwahltasten „Aufwärts" und „Abwärts" <av> • channel selection up and down buttons
Programmwartung *f* <edv> • program maintenance; software maintenance
Programmwechsel *m* <allg> (EDV, Fernsehen, Theater) • program change
Programmwechsel *m* <edv.av> • program change; program change message; program change command
Programmwechselbefehl *m* <edv.av> • program change; program change message; program change command
Programmwerkzeug *n* <wz> • progressive tool; combination tool
Programmzeile *f* <edv> • line of code
Programmzeitschalter *m* <tech.allg> • program timer; timer switch
Programmzustandswort *n* <edv> • program status word
Programmzweig *m* <edv> • program branch
Programmzyklus *m* <edv> • program loop
progressive Feder <masch> • progressive spring; non-linear spring
progressives Getriebe *n* <kfz.antr> • progressive transmission
progressive Ventilfeder *f prakt* <kfz.mot> • progressively wound valve spring; progressive valve spring *pract*
progressiv gewickelte Ventilfeder *f* <kfz.mot> • progressively wound valve spring; progressive valve spring *pract*
projektieren *vt* <prod> (System, Anlage; Projekt) • project *vt*
projektierte Leistung *f* <tech.allg> • nominal design capacity
Projektil *n wiss* <mil> (einer Waffe) • projectile; bullet *coll*
Projektilwebautomat *m* <textil> • projectile weaving machine
Projektion *f form* <edv> (Grafik; eines Bitmaps auf einen dreidimensionalen Körper) • mapping

Projektion *f* <kino> (Film) • screening
Projektion *f* <math> • projection
Projektion *f* <opt> (von Film, Dia etc.) • projection
Projektionsanlage *f* <av> • projection system
Projektionsaufsatz *m* <opt> (Mikroskopie) • viewing screen
Projektionsbild *n* <opt> • projected image; screen image
Projektionsbildschirm *m* <edv> • projection TV
Projektionsblende *f form* <licht.theat> • gobo; mask *rare*
Projektionsebene *f* <math> • picture plane; image plane; projection plane
Projektionsebene *f DIN ISO 10209-2* <opt.doku> (Ebene, auf die der Gegenstand projiziert wird) • projection plane *ISO 10209-2*
Projektionsentfernung *f* <opt> (Diapositiv, Film) • projection distance; throw distance
Projektionsentfernung *f* <opt> (Scanner; Abstand zw. Leseoptik und Beginn der Tiefenschärfe) • optical throw (OT)
Projektionsfenster *n* <av> • projector gate
Projektionsfläche *f* <kino> • projection area
Projektionsgerät *n* <kino> (Kinetechnik) • light projector
Projektionsgerät *n* <opt> (eines Planetariums) • planetarium projector
Projektionsgerät *n* <opt> (Ausrüstung) • projection equipment; projector
Projektionslampe *f* <opt> • projection lamp; projector lamp
Projektionslinie *f DIN ISO 10209-2* <doku.opt> • projection line *ISO 10209-2*; projector
Projektionslinse *f* <opt> • projector lens
Projektions-Mapping *n* <edv> • projection mapping
Projektionsmaske *f* <opt> • projection mask
Projektionsmethode 1 *f DIN ISO 10209-2* <doku> (Technisches Zeichnen; Seitenansicht von links steht rechts) • first-angle orthographic representation; first angle projection *ISO 10209-2*
Projektionsmethode 3 *f DIN ISO 10209-2* <doku> (Technisches Zeichnen; Seitenansicht von links steht links) • third-angle orthographic representation; third angle projection *ISO 10209-2*
Projektionsmikroskop *n* <edv> (optisches Prüfgerät) • projection optical comparator
Projektionsmikroskop *n* <opt> • projection microscope
Projektionsoperator *m* <math> (Algebra) • projection operator
Projektionsoperator *m* <math> (Funktionsanalyse) • projector
Projektionsraum *m* <kino> • projection booth
Projektionsreferenzpunkt *m* (PRP) <edv> • projection reference point (PRP)
Projektionsscanner *m* <edv> • view scanner; projection scanner
Projektionsscheinwerfer *m* <kfz.el> • projector beam headlight system; projector beam headlight
Projektionsschirm *m* <av> • projection screen
Projektionsskaleninstrument *n* <msr> • projected-scale instrument
Projektionsstrahl *m* <math> • projector
Projektionsstrahl *m* <opt> • projection line
Projektionswand *f* <av> (Film, Diapositiv, Folie) • projection screen
Projektionswand *f* <av> (allg.; Film, Standbild; z. B. OHP-, Dia- videoprojektion) • projection screen; screen *coll*
Projektionszentrum *n* <doku> (technische Zeichnung, Photographie, Landkarte) • center of projection
Projektionszentrum *n* <math> • perspective center *US*; projection center *US*; perspective centre *GB*; projection centre *GB*

projektive Abbildung *f* <opt> • projective mapping

projektive Geometrie *f* <math> • projective geometry

projektive Verzerrung *f* <opt> • projective distortion

projektiv-geometrisch <math> • projective-geometric

Projektleiter *m* <org> *(betont: Direktor eines Projekts; auch außerhalb des Managements)* • Project Director

Projektleiter *m* <org> *(betont: Manager)* • Project Manager

Projektor *m* <av> *(zur Projektion von Film, Dias videos, Daten)* • projector; light projector *rare*

Projektorraum *m* <kino> • projection booth

Projektreferent *m* <org> • Project Officer

Projektreferentin *f* <org> • Project Officer

Projektstudie *f rar* <tech.allg> • feasibility study; project feasibility study *rare*

Projektstudie *f* <jur> • feasibility study

projizieren *vt* <kino> *(Film)* • screen *vt*

projizieren *vt* <opt> *(allg.)* • project *vt*

projizieren *vt* <opt.phot> *(Bilder auf eine Fläche)* • throw pictures *vt*

projizierte Fläche *f* <doku> • projected area

projizierte Fläche *f* <kst> • projected area

Prokilux *m rar* <büro> *(für Folien)* • overhead projector (OHP)

prolinreiches Protein *n* (PRP) *V* <med> • proline-rich protein (PRP)

PROM <el> *(flüchtiger Speicher)* • Programmable Read-Only Memory (PROM)

PROM <msr> • programmable read-only memory (PROM)

PROM *m* <edv> • PROM; programmable ROM; programmable read-only memory

Promethium *n* (Pm) <chem> • promethium (Pm)

promoten *vt* <allg> *(unterstützen)* • promote *vt*

Promotion *f* <werb> • sales promotion; promotion

Promotion Werbemittel *n* <werb> • promotion advertising material

Promotor *m* <chem> • promotor; promoting agent

Prompt *m* <edv> • prompt; prompt line; input prompt

promptes NO$_x$ *n* <ents> • prompt NO$_x$

Prompt-Jump-Näherung *f* <nukl> *(z. B. nach Goldstein/Shotkin)* • prompt-jump approximation

promptkritisch <nukl> *(Kernreaktor)* • prompt-critical

promptkritischer Zustand *m* <nukl> *(Kernreaktor)* • prompt criticality

Promptneutron *n* <nukl> • prompt neutron

Prompt-NO *n* <emiss> • prompt-NO

Promptzahlungsrabatt *m* <jur> • discount for prompt payment

Prony'scher Zaum *m* <masch> • Prony brake

pronyscher Zaum *m* <masch> • Prony brake

Proof *m prakt* <druck> *(zur Endkontrolle, Imprimatur)* • hardproof; final proof; proof *pract*

Proofverschluss *m* <ents> • proof cap

Propan *n* <chem.petr> • propane

Propanblasenkammer *f* <chem.verf> • propane bubble chamber

Propanentparaffinierung *f* <chem.verf> • propane de-waxing

Propangasmotor *m* <mot> • propane gas engine

Propeller *m* <tech.allg> *(z. B. Schiff, Flugzeug, Pumpe, Windkraft)* • propeller

Propeller *m* <aerospace> • propeller; air propeller; airscrew *GB*; screw-propeller *GB*

Propeller *m prakt* <aerospace> • airplane propeller *US*; air-screw *GB*

Propeller *m* <förd> *(Pumpe)* • propeller; propeller-type impeller

Propeller *m* <nav> • marine propeller; propeller; screw-propeller

Propellerbelastung *f* <fz> • propeller load

Propellerblatt *n* <aerospace> • propeller blade *US*; airscrew blade *GB*

Propellerblatt *n* <fz> *(allg.; Flugzeug, Schiff)* • propeller blade

Propellerblattprofil *n* <aerospace> • blade section

Propellerbockarm *m* <nav> • propeller bracket; shaft strut

Propellerdrehmoment *n* <mech> • propeller torque

Propellerdrehzahl *f* <fz> • propeller speed

Propellerdüse *f* <aerospace> • propeller nozzle

Propellerflächenverhältnis *n* <aerospace> • propeller area ratio

Propellerflügel *m ugs* <aerospace> • propeller blade *US*; airscrew blade *GB*

Propellerflügel *m* <förd> • propeller blade; propeller vane

Propellergebläse *n* <masch> • propeller fan

Propellerlaufrad *n* <förd> *(Pumpe)* • propeller; propeller-type impeller

Propellermischgerät *n* <verf> • propeller mixer

Propellernabe *f* <aerospace> • propeller hub

Propellernase *f ugs.* <kfz> • bullet nose *coll*; spinner nose *coll*

Propellernuss *f* <aerospace> • propeller boss

Propellernuss *f* <nav> • propeller boss; stern frame boss

Propellerpumpe *f* <förd> *(halbaxiale Durchströmung)* • mixed-flow propeller pump

Propellerpumpe *f* <förd> *(Bauart von Kreiselpurnpen)* • axial-flow pump; propeller pump; axial-flow propeller pump; screw-propeller pump *rare*; axial pump

Propellerpumpe *f* <masch> • srew pump; axial-flow pump

Propellerrad *n* <förd> *(Pumpe)* • propeller; propeller-type impeller

Propellerregner *m* <agri> • spinner-type sprinkler

Propellerrichtpresse *f* <wz.masch> • propeller straightening press

Propellerrührer *m* <verf> • propeller-style agitator; propeller stirrer; propeller mixer

Propellerrührwerk *n* <agri> *(Düngerstreuer)* • auger agitator

Propellerrührwerk *n* <verf> • propeller-style agitator; propeller stirrer; propeller mixer

Propellerschaufel *f* <förd> • propeller blade; propeller vane

Propellerschub *m* <aerospace> • propeller thrust; airscrew thrust

Propellerschub *m* <nav> • propeller thrust

Propellersteigung *f* <aerospace> • propeller pitch

Propellersteigung *f* <masch> *(allg.)* • propeller pitch

Propellersteven *m* <nav> • propeller frame

Propellerstrahl *m* <aerospace> • propeller slipstream; airscrew jet; backwash

Propellerstrahl *m* <nav> • propeller jet; propeller wash; propwash; backwash; airscrew jet

Propellerströmungsfeld *n* <phys> • propeller flow field

Propellerstrom *m* <phys> • propeller wash; propeller jet; backwash

Propellersystem *n* <petr> • propulsion

Propellertriebwerk *n* <aerospace> • propeller engine; airscrew engine; propeller power unit

Propellerturbine *f* <aerospace> • propeller turbine

Propellerturbine *f* <energ.hydr> • fixed-blade propeller turbine

Propellerturbinen-Luftstrahltriebwerk *n* <aerospace> • turboprop engine (TPE); turboprop; propeller-jet turbine engine; propeller turbine engine; TP

Propellertyp *m* <energ.wind> • horizontal axis wind turbine (HAWT) *IEV 415*; propeller-type turbine; wind-axis turbine *obs*

Propellerverlustleistung f <fz> • propeller losses; propeller loss

Propellerverstellung f <aerospace> • propeller pitch variation

Propellerwelle f <aerospace> • propeller-shaft

Propellerwelle f <nav> • propeller-shaft; tail-shaft

Propellerwirkungsgrad m <phys> (Strömungslehre) • propeller efficiency

Prophylaxe f <med> • prophylaxis

Proportionalabweichung f <msr> (betont: Abweichung) • proportional offset

Proportionalabweichung f <prod> (betont: der Position) • position error

Proportional Assist Ventilation f (PAV) <med.tech> • proportional assist ventilation (PAV)

Proportionalbereich m <msr> • proportional band; proportional control zone

Proportionalbereich m <nukl> • proportional region

Proportional-Differential-Glied n <msr> • proportional-derivative element; PD element

Proportional-Differential-Regelung f <msr> • proportional-derivative control; PD control

Proportional-Differential-Regler m <msr> • proportional-derivative controller; PD controller

Proportional-Differential-Regler m <msr> • proportional plus derivative controller; PD controller; two-term controller; two-mode controller

proportionale Regelabweichung f <msr> (betont: Abweichung) • proportional offset

proportionale Regelabweichung f <prod> (betont: der Position) • position error

proportionaler Übertragungsfaktor m <msr> • proportional transfer factor; proportional control factor; proportional action factor

proportionaler Wendekreisel m did <navig> • rate gyro; spring-restrained gyro

proportionales Verhalten n <msr> • proportional action

proportionale Zugprobe f <qualit.mat> • proportional specimen

Proportionalfaktor m <math> • proportional factor

Proportionalfaktor m <msr> • proportional control factor; proportional factor; P factor

Proportionalfernmessgerät n <msr> • direct-relation telemeter

Proportionalglied n <math> • proportional term

Proportionalglied n <msr> • proportional element; P action element; P element

Proportional-Integral-Differential-Glied n <msr> • proportional-integral-derivative element; PID element; three-term element

Proportional-Integral-Differential-Regelung f <msr> • proportional-integral-derivative control; PID control; three-term control

Proportional-Integral-Differential-Regler m <msr> • proportional-integral-derivative controller; PID controller; three-term controller

Proportional-Integral-Glied n <msr> • proportional-integral element; PI element; two-mode element

Proportional-Integral-Regelung f <msr> • proportional-integral control; PI control; two-mode control

Proportional-Integral-Regler m <msr> • proportional-integral controller; PI controller; two-mode controller

Proportionalitätsfaktor m <math> • proportionality factor

Proportionalitätsgrenze f <qualit.mat> • proportional elastic limit (PEL); limit of proportionality; proportionality limit; proportional limit

Proportionalkammer f <phys> • proportional ionization chamber

Proportionalprobe f <qualit.mat> • proportional specimen

Proportionalregler m <msr> • proportional controller; one-mode controller; single-mode controller; P controller

Proportionalschrift f <edv> • proportional spacing

Proportional-Steuerventil n <msr> • proportional control valve

Proportionalventil n <med.tech> • proportional valve

Proportionalverhalten n <msr> • proportional action; proportional behaviour; P action; P behaviour

Proportionalverstärker m <el> • proportional amplifier

Proportionalverstärkung f <el> • proportional gain

Proportionalzähler m <msr> • proportional counter

Proportionalzählrohr n <nukl> • proportional counter tube

proportionieren vt <msr> (bestimmte Mengen zuteilen) • proportion vt

Proportionsregelung f <msr> • proportional control; P control; single-mode control

proprietär <ökon> (spezifische Marken- oder Produktmerkmale) • proprietory

Propylameisensäure f <chem> • butyric acid; butanoic acid

Propylen n <chem> • propylene

Pro-rich n Anglizismus <med> • proline-rich protein (PRP)

Prospekt m <theat> • back cloth GB; back drop US

Prospekt n <werb> • broschure; leaflet

Prospektieren n <min> • prospecting

Prospektion f <min> • prospection

Prospektzug m <theat> • rigging system

Proszenium n <theat> • proscenium

Proszeniumsrahmen m <theat> (zwischen Vor- und Spielbühne) • tormentors and teasers US; proscenium wings and border GB

Protactinium n (Pa) <chem> • protactinium (Pa)

Protease f <med> • proteinase

Proteasehemmer m <med> • proteinase inhibitor

Protected Mode m <edv> (bestimmte Programme werden beim Rechnerstart nicht geladen) • protected mode

Protective Headparking n <edv> (Festplatte) • protective headparking

Protein n <chem> • protein; proteic substance

Proteinabbau m <med> • protein catabolism; protein degradation

Proteinbestandteil m <med> • protein component; apolipoprotein moiety; protein moiety; apo[lipoprotein]constituent; protein constituent

Proteine fpl <nahr> • proteins

Proteinkomponente f <med> • protein component; apolipoprotein moiety; protein moiety; apo[lipoprotein]constituent; protein constituent

Proteinsynthese f <med> • protein synthesis

Protein-Untereinheit f <med> • protein subunit

Protektor m <bekl> • protector; body armour; armour

Protektor m <kfz> (profilloses Bauteil in der Reifenfertigung) • camelback; tread

Protektorenformteil n <bekl> • preformed protector pad

Protektoren für Spieler außer Torwarte mpl DIN EN ISO18814 <bekl.sport> • protectors for players other than goalkeepers DIN EN ISO18814

Protektorenkombi f <bekl> • combi suit with integrated protectors

Protektorentasche f <bekl> • pocket to take armour

Protektorspritzmaschine f <prod> • tread extruder

proteolytische Spaltung f <med> • proteolytic cleavage

Protest m <jur> • protest; opposition

prothetischer Gefäßersatz m <med.tech> • prosthetic vascular graft; prosthetic graft

Protium n <chem> • protium; light hydrogen

Protokoll n <doku> • minutes; minute

Protokoll n <edv> • listing; log; print-out; protocol

Protokoll *n* <jur> • record
Protokoll *n* <msr> *(Bericht)* • report
Protokoll *n* <msr> *(Ergebnis einer Messung)* • printout
Protokollausdruck *m* <doku> • log-out; hard-copy record
Protokollblatt *n Siemens* <med.tech> • checklist
Protokollblatt *n* <mil> • report sheet
Protokolldatei *f* <edv> • log file
Protokolldrucker *m* <edv> • log printer
Protokollfile *f/n* <edv> • listing file
protokollieren *vt* <tech.allg> *(Abläufe, Ereignisse, logbuchartig)* • log *vt*
protokollieren *vt* <msr> *(Daten)* • data log *vt*
Protokolliersystem *n* <msr> • data logger; data logging system
Protokollprogramm *n* <edv> • trace program; tracing routine
Protokollstreifen *m* <msr> • report tape; report strip
Proton *n* <nukl> • proton
Protone-Exchange-Membran-Brennstoffzelle *f* <energ> • polymer electrolyte membrane fuel cell (PEMFC); protone exchange membrane fuel cell
Protonenakzeptor *m* <chem> • proton acceptor
Protonenbeschleuniger *m* <nukl> • proton accelerator
Protonenbindungsenergie *f* <chem> • proton binding energy
Protonenbremsstrahlung *f* <nukl> • proton bremsstrahlung
Protonendonator *m* <chem> • proton donator
Protoneneinfang *m* <phys> • proton capture
Protonenenergiespektrum *n* <phys> • proton spectrum
Protonenkomponente *f* <phys> • proton component
Protonenmikroskop *n* <phys> • proton microscope
Protonenmultiplikator *m* <phys> • proton multiplier
Protonenrückstoßdetektor *m* <msr> • proton recoil detector
Protonenrückstoßzählrohr *n* <msr> • proton recoil counter tube; proton recoil counter
Protonenspektrum *n* <phys> • proton spectrum
Protonenspin *m* <phys> • proton spin
Protonenstrahlbündel *n* <phys> • proton beam
Protonenstreuungsmikroskop *n* <phys> • proton scattering microscope
Protonensynchrotron *n* <nukl> • proton synchrotron
Protonenübergang *m* <phys> • proton transition
Protonenwolke *f* <phys> • proton cloud
Proton-Proton-Prozess *m* <nukl> • proton-proton chain; pp-chain; hydrogen burning processes
Proton-Proton-Reaktion *f* <nukl> • proton-proton reaction
Prototyp *m* <prod> *(allg.)* • prototype; preproduction prototype
Prototyp *m* <prod> • prototype
Prototyp *m* <prod> • prototype
Prototypenbau am Bildschirm *m* <edv.prod> *(CAD)* • digital mockup (DMU)
Protozoon *n* <bio> *(pl: -zoen)* • protozoan *US*; protozoon
protrahierte Bestrahlung *f* <med> • protracted irradiation
Protuberanz *f* <astron> *(Sonne)* • solar prominence; prominence
Protuberanzenspektroskop *n* <astron> • prominence spectroscope
Provinz *f* <geo> • province
Provirus *n* <bio> • provirus
Provision *f* <fin> • commission
provisorische Dunkelkammer *f* <phot> • improvised darkroom; temporary darkroom
provisorische Leitung *f* <el> • temporary wire
provisorisches Postament *n* <bio.prod> *(Tierpräparation)* • temporary perch

proximaler Atemwegsdruck *m* <med.tech> • proximal pressure
Proximity-Aligner *m* <el.ic.prod> • mask aligner
Proximity-Effekt *m* <phys> *(Tieftemperatur-Physik)* • proximity effect
Proxy-Server *m* <edv> *(Firewall)* • proxy server
Prozedere *n wiss* <tech.allg> • procedure
Prozedur *f* <allg> • procedure
prozedurabhängig <edv> • procedure-dependent
prozedurale Animation *f* <edv> • procedural animation; rule-based animation
prozedurale Erzeugung von Geometrien *f* <edv> • procedural external process (PXP)
prozedurale Routine *f* <edv> • procedural routine
prozeduraler Shader *m* <edv> • procedural shader
prozedurales Beschreibungsverfahren *n* <edv> • procedural external process (PXP)
prozedurale Simulation komplexer Geometrien *f* <edv> • Animated Stand-In External Process (AXP)
prozedurale Sprache *f* <edv> • procedural language
prozedurales Textur-Mapping *f* <edv> • procedural texture mapping
prozedurale Textur *f* <edv> • procedural texture
Prozeduranweisung *f* <edv> • procedure statement
Prozeduraufruf *m* <edv> • procedure call; procedure reference
Prozedurname *m* <edv> • procedure identifier; procedure name
prozedurorientiert <edv> • procedure-oriented
Prozedurschritt *m* <edv> • procedure step
prozedurunabhängig <edv> • procedure-independent
Prozentdifferentialrelais *n* <el> • percentage differential relay; ratio differential relay
Prozentil *n* <math> *(Statistik)* • percentile
Prozentrechnung *f* <math> • calculation of percentage
Prozentrelais *n* <el> • biased relay
prozentualer Anstieg *m* <allg> • percent gain
prozentualer Anteil *m* <allg> • percentage
prozentualer Anteil *m* <tech.allg> • percentage content; percentage
prozentualer Ausschuss *m* <qualit> • fraction of defectives
prozentualer Feststoffanteil *m* <tech.allg> • percentage of solids
prozentualer Feststoffgehalt *m* <tech.allg> • percentage of solids
prozentualer Gehalt *m* <tech.allg> • percentage content; percentage
prozentualer Übersetzungsfehler *m* <el> *(Wandler)* • ratio error
prozentualer Verlust *m* <tech.allg> • percentage loss
prozentuale Sprachverständlichkeit *f* <tele> • percentage intelligibility; percent intelligibility
Prozentvergleichsschutz *m* <el> *(Relais)* • percentage differential protection
Prozess *m* <tech.allg> • process
Prozess *m rar* <tech.allg> *(Einzeloperation in einem Gesamtablauf)* • operation
prozessabhängig <autom> *(Ablaufsteuerung)* • process-oriented
prozessabhängige Ablaufsteuerung *f* <msr> • process-oriented sequence control
Prozessanalyse *f* <verf> • process analysis
Prozessanalysenmesseinrichtung *f* <msr> • process analyzer *US*; process analyser *GB*
Prozessanschluss *m* <allg> • process connection
Prozessautomatisierung *f* <autom> • process automation
Prozessbauweise *f* <förd> • pull-out design; back pull-out design; process type construction

Prozessdampf *m* <energ.sol> • process steam
Prozessdatenbank *f* <edv> • process data base
Prozessdatenbus *m* <edv> • process data highway
Prozessdatenübertragungseinrichtung *f* <edv> • process communication system
Prozessdruck *m* <verf> • process pressure
Prozessdurchschnitt *m* <qualit> • process average
Prozessenergie *f* <tech.allg> • process energy
prozessentkoppelt <verf> • off-line
Prozessführung *f* <verf> • process control
Prozessgas *n* <verbr> • process gas
prozessgekoppelt <msr> • on-line
prozessgekoppelt geschlossener Betrieb *m* <msr> • on-line closed-loop operation
prozessgekoppelt offener Betrieb *m* <msr> • on-line open-loop operation
Prozessgröße *f* <msr> • process variable
Prozessierung *f* <med> *(eines Antigens)* • processing *f*
Prozessierung *f* <med> • post-transcriptional modification; processing
Prozessinterrupt *m* <edv> • processing interrupt
Prozess ist weit außerhalb der Spezifikationsgrenze <verf.qualit> *(Warnmeldung)* • process is seriously out of tune
Prozesslage *f DIN 55350-33* <qualit> *(Qualitätskennzahl)* • process level
Prozessleitebene *f* <logist> • operational control
Prozessleitrechner *m* <msr> • process control computer; process guiding computer
Prozessleittechnik *f* <msr> • process measuring and control engineering; process measuring and control; process management and control; process control engineering; process controll and instrumentation
prozesslose Platte *f* <druck> *(wärmeempfindliche Druckplatte)* • processless plate; processless plate; no-process plate; non-processing plate *rare*
Prozessmedium *n* <verf> *(Flüssigkeit, Gas; z. B. in Klimaanlage, Solaranlage, Wärmepumpe)* • working fluid
Prozessmikrorechner *m* <edv> • process microcomputer
Prozessmodell *n* <tech.allg> *(chem., physikalische, organisatorische Prozesse)* • dynamic model
Prozessoptimierung *f* <qualit> • process optimization
Prozessor *m* <edv> • processor
Prozessor *m* <edv> • processing unit
Prozessor *m prakt* <navig> • GPS processor; processor *pract*; signal processor
Prozessoreinheit *f* <el> • processor assembly
prozessorgesteuert <msr> • processor-controlled
prozessorientiert <edv> • procedure-oriented
Prozessorkühler *m* <edv> *(mit Lüfter)* • fan heat sink
Prozessor mit zwei Betriebsspannungen *m did* <edv> • dual voltage CPU
Prozessorschnittstelle *f* <edv> • processor interface
Prozessorunterbrechung *f* <edv> • processor interrupt
prozessparallel <tech.allg> • process-parallel
prozessparallel <verf> • off-line
Prozessparameter *m* <tech.allg> • process parameter
Prozessparameter *m* <prod> • set-up data; process data; process parameter
Prozessparameter *m* <verf> *(z. B. Druck, Temperatur)* • operational parameter
Prozessperipherie *f* <verf> • process peripherals
Prozessprüfung *f* <qualit> • process inspection
Prozesspumpe *f* <masch> • process pump
Prozessrechensystem *n* <msr> • process control system
Prozessrechentechnik *f* <msr> • process computing engineering; process computing
Prozessrechner *m* <edv> • process control computer; process controller; process computer

Prozessrechner *m* <msr> *(betont: einer größeren Anlage)* • plant control computer
Prozessrechnerregelung *f* <msr> *(z. B. Chemieanlage, Hüttenwerk, Fertigungsstraße)* • closed-loop computer control; process computer control
Prozessrechnersteuerung *f* <logist> • computer control
Prozessregelung *f* <msr> • process control
Prozessregler *m* <msr> • process controller
Prozessschritt *m* <tech.allg> • process step
Prozessschritt *m* <prod> *(in der Produktion)* • production step; processing step
Prozesssignal *n* <msr> • process signal
Prozesssteuerung *f* <msr> *(betont: Vorgang)* • process controlling
Prozesssteuerung *f* <msr> • process control
Prozesssteuerung mittels Rechner <msr> • computer process control
Prozessstörung *f* <msr> • process disturbance
Prozessstreubreite *f* <qualit> *(Differenz der oberen und unteren natürlichen Prozessgrenze)* • process spread
Prozesstechnik *f* <verf> • process engineering
Prozessüberwachung *f* <msr> • process monitoring; process control
Prozessüberwachungsmethode *f* <verf> • process control method
Prozessunterbrechung *f* <edv> • processing interrupt
Prozessvariable *f* <tech.allg> • operating variable
Prozessvariable *f* <verf> • process variable
Prozessveränderliche *f* <tech.allg> • operating variable
Prozessveränderliche *f* <verf> • process variable
Prozessverwaltung *f* <tech.allg> • process management
Prozesswärme *f* <tech.allg> • process heat
Prozesswasser *n* <verf> • process water
Prozesswasseraufbereitung *f* <verf> • process water preparation
Prozesszustandsgröße *f* <verf> • process state variable
Prozisions-Ortsbestimmungsdienst *m* <navig> • Precise Positioning Service (PPS); GPS/PPS; Precise Positioning System *rare*
PRP <edv> • projection reference point (PRP)
PRP <med> • proline-rich protein (PRP)
PrPG <jur> • product piracy law
Prüfadapter *m* <edv> • test adapter
Prüfader *f* <tele> • test wire; C-wire
Prüfalgorithmus *m* <edv> • check algorithm
Prüfanlage *f* <qualit> • test facility; testing facility; testing plant
Prüfanordnung *f* <qualit> • test set-up
Prüfanschluss *m DINEN1330-8* <qualit.mat> *(Dichtheitsprüfung)* • test port
Prüfanweisung *f* <edv> • test statement
Prüfanweisung *f* <qualit> *(allg.)* • testing instruction; test specification; test instruction
Prüfanweisung *f* <qualit> *(für Sichtprüfung)* • inspection instruction
Prüfaufgabe *f* <qualit> • check problem
Prüfaufgabe *f* <qualit> *(für Sichtprüfung)* • inspection task
Prüfaufkommen *n* <qualit.mat> • test intensity
Prüfausfall *m* <qualit> • in-test failure
Prüfautomat *m* <qualit> • automatic tester
Prüfbarkeit *f* <qualit> • inspectability; capability of being tested; testability
Prüfbecher *m* <msr> • flow cup
Prüfbedingungen *fpl* <edv> • sense conditions
Prüfbedingungen *fpl* <qualit> *(betont: herrschende Bedingungen)* • inspection conditions; testing conditions; test conditions
Prüfbedingungen *fpl* <qualit> *(betont: gestellte Anforderungen)* • test requirements

Prüfbedingungen erfüllen *v* <qualit> • meet the test specifications *v*

Prüfbefehl *m* <edv> • test instruction

Prüfbelastung *f* <qualit> • test load

Prüfbeleg *m* <qualit.doku> • test document

Prüfbericht *m* <qualit> • inspection report; test report; test sheet

Prüfbescheinigung *f* <qualit.doku> • test certificate

Prüfbit *n* <edv> • parity bit; parity check bit; redundancy bit; check bit

Prüfbitfehler *m* <edv> • parity error

Prüfblech *n* <obfl.qualit> • test panel

Prüfbyte *n* <edv> • check byte

Prüfcomputer *m* <qualit> *(in Elektrotechnik und Elektronik)* • diagnostic computer

Prüfdatei *f* <navig> • audit file

Prüfdaten *fpl* <qualit> • inspection data; test data

Prüfdatengenerator *m* <edv> • test data generator

Prüfdauer *f* <obfl> *(bei Korrosionsprüfungen)* • exposure period; test period; duration of test; period of test

Prüfdauer *f* <qualit> • test duration

Prüfdauer *f* <qualit> *(allg.)* • test period; period of test[ing]

Prüfdorn *m* <msr> • test mandrel

Prüfdruck *m* <qualit> *(z. B. bei der Dichtheitsprüfung)* • test pressure

Prüfdruck *m* <rls> *(für Behälter, Rohr)* • test pressure; proof pressure

Prüfechosender *m* <navig> • performance-monitor transmitter

Prüfeinrichtung *f* <qualit> *(Maschine, Gerät)* • test machine

Prüfeinrichtung *f* <qualit> *(betont: notwendige Ausrüstungsgegenstände)* • testing equipment; testing device

Prüfempfänger *m* <navig.av> *(zu Testzwecken)* • test receiver

Prüfen *n* <edv> • testing

prüfen *vt* <tech.allg> *(betont: gründlich, mit den Augen, ohne Werkzeuge)* • examine *vt*

prüfen *vt* <el> *(mit Elektronenstrahl)* • scan *vt*

prüfen *vt* <min> *(Erze auf Metallgehalt)* • assay *vt*

prüfen *vt* <msr> *(sehr gründlich und eingehend)* • probe *vt*

prüfen *vt* <qualit> *(verifizieren, sicherstellen; z. B. dass etwas im gewünschten Zustand is)* • verify *vt*; make sure *vt*

prüfen *vt* <qualit> *(kurze Kontrolle mit oder ohne Hilfmittel)* • check *vt*

prüfen *vt* <qualit> *(meist gründlich; meist mit Hilfsmitteln)* • test *vt*

prüfen *vt* <qualit> *(vor allem mit den Augen)* • inspect *vt*; check *vt*

prüfen *vt* <qualit> *(versuchsweise etwas tun)* • try *vt*; check *vt*

prüfen *vt* <qualit> *(Qualität beurteilen)* • assess *vt*

prüfen *vt* <qualit> *(Buchhaltung)* • audit *vt*

prüfen auf *vt* <qualit> • check for *vt*

Prüfen der Faltfähigkeit *n* <pap> • creasability testing

Prüfen des Berstwiderstandes *n* <pap> • bursting pressure testing

prüfen gemäß Spezifikationen von x *vt* <qualit> • test to x specifications *vt*

Prüfer *m* <jur> • examiner

Prüfer *m* <qualit> • inspector; checker

Prüfergebnis *n* <qualit> • test result

Prüffeld *n* <qualit> • test panel; test board

Prüffeld *n* <qualit> • inspection department; test shop; test department; test laboratory; test lab

Prüffeldinstrument *n* <msr> • precision instrument

Prüffelge *f* <kfz> • measuring rim

Prüffinger *m* <el> *(Berührungsschutz)* • test finger

Prüfflamme *f DIN EN 60695-11* <qualit.mat> • test flame *DINEN 60695-11*

Prüffolge *f* <qualit> • checking sequence; testing sequence

Prüffolie *f* <qualit.mat> • test film

Prüffrequenz *f DIN EN 1330-4* <el> *(z. B. Ultraschallprüfung)* • test frequency

Prüfgas *n* <msr> *(zur Kalibrierung)* • calibration gas

Prüfgas *n* <qualit> *(zu testendes Gas)* • test gas

Prüfgegenstand *m* <qualit> • test item; test object; unit under test; device under test

Prüfgegenstand *m* <qualit> • test item; test object; unit under test *elektr*; UUT *elektr*; device under test *elektr*

Prüfgelände *n* <kfz> *(allg. und betont: Gelände)* • testing ground *US*; proving ground *GB*

Prüfgenauigkeit *f* <qualit.mat> • test accuracy; measuring accuracy; testing accuracy

Prüfgenerator *m* <el> • test generator; signal generator

Prüfgerät *n* <edv> • verification instrument *stand*; verifier *stand*; bar code verifier; bar code verification instrument

Prüfgerät *n* <qualit> • test instrument; testing unit; tester

Prüfgerät für Drehmomentschlüssel *n* <wz.qualit> • torque tester

Prüfgeschwindigkeit *f* <qualit.mat> • testing speed; test speed

Prüfgestell *n* <tele.el> • test board

Prüfgewicht *n* <mil> *(Schießen)* • trigger test weight; test weight

Prüfhäufigkeit *f* <qualit> • test frequency

Prüfhub *m* <qualit.mat> • travel

Prüfindikator *m* <kfz.el> *(Batterie)* • battery condition indicator; battery test indicator; test indicator

Prüfkabel *n* <el> • measuring cable

Prüfkasten *m* <mil> • measuring box

Prüfklemme *f* <el> • test terminal; calibration terminal

Prüfklemmenblock *m* <el> • test terminal box

Prüfknopf für Batterie *m* <phot> • battery check button

Prüfkode *m* <edv> • check code

Prüfkörper *m* <qualit> *(zu prüfender Körper; nur Feststoffe)* • test specimen

Prüfkörper *m* <qualit.mat> *(z. B. Härteprüfung)* • penetrator

Prüfkörper *m* <qualit.mat> *(für Werkstoffprüfung)* • test specimen; test piece *GB*; specimen *pl* -s *pract*

Prüfkörper *m* <qualit.mat> *(z. B. nach Brinell, Rockwell)* • ball penetrator

Prüfkontaktarm *m* <tele> • private wiper

Prüfkonzept *n* <qualit> • test and inspection concept

Prüfkopf *m* <kfz> *(Helmprüfung)* • headform

Prüfkopf *m* <msr> *(z. B. Ultraschall)* • testing head

Prüfkopf *m* <msr> *(Teil eines Sensors)* • sensing head; pick-up; probe

Prüfkosten *fpl* <qualit> • inspection costs; test costs

Prüfkraft *f* <qualit.mat> • test load; test force

Prüfkugel für Härteprüfung *f* <qualit.mat> *(z. B. nach Brinell, Rockwell)* • ball penetrator

Prüflabor *n* <qualit> • testing laboratory; testing lab; test lab

Prüflampe *f* <kfz> • test light *US.coll*; trouble light *US.pract.coll*; test lamp *GB.pract.coll*; circuit tester *form*; circuit tracer *rare*

Prüflast *f* <qualit> • test load

Prüflauf *m* <qualit> • test cycle

Prüflehrdorn *m* <msr> • check plug

Prüflehre *f* <msr> • check gauge; reference gauge; master gauge

Prüfleiter *m* <tele> • third wire

Prüfling *m (rar)* <obfl> *(allg.)* • sample; test specimen *pl* specimens

Prüfling *m* <qualit> • test item; test object; unit under test *elektr*; UUT *elektr*; device under test *elektr*

Prüfling *m* <qualit> *(zu prüfender Körper; nur Feststoffe)* • test specimen

Prüfling *m* <qualit> • test piece; test part

Prüfling *m* <qualit.mat> • test specimen *stand*; test piece *pract*; object under test *rare*

Prüflösung *f* <obfl.qualit> *(z. B. für Salznebelprüfung)* • testing solution

Prüflos *n* <qualit> • inspection lot

Prüflunge *f* <med.tech> • test lung

Prüfmanometer *n* <msr> *(für Druckprüfungen)* • check gauge; reference gauge; master gauge

Prüfmaschine *f* <qualit> • testing machine

Prüfmaß *n* <msr> • check gauge; reference gauge; master gauge

Prüfmerkmal *n* <qualit> • inspection characteristic

Prüfmethode *f* <qualit> • test method

Prüfmittel *n* <chem> *(Nachweismittel; z. B. Fehlings Reagens)* • testing agent

Prüfmittel *n* <qualit> *(Gerät)* • inspection device; test device

Prüfmittel *n* <qualit> *(zu prüfendes Medium; fest, flüssig oder gasförmig)* • test medium

Prüfmittelfähigkeitsuntersuchung *f* <qualit.mat> • gauge capability study (GCS)

Prüfmittelreproduzierbarkeit *f* <qualit.mat> • appraiser variation (AV)

Prüfmittelwiederholgenauigkeit *f DIN ISO 5725-1* <msr.qualit> • repeatability *ISO 5725-1*; equipment variation (EV)

Prüfmuster *n* <edv.av> *(Resultat)* • test pattern

Prüfmuster *n* <qualit> *(Probe)* • test sample

Prüfnachweis *m* <qualit> • inspection verification; test verification

Prüfnorm *f* <qualit.norm> • test standard

Prüfnormal *n* <qualit> *(allg.)* • reference standard

Prüfnormal *n* <qualit> *(Ultraschallprüfung)* • test block

Prüfnormalien *fpl* <msr> • standard rules

Prüfobjekt *n* <qualit> • test item; test object; unit under test; device under test

Prüfobjekt *n* <qualit> • test item; test object; unit under test *elektr*; UUT *elektr*; device under test *elektr*

Prüfort *m* <qualit> • test site

Prüfpapier *n* <chem> • reaction paper *US*; test paper; indicator paper

Prüfplanung *f* <qualit> • inspection planning; test planning

Prüfplatz *m* <qualit> • test station

Prüfprogramm *n* <edv> • test program; test routine; check program; check routine

Prüfprogramm *n* <qualit> *(für Geräte, Fahrzeuge, Maschinen, Software)* • check program

Prüfprogramm *n* <qualit> *(allg., festgelegter Ablauf einer Prüfung)* • test schedule

Prüfprotokoll *n* <qualit> • inspection record; test record; test sheet; test report

Prüfprotokoll *n* <qualit> • inspection report; test report; test sheet

Prüfpunkt *m* <edv> *(Programm)* • test point; check point

Prüfpunkt *m* <msr> *(z. B. am Werkstück)* • check point; monitoring point

Prüfradius *m* <msr> • gauging radius

Prüfraum *m* <qualit.mat> *(alle Prüfarten)* • test room; test space; working space; test area

Prüfraum *m* <qualit.mat> *(Zugversuchlabor)* • test room; test space

Prüfraum zur Messung von Verdunstungsverlusten *m* <kfz.emiss> • sealed housing for evaporative determination (SHED)

Prüfreaktor *m* <qualit.mat> • materials testing reactor; testing reactor

Prüfregister *n* <edv> • check register

Prüfschalter *m* <el> *(allg.)* • testing switch

Prüfschalter *m* <msr> *(Fühler)* • feeler switch

Prüfschaltung *f* <el> • test circuit; check circuit

Prüfschnur *f* <tele> • test cord; patch cord

Prüfschrank *m* <tele> • test board

Prüfschritt *m* <qualit> • test step

Prüfschritte *mpl* <qualit> *(betont: Vorgehensweise)* • testing procedure

Prüfsender *m* <tele> • test generator; signal generator

Prüfsieb *n* <qualit.verf> • test sieve

Prüfsignal *n* <qualit.el> • test signal

Prüfsignal für Schwarz *n* <av> *(Fernsehen)* • nominal black signal; artificial black signal

Prüfsignal für Weiß *n* <av> *(Fernsehen)* • nominal white signal; artificial white signal

Prüfsignalgeber *m* <el> • test-signal generator

Prüfsignal mit kleiner Amplitude *n* <msr> • low-level test signal

Prüfsonde *f* <msr> • test probe

Prüfspannung *f* <el> *(allg.)* • test voltage; testing potential

Prüfspannung *f* <el> *(zum Testen von Isoliermaterial)* • dielectric test voltage

Prüfspannung *f* <mech> • proof stress

Prüfspezifikation *f* <qualit> • test specification

Prüfspiegel *m* <kfz.wz> • inspection mirror

Prüfspitze *f* <el> • test prod; prod

Prüfspitze *f* <msr> • test probe

Prüfspitzenbuchse *f* <tele> • tip jack

Prüfspule *f* <el> • test coil; search coil; exploring coil

Prüfspur *f* <edv> • check track

Prüfstand *m prakt.* <kfz> • dynamometer

Prüfstand *m* <qualit> *(z. B. Motor, Pumpe)* • check room; test room

Prüfstand *m* <qualit> *(Technik allg)* • test stand; test rig; test bench

Prüfstandmodell *n* <kfz.mot> *(z. B. eines Verbrennungsmotors)* • rig model

Prüfstation *f* <qualit> • test station

Prüfstelle *f* <qualit> *(am Prüfkörper)* • test point

Prüfstelle *f* <qualit> *(Ort der Prüfung; z. B. Labor)* • test site

Prüfstöpsel *m* <tele> • test plug

Prüfstromkreis *m* <el> • test circuit

Prüfstück *n* <qualit> • test piece; test part

Prüfstück *n rar* <qualit> *(zu prüfender Körper; nur Feststoffe)* • test specimen

Prüfsumme *f* <tech.allg> *(allg.; z. B. die Quersumme)* • check sum

Prüfsumme *f* <math> *(über alles; keine Quersumme)* • proof total

Prüfsystem *n* <qualit> • test system

Prüftaste *f* <qualit> *(irgendein Knopf zum Drücken)* • test button

Prüftaste *f* <qualit> *(in Tastatur oder Tastenfeld)* • test key

Prüftechnik *f* <qualit> *(Disziplin)* • test engineering

Prüftechnik *f* <qualit> *(Verfahren)* • inspection technique

Prüftisch *m* <qualit.mat> • test bench

Prüfumfang *m* <qualit> • scope of inspection

Prüfung *f* <qualit> *(von Zuständen; Sachverhalt, Wissen; gründlich)* • examination

Prüfung *f* <qualit> *(eher gründlich, meist mit Hilfsmitteln)* • test

Prüfung *f* <qualit> *(betont: durch Abtasten; z. B. mit den Augen oder elektronisch)* • scanning

Prüfung *f* <qualit> *(versuchsweise, praktisch)* • trial

Prüfung *f* <qualit> *(auf chem. Zusammensetzung, Gewicht u.ä.; Vorgang)* • assay

Prüfung f <qualit> *(Qualitätsbeurteilung)* • assessment
Prüfung f <qualit> *(betont: Verifizierung einer Erwartung)* • verification
Prüfung f DIN 1319-1 <qualit.msr> *(Konformitätsbewertung durch Beobachten oder Beurteilen)* • inspection
Prüfung am Einsatzort f <qualit> • in-situ test[ing]
Prüfung an Ort und Stelle f <qualit> • in-situ test[ing]
Prüfung auf Abdruckfestigkeit f DIN EN ISO 3678 <obfl.qualit> • print-free test *ISO 3678*
Prüfung auf Durchgang f <msr.el> *(typ. mit Ohmmeter)* • continuity test; continuity testing; circuit continuity test *rare*
Prüfung auf gerade Parität f <msr> • even-parity check
Prüfung auf In-vitro-Zytotoxizität f DIN EN ISO 1099 <med.tech> • test for in-vitro cytotoxicity
Prüfung auf Maßhaltigkeit f <qualit> • dimensional inspection; dimensional check
Prüfung auf ungerade Parität f <msr> • odd-parity check
Prüfung auf Windungsschluss f <msr.el> • short-circuited turns test
Prüfung bei ruhender Belastung f <qualit> • static test
Prüfung der Durchdringungsfestigkeit des Visiers f <qualit> *(z. B. Motorradhelm)* • face shield penetration test
Prüfung des Sichtfeldes f <qualit> *(z. B. von Motorradhelm)* • peripheral vision test
Prüfungen zur Beurteilung der Brandgefahr fpl DINEN 60695-11 <qualit.mat> • fire hazard testing *DIN EN 60695-11*
Prüfung führender Nullen f <edv> • left-zero verification
Prüfung leerlaufender Kabel f <el> • no-load cable test
Prüfung mit der Nadelflamme f <qualit.kst> • needle-flame test
Prüfungsantrag m <jur> • request for examination
Prüfungsbescheid m <jur> • examination report
Prüfung unter Einsatzbedingungen f <qualit> • field testing; field trial; field test
Prüfunterprogramm n <edv> • checking subroutine
Prüfverfahren n <qualit> • test method; testing procedure
Prüfverfahren mit 50-W-Prüfflamme horizontal und vertikal n DIN EN 60695-11 <qualit.mat> • 50 W horizontal and vertical flame test method *DIN EN 60695-11*
Prüfverfahren mit einer 500-W-Prüfflamme n <qualit.mat> • 500 W flame test method
Prüfvorrichtung f <qualit> • test jig; test fixture
Prüfvorschrift f <qualit> • test specification
Prüfwähler m <qualit> • test selector; test final selector
Prüfweg m <qualit.mat> • travel
Prüfwerkstatt f <qualit> • test shop
Prüfwinkel m <msr> *(m. rechtem Winkel)* • master square
Prüfwinkel m <msr> *(Lehre, beliebiger Winkel)* • gauge angle
Prüfzeichen n (PZ) DIN 6763 <edv> • check character; check digit *rare*; check signal *rare*
Prüfzeichenalgorithmus m <edv> • check character algorithm
Prüfzeichenberechnung f <edv> • check character calculation
Prüfzeichengenerierung f <edv> • check character calculation
Prüfzeichenrechnung f <edv> • check character calculation
Prüfzeilengenerator m <av> • insertion signal generator
Prüfzeilensignal n <av> • insertion signal
Prüfzelle f <el> *(Batterie)* • pilot cell
Prüfzelle f <el> *(Durchschlagsprüfung)* • test cell
Prüfzertifikat n <qualit.doku> • test certificate
Prüfziffer f <edv> • check digit (CD)

Prüfzwischensockel m <el> • test adapter
Prüfzyklus m <qualit> • test cycle
PRVC <med.tech> • pressure regulated volume control (PRVC) *Siemens*
PR-Zahl f <prod> • ply-rating (PR)
PS <chem> • polystyrene (PS)
PS <kfz.av> • program service (PS)
PS <phys> *(veraltete Einheit der Leistung)* • horsepower (hp); ponies *US.coll*
p-Schicht f <el> • p-type layer
PS-Code m <kfz.av> • PS code
PSE <chem> • periodic system; periodic table
Pseudoabschnitt m <edv> *(Programm)* • dummy section
Pseudoadiabate f <therm> • pseudoadiabat; moist adiabat
Pseudoadresse f <edv> • pseudoaddress; symbolic address; floating address
Pseudo-Alpha n <edv> • pseudo alpha
Pseudoanweisung f <edv> • dummy statement
pseudoastatischer Regler m <msr> • pseudoastatic governor
Pseudobefehl m <edv> • pseudoinstruction; dummy instruction; quasi-instruction
pseudobinär <math> • pseudobinary
Pseudocode m <edv> • pseudocode; abstract code
Pseudo-Coloring n <edv> • pseudo-coloring; false-coloring
Pseudodatei f <edv> • dummy data set
Pseudodezimale f <edv> • pseudodecimal digit
pseudo-digitales Signal n <msr> • frequency output signal
Pseudoeffekt m <tech.allg> • pseudoeffect
Pseudo-Entfernung f <navig> • pseudorange; pseudo-range
Pseudo-Frame m <edv> • pseudo frame
Pseudokode m obs <edv> • pseudocode; abstract code
pseudokristallin <mat> • pseudocrystalline
Pseudolegierung f <mat> • pseudoalloy
Pseudo-Lite m <navig> • pseudolite; pseudo-satellite
Pseudomorph m <mat> *(liegt in anderer als normaler Kristallstruktur vor)* • pseudomorphous crystal
pseudomorpher Kristall m <mat> *(liegt in anderer als normaler Kristallstruktur vor)* • pseudomorphous crystal
Pseudomorphose f <min> • pseudomorphosis
Pseudonitrieren n <metall> • blank nitriding
Pseudoprogrammabschnitt m <edv> • dummy control section
Pseudo Random Noise n (PRN) <navig> • pseudorandom noise (PRN); pseudo-random noise; pseudo random noise
Pseudo Random Noise Code m <navig> • pseudorandom-noise code; pseudorandom code; pseudo-random-noise-code; pseudo-random code; PRN code
Pseudo Range f <navig> • pseudorange; pseudo-range
Pseudo-Satellit m <navig> • pseudolite; pseudo-satellite
Pseudosatz m <edv> • dummy record
Pseudoskalar m <math> • pseudoscalar
Pseudosolarisation f <phot> *(Verfremdungstechnik)* • Sabattier effect; pseudo-solarization; solarization
Pseudosolarisation f <phot> *(Ergebnis der Verfremdungstechnik)* • solarized print
Pseudostörung f <geo> • pseudofault
Pseudostrecke f <navig> • pseudorange; pseudo-range
Pseudostreuergebnis n <edv> • pseudorandom result
Pseudosymmetrie f <mat> *(Kristall)* • pseudosymmetry
Pseudotensor m <math> • pseudotensor
Pseudovektor m <math> • pseudovector
Pseudo-Zufallscode m <navig> • pseudorandom-noise code; pseudorandom code; pseudo-random-noise-code; pseudo-random code; PRN code

psi <phys> • p.s.i.; pound per square inch
PSI-Funktion f <math> • psi function
PSI-Steuerung f <msr> • point-to-point and straightline control
PSK <kfz> (Lamellenkupplung) • Porsche electronically controlled multi-plate clutch
PSK <tele> • phase shift keying (PSK); phase-shift keying
Psophometer n <akust> • psophometer
psophometrische Leistung f <akust> • psophometric power
psophometrische Spannung f <akust> • psophometric voltage
Psora f <med> • psora
PS-Schraube f ugs <mot> (Ladedruckregelventil) • horse-power screw
Ps-Sockel m <licht> • Ps-cap
PS-Taste f <kfz.av> • preset scan button
PSV <obfl> (elektrostatisch) • powder slurry process (PSP)
P-SWNT <mat> • polymerized single wall carbon nanotube (P-SWNT)
Psychoakustikprozessor m <edv.av> • psychoacoustic processor; psychoacoustic analyzer
psychologische Blendung f <kfz.el> • discomfort glare
Psychotherapie f <med> • psychotherapy
Psychrometer n <meteo> • psychrometer; wet and dry bulb hygrometer
psychrophiler Temperaturbereich m <verf> • psychrophilic temperature range
Pt <chem> • platinum (Pt); platinum metallicum
PTC-Halbleiterelement n <el> • PTC semiconductor device
PTC-Widerstand m <el> • positive temperature coefficient resistor; PTC resistor; posistor
PTFE <kst> • polytetrafluoroethylene (PTFE); Teflon ®.pract
PTFE-beschichtetes Kapton n (KT) <kst> (Isolierungsmaterial) • PTFE-coated Kapton (KT)
PTFE-Dichtung f <verf> • PTFE gasket
PTFE-Faser f <textil> • polytetrafluoroethylene fiber; PTFE fiber
PTFE-Prothese f <med.tech> (alloplastische Gefäßprothese) • teflon graft; PTFE-prosthesis; PTFE-graft
PTF-SAE <rls> (kurz) • dryseal SAE short taper pipe thread; PTF-SAE-SHORT; PTF-SHORT
PTF-SPL <rls> (kurz) • dryseal special short taper pipe thread (PTF-SPL) B1.20.3
PTF-SPL <rls> (extra kurz) • dryseal special extra short taper pipe thread ANSI B1.20.3; PTF-SPL EXTRA SHORT
PTP-Steuerung f <autom> • point-to-point control; point-to-point positioning control; position control; PTP control; positioning NC
Pt/SWE <el> • platinum/standard hydrogen electrode (Pt/SHE)
PTY <kfz.av> • program type (PTY)
PTY-Code m <av> • PTY code
Pu <chem> • plutonium (Pu)
Public-Domain-Datei f <edv> • public-domain file
Public-Domain-Software f <edv> • public-domain software
Public Relations f <werb> • public relations (PR)
Publikumszeitschrift f <werb> • magazine; periodical
publizieren vt <druck> (Buch) • publish vt
Puck m ugs <edv> (für Grafiktablett) • cursor puck; crosshair cursor; cursor with crosshairs; digitizing cursor; tablet cursor
Pudding m <nahr> • pudding
Pudelwalze f <led> (Sohllederwalzen) • rolling jack
Puder m <mat> (feines pulverförmiges Material) • powder

Puderauftrag m <obfl> (Beschichten von Gusseisenwerkstücken mit Puderemail) • powder application
Puderauftrag m <obfl> (Aufgetragene Puderemailschicht) • powder coating
Puderdruckbestäuber m <druck> • spray; powder spray unit; powder spray; powder spray device; powder spray system
Puderemail n <obfl.silik> • porcelain enamel powder US; dry powder porcelain/vitreous enamel US/GB; vitreous enamel powder GB; powdered enamel; powdered frit
Puderemaillieren n <obfl> • hot enamelling; dry enamelling
Pudern n <druck> • powder application
pudern vi <kst> • chalk vi
pudern vt <hygi> (z. B. die Nase) • powder vt
pudern vt <obfl> • dust vt
pudern vt rar <obfl> (mit Pulver bedecken) • powder vt
Pudersieb n <obfl> (Emaillieren) • vibration screen; vibrating screen; dredge
Puderverfahren n <obfl> (von Email) • dry application process; dry application method; powder application
PU-Dosen-Recycling n (PUR) <ents> (Montageschaumdosen) • PU-foam can recycling
PUESTA <obfl> • electrostatic powder application; dry electrostatic application; powder application
Pütz f <nav> (kleiner Eimer) • bailer
Puffer m <tech.allg> (allg. Zwischenlager, -speicher; für Material, Daten) • buffer
Puffer m <tech.allg> (allg.; Anschlag- oder Schwingsdämpfung; mit Gummi, Feder o.ä.) • snubber; buffer rare
Puffer m <bahn> (z. B. an Waggon) • buffer
Puffer m <chem> (z. B. Phosphatpuffer zur pH-Stabilisierung) • buffering agent; buffer pract; buffer substance
Puffer m <edv> (zur vorübergehenden Speicherung von Daten) • buffer; buffer memory; data buffer
Puffer m <mech> (kissenartiges Dämpfungselement, Polster) • cushion
Puffer m <mech> (polsternde Unter- oder Zwischenlage) • pad
Puffer m <mil> (an Waffe; für Rückschlag) • buffer; recoil buffer
Puffer-an-Puffer-Fahren n <bahn> • buffer-to-buffer operation
Pufferbatterie f <el> • buffer battery
Pufferbehälter m <prod.autom> (z. B. Gitterpallette) • buffer pallet
Pufferbehälter m <prod.nahr> • balance tank; surge tank; buffer tank
Pufferbetrieb m <el> • buffer-battery system
Puffer bilden vi <logist> • bank vi
Pufferbildung f <logist> • banking
Pufferbohle f • buffer beam
Pufferdrossel f <el> • isolating choke
Pufferfeder f <masch> • buffer spring
Pufferfeld n DIN 66010 <edv> (zur Abgrenzung einzelner Sektoren; z. B. e. Festplatte) • gap
Puffergehäuse n <bahn> • buffer box; buffer guide
Pufferkapazität f <chem> (Fähigkeit, Schwankungen im pH-Wert auszugleichen) • buffering capacity; buffer capacity; buffering
Pufferkegel m <kfz> • damping cone
Pufferkomplex m <logist> • buffer pool
Pufferkreis m <el> • buffer circuit
Pufferladegerät n <el> • battery booster
Pufferladung f <el> (Batterie) • trickle charge; compensating charge
Pufferlager n <logist> • buffer store
Pufferlager n <logist> (Fertigungsstraße) • buffer station; buffer stock; bank

Puffer lesen *vi* <edv> • read buffer *vi*
Pufferlösung *f* <chem> • buffer solution
puffern *vt* <tech.allg> *(Stoß, Aufschlag; Effekt)* • buffer *vt*; buff *vt*; cushion *vt*
Pufferprofil *n* <kfz> *(Gummidichtprofil)* • chassis sponge
Pufferregister *n* <edv> • buffer register
Pufferschaltung *f* <el> • buffer circuit
Pufferspeicher *m* <edv> • buffer memory; intermediate memory; temporary memory; scratch-pad memory *coll.rare*
Puffer-Speicher *m* <edv> *(zur vorübergehenden Speicherung von Daten)* • buffer; buffer memory; data buffer
Pufferspeicher *m* <hlk> *(von Warmwasserheizungsanlagen)* • storage tank
Pufferspeicher *m* <logist> *(für Teile etc.)* • buffer store
Pufferspeicher *m* <verf> *(für Gas; z. B. in Biogasanlage)* • buffer gas-holder
Pufferspeicherung *f* <edv> • buffer storage
Pufferspeicherverwaltung *f* <edv> • buffer management
Pufferstange *f* <bahn> • buffer rod
Puffersteuerung *f* <el> • buffer control
Pufferstoß *m* <bahn> • buffing load
Pufferstufe *f* <el> • buffer stage; buffer
Puffersubstanz *f* <chem> • buffer reagent; buffer substance
Puffersystem *n* <verf> *(z. B. für Biogas)* • buffer system
Puffertank *m* <tech.allg> • buffer tank
Puffertank *m* <prod.nahr> • balance tank; surge tank; buffer tank
Puffertank *m* <verf> *(regenerative Rauchgasentschwefelung)* • liquor buffer tank
Pufferteller *m* <bahn> • buffer disk *US*; buffer head; buffer disc *GB*
Pufferung *f* <tech.allg> *(Abfederung)* • cushioning
Pufferung *f* <edv> *(Zwischenspeicherung)* • buffering
Pufferungsvermögen *n* <verf> • buffering capacity
Puffervermögen des Bodens *n* <ents> • buffer ability of the soil
Pufferwirkung *f* <tech.allg> *(Vorgang)* • buffer action
Pufferwirkung *f* <verf> *(Fähigkeit)* • buffering quality
PU-Gurt *m* <förd> *(z. B. von Aufzugantrieb)* • PU belt
PU-Hartschaum *m* prakt <bau.mat> • polyurethane foam; PU foam; rigid polyurethane foam; rigid PU foam
PU-Lack *m* <obfl> • polyurethane coating; polyurethane paint; polyurethane finish
Pull-Apart-Becken *n* <geo> • pull-apart basin
Pull-Apart-Becken *n* <geo> • pull-apart basin
Pull-Down-Menü *n* <edv> • pull-down menu
Pulldown-Menü *n* <edv> • pulldown menu
pullen *vi* <nav> • pull *vi*
Pullman-Limousine *f* <kfz> • limousine *US*; limo *pract.coll*
Pullmanwagen *m* <bahn> • Pullman car
Pullover *m* <textil> • pullover; jumper
Pulltest *m* <el.ic.prod> *(Bondverbindung)* • pull test; bond pull test
Pulltester *m* <el.ic.prod> • pull tester
Pull-up-Widerstand *m* <edv> *(z. B. in Festplattenlaufwerk)* • resistor termination pack
Pulmonalklappenersatz *m* <med> • pulmonic valve substitute; pulmonary valve substitute
Pulpe *f* <nahr> • pulp; fruit pulp
Pulpe *f* <pap> *(Zellulose und Wasser)* • paper pulp; stock
Pulpebehälter *m* <pap> • stock reservoir
Pulper *m* <pap> • pulper; slusher
Pulperableerbütte *f* <pap> • pulper dump chest
Pulperentleerung *f* <pap.ents> • pulper detrashing
Pulperentsorgung *f* <pap.ents> • pulper detrashing
Pulpeschlämme *f* <pap> • pulp slurry

Pulpe-Suspensionsbehälter *m* <pap> • stock suspension container
Pulpete *f* prakt <mus> *(Orgel; Dichtung zw. Windkasten und Ventilabzugsdraht)* • leather gland; purse *pract*
Pulptemperatur *f* <bio> • pulp temperature
Puls *m* <bio> *(Pulsschlag in den Arterien)* • pulse
Puls *m* <el> • impulse train; pulse; sequence of impulses
Pulsair-Prinzip *n* <kfz.emiss> *(Sekundärluftsystem)* • pulse air principle
Pulsair-System *n* <kfz.emiss> *(selbstansaugend, ohne Luftpumpe)* • air induction system; pulse air system *pract*; pulsair injection reaction system
Pulsair-Ventil *n* <kfz.emiss> • aspirator valve; pulsair valve
Pulsamplitude *f* <el.chem> • pulse amplitude
Pulsamplitudenmodulation *f* <av/tele> • pulse-amplitude modulation (PAM)
Pulsapplikation *f* <el.chem> • pulse application; application of a pulse
Pulsar *m* <astron> • pulsar
Pulsatilla nigricans <bio> *(Pflanze)* • wind flower; pulsatilla nigricans
Pulsation *f* <verf> • pulsation
Pulsationen *pl* <förd> • pulsations *pl*
Pulsationsdämpfer *m* <förd> • pulsation damper; pulsation dampener
pulsationsfrei <tech.allg> • pulsation-free
pulsationsfreier Luftstrom *m* <tech.allg> • pulsion-free air flow
Pulsationskolonne *f* <chem> • pulse column
Pulsationsschweißen *n* <füg> • pulsation welding
Pulsator *m* <tech.allg> *(z. B. Melkmaschine)* • pulsator
Pulsator *m* <qualit.mat> *(für dynamische Festigkeitsprüfung)* • high-frequency pulsator
Pulsatorsetzmaschine *f* <verf> *(Aufbereitung)* • pulsator jig; pulsator
Pulsausgleicher *m* <pneum> *(Druckluftreserve; z. B. der Drucklufttank eines Kompressors)* • air buffer; air damper *rare*
Pulsbreite *f* <el> • pulse width
pulsbreitengeregelter Wechselrichter *m* <el> • pulse width modulated inverter
pulsbreitengesteuerter Wechselrichter *m* <el> • pulse width modulated inverter
Pulsbreitenmodulation *f* (PBM) <el> • pulse-width modulation (PWM)
pulsbreitenmodulierter Code *m* <edv> • pulse width modulated code; PWM code
pulsbreitenmodulierter Wechselrichter *m* <el> • pulse width modulated inverter
Puls Code *m* <msr> • pulse code
Pulscodefernübertragung *f* <msr> • pulse-code telemetering
Pulscodemodulation *f* (PCM) <edv.av> • pulse code modulation (PCM)
Pulscodemodulation *f* <el> • pulse-code modulation (PCM)
Pulsdauer *f* <tech.allg> • pulse duration; pulse time; pulse length; pulse width
Pulsdauer *f* <nukl> • pulse length; pulse cycle
Pulsdauermodulation *f* <el> • pulse-duration modulation (PDM); pulse-length modulation
Pulse Code Modulation *f* (PCM) <edv.av> • Pulse Code Modulation (PCM)
Pulse-Jet-Filter *m* <verf> • pulse-jet fabric filter (PJFF); pulse-jet baghouse; reverse-jet filter; reverse pulse baghouse; pulse jet filter
Pulsekodemodulation *f* <edv.av> • Pulse Code Modulation (PCM)

pulsen vt <el> (z. B. Strom, Wellen) • pulse vt; chop vt

Pulse-Polarogramm n <el.chem> • normal pulse polarogram; pulse polarogram

Pulse-Polarographie f <el.chem> • normal pulse polarography; npp; pulse polarography

Pulsepolarographie f <el.chem> • normal pulse polarography; npp; pulse polarography

Pulse-Position-Modulation f (PPM) <edv> • pulse-position modulation (PPM)

Pulser m prakt <qualit.mat> (für dynamische Festigkeitsprüfung) • high-frequency pulsator

Pulse-Width-Modulation f (PWM) <edv> • pulse-width modulation (PWM)

Pulsfrequenzmodulation f <el> • pulse-frequency modulation (PFM)

Pulsieren n <brems> (des Bremspedals) • pulsating effect

Pulsieren n <kunst> • pulsing

pulsierend <tech.allg> • intermittent

pulsierend <tech.allg> • pulsating; pulsing

pulsierende Bewegung f <mech> • pulsating movement; pulsation

pulsierende Leistung f <tech.allg> • fluctuating power

pulsierende Lichtquelle f <edv> (in Lesestiften) • pulsed light source

pulsierende Radioquelle f <astron> • pulsar

pulsierender Luftstrom m <kunst> • pulsing air flow

pulsierender Strom m <el> • pulsating current; pulsed current

pulsierender Tintenstrahl m <edv> • drop-on-demand jet

pulsierendes Magnetfeld n <phys> • pulsating magnetic field

pulsierende Spannung f <el> • pulsating voltage

pulsierende Spülluft f <verf> • pulsating air

pulsierende Strömung f <phys> • pulsating flow

Pulsinstabilität f <phys> • pulse jitter

Pulskolonne f <verf> • pulsed column

Pulskompression f <tele> • pulse compression

Pulskonverter m <mot> (glättet den pulsierenden Abgasstrom) • pulse converter ISO 7967-4

Pulslängenkode m <el> • pulse-length code

Pulslängenmodulation f <el> • pulse-length modulation (PLM)

Pulslagemodulation f <tele> • pulse-position modulation (PPM)

Pulsmodulation f <phys> • pulse modulation (PM)

pulsmoduliert <el> • pulse-modulated

Pulsometer n <masch> • pulsometer steam pump; pulsometer pump

Pulsostrahltriebwerk n <aerospace> • pulse-jet engine; impulse-duct engine; intermittent-jet engine

Pulsoxymeter n <med.tech> • pulse oximeter

Pulsphasenmodulation f <tele> • pulse-position modulation (PPM)

Pulspolarogramm n <el.chem> • normal pulse polarogram; pulse polarogram

Pulspolarograph m <el.chem> • pulse polarograph

Pulspolarographie f <el.chem> • normal pulse polarography; npp; pulse polarography

pulspolarographisch <el.chem> • pulse polarographic

Pulsreaktor m <nukl> • pulsed reactor

Pulsschwingung f <av> (Wellenform eines Oszillators, die Grund- und Obertöne enthält) • pulse wave

Pulssteigungsmodulation f <el> • pulse slope modulation (PSM)

Pulsübertragungsprinzip n <phys> • pulse mode transfer principle

Pulsvoltammetrie f <el.chem> • normal pulse voltammetry

pulsvoltammetrisch <el.chem> • pulse voltammetric

Pulsweitenmodulation f rar <el> • pulse-width modulation (PWM)

pulsweitenmodulierter Wechselrichter m <el> • pulse width modulated inverter

Pulswelle f <av> (Wellenform eines Oszillators, die Grund- und Obertöne enthält) • pulse wave

Pulszählcode m <edv> • unit-counting code

Pulszähler m rar <alarm> (Schaltung zur Vermeidung von Falschalarm) • accumulating circuit; pulse counting accumulator; accumulator circuit; pulse count pract

Pulszähler m rar <msr> (allg.) • pulse counter

Pulszahlmodulation f <el> • pulse-code modulation (PCM)

Pulszeitmodulation f <el> • pulse-time modulation (PTM)

Pulszyklus m <nukl> • pulse length; pulse cycle

Pultdach n <bau> • lean-to roof; monopitch roof; pitch roof; shed roof

Pultform f <bau> (Straßenablauf) • desk type

Pultsteuerung f <msr> • desk control

Pulver n <tech.allg> (jedes Material; fein oder grob) • powder

Pulver n <agri> (eher grobkörnig, essbar; z. B. von Getreide, Saatgut, Nüssen) • meal

Pulveraufkohlen n <verf> • powder carburizing; solid carburizing

Pulverauftrag m <obfl> • electrostatic powder application; dry electrostatic application; powder application

Pulverbeschichten n <obfl> • powder coating

Pulverbeschichtung f <obfl> (Schicht) • powdered coating; powder coating

Pulverbeugungsverfahren n <mat> (Röntgen) • Debye-Scherrer method

Pulverbrennschneiden n <prod> • powder flame cutting; powder cutting

Pulverdecke f <füg> (UP-Schweißen) • flux blanket

Pulverdiagramm n <mat> • powder pattern

Pulverdichte f <tech.allg> • powder density

Pulverelektrostatik f (PUESTA) <obfl> • electrostatic powder application; dry electrostatic application; powder application

Pulveremail n <obfl.silik> • porcelain enamel powder US; dry powder porcelain/vitreous enamel US/GB; vitreous enamel powder GB; powdered enamel; powdered frit

pulverförmig <tech.allg> • powdery; pulverulent

pulverförmige Bestandteile f <nahr> • powdered ingredients

pulverförmiger Klebstoff m <füg> • powder adhesive; adhesive powder

pulverförmiger Sprengstoff m <spreng> • powder explosive

pulverförmiges Flussmittel n <füg> (z. B. Löten) • powder flux

pulverförmige Spachtelmasse f <bau.innen> • powder-type compound

Pulverisieren n <tech.allg> (allg.; z. B. durch Mahlen, Reiben, Zerdrücken) • pulverization; comminution; trituration; powderization; levigation

pulverisieren vt <verf> (fein; z. B. durch Reiben, Zerreiben, Brechen, Mahlen) • pulverize vt; powder vt; triturate vt; comminute vt; levigate vt

Pulverisiermühle f <verf> • pulverizing mill

pulverisiert <tech.allg> • powdered

pulverisierter Klebstoff m <füg> • powder adhesive; adhesive powder

Pulverisierung f <tech.allg> (allg.; z. B. durch Mahlen, Reiben, Zerdrücken) • pulverization; comminution; trituration; powderization; levigation

Pulverkern m <tech.allg> • powder core; dust core

Pulverklarlack *m* <obfl> • powder clear paint

Pulverkonzentrat *n* <phot> • powder concentrate

Pulverlack *m* <obfl> *(Material)* • powder paint; powdered enamel

Pulverlackbeschichten *n* <obfl> • powder coating

Pulverlackierung *f* <obfl> *(Ergebnis)* • powder paint coat; powder coat paint

Pulvermetall *n* <metall> • powder metal; powdered metal

Pulvermetallpresse *f* <metall> • powder metal press

Pulvermetallurgie *f DIN 30900* <metall> • particle metallurgy *DIN ISO 3252*; powder metallurgy *DIN ISO 3252*; metal ceramics

pulvermetallurgisches Verfahren *n* <metall> • powdermetallurgical process

Pulvermethode *f* <mat> • powder method

Pulvermethode *f ugs* <phys> • Debye-Scherrer method; powder method *coll*

Pulver-Plasma-Lichtbogenschweißen *n* <füg> • powder plasma arc welding

Pulverpresse *f* <metall> • powder metal press; powder press

Pulverpresskörper *m* <metall> • powder metal compact

Pulverpressling *m* <metall> *(Sintermetallurgie)* • compressed powder charge

Pulverrückgewinnungsanlage *f* <obfl> • powder recovery system

Pulverrückstände *pl* <mil> • fouling; powder fouling; deposits

Pulversatz *m* <metall> • powder composition

Pulverschlammverfahren *n* <obfl> *(elektrostatisch)* • powder slurry process (PSP)

Pulverschmieden *n* <prod> • powder forging

Pulver-Slurry-Verfahren *n* (PSV) <obfl> *(elektrostatisch)* • powder slurry process (PSP)

Pulverspritzen *n* <obfl> • powder spraying

Pulverspritzpistole *f* <obfl> • powder spray gun

Pulververdichtung *f* <metall> *(z. B. Pulvermetallurgie)* • powder compacting

Pulververdichtung *f* <verf> *(z. B. vor dem Sintern)* • powder compression

Pulververfahren *n* <obfl> *(von Email)* • dry application process; dry application method; powder application

Pulververstärker *m* <verf> • powder booster

Pulververstäuber *m* <agri> • dusting machine

Pulverwalzen *n* <prod> • powder rolling; direct rolling

Pulverwolle *f* <spreng> *(unlöslich in Ether)* • gun-cotton; nitrocotton *rare*

Pulverzuführung *f* <agri> *(Saatgutbeizung)* • powdering device

Pulverzuführungseinrichtung *f* <füg> *(Schweißen)* • flux feed mechanism

Pulverzuführungseinrichtung *f* <verf> • powder feeding device

Pulverzufuhr *f* • powder addition; powder feeding; powder feed

Pulverzufuhr *f* <füg> *(Schweißen)* • flux supply

Pulverzufuhreinrichtung *f* <verf> • powder addition device; powder feeding device

pulvrige Pressmasse *f* <mat> • molding powder

Pumpanlage *f* <masch> • pumping plant

Pumpanschluss *m* <rls> • exhaust port

Pumparbeit *f* <energ.hydr> • pumping energy

Pumpball *m* <msr> • aspirator bulb

Pumpbeton *m* <bau.mat> • pumped concrete; pumpcrete

Pumpbetrieb *m* <energ.hydr> • pumping

Pump-Bockbüchse *f* <mil> • pump over-under rifle

Pumpdiode *f* <el> • pump diode

Pumpe *f* <tech.allg> *(allg.)* • pump

Pumpe *f* <masch> • liquid pump; hydraulic pump; fluid pump; pump

Pumpe-Düse *f* <kfz.mot> • unit injector (UI); pump-nozzle unit; pump injector

Pumpe-Düse-Dieseldirekteinspritzmotor *m* <kfz.mot> • pump-jet diesel direct injection system; pump-jet direct-injection diesel system; pump-jet direct injection system; high-pressure unit-injector system

Pumpe-Düse-Einheit *f* (PDE) <kfz.mot> • unit injector (UI); pump-nozzle unit; pump injector

Pumpe-Düse-Einspritzung *f* <kfz> • pump jet injection system *VW*; pump jet injection

Pumpe-Düse-System *n* (PD) <kfz.mot> • unit injector injection system

Pumpe für heiße Medien *f* <masch> • hot-charge pump

Pumpe mit axialem Einlauf *f* <förd> • end-suction pump

Pumpe mit axialem Eintritt *f stand* <förd> • end-suction pump

Pumpe mit einfacher Spirale *f* <masch> *(zur Abgrenzung gegenüber Doppelspiralgehäusepumpen)* • single-volute pump

Pumpe mit permanent-magnetischem Antrieb *f* <förd> *(stopfbuchslose Kreiselpumpe)* • magnetically coupled pump; magnetic-drive pump *pract*

Pumpe mit permanent-magnetischer Kupplung *f* <förd> *(stopfbuchslose Kreiselpumpe)* • magnetically coupled pump; magnetic-drive pump *pract*

Pumpe mit Schutzgummierung *f* <verf> • rubber-lined pump

pumpen *vi/vt* <kfz.brems> *(mit dem Bremspedal)* • snub *vi/vt*

pumpen *vt* <tech.allg> • pump *vt*

pumpen *vt* <förd> *(Fluide)* • pump *vt*; discharge *vt*; deliver *vt*; convey *vt*; transport *vt*

pumpen *vt* <masch> *(Kreiselverdichter)* • surge *vt*

Pumpenaggregat *n* <masch> • pump unit; pump set; pumping unit; pumping set

Pumpenanlage *f* <förd> • pumping plant; pumping station

Pumpenanlage *f rare* <förd> • pumping system; pump system

Pumpenantrieb *m* <förd> • pump drive

Pumpenarbeitsraum *m* <förd> • pumping chamber; pump chamber; working chamber

Pumpenbagger *m* <förd> • suction pump dredger; suction dredger

Pumpenbetrieb *msg* <förd> • pump operation *sg* ; pump running *sg*

Pumpenbrunnen *m* <bau> *(Wasserversorgung)* • pump well

Pumpendaten *pl* <förd> • pump characteristics *pl*

Pumpendruckleitung *f* <energ> *(Pumpspeicherkraftwerk)* • pumping line

Pumpendurchsatz *m* <förd> *(von Pumpen; Volumen pro Zeiteinheit; z. B. in m³/h)* • pump capacity; rate of delivery; discharge rate; discharge; capacity *pract*

Pumpenfahrer *m* <bau> • pump operator

Pumpenförderhöhe *f* <förd> • pump head *pract*; pump operating head; total head; head *pract*

Pumpenfördermenge *f* <masch> • pump delivery

Pumpenfüße *mpl* <förd> • pump feet *pl*; sg: - foot

Pumpengang *msg* <förd> • pump operation *sg* ; pump running *sg*

Pumpengehäuse *n* <förd> *(Gussteil)* • pump casing; pump housing; pump body; pump case; pump casting

Pumpengeometrie *f* <förd> • pump geometry

Pumpengeschwindigkeit *f* <masch> • pumping rate

Pumpengestänge *n* <masch> *(z. B. Erdölpumpe)* • pump rods

Pumpenhalter *m* <fz> *(Fahrrad)* • pump peg

Pumpenhub *m* <masch> • pump stroke; pump lift

Pumpeninnenraum *m* <kfz.mot> • injection-pump cavity

Pumpeninnenraumdruck *m* <masch> • pump-cavity pressure; pump-housing pressure

Pumpenkennlinie *f* <förd> *(zeigt Förderstrom Q als Funktion der Förderhöhe H)* • head-capacity curve; HQ curve

Pumpenkennlinie *f* <förd> *(allg.; für verschiedene Betriebsgrößen)* • pump characteristic curve; pump curve

Pumpenkennlinie *f* <förd> *(Förderhöhe in Abhängigkeit vom Förderstrom)* • head-capacity curve; HQ curve; pump diagram

Pumpenkörper *m rare* <förd> *(Gussteil)* • pump casing; pump housing; pump body; pump case; pump casting

Pumpenkolben *m* <masch> • pump plunger

Pumpenkolbenrohr *n* <masch> • plunger working barrel

Pumpenkopf *m* <förd> • pump head

Pumpenläufer *m* <masch> *(Welle + Laufrad)* • pump rotor; rotor *pract*; rotor assembly; rotating assembly; rotating element

Pumpenlauf *msg* <förd> • pump operation *sg* ; pump running *sg*

Pumpenliderung *f* <förd> • pump packing

Pumpenrad *n* <förd> *(Kreiselpumpe)* • impeller; bladed impeller; runner *rare*; pump wheel

Pumpenrad *n* <kfz.antr> *(Drehmomentwandler, hydrodynamische Kupplung)* • impeller; pump [wheel] *pract.coll*; drive torus *thsc*

Pumpenraum *m* <förd> • pumping chamber; pump chamber; working chamber

Pumpenrotor *m* <masch> *(Welle+Laufrad)* • pump rotor; rotor *pract*; rotor assembly; rotating assembly; rotating element

Pumpensatz *m* <masch> • pump set; pump unit

Pumpensaughöhe *f* <masch> • pump lift

Pumpenschacht *m* <bau> • pump pit; sump shaft

Pumpenstiefel *m* <masch> • pump barrel

Pumpensumpf *m* <masch> • pump sump; pump well; pumping sump; sump

Pumpensumpf *m* <verf> • basin sump

Pumpensystem *n* <förd> • pumping system; pump system

Pumpenturbine *f* <energ.hydr> • reversible pump-turbine; reversible pump turbine

Pumpen-Turbinen-Satz *m* <energ.hydr> • pumped storage set

Pumpenumlauf *m* <masch> • pump circulation; forced circulation

Pumpenumlaufkühlung *f* <hlk> • pump-circulated cooling

Pumpenverband *m* <kfz.mot> • pump assembly

Pumpenwelle *f* <masch> • pump shaft

Pumpenwinde *f* <förd> *(z. B. Wagenheber)* • pumping jack

Pumpenwirkungsgrad *m* <förd> • pump efficiency; pumping efficiency

Pumpenwolf *m* <verf.hydr> • screenings grinder; screenings triturator; screenings shredder

Pumpenzylinder *m* <masch> • pump cylinder; pump barrel

pumpfähig <tech.allg> *(Eigenschaft einer Flüssigkeit)* • pumpable

Pumpfrequenz *f* <astron> • pump frequency

Pumpgeschwindigkeit *f* <ents> • exhaustion rate

Pumpgestänge *n* <petr> • sucker rods

Pumpgleichrichter *m* <el> • maintained-vacuum rectifier

Pumpgrenze *f* <masch> *(Auftreten von Stößen, Strömungsumkehr (gefährlich, instabil))* • compressor pulsation limit

Pumpgrenze *f* <masch> *(Kreiselverdichter)* • pumping limit; surge limit

Pumphebel *m* <mil> • compression lever

Pumplampe *f* <licht> • pump lamp

Pumpleistung *f* <masch> • pump power

Pumpleistung *f* <masch> *(bezogen auf die Durchflussmenge)* • pumping capacity; pumpage

Pumplicht *n* <licht> • pump light

Pumpquelle *f* <phys> *(Laser)* • pump source

Pumprohr *n* <petr> • tubing

Pumprohr *n* <phys> *(Vakuumröhren)* • exhaust tube

Pumpsaugbecken *n* <masch> • pump sump; sump

Pumpspeicheranlage *f* <energ.hydr> • pumped storage electrical power station; pumped storage electrical hydro-power station; pumped storage plant; pumped storage station

Pumpspeicherbecken *n* <energ.hydr> • pump storage reservoir; pumped storage reservoir

Pumpspeicherkraftwerk *n* <energ.hydr> • pumped storage electrical power station; pumped storage electrical hydro-power station; pumped storage plant; pumped storage station

Pumpspeicherpumpe *f* <energ.hydr> • storage pump

Pumpspeichersatz *m* <energ.hydr> • pumped storage set

Pumpspeicherung *f* <energ> • pumped storage

Pumpspeicherwerk *n* <energ> *(pumpt Triebwasser mit billigem Strom zurück)* • hydro-electric power station

Pumpspeicherwerk *n* <energ.hydr> • pumped storage electrical power station; pumped storage electrical hydro-power station; pumped storage plant; pumped storage station

Pumpspitze *f* <el> *(Elektronenröhre)* • tip

Pumpstand *m* <verf> • evacuating plant; evacuating machine

Pumpsteiger *m* <metall> • venting channel

Pumpsystem *n* <nukl> • pump system

Pumpturbine *f* <energ.hydr> • reversible pump-turbine; reversible pump turbine

Pumpturbine *f* <masch> • turbine generator

Pumpventil *n* <kunst.wz> • pump valve

Pumpwerk *n* <masch> • pump station; pump system

Punch *m* <edv.av> • punch

Punch-Funktion *f* <edv.av> • punch

Punch-In *n* <edv.av> • punch-in

Punch-Morph *m* <edv> • punch morph

Punkt *m* <tech.allg> *(z. B. Dezimalpunkt, Position, Thema, Gegenstand auf Liste)* • point

Punkt *m* <tech.allg> *(Position)* • point; place; spot

Punkt *m* <doku> *(CAD; einfachstes Zeichnungselement)* • point; dot

Punkt *m* <doku> *(am Satzende)* • full stop *US.GB*; period *US*

Punkt *m* <druck> *(typographische Einheit; Schriftgröße)* • point

Punkt *m* <druck> *(kleinstes druckbares Element)* • dot

Punktabstand *m* <druck> *(Druckbild)* • dot pitch

Punktabstand *m* <edv> *(Bildschirm)* • dot pitch

Punktabstand *m* <füg> • spot weld spacing; spot weld pitch; spot spacing

Punktabstand beim Schweißen *m* <füg> • spot weld spacing; spot weld pitch; spot spacing

Punktalglas *n* <opt> • toric lens

Punktangriff *m* <mech> *(Kraft)* • point application

Punktanguss *m* <kst> *(negativ oder positiv)* • pin-point gate

Punktanschnitt *m* <kst> *(negativ oder positiv)* • pin-point gate

Punktanstrahlung *f* <licht> • spotlighting

Punktauflösung *f* <edv> • dot density

Punktaufzeichnung *f* <msr> • dotted registration; dotted traces

Punktbahnermittlung f <mech> • point-path determination

Punktberührung f <phys> (elektrisch, mechanisch) • point contact

punktbeschichtet <obfl> • spot-coated; dot-coated

Punkt besten Wirkungsgrades m did <masch> (z. B. von Kraft-, Arbeitsmaschinen) • best efficiency point; point of best efficiency

Punktbildanweisung f <edv> (numerische Steuerung) • pattern statement

Punktbrunnen m <bau> (mit dünnem Rohr) • well point

Punktdefekt m <mat> (Kristallgitter) • point defect

Punktdichte f <druck> (Raster) • dot density

Punktdichte f <edv> • dot density

Punktdiode f <el> • point diode

Punktdurchmesser m <druck> • dot diameter

Punktgleichheit f <mil> • tie; tied scores

Punkteinstellung f <licht.theat> • peaky field; peaky distribution

Punktelektrode f <füg> • spot welding electrode; spot welding tip

Punktelement n <doku> (CAD; einfachstes Zeichnungselement) • point; dot

Punktentladung f <el> • point discharge

Punkte pro Inch fpl (dpi) <edv> (Maßeinheit) • dots per inch (dpi)

Punkte pro Millimeter mpl <edv> • dots per millimetre

Punkte pro Zoll mpl <edv> (Maßeinheit) • dots per inch (dpi)

Punktfestigkeit f <füg> • spot-weld strength; spot strength

punktförmig <allg> • punctiform

punktförmig <tech.allg> (punktuell, auch übertragen) • punctual

punktförmig angreifende Einzellast f <mech> • single-concentrated load

punktförmige Abbildung f <opt> • point image

punktförmige Anfressung f <obfl> • pitting; pit

punktförmige Lichtquelle f <edv> (strahlt in alle Richtungen) • omni light; point light; point light source; point spot

punktförmige Lichtquelle f <licht> • point light source; point source of light

punktförmige Quelle f <phys> • point source

punktförmiger Gitterfehler m <qualit.mat> • lattice point defect

punktförmiger Schadstoffeintrag m <ents> • defined pollution

punktförmiges Ausbeulen n <kfz.rep> • panel picking; picking pract

punktförmiges Bild n <phot> • point image

punktförmiges Teilchen n <phys> • point particle

punktförmige Strahlungsquelle f <phys> • point source

punktförmig konzentrierte Masse f <phys> (z. B. Schwerpunkt; als Annahme für Berechnungen) • concentrated mass; point mass

Punktfokus m <opt> • point focus

punktfokussieren vt <energ.sol> • focus to a point vt

punktfokussierendes System n <energ.sol> • point-focusing system

Punktfolge f <av> • dot sequence

Punktfolgeverfahren n <av> • dot-sequential system

punktfrequentes System n <av> • point-to-sequential system

punktgelagert <masch> • point-supported

Punktgenerator m <av> • dot generator

punktgeschweißt <füg> • spot-welded

punktgesteuert <msr> • point-to-point controlled

punktgesteuerter Industrieroboter m <autom> • point-to-point controlled robot

Punktgrafik f <druck> • bit image graphic; dot graphic

Punktgrafikdichte f <druck> • dot graphic density

Punktgraphik f <druck> • bit image graphic; dot graphic

Punktgraphikdichte f obs <druck> • dot graphic density

Punktgröße f <druck> • dot diameter

Punktgruppe f <math> (Statistik) • group of points; point group

Punkthaufen m <math> • aggregate of points; scatter diagram

Punkthaufen m <mech> • assemblage of mass particles; assemblage of particles

punktierte Leitlinie f <verk> • dotted line

punktierte Linie f <edv> • dotted line

punktiertes Ausdrucken n <msr> • dotted registration; dotted traces

Punktionsfestigkeit f <pap> • puncture resistance

Punktkörper m <mech> • assemblage of mass particles; assemblage of particles

Punktkontakt m <el> • point contact

Punktkontaktdiode f <el> • point contact diode

Punktkontakt-Solarzelle f <energ.sol> • point-contact solar cell; PC solar cell rare

Punktkontakttransistor m <el> • point contact transistor

Punktkoordinaten fpl <math> • point coordinates

Punktkorrosion f <obfl> • point corrosion

Punktladung f <el> • point charge

Punktlage f <tech.allg> • point position

Punktlageeinsteller m <msr> (Oszilloskop) • beam positioning control

Punktlagenreduktion f <phys> (Kinematik) • point position reduction

Punktlagenzuordnung f <phys> (Kinematik) • point position coordination

Punktlast f <logist> (auf Regalböden; i. Ggs. zu Flächenlast) • concentrated load

Punktlast f <mech> • point load; concentrated load

Punktlast für Außenring f DIN ISO 5593 <masch> (Wälzlager) • stationary outer ring load ISO 5593; point load for outer ring

Punktlast für Innenring f DIN ISO 5593 <masch> (Wälzlager) • stationary inner ring load ISO 5593; point load for inner ring

Punktlicht n <edv> (strahlt in alle Richtungen) • omni light; point light; point light source; point spot

Punktlichtquelle f <edv> (strahlt in alle Richtungen) • omni light; point light; point light source; point spot

Punktlichtscheinwerfer m <licht> • spotlight

Punktlöten n <füg> • spot soldering

Punktmaske f <av> (Bildröhre) • shadow mask; aperture mask

Punktmasse f <mech> (Masse auf e. Punkt reduziert) • assemblage of mass particles; assemblage of particles; mass point; material point

Punktmasse f <phys> (Modellbildung für Berechnung, Theorie) • concentrated mass; point mass

Punktmasse f <phys> (z. B. Schwerpunkt; als Annahme für Berechnungen) • concentrated mass; point mass

Punktmatrix f <druck> • dot matrix; print matrix

Punktmatrixdrucker m rar <edv.druck> • matrix printer; dot matrix printer; dot-matrix impact printer rare; sytlus printer rare

Punktmatrixfeld n <druck> • dot matrix field

Punkt maximaler Leistung m <energ.sol> • Maximum Power Point (MPP); Peak Power Point obs

Punktmechanik f <phys> • particle mechanics

Punktmenge f <math> • point set

Punktmessung f <phot> • spot metering

Punktmodell n <nukl> • lumped model

Punktmoment n <mech> (Kraftmoment) • concentrated couple

Punktmutation f <med> *(in vivo)* • point mutation
Punktnaht f <füg> • spot-welded joint; spot weld
Punktnetz n <doku> • net of points
Punktpol m <phys> • point pole
Punktpositionierung f <navig> • point positioning
Punktquelle f <phys> *(z. B. Licht)* • point source
Punktraster n <edv> • grid of dots; point grid
Punktrasterverfahren n <edv> • dot-scanning method
Punktrasterverfahren n <edv> • random scan; direct scan
Punktreihe f <füg> • series of spot welds
Punktscheinwerferbeleuchtung f <licht> • spotlighting
Punktschreiber m <msr> • point recorder; dotting recorder
Punktschweißautomat m <füg> • automatic spotwelding machine
Punktschweißelektrode f <füg> • spot-welding electrode
Punktschweißen n <füg> • spot welding; resistance spot welding
Punktschweißfarbe f <obfl> • weld-through primer
Punktschweißmaschine f <füg> • spot welding machine
Punktschweißmeißel m <wz> *(zum Trennen von Blechen, Schweißpunkten, Schweißfugen)* • splitting chisel; bodywork chisel
Punktschweißnaht f <füg> • spot weld
Punktschweißpistole f <füg> • spot welding gun
Punktschweißroboter m <autom> • spot welding robot
Punktschweißung f <füg> • spot weld; tack weld *US*
Punktschweißverbindung f <füg> • spot-welded joint; spot-welded connection
Punktschweißzange f <wz> • spot-welding gun; spot welding gun
Punktschweißzeug n <füg> • portable spot welder
punktsequentiell <av> • dot-sequential
Punktsprungabtastung f <av> • dot interlace scanning
Punktsteg m <füg> *(Falzblech)* • spot-welded flange
Punktsteuerung f <autom> • point-to-point control; point-to-point positioning control; position control; PTP control; positioning NC
Punktsteuerung f DIN ISO 2806 <wz.masch> *(System)* • positioning control system *ISO 2806*
Punktstrahler m <licht> *(Leseleuchtenart; z. B. in Autos, Eisenbahn, Flugzeug)* • downlight; spot light
Punktstrahler m <phys> • point emitter; point source
Punkt-Strecken-Steuerung f <msr> • point-to-point straightline control
Punkt-Strich-Verfahren n <tele> • dot-dash mode
Punktsymmetriegruppe f <math> • point group
punktsymmetrisch <math> • centrosymmetrical
Punkttransformation f <math> • point transformation
punktuell abbildendes Brillenglas n <opt> • corrected-curve lens
punktuelle Abwärmeleistung f <nukl> • local waste heat
punktuelle Wärme f <el> • localized heating; heat spots
Punktur f <druck> *(im Falzapparat einer Rollenoffset-druckmaschine)* • pin; puncture; needle
Punkturapparat m <druck> • pin folder
Punkturfalzapparat m <druck> • pin folder
Punkturnadel f <druck> *(im Falzapparat einer Rollenoff-setdruckmaschine)* • pin; puncture; needle
Punkturzylinder m <druck> • pin cylinder; puncture cylinder; needle cylinder
punktweise <tech.allg> *(z. B. abtasten)* • point-by-point
punktweises Auftragen der Beschichtung n <obfl> • spot coating
Punktwiedergabe f <druck> *(Belichtung)* • dot reproduction

Punktwolke f <math> • aggregate of points; scatter diagram
Punktzug m <theat> • mobile flying machinery; mobile flying equipment
Punkt-zu-Mehrpunkt-Netz n <tele> • point-to-multipoint network
Punkt-zu-Multipunkt-Verbindung f <tele> • point-to-multipoint connection
Punktzunahme f <druck> • dot gain
Punkt-zu-Punkt-Link m <el> • point-to-point link; point-to-point connection
Punkt-zu-Punkt-Test m <msr> • point-to-point-test
Punkt-zu-Punkt-Verbindung f <el> • point-to-point link; point-to-point connection
Punktzuwachs m <druck> • dot gain
Punzarbeit f <prod> *(gepunztes Objekt aus Blech; fein ziseliert; z. B. Messingschale)* • chased work
punzen vt <prod> *(Metall)* • chase vt
Pupille f <bio> *(Auge)* • pupil
pupinisieren vt <el> • pupinize vt; coil-load vt
pupinisiertes Kabel n <el> • pupinized cable; coil-loaded cable; loaded cable
Pupinkabel n <el> • pupinized cable; coil-loaded cable; loaded cable
Pupinpunkt m <tele> • loading point
Pupinspule f <tele> • loading coil
Puppe f ugs <bio> *(z. B. der Seidenraupe)* • chrysalis *thsc*; pupa
Puppe f <metall> • billet
Puppe f <präp> • round skin
Puppe f <textil> *(Flachs)* • stook; shock
Puppenrückstände mpl <textil> *(auf Seide)* • chrysalis residues
PUR <ents> *(Montageschaumdosen)* • PU-foam can recycling
PUR <kst> • polyurethane resin (PUR)
PUR n <kst> • polyurethane (PUR)
Purex-Prozess m <nukl> • Plutonium-Uranium-Recovery by Extraction process; Purex-process *pract*
PUR-Hartschaum m <bau.mat> • polyurethane foam; PU foam; rigid polyurethane foam; rigid PU foam
Purified Protein Derivative n <med> • purified protein derivative (PPD)
Purkinje-Phänomen n <opt> • Purkinje effect; Purkinje shift
Purpurpest f DIN <el.ic.prod> • purple plague
Purpurschnecke f <bio> • purple snail; murex purpurea
PUR-Schaum m <kst> • polyurethane resin foam; PUR foam *pract*
PUR-Schaum m <kst> • polyurethane foam; PUR-foam
PUR-Strukturschaum m <nav> • self skinning polyurethane foam
PU-Schaum m prakt.ugs <bau.mat> • polyurethane foam; PU foam; rigid polyurethane foam; rigid PU foam
PU-Schaum m prakt <kst> • polyurethane resin foam; PUR foam *pract*
Pushen nsg <phot> • push-processing *sg* ; forced development; pushing *sg* ; pushed processing *sg*
pushen vt <phot> • push vt; push-process vt
Push-Entwicklung fsg <phot> • push-processing *sg* ; forced development; pushing *sg* ; pushed processing *sg*
PushJog n <av> *(steuert Bandlauffunktionen)* • PushJog
Push-Pull-Steckverbinder m <el> • push-pull connector
Push-Push-Steckverbinder m <el> • push-push connector
Push-up Artikel fpl <nahr> *(Speiseeis)* • push-ups
Push-up-BH m <bekl> • push-up bra

Push-up-Body m <bekl> • push-up body
Pustepinsel m ugs <phot.wz> *(zum sanften Reinigen von Objektiven, Kameras etc.)* • blower brush
Putz m DIN 18550 <bau> • plaster
Putz m <obfl> *(Oberflächenbeschichtung)* • plaster
Putzen m <geo> • ore pocket; pocket
Putzen n <bau> • plasterwork; plastering
Putzen n <metall> *(z. B. Gussteile von Grat befreien)* • burring; cleaning; dressing; fettling; burr
Putzen n <metall> *(von Gussteilen)* • fettling; snagging; tumbling; dressing-off
putzen vt <allg> *(z. B. Raum, Haushaltshilfe)* • clean vt
putzen vt ugs <allg> • clean vt
putzen vt <bau> *(z. B. Wände mit Putz)* • plaster vt; parget vt
putzen vt <prod> *(z. B. Gussstück, Keramikerzeugnis)* • dress vt; fettle vt; burr vt
putzen vt <prod> *(in der Trommel)* • rattle vt
putzen vt <prod> *(mit Schleifscheibe)* • snag vt
putzen vt <textil> • willow vt
Putzer m <bau> • plasterer
Putzereimaschine f <prod> • blow room machine
Putzgips m <bau> • plaster of Paris; plaster pract
Putzkarde f <textil> • cleaning card
Putzlappen m :V <wz> • shop towel
Putzloch n <masch> • cleaning hole
Putzmaschine f <prod> • barker machine
Putzmaschine f <textil> • cropping machine; blowing machine
Putzmaschine f <wz.masch> *(z. B. zur Gratentfernung an Gussteilen)* • fettling machine
Putzmörtel m <bau.mat> • plastering mix; plaster mortar
Putzöffnung f <masch> • cleaning hole
Putzrost m <textil> • cleaning grid
Putzschere f <wz> *(für Kerze)* • snuffers; pair of snuffers
Putzstern m <prod> *(Gießerei)* • rattler star
Putzstock m <mil> • cleaning rod
Putztisch m <metall> *(Gießerei)* • cleaning table
Putzträger m <bau> *(aus Leisten)* • counterlathing; lathing; lathwork
Putzträger m <bau> • plaster base
Putzträgerplatte f prakt <bau.mat> • gypsum lath
Putztrommel f <metall> *(Gießerei)* • tumbling barrel; tumbler
Putzzeug n <mil> • cleaning utensils pl
Puzzolan n <bau> *(pl:-ane)* • pozzolan
puzzolanische Eigenschaften fpl <mat> • puzzolanic properties
Puzzolanzement m <bau.mat> • pozzolanic cement
PV <energ.sol> • photovoltaics (PV)
PVAc <kst> • polyvinyl acetate (PVAc)
PVAc-Leim m <füg> • polyvinyl acetate adhesive; polyvinyl acetate glue; PVAc glue
PVAc-Leim m <obfl.holz> • woodworker white glue; PVA glue
PVA-Lichtvorhang zur Arbeitsablaufsteuerung f <msr> • parts verification array
PV-Anlage f <energ.sol> *(Solarkraftwerk mit Solarzellen)* • PV plant; photovoltaic solar power plant
PVB <chem> • polyvinyl butyral (PVB)
PVB-Folie f prakt <kst> *(z. B. in Verbundglas)* • PVB-film
PVC <kst> • polyvinyl chloride (PVC); poly rare.coll
PVC-Abdichtmasse f <obfl> • PVC-sealant; PVC-sealer
PVC-beschichtet <obfl> • PVC-coated
PVC-Beschichtung f <obfl> *(Schicht)* • PVC coating
PVC-C <kst> • chlorinated polyvinyl chloride (PVC-C)
PVC-Dichtung f <bau> • PVC weatherstrip; vinyl weatherstrip
PVC-Faser f <kst> • polyvinyl chloride fiber

PVC-Fenster n rar <bau.kst> • vinyl window; PVC window rar
PVC-Folie f <kst> • PVC-film
PVC-hart n <kst> • unplasticized PVC; rigid PVC
PVC-Hartschaum m <kst> • foamed PVC
PVC hart schlagzäh n <kst> *(z. B. für Kunststofffenster)* • high-impact rigid vinyl
PVC-isoliertes Kabel n <el> • PVC cable; PVC insulated/power cable; p.v.c.[-insulated] cable; polyvinyl chloride insulated cable; cable insulated with PVC
PVC-Isolierung f <el> • PVC insulation; p.v.c. insulation
PVC-Kabel n <el> • PVC cable; PVC insulated/power cable; p.v.c.[-insulated] cable; polyvinyl chloride insulated cable; cable insulated with PVC
PVC-Klebeband n <el> *(Isolierband)* • PVC tape
PVC-Klebstoff m <füg> • plastisol adhesive; plastisol; PVC plastisol; vinyl plastisol; polyvinylchloride-plasticizer system
PVC-Nahtabdichtung f <obfl> *(Vorgang)* • PVC seam sealing
PVC-Plastisol n <füg> • plastisol adhesive; plastisol; PVC plastisol; vinyl plastisol; polyvinylchloride-plasticizer system
PVC-Schlauch m <kunst.wz> • PVC hose; vynil hose
PVC-U <kst> • unplasticized polyvinyl (PVC-U)
PVC-Unterbodenschutz m <obfl> *(Kfz)* • PVC underseal coating; PVC underseal
PVC-Unterbodenschutz m <obfl> *(Vorgang)* • PVC underbody treatment; PVC underseal application; PVC underfloor treatment Audi
PVC-weich n <kst> • plasticized PVC; flexible PVC
PVD <chem.petr> • polyvinylidene chloride fiber; saran fiber
PVDC <kst> • polyvinylidene chloride (PVDC)
PVDF <kst> • polyvinylidene fluoride (PVDF); poly-vinylidene fluoride; PVF_2
p-V-Diagramm n <mot.msr.doku> *(allg. oder ideales Diagramm)* • Cylinder Pressure diagram
PVD-Verfahren n <obfl> *(zum Aufbringen sehr dünner Schichten; z. B. auf Wafern)* • physical vapor deposition (PVD); plasma vapor deposition process; vacuum evaporation; vapor deposition; PVD process
P-Verhalten n <msr> • proportional action
P-Verhalten n <msr> • proportional action
PVF <energ.sol> *(Photovoltaik)* • polyvinyl fluoride (PVF); Tedlar
PVF$_2$ n <kst> • polyvinylidene fluoride (PVDF); poly-vinylidene fluoride; PVF_2
PVID <chem> • polyvinyl cyanide
p-V-Indikatordiagramm n <mot.msr.doku> *(tatsächlich gemessener Druck)* • Cylinder Pressure Indicator diagram
PVK <kst> • polyvinyl carbazole (PVK)
PVK n <chem> • polyvinyl cyanide
PVPP <chem> *(z. B. zur Weinklärung)* • polyvinylpolypyrrolidone (PVPP)
PVS <prod> *(vor Nullserie)* • pilot series; pilot production [run]; pilot run US.pract
PV-Serie f <prod> *(vor Nullserie)* • pilot series; pilot production [run]; pilot run US.pract
pvT-Diagramm n <kst> • pvT diagram
P-Welle f <geo> • P wave
P-Wendekreisel m <navig> • rate gyro; spring-restrained gyro
p-Wert m <chem> *(Wasseranalyse)* • phenolphthalein alkalinity; P alkalinity
PWM <edv> • pulse-width modulation (PWM)
PWM f rar <el> • pulse-width modulation (PWM)

PWM-Code *m* <edv> • pulse width modulated code; PWM code

PXP <edv> • procedural external process (PXP)

PXP-Programm *n* (PXP) <edv> • procedural external process (PXP)

p-Xylol *n* <chem.petr> • para-xylene; p-xylene

Pyknometer *n* <phys> • pycnometer

Pylon *m* <bau> *(für Tragseile, Brücken etc.; meist sehr groß, hohl; z. B. aus Stahl)* • pylon

Pylonenpaar *n* <bau> *(z. B. einer Brücke)* • pair of pylons

Pylonsenkkasten *m* <bau> *(Fundament)* • pylon caisson

Pylonstiel *m* <bau.verk> *(Brückenpylon)* • pylon stem

Pyramide *f* <math> *(geometrischer Körper m)* • pyramid

Pyramidenhärte *f* <qualit.mat> • Vickers hardness (HV) *norm*; Vickers pyramid hardness; pyramid hardness (number); diamond penetrator hardness *rar*

Pyramidenhorn *n* <el> *(Antenne)* • pyramidal horn

Pyramidenstruktur *f* <energ.sol> • pyramid structure

Pyramidenstumpf *m* <math> *(geometrischer Körper)* • truncated pyramid

Pyranometer *n* <msr> *(Strahlungsmesser)* • pyranometer

Pyrargyrit *n* <min> • pyrargyrite (As_3SbS_3); red silver ore *coll*

Pyrheliometer *n* <sol> • pyrheliometer

Pyridin-Butadien-Kautschuk *m* <mat> • pyridine-butadiene rubber

Pyrit *m* <min> *(Eisenerz; FeS_2)* • iron pyrite; pyrite

pyritreiche Kohle *f* <mat> • drossy coal

Pyritröstung *f* <verf> • pyrite roasting

Pyrocatechin *n* <chem> • pyrocatechol; catechol

Pyrocatechol *n* <chem> • pyrocatechol; catechol

pyroelektrisch <mat> • pyroelectric

pyroelektrischer Sensor *m* <alarm> • pyroelectric element

Pyroelektrizität *f* <phys> • pyroelectricity

Pyroelement *n* <alarm> • pyroelectric element

pyrogen <therm> • pyrogenic

Pyrohydrolyse *f* <geo> • pyrohydrolysis

Pyrolyse *f* <ents> *(irreversible chem. Zersetzung allein durch Temperaturerhöhung)* • pyrolysis

Pyrolysegas *n* <chem> • pyrolytic gas; pyrolysis gas

Pyrolysekoks *m* <ents> • pyrolytic coke

Pyrometallurgie *f* <metall> • pyrometallurgy

Pyrometer *n* <msr> • pyrometer

Pyrometerkegel *m* <verbr> *(Flamme)* • pyrometric cone

Pyrometrie *f* <msr> • pyrometry

pyrometrischer Kegel *m* <verbr> • pyrometric cone

Pyromorphit *m* <min> • pyromorphite; green lead ore

Pyrotechnik *f* <spreng> *(als Disziplin, Fach)* • pyrotechnics

pyrotechnische Erzeugnisse *npl* <prod> • pyrotechnics

pyrotechnischer Satz *m* <spreng> • pyrotechnic mixture

Pyrozündsatz *m* <spreng> • pyrotechnic igniter

Pyrrhotin *m* <min> • pyrrhotine; pyrrhotite; magnetic pyrites

Pythagoras-Satz *m* <math> • Pythagoras's theorem; Pythagorean proposition; Pythagorean theorem

pythagoreischer Lehrsatz *m* <math> • Pythagoras's theorem; Pythagorean proposition; Pythagorean theorem

PZ <edv> • check character; check digit *rare*; check signal *rare*

p-Zone *f* <el> • p-region; p-type region

PZT-Faser *f prakt* <mat> • PZT fiber

PZT-Faserfunktionswerkstoff *m* <mat> • PZT fiber

P-Zweig *m* <opt> *(Molekülspektren)* • P-branch

Q

QAM <tele> • quadrature amplitude modulation (QAM); quadrature modulation

QAR <aerospace> *(dritte Black Box)* • quick access recorder (QAR)

Q-Band *n* <el> *(Frequenz)* • Q band

Q-Elektron *n* <nukl> • Q-electron

Q-Faktor *m* <el> • Q factor

Q-Faktor *m* <el> *(Betrag der Blindleistung in Relation zur Wirkleistung)* • quality factor *DIN IEC 50*; Q-factor

QH-Linie *f* <förd> *(Förderhöhe in Abhängigkeit vom Förderstrom)* • head-capacity curve; HQ curve; pump diagram

Q-H-Linie *f* <förd> *(Förderhöhe in Abhängigkeit vom Förderstrom)* • head-capacity curve; HQ curve; pump diagram

QIC <edv> • Quarter Inch Cartridge (QIC); QIC-cartridge

QIC-Band *n* <edv> • QIC tape

QIC-Bandlaufwerk *n* <edv> • QIC drive; quarter-inch cartridge drive

QIC-Cartridge *f* (QIC) <edv> • Quarter Inch Cartridge (QIC); QIC-cartridge

Qickshot *n* <av> • Quickshot

QIC-Laufwerk *n prakt* <edv> • QIC drive; quarter-inch cartridge drive

QIC-Streamer *m* <edv> • QIC drive; quarter-inch cartridge drive

QIC-Wide <edv> • QIC-Wide

Q-Messer *m* <qualit> • quality meter

QR-Code <edv> • Quick Response Code; QR Code

QR-Durchreißfestigkeit *f* <pap> • CD tearing strength

QR-Probe *f* <pap> • CD sample

QS <qualit> *(Gesamtheit der Maßnahmen zur Erzielung der geforderten Qualität)* • quality assurance (QA)

Q-Schale *f* <nukl> • Q-shell

Q-Schalter *m* <el> • Q-switch

Q-Signal *n* <av> • Q signal

Q-Sound *m* <av> • quadrosound; 3D surround sound

QSR <av> *(VCR-Funktion)* • quick start recording (QSR); direct record; instant record; record what you see; immediate recording

QTE <el.chem> • dropping mercury electrode (DME); mercury drop electrode

QTS <av> • quartz tuning system (QTS)

Quad *n* <kfz> *(kleines Geländefahrzeug)* • quad

Quader *m* <tech.allg> • cubuid

Quader *m rar* <bau.mat> *(z. B. Stein, Poroton, Hohlblock)* • building block

Quader *m* <math> *(z. B. ein Grundelement in Volumenmodellen)* • block; rectangular parallelepiped *thsc*; rectangular solid *form*

quaderförmig <autom> *(Arbeitsraum)* • cartesian

quaderförmige Bauform *f* <prod> • rectangular construction

quaderförmiger Näherungssensor *m* <msr> • rectangular proximity sensor

quaderförmiger Sensor *m* <msr> • rectangular sensor

quaderförmiges Gehäuse *n* <msr> • rectangular housing; cube housing; block housing *rare*

Quadermauerwerk *n* <bau> *(aus behauenen, rechteckigen Natursteinen)* • ashlar; ashlar masonry; regular coursed ashlar *rare*

Quad-Flat-Pack *m* <el> *(Chip)* • quad flat pack *pract*

Quadrant *m* <tech.allg> *(auch Bereich e. orthogonalen Koordinatensystems)* • quadrant

Quadrantausschlag *m* <navig> *(Kompass)* • quadrantal deviation

Quadrantenelektrometer *n* <el> • quadrant electrometer

Quadrantenrudermaschine *f* <nav> • quadrant steering engine

Quadrantenschaltung *f* <el> • heterostatic circuit

Quadrant-Papierwaage *f* <pap> • basis weight scales

Quadrat *n* <math> • square

Quadratdibbelmaschine *f* <agri> • check-row drill; check-row planter

Quadrathuber *m rar* <kfz.mot> • square engine

quadratisch <math> *(Fläche)* • quadrate

quadratisch <math> *(z. B. Gleichung)* • quadratic

quadratisch <math> • quadric

quadratisch <math> • square

quadratische Abweichung *f* <math> *(Statistik)* • standard deviation

quadratische Gleichrichtung *f* <el> • square-law detection

quadratische Gleichung *f* <math> • second-degree equation; equation of the second degree; quadratic equation; quadric

quadratische Optimierung *f* <edv> • quadratic programming

quadratische Optimierung *f* <math> • quadratic optimization

quadratischer Detektor *m* <el> • square-law detector

quadratischer Fehler *m* <math> *(Statistik)* • mean square error

quadratischer Fehler *m* <math> • square error

quadratischer Fehler *m* <math> • standard error

quadratischer Gleichrichter *m* <el> • square-law rectifier

quadratischer Klirrfaktor *m* <av> • second-order harmonic distortion

quadratischer Mittelwert *m* <tech.allg> • root mean square (RMS); root-mean-square value; rms value

quadratischer Mittelwert der Entfernung *m* <navig> • distance root mean square (drms); distance rms

quadratischer Motor *m ugs* <kfz.mot> • square engine

quadratischer Punkt *m* <druck> *(Belichtung)* • square spot; SQUAREspot *HDPP/Creo*; square pixel *basysPrint*

quadratischer Querschnitt *m* <tech.allg> • square cross-section

quadratisches Abstandsgesetz *n* <phys> • inverse square law

quadratisches Flachgehäuse *n* <el> *(Chip)* • quad flat pack *pract*

quadratisches Format *n* <phot> *(Aufnahmeformat, Bildformat)* • square format

quadratische Skala *f A* <math> *(z. B. Rechenschieber)* • square-law scale

quadratische Skale *f* <math> *(z. B. Rechenschieber)* • square-law scale

quadratisches Mittel *n prakt.ugs* <tech.allg> *(quadratisches Mittel einer periodischen Größe; z. B. el. Spannung)* • root-mean-square value; rms value *pract*; root mean square; virtual value *rare*

quadratisches Mittel *n* <tech.allg> • root mean square (RMS); root-mean-square value; rms value

quadratisches Mittel der Entfernung *n* <navig> • distance root mean square (drms); distance rms

quadratisches Pixel *n basysPrint* <druck> *(Belichtung)* • square spot; SQUAREspot *HDPP/Creo*; square pixel *basysPrint*

quadratisches Schneideisen *n* <wz> • square die; solid square die; closed solid die *rare*

Quadratkaliber *n* <metall> *(Walzwerk)* • square groove

Quadratmeter *n* (m²) <msr> *(Flächeneinheit)* • square meter

Quadrat-Motor *m* <kfz.mot> • square-four engine

Quadratnetz *n* <druck> • square net

Quadratstahl *m* <mat> • square bar steel

Quadratsumme *f* <math> *(z. B. Statistik)* • sum of squares

Quadraturamplitudenmodulation *f* (QAM) <tele> • quadrature amplitude modulation (QAM); quadrature modulation

Quadraturdekodierer *m* <el> • quadrature decoder

Quadratur des Kreises *f* <math> • quadrature of the circle

Quadraturentzerrer *m* <av> • quadrature equalizer

Quadraturmodulation *f prakt* <tele> • quadrature amplitude modulation (QAM); quadrature modulation

Quadraturverzerrung *f* <av> • quadrature distortion

Quadratwurzel *f* <math> • square root

quadrieren *vt* <math> • square *vt*; raise to the second power *vt*

Quadrierglied *n* <edv> • square-law function generator

Quadrierschaltung *f* <edv> • squaring circuit

quadrophon <av> • quadrophonic; quadriphonic; four-channel-audio ...; quadraphonic *rare*

Quadrophonie *f* <av> • quadrophony; quadriphony; quadraphony *rare*

Quadrosound *m* <av> • quadrosound; 3D surround sound

Quadrupelpunkt *m* <chem.phys> • quadruple point

Quadruplex-Aufzeichnung *f* <av> *(Videoband)* • quadruplex recording; quadruplex scanning; transverse track recording; Ampex recording system; traverse recording

Quadruplexbetrieb *m* <tele> • quadruplex operation

Quadrupol *m* <nukl.phys> • quadrupole

Quadrupolantenne *f* <el> • quadrupole antenna

Quadrupollinse *f* <opt> • quadrupole lens

Quadrupolmoment des Atomkerns *n* <phys> • nuclear quadrupole moment

Quadrupolresonanz *f* <phys> • nuclear quadrupole resonance

Quadrupolstrahlung *f* <phys> • quadrupole radiation

Quadrupolverstärker *m* <el> • quadrupole amplifier

Qualifikationsergebnis *n* <qualit> *(in Form von Punkten)* • qualification score

qualifizierte Signatur *f* <edv> *(Datensicherheit; 3. Stufe)* • qualified signature

Qualität *f ISO 9000* <qualit> *(allg.)* • quality ISO 9000

Qualität *f* <qualit.mat> *(Sorte)* • grade

Qualität der Bauausführung *f* <bau.qualit> *(Resultat der Bauarbeiten)* • build quality

Qualitätsaudit *m* <qualit> • quality audit

Qualitätsbild *n* <edv> • quality imaging

Qualitätsfaktor *m* <tech.allg> • quality factor

Qualitätsgefühl *n* <tech.allg> *(z. B. von Material, Bedienungskomfort)* • quality feel[ing]

Qualitätsindex *m* <qualit> *(Statistik)* • quality index

Qualitätskontrolle *f* <logist> *(Station im Produktionsablauf)* • inspection station; checking station

Qualitätskontrolle *f* <qualit> *(Einzelmaßnahme im Rahmen der Qualitätsüberwachung)* • quality check (QC)

Qualitätskontrolle *f* <qualit> *(Teilmaßnahme der Qualitätslenkung; fortlaufende Prüfung)* • quality surveillance

Qualitätskreis *m DIN EN ISO 8402* <qualit> *(Begriffsmodell)* • quality loop ISO 8402

Qualitätslage *f* <qualit> • quality level

Qualitätslenkung *f* <qualit> *(Vorgang, Prozess)* • inspection and quality control; quality control ISO 9000; inspection

Qualitätsmanagement *DIN EN ISO 8402* <qualit> *(früher „Qualitätssicherung")* • quality management ISO 8402

Qualitäts(management)handbuch *n* <qualit> • quality manual

Qualitätsmanagementprogramm gemäß ISO 9001 *n* <qualit> • ISO 9001 quality assurance program

Qualitätsmanagementsystem *n DIN EN ISO 9000* <qualit> • quality management system *ISO 9000*

Qualitätsmerkmal *n* <qualit> • quality characteristic

Qualitätsniveau *n ugs* <qualit> • quality level

Qualitätsplanung *f DIN EN ISO 8402* <qualit> • quality planning *ISO 8402*

Qualitätspolitik *f DIN EN ISO 8402* <qualit> • quality policy *ISO 8402*

Qualitätsprofil *n* <qualit> • quality profile

Qualitätsprüfer *m* <qualit> • inspector; checker

Qualitätsprüfung *f* <logist> *(Station im Produktionsablauf)* • inspection station; checking station

Qualitätsprüfung *f* <qualit> *(Einzelmaßnahme im Rahmen der Qualitätsüberwachung)* • quality check (QC)

Qualitätsregelkarte *f* <qualit> • control chart; score card

qualitätsrelevantes Merkmal *n* <qualit> • characteristic relevant to quality

Qualitätsrevision *f* <qualit> • quality audit

Qualitätsschweißung *f* <füg> • quality weld

Qualitätssicherung *f* (QS) <qualit> *(Gesamtheit der Maßnahmen zur Erzielung der geforderten Qualität)* • quality assurance (QA)

Qualitätsstahl *m* <mat> • high-grade steel; quality steel *rare*

Qualitätsüberwachung *f* <qualit> *(Teilmaßnahme der Qualitätslenkung; fortlaufende Prüfung)* • quality surveillance

Qualitätsüberwachungslabor *n* <qualit> • quality control lab; QC lab

Qualitätsverbesserung *f DIN EN ISO 8402* <qualit> • quality improvement *ISO 8402*; upgrading

Qualitätsverschlechterung *f* <qualit> • degradation

Qualitätsziel *n ISO 9000* <qualit> • quality objective *ISO 9000*

qualitative Analyse *f* <chem> • qualitative analysis

qualitatives Merkmal *n DIN 55350-12* <math> *(Statistik)* • qualitative characteristic

Qualmwasser *n DIN 4047-2* <hydr> *(sickert durch den Untergrund eines Deiches)* • return seepage

Quant *n* <phys> • quantum

quanteln *vi* <phys> • quantize *vi*

Quantelung *f* <phys> • quantization

Quantenäquivalenzgesetz *n* <phys> • law of photochemical equivalence

Quantenanregung *f* <phys> • quantum excitation

Quantenausbeute *f* <phys> *(des Zählers)* • quantum efficiency; counter efficiency; quantum yield

Quantenbahn *f* <phys> • quantum orbit

Quantenbedingung *f* <phys> • quantum condition

Quantenchemie *f* <chem.phys> • quantum chemistry

Quantendetektor *m* <phys> • quantum detector

Quantenelektrodynamik *f* <phys> • quantum electrodynamics

Quantenelektronik *f* <phys> • quantum electronics

Quantenenergie *f* <phys> • quantum energy

Quantenfeld *n* <phys> • quantum field

Quantenfeldtheorie *f* <phys> • quantum field theory

Quantengenerator *m* • quantum oscillator; maser oscillator

Quantenhypothese *f* <phys> *(Planck)* • quantum hypothesis

Quanteninterferometer *n* <phys> • quantum interferometer

Quantenmechanik *f* <phys> • quantum mechanics; matrix mechanics

quantenmechanisch <phys> • quantum-mechanical

Quantenoptik *f* <opt> • quantum optics

Quantenphysik *f* <phys> • quantum physics

Quanten-Punkt *m* <phys> • quantum dot

Quantensprung *m* <phys> • quantum leap; quantum jump

quantenstatistisch <phys> • quantum-statistical

Quantenstrahlung *f* <phys> • quantum radiation

Quantenstreuung *f* <phys> • quantum scattering

Quantentheorie des Lichts *f* <phys> • quantum theory of light

Quantenübergang *m* <phys> • quantum transition

Quantenzahl *f* <phys> • quantum number; q-number

Quantenzustand *m* <phys> • quantum state

quantifizieren *vt* <math> • quantify *vt*

Quantifizierung *f* <math> • quantification

Quantil *n* <math> *(Statistik)* • quantile; fractile

quantisieren *vt* <phys> • quantize *vt US.GB*; quantise *vt GB.rare*

Quantisierer *m* <edv> *(z. B. Analog-Digital-Umsetzer)* • quantizer *US.GB*; quantiser *GB.rare*

quantisiertes System *n* <phys> • quantized system *US.GB*; quantized system *GBrare*

Quantisierung *f* <edv> *(beim Digitalisieren)* • quantization; quantification; quantizing

Quantisierung *f* <phys> • quantization

Quantisierungsbit *n* <edv> • quantization bit

Quantisierungsfehler *m* <edv> • quantization error; quantizing error; rounding error *pract*

Quantisierungsgeräusch *n* <av> • quantization noise

Quantisierungspegel *m* <edv> • quantization step; quantized value

Quantisierungsrauschen *n* <av> • quantization noise

Quantisierungsschritt *m* <av> • quantization step

Quantisierungsstufe *f* <edv> • quantization step; quantized value

Quantisierungsverzerrung *f* <av> • quantization distortion

Quantitätsgröße *f* <qualit> • extensive magnitude

Quantitätsregelung *f* <msr> • quantity control; quantity governing *rare*

quantitative Analyse *f* <chem> • quantitative analysis

quantitativer Suspensionsversuch *m DIN EN 13727* <med.tech> • quantitative suspension test *DIN EN 13727*

quantitatives Merkmal *n DIN 55350-12* <math> • quantitative characteristic

Quantometer *n* <phys> *(Spektralanalyse)* • quantometer

Quark *m* <nahr> • soft cheese

Quark *n* <phys> • quark

Quarkmodell *n* <phys> • quark model

Quartärgruppe *f* <edv.tele> • quarternary group; supermastergroup

Quarter Inch Cartridge *f rar* <edv> • Quarter Inch Cartridge (QIC); QIC-cartridge

quarternäres System *n* <mat> • four-component system; quarternary system

Quartett *n* <phys> • quartet

Quartier *n* <led> *(Krispelrichtung)* • direction of boarding

Quartil *n* <math> *(Statistik)* • quartile

Quartowalzgerüst *n* <metall> • four-high rolling mill; four-high rolling stand; four-high stand; four-high mill

Quartowalzwerk *n* <metall> • four-high rolling mill; four-high rolling stand; four-high stand; four-high mill

Quarz *m* <phys> *(z. B. Schwingquarz)* • quartz

Quarzchronometer *m* <msr> • quartz-crystal chronometer

Quarz-Cornu-Prisma *n* <phys> • Cornu quartz prism

Quarzdüse *f* <msr> *(FID-Bestandteil)* • quartz flame jet

Quarzfaden *m* • quartz fiber; quartz filament; quartz thread

Quarzfadendosimeter *n* <nukl> • quartz fiber dosimeter

Quarzfadenelektrometer *n* <el> • quartz fiber electrometer

Quarzfadenmanometer n <msr> • quartz pressure gauge; quartz fiber manometer
Quarzfaser f • quartz fiber; quartz filament; quartz thread
Quarzfenster n <tech.allg> • quartz window
Quarzfilter n <el> • quartz filter; piezoelectric filter thsc; crystal filter rare
Quarzfilternutsche f <chem> (Laborgerät) • quartz filter funnel
quarzführend <min> (Gestein) • quartziferous; quartzic
quarzgeeicht <msr> • quartz-calibrated; crystal-calibrated
quarzgeregelt <msr> (z. B. Uhr, Motor) • quartz-controlled
quarzgesteuert <msr> (z. B. Uhr, Motor) • quartz-controlled
quarzgesteuerter Oszillator m <el> • crystal-controlled oscillator; quartz-crystal oscillator
quarzgesteuerte Uhr f <msr> • quartz-controlled clock; crystal-controlled clock; crystal clock rare
Quarzglas n <silik> • fused silica; fused quartz; quartz glass
Quarzglasfilter n <opt> • fused silica filter
Quarz-Iod-Lampe f <licht> • quartz-iodine lamp
Quarzkeil m <opt> • quartz wedge
Quarzkieselkonglomeration f <geo> • quartz-pebble conglomeration
Quarzkristall m <min> • quartz crystal
Quarzküvette f <chem> • quartz cell
Quarzlampe f <licht> • quartz lamp
Quarzlinse f <opt> • quartz lens
Quarzmessfühler m <msr> • piezoelectric transducer
Quarzoszillator m DIN 45174 <el> • quartz oscillator; quartz crystal controlled oscillator; crystal oscillator rare
Quarzresonator m <el> • quartz resonator; piezoelectric resonator thsc; crystal resonator
Quarzrohrofen m <el.ic.prod> • diffusion furnace; barrel furnace
Quarzrohrstrahler m <phys> (Infrarotstrahler) • quartz tube radiator
Quarzsand m <obfl> (zum Sherardisieren bzw. mechanischen Plattieren) • silica sand; quartz sand
Quarzscheibe f <msr> • quartz plate; quartz disk
Quarzschiffchen n <chem> (Laborgerät) • quartz boat
Quarzsender m <el> • crystal-controlled transmitter
Quarzsinter m <mat> • siliceous sinter
Quarzspektrograph m <phys> • quartz spectrograph
Quarzstab m <mat> • quartz rod
Quarzsteuerung f <msr> • quartz control; crystal control
Quarzthermometer n <msr> • quartz thermometer
Quarz-Tuning-System n (QTS) <av> • quartz tuning system (QTS)
Quarzuhr f <msr> • quartz clock
Quarzverzögerungsstrecke f <av> • quartz delay line
Quasar m <astron> • quasar; quasi-stellar radio source
quasibinär • quasi-binary; pseudobinary
quasielastisch <kst> • quasi-elastic
Quasiergodenhypothese f <phys> • quasi-ergodic hypothesis
quasiergodisch <phys> • quasi-ergodic
Quasi-Fermi-Niveau n <phys> • quasi-Fermi level
Quasifließen n <mat> • pseudoplastic flow
quasifreies Elektron n <phys> • quasi-free electron
quasiharmonisch <phys> • quasi-harmonic
Quasi-Isotropie f <chem> • quasi-isotropy
quasiklassische Näherung f <phys> (Quantenmechanik) • Wentzel-Kramers-Brillouin approximation; Wentzel-Kramers-Brillouin method
Quasikontaktlithographie f <el.ic.prod> • proximity lithography
quasikontinuierlicher Betrieb m <verf> • semicontinuously operated digester

quasikontinuierliches Spektrum n <phys> • quasi-continuous spectrum
Quasikontinuum n <phys> • quasi-continuous spectrum
quasilinear <math> (z. B. Funktion, Gleichung) • quasilinear
Quasilinearisierung f <math> • quasi-linearization
quasimetallisch <mat> • quasi-metallic
quasimetrisch <msr> • pseudometric
quasineutrales Plasma n <nukl> • quasi-neutral plasma
Quasineutralität des Plasmas f <nukl> • quasi-neutrality of plasma
quasioptische Ausbreitung f <phys> (z. B. UKW) • line-of-sight propagation
quasioptische Reichweite f <phys> (z. B. Fernsehsender) • line-of-sight coverage
quasiplastisches Fließen n <mat> • pseudoplastic flow
quasi quadratische Scheibe f <el.ic.prod> • pseudo square wafer
Quasispannweite f <math> (Statistik) • quasi-range
quasistabil <msr> • quasi-stable
quasistationär <phys> (z. B. Strömung) • quasi-stationary; quasi-steady-state; quasi-steady
quasistationärer Satellit m <aerospace> • synchronous satellite
quasistationärer Strom m <el> • quasi-stationary current
quasistationärer Zustand m <tech.allg> • quasistationary state; quasi-steady state
quasistationärer Zustand m <nukl> • resonance level
quasistationäre Strömung f <phys> • quasi-steady flow
quasistatisch <tech.allg> (z. B. Vorgang, Last) • quasi-static
quasistatische Messung f <msr> • quasistatic measurement; quasi-static measurement
quasistatistisches Rauschsignal n <tele> • pseudo-random noise signal
quasistellar <astron> • quasi-sideral; quasi-stellar
quasistellare Radioquelle f <astron> • quasar; quasi-stellar radio source
Quasisynonym n <term> • quasi-synonym; near synonym
Quasiteilchen n <phys> • quasi-particle
quasi-trockenes Verfahren n <ents> • spray absorption; quasi-dry absorption system; spray-dry scrubbing; semi-dry scrubbing; dry scrubbing
Quasitrockensorption f <ents> • spray absorption; quasi-dry absorption system; spray-dry scrubbing; semi-dry scrubbing; dry scrubbing
Quasivielfaches n <math> • quasi-multiple
quasiwahlfreier Zugriff m <edv> • quasi-random access
quaternär <math> (z. B. Form, Gebiet, Gruppe, Schreibweise) • quaternary
quaternäre Legierung f <mat> • quaternary alloy; four-component alloy
Quaternion f <math> • quaternion
Quatropulper m <pap> • quatropulper
Quecksilber n (Hg) <chem> • mercury (Hg)
Quecksilberanode f <el.chem> • mercury anode
Quecksilberbarometer n <msr> • mercury barometer
Quecksilberbodenanode f <el.chem> • mercury pool anode; mercury-pool anode (GB)
Quecksilberbodenelektrode f <el.chem> • mercury pool electrode
Quecksilberbogen m <el> • mercury arc
Quecksilberdampf m <tech.allg> • mercury vapor
Quecksilberdampfgleichrichter m <el> • mercury-vapor rectifier; mercury arc rectifier
Quecksilberdampf-Hochdrucklampe f <licht> • high-pressure mercury vapor lamp; high pressure HQL-lamp; HQL-lamp pract
Quecksilberdampfkraftanlage f <energ> • mercury-vapor power installation

Quecksilberdampfkreisprozess *m* <energ> • mercury-vapor cycle

Quecksilberdampflampe *f* <licht> *(allg.; Hoch- od. Niederdruck)* • mercury vapor lamp; mercury lamp *coll*

Quecksilberdampflampe *f* <licht> • mercury-vapor lamp

Quecksilberdampfumrichter *m* <el> • mercury-arc inverter

Quecksilberdampfwechselrichter *m* <el> • mercury-arc inverter

Quecksilberdiffusionspumpe *f* <verf> • mercury diffusion pump; mercury-vapor pump; mercury pump

Quecksilberdimethyl *n* <chem> *(Hg(CH₃)₃; extrem giftig)* • dimethyl mercury

Quecksilberelektrode *f* <el.chem> • mercury electrode

Quecksilberelement *n* <el> • mercury cell

Quecksilberfänger *m* <verf> • mercury collector

Quecksilberfilm-Elektrode *f* <el.chem> • thin mercury film electrode (TMFE); mercury-film electrode; mercury thin-film electrode *rare*

quecksilberhaltig <mat> • mercurial

Quecksilberhöchstdrucklampe *f* <licht> • extra-high pressure mercury lamp

Quecksilber(II)-sulfid *n* (HgS) <chem> *(Mineral)* • mercuric sulfide (HgS); mercuric sulphide; cinnabar

Quecksilberkathode *f* <el.chem> • mercury cathode

Quecksilberkontaktröhre *f* <el> • mercury-contact tube

Quecksilberkontaktthermometer *n* <msr> • mercury-contact thermometer

Quecksilberlampe *f* *ugs* <licht> *(allg.; Hoch- od. Niederdruck)* • mercury vapor lamp; mercury lamp *coll*

Quecksilberlichtbogen *m* <el> • mercury arc

Quecksilbermanometer *n* <msr> • mercury pressure gauge

Quecksilberniederdrucklampe *f* <licht> • low-pressure mercury lamp

Quecksilbernormalelement *n* <el> • mercury cell

Quecksilber-Pool-Elektrode *f* <el.chem> • mercury pool electrode

Quecksilber/Quecksilbersulfat-Elektrode *f* <el.chem> • mercury-mercurous sulfate electrode

Quecksilberrelais *n* <el> • mercury relay; mercury-wetted relay *rare*

Quecksilbersäule *f* <phys> *(als Maß für Drücke: 1 mm Hg = 133,322 Pa)* • mercury column; column of mercury

Quecksilberschalter *m* <alarm> *(mech./el. Bewegungssensor)* • mercury tilt switch; tilt-switch sensor; tilt switch; mercury switch

Quecksilberschalter *m* <el> *(allg.; z. B. als Airbag-Auslöser)* • mercury switch

Quecksilberschaltröhre *f* <el> • mercury-contact tube; mercury-switch tube

Quecksilberspektrallampe *f* <licht> • mercury spectral lamp

Quecksilberstrahlgleichrichter *m* <el> • mercury-jet rectifier; jet-wave rectifier

Quecksilberteich *m* <tech.allg> • mercury pool

Quecksilberteichkathode *f* <el> • mercury-pool cathode

Quecksilberthermometer *n* <msr> • mercury thermometer

Quecksilbertropfelektrode *f* (QTE) <el.chem> • dropping mercury electrode (DME); mercury drop electrode

Quecksilbertropfen *m* <el.chem> • mercury drop; mercury droplet; droplet of mercury

Quecksilbertropfenelektrode *f* <el.chem> • dropping mercury electrode (DME); mercury drop electrode

Quecksilbertropfenelektrode mit hängendem Tropfen *f* (HMDE) <el.chem> • hanging mercury drop electrode (HMDE)

Quecksilbertropfenelektrode mit statischem Tropfen *f* <el.chem> • static mercury drop electrode (SMDE)

Quecksilbertropfkathode *f* <el.chem> • dropping mercury cathode

Quecksilbervakuummeter *n* <msr> • mercury vacuum gauge

Quecksilberverdrängerrelais *n* <el> • mercury-plunger relay

Quecksilber-Verdrängungsmethode *f* <pap> • mercury displacement method

Quecksilberverfahren *n* <el> *(Elektrolyse)* • mercury-cell process

Quecksilberverstärker *m* <phot> • mercury intensifier

Quecksilberverzögerungsleitung *f* <el> • mercury delay line

Quecksilbervorratsgefäß *n* <el.chem> • mercury reservoir; reservoir of mercury

Quecksilberwattmeter *n* <el> • mercury watt-hour meter

Quellbarkeit *f* <qualit.mat> • swelling-capacity; swellability

Quelldatei *f* <edv> • source file

Quelldichte *f* <el> • source density

Quelldiskette *f* <edv> • source disc

Quelle *f* <allg> *(Ursprung; z. B. einer Information)* • source

Quelle *f* <tech.allg> *(z. B. Energie, Schall, Strahlung)* • source

Quelle *f* <geo> *(eines Flusses)* • spring

Quelle *f* <geo.petr> *(Erdöl)* • well

Quelle der Umweltverschmutzung *f* <ökol> • source of pollution

Quellen *n* <tech.allg> *(durch Feuchtigkeitsaufnahme; z. B. Holz, Papier, Kunststoff)* • swelling

Quellen *n* <obfl> *(Lackfehler)* • swelling; sandscratch swelling

quellen *vi* <tech.allg> *(z. B. Bohnen, Erbsen; Flachs)* • steep *vi*

quellen *vi* <mat> *(z. B. Holz, Kunststoff, Papier)* • swell *vi*; expand *vi*

quellen *vi* <min> *(Anheben der Sohle)* • heave *vi*; lift *vi*

quellen *vi* <nahr> *(Stabilisatoren)* • swell *vi*

Quellenaktivität *f* <nukl> • source strength

Quellen-Codierung *f* <edv> • source-encoding

Quellencodierung *f* <edv> • source-encoding

Quellenelektrode *f* <el> *(Feldeffekttransistor)* • source electrode

Quellenfeld *n* <phys> *(Feldlinien)* • source field

quellenfrei <phys> • source-free

quellenfreier Fluss *m* <phys> *(Strömungslehre)* • conservative flux

quellenfreies Feld *n* <phys> • solenoidal field; zero-divergence field; solenoid field

Quellenfunktion *f* <math> *(Greensche Funktion)* • source function

Quellenimpedanz *f* <el> • source impedance

Quellenkodierung *f* <edv> • source encoding

Quellenleitwert *m* <el> • source admittance

Quellenprogramm *n* <edv> • source program

Quellensprache *f* DDR <doku.transl> *(von Übersetzungen)* • source language (SL)

Quellenströmung *f* <phys> • source flow

Quellenwiderstand *m* <el> • source impedance; source resistance

Quellenzone *f* <hydr> *(Wasserversorgung)* • outflow area

Quelle-Senken-Verfahren *n* <phys> *(Strömungslehre)* • source-sink method

Quelle und Senke *f* <phys> *(z. B. von Wärme)* • source and sink

quellfest <mat> *(nicht aufsaugend, gegen Feuchtigkeitsaufnahme)* • antisoaking

quellfest <qualit.mat> • swelling-resistant

Quellfestigkeit *f* <qualit.mat> • antisoaking properties
Quellfestigkeit *f* <qualit.mat> • swelling resistance
Quellfestmittel *n* <chem> *(Additiv)* • non-swelling agent
Quellfluss *m* <kst> • frontal laminar flow
Quellmittel *n* <nahr> *(z. B. in Speiseeis)* • stabilizer; stabilizing agent
Quellneutron *n* <nukl> • source neutron
Quellprogramm *n* <edv> • source program
Quellpunkt *m* <phys> • source point
Quellpunkt *m* <silik> • hot spot
Quellschüttung *f DIN 4049-3* <geo.hydr> *(Abfluss aus einer Quelle)* • spring discharge
Quellschweißen *n* <füg> • solvent bonding; solvent cementing; solvent welding
Quellsignal *n* <av> • original signal
Quellsprache *f DDR* <doku.transl> *(von Übersetzungen)* • source language (SL)
Quellungsmittel *n* <tech.allg> • swelling agent
quellunterstützter LWR *m* (SDLWR) <nukl> • source-driven LWR (SDLWR)
Quellverzeichnis *n* <edv> • source directory
Quellwert *m* <mat> *(Volumenzunahme)* • swelling value
Quellwert *m* <textil> *(gegen Wasser)* • water inhibition value
Quellwiderstand *m* <el> • source impedance
Quellzement *m* <bau.mat> • expanding cement; high-expansion cement
Quench *m* <nukl> *(Lösch-, Tilgungseffekt)* • quench
Quencher *m* <verf> *(Kühler)* • quencher; quench cooler
Quencherkreislauf *m* <verf> • quench loop
Quenching *n* <msr> *(NOx-Messung)* • quenching
Quenchstufe *f* <verf> • quenching stage
Quenchzone *f* <kfz.mot> *(im Brennraum)* • quench zone
quer *ugs* <nav> *(rechtwinklig zur Schiffsachse)* • abeam; athwartships
quer <pap> • crossways
Queraberration *f* <opt> • transverse aberration
Querablauf *m* <nav> • side launching
Querableitung *f* <el> • shunt impedance
Querabmessung *f* <tech.allg> • lateral dimension
Querabsteifung *f* <tech.allg> *(allg.)* • cross bracing
Querabweichung *f* <navig> • across-track error
Querabweichung *f* <navig> *(senkrecht zur Kurslinie gemessen)* • crosstrack error (XTE); cross track error; course-line deviation; course deviation
Querachse *f* <fz> *(Flugzeug, Schiff, Kfz)* • lateral axis; transverse axis
Querachse *f* <fz> • transverse axis; pitch axis
Querarm *m* <rls> • branch pipe; sidearm
Querauflage *f* <logist> *(Palettenregal)* • front-to-rear member; front-to-rear support
Querauflage mit Hutprofil *f* <logist> *(Längstraversenregal)* • riser beam
Querausgleichsgetriebe *n* <kfz.antr> • axle differential
Queraussteifung *f* <tech.allg> *(mit Trägern, Streben, Blech; z. B. Fachwerk, Maschinengestell)* • cross bracing
Queraussteifung *f* <masch> *(mit Rippen)* • cross ribbing
Querbalken *m* <tech.allg> *(eher groß; typ. aus Holz oder Metall)* • crossmember; cross-beam; cross girder; transverse beam; transverse girder
Querbalkensupport *m* <wz.masch> • cross rail tool head
Querbau *m* <min> • cross-cut method
Querbehang *m* <innen> *(Vorhang)* • valance
Querbelastung *f* <mech> *(z. B. senkrecht zur Trägerachse)* • transverse loading
Querbeschleunigung *f* (g) <fz> • transverse acceleration; lateral acceleration
Querbeschnitteinrichtung *f* <druck> *(für Rollenpapier)* • cross cutter

Querbewegung *f* <tech.allg> • transverse motion; crosswise motion *coll*; crosswise movement *coll*
Querbewegung *f* <rls> *(von Rohren; unerwünscht)* • lateral deflection; lateral offset; lateral movement
Querbewegungsgeschwindigkeit *f* <masch> • rate of traverse
Querbewehrung *f* <bau> • transverse reinforcement
Querblattfeder *f* <kfz> • transverse leaf spring
Querblech *n* <kfz> *(Karosserie; zwischen Innen- und Kofferraum)* • bulkhead; rear partition panel; rear bulkhead
Querblech *n* <kfz> *(Karosserie allg.)* • cross bracing
Querblech *n* <kfz> *(zwischen Motor- und Innenraum)* • bulkhead; firewall; dash panel; front partition panel
Querbohreinrichtung *f* <wz.masch> *(z. B. für Drehmaschine, Fräsmaschine)* • cross drilling attachment
Querbrechen *n* <min> • slice drift
Querbruch *m* <qualit> • cross break
Querbruchbau *m* <min> • slicing and caving; top slicing; slicing
Querbruchfestigkeit *f* <qualit.mat> • transverse strength
Querdamm *m* <bau.hydr> • transverse jetty; spur-jetty
Querdehnung *f* <mech> • transverse strain; lateral strain
Querdehnungszahl *f* <mech> *(Verhältnis Querkontraktion : Längsdehnung)* • Poisson's ratio
Querdehnungszahl *f* <qualit.mat> • Poisson ratio; Poisson's ratio *rare*
Querdehnzahl *f* <qualit.mat> • Poisson ratio; Poisson's ratio *rare*
Querdifferentialschutz *m* <el> • transverse differential protection; split-conductor protective system
Querdruck *m* <tech.allg> • lateral pressure
Querdrücken *n* <prod> • flow forming
querdurchströmtes Siebband *n* <verf> • straight-through band screen; through-flow band screen; single flow band screen; uni-flow band screen; direct band screen
quer eingebauter Motor *m* *ugs* <fz> • transverse engine; transversely mounted engine *rare*
Quereinlagerung *f* <logist> *(Palette)* • short side handling
Quereinzug *m* <büro> *(Kopierer)* • short feed
Querelement *n* <el> • shunt element
Quer-EMK *f* <el> • quadrature-axis component of electromotive force
Querempfindlichkeit *f* <msr> • cross sensitivity
Querentzerrer *m* <el> • parallel equalizer; shunt admittance equalizer
Querentzerrung *f* <el> • parallel equalization; shunt admittance equalization
Querfaden *m* <textil> *(Einfadentechnik)* • weft
Querfahrbühne *f* <verf.ents> *(Längsräumer)* • travelling bridge
Querfaltversuch *m* <qualit.mat> • flattening test
Querfalz *m* <doku> *(Falten von Zeichnungen)* • cross fold
Querfeld *n* <el> • transverse field
Querfeldinstrument *n* <msr> • transverse-field instrument
Querfeldkomponente *f* <phys> • transverse field component; quadrature-axis component
Querfeldmaschine *f* <el> • armature-reaction excited machine
Querfeldverlust *m* <el> • transverse-field loss
Querfeldwanderfeldröhre *f* <el> • transverse-field travelling-wave tube
Querfluss *m* <tech.allg> *(Fluide allg.)* • transverse flow
Querfluss *m* <phys> *(Energie, Strahlung)* • transverse flux; quadrature flux *thsc*
Querflussinduktionserwärmung *f* <el> • transverse flux induction heating

Querflusstrockner m <agri> • cross-flow drier
Querförderer m <agri> • transverse delivery device
Querförderer m <förd> (z. B. Gurtförderanlagen) • cross conveyor; transverse conveyor
Querförderschnecke f <förd> • cross-feed auger
Querförderung f <agri> (z. B. Kartoffelroder) • transverse delivery
Querformat n <doku> (betont: horizontale Anordnung einer Fläche) • horizontal layout
Querformat n <doku> (im Ggs. zum Hochformat; z. B. von Abbildungen) • landscape format; landscape orientation; horizontal format rare
Querformat m <druck> (Druckplatte) • landscape format
Querformatdruck m <druck> • landscape printing
Querfrässupport m <wz.masch> • rail milling head
Querführung f <wz.masch> (Wz-Support zwischen Säulen) • cross rail; rail pract
Querfuge f <füg> • transverse joint
Quergatter n <wz.masch> (Sägewerk) • cross-cut frame saw
Quergefälle n <bau> (Straßenbau) • transverse slope
Quer-/Gegenstromkühlturm m <verf> • mixed-flow cooling tower
quergelagert <masch> • transversely mounted
quergerichtet <tech.allg> • transverse
quergerichtete Bewegung f <tech.allg> • transversal motion
quergetäfelt <textil> • cross-lapped
quergeteiltes Gehäuse f <masch> (z. B. Kreiselpumpe) • radially split casing; vertically split casing
Quergleiten n <mat> (im Kristallgefüge) • cross slip
Querglied n <el> • shunt component; shunt element
Quergriff m <wz> (für Steckschlüsseleinsätze) • sliding T-handle; slide bar handle; T-handle; sliding T-bar; T-slide
Querhaupt n <masch> (Traverse; z. B. von Presse, Prüfgerät) • cross-head
Querhaus n <bau> (Kirche) • transept
Querheftung f <druck> (Buchbinderei) • side stitching; crosswise stabbing
Querhelling f <nav> • side slipway
Querhobeln n <prod> • cross-planing; crosswise planing
Querhobelsupport m <wz.masch> • cross-rail planing head
Querholm m <fz> • transverse spar
Querimpedanz f <el> • shunt impedance; leak impedance
Querinduktivität f <el> • shunt inductance; leak inductance
Querkeil m <füg> • cotter key
Querkeilloch n <füg> • cotter slot; cotter way
Querkeilverbindung f <masch> • cotter key joint
Querkomponente f <el> (Strom) • shunt component
Querkomponente f <mech> (einer Last, Kraft) • cross component
Querkomponente f <phys> (eines Vektors, z. B. Kraft, Geschwindigkeit) • transverse component
Querkontraktion f <mech> (unter Zugbeanspruchung) • transverse contraction
Querkontraktionszahl f <mech> • Poisson ratio; Poisson's ratio
Querkraft f <phys> (allg.) • lateral force; transverse force
Querkürzung f rar <mech> (unter Zugbeanspruchung) • transverse contraction
Querläufer m prakt <kfz> (Motorrad) • transverse engine
Querläufermotor m <kfz> (Motorrad) • transverse engine
Querlage f <aerospace> • bank
Querlager n rar <masch> (allg.) • radial bearing
Querlast f <mech> • lateral load; transverse load
querlaufende Fäden mpl <textil> (in Querrichtung verlaufendes Fadensystem) • weft; filling; woof; pick

querlaufende Welle f <phys> • transverse wave
Querleitwendel f <el> (Kabelabschirmung) • contact helix; copper equalizing tape; counter helix
Querleitwert m <el> • shunt conductance; transverse conductance
Querlenker m <kfz> (Radaufhängung) • transverse control arm; transverse link; track control arm
Querlenkerachse f <kfz> • transverse contral arm suspension; transverse link suspension
querliegende Steuerbohrung f <kfz.mot> • transverse cutoff bore
Quermagnetisierung f <el> • cross magnetization; transverse magnetization; perpendicular magnetization rare
quermoduliert <phys> (Welle) • transversely modulated
Quermotor m <fz> • transverse engine; transversely mounted engine rare
Quernaht f <füg> • transverse seam
Quernahtschweißmaschine f <füg> • transverse seam welding machine; transverse seam welder
Querneigung f <aerospace> (Schräglage eines Flugzeugs; typ. in Kurve) • bank
Querneigung f <bau> (z. B. Dachschräge) • transverse inclination
Querneigung f <fz> (schwankend, in beide Richtungen) • lateral sway
Querneigung f ugs <nav> (eines Schiffs) • heel; list; cant coll; heeling
Querneigungsmesser m <aerospace> • bank indicator
Querneigungswinkel m <aerospace> (beim Kurvenfliegen) • bank angle
Querneigungswinkel m <fz> (allg.; z. B. bei Kurvenfahrt, Elchtest) • roll angle
Quernut f <masch> (offen) • transverse groove
Quernut f <masch> (geschlossen) • transverse slot
Querparität f <edv> • vertical parity
Querpendeln n <nfz> (eines Anhängers; unerwünscht) • oscillation; lateral movement
Querperforation f <druck> (Perforationsart; rechtwinklig zur Zylinderachse) • cross perforation; horizontal perforation
Querprobestreifen m <pap> • cross sample strip
Querprofil n <tech.allg> • cross profile
Querprofilbestimmung f <pap> • cross-profile determination
Querreaktanz f <el> • quadrature reactance
Querredundanzprüfung f <edv> • vertical redundancy check
Querreißfestigkeit f <textil> (von Vliesstoffen) • CD strength
Querresonanz f <akust> • transverse resonance; parallel resonance
Querrichtung f <tech.allg> • lateral direction; transverse direction
Querrichtung f <pap> • crossways direction (CD)
Querrichtungs-Feuchtigkeitsprofil n <pap> • cross machine moisture profile
Querrichtungs-Probestreifen m <pap> • cross-machine strips
Querrichtungsprofil n <pap> • cross machine profile
Querrichtungstaster m <pap> • CD caliper
Querrichtung zur Maschine f <masch> • across-machine direction
Querriegel m • cross bracket
Querrippe f <tech.allg> (z. B. Versteifung, Oberflächenvergrößerung) • cross rib
Querriss m <qualit.mat> • transverse crack
Querriß m DIN EN ISO 6520 <qualit.mat> (quer zur Schweißnahtachse) • transverse crack ISO 6520-1
Querruder n <aerospace> • aileron

Querruderausgleich *m* <aerospace> • aileron balance

Querruderausschlag *m* <aerospace> • aileron movement; aileron deflection

Querruderdifferenzierung *f* <aerospace> • aileron differential

Querruderflattern *n* <aerospace> • aileron flutter

Querrudersteuerung *f* <aerospace> • aileron control

Querrudertrimmklappe *f* <aerospace> • aileron trimmer

Querruderumkehrung *f* <aerospace> • aileron reversal

quersägen *vt* <prod> • cross-cut *vt*

Querschaben *n* <prod> *(Zahnrad)* • tangential shaving

Querschenkel *m obs* <bau> • rail; sash rail

Querschieber *m* <wz.masch> • saddle

querschiffs <nav> *(rechtwinklig zur Schiffsachse)* • abeam; athwartships

Querschläger *m* <mil> *(allg. instabil fliegend)* • ricochet

Querschlag *m* <min> • cross-cut

Querschliff *m* <qualit.mat> *(Probe)* • transverse section

Querschlitten *m* <wz.masch> *(Drehmaschine)* • cross slide; transverse carriage

Querschlitz *m DDR* <füg> *(quer über Schraubenkopf)* • slot; slotted drive *form*

Querschlitz *m* <masch> *(geschlossen)* • transverse slot

Querschlitzschraubendreher *m rar* <wz> • slotted [-head] screwdriver; slot-head screwdriver *US.coll/GB. form*; flat tip screwdriver *US.form*; plain slot screwdriver *GB.form*; flat-bladed screwdriver *GB.coll*

Querschneide *f DIN ISO 5419* <wz> *(Spiralbohrer)* • chisel edge *ISO 5419*; dead center *US*; dead centre *GB*

Querschneidemaschine *f* <wz.masch> • cross-cutting machine

Querschneiden *n* <prod> • cross-cutting

Querschneider *m* <druck> *(für Rollenpapier)* • cross cutter

Querschneider *m* <wz> *(spanlos, scherend; z. B. für Blech)* • shearing cutter

Querschnitt *m* <tech.allg> *(Form, Profil)* • cross section

Querschnitt *m ugs* <tech.allg> *(in Flächeneinheit; z. B. von Kabeln in mm²)* • cross-sectional area; sectional area *pract*

Querschnitt *m* <doku> *(Ansicht, z. B. in techn. Zeichnungen)* • cross-sectional view; cross section

Querschnitt *m* <prod> *(Resultat eines Trennvorgangs; z. B. gesägt)* • cross-cut

Querschnittdarstellung *f* <doku> • transverse section; transverse sectional view

Querschnittsäge *f* <wz> • cross-cut saw

Querschnittsbreite *f* <prod> • section width

Querschnittsdarstellung *f* <doku> • transverse sectional view; transverse cross-sectional view

Querschnittsfigur *f* <edv> • cross-sectional shape

Querschnittsfläche *f* <tech.allg> *(in Flächeneinheit; z. B. von Kabeln in mm²)* • cross-sectional area; sectional area *pract*

Querschnittshöhe *f* <prod> • section height

Querschnittsveränderung *f* <qualit.mat> *(zerstörende Werkstoffprüfung)* • section change

Querschnittsverhältnis *n* <fz> *(von Fahrzeugreifen)* • aspect ratio; profile *coll*; height/width ratio *rare*; H/W ratio *rare*

Querschnittsverminderung *f* <tech.allg> • reduction of cross-sectional area

Querschnittsverminderung *f* <min> *(Strecke)* • closure

Querschnittsverminderung *f* <qualit.mat> *(Effekt bei zu hoher Zugbelastung; z. B. Probekörper, Schraube; in %)* • necking; reduction of area; necking-down; waisting *coll*; bottling *rare*

Querschnittsverminderung an der Düse *f* <energ.hydr> • nozzle-throat

Querschott *n* <nav> • transverse bulkhead; athwartship bulkhead

Querschräge *f* <tech.allg> • side taper

Querschriftaufzeichnung *f* <av> *(Videoband)* • quadruplex recording; quadruplex scanning; transverse track recording; Ampex recording system; traverse recording

Querschubanlage *f form* <nav> • traversal thruster; thruster *pract*

Querschweißnaht *f* <füg> • transverse weld

Querschwinger *m* <masch> • transverse vibrator

Querschwingung *f* <phys> *(eher niedrige Frequenz)* • lateral oscillation

Querschwingung *f* <phys> *(eher hohe Frequenz)* • transverse vibration

Querslip *m* <nav> • sideslip

Querspannung *f* <el> • transverse component of voltage; quadrature-axis component of voltage

Querspannung *f* <mech> • transverse stress

Querspant *n* <nav> • transverse frame; balanced frame

Querspantenbauweise *f* <nav> • transverse framing construction

Quersperre *f rar* <kfz.antr> • axle differential lock

Querspritzkopf *m* <kst> *(Extruder)* • transversal extruder head; side delivery head

Querspülung *f* <mot> *(2-Takter)* • cross scavenging; transverse scavenging; transverse flow scavenging

Querspule *f* <tele> *(Phantomschaltung)* • bridging coil

Querspuraufzeichnung *f* <av> *(Videoband)* • quadruplex recording; quadruplex scanning; transverse track recording; Ampex recording system; traverse recording

Querstabi *m ugs* <kfz> • stabilizer; anti-roll bar *GB*; anti-sway bar *US*; sway bar *US*; sway eliminator *US*

Querstabilisator *m form* <kfz> • stabilizer; anti-roll bar *GB*; anti-sway bar *US*; sway bar *US*; sway eliminator *US*

Querstabilität *f* <fz> • lateral stability; roll-axis stability; transverse stability

Querstange *f* <masch> *(allg.)* • cross-bar

Querstange *f* <masch> *(dünn)* • bail

Querstapellauf *m* <nav> • side launching

Querstapler *m DIN ISO 5053* <förd> • side-loading truck *ISO 5053*

Querstapler *m* <logist> • side loader

querstehender Motor *m rar* <fz> • transverse engine; transversely mounted engine *rare*

Quersteifigkeit *f* <mech> • transverse rigidity

querstellen *vr* <nfz> *(Anhänger)* • jack-knife *vi*

Querstrahl *m* <phys> • transverse beam

Querstrahlanlage *f form* <nav> • traversal thruster; thruster *pract*

Querstrahlantrieb *m* <nav> • traversal thruster; thruster *pract*

Querstrahler *m* <el> *(Antenne)* • broadside array

Querstrahler *m prakt* <nav> • traversal thruster; thruster *pract*

Querstrahlruder *n prakt* <nav> • traversal thruster; thruster *pract*

Querstrahlschalter *m* <el> • orthojector circuit breaker

Querstrahlung *f* <tele> *(Antenne)* • broadside radiation

Querstrahlwanderfeldröhre *f* <el> • transverse-beam travelling-wave tube

Querstraße *f* <verk> *(rechtwinklig zu Hauptstraße oder zw. zwei Hauptstraßen)* • crossroad *US*

Querstrebe *f* <tech.allg> *(für Zug oder Druck; z. B. Fachwerk, Rahmen, Stahlskelettbau)* • cross brace; cross strut

Querstrebe *f* <tech.allg> *(eher zugbelastet; z. B. in Fachwerk, Fahrzeugrahmen)* • cross tie

Querstrebe *f* <kfz> *(über Frontscheibe)* • scuttle

Querstrebe *f* <kfz.rep> *(Rahmenrichtgerät)* • transverse beam; crossmember

Querstreifeneffekt m <textil> • shadow stripe effect
Querströmung f ugs <tech.allg> (jedes Fluid; z. B. Wasser, Luft) • cross flow; transverse flow
Querstrom m <tech.allg> (jedes Fluid; z. B. Wasser, Luft) • cross flow; transverse flow
Querstrom m <el> • shunt current
Querstromabscheider m <verf> (Schwerkraftabscheider) • settling chamber; sedimentation chamber; drop-out box; expansion chamber
Querstromadsorber m <verf> • cross-current adsorber; crossflow reactor
Querstromkühler m <kfz> • crossflow radiator
Querstromkühlturm m <verf> • crossflow cooling tower
Querstromprinzip n <verf> • crossflow principle
Querstromschalter m <el> • cross-jet circuit breaker
Querstromsichter m <verf> • horizontal cross stream air classifier
Querstromspülung f <mot> (2-Takter) • cross scavenging; transverse scavenging; transverse flow scavenging
Querstromsystem n <verf> • crossflow principle
Querstrom-Zylinderkopf m <kfz.mot> • crossflow cylinder head; X-flow cylinder head
Querstück n <bau> (Fensterblend- oder -flügelrahmen) • cross member
Quersumme f <math> • sideways sum
Quersumme f <math> (Summe aller Ziffern einer Zahl; typ. als Kontrollsumme) • transverse sum; horizontal check sum; sum of digits; sideways sum coll
Quersummenkontrolle f <math> • transverse sum checking
Quersummenrestkontrolle f <edv> • modulo-n check
Quersupport m <wz.masch> • cross-rail tool head; cross-slide
Quersupport m <wz.masch> (Drehmaschine) • cross slide; transverse carriage
quersymmetrischer Vierpol m <el> • balanced two-terminal-pair network
Querteilung f <metall> (Trennen quer zur Längsachse) • cross-cutting
Quertonnengewölbe n <bau> • transverse barrel vault
Querträger m <tech.allg> (eher groß; typ. aus Holz oder Metall) • crossmember; cross-beam; cross girder; transverse beam; transverse girder
Querträger m <masch> (Metall, jede Größe, jedes Profil) • cross rail; traverse
Querträger mit Hutprofil m <logist> (Längstraversenregal) • riser beam
Quertragwerk n <bahn> (Oberleitung) • cross-span
Quertransport m <förd> • cross transfer
Quertraversenregal n <logist> • single pallet bay system; single pallet opening system
Quertrieb m <fz> (allg.; z. B. durch Seitenwind, Strömung, Straßenbombierung) • cross force
Quertrieb durch Seitenwind m <fz> • cross-wind force
Querüberdeckung f <phot> • lateral overlap
Quer-Umkehrspülung nach Curtis f <kfz.mot> • Curtis-type loop scavenging
Querverband m <bau> (zwischen Steinen; z. B. Ofenausmauerung) • lateral bond
Querverband m <bau> (Stahlbau; z. B. Quer- od. Diagonalstrebe in Fachwerk) • transverse bracing
Querverbindung f <tech.allg> (konkret, abstrakt; z. B. organisatorisch, verkehrstechnisch, thematisch) • cross connection
Querverbindungsblock m <edv> • cross-connect block
Querverbindungsleitung f <tele> • tie line
querverfahrbare Räumerbrücke f <verf.ents> (Längsräumer) • travelling bridge

Querverkürzung f rar <mech> (unter Zugbeanspruchung) • transverse contraction
Querverrippung f <tech.allg> (eher dünn; eher zur Oberflächenvergrößerung) • cross finning
Querverrippung f <tech.allg> (eher dick; eher zur Versteifung) • cross ribbing
Querversatz m <kfz.rep> (durch schweren einseitigen Unfallschaden) • sideway; sway pract; side shift
Querversetzung f rar <kfz.rep> (durch schweren einseitigen Unfallschaden) • sideway; sway pract; side shift
querversteift <tech.allg> • transversely stiffened
querverstellbar <tech.allg> • transversely adjustable
Querverstellung f <wz.masch> • transverse adjustment
Querverwerfung f <geo> • transverse fault
Quervorschub m <wz.masch> • cross feed; transverse feed form
Querwalzen n <prod> (z. B. Stahlblech) • cross-rolling
Querweg m <tele> • high-usage route
Querwelle f <masch> (z. B. in Getriebe, Werkzeugmaschine) • cross shaft
Querwelle f <phys> (Schwingung) • transverse wave
Querwiderstand m <el> • shunt resistance
Querzahl f <qualit.mat> • Poisson ratio; Poisson's ratio rare
Querzugversuch m <qualit.mat> (z. B. an Schweißverbindungen) • transverse tensile test
quer zur Faserrichtung <tech.allg> • across the fiber grain
quer zur Faserrichtung des Holzes <obfl.holz> • across the grain of the wood
Quetschbereich m <kfz.mot> (im Brennraum) • squish [area]
Quetschdruck m <prod> • squeeze force
quetschen vt ugs <tech.allg> (etwas Weiches) • squeeze vt
quetschen vt <el> (Kontaktschuh, Steckverbinder an Kabel) • crimp vt
quetschen vt <prod> (mit Backen, Kanten; z. B. mit Zange) • nip vt; pinch vt
Quetschfestigkeit f <qualit.mat> (Widerstand gegen Kollabieren) • crushing strength
Quetschflüssigkeit f <förd> (in Zahnradpumpe) • trapped liquid; liquid trapped; trapped fluid coll
Quetschfußdurchführung f <el> • pinch-type lead-in
Quetschfußlampe f <kfz.el> (Sockel IEC W2,1 × 9,5d) • glass wedge base bulb US; pinched base bulb; pinch-base bulb
Quetschgrenze f rar <qualit.mat> (Druck unter dem ein Probekörper kollabiert; analog Zugfestigkeit) • compressive strength; crushing strength pract.coll
Quetschgrenze f rar <qualit.mat> (Fließgrenze/Fließspannung, analog zur Streckgrenze im Zugversuch) • compressive yield strength; compression yield point; compression yield strength; crushing yield strength
Quetschhahn m ugs <bau> (Wasserstop durch Schlauchabklemmen) • pinch cock coll; hose cock coll
Quetschhülse f <el> (für Flachstecker, Flachsteckhülsen) • flared metal sleeve
Quetschhülse f <füg> (z. B. für Drahtseile) • ferrule
Quetschkante f <kst> (in Blasform) • pinch-off edge
Quetschklemme f <masch> • pinch clamp
Quetschkondensator m <el> • compression capacitor; book capacitor
Quetschkontakt m <el> • crimped contact
Quetschkopf m <kfz.mot> (Brennraumform) • squish combustion chamber; squish type combustion chamber
Quetschleitung f <el> (Hohlleiter) • squeeze section
Quetschnahtschweißung f <füg> • mash seam welding
Quetschnahtstelle f <kst> (Blasformteil) • pinch-off location

Quetschöl n <förd> (Pumpe) • trapped oil

Quetschölbildung f <förd> (in Zahnrad-Ölpumpe) • oil trapping

Quetschpresse f <textil> • roller press

Quetschsockellampe f :V <kfz.el> (Sockel IEC W2,1 × 9,5d) • glass wedge base bulb US; pinched base bulb; pinch-base bulb

Quetschtrimmer m <el> • compression trimmer

Quetschverbindung f <el> (Kabel, Steckverbinder) • wire-crimp connection

Quetschverbindung f <füg> (allg.; z. B. Blech, Kabel, Stecker) • crimp connection; crimped connection

Quetschwalze f <pap> • squeezing roll

Quetschwalze f <phot> (Fotolabor; für Fotopapier) • squeegee

Quetschwalze f prakt <prod> (z. B. bei Folienextrusion) • nip roll; squeegee roll; squeeze roll rare

Quetschwalzendruck m <pap> • squeeze roll pressure; squeeze roll loading

Quetschwerk n <textil> • mangle

Quetschwirkung f <kfz.mot> (verbessert Spülung) • squish effect

Quetschzange f <el.wz> (zum Schneiden, Abisolieren, Crimpen von Kabeln) • wire stripper/crimper tool; terminal crimper/stripper; crimping tool; crimping pliers

Quetschzone f <kfz.mot> (Einschnürung des Brennraumes von Zweitaktmotoren) • squish band

Quick-Access-Recorder m (QAR) <aerospace> (dritte Black Box) • quick access recorder (QAR)

Quick-Aufnahmetimer m <av> (VCR-Funktion) • one-touch recording (OTR); quick timer recording; instant timer recording; quick recording function; quick timer coll

Quick Out f <kfz.av> • Quick Out

Quick-Out f ® <kfz.av> • pull-out feature

Quick-Out-Bügel m <kfz.av> • quick-out handle

Quick-Out-Halterung f <kfz.av> • pull-out feature

Quick-Out-Halterung f <kfz.av> • Quick Out

Quick Response Code m <edv> • Quick Response Code; QR Code

Quick Review n Saba.JVC <av> • record review; rec review Panasonic; ReView JVC

Quick Speed-Laufwerk n Sie <av> • high-speed drive Gru; high-speed mechanism Son; turbo drive Phi; high-speed drive mechanism Gru; super spec drive JVC

Quick-Start m Gol <av> • quick start mechanism Sha; quick start Mit,Gol; quick start deck Phi; quick start drive; quick response chassis Nok

Quick-Start-Funktion f Phi <av> • quick start mechanism Sha; quick start Mit,Gol; quick start deck Phi; quick start drive; quick response chassis Nok

Quick Start Laufwerk n Phi <av> • quick start mechanism Sha; quick start Mit,Gol; quick start deck Phi; quick start drive; quick response chassis Nok

Quick-Start-Recording n <av> (VCR-Funktion) • quick start recording (QSR); direct record; instant record; record what you see; immediate recording

Quick-Timer m <av> (VCR-Funktion) • one-touch recording (OTR); quick timer recording; instant timer recording; quick recording function; quick timer coll

Quietschen n <tech.allg> (Gummi; z. B. von Reifen) • squeal

Quietsch- und Klappergeräusche npl <tech.allg> • squeaks or rattles

quinär <math> (z. B. Schreibweise, Zahl) • quinary

Quintil n <math> (Statistik) • quintile

Quirlantenne f <el> • turnstile antenna

QUIT-Taste f <navig> (an Empfänger) • QUIT key

quittieren vt <allg> (Bestätigen einer Meldung etc.) • acknowledge vt

Quittung f <doku> (schriftl.; für eine Leistung; z. B. Zahlungsempfang) • receipt; voucher

Quittung f ugs <doku> • acknowledgement of receipt; receipt coll; receipt acknowledgement rare

Quittungsbetrieb m <edv> (zwischen zwei Datenträgern) • handshaking

Quittungsblock m <büro> • receipt block

Quittungskreis m <msr> • acknowledging circuit

Quittungsrelais n <el> • verification relay

Quittungsschalter m <msr> • acknowledging switch; acknowledger pract

Quittungssignal n <tele> (allg.; auch mehrere Zeichen) • acknowledgement signal (ACK); reception confirmation signal

Quittungszeichen n <tele> (allg.; auch mehrere Zeichen) • acknowledgement signal (ACK); reception confirmation signal

Quittungszeichen n <tele> (betont: ein einzelnes Zeichen) • acknowledgement character

Quote f ugs <logist> (Anteil) • quota

Quotenstichprobe f <math> (Statistik) • quota sample

Quotenstichprobenverfahren n <math> (Statistik) • quota sampling

Quotient m <math> • quotient

Quotientenmesser m <el> • ratio meter

Quotientenregister n <edv> • quotient register

Q-Wert m <nukl> • Q-value; reaction energy

q-Zahl f <phys> • quantum number; q-number

Q-Zweig m <phys> (Spektren) • Q-branch

R

R <chem> • organic radical (R)

R <el> (Messgröße; in Ohm) • resistance (R); electrical resistance

R <med.tech> (Strömungswiderstand in den Atemwegen; Einheit: mbar/l/s) • resistance (R)

R <nukl> (veraltete Einheit der radioaktiven Strahlungsdosis) • roentgen (R) obs

R <rls> • tapered external pipe thread (R) BS 21; ISO 7/1

R <rls> • pipe thread where the pressure-tight joint is made on the thread (R) ISO 7; British Standard pipe thread for pressure-tight joints BS 21

R <therm> (allgemeine vs. spezielle) • gas constant (R)

R-12 <hlk> (Kältemittel) • Freon (R-12); dichlorodifluoromethane

Ra <chem> • radium (Ra)

Rabatt m <fin> • discount

Rabies f <med> • rabies; lyssa; hydrophobia

Rabitzgewebe n <bau> • plaster fabric

Rabitzzange f <wz> • mechanics' nippers pl

Racah-Koeffizient m <phys> (Drehimpuls) • Racah coefficient

Racematspaltung f <chem> • resolution of racemates

racemisch <chem> • racemic

RACH <tele> • random access channel (RACH)

Rachenlehre f <msr> (Gutlehre oder Ausschusslehre) • caliper gauge; gap gauge; snap gauge

Racing-Ansaugtrichter m <kfz> (Tuningteil, z. B. bei Rennwagen) • velocity stack

Rack n <el> (für Einschübe, Module) • rack

Rack n <logist> (z. B. Rungen-, Box- und Gitterboxpaletten, Lagerkästen) • portable rack

Rackbefestigung f <edv> • rackmount bracket

Rackeinbau m <edv> • rackmountable

Rackeinbausatz m <edv> • rackmount kit

Rackeinbauset n <edv> • rackmount kit

Rack-Einsteckkarte f <el> • rackmount card

Racksynthesizer m <mus> (tastaturloser Synthesizer als 19"-Modul) • synthesizer module; rackmountable synthesizer; rackmount synthesizer

rad <math> (Einheit des ebenen Winkels) • radian

Rad n <fz> (an Fahrzeugen) • wheel

Rad n ugs <fz> (Zweirad) • bicycle; bike coll; cycle coll.rare

Rad n <masch> (z. B. Zahnrad, Spinnrad) • wheel

Radabdeckung f <fz> (Motorrad, Fahrrad) • fender; mudguard

Radabstand m <tech.allg> • wheel center distance

Radabweiser m <bau> (kurzer, dicker, pollerähnlicher Schutzblock; z. B. an Hausecke) • bollard

Radabweiser m <bau> (Stange oder Stab; z. B. an Hauseinfahrt) • fender pole US; spur post GB

Radabzieher m <wz> • wheel puller

Radachse f <fz> • wheel axle

Radachse f prakt <masch> (Zahnradgetriebe) • gear axis

Rad-Adapter m <kfz> • wheel adapter

Radanlageflächendurchmesser m <fz> (von Rädern) • attachment face diameter; mounting face diameter

Radantenne f <el> • cartwheel antenna US; cartwheel aerial GB

Radantrieb m <kfz> • wheel drive; final drive

Radantriebswelle f <fz> • outer axle shaft

Radar n <navig> • radio detecting and ranging (RADAR)

Radarabflug m <aerospace> • radar take-off

Radarabtaster m <navig> • scanner unit

Radaranflug m <aerospace> • radar approach

Radaranlage f <navig> • radar unit

Radarantenne f <navig> • radar antenna US; radar aerial GB

Radarantennenverkleidung f <navig> • radar dome; radome

Radarantwortbake f <navig> • radar responder beacon

Radaranzeige f <navig> • radar display; radar screen picture

Radarauflösungsvermögen n <navig> • radar resolution

Radaraufnahme f <verm> • radar photograph

Radarbake f <navig> • radar beacon; racon

Radarbedeckung f <navig> • radar covering

Radarbewegtziel n <navig> • moving radar target

Radar-Bewegungsmelder m inkorrekt <alarm> • microwave motion detector

Radarbild n <navig> • radar image; radar picture

Radarbildschirm m <navig> • radarscope; radar screen

Radarbildsignal n <navig> • radar image signal

Radarecho n <navig> • radar echo

Radarempfänger m <navig> • radar receiver

Radarentfernungsmesser m <navig> • radar range finder; radar range meter

Radarentfernungsmessung f <navig> • radar ranging

Radarerfassung f <navig> • radar contact

Radarerfassung f <navig> • radar detection

Radarfalle f <verk> • police radar; radar speed trap

Radarfrequenzbereich m <navig> • radar frequency range

Radar-Füllstandssensor m <msr> • radar level meter

Radar für absolute Bewegungsanzeige n <navig> • true-motion radar

Radargerät n <navig> • radar set

radargesteuert <tech.allg> • radar-controlled

radargesteuerte Landung f <aerospace> • radar-controlled landing

Radargleichung f <navig> • radar equation

Radarhöhenmesser m <aerospace> • ground-clearance indicator; radar altimeter

Radarhorizont m <navig> • radar horizon

Radarimpuls m <navig> • radar pulse

Radarkenngerät n <navig> • radar identification unit

Radarkette f <navig> • radar chain

Radarkuppel f <navig> • radar dome; radome

Radarkursbestimmung f <navig> • radar course fixing

Radarlandegerät n <navig> • approach control radar

Radarleitstation f <navig> • guidance vectoring radar

Radarleitstrahllenkung f <navig> • radar-beam riding

Radarleitstrahlstation f <navig> • beam-rider radar

Radar mit Doppler-Effekt n <navig> • Doppler radar

Radarmodulator m <navig> • radar modulator

Radarnavigation f <navig> • radar navigation

Radarortung f <navig> • radar detection

Radarortungsgerät n <navig> • radar detector

Radarpeilung f <navig> • radar bearing

Radarpistole f <verk> • radar gun

Radarquerschnitt m <aerospace> • radar cross-section

Radarreflektor m <navig> • radar reflector

Radarreichweite f <navig> • radar range

Radarrückstrahlvermögen n <navig> • radar reflectivity

Radarschatten m <navig> • radar shadow

Radarschirm m <navig> • radar scope; radar screen

Radarschirmbild n <navig> • radar display; radar screen picture

Radarschirm mit Mittelpunktaufweitung m <navig> • expanded position indicator

Radarschranke f inkorrekt <alarm> • microwave beam-breaking system; line of sight microwave detector

Radarsender m <tech.allg> • radar transmitter

Radar-Sensor m <msr> • radar sensor

Radarsichtgerät n <navig> • radar display unit

Radarsonde f <msr> • radarsonde

Radarstandort m <navig> • radar fix

Radarstation f <navig> • radar station

Radarstörung f <navig> • radar interference

Radarstrahl m <navig> • radar beam

Radarsuchgerät n <navig> • radar search unit

Radartechnik f <navig> • radar engineering

Radarüberwachung f <navig> • radar surveillance

Radar-Verfahren n <navig> • radio detecting and ranging (RADAR)

Radarverfolgung f <mil> • radar tracking

Radarwarner m <kfz.msr> • radar detector; police radar detector; bird dog sl

Radarwarngerät n <kfz.msr> • radar detector; police radar detector; bird dog sl

Radarzielsuchkopf m <mil> • radar homing device; radar homing head

Radarzielverfolgung f <mil> • radar tracking

Radaufhängung f <kfz> (vorne und hinten) • wheel suspension; suspension pract

Radaufhängungs-Befestigungspunkt m form <kfz> • suspension mounting

Radausfluchtung f <kfz> • track alignment

Radausführung f <kfz> • wheel type

Radausleger m <bau.masch> • digging boom

Radausschnitt m <kfz> (Kotflügel) • wheel cutout

Radausschnittverkleidung f <kfz> (nur Hinterräder; kein Verbreiterungseffekt) • fender skirt; rear wheel spat GB

Radauswuchtgerät n <kfz> • wheel balancer

Radbefestigung f <kfz> • wheel fastening; wheel fixing

Radbefestigungsbolzen m <kfz> • wheel mounting bolt

Radbefestigungsmutter f <kfz> • wheel mounting nut

Radblende f <kfz> (allg., ganzflächig) • wheel cover

Radbolzen *m prakt* <kfz> *(zur Radbefestigung)* • wheel bolt; wheel lug bolt *US*

Radbremse *f* <fz.brems> • wheel brake

Radbremsscheibe *f* <bahn> • wheel-mounted brake disc; wheel brake disc

Radbremszylinder *m* <fz.brems> • wheel braking cylinder; wheel cylinder

Radbuchse *f* <fz> • wheel bush

Raddozer *m* <bau.masch> • wheel dozer

Raddrehzahlfühler *m* <kfz.msr> • wheel speed sensor

Raddruck *m* <verk> *(Belastung der Fahrbahn)* • wheel load

Raddurchmesser *m prakt* <kfz> • rim diameter; fitting diameter *pract*; wheel diameter *pract*; nominal rim diameter *stand*; specified rim diameter *stand*

Radeffekt *m* <navig> *(durch schlechte Kontaktgebung)* • spoking

Radeinpresstiefe *f did* <kfz> • offset; wheel offset *did*; wheel pitch *US*; wheel dishing

Radeinpresstiefe Null *f did* <kfz> *(innere Anlagefläche ist exakt in Felgenmitte)* • zero offset; zeroset *US*; center flange *US*; central dishing; central flange

Radeinstechmaschine *f* <wz.masch> • infeed gear cutting machine

radeln *vi* <fz> • cycle *vi*; ride *vt*

radfahren *vi* <fz> • cycle *vi*; ride *vt*

Radfahrmasse *f* <bahn> • wheel load

Radfahrwerk *n* <aerospace> *(Hubschrauber)* • wheeled undercarriage; wheeled landing gear

Radfelge *f* <fz> *(runder, äußerer Teil des Rades, in dem sich die Speichen befinden)* • felly; felloe *rar*

Radfelge *f* <fz> • wheel rim

Radfelgenbiegemaschine *f* <wz.masch> • felly bending machine

Radfenster *n* <bau> • wheel window

Radflansch *m* <fz> • wheel flange

Radflattern *n* <kfz> • wheel wobble

Radflattern *n* <kfz> *(Seitenschlag; spürbar und/oder sichtbar)* • shimmy; wheel judder *US*; wheel shudder *GB*

Radflattern *n ugs* <kfz> *(von Kfz-Rad in vertikaler Richtung)* • radial run-out; spin imbalance; wheel tramp *pract*; wheel shimmy *coll*

Radford-Nomogramm *n* <med.tech> • Radford-Nomogram

radführendes Federbein *n norm* <kfz> *(Fahrwerk)* • MacPherson strut; Chapman strut *rare*

Radführung *f* <kfz> • wheel location

Radgehäuse *n prakt* <kfz> • wheel housing; wheel well; wheelhouse *rare*; wheel box

Radgewicht *n* <fz> • wheel weight

Radgröße *f* <kfz> • rim size; wheel size

Radhaus *n* <kfz> • wheel housing; wheel well; wheelhouse *rare*; wheel box

Radhausauskleidung *f* <kfz> *(Kunststoffeinsatz)* • undershield; wheel housing liner; protective wheel arch liner; wheel arch protector; fender house liner *US*

Radhausschale *f* <kfz> *(Kunststoffeinsatz)* • undershield; wheel housing liner; protective wheel arch liner; wheel arch protector; fender house liner *US*

radial angeordnete Säulen *fpl* <bau> *(Radfenster)* • radial columns

radial angeordnete Ventile *fpl* <kfz.mot> • radial valves *pl*

Radialarm *m* <verf> *(z. B. in Siebtrommel)* • radial arm

Radial-Axial-Gleitlager *n DIN ISO 4378-1* <masch> • journal thrust bearing *ISO 4378-1*

Radialbeanspruchung *f* <mech> *(z. B. in Gleitlagern)* • journal loading; journal load

Radialbeanspruchung *f* <mech> *(allg., jede radiale Beanspruchung)* • radial loading; radial load

Radialbeaufschlagung *f* <turb> *(Dampfturbine)* • radial admission

Radialbeschleunigung *f* <mech> • radial acceleration

Radialbewegung *f* <allg> • radial motion

Radialbohrmaschine *f* <wz.masch> • radial drilling machine

Radialdiffusor *m* <masch> *(Pumpe)* • vaneless diffuser; diffuser ring; diffusion ring

Radialdrehmeißel *m* <wz> • radial turning tool

Radialebene *f* <tech.allg> • radial plane

radiale Dichte *f* <edv> • track density

radiale Immundiffusion *f* (RID) <med> • radial immuno-diffusion (RID)

radiale Komponente *f* <wz> • radial force component; radial force

radiale Kreiselpumpe *f* <förd> • radial-flow pump; centrifugal pump

radiale Lagerluft *f* <masch> • radial internal clearance

radialer Gradientenfilter *m* <phot> *(z. B. für Sonnencorona-Aufnahmen)* • radial filter; radial gradient filter

radiale Schaufel *f* <masch> *(Laufrad)* • radial vane; radial blade

radiales Gradientenfilter *n* <phot> *(z. B. für Sonnencorona-Aufnahmen)* • radial filter; radial gradient filter

radiales Laufrad *n* <masch> *(z. B. Pumpe, Verdichter)* • radial-flow impeller; radial impeller; radial-type impeller

radiale Spursteuerung *f* <edv> • radial tracking

radiale Verteilung *f* <phys> • radial distribution

Radialfärbeapparat *m* <textil> • radial dyeing apparatus

Radialfaktor *m* <masch> *(Wälzlagerberechnung)* • radial factor

Radialfeldkabel *n* <el> • screened cable; radial field cable; individually screened cable; screened type conductor cable; shielded conductor cable

Radialfeld-Kabel *n* <el> • screened cable; radial field cable; individually screened cable; screened type conductor cable; shielded conductor cable

Radialfilter *m/n* <phot> *(z. B. für Sonnencorona-Aufnahmen)* • radial filter; radial gradient filter

Radialfilter *n* <tribo> *(z. B. als Feinstfilter für Motor- oder Hydrauliköl)* • radial filter

Radialgebläse *n* <masch> *(im Ggs. zu Axialgebläse, Querstromgebläse)* • centrifugal blower; centrifugal fan; radial-flow blower

Radialgeschwindigkeit *f* <masch> *(Strömung im Laufrad)* • radial velocity

Radial-Gewinderollen *n* <prod> *(Walzen)* • radial thread-rolling; radial-infeed thread-rolling; infeed thread-rolling; infeed rolling; plunge rolling *rare*

Radial-Gewinderollkopf *m* <wz> • radial thread-rolling head; radial thread-rolling attachment

Radial-Gewindewalzkopf *m* <wz> • radial thread-rolling head; radial thread-rolling attachment

Radialgitter *n* <masch> *(z. B. Ansaugöffnung)* • radial grating

Radialgleitlager *n* <masch> • plain journal bearing

Radialgleitschuh *m DIN ISO 4378-1* <masch> *(Lager)* • journal pad *ISO 4378-1*

Radial-Kippsegmentlager *n DIN ISO 4378-1* <masch> • tilting pad journal bearing *ISO 4378-1*

Radialkolbenhydraulikmotor *m* <hydr> • radial-cylinder hydraulic motor

Radialkolbenmotor *m* <masch> • radial piston motor

Radialkolbenpumpe *f* <förd> • radial piston pump; radial plunger pump

Radialkompressor *m* <masch> *(im Ggs. zum Axialverdichter, Diagonalverdichter)* • centrifugal compressor; radial-flow compressor

Radialkraft *f* <mech> • radial force

Radialkraftschwankung f (RKS) <kfz> • radial force variation

Radialkreiselpumpe f <förd> • radial-flow pump; centrifugal pump

Radialkugellager n DIN ISO 5593 <masch> • radial ball bearing ISO 5593; ball journal bearing

Radialläufer m <masch> (z. B. Pumpe, Verdichter) • radial-flow impeller; radial impeller; radial-type impeller

Radiallager n DIN ISO 4378-1 <masch> (betont: für Lagerzapfen; z. B. Kurbelwellenhauptlager) • journal bearing ISO 4378-1

Radiallager n <masch> (allg.; Lager zur Aufnahme von Radialkräften) • radial bearing

Radiallast f <mech> • radial load

Radiallaufrad n <masch> (z. B. Pumpe, Verdichter) • radial-flow impeller; radial impeller; radial-type impeller

Radialleitung f <tele> • radial transmission line

Radiallüfter m <masch> • centrifugal fan; centrifugal blower

Radialnut f <masch> • radial groove

Radial-Pendelrollenlager n <masch> • self-aligning roller bearing

Radialpumpe f <förd> • radial-flow pump; centrifugal pump

Radialquantenzahl f <phys> • radial quantum number

Radialrad n <masch> (z. B. Pumpe, Verdichter) • radial-flow impeller; radial impeller; radial-type impeller

Radialraster n <edv> (Grafik, CAD) • polar grid

Radialrechen m <verf.hydr> • horizontal arc screen V

Radialreifen m wiss <prod> • radial tire; radial ply tire form; belted-radial tire rare; radial coll

Radialrillenkugellager n <masch> • radial ball bearing ISO 5593; ball journal bearing

Radial-Rollkopf m <wz> • radial thread-rolling head; radial thread-rolling attachment

Radialsäulen fpl <bau> (Radfenster) • radial columns

Radialschaufel f <masch> (Laufrad) • radial vane; radial blade

Radialschlag m prakt <kfz> (von Kfz-Rad in vertikaler Richtung) • radial run-out; spin imbalance; wheel tramp pract; wheel shimmy coll

Radialschliff m <prod> • peripheral grinding

Radial-Schrägkugellager n <masch> • angular contact ball bearing

Radialschub m <masch> (Strömungsmaschine) • radial thrust; radial reaction; radial loading; radial loads pl

Radialschubausgleich m <masch> (z. B. Pumpe) • radial thrust balancing

Radial-Segmentlager n <masch> • lobed bearing ISO 4378-1

Radialspalt m <masch> (z. B. Schmierspalt) • radial clearance

Radialspannvorrichtung f <tech.allg> • radial stretching device

Radialspiel n <masch> (z. B. radiales Lagerspiel) • radial play; radial clearance; vertical shake

Radialstein m <bau> • radial brick

Radialstrahl m <opt> • radial line

radialstrahlig <mat> • divergent

Radialstrehler m <wz> • radial thread chaser

Radialströmung f <phys> • radial flow

Radialstromwäscher m <ents> • radial-flow scrubber

radialsymmetrisch <tech.allg> • radially symmetric

Radial-Tonnenlager n <masch> • spherical roller bearing

Radialtriangulation f <phot> • radial plot

Radialturbine f <energ.hydr> • radial-inflow turbine; mixed-flow turbine; radial-flow turbine

radial unterteiltes konzentrisches Kabel n <el> • septate cable

Radialventilator m <masch> • centrifugal fan; centrifugal blower

Radialverdichter m <masch> (im Ggs. zum Axialverdichter, Diagonalverdichter) • centrifugal compressor; radial-flow compressor

Radialverfahren n <prod> (Schneckenradherstellung) • radial-feed method

Radialverfahren n <prod> (Walzen) • radial thread-rolling; radial-infeed thread-rolling; infeed thread-rolling; infeed rolling; plunge rolling rare

Radialversatz m <tech.allg> (z. B. von Rohren, Wellen) • parallel misalignment; lateral mismatch; lateral misalignment; lateral offset

Radialverzeichnung f <opt> • radial distortion

Radialwälzlager mit dickwandigem Außenring n DIN ISO 5593 <masch> • radial rolling bearing with a heavy section outer ring ISO 5593

Radial-Wellendichtring m (RWDR) DIN 3761 <masch> • radial shaft seal ring; lip seal with garter spring; radial seal pract; shaft seal pract; oil seal pract

Radiant m <math> • radian

radiative Verluste mpl <energ.sol> • radiative heat losses pl

Radiator m <hlk> • radiator

Radiator m <nukl> (z. B. e. Dosimeters) • radiator

Radiatorenheizungsanlage f <hlk> • hydronic heating system with pipes and radiators

Radienabrichten n <prod> • radius dressing; radius form truing; radius form trueing

Radienbemaßung f <edv> • radius dimensioning

Radienlehre f <msr> • radius gauge; fillet gauge

Radienschablone f <msr> • radius gauge; fillet gauge

Radierbarkeit f <doku> • erasability

radieren vi <kfz> (Reifen) • grind vi

radieren vt <doku> (mit Radiergummi etc.; z. B. einen Fehler) • erase vt

radieren vt <kunst> • etch vt

Radierfähigkeit f <doku> • erasability

Radierfestigkeit f <doku> • resistance to erasure

Radiergummi m <doku> • eraser US; rubber GB; india rubber

Radierschablone f <doku> • erasing shield

Radierstift m <kunst.wz> • eraser pencil

Radikal n <chem> (z. B. freies ~) • radical

Radikal n <math> • radical sign; radical

Radikalachse f <math> • radical axis

radikalisch <chem> (z. B. Reaktion) • radical

radikalische Polymerisation f <chem> • radical polymerization

Radikalkettenpolymerisation f <chem> • radical chain polymerization

Radikalpunkt m <math> • radical center

Radikalwanderung f <chem> • radical migration

Radikand m <math> • radicand

Rad im Kreuzspeichendesign n <kfz> • cross-spoke wheel

Rad im Kreuzspeichenstyling n <kfz> • cross-spoke wheel

Rad im Speichendesign n <kfz> • spoke wheel; styled spoke wheel press.ad; radially spoked wheel did

Radio n <av> (Ausstrahlung über Funk) • radio broadcasting

Radio n ugs <av> (Radioempfangsteil mit integriertem Verstärker) • receiver pract; radio receiver set did; radio set coll; radio coll

Radioabdeckung f <kfz.av> (für leeren Einbauschacht) • radio housing blanking lid

Radioactinium n <mat> • radioactinium

radioaktiv <nukl> (Material, Komponente, Raum, Bereich) • radioactive; active pract; hot coll

radioaktive Kontamination f <nukl> • radioactive contamination; radiocontamination
radioaktive Quelle f <nukl> • radioactive source
radioaktiver Abfall m <nukl.ents> (allg., jede Art) • radioactive waste; nuclear waste; active waste pract; radwaste pract; hot waste jarg
radioaktiver Ausstoß m <nukl> • radioactive discharge
radioaktiver Dickenmesser m <msr> • radioactive thickness gauge
radioaktiver Kettenzerfall m <nukl> • chain decay; chain disintegration
radioaktiver Kohlenstoff m <phys> • radioactive carbon; radiocarbon
radioaktiver Niederschlag m <nukl> (als feste Partikel) • radioactive fallout; fallout
radioaktiver Niederschlag m <nukl> (ausgeregneter Fallout) • radioactive washout; rainout; washout
radioaktiver Rainout m <nukl> • radioactive rain-out; radioactive wash-out; rain-out; wash-out
radioaktiver Stammbaum m <nukl> • radioactive decay series; radioactive disintegration series; radioactive transformation series; disintegration chain; decay chain
radioaktiver Stoff m <nukl> • radioactive material; radioactive substance
radioaktiver Tracer m <nukl> (z. B. zur Untersuchung von Stofftransportprozessen) • radioactive tracer; radioactive indicator; radiotracer
radioaktive Rückstände mpl <ökol> • radioactive residue
radioaktiver Washout m <nukl> • radioactive rain-out; radioactive wash-out; rain-out; wash-out
radioaktiver Zerfall m <nukl> • radioactive decay; radioactive disintegration
radioaktives Bezugspräparat n <nukl> • radioactive standard
radioaktives Dauergleichgewicht n <nukl> • secular radioactive equilibrium; secular equilibrium
radioaktives Element n <nukl> • radioactive element; radioelement
radioaktives Gleichgewicht n <nukl> • transient radioactive equilibrium
radioaktives Inventar n <nukl> • radioactive inventory
radioaktives Iod n <nukl> • radioactive iodine; radioiodine
radioaktives Isotop n <nukl> • radioactive isotope; radioisotope pract
radioaktives Material n <nukl> • radioactive material; radioactive substance
radioaktives Natrium n <nukl> • radiosodium
radioaktives Nuklid n <nukl> • radioactive nuclide; radionuclide
radioaktives Standardpräparat n <nukl> • radioactive standard
radioaktives Strontium n <nukl> • radioactive strontium; radiostrontium
radioaktive Stammreihe f <nukl> • radioactive decay series; radioactive disintegration series; radioactive transformation series; disintegration chain; decay chain
radioaktives Thorium n <nukl> • radioactive thorium; radiothorium
radioaktive Strahlung f <nukl> • radioactive radiation
radioaktive Substanz f <nukl> • radioactive material; radioactive substance
radioaktive Verseuchung f <nukl> • radioactive contamination
radioaktive Verzweigung f <nukl> • branched disintegration; multiple disintegration; branched decay; multiple decay
radioaktive Zeitmessung f <geo> • nuclear age determination; radiometric dating

radioaktive Zerfallsreihe f <nukl> • radioactive series; decay series; radioactive chain
radioaktive Zerfallsreihe f <nukl> • radioactive decay series; radioactive disintegration series; radioactive transformation series; disintegration chain; decay chain
Radioaktivität f <nukl> (einer radioaktiven Substanz) • radioactivity; activity pract
Radioaktivität f <nukl> (Aktivität in Curie) • radiation intensity; radioactivity
Radioaktivitätsgehalt m <nukl> • radiation content
Radioaktivitätsmessung f <nukl> (spez. Gammastrahlung) • gamma-ray logging
Radioaktivitätsmessung f <petr> • radioactivity log; radioactive log
Radioaktivitätsüberwachung der Luft f DIN 25423-1 <med.tech> • monitoring of radioactivity in air
radioaktiv machen vt <nukl> • activate vt
radioaktiv machen vt <nukl> (Material; z. B. durch Bestrahlung) • radio-activate vt
radioaktiv verseucht <nukl> (radioaktiv) • contaminated
radioaktiv verseuchtes Wasser n <ökol> • radioactive effluent
Radioastronavigation f <navig> • radio astronavigation
Radioastronomie f <astron> • radio astronomy
Radioautographie f <msr> • radioautography
Radiochemie f <chem> • radiochemistry
radiochemisch <chem> • radiochemical
radiochemisches Labor n <nukl> • radiochemical laboratory
radiochemisches Laboratorium n form.rar <nukl> • radiochemical laboratory
radiochemisches Sonderlabor n <nukl> (unterirdisch) • high-level radiochemistry cave
Radiochromatographie f <msr> • radiochromatography
Radiocobalt n <nukl> • radiocobalt
Radio-Daten-System n (RDS) <kfz.av> • Radio Data System (RDS)
Radioelement n <nukl> • radioelement; radioactive element
Radioempfänger m <av> (für Radiosendungen; Bauteil einer Hifi-Anlage, ohne eigenen Verstärker) • tuner
Radiofrequenz f <av> • radio frequency (RF)
Radiofrequenzstrahlung f <astron> • radio-frequency radiation; radio radiation
radiogen <nukl> • radiogenic
Radiogoniometrie f <navig> • radiogoniometry
Radiogramm n <tele> • radiograph
Radiographie f <phys> • radiography
radiographische Prüfung f <qualit.mat> (z. B. von Rädern und Reifen) • radiographic testing; X-ray inspection pract; radiographic test; penetrating radiation test rare
Radiohöhenmesser m <aerospace> • capacitance altimeter; radioaltimeter
Radio-Immunoassay n <med.tech> • radio-immunoassay
Radioimmunpräzipitation f (RIPA) <med> • radioimmunoprecipitation (RIPA)
Radioindikator m <nukl> (z. B. zur Untersuchung von Stofftransportprozessen) • radioactive tracer; radioactive indicator; radiotracer
radioindiziert <nukl> • radio-labelled
Radioisotop n <nukl> • radioactive isotope; radioisotope
Radiojod n <nukl> • radioactive iodine; radioiodine
Radiokohlenstoff m <nukl> • radiocarbon; carbon-14
Radiokohlenstoffdatierung f <geo> • carbon-14 dating; radiocarbon dating; radiocarbon dating method
Radiokolloid n <phys> • radiocolloid
Radiokompass m <aerospace> • radiocompass; automatic direction finder

Radio Link Protocol *n norm* <tele> • Radio Link Protocol (RLP)

Radio Link-Protokoll *n* (RLP) <tele> • Radio Link Protocol (RLP)

radiologisch <nukl> • radiological

Radiolumineszenz *f* <phys> • radioluminescence

Radiolyse *f* <nukl> • radiolysis

Radiometer *n* <phys> • lightmill; light-mill; Crooke's radiometer; solar engine

Radiometervakuummeter *n* <msr> • radiometer gauge

Radiometrie *f* <msr> • nuclear logging; radioactivity logging; radiometry

radiometrisch <msr> • radiometric

radiometrische Messung mit Fahrzeug *f* <nukl> • radiometric survey vehicle-borne

radiometrische Messung zu Fuß *f* <nukl> • radiometric survey on foot

radiometrisches Aufschlussverfahren *n* <min> • radiometric prospecting

radiometrisches Bohrlochmessverfahren *n* <petr> • radioactivity logging method; radioactivity logging

radiometrische Sortiermaschine *f* <nukl> • radiometric sorting machine; radiometric sorter

radiometrisches Prospektieren *n* <min> • radiometric prospecting

Radiomikrometer *n* <msr> • radiomicrometer

Radionatrium *n* <nukl> • radiosodium

Radionavigation *f* <navig> • radionavigation

Radionavigationssystem *n* <navig> • radionavigation system

Radionuklid *n* <nukl> • radioactive nuclide; radionuclide

Radionuklidaufnahme *f* <nukl> • radionuclide intake

Radionuklidbatterie *f* <nukl> • nuclear battery; radioactive battery

radiooptisch <tele> *(Reichweite)* • radiooptical

Radioquelle *f* <astron> • radio source

Radioraum *m* <theat> *(Steuerzentrale für Funkmikrofone)* • radio room

Radiorecorder *m* <av> • cassette recorder

Radioschwefel *m* <nukl> • radiosulfur

Radiosextant *m* <navig> • radio sextant

Radiosität *f* <energ.sol> *(Strahlungsfluss in W/m²)* • radiosity

Radiosity *f* <edv> *(CAD-Funktion)* • radiosity; pre-process calculation *rare*

Radiosity-Funktion *f* <edv> *(CAD-Funktion)* • radiosity; pre-process calculation *rare*

Radioskop *n* <phys> • radioscope

Radioskop *n* <phys> • lightmill; light-mill; Crooke's radiometer; solar engine

Radiosonde *f* <meteo> • radiometeorograph; radiosonde *rar*

Radiospektrometer *n* <msr> • radio spectrometer

Radiospot *m* <werb> • radio commercial; radio spot

Radiostern *m* <astron> • radio star

Radiostrahlung *f* <astron> • radio radiation

Radiostrontium *n* <nukl> • radioactive strontium; radiostrontium

Radio Technical Commission for Maritime Services *f* <Org> • Radio Technical Commission for Maritime Services (RTCM)

Radiotechnische Kommission für Schifffahrtsdienste *f* (RTCM) <Org> • Radio Technical Commission for Maritime Services (RTCM)

Radiotelefon *n* <tele> • radiotelephone; radiophone

Radiotelegramm *n* <tele> • radiotelegram

Radioteleskop *n* <astron> • radiotelescope

Radio-Text *m* (RT) <kfz.av> • radio text (RT)

Radiothorium *n* <nukl> • radioactive thorium; radiothorium

Radiotoxizität *f* <nukl> • radiotoxicity

Radiotracer *m* <nukl> *(z. B. zur Untersuchung von Stofftransportprozessen)* • radioactive tracer; radioactive indicator; radiotracer

Radiowecker *m* <av> • radio clock; radio digital clock

Radiowellenausbreitung *f* <phys> • radio wave propagation

Radiowerbung *f* <werb> • radio advertising

Radiozange *f* <wz> *(Spitzzange mit Drahtschneider)* • radio pliers

Radium *n* (Ra) <chem> • radium (Ra)

Radium bromatum <chem> • radium bromide; radium bromatum

Radiumbromid *n* <chem> • radium bromide; radium bromatum

Radiumquelle *f* <chem> • radium source

Radiumreihe *f* <chem> • radium series

Radius *m* (r) <math> • radius (r)

Radiusabrichteinrichtung *f* <wz.masch> • radius truing attachment; radius trueing attachment

Radius an der Gewindespitze *m* <masch> • crest radius

Radiusbemaßung *f* <edv> • radius dimensioning

Radius der Ersten Wand *m* <nukl> • first wall radius

Radius des Umkreises *m* <math> • circumradius

Radiusfräsen *n* <prod> • cornering

Radiusfräser *m* <wz> • corner-rounding cutter; radius cutter

Radiuskreis *m* <edv> • radius circle

Radiusmaß *n* <edv> • radius dimension

Radiusvektor *m* <math> • radius vector

Radix linguae *f* <bio> • root of the tongue; base of the tongue; radix linguae

Radixpunkt *m* <edv> • radix point

Radixschreibweise *f* <edv> • radix notation; base notation

Radiziereinrichtung *f* <msr> • square-root extracting device

Radizieren *n* <math> • evolution; extraction of roots

radizieren *vt* <math> • extract a root *vi*

Radkappe *f* <kfz> • hub cover; hub cap

Radkappe *f prakt.ugs* <kfz> *(allg., ganzflächig)* • wheel cover

Radkasten *m* <kfz> • wheel housing; wheel well; wheelhouse *rare*; wheel box

Radkastenausschnitt *m* <kfz> *(im Innenraum)* • wheel tub; wheelhouse

Radkasten-Innenblech *n* <kfz> *(Schutzblech im Radkasten)* • wheel house panel; inner fender skirt *US.did*; fender liner *US.pract*; fender shield *US.pract*; fender house splash shield *US*

Radkennzeichnung *f* <kfz> • wheel labeling *US*; wheel marking *GB*; wheel stamping

Radklappe *f* <aerospace> • wheel door

Radkörper *m* <fz> *(allg., jede Form)* • wheel body; wheel center

Radkörper *m norm* <fz> *(verbindet Felge und Nabe, Stern- oder Speichenform)* • wheel spider; spider *pract*; center member *stand*; spoke wheel center; center web

Radkranz *m obs.rar* <fz> *(der äußere Kranz zur Aufnahme des Reifens)* • rim; wheel rim

Radkreuz *n prakt* <kfz.wz> *(für Radschrauben, -muttern)* • 4-way lug wrench *US*; 4-way wheel nut wrench *GB*; four-way wheel wrench *GB*; 4-arm wheel nut wrench *GB*; cross rim wrench *rare*

Radkufenfahrgestell *n* <aerospace> • ski-wheel landing gear; ski-wheel assembly

Radkurve *f* <math> *(Bahnkurve eines Radpunktes bei Rollbewegung)* • cycloid

Radlader *m* <bau.masch> • wheel loader

Radlager *n* <fz> • wheel bearing

Radlast f <fz> • wheel load

Radlastverlagerung f <kfz> • dynamic wheel load shift; dynamic wheel load transfer

Radlastverschiebung f <kfz> • dynamic wheel load shift; dynamic wheel load transfer

Radlauf m <kfz> *(Radausschnitt des Kotflügels)* • wheel arch; wheel pan *AUS*

Radlaufblech n <kfz> • wheel panel; wheel arch panel

Radlaufchrom m <kfz> • chrome wheel well trim *sg*; wheel arches *pl GB*; arches *pl GB.coll*

Radlaufchromleisten fpl <kfz> • chrome wheel well trim *sg*; wheel arches *pl GB*; arches *pl GB.coll*

Radlaufkante f <kfz> • wheel arch lip

Radlaufleiste f <kfz> • wheel well trim *sg*; wheel well molding; fender well molding; wheel arch molding

Radlaufverkleidung f <kfz> *(allg., mit Verbreiterungseffekt)* • fender flare

Radlaufverkleidung f <kfz> *(nur Hinterräder; kein Verbreiterungseffekt)* • fender skirt; rear wheel spat *GB*

Radlenker m <sich> *(Leitschienenstück)* • guard rail; check rail

Radmagnetron n <el> • cavity magnetron

Radmarkierung f ugs <kfz> • wheel labeling *US*; wheel marking *GB*; wheel stamping

Radmessscheibe f <kfz.msr> • wheel measuring disk

Rad mit abnehmbarer Felge n <kfz> • detachable-rim wheel; demountable-rim wheel; removable-rim wheel

Rad mit Doppelfelge f <kfz> *(bei Pkw; Sicherheitsrad mit Notlaufeigenschaften)* • JJD wheel; wheel with double rim; twin wheel; dual wheel

Rad mit Notlaufeigenschaften n did <kfz> • run flat wheel; save run wheel; wheel with run flat properties *did*; wheel with run flat capability *did*; wheel with run flat potential *did*

Rad mit Speichenoptik n werb <kfz> • spoke wheel; styled spoke wheel *press.ad*; radially spoked wheel *did*

Radmittelebene f <fz> • wheel center plane *US*; wheel plane *pract.coll*; wheel centre plane *GB*

Radmittenebene f <fz> • wheel center plane *US*; wheel plane *pract.coll*; wheel centre plane *GB*

Radmontage f <kfz> *(neuer Räder)* • wheel installation

Radmontage f <kfz> *(von vorher abgebauten Rädern)* • wheel refitting

Radmontageständer m <fz.wz> *(befreit Fahrrad-Speichenfelge von Höhen- und Seitenschlag)* • wheel truing stand; truing stand; trueing stand *GB*; wheel trueing stand *GB*; wheel building stand

Radmutter f <kfz> • wheel nut; lug nut

Radmutternkreuz n <kfz.wz> *(für Radschrauben, -muttern)* • 4-way lug wrench *US*; 4-way wheel nut wrench *GB*; four-way wheel wrench *GB*; 4-arm wheel nut wrench *GB*; cross rim wrench *rare*

Radmutternkreuzschlüssel m rar <kfz.wz> *(für Radschrauben, -muttern)* • 4-way lug wrench *US*; 4-way wheel nut wrench *GB*; four-way wheel wrench *GB*; 4-arm wheel nut wrench *GB*; cross rim wrench *rare*

Radmutternschlüssel m form.prakt <kfz.wz> • lug wrench *US*; wheel nut wrench *GB*; wheelbrace *GB L-type*; lug releaser *US*

Radnabe f <kfz> • wheel hub

Radnabenabzieher m <kfz.wz> • hub puller; wheel hub puller

Radnabenbuchse f <fz> • hub bushing

Radnabendeckel m <kfz> • hub cap; hub cover

Radnabenemblem n <kfz> • wheel trim emblem

Radnabenkappe f ugs <kfz> *(kleine Kunststoff-Zierkappe in Felgenmitte)* • hub cap

Radnabenkappe f <kfz> *(kleine Metallkappe über Halsmutter und Radlager)* • hub cap; spindle cap *US*

Radnabenmotor m <nfz> • wheel hub motor

Radnummer f <kfz> • wheel number

Radon n (Rn) <chem> • radon (Rn)

Radpaar n DIN 3998 <masch> • gear pair

Radpaar mit Profilverschiebung n <masch> *(Zahnradgetriebe)* • X-gear pair; enlarged-centre distance system

Radpaarung f <masch> • pair of mating gears; mating of gears

Radprüfknopf m DINEN1330-4 <qualit.mat> *(Ultraschallprüfung)* • wheel probe

Radreibungsverlust m <turb> • disc friction loss

Radreifen m <bahn> • tire *US*; tyre *GB*

Radreifenbohrwerk n <wz.masch> • wheel tire vertical boring and turning mill *US*; wheel tyre vertical boring and turning mill *GB*

Radreifensprengring m <bahn> • tire clasp *US*; tire clip *US*; tyre clasp *GB*; tyre clip *GB*

Radreifenwalzwerk n <metall> • tire rolling mill *US*; tyre rolling mill *GB*

Radrohling m <prod> • gear blank

Radsatz m <bahn> • wheel set

Radsatzdrehmaschine f <wz.masch> • railway wheel lathe

Radsatzlenker m <kfz> • axle guide

Radscheibe f <fz> *(zwischen Radnabe und Felge)* • wheel disc; disc *pract*

Radscheibendicke f <kfz> • disc thickness

Rad/Schiene-System n <bahn> • wheel/rail system

Radschlüssel m <kfz.wz> • lug wrench *US*; wheel nut wrench *GB*; wheelbrace *GB L-type*; lug releaser *US*

Radschlupf m <kfz> • tire slip; wheelslip

Radschrämmmaschine f <min> • disc coal cutter

Radschrapper m <bau.masch> • wheel scraper

Radschraube f <kfz> *(zur Radbefestigung)* • wheel bolt; wheel lug bolt *US*

Radschraubenschloss n <kfz> *(Radschraube mit abnehmbarem Schloßzylinder)* • locking lug bolt

Radschraubenschlüssel m <kfz.wz> • lug wrench *US*; wheel nut wrench *GB*; wheelbrace *GB L-type*; lug releaser *US*

Radschüssel f <fz> *(zwischen Radnabe und Felge)* • wheel disc; disc *pract*

Radschützer m DIN ISO 8090 <fz> *(Fahrrad; auch aus Kunststoff)* • fender *US*; mudguard *GB*

Radseitenwand f <masch> *(an Pumpenlaufrad)* • shroud; sidewall

radseitig <kfz.antr> *(Wellengelenk)* • outboard; outboard-mounted; wheel-side mounted

Radsensor m <navig> • wheel sensor

Rad-Sensor m <navig> • wheel sensor

Radsensor des Antiblockiersystems m <kfz.msr> • ABS sensor

Radsicherung f <kfz> *(allg., jede Art)* • wheel lock

Radsicherung f <kfz> *(Radbolzen)* • anti-theft wheel lug bolt; anti-theft lug bolt

Radsicherung f <kfz> *(als Mutter)* • anti-theft wheel lug nut; wheel locking nut; locking lug nut; anti-theft lug nut

Radsicherung f <kfz> *(Radschraube mit abnehmbarem Schloßzylinder)* • locking lug bolt

Radspreizungswinkel m <kfz> • king-pin angle

Radspurmesser m <kfz.msr> • track alignment gauge

Radstand m <fz> • wheelbase

Radstellungsanzeiger m <kfz> • wheel-position indicator

Radstempelung f <kfz> • wheel labeling *US*; wheel marking *GB*; wheel stamping

Radstern m <kfz> *(verbindet Felge und Nabe, Stern- oder Speichenform)* • wheel spider; spider *pract*; center member *stand*; spoke wheel center; center web

Radstift m <kfz> • wheel stud

Radsturz *m* <kfz> • camber; wheel camber; camber angle *did.form*

Radsturzwinkel *m* <kfz> • camber angle

Radtaster *m* <agri> • rotary feeler; sensing wheel

Radträger *m* <kfz> *(allg., jede Achse)* • hub carrier

Radträger *m* <kfz> *(gelenkte Achse)* • steering knuckle; hub carrier; steering swivel *GB*; knuckle *US.pract*; axle stub *rare*

Radtraktor *m* <nfz> • wheel tractor; wheeled tractor

Radtrommel *f* <kfz> • drum

Radunwucht *f* *(von Rädern)* • wheel imbalance; wheel out-of-balance

Radversatz *m* <kfz> • wheel offset *:V*

Radvorgelege *n* <antr> • final-reduction gears

Radvorleger *m* <bahn> *(zum Sichern gegen Wegrollen, Abbremsen am Ablaufberg)* • scotch; drag shoe; stop block; skid

Radwechsel *m* <fz> • wheel changing; wheel replacement

Radwelle *f* <masch> • gear shaft

Radwerkzeug *n* <wz> • gear-shaped cutter; pinion-shaped cutter; circular gear shaping cutter

Radzierblende *f* <kfz> *(allg., ganzflächig)* • wheel cover

Radzierblende *f* <kfz> *(im Alu-Felgen-Look)* • mag-style wheel cover

Radzierblende *f* <kfz> *(im Drahtspeichen-Look)* • wire spoke wheel covers

Radzylinder *m* <kfz.brems> *(nur bei Trommelbremsen)* • wheel cylinder; brake cylinder *rare*

Rädchen *n* <tech.allg> *(schwenkbar, an Möbeln)* • castor; caster

Rädchen *n* <masch> *(schwenkbar, walzenförmig)* • trundle

Rädchen *n* <wz> *(Glasschneider)* • cutting wheel

Rädchen *n* <wz> *(zum Ausrändeln)* • pricker

Rädergetriebe *n* <masch> • gearing; gear train; gear transmission

Rädergetriebekasten *m* <masch> • drive gearbox

Räderkasten *m* <masch> • drive gearbox

Räderkegel *m* <masch> • gear cone

Räderpaar mit Profilverschiebung *n* <masch> *(Zahnradgetriebe)* • X-cylindrical gear pair

Räderplan *m* <masch> *(z. B. Getriebe von Werkzeugmaschinen)* • gear-wheel arrangement

Räderplatte *f* <wz.masch> • saddle apron

Räderpresse *f* <wz.masch> • geared press

Räderschaftmaschine *f* <textil> • wheel dobby

Räderschere *f* <masch> *(z. B. Vorschubgetriebe)* • gear plate; gear quadrant

Räderspindelstock *m* <wz.masch> • geared headstock

Rädertrieb *m* <masch> • gear drive

Räderverstellhebel *m* <masch> • gear-shift lever

Rädervorgelege *n* <wz.masch> • back gear

Rädervorgelegewelle *f* <antr> • back gear shaft

RA Edit *n* *prakt.ugs* <av> • random assemble edit; RA Edit

Rändel *n* <antr> *(einfach; nur parallele Rillen, z. B. an Drehknopf, Schraube)* • straight knurl

Rändel *n* DIN 82 <obfl> *(allg.)* • knurl; knurling

Rändelgriff *m* <wz> • knurled handle

Rändelhalter *m* <wz> • single-wheel knurl holder

Rändelknopf *m* <masch> • knurled knob

Rändelkopf *m* <masch> • knurling head

Rändelmaschine *f* <wz.masch> • bordering machine

Rändelmutter *f* DIN 467 <füg> *(allg.)* • knurled nut; thumb nut; hand nut

Rändelmutter *f* <füg> • knurled nut

Rändelmutter *f* <füg> • knurled nut with collar

rändeln *vt* DIN 8583-5 <prod> • knurl *vt*

Rändelrad *n* <edv> • thumbscrew; thumb wheel

Rändelrad *n* <kfz.msr> *(zur Regulierung; z. B. Leuchtweiten, Heizung)* • thumb wheel

Rändelrädchen *n* <wz> • knurling roller; knurl *pract*

Rändelrädchen *n* <wz> *(gerader Rändel)* • straight knurl

Rändelring *m* <masch> • knurled ring

Rändelschraube *f* <edv> • thumbscrew; thumb wheel

Rändelschraube *f* DIN 653 <füg> *(niedrige Form)* • knurled thumb screw *form*; knurled thin thumb screw *stand*; knob *coll*; knurled thumb screw

Rändelschraube *f* <füg> • knurled thumb screw

Rändelteilung *f* <prod> • straight-knurling pitch

Rändelung *f* <kst> *(z. B. zur Verankerung von Einlegeteilen)* • knurls

Rändelung *f* <obfl> *(gerade oder kreuzförmig)* • knurling

Rändelwerkzeug *n* <wz> • knurling tool; edge tool *rare*

Rätter *m* <min> *(zur Erzaufbereitung)* • hurdle; screen riddle; riddle; gyratory screen

Räuchern *n* <obfl.holz> • fuming

räuchern *vt* <obfl.holz> • fume *vt*

Räucherverfahren *n* <obfl.holz> • fuming technique

Räumabschnitt *m* <bahn> • clearing section

Räumbalken *m* <verf.hydr> *(Kettenräumer)* • flight; scraper blade

Räumeinrichtung *f* <min> • clearing installation

Räumen *n* <prod> • reaming

räumen *vt* <allg> *(z. B. Lager, Wohnung)* • empty *vt*

räumen *vt* <tech.allg> *(z. B. Gebäude, Straße, Datenspeicher)* • clear *vt*

räumen *vt* <tech.allg> *(vollständig entleeren, ausbeuten)* • exhaust *vt*; deplete *vt*

räumen *vt* <bau> *(mit Planierraupe)* • bulldoze *vt*; doze *vt*

räumen *vt* <bau> *(Gebäude)* • vacate *vt*

räumen *vt* <prod> *(aufweiten)* • broach *vt*

räumen *vt* <prod> *(z. B. Bohrloch)* • clean *vt*

Räumer *m* <ents.hydr> • scraper; sludge collector *US*

Räumer *m* <petr> • reamer

Räumerarm *m* <verf.hydr> • scraper arm

Räumerbrücke *f* <verf.hydr> *(Rundbecken)* • scraper bridge

Räumerbrücke *f* <verf.hydr> *(Rechteckbecken)* • scraper bridge

Räumerwagen *m* <verf.hydr> *(Rechteckbecken)* • scraper bridge

Räumfahrt *f* <min> • clearing-up run

Räumfahrt *f* <verf.hydr> *(Kläranlage)* • scraping move *V*

Räumgerät *n* <min> • clearing installation

Räumgeschwindigkeit *f* <prod> • broaching speed

räumlich <tech.allg> *(dreidimensional)* • three-dimensional

räumlich <math> • spatial

räumlich <mech> *(Spannung)* • triaxial

räumlich <phys> *(z. B. Ausdehnung)* • cubical; cubic

räumlich begrenzter Bereich *m* <allg> • limited area

räumliche Anordung *f* <tech.allg> • spatial configuration; position and orientation in space

räumliche Aufenthaltswahrscheinlichkeit *f* <math> • probability distribution in space

räumliche Auflösung *f* <opt> • spatial resolution

räumliche Ausdehnung *f* <phys> • volume expansion; cubical expansion

räumliche Bewegung *f* <mech> • movement in space; motion in space

räumliche Dispersion *f* <phys> • spatial dispersion

räumliche Isomerie *f* <chem> • stereoisomerism

räumliche Koordinaten *fpl* <math> • space coordinates; spatial coordinates

räumliche Nähe *f* <tech.allg> *(nähere Umgebung; z. B. von Bauteilen, Systemen, Wärmequellen)* • proximity; vicinity

räumlicher Ausdehnungskoeffizient *m* <phys> *(Theorie der Thermodynamik)* • coefficient of cubical expansion

räumlicher Elastizitätsmodul *m* <qualit.mat> • modulus of bulk elasticity

räumlicher Klangeffekt *m* <av> • surround-sound; stereoscopic sound

räumlicher Spannungszustand *m* <mech> • state of three-dimensional stress; three-dimensional stress; triaxial stress

räumlicher Winkel *m* <math> • solid angle

räumliches Aliasing *n* <edv> • spatial aliasing

räumliches Bild *n* <opt> • three-dimensional image

räumliches Fachwerk *n* <bau> • space framework; space lattice; space frame; space truss

räumliches Gittertragwerk *n* <bau> • space framework; space lattice; space frame; space truss

räumliches Koordinatensystem *n* <edv.math> • three-dimensional coordinate system

räumliches Kurvengetriebe *n* <masch> • three-dimensional cam mechanism; space cam mechanism

räumliches Netzwerk *n* <bau> • space network

räumliches Tragwerk *n* <bau> • space structure; spatial structure

räumliche Trennung *f* <tech.allg> • physical separation

räumliche Überwachung *f* <alarm> • space protection; volumetric security; volumetric detection; volumetric protection

räumliche Verteilung *f* <tech.allg> • spatial distribution

räumlich falsch angeordnet <tech.allg> • mislocated

räumlich gekrümmte Schaufel *f* <förd> • double-curvature vane

räumlich kohärent <phys> • spatially coherent

räumlich vernetztes Polymer *n* <kst> • space-network polymer

Räumlöffel *m* <bau.masch> *(Bagger)* • raker

Räummaschine *f* <wz.masch> • broaching machine

Räumnadel *f* <wz.masch> • broach; internal broach *norm*

Räumpresse *f* <agri> • baling press

Räumpresse *f* <wz.masch> • push-type broaching machine

Räumschild *m* <bau.masch> • bulldozer blade

Räumschild *m* <verf> • scraper blade

Räumschild *m* <verf.hydr> *(Kettenräumer)* • flight; scraper blade

Räumspäne *mpl* <prod> • broachings

Räumte *f* <nav> *(Verhältnis Raumfähigkeit: Nutzlast; in cbf/t oder m3/t)* • stowage rate; stowage factor; tonnage capacity; hold capacity

Räumtechnik *f* <bau> • clearing equipment

Räumung *f* <allg> *(betont: wegräumen, freimachen; z. B. von Schnee)* • clearing

Räumung *f* <allg> *(betont: leermachen; z. B. eines Lagers)* • emptying

Räumung *f* <tech.allg> *(betont: ausräumen; z. B. Wohnung)* • cleaning

Räumung *f* <tech.allg> *(betont: völlige Entleerung, Ausbeutung)* • depletion; exhaustion

Räumung *f* <bau> *(Gebäude)* • vacation

Räumvorgang *m* <verf.hydr> *(Rechen mit einem Reinigungselement)* • cleaning cycle; operating cycle; raking cycle

Räumwerkzeug *n* <wz.masch> • broach; internal broach *norm*

Räuspertaste *f* <av> • microphone cut key

Raffbogen-Behang *m* <innen> *(Vorhang)* • tuck valance

Raffgarnitur *f* <innen> *(Schals mit Raffhaltern)* • pinch-pleated draperies

Raffhalter *m* <innen> *(Vorhang)* • tieback

Raffinade *f* <agri.nahr> • washed raw sugar

Raffinatblei *n* <mat> • refined lead

Raffination *f* <tech.allg> • refining; purification

Raffination *f* <nahr> • clarification

Raffination im Schmelzfluss *f* <metall> • fire refining

Raffinationsanlage *f* <chem> • refining plant

Raffinationsanlage *f rar* <chem.petr> • refinery

Raffinationsverfahren *n* <tribo> • refining process

Raffinatkupfer *n* <mat> • refined copper

Raffinatstripper *m* <chem> • raffinate stripper

Raffinerie *f* <chem.petr> • refinery

Raffineriegas *n* <verf> • refinery gas

Raffineriepumpe *f* <masch> • refinery pump

raffinieren *vt* <tech.allg> *(reinigen)* • purify *vt*

raffinieren *vt* <chem.petr> *(Öl)* • degum *vt*

raffinieren *vt* <verf> • refine *vt*

Raffinierofen *m* <metall> • refining furnace

Raffrollo *n* <innen> • Austrian blind

Raffvorhang *m* <theat> • tableau curtain; Italian curtain; French valance *GB*; festoon; brail curtain

Rahe *f* <el> *(Antenne)* • spreader

Rahmeis *n* <nahr> • ice cream made with double cream *:V*

Rahmen *m* <tech.allg> *(Gestell)* • frame apparatus rack; frame rack

Rahmen *m* <tech.allg> *(allg.; z. B. von Bauteilen, Fenstern, etc.)* • frame

Rahmen *m* <bahn> *(Waggon)* • underframe

Rahmen *m* <bau> • framework; frame set

Rahmen *m allg* <bau> *(Fenster, Tür; sichtbar, nicht durch Abdeckrahmen überdeckt)* • frame

Rahmen *m* <edv> • frame

Rahmen *m* <fz> • frame

Rahmen *m* <kfz> *(eines Fahrzeugs)* • frame; underframe

Rahmen *m ugs* <kfz> *(betont: Tragwerk; z. B. von Pkw)* • running gear; chassis frame; chassis *GB*; frame *US*

Rahmen *m* <kst> • skeleton

Rahmen *m* <led.prod> *(Schuhfertigung)* • welt

Rahmen *m* <logist> *(RFZ)* • frame; structural frame *US*

Rahmen *m* <metall> *(Formherstellung)* • jacket

Rahmen *m* <mil> *(für Patronen)* • clip

Rahmen *m* <mil> *(einer Faustfeuerwaffe)* • frame; receiver

Rahmen *m* <mil> • target frame; frame

Rahmen *m* <min> • base frame

Rahmen *m* <min> *(Ausbau)* • timber set; set

Rahmen *m* <navig> *(Kreiselkompass)* • gimbal

Rahmen *m* <phot> *(für fotografische Platten)* • holder

Rahmen *m* <phot> • picture frame; frame

Rahmen *m* <verf.ents> • tray frame; mesh panel frame

Rahmen *m* <verf.hydr> *(Siebband)* • frame; support frame

Rahmen *nsg* <phot> • framing *sg*

rahmen *vt* <tech.allg> • frame *vt*

rahmen *vt* <phot> *(Fotografie, Bild)* • frame *vt*

rahmen *vt* <phot> *(Dia)* • mount *vt*

Rahmenantenne *f* <tele> • frame antenna *US*; frame aerial *GB*

Rahmenaufbau *m* <fz> • frame structure

Rahmenausbau *m* <min> • frame supports

Rahmenbalken *m* <bau> • frame girder

Rahmenbauweise *f* <nfz> • body-on-chassis construction

Rahmenbildung *f* <tele> • framing

Rahmeneinstechmaschine *f* <led.prod> *(Schuhfertigung)* • welt sewing machine

Rahmenfilter *n* <chem.verf> *(Flüssigkeiten)* • plate-and-frame filter

Rahmenfilter *n* <verf> *(Gase)* • screen filter; envelope filter

Rahmenfilter *n* <verf> *(flache Filterelemente)* • pocket filter; envelope filter; flat bag filter; bag filter

Rahmenfilterpresse *f* <verf> • plate-and-frame filter press; plate-and-frame press; frame filter press; frame press

Rahmenflansch *m* <masch> • frame flange

Rahmenfreiheit *f* <navig> *(Kreiselkompass)* • gimbal freedom

Rahmengabel f <kfz> • frame fork
Rahmengerippe n <nfz> (Bus) • frame; framework; framing; truss US; trusswork US
Rahmengestell n <masch> • framework
Rahmengröße f <fz> • frame size :V
Rahmenhöhe f <agri> (Pflug) • underbeam clearance
Rahmenhöhe f <fz> (Fahrrad) • frame size
Rahmenhöhe f <fz> (Fahrzeuge allgemein) • ground clearance
Rahmenhöhe f <fz> • frame size :V
Rahmenholm m <bau> • frame side bar
Rahmenholz n <bau> • frame wood
Rahmenhorn m <kfz> • frame horn
Rahmen in Diamantform m rar <fz> (Herrenfahrradrahmen in typischer Rautenform) • diamond frame
Rahmenkiste f DIN 55 405 <pack.typ> • framed wood case
Rahmenklemmpumpe f <fz> • frame pump
Rahmenkonstruktion f <kfz> (allg.) • frame structure
Rahmenkonstruktion f <kfz> (betont: separater Rahmen) • separate chassis; separate frame
Rahmenkonstruktion f <masch> • framework
Rahmenkopf m <kfz> • frame head
Rahmenkröpfung f <kfz> • frame drop
Rahmenlängsträger m <kfz> • side member
Rahmenlängsträger m <nfz> • chassis rail; longitudinal member
Rahmenlast f <logist> • frame load
Rahmenlehre f <kfz.rep> • frame gauge
rahmenlos <tech.allg> (Konstruktionsprinzip; z. B. im Leichtbau) • chassisless
rahmenlos <tech.allg> (integrierte Bauweise) • integral
rahmenlos <kfz> (Fenster, Seitenscheiben) • frameless
rahmenlose Bauart f <tech.allg> (z. B. im Leichtbau) • chassisless construction
rahmenlose Bauart f <tech.allg> (z. B. Fenster) • frameless construction
rahmenlose Bauart f <tech.allg> (integrierte Bauweise) • integral construction; integral frame construction rare
rahmenlose Bauweise f <tech.allg> (integrierte Bauweise) • integral construction; integral frame construction rare
rahmenloses Laminat n <energ.sol> • laminate without frame
rahmenloses Trägheitsnavigationssystem n <navig> • strap down system; analytic inertial navigation system
Rahmenmaterial n <bau> • frame material
Rahmenmessstab m <kfz> (Vermessen des Fahrzeuges) • sighting point gauge; sighting gauge; centerline gauge
Rahmennähverfahren n <textil> (Schuhherstellung) • Goodyear-method
Rahmennummer f <tele> • frame number
Rahmennuthobel m <wz> • welt groover
Rahmenpeiler m <navig> • frame direction finder; loop direction finder
Rahmenpflug m <agri> • frame plough
Rahmenplatte f <el> (Bleiakkumulator) • frame plate
Rahmenpresse f <verf> (Filter) • frame filter press
Rahmenprofil n <bau> • frame profile
Rahmenquerträger m <nfz> • chassis cross member
Rahmenrichtbank f <kfz.rep> • bench-type straightening system; body-frame straightener
Rahmenschaden m <kfz> • frame damage
Rahmenspannmaschine f <textil> • stenter
Rahmenspant n <nav> • web frame
Rahmensperre f <navig> (Kreiselkompass) • gimbal lock
Rahmenstabilität f :V <bau> • structural strength
Rahmensteg m <fz> (Fahrrad) • stay bridge; seatstay bridge

Rahmensteifigkeit f <qualit.mat> • frame stiffness
Rahmenstruktur f <edv> • frame
Rahmensucher m <phot> • frame finder; frame viewfinder
Rahmensynchronisierung f <av> • frame alignment
Rahmenteil n <bau> (des Fensters) • member
Rahmenträger m <kfz> (allg.) • frame member; underframe rail; frame rail
Rahmentragwerk n <bau> (z. B. Hochregallager) • structural frame
Rahmenunterzug m <fz> • frame trussing
Rahmenverband m <bau> • framework
Rahmenverbindung f <tech.allg> (von Rahmenprofilen allg.; Tür-, Fenster-, Bilderr.) • corner joint
Rahmenverbreiterung f <bau> • frame extension
Rahmenverformung f <kst> • skeleton forming
Rahmenverlängerung f <kfz> (Bauteil) • frame extension
Rahmenverlängerung f <kfz> (Vorgang) • frame stretching
Rahmenvermittlung f <tele> • frame switching
Rahmenverstärkungslasche f <kfz> • frame flitch
Rahmenversteifung f <kfz> • trussing of the frame
Rahmenverteiler m <el> • terminal assembly
Rahmenwerk n <bau> • framework; framing; frame
Rahmenzimmerung f <min> • frame timbering; square-set timbering; framing
Rahmung f <phot> (v. Diapositiven) • mounting
Rahmung fsg <phot> • framing sg
Rahsegel n <nav> • square sail
RAID <edv> • Redundant Array of Independent Disks (RAID); RAID subsystem; RAID system
RAID-Algorithmus m <edv> • RAID algorithm
RAID-Ebene f <edv> • RAID level
RAID-Level n <edv> • RAID level
RAID-Stufe f <edv> • RAID level
RAID-System n (RAID) <edv> • Redundant Array of Independent Disks (RAID); RAID subsystem; RAID system
RAIM <navig> • receiver autonomous integrity monitoring (RAIM)
Rainout m <nukl> (radioaktiver Niederschlag) • rain-out; radioactive rain-out; radioactive wash-out; wash-out
Rainout m <nukl> • radioactive rain-out; radioactive wash-out; rain-out; wash-out
Rakel f <druck> (Abstreifmesser, für überschüssige Farbe, Klebstoff etc.) • doctor blade; blade; doctor blade knife; doctor knife; fountain blade
Rakelauftragmaschine f <druck> • doctor coater; knife coater
Rakelfarbwerk n <druck> • doctor blade inking device
Rakelführer m <textil> • doctor ruler
Rakellineal n <textil> • doctor ruler
Rakelmesser n <druck> (Abstreifmesser, für überschüssige Farbe, Klebstoff etc.) • doctor blade; blade; doctor blade knife; doctor knife; fountain blade
rakeln vt <druck> • doctor vt; wipe-off vt; wipe vt
rakeln vt <druck> (Siebdruck) • squeegee vt
Rakelschlag m <druck> • doctor blade stroke
Rakelstreichmaschine f <druck> • doctor coater; knife coater
Rakelstreichverfahren n DIN 6730 <pap> • blade coating
Rakelstreifen m <tech.allg> • doctor streak
Rakeltiefdruck m <druck> • photogravure printing
Rakelwalze f <druck> • doctor roll
Rakete f <aerospace> • rocket
Rakete f <mil> • missile; rocket-powered missile did
Rakete mit Atomsprengkopf f <mil> • nuclear-tipped rocket
Rakete mit Flüssigwasserstofftriebwerk f <aerospace> • hydrogen rocket

Rakete mit Photonentriebwerk f <aerospace> • photon rocket

Raketenabschussrampe f <aerospace> • launch pad

Raketenabwehr f <mil> • missile defense *US*; missile defence *GB*

Raketenachse f <aerospace> • missile center line

Raketenantrieb m <aerospace> • rocket propulsion

Raketenbasis f <mil> • missile base

Raketenbetankungsausrüstung f <aerospace> • propellant loading system equipment

Raketenbrennstoff m <aerospace> • rocket fuel

Raketenbündel n <aerospace> • clustered rocket; clustered vehicle

Raketenflügel m <aerospace> • rocket wing

Raketenflugbahn f <aerospace> • rocket trajectory; rocket flight path

Raketenflugbahn f <mil> • missile flight path; missile trajectory

Raketenflugzeug n <aerospace> • rocket-driven aircraft; rocket-propelled aircraft

raketengetrieben <aerospace> • rocket-propelled; rocket-driven

Raketengleiter m <aerospace> • rocket glider; boost-glide vehicle

Raketengrundgleichung f <aerospace> • fundamental equation of rocket motion

Raketenheckleitwerk n <aerospace> • missile tail assembly

Raketeninstrumentierung f <aerospace> • rocket instrumentation

Raketenkammer f <aerospace> • rocket chamber

Raketenkörper m <aerospace> • rocket body

Raketenkörper m <mil> • missile airframe; missile bay

Raketenkopf m <aerospace> • rocket head; forebody

Raketenkopf m <mil> • missile head

Raketenleitsystem n <mil> • missile control system

Raketenlenksystem n <mil> • missile guidance system

Raketenlenkung f <mil> • missile control; missile guidance

Raketenmotor m <aerospace> • rocket motor

Raketennutzlast f <aerospace> • rocket payload

Raketenprinzip n <nukl> • rocket principle

Raketenrumpf m <aerospace> • rocket body

Raketenschlitten m <mil> • rocket sled

Raketensonde f <aerospace> • probe rocket

Raketensonde f <meteo> • sounding rocket; rocket sonde

Raketensondierung f <meteo> • rocket sounding

Raketenstabilisierung f <aerospace> • rocket stabilization

Raketenstart m <aerospace> *(Start mithilfe von Raketen)* • rocket-assisted take-off

Raketenstart m <aerospace> *(Start einer Rakete)* • rocket launching

Raketenstartbasis f <aerospace> • rocket launching site; rocket base

Raketenstartbeschleuniger m <aerospace> • auxiliary take-off rocket unit

Raketenstartplatz m <aerospace> • rocket launching site; rocketdrome

Raketenstufe f <aerospace> • rocket stage; rocket step

Raketenstufe mit Triebwerk f <aerospace> • propulsion stage

Raketentechnik f <aerospace> • rocket engineering; rocketry

Raketentreibsatz m <aerospace> *(allg.)* • rocket-propelling charge

Raketentreibsatz m <aerospace> *(Feststoff)* • solid propulsion charge

Raketentreibstoff m <aerospace> • rocket-engine propellant; rocket propellant

Raketentriebwerk n <aerospace> • rocket propulsion engine; rocket engine

Raketentriebwerkdüse f <aerospace> • rocket thrust-chamber nozzle; rocket nozzle

Raketentriebwerkmontage f <aerospace> • rocket-engine assembly

Raketenversuchsgelände n <aerospace> • rocket proving establishment

Raketenversuchsgelände n <mil> • missile-firing installation

Rakete zur Erforschung der oberen Atmosphärenschichten f <aerospace> • upper-atmosphere exploration rocket; high-altitude research rocket

RAL-Farbe f <bau.obfl> • standard color *US*; standard colour *GB*

RAM <edv> *(flüchtig)* • random access memory (RAM); memory *coll*; working storage *rare*

Raman-Effekt m <phys> • Raman effect

Raman-Linie f <phys> • Raman line

Raman-Spektroskopie f <phys> • Raman spectroscopy

Raman-Streuung f <phys> • Raman scattering

RAM-DAC m *TM*Booktree <edv> *(auf Grafikkarten)* • look-up table digital-to-analog converter (LUT-DAC)

RAM-Disk f <edv> • RAM disk

RAM-Floppy f <edv> • RAM disk

RAM-Freigabe f <edv> • RAM enable; chip enable; chip select

Ramie f <textil> • ramie; China grass

Ramjet-Triebwerk n <aerospace> • ramjet engine

RAM-Karte f <edv.av> *(in Synthesizer)* • RAM cartridge; memory cartridge; RAM card; memory card

Rammbär m <bau.masch> • tup; ram; monkey; drive block

Rammbohrung f <bau> • percussion boring

Rammbrunnen m <bau> • driven well

Rammbühne f <bau.masch> • pile-driving platform

Ramme f <bau.masch> *(für Spundwandbohlen)* • rammer; ram; pile driver; driving rig

Ramme f <metall> *(für Formsand)* • rammer; ram

rammen vt <tech.allg> *(Objekt mit großer Masse gegen anderes Objekt)* • ram vt

rammen vt <bau> *(Pfähle, Spundwände)* • drive piles vt; pile vt

rammen vt <metall> *(Formsand)* • pun vt

rammende Gewinnung f <min> • winning by ramming

Rammformel f <bau> *(Pfahlgründung)* • pile-driving formula

Rammgerüst n <bau> • pile-driving frame; piling frame

Rammhammer m <bau.masch> • double-acting hammer

Rammhaube f <bau.masch> • pile cap; driving cap; head packing; helmet

Rammhobel m <min> • Peissberg ram

Rammklotz m <bau.masch> • drive block

Rammkörper m <min> • ram body

Rammpfahl m <bau> • driven pile

Rammplan m DIN ISO 10209-4 <bau.doku> • piling drawing *ISO 10209-4*

Rammponton m <nav> • pile-driving barge

Rammschutz m <kfz> *(Off-Road)* • front end guard; bumper cage *pract.coll*; grille guard; bullbar *GB*; front bullbar *GB*

Rammschutz m prakt <logist> *(an Lagerregalen)* • collision protection; collision guard

Rammschutzecke f <bau> *(Anfahrschutz; z. B. außen an Gebäudeecken, in Fabrik-, Lagerhallen)* • upright protection post; upright protector; column post; guard post; angle post *rare*

Rammschutzleiste f <fz> • side protection profile

Rammschutzleiste f Allrad <kfz> *(außen an Karosserie; relativ schmale Leiste)* • body side molding; protective molding

Rammschutzstoßstange f obs. <kfz> • bumper with overriders obs

Rammsondierung f <bau> (Bodenmechanik) • driving sounding; driving test; dynamic sounding

Rammsteven m <nav> • ram stem

Rammträger m <bau> (Träger, der z. B. in den Boden gerammt wird) • driven girder

Rammträger m <bau.masch> • driving support

Rammträgerverbau m <bau> (Baugrube) • beam-type retaining construction

Rammwiderstand m <bau> • driving resistance

Rammwinde f <förd> • pile-driving hoist

Rampe f <tech.allg> (schräg, zur Niveauangleichung; z. B. als Auffahrt) • ramp

Rampe f <el> (ansteigende Flanke eines Impulses) • ramp

Rampe f <kfz.wz> (zur Zugänglichmachung der Fz-Unterseite) • ramp; drive-on ramp; drive-up ramp

Rampe f <logist> (an Lkw oder Lagerhalle) • loading platform

Rampe f <theat> • ramp; stage front

Rampenantwort f <msr> • ramp response

Rampenfunktion f <msr> • ramp function

Rampengenerator m <el> • sawtooth generator; ramp generator; relaxation generator

Rampenlicht n <licht.theat> (metaphorisch) • limelight

Rampenring m <kfz.antr> (selbstnachstellende Kupplung) • ramp ring

Rampenwinkel m <kfz.antr> (Fahrzeugaufbau) • ramp breakover angle; breakover angle; breakover pract

ramponiert <tech.allg> (ziemlich beschädigt, schadhaft; z. B. Anzug, Auto) • battered

RAM-Sampleplayer m selten <edv.av> (Sampler ohne ADC) • sample player

RAM-Samplespeicher m <edv.mus> • sample RAM; sample memory; wave sampling RAM; wave sample RAM; wavetable RAM

Ramsauer-Effekt m <phys> • Ramsauer-Townsend effect

Ramsden-Okular n <opt> • Ramsden eyepiece

Ramsin-Kessel m <hlk> • Ramsin boiler

RAM-Takt m <edv> • RAM clock rate

Rand m <allg> (Begrenzung) • boundary

Rand m <allg> (Kante) • edge

Rand m <allg> (äußere Begrenzung) • fringe; margin; periphery

Rand m <tech.allg> (äußerer; auch um Bild, Teppich u.a.) • border

Rand m <tech.allg> (überschüssiges Randmaterial; z. B. um Briefmarken herum) • selvage; selvedge; list

Rand m <druck> • margin

Rand m DIN EN ISO 7998 <opt> (Brille) • rim ISO 7998

Rand m <phot> (Fotoabzug) • print border; picture border; border

Rand m <textil> (entlang eines Saums o.ä. angebracht, als Verstärkung od. Dekoration) • welt

Randabbildungsfehler m <qualit> • marginal aberration

Randabdeckung f <bau> • bite; glass bite

Randabspritzeinrichtung f <pap> • squirt trim

Randabstand m <füg> (Nietlöcher) • plate-edge distance

Randabstand m <prod> • edge distance

Randaufhängung f <av> • cone surround; surround

Randaufhellung f <av> • edge flare

Randaufkohlung f <metall> (Einsatzhärten) • case carburizing

Randauflösung f <opt> • edge resolution

Randausgleich m <druck> • margin adjustment; justification

Randausleuchtung f <licht> • edge illumination

Randauslöser m <druck> • margin release

Randbalken m <bau> • edge beam; rim beam

randbearbeitetes Brillenglas n ISO 13666 <opt> • edged lens ISO 13666

Randbearbeitung f ISO 13666 <opt> (Brillenglas) • edge ISO 13666

Randbecken n <geo> • marginal basin; marginal sea; backarc basin

Randbedingung f <tech.allg> (z. B. Einspannbedingungen in der Statik) • end condition

Randbedingung f <math> • marginal condition

Randbedingung f <phys> (z. B. Gleichgewichtsbedingungen) • boundary condition; edge condition

Randbefestigung f <tech.allg> (Platte) • edge constraint

Randbefestigung f <bau> (Straßenbau) • shouldering

Randbefeuerung f <aerospace> (Start-/Landebahn, Rollweg) • boundary-lighting; boundary-light

Randbeschnitt m <pap> (Verfahren) • trim

Randbeschnitt m <pap> (Vorgang) • edge trimming

Randblase f <opt> (im Glas) • pin-hole

Randblase f <qualit> • blowhole; subcutaneous blow-hole; pin-hole; blow-hole; blister

Randbogen m <aerospace> • wing tip edge; wing tip

Randbohrung f <petr> • delineation well

Randbreite f <doku> • margin width

Randdruckeinrichtung f <druck> • selvage printing device

Randeffekt m <büro> (beim Kopieren) • edge effect

Randeffekt m <opt> (Spannungsoptik) • edge effect

Randeffekt m <phys> (allg.) • boundary effect

Randeffekt m <phys> (Strömungswirbel) • fringe effect

Randeinfassung f <tech.allg> • edging

Randeinfassung f <bau.verk> (typ. Beton) • marginal strip

Randeinspannung f <av> • cone surround; surround

Randeinstellhebel m <druck> (Schreibmaschine) • margin set lever

Randentkohlung f <metall> • skin decarburization; surface decarburization; surface decarburisation GB

Randentladung f <el> • marginal discharge

Randfaser f <mech> (z. B. Biegespannung) • extreme fiber

Randfehler m <druck> • marginal aberration

Randfeld n <petr> • marginal field

Randfeld n <phys> • fringing field; edge field

Randfeuer n <aerospace> • boundary lighting; boundary light

Randfeuerpatrone f <mil> • rimfire cartridge

Randfeuerpistole f <mil> • rimfire pistol

Randflussfläche f <nukl> • plasma boundary

Randgebiet n <tech.allg> • peripheral region

Randgebiet n <geo> • border region

Randgebiet n <geo> (einer Stadt) • outskirts

Randgebiet n <ökon> • marginal region

randgefasst <opt> • edge-mounted

Randglättung f <edv> • anti-aliasing

Randglied n <bau> (Abschluss der Schale eines Stahlbetonkühlturms) • ring beam

Randgummierung f <pap> • edge gumming

Randhärten n <metall> (Prozess) • surface carburization; surface cementation

Randintegral n <math> • circulatory integral; circulation

Randkontrast m <edv> (zwischen benachbarten Strichcode-Symbolen) • edge contrast (EC)

Randkraft f <mech> • marginal force; boundary force

Randladungslöschlampe f <druck> • edge erase lamp

Randlast f <mech> (Randbeanspruchung, Randspannung) • boundary stress

Randleiste f <metall> • edge bar

Randlinie f <druck> • finishing line

Randlochung f <druck> • guide holes; sprocket holes; transport holes

randlose Vergößerung f <phot> • borderless print; borderless enlargement

Randloskassette f <phot> • borderless easel; borderless frame

Randlosvergrößerung f <phot> • borderless print; borderless enlargement

Randlunker m <qualit.mat> • peripheral blow-hole

Randmarke f <metall> • collar mark

Randmasche f <textil> • selvage loop; selvedge loop

Randmaske f <phot> • masking strip; masking slide

Randmeer n <geo> • marginal basin; marginal sea; back-arc basin

Randnebel m <obfl> • overspray

Random Access Channel m (RACH) <tele> • random access channel (RACH)

Random-Assemble-Edit n <av> • random assemble edit; RA Edit

Random-Assemble-Edit mit Tonmithörfunktion n <av> • random assemble edit with sound shuttle

Random-Assemble-Schnitt m <av> • random assemble edit; RA Edit

Random-Assembleschnitt m <av> • random assemble edit; RA Edit

Random-Assemble-Schnitt für bis zu acht Szenen m <av> • eight-cut random assemble edit menu; eight-scene auto assemble editor

Random-Assemble-Schnitt mit Tonmithörfunktion m <av> • random assemble edit with sound shuttle

Random-Assembleschnitt mit Tonmithörfunktion m <av> • random assemble edit with sound shuttle

Randomdrift f <navig> • random drift

Randonneur m <fz> (Lenkerform an Fahrrädern) • randonneur

Randpulver n <obfl> • edge powder enamel

Randpulveremail n <obfl> • edge powder enamel

Randpunkt m <math> (Topologie) • boundary point

Randpunkt m <msr> (z. B. Messbereich, Häufigkeitsverteilung) • end point

Randrippe f <bau> • edge rib

Randschärfe f <av> • edge definition; edge acuity; contour sharpness

Randschärfe f <opt> • edge definition; marginal definition

Randschicht f <el> (Halbleiter) • barrier

Randschicht f <mat> (z. B. Kunststoff, Leder, Karton) • outer layer

Randschicht f <metall> (z. B. Härten) • skin; surface layer

Randschicht f <phys> (Strömung) • boundary layer

Randschichthärten n <prod> • boundary hardening

Randschichtpotential n <phys> • boundary potential

Randschichttransistor m <el> • surface-barrier transistor

Randschleifmaschine f <wz.masch> • edge-grinding machine; edging machine

Randspannung f <mech> • edge stress

Randspannung f <mech> (Fasern od. faseriges Material) • extreme-fiber stress

Randspannung f <mech> (im Ggs. zu Axialspannung, Radialspannung) • circumferential stress; hoop stress; tangential stress; peripheral stress

Randstein m ugs <bau.mat> (zwischen Straße und Gehweg) • curb US; kerb GB

Randsteller m <druck> • margin stop

Randstörung f <bau> (Statik) • edge disturbance; edge perturbation

Randstörung f <pap> • edge disturbancy

Randstrahl m <opt> • edge ray; marginal ray; peripheral ray

Randstreifen m <bau> (befahrbar oder nicht) • shoulder; sidestrip; berm; verge; margin

Randstreifen m <bau.verk> (typ. Beton) • marginal strip

Randstreifen m <kst> (abgeschnittener Folienrand) • edge trim

Randstreifen m <pap> (in der Papierfertigung) • trimming

Randströmungssysteme npl <pap> • edge flow systems

Randströmungsverdünnungssystem n <pap> • edge flow dilute system

Randträger m <bau> (z. B. Brücke) • boundary beam; outside beam

Randturbulenz f <phys> (Strömung) • boundary turbulence

Randveränderung f <opt> (Spannungsoptik) • time-edge effect

Randverarmungszone f <el> • depletion region

Randversatz m <druck> • margin space

Randverteilung f <math> (Statistik) • marginal distribution

Randverzeichnung f <phot> • marginal distortion

Randwahrscheinlichkeit f <math> • marginal probability

Randwasser n <geo> • edge water

Randwelle f <rls> • end convolution

Randwelligkeit f <druck> • cockling; waviness

Randwert m <math> (Gleichungssysteme) • boundary value; marginal value

Randwertaufgabe f <math> • boundary value problem

Randwertbedingung f <math> • boundary condition; marginal condition

Randwertproblem n <math> • boundary value problem

Randwertprüfung f <math> • marginal check

Randwinkel m <obfl> (zw. Substrat und Flüssigkeit; je kleiner desto besser die Benetzung) • contact wetting angle; wetting angle; contact angle; angle of contact

Randwirbel m <phys> (Aerodynamik) • rim vortex; marginal vortex

Randwirbel mpl <energ.wind> • tip vortices

Randwulst m <kfz> (Reifen) • beaded edge

Randzeichen npl <edv> (Strichcode) • guard bars pl; guard bar pattern

Randzone f <tech.allg> (Grenze) • border zone

Randzone f <tech.allg> (an Peripherie) • peripheral zone

Randzone f <mat> (Kante) • edge zone

Randzone f <mat> (Randbereich) • marginal zone

Randzone f <metall> (von unberuhigtem Stahl; Stahlhaut) • skin zone; rim zone rare

Randzone f <metall> (z. B. für Glühen, Härten) • surface zone

Randzone f <rep> (beim Einziehen von Blechen) • rim

Randzugkraft f <qualit.mat> (Festigkeitsprüfung) • boundary traction

Rand-zu-Rand Kopie f <druck> • edge-to-edge copying

Rang m <math> (Matrix) • rank

Rang m <min> (Inkohlung) • degree of coalification

Rang m <msr> (Priorität; z. B. für Unterbrechungen) • priority

Rangdefekt m <math> • nullity

Range f <werb> • range

Range-Getriebe n <nfz.antr> • range change gearbox

Rangegruppe f <nfz.antr> • range change group; range-change group; range change

Rangfolge f <edv> • order of priority

Rangfolge f <math> (Statistik) • priority rule

ranghöchstes Bit n <edv> • most significant bit (MSB); highest-order bit

Rangierabstand-Sensorsystem n <kfz.msr> • park distance control system

Rangierbahnhof m <bahn> • classification yard US

Rangierbetrieb m <bahn> • shunting operation

Rangierbremsventil n <bahn> • shunting brake cock

Rangierdatenbaustein m <tech.allg> • interface data block

Rangierdraht *m* <bahn> *(Elektrotraktion)* • tracker wire
Rangierdraht *m* <el> • jumper wire
Rangieren *n* <bahn> • shunting
rangieren *vi* <bahn> *(auf Seitengleis leiten)* • shunt *vi*
rangieren *vi* <bahn> *(allg.)* • switch *vi*
rangieren *vi/vt* <kfz> *(Fahrzeug, Anhänger)* • maneuver *vt US*; manoeuvre *vt GB*
Rangiergriff *m* <kfz> • grab handle
Rangierkabel *n* <bahn> • shift cable
Rangierlok *f ugs* <bahn> *(klein)* • yard switcher
Rangierlok *f ugs* <bahn> *(allg.)* • switcher locomotive; switcher *coll*; switching locomotive *rare*
Rangierlok *f ugs* <bahn> *(groß)* • road switcher
Rangierlokomotive *f* <bahn> *(allg.)* • switcher locomotive; switcher *coll*; switching locomotive *rare*
Rangierschrank *m* <allg> • marshalling cabinet
Rangierstellwerk *n* <bahn> • shunting tower
Rangierverteilerschrank *m* <bahn> • terminal cabinet; marshalling kiosk
Rangierwagenheber *m* <kfz.wz> • trolley jack; floor jack *US*
Rangkorrelation *f* <math> • rank correlation
Rangkorrelationskoeffizient *m* <math> • rank correlation coefficient
Rangzahl *f* <math> • rank
Rankine'scher Wirbel *m* <phys> *(Strömungslehre)* • Rankine vortex
Rankine-Clausius'scher Kreisprozess *m* <therm> • Rankine cycle
rankinescher Wirbel *m* <phys> *(Strömungslehre)* • Rankine vortex
Rankine-Skale *f* <therm> • Rankine temperature scale
Rankine-Wirbel *m* <phys> *(Strömungslehre)* • Rankine vortex
Ranunculus bulbosus <bio> • buttercup; ranunculus bulbosus
ranzig <nahr> *(Speiseeisfehler)* • rancid; soapy; goaty; stale coconutlike; perspirationlike
RAP-10 <edv.av> • Roland Audio Producer 10 (RAP-10)
Rapidentwickler *m* <phot> • rapid developer; rapid-acting developer
Rapid-Fire-Hebel *m* <fz> *(Fahrradschaltung)* • rapid-fire lever
Rapid Prototyping *n* <prod> *(scheiben-/schichtweise Generierung eines Einzelstücks)* • rapid prototyping
Rapid-Start *m* <licht> • rapid-start; quick-start
Rapidstartlampe *f* <licht> • rapid-start lamp
Rapid Time Code *m* <av> • Rapid Time Code
Rapid Tooling *n* <prod> • rapid tooling
Rappen *fpl* <nahr> *(Wein)* • stalks; stems
Rapport *m* <textil> • pattern repeat; repeat of pattern
Rapport *m* <textil> • repeat; pattern repeat; binding repeat; weave repeat; structured repeat
Rapportbreite *f* <textil> • pattern width; design width; repeat of warp threads
Rapporthöhe *f* <textil> • pattern depth; design depth; repeat of weft threads
rapportloser Dekor *m* <innen> *(z. B. Stoff, Tapete)* • non-repeat pattern areas
Rapputz *m* <bau> • pargeting *US*; pargetting *GB*; rough cast
Raps *m* <agri> • rape; colza *rare*; brassica rapus olifera *thsc*
Rapsöl *n prakt* <kfz> *(als Kraftstoff für Dieselmotoren)* • rape seed methyl ester (RME); green diesel fuel *pract*; biodiesel *SP-1545*
Rapsöl *n* <tribo> • rapeseed oil; rape oil; colza oil
Rapsölmethylester *m* (RME) <kfz> *(als Kraftstoff für Dieselmotoren)* • rape seed methyl ester (RME); green diesel fuel *pract*; biodiesel *SP-1545*

Raschelmaschine *f* <textil> • Raschel warp-knitting machine; Raschel knitting machine; Raschel machine; Raschel *pract*
Raschelsack *m* <pack> *(z. B. für Kartoffeln)* • Raschel bag
Raschelspitze *f* <textil> • Raschel lace
Raschig-Ringe *npl* <verf> • Raschig rings *npl*
raschwüchsig <holz> • fast growing
Rasen *m* <av> *(Sicherheitsabstand zwischen Spuren auf Videoband)* • guard band; space
Rasenbegrenzung *f* <agri> • lawn edging
Raseneinfassung *f* <agri> • lawn edging
Raseneisenerz *n* <min> • meadow iron ore; marsh iron ore; bog iron ore
Rasengitterstein *m* <bau.mat> • lawn paving block
rasenlose Schrägspuraufzeichnung *f* <av> • high-density recording; zero-guard-band recording
Rasenmäher *m* <tech.allg> *(ohne Motor)* • push reel mower
Rasenmäher *m* <agri> *(allg.)* • lawn mower
Rasenmatte *f DIN 4047-9* <agri> • turf mat
Rasenröste *f* <textil> • dew-retting; dew-ret
Rasensämaschine *f* <agri> • lawn seeder
Rasensauger *m* <agri> • lawn vacuum system; lawn vacuum; lawn vac *pract*
Rasenschere *f* <agri.wz> • grass shear
Rasensode *f DIN 4047-9* <agri> • turf piece
Rasensodenreißer *m* <agri> • lawn-sod shredder
Rasensprenger *m* <agri> • lawn sprinkler
Rasenstein *m* <bau.mat> • lawn paving block
Rasentrimmer *m* <agri> *(mit Faden; Elektro- oder Benzinmotor)* • trimmer; string trimmer *form*
Rasenwalze *f* <agri> • lawn roller
Rasenwalze *f* <agri> *(mit Wasserfüllung)* • water weight roller
Rasenziegel *m* <agri> • turf piece
Rasierapparat *m* <hygi> *(allg.; nass oder trocken)* • shaver
Rasierbeutel *m* <pack.tour> • traveller's shaving bag
Rasierer *m* <hygi> *(allg.; nass oder trocken)* • shaver
Rasierer für Netzbetrieb *m* <hygi> *(zum Anschluss an Netzsteckdose)* • mains shaver
Rasierer für Netz- und Akkubetrieb *m* <hygi> • mains/rechargeable shaver
Rasierfolie *f rar* <hygi> *(Elektrorasierer)* • shaving foil
Rasierklingenschar *n* <agri> • sword blade share
Rasierkopf *m* <hygi> *(Elektrorasierer)* • shaving head
Raspel *f* <wz> • rasp
Raspelhieb *m* <wz> *(Feile)* • rasp cut
rassig <nahr> *(Wein)* • racy
Rast *f* <metall> *(Hochofen)* • bosh
Rast *f* <prod> *(z. B. Blechstreifen, Werkzeugmagazin)* • dwell
Rast *f* <prod> *(Tischbewegung)* • pause
Rastankerring *m* <metall> *(Hochofen)* • bosh band
Rastbolzenfeder *f* <mil> • plunger spring
Rastbolzenrohr *n* <mil> • plunger tube
Rastdauer *f* <verf> • dwell duration
Raste *f* <bau> *(in Fenster-, Türschlossmechanik)* • latch; lock
Raste *f* <kst> *(für Formbacke)* • locking screw with spring-loaded ball
Raste *f* <mil> • click
Raste *f* <prod> *(betont: hält etwas zurück od. fest; z. B. Schnittwerkzeug)* • detent; retainer
Raste *f* <prod> *(Vertiefung)* • notch
Rasteinrichtung *f* <prod> *(z. B. Vorrichtungsbau)* • detent mechanism
rastende Blende *f* <phot> • aperture with click settings

Rastenrad *n* <prod> • notched wheel

Rastenschalter *m* <el> • click-stop selector switch

Rastenscheibe *f* <prod> • index plate; index disc

Rastensegment *n* <kfz.mot> *(Vergaser)* • fast idle cam

Raster *m* <av> *(Streifenmuster)* • raster; bar pattern

Raster *m* <bau> • modular grid; structural module; grid

Raster *m* <opt> *(Licht)* • louver *US*; louvre *GB*

Raster *m* <opt> • spill shield

Raster *m* <phot> *(Farbfilm)* • embossing

Raster *n* <tech.allg> • grid

Raster *n* <druck> • halftone screen; screen *pract*; raster

Raster *n* <edv> • matrix

Raster *n* <edv> *(gitterförmig)* • grid; raster

Raster *n* <edv> *(CAD, Grafik)* • snap grid; grid; snap

Raster *n* <logist> *(Regalständer)* • module

Rasterabstand *m* <tech.allg> • grid spacing

Rasterabstand *m* norm <edv> • grid element spacing

Rasterabstand *m* <opt> • screen distance

Rasterabtastung *f* <av> • raster scanning; frame scanning

rasterartige Abtastung *f* <av> • raster scanning; frame scanning

Rasteraustastperiode *f* <av> • horizontal black-out period

Rasteraustastung *f* <av> • frame suppression

Rasterberechnung *f* <edv> • raster operation

Rasterbild *n* <druck> *(Halbtöne durch Punktraster dargestellt)* • raster image; halftone image

Rasterbild *n* <opt> *(in Einzelpunkte zerlegt)* • dissected image

Rasterbildschirm *m* <edv> • raster refresh CRT; raster CRT; raster display; raster scan display; raster display screen

Raster Blaster *m* ugs <edv> • BitBlt engine; blitter *pract*; raster blaster *coll*

Rasterblende *f* <edv> • scanning diaphragm

Raster Burn *m* <edv> • raster burn

Rasterdecke *f* <bau.innen> • grid ceiling

Rasterdrucker *m* <edv.druck> • matrix printer; dot matrix printer; dot-matrix impact printer *rare*; sytlus printer *rare*

Rastereffekt *m* <phot> • texture screen effect; screen effect

Rasterelektronenmikroskop *n* (REM) <el> • scanning electron microscope (SEM); scanning microscope

Rasterelektronenmikroskopie *f* (REM) <el> • scanning electron microscopy (SEM)

Rasterelektronenstrahlbelichtungsanlage *f* <opt> • scanning electron-beam exposure equipment

Rasterfangfunktion *f* <edv> • grid and snap; snap and grid; snap on grid points *rare*

Rasterfarbauszug *m* <druck> • screened color separation

Rasterfeinheit *f* <druck> • image definition

Rasterfeinheit *f* <edv> *(Scannen)* • scanning fineness

Rasterfolgeverfahren *n* <av> • frame sequential system

rasterfrequentes System *n* <av> • field-sequential system; field-sequential color television system

Rasterfrequenz *f* <av> • frame frequency; vertical frame-scanning frequency

Rasterfrequenzteiler *m* <av> • frame divider; field divider

Rastergrafik *f* <edv> *(ohne Kompression, nicht vektorisiert; *.bmp)* • bitmap; raster graphics

Rastergröße *f* <edv> • screen ruling

Rastergröße *f* <el> *(Grundraster)* • raster size

Rastergrundmaß *n* <bau> *(Maßordnung)* • structural module; module

Rastergrundmaß *n* <msr> • module

Rasterhöhe *f* <edv> • raster height

Rasterhöhenregler *m* <av> • vertical size control

Raster Image Prozessor *m* (RIP) <druck> • raster image processor (RIP)

Rasterkontrollröhre *f* <av> • frame monitoring tube

Rasterlinie *f* <bau> • modular line; grid line

Rasterlinie *f* <druck> • screen line

Rastermaß *n* <bau> *(Maßordnung)* • structural module; module

Rastermaß *n* <el> • raster dimension; raster size

Rastermaß *n* <ic> *(gedruckte Schaltung)* • reference grid

Rastermikroskop *n* <opt> • scanning microscope

rastern *vt* <av> • scan *vt*

rastern *vt* <doku> *(im Druck, elektronisch)* • dissect *vt*

rastern *vt* <druck> • rasterize *vt US*; rasterise *vt GB*; screen *vt*

Rasternapf *m* <pack> *(Coater)* • gravure cell

Rasternegativ *n* <phot> • screen negative; texture screen

Rasterplatte *f* <tech.allg> • screen

Rasterplatte *f* <msr> • grid plate; grid

Rasterplotter *m* <edv> • printer/plotter; raster plotter

Rasterprogrammierung *f* <edv> • grid round-off programming

Rasterpunkt *m* <bau> • modular point

Rasterpunkt *m* <druck> *(einer Matrix)* • matrix dot

Rasterpunkt *m* <druck> *(Rasterung)* • halftone dot; screen dot

Rasterpunkt *m* <edv> *(im Fangraster)* • grid point

Rasterpunkt *m* rar <edv> • picture element; pixel *pract*; pel *IBM.rare*

Rasterpunktmuster *n* <edv> • halftone pattern

Rasterpunktverbreiterung *f* <druck> • dot gain

Raster-Scan-Bildschirm *m* <edv> • raster refresh CRT; raster CRT; raster display; raster scan display; raster display screen

Rasterscanner *m* EN 1556 <edv> *(im Ggs. zu Schwingspiegelscanner)* • raster scanner; rastering line scanner; multiple trace scanner; multiple-beam scanner

Rasterschaltung *f* <fz> • indexing derailleur

Rasterschalung *f* <bau> • modular formwork

Rasterscheibe *f* <el> *(Oszillographenröhre)* • scanning disc

Rastersimultanverfahren *n* <av> • frame simultaneous system

Raster-Squid-Mikroskop *n* <msr> • scanning SQUID microscope

Rasterstrahl *m* <edv> • raster-scanned beam; scanning beam

Rastertiefdruck *m* <druck> • photogravure printing

Rastertunnelmikroskop *n* (RTM) <msr> • scanning tunneling microscope (STM) *US*; scanning tunnelling microscope *GB*

Rasterung *f* <edv> *(allg.)* • matrix generating

Rasterung *f* <edv> *(z. B. von Bildern)* • rasterization

Raster-Vektor-Konverter *m* <edv> • raster vector converter

Rasterverriegelung *f* <av> • mains hold; locking

Rasterverstärker *m* <av> • scanning amplifier

Rasterverzerrung *f* <av> • frame distortion

Rasterverzerrung *f* <edv> *(an den Feldkanten)* • scan distortion

Raster-Visier *n* <bekl> • racheting visor

Rasterwalze *f* <druck> • anilox roller

Rasterwechselfrequenz *f* <av> • frame frequency; frame repetition rate; frame rate

Rasterweite *f* <druck> *(allg.)* • screen resolution; screen definition

Rasterweite *f* <druck> *(Halbtöne; in Linien pro cm (L/cm) oder Linien pro inch (lpi))* • screen frequency; halftone frequency; screen ruling; rasterizing span

Rasterzähler *m* <msr> • peg count meter

Rasterzahl *f* <av> • number of picture elements

Rasterzeile *f* <av> • raster line

Rastfeder f <masch> (z. B. von Sperrklinke, Rastkugel) • detent spring; click spring rare

Rastfeder f <prod> • stop spring

Rastgas n <metall> (Hochofen) • bosh gas

Rastgetriebe n <masch> (z. B. Malteserkreuzgetriebe) • dwell mechanism

Rasthöhe f <metall> (Hochofen) • height of bosh

Rasthof m <verk> (mit Tankstelle) • service area

Rastklinke f <masch> • latch

Rastleiste f <prod> • notched rod

Rastlinie f <mat> • arrest line

Rastlinie f <qualit> (in Bruchflächen) • clam shell mark

Rastmantel m <metall> (Hochofen) • bosh jacket; bosh envelope

Rastmechanismus m <prod> • indexing mechanism

Rastoberkante f <metall> • upper bosh line

Rastpanzer m <metall> (Hochofen) • bosh casing; bosh armor US

Rastperiode f <tech.allg> (innerhalb periodischer Bewegungen) • dwell

Rastplatz m <verk> (Abzweig an Autobahn, Schnellstraße, Bundesstraße) • turnout US; lay-by GB

Rastpolbahn f <mech> (Kinematik, Getriebelehre) • body centrode

Rastpolkegel m <mech> (Kinematik) • herpolhode cone; herpolhode

Rastpolkegel m <navig> (Kreisel) • space cone

Rastpunkt m <prod> (Vorrichtung) • click-stop position

Rastrelais n <el> • latch-in relay

Rastschwinge f <mech> • stop rocker

Raststift m <prod> • stop pin; latch pin; drop-in pin; plunger pin

Rastung f <masch> (Vertiefung, in die ein Stift o.ä. einrasten kann) • notch

Rastung f <prod> (Rückhaltemechanismus) • detent mechanism

Rastvorrichtung f <tech.allg> (z. B. Vorrichtung, Schnittwerkzeug) • click-stop device

Rastvorrichtung f <masch> • arresting facility; locking facility

Rastwinkel m <metall> (Hochofen) • bosh angle

Rate f rar <tech.allg> (Aktion, Ereignis, Menge etc. pro Zeiteinheit; z. B. Durchfluss) • rate

Ratemeter n <msr> • counting-rate meter; rate meter

Rate Scaling n <edv.av> • rate scaling; time key follow

Ratio f <edv.av> • ratio

Ratiodetektor m <tele> (Demodulation) • ratio detector

rationale Zahl f <math> • rational number

Rationalisierung f <prod> • rationalization

Rationalisierungsreserve f <prod> • margin for rationalization

Rationalitätsgesetz n <math> • law of rational indices

Rationalzahl f <math> • rational number

rationeller Name m rar <term> • systematic name

Ratrack n A <nfz> (Überschneefahrzeug) • snow groomer; ski-slope grooming machine form; Pisten Bully TMpract; Ratrac TM; Sno-Cat TMUS

Ratsche f <tech.allg> • ratchet

Ratsche f prakt <wz> (Antriebswerkzeug für Steckschlüsseleinsätze) • ratchet; ratchet handle; ratchet wrench

Ratschenbindung f <tech.allg> (z. B. an Inlineskates, Snowboard-Bindungen) • ratchet binding

Ratschen-Crimpzange f <el.wz> (zum Anquetschen von Kabelschuhen etc.) • ratchet crimp tool

Ratschen-Ringschlüssel m <wz> • ratcheting box wrench US; ratchet box wrench; ratchet wrench US.rare; ratchet ring spanner GB; ratchet spanner GB

Ratschen-Ringschlüssel für Überwurfmuttern m <wz> • ratcheting tube wrench US; open ratchet wrench GB

Ratschensatz m ugs.prakt <wz> (Auswahl von Antriebswerkzeugen und Einsätzen) • socket set; socket wrench set; ratchet and socket set US

Ratschenschlüssel m <wz> • ratcheting end wrench

Ratschenschraubendreher m <wz> • ratcheting screwdriver; ratchet screwdriver

Ratschenverschluss m <tech.allg> (z. B. an Inlineskates, Snowboard-Bindungen) • ratchet binding

Ratschen-Zurrgurt m <kfz> • ratchet tie down; ratchet tie-down strap

Rattenloch n <petr> • rat hole

ratterfrei <wz.masch> (Spanen ohne Vibrationen, Rattermarken) • chatter-free; chatterless

Ratterkreisfrequenz f <masch> • angular chatter frequency

Rattermarke f <prod> (am Werkstück) • chatter mark

Ratterschwingung f <tech.allg> (z. B. an Werkzeugen, Führungen, Fahrzeugen) • chatter vibration

rau <tech.allg> (Einsatzbedingungen) • severe

rau <mat> (Oberflächenbeschaffenheit) • coarse

rau <nahr> (Speiseeisfehler) • coarse; grainy; spiny; ice pellets

rauben vt <min> • draw off vt; withdraw vt; draw vt

Raubschäkel m <min> • release link

Raubventil n <min> • release valve

Rauch m <emiss> (Dämpfe, feine Schwebstoffe; eher schädlch) • fumes pl

Rauch m ISO 13943 <feuer> • fire effluent ISO 13943; fire gases

Rauch m ISO 13943 <verbr> (sichtbarer Teil von Abgasen/Aerosolen durch Verbrennung/Pyrolyse) • smoke ISO 13943

Rauchabzug m <verbr> • flue

Rauchabzugsanlage n <verbr> (z. B. Klappen) • smoke venting system

Rauchabzugskanal m <verbr> • flue

raucharme und halogenfreie Kabelisolierung f <el.feuer> • low-smoke zero halogen sheath; LSOH sheath

raucharm und halogenfrei <kst.feuer> (z. B. Merkmal von Kabelisolierung) • low-smoke zero halogen (LSOH)

Rauchdichtemesser m <msr> • smoke density indicator

rauchen vi <tech.allg> (Rauch entwickeln; z. B. Maschine, Prozess) • smoke vi; fume vi

rauchende Salpetersäure f <chem> • fuming nitric acid

rauchende Schwefelsäure f <chem> • fuming sulfuric acid; oleum

Rauchentwickler m <chem> • smoke generator

Rauchentwicklung f <feuer> • development of smoke; smoke generation

Rauchen verboten <tech.allg> (Zeichen) • no smoking

Rauchfangdach n <bau> • fume hood

rauchfreier Brennstoff m <verbr> • smokeless fuel

Rauchgas n <verbr> (betont: sichtbarer Rauch, Qualm) • smoke gas

Rauchgas n <verbr.emiss> (betont: aus Feuerung, mit Schwebstoffemissionen) • flue gas; waste gas

Rauchgasanalysator m <msr> • flue-gas analyzer; combustion-efficiency analyzer; combustion analyzer; combustion and environmental analyzer BACHARACH

Rauchgas-Analysator m <msr> • flue-gas analyzer; combustion-efficiency analyzer; combustion analyzer; combustion and environmental analyzer BACHARACH

Rauchgasanalyse f (RGA) <msr> • flue gas analysis; stack gas analysis; exhaust gas analysis rare

Rauchgas-Analysegerät n <msr> • flue-gas analyzer; combustion-efficiency analyzer; combustion analyzer; combustion and environmental analyzer BACHARACH

Rauchgasaufheizung f <verf> • FGD reheat system

Rauchgasbestandteile mpl <msr> • flue gas components pl

Rauchgasentnahmesonde f form <msr> • flue gas probe; sampling probe pract; flue probe; stack probe rare

Rauchgasentschwefelung f <emiss> • flue-gas desulfurization; smoke desulfurization rare

Rauchgasentschwefelungsanlage f (REA) <emiss> • flue-gas desulfurization system (FGD); flue-gas desulfurization plant

Rauchgasentstauber m <emiss> • fly-ash precipitator

Rauchgasentstaubung f <ents> • flue gas dedusting

Rauchgasentstickungsanlage f <emiss> • flue-gas denitrification system

Rauchgasexplosion f <verbr> • flue-gas explosion

Rauchgasfeuchte f <verf> • flue-gas moisture

Rauchgasfilter m <verf> (für Rauchpartikel) • smoke filter

Rauchgasgeschwindigkeit f <verf> • flue-gas velocity

Rauchgasgips m <verf> • FGD gypsum

Rauchgaskanal m <verbr> • chimney flue; uptake flue; flue

Rauchgasnachreinigung f (RNR) <emiss.verf> • add-on air pollution control equipment; add-on air pollution control

Rauchgasquerschnitt m <ents> • flue-gas cross-sectional area; flue cross-sectional area

Rauchgasreinigung f <emiss.verf> (von Brennern, Öfen) • flue gas cleanup (FGC); waste gas cleaning; waste gas purification; flue gas cleaning

Rauchgasreinigung f <ents> • flue-gas treatment; flue-gas cleaning; flue-gas purification

Rauchgasreinigungsanlage f <emiss.verf> (von Brennern, Öfen) • flue gas cleanup system (FGC); waste gas cleaning plant; waste gas purification plant; flue gas cleaning plant

Rauchgasrezirkulation f <verbr> • flue-gas recirculation (FGR)

Rauchgasrohr m <verbr> (von Ofen, Brenner) • flue pipe; flue; flue duct

Rauchgasrückführung f <verbr> • flue-gas recirculation (FGR)

Rauchgasrückführungsgebläse n <emiss> • flue-gas recirculation fan

Rauchgassammelkanal m <emiss> • waste gas flue

Rauchgassaugung f (RGS) <emiss> • flue gas suction

Rauchgasschieber m <hlk> • sliding flue damper

Rauchgassonde f <msr> • flue gas probe; sampling probe pract; flue probe; stack probe rare

Rauchgasstrom m <verbr.emiss> (von Öfen, Brennern; z. B. im Kamin) • flow of the flue gas; flue gas stream; flue gas flow

Rauchgastemperatur f <verbr.emiss> • flue gas temperature (FT); exit flue gas temperature EN 303,1; stack gas temperature US

Rauchgasüberwachung f <msr> • flue gas monitoring

Rauchgasvorwärmer m <verf> • flue-gas preheater; economizer

Rauchgaswäscher m <ents> • flue gas scrubber; precipitator

Rauchgaszusammensetzung f <verbr> • flue gas composition

Rauchgenerator m <verf> • smoke generator

Rauchhärte f <holz> • smoke resistance

Rauchkammerüberhitzer m <rls> • smoke-box superheater

Rauchkerze f <alarm> (Notsignal) • smoke candle

Rauchklappe f <verbr> • swivel damper; revolving damper

rauchloses Pulver n <mil> • smokeless powder; low-smoke powder

Rauchmelder m <feuer> (Brandschutzeinrichtung) • smoke detector; smoke-sensitive fire-detection system

Rauchmelder m <msr.feuer> (Brandschutz) • smoke detector; smoke-sensitive fire detection system

Rauchrohr n <bau> (Rauchabzug, Entlüftung) • vent

Rauchrohr n <rls> (Dampfkessel) • fire tube

Rauchrohr n <verbr> • chimney flue

Rauchrohrkessel m <rls> • smoke-tube boiler; fire-tube boiler

Rauchrohrüberhitzer m <rls> • smoke-tube superheater

Rauchschäden pl <holz> • smoke damage

Rauchschieber m <hlk> • sliding flue damper

Rauchschrank m <nahr> • cabinet-type smoke house

Rauchschutzmaske f <sich> • smoke helmet

rauchschwaches Pulver n <mil> • smokeless powder; low-smoke powder

Rauchvergiftung f <med> • poisoning by smoke inhalation; smoke poisoning

rauchverhütende Feuerung f <verbr> • smoke-preventing furnace

rauchverzehrende Feuerung f <verbr> • smoke-consuming furnace

Rauchzug m <verbr> (von Ofen, Brenner) • flue pipe; flue; flue duct

raue Industrieumgebung f <tech.allg> • harsh industry environment

rauen vt <obfl> • roughen vt

rauen vt <textil> • nap vt; teasel vt; raise vt

raue Oberfläche f <obfl> (Lackfehler) • dry spray

raues Mundgefühl n <nahr> • coarse mouthfeel

raue Textur f <nahr> (Speiseeisfehler) • coarseness; coarse texture

raufen vt <textil> (Flachs) • pull vt

Raufmaschine f <textil> (Flachs) • pulling machine

Rauheit f <obfl> • coarseness; roughness

Rauheitsspitze f <obfl> • roughness point

Rauigkeit f <obfl> • roughness

Rauigkeit nach Bendtsen f <pap> • Bendtsen roughness number

Rauigkeit nach Sheffield f <pap> • Sheffield roughness

Rauigkeitsmesser m <msr> • roughness tester

Raukarde f <textil> • raising card; teasel

Raum m <allg> (beansprucht von oder verfügbar für etwas oder jmd.) • space; room coll

Raum m <allg> (Bereich; betont: Fläche) • area

Raum m <tech.allg> (Kammer) • chamber

Raum m prakt <aerospace> • outer space; space pract; cosmic space rare; cosmos rare

Raum m <bau> (Teil eines Gebäudes, Zimmer) • room

Raum m <geo> (Region) • region

Raum m <math> • space

Raumabschluss m ISO 13943 <feuer> (bezogen auf den Feuerwiderstand) • integrity ISO 13943

Raumakustik f <akust> • room acoustics; architectural acoustics; auditorium acoustics; acoustics of the space

Raumanzug m <aerospace> • space suit

Raummaschine f <textil> • gig

Raumausdehnungszahl f <phys> • coefficient of cubical expansion

Raumbedarf f <tech.allg> • space requirements npl

Raumbelastung f <agri.tech> • loading rate; load

Raumbeleuchtung f <licht> • room lighting; room illumination

raumbeständig <bau.mat> (Beton) • sound

raumbeständig <phys> • constant by volume

Raumbeständigkeit f <phys> • volume constancy

Raumbeständigkeit f <qualit.mat> (z. B. Baustoffe) • volume stability

Raumbild n <opt> • stereoscopic image

Raumdehnung f <phys> • volumetric dilatation; cubical dilatation

Raumdiagramm n <mot> • piston-position time diagram

Raumdichte f <phys> *(Masse je Volumeneinheit)* • space density; density

Raumdiversity-Empfang m <tele> • space diversity reception

Raumeinheit f <phys> • volume unit

Raumerfüllung f <mat> • space filling

Raumerfüllung f <prod> *(Sintern)* • volume ratio

Raumfachwerk n <bau> • space framework; space frame; space truss

Raumfähre f <aerospace> • space shuttle

Raumfärbung f <av> *(Klangbild eines Raums)* • acoustic coloring

Raumfahrer m <aerospace> • astronaut; spaceman; cosmonaut *in Russia*

Raumfahrt f <aerospace> • astronautics; space flight; space aviation; cosmonautics *in Russia*

Raumfahrtantrieb m <aerospace> • spacecraft propulsion

Raumfahrtanwendung f <tech.allg> *(Photovoltaik)* • space application

Raumfahrtelektronik f <aerospace> • space electronics

Raumfahrttechnik f <aerospace> • astronautical engineering; space engineering

Raumfahrtzentrum n <aerospace> • spaceport; cosmodrom

Raumfahrzeug n <aerospace> • spaceship; spacecraft; space vehicle

raumfest <tech.allg> *(z. B. Koordinatenachsen; Kinematik)* • space-fixed; fixed in space

raumfester Drehkegel m <mech> *(Kinematik: Rastpolkegel)* • space cone

Raumfeuchte f <hlk> • room humidity (RH)

Raumfilter n <opt> • spatial filter

Raumflug m <aerospace> • space flight

Raumflugkörper m <aerospace> • spaceship; spacecraft; space vehicle

Raumformel f <chem> • space formula

Raumfrequenz f <el> *(Funkwesen)* • spatial frequency; space frequency

Raumfuge f rar <bau> *(von Gebäuden, Brücken etc.)* • expansion joint; movement control joint *rare*; expansion gap *rare*; joint clearance *rare*; contraction joint *rare*

Raumgehalt m <nav> *(in Registertonnen)* • tonnage

Raumgehalt m <phys> • cubic measure

Raumgeräusch n <akust> • room noise

Raumgeschwindigkeit f <kfz.emiss> *(Katalysator)* • space velocity (SV)

Raumgeschwindigkeit f <phys> • space velocity; spatial velocity

Raumgetriebe n <masch> *(Kinematik)* • space mechanism

Raumgitter n <mat> *(Kristall)* • space lattice; three-dimensional lattice

Raumgitterinterferenz f <mat> • space lattice interference

Raumgruppe f <mat> *(Kristall)* • space group

Raumheizer m <hlk> • space heater

Raumheizung f <energ.sol> • building heating; house heating; space heating

Raumhöhe f <logist> • ceiling height

Rauminhalt m form <tech.allg> *(allg.)* • volume (V)

Rauminhalt m <logist> *(von Behältern, Containern etc.; z. B. in m³)* • capacity; volume

Rauminhalt m <phys> • cubical contents; cubic contents

Raumintegral n <math> • volume integral

Raumkapsel f <aerospace> • space capsule

Raumklang m <av> • surround-sound; stereoscopic sound

Raumklangeffekt m <av> • surround-sound; stereoscopic sound

Raumklangsimulation mit zwei Lautsprechern f <edv> • 2-speaker 3D virtualization

Raumklimagerät n <hlk> *(Fenster-, Mobil-, Split- od. Multisplitgerät)* • room air-conditioner; room airconditioning unit *norm*

Raumklimatisierung f <hlk> • room air conditioning

Raumklimatisierung f <hlk> • space cooling; air conditioning

Raumkonstanz f <phys> • volume constancy

Raumkoordinate f <autom> • space coordinate

Raumkoordinaten fpl <math> • space coordinates; spatial coordinates

Raumkraft f <mech> • body force

Raumkrümmung f <phys> • gravitational field; field of gravity; space curvature *rar*

Raumkurve f <phys> • space curve

Raumlaboratorium n <aerospace> • space laboratory; space lab *pract*

Raumladung f <nav> • inboard cargo; hold cargo; underdeck cargo

Raumladung f <phys> • space charge

Raumladungsausbreitung f <phys> • space-charge spreading

raumladungsbegrenzter Strom m <el> • space-charge-limited current

Raumladungsbegrenzung f <el> • space-charge limitation

Raumladungsdichte f <el> • space-charge density

Raumladungsfaktor m <el> • space-charge factor

raumladungsfrei <phys> • free of space charge

Raumladungsgesetz n <nukl> • space charge equation

Raumladungsgitter n <el> • space-charge grid

Raumladungsgrenze f <phys> • space-charge boundary

Raumladungsimpuls m <el> • cloud pulse

Raumladungskonstante f <el> • space-charge factor; perveance

Raumladungspolarisierung f <el> • space-charge polarization

Raumladungsrandschicht f <phys> • space-charge layer

Raumladungsschicht f <el> • space-charge region; space-charge layer

Raumladungsstrom m <el> • space-charge current

Raumladungswelle f <phys> • space-charge wave

Raumladungswolke f <phys> • space-charge cloud

Raumladungszone f <el> • space-charge region; space-charge layer

Raumlenker m <phot> • space rod

Raumlenker-Hinterachse f MB <kfz> • multi-link independent rear suspension MB; space-link rear suspension

Raumlicht nsg <phot> • room light sg

Raumluft fsg <hlk> • indoor air

Raumlufteinheit f <hlk> • indoor unit

Raumluftfühler m <hlk> • indoor air quality sensor; IAQ sensor

Raumluftqualität f <hlk> • indoor air quality (IAQ)

raumlufttechnische Anlage f <hlk> *(stationär; größere Anlage)* • air conditioning plant; air conditioning equipment

Raumluftventil n <med.tech> • inspiratory relief valve

Raumluftvitalisierungssystem n <hlk> • air vitalizing system

Raumluft-Wärmetauscher m <hlk> • indoor coil

Raumluftwärmetauscher m <hlk> • indoor coil

Raummarke f <phot> • floating mark

Raummaß n <msr> • capacity measure; cubic measure

Raummasse f <phys> *(Kennwert für Fördern und Lagern)* • bulk density

Raummehrfachempfang m <tele> • space diversity reception

Raummodell *n* <tech.allg> • stereoscopic model

Raummodell *n* <therm> *(z. B. Siedediagramm)* • space model

Raummodul *m rar* <qualit.mat> *(Elastizitätsmodul für Druck)* • bulk modulus (K); volumetric modulus of elasticity; compression modulus; hydrostatic modulus; bulk modulus of elasticity *rare*

Raummodul *n* <aerospace> *(z. B. Raumkapsel, Raumstation)* • space module

Raummodul *n* <bau> *(modulare Gebäudeeinheit; allg.)* • building module

Raummodul *n* <bau> *(modulare Gebäudeeinheit; für Wohnungen)* • home module

Raummodul *n* <bau> *(modulare Gebäudeeinheit; für Büros)* • office module

Raummodul *n* <msr> *(Sensor; z. B. Temperaturfühler)* • in-room unit

Raummultiplex-Vielfachzugriff *m* <tele> • space division multiple access

Raumnachformfräsen *n* <prod> • three-dimensional milling

Raumnavigation *f* <navig> • space navigation

Raumnutzung *f* <logist> • cube utilization *US*; utilization of the cube *US*; cubic space utilization *GB*; space utilization

Raumnutzungsgrad *m* <logist> • cube utilization *US*; utilization of the cube *US*; cubic space utilization *GB*; space utilization

Raumpunkt *m* <edv> *(dreidimensionales Pixel)* • voxel

Raumquantelung *f* <phys> • space quantization; directional quantization; space quantisation *GB*

Raumrakete *f* <aerospace> • space rocket; extraterrestrial rocket; astrorocket; cosmic rocket

Raumraster *m* <bau> • modular grid; modular space grid

Raum-Resonanzen *fpl* <av> • room modes *pl*; eigentones *pl*

raumrichtig <tech.allg> • orthomorphic

Raumrichtung *f* <phys> • direction in space

Raumschiff *n* <aerospace> • spaceship; spacecraft; space vehicle

Raumschott *n* <nav> • hold bulkhead

Raumsegment *n* <navig> • space segment

raumseitige Glasleiste *f* <bau> *(Profilleiste zum Befestigen und Abdichten der Verglasung)* • interior stop; interior glazing bead

raumseitiges Sprossengitter *n :V* <bau> • interior grille

Raumsicherung *f* <alarm> • space protection; volumetric security; volumetric detection; volumetric protection

Raumsonde *f* <aerospace> • space probe vehicle; space probe

Raumspant *n* <nav> • hold frame

raumsparend <tech.allg> • space saving

Raumspaziergang *m ugs* <aerospace> • space walk

Raumspektroskopie *f* <opt> • space spectroscopy

Raumstation *f* <aerospace> • space station

Raumstrecke *f* <navig> • pseudorange; pseudo-range

Raumstruktur *f* <tech.allg> • framework structure

Raumstütze *f* <nav> • hold stanchion

Raumsymmetriegruppe *f* <mat> *(Kristall)* • space group

Raumteildosierung *f* <msr> • volume batching

Raumteile *mpl* <tech.allg> *(in Mischungen)* • quantities by volume

Raumteiler *m* <innen> • partition

Raumtemperatur *f* (RT) <hlk> *(in Gebäuden; typ. 20 °C)* • room temperature (RT); ambient temperature; inside temperature; interior temperature; ordinary temperature *rare*

Raumtemperaturvernetzung *f* <kst> • room-temperature cure; room cure

Raumtiefe *f* <nav> • depth of hold

Raumton *m* <akust> • stereophonic sound

Raumtoneffekt *m* <av> • binaural effect

Raumtragwerk *n* <bau> • space framework; space frame; space structure; spatial structure

Raumtransporter *m* <aerospace> • cargo spaceship; space transporter

Raumüberwachung *f* <alarm> • space protection; volumetric security; volumetric detection; volumetric protection

Raumüberwachung *f* <nukl> • area monitoring

Raumüberwachungsgerät *n* <nukl> • area monitor

Raumvektor *m* <math> • space vector

Raumverdrängung *f* <nav> • volume displacement

Raumverdrängung *f* <phys> • cubic displacement

Raumvergrößerung *f* <kfz.mot> • volumetric increase

Raumwegerung *f* <nav> • hold ceiling

Raumwelle *f* <phys> • indirect wave; space wave

Raumwelle *f* <tele> • ionospheric wave; sky wave

Raumwindkurs *m* <nav> • broad reach

Raumwinkel *m* <math> • solid angle

Raumwinkeleinheit *f* <math> • unit solid angle

Raumzeiger-Modulation *f* <phys> • space vector modulation

Raum-Zeit *f* <phys> • space-time; space-time continuum; world time

Raum-Zeit-Punkt *m* <phys> *(Relativitätstheorie)* • world point; space-time-point

Raum-Zeit-Vorstellung *f* <phys> • space-time conception

Raumzelle *f* <bau> • building box; box unit; box

Raumzellenbauweise *f* <bau> *(Konstruktionsprinzip)* • box-unit construction

raumzentriert <mat> *(kubisches Kristallgitter)* • body-centered *US*; space-centered *US*; body-centred *GB*

raumzentriertes Gitter *n* <metall> *(Kristallgefüge)* • body-centered lattice *US*; body-centred lattice *GB*

Raupe *f* <füg> *(Schweißen)* • bead

Raupenantriebsrad *n* <nfz> • track sprocket; crawler wheel

Raupenfahrzeug *n* <bau.masch> *(langsam; z. B. Baumaschine, Schaufelradbagger)* • crawler

Raupenfahrzeug *n* <fz> *(allg., jede Art; z. B. Planierraupe)* • track vehicle; tracked vehicle; track-type vehicle

Raupenfolge *f* <füg> *(Schweißtechnik)* • bead sequence

Raupenkette *f* <nfz> • crawler track; track

Raupenkette *f* <nfz> • track chain

Raupenkran *m* <förd> • crawler crane; tractor crane

Raupenplatte *f* <fz> • tread shoe

Raupenschlepper *m* <nfz> • crawler tractor; crawler-type tractor

Raupenschweißung *f* <füg> • string bead welding

Raupenstartlafette *f* <aerospace> • tracked launcher

Raupenuniversalbagger *m* <bau.masch> • multipurpose crawler excavator

Rauschabstimmung *f* <av> • noise tuning

Rauschamplitude *f* <el> • noise amplitude

Rauschanpassung *f* <el> • noise matching

Rauschanteil *m* <el> • noise; noise component; noise signal

Rauschanzeige *f* <av> • noise indication

rauscharm <av> *(Mikrofon)* • antinoise

rauscharm <edv.av> • low-noise; noise-less

rauscharme Röhre *f* <el> • low-noise tube

rauscharmer Verstärker *m* <el> • low-noise amplifier

Rauscharmut *f* <edv.av> • noiselessness

Rauschaufnahme *f* <av> • noise pick-up

Rauschbandbreite *f* <av> • noise bandwidth

Rauschbegrenzung *f* <av> • noise suppression (NS); noise reduction; noise cancellation *GB*; noise limiting *rare*

Rauschbewertungsfilter *n* <el> • random noise weighting network

Rauschbezugstemperatur *f* <el> • noise standard temperature

Rauschdiode *f* <el> • noise diode

Rauschen *n* <edv> • noise level; noise

Rauschen *n* <el> *(allg.)* • noise

Rauschen *n* <el> • noise; noise component; noise signal

rauschend <edv.av> • noisy

Rauschen und Knacken *n* <av> • hissing and clicking

Rauschersatzwiderstand *m* <el> *(phys. Größe)* • equivalent noise resistance

Rauscherstraße *f* <textil> • raising-shearing line

Rauschfaktor *m* <el> • noise factor

Rauschfeldstärke *f* <tele> • radio noise field intensity; radio noise field strength

Rauschfestigkeit *f* <edv> • noise immunity

Rauschfilter *n* <edv.av> • noise filter

Rauschfilter/Überspielfunktion-Wahlschalter *m* <av> • noise filter/edit selector

rauschfrei <el> • noise-free; free from noise; noiseless

rauschfreie Verstärkung *f* <el> • noiseless amplification

Rauschgenerator *m* <edv.av> • noise generator

Rauschgift *n* ugs <nahr> *(allg.; weich oder hart; Alkohol, Tabak, Cannabis, Kokain etc.)* • drugs *pl*; dope *sl*

Rauschgrenze *f* <av> • noise limit

Rauschimpulsbreite *f* <el> • noise pulse width

rauschkompensiert <av> • noise-compensated

Rauschleistung *f* <el> • noise power

Rauschleistungsspektrum *n* <av> • noise power spectrum

Rauschliff *m* <silik> • grey cutting

Rauschmaß *n* <el> • noise figure

Rauschminderung *f* <av> • dynamic noise suppressor (DNS)

Rauschminderung *f* <av> • noise suppression (NS); noise reduction; noise cancellation *GB*; noise limiting *rare*

Rauschmittel *npl* <nahr> *(allg.; weich oder hart; Alkohol, Tabak, Cannabis, Kokain etc.)* • drugs *pl*; dope *sl*

rauschmoduliert <av> • noise-modulated

Rauschnormal *n* <msr> • noise standard

Rauschpegel *m* <av> • background level

Rauschpegel *m* <edv> • noise level; noise

Rauschquelle *f* <av> *(z. B. elektron. Hintergrundrauschen, Bandrauschen)* • noise source

Rauschschwelle *f* <av> • noise threshold

Rauschspannung *f* <av> • noise voltage

Rauschspektrum *n* <phys> • noise spectrum

Rauschsperre *f* <tele> *(Funk)* • squelch

Rauschstörung *f* <el> *(allg.)* • noise

Rauschstrom *m* <msr> • noise current

Rauschtemperatur *f* <el> • noise temperature

Rauschunterdrückung *f* <av> • noise suppression (NS); noise reduction; noise cancellation *GB*; noise limiting *rare*

Rauschunterdrückung *f* <av> • dynamic noise suppressor (DNS)

Rauschunterdrückung *f* <tele> *(Funk)* • squelch

Rauschunterdrückungsschaltung *f* <el> • noise suppressor

Rauschunterdrückungsschaltung *f* <tele> • squelch circuit

Rauschuntergrund *m* <el> • noise background

Rauschvierpol *m* <el> • noise twoport

Rauschwiderstand *m* <el> • noise resistance

Rauschzahl *f* <phys> • noise factor; noise figure; noise grade

Raustraße *f* <textil> • tandem-arranged cloth raising machines

Rautenfeile *f* <wz> • diamond file

Rautenflächner *m* <math> • rhombohedron

Rautenkaliber *n* <prod> • rhombic pass; diamond pass

Rautiefe *f* <obfl> • peak-to-valley height; total profile height; roughness height

Rautiefenmesser *m* <obfl> • profilometer

Rautiefenmessung *f* <obfl.msr> • surface metrology

Rauwalze *f* <agri> • clod-breaking roller

Rauwalze *f* <textil> • brushing roller; raising drum

Ravigneaux-Getriebe *n* <kfz.antr> • compound planetary gearset; Ravigneaux planetary transmission; Ravigneaux transmission; Simpson planetary transmission; Simpson transmission

Ravigneaux-Planetenradsatz *m* <kfz.antr> • Ravigneaux planetary gear set; Ravigneaux gearset

Ravigneaux-Planetensatz *m* <kfz.antr> • Ravigneaux planetary gear set; Ravigneaux gearset

Ravigneaux-Satz *m* <kfz.antr> • Ravigneaux planetary gear set; Ravigneaux gearset

RAW <edv> *(Magnetband)* • read after write (RAW)

Raycasting *n* <edv> • ray tracing; ray casting

Rayleigh'sche Scheibe *f* <akust> • Rayleigh disc

Rayleigh-Scheibe *f* <akust> • Rayleigh disc

rayleighsche Scheibe *f* <akust> • Rayleigh disc

Rayleigh-Streuung *f* <phys> • Rayleigh scattering

Rayleigh-Taylor-Instabilität *f* <nukl> • Rayleigh-Taylor instability

Rayleigh-Welle *f* <phys> *(z. B. Erdbebenwelle, Ultraschallwelle)* • Rayleigh wave

Raytracer *m* <edv> • ray tracer

Ray-Tracing *n* <edv> • ray tracing; ray casting

Raytracing *n* <edv> • ray tracing; ray casting

razemisches Epinephrin *n* <pharm> • racemic epinephrine; racemic adrenaline

RB <nukl> • reactor vessel (RV); reactor tank *rare*

RBG <logist> • aisle stacker *pract*

RC <füg.rls> *(Spitzgewinde, Flankenwinkel 55°)* • Whitworth pipe thread (RC); British Standard pipe thread

RC <kfz.nahr> • radio/cassette deck (r/c); r/cass *ad*

RC-Brücke *f* <el> • RC bridge; resistance-capacitance bridge

RC-Filter *n* <el> • RC filter; resistance-capacitance filter

RC-Glied *n* <el> • RC element; resistance-capacitance element

RC-Kopplung *f* <el> • RC coupling; resistance-capacitance coupling

RC-Netzwerk *n* <el> • RC network; resistance-capacitance network

RC-Papier *n* <phot> • resin-coated paper; RC paper; plastic-coated paper; plastic-based paper; plastic paper

RCT <qualit.mat> • ring crush resistance (RCT) *norm*

RCTC <av> • rewritable consumer time code (RCTC); recordable consumer time code

RCT-Verfahren *n* <pap> • Ring Crush Test

RCT-Wert *m* <pap> • ring crush value

RC-Verstärker *m* <el> • RC amplifier; resistance-capacitance amplifier

Rd <masch> • round thread (Rd); knuckle thread; rounded thread

RDB <nukl> *(Druckwasserreaktor)* • reactor pressure vessel (RPV)

RDS <kfz.av> • Radio Data System (RDS)

RE <alarm> • register

RE <el> • solid circular conductor; circular solid conductor

RE <el.chem> *(Zweielektrodenanordnung)* • reference electrode (RE); counter electrode

REA <emiss> • flue-gas desulfurization system (FGD); flue-gas desulfurization plant

Reaction-Injection-Moulding *n* <kst> • reaction injection molding (RIM)

Read'sches Modell *n* <mat> *(Korngrenzen)* • Read's model

Read-after-Write-Verfahren *n* (RAW) <edv> *(Magnetband)* • read after write (RAW)

Read-Diode *f* <el> • Read diode; impact avalanche transit time diode

Readme-Datei *f* <edv> • readme file

Read-Only-Speicher *m* <edv> • read-only memory (ROM)

readsches Modell *n* <mat> *(Korngrenzen)* • Read's model

Read-While-Write-Verfahren *n* <edv> *(Magnetband)* • read-while-write (RWW); read while write method

Ready-Stellung *f* <mil> • ready position

Reagens *n* <chem> • reagent

Reagenslösung *f* <chem> • reagent solution

Reagenzglas *n* <chem> • test tube

Reagenzglasgestell *n* <chem> • test-tube rack

Reagenzglaszentrifuge *f* <chem.verf> • test-tube centrifuge

Reagenzienflasche *f* <chem> • reagent bottle

reagieren *vi* <el> *(z. B. Relais, Elektromagnet, System)* • react *vi*; respond *vi*; operate *vi*; answer *vi*

reagieren *vt* <chem> • react *vt*

reagieren auf *vi* <allg> • react to *vi*; respond to *vi*

reagierender Stoff *m* <chem> • reactant; reacting substance

REA-Gips *m* <ents> • FGD gypsum

Reaktanzkreis *m* <el> • reactance circuit

Reaktanzmodulator *m* <el> • reactance modulator

Reaktanzrelais *n* <el> • reactance relay

Reaktanzspannung *f* <el> • reactance voltage

Reaktanzspule *f* <el> • reactance coil; reactor

Reaktanztransformator *m* <el> • reactance transformer

Reaktanzverstärker *m* <el> • reactance amplifier; parametric amplifier

Reaktion *f* <tech.allg> • response

Reaktion *f* <chem.phys> • reaction

Reaktionsablauf *m* <chem> • reaction course; reaction sequence

Reaktionsapparat *m* <chem> • reactor

Reaktionsaromen *f* <nahr> • processing flavours

Reaktionsbehälter *m* <agri.tech> • digester [tank]; fermenter; fermentation vessel; digestion tank; reactor

Reaktionsbeschleuniger *m* <chem> *(für chem. Reaktionen)* • accelerator; accelerating agent; reaction catalyst; booster *coll*; promoter

Reaktionsdauer *f* <ents> • reaction time

Reaktionsdrehofen *m* <chem.verf> • rotary kiln

Reaktionsenergie *f* <chem> • reaction energy; heat of reaction at constant volume

Reaktionsenthalpie *f* <chem> • reaction enthalpy; heat of reaction at constant pressure

reaktionsfähig <chem> • reactive

reaktionsfreudig <chem> *(betont: reagiert schnell und leicht)* • reactive

Reaktionsgefäß *n* <chem> *(eher flach)* • reaction pan

Reaktionsgefäß *n* <chem> *(eher tief)* • reaction vessel

Reaktionsgefäß *n* <ents> *(allg.)* • reactor

Reaktionsgemisch *n* <chem> • reaction mixture

Reaktionsgemisch *n* <ents> • digestion mix

Reaktionsgenerator *m* <el> • reaction generator

Reaktionsgeschwindigkeit *f* <chem> • reaction rate

Reaktionsgeschwindigkeit *f* <msr> • speed of response

Reaktionsgleichung *f* <chem> • reaction equation; chemical equation

Reaktionsglied *n wiss* <kfz.antr> *(im Strömungswandler, Automatikgetriebe)* • stator; reactor; torque multiplier; reaction member

Reaktionsgrad *m* <turb> *(Maß für die relative Energieumsetzung im Laufrad)* • degree of reaction

Reaktionsgrundierung *f* <obfl> • reaction primer; self etch primer; etch primer; wash primer

Reaktionsharz *n* <kst> • reaction resin

Reaktionsharzsystem *n* <füg> • reactive adhesive; reaction adhesive *rare*

Reaktionshemmung *f* <chem> • reaction inhibition

Reaktionskammer *f* <chem> • reaction chamber

Reaktionskammer *f* <petr> *(Reformieren)* • soaker

Reaktionskessel *m* <chem> • reaction vessel

Reaktionskette *f* <chem> • reaction chain

Reaktionskinetik *f* <chem> • reaction kinetics; chemical kinetics

Reaktionskleber *m* <füg> *(allg., aus mehreren Komponenten)* • mixed adhesive

Reaktionskleber *m* <füg> *(aus zwei Komponenten)* • two-component adhesive

Reaktionskleber *m* <füg> • reactive adhesive; reaction adhesive *rare*

Reaktionskleber auf Epoxidharzbasis *m* <füg> • reactive epoxides *pl*

Reaktionsklebstoff *m* <füg> • reactive adhesive; reaction adhesive *rare*

Reaktionskraft *f* <mech> • reaction force

Reaktionslack *m* <obfl> • paint that cures at room temperature

reaktionslos <phys> • reactionless

Reaktionsmechanismus *m* <chem> • reaction mechanism

Reaktionsofen *m* <chem.verf> • reactor

Reaktionsofen *m* <verf> • converter

Reaktionsordnung *f* <chem> • reaction order

Reaktionsparameter *m* <nukl> • reaction parameter

Reaktionspartner *m* <chem> • reactant; coreactant

Reaktionsprimer *m* <obfl> • etch primer; caustic *US.pract*

Reaktionsprimer *m* <obfl> • reaction primer; self etch primer; etch primer; wash primer

Reaktionsprodukt *n* <verf> • end product; by-product *FGD*

Reaktionsrad *n* <turb> • reaction wheel

Reaktionsrate *f* <nukl> • reaction rate

Reaktionsraum *m* <chem> *(Kammer)* • reaction chamber

Reaktionsraum *m* <chem> *(allg.)* • reaction space

Reaktionsraum *m* <metall> *(Schwebeschmelzofen)* • flash smelting chamber

Reaktionssäule *f* <chem.verf> *(allg.)* • reaction tower; reaction column; reacting tower

Reaktionsschaumstoffgießen *n* <kst> • reaction foaming

Reaktionssegment *n* <kfz.brems> *(Unterdruckbremskraftverstärker)* • reaction disc

Reaktionsspritzgießen *n* (RSG) <kst> • reaction injection molding (RIM)

Reaktionsspritzguss *m* (RIM) <kst> • reaction injection molding (RIM)

Reaktionsstrebe *f* <kfz> • brake-reaction rod; strut *pract*

Reaktionsstrom *m* <el> • reaction current

reaktionsträge <chem> • inert; chemically inert; chemically indifferent; chemically inactive

reaktionsträges Gas *n did* <chem> *(chemisch fast völlig inaktiv; z. B. Neon, Argon, Krypton)* • inert gas; rare gas; noble gas

Reaktionsträgheit *f* <chem> *(in Bezug auf chem. Reaktionen)* • inertness

Reaktionstriebwerk *n* <aerospace> • reaction-propulsion engine

Reaktionsturbine *f* <turb> • reaction turbine

Reaktionsturm *m* <chem.verf> *(allg.)* • reaction tower; reaction column; reacting tower

Reaktionsturm *m* <pap> • bleaching tower
reaktionsunfähig <chem> • unreactive
Reaktionsventil *n* <kfz.antr> • reaction valve
Reaktionswärme *f* <chem> • heat of reaction
Reaktionsweg *m* <kfz.brems> • reaction distance
Reaktionszeit *f* <chem> • reaction time
Reaktionszeit *f rar* <msr> *(Sensor; bis zur Ausgabe eines stabilen Messwerts)* • response time; time of response; answering time *rare*; pick-up time *rare*; settling time *rare*
reaktiv <chem> • reactive
Reaktivantrieb *m* <mech> *(z. B. Rakete)* • reaction propulsion; jet propulsion
reaktiver Klebstoff *m* <füg> • reactive adhesive; reaction adhesive *rare*
Reaktivfarbstoff *m* <chem> • reactive dye
reaktivierbarer Kleber *m* <füg> • adhesive that can be reactivated
reaktivierbarer Klebstoff *m* <füg> • adhesive that can be reactivated
Reaktivierung *f* <chem> • reactivation
Reaktivierung *f* <med> • revivification
Reaktivität *f* <nukl> • reactivity
Reaktivitätsäquivalent *n* <nukl> • reactivity equivalent
Reaktivitätsbilanz *f* <nukl> • reactivity balance
Reaktivitätskoeffizient *m* <nukl> • reactivity coefficient
Reaktivitätsreserve *f* <nukl> • reactivity reserve
Reaktivklebstoff *m rar* <füg> • reactive adhesive; reaction adhesive *rare*
Reaktor *m* <agri.tech> • digester [tank]; fermenter; fermentation vessel; digestion tank; reactor
Reaktor *m* <agri.verf> • biogas plant; digester; reactor
Reaktor *m* <chem> *(Kammer, u.U. abgeschlossen)* • reaction chamber
Reaktor *m* <el> *(Induktanz)* • reactor
Reaktor *m* <nukl> • pile
Reaktor *m* <nukl> • nuclear reactor; atomic reactor; reactor
Reaktor *m* <verf> *(in chem. oder kerntechn. Anlagen)* • reactor
Reaktor *m* <verf> • converter
Reaktorabschirmung *f* <nukl> • reactor shielding; reactor shield
Reaktoranlage *f* <nukl> • reactor plant
Reaktorbehälter *m* (RB) <nukl> • reactor vessel (RV); reactor tank *rare*
Reaktorbeladung *f* <nukl> • reactor charging; reactor loading; reactor fuelling
Reaktorbeschickung *f* <nukl> • reactor charging; reactor loading; reactor fuelling
Reaktorbetrieb *m* <nukl> • reactor operation
Reaktorbrennelement *n* <nukl> • reactor-fuel element
Reaktordruckbehälter *m* (RDB) DIN 25401-3 <nukl> *(Druckwasserreaktor)* • reactor pressure vessel (RPV)
Reaktordruckgefäß *n* <nukl> • reactor vessel
Reaktorgebäude *n* <nukl> • reactor building
Reaktorgift *n* <nukl> • reactor poison; burn-out poison; burn-nuclear poison
Reaktorgitter *n* <nukl> • reactor lattice
Reaktorgleichung *f* <nukl> • reactor equation
Reaktorkern *m* DIN 25401-3 <nukl> *(z. B. bei Druckwasserreaktor)* • reactor core; core *pract*
Reaktorkomponenten *f* <nukl> • reactor parts; reactor components
Reaktorkonstruktion *f* <nukl> • reactor design
Reaktorkühlmittel *n* <nukl> • reactor coolant; primary coolant
Reaktorleistung *f* <nukl> • reactor power
Reaktormantel *m* <nukl> • reactor shell; reactor envelope
Reaktorperiode *f* <nukl> • reactor period

Reaktorphysik *f* <nukl> • reactor physics
Reaktorpumpe *f* <förd> • reactor pump
Reaktorrauschen *n* <nukl> • reactor noise
Reaktorregelung *f* <nukl> • reactor control
Reaktorreinheit *f* <nukl> • reactor purity
Reaktorschnellabschaltung *f* <nukl.sich> • emergency shut-down; reactor scram
Reaktorschutzhülle *f* <nukl> • containment shell
Reaktorselbstkontrolle *f* <nukl> • nuclear reactor self-serve
Reaktorsicherheit *f* <nukl> • reactor safety
Reaktorsicherheitsbehälter *m* DIN 25401-3 <nukl> *(Teil des Reaktorgebäudes; meist kugelförmig)* • reactor containment
Reaktorsicherheitsbehälter *m* <nukl> *(Gebäude)* • containment building
Reaktorstart *m* <nukl> • reactor start-up
Reaktorsteuerung *f* <nukl> • reactor control
Reaktorvergiftung *f* <nukl> • reactor poisoning
Reaktorversuchskreislauf *m* DIN 25401-3 <nukl> • reactor loop
Reaktorzeitkonstante *f* <nukl> • reactor time constant
real <allg> *(z. B. Einkommen, Gegenstand)* • real
real <tech.allg> *(Zustand)* • actual
real <tech.allg> *(Wert; z. B. Leistung)* • actual; as-is
Realcolor *n* <edv> • realcolor
reale Flüssigkeit *f* DIN 4044 <phys> *(Flüssigkeit mit Reibung)* • real liquid
realer Kristall *m* <mat> • real crystal; imperfect crystal
realer Schaltabstand *m rar* <msr> • effective operating distance *norm*; real sensing distance; effective sensing distance; real sensing range; actual operating range
reales Arbeitsumfeld plus virtuelle Realität *n* <prod> *(um EDV-Daten erweitertes Arbeitsumfeld)* • computer-augmented reality (CAR)
reale Seide *f* <textil> • net silk; top-quality silk; A-1 silk
reales Gas *n* <chem> *(im Ggs. zum idealen Gas)* • real gas; actual gas
Realfaktor *m* <förd> *(berücksichtigt Volumenverringerung durch Überdruck)* • compressibility factor
Realfarben-Darstellung *f rar* <edv> • true color representation; 32-bit representation; real color representation *rare*
Realgar *m* <chem> • realgar; red arsenic
realisierbar <tech.allg> *(z. B. Vorschlag, Lösung, Konstruktion)* • feasible; practicable; doable *coll*
realisieren *vt* <tech.allg> *(Plan, Projekt)* • realize *vt*; implement *vt*
realisieren *vt* <tech.allg> *(Plan, Maßnahme; z. B. Verbesserungen)* • implement *vt*
Realisierung *f* <tech.allg> *(z. B. eines Plans, Projekts)* • realization; implementation
Realkristall *m* <mat> • real crystal; imperfect crystal
Realschaltabstand *m* norm <msr> • effective operating distance *norm*; real sensing distance; effective sensing distance; real sensing range; actual operating range
Realteil *m* <math> • real part
Real-Time-Counter *m* <av> • real-time counter; real-time tape counter; real-time tape counting mechanism; linear tape counter; linear counter
Real-Time-Kernel *n* <edv> • real-time kernel
Real-Time-Lagerbestandsführung *f* <logist> • real-time inventory control
Realtime Recording *n* <av> • realtime recording; real-time recording
Real-Time-Transport-Protokoll *m* (RTP) <tele> • real-time transport protocol (RTP)
Realzeit-Rendering *n rar* <edv> • real-time rendering
Reanimation *f* <med.tech> • resuscitation

Reanimations-Notfallausrüstung *f :V* <med> *(z. B. an Bord eines Fahrzeugs)* • emergency CPR kit

Rebbelgitter *n* <nahr> *(Wein)* • screen for removal of stalks

Rebbler *m* <agri> *(für Beeren)* • sheller

Rebler *m* <agri> *(für Beeren)* • sheller

Reboard-Kindersitz *m* <kfz> • reboard system

Reboard-Sitz *m* <kfz> • reboard system

Reboard-System *n* <kfz> • reboard system

Reboiler *m* <chem> • reboiler

rebooten *vt* <edv> • reboot *vt*

Receiver *m werb.prakt* <av> *(Radioempfangsteil mit integriertem Verstärker)* • receiver *pract*; radio receiver set *did*; radio set *coll*; radio *coll*

Receiver *m* <av> • satellite receiver; receiver; set-top box; direct satellite system box controller

Receiver *m pract* <energ.sol> *(für Sonnenstrahlung; z. B. Sonnenkollektor)* • solar receiver; receiver *pract*

Receiver Autonomous Integrity Monitoring *n* <navig> • receiver autonomous integrity monitoring (RAIM)

Receiver-Eingangspegel *m* <el> • receiver input level

Receivermaschine *f* <nav> *(Schiffsmaschine)* • receiver engine

Rechen *m* <agri> • rake

Rechen *m* <druck> • flyer

Rechen *m* <ents.hydr> *(des Rechenklassierers)* • screen; rake; rack

Rechen *m* <mus> • register; comb-register; guide rail; lead; bridge

Rechen *m* <prod.nahr> *(Speiseeis; Rundgefrierer)* • combs *pl*

Rechen *m* <textil> *(Übertragung von Maschen von einer Maschine zur anderen)* • topping-on bar

Rechen *m* <textil> *(Rechentaster)* • rake

Rechen *m* <verf> • matrix rake

Rechen *m* <wz> • raker; rake

Rechenableger *m* <druck> • delivery gate

Rechenanlage *f* <edv> • computing system; computing machinery *obs*

Rechenanlage *f* <verf.hydr> • screening plant; screening chamber

Rechenausleger *m* <druck> • delivery gate

Rechenbefehl *m* <edv> • arithmetic instruction

Rechendruck *m* <rls> • design pressure

Rechenelement *n* <math> • arithmetic element; computing element

Rechenelement *n* <verf.hydr> • screening element

Rechenfunktionsbaustein *m* <edv> *(Analogcomputer)* • computing element

Rechenfunktionseinheit *f* <math> • linear computing element

Rechengang *m* <math> • mathematical procedure; calculation method

Rechengeschwindigkeit *f* <edv> *(u.a. abhängig von der Taktfrequenz)* • processing speed; computing speed; calculating speed *rare*

Rechengesetz *n* <math> • rule of operation

Rechengestell *n* <ents.hydr> *(Kläranlage)* • superstructure; screen framework; headframe; rake head

Rechenglied *n* <math> • arithmetic element; computing element

Rechengut *n* <ents.hydr> • screenings *pl*

Rechengutabwurf *m* <ents.hydr> • screenings discharge

Rechengutbehälter *m* <ents.hydr> • screenings container; trash receptacle; skip; debris trough

Rechengutbehandlung *f* <ents.hydr> • screenings handling

Rechengutbeseitigung *f* <ents.hydr> • screenings disposal

Rechengutcontainer *m* <ents.hydr> • screenings container; trash receptacle; skip; debris trough

Rechengutentfernung *f* <ents.hydr> • debris removal

Rechengutentwässerung *f* <ents.hydr> • screenings dewatering

Rechengut-Förderband *n* <ents.hydr> • discharge conveyor

Rechengutpresse *f* <ents.hydr> • screenings compactor; screenings press; compactor

Rechengut-Verbrennung *f* <ents.hydr> • incineration of screenings

Rechengutwäsche *f* <ents.hydr> • screenings washing

Rechengut-Waschpresse *f* <ents.hydr> • screenings washing system

Rechengut-Wirbelwäscher *m* <ents.hydr> • screenings washing system

Rechengutzerkleinerer *m* <ents.hydr> *(Zerkleinerungsmaschine; z. B. Rotorzerkleinerer, Pumpenwolf, Rechenwolf)* • comminutor; disintegrator; grinder; triturator

Rechengutzerkleinerung *f* <ents.hydr> • comminution of screenings; disintegration of screenings; grinding of screenings; shredding of screenings

Rechenkamm *m* <verf.hydr> *(Umlaufrechen)* • raking beam; tine assembly; rake tine assembly; rake assembly

Rechenkammer *f* <verf.hydr> • screen chamber

Rechenklassierer *m* <verf.hydr> • rake classifier; grit removal rake *J+A*

Rechenknecht *m sl* <edv> • personal computer (PC); micro computer *obs*

Rechenleistung *f* <edv.av> • processing power

Rechenmaschine *f DIN 9757-1* <büro> • calculator

Rechenoperation *f* <math> • arithmetic operation

Rechenprüfung *f* <math> • arithmetic check; mathematical check; numerical check

Rechen-Räumer-Kombination *f V* <verf.hydr> • combination bar/grit screen

Rechenregister *n* <math> • arithmetic register; calculating register

Rechenregler *m* <mil> *(z. B. für Fliegerabwehrwaffe)* • predictor

Rechenreiniger *m* <verf.ents> *(Rechen mit Umkehrbewegung)* • trash rake; automatic raking machine; raking gear; screen rake; rack rake

Rechenreiniger *m* <verf.hydr> *(Umlaufrechen)* • raking beam; tine assembly; rake tine assembly; rake assembly

Rechenreiniger mit Kettenantrieb *m* <verf.hydr> • chain operated trash rake; chain lift reciprocating rake

Rechenreiniger mit Seilantrieb *m* <verf.hydr> • cable operated trash rake; cable operated reciprocating rake; cable hauled raking machine

Rechenreiniger mit Spindelantrieb *m* <ents> *(Kläranlage)* • spindle operated screen cleaner

Rechenreinigung *f* <verf.hydr> • screen cleaning

Rechenreinigungsmaschine *f* <verf.ents> *(Rechen mit Umkehrbewegung)* • trash rake; automatic raking machine; raking gear; screen rake; rack rake

Rechenrelais *n* <el> • calculating relay

Rechenrost *m* <verf.hydr> *(als Teil einer Rechenmaschine)* • screen grid; grid rack; grate

Rechenrückstand *m rar* <ents.hydr> • screenings *pl*

Rechenschaltung *f* <edv> • arithmetic circuit; computing circuit

Rechenscheibe *f* <wz> *(praktisch für Werkstätte, Baustelle)* • calculating disc

Rechenschema *n* <allg> • computation scheme

Rechenstab *m* <verf.hydr> *(im Gitterrost-Rechen; zur Wasserreinigung)* • screen bar; screening bar

Rechensystem *n* <edv> *(allg.)* • computer system *ISO 2382-1*; computing system

Rechentakt *m* <edv> • computing interval

Rechentaster *m* <textil> *(Gespinstreinigung)* • yarn feeler

Rechentechnik *f* <tech.allg> *(Verfahren, Ausbildungs-fach)* • calculating technique

Rechentechnik *f* <edv> • computational technique

Rechentrommel *f* <verf.hydr> *(Durchflusszerkleinerer)* • screen drum

Rechenverstärker *m* <el> • computing amplifier

Rechenverstärker *m* <msr> • operational amplifier

Rechenvorgang *f* <verf.hydr> • screening

Rechenwerk *n* (ALU) <edv> *(Bestandteil der Zentralein-heit)* • arithmetic and logic unit (ALU); arithmetic logic unit; arithmetic logic section; arithmetic unit *pract*

Rechenwolf *m* <verf.hydr> *(Zerkleinerer)* • comminuting screen; screening and cutting screen

Rechenzeit *f* <edv> • calculating time; computing time

Rechenzentrum *n prakt* <edv> • data-processing center *US*; data-processing centre *GB*; computer center *US*

Recherche *f* <edv> • retrieval

Recherche *f* <jur> • search for prior art; search

rechnen *vt* <allg> *(mit Zahlen, Größen, Einheiten)* • cal-culate *vt*; reckon *vt*

rechnen *vt* <allg> *(im Ggs. zu schätzen, zeichnen)* • com-pute *vt*; reckon *vt*

Rechner *m form* <edv> *(typ. ein PC)* • computer

Rechner *m ugs* <navig> • GPS processor; processor *pract*; signal processor

rechnerabhängig arbeitend <edv> • on-line

rechnerabhängiger Speicher *m* <edv> • on-line memory

Rechneranimation *f rar* <edv> • real-time animation

rechnerbasiert <edv> *(auf Computer angewiesen)* • com-puter-based

Rechnerdirektsteuerung *f* (DNC) <wz.masch.msr> • direct numerical control (DNC); computerized numerical control *rare*

rechnergesteuert <msr> *(Prozess, Objekt)* • computer-controlled

rechnergesteuerte Mikrofilmausgabe *f* <edv.av> • computer output microfilming

rechnergesteuertes System *n* <tech.allg> • computer-controlled system

rechnergestützt <edv> *(auf Computer angewiesen)* • computer-based

rechnergestützte EKG-Überwachung *f* <med.tech> • computerized electrocardiogram monitoring

rechnergestützte Fertigung *f* <prod> • computer-aided manufacturing (CAM)

rechnergestützte Fertigungsplanung *f* <prod> *(von Arbeitsabläufen in der Fertigungsvorbereitung)* • com-puter-aided production planning (CAP); computer-aided production scheduling *rare*

rechnergestützter Arbeitsplatz *m* <tech.allg> • com-puter-aided work-station

rechnergestützter Unterricht *m* <did> • computer-assisted instruction

rechnergestütztes Konstruieren *n rar* <prod> • com-puter-aided design (CAD)

rechnergestützte Übersetzung *f* <transl> • machine-assisted translation

rechnerintegrierte Fertigung *f* <prod> • computer-integrated manufacturing (CIM)

rechnerisch ermitteln *vi/vt* <math> *(analytisch, nume-risch; z. B. iterativ)* • determine by calculation *vi/vt*; deter-mine by numerical calculation *vi/vt*

rechnerisch ermittelter Erzvorrat *m* <min> • expected tonnage

rechnerische Zähnezahl *f* <masch> *(Getriebeberech-nung)* • virtual number of teeth; equivalent number of teeth

rechnerisch lösbar <math> *(analytisch oder numerisch)* • calculable

rechnerorientierte Programmiersprache *f* <edv> • computer-oriented programming language; computer-oriented language; machine-oriented language

rechnerorientierter Algorithmus *m* <edv> • computer-oriented algorithm

Rechnersteuerung *f* <autom> • computer control

Rechnersystem *n prakt* <edv> • data-processing system; DP system *did*; computer system *pract*

rechnerunabhängig arbeitend <tech.allg> • off-line

rechnerunabhängiger Speicher *m* <edv> • off-line memory

rechnerunabhängige Verarbeitung *f* <edv> • off-line processing

rechnerunterstützt <edv> *(mit optionaler Hilfe eines Computers; z. B. zur Beschleunigung)* • computer-aided; computer-assisted

rechnerunterstützte Elektrotechnik/Elektronik *f* <el.ic.prod> *(z. B. computergestütztes IC-Design)* • Com-puter-Aided Electronics (CAE)

rechnerunterstützte Fertigung *f* <prod> • computer-aided manufacturing (CAM)

rechnerunterstützte Ingenieurarbeiten *pl* <prod> • Computer-Aided Engineering (CAE)

rechnerunterstützte Konstruktion *f rar* <prod> • com-puter-aided design (CAD)

rechnerunterstützte Prüfverfahren *npl* <qualit> *(Testen eines Produkts noch vor der Produktion)* • com-puter-aided testing (CAT)

rechnerunterstützte Qualitätskontrolle *f* <qualit> • computer-aided quality control (CAQ)

rechnerunterstützte Qualitätssicherung *f* <qualit> • Computer-Aided Quality Assurance (CAQ)

rechnerunterstütztes Entwickeln und Konstruieren *n* <edv> • Computer Aided Design and Drafting (CADD)

rechnerunterstütztes Testen *n* <qualit> *(Testen eines Produkts noch vor der Produktion)* • computer-aided testing (CAT)

rechnerunterstütztes Übersetzen *n* <transl> • computer-aided translation (CAT); computer-assisted translation

Rechnerverbund *m* <edv> *(von Computern)* • network; computer network; multiuser environment

Rechnung *f* <ökon> • invoice; bill

Rechnungsbetrag *m* <fin> • invoice amount

Rechnungsprüfungskarte *f* <edv> • audit card

Rechnungsvorschubeinrichtung *f* <tech.allg> • bill-feed device

Rechnungswert *m* <fin> • invoice value

Recht *n* <jur> • law; right

Recht aufgeben *vi* <jur> • waive a right *vi*

Recht aus einem Patent *n* <jur> • right derived from a patent

Rechte auf das Patent *npl* <jur> • rights to a patent

Rechte aufgrund von Patenten *n* <jur> • rights under patents

rechte Buchseite *f* <druck> • recto; right-hand page; odd-numbered page

Rechteck *n* <math> • rectangle

Rechteckamplitude *f* <el.chem> • square-wave pulse amplitude

Rechteckbecken *n* <verf.hydr> • rectangular tank; rec-tangular settling tank

Rechteckbildröhre *f* <av> • squared-off picture tube

Rechteckfaktor *m* <av> • squareness factor

Rechteckfeder *f* <masch> • rectangular plate spring; flat parallel spring

Rechteckferrit *m* <metall> • rectangular ferrite; square-loop ferrite

rechteckförmig <el.chem> *(Welle)* • square-wave

rechteckförmiger Spannungsimpuls *m* <el> • square-wave pulse; square wave pulse; square wave; square pulse; rectangular pulse

rechteckförmige Spannung *f* <el.chem> • square-wave voltage

rechteckförmige Wechselspannung *f* <el.chem> • square-wave voltage

Rechteckform *f* <tech.allg> • rectangular shape

Rechteckformung *f* <el> *(von Impulsen)* • squaring

Rechteckfrequenz *f* <el> • square-wave frequency

Rechteckfundament *n* <bau> • rectangular footing

Rechteckfunktion *f* <math> *(Analysis, Regeltechnik)* • rectangle function

Rechteckgenerator *m* <el> • square-wave generator; square-wave oscillator

Rechteckgerinne *n* <ents.hydr> • box culvert

Rechteckgewinde *n* <masch> *(z. B. Leitspindel)* • flat thread; square screw thread; square thread

Rechteckhohlleiter *m* <el> *(z. B. Radar)* • rectangular hollow waveguide; rectangular waveguide

rechteckige Hystereseschleife *f* <phys> *(z. B. Magnetismus)* • rectangular hysteresis loop

rechteckige Magnetspannplatte *f* <prod> • rectangular magnetic chuck faceplate; rectangular magnetic chuck

rechteckige Masche *f* <textil> • rectangular mesh

rechteckiger Abzugskanal *m* <ents.hydr> • box culvert

rechteckiger Ausschnitt *m* <druck> *(Funktion der Editiertafel)* • box *vt*

rechteckiger Durchlass *m selten* <ents.hydr> • box culvert

rechteckiger Hohlleiter *m* <el> *(z. B. Radar)* • rectangular hollow waveguide; rectangular waveguide

rechteckiger Impuls *m* <el> • square-wave pulse; square wave pulse; square wave; square pulse; rectangular pulse

rechteckiger Näherungssensor *m* <msr> • rectangular proximity sensor

rechteckiges Absetzbecken *n* <verf.hydr> • rectangular tank; rectangular settling tank

rechteckiges Format *n* <phot> *(Aufnahmeformat, Bildformat)* • rectangular format

rechteckiges Signal *n* <el> • rectangular signal

rechteckige Wellenform *f* <phys> • rectangular waveform

Rechteckigkeitsverhältnis *n* <el> • squareness ratio

Rechteck-Impuls *m* <el> • rectangular pulse

Rechteckimpuls *m* <el> • square-wave pulse; square wave pulse; square wave; square pulse; rectangular pulse

Rechteckimpulsgeber *m* <el> • rectangular pulse generator

Rechteckkathode *f* <el> • rectangular cathode

Rechteckkompensator *m* <rls> • rectangular expansion joint

Rechteckleiter *m* <el> • rectangular conductor

Rechteckmatrix *f* <math> • rectangular matrix

Rechteckprofil *n* <autom> • rectangular guide tube

Rechteckprofil *n* <kfz> • box section; box member

Rechteckquerschnitt *m* <tech.allg> • rectangular section

Rechteckrahmen *m* <bau> *(über Tür, Fenster)* • rectangular frame

Rechteckring *m* <mot> *(Kolbenring)* • rectangular-section ring; rectangular compression ring

Rechteckrohr *n* <masch> *(z. B. für Rahmen)* • box section tubing; square tubing

Rechteckscheinwerfer *m* <kfz.el> • rectangular headlamp

Rechteckschleife *f* <msr> *(Hysterese)* • rectangular loop; square loop

Rechteckschwingung *f* <phys> • square wave; rectangular wave

Rechtecksignal *n* <el> • square-wave signal

Rechteckspannung *f* <el.chem> • square-wave voltage

Rechteckspannung mit Dachschräge *f* <el.chem> • tilted square wave

Rechteckspannungsamplitude *f* <el.chem> • square-wave pulse amplitude

Rechteckspule *f* <el> • rectangular coil; square-core coil

Rechteckstromimpuls *m* <el> • square-wave current pulse

Rechteckwechselrichter *m* <el> • square wave inverter

Rechteck-Wechselrichter *m* <el> • square wave inverter

Rechteckwelle *f* <phys> • square wave; rectangular wave

Rechteckwellenfrequenz *f* <phys> • square-wave frequency

Rechteckwellenfunktion *f* <phys> • square-wave function

Rechteckwellengenerator *m* <el> • rectangular waveform generator; square-wave generator

Rechteckwellenimpuls *m* <phys> • square-wave pulse

Rechteckwellenpolarograph *m* <el.chem> • square-wave polarograph

Rechteckwellen-Polarographie *f* <el.chem> • square-wave polarography (SWP)

Rechteckwellenspannung *f* <el> • square-wave voltage

rechte Fahrzeugseite *f* <kfz> • RH side; offside *GB.AUS*

Rechte-Hand-Regel *f* <el> • right-hand rule

rechte Kurbelgehäusehälfte *f* <mot> • right-side crankcase

rechte Kurbelwange *f* <mot> • right-side flywheel

rechte Masche *f* <textil> • plain stitch

rechte Maschenseite *f* <textil> • face loop; plain loop

rechter Winkel *m* <math> • right angle

rechte Seite *f* <allg> • righthand side

rechte Seite *f* <textil> *(Gewebe)* • right side; face

Rechtflach *n* <math> • rectangular parallelepipedon; rectangular parallelepiped

rechts <allg> • right-hand (RH)

rechts <theat> *(auf der Bühne, aus der Sicht der Zuschauer; im Engl. umgekehrt)* • stage left (L); left; prompt side; PS

rechts... <masch> *(z. B. Werkzeug)* • right-hand ...; right-handed ...

Rechtsabbiegespur *f* <verk> • right-turn lane

Rechtsabbiegestreifen *m* <verk> • right-turn lane

rechts angeschlagen <bau> *(Fenster, Tür)* • right hinge; hinged right

Rechtsanspruch *m* <jur> • legal claim; title

Rechtsanwalt *m* <jur> • lawyer; attorney-at-law *US*; counselor-at-law *US*; barrister *GB*; solicitor *GB*

rechts ausgerichtet <edv> • right justified; right-justified; right-adjusted

Rechtsbehelf *m* <jur> • remedy; legal remedy; appeal; remedy in law; legal relief

Rechtsbehelfsbelehrung *f* <jur> • information on legal remedy

Rechtsberatung *f* <jur> • legal advice

Rechtsbeschwerde *f* <jur> • appeal on points of law

Rechtsbeständigkeit eines Patents *f* <jur> • validity of a patent

Rechtsbiegen *n* <prod> *(Blech)* • right-hand bending

rechtsbündig <tech.allg> • flush-right

rechtsbündig <edv> • right justified; right-justified; right-adjusted

Rechtschreibprogramm *n* <edv> • spelling checker *ISO/IEC 2382-23*; spell checker

Rechtschreibprüfprogramm *n ISO/IEC 2382-23* <edv> • spelling checker *ISO/IEC 2382-23*; spell checker

Rechtsdrall *m* <masch> • right-hand ...
Rechtsdrall *m* <prod> • right-hand twist
rechtsdrehend <chem.phys> • dextrorotatory; dextrogyrous; dextrogyrate
rechtsdrehend <masch> *(z. B. Motor, Pumpe)* • clockwise rotating; cw rotating; rotating clockwise
rechtsdrehend <wz> *(Fräser)* • top-coming
rechtsdrehender Fräser *m* <wz> • top-coming cutter
rechtsdrehender Quarz *m* <silik> • right-hand quartz
rechtsdrehende Säure *f* <chem.bio> • dextrorotatory acid
Rechtsdrehung *f* <tech.allg> *(allg.; z. B. Welle, Hebel, Regler)* • clockwise rotation *US*; cw rotation *US*; right-hand rotation *rare*; RH rotation *rare*
Rechtsdrehung *f* <chem.phys> • dextrorotation
Rechtsdrehung *f* <textil> *(Zwirnerei)* • right hand twist
Rechtsflanke *f* <masch> *(Verzahnung)* • right-hand tooth surface
Rechtsform *f* <jur> • legal form; legal structure; legal form of organization
rechtsgängig <masch> *(Gewinde)* • right-hand
rechtsgängig <masch> *(z. B. Werkzeug)* • right-hand ...; right-handed ...
rechtsgängig <math> • dextrorse
rechtsgängige Schiffsschraube *f* <nav> • right-handed propeller
rechtsgängige Schraube *f* <füg> • right-hand screw
rechtsgängiges Gewinde *n* <masch> • right-hand thread (RH)
rechtsgängige Wicklung *f* <el> • right-handed winding
rechtsgängig geschlagenes Seil *n* <tech.allg> • right-lay rope
rechtsgesteuert (RHD) <kfz> • right-hand drive (RHD)
Rechtsgewinde *n* (RH) <masch> • right-hand thread (RH)
Rechtsgewindeschraube *f* <füg> • right-hand screw
rechtsgewundene Kurve *f* <math> • dextrorsum curve
rechtsgültig <jur> • legally valid
rechtshändig <geo> • right-lateral; dextral
rechtshändig <phys> *(Helizität)* • right-handed
rechtshändiges Koordinatensystem *n* <math> • right-handed system of coordinates; right-handed system
rechtshändiges System *n* <math> • right-handed system of coordinates; right-handed system
rechtsherum drehen *vr* <tech.allg> • rotate clockwise *vi*
rechtsinnig fallend <geo> • hading with the dip
Rechtsirrtum *m* <jur> • error in law; error of law; mistake of law
rechtskräftig <jur> • legally effective; legally binding; valid; final and absolute; non-appealable
rechtskräftige Entscheidung *f* <jur> • final decision; final court decision; judicial decision of final effect; judgement which has become "res judicata"; decision having the force of "res judicata"
rechtskräftiges Urteil *n* <jur> • final decision; final court decision; judicial decision of final effect; judgement which has become "res judicata"; decision having the force of "res judicata"
Rechtskurve *f* <verk> • right-hand turn; RH turn; right-hander *coll*
rechtsläufig <masch> *(Drehsinn von Wellen; z. B. Kurbelwelle, Hauptspindel)* • clockwise
rechtsläufiges Gewinde *n rar* <masch> • right-hand thread (RH)
Rechtslauf *m* <masch> *(von Wellen; z. B. von Motoren, Pumpen)* • clockwise rotation; cw rotation
Rechtslauf *msg* <förd> • right-hand rotation; RH rotation; clockwise rotation; cw rotation
Rechtslaufrad *n* <förd> *(Pumpe)* • clockwise impeller; right-hand impeller; cw impeller; RH impeller

Rechtslenker *m* <kfz> • right-hand drive vehicle
Rechtslenkung *f* <kfz> • right-hand drive (RHD)
Rechts-Links-Bindung *f* <textil> • single-jersey structure
Rechts-/Linkslauf *m* <wz.masch> *(bei Werkzeugen mit Drehbewegung, z. B. Bohrmaschine)* • reversing
Rechts-/Linkslauf-Umschalter *m* <wz> *(bei Werkzeugen mit rotierendem Spannfutter)* • chuck rotation selector
Rechts/Links Ware *f* <textil> • plain knitted fabric; plain jersey; single face fabric
Rechtsmängelhaftung *f* <jur> • warranty of title
Rechtsmangel *m* <jur> • deficiency in title; defect of title
Rechtsmasche *f* <textil> • plain stitch
Rechtsmissbrauch *m* <jur> • abuse of legal right; abuse of right; abuse of law
Rechtsmittel *n* <jur> • remedy; legal remedy; appeal; claims and remedies; claim
Rechtspropeller *m* <fz> *(Flugzeug, Schiff)* • right-handed propeller
Rechtsquarz *m* <mat> • dextrorotatory quartz crystal; dextrorotatory quartz; right-handed quartz; right-hand quartz
Rechts/Rechts gekreuzte Ware *f* <textil> • interlock fabric; interlock
Rechts/Rechts Ware *f DIN ISO 7839* <textil> • rib fabric ISO 7839; rib cloth; rib-knit fabric; rib-knitted fabric; double face fabric
rechtsschneidend <wz> • right-hand cutting; right-hand cut
rechtsschneidende Blechschere *f* <wz> • right-handed tin snips
rechtsschneidender Meißel *m* <wz> • right-hand tool
Rechtsschraube *f* <füg> • right-hand screw
Rechtsschraube *f* <nav> • right-handed propeller
rechtsschraubend *rar* <masch> *(z. B. Werkzeug)* • right-hand ...; right-handed ...
Rechtsschuss *m* <mil> • right shot; shot to the right
rechtsseitig <geo> • right-lateral; dextral
rechtsseitiger Grenzwert *m* <math> • right-hand limit; right limit
Rechtssignal *n* <av> • right-hand signal
Rechtsspiralnut *f* <wz> • right-hand spiral flute; right-hand flute; right-hand spiral
rechtsstaatlicher Zugang zu verschlüsselten Daten *m* <jur.edv> • lawful access to encrypted data
rechtssteigend <masch> *(z. B. Werkzeug)* • right-hand ...; right-handed ...
Rechtsstreit *m* <jur> • litigation
Rechtssystem *n* <phys> *(Koordinatensystem)* • right-handed coordinate system; right-handed system of coordinates; right-handed system
Rechtsumdrehung *f* <tech.allg> *(meist weniger als 360°)* • clockwise turn
Rechtsunsicherheit *f* <jur> • uncertainities in the legal situation
Rechtsvorgänger *m* <jur> • legal predecessor; predecessor in title; preceding party; transferor
Rechtsvorschrift *f* <jur> • rule; standard; norm
Rechts-Weiche *f* <bahn> • right hand point
rechtswendender Pflug *m* <agri> • covering plough
Rechtswendung *f* <tech.allg> • right-hand turn; right turn
Rechtswert *m* (Y) <navig> *(Koordinatensystem)* • easting (Y)
Rechtswicklung *f* <el> • right-hand winding; right-handed winding
rechtswirksam <jur> • legally effective
rechtszirkular <nukl> *(Zylinder)* • right circular
Recht vorbehalten *vi* <jur> • reserve the right *vi*
rechtweisend <navig> *(z. B. Kurs)* • true
rechtweisende Peilung *f* <navig> • true bearing

rechtweisender Kurs *m* (rwK) <navig> • true heading (TH); true course

rechtweisender Kurs über Grund *m* <navig> • true track (TT)

rechtweisender Steuerkurs *m* <navig> • true heading (TH); true course

rechtweisender Track *m* <navig> • true track (TT)

rechtweisende Vorausrichtung *f* <navig> • true heading (TH); true course

rechtweisend Nord *n* <navig> • true north; geographic north

Rechtwinkelspiegel *m* <opt> • right-angle mirror

rechtwinklig <tech.allg> *(Linien, Flächen allg.)* • rectangular; orthogonal *thsc*; right-angled *pract*; square *coll*; orthographic *rare*

rechtwinklig beschneiden *vt* <prod> • square off *vt*

rechtwinklige Koordinaten *fpl* <math> • rectangular coordinates

rechtwinklige Koordinaten *fpl* <math> *(z. B. für Roboter)* • Cartesian coordinates *pl*

rechtwinklige Kursabweichung vom Sollkurs *f* form <navig> *(senkrecht zur Kurslinie gemessen)* • crosstrack error (XTE); cross track error; course-line deviation; course deviation

rechtwinklige Parallelprojektion *f* <edv> • orthogonal parallel transformation

rechtwinkliges Dreieck *n* <math> • right-angled triangle; right triangle

rechtwinkliges Koordinatensystem *n* <msr> *(z. B. Achsen von Werkzeugmaschinen)* • Cartesian coordinate system; orthogonal coordinate system

rechtwinkliges Raster *n* <edv> • Cartesian grid

Rechtwinkligkeit *f* <tech.allg> • squareness

Rechtwinkligkeit *f* <math> • orthogonality; perpendicularity; rectangularity

Rechtwinkligkeit der Ventilfeder *f* <kfz.mot> • valve spring perpendicularity

Rechwender *m* <agri> • rake tedder

Reckalterung *f* <metall> • strain aging

reckalterungsbeständig <mat> • non-strain aging; resistant to strain aging

recken *vt* <kst> *(Folien, auf Sollstärke)* • draw down *vt*; stretch down *vt*; draw out *vt*; thin out *vt*

recken *vt* <prod> • draw out *vt*; draw *vt*

recken *vt* <prod> *(durch Schmieden)* • forge down *vt*

recken *vt* <prod> *(Zugumformung)* • strain *vt*

recken *vt* <prod> *(Zug-Druck-Umformung)* • stretch *vt*

recken *vt* <textil> *(Fixierung; Ausrüstung)* • stretch *vt*

Reckerwalze *f* <led> • bladed roll

Reckerwalze *f* <led> • setting-out cylinder

Reckfestigkeit *f* <textil> • stretch resistance

Reckgesenk *n* <wz> • drawing die

reckgewalzt <prod> • roll-forged

Reckgrad *m* <prod> *(Kaltumformen)* • degree of straining

Reckgrad *m* <prod> *(Zug-Druck-Umformung)* • degree of stretching

Reckschmieden *n* <prod> • drawing-out; stretch forging

Reckspannung *f* <phys> • stress strain

Recktexturiermaschine *f* <textil> • friction draw-texturing machine

Reckwalzen *n* <metall> *(Längswalzen)* • stretch rolling

Reckwalzen *n* <prod> • roll forging

Reckwalzmaschine *f* <prod> • reducer rolling press

Reckwerkzeug *n* <prod.wz> • stretch die

Reckziehen *n* <prod> • stretch forming; stretching

Reckziehpresse *f* <prod> • stretch-draw press; stretch-draw forming press; stretch press

Reconnaissance *f* <nukl> • reconnaissance

Recorder *m prakt* <druck> *(zur Direktbebilderung von Offset-Druckmedien ohne Filmbelichtung)* • computer-to-plate recorder; direct-to-plate recorder; ctp recorder *pract*; platesetter *pract*; recorder *pract*

Recordergehäuse *n* <druck> *(Recorder)* • recorder housing; platesetter housing

Record Review *n Grundig* <av> • record review; rec review *Panasonic*; ReView *JVC*

Record Search *n* <av> • record search; scene search

recycelbar <ents> • recyclable

Recycelbarkeit *f* <ents> • recyclability

recyceln *vt prakt* <ents> *(Abfall, Wertstoffe)* • recycle *vt*

Recyclat *n* <kst> *(von Kunststoffteilen)* • regrind

recyclebar *rar* <ents> • recyclable

Recycler *m* <pap> • recycler

Recyclierbarkeit *f* <ökol> • recyclability

recyclierfähig <ents> • recyclable

Recycling *n* <ents> *(allg.; Nutzung von Wertstoffen, Umwälzen von Flüssigkeiten)* • recycling

Recycling *n* <ents> *(betont: Wiederherstellung der Nutzbarkeit, Rückführung in den Einsatz)* • recycling

Recyclinganteil *m* <pap.ents> • rate of recycling; recycling quota

Recycling-Auto *n* <kfz> • recycling car *:V*

Recyclingcenter *n* <pap.ents> • recycling center *US*; recycling centre *GB*

Recycling elektrischer und elektronischer Geräte *n* <ents> • recycling of electrical and electronical products

Recycling-Fasern *fpl* <pap> • recycled fiber

recycling-freundlich <ökol> *(Produkte aller Art)* • recycling-friendly *:V*

Recyclinghof *m* <pap.ents> • recycling center *US*; recycling centre *GB*

Recycling in der Technischen Gebäudeausrüstung *n* *VDI 2074* <ents> • recycling in the building services *VDI 2074*

Recyclingmaterial *n* <ents> • recycled material

recyclingorientierte Produktentwicklung *f VDI-R2243* <ökol> *(z. B. Kfz)* • recycling-oriented product design

Recyclingpapier *n* <mat.pap> • recycled paper

Recyclingpapier *n* <pap> *(D: 100% Altpapieranteil; GB: min. 75% Altpapieranteil)* • recycling paper; recycled paper

Recyclingprozess *m* <pap.ents> • recycling process

Recyclingquote *f* <pap.ents> • rate of recycling; recycling quota

Recyclingrate *f* <pap.ents> • rate of recycling; recycling quota

Recyclingtonne *f* <pap.ents> *(für Altpapier)* • recycling bin

Recyklat *n rar* <kst> • regrind

Red Book *n* <edv> *(Normen)* • Red Book

Red-Dot-Visier *n Walther* <mil> *(versch. Bauarten)* • red dot sight; red dot optical sight

Redestillationskolonne *f* <chem> • rerun tower

redestillieren *vt* <chem> • redistil *vt*; rerun *vt*

Redigiereinrichtung *f* <edv> • editing equipment

Redigieren *n* <doku> *(von Texten, Dokumenten)* • editing

redigieren *vt* <edv> • edit *vt*

Redlerförderer *m* <förd> • skeleton-flight conveyor

Redoxanalyse *f* <chem> • redox analysis; oxidimetry

Redoxelektrode *f* <el> • redox electrode; oxidation-reduction electrode

Redox-Gerät *n* <msr> • redox measuring and controlling device

Redoxgleichgewicht *n* <chem> • redox equilibrium; oxidation-reduction equilibrium

Redoxharz *n* <chem> • redox resin

Redoxindikator *m* <chem> • redox indicator; oxidation-reduction indicator

Redox-Mess- und -Regelgerät *n* <msr> • redox measuring and controlling device
Redoxpartner *m* <chem> • redox couple
Redoxpotential *n* <chem> • oxidation-reduction potential
Redoxpotential *n ant* <chem> • redox voltage; mV-voltage; ratio potential; redox potential *ant*; mV-value
Redoxreaktion *f* <chem> • redox reaction; oxidation-reduction reaction
Redoxspannung *f* <chem> • redox voltage; mV-voltage; ratio potential; redox potential *ant*; mV-value
Redoxsystem *n* <chem> • redox system
Redoxtitration *f* <chem.verf> • oxidation-reduction titration
Redoxwert *m* <chem> • redox value; oxidation-reduction value
Redraw-Liste *f* <edv> • redraw list
Reduced Instruction Set Chip *m* (RISC) <edv> • Reduced Instruction Set Chip (RISC)
Reduced Instruction Set Computer *m* (RISC) <edv> • Reduced Instruction Set Computer (RISC)
Reduktase-Inhibitor *m* <pharm> *(Gruppe von Lipidsenkern)* • cholesterol synthesis inhibitor; HMG-CoA reductase inhibitor; reductase inhibitor; statin *rare*
Reduktion *f* <allg> • reduction; diminution; lessening
Reduktion *f* <chem> • reduction
Reduktion *f* <edv> • bar width reduction (BWR) *stand*
Reduktionsbleiche *f* <chem> • reduction bleaching
Reduktionsfaktor *m* <edv> • reduction factor
Reduktionsfaktor *m* <msr> • reduction factor; sensing range reductions; sensing range reduction factor; reduction of sensing distance
Reduktionsfaktor *m* <phys> *(z. B. Hydromechanik)* • reduction factor; derating factor
Reduktionsflamme *f* <verbr> • reducing flame
Reduktionsgas *n* <chem> • reduction gas; reducing gas
Reduktionsgetriebe *n* <antr> • reduction gear; speed-step-down gear; speed-reducing gear; speed reducer
Reduktionskamera *f* <phot> • reduction camera
Reduktionskatalysator *m* <kfz.emiss> *(chem. Funktionseinheit)* • reducing catalyst; reduction catalyst
Reduktionskolben *m* <chem> • reduction flask
Reduktionskupplung *f* <rls> *(z. B. Schlauch)* • reducing coupling
Reduktionsmittel *n DIN EN ISO 8044* <chem> • reducing agent *ISO 8044*; reductant; reducer
Reduktionsofen *m* <chem> • reduction furnace
Reduktionspotential *n* <el.chem> • reduction potential
Reduktionsreaktion *f* <chem> • reduction reaction
Reduktionsschmelzen *n* <metall> • reduction melting
Reduktionsspannung *f* <chem.el> • reduction voltage
Reduktionsstufe *f* <chem> • reduction stage
Reduktionstachymeter *n* <bau> *(Vermessungswesen)* • self-reducing tacheometer
Reduktionsturbine *f* <turb> • reducing turbine
Reduktionsverfahren *n* <chem> *(z. B. Entstickung)* • reduction process
Reduktionsvernickelung *f* <obfl> • reduction nickle
Reduktionsvorgang *m* <chem> • reduction process
Reduktionszirkel *m* <wz> • proportional dividers
Reduktionszone *f* <chem> *(betont: Bereich; z. B. in Hochofen)* • reducing zone; reduction zone
Reduktionszone *f* <obfl> *(betont: Produktionsabschnitt; z. B. beim Bandverzinken)* • reducing furnace
redundant <edv> • redundant *adj*
Redundant Array of Independent Disks *n* <edv> • Redundant Array of Independent Disks (RAID); RAID subsystem; RAID system
redundanter Kanal *m* <el> • redundant channel
redundantes Bit *n* <edv> • additional bit; extra bit

redundantes Modul *n* <edv> • module redundancy
redundantes System *n* <tech.allg> • redundant system
redundante Stromversorgung *f* <edv> • redundant power supply
redundantes Zeichen *n* <edv> • redundant character
redundante Ziffern *fpl* <edv> • redundant digits
Redundanz *f* <tech.allg> *(z. B. von Daten, Signalen, Sensoren, sicherheitsrelevanten Systemen)* • redundancy
redundanzfrei <tech.allg> • redundancy-free
Redundanzkontrolle *f* <edv> • redundancy check
redundanzmindernd <edv> • redundancy-reducing
Redundanzoptimierung *f* <edv> • redundancy optimization
Redundanzprüfung *f* <edv> • redundancy check
Reduzieradapter *m* <wz> • pipe thread fitting adapter; reducing adapter
Reduziereinsatz *m* <el> • reducing socket
Reduziereinsatz *m* <kfz.emiss> *(im Tankeinfüllstutzen von Kat-Autos)* • nozzle restrictor; restrictor
Reduziereinsatz *m* <prod> *(in Spannvorrichtungen)* • chuck collet
reduzieren *vt* <allg> *(z. B. Ausgaben, Personal, Preis)* • reduce *vt*
reduzieren *vt* <tech.allg> *(z. B. Drehzahl)* • lower *vt*
reduzieren *vt* <tech.allg> *(z. B. Geschwindigkeit, Durchflussmenge)* • diminish *vt*; reduce *vt*; lower *vt*
reduzieren *vt* <chem> • deoxidize *vt US.GB*; deoxidise *vt GB*
reduzieren *vt* <chem.verf> *(Sauerstoff entziehen)* • deoxidize *vt*; deoxidate *vt*; reduce *vt*; deoxygenate *vt rare*
reduzieren *vt* <prod> *(z. B. Durchmesser)* • set down *vt*
reduzieren *vt* <prod> *(Rohre)* • sink *vt*
reduzierende Atmosphäre *f* <chem> • reducing atmosphere
reduzierende Flamme *f* <chem> • reducing flame
reduzierendes Gemisch *n* <chem> • reduction mixture
reduzierendes Mittel *n* <chem> • reducing agent; reductant
reduzierendes Rösten *n* <verf> *(z. B. Erz)* • reducing roasting
Reduzierfassung *f* <el> • reduction socket
Reduziergefäß *n* <chem> • reduction pan
Reduziergerüst *n* <metall> *(Walzwerk)* • reducing roll stand
Reduziergesenk *n* <wz> • reducing die
Reduziergetriebe *n* <nfz> • reduction gearbox; reduction gearset; reduction box *coll*; reduction gearing
Reduzierhülse *f* <tech.allg> *(allg.; z. B. auch in Waffen)* • adapter
Reduzierhülse *f* <masch> • reducing bush; reducing sleeve
Reduzierhülse *f* <prod> *(Bohrer)* • drill sleeve; drill socket
Reduzierkaliber *n* <metall> • reducing pass
Reduzierkrümmer *m* <rls> • reducing elbow
Reduziermatrize *f* <wz> • reducing die
Reduziermuffe *f* <masch> • reducing bush; reducing sleeve
Reduziermuffe *f* <rls> • reducing sleeve
Reduziernippel *m* <wz> • pipe thread fitting adapter; reducing adapter
Reduzierstück *n* <tech.allg> *(Übergang von groß zu klein; z. B. für Stecknüsse, Rohre, Kanäle)* • reducing adapter; reducer; reducing adaptor *GB*
Reduzierstück *n* <tech.allg> *(Verengung allg.; z. B. in Leitungen)* • restrictor
Reduzierstück *n* <ents.hydr> • reducing fitting
Reduzierstück für Kraftschrauber-Einsätze *n* <wz> • impact adapter; impact reducer; impact adaptor *GB*
reduzierte Lagerhaltung *f* <logist> • lean inventory

reduzierte Masse *f* <mech> • reduced mass

reduzierter Schaft *m rar* <wz> *(Gewindebohrer od. -furcher)* • reduced-diameter shank; reduced shank

reduzierte Spannung *f* <el> • reduced voltage

reduzierte Spannung *f* <mech> • reduced stress

Reduzierung *f* <allg> • reduction; diminution; lessening

Reduzierung *f* <allg> • decrease

Reduzierung *f* <emiss> *(von Emissionen)* • reduction; attenuation

Reduzierung der Luftvorwärmung *f* <verf> • reduced air-preheat operation

Reduzierung des Schalldrucks *f wiss* <akust> • noise control; reduction of acoustic pressure *thsc*; noise reduction

Reduzierventil *n* <rls> • throttle reducing valve; reducing valve

Reduzierwalzwerk *n* <metall> *(Rohr)* • reducing mill; sinking mill

Redwood *n* <holz> *(gewonnen z. B. aus Sequoia sempervirens)* • redwood

Reedkontakt *m* <el> • dry reed contact; reed contact

Reedkontakt *m* <el> • magnetic reed switch; magnetic contact [switch]; magnetic switch; reed magnetic switch; reed switch

Reedrelais *n* <el> • dry reed relay; reed relay

Reed-Schalter *m* <el> • reed-switch

Reed-Solomon-Code *m* <edv> • Reed-Solomon code; RS code; Reed-Solomon error correction code

reell <math> • real

reelle Achse *f* <math> *(Hyperbel)* • transverse axis

reelle Kathode *f* <el> • actual cathode

reelle Komponente *f* <math> *(komplexe Zahl)* • real component

reeller Wert *m* <fin> • real value

reelles Bild *n* <opt> *(i.Ggs. zum virtuellen Bild)* • real image

reelle Zahl *f* <math> • numeric; real number

Re-Emissionsfaktor *m* <nukl> • particle reflection coefficient

Re-Emissionsvorgänge *f* <nukl> • reflection and re-emission phenomena

Referent *m wiss* <term> *(konkret, abstrakt; z. B. Motor, Temperatur, Ölwechsel)* • object *ISO 1087*

Referenz-Decodieralgorithmus *m* <edv> • referene decode algorithm *stand*

Referenz-Dekodieralgorithmus *m norm* <edv> • referene decode algorithm *stand*

Referenzdiode *f* <el> • Zener diode; Z-diode; voltage-reference diode; reference diode

Referenzdrossel *f* <el> • reference ballast

Referenzdruck *m* <tech.allg> • reference pressure

Referenzelektrode *f* (RE) <el.chem> *(Zweielektroden-anordnung)* • reference electrode (RE); counter electrode

Referenzempfänger *m* <navig> • DGPS reference receiver; reference receiver; reference station receiver

Referenzfrequenz *f* <edv> • frequency reference; time base

Referenzgas *n* <msr> *(für Wärmeleitfähigkeit)* • reference gas

Referenzmanometer *n* <msr> *(für Druckprüfungen)* • check gauge; reference gauge; master gauge

Referenzmessung *f* <msr> *(betont: als Bezugsgröße)* • reference measurement

Referenzmodell 1:1 *n* <prod> • full-form model; reference model; master piece; master

Referenzobjekt *n wiss* <term> *(konkret, abstrakt; z. B. Motor, Temperatur, Ölwechsel)* • object *ISO1087*

Referenzposition *f* <tech.allg> • reference location; reference position; basic location

Referenzposition *f* <navig> • reference position; reference location

Referenzpunkt *m* <tech.allg> *(allg.)* • reference point; point of reference

Referenzpunkt *m* <edv> *(zur Beschreibung von Objekten)* • reference point; pivot point

Referenzpunkt *m* <edv> *(beim Morphing)* • reference point

Referenzpunkt *m* <edv> *(kleinste Einheit eines Netzmodells)* • vertex

Referenzpunkt *m* <msr.qualit> *(als Bezugswert)* • bench mark; reference point

Referenzpunkt *m DIN ISO 2806* <prod.autom> • reference position *ISO 2806*

Referenzraster *n* <edv> • reference matrix

Referenzröhre *f* <el> • reference tube

Referenzschicht *f PDO* <edv> *(z. B. in magneto-optischen LIMDOW-Laufwerken)* • reference layer *PDO*; writing layer

Referenzschwelle *f norm* <edv> • reference threshold *stand*

Referenzsignal *n* <edv> • frequency reference; time base

Referenzspannung *f* <edv> • reference voltage

Referenzstation *f prakt* <navig> • DGPS reference station; reference station *pract*; base station *pract*; DGPS station *pract*; differential station

Referenzstrahl *m* <phys> *(z. B. Röntgenröhre)* • reference beam

Referenzstrom *m* <el> • reference current

Referenzuhr *f* <navig> • receiver clock; reference clock

Referenz-Wegpunkt *m* <navig> • reference waypoint

Referenzwelle *f* <phys> • reference wave

Referenzzustand *m DIN 1343* <msr.phys> • reference condition

Refiner *m* <pap> *(Mahlgerät)* • refiner; beater

Refinerholzstoff mit chemischer Vorbehandlung *m* (CMP) <pap.ents> • chemo mechanical pulp (CMP)

Refinerholzstoff mit chemisch-thermischer Vorbehandlung *m* (CTMP) <pap.ents> • chemo thermo mechanical pulp (CTMP); chemi-thermo mechanical pulp

Refinerholzstoff mit thermischer Vorbehandlung *m* (TMP) <pap.ents> • thermo mechanical pulp (TMP)

Refinerholzstoff ohne Vorbehandlung *m* (RMP) <pap.ents> • refining mechanical pulp (RMP)

Refinermahlung *f* <pap> • beating

Refinerverfahren *n* <verf> • refining process

Refiner-Walzwerk *n* <verf> • refiner mill

Reflection-Blur *m* <edv> • reflection blur

Reflection-Blur *m Autodesk* <edv> • reflection blur

Reflection-Map *n* <edv> • reflection map

Reflection-Mapping *n* <edv> • reflection mapping

reflektieren *vt* <phys> *(Licht, Strahlen, Wärme)* • reflect *vt*

reflektierend <edv> *(Strichcode-Element)* • light *adj*; reflective

reflektierende Fläche *f* <energ.sol> • reflecting surface

reflektierende Goldschicht *f* <edv> • gold reflective layer

reflektierender Horizont *m* <geo> • reflecting horizon

reflektierendes Abbild *n* <edv> • reflection map

reflektierende Schicht *f* <edv> • reflective layer; reflection layer

reflektierende Schicht *f* <edv> • reflective layer; reflective coating; reflector layer; reflection layer; reflective layer

reflektierende Schicht *f* <geo> • reflecting horizon

reflektierende Sicherheitsweste *f* <sich> • reflective safety vest

Reflektierglas *n* <bau> • reflective glass

reflektierter Binärkode *m* • reflected binary code; Gray code; cyclic-permuted code

reflektierter Strahl *m* <phys> • reflected beam; return beam; reverse beam

reflektiertes Signal *n* <el> • returned signal

reflektierte Strahlung *f* <energ.sol> • reflected solar radiation; reflected radiation

reflektierte Welle *f norm* <el.av> • reflected wave *stand*

reflektierte Welle *f* <phys> • indirect wave

Reflektionslichttaster *m* <allg> • diffuse sensor

Reflektionsschicht *f* <edv> • reflective layer; reflection layer

Reflektionsschicht *f* <edv> • reflective layer; reflective coating; reflector layer; reflection layer; reflective layer

Reflektionswerte *mpl* <druck> • reflectance values *pl*

Reflektivität *f* <phys> • reflectivity

Reflektometer *n* <opt.msr> • reflectometer

Reflektor *m EN 60947* <tech.allg> *(allg.)* • reflector EN 60947

Reflektor *m* <opt> • reflector

Reflektor *m* <phot> • flash head

Reflektorelektrode *f* <el> • repeller electrode; repeller

Reflektorfläche *f* <energ.sol> • reflector surface

Reflektorleitlinie *f* <verk> • delineator *US*

Reflektormarke *f* <opt> • reflective marker

Reflektorstrahler *m* <el> *(Antenne)* • emission reflector

Reflektorstreifen *m* <sich> *(z. B. auf Fahrrad, Kleidung)* • reflective strip; retroreflective tape; scotchlite tape

Reflex *m* <phot> *(oft unerwünschter Effekt)* • reflection

Reflexband *n* <sich> *(z. B. auf Fahrrad, Kleidung)* • reflective strip; retroreflective tape; scotchlite tape

Reflex-Beleuchtungssystem *n* <phot> • reflector lighting system; reflex illumination system *durst*

Reflexbild *n* <opt> • ghost image; parasitic image

Reflexbox *f* <av> • bass reflex enclosure; bass reflex speaker cabinet; bass reflex box; vented enclosure; vented box

Reflexempfänger *m* <phys> • reflex receiver

Reflexempfänger *m* <tele> • dual receiver

Reflexempfang *m* <phys> • reflex reception

Reflexempfang *m* <tele> • dual reception

Reflexfolie *f* <allg> • foil reflector

reflexfrei <obfl> • non-reflecting

reflexfreier Abschluss *m* <el> • non-reflecting termination

reflexfreies Glas *n* <silik> • non-reflecting glass

reflexfreies mattschwarzes Kunststoffgehäuse *n* <tech.allg> • nonglare black plastic housing

Reflexion *f norm* <edv> *(Lichtmenge absolut)* • reflectance *stand*

Reflexion *f norm* <opt> *(Verhältnis reflektiertes zu ausgesendetem Licht)* • reflectance *stand*; reflectance factor *stand*

Reflexion *f* <phot> *(oft unerwünschter Effekt)* • reflection

Reflexion *f* <phys> *(allg.)* • reflection

Reflexion *f ugs* <phys> *(diffus)* • backscatter; backscattering; backward scattering

Reflexionen ausblenden *vi* <tele> • eliminate multipath reception *vi*

reflexionsarmer Raum *m* <akust> • anechoic chamber; dead room *coll*; anechoic room; absorbing room

Reflexionsbeugungsgitter *n* <opt> • blazed grating

Reflexionsdämpfungsmesser *m* • return loss measuring set

Reflexionsdifferenz *f norm* <edv> • reflectance difference *stand*

Reflexionsebene *f* <opt> • plane of reflection

Reflexionseigenschaft *f* <edv> • reflectivity

Reflexionseigenschaften *fpl* <obfl> • reflection features

Reflexionselektronenmikroskop *n* <opt> • reflection electron microscope

Reflexionselektronenmikroskopie *f* <opt> • reflection electron microscopy

Reflexionsfaktor *m* <el> • mismatch factor

Reflexionsfaktor *m* <opt> • reflectance factor; reflectance

Reflexionsfaktor *m norm* <opt> *(Verhältnis reflektiertes zu ausgesendetem Licht)* • reflectance *stand*; reflectance factor *stand*

Reflexionsfaktor *m* <phys> *(Akustik, Elektrizität, Optik)* • reflection factor

Reflexionsfaktor *m* <phys> *(z. B. von Planeten, Satelliten)* • albedo

Reflexionsfläche *f* <opt> • reflecting surface

Reflexionsfleck *m* <phot> • flare

Reflexionsfluss *m* <opt> • reflected flux

reflexionsfrei <akust> *(Raum)* • anechoic

reflexionsfrei <obfl> *(Oberfläche)* • non-reflective; non-reflecting

Reflexionsgesetz *n* <phys> • reflection law

Reflexionsgitter *n* <opt> • reflecting diffraction grating; reflecting grating; reflectance grating

Reflexionsgoniometer *n* <msr> • reflection goniometer; reflecting goniometer

Reflexionsgrad *m* <opt> • reflectivity; index of reflectivity; reflective factor; reflection ratio

Reflexionsgrad *m ISO 13666* <opt> *(Verhältnis des reflektierten Lichtstroms zum auftreffenden)* • reflectance ISO 13666

Reflexionsgrad *m* <phys> • reflection coefficient; reflection factor

Reflexionshöhenmesser *m* <aerospace> • radio altimeter

Reflexionshorizont *m* <geo> • reflection horizon

Reflexionskoeffizient *m* <phys> • reflection coefficient; reflection factor; reflectivity

Reflexionskolorimeter *n* <opt> • reflectance colorimeter

Reflexions-Lichtschranke *f* <opt> • retro-reflective sensor; reflective mode photoelectric sensor

Reflexions-Lichttaster *m* <allg> • diffuse reflection sensor; diffuse-reflective sensor; retro-reflective sensor; diffuse reflective sensor; diffuse mode reflective sensor

Reflexionsmesser *m* <opt> • reflectometer

Reflexionsmessung *f* <opt> • reflectometry

reflexionsmindernd <phys> • reflection-reducing

Reflexionsnebel *m* <astron> • reflection nebula

Reflexionspolarisator *m* <opt> • reflection polarizer

Reflexionsprisma *n* <opt> • reflecting prism

Reflexionsschalldämpfer *m* <akust> • resonant-absorption silencer

Reflexionsschalldämpfer *m* <kfz.emiss> • baffled reverse flow muffler; turbo muffler *pract.coll*

Reflexionsschicht *f* <edv> • reflective layer; reflective coating; reflector layer; reflection layer; reflective layer

Reflexionsschwankungen *fpl* <edv> • reflectance variations *pl*

Reflexionsseismik *f* <geo> *(Erdbeben, Lagerstättenprospektion)* • reflection seismology; seismic reflection method; seismic reflection sensing; seismic reflection

Reflexionsstufengitter *n* <opt> • reflection echelon

Reflexionsunschärfe *f* <edv> • reflection blur

Reflexionsverhalten *n* <opt> • reflectivity; index of reflectivity; reflective factor; reflection ratio

Reflexionsverhalten *n* <phys> • reflection characteristic

Reflexionsverlust *m* <phys> • reflection loss; return loss

Reflexionsvermögen *n* <opt> *(einer Fläche)* • reflecting power; luminous reflectance; reflectance

Reflexionsvermögen *n* <opt> *(Verhältnis reflektiertes zu ausgesendetem Licht)* • reflectance *stand*; reflectance factor *stand*

Reflexionsvermögen *n* <opt> • reflectivity; index of reflectivity; reflective factor; reflection ratio

Reflexionsvermögen *n* <phys> • reflectivity
Reflexionsvermögen *nsg* <phys> • reflectivity
Reflexionswelle *f* <phys> • reflected wave; back wave
Reflexionswellentypfilter *n* <phys> • reflection mode filter
Reflexionswinkel *m* <opt> • angle of reflection; specular angle
Reflexionswinkel *m* <opt> • reflection angle; angle of reflection
Reflexionswinkel *m* <phys> • reflection angle
Reflexion von ambientem Licht *f* <edv> *(z. B. bei Computergrafik)* • ambient reflection; surface reflection of ambient light
Reflexion zwischen Objekten *f* <edv> *(Grafik)* • color bleeding; bleeding *pract*; object-to-object reflection *rare*
Reflexkamera *f* <phot> • reflex camera
Reflexkanal *m* <av> • vent; port; duct; tunnel
Reflexlicht *n* <licht> • reflected light
Reflexlichtschranke *f* <opt> • retro-reflective sensor; reflective mode photoelectric sensor
Reflexlichttaster *m* <allg> • diffuse reflection sensor; diffuse-reflective sensor; retro-reflective sensor; diffuse reflective sensor; diffuse mode reflective sensor
reflexmindernd <mat> *(Schicht)* • antireflecting
reflexmindernde Schicht *f* <obfl> *(allg.; z. B. auf Linsen, Bildschirmen)* • antireflection coating; antireflex coating; antireflective coating; antireflection layer; AR-coating
Reflexminderung *f* <opt> • reflectance glare reduction
Reflexöffnung *f* <av> • vent; port; duct; tunnel
Reflexschaltung *f* <el> • reflex circuit
Reflexstrahlung *f* <energ.sol> • reflected radiation
Reflexstreifen *m* <sich> *(z. B. auf Fahrrad, Kleidung)* • reflective strip; retroreflective tape; scotchlite tape
Reflexsucher *m* <phot> • reflex finder
Reflexverstärkung *f* <tele> • dual amplification
Reflowlöten *n prakt* <füg> • reflow soldering
Reflowverfahren *n prakt* <füg> *(Löten)* • reflow process
Reformer *m* <chem.petr> • reformer
Reformer *m* <mot> *(Brennstoffzellenantrieb)* • reformer; POX reformer
Reformieranlage *f* <chem> • reforming plant
Reformieren *n* <chem.petr> • reforming
reformieren *vt* <chem.petr> • reform *vt*
reformiertes Produkt *n* <chem> • reformate
Reformingbenzin *n* <mot> • reformed gasoline
Refraktion *f* <opt> • refraction
Refraktion *f wiss* <opt> *(von Lichtstrahlen an Grenzfläche; z. B. an Prisma)* • refraction of light; refraction
Refraktionsindex *m* <edv> • refractive index
Refraktionsseismik *f* <geo> • refraction seismology; seismic refraction method
Refraktionswinkel *m* <phys> • refraction angle
Refraktionswinkel *m form* <phys> • angle of refraction; refracting angle
Refraktometer *n* <optik> • refractometer; refractionometer
Refraktor *m* <opt> • refractor; refracting telescope
Refraktor *m* <opt> • refracting telescope; refractor
Refresh-Adresse *f* <edv> • refresh address
Refresh-Register *n* <edv> • refresh register
Regal *n DIN 68880-1* <innen> *(ein einzelnes Brett, Blech etc., z. B. direkt an der Wand montiert)* • shelf
Regal *n* <logist> *(allg., meist mit mehreren Fachböden, Regalfächern)* • rack; storage rack; racking
regalabhängig <logist> *(RFZ)* • aisle-dedicated; dedicated; aisle-captive; captive
Regalausleger *m* <logist> *(im Kragarmregal)* • cantilever arm
Regalbediengerät *n* (RBG) *prakt* <logist> • aisle stacker *pract*

Regalbedien- und Kommissionierstapler *m* <logist> *(hebt Last und Bedienstand; für Regalgassen)* • high-lift picking truck; driver-elevating order picker; narrow-aisle order picker truck; high-level order picker; high-lift order picker
Regalbedienungswagen *m* <förd> • rack truck
Regalboden *m* <logist> *(in Regal; aus Blech, Holz)* • shelf *pl:* shelves
Regalebene *f popw, prakt* <logist> *(Hochregal)* • tier *US*
Regalebene *f* <logist> *(Regal)* • storage level
Regalfach *n* <logist> *(Fachbodenregal; z. B. in Bücherregal)* • shelf *US*; compartment *GB*
Regalfach *n* <logist> *(in Palettenregal)* • rack opening; compartment *US*; slot *US*; stack *US*
Regalfahrbühne *f* <logist> • large item unit load S/R machine
Regalfahrgerät *n did* <logist> • rack-mounted S/R machine *popsc*
Regalfeld *n* <logist> *(Fachbodenregal)* • shelf section *US*; section *US*; bay *GB*
Regalfeld *n* <logist> *(Palettenregal)* • rack section *US*; rack bay *GB*
Regalförderzeug *n* (RFZ) <logist> • storage/retrieval machine; S/R machine; AS/RS crane; unit load S/R machine; stacker crane *obs*
Regalförderzeug in Einmastbauweise *n* <logist> *(RFZ)* • single mast crane; storage/retrieval machine with single mast frame *US.form*; single mast frame S/R machine *US*
Regalförderzeug mit mehreren Lastaufnahmemitteln *n* <logist> • multi-shuttle S/R machine
Regalgang *m* <logist> *(in Regallager)* • aisle; gangway
Regalgangbreite *f* <logist> *(in Regallager)* • aisle width
Regalgasse *f* <logist> *(in Regallager)* • aisle; gangway
Regalgassenstapler *m :V* <förd> *(Fahrzeug; kurze Bauart ohne Gegengewicht, für schmale Regalgassen)* • tiering truck
Regalhöhe *f* <logist> • rack height; bay height; racking height
Regalkopfseite *f* <logist> • front end of storage; front end; head of the aisle
Regalleiter *f* <logist> • upright frame; upright assembly
Regalrahmen *m* <logist> • upright frame; upright assembly
Regalrahmenhöhe *f* <logist> • frame height
Regalrahmentiefe *f* <logist> • frame depth
Regalreihe *f* <logist> *(Lagerregal)* • run *US*; row *GB*
Regalriegel *m* <logist> *(Hochregal)* • cross-aisle tie *US*
Regalsäule *f prakt* <logist> • rack column *form/pract*; column *pract*; vertical *pract*; post *pract*
Regalschild *n* <logist> • plaque
Regalständer *m form/prakt* <logist> • rack column *form/pract*; column *pract*; vertical *pract*; post *pract*
Regalsteher *m* <logist> • rack column *form/pract*; column *pract*; vertical *pract*; post *pract*
Regalstirnseite *f* <logist> • front end of storage; front end; head of the aisle
Regalstütze *f prakt* <logist> • rack column *form/pract*; column *pract*; vertical *pract*; post *pract*
Regalträger *m* <logist> *(für Paletten, z. B. im Hochregal)* • load-supporting beam; load beam
Regalumschlaggerät *n did* <logist> • aisle stacker *pract*
regalunabhängig <logist> *(Stapel- und Kommissionierfahrzeuge)* • non-captive
regalverfahrbares Regalförderzeug *n popw* <logist> • rack-mounted S/R machine *popsc*
Regalzeile *f* <logist> *(Lagerregal)* • run *US*; row *GB*
Regatta *f* <nav> • regatta
REGAVO <verf> • regenerative gas/gas heater; regenerative heat exchanger

Regel f <allg> • principle
Regel f <tech.allg> • law
Regel f <jur> • rule; standard; norm
Regel f <math> • rule
Regelabweichung f <mil> • deviation from rules
Regelabweichung f <msr> *(Differenz: Istwert minus Sollwert)* • control deviation; deviation
Regelabweichung f <msr> • control offset; control error
Regelanlage f <licht.theat> • manual lighting unit
Regelanlage f <msr> • automatic control system
Regelanlasser m <el> • regulating starter
Regelanlasser m <el> • starter rheostat
Regelantrieb m <antr> • controlled drive; variable-speed drive
Regelantrieb m <msr> • variable speed drive
Regelarmatur f norm DIN 4048 <energ.hydr> • regulating valve
Regelart f <msr> *(z. B. stetig, unstetig)* • control mode
Regelation f <nahr> • regelation
Regelausführung f <tech.allg> *(im Ggs. zu Sonderausführung)* • conventional design
Regelausführung f rar <prod> *(ohne Besonderheiten)* • standard design
Regelauslegung f <mil> • interpretation of the rules
regelbar <msr> *(z. B. Pumpe, Heizung)* • controllable
regelbare Drossel f <el> *(mit verstellbarem Magnetkern)* • adjustable choke; adjustable inductor; variable inductance coil; slug-tuned inductor; permeability-tuned inductor
regelbare Drosselspule f <el> *(mit verstellbarem Magnetkern)* • adjustable choke; adjustable inductor; variable inductance coil; slug-tuned inductor; permeability-tuned inductor
regelbare Gegeninduktivität f <el> • mutual inductometer
regelbare Pumpe f <masch> • variable volume pump
regelbarer Abschwächer m <el> • adjustable attenuator
regelbarer Luftstrom m <kunst> • adjustable air flow
regelbarer Widerstand m <el> • rheostat; variable resistor
regelbares Getriebe n <masch> • variable speed gear
Regelbefehl m <msr> • control command
Regelbereich m <tech.allg> • controlling range
Regelbereichsüberschreitung f <msr> • overshoot
Regeldetri f <math> • rule of three
Regeldifferenz f <msr> *(Sollwert minus Istwert)* • control deviation
Regeldiode f <msr> • automatic gain control diode; control diode
Regeldrehgestell n <bahn> *(Lokomotive)* • truck
Regeldrossel f <el> • regulating inductor
Regeldrossel f <masch> • variable-area nozzle
Regeleinheit f <energ.sol> *(von Solaranlagen)* • control system; control unit
Regeleinrichtung f <msr> • control system; controlling system; controlling unit
Regelfaktor m <msr> • control factor
Regelfederkraft f <kfz.mot> • governor spring force
Regelfläche f <edv> • ruled surface
Regelgenauigkeit f <msr> • control accuracy
Regelgerät n <msr> • automatic controller; controller
Regelgestänge n <kfz.mot> • governor rod
Regelgetriebe n <antr> • variable-speed drive
Regelgetriebe n <masch> • variable speed gear
Regelgewinde n <füg> *(im Ggs. zu Feingewinde)* • coarse thread; coarse pitch thread
Regelgewinde n <masch> *(allg.)* • coarse-pitch thread; coarse thread
Regelglied n <msr> • controlling element

Regelgrenze f <msr> • control limit
Regelgröße f <msr> *(z. B. Spannung, Druck, Temperatur, Füllstand)* • controlled variable; process variable; control variable; controlled quantity; controlled condition
Regelgüte f <msr> *(Genauigkeit, Qualität)* • control quality; control performance; control accuracy
Regelheizer m <verf> *(Stabheizer mit eingebauter Temperaturregelung)* • adjustable aquarium heater
Regelkennlinie f <msr> • automatic gain control characteristic
Regelklappe f <hlk> • control damper
Regelklappe f <masch> • turning vane
Regelkraftheber m <agri> • regulating power lift
Regelkreis m <tech.allg> • control loop; control circuit
Regelkreis m <msr> • control loop; closed-loop control system
Regelkreis m <msr> • closed-loop system
Regelkreis m <msr> • feedback system
Regelkreis m <msr> • closed loop
Regelkreisverhalten n <msr> *(z. B. stabil)* • closed-loop response
Regellage f <msr> • regular position
Regellage f <tele> • erect sideband
Regellogik f <math> • mathematical logic
regellos <allg> • disordered
regellos <allg> • erratic
regellos <allg> • inordinate
regellos <allg> • irregular
regellos <allg> • random
regellos <allg> • stochastic
regellos anordnen v <tech.allg> • randomize v
regellos auftreten v <tech.allg> • occur randomly v
regellose Orientierung f <mat> *(Gefüge)* • random orientation
regelloser Impuls m <phys> • random pulse
regelloses Signal n <phys> • random signal
regellose Streuung f <phys> • random-position scattering
regelmäßige Kräuselung f <textil> • even-running crimp
regelmäßiger Fehler m <qualit> • regular error
regelmäßiger Fehler m <qualit> • systematic error
regelmäßiger Luftstrom m <verf> *(z. B. Kühlen, Trocknen)* • steady airflow
regelmäßiges Nachstellen nsg <energ.sol> • periodic adjustment; periodic tracking
regelmäßiges Vieleck n <math> • regular polygon
regelmäßige Wartung f <kfz> • periodic maintenance
regelmäßige Wartung f <rep> • routine maintenance
Regelmembran f <msr> *(z. B. in Unterdruckdosen)* • control diaphragm
regeln vt <msr> • control vt; regulate vt
regeln vt <msr> • control vt
Regelneigung f <bau> *(Straße)* • typical slope; typical grade US; typical gradient GB
regeln und steuern vt <msr> *(geschlossener bzw. offener Wirkungskreis)* • control vt
Regeloberfläche f <edv> • ruled surface
Regelöl n • governing oil
Regelorgan n <msr> • control element
Regelparameter m <msr> • control parameter
Regelpentode f <el> • variable-mu pentode; remote cutoff pentode
Regelpumpe f <masch> • variable volume pump
Regelpumpe f <msr> • control pump
Regelquerschnitt m <bau> *(Straße)* • typical cross section
Regelrelais n <el> • regulating relay
Regelrichtung f <tech.allg> • direction of control
Regelröhre f <el> • remote cut-off tube

Regelröhre f <el> • supercontrol tube
Regelröhre f <msr> • control tube
Regelschalter m <el> • regulating switch
Regelschar f <math> *(analytische Geometrie)* • regulus
Regelscheibe f <wz> *(spitzenloses Rundschleifen)* • control wheel; regulating wheel
Regelschieber m <kfz.antr> *(Hydraulik)* • control valve
Regelschieber m <kfz.mot> • control spool
Regelschwingung f <msr> • regulating oscillation
Regelsignal n <msr> • control signal
Regelspannung f <msr> • automatic gain control voltage
Regelspannung f <msr> • control voltage
Regelspur f <bahn> • standard gauge
Regelstab m *form* <nukl> *(Neutronenabsorber; z. B. im DWR)* • control rod (CR)
Regelstabantrieb m <nukl> *(Kernreaktor)* • control-rod drive (CRD)
Regelstrecke f <msr> *(im Regelkreis: Stellglied und Wirkungsweg; z. B. Regler, Motor, Drehzah)* • controlled system; controlled process; control system
Regelstrecke 1. Ordnung f <msr> • first-order system
Regelstrecke mit Ausgleich f <msr> • self-regulating process
Regelstrecke ohne Ausgleich f <msr> • controlled process without self-regulation
Regelstrom m <el> • control current
Regelstrom m <msr> • correcting current
Regelsystem n <msr> • open-loop control system
Regelsystem n <msr> • closed-loop control system
Regelsystem n <nfz> *(Luftfederung)* • levelling system
Regelteil n <msr> • controlling unit
Regeltetrode f <el> • variable-mu tetrode
Regeltransformator m <el> • adjustable transformer; voltage-regulating transformer; variable-voltage transformer
Regelung f <msr> *(im Ggs. zu Steuerung)* • closed-loop control [system]; automatic control; closed-loop feedback control; control [system] *pract*; feedback control *rare*
Regelung durch Strömungsabriss f <energ.wind> • stall control; stall regulation
Regelung mit Störgrößenaufschaltung <msr> • feed-forward control
Regelung mit Vorhalt f <msr> • derivative-action control; derivative control
Regelungssystem n <energ.wind> • control system; power control system
Regelungstechnik f <msr> • control engineering; automatic control engineering
Regelungs- und Steuerungstechnik f <msr> • control engineering
Regelventil n <msr> *(gen.)* • control valve
Regelventil n <msr> *(betont: zum Regulieren von etw.)* • regulating valve
Regelventil n <rls> *(betont: Durchflussregelung, -begrenzung)* • flow control valve; throttle valve; restriction valve *rare*; volume-control valve *rare*
Regelverhalten n <msr> • control action; control behaviour
Regelverschluss m <energ.hydr> • regulating valve
Regelverstärker m <el> • adjustable-gain amplifier; automatic gain control amplifier; controlling amplifier; regulating amplifier
Regelwendel f <kfz.el> *(Glühkerze)* • control coil; regulator coil
Regelwiderstand m <el> • rheostat; adjustable resistor; regulating resistor
regelwidrig <tech.allg> *(z. B. Systemverhalten, Betrieb)* • anomalous
Regelwidrigkeit f <qualit> • anomaly

Regelzustand m <tech.allg> • control condition
Regenabfluss m <ents> • wet weather flow
Regenablenkblech n <kfz> *(Mini)* • shedder drip molding
Regenabweiser m <obfl> *(bewirkt Abperlen von Wasser; z. B. für Windschutzscheiben)* • rain repellant
Regenanzug m <bekl> • rainsuit
Regenauswaschung f <geo> • rainwash
Regenbekleidung f <bekl> • waterproofs *pl*; waterproof clothing; rainwear
Regendämpfung f <navig> *(Radar)* • rain attenuation
Regendichte f <meteo> • water load[ing]
Regendichtigkeit f <bau> • water resistance; resistance to the penetration of rain; resistance to water penetration; water penetration resistance; rain impermeability
Regendurchlässigkeit f <bau> • permeability
Regenecho n <navig> *(Radar)* • rain echo
Regenentlastungbauwerk n <ents.hydr> • storm-water overflow structure
Regenenttrübung f <navig> *(Radar)* • rain anticlutter
Regenerat n <ents> *(z. B. Kunststoff)* • reclaim
Regenerat n <ents> • regenerate
Regenerat n <ents> • reground material
Regenerat n <kst> *(von Kunststoffteilen)* • regrind
Regenerat n <kst> • regrind
Regenerat n <prod> *(bei Autoreifenherstellung)* • reclaim
Regeneratcellulose f • regenerated cellulose
Regeneration f <chem> *(Katalysator)* • revivification
Regeneration f <edv> • regeneration
Regeneration f <el> *(Impuls)* • restitution
Regeneration f <lwl> • regeneration
Regeneration f <med> • regeneration
Regeneration f <pap> • remanufacture
Regeneration f <verf> • regeneration; recovery
Regenerationsmiete f <ents> • regeneration soil heap; soil heap
Regenerationsspeicher m <edv> • regenerative memory; regenerative store
regenerativ <tech.allg> *(Chemie, Elektronik, Thermodynamik)* • regenerative
regenerative Energien fpl <energ> • renewable energies *pl*; regenerative energies
regenerativer Speicher m <edv> • regenerative memory
regeneratives Bremssystem n <kfz.brems> • regenerative brake system
regenerative Speicherung f <edv> • volatile storage
Regenerativfeuerung f <verbr> • regenerative firing
Regenerativgummi m *(Wiederverwertung v. Autoreifen)* • reclaimed rubber; reclaim
Regenerativluftvorwärmer m <verf> • regenerative air heater
Regenerativofen m <verf> • regenerative furnace
Regenerativreaktor m <verf> • regenerative reactor
Regenerativverfahren n <verf> • regenerative process; recovery process
Regenerativverstärker m <el> • regenerative repeater
Regenerativwärmetauscher m (REGAVO) <verf> • regenerative gas/gas heater; regenerative heat exchanger
Regenerativwinderhitzer m <verf> *(z. B. Hochofen)* • regenerative-type air [pre]heater
Regeneratmischwalzwerk n <verf> • reclaim mixing mill
Regenerator m <chem.petr> • regenerator; kiln
Regenerator m <lwl> • regenerator; repeater
Regenerator m <phot> • replenisher
Regeneratorabstand m <lwl> • regenerator spacing
regenerierbar <tech.allg> *(z. B. Daten, Signale, Zellen)* • regenerative
regenerierbar <ents> • reclaimable
regenerierbar <ents> • recoverable
regenerieren v *(Elektronenröhre)* • rejuvenate v

regenerieren v (Impuls) • reshape v
regenerieren v <allg> • regenerate v
regenerieren v <chem> • recover v
regenerieren v <chem> (Katalysator) • revive v
regenerieren v <el> (Impuls, Signal) • restore v
regenerieren v <ents> • recondition v
regenerieren v <pap> • remanufacture v
regenerieren v <verf> • reclaim v
regenerieren vt <phot> • replenish vt
regenerieren vt <verf> (säubern; z. B. Filter, Abscheider) • clean vt
regenerierte Cellulose f • regenerated cellulose; hydrated cellulose
regenerierter Naturfaserstoff m <textil> • regenerated natural fiber
Regenerierung f <verf> (von Filtern, Abscheidern) • cleaning; reconditioning
Regenerierung fsg <phot> • replenishment sg
Regenerierungskessel m <chem> • regeneration boiler
Regenerierventil n form <kfz.emiss> • scavenging valve; purge valve
Regenfallrohr n <bau> • stack pipe
Regenhülle f <av> (für Camcorder) • rain jacket
Regenkanal m <ents.hydr> • storm(-water) sewer; surface water sewer GB.; storm drain GB.
Regenkanone f <agri> • rain gun
Regenkrone f <bau> (Schornstein) • rain cap
Regenleiste f <kfz> • weather strip
Regenleiste f <kfz> • drip molding
Regenmesser m <meteo> • rain gauge; pluviometer; ombrometer; hyetometer
Regenoverall m <bekl> • jumpsuit-style rainsuit
Regenrinne f <bau> • rain-water gutter
Regenrinne f <fz> • drip molding
Regenrinne f <kfz> • drip rail; rain drip rail; rain gutter
Regenrückhaltebecken n <ents> • storing basin for rainwater
Regenrückhaltebecken n <ents.hydr> • storm-water retention tank
Regenschiene f <bau> (im Blendrahmen) • drainage channel; waterproof channel; rain drainage channel; water drainage channel
Regenschreiber m <meteo> • rainfall recorder; pluviograph; ombrograph
Regenschutz m <av> (für Camcorder) • rain jacket
Regenschutzbekleidung fsg <textil> • rainwear sg
Regenschutzschiene f <bau> (im Blendrahmen) • drainage channel; waterproof channel; rain drainage channel; water drainage channel
Regenstörung f <navig> (Radar) • rain clutter
Regensummenlinie f DIN 4045 <meteo.msr> • rainfall summation curve
Regenüberlauf m <ents.hydr> • storm-overflow; storm-water overflow
Regenüberlauf-Bauwerk n <ents> • overflow basin
Regenüberschlag m <el> • wet arcing
Regenüberschlagspannung f <el> • wet flash-over voltage
Regenwasser n <ents> • storm-water; rain-water; surface water; atmospheric water rare
Regenwasser n <geo> (aus atmospärischem Niederschlag) • stormwater; surface water; rainwater
Regenwasser n <meteo> • rainwater; atmospheric water
Regenwasser n <meteo> • rainwater; surface water
Regenwasserabfluss m <bau> (oberirdisch) • runoff
Regenwasserabfluss m <ents> (für starke Niederschläge) • storm run-off
Regenwasserableitung f <bau> • stormwater drainage; storm drainage; surface drainage

Regenwasserkanal m <ents.hydr> • storm(-water) sewer; surface water sewer GB.; storm drain GB.
Regenwasserleitung f <bau.rls> (für Oberflächenwasser, Regenwasser) • storm sewer; storm drain; storm pipe
Regenwasserleitung f <ents.hydr> • storm(-water) sewer; surface water sewer GB.; storm drain GB.
Regenwassernetz n <ents.hydr> (Trennsystem) • storm collection system
Regenwasserüberlauf m <ents.hydr> • storm-overflow; storm-water overflow
Regietonspur f <av> • audio control track
Regiolekt m <term> • geographical usage
Region f <geo> (Gebiet) • area; zone; region
regionale Variante f <term> • geographical usage
Regionalisierung f <jur> • regional solution
Regionalisierung der Flüchtlingsaufnahme f <jur> • Regional Channelling of Refugees
Region mit besonderem Artenreichtum f <bio> • biodiversity hot-spot
Regisseur m <theat> • director
Register n <druck> • register
Register n <edv> • register
Register n <edv> • register
Register n <edv.av> • register; regs coll./jarg.
Register n <mus> (Orgel) • stopknob; draw knob; draw-stop [knob]; drawstop [knob]; stop [knob]
Register n <verf> • register
Registeradresse f <edv> • register address
Registeradressierung f <edv> • register addressing
Registerauswahl f <edv> • register select
Registerauszug m <edv> • register dump
Registerbank f <edv> • register bank
Registerbefehl m <edv> • register instruction
Registered Respiratory Therapist (RRT) <med.tech> • registered respiratory therapist (RRT)
Registererkennungszeichen n <edv> • register code signal
Registererkennungszeichen n <edv> • register identifier
Registerfehler m <druck> (Druckplattenregistrierung) • mis-register; misregister
Registergenauigkeit f <druck> (Druckplattenregistrierung) • register accuracy; register precision
Registergestänge npl <mus> (Orgel) • trace; drawstop rod; drawstop bar; stop-rod; trace-rod
registergesteuert <edv> • register-controlled
Registerhaltigkeit f <druck> • keeping of register
Registerkennzeichnung f <edv> • register identification
Registerknopf m <mus> (Orgel) • stopknob; draw knob; draw-stop [knob]; drawstop [knob]; stop [knob]
Registerlänge f <edv> • register length
Registerloch n <druck> (Druckplattenregistrierung [Recorder]) • register hole
Registermaße npl <nav.msr> • tonnage measures
Registermechanik f <mus> (Orgel) • mechanical stop action; stop mechanism
Registerpin m rare <druck> (Druckplattenregistrierung) • registration pin
Registerschaltung f <el> • register circuit
Registerschelle f <füg> • conduit rack
Registerschild n <mus> (Orgel) • stop designation plate; stop label; name plate; name-plate; stop head
Registerschildchen n <mus> (Orgel) • stop designation plate; stop label; name plate; name-plate; stop head
Registerschwert n <mus> (Orgel) • stop action backfall
Registerspeicher m <edv> • register
Registerspeicher m <edv> (sg=pl) • register
Registerstange f <mus> (Orgel) • trace; drawstop rod; drawstop bar; stop-rod; trace-rod
Registerstapelspeicher m <logist> • register stack

Registersteuerung f <mus> (Orgel) • stop action; draw-stop action; draw-stop action; stop control

Registerstift m <druck> (Druckplattenregistrierung) • registration pin

Registertonne f <nav> • register ton

Registertraktur f <mus> (Orgel) • stop action; drawstop action; draw-stop action; stop control

Registertreiber m <edv> • register driver

Registervergaser m <kfz.mot> • two-stage carburetor; progressive carburetor

Registervergaser m <mot> • two-stage carburetor; dual-throat carburetor

Registerwalze f <pap> • tube roll; wire-cloth roll

Registerwelle f <mus> (Orgel) • trundle; stop-trundle

Registerwippe f <mus> (Orgel) • stop action backfall

Registerzapfen m <druck> (Druckplattenregistrierung) • registration pin

Registerzeiger m <edv> • register pointer

Registerzug m <mus> (Orgel) • stopknob; draw knob; draw-stop [knob]; drawstop [knob]; stop [knob]

Registerzugstange f <mus> (Orgel) • trace; drawstop rod; drawstop bar; stop-rod; trace-rod

Registratur f <mus> (Orgel) • stop action; drawstop action; draw-stop action; stop control

Registrierbandschreiber m <msr> • chart recorder; chart recording instrument

Registriereinheit f <druck> • registration

Registriereinrichtung f (RE) <alarm> • register

registrieren v <jur> • record v

registrieren v <jur> • register v

registrieren v <msr> • log v

registrieren v <msr> • plot v

registrieren vt <allg> (Personen, Material, Bestände) • register vt

registrieren vt <doku> (Werte; z. B. in Listen, Tabellen) • record vt; register vt

registrieren vt <msr> • record vt

registrieren vt rar <msr> (z. B. Zustandsänderungen, Druck, Temperatur) • sense vt; detect vt; register vt rare

registrierend <msr> • graphic

registrierend <msr> • recording

registrierender Tachometer m <msr> • recording tachometer; tachograph

registrierendes Messgerät n <msr> • recording instrument

Registrierer m <msr> • recording module

Registriergalvanometer n <msr> • galvanometer recorder

Registriergerät n <msr> • recording device; recording instrument; recorder

Registriergerät n <msr> • graphic instrument

Registriergerät n <msr> • pen recorder

Registriergerät n <msr> • plotter

Registriergerät n <msr> • recording unit

Registriergerät n <msr> (für Messdaten) • data logger; data recorder; logger pract

Registriergeschwindigkeit f <msr> • recording speed

Registrierkurve f <msr> • recorded curve

Registriermanometer n <msr> • pressure recorder

Registriermanometer n <msr> • recording manometer

Registriermechanik f <mus> (Orgel) • mechanical stop action; stop mechanism

Registriernadel f <druck> (Druckplattenregistrierung) • registration pin

Registrieroszillograph m <msr> • oscillograph recorder

Registrierpapier n <msr> • recording paper

Registrierphotometer n <msr> • recording photometer

Registrierpyrometer n <msr> • recording pyrometer

Registrierregler m <msr> • control recorder

Registrierstift m <msr> (Messschreiber) • tracer pen; pen

Registrierstreifenwalze f <msr> • chart drum

registriert <jur> (Waffe) • registered

Registrierthermometer n <msr> • recording thermometer

Registriertrommel f <el> • recording drum

Registrierung f <doku> (allg.) • registration; registering

Registrierung f <msr> • logging

Registrierung f <msr> • plotting

Registrierung f <msr> (von Messdaten; Vorgang) • recording

Registrierung mit hoher Informationsdichte f <edv> • high-density recording

Registrierungsgebühr f <jur> • registration fee

Registriervoltmeter n <el> • recording voltmeter

Registrierwaage f <msr> • recording balance

Registrierwerk n <msr> • recording clockwork

Registrierzähler m <msr> • recording counter

Registrierzähler m <msr> • recording meter

Registrierzeit f <msr> • recording time

Regler m (Flotation) • modifier

Regler m <av.edv> (zur Dateneingabe) • slider; data entry slider

Regler m <edv.av> (zur Steuerung von Modulation und/ oder Pitchbending) • lever; control lever

Regler m <el> (betont: Regelwiderstand) • rheostat; rheostat switch rare.coll

Regler m <el> (für Küchenherde) • cooker regulator; energy regulator

Regler m <med.tech> (Bedienelement) • control; operator control ISO 4135

Regler m <msr> • control unit

Regler m <msr> • controller

Regler m <msr> (allg.) • regulator

Regler m <msr> (Bedienungslement zum stufenlosen Regulieren) • control

Regler m <msr> (für Drehzahl, allg.) • governor; speed controller; speed regulator; rotational speed controller

Regler m <msr.antr> (Automatikgetriebe-Steuerung) • governor; transmission governor

Regler n <autom> • controller

Regleraufsatz m <msr> • governor hood

Reglerausfall m <qualit> • controller failure

Reglerausfall m <qualit> • controller malfunction

Reglerbüchse f <msr> • governor bush

Reglerbügeleisen n • regulable electric iron; electric iron; thermostatic iron

Reglerdeckel m <msr> • governor cover

Reglerdruck m <kfz.antr> (Automatikgetriebe-Steuerung) • governor pressure

Reglereinstellung f <msr> • controller setting

Regler für Instrumentenbeleuchtung <kfz.msr> • rheostat for instrument cluster lighting US

Regler für Scheibenwischergeschwindigkeit <kfz.msr> • windshield wiper sweep rate knob US

Reglergehäuse n <kfz.mot> • governor housing

Reglergehäuse n <msr> • governor casing

reglergesteuert v <msr> • governor-controlled

Reglergetriebe n <msr> • governor gear

Reglerhandgriff m <kunst.wz> • knob

Reglerhaube f <msr> • governor cover

Reglerheizer m ugs <verf> (Stabheizer mit eingebauter Temperaturregelung) • adjustable aquarium heater

Reglerhülse f <msr> • governor sleeve

Reglerkegel m <msr> • governor cone

Reglerkorb m <msr> • governor frame

Reglerkugel f <msr> • governor ball

Regler mit Hilfsenergie m <msr> • power-operated controller

Regler mit P-Verhalten *m* <msr> • proportional controller; one-mode controller; single-mode controller; P controller

Reglermuffe *f* <kfz.mot> • governor sliding sleeve

Reglermuffe *f* <msr> • governor collar

Reglermuffe *f* <msr> • governor sleeve

Regler ohne Hilfsenergie *m* <msr> • self-acting controller; self-operated controller

Reglerschalter *m* <msr> • regulator cut-out [relay]

Reglerschieber *m* <msr> • governor piston valve

Reglerspindel *f* <msr> • control spindle

Reglerspindel *f* <msr> • governor spindle

Reglertotzeit *f* <msr> • controller lag

Reglerventil *n* :V <kfz.antr> *(Automatikgetriebe-Steuerung)* • governor valve (GV)

Reglerventil *n* <turb> • governor valve

Regner *m* <agri> *(Anbauflächen, Holzlager)* • sprinkler

Regnerkopf *m* <verf> • sprinkler head

Regnerleitung *f* <agri> • sprinkler line

Regranulat *n* <kst> *(von Kunststoffteilen)* • regrind

Regression *f* <math> • regression

Regressionsanalyse *f* <math> • regression analysis

Regressionsgerade *f* <math> *(Statistik)* • regression line; best straight line

Regressionsgeschwindigkeit *f* <nukl> • regression velocity

Regressionsgleichung *f* <math> • regression equation

Regressionskoeffizient *m* <math> • regression coefficient

Regressionskurve *f* DIN 55350-21 <math> *(Statistik)* • regression curve; regression line

Regressionslinie *f* <math> *(Statistik)* • regression curve; regression line

regressiv <math> • regressive

regulär • isometric

regulär • normal

regulär <allg> *(z. B. Markt, Truppen)* • ordinary

regulär <mat> • cubic

regulär <math> • regular

reguläre Komponente *f* <math> • regular component

reguläre Präzession *f* <navig> • regular precession

reguläres Polygon *n* <math> • regular polygon

reguläres System *n* <math> *(Gleichungssystem)* • regular system

Regula falsi <math> *(Analysis)* • regula falsi; rule of false position; secant method

Regularisierung *f* *(Quantentheorie)* • regularization

Regular Tool Joint *m* <petr> • REG tool joint

Regulationsgen *n* <med> • regulatory gene

Regulatorachse *f* <msr> • governor spindle

Regulator der Virusexpression *m* <med> • rev; regulator of virion expression

regulierbare Hosenweite *f* <bekl> *(Motorradmontur; am Bein)* • adjustable studded leg flaps

Regulierdrehklappe *f* <rls> • regulating flap valve

regulieren *vt* <energ.hydr> • regulate *vt*

Regulierkolben *m* <prod.nahr> *(Homogenisator)* • shearflow valve plug

Reguliermutter *f* <mus> *(Orgeltraktur)* • regulating nut; adjustable nut; adjusting nut

Regulierring *m* <energ> *(Wasserturbine)* • regulating ring

Regulierung *f* <msr> • regulation

Regulierungsschaufel *f* V <verf.hydr> • level control vane

Regulierventil *n* <msr> • check valve

Regulierventil *n* <msr> • regulating valve

Regulierwicklung *f* <el> • regulating winding

Regulus *m* <math> • regulus

REG-Verbinder *m* <petr> • REG tool joint

Rehabilitation von nicht in Betrieb befindlichen Rohrleitungen *f* <bau.rls> • rehabilitation of non-operational pipes

Reibahle *f* <wz> • reamer

Reibahlenaufsteckhalter *m* <wz> • shell-reamer arbor

Reibahlendorn *m* <wz> • reamer arbor

Reibahlennutenfräser *m* <wz> • reamer fluting cutter

Reibahlenpendelhülse *f* <wz> • floating reamer holder

Reibahlenschaft *m* <wz> • reamer shank

Reibahlenschneidenteil *n* <wz> • reamer body

Reibahlenteilgerät *n* <prod> • reamer indexing attachment; reamer indexing head

Reibantrieb *m* <antr> • friction drive

Reibbacke *f* • rubbing pad

Reibballen *m* <obfl.holz> • grinder

Reibbarren *m* *(Reibwerk)* • bull ring; grinder bar

Reibbeiwert *m* <tribo> • friction number; friction coefficient

Reibbelag *m* <kfz.antr> *(Kupplung)* • friction lining

Reibbelag *m* <masch> *(Bremse, Kupplung)* • friction lining

Reibbewegung *f* <el.ic.prod> • frictional motion

Reibbolzenschweißen *n* DIN 1910 <füg> • friction stud welding

reibecht <textil> • fast to rubbing

Reibechtheit *f* <textil> *(Färberei)* • fastness to rubbing; rubbing fastness

Reibedauerbeanspruchung *f* <bau> • frictional fatigue loading

reiben *v* <allg> *(fig.: Augen, Hände)* • rub *v*

reiben *v* <prod> • ream *v*

reiben *v* <verf> *(z. B. Lebensmittel)* • pulverize *v*

reiben *v* <verf> • triturate *v*

Reiberwalze *f* <wz> • triturating roll

Reibfläche *f* <masch> • rubbing surface

Reibgesperre *n* <masch> • friction ratchet gearing

Reibgetriebe *n* <antr> • friction gearing

Reibhemmung *f* <masch> • frictional resistance

Reibkegelkupplung *f* <masch> • cone clutch

Reibkorrosion *f* <obfl> • friction oxidation; fretting corrosion; chafing corrosion

Reibkorrosion *f* DIN EN ISO 8044 <obfl> • fretting corrosion ISO 8044

reibkorrosionsmindernd <obfl> • antifretting

Reibkraft *f* <mech> • friction force

Reibkreis *m* <phys> *(z. B. Kräfte in der Aufstandsfläche von Reifen)* • Kamm circle of frictional forces

Reibkupplung *f* <masch> • friction clutch

Reiblöten *n* <füg> • abrasion soldering

Reibmühle *f* <prod> • attrition mill

Reibpaarung *f* <masch> • friction couple

Reibrad *n* <edv> *(Bandlaufwerk)* • drive roller

Reibrad *n* <masch> *(Rad mit glatterLauffläche, das z. B. ein anderes Rad antreibt)* • friction wheel

Reibradantrieb *m* <antr> *(z. B. Presse)* • friction disc drive

Reibradgetriebe *n* <antr> • friction gear; friction-gear drive

Reibradintegrator *m* • wheel-and disc-integrator

Reibradspindelpresse *f* <wz.masch> • friction screw press

Reibradtrieb *m* <antr> • friction gear; friction-gear drive

Reibrädergetriebe *n* <antr> • friction gearing

Reibrost *m* <obfl> • fretting-corrosion debris

Reibrost *m* <obfl> • oxide debris

Reibsäge *f* <wz> • friction saw

Reibsägeblatt *n* <wz> • fusing disc

Reibsägen *n* <prod> • friction sawing

Reibschale *f* <chem> • mortar

Reibscheibe *f* rar <kfz.antr> *(in Trockenkupplung; inkl. Reibbelag)* • clutch disc *US.GB*; clutch disk *US*; friction plate; friction disc; driven plate *US.rare*

Reibscheibenantrieb *m* <antr> • friction drive

Reibscheibenkupplung *f* <masch> *(z. B. Werkzeug-maschine)* • friction-disc clutch; disc clutch; plate clutch

Reibscheiben-Sperrdifferential *n* <kfz.antr> • multiple-disc limited-slip differential; friction-disc differential; multi-plate limited-slip differential

Reibschleifdorn *m* <prod> • lapping stick

Reibschleifen *n* <prod> • lapping

Reibschleifmaschine *f* <wz.masch> • lapping machine

Reibschleifmittel *n* <prod> • lapping abrasive; lapping compound

Reibschleifpaste *f* <prod> • lapping paste

Reibschleifwerkzeug *n* <wz> • lap

reibschlüssig <tech.allg> • frictional

reibschlüssig <masch> *(z. B. Kupplung, Verbindung)* • non-positive

reibschlüssige Mitnahme *f* <masch> *(z. B. Reibradan-trieb: Presse; Fahrradhilfsmotor)* • drive by frictional re-sistance

reibschlüssige Mitnahme *f* <masch> • non-positive drive

reibschlüssige Verbindung *f* <masch> *(z. B. Keil-, Schraub-, Schrumpfverbindung)* • frictional connection

reibschlüssig mitnehmen *v* <tech.allg> • grip by fric-tional resistance *v*

reibschlüssig mitnehmen *v* <masch> • drive by fric-tional resistance *v*

Reibschluss *m* <masch> • frictional contact; frictional grip

Reibschweißen *n* DIN 1910 <füg> • friction welding; spin welding; rotowelding

Reibseil *n* <förd> • buffer rope; rubbing rope

Reibspindelpresse *f* <wz.masch> • friction-driven screw press

Reibspur *f* <masch> • galling mark

Reibstange *f* <wz> • reaming bar

Reibtrennen *n* <prod> • abrasive friction cutting; abrasive friction cutting-off; disk cutting

Reibtriebpresse *f* <wz.masch> • friction screw press

Reibung *f* <tech.allg> • friction

Reibung Faser gegen Faser *f* <textil> *(Spinnerei)* • fric-tion fiber to fiber; fiber to fiber

Reibungsantrieb *m* <druck> *(Papierantriebsart, z. B. bei Trommelplottern)* • friction wheel drive; friction feed; micro grip

Reibungsarbeit *f* <mech> • friction energy

reibungsarm <masch> *(z. B. Konstruktion, Ausführung, Material)* • low-friction

reibungsbedingte Beschädigung *f* <obfl> *(von Be-schichtungen, Überzügen)* • friction-induced damage

reibungsbedingter Lackschaden *m* <obfl> • friction-induced paint damage

Reibungsbeiwert *m* unüblich <mech> *(für Haftreibung oder Gleitreibung oder Rollreibung)* • coefficient of friction; friction coefficient

Reibungsbelag *m* <masch> • friction lining

Reibungsbremse *f* <brems> • friction brake

Reibungsdämpfer *m* <masch> • viscous friction damper

Reibungsdämpfer *m* <masch> • friction damper

Reibungsdämpfung *f* <masch> • friction damping

Reibungsdrehmoment *n* <mech> • friction torque

Reibungselektrifizierung *f* <büro> *(Kopieren)* • tribo-electrification

Reibungselektrizität *f* <phys> • frictional electricity; tribo-electricity

Reibungserwärmung *f* <phys> • frictional heating

Reibungsfilzmaschine *f* <textil> • rub-felting machine

reibungsfrei <phys> *(Flüssigkeit; Strömung)* • inviscid

Reibungsgesetz von Stokes <phys> • Stokes' law

Reibungsgrenze *f* <mech> • maximum adhesion

Reibungshitze *f* <bekl> • frictional heat

Reibungskalander *m* • friction calender

Reibungskegel *m* <mech> • friction cone

Reibungskoeffizient *m* <mech> • friction coefficient

Reibungskoeffizient *m* <mech> • coefficient of adhesion

Reibungskoeffizient *m* <tribo> • friction number; friction coefficient

Reibungskoppelung *f* <geo> • friction-coupling

Reibungskraft *f* <mech> • friction force; frictional force

Reibungskupplung *f* <tech.allg> *(Oberbegriff, im Ggs. zu Klauenkupplung)* • friction clutch

Reibungsleistung *f* <masch> • engine friction

reibungslos <allg> *(metaphorisch: Ablauf von Ereignis-sen, Vorgängen)* • smooth

reibungslos <mech> • frictionless; without friction

reibungslos <phys> *(Flüssigkeit; Strömung)* • inviscid

Reibungslumineszenz *f* <phys> • triboluminescence

Reibungsmasse *f* <bahn> • adhesion weight; adhesive weight

Reibungsmaterial *n* <mat> • friction material

reibungsmindernd <tech.allg> • friction-reducing

Reibungsmoment *n* <mech> • friction torque

Reibungsnachstrom *m* <nav> • frictional wake; friction wake

Reibungspfahl *m* <bau> *(Grundbau)* • friction pile

Reibungsplatte *f* <prod> • wearing plate

Reibungsplotter *m* <edv> • friction-drive plotter; micro-grip plotter

Reibungsprüfstand *m* • friction test rig

Reibungsrelais *n* • friction relay

Reibungsschicht *f* • friction layer; boundary layer

Reibungsschluss *m* <masch> *(Zusammenhalt durch äußere Kraft; i. Ggs. zu Form-, Stoffschluss)* • force clo-sure; non-positive closure; frictional connection

Reibungsschweißen *n* DIN 1910 <füg> • friction welding; spin welding; rotowelding

Reibungsschwingungsdämpfer *m* <masch> • viscous friction damper

reibungssenkendes Additiv *n* <tribo> • friction modifier; friction reducer

Reibungsstempel *m* <min> • friction prop

Reibungsstoßdämpfer *m* <fz> • friction shock absorber

Reibungsstoßdämpfer *m* <kfz> • friction damper; fric-tion-type damper

Reibungsturbine *f* • friction turbine

Reibungsverhältnis *n* *(gegeneinander laufende Walzen)* • friction ratio

Reibungsverlust *m* <phys> • friction[al] loss

Reibungsverluste *mpl* <tech.allg> • friction losses

Reibungsverlusthöhe *f* <masch> *(Pumpe)* • friction head

Reibungswärme *f* <tech.allg> • frictional heat; friction heat

Reibungswärme *f* <kst> • frictional heat

Reibungswiderstand *m* <mech> • friction drag

Reibungswiderstand *m* <mech> • frictional resistance; surface resistance

Reibungswiderstand *m* <nav> • lateral resistance

Reibungswiderstand *m* <phys> *(Strömung)* • surface friction drag; skin friction drag

Reibungswinkel *m* <mech> • angle of friction

Reibungszahl *f* wiss <mech> *(für Haftreibung oder Gleit-reibung oder Rollreibung)* • coefficient of friction; friction coefficient

Reibungszahl *f* <mech> • coefficient of adhesion

Reibungszahl *f* <tribo> • friction number; friction coeffi-cient

Reibung zwischen einzelnen Blattfederlagen <kfz> • interleaf friction

Reibverluste *mpl* <tech.allg> • friction losses

Reibwalze f <druck> • distributor roller

Reibwert m ugs <mech> *(für Haftreibung oder Gleitreibung oder Rollreibung)* • coefficient of friction; friction coefficient

Reibwertveränderer m <tribo> • friction modifier; friction reducer

Reibzugabe f <prod> • reaming allowance

reich <nahr> *(Wein)* • rich

Reicherz n <min> • high-grade ore; rich ore

Reichgas n <chem.emiss> • sulfur dioxide-rich offgas

Reichgas n <emiss> *(allg.)* • rich gas

reichhaltig <kfz> *(Ausstattung)* • comprehensive

reichhaltige Ausstattung f <allg> *(z. B. Autoausstattung)* • sumptuous comfort

reichliches Wohnungsangebot n <bau> *(z. B. in einer Stadt)* • ample housing

Reichtum m <tech.allg> • abundance

Reichweite f <allg> • reach

Reichweite f <aerospace> • range

Reichweite f <alarm> • detection range

Reichweite f rar <doku> • scope

Reichweite f <fz> *(z. B. Flugzeug)* • operational range

Reichweite f ugs <fz> *(allg.; zivil)* • operating range; touring range GB; cruise range US

Reichweite f <nukl> • range

Reichweite f <nukl> • range of particle

Reichweite f <phys> • range of transmission

Reichweite f <tele> • working distance

Reichweite f <werb> *(erfaßte, erreichte Zielgruppen (Werbung, Rundfunk, Fernsehen, Presse))* • coverage

Reichweite am Erdboden f <tele> • ground range

Reichweite-Energie-Beziehung f <phys> • range-energy relation

Reichweitenanzeige f <kfz.msr> *(Meldung des Bordcomputers)* • Distance To Empty (DTE)

Reichweitenanzeige f <kfz.msr> *(Teilsystem des Bordcomputers)* • fuel computer

Reichweitendifferenz f <mil> • range difference

Reichweiteneinstellung f <navig> • range setting

Reichweitenermittlung f <allg> • excess gain calculation

Reichweitenkurve f <allg> • excess gain curve

reif <nahr> *(Wein)* • mature; ready for bottling; ripe

Reifansatz m <kfz.hlk> *(z. B. am Verdampfer)* • frost [formation/build-up]

Reifansatz msg <hlk> • frost sg wiss-ugs; frost formation wiss-ppwiss; frost build-up wiss-ugs

Reifbildung f <nahr> *(Speiseeisfehler)* • snow

Reifefirne f <nahr> *(Wein)* • mellowness

Reifegrad m *(Gusseisen)* • degree of normality

Reifegrad m <textil> • degree of ripeness

Reifelagerung f <nahr.prod> *(Speiseeis)* • aging US; ageing GB; cold storage; maturation rare; ripening rare

Reifen m *(eines Fasses)* • hoop

Reifen m <fz> • tyre

Reifen m <kfz> *(Luftreifen)* • tire US; tyre GB

Reifen n <nahr.prod> *(Speiseeis)* • aging US; ageing GB; cold storage; maturation rare; ripening rare

reifen vi <bio> *(allg.)* • ripen vi

reifen vi <nahr> *(z. B. Käse, Wein)* • mature vi; age vi

reifen vt <nahr.prod> *(Speiseeis)* • age vt; ripen vt

Reifenabmessungen fpl <kfz> • tire dimensions pl

Reifenaufbaumaschine f rar <prod> *(assembliert den Reifenrohling)* • tire-building machine US; lay-up machine; tyre-building machine GB

Reifenaufstandsfläche f did <prod> *(von Reifen)* • contact patch; contact area/zone; foot print; tire contact area/zone; ground contact area

Reifenaufstandspunkt m <fz> *(bei Gummireifen eigtl. stets eine Fläche, kein Punkt)* • tire contact point

Reifenbauart f <fz> • type of construction

Reifenbaumaschine f <prod> *(assembliert den Reifenrohling)* • tire-building machine US; lay-up machine; tyre-building machine GB

Reifenbauweise f <fz> • type of construction

Reifenberührungsfläche f <kfz> • tire tread

Reifenbesohlung f <kfz> • tire soling

Reifenbetriebsbeschreibung f <prod> • load index and speed symbol

Reifenbezeichnung f <kfz> • tire denomination; tire identification; tire size denomination

Reifenbreite f <fz> *(von Reifen)* • section width; tire width

Reifencord m <kfz> • tire cord

Reifendruck m <fz> *(Druck, mit dem ein Reifen aufgepumpt ist)* • tire pressure; inflation pressure; air pressure

Reifendruckmesser m <kfz.msr> *(z. B. an Tankstellen)* • tire pressure gauge; tire gauge

Reifendruckprüfer m <kfz.msr> *(z. B. an Tankstellen)* • tire pressure gauge; tire gauge

Reifendruckprüfung f <fz> • inflation pressure check; tire pressure check

Reifendruck-Regelanlage f <nfz> • central tire inflation system

Reifeneinlagematerial n <kfz.mat> • tire-casing material

Reifenfarbe f <kfz.obfl> • tire dressing; tire shine

Reifenflicken n <kfz.rep> *(Vorgang)* • tire repair; tire patching coll

Reifenflickzeug n <fz.rep> • puncture outfit

Reifenfülldruck m <fz> • inflation pressure; tire inflation pressure

Reifenfülldruckmesser m <kfz.msr> *(z. B. an Tankstellen)* • tire pressure gauge; tire gauge

Reifenfüllflasche f <kfz.wz> • tire-inflator cylinder

Reifengröße f <kfz> • tire size [designation]

Reifengrößenbeschreibung f form <kfz> • tire size [designation]

Reifenheber m <fz> • tire lever US; tyre lever GB; tire iron

Reifenheber m <kfz.wz> • tire lever; tire iron US; iron US

Reifenheizer m <prod> • tire press US; tyre press GB

Reifenhöhe f <prod> • section height

Reifenhülle f <kfz> • tire casing

Reifeninnendruck m <kfz> • tire inflation pressure; inflation pressure

Reifenkennzeichnung f <kfz> • tire denomination; tire identification; tire size denomination

Reifenkette f <förd> • tire chain

Reifenklassifikationsystem der NHTSA <prod> • Uniform Tire Quality Grading System (UTQGS)

Reifenkord m <kfz> • tire cord fabric; tire cord

Reifenlatsch m <prod> *(von Reifen)* • contact patch; contact area/zone; foot print; tire contact area/zone; ground contact area

Reifenlaufdecke f <kfz> • tire casing

Reifenlauffläche f <kfz> • tire tread

Reifenlaufleistung f <qualit.mat> • tire mileage

Reifenluftdruck m <fz> *(Druck, mit dem ein Reifen aufgepumpt ist)* • tire pressure; inflation pressure; air pressure

Reifenluftdruck-Warnsystem n <kfz.msr> • tire pressure warning system

Reifen mit laufrichtungsgebundenem Profil <prod> • directional tread pattern tire

Reifen mit Notlaufeigenschaften m <prod> • self-supporting tire SUS SP-1338

Reifen mit Schlauch <kfz> • tube type tire

Reifen mit zu hohem Luftdruck <prod> • overinflated tire

Reifenmontage f <fz> *(Reifen auf Felge)* • tire installation US; tire mounting US; tyre mounting GB; tire fitting US; tyre fitting GB

Reifenmontierhebel *m* <fz> • tire lever *US*; tyre lever *GB*; tire iron

Reifenmontierhebel *m* <kfz.wz> • tire lever; tire iron *US*; iron *US*

Reifennennbreite *f* <fz> *(von Reifen)* • section width; tire width

Reifenpanne *f* <kfz> *(allg.)* • tire failure; flat tire; flat *coll*

Reifenpanne *f* <nfz.logist> • bubble trouble *sl*

Reifenpanne *f* <prod> *(betont: Loch im Reifen)* • puncture

Reifenplatzer *m* <kfz> • tire blowout; tire burst; blowout *pract*

Reifenplatzer *m* <prod> • burst

Reifenpresse *f* <prod> • tire press *US*; tyre press *GB*

Reifenprofil *n* <kfz> *(betont: Gestaltung, Design)* • tread design; tread profile; tread pattern

Reifenprofil[tiefen]messer *m* <kfz.wz> • tire tread gauge; tire tread depth gauge; tread depth gauge

Reifenprüfstand *m* <qualit.mat> • tire test machine

Reifenquerschnitt *m* <prod> • section width

Reifenquietschen *n* <kfz> • tire squeal

Reifenreiniger *m* <kfz> • tire cleaner

Reifenreparatur *f* <kfz.rep> *(Vorgang)* • tire repair; tire patching *coll*

Reifenrohling *m* <prod> *(assemblierter, unvulkanisierter Reifen)* • green tire *US*; green tyre *GB*

Reifenschlauch *m* <fz> • inner tube

Reifenschlupf *m* <kfz> • tire slip; wheelslip

Reifenschulter *f* <kfz> • tire shoulder

Reifensitzfläche *f obs.ugs* <kfz> *(von Felgen)* • bead seat *pract*; rim bead seat; bead seat of rim; rim shoulder; shoulder *coll*

Reifenstift *m* <kfz.wz> • tire lettering paint pen

Reifentragfähigkeit *f* <kfz> • tire load capacity

Reifen-Tragfähigkeitsausführung *f* <prod> • load range

Reifentreter *m ugs.derog* <kfz> *(Neugieriger Interessent mit vorgetäuschter Kaufabsicht)* • tire kicker *coll.derog*

Reifenüberdruck *m* <prod> *(zu hoher Reifendruck)* • overinflation

Reifen- und Montagehebel *m form* <kfz.wz> • tire lever; tire iron *US*; iron *US*

Reifenunterdruck *m* <kfz> • underinflation

Reifenventil *n* <kfz> *(von Reifen)* • tire valve; valve *pract*

Reifenventilgewinde *n* <masch> • tire valve thread *ISO 4570*

Reifenverschleiß *m* <kfz> • tire wear; tire abrasion *thsc*; tire scuff

Reifenwächter *m* <kfz> • kerb feeler

Reifenwickelmaschine *f* <prod> *(assembliert den Reifenrohling)* • tire-building machine *US*; lay-up machine; tyre-building machine *GB*

Reifenwickeltrommel *f* <prod> • tire-building drum; case-making drum

Reifenwulst *m* <fz> *(Fahrzeugreifen)* • tire bead *US*; bead *pract*; tyre bead *GB*

Reifenwulstferse *f did* <fz> *(Reifen)* • bead heel; heel *pract*; tire bead heel *did*

Reifenwulstsohle *f did* <fz> • bead base; tire bead base *US*

Reifenwulstspitze *f rare* <fz> *(Reifen)* • bead toe; tire bead toe *did*

Reifenwulstzehe *f did* <fz> *(Reifen)* • bead toe; tire bead toe *did*

Reifetank *m* <allg> • maturing tank

Reifetank *m* <nahr.prod> *(Speiseeis)* • aging vat; ageing vat; ageing vessel; aging tank; holding tank

Reifung *f* <med> • maturation

Reifung *f* <nahr.prod> *(Speiseeis)* • aging *US*; ageing *GB*; cold storage; maturation *rare*; ripening *rare*

Reifungsdauer *f* <nahr.prod> *(Speiseeis)* • aging period

Reifungstank *m* <nahr.prod> *(Speiseeis)* • aging vat; ageing vat; ageing vessel; aging tank; holding tank

Reifungszeit *f* <nahr.prod> *(Speiseeis)* • aging period

Reihe *f (Anordnung)* • bank

Reihe *f* <allg> • line

Reihe *f* <allg> • row

Reihe *f* <tech.allg> • series

Reihe *f* <chem> *(von Kohlenwasserstoffen)* • family

Reihe *f prakt* <logist> *(Lagerregal)* • run *US*; row *GB*

Reihe *f* <math> • progression

Reihe *f prakt* <prod> *(Modellreihe allg., ohne Wertung; z. B. BMW 7er Reihe)* • series; production series; type

Reihen *n* <textil> *(von Kettfäden, durch die Fadenaugen von Weblitzen)* • drawing-in; drafting; threading

Reihenabstand *m* <agri> • row spacing

Reihenabstand *m* <füg> *(Nietreihen)* • row distance

Reihenanlage *f* <tele> • serial intercommunication set

Reihenanlage *f* <tele> • series telephones

Reihenanmeldung *f* <tele> • sequence calling

Reihenanordnung *f* • series arrangement

Reihenanordnung *f* <tech.allg> • in-line arrangement

Reihenanordnung *f* <tech.allg> • lineage

Reihenanordnung *f* <tech.allg> • seriation

Reihenanordnung *f* <mot> *(Motorzylinder)* • straight-line arrangement

Reihenaufbohrmaschine *f* <wz.masch> • line boring machine

Reihenaufspannung *f* <prod> • line set-up

Reihenbauweise *f* <allg> • in-line mounted *pf liste*

Reihenbauweise *f* <druck> *(z. B. Mehrfarben-Offset-druckmaschine)* • unit construction principle

Reihenbetrieb *m* <tele> • tandem operation

Reihenbildkamera *f* <phot> • serial frame camera

Reihenbohren *n* <prod> • in-line drilling

Reihenbohrmaschine *f* <wz.masch> • gang drill

Reihenbohrmaschine *f* <wz.masch> • in-line multiple-spindle drilling machine

Reihendüngerstreuer *m* <agri> • fertilizer drill

Reiheneinspritzpumpe *f* <kfz.mot> • inline injection pump

Reiheneinspritzpumpe *f DIN ISO 7876* <mot> • in-line fuel injection pump *ISO 7876*

Reihenentwicklung *f* <math> • series expansion

Reihenersatzschaltbild *n* <el> • series representation

Reihenfachwebmaschine *f* <textil> • multished loom

Reihenfolge *f* <allg> • sequence

Reihenfolge *f* <allg> • succession

Reihenfolge *f* <tech.allg> • order

Reihenfolge *f* <tech.allg> *(von Einzelschritten, Ereignissen)* • sequence

Reihenfolge der Wagen *f* <bahn> • marshaling *US*; marshalling *GB*

Reihenfolgefehler *m DIN ISO 3309* <edv> • sequence error *ISO 3309*

Reihenfolgeprogrammierung *f* <edv> • sequential programming

Reihenfolgespeicher *m* <edv> • sequential memory; sequential store

Reihenfolgesteuerung *f* <msr> • sequence control

Reihenfolgeverarbeitung *f* <edv> • sequential processing

reihengeschaltet <el> • series-connected

reihengeschaltete Diode *f* <el> • series diode

Reihenheizkreis *m* <el> • series-heater string circuit

Reihen-Hybridantrieb *m* <kfz.antr> • series hybrid propulsion; series hybrid drive; series arrangement

Reiheninduktivität *f* <el> • series inductance

Reiheninstallation *f* <msr> *(von Komponenten nebeneinander)* • series installation; installation in series; serial mounting; adjacent mounting

Reihenkondensator m <msr> • series capacitor
Reihenkorrelation f <math> *(Statistik)* • serial correlation
Reihenkreis m <el> • series circuit
Reihenleine f <theat> • tie line
Reihenluftbildaufnahme f <phot> • strip photography
Reihenmaschine f <prod> • multiunit press
Reihenmessung f <allg> • series of measurement
Reihenmodulation f <tele> • series modulation
Reihenmontage f <msr> *(von Komponenten nebeneinander)* • series installation; installation in series; serial mounting; adjacent mounting
Reihenmotor m <kfz.mot> • in-line engine; straight engine
Reihenparallelanlasser m <el> • series-parallel starter
Reihenparallelschaltung f <el> • series-parallel circuit; series-parallel connection
Reihenparallelwicklung f <el> • series-parallel winding; multiplex winding
Reihenpunktschweißen n <füg> • straight line spot welding
Reihenresonanz f <el> *(Schwingkreis)* • series resonance
Reihenresonanzkreis m norm <av> • series-resonant circuit *stand*
Reihenresonanzkreis m <el> • series resonance circuit
Reihenresonanzspule f <el> • series peaking coil
Reihenrotationsmaschine f <druck> • multiunit rotary printing machine; multiunit rotary press
Reihenschalter m <el> • series switch
Reihenschaltung f <tech.allg> • series circuit; series connection
Reihenschaltung f <el> • series connection; connection in series
Reihenschaltung f <el> • series connection
Reihenschluss m <el> • series circuit
Reihenschlusserregung f <el> • series excitation
Reihenschlussgenerator m <el> • series generator
Reihenschlusskommutatormotor m <el> • series commutator motor
Reihenschlussmotor m <el> • series-wound motor; series motor
Reihenschlussspule f <el> • series coil
Reihenschlussverhalten n <el> • series characteristic
Reihenschlusswicklung f <el> • series winding
Reihenschlusswiderstand m <el> • series resistance
Reihenschwingkreis m <av> • series-resonant circuit *stand*
Reihenschwingkreis m <el> • series resonant circuit
Reihenschwingung f <el> • series resonance
Reihensechszylinder m *prakt.ugs* <kfz.mot> • six-cylinder in-line engine; straight six *pract.coll*
Reihenspannung f <el> • series voltage
Reihenstelle f <tele> • series-connected station
Reihentischenthaarmaschine f <led> • serial-table unhairing machine
Reihentorschaltung f <el> • series gating
Reihentransformator m <el> • series transformer
Reihen- und Spaltenabtastung f <edv> • row-and-column scanning
Reihenwicklung f <el> • series winding
Reihenwiderstand m <el> • series resistance
Reihenwiderstand m <el> • series impedance
Reihenzieher m <agri> • furrow opener; marker
Reihkamm m <textil> • raddle
rein • clean
rein <allg> • pure
rein <kunst> *(Pigment)* • pure
rein <math> • pure
Reinaluminium n <mat> • pure aluminum
Reinbestand m <holz> • pure stand
Reinblei n <mat> • refined lead

Reinchemikalie f <chem> • pure chemical
rein darstellen v <chem> • isolate v
Reindarstellung f <chem> • isolation
reine Biegung f <mech> • simple bending
reine Chemie f <chem> • pure chemistry
reine Gesamtheit f • pure-state ensemble
Reineisenband n <av> • metal tape; metal-particle tape
Reineisenband n <av> • pure iron tape
Reineisenpartikel f <edv> • pure iron particle
Reineisenpartikel m <edv> *(sg=pl)* • pure iron particle
Reineisenpulver n <mat> • pure iron powder
reine Kleblösung f <füg> • solvent
Reinelement n <chem> • pure element; monoisotopic element
reine Lösungsmittelverklebung f <füg> • solvent bonding; solvent cementing; solvent welding
reine Mathematik f <math> • pure mathematics
reiner Binärkode m <edv> • pure binary code; straight binary code
reiner Schlagbiegeversuch m <qualit.mat> • unnotched impact test
reiner Stoff m <mat> • pure substance
reiner Ton m <akust> • pure sound
reiner Ton m <akust> • pure tone
reiner Ton m <av> • sine wave; sine signal
reiner Wechselstromempfänger m <el> • AC-only receiver
reines Baumwollgewebe n <textil> • all-cotton cloth
reines Fach n <textil> • clear shed; V-shed
reines Lösungsmittel n <füg> • solvent
reines Torusfeld n <nukl> • purely toroidal magnetic field
reines Wälzgetriebe n <masch> • mechanism in pure rolling contact; mechanism in rolling contact
reine Wechselstromkomponente f <el> • balanced periodic component
reine Zufallsstichprobe f <qualit> • simple sample
Reingas n <verf> *(nach Behandlung, Reinigung; z. B. nach Filter, Entstauber)* • clean gas; cleaned gas
Reingas n <verf> *(betont: nach Wäscher)* • scrubbed gas
Reingasaustritt m <verf> • clean-gas exit; clean-gas outlet
Reingaskammer f <verf> • clean[ed] gas chamber; clean[ed] gas plenum; outlet plenum
Reingasplenum n <verf> • clean[ed] gas chamber; clean[ed] gas plenum; outlet plenum
Reingasschaltung f <emiss.verf> *(SCR-Anlage am Ende der Abgasreinigung; typ. für MVA)* • tail-end position; tail-end configuration
Reingasseite f <verf> • cleaned gas side
Reingasstaubgehalt m <verf> • residual dust loading; outlet dust loading; outlet dust content; exit gas grain loading; effluent dust loading
Reingasstrom m <verf> • cleaned gas flow; cleaned gas stream
Reinhaltung der Luft f <ökol> • air pollution control (APC)
Reinheit f *(Oberflächen)* • cleanliness
Reinheit f *(Edelmetall)* • fineness
Reinheit f <tech.allg> *(ohne Beimischungen)* • purity
Reinheit f <pap.ents> *(nach Stoffbearbeitung)* • cleanliness; cleanness
Reinheitsgrad m • cleanliness
Reinheitsgrad m <tech.allg> *(z. B. hinter Kläranlage, Staubfilter)* • level of purity; degree of purification
Reinheitsgrad m <tech.allg> • percentage purity
Reinheitsgrad m <tech.allg> • purity degree
Reinheitsgrad m <qualit> *(von Oberflächen)* • degree of cleanliness; standard of cleanliness
Reinheitsspule f <av> • purity coil

Reinheit von Prozessmedien *f VDI 2083-7* <verf> • cleanliness of process media

reinigbar ohne Ausbau <hygi> • cleanable in place (CIP)

Reinigen *n* <tech.allg> • cleaning

reinigen *v* • cleanse *v*

reinigen *v* <chem> • purify *v*

reinigen *v* <chem.verf> *(Gase)* • scrub *v*

reinigen *vt* <allg> • clean *vt*

reinigen *vt* <tech.allg> • clean *vt*

reinigen *vt* <kst> *(Plastifizierzylinder, Schnecke)* • purge *vt*

Reinigen mit CO₂ *n* <obfl> • CO2-blasting; blast cleaning with carbon dioxide pellets

reinigen mit einem Staubbindetuch <ents> • tack rag *vt*

Reiniger *m* <tech.allg> • cleaner

Reiniger *m* <obfl> *(zur Metallvorbehandlung vor dem Beschichten)* • cleaner; degreaser; degreasant; degreasing agent; grease remover

Reinigerarm *m* <verf.hydr> • rake arm

Reinigerharke *f* <verf> *(Wasserreinigung)* • cleaning rake; cleaning fork; rake *pract*

Reinigermasse *f* <verf> • purifying material

Reinigerwagen *m* <verf.hydr> • cleaner carriage; rake carriage; tine carrier *Brac*; tine support beam *Brac*; cleaning carriage

Reinigung *f* • cleansing

Reinigung *f* <allg> • cleaning

Reinigung *f* <chem> *(v. Flüssigkeiten, Gasen)* • purification

Reinigung *f* <chem.verf> *(Gase)* • scrubbing

Reinigung *f* <metall> • refinement

Reinigung *f* <metall> • refining

Reinigung *f* <obfl> • cleaning

Reinigungsabschaber *m* <druck> • cleaning blade

Reinigungsanlage *f* • cleaning plant

Reinigungsanlage *f* • purification plant

Reinigungsbad *n* <metall> *(nach dem Ätzen)* • rinsing bath

Reinigungsband *n* <av> • cleaning tape; head cleaning tape

Reinigungsbeize *f* <obfl> • acid derust

Reinigungsblatt *n* <druck> • cleaning leaf

Reinigungsbürste *f* <druck> • cleaning brush

Reinigungsbürste *f* <druck> • cleaner brush

Reinigungsbürste *f* <kfz.wz> *(allgemein)* • cleaning brush

Reinigungsbürste *f* <kfz.wz> *(Werkzeug für Batteriedienst)* • battery terminal brush; battery brush; terminal brush; battery post and terminal brush *form*

Reinigungscartridge *f* <edv> • cleaning cartridge

Reinigungs-CD *f* <edv> • cleaning disc

Reinigungs-/Desinfektionsgerate *npl DIN EN ISO15883* <med.tech> • washer-disinfectors *pl DIN EN ISO15883*

Reinigungsdiskette *f* <edv> • cleaning diskette

Reinigungseinrichtung *f* <verf.hydr> *(allg.)* • raking mechanism; cleaning mechanism

Reinigungselement *n* <verf.hydr> *(allg.)* • raking mechanism; cleaning mechanism

Reinigungsfähigkeit *f* <qualit.mat> *(z. B. Teppich)* • cleanability

Reinigungsfahrt *f* <verf.ents> *(eines Reinigungselements)* • cleaning stroke; cleaning action; raking stroke

Reinigungsfeld *n* <el> • clearing field

Reinigungsfilz *m* <edv.druck> • fuser cleaner

Reinigungsgrad *m* <tech.allg> *(allg., Wirkungsgrad eines Prozesses or Mediums)* • cleaning efficiency

Reinigungskassette *f* <av> • cleaning tape; head cleaning tape

Reinigungskassette *f* <edv> • cleaning cartridge

Reinigungskorona *f* <druck> • cleaning assist charger

Reinigungsleistung *f* <ents> • purification efficiency; cleaning rate

Reinigungslösung *f* <chem> • cleaning solution; detergent solution

Reinigungsmesser *n* <druck> • cleaning blade

Reinigungsmittel *n* • purifying agent

Reinigungsmittel *n* <tech.allg> • cleaner

Reinigungsmittel *n* <chem> *(z. B. Waschpulver, -flüssigkeit)* • detergent; cleansing agent

Reinigungsmittel *n* <obfl> *(zur Metallvorbehandlung vor dem Beschichten)* • cleaner; degreaser; degreasant; degreasing agent; grease remover

Reinigungsmittel *npl* <chem> *(als Oberbegriff)* • detergents *pl*

reinigungsmittelbeständig • detergent-resistant

Reinigungsmolch *m* <rls> • go-devil

Reinigungsnadel *f* <kunst> • cleaning needle

Reinigungsöffnung *f* <bau> • clean-out hole

Reinigungsöffnung *f* <ents> *(Kanalisation)* • access eye

Reinigungsöffnung *f* <ents.hydr> • cleanout; rodding eye

Reinigungsöffnung *f* <rls> • mud hole

Reinigungspinsel *m* <kfz.wz> *(für Reinigungszwecke)* • cleaning brush; parts cleaning brush *form*

Reinigungsschraube *f DIN 539* <füg> • screwed sealing plug

Reinigungsstation *f* <druck> • cleaning unit

Reinigungsstollen *m* <hydr> • dewatering conduit; bottom outlet

Reinigungsstraße *f* <verf.hydr> • cleaning line

Reinigungsstufe *f* <ents> • purification stage

Reinigungsstufe *f* <pap.ents> • cleaning stage

Reinigungsstufe *f* <verf.hydr> • screening stage

Reinigungsturm *m* <chem.verf> *(Gas)* • tower purifier

Reinigungsturm *m* <verf> • hydrogen sulfide tower scrubber *:V*

Reinigungsvlies *n* <edv> • liner *ECMA*

Reinigungsvorrichtung *f* <verf.ents> *(Rechen mit Umkehrbewegung)* • trash rake; automatic raking machine; raking gear; screen rake; rack rake

Reinigungswagen *m* <verf.hydr> • cleaner carriage; rake carriage; tine carrier *Brac*; tine support beam *Brac*; cleaning carriage

Reinigungswirkung *f* <ents> • purification efficiency

Reinigungswirkung *f* <obfl.holz> • scouring effect

Reinigungszyklus *m* <verf.hydr> *(Rechen mit einem Reinigungselement)* • cleaning cycle; operating cycle; raking cycle

Reinigunsvlies *n* <druck> *(Wärme-Druck-Fixierung)* • cleaner web

rein induktiv <el> • perfectly inductive

Reinkarnationszyklus *m ugs.* <edv> • cycle of reincarnation *coll.*

Reinkohle *f* <verbr> • pure carbon; retort carbon

Reinkohle *f* <verbr> *(mit geringem Aschegehalt)* • pure coal

Reinkupfer *n* <mat> • pure copper

Reinlayout *n* <werb> • comprehensive <layout> (US); final layout (GB)

Reinluftfilter *m* <kfz.hlk> • pollen filter

Reinluftgebiet *n* <verf> • remote rural area

Reinmetall *n* <mat> • pure metal

Reinprodukte *npl* • pures

Reinraum *m* <prod> *(extreme Luftreinhaltung)* • clean room

Reinraum *m ISO 14644-1* <tech> • cleanroom *ISO 14644-1*; clean air room

Reinraumanwendung *f* <prod> • cleanroom application

Reinraumtechnik f <verf> • clean room technology
rein sinusförmige Spannung f <el> • simple sinusoidal potential difference
Reinstaluminium n <mat> • superpure aluminum
Reinstgraphit m <mat> • ultrapure graphite
Reinststoff m • extrapure substance
Reinsubstanz f <mat> • pure substance
Reintegration externer Funktionen und Aufgabenbereiche f did <org> • insourcing
reintönig <nahr> (Wein) • clean
Reintransmissionsgrad m <opt> • net transmittance; internal transmittance
Reinwasser n <verf.hydr> • screened water
Reinzeichnung f <werb> • mechanical <layout> (US); key line (US); final artwork (GB)
Reinzinkschicht f <obfl> • layer of pure zinc; pure zinc coating; free zinc coating
Reise f <tour> • journey
Reise f <verf> (Ofenreise (Betriebsdauer)) • campaign
Reiseausrüstung f <tour> • traveling outfit US; travelling outfit GB
Reisebus m norm <nfz> • coach; tour bus; tour coach; motorcoach US; long-distance coach stand
Reisebus-Hochdecker m <nfz> • luxury coach US; high-deck coach GB; high-floor coach GB
Reisebus-Normaldecker m <nfz> • luxury coach US; single-deck coach GB
Reisecar m CH <nfz> • coach; tour bus; tour coach; motorcoach US; long-distance coach stand
Reisecaravan m <kfz> (betont: Typ, Abmessungen, Preisklasse) • middle market caravan
Reisecomputer m • briefcase
Reise-Doppeldeckerbus m <nfz> • double-deck coach; double-decker coach; double-deck touring coach
Reiseflughöhe f <aerospace> • cruising level
Reisegelenkzug m <nfz> • articulated coach
Reisegeschwindigkeit f <fz> (z. B. 130 km/h, 900 km/h) • cruising speed
Reisegeschwindigkeit f <verk> • commercial speed
Reisehochdecker m <nfz> • luxury coach US; high-deck coach GB; high-floor coach GB
Reiselimousine f <kfz> • long-distance sedan/saloon US/GB; highway cruiser US.coll; motorway cruiser GB.coll; long-haul car GB.press; touring sedan US
Reisemobil n <kfz.tour> • motorhome US; motorvan; motorcaravan GB
Reisen im Ausland n <tour> • travelling abroad; foreign travel
Reise-Normaldecker m <nfz> • luxury coach US; single-deck coach GB
Reiseomnibus m <nfz> • coach; tour bus; tour coach; motorcoach US; long-distance coach stand
Reiserad n <fz> • touring bicycle
Reiseschreibmaschine f <büro> • portable typewriter
Reiseschub m <aerospace> (Triebwerk) • cruising thrust
Reise-Superhochdecker m <nfz> • luxury coach; high-deck coach GB; high-floor coach GB
Reisetasche f <pack> • holdall US; wallet GB.obs
Reisewagen m prakt.ugs <kfz> • long-distance sedan/saloon US/GB; highway cruiser US.coll; motorway cruiser BE.coll; long-haul car GB.press; touring sedan US
Reisewagen m <nfz> • coach; tour bus; tour coach; motorcoach US; long-distance coach stand
Reisezugwagen m <bahn> (für Reisende) • passenger car US; railroad passenger car US; coach GB; daycoach rare; railway passenger carriage GB.rare
Reisigbündel n <bau.mat> (z. B. zur Deichverstärkung) • fascine US; fagot GB
Reisiggradierwerk n • brushwood cooling stack

Reiskorn-Transponder m <msr> (z. B. unter der Haut) • rice-grain transponder
Reispapier n <pap> • rice paper
Reißbrett n <doku> (als Unterlage für Zeichnungen) • drawing board
Reißbrettstift m form <büro> • thumbtack US; drawing pin GB; tack US.coll
Reisschälmaschine f <agri> • rice sheller
Reißdehnung f <qualit.mat> (beim Zugversuch ermittelte Verlängerung der Messlänge; in %) • elongation at break; elongation after fracture; elongation at rupture; elongation at failure; ultimate elongation
reißen vi <tech.allg> (Metall, Kunststoff; z. B. Seil, Zuganker) • rupture vi
reißen vi <tech.allg> (unabsichtlich; Faden, Schnur, Draht, Seil) • snap vi; break vi
reißen vi <tech.allg> (Stoff, Papier) • tear vi
reißen vi <mat> (allg.) • crack vi; form cracks vi
reißen vi <metall> (Gusshaut) • check vi
reißen vi <qualit.mat> (Rissbildung; z. B. durch Überbeanspruchung auf Zug) • crack vi
reißen vi <textil> (Faden) • break vi
reißen vt <mil> (Waffe bei Schussabgabe) • snatch vt
Reißen des Holzes n <obfl.holz> • cracking of wood
Reißer m <druck> • web-break
Reißfeder f <doku.wz> (z. B. für techn. Zeichnungen) • drawing pen; ruling pen
reißfest <qualit.mat> (Textilien) • tearproof
reißfest <textil> (Faden) • resistant to tearing
Reißfestigkeit f <qualit.mat> (z. B. Faden, Gewebe) • breaking strength
Reißfestigkeit f <qualit.mat> • tensile strength at break
Reißfestigkeit f <qualit.mat> • rupture strength; tear resistance; tear strength; tearing resistance; tearing strength
Reißfestigkeit f <qualit.mat> • breaking strength; rupture strength; fracture strength; ultimate strength
Reißfestigkeit f ugs.rar <qualit.mat> (maximale Belastbarkeit, vor Einschnürung, vor Bruch) • ultimate tensile strength (UTS); tensile strength pract
Reißfestigkeit von Papier f <pap.qualit> • ability of a paper to resist cracking
Reißhakenhobel m <min> • Reisshaken plough
Reißkraft f <prod> • biting force
Reißkraft f <qualit.mat> • breaking force
Reißkraft f <textil> (Prüfen) • breaking power
Reißkrempel f <textil> • breaker card; first breaker
Reißlack m DIN 55 945 <obfl> • crackle varnish; cracking lacquer; crackle lacquer
Reißlack m <qualit.mat> (reißt bei Erreichen einer bestimmten Dehnung) • brittle varnish; brittle lacquer
Reißlackmethode f <qualit.mat> • brittle lacquer method
Reißlänge f <pap> • distance torn
Reißlänge f <textil> (Prüfen; auch für metallische Werkstoffe berechnet) • breaking length
Reißlast f <qualit.mat> • breaking load
Reißlast f rar <qualit.mat> (maximale Belastbarkeit, vor Einschnürung, vor Bruch) • ultimate tensile strength (UTS); tensile strength pract
Reißleine f <aerospace> (Fallschirm) • release cord; ripcord
Reißleine f <sport> (Fallschirm) • rip cord
Reißmaschine f <textil> (Filament; synthetische Fasern) • converter
Reißmodus m <pap> • tearing mode
Reißmodus in versetzten Ebenen m <pap> • out-of-plane tearing mode
Reißnadel f <wz> (zum Anritzen) • scriber; scribe rare; marker

Reißnagel *m ugs* <büro> • thumbtack *US*; drawing pin *GB*; tack *US.coll*

Reißnaht *f MB* <kfz> *(Airbag)* • inflation control seam; tear seam

Reißprüfmaschine *f* <qualit.mat> *(Prüfen)* • tensile strength tester; tension testing machine

Reißscheibe *f* • rupture disc

Reißschere *f* <prod> • tear device

Reißschiene *f historisch* <wz> *(zum Zeichnen)* • T square; tee square

Reißspan *m* <prod> • discontinuous chip; segmental chip; tear chip

Reißstab *m* <wz> *(Höhenreißer)* • scriber

Reißtrommel *f* <ents> • shredder

Reißvermögen *n* <pap> • tearing capacity

Reißverschluss *m* <bekl> • zipper

Reißverschluss *m DIN 3416* <füg> • slide fastener

Reißverschlussband *n* <förd> • zipper belt conveyor; zipper conveyor

Reißverschlussreaktion *f* <mat> • chain unzipping reaction

Reißverschlusstasche *f* <bekl> • zip pocket

Reißwalze *f* <textil> *(Ballenbrecher)* • toothed roller

Reißwerk *n* <verf> • macerator

Reißwirkung *f* <ents> • tearing action

Reißwolf *m* <ents> • opener

Reißwolf *m* <textil> • willowing machine; willow; shredder

Reißzähne *mpl* <wz> *(Bagger)* • digging teeth

Reißzwecke *f* <büro> • thumbtack *US*; drawing pin *GB*; tack *US.coll*

Reiter *m* <msr> *(Analysenwaage)* • rider; slide

Reiter *m* <prod.autom> • slider

Reiteretikett *n* <hilfsm> • header label

Reiterlibelle *f* <prod> *(Feinwerktechnik)* • striding level

Reiterlineal *n* <msr> *(Analysenwaage)* • rider bar; rider carrier

reiterloses Webgeschirr *n* <textil> • riderless weaving harness

Reiterwägestück *n* <msr> *(Analysenwaage)* • rider; slide

Reiterwalze *f* <druck> • rider roller

Reitsattel *m* <sport> • riding saddle

Reitstock *m* <wz.masch> *(Drehmaschine)* • tailstock

Reitstockkörper *m* <wz.masch> • tailstock body

Reitstockoberteil *n* <wz.masch> • tailstock barrel

Reitstockpinole *f* <wz.masch> *(Drehmaschine)* • tailstock quill; tailstock sleeve

Reitstockplanscheibe *f* <wz.masch> *(Drehmaschine)* • face-type tailstock

Reitstockspitze *f* <wz.masch> *(Drehmaschine)* • tailstock center; center

Reitstockunterteil *n* <wz.masch> • tailstock base

reizend <chem> • irritant

Reizmittel *n* <med.mat> *(führt zur Beeinträchtigung der Lungenfunktion oder der Sinnesorgane)* • irritant *ISO 13943*

Reizstärke *f* <psych> *(z. B. akustisch, haptisch, olfaktorisch)* • strength of stimulus

Reizstoff *m ISO 13943* <med.mat> *(führt zur Beeinträchtigung der Lungenfunktion oder der Sinnesorgane)* • irritant *ISO 13943*

Reject *n* <pap.ents> • reject

Rejectsorter *m* <pap.ents> • rejectsorter

Rejekt *n* <pap.ents> • reject

Rejektmenge *f* <ents> • reject rate

Rekaleszenz *f* <phys> • recalescence

Reklamation *f* <kfz> *(Reparaturfahrzeug)* • comeback

Reklame *f ugs.obs* <werb> • advertising

Reklametafel *f* <werb> *(freistehend)* • billboard *US*; hoarding *GB*

rekombinante Virusprotein *n* <bio> • recombinant virus protein

Rekombination *f* <phys> • recombination

Rekombination im Dreierstoß • non-radiative recombination

Rekombinationsenergie *f* <phys> • recombination energy

Rekombinationsgeschwindigkeit *f* <phys> • recombination rate

Rekombinationskoeffizient *m* <phys> • recombination coefficient

Rekombinationsleuchten *n* <phys> *(Zweierstoßrekombination)* • afterglow

Rekombinationsleuchten *n* <phys> • recombination luminescence

Rekombinationsrate *f* <phys> • recombination rate

Rekombinationsstelle *f* <phys> • recombination site

Rekombinationsstopfen *m rar* <energ.sol> • recombiner; catalytic cell cap

Rekombinationsstrahlung *f* <phys> • recombination radiation

Rekombinationstechnik *f* <med> • recombinant technique

Rekombinationswahrscheinlichkeit *f* <phys> • recombination probability

Rekombinationszentrum *n* <phys> • recombination center

Rekombinator *m* <energ.sol> • recombiner; catalytic cell cap

rekombinieren *v* <el> • recombine *v*

rekonfigurieren *v* <edv> • reconfigure *v*

Rekonnektion *f* <med.tech> • reconnection

rekonstruieren *vt* <tech.allg> • reconstruct *vt*

rekonstruieren *vt rar* <edv> *(verlorene oder beschädigte Daten, Dateien)* • recover *vt*; restore *vt*; reconstruct *vt rare*; salvage *vt rare*

Rekonstruktion *f* <tech.allg> • modernization

Rekonstruktion *f* <tech.allg> • reconstruction

Rekonstruktion *f* <tech.allg> • redevelopment

Rekonstruktion des Unfallhergangs *f* <tech.allg> • accident reconstruction

Rekord *m* <tech.allg> • record

Rekristallisation *f* <chem> • recrystallization

Rekristallisation *f* <chem> *(Speiseeis)* • re-crystallisation

Rekristallisationsglühen *n* <metall> • recrystallization annealing; subcritical annealing

Rekristallisationsschicht *f* <metall> • fused junction

Rekristallisationstemperatur *f* <metall> • recrystallization temperature

Rekristallisationstrübung *f* <obfl> *(von Email)* • opacification

Rekristallisationszwilling *m* <metall> • recrystallization twin

rekristallisieren *v* <mat> • recrystallize *v*

rekristallisierendes Glühen *n* <metall> • recrystallization anneal[ing]

Rekristallisierung *f* <chem> • recrystallization

Rektaldilator *m* <med.tech> • butt plug

Rektaszension *f* <astron> • right ascension

Rektaszensionsachse *f* <astron> • polar axis

Rektifikation *f* <phys> • rectification

Rektifikationsanlage *f* <ents> • rectifying apparatus; rectifier; rectifying column

Rektifizieranlage *f* <chem> • rectifying plant

Rektifizierapparat *m* <chem> • rectifying still

Rektifizierapparat *m* <ents> • rectifying apparatus; rectifier; rectifying column

Rektifizierboden *m* <chem> *(Kolonne)* • exchange plate

rektifizieren *v* <chem> • rectify *v*

Rektifizierkolonne f <chem> • rectification column
Rektifizierkolonne f <ents> • rectifying apparatus; rectifier; rectifying column
Rektifizierteil m <chem> • rectifying section
rekultivierte Deponie f <ents> • revegetated site
Rekultivierung f <agri> *(von belastetem, geschädigtem Boden)* • recultivation; restoration; reclamation; land reclamation; rehabilitation
Rekultivierung f <ents> *(Wiederbepflanzung)* • revegetation
Rekultivierungsschicht f <ents> • recultivation layer
Rekuperation f <ents> • reclamation; salvage
Rekuperation f <ents> • resource recovery
Rekuperation f <verf> • recuperation
Rekuperationsbremsung f <brems> *(z. B. Eisenbahn, Untergrundbahn)* • regenerative braking
Rekuperation von Bremsenergie f <fz> *(z. B. Eisenbahn, Untergrundbahn, Oberleitungsbus)* • regenerative braking
Rekuperativfeuerung f <verbr> • recuperative firing
Rekuperativofen m <verbr> • recuperative furnace
Rekuperator m <verf> • recuperator
Rekuperator. m rar <verf> *(betont: zur Nutzung von Abwärme)* • recuperator; regenerator; recuperating heat exchanger; recuperating HX
rekurrente Beziehung f <math> • recursion formula
rekurrente Formel f <math> • recurrence formula; recursion formula
Rekursionsformel f <math> • recurrence formula; recursion formula
Rekursionsfunktion f <math> • recursive function
rekursives Shading n <edv> • recursive shading
Relais n <el> • relay
Relaisabfallzeit f <el> • relay release time
Relaisanker m <el> • relay armature
Relaisankeranschlag m <el> • relay armature stop; relay armature stud; relay pusher
Relaisankerscharnier n <el> • relay hinge
Relaisanlasser m • relay starting switch
Relaisanrufsucher m <tele> • call-finder relay; line-finder relay
Relaisausgang m <edv> • relay output
Relais-Ausgang m <el> • relais output
Relaisbaustein m <kfz.el> • relay module
relaisbetätigt <el> • relay-operated; relay-actuated
Relaisbetätigung f <el> • relay operation; relay actuation
Relaisgruppe f <el> • relay group
Relaiskern m <el> • relay core
Relaiskette f <av> • relay chain
Relaiskleben n • relay freezing
Relaiskontaktabstand m <el> • relay air gap
Relaismagnet m <el> • relay magnet
Relais mit Ansprechverzögerung <el> • slow-acting relay; timing relay
Relais mit Schnellauslösung <el> • high-speed relay; instantaneous relay
Relais mit thermischer Verzögerung <el> • thermal delay relay
Relais mit verzögerter Auslösung <el> • slow-release relay
Relaismodul n <kfz.el> • relay module
Relaisregler m <el> • relay control system
Relaisregler m <el> • relay controller; relay-operated controller
Relaisrückzugfeder f <el> • relay restoring spring; relay retracting spring
Relaisschaltung f <el> • relay circuit
Relaisschaltzeit f <el> • relay transfer time
Relaisschirm m <el> • relay screen

Relaisschrank m <el> • relay cabinet
Relaisschutz m <el> • relay protection
Relaissender m <av> • relay broadcast station
Relaissender m <av> • relay transmitter
Relaissprache f <transl> *(beim Dolmetschen)* • relay language
Relaisspule f <el> • relay coil
Relaisstation f <av> • relay station
Relaisstation f <tele> • repeater station
Relaisstation f <tele> • relay transmitter; intermediate transmitter; repeating station; retransmitter
Relaisstelle f <tele> • repeater
Relaissteuerung f <autom> • relay controller
Relaisstufe f <el> • relay stage
Relaisventil n <hydr> • relay valve
Relaisventil n <nfz.brems> • relay valve
Relaisventil mit Überlastschutz n <nfz.brems> • differential protection valve
Relaisverstärker m <el> • relay amplifier
Relaisvorwähler m • relay preselector
Relaiswählanlage f <tele> • all-relay system
Relaiswähler m <tele> • relay selector
Relaiswählvermittlungsstelle f <tele> • relay exchange
Relaiszähler m <msr> • relay counter
relationale Datenbank f <edv> • relational data base
Relativbeschleunigung f <mech> • relative acceleration
Relativbewegung f <mech> *(von zwei Gegenständen)* • relative motion; relative movement
Relativdarstellung f <mech> • relative motion presentation
relative Adresse f <edv> • relative address
relative Atommasse f <chem> • relative atomic mass; chemical atomic weight; atomic weight
relative Bindungskraft f <ents> • relative binding strength
relative biologische Wirksamkeit f <ents> • relative biological efficiency (RBE); relative biological effectiveness
relative Breite f <nav> • relative beam
relative Dämpfung f <phys> • damping ratio
relative Dichte f <mech> • relative density
relative Dichte f <phys> • specific gravity
relative Einschaltdauer f <tech.allg> *(z. B. E-Geräte, Pumpen, Verdichter)* • duty factor
relative Empfindlichkeit f <el> • relative response
relative Farbstärke f ISO 787 <qualit.mat> • relative tinting strength ISO 787; equivalent coloring value
relative Farbstärke von Farbstoffen f ISO 105 Z10 <textil.obfl> • relative color strength ISO 105 Z10
relative Feldschwächung f <el> • field weakening ratio
relative Feuchte f <hlk> • relative humidity
relative Feuchte f <med.tech> • relative humidity (RH)
relative Feuchte f <phys> • percentage humidity
relative Feuchtigkeit f <med.tech> • relative humidity (RH)
relative Häufigkeit f <math> *(allg.)* • relative frequency
relative Häufigkeit f <phys> *(bei reichlichem Vorkommen)* • relative abundance
relative Höhe f <geo> *(Vermessung)* • elevation
relative Impedanz f <el> • normalized impedance; normalised impedance GB
relative Koordinate f <edv> • relative coordinate
relative Koordinaten fpl <edv> • relative coordinates pl
relative Luftfeuchte f <meteo> • relative humidity (RH)
relative Luftfeuchtigkeit f <meteo> • relative humidity (RH)
relative Molekülmasse f <chem> • molecular weight
Relativempfindlichkeit f <el> • relative response
relative Navigation f <navig> • relative navigation

relative Öffnung f <opt> • aperture ratio
relative Öffnung f <phot> • relative aperture
relative Öffnung f <phys> • relative aperture
relative Peilung f <navig> • relative bearing
relative Permeabilität f <phys> • relative permeability
relative Positionierung f <navig> • relative positioning
relative Positionierungsdaten npl <navig> • relative positioning data
relative Programmierung f <edv> • relative programming
relativer Abbrand m <nukl> (prozentual) • fractional burn-up; burn-up fraction
relative Reißfestigkeit f <textil> • tenacity
relativer Fehler m <qualit> • relative error
relativer Leitwert m • normalized admittance
relativer Pegel m <el> • relative level
relativer Schadraum m (Hubkolbenmaschine) • clearance
relativer Übertragungsfaktor m <el> • relative response
relativer Weissgrad m ISO 105 J02 <textil> • relative whiteness ISO 105 J02
relativer Wind m <nav> • apparent wind
relativer Zeitfehler m <el> (z. B. von Speichermedien) • phase jitter; time base error; jitter
relative Schwingungsmessung f <msr> • relative vibration measurement
relatives Kippmoment n <el> • breakdown factor
relatives Lagerspiel n DIN ISO 4378-4 <masch> (dimensionslos) • relatice radial clearance ISO 4378-4
relatives Lagerspiel n DIN ISO 4378-1 <masch> (Gleitlager) • relative clearance of a bearing ISO 4378-1
relative spektrale Energieverteilung f <phys> • relative spectral energy distribution
relatives Porenvolumen n <bau.mat> • porosity
relatives Porenvolumen n <geo> • void ratio
relative zirkulierende Energie f <nukl> • relative circulating energy
Relativgeschwindigkeit f <av> • tape-to-head speed; tape-to-head velocity; head-to-tape speed
Relativgeschwindigkeit f <mech> • relative speed; relative velocity
Relativgeschwindigkeit f <prod> (z. B. zw. Werkzeug und Werkstück) • relative velocity
relativistisch <phys> • relativistic
relativistische Mechanik f <phys> • relativistic mechanics
relativistische Quantentheorie des Lichts <phys> • relativistic quantum theory
Relativität f <phys> • relativity
Relativitätsmechanik f <phys> • relativistic mechanics
Relativitätsprinzip n <phys> • principle of relativity; relativity principle
Relativitätstheorie f <phys> • relativity theory
Relativlage f <mech> • relative position
Relativmessung f <msr> • relative measurement
Relativpolbahnen fpl <mech> • relative centrodes
relativ selten <pap> • limited in frequency
Relaunch m <werb> • relaunch
relaunchen vt <werb> • relaunch vt
Relaxation f <kfz> (Federelemente) • relaxation
Relaxation f <kst> • relaxation
Relaxationseffekt m <phys> • relaxation effect; asymmetry effect
Relaxationserwärmung f • relaxation heating
relaxationsfrei <phys> • relaxation-free
Relaxationsoszillator m <el> • relaxation oscillator
Relaxationsschwingung f <el> • relaxation oscillation
Relaxationsspektrum n • relaxation spectrum
Relaxationsversuch m <qualit.mat> • relaxation test; stress-relaxation test

Relaxationszeit f <phys> • relaxation time
Releasephase f <av> (eines Klangs) • release time (RT)
Release-Velocity f <edv.av> • release velocity
RE-Leiter m <el> • solid circular conductor; circular solid conductor
Reliefdruck m <druck> • die stamping; embossing; goffering
Reliefdruckmaschine f <druck> • relief printing machine
Reliefeffekt m <textil> • blister effect
Relieffaden m <textil> • blister thread
Reliefkarte f <druck> • relief map
Relief-Map f/n rar <edv> • bump map
Relief-Mapping n <edv> • bump mapping
Reliefmuster n <textil> • blister structure; blister; relief fabric
Reliefprägung f <prod> • relief embossing
Reliefschreiber m <tele> • embosser
Reliefwirkung f <druck> • relief effect
Reliefzurichtung f <druck> • relief make-ready
Reling f <nav> (horizontale Stäbe; Stützen in großem Abstand) • railing
Relining-Verfahren n <ents.hydr> • lining method; insertion of liners
Reluktanz f <phys> (Magnetismus) • magnetic reluctance; reluctance
Reluktanzgenerator m <el> • reluctance generator
Reluktanzmotor m <el> • reluctance motor
rem <phys> • roentgen equivalent man (rem)
remanent <phys> • remanent
remanent <phys> (Magnetismus) • residual
remanente Induktion f <phys> • residual induction; residual flux density
remanente Kraftlinienzahl f <phys> • remanent flux density
remanente magnetische Flussdichte f DIN IEC 50 <av> • remanent magnetic flux density DIN IEC 50; magnetic polarization US.GB; magnetic polarisation GB
remanente Magnetisierung f <phys> • remanence; retentivity; retention; remanent magnetization; residual magnetization
remanenter Magnetismus m <phys> • remanence; retentivity; retention; remanent magnetization; residual magnetization
remanentes Feld n <phys> • retentive field
remanentes Magnetfeld n <phys> • remanent magnetic field
Remanenz f <phys> • remanence; retentivity; retention; remanent magnetization; residual magnetization
Remanenz f <phys> • residual flux density
Remanenzfeld n <phys> • residual field; retentive field
Remanenzkennlinie f <av> • remanence characteristics
Remanenzmagnetfeld n <phys> • residual magnetic field
Remanenzverlust m <el> • magnetic residual loss
Remanzkurve f <av> • remanence characteristics
Rem-Counter m <nukl> • rem counter
Rem-Einheit f <phys> (biologisches Röntgenäquivalent) • roentgen equivalent man; rem
Remission f <licht> • diffuse reflection norm; bounce light coll; diffuse reflectance rare; reflectance rare
Remissionsspektroskopie f <opt> • reflectance spectroscopy
Remissionsspektrum n <opt> • reflectance spectrum
Remissionsvermögen n <obfl> • coefficient of diffuse reflection; whiteness
Remittenden fpl <pap.ents> • unsold news pl; overissue news pl
Remnant m <med> • remnant lipoprotein; remnant
Remote-Keyboard n <edv.av> • remote keyboard; strap-on remote controller; strap-on master keyboard

Remote Terminal *n* <edv> • remote terminal

Renaturierung *f* <ökol> • restoration

Renderer *m prakt* <edv> • renderer *pract*; rendering program *rare*; rendering module *rare*

Rendering *n prakt.* <edv> • rendering; shading; image calculation *did.rare*

Rendering mit Fernsehübertragungsqualität *n* <edv> • broadcast-quality rendering

Rendering-Programm *n prakt* <edv> • renderer *pract*; rendering program *rare*; rendering module *rare*

RenderMan *m* <edv> • RenderMan

rendern *vt prakt.* <edv> • render *vt*; smoothen *vt*; shade *vt*

Render-Programm *n* <edv> • renderer *pract*; rendering program *rare*; rendering module *rare*

Rendezvous *n* <aerospace> • rendezvous

Rendezvous-Radar *n* <navig> • rendezvous radar

Renkfassung *f* <el> • bayonet holder

Rennauto *n* <kfz> • racing car

Rennboot *n* <nav> • speedboat

Rennen *n* <sport> • race

Renner *m* <logist> *(Artikel mit hohem Lagerumschlag)* • fast mover; high usage value item; fast-moving product; high traffic item

Rennfeuer *n* <metall> *(zur Eisengewinnung)* • bloomery hearth; bloomery fire

Rennglocke *f* <fz> • chime bell

Rennhaken *m* <fz> *(Fahrradpedal)* • toe clip *ISO 8090*; toeclip

Rennhaltung *f* <bekl> • racing position

Renn-Haubenhalter *m* <kfz> *(mit Schieberung)* • hood pin; Nascar Type race car style hood pin *ad*

Rennkombi *f* <bekl> • race suit; racing suit; racing leathers

Rennlenker *m DIN ISO 8090* <fz> • drop handlebar *ISO 8090*

Rennpedal *n DIN ISO 8090* <fz> • quill pedal *ISO 8090*

Rennrad *n* <fz> • racing bicycle

Rennriemen *m* <fz> *(Fahrradpedal)* • toe strap *ISO 8090*

Rennrodel *m form* <sport> • luge *form*; sled *pract*

Rennsattel *m DIN ISO 8090* <fz> • racing saddle *ISO 8090*

Rennstrecke *f* <sport> *(z. B. für Autorennen)* • race circuit; circuit; race track *coll*

Rennverfahren *n* <metall> • Renn process; Catalan process

Renormalisierung *f* <phys> • renormalization

Renormierung *f* <phys> • renormalization

renovieren *vt* <bau> *(z. B. Fassade)* • renovate *vt*

Renovierung *f* <ents.hydr> • sewer renovation

Renovierung *f* <obfl.holz> • renovation

Renovierungs-Fenster *n* <bau.rep> • replacement window

Rentabilitätsgrenze *f* <ökon> • break-even point

Rental Playback *n* (RPB) <av> • rental playback (RPB)

Reorganisation *f* <edv> *(von Daten, Datenbankindizes)* • reorganization

Reorganisation *f* <edv> *(Festplatte)* • optimization *US.GB*; optimisation *GB*

reorganisieren *vt* <edv> *(Festplatte)* • optimize *vt US.GB*; optimise *vt GB*

reorganisieren *vt* <edv> *(Festplatte; umfasst meist das Defragmentieren)* • optimize *vt US.GB*; optimise *vt GB*

Reoxidation *f* <chem> • reoxidation

Reparatur *f* <ents.hydr> • reparation

Reparatur *f ugs* <rep> • repair; corrective maintenance *rare*

Reparaturanfälligkeit *f* <kfz> • low reliability

Reparaturarbeiten *fpl ugs* <rep> • repair efforts; repair measures; repair work *coll*

Reparaturblech *n* <kfz.rep> • replacement panel; service panel *US*

Reparaturbonden *n* <el.ic.prod> • rebonding; repair bonding

Reparaturen und Instandhaltungen *fpl* <fin> *(Kostenfaktor)* • maintenance and repairs; repairs and maintenance

Reparaturfolie *f* <kst> *(für Löcher und Risse in PE- und PP-Folien)* • poly patch

Reparaturgestell *n* <rep> • repair cradle

Reparaturgleis *n* <bahn> • maintenance siding; repair siding

Reparaturhandbuch *n ugs* <doku.rep> • service manual; repair manual

Reparaturlack *m* <obfl> • refinishing paint; refinish paint

Reparaturlackierung *f* <kfz.rep> *(allg., Arbeitsvorgang)* • paint refinishing

Reparaturlackierung *f* <obfl> *(Lackergebnis)* • respray; refinishing job; refinish job

Reparaturmaßnahmen *fpl* <rep> • repair efforts; repair measures; repair work *coll*

Reparatur mit Blechflicken *f* <kfz.rep> • patching

Reparaturpackung *f* <rep> • repair set; repair kit; service package

Reparatursatz *m* <rep> • repair set; repair kit; service package

Reparaturschweißen *n* <füg> • repair welding; corrective welding

Reparatursystem *n* <obfl> *(Lackreparatur)* • refinish system

Reparaturverfahren *n* <ents.hydr> • repair; repair work; localised repair; point source repair

Reparaturwerkzeugkasten *m* <rep> • repair kit

reparieren *vt* <metall> *(Herd von Herdofen, SM-Ofen)* • fettle *vt*

reparieren *vt* <rep> *(Schaden)* • repair *vt*

reparieren *vt ugs* <rep> • repair *vt*; recondition *vt rare*

Repeater *m* <edv> *(in Netzwerken)* • repeater; regenerative repeater

Repeater *m* <lwl> • regenerator; repeater

Repeaterausgang *m* <edv> • repeater output

Repeatereingang *m* <edv> • repeater input

Repeatergestell *n* <edv> • repeater rack

Repeaterkamera *f* <phot> • step-and-repeat camera; photorepeater; repeater

Repeat-Funktion *f* <av> • continuous playback; loop playback; endless playback; endless play; repeat function

Repeat-Funktion *f* <kfz.av> *(z. B. Verkehrsdurchsagen)* • repeat function

Rep-Einheit *f* <phys> *(physikalisches Röntgenäquivalent)* • roentgen equivalent physical (rep)

Repellent *n* <textil> • repellent

Repertorisation *f* <med> • repertorization; repertorisation

repertorisieren *vt* <med> • repertorise *vt*; repertorize *vt*

Repertorium *n* <med> • repertory

Repetenz *f* <phys> *(Kehrwert der Wellenlänge)* • wave number

repetierender Analogrechner *m* <edv> • repetitive analogue computer

Repetiergewehr *n* <mil> *(meist Büchse)* • repeater

Repetierkamera *f* <phot> • step-and-repeat camera; photorepeater; repeater

Repetierkopiermaschine *f* <druck> • step-and-repeat machine

Repetierpositionierung *f* <prod> • repeat positioning system; repeat positioning

Repetiersteuerung *f* <prod> • record playback control; playback control

Repetiervorschub *m* <druck> • repeat advance

Repetitionsschichtung f <geo> • rhythmic bedding; rhythmic stratification

Repetitionstheodolit m <msr> • repetition theodolite

Replica-Ausführung f <bekl> • replica edition; replica graphics

Replik f <kunst> (Imitat eines Originals) • replica

Replikat n <tech.allg> (z. B. Kunstobjekt, Speichermedium) • replicate

Replikation f <kunst> • replication

Replikationszyklus m <med> • replicative cycle

Repositionieren n <kunst> (Fotoretusche) • reposition

Repräsentant m <math> • representative

repräsentativ <math> (realistisch; z. B. Stichprobe, Umfrage) • representative

repräsentative Leuchte f <licht> • decorative luminaire

repräsentative Probe f <qualit> • average sample

repräsentatives Gebäude n <bau> • prestige-type building

repräsentieren vt <allg> (stehen für etw.) • represent vt

Reproduktion f <tech.allg> • reproduction

Reproduktion f <druck> (z. B. eines Buchs, Bilds) • reproduction; facsimile

Reproduktionsfaktor m <nukl> • multiplication constant

Reproduktionsgenauigkeit f <qualit> (Messen, Fertigen) • repetitive accuracy

Reproduktionsgerät n <phot> • copying stand

Reproduktionsmaßstab m <druck> • reproduction ratio

Reproduktionstechnik f DIN 16544 <druck> (z. B. für den Zeitungshochdruck) • reproduction technology

reproduzierbar <chem> • reproducible

reproduzierbare Genauigkeit f <qualit> • repetitive accuracy

reproduzierbarer Wert m <msr> • reproducable value

Reproduzierbarkeit f <tech.allg> (allg.; von Resultaten, Prozessen; z. B. Produktionsprozessablauf) • reproducibility US; repeatability GB

Reproduzierbarkeit f <msr> (von Messungen) • reproducibility; measurement reproducibility rare

Reproduzierbarkeit f <phot> (von Vorlagen, Fotos) • reproducibility

reproduzieren vt <druck> • reproduce vt

reproduzieren vt <prod> (z. B. an anderer Stelle) • reproduce vt

Reprofaktor m <büro> (Kopie) • repro setting

Reprogerät n <phot> • reprocopy outfit Nikon

Reprographie f <phot> • photomechanical reproduction

Repro-Halbtonfilm m <druck> • half-tone process film

Reprokamera f <druck> • process camera

Reprokamera f <druck> • copy camera

Reprokameraobjektiv n <phot> • reproduction camera lens

Reproobjektiv n <druck> • process lens

Reproobjektiv n <phot> • copying lens; reproduction objective

Reprotechnik f <druck> • reproduction technique; process technique; repro-engineering

Reprovorlage f <druck> (von Bildmaterial) • artwork sg

Repulsion f <phys> • repulsion

Repulsionskraft f <phys> • repelling force

Repulsionsmesswerk n <el> • repulsion-type meter movement

Repulsionsmotor m <el> • repulsion motor

Repulsionsmotor mit Käfiganker m <el> • repulsion induction motor

RES <füg> • electroslag welding

Resampling n <edv.av> • resampling

Research-Methode f (Octanzahlbestimmung) • research method

Research-Oktanzahl f (ROZ) <kfz.mot> • research octane number (RON); research octane rating

Reseaukammer f <phot> • reseau camera

Reservagedruck m <textil> • resisting printing; resist printing; reserve print

Reservat n <ökol> • highly protected reserve

Reserve f <tech.allg> • reserve

Reserve f <logist> • reserve stock; buffer stock; reserve

Reserve f <textil> • resisting agent

Reserveaggregat n <tech.allg> • stand-by unit

Reservebatterie f <el> • reserve battery; spare battery

Reservebatterie f <el> (Notstromanlage) • stand-by battery

Reservebestand m <logist> • reserve stock; buffer stock; reserve

Reservedruck m <ic> • resist printing

Reservedruck m <textil> • resist printing; reserve printing

Reserveelement n <edv> • redundant element

Reserveelement n <math> (Zuverlässigkeitstheorie) • duplicate

Reservegenerator m <el> • stand-by generator

Reservegerät n <tech.allg> • stand-by device; stand-by

Reservekanal m <av> • reserve channel; spare channel

Reservekraftwerk n <el> • stand-by power plant

Reservelager n <logist> • reserve storage

Reserveleistung f <el> • stand-by power

Reserveleitung f <el> • reserve circuit

Reserve-Notrad n rar.did <kfz> (betont: eingeschränkte Verwendbarkeit) • spare wheel for temporary use; spare wheel; temporal spare wheel Ford

Reservepapierhalter m <innen> • spare paper holder

Reservepumpe f <masch> (z. B. Kesselspeisepumpe) • standby pump; stand-by pump

Reserverad n <kfz> (identisch mit den an einem Kfz verwendeten Rädern) • spare wheel; full-size spare wheel US; conventional spare wheel; spare coll

Reserveradabdeckung mit Bildmotiv f <kfz> (für außen montierte Reserveräder) • scenic tire cover

Reserveradfach n <kfz> • spare wheel locker

Reserveradhalter m <kfz> (Lieferwagen) • spare tire carrier

Reserveradmulde f <kfz> • spare wheel well; spare wheel tray; spare wheel trough; spare tire well

Reserveradwanne f <kfz> • spare wheel well; spare wheel tray; spare wheel trough; spare tire well

Reserveraum m Boge <kfz> (Zweirohr-Teleskopstoßdämpfer) • reservoir; outer chamber

Reserverechner m <edv> • stand-by computer

Reservesatellit m <navig> • spare satellite; spare; spare SV

Reserveschutz m <el> (Relais) • back-up protection; reserve protection

Reservespeicher m <edv> • stand-by memory; stand-by store

Reservesystem n <energ.sol> • backup system

Reserveteil n <tech.allg> • spare part

Reserveverstärker m <tele> • spare repeater

Reservevolumen n <logist> • reserve stock; buffer stock; reserve

Reserve-Warnleuchte f <kfz.msr> • low fuel indicator; low fuel level indicator light Ford

Reservezone f <logist> (Regal) • stock replenishment storage US

reservieren v <textil> • resist v

reservieren vt <allg> (z. B. Hotelzimmer, Sitzplatz) • reserve vt

reservieren vt <tech.allg> (z. B. Frequenzen, Speicherplatz, Ort) • allocate vt; assign vt

reservierter Datenträger m <edv> • reserved volume

Reservoir n <tech.allg> • reservoir

Reset m <edv.av> • reset

Reset-Taste f <av> *(für Zählwerk)* • reset button; counter reset button
Resettaste f <edv> • reset button; reset key
resident <edv> *(Schriftart, Strichcodezeichensatz)* • resident; internal
resident <edv> *(im RAM)* • resident
residenter Kompilierer m <edv> • resident compiler
residenter Makroassembler m <edv> • resident macro-assembler
Residualton m <silik> • residual clay
Residualwirkung f <phys> • residual action
Residuensatz m <math> *(algebraische Geometrie)* • residue theorem
Residuum n <math> • residuum
Residuum n <ökol> *(Meeresverschmutzung)* • residue
Resist m <el.ic> • photoresist; resist
Resistablösung f <obfl> • resist stripping
Resistance f (R) <med.tech> *(Strömungswiderstand in den Atemwegen; Einheit: mbar/l/s)* • resistance (R)
Resistanz f <el> *(als elektr. Größe)* • active resistance; ohmic resistance
Resistanzrelais n <el> • resistance relay
resistbeschichtet <obfl> • resist-coated
resistent werden vi <hygi> *(Erreger; z. B. Bakterien)* • develop resistance vi
Resistenzzüchtung f <holz> • resistance breeding
Resisthaftung f <el> *(z. B. Halbleiter)* • resist adhesion
Resistlack m <obfl> • photoresist
Resisttechnik f <ic> • resist technology
Resit n <kst> • C-stage resin; resite
Resitol n <kst> • resitol
Resitol n <kst> • B-stage resin; resitol
Resnatronröhre f <phys.msr> *(leistungsfähige Hohlraum-resonatortetrode)* • resnatron
Resol n <kst> • one-stage resin
Resol n <kst> • A-stage resin; resol
Resolver m <el> • resolver; synchro resolver
Resonance-cone Bahn f <nukl> • resonance-cone orbit
Resonance-cone Winkel m <nukl> • resonance-cone angle
Resonant Magnetic Pumping n <nukl> • Resonant Magnetic Pumping
Resonanz f <tech.allg> *(allg.)* • resonance
Resonanz f (Q) <edv.av> • resonance (Q); emphasis; peak
Resonanz f <edv.av> • resonance; peak level
Resonanzabsorber m <phys> • resonance absorber
Resonanzabsorption f <phys> • resonance absorption
Resonanzabstimmung f <el> • resonance tuning
Resonanzamplitude f <phys> • resonance amplitude
Resonanzanhebung f <el> • peaking
Resonanzanstieg m <phys> • resonant rise
Resonanzbeschleuniger m <phys> • resonance accelerator
Resonanzbeschleunigung f <phys> • resonance acceleration
Resonanzboden m <akust> • sound board; sounding board
Resonanzbreite f <nukl> • resonance width
Resonanzbrücke f <el> • resonance bridge
Resonanzdauerschwingprüfung f <qualit.mat> • resonant fatigue testing
Resonanzdetektor m <nukl> • resonance detector
Resonanzdrossel f <el> • resonant choke
Resonanzdrosselspule f <el> • resonance choke
Resonanzeinfang m <nukl> • resonance capture
Resonanzenergie f <phys> • resonance energy; mesomeric energy
Resonanzentkommwahrscheinlichkeit f <nukl> • resonance escape probability

Resonanzfluoreszenz f <phys> • resonance fluorescence
resonanzfrei <tech.allg> • resonance-free
Resonanzfrequenz f <phys> • resonant frequency; resonance frequency; critical frequency
Resonanzfrequenzmesser m <msr> • resonance frequency meter
Resonanzgattertransistor m <el> • resonant-gate transistor
Resonanzgrundfrequenz f <phys> • first resonating frequency
Resonanzgüte f <el> *(Betrag der Blindleistung in Relation zur Wirkleistung)* • quality factor DIN IEC 50; Q-factor
Resonanzheizung f <nukl> • waveheating; resonant heating
Resonanzhohlraum m <el> • resonant cavity
Resonanzinduktion f <mot> • resonance induction
Resonanzintegral n <chem.msr> • resonance integral
Resonanzkammer f <el> • resonant cavity
Resonanzkammer f <kfz.mot> *(Ein-/Auslasssteuerung bei Zweitaktmotorrädern)* • resonance chamber; power reservoir Yamaha
Resonanzkreis m <phys> • resonance circuit; resonant circuit
Resonanzkreisfrequenz f <phys> • resonant angular frequency; angular resonance frequency
Resonanzkurve f <av> • resonance curve
Resonanzleitung f <el> • resonant line; line resonator
Resonanzleitwert m <el> • resonance conductance
Resonanzlinie f <phys> • resonance line
Resonanzmaschine f <qualit.mat> *(Dauerschwingprüfung)* • resonant machine
Resonanzmethode f <el> *(Kapazitätsmessung)* • resonance measuring method; resonance method
Resonanzmethode f <qualit.mat> *(Ultraschallprüfung)* • resonance method
Resonanznebenschluss m <phys> • resonant shunt
Resonanzneutron n <nukl> • resonance neutron
Resonanzniveau n <nukl> • resonance level
Resonanz-Raman-Effekt m <nukl> • resonance Raman effect
Resonanzrelais n <el> • resonance relay; frequency relay; tuned-reed relay
Resonanzringschalter m <phys> *(Wellenleitertechnik)* • ring switch
Resonanzsauganlage f <kfz.mot> • resonance induction system
Resonanzschärfe f <phys> • sharpness of resonance
Resonanzschaltung f <phys> • resonance circuit; resonant circuit
Resonanzschwingkreis m <phys> • resonance circuit; resonant circuit
Resonanzschwingsieb n DIN ISO 9045 <verf> • resonance screen ISO 9045
Resonanzschwingung f <tech.allg> • resonance
Resonanzschwingung f <phys> *(Erregerfrequenz und Eigenfrequenz gleich)* • covibration
Resonanzschwingung f <phys> • resonant vibration; resonance vibration
Resonanzschwingungstyp m <phys> • resonance mode
Resonanzserie f <nukl> • resonance series
Resonanzspaltung f <nukl> • resonance fission
Resonanzspektrum n <phys> • resonance spectrum
Resonanzsteuerung f <kfz.mot> *(z. B. im Luftsammelkasten vor den Saugrohren)* • variable induction tube control
Resonanzstrahlung f <phys> • resonance radiation
Resonanzstreuung f <phys> • resonance scattering

Resonanzteilchen n <nukl> • resonant particle
Resonanztransformator m <el> • resonant transformer
Resonanz-Tunneldiode f (RTD) <el> • resonance tunnel diode (RTD)
Resonanztypfilter n <phys> • resonant mode filter
Resonanzüberhöhung f <phys> • resonant rise
Resonanzüberhöhung der Amplitude f <phys> • resonance ratio
Resonanzüberspannung f <av> • overvoltage due to resonance
Resonanzverstärker m <el> • resonance amplifier; tuned amplifier
Resonanzverstärkerkreis m <el> • resonant step-up circuit
Resonanzverstärkung f <phys> • resonance amplification
Resonanzwellenmesser m <msr> • absorption wavemeter; absorption-type frequency meter
Resonanzwellentypfilter n <phys> • resonant mode filter
Resonanzwiderstand m <el> • dynamic impedance
Resonator m <tech.allg> (allg.) • resonator
Resonator m <el> • resonant cavity
Resonator m <kfz.emiss> (Zweitakter-Auspuffanlage) • exhaust chamber
Resonator m <kfz.mot> (im Ansaugluftsystem) • resonator
Resonatorspiegel m <licht> (Laser) • resonator mirror
RESONOX-Verfahren n <verf> • RESONOX-process
Resopal n ® <kst> (UF- oder MF-Kunststoff; z. B. für Küchenarbeitsplatten) • Formica ®
resorbieren vt <tech.allg> • reabsorb vt
resorbieren vt <phys> • resorb vt
Resorcinharz n <kst> • resorcin resin; resorcinol resin
Resorption f <chem.verf> • resorption
Resource Interchange File Format n (RIFF) <edv.av> • resource interchange file format (RIFF); RIFF format
Resozialisation f <jur> • resocialization
Respirationsindex m wiss <agri> • respiration index
Respirator m wiss <med.tech> • lung ventilator ISO 4135; mechanical ventilator; ventilator pract
Respiratorentwöhnung f <med.tech> (vom Beatmungsgerät) • weaning
respiratorisch <med> • respiratory
Respirometer n DIN EN 29408 <med.bio> • respirometer ISO 9408
Responsekarte f <werb> • response card; reply card; return card
Rest m <tech.allg> • remainder; rest coll; residual part form; balance rare
Rest m <chem> (in Analysen) • balance
Rest m <chem> (eines Moleküls) • group
Rest m <math> (beim Bruchrechnen) • remainder
Rest m <math> (z. B. komplexe Funktionen) • residue
Rest m <med> • residue
Rest m <med> • remnant lipoprotein; remnant
Rest m ugs <verf> (z. B. nach Filter-, Verbrennungsvorgang) • residue; rest coll; remnant rare; residual matter form
Restabfälle mpl <ents> (betont: wertlos) • residual waste; garbage; refuse; rubbish coll; trash coll
Restabgase npl <mot> • residual exhaust gases pl
Restabgasnest n <kfz.mot> • exhaust gas pocket
Restablenkung f <av> • remanent deviation
Restachsschub m <masch> (Strömungsmaschine) • residual thrust; residual axial thrust
Restaffinität f <tech.allg> • residual affinity
Restaktivität f <phys> • residual activity
Restanreicherungsgrad m <nukl> (in Prozent) • tails assay
Restauration f <obfl.holz> • conservation

Restaurierung f <obfl.holz> • conservation
Restaurierung f <rep> (umfassend) • restoration; rebuild
Restaurierungsfachbetrieb m <tech.allg> • professional rebuilder
Restaurierungsfachmann m <tech.allg> • professional rebuilder
Restaurierungsobjekt n <tech.allg> • restoration project
Restaurierung von Fotos f <kunst> • print restoration
Restausbrand m <ents> • complete burnout
Restaustenit m <metall> • residual austenite
Restaxialschub m <masch> (Strömungsmaschine) • residual thrust; residual axial thrust
Restband n <av> • remaining tape
Restbandanzeige f <av> • tape remaining display; tape remaining indicator; time elapsed/remaining indicator; remaining time counter; Time Limit Call
Restbatterieanzeige f <el> (z. B. in Camcordern) • battery remaining indicator; remaining battery power indicator
Restbelastung f <ents> • residual contamination; residue
Restbetrag m <fin> • differential amount; balance; residual balance
Restbit n <edv> • remainder bit
Restblech n <rep> • sheet metal remains pl
Restdämpfung f <el> • overall attenuation
Restdämpfung f <phys> • net attenuation
Restdämpfung f <phys> • residual damping
Restdämpfung f <tele> • overall transmission loss; overall loss
Restdruck m <therm> • residual pressure
Restenergie f <ents> • residual energy
Restfehler m <phys> • residual aberration
Restfehler m <qualit> • residual error; remaining error
Restfehlerrate f <edv> • residual error rate
Restfeuchte f <hlk> • residual moisture
Restflussdichte f <phys> • residual flux density
Restgas n <verf> • residual gas
Restgasbindung f DIN EN 1330-8 <phys.el> (Vakuumtechnik) • gettering
Restgliedformel f <math> (Lagrange) • remainder formula
Resthärte f <tech.allg> (Wasser) • permanent hardness; non-carbonate hardness
Resthub m <kfz.mot> • residual stroke
Resthub m norm <kst> • remaining stroke
Restinduktivität f <el> • residual inductance
Restitutionskoeffizient m <mech> (Stoß) • restitution coefficient
Restitutionszyklus m <el> • recovery cycle
Restkern m <nukl> • nucleus fragment; residual nucleus
Restklasse f <math> • residue class; equivalence class; coset
Restklassenprobe f <qualit> • casting out
Restklassenzahlensystem n <math> • residue number system
Restkohle f <min> • residual coal
Restkoks-NOx n <emiss> • char-NOx
Restkontamination f <ents> • residual contamination; residue
Restkonzentration f <nukl> (in Prozent) • tails assay
Restladung f <el> • remanent charge; residual charge
restlicher Axialschub m <masch> (Strömungsmaschine) • residual thrust; residual axial thrust
Restlinien fpl <phys> (Spektralanalyse) • persistent lines; ultimate lines
Restluft f <emiss> • burn-up air; burn-out air
Restluft f <kfz.mot> • residual air
Restmagnetisierung f <phys> • remanence; retentivity; retention; remanent magnetization; residual magnetization

Restmassepolster *n* <kst> *(Massepolster bei Ende Nachdruckzeit)* • remaining cushion; cushion *pract*; melt reserve

Restmoment nach dem Falten *n* <pap> • residual moment after folding

Restmüll *m* <ents> *(betont: wertlos)* • residual waste; garbage; refuse; rubbish *coll*; trash *coll*

Restmüll *m* <ents> • residue

Restmülltonne *f* <ents> • residual-waste bin

Restnutzung *f* <verf> • residual use

Restnutzungsdauer *f* <tech.allg> • remaining useful life; remaining life expectancy

Restöl *n* <chem.petr> • oil residue; residual oil; residual stock

Restöl *n* <ents> • residual oil

Restpartikel *m* <druck> *(Ablation-Technologie)* • remaining debris; debris

Restpartikelabsaugsystem *n* <druck> *(Ablation-Technologie)* • debris removal system; shroud extraction system; extraction system *pract*

Restporigkeit *f* <metall> *(Pulvermetallurgie)* • residual porosity

Restporosität *f* <metall> *(Pulvermetallurgie)* • residual porosity

Restpotential *n* <druck> • residual charges

Restprofil *n* <prod> • remaining tread depth

Restriktionsendonuklease *f* <chem.bio> • restriction enzyme; restriction endonuclease; nuclease

Restriktionsenzym *n* <chem.bio> • restriction enzyme; restriction endonuclease; nuclease

Restriktionsenzymkartierung *f* <med> • restriction enzyme mapping

Restrisiko *n* <nukl> • remaining risk

Restsauerstoff *m* <emiss> *(im Abgas)* • residual oxygen

Restsauerstoffgehalt *m* <emiss> • residual oxygen content

Restschmelze *f* <metall> • residual melt; remaining melt

Restschub *m* <masch> *(Strömungsmaschine)* • residual thrust; residual axial thrust

Restseitenband *n* <tele> • vestigial sideband (VSB)

Restseitenbandmodulation *f* <tele> • residual sideband modulation

Restseitenbandübertragung *f* <tele> • vestigial sideband transmission

Restspannung *f* <el> • residual voltage; cut-off voltage

Restspannung *f* <mech> *(z. B. nach Umformen, Schweißen, Spannungsarmglühen)* • residual stress; internal stress; locked-up stress

Reststaubgehalt *m* <verf> *(nach Reinigung in Entstaubern)* • residual dust loading

Reststaubgehalt *m* <verf> *(nach Abreinigung auf Filtermittel)* • residual dust content; residual dust layer; residual layer of dust

Reststoff *m* <ents> *(nach Verbrennung)* • residue; remainder; residual material

Reststoff *m* <ents> • residue

Reststoff *m* <pap> • residue; residual matter

Reststoffdeponie *f* <ents> • residue landfill

Reststoffverwertung *f* <pap.ents> • utilization of residues

Reststrahlenmethode *f* <therm> *(Rubens)* • method of residual rays

Reststrahlung *f* <phys> • residual radiation

Reststreuung *f* <phys> • residual scatter

Reststrom *m* <el> • cut-off current

Reststrom *m* <el.chem> • residual current; background current *(US)*

Reststrom *m* <msr> • residual current; off-state current; off-state leakage current

Restsumme *f* <math> *(Statistik)* • residual sum of squares; residual sum *pract*

Resttoner *m* <druck> • residual toner

Restvalenz *f* <tech.allg> • residual valency

Restvarianz *f* <qualit> • error mean square

Restverunreinigung *f* <ents> • residual contamination; residue

Restwärme *f* <tech.allg> *(z. B. in Reaktor, Heizung)* • residual heat

Restwärme *f* <energ.sol> • excess heat

Restwelligkeit *f* <el> *(von schlecht geglättetem Gleichstrom; in %)* • ripple; residual ripple

Restwert *m* <fin> *(z. B. von Kfz nach Unfall)* • residual value; salvage value; recovery value; residual cost; salvage

Restwert *m* <math> • residual

Restwiderstand *m* <el> • residual resistance; residuary resistance

Restwiderstand *m* <phys> • residual drag

Restwiderstandsbeiwert *m* <phys> • residual drag coefficient

Restzeitanzeige *f* <av> • tape remaining display; tape remaining indicator; time elapsed/remaining indicator; remaining time counter; Time Limit Call

Restzeitzählwerk *n* <av> • tape remaining display; tape remaining indicator; time elapsed/remaining indicator; remaining time counter; Time Limit Call

Restzeit zum Zielort *f* <navig> • time to go (TTG)

Resultante *f* <phys> • resultant force; resultant

Resultat *n* <allg> *(z. B. einer Entwicklung)* • result; outcome *coll*

Resultat *n* <allg> • result

Resultatsliste *f* <doku> • final results list

Resultierende *f* <phys> • resultant force; resultant

resultierende Beschleunigung *f* <phys> • resultant acceleration

resultierende Kraft *f* <phys> • resultant force; resultant

resultierender Vektor *m* <math> • resultant vector; vector sum

resultierendes Drehmoment *n* <mech> • resulting torque

Resutator *m* Dräger <med.tech> • resuscitator (AMBU); Air-Mask-Bag-Unit

Resynthese *f* <edv.av> • resynthesis

Retardation *f* <phys> • retardation

Retardationszeit *f* <phys> • retardation time

Retarder *m* <nfz.brems> • retarder

Retarder *m* ugs <nfz.brems> • hydraulic retarder; hydrodynamic retarder

retardierendes Element *n* <el> • lagging element

retardiert <phys> • retarded

retardiertes Potential *n* <phys> • retarded potential

Retardierung *f* wiss <tech.allg> *(bremsende, hemmende Wirkung; zeitlich späterer Effekt)* • retardation; slowing down *coll*

Retension *f* <edv> • retension

Retentionszeit *f* <chem.kst> • retention time

Retentionszeit *f* <verf> • residence time

Retentionszeit *f* <verf> *(gesteuerte Verweilzeit)* • detention time; retention time

Retikel *n* <ic> • reticle mask

Retikel *n* <opt> • reticle

Retikelmikroskop *n* <opt> • reticle microscope

Retikelschablone *f* <ic> • reticle mask

Retikulation *f* <phot> • reticulation

Retinoskop *n* <med> *(Untersuchung des Augenhintergrundes)* • retinoscope

Retorte *f* <chem> • retort

Retortenbatterie *f* <chem> • retort battery; retort bench

Retortengraphit m <mat> *(feine bis feinste Partikel)* • retort carbon; gas carbon

Retortenkohle f <mat> *(eher grob)* • retort carbon; gas carbon

Retortenkoks m <mat> • gas-retort coke; retort coke

Retortenofen m <chem> • retort furnace

Retortenverkokung f <verf> • retort coking

Retrievalcode m <edv> • retrieval code

Retrievalkode m <edv> • retrieval code

Retrievalsprache f <edv> • retrieval language

Retrieval-System n <edv> • retrieval system

Retrievalsystem n <edv> • retrieval system

retriggerbar <el> • can be retriggered

retrograd <astron> • retrograde

retrokollektiv <edv> • retrocollective

Retroreflektor m <sich> • cat's-eye reflector; cat's-eye

Retrovirus n <med> • retrovirus

retten vt <tech.allg> • save vt

retten vt ugs <edv> *(verlorene oder beschädigte Daten, Dateien)* • recover vt; restore vt; reconstruct vt rare; salvage vt rare

Rettungsausrüstung f <sich> • life-saving equipment

Rettungsboje f <sich> *(Schiff, Raumfahrzeug)* • life buoy

Rettungsbootfunkanlage f <sich> • lifeboat radio installation; lifeboat wireless installation

Rettungsfahrzeug n <fz> • emergency vehicle

Rettungsfloß n <nav> *(ganz od. teilweise aufblasbar; meist mit Zeltdach)* • life raft; life-saving raft

Rettungsgürtel m <sich> • life belt

Rettungsinsel f <nav> *(ganz od. teilweise aufblasbar; meist mit Zeltdach)* • life raft; life-saving raft

Rettungskapsel f <aerospace> *(Raumfahrzeug)* • escape capsule; rescue capsule; jettisonable capsule

rettungslos verrostet ugs <kfz> • terminally rusty

Rettungsluke f <aerospace> *(Raumfahrzeug)* • escape hatch

Rettungsluke f <nav> • emergency hatch

Rettungsmittel n <nav> • personal buoyancy

Rettungsmodul n <aerospace> *(z. B. der ISS)* • crew rescue vehicle (CRV) NASA

Rettungsrakete f <aerospace> • survival rocket; line-throwing rocket

Rettungsring m <sich> • life ring; ring buoy; safety buoy

Rettungssäge f <feuer> • rescue saw

Rettungsschacht m <sich> • escape shaft

Rettungsseil n <feuer> • rescue rope

Rettungswege-Zeichnung f DIN ISO 10209-4 <bau.doku> • evacuation drawing ISO 10209-4

Rettungswesen n DIN 13050 <med> • emergency services DIN 13050

Rettungsweste f <nav> • full life-jacket

Rettung von Festplattendaten f <edv> *(auf einer Festplatte)* • HDD data recovery; drive rebuild; salvaging of drive data

Return-Taste f obs <edv> • Enter key; Return key obs

Return to Zero (RZ) <edv> • Return to Zero (RZ)

Retusche f <kfz> *(z. B. Lackierung)* • touch-up

Retusche f <obfl.holz> • inpainting US; retouch GB

Retusche f <phot> • retouching sg

Retuschefarbe f <phot> • retouching dye; spotting dye; retouching ink; photo dye; retouching paint

Retuschelack m <druck> • stripping varnish

Retuscheur m <kunst> • retoucher

Retuschieren nsg <phot> • retouching sg

retuschieren v <phot> • touch up v

retuschieren vt <phot> • retouch vt

Retuschierfarbe f <phot> • retouching dye; spotting dye; retouching ink; photo dye; retouching paint

Retuschiergerät n <phot> • retouching device

Retuschierleuchttisch m <druck> • illuminated retouching table

Retuschiermesser n <phot> • retouching knife

Retuschierpinsel m <wz> • retouching brush

Retuschierpistole f <kunst> • air gun

Retuschierstift m <wz> *(zum Abtragen, z. B. mit Glasfasern)* • abrasive pencil

Retuschiertisch m <phot> • retouching table; retouching desk

Reusenantenne f <el> • cage antenna US; cage aerial GB; bow-net aerial GB; drum-net aerial GB; sausage aerial GB

Reusenstrahler m <el> • pyramidal horn

rev n <med> • rev; regulator of virion expression

Reverb n <el.mus> • reverb; reverberation effect; reverb effect; reverberation

Reverseplay n <av> • reverse playback; reverse play

reverser Cholesterintransport m <bio> • reversed cholesterol transport; reverse cholesterol flow

reverse Transkriptase f (RT) <med> • reverse transcriptase (RT)

Reverse-Transkriptase-Hemmer m <med> • reverse transcriptase inhibitor

reverse Transkription f <med> • reverse transcription

Reverse-Verfahren n <obfl> • reverse process

reversibel <tech.allg> *(Vorgang jeder Art)* • reversible

reversibel <edv> *(Speicher)* • reversible

Reversibilität f <el.chem> • reversibility

Reversibilitätsgrad m <therm> *(thermodynamische Zustandsänderung)* • degree of reversibility

reversible Adsorption f <phys> • physical adsorption; reversible adsorption; van der Waals adsorption

reversible optische Aufzeichnung f <opt> • reversible optical recording

reversible Polverlagerung f <textil> • temporary shading

reversible Pumpturbine f <turb> • reversible pump turbine

reversible Reaktion f <tech.allg> *(z. B. Physik, Chemie)* • reversible reaction

reversible Reaktion f <chem> • balanced reaction

reversible Reaktion f <chem> *(chemisches Gleichgewicht wird erreicht)* • balanced reaction

reversible Reaktion f <chem> *(kann in beide Richtungen erfolgen; Kennzeichnung durch Doppelpfeil)* • reversible reaction

reversibler elektroakustischer Wandler m form <av> • reversible electroacoustic transducer form; reversible transducer pract

reversibler Pralldämpfer m <kfz> *(zw. Stoßfänger u. Karosserie)* • reversible impact absorber; recovering impact absorber

reversibler Prozess m wiss <tech.allg> • reversible process

reversibler Prozess m <phys> • reversible cycle

reversibler Wandler m prakt <av> • reversible electroacoustic transducer form; reversible transducer pract

reversibles Element n <el.chem> • reversible cell

Reversieranlage f <metall> • reversing mill

Reversierantrieb m <masch> • reversible drive; reversing drive

Reversierblockwalzstraße f <metall> • reversing blooming mill train

Reversierduowalzwerk n <metall> • two-high reversing mill

reversieren vi <tech.allg> *(Elektronik, Walzwerk, Kfz)* • reverse vi

reversieren vi <prod> *(seitliches Hin- und Herbewegen; z. B. von Walzen, Wickeln)* • oscillate vi; traverse vi

Reversiergerüst n <metall> *(Walzwerk)* • reversing stand

Reversiermotor m <el> • reversing motor

Reversierturbine f <turb> • reversing turbine
Reversierwalzwerk n <metall> • reversing mill
Reversionspendel n <mech> • reversible pendulum
Reversionsprisma n <opt> • reversing prism
Revers-Osmose f <bio> • reverse osmosis; re-osmosis
Reversosmoseanlage f <verf> • reverse osmosis device
Reversverfahren n <obfl> • reverse process
Review n <av> • record review; rec review *Panasonic*; ReView *JVC*
Review-Taste f <av> • review button
Revision f <jur> *(Rechtsmittel)* • appeal
Revision f <qualit> *(Überprüfung)* • audit; auditing
Revisionsstand m <doku> *(z. B. von techn. Zeichnungen, Produktdokumentationen)* • revision status
Revisionsstatus m <term> *(einer Benennung in einem Terminologieeintrag)* • term status *ISO DIS 12200*
Revisionsverschluss m norm *DIN 4048* <energ.hydr> • emergency gate
Revolver m <mil> • revolver; wheelgun *coll.rare*; revolving pistol *obs*
Revolver m <opt> *(Mikroskop)* • nosepiece
Revolver m <wz.masch> *(z. B. Werkzeugträger)* • turret; rotating turret; capstan
Revolveranschlag m <wz.masch> • turret stop
Revolverbohrautomat m <wz.masch> • automatic turret drilling machine
Revolverbohrkopf m <wz.masch> • turret-type drill head
Revolverdrehautomat m <wz.masch> • turret automatic
Revolverdrehmaschine f <wz.masch> • turret lathe
Revolverkopf m <wz.masch> • turret head; turret tool post
Revolverkopfbohrmaschine f <wz.masch> • turret drilling machine
Revolverkopfschaltung f <wz.masch> • turret-head indexing; turret indexing
Revolverkopfschlitten m <wz.masch> • turret carriage
Revolverkopfwerkzeug n <wz.masch> • turret tool
Revolverlochzange f <wz> • revolving punch pliers
Revolvermaschine f <kst> • revolving machine; rotary machine
Revolver mit Hahnabzug m *did* <mil> • single-action revolver
Revolver mit Spannabzug m *did* <mil> • double-action revolver
Revolverobjektiv n <phot> • turret-mounted lens
Revolverpresse f <prod> • turret punch press
Revolverschlitten m <wz.masch> • turret slide; capstan slide
Revolverstellung f <wz.masch> • turret position
Revolverwebstuhl m <textil> • circular box loom
Revolverwechsel m <wz.masch> • circular box motion
Revolving Glocke f <fz> • revolving bell
Rewichweite f <aerospace> • range of an aircraft; range
Rewind Playback n <av> • rewind playback
Rewind-Taste f <av> *(bei Kameras, Tonbandgeräten, Videorecordern, etc.)* • rewind button
Rework n <nahr.prod> *(Speiseeis)* • rework; rerun; refreeze
Rewritable Consumer Time Code m (RCTC) <av> • rewritable consumer time code (RCTC); recordable consumer time code
Reyes n <edv> *(Rendering-System)* • Reyes
Reynolds'sche Zahl f <phys> *(Hydrodynamik)* • Reynolds number
reynoldssche Zahl f <phys> *(Hydrodynamik)* • Reynolds number
Reynolds-Zahl f <phys> *(Hydrodynamik)* • Reynolds number
Reynoldszahl f <phys> *(Hydrodynamik)* • Reynolds number
Reyon m/n <prod> • rayon

Re-Zahl f <phys> *(Hydrodynamik)* • Reynolds number
Rezeptor m <med> • receptor
rezeptorabhängig <med> • receptor-mediated; receptor-dependent
rezeptorgekoppelt <med> • receptor-mediated; receptor-dependent
rezeptorgekoppelte Endozytose f <med> • receptor-mediated endocytosis
rezeptorgesteuert <med> • receptor-mediated; receptor-dependent
rezeptorkontrolliert <med> • receptor-mediated; receptor-dependent
Rezeptorsystem n <med> • receptor system
rezeptorunabhängig <med> • receptor-independent; non-receptor
rezeptorunabhängiger Abbauweg m <med> • scavenger pathway
rezeptorvermittelt <med> • receptor-mediated; receptor-dependent
Rezeptur f <pap> • furnish
Rezipient m <chem> • receiver
Rezipient m <prod> • extrusion container; billet container
Rezipientenglocke f <chem> • bell jar
reziprok abhängiges Zeitrelais n <el> • inverse time-lag relay
reziproke Polare f <math> *(analytische Geometrie)* • antipolar; reciprocal polar
reziproke relative Dispersion f <opt> • constringence; relative reciprocal dispersion; Abbe value
reziproker Verstärkungsfaktor m <el> • reciprocal of amplification factor
reziproker Wert m <math> • reciprocal value; inverse number; inverse value; reciprocal; inverse
Reziprokes n <math> • inverse
reziproke Schnittweite f <opt> • vergence
reziprokes Gitter n <mat> *(Kristallographie)* • reciprocal lattice
reziproke Steifheit f <mech> • compliance
reziproke Steifigkeit f <mech> • compliance
reziproke Zahl f <math> • reciprocal; inverse of a number; inverse
Reziprokgitter n <mat> *(Kristallographie)* • reciprocal lattice
Reziprokwert m <math> • reciprocal value; inverse number; inverse value; reciprocal; inverse
Reziprozität f <math> • reciprocity; inverse proportion; inverse ratio
Reziprozitätseichung f <msr> • reciprocity calibration
Reziprozitätsgesetz n <phot> • law of reciprocity
Reziprozitätsgesetz n <phys> *(z. B. Vierpoltheorie)* • reciprocity theorem
Reziprozitätssatz m <phys> *(z. B. Vierpoltheorie)* • reciprocity theorem
Rezirkulation f <verf> • recirculation
Rezirkulationsfreezer m <nahr.prod> *(Speiseeis)* • recirculation freezer
Rezirkulationspumpe f <prod.nahr> *(Speiseeis; Rezirkulationsfreezer)* • recirculation pump
rezirkulieren v <tech.allg> • recycle v
rezirkulieren vi/vt <tech.allg> • recirculate vi/vt
Rezyclierbarkeit f <ökol> • recyclability
rezyklierbar <ents> • recyclable
rezyklierbar <ents> *(z. B. Abfall)* • recyclable
Rezyklierbarkeit f <ents> • recyclability
rezyklieren vt *form.rar* <ents> *(Abfall, Wertstoffe)* • recycle vt
rezyklierfähig <ents> • recyclable
Rezyklierrate f <pap.ents> • rate of recycling; recycling quota

Rf <chem> • rutherfordium (Rf); unnilquadium *obs*; kurtchatovium *obs*

RfE <tech.jur> • replacement reserve; reserve for asset replacement; replacement allowance

RF-Transceiver *m* <edv> • RF transceiver

RFVC <kfz> *(Motorrad)* • Radial Four Valve Combustion Chamber, (RFVC) *Honda*

RF-Verstärker *m* <av> • radio-frequency amplifier; RF amplifier

RFZ <logist> • storage/retrieval machine; S/R machine; AS/RS crane; unit load S/R machine; stacker crane *obs*

RFZ in Einmastkonstruktion *n* <logist> *(RFZ)* • single mast crane; storage/retrieval machine with single mast frame *US.form*; single mast frame S/R machine *US*

RFZ in Einsäulenbauweise *n* <logist> *(RFZ)* • single mast crane; storage/retrieval machine with single mast frame *US.form*; single mast frame S/R machine *US*

RFZ in Zweimastbauweise *n* <logist> *(Regalförderzeug)* • twin mast crane; S/R machine with double mast frame *US*; double posted stacker crane; double mast frame *US*

RFZ in Zweimastkonstruktion *n* <logist> *(Regalförderzeug)* • twin mast crane; S/R machine with double mast frame *US*; double posted stacker crane; double mast frame *US*

RFZ in Zweisäulenbauweise *n* <logist> *(Regalförderzeug)* • twin mast crane; S/R machine with double mast frame *US*; double posted stacker crane; double mast frame *US*

RFZ in Zweisäulenkonstruktion *n* <logist> *(Regalförderzeug)* • twin mast crane; S/R machine with double mast frame *US*; double posted stacker crane; double mast frame *US*

RFZ mit ausfahrbarem Lastaufnahmemittel *n* <logist> • pallet picking crane; unit-load S/R machine

RFZ ohne ausfahrbares Lastaufnahmemittel *n* <logist> • order-picking crane

RGA <msr> • flue gas analysis; stack gas analysis; exhaust gas analysis *rare*

RGB <edv> • Red-Green-Blue (RGB); RGB color model; red, green, blue

RGB-Farbmodell *n* <edv> • Red-Green-Blue (RGB); RGB color model; red, green, blue

RGB-Komponentenvideosignal *n* <av> • RGB compound video signal

RGB-Monitor *m* <edv> • RGB monitor

RGB-Pixel *n* <edv> • RGB pixel

R-Gespräch *n* <tele> • collect call; reversed-charge call; reversed-transferred-charge call

RGS <emiss> • flue gas suction

RH <masch> • right-hand thread (RH)

Rhabarber *m* <bio> • rhubarb; rheum officinale

RHD <kfz> • right-hand drive (RHD)

Rhenium *n* (Re) <chem> • rhenium (Re)

Rheoapparat *m* <verf> *(Aufbereitung)* • rheo box; rheo trough

Rheologie *f* <phys> • rheology

rheologisch <phys> • rheological

rheologisches Verhalten *n* <phys> • rheological behavior *US*; rheological behaviour *GB*

rheologische Zustandsgleichung *f* <phys> • rheological equation

Rheometer *n* <phys> • rheometer

Rheopexie *f* <mat> *(Fließverfestigung)* • rheopexy

Rheostat *m* <el> • rheostat; variable resistor

Rheostriktion *f* <tech.allg> • rheostriction

rheotaxial <tech.allg> • rheotaxial

Rheowäsche *f* <verf> • launder separation process

Rheowäsche *f* <verf> • rheolaveur washery

Rheum officinale <bio> • rhubarb; rheum officinale

RH-Heizung *f* <nukl> • waveheating; resonant heating

rhodiniert <obfl> • rhodium-plated; rhodium-clad

Rhodium *n* (Rh) <chem> • rhodium (Rh)

Rhododendron *m* <bio> • rhododendron; rhododendron chrysanthum

Rhododendron chrysanthum <bio> • rhododendron; rhododendron chrysanthum

rhombische Blende *f* <edv> • diamond aperture

rhombisches Kristallsystem *n* <mat> • rhombic crystal system; orthorhombic crystal system; prismatic system

rhombisches System *n* <mat> • rhombic crystal system; orthorhombic crystal system; prismatic system

Rhomboeder *n* <math> • rhombohedron

rhomboedrisches Kristallsystem *n* <mat> • rhombohedral crystal system

Rhomboidprisma *n* <opt> • rhombic prism

Rhombusantenne *f* <el> • diamond antenna *US*; diamond aerial *GB*; rhombic antenna *US*; rhombic aerial *GB*

Rho-Meson *n* <nukl> • rho meson

RHT-Cabrio *n* <kfz> *(z. B. Mercedes SLK Bj. 1999)* • retractable hardtop (RHT)

Rhumbatron *n* <el> *(Mikrowellentechnik)* • rhumbatron

Rhuslack *m* <obfl.holz> • oriental lacquer; rhus varnish

Rhus toxicodendron *n* <bio> • poison ivy; rhus toxidendron

Rhus venenata <bio> • sumach; rhus venenata

rH-Wert *m* <chem> • rH value (rH)

Rhythmusgerät *n* *obs* <el.mus> • drum machine; rhythm machine

Rhythmusmaschine *f* *obs* <el.mus> • drum machine; rhythm machine

Rhythmussound *m* <edv.av> • rhythm sound

Ribavirin *n* *INN* <med> • ribavirine *INN*

Ribbon *n* <edv.av> • ribbon controller; ribbon

Ribbon-Controller *m* <edv.av> • ribbon controller; ribbon

Ribbonmischer *m* <med> • ribbon blender; ribbon mixer

Ribonuklease H *f* (RNase H) <med> • ribonuclease H (RNase H)

Richardson-Gleichung *f* <phys> • Richardson's equation; Richardson equation

Richardson-Zahl *f* <phys> • Richardson number

Richtantenne *f* <tele> • directional antenna *US*; directional aerial *GB*; beam antenna *US*; beam aerial *GB*; shaped beam antenna *US.rare*

Richtapparat *m* <prod> • straightening device

Richtarbeiten *fpl* <prod.rep> *(z. B. Beseitigung von Unfallschaden, Verzug nach Schweißen)* • straightening

Richtbalken *m* <kfz.rep> • pulling beam; beam puller

Richtbank *f* <kfz.rep> • bench-type straightening system; body-frame straightener

Richtbarre *f* <kfz.rep> *(in Richtsystem)* • body tower; pulling tower

Richtbohren *n* <petr> • directional drilling; controlled drilling; controlled directional drilling *form*; deviated drilling *rare*; angle drilling *rare*

Richtbohrloch *n* <petr> • slanting hole

Richtbohrung *f* <petr> • directional well; deviated well

Richtcharakteristik *f* <av> *(allg.; Mikrofon, Lautsprecher, Antenne)* • directivity

Richtcharakteristik *f* <av> *(als Diagramm dargestellt)* • directivity pattern

Richtcharakteristik *f* <av> *(Frequenzgang eines Lautsprechers auf und neben der Systemachse)* • polar diagram; polar characteristic; polar plot

Richtcharakteristik *f* <el> *(allg. Sende- und Empfangsantenne)* • directional characteristic

Richtdiagramm *n* <av> *(Frequenzgang eines Lautsprechers auf und neben der Systemachse)* • polar diagram; polar characteristic; polar plot

Richtdiagramm n <av> (als Diagramm dargestellt)
• directivity pattern
Richtdiode f <el> • rectifier diode
Richtempfang m <tele> • directional reception; directive
reception
Richten n <prod.rep> (z. B. Beseitigung von Unfallschaden, Verzug nach Schweißen) • straightening
richten vi <mil> (mit Waffe, auf Ziel) • aim vi; point vi; take
aim vi; sight vi
richten vt <tech.allg> (berichtigen, gerade rücken, rechtwinklig machen) • rectify vt
richten vt <tech.allg> (auf etw.; z. B. Lichtstrahl auf Objekt)
• direct vt
richten vt <kfz> (Blechschaden; z. B. Beule, Delle) • dress
vt; true up vt
richten vt <prod> (glatt, eben machen; z. B. Blech) • flatten vt
richten vt <prod> (wieder in gerade Form bringen; z. B.
verbogenes Profil geradebiegen) • straighten vt
Richter-Magnitude f <phys> • Richter magnitude
Richtfaktor m <el> (Antenne) • directivity factor
Richtfaktor m <el> (Gleichrichter) • rectification factor
Richtfernrohr n <mil> • pointing telescope
Richtfernrohr n <opt> • sighting telescope
Richtfeuer n <mil> • range light
Richtfeuer n <navig> • leading light
Richtfunk m <tele> • directional radio; point-to-point radio
system
Richtfunkabschnitt m <tele> • radio relay section
Richtfunkempfänger m <tele> • directional radio re-
ceiver; relay receiver
Richtfunkfeuer n <navig> • directional radio beacon
Richtfunklinie f <tele> • radio relay line
Richtfunknetz n <av> • radio link network
Richtfunknetz n <tele> • radio relay system
Richtfunkrelaiskette f <tele> • directional radio relay
system
Richtfunkstation f <tele> • radio relay station
Richtfunkstrecke f <tele> • directional radio link; radio
relay link
Richtfunksystem n <tele> • radio relay system
Richtfunkzubringerlinie f <av> (z. B. Fernsehübertra-
gung eines Abfahrtslaufes) • microwave contribution cir-
cuit; radio link
Richtgerät n <opt> • director
Richtgerät n <prod> • straightening device
Richtgeschwindigkeit f <verk> (auf Autobahnen) • recommended speed :V
Richtgesperre n <masch> • non-return device; back-
stopping device
Richthammer m <kfz.wz> • bumping hammer; body
hammer
richtige Menge abgeben vi <prod> • dispense the right
amount vi
richtiger Wert m DIN 1319-1 <msr> • conventional true
value
Richtigkeit f <doku> (von Angaben) • accuracy; correct-
ness; veracity
Richtkeil m <petr.wz> (Richtbohr-Wz) • deflection wedge;
correcting wedge; whipstock
Richtkoppler m <phys> (Wellenleiter) • directional coupler
Richtkraft f <bahn> (Fahrzeuglauf) • guiding force
Richtkraft f <mech> • restoring force
Richtkraft f <phys> • directing force
Richtkreisel m <navig> (Luftfahrt, Seefahrt, Lenkwaffe)
• directional gyro
Richtlatte f <bau> • straight edge; batten
Richtlatte f <msr> (Geodäsie) • level
Richtlinie f <did> • guide line

Richtlinie des Rates f form <jur> (EG-Gesetzgebung)
• EC Directive; Council Directive; Directive
Richtlinien fpl <jur> • regulations; administrative regula-
tions; guidelines; directives; rule
Richtlöffel m <kfz.wz> (allg.) • body spoon; metalworking
spoon; spoon coll
Richtmagnet m <phys> • directing magnet; control magnet
Richtmaschine f <prod> • straightener; straightening ma-
chine; planisher
Richtmaß n <bau> • nominal dimension
Richtmaß n <msr> • standard
Richtmaßschema n <kfz.rep> • dimensional diagram of
the body
Richtmikrophon n <akust> • directional microphone; uni-
directional microphone
Richtmoment n <mech> • restoring torque; restoring mo-
ment
Richtmoment n <msr> (Messgerät; z. B. Zeigerwelle)
• deflecting torque
Richtpfahl m <bau> (Grundbau) • guide pile
Richtphasenschieber m <el> • directional phase
changer; directional phase shifter
Richtplatte f <druck> • surface plate
Richtplatte f <prod> • leveling plate US; levelling plate GB
Richtpresse f <prod> • straightening press
Richtpunkt m <msr> • fixed datum
Richtrahmen für Stempelbühne m <kfz.wz> • center
post bench
Richtrolle f <prod> • leveler roll US; leveller roll GB;
straightening roll
Richtsäule f <rep> (in Richtsystem) • pulling post
Richtsatz m <kfz.wz> • straightening set; straightening kit;
body jack kit
Richtschärfe f <tele> • sharpness of directivity
Richtschiene f <wz> • parallel
Richtschlag m <rep> (z. B. Kfz) • reshaping blow
Richtschnur f <bau.wz> (zum Anreißen, Markieren)
• chalkline; snapping line
Richtsendung f <tele> • directional transmission; beam
transmission; beam emission
Richtspant n <nav> • balanced frame US; chief frame;
principal frame
Richtspiegel m <phys> • director mirror
Richtstollen m <bau> • pilot drift
Richtstollen m <min> • pilot tunnel
Richtstrahl m <phys> (z. B. Funktelephonie, Fernsehum-
setzer, Radar) • directional beam
Richtstrahlantenne f <tele> • directional antenna US; di-
rectional aerial GB; unidirectional antenna US; unidirec-
tional aerial GB; beam aerial GB
Richtstrahlbake f <navig> • beacon transmitter
Richtstrahldüse f <tech.allg> (z. B. Klimaanlage, Raum-
fahrzeug) • directional nozzle
Richtstrahler m <hlk> (Heizstrahler) • directional radiator
Richtstrahler m <tele> (für Kurzwellen; z. B. Fernsehum-
setzer) • concentrating reflector
Richtstrahlformung f <tele> • beam shaping
Richtstrahlsender m <tele> • directional transmitter;
beam transmitter
Richtstrahlsendung f <tele> • directional transmission;
beam transmission
Richtsystem n <kfz.rep> (allg., Oberbegriff) • straighten-
ing system
Richttisch m <prod.rep> • straightening bench; straight-
ening table; bumper-and-door jack
Richtturm m <kfz.rep> (in Richtsystem) • body tower;
pulling tower
Richtung f <tech.allg> (zu einem Ziel; z. B. räumlich,
wirtschaftlich, politisch) • direction

Richtung f <navig> • direction (DIR)
Richtung f <tele> *(Peilung)* • bearing
Richtung ändern vi <allg> • reverse the direction vi
Richtung des Vorortantriebs f <petr> • toolface
richtungsabhängige Leitfähigkeit f <el> • asymmetric conductivity
richtungsabhängiger Widerstand m <el> • asymmetric resistance
Richtungsabhängigkeit f <allg> *(z. B. Wirkung, Isotropie, Feldstärke)* • directionality
Richtungsabhängigkeit der Festigkeit f <qualit.mat> • strength anisotropy
Richtungsableitung f <math> • directional derivative
Richtungsabweichung f <mil> *(Geschoss, Lenkwaffe, Torpedo)* • deviation from the direction
Richtungsabweichung f <prod> • misalignment
Richtungsänderung f <allg> • directional change
Richtungsänderung f <tech.allg> • change in direction
Richtungsänderungswinkel m <bau> • angle of deviation
Richtungsanzeiger m <allg> • sequence indicator pf
Richtungsausscheidung f <tele> • route segregation
Richtungsblockierung f <tech.allg> *(z. B. Verkehrslenkung, Schaltgetriebe, Netze)* • directional interlocking
Richtungsbündelung f <phys> • directionality
Richtungsdämpfungsmaß n <el> • angular deviation loss
Richtungs-Datenstruktur f <edv> • directional data structure
Richtungsdoppeldeutigkeit f <navig> • sense ambiguity
Richtungsempfindlichkeit f • directional sensitivity
Richtungsempfindlichkeit f <phys> • directional response
Richtungsentscheid m <tech> *(NC-Technik)* • direction decision
Richtungsfahrbahn f <verk> • single-lane roadway; single-lane carriageway *GB*
Richtungsfaktor m <akust> • directivity factor
Richtungsfaktor m <av> *(Studioabhöreinrichtung)* • angular deviation factor
Richtungsfeld n <phys> • directional field
Richtungsfeuer n <navig> • one-sided light
Richtungsflag n <edv> • direction flag
Richtungsfokussierung f <phys> • direction focusing *US*; direction focussing *GB*
Richtungsgenauigkeit f <navig> • directional accuracy
Richtungskoppler m <lwl> • directional coupler
Richtungskoppler m <tele> • route matrix
Richtungskupplung f rar <antr> *(allg.)* • one-way clutch *US*; freewheel mechanism; freewheeling clutch; overrunning clutch; freewheel *pract*
Richtungsmarkierung f <verk> • directional marking
Richtungsmaß n <av> *(Studioabhöreinrichtung)* • angular deviation gain
Richtungsmaß n <tele.akust> • directivity index; directional gain
Richtungsmessglied n <el> • directional relay
Richtungsnachführung f <energ.wind> • yaw control; yaw system; wind direction alignment
Richtungspfeil m <verk> • direction arrow
Richtungsphasenschieber m <el> • gyrator
Richtungsquantelung f <phys> • directional quantization; space quantization
Richtungsrelais n <ic> • directional relay
Richtungsschalter m <tech.allg> • direction switch
Richtungsscherung f <pap> • directional shearing
Richtungssensoren mpl <navig> • direction sensors pl
Richtungssignal n <bahn> • diverging junction signal
Richtungssinn m <tech.allg> • directional sense; sense of direction; sense

Richtungsstabilität f <aerospace> *(Flugzeug, Flugkörper)* • directional stability; yaw-axis stability
Richtungsstabilität f <fz> *(Zweirad)* • directional stability; track stability
Richtungsstabilität f <kfz> *(Fahrverhalten; Fahrzeug und/oderReifen)* • driving stability; directional stability; directional control; lateral grip; lateral stability
Richtungsstabilität f <kfz> *(von Fahrzeugen; typ. bei hoher Geschwindigkeit)* • directional stability; tracking stability; straight-line stability; tracking
Richtungsstabilität f <prod> *(von Reifen)* • lateral grip; directional control; lateral stability; directional stability
Richtungssteuerung f <tech.allg> • direction control
Richtungstaktschnitt m DIN 66010 <edv> • phare encoding (PE)
Richtungstaktschritt m DIN 66010 <edv> • phase encoding (PE)
Richtungstaste f <edv> *(auf Tastatur)* • cursor control key; cursor key; arrow key; direction key
Richtungsumkehr f <tech.allg> *(z. B. Kolben, Schlitten)* • reversal
richtungsunabhängig <tech.allg> • omnidirectional
Richtungsunabhängigkeit f <qualit.mat> *(Eigenschaft)* • non-directionality
Richtungsunempfindlichkeit f <phys> *(Pitot-Rohr)* • insensitivity to flow misalignment
Richtungsvektor m <phys> *(z. B. Kraft, Fläche, Drehmoment, Impuls, Stromstärke, Spannung)* • direction vector
Richtungsverteilung f <math.phys> • directional distribution
Richtungsverteilung f <phys> *(Strahlung)* • angular distribution
Richtungswähler m <tele> • route selector
Richtungswechsel m <tech.allg> *(z. B. Bewegung von Kolben, Schlitten, Aufzug, Fahrtreppe)* • change of direction
Richtungswender m <bahn> • reverser
Richtungswinkel m <navig> • radio bearing; bearing
Richtverhältnis n <tele> *(Antenne)* • directivity
Richtvermögen n <tele> *(Antenne)* • directionality; directivity
Richtverstärkungsfaktor m <tele> *(Antenne)* • directive gain
Richtwaage f <bau> • spirit level; sensitive level
Richtwaage f rar <msr.wz> *(allg.; mit Libelle)* • spirit level; level pract; mechanic's level rare
Richtwalzen n <prod> *(Blech)* • roller levelling; roller flattening
Richtwalzen n <prod> *(Rohre, Stangen)* • roller straightening
Richtwert m <tech.allg> *(Näherungswert)* • guide value; standard value; approximate value
Richtwert m <tech.allg> *(empfohlen)* • recommended value; recommendation
Richtwert m <jur> • guide value
Richtwerte für ... mpl <tech.allg> • typical values for ...
Richtwiderstand m <el> *(phys. Größe)* • directional resistance; rectifier load resistance
Richtwiderstand m <el> *(Bauteil)* • load resistor
Richtwinkelsatz m <kfz.rep> *(Richtbank)* • attachment set
Richtwirkung f <tech.allg> *(z. B. Düse, Antenne)* • directionality
Richtwirkung f <phys> *(Strahl, Schall, Strömung)* • directivity
Richtwirkungsgrad m <el> *(Stromrichter)* • rectification efficiency
Richtzeit f rar <prod> *(von Maschinen, Pressen etc.)* • set-up time; setting time

Richtzug *m* <rep> *(Richtbank, allg.)* • pull
Ricinusöl *n* <tribo> • castor oil
RID <med> • radial immunodiffusion (RID)
riechende Substanz *f* <tech.allg> *(erwünschte oder unerwünschte Substanz)* • odorant; odorous substance
Riefe *f* <tech.allg> *(Schaden; z. B. durch Festfressen)* • score mark; score; groove
Riefe *f* <masch> *(hergestellt z. B. durch Drehen, Schleifen od. Fräsen)* • channel
Riefe *f* <obfl> *(Defekt; z. B. durch Verschleiß, Vandalismus)* • score *ISO 8785*; scratch mark; scratch
Riefe *f* DIN ISO 8785 <obfl.qualit> *(Oberflächenfehler, eher tief)* • groove *ISO 8785*
Riefe *f* <prod> *(runder Querschnitt)* • flute
Riefe *f* <prod> *(von Werkzeug verursacht)* • tool mark; mark
Riefe *f* <prod> *(z. B. durch spanende Bearbeitung)* • stria
Riefen *fpl* <obfl.tribo> *(Verschleiß, z. B. in Gleitlagern, Zylinderlaufflächen)* • scoring *ISO 4378-2*; ridging
Riefen *fpl* <tribo> *(durch Verschleiß; z. B. auf Bremsscheiben)* • ridges
riefen *vt* <prod> *(z. B. durch Drehen, Fräsen, Schleifen)* • channel *vt*
riefen *vt* <prod> *(entstehender Querschnitt gerundet)* • flute *vt*
riefen *vt* <prod> *(relativ tief)* • groove *vt*
riefen *vt* <prod> *(durch Verschleiß, z. B. auf Bremsscheiben)* • ridge *vt*
Riefenbildung *fsg* DIN ISO 4378-2 <obfl.tribo> *(Verschleiß, z. B. in Gleitlagern, Zylinderlaufflächen)* • scoring *ISO 4378-2*; ridging
Riefenhöhe *f* <prod> • cusp height
riefig <obfl> *(z. B. Bremsscheibe)* • scored; grooved
Riefung *f* <prod> • striation
Riegel *m* <bau> *(Kantholz)* • ribband
Riegel *m* <bau> *(Grabenverbau)* • waler *US*; waling
Riegel *m* <bau> *(horizontaler Balken zw. Hauptflügel und Oberlicht od. zw. zwei Fenster)* • transom bar; transom; crossbar
Riegel *m* <bau> *(in Fenster-, Türschlossmechanik)* • latch; lock
Riegel *m rar* <edv> *(über Schreib-/Leseöffnung von 3,5"-Disketten)* • shutter
Riegel *m* <masch> *(in Schloss)* • bolt
Riegel *m* <masch> *(Sperre)* • interlock device
Riegel *m* <sich> • locking bar; bar
Riegelbolzen *m* <bau> *(z. B. Türschloss)* • plunger
Riegeleis *n* <nahr> • ice cream bar; stickless bar; ice cream candy bar
Riegelfeder *f* <masch> • interlock spring
Riegelhaken *m* <füg> *(an Riemen, Ketten; z. B. typ. an Hundeleinen)* • bolt snap
Riegelhebel *m* <masch> • locking lever
Riegelkontakt *m* <alarm> • lock switch
Riegelkontaktgeber *m* <alarm> • lock switch
Riegelkontakt-Schalter *m* <alarm> • lock switch
Riegelkontaktschloss *n* <alarm> • tamper-proof lock-switch *:V*
Riegelschalter *m* <el> • electrical interlock
Riegelschaltkontakt *m* <alarm> • lock switch
Riegelschaltschloss *n* <alarm> • tamper-proof lock-switch *:V*
Riemann'sche Geometrie *f* <math> • Riemannian geometry; elliptic geometry
Riemann'sche Mannigfaltigkeiten *fpl* <math> • Riemannian manifolds
Riemann'scher Abbildungssatz *m* <math> • Riemann's mapping theorem; Riemann theorem
Riemann'scher Raum *m* <math> • Riemannian space; N-dimensional Riemannian space

Riemann'sches Integral *n* <math> • Riemann's integral; Riemann integral
Riemann'sche Zahlenkugel *f* <math> • complex sphere
riemannsche Geometrie *f* <math> • Riemannian geometry; elliptic geometry
riemannscher Abbildungssatz *m* <math> • Riemann's mapping theorem; Riemann theorem
riemannscher Raum *m* <math> • Riemannian space; N-dimensional Riemannian space
riemannsches Integral *n* <math> • Riemann's integral; Riemann integral
riemannsche Zahlenkugel *f* <math> • complex sphere
Riemchen *n* <bau> • closer
Riemchen *n* <textil> • tape
Riemchenflorteiler *m* <textil> • tape condenser
Riemen *m* <allg> *(Tragriemen für Kamera, Halteriemen im Autobus)* • strap
Riemen *m* <tech.allg> *(gurtartig)* • belt
Riemen *m* <nav> • oar
Riemenantrieb *m* <antr> *(z. B. Kfz-Generator, Nockenwelle)* • belt drive
Riemenantrieb *m* <kfz.antr> • belt drive
Riemenaufleger *m* <pack> • belt mounter
Riemenaufleger *m* <sich> • belt slipper
Riemendehnschlupf *m* <antr> • belt creep
Riemendehnung *f* <antr> • belt stretch
Riemenführungsgabel *f* <antr> *(Flachriemen)* • belt guide
Riemengabel *f* <nav> *(in Ruderboot-Dollbord)* • rowlock
Riemengabelbeschlag *m* <nav> • row lock plate
Riemengetriebe *n* <antr> *(Antriebsmechanismus)* • belt drive
Riemengetriebe *n* <antr> *(zur Kraftübertragung)* • belt transmission
riemengetrieben <antr> • belt-driven
Riemenkralle *f* <masch> *(Flachriemen, Fördergurt)* • claw belt fastener
Riemenkupplung *f* <antr> • belt coupling
riemenloses Pedal *n* <fz> *(Fahrrad)* • clipless pedal
Riemenscheibe *f* <masch> *(allg.; jede Riemenart)* • pulley; belt pulley *rare*
Riemenscheibe *f* <mot> • pulley; sprocket *rare*
Riemenscheibenversatz *m* <antr> • pulley belt mistracking
Riemenschlupf *m* <kfz.mot> *(von Keilriemen)* • belt slip
Riemenspanner *m* <antr> • belt tightener attachment; belt tightener
Riemenspanner *m* <masch> • belt stretcher; belt adjuster; belt tensioner
Riemenspannrolle *f* <antr> • belt tightener attachment; belt tightener
Riemenspannrolle *f* <masch> *(allg.)* • idler
Riemenspannrolle *f* <masch> *(außen laufend)* • jockey pulley
Riemenspannung *f* <antr> • belt tension
Riementrieb *m* <antr> *(z. B. Kfz-Generator, Nockenwelle)* • belt drive
Riemenübertragung *f* <antr> • belt transmission
Riemenverbinder *m* <antr> • belt fastener; belt lacer
Riemenverbindung *f* <füg> • belt joint
Riemenzug *m* <antr> • belt tension
Riesbeschneidemaschine *f* <wz.masch> • guillotine cutter
Riese *f* <holz> *(für Holz)* • shoot
Rieselbewässerung *f* <agri> • flush irrigation
Rieselblech *n* <verf> *(z. B. zur Destillation, Kühlung)* • shower tray
Rieselblechkolonne *f* <verf> • film-type tower
Rieselboden *m* <verf> *(z. B. zur Destillation, Kühlung)* • shower tray

Rieselentgaser m <verf.hydr> *(Wasseraufbereitung)* • degasser tower

rieselfähig <mat> • free-flowing

Rieselfähigkeit f <geo> • flowability

Rieselfähigkeit f <qualit.mat> *(ausgießbar, schüttbar)* • pourability

Rieselfeld n <ents> • irrigation field

Rieselfilmeinbau m <verf> *(in Kühlturm)* • film-type filling US; film-type packing GB; film filling US; film-type fill US

Rieselfilmkolonne f <verf> *(z. B. zur Kühlung)* • wetted-wall column

Rieselfilmkühlturm m <verf> • film-filled cooling tower; film-type cooling tower

Rieselfilter m <verf> • trickle filter; bacterial filter; drip filter; wet/dry filter

Rieselflächeneinbau m <verf> *(in Kühlturm)* • film-type filling US; film-type packing GB; film filling US; film-type fill US

Rieselflächenkühlturm m <verf> • film-filled cooling tower; film-type cooling tower

Rieselflächenkühlung f <verf> *(z. B. in Kühltürmen)* • film cooling

Rieselgut n <prod> *(feine Produktionsabfälle)* • breakage

Rieselgut n <verf> *(flüssig; z. B. verschüttet, Überlauf)* • spillage

Rieselkolonne f <chem.verf> • spray tower

Rieselkondensator m <hlk> • open-surface condenser

Rieselkühler m <hlk> • open-surface cooler; trickle cooler

Rieselkühler m <verf> • dripping cooling plant

Rieselkühlturm m <verf> • film-filled cooling tower; film-type cooling tower

Rieselkühlung f <hlk> • trickle cooling; spray cooling

Rieselkühlung f <hlk.nahr> *(z. B. Milch)* • surface liquid cooling

Rieselplatte f <verf> • fill sheet; plate

Rieseltechnik f <tech.allg> • trickle systems

Rieseltrockner m <verf> • counterflow tower drier; moving-product drier

Rieselturm m <verf> • spray tower

Rieselturm m <verf> • scrubber; scrubbing tower

Rieselverdampfer m <verf> • open-surface evaporator

Rieselwerk n <verf> *(in Kühlturm)* • film-type filling US; film-type packing GB; film filling US; film-type fill US

Riesenfangstelle f <el> • giant trap

Riesenimpulslaser m <phys> • giant pulse laser

Riesenmagnetowiderstand m (GMR) VDI <edv> • giant magnetoresistance (GMR)

Riesenmolekül n <chem> • giant molecule

Riesenpulsation f <astron> • giant pulsation

Riesenresonanz f <nukl> • giant nuclear resonance

Riesenstern m <astron> • giant star

Riet m <textil> • reed; sley; comb

Riet einziehen vi <textil> *(Einbringen der Kettfäden in das Webblatt)* • reed vt; sley vt; bob the reed vi; enter the reed vi

Rieteinzug m DIN ISO 2424 <bau.innen> *(textiler Bodenbelag)* • broche ISO 2424

Rieteinzug m <textil> *(Einbringen der Kettfäden in das Webblatt)* • reeding; sleying

Rietkamm m <textil> • reed; sley; comb

Rietstechen n <textil> *(Einbringen der Kettfäden in das Webblatt)* • reeding; sleying

Riet stechen vi <textil> *(Einbringen der Kettfäden in das Webblatt)* • reed vt; sley vt; bob the reed vi; enter the reed vi

Rietzahn m <textil> • reed dent; reed wire

RIFF <edv.av> • resource interchange file format (RIFF); RIFF format

Riffel m <textil> *(Flachs)* • flax comb; ripple

Riffelbildung f <prod.obfl> • waviness

Riffelblech n <tech.allg> *(gewellt, dünnes Blech; z. B. als Versteifung)* • channeled sheet US; channelled sheet GB

Riffelblech n <tech.allg> *(Riffelmuster eingewalzt; z. B. für Treppen, Bühnen, Pritschen)* • diamond-tread plate; diamond-pattern sheet; chequered sheet; chequered plate rare

Riffelfeile f <wz> • riffler

Riffelglas n <silik> • fluted glass; ribbed glass

Riffelkamm m <textil> • rippling comb; ripple

Riffelkneter m <verf> • kneading table with fluted roll

Riffelmaschine f <textil> *(Flachs)* • flax ginning machine

Riffeln n <pap> • corrugations

riffeln vt <prod> *(z. B. Riffelblech)* • channel vt; groove vt

riffeln vt <prod> *(halbrunder Querschnitt)* • flute vt

riffeln vt <prod> *(sägezahnartig)* • serrate vt

riffeln vt <textil> *(Flachs)* • ripple vt; comb vt

Riffeln des Wellentyps n <pap> • A-flute corrugations

Riffelschiene f <bahn> • corrugated rail

Riffelsegment n <masch> • fluted segment

Riffelung f <prod> • corrugation

Riffelwalze f <led> *(Entfleischmaschine)* • ribbed roller; channelled roller; grooved roller

Riffelwalze f <masch> *(Querschnitt der Rillen halbrund)* • fluted roll

Riffelwalze f <prod> *(allg.)* • channelled roll; grooved roll

Riffelwalze f <prod> *(gewellt)* • corrugated roll

Rifferapparat m <nahr.prod> *(Speiseeis)* • ripple equipment; ripple machine; ripple feeding machine; ripple device

RIFF-Format n <edv.av> • resource interchange file format (RIFF); RIFF format

Rift n <geo> • rift

Riftsystem n <geo> • rift system

Rigg n <nav> • rig; rigging

Righi-Leduc-Effekt m <phys> • Righi-Leduc effect

Rigole f <hydr> • blind drain

Rigolpflug m <agri> • trench plow US; trench plough GB

Rikoschett m <mil> *(durch Abprallen verursacht)* • ricochet; ricochet shot

Rillbarkeit f <pap> • creasability

Rille f ugs <tech.allg> *(allg.; beliebiger Querschnitt, auch unregelmäßig)* • groove; slot; channel

Rille f <bau> *(in einer Säule)* • flute

Rille f <edv.av> • pregroove; groove

Rille f <masch> • flute

Rille f <prod> *(allg.)* • groove

Rille f <prod> *(Schleifen)* • scratch

Rille n <textil> *(Hakennadel)* • eye

Rillen n <pap> • creasing

rillen vt <prod> • flute vt

rillen vt <prod> • groove vt

rillen vt DIN 55 405 <prod> • crease vt

Rillenabstand m <av> *(Schallplatte)* • groove spacing

Rillenabstand m <obfl> • roughness width

Rillenbreite f <pap> • groove width

Rillenfahrdraht m <bahn> • grooved trolley wire; grooved wire

Rillenfarbwerk n <druck> • grooved roller inking unit

Rillenherd m <metall> • riffle surface hearth

Rillenherd m <verf> *(Aufbereitung)* • riffled table

Rillenisolator m <el> • corrugated insulator

Rillenkugellager n <fz> *(Fahrrad)* • annular ball bearing; cassette bearing

Rillenkugellager n DIN ISO 5593 <masch> *(allg.)* • deep-groove ball bearing ISO 5593; groove ball bearing

Rillenlinie f <pap> • crease rule

Rillenlinienstärke f <pap> • crease rule thickness

Rillenprofil n <masch> *(z. B. Riemenscheibe)* • groove profile

Rillenscheibe f <masch> • grooved pulley

Rillenscheibe f <masch> (z. B. für Drahtseil) • sheave

Rillenschiene f <bahn> (z. B. Straßenbahn) • grooved rail; channel rail

Rillenseiltrommel f <förd> • grooved drum

Rillenstruktur f <tech.allg> • profiles pl

Rillentiefe f <pap> • crease depth

Rillenwalzentrockner m <verf> • fin drum drier

Rillenwasserpumpenzange f prakt <wz> • groove lock pliers US; groove joint pliers US; tongue and groove joint pliers US; channellock pliers US; half moon slip joint pliers GB

Rillenweite f <bahn> (Kreuzung) • switch opening

Rillenwinkel m <prod> • groove angle

Rillmaschine f <druck> • scoring machine

Rillmaschine f <prod> • grooving machine

Rillnut f <pap> • counterpart groove

Rillung f <pap> • creasing and scoring; creasing

Rillungsart f <pap> • crease type

Rillwalze f <druck> • scoring roller

RIM <kst> • reaction injection molding (RIM)

RIM-Verfahren n <kst> • RIM process

RIM-Verfahren n <kst> • reaction injection molding (RIM)

Rinde f <bio> (von Bäumen) • bark

Rindenabfall m <pap.ents> • bark waste

Rindenmulch m <agri> (Bodenabdeckung) • bark-chip mulch

Rindenschaber m <agri.wz> (Handwerkzeug) • bark scraper

Rindenschäler m <agri.wz> (Handwerkzeug) • bark scraper

Rindenschäler m <holz> (Maschine) • bark-peeling machine; barking machine

Rinderwahnsinn m ugs <agri.med> (schwammartige Hirnerkrankung bei Rindern) • bovine spongiform encephalopathy (BSE); mad-cow disease coll; MCD

Rindleder n <bekl> • cowhide leather

Ring m (Kettenglied) • link

Ring m (in zyklischen Kohlenwasserstoffen; z. B. Benzolring) • nucleus; ring

Ring m <tech.allg> • annulus

Ring m <bekl> • ring

Ring m Autodesk <edv> • torus; ring; donut coll.

Ring m <masch> (z. B. Stellring, Abstandsring) • collar

Ring m <metall> (Lieferform; z. B. Draht) • coil

Ring m <mil> (Ergebnis) • point

Ring m <textil> (Ringzwirnmaschine) • ring

Ringanguss m <kst> • ring gate

Ringanker m <bau> • ring beam

Ringanker m <el> • ring armature

Ringanschnitt m <kst> • ring gate

Ringantenne f <el> • circular antenna US; circular aerial GB; ring antenna US; ring aerial GB

Ring-Anzeige f <el> • ring indicate

Ringaufdornversuch m <qualit.mat> (z. B. an Rohren) • ring expansion test; ring expanding test

Ringaufspaltung f <chem> • ring fission

Ringaufweitversuch m <qualit.mat> (z. B. an Rohren) • ring expansion test; ring expanding test

Ringbalken m <bau> • ring beam

Ringbandsensor m <allg> • O-ring sensor

Ringbank f <textil> • ring rail

ringbeleuchteter vandalensicherer Taster m <el> (mechanisch, Piezo) • tamper-proof ring-illuminated mechanical switch; anti-vandalism mechanical switch with ring illumination Schurter

Ringbeschleuniger m <phys> • circular accelerator

Ringblende f <licht> (an Lampen) • spill rings pl

Ringblende f <msr> • annular aperture

Ringblende f <opt> (in Mikroskopen) • annular stop

Ringblende f <opt> (allg.) • ring diaphragm

Ringbohren n <prod> • trepanning

Ringbolzen m <füg> • eyebolt

Ringbrenner m <verbr> • annular burner; ring burner

Ringbrennkammer f <turb> • annular combustion chamber

Ringbrennkammer mit Flammrohreinsätzen f <turb> (Brennkammertyp) • tubo-annular combustion chamber

Ringbuchse f <masch> (Stopfbuchspackung) • bush packing; sleeve packing

Ringbühne f <theat> • ring stage

Ringchromatographie f <chem> • circular chromatography

Ringdehner m <wz> (für Kolbenringe) • ring expander

Ringdichtung f <masch> (flach) • ring gasket

Ringdichtung f <masch> (Stopfbuchspackung) • ring packing

Ringdichtung f <masch> (allg.) • ring seal

Ringdipol m <el> • ring dipole

Ringdraht m <mat> (Lieferform) • bundle wire

Ringdrehbühne f <theat> • ring revolving stage

Ringdüse f <kst> (Extruder) • tubular die

Ringdüse f <masch> (z. B. Gasturbine) • ring nozzle

Ringdüse f <prod> (z. B. Durchziehen, Drahtziehen) • circular die

Ringdüse f <verf> • blow ring

Ringe für Überströmvorrichtungen mpl <nukl> • vent device nozzle forgings

Ringeinspeisung f <el> • radial feeder

Ringel-Abseite f <textil> • horizontally striped backing

ringelartig <textil> • striped

Ringelektrode f <el> • annular electrode; ring electrode

Ringelevator m <agri> • slat circular cage

Ringelmann-Zahl f DIN ISO 4225 <verbr> (Wert der Schwärze einer Rauchfahne) • Ringelmann number ISO 4225

ringeln vr <allg> • curl vi

Ringelwalze f <agri> • Cambridge roller; ring roller

Ringfeder f <bahn> • spring collar

Ringfeder f <msr> • proving ring

Ringfelge f <kfz> • ring rim; ring-type rim

Ringfeuerung f <verbr> • annular furnace

Ringfläche f <tech.allg> • ring surface

Ringflammenhalter m <verbr> • annular flame holder

Ringflammhalter m <verbr> • annular flame holder

Ringflügel m <aerospace> • annular wing

ringförmig <tech.allg> • annular; ring-shaped; ring type

ringförmig <tech.allg> • toroidal; donut-shaped; doughnut-shaped

ringförmig <chem> (z. B. Kohlenwasserstoffe) • cyclic

ringförmig <msr> • ring type; ring type housing

ringförmige Auskehlung f <holz> • annular groove

ringförmige Düse f <masch> • ring nozzle

ringförmige Kohlenstoffverbindung f <chem> • carbocyclic compound

ringförmiger Aufzeichnungskopf m <av> • ring-type recording head

ringförmiger Näherungsschalter m <msr> • ring sensor; ring style sensor; ring proximity switch; toroidal sensor rare; circular sensor rare

ringförmiger Sensor m <msr> • ring sensor; ring style sensor; ring proximity switch; torroidal sensor rare; circular sensor rare

ringförmiger Verteiler m <kst> • annular runner; annulus type runner

ringförmiger Verteilerkanal m <kst> • annular runner; annulus type runner

ringförmiges Brennelement n <nukl> • annular fuel element

ringförmige Schraubenzugfeder f <masch> • garter spring
ringförmiges Netz n <el> • ring-operated network
ringförmige Spule f <el> • annular coil; toroidal coil
ringförmiges Wellenfilter n <phys> • ring mode filter
ringförmige Vakuumkammer f <nukl> • vacuum doughnut
ringförmige Verbindung f <chem> • cyclic compound; ring compound
Ringfräser m <wz> • annular milling cutter
Ring-Frame m <edv> • pseudo frame
Ringfuge f <tech.allg> • circumferential gap
Ring-Gabelschlüssel m rar <wz> • combination wrench US.GB; combination spanner GB
Ringgehäuse n <förd> • annular casing; circular casing
Ring-Gerät n <qualit.mat> (Bestimmung des Erweichungspunkts) • ring-and-ball apparatus
Ringgerüst n <bau> • annular scaffolding
Ringgurtschalung f <bau> • formwork for articulated sections
Ringhalterung f <tech.allg> • ring mounting
Ringhybride f <tele> (Wellenleiter) • hybrid ring
Ringing n <av.el> • overshoot; ringing
Ringinitiator m <msr> • ring sensor; ring style sensor; ring proximity switch; toroidal sensor rare; circular sensor rare
Ringkäfig m <masch> • ball-retainer ring
Ringkäfig m <masch> (Kugellager) • ball spacer
Ringkammer f <tech.allg> • annular chamber; doughnut
Ringkammer f <nukl> (Betatron) • vacuum doughnut; doughnut; toroid
Ringkammer f <phys> (Plasma) • toroidal chamber
Ringkammermühle f <verf> • annular gap mill
Ringkanal m <turb> • guide channel
Ringkanalsystem n <ents> (für Abwasser) • perimeter system
Ringkern m <el> (z. B. ringförmiger Magnetkern) • toroidal core; ring core
Ringkern m <nukl> • annular core
Ringkernspeicher m <edv> (nichtflüchtiger RAM-Typ; bis 1968 üblich) • core memory; magnetic core memory
Ringkerntransformator m <el> • toroidal transformer
Ringkörper m <math> • torus; anchor ring
Ringkolben m <kfz.antr> (hydraulisch betätigte Lamellenkupplung) • annular piston; ring piston
Ringkolbenzähler m <msr> • oscillating-piston flowmeter
Ringkondensation f <chem> • anellation; fusion
Ringkontakt m <el> • annular contact
Ringkopf m <av> • ring head
Ringkreis m <el> (Mikrowellentechnik) • ring circuit
Ring-Kugel-Verfahren n <bau> • ring and ball test; ring and ball method
Ringläufer m <textil> • ring traveller
Ringlaser m <licht> • ring laser
Ringlaserkreisel m (RLK) <navig> • ring laser gyro (RLG)
Ringlauf m <metall> • ring runner
Ringlehre f <msr> • ring gauge
Ringleiste f DIN 55 405 <pack.teil> • girth batten
Ringleitung f <agri> (Beregnung) • circular irrigation layout
Ringleitung f <el> • closed-loop network
Ringleitung f <el> (Übertragungsnetz) • ring circuit
Ringleitung f <nav> (Tanker) • ring pipeline
Ringleitung f <rls> • ring main; loop line
Ringleitung f <verf> (z. B. Hochofen) • bustle pipe
Ringlesemaschine f <mil> • electronic scoring machine
Ringlinse f <opt> • annular lens
Ringlokschuppen m <bahn> • roundhouse
Ringmagnet m <tech.allg> • annular magnet

Ringmanschette f <kfz.wz> (zum Kolbeneinsetzen) • piston ring compressor; piston ring clamp GB; piston-ring tightener
Ring-Maulschlüssel m <wz> • combination wrench US.GB; combination spanner GB
Ringmembran f <masch> • annular diaphragm
Ringmodulation f <edv.av> • ring modulation; beat frequency modulation
Ringmodulator m (RM) <edv.av> • ring modulator; bell sound; beat frequency modulator
Ringmodulator m <tele> • ring modulator; double-balanced modulator
Ringmodusfilter n <phys> (Wellenleitertechnik) • ring mode filter
Ringmutter f DIN ISO 1891 <füg> • lifting eye nut; ring nut
Ringmutternschlüssel m ugs <wz> • box wrench US; box end wrench US; ring spanner GB; ring wrench GB
Ringnetz n <el> • ring main
Ring-Netzwerk n <edv> • ring network
Ringnut f <kfz.mot> • piston ring groove
Ringnut f <masch> (im Umfang; typ. in Wellen, Bolzen) • annular groove; circumferential groove; ring groove rare
Ringnut f <masch> (Abstand haltend) • clearance groove
Ringnut f <nfz> (umlaufende Rille in der Grundfelge einer mehrteiligen Felge) • gutter; rim gutter; gutter groove
Ringöffnung f <tech.allg> • annular aperture; annular orifice
Ringöse f <el> • ring terminal; ring tongue terminal rare
Ringösenanschluss m <kfz.el> (Batterie) • Ford type lug
Ringöse ohne Isolation f <el> • non-insulated ring terminal; non-insulated ring tongue terminal rare
Ringofen m <verf> (z. B. Glühofen) • annular furnace; circular furnace; annular kiln
Ringpreventer m <petr> • annular blowout preventer; annular-type blowout preventer; bag-type blowout preventer; spherical blowout preventer; sleeve-type blowout preventer
Ring-Pull-Aufreißdeckel m <pack> • ring-pull easy-open end; ring-pull end
Ringrad n <antr> (allg.) • ring gear; annulus gear GB; gear ring
Ring-Ratschenschlüssel m prakt <wz> • ratcheting box wrench US; ratchet box wrench; ratchet wrench US.rare; ratchet ring spanner GB; ratchet spanner GB
Ringraum m <ents.hydr> (in Rohren) • annular space; annulus
Ringrohrbrennkammer f <aerospace> • cannular combustion chamber
Ringrollenmühle f <verf> • ring-roll mill; ring-roll pulverizer; channel-roller pulverizer
Ringrückströmsperre f <kst> (an Schneckenspitze von Spritzgießmaschinen) • ring-type non-return valve
Ring-Rückströmsperre f <kst> • ring check valve; sliding ring-type non-return valve did; ring-type non-return valve
Ringschaltung f <tele> (z. B. Fernsprechen, Fernsehen; z. B. Eurovision) • closed-circuit arrangement
Ringscheibe f <masch> • washer
Ringschergerät n <bau> (Bodenmechanik) • ring shear apparatus
Ringschieber m <energ.hydr> • ring valve
Ringschieber m <masch> • annular slide valve
Ringschieberegister n <math> • circular-shift register; cyclic register
Ringschiffchen n <textil> (Nähmaschine) • oscillating shuttle
Ringschlagschlüssel m <wz> • striking [face] wrench US; sledge hammer wrench US; slogging ring wrench GB
Ringschlüssel m DIN 898 <wz> • box wrench US; box end wrench US; ring spanner GB; ring wrench GB

Ringschlüssel mit Knarre m form <wz> • ratcheting box wrench US; ratchet box wrench; ratchet wrench US.rare; ratchet ring spanner GB; ratchet spanner GB
Ringschmieden n <prod> • saddling
Ringschmierlager n <masch> • oil-ring bearing; ring-oiled bearing; ring-lubricated bearing
Ringschmierung f <tribo> • ring lubrication; ring oiling
Ringschneide f <füg> (Schraubenende) • cup point
Ringschraube f DIN 580 <füg> • lifting eye bolt; eyebolt
Ringschwinger m <phys> (Ultraschall) • ring vibrator
Ringsensor m <msr> • ring sensor; ring style sensor; ring proximity switch; torroidal sensor rare; circular sensor rare
Ringsicherung f prakt <kfz.mot> (bei 2-Taktern; verhindert Wandern der Kolbenringe) • piston ring stop; piston ring pin; locating pin; peg pract; piston ring stop peg rare
Ringsicherung f <mot> (Kolbenringe) • ring retainer; ring lock
Ringskala f A <msr> • dial scale
Ringskale f <msr> • dial scale
Ringspalt m <tech.allg> • annular gap
Ringspalt m <ents.hydr> (in Rohren) • annular space; annulus
Ringspalt m <masch> • annular clearance; radial clearance
Ringspalt-Magnetsystem n <av> • circular gap magnet system
Ringspalt-Tellerzentrifuge f <verf> • annular solids-discharge disc centrifuge
Ringspaltwäscher m <ents> • annular scrubber
Ringspannung f <mech> (im Ggs. zu Axialspannung, Radialspannung) • circumferential stress; hoop stress; tangential stress; peripheral stress
Ringspindel f <tech> • water spindle
Ringspindel f <textil> (Ringzwirnmaschine) • ring spindle
Ringspinnmaschine f <textil> • ring spinning frame
Ringspule f <el> • annular coil; toroidal coil
Ringspulenjoch n <el> • toroidal yoke
Ringstärke f <mil> • ring thickness
Ringstauchwiderstand m (RCT) norm <qualit.mat> • ring crush resistance (RCT) norm
Ringsteckdübel m <bau.mat> • eye bolt anchor
Ringsteg m <mot> (Kolben) • piston land; ring land
Ringstrahl m <tech.allg> • curtain jet
Ringstraße f <verk> • ring road; belt highway
Ringstrom m <geo> (Magnetosphäre) • ring current
Ringstrom m <nukl> • circular current; toroidal current; circulating ring current; circulating current
Ringstrom m <verf> • peripheral vortex flow; outer spiral flow; outer vortex
ringsum geschweißte Naht f <füg> • all-round weld
Ringsystem n <chem> • ring system
Ringtisch m <prod> • annular table
Ringtischmaschine f <prod> • center column rotary transfer machine
Ringträger m <bau> • ring beam
Ringträger m <mot> (Kolben) • ring carrier; ring support
Ringtransformator m <el> (eliminiert Brumm) • phantom coil
Ringtransformator m <el> (allg.) • ring transformer; toroidal transformer
Ringtransformator m <tele> • toroidal repeating coil; repeating coil
Ringübertrager m <el> • adapted ring transformer
Ringübertrager m <tele> • repeating coil
Ring-und-Kugel-Gerät n <qualit.mat> (Bestimmung des Erweichungspunkts) • ring-and-ball apparatus
Ring- und Kugel-Methode f <bau> • ring and ball test; ring and ball method
Ringventil n norm DIN 4048 <energ.hydr> • ring valve

Ringverbindung f prakt <chem> • cyclic compound; ring compound
Ringverdrängungskörper m <petr> • ring displacement hull
Ringverkleben n <kfz> • ring sticking
Ringverschmelzung f <prod> (Elektronenröhren) • ring seal
ringverstärkte Membran f <av> (Lautsprecher) • corrugated cone diaphragm; corrugated cone
ringverstärkte Prothese f <med.tech> (alloplastische Gefäßprothese) • ringed graft
Ringversuch m <qualit.msr> (mehrere Labors, vereinheitlichtes Messverfahren) • collaborative assessment experiment
Ringvorspannung f <masch> (z. B. Schrumpfring, Nabe) • circumferential prestressing
Ringwaage f <msr> • ring balance manometer; ring balance; weight-balanced ring-type meter
Ringwade f <nahr> (Fischerei) • purse seine
Ringwalze f <agri> (Bodenbearbeitung) • ring roller
Ringwalzenmühle f <verf> • ring-roll mill
Ringwalzenpresse f <verf> • ring-roll press
Ringwalzwerk n <metall> • ring rolling mill; ring mill
Ringweite f <msr> • internal ring diameter; thru US.pract
Ringwert m <mil> • scoring ring value
Ringwicklung f <el> • ring winding; toroidal winding
Ringzähler m <msr> • ring counter
Ringzapfen m <masch> • ring pivot
Ringzieher m <wz> (Kolbenringe) • ring extractor
Ringzugschlüssel m rar <wz> (Einringschlüssel mit Aufsteckrohr) • heavy-duty ring wrench
Ringzugspannung f <mech> • hoop tension
Ringzuleitung f <el> • radial feeder
Ringzwirnmaschine f <textil> (Zwirnerei) • ring twisting frame; ring doubling frame; ring twisting machine; ring doubling machine; ring twister
Rinne f <tech.allg> • hollow
Rinne f <bau> (allg.) • flute; groove
Rinne f <bau> (als Abfluss; z. B. neben Gehweg) • gutter
Rinne f <bau> (für Flüssigkeiten, betont: relativ schmal) • channel
Rinne f <ents> • gully
Rinne f <metall> • loop
Rinne f <prod> (z. B. zur Aufnahme von Spänen) • chute
Rinne f <theat> • stage cut; slit cut
Rinnenform f <bau> (Rinnenform eines Straßenablaufs) • gutter type
Rinneninstabilität f <nukl> • flute instability; interchange instability; Kruskal-Schwarzschild instability; convenctive instability
Rinnenkessel m <bau> • rainwater head
Rinnennadel f <textil> • open stem pusher type compound needle; open stem compound needle
Rinnenstutzen m <bau> • gutter outlet
Rinnenwäsche f <min> (Seifenbergbau) • ground sluicing; sluicing
Rinnenwäsche f <verf> • launder separation process; rheolaveur washery; streaming
Rinnstein m <bau> • gutter channel; gutter; road channel
Rinnstein m <bau> (gepflastert) • paved gutter
Rinnstein m <ents.hydr> • gutter; street drain
Rinser m prakt <verf> (vor Flaschen-Abfüllung) • rinser
Rio-Slip m <bekl> • hi-cut brief; hi-leg brief
RIP <druck> • raster image processor (RIP)
RIPA <med> • radioimmunoprecipitation (RIPA)
Rippe f <tech.allg> • fin
Rippe f <tech.allg> (allg. u. zur Versteifung; auch bei Reifen) • rib
Rippe f <bau> (zwischen zwei Gewölben) • groin

Rippe *f* <bau> *(Balken)* • stem
Rippe *f* <bau> • web
Rippe *f* <kst> • rib
Rippe *f* <mot.hlk> *(zur Kühlung; z. B. an luftgekühltem Zylinder)* • fin
Rippe *f* <petr> *(Stabilisator)* • blade
Rippelausrüstung *f* <nahr.prod> *(Speiseeis)* • ripple equipment; ripple machine; ripple feeding machine; ripple device
Rippelmarke *f* <geo> • ripple mark
Rippelmarkenbildung *f* <geo> • rippling
Rippelpumpe *f* <nahr.prod> *(Speiseeis)* • ripple pump; ripple sauce pump
rippen *vt* <druck> *(Raster Image Prozessor)* • rip *vt*
rippen *vt* <prod> *(in Längsrichtung)* • fin *vt*
rippen *vt* <textil> • rib *vt*
Rippenabstand *m* <mot.hlk> *(Zylinderkühlrippen)* • fin spacing
Rippendecke *f* <bau> • ribbed floor; slab and joist floor
Rippenflachmeißel *m* <wz> • constant profile chisel
Rippenfolie *f* <aerospace> *(zur Wandreibungsverminderung)* • rib film ; shark-skin *press*
Rippengewölbe *n* <bau> • ribbed vault
Rippengussdeckel *m* <bau> • ribbed cover
Rippenheizkörper *m* <hlk> • ribbed radiator; gilled radiator; fin-type radiator
Rippenkeilriemen *m* <kfz.mot> • poly-V-belt; ribbed V-belt; serpentine belt
Rippenkörper *m* <turb> *(Teil e. großen Einzelbrennkammer)* • finned segment; ribbed tile
Rippenkreuzmeißel *m* <wz> • constant profile cape chisel
Rippenkühler *m* <hlk> • fin-type radiator
Rippenplatte *f* <bau> • ribbed slab
Rippenprofil *n* <kfz> *(Reifen)* • ribbed-type tread
Rippenrohr *n* <rls> *(zum Flüssigkeitstransport)* • externally finned pipe; finned pipe
Rippenrohr *n* <rls> • ribbed tube; finned tube; gilled tube
Rippenrohrbündel *n* <verf> *(Einbau in Trockenkühlturm)* • cooling element; heat exchanger element; finned tube element; fin tube element; fin tube bundle
Rippenrohrelement *n* <verf> *(Einbau in Trockenkühlturm)* • cooling element; heat exchanger element; finned tube element; fin tube element; fin tube bundle
Rippenrohrkessel *m* <rls> • ribbed-flue boiler
Rippenrohrkühlung *f* <rls> • gill cooling
Rippenrohrverdampfer *m* <hlk> • fin coil evaporator; gilled evaporator
Rippenrohrverdampfer *m* <verf> • finned-coil evaporator
Rippenrohrvorwärmer *m* <rls> • gilled-tube economizer
Rippenrohr-Wärmetauscher *m* <hlk> • fin coil heat exchanger; coil
Rippenroststab *m* <verbr> • ribbed fire bar
Rippenscheibenrad *n* <kfz> • styled disk wheel with ribs
Rippenstärke *f* <kfz.mot> *(von Kühlrippen)* • fin diameter
Rippenstahl *m* <bau.mat> *(Stahlbeton)* • ribbed steel bar; grip bar; deformed bar; ribbed steel
Rippenwellen *fpl* <geo> *(Wasseroberfläche, Sand, Schnee)* • ripples
Rippenwellen *fpl* <hydr> • capillary waves
Ripple-Morph *m* <edv> • wave morph; ripple morph
Rippmaschine *f* <textil> • rib-knitting machine
Rippnadel *f* <textil> • dial needle
Rippscheibe *f* <textil> • dial
Rippschloss *n* <textil> • dial cam system; dial cam
Rippstrickmaschine *f* <textil> • rib-knitting machine
Ripptechnik *f* <textil> • rib gating
Ripsbindung *f* <textil> • rib weave
Rips-Matte *f* <kfz> • ribbed floor mat

RISC <edv> • Reduced Instruction Set Chip (RISC)
RISC <edv> • Reduced Instruction Set Computer (RISC)
Risikoakzeptanz *f* <tech.allg> • risk acceptance
Risikoanalyse *f* <tech.allg> *(z. B. EDV, Kernkraftwerk, Raumfahrt, Umwelt)* • risk analysis
Risikobewertung *f* <tech.allg> *(z. B. von neuen Technologien)* • risk assessment
Risikoniveau *n* <jur> • risk level
Risikopotential *n* <sich> *(von Technologien, Maschinen, Stoffen, Handlungen)* • hazard potential; risk potential
Risikopotenzial *n* <sich> *(von Technologien, Maschinen, Stoffen, Handlungen)* • hazard potential; risk potential
Riss *m* <tech.allg> • split
Riss *m* <tech.allg> *(z. B. im Lackfilm)* • crack
Riss *m* <bau> *(im Mauerwerk)* • chink
Riss *m* <doku> *(Skizze)* • drawing
Riss *m* <doku> *(Aufriss)* • elevation
Riss *m* <doku> *(techn. Zeichnung)* • section
Riss *m* *prakt.ugs* <doku> • engineering drawing
Riss *m* *prakt.ugs* <doku.allg> *(in einer technischen Zeichnung)* • view
Riss *m* <geo> *(eher schmal)* • fissure; cleft; crack
Riss *m* <qualit> *(an der Oberfläche, im Inneren)* • check
Riss *m* <qualit.mat> *(im Gefüge)* • crack
Riss *m* <qualit.mat> *(sehr fein)* • fissure
Riss *m* <qualit.mat> *(etwas breiter)* • fracture; crack
Riss *m* <qualit.mat> *(im Inneren von Holz)* • shake
Riss *m* <qualit.mat> *(Einriss)* • tear
Riss *m* <rls> • rupture
rissanfällig <qualit.mat> • susceptible to cracking
Rissaufweitung *f* <qualit.mat> • crack propagation; crack extension; crack advance
Rissausbreitung *f* <qualit.mat> • crack propagation; crack extension; crack advance
Rissausbreitungsgeschwindigkeit *f* <qualit.mat> *(Bruchmechanik)* • crack propagation velocity
Rissausgangspunkt *m* <qualit.mat> • origin of crack
Rissauslösung *f* <qualit.mat> *(z. B. Ermüdung, Stoßbelastung)* • crack initiation
Rissbildung *f* <tech.allg> *(allg.)* • cracking; crack formation
Rissbildung *f* <obfl> *(Lackfehler)* • cracking
Rissbildung *f* <qualit.mat> *(feine und zufällige Risse)* • crazing
Rissbildung *f* <qualit.mat> *(sehr schmale Risse)* • fissuration
Rissbildungsgrenze *f* <qualit> • crack formation limit
Risse an Reparaturübergängen *mpl* <obfl> *(Lackfehler)* • featheredge cracking; splitting
Risse bekommen *vi* <mat> *(allg.)* • crack *vi*; form cracks *vi*
Risse bilden *vi* <mat> *(durch Scherspannung)* • alligator *vi*; crocodile *vi*
Risse bilden *vi* <mat> *(allg.)* • crack *vi*; form cracks *vi*
Risse bilden *vi* <mat> *(feine Haarrisse entwickeln)* • fissure *vi*
Risse bilden *vi* <obfl> *(feine Oberflächenrisse; z. B. in Lack)* • check *vi*
Risse bilden *vi* <obfl> *(Glasurfehler)* • craze *vi*
Rissfänger *m* <qualit.mat> *(z. B. Bohrung in Glasscheibe)* • crack arrester
Rissfortpflanzung *f* <qualit.mat> • crack propagation; crack extension; crack advance
rissfrei <qualit.mat> • crack-free
Risslinie *f* <prod> • layout line *US*; scribed line; marking-out line
Rissprüfer *m* <qualit.mat> • crack detector
Rissprüfmolch *m* <rls> • crack detection crawler
Rissprüfung *f* <qualit.mat> *(z. B. Penetrierverfahren, Ultraschall, Röntgen)* • crack detection

Rissprüfungsmolch *m* <rls> • crack detection crawler

Rissstopper *m* <qualit.mat> *(z. B. Bohrung, Ausrundung)* • crack arrester

Risswiderstand *m* <tech.allg> *(Bruchmechanik)* • crack resistance

Risszähigkeit *f* <qualit.mat> • fracture toughness

Ritsch-Ratsch-Gerät *n* ugs <druck> *(für Kreditkarten-belege, mechanisch-manuell)* • imprinter *NBS*

Ritz'sches Kombinationsprinzip *n* <nukl> • Ritz's combination principle

Ritz *m* <qualit> *(in den Lack, für Prüfzwecke)* • scribe

Ritzel *n* <antr> *(erheblich kleineres Rad einer Zahnrad-paarung)* • pinion gear; pinion *pract*

Ritzel *n* <fz.antr> *(Kettenrad hinten; z. B. Fahrrad, Motor-rad)* • rear sprocket; sprocket wheel; sprocket *pract*; cog *coll*

Ritzelfuß *m* <masch> • pinion dedendum

Ritzelfußhöhe *f* <masch> • pinion dedendum

Ritzel mit Evolventenverzahnung *n* <masch> • involute pinion

Ritzelpaket *n* <fz> *(Fahrrad)* • sprocket cluster; gear cluster; cluster *pract*

Ritzelsatz *m* prakt <fz> *(Fahrrad)* • sprocket cluster; gear cluster; cluster *pract*

Ritzelwelle *f* <masch> • pinion shaft

Ritzen *n* <el.ic.prod> • scribing

ritzen *vt* **(1)** *DIN 55 405* <prod> • score *vt*

ritzen *vt* **(2)** *DIN 55 405* <prod> • score *vt*

Ritzhärte *f* <qualit.mat> • scratch hardness; scoring hardness *rare*

Ritzhärteprüfung *f* <qualit.mat> • scratch hardness test; scratch test; surface scratching test *rare*

Ritzmaschine *f* <wz.masch> • scoring machine

ritzsches Kombinationsprinzip *n* <nukl> • Ritz's combination principle

Ritzstation *f* <pack> • score station

Ritzwerkzeug *n* <wz> • scribe tool

Rizinusöl *n* <tribo> • castor oil

Rizinusspinner *m* <textil> • eri silkworm

RK <bau.innen> • full round edge

RKS <kfz> • radial force variation

RL-Ausschlagsicherung *f* <rls> *(verhindert Garten-schlaucheffekt bei RL-Bruch)* • pipe whip restraint; whip restraint *pract*

RLE <edv> *(Dateiformat für Grafiken)* • Run Length Encoding (RLE)

RL-Halter *m* <rls> *(allg.)* • pipe support

RL-Halter *m* <rls> *(von unten)* • pipe support

RL-Halter *m* <rls> *(von oben)* • pipe hanger

RL-Halter *m* <rls> *(von der Seite)* • sway brace; lateral pipe support

RL-Halter aus Bandstahl *m* <rls> • band iron pipe hanger

RL-Halter aus Draht *m* <rls> • wire pipe hanger

RL-Isolierung *f* <rls> • pipe insulation

RLK <navig> • ring laser gyro (RLG)

RL-Kettengewirk *n* <textil> • single faced warp knitted fabric

RLL <edv> *(Aufzeichnungsverfahren)* • Run Length Limited (RLL); Run Length Limited code

RLL <edv> • run-length-limited code (RLL); Run Length Limited; RLL code

RLL-Code *m* <edv> • run-length-limited code (RLL); Run Length Limited; RLL code

RL-Maschenware *f* <textil> *(einflächige Maschenware)* • single faced fabric; single faced structure; single sided fabric *rare*; single sided structure *rare*

RL-Maschenware *f* <textil> *(Aussehen einflächiger Maschenware)* • plain fabric

RLP <tele> • Radio Link Protocol (RLP)

RL-Rundstrickmaschine *f* <textil> • open top machine; sinker top machine; single-jersey machine

RL-Strang *m* prakt <rls> • pipe run

RL-Strick-/Wirkmaschine *f* <textil> • plain knitting machine; single face knitting machine

R/L Ware <textil> • plain knitted fabric; plain jersey; single face fabric

RM <edv.av> • ring modulator; bell sound; beat frequency modulator

RM <el> • stranded circular conductor *IEC*; circular stranded conductor

RM <wz> • rolling cutter rock bit; rock bit; roller rock bit; roller cone bit; cone bit

RME <kfz> *(als Kraftstoff für Dieselmotoren)* • rape seed methyl ester (RME); green diesel fuel *pract*; biodiesel *SP-1545*

RMI <navig> • radio magnetic indicator (RMI)

RM-Leiter *m* <el> • stranded circular conductor *IEC*; circular stranded conductor

RMP <pap.ents> • refining mechanical pulp (RMP)

RMS-Fehler *m* <math> • root-mean-square error; mean-square error; standard deviation; rms error

RMS-Gewinde *n* *DIN 58888* <opt> • Royal Microscopical Society thread (RMS) *ISO 8038*; instrument maker's system; Society thread *pract*

RMS-Wert *m* prakt.ugs <tech.allg> *(quadratisches Mittel einer periodischen Größe; z. B. el. Spannung)* • root-mean-square value; rms value *pract*; root mean square; virtual value *rare*

Rn <chem> • radon (Rn)

RNA-abhängige DNA-Polymerase *f* <med> • RNA-dependent DNA polymerase

RNA/DNA-Hybrid *n* <med> • RNA/DNA hybrid

RNase H <med> • ribonuclease H (RNase H)

RNAV <navig> • area navigation (RNAV)

RNAV-System *n* <navig> • area navigation system; RNAV system

RNR <emiss.verf> • add-on air pollution control equipment; add-on air pollution control

RO <bio> • reverse osmosis; re-osmosis

Road-Pricing *n* <verk.fin> *(mit Chip-Karte)* • road-pricing

Roadster *m* <kfz> • roadster

Roadster-Cabriolet *n* obs.gehob <kfz> • spider

Roadster-Verdeck *n* <kfz> • roadster top

Roaming *n* prakt <tele> *(mit Handy)* • roaming

Roaming-Abkommen *n* (RA) <tele> • Roaming Agreement (RA)

Roaming-Vertrag *m* <tele> • Roaming Agreement (RA)

Robinia pseudoacacia *f* <bio> • black locust acacia; Robinia pseudoacacia

Robinie *f* <bio> • black locust acacia; Robinia pseudoacacia

Robot-Diener *m* ugs <autom> • personal robot (PR)

Roboter *m* <autom> *(allg.; z. B. Haushaltsroboter)* • robot

Roboter *m* ugs <prod.autom> • industrial robot (IR); robot *coll*

Roboterachse *f* <autom> • robot axis

Roboterarm *m* <autom> • robot arm; boom; arm; robot lever *rare*

Roboter auf der Basis von Wiederholteilen *m* <autom> • assembly-type robot

Roboterautonomie *f* <autom> • robot autonomy; autonomy of robots

Roboterbestückung *f* <autom> • robot content

Roboterbewegungsbahn *f* <autom> • robot path

robotergeschweißt <füg> • robot-welded

robotergesteuert <autom> • robot-controlled

Robotergreifer *m* <autom> • robot gripper

Roboter in Modulbauweise *m* <autom> • modular robot
Roboterkämpfe *mpl* <fz.sport> *(ferngesteuerte Kampfmaschinen)* • robot wars
Roboterkoordinatensystem *n* <autom> • robot coordinate system
Roboterlackauftrag *m* <obfl> *(allg.)* • robot paint application; robotic painting; robot painting
Roboterlackspritzen *n* <obfl> • robot spray painting; robot spraying
Roboter mit Achsregelung *m* <autom> • servo-controlled robot
Roboter mit Gelenkkoordinaten *m* <autom> • articulated robot; jointed-spherical coordinate robot
Roboter mit kartesischem Koordinatensystem *m* <autom> • cartesian-coordinate robot
Roboter mit kugelförmigem Koordinatensystem *m* <prod.autom> • spherical-coordinate robot
Roboter mit Repetiersteuerung *m* <autom> • record-playback robot
Robotermontage *f* <autom> *(z. B. von Automotoren, Karosserien)* • robot assembly
Roboter ohne Achsregelung *m* <autom> • non-servo controlled robot
Roboterspritzapplikation *f* <obfl> • robot spray painting; robot spraying
Robotersteuerung *f* <autom> • robot control
Robotertechnik *f* <autom> • industrial robotics; robotics
Robotik *f* <autom> • industrial robotics; robotics
Robot-Lager *n rar* <logist> • automated storage/retrieval system (AS/RS); automated high-rise storage system; high-rise S/R system; unit load AS/RS; AS/R system *pract*
Robot Wars *mpl ugs* <fz.sport> *(ferngesteuerte Kampfmaschinen)* • robot wars
robust <tech.allg> *(stabile Bauart; z. B. Gehäuse)* • rugged *US*; robust *GB*; sturdy
robust <tech.allg> *(Werkstoff, Konstruktion)* • robust
robustes Gehäuse *n* <tech.allg> • ruggedized enclosure *US.GB*; ruggedised enclosure *GB*
robust gebaut <masch> *(Konstruktion, Ausführung, Gehäuse, Komponente)* • ruggedized *US.GB*; ruggedised *GB*
Robustheit *f* <tech.allg> *(gegen Misshandlung, Fehlbedienung)* • forgivingness
Robustheit *f* <tech.allg> *(gegen mechanische Belastung)* • ruggedness
Robustheit *f* <tech.allg> *(gegenüber mech. Einflüssen)* • ruggedness
Rock *m* <textil> • skirt
Rockwell-B-Härte *f* <qualit.mat> *(Eindringkörper: Kugel)* • Rockwell B hardness
Rockwell-C-Härte *f* <qualit> *(Eindringkörper: Kegel)* • Rockwell C hardness
Rockwellhärte *f* <qualit.mat> • Rockwell hardness
Rockwell-Härteprüfung *f* <qualit.mat> • Rockwell hardness test
Rockwellhärteskala *f* <qualit.mat> • Rockwell hardness scale
Rockwellhärteskala B *f* (HRB) <qualit.mat> *(Eindringkörper: Kugel)* • Rockwell hardness scale B (HRB)
Rockwellhärteskala C *f* (HRC) <qualit.mat> *(Eindringkörper: Kegel)* • Rockwell hardness scale C (HRC)
Rockwell-Prüfverfahren *n* <qualit.mat> • Rockwell hardness test
Rodel *m prakt* <sport> • luge *form*; sled *pract*
Rodelader *m* <agri> • lifter loader
Rodepflug *m* <agri> • lifting plough; lifter
Roderad *n* <agri> • lifting wheel
Rodeschar *n* <agri> • lifting share; digging share

Rodescheibe *f* <agri> • lifting disk; digging disk
Rodol C *n* ᵀᴹ <chem> *(C₆H₆O₂; farbloses Kristall)* • pyrocatechol; pyrocatechin; catechol *pract*
Röcheln *n* <med> • stertorous breathing
Rödeldraht *m* <bau> *(Schaltechnik)* • tie wire
Röhrchen *n* DIN 55 405 <pack.typ> • vial
Röhrchennadel *f* <textil> • compound needle; two-piece needle; tubular pipe compound needle; tubular pipe needle
Röhrchenplatten *fpl* <energ.sol> • tubular plate
Röhrchenplattenbatterie *f* <el> • tubular plate battery
Röhrchensicherung *f* <el> • glass-enclosed fuse
Röhrchenwebstuhl *m* <textil> • tube loom
Röhre *f prakt* <el> • electron tube *US/GB*; tube *pract*; electronic tube *rare*; electron valve *rare.obs*; valve *rare.obs*
Röhrenabscheider *m* <chem.verf> • tube precipitator; pipe precipitator
Röhrenabscheider *m* <verf.ents> *(Längsbecken mit Röhren)* • tube settler
Röhrenabschirmung *f* <el> • tube shielding; tube shield
Röhrenanheizzeit *f* <el> • tube heating time
Röhrenarbeitswiderstand *m* <el> • dynamic plate resistance
Röhrenausfall *m* <el> • tube failure
Röhrenbildschirm *m* <edv> • cathode ray tube monitor; cathode ray tube
Röhrenblitzlampe *f* <opt> • strobe lamp
Röhrenbrumm *m* <el> • tube hum
Röhrenbündelverdampfer *m* <verf> • foreign circulation reboiler
Röhrenbussole *f* <opt.msr> • tubular compass
Röhrendesorber *m* <verf> • desorber
Röhrendestillation *f* <chem.verf> • pipe-still distillation
Röhrendiode *f* <el> • thermionic diode
Röhren-Elektroentstauber *m* <ents> • tubular ESP; tube-type ESP; wire-in-tube precipitator
Röhrenelektroentstauber *m* <verf.ents> • tube-type electrostatic precipitator; tubular electrostatic precipitator
Röhrenelektrofilter *n* <ents> • tubular ESP; tube-type ESP; wire-in-tube precipitator
Röhrenerhitzer *m* <hlk.nahr> *(Milch)* • tubular pasteurizer
Röhrenfassung *f* <el> • valve holder; tube socket
Röhrenfedermanometer *n* <msr> • Bourdon pressure gauge; Bourdon gauge
Röhrenfilter *n* <ents> • tubular ESP; tube-type ESP; wire-in-tube precipitator
röhrenförmig <tech.allg> • tubular
Röhrenfuß *m* <el> • valve base; tube base; stem *pract*
Röhrengenerator *m* <el> • thermionic power generator; thermionic generator; tube generator; tube oscillator
Röhrengong *m* <el.alarm> • tubular bells
Röhrenhalterung *f* <el> • tube clamp
Röhrenheizfläche *f* <rls> • fire-tube heating surface
Röhrenheizkörper *m* <hlk> • tubular radiator
Röhreninnenwiderstand *m* <el> • tube alternating-current resistance
Röhrenkabel *n* <el> • duct cable; conduit cable
Röhrenkaltverformpresse *f* <prod> • tubular cold-forming press
Röhrenkapazität *f* <el> • interelectrode capacitance
Röhrenkennlinie *f* <el> • tube characteristic
Röhrenkessel *m* <hlk> • tube boiler; tubular boiler
Röhrenkessel-Umlaufverdampfer *m* <hlk> • kettle-type reboiler
Röhrenkesselverdampfer *m* <hlk> • shell and tube evaporator
Röhrenkessel-Wärmetauscher *m* <hlk> • shell and tube heat exchanger
Röhrenkesselwärmetauscher *m* <hlk> • shell and tube heat exchanger

Röhrenklemme f <el> • tube clamp
Röhrenkolben m <el> • tubular envelope; tube coll
Röhrenkondensator m <therm> • tubular condenser
Röhrenkonverter m <chem> • tubular converter
Röhrenkopplung f <el> (Elektronenröhren) • intervalve coupling
Röhrenkühler m <hlk> (Kondensator) • tubular condenser; tubular cooler
Röhrenkühler m <hlk> (Radiator) • tubular radiator
Röhrenlampe f <licht> • tubular lamp
Röhrenleistung f <el> • tube output; tube power
Röhrenlibelle f <msr> (Nivelliergerät) • bubble tube; tubular level; spirit vial; spirit level
röhrenlos <el> • valveless; tubeless
Röhrenlufterhitzer m <hlk> • tubular air preheater
Röhrennadel f <textil> (Nähwirkmaschine) • stitching needle; two-piece tube needle
Röhrenofen m <chem.petr> • pipe still
Röhrenofen m <hlk> • tubular heater
Röhrenofen m <metall> • tube furnace
Röhrenofenanlage f <chem.petr> (zum Fraktionieren) • pipe-still plant; pipe-still distillation plant; pipe-still installation; pipe-still unit; tube-still plant
Röhrenofendestillation f <petr> • tube-still distillation
Röhrenofen-Destillationsanlage f <chem.petr> (zum Fraktionieren) • pipe-still plant; pipe-still distillation plant; pipe-still installation; pipe-still unit; tube-still plant
Röhrenprüfgerät n <el> • electron-tube tester
Röhrenrauschen n <el> • tube noise
Röhrenreinigungskette f <mot> • chain tube cleaner
Röhrenrelais n <el> • tube relay
Röhrenrundstahl m <metall.mat> • tube round; tube billet
Röhrenschabewärmetauscher m <prod.nahr> • scraped-surface heat exchanger (SSHE); scraped-surface exchanger
Röhrenschaltung für Frequenzmodulation f <tele> • tube reactor modulator
Röhrensicherung f <el> • tube fuse; tubular fuse
Röhrensockel m <el> • valve base; tube base
Röhrensockelschaltung f <el> • base connection
Röhrensockelstift m <el> • tube pin
Röhrenspannungsgleichhalter m rar <el> • tube stabilizer
Röhrenstabilisator m <el> • tube stabilizer
Röhrenstativ n <av> (z. B. für Kamera) • tube stand
Röhrentransporter m <petr> • pipe carrier
Röhrentrockner m <verf> • tube rotary drier; indirect rotary drier
Röhrenverstärker m <el> • tube amplifier; electron-tube amplifier
Röhrenvoltmeter n <el> • thermionic voltmeter histor; tube voltmeter
Röhrenvorwärmer m <rls> • tube preheater
Röhrenwärmetauscher m <hlk> (für Luft) • tubular recuperative air heater
Röhrenwärmetauscher m <hlk> (allg.; jedes Medium) • tubular heat exchanger; tube heat exchanger; tubular type heat exchanger; tubular heater
Röhrenwärmeübertrager m <hlk> (allg.; jedes Medium) • tubular heat exchanger; tube heat exchanger; tubular type heat exchanger; tubular heater
Röhrenwicklung f <el> (Transformator) • cylindrical winding
Röhrenzentrifuge f <verf> • tubular centrifuge; tubular bowl centrifuge
Röhrenzwischenstecker m <el> • tube adapter
Röntgen n (R) obs <nukl> (veraltete Einheit der radioaktiven Strahlungsdosis) • roentgen (R) obs
Röntgen... <phys> • X-ray ...

Röntgenabsorptionsspektrum n <phys> • X-ray absorption spectrum
Röntgenäquivalent n <nukl> • equivalent roentgen; roentgen equivalent
Röntgenanalyse f <tech.allg> • X-ray analysis
Röntgenapparat m <tech.allg> • X-ray apparatus
Röntgenastronomie f <astron> • roentgen astronomy
Röntgenaufnahme f <tech.allg> • X-ray image; radiograph; X-ray photograph rare.coll
Röntgenaufnahme f <qualit.mat> (Verfahren) • roentgenography
Röntgenbeugungsbild n <phys> • X-ray diffraction pattern
Röntgenbeugungskamera f <tech.allg> • X-ray diffraction camera
Röntgenbild n ugs <tech.allg> • X-ray image; radiograph; X-ray photograph rare.coll
Röntgenbildverstärker m <tech.allg> • X-ray image intensifier
Röntgenblitzaufnahme f <med> • X-ray flash exposure
Röntgenblitzgenerator m <med.tech> • X-ray flash generator
Röntgenblitzröhre f <med.tech> • X-ray flash tube
Röntgenbremsstrahlung f <nukl> • bremsstrahlung collision radiation; continuous x-ray radiation; braking deceleration; slowing-down radiation
Röntgendarstellung f DIN ISO 10209-2 <doku> (i.a. perspektivisch) • X-ray drawing; X-ray view ISO 10209-2; X-ray; phantom drawing rare
Röntgendarstellung f <kunst> • ghosting
Röntgendickenmessgerät n <msr> • X-ray thickness gauge
Röntgendickenmessung f <msr> • X-ray thickness gauging
Röntgendiffraktometer n <phys.msr> • X-ray diffractometer; roentgen diffractometer
Röntgendosimeter n <med.msr> • X-ray dosemeter
Röntgendosis f <med> (empfangen, auch ungeplant) • X-ray dose
Röntgendosis f <phys.med> (Dosierung, planmäßig verabreicht) • X-ray dosage
Röntgendosismesser m rar <med.msr> • X-ray dosemeter
Röntgendurchleuchtung f <phys> (mit Röntgenstrahlen) • radiography; fluoroscopy; x-ray examination
Röntgeneinkristallaufnahme f <phys> • X-radiation single-crystal photography
Röntgenfeinstruktur f <mat.qualit> • X-ray structure
Röntgenfeinstrukturanalyse f <mat.qualit> • X-ray analysis
Röntgenfeinstrukturanalyse f <mat.qualit> • X-ray crystal analysis; X-ray crystal structure analysis
Röntgenfernseheinrichtung f <phys.av> • X-ray television equipment
Röntgenfluoreszenzspektroskopie f <phys> • X-ray fluorescence spectroscopy
Röntgengenerator m <phys> • X-ray generator
Röntgengerät n prakt <tech.allg> • X-ray apparatus
Röntgengrobstrukturuntersuchung f <qualit.mat> • macroscopic X-ray analysis
Röntgenholographie f <opt> • X-ray holography
Röntgeninterferenz f <phys> • X-ray interference
Röntgenkamera f <phys> • photofluorographic camera; X-ray camera
Röntgenkinematogramm n <med> • radiocinematogram
Röntgenkinokamera f <phys.kino> • X-ray cine camera
Röntgenkontinuum n <nukl> • bremsstrahlung collision radiation; continuous x-ray radiation; braking deceleration; slowing-down radiation

Röntgenkontrast m <med> • radiopacity; radio-opacity *rare*

Röntgenkontrast m <phys> • radiographic contrast

röntgenkontrastgebend <phys> • radiopaque; radiodense; radio-opaque *obs*; opaque to X-rays *rare*

Röntgenkristallographie f <mat.qualit> • X-ray crystallography

Röntgenkristallstrukturanalyse f <mat.qualit> • X-ray crystal analysis; X-ray crystal structure analysis

Röntgenlaser m <phys.opt> • X-ray laser

Röntgenlinse f <phys.opt> • X-ray lens

röntgenlithographisch <phys> • X-ray-lithographic

Röntgenlumineszenz f <phys> • roentgenoluminescence

Röntgenmaskensubstrat n <mat> • X-ray mask substrate

Röntgenmaterialprüfung f <qualit.mat> • X-ray examination of materials

Röntgenmeter n <phys> • roentgenometer; roentgen meter

Röntgenmikroskop n <phys> • X-ray microscope

Röntgenmikroskopie f <phys> • X-ray microscopy

Röntgenniveau n <phys> • X-ray level; X-ray term

Röntgenogramm n <phys.doku> • X-ray photograph; roentgenogram

Röntgenographie f <phys> • radiography; roentgenography; X-ray photography

röntgenographische Kristallstrukturuntersuchung f *norm* <mat.qualit> • X-ray crystal analysis; X-ray crystal structure analysis

röntgenographische Polykristallmethode f <mat.phys> • X-ray powder crystallography

röntgenographische Pulvermethode f <mat.phys> • X-ray powder crystallography

Röntgenologie f <phys> • roentgenology

Röntgenoptik f <opt> • X-ray optics

Röntgenoskopie f <phys> • roentgenoscopy

Röntgenoskopie f <phys> *(mit Röntgenstrahlen)* • radiography; fluoroscopy; x-ray examination

Röntgenphotoelektronenspektroskopie f (XPS) <qualit> • electron spectroscopy for chemical analysis (ESCA)

Röntgenprojektionsmikroskop n <phys.el> • X-ray projection microscope

Röntgenprüfung f <qualit> • X-ray examination

Röntgenpulverdiagramm n <phys.phot> *(Kristallographie)* • X-ray diffraction powder pattern

Röntgenpulverkamera f <mat.phys> • X-ray powder camera

Röntgenquant n <phys> • X-ray quantum

Röntgenrastermikroskopie f <phys> • X-ray scanning microscopy

Röntgenröhre f <phys.el> • X-ray tube

Röntgenröhrenkathode f <phys.el> • X-ray cathode; X-ray target *pract*

Röntgenschichtaufnahmeverfahren n did <qualit.mat> • planigraphy

Röntgenschichtverfahren n did <med> • tomography

Röntgenschichtverfahren n <qualit.mat> • planigraphy

Röntgenschirm m <phys> • X-ray screen; fluoroscopic screen; fluoroscope screen

Röntgenschutzeinrichtung f <phys.sich> • X-ray protection device

Röntgenschutzglas n <med.sich> • X-ray protective glass

röntgensichtbar <phys> • radiopaque; radiodense; radio-opaque *obs*; opaque to X-rays *rare*

Röntgensichtbarkeit f <med> • radiopacity; radio-opacity *rare*

Röntgenspektralanalyse f <mat.qualit> • X-ray spectroscopic analysis

Röntgenspektrograph m <phys.doku> • X-ray spectrograph

Röntgenspektrometer n <phys.msr> • X-ray spectrometer

Röntgenspektroskopie f <mat.qualit> • X-ray spectroscopy

röntgenspektroskopische Analyse f <mat.qualit> • X-ray spectroscopic analysis

Röntgenspektrum n <phys> • X-ray spectrum; roentgen spectrum

Röntgenstereobild n <phys.doku> • X-ray stereo picture

Röntgenstereofernsehen n <phys.av> • X-ray stereo television

Röntgenstrahl m <phys> • X-ray; X-ray beam; Roentgen ray *rare*

Röntgenstrahlenabsorption f <phys> • X-ray absorption

röntgenstrahlenbelichtet <phys> • X-ray exposed

Röntgenstrahlenbeugung f <phys> • X-ray diffraction

röntgenstrahlendurchlässig <phys> • radiolucent; transparent to X-rays

Röntgenstrahlenempfindlichkeit f <qualit> • X-ray sensitivity

Röntgenstrahlenintensitätsmesser m <phys> • ionometer

Röntgenstrahlenkunde f <phys> • roentgenology

Röntgenstrahlenmikroskopie f <phys> • X-ray microscopy

Röntgenstrahlenmonochromator m <phys> • X-ray monochromator

Röntgenstrahlenquelle f <phys> • X-ray emitter; X-ray source

röntgenstrahlenundurchlässig <phys> • radiopaque; radiodense; radio-opaque *obs*; opaque to X-rays *rare*

Röntgenstrahler m <phys> • X-ray emitter; X-ray source

Röntgenstrahlinterferenz nach Laue f <phys> • Laue interference

Röntgenstrahlmesser m <phys> • penetrameter

Röntgenstrahl-Prüfung f <qualit.mat> *(z. B. von Rädern und Reifen)* • radiographic testing; X-ray inspection *pract*; radiographic test; penetrating radiation test *rare*

Röntgenstrahlung f <phys> • X-ray emission; X radiation; X-ray radiation

Röntgenstrahlung aussetzen vt <phys> • expose to X-rays vt

Röntgenstrahlungsquant n <phys> • X-ray quantum

Röntgenstreuung f <phys> • X-ray scattering

Röntgenstruktur f <mat.qualit> • X-ray structure

Röntgenstrukturanalyse f <mat.qualit> • X-ray structure analysis; X-ray analysis

Röntgenterm m <phys> • X-ray level; X-ray term

Röntgentiefenlithographie f <nukl> • X-ray lithography

Röntgentopographie f <phys.mat> • X-ray topography

Röntgenverbrennung f <med> • X-ray burn

Röntgenverstärkerfolie f <phys> • X-ray intensifying screen

Röntgenzeichnung f rar <doku> *(i.a. perspektivisch)* • X-ray drawing; X-ray view *ISO 10209-2*; X-ray; phantom drawing *rare*

rösche Mahlung f <pap> • free beating

röscher Stoff m <pap> • free stock; free stuff

Röstanlage f <nahr> *(für Kaffee)* • coffee roasting apparatus

Röstanlage f <verf> *(betont: zum Kalzinieren)* • calcining plant

Röstanlage f <verf> *(allg.)* • roasting plant

Röstanlage f <verf> *(für Erz)* • ore-roasting plant

Röstbett n <verf> • roasting bed

Röste f <textil> *(Flachs)* • rotting; retting

Rösten n <nahr> *(mit großer Hitze; z. B. Kaffee)* • torrefaction

Rösten n <textil> *(von Flachs)* • rotting; retting
Rösten n <verf> *(allg.)* • roasting
Rösten n <verf> • calcination
rösten vt <nahr.verf> *(mit großer Hitze)* • torrefy vt; kiln vt
rösten vt <textil> *(Flachs)* • rot vt; ret vt
rösten vt <verf> *(z. B. Erz)* • roast vt
rösten vt <verf> • calcinate vt; calcine vt; burn vt
Rösterz n <min> • roast ore; calcined ore
Röstgas n <chem.verf> • roaster gas
Röstgut n <prod> *(Resultat von Kalzinierungsprozessen)* • roasting residue; calcine; roasted material
Röstherd m <prod> • roasting hearth
Rösti npl <nahr> • hash browns coll; hash browned potatoes
Röstkammer f <prod> • roasting chamber
Röstofen m <prod> *(betont: zum Kalzinieren)* • calcining furnace
Röstofen m <prod> *(allg.)* • roasting furnace
Röstofen m <prod> *(als Drehrohrofen)* • roasting kiln
Röstreaktionsverfahren n <chem.verf> • roast-reaction process
Röstreduktionsverfahren n <chem.verf> • roast-reduction process
Röstschachtofen m <metall> • roasting blast furnace
Röstschlacke f <metall> • scoria of raw matte
Röstschmelzen n <metall> • roast smelting
rötten vt <textil> *(Flachs)* • rot vt; ret vt
roh <allg> *(betont: im Urzustand, nicht weiterverarbeitet)* • crude
roh <tech.allg> *(uneben; z. B. Oberfläche)* • rough
roh <mat> • raw
roh <nahr> *(unbehandelt; z. B. Fisch, Gemüse, Obst)* • untreated
roh <prod> *(Rohling)* • blank
roh <prod> *(betont: noch nicht bearbeitet)* • unfinished
Rohabgas n <kfz.emiss> • raw exhaust gas; raw exhaust pract.coll
Rohabwasser n <ents> • raw sewage; untreated sewage; crude sewage GB.
Rohabwasser n <verf.hydr> • raw sewage; untreated sewage; crude sewage
Rohbau m <bau> *(Gebäude)* • carcass; shell
Rohbau m <fz> *(Reifen)* • fabric
Rohbau m prakt <kfz> *(Struktureinheit nach dem Ausschweißen)* • body-in-white; body framework; body frame; body framing; master build
Rohbau m <kfz.prod> *(Produktionsabschnitt in einem Automobilwerk)* • body shop; body assembly shop; body-in-white
rohbaufertig <bau> • topped-out
Rohbaumwolle f <textil> *(Baumwolle)* • grey cotton; raw cotton
Rohbenzin n <chem.petr> • raw gasoline; virgin gasoline
Rohblei n <mat> • crude lead; raw lead
Rohblock m <metall> • raw ingot; ingot
Rohblock m <metall> • ingot
Rohbogen m <druck> *(betont: nicht gefaltet)* • unfolded sheet
Rohbogen m <druck> *(betont: nicht beschnitten)* • untrimmed sheet
Rohbramme f <metall> • slab ingot; ingot slab
Rohbrand m <silik> • biscuit firing
Rohbraunkohle f <verbr> • raw brown coal; raw lignite
Rohbruchfestigkeit f <qualit.mat> • green strength
Rohdeckel m <pack> • shell
Rohdiamant m <mat> • rough diamond
Rohdichte f <mat> *(Masse pro Volumeneinheit, ggf. inkl. Poren; z. B. Schüttgut)* • bulk density; gross density
Rohdruckbogen m <druck> • printed sheet

Roheisen n DIN EN 10001 <metall> *(3–4% C)* • pig iron; crude iron rare
Roheisen-Erz-Verfahren n <metall> • pig iron-ore process; pig-and-ore process; ore process
Roheisenmassel f <metall> • iron pig
Roheisenmischer m <metall> • pig iron mixer; hot-metal mixer
Roheisenpfanne f <metall> • pig iron ladle
Roheisen-Schrott-Verfahren n <metall> • pig iron-scrap process; pig-and-scrap process
Rohemissionsreduzierung f <kfz.emiss> • reduction of raw emission
roher Chilesalpeter m <chem> *(natürlich vorkommend)* • natural Chilean salpeter; caliche
Roherz n <min> • crude ore; raw ore; as-mined ore; run-of-mine ore
rohes Erdöl n rar <chem.petr> *(betont: Erdöl vor der Raffinerie)* • crude oil; crude petroleum; crude pract
Rohfallhöhe f <energ.hydr> • gross head
Rohfilm m <kino> • raw film stock
Rohförderkohle f <verbr> • raw coal; run-of-mine coal
Rohformat n DIN 6730 <pap> • untrimmed size
Rohgang m <metall> *(Hochofen)* • cold working
Rohgarn n <textil> • raw yarn
Rohgas n <ents> *(betont: nicht gereinigt)* • unscrubbed gas
Rohgas n <verf> *(unbehandelt allg.)* • raw gas; crude gas; untreated gas
Rohgas n <verf> • dirty gas; dusty gas; uncleaned gas; dust-laden gas; particulate-laden gas
Rohgasbeaufschlagung f <verf> • dirty gas loading; inlet dust loading; inlet dust concentration; feed concentration of dust
Rohgasbeladung f <verf> • dirty gas loading; inlet dust loading; inlet dust concentration; feed concentration of dust
Rohgaseintritt m <verf> • dirty gas inlet; dirty gas entry; dirty gas entrance
Rohgaskammer f <verf> • dirty gas chamber; dirty gas plenum; inlet plenum
Rohgasschaltung f <ents> • high-dust position; high-dust configuration
Rohgasseite f <verf> • dirty gas side
Rohgasstaubgehalt m <verf> • dirty gas dust loading; inlet dust loading; inlet dust concentration; feed concentration of dust
Rohgasstrom m <verf> • dirty gas stream; dirty gas flow
rohgerandet <opt> *(Brillenglas)* • uncut
Rohgewebe n <textil> • greige cloth
Rohglas n <silik> • rough-cast glass; rough glass
Rohgummi m <prod> • raw rubber
Rohguss m <prod> • raw castings; undressed castings
Rohgut n <min> • mine run
Rohhauthammer m obs <wz> • rawhide-faced hammer; rawhide hammer; rawhide mallet; hide hammer
Rohholz n <holz> • wood in the rough; rough timber
Rohholzäquivalent n <agri.ökon> *(Forstwirtschaft)* • wood raw material equivalent
Rohkabel n <el> • bulk cable
Rohkaffee m <nahr> • unroasted coffee; coffea cruda
Rohkapazität f <edv> • unformatted capacity; raw capacity
Rohkarosserie f <kfz> *(Struktureinheit nach dem Ausschweißen)* • body-in-white; body framework; body frame; body framing; master build
Rohkautschuk m <mat> *(allg.; noch unvulkanisiert)* • rubber (NR); natural rubber; caoutchouc
Rohkohle f <verbr> • raw coal
Rohkristall m <mat> • crystal blank

Rohkupfer n <metall> • copper matte; crude copper
Rohling m <edv> (unbeschriebene CD) • blank
Rohling m rar <kst> (beim Blasformen; spritzgegossene Vorstufe eines Spritzblaslings) • parison; preform
Rohling m <prod> (allg. vorgeformtes, noch nicht bearbeitetes Teil; z. B. für Schlüssel) • blank
Rohling m <prod> (Halbzeug, unbearbeitetes Material von der Stange) • stock
Rohling m <prod> (betont: für Werkzeug) • tool blank
Rohling m <prod> (betont: noch unbearbeitetes Werkstück) • unworked piece
Rohling m <prod> (assemblierter, unvulkanisierter Reifen) • green tire US; green tyre GB
Rohmaß n <tech.allg> • rough size
Rohmaterial n <mat> • raw material
Rohmatrize f <edv> (für CDs; zweites Negativreplikat der Masterplatte) • stamper; son
Rohmetall n <metall> • bullion
Rohmilch f <nahr> • raw milk
Rohmilchkäse m <nahr> • raw milk cheese
Rohmischung f <tech.allg> • raw mixture
Rohmischung f <prod> • green compound
Rohmüll m <ents> • raw refuse; unprocessed refuse; untreated refuse; crude refuse
Rohöl n <chem.petr> (betont: Erdöl vor der Raffinerie) • crude oil; crude petroleum; crude pract
Rohöl n <chem.petr> (unbehandelt) • crude oil; crude petroleum; petroleum
Rohöldestillation f <petr> • crude-oil distillation; crude distillation; petroleum distillation
Rohölverladeboje f <chem.petr> • Single Buoy Mooring (SBM)
Rohpapier vor dem Streichen n <pap> • base paper before coating
Rohplanum n <bau> • rough subgrade US; rough formation GB; rough grade US.pract
Rohprobe f <pap> • raw sample
Rohr n <tech.allg> (primäre Funktion nicht Mediumtransport; z. B. Strukturteil, WT-Rohr) • tube; tubing
Rohr n <tech.allg> (für Lüftung oder Kabel) • duct; ductwork
Rohr n <bau.mat> (pflanzlich; z. B. Bambus) • cane
Rohr n <bau.mat> (Schilfrohr) • reed
Rohr n <ents.hydr> (als Rohrleitung, für Mediumtransport) • pipe; pipeline; piping
Rohr n <fz> • tube
Rohr n <mil> (Schusswaffe) • barrel
Rohr n <rls> (betont: als Leitung für ein Medium) • conduit
Rohr n <rls> (Teil einer Rohrleitung; für Mediumtransport) • pipe
Rohrabschneider m <wz> • tube cutter; tubing cutter; pipe cutter GB.rare
Rohrabschnitt m <tech.allg> (allg., nicht primär zum Mediumtransport) • tubing section
Rohrabschnitt m <rls> (für Fluidtransport) • piping section
Rohrabsetzteufe f <petr> • casing seat
Rohrabzieher m <prod> (Strangpresse) • take-up machine
Rohrabzweig m <rls> (Rohr, Kanal) • Y-branch; pipe lateral; lateral pract; Y-joint rare
Rohransatz m <tech.allg> (mit Flansch) • flanged socket
Rohransatz m <rls> (allg.) • socket
Rohrarmatur f <rls> • pipe fitting
Rohraufhänger m <rls> • pipe hanger
Rohraufhängung f <kfz> (z. B. Abgasanlage) • pipe hanger
Rohraufsatz m <rls> • cowl
Rohraufweitepresse f <wz.masch> • tube expanding press

Rohrbacke f <petr> • pipe ram
Rohrbearbeitungswerkzeug n <wz> • tubing tool
Rohrbett n <bau.rls> • bedding; pipe bedding; pipe cradle rare
Rohrbettung f <bau.rls> • bedding; pipe bedding; pipe cradle rare
Rohrbiegeapparat m <wz> • tube bender; tube bending tool
Rohrbiegegerät n <wz> • tube bender; tube bending tool
Rohrbiegemaschine f <wz.masch> • tube bending machine
Rohrbiegepresse f <wz.masch> • tube bending press
Rohrbiegewerkzeug n <wz> • tube bender; tube bending tool
Rohrbiegezange f <wz> • pipe and tube bending pliers; pipe bending pliers; tube bending pliers; pipe bender; tube bender
Rohrboden m <rls> (in Wärmetauscher) • tube sheet
Rohrboden m <rls> (Kondensator, Kühler) • tube plate
Rohrbogen m <rls> (U-förmig, zur Kompensation von Wärmedehnung) • expansion loop; pipe loop; horseshoe bend; U-shaped expansion pipe
Rohrbogen m <rls> (1 bis 90°) • pipe elbow; pipe bend; elbow fitting; elbow
Rohrbogendehner m <rls> (U-förmig, zur Kompensation von Wärmedehnung) • expansion loop; pipe loop; horseshoe bend; U-shaped expansion pipe
Rohrbombe f <mil> • pipe bomb
Rohrbrennkammer f <turb> (Gasturbine) • pipe combustion chamber
Rohrbruch m <ents.hydr> • collapse
Rohrbruch m <mat> (nicht bei Leitungen) • tube fracture
Rohrbruch m <rls> (betont: durch zu hohen Innendruck) • pipe burst
Rohrbruch m <rls> (allg.) • pipe rupture; pipe fracture rare
Rohrbruchventil n <rls> (Dampfabsperrventil) • automatic steam pipe isolating valve
Rohrbrücke f <bau> • pipe bridge
Rohrbrücke f <ents.hydr> • pipe bridge
Rohrbrunnen m <bau.hydr> • tube well
Rohrbündel n <rls> (z. B. Wärmetauscher) • tube nest; tube bundle
Rohrbündelverdampfer m <rls> • shell-and-tube evaporator
Rohrbündelverflüssiger m <rls> • shell-and-tube condenser
Rohrbündel-Wärmeaustauscher m DIN 28183 <hlk> (allg.; jedes Medium) • tubular heat exchanger; tube heat exchanger; tubular type heat exchanger; tubular heater
Rohrbündelwärmeübertrager m <rls> • shell-and-tube heat exchanger
Rohrdeckung f <ents.hydr> • overlay zone
Rohrdichtgewinde n <rls> • dryseal thread; thread for pressure-tight joints; self-sealing thread; dryseal pipe thread; jointing thread
Rohrdichtung f <rls> • pipe packing
Rohrdipol m <el> (Antenne) • sleeve dipole
Rohrdraht m <el> • conduit wire
Rohrdrehmaschine f <wz.masch> • tube lathe
Rohrdrehschieber m obs <kfz.mot> (bei 2-Takt-Motoren) • rotary sleeve valve; cylindrical rotary valve
Rohrdüker m <bau> • sagpipe
Rohrdurchführung f <bau.rls> (durch Wand, Decke) • pipe penetration
Rohrdurchmesser m <allg> • cylinder diameter
Rohrdurchmesser m <tech.allg> (von Leitungen zum Stofftransport) • pipe diameter
Rohrdurchmesser m <rls.msr> (Leitung nicht primär zum Stofftransport; z. B. Wärmetauscher) • tube diameter

Rohre *npl* <petr> • casing; casing string; pipe string; string

Rohre *npl* <rls> *(allg., jede Nennweite)* • piping; pipework; pipes

Rohreinbauten *mpl* <rls> *(Ventile, Schieber)* • valves and fittings *pl*

Rohrelektrofilter *n* <ents> • tubular ESP; tube-type ESP; wire-in-tube precipitator

Rohrende *n* <rls> • pipe end

Rohrende *n* <rls> *(von Rohren, Armaturen)* • weld end; pipe end

Rohrenden aufweiten *vt* <prod> • expand tube ends *vt*

Rohrentgrater *m* <wz> • tubing reamer; tube deburrer; deburring tool

Rohre ziehen *vi* <petr> • remove casing *vi*

Rohrfachwerkunterbau *m* <petr> • jacket

Rohrfahrt *f* <petr> • casing; casing string; pipe string; string

Rohrflansch *m* <ents.hydr> • flange

Rohrflansch *m* <masch> *(als Strukturteil oder in Wärmetauschern)* • tube flange

Rohrflansch *m* <rls> *(für Leitungen)* • pipe flange

rohrförmig <tech.allg> • tubular

rohrförmiges Brennelement *n* <nukl> • tubular fuel element

Rohrformerei *f* <prod> • pipe molding

Rohrformstück *n* <rls> • pipe fitting

Rohrfräser *m* <wz> *(Leitungen zum Mediumtransport)* • pipe burring reamer

Rohrfräser *m* <wz> • tubing reamer; tube deburrer; deburring tool

Rohrgang *m* <energ.hydr> • pipe gallery

Rohrgasgenerator *m* <kfz> *(Airbag)* • tubular gas generator

Rohrgehäusepumpe *f* <masch> • tubular casing pump

Rohrgelenk *n rar* <rls> • angular expansion joint

Rohrgerüst *n* <bau> • tubular scaffolding

Rohrgewinde *n* <ents.hydr> • pipe thread

Rohrgewinde *n* <rls> *(allg.)* • pipe thread

Rohrgewindebohrer *m* <wz> • pipe tap

Rohrgewinde für im Gewinde dichtende Verbindungen *n* (R) EN 10226 <rls> • pipe thread where the pressure-tight joint is made on the thread (R) ISO 7; British Standard pipe thread for pressure-tight joints BS 21

Rohrgewinde für nicht im Gewinde dichtende Verbindungen *n* (G) DIN ISO 228 <rls> *(allg.)* • pipe thread where the pressure-tight joint is not made on the thread (G) ISO 228; British Standard pipe thread for non-pressure-tight joints BS 2779

Rohrgewindeherstellung *f* <rls> • pipe threading; tube threading *rare*

Rohrgewindeschneidbacke *f* <wz.rls> *(betont: für Rohre)* • pipe die

Rohrgewindeschneidmaschine *f* <wz.masch> • tube threading machine

Rohrguss *m* <prod> • pipe casting

Rohrhalter *m* <füg> • pipe bracket

Rohrhalterung *f* <licht.theat> • boom bracket; boom arm

Rohrhaube *f* <rls> • cowl

Rohrheizkörper *m* <hlk> • tubular heater

Rohrinnenfräser *m* <kfz.wz> *(konische Form)* • tapered reamer US; taper cutter GB

Rohr-in-Rohr-Verbindung *f* <med.tech> *(Zahnimplantat)* • tube-in-tube design

Rohrisolierung *f* <rls> • pipe lagging

Rohrkaltbiegemaschine *f* <wz.masch> • tube cold-bending machine

Rohrkaltziehen *n* <metall> • tube cold drawing

Rohrkanal *m* <bau> • pipe channel

Rohrkanal *m* <bau> • pipe duct

Rohrkanal *m* <bau> *(im Erdreich)* • pipe trench

Rohrkatalysator *m* <mot.emiss> • tube-type catalyst

Rohrkennlinie *f* <rls> *(Förderhöhe/Förderstrom)* • system head curve

Rohrkettenförderer *m* <förd> • tubular chain conveyor

Rohrklammer *f* <petr> *(Bohrtechnik)* • casing clamp

Rohrklemmkeil *m* <petr> *(Bohrtechnik)* • slip

Rohrkluppe *f* <wz> • pipe stock and die

Rohrkonstruktion *f* <tech.allg> • tubular construction

Rohrkopf *m* <petr> *(Bohrtechnik)* • casing head

Rohrkopfbenzin *n* <chem.petr> • natural gasoline; casing-head gasoline

Rohrkorbverdampfer *m* <verf> • basket evaporator

Rohrkrebs *m* <petr> • spear

Rohrkrümmer *m rar* <rls> *(1 bis 90°)* • pipe elbow; pipe bend; elbow fitting; elbow

Rohrkühler *m* <hlk> • tubular cooler

Rohrlegen *n rar* <rls> *(praktische Durchführung)* • pipe laying; piping *rare*; pipe installation *rare*

Rohrleger *m* <agri> *(Dränung)* • tile layer; tile laying attachment

Rohrleger *m prakt.ugs* <petr> • pipe laying vessel; pipe laying ship; laying ship; lay vessel; pipe layer

Rohrlegeschiff *n* <petr> • pipe laying vessel; pipe laying ship; laying ship; lay vessel; pipe layer

Rohrleitung *f* <ents.hydr> *(als Rohrleitung, für Mediumtransport)* • pipe; pipeline; piping

Rohrleitung *f* <hlk> *(Sanitärinstallation)* • piping; pipework; plumbing *coll*

Rohrleitung *f* <rls> *(allg., jede Nennweite)* • piping; pipework; pipes

Rohrleitung *f* <rls> *(über lange Strecken; typ. für Erdöl, Erdgas)* • pipeline

Rohrleitungen *fpl* <rls> • tubing

Rohrleitungsankerpunkt *m form.rar* <rls> *(abstrakt, für Berechnungen)* • pipe anchor; anchor point

Rohrleitungsankerpunkt *m form.rar* <rls> *(Halterung, als Bauteil)* • pipe anchor; anchor chair; pipe chair

Rohrleitungsausschlagsicherung *f* <rls> *(verhindert Gartenschlaucheffekt bei RL-Bruch)* • pipe whip restraint; whip restraint *pract*

Rohrleitungshalter *m* <rls> *(allg.)* • pipe support

Rohrleitungshalter *m* <rls> *(von unten)* • pipe support

Rohrleitungshalter *m* <rls> *(von oben)* • pipe hanger

Rohrleitungshalter *m* <rls> *(von der Seite)* • sway brace; lateral pipe support

Rohrleitungsisolierung *f* <rls> • pipe insulation

Rohrleitungskanal *m* <bau> *(im Erdreich)* • pipe trench

Rohrleitungskennlinie *f* <rls> *(Förderhöhe/Förderstrom)* • system head curve

Rohrleitungsnetz *n* <hlk> • ducting; ductwork

Rohrleitungsnetz *n* <rls> • pipework

Rohrleitungsplan *m* <rls> • piping layout; piping arrangement; piping plan *pract*

Rohrleitungsschalter *m* <hydr> • valves and cocks

Rohrleitungsschalter *m form.rar* <rls> • shut-off device

Rohrleitungsschalter *mpl rar.did* <rls> *(Ventile, Schieber)* • valves and fittings *pl*

Rohrleitungsstrang *m* <rls> • pipe run

Rohrleitungssystem *n* <hlk> *(Sanitärinstallation)* • piping; pipework; plumbing *coll*

Rohrleitungssystem *n* <rls> *(allg., jede Nennweite)* • piping; pipework; pipes

Rohrleitungstrasse *f* <bau> • pipeline route

Rohrleitungsverlauf *m* <rls> *(Planung und konkretes Ergebnis)* • pipe routing

Rohrleitungsverluste *npl* <phys> *(durch Reibung)* • friction losses in pipes

Rohrleitungszubehör *n* <rls> • conduit fittings

Rohrliderung f <rls> • pipe packing
Rohrluftvorwärmer m <hlk> • tubular air preheater
Rohrluppe f <metall> • tube blank; rough-pierced blank
Rohrmantel-Wärmeaustauscher m <verf> • double-pipe heat exchanger
Rohrmantel-Wärmetauscher m <verf> • double-pipe heat exchanger
Rohrmaterial n <rls> • tubing
Rohr mit Klebnaht n <rls> • cemented tube
Rohrmühle f <verf> • tube mill
Rohrmuffe f <ents.hydr> • socket; hub; bell; sleeve (of a pipe)
Rohrmuffe f <rls> • conduit coupling; pipe bell *pract.coll*
Rohrnennweite f <rls> • nominal pipe size
Rohrofen m <metall.silik> • tubular furnace; tube furnace
Rohrpackung f <rls> • pipe packing
Rohrpfahl m <bau> • pipe pile
Rohrpfahl m <bau> • tubular pile; tube pile
Rohrplattenheizfläche f <rls.hlk> • tube-plate heating surface
Rohrpostanlage f <logist> • pneumatic tube conveyor
Rohrpostbüchse f <logist> • pneumatic dispatch carrier
Rohrpostbüchse f <logist> • pneumatic dispatch container
Rohrpostbüchse f <nukl> *(Probenbehälter)* • shuttle
Rohrpresse f <prod> • pipe press
Rohrpresse f <wz.masch> • tube press
Rohrpressen n <prod> • tube extrusion
Rohrprothese f <med.tech> *(alloplastische Gefäßprothese)* • tubular graft; straight tube *Baxter*
Rohrquerschnitt m <tech.allg> *(einer Leitung)* • pipe section
Rohrquerschnitt m <rls> *(Funktion nicht primär Mediumtransport)* • tube section
Rohrquerträger m <kfz> • tubular cross member
Rohrrahmen m <kfz> • tubular frame; tube frame; tubed frame *rare*
Rohrrahmenkonstruktion f <kfz> • tubular construction
Rohrreaktor m <ents> *(Biogas)* • tubular reactor
Rohrreduktionsstück n <rls> • pipe reducer
Rohrreduzierwalzwerk n <metall> • tube reducing mill
Rohrregner m <agri> • spray line
Rohrreibung f <phys> *(Strömungslehre)* • pipe friction
Rohrreibungsverlust m <phys> • pipe friction loss
Rohrreibungswiderstand m <phys> *(Strömungslehre)* • friction head
Rohrreibungszahl f <rls> *(Strömungslehre)* • pipe-friction coefficient
Rohrreiniger m <rls> • barrel cleaner
Rohrrichtmaschine f <prod> • tube straightening machine
Rohrrichtpresse f <prod> • tube straightening press
Rohr-Ringbrennkammer f DIN 4340 <turb> *(Brennkammertyp)* • tubo-annular combustion chamber
Rohrrippe f <rls> • gill
Rohrrundziehmaschine f <wz.masch> • cold-roll tube-forming machine
Rohrsäge f <wz> • tube saw
Rohrsattel m <energ.hydr> *(für Druckrohrleitung)* • support; saddle support
Rohrschaber m <wz> • tube scraper
Rohrschaft m <ents.hydr> • barrel
Rohrschaft m <masch> • tubular shank
Rohrschaltplan m <doku> • piping schematic
Rohrscheitel m <ents.hydr> • top of pipe
Rohrschelle f <allg> • conduit cleat
Rohrschelle f <füg> • pipe wall clamp
Rohrschelle f <füg> • pipe clamp; pipe clip; clamp *pract*; conduit clamp *rare*

Rohrschlange f <hlk> *(Erdreichkollektor m)* • coil; serpentine pipe network *did*
Rohrschlange f <rls> *(z. B. Durchlauferhitzer)* • pipe coil; coiled pipe; coil
Rohrschlangenkesselverdampfer m <rls> • shell-and-coil evaporator
Rohrschlangenkondensator m <rls> • multicoil condenser
Rohrschlangen-Wärmeaustauscher m <verf> • coil-type heat-exchanger *:V*
Rohrschlangen-Wärmetauscher m <verf> • coil-type heat-exchanger *:V*
Rohrschlüssel m <wz> • pipe wrench; pipe spanner
Rohrschneider m <wz> • pipe cutter
Rohrschneider m <wz> • tube cutter; tubing cutter
Rohrschraubenpumpe f <masch> • internal screw pump
Rohrschraubstock m <wz> • pipe vice
Rohrschuh m <petr> • casing guide shoe; casing shoe; guide shoe; pipe drive shoe; pipe shoe
Rohrschweißer-Gripzange f <wz> • pipe clamp *US*; vise grip pipe clamp *US*; welding clamp *GB*
Rohrschweißgerät n <füg> • pipe welder
Rohrschweißgerät n <rls.füg> • tube welder
Rohrschweiß-Gripzange f <wz> • pipe clamp *US*; vise grip pipe clamp *US*; welding clamp *GB*
Rohrschweißnaht f <füg> • pipe weld
Rohrschweißnaht f <rls.füg> • tube weld
Rohrschweißverbindung f <rls.füg> • welded pipe joint
Rohrschweißwalzwerk n <metall> • pipe-welding rolling mill
Rohr-Sechskant-Steckschlüssel m form <wz> *(mit Heft, für Außensechskantschrauben)* • tubular nut driver; tubular nut spinner *GB*
Rohrsohle <ents.hydr> *(eines Rohres bzw. Kanals)* • invert
Rohrsolarimeter n <msr> • tube solarimeter
Rohrspirale f <rls> • pipe coil
Rohrstativ n <av> *(z. B. für Fernsehkamera)* • pipe support
Rohrsteckschlüssel m <wz> • L-handled socket wrench
Rohrsteckschlüssel m <wz> *(zur Betätigung mit Drehstift)* • tubular socket wrench; tubular wrench; tubular box spanner *GB*
Rohrsteckschlüssel m <wz> *(mit Heft, für Außensechskantschrauben)* • tubular nut driver; tubular nut spinner *GB*
Rohrsteckverbindung f <rls> • spigot joint
Rohrstielspachtel m <bau.wz> • long handle board knife *LAF*
Rohrstollen m <energ.hydr> • pipe gallery
Rohrstopfen m <rls> *(fester Durchmesser od. expandierbar)* • pipe plug
Rohrstopfen m <rls> • tube plug
Rohrstopfer m <rls> • tube stopper
Rohrstoß m <rls> *(betont: Leitung zum Mediumtransport)* • pipe joint
Rohrstoß m <rls.füg> *(allg.; Rohr nicht primär zum Mediumtransport)* • tube joint
Rohrstrang m <petr> • casing; casing string; pipe string; string
Rohrstrang m <rls> • pipeline
Rohrstrangpresse f <prod> • tube extrusion press
Rohrstreifen m <mat> • skelp
Rohrstreifenwalzwerk n <metall> • skelp rolling mill
Rohrströmung f <phys> • pipe flow
Rohrstück n <rls> *(betont: Einsatz)* • pipe insert
Rohrstück n <rls> *(Abschnitt)* • pipe length
Rohrstück n <rls> • tube length
Rohrstutzen m <tech.allg> *(kurzes Rohrstück mit Flansch; z. B. an Behältern , Apparaten)* • flanged socket

Rohrstutzen m <rls> • piping connection
Rohrstutzen m <rls> (kurzes Rohrstück an Behälter, Apparat etc., meist mit Flansch) • pipe connection; pipe nozzle; nozzle pract
Rohrtour f <petr> • casing; casing string; pipe string; string
Rohrtrassierung f <rls> (Planung und konkretes Ergebnis) • pipe routing
Rohrtrimmer m <el> • tubular air variable capacitor
Rohrtrum <rls> • pipe way
Rohrturbine f <energ.hydr> • tubular turbine; bulb turbine; tube turbine
Rohrturm m <energ.wind> • tubular tower
Rohrverbinder m <rls> • casing fitting
Rohrverbindung f <ents.hydr> • pipe joint
Rohrverbindungsflansch m <rls> • pipe connection flange
Rohrverbindungsstück n <rls> • casing fitting
Rohrverbindungsstück n <rls> • pipe connection; conduit coupling rare; union
Rohrverbindungsstück n <rls> • tube connection
Rohrvereinigung f <rls> (Strömungstechnik) • pipe union
Rohrverkalkung f <rls> • furring
Rohrverlängerung f <wz> (für Schraubenschlüssel, zum Verlängern des Hebelarms) • tubular handle; detachable handle
Rohrverlegen n rar <rls> (praktische Durchführung) • pipe laying; piping rare; pipe installation rare
Rohrverleger m prakt.ugs <petr> • pipe laying vessel; pipe laying ship; laying ship; lay vessel; pipe layer
Rohrverlegeschiff n <petr> • pipe laying vessel; pipe laying ship; laying ship; lay vessel; pipe layer
Rohrverlegeschiff n <petr> • pipe laying barge; laying barge; lay barge; pipe laying vessel
Rohrverlegeschiff n <petr> • pipe laying craft; lay craft
Rohrverlegung f <rls> (praktische Durchführung) • pipe laying; piping rare; pipe installation rare
Rohrverlegung f <rls> (Planung und konkretes Ergebnis) • pipe routing
Rohrverschluss m <rls> • tube end plug
Rohrverschraubung f <füg> (Rohrverbindung) • union nut
Rohrverschraubung f <füg.rls> • bolted pipe joint; bolted pipe union; screwed fitting
Rohrverteiler m <rls> • pipe manifold
Rohrverzinken n <obfl> • tube galvanizing
Rohrverzweigung f <rls> • pipe branching
Rohrvortrieb m <ents.hydr> (für Abwasserleitungen) • pipe jacking; pipe driving; pipe thrusting; pipe ramming; pipe moling
Rohrvortriebsanlage f <bau> (Tunnelbau) • thrust-jacking unit
Rohrwalze f <prod> • multiroller tool
Rohrwalzwerk n <metall> (betont: Rohre primär zum Mediumtransport) • pipe rolling mill; pipe mill
Rohrwalzwerk n <metall> (Rohre nicht primär zum Mediumtransport) • tube rolling mill; tube mill
Rohrwand f <rls> • tube wall
Rohrwanddickenmesser m <msr> • pipe thickness gauge
Rohrwandstärke f <rls> • wall thickness
Rohrweiche f <rls> • pipe siding
Rohrweite f <rls> • internal tube diameter
Rohrwelle f <phys> • guided wave
Rohrzange f <wz> • gas pliers; gas tongs; pipe tongs
Rohrzange f DIN 5234 <wz> (mit Rändelradverstellung) • pipe wrench
Rohrzange f ugs <wz> (mit Gleitgelenk; allgemein) • multiple slip joint plier ISO 5742; slip joint pliers US; adjustable joint pliers US; multigrip pliers GB; waterpump pliers US

Rohrzerstäuber m <verf> • tubular sprayer
Rohrziehen n <prod> • tube drawing; tubing
Rohrziehmaschine f <wz.masch> • tube drawing machine; pipe drawing machine
Rohrzucker m <agri> (z. B. für Caipirinha) • cane sugar
Rohsäure f <chem> • crude acid; raw acid
Rohsäure f <pap> • storage acid; tower acid pract
Rohschlacke f <metall> • scoria; tap cinder
Rohschlamm m <ents> • raw slurry
Rohschmieröl n <tribo> • black oil
Rohschraube f <prod> • black bolt
Rohseide f <prod> (aus guten Kokons) • raw silk
Rohseidenputzmaschine f <textil> • raw-silk cleaning machine
Rohsilizium n <mat> • metallurgical grade silicon; MG-silicon
Rohstahl m <metall> • crude steel; raw steel
Rohstahlblock m <metall> • steel ingot
Rohstein m <metall> • low-grade matte
Rohstoff m <tech.allg> • raw material
Rohstoffaufbereitung f <prod> • raw-material preparation
Rohstoffbehandlung f <prod> • raw materials handling
Rohstoffe mpl <tech.allg> • raw materials; primary products; basic commodities; raw products; primary commodities
Rohstoffeinsatz m <pap.ents> • raw material input
Rohstofffunktion f <holz> • production funktion
Rohstoffquelle f <mat> • source of raw materials; source of raw material
Rohstoffrückgewinnung f <ents> (nachgeschaltete) • back-end recovery
Rohstoffrückgewinnung f <ents> (aus Abfällen) • resource recovery; materials recovery; material recovery; salvage of materials
Rohstoffrückgewinnung f <ents> • resource recovery
Rohstoffrückgewinnungsanlage f <ents> • recovery plant; reclamation plant
Rohstoffverknappung f <ökon> • shortage of input materials
Rohteil n <prod> (bes. Blech) • blank
Rohteil n <prod> • raw piece
Rohvolumen n <tech.allg> • bulk volume
Rohwaren fpl <nahr> • raw ingredients
Rohwarenlager n <logist> • raw material warehouse
Rohwasser n <verf> (unbehandeltes Frischwasser) • raw water
Rohwasserzulauf m <verf> • raw water intake
Rohwollwaschmaschine f <textil> • raw wool scouring machine
Rohzink n <mat> • raw zinc; spelter; virgin zinc
Roland Audio Producer 10 m (RAP-10) <edv.av> • Roland Audio Producer 10 (RAP-10)
Rollabsatz m <led> • roll mark
Rollachse f <fz> (horizontal, längs) • roll axis
Rollamplitude f <nav> • roll amplitude
Rollator m <pack> (drei- od. vierrädrig, mit od. ohne Korb) • rollator; wheeled walking aid
Rollbacken m <masch> • flat die
Rollbacken m <wz> • die plate
Rollbahn f <aerospace> (Flughafen) • taxiway
Rollbahn f <masch> (von Wälzlager) • race; raceway
Rollbahnbefeuerung f <aerospace> • taxiway lights; taxiway lighting
Rollbahnrille f <masch> (z. B. Kugellager) • raceway groove
Rollbahnring m <masch> • raceway ring
Rollbalg m <kfz> (mit Druckluft gefülltes Federelement der Luftfederung) • air bellows sg; air spring; air sleeve; suspension bag

Rollbalkendarstellung f <el.mus> • grid editor
Rollballenpresse f <agri> • roll baler
Rollballensammelpresse f <agri> • roll baler
Rollbandmaß n <wz.msr> *(Bandmaß aus Stahl)* • tape measure; measuring tape; tape rule *US.form*; tape
Rollbehälter m <förd> • roller container; roll container
Rollbewegung f <mech> • rolling motion; rolling movement
Rollbewegung f <prod> • roll; wrist swivel *Unimation*
rollbiegen vt DIN 9870 <prod> • curl vt
Rollblende f <av> • scroll wipe
Rollblock m <el> • roller-type capacitor
Rollbock m <förd> • jack-up truck; truck
Rollboden m <förd> • floor conveyor; endless floor
Rollbond-Absorber m <energ.sol> • roll-bond absorber; tube-in-strip absorber
Roll-Bond-Verdampfer m <verf> *(Kältetechnik)* • raceway evaporator
Rollbord m <prod> • curl
Rollbrett n <fz> *(zum manuellen Bewegen schwerer Lasten)* • dolly
Rollbrett n <kfz.wz> • creeper; mechanic's creeper
Rollbrücke f <bau> • retractable roller bridge; roller bridge
Roll-Coater m <obfl> • roll coating system
Roll-Coat-Verfahren n <obfl> • roll coating
Rollcontainer m <büro> • movable storage container
Rollcontainer m <förd> • roller container; roll container
Rolldämpfungsregler m <aerospace> • roll damper
Rolldipper m <nahr> *(Speiseeis)* • dipper; ice cream dipper
Rolldüse f <aerospace> • roll-control nozzle
Rolle f <tech.allg> *(z. B. Folie, Papier)* • reel
Rolle f <tech.allg> • roller
Rolle f <druck> • web
Rolle f <edv> • spoon
Rolle f ugs <förd> *(Flaschenzug)* • block
Rolle f <kino> *(z. B. Film)* • spool
Rolle f <kst> • puppet
Rolle f <masch> *(Zylinderrollenlager)* • cylinder
Rolle f <masch> *(Spannrolle)* • idler
Rolle f <masch> • pulley
Rolle f <masch> • roll
Rolle f DIN ISO 5593 <masch> *(nichtkugelförmiger Wälzkörper in Wälzlagern)* • roller *ISO 5593*
Rolle f <nav> *(für Seile, Taue)* • coil
Rolle f <petr> *(gesteinszerkleinerndes Element im Rollenmeißel)* • cone; bit cone
Rolle f <textil> • mangle
Rolle f <textil> *(Wickelei)* • spool
Rolle fliegen vi <aerospace> • fly a roll vi
Rollen n ISO/IEC 2382-23 <edv> *(Monitorbild verschieben)* • scrolling *ISO/IEC 2382-23*
Rollen n DIN EN ISO 4618 <obfl> *(Beschichten mit Rolle bzw. Walze)* • roller application *ISO 4618-3*
rollen vi <tech.allg> • roll vi
rollen vi <aerospace> *(Flugzeug am Boden)* • taxi vi
rollen vi <edv> *(durch Bildschirmanzeige)* • scroll vt
Rollenabscheider m <agri> *(Kartoffelroder)* • roller cleaner
Rollenachslager n <masch> • roller bearing axle box
Rollenanklebevorrichtung f <pap> • reel paster
Rollenantrieb m <masch> • reel drive
Rollenaufwicklung f <tech.allg> *(z. B. Folien, Papier)* • reeling
Rollenbahn f DIN 15201 <förd> • roller conveyor; roller carriage track; roller guide; roller path; roller track
Rollenbock m <fz> *(z. B. bei Bahn)* • bogie
Rollenbock m <min> • bracket
Rollenboden m <theat> *(über dem Schnürboden)* • gridiron; fly tower; grid

Rollenbohrer m <petr> *(für Erdölbohrungen etc.)* • toothed roller bit
Rollenbohrer m <wz> *(allg.)* • roller bit
Rollenbohrkrone f <wz> *(Bohrtechnik)* • rock bit
Rollenbreite f <druck> • reel width
Rollenbremse f <masch> • reel brake
Rollencharakteristik f DIN EN ISO 2286 <qualit.textil> *(Bestimmung der Breite, Dicke, Länge, Nettomasse)* • roll charactersistic *ISO 2286*
rollend <allg> • rolling
rollend <bahn> • running
rollende Last f <förd> • rolling load
rollende Reibung f rar <mech> • rolling friction
rollender Schnitt m <av> • horizontal wipe
rollender Versenkungsschieber m <theat> • trap door on casters
rollendes Material n <bahn> • rolling stock
Rollendrehverbindung f <masch> • roller slewing ring
Rollendruck m <druck> • web printing
Rollendruckmaschine f <druck> • web-fed printing press; reel-fed printing press
Rollendynamo m <fz> *(Fahrrad)* • roller dynamo
Rollendynamometer m wiss <kfz> • roller dynamometer
Rolleneingriffsglied n <masch> *(Kurve)* • roller follower
Rolleneinhebevorrichtung f <pack> • reel lift
Rollenelektrode f <füg> *(Schweißtechnik; z. B. Rollendrahtschweißen)* • circular electrode
Rollenelektrode f <füg> • roller electrode; wheel-shaped electrode; wheel electrode; welding wheel; welding roll
Rollenetiketten npl <edv> *(Etiketten als Rollenware)* • roll material; roll labels *pl*
Rollenförderer m <förd> • roller conveyor
Rollenformular n <doku> • rollpaper form
Rollenfournisseur m <textil> • nip roller positive feed device
Rollenfreilauf m prakt <kfz.antr> • one-way roller clutch; roller one-way clutch; roller-type freewheel; single diameter roller-type clutch
Rollenführung f <masch> • roller guide
Rollenführungsbahn f <masch> • roller guideway
Rollengabel f <nfz.el> *(Stromabnehmer)* • trolley shield
Rollengegenführung f <masch> • roller steady; roller support; roller turning box
rollengeglättet <pap> • web-calendered
Rollengerüst n <bau> • midget scaffold; baker's scaffold
Rollenhalter m <druck> • roll paper holder; paper roll holder; paper roll support
Rollenhalter m <innen> • toilet tissue holder; toilet roll holder; toilet paper holder; bathroom tissue holder *US*
Rollenhebel m <masch> *(Kurve)* • roller follower
Rollenhebevorrichtung f <förd> • roller table
Rollenherd m <verf> • roller hearth
Rollenherddurchlaufofen m <verf> • roller hearth furnace
Rollenherdofen m <verf> • roller hearth furnace
Rollenhöhe f <nfz> *(vollständig ausgefahrener Kranausleger)* • tip height
Rollenkäfig m <masch> *(Rollenlager)* • roller cage
Rollenkern m <pack> *(für Stoffe, Papier, Folien etc.)* • core; center *US*; centre *GB*
Rollenkette f <antr> • bush roller chain
Rollenkette f DIN 8187,8188 <masch> *(Europäische bzw. Amerikanische Bauart)* • roller chain
Rollenkettenantrieb m <masch> • roller chain drive
Rollenkontakt m <tech.allg> • roller contact
Rollenkranz m <masch> • roller cage
Rollenlager n DIN ISO 5593 <masch> • roller bearing *ISO 5593*
Rollenmaschine f <druck> • web fed press; webfed press; web-fed press; web press; roll fed press *rare*

Rollenmaterial n <edv> *(Etiketten als Rollenware)* • roll material; roll labels *pl*

Rollenmeißel m (RM) <wz> • rolling cutter rock bit; rock bit; roller rock bit; roller cone bit; cone bit

Rollenmeißel m <wz> • roller bit

Rollennahtschweißen n <füg> • resistance seam welding (RSEW); seam welding *pract*; spot seam welding; roller seam welding *rare*

Rollenoffsetdruck m <druck> • web offset printing; rotary offset printing; web offset *pract*; rotary offset *pract*

Rollenoffset-Druckmaschine f <druck> • web offset press; web-offset press

Rollenoffsetdruckmaschine f <druck> • web offset press; web-offset press

Rollenoffsetmaschine f <druck> • web offset press; web-offset press

Rollenoffsetrotation f <druck> • web offset press; web-offset press

Rollenoffset-Zeitungsdruck m <druck> • newspaper printing by the rotary offset process

Rollenpapier n <druck> • roll paper; reeled paper; web paper

Rollenpapier n <edv> • continuous roll media; roll media

Rollenpapierhalter m <druck> • roll paper holder; paper roll holder; paper roll support

Rollenpapiervorschub m <edv> • roll feed

Rollenpresse f <led> • rolling press

Rollenprüfknopf m <qualit.mat> *(Ultraschallprüfung)* • wheel probe

Rollenprüfstand m *prakt* <kfz> • roller dynamometer

Rollenpumpe f <agri> • roller pump

Rollenpunktschweißen n <füg> • roll spot welding

Rollenquetscher m <phot> *(für Fotoabzüge)* • roller squeegee; print roller; print squeegee

Rollen-Reisetasche f <pack.tour> • wheeled duffle

Rollenrichtmaschine f <prod> • roll straightening machine; roll straightener; roller levelling machine; roller leveller

Rollenring m <kfz.mot> • roller ring

Rollen-RL-Halter m <rls> *(von unten)* • pipe roller support

Rollen-Rohrleitungshalter m <rls> *(von unten)* • pipe roller support

Rollen-Rohrleitungsständer m <rls> • pipe roll stand

Rollenrost m DIN ISO 9045 <verf> • roll screen *ISO 9045*; roller bar grizzly

Rollenrotationsdruckmaschine f <druck> • reel-fed rotary press; web-fed rotary press; web rotary

Rollenrotationsmaschine f <druck> • reel-fed rotary press; web-fed rotary press; web rotary

Rollenrotationstiefdruckmaschine f <druck> • reel-fed gravure rotary printing press; reel-fed gravure rotary; web-fed gravure rotary printing press; web-fed gravure rotary

rollensatiniert <pap> • web-calendered

Rollenschere f <wz> • disc shears

Rollenschlepphebel m <kfz.mot> • roller-type cam follower; cam follower with roller

Rollenschneidemaschine f <pap> • reel cutter; reel slitter

Rollenschrittnahtschweißen n <füg> • roll step welding

Rollenschütz n <energ.hydr> *(Oberbegriff)* • roller gate

Rollenschütz n <energ.hydr> • wheeled gate; wheel gate

Rollensortierer m <agri> • roller grader

Rollenspannelement n *Deublin* <masch> *(zum Aufwickeln von Bandmaterial; z. B. Papier, Folien)* • rotating union *Deublin*

Rollensperre f <kfz.sich> • retractor; emergency locking retractor; automatic locking retractor; seat belt web locker; inertia sensitive belt webbing retractor *Chrysler*

Rollensperrkupplung f <masch> • roller clutch

Rollenspriegel m <kfz> • roller bow

Rollenstern m <druck> • reel stand

Rollenstößel m <masch> *(Kurve)* • roller follower

Rollenstößel m DIN ISO 7967-3 <mot> • roller tappet *ISO 7967-3*; roller foot lever; sliding tappet

Rollenstromabnehmer m <nfz.el> *(Oberleitungs-Bus)* • wheel collector; wheel trolley

Rollentisch m <logist> *(Lastaufnahmemittel an Regalförderzeug)* • roller table

Rollenträger m <druck> • reel stand

Rollenträger m <förd> • pulley carrier

Rollenverfahren n <obfl> *(beim kontinuierlichen Feuerverzinken)* • roller leveling *US*; roller levelling *GB*

Rollenverleseband n <agri> • spool-type sorter; roller table

Rollenverschluss m <bekl> *(Helm)* • slide bar fastener

Rollenwechseleinrichtung f <masch> • reel changer

Rollenwechsler m <druck> • reel splicer; splicer; reel stand

Rollenwechslereinheit f <druck> • reel splicer; splicer; reel stand

Rollenwickelmaschine f <masch> • reeling machine

Rollenwippe f <förd> • swivelling rollers

Rollenzählwerk n <msr> • drum counter mechanism

Rollenzeitungspapier n <druck> • reeled newsprint

Rollenzellenpumpe f <förd> • roller vane pump; rolling vane pump; roller cell pump *rare*

Rollenzellstoff m <pap> • roll pulp

Rollenzugeinrichtung f <theat> • rigging system with pulleys *:v*

Roller m <fz> *(allg.)* • scooter

Roller m *ugs* <kfz> • motor scooter; scooter *coll*

Roller Cam Brake f <fz> *(Hinterradbremse bei Mountain-Bikes)* • roller cam brake

Rollermobil n <kfz> • microcar

rollfähig <kfz> • towable

Rollfeld n <aerospace> • taxiing area

Rollfeld n <aerospace> • airfield; landing field *rare*

Rollfeldradar n <aerospace> • airport surface detection radar

Rollfeldringstraße f <aerospace> *(Flugplatz)* • perimeter track

Rollfilm m <phot> • roll film; roll-film

Rollfilmkamera f <phot> • roll-film camera

Rollfilmkassette f <phot> • roll-film cassette

Rollflügel-Hartmann-Motor m <autom> • hydromotor system Hartmann

Rollgabelschlüssel m *prakt* <wz> *(ähnl., aber kulturspezifische Bauartunterschiede)* • adjustable wrench; adjustable spanner *GB*; adjustable open-end wrench *coll*; monkey wrench *coll*

Rollgang m <förd> • power-operated roller conveyor

Rollgang m <förd> • table roller; roller bed

Rollgang m <metall> • roller table

Rollgangabschieber m <förd> • table push-off

Rollgangsrahmen m <förd> • table beam

Rollgangsrahmen m <masch> • roller rack

Rollgehweg m *ugs* <verk> • moving sidewalk *US*; moving pavement *GB*; autowalk *pract*; passenger conveyor *rare*

Rollgeräusch n <kfz> *(von Reifen)* • tire noise

Rollgesenk n <wz> • rolling edger

Rollgurt m <kfz> • inertia-reel belt

Rollierverschluss m <prod> • roll-on closure; rolled-on closure

rolliger Boden m <bau> • non-cohesive soil; cohesiveless soil; cohesionless soil; granular soil

Rollkalander m <prod> • rolling calender

Rollkalander m <textil> • swissing calender

Rollkanal *m* <förd> • gravity track
Rollkardenmaschine *f* <textil> • roll teaseling machine
Rollkardenraumaschine *f* <textil> • roll teaseling machine
Rollkolbenkompressor *m* <masch> • lobe-type compressor
Rollkolbenpumpe *f* <förd> • cam-and-piston pump; cam-vane pump; eccentric-piston pump; oscillating-piston pump; cam pump
Rollkondensator *m* <el> • roller-type capacitor
Rollkopf *m* <wz.masch> • thread-rolling head; thread-rolling attachment; thread roll head; rolling head; threading attachment
Rollkreis *m* <mech> *(Kinematik)* • generating circle; rolling circle
Rollkrümler *m* <agri> • soil miller
Rollkugel *f* <edv> *(Maus-Äquivalent)* • trackball; tracker ball *GB*; trackerball *GB.rare*; rolling ball *rare*; roller-ball *rare*
Rollkugelsteuerung *f rar* <edv> *(Maus-Äquivalent)* • trackball; tracker ball *GB*; trackerball *GB.rare*; rolling ball *rare*; roller-ball *rare*
Rollladen *m* <bau> *(für Fenster)* • shutter
Rollladen *m* <bau> • roll-up door; roller shutter
Rollmaschine *f* <druck> • reeling machine; winder
Rollmaß *n* <msr> *(zur Unfallaufnahme etc.)* • pocket rod ®
Rollmembran *f* <kfz.brems> *(Unterdruckbremskraftverstärker)* • power diaphragm
Rollmoment *n* <mech> • rolling moment
Rollmühle *f* <verf> • roller mill
Rollnahtschweißen *n* <füg> • resistance seam welding (RSEW); seam welding *pract*; spot seam welding; roller seam welding *rare*
Rollo *n* <bau> • blind; window shade; shade
Rollo *n* <bau> • roll-up shade
Rollo *n ugs* <kfz> *(für Seiten- oder Heckfenster)* • roll-up sun screen; roll-up shade; sunblind *GB*
Rollo *n* <phot> • blind; curtain
Rollofen *m* <metall> • roll-over-type furnace
Roll Off *n* <kfz> • roll-off
Roll-on/Roll-off-Schiff *n* <nav> • roll-on/roll-off ship
Roll-Over-Vorgang *m* <prod> • roll-over process; roll-over
Rollpalette *f* <logist> • roll pallet
Rollpendel *n* <phys> • rolling pendulum
Rollradius *m* <mech> • rolling radius
Rollrakel *f* <textil> • revolving doctor
Rollrasen *DIN 4047-9* <agri> • roll turf
Rollreibung *f* <mech> • rolling friction
Rollreibungszahl *f wiss* <mech> *(Berechnung des Rollwiderstandes)* • coefficient of rolling friction
Rollreifenfass *n* <pack> • drum with I-bar rolling hoops
Rollschicht *f* <bau> • brick-on-edge course; barge course
Rollschütz *n* <hydr> • roller gate
Rollschuh <bekl> • roller skate
Rollschwingung *f* <phys> • rolling oscillation
Rollsickenfass *n* <pack.typ> *(mit festem Oberboden)* • tight-head drum with rolling hoops *V:*
Rollsickenfass *n* <pack.typ> *(mit abnehmbarem Oberboden (Deckel))* • open-head drum with rolling hoops *V:*
Rollsplit *m* <Verk> *(Verkehrsschild)* • loose gravel *US*
Rollstabilisierung *f* <nav.aerospace> • roll stabilization
Rollstabilität *f* <aerospace> • rolling stability
Rollstabilität *f* <agri> • roll stiffness
Rollstabilität *f* <fz> *(seitlich)* • lateral stability
Rollstrangregner *m* <agri> • roll-line irrigator
rollstuhlgerecht <bau> *(Zugang)* • suitable for the handicapped; catering for [the needs of] people with disabilities; wheelchair-accessible

rollstuhlgerechter Bus *m* <nfz> • wheelchair-accessible bus
Rollstuhlhebeeinrichtung *f* <nfz> • wheelchair lift
Rollstuhllift *m* <nfz> • wheelchair lift
Rollstuhl mit Muskelkraftantrieb *m DIN EN 12183* <med.tech> • manually propelled wheelchair *DIN EN 12183*
Rollstuhlplatz *m* <nfz> • wheelchair space; wheelchair location; wheelchair position; wheelchair station
Rollstuhlrampe *f* <nfz> • wheelchair ramp
Rollstuhlstellplatz *m* <nfz> • wheelchair space; wheelchair location; wheelchair position; wheelchair station
rollstuhlzugängliche Toilette *f* <bau> • wheelchair-accessible toilet
Rolltest *m* <kfz> • roll test
Rolltor *n* <bau> • roll-up door; roller shutter
Rolltorkontakt *m* <alarm> • garage door switch; floor contact
Rolltormagnetkontakt *m* <alarm> • garage door switch; floor contact
Rolltreppe *f* <förd> • escalator *US.GB*; moving stairway *form*; moving staircase *form*
Rollvorhang *m rar* <bau> • blind; window shade; shade
Rollwalze *f* <wz> *(Gewinderollen)* • thread roll
Rollwalzen *n* <prod> • cylindrical-die rolling
Rollweg *m* <aerospace> *(Flughafen)* • taxiway
Rollwerk *n* <aerospace> *(Flugzeug)* • landing gear; undercarriage *rare*; alighting gear *obs.rare*
Rollwerkzeug *n* <wz> • curling tool
Rollwiderstand *m* <prod> • rolling resistance
Rollwiderstandsbeiwert *m* <mech> • coefficient of rolling resistance (CR)
Rollwulst *m* <prod> • rolling hump
ROM <edv> • read-only memory (ROM)
ROM-Datenspeicher *m* <edv.mus> • sample ROM; wave ROM; sound ROM; wave sample ROM; sampling ROM
ROM-Karte *f* <edv> *(zum Einstecken, Aufrüsten)* • ROM card; read-only memory card
ROM-Karte *f* <el.mus> *(für Synthesizer)* • ROM cartridge
Rompler *m pej* <edv.av> • wavetable synthesizer
ROM-Sample *n* <edv.av> • ROM sample; ROM waveform
ROM-Sampleplayer *m* <edv.av> • wavetable synthesizer
ROM-Sampler *m* <edv.mus> *(Wavetable-Soundkarte)* • sampleplayer card; GM card; wavetable board; ROM sampler card; wavetable sample card
ROM-Samplespeicher *m* <edv.mus> • sample ROM; sample memory; wavetable ROM; wavetable sound ROM; wavetable lookup
ROM-Sample-Synthese *f* <edv.av> • wavetable synthesis; PCM sampling; wavetable playback; GM wavetable synthesis; sampling synthesis *rar*
ROM-Sample-Synthesizer *m* <edv.av> • wavetable synthesizer
ROM-Wavetablespeicher *m* <edv.mus> • sample ROM; sample memory; wavetable ROM; wavetable sound ROM; wavetable lookup
Ronde *f* <mat> *(aus Grobblech)* • round plate
Ronde *f* <prod> • circular blank; circular blank sheet *form*; round blank sheet *form*; round blank
Rondell 3-flg. *n prakt* <licht> • 3-light ceiling swivel fixture; 3-light ceiling swivel; 3-lt. ceiling swivel *pract*
Rondell mit 3 Spotleuchten *n* <licht> • 3-light ceiling swivel fixture; 3-light ceiling swivel; 3-lt. ceiling swivel *pract*
Rondendurchmesser *m* <prod> • circular blank diameter
Rondenstapler *m* <prod> *(Automation (z. B. Tiefziehen))* • blank stacker
Roots-Drehkolbengebläse *n form* <kfz.mot> *(als Kompressor)* • Roots compressor; Roots-type lobe compressor *form*; Roots supercharger; Roots blower *pract*

Rootsgebläse n <tech.allg> • Roots blower; Roots-type lobe compressor; straight-lobe compressor

Rootsgebläse n <kfz.mot> *(als Kompressor)* • Roots compressor; Roots-type lobe compressor *form*; Roots supercharger; Roots blower *pract*

Roots-Lader m prakt <kfz.mot> *(als Kompressor)* • Roots compressor; Roots-type lobe compressor *form*; Roots supercharger; Roots blower *pract*

Rootspumpe f <förd> • Roots pump

Rootverzeichnis n prakt.ugs <edv> • root directory

Ro-Ro-Schiff n <nav> • roll-on-roll-off ship; ro-ro ship; roll-on-roll-off/lift-on-lift-off ship

rosa Rauschen n <av> • pink noise

rosarotes Rauschen n <av> • pink noise

Rose f <bio> *(Taxidermie: Geweih)* • coronet; antler burr

Rosenholz n <holz> • tulipwood; tulip-wood

Rosenknospe f <bau> *(Turmspitzenornament)* • finial

Rosenkranz m <med> • rosary

Rosenrand m <bio> *(Taxidermie: Geweih)* • coronet; antler burr

Rosenstock m <bio> *(Taxidermie)* • base of the antler of horn; base of the antler

Rosette f <bau> *(z. B. gothische Kirche)* • rosette

Rosette f <kfz.el> *(Zierring, Blende; z. B. an Scheinwerfern, am Instrumentenblock u.ä.)* • bezel; surround *GB*; trim

Rosette f <msr> *(DMS)* • rosette

Rosette f <msr> *(Kaminzugregelung)* • draft regulating register *US*; draught regulating register *GB*

Rosette f <prod> *(Kesselanlage)* • circular air grid

Rosettenrädchen n <msr> • draft-regulating wheel *US*; draught-regulating wheel *GB*; register wheel

Rosettenrädchen n <prod> • circular air grid wheel

Rosshaar n <textil> • horse hair

Rosshaarbrüste f <obfl> *(z. B. in Poliermaschine)* • horsehair brush

Rosslenkung f rar <kfz> *(mit Rollzahn)* • cam-and-lever steering; Ross-type steering *rare*

Rossschlachter m <nahr> • equine butcher

Rost m <tech.allg> *(Gitter)* • grid

Rost m <nahr> *(zum Grillen)* • grillage

Rost m DIN EN ISO 8044 <obfl> *(Korrosionsprodukte von Eisen und Stahl)* • rust *ISO 8044*; iron rust

Rost m [ro:st] <verbr> *(eines Ofens)* • grate; stoker; grating

Rostabwurf msg <ents> • grate dumpings *pl*

rostanfällig <obfl> • prone to rusting; rust-prone; susceptible to rusting *thsc*

Rostanfälligkeit f <qualit.mat> • susceptibility to rusting

Rost ansetzen vi <obfl> • start to rust *vi*; exhibit first traces of rust *vi*

Rostantrieb m <verbr> • grate drive

Rostasche f <ents> • bottom ash; clinker; grate slag; grate ash

Rostaustrag m <ents> • grating discharge

Rostbauart f <verbr> • grate design

Rostbefall m <obfl> • rust attack

Rostbelag m <verbr> *(Belag auf einem Rost)* • grate lining; grate covering; grate cover

Rostbeschickungsanlage f <verbr> • grate stoker

rostbeständig <mat> • rust-proof; rust-resisting

Rostbeule f ugs.derog <kfz> • jalopy *coll.derog*; banger *GB.coll.derog*

Rostbildung f <obfl> • rust formation

Rostblasenbildung f <obfl> *(Blasenbildung)* • paint eruption

Rostdurchbruch m ugs <metall> *(in Stahlblech; betont: Ergebnis)* • rust penetration; rust breakthrough; rot *coll*

Rostdurchfall m <verbr> • grate siftings *pl*; grate riddlings *pl*

Rosten n <obfl> • rust formation

rosten vi <obfl> • rust *vi*

Rostentferner m <chem> • rust remover; rust-removal agent; rust-removing agent

Rostentfernung f <obfl> *(mechanisch, chemisch)* • derusting; rust removal

Rostfeld n <verbr> *(bei Rostfeuerung)* • grate section

Rostfeuerung f <verbr> *(Vorgang; z. B. bei Müllverbrennung)* • stoker firing; grate firing

Rostfeuerung f <verbr> *(der Ofen)* • stoker-fired furnace; grate furnace

Rostfeuerung f <verbr> • fuel-bed firing

Rostfläche f <verf.hydr> • screen area

Rostfraß m ugs <obfl> • rust bug *coll*; tin worm *coll*

rostfrei <qualit.mat> *(Stahl)* • stainless; rustless *AUS.rare*

rostfreier Edelstahl 316L m <mat.med> • medical grade [stainless] steel; surgical grade [stainless] steel; 316L stainless steel; medical steel; 316L steel *pract*

rostfreier Schrott m <ents> • stainless scrap

rostfreier Stahl m <mat> *(rostfrei)* • stainless steel (SS)

Rostfuge f <verbr> • grate opening

rostgeschwächt <obfl> • weakened by rust

Rostgrad m DIN EN ISO 4618 <obfl> *(beschreibt Umfang der Rostbildung vor dem Reinigen)* • rust grade *ISO 4618-3*

Rosthaut f <obfl> • rust scale

rosthemmend <obfl> • rust inhibiting

Rosthemmer m <obfl> • rust inhibitor

rosthindernd <obfl> • anticorrosive

Rostinhibitor m <obfl> • rust inhibitor

Rostinspektion f <obfl> • rust inspection; rust check

Rostkettentrommel f <verbr> • grate-chain drum

Rostkiller m press <obfl> • rust killer *press*; rust eater *coll*

Rostkitt m <füg> • rust cement; iron cement

Rostkühler m <verbr> • grid cooler

Rostlaube f ugs.derog <kfz> • jalopy *coll.derog*; banger *GB.coll.derog*

rostlösende Flüssigkeit f <obfl> • antirust solution

Rostlöser m <kfz> *(meist als Spray)* • antiseize; releasing fluid *GB.pract*

Rostofen m <verbr> • grate furnace

Rostpickel m ugs <obfl> *(Ergebnis der Lochkorrosion)* • pitting corrosion; pitting; pits *pl*

Rostplatte f <verbr> • grate plate

Rostschicht f <obfl> • layer of rust; rust coating; rust layer

Rostschieber m <verbr> • grate sluice

Rostschlacke f <ents> • bottom ash; clinker; grate slag; grate ash

Rostschleuder f ugs.derog <kfz> • jalopy *coll.derog*; banger *GB.coll.derog*

Rostschuppen fpl <obfl> • scale rust; rust scabs *pl*; rust scale

Rostschutz m <obfl> • rust proofing; rust protection; rust inhibition

Rostschutzanstrichfarbe f <obfl> • antirust paint; rust-inhibiting paint

Rostschutzbehandlung f <obfl> • anti-rust treatment; rust protection treatment; rust proofing; rust preventive treatment

Rostschutzgarantie f <jur> • anti-corrosion warranty *US*; corrosion protection warranty *US*; rust protection warranty *US*; guarantee against corrosion *GB*; corrosion warranty *US*

Rostschutzgewährleistung f <jur> • anti-corrosion warranty *US*; corrosion protection warranty *US*; rust protection warranty *US*; guarantee against corrosion *GB*; corrosion warranty *US*

Rostschutzgrundierung f <obfl> • anti-corrosion primer; rust primer

Rostschutzmittel *n* <obfl> • rust preventative; rustproofing agent; antirust agent; rust inhibitor; rust preventive
Rostschutzöl *n* <obfl> • oil-based rust preventative
Rostschutzpapier *n* <mat.pap> • antitarnish paper
Rostschutzpapier *n* <obfl> • anticorrosive paper; antitarnish paper
Rostschutzschicht *f* <obfl> • rust-protective layer
Rostschutzsystem *n* <obfl> • rust-proofing system
Rostschutzwachs *n* <obfl> • rust-inhibiting wax
Rostsiebmaschine *f* <verf> • grizzly screen
Rostspalt *m* <verbr> *(z. B. Wanderrost)* • fire-bar opening; grate opening
Rostspaltweite *f* <verbr> • fire-bar spacing; grate spacing
Roststab *m* <ents> • grate bar; fire bar
Roststab *m* <verf.hydr> *(im Gitterrost-Rechen; zur Wasserreinigung)* • screen bar; screening bar
Roststabreihe *f* <ents> • row of grates
Roststabträger *m* <ents> • grate bar carrier; fire-bar bearer
Roststabträger *m* <verbr> *(Ofen)* • grate bar support
Roststelle *f* <obfl> • rust spot
Rostumwandler *m* <chem> • rust converter; rust neutralizer; rust arresting agent *Toyota*
Rostunterwanderung *f* <obfl> *(allg.)* • creepage; rust creep; undercutting; underfilm creepage corrosion; underfilm corrosion
Rostvernichter *m* <obfl> • rust killer *press*; rust eater *coll*
Rostversiegelung *f* <obfl> • rust sealer
Rostwalze *f* <verbr> • grate roller
Rostzone *f* <verbr> • underfire air compartment; underfire air zone
Rot, Grün, Blau <edv> • Red-Green-Blue (RGB); RGB color model; red, green, blue
Rotameter *n* <msr> • rotameter
Rotary-Bohranlage *f* <petr> • rotary drilling rig; rotary-drill rig
Rotarybohranlage *f* <petr> • rotary drilling rig; rotary-drill rig
Rotarybohren *n* <petr> • rotary drilling
Rotarybohrgerät *n* <petr> • rotary drill
Rotarybohrung *f* <min.petr> • non-core drilling; rotary drilling
Rotary-Bohrverfahren *n* <petr> • rotary drilling
Rotary-Garnitur *f* <petr> • rotary assembly
Rotarytisch *m* <prod> • rotary table; kelly drive
Rotary-Zange *f* <petr> *(zum Verschrauben und Lösen von Gestänge- u. Rohrverbindungen)* • tongs
Rotation *f prakt* <edv> • rotation *prakt*; revolution *rare*
Rotation *f* <masch> *(um mehr als 360 Grad; jede Drehgeschwindigkeit; z. B. Antriebsswellen)* • rotation
Rotation *f* <math> • curl of a vector; curl
Rotation *f* <math> *(Vektor/Tensor-Rechnung)* • rotor
Rotation *f* <mech> • rot
Rotationsabschäumer *m* <verf> • rotation protein skimmer *:V*
Rotationsachse *f* <tech.allg> • rotation axis; rotational axis; axis of rotation
Rotationsanleger *m* <druck> • rotary feeder
Rotationsbande *f* <opt> • rotation band; rotational band
Rotationsbeschneidemaschine *f* <prod> *(für Dosen)* • rotary can trimmer
Rotationsbewegung *f* <allg> • rotational motion
Rotationsbewegung *f wiss* <tech.allg> • rotary motion; angular motion *thsc*; rotational motion *rare*
rotationsbombierte Schüssel *f LMZ* <kfz> • semi-embossed disk; semi-embossed track adjustable disk
rotationsbombierte Spurverstellschüssel *f* <kfz> • semi-embossed disk; semi-embossed track adjustable disk

Rotationsdispersion *f* <opt> • rotary dispersion; rotatory dispersion
Rotationsdruck *m DIN 16500/2* <druck> • rotary printing
Rotationsdruckfarbe *f* <druck> • rotary ink; rotary machine ink; newsprint ink
Rotationsdruckmaschine *f* <druck> • rotary printing machine; rotary press
Rotationsdruckpapier *n* <druck> • rotary-printing paper; newsprint paper; newsprint
Rotationsdüse *f* <agri> *(Regner)* • spinner nozzle
Rotationseffekt *m* <tech.allg> • rotation effect
Rotationsellipsoid *n* <math> • spheroid; ellipsoid of revolution
Rotationsellipsoid *n* <math> • ellipsoid; spheroid
Rotations-EMK *f* <el> • rotational electromotive force
Rotationsenergie *f* <mech> • rotational energy
Rotationsenergieniveau *n* <mech> • rotational level
Rotationsextruder *m* <prod> • rotary extrusion device
Rotationsfeinstruktur *f* <nukl> • rotational fine structure
Rotationsfenster *n* <bau> *(Oberbegriff)* • pivoted window
Rotationsfilmdruck *m* <textil> • rotary screen printing
Rotationsfläche *f* <math> • surface of revolution
Rotationsflügelpumpe *f* <masch> • rotary-vane pump
Rotationsformen *n* <prod> • rotational molding
rotationsfrei <phys> • irrotational
Rotationsfrequenz *f* <phys> • rotational frequency
Rotationsgeschwindigkeit *f* <tech.allg> • rotational speed; velocity of rotation *form*
Rotationsgeschwindigkeit *f* <druck> *(Außentrommel)* • rotational speed
Rotationsgeschwindigkeit *f* <edv> *(von Festplatten, CD-Laufwerken)* • rotational speed; spindle speed *Seagate*; spin rate *coll*; disk rotation speed
rotationsgewalzte LM-Felge *f* <kfz> • rolled-alloy wheel
Rotationsgießen *n* <prod> • centrifugal casting; rotational casting
Rotationshyperboloid *n* <math> • hyperboloid of revolution
Rotationshysterese *f* <phys> • rotation hysteresis; rotational hysteresis
Rotationsinvarianz *f* <phys> • rotation invariance
Rotationskegel *m* <math> • rotation cone; right circular cone; circular cone; cone of revolution
Rotationskörper *m* <edv.math> • surface-of-revolution object
Rotationskörper *m* <math> *(rotationssymmetrisch)* • body of revolution; solid of revolution
Rotationskörperoberflächenobjekt *n form.* <edv.math> • surface-of-revolution object
Rotationskolbenmotor *m* <kfz.mot> *(Wankel-type)* • rotary piston engine; rotary engine *pract*; Wankel engine *rare*
Rotationskolbenpumpe *f obs* <förd> • rotary pump; rotary positive displacement pump; positive displacement rotary pump; rotary displacement pump; positive rotary pump
Rotationskolonne *f* <chem> • centrifugal still; rotary still
Rotationskopf *m* <petr> *(Tiefbohrtechnik)* • swivel
Rotationslamellenverschluss *m* <phot> • revolving-disc shutter
Rotationslautsprecher *m* <edv.av> • rotary speaker; leslie speaker; leslie; rotary box; leslie box
Rotationsmähdrescher *m* <agri> • rotary combine
Rotationsmaschine *f* <druck> • rotary printing machine
Rotationsmaschine *f* <druck> • rotary printing machine; rotary press
Rotationsmodul *m* <autom> • rotary module
Rotationsniveau *n* <nukl> • rotational level
Rotationsnumerierwerk *n* <druck> • rotary numbering box

Rotationsoberfläche f <math> • surface of revolution
Rotationsorgane npl <tech.allg> • rotational elements
Rotationsparaboloid n <math> • paraboloid of revolution
Rotationspol m <mech> • center of rotation US; center of gyration US; centre of rotation GB
Rotationspolarisation f <opt> • rotary polarization
Rotationspressen n <prod> • rotational molding
Rotationsprinzip n <edv> • rotation method
Rotationspumpe f <förd> • rotary gas pump
Rotationspumpe f <förd> • rotary pump
Rotationspunkt m <tech.allg> • rotation point; rotational point; point of rotation
Rotationsquantenzahl f <phys> • rotational quantum number
Rotationsquerschneider m <druck> • rotary sheeter US; rotary cross cutter
Rotationsradierer m <kunst.wz> • electric eraser
Rotationsschablonensystem n <textil> • rotary screen coating machine
Rotationsschale f <math> • shell of rotational symmetry; rotational shell
Rotationsschneidbrecher m <ents> • rotary shredder; rotary cutting system
Rotationsschweißen n <füg> • friction welding; spin welding; rotowelding
Rotationsschwingungsbande f <opt> • rotation-vibration band; vibration-rotation band
Rotationsschwingungsspektrum n <phys> • rotation-vibration spectrum; vibration-rotation spectrum
Rotationsspektrum n (Molekülspektrum) • rotation spectrum
Rotationsstabilisierung f <msr> • rotational stabilization
Rotationsströmung f <phys> • rotational flow
Rotationsstruktur f <tech.allg> • rotational structure
Rotationssymmetrie f <math.phys> • rotational symmetry; rotation symmetry
rotationssymmetrisch <math> • axisymmetric; rotationally symmetric
rotationssymmetrisch <nukl> • dynamically balanced
rotationssymmetrische Fläche f <math> • surface of revolution
rotationssymmetrische Fresnellinse f <energ.sol> • circular Fresnel lens
rotationssymmetrischer Körper m <math> • body of revolution
rotationssymmetrischer Parabolspiegel m <energ.sol> • parabolic dish
Rotationsteil n <tech.allg> • rotating part
Rotationsterm m <nukl> • rotational level
Rotationstiefdruck m <druck> • gravure rotary printing; rotogravure
Rotationstiefdruckpapier n <pap> • roto-gravure paper
Rotationstransformation f <nukl.phys> • rotational transform
Rotationstransformierte f <nukl.phys> • rotational transform
Rotationstrommel f <masch> • rotary drum
Rotationsüberwachung f <tech.allg> • rotation monitoring
Rotationsunwucht f <druck> (Außentrommelrecorder) • mass unbalance; mass imbalance; dynamic unbalance
Rotationsvakuumfilter n <verf> • rotary vacuum filter
Rotationsverbreiterung f <phys> (Spektrum) • rotational broadening
Rotationsverdampfer m <verf> • rotary evaporator
Rotationsverdichter m <masch> • rotary compressor
Rotationsverdrängerpumpe f <förd> • rotary pump; rotary positive displacement pump; positive displacement rotary pump; rotary displacement pump; positive rotary pump

Rotationsversprüher m <verf> • rotating atomizer; spinning atomizer
Rotationsverteiler m <agri> • rotaspreader
Rotationsviskosimeter n <tribo.msr> • rotation viscometer; rotary viscometer; drag-torque viscometer
Rotationsvorlageneinzug m <büro> (Kopierer) • recirculating document feeder (RDF)
Rotationswäscher m <verf> • rotary scrubber; rotating scrubber; rotary washer
Rotationswinkel m <tech.allg> • angle of rotation; rotational angle; rotation angle
Rotationszentrum n <mech> • center of rotation US; center of gyration US; centre of rotation GB
Rotationszerstäuber m <agri> • spinning atomizer; rotary atomizer
Rotationszerstäuber m <ents> • rotating atomizer; rotary atomizer; centrifugal disc atomizer; plate atomizer; rotary-cup atomizer
Rotationszerstäuber m <verbr> (Ölfeuerung) • rotary-cup atomizer; spinning-cup atomizer
Rotationszerstäubungsanlage f <obfl> • rotational atomization unit :V
Rotationszwilling m <mat> • rotation twin
Rotator m prakt <druck> (Druckplattenhandling) • printing plate rotator; plate rotator; rotator pract
rotatorisch <allg> • rotatory
rotatorisch <tech.allg> (Achse) • rotational
rotatorisch <tech.allg> (Bauart) • rotary
rotbraun <kunst> • raw sienna
rotbrüchig <qualit.mat> • red-brittle; red-short
Rotbrüchigkeit f <qualit.mat> • red brittleness; red shortness
Rotdifferenzsignal n <av> • R-Y signal; red minus-luminance color difference signal; red color difference signal pract
rote Arsenblende f <chem> • red orpiment
Rote Bete f <nahr> • beetroot
rote Cadmiumlinie f <phys> (Spektralanalyse) • cadmium red line
Roteisen n <min> • hematite US; haematite GB; red iron ore; iron glance; specular iron ore
rote Karte f <mil> • red card
rote Koralle f <bio> • red coral; corallium rubrum
rote Laserdiode f <licht> (Halbleiterlaser, 670 nm) • red laser diode
rotempfindlich <phot> (Film) • red-sensitive
roten Drehzahlbereich erreichen vi <kfz> (Motor) • redline vi
roter Drehzahlbereich m <kfz> • redline
Rotes Blutlaugensalz n <chem> • potassium prussiate; potassium hexacyanoferrate(III); prussiate of potash; red prussiate
Rotes Kennzeichen n ugs <kfz.verk> (für Überführungs- u. Probefahrten) • temporary license plate US; temporary plate; trade plate coll
Rotfilter m <phot> (an Vergrößerer) • red filter; safelight filter; safe filter
Rotglut f <metall> • red heat
Rotgluthärte f <qualit.mat> • red hardness
Rot-Grün-Blau (RGB) <edv> • Red-Green-Blue (RGB); RGB color model; red, green, blue
Rotgültigerz n <min> • red silver ore
Rotguss m <mat> • red casting brass; red brass
rotieren vi <tech.allg> (um mehr als 360 Grad; sehr schnell; z. B. Festplatten, CD-Laufwerke) • rotate vi; spin vi
rotieren vi <masch> (um mehr als 360 Grad; jede Drehgeschwindigkeit; z. B. Antriebswellen) • rotate vi
rotieren vt rar <edv> (Computergrafik; Objekt drehen, z. B. um 90 Grad) • rotate vt; revolve vt rare

rotierend <tech.allg> *(um mehr als 360 Grad)* • revolving; rotatable; rotating

rotierende Bürste f <wz> • rotary brush

rotierende elektrische Maschine f <el> • rotating machine

rotierende Elektrode f <el.chem> • rotating electrode; rotated electrode

rotierende Hochspannungsverteilung f <kfz.el> • rotating high-voltage distribution

rotierende Masse f <mech> *(allg. ein rotierender Gegenstand)* • spinning body; spinning mass

rotierende Messerwalze f <led> • revolving bladed cylinder

rotierende Quecksilberpumpe f <masch> • mercury rotating pump

rotierender Generator m <verf> • rotary generator

rotierender Hochdruckkocher m <pap> • rotating digester

rotierender Körper m <mech> *(allg. ein rotierender Gegenstand)* • spinning body; spinning mass

rotierender Löschkopf m <av> • flying erase head (FE head); rotating erase head; flying erasing head; rotating erasing head; flying erase

rotierender Magnetkopf m <av> • rotary magnetic head; rotary head *pract*

rotierender Ofen m <prod> • rotary kiln

rotierender Spurlöschkopf m <av> • flying erase head (FE head); rotating erase head; flying erasing head; rotating erasing head; flying erase

rotierender starrer Körper m <mech> • spinning rigid body

rotierender Tonkopf m <av> • flying audio head

rotierender Trafo m *prakt.ugs* <av> • rotary transformer

rotierender Transformator m <av> • rotary transformer

rotierender Übertrager m <av> • rotary transformer

rotierender Umformer m <el> • rotary converter; motor alternator

rotierender Verbrennungsofen m <prod> • rotary burner

rotierender Versprüher m <verf> • rotating atomizer

rotierender Videokopf m <av> • flying video head

rotierender Wechselrichter m <el> • rotary inverter

rotierende Scheibenelektrode f <el.chem> • rotating disc electrode (RDE)

rotierendes Polygon n <edv> • polygon wheel; polygon mirror wheel; rotating polygon; mirror wheel

rotierendes Rodeschar n • rotary lifting share; lifting-wheel digger

rotierende Verdrängerpumpe f <förd> • rotary pump; rotary positive displacement pump; positive displacement rotary pump; rotary displacement pump; positive rotary pump

rotierende Wirbelschicht f <verbr> • internally circulating FBC (ICFB)

rotierende Wirbelschichtfeuerung f <verbr> • internally circulating FBC (ICFB)

Rotnickelkies m <min> • niccolite; copper nickel

Roto Cap f <kfz.mot> • roto cap; valve rotator

rotodynamische Pumpe f <förd> *(z. B. Kreisel-, Seitenkanal-, Peripheralpumpe)* • impeller pump; rotodynamic pump; rotary impeller pump

Rotoflex-Gelenk n <kfz.antr> • Rotoflex coupling

Rotor m <tech.allg> *(sich drehendes Bauteil, Läufer allg.)* • rotor

Rotor m <el> *(Gleichstrommaschine)* • armature

Rotor m <el> *(Verschiebeankermotor; z. B. in Hebezeug)* • cone

Rotor m *rar* <el> *(in Generator, Elektromotor)* • armature; rotor

Rotor m <el> *(Generator)* • rotor; generator rotor

Rotor m <energ.wind> • rotor; windwheel *obs*

Rotor m <förd> *(rotierende Verdrängerpumpe)* • rotor; impeller *rare*

Rotor m <kfz.el> *(Impulsgeber)* • rotor

Rotor m <kfz.el> *(des Induktionsgebers im Zündverteiler)* • trigger wheel; reluctor *Chrysler.Lucas*; armature *Ford*; timer core; rotating pole piece *rare*

Rotor m <kfz.el> *(im Zündverteiler)* • rotor; distributor rotor; rotor arm; rotor blade

Rotor m <kfz.mot> • rotor

Rotor m <masch> *(Welle+Laufrad)* • pump rotor; rotor *pract*; rotating assembly; rotating element

Rotor m <math> *(Vektor)* • curl; rotor

Rotor m <textil> • spinning rotor

Rotor m <turb> • open-end turbine

Rotorabscheider m <agri> • rotary separator

Rotorblatt n <aerospace> • rotor blade

Rotorblatt n <energ.wind> • rotor blade; blade *pract*

Rotorblatteinstellwinkel m *form* <energ.wind> • pitch angle *IEV 415*; rotor blade pitch angle *form*; blade pitch angle; blade pitch *pract*; blade angle *pract*

Rotorblattspitze f <aerospace> • rotor blade tip

Rotorbremse f *IEV 415* <mech> • rotor brake *IEV 415*

Rotordrehzahl f *IEV 415* <energ.wind> • rotor speed *IEV 415*

Rotordurchmesser *msg* <energ.wind> • rotor diameter

Rotorebene f <energ.wind> • rotor plane; plane of rotation

Rotoregge f <agri> • rotary cross harrow *US*; circular spike harrow

Rotorfläche f *IEV 415* <energ.wind> • rotor area *IEV 415*; disc area; frontal area

Rotorfräse f <agri> • rotary cultivator

Rotorglocke f <fz> • revolving bell

Rotorhacke f <agri> • rotary hoe

Rotorhäufler m <agri> • rotoridger

Rotorkranz m <el> • spider rim

Rotorkreisfläche f <energ.wind> • rotor area *IEV 415*; disc area; frontal area

Rotorkrümler m <agri> • rotary tiller; rotary cultivator

Rotorlager n <mech> • rotor bearing

Rotorlautsprecher m <edv.av> • rotary speaker; leslie speaker; leslie; rotary box; leslie box

Rotormähwerk n <agri> • rotary mower

Rotormesser m <prod> *(Kegelstoffmühle)* • core bar

Rotormesser n <wz> • rotor knife; fly knife

Rotornabe f <energ.wind> • hub *IEV 415*

Rotorplatte f <el> *(Drehkondensator)* • rotor plate

Rotorpumpe f <förd> • internal gear pump; internal lobe pump; internal-gear one-tooth-difference pump

Rotorpumpe f <kfz> *(Ölpumpe)* • rotor-type pump; Eaton pump; eccentric rotor pump *did*; trochoid pump *rare*

Rotorschneidemaschine f <wz.masch> *(z. B. für Zuckerrüben)* • rotary cutter

Rotorspatenfräse f <agri> • spading rotary cultivator

Rotorspinnbox f <textil> • rotor spin box

Rotorspinnmaschine f <textil> • open-end spinning machine; open-end spinning frame

Rotorstern m <aerospace> *(Hubschrauber)* • spider

Rotorstriegel m <agri> • rotary weeder

Rotorteiler m <agri> • rotary divider; corkscrew divider

Rotorwelle f <masch> • rotor shaft

Rotorzacken m <kfz.el> • rotor tooth; rotor tip; armature tip; reluctor tip; reluctor tooth

Rotor-Zerkleinerer m <verf.hydr> • rotor comminutor

Rotoskopie f <kino> • rotascoping; rotoscoping

Rototrol f <el> *(Verstärkermaschine)* • rototrol generator; rototrol

Rotpause f <doku> • red print

Rotschmierkäse m <nahr> • red smear cheese

Rotsignal-Luminanzsignal *n* (V) <av> • luminance-minus-blue signal (V)

Rotstich *m* <phot> • red cast; red tinge

Rot-Streifen *m* <av> • red lane

Rotte *f* <bahn> *(Personengruppe)* • group of workers

Rotte *f* <ents> *(Abbau von org. Stoffen durch Mikroorganismen unter aeroben Bedingungen)* • decomposition

Rotte *f* <textil> *(Flachs)* • rotting; retting

rotten *vt* <textil> *(Flachs)* • rot *vt*; ret *vt*

Rottenkraftwagen *m* <bahn> • rail truck

Rotverschiebung *f* <phys> *(z. B. Astronomie)* • red shift

Rotznase *f* *ugs* <obfl> *(Lackfehler; eher punktuell, einzeln)* • run; hanger *pract*

Rough *n* <werb> • rough; scribble; thumbnail sketch

Roughlayout *n* <werb> • rough layout

Roundtrip *m* <petr> • roundtrip; trip

Rous Sarkom-Virus *n* (RSV) <med> • Rous sarcoma virus (RSV)

Route *f* (RTE) <navig> • route (RTE)

Route *f* <verk> *(von A nach B)* • route

Route *f* *prakt* <verk.navig> • route

routen *vt* <edv.av> • route *vt*

Routenabschnitt *m* <navig> • route leg; navigation leg; leg *pract*

Routendaten *npl* <navig> • route data

Routendefinitionsseite *f* <navig> *(Display)* • route definition page

Routenliste *f* <navig> *(Display)* • route list

Routennavigation *f* <navig> • route navigation

Routenplanung *f* <navig> • route planning

Routenseite *f* <navig> *(Display)* • route page

Routenüberwachung *f* <navig> • route monitoring

Routen-Umkehr *f* <navig> • reverse route (RR)

Router *m* <edv> *(verbindet Netzwerke, übersetzt ggf. Protokolle)* • router

Routine *f* <edv> • routine

Routineanalyse *f* <chem> • routine analysis

Routinebibliothek *f* <edv> • routine library; program library

Routinefunktion *f* <med.tech> • routine function

routinemäßige Überwachung *f* <tech.allg> • routine monitoring

Routinewartung *f* <rep> • routine maintenance

Routing *n* <edv.av> • routing; signal flow

Routing *n* <tele> • routing

Rover *m* <navig> • roving receiver; rover receiver; remote receiver; rover

Rover-Datei *f* <navig> • rover file

Rover-Empfänger *m* <navig> • roving receiver; rover receiver; remote receiver; rover

Roving *n* <mat> • glass-fiber roving *US*; glass-fibre roving *GB*; roving

Rowland-Geister *mpl* <opt> *(Gitterspektrum)* • Rowland ghosts

Rowland-Kreis *m* <opt> • Rowland focusing circle *US*; Rowland focussing circle *GB*; Rowland circle

ROZ <kfz.mot> • research octane number (RON); research octane rating

Rp <rls> • straight internal pipe thread (Rp) *ISO 7*

RPB <av> • rental playback (RPB)

RPE-LTP-Verfahren *n* <tele> • Regular Pulse Excited-Long Term Prediction (RPE-LTP)

RPS <füg> *(ein Widerstands-Pressschweißverfahren)* • upset welding (UW) *USA*; resistance butt welding *GB*

RR-Flachstrickmaschine *f* <textil> • rechts-and-rechts flat knitting machine

RR-Flachstrickmaschine *f* <textil> • V-bed flat knitting machine

RRIM <kst> • reinforced reaction injection molding (RRIM)

RRIM-Verfahren *n* (RRIM) <kst> • reinforced reaction injection molding (RRIM)

RR-Jacquard *m* <textil> • rib jacquard

RR-Kettengewirk *n* <textil> • double faced warp knitted fabric

RR-Maschenware *f* <textil> • rib fabric

RR-Raschelmaschine *f* <textil> • double needle bar Raschel machine

RR-Rundstrickmaschine *f* <textil> • dial and cylinder machine

RR-Strick-/Wirkmaschine *f* <textil> • rib knitting machine

RRT <med.tech> • registered respiratory therapist (RRT)

R-R-Transformstörung *f* <geo> • R-R-transform fault; R-R-transform; ridge-ridge-transform fault; ridge-ridge-transform

R/R Ware *f* <textil> • rib fabric *ISO 7839*; rib cloth; rib-knit fabric; rib-knitted fabric; double face fabric

RS-Code *m* <edv> • Reed-Solomon code; RS code; Reed-Solomon error correction code

RSG <kst> • reaction injection molding (RIM)

R-Signal *n* <av> • right-hand signal

RSK <el> *(z. B. in Solarzellen)* • back contact

R-Sockel *m* <licht> *(Soffittensockel mit mehreren eingelassenen Kontaktplättchen)* • R-cap

Rs-Sockel *m* <licht> • Rs-cap

RSV <med> • Rous sarcoma virus (RSV)

RT <av> *(eines Klangs)* • release time (RT)

RT <hlk> *(in Gebäuden; typ. 20 °C)* • room temperature (RT); ambient temperature; inside temperature; interior temperature; ordinary temperature *rare*

RT <kfz.av> • radio text (RT)

RT <med> • reverse transcriptase (RT)

RTC <edv> *(Strichcodetyp)* • RTC

RTCM <Org> • Radio Technical Commission for Maritime Services (RTCM)

RTCM-Eingabemodus *m* <navig> *(Empfänger)* • RTCM input mode

RTCM-Eingang *m* <navig> • RTCM input

RTCM-Formatbeschreibung *f* <navig> • RTCM format description

RTCM-Signal *n* <navig> • RTCM signal

RTCM-Standard *msg* <navig> • RTCM standards *pl*

RTCM-Version *f* <navig> • RTCM version

RT-Code *m* <kfz.av> • RT code

RTD <el> • resonance tunnel diode (RTD)

RTD-Feldeffekt-Transistor *m* <el> • field effect transistor with resonance tunnel diode (RTD-FET); RTD field effect transistor

RTD-FET <el> • field effect transistor with resonance tunnel diode (RTD-FET); RTD field effect transistor

RTE <navig> • route (RTE)

RT-härtender Klebstoff *m* <füg> *(bei Raumtemperatur härtend)* • RT-curing adhesive

RTM <msr> • scanning tunneling microscope (STM) *US*; scanning tunnelling microscope *GB*

RTM-Verfahren *n* <kst> • resin transfer molding method (RTM); resin transfer molding

RTM-Werkzeug *n* <kst> • RTM mold *US*; RTM mould

RTP <tele> • real-time transport protocol (RTP)

RTP-Header *m* *prakt* <tele> • RTP header

RTP-Kopf *m* <tele> • RTP header

RTR-Verfahren *n* <energ.sol> • RTR-process; ribbon-to-ribbon process

R-T-Transformstörung *f* <geo> • R-T-transform fault; R-T-transform; ridge-trench-transform fault; ridge-trench-transform

Ru <chem> • ruthenium (Ru)

Rubbelkrepp *m* <kunst> *(Maskierflüssigkeit)* • liquid frisket

rubbeln *vi* <kfz.brems> *(Bremsen)* • judder *vi*

Rubens'sches Flammrohr n <hlk> • Rubens' flame tube
Rubidium n (Rb) <chem> • rubidium (Rb)
Rubidium-Strontium-Methode f <phys> • rubidium-strontium dating method; rubidium-strontium method
Rubin m <bekl> • ruby
rubinfarben <nahr> (Wein) • ruby adj
Rubinglas n <silik> • ruby glass
Rubinlaser m <phys> • ruby laser
Rubinmaser m <phys> • ruby maser
Rubinspitze f <edv> (Lesestift) • ruby tip
Rubinzahl f <chem> (Schutzkolloidwirkung) • congo rubine number; rubine number
Ruck m <tech.allg> (Beschleunigungssprung; z. B. beim Gasgeben, Schalten) • jolt; jerk
ruckartige Bewegung f <mech> • jerky movement
Ruckdämpfer m <kfz> (in der Kupplungsscheibe) • torque cushion springs pl; damper springs pl; torque cushion
Ruckeln n ugs <tech.allg> (z. B. infolge Schmierungsmangel) • stick-slip
ruckeln vi <kfz.mot> • jolting vi
ruckelnd <kfz.antr> (Kupplung) • juddery
ruckfrei <kfz> (Getriebe, Beschleunigung) • smooth
ruckfrei <kfz> (beschleunigen) • smoothly
ruckfreies Anfahren n <fz> • joltfree start
Ruckgleiten msg <tech.allg> (z. B. Kolben, Schublade, Werkstück) • stick-slip motion; stick-slip
Rucksack m <pack.tour> • backpack
Rucksackfilter m <verf> • box filter; outside box filter
Ruckschaltwerk n <masch> • pawl-and-ratchet mechanism
ruckweise <tech.allg> (z. B. Beschleunigen, Schlittenbewegung) • intermittent
ruckweise bewegen vr <tech.allg> (betont: unterbrochen, nicht in einem Fluss) • move intermittently vi
ruckweise bewegen vr <mech> (betont: durch hohe Reibung, nicht gleitend; z. B. Schublade) • jerk vi
ruckweiser Transport m <büro> (z. B. Schreibmaschine) • intermittent drive
Ruder n <nav> • rudder
Ruder n <nav> • oar
Ruderanlage f <nav> • steering gear
Ruderbank f <nav> • oarman's thwart
Ruderbeschlag m <nav> • rudder fitting
Ruderblatt n <nav> • rudder blade
Ruderfläche f <nav> • rudder area
Ruderkopf m <nav> • rudderhead
Ruderlagenanzeiger m <nav> • rudder angle indicator
Ruderlagenanzeiger m <nav> • wheel indicator; helm indicator
Ruderlagenwinkel m <nav> • rudder angle
Rudermaschine f <aerospace> • control-surface actuator
Rudermaschine f <nav> • steering engine; steering gear
Rudermoment n <nav> • rudder torque
Ruderpinne f <nav> • rudder-tiller; tiller; helm
Ruderriemen m <nav> • oar
Rudersollwinkel m <nav> • required vane angle
Rudersteuerung f <nav> • steering gear control; steering control
Rudersteven m <nav> • sternpost; rudder post
Rudge-Nabe f obs <kfz> (bei Sport- und Rennwagen) • central-locking hub; spline hub pract; splined hub pract; Rudge hub pract.obs; Rudge-Whitworth hub form.obs
Rudge-Verschluss m obs <kfz> • spinner; knock-off/on nut; center lock [nut]; Rudge nut; wing nut
Rudge-Whitworth-Felge f obs <kfz> • central-locking wheel; Rudge-Whitworth wheel obs
Rudge-Whitworth-Nabe f obs <kfz> (bei Sport- und Rennwagen) • central-locking hub; spline hub pract; splined hub pract; Rudge hub pract.obs; Rudge-Whitworth hub form.obs

Rübe f <agri> • turnip; arum triphyllum
Rübenblattschläger m <verf> (Zuckerfabrik) • beet leaf stripper; leaf stripper
Rübenbröckler m <agri> • root chopper
Rübenerntemaschine f <agri> • beet harvester
Rübenfräse f <wz> • root pulper
Rübengreiferzange f <agri> • root crop grab
Rübenheber m <agri> • beet lifter
Rübenköpfer m <agri> • beet topper
Rübenköpfschlitten m <agri> • sleeve topper
Rübenkralle f <agri> • beet drag
Rübenkrautfänger m <agri> • beet leaf catcher
Rübenroder m <agri> • beet lifter
Rübenrodeschwader m <agri> • beet lifter and collector
Rübensämaschine f <agri> • root drill
Rübensammellader m <agri> • beet pick-up loader
Rübenschneider m <prod> (Zuckerrüben (Zuckerfabrik)) • barrel-type root cutter
Rübenschnitzelmaschine f <agri> • beet cutter; beet slicing machine
Rübenschnitzelmesser n <agri> • beet slicing knife
Rübenschwanzfänger m <agri> • beet tail catcher
Rübenvollerntemaschine f <agri> • beet harvester
Rübenwaschmaschine f <agri> • beet washing machine; beet washer pract
Rübenzucker m <nahr> • beet sugar
Rückanschlag m <masch> • back gauge
Rückansicht f prakt <doku> • back elevation; rear view pract
Rückantwort f <werb> • confirmed prospect
Rückarbeitskreis m <hydr> • back-to-back loop
Rückarbeitsverfahren n <energ> (Generatoren) • back-to-back method
Rückatmung f <med.tech> • rebreathing
Rückbank f <kfz.innen> • rear seat bench; back bench coll; rear seat
Rückbankentriegelung f <kfz.innen> • rear seat fold down release
Rückbanklehne f <kfz.innen> • rear seat back
Rückbankverriegelung f <kfz.innen> (abschließbar) • rear seat fold down locking system
rückbarer Bandförderer m <förd> • movable belt conveyor
rückbares Ausbaugestell n <tech.allg> • steel chock
rückbares Gleis n <bahn> • relocatable track
rückbares Gleis n <förd> • movable track
Rückbau m <min> • retreat mining; retreat
Rückbewegung f <tech.allg> • return movement
rückbilden v <mat> (z. B. Krisallgittert) • restitute v
rückbilden vr <phys> (z. B. Impuls) • reshape vi
Rückblickscheibe f form.obs <kfz> (allg.) • rear window; rear screen GB; rear light GB; rear body glass form; backlight US.rare
Rückbrand m <ents> • burnback; burning back
Rückbreite f <min> (eines Förderers) • advance
Rückdiffusion f <chem> • back diffusion
Rückdiffusion f <phys> • backward scattering; backscattering; backscatter
Rückdrallmoment n <textil> (Zwirn) • twist run-back
rückdrehen v <masch> • reverse v
rückdrehen v <masch> • turn back v
rückdrehen vt <textil> (Texturieren) • detwist vt
Rückdrehmoment n <aerospace> • stabilizing moment
Rückdrehmoment n <mech> • restoring moment
Rückdruck m prakt.ugs <kfz.emiss> (allg. und Viertaktmotor) • exhaust backpressure; back pressure pract.coll; exhaust gas backpressure form
Rückdruck m <mech> • reaction; back pressure
Rückdruckfeder f <masch> (z. B. Kupplung) • return spring

Rückdruckregler m <prod.nahr> *(Speiseeis; Freezer)*
• back pressure regulator
Rückdruckventil n <rls> • back-pressure valve
Rückdrückfeder f <kst> • return spring
Rückdrückstift m <kst> • return pin
Rücken m <allg> *(z. B. Körper, Buch, Säge, Zahn)* • back
Rücken m <tech.allg> *(betont: hintere Seite)* • rear
Rücken m <füg> *(Keil)* • top
Rücken m <geo> • crest
Rücken m <phys> *(Impuls)* • tail
Rücken m <wz> • heel
rücken v • set v
rücken v <tech.allg> *(z. B. Lade, Möbelstück, Werkstück)*
• shift v
rücken v <förd> • move over v
rücken v <förd> • turn over v
rücken vt <tech.allg> • move intermittently vi/vt
Rückenbeschichtung f <textil> • back-coating
Rücken des Fördermittels n <min> • push the conveyor
Rückenetikett n DIN 55 405 <pack> • back label
Rückenfallschirm m <sport> • back-pack parachute
Rückenfläche f <tech.allg> • back face
Rückenflanke f rar <masch> *(Gewinde, Zahnrad)* • trailing
flank; clearing flank; clearance flank *rare*; following flank
rare
Rückenflug m <aerospace> • inverted flying
Rückengurte mpl <kfz> • shoulder harness
Rückenhalbwertszeit f <el> *(Stoßspannungsprüfung)*
• time to half value of the wave tail
Rückenkante f <wz> • heel
Rückenkegel m <masch> • back cone
Rückenlehne f <kfz.innen> *(Sitze)* • seat back US; back
rest GB; squab GB
Rückenplatte f prakt <kfz.brems> *(von Scheibenbrems-
belägen)* • brake pad plate; brake shoe rare
Rückenprotektor m <bekl> • back protector
Rückenschaufel f <förd> • back vane; impeller back
vane; back shroud vane rar
Rückenschutz m <bekl> • back protector
Rückenspiel n <masch> • back clearance
Rückensprühgerät n <agri> • knapsack sprayer; back
pack sprayer rare
Rückenstäubegerät n <agri> • knapsack duster
Rückentasche f <bekl> • rear pouch; rear storage pouch
Rückentiefe f <wz> • body clearance
Rückentrage f <hygi> • back carrier
Rückentzerrung f <av> • de-emphasis; post-equilization;
post-emphasis
Rückenverschluss-BH m <bekl> • rear-hook bra
Rückenwind m <aerospace> • tail wind
Rückenwind-Warnsystem n <aerospace> • tail wind
warning system
Rückenwindwarnung f <aerospace> • tail wind warning
Rückenwinkel m <wz> • back angle
Rückenwirbel m <bio> *(Wirbelsäule)* • vertebra
Rückeschlepper m <nfz> • forwarder
Rücketraktor m <nfz> *(Forst)* • logging skidder
Rückfahrautomatik f <kfz> • automatic reversing mecha-
nism; reversing stop
Rückfahrleuchte f <kfz.el> • back-up light (B/U LITE) US;
reversing light GB; reversing lamp; backing lamp
Rückfahrlicht n <kfz.el> • back-up light (B/U LITE) US;
reversing light GB; reversing lamp; backing lamp
Rückfahrlichtrelais n <kfz.antr> • reversing light relay
Rückfahrlichtschalter m <kfz.antr> • reversing light
switch
Rückfahrscheinwerfer m <kfz.el> • back-up light (B/U
LITE) US; reversing light GB; reversing lamp; backing
lamp

Rückfahrscheinwerfer-Einbausatz m <kfz.el> • back-
up light kit
Rückfallrelais n <el> • step-back relay
rückfedern vi <masch> • be resilient vi; recover vi; recover
elastically vi
rückfedern vi <masch> • rebound vi
Rückfederung f <tech.allg> • spring rebound; springback
Rückfederung f <mat> *(Erholung nach Zug- oder Druck-
belastung)* • elastic recovery
Rückfederung f <mech> • resilience
Rückfederung f <prod> *(z. B. beim Schmieden)* • rebound
Rückfederungsvermögen n <mech> • resilience
Rückfenster n ugs <kfz> *(allg.)* • rear window; rear screen
GB; rear light GB; rear body glass form; backlight US.rare
Rückfensterjalousie f <kfz.innen> • rear window blind
Rückfläche f ISO 13666 <opt> *(z. B. Brillenglas)* • back
surface ISO 13666
Rückflächenspiegel m <opt> • rear-surface mirror
rückflächenverspiegelt <opt> • rear-surfaced
Rückflanke f <av> *(Impuls)* • edge
Rückflanke f <el> • negative-going portion
Rückflanke f <masch> *(z. B. Nocke)* • falling portion
Rückflanke f DIN 868 <masch> *(Zahnradgetriebe)* • non-
working flank
Rückflanke f rar <masch> *(Gewinde, Zahnrad)* • trailing
flank; clearing flank; clearance flank rare; following flank
rare
Rückfluss m <tech.allg> *(Vorgang und Medium)* • back
flow; return flow
Rückfluss m <tech.allg> *(nur Flüssigkeit)* • reflux liquid
Rückfluss m <chem.petr> *(Vorgang und Medium)* • reflux
Rückfluss m <nukl> • reflux
Rückflussabscheider m <verf> • reflux separator
Rückflussdämpfung f <el> • terminal return loss; reflec-
tion loss
Rückflussdämpfung f <el> • active return loss; return
loss; structural return loss
Rückflussdämpfungsmesser m <phys.msr> • reflection
measuring set
Rückflusskühler m <verf> • back-flow condenser; return
condenser
Rückflussleitung f <rls> • return pipe
Rückflussspannung f <el> • return voltage
Rückflussstrom m <el> • return current; reverse current;
inverse current; cut-off current
Rückflussverhältnis n <chem.verf> *(Destillation)* • reflux
ratio
Rückflussverhinderer m <förd> *(in Pumpen; z. B. ein
Rückschlagventil)* • backflow preventer
Rückfracht f <nfz.logist> • backhaul
Rückfrage f <tele> *(Zusatzdienst, Merkmal eines Kom-
forttelefons)* • Call Waiting (CW)
Rückfragehäufigkeit f <tech.allg> • call-back frequency
Rückfragehäufigkeit f <edv> • return-question frequency
Rückfragehäufigkeit f <tele> • repetition rate
Rückführbarkeit f <msr> • traceability
Rückführbewegung f <tech.allg> • return movement;
backtracking movement
rückführen vt <tech.allg> *(zurück zum Anfang)* • feedback
vt
rückführen vt <tech.allg> *(Flüssigkeit oder Gas erneut in
einen Kreislauf einbringen)* • recirculate vt
rückführen vt <tech.allg> *(zu Ausgangspunkt oder -posi-
tion)* • return vt
rückführen vt <ents> *(der Wiederverwendung zuführen)*
• recycle vt
Rückführgeber m <el> • feedback transducer
Rückführglied n <msr> • feedback element
Rückführgröße f <msr> • feedback variable

Rückführkanal m <förd> • return channel; return passage

Rückführkapsel f <aerospace> *(Mondlandung)* • recovery capsule

Rückführkreis m <msr> • feedback loop

Rückführmoment n <mech> *(Gleichgewicht)* • restoring moment

Rückführöl n <tribo> • recycle oil

Rückführregelung f <msr> • feedback control

Rückführschaltung f <el> • feedback circuit

Rückführschaufeln fpl <masch> *(mehrstufige Pumpen, Verdichter)* • return vanes pl

Rückführschleife f <msr> • feedback loop

Rückführsignal n <el> • feedback signal

Rückführung f <tech.allg> *(zum Anfang eines Zyklus)* • feedback

Rückführung f <tech.allg> *(erneutes Durchlaufen eines Kreislaufes)* • recirculation

Rückführung f <tech.allg> *(in einen vorhergehenden Zustand oder in den Ausgangszustand)* • reversion

Rückführung f <ents> *(allg.; Nutzung von Wertstoffen, Umwälzen von Flüssigkeiten)* • recycling

Rückführung f <logist> *(z. B. Leergut)* • return

Rückführung in die Nutzung f <ents> *(betont: Wiederherstellung der Nutzbarkeit, Rückführung in den Einsatz)* • recycling

Rückführungsbegrenzer m <tech.allg> • feedback limiter

rückführungsfrei <msr> *(z. B. Messung, Steuerung)* • without feedback

Rückführungskoeffizient m <msr> • feedback factor

rückführungslose Steuerung f <msr> • open-loop control

Rückführverhältnis n <msr> • feedback ratio

Rückführverstärker m <msr> • feedback amplifier

Rückführzweig m <msr> • feedback path

rückgängig machen vt <tech.allg> *(Vorgänge aller Art)* • undo vt

Rückgang m <tech.allg> *(unwillkommene Entwicklung; z. B. von Verkaufszahlen, Umsatz, Gewinn)* • decline

Rückgang m <tech.allg> *(positiv oder negativ; z. B. von Unfall-, Umsatz-, Verkaufszahlen)* • decrease; drop; drop-off; decrement *rare*

Rückgang m rar <tech.allg> • backward movement

Rückgangsverhältnis n <el> • resetting ratio

Rückgangszeit f <el> • resetting time

rückgekoppelte Röhre f <el> • back-coupled tube

rückgekoppelter Verstärker m <el> • feedback amplifier

rückgekoppeltes System n <msr> *(Regeltechnik, Elektronik)* • closed-loop circuit; feedback control system

rückgekoppelte Untersetzerschaltung f <tele> • ring scaler

rückgewinnen vt <ents> *(Material, Wertstoff; z. B. Altpapier, Kunststoff)* • recover vt; reclaim vt; salvage vt rare; regain vt rare

rückgewinnen vt <verf> *(Energie; meist Wärme)* • recuperate vt

Rückgewinnung f <ents> • recovery

Rückgewinnung f <ents> *(betont: Wiederherstellung der Nutzbarkeit, Rückführung in den Einsatz)* • recycling

Rückgewinnung f <ents> *(von Wertstoffen)* • recovery; reclamation

Rückgewinnungsanlage f <ents> • recovery plant

Rückgewinnungsquote f <ents> *(von Wertstoffen; z. B. von Kunststoff, Alumnium, Papier)* • recovery rate

Rückgewinnung von Bremsenergie f <fz> *(z. B. Eisenbahn, Untergrundbahn, Oberleitungsbus)* • regenerative braking

Rückgrat n ugs <bio> *(von Wirbeltieren, Mensch)* • spinal column; backbone *coll*; spine *coll*; back *coll*

Rückgrat n <nahr> *(Wein)* • solid; substantial; wine with backbone

Rückgratrahmen m <kfz> *(Pkw)* • backbone chassis; backbone frame; spine-back *GB*; punt chassis

Rückhalteautomat m (RA) <kfz.sich> *(automatisches Gurtsystem in USA; Schultergurt wird autom. angelegt)* • automatic seat belt; motorized seat belt; automatic shoulder belt; automatic restraint system *VW*

Rückhalteautomatik f <kfz.sich> • retractor; emergency locking retractor; automatic locking retractor; seat belt web locker; inertia sensitive belt webbing retractor *Chrysler*

Rückhaltebecken n <bau.hydr> *(betont: gegen Überflutung)* • flood-control reservoir

Rückhaltebecken n <bau.hydr> *(allg.)* • retention basin

Rückhaltebecken n <verf> *(betont: Verzögerung)* • retarding basin

Rückhaltefaktor m <phys> • retardation factor

Rückhaltesystem n <kfz> • restraint system; occupant restraint system; passenger restraint system; safety restraint system

Rückhalteträger m <nukl> • hold-back agent; hold-back carrier

Rückhaltezeit f <agri> *(im Fermenter)* • detention time; residence time; retention time

Rückhaltezeit f <verf> *(gesteuerte Verweilzeit)* • detention time; retention time

Rückheizungsausgleich m <el> • back-heating balance

Rückheulen n <av> *(Mikrophonie mit Selbsterregung)* • howl-back

Rückhörbezugsdämpfung f <tele> • sidetone reference equivalent

Rückhördämpfung f <tele> • sidetone attenuation

Rückhören n <tele> • sidetone

Rückholfeder f <druck> • reset spring

Rückholfeder f <kfz.brems> *(allg. und bei Trommelbremsen)* • return spring

Rückholfeder f <kfz.brems> *(von Trommelbremsen)* • brake shoe return spring; retracting spring *rare*

Rückholfeder f <masch> • back spring; recoil spring; return spring

Rückhub m <masch> • return stroke

Rückhubbewegung f <masch> • return movement

Rückimpuls m <el> • trailing pulse

Rückimpuls m <phys> *(z. B. Radar, Ultraschall)* • return echo pulse

Rückkanal m <tele> • feedback channel; echo channel

Rückkaufswert m <fin> • cash surrender value; redemption value; repurchase value; surrender value; cash value

Rückkehr f <allg> • return

Rückkehr f <tech.allg> *(betont: Umkehr; z. B. der Richtung)* • reversal

Rückkehradresse f <edv> • return address

Rückkehrbefehl m <edv> • return instruction

Rückkehrcode m <edv> • return code

Rückkehrkapsel f <aerospace> • recovery capsule

Rückkehrkode m rar <edv> • return code

Rückkehrkoeffizient m <mech> • coefficient of restitution

Rückkehrpunkt m <math> *(Kurve)* • stationary point; turning point

Rückkehrspiegel m <opt> • instant-return mirror

Rückkehr zu Null f <msr> *(Zähler, Zeiger)* • return to zero

Rückkehr-zu-Null-Verfahren n <msr> • return-to-zero mode

Rückkehr zur Grundmagnetisierung f DIN 66010 <edv> • return to bias (RB)

Rückkeulenecho n <navig> *(Antenne)* • back echo

Rückkohlung f <chem> • recarburization *US.GB*; recarburisation *GB*

Rückkontakt *m* <el> *(z. B. in Solarzellen)* • back contact

rückkoppeln *vi* <tech.allg> • feedback *vi*

Rückkopplung *f* <tech.allg> • feedback; back-coupling *rare*; reaction coupling *rare*

Rückkopplung *f* <av> *(Signalrückführung)* • feedback

Rückkopplung *f* <edv.av> • self-oscillation; feedback

Rückkopplung *f* <el> • regenerative feedback; feedback

Rückkopplung *f* <el> • feedback network; feedback circuit; feedback

Rückkopplung auf den Laser *f* <opt> • feedback loop to laser

Rückkopplungsaudion *n* <av> • regenerative valve detector; self-interference audion

Rückkopplungselement *n* <msr> • feedback element

Rückkopplungsempfänger *m* <el> • feedback receiver; regenerative receiver; self-heterodyne receiver

Rückkopplungsfaktor *m* <el> • feedback factor; feedback coefficient; feedback ratio

rückkopplungsfrei <el> • without feedback; non-regenerative

Rückkopplungsgenerator *m* <el> • feedback oscillator

Rückkopplungsimpedanz *f* <el> • feedback impedance

Rückkopplungskanal *m* <el> • feedback channel

Rückkopplungskreis *m* <el> • regenerative circuit

Rückkopplungspfeifen *n* <akust> • oscillating squeal; howl

Rückkopplungsschaltung *f* <el> • feedback network; feedback circuit; feedback

Rückkopplungsschleife *f* <el> • feedback loop

Rückkopplungssignal *n* <el> • feedback signal

Rückkopplungssperre *f* <el> • reaction suppressor

Rückkopplungsspule *f* <el> • feedback coil; tickler coil

Rückkopplungsverstärker *m* <el> • feedback amplifier; reaction amplifier

Rückkopplungsverzerrung *f* <el> • distortion due to feedback

Rückkopplungswandler *m* <el> • feedback transducer

Rückkopplungsweg *m* <el> • feedback path; singing path

Rückkopplungswicklung *f* <el> • feedback winding; self-excitation winding

Rückkopplungswiderstand *m* <el> *(Bauteil)* • feedback resistor

Rückkopplungswiderstand *m* <el> *(phys. Vorgang)* • feedback transfer resistance

Rückkopplungszweig *m* <el> • feedback loop

Rückkraft *f* <masch> • thrust force

Rückkühlanlage *f* <energ> *(z. B. Wärmekraftwerk)* • re-cooling plant

Rückkühler *m* <verf> *(z. B. für Kühlwasser)* • recooler

rückläufig <astron> • retrograde

rückläufige Bewegung *f* <tech.allg> • reversing motion

rückläufige Bewegung *f* <astron> • retrograde motion; retrogressive motion

rückläufige Skale *f* <msr> • reverse scale; right-margin zero scale

Rückläufigkeit *f* <astron> • retrograde motion

Rücklage *t* <tech.fin> • reserve; appropriated surplus; surplus reserve; appropriated retained earnings; capital surplus

Rücklage für Ersatzbeschaffung *f* (RfE) <tech.jur> • replacement reserve; reserve for asset replacement; replacement allowance

Rücklagenwand *f* <bau> • retention wall

Rücklauf *m* <tech.allg> • return

Rücklauf *m* <av> *(Abtaststrahl; z. B. Kathoden-, Radar-, Laserstrahl)* • back sweep; retrace

Rücklauf *m* <av> *(Band; ohne Bild- oder Tonwiedergabe, schnell)* • rewind (REW); fast rewind; rewinding; reverse

Rücklauf *m* prakt <hlk> *(Wasser oder Leitung zw. Heizkörper und Kessel)* • water return

Rücklauf *m* prakt <hlk.rls> *(Rohrleitung vom Heizkörper zur Wärmequelle; z. B. Kessel)* • return piping; return; cold leg *pract*

Rücklauf *m* <kfz> *(Leitung; z. B. Kraftstoff, Öl, Hydraulik)* • return line

Rücklauf *m* <masch> *(von Maschinenteilen)* • return motion; reverse

Rücklauf *m* <masch> *(bei Hubbewegungen; z. B. Kolben, Schlitten)* • return stroke

Rücklauf *m* <nahr.prod> *(Speiseeis)* • rework; rerun; refreeze

Rücklauf *m* <prod> *(nach Arbeitsgang etc. in die Ausgangsposition; z. B. Werkzeug)* • withdrawal; retraction

Rücklauf *m* <rls> *(eines Fluids)* • return flow

Rücklauf *m* <textil> • kickback; flyback

Rücklauf *m* <wz.masch> • non-cutting stroke

Rücklauf *m* <wz.masch> *(von Querschlitten)* • reverse traverse

Rücklaufachse *f* <masch> • reverse idler shaft

Rücklaufanschlag *m* <masch> • backward stop

Rücklaufaustastung *f* <av> • flyback blanking

Rücklaufautomatik *f* <kfz> • automatic reversing mechanism; reversing stop

Rücklaufbehälter *m* <verf> • reclaiming tank

Rücklaufbohrung *f* <masch> *(z. B. Hydraulik)* • return bore

Rücklaufbremse *f* <masch> • hold-back

Rücklaufbrenner *m* <aerospace> • spill burner

Rücklaufbuchse *f* <masch> • reverse idler gear bushing

Rücklaufdoppelrad *n* <masch> • reverse twin gear

Rücklaufdruck *m* <phys> *(Strömung)* • back pressure

rücklaufende Welle *f* <phys> • reflected wave; reactive wave

Rücklaufgeschwindigkeit *f* <av> • flyback speed

Rücklaufgeschwindigkeit *f* <av> • rewind speed

Rücklaufgeschwindigkeit *f* <wz.masch> *(z. B. Schlitten, Werkzeug)* • return speed

Rücklaufhemmung *f* <masch> *(z. B. Flaschenzug, Stromzähler)* • escapement mechanism; escapement barrier; reversal prevention *rare*

Rücklaufhochspannungsgenerator *m* <av> • flyback extra-high tension generator

Rücklaufintervall *n* <av> • return interval

Rücklaufkanal *m* <tech.allg> • return channel

Rücklaufkondensat *n* <verf> • return condensate

Rücklaufkondensator *m* <chem.verf> • dephlegmator

Rücklaufkondensator *m* <therm> • reflux condenser

Rücklaufkupplung *f* <masch> • reverse clutch

Rücklaufleitung *f* <hlk.rls> *(Rohrleitung vom Heizkörper zur Wärmequelle; z. B. Kessel)* • return piping; return; cold leg *pract*

Rücklaufleitung *f* <kfz> *(Leitung; z. B. Kraftstoff, Öl, Hydraulik)* • return line

Rücklaufleitung *f* <rls> *(Rohr; allg.)* • return pipe

Rücklaufleitung *f* <tribo> *(für Öl)* • return line

Rücklaufmaterial *n* <geo> *(Pulver)* • recirculated powder

Rücklauföl *n* <tribo> • return oil; recycle oil

Rücklaufölbehälter *m* <tribo> • return basin

Rücklaufprojektion *f* <av> *(Film)* • reverse running

Rücklaufrad *n* <masch> • reverse idler gear; reverse gear

Rücklaufrohr *n* <tech.allg> • outflow hose

Rücklaufrohr *n* <rls> • return pipe

Rücklaufschaltung *f* <el> • return circuit

Rücklaufschlamm *m* <ents> • return sludge

Rücklaufsperre *f* <masch> • escapement mechanism; return stop; hold-back

Rücklaufsperrventil *n* <kfz.mot> *(im Ölfilter)* • anti-drain valve

Rücklaufspule f <av> • rewind spool
Rücklaufspur f <av> • return line; retrace line; return trace
Rücklaufstrahl m <av> • return beam
Rücklauftaste f <av> (betont: Knopf) • fast-backing button
Rücklauftaste f <av> • rewinding key
Rücklaufteiler m <chem.verf> (Destillation) • reflux divider
Rücklauftemperatur f <tech.allg> (z. B. Schmieröl, Wasser in Zentralheizung) • return temperature
Rücklauftransformator m <av> • flyback transformer
Rücklaufübertrag m <edv> • end-around carry
Rücklaufverdunklung f <av> • flyback suppression; flyback black-out
Rücklaufwasser n <pap> • white water; backwater
Rücklaufzeit f <av> • flyback period; resetting time
Rücklaufzeit f <wz.masch> (Schlitten, Werkzeug) • return time
Rücklehne f <kfz.innen> (Sitze) • seat back US; back rest GB; squab GB
Rückleistungsauslösung f <el> • reverse-power circuit breaking
Rückleistungsrelais n <el> • reverse-power relay
Rückleistungsschutz m <el> • reverse-power protection
Rückleitung f <el> • return circuit; return line
Rückleitung f <kfz> (Leitung; z. B. Kraftstoff, Öl, Hydraulik) • return line
Rückleitungsdraht m <el> • return wire
Rückleitungsstutzen m <rls> • return connection
Rücklesemechanismus m <edv> • read back device
Rückleuchte f <kfz.licht> • tail light/lamp
Rückleuchteneinheit f <kfz.el> • rear lamp cluster
Rückleuchtengehäuse n <kfz.el> • taillamp housing
Rücklicht n DIN ISO 8090 <fz> • tail light US; rear light GB; rear lamp GB
Rückmeldeanlage f <tele> • revertive communication apparatus
Rückmeldegeber m <el> • feedback transducer
rückmelden vt <allg> • feed back vt
Rückmeldesignal n <el> • return signal
Rückmeldetelegraf m <tele> • repeating telegraph
Rückmeldung f <bahn> • return indication
Rückmeldung f DIN 19237 <msr> • checkback signal
Rückmeldung f <tele> • feedback; reply
Rückmischung f <tech.allg> • inverse mixing
Rückmischung f <verf> • reciprocal mixing
Rückmodulation f <el> • single-sideband demodulation
Rücknahme f <kfz.ents> (von Altfahrzeugen) • take-back
Rücknahmetaste f <edv> • cancellation key
rückordnen vt <edv> • resort vt
Rückoxidation f <chem> • reoxidation
rückoxidieren vt <chem.verf> • reoxidize vt
Rückprall m <masch> • rebound
Rückprallelastizität f <mech> • resilience
Rückprallelastizität f <qualit> • impact resilience; rebound elasticity
Rückprojektion f <phot.kino> (Projektor steht hinter der Leinwand) • back projection; rear projection
Rückprojektionswand f prakt <phot.kino> • back projection screen; rear projection screen; translucent screen
Rückreaktion f pract <chem> (bei chem. Gleichgewichtsreaktionen) • reverse reaction; back reaction; opposing reaction rar
rückreflektierend <edv> • retroreflective
Rückreflexion f <edv> • retroreflexion
Rückrollbremse f <kfz.antr> • hillholder; automatic climb lock
Rückrüstung f <tech.allg> (allg.) • backfitting; retrofitting
Rückrüstung f <kfz.emiss> (Abgasreinigung) • suspended factory retrofitting
Rückruf m <kfz> (zur Überprüfung) • recall

Rückruf m <tele> • call-back; ring back
Rückrufaktion f <kfz> (zur Überprüfung) • recall
Rückrufbetrieb m <tele> • delay working
Rückruf-Funktion f <edv> • OOPS command
Rückruftaste f <tele> • recall key; recall button; ring-back key
Rückrufwähler m <tele> • reverting call switch
Rücksaugen aus dem Kern n <nahr.prod> (Split-Eis) • core back suction
Rücksaugvorrichtung f <prod.nahr> (Speiseeis) • back suction device
Rückschaltung f <kfz.antr> • shifting down
Rückschaufel f rare <förd> • back vane; impeller back vane; back shroud vane rar
Rückschicht f <phot> • backing layer; backing
Rückschlag m <tech.allg> (mechanisch; z. B. einer Waffe) • rebound; recoil
Rückschlag m <verbr> (Flamme) • backfiring; flashback
Rückschlageffekt m <edv.av> (unerwünschter Effekt beim Digitalisieren analoger Signale) • aliasing; foldover [effect]
Rückschlagen n <kfz.mot> • backfire sg
rückschlagfrei <masch> (ohne Bonanza-Effekt) • backlash-free
rückschlagfrei <msr> • bounce-free IMO
rückschlagfreier Hammer m <wz> • dead blow hammer; non-rebound hammer GB.rare
Rückschlagimpuls m <el> • kickback pulse
Rückschlagklappe f prakt <rls> (Rückschlagventil einfachster Bauart) • flap valve
Rückschlagkugelventil n <rls> • non-return ball valve
Rückschlagorgan n <förd> (in Pumpen; z. B. ein Rückschlagventil) • backflow preventer
Rückschlagventil n <tech.allg> (verhindert Rückströmung) • check valve; flow check valve; non-return valve; one-way valve; unidirectional valve rare
Rückschlusswahrscheinlichkeit f <math> • inverse probability
rückschreitende Erosion f DIN 4047-9 <geo.hydr> (gegen Fließrichtung) • upstream erosion; recession
Rückschritt m <druck> • backspace
Rückschub m <tele> (Fernschreiber) • unshift
Rückschubrost m <ents> • reciprocating grate
Rückschwingspiegel m <phot> • rapid-return mirror; instant-return mirror; quick-return type mirror; mirror pract
Rückseite f <allg> • back
Rückseite f <av> (eines Gerätes) • rear
Rückseite f <bio> (Tierpräparat) • non-show side; off side
Rückseite f <edv> • rear panel; back panel
Rückseite f <pap.ents> • base layer; underlayer
Rückseite bedrucken vi <druck> • back up vi
Rückseitenabdeckung f <tech.allg> • back cover
Rückseitenansicht f <doku> • back elevation; rear view pract
Rückseitenbeschnitt m <druck> • back trim
Rückseitenkontakt m (RSK) <el> (z. B. in Solarzellen) • back contact
Rückseitenpassivierung f <energ.sol> • back surface passivation
Rückseitenschwärzung f <druck> (von Druckfarbe von der Vorderseite zur Rückseite) • printing through
rückseitiger Diagonalverband m <logist> (von Lagerregalen) • diagonal bracing in the vertical plane; cross brace in the rear vertical plane; cross bracing in the vertical plane; brace in the rear vertical plane
rückseitiger Kreuzverband m <logist> (von Lagerregalen) • diagonal bracing in the vertical plane; cross brace in the rear vertical plane; cross bracing in the vertical plane; brace in the rear vertical plane

rückseitiger Reflektor m (BSR) <energ.sol> • back surface reflector (BSR)

rückseitiges Feld n (BSF) <energ.sol> • back surface field (BSF)

rückseitig gummiert <prod> • rubber-backed

rückseitig versilbert <el> • back-silvered; silvered on the back-side

Rücksetzanforderung f <edv> • reset request

Rücksetzbestätigung f <edv> • reset confirmation

Rücksetzen n <edv.av> • reset

rücksetzen vt <edv> (Daten) • roll back vt

Rücksetzimpuls m <msr> (Wiegand-Effekt) • reverse pulse

Rücksetzknopf m rar <kfz.msr> (Tageskilometerzähler) • reset button; trip recorder zeroing knob US; reset knob

Rücksicht f <kfz> (nach hinten) • rear visibility; view to the rear; view aft GB; rearward visibility US

Rücksignal n <el> • return signal

Rücksitz m <kfz.innen> • rear seat; r/seat advert

Rücksitzbank f <kfz.innen> • rear seat bench; back bench coll; rear seat

Rücksitzlehne f <kfz.innen> • rear seat back

Rückspannung f <el> • inverse voltage

Rückspannung f <metall> • back stress

Rückspeisung von Bremsenergie f <fz> (z. B. Eisenbahn, Untergrundbahn, Oberleitungsbus) • regenerative braking

Rückspiegel m <fz> (allg.; z. B. Kfz, Fahrrad, Motorboot) • rear-view mirror; rearview mirror

Rückspiegel m <kfz> • rear-view mirror; driving mirror; rear driving mirror rare

Rückspielleitung f <av> • playback circuit

Rücksprühen n <verf> (von Elektroenstaubern) • back corona; back ionization

Rücksprung m <bau> (durch Reduktion der Dicke nach oben; z. B. Mauer, Fassade) • offset

Rücksprung m <bau> (allg.) • recess

Rücksprung m <edv> • return

Rücksprung m <msr> • return

Rücksprung m <qualit.mat> • backspringing

Rücksprung m <qualit.mat> (Härteprüfung) • rebound

Rücksprungadresse f <edv> • return address

Rücksprunganweisung f <edv> • return statement

Rücksprungbefehl m <edv> • return instruction

Rücksprungflansch m <masch> • female flange

Rücksprunghärte f <qualit.mat> • rebound hardness; scleroscope hardness

Rücksprunghärteprüfer m <qualit.mat> • rebound tester; scleroscope

Rücksprunghärteprüfung f <qualit.mat> • rebound hardness test; Shore scleroscope hardness test; scleroscope test; rebound test

Rücksprunghöhe f <qualit.mat> (Härteprüfung) • rebound height; rebound pract

Rücksprung-Palette f <logist> • wing pallet

Rückspülen n <verf> (Filter; mit Flüssigkeit) • backwashing; backflushing

Rückspülen n <verf> (Filter; gasförmige Medien) • backblowing

Rückspülen n <verf> (Filter; allg., jedes Medium) • reverse flow cleaning

Rückspül-Gewebefilter n <ents> • reverse air baghouse; reverse air filter; reverse-flow type filter

Rückspülpumpe f <tech.allg> • backwash pump

Rückspülung f <verf> • backwashing

Rückspulautomatik f <av> • automatic tape rewind; tape-end auto rewind mechanism

Rückspulen n <av> • rewind

Rückspulen n <av> (Band; ohne Bild- oder Tonwiedergabe, schnell) • rewind (REW); fast rewind; rewinding; reverse

rückspulen vt ugs.rar <phot> (Film) • rewind vt

Rückspulen und Entladen n <av> • rewind and unload

Rückspulknopf m <phot> (Kamera) • rewind button; rewind knob

Rückspulkurbel f <phot> • rewind crank

Rückspul-/Review-Taste f <av> (bei Videorecordern und Videokameras) • rewind/review button; rewind/search-button; rewind/search button

Rückspultaste f <av> (bei Kameras, Tonbandgeräten, Videorecordern, etc.) • rewind button

Rückspulzeit f <edv.av> • rewind time

Rückstände mpl <kfz> • residues; residue

Rückstände aus Schädlingsbekämpfungsmitteln mpl <ökol> • pesticide residue

rückständig <kfz> (Technik) • retrograde

Rückstand m <chem> • residue

Rückstand m <ents> (nach Verbrennung) • residue; remainder; residual material

Rückstand m <verf> (z. B. nach Filter-, Verbrennungsvorgang) • residue; rest coll; remnant rare; residual matter form

Rückstandsbrennstoff m <verbr> • residue fuel

Rückstandsdeponie f <ents> • residue landfill

Rückstandsfilter n <verf> • cake filter

rückstandsfrei <ents> (z. B. Verbrennung) • non-residue; residue-free

Rückstandsgas n <verf> • residual gas

rückstandsloses Kracken n <chem.verf> • non-residue cracking

Rückstandsöl n <ents> • residual oil

Rückstandssummenverteilung f <verf> • cumulative percentage oversize

Rückstandsverbrennungsanlage f (RÜVA) <ents> • residues incineration plant

Rückstau m <tech.allg> (flüssiges oder gasförmiges Medium) • backflow

Rückstau m <energ.hydr> (Flusskraftwerk) • backwater

Rückstau m <ents.hydr> (von Abwasser, in Keller etc.) • backup

Rückstau m <metall> • backward slip

Rückstau m <ökon> (an Aufträgen) • backlog

Rückstau m <turb> • back-surge

Rückstau m <verk> (betont: lange Fahrzeugschlange; z. B. an Baustellenengpässen) • back-up US; tailback GB; traffic congestion [in front of an obstacle]

Rückstaudamm m <bau> • flood dam

Rückstaueffekt m <hydr> (z. B. Hochwasserschutz flussabwärts) • weir effect

Rückstauklappe f <hydr> • backwater gate

Rückstauventil n <prod.nahr> (Speiseeis; Freezer) • product discharge valve; hold-back valve

Rückstellanode f <el> • reset anode

rückstellbare Sicherung f <el> • resettable fuse

Rückstelleingang m <msr> • reset input

Rückstelleinrichtung f <tech.allg> • reset device; resetting device

Rückstelleinrichtung f <msr> (nicht zwangsläufig auf Null) • zero adjuster

Rückstellen n <msr> (mit Rückstelltaste, Reset) • reset

rückstellen vt <msr> (Zähler, Messinstrument etc.) • reset vt

rückstellen vt <msr> (vorherigen Zustand wieder herstellen) • restore vt

Rückstellfeder f <kfz.el> (im Fliehkraftversteller) • advance spring

Rückstellfeder f <masch> (allg., zurückdrückend) • return spring; restoring spring rare

Rückstellfunktion f <edv.av> • reset; snap-back *coll*
Rückstellhebel m <msr> • reset lever
Rückstellimpuls m <edv> • reset pulse
Rückstellklappe f <tele> • self-restoring indicator; self-restoring drop
Rückstellknopf m <tech.allg> *(allg.)* • reset button
Rückstellknopf m <kfz.msr> *(Tageskilometerzähler)* • reset button; trip recorder zeroing knob *US*; reset knob
Rückstellkraft f <tech.allg> *(allg.; typ. zurück in eine Ausgangsposition)* • restoring force
Rückstellkraft f <av> *(Plattenspieler-Tonabnehmer)* • stylus drag
Rückstellkraft f <kfz> *(Lenkung)* • self-aligning force
Rückstellkraft f <masch> *(betont: Zugkraft)* • retractive force
Rückstellmagnet m <el> • reset magnet; resetting magnet
Rückstellmoment n <kfz> *(von Reifen oder Lenkung)* • self-aligning torque; selfaligning torque; aligning torque *pract*; self-centering effect *US*; self-centring effect *GB*
Rückstellmoment n <mech> *(Kraft allg., auch linear)* • restoring moment
Rückstellrelais n <el> • resetting relay
Rückstellschalter m <el> • reset switch; resetting switch
Rückstellspannung f <mech> *(z. B. Feder)* • retractive stress
Rückstelltaste f <av> *(für Zählwerk)* • reset button; counter reset button
Rückstelltaste f <msr> • resetting key; reverse key
Rückstellung f <tech.allg> *(EDV, Messgerät)* • reset
Rückstellung f <mil> *(von Wende-Zielscheiben; Kante zeigt zum Schützen)* • edge-on position
Rückstellung f <msr> *(auf vorhergehenden od. Ausgangswert)* • resetting
Rückstellung f <prod> • restoration
Rückstellung des Zählwerks f <msr> *(auf Null)* • counter reset
Rückstellvermögen n <mat> *(Elastizität von Dichtungen, Stoßfängern)* • resilience; memory; recovery
Rückstellzähler m <msr> • reset counter
Rückstellzeit f <tech.allg> • restoring time
Rückstellzeit f <edv> • reset time
Rückstich m <metall> *(Walzwerk)* • return pass
Rückstoß m <mech> *(eher langsam)* • backward push
Rückstoß m <mech> *(eher schnell)* • rebound; recoil
Rückstoß m <mil> *(Feuerwaffe)* • recoil
Rückstoß m <phys> *(z. B. in Antrieben)* • repulsion
Rückstoßantrieb m <tech.allg> • jet propulsion; reaction propulsion
Rückstoßelektron n <phys> • recoil electron
Rückstoßenergie f <phys> • recoil energy
Rückstoßer m <prod> • ejection release
Rückstoßkegel m <kfz.emiss> *(Auspuffanlage)* • convergent cone; counterdiffuser
Rückstoßkraft f <mech> • reactive power; reaction
Rückstoßlader m <mil> *(Selbstladepistole, manche Selbstladebüchsen)* • recoil repeater
Rückstoßproton n <phys> • recoil proton
Rückstoßprotonenzähler m <nukl> • proton-recoil counter tube; proton-recoil counter
Rückstoßregner m <agri> • reacting sprinkler; whirling spray
Rückstoßreichweite f <phys> • recoil range
Rückstoßschraube f <aerospace> • reaction airscrew; jet propeller
Rückstoßschraube f <nav> • reaction propeller
Rückstoßstift m <prod> • return pin
Rückstoßzähler m <nukl> • recoil counter
Rückstrahl m <phys> • return beam

Rückstrahlaufnahme f <mat> • back-reflection photograph
Rückstrahldickenmessung f <msr> • reflection gauging
Rückstrahler m <tech.allg> • retroreflector; reflector
Rückstrahler m <navig.tele> • reradiator
Rückstrahler-Effekt m ugs <edv> • retroreflexion
Rückstrahlfläche f <opt> • reflecting surface
Rückstrahlfläche f <phys> • echo area
Rückstrahlimpuls m <navig> *(Radar)* • echo pulse
Rückstrahlimpuls m <navig> • radar echo
Rückstrahlkammer f <mat> • back-reflection camera
Rückstrahlung f <navig> *(Radar)* • echo
Rückstrahlung f <phys> • reflection; reflexion *GB*
Rückstrahlung f <phys> *(Energie)* • reradiation
Rückstrahlung f <phys> *(Schall)* • reverberation
Rückstrahlungsvermögen n <phys> • reflectivity
Rückstrahlungsvermögen n did <phys> *(z. B. von Planeten, Satelliten)* • albedo
Rückstreuung f <phys> *(diffus)* • backscatter; backscattering; backward scattering
Rückstreuverlust m <el> *(Speichertechnik)* • spill
Rückströmsperre f <kst> *(an der Schneckenspitze)* • non-return valve; back flow valve
Rückströmung f <tech.allg> • back stream
Rückströmung f <tech.allg> *(z. B. in Dampferzeuger, Strömungsmaschine)* • reflow; return flow
Rückströmung f <phys> • backwash
Rückströmung f <rls> *(eines Fluids)* • return flow
Rückströmzone f <verf> • recirculation zone
Rückstrom m <tech.allg> *(allg.; z. B. eines Mediums)* • return flow
Rückstrom m <el> *(Halbleiter)* • back current
Rückstrom m <el> • return current; reverse current; inverse current; cut-off current
Rückstrom m <hydr> • back stream; backwash
Rückstrom m <verf> • re-entrainment
Rückstromauslöser m <el> • directional tripping magnet; reverse-current release
Rückstromausschalter m <el> • directional circuit breaker; discriminating circuit breaker
Rückstromautomat m <el> • reverse-current circuit breaker; discriminating cut-out
Rückstromdrossel f <kfz.mot> • return restriction
Rückstromkabel n <el> • return cable
Rückstromleitung f <el> • return circuit
Rückstromrelais n <el> • directional relay; discriminating relay; reverse-current relay
Rückstromrichtung f <kfz.mot> • return direction
Rückstromschalter m <el> • directional circuit breaker; discriminating circuit breaker; cut-out relay; reverse-current switch; reverse-current protection
Rückstromsperre f <hydr> • back-flow lock
Rückstromsperrelais n <el> • reverse locking relay
Rückstromventil n <rls> • back-flow valve
Rücktaste f <büro> *(Tastatur; z. B. PC, Schreibmaschine)* • backspace key; back-spacer
Rücktaste f <msr> • resetting key
Rücktitration f <chem> • back titration
Rücktransformation f <tech.allg> • inverse transform
Rücktransformation f <math> *(z. B. Bruch, Gleichung, Koordinaten)* • retransformation; inverse transformation
Rücktrittbremse f <fz> • coaster brake; coaster hub brake; backpedal brake *GB.coll*
Rücktritt-Bremsnabe f DIN ISO 8090 <fz> • back-pedalling brake hub *ISO 8090*
Rücküberschlag m <el> • back flash-over
Rückübertrag m <edv> • end-around carry
Rückverdampfer m <chem.petr> • reboiler
Rückverfolgbarkeit f ISO 9000 <msr> • traceability

Rückverformung f <mat> • elastic recovery; recovery
Rückverformung f <prod> (z. B. Schmieden) • rebound
Rückvergrößerung f <doku> • re-enlargement
Rückvergrößerungsgerät n <doku> • re-enlarger
Rückverweis m <jur> (Patent) • reference back
rückwärtige Dienste mpl <mil> • logistic services
rückwärtige Kompatibilität f rar <edv> (von Soft-, Hardware) • downward compatibility; backward compatibility rare
rückwärtig verankern vt <bau> (z. B. Spundwand) • tie back vt
rückwärts <allg> (allg., auch zeitlich) • backward; back
rückwärts <allg> (mit dem hinteren Ende zuerst) • rearward
rückwärts <allg> (umgekehrt) • reverse
Rückwärtsabtastung f <edv> • backward scanning; backward reading
Rückwärtsansenken n <prod> • backfacing
Rückwärtsauslösung f <tele> • forced release
rückwärts bewegen vr <astron> • retrograde vi
rückwärts bewegen vt/vr <tech.allg> • move backwards vi/vt
Rückwärtsbewegung f <tech.allg> • backward movement
Rückwärtsbewegung f <tech.allg> (betont: von etwas weg) • backing-off motion
Rückwärtsbewegung f <tech.allg> (betont: an Ausgangspunkt zurück) • return movement
Rückwärtsbewegung f <masch> (von Maschinenteilen) • return motion; reverse
Rückwärts-Bildsuchlauf m <av> • review
Rückwärts-Bildsuchlauf-Taste f <av> • review button
Rückwärtsdiode f <el> • backward diode
Rückwärtsdrehung f <masch> • reverse rotation
Rückwärtsdruck m <druck> • backward print mode
Rückwärtsdruckbetrieb m <druck> • backward print mode
Rückwärtsdrucken n <druck> • backward print mode
Rückwärtseinschnitt m <geo> (Geodäsie) • resection
Rückwärtserdumlaufecho n <tele> • backward round-the-world echo
rückwärtsfahren vt <masch> (z. B. Schlittten, Kran, Laufkatze) • reverse vt; return vt; move back vt; move backwards vt
Rückwärtsfahrt f <logist> (RFZ) • reverse travel
Rückwärtsfließpressen n <prod> • backward extrusion
Rückwärtsgang m <kfz.antr> • reverse gear; reverse coll
Rückwärtsgang einlegen vi <kfz> • throw the gear into reverse vi
Rückwärtsgang-Zwischenrad n <kfz.antr> • reverse idler gear; reverse idler
Rückwärtsgasung f <verf> (Wassergaserzeugung) • back run
rückwärtsgeführter Abbau m <min> • working home
rückwärtsgekrümmte Schaufel f <masch> (z. B. Kreiselpumpe) • backward-bent vane
rückwärtsgerichtet <allg> • retrograde
rückwärtsgerichtet <opt> • retrodirective
Rückwärtsgleitfläche f <mot> • backward-stroke guide surface
Rückwärtskanal m <tele> • back channel
Rückwärts-Kindersitzsystem n <kfz> • reboard system
Rückwärtskipper m <nfz> • end-dump truck
rückwärtskompatibel rar <edv> (Soft-, Hardware) • downward compatible; backward compatible rare
Rückwärtskompatibilität f rar <edv> (von Soft-, Hardware) • downward compatibility; backward compatibility rare
Rückwärtskupplung f <tech.allg> • reverse clutch

rückwärts laufen lassen vt <tech.allg> (linear oder rotational) • reverse vt
rückwärtsleitender Thyristor m <el> • reverse-conducting thyristor
Rückwärtslesen n <edv> • reverse reading
Rückwärtsregelung f <el> • reverse automatic gain control
Rückwärtsregelung f <msr> • backward-acting control
Rückwärtsrichtung f <energ.sol> • reverse direction
Rückwärtsruf m <tele> • backward recall signal
Rückwärtsscannen n <edv> • backward scanning; backward reading
Rückwärtsschritt m <druck> • backspace
Rückwärtsschutz m <el> • relay back-up
Rückwärtssignal n <tele> • backward signal
Rückwärts-Sitz m <kfz> • reboard system
rückwärts sperrend <el> (Diode) • inverse-blocking; reverse-blocking
rückwärtssperrend <masch> • reverse-blocking
rückwärtssperrender Thyristor m <el> • reverse-blocking thyristor
Rückwärtssteilheit f <el> • reverse transconductance
Rückwärtsstrom m <el> • reverse current
Rückwärtsstrom m <el> • return current; reverse current; inverse current; cut-off current
Rückwärtsstrom m <hydr> • backwash
Rückwärtssuchen n ISO/IEC 2382-23 <edv> • backward search ISO/IEC 2382-23; reverse search; reverse find
Rückwärtssuchlauf m <av> • review
Rückwärtsturbine f <nav> • astern turbine; back turbine
Rückwärtsüberschlag m <el> • back flash-over
Rückwärtsübersetzung f <el> (Strom) • inverse current ratio
Rückwärtsübersetzung f <el> (Spannung) • inverse voltage ratio
Rückwärtsverkettung f <edv> • backward chaining
Rückwärtswellenoszillator m <phys> • backward-wave oscillator
Rückwärtswiedergabe f <av> • reverse playback; reverse play
Rückwärtszählen n <tech.allg> (z. B. EDV, Raumfahrt, Wehrtechnik) • countdown
Rückwärtszeichen n <tele> • backward signal
Rückwärtszeilenschaltung f <druck> • reverse line feed; line back feed
Rückwärtszug m <metall> • back tension; back pull
Rückwärtszug m <prod> • drawback
Rückwand f <tech.allg> (Gerät) • back plate
Rückwand f <bau> (Panel etc.) • back panel
Rückwand f <bau> (Mauer etc.) • back wall; rear wall
Rückwand f <kfz> • rear panel
Rückwand f <logist> (Fachbodenregal) • back sheet; closed back
Rückwand f <nfz> (Lkw) • tail board
Rückwand f <phot> (Kamera) • back cover; camera back; back pract.coll coll
Rückwand f <verbr> (Feuerraum) • rear wall
Rückwand f <verf.hydr> (Siebtrommel) • backplate
Rückwandblech n <kfz> • rear panel; rear valance GB; back panel; tail panel Chrysler; taillight panel
Rückwandblech n <kfz> • rear bulkhead
Rückwandecho n <mat> • back-face reflection; back-surface echo
Rückwandentriegelung f <phot> (Funktion) • back cover release
Rückwandentriegelung f <phot> (Bedienungselement) • back cover release; back cover release button/knob
Rückwandentriegelungsknopf m <phot> (Bedienungselement) • back cover release; back cover release button/knob

Rückwandentsperrknopf m <phot> *(Bedienungsele-ment)* • back cover release; back cover release button/knob

Rückwandlung f <ökon> *(z. B. eines Betriebes, der Fertigung)* • reconversion

Rückwandplatine f <el> • backplane

Rückwandstütze f <kfz> • back panel reinforcement

Rückwandverdrahtung f <el> • back-panel wiring

Rückwandverkleidung f <logist> *(Palettenregal)* • back cladding

Rückwand-Zelle f <energ.sol> • backwall cell

Rückwartsgasprozess m <chem.verf> • back-run process

Rückwasser n <pap> • white water; backwater

Rückwasserbehälter m <pap> • backwater tank

Rückweg m <tele> • return path

Rückweiser m <masch> • rejector

Rückweisungsfach n <büro> • reject pocket

Rückwicklung f <av> • rewind

rückwirkend <tech.allg> • retroactive; retrospective

Rückwirkung f <tech.allg> • retroactive effect; retrospective effect; retroactivity; retrospectivity

rückwirkungsfrei <allg> *(ohne mechanische Rückwir-kungen)* • no mechanical feedback reaction

rückwirkungsfrei <tech.allg> • without feedback; nonreactive

rückwirkungsfrei <phys> *(z. B. in Lasern)* • irreversible

rückwirkungsfreies Glied n <msr> • irreversible element

Rückwirkungsfreiheit f <tech.allg> • absence of feedback

Rückwirkungskapazität f <el> • reflected capacitance

Rückwirkungskraft f <mech> • reactive force

Rückwirkungsleitwert m <el> • reaction conductance

Rückwirkungsspannung f <el> • back voltage

Rückwirkungswiderstand m <el> • reaction impedance

rückzementieren vt <petr> • plug back vt

Rückzipfelecho n <navig> *(Antenne)* • back echo

Rückzünden n <füg> *(Autogenschweißen)* • backfire sg

Rückzündung f <tech.allg> • backfire

Rückzündung f <el> *(Stromrichter)* • arc-back

Rückzündungsschutz m <tech.allg> • backfire arrester

Rückzündungsspannung f <el> • restriking voltage

Rückzugfeder f rar <kfz.brems> *(von Trommelbremsen)* • brake shoe return spring; retracting spring rare

Rückzugfeder f <masch> • restoring spring; release spring

Rückzugfeder m <tech.allg> • return spring

Rückzugskurve f <masch> • return cam

Rückzylinder des Ausbaus m <min> • advancing cylinder; advancing ram

Rührarm m <ents.verf> *(Kläranlage)* • rabble arm; moving arm; rotating arm; raking arm; rabbler

Rührarm m <verf> • agitator arm; stirring arm

Rührdüse f <verf> • agitator nozzle; mixing jet

rühren vt <tech.allg> *(Flüssigkeit)* • stir vt; agitate vt

rühren vt <verf> *(mischen)* • stir vt; mix vt

Rührer m <verf> • stirrer; mixer; agitator

Rührer m <verf> • agitator; stirrer

Rührerlaufrad n <verf> • mixing impeller

Rührerschale f <pap> • stirrer tray

Rührextraktor m <verf> • agitated extractor

Rührflügel m <verf> • agitator blade; stirrer blade; mixing blade

Rührgefäß n <verf> • stirring vessel; mixing vessel; agitated vessel

Rührkammer f <verf> *(z. B. Papierproduktion)* • agitation chamber

Rührkessel m <verf> • stirrer tank

Rührkesselreaktor m <agri.tech> • stirred-tank digester

Rührkristallisator m <verf> • agitated crystallizer

Rührlaugung f <metall> • leaching by agitation

Rührorgan n <verf> • stirring element; agitating element

Rührpaddelschnecke f <verf> • paddle screw

Rührquirl m <bau.wz> *(Aufsatz für elektrische Bohrma-schine)* • powered mixing paddle

Rührschaufel f <verf> • stirring paddle

Rührwerk n <verf> • agitator; stirrer

Rührwerk n <verf> • stirrer; mixer; agitator

Rührwerkbehälter m <obfl> *(Spritzpistole)* • agitation cup; Agit-Cup

Rüsche f <innen> • frill; curtain frill

Rüssel-Zapfpistole f prakt <kfz.emiss> *(mit koaxialem Schlauch; zur passiven Gaspendelung)* • vapor recovery nozzle with boot :V

Rüsten n <prod> *(z. B. Maschine, Werkzeug)* • adjustment; makeready; set-up; setting

rüsten vt <tech.allg> • rig vt; rig up vt

rüsten vt <bau> *(Gerüst)* • scaffold vt

rüsten vt <prod> *(z. B. Maschine, Wz)* • adjust vt; make ready vt; set up vt; tool up vt

Rüstungsaltlast f <ents.mil> • warfare-related hazardous site

Rüstwagen m <nfz> • emergency tender MB

Rüstzeit f <prod> *(von Maschinen, Pressen etc.)* • set-up time; setting time

Rüstzeit f <wz.masch> *(betont: mit Werkzeugen)* • tooling time

Rüttelanlage f <nahr.prod> *(Speiseeis)* • vibratory ingredient feeder; vibratory dry ingredient feeder; vibrator

Rüttelbeton m <bau.mat> • form-vibrated concrete; jolted concrete

Rüttelbohle f <bau.masch> *(Betonbau)* • compacting beam; vibrating beam; vibrating screed

Rüttelbohlenfertiger m <bau.masch> • vibrating beam finisher

Rütteldichte f DIN 66160 <qualit.mat> • tap density

Rütteldruckverfahren n <bau> *(Bodenmechanik)* • vibro-floatation method

Rüttelegge f <agri> • power harrow; harrow with reciprocating bars did

Rütteleinrichtung f <nfz> *(z. B. in Kipperaufbau)* • vibrator

Rütteleinrichtung f <verf> • rapper; rapping device

Rüttelfestigkeit f <tech.allg> • resistance to vibration

Rüttelfestigkeit f <qualit.mat> • vibration resistance

Rüttelfilter m <ents> • mechanical-shaker baghouse; shake/deflate filter

Rüttelformmaschine f <prod> • jarring molding machine; jolt molding machine

Rüttelgerät n <tech.allg> *(zum Verdichten, Prüfen)* • vibrating apparatus; vibrator

Rüttelherd m <prod> • sweeping table; bumping table

Rüttelherd m <verbr> • percussion frame

Rüttelmaschine f <bau.masch> • vibrator

Rüttelmaschine f <verf> • jolting machine

Rütteln n <verf> • rapping

rütteln vi/vt <allg> *(z. B. Waggon, Werkstoff zum Verdich-ten)* • jolt vi/vt

rütteln vi/vt <bau> • jar vi/vt

rütteln vt <tech.allg> *(z. B. Rost, Sieb)* • shake vt

rütteln vt <bau> *(z. B. Beton)* • vibrate vt

rütteln vt <druck> *(Funktion des Sortierers)* • jog vt

rütteln vt <masch> *(heftig, kraftvoll; z. B. zum Lockern von Asche, Filterkuchen)* • rock vt

rütteln vt <verf> • rap vt; vibrate vt

Rüttelplatte f <ents> • tumbling station

Rüttelplatte f <verf> • plate vibrator

Rüttelpressformmaschine f <prod> • jarring pressure molding machine

Rüttelrost *m* <masch> • shake-out
Rüttelrost *m* <verbr> • vibrating grate
rüttelsicher <qualit> • vibration-proof; shake-proof
Rüttelsieb *n* <verf> • screen riddle; gyratory riddle; shaking screen
Rüttelstampfer *m* <bau.masch> • vibrating tamper
Rütteltest *m* <kfz.qualit> • shake test; shakedown test
Rütteltisch *m* <bau> • table vibrator; vibrating table
Rütteltisch *m* <prod> • jolt table; jarring table
Rütteltisch *m* <qualit> *(Prüfung)* • shaker
Rüttelverdichter *m* <bau.masch> • vibrating compactor
Rüttelverdichtung *f* <verf> • dynamic compaction; dynamic consolidation; jar ramming; jolt ramming; vibratory method of compaction *rar*
Rüttelvorrichtung *f* <tech.allg> • vibrator
Rüttelvorrichtung *f* <masch> • jolting mechanism
Rüttelwalze *f* <bau.masch> *(Erdbau)* • vibrating roller
Rüttler *m* *prakt* <bau> *(zum Einführen in nassen Beton)* • concrete vibrator; vibrator *pract*
Rüttler *m* <bau.masch> *(Beton, Erdreich)* • vibrator; compactor
Rüttler *m* <nahr.prod> *(Speiseeis)* • vibratory ingredient feeder; vibratory dry ingredient feeder; vibrator
Rüttler *m* <prod.nahr> *(zum Lösen von Speiseeis; Härtetunnel)* • hammer
Rüttler *m* <qualit> *(Schwingungsprüfstand)* • shaker
Rüttler *m* <verf> • jolter; shaker
Rüttler *mpl* <büro> *(Sortierer)* • joggers *pl*
RÜVA <ents> • residues incineration plant
Ruf *m* *norm* <edv> *(in Computerprogramm)* • call *stand*
Ruf *m* <tele> • ringing
Ruf abbrechen *vi* <tele> • cancel the call *vi*
Rufabschalterelais *n* <tele> • ringing trip relay; tripping relay
Rufadresse *f* <edv> • call address
Rufanlage *f* <med.tele> *(z. B. in Krankenhäusern)* • call system
Rufanschalterelais *n* <tele> • ringing relay
Rufanzeige *f* <tele> *(Zusatzdienst, Merkmal eines Komforttelefons)* • Call Waiting (CW)
Rufanzeiger *m* <tele> • call indicator
Rufbatterie *f* <tele> • call signal battery
Rufbeantwortung *f* <tele> • call response
Rufbefehl *m* <edv> • call instruction; calling instruction
Rufbus *m* <nfz> *(allgemein)* • on-call bus; dial-a-ride bus
Rufbus *m* <nfz> *(für Behinderte)* • paratransit bus *US*
Rufbuslinie *f* <verk> • demand-response bus service
Ruffolge *f* <edv> • calling sequence
Rufgenerator *m* <tele> • ringing generator
Rufinduktor *m* <tele> • magnetic ringer
Rufkontrolllampe *f* <tele> • ringing pilot lamp
Rufmaschine *f* <tele> • ringing unit; ringer
Rufnummerngeber *m* <tele> • automatic dialler
Rufnummernidentifikation *f* <tele> *(Zusatzdienst, Telefonmerkmal)* • calling-line identification (CLID); caller identification
Rufnummern-Identifizierung *f* <tele> *(Zusatzdienst, Telefonmerkmal)* • calling-line identification (CLID); caller identification
Rufnummernregister *n* <tele> • number directory
Rufnummernumsetzung *f* <tele> • number conversion
Rufphase *f* <tele> • ringing periodicity
Rufrelais *n* <tele> • ringing relay; signalling relay
Rufsatz *m* <tele> • signalling set
Rufschalter *m* <tele> • calling key; ringing key
Rufschaltung *f* <tele> • ring connection
Rufsignal *n* <tele> • calling signal; audible calling signal
Rufstellung *f* <tele> • calling position

Rufstörung *f* <tele> • ringing failure; signalling fault; defective ringing
Rufstrom *m* <tele> • signalling current; ringing current
Rufstromfrequenz *f* <tele> • signalling frequency; ringing frequency
Rufstrommaschine *f* <tele> • ringing generator; ring dynamo
Rufstromschaltung *f* <tele> • ring connection
Ruftakt *m* <tele> • ringing cadence
Ruftaste *f* <tele> • calling key; call button; ringing key
Rufumleitung *f* <tele> *(Zusatzdienst, Telefon-Merkmal)* • Call Forwarding
Rufumleitung *f* <tele> *(allg.; Vorgang und Gerätefunktion)* • call diversion; call transfer; call redirection
Rufumleitung bei Nichtmelden *f* <tele> *(Zusatzdienst, Telefon-Merkmal)* • Call Forwarding No Reply (CFNR)
Rufumleitung im Besetztfall *f* <tele> *(Zusatzdienst, Telefon-Merkmal)* • Call Forwarding Busy (CFB)
Ruf- und Signaleinrichtung *f* <tele> • ringing and signalling generator
Rufverstärker *m* <tele> • ringing amplifier
Rufverzug *m* <tele> • post-dialing delay *US*; post-dialling delay *GB*
Rufwecker *m* <tele> • call bell
Rufweglenkung *f* <tele> • call routing
Rufweiterleitung *f* <tele> • call forwarding
Rufweiterschaltung *f* <tele> • call forwarding
Rufzahl *f* <edv> • call number
Rufzeichen *n* <tele> *(nach dem Wählen)* • calling signal; calling tone; ringing tone *obs*
Rufzeitüberwachung *f* <tele> • ringing time supervision
Rufzusammenstoß *m* <edv> • call collision
Ruf zweifelhafter Qualität *m* <qualit> • reputation for dubious quality
Ruhdichte *f* <mat> *(z. B. Lagergut)* • rest density
Ruhe *f* <akust> • noiselessness; silence
Ruhebereich *m* <bahn> • quiet zone
Ruhebereich *m* <el> *(Relais)* • region of non-operation
Ruhebühne *f* <min> • landing
Ruhedämpfung *f* <tele> • attenuation in the space period
Ruhedruck *m* <mech> *(Bodenmechanik)* • earth pressure at rest
Ruhedruckbeiwert *m* <mech> *(Bodenmechanik)* • coefficient of earth pressure at rest
Ruheglied *n* <masch> • resting member
Ruhekontakt *m* <el> *(Ruhestromprinzip)* • normally closed contact (NC); N/C contact; break contact
Ruhekontakt des Hebmagneten *m* <tele> • vertical interrupter contact
Ruhelage *f* <tech.allg> • rest position; neutral position
Ruhelage einnehmen *vi* <tech.allg> *(bewegtes Objekt)* • come to rest *vi*
Ruhelungenvolumen *n* <med> • functional residual capacity (FRC)
ruhend <tech.allg> • at rest
ruhend <tech.allg> *(z. B. Fühler, Kontakt, Regler)* • non-operative
ruhend <phys> *(Last)* • dead
ruhend <phys> • static
ruhend <phys> *(Luft)* • still
ruhend <verk> *(Ggs. zu Fließverkehr)* • stationary
ruhende Dichtung *f* <tech.allg> • static seal
ruhende Flüssigkeit *f* <phys> *(Hydrostatik)* • liquid at rest
ruhende Hochspannungsverteilung *f* *Bosch* <kfz.el> • static high-voltage distribution; stationary high-tension distribution; stationary ignition distributor system
ruhende Luft *f* <phys.verf> *(Einfluss auf Wärmeübergang)* • still air
ruhende Luftschicht *f* <energ.sol> • still air layer

ruhender Elektrolyt *m* <metall> • still bath
ruhender Stromrichter *m* <el> • static converter
ruhender Verkehr *m* <verk> • stationary traffic; standing traffic
ruhendes Bett *n* <chem> • fixed bed; static bed
ruhendes Feld *n* <el> • fixed field
ruhendes Feststoffbett *n* <chem> • fixed bed; static bed
ruhendes Virus *n* <med> • quiescent virus
ruhende Zündspannungsverteilung *f BMW* <kfz.el> • static high-voltage distribution; stationary high-tension distribution; stationary ignition distributor system
ruhende Zündverteilung *f* <kfz.el> • static high-voltage distribution; stationary high-tension distribution; stationary ignition distributor system
Ruhenergie *f* <phys> *(Relativitätstheorie)* • rest energy; self-energy
Ruhepause *f* <el.chem> *(inverse Voltammetrie)* • rest period; equilibration period; equilibration step; equilibration time
Ruheperiode *f* <el.chem> *(inverse Voltammetrie)* • rest period; equilibration period; equilibration step; equilibration time
Ruhephase *f* <tech.allg> *(bei zyklischen Abläufen)* • dwell phase
Ruhepotential *n* <chem> *(elektrochemische Zelle)* • resting potential; steady-state potential; rest potential
Ruheschallgeschwindigkeit *f* <phys> • sound velocity at rest
Ruhestellung *f* <tech.allg> • idle position
Ruhestellung *f* <tech.allg> *(z. B. Schalter)* • off-position
Ruhestellung *f* <tech.allg> *(z. B. Schalthebel, Werkzeug, Zeiger)* • unoperated position
Ruhestellung *f* <tech.allg> *(z. B. von beweglichen Maschinenteilen, Werkstücken, Werkzeugen)* • home position *ISO 2806*; starting position; initial position
Ruhestellung *f* <tech.allg> • rest position; neutral position
Ruhestellung *f* <masch> • neutral position; rest position
Ruhestellung *f* <msr> • home position
Ruhestrom *m* <el> • closed-circuit current; non-operate current; no-signal current; quiescent current
Ruhestromabschaltung *f* <kfz.el> • stall-current cutoff *GM/Vauxhall*; closed circuit cutoff *Bosch*
Ruhestromalarmgerät *n* <el> • closed-circuit alarm device
Ruhestrombatterie *f* <el> • closed-circuit battery
Ruhestrombetrieb *m* <el> • closed-circuit working
Ruhestromelement *n* <el> • closed-circuit cell
Ruhestromkreis *m* <el> • closed circuit
Ruhestrommelder *m* <alarm> • normally closed switch; NC switch
Ruhestromprinzip *n* <el> • closed current principle
Ruhestromschaltung *f* <el> *(Relais)* • circuit-opening connection
Ruhestromschaltung *f* <el> • closed-circuit connection; normally de-energised circuit
Ruhestromverlust *m* <el> • stand-by current drain
Ruhezeichen *n* <tele> • spacing signal
Ruhezeit *f* <tech.allg> *(allg.)* • non-operative time; off-time
Ruhezeit *f* <tech.allg> *(Fahrzeug, Maschine)* • rest period
Ruhezeit *f* <el.chem> *(inverse Voltammetrie)* • rest period; equilibration period; equilibration step; equilibration time
Ruhezeit *f* <masch> *(innerhalb v. Bewegungszyklen)* • dwell period
Ruhezellspannung *f* <el> • off-load voltage
Ruhezone *f norm* <edv> • quiet zone *stand*; clear area *stand*; light margin *stand*; margin
Ruhezustand *m* <tech.allg> • idle-circuit condition; idle condition; idle state; non-operative state
Ruhezustand *m* <tech.allg> • static condition

Ruhezustand *m* <phys> • state of rest
Ruhezustand des nichtgeschalteten Geräts *m* <el> • unit in its open condition
ruhig <phys> *(Fluid; z. B. Luft, Wasser)* • still
ruhige Laufkultur *f* <kfz.mot> • smooth running
ruhiger Lauf *m* <masch> • smooth running
ruhiger Motorlauf *m* <kfz.mot> • smooth engine operation
Ruhmasse *f* <phys> • rest mass
Ruhmasse des Elektrons <phys> • electron rest mass
Ruhmasse des Elektrons *f* <phys> • electron mass at rest
Ruhreibung *f* <mech> • friction of rest; friction of repose; static friction
Ruhrkraut *n* <bio> • everlasted flower; gnaphalium polycephalum
Rumex crispus <bio> • curled dock; rumex crispus
Rummel-Schlackenbadverfahren *n* <verf> *(Kohlevergasung)* • Otto-Rummel process
Rumpeln *n* <el> *(Störspannung)* • rumble
Rumpf *m* <aerospace> *(zentrale Struktur eines Flugzeugs)* • fuselage; nacelle *rare*
Rumpf *m* <agri> *(Pflug)* • frog
Rumpf *m* <nav> • body
Rumpf *m prakt* <nav> *(klein)* • hull
Rumpf *m prakt* <nav> *(groß)* • hull; hull girder
Rumpf *m DIN 55 405* <pack> *(senkrechte Hauptbegrenzungsfläche von Packmitteln)* • body
Rumpf *m* <phys.chem> • core
Rumpfbördel *m DIN 55 405* <pack> • flange; body flange
Rumpfelektron *n* <phys> • core electron; inner-shell electron
Rumpfende *n* <aerospace> • afterportion of the fuselage
Rumpfetikett *n DIN 55 405* <pack> • front label
Rumpfgruppe *f* <mot> *(mittlerer Teil eines Turboladers)* • cartridge assembly; cartridge
Rumpfhälfte *f* <aerospace> • fuselage half
Rumpfheck *n* <aerospace> • afterportion of the fuselage
Rumpfmotor *m* <mot> • short block
Rumpfoberholm *m* <aerospace> • top longeron; upper longeron
Rumpfschachtel *f DIN 55 405* <pack> • double cover box
Rumpfschale *f* <aerospace> • fuselage shell
Rumpfstrebe *f* <aerospace> • fuselage strut
Rumpf-Tragflügel-Übergang *m* <aerospace> • fillet wing/fuselage; wing fuselage fillet
Rumpfumströmung *f* <aerospace> • flow around fuselage
Rumpfwiderstand *m* <phys> • fuselage drag
Rumpfzuschnitt *m* <prod> • body blank
Runabout *m* <kfz> *(offenerZweisitzer)* • runabout
runaway-Elektronen *f* <nukl> • runaway electrons
rund <kfz.mot> *(Motorlauf)* • smooth
rund <nahr> *(Wein)* • round
rund abziehen *vt* <präp> *(Fell)* • case *vt*
Rundbahn *f* <sport> *(Eisfläche im Eisschnelllauf)* • track; circuit; oval
Rundbalg *m* <präp> • round skin
Rundballenpresse *f* <prod> • round baler
Rundbecken *n* <verf.hydr> • circular tank; circular settling tank
Rundbiegemaschine *f* <wz.masch> • circular-bending machine; roll-bending machine
Rundbiegemaschine *f* <wz.masch> • sheet metal roller; slip roll *pract*
Rundblech *n* <el> • circular lamination
Rundblickfenster *n* <bau> • bay-window
Rundblock *m* <metall> • round bloom; round ingot
Rundbodenbeutel *m* <pack> • round bottom bag

Rundbodensack m DIN 55 405 <pack> • round bottom sack; round bottom bag US

Rundbogen m <bau> • semicircular arch

Rundbogenfenster n <bau> • circle top window; round-head window; round arched window

Rundbogenfries n <bau> (oft in Kombination mit einem Sägezahnfries) • round arched frieze

rundbogige Mauernische f <bau> • vaulted niche

Rundbrecher m <verf> • gyratory breaker; gyratory crusher

Rundbrechmaschine f <textil> (Flachs) • circular breaking machine

Rundbürste f <wz> • brushing wheel; circular brush

Rundbürste f <wz> (zum Einspannen in Bohrmaschine) • wire wheel brush; rotary wire brush

Rundbug m <nav> • barrel bow

Rundbug m <nav> • round bow

Runddach n <bau> • compass roof

Runddichtring m rar <tech.allg> (z. B. auf Wellen, in Flanschen) • O-ring

Runddraht m <mat> • round wire

Runddrehapparat m <wz.masch> • ball-turning attachment; spherical turning attachment

Runde f <sport> (z. B. auf einer Rennstrecke) • lap

runde Blende f <tech.allg> • circle aperture; circular aperture

rund eindrähtiger Leiter m <el> • solid circular conductor; circular solid conductor

Rundeinsatz m <el> • round die

Rund-Einzeldrahtleiter m <el> • solid circular conductor; circular solid conductor

Rundeisen n <kfz.wz> (Karosserie-Handfaust) • dolly

runde Kante f (RK) <bau.innen> • full round edge

runde Längskante f <bau.innen> • full round edge

runde Messerscheibe f <wz> • circular cutter; rotary shear blade

Rundempfangsantenne f <av> • omnidirectional antenna US; omnidirectional aerial GB

runden vt <allg> • round off vt

runden vt <tech.allg> (Kante) • radius vt

runden vt <edv> (Linie, Ecke; z. B. per CAD) • fillet vt; round vt

runden vt <math> • approximate vt

runden vt ugs <math> (Zahl; typ. auf das nächsthöhere Vielfache von 5) • round vt; round up vt

runden vt <math> (Zahl; nach oben; typ. auf das nächsthöhere Vielfache von 5) • round vt; round off vt

Rundenzähler m <sport> • lap-counter

runde Probefläche f <bio> (Vegetationskunde) • circular quadrat

runder Hohlleiter m <el> • circular waveguide; circular hollow-pipe waveguide

Runderker m <bau> • bow window

runder Kippschalter m <el> • round rocker switch

runder Leiter m <el> • circular conductor

runder Mittelpfeiler m <bau> • round circular pier

runder Motorlauf m <kfz> • smooth running of the engine

runderneuern vt <prod> (Reifen) • retread vt

runderneuerter Reifen m <prod> • retreaded tire; retread coll; regrooved tire US; retreaded tyre GB

Runderneuerung f <prod> (Reifen) • retreading

Runderneuerungsfähigkeit f <prod> (Reifen) • retreadability

runde Skala f prakt <tech.allg> • circular scale; dial scale

rundes Schiffsfenster n DIN ISO 6345 <nav> • porthole; port light; side light; side scuttle ISO 6345; bull's eye

runde Werkstattfeile f norm <wz> (für die Metallbearbeitung) • round file; round bastard file; rat-tail file GB.coll; engineers' round file

Rundfahrtbus m <nfz> (Tourismus) • sightseeing bus; tour bus

Rundfahrtproblem n <math> (Streckenoptimierung; Hamiltonkreis) • traveling salesman problem (TSP) US; travelling-salesman problem GB; shortest-route problem

Rundfeile f <wz> (für die Metallbearbeitung) • round file; round bastard file; rat-tail file GB.coll; engineers' round file

Rundfenster n <bau> • circle window; circular window

Rundfeuerschutz m <feuer> • flash barrier

Rund-Flachstrahl-Einstellschraube f <obfl> (Spritzpistole) • spray fan size regulator

Rundformmeißelhalter m <wz> • circular form tool-holder

Rundfräseinrichtung f <wz.masch> • circular milling attachment

Rundfrästisch m <wz.masch> • circular milling table

Rundführung f <autom> • guide tube

Rundführung f <prod> (z. B. Werkstück, Werkzeug) • circular guide

Rundführungsrahmen m <masch> • frame with circular guide

Rundfunk m <av> • radio broadcasting

Rundfunkband n <av> • broadcast band

Rundfunkeingang m <av> • broadcast frequency input

Rundfunkempfänger m <av> • radio receiver; broadcast receiver; radio receiving set rar

Rundfunkkanal m <av> • radio transmission channel

Rundfunknetz n <av> • broadcasting network

Rundfunksender m <av> • radio transmitter; broadcasting transmitter

Rundfunksendung f <av> • radio broadcasting; radio transmission

Rundfunkspot m <werb> • radio commercial; radio spot

Rundfunkstation f <av> • broadcasting station

Rundfunktechnik f <av> • radio engineering

Rundfunkübertragung f <av> • radio broadcasting; broadcasting; radio transmission

Rundfunkübertragungsleitung f <av> • program circuit; programme circuit GB

Rundfunkwelle f <av> • type A4 wave

Rundfunkwerbung f <werb> • radio advertising

Rundfuß m <opt> (Mikroskop) • circular base

Rundfutter n <masch> (z. B. Spannvorrichtung) • circular chuck

Rundgang m <kfz> (um ein Fahrzeug: visuelle Prüfung) • walkaround

rundgebogene Klinge f <wz> • circular blade

rundgebogener Haken m <förd> • common hook

Rundgefrierer m <nahr.prod> (Speiseeis) • rotary bar freezer; ice lolly freezer; stick novelty freezer; ice cream bar freezer

rundgeschält <prod> • rotary-cut

Rundgestrick n <bekl> • circular-knit

rundgestrickt <bekl> • circular-knitted

Rundgewinde n (Rd) DIN 405 <masch> • round thread (Rd); knuckle thread; rounded thread

Rund-Gewindestrehler m <wz> (Gewindestrehlen) • circular thread-chaser; round thread-chaser

Rundgliederkette f <antr> • coil chain

Rundhämmern n <prod> • rotary swaging

Rundheitsfehler m <masch> • out-of-roundness

Rundheitsmessgerät n <msr> • roundness measuring instrument

rund herum satt anliegen an vt <tech.allg> • bear evenly all round vt

rundherum satt aufliegen auf vi <tech.allg> • bear evenly all round vi

Rundhobeleinrichtung f <prod> • circular planing attachment

Rundhohlleiter *m* <el> • circular waveguide
Rundholz *n* <bau.mat> *(als Pfahl; z. B. für Masten)* • pole
Rundholz *n* <holz> • round log; round timber; wood in the round
Rundhorizont *m* <theat> • cyclorama; horizon cloth; cyke *coll*; cyc *coll*; backdrop *form.rare*
Rundhorn *n* <metall.wz> *(Amboss)* • horn; beak
Rund-Hump *m* (H) <kfz> *(Felge; Sicherheitskontur auf beiden Felgenschultern)* • round hump (H)
Rund-Hump auf beiden Felgenschultern *m* <kfz> *(Radfelge)* • double hump (H2); round hump on both bead seats
Rund-Hump auf der Felgenaußenschulter *m* form <fz> *(Radfelge)* • outboard round hump (H); round hump on outer bead seat *form*
rundieren *vt* <prod> • edge *vt*
Rundiermaschine *f* <wz.masch> *(zum Kantenschleifen)* • edge grinding machine
Rundinstrument *n* <kfz.msr> • dial-type gauge; round gauge
Rundkabel *n* <el> • round cable
Rundkämmmaschine *f* <textil> • circular combing machine; circular comber
Rundkäse *m* <nahr> • drum cheese
Rundkaliber *n* <metall> • round pass
rundkantiger U-Stahl *m* DIN 1026 <mat> *(warmgewalzt)* • round edge channel
rundkantiger Z-Stahl *m* DIN 1027 <mat> *(warmgewalzt)* • round edge Zed
Rundkehlmethode *f* <pap> • circular neck-down method; neck-down method
Rundkehlschneider *m* <pap> • circular neck-down cutter
Rundkeil *m* <füg> • round key; Nordberg key
Rundkerbe *f* <prod> • semicircular notch
Rundkerbprobe *f* <qualit.mat> • U-notch specimen
Rundkettelmaschine *f* <textil> • circular linking machine
Rund-Kettenstrickmaschine *f* obs <textil> • circular warp knitting, independent needle machine *obs*
Rundkettenstuhl *m* <textil> • circular warp loom
Rund-Kettenwirkmaschine *f* obs <textil> • circular warp knitting, united needle machine *obs*
Rundklärbecken *n* <verf.hydr> • circular tank; circular settling tank
Rundkneten *n* <prod> • round kneading
Rundknetmaschine *f* <wz.masch> • rotating kneading machine
Rundknüppel *m* <metall> • round billet
Rundkolben *m* <chem> • round-bottom flask
Rundkompensator *m* <rls> • circular expansion joint; round expansion joint
Rundkopf *m* <füg> *(bei Schrauben und Nieten)* • round head; button head
Rundkopfschraube *f* <füg> *(mit Flachrund- oder Halbrundkopf)* • round head screw
Rund-Kulierwirkmaschine *f* <textil> • circular weft knitting machine; circular machine; circular knitting machine; sinker-wheel machine
Rundkulierwirkmaschine *f* <textil> • circular weft knitting machine
Rundläuferpresse *f* <masch> • rotary press
Rundläuferpressenautomat *m* <wz.masch> • automatic rotary compression press
Rundlager *n* <masch> *(Gummi-Metall-Element)* • circular mount
Rundlauf *m* <masch> *(Laufverhalten; betont: schlagfrei, zentrisch)* • concentric running
Rundlauf *m* <masch> *(Konzentrizität als Eigenschaft; z. B. von Welle, Rad)* • concentricity

Rundlauf *m* <masch> *(vibrationsfreies Laufverhalten, von Maschinen allg.)* • true running
Rundlauf *m* <textil> *(Leerlauf von Strickmaschinennadeln, Ruhestellung)* • rest position
Rundlaufabweichung *f* <kfz> *(von Kfz-Rad in vertikaler Richtung)* • radial run-out; spin imbalance; wheel tramp *pract*; wheel shimmy *coll*
Rundlaufabweichung *f* <masch> *(betont: Exzentrizität)* • eccentricity
Rundlauffehler *m* <kfz> *(von Kfz-Rad in vertikaler Richtung)* • radial run-out; spin imbalance; wheel tramp *pract*; wheel shimmy *coll*
Rundlauffehler *m* <masch> *(betont: Exzentrizität)* • eccentricity
Rundlauffehler *m* <masch> *(betont: Radialschlag)* • radial deviation; peripheral runout
Rundlauffehler *m* DIN ISO 1925 <masch> *(allg.)* • run-out ISO 1925
rundlaufgenau <masch> • true-running
Rundlauf-Gewindewalzwerkzeug *n* <wz.masch> • planetary die; planetary thread-rolling die; rotaries and segments
Rundlaufmessgerät *n* <msr> *(z. B. für Turbinenwelle)* • concentricity tester
Rundleiste *f* <bau> • bead; beading
Rundleistenmaschine *f* <textil> • circular string border machine
Rundleiter *m* <el> • circular conductor
rundlitzig <förd> *(Seil)* • round-stranded
Rundlochsieb *n* <verf> • round-hole screen
Rundlokschuppen *m* <bahn> • roundhouse
Rundmaschine *f* <wz.masch> • sheet metal roller; slip roll *pract*
Rundmaulzange *f* <wz> • hollow tongs
rund mehrdrähtiger Leiter *m* <el> • stranded circular conductor *IEC*; circular stranded conductor
Rund-Mehrdrahtleiter *m* <el> • stranded circular conductor *IEC*; circular stranded conductor
Rundmesser *n* <wz> • circular blade
Rundmesserschere *f* <wz> • rotary shear
Rundmutter *f* <füg> • round nut
Rundnadelfeile *f* <wz> • round escapement file
Rundnaht *f* <füg> *(allg.)* • circumferential seam; circular seam
Rundnaht *f* <füg> *(geschweißt)* • circumferential weld; circular weld
Rundnahtschweißmaschine *f* <füg> • circumferential seam welding machine; circular seam welding machine
Rundofen *m* <prod> *(zum Brennen, Härten u.ä.)* • round kiln
Rundofen *m* <verf> *(allg.)* • circular furnace
Rundpassung *f* <masch> • cylindrical fit
Rundprobe *f* <qualit.mat> • round specimen
Rundprobe *f* <qualit.mat> • proportional specimen
Rundprofil *n* <tech.allg> *(z. B. Stangenmaterial, Drahtseil)* • circular shape
Rundprofil *n* <mat> *(z. B. Stangenmaterial)* • circular profile
Rundpuffer *m* <kfz> • circular buffer
Rundrändermaschine *f* <wz.masch> • round knitting frame
Rundräumer *m* <verf.hydr> • circular scraper; circular sludge collector *US*
Rundrahmenantenne *f* <el> • circular antenna *US*; circular aerial *GB*
Rundreedkontakt *m* <alarm> • press-fit magnetic contact; concealed press-fit magnetic contact; circular flush-fitting magnetic contact
Rundriemen *m* <antr> • round-section belt

Rundsandfang m <verf.hydr> • circular grit chamber

Rundsaugräumer m <verf.hydr> • circular suction scraper

Rundschälen n <prod> • rotary cutting

Rundschälmaschine f <wz.masch> • rotary veneer machine

Rundschalttisch m <prod> • indexing rotary table; circular indexing table

Rundschalttischmaschine f <prod> • rotary-indexing machine; dial-type machine

Rundschalung f <bau> (Beton; z. B. im Tunnelbau) • annular formwork

Rundscheinwerfer m <kfz.el> • circular headlamp

Rundschere f <wz> • circle snips

Rundschieber m <rls> • tubular slide valve

Rundschildräumer m <verf.hydr> • circular sludge scraper

Rundschleifen n <prod> • cylindrical grinding

Rundschleifen zwischen Spitzen n <prod> • center-type cylindrical grinding US; centre-type cylindrical grinding GB

Rundschleifmaschine f <wz.masch> • circular grinding machine; edging machine

Rundschliff m <prod> • circular grinding

Rundschliffase f <prod> • circularly ground land

Rundschlitz m <tech.allg> • circular slot

Rundschneidemaschine f <wz.masch> • circular cutter; circle cutter pract

Rundschneiden n <prod> • circular cutting

Rundschneider m prakt <wz.masch> • circular cutter; circle cutter pract

Rundschnittberechnungsverfahren n <mech> (Berechnung von Kräften, Momenten, Spannungen) • method of joints

Rundschnittglasschneider m <wz> • circular glass cutter

Rundschnittverfahren n <mech> (Berechnung von Kräften, Momenten, Spannungen) • method of joints

Rundschruppschleifen n <prod> • cylindrical rough grinding

Rundschweißnaht f <füg> (geschweißt) • circumferential weld; circular weld

Rundschwenktisch m <prod> (z. B. Montagevorrichtung) • circular swivel table

Rundsendesignalisierungskanal m Alcatel <tele> • Broadcast Control Channel (BCCH) norm / rare

Rundsendesystem n <edv> • multiaddress system

Rundsichtanzeigegerät n <navig> • plan position indicator (PPI)

Rundsichtanzeiger m prakt <navig> • plan position indicator (PPI)

Rundsichtdarstellung f <navig> • all-round-view indication; plan-position indicator display

Rundsichtpeiler m <navig> • rotating antenna direction finder US; rotating aerial direction finder GB

Rundsichtradar n <navig> • surveillance radar; panoramic radar pract

Rundsieb n <verf> • rotary screen

Rundsiebpapiermaschine f <pap> • cylinder paper machine

Rundsiebzylinder m <pap> • cylinder mold

Rundsitzgruppe f <innen> • U-shaped seating; U-shape seating

Rundskala f A <msr> • circular dial; dial

Rundskale f <msr> • circular dial; dial

Rundspant m <nav> • round-bottom

Rundspitzhammer m <kfz.wz> • bullet point pick hammer

Rundspulinstrument n <el> • round-coil measuring instrument

Rundstab m <mat> (eher dünn) • rod

Rundstab m <mat> (eher dick) • round bar

Rundstab m <qualit.mat> (Probenkörper) • round specimen

Rundstahl m <mat> • round steel; round-bar steel

Rundstahlfeder f <masch> • round-wire spring

Rundstahlkette f DIN 762,764 <antr> • round steel chain; round steel link chain

Rundstangenbiegemaschine f <prod> • round-bar bending machine

Rundstecker m <el> (meist isoliert) • quick disconnect plug; male bullet; bullet connector; bullet

Rundsteckhülse f <el> (meist isoliert) • quick disconnect plug receptacle; bullet receptacle; bullet disconnect

Rundsteueranlage f <el> • ripple control system

rundstirnig <tech.allg> • round-ended

rundstirnige Passfeder f DIN 6885 <füg> • Pratt and Whitney key; P&W key

Rundstoßeinrichtung f <wz.masch> • circular shaping attachment

Rundstoßen n <prod> • circular slotting

Rundstrahl m <obfl> (Strahlbild der Spritzpistole) • round pattern

Rundstrahlantenne f <navig> • omnidirectional antenna US; omnidirectional aerial GB

Rundstrahlbrenner m <tech.allg> • fan-tailed burner

rundstrahlende Antenne f <navig> • omnidirectional antenna US; omnidirectional aerial GB

Rundstrahlfunkfeuer n <navig> • omnidirectional radio beacon

Rundstrehler m <wz> (Gewindestrehlen) • circular thread-chaser; round thread-chaser

Rundstrickmaschine f DIN 62130 <textil> • circular knitting machine; circular weft knitting independent needle machine; circular weft knitting machine; circular machine

Rundstrickrippmaschine f <textil> • circular rib knitting machine

Rundstrick-Strumpfmaschine f <textil> • hosiery knitting machine

Rundstuhl m <textil> • loopwheel frame

Rundtaktmaschine f <prod> • rotary indexing automatic; rotary transfer machine

Rundteiltisch m <prod> • circular dividing table

Rundteilung f <msr> • thimble scale

Rundteilung f <prod> • circular division; circular indexing

Rundteilung f <prod> (sowohl Verfahren (z. B. Teilen) als auch Ergebnis (z. B. Lochscheibe)) • circular spacing

Rundtisch m <prod> (z. B. Montagevorrichtung) • circular table; rotary table; round table

Rundtischfräsmaschine f <wz.masch> • rotary milling machine

Rundtischmaschine f <prod> • rotary table machine; rotary-table machine; round-about

Rundtisch mit Teileinrichtung m <prod> • indexing rotary table

Rundtischpositionierung f <prod> (z. B. Montagevorrichtung) • circular table positioning

Rundtischschaltmaschine f <prod> • rotary transfer machine

Rundumkennleuchte f <alarm> • rotating beacon; rotating mirror beacon; rotating flashing beacon

Rundum-Kennleuchte f <alarm> • rotating beacon; rotating mirror beacon; rotating flashing beacon

Rundumleuchte f <alarm> • rotating beacon; rotating mirror beacon; rotating flashing beacon

Rundumlicht n <licht> • all-round light

Rundumsicht f <tech.allg> • all-round visibility

Rundumsicht f <kfz.innen> • outward visibility

Rundumsitzgruppe f <innen> • U-shaped seating; U-shape seating

Rundum-Sorglos-Paket *n* <werb> • all-included service package
Rundumsuchradar *n* <mil> • all-round search radar
Rundumunterwasserortungsgerät *n* <nav> • all-round underwater detecting gear
Rundumverriegelung *f* <bau> *(Beschlag)* • full perimeter locking system
Rundumwarnleuchte *f* <kfz> • revolving signal light
Rundung *f* <tech.allg> *(rund machen)* • rounding
Rundung *f* <tech.allg> *(Form; z. B. eines Bleches)* • roundness; curvature
Rundung *f* <tech.allg> • rounding
Rundung *f* <kfz> *(allg., Form, Krümmung von Karosserieteilen)* • curvature
Rundung *f* <math> *(nach oben: z. B. von 1,89 auf 1,9 oder 2,0)* • rounding; rounding-up; rounding-off upward
Rundung *f* <prod> *(Vorgang bei der Bearbeitung; v. Ecken, Kanten, Spitzen)* • radiusing
Rundung des Blechs *f* <kfz> *(Zustand; sehr geringe konvexe Wölbung)* • crown
Rundungsfehler *m* prakt <edv> • quantization error; quantizing error; rounding error *pract*
Rundungsfehler *m* <math> • rounding error; rounding-off error
Rundungshalbmesser *m* <edv> • fillet radius; radius
Rundungsradius *m* <edv> • fillet radius; radius
Rundvorhang *m* <theat> • cyclorama; horizon cloth; cyke *coll*; cyc *coll*; backdrop *form.rare*
Rundvorschub *m* <masch> • rotary feed
Rundwalze *f rar* <wz> *(Segmentverfahren)* • rotary die
Rundwalze *f* <wz.masch> • threading roll; cylindrical thread-rolling die; round thread-rolling die; thread roll die
Rundwerkzeug *n* <wz> • cylindrical die; die roll; thread roll
Rundwerkzeug *n* <wz.masch> • threading roll; cylindrical thread-rolling die; cylindrical die; round thread-rolling die; thread roll die
Rundwirkmaschine *f* <textil> • circular warp knitting machine; circular knitting machine
Rundwirkmaschine *f* <textil> • circular knitting machine; circular weft knitting independent needle machine; circular weft knitting machine; circular machine
Rundzange *f DIN ISO 5742* <wz> • round nose pliers *ISO 5742*
Run Flat-Rad *n* pract-press <kfz> • run flat wheel; save run wheel; wheel with run flat properties *did*; wheel with run flat capability *did*; wheel with run flat potential *did*
Run Flat-System *n* press <kfz> • run flat system
Runge *f* <bahn> *(Langholzwagen)* • stanchion
Runge *f* <fz> *(z. B. LKW, Güterwagen)* • stake
Runge *f* <nfz> • post
Runge *f* <nfz> *(LKW, Frachtwaggon für Langgut)* • upright
Rungenhalter *m* <bahn> • stanchion socket
Rungenöse *f* <bahn> • stanchion pocket
Rungenpalette *f form, prakt* <logist> • post pallet *GB*
Rungenwagen *m prakt* <bahn> • flat car with stakes; wagon with stanchions *rare*
Run Length Encoding *n* (RLE) <edv> *(Dateiformat für Grafiken)* • Run Length Encoding (RLE)
Run Length Limited <edv> *(Aufzeichnungsverfahren)* • Run Length Limited (RLL); Run Length Limited code
Run-Length-Limited Code *m* <edv> • run-length-limited code (RLL); Run Length Limited; RLL code
Runterbonden *n prakt* <el.ic.prod> • downbonding
Runzelbildung *f* <obfl> *(Lackfehler)* • wrinkling; puckering; shriveling
Runzelkorn *nsg* <phot> • reticulation
Runzellack *m* <obfl> • wrinkle varnish

Runzelung *f* <geo> • plication
Runzelung *f* <obfl> • corrugation; wrinkling
Rupfen der Kupplung *n* <kfz.antr> *(ruckartiges, aussetzendes Greifen)* • clutch judder; clutch shudder
Rupffestigkeit *f* <pap> • picking resistance; pick resistance
Rupfmaschine *f* <led> • roughing machine
Rupfmaschine *f* <nahr> • poultry picker
Rush-Hour *f ugs* <verk> *(auf Straßen)* • rush hour
Rushprint *m* <werb.druck> • work print; rush <print>; interlock
Ruß *m prakt* <chem> *(z. B. als Pigment für Tinten, Toner, Reifenfarbe)* • carbon black
Ruß *m* <kfz.emiss> *(betont: Partikel im Dieselabgas)* • diesel exhaust particulate; particulate emissions *pl*; particulate matter *sg*; particulates *pl*
Ruß *m ISO 13943* <verbr> • soot *ISO 13943*; carbon deposits; carbon dust; black
Ruß *m* <verf> *(Feststoffteilchen in Abgasen)* • particulate matter; particulates *npl*
Rußbeseitigung *f* <kfz> • diesel exhaust filtration *wiss.did*; diesel filtration *pract*; particulate filtration
Rußbildung *f* <verbr> • soot formation; soot build-up
Rußbläser *m* <ents> • sootblower
Rußdispergierung *f* <tech.allg> • carbon black dispersion
Russell-Diagramm *n* <astron> • Hertzsprung-Russell diagram; Russell diagram
Russell-Saunders-Kopplung *f* <nukl> • Russell-Saunders coupling; LS coupling
Rußemissionen *fpl* <kfz.emiss> *(als Vorgang)* • particulate emission
Rußemissionen *fpl* <kfz.emiss> *(als Ergebnis)* • particulate emissions *pl*; diesel particulate emissions; emission of soot *pract*
Rußemissionsbegrenzung von Dieselmotoren *f* <kfz.emiss> • diesel particulate emission control
Rußfänger *m* <hlk> • soot catcher
Rußfilter *m ugs* <kfz.emiss> • diesel particulate filter (DPF); diesel exhaust particulate filter *thsc.did*; diesel filter *pract*; PM trap; diesel trap *coll*
Rußfilterabbrandsystem mit Kraftstoffeinspritzung *m/n* <kfz.emiss> • fuel-fired PM-trap regeneration system
Rußfilter mit katalytischer Abbrenneinrichtung *m* <kfz.emiss> • catalytically activated diesel filter
Rußfleck *m* <msr> • blackening mark *DIN EN 267*
Rußflocken *fpl DIN ISO 4225* <emiss> • smut *ISO 4225*
rußfrei *m* <verbr> *(Brennstoff)* • smokeless; non-black
rußgefüllt <tech.allg> • carbon-black filled; carbon-black loaded
rußgefüllte Mischung *f* <chem> • carbon-black compound; carbon black stock
Rußgrenze *f ugs.prakt* <kfz.emiss> • particulate emission limit
Rußkeil *m* <füg> *(Schweißbrenner)* • feather
Rußmessung *f* <msr> • soot measurement; soot test
Rußpapier *n* <el> • carbon paper; carbon-black paper; semi-conducting carbon paper; semiconducting paper; carbon loaded paper
Rußpartikel *m* <emiss> *(emittiert; allg., jede Quelle)* • soot particulates; soot particles
Rußpartikel *n* <druck> *(in schwarzer Druckfarbe)* • pigment particle
Rußprüfgerät *n* <verbr.emiss> *(zur Bestimmung der Rußzahl)* • test pump; smoke tester
Rußpumpe *f prakt* <verbr.emiss> *(zur Bestimmung der Rußzahl)* • test pump; smoke tester
Rußpunkt *m* <chem.petr> • smoke point
Rußvorlage *f* <ents> • soot receiver
Rußvorlage *f* <hlk> • soot filter

Rußzahl f <msr> • smoke spot number (SSN); smoke number

Rußzahl-Vergleichsskala f <msr> • smoke scale; Bacharach scale *pract*

Rußzündtemperatur f <kfz.emiss> *(Dieselabgas)* • particulate ignition temperature; ignition temperature

Rutenbündel n <bau.mat> *(z. B. zur Deichverstärkung)* • fascine *US*; fagot *GB*

Rutenteppichstuhl m <textil> • carpet wire pick loom

Rutenteppich-Webmaschine f <textil> • pile wire weaving machine

Ruthenium n (Ru) <chem> • ruthenium (Ru)

Rutherford'sches Atommodell n <nukl> • Rutherford atom model; Rutherford atom

Rutherford'sche Streuformel f <nukl> • Rutherford scattering formula

Rutherford-Formel f <nukl> • Rutherford scattering formula

Rutherfordium n (Rf) <chem> • rutherfordium (Rf); unnilquadium *obs*; kurtchatovium *obs*

rutherfordsches Atommodell n <nukl> • Rutherford atom model; Rutherford atom

rutherfordsche Streuformel f <nukl> • Rutherford scattering formula

Rutherford-Streuung f <nukl> • Rutherford scattering

Ruths-Speicher m <verf> *(Dampf)* • Ruths steam accumulator; Ruths accumulator

Rutil m <min> • rutile; titanium oxide

Rutilit m ® <metall> *(titanhaltig; z. B. zur Vermeidung von Hochofendurchbrüchen)* • Rutilit ®

Rutsch m DIN 4047-9 <geo> *(nicht: Rutschung)* • slide

Rutsche f <allg> *(Schwerkraftförderung)* • chute

Rutsche f <ents> • gravity chute; chute

Rutsche f <förd> *(geneigte Gleitfläche)* • skid; slide

Rutsche f <förd> • gravity chute

Rutsche f <holz> *(für Holz)* • shoot

Rutschen n <verk> *(von Fahrzeugen)* • skidding

rutschen vi <allg> • slide *vi*; skid *vi*; slip *vi*

rutschen vi <tech.allg> • run *vi*

rutschen vi <kfz> • skid *vi*

rutschend zum Stillstand kommen vi <fz> • skid to a stop *vi*

Rutschenmagazin n <logist> • chute magazine

Rutschentrichter m <förd> *(Schwerkraftförderer; für Schüttgut wie Kohle, Sand, Kies, Schutt)* • chute hopper

Rutscher m prakt <wz> *(rechteckige Fläche, oszillierende Schwingbewegung; zum Schleifen)* • pad sander; jitterbug-type sander; oscillating sander; straight-line sander

rutschfest <tech.allg> *(Fahrbahn, Bodenbelag, Schuhsohlen)* • non-skid; antiskid; skid-proof; slip-resistant; nonslip

rutschfest <obfl> *(Oberfläche; z. B. Fahrbahn, Tablett, Tisch)* • non-skid; non-slip

rutschfeste Gummifüße mpl <tech.allg> • non-slip rubber feet

rutschfeste Oberflächenstruktur f <bau> *(von Straßen)* • non-slip texture; non-skid texture; skidproof texture

Rutschfestigkeit f <bekl> *(Abriebfestigkeit beim Rutschen; z. B. Motorradkombi)* • slide protection

Rutschfestigkeit f <qualit> *(Reifen, Schuhsohle)* • skid resistance

Rutschfläche f <geo> • slickenside

Rutschfläche f <geo> *(Bodenmechanik)* • surface of shear

Rutschhemmung f <obfl.qualit> *(z. B. von Bodenbelägen)* • skid resistance

Rutschkupplung f <masch> • safety-friction clutch; overload slipping clutch; overload clutch; slip clutch

Rutschplatte f <kfz> *(Testgelände)* • skid pad

Rutschschere f <petr> • drilling jar; sliding jars

Rutschsensor m <msr> • slip displacement sensor

rutschsicher <qualit> *(z. B. Fußboden, Schuhsohle, Straßenbelag)* • slip-proof

rutschsichere Oberfläche f <obfl> • non-skid surface

rutschsicherer Reifen m <kfz> • non-skid tire *US*; non-skid tyre *GB*

Rutschsicherheit f <bau> *(von Straßen)* • non-slip texture; non-skid texture; skidproof texture

Rutschsicherheit f <verk> *(der Fahrbahnoberfläche)* • skid-resisting property; skid resistance; nonskid property; pavement grip

Rutschungsfließen n <geo> *(Bodenmechanik)* • flow slide

Rutschvermögen n <obfl> *(erwünschte Rutschigkeit)* • slipperiness

Rutschwinkel m <bau> *(Böschung)* • slide angle

RWDR <masch> • radial shaft seal ring; lip seal with garter spring; radial seal *pract*; shaft seal *pract*; oil seal *pract*

R-Welle f <phys> • R-wave; surface wave of the Rayleigh type

rwK <navig> • true heading (TH); true course

RWW <edv> *(Magnetband)* • read-while-write (RWW); read while write method

Rydberg-Konstante f <phys> • Rydberg constant; Rydberg number

R-Y Signal n <av> • R-Y signal; red minus-luminance color difference signal; red color difference signal *pract*

RZ <edv> • data-processing center *US*; data-processing centre *GB*; computer center *US*

RZ <edv> • Return to Zero (RZ)

Rzeppa-Gelenk n <kfz.antr> • constant-velocity ball joint; Rzeppa-type [universal] joint; Birfield-type [universal] joint; Hardy-Spicer [universal] joint

R-Zweig m <phys> *(Spektren)* • R-branch

S

S <chem> • sulfur (S) *US*; sulphur *GB*; brimstone *obs*

S <el> *(Fähigkeit, Strom zu leiten; Kehrwert des Widerstands; Einheit: Siemens)* • conductance (S)

S <el> *(in Voltampere; [S] = 1 W = 1 VA)* • apparent power (VA)

S <füg> *(ein Pressschweißverfahren)* • explosion welding (EXW)

S <licht> • shell cap (S); shell contact base *US*; shell contact cap *GB*

S <masch> *(33° Flankenwinkel)* • buttress thread (S); buttress screw-thread

S <masch> *(allg.)* • buttress thread (S); buttress screwthread; buttressed thread; ratchet thread; sawtooth thread

S <norm> *(SI-Einheit des elektrischen Leitwerts: 1 S = 1/Ohm)* • siemens (S); reciprocal ohm

S <therm> *(kalorische Zustandsgröße)* • entropy (S)

S&H <edv.av> • sample & hold module (S&H); random generator; sample&hold unit; sample&hold circuit

s. c. <med> • subcutaneous; hypodermic

S3 <edv> • S3

SA <alarm> • audible alarm device; sounder; sounding device; alarm sounding device

S/A <navig> • Selective Availability (SA); S/A

SA <navig> • Selective Availability (SA); S/A

Saalbeschallung f <av> *(als Vorgang; z. B. von Konzerthallen, Konferenzsälen)* • sound management :V

Saalbeschallung f <av> *(als System; z. B. von Konzerthallen, Konferenzsälen)* • sound system :V

Saalbeschallungsanlage f <av> *(als System; z. B. von Konzerthallen, Konferenzsälen)* • sound system :V

Saalregler m <av> • independent volume control; volume control *pract*

Saategge f <agri> • seed harrow; extra-light seed harrow

Saatgutanerkennung f <agri> • seed certification

Saatgutauslese f <agri> • seed selection

Saatgutbehälter m <agri> • seed box; grain box

Saatgutbeizmaschine f <agri> • seed treater; grain duster

Saatgutbereiter m <agri> • seed cleaner

Saatgutgesetz n <jur> • seed law

Saatgutprüfstation f <agri> • seed-testing station

Saatkristall m <mat> • seed crystal

Saatleitung f <agri> *(Drillmaschine)* • delivery tube; dropping mechanism

Saattrichter m <agri> • seed port

Sabal serrulata <bio> • palmetto; sabal serrulata

Sabattier-Effekt m <phot> *(Verfremdungstechnik)* • Sabattier effect; pseudo-solarization; solarization

Sablé m <textil> • Sablé

Sabot m <bekl> *(hochhackiger, hinten offener Damenschuh)* • sabot-style shoe

Sabotagealarm m <alarm> • tamper alarm signal :V

sabotagegeschützt <alarm> *(Alarmanlagenkomponenten)* • tamper-proof

sabotagegeschützter Magnetkontakt m <alarm> • high-security magnetic contact; balanced magnetic contact; balanced magnetic switch; balanced magnetic contact switch

sabotagegeschützter Schlüsselschalter m <alarm> *(Scharfschalteeinrichtung bei der Impulsschärfung)* • tamper-proof key switch :V

sabotagegesicherter Magnetkontaktmelder m <alarm> • high-security magnetic contact; balanced magnetic contact; balanced magnetic switch; balanced magnetic contact switch

Sabotagegruppe f <alarm> • 24-hour tamper circuit; tamper loop; antitamper loop; antitamper circuit

Sabotagekontakt m <alarm> *(meldet unbefugtes Öffnen des Gehäuses)* • tamper switch; anti-tamper switch

Sabotageleitung f <alarm> • supervised line; monitored line

Sabotagelinie f obs <alarm> • 24-hour tamper circuit; tamper loop; antitamper loop; antitamper circuit

Sabotage-Meldelinie f obs <alarm> • 24-hour tamper circuit; tamper loop; antitamper loop; antitamper circuit

Sabotagemeldelinie f obs <alarm> • 24-hour tamper circuit; tamper loop; antitamper loop; antitamper circuit

Sabotagemelder m <alarm> • tamper device

Sabotage-Meldergruppe f <alarm> • 24-hour tamper circuit; tamper loop; antitamper loop; antitamper circuit

Sabotagemeldung f <alarm> • tamper alarm signal :V

Sabotageüberwachung f <alarm> • tamper detection

Sabrina-Absatz m <bekl> • Sabrina-style heel

SACCH <tele> • Slow Associated Control Channel (SACCH)

Saccharimeter n <msr> • saccharimeter

Saccharose f <nahr> *(Rohr- oder Rübenzucker)* • sucrose; saccharose

SACD <av> • Super Audio Compact Disc (SACD)

Sache des Umweltschutzes f <ökol> • environmental cause

Sachschaden m <vers> • property damage sg; material damage sg

Sachverständigenabnahme f <qualit> • acceptance by an authorized inspector

Sachverständiger m <allg> • expert

Sack m; pl: **Säcke** DIN 55 405 <pack> • sack; bag US

Sackaufzug m <förd> • sack hoist

Sackbohrung f rar <masch> • blind hole; bottoming hole

Sackfilter m <nahr> *(z. B. Wein)* • cloth filter

Sackfilter m rar <verf> *(Gewebefilter)* • bag filter; tube-type filter; tube filter

Sackfluganzeiger m <aerospace> • antistall indicator

Sackhalter m <agri> • bag holder

Sackheber m <förd> • sack lifter

Sackkammer f prakt <verf> *(betont: komplettes Filtersystem mit Gehäuse, Schrank)* • bag house

Sackleinen n <agri> *(grob, z. B. für Pflanzen)* • burlap; gunny

Sackleinenballen m <agri> • burlap square

Sackleinenrolle f <agri> • burlap roll

Sackloch n <masch> • blind hole; bottoming hole

Sacklochgewinde n <masch> • blind-hole thread; blind tapped hole; bottoming tapped hole; threaded blind hole

Sackpapier n DIN EN 26590-1 <mat.pap> • sack paper DIN EN 26590-1; bag paper

Sackrutsche f <förd> • sack chute

Sackstapler m <förd> • sack piler

Sackung f <bau.min> • subsidence; settling

Sackung f <geo> *(z. B. durch Grundwasserabsenkung, Bergbau)* • ground settlement; surface subsidence; subsidence; settlement; settling

Sackzange f <förd> • sack tongs; sack handler

Sackzement m <bau.mat> • sacked cement

SA-Code m rar <navig> • Coarse/Acquisition code (C/A code); Clear/Acquisition code; Civil Access Code; civilian code; Common Access Code

SACS <kfz> *(Motorrad; kombinierte Luft-/Ölkühlung)* • Suzuki Advanced Cooling System (SACS)

Saddlestitch m <bekl> *(betont grober Zierstich)* • saddle-stitch

Sadebaum m <bio> • savin juniper; juniperus sabina

Säaggregat n <agri> • seed unit

SAE-Anschluss m <kfz> • SAE connection

Säbelförmigkeit von Magnetbändern f DIN 45510 <av> *(Abweichung des plan und spannungslos aufgelegten Bandes v.d. Geraden)* • tape curvature

Säbelwuchs m <holz> • basal bowing

Säge f <wz> • saw

Sägeband n <wz> • saw band

Sägebandspanneinrichtung f <wz> • saw-band straining device

Sägeblatt n <wz> • saw blade

Sägeblatt für Pendelstichsägen n <wz> • jigsaw blade; sabre saw blade US.Sears; scroller jigsaw blade rare

Sägebock m <holz> • sawhorse US; saw-horse GB; buck US.coll

Säge-Bohr-Anlage f <wz.masch> • sawing/drilling machine

Sägebügel m <wz> • saw bow

Sägefeile f <wz> • taper file

Sägefeilmaschine f <wz.masch> • saw filing machine; saw filer

Sägegatter n <wz.masch> • log frame saw; log frame; saw gate

Sägegatter n <wz.masch> *(allg. Holz)* • sawmill

Sägegewinde n <masch> *(allg.)* • buttress thread (S); buttress screw-thread; buttressed thread; ratchet thread; sawtooth thread

Sägegrat m <prod> • saw burr

Sägekettenhaftöl n <tribo> • chain-saw lubricant oil; chain-saw lubricant

Sägekettenöl n <tribo> • chain-saw lubricant oil; chain-saw lubricant

Sägemaschine f <wz.masch> • sawing machine

Sägemehl n <ents> • sawdust

Sägemehlbeton m <bau.mat> • sawdust concrete

Säge mit feststehendem Sägeblatt f <wz> (Ggs. Klapp-säge) • stationary saw

Sägemühle f <holz> • sawmill; lumber mill US

Sägen n <prod> • sawing

Sägenegreniermaschine f <textil> (Baumwolle) • saw gin

Sägengewinde n (S) <masch> (allg.) • buttress thread (S); buttress screw-thread; buttressed thread; ratchet thread; sawtooth thread

Sägengewinde n <masch> • buttress thread (BUTT) ANSI B1.9; buttress screw-thread

Sägengewinde 45° DIN 2781 <masch> • buttress thread 45°

Sägenschärfmaschine f <wz.masch> • saw blade sharpening machine

Sägenüberhang m <wz> • blade overhang; blade lead

Sägenut f <prod> • saw groove; kerf

Sägen von Löchern n <wz> • holesawing

Sägerahmengleitbahnen fpl <masch> • saw guides

Sägeschlitten m <wz.masch> • saw carriage

Sägeschnitt m <prod> • saw groove; kerf

Sägeschnitt m <prod> • saw cut

Sägetisch m <prod> • saw bench

Sägeverlust m <prod> • kerf loss

Sägewerk n <holz> • sawmill

Sägewerksabfall m <holz> • sawmill residues pl; slabs pl

Sägezahn m <wz> • sawtooth

Sägezahnabtastung f ÜV <edv> • sawtooth scanning

Sägezahnantenne f <el> • zigzag antenna US; zigzag aerial GB

Sägezahndrahtbeschlag m <textil> • sawtooth wire filleting

Sägezahneffekt m <edv> • aliasing

sägezahnförmiger Impuls m <phys> • sawtooth pulse

sägezahnförmiger Kippstrom m <el> • sawtooth current

Sägezahnfries n <bau> • indented moulding

Sägezahngenerator m <el> • sawtooth generator; ramp generator; relaxation generator

Sägezahngewinde n rar <masch> (allg.) • buttress thread (S); buttress screw-thread; buttressed thread; ratchet thread; sawtooth thread

Sägezahnimpuls m <phys> • sawtooth pulse

Sägezahnmodulation f <el> • sawtooth modulation

Sägezahnscannen n ÜV <edv> • sawtooth scanning

Sägezahnschwingung f <phys> • sawtooth wave; sawtooth oscillation

Sägezahnsignal n <phys> • sawtooth signal

Sägezahnspannung f <el> • sawtooth voltage; ramp voltage rare

Sägezahnstrom m <el> • sawtooth current

Sägezahnteilung f <wz> • saw pitch

Sägezahnwelle f <phys> • sawtooth wave; sawtooth oscillation

Sägezahnwellenform f <phys> • sawtooth waveform; ramp waveform

Sägezahnzeitablenkung f <el> • sawtooth sweep

SAE-Klasse f <tribo> • SAE viscosity grade; SAE grade; SAE viscosity number

säkulare Gleichung f <math> • characteristic equation

Säkulargleichung f <math> • secular equation

Säkularvariation f <geo> • secular variation

Sämaschine f <agri> • sowing machine; sower; seeder; drill

Sämischgerbung f <led> • oil tanning; chamois tannage; oil tannage

Sämischleder n <bekl> • chammy

SAE-PS brutto <kfz> • SAE gross bhp

SAE-PS netto <kfz> • SAE net bhp

Särad n <agri> • feed roller

Säschar n <agri> • seed drill coulter; seed coulter

sättigen vt <allg> • saturate vt

Sättiger m <chem> • saturator

Sättigung f <tech.allg> • saturation

Sättigung f <opt> (Farbmesszahl im Munsell-System) • chroma; saturation

Sättigung f prakt. <phot.av.edv> • color saturation; saturation pract.; chroma rare

Sättigungsaktivierung f <nukl> • saturation activation

Sättigungsaktivität f <nukl> • saturation activity; saturated activity

Sättigungsbereich m <el> • saturation region

Sättigungsdampfdruck m <therm> • saturation vapor pressure; saturated vapor pressure

Sättigungsdichte f <therm> • saturation density

Sättigungsdrossel f <el> • saturable reactor

Sättigungsdruck m <phys> (im Gleichgewicht mit der flüssigen Phase) • vapor pressure; steam pressure; vapor tension

sättigungsfähige Drossel f <el> • saturable reactor

Sättigungsfeldstärke f <phys> • saturation field intensity

Sättigungsfeuchte f <hlk> • saturation humidity

Sättigungsflussdichte f <phys> • saturation flux density

Sättigungsgleichrichter m <el> • saturated rectifier

Sättigungsgrad m <chem.therm> (z. B. Maß für Dampf-gehalt feuchter Luft) • degree of saturation

Sättigungsgrenze f <phys> • saturation limit

Sättigungsinduktivität f <el> • saturation inductance

Sättigungskennlinie f <el> • saturation curve; saturation characteristic

Sättigungsmagnetisierung f <phys> • saturation magnetization

Sättigungspunkt m <hlk> • saturation point

Sättigungsreaktanz f <phys> • saturation reactance

Sättigungsspannung f <el> • saturation voltage

Sättigungssperrstrom m <el> • reverse saturation current; saturation current

Sättigungsstrom m <el> • saturation current

Sättigungsstrom m <el> • reverse saturation current; saturation current

Sättigungstemperatur f <phys> • saturation temperature

Sättigungswiderstand m <el> • saturation resistance

säubern vt <petr> • clean vt

säuern vt ugs <chem> (allg.) • acidify vt; acidulate thsc; sour vt coll; make acidic vt rare

säuern vt <nahr> (Teig) • leaven vt

säuern vt <nahr> (z. B. Gemüse) • pickle vt

säuern vt <nahr> (z. B. Milch) • ripen vt

säuern vt <nahr> (z. B. mit Zitronensäure) • acidulate vt

Säuerung f <chem> (allg.; Erhöhung des Säuregrads) • acidification; acidulation

Säuerung f <nahr> (Wein) • acidification

Säuerungsmittel fpl <nahr> • acidulants; acids

Säuerungswanne f <nahr> • milk ripener

Säufer m ugs <kfz> (Kfz mit hohem Kraftstoffverbrauch) • gas guzzler US.coll

Säuferschaltung f prakt <alarm> • late return disarming feature :V

Säugerbalg m <präp> • mammal skin

Säugetiertoxizität f <ökol> • mammalian toxicity; mammalian acute toxicity

Säuglingssterben n <med> • infant mortality

Säule f <tech.allg> *(z. B. Gebäude, Werkzeugmaschine)* • column

Säule f <autom> • column

Säule f <bau> • pillar; head

Säule f <el> *(z. B. galvanische, Thermosäule, Batterie)* • pile

Säule f <el> *(Isolator)* • post

Säule f <kfz> *(zwischen Gürtellinie und Dach)* • pillar; post

Säule f <kst> *(Spritzgießmaschine)* • tie bar; tie rod; column

Säule f <pap> • deckle

Säule f <phot> • column; post

Säule f <verf> *(z. B. Destillation, Säure)* • column; tower

Säulenbohrmaschine f <wz.masch> • drill press

Säulenchromatographie f <chem> • column chromatography

Säulendehnung f <kst> *(Spritzgießwerkzeug)* • stretching of tie bars; elongation of tie bars

Säulendrehkran m <förd> • post-mounted swing jib crane

säulenförmiger Kristall m <min> • columnar crystal

Säulenführung f <prod> *(z. B. Schneidvorrichtung)* • column guide; column guide way

Säulenfüllung f <chem> • column packing

Säulengestell n DIN 9811-9822 <prod> • press tool set

Säuleninstabilität f <rls> • column instability; column squirm

Säulenionisation f <phys> • columnar ionization

Säulenkapitell n <bau> • chamfer

Säulenkapitell n <bau> *(z. B. Korinthisch)* • column capital; capital

Säulenkopf m <bau> *(Pilzdecke)* • drop panel; dropped panel

Säulenkopf m <prod> *(Vorrichtungsbau)* • column head

Säulenlautsprecher m <av> • column loudspeaker

Säulenlichtschranke f <sich> • multiple infra-red beam barrier

Säulenmontierung f <opt> • pillar mounting

Säulennähmaschine f <textil> • post bed sewing machine

Säulenschaft m <bau> *(rund)* • column shaft

Säulentextur f <geo> *(Gestein)* • columnar structure

säulig <min> • columnar

säumen vt <textil> *(Konfektion)* • edge vt

Säure f <chem> • acid

Säure... <chem> • acid ...; acidic ...

Säureabscheidebehälter m <chem.verf> *(zum Dekantieren)* • acid decantation drum

Säureabscheider m <chem.verf> • acid separator

Säureabsorptionsturm m <chem.verf> • acid-absorption tower

Säureätzung f <prod> • acid etching

Säureakkumulator m <el> • lead-acid battery; lead-acid accumulator

säureaktivierte Bleicherde f <chem.verf> *(zum Raffinieren)* • acid clay

säureaktivierte Tonerde f <chem.verf> *(zum Raffinieren)* • acid clay

Säureakzeptor m <kst> • acid acceptor

Säureamid n <nahr> • acid amide

Säureanhydrid n <chem> • acid anhydride

Säureaufschluss m <chem.verf> • acidulation

Säureazid n <chem> • acid azide

Säurebad n <chem.verf> • acid bath

Säurebadbehandlung f <chem.verf> • acid bath treatment

Säureballon m <chem.verf> • acid carboy

Säure-Basen-Titration f <chem.verf> • acid-base titration; neutralization titration

Säurebehälter m <chem.verf> • acid tank

säurebelastet <ökol> *(durch Säure geschädigt)* • acid-stressed

säurebeständig <qualit.mat> *(allg.)* • acid-proof; acid-resistant; acid-stable

säurebildend <chem> • acid-forming

säurebildende Bakterien npl <ents> *(z. B. in Biogasanl.)* • acid-forming bacteria; acid formers

Säurebildner mpl <chem> • acid formers

Säurebildung f <chem> • acid formation; acidification

Säuredämpfer m <textil> • acid ager

Säuredruckbehälter m <chem.verf> • acid elevator; acid blowcase; blowcase; montejus; acid egg

Säuredruckvorlage f <chem.verf> • acid elevator; acid blowcase; blowcase; montejus; acid egg

säureecht <chem> *(Farbe)* • acid fast

säureempfindlich <qualit.mat> • sensitive to acid

Säureerhitzungsprobe f <pap> • acid heat test

Säurefällung f <chem.verf> • acid precipitation

Säurefarbstoff m <textil> *(Färberei)* • acid dyestuff

säurefest <qualit.mat> *(allg.)* • acid-proof; acid-resistant; acid-stable

säurefeste Auskleidung f <verf> • acid-proof lining

säurefester Belag m <verf> • acid-proof coating; acid-proof coat

säurefester Stein m <bau> *(allg.)* • acid-proof brick

Säureflasche f <chem.verf> • acid bottle

Säureflasche f <prod> *(Ätzen)* • etch tube

säurefrei <chem> • acid-free

säurefreies Öl n <chem> • neutral oil

säurefreies Papier n <pap> • acid-free paper

Säuregehalt m <chem> *(z. B. von Wasser, Boden, Papier, Kosmetika, Chemikalien)* • acidity; acidity level; degree of acidity; acid content; acid strength

Säuregehaltsprüfer m <chem.verf> • acidimeter; acidometer

Säureglasballon m <chem.verf> • acid carboy

Säuregrad m <chem> *(z. B. von Wasser, Boden, Papier, Kosmetika, Chemikalien)* • acidity; acidity level; degree of acidity; acid content; acid strength

Säuregradbestimmung f <chem.verf> • acidity test

Säuregradmesser m <chem.verf> • acidimeter; acidometer

Säuregradmessung f <chem.verf> • acidimetry

Säuregruppe f <chem.petr> • acid group; acidic group

Säurehärter m <chem.verf> • acid catalyst

Säurehärtung f <chem.verf> • acid hardening

Säurehärtung f <kst> *(betont: Vernetzung)* • acid-catalyzed cure

säurehaltig <chem> *(allg.; z. B. Papier)* • acid-containing; acidic; acidiferous

Säureheber m <chem.verf> *(allg.)* • acid siphon

Säureheber m ugs <kfz.wz> *(für Blei/Säure-Batterien)* • hydrometer; battery tester; battery checker; battery syringe; electrolyte tester

Säurehydrolyse f <chem.verf> • acid hydrolysis; acidolysis

säurekatalysiert <chem> • catalyzed by acid; catalyzed by acids

Säurekennzeichnung f <glas> • acid badging

Säurekitt m <füg> • acid-proof cement

Säurekonzentration f <chem> • acid concentration

Säurekonzentration f <chem> *(z. B. von Wasser, Boden, Papier, Kosmetika, Chemikalien)* • acidity; acidity level; degree of acidity; acid content; acid strength

säureliebend ugs.did <chem> • oxyphilic; oxyphil; oxyphilous; acidophilic

säureliebende Pflanze f <bio> *(sauren Boden anzeigend)* • acidophilic plant; acidophilous plant

säurelöslich <qualit.mat> • acid-soluble

Säuremattieren n <obfl> *(von Glas)* • acid etching; acid frosting

säuremattiert <glas> *(durch Ätzen)* • acid-frosted

Säuremesser m <chem.verf> • acidimeter; acidometer

Säurenebel m <chem.verf> • acid mist

Säurepolieren n <obfl> • acid polishing

Säureprägen n <glas> • acid embossing

Säureprüfer m <kfz.wz> *(für Blei/Säure-Batterien)* • hydrometer; battery tester; battery checker; battery syringe; electrolyte tester

Säureprüfung f <chem.verf> • acid test

Säurepumpe f <pump> • acid pump

Säurer m <chem.petr> • acidizer

Säureregenerat n <chem.verf> • acid reclaim

Säureschichtung f <el.chem> *(Entmischung des Elektrolyten in Batterien)* • stratification

Säureschutzkleidung f <bekl> • acid-resisting clothing

Säureschutzschürze f <bekl> • acid apron

Säurespaltung f <chem.verf> • acidolysis; acid cleavage; acyl exchange

Säurespiegel m rar <el> *(in Batteriezellen)* • electrolyte level; acid level *coll*

Säurestärke f <chem> *(z. B. von Wasser, Boden, Papier, Kosmetika, Chemikalien)* • acidity; acidity level; degree of acidity; acid content; acid strength

Säurestand m <el> *(in Batteriezellen)* • electrolyte level; acid level *coll*

Säuretank m <chem.verf> • acid tank

Säuretauchbad n <chem.verf> • acid dipping bath; acid dipping

Säuretaupunkt m <chem> • acid dew point

Säureturm m <pap.prod> • absorption tower; lime tower; reaction tower

säureunlöslich <chem> • acid-insoluble

Säureverfahren n <chem.verf> *(Wiedergewinnung)* • acid-reclaiming process

Säureverfahren n <kst> • acid process

Säurewäsche f <chem.verf> • acid wash

Säurewaschlösung f <chem.verf> • acid wash

Säurezahl f <chem> • acid value

Säurezusatz m <nahr> *(Wein)* • acidification

Safer m <aerospace> • simplified aid for EVA rescue (safer)

Safe Stop-Rad n press <kfz> • safe stop wheel

Safety Jacket n <bekl> • safety jacket

saftgrün <obfl> • sap green

saftig <nahr> *(Wein)* • fruity wine with mouth-watering acidity

Saftpresse f <nahr> • squeezer

Saftverdrängungsverfahren n <holz> *(Holzschutz)* • Boucherie process

Sagittalebene f <opt> • equatorial plane; sagittal plane

Sagittalschnitt m <opt> • equatorial section; sagittal section

Sagittalstrahl m <opt> • equatorial ray; sagittal ray

Sagnac-Effekt m <navig> • Sagnac effect

Sahneeis n <nahr> • ice cream made with double cream :V

Sahneerzeugnis m <nahr> • cream product

Sahnestück n ugs <kfz> • cream puff *coll*

Saigerteufe f <petr> • true vertical depth (TVD)

saisonales Nachstellen nsg <energ.sol> • seasonal adjustment

Saisonalität f <werb> • seasonality

Saisonspeicher m <hydr> • seasonal storage

Saitenelektrometer n <msr> • string electrometer

Saitengalvanometer n <msr> • string galvanometer

SAK <ents> • activated anthracite coke; activated bituminous coke

Sakristei f <bau> *(Kirche)* • sacristy

Salatgabel f <gastr> • salad fork

Salatteller m <gastr> • salad plate

Salband n <geo> • clay course; clay gouge; selvage; selvedge; astillen

Saldiermaschine f <büro> • adding-listing machine

Sales Force f <werb> • sales force

Sales Promotion f <werb> • sales promotion; promotion

Salicylicum acidum wiss <chem> • salicylic acid; Salicylicum acidum *wiss*

Salicylsäure f <chem> • salicylic acid; Salicylicum acidum *wiss*

Salizylsäure f obs <chem> • salicylic acid; Salicylicum acidum *wiss*

Salk Impfstoff m <med> • Salk vaccine

Salmiak m ugs <chem> • ammonium chloride; ammonium muriaticum *thsc*; sal ammoniac *obs*; ammoniac

Salmiakgeist m <chem> • liquid ammonia

Salmonella-Mikrosomen-Test m <hydr.qualit> *(Trinkwasser)* • Salmonella microsome test; Ames test

Salmonellen fpl <nahr> • salmonellae

Salpeter m <chem> *(allg.)* • saltpeter US; saltpetre GB; niter US; nitre GB

Salpeter m ugs <chem> *(Kaliumvariante)* • potassium nitrate

Salpeter m ugs <chem> *($NaNO_3$)* • sodium nitrate; soda niter; Chile saltpeter; Chile niter; soda nitre GB

Salpeterprozess m <nukl> • triple-a-process; helium-burning process

Salpetersäure f <chem> • nitric acid; nitricum acidum

Salpetersäure-Aufschluss m DIN EN ISO 15587 <chem.verf> • nitric acid digestion DIN EN ISO 15587

Salpetersäureaufschluss m <pap> • nitric acid pulping; nitrate pulping

salpetrig <chem> • nitrous

Salz n ugs <chem.nahr> • sodium chloride (NaCl); natrum muriaticum *thsc*; common salt; cooking salt *pract*; salt *coll*

Salzbad n <prod> • salt bath

Salzbadaufkohlen n <metall> • salt bath carburizing; molten-salt carburizing

Salzbadchromieren n <obfl> • salt bath chromizing

Salzbadeinsatzhärtung f <metall> • salt bath case hardening

Salzbadhartlöten n <füg> • salt bath brazing

Salzbadlötung f <füg> • salt bath brazing

Salzbadofen m <metall> • salt bath furnace

Salzbadpatentierung f <metall> • salt bath patenting

Salzbadweichlöten n <füg> • salt bath soldering

Salzbergwerk n <min> • saline; salt mine; salt pit

Salz bilden v <chem> • salify v

Salzbildung f <chem> • salt formation; salification

Salzbrei m <chem.verf> • salt grained sludge

Salzbrücke f <chem> • salt bridge

Salz[e] bilden v <chem> • salify v

Salzen n <nahr> • brining

Salzgehaltmesser m <chem> • salinometer

Salzgehalttester m <agri> • soil salinity tester; soil salts meter

Salzglasur f <obfl> • salt glaze; smear

salzhaltig <chem> • saline

Salzhaltigkeit f <chem> • salinity

Salzkorrosion f wiss <obfl> • salt corrosion

Salzlagerstätte f <min> • salt deposit

Salzlake f <chem> • brine solution; brine *coll*; salt brine *rare*

Salzlake f <geo> • salt brine

Salzlake f <nahr> • brine

Salzlösung f <chem> • saline solution; salt solution; brine

Salzmischung f <chem> • salt mixture

Salzsäure *f ugs* <chem> • hydrochloric acid (HCl); muriaticum acidum *thsc*; hydrogen chloride; muriatic acid

Salzschmelze *f* <chem.verf> • salt melt; molten salt; fused salt

Salzschmelzenreaktor *m* <nukl> • fused-salt reactor

Salzschmelzflussextraktion *f* <metall> • molten-salt extraction

Salzsole *f* <chem> • salt brine; brine

Salzsprühkammer *f* <obfl.qualit> • salt spray chamber

Salzsprühnebel *m* <obfl.qualit> • salt spray

Salzsprühnebelprüfung *f* <obfl.qualit> • salt spray testing; salt spray fog testing

Salzsprühversuch *m* <obfl.qualit> • salt spray test

Salzstockfalle *f* <petr> • salt-dome trap

Salztropfen-Korrosionsversuch *m DIN EN ISO 4536* <obfl.qualit> • saline droplets corrosion test *ISO 4536*

Salz- und Pfefferstreuer *m* <gastr> • salt and pepper shaker

Salzvorkommen *n* <min> • salt deposit

Salzwasserbecken *n* <obfl.qualit> • salt water splash

Samarium *n* (Sm) <chem> • samarium (Sm)

Sambucus niger <bio> • black elder; sambucus niger

Samenkapsel *f* <textil> *(Flachs)* • seed capsule

Samenkapsel *f* <textil> *(Baumwolle)* • boll

Samenlein *m* <textil> *(Flachs)* • seed flax

Samenplantage *f* <holz> • seed orchard

Sammelanode *f* <el> • collecting anode; gathering anode

Sammelanrufliste *f* <tele> *(Seefunk)* • traffic list

Sammelanschluss *m* <tele> • collective line

Sammelanschluss *m* <tele> • collective number

Sammelantrieb *m* <theat> • simultaneous drive

Sammelbecher *m* <kst> • tapping cup

Sammelbecken *n* <bau> *(z. B. Abwasser, Niederschlag)* • collecting pond

Sammelbecken *n* <hydr> • reservoir; collecting tank; catch basin

Sammelbecken *n* <nukl> • collecting sump; collecting tank; delay tank; storage sump

Sammelbehälter *m* <chem> • receiver tank; receiver

Sammelbehälter *m* <ents.logist> *(z. B. Abwasser, Abfall)* • sump; collecting tank

Sammelbehälter *m* <nukl> • storage container

Sammelbereich *m* <logist> • marshalling area

Sammelbereich Auslagerung *m* <logist> *(HRL)* • accumulation area; order accumulation area; outbound staging

Sammelboden *m* <agri> • grain pan; collecting board; receiving board

Sammelbunker *m* <logist> • loading hopper

Sammelelektrode *f* <el> • collecting electrode; collector; gathering electrode

Sammelfahrtproblem *n* <logist> • shortest-route problem

Sammelfahrtproblem *n* <math> • travelling-salesman problem

Sammelfahrzeug *n prakt* <ents> *(allg., jede Bauart; für Hausmüll od. Industrieabfälle)* • waste collection vehicle; collection truck; collecting truck; garbage truck *US*; refuse truck

Sammelfahrzeug *n* <pap.ents> • collection vehicle

Sammelfehler *m* <qualit> • cumulative error; combined error; composite error

Sammelfehlerprüfdiagramm *n* <qualit> • composite check diagram

Sammelfehlerprüfgerät *n* <qualit> • composite error tester

Sammelförderband *n* <förd> • collection lattice

Sammelfördermittel *n* <förd> • gathering conveyor; trunk conveyor

Sammelfuchs *m* <hlk> *(Heizanlagen)* • main flue; collecting flue

Sammelgang *m* <edv> • non-listing cycle; non-list cycle

Sammelgefäß *n* <chem> • receiver

Sammelgefäß *n* <verf> • receptacle

Sammelgesprächseinrichtung *f* <tele> • conference call equipment

Sammelgleis *n* <bahn> *(Rangierbahnhof)* • train-formation track; train-formation siding; advance classification track

Sammelgut *n* <logist> • groupage freight

Sammelkanal *m* <ents> • collector

Sammelkanal *m* <ents> • outfall sewer

Sammelkanal *m* <ents.hydr> • collector; header

Sammelkasten *m* <verf> *(Bodenschlammräumung)* • sludge box

Sammelkasten *m* <verf.hydr> *(Schwimmschlammräumung mit Umsetzpaddel)* • scum box

Sammelkristallisation *f* <metall> • accumulative crystallization; coarsening crystallization

Sammellader *m* <agri> • pick-up loader

Sammelleitblech *n* <förd> *(z. B. Gurtförderer)* • collector deflector

Sammelleitung *f* <edv> • bus

Sammelleitung *f* <ents> *(Drainage)* • collection drain

Sammelleitung *f DIN ISO 4135* <med.tech> • manifold *ISO 4135*

Sammelleitung *f* <rls> • manifold; collector

Sammelleitung *f* <tele> • party line

Sammelleitungswähler *m* <tele> • private branch exchange final selector

Sammellinse *f* <opt> *(bündelt, fokussiert)* • converging lens; convergent lens; collecting lens; convex lens; collective lens *rare*

Sammellinse *f* <opt> • collimator pen

Sammellinseneinheit *f* <opt> • collimator pen

Sammelmeldung *f* <msr> • group status message

Sammeln *n* <druck> • collect run; collect production; collect-run-production

sammeln *vt* <allg> *(z. B. Altpapier)* • collect *vt*

sammeln *vt* <doku> *(Daten, Dokumente, Informationen)* • gather *vt*

sammeln *vt* <tour> *(Meilen)* • earn *vt*

sammelnder Meniskus *m* <opt> • positive meniscus; positive meniscus lens; converging meniscus

Sammelnummer *f* <tech.allg> • group number

Sammelnummer *f* <tele> • collective number

Sammelpackung *f* <nahr> *(Speiseeis)* • multipack

Sammelpackung *f DIN 55 405* <pack.klass> • consolidated package

Sammelpresse *f* <verf> • pick-up baler

Sammelproduktion *f* <druck> • collect run; collect production; collect-run-production

Sammelrohr *n* <rls> *(z. B. für Abwasser, Wasser-Dampf-Gemisch (Dampferzeuger))* • collector; collecting pipe; header

Sammelrolle *f* <theat> • head block; lead block

Sammelrollgang *m* <förd> *(z. B. Flaschenabfüllanlage)* • collecting roller table

Sammelsaugrohr *n Bosch* <kfz.mot> • intake plenum; intake air plenum; plenum *pract*; plenum chamber *Ford*

Sammelschale *f* <pap> • collection pan

Sammelschalter *m* <tele> • concentration switch

Sammelschaltung *f* <el> • multiplex connection

Sammelschaltung *f* <tele> • conference connection

Sammelschelle *f* <füg> • multiple conduit clip

Sammelschiene *f* <allg> • bus bar; busbar

Sammelschiene *f* <el> • feeder bar; bus bar; busbar; collecting bar; bus

Sammelschiene *f* <energ.hydr> • bus bar

Sammelschiene *f* <energ.sol> • bus bar

Sammelschienendrossel *f* <el> • bus-bar choke

Sammelschienenisolator *m* <el> • bus-bar insulator

Sammelschienenkraftwerk *n* <energ> • bus-bar power station; bus-bar station

Sammelschienenschutzrelais *n* <el> • bus protection relay

Sammelschienensystem *n* <energ.hydr> • bus bar

Sammelschienentrenner *m* <el> • bus-bar sectionalizing switch

Sammelspiegel *m* <opt> • concave mirror; concave reflector; concentrating reflector; collecting mirror

Sammelsteuerung *f* <msr> • collective control; collective automatic control

Sammelstrang *m* <rls> *(Dränage)* • carrier drain

Sammelsystem *n* <pap.ents> • collection system; collection scheme; collect scheme

Sammeltasche *f* <verf.hydr> *(Siebmaschinen)* • elevating bucket

Sammeltaxi *m* <verk> • group taxi

Sammeltonne *f* <pap.ents> • collection bin

Sammeltrichter *m* <ents> *(Rundbecken)* • sludge sump

Sammelwalze *f* <druck> • collecting roller *;V*

Sammelwirkungsgrad *m* <energ.sol> • collection efficiency

Sammelzone *f* <logist> • marshalling area

Sammler *m* <ents.hydr> • collector; header

Sammler *m* <pap.ents> • collecting agent

Sammler *m* <verf> *(Flotation)* • collecting agent; promoter

Sammlerfahrzeug *n* <kfz> • collector's car

Sammlung *f* <ents> *(z. B. von Altpapier)* • collection

Sammlungskosten *pl* <pap.ents> *(auch Altglas, Biomüll)* • collection charges *pl*

sampeln *vt* <edv.av> • sample *vt*

sampeln *vt* <edv.av> • sample *vt*; record samples *vt*; record digitally *vt*; digitize *vt*; digitalize *vt*

Sampeln von Sprache *n rar* <edv> • voice recording; speech recording; digitization of speech; digitizing of speech

Sample&Hold-Glied *n* <edv.av> • sample & hold module (S & H); random generator; sample&hold unit; sample & hold circuit

Sample&Hold-Modul *n* (S&H) <edv.av> • sample & hold module (S & H); random generator; sample&hold unit; sample & hold circuit

Sample&Hold-Schaltung *f* <edv.av> • sample & hold module (S & H); random generator; sample&hold unit; sample & hold circuit

Sample *n* <edv> • sample *wiss - prakt*; quantum *wiss*

Sample *n* <edv.av> *(Summe aller Quantisierungsschritte)* • sample; wavetable *pract*

Sample *n* <edv.av> *(von einem ADC erzeugtes Datenwort)* • sample; sample word; sample datum

Sample *n* <edv.av> *(digitalisierter Klang)* • sample; waveform; digitized sound

Sample-and-Hold-Schaltung *f* <msr> *(A/D-Wandler)* • sample and hold circuit; sample and hold; sample/hold circuit; S/H circuit

Sample-CD *f* <edv.av> • sampling CD; sample CD

Sample-CD-ROM *f* <edv.av> • sampling CD-ROM; sample CD-ROM

Sampledaten *pl* <edv.av> *(digitalisierter Klang)* • sample; waveform; digitized sound

Sampledatum *n* <edv.av> *(von einem ADC erzeugtes Datenwort)* • sample; sample word; sample datum

Sample Dump Standard *m* (SDS) <edv.av> • sample dump standard (SDS)

Sample-Dump-Standard *m* <edv.av> • sample dump standard (SDS)

Sampleende *n* <edv.av> • sample end

Sampleendpunkt *m* <edv.av> • sample end

Samplelängenkorrektur *f* <edv.av> • time correction; time stretching

Sampleplayer *m* <edv.av> *(Sampler ohne ADC)* • sample player

Sampleplayer *m* <edv.av> • wavetable synthesizer

Sampleplayer-Karte *f* <edv.mus> *(Soundkarte ohne A/D-Wandler)* • sampleplayer card; sampling card; digital audio recording card; sample player card; sampling sound card

Sampleplayer-Karte *f* <edv.mus> *(Wavetable-Soundkarte)* • sampleplayer card; GM card; wavetable board; ROM sampler card; wavetable sample card

Sample-Player-Soundkarte *f* <edv.mus> *(Soundkarte ohne A/D-Wandler)* • sampleplayer card; sampling card; digital audio recording card; sample player card; sampling sound card

Sample Point *m* <werb> *(Befragungsort einer Zufallsstichprobe)* • sample point

Sampler *m* <edv.av> • sampler

Sample-RAM *n* <edv.mus> • sample RAM; sample memory; wave sampling RAM; wave sample RAM; wavetable RAM

Sampleratenkonvertierung *f* <edv.av> • sample rate conversion; audio data conversion

Sampleratenumwandlung *f* <edv.av> • sample rate conversion; audio data conversion

Sample-ROM *n* <edv.mus> • sample ROM; sample memory; wavetable ROM; wavetable sound ROM; wavetable lookup

Sample-ROM *n* <edv.mus> • sample ROM; wave ROM; sound ROM; wave sample ROM; sampling ROM

Sampler-Soundkarte *f* <edv.mus> *(Soundkarte ohne A/D-Wandler)* • sampleplayer card; sampling card; digital audio recording card; sample player card; sampling sound card

Samples aufnehmen *vt* <edv.av> • sample *vt*; record samples *vt*; record digitally *vt*; digitize *vt*; digitalize *vt*

Samples aufzeichnen *vt* <edv.av> • sample *vt*; record samples *vt*; record digitally *vt*; digitize *vt*; digitalize *vt*

Samplesoundkarte *f* <edv.mus> *(Wavetable-Soundkarte)* • sampleplayer card; GM card; wavetable board; ROM sampler card; wavetable sample card

Samplestart *m* <edv.av> • sample start

Samplestartpunkt *m* <edv.av> • sample start

Sample-Store *n* <edv.mus> • sample store technique

Sample-Store-Technik *f* <edv.mus> • sample store technique

Sample-Synthesizer *m* <edv.av> • wavetable synthesizer; Midi synthesizer; sampling synthesizer; sample synthesizer; wave synthesizer

Sample-Wiedergabe *f* <edv.av> • sampling playback; sample playback; digitized playback; audio playback; sound playback

Samplewort *n* <edv.av> *(von einem ADC erzeugtes Datenwort)* • sample; sample word; sample datum

Samplezeit *f* <av> • sample time; sampling time

Sampling *n* <tech.allg> *(von Signalen, Daten, Proben, Probanden; z. B. in Statistik, Werbung)* • sampling

Sampling *n* <av> *(digitale Tonaufnahme)* • sampling; sound sampling; digital recording; sample recording

Sampling *n prakt* <qualit> *(z. B. aus Material, Fertigprodukten)* • sampling

Sampling-Aktion *f* <werb> • sampling action

Samplingauflösung *f* <av> *(Soundkarte, Musik)* • sampling resolution; resolution *pract*; sampling width; sampling range; sample width

Sampling-CD *f* <edv.av> • sampling CD; sample CD

Sampling-CD-ROM <edv.av> • sampling CD-ROM; sample CD-ROM

Samplingdatei f <edv.av> *(Wave)* • sampling file
Sampling-Oszilloskop n <msr> • sampling oscilloscope
Sampling-RAM n <edv.mus> • sample RAM; sample
memory; wave sampling RAM; wave sample RAM;
wavetable RAM
Samplingrate f prakt <av> *(Tonaufzeichnung; z. B. von
CD-Laufwerken)* • sampling rate; sample rate
Sampling-ROM n <edv.mus> • sample ROM; wave ROM;
sound ROM; wave sample ROM; sampling ROM
Sampling-Soundkarte f <edv.mus> *(Soundkarte ohne
A/D-Wandler)* • sampleplayer card; sampling card; digital
audio recording card; sample player card; sampling
sound card
Sampling-Synthesizer m <edv.av> • wavetable synthesizer; Midi synthesizer; sampling synthesizer; sample
synthesizer; wave synthesizer
Samplingtheorem n <av> • sampling theorem; Shannon
theorem; Nyquist theorem; Nyquist sampling theorem
Sampling-Theorem n <qualit> • sampling theorem
Samplingtiefe f <av> *(Soundkarte, Musik)* • sampling
resolution; resolution *pract*; sampling width; sampling
range; sample width
Sampling-Wiedergabe f <edv.av> • sampling playback;
sample playback; digitized playback; audio playback;
sound playback
Samplingzeit f <av> • sample time; sampling time
Samt m <textil> • velvet
Samt m <textil> *(Kettenware)* • velvet
Samt m <textil> *(Polware)* • velvet
Samtbindung f <textil> • velvet lap; velvet lap ping
samtig <kfz.mot> *(Motorlauf)* • velvet *adj*
samtig <nahr> *(Wein)* • velvety
Samtschneidemaschine f <textil> • velvet cutting ma-
chine
samtschwarz <kunst> • jet black
Samtwebstuhl m <textil> • velvet loom
samtweich <mat.obfl> • silky-soft
Sand m <allg> • sand
Sand m DIN 4047-3 <bau.mat> *(Lockergestein mit Durch-
messer von 0,063 – 2 mm)* • sand
Sand m <ents.hydr> • grit
Sandabscheider m <ents.hydr> *(zum Abtrennen von
körnigen Feststoffen aus Abwasser)* • grit classifier; grit
separating device *stand*; grit washer; sand separator
Sandabscheidung f <ents.hydr> • grit removal
Sandale f <bekl> • sandal
Sandalette f <bekl> • high-heeled sandal
Sandarak m <obfl.holz> • sandarach
Sandasphalt m <bau.mat> • sand asphalt; sheet asphalt
Sandaufbereitung f <prod> *(Gießerei)* • sand prepara-
tion; sand conditioning
Sandauflockerung f <prod> *(Gießerei)* • sand aeration
Sandaustrag m <prod> *(Gießerei)* • sand discharge
Sandbaum m <textil> • take-up roller; sand roller
Sandbett n <prod> *(Gießerei)* • sand cushion; sand bed
Sandeinschluss m <prod> *(Gießerei)* • sand inclusion
Sanderosion f <turb> *(Wasserturbine)* • sand erosion
Sandfang m <tech.allg> • sand collector; sand trap; sand
catcher
Sandfang m DIN 4045 <ents.hydr> *(zum Absetzen von
mineralischen Stoffen)* • grit chamber; grit settlement
chamber; sand trap; grit separating tank; grit tank
Sandfang m <pap> • bed-washer; riffler
Sandfanggut n <ents.hydr> • grit
Sandfangräumer m <ents.hydr> • grit collector J + A; grit
extractor J + A
Sandfestigkeit f <bau.mat> • sand cohesion; sand bond
Sandfilter m <ents> • sand filter
Sandfilter n <bau> *(z. B. für Wasser)* • sand filter

Sandflotation f <verf> *(Aufbereitung)* • sand floatation
process
Sandförderanlage f rar <verf.hydr> • rake classifier; grit
removal rake J + A
Sandform f <prod> *(Gießerei)* • sand mold
Sandformen n <prod> *(Gießerei)* • sand molding
Sandgebläsestrahl m <prod> • sandblast
Sandguss m <prod> • sand casting
Sandgusslegierung f <mat> • sand-casting alloy
Sandgussstück n <prod> • sand casting
Sandhaken m <metall> • gagger
Sandhaken m <wz> • lifter
Sandharke f <verf> • sand rake
Sandherd m <metall> • sand bottom
sandhydraulisches Nassputzen n <prod> • high-press-
ure water and sand cleaning
sandig <nahr> *(Speiseeisfehler)* • sandy; gritty
Sandigkeit f <nahr> *(Speiseeisfehler)* • sandiness
Sandkern m <prod> *(Gießerei)* • sand core
Sandklassierer m <ents.hydr> *(zum Abtrennen von
körnigen Feststoffen aus Abwasser)* • grit classifier; grit
separating device *stand*; grit washer; sand separator
Sandklassierung f <verf.hydr> • classification; grit classi-
fication
Sandkorb m <ents.hydr> *(Rechen-Räumer-Kombination)*
• grit bucket
Sandkrepp m <textil> • Sablé
Sandkruste f <prod> *(Gießerei)* • sand skin
Sandmischer m <prod> *(Gießerei)* • sand mixer
Sandpfahl m <bau> • sand pile
Sandpolstergründung f <bau> • sand-cushion foundation
Sandräumer m <ents.hydr> • grit collector J + A; grit ex-
tractor J + A
Sandrauheit f DIN 4044 <phys> *(Vergleichsmaß für Wand-
rauheit)* • sand roughness
Sandrückführung f <ents> *(Wirbelschicht)* • sand rein-
jection
Sandsammelraum m <ents.hydr> • grit sump
Sandsaugräumer m <ents> • suction type grit collector
Sandsaugrohr n <ents.hydr> *(Sandsaugräumer)* • grit
suction pipe
Sandschüttung f <bau> • sand filling
Sandschwimmverfahren n <prod> *(Aufbereitung)* • sand
floatation process
Sandslinger m <metall> • sandslinger
Sandsteinlagerstätte f <geo> • sandstone deposit
Sandstrahl m <obfl> • sandblast
Sandstrahldüse f <prod> • sandblast nozzle
Sandstrahlen n <obfl> *(allg.)* • sand blasting; shot blasting
sandstrahlen vt <obfl> • sand blast vt; sandblast vt
Sandstrahlgebläse n <obfl> • sandblasting equipment;
sandblasting machine; sandblast machine
Sandstrahlmittel n <prod> • sandblasting abrasive
Sandstreuer m <bahn> • sand distributor; sander
Sandstreuer m <verk> *(vereiste Straße)* • gritter
Sandstreuer m <wz> • sanding device
Sand und Schnee m <av> • beach and ski mode; beach
and ski
Sand-und-Schnee-Modus m <av> • beach and ski
mode; beach and ski
Sandverdichtung f <prod> *(Gießerei)* • sand compacting
Sandverkrustung f <metall> • burning-on
Sandversatz m <min> • sand filling
Sandwatt n <geo> *(bei Ebbe freigelegter Meeresboden)*
• sandflats; mudflats; tidal flats; shoal
Sandwich-Anordnung n <tech.allg> • sandwich structure
Sandwichaufbau m <tech.allg> • sandwich construction
Sandwichaufbau m <fz> *(Aufbau in Sandwichbauweise)*
• sandwich constructed body shell

Sandwichbauweise f <tech.allg> • sandwich construction
Sandwichbindung f <chem> • sandwich bond
Sandwichblech n EN 10079 <mat> • sandwich sheet EN 10079
Sandwichdruck m <prod> • sandwich printing
Sandwicheis n <nahr> • ice cream sandwich; sandwich
Sandwichelement n <tech.allg> • sandwich element
Sandwich-Etikett n <edv> • sandwich label; sandwich
Sandwichkonstruktion f <tech.allg> • sandwich construction
Sandwichman m <werb> • sandwichman
Sandwichmaschine f <nahr.prod> (Speiseeis) • sandwich machine
Sandwich-Paneel n <kfz> • honeycomb
Sandwichplatte f <tech.allg> • sandwich panel
Sandwich-Prinzip n <med> (Enzym-Immunoassay) • sandwich principle
Sandwich-Scheiben fpl <fz> (bei Luxusautos, Reisezugwagen) • double glazing
Sandwichstruktur f <tech.allg> (Sandwich) • sandwich structure
Sandwich-Verfahren n <kst> (Sandwich Molding: Spritzen von Außenhaut und Kern) • sandwich molding
Sandwichverfahren n <phot> • sandwiching sg; sandwich technique
sanft abfallend <geo> • shelving
Sanftanläufer m prakt <mot.el> (ohne Momentenstoss) • soft-start motor :V
Sanftanlauf m <el> (z. B. von Asynchronmaschinen) • soft-start :V
Sanftanlauf m <textil> • slow start-up
Sanftanlaufgerät n <el> (z. B. an Asynchronmaschinen) • soft-start device :V
Sanftaufschaltung f <el> • soft start equipment; soft start; soft start unit
Sanftfärbemaschine f <textil> • soft-flow dyeing machine; gentle-flow dyeing machine; gentle-flow piece dyeing machine
Sanieren n VDMA 24196 <bau.rep> (Gebäude, Anlagen) • renovation
sanieren vt <ents> • clean up vt; remediate vt
sanierter Boden m <ents> • decontaminated soil; clean soil
Sanierung f <tech.allg> (Altanlage) • retrofitting
Sanierung f <ents> (von Altlasten) • cleanup
Sanierung f <ents.hydr> • rehabiltation
Sanierungsarbeit f <ents> • remedial action
Sanierungsgrad m <ents> • cleanup level
Sanierungskonzept n <ents> • remedial design
Sanierungsmiete f <ents> • regeneration soil heap; soil heap
Sanierungsstrategie f <ents> • cleanup strategy
Sanierungstechnik f <ents> • remedy; cleanup technology
Sanierungsuntersuchung f <ents> • remedial investigation
Sanierungsvorgang m <ents> • cleanup process; remediation process
Sanierungsziel n <ents> • cleanup target; remediation target
Sanierung von Straßendecken f <bau> • rehabilitation of road pavements
Sanitär-, Heizungs-, Lüftungs- und Kllmatechnik <bau.hlk> (Bereich der Haustechnik) • plumbing, heating, ventilation and air conditioning
Sanitäranlage f <bau> • sanitary facility
Sanitärarmatur f <rls> • sanitary fitting
sanitäre Einrichtungen fpl <bau> • sanitary facilities; hygienic facilities

Sanitärinstallationen fpl <bau> (Bereich der Haustechnik; Gas-, Wasserleitungen, Bad, WC) • plumbing
Sanitärkeramik f <silik> • sanitary ware
sanitärkeramische Erzeugnisse npl <silik> • sanitary ware
Sanitärtank m <nav> • sanitary tank
Sanitärtechnik f <bau> • public health engineering
Sanitärtechnik f <bau> (Bereich der Haustechnik; Gas-, Wasserleitungen, Bad, WC) • plumbing
Sanitärzelle f <bau> • sanitary core
Sanitätskoffer m DIN 13155 <med.tech> • case for first aid material
Sanitätskraftwagen m form <nfz> • ambulance vehicle; ambulance
Sanka m ugs <nfz> • ambulance vehicle; ambulance
Sankra m rar <nfz> • ambulance vehicle; ambulance
Sankt-Elms-Feuer n <meteo> • Saint Elmo's fire
SAN-Netzwerk n <edv> (separates Netz neben dem LAN) • Storage Area Network (SAN)
Sanseveriafaser f <textil> • sansevieria fiber
SAO <edv> • session at once (SAO)
Sapeli n <holz> • sapeli
Sapelli n <holz> • sapeli
Saphir m <bekl> • sapphire
Saphir m <mat> • sapphire
Saphirglasfenster n <edv> • sapphire window
Saphirspitze f <edv> (Lesestift) • sapphire tip
Saphirzuchtkeim m <mat> • sapphire seed
Saprobiensystem n <ents> • saprobic system
sapropelitische Kohle f <geo> • sapropelic coal; sapropelite
Sapropelkohle f <geo> • sapropelic coal; sapropelite
Sargent-Diagramm n <phys> • Sargent diagram
Sarkoden fpl <med> • sarcodes pl
SATCOM <navig> • satellite communications (SATCOM)
Sat-Commander m <av> • sat commander
Satellit m <aerospace> • satellite
Satellit m <edv> (Datenerfassung) • satellite
Satellit m <kfz.antr> (z. B. in Automatikgetriebe) • planet gear; planet pinion; pinion gear; planet wheel
Satellit m <kfz.msr> (Bedienungselement-Block nahe am Lenkradkranz) • satellite
Satellit m <navig> • GPS satellite; satellite; space vehicle SV; satellite vehicle rare; sat rare
Satellitempfänger m <edv> (Datenerfassung) • satellite receiver
Satellitenakquisition f <navig> (Positionsbestimmung) • satellite acquisition; acquisition
Satellitenanordnung f <navig> (aller sichtbaren Satelliten) • satellite constellation; constellation
Satellitenbahn f <aerospace> • satellite orbit; SV orbit
Satelliten-Balkengraphik f <navig.tele> (auf dem Display; als Balken) • signal strength bar
Satellitenbeobachtungsstation f <aerospace> • satellite observing station
Satelliten-Borduhr f <navig> • satellite clock; SV clock
Satelliten-Code m <navig> • satellite code; SV code
Satellitendruckeinheit f <druck> • satellite unit
Satellitenempfänger m <av> • satellite receiver; receiver; set-top box; direct satellite system box controller
Satellitenerfassung f <navig> (Positionsbestimmung) • satellite acquisition; acquisition
Satellitenfahrzeug n (SFZ) <logist> (Tunnellager) • lane vehicle; deep lane vehicle; rack-entry vehicle
Satellitenfernsehen n <av> • satellite television
Satellitenfinder m <av> • satellite finder
Satellitenfunk m <tele> • transmission via satellite
Satellitenfunkverbindung f <tele> • satellite link
satellitengestützt <navig> • satellite-based

satellitengestütztes Telekommunikationssystem n <tele> • extraterrestrial telecommunication system

Satelliten-Höhenmaske f <navig> • elevation mask; satellite elevation mask

Satelliteninformation f <navig> • satellite information

Satellitenkommunikation f (SATCOM) <navig> • satellite communications (SATCOM)

Satellitenkonstellation f <navig> (aller Satelliten eines Navigationssystems) • satellite constellation; constellation

Satellitenkonstellation f <navig> (aller sichtbaren Satelliten) • satellite constellation; constellation

Satellitenkonstellation f <navig> (der zur Navigation herangezogenen Satelliten) • satellite constellation; constellation

Satellitenkraftwerk n (SSPS) <energ.sol> • satellite solar power station (SSPS)

Satellitenlager n <logist> • deep lane storage

Satellitenlinie f <phys> (Röntgenspektrum) • non-diagram line

Satelliten-Navigation f <navig> • satellite navigation

Satellitennavigation f (SATNAV) <navig> • satellite navigation (SATNAV); space-based radionavigation

Satellitennavigationssystem n <navig> • satellite navigation system; satellite ranging system; satellite system

Satellitennavigator m <navig> • GPS receiver; GPS navigator; navigator coll

Satellitennummer f <navig> • satellite number; space vehicle number; SV number; satellite identification number

Satellitenortung f <navig> • satellite positioning

Satellitenpositionierung f <navig> • satellite positioning

Satellitenreceiver m <av> • satellite receiver; receiver; set-top box; direct satellite system box controller

Satellitenrechner m <edv> • satellite computer

Satellitenrelaisstation f <tele> • satellite repeater

Satellitenrundfunkdienst m <av> • broadcasting-satellite service

Satellitenschüssel f <av> • satellite dish

Satellitensignal n <navig> • GPS signal; GPS satellite signal; satellite signal; satellite transmitted signal; SV signal

Satelliten-Skyview-Anzeige f <navig> (Display) • satellite sky view; sky view; sky view indicator; satellite skyview page

Satellitenstatus m (SATSTAT) <navig> • satellite status (SATSTAT)

Satellitenstatusanzeige f <navig> • satellite status indicator

Satellitenstatus-Seite f <navig> (Display) • status page; status display; satellite status display; satellite status page

Satellitenstellung f <navig> (aller Satelliten eines Navigationssystems) • satellite constellation; constellation

Satellitensystem n <navig> • satellite navigation system; satellite ranging system; satellite system

Satellitenübertragung f <tele> • satellite transmission

Satellitenuhr f <navig> • satellite clock; SV clock

Satellitenuhrenfehler m <navig> • satellite clock error; timing error; timing offset

Satellitenuhrenkorrekturdaten npl <navig> • clock corrections pl; clock correction data pl; satellite clock corrections pl; clock correction parameters pl

Satellitenuhrenparameter mpl <navig> • satellite clock parameters pl

Satelliten-Umlaufbahn f <aerospace> • satellite orbit; SV orbit

Satellitenverbindung f <tele> • satellite link

Satellitenverfolgung f <navig> • satellite tracking

Satellitenverfügbarkeit f <navig> • satellite availability

Satellitenverkehr m <tele> • satellite communication

Satellitenzeit f <navig> • satellite time; SV time

Satellite Skyview-Seite f <navig> (Display) • satellite sky view; sky view; sky view indicator; satellite skyview page

Sat-Finder m prakt <av> • satellite finder

Satin m <textil> (weichfließender, glänzender Stoff; aus Seide oder Synthetikfasern) • satin

Satinbindung f <textil> • satin weave

Satinbindung f <textil> (Grundbindung der Kettentechnik) • satin lapping; satin lap

Satinholz n <holz> • satinwood

Satinieren n <obfl> • satin finishing; butler finishing

Satinieren n <pap> • calendering

satinieren vt <druck> (Kaltdruckfixierung) • calender vt

Satinierkalander m <pap> • calender machine; calender; glazing calender

satiniert <pap> • supercalandered (sc)

satiniertes Papier n <pap> • calendered paper; SC paper; SC; calender glazed paper; calender finished paper

SATNAV <navig> • satellite navigation (SATNAV); space-based radionavigation

SATSTAT <navig> • satellite status (SATSTAT)

satt anliegen an vi <tech.allg> • be squarely vi

satt anliegen an vt <tech.allg> • fit snugly vt

satt anliegen an vt <tech.allg> • fit tightly vt

satt aufliegen auf vt <tech.allg> • bed squarely vt

satt aufliegen auf vt <tech.allg> • seat fully vt

Sattdampf m <phys> • dry-saturated steam

Sattdampf m <therm> • saturated steam

satte Auflage f <tech.allg> • true seating; trueness; trueness of seating

Sattel m <druck> • back gauge

Sattel m <druck> • rear gauge

Sattel m <fz> (Fahrrad, Motorrad) • saddle; seat rare

Sattel m <fz> • saddle :V

Sattel m <geo> (kuppelartige Gesteinsschicht) • saddle; anticline; arch

Sattel m prakt.ugs <kfz.brems> (Scheibenbremse) • brake caliper; caliper pract.coll; disk brake caliper US; disc brake caliper GB

Sattel m <pap> • backfall crown; backfall crest

Sattel m <prod> • anvil

Sattel m <wz> (Schmieden) • open die

Sattel m <wz.masch> • saddle

Sattelanhänger m <nfz> • semitrailer; semi sl; trailer

Sattelanhänger mit abnehmbaren Schwanenhals m <nfz> • detachable gooseneck trailer; removable gooseneck trailer

Sattelanhänger mitführen vi <nfz.logist> • fifth-wheel a trailer vi

Sattelanhänger mit Gleitschubboden m <nfz> • Walking Floor semitrailer pract

Sattelanhänger mit hydraulischem Schwanenhals m <nfz> • hydraulic gooseneck trailer

Sattelanhänger mit Walking Floor m Bunge <nfz> • Walking Floor semitrailer pract

Sattelauflieger m <nfz> • semitrailer; semi sl; trailer

Sattelbefestigung f <masch> • cradle mounting

Sattelbezug m <fz> (Fahrrad) • saddle cover

Sattelcurtainsider m <nfz> (Satteauflieger mit Schiebplanenaufbau) • curtainsided semitrailer; semitrailer curtainsider

Satteldach n <bau> • gable roof US; saddleback roof GB; gable-ended roof; ridged roof

Satteldecke f <fz> (Fahrrad) • saddle cover

Sattelfett n <fz> (Fahrrad) • leatherdressing

Sattelfüllkörper m <chem> • saddle packing

Sattelgang m <geo> • saddle back reef

Sattelisolator m <el> • shell insulator

Sattelklemmbolzen m <fz> (Fahrrad) • seat bolt GB; seat pillar pin

Sattelklemmschraube f <fz> (Fahrrad) • seat bolt GB; seat pillar pin

Sattelkloben m <fz> (Fahrrad; verstellbare Befestigung an der Sattelstütze) • loop clip

Sattelkloben m DIN ISO 8090 <fz> • saddle clamp ISO 8090

Sattelkörper m <verf> • saddle

Sattelkraftfahrzeug n DIN <nfz> (Sattelzugmaschine mit Sattelanhänger; typ. in USA) • tractor-trailer US; articulated vehicle GB; truck US; 18-wheeler US.coll; rig US.coll

Sattelkupplung f <nfz> (besteht aus Sattelplatte und Aufliegerplatte) • fifth wheel coupling; fifth wheel pract; 5th wheel

Sattelkupplung mit Querpendelung f <nfz> • oscillating fifth wheel; fifth wheel with lateral movement Rockinger

Sattellager n <masch> • saddle support

Sattelmuffe f <fz> (Fahrrad) • seat lug

Sattelplatte f <nfz> (auf Zugmaschine; Unterteil der Sattelkupplung) • main plate; fifth wheel pract

Sattelpunkt m <math> • saddle point

Sattelrohr n <fz> (Fahrrad) • seat tube ISO 8090

Sattelrohrmuffe f <fz> (Fahrrad) • seat lug

Sattelrohrwinkel m <fz> (Fahrrad) • seat tube angle

Sattelschlepper m ugs <nfz> • semitrailer unit; semitrailer pract; articulated lorry GB

Sattelschlepper m ugs <nfz> (für Sattelauflieger) • tractor; semitrailer tractor form; truck US.pract; fifth wheel tractor rare; truck tractor

Sattelschleppertanker m <nfz> • articulated tank

Sattelschleppzug m <nfz> • semitrailer unit; semi-trailer pract; articulated lorry GB

Sattelsteg m <opt> (Brillenfassung) • saddle bridge

Sattelstich m did.rar <bekl> (betont grober Zierstich) • saddle-stitch

Sattelstrebe f <fz> (Fahrrad) • seatstay

Sattelstück n <ents> • saddle

Sattelstütze f <fz> (Fahrrad) • seat post; seat pillar GB

Sattelstütze f <fz> • seat post

Satteltank m <kfz> (Motorrad) • saddle tank

Satteltasche f <fz> (Fahrrad) • saddlebag; seatpack

Satteltasche f <kfz> • saddle bag; throw-over bag

Satteltasche f <pack.tour> (besonders bei Motorrädern) • saddlebag

Sattelüberfälzung f <bau> (vertikale Schiebefenster) • meeting rail; lock rail

Sattelüberfälzung f <bau> (horizontale Schiebefenster) • meeting stile

Sattelzapfen m <fz> (Sattelauflieger) • king-pin

Sattelzug m <nfz> (Sattelzugmaschine mit Auflieger und Anhänger; nach StVZO unzulässig) • B-train; B-double train; B-double; road train AUS; double-trailer combination rare

Sattelzug m prakt <nfz> (Sattelzugmaschine mit Sattelanhänger; typ. in USA) • tractor-trailer US; articulated vehicle GB; truck US; 18-wheeler US.coll; rig US.coll

Sattelzugmaschine f (SZM) DIN <nfz> (für Sattelauflieger) • tractor; semitrailer tractor form; truck US.pract; fifth wheel tractor rare; truck tractor

Sattelzugmaschine für Volumenauflieger f <nfz> • low-height tractor; low-profile tractor

satter Lackauftrag m <obfl> (zu hohe Schichtdicke des Lacks) • heavy film build

Saturationsmethode f <msr> (Dampfdruckmessung) • transpiration method

Satz m <allg> • assortment

Satz m <tech.allg> (z. B. von Daten, Werkzeugen) • group

Satz m <tech.allg> • law

Satz m <tech.allg> • principle

Satz m <tech.allg> (z. B. Fräsesatz, Rädersatz, Zeichnungssatz) • set

Satz m <tech.allg> (von Ersatzteilen, Werkzeugen etc.) • kit; package; set

Satz m <druck> (Vorbereitung zum Drucken; Vorgang) • composition

Satz m <druck> (Ergebnis der Druckvorbereitung) • matter

Satz m <edv> • bank

Satz m <edv> • batch

Satz m <edv> (Datensatz) • record

Satz m <edv> • sentence

Satz m <edv> • record block; block

Satz m <math> • proposition

Satz m <math.phys> • theorem

Satz m <prod> (z. B. von Werkzeugen) • gang

Satzadresse f <edv> • block address; record address; identifier

Satzanzeige f <edv> • block number read-out

Satzaufspannung f <wz> • ganging

Satzausführungsunterdrückung f <edv> • block skip; block deletion

Satzauswahl f <edv> • record selection

Satzbetrieb m <edv> • batch processing; batch operation

Satzblock m <edv> • record block; block

Satz des Avogadro m <chem> • Avogadro's law; Avogadro's hypothesis

Satz des Pythagoras m <math> • Pythagoras's theorem; Pythagorean proposition; Pythagorean theorem

Satzeinfügung f <edv> • record insertion

Satzende n <edv> • end of record; EOR

Satzendezeichen n <edv> • end-of-record character; end-of-block character

Satzerkennungskode m <edv> • record identifying code

Satz falscher Länge m <math> • wrong-length record

Satzfehler m <edv> • record error

Satz fester Länge m <edv> • fixed-length record

Satzfolge f <edv> • record sequence

Satzformat n DIN 66010 <edv> • record format ISO/IEC 2382-23

Satzfräser m <wz> • gang mill; gang milling cutter

Satzgewindebohrer m <wz> (Gewindebohrer, der in Sätzen von zwei bis vier Stück eingesetzt wird) • set tap; serial tap; hand tapper; hand tap

Satz-Handgewindebohrer m <wz> (Gewindebohrer, der in Sätzen von zwei bis vier Stück eingesetzt wird) • set tap; serial tap; hand tapper; hand tap

Satzkoks m <metall> • coke charge

Satzlänge f <edv> • record length

Satzleser m <edv> • record reader; block reader

Satzlücke f <edv> • end-of-record gap

Satzmarke f <edv> • record mark

Satznummernanzeige f <edv> • record number display; sequence number display

Satzobjektiv n <phot> • convertible objective

Satzpotentiometer n <el> • ganged potentiometer

Satzprogramm n <druck.edv> • typesetting program

Satzprüfung f <edv> • record checking

Satzrechner m <druck.edv> • typesetting computer

Satzschlüssel m <edv> • record key

Satzspiegel m <druck> • type area; layout

Satzspiegelformat n <werb> • type area format; non-bleed

Satzstreuen n <edv> • record scattering

Satzsuchen n <edv> • sequence search

Satzsuchlauf m <edv> • tape search

Satztrockner *m* <agri> *(z. B. zum Trocknen von Getreide)* • batch dryer; batch dryer; bin dryer; bin drier; deep-bed dryer

Satzüberlauf *m* <edv> • record overflow

Satz unbestimmter Länge *m* <edv> • undefined record

Satzung *f* <jur> • statute

Satz variabler Länge *m* <edv> • variable-length record

Satzvereinbarung *f* <edv> • record declaration

Satzverriegelung *f* <edv> • record locking

Satzverständlichkeit *f* <psych> • intelligibility of phrases

Satz von Bayes *m* <math> • Bayesian formulation; Bayes formulation

Satz von der Erhaltung der Energie *m* <mech> • law of conservation of energy; principle of conservation of energy

Satz von der Erhaltung der Masse *m* <phys> • law of conservation of mass; law of conservation of matter; mass conservation law

Satz von der Erhaltung des Impulses *m* <mech> • conservation of momentum principle

satzweise <edv> *(numerische Steuerung)* • block-by-block

satzweise <prod> *(Produktion)* • batchwise

satzweise Beschickung *f* <verf> • batch charging

satzweise Fertigung *f* <prod> • batch production

satzweiser Einbau *m* <masch> *(z. B. Wälzlager)* • stack mounting

satzweise Übertragung *f* <edv> • record transmission

Satzzähler *m* <edv> • record counter

Satzzeiger *m* <edv> • record retrieval pointer

sauber <av> • noise-free; noiseless; clear

sauber <nahr> *(Wein)* • clean

saubere Linie *f* <kunst> • fine line

sauber entfleischen *vt* <led> • close-shave flesh *vt*

sauberer Diesel *m* *ugs* <kfz.mot> • LEV engine; clean diesel engine *coll*; clean diesel *coll*

sauberer Dieselmotor *m* *ugs* <kfz.mot> • LEV engine; clean diesel engine *coll*; clean diesel *coll*

sauberes Gewinde *n* <füg> *(einwandfrei geschnitten)* • clean-cut thread

Sauberkeit *f* <pap.ents> *(nach Stoffbearbeitung)* • cleanliness; cleanness

Sauciere *f* <gastr> • gravy bowl

sauer <agri> *(Boden)* • sour

sauer <chem> *(pH unter 7)* • acid; acidic

sauer ausgekleidet <chem.verf> *(allg.; Behälter etc.)* • acid-lined

sauer ausgekleidet <metall> *(Konverter)* • acid-lined; acid

saure Ausmauerung *f* <metall> *(Konverter)* • acid lining; acid bottom and walls *rare*

sauer einstellen *vt* *prakt* <chem> *(allg.)* • acidify *vt*; acidulate *thsc*; sour *vt* *coll*; make acidic *vt* *rare*

Sauerkrautplatte *f* *ugs* <bau.mat> • wood-wool building slab; wood-wool slab *pract*

Sauerkrautspachtel *m* *prakt.ugs* <kfz.rep> • glass-reinforced filler paste; chopped-strand impregnated filler; filler with reinforcing fibers; fiber paste *coll*

Sauermilch *f* <nahr> • fermented milk

Sauermilcherzeugnis *n* <nahr> • fermented milk product

Sauermilchkäse *m* <nahr> • acid curd cheese

Sauerrahm *m* <nahr> • sour cream

Sauerrahmbutter *f* <nahr> • cultured butter

Sauerstoff *m* (O) <chem> • oxygen (O)

sauerstoffabgebendes Mittel *n* <med> • oxygen-developing agent

Sauerstoffabsorption *f* <med> • oxygen absorption

Sauerstoffalterung *f* <mat> • oxygen aging

sauerstoffangereichert <chem> • oxygen-enriched

sauerstoffangereicherter Wind *m* <verbr> • oxygen-enriched blast

Sauerstoffanreicherung *f* <chem> • oxygenation

sauerstoffarm <tech.allg> *(z. B. Atmosphäre)* • oxygen-deficient

sauerstoffarm <tech.allg> *(z. B. Stoff, Verbrennung)* • low in oxygen; low-oxygen; poor in oxygen

Sauerstoffatemgerät *n* <med> • oxygen breathing apparatus

Sauerstoffaufblasen *n* <metall> • oxygen top blowing

Sauerstoffaufblaskonverter *m* <metall> *(z. B. LD-Konverter)* • top-blown basic oxygen converter; basic oxygen converter *pract*

Sauerstoffaufblasstahl *m* <metall> *(wichtigste Stahlsorte)* • basic oxygen steel; basic oxygen furnace steel *rare*

Sauerstoffaufblasverfahren *n* <metall> *(Stahlherstellung)* • basic oxygen steelmaking process; basic oxygen process; L-D process; Linz-Donawitz process *rare*; Linz-Donawitz basic oxygen process *rare*

Sauerstoffaufblasverfahren *n* *form* <metall> *(LD und LDAC)* • basic oxygen steel process

Sauerstoffaufnahme *f* <kunst> *(bei Pigmenten)* • oxidative polymerisation

Sauerstoffaustausch *m* <chem> • exchange of oxygen

Sauerstoffbeatmungsgerät *n* <med> • oxygen rescue breathing apparatus

Sauerstoffbedarf *m* <verbr> • oxygen demand

Sauerstoffblasstahl *m* <metall> *(wichtigste Stahlsorte)* • basic oxygen steel; basic oxygen furnace steel *rare*

Sauerstoffblasverfahren *n* <metall> *(LD und LDAC)* • basic oxygen steel process

Sauerstoffdruckminderer *m* <tech.allg> • oxygen regulator; oxygen pressure regulator

Sauerstoffdurchlässigkeit *f* <obfl> • oxygen permeability

Sauerstoffeinblasung *f* <verf> • aeration; air injection *pract*

Sauerstoffeinventil *n* <tech.allg> • oxygen intake valve

Sauerstoffelektrode *f* <msr> • oxygen electrode

Sauerstoffentwicklung *f* <chem> • oxygen evolution

Sauerstoffentwicklungsapparat *m* <chem.verf> • oxygen-generator

Sauerstoffflasche *f* <logist> • oxygen cylinder

sauerstofffrei <tech.allg> *(betont: alsolut ohne Sauerstoff)* • oxygen-free

sauerstofffreies Kupfer *n* <mat> • oxygen-free copper

sauerstofffreie Zone *f* <obfl> *(in Feuerverzinkungsanlagen)* • oxygen-free atmosphere

Sauerstofffrischen *n* <metall> • oxygen refining

sauerstoffgefrischter Konverterstahl *m* *form* <metall> *(wichtigste Stahlsorte)* • basic oxygen steel; basic oxygen furnace steel *rare*

Sauerstoffgehalt *m* <msr> • oxygen content

sauerstoffhaltig • oxygen-containing; oxygenic

Sauerstoffhobel *m* <prod> *(z. B. Schweißfugenvorbereitung)* • deseaming blowpipe

Sauerstoffhobeln *n* <prod> *(Brennschneidverfahren)* • oxygen gouging

Sauerstoffindex *m* (LOI) *DIN EN ISO 4589* <kst.qualit> *(Bestimmung des Brandverhaltens)* • limiting oxygen index (LOI); oxygen index

Sauerstoffkonverter *m* <metall> • oxygen converter; blowing oxygen converter

Sauerstoffkonzentrationszelle *f* <obfl> • differential aeration cell *ISO 8044*; aeration cell

Sauerstoffkorrosion *f* <chem> • oxygen corrosion

Sauerstofflanze *f* <metall> • oxygen lance

Sauerstoffleerstelle *f* <el> • oxygen vacancy

Sauerstoff-Lichtbogen-Schneiden *n* <prod> • oxy-arc cutting; arc-oxygen cutting

Sauerstoffmangel *m* <verbr> *(z. B. bei Verbrennungsprozessen; im Kraftstoff/Luft-Gemisch)* • oxygen deficiency; lack of oxygen *coll*; oxygen shortage *coll*; starved air *coll.rare*

Sauerstoffmessfühler *m* <kfz.emiss> *(für geregelten Katalysator)* • oxygen sensor (OXS); exhaust gas oxygen sensor *form*; lambda sensor; lambda probe

Sauerstoffmess-Sonde *f* <kfz.emiss> *(für geregelten Katalysator)* • oxygen sensor (OXS); exhaust gas oxygen sensor *form*; lambda sensor; lambda probe

Sauerstoffmetallurgie *f* <metall> • oxygen metallurgy

Sauerstoff-Partialdruck *m* <kfz.emiss> *(im Abgas)* • oxygen content

Sauerstoffpartialdruck *m* (PO$_2$) <phys> • partial pressure of oxygen (PO$_2$); oxygen gas pressure; oxygen tension; oxygen pressure

Sauerstoffpunkt *m* <phys> • oxygen point

sauerstoffreich <chem> • high-oxygen; rich in oxygen

Sauerstoffrestgehalt *m* <emiss> • residual oxygen content

Sauerstoffrücktritt *m* <füg> *(Schweißen)* • reverse flow of oxygen

Sauerstoffschneidelektrode *f* <prod> • oxygen cutting electrode

Sauerstoffschneiden *n* <prod> • oxygen cutting

Sauerstoffsensor *m* <kfz.emiss> *(für geregelten Katalysator)* • oxygen sensor (OXS); exhaust gas oxygen sensor *form*; lambda sensor; lambda probe

Sauerstoff-Sensor *m* <msr> • oxygen sensor

Sauerstoffsensor *m* <msr> *(allg.)* • oxygen sensor

Sauerstoffsiedepunkt *m* <phys> • boiling point of oxygen

Sauerstoffspannung *f popw* <phys> • partial pressure of oxygen (PO$_2$); oxygen gas pressure; oxygen tension; oxygen pressure

Sauerstoffstrahl *m* <metall> *(z. B. LD-Verfahren)* • oxygen jet

Sauerstoffträger *m* <aerospace> *(Raketenantrieb)* • oxidizer

Sauerstoffträger *m* <med> • oxygen carrier

Sauerstoffträgerbehälter *m* <aerospace> *(Rakete)* • oxidant tank; oxidizer-holding tank

Sauerstoffträgerstrahl *m* <aerospace> *(Rakete)* • oxidizer jet

Sauerstoffträgerverbrauch *m* <aerospace> *(Raketenmotor)* • oxidizer flow; oxidizer consumption

sauerstofftragend <phys> • oxygen-carrying

Sauerstofftrennen *n* <prod> • oxygen cutting

Sauerstoffüberschuss *m* <verbr> • excess oxygen

Sauerstoffverbindung *f* <chem> • oxygen compound; oxy compound

Sauerstoffverbrauch *m* <ents> • oxygen consumption

Sauerstoffversorgung *f* <ents> • oxygen supply

Sauerstoffzufuhrvermögen *n* DIN 4045 <ents> • oxygen transfer capacity

Sauerstoffzutritt *m* <tech.allg> • oxygen access

sauer werden *vi ugs.* <verf> • become acid *vi*; turn acid *vi*; go sour *vi*

sauer zugestellt *prakt* <metall> *(Konverter)* • acid-lined; acid

sauer zugestellter SM-Ofen *m* <metall> • acid open-hearth furnace

Saug... <med.tech> • aspirator ...

Sauganleger *m* <druck> • suction-operated feeder; suction feeder; suction feed

Sauganode *f* <el> • suction anode; first anode

Sauganschluss *m* <geo> • suction intake

Saugbänder *npl* <druck> • suction tapes *pl*

Saugbändertisch *m* <druck> • suction tape feedboard

Saugbagger *m* <förd> • suction dredger

Saugball *m* <med> • suction ball

Saugbecherpistole *f* <obfl> • suction-feed spray gun; siphon-feed gun *US.pract*; syphon cup type spray gun *US.form*; suction-feed cup gun; suction cup spray gun

Saugbehälter *m* <masch> *(Pumpe)* • suction tank; suction container; suction vessel; suction reservoir

Saugbeton *m* <bau.mat> • vacuum concrete

Saugbohren *n* <prod> • suction drilling; suction boring

Saugbrenner *m* <füg> *(typ. Schweißbrenner in D)* • injector-type torch; low-pressure torch

Saugbrunnen *m* <hlk> • supply well; suction well

Saugbühne *f* <druck> *(Papiertransport)* • conveyor fan

Saugdeckel *m* <masch> *(Pumpe)* • suction cover; suction head

Saugdiesel *m ugs* <kfz.mot> • naturally aspirated diesel engine; naturally aspirated diesel *coll*

Saugdiesel-Direkteinspritzer *m prakt* <kfz.mot> • naturally aspirated direct-injection diesel engine

Saugdiesel-Direkteinspritzmotor *m* (SDI) <kfz.mot> • naturally aspirated direct-injection diesel engine

Saugdieselmotor *m* <kfz.mot> • naturally aspirated diesel engine; naturally aspirated diesel *coll*

Saugdrossel *f* <el> • balance coil; interphase transformer; drainage coil

Saugdruck *m* <masch> *(z. B. Pumpe)* • suction pressure

Saugdruckregler *m* <prod.nahr> *(Speiseeis; Freezer)* • back pressure regulator

Saugdruckseite *f* <kfz.hlk> *(in Klimaanlagen)* • low side

saugen *vt* <allg> • suck *vt*

saugen *vt* <bio> • draw *vt*

saugen *vt* <masch> *(Luft von Verdichter, Motor; Flüssigkeit von Pumpe)* • draw in *vt*

saugen *vt* <verf.innen> *(mit Staubsauger; z. B. Teppiche, Polster)* • vacuum *vt*

saugend <kfz.mot> • drag

saugende Bewetterung *f* <hlk> *(Bergwerk, Tunnel)* • exhaust ventilation

Sauger *m* DIN 4047-9 <agri.hydr> *(nimmt Wasser auf u. leitet es zu Sammler)* • lateral drain

Sauger *m* <hlk> • exhauster

Sauger *m* <hygi> *(zur Beruhigung)* • soother *GB*; pacifier *US*

Sauger *m* <hygi> *(für Fläschchen)* • teat *GB*; nipple *US*

Sauger *m* <masch> • gas exhauster

Sauger *m* <masch> • vacuum box; suction box

Sauger *m* <masch> *(zum Anheben von Papier, Glasscheiben u. ä.)* • sucker

Sauger *m prakt.ugs* <mot> • normally aspirated engine; naturally aspirated engine; self-aspirating engine *rare*

Saugerstange *f* <druck> • suction bar

saugfähiger Stoffballen *m* <obfl.holz> • wad of absorbent rag

Saugfähigkeit *f* <masch> *(Pumpen)* • net positive suction head

Saugfähigkeit *f* <masch> *(Pumpen)* • suction capability; suction lift capability; suction capacity

Saugfähigkeit *f ugs* <phys> *(einer Substanz; z. B. von Putzlappen, Aktivkohle)* • absorbability; absorbency

Saugfähigkeit *f* <phys> *(einer Substanz, in bezug auf Flüssigkeit)* • absorbency

Saugfähigkeit *f* <verf> *(z. B. von Filtern)* • absorbability; absorbing capacity; absorbency

Saugfilter *m* <ents.verf> • suction filter; vacuum filter

Saugfilter *m* <masch> *(z. B. Pumpe, Verbrennungskraftmaschine)* • suction filter

Saugfilter *n* <verf> • vacuum filter; suction filter; negative pressure filter

Saugfiltration f <chem.verf> • suction filtration; filtration by means of suction *did*

Saugfiltrieren n <chem.verf> • suction filtration; filtration by means of suction *did*

saugfiltrieren vt <chem.verf> • filter by suction *vt*; filter by vacuum *vt*

Saugflasche f <med.tech> • aspirator bottle

Saugflasche f <verf> • filter flask; suction flask

Saugförderer m <förd> • suction conveyor

sauggasgekühlt adj <hlk> • with suction cooling

Sauggasgenerator m <verf> • suction generator; suction gas producer

Sauggaskühlung f <hlk> • suction cooling; suction gas cooling; suction gas motor cooling

Sauggasleitung f <hlk> • suction line

Sauggebläse n <hlk> • induced draught fan

Sauggebläse n <masch> • exhauster; suction fan

Sauggehäuse n <förd> *(mehrstufige Kreiselpumpe)* • suction casing

Sauggehäuse n <förd> *(Pumpe)* • suction bowl

Sauggeschwindigkeit f <ents> • exhaustion rate

Sauggreifer m <förd> • suction feeder

Saugheber m <ents.hydr> • siphon

Saugheber m <förd> • siphon; syphon

Saugheber m <kfz.wz> • cup suction tool; glass holder

Saugheber m <verf> • siphon; syphon

Saugheberschlauch m <rls> • siphon tube

Saughebewirkung f <obfl.wz> *(Sprühpistole)* • vacuum effect

Saughöhe f <masch> *(Pumpe)* • suction lift; suction head; negative suction head

Saughöhenprüfgerät n <msr> • bibliometer

Saughopperbagger m <förd> • suction hopper dredger

Saughub m <masch> *(von Kolbenpumpe, -motor)* • induction stroke; intake stroke *pract*; suction stroke *rare*

Saughub m <masch> *(Kolbenmaschine)* • induction stroke

Saughub m <mot> • charging stroke

Saughub m <mot> *(Kolbenmotor; von OT nach UT)* • intake stroke *US*; intake cycle; inlet stroke; inlet cycle; induction stroke

Saugkammer f <masch> *(rotierende Verdrängerpumpe)* • suction chamber; suction zone; inlet chamber

Saugkammer f <pap> • dewatering vessel

Saugkappe f <obfl> *(Spritzpistole; Farbnadelkappe und Düsenkappe)* • air cap; air head *pract*

Saugkasten m <pap> • Uhle box

Saugkolbensystem n <kunst.wz> • piston action supply

Saugkopf m <druck> • feeder head; suction head

Saugkopf m <förd> *(z. B. zum Abschöpfen)* • suction head

Saugkopf m <obfl> *(Spritzpistole; Farbnadelkappe und Düsenkappe)* • air cap; air head *pract*

Saugkorb m <masch> *(Pumpe)* • suction strainer; foot strainer

Saugkorb m <masch> *(Pumpe)* • filter basket

Saugkraftsteller m <msr> *(von Staubsauger)* • suction power control

Saugkreis m <tele.el> • trap circuit

Sauglaufrad n <förd> • first-stage impeller; suction impeller

Saugleitung f <ents.hydr> • siphon

Saugleitung f <hlk> • suction line

Saugleitung f <masch> *(allg., Rohr oder Schlauch)* • suction line; intake line *rar*

Saugleitung f <masch> *(von Pumpen; Rohr im Ggs. zu Schlauch)* • suction pipe; suction pipeline

Saugleitung f <masch> *(Schlauch zur Pumpe)* • suction hose

Sauglüfter m <hlk> • exhauster; exhaust ventilator

Sauglüftung f <hlk> • extraction system

Saugluft f <masch> • suction air; indraught

saugluftbetätigte hydraulische Bremse f <brems> • vacuum-operated hydraulic brake

Saugluftbremse f <brems.bahn> *(z. B. an alten Loks)* • vacuum-operated brake

Saugluft-Bremskraftverstärker m rar <kfz.brems> • vacuum brake booster; vacuum-powered brake servo [unit]; vacuum-assisted brake booster; vacuum-assist brake booster; master vac [servo] [unit] *Fiat*

Saugluftpumpe f <masch> • vacuum pump

Saugluftspannfutter n <wz.masch> • vacuum chuck

Sauglufttrockner m <verf> • suction air drier

Saugmotor m <mot> • normally aspirated engine; naturally aspirated engine; self-aspirating engine *rare*

Saugmund m <masch> *(z. B. von Kehrmaschinen, Staubsaugern)* • suction port

Saugmund m <nfz> *(Kehrmaschine)* • suction nozzle; nozzle

Saugmundverlust m <masch> • entrance loss

Saugnapf m <tech.allg> • sucker

Saugnutsche f <chem> *(Laborgerät)* • vacuum nutsche

Saugöffnung f <masch> *(von rotierenden Verdrängerpumpen; Pumpeneinlass)* • suction port; intake port

Saugpipette f <wz> • suction pipette

Saugplatte f <kfz.wz> • dent puller

Saugpumpe f <masch> • suction pump

Saugpumpe f <med> • suction pump

Saugrad n <förd> • first-stage impeller; suction impeller

Saugräumer m <ents> • suction type grit collector

Saugräumer m DIN 19551,19552 <ents> *(z. B. Kläranlage)* • suction type sludge remover

Saugräumung f <ents> *(z. B. Kläranlage)* • suction-type sludge removal

Saugraum m <kfz.mot> *(der Einspritzpumpe)* • injection-pump cavity

Saugraum m <masch> *(rotierende Verdrängerpumpe)* • suction chamber; suction zone; inlet chamber

Saugregelventil n <kunst.wz> *(Airbrush)* • intake valve

Saugröhrchen n <med> • pipette

Saugrohr n <el.innen> *(von Staubsauger)* • vacuum tube

Saugrohr n <energ.hydr> • draft tube

Saugrohr n <kfz.mot> *(für Verbrennungsluft)* • induction pipe; intake pipe *US*; inlet pipe *GB*; intake runner *US.Chrysler*

Saugrohr n <kfz.mot> *(bei Boxermotoren, Brücke zwischen den Köpfen)* • crossover pipe; cross over pipe

Saugrohr n <masch> *(Pumpe)* • suction pipe

Saugrohr n <masch> *(von Pumpen; Rohr im Ggs. zu Schlauch)* • suction pipe; suction pipeline

Saugrohr n <obfl> *(in kontinuierlich arbeitenden Zinkaufdampfanlagen)* • suction tube

Saugrohr n <rls> *(z. B. von Pumpen, Gebläsen)* • induction pipe; intake pipe *US*; inlet pipe *GB*; suction pipe *rare*

Saugrohrbeheizung f <kfz.emiss> • early fuel evaporation system (EFE system)

Saugrohrbrücke f :V <kfz.mot> *(bei Boxermotoren, Brücke zwischen den Köpfen)* • crossover pipe; cross over pipe

Saugrohreinsatz m <energ.hydr> • draft tube liner

Saugrohreinspritzung f <kfz.mot> • multi point injection (MPI); multiple-point injection; port fuel injection, PFI *Cadillac*

Saugrohrhebegeschirr n <förd> • pipe hoisting gear

Saugrohrleiter f <feuer> *(Feuerwehr)* • suction pipe ladder; suction ladder

Saugrohrleiter f <masch> • suction ladder

Saugrohrpanzer m <energ.hydr> • draft tube liner

Saugrohrteile npl <ents> *(Staubsauger)* • suction tube sections

Saugrohrunterdruck *m* <kfz.mot> *(im Vergaser)* • venturi vacuum

Saugrüssel *m* <kfz.emiss> *(für Dampfpendeln)* • vapor recovery boot *:V*

Saugschlauch *m* <energ.hydr> • draft tube

Saugschlauch *m* <masch> *(Staubsauger)* • vacuum hose

Saugschlauch *m* <masch> *(Schlauch zur Pumpe)* • suction hose

Saugseite *f* <masch> *(Pumpe)* • suction side; intake side; inlet side; inlet end

Saugsichter *m* <verf> • suction fan cleaner

Saugspannung *f* <masch> *(Pumpe)* • extraction potential

Saugspeiser *m* <silik> • suction feeder

Saugspülbohrverfahren *n* <min> • reverse circulation drilling

Saugspule *f* <el> • series reactor

Saugstangenanleger *m* <druck> • single sheet feeder

Saugstapelanleger *m* <druck> • suction pile feeder

Saugstrahlpumpe *f* <masch> • ejector pump; ejector; eductor pump; eductor

Saugstutzen *m* <masch> *(Pumpe)* • suction nozzle; suction connection; intake connection; suction branch; inlet branch

Saugsystem *n* <obfl> • suction feed paint supply system; suction feed *pract*

Saugsystem *n* <verf> • negative pressure system; vacuum system

Saugtopf *m* <obfl> • suction-feed paint cup

Saugtransformator *m* <el> *(z. B. in E-Lok)* • sucking transformer; negative-boosting transformer; draining transformer

Saugtrichter *m* <förd> *(Pumpe)* • suction bowl

Saugtrockner *m* <verf> • suction drier; suction dryer

Saugtrommelwaschmaschine *f* <verf> • suction-drum scouring machine

Saugventil *n* <masch> *(betont: auf Unterdruckseite; z. B. Kolbenpumpe)* • suction valve; intake valve; inlet valve

Saugventilator *m* <masch> • exhaust ventilator; exhauster

Saugventilbuchse *f* <masch> • suction valve bushing

Saugventilfeder *f* <masch> • suction valve spring

Saugventilkegel *m* <masch> • suction valve cone

Saugventilschlitz *m* <masch> • suction valve port

Saugvermögen *n* <masch> *(Pumpen)* • suction capability; suction lift capability; suction capacity

Saugvermögen *n* <phys> *(einer Substanz, in bezug auf Flüssigkeit)* • absorbency

Saugwalze *f* <pap> • suction roll

Saugwelle *f* <mot> *(insbes. Zweitaktmotor)* • suction wave; rarefaction wave

Saugwindkessel *m* <masch> *(Kolbenpumpe)* • suction air chamber

Saugwirkung durch Kapillareffekt *f* <phys> • capillary rise; elevation

Saugzahl *f* <masch> *(Pumpe)* • suction number

Saugzone *f* <masch> *(rotierende Verdrängerpumpe)* • suction chamber; suction zone; inlet chamber

Saugzufuhr *f* <obfl> • suction feed paint supply system; suction feed *pract*

Saugzufuhr der Farbe *f* <obfl> • suction feed paint supply system; suction feed *pract*

Saugzug *m* <tech.allg> • induced draft fan

Saugzug *m* <tech.allg> • induced draft *US*; induced draught *GB*; suction draft *US*; suction draught *GB*; forced draft *US*

Saugzug *m* <verbr> *(Kamin, Schornstein)* • upward pull

Saugzuggebläse *n* <tech.allg> • induced draft fan *US*; induced draught fan *GB*; ID fan; i. d. fan

Saum *m* <tech.allg> *(Kante)* • edge

Saum *m* <tech.allg> *(Rand)* • fringe

Saum *m* <nav> *(Segel)* • tabling; sleeve

Saum *m* <textil> • hem

Saum *m* <textil> *(Naht)* • seam

Saum *m* <textil> • edge; edging

Saumeffekt *m* <phot> • fringe effect

Saumleiste *f* <bau> • fillet

saure Auskleidung *f* <chem.verf> *(allg.; Behälter)* • acid lining

saure Faulung *f* <ents> • acid fermentation

saure Früchte *fpl* <nahr> • acid fruits

saure Gärung *f* <chem.verf> • acid fermentation

saure Hydrolyse *f* <chem.verf> • acid hydrolysis; acidolysis

saure Laugung *f* <nukl> • acid leaching

saure Reaktion *f* <chem> • acid reaction

saurer Farbstoff *m* <textil> *(Färberei)* • acid dyestuff

saurer Laugeprozess *m* <chem.verf> • acid leach

saurer Niederschlag *m* <chem.verf> *(allg.; in Verfahren oder Natur)* • acid precipitation

saurer Niederschlag *m* <ökol> • acid rain; acid precipitation *form*; acid fallout

saurer Regen *m* <ökol> • acid rain; acid precipitation *form*; acid fallout

saures Aerosol *n* <ökol> • acid aerosol

saure Sahne *f* <nahr> • sour cream

saures Futter *n* <chem.verf> *(allg.; Behälter)* • acid lining

saures Oxid *n* <chem> • acidic oxide

saures Rohöl *n* <petr> • sour oil

saures Salz *n* <chem> • acid salt; hydrogen salt

saures Wasser *n* <nahr> *(Mineralwasser mit Kohlensäure etc.)* • acidulated water

saure Zustellung *f* <metall> *(Konverter)* • acid lining; acid bottom and walls *rare*

Sauschwänzchen *n* <textil> *(Fadenführer)* • pigtail thread guide

SAV <ents> • hazardous waste incinerator

Save Run-Rad *n pract-press* <kfz> • run flat wheel; save run wheel; wheel with run flat properties *did*; wheel with run flat capability *did*; wheel with run flat potential *did*

SAVM-Ventil *n* <kfz.el> • SAVM valve *GM*; spark advance modulator system; spark advance modulator

SAW-Bauelement *n* <phys> • surface acoustic wave device

Saxophon *n* <mus> • saxophone; ax *sl*

Saybolt'sches Universalviskosimeter *n* <msr> • Saybold viscometer; Saybold viscosimeter

Saybolt-Viskosimeter *n* <msr> • Saybold viscometer; Saybold viscosimeter

Sb <chem> • antimony (Sb)

SB 16 <edv.av> • Soundblaster 16 (SB 16)

Sb_2S_3 <min> • antimonite (Sb_2S_3); stibnite; antimony glance; grey antimony

S-Band *n* <phys> *(Frequenzband: elektromagnet. Welle)* • S-band

S-Befehl *m* <edv> • supervisory command *ISO 3309*; S command

SBI <edv.av> • Soundblaster instrument bank (SBI); SB instrument bank; SB instrument file

SB-Instrumentdatei *f* <edv.av> • Soundblaster instrument bank (SBI); SB instrument bank; SB instrument file

SBK *m* <kst> • styrene butadiene latex (SBL); S/B latex; styrene butadiene rubber; SBR

SBL <kst> • styrene butadiene latex (SBL); S/B latex; styrene butadiene rubber; SBR

SBM <petr> • Single Buoy Mooring (SBM)

S-Bogen *m* <masch> • gooseneck

S-Bogen *m* <rls> *(S-förmiges Rohrstück)* • S-bend

SB Pro <edv.av> • Soundblaster Pro (SB Pro); Sound-Blaster Pro; Sound Blaster Pro

SBS <bau> • sick-building syndrome (SBS)

SBS <med.tech> • Sick Building Syndrome (SBS)

SBS-Syndrom *n prakt* <bau> • sick-building syndrome (SBS)

SB-Standard *m* <edv.av> • Soundblaster (SB); Sound Blaster; SoundBlaster; SB standard

SB-Tankstelle *f* <kfz> • self service station

SBU-Technologie *f* <el.ic> • SBU technology; sequential-build-up technology

Sc <chem> • scandium (Sc)

Scab-Korrosion *f* <obfl> • scab corrosion

Scan *m* <edv> *(Resultat)* • scan

Scan *m* <edv> • read

Scanauflösung *f* <edv> • scan resolution

Scan-Code *m* <edv.allg> *(Computertastatur)* • scan code

Scandauer *f* <el> *(allg.)* • scan time; scanning time

Scandium *n* (Sc) <chem> • scandium (Sc)

Scanentfernung *f* <edv> • reading distance *stand*; scanning range; working distance; reading range

Scanimet *n* <kfz.mot> *(Motorrad: verschleißfeste Zylinderlaufbahn)* • scanimet

Scanline-Algorithmus *m* <edv> • scan line algorithm

Scanline-Rendering *n* <edv> • scan line rendering

Scannen *n* <edv> *(z. B. von Text, Bildern, Strichcode; Vorgang)* • scanning; scan; read-in *rare*

scannen *vt* <edv> *(maschinenlesbare Zeichen; z. B. Text, Strichcode)* • scan *vt*; machine-read *vt*; read *vt*

scannen *vt* <el> *(mit Elektronenstrahl)* • scan *vt*

Scannentfernung *f* <edv> • reading distance *stand*; scanning range; working distance; reading range

Scanner *m* <av> • scanner; scanning device

Scanneranschluss *m* <edv> *(Schnittstelle, Buchse)* • scanner port

Scanner-Aufsatz *m* <edv> *(auf Drucker)* • printer-mounted scanner

Scanner-Einheit *f* <edv> *(Kernmodul ohne Gehäuse)* • scanner engine

Scannereinheit *f* <el> *(Bauteil ohne Gehäuse)* • scanner engine; scanner subassembly; scan element

Scannereinheit *f* <el> *(in Scanner, Kopierer, Faxgerät)* • scanner unit

Scannerfenster *n* <edv> *(für Scanner-Abtaststrahl)* • output port; scanner window; scan window

Scannerkasse *f* <edv> • POS scanner system; point-of-sale scanner system

Scanner-Kassensystem *n* <edv> • POS scanner system; point-of-sale scanner system

scannerlesbar <edv> *(für Scanner; z. B. Strichcodedefekt)* • scannable

Scannerlinse *f* <edv> • scanning lens; scanner lens

Scanner mit beweglichem Strahl *m* <edv> • moving beam scanner; moving beam reader

Scanner mit bewegtem Strahl *m* <edv> • moving beam scanner; moving beam reader

Scannermotor *m* <edv> • scanner motor; scan motor

Scanner-Software *f* <edv> • scanner software

Scannerstrahl *m* <edv> • scan beam; scanner beam

Scannerterminal *n* <edv> • scanner terminal; scanning terminal

scannfähig <edv> *(für Scanner; z. B. Strichcodedefekt)* • scannable

Scannmotor *m* <edv> • scanner motor; scan motor

Scann-Reflexionsprofil *n* <edv> • scan reflectance profile *stand*; reflectivity plot

Scannreflexionsprofil *n* <edv> • scan reflectance profile *norm*; scan profile

Scannterminal *n* <edv> • scanner terminal; scanning terminal

Scan-Parameter *f* <edv> • scan parameter

Scan-Reflexionsprofil *n norm* <edv> • scan reflectance profile *norm*; scan profile

Scan-Reflexions-Profil *n norm* <edv> • scan reflectance profile *stand*; reflectivity plot

Scans pro Sekunde *mpl* <edv> • scans per second *pl*; scans/sec; lines per second; lines/sec

Scans/s *mpl* <edv> • scans per second *pl*; scans/sec; lines per second; lines/sec

Scanwinkel *m* <tech.allg> *(allg.)* • scan angle; scanning angle

Scan-Zeit *f* <edv> • scan time

SCARA <autom> • Selective Compliance Assembly Robot Arm (SCARA)

SCARA-Roboter *m* <autom> • SCARA-type robot

SCART *n* <av> • SCART; Scart; Euro connector; Euro AV

SCART-Buchse *f* <av> • Euro AV socket

Scavenger-Pathway *m Anglizismus* <med> • scavenger pathway

Scavenger-Rezeptor *m* <med> • scavenger receptor; acetyl-LDL receptor

Scavenger-Zelle *f* <med> • scavenger cell

SCC-1 <edv.av> • SCC-1

SCE *f* <el.chem> • saturated calomel electrode (SCE)

SCF-Methode *f* <phys> • self-consistent field method

SCH <tele> • synchronization channel (SCH)

Schabeisen *n* <wz> • fleshing knife

Schabeisen *n* <wz> *(allg.)* • scraper

Schabeklinge *f* <wz> *(allg.)* • scraper blade

Schabe-Kühlverfahren *n* <prod.nahr> • scraped surface freezing

Schabemesser *n* <prod.nahr> *(Speiseeis; an Freezer-Schlägerwelle)* • scraper blade; scraping blade; freeze blade; dasher blade; scraper

Schaben *n* <prod> *(z. B. Zahnrad)* • shaving

Schaben *n* <prod> • scraping

schaben *vt* <tech.allg> • scrape *vt*

schaben *vt* <led> *(Leder)* • scud *vt*; slate *vt*

Schabenut *f* <füg> • scrape point

Schabenutschraube *f :V* <füg> *(z. B. zum Montieren von Gipskartonplatten)* • mill-slot screw

Schaber *m* <masch> *(einer Walze)* • roll doctor

Schaber *m* <prod.nahr> *(Speiseeis; an Freezer-Schlägerwelle)* • scraper blade; scraping blade; freeze blade; dasher blade; scraper

Schaber *m prakt* <verf> • scraper blade

Schaber *m* <wz> *(allg.)* • scraper; scraping tool

Schaberblech *n* <wz> • raking blade

Schaberklinge *f* • doctor blade

Schabertafel *f* <verf.hydr> *(Kettenräumer)* • flight; scraper blade

Schaberwalze *f* • doctor roll

Schabewärmetauscher *m* (SWT) <prod.nahr> • scraped-surface heat exchanger (SSHE); scraped-surface exchanger

Schabewärmeübertrager *m* <prod.nahr> • scraped-surface heat exchanger (SSHE); scraped-surface exchanger

Schabezahn *m* <wz> • straight tooth

Schablone *f* <agri.logist> *(zum Nivellieren von Schüttgut)* • strickle

Schablone *f* <doku> *(für Schrift, Symbole, Grafik, Bildmuster)* • stencil

Schablone *f* <metall> • template; templet

Schablone *f* <prod> *(betont: Urform, Muster)* • master form; master pattern; master plate

Schablone *f* <prod> *(betont: formende Platte)* • former plate; form plate

Schablone *f* <prod> *(betont: Muster, Modell)* • model

Schablonenätzen *n* <prod> • stencil etching

Schablonendruck *m* <druck> • screen printing

Schablonendrucken *n* <druck> • stencil printing

Schablonenfeld *n* <el> *(Halbleiter)* • mask array

Schablonen formen *vt* <metall> *(formen mit Schablonen)* • mold from patterns *vt*

schablonenformen *vt* <metall> • strickle *vt*; sweep up *vt*

Schablonenformerei *f* <metall> • template molding

Schablonenformerei *f* <prod> • pattern molding; strickle molding

Schablonenfräsmaschine *f* <wz.masch> • template milling machine

schablonengeformte Zähne *mpl* <prod> • cast teeth molded from patterns

schablonengesteuert <prod.autom> • template-controlled

schablonengewickelte Spule *f* <el> • former-wound coil

Schablonenkern *m* <prod> *(Gießereitechnik)* • back-up brickwork

Schablonenmesser *n* <wz> • scalpel; frisket knife; x-acto knife *pract*; stencil cutting knife *form*

Schablonennachformeinrichtung *f* <prod.autom> *(z. B. Werkzeugmaschine)* • template copying attachment

Schablonenrollenspindel *f* <prod.autom> • cam roller spindle

Schablonenspule *f* <el> • preformed coil

Schablonenvergleich *m* <edv> • template matching

Schablonenwicklung *f* <el> • preformed winding

Schablone zum Abwedeln *f* <phot> • dodger

Schablone zum Nachbelichten *f* <phot> *(im Labor; typ. ein Karton mit einem Loch)* • burner

Schablonierbrett *n* <metall> • loam board; sweep

Schablonieren *n* DIN 16620 <metall> • ghosting

schablonieren *vt* <druck> • stencil *vt*

schablonieren *vt* <metall> • strickle *vt*; sweep *vt*

Schabmaschine *f* <wz.masch> • gear shaving machine; shaving machine

Schabmesser *n* <phot> • retouching knife

Schabotte *f* <metall> • anvil block; bed plate

Schabotteeinsatz *m* <metall> • anvil cap

Schabottehammer *m* <metall> • anvil-block hammer; normal drop hammer

Schabracke *f* <innen> • pelmet

Schabracke *f* <innen> *(dekorative Blende)* • pelmet

Schabrad *n* <wz> • rotary gear shaving cutter; circular gear shaving cutter

Schabretusche *f* <phot> • knifing *sg*; scraping *sg*

schachbrettartig <allg> *(Anordnung (annähernd) quadratischer Stücke (z. B. Fliesen))* • checkered *US*; chequered *GB*

schachbrettartig <obfl> • tessellated

Schachbrettmuster *n* <allg> *(z. B. von Fliesen, Steinplatten)* • checker-board pattern *US*; chequer-board pattern *GB*

Schachbrett-Poolreaktor *m* <nukl> • checkerboard pool reactor

Schachbretttestbild *n* <av> • chess-board test image :V

Schacht *m* <tech.allg> *(für Lüftung oder Kabel)* • duct; ductwork

Schacht *m* <bau> *(senkrecht, z.b. für Abwasser)* • canal

Schacht *m* <bau> *(z. B. Treppenhaus, Aufzug)* • well

Schacht *m* <druck> • bin; magazine

Schacht *m* <edv> • slot; cartridge slot

Schacht *m* <ents.hydr> • manhole; access chamber; inspection manhole

Schacht *m* <förd> • grain conveyor housing

Schacht *m* <mech> • chute

Schacht *m* <metall> *(Hochofen; zw. Gicht und Rast)* • stack

Schacht *m* <min> *(nur senkrecht)* • shaft

Schacht *m* <min> • pit

Schachtabdeckung *f* <ents.hydr> • manhole cover; manhole lid

Schachtabstand *m* <ents.hydr> • manhole distance

Schachtabteufen *n* <min> • shaft sinking

Schachtabteufung *f* <min> • shaft sinking

Schachtanlage *f* <min> • mine; pit *coll*

Schachtanlage eines Kohlebergwerks *f* <min> • coal mine; colliery; coal pit *coll*

Schachtausbau *m* <min> • shaft lining

Schachtausmauerung *f* <metall> *(Hochofen)* • stack lining

Schachtbagger *m* <bau.masch> • hopper dredger

Schachtbohren *n* <min> • shaft drilling; trepanning

Schachtbohrmaschine *f* <min> • shaft drilling machine; trepan

Schachtbrunnen *m* <bau> • dug well; open well; filter well

Schachtbühne *f* <min> • landing place

Schachtdeckel *m* <bau.verk> • access cover

Schachtdeckel *m* <ents.hydr> • manhole cover; manhole lid

Schachtdeckel *m* <min> • shaft cover; closing apparatus

Schachtel *f* DIN 55 405 <pack> • box; case

Schachtel aus Wellpappe *f* ugs <pap.pack> • corrugated box; corrugated board box; corrugated container; corrugated case

Schachtelherstellungsanlage *f* <pap> • box plant

Schachtelklebmaschine *f* <pap> • box pasting machine

Schachtelwand *f* <pack.teil> • panel

Schachtelzuschnitt *m* DIN 55 405 <pack> • box blank; blank

Schachtförderanlage *f* <förd.min> • winding apparatus

Schachtförderleistung *f* <förd> • hoisting capacity

Schachtförderung *f* <förd> • shaft hoisting

Schachtfutter *n* <bau> • stack lining

Schachtgerinne *n* <ents.hydr> • manhole trough

Schachtkonus <ents.hydr> • conical top; manhole cone

Schachtkraftwerk *n* DIN 4048-2 <energ.hydr> • pit power plant; pit power house

Schachtluke *f* <bau> • trunked hatch

Schachtmauerung *f* <bau> • brick walling; stone lining; steening

Schachtmauerwerk *n* <bau> • stack brickwork

Schachtofen *m* <metall> • shaft furnace

Schachtofen *m* <verf> • shaft kiln; vertical kiln; upright kiln

Schachtofenauskleidung *f* <verf> • shaft lining

Schachtpfeiler *m* <min> • shaft pillar; shaft safety pillar

Schachtpumpe *f* <masch> • shaft pump

Schachtring *m* <bau> *(z. B. Brunnen; meist Beton)* • shaft ring

Schachtring *m* <ents.hydr> • manhole ring

Schachttrockner *m* <agri> • baffle dryer

Schachttrockner *m* <verf> *(Vortrocknung)* • predrying shaft

Schachttür *f* <bau> • hoistway door

Schachttür *f* <förd> *(Aufzug)* • landing gate

Schachtturbine *f* <energ> *(Wasserturbine)* • pit turbine; open-flume turbine

Schachtüberfall *m* <bau.hydr> *(an Wehr, Staudamm)* • drop-inlet spillway; shaft spillway

Schachtunterteil *n* <ents.hydr> • base section; manhole base section

Schachtverhältnis *n* DIN 32511 <prod> *(Laserstrahlbohren; Quotient aus Bohrtiefe zu Bohrungsdurchmesser)* • aspect ratio

Schachtwand f <bau.innen> • shaft wall
Schachtwasserschloss n <energ.hydr> (z. B. Speicher-kraftwerk) • shaft surge tank
Schachtzimmerung f <min> • tubbing; shaft timbering
Schachtzugang m <förd> (Aufzug) • landing entrance
Schaden m <tech.allg> (Defekt) • defect
Schaden m <tech.allg> (Versagen, Ausfall) • failure
Schaden m <qualit> (allg.) • damage
Schadenersatz msg <jur.fin> • damages pl; compensation in damages; indemnification; indemnity
Schadenfreiheitsklasse f (SF) <kfz.vers> • no-accident bonus category
Schadenfreiheitsrabatt m <kfz.vers> • no-claims discount; no-accident bonus GB
Schadensersatzanspruch m <jur> • claim for damages
Schadenslinie f <qualit> • damage curve
Schadensuntersuchung f <qualit> • failure examination; failure investigation
schadhafte Spur f <av> (Magnetspur) • defective track
schadhaftes Teil n <qualit> • defective component; defective
schadlos halten <jur> • indemnify vt; hold harmless
Schadstelle f <qualit> • defect
Schadstoff m <ents> (verunreinigt oder verhindert Nutzung; z. B. Schweröl in Grundwasser) • contaminant; pollutant; noxious matter; obnoxious substance rare
schadstoffabbauende Mikroflora f <ents> • contaminant degrading microflora
Schadstoffanteil m <verf> • percentage of contaminants; percentage of pollutants
schadstoffarm <emiss> • low-emission; low-NO$_x$
schadstoffarm <kfz.emiss> • low-emission
Schadstoffausstoß m <kfz.emiss> • emissions pl
Schadstoffaustoß m <ökol> (allg.; fest, flüssig, gasförmig) • pollutant emission; emission of toxic substances; toxic emissions
Schadstoffauswurf m rar <ökol> (allg.; fest, flüssig, gasförmig) • pollutant emission; emission of toxic substances; toxic emissions
Schadstoffbegrenzung f <emiss.ökol> • emission control
schadstoffbelastet <tech.allg> (allg.; z. B. Umwelt) • contaminated; polluted
schadstoffbelastet <ökol> (z. B. Abwasser, Böden, Nahrung) • contaminated; polluted; loaded
Schadstoffeinleitung f <ökol> • contaminant discharge
Schadstoffemission f <ökol> (allg.; fest, flüssig, gasförmig) • pollutant emission; emission of toxic substances; toxic emissions
Schadstoffemissionen fpl <kfz.emiss> • emissions pl
Schadstoffemissionen fpl <verf> (abgegebene Stoffe) • emissions npl
Schadstoffemission von Autos f <emiss> • car exhaust emission
Schadstoffemittent m <ents> • pollutant emitter
schadstofffrei <kfz.emiss> (Elektroauto) • zero-emission
schadstofffreies Auto n ugs <kfz.emiss> • zero-emission vehicle (ZEV)
Schadstoffgrenzwert m <kfz.emiss> • emission standard
Schadstoff in der Luft m <ökol> • airborne pollutant
Schadstoffkataster m <ökol> • Toxic Release Inventory (TRI) US
Schadstoffkonzentration f <ökol> • pollutant concentration; concentration of contaminants; concentration of pollutants
Schadstofflimitierung f <emiss.ökol> • emission control
Schadstoffmessung f <kfz.emiss> • emission measurement
schadstoffmindernd <kfz.emiss> • emission-control

Schadstoff-Stufe E <kfz> (= Euro-Norm) • emission controls level E :V
Schadstoff-Stufe U <kfz> (= U.S.-Norm) • emission controls level U :V
Schadstofftransfer m <ents> • transfer of contaminants
Schadstoffverbreitung f <ökol> • pollutant distribution
Schadstoffverteilung f <ents> • distribution of contaminants
Schadstoffvorschriften fpl <jur.emiss> • emission regulations pl; emission rules pl
Schadstoffzufuhr f <ökol> • input of pollutants
Schadwirkungen fpl <emiss> (von NOx) • pollution effects
Schäbe in Zellstoff f <pap> • shives in pulp pl
Schädeltrauma n <med> • cranial trauma
Schäden beim Stapeln mpl <pap> • compression damages pl
schädigen vi/vt <allg> • damage vi/vt; impair vi/vt
schädigend <verf> • contaminating
Schädigung f <qualit> (auch von innen heraus, chemisch, genetisch) • damage
Schädigung f <qualit> (Verschlechterung; eher allmählich) • deterioration
Schädigung f <qualit> (z. B. chemisch, thermisch, strahlungsbedingt u.ä.) • degradation
Schädigung der Umwelt f <ökol> (Resultat von Umweltbelastungen) • ecological damage sg; damage to the environment sg
Schädigungsfaktor m <qualit> • damage factor
Schädigungsparameter m <qualit.mat> • damage parameter
schädlich <ents> (z. B. Substanz) • noxious; harmful; deleterious
schädlicher Stoff m <ents> (verunreinigt oder verhindert Nutzung; z. B. Schweröl in Grundwasser) • contaminant; pollutant; noxious matter; obnoxious substance rare
schädlicher Widerstand <phys> (Strömungswiderstand, z. B. Flugzeug) • parasite drag
schädliche Umwelteinwirkungen fpl <ents> • injurious pollution
Schädling m <agri> • pest
Schädlingsbefall m <verf> • insect infestation
Schädlingsbekämpfung f <agri> • pest control
Schädlingsbekämpfungsmittel n <agri> • pesticide
Schäftverbindung f <bau> • scarf joint
Schäftverbindung herstellen <bau> • scarf vt
Schäkel m <füg> (z. B. für Seil) • shackle
Schäkelisolator m <el> • shackle insulator
Schälanschnitt m <wz> • spiral point; gun point
Schälanschnittgewindebohrer m rar <wz> • spiral-point tap; spiral-pointed tap; gun tap; curling tap rare
Schälaxt f <wz> • paring axe
Schäleisen n <wz> • debarker; bark scraper
schälen vt <agri> (Getreide) • decorticate vt
schälen vt <holz> • debark vt
schälen vt <metall> (Blöcke) • scalp vt
schälen vt <min> • plough vt
schälen vt <nahr> (z. B. Apfel) • peel vt; pare vt
schälen vt <prod> • plane vt
schälen vt <prod> • thread-peel vt; peel vt
schälende Gewinnung f <min> • plough-type winning
schälender Schnitt m <prod> • shearing cut
Schälfolie f <mat> • sliced sheet; sliced film
Schälfurnier n <holz> • rotary-cut veneer; peeled veneer
Schälkraft f <prod> • peel force; peeling force
Schälmaschine f <wz.masch> • peeling machine; barking machine
Schälmesser n <wz> • peeling blade; skimmer
Schälmesser n <wz.holz> • veneer peeling blade

Schälmesser n <wz.masch> *(zum Gewindeschneiden)* • thread-whirling cutter
Schälmühle f <agri> • decorticator; decorticator machine
Schälnut f rar <wz> • spiral point; gun point
Schälpflug m <agri> • till-plough
Schälprüfung f <qualit.mat> • peeling test
Schälreibahle f <wz> • quick-helix reamer
Schälschäden pl <holz> • damage by peeling; damage by bark-stripping
Schälschar n <agri> • stub share
Schälschleuder f <tech.allg> • knife-discharge centrifuge
Schälschnitt m <prod> • shearing cut
Schälschrapper m <min> • scraper plough
Schältest m <qualit.mat> • peel test
Schälversuch m <qualit.mat> • peel test
Schälwiderstand m <qualit.mat> *(Klebungen)* • peel resistance
Schälzentrifuge f <tech.allg> • knife-discharge centrifuge
Schäranlage f <textil> • warping plant
Schärband n <textil> • warp section
Schärbank f <textil> • bobbin warping creel
Schärbaum m <textil> • warp beam
Schärblatthalter m <textil> • wraith holder
Schärfe f <allg> *(z. B. Antwort, Protest, Werkzeug)* • sharpness
Schärfe f <chem> *(Reaktion)* • rigorousness; severity
Schärfe f <doku> *(Detailreichtum, Auflösung; von Bildern)* • sharpness
Schärfe f <nahr> *(eines Geschmacks)* • acridity
Schärfe f <phot> *(Aufnahme, Film)* • definition; sharpness
Schärfe f <prod> *(Kante)* • acuteness
Schärfe f <wz> *(Werkzeugschneide)* • keenness
Schärfebereich m <edv> *(von Scannern)* • depth of field; depth cue rare
Schärfegrad m <qualit> *(einer Prüfung)* • test level; intensity level
schärfen vt <led> • skive vt
schärfen vt <prod> *(allg. Werkzeug in Form bringen; typ. durch Schleifen)* • dress vt
schärfen vt <wz> *(Kante; z. B. von Meißel)* • edge vt
schärfen vt <wz> *(Spitze; z. B. von Körner)* • point vt
schärfen vt <wz> *(Schneide; z. B. von Messer, Meißel, Bohrer)* • sharpen vt
Schärfenspeichertaste f rar <phot> • autofocus lock button
Schärfenstern m <av> *(Testbild)* • resolution test star :V
Schärfentiefe f <edv> *(von Scannern)* • depth of field; depth cue rare
Schärfentiefe f <phot> • focus depth; depth of focus; depth of field; focal depth rare; zone of sharpness
Schärfentiefekontrollknopf m <phot> • stop-down button; depth-of-field preview button
Schärfentiefenanzeiger m <phot> • depth of field indicator
Schärfentiefenbereich m <phot> • depth of focus
Schärfentiefenskala f <phot> *(an einem Objektiv)* • depth-of-field scale; depth-of-field indicators Nikon
Schärfenzone f rar <phot> • focus depth; depth of focus; depth of field; focal depth rare; zone of sharpness
Schärfespeichertaste f Nikon <phot> • autofocus lock button
Schärffeile f <wz> • saw file
Schärfmaschine f <wz.masch> • regrinding machine; rinding machine
Schärfungsgerät n <alarm> • arming station; arming device
Schärgatter n <textil> • warping creel
Schärkanter m <textil> • bobbin warping creel
Schärmaschine f <textil> • warping mill; beam warper

Schärrahmen m <textil> • warping frame
Schärriet n <textil> • warping reed
Schärstock m <textil> • bobbin warping creel
Schärtisch m <textil> • warping table
Schärtrommel f <textil> • warping drum; warping reel; warping cylinder
Schärzettel m <textil> • card of warping particulars
schätzen vt <tech.allg> *(den Wert eines Objekts)* • estimate vt; assess vt; appraise vt; value vt
schätzen vt <tech.allg> *(annährend bestimmen; z. B. Zahlenwert, Kosten, Entfernung)* • estimate vt; approximate vt
Schätzfehler m <qualit> • error of estimation
Schätzfunktion f <qualit> • estimate function; estimator
Schätzung f <allg> • estimate; valuation; appraisal; assessment; estimation
Schätzwert m <tech.allg> • estimate
Schäumen n <tech.allg> *(allg.; z. B. von Öl, Motoröl)* • foaming
Schäumen n <kst> *(Kunststoff-Formteile)* • foaming
schäumen vi/vt <allg> • foam vi/vt; froth vi/vt
schäumen vi/vt <allg> *(z. B. Rasierseife)* • lather vi/vt
schäumen vt <nahr> • effervesce vt
schäumen,vt <prod> *(z. B. Kunststoffverarbeitung)* • cellulate vt
schäumen vt <prod> • expand vt
Schaffußwalze f <bau.masch> • sheepsfoot roller
Schafgarbe f <bio> • milfoil; achillea millefolium scien
Schafleder n <led> • sheep leather
Schafskäse m <nahr> • sheep milk cheese
Schaft m <bekl> *(Schuhe)* • shaft; shoe upper
Schaft m <füg> • shank; body
Schaft m <füg> *(bei Schrauben mit Teilgewinde)* • unthreaded shank; plain shank; shank
Schaft m <masch> • body
Schaft m <mil> *(Gewehrbauteil; aus Holz, Kunststoff, Metall)* • shaft
Schaft m <nav> *(Anker)* • head
Schaft m <petr> *(Bohrplattform)* • tower
Schaft m <textil> • heald frame ISO 10787; heald shaft; gear; harness frame; heddle frame
Schaft m <wz> *(Axt, Hammer)* • shaft
Schaft m prakt <wz> *(z. B. am Spiralbohrer)* • tool shank; shank pract
Schaftausbohrung f <bau> • rod bore
Schaftdurchmesser m <tech.allg> • shank diameter
Schaftdurchmesser m <füg> *(z. B. Schraube)* • body diameter
Schafteinzug m <textil> *(von Kettfäden, durch die Fadenaugen von Weblitzen)* • drawing-in; drafting; threading
Schaftende n <füg> • thread end; point style
Schaftfräser m <wz> • end mill; shank cutter
Schafthülse f <msr.wz> *(Messschraube)* • barrel; sleeve
Schaftkappe f <mil> *(hinten an Gewehrkolben)* • butt end cap :V
Schaftkegel m <wz> • shank taper
Schaftlänge f <füg> *(bei Schrauben m. Teilgewinde, incl. Gewindeauslauf)* • shank length
Schaftlänge f <füg> *(bei Schrauben mit Teilgewinde, ohne Gewindeauslauf)* • length of unthreaded shank
Schaftlänge f <füg> *(bei Schrauben mit eben aufliegenden Köpfen)* • nominal length
Schaftmaschine f <textil> • dobby; dobby mechanism; doppy rare; tie-up Jacquard
Schaft mit Vierkant m <füg> *(Schraube)* • square neck
Schaftrad n <masch> *(Verzahnung)* • stem gear
Schaftschrank m • shoulder stud
Schaftschraube f <füg> *(Gewindestift)* • headless screw

Schaftschraube f <füg> • bolt with normal shank; bolt with full shank

Schaftschraube mit Schlitz und Kegelkuppe f DIN 427 <füg> • slotted headless screw with chamfered end

Schaftsteppen n <textil> (Schuhherstellung) • stitching of shafts

Schaftverteiler m <kfz.el> • shaft distributor

Schaftwebstuhl m <textil> • harness loom; dobby loom; chain loom

Schaftzwirn m <textil> (Schuhherstellung) • stitching thread

Schafwolle f <textil> • sheep's wool

Schake f <allg> (Kette) • link

schal <nahr> (abgestanden, ohne Geschmack; z. B. Wasser, kohlensäurehaltiges Getränk) • stale

Schal m <textil> • scarf

Schalbelag m <bau> • formwork facing

Schalboden m <bau> • soffit boards

Schale f <tech.allg> • hull

Schale f <tech.allg> (Gefäß) • pan

Schale f <tech.allg> (Blechgehäuse, etc., z. B. Katalysator, Tür) • shell

Schale f <bau> • casting shell

Schale f <bau> (Hohlmauerwerk) • leaf

Schale f <bio> • husk

Schale f <bio> (von Lipoproteinpartikeln) • surface film; surface coat

Schale f <fz> • shell; monocoque

Schale f <gastr> • dish

Schale f <math> • nappe

Schale f <math> (Oberfläche) • sheet

Schale f <nahr> (Ei, Nuss) • shell

Schale f <nahr> (z. B. Orange) • peel

Schale f <nahr> (Kartoffel) • skin

Schale f <nahr> • skin; grape skin

Schale f <nukl> • shell

Schale f DIN 55 405 <pack> • tray

Schale f <verf> (flach; z. B. in Kolonne) • tray

Schalenanteil m <agri> (Getreideverarbeitung) • bran content

Schalenaufbau m <tech.allg> • shell structure

Schalenbauweise f <tech.allg> • monocoque construction

Schalenbauweise f <tech.allg> (Konstruktionsprinzip) • shell construction

Schalenbauweise f <fz> (Rahmen) • half-pressing construction

Schalendach n <bau> • shell roof

Schalenelektrode f <el> • dished electrode

Schalenelektron n <nukl> • shell electron

Schalenelement-Modell n <kfz> • shell element model

Schalenentwicklung f <phot> • dish development

Schalenfäulnis f <agri> • peel rot

Schalengreifer m <ents> (Reinigungselement) • skip; grab skip

Schalengreifer mit Hydraulikantrieb m <förd> • hydraulically driven reciprocating rake; hydraulic reciprocating rake

Schalengreifer mit Seilantrieb m <förd> • gravity rope hauled skip

Schalengreiferrechen m Geig <ents> • skip raked bar screen; reversing grab type bar screen; reciprocating grab type screen

Schalenhälfte f <prod> • half-pressing

Schalenhartguss m <metall> • chill casting

Schalenkern m <msr> • pot-type core

Schalenkonstruktion f <tech.allg> • shell structure

Schalenkreuzanemometer n <energ.wind> • cup anemometer

Schalenkupplung f <masch> (starr) • compression coupling

Schalenkupplung f <masch> • split coupling; clamping coupling

Schalenlager n <masch> • shell bearing

Schalenmagnet m <el> • shell magnet

Schalenmodell n <nukl> • shell model

Schalennachschalldämpfer m <kfz.emiss> • shell type rear silencer

Schalenrahmen m <kfz> (Motorrad) • stamped frame

Schalenrumpf m <aerospace> • monocoque fuselage

Schalenschaden m <agri> (von Früchten; punktförmige Vertiefungen) • pitting

Schalensitz m <kfz> • pan seat

Schalensitz m <kfz.innen> • bucket seat

Schalensitz m <nfz> • bucket seat; shell-type seat

Schalenstruktur f <tech.allg> (Bauwesen, Fahrzeugbau; Konstruktionsprinzip) • shell structure

Schalenthermometer m <phot> • dish thermometer; tray thermometer

Schalenverarbeitung f <phot> • tray processing; open tray processing; dish processing

Schalenwärmer m <phot> (für konstante Verarbeitungstemperaturen) • tray warmer; dish heater; dish warmer

Schale- und Kerneis n Hoyer <nahr> • split-ice; split GB; shell and core bar Hoyer

Schale- und Kerneis Herstellung f Hoyer <nahr.prod> • split-ice production; shell and core production Hoyer

Schalhaut f <bau> • formwork facing

Schalholz n <holz.bau> • supporting timber

Schall m <phys> • sound

schallabsorbierend <akust> • sound-absorbing

schallabsorbierende Auskleidung f <mat.akust> (z. B. Fahrzeug, Maschine) • sound-absorbing liner

schallabsorbierender Werkstoff m EN 60947 <akust.mat> • sound absorbing material En 60947

Schallabsorption f <akust> • acoustic absorption; sound absorption

Schallabsorption f <kfz.emiss> • sound absorption

Schallabsorptionsgrad m <akust> • acoustic absorption coefficient; degree of sound absorption; sound absorptivity

Schallabsorptionsstoff m <akust.mat> • sound absorber; sound-absorption material

Schallabstrahlung f <akust.emiss> • noise emission

Schallabstrahlung f <energ.wind> • noise emission

Schallaufzeit f <phys> (z. B. Ultraschallprüfung) • sonic pulse duration

Schallausbreitung f <akust> • sound propagation

Schallbarriere f <aerospace> • transonic barrier

Schallbarriere f <akust> • sound barrier

Schallbereich m <akust> • sound range

Schall-Bewegungsmelder m :V <alarm> • sonic motion detector; sonic detector; sonic motion detection

Schallboje f <navig> • sound buoy

Schallbrechung f <akust> • sound refraction

Schallbrücke f <bau.phys> • sound bridge

Schallbündelung f <akust> • sound focusing; sound focussing

schalldämmend <akust> • sound-insulating

schalldämmende Auskleidung f <akust> (z. B. Fahrzeug, Maschine) • sound-absorbing lining

schalldämmendes Material n <kfz.emiss> • sound-absorbing material; sound-deadening material coll

Schalldämmfenster n <bau.akust> • soundproof window

Schalldämmisolierglas n <bau.akust> • sound-insulating glass; soundproofing glass; sound-resistive glass; resistive insulating glass; sound-resistive insulating glass

Schalldämmplatte f <akust> • acoustic board

Schalldämmstoff *m* <mat.akust> • sound-insulating material

Schalldämmung *f* <bau.akust> • sound reduction; sound insulation

Schalldämmung *f* <bau.akust> *(Vorgang und Material)* • sound proofing; sound insulation; acoustic insulation

Schalldämmzahl *f* <akust> • coefficient of sound damping

schalldämpfend <akust> • sound-absorbing; sound-deadening; silencing

Schalldämpfer *m* <akust> • muffler *US*; silencer *GB*; sound deadener; sound damper

Schalldämpfer *m* <kfz> *(allg., für Luftströmung; z. B. Klimaanlage)* • muffler *US*; silencer *GB*

Schalldämpfer *m* <kfz.emiss> *(Auspuffanlage)* • muffler *US*; silencer *GB*; box *GB.coll*

Schalldämpferaufhängung *f* <kfz.emiss> • muffler hanger assembly

Schalldämpfer für Klimaanlagenkompressor *m* <hlk> • air conditioner compressor muffler

Schalldämpferkorrosion durch Kondensat *f* <kfz.emiss> • muffler condensate corrosion

Schalldämpfung *f* <akust> • sound deadening; sound damping

Schalldämpfungsfaktor *m* <akust> • acoustic reduction factor

Schalldämpfungskonstante *f* <akust> • acoustic attenuation constant

schalldicht <akust> • sound-proof; sound-proofed

Schalldichte *f* <akust> • sound energy density

Schalldichtmachung *f* <akust> • sound-proofing

Schalldruck *m* <akust> • sound pressure; acoustic pressure; sonic pressure

Schalldruck *m* <av> • sound pressure

Schalldruck *m* <av> *(eines Lautsprechers für zugeführte Leistung; in dB/W/m)* • sensitivity (SPL); sound pressure level

Schalldruckpegel *m* (SPL) <akust> • sound-pressure level

Schalldruckwaage *f* <msr> • acoustic radiometer

Schalldurchlassgrad *m* <akust> • sound transmission factor; acoustic transmission factor

Schalleinfallswinkel *m* <akust> • sound incidence angle

Schallemission *f* <akust> • acoustic emission (US)

Schallemissionsanalyse *f* DIN EN 1330-9 <akust> • acoustic emission analysis

Schallemissionsprüfung *f* <akust> • acoustic emission analysis

Schallempfänger *m* <akust> • sound receiver

Schallempfänger *m* <phys> *(Ultraschall)* • receiving transducer

Schallenergie *f* <akust> • sound energy; acoustic energy

Schallenergiedichte *f* <akust> • sound energy density

Schallenergiefluss *m* <akust> • sound energy flux

Schallereignis *n* <akust> *(Schallereignis)* • sound; signal; acoustic event

Schallerregung *f* <akust> • sound excitation

Schallerzeuger *m* <akust> • sound generator; acoustic generator

Schallerzeugung *f* <akust> • sound generation

Schallfeld *n* DIN EN 1330-4 <akust> • sound field

Schallfluss *m* <akust> • volume velocity; acoustic current; acoustical volume velocity; volume velocity across a surface element

Schallfortpflanzung *f* <akust> • sound propagation

Schallgeber *m* <akust> • sound generator; acoustic generator

schallgedämmt <akust> • sound-insulated; sound-proof

Schallgeschwindigkeit *f* <phys> • sound velocity; speed of sound; sound speed; sonic speed; sound propagation velocity

Schallgeschwindigkeitsprofil *n* <akust> • acoustic velocity log

schallgesteuerte Gemischoptimierung *f* :V <kfz.mot> • Acoustic Control Induction System (ACIS) *Toyota*

schallgesteuertes Ansaugsystem *n* :V <kfz.mot> • Acoustic Control Induction System (ACIS) *Toyota*

Schallgewölbe *n* <av> • acoustic vault

Schallhärte *f* <akust> • acoustic inertance; sound hardness

schallhart <akust> • acoustically hard; hard; sound-reflecting

schallharte Oberfläche *f* <phys> *(Ultraschall)* • reflecting surface

Schallimpedanz *f* <akust> • acoustic impedance

Schallimpuls *m* <akust> • sound pulse

Schallintensität *f* <akust> • sound intensity

Schallinterferometer *n* <msr> • acoustic interferometer

Schallisolierung *f* <akust> • sound insulation; sound proofing

Schallkeule *f* <phys> • sonic cone

Schalllehre *f* rar.did <akust> *(als Disziplin, Teilbereich der Physik)* • acoustics

Schallleistung *f* DIN 1320 <akust> • acoustic power; sound power

Schallleistung *f* <akust> • sound energy flux

Schallleistungsdichte *f* <akust> • sound energy flux density

Schallleitung *f* <akust> • sound conduction; noise conduction

Schalllinse *f* <av> • acoustic lens

Schallmauer *f* <aerospace> • sonic barrier

Schallmauer *f* <akust> • sound barrier

Schallmesser *m* <msr> • sonometer; phonometer

Schallmessmikrophon *n* <msr.akust> • sound-ranging microphone

Schallmessung *f* <msr.akust> • sound measurement

Schallmodellierung *f* <akust> *(zur Schallemissionsanalyse; z. B. von Maschinen, Motoren)* • acoustic modeling; acoustic modelling

schallnah <phys> • transonic

schallnahe <phys> • transonic

schallnahe Geschwindigkeit *f* <aerospace> • transonic speed; transonic velocity

schallnahe Strömung *f* <phys> • transonic flow

Schallöffnung *f* <akust> • louvre

Schallortung *f* <msr.akust> • sound location; sound ranging

Schallortungsboje *f* <navig> • sonobuoy

Schallpegel *m* <akust> • sound level

Schallpegelmesser *m* <msr.akust> • sound level meter

Schallpeilgerät *n* <msr> • sound locator

Schallplatte *f* <av> • record; album *coll*; gramophone record *GB.obs*; phonograph record *US.obs*

Schallplattenaufnahmegerät *n* <av> • disc recorder

Schallplattenumschnitt *m* <av> • dubbing from disk

Schallplattenverstärker *m* <av> • pick-up amplifier

Schallprüfung *f* <akust> • stethoscopic testing

Schallquant *n* <akust> • phonon; sound quantum

Schallquelle *f* <akust> • sound source; acoustic source

Schallradar *n* <akust> • sound ranging

schallreflektierend <mat.akust> • sound reflecting

schallreflektierender Werkstoff *m* EN 60947 <mat.akust> • sound reflecting material *EN 60947*

Schallreflexion *f* <akust> • sound reflection; acoustic reflection

Schallreflexionskoeffizient *m* <akust> • sound reflection coefficient

Schallresonanz *f* <akust> • acoustical resonance; sound resonance

Schallrille f <av> (Schallplatte) • sound groove
Schallrückkopplung f <av> • acoustic feedback
Schallschirm m <akust> • baffle
Schallschirm m <akust> (Mikrophon) • gobo
Schallschluckelement n <akust> (z. B. Prallblech)
• acoustic baffle
schallschluckend <akust> • sound-absorbing; sound-absorptive
schallschluckende Platte f <bau> (für Wand oder Decke) • acoustic panel
schallschluckender Putz m <bau> • acoustic plaster
schallschluckendes Material n <mat.akust> • sound-absorbing material
schallschluckende Wand f <bau> • tormentor
schallschluckende Wand f <bau.akust> • sound-absorbing wall
Schallschluckfliese f <bau> • acoustic tile
Schallschluckgrad m <akust> • sound absorptivity
Schallschluckhaube f <akust.emiss> • noise reduction case; noise reduction cover; sound-absorbing hood
Schallschluckmaterial n <kfz.emiss> • sound-absorbing material; sound-deadening material coll
Schallschranke f <msr> • sonar barrier
Schallschutz m DIN ISO15664 <akust.emiss> • noise control DIN ISO 15664; sound-proofing
Schallschutz m DIN 4109 <bau.akust> (Maßnahme) • sound insulation; sound control; noise control
Schallschutzabdeckung f <kfz.akust> • sound-proofing mat; engine bulkhead insulation; sound-insulation mat
Schallschutzfliese f <bau> • acoustic tile
Schallschutzglas n <bau.akust> • sound-insulating glass; soundproofing glass; sound-resistive glass; resistive insulating glass; sound-resistive insulating glass
Schallschutzhaube f <akust.emiss> • noise reduction case; noise reduction cover; sound-absorbing hood
Schallschutzisolierglas n <bau.akust> • sound-insulating glass; soundproofing glass; sound-resistive glass; resistive insulating glass; sound-resistive insulating glass
Schallschutzklasse f <bau.akust> • sound transmission class (STC)
schallschutztechnische Produkte npl prakt.ugs <kfz.emiss> • sound-absorbing material; sound-deadening material coll
Schallschutzverglasung f <bau.akust> • sound-insulating glass; soundproofing glass; sound-resistive glass; resistive insulating glass; sound-resistive insulating glass
Schallschutzwand f <bau> • sound-absorbing wall
Schallschwingung f <phys> • acoustic vibration
Schallsender m <akust> • sound transmitter
schallsicher <akust> • sound-proof
Schallsiebmaschine f <verf> (Aufbereitung) • sonic-type screening machine
Schallsonde f <akust> • sound probe
Schallspektroskopie f <msr.akust> • sound spectroscopy
Schallspektrum n <akust> • sound spectrum
Schallstärke f <akust> • sound intensity
Schallstrahl m <akust> • sound ray; acoustic ray
Schallstrahler m <akust> • acoustic radiator; sound radiator
Schallstrahlung f <akust> • acoustic radiation; sound radiation; sound emission
Schallstrahlungsdruck m <akust> • acoustic radiation pressure; sound radiation pressure
Schallstrahlungsdruckmesser m <msr> • acoustic radiometer
Schallstrahlungsimpedanz f norm <av> • radiation resistance; sound radiation resistance
Schallstrahlungsmesser m <msr> • acoustic radiometer

Schallstreuung f <akust> • acoustic scattering; sound scattering
Schalltechnik f <akust> (als technische Disziplin) • acoustical engineering; sound engineering
Schalltilgung f <akust> • sound deadening; sound absorption
schalltot <akust> • aphonic; acoustically dead
schalltot ugs <akust> (Raum) • anechoic
schalltoter Raum m prakt <akust> • anechoic chamber; dead room coll; anechoic room; absorbing room
Schalltransmissionsgrad m <akust> • sound transmission factor; acoustic transmission factor
Schalltrichter m <akust> • acoustic cone
Schalltrichter m <akust> (Trompete, Hupe, Lautsprecher) • bell
Schalltrichter m <av> • acoustic horn; acoustic trumpet; acoustic funnel; sound funnel
Schallübertragung f <akust> (allg.) • sound transmission; acoustic transmission
Schallübertragung f <akust> (unerwünscht) • noise transmission; acoustic transmission
Schallverkleidung f DIN ISO 7967 <masch> (z. B. Motor) • acoustic hood ISO 7967
Schallvorhang m <theat> • sound-absorbing curtain
Schallwand f <akust> • baffle
Schallwand f <av> • loudspeaker baffle
Schallwandler m <av> (Mikrophon) • sound transducer
Schallwandler m <phys> • sonic transducer
Schallwelle f <phys> • sound wave; acoustic wave; sound
Schallwellenimpedanz f <akust> • acoustic impedance
Schallwellenwiderstand m <akust> • acoustic resistance; characteristic acoustic resistance
Schallwiderstand m <akust> • acoustic resistance; characteristic acoustic resistance
Schallwiedergabe f <av> • sound reproduction
Schalplan m DIN ISO 10209-4 <bau.doku> • formwork drawing ISO 10209-4
Schalt... <tech.allg> (in Zusammensetzungen i.S. von Betätigung) • actuating
Schaltablauf m <kfz.antr> • shifting process; gear-change sequence ZF
Schaltabstand m <msr> (Näherungsschalter) • switching distance
Schaltabstand m norm <msr> • sensing distance; operating distance norm, GB; switching distance GB; actuation distance
Schaltabstandsreduktion f <msr> • reduction factor; sensing range reductions; sensing range reduction factor; reduction of sensing distance
Schaltafel f <bau> • formwork panel
Schaltalgebra f <math> • Boolean algebra; switching algebra
Schaltalgebra f <msr> (Steuer- und Regeltechnik; Logik) • circuit algebra
Schaltanlage f <msr> • switching station; switchyard; switching center; switchplant
Schaltanlagenraum m <el> • load-center substation
Schaltanordnung f <tech.allg> (Elektrik, Hydraulik, Pneumatik) • switching arrangement
Schaltanordnung f <el> • scheme of connections
Schaltanzeige f <kfz.msr> • upshift indicator light; upshift indicator; shift indicator light Ford
schaltarm <kfz> • lazy about changing gears
Schaltarm m <tele> • wiper
Schaltarmwelle f <tele> • wiper shaft
Schaltart f <el> • switching mode
Schaltaufgabe f <edv> • switching chore
Schaltausgang m <el> • output; switching output; binary output; switched output

Schalt-Ausgang *m* <msr> • switching output

Schaltausgang *m* <msr> • output; switching output; sensor output

Schaltband *n* DIN 45510 <av> (mit Magnetband verbundenes Band zur Auslösung v. Schaltvorgängen) • sensing tape

schaltbar <tech.allg> • controllable; loose

schaltbar <tech.allg> • indexable

schaltbar <tech.allg> • switchable

schaltbare Ausgleichssperre *f* form <kfz.antr> (formschlüssig; blockiert das Differential) • differential lock; power lock *coll*; diff lock *coll*

schaltbare Kupplung *f* <antr> • clutch

schaltbares Getriebe *n* rar <antr> (manuell) • manual transmission (man); manual gearbox GB; change-speed gearbox GB; gearshift [unit] *coll*; speed-changing mechanism *rare*

schaltbare Steckdosenleiste *f* <el> • power outlet box with master switch; outlet strip with master switch

schaltbare Zahnkupplung *f* <antr> • toothed clutch

Schaltbaustein *m* <el> • circuit module

Schaltbefehl *m* <msr> • switching signal; switching command *Siemens, 2/1*

Schaltbereich *m* <msr> • sensing area; range of operating distances; range of operating distance

Schaltbetrieb *m* <tech.allg> • switching mode

Schaltbewegung *f* <tech.allg> • control movement

Schaltbewegung *f* <tech.allg> • indexing movement

Schaltbewegung *f* <tech.allg> • switching motion

Schaltbild *n* <el.doku> (elektr. Schaltung; z. B. der elektr. Anlage) • circuit diagram; wiring diagram; connection diagram; schematic circuit diagram

Schaltbild *n* <kfz> (Lage der Gänge in Schaltkulisse) • shift pattern; gearshift pattern

Schaltblock *m* <antr> • cluster gears; gear-shift lug

Schaltbockverstärkung *f* <kfz> • shift console brace

Schaltbrett *n* <el.msr> • switchboard

Schaltcharakteristik *f* <msr> • switching characteristics *pl GB*; sensing characteristics *pl baumer wb*

Schaltdeckel *m* <antr> • gear-shift cover

Schaltdiode *f* <el> • switching diode

Schaltdraht *m* <el> • hook-up wire; connecting wire; tracker wire; driving wire; hook-jumper wire *rare*

Schaltdruck *m* (SD) DB <kfz.antr> (Automatikgetriebe-Steuerung) • shifting pressure

Schaltdrucksteuerung *f* <msr> (z. B. von Automatik-getrieben) • adaptive pressure control

Schaltdrucktaste *f* <tech.allg> • control button

Schaltdruckventil *n* <antr> (Automatikgetriebesteuerung) • accumulator control valve

Schalteigenschaften *fpl* <msr> • switching characteristics *pl GB*; sensing characteristics *pl baumer wb*

Schalteinrichtung *f* <tech.allg> • switching equipment; operating mechanism; indexing device

Schalteinrichtung *f* <alarm> • arming station; arming device

Schaltelement *n* <tech.allg> • control; operating element

Schaltelement *n* <tech.allg> • switching device

Schaltelement *n* <el> • circuit component; circuit element

Schaltelement *n* <el> (in Schaltkreisen, ICs, auf Leiter-platten) • circuit element; component; element; device *pract*

Schaltelement *n* <kfz.antr> (Automatikgetriebe) • shifting component

Schaltelement *n* <msr> • controller

Schaltelement *n* EN 60947 <msr> • switching element EN 60947

Schaltelementfunktion *f* EN 60947 <msr> • switching element function EN 60947

Schalten *n* <el> • switching

Schalten *n* <kfz> (Vorgang des Schaltens) • shifting; gear-change; changing of gears; shift [throw] *coll*; gearshift

schalten *v* <tech.allg> • connect *v*

schalten *v* <tech.allg> • control *v*

schalten *v* <tech.allg> • index *v*

schalten *vi* <antr> • clutch *vi*

schalten *vi* <kfz> (Gang wechseln) • shift *vi US*; change *vi GB*

schalten *vt* <tech.allg> • switch *vt*

schalten *vt* <masch> (z. B. Kupplung) • operate *vt*

schalten *vt* <masch> (z. B. Getriebe, Kupplung) • throw *vt*

schalten *vt* <werb> (z. B. eine Anzeige, ein Inserat) • place *vt*; insert *vt*

Schalten bei Phasenverschiebung *n* <el> • out-of-phase switching

Schalter *m* <el> (für elektr. Strom) • switch (SW)

Schalter *m* ugs.rar <kfz.antr> • passenger car with manual transmission *form*; manual car; manual *coll*; shifter *US.coll*; handshaker *sl*

Schalteramt *n* <tele> • cross-bar exchange

Schalteranschluss *m* <el> • switch connection

Schalterantrieb *m* • circuit breaker drive

Schalter betätigen *vi* <el> (Kippschalter umlegen) • flip switch *vi*

Schalterbetrieb *m* <el> • switching application

Schalter-Controller *m* <el.mus> • switch controller *Moog*

Schalterdeckel *m* <el> • switch cover

Schalterdiode *f* • booster diode

Schalterdiode *f* <el> • efficiency diode

Schaltererebene *f* • contact plate *US*

Schalterebene *f* <el.fz> (Schalttafel) • switch deck

Schalter Ein-Aus-Auto *m* <msr> • Hand-Off-Automatic switch (HOA)

Schalterfassung *f* <el> • key holder

Schalterfenster *n* <bau> • wicket

Schalter- Frontblende *f* <edv> • switch's front panel

Schalter für elektrische Fensterheber *f* <kfz.msr> • power window switch; power window control

Schalter für elektrische Fensterheber *m* <kfz.msr> • power window switch

Schalter für Klappscheinwerfer *m* <kfz.msr> • headlight retractor

Schalter für Mehrfachbelichtungen *m* <phot> • multiple-exposure control

Schalter für Stummabstimmung <av> • muting switch

Schalter für Stummabstimmung <av> • silencing switch

Schalter für Vollastanreicherung <kfz.el> • full throttle enrichment switch

Schalter für Zentralverriegelung <kfz.msr> • power door lock control[s]

Schaltergestell *n* <el> • switch frame

Schaltergrundplatte *f* <el> • switch base

Schalterkappe *f* <el> • switch cover

Schalterkennzeichnungen *fpl* <tech.allg> • switch callouts

Schalterkessel *m* • switch tank

Schalterknopf *m* <el> • switch knob

Schalterkontakt *m* <el> • switch contact

Schalter mit Kontrolleuchte *m* <kunst.wz> • on/off switch with control lamp

Schalternippel *m* • bat handle

Schalteröl *n* <tribo> • switch oil

Schalterprellen *n* • bounce

Schalterschrank *m* <edv> • relay rack

Schaltersockel *m* <el> • switch base

Schalterstellung *f* <msr> • switch position

Schaltersteuernocken *m* <wz.masch> (Analogsteuerung, z. B. Kurvenautomat) • sequence switch cam

Schalterstromkreis *m* <el> • switch circuit
Schaltersymbole *npl* <tech.allg> • switch callouts
Schaltfahne *f* <msr> • target
Schaltfahnenabmessung *f* • size of target
Schaltfassung *f* <el> • switch lampholder
Schaltfassung *f* <el> • switch socket
schaltfaul <kfz> • lazy about changing gears
Schaltfeder *f* <el> • switch spring
Schaltfehler *m* <el.qualit> *(Verdrahtung)* • wiring fault
Schaltfehler *m* <tele> *(bei Bedienung)* • switching error
Schaltfeld *n* <tech.allg> • control panel
Schaltfeld *n* <el> • patch bay
Schaltfeld *n* <el> • switch bay
Schaltfeld *n* <msr> • switch panel
Schaltfinger *m* <kfz.antr> • selector finger; selector arm; selector lever
Schaltfolge *f* <el> • switching sequence
Schaltfolge *f* <msr> • sequence of operations
Schaltfolgeplan *m* <el> • switching sequence schedule
Schaltfreilauf *m* <kfz.antr> *(im Automatikgetriebe)* • overrunning clutch
Schaltfrequenz *f* <el> • switching frequency
Schaltfrequenz *f* <energ.sol> • switching frequency
Schaltfrequenz *f* <msr> • switching frequency
Schaltfrequenz *f* <msr> • operating frequency; switching frequency; switching speed; switching rate; frequency of operating cycles *norm, rare*
Schaltfrequenz *f* (f) *EN 60947, allg* <msr> • switching frequency (f) *GB + US*; frequency of operating cycles *norm*; operating frequency *proxitronic*; switching speed/rate *namco (US)*; response frequency
Schaltfunke *m* <el> • spark at break
Schaltfunke *m* <el> • switching spark
Schaltgabel *f* <kfz> • gear-shift fork
Schaltgabel *f* <kfz> • selector fork
Schaltgabel *f* <kfz> • shifter fork; selector fork *GB*; shifter yoke *US*; shifter pawl; shift fork
Schaltgabelachse *f* <kfz.antr> • gearshift rail
Schaltgasse *f* <kfz> • shift track
Schaltgenauigkeit *f* <tech.allg> • indexing accuracy
Schaltgenauigkeit *f* <msr> • switching accuracy
Schaltgenauigkeit *f* <wz.masch> *(z. B. von Revolverköpfen)* • indexing accuracy; accuracy of index[ing]
Schaltgerät *n* <tech.allg> • control
Schaltgerät *n* <tech.allg> • switching device
Schaltgerät *n* <antr> • control gear
Schaltgerät *n* <el> • switchgear
Schaltgerät *n ZF* <kfz.antr> *(Automatikgetriebe)* • control valve assembly; valve block; hydraulic control block; valve body; control unit *ZF*
Schaltgerätekombination *f* <el> • switchgear assembly
Schaltgerüst *n* <tech.allg> • switch framework
Schaltgeschwindigkeit *f* <tech.allg> • operation speed
Schaltgeschwindigkeit *f* <tech.allg> • operation switching speed
Schaltgeschwindigkeit *f* <tech.allg> • switching rate
Schaltgeschwindigkeit *f* <tech.allg> • switching speed
Schaltgeschwindigkeit *f* <energ.sol> • switching frequency
Schaltgestänge *n* <kfz.antr> • gearshift linkage; gearchange linkage *GB*; gearshift mechanism
Schaltgetriebe *n* <antr> *(manuell)* • manual transmission (man); manual gearbox *GB*; change-speed gearbox *GB*; gearshift [unit] *coll*; speed-changing mechanism *rare*
Schaltglied *n* • contact element
Schaltglied *n* • contact mechanism
Schaltglied *n* <edv> • logical element
Schaltglied *n* <el> • switching element

Schaltglied *n* <kfz.antr> *(Automatikgetriebe)* • shifting component
Schaltglied *n* <msr> • switching element *EN 60947*
Schaltgriff *m* <tech.allg> • control handle
Schaltgriff *m* <kfz> • selector
Schaltgruppe *f* <el> *(Transformator)* • vector group
Schaltgruppenbezeichnung *f* <el> • vector group symbol
Schalthäufigkeit *f* <tech.allg> • frequency of operation
Schalthäufigkeit *f* <tech.allg> • interruption frequency
Schalthäufigkeit *f* <tech.allg> • opening frequency
Schalthäufigkeit *f* <tech.allg> • operating duty
Schalthäufigkeit *f* <tech.allg> • operating frequency
Schalthäufigkeit *f* <el> • frequency of make and break
Schalthäufigkeit *f* <el> • switching frequency
Schalthäufigkeit *f rar* <msr> • operating frequency; switching frequency; switching speed; switching rate; frequency of operating cycles *norm, rare*
Schalthaken *m* <masch> • switch hook
Schalthebel *m* <el> *(zum Ein-, Aus-, Umschalten; Hebel an Schaltern)* • switch lever
Schalthebel *m* <fz> *(Fahrrad; Naben- od. Kettenschaltung; oft ähnl. wie eine Taste)* • shifting lever; shift lever; shifter; gear lever *rare*
Schalthebel *m* <fz> • shift levers
Schalthebel *m* <kfz> *(Pkw, Lkw, Busse; nur Schaltgetriebe)* • gearshift lever; shift lever *coll*; shifter *coll*; gear lever; gearstick *GB.coll*
Schalthebel *m* <kfz> *(bei Motorrädern)* • gearshift lever; shift lever *coll*; shifter *coll*
Schalthebel *m* <masch> *(allg. Betätigung)* • actuating lever; control lever
Schalthebelfinger *m* <antr> • change-speed lever knuckle
Schalthebelführung *f* <masch> • gate
Schalthebelkonsole *f* <kfz> • shift lever console; shifter pod *coll*
Schalthebel mit kurzen Schaltwegen *m* <kfz.antr> • short-throw shifter
Schalthysterese *f* <tech.allg> • operating differential
Schalthysterese *f* <msr> • differential
Schalthysterese *f* <msr> • overlap
Schalthysterese *f* <msr> • switching differential
Schalthysterese *f* <msr> • switching hysteresis
Schalthysterese *f* <msr> *(von Näherungsschaltern; in Prozent des Realschaltabstands)* • hysteresis; switching hysteresis; differential travel
Schaltimpuls *m* <el> • switching pulse
Schaltinformation *f* <autom> • switching command
Schaltinformation *f* <prod> • functional control information
Schaltkabel *n* <el> • shift cable
Schaltkammer *f* • arc quenching chamber
Schaltkammer *f* <el> • arc chamber
Schaltkapazität *f* <el> • circuit capacitance
Schaltklaue *f* <kfz> • shifter fork; selector fork *GB*; shifter yoke *US*; shifter pawl; shift fork
Schaltklaue *f* <masch> • shift dog
Schaltklinke *f* <el> • jack
Schaltklinke *f* <masch> • pawl
Schaltklinke *f* <masch> • tripping latch
Schaltknauf *m* <kfz.innen> • gear shift knob; gear knob *coll*; gearlever knob
Schaltknopf *m* <tech.allg> • control button
Schaltknopf *m* <kfz.innen> • gear shift knob; gear knob *coll*; gearlever knob
Schaltknüppel *m* <kfz> • gear lever
Schaltknüppel *m* <masch> • gear stick
Schaltkommando *n* <kfz> *(Automatikgetriebe-Steuerung)* • shift signal

Schaltkonstante *f (Ferrite)* • inverse slope
Schaltkontakt *m* <el> • switching contact
Schaltkranz *m* <kfz.antr> *(Synchronverzahnung am Gangrad)* • dog teeth *pl*
Schaltkreis *m* <av> • circuit
Schaltkreisbaustein *m* • circuit module
Schaltkreis der mittelintegrierten Technik *m* <ic> • MSI circuit
Schaltkreise *mpl* <EDV> • circuitry *sg*
Schaltkreise *mpl* <edv> • circuitry *sg*
Schaltkreisebene *f* • circuit level
Schaltkreiselement *n* • circuit element
Schaltkreisentwurf *m* • circuit design
Schaltkreisfamilie *f* • circuit family
Schaltkreisfunktionsdichte *f* • circuit function density
Schaltkreislogik *f* • circuit logic
Schaltkreistechnik *f* • circuit technology
Schaltkreistechnik *f* • circuitry
Schaltkriterium *n* <msr> • trigger criterion
Schaltkulisse *f* <kfz> • shift gate; shifting gate; gearshift lever gate; gearchange quadrant *GB*
Schaltkupplung *f* <antr> • clutch
Schaltkupplung *f* <antr> • loose coupling
Schaltkupplung *f* <antr> *(ausrückbare Wellenverbindung zur Kraftübertragung)* • clutch
Schaltkurve *f* <wz.masch> • index cam
Schaltlage *f* <tech.allg> • make position
Schaltleiste *f rar* <el> • terminal strip; connecting block
Schaltleistung *f* <tech.allg> • making capacity
Schaltleistung *f* <tech.allg> • switching capacity
Schaltleistung *f* <el> • switching power; switching capacity
Schaltlichtbogen *m* <el> • switch arc
Schaltlinie *f* <msr> • switching line
Schaltliste *f* <edv.av> • patch map
Schaltlitze *f* <tech.allg> • stranded hook-up wire
Schaltlogik *f* <msr> • circuit logic
Schaltlogik *f* <msr> • switching logic
Schaltmagnet *m* <el> • driving magnet
Schaltmagnet *m* <el> • solenoid
Schaltmagnet *m* <el> • switching magnet
Schaltmanschette *f* <kfz> *(Innenausstattung)* • gearshift boot
Schaltmatrix *f* <msr> • switching matrix
Schaltmesser *n* <msr> • switch blade; contact blade
Schaltmotor *m* <msr> • timing motor
Schaltmuffe *f* <antr> • gear-shift sleeve
Schaltmuffe *f* <kfz> *(Kupplung)* • sliding coupling; sliding muff-type coupling *ppwiss-did*
Schaltmuffe *f* <kfz.antr> *(in Synchrongetriebe)* • synchronizer sleeve; clutch sleeve; slider *US.pract*
Schaltmuffe *f* <kfz.antr> *(in Schaltmuffengetriebe)* • selector sleeve; gearchange sleeve; sliding clutch; slider *US.pract*; sliding dog *rare*
Schaltmuffengetriebe *n* <kfz.antr> • constant mesh transmission *US*; constant-mesh gearbox *GB*
Schaltnetz[werk] *n* <el> • switching network; logic switching network; combinatorial circuit
Schaltnocken *m* <masch> • trip cam; trip dog
Schaltoption *f* <edv> • switching option
Schaltorgan *n* <alarm> • arming station; arming device
Schaltorgan *n* <msr> • control element; switching device
Schaltorgan *n* <msr> • switching member
Schaltpaket *n* <el> • switch unit
Schaltpendel *n* • pendant switch
Schaltplan *m* <tech.allg> *(Netze, Kreise aller Art (elektrisch, Fluide, Fördersysteme))* • circuit scheme
Schaltplan *m* <el> • circuit diagram
Schaltplan *m* <el> • connection diagram
Schaltplan *m* <el> • circuit diagram; wiring diagram; connection diagram *rare*; wire map *rare*
Schaltplan *m* <el.doku> • wiring diagram
Schaltplan *m* <msr> • circuit diagram
Schaltplan *m* <msr> • circuit layout
Schaltplan *m* <tele> *(Fernleitungen)* • trunk switching scheme
Schaltplatte *f* <el> • plugboard
Schaltprogramm *n* <kfz> *(Automatikgetriebe)* • shift program; driving program; shift pattern
Schaltpult *n* • control console
Schaltpult *n* <tech.allg> • control console
Schaltpult *n* <tech.allg> • desk switchboard
Schaltpult *n* <tech.allg> • inclined control panel
Schaltpult *n* <el> • switching desk
Schaltpult *n* <kst> • control panel
Schaltpunkt *m* <autom> • switching point
Schaltpunkt *m* <kfz> *(Automatikgetriebe)* • shift point
Schaltpunkt *m* <msr> *(allg.; z. B. der Einschaltpunkt)* • switching point
Schaltpunkt *m* <msr> • switching point
Schaltpunktdrift <msr> • switching-point drift
Schaltpunktgenauigkeit *f DIN EN 50008* <msr> • switching repeatability; switching accuracy
Schaltpunktlage *f* <kfz> *(Automatikgetriebe; allgemein)* • shift point position
Schaltpunktlage *f* <kfz.antr> *(Automatikgetriebe; bezüglich Fahrgeschwindigkeit)* • gear range speed
Schaltquadrant *m* <antr> • gear-change quadrant
Schaltrad *n* <masch> • espacement wheel
Schaltraum *m* <el> • switchroom
Schaltregler *m* <el.msr> • switching controller
Schaltregler *m* <msr> • level control water column
Schaltrelais *n* <el> • switching relay
Schaltrichtungsbedingung *f* <antr> *(Getriebe)* • direction-of-switching condition
Schaltröhre *f* <el> • contact tube
Schaltröhre *f* <el> • electronic switch
Schaltröhre *f* <el> • switching tube
Schaltruck *m* <kfz.antr> • shifting jolt
Schaltsäule *f* <antr> • switch column
Schaltsäule *f* <antr> • switch pillar
Schaltsäule *f* <kfz> • pillar-type switchgear
Schaltsaugrohr *n* <kfz.mot> • variable induction control (VIC) *Mitsubishi*
Schaltschema *n* <el.doku> *(elektr. Schaltung; z. B. der elektr. Anlage)* • circuit diagram; wiring diagram; connection diagram; schematic circuit diagram
Schaltschema *n* <kfz> *(Lage der Gänge in Schaltkulisse)* • shift pattern; gearshift pattern
Schaltschicht *f* <edv> • switching layer
Schaltschieber *m* <kfz> *(Automatikgetriebe)* • shift valve
Schaltschieber *m* <kfz.antr> *(Automatikgetriebe-Steuerung)* • command valve; shift valve; gear shift slider *ZF*
Schaltschiebergehäuse *n* <kfz.antr> *(Automatikgetriebe-Steuerung)* • valve body housing; shift valve housing *MB*
Schaltschloss *n* <alarm> • tamper-proof lock-switch *:V*
Schaltschloss *n* <antr> • latch
Schaltschnecke *f* <msr> • control worm
Schaltschrank *m* <el> • equipment cabinet; switchgear cabinet *rare*; electrical switchgear cabinet *rare*
Schaltschranküberwachung *f* <msr> • monitoring of switchgear tasks
Schaltschütz *n* <el> *(Magnetschalter mit Sicherungsfunktion)* • contactor
Schaltschwelle *f* <msr> • defined switching threshold
Schaltschwelle *f* <msr> • switching threshold

Schaltseil *n DIN ISO 8090 <fz> (Bowdenzug)* • inner cable *ISO 8090*

Schaltsekunden *fpl <navig> (UTC)* • leap seconds *pl*; one-second increments *pl*

Schaltsicherung *f <el>* • switch fuse

Schaltsignal *m <msr>* • switching signal; switching command *Siemens, 2/1*

Schaltsignal *n <kfz.el>* • switch point signal

Schaltsignal *n <msr>* • switch signal

Schaltsignal *n <msr>* • switching signal

Schaltspannung *f <el> (allg.)* • switching voltage

Schaltspannung *f <el> (am Gate; z. B. von Transistoren)* • gate voltage

Schaltsperre *f <tech.allg>* • switching detent

Schaltsperre *f <kfz> (Getriebebauteil)* • shift interlock

Schaltspiel *n <tech.allg>* • switching cycle

Schaltspiel *n <tech.allg>* • switching operation

Schaltspiel *n <hlk>* • heating cycle

Schaltspiel ausführen *vi <allg>* • cycle *vt*

Schaltspindel *f <wz.masch> (Drehmaschine)* • control rod

Schaltstange *f <antr>* • gear-shift bar

Schaltstange *f <antr>* • operating pole

Schaltstange *f <antr>* • switch stick

Schaltstange *f <el>* • actuating rod

Schaltstange *f <kfz> (Getriebe)* • shift rail *US*; shifter rail *GB*; selector rod *GB*

Schaltstange *f <masch>* • slide selector shaft

Schaltstellung *f <tech.allg>* • indexing position

Schaltstellung *f <tech.allg>* • operating position

Schaltstellung ändern *vi/vt <el> (Relais)* • change over *vi/vt*

Schaltstock *m obs.rar <kfz> (Pkw, Lkw, Busse; nur Schaltgetriebe)* • gearshift lever; shift lever *coll*; shifter *coll*; gear lever; gearstick *GB.coll*

Schaltstörung *f <el>* • interference caused by switching

Schaltstörung *f <el>* • switching break

Schaltstrahl *m <el>* • gate beam

Schaltstrecke *f <el>* • contact-break distance

Schaltstrecke *f <el>* • reak distance

Schaltstrom *m <el>* • switching current

Schaltstromdifferenz *f <el>* • difference of switching current

Schaltstück *n <el>* • contact

Schaltstück *n <el>* • contact member; contact piece

Schaltstückabstand *m <el>* • contact pitch

Schaltstückzunge *f <el>* • dry reed

Schaltstückzunge *f <el>* • reed

Schaltstufe *f* • running notch

Schaltstufe *f <allg>* • detector circuit

Schaltstufe *f <tech.allg>* • running step

Schaltstufe *f <el>* • switching stage

Schaltstufe *f <el> (Stufenschalter)* • operating position

Schaltsymbol *n <el>* • circuit symbol

Schaltsymbol *n <el>* • wiring symbol

Schaltsystem *n* • circuitry

Schaltsystem *n <tech.allg>* • switching system

Schalttafel *f <el>* • switchboard; control panel

Schalttafel *f <msr> (z. B. Heizungsanlage, Werkzeugmaschine)* • instrument panel

Schalttafelausschnitt *m <prod>* • panel opening

Schalttafelbuchse *f <el>* • panel jack

Schalttafeleinbau *m <msr>* • switchboard mounting

Schalttafelinstrument *n <el>* • panel instrument

Schalttafelinstrument *n <el.msr>* • switchboard instrument

Schalttafelmessinstrument *n <el.msr>* • panel meter

Schalttafelregler *m* • board-mounted controller

Schalttafelschalter *m <el>* • panel switch

Schalttafelsicherungselement *n <el>* • switchboard fuse unit

Schalttafelsteuerung *f <el>* • panel control

Schalttakt *m <tech.allg>* • switching cycle

Schalttaste *f <el>* • switching key

Schalttechnik *f* • circuit technique

Schalttechnik *f* • circuitry

Schalttechnik *f* • switching circuit

Schaltteller *m <prod>* • dial plate

Schalttellerzuführung *f <prod>* • dial feed

Schalttischmaschine *f <prod>* • rotary indexing-table machine

Schalttischmaschine *f <wz.masch>* • indexing-table machine

Schalttransistor *m <el>* • switching transistor

Schalttrommelmaschine *f <prod>* • rotary indexing-drum machine

Schalttrommelmaschine *f <wz.masch>* • indexing-drum machine

Schaltturm *m <masch>* • gear-shift dome

Schaltübergang *m <el>* • switching transition

Schaltüberspannung *f <el>* • switching surge

Schaltuhr *f* • contact-making clock

Schaltuhr *f prakt <el> (zum Programmieren von Automatikfunktionen, Vorgängen)* • time switch; timer switch; timer *pract*

Schaltuhr *f <el.msr>* • switch clock

Schaltuhr *f <msr>* • time switch

Schaltuhr *f <msr>* • timer

Schaltuhr-Aufnahme *f <av>* • timer recording

Schaltuhr mit Zeitdrucker *<msr>* • read-out timer

Schaltumkehrspannung *f <msr> (von Näherungsschaltern; in Prozent des Realschaltabstands)* • hysteresis; switching hysteresis; differential travel

Schaltung *f <tech.allg>* • circuit

Schaltung *f <tech.allg> (z. B. Parallelschaltung, Reihenschaltung, Kreuzschaltung)* • connection

Schaltung *f ugs <antr> (manuell)* • manual transmission (man); manual gearbox *GB*; change-speed gearbox *GB*; gearshift [unit] *coll*; speed-changing mechanism *rare*

Schaltung *f <el>* • circuit

Schaltung *f <el>* • circuitry

Schaltung *f <el>* • connecting

Schaltung *f <el>* • network

Schaltung *f <el>* • switching

Schaltung *f <kfz> (Vorgang des Schaltens)* • shifting; gearchange; changing of gears; shift [throw] *coll*; gearshift

Schaltung *f <kfz.el> (elektrische)* • circuit

Schaltung *f <masch>* • gear change

Schaltung *f <masch>* • gear shift

Schaltung *f <masch> (z. B. Getriebe, Kupplung)* • operation

Schaltung *f <werb> (von Anzeigen, Inseraten)* • placing; insertion

Schaltung am „kalten Ende" *f <emiss>* • tail gas SCR-system (TGSS)

Schaltung mit lokaler Ladungsinjektion *f (CID) <el>* • charge-injection device (CID)

Schaltungsanalysator *m <el>* • circuit analyzer *US*; circuit analyser *GB*

Schaltungsanordnung *f <el>* • circuit layout; circuit arrangement

Schaltungsaufbau *m <el>* • circuit layout; circuit arrangement

Schaltungsbauelement *n* • circuit component

Schaltungsbeispiel *n <el>* • example circuit

Schaltungsdiagramm *n <doku>* • interconnection diagram

Schaltungsentwurf *m* • circuit design

Schaltungsentwurf *m <el>* • circuit design; chip design

Schaltungsfehler *m* • circuit failure

Schaltungskapazität *f* • circuit wiring capacitance
Schaltungslogik *f* • circuit logic
Schaltungsmodul *m* • circuit module
Schaltungsoptimierung *f* • circuit optimization
Schaltungsschema *n* <el> • interconnection pattern
Schaltungsschutz *m* • circuit protection
Schaltungssimulation *f* <msr> *(Steuern, Regeln (Software, Hardware-Modell))* • circuit simulation
Schaltungstechnik *f* • circuit technique
Schaltungstechnik *f* <el> • switching technology
Schaltungstheorie *f* <msr> *(Steuer- und Regeltechnik)* • circuit theory
Schaltungsverknüpfung *f* <el> • switching circuit
Schaltvariable *f* <el> • logic variable
Schaltvariable *f* <msr> • switching variable
Schaltventil *n* <kfz> *(Automatikgetriebe)* • shift valve
Schaltventil *n* <kfz.antr> *(Automatikgetriebe-Steuerung)* • command valve; shift valve; gear shift slider *ZF*
Schaltventil *n* <msr> *(z. B. in Automatikgetriebesteuerung)* • on-off valve
Schaltventil *n rar* <rls> *(zum Ansteuern eines anderen Ventils)* • pilot valve; relay valve
Schaltverhalten *n* <el> *(allg.)* • switching behaviour
Schaltverhalten *n* <msr> • switching-time response
Schaltvermögen *n* <tech.allg> • switching capacity
Schaltverstärker *m* <el> • switching amplifier; isolated switch amplifier
Schaltverstärkung *f* <kfz.bekl> *(Motorradstiefel)* • arch support; gear-lever protector; shift pad
Schaltverzögerung *f* <msr> • switching delay
Schaltverzögerungsventil *n* <el> • time-delay valve
Schaltvorgang *m* <tech.allg> • indexing movement
Schaltvorgang *m* <tech.allg> • switching operation
Schaltvorgang *m* <el> • switching action
Schaltvorgang *m* <kfz> *(Vorgang des Schaltens)* • shifting; gearchange; changing of gears; shift [throw] *coll*; gearshift
Schaltvorgang *m* <msr> • switching process
Schaltwagen *m* <el> • truck-type switchgear
Schaltwahlknopf *m HM* <kfz> *(Automatikgetriebe)* • shift mode button *HM*; program preselector *MB*; programme switch *Audi/ZF*; driving program selector *Sm*; ECO/Sport button *Audi*
Schaltwalze *f* <el> • controller barrel; controller cylinder
Schaltwarte *f* <tech.allg> *(allg. von Anlagen)* • control room; control center *US*; control centre *GB*; control stand *rare*
Schaltwarte *f* <msr> *(betont: Reihe von Schalttafeln)* • switchboard gallery
Schaltwegdifferenz *f* <el> • difference of switching way; difference of switching distance
Schaltwelle *f* <el> • wiper shaft
Schaltwelle *f* <kfz> • shift rail *US*; selector shaft *GB*; shifter shaft *US*
Schaltwelle *f* <masch> • interrupter shaft
Schaltwelle *f* <tele> • selector shaft
Schaltwelle *f* <wz.masch> *(Drehmaschine)* • control rod
Schaltwellenhebel *m* <kfz> • shift lever
Schaltwerk *n* *(Schwungrad)* • barring gear
Schaltwerk *n* <edv> • sequential circuit
Schaltwerk *n* <edv> • sequential logic system
Schaltwerk *n* <el> • switch mechanism
Schaltwerk *n pf* <el> • switching equipment
Schaltwerk *n* <fz> • derailleur; rear derailleur
Schaltwerk *n* <fz> • rear derailleur
Schaltwerk *n* <msr> • control gear
Schaltwerk *n* <msr> • timing gear
Schaltwert *m* <msr> • switching value
Schaltzahn *m* <masch> • ratchet tooth

Schaltzeichen *n* • circuit symbol
Schaltzeichen *n* <edv> • graphical symbol
Schaltzeichen *n* <el> • switching symbol
Schaltzeichen *n* <msr> • logical symbol
Schaltzeit *f* <el> • operating time
Schaltzeit *f* <el> • switching time
Schaltzeit *f* <msr> • switching time; switching period
Schaltzeit *f* <prod> • indexing time
Schaltzeitkonstante *f* <msr> • switching time constant
Schaltzelle *f* <el> • cell
Schaltzelle *f* <el> • switchboard cubicle
Schaltzelle *f* <masch> • control cubicle
Schaltzone bedeckt *f* <msr> *(Sensor)* • active zone damped
Schaltzug *m* <fz> *(bei Kettenschaltung)* • derailleur cable
Schaltzug *m* <fz> *(bei Fahrrad mit Nabenschaltung)* • gear-shift cable
Schaltzugführung *f* <fz> *(Fahrrad-Gangschaltung)* • cable guide
Schaltzustand *m* <msr> • switching status; switch status
Schaltzustandsanzeige *f* <msr> • output indication; indication of relay modes; switching status indication; indication of switching status
Schaltzustandswechsel *m* <el> • change in the switching state
Schalung *f* <bau> • formwork; shuttering
Schalung *f* <bau> • concrete formwork
Schalung *f* <bau> • sheathing
Schalungsauskleidung *f* <bau> • form lining; formwork lining
Schalungsbrett *n* <bau> • form board; shuttering board
Schalungseinlage *f* <bau> • form liner
Schalungsform *f* <bau> • casting mold; casting mould *US*; form *GB*
Schalungsgerüst *n* <bau> *(für Beton)* • falsework; formwork structure; falsework structure
Schalungsöl *n* <tribo> • mold oil *US*; mould oil *GB*; form oil
schalungsrau <bau.obfl> *(Betonoberfläche)* • board-marked
schalungsraue Oberfläche *f* <bau> *(Sichtbeton)* • ex-mold finish
Schalungsrüttler *m* <bau.masch> *(außerhalb der Schalung)* • external vibrator; form vibrator; clamp-on vibrator
Schalungsstein *m* <bau.mat> • forming brick *:V*
Schalungstafel *f* <bau> *(für Beton)* • form panel; fit-up panel
Schalungstafel *f* <bau> *(aus Stahl)* • shuttering panel
Schalungstechnik *f* <bau> • formwork technology
Schalwand *f* <bau> • sheeting
Schamotte *f* <bau> • chamotte; dead clay
Schamotteauskleidung *f* <bau.mat> • fireclay lining
Schamottekapsel *f* <silik> • fireclay box
Schamottekapsel *f* <silik> • sagger
Schamottemörtel *m* <bau.mat> • fireclay mortar
Schamottesand *m* <metall> • chamotte sand
Schamottestein *m* <bau.mat> • firebrick; refractory brick; fireclay brick
Schamotteton *m* <bau.mat> • refractory clay; fireclay
Schandeck *n* <nav> • gunwale; gunnel
Schandeckel *m* <nav> • gunwale; gunnel
Schankerlaubnis *f* <jur> • licence to sell beverages; publican's licence
Schanze *f* <sport> *(Teil der Sprunganlage)* • jumping tower
Schanzkleid *n* <nav> • bulwark
Schappeseide *f* <textil> • schappe silk
Schar *f* <doku> *(z. B. Kurven in Schaubildern)* • family
Schar *f* <textil> • bout
Schar *n* <agri> • plough share; share

scharf <allg> *(z. B. Augen, Gehör, Verstand, Wind, Werkzeugschneide)* • keen

scharf <allg> *(Geschmack)* • acrid

scharf <alarm> • armed; set

scharf <doku> *(Spitzen im Schaubild)* • peaked

scharf <math> *(Winkel, Eck, Kante)* • acute

scharf <math> *(spitz, z. B. Kegel)* • pointed

scharf <mil> *(Munition)* • live

scharf <nahr> • mordant

scharf <opt> • well-defined

scharf <phot> *(allgemein)* • sharp; crisp

scharf <phot> *(Film)* • sharp

scharf <phot> *(präzise scharfgestellt; Aufnahme)* • in focus; focused *US*; focussed *GB*; sharp

scharf <wz> *(Schneide)* • sharp-edged; keen-edged; cutting; sharp

Scharfabbildung f <opt> • focusing *US*; focussing *GB*; sharp definition; definition; in-focus image

scharf abgebildet <opt> • in focus

scharf abgestimmt <av> • sharply tuned

Scharfabstimmung f <av> • sharp tuning

Scharfabstimmung f <opt> • fine tuning

scharf begrenzter Strahl m <phys> • sharply defined beam

scharfe Abbildung f <opt> • point image; focus

scharfe Ecke f <allg> • square corner

scharf eingestellt <opt> • sharply focused *US*; sharply focussed *GB*

Scharfeinstell-Betriebsartenwähler m Nikon <phot> • focus mode selector

scharf einstellen <opt> • focus

Scharfeinstellen n <phot> *(Vorgang)* • focusing *US*; focussing *GB*

scharfeinstellen vi/vt <phot> • focus vi/vt; adjust distance vt

Scharfeinstellgerät n <phot> • focus magnifier; focusing magnifier; grain magnifier

Scharfeinstellmethode f <phot> • focusing method

Scharfeinstellring m <phot> *(an Objektiv)* • focusing grip *US*; focusing collar *US*; focusing ring *US*; focussing ring *GB*; focus ring

Scharfeinstelltaste f <av> • focus button

Scharfeinstelltasten +/– <av> *(z. B. an Videokameras)* • focus +/– buttons

Scharfeinstellung f <av> • focus setting; focusing; distance setting

Scharfeinstellung f <opt> • focusing *US*; focussing *GB*; focus adjustment; sharp focus

Scharfeinstellung f <phot> *(Resultat der Fokussierung)* • focus pl: -i

Scharfeinstellung f <phot> *(Vorgang)* • focusing *US*; focussing *GB*

Scharfeinstellung f <phot> • focusing

Scharfeinstellung nach verschwindender Parallaxe f <phot> • focusing using the specialized parallex method

Scharfeinstellungselement n <opt> • focusing control *US*; focussing control *GB*

Scharfeinstellungsregler m <opt> • focus control; focus controller

scharfe Kimm f <nav> • hard bilge; chine bilge

scharfe Munition f <mil> • live ammunition

scharfer Druck m <druck> • clean print

scharfes Bild n <phot> • sharp image; sharply defined image

Scharffeuer n <mil> • quick fire; hard fire

Scharffeuerglasur f <obfl> • high-firing glaze

scharfgängig <füg> • triangular

scharfgängig <masch> • V-cut

scharfgängiges Gewinde n <füg> • angular thread; triangular thread

scharfgängiges Gewinde n <masch> • V-cut thread

scharfgängiges Gewinde n <masch> • steep-pitch thread; high-helix thread; quick-lead thread; high-pitch thread

scharfgebrannt <prod> • hard-burned

scharfgebrannt <silik> • hard-fired

scharfgebrannter Stein m <bau.mat> • hard-burned brick

scharfgelaufener Spurkranz m <bahn> • sharp flange

scharfgeschaltet <alarm> • armed; set

scharf geschnittenes Dreieckprofil n <masch> • fundamental triangle; sharp V profile; basic triangular profile *rare*

scharfkantig <tech.allg> • sharp-edged; sharp-crested; keen-edged; sharp

scharfkantig <prod> • acute-angled

scharfkantige Maske f <kunst> • hard mask

scharfkantige Öffnung f <tech.allg> • sharp-edged orifice

scharfkantiges L-, U- oder T-Profil n EN 10079 <mat> • square edged L, U or T section *EN 10079*

scharfkantiges Material n <prod> • angular material; sharp-edged material

scharfkantiges Wehr n <energ.hydr> • sharp-crested weir

scharfkantiges Wehr n <msr> *(zur Durchflussmessung)* • notch

Scharfschalte-Einrichtung f <alarm> • arming station; arming device

Scharfschalteinrichtung f <alarm> • arming station; arming device

scharfschalten vt <alarm> • arm vt; set vt

Scharfschaltverzögerung f <alarm> • exit delay

Scharfschaltverzögerungszeit f <alarm> • exit delay

scharfschleifen vt <prod> • sharpen vt

Scharfstellautomatik f ugs <opt> *(z. B. von Foto-, Videokameras, Projektoren, Belichtern)* • auto focus (AF); automatic focusing *US*; automatic focussing *GB*

scharfstellen vi/vt <phot> • focus vi/vt; adjust distance vt

Scharfstellknopf m <phot> • focusing knob; focusing control

Scharfstelltaste f <av> • focus button

Scharfstellung f <av> • focus setting; focusing; distance setting

Scharfstellung f ugs <av> *(eines Bildes; z. B. Bildschirmanzeige, Projektion)* • focusing *US*; focussing *GB*

scharf trennend <tech.allg> • sharply selective

Scharfzeichnung f <druck> • definition

scharf zugespitzt <wz> • sharply pointed

Scharklinge f <agri> *(Pflug)* • wing

Scharnier n DIN 68856-2 <tech.allg> *(z. B. an Möbel, Tür, Fenster)* • hinge

Scharnier n <textil> • rivet

Scharnierauge n <kfz> • door hinge hole; hinge hole

Scharnierband n <tech.allg> *(Scharnier; lang und schmal)* • hinge band; piano hinge *coll*; strap hinge; flap hinge

Scharnierblech n <kfz> *(an der Karosserie, trägt die Türscharniere)* • hinge panel

Scharnierblech n <kfz> *(an der Tür)* • hinge facing; door facing

Scharnier-Block m <werb> • hinge block

Scharnierbolzen m <kfz> • door hinge pin; hinge pin

Scharnierdeckel m DIN 55 405 <pack.teil> • hinged cover; hinged lid

Scharnierfenster n VW.form <kfz> *(hintere Seitenscheibe)* • hinged quarter window; opening rear side window

Scharniergewindeplatte f <kfz> • hinge tapping plate; tapping plate *pract*

Scharnierhälfte f <kfz> *(karosserieseitig, fest)* • hinge leaf
Scharnierhälfte f <kfz> *(z. B. türseitig, beweglich)* • hinge leaf
Scharnierplatte f <kfz> *(Türscharnier)* • hinge plate; hinge point strengthening plate
Scharniersäule f rar <kfz> *(betont: Scharnierträger)* • hinge pillar; hinge post
Scharnierschalter m <el> *(zum Melden offener Türen)* • hinge switch
Scharnierverstärkung f <kfz> • hinge brace; hinge brace panel
Scharnierzange f <wz> • joint pliers
Scharpflug m <agri> • mold board plough *US*; mould board plough *GB*
Scharriereisen n <wz> • drove; boaster; bush chisel; nidging chisel
Scharrierhammer m <wz> • bush hammer
Scharte f <led> *(in Messer)* • nick
Schatten m <astron> • umbra
Schatten m <edv> • shadow
Schatten m <opt> • shadow
Schatten m <phot> • shadow
Schatten m <phot> *(im Ggs. zu Lichtern)* • shadow
Schatten mpl <phot> • shadows pl; shadow areas pl; blacks pl
Schattenausblendung f <büro> *(Kopierer)* • shadow deletion
Schattenbild n <av> • shadow image
Schattenbild n <edv> • shadow map
Schattenbild n <phot> • contour
Schattenbild n <phys> *(z. B. Röntgenbild)* • shadowgraph
Schattenbild n <prod> *(z. B. Umrissprüfung)* • silhouette
Schattenbildung f <av> • shadowing
Schattendruck m <druck> • shadow print; shadow printing
Schatteneffekt m <astron> • shadow effect
Schatteneffekt m <av> • cloud
schattenfrei <av> • shadowless; shadow-free
Schattenfühler m <edv> • shadow feeler
Schattenfuge f <bau.innen> • shadow gap; shadow line
Schattengebiet n <av> • shadow area; shadow region
Schattengebiet n <navig> • blind area
Schattengenerator m <av> • shading generator
Schattenholzart f <holz> • shade-tolerant species; shade bearer
Schattenkegel m <astron> *(der Erde)* • shadow cone
Schattenkompensationssignal n <av> • shading-compensation signal
schattenlos <av> • shadowless
Schattenmaske f <av> *(in Bildschirm; allg. Punkt-, Schlitz- oder Streifenmaske)* • shadow mask
Schattenmasken-Farbbildröhre f <av> • shadow-mask color picture tube
Schattenmaskenröhre f <av> *(SW oder Farbe)* • shadow-mask tube
Schattenmikroskop n <opt> • shadow microscope
Schattenpartien fpl <phot> • shadows pl; shadow areas pl; blacks pl
Schattenphotometer n <opt> • shadow photometer
Schattenschrift f <druck> • shadow print; shadow printing
Schattensektor m <navig> • blind sector; shadow sector
Schattensignal n <av> • shading signal
Schattenstrahl m <edv> • shadow ray
Schattenstreifen mpl <av> *(auf Bildschirm; z. B. Radar, TV, Monitor)* • echo image; echoes; double image; ghost lines; multiple image
Schattenwand f <prod> • baffle wall
Schattenzeigermessgerät n <msr> • shadow column instrument

Schattholzart f <holz> • shade-tolerant species; shade bearer
Schattieren n <edv> • shading
Schattieren n <edv> • rendering; shading; image calculation *did.rare*
schattieren vt <edv> • shade vt
schattieren vt ugs. <edv> • render vt; smoothen vt; shade vt
Schattierung f <doku> • hachure
Schattierung f <druck> *(durch zu starken Anpressdruck)* • over-impression; heavy impression; hard impression; shading
Schattierung f <druck.phot> • tint
Schattierung f <edv> *(Ergebnis)* • shading
Schattierung f <edv> • shading
Schattierung f <kunst> *(Tönung)* • hue; shade; color-tone; tint; tinge
Schattierung f <opt> • tonality
Schattierung f <opt> • shade
Schatzmeister m <nav> • treasurer
Schaubild n <doku> *(von Werten; z. B. Linien-, Balken-, Säulen-, Tortendiagramm)* • diagram; graph; chart
Schaudeich m DIN 4047-2 <bau.hydr> *(untersteht staatlicher Aufsicht)* • inspected dike
Schauer m <meteo> • shower
Schauerdeck n <allg> • shower deck
Schauerteilchen n <phys> • shower particle
Schaufel f <bau.masch> • bucket
Schaufel f <druck> • paddle
Schaufel f <förd> • scoop
Schaufel f <masch> *(Kreiselpumpe)* • vane; blade
Schaufel f <masch> • shovel
Schaufel f <masch> *(Pumpe, Turbine)* • vane; blade
Schaufel f <min> • shovel
Schaufel f <sport> • paddle
Schaufel f <verf> *(z. B. Leitschaufel für Strömungskanal)* • vane; blade
Schaufelanordnung f <masch> *(Pumpe, Turbine)* • blading
Schaufelaustrittskante f <masch> *(Pumpe, Turbine)* • blade trailing edge
Schaufelbagger m <bau.masch> • dipper dredger
Schaufelblatt n <bau.masch> • shovel blade
Schaufelblatt n <masch> *(Pumpe, Turbine)* • blade
Schaufelblatt n <turb> • paddle
Schaufelblock m <masch> • blade base
Schaufelbühne f <bau.min> • staging
Schaufeleintrittskante f <masch> *(Pumpe, Turbine)* • blade leading edge
Schaufeleintrittskante f <masch> *(Verdichter, Kreiselpumpe, Turbine)* • blade entrance
Schaufelfläche f <energ.hydr> • blade surface
Schaufelfuß m <masch> *(Pumpe, Turbine)* • blade root
Schaufelgitter n <masch> *(Pumpe, Turbine)* • blade grid; blade grid system
Schaufelkanal m <förd> • impeller channel; impeller passage; vane channel; vane passage
Schaufelkettenbagger m <förd> • bucket-chain dredger; coop-chain dredger
Schaufelkranz m <masch> *(Pumpe, Turbine)* • blade rim
Schaufellader m <bau.masch> • front-end loader; power shovel; power loader; mechanical shovel; shovel loader
Schaufellader m <bau.masch> • shovel dozer
schaufelloser Diffusor m <masch> *(Pumpe)* • vaneless diffuser; diffuser ring; diffusion ring
Schaufelmischer m <prod> • blade mixer; arm mixer
Schaufeln n <bau> *(von Hand)* • shoveling *US*; shovelling *GB*

Schaufelprofil n <masch> (Verdichter, Pumpe, Turbine)
• blade profile
Schaufelrad n <bau.masch> (Schaufelradbagger)
• bucket wheel; digging wheel
Schaufelrad n <druck> • paddle wheel; fan wheel
Schaufelrad n <förd> (Kreiselpumpe) • impeller; bladed
impeller; runner rare; pump wheel
Schaufelrad n <masch> (Strömungsmaschine) • blade
wheel
Schaufelrad n <nav> (Raddampfer) • paddle wheel
Schaufelradauslage f <druck> • paddle wheel delivery;
fan delivery
Schaufelradbagger m <bau.masch> • rotary excavator;
bucket-wheel excavator
Schaufelradfärbemaschine f <prod> • paddle dyeing
machine
Schaufelradgebläse n <masch> • paddle blade fan
Schaufelradlader m <bau.masch> • bucket-wheel loader
Schaufelrührer m <masch> • blade mixer; arm mixer
Schaufelschloss n <masch> (Turbine) • blade-locking in-
sert
Schaufelteilung f <masch> (Pumpe, Turbine) • blade
pitch; spacing ratio
Schaufelverstellhebel m <energ.hydr> • gate lever
Schaufelwelle f <masch> • paddle shaft
Schaufelwinkel m <energ.hydr> • blade angle; vane angle
Schaufelwinkel m <masch> (Pumpe, Turbine) • blade
angle
Schaufenster n <werb> • shop window
Schaufensterfront f <werb> (eines Geschäfts) • shop
front US.GB; store front US
Schauglas n <allg> • specimen jar; preservation jar
Schauglas n <tech.allg> • sight glass
Schauglas n <hlk> • sight glass
Schauglas n <kfz.hlk> • sight glass
Schauglas n <msr> • inspection glass; gauge glass
Schauglas n <msr> • oil-level glass; oil-flow indicator
Schauglas n <msr> • level tube
Schaukasten m <tech.allg> • display case
Schaukasten m <werb> • show-case
Schaukelbecherwerk n <förd> • swing-bucket elevator;
pivoted-bucket elevator
Schaukelbewegung f <tech.allg> • rocking motion
Schaukeleffekt m <tech.allg> • horizontal hunting
Schaukeleffekt m <av> • jitter
Schaukelförderer m <förd> • swing-bucket conveyor;
pivoted-bucket conveyor; swing-bucket elevator
Schaukeln nsg <phot> (Bewegung bei der Schalenverar-
beitung) • rocking sg
schaukeln vi <masch> (auf und ab) • seesaw vi; rock vt
schaukeln vt <phot> (beim Entwickeln) • rock vt
Schaukelofen m <verf> • tilting furnace; rocking furnace
Schaukelrinne f <tech.allg> • rocking runner
Schaukelschwingung f <tech.allg> • rocking vibration
Schaukeltrockner m <verf> • tilting pan dryer; tilting pan
drier; reversing pan dryer; reversing pan drier
Schaukelwippe f <hygi> (für Säuglinge, Kleinkinder)
• bouncing cradle GB; bouncer US
Schauloch n <tech.allg> (z. B. Brennkammer, Ofen) • ob-
servation hole; sight hole; eyehole; eyesight
Schauloch n <nav> • inspection hole
Schaulustige mpl <verk> (an Verkehrsunfallschauplätzen;
z. B. im Gegenverkehr) • starers; gapers
Schaum m <allg> (allg.) • foam; froth
Schaum m <bekl> • foam
Schaum m <mat> • scum
Schaum m <pap.ents> (bei der Flotation) • flotation foam
Schaum m <verf> (auf oder in Flüssigkeiten; eher unsau-
ber, meist unerwünscht) • froth; skimmings

Schaum abstreifen vt <verf> • scum vt
Schaumabstreifer m <metall> • froth skimmer
Schaumausbeute f <bau.mat> (Montageschaum) • foam
yield
Schaumbeständigkeit f <mat> • foam stability
Schaumbeton m <bau.mat> • foamed concrete
Schaum bilden vt <allg> • foam vt; froth vt
Schaumbildner m <chem.verf> (allg.) • foaming agent
Schaumbildner m <chem.verf> (auf Oberfläche schwim-
mender Schaum) • frothing agent
Schaumbildner m <feuer> (Schaumfeuerlöschverfahren)
• intumescent agent
Schaumbildner m <kst.silik> (zur Porenbildung, zum Auf-
schäumen) • gasifying agent
Schaumbildung f <allg> • foam generation
Schaumbildung f <verf> (allg.) • foaming
Schaumbildung f <verf> (auf Oberfläche schwimmender
Schaum) • frothing
Schaumbildungsvermögen n <mat> (allg.) • foaminess;
foaming capability
Schaumbildungsvermögen n <mat> (auf Oberfläche
schwimmender Schaum) • frothiness
schaumbrechend <chem> • antifoaming
schaumbrechend <verf> • foam-breaking; foam-killing
Schaumbrecher m <verf> (Flotation) • foam breaker;
foam killer
Schaumdämpfer m <tribo> (Additiv; z. B. in Motoröl)
• antifoam agent; antifoam inhibitor; foam inhibitor
Schaumdämpfungsöl n <verf> • antifroth oil
Schaumdüse f <tech.allg> • foam nozzle
Schaumentlüftung f <pap.ents> (bei der Flotation)
• foam deaeration
Schaumfaden m <textil> • foam filament
Schaumfänger m <prod> • skim bob
Schaumfeuerlöscher m <feuer> • foam extinguisher
Schaumflotation f <verf> • froth floatation
Schaumfolien-Koextrusionswerkzeug n <kst> (z. B.
für Mehrschicht-Lebensmittelschalen) • expanded-sheet
coextrusion tool
Schaumfolienwerkzeug n <kst> • expanded-sheet ex-
trusion tool
Schaumgärung f <nahr> (z. B. Sauerkrautherstellung)
• foam fermentation; froth fermentation
Schaumglas n <silik> • foam glass; cellular glas
Schaumgummi m <kst> • foam rubber
Schaumgummi m <kst> • cellular rubber; expanded rub-
ber
Schaumgummiunterlage f <pap> • foam rubber base
Schaumhandfeuerlöscher m <feuer> • foam extinguisher
schaumig <nahr> (Speiseeisfehler) • fluffy; foamy;
spongy; snowy
schaumiges Abschmelzen n <nahr> (Speiseeis)
• foamy meltdown; frothy meltdown
schaumimprägnierter Vliesstoff m <textil> • foam-
bonded non-woven
Schaumimprägnierung f <verf> • foam bonding
Schaumisolierung f <mat> • foamed insulation
Schaumkeramik f <silik> • foam ceramics
Schaumkern m <prod> (Sandwichbau) • foam core
Schaumkonzentrat n <verf> • froth product; concentrate-
laden froth
Schaumkopf m <metall> • scum riser
Schaumkunststoff m <mat.kst> • foamed plastic; cellular
plastic; plastic foam; expanded plastic
Schaumkunststoff m <nav> • plastic foam
Schaumlöffel m <metall> • skimming tool; skimmer
Schaumlöscher m <feuer> • foam extinguisher
Schaumneigung f <kfz.mot> • inclination for foaming :V

Schaumpolystyrol n <kst> • expanded polystyrene; foamed polystyrene

Schaumpolystyrol n rar <kst> • polystyrene foam; styrofoam coll; foamed polystyrene

Schaumprofil n <pack> (als Stoßpuffer) • foam profile

Schaumprotektor m <bekl> • foam protector

Schaum-Protektorenformteil n <bekl> • preformed foam protector pad

Schaumregulierungsmittel n <verf> • foam-control agent

Schaumschlacke f <bau.mat> • foamed slag

Schaumschlagmaschine f <verf> • frothing machine; foaming machine; beating machine

Schaumschwimmaufbereitung f <verf> • froth floatation

Schaumspritzgießen n <kst> • structural foam molding

schaumstabilisierendes Mittel n <chem.verf> • froth stabilizer

Schaumstabilität f <bau.mat> (Montageschaum) • foam stability

Schaumstelle f <prod> (Gussfehler) • scum defect

Schaumstoff m <allg> • foam

Schaumstoff m <bekl> • foam

Schaumstoff m DIN 55 405 <mat.kst> • foamed plastic; cellular plastic; plastic foam; expanded plastic

Schaumstoffblock m <nav> (als Auftriebskörper) • foam block buoyancy unit; foam buoyancy unit; foam block

Schaumstoffdämmung f <bau> • rigid-foam insulation

Schaumstofffilter m <verf> • sponge filter; film filter

Schaumstoff-Filterkörper m <verf> • foam insert

Schaumstofffolie f <mat> • foam sheet; expanded sheet

Schaumstoffisolierung f <bekl> (beheizte Motorradbekleidung) • foam insulation

Schaumstoffkern m <kfz.innen> (für Sitzpolster oder Rückenlehne) • squab foam

Schaumstoffpartikel n <pap.ents> (Störstoff im Faserstoff) • foam particle

Schaumstoffpatrone f <verf> • foam insert

Schaumstoffrücken m <kfz.innen> (von Teppichböden) • foam backing; foam underpadding

schaumstoffummantelt <kst> (z. B. Lenkrad) • foam padded :V

Schaumstrahlmonitor m <feuer> (Feuerlöscher) • jet foam monitor

Schaumtank m <feuer> (auf Löschfahrzeug) • foam tank

Schaumtank m <pap.ents> (bei der Flotation) • foam collection tank

Schaumteppich m <ents> • foam carpet

Schaumton m <bau.mat> • foam clay

Schaumtrichter m <metall> • whirl-gate dirt trap

Schaumunterlage f <edv> (für Maus) • foam pad

Schaumverbesserer m <chem> (allg.) • foam improver

Schaumverbesserer m <hygi> (Rasierschaum) • lather booster

Schaumverhalten n <tribo> (von Öl) • foam characteristics pl

Schaumverhütungsmittel n <chem> (allg.) • antifoaming agent; foam inhibitor

Schaumverhütungsmittel n <chem.verf> (verhindert Oberflächenschaum) • froth-preventing agent

Schaumverhütungsmittel n <hygi> (zur Empfängnisverhütung) • contraceptive foam; foam-type prophylactic

Schaumzahl f <qualit> (Maß für Schaumeigenschaften) • foam number

Schauöffnung f <tech.allg> • inspection hole, viewing aperture form; sight hole coll

Schaupackung f <pack> (Ware sichtbar; z. B. Karton mit Sichtfenster) • display package

Schaupackung f <werb> (für Werbeaufnahmen, Ausstellungszwecke etc.) • dummy

Schauspielhaus n <bau.theat> • play-house

Schautruhe f <nahr.prod> (z. B. Speiseeis, Gefrierkost) • display cabinet; freezer cabinet

Schauzeichen n <msr> • visual indicator

Schauzeichen n <msr.alarm> • visual annunciator

Scheck m <fin> • check US; cheque GB

Scheckheft n ugs <kfz> • service record; maintenance record Ford

scheckheftgepflegt <kfz> • full service history (fsh); full history coll; service history pract.coll

Scheckigkeit f DIN EN ISO 4618 <obfl.qualit> (Stellen ungleicher Schichtdicke werden sichtbar) • cissing ISO 4618-2

Scheckigkeit in extremer Form f <obfl> • crawling

Scheckkarten-Fernbedienung f <av> (für Camcorder) • cheque-card-sized remote control

Schedschale f <bau> • north-light shell

scheibchenförmiges HDL n <bio> • discoidal HDL

Scheibe f <edv> (magnet.) • disk US.GB; storage disk; recording disk

Scheibe f <edv> (opt.) • disc US.GB; storage disc; recording disc

Scheibe f DIN 125, 126 <füg> (glatt, mit Rundloch, typ. f. Schraubverbindungen) • plain washer; flat washer; washer pract.coll

Scheibe f <glas> (Fensterscheibe, eingebaut oder nicht eingebaut) • glass

Scheibe f <glas> (Glasscheibe, nicht eingebaut) • pane

Scheibe f <masch> (flache, dünne, runde Platte) • disk US; disc GB

Scheibe f <mat> • sheet

Scheibe f <mat> (abgeschnitten von Stange, Zylinder etc.; z. B. Brot, Wurst, Silicium) • slice

Scheibe f prakt <mil> (für Schießübungen) • target

Scheibe mit Außennase f DIN ISO 1891 <füg> • external tab washer

Scheibe mit Fase f DIN ISO 1891 <füg> • single chamfer plain washer

Scheibe mit Innennase f DIN ISO 1891 <füg> • internal tab washer

Scheibe mit Lappen f DIN ISO 1891 <füg> (Sicherung v. Schraubverbindungen) • tab washer with long tab

Scheibe mit Vierkantloch f DIN ISO 1891 <füg> • round washer with square hole

Scheibe mit zwei Lappen f DIN ISO 1891 <füg> • tab washer with long tab and wing

Scheibenätzen n :V <kfz> (unlöschbare Markierung der Fensterscheibe zur Diebesabwehr) • window etching

Scheibenanguss m <kst> • disk gate US; disc gate GB

Scheibenanker m <masch> • disckarmature US; disc armature GB

Scheibenanlage f <mil> (Schießen) • target installation; target system STR

Scheibenanlage mit elektronischer Wertung f <mil> (Schießen) • electronic scoring system

Scheibenanschnitt m <kst> • disk gate US; disc gate GB

Scheibenantenne f <kfz.av> (in Front- od. Heckscheibe integriert; auf oder im Glas) • glass-mount antenna US; glass mount aerial GB

Scheibenantenne f <tele> • disk-type antenna US; disc-type aerial GB

Scheibenaufnahme f <wz.masch> • wheel mount

Scheibenaufschläger m <pap> • disk refiner US; disc refiner GB

Scheibenaufsicht f <mil> (Schießen) • Target Officer

Scheibenbau m <bau> • slicing method

Scheibenbau m <min> • slicing

Scheibenbauweise f <tech.allg> • frameless construction

Scheiben-Bedienungsmann m <mil> • target operator

Scheibenbrecher *m* <verf> • disk crusher *US*; disc crusher *GB*

Scheibenbremsbelag *m form* <kfz.brems> *(Belagträger mit Bremsbelag von Scheibenbremsen)* • brake pad; friction pad

Scheibenbremse *f* <brems> • disc brake *US.GB*; disk brake *US.GB*

Scheibenbremse *f* <fz> • disc brake

Scheibenbremse mit innenliegendem Sattel <kfz.brems> • inside caliper brake

Scheibenbremsen mit ABS *fpl* <kfz.brems> • anti-lock disk brakes *pl US*; anti-lock disc brakes *pl GB*

Scheibenbremsen vorn, Trommelbremsen hinten *pl* <kfz.brems> • front disc/rear drum brakes *pl*

Scheibenbremssattel *m* <kfz.brems> *(Scheibenbremse)* • brake caliper; caliper *pract.coll*; disk brake caliper *US*; disc brake caliper *GB*

Scheibendicke *f* <bau> • glass thickness; glazing thickness

Scheibendiode *f* <el> • disk-seal diode *US*; disc-seal diode *GB*

Scheibendrehschieber *m rar* <kfz> *(Zweitaktmotor-Einlasssteuerung)* • rotary disk valve; rotating disk valve

Scheibenegge *f* <agri> • disk harrow *US*; disc harrow *GB*

Scheibeneinfassung *f* <kfz> • window trim :*V*

Scheibeneinsatz *m* <mil> *(Schießen)* • target insert

Scheibenelektrode *f* <el> • disk electrode *US*; disc electrode *GB*

Scheibenfahrpflug *m* <agri> • sulky disc plough

Scheibenfeder *f DIN 6888* <füg> *(z. B. zw. Welle und Nabe)* • woodruff key; half-moon key *rare*

Scheibenfederbauch *m* <masch> *(Unterseite einer Scheibenfeder)* • key belly

Scheibenfilter *m/n* <pap.ents> • disk filter *US*; disc filter *GB*

Scheibenfilter *m/n* <verf> • disk filter *US*; disc filter *GB*; leaf filter

scheibenförmig <tech.allg> • disk-shaped *US*; disc-shaped *GB*

scheibenförmige Antenne *f* <tele> • disk-type antenna *US*; disc-type aerial *GB*

scheibenförmiger Gewindeformfräser *m* <wz> • formed-type single thread milling cutter

scheibenförmiger Gewindefräser *m* <wz> • single thread-milling cutter; side milling cutter *rare*

scheibenförmiger Thermistor *m* <msr.el> • wafer-form thermistor

scheibenförmiges HDL *n* <bio> • discoidal HDL

Scheibenfolie *f* <kfz> • sun shield film; insulating sun shield film

Scheibenfräser *m* <wz> • side milling cutter *US*; side and face milling cutter; cylindrical milling cutter

Scheibenfreilaufkupplung *f* <antr> • friction disc freewheel clutch

Scheibenführungsschiene *f* <kfz> *(für versenkbare Fensterscheiben)* • glass track

Scheibenfunkenstrecke *f* <el> • disc discharger

Scheibengelenk *n* <füg> • disc joint

scheibengewickelte Spule *f* <el> • sandwich-wound coil

Scheibengraben *m* <mil> • target pit; pit

Scheibengröße *f* <bau> • glass size; glass dimension

Scheibenhäufler *m* <agri> • disc ridger; gathering disc ridger

Scheibenheber *m* <kfz> • window-glass mechanism

Scheibenhülse *f* <masch> • double-flanged bobbin

Scheibenkolben *m* <masch> • disk piston *US*; disc piston *GB*; solid piston

Scheibenkollektor *m* <el> • radial commutator

Scheibenkondensator *m* <el> • disk capacitor *US*; disc capacitor *GB*

Scheibenkonusantenne *f* <tele> • discone aerial

Scheibenkupplung *f* <antr> *(allg. Oberbegriff)* • disk clutch *US*; disc clutch *GB*; disk coupling *US*; disc coupling *GB*; axial clutch

Scheibenkurve *f* <masch> • plate cam; disk cam *US*; disc cam *GB*

Scheibenläufer *m* <el> *(E-Motor)* • disk armature *US*; disc armature *GB*

Scheibenlinie *f* <mil> *(Schießen)* • target line

Scheibenmagnet *m* <verf> *(gegen Algen im Aquarium)* • algae magnet

Scheibenmaskierung *f* <el> • slice masking

Scheibenmeißel *m* <wz> • circular form tool

Scheibenmitte *f* <mil> *(Schießen)* • target center

Scheibenmotor *m* <el> • disk motor *US*; disc motor *GB*; pancake motor

Scheibenmühle *f* <verf> • disk mill *US*; disc mill *GB*; disc attrition mill

Scheibennadel *f rar* <textil> • dial needle

Scheibennummerierung *f* <mil> *(Schießen)* • target numbering

Scheibenpflug *m* <agri> • disk plough *US*; disc plough *GB*

Scheibenprothese *f prakt* <med.tech> *(Herzklappenersatz)* • caged-disk valve *US*; caged-disc valve *GB*

Scheibenrad *n* <fz> • disk wheel *US*; disc wheel *GB*

Scheibenrad *n* <masch> • disk wheel *US*; disc wheel *GB*; solid-center wheel

Scheibenrahmen *m* <mil> • target frame; frame

Scheibenrechen *m* <bau> • disk screen *US*; disc screen *GB*

Scheibenrefiner *m* <pap.ents> • disk refiner *US*; disc refiner *GB*

Scheibenrelais *n* <el> • movable-disk relay *US*; movable-disc relay *GB*

Scheibenrevolver *m* <wz.masch> • disk-type turret *US*; disc-type turret *GB*

Scheibenrille *f* <masch> • pulley groove

Scheibenröhre *f* <el> • disk-seal tube *US*; disc-seal tube *GB*

Scheibenrost *m* <tech.allg> • disk screen *US*; disc screen *GB*

Scheibenrührer *m* <verf> • disk agitator *US*; disc agitator *GB*

Scheibenschärmaschine *f* <textil> • sectional warp machine

Scheibenschalter *m* <el> • wafer switch

Scheibenschlag *m* <kfz.brems> *(von Bremsscheiben)* • lateral runout

Scheibenschleifmaschine *f* <wz.masch> • disk sander *US*; disc sander *GB*

Scheibenschloss *n rar* <textil> • dial cam system; dial cam

Scheibenschwenkpflug *m* <agri> • reversible disk plow *US*; reversible disc plough *GB*

Scheibensignal *n* <bahn> • disk signal *US*; disc signal *GB*

Scheibenspiegel *m* <mil> • bullseye; bull's eye

Scheibenspule *f* <el> *(Transformator)* • disk coil *US*; disc coil *GB*; pancake coil; plane coil; sandwich-wound coil

Scheibenspule *f* <textil> • flanged bobbin

Scheibenstärke *f* <bau> • glass thickness; glazing thickness

Scheibensteuerung *f* <mil> *(Schießen)* • target control

Scheibenträger *m* <el.ic> • wafer holder

Scheibenträger *m* <nahr> *(Wurstschneidemaschine)* • slice carrier

Scheibentransportanlage f <mil> • automatic target carrier

Scheibentrieur m <verf> • disc separator

Scheibentrimmer m <el> • disk variable capacitor US; disc variable capacitor GB

Scheibenturbine f • disk turbine US; disc turbine GB

Scheibenüberprüfung f <mil> (Schießen) • target verification

Scheiben und Schraubensicherungen fpl <füg> • washers pl

Scheibenventil n <rls> • disk valve US; disc valve GB

Scheibenverdampfer m <rls> • disk evaporator US; disc evaporator GB

Scheibenverschluss m <bau> (Schloss) • sector shutter

Scheibenverschluss m <masch> • rotary shutter

Scheibenwalze f <masch> • disk roll US; disc roll GB

Scheibenwand f <bau> (schubkraftübertragend) • shear wall; diaphragm wall

Scheibenwaschanlage f <kfz> (im Fahrzeug eingebaut) • windshield washer system US; windshield washer US; windscreen washer system GB; windscreen washer GB; screenwash system GB.Jaguar

Scheibenwaschanlagenpumpe f :V <kfz> • windshield washer pump US; windscreen washer pump GB

Scheibenwaschdüse f <kfz> • washer nozzle

Scheibenwascher m <kfz> (an roten Verkehrsampeln) • windshield washer (WW) US; windscreen washer GB

Scheibenwascher m prakt.ugs <kfz> (im Fahrzeug eingebaut) • windshield washer system US; windshield washer US; windscreen washer system GB; windscreen washer GB; screenwash system GB.Jaguar

Scheibenwechsel m <mil> (Schießen) • target operation; target change

Scheibenwechselanlage f <mil> • automatic target changer

scheibenweise abbauen vt <min> • slice vt

Scheibenwicklung f <el> • disk winding US; disc winding GB; sandwich winding

Scheibenwirkung f <bau> • diaphragm action

Scheibenwischer m <kfz> (System/Funktion) • windshield wiper US; windscreen wiper GB

Scheibenwischer m sg=pl ugs <kfz> (Ersatzteil: Halterung mit Gummilippe) • windshield wiper blade form.US; wiper blade pract.US; windscreen wiper blade GB; windscreen wiper pract.GB

Scheibenwischer-Abziehzange f <kfz.wz> • wiper arm remover tool coll; windshield wiper arm remover form; windshield wiper arm removal tool form

Scheibenwischerarm m <kfz> • windshield wiper arm US; wiper arm pract.coll; windscreen wiper arm GB

Scheibenwischerblatt n form <kfz> (Ersatzteil: Halterung mit Gummilippe) • windshield wiper blade form.US; wiper blade pract.US; windscreen wiper blade GB; windscreen wiper pract.GB

Scheibenwischermotor m <kfz> • windshield wiper motor US; windscreen wiper motor GB

Scheibenwischerschalter m <kfz.el> • windshield wiper switch US; windscreen wiper switch GB

Scheibenwischer- und Scheibenwascherhebel m <kfz> • windshield washer and wiper switch lever US; windscreen washer and wiper switch lever GB

Scheibenwisch- und -waschanlage f <fz> (Kraftfahrzeug, Lokomotive, Schiff) • wash-wipe; wash-wiper

Scheibenwisch-/waschanlage f <kfz> • windshield wiper and washer system US; windscreen wiper and washer system GB

Scheibenzähler m <msr> • disk meter US; nutating-disk meter US; disk meter GB; nutating-disc meter GB

Scheibenzentrum n <mil> (Schießen) • target center

Scheibenzerfaserer m <pap.ents> • disk refiner US; disc refiner GB

Scheibenzerstäuber m <ents> • rotating atomizer; rotary atomizer; centrifugal disc atomizer; plate atomizer; rotary-cup atomizer

Scheibenzerstäuber m <verf> • spinning-disk atomizer US; spinning-disc atomizer GB; rotary-disk atomizer US; rotary-disc atomizer GB

Scheibenzuganlage f <mil> • automatic target carrier

Scheibenzwischenraum m (SZR) <bau> (Fensterbau; Mehrscheiben-Isolierglas) • air space

Scheidbogen m <bau> • partition arch

Scheideanlage f <metall> • refinery

Scheidebehälter m <verf> • separation vessel

Scheidefiltration f <verf> • cake filtration

Scheideflasche f <chem> • Florentine flask

Scheidegut n <verf> • material to be separated; material being separated

Scheidekasten m <verf> (Aufbereitung) • decantation tank

scheiden vt <chem> (z. B. Salze) • separate vt

scheiden vt <mat> • part vt

scheiden vt <metall> (Erz von Hand) • cob vt

scheiden vt <nahr> (Zucker) • defecate vt; lime vt

scheiden vt <verf> (Aufbereitung) • sort vt

Scheideofen m <verf> • parting furnace

Scheider m <el> (Batterie) • separator

Scheider m <pap> • grader

Scheidetank m <verf> (Aufbereitung) • decantation tank

Scheidetisch m <verf> (Aufbereitung) • picking table

Scheidetrichter m <chem> • separating funnel

Scheidewand f <allg> (z. B. Anatomie, Technik) • diaphragm

Scheidewand f <bau> • partition wall; partition; separation wall; mid-wall; parting wall

Scheidewand f <masch> • membrane

Scheidewand f <metall> (Hochofen) • bridge wall

Scheidewand f <pap> (Holländer) • center division

Scheidewasser n <chem> • aqua fortis

Scheidung f <chem> • separation

Scheidung f <chem.verf> (von Gold und Silber durch Salpetersäure) • quartation

Scheidung f <metall> (Erz von Hand) • cobbing

Scheidung f <metall> (Hydrometallurgie) • parting

Scheidung f <nahr> (Zuckergewinnung) • defecation

Scheidung f <verf> (Aufbereitung) • sorting

Scheinaktivität f <edv> • zero-time activity

Scheinangehöriger m <jur> • bogus dependant

Scheinanweisung f <edv> • dummy statement

Scheinargument n <psych> • dummy argument

scheinbare Auswanderung f <navig> • apparent drift

scheinbare Dichte f <förd> • bulk density

scheinbare Dichte f <phys> • apparent density

scheinbare Drift f <navig> • apparent drift

scheinbare Größe f <tech.allg> • apparent size

scheinbare Halbwertszeit f <nukl> • apparent half-life

scheinbare Helligkeit f <opt> • apparent brightness

scheinbare Lebensdauer f <prod> • apparent lifetime

scheinbare Leistung f <tech.allg> • apparent power

scheinbare Remanenz f <el> • magnetic retentivity; retentivity; apparent remanence

scheinbarer Horizont m <aerospace> • visible horizon; apparent horizon

scheinbarer Horizont m <navig> • sensible horizon

scheinbarer Wind m <nav> • apparent wind

scheinbares Bild n <opt> • virtual image

scheinbare Schüttdichte f DIN ISO 2395 <mat> • apparent bulk density ISO 2395

scheinbare Viskosität f <tribo> • apparent viscosity

Scheinbefehl m <edv> • dummy instruction

Scheinbelastung f <el> • dummy load

Scheindämpfung f <phys> • apparent attenuation

Scheindruck m <pap> • apparent pressure

Scheinehe f <jur> • marriage of convenience

Scheinenergiezähler m <msr> • apparent-energy meter

Scheinfirma f <jur> • letter-box company; paper company; bogus firm; conduit company; accommodation company

Scheinfuge f <bau> • contraction joint; dummy joint

Scheinfuge f <füg> • false joint

Scheininduktivität f <el> • apparent inductance

Scheinkomponente f <tech.allg> • apparent component

Scheinleistung f (S) <el> (in Voltampere; [S] = 1 W = 1 VA) • apparent power (VA)

Scheinleistungsmesser m <msr.el> • voltammeter US; voltameter GB

Scheinleitung f <el> • apparent conduction

Scheinleitwert m <el> • admittance; vector admittance

Scheinlot n <navig> • apparent vertical

Scheinprozedur f <edv> • dummy procedure

Scheinspannung f <el> • apparent voltage

Scheinstrom m <el> • apparent current

Scheinvariable f <math> • dummy variable

Scheinverbrauchszähler m <msr> • apparent-energy meter; volt-ampere-hour meter

Scheinversuch m <tech.allg> • mock-up test

Scheinwerfer m <aerospace> • searchlight; floodlight

Scheinwerfer m <kfz.el> • headlight; headlights; headlamp; headlamps

Scheinwerfer m <licht> • light projector; projector

Scheinwerfer m <licht.theat> • spotlight; spot coll

Scheinwerfer m <phot> • spotlight; spot

Scheinwerferabblender m <kfz.el> • headlight dimmer

Scheinwerferabdeckung f <kfz> (Schutz, auf Streuscheibe außen) • headlight cover

Scheinwerferabdeckung f MB <kfz.el> (innen, an Scheinwerferrückseite; steifer Deckel) • headlamp plastic cover

Scheinwerferabdeckung in Brillantoptik f <kfz> (z. B. ab VW Golf IV) • clear glass headlight cover; unpatterned clear glass headlight cover

Scheinwerferabdeckung in Klarglasoptik f <kfz> (allg.; z. B. bei BMW) • clear glass headlight cover; unpatterned clear glass headlight cover

Scheinwerferausschnitt m <kfz> • headlamp aperture

Scheinwerfer-Automatikschaltung f :V <kfz.el> • headlight on/off delay system; autolamp on/off delay system Ford

Scheinwerferbaugruppe f <kfz.el> • headlamp assembly

Scheinwerferbeleuchtung f <licht> • floodlighting; searchlight illumination

Scheinwerferdeckglas n <kfz> • aero headlight lens; headlight cover

Scheinwerfereinfassung f <kfz.licht> • headlight bezel US; headlamp surround GB; headlamp rim

Scheinwerfereinstellgerät n <kfz.el> • aimer

Scheinwerfereinstellprüfgerät n Bosch <kfz.el> • aimer

Scheinwerfereinstellung f <kfz.licht> (Vorgang und Zustand) • headlight beam setting; headlights alignment GB; headlamp aiming US

Scheinwerfer im Funkellook m werb.ugs <kfz.el> (auffallend verspiegelt; z. B. ab VW Golf IV) • clear glass headlight; headlight with clear glass lens cover; headlight with clear glass lens; headlights with clear glass optics rare.VW

Scheinwerferkasten m <kfz> • headlamp mounting panel; headlamp support panel

Scheinwerferleiter f <licht.theat> • ladder

Scheinwerfer mit automatischer Fahrtrichtungsumschaltung f :V <bahn> • directional headlight

Scheinwerferreinigungsanlage f MB <kfz> (mit oder ohne Wischer) • headlights washer/wiper system (hlww); headlight wash/wipe; headlamp wash/wipe GB; headlamp cleaning coll; headlamp powerwash system Jaguar

Scheinwerferschablone f <licht.theat> • luminaire stencil; stencil coll

Scheinwerferschirm m <kfz> • headlight visor

Scheinwerfer-Steuerungssystem n <kfz> • headlights control system

Scheinwerferstütze f rar <kfz> (allg.) • headlamp body; headlight socket

Scheinwerfertopf m <kfz> (allg.) • headlamp body; headlight socket

Scheinwerfertopf m <kfz> (freistehend) • headlamp bucket

Scheinwerferverkleidung f <kfz.el> (innen, an Scheinwerferrückseite; steifer Deckel) • headlamp plastic cover

Scheinwerferwaschanlage f (Wi/Wa) <kfz> (mit oder ohne Wischer) • headlights washer/wiper system (hlww); headlight wash/wipe; headlamp wash/wipe GB; headlamp cleaning coll; headlamp powerwash system Jaguar

Scheinwerferzierring m <kfz.licht> • headlight bezel US; headlamp surround GB; headlamp rim

Scheinwiderstand m <el> • impedance

Scheinwiderstandsangleicher m <el> • impedance compensator

Scheinwiderstandsanpassung f <el> • impedance matching

Scheinwiderstandsmessbrücke f <msr> • impedance bridge

Scheinwiderstandsmesser m <msr> • impedance meter; impedometer

Scheinwirkungsgrad m <el> • apparent efficiency

Scheinzähigkeit f <tribo> • eddy viscosity; apparent viscosity

Scheitel m <bau> • crown

Scheitel m <bau> (Bogen) • sagitta

Scheitel m <bio> (des Kopfes) • top

Scheitel m <el> • crest

Scheitel m <ents.hydr> • top of pipe

Scheitel m <math> (höchster Punkt einer Kurve; z. B. ballist. Flugbahn) • apex; vertex; peak coll

Scheitel m <msr> (einer Kurve; Schaubild) • peak

Scheitel m <verf> (Siebtrommel) • top dead

Scheitelapsidiole f <bau> (Kirche) • crown apsidiole

Scheitelbrechwert m <opt> • vertex dioptric power

Scheitelbrechwertmesser m <opt.med> • focimeter DIN EN ISO 9337; vertex refractometer; focometer rare

Scheitelbrechwert-Messgerät n DIN EN ISO 9337 <opt.med> • focimeter DIN EN ISO 9337; vertex refractometer; focometer rare

Scheitelfaktor m <el> (Sendeleistung) • crest factor; peak factor

Scheitelfaktor m <phys> (Schwingung) • amplitude factor

Scheitelfaktormessbrücke f <el> • peak-factor bridge

Scheitelform f <hydr> • profile at crown

Scheitelkreis m <math> • eccentric circle

Scheitelpunkt m <astron> • zenith

Scheitelpunkt m <edv> (kleinste Einheit eines Netzmodells) • vertex

Scheitelpunkt m <math> (höchster Punkt einer Kurve; z. B. ballist. Flugbahn) • apex; vertex; peak coll

Scheitelpunkt m <math> (Vieleck, Vielflach; pl: Vertices) • vertex; point

Scheitelpunkt m <opt> (Schnittpunkt der optischen Achse mit Oberfläche von Brillenglas) • vertex

Scheitelpunktspeisung f <el> (Antennentechnik) • vertex feed

Scheitelspannung f <el> • peak voltage; crest voltage

Scheitelspannungsmesser m <msr> • peak voltmeter; crest voltmeter

Scheitelsperrspannung f <el> • peak inverse voltage

Scheitelstauchwiderstand m <qualit.mat> • flat crush resistance

Scheitelstrom m <el> • peak current

Scheitelwert m <tech.allg> • peak value; maximum; peak

Scheitelwert m <el> • peak value; crest value

Scheitelwert m <math> (Verteilung) • modal value; mode

Scheitelwert m <phys> (Größtwert einer sinusförmigen Größe; maximaler Schwingungsausschlag) • amplitude DIN IEC 50

Scheitelwinkel m <math> • included angle; vertex angle

Scheitelwinkel mpl <math> • vertically opposite angles

Scheitermost m <nahr> (Wein) • final pressings pl; last pressings pl

Scheitern n <nahr> (Wein) • breaking up the press-cake

scheitrechter Bogen m <bau> • camber arch

scheitrechter Bogen m <bau> • flat arch; jack arch; straight arch

Schelf n/m <geo> • continental basement; continental shelf

Schelfbohrung f <petr> • offshore drilling

Schellack m niederl <obfl> • shellac; lac

Schellackbindung f <obfl> • shellac bond

Schellackkittstangen fpl <obfl> • shellac stick; shellac burning-in stick

Schellacklösung f <obfl> (Spirituslack) • shellac varnish

Schellacklösung auftragen vt <obfl> • shellac vt

Schellackplättchen npl <obfl> • shellac flakes

Schellackplatte n <av> • shellac disc

Schellackpolitur f <obfl> • shellac polish

Schellackstangen fpl <obfl> • shellac stick; shellac burning-in stick

Schellacküberzug m <obfl> • coat of shellac

Schellackwachs n <obfl> • lac wax

Schelle f <el> • wireholder; contact band; tapping clip

Schelle f <füg> • bracket; clamp; clip; brace

Schelle f prakt <füg> • pipe clamp; pipe clip; clamp pract; conduit clamp rare

Schelle f <fz> (zur Befestigung von Bauteilen an Rahmen und Lenker) • band

Schelle f <lwl> • clamp

Schema n <doku> (Darstellung mit graphischen Symbolen; z. B. eines Systems) • diagram

schematisch darstellen vt <doku> • represent diagrammatically vt; diagram vt; represent schematically vt

schematische Darstellung f <doku> • schematic representation; schematic; skeleton sketch

Schenkel m <bau> (Träger) • web

Schenkel m <geo> (Falte) • limb

Schenkel m <masch> (Winkelstahl, U-Rohr) • branch

Schenkel m <math> (Geometrie) • leg

Schenkel m <math> (Winkel) • side; arm

Schenkel m <msr> (Messschieber) • jaw

Schenkel m <wz> (Zange) • handle

Schenkelpolläufer m <el> • salient-pole rotor

Schenkelrohr n <rls> • elbow pipe

Scherbacke f <petr> • shear ram

Scherbe f <rls> • break

Scherbeanspruchung f <mech> • shearing forces pl; shear stress; shearing; shear load; shear

Scherben m <silik> • body

Scherblatt n <hygi> (Elektrorasierer) • shaving foil

Scherblattabdeckung f <hygi> (Rasierer) • foil cover

Scherbolzen m <masch> • shear pin; shearing pin

Scherbruch m <qualit.mat> • shear fracture

Scherdegen m <led> (zum Entfleischen) • fleshing knife

Schere f <bau> (DK-Beschlag) • stay arm; arm; scissor

Schere f <masch> (z. B. Werkzeugmaschine) • brace

Schere f <masch> • swing frame

Schere f <prod> (zum Begradigen der Bleche beim Bandverzinken) • shears pl

Schere f DIN 32613 <wz> • pair of scissors; scissors

Scherebene f <mech> • shear plane

Schereisen n <led> (zum Entfleischen) • fleshing knife

Scherelement n <kst> • shearing element

scheren v <prod> • crop v

scheren vt <allg> (z. B. Schaf, Pudel) • cut vt

scheren vt <led> • shave vt

scheren vt <nav> (z. B. Leine) • reeve vt

scheren vt <prod> • shear vt; shear off vt

Scherenblatt n <wz> • shear blade

Scherenbolzen m <masch> • intermediate stud; movable stud

Scherenfernrohr n <opt> • stereoscopic telescope; scissors telescope

Scherengitter n <bau> • worm fence; snake fence; Virginia fence rare

Scherengittertor n <förd> • collapsible car gate

Scherenhebebühne f <förd> • scissor lift

Scherenhebel m <masch> • articulated jack

Scherenhubplattform f <förd> • scissor lift

Scherenlager n <bau> • stay bearing :GU

Scherenmanipulator m <prod.autom> • mechanical pantograph manipulator

Scherenmesser n <wz> • shear blade; shear knife

Scherenrichtbühne f <rep> (Richtsystem) • scissors bench

Scherenrollgang m <prod> • shear table

Scherenspannzeug n <qualit.mat> • pincer grip

Scherenstromabnehmer m <bahn> • pantograph; pantograph current collector; slipper collector rare

Scherensystem n <theat> • screw-actuated lift

Scherenverbindung f ugs <chem> • chelate compound; chelate complex; chelate; crab's claw complex coll

Scherenwagenheber m <kfz.wz> (mit horiz. Spindel und Kurbel) • scissors jack

Scherenzug m <theat> • curtain rigging system

Scherenzugeinrichtung f <theat> • curtain rigging system

Scherfestigkeit f <qualit.mat> • shear strength; shear resistance; shearing strength

Scherfestigkeit f <tribo> • shear stability

Scherfolie f rar <hygi> (Elektrorasierer) • shaving foil

Schergang m <nav> • sheer strake

Schergefälle n rar <tech.allg> (Rheologie; z. B. in Öl, Kunststoffschmelze) • shear velocity; shear rate; rate of shear rare

Schergeschwindigkeit f <tech.allg> (Rheologie; z. B. in Öl, Kunststoffschmelze) • shear velocity; shear rate; rate of shear rare

Scherhaspel f <prod> • horizontal warping reel

Schering-Brücke f <el> • Schering bridge

Scherkluft f <geo> • shear joint

Scherkräfte fpl <phys> (in Flüssigkeiten, z. B. in Öl) • shear forces ppwiss-did

Scherkraft f <mech> • shearing force; shear force

Scherkraft f <wz> • cutting force

Scherleiste f <verf.hydr> (Comminutor) • shear bar; cutter bar

Scherlinie f <mech> • shear stress line

Schermaschine f <el> (Kabelherstellung) • longitudinal covering machine

Schermaschine f <led> (für Schaf-Felle) • wool clipping machine

Schermaschine f <textil> • shearing machine

Schermaschine f <wz.masch> • shearing machine; shearing frame rare

Schermeißel m <wz> • shear tool

Schermesser n <metall> *(beweglich; Scherwerkzeug)* • moving blade

Schermesser n <wz> • shear blade; shearing blade; shear knife; shearing knife

Schermoment n <mech> • shear moment; shearing moment

Schernachgiebigkeit f <mech> • shear flexibility

Scherriss m <mat> • shear crack; shearing crack; crop cracking *rare*

Scherschlagfestigkeit f <füg.qualit> *(z. B. Klebung)* • shear impact strength

Scherschnitt m DIN 9870 <prod> • shear cut; shearing cut

Scherschwingung f <mech> • shear vibration

Scherspan m <prod> • continuous chip with built-up edge; shear chip with built-up edge *rare*

Scherspannmessung f <mech> • shear stress measurement

Scherspannung f <mech> • shear stress; shearing stress

scherstabil <tribo> • shear stable

Scherstabilität f <tribo> • shear stability

Scherstift m <masch> *(Überlastsicherung)* • shear pin

Scherströmung f <meteo> • shear flow

Scherteil n <kst> • shearing element

Schertest m <qualit.mat> • shear test; shearing test

Scherung f <meteo> • shear; shearing

Scherungsachse f <prod> • axis of shear

Scherungsmodul m <mech> • modulus of rigidity

Scherungsmodul m <qualit.mat> • shear modulus (G); modulus of rigidity; coefficient of rigidity *rare*; modulus of elasticity in shear *rare*; rigidity modulus *rare*

Scherungsrichtung f <meteo> • shear direction

Scherungswelle f <akust> • rotational wave

Scherungswelle f <geo> • shear wave

Scherungswelle f <phys> • distortional wave

Scherverbrennungen fpl <kst> • burn marks pl

Scherverfestigung f <mat> • shear thickening

Scherverflüssigung f <mat> *(pseudoplastisches Fließverhalten)* • shear thinning

Scherverformung f <mech> • shear strain

Scherverlust m <tribo> • shearing loss

Scherversuch m <qualit.mat> • shear test; shearing test

Scherwärme f <kst> • frictional heat

Scherwerkzeug n <metall> *(zum Ablängen von Stabmaterial; z. B. für Schmiederohlinge)* • cropping tool

Scherwiderstand m <mech> • shear resistance; shearing resistance

Scherwinkel m <mech> • shear angle

Scherzone f <mech> • shear zone

Scherzugversuch m <qualit.mat> • shear tension test

Schetterecho n rar <av> • flutter echo

Scheuerbeständigkeit f <qualit.mat> *(abrasive Beanspruchung; z. B. von Anstrichen, Überzügen, Textilien, Rei)* • abrasion resistance; resistance to abrasion; attrition resistance; abrasion strength

scheuerfeste Druckfarbe f <druck> • rub-proof ink

Scheuerfestigkeit f <qualit.mat> *(z. B. Fußboden, Möbel, Teppich)* • wear resistance

Scheuergerät n <qualit.mat> • abrasion tester; abrasion testing instrument

Scheuerleiste f <nav> • rubbing strake

Scheuerleiste f <nfz> *(Schneepflug)* • cutting edge; trip edge

Scheuerleiste f <prod> *(z. B. an Reifenflanke)* • scuff rib

Scheuermittel n <wz> • abrasive cleaner

scheuern vt <obfl> • scour vt

scheuern vt <textil> *(Prüfen)* • rub vt

scheuern vt <verf> • swab vt

scheuerndes Reinigungsmittel n <wz> • abrasive cleaner

Scheuerprüfung f <qualit> • abrasion test; attrition test

Scheuerpulver n <wz> • abrasive cleaning powder

Scheuertrommel f <prod> *(Draht)* • scouring barrel

Scheuerung f <textil> *(Prüfen)* • rub

Schi m A <sport> *(für Alpin, Abfahrt od. Langlauf)* • ski *coll*

Schicht f <bau> • course

Schicht f <bau> *(z. B. v. Ziegeln)* • row

Schicht f <econ> *(Arbeitszeit)* • shift; turn

Schicht f <edv> *(z. B. einer Grafik)* • layer

Schicht f <el.ic.prod> • film,

Schicht f <geo> • bed

Schicht f <geo> • stratum

Schicht f <mat> *(z. B. Kunststoffschicht auf Papier)* • coat

Schicht f <mat> • ply

Schicht f <min> • layer

Schicht f <obfl> *(auf der Oberfläche)* • layer

Schicht f <obfl> *(nur Oberflächenschicht (z. B. Anstrich, Überzug))* • coating

Schicht f <obfl> *(allg.)* • layer

Schicht f <obfl> *(aufgedampft, elektrochemisch abgeschieden)* • deposit

Schicht f <obfl> *(dünne Schicht auf einem Untergrund; z. B. Wasser, Öl, Lack)* • film

Schicht f <pack> *(z. B. Lack)* • coat

Schicht f prakt <phot> *(auf Fotopapier, Film)* • emulsion; emulsion layer; emulsion coating; photographic layer; coating *pract*

Schicht f <rls> *(Gewebebalg)* • layer

Schichtablösung f <av> *(von Magnetbändern)* • oxide shedding

Schichtablösung f <obfl> *(bei Laminaten; z. B. Sperrholz)* • delamination

Schichtablösung f <phot> *(Emulsion vom Trägermaterial)* • emulsion stripping

Schichtabrieb m <av> *(von Magnetbändern)* • oxide shedding

Schichtaufbau m norm <rls> • permutation of layers; bellows make-up; bellows build up

Schichtaufbringung f <obfl> • film deposition

Schichtband n <av> • coated magnetic tape; coated tape *pract*; ferrous-coated tape; magnetic powder-coated tape

Schichtbauelement n <el> • junction electronic component

schichtbildendes Phosphatierverfahren n <obfl> • film-forming phosphating process

Schichtbildung f <obfl> • coating formation; layer formation

Schichtbildungsgeschwindigkeit f <obfl> *(beim Phosphatieren)* • coating formation rate

Schichtbildungsgeschwindigkeit f <obfl> *(beim Phosphatieren)* • film formation rate

Schichtbildungsreaktion f <obfl> *(beim Phosphatieren)* • coating formation reaction

Schichtbildungsreaktion f <obfl> *(beim Phosphatieren)* • film formation reaction

Schichtbus m <nfz> • factory bus

Schichtdicke f <edv> • coating thickness; layer thickness

Schichtdicke f <geo> • stratum thickness

Schichtdicke f <nukl> • layer thickness

Schichtdicke f <obfl> • film thickness

Schichtdicke f <obfl> • layer thickness; coating thickness; coat thickness

Schichtdicke f <phot> • deposit thickness

Schichtdickenmesser m <msr> • film thickness gauge; thickness gauge

Schichtdruck m <min> • formation pressure

Schichtebene f <geo> • cleavage plane

Schichtelement n <el> • sandwich
Schichtempfindlichkeit f <phot> (Film) • emulsion speed; emulsion sensitivity
schichten vt <tech.allg> • arrange in layers vt
schichten vt <logist> • stack vt; tier up vt; pile up vt
schichten vt <verf> • stratify vt
Schichtenbildung f <tech.allg> • formation of layers
Schichtenbildung f <verf> • lamination; layering
Schichtenbuch n <petr> • driller's log
Schichtenfilter n <chem> • plate press; sheet filter
Schichtengitter n <mat> • layer lattice
Schichtenmalerei f <kunst> • coat-upon-coat painting
Schichtenpaket n <geo> • series of strata; group of strata
Schichtenprofil n <geo> • stratigraphic section; strata profile
Schichtenprotokoll n <tele> • layer protocol
Schichtenschnitt m <geo> • geologic section
Schichtenschnitt m <tele> • strata section
Schichtenströmung f <phys> • laminar flow; streamline flow; viscous flow
schichtförmig abgelagert <tele> • bedded
schichtförmig Einlagerungsverbindung f <chem> • lamellar compound
Schichtfolie f <mat> • laminated sheet
schichtgebundener Erzkörper m <geo> • ore body bound to layers
Schichtgitter n <mat> • layer lattice
Schichthöhe f <verbr> • fuel-layer depth
Schichtkathode f <el> • coated cathode
Schichtkavitation f <phys> • sheet cavitation
Schichtkern m <el> • laminated core
Schichtkondensator m <el> • thick-film capacitor
Schichtkondensator m <el> • thin-film capacitor
Schichtkorrosion f DIN EN ISO 8044 <obfl> (von inneren Schichten bei mechanisch verformten werkstoffen) • layer corrosion ISO 8044
Schichtkristall m <mat> • composite crystal; multilayer crystal
Schichtlabor n <chem> • shift laboratory
Schichtlademotor m <kfz.mot> • stratified charge engine
Schichtladung f <kfz.mot> (Vorgang) • mixture stratification; stratification
Schichtladung f <kfz.mot> (Ergebnis) • stratified charge
Schichtladungsmotor m <kfz.mot> • stratified charge engine
Schichtlinie f <geo> (Landkarte) • contour line
Schichtlinie f <mat> • layer line
Schichtlinienabstand m <geo> (Landkarte) • contour interval
Schichtlinienaufnahme f <phot> • layer-line photograph
Schichtpaket n <ic> (Dünnschichttechnik) • multilayer
schichtparallele Kluft f <min> • strike joint
Schichtplatte f <mat> • laminate
Schichtpressholz n <holz> • laminated wood
Schichtpressstoff m <kst> • laminate
Schichtpressstoffplatte f <kst> • high-pressure laminate (HPL); laminated board pract; HPL board
Schichtpressverfahren n <prod> • laminated molding
Schichtprotokoll n <tele> • layer protocol
Schichtträgermaterial n <tech.allg> (für Beschichtungen, Überzüge, Leiterbahnen; z. B. Halbleiter, Film) • substrate; carrier material; substrate material; support [material]; base [material]
Schichtschalttechnik f <el> • film circuitry
Schichtseite f <tech.allg> (Film, Magnetband, Diskette, Festplatte) • emulsion surface
Schichtseite f <tech.allg> (beschriebene Seite eines Datenträgers) • sensitized side

Schichtseite f <el> (von magnet. Speichermedien, z. B. Ton- und Videobänder) • active surface
Schichtseite f <phot> • emulsion side
Schichtseite oben <el.ic.prod> (Filmmaster-Orientierung) • emulsion side up; emulsion up
Schichtseite unten <el.ic.prod> (Filmmaster-Orientierung) • emulsion side down; emulsion down
Schichtstärke f <edv> • coating thickness; layer thickness
Schichtstärke f <obfl> • layer thickness; coating thickness; coat thickness
Schichtstoff m rar <kst> • laminated plastic
Schichtstoff m <mat> (allg., jedes Material) • laminate
Schichtstoffformteil n <prod> • laminated molding; molded laminate
Schichtstruktur f <tech.allg> (Sandwich) • sandwich structure
Schichtstruktur f <tech.allg> • layer structure; layered structure
Schichtstruktur f <mat> (Kristall) • layer structure
Schichtträger m <tech.allg> (allg., tragendes Basismaterial unter einer Schicht) • substrate; base material; backing; support
Schichtträger m <phot> (bei Filmen) • film base; film support
Schichtträger m <phot> • paper base
Schichttransistor m <el> • junction transistor
Schichtung f <tech.allg> (Vorgang und Ergebnis) • lamination
Schichtung f <geo> • bedding
Schichtung f DIN 4049-2 <geo.hydr> (Vorgang und Ergebnis; Wasserkörper) • stratification
Schichtung f <rls> • permutation of layers; bellows make-up; bellows build up
Schichtung f <verf> (eines Fluids in einem Behälter) • stratification
schichtverleimt <bau> (Holzprofile) • laminated
Schichtverleimung f <bau> (Holzprofile) • lamination
Schichtwachstum n <obfl> (z. B. Oxidbildung auf Alu) • layer growth
schichtweise eingestampft <bau> • rammed in by layers
Schichtwerkstoff m <mat> • sandwich
Schichtwiderstand m <el> • film resistance
Schichtwiderstand m <el> • film resistor
schickes Styling n ugs <tech.allg> • elegant styling; sleek styling coll
Schiebebefehl m <edv> • shift instruction
Schiebebetrieb m <kfz> (beim Gaswegnehmen) • deceleration; decel coll.pract; overrun
Schiebebetrieb m <kfz> (auf Gefällestrecken) • overrun; coastdown
Schiebebewegung f <mech> (geradlinig, seitlich) • translational motion
Schiebebilderdruck m <druck> • transfer picture printing
Schiebeblende f <av> • door wipe
Schiebebuchse f <masch> • slip bushing
Schiebebühne f <bahn> • traverse table; traverser
Schiebebühne f <prod> • transfer table
Schiebebühne f <theat> • sliding stage; slip stage; rolling stage; waggon stage
Schiebebühne f <theat.förd> • travelling platform
Schiebedach n (SD) <kfz> (allg; normalerweise aus Metall) • sliding sunroof (sr); sliding roof; sunroof
Schiebedach-Rahmenblech n <kfz> • sunroof aperture panel
Schiebedachverschluss m <kfz> • sliding-roof fastener
Schiebedachwagen m <bahn> • sliding-roof wagon
Schiebedach-Windabweiser m <kfz> • sunroof air deflector; sunroof deflector shield; sunroof wind deflector Jaguar

Schiebedeckel m DIN 55 405 <pack> • slide lid; sliding cover

Schiebefaltschachtel f DIN 55 405 <pack> • shell and slide BS 3130

Schiebefenster n <tech.allg> (vertikal; typ. in Eisenbahn und in UK, USA) • sash window

Schiebefenster n <tech.allg> (Horizontal- u. Vertikalschiebef.) • sliding window; slider; gliding window; glider

Schiebefenster n <kfz> (z. B. bei Lieferwagen) • sliding side window

Schiebefenster n <kfz> (Steckfenster von Roadstern; z. B. Morgan Plus8, AH Sprite Mk II) • sliding side window; dual sliding side window

schiebefest <textil> (Ausrüstung) • non-slipping

Schiebefrequenz f <el> • shift frequency

Schiebegatter n <msr.edv> • shift gate

Schiebegelenk n <bau> (z. B. Brücke) • slip joint

Schiebegerüststapler m <förd> • reach truck

Schiebegriff m DIN 898 <wz> (für Steckschlüsseleinsätze) • sliding T-handle; slide bar handle; T-handle; sliding T-bar; T-slide

Schiebe-Hebe-Dach n MB <kfz> • tilt/slide sunroof; pop-up/sliding sunroof; tilting/sliding sunroof MB

Schiebehülse f <masch> • sliding sleeve; sliding collar

Schiebeimpuls m <el> • shift pulse

Schiebekeil m <masch> • spline

Schiebe-Kipp-Fenster n :V <bau> • tilt-wash window; tilt window

Schiebe-Kipptüre f <bau> • tilting-sliding door

Schiebekolbenventil n <kfz.antr> (Hydraulik im Automatikgetriebe) • spool valve

Schiebekontakt m <el> • sliding contact

Schiebekoppel f <mus> • shift coupler; push coupler; shove coupler

Schiebekupplung f <masch> • sliding coupling

Schiebelauf m rar <kfz> (auf Gefällestrecken) • overrun; coastdown

Schiebelehre f ugs <wz> (mit Noniuseinteilung) • vernier caliper; sliding vernier caliper; vernier gauge; vernier; caliper gauge

Schiebeleiter f <feuer> • extension ladder

Schiebelogik f <edv> • shifting logic

Schiebeluke f <nav> • sliding hatch

Schiebemarke f <druck> • push lay

Schiebemuffe f <kfz> (Kupplung) • sliding coupling; sliding muff-type coupling ppwiss.pract

Schiebemuffe f rar <kfz.antr> (in Synchrongetriebe) • synchronizer sleeve; clutch sleeve; slider US.pract

Schiebemuffe f rar <kfz.antr> (in Schaltmuffengetriebe) • selector sleeve; gearchange sleeve; sliding clutch; slider US.pract; sliding dog rare

Schiebemuffe f <masch> • slip coupling

Schieben n DIN 16527/3 <druck> • slurring

schieben vt <tech.allg> (translatorische Bewegung, ohne Drehen) • slip vt

schieben vt <el> (Phase) • shift vt

schieben vt <masch> • push vt

schieben vt <masch> • slide vt

schiebender Tragflügel m <aerospace> • oblique wing

schiebendes Schweißen n <füg> • pushing welding technique

Schiebepaar n <masch> (Getriebe) • sliding pair

Schiebeplane f <nfz> • curtain system; curtainsides

Schiebeplanensystem n <nfz> • curtain system; curtainsides

Schieber m <tech.allg> (allg. verschiebbares Element; z. B. an Schiebelehre, Reißverschluss) • slide; slider

Schieber m <bau.hydr> (in Kanal; z. B. zum Polderfluten) • slidegate

Schieber m <kfz.antr> (Automatikgetriebe-Steuerung) • valve spool; valve

Schieber m <kfz.mot> (im Vergaser) • slide valve

Schieber m <kst> (verschiebbares Element der Schieberverschlussdüse) • sliding element

Schieber m <kst> (Teil eines Schieberwerkzeugs) • sliding core; side core

Schieber m <msr> (in Messschieber) • sliding head

Schieber m <rls> (Scheibe in einem Absperrschieber) • gate; disk US; disc GB

Schieber m <rls> (typ. Absperrschieber) • gate valve; sluice valve rare

Schieber m <textil> (LL-Strickmaschinen) • slider selector; slider

Schieber m <wz.masch> (Werkzeughalter) • tool-holder slide

Schieberad n <masch> (Getriebe) • sliding gear; shifting gear; sliding-mesh gear rare

Schieberadgetriebe n <kfz.antr> • sliding-gear transmission US; sliding-mesh gearbox GB; crash box GB.coll

Schieberäderblock m <wz.masch> (z. B. Hauptgetriebe (Spindeldrehzahl)) • cluster gears

Schieberädergetriebe n <masch> • sliding-mesh gear train

Schieberädergetriebekasten m <wz.masch> • sliding-mesh gearbox

Schieberahmen m <phot> (Diaprojektor) • slide carrier

Schieberanlage f <rls> • valve system

Schieberausschnitt m <mot> (Plattendrehschieber) • valve angle; cutaway section; valve cut-angle rare

Schieberbalg m <kfz> • bellows sg=pl

Schieberbewegung f <rls> • sliding valve operation

Schieberbolzen m <kst> • cam pin

Schieberdiagramm n <rls> • slide valve diagram

Schieberegister n <edv> • shifting register; shift register

Schieberegler m <el.msr> • slide control; slider

Schieberegler m <el.msr> (Regelwiderstand) • sliding rheostat

Schieberellipse f <rls> • slide valve ellipse

schiebergesteuerter Motor m <mot> • sleeve-valve engine

Schieberhaus n <masch> • valve chamber

Schieberkammer f <masch> • valve chamber

Schieberkasten m <kfz.antr> (Automatikgetriebe) • control valve assembly; valve block; hydraulic control block; valve body; control unit ZF

Schieberklappe f <theat> • floor-board

Schiebernadel f <textil> • compound needle; bi-partite compound needle

Schiebernadel f <textil> • stitching needle

Schieberost m <verbr> • sliding grate

Schieberplatte f <kst> (Spritzgussmaschine) • sliding plate; slide plate

Schieberpumpe f <masch> • sliding pump

Schieberregler m <licht.theat> • control lever

Schieberstange f <hydr> • slide rod

Schieberstange f <masch> • valve rod

Schieberstangenliderung f <rls> • valve rod packing

Schiebersteuerung f <metall> (Hochofen) • slide valve gear

Schiebersteuerung f <rls> • gate control

Schieberstreuer m <agri> • reciprocating plate distributor

Schieberventil n <hydr> • slide gate valve

Schieberventil n <kfz.mot> • slider valve

Schieberventil n <rls> • sluice valve

Schiebervergaser m <mot> (z. B. Motorrad) • slide carburetor

Schieberwerkzeug n <kst> • undercut mold; cam acting mold

Schieber-Zumessung f DIN ISO 7876 <mot> (Einspitzpumpe) • sleeve metering ISO 7876

Schiebeschachtel f DIN 55 405 <pack> • slide box

Schiebeschalter m <el> • slide switch (SS)

Schiebeschalter mit 3 Stellungen m <el> • 3-position slide switch

Schiebesitz m <masch> • sliding fit

Schiebespule f <el> • slide coil; sliding inductance

Schiebespulenvariometer n <el> • sliding-coil variometer

Schiebestange f <masch> (Taste, z. B. Schreibmaschine) • stem

Schiebestück n <kfz> (Kupplung) • sliding coupling; sliding muff-type coupling ppwiss-did

Schiebestück n <masch> • forked sleeve

Schiebetakt m <msr> • shifting pulse; shifting speed

Schiebetisch m <masch> • receding table

Schiebetisch m <wz.masch> • sliding table

Schiebetischmaschine f <kst> (Spritzgießen) • shuttle-table machine

Schiebetor n <bau> • slide gate; sliding gate

Schiebetür f <tech.allg> (Gebäude, Fahrzeug) • sliding door; slide door

Schiebetür f <bau> • gliding patio door; sliding patio door

Schiebetürenschrank m <innen> • sliding door closet; sliding door cabinet

Schiebetürführung f <bau> • sliding-door floor guide

Schiebetürkontakt m <alarm> • take-off switch; take-off contact; take-off switch block

Schiebeverschlussdüse f <kst> (Spritzgussmaschine) • sliding shut-off nozzle; sliding element nozzle; shut-off nozzle with sliding element

Schiebewand f <bau> • sliding panel

Schiebeweiche f <theat> • sliding device; slide

Schiebewelle f <masch> • sliding shaft

Schiebewicklung f <el> • shift winding

Schiebewiderstand m <aerospace> • slipping drag

Schiebewiderstand m <el> • slide resistor

Schiebewinkel m <aerospace> • angle of skid

Schiebewinkel m <aerospace> • crab angle

Schiebezahnrad n <masch> • sliding gear

Schiebezeiger m <aerospace> • slip indicator

Schiebezoom n <phot> • one-touch zoom

Schieblehre f ugs.rar <wz> (mit Noniuseinteilung) • vernier caliper; sliding vernier caliper; vernier gauge; vernier; caliper gauge

Schiebtruhe f A <förd.bau> • wheelbarrow; barrow coll

Schiebungswinkel m <mat> • shear angle

Schiedsabrede f <jur> • arbitration agreement

Schiedsgericht n <jur> • court of arbitration; arbitration court

Schiedsgerichtsbarkeit f <jur> • arbitration

Schiedsprüfung f <chem> • referee test

Schiedsrichter m <jur> • arbitrator

Schiedsrichter m <mil> • Range Officer; Assistant Range Officer; Referee

Schiedsspruch m <jur> • arbitration award; award

schiefachsig <tech.allg> • oblique-axial

Schiefe f <tech.allg> • obliquity

Schiefe f <math> (Verteilung) • skewness

schiefe Biegung f <mech> • oblique bending; bending in two planes

schiefe Ebene f <tech.allg> • inclined plane

schiefe Hauptzugspannung f <mech> • diagonal tension

schiefe Masche f <textil> • sloped loop

schiefe Projektion f DIN ISO 10209-2 <doku> • oblique projection ISO 10209-2; oblique view

Schiefer m <geo> (metamorph) • schist

Schiefer m <geo.bau.mat> (z. B. Ölschiefer) • shale; slate; shayle

schieferartig <mat> • fibrous; slaty; shaly; schistous

Schieferbruch m <mat> • fibrous fracture; slaty fracture rare

Schieferbruch m <min> • slate quarry

Schieferdach n <bau> • slate roof

schiefergrau <obfl> • slate grey

schiefer Kegel m <math> • oblique cone

Schieferkohle f <verbr> • slaty coal

schiefer Kreiskegel m <math> • oblique circular cone

Schieferöl n <petr> • shale oil

Schieferplatte f <bau.mat> • slate

schiefer Stapel m <pap> • leaning stack

schiefer Stoß m <mech> • oblique impact; oblique collision

schiefer Stumpf m <math> (von Kegel, Prisma, Zylinder) • ungula

Schieferton m <geo> • clay shale; argillaceous shale; shale

Schieferung f <geo> • slaty cleavage; foliation cleavage

Schieferungsebene f <geo> • cleavage plane

schiefer Verdichtungsstoß m <phys> • oblique shock; oblique shock wave

schiefer Winkel m <math> • oblique angle

schiefer Wurf m <mech> • inclined throw; oblique projection

schiefe Stapelung f <pap> • stack lean

schiefe Verteilung f <math> • skew distribution

Schieflast f <el> • load unbalance; unbalanced load

Schiefscheibe f <masch> • non-rotating crank

schiefsymmetrisch <tech.allg> • skew-symmetric

schiefwinkelige Abzweigung f <verk> • scissor junction

schiefwinkelige Projektion f <doku> • oblique projection ISO 10209-2; oblique view

schiefwinklig <math> • oblique; oblique-angled; skewed

schiefwinklige Einmündung f <verk> • scissor junction

schiefwinklige Koordinaten fpl <tech.allg> • oblique coordinates

schiefwinkliges Gewölbe n <bau> • skew-arched vault

schiefwinkliges Koordinatensystem n <edv> • oblique coordinate system

schielende Charakteristik f <el> (Antenne) • squinting lobe

Schienbeinschoner m <bekl> (Hose, z. B. für Motorradfahrer) • thigh pad

Schienbeinschützer m <bekl> (Hose, z. B. für Motorradfahrer) • thigh pad

Schienbeinschutz m <bekl> (Cross-Stiefel) • thigh pad; shin guard

Schienbeinschutz m <bekl> (Hose, z. B. für Motorradfahrer) • thigh pad

Schiene f <tech.allg> (z. B. Lauf- oder Führungsschiene für Fahrzeuge, bewegte Teile) • rail

Schiene f <bahn> • rail

Schiene f <bau.mat> (zur Schalldämmung) • resilient bar; resilient channel; metal furring channel

Schiene f <el> • bus; bus bar; bar; collecting bar

Schiene f <logist> (Kompaktlagersystem) • track; rail

Schiene f <min> • rail track

Schiene f <msr> • beam

Schienenbagger m <bau.masch> • rail-mounted excavator

schienenbefestigt <tech.allg> • rail-mounted

Schienenbefestigung f <bahn> • rail fastening

Schienenbiegemaschine f <prod> • rail bending machine

Schienenbohrmaschine f <wz.masch> • rail drilling machine

Schienenbremse f <bahn> • track brake

Schienenbremsmagnet *m* <bahn> • magnetic brake magnet

Schienenbruch *m* <qualit.mat> • rail breakage

Schienenbus *m* <bahn> • rail bus; railbus

Schienenbus-Beiwagen *m* <bahn> • rail bus trailer car

Schienendienstleister *m* <bahn> • rail service provider

Schienendrehkran *m* <förd> • rail-mounted crane

Schienenfahrkante *f* <bahn> • inner edge; gauge line; running edge

Schienenfahrwerk *n* <förd> *(z. B. für Kran)* • rail mounting

Schienenfahrzeug *n* <bahn> • rail vehicle

Schienenfahrzeugteile *npl DIN 25603-5* <bahn> • railway vehicle parts *pl*

Schienenfederklammer *f* <bahn> • spike anchor

Schienenführung *f* <masch> • bar guide

Schienenfuß *m* <bahn> • rail base; rail foot; rail flange; base of rail

schienengebunden <tech.allg> *(z. B. Kran)* • on rails; rail-mounted

schienengebunden <logist> *(Regalförderzeug)* • rail-mounted

schienengebundenes Fahrgestell *n* <fz> • rail wheels

schienengleich <verk> *(Bahnübergang)* • level

schienengleicher Bahnübergang *m* <verk> • grade crossing *US*; highway railroad grade crossing *US*; level crossing *GB*; railway level crossing *GB*; level road crossing *GB*

schienengleicher Eisenbahnübergang *m* <verk> • grade crossing *US*; highway railroad grade crossing *US*; level crossing *GB*; railway level crossing *GB*; level road crossing *GB*

schienengleicher Übergang *m* <verk> • grade crossing *US*; highway railroad grade crossing *US*; level crossing *GB*; railway level crossing *GB*; level road crossing *GB*

schienengleicher Wegübergang *m* <verk> • grade crossing *US*; highway railroad grade crossing *US*; level crossing *GB*; railway level crossing *GB*; level road crossing *GB*

Schienenhebelkontakt *m* <el> • electrical depression bar

Schienenhebewinde *f* <bahn> • rail jack

Schienenkörper *m* <bau> • road bed

Schienenkontakt *m* <bahn> • treadle

Schienenkontakt *m* <el> • rail contact; track contact; electrical depression bar

Schienenkopf *m* <bahn> • rail head

Schienenkrampe *f* <bahn> • track spike; rail spike

Schienenkran *m* <förd> • rail-mounted crane; rail crane

Schienenkreis *m* <sport> • track oval

Schienenlärm *m* <bahn.akust> • track noise

Schienenlasche *f* <bahn> • splice piece; fish-plate; rail splice

Schienenlauffläche *f* <tech.allg> • rail surface; rail tread

Schienenmontage *f* <bahn.bau> • rail mounting

Schienennagel *m* <bahn> • track spike; rail spike

Schienennagelausziehgerät *n* <bahn> • spike puller

Schienennagelhammer *m* <bahn> • spike driver; spike hammer

Schienenneigung *f* <bahn> • cant of the rail

Schienenneigung *f* <bahn> • tilt of the rail

Schienenoberkante *f* <bahn> • top of rail; guiding surface

Schienenomnibus *m* <bahn> • railbus

Schienenräumer *m* <logist> *(RFZ)* • rail sweep; rail guard

Schienenreinigungswagen *m* <bahn> • track cleaning car; track cleaner *pract*; track cleaning wagon

Schienenrichtgerät *n* <bahn> • track liner; gauge-setting device *rare*

Schienenrichtmaschine *f* <wz.masch> • rail straightening machine; rail straightener *pract*

Schienenrücker *m* <wz> • rail slewing device

Schienenrückleitung *f* <el> • rail return; rail return system

Schienenschläger *m* <textil> • beater scutcher

Schienenschleifmaschine *f* <wz.masch> • rail grinding machine

Schienenschmiereinrichtung *f* <tribo> • rail lubricator

Schienenschuh *m* <bahn> *(Modellbahn)* • rail joiner

Schienenschwelle *f* <bahn> • cross-tie *US*; sleeper

Schienenstahl *m* <mat> • rail steel

Schienensteg *m* <bahn> *(z. B. Straßenbahnschiene)* • rail web

Schienenstoß *m* <bahn> • rail joint

Schienenstrang *m* <bahn> • line of rails

Schienenstraße *f* <metall> *(Walzwerk)* • rail-rolling mill

Schienenstrom *m* <bahn> • rail current

Schienenstrombremsung *f* <bahn> • magnetic track braking

Schienenstromwandler *m* <el> • bar-type current transformer; bar-type transformer

Schienentragzange *f* <wz> • rail lifter

Schienenunterlagsplatte *f* <bahn> • tie plate; sleeper plate

Schienenverbinder *m* <bahn> • rail bond; track bond

Schienenverbindungskabel *n* <bahn> • jumper cable

schienenverfahrbar <tech.allg> • rail-movable; rail-mounted

Schienenverteiler *m* <el> • busways

Schienenvorblock *m* <prod> • rail bloom

Schienenvorblockwalzen *n* <metall> • rail blooming

Schienenwalzwerk *n* <metall> • rail mill; rail-rolling mill form

Schiene-Straße-Anhänger *m* <nfz> • rail-road trailer

Schiene-Straße-Fahrzeug *n* <nfz> • rail-road vehicle

Schiene-Straße-Sattelauflieger *m* <nfz> • rail-road semitrailer

Schiene-Straße-Verkehr *m* <verk> • combined rail and road transport

Schier *mpl A* <sport> *(für Alpin, Abfahrt od. Langlauf; als Paar)* • skis *pl*; slats *pl coll*

Schiertuch *n* <textil> • duck; sailcloth

Schießanlage *f* <mil> *(Gesamtanlage)* • shooting range; range

Schießarm *m* <mil> • shooting arm

Schießbank *f* <mil> • shooting table; shooting bench

Schießbaumwolle *f* <spreng> *(unlöslich in Ether)* • guncotton; nitrocotton *rare*

Schießbrille *f* <mil> • shooting glasses

Schießdistanz *f* <mil> • shooting distance

schießen *vi* <mil> • fire *vt*; shoot *vt coll*

schießen *vt ugs* <aerospace> *(einen Satelliten, ins All)* • launch *vt*

Schießen einstellen <mil> • seize firing *vt*; stop shooting *vt*

Schießentfernung *f* <mil> • shooting distance

Schießgeschwindigkeit *f* <kst> • clamp speed

Schießhand *f prakt* <mil> *(im Ggs. zur freien Hand)* • shooting hand

Schießkasten *m* <mil> *(für Diabolos)* • pellet trap; pellet catcher

Schießkoffer *m* <mil> *(für den Transport von Faustfeuerwaffen)* • pistol case

Schießmittel *n* <spreng> • propellant explosive; low explosive; deflagrating powder

Schießplan *m* <mil> • shooting schedule

Schießprogramm *n* <mil> • shooting schedule

Schießpulver *n* <spreng> • gunpowder

Schießscheibe *f* <mil> *(für Schießübungen)* • target

Schießschuh *m* <sport.bekl> • shooting shoe

Schießsport *m* <mil> • target shooting; competitive target shooting

Schießstand *m* <mil> *(Gesamtanlage)* • shooting range; range

Schießstandnormen *pl* <mil> • range standards *pl*

Schießstellung *f* <mil> *(Haltung einer Waffe)* • shooting position; firing position; stance; position

Schießtisch *m* <mil> • shooting table; shooting bench

Schießwolle *f* <spreng> *(unlöslich in Ether)* • gun-cotton; nitrocotton *rare*

Schießzeit *f* <mil> • shooting time; shooting time limit

Schießzeiten *f* <mil> • shooting schedule

Schießzeitende *n* <mil> • end of shooting time

Schiff *n* <nav> • ship; vessel

Schiffahrtsbefeuerung *f* <navig> • navigational lighting

Schiffahrtsschleuse *f* <nav> • navigation lock

Schiffahrtsstraße *f* <nav> • shipping route; sea route; shipping lane

Schiffahrtsweg *f* <nav> • shipping route; sea route; shipping lane

schiffbar <nav> • navigable

Schiffbau *m* <nav> • naval architecture; shipbuilding *pract*

Schiffbautechnik *f* <nav> • shipbuilding technique

Schiff-Boden-Rakete *f* <mil> • ship-to-ground missile

Schiffchen *n prakt* <chem> *(Labor)* • combustion boat

Schiffchen *n* <el> • boat

Schiffchen *n* <textil> • shuttle

Schiffchenbahn *f* <textil> • shuttle race

Schifffahrtskanal *m* <nav> • navigation canal; ship canal

Schifffahrtsweg *m* <nav.verk> • waterway; navigable waterway

Schiff-Luft-Rakete *f* <mil> • ship-to-air missile

Schiff mit Düsenantrieb *n* <nav> • jet-propelled vessel

Schiff mit Freibord *n* <nav> • ship with freeboard

Schiff mit Kernenergieantrieb *n* <nav> • nuclear-powered ship

Schiff mit Nuklearantrieb *n* <nav> • nuclear-powered ship

Schiffsanhänge *mpl* <nav> • appendages

Schiffsanstrich *m* <nav> • marine coating

Schiffsanstrichfarbe *f* <nav> • marine paint

Schiffsantrieb *m* <nav> • marine propulsion; ship propulsion

Schiffsantriebsanlage *f* <nav> • ship propulsion plant

Schiffsantriebsmaschine *f* <nav> • marine propulsion engine; marine engine; naval propulsion engine *rare*

Schiffsantriebsmotor *m* <nav> • propelling engine

Schiffsausrüstung *f* <nav> • ship's equipment; ship's outfit

Schiffsbauer *m* <nav> • builder; ship builder

Schiffsbauwerft *f form* <nav> • shipyard; shipbuilding yard *form*; yard *pract*

Schiffsbesatzung *f* <nav> *(Mannschaften und Offiziere)* • complement

Schiffsbewuchs *m* <nav> • marine fouling; fouling of the ship hull *rare*

Schiffsboden *m* <nav> • ship's bottom

Schiffsbodenfarbe *f* <nav> • ship's bottom paint; bottom paint

Schiffsbreite *f* <nav> • breadth of ship; beam of ship

Schiff-Schiff-Rakete *f* <mil> • ship-to-ship missile

Schiffsdurchfahrt *f* <nav> • passage of the ship; fairway span *rare*

Schiffsempfänger *m* <navig> • GPS shipborne receiver equipment; shipborne receiver equipment

Schiffsentwurf *m* <nav> • ship design

Schiffsgenerator *m* <el> • ship's generator; ship generator

Schiffsgetriebe *n* <nav> • main propulsion gear

Schiffshebewerk *n* <nav> • lift lock; ship hoist; high-lift lock; ship canal lift

Schiffsinstallation *f* <navig> *(eines Empfängers)* • shipborne installation

Schiffskernenergieanlage *f* <nav> • marine nuclear power plant

Schiffskessel *m* <nav> • marine boiler

Schiffsklassifikation *f* <nav> • ship classification

Schiffskörper *m* <nav> • body

Schiffskörper *m* <nav> *(groß)* • hull; hull girder

Schiffskoffer *m* <pack.tour> *(betont: für Schiffsreise)* • steamer trunk

Schiffskompass *m* <navig> • ship's compass

Schiffskran *m* <förd> • shipboard crane

Schiffskreisel *m* <nav> • gyro stabilizer; ship stabilizer

Schiffskurbelwelle *f* <nav> • marine crankshaft

Schiffsmaschine *f* <nav> • marine propulsion engine; marine engine; naval propulsion engine *rare*

Schiffsmodellversuchstank *m* <qualit> • ship model testing tank

Schiffsmotor *m* <nav> • marine propulsion engine; marine engine; naval propulsion engine *rare*

Schiffsposition *f* <navig> *(Seefahrt)* • ship's position; position; reckoning

Schiffspumpe *f* <nav> • marine pump; ship's pump *rare*

Schiffsrakete *f* <mil> • ship-launched missile; shipboard missile

Schiffsreaktor *m* <nukl> • ship reactor; ship propulsion reactor

Schiffsreise *f* <nav.tour> • voyage

Schiffsrumpf *m* <nav> *(groß)* • hull; hull girder

Schiffsschraube *f* <nav> • marine propeller; propeller; screw-propeller

Schiffsschraubenschub *m* <nav> • propeller thrust

Schiffssextant *m* <navig> • marine sextant; nautical sextant

Schiffstechnik *f* <nav> • marine technology; ship technology

Schiffsturbine *f* <nav> • marine turbine; ship turbine

Schiffsumschlageinrichtung *f* <logist> • marine cargo handling equipment

Schiffsvermessung *f* <nav.msr> • tonnage measurement

Schiffsvorauslage *f* <navig> *(eines Schiffs)* • heading (HDG); course

Schiffswand *f* <nav> • shipboard; ship's side

Schiffswechselsprechanlage *f* <nav> • marine correspondence system

Schiffswelle *f* <nav> • marine shaft; ship's wave

Schiffswerft *f* <nav> • shipyard; shipbuilding yard

Schiff-Unterwasser-Rakete *f* <mil> • surface-to-underwater missile; ship-to-underwater missile *rare*

Schift *m* <bau> • jack rafter

Schiftersparren *m* <bau> • jack rafter

Schild *m* <tech.allg> *(Schutz: Bauwesen, Maschinenbau)* • shield

Schild *m* <bekl> *(Helm)* • visor; sun visor; peak; peak visor

Schild *m* <förd> • blade

Schildausbau *m* <min> • shield support; shield-type support *rare*

Schildbauweise *f* <bau> • shield driving method

Schildbogen *m* <bau> • formeret

Schildbogenfeld *n* <bau> • wall section under the formeret

Schildkröte *f* <edv> *(Markierung von Spuren auf dem Bildschirm)* • turtle

Schildräumer *m* DIN 19551, 19552 <ents> *(Kläranlage)* • sludge scraper

Schildräumung *f* <ents> *(Kläranlage)* • scraper-type sludge removal *V*

Schildschlammräumer m <ents> *(Kläranlage)* • sludge scraper

Schildvortrieb m <min> *(Tunnelbau)* • shield tunneling *US*; shield tunnelling *GB*; shield driving

Schimmelfestappretur f <textil> • mildew proofing

Schimmelfestausrüstung f <textil> • mildew proofing

Schindel f *DIN 68119* <bau> *(allg. aus Holz, z. B. Lärchenholz)* • shingle

Schindel f ugs <bau.mat> *(jedes Material; z. B. Schiefer, Eternit, Blech, Holz)* • roofing shingle; shingle *pract*

Schirm m <bekl> *(Helm)* • visor; sun visor; peak; peak visor

Schirm m <el> • shield; cable shield[ing]; metal[lic] shield; metallic screen *ABG*; outside shielding

Schirm m <licht> *(z. B. von Lampe)* • shade

Schirm m <math> *(geometrische Form)* • umbrella

Schirm m <opt> • receiving screen

Schirm m <phys> *(gegen Strahlung)* • shield

Schirm m <textil> • umbrella

Schirmanguss m <kst> • cone gate; diaphragm gate; valve gate

Schirmantenne f <el> • umbrella aerial

Schirmbildaufnahme f <edv> • screen photograph

Schirmbildaufnahme f <med> • photofluorogram; photofluorograph

Schirmbildgerät n <edv> • photofluorographic unit

Schirmeinbrennen n <el> • screen burning

Schirmelektrode f <el> • shield grid; shield electrode

Schirmfaktor m <phys> • screen factor

schirmfüllend <edv> • full-screen

Schirmgeflecht n <el> • screening braiding

Schirmgenerator m <el> • umbrella-type generator; parasol-type generator *rare*

Schirmgitter n <el> • screen grid; shield grid

Schirmgitterkondensator m <el> • screen bypass capacitor

Schirmgittermodulation f <el> • screen grid modulation

Schirmgitterröhre f <el> • screen grid tube; screen grid valve

Schirmgitterspannungsquelle f <el> • screen grid voltage supply

Schirmgitterwiderstand m <el> • screen-grid resistance

Schirmisolator m <el> • umbrella-type insulator

Schirmkabel n <el> • screened cable

schirmloses Kabel n <el> • unshielded cable

schirmnahes Ablenkplattenpaar n <el> *(Elektronenstrahlröhre)* • screen-side deflection plates

Schirmnutzfläche f <av> • useful screen area

Schirmprüfung f <nukl> • bulk test

Schirmschiene f <msr> • shield bus

Schirmspannung f <msr> • shield standing voltage

Schirmträger m *(Kathodenstrahlröhre)* • faceplate

Schirmverspiegelung f <obfl> • metal backing

Schirmwinkel m <licht> *(Leuchten)* • shielding angle

Schirmwirkung f <nukl> *(z. B. von Blei, Beton)* • shielding action; shielding effect

Schlachtabfälle mpl <nahr> • slaughterhouse refuse; slaughter waste; offal from slaughter houses; abattoir waste

Schlachtfahrzeug n <sport> *(z. B. bei Radrennen)* • spares car; donor car *GB*; junker *US.coll.derog*; skillet *US.coll.derog*

Schlachtfest n ugs <kfz> *(Anzeigentext)* • parting out *US.coll*; breaking *GB.coll*

Schlachthausabfall m <nahr> • slaughterhouse refuse; slaughter waste; offal from slaughter houses; abattoir waste

Schlachtmaschine f <nahr> *(Fisch)* • dressing machine; gutting machine

Schlacke f <bau.mat> • slag

Schlacke f <chem.verf> *(Oxidablagerungen)* • scum

Schlacke f <metall> *(Mischung aus Zuschlägen und Verunreinigungen)* • slag

Schlacke f <verbr> *(hart, stückig; zusammengebackene Verbrennungsrückstände)* • clinker

Schlacke f <verbr> *(Aschenreste)* • cinder

Schlackebetonstein m <bau.mat> • breeze block

Schlacke bilden vi <metall> • slag vi

Schlackenabscheider m <metall> • skimmergate

Schlackenabscheider m <metall> • skimming gate

Schlackenabscheider m <metall> • slag skimmer

Schlackenabscheider m <verf> • skim gate

Schlackenabstich m <metall> • slag tapping

Schlackenabzug m <ents> • ash discharge; ash removal; slag extraction

Schlackenabzug m <metall> • slag-off

Schlackenabzug m <verf> • flush-off

Schlackenanhang m <füg> • adhering slag

Schlackenbad n <füg> *(Schweißen)* • molten slag

Schlackenbad n <metall> • slag bath

Schlackenbeton m <bau.mat> • clinker concrete

Schlackenbeton m <bau.mat> • slag concrete

schlackenbildend <mat> • slag-forming

schlackenbildendes Mittel n <mat> • slag-former

Schlackenbildner m <metall> *(Zuschläge, Hochofen)* • slag former

Schlackenblech n <verf> *(Schmelzfeuerung (Dampferzeuger))* • dam plate

Schlackenbunker m <ents> • slag pit; ash hopper; clinker pit

Schlackenbunker m <ents> • ash sluice; ash trough; clinker pit

Schlackendecke f <metall> *(Hochofen)* • slag blanket

Schlackendecke f <metall> *(Hochofen)* • slag cover

Schlackeneinschluss m <metall> • occluded slag

Schlackeneinschluss m *DIN EN ISO 6520* <qualit> *(allg. unerwünscht, z. B. in Schweissnähten)* • slag inclusion *ISO 6520-1*

Schlackenfang m <metall> • slag skimmer

Schlackenfang m <metall> • slag trap

Schlackenform f • slag notch

Schlackenform f <metall> *(Hochofen)* • slag hole

Schlackenform f <metall> • slag tuyere

schlackenfrei <mat> • slag-free

Schlackenführung f <metall> *(Hochofen)* • slag control

Schlackenführung f <metall> • slag practice

Schlackenführung f <metall> • slag regulation

Schlackenhalde f <ents> • slag dump

Schlackenhalde f <logist> • cinder dump

Schlackenhammer m <kfz.wz> • chipping hammer

Schlackenkanal m <ents> • clinker trough

Schlackenkopf m <metall> • scum riser

Schlackenkran m <ents> *(Hüttenwerk)* • slag crane

Schlackenlauf m <metall> *(Hochofen)* • slag channel

Schlackenlöffel m <metall> • skimmer

Schlackenpfanne f <förd> *(Stahlwerk)* • slag ladle

Schlackenpfannenwagen m <förd> • slag ladle car

Schlackenrinne f <metall> *(Hochofen)* • slag runner

Schlackenrinne f <metall> • slag spout

Schlackenschmelzen n <verf> • slag melting

Schlackenstichloch n <metall> *(Hochofen)* • slag tap; slag hole

Schlackenwagen m <bahn> • dross car

Schlackenwagen m <förd> *(z. B. Wärmekraftwerk)* • cinder car

Schlackenwagen m <metall> *(Hüttenwerk)* • slag car

Schlackenwolle f <bau.mat> • slag wool
Schlackenzahl f • slag number
Schlackenzahl f • slag ratio
Schlackenzeile f • slag line
Schlackenzeile f • slag stringer
Schlackenzement m <bau.mat> • slag cement
Schlackenziegel m <bau.mat> • slag brick
Schlacke ziehen v <metall> • slag off v
Schlacke ziehen vi <metall> • slag vi
Schlacke ziehen vi <verf> • deslag vi
Schlägel und Eisen <min> • hammer and chisel
Schläger m <masch> (Hammermühle) • beater
Schläger m <prod.nahr> (Speiseeis; Freezer) • beater
Schläger m <textil> (Flachs) • beater
Schläger m <textil> • scutcher
Schlägerdeckel m <textil> • beater lid
Schlägerrost m <textil> • beater grid bar
Schlägerschiene f <textil> • beater bar
Schlägerwalze f <textil> • fabric beater
Schlägerwelle f <prod.nahr> (Speiseeis; Freezer) • dasher; mutator
Schlägerwellenantrieb m <prod.nahr> (Speiseeis; Freezer) • dasher power; dasher motor
Schlägerwellengeschwindigkeit f <prod.nahr> (Speiseeis; Freezer) • dasher speed
Schlämmanalyse f • elutriation analysis
Schlämmanalyse f (Bodenuntersuchung) • hydrometer analysis
Schlämmanalyse f <chem> • settling analysis
Schlämmapparat m • elutriator
Schlämmbeton m <bau.mat> • grouted concrete
Schlämmbüchse f <min> • sand pump
Schlämme f <verf> (z. B. Zement oder Kohle in Wasser; dünnflüssiger als Brei) • slurry
Schlämmebeton m <bau.mat> • slurry concrete
schlämmen • elutriate
schlämmen vt <petr> • bail vt
schlämmen vt <verf> (z. B. Erz, Schotter) • wash vt
Schlämmgerät n <qualit.mat> (Baustoffprüfung) • sedimentation machine
Schlämmgraben m <min> • ground sluice
Schlämmkaolin m <chem> • washed kaolin
Schlämmkaolin m <silik> • water-washed china clay
Schlämmkaolin m <silik> • water-washed china clay
Schlämmkreide f <obfl> • whiting
Schlämmprobe f <bau> • sedimentation test
Schlämmrohr n <petr> • calyx
Schlämmstoff m <ents> • sediment
Schlämmstoff m <metall> (im Formsand) • clay
Schlafdeich m <bau.hydr> • abandoned dike; retired dike
schlaff <tech.allg> (z. B. Seil) • slack
schlaff <bau> (Bewehrung) • unstressed
schlaff <masch> (Riemen, Seil) • loose
schlaff <masch> (z. B. Gurt, Kette, Riemen, Seil) • untensioned
schlaffbewehrt <bau> (Beton) • unstressed reinforced :V; with unstressed reinforcement :V
schlaff bewehrt <bau.mat> (im Ggs. zu Spannbeton) • conventionally reinforced
schlaff bewehrt <bau.mat> • normally reinforced
schlaffe Dewehrung f <bau> • non-prestressed reinforcement
schlaffe Bewehrung f <bau.mat> • untensioned reinforcement
Schlaffseilkabelbagger m <förd> • slackline cableway
Schlaffseilschalter m <msr> (z. B.- Zweiseilgreifer) • slack cable switch

Schlafkabine f <nfz> (separate, an Fahrerhaus angeschlossene Kabine) • sleeper cabin; sleeper cab; sleeper pract; bunkhouse sl
Schlafsaal m <bau> • dormitory
Schlafstrombetrieb m <edv> • sleep mode
Schlafwagen m <bahn> • sleeper; sleeping car US; sleeping coach GB
Schlafwagen m <bahn> • sleeping car
Schlafzimmerschrank m <innen> • armoire
Schlafzustand m <edv> • hibernation
Schlafzustand m <el> • power-down mode
Schlag m <tech.allg> (Fertigung: z. B. Schlagnieten, Schlagbohren; Werkstoffprüfung) • impact
Schlag m <tech.allg> • shock
Schlag m <tech.allg> (absichtlich, mit Werkzeug; typ. mit Hammer) • stroke; blow; strike rare
Schlag m <tech.allg> (Aufprall) • impact (on)
Schlag m <agri> • field
Schlag m <edv> • runout; disk runout
Schlag m <fz> (Fahrradfelge) • eccentricity; wobble pract
Schlag m <masch> (radial) • eccentricity
Schlag m <masch> (e. drehenden Teiles: Läufer, Rad, Welle, Werkzeug) • run-out
Schlag m prakt.ugs <masch> (allg. von Rotationskörpern; z. B. Rad, Bremsscheibe) • lateral runout; side-to-side wobble did; wobble pract.coll
Schlag m <prod> • blow
Schlag m <prod> (Litze, Seil: Gleichschlag, Kreuzschlag) • lay
Schlag m <textil> • batten
schlagabsorbierender Schutzgriff m <wz> (Meißel) • impact absorbing hand protection grip
Schlagabzieher m <wz> • slide hammer puller
Schlaganker m <bau.mat> • concrete anchor
Schlagapparat m <prod.nahr> (Speiseeis; Freezer) • beater
Schlagarbeit f <masch> • blow work
Schlagarbeit f <prod> • impact energy
Schlagarbeit f <qualit.mat> • impact work
schlagartig einkuppeln vi <kfz> • sidestep the clutch vi
schlagartiges Verdampfen n ugs <phys.therm> • flash evaporation; flash vaporization US; instantaneous vaporization US
schlagartiges Verdampfen n <verf> (bei Druckabfall) • flashing
Schlagauszieher m <kfz.wz> • slide hammer puller
Schlag-Ausziehgerät n <kfz.wz> • slide hammer puller
Schlagausziehgerät n <kfz.wz> • slide hammer puller
Schlag-Ausziehgerät n <kfz.wz> (zum Austreiben von Türbolzen) • door pin removing tool; hinge pin breaker lever; door hinge pin remover
Schlagbär m <prod> • striking hammer
Schlagbaum m <verk> (Zoll, Grenze, Maut) • toll gate; turnpike obs
Schlagbaum m <verk> (an Grenze, Mautstelle) • tollgate; turnpike obs
Schlagbeanspruchung f <mech> • impact stress
Schlagbecken n <textil> • steeping basin; cooking basin; washing basin; beating basin
Schlagbelastung f <mech> • impact load
Schlagbiegefestigkeit f <qualit.mat> • impact bending strength
Schlagbiegefestigkeit, gekerbt, Izod f <kfz> • impact strength notched Izod
Schlagbiegefestigkeit, gekerbt, Izod f <kst.qualit> • impact strength notched Izod
Schlagbiegeversuch m <kst> • impact resistance test; determination of impact resistance; impact flectural test

Schlagbiegeversuch *m* <qualit.mat> • impact bending test

Schlagbiegeversuch *m* <qualit.mat> • impact resistance test; determination of impact resistance; impact flexural test

Schlagbiegezähigkeit *f* <qualit> *(allg.; gekerbt oder ungekerbt; z. B. nach Charpy oder Izod)* • impact strength; impact resistance

Schlagblech *n* <textil> • batten plate

Schlagblech *n* <textil> • fall plate; chopper bar *US*; fall-plate

Schlagbohren *n* <bau> • percussion boring

Schlagbohren *n* <prod> • percussion drilling

Schlagbohren *n* <wz> *(Arbeitsvorgang)* • hammer-drilling

Schlagbohren *n* <wz> *(Betriebsmodus)* • hammer action

Schlagbohrer *m* <wz> • masonry drill bit

Schlagbohrer *m* <wz> • percussion drill

Schlagbohrer *m sg=pl* <wz> • hammer drill

Schlagbohrmaschine *f* <wz> • hammer drill

Schlagbohrmaschine *f* <wz> • percussion drill

Schlagbohrmaschine *f* <wz> • hammer drill

Schlagbohrmaschine *f* <wz.masch> • hammer drill

Schlagbohrmaschine *f* <wz.masch> • impact drill

Schlagbohrmaschine *f* <wz.masch> • percussion drilling machine

Schlagbohrmaschine mit Rechts-/Linkslauf *f* <wz.masch> • reversing hammer drill

Schlagbohrmeißel *m* <wz> • percussion bit

Schlagbolzen *m* <mil> *(Schusswaffe)* • firing pin; striker; hammer pin *rare*

Schlagbolzenfeder *f* <mil> • firing pin spring

Schlagbolzenhalter *m* <mil> • firing pin stop and retainer plate

Schlagbrecher *m* <verf> • impact crusher

Schlagbrecher *m* <verf> • impactor

Schlagbrecher *m* <verf> • impactor crusher

Schlagbuchstabe *f* <wz> *(zum Markieren, z. B. von Werkzeug, Werkstücken)* • steel letter

Schlagdrehversuch *m* <qualit.mat> • impact-torsion test

Schlagdrehversuch *m* <qualit.mat> • torsion-impact test

Schlagdruckversuch *m* <qualit.mat> • compression impact test

Schlag-Einsatz *m* <wz> • insert socket

Schlagempfindlichkeit *f* <qualit.mat> • impact sensitivity

Schlagempfindlichkeit *f* <qualit.mat> • shock sensitivity

schlagen *vt* <allg> *(z. B. Vogelflügel, Rotorblatt)* • flap *vt*

schlagen *vt* <tech.allg> *(eine Brücke; Seil)* • lay *vt*

schlagen *vt* <led> *(auf den Bock)* • horse up *vt*

schlagen *vt* <masch> *(z. B. radial, axial)* • be out of centre *vt*

schlagen *vt* <masch> *(z. B. axial, radial)* • wobble *vt*

schlagen *vt* <prod> • blow *vt*

schlagen *vt* <prod> *(z. B. Münze)* • strike *vt*

schlagen *vt* <textil> *(Flachs)* • scutch *vt*

schlagend <tech.allg> *(z. B. Werkzeug)* • percussive

schlagend arbeitende Gesteinsbohrmaschine *f* <min> • percussion rock-drilling machine

schlagend bohren *vt* <prod> • churn-drill *vt*

schlagend bohren *vt* <prod> • jar *vt*

schlagendes Bohren *n* <bau> • percussion drilling

schlagendes Bohren *n* <bau> • percussive drilling

schlagendes Wetter *m* <min> *(Methan)* • firedamp; mine gas

schlagende Wetter *pl* <min> • firedamp

schlagende Wetter *pl* <min> • fulminating damp

Schlagenergie *f* <mech> • blow energy

Schlagenergie *f* <prod> *(z. B. Schmiedehammer)* • impact energy

Schlagenergie *f* <qualit.mat> • impact energy

Schlagexzenter *m* <masch> • picker

Schlagexzenter *m* <verf> • picker cams

Schlagfähigkeit *f* <nahr.prod> *(Speiseeis)* • whipping ability; whippability; whipping property; whipping quality

Schlagfeder *f* <mil> • mainspring; main spring

Schlagfedergehäuse *n* <mil> • mainspring housing

Schlagfehlerprüfgerät *n* <msr> *(für Radialschlag (Rundlauf))* • concentricity tester

Schlagfehlerprüfung *f* <masch> • concentricity testing

Schlagfehlerprüfung *f* <masch> • testing for true running

Schlagfeile *f* <kfz.wz> • bumping file

schlagfest <bekl> *(Helm)* • impact-absorbing

schlagfest <mech> • shock-resistant

schlagfest <qualit.mat> • impact-resistant

schlagfest *adj* <kst> *(Kunststoff)* • impact resistant

Schlagfestigkeit *f* <bekl> *(Helm)* • impact-absorption; impact-protection; shock-absorption

Schlagfestigkeit *f* <obfl> *(des Lackes)* • impact resistance

Schlagfestigkeit *f* <qualit> *(allg., z. B. von Kunststoff, Lack)* • impact resistance

Schlagfestigkeit *f* <qualit.mat> • impact resistance

Schlagfestigkeit *f* <qualit.mat> • shock resistance

Schlagfestigkeit *f* <qualit.mat> • impact strength; impact resistance; impact toughness *rare*

Schlagfestigkeit *f* <qualit.mat> • impact strength; impact resistance; impact toughness

Schlagfestigkeitsprüfung nach Izod *f* <qualit.mat> • Izod impact test; impact resistance test method A; Izod test

Schlagfläche *f* <edv.av> • pad; drum pad; drum control pad

Schlagfläche *f* <wz> *(Karosseriehammer)* • striking surface

Schlagfließpressen *n* <prod> • impact extruding

Schlagfließpressen *n* <prod> • impact extrusion

Schlagflügelgelenk *n obs* <mech> • flapping hinge

Schlagfolge *f* <prod> *(eines Hammers, Bärs)* • hammer-blow sequence; blow sequence

Schlagfräser *m* <wz> • fly cutter

schlagfrei laufen *v* <tech.allg> • run concentrically *v*

Schlagfrequenz *f* <prod> *(eines Hammers, Bärs)* • hammer-blow sequence; blow sequence

Schlag-Gabelschlüssel *m prakt* <wz> • striking [face] wrench *US*; slogging open-end spanner *GB*

Schlaggelenk *n* <mech> • flapping hinge

Schlaggeschwindigkeit *f* <prod> • striking velocity

Schlaggesenkschmieden *n* <prod> • impact die forging

Schlaggewicht *n* <wz> • sliding weight

Schlaghärte *f* <qualit.mat> • impact hardness

Schlaghärteprüfgerät *n* <qualit.mat> • impact hardness testing device

Schlaghärteprüfung *f* <qualit.mat> • impact hardness testing

Schlaghammer *m prakt.ugs* <wz> • slide hammer

Schlaghammer *m prakt.ugs* <wz> *(Karosseriewerkzeug)* • dent puller; body dent puller; body dent remover; panel puller

Schlaghaube *f* • cushion block

Schlaghaube *f* • dolly

Schlaghaube *f* • helmet

Schlaghaube *f* <bau.masch> • driving cap

Schlagknickversuch *m* <qualit> • impact buckling test

Schlagknopf *m* <feuer> *(Handfeuerlöscher)* • striker knob

Schlagkolben *m* <masch> • hammer ram

Schlagkorbmühle *f* • bar mill

Schlagkorbmühle *f* <verf> • peg mill

Schlagkorbmühle *f* <verf> • squirrel-cage disintegrator

Schlagkorbmühle *f* <verf> • squirrel-cage mill

Schlagkraft *f* <phys> • shock energy

Schlagkraft f <prod> • blowing force
Schlagkraft f <prod> • impact force
Schlagleiste f <agri> • beater bar
Schlagleiste f <agri> • stripper
Schlagleiste f <bau> (Profil auf Fensterrahmeninnenseite) • stop; bead; stop bead; window stop
Schlagleiste f <min> • baffle plate; baffle
Schlagloch n <kfz> • pothole
Schlagloch n <verk> (Straße) • pothole
Schlaglot n <füg> • brazing spelter
Schlaglot n <füg> • hard solder
Schlaglot n <füg.mat> • spelter solder
Schlagmarke f <kfz.rep> • chop mark
Schlagmaschine f <masch> • percussion machine
Schlagmaschine f <med> • whisking machine
Schlagmaschine f <textil> (Flachs) • beater
Schlagmaschine f <textil> • scutcher
Schlagmasse f <prod> • striking weight
Schlag-Maulschlüssel m form <wz> • striking [face] wrench US; slogging open-end spanner GB
Schlagmühle f • beater mill
Schlagmühle f <verf> • impact breaker
Schlagmühle f <verf> • impact mill
Schlagpatrone f <min> • primer cartridge
Schlagprallbrecher m <verf> • impact breaker
Schlagpressen n <prod> • impact molding
Schlagradmühle f <prod> • beater mill
Schlagregen m <bau> • driving rain; wind-driven rain
Schlagregen m <bau> • wind-driven rain; driving rain
Schlagregendichtheit f <bau> • water resistance; resistance to the penetration of rain; resistance to water penetration; water penetration resistance; rain impermeability
Schlagregensicherheit f <bau> • water resistance; resistance to the penetration of rain; resistance to water penetration; water penetration resistance; rain impermeability
Schlagrichtung f <prod> • direction of blow
Schlagrichtung f <prod> • direction of impact
Schlagrichtung f <prod> (Drahtseil (Rechtsschlag, Linksschlag; Gleichschlag, Kreuzschlag)) • direction of twist
Schlagrichtung f <prod> (Seil: Gleichschlag vs. Kreuzschlag) • lay direction
Schlag-Ringschlüssel m <wz> • striking [face] wrench US; sledge hammer wrench US; slogging ring wrench GB
Schlagschatten m <edv> • cast shadow
Schlagschatten m <opt> • cast shadow
Schlagschere f <petr> • jar
Schlagschlüssel-Einsatz m <wz> • insert socket
Schlagschmiedemaschine f <prod> • percussion machine
Schlagschmieden n <prod> • impacting
Schlagschmieden n <prod> • striking
Schlagschraubendreher m <wz> • impact driver; impact screwdriver
Schlagschraubendreher m rar <wz> • impact driver; impact screwdriver; power impact wrench
Schlagschraubendreher-Einsatz m <wz> (Bit) • impact driver bit
Schlagschraubenzieher m ppwiss <wz> • impact driver; impact screwdriver
Schlagschrauber m <wz> • impulse wrench
Schlag-Schrauber m <wz> (mit Außenvierkantaufnahme) • impact wrench
Schlagschrauber m <wz> • impact wrench
Schlagschrauber m prakt <wz> • impact driver; impact screwdriver; power impact wrench
Schlagschrauber-Einsatz m <wz> (Bit) • impact driver bit
Schlagschweißen n <füg> • percussion welding
Schlagschwingung f <nav> • whipping

Schlagschwingung f <nav> • whipping vibration
Schlagstärkevariator m (Elektrozaun) • impulse variator
Schlagstange f <mil> • hammer strut
Schlagstauchen n <prod> • dynamic upsetting
Schlagstauchversuch m <qualit.mat> • compression impact test
Schlagstift m • bouncing pin
Schlagstiftmühle f • disintegrating mill
Schlagstiftmühle f <verf> • pin-disc mill
Schlagstück n <mil> (von Schusswaffen) • hammer; cocking piece coll; cock piece; cock
Schlagstücksicherung f <mil> • hammer safety
Schlagsystem n <verf> (Dispersionswascher) • system of rods
Schlagtrommel f <textil> • opening drum
Schlagversuch m <qualit.mat> • impact test
Schlagversuch nach Izod DIN EN ISO 180 <qualit.mat> • Izod impact test
Schlagwalze f <textil> • scutching roller
schlagweiser Hochwald m <holz> • even-aged forest
Schlagweite f <el> • sparking distance
Schlagweite f <el> • striking distance
Schlagwelle f Hoyer <prod.nahr> (Speiseeis; Freezer) • dasher; mutator
Schlagwellenantrieb m <prod.nahr> (Speiseeis; Freezer) • dasher power; dasher motor
Schlagwellengeschwindigkeit f Hoyer <prod.nahr> (Speiseeis; Freezer) • dasher speed
Schlagwerk n <msr> (Uhr) • striking work
Schlagwerk n <prod> • skull breaker
Schlagwerk n <qualit> • impact testing mechanism
Schlagwerk n <wz> • hammer
Schlagwerkzeug n <wz> • striking tool
Schlagwetter n <min> • fire-damp; methane
Schlagwetteranzeiger m <min> • firedamp indicator
Schlagwetteranzeiger m <min> • methane indicator
Schlagwetterexplosion f <min> • firedamp explosion
schlagwetterfrei <min> • clean
schlagwetterfrei <min> • non-fiery
schlagwetterführend <min> (Kohlenbergwerk) • fiery
schlagwetterführend <min> • gassy
Schlagwettergefahr f <min> • danger of fire-damp
schlagwettergeschützt <min> • explosion-proof
schlagwettergeschützt <sich> • firedamp-proof
schlagwettergeschützte Leuchte f <min> • flame-proof lighting fitting
schlagwettergeschützter Schalter m <min> • flame-proof switch
schlagwettergeschützter Transformator m <min> • flame-proof transformer
Schlagwetterschutz m <min> • firedamp protection
Schlagwetterschutzkapselung f <min> • firedamp enclosure
Schlagwetterschutzkapselung f <min> • flameproof enclosure
schlagwettersichere Kapselung f <min> • flame-proof enclosure
Schlagwirkungsgrad m <prod> • blow efficiency
schlagzäh <bekl> (Helm) • impact-absorbing
schlagzäh <mat> (Kunststoff) • high-impact resistant
schlagzäh <qualit.mat> • impact resistant
schlagzäh <qualit.mat> • impact-resistant
Schlagzähigkeit f DIN 53501 <qualit> (allg.; gekerbt oder ungekerbt; z. B. nach Charpy oder Izod) • impact strength; impact resistance
Schlagzähigkeit f <qualit.mat> • impact strength; impact resistance; impact toughness
Schlagzähigkeit f <qualit.mat> • impact strength; impact resistance; impact toughness rare

schlagzäh modifiziert <kst> • toughened; impact modified

schlagzäh modifiziert <kst> • toughened

Schlagzahl f <prod> • blow rate

Schlagzahn m <wz> • fly cutter

Schlagzahn m <wz> • fly tool

Schlagzahnfräsen n <prod> • fly cutting

Schlagzahnfräsen n <prod> • thread whirling; thread peeling *rare*; fly milling *rare*

Schlagzerkleinerung f <verf> • impact reduction

Schlagzerreißversuch m <qualit.mat> • tensile impact test

Schlagzeugcomputer m <el.mus> • drum machine; rhythm machine

Schlagzeugklang m <edv.av> • drum sound

Schlagzeugsound m <edv.av> • percussive sound; percussion sound

Schlagzündung f <mil> • percussion priming

Schlag-Zug-Prüfung f <qualit.mat> • tensile impact test

Schlagzugprüfung f <qualit.mat> • tensile impact test

Schlagzugversuch m <qualit.mat> • tensile impact test

Schlag-Zug-Versuch m <qualit.mat> • tensile impact test

Schlagzugversuch m <qualit.mat> • tensile impact test

Schlamm m • lime

Schlamm m • mud

Schlamm m <ents> • sludge

Schlamm m <ents> *(z. B. Altpapier-Recycling)* • sludge

Schlamm m <geo> • sludge

Schlamm m <nahr> • sludge; slurry

Schlamm m <silik> • slurry

Schlamm m <tribo> • sludge

Schlamm m <verf> *(eher dünnflüssig)* • slurry

Schlamm m <verf> *(eher dickflüssig)* • sludge

Schlamm m <verf> *(Entschwefelungsprodukt)* • sludge

Schlamm m <verf> • sludge

Schlamm m <verf> *(Entschwefelungsprodukt)* • sludge

Schlammablass m <verf> • sludge drain

Schlammabscheider m <verf> • mud separator

Schlammabscheider m <verf> • sludge separator

Schlammabsetzbecken n <min> • mud settling pond

Schlammabsiebung f <verf> *(Siebgut)* • sludge screenings *pl*

Schlammasche f <ents> • sludge ash

Schlammaufbereitung f <ents> • sludge treatment

Schlammaustrag m <ents> • sludge discharge

Schlammbehälter m <ents> • sludge tank

Schlammbehandlung f <verf> • sludge treatment; sludge conditioning

Schlammbehandlung f <verf> • sludge treatment

Schlammbehandlungsanlage f <ents> • sludge treatment plant

Schlammbelebung f • bioaeration

Schlammbelebung f <ents> • sludge activation

Schlammbelebungsverfahren n <ents> • activated-sludge process

Schlammbelüftung f <ents> • sludge aeration

Schlammbeseitigung f <ents> • sludge disposal

Schlammbett n <ökol> *(Biogas)* • sludge bed

Schlammbettreaktor m <ents> *(Biogas)* • upflow anaerobic sludge-blanket digester

Schlammbildung f <tribo> *(Schmieröl)* • sludge formation

Schlammblockierungsmittel n *(Flotation)* • blinding agent

Schlammdecke f <verf> • sludge blanket

Schlammdeponie f <ents> • sludge disposal

Schlammeimer m <ents.hydr> • sediment bucket

Schlammeinbruch m <min> • mud inflow

Schlammeinbruch m <min> • mud inrush

Schlammeindicker m • mud thickener

Schlammeindicker m <ents> • sludge thickener

Schlammeindickung f <ents> • sludge thickening

Schlammentwässerung f <ents> • sludge draining; sludge dewatering; dehydration of sludge

Schlammentwässerung f <ents> *(z. B. Altpapier-Recycling)* • sludge dewatering

Schlammentwässerung f <verf> • sludge dewatering

Schlammentwässerungsbecken n <ents> • sludge lagoon

Schlammentwässerung f <verf> *(z. B. Entschwefelungsanlage)* • sludge dewatering

Schlammfang m <ents> *(Sinkkasten)* • silt box

Schlammfang m DIN 4045 <ents.hydr> • sludge trap

Schlammfang m <verf> • sludge collector

Schlammfaulgas n <ents> • sewage gas

Schlammfaulraum m • digestion chamber

Schlammfaulraum m • digestion compartment

Schlammfaulung f <ents> • sludge digestion

Schlammfaulung f <verf> • sludge digestion

Schlammfilter n • cake filter

Schlammfiltration f • cake filtration

schlammiger Abfall m <ents> • slurry waste; sludge waste

Schlammkohle f • coal slime

Schlammkohle f <min> • mud coal

Schlammkratzer m <verf.hydr> • bottom sludge scraper blade; bottom scraper blade

Schlammlawine f <geo> • debris flow

Schlammpumpe f <ents> • sludge pump; slurry pump

Schlammpumpe f <masch> • slurry-duty pump

Schlammpumpe f <masch> • slurry pump; sludge pump

Schlammpumpe f <masch> • sludger

Schlammpumpe f <min> • mud pump

Schlammrechen m <ents> *(Kläranlage)* • sludge screen

Schlammrennen n <kfz.sport> • mud race

Schlammrückführung f <ökol> • sludge recirculation

Schlammrückhaltezeit f (SRT) <agri.tech> • solids detention time; solids residence time; solids retention time

Schlammsammelraum m <ents> *(Rundbecken)* • sludge sump

Schlammsammelstelle, <nfz.logist> • catch basin

Schlammschild m <verf.hydr> • bottom sludge scraper blade; bottom scraper blade

Schlammschleuse f <ents> • sludge gate

Schlammstrom m <ents> • sludge stream

Schlammsumpf m <ents> *(Rundbecken)* • sludge sump

Schlammtrichter m <verf> *(Längsbecken)* • sludge sump

Schlammtrockensubstanz f <verf.hydr> • dry weight of sludge

Schlammtrocknung f <verf> • sludge drying

Schlammüberlauf m <ents> • slime overflow

Schlammverbrennung f <ents> • combustion of sludge

Schlammverbrennung f <ents> • sludge incineration; combustion of sludge

Schlammwasser n <verf.ents> *(nach dem Abspritzen)* • wash water

Schlange f <rls> *(Rohrschlange)* • coil

Schlangenfederkupplung f <antr> *(nachgiebig, formschlüssig)* • Bibby coupling

Schlangenfederkupplung f <masch> • worm-elastic coupling

Schlangenfederkupplung f <masch> • worm-spring coupling

schlangenförmiges Überhitzerrohr n norm <rls> • zigzag superheating tube

Schlangenhautglasur f <silik> • snakeskin glaze

Schlangenkühler m <verf> • coiled-tube condenser

Schlangenrohr n <rls> • coil

Schlangenrohr n <rls> • coiled tube

Schlangenrohrkesselverdampfer *m* <rls> • shell-and-coil evaporator
Schlangenrohrkühler *m* <verf> • coiled-tube condenser
Schlangenventil *n* <rls> • coil valve
Schlangenwärmetauscher *m* <verf> • coil heat exchanger
Schlangenwurzel *f* <bio> • snake root; senega polygala
schlank *(z. B. Schiffsform)* • fine
schlank • sharp
schlank • slight
schlank <allg> • slender
schlank <prod> *(Fertigung, Ablauf)* • lean
schlanke Garnitur *f* <petr> • slick assembly
schlanke Produktion *f* ZDF:WISO <prod> • lean production
schlanker Kegel *m* <masch> • long taper
schlanke Weiche *f* <bahn> • large turnout
schlankgenuteter Bohrer *m* <wz> • low-helix drill
Schlankheit *f* <mech> *(eines Körpers, einer Konstruktion)* • fineness
Schlankheitsgrad *m* <mech> *(für Knickberechnung)* • slenderness ratio
Schlappseilschalter *m* <sich> • slack rope safety device
Schlauch *m* <tech.allg> *(flexible Leitung für Fluide; typ. aus Gummi, Kunststoff; eher lang)* • hose
Schlauch *m* <fz> • tube *:V*
Schlauch *m* <kfz> *(Luftschlauch im Reifen)* • tube
Schlauch *m* <rls> *(typ. aus Gummi; eher kurz, z. B. zw. Kühler und Motor)* • tube; hose; flexible tube *rare*
Schlauch *m* <rls> • tubing
Schlauch *m* <verf> *(in Schlauchfilter)* • bag
Schlauchabziehzange *f* <kfz.wz> • radiator hose shark tooth pliers
Schlauchanschluss *m* <pap> • hose attachment
Schlauchanschluss *m* <rls> • hose connection
Schlauchbewässerung *f* <agri> • hose irrigation
Schlauchbinder *m* ugs <rls> • hose clamp; clip *coll*; hose clip
Schlauchboden *m* <verf> • tube sheet
Schlauchboot *n* <aerospace> *(f. Notwasserung)* • life raft
Schlauchboot *n* <nav> *(eher klein, wenig robust)* • inflatable US; rubber dinghy GB
Schlauchboot *n* <nav> *(groß, robust)* • inflatable rubber raft US.GB; raft US.GB.pract
Schlauch der Kurbelgehäuseentlüftung *m* <kfz.emiss> • breather hose
Schlauchdichtung *f* <bau> *(Fenster, Türen)* • bulb seal; bulb-type weatherstrip
Schlauchfilter *m* <tech.allg> *(Inline-Filter in einem Schlauch)* • in-line-filter
Schlauchfilter *m/n* <verf> *(Gewebefilter)* • bag filter; tube-type filter; tube filter
Schlauchfilter *n* <tech.allg> *(Inline-Filter in einem Schlauch)* • in-line-filter
Schlauchfilter *n* <verf> *(betont: komplettes Filtersystem mit Gehäuse, Schrank)* • bag house
Schlauchfilter *n* <verf> *(flache Filterelemente)* • pocket filter; envelope filter; flat bag filter; bag filter
Schlauchfiltereinsatz *m* <verf> • hose filter insert
Schlauchfolie *f* <kst> • tubular film
Schlauchfolie *f* DIN 55 405 <mat.kst> • blown film; blow film
Schlauchfolienextrusion *f* <kst> *(dünne Folien)* • blown film extrusion
Schlauchfolienextrusion *f* <kst> *(dicke Folien)* • blown sheet extrusion
Schlauchhalter *m* <fz> • brake coupling holder
Schlauchhalter *m* <rls> • hose coupling support
Schlauchhaspel *f* <rls> • hose reel

Schlauchklemme *f* <füg> • pinch clamp
Schlauchklemme *f* <füg> • pinch cock
Schlauchklemme *f* <rls> • hose clamp; clip *coll*; hose clip
Schlauchklemme *f* <rls> • hose clip; air-line clip
Schlauchklemmeinheit *f* <rls> • hose coupling assembly
Schlauchklemme mit Schneckenschraube *f* <tech.allg> • aircraft-type hose clamp US; jubilee clip GB; worm-gear hose clamp did
Schlauchklemmenzange *f* <kfz.wz> *(allgemein)* • hose clamp pliers; heater hose clamp pliers
Schlauchklemmenzange *f* <kfz.wz> *(für Ohrklemmen)* • hose clamp installer; boot clamp pliers
Schlauchkörper *m* <rls> *(Kompensator)* • hose element
Schlauchkompensator *m* <rls> • hose expansion joint *:V*
Schlauchkopf *m* <kst> • blow head
Schlauchkopsautomat *m* <textil> • automatic tubular cop winder
Schlauchkopsspinnmaschine *f* <textil> • tubular cop spinning frame
Schlauchkupplung *f* <rls> • hose coupling
Schlauchkupplungsgewinde *n* <rls> • hose-coupling thread
Schlauchläufer *m* *(Beregnung)* • hose walker
Schlauchleitung *f* <tech.allg> • flexible conduit
Schlauchleitung *f* <rls> • hose line
schlauchlos *adj* <kfz> *(Reifen)* • tubeless
schlauchloser Reifen *m* <kfz> • tubeless tire
Schlauchmaterial *n* <rls> • tubing
Schlauchmembran *f* <hlk> *(z. B. in BMR)* • tubular membrane
Schlauchmembranpumpe *f* <förd> • tubular diaphragm pump
Schlauch mit Begleitheizung *m* <rls> *(elektrisch)* • heated hose
Schlauch mit Gewebeverstärkung <kfz> *(druckfester Schlauch, z. B. für Kraftstoff)* • braided hose
Schlauch mit Textilummantelung *f* did <tech.allg> *(für Druckleitungen; z. B. für Druckluft, Bremsanlage)* • braided hose; fabric-reinforced hose
Schlauchmundstück *n* <rls> • hose nozzle
Schlauchpackmaschine *f* <prod> • flow packer
Schlauchpaket *n* <füg> *(Schutzgasschweißen)* • supply pipe
Schlauchpore *f* DIN EN ISO 6520 <metall.qualit> *(röhrenförmiger Hohlraum im Schweißgut durch Gas)* • worm-hole ISO 6520-1
Schlauchpumpe *f* <förd> • flexible tube pump; peristaltic pump
Schlauchreifen *m* <fz> *(Fahrrad)* • tubular tire; tubular
Schlauchreifen *m* <kfz> • tube type tire
Schlauch-Relining *n* <ents.hydr> • cured-in-place-pipe method (CIPP metho); soft lining
Schlauchring *m* <rls> • hose ring
Schlauchrohr *n* <rls> • hose tube
Schlauchrohrdeckel *m* <nfz> • hose tube door
Schlauchrolle *f* <rls> • hose reel
Schlauchschelle *f* <füg> • hose clamp
Schlauchschelle *f* <füg> • hose clip
Schlauchschelle *f* <rls> • clamp
Schlauchschelle *f* <rls> • hose clip; air-line clip
Schlauchset *n* <med.tech> • hose system
Schlauchspritzmaschine *f* <kst.prod> • tube-extruding press
Schlauchspritzmaschine *f* <kst.prod> • tube-extrusion press
Schlauch-Top *n* <bekl> • tube top
Schlauchtrommelregner *m* <agri> • hose-reel irrigator
Schlauchtülle *f* <med.tech> • port
Schlauchtülle *f* <rls> • hose tail

Schlauchtülle f <rls> • hose connection gland
Schlauchtülle f <rls> • hose connection nipple
Schlauchventil n • pinch valve
Schlauchventil n <masch> • inner-tube valve
Schlauchverbindung f <rls> • hose connection
Schlauchverbindung f <rls.füg> • tube connection; hose
  connection
Schlauchvorformling m <kst> (beim Blasformen; spritz-
  gegossene Vorstufe eines Spritzblaslings) • parison; pre-
  form
Schlauchwaage f <bau.msr> • water level
Schlauchwagen m <agri> (für Gartenschlauch) • hose
  reel cart; hose wagon
Schlauchwagen m <nfz> (Feuerwehrfahrzeug zum
  Transport von Schläuchen) • hose carrier
Schlauchwalze f <led> (Abwelken) • hose roller
Schlauchwehr n DIN 4048-1 <bau.hydr> (flexibler Hohl-
  körper zurErzeugung eines Staus) • inflatable weir
Schlauchwinde f <rls> • hose reel
Schlaufe f <pack> • loop
Schlaufenfänger m <textil> (Ringspinnmaschine) • snarl
  catcher
Schlaufensteuerung f <pack> (Lubricator) • loop control;
  photoelectric loop control
schlecht <qualit> (z. B. Güte, Qualität, Leistung) • poor
Schlechte f <min> • cleat; cleavage; parting
schlechte Deckung f <obfl> (Lackfehler) • poor opacity
schlechte Lesung f rar <edv> (eines Barcode-Scanners)
  • misread; bad read; bad scan; wrong read; mis-scan
schlechte Qualität f <qualit> • low quality; poor quality
schlechter Ankergrund m <nav> • foul bottom
schlechter Kontakt m <el> • imperfect contact; imperfect
  contact joint
schlechter Kontakt m <el> • defective contact
schlechter Leiter m <el> • poor conductor
schlechter Wärmeleiter m <mat> • poor heat conductor
schlechtes Laufverhalten n <masch> (z. B. Motor)
  • poor runnability
schlechtes Viertel n ugs <bau> • urban area with a bad
  reputation; twilight zone coll
Schlechtläufer m <bahn> • bad runner wagon; bad runner
schlecht passend <tech.allg> • ill-fitting
Schlechtzahl f <qualit> (statistische Qualitätskontrolle)
  • rejection number
Schlegel m <verf> • beater bar
Schlegel m rar <wz> • drilling hammer US; hand drilling
  hammer US; club hammer GB
Schlegelfeldhäcksler m <agri> • flail forage harvester
Schlegelkrautschläger m <agri> • flail haulm pulverizer
Schlegelmäher m <agri> • flail mower
Schlegeltrommel f <agri> • flail rotor
Schleichdrehzahl f <fz> • crawling speed
schleichender Spülungsverlust m <petr> • mud loss
Schleichgang m <tech.allg> • creep motion
Schleichgang m <autom> • creep speed
Schleichgang m <prod> • creep feed
Schleichganggeschwindigkeit f <tech.allg> (z. B. beim
  Anfahren, Überprüfen) • creep speed
Schleichgeschwindigkeit f <logist> (RFZ) • crawling
  speed; creep speed
Schleier m <phot> • fog; haze; blur
Schleier bilden vi <phot> • fog vi
Schleierbildung f <büro> (Kopieren) • veiling glare
Schleierbildung f <phot> • fogging
Schleierbildung f <textil> • ballooning
Schleierkühlung f <hlk> • fog cooling
Schleierprospekt m <theat> • gauze cloth; scrim drop;
  theatrical bobbinet; theatrical gauze

Schleierschwärzung f DIN EN 1330-3 <phot> (z. B.
  Durchstrahlungsprüfung) • fog density
Schleiervorhang m <theat> • gauze cloth; scrim drop;
  theatrical bobbinet; theatrical gauze
Schleifapparat für Bandmesser m <led> • grinder for
  band knives
Schleifautomat m <wz.masch> • automatic grinder
Schleifautomat m <wz.masch> • automatic grinding ma-
  chine
Schleifband n <wz> • abrasive band
Schleifband n <wz> • grinding band
Schleifband n <wz> • sanding belt
Schleifband n DIN 69130 <wz> • abrasive belt; polishing
  belt; polishing band
schleifbar <obfl> • sandable
Schleifblock m <kfz.wz> • sanding block
Schleifdichtung f <bau> (Dichtung bei Schiebekonstruk-
  tionen) • brush seal; weather pile seal
Schleifdrahtmessbrücke f <el> • slide-wire bridge
Schleife f <edv.av> (Sequenzerfunktion) • loop; cycle
Schleife f <edv.av> (Samplerfunktion) • loop; sustain loop
Schleife f <med.tech> (z. B. P/V-Loop, V/Flow-Loop,
  P/Flow-Loop) • loop
Schleifeinrichtung f <wz.masch> • grinding attachment
Schleifen n <obfl> • grinding
Schleifen n <obfl> (zum Glätten oder Aufrauen von Oberflächen) • sanding
schleifen v <prod> • rub v
schleifen vi <kfz.brems> (Bremsen, Kupplung) • drag vi
schleifen vt <led> (Fleischseite von Leder leicht aufrauen)
  • buff vt; fluff vt; wheel vt
schleifen vt <led> (Velours) • buff vt
schleifen vt <led> (Narbenseite) • buff vt; snuff vt
schleifen vt <obfl> • polish vt
schleifen vt <obfl> (typ. per Hand; z. B. Spachtel, Lack)
  • sand vt; sand down vt; sand back vt
schleifen vt <prod> • buff vt
schleifen vt <prod> (Glas, Edelstein) • cut vt
schleifen,vt <prod> • grind vt
schleifen vt <prod> (Metall; mit Schleifmaschine) • grind vt
schleifen vt <tele> (Leitung) • loop vt
schleifen vt <wz> (Schneide; z. B. von Messer, Meißel,
  Bohrer) • sharpen vt
Schleifenabschluss m • loop termination
Schleifenanfang m <edv> • loop head
schleifenartiges Auslesen n <el.mus> (von Samples)
  • looping; loop
Schleifen aus dem Vollen n <prod> • abrasive machining; creep-feed grinding
Schleifen bilden v • loop v
Schleifen bilden v <tech.allg> (z. B. Seil) • kink v
Schleifenbildung f <edv.av> • looping
Schleifenbildung f <textil> • sinking of a loop <around the
  needle>
Schleifendämpfung f <tele> • loop attenuation
schleifende Dichtung f <masch> • friction seal
Schleifen der Kupplung n <kfz.antr> (im Ggs. zu Kupp-
  lungsrutschen) • clutch drag
Schleifendetektor m <kfz> (in Fahrbahnbelag) • detector
  loop
Schleifen-Detektor m <tech.verk> (in Fahrbahnbelag)
  • detector loop
Schleifendipol m • folded dipole
Schleifendipol m • folded-dipole aerial
Schleifengalvanometer n <el> • loop galvanometer
Schleifenkapazität f <el> • wire-to-wire capacity
Schleifenlinie f <math> • lemniscate
Schleifenmessung f <tele> • loop measurement

Schleifen mit dem Schleifklotz <kfz.rep> *(Blechbearbeitung)* • block sanding

Schleifennetz n <edv> • loop network

Schleifenoszillograph m • moving-moving-mirror oscillograph

Schleifenoszillograph m <el> • loop oscillograph

Schleifenoszillograph m <el> • moving-coil oscillograph

Schleifenoszillograph m <el> • moving-moving-bifilar oscillograph

Schleifenoszillograph m <el> • moving-moving-galvanometer oscillograph

Schleifenprobe f <edv> • echo check

Schleifenprobe f <edv> • echo checking

Schleifensteuerung f • loop control

Schleifensystem n <tele> • two-wire automatic telephone system

Schleifenübertragungsfunktion f <msr> • loop transfer function

Schleifenumkehrung f <el> • sweep reversion

Schleifenumkehrung f <phys> • loop reversal of flow

Schleifenvariable f <edv> • control variable

Schleifenverstärkung f <el> • loop gain

Schleifenwahl f <el> • loop disconnect pulsing

Schleifenwahl f <tele> • loop dialling

Schleifenwicklung f <el> • multiple circuit winding

Schleifenwicklung f <el> • parallel winding

Schleifenwicklung f <prod> • lap winding

Schleifenwiderstand m <edv> • loop resistance

Schleifenwiderstand m <el> • loop resistance

Schleifenzähler m <edv> • loop counter

Schleifenzähler m <edv.av> • loop counter

Schleifer m <el> • potentiometer arm

Schleifer m <el> *(Schleifkontakt)* • slider

Schleifer m <masch> • wiper

Schleifer m <msr> • wiper; slider

Schleifer m <prod> • grinding-machine operator

Schleifer m <prod> • moving-arm

Schleifer m <prod.autom> • slider

Schleifer m <wz> • grinding pencil

Schleiferschiene f <el> *(Potentiometer)* • collector bar

Schleiferstein m <pap> • pulpstone

Schleifertrog m <pap> • grinder pit

Schleiffeder f <el> • brush spring

Schleiffreistich m <masch> • grinding undercut

Schleiffunkenbild n <qualit> *(Funkenprobe)* • abrasion spark pattern

Schleiffunkenbild n <qualit.mat> • spark pattern

Schleiffunkenbild n <qualit.mat> • spark picture

Schleiffunkenprüfung f <qualit> • abrasion spark test

Schleiffunkenprüfung f <qualit.mat> • spark test

Schleifgrat m <prod> • sharpening burr

Schleifhexe f ugs <wz> • angle grinder; disc sander/grinder GB

Schleifhex-Scheibe f ugs <wz> • angle grinder disk US; angle grinder disc GB

Schleifholz n <pap> • pulp wood

Schleifklotz m <kfz.wz> • sanding block

Schleifklotz m <obfl.holz> • sanding block; wood block

Schleifkörper m <wz> • abrasive particle; abrasive grain

Schleifkörperabrichten n <wz> • abrasive wheel dressing; abrasive wheel truing

Schleifkörperrückstellung f <wz.masch> • wheelhead elevation

Schleifkörperzustellung f <wz.masch> • wheelhead downfeed

Schleifkohle f <el> • carbon strip

Schleifkohle f <el> *(in E-Motor oder Generator)* • carbon brush; brush; graphite brush *rare*

Schleifkohle f <kfz.el> *(Zündverteiler-Mittelelektrode)* • carbon brush

Schleifkohle f <prod> • grinding charcoal

Schleifkontakt m <el> *(durch Blankscheuern)* • rubbing contact

Schleifkontakt m <el> • sliding contact

Schleifkontakt m <el> • wiper

Schleifkontakte mpl <kfz.el> • sliding contacts pl Lucas; sliding contact set

Schleifkopf m <wz> • convex tool

Schleifkopf m <wz> • convex truing tool

Schleifkopf m <wz> • grinding wheelhead

Schleifkopf m <wz> • wheelhead

Schleifkork m <obfl.holz> • cork block

Schleifkorn n <wz> • abrasive particle; abrasive grain

Schleifkugeln fpl <druck> • grinding marbles

Schleiflack m <obfl> • flatting varnish

Schleiflack m <obfl> • rubbing varnish

Schleifleinen n <wz> • emery cloth

Schleifleiste f <bahn> *(am Pantograph)* • contact strip

Schleifleiste f <el> • contact strip

Schleifleitung f <el> • contact conductor

Schleifleitung f <el> • contact wire

Schleifleitung f <logist> *(RFZ)* • busbar

Schleifmaschine f <led.wz> *(für Leder)* • buffing machine

Schleifmaschine f <wz> *(allg.)* • sander; grinder

Schleifmaschine f <wz> *(zum Feinschleifen)* • sander

Schleifmaschine f <wz> *(für grobe Arbeiten, Schruppen)* • grinder

Schleifmaschine f <wz.masch> • grinding machine

Schleifmasse f <holz> • mechanical pulp

Schleifmittel n <led> *(für Leder)* • buffing agent

Schleifmittel n <prod> • grinding material

Schleifmittel n <prod> • grinding medium

Schleifmittel n <wz> • grinding abrasive

Schleifmittel n <wz> • abrasive

Schleifmittelaufschlämmung f <prod> • abrasive slurry

Schleifmittelbelag m <wz> • abrasive coat

Schleiföl n <obfl.holz> • grinding oil

Schleifpapier n <obfl.holz> • abrasive paper; sanding paper *pract*; sandpaper *coll*; flatting paper *GB.coll*; rubbing paper *GB.coll*

Schleifpapierhalter m <kfz.wz> • sanding board; strip holder; abrasive holder

Schleifpapier mit offener Streuung <wz> • open coat sanding paper

Schleifpapierstreifen m <kfz.wz> • sandpaper strip; abrasive strip

Schleifpaste f <obfl> • polishing paste

Schleifpaste f <wz> • grinding compound

Schleifprotektor m <kfz> • knee slider

Schleifpulver n <wz> • abrasive powder; grinding powder

Schleifrille f <prod> • grinding scratch

Schleifrillen fpl <obfl.qualit> *(Lackfehler)* • sand scratching; flatting marks pl

Schleifring m <tech.allg> • slip ring

Schleifring m DIN EN 60276 <el> *(im Drehstromgenerator)* • slip ring DIN EN 60276; rotor field coil slip ring form.rare

Schleifring m <wz> • cylinder wheel; ring wheel

Schleifringanlasser m <el> • slip-ring starter

Schleifringhülse f <el> • slip-ring bush

Schleifringläufer m <el> • slip-ring rotor

Schleifringläufer m <el> • wound rotor

Schleifringläufer m <el> • slipring motor; slip-ring induction motor

Schleifringläufermotor m <el> • slip-ring induction motor

Schleifringläufermotor m <el> • slip-ring motor

Schleifringläufermotor *m* <el> • wound-rotor induction motor

Schleifringläufermotor *m* <el> • wound-rotor motor

Schleifringlager *n* <kfz.el> *(im Drehstromgenerator)* • slip-ring bearing; rear rotor bearing

Schleifringlagerschild *n* <kfz.el> *(Drehstromgenerator)* • slip-ring end fitting; slip-ring end bracket *GB*; slip-ring end frame *US*; slip ring housing [end cover]; rectifier end shield *Chrysler*

Schleifriss *m* <qualit.mat> • grinding check

Schleifriss *m* <qualit.mat> • grinding crack

Schleifsand *m* <prod> • cutting sand

Schleifschale *f* <wz> • concave tool

Schleifschale *f* <wz> • concave truing tool

Schleifscheibe *f* <wz> *(als Vorsatz)* • abrasive disk; grinding disk; sanding disk

Schleifscheibe *f* <wz.masch> *(von stationärer Schleifmaschine)* • grinding wheel

Schleifscheibenaufnahme *f* <wz.masch> • grinding-wheel mount

Schleifscheibenauswuchtgerät *n* <wz> • grinding-wheel balancer

Schleifscheibenbeistellung *f* <wz> • wheel feed

Schleifscheibenbindung *f* <wz> • grinding-wheel bond

Schleifscheibenflansch *m* <prod> • grinding-wheel flange

Schleifscheibenflansch *m* <wz> • heel flange

Schleifscheibenfutter *n* <prod> • grinding-wheel chuck

Schleifscheibenfutter *n* <wz> • heel chuck

Schleifscheibensupport *m* <wz.masch> • grinding-wheel slide

Schleifscheibensupport *m* <wz.masch> • heel slide

Schleifschlamm *m* <prod> • grinding sludge

Schleifschlitten *m* <led> *(Bandmesserschleifen)* • grinder carriage

Schleifschlitten *m* <wz.masch> • grinding-wheel slide

Schleifschlitten *m* <wz.masch> • heel slide

Schleifschmant *m* <prod> • grinding swarf

Schleifschützen *m* <textil> • sliding shuttle

Schleifschutz *m* <bekl> *(Cross-Stiefel)* • slider; toe slider

Schleifspalt *m* <prod> • grinding throat

Schleifspindel *f* <wz.masch> • grinding-wheel spindle

Schleifspindel *f* <wz.masch> • heel spindle

Schleifspuren *fpl* <kfz.rep> *(kreisförmig)* • swirl marks

Schleifspuren *fpl* <obfl.qualit> *(Lackfehler)* • sand scratching; flatting marks *pl*

Schleifstaub *m* <led> *(beim Lederschleifen)* • buffing dust; buffing powder; crock

Schleifstaub *m* <obfl.holz> • sanding dust; sandpapering dust

Schleifstaubpresse *f* <led> • buffing dust press

Schleifstein *m* <wz> • grinding stone

Schleifstein *m* <wz> • grindstone

Schleifstift *m* <wz> • grinding pencil

Schleifstift *m* <wz> • pencil grinder

Schleifstift *m rar* <wz> *(zum Abtragen, z. B. mit Glasfasern)* • abrasive pencil

Schleifstreifen *m* <kfz.wz> • sandpaper strip; abrasive strip

Schleifstreifenhalter *m* <kfz.wz> • sanding board; strip holder; abrasive holder

Schleifstück *n* <el> • collector shoe

Schleifstück *n* <el> *(Stromabnehmer)* • contact strip

Schleifstückträger *m* <el> *(Stromabnehmer)* • horned slipper holder

Schleifsupport *m* <wz.masch> • grinding-wheel head slide

Schleifteil *n* <prod> • part to be ground

Schleifteil *n* <prod> • part being ground

Schleifteller *m* <kfz.wz> • backup pad

Schleifteller *m* <wz> • backing pad

Schleiftiefe *f* <led> *(bei Leder)* • buffing depth

Schleiftrommel *f* <wz> • sanding drum

Schleifvorrichtung *f* <wz.masch> • grinding fixture

Schleifwirkung *f* <obfl.holz> *(Schleifpapier)* • cutting action

Schleifwirkung *f* <prod> • abrasive effect

Schleifwirkung *f* <prod> • grinding effect

Schleifzug *m* <bahn> • track grinding train *:V*

Schleifzugabe *f* <prod> • grinding allowance

Schleifzylinder *m* <led> *(bei Leder)* • buffing wheel

Schleimansammlung *f* <med> • pooling of secretions

schleimausscheidend <bio> *(z. B. Gewebe)* • muceriferous; mucilaginous; muculent

schleimbildend <bio> *(z. B. Gewebe)* • muceriferous; mucilaginous; muculent

schleimgefüllt <bio> • muceriferous; mucus-filled

schleimhaltig <bio> • muceriferous; mucus-filled

Schleimlöser *m* <pharm> • expectorant

Schleimpfropfen *m* <med> • mucous plug

schleimproduzierend <bio> *(z. B. Gewebe)* • muceriferous; mucilaginous; muculent

Schleißplatte *f* <masch> • antiwear liner

Schleißplatte *f* <masch> • wearing plate

Schleißwand *f* <förd> • wear plate; wearing plate

Schlempe *f* • distillery slop

Schlempe *f* • slop

Schlempe *f* <chem> *(Alkoholdestillation)* • vinasse

Schlempe *f* <silik> • slip

Schlempekohle *f* <chem> *(Gährungschemie)* • vinasse cinder

Schleppanker *m* <nav> • drag anchor

Schleppantenne *f* <el> • trailing aerial

Schleppbügel *m* <kfz> *(für Schlepphaken)* • tow-hook traveller

Schleppdaumen *m* <masch> • transfer finger

Schleppdrahtantenne *f* <el> • trailing wire aerial

Schleppdynamometer *n* <msr> • towing dynamometer

Schleppe *f* <agri> • drag

schleppen *vi* <förd> *(mit Seil, Kette)* • tow *vt*

schleppen *vt* <tech.allg> *(gegen großen Widerstand ziehen)* • drag *vt*; haul *vt*

schleppen *vt* <nav> *(Schiff allg.)* • tow *vt*

schleppen *vt* <nav> *(Schiff mit Schlepper)* • tug *vt*

schleppendes Schweißen *n* <füg> • dragging welding technique

Schlepper *m ugs* <agri> *(für Landwirtschaftsgeräte etc.)* • tractor; agricultural motor tractor *form*; agricultural tractor; farm tractor

Schlepper *m DIN ISO 5053* <förd> • towing tractor *ISO 5053*

Schlepper *m* <nav> • towboat

Schlepper *m* <nav> • tug

Schlepper *m* <nav> • tugboat

Schlepperorganisation *f* <jur> • immigrant smuggling organization

Schleppfahrzeug *n* <kfz> *(eines Pannenfahrzeugs)* • towcar

Schleppflug *m* <aerospace> • airtow

Schleppförderer *m* <förd> • drag conveyor

Schleppförderer *m* <min> • scraper conveyor

Schleppgas *n* *(Gaschromatographie)* • carrier gas

Schleppgeschirr *n* <nav> • towing gear

Schlepphaken *m* <kfz> • tow-hook

Schlepphebel *m* <kfz> *(Lenkung f)* • idler arm; idler; intermediate knuckle arm *US*; relay lever *GB*

Schlepphebel *m* <kfz.mot> *(Ventilsteuerung)* • cam follower *ISO 7967-3*

Schlepphebelachse f <mot> • cam follower shaft ISO 7967-3

Schlepphebelwelle f <mot> • cam follower shaft ISO 7967-3

Schleppkabel n <bau.masch> (Bagger) • trailing cable

Schleppkabel n <logist> (RFZ) • festoon cable

Schleppkanal m <nav> (z. B. Messen des Widerstandes) • model tank

Schleppkante f <el> (Impuls, Signal) • trailing edge; back edge

Schleppkettenförderer m <förd> • drag-chain conveyor

Schleppklingenstreichmaschine f <pap> • trailing blade coater

Schleppkontakt m <el> (Relais) • trailer contact

Schleppkopf m <bau.masch> (Bagger) • trailing head

Schleppkopfsaugbagger m <bau.masch> • trailing head suction dredger

Schleppkräfte fpl <verf> • drag forces npl

Schleppkreisförderer m <förd> • Power&free conveyor

Schleppkurbel f <masch> • lagging crankshaft

Schleppkurve f <math> • tractrix curve

Schlepplast f <fz> • trailing load

Schleppleine f <nav> (Schiff, Boot) • towline

Schleppleinenfischen n <nav.nahr> (mit Leine und Haken; Leine ist 25–50 nautische Meilen lang) • longline fishing

Schleppleinen-Fischerboot n <nav> • longline fishing boat

Schlepplöffelbagger m <bau.masch> • dragline excavator

Schlepplöten n <füg> • drag soldering

Schleppmittel n <chem> • entrainer

Schleppmodell n <nav> • towed model

Schleppmoment n <kfz> (von Kupplung, Getriebe, Scheibenbremsen) • drag torque; drag

Schleppnetz n <nav> (zum Einsammeln von Objekten am Meeresboden, Flussbett) • towed net

Schleppnetz n <nav> (Fischereinetz; sackförmig von Trawler geschleppt) • trawl net US; trawl pract

Schleppnetzgeschirr n <nav> • trawl gear

Schleppnetztunnel m <nav> • trawl tunnel

Schleppnetzwinde f <nav> • trawl winch

Schleppoller m <nav> • towing bollard

Schlepp-Poller m <nav> • towing bitt

Schlepprahmen m <wz.masch> • drag frame

Schleppprakelstreichmaschine f <pap> • trailing blade coater

Schlepprinne f <nav> (Modellversuch) • towing tank

Schlepprohrsaugbagger m <bau.masch> • trailing suction pipe dredger

Schlepprolle f <förd> • feed roll

Schleppsauger m <druck> • transport suckers

Schleppsaugkopf m • drag suction head

Schleppsaugkopf m <bau.masch> (z. B. Bagger) • trailing suction head

Schleppsaugkopfbagger m <bau.masch> • drag suction head dredger

Schleppsaugkopfbagger m <bau.masch> • trailing suction head dredger

Schleppschar n <agri> • shoe coulter

Schleppschardrillmaschine f <agri> • runner planter US

Schleppschaufel f <bau.masch> • drag bucket

Schleppschaufel f <bau.masch> • scraper bucket

Schleppschaufelbagger m <bau.masch> • dragline excavator

Schleppschaufelbagger m <bau.masch> • dragline dredger

Schleppschlauchregner m <agri> • hose-towed irrigator

Schleppschrapper m <bau.masch> • towed scraper

Schleppseil n <aerospace> (Segelflugzeug-Windenstart) • winch cable

Schleppseil n <förd> • tow-rope

Schleppseilkabel n <el> • wandering cable

Schleppseilwinde f <nav> • towing winch

Schleppspriegel m <kfz> • drag bow :V; idler bow :V; convertible top bow no. 2 :V

Schleppströmung f <phys> (Strömungslehre) • drag flow

Schlepptau n <nav> • tow line

Schlepptauschäkel m <nav> • towing shackle

Schlepptender m <nav> • tender

Schlepptenderlok f <bahn> • tank loco

Schlepptop m ugs <edv> (tragbarer PC; Koffer im Nähmaschinenformat; zwischen Desktop u. Laptop) • portable computer; portable

Schlepptrosse f <nav> • tow line

Schlepptrosse f <nav> • tow rope

Schlepptrosse f <nav> • towing cable

Schlepptrossenzug m <nav> • tow-rope pull

Schleppversorger m <nav> (für Bohrinsel) • tug-supply vessel

Schleppversuch m <nav> • towing test

Schleppversuch m <nav> (für Schiffsmodelle, im Tank) • tank towing test; towing trial

Schleppversuchstank m <nav> • model towing tank

Schleppversuchstank m <nav> • towing tank

Schleppwagen m prakt <nav> (Modellversuchstank) • ship-model towing carriage; towing carriage pract

Schleppwalze f <förd> • friction-driven roll

Schleppwalze f <masch> • idle roll

Schleppweiche f <bahn> (z. B. in amerik. Nebenstrecken, Zahnradbahnen) • stub switch

Schleppwinde f <nav> • towing winch

Schleppzange f <metall.wz> (z. B. Drahtziehbank) • tongs

Schleppzange f <metall.wz> (Drahtziehen) • wire-gripping jaws

Schleppzeiger m <msr> • friction pointer; index pointer

Schleppzug m <förd> • tractor train

Schleppzugschleuse f <nav> • lock for chain of barges

Schleppzugschleuse f <nav> • lock for train of barges

Schleppzugschleuse f <nav> • multiple navigation lock

Schleuder f • centrifuge

Schleuder f • extractor

Schleuder f <aerospace> • catapult

Schleuder f <obfl> (Beschichtung) • spinner

Schleuderanzeige f <bahn.alarm> • wheel slip detection

Schleuderband n <min> • throwing belt

Schleuderbecher m • centrifuge cup

Schleuderbeschichter m <obfl> • spin coater

Schleuderbeton m • centrifugally cast concrete

Schleuderbeton m <bau.mat> • spun concrete

Schleuderbetonrohr n <bau> • spun concrete pipe

Schleuderbetonrohr n <bau> • spun pipe

Schleuderbewegungen fpl <fz> • fishtails pl

Schleuderdrehzahl f <masch> (z. B. E-Motoren, Generatoren, Turbinen) • excess speed

Schleuderdrehzahl f <masch> (z. B. Turbine) • overspeed

Schleuderdrehzahl f <qualit> (Schleuderversuch mit el. Generatoren, Motoren) • centrifugal speed

Schleuderförderer m <förd> • centrifugal conveyor

Schleuderformguss m <metall> • semicentrifugal casting

Schleuderformmaschine f <prod> • sandslinger

Schleuderformmaschine f <prod> • slinger molding machine

Schleuderfreiheit f <kfz> • dynamic balance

Schleudergebläse n • centrifugal exhauster

Schleudergebläse n <masch> • centrifugal blower

Schleudergefahr f <verk> (Warnhinweis) • slippery road

Schleudergießmaschine f <wz.masch> • centrifugal casting machine
Schleuderguss m <prod> • centrifugal molding
Schleuderguss m <prod> • centrifugal casting; rotational casting
Schleudergusskokille f <prod> (metallische Gussform für Schleuderguss) • centrifugal casting mold
Schleudergussrohr n <rls> • centrifugally-cast pipe
Schleudergussrohr n <rls> • spun pipe
Schleudergussstück <prod> (z. B. Rohr) • centrifugal casting
Schleudergussstück <prod> • centrifugal molding
Schleuderkopf m <metall> (Sandslinger) • ramming head
Schleuderkraft f rar <phys> • centrifugal force
Schleuderlader m prakt <mot> (Aufladung) • centrifugal supercharger
Schleuderlüfter m <masch> • centrifugal fan
Schleuderluftfilter n <verf> • centrifugal air cleaner
Schleudermühle f • cage disintegrator
Schleudermühle f • centrifugal mill
Schleudermühle f <pap> • rechipper
Schleudern n <verk> (von Fahrzeugen) • skidding
schleudern v • centrifuge v
schleudern v (trocknen) • hydroextract v
schleudern v <kfz> • skid v
schleudern vi <kfz> • skid vi
schleudern vt • centrifugate vt
schleudern vt <allg> (Wurfbewegung) • throw vt
schleudern vt <tech.allg> • catapult vt
schleudern vt <hygi> (Wäsche) • spin dry vt
schleudern vt <metall> (Formherstellung) • sling vt
schleudern vt <obfl> (Beschichtung) • spin vt
schleudern vt prakt <prod> (Schleudergussverfahren) • cast vt
Schleuderprüfstand m <aerospace> • whirling test stand
Schleuderprüfung f <kfz> • dynamic balance test
Schleuderprüfung f <masch> • overspeed test
Schleuderrad n • centrifugal wheel
Schleuderrad n <obfl> • shot-blasting wheel
Schleuderrad n <verf> (z. B. in Zentrifugalfilter) • impeller
Schleuderradputzmaschine f <metall> • turbine sandblaster
Schleuderradroder m <agri> • potato spinner
Schleuderradroder m <agri> • rotary digger
Schleuderradroder m <agri> • spinner
Schleuderradstrahlputzen n <prod> • centrifugal blast cleaning
Schleuderradstrahlputzen n <verf> • airless blast cleaning
Schleuderring m <masch> (z. B. Wälzlager) • flinger
Schleuderscheibe • centrifugal disc
Schleuderscheibe <agri> • spinning disc
Schleuderscheider m • centrifugal collector
Schleuderschmierung f <kfz.mot> • centrifugal lubrication; splash lubrication
Schleudersitz m <mil> (bei Kampfflugzeugen) • catapult seat; ejection seat
Schleuderstreuer m <agri> • disc fertilizer distributor
Schleudertrauma n <kfz.med> (Halswirbel; durch Heckaufprall) • whiplash injury
Schleudertrockner m • hydroextractor
Schleudertrockner m <verf> • spin drier
Schleudertrockner m <verf> • whizzer
Schleudertrommel f <agri> (Milchzentrifuge) • separator bowl
Schleudertrommel f <metall> • centrifugal drum
Schleuderverbundguss m <prod> • centrifugal composite casting
Schleuderverfahren n <bau> • centrifugal process

Schleuderverfahren n <nukl> • gas centrifuge process
Schleuderversatz m <min> • centrifugal stowing
Schleuderversatzmaschine f <min> • centrifugal stower
Schleuse f <tech.allg> (für Personen, Material) • lock
Schleuse f <bau.hydr> (in Fluss, Kanal; für Schiffe, Boote) • sluice US; lock GB
Schleusendock n <nav> • closed dock
Schleusendock n <nav> • wet dock
Schleusenhaupt n <nav> • lock head
Schleusenkammer f <nav> (für Schiffe) • lock bay; lock chamber
Schleusenkammer f <sich> • escape trunk
Schleusenschütz n <hydr> • slide gate valve
Schleusenschwelle f <nav> • lock sill
Schleusensohle f <nav> • lock floor
Schleusenspannung f <el> (Thyristor) • threshold voltage
Schleusentor n <bau.hydr> • lock gate
Schleusung f <nav> • lockage
schlicht <math> (bei Zuordnungen, Abbildungen) • one-to-one
Schlichtarbeit f <prod> • finish-machining operation
Schlichtarbeit f <prod> • finishing operation
Schlichtdrehen n <prod> • finish-turning
Schlichtdrehmeißel m <wz> • finish-turning tool
Schlichtdrehmeißel m <wz> • finishing lathe tool
Schlichte f <mat> (z. B. Glas, Keramik, Kunststoff, Textilien) • size
Schlichte f <metall> • coating
Schlichte f <metall> • facing material
Schlichte f <prod> • dressing
Schlichte f <prod> • facing
Schlichte f <textil> • sizing material
schlichte Funktion <math> • simple function; univalent function
schlichte Kräuselung f <textil> • faint crimp
Schlichtemittel npl <textil> • dressing; slashing; size
schlichten <prod> • dress
Schlichten n <prod> (von Metalloberflächen; spanend) • finishing; smoothing
Schlichten n <textil> • dressing; sizing; slashing US
Schlichten n <textil> • sizing
schlichten v <led> • perch v
schlichten v <prod> • face v
schlichten vt • coat vt
schlichten vt • polish vt
schlichten vt <led> (von Leder) • perch vt; pare vt
schlichten vt <prod> • finish vt
schlichten vt <prod> • finish-machine vt
schlichten vt <prod> • planish vt
schlichten vt <prod> (nach Schruppen: verringern der Rauheit) • smooth vt
schlichten vt <textil> • size vt
Schlichtfeile f <wz> (für feines Nachfeilen) • smooth file
Schlichtfeile f <wz> • fine file
Schlichtfeile f <wz> • finishing file
Schlichtfeile f <wz> • smooth-cut file
Schlichtfeile f <wz> (für feines Nachfeilen) • smooth file; dead-smooth file
Schlichtfräsen n <prod> • finish milling
Schlichtfräser m <wz> • finishing cutter
Schlichthammer m <kfz> • body hammer
Schlichthammer m <kfz.wz> • finish[ing] hammer; dinging hammer
Schlichthammer m <kfz.wz> • finish hammer; dinging hammer US; body hammer rar
Schlichthammer m <wz> • blacksmith's flatter
Schlichthammer m <wz> • flatter
Schlichthammer m <wz> • planishing hammer

Schlichthobel *m* <wz> • jointer
Schlichthobeln *n* <prod> • finish planing
Schlichtkaliber *n* <prod> • leader pass
Schlichtkaliber *n* <wz> *(z. B. Walzwerk)* • prefinishing pass
Schlichtmaschine *f* <textil> • sizer
Schlichtmaschine *f* <textil> • sizing machine
Schlichtmeißel *m* DIN 4955-4956 <wz> *(Drehen)* • finishing tool
Schlichtmittel *n* <chem.verf> • sizing agent
Schlichtmond *m* <led> • perching knife
Schlichtpassung *f* <masch> • plain fit
Schlichträumwerkzeug *n* <wz> • finishing broach
Schlichtschnitt *m* <prod> • finishing cut
Schlichtsitz *m* <masch> • plain fit
Schlichtspanvolumen *n* <prod> • finish-cut stock removal
Schlichtstahl *m* <wz> • finishing tool
Schlichtstich *m* <prod> • final pass
Schlicht- und Pinnhammer *m* <kfz.wz> • peen and finish hammer
Schlicht- und Spitzhammer *m* <kfz.wz> • pick and finishing hammer; sharp point finishing hammer; picking and dinging hammer
Schlichtzahn *m* <wz> *(z. B. Räumnadel)* • finishing tooth
Schlichtzugabe *f* <prod> • finish allowance
Schlichtzugabe *f* <prod> • finishing allowance
Schlicker *m* <led> • slicker; hand slicker; sleeker
Schlicker *m* <metall> • slurry; dross
Schlicker *m* <silik> • slip
Schlicker einstellen *vt* <obfl> • adjust the slip *vt*; correct the slip *vt*
schlickergegossen <silik> • slip cast
Schlickergießen *n* <prod> *(Pulvermetallurgie)* • slip casting
Schlickscher Schiffskreisel *m* <nav> • gyro stabilizer; ship stabilizer
Schliere *f* <obfl> • striation
Schliere *f* <opt> • schliere
Schliere *f* <phys> • flow mark
Schliere *f* <prod> *(z. B. Glasfehler)* • stria
Schliere *f* <silik> • cord
Schliere *f* <silik> *(Gussfehler)* • swirl
Schlieren *fpl* <opt> *(auf Windschutzscheibe)* • streaks *pl*
Schlieren *pl* <kst> *(Spritzgießfehler)* • silver streaks
Schlierenbild *n* <opt> • schlieren picture
Schlierenbild *n* <phot> • schlieren photograph
Schlierenbildung *f* <kfz> *(von Wischerblättern)* • streaking
Schlierenbildung *f* <prod> *(z. B. Glasoberfläche)* • striation
schlierenfrei <obfl> *(z. B. Glas)* • stria-free
Schliereninterferometer *n* <opt> • schlieren interferometer
Schlierenmethode *f* <opt> • schlieren method
Schlierenprüfgerät *n* <opt> • striascope
schlierig <silik> • cordy
Schließbeschlag *m* <bau> • locking hardware
Schließblech *n* <bau> • keeper plate; keeper; locking plate; striker plate
Schließblech *n* <kfz> *(allg.)* • closing panel
Schließblechkontakt *m* <alarm> • lock switch
Schließbolzen *m* <bau> *(Beschlag)* • locking bolt
Schließbolzen *m* <kfz> *(Gegenstück zur Schloßfalle)* • striker
Schließbügel *m* <kfz> *(Gegenstück zur Schloßfalle; U-förmig)* • striker
Schließdruck *m* <tech.allg> *(hydraulisch, pneumatisch; z. B. für Gesenk, Pressform, Ventil)* • closing pressure

Schließdruck *m* <kst> *(Spritzgießmaschine)* • clamping pressure
Schließeinheit *f* norm <kst> • clamping unit; clamp unit; press *obs*; clamp *pract*
schließen *vt* <tech.allg> *(z. B. Tür, Fenster, Ventil, Vorgang)* • close *vt*; shut *vt*
schließen *vt* <tech.allg> *(mit Schloß, Schlüssel)* • lock *vt*
schließen *vt* <el> *(Stromkreis)* • close *vt*; make *vt*
schließen *vt* <el> *(Stromkreis)* • make *vt*; complete *vt*
schließen *vt* <energ.hydr> *(Kaplan-Turbine)* • close *vt*; shut off *vt*
schließen *vt* <energ.hydr> *(Wehrverschluss)* • lower *vt*
schließen *vt* <rls> *(durch Zudrehen; z. B. Hahn, Ventil)* • turn off *vt*
Schließen und Unterbrechen *n* <el> • make and break
Schließer *m* <el> *(Schaltertyp; im Ruhezustand offen)* • normally open switch; NO switch
Schließer *m* <msr.alarm> *(Melder; im Ruhezustand offen)* • normally open contact; make function contact; make contact; N/O contact; NO switch
Schließer *m* <prod> *(z. B. Verpackungsmaschine, Kunststoffverarbeitung)* • closer
Schließerfunktion *f* <msr> *(Sensor)* • make function; make-contact function; close-circuit function
Schließer-Öffnerfunktion *f* <msr> *(von Sensor)* • make-break [function]; changeover function
Schließfach *n* <tech.allg> *(z. B. in Schule, Sportstudio, Einkaufszentrum)* • locker
Schließfach *n* <logist> *(für Postsendungen)* • P.O. box; post office box *form*
Schließfach *n* <sich> *(bei der Bank)* • safe deposit box
Schließfach *n* <tour> *(z. B. auf Bahnhof, Flughafen)* • locker; left-luggage locker *GB*
Schließfalte *f* <prod> *(Gewindewalzen)* • seam; fold
Schließfeder *f* <masch> • recoil spring
Schließfeder *f* <mot> *(Ventil)* • return spring
Schließgarnitur *f* <kfz> • lock set
Schließgriff *m* <prod> • closing handle
Schließhaken *m* • catch
Schließhaken *m* <wz> • hasp
Schließhub *m* <kst> • clamp stroke
Schließimpuls *m* <el> • make impulse
Schließ-Kipphebel *m* Ducati <kfz> *(Desmodromik)* • closing rocker
Schließ-Kipphebel *m* Ducati <kfz.mot> *(Desmodromik)* • closing rocker
Schließkolben *m* <kst> • clamp ram
Schließkontakt *m* <metall> • closing contact
Schließkopf *m* <füg> *(Niet)* • driven head
Schließkopf *m* <prod> • closing head
Schließkraft *f* <kfz.mot> *(von Ventilen)* • closing force
Schließkraft *f* <kst> *(Kraft zum Zufahren des Werkzeugs)* • closing force
Schließkraft *f* prakt <kst> *(beim Spritzgießen; hält das Wz geschlossen)* • clamp force; clamping force; locking force; mold clamping force
Schließmechanismus *m* <bau> *(Beschlag)* • locking device; locking mechanism
Schließnaht *f* <füg> *(Schweißen)* • closure weld
Schließnocken *m* <kfz.mot> *(Desmodromik; z. B. bei Ducati)* • closing cam
Schließnocken *m* <masch> • locking cam
Schließplatte *f* rar <kfz> *(Sicherheitsgurt)* • latch plate; belt tongue *Ford*; tip; sliding tip *rare.Chrysler*; latch tongue *BMW*
Schließprofil *n* :V <bau> *(des unteren Flügels bei Vertikalschiebefenstern)* • keeper rail
Schließprofil *n* :V <bau> *(des oberen Flügels bei Vertikalschiebefenstern)* • lock rail

Schließpunkt *m* <bau> *(Beschlag)* • locking pin; locking point; striker
Schließseil *n* <förd> *(für Greifer)* • closing rope
Schließseite *f* <kst> • clamping side
schließseitig *adj* <kst> • on the clamping side
schließseitige Aufspannplatte *f* <kst> • moving platen; moveable platen
Schließstift *m* <kfz.el> *(Zündschloß)* • plunger
Schließstrom *m* <el> • contact current
Schließstück *n* <bau> • keeper plate; keeper; locking plate; striker plate
Schließungsfehler *m* *(Restmoment)* • closing error
Schließungsimpuls *m* <el> • make impulse
Schließung von Fabriken *f* <ökon> • closing of plants
Schließweg *m* *norm* <kst> • clamp stroke; clamping stroke; closing stroke
Schließweg *m* <rls> *(Hahn, Schieber, Ventil)* • closing travel
Schließwinkel *m* <kfz.el> *(kontaktgesteuerte Zündanlage)* • dwell *form.pract*; dwell angle; cam angle; cam dwell *rare*
Schließwinkel *m* <kfz.el> *(kontaktlose Zündanlage)* • dwell *form.pract*
Schließwinkel-Drehzahl-Tester *m* <kfz.wz> • dwell-tach tester *Bosch*; dwell-tachometer; tach-dwell unit
Schließwinkelkennfeld *n* <kfz.el> • dwell-angle map; dwell mapping; digital dwell mapping
Schließwinkel-Messgerät *n* <kfz.wz> • dwell-tachometer; dwell-tach *US.pract*
Schließwinkelmessgerät *n* *form* <kfz.wz> • dwell meter
Schließwinkelregelung *f* <kfz.el> • dwell-angle control; variable dwell *Lucas*; dwell-angle closed-loop control *Bosch*
Schließwinkeltester *m* <kfz.wz> • dwell meter
Schließwinkeltester *m* <kfz.wz> • dwell-tachometer; dwell-tach *US.pract*
Schließzapfen *m* <bau> *(Beschlag)* • locking pin; locking point; striker
Schließzeit *f* • operating time
Schließzeit *f* <allg> • stroke time
Schließzeit *f* <el> • make time
Schließzeit *f* <kfz.el> *(Primärstrom Zündspule)* • dwell period
Schließzeit *f* *norm* <kst> • closing time; mold closing time
Schließzeit *f* <mot> *(Ventil (Einlass-, Auslaßventil))* • closing time
Schließzeitbestimmung *f* <kst> • flow cup test
Schließzylinder *m* <tech.allg> *(mit Schlüssel)* • lock cylinder
Schließzylinder *m* <kst> • clamping cylinder
Schließzylinderkraft *f* <kst> • clamping cylinder force
Schließzylinder-Schmiermittel *n* <kfz> • lock-cylinder lubricant
Schliff *m* <bekl> • cut
Schliff *m* <prod> *(Glas, Edelstein)* • cutting
Schliff *m* <prod> • finish
Schliff *m* <prod> • grinding
Schliff *m* <prod> • grindings
Schliff *m* <prod> • ground surface
Schliff *m* <qualit.mat> *(Probe)* • section
Schliff *m* <qualit.mat> • metallographic specimen
Schliff *m* <qualit.mat> • microsection
Schliff *m* <silik> *(Glas, Edelstein)* • cut
Schliffbild *n* <prod> • grinding pattern
Schliffbild *n* <qualit.mat> • micrograph
Schliffgüte *f* <obfl.qualit> • surface quality
Schliffhahn *m* • ground-glass stopcock
Schliffprobe *f* <qualit.mat> • section
Schliffprobe *f* <qualit.mat> • microsection
Schliffstopfen *m* *(Laborgerät)* • ground-glass stopper

Schliffverbindung *f* *(Laborgeräte)* • ground-glass joint
Schlinge *f* • curl
Schlinge *f* <tech.allg> *(z. B. Draht, Seil)* • kink
Schlinge *f* <tech.allg> • sling
Schlinge *f* <füg> *(Draht)* • snarl
Schlinge *f* <textil> • loop
Schlinge *f* <textil> *(Gespinst; Gewebe)* • loop
Schlinge *f* <textil> *(Webstuhl)* • noose
Schlinge *f* <textil> *(Fadenkringel)* • snarl
Schlingenfänger *m* <textil> • looper
Schlingenkanal *m* <masch> • looper
Schlingennoppe *f* *DIN ISO 2424* <textil> • loop *ISO 2424*
Schlingenpol *m* *DIN ISO 2424* <textil> *(Teppich)* • loop pile *ISO 2424*
Schlingenspanner *m* <textil> • looper
Schlingenumführung *f* <masch> • repeater
Schlingenware *f* <kfz.innen> *(Teppichboden)* • loop pile
Schlingenware *f* <textil> • plush
Schlingerdämpfung *f* <nav> • roll damping
Schlingerdämpfung *f* <nav> • roll stabilization
Schlingerdämpfungsanlage *f* <nav> • antirolling stabilizer
Schlingerdämpfungstank *m* <nav> • roll damping tank
Schlingerdämpfungstank *m* <nav> • stabilizing tank
Schlingerfehler *m* <navig> • rolling error
Schlingerkreisel *m* <nav> • gyro stabilizer; ship stabilizer
Schlingerleiste *f* <nav> • edge fiddle
Schlingerleiste *f* <nav> • storm fiddle
Schlingern *nsg* <kfz> *(Anhänger)* • snaking
schlingern *vi* <nav> *(betont: schlingern ist Überlagerung von rollen und stampfen)* • roll *vi*
schlingern *vi* <nfz> *(Anhänger, z. B. Caravan)* • snake *vi*
Schlingerperiode *f* <nav> • period of roll
Schlinger-Stabilisator *m* <kfz> • trailer stabilizer
Schlingerverband *m* <bau> *(Brückenbau)* • sway bracing
Schlingkette *f* <förd> • sling chain
Schlips *m* *ugs* <textil> • neck-tie; tie *coll*
Schlitten *m* <druck> *(z. B. Schreibmaschine)* • sliding carriage
Schlitten *m* <druck> *(Flachbettrecorder)* • platen *Luscher*
Schlitten *m* <druck> • printer carriage
Schlitten *m* <edv> *(Zeichenkopf, Plotter)* • slide
Schlitten *m* <fz> *(z. B. Pferdeschlitten, Lastschlitten)* • sleigh
Schlitten *m* <masch> • sliding frame
Schlitten *m* <mil> *(Schusswaffe)* • breech; breech block; slide
Schlitten *m* <min> • skid; sledge
Schlitten *m* <nav> *(Stapellauf)* • running way
Schlitten *m* <nav> *(Stapellauf)* • sliding way
Schlitten *m* <prod> • platen
Schlitten *m* <prod.autom> • slide
Schlitten *m* <sport> *(fig. Auto)* • sled
Schlitten *m* <sport> *(Rodel)* • sledge
Schlitten *m* *prakt* <sport> • bobsleigh; sled *pract*; bob *pract*
Schlitten *m* <sport> • luge *form*; sled *pract*
Schlitten *m* <textil> • carriage
Schlitten *m* <textil> • cam-carriage; carriage
Schlitten *m* <wz.masch> • carriage
Schlitten *m* <wz.masch> • saddle
Schlitten *m* <wz.masch> • slide
Schlittenabdeckung *f* <druck> • print cover
Schlittendrehlager *n* <nav> • cradle
Schlittendrehlager *n* <nav> • slipway cradle
Schlittendruck *m* <nav> • launching pressure
Schlittenfang *m* <mil> • slide stop; breech catch; slide catch
Schlittenfinger *m* <druck> • slide finger

Schlittenführung *f* <masch> • slide guide
Schlittenführung *f* <wz.masch> • carriage guide
Schlittenklemmung *f* <masch> • saddle clamp
Schlittenklemmung *f* <masch> • slide clamp
Schlittenläufer *m* <nav> • runner
Schlittenläufer *m* <nav> • running way
Schlittenmikroskop *n* <opt> • travelling microscope
Schlittenmikroskop *n* <opt> • traversing microscope
Schlittenmotor *m* <druck> • carriage motor
Schlittenposition *f* <druck> • carriage position
Schlittenrücklauf *m* <druck> • carriage return
Schlittenrücklauf *m* <wz.masch> • slide return
Schlittentest *m :V* <kfz.qualit> *(Crashtest)* • sled test *US*
Schlittschuh <bekl> • ice-skate
Schlittschuh *m* <sport> • skate
Schlitz *m* • chink
Schlitz *m* <tech.allg> • groove
Schlitz *m* <tech.allg> • kerf
Schlitz *m* <tech.allg> *(lange, schmale Öffnung)* • slit
Schlitz *m* <tech.allg> *(z. B. für Münzeinwurf; in Schrau-
benkopf)* • slot
Schlitz *m* <edv> *(Schlitzleser)* • slot
Schlitz *m* <el> *(Wellenleiter)* • window
Schlitz *m* <füg> *(quer über Schraubenkopf)* • slot; slotted
drive *form*
Schlitz *m* <holz> • mortise
Schlitz *m* <kfz> *(Zweitaktmotor)* • port
Schlitz *m* <kfz.mot> *(Zweitaktmotor)* • port
Schlitz *m* <masch> *(z. B. Hydraulik)* • port
Schlitz *m* <masch> *(z. B. Schraubenkopf)* • recess
Schlitz *m* <nav> *(z. B. Öffnung im Bodenteil des Haupt-
spantes)* • slot
Schlitz *m* <phot> *(beim Schlitzverschluss)* • gap; slit
Schlitz *m* <phot> *(im Schlitzverschluss)* • slit; gap; window
Schlitz *m* <prod> • nick
Schlitzanode *f* <el> • split anode
Schlitzanodenmagnetron *n* <el> • split-anode magne-
tron
Schlitzanordnung *f* <kfz> *(Zweitaktmotor)* • port layout;
porting; port configuration
Schlitzanordnung *f* <kfz.mot> • port layout; porting; port
configuration
Schlitzantenne *f* <el> • slot aerial
Schlitzantenne *f* <el> • slotted cylinder aerial
Schlitzauslegung *f* <kfz> *(Zweitaktmotor)* • port layout;
porting; port configuration
Schlitzauslegung *f* <kfz.mot> • port layout; porting; port
configuration
Schlitzblende *f* <edv> • slit aperture
Schlitzblende *f* <el> • mode filter slot
Schlitzblende *f* <opt> • slot diaphragm
Schlitzblende *f* <opt> • slotted diaphragm
Schlitzblende *f* <phot> • slit diaphragm
Schlitzbreite *f* <füg> *(z. B. Zylinderschraube)* • width of
the slot
Schlitzbreite *f* <füg> *(im Schraubenkopf)* • width of the
slot
Schlitzbreite *f* <kfz> *(Zweitaktmotor)* • port width
Schlitzbreite *f* <kfz.mot> *(Zweitaktmotor)* • port width
Schlitzbreite *f* <phot> *(Verschluss)* • width of slit
Schlitzbrenner *m* <verbr> • batswing burner
Schlitzbrenner *m* <verbr> • long-fishtail burner
Schlitzbrenner *m* <verbr> • long-slot burner
Schlitzbrenner *m* <verbr> • slit burner
Schlitzdipol *m* <el> • slotted dipole
Schlitzdrain *m DIN 4047-9* <agri> *(i.d.R. mit Sickerstoffen
verfüllter Schlitz im Boden)* • narrow drain
Schlitzdüse *f* <masch> • slit nozzle
Schlitzdüse *f* <masch> • slot nozzle

Schlitzeinrichtung *f* <wz.masch> • slotting attachment
Schlitzelektrode *f* <el> • slotted electrode
schlitzen <min> • notch; shear
schlitzen *vt* <prod> • cut *vt*
schlitzen *vt* <prod> • gash *vt*
schlitzen *vt* <prod> • kerf *vt*
schlitzen *vt* <prod> *(tief und schmal einkerben)* • slot *vt*;
notch *vt rare*
schlitzen *vt* <prod> • shear *vt*
schlitzen *vt* <prod> • slit *vt*
schlitzen *vt* <prod> • slot *vt*
schlitzen *vt* <prod> • slot-mill *vt*
schlitzförmig <msr> • slot type housing; slotted *RS*
schlitzförmiger Näherungsschalter *m* <msr> *(Schlitzinitiator)* • slot-form proximity switch; slotted type proximity
sensor; slotted type proximity switch; fork-type proximity
switch
Schlitzfräsen *n* <prod> • gashing
Schlitzfräsen *n* <prod> • slot milling
Schlitzfräser *m* <wz> • slitting cutter
schlitzfreie Mutterhöhe *f* <füg> *(bei Kronenmuttern)*
• bottom thickness
schlitzgesteuerter Motor *m* <mot> • piston-valve engine;
piston-controlled engine; piston-port engine
schlitzgesteuerter Zweitaktmotor *m* <kfz> • piston
valve two-stroke engine; piston-controlled two-stroke engine; piston-port stroke engine
Schlitzgruppenstrahler *m* <el> *(Antenne)* • slot array
Schlitzhöhe *f* <edv> *(Schlitzleser)* • slot height
Schlitzhöhe *f* <kfz> *(Zweitaktmotor)* • port height
Schlitzhöhe *f* <kfz.mot> *(Zweitaktmotor)* • port height
Schlitzinitiator *m* <msr> *(schlitzförmiger Näherungs-
schalter)* • slot initiator
Schlitzkabel *n* <tele> *(z. B. in Bahn-Tunnels für Mobil-
funksignal)* • slotted cable
Schlitzkanalstromschiene *f* <el> • conduit conductor rail
system
Schlitzkante *f* <verf> *(Zerkleinerer)* • slot edge
Schlitzkegel *m* <mot> *(Ventil)* • skirted valve plug
Schlitzkegel *m* <rls> *(Ventil)* • V-port plug
Schlitzklinge *f* <wz> • slotted bit; flat tip bit *US*; plain slot
bit *GB*
Schlitzkolben *m prakt* <kfz.mot> • split skirt piston *US*;
slotted piston *GB*; T slot piston
Schlitzkopfschraube *f* <füg> • slotted-head screw
Schlitzkorb *m* <verf> *(Comminutor)* • slotted drum
Schlitzkorbspalte *f* <verf> *(Rotor-Zerkleinerer)* • slot space
Schlitz-Kraftangriff *m form* <füg> *(quer über Schrauben-
kopf)* • slot; slotted drive *form*
Schlitzleitung *f* <el> • slotted line
Schlitzleitung *f* <el> • strip line
Schlitzleser *m* <edv> *(Strichcode-Lesegerät)* • slot
reader; badge reader; slot badge reader
Schlitzlichtbeleuchtung *f* <autom> • light striping
Schlitzlochsieb *n* <verf> *(Aufbereitung)* • slotted-hole
screen
schlitzlos *:V* <el> *(Motor, Stator)* • slotless
Schlitzmagnetron *n* <el> *(Vielkammermagnetron)* • slot
magnetron
Schlitzmantelkolben *m* <kfz.mot> • split skirt piston *US*;
slotted piston *GB*; T slot piston
Schlitzmaschine *f* <min> *(Steinbruch)* • channeler *US*;
channeller *GB*
Schlitzmaschine *f* <pap> • slitting machine
Schlitzmaschine *f* <wz.masch> *(Holz)* • mortiser
Schlitzmaske *f* <av> • slot mask *NEC*
Schlitzmeißel *m* <wz> *(zum Trennen von Blechen,
Schweißpunkten, Schweißfugen)* • splitting chisel; body-
work chisel

Schlitzmutter f <füg> (selbsthemmend) • slotted nut
Schlitzmutter f DIN ISO 1891 <füg> • slotted round nut
Schlitz-Näherungsschalter m <msr> (Schlitzinitiator) • slot-form proximity switch; slotted type proximity sensor; slotted type proximity switch; fork-type proximity switch
Schlitzöffnungsdauer f <kfz> (Zweitaktmotor) • port opening period
Schlitzöffnungsdauer f <kfz.mot> • port opening period
Schlitzöffnungsphase f <kfz> (Zweitaktmotor) • port opening period
Schlitzöffnungsphase f <kfz.mot> • port opening period
Schlitzperforierung f <druck> • slot perforation
Schlitzquerschnitt m wiss <kfz.mot> • port area thsc
Schlitzring m <masch> (Turbine) • slit ring
Schlitzring m <mot> • grooved piston ring
Schlitzrohrstrahler m <el> • slotted cylinder aerial
Schlitzrost m <verf> (Zerkleinerer) • slotted screen
Schlitzsäge f <wz> • slitting saw
Schlitzscanner m rare <edv> • flat-bed scanner stand; table-top scanner; desk scanner; slot scanner rare
Schlitzscheibe f <msr> (Polrad bei Impulsgeber) • slotted disk
Schlitzscheibe f <msr> • slotted disc
Schlitzscheibenrad n <kfz> • disk wheel with flange openings; disk wheel with slots KA; slotted disk wheel KA
Schlitzschraube f <füg> • slotted head screw; slot headed screw
Schlitzschraube f <füg> • slotted screw
Schlitzschraube mit Flachkopf f <füg> • slotted pan head screw ISO 1580
Schlitzschraube mit Linsensenkkopf f DIN EN ISO 2010 <füg> • slotted raised countersunk head screw; slotted raised countersunk (oval) head screw
Schlitzschraubendreher m <wz> • slot-head screwdriver; flat tip screwdriver US; plain slot screwdriver GB; plain slot driver GB.pract; flat-bladed screwdriver GB
Schlitzschrauben-Einsatz m <wz> • slotted bit socket US; flat tip driver US; plain slot socket bit GB
Schlitzschweißnaht f <füg> • slot weld
Schlitzschweißung f <füg> • slot welding
Schlitzsensor m <msr> (allg.; induktiv) • slot-sensor; fork sensor
Schlitzsieb n <verf> (Zerkleinerer) • slotted screen
Schlitzsiebkorb m <ents> (bei Sortierern) • slotted screen basket
Schlitzsortierer m <ents> • slotted screen
Schlitzsteg m <kfz.mot> • port bar; port bridge
Schlitzsteuerung f <kfz> • port control
Schlitzsteuerung f <kfz.mot> • port control
Schlitzsteuerzeiten fpl <kfz.mot> • port timing
Schlitzsteuerzeiten npl <kfz> (Zweitaktmotor) • port timing
Schlitzstrahler m <el> (Antenne) • slot radiator
Schlitzstrahlerkombination f <el> (Antenne) • slot array
Schlitzstromzuführung f <hlk> • slotted conduit
Schlitztiefe f <kfz> • depth of the slot
Schlitzträger m <kfz.mot> (K-Jetronic Mengenteiler) • metering unit
Schlitztrommel f <textil> • split drum
Schlitztrommel f <verf> (Comminutor) • slotted drum
Schlitzverschluss m <phot> • focal-plane shutter
Schlitzverschluss m <phot> • focal plane shutter
Schlitzverschluss m <phot> • curtain shutter
Schlitzverschluss m <phot> • slotted shutter
Schlitzverschluss m DIN 55405 <prod> • single-strip closure
Schlitzwand f <bau> • diaphragm wall
Schlitzwand f <bau> • concrete underground diaphragm
Schlitzwand f <bau> (Grundbau) • slot wall

Schlitzwand-Einphasenverfahren n <ents> • Impervious diaphragm one phase method
Schlitzwandverfahren n <ents> • slurry trenching; slurry trench cutoff wall technology
Schlitzweite f <tech.allg> • slot gap; slot width
Schlitzweite f <ents> (bei Sortierern) • slot width; slot size
Schlitzweite f <msr> • slot gap; slot width
Schlitzweite f rar <verf.hydr> • bar spacing; clear space; clear opening of a bar screen; aperture
Schlitzzeit LAN <allg> • slot terminal time
Schlitzzerstäuber m <verf> (Düse) • slot sprayer
Schloss n (z. B. Gewehr) • breech bolt
Schloss n (z. B. Gewehr) • breech lock
Schloss n <tech.allg> (zum Verschließen; Tür, Klappe, Tankdeckel etc.) • lock
Schloss n <sich> • lock
Schloss n <textil> • cam
Schloss n <textil> (Strickmaschine) • cam
Schlossblech n <kfz> • lock facing
Schlossblende f <bau> • selvage; selvedge
Schlossbügel m <kfz> (Gegenstück zur Schloßfalle; U-förmig) • striker
Schlosserhammer m DIN 1041 <wz> (englische Form mit Bahn und Kugel) • ball peen hammer US; machinists' hammer US; ball pein hammer GB; engineers' ball pein hammer GB.form; ball pein engineering hammer GB.rare
Schlosserhammer m <wz> (englische Form mit Bahn und Pinne) • cross peen hammer US; cross pein hammer GB
Schlosserhammer m <wz> (deutsche Form mit Bahn und Pinne) • German style cross peen hammer US.Snap-on; single-face heavy-duty hammer US.MacTools
Schlossfalle f <kfz> • latch [mechanism]
Schlosskanal m <textil> • cam groove
Schlosskanal m <textil> • cam raceway
Schlosskasten m <textil> • cam box
Schlosskasten m <wz.masch> (Drehmaschine; am Bettschlitten) • apron; apron housing
Schlosskeil m <masch> • locking wedge
Schlossmantel m <textil> • cam ring
Schlossmantelantrieb m <textil> • cam drive
Schloss mit Riegelschaltkontakt n <alarm> • lock switch
Schlossmutter f • clam nut
Schlossmutter f <masch> • half nuts
Schlossmutter f <wz.masch> • clasp nut
Schlossmutter f <wz.masch> (Drehmaschine) • screw-cutting nut
Schlossplatte f <textil> • cam plate
Schlossplatte f <textil> • cam section
Schlossplatte f <wz.masch> • lathe apron
Schlossplatte f <wz.masch> • saddle apron
Schlossring m <sich> • locking ring
Schlosssäule f <kfz> (allg.) • lock pillar; door latch pillar
Schlosssäule f rar <kfz> (Autokarosserie) • B-pillar; B-post; center pillar US; lock pillar; door latch pillar
Schlossschraube f <füg> • mushroom head square neck bolt; cup square neck bolt; cup square bolt; coach bolt [with square neck]; carriage bolt [with square neck] US
Schlosstaster m <el> • key-operated pushbutton
Schlosszunge f <kfz> (Sicherheitsgurt) • latch plate; belt tongue Ford; tip; sliding tip rare.Chrysler; latch tongue BMW
Schluckbrunnen m <ents> • deep-well
Schluckbrunnen m <hlk> • dry well
Schlucken n ugs <akust> (Schall) • absorption
schlucken vt <akust> (Schall) • absorb vt
schlucken vt <phys> (Energie) • absorb vt
Schluckfähigkeit der Niederschlagselektrode f <verf> • dust retaining capacity of collecting electrodes :V
schluckfreudig <kfz> (Federung) • absorbing

Schluckimpfstoff *m ugs* <pharm> • oral vaccine

Schluckimpfung *f* <med> • oral vaccination; oral inoculation

Schluckschmerz *m* <med> • pain on swallowing

Schluckvermögen *n ugs* <energ.hydr> *(einer Wasserturbine)* • discharge capacity

Schluckvermögen *n* <kfz> *(Federung)* • absorbency

Schluckvermögen *n rar* <phys> *(einer Substanz; z. B. von Putzlappen, Aktivkohle)* • absorbability; absorbency

Schluckvermögen *n* <prod> • enveloping; absorptive ability

Schluckvermögen *n* <prod> *(der Reifen)* • enveloping; absorptive ability

Schlüpfrigkeit *f* <obfl> • slipperiness

Schlüpfrigkeit *f* <tribo> *(durch Schmierung)* • lubricity

schlüpfrig machen *vt* <tech.allg> *(Konturen, Formen; z. B. stromlinienförmig)* • slick *vt*; sleek *vt*

Schlüpfströmung *f* <phys> • slip flow

Schlüpfung *f* <phys> *(Propeller)* • slip

Schlüssel *m* <tech.allg> *(Zuordnung alphanumerischer Zeichenfolgen zum Klartext)* • code

Schlüssel *m* <tech.allg> *(für Schlösser und Schlüsselschalter)* • key

Schlüssel *m* <wz> • spanner

Schlüssel *m* <wz> • wrench

Schlüssel *m ugs.prakt* <wz> *(zum Anziehen/Lösen von Schrauben/Muttern)* • wrench *US.GB.form*; spanner *GB.form.pract*

Schlüsseladresse *f* <edv> • key address

Schlüsseladresse *f* <edv> • leading address

Schlüsselangriff *m* <füg> *(von Schrauben; formschlüssig)* • driving feature; driving medium

Schlüsselanhänger *m* <kfz> • key fob

Schlüsselbild *n* <edv> *(in einer Animationssequenz)* • key frame; pivotal scene *rare*

Schlüsselbild-Animation *f* <edv> • keyframing; keyframe animation

Schlüsseldienst *m* <tech.allg> • locksmith service

Schlüsselenzym *n* <bio> • rate-limiting enzyme; rate-controlling enzyme; rate-determining enzyme; key enzyme

Schlüsselfeile *f* <wz> • key file; warding file *GB.rare*

Schlüsselfeile *f* <wz> • warding file

Schlüsselfeld *n* <edv> • key field

schlüsselfertig <prod> *(z. B. Errichtung, Hausbau)* • turn-key

schlüsselfertige Anlage *f* <tech.allg> • turn-key plant

schlüsselfertiges System *n* <edv> • turnkey system

Schlüsselkomponente *f* <chem> • key component

Schlüsselleser *m* <msr> *(Zugangskontrolle)* • key reader

Schlüsselloch *n* <petr> • key seat

Schlüssellochkerbprobe *f* <qualit.mat> • keyhole specimen

schlüssellos • keyless

schlüssellos <masch> • wrenchless

schlüsselloses Fahr- und Zugangsberechtigungssystem • keyless-go system *MB*

schlüsselloses Futter *n* <wz> • keyless chuck

schlüssellose Zentralverriegelung *f :V* <kfz.msr> • keyless entry system

Schlüsselrohling *m* <sich> *(z. B. für Türschlüssel)* • key blank

Schlüsselschalter *m* <alarm> *(zum Scharfschalten etc.)* • key-switch; key switch; keyswitch

Schlüsselschalter *m* <el> *(allg.; z. B. Auto-Zündschloss)* • key switch; key-operated switch; detachable-key switch

Schlüsseltasche auf dem Oberarm *f* <bekl> *(z. B. Motorradbluse, Skianorak)* • sleeve-mounted key/change pocket

Schlüsseltext *m* <tele.edv> • ciphertext

Schlüsselverwaltung *f* <sich> • key management

Schlüsselwarnsummer *m* <kfz.msr> • key reminder warning; key reminder buzzer; key buzzer

Schlüsselwarnton *m* <kfz.msr> • key reminder chime

Schlüsselweite *f* <füg> *(bei Sechskant, Vierkant etc.)* • width across flats; width A/F; wrench size; across-flats dimension

Schlüsselwort *n norm.* <edv> • keyword *stand.*

Schlüsselwort *n* <edv> • code word

Schlüsselwort *n* <edv> • index word

Schlüsselwort *n* <edv> • password

Schlüsselwort *n* <sich> • keyword

Schlüsselwort *n* <term> • descriptor

Schlüsselwortoperand *m* <edv> • keyword operand

Schluff *m* <ents> • silt

Schluff *m* <geo> *(feine Sandablagerung)* • silt

Schlummerschaltung *f* <edv> • standby mode

Schlupf *m* <akust> • drift

Schlupf *m* <el> • slip

Schlupf *m* <el> • slippage

Schlupf *m* <el> • slip; generator slip

Schlupf *m* <kfz> • tire slip; wheelslip

Schlupf *m* <kfz.bahn> • wheel slip

Schlupf *m* <masch> *(z. B. Reibungskupplung, Riementrieb)* • slip

Schlupf *m prakt* <masch> *(z. B. zwischen Rad und Fahrbahn, Scheibe und Keilriemen)* • drive slip; slip *pract*

Schlupf *m* <math> *(Netzwerkplanung)* • slack

Schlupf *m* <phys> *(allg., Relativbewegung zwischen Reibungspartnern)* • slip

schlupfabhängige Antriebskraftverteilung *f* <kfz.antr> • slip-sensitive power distribution; slip-controlled power distribution; variable power distribution

Schlupfbereich *m* <kfz> *(Reifen)* • slip range

schlupffrei <antr> *(Kraftübertragung, Riemenantrieb)* • no-slip

schlupffrei <masch> *(z. B. Antrieb, Kraftübertragung)* • non-slip

schlupffrei <phys> • slip-free

schlupffreies Greifen *n* <el> • slip-free grip

Schlupfkupplung *f* <masch> • induction coupling

Schlupfloch *n* <edv> *(z. B. in Firewall)* • loophole

Schlupfmonitor *m* <alarm> • slip monitor

Schlupfmotor *m* <el> • cumulative compound motor

Schlupfregler *m* <brems> *(Bremskraftverteilung)* • slip regulator

Schlupfrelais *n* <el> • slip relay

Schlupfsensor *m* <msr> • slip displacement sensor

Schlupfströmung *f* <phys> • slip flow

Schlupfvariable *f* <math> *(Optimierung)* • slack variable

Schlupfverlust *m* <masch> *(z. B. Seiltrieb, Riementrieb)* • loss due to slippage

Schlupfverlust *m* <phys> *(z. B. in Strömungskupplung, zw. Reifen u. Fahrbahn, Riementrieb)* • slip loss

Schlupfwiderstand *m* <antr> *(z. B. Riementrieb, Seiltrieb, Reifen)* • slip resistance

Schlupfwinkel *m* <aerospace> • slip angle

Schlupfwinkel m <kfz> • tire slip angle; slip angle

Schluss *m* • end

Schluss *m* <allg> • finish

Schluss *m* <tech.allg> *(z. B. Vorgang (EDV-Programm), Parteienverkehr, Börsenhandel)* • close

Schluss *m* <chem> *(Ring)* • closure

Schluss *m* <math> • interference

Schluss *m* <philos> *(Aussagenlogik)* • deduction

Schluss *m* <philos> • logical deduction

Schlussadresse *f* <edv> • end address

Schlussanstrich *m* <obfl> *(allg.; Farbe, Lack, mit Pinsel aufgetragen)* • top coat; finishing coat; final coat

Schlussart f <masch> (Stoffschluss, Kraftschluss oder Formschluss) • type of joint; type of closure; type of connection

Schlussbehandlung f • final finishing

Schlussbehandlung f <obfl> • final finish

Schlussbehandlung f <textil> • final treatment

Schlussblinkleuchte f <kfz> • rear flasher lamp

Schlussbremse f <brems> • end brake

Schlussbügeln n <led> • final plating

Schlussfeier f <allg> • closing ceremony

Schlussfirnis m DIN 55 945 <obfl> • final varnish

schlussfolgernde Analyse f <tech.allg> • inferential analysis

Schlussglied n <nukl> (Zerfallsreihe) • end product

Schlussglied n <nukl> (Zerfallsreihe) • final product

Schlussglühung f <metall> • final annealing

Schlusskennzeichenleuchte f <kfz> • rear number-plate lamp

Schlussklappe f <tele> • ring-off indicator

Schlusskontakt m • terminal contact

Schlusslampe f <tele> • clearing lamp

Schlussleuchte f <fz> • tail light US; rear light GB; rear lamp GB

Schlussleuchte f <kfz.bahn> • tail lamp

Schlussleuchte f <kfz.licht> • taillight

Schlussleuchte f <kfz.licht> • tail light/lamp

Schlusslicht n <bahn> • rear light

Schlusslicht n <bahn> • tail light

Schlusslicht n <kfz.licht> • tail light

Schlussnaht f <füg> (Schweißen) • closure weld

Schlussprüfung f <qualit> (betont: Vorgang; mehr als Sichtkontrolle) • final testing

Schlussregel f <math> (logisches Schließen) • deduction rule

Schlussrelais n <tele> • clearing relay

Schlussroutine f <edv> • end routine

Schlussstein m <bau> (oberster Stein eines Gewölbes, Bogens) • key-stone US; keystone GB; apex stone; archstone; cap stone

Schlussstein m <bau> • capstone

Schlussstein m <bau> (Gewölbe) • keystone

Schlussstein m <bau> (letzter, oberster) • end stone

Schlusstaste f <tele> • clearing key

Schlusswässerung fsg <phot> • final wash sg; final rinse sg

Schlusswagen m <bahn> • tail car

Schlusszeichen n <edv> • ending character

Schlusszeichen n <tele> • sign-clear-back signal

Schlusszeichen n <tele> • sign-disconnect signal

Schlusszeichen n <tele> • sign-off signal

Schlusszeichen n <tele> • supervisory signal

Schlusszeichenrelais n <tele> • clearing relay

Schlusszeichenrelais n <tele> • supervisory relay

Schlusszeichenstrom m <tele> • clearing current

Schluss ziehen vt <philos.math> (Aussagenlogik) • deduce vt

Schmälze f <silik> (Substanz zur Umhüllung von Glasstapelfasern) • size

Schmälzmittel n <tribo> • lubricant

Schmälzmittel n <tribo> • spinning oil

schmal <edv> (Element) • narrow adj

Schmalband n <av> • narrow band

Schmalband n <prod> • narrow strip

Schmalband n <textil> • narrow braid

Schmalband n <textil> • narrow fabric

Schmalbandfernschreibtelegrafie f <tele> • narrow-band direct-printing telegraphy

Schmalbandfilter n <el> • narrow-band-pass filter

Schmalbandfilter n <tele> • narrow-band filter

schmalbandig <av> • narrow-band

Schmalbandverstärker m <el> • narrow-band amplifier

Schmalbandwalzwerk n <metall> • narrow-strip mill

Schmalbündelantenne f <el> • pencil-beam aerial

schmale Ansichtsbreite f <bau> • narrow sight line

schmale Bündelung f <allg> • narrow focussing

schmales Frequenzband n <av> • narrow band

schmales Frequenzband n <av> • narrow frequency band

schmale Strichlinie f <doku> (verdeckte Kanten/Umrisse) • dashed thin line

schmale Strichpunktlinie f <doku> (Mittel-, Symmetrielinien, Loch-, Teilkreise, Trajektorien) • thin chain line

schmale Strich-Zweipunktlinie f <doku> (schmal; angrenzende Teile, Grenzstellungen) • double dashed chain line; thin double dashed chain line; chain thin double dashed line

schmale Vollinie f <doku> (für Maßlinien, Schraffuren etc.) • continuous thin line

schmale Zickzack-Volllinie f rar <doku> • continuous thin straight line with zigzags stand; zigzag line

Schmalfilm m <kino> • substandard cine film

Schmalfilm m <phot> • narrow-gauge cine film

Schmalfilmkamera f <kino> • narrow-gauge cine camera

Schmalfilmprojektor m <kino> • narrow-gauge cine projector

Schmalfilmprojektor m <kino> • substandard cine projector

Schmalflanschspule f <füg> • narrow flange spool

Schmalführung f <masch> • narrow guide

Schmalgangfahrzeug n <logist> • narrow-aisle stacker; narrow aisle truck

Schmalgangstapler m <logist> • narrow-aisle stacker; narrow aisle truck

Schmalrahmen m <allg> • small frame

Schmalseite f • end

Schmalseite f <allg> • narrow side

Schmalseite f <tech.allg> (z. B. Brett) • narrow side

Schmalspachtel m <bau.wz> • taping knife (4 or 6 inches)

Schmalspur f <bahn> • narrow gauge

Schmalspur f <bahn> • narrow gauge US.GB

Schmalspurbahn f <bahn> (allg.) • narrow-gauge railway

Schmalspurbahn f <bahn> (Spurweite 914 mm) • three footer [railway] US

Schmalspurgleis n <bahn> • narrow-gauge track

Schmalspur-Lokalbahn f <bahn> • narrow-gauge local railway

Schmalspurlokomotive f <bahn> • narrow-gauge locomotive

Schmalspurtraktor m <agri> • narrow-track tractor

Schmalstrich m <bau> • narrow stripe

Schmalwebstuhl m <textil> • smallware loom

Schmalwinkelobjektiv n <phot> • narrow-angle lens

Schmant m ugs <obfl> • sealing smut

Schmanten n <petr> (Bohrloch) • bailing

Schmantlöffel m <min> • bailer

Schmantseil n <petr> (Seilbohren) • sand line

Schmanttrommel f <petr> (Seilbohren) • sand reel

Schmauch m <mil> • fouling; powder fouling; deposits

Schmauchen n <silik> • water smoking

Schmauchhof m <mil.med> (um Schusswunde) • contact ring

Schmauchspuren fpl <mil> • traces of gunpowder near gunshot wound :V

Schmelzbad n <füg> (Schweißen) • puddle; molten puddle

Schmelzbad n <metall> • melting bath

Schmelzbad n <metall> • molten bath

Schmelzbad n <metall> • pool

Schmelzbad n DIN 1910-11 <metall> • molten pool

Schmelzbandleitung f <kfz.el> (Sicherungstyp) • fusible link

schmelzbar • meltable

schmelzbar <mat> • fusible

schmelzbar <therm> • fusible

Schmelzbereich m <mat> • melting range

Schmelzbohrverfahren n <prod> • flame drill method

Schmelzbrennkammer f <verbr> (Schmelzfeuerung) • slagging combustion chamber

Schmelzbrennkammer f <verbr> (Schmelzfeuerung) • wet combustion chamber

Schmelzbruch m <kst> • melt fracture

Schmelzcarbonat-Brennstoffzelle n (MCFC) <chem> • molten carbonite fuel cell (MCFC)

Schmelzdauer f <metall> • fusion period

Schmelzdauer f <metall> • smelting period

Schmelzdauer f <verf> • melting period

Schmelzdiagramm n <mat> • melting-point diagram

Schmelzdiagramm n <metall> • fusion diagram

Schmelzdiagramm n <metall> • solid-liquid phase diagram

Schmelzdiagramm n <prod> • melting diagram

Schmelzdraht m <el> • fuse wire

Schmelzdraht m <el> • fusible wire

Schmelzdrahtsicherung f <el> • wire fuse

Schmelzdruckkurve f <mat> • melting-point pressure curve

Schmelze f <tech.allg> (bel. geschmolzene Substanz; z. B. Speiseeis, Kernbrennstoff) • melt

Schmelze f <geo> • igneous melt

Schmelze f <kst> (polymeres Material; z. B. in Plastifiziereinheit, Formwerkzeug) • melt

Schmelze f <metall> (Inhalt einer Gusspfanne, ein Abstich) • heat; ladle; melt

Schmelze f <phys> (Aggregatzustand) • liquid phase

Schmelzeigenschaften fpl <nahr> (von Speiseeis) • melting characteristics; meltdown characteristics; melting properties; melting conditions; melting quality pract

Schmelzeinsatz m <el> • fuse element

Schmelzeinsatz m <el> • fusible element

schmelzen <mat> (z. B. Sicherung) • flux

Schmelzen n <phys> • smelting

schmelzen vi <tech.allg> (z. B. Schnee, Eis, Speiseeis) • melt vi; melt down vi

schmelzen vt <chem.petr> • melt vt

schmelzen vt <metall> • fuse vt

schmelzen vt <metall> • melt vt

schmelzen vt <metall> • smelt vt

schmelzen vt <verf> (Fett) • render vt

Schmelzen des Reaktorkerns n did <nukl> • meltdown

Schmelzenqualität f <kst> • melt quality

Schmelzenstabilität f <kst> • melt strength

Schmelzenzähigkeit f <kst> • melt strength

Schmelzespeicher m <kst> • melt accumulator

Schmelzetropfen mpl <metall> • drippings

Schmelzfarbe f <obfl> • overglaze color

Schmelzfarbe f <silik> • fused-enamel color

Schmelzfarbe f <silik> • fused-on color

Schmelzfarbe f <silik> • fused-vitrifiable color

Schmelzfeuerung f <verbr> (mit flüssigem Schlackenabzug) • slag-tap furnace

schmelzflüssig <metall> • molten; fused

schmelzflüssiges Metall n <metall> • molten metal

Schmelzflüssigkeit f <phys> • deliquescence

Schmelzfluss m <metall> • fusion

Schmelzfluss m <metall> • melt

Schmelzflusselektrolyse f • igneous electrolysis

Schmelzflusselektrolyse f <metall> • molten-salt electrolysis

Schmelzflusselektrolyse f <verf> • fused-salt electrolysis

Schmelzflusselektrolyt m • fused electrolyte

Schmelzflusselektrolyt m • molten electrolyte

Schmelzflussmaterial n <geo> • magma

Schmelzformen n <prod> • fusion casting

schmelzgeschweißt <kst> (z. B. Fensterrahmen aus Kunststoff) • fusion-welded

Schmelzgeschwindigkeit f <prod> • melting rate

schmelzgesponnener Elementarfaden m • melt-spun filament

Schmelzgießen n <prod> • fusion casting

Schmelzgleichgewicht n <metall> • fusion equilibrium

Schmelzgleichgewicht n <metall> • solid-liquid equilibrium

Schmelzgleichgewicht n <prod> • melting equilibrium

Schmelzgut n <mat> • melting stock

Schmelzgut n <verf> • melting charge

Schmelzhaftkleber m <füg> • hot melt pressure sensitive adhesive (HMPS)

Schmelzhaftklebstoff m <füg> • hot melt pressure sensitive adhesive (HMPS)

Schmelzherd m <verf> (Aufbereitung) • smelting hearth

Schmelzindex m <metall> • melt index

Schmelzisolation f (Glühkerze) • melted insulation

Schmelzkäse m <nahr> • processed cheese

Schmelzkammer f <ents> • melting chamber

Schmelzkarbonat-Brennstoffzelle f (MCFC) <energ> • molten carbonate fuel cell (MCFC)

Schmelzkegel m • fusible cone

Schmelzkegel m <füg> (Schweißen) • pyrometric cone

Schmelzkegel m <verf> • melting cone

Schmelzkern-Verfahren n <kst> • lost-core technique

Schmelzkleber m <füg> • hot-melt adhesive

Schmelzkleber m <füg> • hot melt [adhesive]

Schmelzklebstoff m <füg> • hot melt [adhesive]

Schmelzklebstoff m <füg> • hot melt adhesive; hot melt

Schmelzklebstoff m <füg> • hot-melt adhesive

Schmelzklebstoff m DIN 55405 <prod> • hot-melt adhesive DIN 55 405

Schmelzklebstoff auf Epoxidbasis <füg> • epoxy hot melt system

Schmelzkörper m <msr> • fusion pyrometer

Schmelzkoks m • charge coke

Schmelzkurve f <mat> (z. B. Metall) • solidification curve

Schmelzkurve f <phys> • ice line

Schmelzkurve f <phys> • melting curve

Schmelzlegierung f <metall> • fusible alloy

Schmelzleiter m • fusible element

Schmelzleiter m <el> • fusing conductor

Schmelzlöser m <pap> • dissolving tank

Schmelzlotmelder m <füg> • solder alarm

Schmelzmittel n • fluxing agent

Schmelzmittel n <verf> • flux

Schmelzofen m <metall> (für Metall) • melter

Schmelzofen m <metall> (für Metall) • melting furnace

Schmelzofen m <metall> (für Erz) • smelter

Schmelzofen m <metall> (für Erz) • smelting furnace

Schmelzperle f <metall> • bead

Schmelzperle f <prod> • dot

Schmelzperlentransistor m <el> • meltback transistor

Schmelzpfanne f <verf> • melting pan

Schmelzplombe f (Temperaturbestimmung) • fusible plug

Schmelzpunkt m <chem> • melting point

Schmelzpunkt m <füg> • melting point

Schmelzpunkt m <metall> • melting point

Schmelzpunktapparat m <msr> • melting-point apparatus

Schmelzpunktserniedrigung f <mat> • lowering of the melting point

Schmelzsäge f <prod> • fusion cutter

Schmelzschneiden n <prod> • plasma arc cutting

Schmelzschweißen n DIN 1910 <füg> (Ggs. zu Pressschweißen; keine Entspr. in USA) • Schmelzschweißensubcategory of German welding processes; fusion welding GB

Schmelzschweißpulver n <füg> • fused flux

Schmelzschweißverbindung f <füg> • fusion-welded joint

Schmelzsicherung f <el> • fuse cut-out

Schmelzsicherung f <el> • fusible cut-out

Schmelzsicherung f <el> • melting fuse

Schmelzsicherung f <el> (mit Schmelzelement) • fuse

Schmelzspinnanlage f <textil> • melt spinning line

Schmelzspinnen n <chem.petr> • melt spinning

Schmelzspinnverfahren n <textil> (synthetische Fasern) • melt spinning system

Schmelzspleiß m <lwl> • fused fiber splice; fused splice; fusion splice

Schmelzstift m <rls> (Dampferzeuger: Wassermangelsensor) • fusible plug

Schmelzstreifen m <el> • fusible metal strip

Schmelzsumpf m <metall> • molten pool

Schmelzsumpf m <metall> • mold base

Schmelztauchen n <obfl> • hot dipping; hot-dip coating

Schmelztauchverzinken n <obfl> • hot-dip galvanizing

Schmelztauchverzinnen n <obfl> • hot-dip tinning

Schmelztemperatur f <mat> • melting temperature

Schmelztemperatur f <metall> • fusing temperature

Schmelztiegel m <tech.allg> • fusion crucible

Schmelztiegel m <kfz.wz> (Verzinnen) • mush pot pract

Schmelztiegel m <verf> • melting crucible

Schmelzverfahren n <ents> • melting-down process; fusing-in process; slag-tap process

Schmelzverhalten n prakt <nahr> (von Speiseeis) • melting characteristics; meltdown characteristics; melting properties; melting conditions; melting quality pract

Schmelzverlaufkarte f <prod> (Fertigungskontrolle) • cast history sheet

Schmelzwärme f <therm> • heat of fusion

Schmelzwärme f <therm> • melting heat

Schmelzwärme f <therm> (ist dem Betrag nach gleich der Erstarrungswärme) • heat of fusion; effective latent heat of fusion; latent heat of fusion

Schmelzwanne f <ents.silik> • glass trough; glass melting tank

Schmelzwanne f <silik> • tank furnace

Schmelzwanne f <verf> • melting trough

Schmelzwiderstand m <nahr> (Speiseeis) • melting resistance; resistance to melting; melt-down resistance Grindsted

Schmelzzeit f <tech.allg> • melting time

Schmelzzeit f <metall> • fusing period

Schmelzzeit f <metall> (Erz) • smelting period

Schmelzzeit f <verf> • melting period

Schmelzzone f <energ.sol> • molten region; molten zone

Schmelzzone f <füg> (Schweißen) • melting zone

Schmelzzone f <metall> • fusion zone

Schmelzzone f <metall> (Erz) • smelting zone

Schmelzzone f <prod> • molten zone

Schmelzzonenrichtung f (Zonenschmelzen) • direction of zone travel

Schmelzzuschlag m <verf> • flux

Schmelzzuschlag m <verf> • furnace addition

Schmelzzuschlag m <verf> • fusing addition

Schmerzen beim Schlucken <med> • pain on swallowing

Schmerzschwelle f <akust> • threshold of pain

Schmetterlingsantenne f • batwing aerial

Schmetterlingskreis m <av> • butterfly circuit

Schmetterlingsschale f <bau> • butterfly shell

Schmidt-Platte f <opt> • Schmidt correction plate

Schmidt-Spiegelsystem n <opt> • Schmidt mirror system

Schmidt-Überhitzer m <bahn> • Schmidt type superheater

Schmidt-Zahl f <phys> • Schmidt number

schmiedbar <mat> • forgeable

schmiedbar <mat> • malleable

Schmiedbarkeit f <metall> • forgeability

Schmiedbarkeit f prakt <metall> (unter Druck-, Schlagbelastung; z. B. beim Hämmern, Schmieden) • malleability

Schmiedeblasebalg m <prod> • smith's bellows

Schmiedeblock m <mat> • forging ingot

Schmiedeeisen n <mat> • wrought iron

Schmiedefeuer n <prod> • forge

Schmiedefitting n <rls> • forged fitting

Schmiedefolge f <prod> • forging sequence

Schmiedeformstück n <prod> • forged fitting

Schmiedegebläse n <prod> • smith's bellows

Schmiedegesenk n <wz> • die forging die

Schmiedegesenk n <wz> • drop forge die

Schmiedegesenkunterteil n <metall> • bottom forging die

schmiedegewalzt <prod> • roll-forged

Schmiedegrat m <prod> • forging flash

Schmiedehammer m <wz> • forging hammer

Schmiedehammerbär m <wz.masch> • forging hammer tup

Schmiedehitze f <prod> • forging heat

Schmiedehitze f <prod> • forging temperature

Schmiedekohle f <verbr> • forge coal

Schmiedekolben m <kfz.mot> • forged piston

Schmiedekreuz n <prod> • forging cross

Schmiedelinie f <metall> • forging line

Schmiedemanipulator m <prod> • forging manipulator

Schmiedemaschine f <wz.masch> • forging machine

Schmiedemessing n <mat> • forging brass; hot-working brass

Schmieden n <prod> • forging

schmieden vt <prod> • forge vt

Schmiedeofen m <prod> • forging furnace

Schmiedepresse f <wz.masch> • forging press

Schmiedepressen n <prod> (Gesenkschmiedeverfahren mit Pressen) • die pressing

Schmiederad n <fz> • forged wheel

Schmiedereckwalze f <wz.masch> • forging roll

Schmiedering für untere Trageplatte f <nukl> • lower grid ring forging

Schmiederiss m <qualit.mat> • forging crack

Schmiederohling m <metall> • biscuit

Schmiedeschweißen n <füg> • forge welding

Schmiedestahl m <mat> • forged steel

Schmiedestück n <prod> • forging

Schmiedeteil n <prod> • forging

Schmiedetemperatur f <prod> • forging temperature

Schmiedetemperaturbereich m <prod> • forging-temperature range

Schmiedetoleranz f <prod> • forging tolerance

Schmiedeversuch m <qualit.mat> • forgeability test

Schmiedeversuch m <qualit.mat> • forging test

Schmiedewalze f <wz> • forging roll

Schmiedewalzmaschine f <prod> • roll-forging machine

Schmiedewerkstoff m <mat> • forging stock

Schmiedezange f <wz> • forging tongs

Schmiedezunder m <prod> • forge cinder
Schmiedezunder m <prod> • forge scale
Schmiedezunder m <prod> • hammer scale
Schmiege f <bau> *(auf Säulenkapitell)* • chamfer
Schmiege f <msr> • graduated jointed rule
Schmiege f <prod> • bevel rule
Schmiege f <wz> • bevel
Schmiege f <wz> *(z. B. Kfz)* • simple bevel gauge
schmiegen vi <prod> • bevel vi
Schmiegensockel m <bau> • chamfered pedestal moulding
Schmiegeroststab m <verbr> *(Feuerungstechnik)* • zigzag grate bar
schmiegsam <textil> *(Faden)* • supple; flexible
Schmiegsamkeit f <textil> *(Faden, auch Leder)* • suppleness; flexibility
Schmiegung f <math> • osculation
Schmiegungsebene f <math> • osculating plane
Schmiegungskreis m <math> • osculating circle
Schmierapparat m <tribo> • lubrication device
Schmierapparat m <tribo> • lubricator
Schmierblei n prakt.obs <kfz.rep> • body lead; body solder; lead solder; filling solder
Schmierbohrung f <tribo> *(z. B. in Maschinenlager, Kurbelwelle)* • lubrication hole; oil hole coll
Schmierbüchse f <tribo> • grease box
Schmierbüchse f <tribo> • oil cup
Schmierbürste f <tribo> • oil brush
Schmierdocht m <kfz.el> • cam lubricator wick
Schmierdrahtzug m <prod> • grease wire drawing
Schmierdruck m <kfz.antr> • lubricating pressure
Schmiereffekt m <av> • smear effect
Schmiereinrichtung f <tribo> • lubricating system
Schmiereinrichtung f <tribo> • lubrication equipment
Schmiereinrichtung f <tribo> • lubricator
schmieren vt <kfz> *(mit Schmiermittel wie Fett, Öl, Graphitpulver)* • lubricate vt
schmieren vt <tribo> • grease vt
schmieren vt <tribo> • lubricate vt
schmieren vt <tribo> *(mit Schmierfett; z. B. Lager)* • grease-lubricate vt; grease vt
Schmierfähigkeit f DIN ISO 4378-3 <tribo> • lubricity ISO 4378-3; oiliness; lubricating properties pl; lubricating action; lubricant action
Schmierfähigkeit f <tribo> • antiseizure property; antiseizing property
Schmierfähigkeit f <tribo> • lubricating quality
Schmierfähigkeit f <tribo> • lubricity
Schmierfähigkeitszusatz m <tribo> *(Additiv)* • lubricity agent; lubricity additive; oiliness additive
Schmierfeder f <masch> • lubricator spring
Schmierfett n <tribo> • lubricating grease
Schmierfett n DIN ISO 4378-3 <tribo> • grease ISO 4378-3
Schmierfilm m <tribo> • lubricating film; lubricant film
Schmierfilmfestigkeit f <tribo> • lubricant-film strength
Schmierfleck m • daub
Schmierfleck m <allg> • smear
Schmiergefäß n <tribo> • lubrication cup
Schmiergerät n <tribo> • lubricating appliance
Schmiergerät n <tribo> • lubricating device
schmierig <nahr> *(Speiseeisfehler)* • soggy; wet; doughy
schmierige Mahlung f <pap> • slow beating
schmierige Mahlung f <pap> • wet beating
schmieriger Stoff m <pap> • wet stock
schmieriger Stoff m <pap> • wet stuff
Schmierigmahlung f <pap> • slow beating
Schmierigmahlung f <pap> • wet beating
Schmierkanal m <tribo> • oil duct

Schmierkanne f <tribo> • oil can
Schmierkanne f <tribo> • oiler
Schmierkasten m <tribo> • greasing box
Schmierkeil m <tribo> • lubricating wedge
Schmierkeil m <tribo> • oil wedge
Schmierkeilfilm m <tribo> • wedge-shaped lubricant film
Schmierkeilfilm m <tribo> • wedge-shaped oil film
Schmierkissen n <tribo> • lubrication pad
Schmierkissen n <tribo> • oil pad
Schmierkopf m <tribo> • grease nipple
Schmierkopf m <tribo> • lubricator
Schmierkreislauf m <tribo> • lubricant circuit
Schmierkreislauf m <tribo> • oil circuit
Schmierlager n <tribo> • grease bearing
Schmierloch n DIN 1442,1591 <tribo> *(z. B. in Bolzen, Gleitlagern)* • lubricating hole
Schmierloch n <tribo> • oil hole
Schmierlötverbindung f <füg> *(Rohrfuge)* • wiped joint
Schmiermittel n <tech.allg> *(allg.)* • lubricant
Schmiermittel n <tribo> • lubricant
Schmiermittelaustritt m <tribo> • lubricant leakage
schmiermittelfrei <prod> *(z. B. Betrieb)* • lube free
Schmiermittelfüllstand m <tribo> • lubricant level
Schmiermittelkreislauf m <tribo> • lubricant circuit
Schmiermittelpumpe f <tribo> • lubricant pump
Schmiermittelpumpe f <tribo> • lubricating pump
Schmiermittelrückführung f <tribo> • lubricant return
Schmiermittelzusatz m <tribo> • lubricant additive
Schmiernippel m <tribo> • grease nipple; lubricant nipple; lubrication nipple; lubricator
Schmiernut f <tribo> *(für Fett oder Öl)* • lubrication groove
Schmiernutendrehmaschine f <wz.masch> • oil-grooving lathe
Schmiernutenfräser m <wz> • oil-groove cutter
Schmieröl n <tech.allg> • lubricating oil; lube oil pract.coll
Schmieröl n <tribo> • lubricating oil
Schmieröl n <tribo> • lubricating oil; lube oil
Schmieröl n pl: -e <petr> • lubricating oil
Schmieröldestillat n <tribo> • lubricating oil distillate
Schmieröleinspritzung f <kfz.mot> • lube oil injection
Schmierölnebel m <tribo> • lubricating oil mist
Schmierölpumpe f <förd> • lubricating pump; lubricating oil pump
Schmierölpumpe f <tribo> *(z. B. Zahnradpumpe)* • lubricating oil pump
Schmierölrückgewinnung f <ökol> • lubricating oil recovery
Schmierölschnitt m <tribo> *(für Schmierstoffe)* • lube oil cut; lube cut; lube stock; fraction
Schmierpaste f <tribo> • lubrication paste
Schmierpolster n <tribo> • oil pad
Schmierpresse f <tribo> • mechanical plunger lubricator
Schmierpresse f <tribo.wz> • pressure grease gun; grease gun pract; hand lubricator rare; hand grease gun rare
Schmierpumpe f <förd> • lubricating pump; lubricating oil pump
Schmierpumpe f <tribo> • lubricant pump
Schmierpumpe f <tribo> • lubrication pump
Schmierring m <tribo> • oiling ring
Schmierring m <tribo> • ring oiler
Schmierring m DIN ISO 4378-1 <tribo> *(lose oder fest)* • oil ring ISO 4378-1
Schmierring m DIN 322 <tribo> *(Gleitlager)* • lubrication ring
Schmierspalt m <tribo> • lubrication gap; lubrication clearance
Schmierstelle f <obfl> *(Fleck; z. B. an Spritzlingen)* • smudge

Schmierstelle *f* <tribo> • point of lubrication; lubricating point

Schmierstoff *m* <tribo> • lubricant

Schmierstoffadditiv *n* <mot> *(z. B. für Zweitaktmotor)* • lubricant additive

Schmierstoffbasisöl *n* <tribo> • base oil *ISO 4378-3*; base [fluid]; base stock

Schmierstoffdosierung *f* <tribo> • lubricant metering

Schmierstoffentschäumer *m* <tribo> • air-oil separator

Schmierstoffformulierung *f* <tribo> • formulation

Schmierstofffilter *n* <tribo> • lubricant filter

Schmierstoffmangel *m* <tribo> • lubricant shortage

Schmierstoffmenge *f* <tribo> • amount of lubricant

Schmierstoff oberhalb der Kolbenringe *m* <mot.tribo> • upper cylinder lubricant

Schmierstoffverbrauch *m* <tribo> • lubricant consumption

Schmierstoffzentrum *n* <allg> • lubricant centre

Schmierstutzen *m* <tribo> • lubrication connection

Schmiersystem *n* <tech.allg> • lubricating system; lubrication system

Schmiersystem *n* <kfz> • lubricating system; lubrication system

Schmiersystem mit Ölfilter im Hauptstrom *n* <kfz.wz> *(Motoröl)* • full flow filtration

Schmiertasche *f DIN ISO 4378-1* <masch> *(Gleitlager)* • oil pocket *ISO 4378-1*

Schmiertechnik *f* <tribo> • lubrication engineering

Schmiertechnik *f* <tribo> • lubrication technology

Schmierung *f* <tech.allg> • lubrication

Schmierung *f* <kfz> • lubrication

Schmierung *f* <kfz.mot> • lubrication

Schmierung *f* <tribo> • lubrication

Schmierung im Mischreibungsgebiet *f* <tribo> • mixed film lubrication *ISO 4378-3*; semifluid friction; mixed friction

Schmier[ungs]eigenschaften *fpl* <tribo> • lubricity *ISO 4378-3*; oiliness; lubricating properties *pl*; lubricating action; lubricant action

Schmierungstechnik *f* <tribo> • lubrication engineering

Schmierungstechnik *f* <tribo> • lubrication technology

Schmierung von Hand *f* <tribo> • manual lubrication

Schmiervorrichtung *f* <pack> • lubricator; oiler

Schmierwert *m* <tribo> • lubricating value

Schmierzug *m* <prod> • grease wire drawing

Schminkspiegel *m* <kfz.innen> • vanity mirror

Schminkspiegelleuchte *f* <kfz.el> *(dient auch als Kartenleseleuchte)* • visor vanity map [light]

Schmirgelleinen *n* <wz> • sanding cloth; abrasive cloth

Schmirgelleinen *n* <wz> • emery cloth

Schmirgelpapier *n* <wz> • emery paper; grit paper

Schmirgelwalze *f* <wz> *(z. B. für Leder)* • abrasive cylinder

Schmitt-Trigger *m* <el> • Schmitt trigger

Schmitt-Triggergatter *n* <msr> • Schmitt trigger gate

Schmitt-Triggerschaltung *f* <el> • Schmitt trigger circuit

Schmitz *m DIN 22005-2* <min.geo> *(Kohlenschicht mit Mächtigkeit unter 50 mm)* • coal band

Schmitzring *m* <druck> • bearer ring

Schmitzringläufer *m* <druck> • bearer-to-bearer printing press

Schmuckfarbe *f* <druck> • decorative color

Schmutz *m* <obfl.holz> • grime

Schmutzabscheide-Wirkungsgrad *m* <pap.ents> • dirt discharge efficiency

schmutzabweisend <obfl> *(z. B. Oberfläche, Kleidung)* • dirt-repellent

Schmutzabweiser *m* <fz> *(hinter Rädern; z. B. an Kotflügel)* • splash guard; mudguard; fender flap *US*; mud flap

Schmutzabzug *m* <pap.ents> • discharge of contaminants

Schmutzanalyse *f* <pap> • dirt analysis

Schmutzansammlung *f* <tech.allg> • dirt built-up

Schmutzaufnahme *f* <obfl> • dirt pick-up

Schmutzaustrag *m* <verf> *(Filter)* • sludge removal

Schmutzentferner *m* <tech.allg> • dirt remover

Schmutzfänger *m* <tech.allg> • dirt remover

Schmutzfänger *m* <rls> *(Rohrfitting, mit oder ohne Magneteinsatz)* • dirt trap

Schmutzfarbe *f* <pap.ents> • dirt specks *pl*; dirt spots *pl*

Schmutzfleck *m* <obfl> • smudge; stain; smear

Schmutzfleckanalyse *f* <pap> • dirt speck analysis

Schmutzfleckzählung *f* <pap> • dirt count

Schmutzlast *f* <ökol> • pollution load

Schmutzöltank *m* <ents> • dirty oil tank

Schmutzpunkte *mpl* <pap.ents> • dirt specks *pl*; dirt spots *pl*

Schmutzraum *m* *(Zentrifuge)* • dirt-holding space

Schmutzrechen *m* <bau.hydr> • bar rack; trash rack; trash screen; bar grid

Schmutzschleuse *f* <pap.ents> • dirt trap

Schmutzstoff *m* <ents> • pollutant

Schmutzstoff *m* <ökol> • contaminant

Schmutzstoff *m* <pap.ents> • contaminant

Schmutzstoffe *mpl* <verf.hydr> • debris; refuse *rare*

Schmutzteilchen *n* <ents> • dirt particle

Schmutzwässer *npl* <ents> • sanitary sewage

Schmutzwasser *n* <ents> • sewage

Schmutzwasser *n* <ents> • waste water

Schmutzwasser *n rar* <ents> *(gebrauchtes Wasser)* • waste water; sewage *coll*; sewage water; liquid effluent *form*

Schmutzwasserabfluss *m* <ents> • sewage flow; foul sewage flow *GB.*

Schmutzwasserkanal *m* <ents> • sewer

Schmutzwasserkanal *m* <ents.hydr> • sanitary sewer *US.*; foul water sewer *GB.*; foul water drain *GB.*; foul sewer *GB.*

Schmutzwasserkanalisation *f* <bau> • sewerage system

Schmutzwasserkanalisation *f* <ents.hydr> • foul sewerage *GB.*

Schmutzwasserleitung *f* <ents.hydr> • sanitary sewer *US.*; foul water sewer *GB.*; foul water drain *GB.*; foul sewer *GB.*

Schmutzwassernetz *n* <ents> *(Trennsystem)* • sanitary collection system

Schmutzwasserpumpe *f* <masch> • sewage pumpe

Schmutzwasserpumpe *f* <masch> • waste-water pump

Schmutzwasserpumpe *f* <rls> • sewage pump; waste water pump; effluent pump

Schmutzwassersammeltrichter *m* <verf.hydr> • discharge hopper

Schmutzwasserstau *m* <ents> • banking up of water

Schnabel *m* <bio> *(Taxidermie)* • beak; bill; mandibles

Schnabelausleger *m* <förd> • fly jib

Schnäpper *m* <bau> *(Teil des Schließbeschlages bei am. Schiebefenstern)* • catch

Schnäpper *m ugs.rar* <kfz> • latch [mechanism]

Schnäpper *m* <masch> • catcher

Schnäpper *m* <masch> • latch

Schnäpper *m* <masch> • pawl

Schnäpper *m* <masch> • spring catch

Schnäpper *m* <masch> • trigger

Schnallenschuh *m* <bekl> • buckled shoe

Schnappbefestigung *f* <füg> • snap-on plug

Schnappdeckel *m DIN 55405* <pack.teil> • snap-on cap; snap-fit cap

Schnappdrehverschluss *m* <kunst.wz> • quick-release hose coupling *HANSA*; quick-disconnect coupling; quick-release coupling

schnappen *vt* <füg> *(Oberbegriff zu einschnappen, zuschnappen)* • snap *vt*

schnappen *vt* <masch> *(z. B. Feder, Haken)* • catch *vt*

Schnapper *m* • impulse starter

Schnapperkupplung *f* <masch> • pawl coupling

Schnappfeder *f* <tech.allg> • catch spring

Schnappkäfig *m* DIN ISO 5593 <masch> *(Wälzlager)* • snap cage *ISO 5593*

Schnappkarabiner *m* <füg> *(z. B. für Bergseil, Takelage)* • spring catch; spring hook; spring clip; snap hook

Schnappkontakt *m* <el> • snap-action contact

Schnappmagnet *m* <el> *(z. B. Schranktüre)* • snap magnet

Schnappring *m* <masch> • snap ring

Schnappschalter *m* <el> • snap switch

Schnappschalter *m* <el> • snap-action switch *matsushita*

Schnappschloss *n* <masch> • latch lock

Schnappschuss *m* ugs <phot> • snapshot; instantaneous exposure *form.rare*

Schnappschuss *m* <av> • snapshot mode; snapshot

Schnappschuss-Betrieb *m* <av> • snapshot mode; snapshot

Schnappschuss-Modus *m* <av> • snapshot mode; snapshot

Schnappschussspeicherauszug *m* <edv> • snapshot dump

Schnappverbindung *f* <kst> • snap-on fastener *:V*; clip-type connector *:V*

Schnappverschluss *m* <tech.allg> • spring catch

Schnappverschluss *m* <tech.allg> • spring lock

Schnappverschluss *m* *:V* <bau> *(bei vertikalen Schiebefenstern)* • cam lock and keeper

Schnappverschluss *m* <kst> *(z. B. für Gurt, Deckel)* • snap fit

Schnappverschluss *m* <masch> *(mit Spannhebel)* • overcenter fastener

Schnappverschluss *m* <pack> *(z. B. Rucksackriemen)* • snap

Schnappverschluss *m* DIN 55405 <prod> • snap-on closure; snap-fit closure

schnapsig <nahr> *(Weinfehler)* • burning taste

Schnarchventil *n* <rls> • snifting valve

Schnarchventil *n* ugs.rar <rls> *(z. B. in Heizungsanlagen, Dampfmaschinen)* • snifter valve; snifter *pract*; snifting valve *rare*

Schnauze *f* • lip

Schnauze *f* • nose

Schnauze *f* <gastr> *(z. B. Kanne, Krug)* • spout

Schnauze *f* ugs <kfz> *(Vorderseite des Autos)* • front end; front *pract.coll*; nose *coll*

Schnauzenpfanne *f* <metall> • lip-pour ladle

Schnecke *f* <bio> *(mit Haus)* • snail

Schnecke *f* norm <kst> *(Förderschnecke in Spritzgießmaschine, Extruder)* • screw

Schnecke *f* prakt <kst> • plasticizing screw; screw *pract*

Schnecke *f* DIN 3998 <masch> *(kleines Zahnrad, das ein Schneckenrad antreibt)* • worm; worm gear *rare*

Schneckenantrieb *m* <masch> • worm drive

Schneckenantriebsmotor *m* <antr> • screw-drive motor

Schneckenaufgabe *f* DIN 15201 <förd> • screw fooding

Schneckenaufgabegerät *n* DIN 15201 <förd> • screw feeder

Schneckenaufgeber *m* <förd> • screw feeder

Schneckenausleser *m* <agri> • spiral gravity separator

Schneckenaustragzentrifuge *f* <förd> • helical-conveyor centrifuge

Schneckenbagger *m* <bau.masch> • screw dredger

Schneckenbohrer *m* <wz> *(ein Holzbohrer)* • auger bit

Schneckenbohrer *m* <wz> *(für sehr kleine Löcher in Holz; mit Handgriff)* • gimlet

Schneckenbohrmaschine *f* prakt <bau.hydr> *(für Rohre, Kanäle)* • auger microtunneling nachine *US*; auger micro tunnel boring machine; auger tunnel boring machine; auger TBM *pract*

Schneckenbohrung *f* <bohr> • auger boring; augering; auger drilling

Schneckendrehzahl *f* <kst> • screw speed

Schneckendurchmesser *m* norm <kst> • screw diameter

Schneckeneinspritzung *f* <kst> • screw injection

Schneckenentsafter *m* • auger-type juice separator

Schneckenfederdruckmessglied *n* <msr> • helical pressure element

Schneckenflaschenzug *m* <förd> • worm-geared hoist

Schneckenförderer *m* <förd> • auger elevator

Schneckenförderer *m* <förd> • auger feeder

Schneckenförderer *m* <förd> • conveyor screw

Schneckenförderer *m* <förd> • helical conveyor

Schneckenförderer *m* <förd> • helix conveyor

Schneckenförderer *m* DIN 15262 <förd> • screw conveyor

schneckenförmig <tech.allg> • volute

Schneckenfräser *m* <wz> • worm cutter

Schneckenfräser *m* <wz> • worm milling cutter

Schneckenfräsmaschine *f* <wz.masch> • worm milling machine

Schneckenfutter *n* <masch> • worm chuck

Schneckengang *m* norm <kst> *(in Extruder-, Spritzgießschnecke)* • screw flight; flight of a screw; flight *pract*; channel *rare*

Schneckengang *m* <masch> • screw channel

Schneckengang *m* <masch> • screw flight

Schneckengangvolumen *n* <kst> *(Extruder)* • screw channel volume

Schneckengehäuse *n* <kst> • screw housing

Schneckengehäuse *n* <masch> • worm casing

Schneckengehäuse *n* <masch> • worm housing

Schneckengehäuse *n* <verf.hydr> *(Schneckenpresse)* • screw trough

Schneckengeometrie *f* norm <kst> • screw geometry; screw design

Schneckengetriebe *n* DIN 3975 <antr> *(mit Schnecke und Schneckenrad)* • worm gear

Schneckengetriebe *n* <masch> *(mit Gewindestange)* • screw drive

Schneckengetriebekopf *m* <antr> *(an Motoren)* • worm gearhead

Schneckengewinde *n* <masch> • worm thread

Schneckenhub *m* <kst> • screw stroke; screw travel

Schneckenkanal *m* norm <kst> • screw channel

Schneckenkern *m* norm <kst> • screw root; screw stem

Schneckenklassierer *m* <verf.hydr> • screw classifier

Schneckenkneter *m* <verf> • screw mixer

Schneckenkolben *m* <kst> • reciprocating screw

Schneckenkolben *m* <kst> *(Spritzgießmaschine)* • reciprocating screw

Schneckenkolbenmaschine *f* <kst> • screw injection machine; screw machine; in-line screw machine; reciprocating screw machine

Schneckenlänge *f* DIN 3998 <masch> • worm facewidth

Schneckenlenkung *f* <kfz> • worm-and-sector steering gear

Schneckenlenkung *f* <kfz> • worm-and-wheel steering gear

Schneckenlenkung *f* <kfz> *(mit Lenkfinger)* • cam-and-lever steering; cam-and-peg steering *GB*; worm-and-lever steering; worm-and-peg steering *GB*

Schneckenlenkung f <kfz> *(mit Schneckenrad)* • cam-and-roller steering; worm-and-roller steering *GB*; hourglass worm-and-roller steering; Gemmer steering; Marles steering

Schneckenlenkung f <kfz> *(mit Rollzahn)* • cam-and-lever steering; Ross-type steering *rare*

Schneckenlenkung f <kfz> *(mit Schneckensegment)* • worm-and-sector steering

schneckenlinienförmig <allg> *(z. B. Verzierung, Bearbeitung)* • conchoidal

schneckenloser Extruder m <kst> • screwless extruder

Schneckenmaschine f <kst> • screw injection machine; screw machine; in-line screw machine; reciprocating screw machine

Schneckenmikrotunnelbohrmaschine f <bau.hydr> *(für Rohre, Kanäle)* • auger microtunneling nachine *US*; auger micro tunnel boring machine; auger tunnel boring machine; auger TBM *pract*

Schneckenmischer m <verf> • screw mixer

Schneckenpresse f <ents> • screw press

Schneckenpresse f <kst> • screw extruder

Schneckenpresse f <kst> • screw press

Schneckenpresse f <kst> • tubing machine

Schneckenpresse f *rar* <kst> *(für Folien, Profile)* • extruder; extrusion machine *obs*

Schneckenpresse f <prod> • extruder

Schneckenpresse f <prod> • extruding press

Schneckenpresse f <prod> • extrusion auger

Schneckenpresse f <silik> • auger

Schneckenpresse f <verf.hydr> • screw compactor

Schneckenpresse für Seitenstreifen <prod> *(Kfz-Reifen)* • sidewall extruder *formal*; tuber *pract*

Schneckenpumpe f <masch> • screw and wheel pump

Schneckenpumpe f <masch> • screw pump

Schneckenpumpe f <masch> • spiral pump

Schneckenrad m <masch> • worm gear

Schneckenrad n *DIN 3998* <antr> • worm wheel; worm gear

Schneckenrad n *DIN 3998* <antr> • worm wheel

Schneckenrad n <masch> • worm gear

Schneckenraddifferential n <kfz.antr> • Torsen differential

Schneckenradfräsen n <prod> • worm-wheel cutting

Schneckenradgetriebe n <antr> • worm gear; worm gear system; worm gears *pl*; worm and wheel *GB.rare*

Schneckenradwälzfräsen n <prod> • worm-wheel generation

Schneckenradwälzfräsen n <prod> • worm-wheel hobbing

Schneckenradwälzfräser m <wz> • worm-wheel hob

Schneckenradwälzfräsmaschine f <wz.masch> • worm-wheel generating machine

Schneckenradwälzfräsmaschine f <wz.masch> • worm-wheel hobbing machine

Schneckenreduziergetriebe n <antr> • worm reduction gear

Schneckenrollenlenkung f <kfz> *(mit Schneckenrad)* • cam-and-roller steering; worm-and-roller steering *GB*; hourglass worm-and-roller steering; Gemmer steering; Marles steering

Schneckenrückholvorrichtung f *norm* <kst> • screw decompression; screw return device

Schneckenrührer m <verf> • screw mixer

Schneckenschaft m *norm* <kst> • screw shaft

Schneckenschwimmbagger m <bau.masch> • screw dredger

Schneckensegment n <tech.allg> • helical sector

Schneckenspeiser m <f> • screw feeder

Schneckenspeiser m <kst> *(z. B. Extruder, Spritzgießen)* • worm feeder

Schneckenspiel n *norm* <kst> • flight clearance; screw clearance

Schneckenspitze f *norm* <kst> • screw tip

Schneckenspritzgießmaschine f <kst> • screw injection machine; screw machine; in-line screw machine; reciprocating screw machine

Schneckensteg m *norm* <kst> • flight land; screw land; land

Schneckenstrangpresse f <kst> • screw extruder

Schneckenstrangpresse f <kst> • screw extrusion press

Schneckenstufe f *norm* <kst> • screw stage

Schneckentrieb m <antr> • worm gear

Schneckentrieb m <antr> • worm gear; worm gear system; worm gears *pl*; worm and wheel *GB.rare*

Schneckentrockner m <verf> • screw-conveyor drier

Schneckentrogpumpe f <förd> • Archimedean screw pump

Schneckentunnelbohrmaschine f <bau.hydr> *(für Rohre, Kanäle)* • auger microtunneling nachine *US*; auger micro tunnel boring machine; auger tunnel boring machine; auger TBM *pract*

Schneckenverdichter m <masch> • screw compressor

Schneckenverdichter m <masch> • screw-type compressor

Schneckenverzahnung f <masch> • worm gear

Schneckenvorlauf m <kst> • screw advance; screw forward movement

Schneckenwälzfräser m <wz> • worm-generating hob

Schneckenwälzfräser m <wz> • worm hob

Schneckenweg m <kst> • screw stroke; screw travel

Schneckenwelle f <masch> • worm shaft

Schneckenwendel m <bohr> • auger flight

Schneckenwindung f <bau> • volution

Schneckenzentrifuge f <verf> • helical conveyor centrifuge

Schneckenzone f *norm* <kst> • screw zone; screw section

Schnecke ohne Haus f <bio> • slug

Schnecke-Zahnstange-Trieb m <masch> • worm rack gearing

Schnee m *prakt* <av> *(Störeffekt bei Kathodenstrahlröhren)* • interference; picture noise; snow *pract*

Schnee m *sl* <chem> *($C_{17}H_{21}NO_4$; bitter, weiß, kristallin)* • cocaine (C); coke *coll*; snow *sl*; leaf *sl.rare*; flake *sl.rare*

Schnee m <nahr> *(Speiseeisfehler)* • snow

Schneebesen m *ugs* <energ.wind> *(ein VAWK)* • Darrieus rotor; troposkien type rotor *thsc*; eggbeater *coll*

Schneebruch m <holz> • snow breakage

Schneefallgrenze f *DIN 4049-3* <meteo> *(Begrenzungslinie an der Erdoberfläche)* • snowfall line

Schneefräse f <verk> • rotary snow plough

Schneehaftung f <prod> • grip on snow

schneeig <nahr> *(Speiseeisfehler)* • fluffy; foamy; spongy; snowy

Schneekanone f <tour> • snow gun *pract*; artificial snow-making machine *form*

Schneekette f <kfz> • snow chains; tire chains; antiskid chain *rare*; non-skid chain *rare*

Schneekettenschalter m *MB* <kfz> • snow chain switch

Schneepegel m *DIN 4049-3* <msr.meteo> • snow stake

Schneepflug m *DIN 30702-4* <nfz> *(Fahrzeug)* • snowplow

Schneepflug m <nfz> *(Fahrzeugausrüstung)* • snowplow

Schneeräumschild n <nfz> • blade

Schneidanlage f <prod> • cutting unit

Schneidautomat m <wz.masch> • automatic dieing press

Schneidbacke f <wz> • cutting die; screw die

Schneidbacke f <wz> • thread-cutting chaser; thread chaser; threading chaser; insert chaser; die-head thread chaser

Schneidbacke *f rar* <wz> *(allg.; zum Außengewinde-schneiden)* • thread-cutting die; threading die; screwing die; screw plate die

Schneidbrenner *m* <wz> • cutting torch; flame-cutting torch; hot wrench *US.coll*

Schneiddiamant *m* <wz> • cutting diamond; diamond tool

Schneiddose *f* <av> • mechanical recording head

Schneiddose *f* <wz> • cutter

Schneiddüse *f* <prod> *(Wasserstrahlschneiden)* • cutting nozzle

Schneiddüse *f* <prod> *(Wasserstrahlschneiden, Plasma-Schmelzschneiden)* • cutting tip

Schneide *f* <tech.allg> *(von Klingen, Messern, Scheren, Werkzeugen, Drehmeißeln etc.)* • cutting edge

Schneide *f* <opt.lwl> *(von Fasertrenngerät)* • cutter

Schneide *f* <wz> *(betont: von Messer)* • knife-edge

Schneide *f prakt* <wz> *(an Spanwerkzeug; z. B. Dreh-meißel, Fräser, Bohrer)* • cutting edge; edge; tool cutting edge *rare*; cutting-tool tip *rare*

Schneide *f* <wz.masch> *(betont: Lippe)* • cutting lip

Schneidegerät *n* <phot> • trimmer; print trimmer

Schneideisen *n* <wz> *(allg.; zum Außengewindeschnei-den)* • thread-cutting die; threading die; screwing die; screw plate die

Schneideisen *n* <wz> *(betont: zur Schraubenherstellung)* • bolt die

Schneideisen *n* <wz> *(betont: zum Nachschneiden)* • rethreading die

Schneideisen *n prakt* <wz> *(für Außengewinde)* • thread-cutting die; die *pract*; threading die

Schneideisen *n* <wz.rls> *(betont: für Rohre)* • pipe die

Schneideisenhalter *m* <wz> *(zum Innengewindeschnei-den)* • tap holder; tap wrench

Schneideisenhalter *m DIN EN 22568* <wz> *(Handwerk-zeug zum Schneiden von Außengewinden)* • die stock; hand die stock

Schneideisenhalter *m* <wz.masch> *(für Drehmaschine; nimmt Klemmstück und Schneideisen auf)* • die holder

Schneideisenkapsel *f* <wz> *(im Schneideisenhalter)* • collet

Schneideisenkopf *m* <wz.masch> • die head

Schneidekamm *m* <verf.hydr> *(von Zerkleinerer)* • comb bar; cutting comb

Schneidelehre *f* <prod> • jointer

Schneidemaschine *f* <phot> • trimmer; print trimmer

Schneidemesser *n prakt* <wz> • scalpel; frisket knife; x-acto knife *pract*; stencil cutting knife *form*

schneiden <edv> • dash

Schneiden *fpl* <petr> • skirt system

Schneiden *n* <prod> *(spanend oder spanlos)* • cutting

Schneiden *n* <prod> *(Vorgang)* • cutting

schneiden *vt* <agri> *(z. B. Korn, Weizen)* • cut crops *vt*

schneiden *vt* <av> *(Film, Video, Tonband)* • edit *vt*; cut *vt*

schneiden *vt* <chem.petr> • cut *vt*

schneiden *vt* <kfz.rep> *(allg. und Bleche)* • cut *vt*

schneiden *vt* <math> *(Linien, Kurven, Flächen)* • intersect *vt*

schneiden *vt* <math> *(Gerade, Kurven)* • cross *vt*

schneiden *vt* <prod> • shear *vt*

Schneidenaufbau *m* <wz.masch> • built-up edge

Schneidenausbruch *m* <wz.masch> • edge chipping

Schneidenbondverfahren *n* <füg> • wedge bonding

schneidend <math> *(Kurven, Flächen)* • intersecting

schneidend <math> • secant

schneidend <prod> *(Bearbeitung)* • cutting

schneidend, sich ~ • concurrent

schneidende Gewinnung *f* <min> • shearer-type win-ning

Schneidenecke *f* <wz> • outer corner

Schneideneinsatz *m* <wz> • insert

Schneideneinsatz *m* <wz> • section

schneidengelagert • knife-edge mounted

Schneidengeometrie *f* <wz> • geometry of the cutting edge

Schneidengeometrie *f* <wz> • tool geometry

Schneidenkopf *m* <wz> • cutting end

Schneidenkopf *m* <wz> • tool point

Schneidenlänge *f* <wz> • flute length

Schneidenlager *n* <masch> • knife-edge bearing

Schneidenradius-Bahnkorrektur *f* <wz.masch> • cutter compensation *ISO 2806*; tool compensation

Schneidenschattenmikroskop *n* • blade-edge micro-scope

Schneidenspektrograph *m* <opt> • slitless spectrograph

Schneidenspektrograph *m* <opt> • wedge spectrograph

Schneidenwaage *f* <msr> • knife-edge balance

Schneidenzahl *f* <wz> • number of cutting edges

Schneidepumpe *f* <verf.ents> • chopper pump

Schneidescheibe *f* <ents> • blade; knife

Schneidespalt *m* <ents> • aperture

Schneidetisch *m* <av> • editing table

Schneidetisch *m* <av> • edit table; editing table; editor; cutting table; cutting bench

Schneidetisch *m* <kunst> *(für Filme)* • cutting table

Schneideunterlage *f* <kunst> • cutting mat

Schneidevorrichtung mit erhitztem Draht *f V:* <prod.nahr> *(Speiseeis; Extruder)* • hot wire cutting de-vice; guillotine *Hoyer*

Schneidewinkel *m* <av> • dig-in angle

Schneidexzenterhebel *m* <masch> • cam lever

Schneidezahn *m* <verf.hydr> *(Zerkleinerer)* • cutting tooth

Schneidezirkel *m* <kunst> • compass cutter

Schneidfacette *f* <wz> • cutting facet

Schneidflamme *f* <prod> *(Brennschneiden)* • cutting flame

Schneidflügel *m* <wz> • finger

Schneidflüssigkeit *f* <prod> *(Schmier- und Kühlwirkung)* • cutting fluid

Schneidflüssigkeit *f* <prod> *(Schmieren und Kühlen)* • cutting liquid

Schneidführung *f* <pap> • cutting guide

Schneidgerät *n* <pap> • cutter

Schneidgerät mit zwei Messern *n* <pap> • double blade cutter

Schneidgewinde *n* <masch> • self-cutting thread

Schneidgut *n* <prod> *(Werkstück)* • cutting material

schneidhaltig <prod> *(Werkzeug)* • edge-holding

Schneidkante *f* <kst> • cutting edge

Schneidkante *f* <wz> *(z. B. Stempel, Schneidplatte)* • cut-ting edge

Schneidkante *f* <wz> • cutting lip

Schneidkeilwinkel *m* <wz> *(z. B. von Drehmeißel)* • cut-ting wedge angle; wedge angle

Schneidkeramik *f* <wz> *(für höchste Schnittgeschwindig-keit)* • ceramic cutting material

Schneidklemmanschluss *m* <el> • fit clamp *WAGO*

Schneidklemmtechnik *f* <el> *(zum Anschließen von Leitern in Klemmen)* • cut-and-clamp method *:V*

Schneidklinge *f* <wz> • cutting blade

Schneidkluppe *f* <wz> *(mit auswechselbaren Schneid-backen; für Whitworth-Rohrgewinde)* • screw plate stock; inserted-chaser solid die; screw stock; die stock

Schneidkopf *m* <wz> • cutting head

Schneidkopf *m* <wz> • die head

Schneidkopfgehäuse *n* <prod> • die body

Schneidkopfsaugbagger *m* <bau.masch> • cutter suc-tion dredger

Schneidkopfsaugbagger *m* <förd> • suction-cutter dredger

Schneidkraft f <prod> • cutting force

Schneidladung f <spreng> *(Sprengstoff/Metallpulver-Gemisch)* • cutting charge

Schneidlippe f <prod> *(Werkzeug)* • lip

Schneidlippe f <wz> *(spanloses Schneiden, Trennen)* • cutting edge

Schneidmahlung f <pap> • free beating

Schneidmaschine f <kfz> • cutting machine

Schneidmaschine f <kunst> *(für Filme)* • cutter

Schneidmaschine f <kunst> *(für Filme)* • cutting machine

Schneidmaschine f <prod> • cutting machine

Schneidmaschine f <textil> *(Spinnfasern; synthetische Fasern)* • staple cutter; cutting machine

Schneidmutter f <wz> *(allg.; zum Außengewindeschneiden)* • thread-cutting die; threading die; screwing die; screw plate die

Schneidnut f <füg> *(bei Schneidschrauben)* • cutting groove

Schneidöl n <tribo> • cutting fluid; cutting oil

Schneidöl n <tribo> *(Schmier- und Kühlwirkung)* • cutting oil

Schneidplatte f <wz> • insert

Schneidplatte f <wz> • tool bit

Schneidplatte f <wz> • tool tip

Schneidplatte f <wz> • threading insert; thread insert; thread-cutting blade; thread-cutting insert

Schneidplatte f norm <wz> • die plate

Schneidplattendurchbruch m norm <wz> • cutting die hole

Schneidpresse f <wz.masch> • blanking press

Schneidprinzip n <pap> • cutting principle

Schneidrad n <wz> • circular gear-shaping cutter

Schneidrad n <wz> • disc blade

Schneidrad n <wz> *(Zahnradfertigung)* • pinion-shaped cutter

Schneidrad n <wz> • rotary cutter

Schneidring m did <pack> *(Cupper)* • die ring

Schneidringverschraubung f <allg> • compression joint

Schneidrolle f <petr> *(gesteinszerkleinerndes Element im Rollenmeißel)* • cone; bit cone

Schneidrolle f <wz> • cutting roll

Schneidschaftlänge f <wz> • body length

Schneidscheibe f <wz> • abrasive disk

Schneidschraube f <füg> • self-tapping screw

Schneidschraube f <füg> *(für vorgebohrtes Kernloch; feine Steigung; nicht für Blech)* • thread-cutting screw (TEKS) ISO 1479; thread cutting tapping screw; metallic drive screw; drive screw; tapping screw

Schneidschraube mit Schabenut f <füg> *(z. B. zum Montieren von Gipskartonplatten)* • mill-slot screw

Schneidschraube mit Spannut f <füg> *(z. B. zum Montieren von Gipskartonplatten)* • mill-slot screw

Schneidschrauben fpl <füg> *(Oberbegriff)* • self tapping screws; tapping screws

Schneidschraubenende mit Schabenut n DIN ISO 1891 <füg> • scrape point

Schneidspalt m <prod> • blade clearance

Schneidspalt m <prod> • blanking-die clearance

Schneidspalteinstellung f <prod> • blade clearance adjustment

Schneidstempel norm <wz> • cutting punch

Schneidstoff m <wz.masch> *(Werkzeug; z. B. Hartmetall, Borcarbid, Diamant, Mischkeramik)* • cutting material

Schneidstollen m <wz> *(im Ggs. zu Nut)* • land

Schneidstrahl m <prod> *(z. B. Wasserstrahlschneiden)* • cutting jet

Schneid- und Messwagen für Betonstahl m <bau.masch> • automatic bar cutting machine; automatic reinforcing-bar cutting machine *form*

Schneidvorrichtung f <tech.allg> *(z. B. für Papier, Stahlblech)* • cutting device

Schneidwalze f <druck> *(zum Schlitzen)* • slitting roller

Schneidwerk n <tech.allg> *(allg.)* • cutter

Schneidwerk n <agri> *(Ausleger)* • cutter bar

Schneidwerk n <agri> • header

Schneidwerk n <agri> • sickle bar

Schneidwerkswagen m <prod> • table trailer

Schneidwerkzeug n <allg> • cutting tool

Schneidwerkzeug n did <pack> *(Cupper)* • blanking die

Schneidwerkzeug n <wz> • cutting tool

Schneidwerkzeug n <wz> • cutter

Schneidwinkel m <av> *(Tonträger)* • dig-in angle

Schneidwirkung f <ents> • cutting action

Schneidzahn m <wz> • cutting tooth

Schneidzahn m <wz> • point

Schneidzange f <wz> • cutting pliers; cutter

Schneidzange f <wz> • clipper

Schneidzylinder m <druck> • blade cylinder; knife cylinder

schnell <allg> • fast

schnell <allg> • quick

schnell <allg> • rapid

schnell <allg> • speedy

schnell <tech.allg> • high-speed

Schnellabbinden n *(Zement)* • flash set

Schnellabbinden n <bau.mat> *(Zement)* • quick set

schnell abbindend <bau.mat> • quick-setting

schnell abbindend <bau.mat> *(Zement)* • quick-setting

schnell abbindender Klebstoff m <füg> • fast-curing adhesive; quick-cure adhesive; rapidly curing adhesive; rapid cure adhesive

schnell abbindender Klebstoff m <füg> • fast-curing adhesive; quick-cure adhesive; rapidly curing adhesive; rapid cure adhesive

Schnellablass m <aerospace> *(von Kraftstoff)* • emergency dumping

Schnellablass m <aerospace> *(von Kraftstoff im Notfall)* • jettisoning

Schnellablassventil n <aerospace> *(für Kraftstoff)* • jettison valve

Schnellabschaltung f <masch> • trip-out

Schnellabschaltung f DIN 25401-3 <nukl> • reactor trip scram

Schnellabschaltung f <sich> • emergency shut-down

Schnellabschaltung f <sich> • high-speed disconnection

Schnellabschaltung f <sich> • high-speed switching-off

Schnellabschaltung f <sich> • reactor scram

Schnellabschaltung f <sich> • scram

Schnellabtastung f <av> • rapid scanning

Schnellade f <textil> • fly shuttle lathe

Schnelladen n <kfz.el> • fast charging

Schnellader m <kfz.el> • fast charger

Schnelläufer m <logist> *(Artikel mit hohem Lagerumschlag)* • fast mover; high usage value item; fast-moving product; high traffic item

Schnelläufigkeit f <masch> *(Pumpe, Turbine)* • specific speed

Schnelläufigkeit f <masch> *(Strömungsmaschine)* • specific speed

Schnelläufigkeitszahl f <energ.hydr> *(Wasserturbine)* • specific speed

Schnellalterungsprüfung f <qualit.mat> • accelerated aging test[ing]; accelerated artificial aging [test]

Schnellamt n <tele> • no-delay exchange

Schnellamt n <tele> • toll office

Schnellanalyse f <chem> • rapid analysis

Schnellanlauf m <mot> • rapid starting

schnell anlaufend <mot> • rapidly starting

Schnellanschlusssystem n <edv> • push-pull locking system

schnell ansprechend <tech.allg> *(Relais)* • quick-acting

schnellansprechend <tech.allg> • fast-response

schnellansprechend <tech.allg> • quick-operating

schnell ansprechend <el> *(Relais)* • quick-operating

schnellansprechend <msr> • rapid-acting

schnellansprechende Lambdasonde f :V <kfz> • fast light off thimble oxygen sensor

schnellansprechendes Thermoelement n <msr> • fast-response thermocouple

schnell ansteigender Impuls m <edv> • fast rise-time pulse

Schnellarbeitsstahl m <mat> *(für spanende Werkzeuge)* • HSS; high-speed steel

Schnellarbeitsstahl m (HSS) <prod> • high-speed steel (HSS); high-speed tool steel

Schnelllauf m <tech.allg> • high-speed running

Schnelllauf m <masch> • fast traverse

Schnelllauf m <masch> • quick traverse

Schnelllauf m <masch> • rapid traverse

Schnelllaufdrehmaschine f <wz.masch> • high-speed lathe

schnelllaufend <tech.allg> • fast-running

schnelllaufend <tech.allg> *(z. B. Motor, Getriebe, Förderband)* • high-speed

schnelllaufende Dampfmaschine f <masch> • quick-revolution steam engine

schnelllaufender Allradantrieb m <kfz.antr> • road-going four wheel drive; road-going all-wheel drive

schnelllaufender Dieselmotor m <kfz.mot> • high-speed Diesel engine

schnelllaufender Dieselmotor mit Direkteinspritzung m <kfz.mot> • high-speed direct-injection diesel engine; HSDI diesel engine

schnelllaufender Motor m <mot> • high-speed engine

Schnelllauffestigkeit f <prod> • high-speed capability

Schnelllaufgelenk n <kfz.antr> • high-speed joint

Schnelllaufindikator m <msr> • high-speed indicator

Schnelllaufrichtung f <navig> • initial erection; fast erection

Schnelllaufrichtung f <navig> *(Kreiselorientierung)* • slewing

Schnelllaufschluss m <pap> • fast pulping

Schnelllaufspindel f <wz.masch> • high-speed auxiliary spindle

Schnelllauftrommel f <prod> • high-speed drum

Schnelllauftüchtigkeit f <prod> • high-speed capability

Schnelllaufzug m <förd> • high-speed passenger lift

Schnelllaufzug m <phot> • rapid film advance

Schnelllaufzugskamera f <phot> • quick-fire camera

Schnellauslösung f *(Schaltung)* • instantaneous tripping

Schnellauslösung f <phot> • quick release

Schnellauslösung f <phot> • rapid release

Schnellausrückung f <masch> • quick-acting disengagement

Schnellauswahl f • quick selection

Schnellbahn f <bahn> • transit expressway

Schnellbauaufzug m <förd> • rapid hoist

Schnellbauschraube f <bau.wz> • drywall screw; Grabber screw *LAF*; BUILDEX screw *USG*

Schnellbefestigung f <füg> • snap-on fixing

Schnellbestimmung f <tech.allg> • rapid determination

Schnellbestimmung f <chem> • rapid analysis

Schnellbild-Kamera f rar <phot> • instant picture camera; instant camera; Polaroid camera ®; Polaroid-Land camera ®

Schnellbinder m <bau.mat> • quick hardener

Schnellbinder m <bau.mat> • rapid cementing agent

schnellbleichend • quick-bleaching

Schnellbohren n <prod> • high-speed drilling

schnellbrechende Emulsion f • quick-breaking emulsion

Schnellbremse f <brems> • quick-acting brake

Schnellbremsung f <fz> • emergency braking

Schnellbremsung f <fz> • rapid braking

Schnellbus m <nfz> • express bus; express coach

Schnelldrehen n <prod> • high-speed turning

Schnelldrehen n <prod> • high-velocity turning

Schnelldreher m <logist> *(Artikel mit hohem Lagerumschlag)* • fast mover; high usage value item; fast-moving product; high traffic item

Schnelldruck m <druck> • fast print; high speed printing

Schnelldrucker m <druck> • high-speed printer

schnelle, genaue Messungen fpl <msr> • speedy, accurate measurements

schnelle bewertete Gleichlaufschwankungen fpl <av> • weighted flutter

schnelle Datenübertragung f <edv> • high-speed data transmission

schnelle Fourier-Transformation f (FFT) <av> • fast Fourier transform (FFT)

schnelle Gleichlaufschwankungen f <edv.av> • flutter

schnelle Gleichlaufschwankungen fpl <av> *(über 10 Hz)* • flutter

schnelle Gruppe f ugs <nfz.antr> • high range

Schnelleinrückung f <masch> • quick-acting engagement

Schnelleinschaltung f <el> • quick make

Schnelleinstellungsmenü n <navig> *(Empfänger)* • quick setup menu

schnelle Kurvenfahrt f <kfz> • hard cornering

schnelle Logik f <edv> • high-speed logic

Schnellentwickler m <phot> • high-speed developer

schnelle Produktentwicklung f <wz.masch> • rapid product development (RPD)

schnelle Prototyperstellung f <prod> *(scheiben-/ schichtweise Generierung eines Einzelstücks)* • rapid prototyping

Schneller m rar <mil> • hair trigger; set trigger

Schneller m <textil> • picker

schneller Brüter m <nukl> • fast breeder [reactor]

schneller Brutreaktor m <nukl> • fast breeder

schneller Brutreaktor m <nukl> • fast breeder reactor

schneller Fahrbereich m <nfz.antr> • high range

schneller Klebstoff m <füg> • fast-curing adhesive; quick-cure adhesive; rapidly curing adhesive; rapid cure adhesive

schneller laufen lassen vt <tech.allg> • speed up vt

schneller Reaktor m <nukl> • fast-neutron reactor

schneller Reaktor m DIN 25401-3 <nukl> • fast reactor

Schnellerregung f <el> • high-speed excitation system

schneller Rücklauf m <av> *(Band; ohne Bild- oder Tonwiedergabe, schnell)* • rewind (REW); fast rewind; rewinding; reverse

schnell erstarrendes Glas n <silik> • short glass

schnelle Rückmeldung f <aerospace> *(Flugsicherung)* • rapid feed back

schneller Verschleiß m <prod> • rapid wear

schneller Vorlauf m <av> *(Band; ohne Bild, Ton)* • fast forward (FF); fast-forwarding; fast wind forward

schneller Zugriff m <edv> • high-speed access

schneller Zugriff m <edv> • immediate access

schnelles Elektron n <nukl> • high-speed electron

schnelles Heranfahren n <prod> • rapid advance

schnelles Heranfahren n <prod> • rapid approach

schnelles Neutron n <nukl> • fast neutron

schnelle Verschlussgeschwindigkeit f <av> • fast shutter speed

schnelle WSF f <verbr> • circulating fluidized bed combustion (CFB); fast FBC

schnelle Zugriffszeit f <edv> • speedy access time

schnell fahren <nfz.logist> • drop the hammer sl, US; lean forward AUS

schnell fahren vi <nfz> • drop the hammer sl, US; lean forward AUS

Schnellfeuerpistole f <mil> • rapid fire pistol

Schnellfeuerpistolenscheibe f <mil> • rapid fire pistol target; rapid fire target; 25 m rapid fire pistol target; international rapid fire target

Schnellfeuerscheibe f <mil> • rapid fire pistol target; rapid fire target; 25 m rapid fire pistol target; international rapid fire target

Schnellfilter n <verf> (allg.) • high-rate filter; power filter

Schnellfilter n <verf> (zur Sandentfernung, z. B. aus Wasser) • rapid sand filter

Schnellfiltration f • fast filtration

Schnellfiltration f • high-rate filtration

Schnellfiltration f <verf> • rapid filtration

Schnellfixierer m <phot> • rapid fixer

schnellflüchtig • fast-evaporating

Schnellfräsen n <prod> • high-speed milling

Schnellfrosten n <nahr> • quick freezing

Schnellfroster m <nahr> • quick-freeze; quick-freezer

Schnellgang m <kfz.antr> • overdrive; overdrive gear

Schnellgang m <prod> • fast traverse

Schnellgang m <wz.masch> (Schlittenbewegung) • quick traverse; rapid traverse

Schnellgefrieren n <nahr.prod> • quick freezing; instant freezing; fast freezing

Schnellgefrierfach n <nahr> • quick-freezing compartment

schnellgefroren <nahr> • quick-frozen

schnellgefrostet <nahr> • quick-frozen

Schnellgespräch n <tele> • no-delay call

Schnellglühkerze f <kfz.el> • quick-start glow-plug

schnellhärtend <bau.mat> (Zement) • rapid-hardening

schnellhärtend <kst> • fast-hardening

schnellhärtend <mat> • quick-curing

schnellhärtende Formulierung f <füg> • fast-curing formulation

schnellhärtende Formulierung f <füg> • fast-setting formulation

schnellhärtender Klebstoff m <füg> • fast-curing adhesive; quick-cure adhesive; rapidly curing adhesive; rapid cure adhesive

Schnellheizglühkerze f <kfz.el> • quick-start glow-plug

Schnellheranführung f <prod> • fast approach

Schnellheranführung f <prod> • fast run-up

schnellhobel m <min> • rapid plough

Schnellhobel m <min> (Kohlenhobel) • fast plough

Schnellhobel m <min> (Kohlenhobel) • rapid plough

Schnellhobelmaschine f <wz.masch> • high-speed planer

Schnellhobelmaschine f <wz.masch> • high-speed planing machine

Schnelligkeit f <allg> • rapidity; quickness

schnellklebend <füg> • quick-sticking

Schnellkopierkamera f <phot> • quick-copy camera

Schnellkühlraum m <hlk> • sharp freezer

Schnellkuppler m <rls> (Beregnungsanlage) • quick-action coupler

Schnellkupplung f <bahn> (Modellbau) • rapido-type coupler

Schnell-Kupplung f HANSA <kunst.wz> • quick-release hose coupling HANSA; quick-disconnect coupling; quick-release coupling

Schnellkupplung f <masch> • flexible coupling

Schnellkupplung f <masch> • quick coupling

Schnellkupplung f <rls> (für Rohr, Schlauch) • self-sealing coupling

Schnellkupplungsrohr n <rls> (Beregnungsanlage) • quick-coupling pipe

Schnellläufer m <tech.allg> • fast runner

Schnellläufer m <energ.hydr> (Wasserturbine) • high specific speed turbine; high-speed wheel

Schnellläufer m <energ.wind> • high speed wind turbine; high speed device; fast running wind turbine

Schnellläufer m <förd> (Kreiselpumpe) • high-specific-speed pump

Schnellläufer m <förd> (Kreiselpumpenlaufrad) • high-specific-speed impeller

Schnellläufer m <masch> (Maschine, Verbrennungskraftmaschine) • high-speed engine

Schnellläufer m <mot> • high-speed motor

schnellläufige Pumpe f <förd> (Kreiselpumpe) • high-specific-speed pump

Schnellläufigkeit f <energ.wind> • tip speed ratio

Schnelllauf [vorwärts] m <av> (Band; ohne Bild, Ton) • fast forward (FF); fast-forwarding; fast wind forward

Schnelllaufzahl f <energ.wind> • tip speed ratio

schnell lösbar <tech.allg> (Verbindung; z. B. Stecker, Klemme, Verriegelung, Kupplung) • quick-release ...

Schnellmeldung f <edv> • priority state information

Schnellmontage f <prod> • high-speed assembly

Schnellmontage f <prod> • rapid assembly

Schnellmontageschaum m <bau.mat> (PU-Schaum aus der Dose) • PU-foam pract; 1-component PU foam

Schnellnäher m <textil> • high-speed sewing machine

Schnellnetzspannungswähler m <el> • quick-change line-voltage selector US

schnell öffnend <el> (z. B. Schalter) • quick-break

Schnellöffnungsventil n <rls> • quick-opening valve

Schnellöffnungsventil n <rls> • rapid-action valve

schnelllösbar • rapidly soluble

schnelllösbar <masch> • quick-release

Schnellpflug m <agri> • high-speed plough

Schnellpositionierung f <prod> • fast positioning

Schnellpresse f <druck> • flat-bed high-speed press

Schnellpresse f <prod> • high-speed press

Schnellpresse f <prod> • rapid press

Schnellpressmasse f <kst> • quick-curing molding compound

Schnellpunktschweißen n <füg> • high-speed spot welding

Schnellpunktschweißen n <füg> • quick spot welding

Schnellreaktor m <nukl> • fast reactor

Schnellregelrelais n <el> • sudden-change relay

Schnellregelung f <msr> • fast control

Schnellregler m <msr> • high-speed controller

Schnellrelais n <el> • high-speed relay

Schnellrücklauf m <av> • high-speed rewind

Schnellrücklauf m <av> (Band; ohne Bild- oder Tonwiedergabe, schnell) • rewind (REW); fast rewind; rewinding; reverse

Schnellrücklauf m <prod> (von Schlitten, Werkzeug etc.) • quick return; rapid return

Schnellsandfilter n <verf> (Wasserwirtschaft) • rapid sand filter

schnell schalten <nfz> • speed-shift

Schnellschalter m <el> • fast-action switch

Schnellschalter m <el> • high-speed switch

Schnellschalthebel m <phot> (Filmtransporthebel) • film advance lever <with small winding angle>

Schnellschalthebel m <phot> • film advance lever

Schnellscherversuch m <mech> (Bodenmechanik) • undrained shear test

Schnellscherversuch m <qualit.mat> *(Bodenmechanik)* • quick shear test
Schnellschlagbohren n <prod> • free-fall drilling
Schnellschlagbohren n <prod> • rapid blow drilling
schnellschlagende Nietmaschine f <prod> • high-speed riveting machine
Schnellschlaghammer m <prod> • double-acting hammer
Schnellschlagwecker m rar <alarm> *(von Alarmanlage)* • bell; alarm bell
Schnellschleifen n <prod> • high-speed grinding
schnell schließend <el> *(z. B. Schalter)* • quick-make
Schnellschlusseinrichtung f <mot> • trip gear
Schnellschlussregler m <msr> • safety governor
Schnellschlussschalter m <nukl> • scram button
Schnellschlussschütz n <energ.hydr> • quick closing gate
Schnellschlussstab m <nukl> *(Kernreaktor)* • emergency shut-down rod
Schnellschlussstab m <nukl> • emergency shut-shut-off rod
Schnellschlussstab m <nukl> • scram rod
Schnellschlussventil n <rls> • quick-closing valve
Schnellschlussventil n <sich> • emergency stop valve
Schnellschneidemaschine f <wz.masch> • high-speed cutter
Schnellschneidemaschine f <wz.masch> • high-speed cutting machine
Schnellschneider m <wz> • high-speed cutter
Schnellschneider m <wz.masch> • high-speed cutting machine
Schnellschreiber m <msr> • high-speed recorder
Schnellschrift f <druck> • fast print; high speed printing
Schnellschubventil n <prod.nahr> *(Speiseeis; Freezer)* • instant shut-off valve; quick-acting shutt-off valve; instant refrigeration shutoff valve
Schnellschützen m <textil> • fly shuttle
Schnellschützen m <textil> • flying shuttle
Schnellschweißen n <füg> • high-speed welding
Schnellschweißen n <füg> • rapid welding
Schnellschwingsieb n *(Aufbereitung)* • high-speed jigging screen
Schnellspaltfaktor m <nukl> • fast fission factor
Schnellspaltung f <nukl> • fast fission
Schnellspannabe f <fz> • quick release hub
Schnellspanner m <fz> • quick release lever
Schnellspannfutter n <wz.masch> • quick-action chuck
Schnellspannhebel DIN ISO 8090 <fz> *(für Radachse)* • quick-release hub locking lever ISO 8090
Schnellspannsystem n <kst> • mold fixing system
Schnellspannung f <prod> • quick-acting clamping
Schnellspannung f <prod> • quick-acting gripping
Schnellspannverschluss m <fz> • quick release (QR); QR
Schnellspeicher m <edv> • high-speed memory
Schnellspeicher m <edv> • high-zero-access memory
Schnellspeicher m <edv> • rapid memory
Schnellspeicherung f <edv> • rapid storage
Schnellspinnverfahren n <textil> • high-speed spinning
Schnellspinnverfahren n <textil> • high-speed spinning on spinning extruders
Schnell-Stahl prakt <mat> *(für spanende Werkzeuge)* • HSS; high-speed steel
Schnellstahl m <prod> • high-speed steel
Schnellstart m Tos <av> • quick start mechanism Sha; quick start Mit,Gol; quick start deck Phi; quick start drive; quick response chassis Nok
Schnellstartglühkerze f <kfz.el> • quick-start glow-plug
Schnellstartlampe f • quick-start lamp

Schnellstartlaufwerk n Sha,Dae,Ori,Ten <av> • quick start mechanism Sha; quick start Mit,Gol; quick start deck Phi; quick start drive; quick response chassis Nok
Schnellsteuerrelais n <el> • booster relay
schnellstmöglich <edv> • highest speed
Schnellstopptaste f <av> • quick stop key
Schnellstopptaste f <av> • temporary stop key
Schnellstraße f <verk> *(allg.)* • speedway
Schnellstraße f <verk> *(autobahnähnlich, meist gebührenpflichtig)* • turnpike US
Schnellstraße f <verk> *(mit Mittelstreifen)* • divided highway US; dual carriageway GB; thruway US
Schnellsuche f <edv> • quicksearch
Schnellsuchlauf m <av> • fast-search; fast-searching; high-speed search
Schnelltrennrelais n <el> • fast-release relay
Schnelltrennschalter m <el> • quick-break switch
Schnelltrennstecker m <el> • quick-disconnect plug
Schnelltrennstecker m <el> • quick disconnect
Schnelltrieb m <masch> • coarse adjustment
Schnelltriebwagen m <bahn> • fast railcar
Schnelltriebwagen m <bahn> • high-speed railcar
schnelltrocknende Druckfarbe f <druck> • quickset ink
Schnelltrockner m ugs <verf> • short-retention-time drier; short-time drier
Schnelltrocknung f • high-speed drying
Schnelltrocknung f <verf> • fast drying
Schnelltrocknung f <verf> • quick drying
Schnellüberprüfung f JVC <av> • record review; rec review Panasonic; ReView JVC
Schnellübersicht f <doku> *(meist auf festem Papier, Karton)* • quick reference guide; quick reference card
Schnellübertrag m <edv> • high-speed carry
Schnellübertrag m <edv> • ripple-through carry
Schnellüberzug m <obfl> *(Galvanotechnik)* • flash plate
schnellumlaufend <tech.allg> *(Rotation)* • high-speed
schnellumrüstbare Maschine f <masch> *(z. B. Werkzeugmachine)* • quick-change-over machine
Schnellunterbrechung f <el> • quick break
Schnellverbindung f <med.tech> • quick connector
Schnellverdampfer m • flash evaporator
Schnellverfahren n <allg> • short-cut method
Schnellverfahren n <tech.allg> • rapid method
Schnellverkehr m <ökon> *(z. B. Paketversand)* • demand service
Schnellverkehr m <tele> • no-delay operation
Schnellverkehr m <tele> • no-delay service
Schnellverkehr m <tele> • no-delay working
Schnellverkehr m <verk> • express traffic
Schnellverkehrsamt n <tele> • demand working exchange
Schnellverkehrsleitung f <tele> • no-delay circuit
Schnellverkehrsschrank m <tele> • toll board
Schnellverschluss m <av> • high-speed shutter
Schnellverschluss m <fz> • quick release (QR); QR
Schnellverschluss m <navig> *(für den Empfänger)* • quick-release adapter
Schnellverschluss m <phot> • high-speed shutter
Schnellverschluss n <bekl> *(an Riemen, Taschen)* • quick-lock buckle; quick-lock closure system
Schnellverschluss n <bekl> • quick-lock buckle; quick-lock closure system
Schnellverschlusshalterung f <navig> *(für den Empfänger)* • quick-out bracket
Schnellverschlusskupplung f <kunst.wz> • quick-release hose coupling HANSA; quick-disconnect coupling; quick-release coupling
Schnellverschlussmutter f <füg> • quick-release nut
Schnellverschlussschraube f :V <füg> *(mit 90°-Drehwinkel)* • quarter-turn fastener

Schnellverstellung *f* <prod> • rapid adjustment
Schnellverstellung *f* <prod> • rapid power traverse
Schnellversuch *m* <qualit> • accelerated test; rapid test;
short-time test *rare*
Schnellvorlauf *m* <av> *(Band; ohne Bild, Ton)* • fast for-
ward (FF); fast-forwarding; fast wind forward
Schnellvorlauf-/Cue-Taste *f* <av> *(bei Videorecordern
und Videokameras)* • fast forward/cue button; fast for-
ward/search (+) button
Schnellvorlauf-Taste *f* <av> *(allg.)* • fast forward button;
FF button
Schnellvorlauftaste *f* <av> • fast-forward button
Schnellvorlauftaste *f* <büro> *(Schreibmaschine)* • key for
accelerated forward speed
Schnellvorschub *m* <prod> • rapid advance
Schnellvorschub *m* <prod> • rapid approach
schnellvulkanisierend <kst> • fast-curing
schnellvulkanisierend <kst> • quick-curing
Schnellwaage *f* <msr> • fast-weighing balance
Schnellwechselfutter *n* <wz.masch> • quick-change chuck
Schnellwechselgetriebe *n* <masch> • quick-change
gear mechanism
Schnellwechselhalterung *f* <tech.allg> • quick-release
mounting
Schnellwechselkegel *m* <wz> *(Steilkegel)* • quick-
release taper
Schnellwechselkupplung *f* <kunst.wz> • quick-release
hose coupling *HANSA*; quick-disconnect coupling; quick-
release coupling
Schnellwechsel-Werkzeugmagazin *n* <wz.masch>
• quick-change tool magazine
Schnellwiedereinschaltung *f* <el> • rapid reclosing
schnellwirkend <tech.allg> • fast
schnellwirkend <tech.allg> • quick-acting
schnellwirkend <verf> • rapid
Schnellzuführung *f* <prod> *(Schlitten)* • fast run-up
Schnellzuführung *f* <prod> • high-speed feed
Schnellzuführung *f* <prod> • rapid approach
Schnellzuglokomotive mit Stromlinienverkleidung *f*
<bahn> • streamlined fast train locomotive
Schnellzugriff *m* <edv> • rapid access
Schnellzugwagen *m* <bahn> • express coach
Schnellzugwagen mit Gepäckabteil *m* <bahn> • ex-
press coach with luggage compartment
Schniewindt-Band *n* <el> • resistance mat
Schnippmaschine *f* <textil> • snipper
Schnitt *m* ugs <allg> • mean
Schnitt *m* <tech.allg> *(Vorgang oder Ergebnis des Schnei-
dens)* • cut
Schnitt *m* <av> *(von Bändern)* • editing; tape editing
Schnitt *m* <av> *(Ergebnis des Editierens, von Filmen etc.;
z. B. Director's Cut)* • cut; edit
Schnitt *m* <av.kino> *(Vorgang des Bearbeitens von Videos,
Filmen)* • editing; cutting
Schnitt *m* <av.kino> *(harter Bildmotivwechsel)* • cut
Schnitt *m* <chem.petr> *(bei der Destillation entstehend;
z.B Asphalt, Bitumen, Diesel etc.)* • fraction
Schnitt *m* <doku> *(in techn. Zeichnungen)* • section
Schnitt *m* <doku> • longitudinal section line
Schnitt *m* <doku> • sectional drawing
Schnitt *m* <math> *(Vorgang und Ergebnis)* • intersection
Schnitt *m* <nav> • buttock; buttock line
Schnitt *m* <prod> *(Blech)* • clip
Schnitt *m* <prod> *(Vorgang)* • cutting
Schnitt *m* <prod> • pass of a tool
Schnitt *m* <prod> *(klein, scharf; z. B. mit Messer, Skalpell)*
• incision
Schnitt *m* <qualit.mat> • microsection
Schnittansicht *f* <doku> • sectional view

Schnittbau *m* • punch and die making
Schnittbau *m* <prod> • die making
Schnittbau *m* <prod> • punch and die making
Schnittbewegung *f* <wz.masch> • cutting motion
Schnittbild *n* <kfz.el> *(z. B. bei Scheinwerfereinstellgerät)*
• split image
Schnittbildentfernungsmesser *m* <phot> • split-image
rangefinder
Schnittbildindikator *m* <phot> • split-image focusing aid
Schnittbildindikator *m* <phot> • split-image rangefinder
Schnittbreite *f* <wz.masch> • width of cut
Schnittdarstellung *f* <tech.allg> *(in einer Zeichnung)*
• cross-sectional view
Schnittdarstellung *f* <doku> • sectional drawing
Schnittdarstellung *f* <doku> • sectional representation
Schnittdarstellung *f* <doku> • sectional view
Schnittdicke *f* <prod> • thickness of cut
Schnittdruck *m* • gravity feed
Schnittdruck *m* <prod> *(Wirkpaar Werkzeug/Werkstück)*
• cutting pressure
Schnittebene *f* <doku> *(technische Zeichnung)* • cutting
plane
Schnittebene *f* <math> *(technische Zeichnung)* • inter-
secting plane
Schnittebene *f* <math> • secant plane
Schnittebene *f* <prod> *(z. B. quer zur Werkstückachse;
horizontal, vertikal)* • cutting plane
Schnitteil *n* <prod> • blanking
Schnittfärbmaschine *f* <druck> • edge coloring machine
Schnittfarbe *f* <druck> • edge coloring
Schnittfestigkeit *f* <prod> • cut resistance
Schnittfläche *f* <tech.allg> • sectional area
Schnittfläche *f* <agri> • cut surface
Schnittfläche *f* <math> • section
Schnittfläche *f* <prod> • cut face
Schnittfläche *f* <prod> • sheared face
Schnittflächenschraffur *f* <doku> • section lining
Schnittflächenschraffurlinie *f* <doku> • section line
Schnittflanke *f* <prod> • kerf wall
Schnittflanke *f* <prod> • side of cut
Schnittfrequenz *f* <akust> • cross-over frequency
Schnittfrequenz *f* <phys> • cut-off frequency
Schnitt-für-Schnitt Ansicht *f* <kunst> • exploded view;
step-by-step-drawing
Schnittfuge *f* <bau> • notch
Schnittfuge *f* <prod> • flat joint
Schnittfuge *f* <prod> • kerf
Schnittfuge *f* <prod> • saw kerf
Schnittfuge *f* <prod> *(beim Sägen)* • kerf
Schnittfugenbreite *f* <prod> • kerf width
Schnittgeschwindigkeit *f* <prod> *(i.a. für spanende
Bearbeitung)* • cutting speed
Schnittgeschwindigkeit *f* <prod> *(Holz; Kreissäge)* • rim
speed
Schnittgeschwindigkeitsanzeiger *m* <prod> • cutting-
speed indicator
Schnittglas *n* <kst> *(GF-Verstärkung)* • chopped [glass]
fiber
Schnitthöhenanzeige *f* <prod> • cutting-height indicator
Schnittholz *n* <holz> *(Bretter, Planken, Balken)* • lumber;
saw wood *rare*
Schnitthorizont *m* <min> • cutting height; cutting horizon
Schnittiefe *f* <prod> • depth of cut
Schnittkäse *m* <nahr> • semi-hard cheese
Schnittkante *f* <doku> *(techniche Zeichnung)* • intersect-
ing edge
Schnittkante *f* <opt> *(Prisma)* • roof edge
Schnittkante *f* <phot> • central line
Schnittkante *f* <prod> • cut edge

Schnittkante f norm <prod> (am Werkstück (am Werkzeug: Schneidkante)) • cutting edge
Schnittkante f <prod> • sheared edge
Schnittkante f <prod> • shearing edge
Schnittkopie f <werb.druck> • work print; rush <print>; interlock
Schnittkraftkomponente f <prod> • cutting component
Schnittkraftkomponente f <prod> • cutting-force component
Schnittkurve f <math> (zw. zwei Flächen) • curve of intersection
Schnittlänge f <prod> • offcut length
Schnittlänge f <prod> • cut length
Schnittleistung f <wz> (Schleifpapier) • removal rate; cutting rate
Schnittleistung f <wz.masch> • cutting power
Schnittlinie f <doku> (techn. Zeichnung) • line of cut
Schnittlinie f <edv> • cutting line
Schnittlinie f <math> • line of intersection
Schnittlinie f <prod> (spanloses Schneiden) • cutting line
Schnittmatrize f <wz> • cutting die
Schnittmenge f <math> (Mengentheorie) • intersection
Schnittmodell n <bau> • cross-section
Schnittnoppe f DIN ISO 2424 <textil> (Teppich) • tuft ISO 2424
Schnittplatte f prakt <wz> • die plate
Schnittplattendurchbruch m <wz> • cutting die hole
Schnittplattendurchbruch m <wz> • die hole
Schnittplattendurchbruch m <wz> • die-plate opening
Schnittplattenfreiwinkel m <prod> • cutting-die relief
Schnittpräparat n <qualit> (Mikroskopie) • section
Schnittpresse f <wz.masch> • blanking press
Schnittpult n <av> • edit table; editing table; editor; cutting table; cutting bench
Schnittpunkt m <edv> • intersection
Schnittpunkt m <math> • intersection
Schnittpunkt m <math> • intersection point
Schnittregister n <druck> • cut-off register
Schnittrichtung f <prod> • direction of the cut
Schnittrichtung f <prod> • hand of the cut
Schnittrichtung f <prod> • rotation of cutting
Schnittring m <pack> (Cupper) • die ring
Schnitt-/Schlingenpol m DIN ISO 2424 <bau.innen> (textiler Bodenbelag) • cut/loop pile ISO 2424
Schnittstelle f <tech.allg> (konkret oder abstrakt; z. B. zwischen Systemen, Gewerken, PC/Drucker) • interface
Schnittstelle f <prod> (konkret; Stelle zum Abschneiden, Absägen) • cutting site
Schnittstelle CAPI f rar <edv.tele> • Common ISDN Application Program Interface (CAPI); Common ISDN API
Schnittstellenadapter m <tech.allg> • interface adapter
Schnittstellenbelegung f <allg> • interface assignments; interface allocation
Schnittstellenbus m <el> • interface bus (IB)
Schnittstelleneinstellung f <pap> • port configuration
Schnittstellenkabel n <edv> (z. B. Druckerkabel an Parallel- od. USB-Port) • interface cable
Schnittstellenkarte f <edv> • interface card; interface board
Schnittstellenkonverter m <edv> • interface converter
Schnittstellenkonverter m <el> • interface converter
Schnittstellenleitung f <tele> • interchange circuit
Schnittstellenmodul m <edv> • interface module
Schnittstellenprotokoll n <doku> • interface protocol
Schnittstellenschaltung f <el> • interface circuit
Schnittstellenspezifikation f <edv> • specified interface
Schnittstellenstandard m <edv> • interface standard
Schnittstellenstecker m <edv> • interface connector; interface port

Schnittstellentreiber m <edv> • device driver
Schnittstellenübersetzer m <autom> • interface converter
Schnittstellenwandler m <el> • interface converter
Schnittstelle zwischen Sensor und Stellgerät f <msr> • actuator/sensor interface (ASI)
Schnittstempel m prakt <wz> • cutting punch
Schnittsteuergerät n <av> • editing control machine; editing controller; cutting control machine
Schnittvergoldung f <druck> • edge gilding
Schnittweg m <wz.masch> (betont: bei spanenden Werkzeugen) • cutting path
Schnittweite f <opt> • vertex focal length
Schnittwerkzeug n <pack> (Cupper) • blanking die
Schnittwerkzeug n <wz> • blanking tool
Schnittwerkzeug n <wz> • cutting die
Schnittwinkel m <math> • angle of intersection
Schnittwinkel m <prod> • bias angle; cord angle
Schnittwinkel m <wz> • angle of cut
Schnitzel n <agri> (Zuckerrübe) • slice
Schnitzel n <gastr> (z. B. Kalbs-, Schweine-, Jäger-, Kinderschnitzel) • scallop
Schnitzel n <prod> (kleines abgehacktes Stück; z. B. Holz als Hackschnitzel, Brennstoff) • chip
Schnitzelhackmaschine f <pap> • chipper
Schnitzelmaschine f <nahr> • dicer
Schnitzelmaschine f <wz.masch> • slicer
Schnitzelmühle f <verf> • shredder
schnitzeln vt <prod> (kleine Stück, Scheiben; z. B. Baumrinde) • chip vt
schnitzeln vt <prod> (grobe Stücke; z. B. waste) • chop vt
schnitzeln vt <prod> (in kleine Scheiben schneiden) • slice vt
Schnitzelpressmasse f <mat> • macerate molding compound
Schnitzelrutschrinne f <pap> • chip chute
Schnitzmesser n <wz> • carving knife
Schnüffelsonde f <msr> • sampling probe; sampler
Schnüffelstück n prakt <rls> (z. B. in Heizungsanlagen, Dampfmaschinen) • snifter valve; snifter pract; snifting valve rare
Schnüffelventil n <rls> (z. B. in Heizungsanlagen, Dampfmaschinen) • snifter valve; snifter pract; snifting valve rare
Schnürauge n <nav> • lacing eye; metal eye; stirrup
Schnürboden m <theat> (unterhalb des Rollenbodens) • fly loft; rigging loft; flys pl coll; drawing loft
Schnürbodenmeister m <theat> • fly man; head fly man
schnüren vt <bekl> (Mieder, Korsett) • lace up vt
schnüren vt <bekl> (z. B. Schuhe) • lace vt; tie vt
schnüren vt <pack> • tie vt
schnüren vt <pack> (z. B. mit Faden) • tie vt
Schnürjeans f <bekl> • lace jeans
Schnürle-Umkehrspülung f <kfz> • Schnürle-scavenging
Schnürle-Umkehrspülung f <kfz.mot> • loop scavenging; reverse scavenging; tangential-flow scavenging; Schnürle scavenging; backflow scavenging
Schnürmeister m <theat> • fly man; head fly man
Schnürschuh m <bekl> • lace-up shoe
Schnürsenkel m sl <av> • standard-width audio tape
Schnürstiefel m <bekl> • lace boot
Schnürung f <bekl> • hook-and-loop panel
Schnuller m <hygi> (zur Beruhigung) • soother GB; pacifier US
Schnur f <tech.allg> (zugfester Zwirn; z. B. für Pakete, Gartenarbeit) • twine
Schnur f <tech.allg> (Faden oder dünnes Seil) • cord
Schnur f ugs <tech.allg> (relativ dünn, bis 1 mm; zum Binden, Verpacken) • string; binder twine

Schnur *f ugs.obs* <el> *(eher dünn, sehr flexibel; z. B. Netzkabel, Telefonkabel)* • cord

Schnurantrieb *m* <tech.allg> *(z. B. Drehkondensator, Spielzeug)* • cord drive

Schnurheftung *f* <druck> • sewing on cords

Schnurkranz *m* • cord rim

schnurloser Schrank *m* <tele> • cordless switchboard

schnurloses Telefon *n* <tele> *(Funktelefon; Basisstation und Handgerät, mit ca. 300 m Reichweite)* • cordless telephone; cordless phone *pract*

Schnurlot *n* <bau> • plumb line

Schnurpaar *n* <tele> *(Steckvermittlung)* • switchboard cord; cord pair

Schnurschalter *m* <el> *(z. B. bei Stehlampen mit Schirm)* • cord switch; pendant switch

Schnurschaltung *f* <tele> • cord circuit

Schnurspanner *m* • cord tightener

Schnurverbinder *m* <füg> • flexible lead connector

Schnurverstärker *m* <tele> • cord circuit repeater

Schockbelastbarkeit *f* <qualit.mat> • shock resistance

Schockfestigkeit *f* <qualit.mat> • shock resistance

Schockfestigkeit *f* <qualit.mat> • resistance to shock

Schockgefrieren *n* <nahr.prod> • quick freezing; instant freezing; fast freezing

Schockhärten *n* <nahr.prod> *(Speiseeis)* • quick-hardening

schockkühlen *vt* <nahr.prod> • chill *vt*; quick-cool *vt*

Schockkühlung *f* <nahr.prod> • chilling; quick-cooling

Schockschweißen *n* <füg> • explosive welding

Schockschweißen *n* <füg> • shock welding

Schocksensor *m rar* <kfz.msr> *(von Airbag-System)* • crash sensor; impact sensor; shock sensor

Schockwelle *f* <phys> • shock wave

Schöndruck *m* <druck> • first form print

Schöndruck *m* <druck> • first print

Schöndruck *m* <druck> • straight printing

Schöndruckmaschine *f* <druck> • straight printing press

Schöndruckqualität *f* <büro> • letter quality

Schöndruckzylinder *m* <druck> • first cylinder

schöne Autonummern <kfz> • vanity plates

Schöne Künste *fpl* <kunst> • fine arts

Schönheitsfehler *m ugs* <qualit> • imperfection; minor flaw; blemish

Schönheitsreparatur *f* <kfz.rep> • cosmetic repair

Schönheitsrost *m press.did* <obfl> • cosmetic corrosion

Schönschreibdruck *m* <druck> • near letter quality (NLQ)

Schönschreibqualität *f* <druck> • near letter quality (NLQ)

Schönschrift *f* <druck> • near letter quality (NLQ)

Schön-und Widerdruck *m* <druck> • perfecting; perfecting print

Schön- und Widerdruckmaschine *f* <druck> • perfecting press

Schön-und Widerdruckmaschine *f* <druck> • perfector press; perfector; perfecting press

Schönung *f prakt* <druck> *(in Druckfarbe)* • clearing base; fining agent

Schönung *f* <nahr> *(Wein)* • fining

Schönungsbase *f* <druck> *(in Druckfarbe)* • clearing base; fining agent

Schönungsfarbstoff *m* <druck> • fining ink

Schönungsmittel *npl* <nahr> *(Wein)* • fining agents; finings

Schönungstrub *m* <nahr> *(Wein)* • lees from fining

Schönungsvorversuche *mpl* <nahr> *(Wein)* • trial fining

Schöpfbecher *m* <bau.masch> • dipper

Schöpfbecher *m* <förd> • scoop

Schöpfbecherwerk *n* <förd> • scooping bucket elevator

Schöpfblech *n* <holz> • baffle

Schöpfbüchse *f* <nav> *(kleiner Eimer)* • bailer

Schöpfbütte *f* <pap> • dipping vat

Schöpfbütte *f* <pap> • pulp dipping vat

Schöpfeimer *m* <tech.allg> • bucket

Schöpfeimer *m* <förd> • scoop

Schöpfeimer *m* <nav> *(kleiner Eimer)* • bailer

schöpfen *vt* <tech.allg> *(Wasser)* • bail *vt*

schöpfen *vt* <förd> • scoop *vt*

schöpfen *vt* <pap> *(z. B. Büttenpapier)* • dip out *vt*

schöpfen *vt* <pap> • mold *vt*

schöpfen *vt* <verf> • ladle *vt*

Schöpfer *m* • dipper

Schöpfer *m* <wz> • scoop

Schöpffass *n* <nav> *(flache, breite Kelle, um Wasser aus dem Boot auszuschöpfen)* • bailer

Schöpffinger *m* <tribo> • oil catcher

Schöpffinger *m* <tribo> • oil dipper

Schöpfform *f* <pap> • hand paper-mold

Schöpfform *f* <prod> • hand mold

Schöpfkelle *f* <wz> • ladle

Schöpfpapier *n* <pap> • mold-made paper

Schöpfprobe *f* <metall> • laddle-pit sample

Schöpfprobe *f* <metall> • laddle-test sample

Schöpfprobe *f* <metall> • spoon sample

Schöpfrad *n* <bau.masch> • scoop wheel

Schöpfrad *n* <masch> • flighted wheel

Schöpfrahmen *m* <pap> • deckle

Schöpfrahmen *m* <pap> • hand-mold

Schöpfrahmen *m* <pap> *(z. B. Büttenpapierherstellung)* • paper mold

Schöpfwerk *n* <förd> • scooping-bucket elevator

Schokoladeneis *n* <nahr> • chocolate ice cream

Schokoladenraspel *fpl* <nahr> • chokolate flakes; grated chocolate

Schokoladenstückchen *fpl* <nahr> • chocolate pieces; chocolate chips

Schokoladenüberziehmaschine *f* <nahr.prod> • chocolate enrober; chocolate coating machine; chocolate enrobing machine

Schokoladenüberzug *m* <nahr> *(Speiseeis)* • chocolate coating; chocolate enrobing; chocolate cover; wet coating

Schokoladenüberzugsmasse *f* <nahr> • chocolate coating; wet coating; chocolate couverture

Scholle *f* <geo> • faulted block; block

Schollenbrecher *m* <agri> • clod breaker

Schollenbrecher *m* <agri> • clod breaking roller

Schonbezug *m* <kfz> • seat cover; seat protector; seat saver *ad*

Schongang *m* <kfz> • gentle cycle

Schongang *m* <kfz.antr> *(betont: drehzahlsenkendes Übersetzungsverhältnis)* • economy ratio

Schongang *m* <kfz.antr> • overdrive; overdrive gear

Schongang-Auslegung *f* <kfz.antr> *(betont: drehzahlsenkendes Übersetzungsverhältnis)* • economy ratio

Schonganggetriebe *n* <kfz> • overdrive gear

Schonhammer *m* <wz.rep> • soft face hammer; soft-faced hammer; soft-faced mallet *rare*

Schonung der Rohstoffvorräte *f* <ents> • conservation of resources

Schoop[is]ieren *n* <metall> • Schoop metallizing; Schoop process; spray metallization

Schopfanlage *f* <metall> • cropping machine

schopfen *v* <metall> • crop *v*

Schopfschere *f* <metall> • squaring shears

Schopper-Riegler-Wert *m* <pap> • SR number

Schore *f* <metall> • cross-piece

Schornstein *m* <nav> *(Dampfer)* • funnel

Schornstein *m* <verbr> *(Rauchabzug)* • chimney; smokestack; stack; flue; chimney stack *rare*

Schornsteineffekt m <hlk> *(Lüftung, Zug)* • stack effect
Schornsteinfeger m <allg> *(Lehrberuf)* • chimney sweep
Schornsteinfuchs m <verbr> • chimney, uptake flue
Schornsteinfuchs m <verbr> • flue
Schornsteinluke f <bau> • funnel opening
Schornsteinmantel m <bau> • funnel casing
Schornsteinmantel m <verbr> • outer funnel
Schornsteinreinigungsklappe f <hlk> • soot door
Schornsteinschacht m <bau> • chimney shaft
Schornsteinschacht m <bau> • funnel shaft
Schornsteinsockel m <bau> • chimney base
Schornsteinstag n <bau> • funnel stay
Schornsteinverlust m rar <verbr> *(Verlust an thermischer Energie)* • flue gas loss; stack loss *US*; flue gas heat loss; stack gas heat loss; exit flue gas heat loss *rare*
Schornsteinzug m <verbr> *(Unterdruck, Auftrieb im Schornstein)* • chimney draft *US*; flue draft *US*; flue draught *GB*; draft *US.pract*; draught *GB.pract*
Schothorn n <nav> • clew
Schothornausholer m <nav> • clew outhaul; outhaul
Schott n <nav> • bulkhead
Schott n <nav> • dividing wall
Schottblech n • separation plate
Schottblech n <kfz> • splash panel; anti-splash guard; inner mudshield
Schottdurchführung f <nav> • bulkhead fitting
Schottendeck n <nav> • bulkhead deck
Schottendeck n <nav> • subdivision deck
Schottenladelinie f <nav> • subdivision load line
Schottentiefgang m <nav> • subdivision draught
Schottenüberhitzer m <rls> *(Dampfkessel)* • platen superheater
Schottenüberhitzer m <rls> *(Dampferzeuger)* • superheater curtain
Schottenwand f <bau> • divider
Schotter m prakt <bahn> • rail track ballast; track ballast
Schotter m <bau.mat> • broken stone; broken rock
Schotter m prakt <bau.mat.verk> • road metal
Schotter m <geo> *(fluviatiles Sediment)* • fluvial gravel; cobbles with sand
Schotterbeton m <bau.mat> • ballast concrete
Schotterbett n <bau> • ballast bed
Schotterbett-Nivelliermaschine f <bahn> • roadbed levelling machine
Schotterbettung f <bau> • ballast course
Schotterbrecher m <verf> • breaker
Schotterbrecher m <verf> • stone breaker
Schotterdecke f <bau.verk> *(Straßenbelag nach McAdam)* • macadam; macadam pavement
Schotterlage f <bau> • ballast course
Schotterpiste f Audi <kfz> *(Teststrecke)* • rough road surface test track *Audi*
Schotterstraße f <verk> • metalled road
Schotterstrecke f <verk> • metalled road
Schotterung f <bau.mat> *(von Straßen)* • metalling
Schotterverteiler m <bau.mat> • macadam spreader; road metal spreader
Schotterverteilungsmaschine f • large-broken stone spreading machine
Schotterverteilungsmaschine f <bau.masch> • stone spreading machine
Schotterwagen m <bahn> • ballast wagon
Schottky-Barriere f <el> *(Halbleiter)* • Schottky barrier
Schottky-Defekt m <mat> • Schottky defect
Schottky-Defekt m <mat> *(Kristall)* • Schottky disorder
Schottky-Diode f <el> • Schottky barrier diode
Schottky-Diode f <el> • Schottky diode
Schottky-Kontakt m <energ.sol> • Schottky-contact

Schottky-Rauschen n <el> • Schottky noise
Schottky-Transistor m <el> • Schottky transistor
Schottky-Transistor-Transistor-Logik f <el> • Schottky transistor-transistor logic (STTL); Schottky TTL
Schottky-Zelle f rar <energ.sol> • MIS-I-solar cell
Schottschiebetür f <nav> • sliding bulkhead door
Schottsteife f <tech.allg> *(Schiff, Flugzeug, Behälter)* • bulkhead stiffener
Schottsüll Schottstütze f <nav> • bulkhead coaming
Schottür f <nav> • bulkhead door
Schottwand f <logist> *(z. B. Behälter)* • bulkhead
Schrader-Ventil n <fz> *(Fahrrad)* • Schraeder valve; American valve; Auto valve
schräg • off-angle
schräg • raked
schräg <allg> • oblique
schräg <allg> • skew
schräg <allg> *(weder waagrecht noch senkrecht)* • tilted
schräg <tech.allg> • angular
schräg <tech.allg> • bevel
schräg <tech.allg> • bevelled
schräg <tech.allg> • canted
schräg <tech.allg> • inclined
schräg <tech.allg> • slanting
schräg <doku> *(Normschrift)* • sloping
schräg abbauen vt • rill vt
schräg abfallen vt <tech.allg> *(z. B. Dicke, Durchmesser)* • taper off vt
schräg abfallen vt <bau> *(Gelände)* • slant vt
schräg abfallen vt <geo> *(Gelände)* • slope vt
schrägabfallend • backwardly inclined
schräg abschneiden vt <pack> • bevel vt
schräg abschneiden vt <prod> *(Spitze, Kante)* • truncate vt
Schrägabstand m <tech.allg> • slant distance
Schrägabstand m <mil> • slant range
schrägansteigend <tech.allg> *(z. B. Gelände, Kurve im Schaubild, Straße)* • upwardly inclined
Schrägaufnahme f <phot> • oblique aerial photograph
Schrägaufstellung der Fahrzeuge f <verk> • angle parking
Schrägaufzug m <förd> *(allg.)* • inclined elevator; inclined conveyor; inclined hoist
Schrägaufzug m <förd> *(mit Kippkübel; z. B. für Hochofengicht)* • skip hoist
Schrägaufzugfördermaschine f <förd> • incline engine
Schrägbau m <min> • inclined cut-and-fill
Schrägbau m <min> • inclined cut-and-fill stoping
Schrägbearbeitung f <prod> • angular machining
Schrägbecherwerk n <förd> • inclined bucket elevator
schräg bedampfen vt <opt> • shadow vt
Schrägbeleuchtung f <licht> • oblique illumination
Schrägbett n <wz.masch> • inclined bed
Schrägbettplotter m <edv> • beltbed plotter
Schrägbild n <phot> • oblique aerial photograph
Schrägbild n <phot> • oblique photograph
Schrägbild n <phot> • oblique projection
Schrägbild n <phot> • tilted photograph
Schrägblattgebläse n <masch> • inclined-blade blower
Schrägbohren n rar <petr> • directional drilling; controlled drilling; controlled directional drilling *form*; deviated drilling *rare*; angle drilling *rare*
Schrägbohren n <prod> *(allg.)* • angle drilling; inclined drilling
Schrägbohren n <prod> *(falsche Richtung; z. B. schräg statt rechtwinklig)* • off-angle drilling
Schrägbohrloch n *(Standwassererkundung)* • flank hole
Schrägbohrloch n <petr> • slanting hole
Schrägbrennschnitt m <prod> • angular flame cut

Schrägbrennschnitt *m* <prod> *(Vorbereitung der Schweiß-naht)* • bevel flame cut

Schräge *f (z. B. an Gesenken)* • leave

Schräge *f (konisch)* • taper

Schräge *f* <tech.allg> • bevel

Schräge *f* <tech.allg> *(Bauwesen, Maschinenbau)* • cant

Schräge *f* <tech.allg> • inclination

Schräge *f* <tech.allg> • incline

Schräge *f* <tech.allg> • obliquity

Schräge *f* <tech.allg> • skewness

Schräge *f* <bau> *(Dach)* • slope

Schräge *f* <edv> • slope

schräge Bahnkreuzung *f* <bahn> • diamond crossing

schräge Ebene *f* <navig> • inclined plane

Schrägeinblicktubus *m* <opt> • inclined tube

Schrägeinfall *m* <phys> • oblique incidence

schräg einfallend <phys> *(z. B. Licht)* • obliquely incident

Schrägeingriff *m* <prod> • angular meshing

schräg einparken *vt* <verk> • angle-park *vt*

Schrägeinspritzung *f* <kfz.mot> *(Dieselmotor)* • inclined injection

Schrägeinstechschleifen *n* <prod> • angular plunge-grinding

Schrägeinstechschleifmaschine *f* <wz.masch> • angular plunge-grinding machine

Schrägeinstellung *f* <tech.allg> • angle adjustment

Schrägeinstellung *f* <tech.allg> • angle setting

Schrägeinstellung *f* <tech.allg> • angular setting

Schrägeinstellung *f* <prod> • angular adjustment

Schrägeinstich *m* <wz.masch> • angular plunge-cut

schräge Leibung *f* <bau> *(Fenster, Tür)* • splayed jamb

schräge Masche *f* <textil> • sloped loop

Schrägentfernung *f* <aerospace> • slant distance

Schrägentfernung *f* <aerospace> • sloping distance

Schrägentfernung *f* <mil> • air-to-ground distance

schräger Einfall *m* <phys> • oblique incidence

schräger Kopfspalt *m* <av> • tilted gap; slant[ed] azimuth

schräger Schnitt *m* <prod> • angular cut

schräges Dach *n* <bau> • sloping roof

schräges Einparken *n* <verk> • angle parking

schräges Fach *n* <textil> • clear shed; V-shed

schräges Hakenblatt *n* • French joint

schräges Okular *n* <opt> • inclined eyepiece

schräges Parken *n* <verk> • angle parking

schräges Seitenlicht *nsg* <phot> • high sidelighting *sg*

Schrägfach *n* <textil> • V-shed

Schrägfalz *m* <bau> • sloped rebate

Schrägfenster *n* <bau> • angled window

Schrägflächenbearbeitung *f* <prod> • angular machining

Schrägförderer *m* <förd> • inclined conveyor

Schrägführungsbuchse *f* <masch> *(z. B. Werkzeug-maschinengetriebe)* • helical guide bushing

schräggelagert <masch> • angularly located

schräggelagert <masch> • angularly positioned

schräggelagert <masch> • inclined

schräggelagert <masch> • tilted

schräghängendes Ventil *n* <mot> • inclined valve

Schrägheck *n* <kfz> • hatchback

Schräghobeln *n* <wz.masch> • angular planing

Schrägkante *f rar* <prod> • beveled edge *US*; bevelled edge *GB*; canted edge

Schrägklärer *m* <verf.ents> *(Längsbecken mit Röhren)* • tube settler

Schrägklärer *m* <verf.hydr> • lamellar settler *V*

Schrägkugellager *n* <masch> • angular ball bearing; angular-contact ball bearing *rare*

Schräglage *f* <tech.allg> *(allg.)* • inclined position; inclination

Schräglage *f* <tech.allg> *(gekippt; meist unerwünscht)* • tilted position

Schräglage *f* <aerospace> • banking

Schräglageanzeiger *m* <aerospace> • bank indicator

Schräglager *n* <masch> • angular-contact bearing

Schräglagewinkel *m* <lz> *(bes. beim Motorrad)* • roll angle; banking angle; angle of lean

Schräglast *f* <mech> • inclined load

Schräglast *f* <mech> • oblique load

Schräglauf *m* <av> *(Magnetband)* • skew

Schräglauf *m* <av> • tape skew

Schräglaufwinkel *m* <kfz> • tire slip angle; slip angle

Schräglaufwinkel *m* <kfz> *(Reifen)* • slip angle; tire slip angle; distortion angle *rare*

Schräglenker *m* <kfz> • semi-trailing link; diagonal control arm

Schrägluftbild *n* <phot> • oblique aerial photograph

Schrägmaul-Mutternzange *f* <kfz.wz> • battery nut pliers; battery pliers; angle-nose pliers

Schrägmesskammer *f* <phot> • oblique camera

Schrägparallelogramm *n* <fz> • slant parallelogram

Schrägrevolverkopf *m* <wz.masch> • tilted turret

Schrägrinne *f* <förd> • gravity chute

Schrägrinne *f* <verf> *(Aufbereitung)* • trough washer

Schrägrippe *f* <masch> • helical rib

Schrägriss *m* <doku> • oblique view

Schrägrohrkessel *m* <rls> • inclined tube boiler

Schrägrohrmanometer *n* <msr> • inclined-tube manometer

Schrägrohrverdampfer *m* <rls> • inclined-tube evaporator

Schrägrollengang *m* <förd> • skew roller table

Schrägrollenlager *n* <masch> • taper-roller bearing

Schrägrollenlager *n* <masch> *(komplettes Lager)* • tapered roller bearing *ISO 5593*; Timken [roller] bearing *pract*; taper roller bearing; inclined roller bearing; conical roller bearing

Schrägrost *m* <ents> • inclined grate; sloping grate

Schrägrostfeuerung *f* <verbr> • furnace with inclined grate

Schrägrutsche *f* <förd> • gravity chute

Schrägsäule *f* <kst> *(für Formbacken)* • angle guide pin

Schrägschacht *m* <energ.hydr> • inclined tunnel; inclined shaft

schrägschenklig <tech.allg> • oblique

Schrägschichtung *f* <verf> • oblique bedding; inclined bedding

Schrägschleifen *n* <prod> • angular grinding

Schrägschneidemaschine *f* <fz> *(Reifen)* • bias cutter

Schrägschneidemaschine *f* <wz.masch> *(allg.)* • angle cutter; angle cutting machine

Schrägschnitt *m* <prod> • angular cutting

Schrägschnitt *m* <prod> • bevel cutting

Schrägschriftaufzeichnung *f* <tele> • helical recording

Schrägschriftverfahren *n* <av> • helical recording [system]; helical recording[method]; helical scan[ning] [system]; helical scan[ning] [method]

Schrägschulter *f* <kfz> *(Rad)* • tapered bead seat; 5 degree tapered bead seat *did*

Schrägschulterfelge *f* <kfz> • tapered bead seat rim; 5 degree tapered bead seat rim *did*

Schrägschulterfelge *f* <kfz> • rim with taper bead seats

Schrägschulterkopf *m* <fz> *(Gabelkopf mit nach außen stark abfallenden Schultern)* • sloped crown

Schrägschulterkopf *m* <fz> *(Gabelkopf mit nach außen leicht abfallenden Schultern)* • semi sloped crown; semi slope type crown; semi sloping crown

Schrägschulterring *m* <kfz> • tapered bead seat ring

Schrägsitzventil *n* <rls> • inclined-seat valve

Schrägsitzventil *n* <rls> • Y-valve
Schrägspritzkopf *m* <kst> • angular extruder head
Schrägspur *f* <av> • slant track; oblique track
Schrägspur *f* <av> • helical track; diagonal track
Schrägspurabtastung *f* <av> *(System)* • helical scanning system
Schrägspurabtastung *f* <av> *(Methode)* • helical scanning method; helical scan method; helical scanning; helical scan
Schrägspurabtastung *f* <av> *(Vorgang)* • helical scanning; helical scan
Schrägspuraufzeichnung *f* <av> • helical scan recording; diagonal track recording; slanted azimuth recording
Schrägspuraufzeichnung *f* <edv> • Helical Scan (HS); helical-scan recording
Schrägspuraufzeichnung/-abtastung *f* <av> • helical recording [system]; helical recording[method]; helical scan[ning] [system]; helical scan[ning] [method]
Schrägspuraufzeichnung mit Nullrasen *f* <av> • high-density recording; zero-guard-band recording
Schrägspurrekorder *m* <av> • helical video tape recorder; helical-scan VTR; helical scan recorder
Schrägspurverfahren *n* <av> • helical recording [system]; helical recording[method]; helical scan[ning] [system]; helical scan[ning] [method]
Schrägspurverfahren *n* <av> • helical scan recording; diagonal track recording; slanted azimuth recording
Schrägspurverfahren *n* <edv> • Helical Scan (HS); helical-scan recording
Schrägspurvideorecorder *m* <av> • slant-track video tape recorder; slant-track video recorder
Schrägsteife *f* <masch> • inclined brace
schrägstellbar <tech.allg> *(z. B. Tisch, Spindelkopf)* • inclinable
schrägstellbar <masch> • angularly adjustable
schrägstellbarer Winkeltisch *m* <wz.masch> • tilting-angle table
schrägstellen *vt* <allg> • tilt *vt*
schrägstellen *vt* <tech.allg> • incline *vt*
schrägstellen *vt* <tech.allg> *(z. B. Schlitten, Visier)* • set at an angle *vt*
Schrägstellung *f* <tech.allg> • inclination
Schrägstellung *f* <tech.allg> • oblique position
Schrägstellung *f* <tech.allg> • obliqueness
Schrägstellung *f* <tech.allg> • obliquity
Schrägstirnrad *n* DIN 3998 <masch> • helical gear
Schrägstoß *m* <füg> *(Schweißnaht)* • angular joint
Schrägstrahler *m* <licht> • angle lighting fitting
Schrägstrahler *m* <licht> • angle reflector
Schrägstrecke *f* <navig> • slope distance
Schrägstrich *m* <edv> *(an einer Maßlinie)* • tick mark; slash
Schrägstrichgatter *n* <bau> • diagonal hatching
Schrägtubus *m* <opt> • inclined tube
Schrägungsfaktor *m* <masch> • skew factor
Schrägungswinkel *m* DIN 3998 <antr> *(Zahnrad)* • helix angle
Schrägverband *m* <bau> *(V-förmig)* • raking bond
schrägverstellbare Tischversenkung *f* <theat> • raked stage trap :*v*
Schrägverstellbarkeit *f* <tech.allg> • angular adjustability
Schrägverstellung *f* <prod> • angular adjustment
schrägverzahnt <masch> *(Zahnräder)* • helical-cut; helically toothed
schrägverzahnter Zahnradsatz *m* <masch> • helical gear system; helical gears *pl*
schrägverzahntes Zahnrad *n* <antr> • helical gear
Schrägverzahnung *f* <antr> *(im Ggs. zu Geradverzahnung)* • helical gear[ing]; helical teeth; angular teeth *rare*

Schrägverzerrung *f* <av> *(Fernsehbild)* • skew
Schrägverzug *m* <textil> • skew
schrägwalzen *vt* <prod> • pierce *vt*
Schrägwalzwerk *n* <metall> • piercing mill
Schrägwalzwerk *n* <metall> • skew mill
Schrägwalzwerk *n* <metall> • skew-rolling mill
Schrägwicklung *f* <el> • oblique winding
Schrägzahn *m* <masch> • helical tooth
Schrägzahn *m* <masch> • skew tooth
Schrägzahnkegelrad *n* DIN 3998 <masch> • skew bevel gear
Schrägzahnrad *n* <antr> • helical gear
Schrägzahnradantrieb *m* <antr> • helical drive
Schrägzahnradgetriebe *n* <masch> • parallel helical gearing
Schrägzahnradgetriebe *n* <masch> • parallel-shaft helical gearing
Schrägzahnstirnrad *n* <antr> • helical spur gear
Schrägzahnstirnrad *n* <masch> • parallel helical gear
Schrägzustellung *f* <wz.masch> • angular feed
Schrämaggregat *n* <min> • cutting aggregate *Schrämmaschine*; shearing aggregate *Schrämlader*
Schrämarm *m* <min> • bar
Schrämarm *m* <min> • cutting jib
schrämen *vt* <bau> • cut *vt*
schrämen *vt* <bau> • kerve *vt*
schrämen *vt* <min> • kirve *vt*
Schrämkette *f* <min> • coal-cutter chain
Schrämkette *f* <wz> • cutter chain
Schrämkleinräumer *m* <min> • gummer
Schrämkleinräumer *m* <min> • gummer bar
Schrämkleinräumer *m* <min> • gumthrower
Schrämkleinräumschnecke *f* <min> • scroll gummer
Schrämkopf *m* <min> • gearhead
Schrämkopf *m* <min> • jib turret
Schrämladekette *f* <min> • loading cutter chain
Schrämlademaschine *f* <min> • cutter loader
Schrämmaschine *f* <min> • coal cutting machine; coal cutter
Schrämmeißel *m* <wz> • cutter pick
Schrämmeißel *m* <wz> • pick
Schrämpilz *m* <min> • mushroom
Schrämpilz *m* <min> • turret jib
Schrämtiefe *f* <min> • bearing-in
Schrämtiefe *f* <prod> • depth of cut
Schräm- und Kerbmaschine *f* <min> • universal coal cutter
Schrämwalzenlader *m* <min> • shearer loader
schränken *vt* <wz> *(Säge)* • set *vt*
Schränkmaß *n* <masch> • amount of set
Schränkschicht *f* <füg> • diagonal course
Schränkung *f* <aerospace> *(Propeller)* • twist
Schränkung *f* <aerospace> • horizontal displacement
Schränkung *f* <wz> *(Säge)* • set
Schränkungsautomat *m* <prod.autom> • rotor control assembly
Schränkverband *m* <füg> • diagonal bond
Schränkwerkzeug *n* <wz> *(Säge)* • saw set
Schränkzange *f* <wz> *(Säge)* • saw-set pliers
Schraffieren *n* <edv> *(allg.)* • hatching
Schraffieren *n* <edv> *(mit parallelen Linien)* • hatching
Schraffieren *n* <edv> *(mit sich kreuzenden Linien)* • crosshatching
schraffieren *vt* <edv> *(allg)* • hatch *vt*; crosshatch *vt*
schraffieren *vt* <edv> *(mit parallelen Linien)* • hatch *vt*; crosshatch *vt*
schraffieren *vt* <edv> *(mit sich kreuzenden Linien)* • crosshatch *vt*
Schraffur *f* <edv> *(allg)* • hatching; crosshatching

Schraffur f <edv> *(parallele Linien)* • hatching; cross-hatching

Schraffur f <edv> *(sich kreuzende Linien)* • crosshatching

Schram m <bau> • cut

Schram m <bau> • kerf

Schram m <min> • kirving

Schramme f <geo> • striation

Schramme f <kfz> *(tief, schlimm; in Karosserie)* • gash

Schramme f <obfl> *(leicht, oberflächlich)* • bruise

Schrammschwelle f <bau> • kerb

Schrank m • cabinet

Schrank m <tech.allg> *(z. B. für Kühlgut, Medikamente, Gift (Krankenhaus))* • closet

Schrank m DIN 68880-1 <innen> • cupboard

Schrank m <innen> *(z. B. für Wäsche)* • press

Schrank m <logist> • locker

Schrank m <msr> • cabinet

Schrank m <tele> • switchboard

Schrankaufsatz m <innen> • cupboard top

Schranke f <math> • bound

Schranke f <verk> • barrier

Schranke f <verk> • gate

Schranke f <verk> • gates

Schrankwand f <innen> • wall unit

Schrappbahn f <min> • pullway

Schrapper m • slusher

Schrapper m <bau.masch> • scraper

Schrapperbühne f • scraper ramp

Schrappergefäß n rar <min> • scraper box; scoop

Schrapperhaspel f <min> • scraper hoist; slusher hoist

Schrapperkasten m <min> • scraper box; scoop

Schrapplader m <bau.masch> • scraper loader; selfloading scraper

Schrappversatz m <min> • scraper stowing

Schratsegel n <nav> • fore and aft sail

Schraub... <prod> *(z. B. -schleifen, -drehen etc.)* • spiral ...

Schraubanschluss m <el> • twist-on connector

Schraubanschluss m <msr> • screw terminal *IMO, S. 251*; screw connection

schraubbares Tauchkolbenlager n <kunst.wz> • valve screw *Badger*; valve nut; valve pin guide (down); spring retainer

Schraubbewegung f <tech.allg> • screwing motion

Schraubdeckel m <pack> *(mit Gewinde)* • threaded cover; threaded cap *coll*; threaded closure cap *rare*

Schraubdeckel m DIN 55405 <pack.teil> • screw cap; screw lid

Schraubdüse f <kunst.wz> • screw-in nozzle

Schraube f DIN 931 <füg> *(Teilgewinde, mit Mutter, meist Sechskantkopf)* • bolt

Schraube f DIN 933 <füg> *(für Gewindebohrung; Ganzgewinde, meist ohne Mutter, beliebiger Kopf)* • screw; machine screw; cap screw *rare*

Schraube f <füg> *(spitz zulaufend und mit Ganz- oder Teilgewinde)* • screw

Schraube f <nav> • marine propeller; propeller; screw-propeller

Schraube aus Holz f <füg> • wooden screw

Schraube des Kurbelwellenhauptlagers f <kfz.mot> • main bearing bolt

Schraube für Erweiterungssteckplatz f <edv> • expansion-slot screw

Schraube für T-Nuten f DIN 787 <füg> • tee bolt; bolt for T-slot *DIN 6787*; screw for T-slot *DIN 6787*

Schraube mit Dehnschaft f <füg> *(mit Mutter)* • uniform strength bolt; bolt with waisted shank

Schraube mit Dünnschaft f <füg> • bolt with reduced shank; bolt with scant shank; bolt with relieved shank

Schraube mit mikroverkapseltem Kleber f <füg> • adhesive-coated bolt

Schraube mit Nylonauftrag f <füg> *(hemmend)* • nylon-coated bolt

Schraube mit Passschaft f <füg> • fit bolt; template bolt *rare*

Schraube mit Phillips-Kreuzschlitz f <füg> • Phillips head screw

Schrauben fpl <füg> *(Oberbegriff)* • threaded fasteners *pl*

schrauben vt <füg> *(mit Schraube ohne Mutter)* • screw *vt*

schrauben vt <füg> *(mit Schraube mit Mutter)* • bolt *vt*

schraubenartige Drehung f • spinning

Schraubenausdreher m <wz> *(zum Herausdrehen abgebrochener Schrauben)* • screw extractor; tapered screw extractor *form*; stud extractor *pract*; easy-out *GB*

Schraubenautomat m <wz.masch> • automatic screw machine

Schraubenbewegung f <mech> • helical motion; helicoidal motion *rare*

Schraubenbolzen m DIN 2509 <füg> *(ohne Kopf)* • double end stud

Schraubenbolzen m <füg> • shank; body

Schraubenbolzen mit Dehnschaft und Zapfen m DIN ISO 1891 <füg> • double end stud with reduced shank

Schraubenbolzen mit Vollschaft und Zapfen m DIN ISO 1891 <füg> • double end stud with full shank

Schraubenbrunnen m <nav> • wheel port *US*; propeller aperture; screw aperture

Schraubendreher m DIN 898 <wz> *(allg., jeder Typ)* • screwdriver

Schraubendreher m <wz> *(austauschbarer Einsatz für Handwerkzeug)* • screwdriving bit

Schraubendreher-Bit n <wz> *(mit Außensechskantrieb)* • screwdriver bit; driver bit *pract*; insert bit; screwdriver insert bit

Schraubendreherbit n <wz> *(austauschbarer Einsatz für Handwerkzeug)* • screwdriving bit

Schraubendreher-Bit-Satz m <wz> • screwdriver bit set; driver bit set *pract*

Schraubendrehereinsatz m <wz> *(austauschbarer Einsatz für Handwerkzeug)* • screwdriving bit

Schraubendrehereinsatz m <wz> *(mit Innenvierkantrieb)* • bit socket *US*; driver *US*; screwdriver bit socket *US*; socket bit *GB*; screwdriver socket *GB*

Schraubendrehereinsatz m <wz> *(Spezialeinsatz für Schlitzschrauben)* • drag link socket; drag socket

Schraubendrehereinsatz m DIN 898 <wz> *(mit Außensechskantrieb)* • screwdriver bit; driver bit *pract*; insert bit; screwdriver insert bit

Schraubendrehereinsatz für Innensechskantschrauben <wz> • hex bit socket *US*; hex head driver *US*; hexagon socket bit *GB*

Schraubendrehereinsatz für Innenvielzahnschrauben m <wz> • triple square bit socket *US*; triple square driver *US*; triple square socket bit *GB*

Schraubendrehereinsatz für Kraftschrauber m <wz> • impact bit socket *US*; impact socket bit *GB*

Schraubendrehereinsatz für Kreuzschlitzschrauben <wz> *(PHILLIPS-RECESS)* • Phillips bit socket *US*; Phillips [tip] driver *US*; cross-slot socket bit *GB*

Schraubendrehereinsatz für Kreuzschlitzschrauben m <wz> *(PHILLIPS-RECESS)* • Phillips bit socket *US*; Phillips [tip] driver *US*; cross slot socket bit *GB*

Schraubendrehereinsatz für Schlitzschrauben m <wz> • slotted bit socket *US*; flat tip driver *US*; plain slot socket bit *GB*

Schraubendreher für Innensechskantschrauben *norm-form <wz> (gerade mit Heft; für Innensechskantschrauben)* • hex screwdriver; hex tip screwdriver *US.form*; hexagon screwdriver *GB*

Schraubendreher für Kreuzschlitzschrauben *m <wz> (Phillips-Typ; verbreitetste Ausführung)* • Phillips screwdriver; Phillips head screwdriver *US*; Phillips-type screwdriver *US*; cross-head screwdriver *GB*; cross-point screwdriver *GB*

Schraubendreher für Schlitzschrauben *m <wz>* • slot-head screwdriver; flat tip screwdriver *US*; plain slot screwdriver *GB*; plain slot driver *GB.pract*; flat-bladed screwdriver *GB*

Schraubendreher-Halter für Bit-Einsätze *m did <wz> (Halter mit Innensechskantaufnahme für Schraubendreherbits)* • magnetic screwdriver handle; magnetic tip screwdriver handle *form*; magnetic screwdriver; bit holder

Schraubendrehersatz *m <wz>* • screwdriver set *pract*

Schraubendrehmaschine *f <wz.masch>* • screw-cutting lathe

Schraubendrehmoment *n <nav>* • propeller torque

Schrauben-Druckfeder *f <masch>* • helical compression spring

Schraubendruckfeder *f <masch>* • helical compression spring; helical coil compression spring

Schraubenende *n <füg>* • thread end; point style

Schraubenende mit Schneidspitze *f <füg>* • gimlet point

Schraubenfacette *f <druck>* • screw clip

Schraubenfeder *f <tech.allg> (z. B. Fahrzeug-, Ventilfedern, Kugelschreiber)* • coil spring; helical spring *rare*; wire-coil spring *rare*

Schraubenfeder-Ausgleichssystem *n <tech.allg> (Vertikalschiebefenster, Garagentor, Dachbodentreppe, Tischlampe)* • coil spring balance system

Schraubenfederkupplung *f <kfz.antr>* • coil-spring clutch; Borg and Beck clutch *rare*; direct-pressure coil-spring clutch *rare*

Schraubenfederkupplung *f <masch>* • spring coupling

Schraubenfläche *f <math>* • helical surface

Schraubenfläche *f <math>* • helicoid

Schraubenflügelpumpe *f <förd>* • helical vane pump

schraubenförmig *<tech.allg>* • helical

schraubenförmige Bahn *f <verf>* • spiral flow

schraubenförmige Bewegung *f <tech.allg>* • screwing motion

schraubenförmig eingeritzt *<prod>* • helically scribed

schraubenförmige Nut *f <prod>* • helical flute

Schraubenführungsbuchse *f <masch> (z. B. Werkzeugmaschinengetriebe)* • helical guide bushing

Schraubenfutter *n <masch>* • screw chuck

Schraubenganglenkung *f <masch>* • cam-and-peg steering gear

Schraubengewinde *n DIN 202 <füg> (Gewinde einer Schraube)* • screw thread

Schraubengewinde *n <füg> (von Schrauben)* • external thread; male thread; bolt thread; screw thread; A thread *US*

Schraubengewinde *n <masch> (im Ggs. zu Rohrgewinde)* • screw thread

Schraubengewinde *n <masch> (allg. für Verschraubungon; innen u. außen)* • screw thread; thread

Schraubengewindelinie *f <tech.allg>* • helical line

Schraubengewindeschneidmaschine *f <wz.masch>* • screw thread-cutting machine

Schraubenherstellmaschine *f :V <wz.masch>* • bolt-threading machine; boltmaker [machine]

Schraubenkelter *f <nahr> (Wein)* • screw press

Schraubenkneter *m <verf>* • screw mixer

Schraubenkompresor *m <masch>* • screw compressor

Schraubenkopf *m <füg> (betont: von Schraube mit Mutter)* • bolt head

Schraubenkopf *m <füg> (allg.)* • screw head

Schraubenkopfauflage *f <füg> (bei Schraubenkopf ohne Bund o.ä.)* • bearing face; bearing surface

Schraubenkopfauflage *f <füg> (bei Schraubenkopf mit Bund, Flansch o.ä.)* • washer face

Schraubenkopffeile *f <wz>* • screw-head file

Schraubenkupplung *f <bahn>* • screw coupling

Schraubenlänge *f <füg> (bei Schrauben mit eben aufliegenden Köpfen)* • nominal length

Schraubenlänge *f <füg> (bei Senkschrauben)* • nominal length

Schraubenlänge *f <masch>* • screw length

Schraubenlehre *f <msr>* • screw gauge

Schraubenlehre *f <msr>* • screw micrometer

Schraubenlenkung *f <kfz>* • screw-and-nut steering gear

Schraubenlenkung *f <kfz>* • worm-and-nut steering

Schraubenlinie *f <tech.allg>* • helical line

Schraubenlinie *f <tech.allg>* • helix

Schraubenlinie *f <masch>* • helix; pl: -ces; helical curve; helical path; thread helix

Schraubenlinie *f <math>* • helical curve

Schraubenlinie *f <math>* • helix line

Schraubenlinienabtastung *f <tele>* • helical scanning

Schraubenloch *n <füg>* • bolt hole

schraubenlose Klemme *f <el>* • terminal chamber cage clamp terminal

Schraubenlüfter *m <hlk>* • propeller fan

Schraubenlüfter *m <hlk>* • screw fan

Schraubenlüfter *m <masch>* • axial-flow fan

Schraubenmaschine *f ugs <wz.masch>* • bolt-threading machine; boltmaker [machine]

Schraubenmessing *n <mat>* • free-cutting brass

Schrauben mit unverlierbaren Unterlegteilen *pl <füg>* • screws with captive components *pl*

Schraubenmotor *m <autom>* • helical gear motor

Schraubenmutter *f <füg>* • screw nut

Schraubennabe *f <fz>* • propeller boss

Schraubennabe *f <fz>* • propeller hub

Schraubenpaar *n <masch> (Getriebelehre)* • screw pair

Schraubenpfahl *m <bau> (Grundbau)* • screw pile

Schraubenpresse *f <masch>* • screw press

Schraubenpropeller *m <nav>* • marine propeller; screw propeller; propeller

Schraubenpumpe *f <förd>* • mixed-flow pump; diagonal pump; diagonal flow pump; cone flow pump

Schraubenpumpe *f <masch>* • axial-flow pump

Schraubenpumpe *f <masch>* • screw pump

Schraubenrad *n <antr>* • helical gear wheel

Schraubenrad *n <förd>* • mixed-flow impeller

Schraubenrad *n rar <masch>* • helical gear

Schraubenradgaszähler *m <msr>* • rotary gas meter

Schraubenradgetriebe *n <antr>* • crossed helical gears

Schraubenradgetriebe *n <masch>* • pair of crossed helical gears

Schraubenradpumpe *f <förd>* • mixed-flow pump; diagonal pump; diagonal flow pump; cone flow pump

Schraubenräder *npl <masch>* • gears on non-parallel and intersecting axes

Schraubenringspanner *m <mot>* • coiled piston ring

Schraubenrisslinie *f <msr>* • helically scribed line

Schraubenrohling *m <prod>* • bolt blank

Schraubenrohling *m <prod>* • screw blank

Schraubenrohmaterial *n <prod>* • screw stock

Schraubenrührer *m <verf>* • propeller agitator

Schraubenrührer *m <verf>* • propeller mixer

Schraubenschaft *m <füg>* • screw shaft

Schraubenschaft *m* <füg> • shank; body

Schraubenschaft *m* <füg> *(bei Schrauben mit Teilgewinde)* • unthreaded shank; plain shank; shank

Schraubenschiff *n* <nav> • screw-driven ship

Schraubenschiff *n* <nav> • screw-propelled ship

Schraubenschiff *n* <nav> • screw ship

Schraubenschlitzautomat *m* <wz.masch> • automatic screw-head slotter

Schraubenschlitzautomat *m* <wz.masch> • automatic screw-head slotting machine

Schraubenschlitzen *n* <prod> • screw slotting

Schraubenschlitzmaschine *f* <wz.masch> • screw-head slotting machine; screw-head slotter

Schraubenschlüssel *m* <wz> *(zum Anziehen/Lösen von Schrauben/Muttern)* • wrench *US.GB.form*; spanner *GB.form.pract*

Schraubenschluss *m* <masch> • screw terminal

Schraubenschneidmaschine *f* <wz.masch> • bolt cutter

Schraubensicherung *f* <füg> *(allg., jede Art; meist ein Federring)* • lock washer; lockwasher *GB*

Schraubensicherungskleber *m* <füg> • locking liquid

Schraubensinn *m* <tech.allg> • helicity

Schraubenspindel *f* <masch> *(in Pumpe)* • screw; screw-shaped rotor *did*; screw spindle *rar*; spindle *rar*

Schraubenspindelpumpe *f* <masch> • screw pump

Schraubenspitze *f* <füg> • thread end; point style

Schraubenspuraufzeichnung *f rar* <edv> • Helical Scan (HS); helical-scan recording

Schraubenstarter *m* <wz> *(nur zum Ansetzen der Schrauben)* • screw starter; screw-starting driver *US*

Schraubenstauchautomat *m* <wz.masch> • automatic bolt heading machine

Schraubensteven *m* <nav> • propeller frame

Schraubenstrahl *m* <aerospace> • slip stream

Schraubenstrecke *f* <textil> *(Spinnen)* • screw gill drawing frame

Schraubentragfeder *f* <masch> • helical suspension spring

Schraubentute *f* <petr> • bell socket

Schraubentute *f* <petr> • bell tap

Schraubentute *f* <petr> • die collar

Schraubentute *f* <petr> • overshot

Schraubentute *f* <petr> • screw bell

Schraubenverbinder *m* <füg> • screw fastener

Schraubenverbinder *m* <wz> • bolt fastener

Schraubenverbindung *f* <el> • screw-locks

Schraubenverbindung *f* <füg> • threaded assembly; assembly; threaded connection

Schraubenverbindung *f* <füg> • bolted connection

Schraubenverbindung *f* <füg> • bolted joint

Schraubenverbindung *f* <füg> • bolted union

Schraubenverbindung *f* <füg> • threaded assembly; assembly *pract.coll*; threaded connection

Schraubenverdichter *m* <masch> • rotating screw compressor; positive displacement rotating screw compressor; screw compressor

Schraubenverdichter *m* <masch> • screw compressor

Schraubenversetzung *f* <mat> *(Gefügefehler)* • screw dislocation

Schraubenwelle *f* <nav> • propeller shaft; screw shaft

Schraubenwellentunnel *m* <nav> • propeller shaft tunnel

Schraubenwinde *f* <förd> • jack screw

Schraubenwinde *f* <förd> *(zum Anheben, allg.)* • screw jack

Schraubenzieher *m ugs* <wz> *(allg., jeder Typ)* • screwdriver

Schraubenziehersatz *m ugs* <wz> • screwdriver set *pract*

Schrauber *m* <wz> *(elektrisch/pneumatisch; mit Innenaufnahme)* • screwdriver; power-operated screwdriver

Schrauber *m prakt* <wz> *(mit Außenvierkantaufnahme)* • impact wrench

Schraubfassung *f* <licht> • screwed lampholder

Schraubfassung *f* <licht> *(Glühlampe)* • screwed socket

Schraubflächenschleifmaschine *f rar* <wz.masch> • thread-grinding machine; thread grinder

Schraubflansch *m* <kfz> *(Differentialgehäuse)* • threaded flange

Schraubfräsen *n* <prod> • helical milling

Schraubgetriebe *n* <masch> • gears operating on crossed axes

Schraubgetriebe *n* <masch> • screw mechanism

Schraubhülse *f* <masch> *(Klemmvorrichtung)* • collet

Schraubkappe *f* <pack> *(z. B. Flasche, Tube)* • screw-on cap

Schraubkappe *f DIN 55405* <pack.teil> • screw cap

Schraubkeilklemmung *f* <füg> • screw releasing wedge damping

Schraubkern *m* <kst> • unscrewing core

Schraubklemme *f* <el> • screw terminal

Schraubklemme *f* <msr> • screw terminal *IMO, S. 251*; screw connection

Schraubklemme *f* <prod> • screw action grip; screw clamp

Schraubkontakt *m* <el> • screwed contact

Schraubkopf *m* <el> • fuse carrier

Schraubkopplung *f* <el> • threaded coupling

Schraubkupplung *f* <fz> *(z. B. Eisenbahn)* • screw-joint coupling

Schraublehre *f* <msr> • screw gauge

Schraublehre *f* <msr> • screw micrometer

Schraublehre *f ugs.obs* <wz> *(allg.)* • micrometer; mike *US*; micrometer caliper *GB*

schraublose Federkrafttechnik *f* <el> *(von Klemmen)* • spring-loaded contacting :*V*

Schraubmuffe *f* <füg> • screwed socket

Schraubmuffe *f* <rls> • screwed coupler

Schraubmundstück *n DIN 55405* <pack.teil> • threaded finish

Schraubplatz *m* <prod> • screwing station; bolt and screw installation station

Schraubsockel *m* (E) <licht> • Edison screw cap (E)

Schraubsockel *m* <masch> *(männl.; Außengewinde)* • screw base

Schraubsockel *m* <masch> *(weibl.; Innengewinde)* • screw socket

Schraubspannklemme *f* <prod> • screw action grip; screw clamp

Schraubspannkopf *m* <prod> • screw action grip; screw clamp

Schraubspindel *f* <masch> • screw

Schraubstecker *m* • screwed plug; screw plug

Schraubstock *m* • vice

Schraubstock *m* <prod> • jaw vice

Schraubstock *m* <prod> • vise

Schraubstock *m* <wz> • vise *US*; vice *GB*

Schraubstockbacken *m* <wz> • vice jaw

Schraubstockspindel *f* <wz> • vice screw

Schraubstöpselsicherung *f* <el> • screw-plug cartridge fuse

Schraubstöpselsicherung *f* <el> • screw-plug fuse

Schraubstutzen *m* <kfz> • screw neck

Schraubtriebstarter *m* <kfz.el> • Bendix starter

Schraubventil *n* <fz> • wheel valve

Schraubverbinder *m* <el> • screw connector

Schraubverbindung *f* <füg> • threaded assembly; assembly; threaded connection

Schraubverbindung *f* <phot> *(für Stativ)* • screw-in mount

Schraubverbindung f <rfüg> • screwed connection

Schraubverschluss m <füg> • screw-in stopper

Schraubverschluss m <füg> (z. B. Flasche) • screw top

Schraubverschluss m <pack> (z. B. Flasche) • screw plug

Schraubverschluss m <pack> (mit Gewinde) • threaded cover; threaded cap coll; threaded closure cap rare

Schraubverschluss m DIN 55405 <prod> • screw closure

Schraubverschlussdeckel m <pack> (mit Gewinde) • threaded cover; threaded cap coll; threaded closure cap rare

Schraubvorschub m <prod> • helical motion

Schraubwerkzeuge pl DIN 898 <wz> • wrenches and screwdrivers; fastening tools form.rare; assembly tools for screws and nuts DIN 898

Schraubzwinge f <wz> (Spannwerkzeug in C-Form) • C-clamp; G-clamp; screw clamp

Schraubzwinge f <wz> (mit Gleitschiene) • bar clamp

Schreckplatte f <metall> • chill plate

Schreckschicht f <prod> (Oberflächenschicht, von Abschreckwirkung betroffen) • chilled layer

Schrecktiefe f <metall> (Abschrecken (Wärmebehandlung)) • chill depth

Schredder m <büro> • shredder

Schredder m <büro> (für Dokumente, Datenträger) • shredder

Schredderleichtfraktion f (SLF) <ents> (Gemisch aus Kunststoffen, Textilien, Glas, Leichtmetall) • shredder light fraction

Schredderleichtmüll m prakt <ents> (Gemisch aus Kunststoffen, Textilien, Glas, Leichtmetall) • shredder light fraction

schreddern vt <ents> (Altpapier) • shred vt

Schreibanweisung f <edv> • write statement

Schreibarm m <msr> (Registriergerät) • writing arm

Schreibarm m <wz> (Ellipsenzeichner) • straight arm

Schreibautomat m <druck> • typing machine

Schreibbefehl m <edv> • write instruction

Schreibbereich m <msr> • recording range

Schreibblock m <büro.pap> (Papier) • pad

Schreibbreite f <msr> • chart width; recording width

Schreibbreite f <msr> (eines Instruments) • recording width

Schreibdichte f <edv> (allg.; jed. Datenträger) • recording density; character density; storage density; data density

Schreibdichte f <edv> • flux density

Schreibdurchgang m <edv.msr> • write cycle; write operation

Schreibelektrode f <el> • recording electrode

Schreibelektrode f <msr> • recording electrode

Schreibelement n <edv> • write element

Schreiben n <edv.msr> • writing

schreiben v <allg> (von Hand, mit Maschine) • write v

schreiben v <druck> • plot v

schreiben v <druck> • type v

schreiben v <edv> • read in v

schreiben v <msr> • record v

schreiben vt <edv> (Daten; z. B. auf Platte) • store vt; record vt; write vt

schreiben vt <edv.msr> • write vt; record v

schreibend <msr> • plotting

schreibend <msr> • recording

schreibender Drehschwingungsmesser m <msr> • torsiograph

schreibender Regler m <msr> • controller-recorder

schreibender Regler m <msr> • recorder-controller

Schreiber m fachspr <tech.allg> • recorder

Schreiber m <doku> • grapher

Schreiber m <druck> • copyist

Schreiber m <druck> • plotter

Schreiber m <mil> • register keeper

Schreiber m <msr> • pen recorder

Schreiber m <msr> • recorder

Schreiber m <msr> • recording instrument

Schreiber m <msr> (Streifen~) • strip chart recorder

Schreiber m <qualit> (allg. Aufzeichnungsinstrument) • recording instrument form; recorder pract.coll

Schreiber m <qualit> • plotter

Schreiberfeder f <msr> • recorder pen

Schreibfeder f <wz> • nib

Schreibfeinzeiger m <msr> • recording precision indicator

Schreibfreigabe f <edv> • write enable

Schreibgerät n <msr> • recording device

schreibgeschützt <edv> • write-protected

Schreibgeschwindigkeit f <av> (von Speichermedien) • writing speed; recording speed form; write speed pract; writing velocity rare

Schreibgeschwindigkeit f <av> • recording speed

Schreibimpuls m <edv> • write pulse

Schreibkopf m <av> (von Magnetbandgeräten; z. B. Videorecorder) • recording head; record head

Schreibkopf m <edv> (von Speichermedien) • write head; recording head; writing head

Schreib/Lese-Fehler m <edv> (z. B. von Laufwerken) • read/write error

Schreib-/Lese-Kontrolle f (RWW) <edv> (Magnetband) • read-while-write (RWW); read while write method

Schreib-/Lese-Kopf m <edv> • read/write head

Schreib-/Lesekopf m <edv> • read/write head

Schreib-Lese-Kopf m <edv> • write-read head

Schreib-Lesekopf m DIN <edv> • read/write head

Schreib-Lese-Speicher m <edv> • write-read memory

Schreib-/Lesevorgang m <edv> • read/write cycle; read-write operation

Schreib-/Lese-Zyklus m <edv> • read/write cycle; read-write operation

Schreiblocher m <büro> • printing punch

Schreiblocher m <edv> • typing perforator; typing reperforator

Schreib-Lösch-Zyklus m <edv> • write-erase cycle

Schreibmarke f <edv> (Positionsmarkierung auf dem Bildschirm; z. B. ein Pfeil) • cursor; screen cursor

Schreibmaschine f DIN 2108-1 <druck> • typewriter

Schreibmaschinentastatur f <druck> (Schreibmaschine) • typewriter keyboard

Schreibmaschinentaste f <druck> • typewriter key

Schreibmechanismus m <msr> (Messschreiber) • recording mechanism

Schreibpapier n <pap> • writing paper

Schreibprojektor m <büro> • overhead projector

Schreibprozess m <edv> • write cycle; write [process]; Transaction ECMA; recording process; write operation

Schreibpulver n obs <büro> (zum Tintelöschen) • pounce obs

Schreibrichtung f <edv> • text path

Schreibschicht f <edv> (z. B. in magneto-optischen LIMDOW-Laufwerken) • reference layer PDO; writing layer

Schreibschutz m <edv> • write protect

Schreibschutzkerbe f <edv> (5,25-Zoll-Diskette) • write-protect notch

Schreibschutzschalter m <edv> (Zip-Diskette) • write-protect switch

Schreibsperre f <edv> • write lock-out

Schreibsperre f <edv> • write protect

Schreibsperre f <edv> (Diskette, Magnetbandkassette) • write-inhibit hole

Schreibsperröffnung f DIN <edv> (Diskette, Magnetbandkassette) • write-inhibit hole
Schreibspirale f <tele> • helix
Schreibspirale f <tele> • scroll
Schreibspur f <msr> • recording trace
Schreibstelle f <edv> • printing position
Schreibsteuerung f <edv> • print control
Schreibsteuerungsausgang m <edv> • print selection common exit
Schreibstift m <büro> • pencil
Schreibstift m <msr> (Messschreiber) • recorder pen
Schreibstiftführung f <msr> • pen guide
Schreibstrahl m <edv> • write beam; writing beam; write spot
Schreibstrahl m <el> (Sichtspeicherröhre) • writing beam
Schreibstrom m <av> • recording current; record current
Schreibstrom m <edv.el> • write current
Schreibteilung f <druck> (beim Drucken, in cpi) • character spacing; character pitch; print pitch
Schreibtelegraf m <tele> • recording telegraph; recorder
Schreibtischregal f <büro> • unit organizer
Schreibtrommel f <msr> • paper drum
Schreibtrommel f <tele> (Faksimiletelegraphie) • recording drum
Schreibunterdrückung f <edv> • print suppression; print suppress
Schreibverstärker m <edv> • recording amplifier
Schreibverstärker m <edv> • write amplifier
Schreibvorgang m <edv> • write cycle; write [process]; Transaction ECMA; recording process; write operation
Schreibvorgang m <edv.msr> • write cycle; write operation
Schreibvorkompensation f <edv> • write-precompensation
Schreibwagensteuerung f <büro> (Schreibmaschine) • carriage control
Schreibwalze f <druck> (Schreibmaschine, Anschlagdrucker) • platen; typewriter platen roller rare; typewriter platen rare
Schreibweise f <edv> • notation
Schreibwerk n <druck> • printing mechanism
Schreibwerk n <msr> • recording mechanism
Schreibwerk n <msr> • writing mechanism
Schreibzugriff m <edv> • write access
Schreibzugriffszeit f <edv> • write access time
Schreibzyklus m <edv> • write cycle; write [process]; Transaction ECMA; recording process; write operation
Schreibzyklus m <edv> • write cycle; write [process]; transaction ECMA; recording process; write operation
Schreiner m <nav> • joiner
Schreitbagger m <bau.masch> • walking excavator
schreitender Ausbau m <min> • self-advancing support
schreitender Ausbau m <min> • walking support
Schreitpfahl m <bau.masch> (ermöglicht Vorschubbewegung des Schwimmbaggers) • walking spad
Schreitpfahlbagger m <bau.masch> • walking-spud dredger
Schrenzpappe f • chipboard
Schrenzpappe f DIN 55405 <mat.pap> • plain chipboard
Schrenzpappe f <pap> • plain board
Schriftart f <druck> • print style
Schriftart f <druck> • type style; type face; print style; character font; type font
Schriftart f <edv> • text style
Schriftart f norm <edv> • font stand
Schriftartenkassette f <druck> • font cartridge
Schriftbreite f <edv> • text width
Schrifteinblendung f <av> • caption inlay
Schrifteinblendung f <av> • caption insertion

schriftenloser Ausländer m soz <jur> • foreigner without residence documents soz; undocumentated migrant USA
Schriftgestaltungsprogramm n <edv> • font editor
Schriftgrad m <druck> (in Punkt oder mm; z. B. 12 pt) • font size; type size
Schriftgranit m <mat> • graphic granite
Schriftgröße f ugs <druck> (in Punkt oder mm; z. B. 12 pt) • font size; type size
Schriftgutbehälter m DIN 821 <büro> • file
Schrifthöhe f <edv> • text height
schriftlich <doku> • in writing; written
schriftlich bestätigen vt <doku> (durch Attest u. ä.) • certify vt; attest vt
Schriftlinie f norm. <edv> • baseline stand.
Schriftprobe f (Zeichenerkennung) • line pattern
Schriftschablone f <büro> • lettering guide
Schriftseite nach unten <büro> • face down
Schrifttyp m <druck> • type style; type face; print style; character font; type font
Schrifttyp m <edv> • font stand
Schriftzeichenerkennung f <druck> • character recognition
Schriftzeichenmarkierung f <verk> (auf Fahrbahn) • word marking
Schriftzug m <doku> (als Emblem, keine Folie; insbes. Modellbezeichnung) • nameplate
Schriftzug m <doku> (auf Produkt; aufgedruckt, auflackiert oder aufgeklebt) • lettering
Schriftzug m <doku> (auf Produkt; aufgedruckt, eingraviert, eingestickt) • inscription
Schritt m • stage
Schritt m <tech.allg> (z. B. Vorschub, Zählung) • interval
Schritt m <doku> (im Handbuch) • instruction; operation; step
Schritt m norm. <edv> (in Computerprogramm) • step stand.
Schritt m <edv.druck> • space
Schritt m <el> (Wickeln v. Spulen) • pitch
Schritt m <math> • elementary interval
Schritt m <tanz> • pace
Schritt m <tele> (Fernschreibzeichen) • signal element
Schritt m <verf> • step
Schrittakt m <tele> • signal element timing
Schrittantrieb m <antr> • incremental servo drive
Schrittantrieb m <prod.autom> • stepping motor; step motor
Schrittbetätigung f <prod> • notching
Schritteinsätze mpl <tele> (Telegraphiemodulation) • significant instants of modulation; significant instants of restitution
Schritt für Schritt ugs <tech.allg> • step-by-step; in steps; stepwise
Schritt-für-Schritt Zeichnung f <kunst> • exploded view; step-by-step-drawing
Schrittfunktion f <edv> • step function
Schrittgeschwindigkeit f <tech.allg> • stepping speed
Schrittgeschwindigkeit f <tele> • modulation rate
Schrittgeschwindigkeit f <tele> • telegraph speed
Schrittimpuls m <el> • incremental pulse
Schrittlänge f <el> • unit duration of signal
Schrittlänge f <tele> (Telegrafiemodulation) • signification interval
Schrittmacherenzym n <bio> • rate-limiting enzyme; rate-controlling enzyme; rate-determining enzyme; key enzyme
Schrittmechanismus m <masch> • intermittent mechanism
Schrittmotor m <büro> (Kopierer: Optik) • stepper motor
Schrittmotor m <edv> • stepper motor

Schrittmotor *m* <edv> • stepper motor; stepper; stepping motor *DIN*

Schrittmotor *m* <el> • stepping motor

Schrittmotor *m* <kfz.el> *(Vergaser)* • stepper motor

Schrittmotor *m* <med.tech> *(für Regelventil von Beatmungsgeräten)* • stepper motor

Schrittmotor *m* <msr> • stepper motor

Schrittmotor *m* <msr> • stepping motor

Schrittmotor *m* <prod.autom> • stepping motor; step motor

Schrittpositionierfolge *f* <tech.allg> • stepping sequence

Schrittrate *f* <edv> *(Festplattenlaufwerk)* • step pulse range

Schrittregelung *f* <msr> • step-by-step control

Schrittregelung *f* <msr> • step control

Schrittregler *m* <msr> • step-by-step controller

Schrittregler *m* <msr> • step controller

Schrittschalter *m* <el> • step-by-step switch

Schrittschalter *m* <el> • stepping switch

Schrittschaltrad *n* <prod> • step wheel

Schrittschaltrelais *n* <el> • ratchet relay

Schrittschaltrelais *n* <el> • stepping relay

Schrittschalttelegraf *m* <tele> • step-by-step telegraph

Schrittschaltwähler *m* <tele> • step-by-step selector; step-by-step switch

Schrittschaltwahl *f* <tele> • step-by-step selection

Schrittschaltwerk *n* <antr> • incremental switch

Schrittschaltwerk *n* <el> • step-by-step switch

Schrittschaltwerk *n* <el> • stepping relay

Schrittschaltwerk *n* <prod> • step positioning device

Schrittschweißen *n* <füg> • step-by-step welding

Schrittspannung *f* <el> • step voltage; pace voltage

Schrittsteuerung *f* <msr> • step control; step-by-step control; inching control

Schritt-Takt *m* <tele> • signal element timing

Schrittverhalten *n* <msr> • step action

schrittweise <tech.allg> *(allmählich)* • gradual

schrittweise <tech.allg> *(zunehmend; z. B. Vorschub, Steuerung)* • incremental

schrittweise <tech.allg> *(der Reihe nach, in Folge)* • successive

schrittweise <tech.allg> • step-by-step; in steps; stepwise

schrittweise Annäherung *f* <math> • iteration; successive approximation

schrittweise Aufnahme *f* <av> • step recording; step-by-step recording

schrittweise Näherung *f* <math> • iteration

schrittweise Näherung *f* <math> • stepwise approximation

schrittweise Näherung *f* <math> • successive approximation

schrittweiser Vorschub *m* <tech.allg> • incremental feed

schrittweiser Vorschub *m* <prod> • step-feeding

schrittweise vorschieben *v* <prod> • feed in steps *v*

schrittweise vorschieben *v* <prod> • feed intermittently *v*

schrittweise vorschieben *v* <prod> • step forward *v*

Schrittweite *f* • step width

Schrittweite *f* <msr> • step width; step rate

Schrittweite *f* <pap> • step length

Schrittweitenparameter *m* • incrementation parameter

Schrittwinkel *m* <el> *(Schrittmotor)* • angular displacement per step

Schrittzähler *m* <msr> • step counter

Schrödinger'sche Störung *f* <phys> *(Quantenmechanik)* • Schrödinger perturbation; time-independent perturbation

Schrödinger'sche Wellengleichung *f* <phys> • Schrödinger's wave equation; Schrödinger's equation

Schrödinger'sche Zitterbewegung *f* <phys> • tremblatory motion

Schrödinger'sche Zitterbewegung *f* <phys> • trembling motion

Schrödingergleichung *f* <phys> *(des quantenmechanischen harmonischen Oszillators)* • Schroedinger's equation

Schrödinger-Gleichung *f* <phys> • Schrödinger's wave equation; Schrödinger's equation

Schrödingers Katze *f* <phys> *(Quantentheorie)* • Schroedinger's cat

Schrot *n* <ents> • steel shot

Schrot *n* <mat> • shot

Schrot *n* <mil> • buckshot

Schrot *n* <obfl> • metal shot

Schrotausbau *m* <min> *(Schacht)* • square timbering

Schrotbohren *n* <petr> • shot boring

Schrotbohren *n* <petr> • shot drilling

Schrotbohren *n* <prod> • steel shot boring

Schrotbohren *n* <prod> • steel shot drilling

Schrotbohrkrone *f* <min> • abrasive bit

Schrotbohrkrone *f* <petr> • shot-drilling bit

Schrotbohrloch *n* <petr> • shot hole

Schrotdrilling *m* <mil> • three-barrel shotgun; triple shotgun

Schroteffekt *m* <el> • shot effect

Schrotflinte *f* <mil> • shotgun

Schrotgewehr *n* *ugs* <mil> • shotgun

Schrotkorn *n* *(Bohrtechnik)* • chilled shot

Schrotmeißel *m* *DIN 5107* <wz> *(grob)* • blacksmith's chisel; sett

Schrotpatrone *f* <mil> • shot cartridge; shot shell

Schrotpatrone *f* <mil> *(für Flinte)* • shot cartridge

Schrotpressen *n* <prod> • shot bay molding; shot molding

Schrotrauschen *n* <el> • Schottky noise; shot noise

Schrotrauschen *n* <phys> • shot noise

Schrotrauschen *n* <tele> • shot noise

Schrott *m* <ents> • scrap; junk *US*

Schrott *m* <metall> • scrap metal; metal scrap

Schrott *m* <petr> • junk

Schrottabgabe *f* *prakt.press* <kfz> • scrap levy

Schrottabgabe *f* *prakt.press* <kfz.fin> • scrap levy

Schrottaufbereitungsanlage *f* <ents> • scrap preparation plant

Schrottfahrzeug *n* *derog* <kfz.ents> • junk car

Schrotthändler *m* *ugs* <kfz.ents> • scrap dealer

Schrottpaketierpresse *f* <ents> • scrap baling press

Schrottpaketierpresse *f* <ents> • scrap briquetting press

Schrottplatz *m* <ents> • scrapyard

Schrottplatz *m* <kfz> • scrapyard; junkyard *US*; wrecking yard *US*; breaker's [yard] *GB*; salvage yard *GB*

Schrott-Roheisen-Verfahren *n* <metall> • pig-and-scrap process

Schrottschere *f* <wz> • scrap shear

Schrottschere *f* <wz> • scrap shears

Schrottverhüttung *f* <metall> • scrap smelting

Schrottverwertung *f* <ents> • scrap recycling

Schrottzerkleinerungsanlage *f* <ents> • scrap crushing installation

Schrotwaage *f* <msr> • plumb level

Schrotzimmerung *f* <min> • cribbing

schrubben *vt* *prakt* <nav> *(mit Dweil, Deck)* • swab *vt*

Schrühbrand *m* <silik> • biscuit firing

schrühen *v* <silik> • bake *v*

Schrumpf *m* <kst> *(langfristig, nach dem Entformen; im Ggs. zu Schwindung)* • after-shrinkage; shrinkage

Schrumpfanker *m* <masch> • shrunk-in steel tie rod

Schrumpfband *n* <masch> • shrink ring

Schrumpfband *n* <masch> • shrunk ring

Schrumpfen n <kfz.rep> (Bleche) • shrinking
Schrumpfen n <textil> (Faden; Färberei) • shrinkage; shrinking
schrumpfen vi <tech.allg> • shrink vi
schrumpfen vi <mat> (z. B. Holz, Kunststoff, Füller, Lack) • shrink vi
schrumpfen vi <nahr> (Speiseeis) • shrink vi
schrumpfen vi <prod> • contract vi
schrumpfen vt <textil> (Faden; Färberei) • shrink vt
Schrumpfen der Fasern n <pap> • fiber shrinkage
Schrumpfffolie f DIN 55405 <mat.kst> • shrink film
Schrumpffolie f <pack> (Verpackungsmittel) • thermo-shrinking film
Schrumpffolie f <pack> • shrink foil
Schrumpf[folien]verpackung f <pack> (Ladungssicherung) • shrink [film] wrapping
Schrumpffolienumhüllung f <pack> (Ladungssicherung) • shrink [film] wrapping
Schrumpfgrenze f DIN <mat.geo> (z. B. Kohle, Bodenprobe) • shrinkage limit
Schrumpfhaube f DIN 55405 <pack> • shrink hood; shrink film hood
Schrumpfhülse f <masch> • shrink sleeve
Schrumpfkapsel f DIN 55405 <hilfsm> • shrink band
Schrumpfklammer f • shrunk dowel
Schrumpflack m <obfl> • krinkle [finish]; wrinkle paint
Schrumpfofen m <pack> (Schrumpffolienverpackung) • shrink oven
Schrumpfpackung f DIN 55405 <pack.klass> • shrink pack; shrink wrap
Schrumpfpassung f <masch> • shrinkage fit
Schrumpfring m <masch> • retaining ring
Schrumpfring m <masch> • shrink ring
Schrumpffriss m <qualit.mat> (durch Abkühlen) • contraction crack
Schrumpffriss m <qualit.mat> (z. B. Gussstück) • cooling crack
Schrumpffriss m <qualit.mat> • shrinkage crack
Schrumpfscheibe f <masch> (presst Nabe auf Welle) • clamp ring :V
Schrumpfschlauch m <lwl> (als eine Art des Spleißschutzes) • heatshrinking sleeve
Schrumpfspannung f <mech> (in Gussstücken) • contraction stress
Schrumpfspannung f <mech> • shrinkage stress
Schrumpftunnel m <pack> (Schrumpffolienverpackung) • shrink tunnel
Schrumpfung f <nahr> (Speiseeisfehler) • shrinkage
Schrumpfung f <kst> (langfristig, nach dem Entformen; im Ggs. zu Schwindung) • after-shrinkage; shrinkage
Schrumpfung f <nukl> • blistering
Schrumpfungshohlraum m <prod> • shrinkage void
Schrumpfverbindung f <masch> • shrink fit
Schrumpfverbindung f <masch> • shrink joint
Schrumpfverbindung f <masch> • shrinkage fit; shrink fit
Schrumpfverpackung f <pack> • shrink wrap
Schrumpfverpackung f <pack> • shrink wrapping
Schrumpfvorrichtung f <prod> • cooling fixture
Schrumpfvorrichtung f <prod> • shrink fixture
Schrumpfzahl f <masch> • shrinkage ratio
Schrumpfzugabe f <prod> (z. B. Gussform) • contracting allowance
Schrumpfzugabe f <prod> • shrinkage allowance
Schruppaufmaß n <prod> • roughing allowance
Schruppdrehen n <prod> • rough turning
Schruppdrehmaschine f <wz.masch> • rough-turning lathe
Schruppdrehmaschine f <wz.masch> • roughing lathe
Schruppdrehmeißel m <wz> • rough-turning tool

Schruppdrehmeißel m <wz> • roughing lathe tool
Schruppdurchgang m <prod> • roughing pass
Schruppen n <prod> • rough machining
Schruppen n <prod> • roughing
Schruppfeile f <wz> • coarse-cut file; rough file; bastard coll
Schruppfeile f <wz> • rough-cut file
Schruppfräsen n <prod> • rough milling
Schruppfräser m <wz> • roughing cutter
Schruppmeißel m DIN 4951-4152 <wz> (Drehwerkzeug) • roughing tool
Schruppreibahle f <wz> • roughing reamer
Schruppschleifen n <prod> • rough grinding
Schruppschnitt m <prod> • roughing cut
Schruppspan m <prod> • roughing cut
Schruppwälzfräser m <wz> • roughing hob
Schruppwerkzeug n <wz> • rougher
Schruppwerkzeug n <wz> • roughing tool
Schruppzahn m <wz> • roughing tooth
Schub m <tech.allg> • push
Schub m <aerospace> • shear
Schub m <aerospace> (von Triebwerken) • thrust
Schub m <energ.wind> • thrust
Schub m <fz> • propulsion
Schub m <masch> • pushing
Schub m <mech> • shear
Schub m <mech> • shearing
Schubabmagerung f <kfz.mot> • deceleration weakening
Schubabschaltung f <aerospace> • thrust cut-off
Schubabschaltung f <kfz> (Einspritzanlagen) • deceleration fuel cut-off; fuel shut-off; overrun shut-off; coasting cut-off BMW
Schubabschaltung f <kfz> • deceleration fuel cut-off; fuel cut-off/shut-off; overrun cut-off/shut-off; decel fuel cut-off pract.coll; coasting cut-off BMW
Schubankeranlasser m <kfz.mot> • sliding-armature starting motor
Schubankerstarter m <kfz.el> • pre-engaged starter; overrunning clutch starter
Schubantrieb m <masch> • linear actuator
Schubausgleicher m <aerospace> • thrust equalizer
Schubbeanspruchung f <mech> • shear[ing] stress
Schubbeanspruchung f <mech> • shear
Schubbeanspruchung f <mech> • shear load
Schubbegrenzer m <rls> • limit stop
Schubbeiwert m <aerospace> • thrust coefficient
Schubbelastung f <aerospace> • ratio of net weight of missile to thrust
Schubbelastung f <mech> (axial) • thrust load
Schubbetrieb m rar <kfz> (beim Gaswegnehmen) • deceleration; decel coll.pract; overrun
Schubbetrieb m <nav> • push-boating
Schubbetrieb m <nav> • pushing operation
Schubbetrieb m <nav> • pushing service
Schubbewehrung f <bau> (Stahlbeton) • shear reinforcement; web reinforcement
Schubboden m • pusher plate
Schubboot n <nav> • push-boat
Schubboot n <nav> • pusher
Schubboot n <nav> • pusher tug
Schubbruch m <qualit.mat> • shear fracture
Schubdüse f <aerospace> (Strahltriebwerk) • jet nozzle
Schubdüse f <aerospace> • propulsive nozzle
Schubdüse f <aerospace> (Strahltriebwerk) • tail pipe
Schubdüse f <aerospace> • thrust nozzle
Schubdüsenkegel m <aerospace> (Triebwerk) • tail cone
Schubdüsenlageanzeiger m <aerospace> • jet-pipe nozzle position indicator
Schubebene f <mech> • shear plane

Schubeffekt *m* <msr> • shear effect; shear piezoelectric effect

Schubeinheit *f* <nav> • pushed barge fleet

Schubeinheit *f* <nav> • pushed barge train

Schubeinheit *f* <nav> • pushing unit

Schubelastizitätsmodul *m* <qualit.mat> • shear modulus (G); modulus of rigidity; coefficient of rigidity *rare*; modulus of elasticity in shear *rare*; rigidity modulus *rare*

Schuberhöhung *f* <aerospace> • thrust uprating

schuberzeugend <aerospace> • thrust-creating

Schuberzeuger- und Regelsystem *n* <petr> • Automatic Station Keeping (ASK)

Schubfestigkeit *f* <qualit.mat> • shearing strength; shear strength

Schubgelenk *n* <bau> • sliding joint

Schubgelenk *n* <masch> • sliding joint

Schubgelenk *n* <masch> • slider

Schubgelenk *n* <masch> • sliding member

Schubgelenkbus *m* <nfz> • articulated pusher bus; pusher articulated bus

Schub-Gewichts-Verhältnis *n* <aerospace> • ratio of net weight of missile to thrust

Schubgewinn *m* <aerospace> • thrust augmentation; thrust increment

Schubgliederband *n* <kfz.antr> *(z. B. stufenloses Getriebe)* • steel thrust belt

Schubgliederband-Laufbahn *f* <kfz.antr> • steel thrust belt track

Schubkarre *f* <förd.bau> • wheelbarrow; barrow *coll*

Schubklauengetriebe *n* <antr> • constant-mesh gearbox

Schubkoeffizient *m* <aerospace> • thrust coefficient

Schubkolbentrieb *m* <hydr> • piston actuator

Schubkolbentrieb *m* <masch> • linear actuator

Schubkraft *f* <aerospace> • thrust force

SchubKraft *f* <mech> *(z. B. Axialkraft in Wellen)* • thrust force

Schubkugelgelenk *n* <masch> • torque tube ball joint

Schubkurbel *f* <masch> • slide-block linkage

Schubkurbel *f* <masch> • slider crank

Schubkurbel *f* <masch> • slider crank mechanism

Schubkurbel *f* <masch> • straight-sliding link

Schubkurbelgetriebe *n* <antr> • crank mechanism

Schubkurbelkette *f* <antr> • single-slider crank chain

Schubkurbelpresse *f* <wz.masch> • crank mechanism extrusion press

Schublade *f* <allg> *(herausziehbar; z. B. in Schrank, Kommode)* • drawer

Schubladenfach *n* <allg> *(herausziehbar; z. B. in Schrank, Kommode)* • drawer

Schubladenschrank *m* <logist> • drawer cabinet; storage drawer cabinet

Schublager *n* <masch> • thrust bearing

Schublast *f* <mech> *(axial)* • thrust load

Schublinie *f* <mech> • shear stress line

Schubmittelpunkt *m* <mech> • shear center

Schubmittelpunkt *m* <mech> *(von Querschnitten)* • thrust center point

Schubmodul *m* (G) <qualit.mat> • shear modulus (G); modulus of rigidity; coefficient of rigidity *rare*; modulus of elasticity in shear *rare*; rigidity modulus *rare*

Schubraupe *f* <bau.masch> • push loader

Schubrohr *n* <kfz> • torque tube

Schubrohr *n* <kfz> *(Hinterachsantrieb)* • torque tube

Schubrohr *n* <nfz> • torque tube

Schubrohr-Hinterachse *f* <kfz> *(Konstruktionsprinzip)* • torque tube drive; torque tube axle

Schubrost *m* <verbr> • stoker grate

Schubschiff *n* <nav> • pusher

Schubschlepper *m* *DIN ISO 5053* <förd> *(Flurförderzeug)* • pushing tractor *ISO 5053*

Schubschleuder *f* • push centrifuge

Schubschnecke *f* <kst> *(Spritzgießmaschine)* • reciprocating screw

Schubschraube *f* <aerospace> • thrust propeller

Schub-Schraubtrieb-Starter *m* <kfz.el> • pre-engaged Bendix starter

Schubschwinge *f* <masch> • oscillating slider

Schubschwinge *f* <masch> • slider swing

Schubspannung *f* <mech> • shearing stress; shear stress

Schubspannungsgesetz *n* <mech> • law of shearing stress

Schubspannungshypothese *f* <mech> *(Festigkeitslehre)* • maximum-shear theory

Schubspannungshypothese *f* <mech> • shear theory

Schubspannungshypothese *f* <mech> • shear theory of failure

Schubspannungslinien *fpl* <qualit.mat> *(Bruchmechanik)* • lines of maximal shearing stresses

Schubstange *f* <bau> *(DK-Beschlag)* • gearing rod

Schubstange *f* <masch> *(zw. Kolben und Kreuzkopf; z. B. Dampfmaschine, Kolbenpumpe)* • connecting rod

Schubstange *f* <masch> • push rod

Schubstange *f* <masch> *(axiale Bewegung)* • eccentric rod

Schubstangenantrieb *m* <kfz.mot> • eccentric drive

Schubstangenförderer *m* <förd> • push-bar conveyor

Schubstangenförderer *m* <förd> • push-bar elevator

Schubstangenförderer *m* <förd> • pusher-bar conveyor

Schubstangenförderer *m* <förd> • pusher-bar elevator

Schubstangenförderer *m* <förd> • walking-beam unit

Schubstangenkopf *m* <masch> • connecting-rod end

Schubstangenkopf *m* <masch> • connecting-rod head

Schubsteifigkeit *f* <mech> • shearing rigidity

Schubsteifigkeit *f* <mech> • shearing stiffness

Schubstrebe *f* <kfz> *(Lenker)* • radius arm; radius rod

Schubstrebe *f* <kfz> *(Hinterachsgehäuse)* • torque arm

Schubtraktor *m* • push loader

Schubtraktor *m* <druck> • push tractor; push feed tractor

Schubtransformator *m* <el> • moving-coil transformer

Schubtriebstarter *m* <kfz.el> • pre-engaged starter; overrunning clutch starter

Schubumformen *n* *DIN 8587* <prod> • shear forming

Schubumkehr *f* <aerospace> • thrust reversal

Schubumkehr *f* <aerospace> • thrust reverse

Schubumkehreinrichtung *f* <aerospace> • thrust reverser

Schubumluft *f* <kfz.emiss> • divert air

Schub- und Zugtraktor *m* <druck> • feeding and pulling tractor

Schubvektor *m* <aerospace> • thrust vector

Schubverband *m* <nav> *(Binnenschifffahrt)* • push tow

Schubverband *m* <nav> • pushed barge train

Schubverformung *f* <mech> *(z. B. Verdrehung)* • distortional deformation

Schubverformung *f* <mech> • shear strain

Schubverformung *f* <prod> • shear deformation

Schubverlust *m* <aerospace> • thrust deduction

Schubverstärkung *f* <aerospace> • thrust augmentation

schubweise *(Zuführung)* • batch-like

Schubwelle *f* <phys> • shear wave

Schubwiderstand *m* <phys> *(durch Oberflächenreibung, z. B. Schiff)* • drag due to skin friction

Schubwiderstand *m* <phys> • skin friction drag

Schubwiderstand *m* <phys> *(Fahrzeug)* • skin friction drag resistance

Schubzahl *f* <qualit.mat> • shearing coefficient

Schülermikroskop n <opt> • student microscope; teaching microscope

Schüler-Pendel n <mech> • Schüler pendulum

Schülpen n <metall> • scabbing

Schüreisen n <verbr> • poker

Schüreisen n <wz> • raker

schüren v <verbr> • rake v

schüren v <verbr> (das Feuer, die Glut) • stoke v

schürender Rost m <verbr> • stoking grate

Schürfarbeiten fpl <min> • prospecting

Schürfbohrmaschine f <min> • prospect drill

Schürfbohrung f <min> • prospect drilling; prospect boring

Schürfbohrung f <min> • prospecting hole

Schürfbohrung f <min> • prospecting pit

schürfen vt <bau> (mit Schürfgraben) • trench vt

schürfen vt <min> (nach Erz, Kohle) • costean vt

schürfen vt <min> • explore vt

schürfen vt <min> • prospect vt

schürfen vt <obfl> • scrape vt

schürfen vt <obfl> • scrape off vt

schürfendes Gerät n <ents> • digging equipment

Schürfgraben m <min> • costeaning ditch; costeaning trench

Schürfgrube f <min> • trial pit

Schürfkübel m <bau.masch> • dragline bucket; dredging scoop; scraper bucket

Schürfkübelanhänger m <bau.masch> • scraper

Schürfkübelbagger m <bau.masch> • dragline excavator; dragline; boom dragline

Schürfkübelfahrzeug n <bau.masch> • scraper

Schürfkübelraupe f <bau.masch> • scraper dozer

Schürfkübelschreitbagger m <bau.masch> • walking-type dragline

Schürfkübelwagen m <bau.masch> • scraper-loader; carryall scraper; carryall

Schürfloch n <min> • prospecting pit; prospecting hole; trial pit; trial hole; test pit

Schürfschacht m <min> • prospecting pit; prospecting hole; trial pit; trial hole; test pit

Schürfstelle f <min> • digging point

Schürplatte f (Rostfeuerung) • coking plate

Schürrost m <verbr> • stoking grate

Schürstange f <verbr> • poker

Schürwirkung f <ents> • stoking effect

Schürze f <aerospace> (Luftkissenfahrzeug) • skirt

Schürze f <bahn> (Wagenkasten) • skirting panel

Schürze f <bau> (Blech) • flashing

Schürze f <bau> • apron

Schürze f <bekl> • apron

Schürze f <kfz> (allg.; vorne, seitl. oder hinten) • skirt; apron

Schürze f <kfz> (betont: Splittschutz) • stone guard; stone deflector

Schürze f <verf.hydr> • deadplate; debris plate

Schüssel f <fz> (zwischen Radnabe und Felge) • wheel disc; disc pract

Schüssel f <gastr> (allg.) • bowl

Schüssel f <gastr> (eher flach) • dish

Schüssel f <gastr> (flach) • pan

Schüssel f jarg <kfz> • motorcycle; bike coll

Schüssel f ugs <tele> • dish antenna; dish coll

Schüsselanlage f <kfz> (von Radschüssel) • inner attachment face; inner mounting face

Schüsselklassierer m • bowl classifier

Schüssellappen m <kfz> (Spurverstellung) • disc panel; panel pract

Schüsselmühle f • bowl mill

Schüsselmühle f • bowl mill pulverizer

Schüsselmühle f <verf> • roller-and-bowl mill

Schüßler-Salze npl <med> • Schüssler's tissue salts

Schüttbeton m <bau.mat> • poured concrete; heaped concrete

Schüttbeton m <bau.mat> (mit Schütttrichter eingebracht) • tremie concrete

Schüttdämmstoff m <bau.mat> • bulk insulation material; bulk insulation

Schüttdamm m <bau.hydr> • embankment dam

Schüttdichte f <förd> • apparent density

Schüttdichte f <förd> • bulk density

Schüttdichte f <verf> • bulk density

Schüttelapparat m <chem.verf> • shake apparatus

Schüttelapparat m <verf> • shaker

Schüttelautoklav m <verf> • shaker autoclave

Schüttelbewegung f <aerospace> • buffeting

Schütteleinrichtung f <masch> • shake apparatus

Schütteleinrichtung f <verf> • agitator

Schüttelfestigkeit f <tech.allg> • resistance to vibration

Schüttelflasche f <msr> • chemical absorption kit

Schüttelförderer m <förd> • shaker conveyor

Schüttelherd m <verf> • jerking table

Schüttelherd m <verf> • shaking table

Schüttelmaschine f <verf> • mechanical shaker; shaker; shaking machine

Schüttelrinne f <förd> • oscillating trough

Schüttelrinne f <förd> • vibrating trough

Schüttelrost m <verbr> (Heizung) • shaking grate

Schüttelrostfeuerung f <verbr> • movable grate-bar furnace

Schüttelrostfeuerung f <verbr> • shaking grate furnace

Schüttelrostfeuerung f <verbr> • vibrating grate furnace

Schüttelrutsche f <förd> • jigging chute

Schüttelrutsche f <förd> • shaker conveyor

Schüttelrutsche f <förd> • shaking chute

Schüttelrutsche f <förd> • shaking conveyor

Schüttelsieb n <bau.masch> (z. B. für Kies, Sand) • vibrating screen

Schüttelsieb n <ents> • sifter

Schüttelsieb n <min> • vibratory screen

Schüttelsieb n <verf> • shaker; shale shaker

Schüttelsieb n <verf> • jigging screen

Schüttelsieb n <verf.petr> • vibrating mud-screen; vibrating screen

Schüttelsortierer m <verf> • jigging screen

Schüttelsortierer m <verf> • shake screen

Schütteltrichter m <verf> • separating funnel; shaking funnel

Schüttelvorrichtung f <verf> (Rüttler; Filterreinigung) • shaking device

Schüttelzylinder m <chem> • shaking cylinder

schütten vt <tech.allg> (z. B. Kies, Müll) • dump vt

schütten vt <bau> • pile vt

schütten vt <förd> (aufhäufen; z. B. Sand, Kohle, Getreide) • heap vt

schütten vt <förd> • pour vt

Schüttgewicht n <ents> • bulk weight

Schüttgut n <tech.allg> (z. B. Getreide, Kohle, Sand) • loose material; bulk material

Schüttgut n <bau.mat> • bulk insulation material; bulk insulation

Schüttgut n <kfz.emiss> (in Schüttgutkatalysatoren) • pellets; pellet material; beads

Schüttgut n <logist> (loses, unverpacktes Material) • bulk freight; bulk cargo; bulk goods; dumpable cargo

Schüttgut n <pack.allg> • bulk material

Schüttgut n <verf> (für Bettfilter) • bed material

Schüttgutcontainer m <förd> (z. B. Müll) • bin

Schüttgutcontainer m <logist> • bulk container

Schüttgutcontainer *m* <logist> • dry bulk container

Schüttgutfördereinrichtung *f* <förd> • bulk-handling equipment

Schüttgutförderung *f* <förd> • bulk handling

Schüttgutförderung *f* <förd> • bulk transporting

Schüttgutfrachter *m* <nav> • bulk carrier

Schüttgut-Katalysator *m* <kfz.emiss> *(chem. Funktionseinheit)* • pellet catalyst; pelleted catalyst; pelletized catalyst; particulate catalyst

Schüttgut-Katalysator *m* <kfz.emiss> *(Bauteil der Abgasanlage)* • pellet-type catalytic converter; bead-type catalytic converter

Schüttgutladung *f* <logist> • loose bulk cargo

Schüttgutlagerung *f* <logist> • bulk cargo storage

Schüttgutlagerung *f* <logist> • bulk goods storage

Schüttgut-Selbstentladewagen *m* <bahn> • self-discharging hopper car; open quad offset hopper car

Schüttgut-Träger *m* <kfz.emiss> *(Trägermaterial)* • pellet substrate; bead-type substrate

Schüttgut-Träger *m* <kfz.emiss> *(Trägerkörper)* • pellet support; bead-type support

Schüttgutumschlag *m* <verk> • bulk handling

Schütthöhe *f* <bau> *(Erdbau)* • filling height

Schütthöhe *f* <logist> • dumping height

Schütthöhe *f* <metall> *(Pulvermetallurgie)* • bed height; bed layer

Schütthöhe *f* <verbr> • fuel-layer depth

Schüttkanal *m* *(Kesselfeuerung)* • charging chute; charging conduit

Schüttkante *f* <ents> *(Mülldeponie)* • tipping face; unloading area

Schüttleiste *f* <logist> *(Fachbodenregal für Schüttgut, Kleinmaterial)* • bin front

Schüttlerwelle *f* <agri> *(Mähdrescher)* • shaker shoe shaft

Schüttmaterial *n* <bau.mat> • fill

Schüttmaterial *n* <bau.mat> • fill material

Schüttrinne *f* DIN 15201 <ents> • gravity chute; chute

Schüttrinne *f* <förd> • shoot

Schüttrohr *n* <bau.masch> *(Betoneinbringung)* • tremie; elephant trunk *coll*

Schüttrost *m* <verbr> *(z. B. Müllverbrennung)* • continuous charging grate

Schüttrostfeuerung *f* <verbr> • continuous-charge furnace

Schüttrumpf *m* <förd> • feed hopper; receiving hopper

Schüttrumpf *m* <förd> • receiving hopper

Schüttrumpf *m* <logist> • feed bin

Schüttrutsche *f* <förd> *(Zubringerrinne für Schüttgut; z. B. von Silo)* • feed chute; feeding chute; charging chute

Schüttschichtadsorber *m* <ents> • packed bed adsorber

Schüttschichtfilter *m* <verf> • aggregate bed filter; packed bed filter

Schüttschichtfilter *n* <ents> • granular-bed filter; packed bed filter

Schüttsteinunterlage *f* <bau> *(Erdbau)* • rubble bed

Schütttrichter *m* • filling hopper

Schütttrichter *m* <tech.allg> *(z. B. Silo, Stetigförderer (Fördergurt, Trogkettenförderer...))* • charging hopper

Schütttrichter *m* <förd> • feed hopper

Schütt- und Mahlgüter *n pl* <allg> • bulk material

Schüttung *f* • bed

Schüttung *f* • flow

Schüttung *f* <bau> • fill

Schüttung *f* <bau> • filling

Schüttung *f* <bau> • packing

Schüttung *f* <bau> *(Quelle)* • well capacity

Schüttwaage *f* <förd> • product feeder

Schüttweite *f* <förd> • dumping reach

Schüttwinkel *m* DIN ISO 9045 <förd> *(z. B. von Sand, Kies, Getreide)* • angle of repose *ISO 9045*; angle of rest; angle of friction

Schüttwolle *f* <bau.mat> *(Dämmstoff)* • pouring wool

Schütz *n* <bau.hydr> *(an Schleuse, Wehr)* • sluice gate *US.GB*; sluice *GB*; sluice-valve *GB*; control gate *rare*

Schütz *n* *prakt* <el> *(Magnetschalter mit Sicherungsfunktion)* • contactor

Schützanlasser *m* <el> • contactor starter

Schützen *m* DIN 63001 <textil> • shuttle

schützen *vt* <allg> • guard *vt*

schützen *vt* <allg> • safeguard *vt*

schützen *vt* <tech.allg> *(allg., etw. vor etw.)* • protect *vt*

schützen *vt* <bau> • shelter *vt*

schützen *vt* <edv> • protect *vt*

schützen *vt* <el> • screen *vt*

schützen *vt* <sich> *(Insassen, durch Rückhaltesysteme, z. B. durch Gurte)* • restrain *vt*

schützenähnlich Aufbaugehäuse *n* <allg> • contactor-style housing

Schützenfänger *m* <textil> • shuttle guard; shuttle catcher

Schützenkammer *f* <energ.hydr> • gate chamber

schützenlos <textil> • shuttleless

schützenloser Webstuhl *m* <textil> • shuttleless weaving machine; shuttleless loom

schützenlose Webmaschine *f* <textil> • shuttleless weaving machine; shuttleless loom

Schützenschalter *m* <bahn> • contactor controller

Schützenschlag *m* <textil> • picking; pick; smash

Schützenspule *f* <textil> • quill

Schützenstand *m* <mil> • firing point; shooting station

Schützensteuerung *f* <msr> • contactor control

Schützensteuerwalze *f* <el> • contactor controller

Schützentafel *f* <energ.hydr> *(seitlich in Nuten der Wehrpfeiler geführt)* • gate panel

schützen (vor) *vt* <tech.allg> *(durch Abdeckung, Schirm; z. B. vor Niederschlag, Strahlung)* • shield *vt*; screen *vt*; protect *vt*

schützen (vor/gegen) *vt* <obfl> *(z. B. vor Korrosion)* • protect (against/from) *vt*; provide protection (against/from)

schützen vor Korrosion *vt* <obfl> *(allg.)* • provide corrosion protection *vi*

schützen vor Korrosion *vt* <obfl> *(allg.)* • provide corrosion protection *vi*; protect against/from corrosion *vt*

schützen vor Korrosion *vt* <obfl> *(bei Eisen und Stahl)* • rustproof *vt*

schützen vor Korrosion *vt* <obfl> *(Eisen und Stahl)* • rustproof *vt*

Schützenwebmaschine *f* <textil> • shuttle weaving machine

Schützenwebmaschine *f* <textil> • shuttle-loom; traditional shuttle-type loom

Schützenwechselvollautomat *m* <textil> • shuttle changing automatic loom

Schützsteuerung *f* <autom> • contactor controller

Schuhe *mpl* <textil> *(Artikel)* • footwear *sg*

Schuhindustrie *f* <textil> • footwear industry

Schuhplatte *f* <fz> • shoe cleat; safety cleat; cleat; shoe plate

Schuhschrank *m* <innen> • shoe storage cabinet; shoe valet

Schukobuchse *f* <el> • socket outlet with earthing contact

Schukostecker *m* <el> • plug with earthing contact; safety plug

Schulerabstimmung *f* <navig> • Schuler tuning

Schulerperiode *f* <navig> • Schuler period

Schulmedizin *f* <med> • orthodox medicine; conventional medicine

Schulppulver n obs <büro> (zum Tintelöschen) • pounce obs

Schulter f <tech.allg> (Form; metaphorisch) • shoulder

Schulter f <bio> (Körperteil) • shoulder

Schulter f <füg> (an Schraube) • shoulder

Schulter f <kfz> (Reifen) • shoulder

Schulter f <kfz> (zwischen Lauffläche und Seitenwand) • shoulder

Schulter f <kfz> (von Felgen) • bead seat pract; rim bead seat; bead seat of rim; rim shoulder; shoulder coll

Schulter f <masch> (z. B. an Welle, Achse) • collar

Schulterbreite f prakt <kfz> (Felge) • bead seat width pract; rim bead seat width did

Schulterbügelpresse f <textil> • shoulder press

Schulterbutzen m <prod> (Kunststoffblasen) • shoulder flash; shoulder scrap

Schulter-Camcorder m <av> • camcorder which rests on the shoulder V

Schulterdecker m <aerospace> • high-wing aircraft

Schulterdecker m <aerospace> • high-wing monoplane

Schulterdecker m <aerospace> • shoulder-wing monoplane

Schulteretikett n DIN 55405 <hilfsm> • shoulder label

Schulterfreiheit f <kfz> (Innenraum) • shoulderroom

Schultergelenk n <autom> (Roboter) • shoulder joint

Schultergelenk n <autom> (Roboter) • shoulder; shoulder joint

Schultergurt m <kfz> • shoulder belt; diagonal belt; shoulder harness rare

Schultergurt m <kfz> (Kindersitz) • shoulder strap

Schultergurtteil n m <kfz> (eines Dreipunktgurtes) • shoulder belt portion

Schulterklappe f <bekl> (für Motorradfahrer) • shoulder flap; shoulder epaulet

Schulterkopf m <prod> • shouldered end

Schulterkugellager n <masch> • deep-groove ball bearing

Schulterkugellager n DIN ISO 5593 <masch> • magneto ball bearing ISO 5593; magneto bearing

Schulterneigung f <fz> (Rad) • rim bead seat taper; bead seat taper; rim taper pract

Schulterpolster n <bekl> • shoulder pad

Schulterprobe f • shoulder specimen

Schulterprotektor m <bekl> • shoulder protector

Schulterschräggurt m <kfz> • shoulder harness

Schulterstollen m <fz> (Reifen) • shoulder studs

Schulterstütze f <mil> (Waffe) • butt strap

Schulterteil n <bekl> (Brustpanzer für Motorradfahrer) • shoulder component

Schulterverschleiß m <prod> • cupping

Schulterwalzwerk n <metall> • shoulder piercing mill

Schulterwinkel m <fz> (Rad) • rim bead seat taper; bead seat taper; rim taper pract

Schulterzone f <kfz> (Reifen) • shoulder area

Schuppe f rar <tech.allg> (kleines Plättchen; z. B. in Suspensionen, nach Flokkulierung) • flake; flakelet; floccule; floc

Schuppe f DIN ISO 8785 <obfl.qualit> (abblätterndes Teilchen; unerwünscht) • scale ISO 8785

Schuppen fpl <med> (kosmetisches od. medizinisches Symptom) • dandruff sg

Schuppen m <bau> (primitiv; z. B. zum Lagern) • shed; shack US

Schuppenanleger m <druck> • streamfeeder; stream feed; stream feeder

Schuppenauslage f <druck> • shingle delivery

schuppenförmig <kunst> (fischschuppenartiges Muster) • flaky

schuppenförmiger Bogenvorschub m <edv> • sheet-by-sheet feeding; sheet-by-sheet feed

Schuppengraphit m • flake graphite

Schuppenmuster n <obfl> • scales

Schuppenwanderrost m <verbr> • scale travelling grate

Schurf m <min> • test digging

Schurfgraben m <min> • costeaning ditch; costeaning trench

Schurre f <förd> • chute; shoot rare

Schurre f prakt <nfz> (für Beton aus Mischtrommel) • discharge chute; chute pract

Schuss m (Füllschuss) • filling pick

Schuss m <chem> • fill; weft

Schuss m <förd> (Bauteil eines Förderers) • tray

Schuss m <kst> (Einspritzvorgang) • shot

Schuss m <kst> (Extruderzylinder-Element) • section; segment

Schuss m <med> (Rauschgift) • injection

Schuss m <mil> (als Munition oder abgefeuert) • round

Schuss m <mil> • shot

Schuss m <min> (Sprengen) • blast

Schuss m <min> (steiler Abfall) • shoot

Schuss m <spreng> • shot

Schuss m <textil> (in Querrichtung verlaufendes Fadensystem) • weft; filling; woof; pick

Schuss m <textil> • weft

Schuss m <textil> (Fadensystem) • weft thread; woof; shoot; filling [yarn] US; pick

Schuss m <textil> (Fadenstrecke) • inlaid yarn; inlay thread

Schuss m <textil> (Einfadentechnik) • weft

Schussbild n <mil> • pattern

Schussbohrloch n <geo> (Geophysik) • slim hole

Schussbolzen m <bau> • shot bolt

Schussbolzen m :V <masch> (el. ausgelöste Sicherheitsverriegelung) • shotbolt

Schusseintrag m <textil> • pick(ing); weft insertion; filling insertion US; insertion of the weft; insertion of the pick

Schuss eintragen vt <textil> • insert the weft vt; insert the filling vt

Schussentwicklungszeit f <mil> • total shot development time

Schussfaden m <prod> • filling

Schussfaden m <textil> (Fadensystem) • weft thread; woof; shoot; filling [yarn] US; pick

Schussfaden m <textil> (Fadenstrecke) • inlaid yarn; inlay thread

Schussfadenwächter m <textil.alarm> • weft stop motion; filling stop motion US; filling fork US

Schussfadenwächter m <textil.alarm> • weft monitor

Schussfäden mpl <textil> • weft yarns npl; filling yarns npl

Schussfolge im Leerlauf <metall> (Druckguss) • dry-cycling rate

Schussgarnspule f <textil> • pirn

Schussgeschwindigkeit f <mil> • shot speed

Schusskanal m <kfz.mot> • passage

Schusskapazität f <mil> (Patronen im Magazin oder Schuss pro CO_2-Patrone) • capacity

Schusskop m <textil> • pirn; quill US; cop of weft thread; bobbin of filling yarn US; package of weft yarn

Schussleistung f <metall> (Druckguss) • shot capacity

Schussloch n <mil> • shot hole; bullet hole

Schussloch n <spreng> • shot-hole

Schusslochpflaster n <mil> • target patch; target paster

Schusslochprüfer m <mil> • plug gauge; gauge

Schusslochprüfgerät n <mil> • plug gauge; gauge

Schussmasse f <prod> (z. B. Spritzguss) • shot weight

Schussperforierung f <petr> • gun perforation

Schussperforierung f <petr> (Bohrtechnik) • gun perforation

Schusspflaster n <mil> • target patch; target paster

Schusspunkt *m* <geo> *(Seismik)* • shot point
Schussregler *m* <textil> • weft straightener
Schussrinne *f* <bau.hydr> *(Wasserkraftwerk, Wehr)*
• spillway chute; chute
Schussschweißen *n* <füg> • shot welding
Schussspule *f* <textil> • pirn; quill *US;* cop of weft thread;
bobbin of filling yarn *US;* package of weft yarn
Schussspulen *n* <textil> • pirn winding; quilling; weft
winding
Schussspulerei *f* <textil> • pirn winding; quilling; weft
winding
Schussspulmaschine *f* <textil> • pirn winder; bobbin
winder; weft winder; quilling machine
Schussspulmaschine *f* <textil> • pirn winder
Schusssuchvorrichtung *f* <textil> • automatic pick-
finding device; pick-finder
Schussvolumen *n* <kst> • charge
Schussvolumen *n - norm* <kst> • shot volume
Schussvolumen *n* <metall> • shot capacity
Schusswaffe *f* <mil> • firearm; gun *coll*
Schusswehr *n* <energ.hydr> • shooting weir
Schusswert *m* <mil> • value of a shot
Schusszähler *m* <textil> *(Webmaschine)* • pick clock
Schusszähler *m* <textil> • pick counter
Schusszahl *f* <metall> *(Druckguss)* • shot number
Schusszylinder *m* <metall.kst> • injection cylinder
Schuster-Brücke *f* <el> • acoustic bridge
Schusterjunge *m* ISO/IEC 2382-23 <edv> *(erste Zeile
von neuem Absatz am Ende einer Seite/ Spalte)* • orphan
ISO/IEC 2382-23
Schute *f* <kfz> *(Karosseriezubehör f. Windschutzscheibe)*
• sun visor; sun shield
Schute *f* <nav> • barge
Schute *f* <nav> • lighter
Schutt *m ugs* <bau.ents> *(allg. von Baumaßnahmen,
Baustellen)* • construction waste; waste building material;
builders' rubble; building rubbish; rubble *coll*
Schutt *m* DIN 4047-3 <geo> *(eckiges Gesteinsmaterial
>2 mm)* • angular cobbles; coarse debris
Schuttabladeplatz *m* <ents> • rubbish dump
Schuttabladeplatz *m* <ents> • rubbish dump site
Schutthalde *f* <ents> • rubble dump
Schutthalde *f* <ents> • rubble slope
Schutthalde *f ugs* <ents> *(ungeordnete Ablagerung von
Abfällen)* • uncontrolled dump *US;* uncontrolled tip; illegal
dump site; waste dump; dump *coll.rare*
Schutthang *m* <ents> • rubble dump
Schutthang *m* <geo> • rubble slope
Schutt und Trümmer <allg> *(z. B. nach Gebäudeein-
sturz)* • rubble and debris
Schutz *m* • protector
Schutz *m* <allg> *(z. B. der Natur)* • preservation
Schutz *m* <allg> • protection
Schutz *m* <allg> *(vor etwas)* • safeguard
Schutz *m* <tech.allg> *(z. B. bei Ketten-, Seiltrieben, Werk-
zeugen)* • guard
Schutz *m* <tech.allg> • protection device
Schutz *m* <bau> • shelter
Schutz *m* <kfz> *(von Insassen, durch Rückhaltesysteme)*
• restraint; protection
Schutz *m* <pack> • protective cover
Schutz *m* <soz> • refuge
Schutzabdeckung *f (Schmelzbad)* • blanket
Schutzabdeckung *f* <tech.allg> • protective cover
Schutzabdeckung *f* <tech.allg> • protective hood
Schutzabdeckung *f :V* <bau> • flashing
Schutzabdeckung *f* <mil> *(Visierung)* • protective cover-
ing
Schutzabschirmung *f* <el> • guard shield

Schutzabstand *m* <el> • protective distance
Schutzabstand *m* <prod> • working distance
Schutzanstrich *m* <nav> • protective coating
Schutzanstrich *m* <obfl> • protective paint coating
Schutzanzug *m* <bekl> • protective suit
Schutzart *f* <el> *(z. B. gegen Berührung, Wasser- oder
Gaseintritt)* • protection class; protection grade; protection
rating; degree of protection; sealing grade
Schutzatmosphäre *f* <füg> *(Schweißtechnik)* • controlled
atmosphere
Schutzatmosphäre *f* DIN EN ISO 8044 <obfl> *(z. B. beim
stoffschlüssigen Fügen)* • protective atmosphere
ISO 8044
Schutzausrüstung *f* <bekl> • protective shielding
Schutzbalg *m* <kfz> • telescopic gaiter
Schutzband *n* <bau> • protective tape
Schutzband *n* <fz> *(Reifen)* • flap
Schutzband *n* <tele> *(zw. Frequenzbändern)* • guard
band
Schutzbeleuchtung *f* <phot> • darkroom illumination;
darkroom lighting; safelighting
Schutzbereich *m* <el> *(Blitzschutz)* • zone of protection
Schutzbereich *m* <el> *(Relais)* • zone of relay
Schutzbereich *m* <jur> • extent of protection; range of
protection; scope of protection
Schutzbereich *m* <jur> • scope of protection; extent of
protection
Schutzbereich *m* <jur> *(Patent)* • scope
Schutzbeschaltung *f* <el> • protection circuits; protection
circuitry ; electrical protection *proxitronic*
Schutzbeschichtung *f* DIN EN ISO 8044 <obfl> *(allg.)*
• protective coating ISO 8044; protective coat; protective
layer; overcoating *rare*
Schutzbit *n* <edv> • guard bit
Schutzblech *n* <tech.allg> • guard plate
Schutzblech *n* <tech.allg> • protective sheet
Schutzblech *n Blech* <bau> • flashing
Schutzblech *n* <fz> *(Fahrrad; auch aus Kunststoff)*
• fender *US;* mudguard *GB*
Schutzblech *n* <fz> • fender
Schutzblech *n* <fz> • mudguard
Schutzblech *n ugs* <fz> *(Motorrad, Fahrrad)* • fender;
mudguard
Schutzblechmantel *m* <tech.allg> • protective iron lag-
ging
Schutzbrille *f* <bekl> *(fest anliegend, meist dicker Rand;
z. B. Schweißerbrille)* • safety goggles; goggles
Schutzbrille *f* <bekl> *(betont: Augenschutz)* • eye-pro-
tective glasses
Schutzbrille *f* <bekl> *(betont: Sicherheitsglas z. B. Filter-
glas)* • safety glasses
Schutzdach *n* <bau> *(Dachvorsprung, z. B. über einer
Haustür)* • penthouse
Schutzdach *n* <bau> *(allg.)* • protective roof
Schutzdach *n* <bau> • shed
Schutzdach *n* <bau> • shelter
Schutzdamm *m* <hydr> • bulkhead
Schutzdauer *f* <jur> • period of protection; duration of
protection
Schutzdeck *n* <nav> • shelter deck
Schutzdecke *f (Schmelzbad)* • blanket
Schutzdecke *f* <tech.allg> • covering
Schutzdraht *m* <el> • guard wire
Schutzdrall *m* <textil> *(Filament)* • protective twist
Schutzdrossel *f* <el> • protective reactor
Schutzecke *f* <hilfsm> • corner pad; corner piece
Schutzeinrichtung *f* • protective gear
Schutzeinrichtung *f* <tech.allg> • protective equipment
Schutzeinrichtung *f* <tech.allg> • protector

Schutzeinrichtung *f* <tech.allg> • safety device
Schutzeinrichtung *f* <msr> • protective gear; protection equipment
Schutzeinrichtung *f* <sich> • machine guard
Schutzeinrichtung *f* <sich> • safeguard
Schutzelektrode *f* <el> • guard electrode
Schutzerdung *f* <el> • protective earthing
Schutzfaltenbalg *m* <masch> • protective bellow
Schutzfaltenbalg *m* <masch> • protective bellows
Schutzfilm *m* <obfl> • protective film
Schutzfilm *m* <obfl> • protective skin
Schutzfrequenzband *n* <av> • guard band
Schutzfunkenstrecke *f* <el> • protective spark gap; protective gap; voltage discharge gap
Schutzfunktion *f* <holz> • protection function
Schutzgas *n* • inert gas
Schutzgas *n* <füg> *(zum Schweißen; z. B. für WIG)* • noble gas; inert gas
Schutzgas *n* <füg> *(Schweißen)* • shielding gas
Schutzgas *n* <füg> *(Schutzgasschweißen)* • shielding gas
Schutzgas *n* DIN 55405 <hilfsm> • inert gas
Schutzgas *n* <verf> *(Schweißen, Ofen)* • protective gas
Schutzgasatmosphäre *f* <tech.allg> *(z. B. Schweißen)* • inert atmosphere
Schutzgasatmosphäre *f* <füg> *(Schweißtechnik)* • controlled atmosphere
Schutzgasatmosphäre *f* <füg> *(Schweißen)* • protective atmosphere
Schutzgasglühen *n* <metall> • controlled-atmosphere annealing; protective-gas annealing
Schutzgashartlöten *n* <füg> • controlled-atmosphere furnace brazing
Schutzgashülle *f* <füg> • inert-gas envelope
Schutzgashülle *f* <füg> • inert-gas shield
Schutzgaskappe *f* <füg> *(beim Schweißen)* • protective gas cap; welding gas cap; inert gas cup; gas cup
Schutzgaskontakt *m* <el> • dry reed contact
Schutzgaskontakt *m* <el> • magnetic reed switch; magnetic contact [switch]; magnetic switch; reed magnetic switch; reed switch
Schutzgaskontaktrelais *n* <el> • dry reed relay
Schutzgaslichtbogenschweißen *n* <füg> • inert arc welding
Schutzgaslichtbogenschweißen *n* <füg> • inert-gas-shielded arc welding
Schutzgaslichtbogenschweißen *n* <füg> • inert-gas-shielded welding
Schutzgaslichtbogenschweißen *n* <füg> • inert gas welding
Schutzgasmantel *m* <füg> • inert-gas envelope
Schutzgasmantel *m* <füg> • inert-gas shield
Schutzgasofen *m* • artificial atmosphere furnace
Schutzgasofen *m* <metall> • protective atmosphere furnace
Schutzgasofen *m* <verbr> *(z. B. Glühofen)* • controlled atmosphere furnace
Schutzgaspackung *f* DIN 55405 <pack.klass> • gas package
Schutzgasschweißen *n* <füg> • inert-gas shielded welding
Schutzgasschweißen *n* <füg> • shielded welding
Schutzgasschweißen *n* <füg> • inert arc welding
Schutz gegen Berührung *m* <tech.allg> • accidental-contact protection; protection against contact
Schutz gegen Umgebungseinflüsse <allg> • environmental protection
Schutzgehäuse *n* <tech.allg> • protector
Schutzgehäuse *n* <tech.allg> • protective housing
Schutzgehäuse *n* <masch> • protective casing

Schutzgitter *n* <tech.allg> • guard
Schutzgitter *n* <el> • protective grid
Schutzgitter *n* <licht.theat> • wire guard
Schutzglas *n* <bau> • protecting glass
Schutzglas *n* <opt> *(z. B. für Schweißer)* • protective lens
Schutzgrad *m* <sich> • degree of protection
Schutzhaltung *f* <aerospace> *(Passagier)* • brace position
Schutzhandschuh *m* <bekl> • protective glove
Schutzhandschuhe *mpl rar* <bekl> • utility gloves; work gloves; safety gloves
Schutzhandschuhe gegen mechanische Risiken *mpl* DIN EN 388 <bekl.sich> • protective gloves against mechanical risks DIN EN 388
Schutzhaube *f (Staub)* • dust cover
Schutzhaube *f* <tech.allg> • protective cap
Schutzhaube *f* <tech.allg> • protective cover
Schutzhaube *f* <tech.allg> • protective hood
Schutzhaube *f* <rls> • protective covering
Schutzhaube *f* <wz> *(Schleifscheibe)* • wheel guard
Schutzhaut *f* <obfl> • protective skin
Schutzhelm *m* <bekl.sich> *(z. B. für Baustelle, Fabrikgelände; oft gelb)* • hard hat *US*; plastic hard cap; safety helmet *GB*
Schutzhelm *m* <kfz.bekl> *(für Motorradfahrer)* • protective helmet; crash helmet; protective motorcycle helmet; motorcycle helmet
Schutzhorn[kreuz] *n* <el> *(Starkstromfreileitung)* • arcing horn; protective horn
Schutzhülle *f* <tech.allg> • protective sheathing
Schutzhülle *f* <agri.wz> *(für Heckenscherenblatt u. dgl.)* • storage sheath
Schutzhülle *f* <edv> • jacket; disk jacket
Schutzhülle *f* <el> • oversheath; over-sheath; extruded oversheath; plastic oversheath; protective sheath[-ing]
Schutzhülle *f* <füg> *(Schutzgas, z. B. Schweißen)* • protecting envelope
Schutzhülle *f* <pack> *(z. B. Buch)* • protective covering
Schutzhülle *f* <pack> • wrapper
Schutzhülle *f* <rls> • protective covering
Schutzhülle für Dachgepäck <kfz> • car top carrier bag
Schutzhülse *f* <tech.allg> • protecting tube
Schutzhülse *f* <rls> • tube protector
Schutzimpfung *f* <med> • prophylactic inoculation; protective inoculation; prophylactic immunisation; prophylactic vaccination
Schutzisolierung *f* <el> • protective insulation
Schutzisolierung *f* <el> • double isolation
Schutzkappe *f* <allg> • protective cap
Schutzkappe *f* <tech.allg> • protective cap
Schutzkappe *f* <kfz> *(flexibel; z. B. für Kolben und Druckstangen)* • dust boot; dust seal; dust guard; boot; dust cover
Schutzkappe *f* <kfz.brems> *(aus Gummi o.ä.; allg.; z. B. am Hauptzylinder)* • boot
Schutzkegel *m* <aerospace> • protective cone; shroud
Schutzkegelbereich *m* *(Blitzschutz)* • cone of protection
Schutzkennlinie *f* <el> *(Relais)* • selectivity characteristic
Schutzklasse *f* <tech.allg> • protection class
Schutzklasse *f* <el> • protection class
Schutzklasseneinteilung *f* <el> • protection classification
Schutzkondensator *m* <el> • protective capacitor
Schutzkontakt *m* <el> • earthing contact
Schutzkontaktleiste *f* <el> • safety strip
Schutzkontaktmatte *f* <el> • safety contact mat
Schutzkorb *m* <masch> *(z. B. Brunnenpumpe)* • intake strainer
Schutzlack *m* <obfl> • protective varnish; protective lacquer

Schutzlack *m* <obfl> • protective clear lacquer

Schutzlack *m* <obfl> • protective lacquer

Schutzleiter *m* <el> • earthed conductor; protective conductor

Schutzleiter *m* <el> • earth lead

Schutzleiter *m* (PE) <el> • protective earth conductor (CPC) *IEC 60601-1*; equipment grounding conductor *US*; circuit protective conductor; protective conductor *pract*; earth continuity conductor *rare*

Schutzleiteranschlussklemme *f* <el> • earthing terminal *IEC 60601-1*

Schutzleitung *f* <el> • protective lead

Schutzlicht *n* <druck> *(Plattenhandling)* • safelight

Schutzmagnet *m* • guard magnet

Schutzmagnet *m* <verf> • magnetic separator

Schutzmanschette *f* <el> *(für Kabeldurchführungen durch Blechwände)* • grommet; rubber grommet

Schutzmantel *m* <tech.allg> *(eng anliegende Hülle; z. B. elastisch und/oder abziehbar)* • protective sheathing; protective sheath

Schutzmantel *m* <tech.allg> *(harte Abschirmung)* • shield

Schutzmantel *m* <obfl> *(Beschichtung)* • protective coat

Schutzmantel *m* <rls> *(auf der Außenseite eines Kompensators)* • external sleeve; shroud

Schutzmaske *f* <bekl> *(Gesichtsschutzschild, z. B. gegen Funken, Späne)* • face shield

Schutzmaske *f* <bekl> *(allg.)* • protecting mask

Schutzmaske *f* ugs <bekl.sich> *(gegen giftige Gase, Dämpfe)* • respirator; gas mask *rare*; respiratory protection mask *rare*

Schutzmaskenfilter *m* <bekl> *(Atemschutzmaske, Gasmaske, ABC-Schutzmaske)* • canister; filter unit; filter box *rare*

Schutzmaskentasche *f* <mil> • gas-mask carrier; gas-mask container

Schutzmaßnahme *f* <sich> *(allg.)* • safeguard; protective measure

Schutzmauer *f* <bau> • shelter wall

Schutzmauer *f* <min> • bulkhead

Schutzmittel *n* • preventive

Schutzmittel *n* <tech.allg> • protective medium

Schutzmittel *n* <mat> • shielding medium

Schutzmuffe *f* <el> • protective sleeve

Schutznetz *n* <sich> *(z. B. über Straßen, Wegen (unter Seilbahnen, Kranen), an Brücken)* • catch net

Schutznetz *n* <sich> • guard cradle

Schutznippel *m* <fz> *(z. B. Reifen)* • port nipple

Schutzpflanzungen *f* <holz> • shelter belts

Schutzplanke *f* <kfz> • crash barrier

Schutzpolsterung *f* <bekl> *(Helm)* • protective padding; impact-absorbing liner; shock-absorbing liner; crushable liner

Schutzpotential *n* <obfl> • protective potential *V*

Schutzrechen *m* <verf.hydr> • protective screen

Schutzrecht *n* <jur> • industrial right; protective right

Schutzrelais *n* <el> • guard relay; protective relay

Schutzrelais *n* <msr> • protective relay; protection relay; protective relaying

Schutzrelais mit Vormagnetisierung <el> • biased relay

Schutzring *m* • grading shield

Schutzring *m* <el> • guard ring; arcing ring

Schutzringelektrode *f* <el> • guard-ring electrode

Schutzringkondensator *m* <el> • guard ring capacitor

Schutzrohr *n* <tech.allg> • protecting tube

Schutzrohr *n* <bau> *(Schutz für Produktrohre, Kabel)* • casing pipe; casing; sleeve pipe

Schutzrohr *n* <bau.el> *(für Kabel; in Decken und Wänden)* • cable conduit; electric wiring conduit; conduit *pract*

Schutzrohr *n* <kfz.emiss> *(Lambda-Sonde)* • protective sleeve; protection sleeve; well

Schutzrohr *n* <msr> *(für Temperaturfühler)* • thermowell; thermal well

Schutzrohr *n* <rls> *(auf der Außenseite eines Kompensators)* • external sleeve; shroud

Schutzrohrkontakt *m* <el> • reed contact

Schutzrohrkontaktrelais *n* <el> • reed relay; sealed-contact relay

Schutzrohrmanometer *n* <msr> • protecting tube gauge

Schutzrosette *f* <wz> *(Handschutz für Meißel)* • bolster

Schutzsalbe *f* <tech.allg> • barrier cream

Schutzschalter *m* <el> *(Sicherung, auch Automat)* • protective circuit breaker; protective switch

Schutzschalter *m* <el> *(von Hand)* • safety switch

Schutzschicht *f* <tech.allg> *(betont: abschirmend)* • shielding layer

Schutzschicht *f* <obfl> *(betont: dünn)* • protective film

Schutzschicht *f* DIN EN ISO 8044 <obfl> *(allg.)* • protective coating *ISO 8044*; protective coat; protective layer; overcoating *rare*

Schutzschicht *f* <obfl> *(betont: das Material)* • protective coating [material]

Schutzschieber *m* <edv> *(über Schreib-/Leseöffnung von 3,5"-Disketten)* • shutter

Schutzschiene *f* <bahn.min> • check rail; guard rail

Schutzschild *m* <tech.allg> *(allg.; hart; z. B. aus Blech, Plexiglas)* • shield

Schutzschild *m* <sich> *(Gesichtsschutz)* • face shield

Schutzschild *m* <sich> *(betont: zur Sicherheit)* • safety shield

Schutzschirm *m* <tech.allg> • baffle

Schutzschirm *m* <tech.allg> • protective screen

Schutzschlauch *m* <el> • shrink sleeve

Schutzschlauch *m* <masch> *(biegsame Welle)* • shaft casing

Schutzschlauchtülle *f* <allg> • barb fitting

Schutzschleuse *f* <hydr> • double safety gates; double guard gates

Schutzschlüssel *m* <edv> • protection key

Schutzschwelle *f* • curb fender

Schutzschwelle *f* <bau> • fender

Schutzsenkung *f* <masch> • countersunk recess

Schutzstellung *f* <energ.sol> • stow position; face-down position

Schutzstern *m* <edv> • asterisk

Schutzstrecke *f* <el> • gap section

Schutzstromkreis *m* <el> • guard circuit

Schutzsystem *n* <el> • protective system

Schutztülle *f* <el> *(für Kabeldurchführungen durch Blechwände)* • grommet; rubber grommet

Schutztür *f* <kst> • guard; safety guard; safety gate

Schutzüberzug *m* <obfl> *(allg.)* • protective coating *ISO 8044*; protective coat; protective layer; overcoating *rare*

Schutzumfang *m* <jur> • extent of the protection; scope of the protection

Schutzumfang *m* <jur> • extent of protection; range of protection; scope of protection

Schutzumschlag *m* <druck> *(Buch)* • dust jacket

Schutz- und Leitblech *n* Fiat <kfz.brems> *(von Scheibenbremsen)* • splash shield; dust shield; disc shield

Schutzverkleidung *f* :V <bau> • flashing

Schutzvorhang *m* <theat> • fireproof curtain *GB*; safety curtain *GB*; iron curtain *GB*; fire curtain *US*; asbestos curtain/drop

Schutz vor Umwelteinflüssen *msg* <energ.sol> • environmental protection

Schutz vor UV-Strahlung *m* <bau> • ultraviolet radiation protection

Schutz vor Wärmeverlusten *msg* <energ.sol> • thermal protection
Schutzwachs *n* <obfl> • protective wax
Schutzwand *f* <tech.allg> • protective screen
Schutzwand *f* <bau> • protective wall
Schutzwand *f* <feuer> • flash barrier
Schutzweiche *f* <bahn> • trap points
Schutzwerk *n* <hydr> • work of protection; work of defence
Schutzwiderstand *m* <el> *(Bauelement)* • preventive resistor; protective resistor; bleed resistor; bleeder
Schutzwiderstand *m* <el> *(Größe)* • protective resistance
Schutzwiderstand *m* <el> *(Bauelement)* • protective resistor
Schutzwiderstand *m* <el> • bleed resistor
Schutzwinkel *m* <el> • angle of protection
Schutzwirkung *f* <allg> • protective action
Schutzzeit *f* (GP) <tele> *(zur Vermeidung von Daten-paketüberlappung)* • guard period (GP); guard time
Schutzziffer *f* <edv> • guard digit
Schutzzoll *m* <jur> • protective duty; protective tariff
Schwabbel *f* *ugs* <wz> *(zum Polieren, mit Scheibe; z. B. für Autolack)* • buffer; buffer/polisher; buffing machine *rare*
Schwabbel-Lack *m* <obfl> • gel coat
Schwabbelmaschine *f* <wz> *(zum Polieren, mit Scheibe; z. B. für Autolack)* • buffer; buffer/polisher; buffing machine *rare*
Schwabbeln *n* <obfl> • buffing
schwabbeln *vt* <obfl> • buff *vt*
Schwabbelscheibe *f* <obfl.wz> • buffing wheel; polishing wheel; polishing mop; buff wheel *rare*
Schwabbelscheibe *f* <wz> *(betont: aus Baumwolle)* • cotton dolly; cotton mop
Schwabbelscheibe [mit Faltentuch] *f* <led> *(zum Lederpolieren)* • pleated cloth polishing wheel
schwach *(z. B. Lösung)* • dilute
schwach • weakened
schwach <allg> *(z. B. Dämpfung, Geruch, Intelligenz)* • slight
schwach <tech.allg> • low-powered
schwach <el> *(z. B. Wirkung)* • low
schwach <phys> *(Signal)* • faint
schwach <phys> *(z. B. Energie, Feld, Kopplung, Linse, Wechselwirkung)* • weak
schwach <phys> *(Signal; akustisch, optisch, elektronisch)* • faint; weak
schwach <qualit> *(Leistung)* • poor
schwach anfärben *vt* • color weakly *vt*
schwach angeregt <nukl> • low-excited
schwachangereichert • low-grade; low enriched; slightly enriched
schwach basisch <chem> • weakly basic
schwachbelasteter Tropfkörper *m* <ents> • low-rate trickling filter
schwach beleuchtet <licht> • dimly lit
schwach dotiert • lightly doped
schwach dotiert • low-doped
schwachdotiert • lightly doped
schwache Base *f* <chem> • weak base
schwach einfallend <geo> • slightly inclined
schwache Konvergenz *f* <math> *(Funktionalanalysis, Topologie)* • weak convergence
schwache Lösung *f* <chem> • weak solution; diluted solution
schwacher Elektrolyt *m* <chem> • weak electrolyte
schwacher Farbton *m* <kunst> • faint tone
schwache Säure *f* <chem> • weak acid
schwaches Netz *n* <el> • weak grid
schwaches Signal *n* <av> • low-level signal

schwache Stoßwelle *f* <nukl> • weak shock wave
schwache Wechselwirkung *f* <nukl> • weak nuclear interaction; weak interaction
Schwachfeldscheidung *f* *(Aufbereitung)* • low-intensity magnetic separation
Schwachgas *n* <verbr> • lean gas; poor gas
Schwachgasfeuerung *f* <verbr> • lean gas firing
Schwachgasgenerator *m* <verf> • lean gas generator
schwach gedreht <textil> *(Zwirn)* • soft-twisted; loose[ly] twisted
schwach gedrehter Zwirn *m* <textil> • soft twist; loose twist; slight twist
schwachgeleimt <pap> • soft-sized
Schwachholz *n* <holz> • small wood; small-diameter wood; small-sized wood
Schwachholz *n* <holz> • small-diameter wood; small-dimensioned wood
Schwachholz *n* <nfz.logist> • short logs *pl*; shorts *coll*
schwach lasierend <obfl> • semi-transparent
Schwachlast *f* • low load
Schwachlastprüfung *f* <el> • light-load test
Schwachlastzeit *f* <allg> • lower average power, at
Schwachlastzeit *f* <verk> • off-peak period; off-peak; base period
Schwachlauge *f* <pap.chem> • weak liquor
schwach löslich <chem> • sparingly soluble
schwachplastisch <bau.mat> *(z. B. Beton)* • stiff-plastic
schwachplastisch <mat> • feebly plastic
schwachplastischer Beton *m* <bau.mat> • low-slump concrete
schwachplastischer Beton *m* <bau.mat> • low W/C concrete
schwachplastischer Beton *m* <bau.mat> • low W/C mix
schwachplastischer Beton *m* <bau.mat> • semidry concrete
Schwachsäure *f* <pap> • weak acid
Schwachstelle *f* <qualit> • critical area; sensitive area
Schwachstellenprüfung *f* <mech.qualit> *(Dehnung, Festigkeit)* • weak-spot investigation [in structural member]
Schwachstrom *m* <el> • light current; weak current; low-voltage current; low current
Schwachstromtechnik *f* <el> • light-current engineering; weak-current engineering
schwach vergrößernd <opt> *(Linse, Objektiv)* • weak
schwachvergrößernd <opt> • low-power
Schwachverkehrszeit *f* <verk> • off-peak period; off-peak; base period
schwachverspiegelt <obfl> • partly silvered
schwachwandig • light-walled; light-wall
Schwadauflader *m* <agri> • swath loader
Schwadaufnehmer *m* <agri> • pick-up cylinder
Schwadbreite *f* <agri> • swath width
Schwaden *m* DIN ISO 4225 <emiss> *(von Dampf oder Rauch)* • plume ISO 4225
Schwadenrücksaugung *f* <verf> • recirculation
Schwadmäher *m* <agri> • swath mower; swather
Schwadräumer *m* <agri> • swath board
Schwadrechen *m* <ents> *(Kläranlage)* • side-delivery rake; windrower
Schwadverteiler *m* <agri> • windrow spreader
Schwadwender *m* <agri> • swath turner; side rake
schwächen *vt* • attenuate *vt*
schwächen *vt* <phys> *(z. B. Signal, Dämpfung)* • diminish *vt*
schwächen *vt* <phys.jur> *(z. B. Energie, Kraft, Wirkung; z. B. Position des Gegners)* • weaken *vt*
schwächen *vt* <textil> • tender *vt*
schwächen *vt* <textil> *(Fasern)* • tender *vt*; weaken *vt*

Schwächung *f* • attenuation
Schwächung *f* <phys> *(mech.; absorbieren von Schwingungen, Stoß, Schlag)* • absorption; attenuation
Schwächung *f* <phys.jur> • weakening
Schwächung *f* <textil> • tendering
Schwächungskoeffizient *m* <phys> • damping coefficient; attenuation coefficient
Schwänzchen *n* <el.ic.prod> *(unverformtes Drahtmaterial)* • tail
Schwänzchenlänge *f* <el.ic.prod> • tail length
Schwänzeln *n* <fz> • fishtailing
Schwänzeln *n* <fz> • shimmying
Schwärze *f* • blackness
Schwärze *f* <metall> • black wash; black dressing; blacking
Schwärzen *fpl* <phot> • shadows *pl*; shadow areas *pl*; blacks *pl*
schwärzen *vt* • blacken *vt*
schwärzen *vt* <el> *(Anode)* • carbonize *vt*
schwärzen *vt* <metall> • black-wash *vt*; black *vt*; blacken *vt*
schwärzen *vt* <mil> *(der Visierung)* • blacken *vt*
schwärzen *vt* <opt> *(z. B. Schauglas; durch Staub, Ruß)* • darken *vt*
Schwärzeschülpe *f* • blacking scab
Schwärzung *f* <tech.allg> *(Vorgang, absolut schwarz werden)* • blackening
Schwärzung *f* <tech.allg> *(Vorgang, betont: dunkler werden)* • darkening
Schwärzung *f* <druck> *(von bedruckten Flächen)* • blackening; density
Schwärzung *f* ugs <el> *(von Glühlampenglas)* • lamp blackening; bulb blackening *pract*; blackening *coll*
Schwärzung *f* <phot> *(Dichte von Negativen)* • density
Schwärzungsabstufung *f* <phot> • density gradation
Schwärzungsbelag *m* *(in Elektronenröhren)* • colloidal graphite
Schwärzungsdichte *f* <druck> • reflection density
Schwärzungsdichte *f* <phot> • density
Schwärzungsgrad *m* <druck> *(bei Kopie)* • density
Schwärzungsgrad *m* <druck> *(bei Vorlage)* • density
Schwärzungsgradient *m* <phot> • density gradient
Schwärzungskurve *f* <phot> • characteristic curve
Schwärzungsmesser *m* <msr> • optical densitometer; densitometer
Schwärzungsmessung *f* • densitometry
Schwärzungsschwelle *f* <phot> • density threshold
Schwärzungsumfang *m* <phot> • tonal range; tone range
schwalben *vt* <prod> • dovetail *vt*
schwalbenschwanzförmig <prod> • dovetailed
Schwalbenschwanzführung *f* <masch> *(z. B. Schraubstock, Werkzeugmaschine)* • dovetail slideway
Schwalbenschwanzführung *f* <prod> *(z. B. Schraubstock, Werkzeugmaschine)* • dovetail guide
Schwalbenschwanzkeil *m* <masch> • dovetail key
Schwalbenschwanznut *f* <prod> *(z. B. Führungen)* • dovetail groove
Schwalbenschwanznuten einarbeiten *v* <prod> • dovetail *v*
Schwalbenschwanznutenfräser *m* <wz> • dovetail cutter
Schwalbenschwanzprofil herstellen *vi* <prod> • dovetail *vt*
Schwall *m* <el> • surge; voltage impulse
Schwall *m* <energ.hydr> • positive surge
Schwallbad *n* <füg> *(Schwallöten)* • wave-flow bath
Schwallbadweichlöten *n* <füg> • wave soldering
Schwallbewässerung *f* <agri> • spate irrigation

Schwallblech *n* <tech.allg> • baffle plate; baffle
Schwallblech *n* <bahn> *(Kesselwagen)* • wash plate
schwallgelötet <füg> • wave-soldered
Schwallöten *n* <el> • flow soldering; wave soldering
Schwallöten *n* <füg> • flow soldering
Schwalltopf *m* <kfz> *(Kraftstoffbehälter)* • swirl pot
schwallwassergeschützt <tech.allg> • splash-water-proof; splash-proof
schwammartig <mat> • sponge-like
schwammartig <mat> • spongy
Schwammfilter *m* <verf> • sponge filter; film filter
Schwammgummi *m* <mat> • sponge rubber
Schwanenhals *m* <agri> *(Beregnungsanlage)* • swan-neck union
Schwanenhals *m* <bau> *(S-förmig gebogener Geruchsverschluss)* • swan neck
Schwanenhals *m* <kfz.av> *(z. B. von Sound-System-Bedienfeld)* • gooseneck
Schwanenhals *m* <nfz> • gooseneck; goose neck *GB*; swan neck *GB*
Schwanenhals *m* <petr> • gooseneck
Schwanenhalsanroller *m* <prod> • goose-neck roller
Schwanenhalsanroller *m* <prod> • gooseneck roller
Schwanenhalsbogen *m* <rls> • swan-neck bend
Schwanenhals-Drehgestell *n* <förd> *(z, B. Gepäckkarren)* • goose-neck equalizer bogie
Schwanenhals-Kartenleseleuchte *f* <kfz> • flexible map lamp; gooseneck-mounted map light
Schwanenhals-Leuchte *f* <kfz> • gooseneck lamp
Schwanenhalsträger *m* <bahn> *(Drehgestell)* • swan-neck bearer
schwanger <bio> *(Frau)* • pregnant
Schwangerschaft *f* <med> • gravidity; pregnancy
schwanken *vt* *(Radarechostärke)* • bob *vt*
schwanken *vt* *(Zeiger)* • flutter *vt*
schwanken *vt* <allg> • fluctuate *vt*
schwanken *vt* <allg> *(periodisch)* • pulsate *vt*
schwanken *vt* <tech.allg> *(Werte)* • vary *vt*
schwanken *vt* <bau> *(z. B. Haus infolge Erdbeben)* • vibrate *vt*
schwanken *vt* <phys> • oscillate *vt*
Schwankung *f* *(Abstand)* • spread
Schwankung *f* <allg> • fluctuation
Schwankung *f* <allg> • oscillation
Schwankung *f* <allg> • change
Schwankung *f* <tech.allg> *(periodische)* • pulsation
Schwankung *f* <tech.allg> *(Werte)* • variation
Schwankung *f* <norm> <av> • peak-to-valley value *norm*; peak-to-peak value *obs*
Schwankung *f* <bau> *(von Gebäuden, z. B. durch Erdbeben)* • vibration
Schwankung *f* <verf> • fluctuation
Schwankungsbereich *m* <tech.allg> • range of variation
Schwankungsbreite *f* <qualit> *(Statistik)* • fluctuation range
Schwankungsmaß *n* <math> • measure of dispersion
Schwanz *m* <bio> *(Tier)* • tail
Schwanz *m* <chem.verf> *(Destillation)* • tail
Schwanz *m* <nahr> *(Wein)* • lingering aftertaste; tail
Schwanzbildung *f* <chem> • tailing
Schwanzende *n* <ents.hydr> • spigot; spigot end; male end
Schwanzfläche *f* <aerospace> • tail fin
Schwanzflosse *f* <aerospace> • tail fin
Schwanzhahn *m* *(Labortechnik)* • tailed stopcock
Schwanzkonus *m* <aerospace> • tail cone
schwanzlastig <kfz> *(Anhänger, Caravan)* • nose-up
Schwanzlastigkeit *f* <aerospace> • tail-heaviness
Schwanzlastigkeit *f* <kfz> *(Anhänger, Caravan)* • nose-up attitude; tail heaviness

Schwanzrübe f <bio> *(Tierpräparation)* • tail bone
Schwanzwelle f <aerospace> *(Überschallströmung)* • tail shock wave; trailing-edge shock wave
Schwanzwelle f <nav> • tail shaft
Schwanzwurzel f <bio> *(Tierpräparation)* • tail butt; base of the tail
Schwarm m *(Moleküle)* • bundle
Schwarm m • cluster
Schwarm n <bio> *(z. B. Bienen, Vögel; fig.: Kinder)* • swarm
Schwarm m <phys> *(Elektronen)* • shower
schwarmartig auftreten v <bio> *(Fische)* • shoal v
Schwarmbeben npl <geo> • swarm earthquakes
Schwarmwasser n • hydration water
Schwarz (K) <druck> • black (K)
Schwarz n <druck> *(Grundfarbe)* • key; black
Schwarzabgleich m <av> • black balance :V
Schwarzabhebung f <av> • pedestal; set-up interval
Schwarzäquivalent-Fleckgrößenverteilung f <pap> • black equivalent speck size distribution
Schwarzarbeit f <econ> • moonlighting *coll*
Schwarzaustastung f <av> • blanking-out
Schwarzbegrenzer m <av> • black clipper
Schwarzbeize f <obfl> • black mordant; black liquor; iron liquor
Schwarzbelag m <bau> • flexible pavement; non-rigid pavement
Schwarzblech n <mat> • black plate
Schwarzblech n <mat> • black sheet
Schwarzblech n DIN 55405 <mat.metall> • black plate
Schwarzblech n <pack> *(<0,5 mm; weicher, unlegierter lackier- u. bedruckbarer Stahl)* • blackplate
Schwarzblechdose f • black tin
schwarzbrüchig <metall> • black-short
Schwarzbrüchigkeit f <metall> • black shortness
Schwarzchrom n <obfl> *(z. B. für Solarabsorber)* • chrome black
Schwarzdecke f • bituminous pavement
Schwarzdecke f • bituminous surfacing
Schwarzdecke f • black top
Schwarzdecke f <bau> • flexible pavement; non-rigid pavement
Schwarzdeckenfertiger m • bituminous finisher
Schwarzdeckenfertiger m • bituminous paver
Schwarzdeckenfertiger m • black-top finisher
Schwarzdeckenfertiger m • black-top paver
schwarze Gang f <nav> • heater and trimmer
schwarze Mulchfolie f <agri> *(Bodenabdeckung)* • black mulch; black poly sheeting
schwarzer Holunder m <bio> • black elder; sambucus niger
schwarzer Körper m <energ.sol> • black body; blackbody
schwarzer Körper m <energ.sol> • planckian radiator; blackbody; black body; full radiator; complete radiator
schwarzer Körper m <phys> • black body
schwarzer Körper m <phys> • blackbody
schwarzer Körper m <phys> • full radiator
schwarzer Körper m <therm> • ideal radiator
Schwarzer Raucher m <geo> • black smoker chimney
Schwarzer Strahler m <energ.sol> • blackbody radiator
Schwarzer Strahler m <licht> • black body
schwarzer Strahler m <phys> • black body
schwarzer Strahler m <therm> • ideal black body
schwarzer Temperguss m <metall> • black-heart malleable cast iron
schwarzes Antimon n <mat> • beta antimony
schwarzes Arsen n <mat> • beta arsenic
schwarzes Arsen n <mat> • black arsenic
schwarze Strahlung f <phys> • black-body radiation

schwarze Vignette f <phot> • black vignette
schwarze Zunft f press <ents> • funeral industry
Schwarz-Fader m <av> • black fader
Schwarzglühen n <metall> • black annealing
schwarzgrau RAL 7021 <kunst> • charcoal grey
Schwarzkalandrierung f <pap> • black calendering
Schwarzkerntemperguss m <metall> • black-heart malleable cast iron
Schwarzklipper m <av> • black clipper
schwarzkochen vt <pap> • burn the cook vt
Schwarzkochung f <pap> • burnt cook
Schwarzkompression f <av> • black compression
Schwarzkugelthermometer n <msr> • black-bulb thermometer
schwarz kunststoffbeschichtet <obfl> • black vinyl coated
Schwarzkupfer n • black copper; coarse copper
Schwarzlauge f <pap> • black liquor
Schwarzlichtlampe f • black-light lamp
Schwarzlücke f <av> • blanking interval
Schwarzmattspritzen n <obfl> • black paint application
Schwarznickel nsg <energ.sol> • nickel black sg
Schwarzpegel m <av> • black level; blanking level; picture black
Schwarzpegel m <phot> • picture black
Schwarzpulver n <spreng> • gunpowder; blasting powder; black powder
Schwarzrauch m <kfz.mot> • black smoke
Schwarzsättigung f • black saturation
Schwarzschildeffekt msg <phot> • reciprocity failure sg
Schwarzschild-Lösung f <phys> • Schwarzschild solution
Schwarzschild-Radius m <phys> • Schwarzschild radius; gravitational radius
Schwarzschildradius m <phys> • gravitational radius; Schwarzschild radius
Schwarzschlamm m ugs <tribo> *(z. B. in Motoren; unerwünscht)* • oil sludge; sludge coll
Schwarzschmelze f <pap> • black ash
Schwarzschulter f <av> • porch
Schwarzsignal n <av> • blanking signal
Schwarzspitze f <av> • black peak; peak black
Schwarz-Standard-Temperatur f <kst.qualit> • black panel temperature
Schwarzsteuerdiode f <av> • clamping diode
Schwarztafel-Temperatur f obs <kst.qualit> • black panel temperature
Schwarz Vakzine f <med> *(Impfstamm)* • Schwarz vaccine
Schwarzverchromen n <obfl> • black chromium plating
schwarzverchromt <kfz> *(z. B. Auspuffrohrblende)* • black chrome finished
Schwarzvorläufer m <av> • leading black
Schwarzwasser n <ents> • dirty water
Schwarzwasser n <ents> • black water
schwarzweiß (s/w) <phot> • black and white (b/w); black & white; b & w
Schwarz-Weiß n <av> • black and white
Schwarzweißabzug m <phot> • monochrome print
Schwarzweißaufnahme f <phot> *(fotografische Aufnahme)* • black-and-white picture; b/w picture; b & w picture; black-and-white photograph
Schwarzweißbild n ugs <phot> *(fotografische Aufnahme)* • black-and-white picture; b/w picture; b&w picture; black-and-white photograph
Schwarzweißbildröhre f <av> • monochrome picture tube
Schwarzweiß-Dia n ugs <phot> • black-and-white transparency pl:-ies; black-and-white slide

Schwarzweißdiafilm m <phot> • black-and-white transparency film; black-and-white slide film

Schwarzweiß-Diapositiv n <phot> • black-and-white transparency pl.-ies; black-and-white slide

Schwarzweiß-Diapositivfilm m <phot> • black-and-white transparency film; black-and-white slide film

Schwarz-Weiß-Fader m <av> • black-and-white fader

Schwarzweißfernsehen n <av> • black-and-white television; monochrome television

Schwarzweißfilm m <phot> • black-and-white film; b/w film; b&w film; mono film coll

Schwarzweiß-Filmentwicklung fsg <phot> • black-and-white film development sg; b/w film development sg

Schwarzweißfoto n ugs <phot> (fotografische Aufnahme) • black-and-white picture; b/w picture; b&w picture; black-and-white photograph

Schwarzweißfotografie f <phot> (fotografische Aufnahme) • black-and-white picture; b/w picture; b & w picture; black-and-white photograph

Schwarzweißfotografie fsg <phot> (Teilbereich der Fotografie) • black-and-white photography sg

Schwarzweißfotografie fsg <phot> (Teilbereich der Fotografie) • black-and-white photography sg; b/w photography; monochrome photography

Schwarzweiß-Fotopapier n <phot> • black-and-white paper; b/w paper; b&w paper

Schwarzweißkanal m <av> • monochrome channel

Schwarz-Weiß-Modus m <edv> • line art

Schwarzweißnegativ n <phot> • black-and-white negative

Schwarzweiß-Negativfilm m <phot> • black-and-white negative film; black-and-white print film

Schwarz-Weiß-Positiv-Retusche f <kunst> • black-white positive retouching

Schwarzweißsendung f <av> • black-and-white telecast

Schwarzweißtechnik fsg <phot> • black-and-white technology sg

Schwarzweißübertragung f <av> • black-and-white transmission

Schwarzweiß-Umkehrentwicklung fsg <phot> • black-and-white reversal processing sg

Schwarzweißverarbeitung fsg <phot> • black-and-white processing sg

Schwarzweißvergrößerer m <phot> • black-and-white enlarger; b/w enlarger

Schwarzweißvergrößerung f <phot> • black-and-white enlargement; black-and-white print

Schwarzwert m <av> • black level

Schwarzwertbezugspegel m <av> (Fernsehen) • reference black level

Schwarzwertdiode f <av> • DC-restoration diode

Schwarzwerthaltung f <av> • DC-restoration; black-level control

Schwarzwerthaltung f <av> • black level clamping; DC clamping; DC restoring

Schwarzwertklemmung f <av> • black level clamping; DC clamping; DC restoring

Schwebe f <bau> • level pillar; arch pillar

Schwebebahn f <bahn> • suspension railway

Schwebebalken m <mus> • floating tension beam; floating beam; floating action beam

Schwebebettfeuerung f <verbr> • fluidized bed combustion (FBC)

Schwebebühne f <bau> • suspended platform

Schwebebühne f <förd> (z. B. für Außenarbeit an Gebäuden, Brücken) • cradle

Schwebefähigkeit f • antisettling property

Schwebefeuerung f <verbr> • pulverized firing

Schwebeflug m <aerospace> • hovering flight

Schwebegasofen m <chem.verf> (Zementherstellung) • suspension preheater kiln

Schwebegasschwelverfahren n • entrainment-carbonization process

Schwebegaswärme[aus]tauscher m <rls> • suspension preheater

Schwebegerüst n <bau> • scaffold cradle

Schwebegeschirr n <theat> (mit Laufkatze) • flyrig

Schwebekörper m <tech.allg> • float

Schwebekörperprinzip n <msr> (z. B. Strömungsmesser) • float principle

Schwebelandung f <aerospace> • hovering landing

Schwebelandung f <aerospace> • pancake landing; pancake pract

Schwebemantelmatrize f <wz> • floating die

Schwebemechanik f <mus> • floating action; self-compensating action

Schwebemittel n <kst> • antisettling agent

schweben vi <verf> (z. B. Teilchen in Flüssigkeit) • be suspended vi

schweben vt • float vt

schweben vt (z. B. im elektromagnetischen Feld) • levitate vt

schweben vt <aerospace> (Hubschrauber) • hover vt

schwebend <tech.allg> (von der Luft getragen; z. B. Staub, Aerosol; Fluggerät) • airborne

schwebend <tech.allg> • floating

schwebend <tech.allg> • hanging

schwebend <aerospace> (Hubschrauber) • hovering

schwebend <bau> • overhand

schwebend <bau> • overhung

schwebend <jur> (Verfahren) • pendent

schwebend <phys.chem> (in Flüssigkeit, Gas) • suspended

schwebender Abbau m <min> (Stoß) • rise face

schwebender Abbau m <min> (von Gängen) • roof work

schwebender Pfahl m <bau> • suspended pile

schwebender Schienenstoß m <bahn> • overhanging rail joint; bridge rail joint; suspended rail joint

schwebender Streb m <min> • rise face

schwebende Unterbrechung f <edv> • pending interrupt

schwebende Zone f <verf> (Zonenschmelzen) • floating zone

schweben (über) vi <edv> (Schreib-/Lesekopf) • fly (over) vi

Schweberöstung f <metall> (Erz) • suspension roasting; flash roasting

Schweberuder n <nav> • suspended rudder; underhung rudder

Schwebeschmelzen n <metall> • levitation smelting

Schwebespannung f <el> • floating voltage

Schwebetechnik f <förd> • hover technology

Schwebeteilchen n <mat> (in Flüssigkeit, Gas) • suspended particle

Schwebeträger m <bau> • suspended beam

Schwebetrockner m (Brikettierung) • flash drier

Schwebetrockner m <verf> • moving-product drier; suspension drier

Schwebezone f (tiegelfreies Zonenschmelzen) • floating zone

Schwebstaub m <verf> (trocken, in Luft) • airborne particulates npl; airborne particles npl; airborne particulate matter; airborne dust ugs; float dust rare

Schwebstaubausscheidung f <emiss> • airborne particulate emission; dust emission coll

Schwebstoffe mpl <verf> (allg., in Gas oder Flüssigkeit) • suspended solids pl; suspended matter; suspensoids pl form

Schwebstoffe mpl <verf> (trocken, in Luft) • airborne particulates npl; airborne particles npl; airborne particulate matter; airborne dust ugs; float dust rare

Schwebstoffemission f <emiss> • airborne particulate emission; dust emission coll

Schwebstofffilter n <verf> (betont: mechanisch wirkend) • mechanical filter

Schwebstofffilter n <verf> (für Rauchpartikel) • smoke filter

schwebstofffrei • free from suspended matter

Schwebung f <akust> (betont: Ton) • beat tone; beat note; difference tone

Schwebung f <phys.el> (betont: Schwingung) • beat vibration; beating

Schwebungsamplitude f <el> • beat amplitude

Schwebungsanzeige f <msr> • beat indication

Schwebungsanzeiger m <msr> • beat indicator

Schwebungsdauer f <el> • beat period

Schwebungseffekt m <phys> • beating effect

Schwebungsempfänger m <tele> • beat receiver

Schwebungsempfang m <tele> • beat reception

Schwebungsfrequenz f <av> • beat frequency

Schwebungsgenerator m <el> • beat-frequency oscillator (BFO); heterodyne oscillator

Schwebungsnull f <el> • zero beat; beat-note zero; silent space

Schwebungsperiode f <el> • beat cycle; beat period

Schwebungssummer m <el> • beat buzzer; multifrequency heterodyne oscillator; heterodyne oscillator

Schwebungston m <akust> (betont: Ton) • beat tone; beat note; difference tone

Schwebungstonhöhe f <akust> • beat note pitch

Schwebungstonverfahren n <akust> • beat method; heterodyne beat method

Schwebungszahl f <akust> • beat rate

schwedischer Ausweichtest m did <kfz.qualit> • elk test US; moose test DC

Schwefel m (S) <chem> • sulfur (S) US; sulphur GB; brimstone obs

Schwefelabdruck m <chem> (Schwefelnachweis) • sulfur print

schwefelarm <chem> • low-sulfur

schwefelarme Kohle f <verbr> • low-sulfur coal

schwefelarme Steinkohle f <verbr> • low-sulfur hard coal; hard coal with a low sulfur content

Schwefelausblühung f <kst> • sulfur bloom

Schwefelblume f <chem> • sulfur flowers; sublimed sulfur

Schwefeldioxid n <chem> • sulfur dioxide

Schwefeldioxidabscheidung f <ents> • sulfur dioxide removal

Schwefeldioxidbrüden mpl <verf> • sulfur dioxide vapors

Schwefeldosiergerät n <nahr> (wein) • sulfuring apparatus; sulfur dosing apparatus; sulfitometer rare

Schwefeldosierung f <kst> (Ergebnis; Menge, Gehalt) • sulfur level; sulfur dosage

Schwefelerz n <min> • sulfide ore

Schwefelfalle f <kfz.mot> (z. B. vor DeNOx-Kat) • sulfur trap

schwefelfrei <chem> • sulfur-free

schwefelfrei <chem> • sulfurless

Schwefelgehalt m <chem> (z. B. in Erdöl, Kohle, Schweröl) • sulfur content

schwefelhaltig <chem> • sulfurous; sulfureous; sulfur-containing; containing sulfur

schwefelhaltig <chem> • sulfidic

schwefelhaltiges Erdöl n <petr> • sour oil

Schwefelhexafluorid n <chem> (Gas; macht Stimme tief) • sulphur hexafluoride; sulphur(VI) fluoride

Schwefeljodid n <chem> • sulfur iodide; sulfur iodatum

Schwefelkies m <min> • common iron pyrites; iron pyrites

Schwefeln n <nahr> (Wein) • sulfuring; sulfiting

schwefeln vt <chem> (Zucker) • sulfite vt

schwefeln vt <chem> • sulfur vt

schwefeln vt <chem> • sulfurize vt

schwefeln vt <textil> • stove vt

Schwefelofen m <verbr> • sulfur burner

Schwefeloxid-Reichgas n <chem.emiss> • sulfur dioxide-rich offgas

Schwefelsäure f <chem> • sulfuric acid

Schwefelsäure f <chem> • sulfuric acid; sulfuricum acidum

Schwefelsäurebad n <obfl> (Behälter) • sulfuric acid bath; sulfuric acid tank

Schwefelsäurebad n <obfl> (Tauchvorgang) • sulfuric acid bath

schwefelsäurefrei <bau.chem> • sulfuric-acid-free

Schwefelsäurekontaktverfahren n <chem> • contact process

Schwefelseigerung f <chem> • sulfur segregation

Schwefelsiedepunkt m <chem> (Fixpunkt) • sulfur point

Schwefelspund m <nahr> (Wein) • sulfite bung

Schwefeltonung f <phot> • sulfide toning

Schwefelungsapparat m <nahr> (wein) • sulfuring apparatus; sulfur dosing apparatus; sulfitometer rare

Schwefel(VI)-Fluorid n <chem> (Gas; macht Stimme tief) • sulphur hexafluoride; sulphur(VI) fluoride

Schwefelvulkanisation f <kst> • sulfur vulcanization; sulfur cure

Schwefelwasserstoff m <chem> • hydrogen sulfide

Schwefelwasserstoffanalysator m <msr> (z. B. zur Messung von Erdgasqualität) • H2S analyzer; hydrogen sulfide analyzer

schwefelwasserstoffhaltiges Erdgas n <petr> • sour natural gas; sour gas

Schwefler m <agri> (Schädlingsbekämpfung) • sulfur duster

schweflige Säure f <chem> • sulfurous acid

Schweif m <nahr> (Wein) • lingering aftertaste; tail

Schweifbildung f <chem> (Chromatogramm) • tailing

Schweifen n DIN 8583-3 <prod> (Blechformen) • throwing; stretching

Schweifhaube f <bio> (Taxidermie) • bellroof

Schweifsäge f <wz> • fret saw; sweep saw

Schweigeminute f <allg> • moment of silence

Schweigezone f <tele> (Mobilfunk) • silent zone; shadow region

Schweinestall m <agri> (auch metaphorisch) • pig pen

Schweinfurter Grün n <kunst> • emerald green; gamma green Magic Color; Guignet's green; Guinea green

Schweinsleder n <led> • pigskin leather

Schweißaggregat n <füg> • welding set; welding unit

Schweißanlage f <füg> • welding installation

Schweißanlage f <füg> • welding facility

Schweißanlage f <füg.prod> • welding line

Schweißanlage f <prod> • welding line

Schweißanschluss m <rls> (von Rohren, Armaturen) • weld end; pipe end

Schweißargon n <füg> • argon-oxygen mixture; welding-grade argon

Schweißautomat m <füg> • automatic welder

Schweißbad n <füg> • weld-metal pool; weld pool; welding puddle

Schweißbadsicherung f <füg> • weld pool backing-up; weld pool backing

Schweißband n <bekl> • sweatband

Schweißband n <füg> • welding strip

schweißbarer Stahl m <mat> • weldable steel

schweißbarer Stahl m <mat> • welding steel

Schweißbarkeit *f DIN 8528* <qualit.mat> • weldability

Schweißbrenner *m DIN8543* <füg> *(Gasschweißen)* • welding torch

Schweißbrille *f* <füg.opt> • welding goggles

Schweißbuckel *m* <füg> • projection

Schweißbügel *m* <füg> • C-clamp welding head

Schweißdämpfe *mpl* <füg.emiss> • welding fumes

Schweißdraht *m* <füg> *(Schweißen)* • filler wire

Schweißdraht *m* <füg.mat> *(stabförmig, für Autogen- oder Elektroschweißen)* • welding rod

Schweißdraht *m DIN 8571* <füg.mat> *(auf Rolle, für Schutzgasschweißen)* • welding wire

Schweißdrahthalter *m* <wz> *(Elektroschweißen)* • welding rod holder; welding rod grip

Schweißdüse *f* <füg> • welding nozzle

Schweißechtheit *f* <textil> *(Färberei)* • fastness to perspiration

Schweißeigenspannung *f* <mech> • internal welding stress

Schweißelektrode *f* <füg.el> • welding electrode

Schweißelektrodenverbrauch *m* <füg> • consumption of welding electrode; electrode consumption

Schweißen *n DIN EN 1792* <füg> *(allg.; incl. Löten)* • welding

Schweißen *n* <füg> *(betont: im Ggs. zum Löten)* • fusion welding

Schweißen *n* <ic> *(von Chips und Anschlussdrähten)* • bonding

Schweißen *n* <lwl> *(von Glasfasern)* • fusing; splicing

schweißen *v* <lwl> *(von Glasfasern)* • fuse *v*; splice *v*

schweißen *vt* <füg> *(allg.; inkl. Hartlöten)* • weld *vt*

schweißen *vt DIN 55405* <prod> • weld *vt*

Schweißende *n* <rls> *(von Rohren, Armaturen)* • weld end; pipe end

Schweißer *m prakt* <füg> *(Person)* • welder *pract*

Schweißeraugenschutzfilter *n* <füg.opt> • welding lens

Schweißer-Gripzange *f* <wz> • welding clamp; vise grip welding clamp *US*; self-grip welding clamp *GB*

Schweißerhandschuh *m* <füg.bekl> • welding glove

Schweißer-Klemmzange *f* <wz> • welding clamp; vise grip welding clamp *US*; self-grip welding clamp *GB*

Schweißerschutzhelm *m* <füg.bekl> • welding helmet

Schweißfahne *f* <füg> • weld flange

Schweißfertigung *f* <füg> • weld fabrication

schweißfest <msr> *(Sensoren; unempfindlich gegenüber Schweißarbeiten)* • weld field immune; insensitive against magnetic fields; magnetic field immune; weld-immune

schweißfester Näherungsschalter *m* <msr> • weld field immune proximity switch; weld-immune proximity switch; magnetic field immune proximity switch; proximity switch immune to weld fields

Schweißfestigkeit *f* <qualit.mat> • weld-field-immunity; magnetic field immunity

Schweißfitting *m* <rls> • welding fitting

Schweißflamme *f* <füg> • welding flame

Schweißflansch *m* <rls> • welding flange

Schweißflussmittel *n* <füg> • welding flux

Schweißfolge *f* <füg> • welding sequence

Schweißform *f* <füg> • welding mold

Schweißfuge *f* <füg> • welding groove; weld groove

Schweißfugenflanke *f* <füg> • welding edge

Schweißgas *n* <füg> • welding gas

Schweißgasflasche *f* <füg> • welding-gas cylinder

Schweißgenerator *m* <füg.el> • welding generator

Schweißgerät *n* <füg> • welding apparatus; welding set

Schweißgerät *n* <füg> • welder *pract*

schweißgerecht <füg> • adapted for welding

schweißgerecht <füg> • suitable for welding

Schweißgleichrichter *m* <füg.el> • welding rectifier

Schweißgleichspannung *f* <füg> • DC welding voltage

Schweiß-Gripzange *f* <wz> • welding clamp; vise grip welding clamp *US*; self-grip welding clamp *GB*

Schweißgrundierung *f* <obfl> *(Substanz)* • welding primer

Schweißgüte *f* <füg.qualit> • welding quality

Schweißgut *n* <füg> • material being welded

Schweißgut *n* <füg.mat> • weld metal; deposit metal; weld deposit

Schweißgutmasse *f* <füg> • weight of metal deposited

Schweißgutprobe *f* <füg> • weld metal test specimen

Schweißgutüberlauf *m DIN EN ISO 6520* <füg.qualit> • overlap *ISO 6520-1*

Schweißhärten *n* <metall> • weld hardening

Schweißhitze *f* <füg.emiss> • welding heat

Schweißkante *f* <füg> • welding edge

Schweißkonstruktion *f* <tech.allg> • welded structure; weldment

Schweißkopf *m* <füg> • welding head

Schweißlage *f* <füg> • weld pass; weld layer

Schweißlage *f* <füg> *(Ort der Schweißnaht)* • welding position

Schweißlehre *f* <kfz.wz> • welding jig

Schweißlichtbogen *m* <füg> • welding arc

Schweißlinse *f* <füg> *(Punktschweißen)* • weld nugget

Schweißlinse *f* <füg> *(Punktschweißung)* • nugget

Schweißlöten *n* <füg> • braze welding

Schweißmaschine *f* <füg> • welder

Schweißmaschine *f* <füg> • welding machine

Schweißmaschine *f* <füg> • welder

Schweißmaschine *f* <obfl> *(in Bandverzinkungsanlagen)* • welder

Schweißmittel *n* <füg> • welding flux

Schweißmutter *f* <füg> • weld nut

Schweißnaht *f* <füg> • fusion weld; weld

Schweißnaht *f* <füg> • weld seam

Schweißnahtabkühlung *f* <füg.hlk> • weld cooling

Schweißnahtart *f* <füg> • type of weld

Schweißnaht-Dichtmittel *n* <füg> • seam sealer

Schweißnahtfestigkeit *f* <qualit.mat> • weld strength

Schweißnahthöhe *f* <füg> • weld height

Schweißnahtkontur *f* <füg> • weld contour

Schweißnahtnachbehandlung *f* <füg> • postweld treatment

Schweißnahtoberfläche *f* • weld face

Schweißnahtquerschnitt *m* <füg> • weld section

Schweißnahtrissigkeit *f* <qualit.mat> • weld cracking

Schweißnahtsäubern *n* <füg> • postweld cleaning

Schweißnahtspannung *f* <füg.mech> • weld stress

Schweißnahtübergang *m* <füg> • weld interface; weld toe

Schweißnahtüberhöhung *f* <füg> • weld reinforcement

Schweißnahtvorbereitung *f* <füg> • weld preparation

Schweißnahtwurzel *f* <füg> • weld root

Schweißnahtwurzelfehler *m* <füg> • root crack

Schweiß- oder Lötnaht *f* <füg> • weld

Schweißpaste *f* <füg> • welding paste

Schweißpistole *f* <füg.wz> *(Schutzgasgerät)* • welding handset; welding gun *pract*

Schweißplattieren *n* <obfl> *(Vorgang; zum Verstärken oder Panzern)* • weld cladding; weld-deposit cladding; deposit-welding; weld-facing; building-up by welding *rare*

schweißplattieren *vt* <obfl> *(zum Aufbringen verschleißfester Schichten; z. B. an Kanten, Zähnen)* • hard-face *vt*

Schweißplattierung *f* <obfl> *(Resultat; Schicht)* • weld cladding; weld deposit cladding; weld facing

Schweißplattierung *f* <obfl> *(Vorgang; zum Verstärken oder Panzern)* • weld cladding; weld-deposit cladding; deposit-welding; weld-facing; building-up by welding *rare*

Schweißportal n <prod> • welding gantry; welding portal
Schweißposition f <füg> • welding position
Schweißprimer m <obfl> • weld-through primer
Schweißprobe f <qualit.mat> • weld test specimen; weld specimen
Schweißprobenfaltversuch m <qualit.mat> • root break test
Schweißpulver n <füg> • welding flux; welding powder
Schweißpunkt m <füg> • welding spot
Schweißpunktabstand m <füg> • spot weld spacing; spot weld pitch; spot spacing
Schweißpunkt-Aufbohrer m <wz> (Bohrmaschineneinsatz zum Entfernen von Schweißpunkten an Blechen) • spot-weld remover; zip-cut pract
Schweißpunktbohrer m <wz> (Bohrmaschineneinsatz zum Entfernen von Schweißpunkten an Blechen) • spot-weld remover; zip-cut pract
Schweißpunktfräser m <wz> (Bohrmaschineneinsatz zum Entfernen von Schweißpunkten an Blechen) • spot-weld remover; zip-cut pract
Schweißpunktlöser m <wz> (Bohrmaschineneinsatz zum Entfernen von Schweißpunkten an Blechen) • spot-weld remover; zip-cut pract
Schweißpunktreihe f <füg> • series of spot welds
Schweißrauch m <füg.emiss> • welding fume
Schweißraupe f <füg> • weld bead
schweißresistent <textil> (Faden) • resistant to perspiration
Schweißrestspannung f <füg> • residual welding stress
Schweißrichtung f <füg> • welding direction
Schweißriss m <füg.qualit> • welding crack
Schweißrissanfälligkeit f <qualit.mat> • sensitivity to welding cracks
Schweißrissigkeit f <füg.qualit> • weld cracking
Schweißroboter m <füg.autom> • welding robot
Schweißroboter m <prod> • welding robot
Schweißroboterstraße f <autom.prod> • welding robot line
Schweißrolle f <füg> • weld roll; wheel-shaped electrode; wheel electrode
Schweißschlacke f <füg.qualit> • weld slag; welding cinder
Schweisssschleppschuh m <füg.rls> (zur Abschirmung beim Rohrschweissen) • welding shoe
Schweißschrumpfung f <füg> • welding contraction; welding shrinkage
Schweißspannung f <füg.el> • welding voltage
Schweißspannung f <mech> • welding stress
Schweißspritzer m <füg> • welding spatter
Schweißspritzer mpl <allg> • weld splashes
Schweißspritzer mpl <füg.qualit> (Schweißen) • spatter sg=pl ISO 6520-1; splatter sg=pl pract
Schweißstab m DIN 8571 <füg> • filler rod
Schweißstab m <füg.mat> • welding rod
Schweißstabzuführung f <füg> • rod feed
Schweißstahl m <mat> (Frischfeuerstahl) • Swedish iron
Schweißstahl m <mat> • welding steel
Schweißstanzmaschine f <led> • welding and cutting machine; seal-and-cut press
Schweißstelle f <füg> • junction
Schweißstelle f <füg> (Thermoelement) • weld junction; junction
Schweißstelle f <füg> • welding point
Schweißstoß m <füg> • weld joint
Schweißstoßart f <füg> • type of weld joint
Schweißstraße f <füg.prod> • welding line
Schweißstraße f <prod> • welding line
Schweißstrom m <el> • welding current
Schweißstrom m <füg.el> • welding current

Schweißtechnik f <füg> • welding engineering
Schweißteil n <tech.allg> • welded component; weldment; welded fabrication rare
Schweißteil n <prod> • weldment; welded fabrication; welded part
Schweißtemperatur f <füg> • welding temperature
Schweißtemperatur f <lwl> • fusion temperature
Schweißträger m <bau> • welded girder
Schweißtrafo m prakt <füg.el> (Elektroschweißen) • welding transformer
Schweißtransformator m <füg.el> • welding transformer
schweißtreibend <kfz.innen> (z. B. Sitzbezüge, Temperatur) • sudorific
Schweißumformer m <füg.el> • welding converter; welding motor generator
Schweiß- und Schneidbrenner m <prod> • welding and cutting torch
Schweißunterlage f <füg> • weld backing
Schweißverbindung f <füg> • welded joint
Schweißverbindung f <rls.allg> • welded joint
Schweißverfahren n DIN 1910-1 <füg> • welding process
Schweißverfahren n <füg> • welding process
Schweißverformung f <füg> • welding deformation
Schweißverschluss m DIN 55405 <prod> • welded seal
Schweißverzug m <füg> • welding distortion; welding warpage
Schweißvorrichtung f <kfz.wz> • welding jig
Schweißwärme f <füg.emiss> • welding heat
Schweißwärmeeintrag m <füg> • welding heat input
Schweißwerkstoff m <füg.mat> • weld material
Schweißzange f <füg> • plier welding head; welding tongs
Schweißzeit f <lwl> • fusion time
Schweißzeitbegrenzer m <füg.msr> • weld timer; timing-control unit
Schweißzeitbegrenzung f <füg> • welding time control
Schweißzone f <füg> • weld zone
Schweißzubehör n <füg> • welding accessories
Schweißzusatzwerkstoff m DIN 8571-8575 <füg.mat> • welding filler material
Schweißzusatzwerkstoff m <füg.mat> • welding filler metal
Schweißzwangsmittel n <füg> (Einspannen und Ausrichten) • welding hold-down
Schweizer Käse m ugs <nahr> (allg. Käsetyp, blassgelb mit großen Löchern) • Emmentaler [Cheese]; Emmental; Emmenthaler; Emmenthal; Swiss Cheese coll
Schweizer Traufel m <bau.wz> • beveled trowel; curved trowel; bow trowel US
Schwelanlage f • low-temperature carbonization plant
Schwel-Brenn-Verfahren n Siemens KWU <ents> • Thermal Waste Recycling Technology Siemens KWU
Schwelen n ISO 13943 <verbr> (Verbrennen ohne Flamme und ohne Lichterscheinung) • smouldering ISO 13943
schwelen vi • carbonize vi
schwelen vi • carbonize at low temperature vi
Schweler m • low-temperature carbonizer
Schwelgas n (Untertagevergasung) • distillation gas
Schwelgas n <ents> • low temperature carbonization gas; carbonization gas
Schwelgas n <verbr> • carbonization gas; low-temperature gas
Schwelgenerator m • low-temperature carbonizer
Schwelgenerator m • predistillation gas producer; predistillation producer
Schwelkohle f <verbr> • high-bituminous lignite
Schwelkohle f <verbr> • low-temperature carbonization coal
Schwelkohle f <verbr> • tar coal

Schwelkoks m <verbr> • low-temperature coke; semicoke

Schwellastbereich m <qualit.mat> • threshold load range

Schwellbeanspruchung f <mech> • fluctuating stress

Schwellbeiwert m <mat> (Kohle) • swelling index

Schwellbetrieb m DIN 4048-2 <energ.hydr> (Laufwasser-kraftwerk) • run-of river operation; swell operation

Schwelldauer f <kfz.brems> • build-up time

Schwelle f (Balken) • bottom rail

Schwelle f • ridge

Schwelle f • rise

Schwelle f <bahn> • cross-tie US; sleeper GB

Schwelle f <bahn> • tie

Schwelle f <bau> • floor bar

Schwelle f <bau> • ground plate; sill plate

Schwelle f <bau> (aus Stein) • sill

Schwelle f <bau> (Tür) • threshold

Schwelle f <geo> (Ergebnis) • dome

Schwelle f ugs <kfz> (fester Bestandteil der Karosserie) • sill; rocker panel US; body rocker panel US; body sill; door sill coll

Schwellenabstand m <bahn> • sleeper spacing

Schwellenauflager n <bahn> • sleeper bearing

Schwellenbedingung f • threshold condtion

Schwellenbefestigung f <bahn> (Unterlagsplatte) • lock spike

Schwellenbett n <bahn> • sleeper bed

Schwellenbohrmaschine f <bahn> • sleeper drilling machine

schwellende Belastung f <mech> • repeated load

schwellender Lastangriff m <mech> • one-way varying load; varying load

Schwellendosis f • threshold dose

Schwelleneinheit f (SWE) <licht> (Abstand auf der Farbtafel) • threshold value (SWE)

Schwellenempfindlichkeit f <msr> • threshold response; threshold sensitivity

Schwellenenergie f • threshold energy

Schwellenfeld n <bahn> • sleeper spacing; tie spacing

Schwellenfeld n <el> • threshold field

Schwellenfeldstärke f <druck> (Koronaentladung) • threshold field

Schwellenpegel m <akust> • threshold level

Schwellenreaktion f <phys.chem> • threshold reaction

Schwellenschraube f <bahn> • sleeper bolt

Schwellenschraubeneindrehmaschine f <bahn> • sleeper screwdriver

Schwellenspannung f <el> (in Volt) • threshold voltage

Schwellenspannungsverschiebung f <el> • threshold voltage shift

Schwellenstopfer m <bahn> • tamper

Schwellenstrom m • threshold current

Schwellenwechsler m <bahn> • sleeper relaying machine

Schwellenwert m <akust.av> • threshold

Schwellenwert m <edv> • reference threshold stand

Schwellenwert m <ents> • threshold value

Schwellenwert m <nahr> (Keimzahl) • threshold value

Schwellenwert m <phys> • threshold value; threshold

Schwellenwertdetektor m <msr> • threshold detector

Schwellenwertgatter n <el> • decision gate

Schwellenwertglied n <msr> • threshold element

Schwellenwertlogik f <edv.msr> • threshold logic

Schwellenwertsteuerung f • threshold control

Schweller m <kfz> (fester Bestandteil der Karosserie) • sill; rocker panel US; body rocker panel US; body sill; door sill coll

Schwellerabdeckblech n <kfz> • sill cover; rocker panel cover US

Schwellerabschluss m <kfz> • sill end piece; blanking piece

Schwellerabschlussblech n <kfz> • sill end piece; blanking piece

Schwellerblech n <kfz> • sill panel

Schwellerblech n <kfz> (fester Bestandteil der Karosserie) • sill; rocker panel US; body rocker panel US; body sill; door sill coll

Schwellerinnenblech n <kfz> (senkrechtes Blech zwischen Außen- und Innenschweller) • sill membrane; sill stiffener; sill diaphragm panel

Schwellerkonstruktion f <kfz> (allg.) • sill structure

Schwellerpedal n <edv.mus> (MIDI-Controller; erlaubt eine stufenlose Parametersteuerung) • foot slider

Schwellerverkleidung f <kfz> • sill cover

Schwellerverkleidungsblech n <kfz> • sill cover; rocker panel cover US

Schwellerversteifungsblech n <kfz> (senkrechtes Blech zwischen Außen- und Innenschweller) • sill membrane; sill stiffener; sill diaphragm panel

Schwellfestigkeit f <qualit.mat> • pulsating fatigue strength

Schwellgrad m rar <nahr> (Speiseeis) • overrun; over-run

Schwellkette f DIN 4048 <energ.hydr> • swell chain

Schwellspannung f <el> (in Volt) • threshold voltage

Schwellspannung f <mech> (Belastungsgrenze in N/mm^2) • threshold stress; threshold strain

Schwellung f <mat> • growing

Schwellung f <med> (von Körperteilen, Gewebe, Organen) • swelling

Schwellwert m prakt <druck> (Thermaltechnologie) • threshold point; threshold temperature; threshold pract

Schwellwert m <edv> • threshold value

Schwellwert m <edv.av> • threshold

Schwellwert m <msr> • threshold value

Schwellwert m <nukl> • threshold value

Schwellwertdiskriminator m <msr> • threshold value discriminator

Schwellwertoperation f <prod.autom> • thresholding

Schwellwertreaktion f <nukl> • threshold reaction

Schwellwert-Schalter m <el> • comparator

Schwellwertschalter m <el> • threshold switch

Schwellzahl f (Bodenmechanik) • coefficient of swelling

Schwelofen m <verbr> • low-temperature carbonizer

Schwelretorte f • low-temperature retort

Schwelteer m • low-temperature tar

Schweltrommel f <ents> • low-temperature rotating drum; distillation drum

Schwelung f • low-temperature carbonization

Schwelzone f (Schwelgenerator) • carbonization zone

Schwemmbagger m <bau.masch> • flushing dredger; reclamation dredger

Schwemmgut n <energ.hydr> • debris

Schwemmkanal m <agri> (Schwemmentmistung im Stall) • slurry channel

Schwemmwasser n rar <verf> • spray water; wash water

Schwemmzinn n prakt <kfz.rep> • body lead; body solder; lead solder; filling solder

Schwengel m • bell crank

Schwengel m (Pumpe) • handle

Schwenk m <tech.allg> (um weniger als 360 Grad; z. B. eines Kranauslegers) • swing

Schwenk m <av> (Kamera) • tilt

Schwenkachse f <kfz> • pivot axis; swivel axis GB

Schwenkantenne f <el> • swivel aerial

Schwenkantrieb m <antr> • semirotary actuator

Schwenkarm m <av> (Fernsehkamera) • pan-and-tilt arm

Schwenkarm m <kfz.el> (zum Spannen des Generatorantriebsriemens) • mounting bracket

Schwenkarm m <masch> (z. B. Roboter) • pivoted arm

Schwenkarm m <masch> • swinging arm

Schwenkarm m <masch> • swivelling arm
Schwenkarmlichtmaschine f <kfz.el> • swung-mounted generator
Schwenkarmmikrophon n • boom microphone
Schwenkbagger m <bau.masch> • evolving excavator
Schwenkbagger m <bau.masch> • evolving shovel
Schwenkbagger m <bau.masch> • full-revolving excavator
Schwenkbagger m <bau.masch> • full-revolving shovel
schwenkbar <tech.allg> • hinged
schwenkbar <tech.allg> • pivoting
schwenkbar <tech.allg> • rotatable
schwenkbar <tech.allg> • tiltable
schwenkbar <av> • swing- adj
schwenkbar <förd> (z. B. Kran) • slewable
schwenkbar <kst> • pivoted
schwenkbar <kst> (Spritzeinheit) • swivelling
schwenkbar <masch> • swivelling
schwenkbar <phot> (Rückwand) • swinging
schwenkbar angeordnet <tech.allg> • swivel-mounted
schwenkbare Buchtenabgrenzung f <logist> • hinged stall division
schwenkbarer Blitzreflektor m <phot> • tilting flash head
schwenkbarer Düsenrohrregner m <feuer> (für Lösch- zwecke) • oscillating sprinkler
schwenkbarer Farbbehälter m <obfl> • swivel paint cup
schwenkbarer Propeller m <fz> (Flugzeug, Schiff) • tilt- ing propeller
schwenkbarer Spiegel m :V <opt> • tilting mirror
schwenkbares Rad n <tech.allg> (z. B. Karren, Wagen, Sitzmöbel, Klavier) • castoring wheel
schwenkbares Rad n <tech.allg> (z. B. Bürosessel, Ein- kaufswagen) • fully swivelling wheel
schwenkbares Rad n <tech.allg> • castoring wheel; swivelling wheel
schwenkbares Rad n <förd> (Flurförderzeug) • swivelling wheel
schwenkbares Rad n <masch> • fully castoring wheel
schwenkbare Unterwange f <prod> • swing-out clamp- ing beam
schwenkbar montiert <tech.allg> • swivel-mounted
Schwenkbereich m <mil> (Abzug, Griff) • rake adjust- ment range
Schwenkbewegung f <tech.allg> • tilting motion
Schwenkbewegung f <tech.allg> (z. B. Flugzeug, Ro- boter, Schiff) • yaw; yaw motion rare; yawing; yawing motion rare
Schwenkbewegung f <förd> (Kran) • slewing
Schwenkbewegung f <förd> (Bagger) • swinging
Schwenkbewegung f <masch> • swivel motion
Schwenkbohrmaschine f <wz.masch> • radial drilling machine
Schwenkdüse f <aerospace> (Senkrechtstarter) • tilting jet nozzle
Schwenkeinheit f <prod.autom> • tipping unit
Schwenken n <edv> • panning
Schwenken n <edv> • panning; camera panning
Schwenken n <navig> (Display) • panning
schwenken v <tech.allg> • hinge v
schwenken v <tech.allg> • pivot v
schwenken v <tech.allg> • rotate v
schwenken v <autom> (Arm) • rotate v; swing, sweep
schwenken vi <tech.allg> (um weniger als 360 Grad; z. B. Kranausleger) • swing vi
schwenken vi <edv> • pan vt
schwenken vi <prod.autom> • swivel vi; sweep vi; swing vi
schwenken vt <allg> (um Waagerechte) • tilt vt
schwenken vt <förd> (Kran) • slew vt

schwenken vt <licht.theat> (Scheinwerfer) • pan vt
schwenken vt <logist> (Gabel) • rotate vt; swivel vt
schwenken vt <masch> (Arm, Ausleger) • swing vt
schwenken vt <masch> • swivel vt
schwenken vt <navig> (Display) • pan vt
Schwenken der Pistole n <obfl.qualit> (Lackierfehler) • arcing
Schwenkfenster n Opel <kfz> (Dreiecksfenster in der Vordertür) • quarter vent; door vent; vent; flipper window AUS; door window ventilator US.rare
Schwenkfilter m USG <el> • swing out filter basket
Schwenkflügel m <aerospace> • tilting wing
Schwenkflügel m <masch> (Flügelpumpe) • swinging vane
Schwenkflügelfenster n <bau> • side-hung light
Schwenkflügelflugzeug n <aerospace> • variable-geo- metry airplane; variable-sweep aeroplane
Schwenkflügler m <aerospace> • variable-geometry air- plane; variable-sweep aeroplane
Schwenkgalgen m <prod> (Roboter) • slewing gallow
Schwenkgelenk n <prod.autom> (z. B. Roboter) • swivel joint
Schwenkhahn m <rls> • swivel tap
Schwenkhebel m (Nortongetriebe) • shifting arm
Schwenkhebel m <masch> • pivoted lever
Schwenkhebel m <masch> • rocking lever
Schwenklader m <bau.masch> • swing loader
Schwenklager n <bau> (z. B. Brücke) • rocker pivot
Schwenklasche f <nfz> • hook
Schwenkluftschraube f <aerospace> • tilting propeller
Schwenkmeißelhalter m <wz> • swivel tool-holder
Schwenkrad n <tech.allg> • castoring wheel; swivelling wheel
Schwenkrad n <masch> (Getriebe) • tumbler gear
Schwenkrahmen m <msr> • swing frame (DIN 43350); hinged frame
Schwenkregner m DIN 4047-9 <agri> • oscillating spray line; oscillating nozzle line
Schwenkregner m <agri> • swing-arm sprinkler
Schwenkregner m <feuer> • oscillating sprinkler
Schwenkrolle f <theat.förd> (Bühnenwagen) • swivel caster
Schwenksäule f <förd> (Kran) • swivel axis
Schwenkschaufellader m <bau.masch> • swing loader
Schwenkscheibe f <kfz> • wind wing
Schwenkscheibe f <masch> (Pumpe) • tilting box
Schwenkschiebetür f <nfz> • plug door
Schwenkschild m <bau.masch> • angledozer blade
Schwenkschildplanierraupe f <bau.masch> • angle- dozer; angling dozer; tilting dozer; grade builder pract; trailbuilder coll
Schwenkschlitten m <masch> • swinging base
Schwenkschubgabel f <logist> (RFZ) • rotating fork; swivelling fork
Schwenkseiltrommel f <verf> (von Rechenreiniger; Ab- wasserreinigung) • control drum
Schwenksitz m <fz> (z. B. in Vans) • swivel seat
Schwenkspiegel m :V <opt> • tilting mirror
Schwenkstand m <förd> • swivel stand
Schwenktaster m • selector switch km
Schwenktisch m <prod> • swivel table
Schwenktriebwerk n <aerospace> (z. B. Senkrechtstar- ter) • pivoted engine; swivelling engine; tilting-jet engine
Schwenkvorgang m <navig> (Display) • panning
Schwenkwerk n <förd> (Bagger, Kran) • slewing gear
Schwenkwinkel m <förd> (Kran) • slewing angle
schwer <bekl> • heavyweight
schwer <nahr> (Wein) • heavy
Schwerachse f <tech.allg> (geometrisch) • centroid axis

Schwerachse f <phys> • gravity axis

schwer aufzubereitendes Erz n <min> • refractory ore

schwer bearbeitbar <prod> *(spanend)* • difficult to machine

Schwerbenzin n <chem.petr> • heavy gasoline

Schwerbenzin n <chem.petr> *(Benzinfraktion für techn. Zwecke; Siedebereich 90 – 120 °C)* • naphtha

Schwerbenzin n <mot> • heavy gasoline

schwer bespultes Kabel n <el> • heavy-loaded cable

Schwerbeton m <bau.mat> • heavyweight concrete

Schwerbeton m <bau.mat> • dense concrete

Schwerbeton m <bau.mat> • heavy-aggregate concrete

Schwerbeton m <bau.mat> • heavy concrete

Schwerdrehmaschine f <wz.masch> • heavy-duty lathe

Schwere f rar <phys> • gravity; gravitational force; force of gravity; gravitation force

Schwereanomalie f <phys> • gravity anomaly

Schwerebeschleunigung f rar <phys> • gravity acceleration (g); gravitational acceleration; acceleration due to gravity *did*

schwere Egge f <agri> • drag

schwere Egge f <agri> • drag harrow

Schwerefeld n <phys> • gravitational field

Schwerefeld n <phys> • gravity field

Schwerefesselung f <navig> • gravity control

Schwerefesselung mit obenliegendem Schwerpunkt f <navig> *(Kreisel)* • top heavy control

Schwerefesselung mit untenliegendem Schwerpunkt f <navig> • bottom heavy control

Schweregradient m <phys> • gravity gradient

schwere Güterzuglok f ugs <bahn> • heavy freight train locomotive; heavy freight train loco *coll*

schwere Güterzuglokomotive f <bahn> • heavy freight train locomotive; heavy freight train loco *coll*

schwere Gummiradwalze f <bau.masch> *(zur Bodenbearbeitung)* • supercompactor

Schwerekreisel m <tech.allg> • gravity-controlled gyroscope

schwerelos <aerospace> • gravity-free

schwerelos <aerospace> • weightless

Schwerelosigkeit f <aerospace> • weightlessness

Schwerelosigkeit f <phys> *(z. B. Raumfahrt)* • zero gravity

Schweremesser m <msr> • gravimeter

Schweremessung f <msr> • gravimetry

schwer entflammbar <mat> • flame-resistant

schwerentsorgbarer Abfall m <ents> *(Teil des Industrieabfalls)* • hazardous waste; special waste

schwer entzündliches Gehäuse n <tech.allg> • flame retardant case

schwere Pappe f <pap> • heavy board

Schwerependel n <phys> • gravity pendulum

Schwerepotential n • gravitational potential

schwerer Grubber m <agri> • ripper

schwerer Industriesteckverbinder m <el> • heavy-duty industry-quality connector

schwerer Karton m <pap> • heavy paperboard

schwerer Kreisel m <tech.allg> • gravity-controlled gyroscope

schwerer Ringschlüssel m rar <wz> *(Einringschlüssel mit Aufsteckrohr)* • heavy-duty ring wrench

schwerer Stahl m <metall> • heavy steel

schwerer Wasserstoff m <chem> • deuterium (D); heavy hydrogen

schweres Benzin n <chem.petr> *(Benzinfraktion für techn. Zwecke; Siedebereich 90 – 120 °C)* • naphtha

schweres Deuterium n <chem> • tritium

Schwereseigerung f <metall> • gravity segregation

schweres Elementarteilchen n <nukl> • heavy particle

schweres Heizöl n <chem.petr> • heavy fuel oil

schweres Heizöl n <chem.petr> *(hochviskoses Heizöl, vorwiegend in Großfeuerungsanlagen)* • heavy fuel oil; fuel oil No. 4 *US*; fuel oil No. 5 *US*; fuel oil No. 6 *US*

schweres Heizöl n <petr> • bunker oil

schweres Köpergewebe n <kfz> *(Glasfasergewebe)* • coarse woven roving

schweres Öl n <verbr> • heavy oil

schwere Stahlkonstruktion f <tech.allg> • heavy steel structure

Schwerestörung f <phys> • gravity anomaly

schweres Wasser n ugs <chem> • deuterium oxide; heavy water *coll*

Schweretrennung f <verf> • gravity separation

Schwerevektor m <phys> • gravity vector

Schwerewelle f <phys> • gravity wave

Schwerezentrum n <phys> • center of gravity

schwerflüchtig • difficultly volatile; slow-evaporating

schwerflüchtiges Lösungsmittel n • long solvent

schwerflüchtiges Lösungsmittel n <chem> • slow solvent

schwerflüssig <tech.allg> • heavy

Schwerflüssigkeit f *(Aufbereitung)* • dense medium

Schwerflüssigkeit f <tech.allg> • heavy medium

Schwerflüssigkeitsscheider m • dense-medium washer

Schwerflüssigkeitssetzmaschine f • dense-medium jig

Schwerflüssigkeitssortieren n <verf> *(z. B. Erz von taubem Gestein trennen)* • dense medium separation

Schwerflüssigkeitsverfahren n • float-and-sink method

Schwerflüssigkeitszyklon m • dense-medium cyclone

Schwerfraktion f <ents> • heavy fraction

schwergängig <kfz> • heavy; tight

schwergängig <kfz.antr> *(Kfz-Bedienung)* • heavy

schwergängig <masch> *(z. B. Gewinde, Spindel)* • stiff

Schwergängigkeit f <tech.allg> • binds

schwer geschädigt <holz> *(Wald, Bäume; weit fortgeschrittenes Waldsterben)* • severely damaged

Schwergewebe n <textil> • heavy fabric

Schwergewebestuhl m <textil> • heavy-duck loom

Schwergewichtsanker m <nav> • bower anchor

Schwergewichtsplattform f <petr> • gravity platform

Schwergut n <logist> • heavy cargo

Schwergut n <logist> • heavy goods

Schwergut n <logist> • heavy material

Schwergutschiff n <nav> • heavy-cargo ship

Schwerindustrie f <ökon> • heavy industry

Schwerkraft f <phys> • gravity; gravitational force; force of gravity; gravitation force

Schwerkraft-Abscheider m <verf> • gravity separator

Schwerkraftabscheider m <verf> • gravitational separator

Schwerkraftabscheider m <verf> • gravity separator

Schwerkraftabscheider m <verf> • gravity separator; gravity collector

Schwerkraftabscheidung f <verf> • gravity separation

Schwerkraftabsetzbehälter m • gravity settling tank

Schwerkraftakkumulator m • gravity-loaded accumulator

Schwerkraftantrieb m <förd> • gravity drive

Schwerkraftaufbereitung f <verf> • gravity classification

Schwerkraftaufbereitung f <verf> • gravity concentration

Schwerkraftaufbereitung f <verf> • gravity separation

Schwerkraftbecherwerk n <förd> • gravity-discharge bucket elevator

Schwerkraftbecherwerk n <förd> • perfect-discharge bucket elevator

schwerkraftbedingtes Zurückfließen nsg <energ.sol> • gravity-induced backward flow

Schwerkraftbeschleunigung *f rar* <phys> • gravity acceleration (g); gravitational acceleration; acceleration due to gravity *did*
Schwerkraftentladung *f* <logist> • gravity unloading
Schwerkraftentstauber *m* <verf> • gravity separator; gravity collector
Schwerkraftentwässerungssystem *n selten* <ents.hydr> • gravity sewer system
Schwerkraftfilter *n* <verf> • gravity filter
Schwerkraftförderer *m* <förd> • gravity conveyor
Schwerkraftförderung *f* <logist> *(Regal)* • gravity feed
Schwerkraftfühler *m* <navig> • gravity sensor
Schwerkraft-Gegenstromentstauber *m* <verf> • reverse flow gravity collector; reverse flow gravity separator; gravity collector with counter-current flow; gravity separator with counter-current flow
Schwerkraft-Gleichstromentstauber *m* <verf> • uniflow gravity collector; uniflow gravity separator; gravity collector with co-current flow; gravity separator with co-current flow
Schwerkraftgründung *f* <bau> • gravitation foundation
Schwerkraftgründung *f* <petr> • gravity foundation
Schwerkraftguss *m* <kfz> *(Rad)* • gravity die-casting (GD)
Schwerkraftklassierer *m* <verf> • gravity classifier
Schwerkraftklassierung *f* <verf> • gravity classification
Schwerkraftlichtbogenschweissen *n DIN EN ISO 4063* <füg> • gravity welding with covered electrode ISO 4063; gravity feed welding *US*
Schwerkraftmesser *m* <msr> • gravimeter
Schwerkraftmessung *f* <msr> • gravimetry
Schwerkraft-Querstromentstauber *m* <verf> • cross-current flow gravity collector; cross-current flow gravity separator; gravity collector with cross-current flow; gravity separator wiht cross-current flow
Schwerkraftschweißen *n* (SK) <füg> • flow welding (FLOW)
Schwerkraftsedimentation *f DIN 66160* <verf> • gravity sedimentation
Schwerkraftseigerung *f* <metall> • gravity segregation
Schwerkraftsystem *n* <obfl.wz> • gravity-feed paint supply system; gravity feed system *pract*
Schwerkraftumlauf *m* <hlk> • gravity circulation
Schwerkraft-Verankerungs-Einrichtung *f* <petr> • gravity anchoring structure
Schwerkraftwarmwasserheizung *f* <hlk> • gravity-circulation hot-water heating
Schwerkraftzuführung *f* <prod> *(z. B. über Rutsche)* • gravity feed
Schwerlastanhänger *m* <nfz> • heavy hauler; heavy-haul trailer; heavy-duty trailer
Schwerlasthubschrauber *m* <aerospace> • heavy-lift helicopter
Schwerlastkraftwagen *m* <nfz> • heavy-duty lorry
Schwerlast-Luftschiff *n* <aerospace> • cargolifter
Schwerlastmuldenkipper *m* <nfz> • dumper *US.GB*
Schwerlastregal *n* <logist> *(Palettenregal)* • heavy-duty rack
Schwerlast-Spanngurte *mpl* <logist.pack> *(mit Sperrklinke)* • heavy-duty ratchet straps
Schwerlast-Zugmaschine *f* <nfz> • heavy hauler
Schwerlastzugmaschine *f* <nfz> • heavy hauler
Schwerlegierung *f* <mat> • heavy alloy
schwerlöslich <mat> • poorly soluble
Schwermaschinenbau *m* <masch> • heavy engineering industry
Schwermaschinenbau *m* <masch> • heavy-machine building
Schwermetall *n* <mat> *(Dichte über 4500 kg/m³)* • heavy metal

Schwermetalle *npl* <verf> • heavy metals
Schwermetallegierung *f* <mat> • heavy alloy
schwermetallhaltiger Schlamm *m* <ents> *(eher dünnflüssig)* • heavy-metal-containing slurry
schwermetallhaltiger Schlamm *m* <ents> *(eher dickflüssig)* • heavy-metal-containing sludge
Schwermetall-Munition *f* <mil> • heavy-metal ammunition
Schwermetallsalz *n* • heavy-metal salt
Schwermineral *n* <min> • heavy mineral
Schwermineralsand *m* • black sand
Schweröl *n* <chem.petr> • heavy oil
Schwerölvergaser *m* <verf> • heavy-oil carburettor
Schwerpunkt *m* <mech> *(einer Masse)* • center of mass
Schwerpunkt *m* <mech> • centre of gravity
Schwerpunkt *m* <phys> • center of gravity (CG); centroid *thsc*; center of mass; centre of gravity *GB*; mass centre *GB*
Schwerpunktabstand *m* <mech> • centroidal distance
Schwerpunktachse *f* <mech> • neutral axis
Schwerpunktbahn *f* <mech> • center-of-mass trajectory
schwerpunktmäßige Überwachung *f* <alarm> • point protection
Schwerpunktsatz *m* <mech> • center-of-mass theorem; barycentric theorem
Schwerpunktsenkung *f* <fz> • lowering of the center of gravity
Schwerpunktskoordinate *f* • barycentric coordinate
Schwerpunktskoordinate *f* <math> *(z. B. im kartesischen System)* • center-of-mass coordinate
Schwerpunktsystem *n* • barycentric system
Schwerpunktwellenlänge *f* <phys> • spectral centroid
schwer schmelzbar <mat> • hard to melt
schwerschmelzbar <mat> • high-melting
schwerschmelzbar <mat> • high-melting-point
schwerschmelzend <mat> • high-melting
schwerschmelzend <mat> • high-melting-point
Schwerschmutz *m* <pap.ents> • heavies *pl*; heavy compounds *pl*; heavy contaminants *pl*
schwersiedend <tech.allg> *(z. B. Kraftstoff)* • high-boiling
schwersiedend <chem.petr> • high boiling
schwer spanbar <mat> • hard-to-machine
Schwerspat *m* <bau> • heavy spar; barite
Schwerspat *m ugs* <min> • barite (BaSO₄); barium sulfite; heavy spar *coll*
Schwerspülung *f* <verf> • heavy mud
Schwerstange *f* <petr> *(Rotarybohren)* • drill collar
Schwerstange *f* <petr> • drill stem; sinker bar
Schwerstange mit Spiralnuten <petr> • spiral drill collar
Schwerstange mit Spiralnuten *f* <petr> • spiral drill collar
Schwerstangenzug *m* <petr> • drilling column
Schwerstbeton *m* <bau.mat> • heavy-weight concrete
Schwerstbeton *m* <bau.mat> • high-density concrete
Schwerstoff *m* • high-gravity solid
Schwert *n* <mus> *(Orgel)* • stop action backfall
Schwert *n* <nav> • centreboard
Schwert *n* <nav> *(Segelboot)* • center-board
Schwert *n* <theat> • carrier; driver
Schwertanguss *m* <kst> • fan gate
Schwertauflöser *m* *(Kiesaufbereitung)* • log washer
Schwertboot *n* <nav> • centerboarder; jolly boat
Schwerteile *npl* <pap.ents> • heavies *pl*; heavy compounds *pl*; heavy contaminants *pl*
Schwertteilschleuse *f* <pap.ents> • junk trap
Schwertfalzmaschine *f* <druck> • knife folding machine; knife folder
Schwertfeile *f* <wz> • slitting file; wave-saw file
Schwertkasten *m* <nav> *(Segelboot (Schwertboot im Ggs. zu Kielboot))* • center-board case

Schwertkasten *m* <nav> *(Segelboot)* • center-board trunk
Schwertkasten *m* <nav> *(Segelboot)* • center-board well
Schwertransport *m* <nfz.logist> • heavy haulage
Schwertransportwagen *m* <bahn> • heavy load carrier [car]
Schwertspant *m* <nav> • midship frame; midship section; midship bend
Schwerwasser *n* <phys> • heavy water
schwerwassermoderiert <nukl> • heavy-water-moderated
schwerwassermoderierter Reaktor *m* <nukl> • heavy water moderated reactor
schwerwassermoderierter Reaktor *m* <nukl> • heavy water reactor
schwerwassermoderierter Reaktor *m* <nukl> • deuterium moderated reactor; heavy water moderated reactor; heavy water reactor
Schwerwasserreaktor *m* (SWR) <nukl> • deuterium moderated reactor; heavy water moderated reactor; heavy water reactor
Schwerwasserreaktor *m* <nukl> • heavy-water reactor
Schwerwassersiedereaktor *m* <nukl> • heavy-water boiling reactor
schwerwiegender Fehler *m* <qualit> • fatal error
schwer zerspanbar <prod> • hard to machine
schwer zugänglich <tech.allg> *(z. B. Wartung, Reparatur)* • hard to reach
schwer zugänglich <tech.allg> *(Stelle; z. B. in Hohlräumen)* • inaccessible
schwer zugängliche Stelle *f* <tech.allg> *(z. B. Vertiefung, Spalte)* • recess
schwer zugängliche Stelle *f* <kfz> • recess
schwer zugängliche Stelle *f* <rep> • awkward location
Schwiegermuttersitz *m* <kfz> *(im Heck)* • dickey [seat]; dicky [seat]
schwieriger Gleisverlauf *m* <bahn> • intricate trackage
Schwimmanteil *m* *(Flotation)* • floating fraction
Schwimmaufbereitungsanlage *f* • floatation plant
Schwimmbadabdeckung *f* <energ.sol> • swimming pool cover
Schwimmbadreaktor *m* <nukl> • swimming pool reactor
Schwimmbadwassererwärmung *f* <hlk> • swimming pool heating
Schwimmbagger *m* DIN EN ISO 8384 <nav.förd> *(allg.)* • floating dredger; dredger
Schwimmbrücke *f* <bau> *(Ponton-, Floßbrücke)* • floating bridge
Schwimmbuchsenlager *n* DIN ISO 4378-1 <masch> • floating bush bearing *ISO 4378-1*
Schwimmdach *n* <bau> • floating roof
Schwimmdecke *f* <chem.verf> • scum layer; scum
Schwimmdeckel *m* <kfz> *(in Tankinnenblase)* • floating cover
Schwimmdeckenzerstörer *m* <verf> • scum breaker
Schwimmdichte *f* <nav> • buoyant density
Schwimmdock *n* <nav> • floating dock
Schwimmdock *n* <nav> • pontoon dock
Schwimmebene *f* <nav> *(Schiff)* • plane of floatation; water-line plane; water plane
schwimmend <tech.allg> • floating
schwimmend <tech.allg> • water-borne
schwimmend <tech.allg> *(gelagert, angeordnet; laterale Bewegung möglich)* • floating
schwimmend <nav> • buoyant
schwimmende Bohreinrichtung *f* <petr> • floating oil rig; floating drilling installation; mobile oil rig; floating platform
schwimmende Bohrinsel *f* <petr> • floating oil rig; floating drilling installation; mobile oil rig; floating platform

schwimmende Geräte *npl* <petr> • floating equipment
schwimmende Plattform *f* <petr> • floating oil rig; floating drilling installation; mobile oil rig; floating platform
schwimmender Aufbau *m* <petr> • buoyant structure
schwimmender Estrich *m* <bau> • floating floor
schwimmender Fußboden *m* <bau.innen> *(allg.)* • floating floor
schwimmender Körper *m* • floating body
schwimmender Kolben *m* did <kfz.brems> *(im Tandem-Hauptzylinder)* • secondary piston; floating piston
schwimmender Landungssteg *m* <nav> • floating jetty
schwimmendes Lager *n* <kfz.mot> *(z. B. im Turbolader)* • floating bearing
schwimmendes Offshore-Gerät *n* <petr> • floating offshore structure
schwimmendes Versorgungsteil *n* <petr> • tender
schwimmende Verunreinigungen *fpl* <pap.ents> • floating impurities *pl*
schwimmend gelagert <masch> *(z. B. Kolbenbolzen)* • floating fit
schwimmend verlegter Fußboden *m* <bau.innen> *(allg.)* • floating floor
Schwimmer *m* <msr> *(Niveauregulierung; z. B. im Vergaser, Tank)* • float
Schwimmer *m* ugs <nav> *(z. B. für Landungssteg, Behelfsbrücke)* • pontoon; buoyancy device *form*; float *coll*
Schwimmer *m* <prod> • float
Schwimmerachse *f* <kfz.mot> • float hinge pin
Schwimmerdichtemesser *m* <msr> • float densitometer
Schwimmerdruckmesser *m* <msr> • float manometer
Schwimmerdurchflussmesser *m* <msr> • float flowmeter; rotameter
Schwimmerfüllstandsmesser *m* <msr> • ball-float liquid level meter
Schwimmerfüllstandsmesser *m* <msr> • float-type level gauge
Schwimmergehäuse *n* <masch> • float bowl
Schwimmergehäuse *n* <masch> • float cage
Schwimmergehäuse *n* <masch> • float chamber
Schwimmerkammer *f* <kfz> • carburetor float chamber *US*; float bowl *GB*
Schwimmerkammer *f* <kfz.mot> • carburetor float chamber; carb float bowl *pract.coll*; float bowl *pract.coll*
Schwimmerkammerdeckel *m* <kfz.mot> *(Fallstromvergaser; Deckel über Schwimmerkammer)* • float chamber cover
Schwimmerkammerentlüftung *f* <kfz.mot> • bowl vent line; bowl vent connection
Schwimmerkappe *f* Bing <kfz> • carburetor float chamber *US*; float bowl *GB*
Schwimmer-Magnetschalter *m* <msr> • float-controlled solenoid switch
Schwimmermanometer *n* <msr> • float manometer
Schwimmernadel *f* <kfz> *(Vergaser)* • float needle
Schwimmernadel *f* <kfz.mot> *(Vergaser)* • float needle
Schwimmernadel *f* <mot> • carburetor float needle
Schwimmernadel *f* <mot> • carburetor float spindle
Schwimmernadelventil *n* <masch> *(z. B. von Vergaser, Toilettenkasten)* • float needle valve
Schwimmerregelung *f* <msr> *(z. B. Flüssigkeitsstand)* • float control
Schwimmerschalter *m* • float-actuated switch
Schwimmerschalter *m* <el> • liquid-level switch
Schwimmerschalter *m* <förd> *(Tauchpumpe)* • float switch
Schwimmerschalter *m* <msr> • water level sensor; float switch
Schwimmerschalter *m* <msr> • level switch
Schwimmerstellung *f* • float position

Schwimmerventil *n* • float-controlled valve
Schwimmerventil *n* <prod> • float valve
Schwimmervergaser *m* <mot> • float-type carburettor
schwimmfähig <navig> *(Empfänger)* • floating
schwimmfähig *adj* <nav> • buoyant
Schwimmfähigkeit *f* • buoyancy
Schwimmfähigkeit *f* <tech.allg> • floatability
Schwimmfähigkeit *f* <tech.allg> • floating capacity
Schwimmfähigkeit *f* <tech.allg> • floating power
Schwimmfähigkeit *f* <nav> • buoyancy
Schwimmfender *m* <nav> • floating fender
Schwimmgerät *n* <petr> • floating equipment
Schwimmgleichgewicht *n* <geo> *(Theorie vom Gleich-gewichtsausgleich der Erdkruste)* • isostasy
Schwimmgleichgewicht *n* <nav> • buoyant stability
Schwimmgreifer *m* <bau.masch> • grab dredger
Schwimmgreifer *m* <förd> • grapple dredger
Schwimmgut *n* • float material
Schwimmgut *n* • floating fraction
Schwimmgut *n* • floats
Schwimmgut *n* <verf.hydr> • floating matter; floating debris
Schwimmhaut *f* <kst> *(sehr dünn, flächig; Spritzgieß-fehler in der Wz-Trennebene)* • flash; web; webbing
Schwimmhilfe *f* <nav> • buoyancy aid
Schwimmittel *n* • floatation agent
Schwimmkasten *m* <bau> • floating caisson
Schwimmkasten *m* <nav> • buoyant chamber
Schwimmkastengründung *f* <bau> • floating caisson foundation
Schwimmkörper *m* <tech.allg> • float
Schwimmkörper *m form* <nav> *(z. B. für Landungssteg, Behelfsbrücke)* • pontoon; buoyancy device *form*; float *coll*
Schwimmkörper an der Plattform *m* <petr> • floater
Schwimmkompass *m* <navig> • fluid compass
Schwimmkompass *m* <navig> • liquid compass
Schwimmkran *m* <förd> • floating crane
Schwimmkran *m* <förd> • pontoon crane
Schwimmkreisel *m* <navig> • floated gyro
Schwimmlage *f* <nav> • floating condition
Schwimmlöffelbagger *m* <bau.masch> • dipper dredger
Schwimmrahmen *m* <kfz.brems> *(der Schwimmrahmen-bremse)* • floating frame
Schwimmrahmenbremse *f* <kfz.brems> • floating-frame disc brake; sliding-caliper disc brake *Teves*
Schwimmrahmen-Scheibenbremse *f form* <kfz.brems> • floating-frame disc brake; sliding-caliper disc brake *Teves*
Schwimmramme *f* <bau.masch> • floating pile driver
Schwimmsand *m* <bau> • quicksand; running sand; shifting sand
Schwimmschalter *m* <msr> • water level sensor; float switch
Schwimmschalter *m* <verf.hydr.msr> • float switch; float type switch
Schwimmschicht *f* <chem.verf> • scum layer; scum
Schwimmschlamm *m* <ents> • scum
Schwimmschlamm *m* <verf.hydr> • scum
Schwimmschlammräumschild *m* <verf.hydr> • scum remover; scum collector; skimmer
Schwimmschlammschild *m* <verf.hydr> • scum re-mover; scum collector; skimmer
Schwimmschuh *m* <petr> • float shoe
Schwimm-Sink-Analyse *f* *(Aufbereitung)* • float-and-sink analysis
Schwimm-Sinkscheidung *f* <ents> • sink float [separa-tion]; heavy media separation
Schwimm-Sink-Verfahren *n* *(Aufbereitung)* • float-and-sink method

Schwimmsteg *m* <nav> • floating jetty
Schwimmstoff *m* *(Abwässer)* • floating solid
Schwimmstoff *m* <ents> • floating matter
Schwimmstoffablenkrost *m* <energ> *(vor dem Einlauf von Wasserkraftwerken)* • drift barrier
Schwimmstoffabstreifer *m* <verf.hydr> • scum remover; scum collector; skimmer
Schwimmstoffe *mpl* <verf.hydr> • floating matter; floating debris
Schwimmstoffräumer *m* <verf.hydr> • scum remover; scum collector; skimmer
Schwimmtank *m* <petr> • floating tank
Schwimmtor *n* • gate vessel
Schwimmverfahren *n* <ents> • floating process
Schwimmwasserlinie *f* <nav> • floatation line
Schwimmwasserlinie *f* <nav> • line of floatation
Schwimmweste *f* <nav> • life-jacket
Schwimmweste *f* <nav> • life vest
Schwimmweste *f* <sich> • life jacket
Schwimmweste *f* <sich> *(z. B. Wildwasserfahren)* • life-jacket
Schwimmzwischenstück *n* <petr> • float collar
Schwindbewehrung *f* <prod> • shrinkage reinforcement
Schwinden *n* <holz> *(bei Baumaterialien aus Holz)* • shrinkage
Schwinden *n* <mat> *(z. B. Beton, Holz, Metallguss)* • shrinkage
Schwinden *n* <mat> *(z. B. Holz)* • shrinkage; shrinking
schwinden *vi* <mat> *(z. B. Gussstück beim Erstarren)* • contract *vi*
schwinden *vi* <mat> *(z. B. Beton, Holz, Metallguss)* • shrink *vi*
schwinden *vt* <av> • fade *vt*
schwinden *vt* <prod> *(Gussstück)* • shrink *vt*
Schwindfuge *f* <prod> *(große Gussstücke)* • contraction joint
Schwindindex *m* • shrinkage ratio
Schwindmaß *n* <obfl.holz> • degree of shrinkage; rate of expansion and contraction
Schwindmaß *n* <prod> *(Gießereitechnik)* • contraction al-lowance
Schwindmaß *n* <prod> *(Gussstück)* • shrinkage
Schwindmaßstab *m* <msr> *(für Gießerei)* • contraction rule
Schwindmaßstab *m* <prod> • patternmaker's rule
Schwindmaßstab *m* <prod> • shrink rule
Schwindriss *m* <mat> • shrinkage crack
Schwindriss *m* <qualit.mat> *(Gussstück)* • contraction crack
Schwindspannung *f* <mech> • shrinkage stress
Schwindung *f* <kst> *(vor dem Entformen; im Ggs. zu Schrumpfung)* • shrinkage; mold shrinkage; processing shrinkage; shrinkage from mold dimensions *US*; contrac-tion
Schwindung *f* <mat> *(z. B. Holz)* • shrinkage; shrinking
Schwindung *f* <phys> *(betont: Volumenabnahme)* • vol-ume contraction; contraction
Schwindungshohlraum *m* <prod> *(allg.)* • contraction cavity; shrink hole *coll*
Schwindungslunker *m* <metall> • shrinkage cavity
Schwindungslunker *m* <prod> *(Gießen)* • shrinkage piping
Schwindzugabe *f* <prod> *(Gießen)* • shrinkage allowance
Schwindzugspannung *f* <mech> • tensile shrinkage stress
Schwingachse *f* <fz> • floating axle
Schwingachse *f* <kfz> • swing axle
Schwingachse *f* <masch> • flexible axle
Schwingachse *f* <masch> • jointed cross shaft

Schwinganker *m (Magnetsystem)* • swinging lever
Schwinganker *m* <el> • oscillating armature; rocking armature
Schwingarm *m* <kfz> • suspension arm
Schwingarm *m* <masch> • oscillating arm; pawl arm
Schwingarm *m* <masch> • radius unit
Schwingarm *m* <masch> • rocker
Schwingarm *m* <masch> • rocking arm
Schwingarmfederung *f* <kfz> • wishbone suspension
Schwingarm-Greifer-Einrichtung *f* <prod> • iron hand
Schwingaudionempfänger *m* <tele> • self-heterodyne receiver
Schwingaudionempfang *m* <tele> • self-heterodyne reception
Schwingaudionschaltung *f* <el> • autodyne circuit
Schwingausführung *f* <bau> *(Vertikalschiebe-Schwingflügel)* • center pivot design
Schwingbackenbrecher *m* • balanced-jaw crusher
Schwingbalkenofen *m* <metall> • walking-beam furnace
Schwingbereichsänderung *f* <el> • mode shift
Schwingbett *n* <nav> • cot
Schwingbewegung *f* <tech.allg> • rocking motion
Schwingbewegung *f* <masch> • oscillatory motion
Schwingbolzen *m* <masch> • swivel pin
Schwingbreite der Spannung <mech> *(Festigkeitslehre)* • stress amplitude; stress range
Schwingbügel *m* <bau.mat> *(z. B. für direktbefestigte Vorsatzschalen)* • resilient bracket; bracket
Schwingdrahtmagnetometer *n* <msr> • oscillating-wire magnetometer
Schwingdrossel *f* <el> • swing choke
Schwingdurchmesser *m* <wz.masch> • swing diameter
Schwinge *f* • beam
Schwinge *f* <agri> • winnow
Schwinge *f* <fz> *(Motorrad)* • link fork
Schwinge *f* prakt <kfz.wz> *(zum Treiben langer, schwachgewölbter Bleche)* • raising and wheeling machine *US*; wheeling machine; English wheel *US*; English roller *US*
Schwinge *f* <masch> • lever
Schwinge *f* <masch> • oscillating link
Schwinge *f* <masch> • rocker arm
Schwinge *f* <pack> *(Haspel)* • loop arm
Schwingeinheit *f* <füg> *(Ultraschallschweißen; z. B. bei Vliesstoffen, Chipverdrahtung)* • sonotrode
schwingen *vi* <allg> *(Seil)* • whip *vi*
schwingen *vi* <allg> • cycle *vt*
schwingen *vi* <bau> *(z. B. Fenster, Tür)* • swing *vi*
schwingen *vi* <msr> • hunt *vi*
schwingen *vi* <phys> • oscillate *vi*
schwingen *vi* <phys> • vibrate *vi*
schwingen *vi/vt* <masch> *(z. B. Sieb, Tisch)* • rock *vi/vt*
schwingen *vt* <textil> *(Flachs)* • scutch *vt*
Schwingenachse *f* <fz> *(Motorrad)* • pivot axle
schwingende Dampfmaschine *f* <masch> • steam engine with oscillating cylinders
schwingende Kugelmühle *f* <verf> • oscillating ball mill
schwingende Kugelmühle *f* <verf> • vibrating ball mill
schwingende Kurbelschleife *f* <masch> • oscillating crank slider
schwingende Kurbelschleife *f* <masch> • oscillating slider crank mechanism
schwingende Saite *f* <msr> *(z. B. Messung von Dehnungen in Staudämmen)* • vibrating wire; vibrating element
schwingendes Nadelgehäuse *n* <textil> • swing needle box
schwingende Wurfschaufel *f* <bau.masch> • swing shovel

Schwingendrehachse *f* <fz> *(Motorrad)* • fork pivot
Schwingengabel *f* <fz> *(Motorrad)* • pivoted fork
Schwingenlager *n* <fz> *(Zweirad)* • pivot bush; pivot bushing
Schwingenlagerung *f* <fz> *(Zweirad)* • pivot bush; pivot bushing
Schwingenpendel *n* <bahn> *(Drehgestell)* • suspension rod; swing link
Schwingenzapfen *m* • follower pin
Schwingenzapfen *m* <masch> *(Getriebe)* • rocker pivot
schwingfähiges System *n* <tech.allg> • oscillating system
Schwingfenster *n* <bau> • horizontally pivoted window
Schwingfestigkeit *f* <qualit.mat> *(max. Spannung, mit der ein Mat. beliebig oft zyklisch belastbar ist)* • fatigue limit; endurance limit; fatigue strength; dynamic strength
Schwingflügel *m* <bau> *(z. B. Fenster)* • pivoted sash
Schwingflügel *m* <masch> *(Pumpe)* • swinging vane
Schwingflügelfenster *n* <bau> • pivot window
Schwingflügelpumpe *f* V <masch> • swinging-vane pump
Schwingförderer *m* VDI 2333 <förd> • jog trough conveyor; vibrator conveyor
Schwingförderer *m* <förd> *(agri)* • vibrating conveyor
Schwingförderer *m* <förd> • vibratory component-feeding hopper; vibratory hopper; vibratory feeder
Schwingfrequenz *f* <el> • oscillating frequency
Schwinggreifer *m* <druck> • swing gripper
Schwinghebel *m* <kfz.brems> *(in Trommelbremse, für Feststellbremse)* • parking-brake lever
Schwinghebel *m* DIN ISO 7967-3 <kfz.mot> *(Ventilsteuerung)* • cam follower *ISO 7967-3*
Schwinghebelachse *f* DIN ISO 7967-3 <mot> • cam follower shaft *ISO 7967-3*
Schwinghebelbock *m* DIN ISO 7967-3 <mot> • cam follower bracket *ISO 7967-3*
Schwinghebelgabel *f* <fz> *(Motorrad)* • pivoted fork
Schwinghebelregner *m* <agri> • hammer-type sprinkler; swing-arm sprinkler
Schwingherd *m* <verf> *(Aufbereitung)* • vibrating table
Schwingkammer *f* <kfz.mot> *(Ein-/Auslasssteuerung bei Zweitaktmotorrädern)* • resonance chamber; power reservoir *Yamaha*
Schwingkondensator *m* <el> • vibrating capacitor
Schwingkontaktgleichrichter *m* <el> • vibrating-reed rectifier
Schwingkreis *m* <el> • resonant circuit; oscillating circuit; oscillator circuit; oscillatory circuit
Schwingkreis *m* <el> • tuned circuit
Schwingkreis *m* <el> • oscillator circuit
Schwingkreis *m* <msr> • resonant circuit
Schwingkreis *m* <phys> • resonance circuit; resonant circuit
Schwingkreisanregung *f* <el> • resonant-circuit excitation
Schwingkreiskopplung *f* <el> • tuned-anode coupling
Schwingkreisspule *f* <el> • oscillator coil
Schwingkreis-Spule *f* <el> • oscillator coil
Schwingkreisstrom *m* <tele> *(Sendekreis)* • circulating current
Schwingkristallmethode *f* <phys> • oscillating-crystal method
Schwingkugel *f* <masch> • centrifugal ball
Schwingkurbel *f* <wz> *(im Steckschlüsselsatz)* • speeder handle *US*; speed handle *US*; speeder [wrench] *US*; speeder brace *GB*; speed brace *GB*
Schwinglager *n* <bau> • sash center
Schwingmühle *f* <verf> • oscillatory mill; vibrating mill
Schwingprüfmaschine *f* <qualit> • fatigue testing machine; vibratory testing machine

Schwingquarz *m* <el> • vibrating quartz crystal; quartz-crystal oscillator; quartz-crystal resonator

Schwingrinne *f* <förd> • vibrator chute

Schwingrost *m* <verbr> *(Heizung)* • shaking grate

Schwingsaite *f* <msr> *(z. B. Messung von Dehnungen in Staudämmen)* • vibrating wire; vibrating element

Schwingsaitendehnungsmesser *m* <msr> • vibrating-wire strain gauge

Schwingsaiten-Drehmomentsensor *m* <msr> • vibrating-element torque transducer; vibrating-wire torque transducer

Schwingsaiten-Kraftsensor *m* <msr> • vibrating-element force transducer; vibrating-wire force transducer

Schwingsattelbremse *f* <kfz.brems> • hinged-caliper disc brake

Schwingschiff *n* <textil> *(Nähmaschine)* • vibrating shuttle

Schwingschleifen *n* <prod> • superfinishing

Schwingschleifer *m* <wz> *(rechteckige Fläche, oszillierende Schwingbewegung; zum Schleifen)* • pad sander; jitterbug-type sander; oscillating sander; straight-line sander

Schwingschutzwiderstand *m* <el> • parasitic stopper

Schwingschutzwiderstand *m* <el> • parasitic suppressor

Schwingsieb *n* <obfl> *(beim Sherardisieren bzw. mechanischen Plattieren)* • vibration screen

Schwingsieb *n* DIN ISO 9045 <verf> • vibrating screen ISO 9045; vibratory screen; shaker table

Schwingsieb *n* <verf> • oscillating screen; vibrating screen; reciprocating screen; jigging screen

Schwingsiebroder *m* <agri> • potato shaker

Schwingsiebroder *m* <agri> • shaking-sieve digger

Schwingsiebschleuder *f* <verf> • oscillating-screen centrifuge; oscillating-basket centrifuge

Schwingspiegel *m* <edv> • oscillating mirror; oscillation mirror

Schwingspiegel *m* <opt> • oscillating mirror; instant-return mirror

Schwingspiegelarretierung *f* <phot> *(bei SLR, im oberen Zustand)* • mirror lock

Schwingspiegelscanner *m* <edv> • oscillating mirror scanner; sweep raster scanner

Schwingspielzahl *f* <qualit.mat> • number of stress cycles

Schwingspule *f* <av> • voice coil

Schwingspule *f* <av> • speech coil

Schwingspule *f* <el> • moving coil

Schwingspule *f* <el> • oscillator coil

Schwingspule *f* <el> • vibrating coil

Schwingspule *f* <msr> • oscillator coil

Schwingspulensystem *n* <el> • voice coil system; linear motor; voice coil actuator

Schwingspulen-Träger *m* <av> • voice coil former; coil form; bobbin; tube

Schwingspulenzähler *m* <msr> • oscillating meter

Schwingspulspannungsregler *m* <msr> • moving-coil regulator

Schwingstrom *m* <el> • oscillatory current

Schwingtisch *m* <prod> • oscillating table

Schwingtopf *m* <el> • cavity resonator

Schwingtopf *m* <prod> *(Automation)* • bowl-type vibratory feeder

Schwingtrockner *m* <verf> • vibrating conveyor drier

Schwingtür *f* ugs <bau> • swinging door

Schwingtür *f* <nfz> *(z. B. Autobus; Gleit- und Drehbewegung)* • slide-glide door US; glider door GB

Schwingung *f* <allg> • oscillation

Schwingung *f* norm <av> • oscillation *stand*

Schwingung *f* <bau> *(z. B. Schwingtüt)* • swing

Schwingung *f* <edv.av> • vibration; oscillation; swing

Schwingung *f* <el> • oscillation

Schwingung *f* <el> • hunting

Schwingung *f* <masch> *(hin- und hergehende Bewegung eines Maschinenteiles)* • rocking

Schwingung *f* <mech> *(Seil)* • whipping

Schwingung *f* <msr> • vibration; oscillation

Schwingung *f* <navig> *(eines Signals)* • oscillation

Schwingung *f* <phys> • cycle

Schwingung *f* <phys> • oscillation cycle

Schwingung *f* DIN 1311 <phys> • vibration

Schwingungsachse *f* <phys> • axis of oscillation

Schwingungsachse *f* <phys> • axis of vibration

Schwingungsamplitude *f* <el> • oscillation amplitude

Schwingungsamplitude *f* <phys> • amplitude of oscillation

Schwingungsamplitude *f* <phys> • oscillation amplitude; vibrational amplitude; vibration amplitude

Schwingungsanalyse *f* <phys> • vibration analysis

Schwingungsanfachung *f* <phys> • continuous excitation

Schwingungsart *f* <phys> • mode of oscillation; vibration mode

Schwingungsaufnehmer *m* <msr> • vibration pick-up

Schwingungsbauch *m* <phys> • vibration antinode

Schwingungsbauch *m* <phys> *(einer stehenden Welle)* • antinode DIN IEC 50; antinodal point

schwingungsbeansprucht <mech> *(durch Kräfte, Kraftmomente)* • dynamically loaded

schwingungsbeansprucht <mech> • subjected to vibration

Schwingungsbeanspruchung *f* <mech> *(durch Kräfte, Kraftmomente)* • dynamic load

Schwingungsbeanspruchung *f* <mech> *(durch Kräfte, Kraftmomente)* • dynamic loading

Schwingungsbreite *f* norm <av> • peak-to-valley value norm; peak-to-peak value obs

Schwingungsbreite *f* <edv.av> • peak-to-peak amplitude; peak amplitude; peak-to-peak

schwingungsdämpfend <tech.allg> • antivibration

schwingungsdämpfend <tech.allg> • vibration-damping

schwingungsdämpfende Pumpenlager *npl* <förd> • anti-vibration pump mountings

Schwingungsdämpfer *m* <kfz> • suspension damper

Schwingungsdämpfer *m* norm <kfz> *(Radaufhängung)* • shock absorber; shock coll; damper; shocker GB

Schwingungsdämpfer *m* <kfz> *(in der Kupplungsscheibe)* • torque cushion springs pl; damper springs pl; torque cushion

Schwingungsdämpfer *m* <kfz.mot> *(an Kurbelwelle)* • harmonic balancer; torsional damper; vibration damper; crankshaft vibration damper form

Schwingungsdämpfer *m* <masch> • buffer

Schwingungsdämpfer *m* <masch> *(hydraulisch (z. B. Zweirohrdämpfer), mit Masse, durch Reibung)* • deadener

Schwingungsdämpfer *m* <masch> *(allg.)* • vibration damper; vibration absorber

Schwingungsdämpfer-Abzieher *m* <kfz.wz> • harmonic balancer puller

Schwingungsdämpfung *f* <tech.allg> • vibration damping

Schwingungsdämpfung *f* <phys> • vibration damping

Schwingungsdämpfung *f* <phys> • vibration damping; vibration absorption

Schwingungsdauer *f* <edv.av> • periodic cycle; cycle; vibration period; oscillation time; period of oscillation

Schwingungsdauer *f* <nukl> • period of oscillation; oscillation period

Schwingungsdauer f <phys> • oscillation period; vibration period

Schwingungsdauer f <phys> • vibration period; period of oscillation; duration of oscillation; period of vibration; time of vibration

Schwingungsdauer f <phys> • period of oscillation; period

Schwingungsebene f <phys> • vibration plane

Schwingungsebene f <phys> • oscillation plane; vibration plane

Schwingungseinsatz m <msr> • self-oscillation

Schwingungseinsatz m <phys> • start of oscillation

Schwingungseinsatz m <phys> *(akustisch, elektrisch, mechanisch)* • start of oscillations

Schwingungseinsatzpunkt m <phys> • point of self-oscillation; singing point

Schwingungsenergie f <phys> • oscillation energy; vibrational energy

Schwingungsenergieniveau n <phys> • oscillatory energy level; vibrational energy level

Schwingungserregung f <mech> • excitation of vibration

Schwingungserregung f <phys> • excitation of oscillation

Schwingungserzeuger m <tech.allg> *(z. B. mechanisch, elektronisch)* • oscillation generator

Schwingungserzeuger m <phys> • oscillator; vibrator

Schwingungserzeuger m <phys> • vibration generator

schwingungsfest <qualit> • vibration-proof; vibration-resistant

Schwingungsfestigkeit f <tech.allg> • resistance to vibration

Schwingungsfestigkeit f <qualit.mat> • dynamic strength; vibratory strength

Schwingungsfestigkeit f <qualit.mat> *(max. Spannung, mit der ein Mat. beliebig oft zyklisch belastbar ist)* • fatigue limit; endurance limit; fatigue strength; dynamic strength

Schwingungsfiguren fpl • Chladni's acoustic figures; Chladni's figures

Schwingungsfiguren fpl <akust> • sound pattern

Schwingungsform f <el> *(eines Oszillators)* • waveform; wave form

Schwingungsform f <phys> • mode of vibration

schwingungsfrei <tech.allg> • vibration-free

schwingungsfrei <phys> • aperiodic

schwingungsfreier Lauf m <tech.allg> *(z. B. von Kraft- und Arbeitsmaschinen)* • vibration-free operation

schwingungsfreier Sockel m <tech.allg> • antivibration base

Schwingungsfrequenz f <phys> • oscillation frequency; vibrational frequency

schwingungsgedämpft <tech.allg> • vibration-damped

Schwingungsgenerator m <masch> *(mechanisch)* • vibration generator

Schwingungsgleichung f <phys> • equation of oscillation

schwingungsisoliert <bau> • vibration-isolated

Schwingungsknoten m <phys> • vibration nodal point; vibration node

Schwingungskorrosion f DIN EN ISO 8044 <obfl> • corrosion fatigue ISO 8044

Schwingungslehre f <phys> • theory of vibrations

Schwingungsloch n <el> • sink of oscillation

Schwingungsmesser m <msr> *(Anzeigegerät)* • vibration meter; vibrometer

Schwingungsmesser m <msr> *(Geber)* • vibration pick-up

Schwingungsmessung f <msr> • vibration measurement; oscillation measurement

Schwingungsmittelpunkt m <phys> • center of oscillation

Schwingungsperiode f <nukl> • period of oscillation; oscillation period

Schwingungsperiode f <phys> • oscillation period; vibration period

Schwingungsquantenzahl f <phys> • vibration quantum number

Schwingungsradius m <phys> • radius of oscillation

Schwingungsrisskorrosion f DIN 5090082 <obfl> • corrosion fatigue; corrosion fatigue cracking

Schwingungsschreiber m <msr> • vibrograph

Schwingungssensor m <msr> • vibration transducer

Schwingungsspannung f <mech> *(Normal-, Schubspannung)* • dynamic stress; vibrational stress

Schwingungsspektrum n <phys> • vibration spectrum

Schwingungssymmetrie f <phys> • symmetry of oscillation

Schwingungssystem n <tech.allg> • oscillating system

Schwingungstechnik f <phys> • vibration engineering

Schwingungsterm m <phys> • vibrational energy level

Schwingungstilger m <masch> *(durch Massenträgheit)* • mass damper; damper weight; dampener weight rare

Schwingungstilger m <mech> *(z. B. für Gebäude, Maschinen, Schiffe)* • vibration absorber

Schwingungstyp m <phys> • mode of oscillation

Schwingungsüberwachungssystem n (SÜS) <akust.msr> • vibration monitoring system

Schwingungsverhalten n <tech.allg> • oscillatory behaviour

Schwingungsverhalten n <msr> • oscillatory response

Schwingungsverschleiß m DIN ISO 4378-2 <qualit> *(durch oszillierende Relativbewegung kleiner Amplitude)* • fretting wear ISO 4378-2

Schwingungsverstärker m <phys> • vibration amplifier

Schwingungsviskosimeter n <msr> • oscillatory viscometer; ultrasonic viscometer

Schwingungsvoltmeter n <el> • generating voltmeter

Schwingungsweite f <phys> • oscillation amplitude; vibration amplitude

Schwingungszahl f <phys> • oscillation frequency; frequency

Schwingungszahl pro Minute <phys> • number of oscillation per minute

Schwingungszeitmessser m <msr> • period meter

Schwingungszyklus m <edv> • duty cycle

Schwingwegaufnehmer m <msr> • amplitude sensor

Schwingweite f <mech> *(Pendel)* • swing amplitude

Schwingwelle f <masch> *(Nortongetriebekasten)* • tumbler shaft

Schwingzapfen m <masch> *(Getriebe)* • rocket pivot

Schwitzanlage f <verf> *(Entparaffinierung)* • sweating stove

Schwitzen n <bau> *(an Wänden etc.)* • bleeding; sweating

schwitzen vi <nahr> • sweat vi

schwitzen vt *(z. B. Zement)* • bleed vt

schwitzen vt *(Mauer)* • damp vt

schwitzen vt ugs <bau> *(Fenster)* • mist vt

schwitzen vt <phys> *(z. B. Fensterscheibe)* • fog vt

Schwitzkühlung f <hlk> • sweat cooling; transpiration cooling

Schwitzperle f <metall> *(Gussfehler)* • sweat

Schwitzwasser n ugs <bau.hlk> *(an relativ kalten Oberflächen, Fenstern)* • condensate; condensation

Schwitzwasserisolation f <hlk> • anti-sweat insulation

Schwitzwasserkorrosion f ugs <obfl> • corrosion by condensed water

Schwund m <mat> • shrinkage

Schwund m <nahr> *(Wein; Volumenverlust)* • ullage; evaporation loss

Schwund m <obfl.holz> • degree of shrinkage; rate of expansion and contraction

Schwundausfall m <av> • fading outage

Schwundausgleich m <el> • antifading

Schwundausgleich m <prod> (Gießerei, Kunststoffverarbeitung, Hohlglaserzeugung) • compensation of shrinkage

Schwundausgleicher m <el> • antifading device

Schwunderscheinung f <av> • fading effect

schwundfreier Empfang m <av> • no-drift reception

schwundmindernd (Antenne) • antifading

schwundmindernd <av> • fade-reducing

schwundmindernde Antenne f <tele> • antifading antenna US; antifading aerial GB

Schwundregelung f <av> • fading control

Schwundregelung f <av> (automatische Lautstärkeanpassung bei schwachem Signal) • automatic volume control

Schwundregelung f <el> (allg.; automatische Verstärkungsregelung) • automatic gain control

Schwundrissbildung f <obfl.qualit> • mud cracking

Schwunggriff m rar <wz> (im Steckschlüsselsatz) • speeder handle US; speed handle US; speeder [wrench] US; speeder brace GB; speed brace GB

Schwungkörper m <masch> • flyball

Schwungkraft f prakt <mech> • centrifugal force

Schwungkraftanlasser m <mot> • inertia starter

Schwungkugel f <msr> • governor ball

Schwunglichtmagnetzünder m <mot> • flywheel magneto

Schwungmasse f <masch> • gyrating mass; inertia mass

Schwungmassenmittelpunkt m <mech> (z. B. Kurbelwellen) • center of gyration

Schwungmoment n <masch> • flywheel moment

Schwungrad n <kfz.mot> • flywheel

Schwungrad n <masch> (allg.) • flywheel

Schwungrad-Blockiervorrichtung f <kfz.wz> • flywheel lock; flywheel locking tool

Schwungradbremse f <brems> • flywheel brake

Schwungradgrube f <masch> (z. B. Notstrom-Dieselaggregat) • flywheel pit

Schwungradkranz m <masch> • rim of the flywheel

Schwungradlüfter m <hlk> • flywheel blower

Schwungrad-Magnetzünder m <kfz> (Zündstromerzeuger) • flywheel generator; flywheel magneto rare

Schwungradmagnetzünder m <mot> • flywheel magneto

Schwungradmarke f <masch> • flywheel timing mark

Schwungradregler m <msr> • flywheel governor

Schwungradriemenscheibe f <masch> • flywheel pulley

Schwungradsynchronisation f <el> • flywheel synchronization

Schwungradverklammerung f <masch> • flywheel dowelling

Schwungradverzahnung f <masch> • flywheel cogging

Schwungradwerkzeug n <kfz.wz> • flywheel turner

Schwungradzahnkranz m <mot> • toothed flywheel rim

Schwungring m <masch> • rim of the flywheel

Schwungscheibe f <kfz.mot> • flywheel

Schwungscheiben-Blockiervorrichtung f <kfz.wz> • flywheel lock; flywheel locking tool

Schwungscheibenverzahnung f <kfz.mot> • flywheel ring gear; starter motor ring gear; starter ring gear; flywheel starter ring; gear ring

SCL <edv> (Programmiersprache für VR-Anwendungen) • Superscape Command Language (SCL)

Sclaverand-Ventil n <fz> • presta valve; french type valve JAP, TAI; french pattern valve JAP, TAI

SCM <logist> • supply-chain management (SCM)

Scope-Code m <edv> (Strichcodetyp) • Scope Code

Scorchtest m <kst> • scorch test

Score-Editor m <edv.av> • score editor

Scorewriter m <edv.av> • score writer

Scott-Lenker m <fz> (Fahrrad) • scott handlebar

Scottlenker m <fz> (Fahrrad) • scott handlebar

Scott-Schaltung f <el> • Scott connection

Scottsche Schaltung f <el> • Scott connection

Scott-Transformator m <el> • Scott-connected transformer

Scout-Rifle f <mil> • scout rifle

SCR <emiss.verf> • selective catalytic reduction (SCR)

SCR <kfz.av> • stereo cassette [radio]

Screening n <ökol> • screening test

Screening n <werb> (Bewertung von Ideen) • screening

Screening-Test m <ökol> • screening test

Screenshot m <edv> (Speicherung des Bildschirminhalts, ganz oder teilweise; z. B. als BMP) • screen shot; screen capture; screen dump rare

Scribble n <werb> • rough; scribble; thumbnail sketch

SCR-Kat m prakt <kfz> • SCR catalytic converter; catalytic converter with selective catalytic reduction did

SCR-Katalysator m <kfz> • SCR catalytic converter; catalytic converter with selective catalytic reduction did

scrollfähig <edv> (Bildschirm) • scrollable

Scrollschere f <pack> • scroll shears

Scrollstreifen m <pack> • scroll[ed] strip

SCR-Verfahren n <emiss.verf> (selektive katalytische Reduktion) • SCR-process

SCSA <tele> (CT-Bus-Norm) • Signaling Computing System Architecture (SCSA)

SCS-Architektur f (SCSA) <tele> (CT-Bus-Norm) • Signaling Computing System Architecture (SCSA)

SCSI <edv> • SCSI interface; small computer systems interface; SCSI

SCSI-2-Schnittstelle f <edv> • SCSI-2 interface

SCSI-Controller m <edv> • SCSI controller

SCSI-Hostadapter m <edv> • SCSI host adaptor

SCSI-ID f <edv> • SCSI ID

SCSI-Kennziffer f <edv> • SCSI ID

SCSI-Schnittstelle f <edv> • SCSI; small computer systems interface; SCSI interface

SCSI-Schnittstelle f <edv> • SCSI interface; small computer systems interface; SCSI

SCSI-Schnittstelle f (SCSI) <edv> • small computer systems interface (SCSI); SCSI interface

SCT-Verfahren n <pap> • Short-Span Compression Test

SD <energ.therm> (Dampfturbine) • super pressure turbine section

SD <kfz> (allg; normalerweise aus Metall) • sliding sunroof (sr); sliding roof; sunroof

SD <kfz.antr> (Automatikgetriebe-Steuerung) • shifting pressure

SDC <kfz> (Felge) • semi drop center (SDC)

SDCCH <tele> • Standalone Dedicated Control Channel (SDCCH)

SD-CD <edv> • Super Density Compact Disc (SD-CD)

SDC-Felge f pract <kfz> • semi drop center rim; SDC rim prakt

SD-Diskette f <edv> • SD diskette; single-density diskette

SD-Diskette f <edv> • SD diskette; single-density diskette; single density floppy disk; SD floppy disk

SDH-Plattform f <tele> • SDH platform

SDH-Ring m <tele> • SDH loop

SDI <kfz.mot> • naturally aspirated direct-injection diesel engine

SDLWR <nukl> • source-driven LWR (SDLWR)

SD-Player m <edv> • SD player

S-Draht m <textil> • S-twist

S-Drehung f <textil> (Zwirnerei) • S-twist; S-lay

SDS <edv.av> • sample dump standard (SDS)

SDS-Bohrer m <wz> (mit genutetem Schaft) • SDS drill bit

SDS-Meißel m <bau.wz> • SDS chisel bit

SDS-Plus-Bohrer m <wz> (mit genutetem Schaft) • SDS-Plus drill bit

SDS-Spannfutteradapter m <wz> • SDS chuck adaptor

SDTP <edv> • super desktop publishing (SDTP)

SD-Versuch m <obfl.qualit> • saline droplets corrosion test ISO 4536

SDZ <energ.sol> • PV-roofing tile

SE <el> • solid shaped conductor IEC; shaped solid conductor; solid sector conductor

Seaborgium n (Sg) <chem> • seaborgium (Sg); unnilhexium obs

Sealbad n prakt <obfl> • sealing bath

Sealed-Beam-Einsatz m <kfz.el> • sealed-beam unit

Sealed-Beam-Scheinwerfer m <kfz.el> • sealed-beam lamp; sealed-beam headlight

Seale-Machart f <masch> (Drahtseil) • Seale's-lay construction; Seale-lay construction

Sealer m <obfl> • sealer; primer sealer

Sealing n <obfl> (Anodische Oxidschichten) • sealing

Sealingbad n prakt <obfl> • sealing bath

Sealingbelag m ugs <obfl> • sealing smut

Secale cornutum <bio> • ergot; secale cornutum

SECAM <av> • SECAM

SECAM <av> • Séquentielle Communication à Mémoire (SECAM)

Secam-Farbfernsehsystem n <av> • Secam [color TV] system

Secam-Farbfernsehverfahren n <av> • Secam [color TV] system

SECAM-System n <av> • SECAM system

Sech n <agri> • coulter

Sech n <agri> • plough coulter

sechsachsige Fräseinheit f <wz.masch> • six-axis milling unit

Sechseck n <math> • hexagon

Sechseckschaltung f <el> • hexagon connection

Sechsfachlaufwerk n <edv> • six-speed CD-ROM drive; six-speed drive; 6x drive

Sechsfach-Spleißgerät n <lwl> • six-fiber splicer

sechsfenstrige Limousine f <kfz> • six-light saloon GB

Sechsflach n <math> • hexahedron

Sechsflächner m <math> • hexahedron

Sechsflächner m did <math> • hexahedron

sechsflammiger Kronleuchter m <licht> • six-light chandelier; 6-light chandelier; 6-lt. chandelier

Sechsgang-... <antr> (Getriebe) • six-speed ...

Sechsgang-Automatik f prakt.ZF <kfz.antr> (Getriebevollautomat; z. B. mit Shift by Wire) • 6-speed automatic transmission US/GB; six-speed auto transmission US/GB.pract; automatic gearbox with six speeds GB.rare; 6-speed auto trans US.coll; 6-speed auto box GB.coll

Sechsganggetriebe n <kfz.antr> • six-speed transmission; six-speed gearbox GB; six-speed drive

Sechskant m <tech.allg> (allg., sechskantiges Teil) • hexagon

Sechskant m <füg> (von Schrauben und Muttern) • hexagon; hexagon drive; hex drive pract; external hexagon

Sechskant m <wz> (Schlüsselhilfe bei Schraubendrehern) • bolster; hexagon[al] bolster; hexagon[al] collar

Sechskant-Ansatz m <wz> (Schlüsselhilfe bei Schraubendrehern) • bolster; hexagon[al] bolster; hexagon[al] collar

Sechskant-Anschweißmutter f DIN ISO 1891 <füg> • hexagon weld nut

Sechskant-Blechschraube f DIN ISO 1891 <füg> • hexagon head tapping screw

Sechskantblechschraube f <füg> • hexagon head tapping screw

Sechskantbundkopf m <füg> • hexagon washer head; hex washer head pract; washer hex head pract; hexagon head with collar stand

Sechskantbundschraube f <füg> • hexagon bolt with collar; hexagon washer head bolt

Sechskantecke f <füg> • hexagon corner

Sechskanteinsatz m <wz> • hexagon socket

Sechskantflanschkopf m <füg> • hexagon head with flange

Sechskantflanschschraube f <füg> • hexagon bolt with flange

Sechskantgegenmutter f <füg> • hexagon lock nut

Sechskant-Holzschraube f DIN 571 <füg> • hexagon head wood screw

Sechskantkopf m <füg> (allg.) • hexagon head; hex head pract; hexagonal head rare

Sechskantkopf m <füg> (ohne Telleransatz, Bund o.ä.) • hexagon head; hex head pract; full bearing hexagon head form; trimmed hexagon head US

Sechskantkopf mit Bund m <füg> • hexagon washer head; hex washer head pract; washer hex head pract; hexagon head with collar stand

Sechskantkopf mit Flansch m <füg> • hexagon head with flange

Sechskantkopf mit Telleransatz m <füg> • hexagon head with washer face; hexagon washer faced head; finished hexagon head US

Sechskantmutter f DIN 555 <füg> • hexagon nut form; hex nut pract; plain nut coll

Sechskantmutter aus Stahl mit Klemmteil f DIN EN ISO 2320 <füg> • prevailing torque type steel hexagon nut ISO 2320

Sechskantmutter mit Ansatz f DIN ISO 1891 <füg> • washer faced hexagon nut

Sechskantmutter mit Bund f DIN ISO 1891 <füg> • hexagon nut with collar

Sechskantmutter mit Flansch f DIN ISO 1891 <füg> • hexagon nut with flange; hexagon flanged nut

Sechskantmutter mit großer Schlüsselweite f DIN ISO 1891 <obfl> • heavy series hexagon nut

Sechskantmutter mit Klemmteil f DIN985 <füg> (mit Nylonring als Klemmteil) • self-locking nut US; jam nut US.pract.coll; stiff nut GB.pract.coll; Nyloc nut; Simmonds lock nut ®; elastic stop nut GB

Sechskantmutter mit Klemmteil, niedrige Form f <füg> • prevailing torque type hexagon, thin nut

Sechskantmutter mit Telleransatz f <füg> • washer faced hexagon nut

Sechskantmutter ohne Ansatz f <füg> • full bearing hexagon nut

Sechskantmutter ohne Telleransatz f <füg> • full bearing hexagon nut

Sechskantpassschraube f DIN 609 <füg> • hexagon fit bolt; hex fit bolt pract

Sechskantprofil n <autom> (Führungsrohr) • hexagonal guide tube

Sechskantrevolverkopf m <wz.masch> • hexagon turret [head]

Sechskantringschlüssel m <wz> • hexagon ring spanner

Sechskant-Schlüsselangriff m <füg> (von Schrauben und Muttern) • hexagon; hexagon drive; hex drive pract; external hexagon

Sechskantschlüsselhilfe f <wz> (Schlüsselhilfe bei Schraubendrehern) • bolster; hexagon[al] bolster; hexagon[al] collar

Sechskant-Schneideisen *n DIN 382* <wz> *(zum Schneiden versch. Gewinde)* • hexagonal die *ISO 7226*; hexagon die

Sechskant-Schneideisen *n* <wz> *(zum Nachschneiden)* • hexagonal rethreading die; hexagon rethreading die

Sechskant-Schneidschraube *f DIN ISO 1891* <füg> • hexagon head thread cutting screw

Sechskantschraube *f* <füg> *(mit Schaft, Teilgewinde)* • hexagon bolt; hexagon head bolt; hex head bolt *pract*

Sechskantschraube *f* <füg> *(ohne Schaft, mit Ganzgewinde)* • hexagon screw; hexagon head screw *form*; hex head screw *pract*; machine screw *coll*

Sechskantschraube, gewindefurchend *f DIN ISO 1891* <füg> • hexagon head thread forming screw

Sechskantschraube mit Bund *f* <füg> • hexagon bolt with collar; hexagon washer head bolt

Sechskantschraube mit Flansch *f* <füg> • hexagon bolt with flange

Sechskantschraube mit Ganzgewinde *f form* <füg> *(ohne Schaft, mit Ganzgewinde)* • hexagon screw; hexagon head screw *form*; hex head screw *pract*; machine screw *coll*

Sechskantschraube mit Gewinde annähernd bis Kopf *f form* <füg> *(ohne Schaft, mit Ganzgewinde)* • hexagon screw; hexagon head screw *form*; hex head screw *pract*; machine screw *coll*

Sechskantschraube mit Gewinde bis annähernd Kopf *f form* <füg> *(ohne Schaft, mit Ganzgewinde)* • hexagon screw; hexagon head screw *form*; hex head screw *pract*; machine screw *coll*

Sechskantschraube mit Gewinde bis Kopf *f DIN ISO 1891* <füg> *(ohne Schaft, mit Ganzgewinde)* • hexagon screw; hexagon head screw *form*; hex head screw *pract*; machine screw *coll*

Sechskantschraube mit großer Schlüsselweite *f DIN ISO 1891* <füg> • hexagon bolt with large head

Sechskantschraube mit Mutter *f DIN ISO 1891* <füg> • hexagon bolt with hexagon nut

Sechskantschraube mit Passschaft *f norm* <füg> • hexagon fit bolt; hex fit bolt *pract*

Sechskantschraube mit Schaft *f* <füg> *(mit Schaft, Teilgewinde)* • hexagon bolt; hexagon head bolt; hex head bolt *pract*

Sechskantschraube mit Teilgewinde *f* <füg> *(mit Schaft, Teilgewinde)* • hexagon bolt; hexagon head bolt; hex head bolt *pract*

Sechskantschraube mit unverlierbarem Federring und Scheibe *f DIN ISO 1891* <füg> • hexagon screw with captive spring and plain washer

Sechskantschraube mit unverlierbarer Scheibe *f DIN ISO 1891* • hexagon screw with captive plain washer

Sechskantschraube mit Zapfen *f DIN ISO 1891* <füg> • hexagon set screw with full dog point

Sechskantschraube mit Zapfen und Ansatzspitze *f DIN ISO 1891* <füg> • hexagon set screw with half dog point and flat cone point

Sechskantschraube mit Zapfen und kleinem Sechskant *f DIN 561* <füg> • hexagon head set screw with small hexagon and dog point

Sechskant-Schraubendreher *m* <wz> *(gerade mit Heft; für Innensechskantschrauben)* • hex screwdriver; hex tip screwdriver *US.form*; hexagon screwdriver *GB*

Sechskant-Schraubendreher mit Kugelkopf *m form* <wz> • ball hex driver *US*; ball-ended hex driver *GB*; ball end hexagon screwdriver *GB*

Sechskant-Schweißmutter *f* <füg> • hexagon weld nut

Sechskantstab *m* <masch> • hexagon bar

Sechskant-Steckschlüssel *m* <wz> *(mit T-Griff, für Außensechskantschrauben und Muttern)* • nut driver; nut spinner *GB*; Tee-handled socket wrench *DIN 898*

Sechskant-Steckschlüsseleinsatz *m* <wz> • 6-point socket; hexagon socket *US*; single hexagon socket *US*

Sechskant-Stiftschlüssel *m form* <wz> *(für Innensechskantschrauben; jede Form)* • hex key *US*; hexagon key *GB*; Allen key *coll*

Sechskant-Stiftschlüssel *m* <wz> *(einseitig abgewinkelt; für Innensechskantschrauben)* • hex key [wrench]; Allen wrench; hexagon key; hexagon wrench; hexagon wrench key *GB*

Sechskant-Stiftschlüssel *m* <wz> *(gerade mit Heft; für Innensechskantschrauben)* • hex screwdriver; hex tip screwdriver *US.form*; hexagon screwdriver *GB*

Sechskant-Stiftschlüsselsatz *m* <wz> *(einseitig abgewinkelt; für Innensechskantschrauben)* • hex key [wrench] set; Allen wrench set; hexagon key set; hexagon wrench set; hexagon wrench key set *GB*

Sechskanttiefe *f* <füg> *(bei Innensechskant)* • recess depth

Sechskant-Winkelschraubendreher *m* <wz> *(einseitig abgewinkelt; für Innensechskantschrauben)* • hex key [wrench]; Allen wrench; hexagon key; hexagon wrench; hexagon wrench key *GB*

Sechskant-Winkelschraubendrehersatz *m* <wz> *(einseitig abgewinkelt; für Innensechskantschrauben)* • hex key [wrench] set; Allen wrench set; hexagon key set; hexagon wrench set; hexagon wrench key set *GB*

Sechskantzapfen *m* <masch> • hexagon spigot

Sechsphasengabelschaltung *f* <el> • fork connection

Sechsphasengleichrichter *m* <el> • six-phase rectifier

sechsphasig <el> • hexaphase; six-phase

Sechspol *m* <el> • six-terminal network

sechspolig <el> • six-pole

sechspolig <el> • six-terminal

Sechspulsgenerator *m* <med> • six-pulse generator

Sechsspindelautomat *m* <wz.masch> • six-spindle automatic

Sechsspindelautomat *m* <wz.masch> • six-spindle automatic machine

Sechsspindelfutterautomat *m* <wz.masch> • six-spindle chucking automatic

sechsspindelig <wz.masch> • six-spindle

Sechsspindelstangenautomat *m* <wz.masch> • six-spindle bar automatic

sechsstellig <math> • six-figure; six-place

sechsstufig <masch> • six-stage

sechsteilige EM-Felge *f* <kfz> • Tru Seal rim; six-piece EM rim; 6P EM rim *prakt*

sechster Gang *m* <kfz> • sixth gear

sechswertig <chem> • hexavalent; sexavalent

sechswertiges Chrom *n* <chem> *(hochgiftig)* • sexavalent chromium

Sechswertigkeit *f* <chem> • sexavalence

sechszählig <allg> • sixfold

Sechszonen-Spritz-Durchlaufanlage *f* <obfl> • continuous six-zone spray plant

Sechszylinder *m ugs* <kfz.mot> • six-cylinder engine

Sechszylinder-Boxer *m prakt* <kfz.mot> *(typ. in Porsche 911)* • flat six-cylinder engine; horizontally-opposed six-cylinder engine *form*; flat six engine *pract*; flat-six *coll*; 180°-six *rare*

Sechszylinder-Boxermotor *m* <kfz.mot> • flat six-cylinder engine; flat six *coll*

Sechszylinder-Boxermotor *m* <kfz.mot> *(typ. in Porsche 911)* • flat six-cylinder engine; horizontally-opposed six-cylinder engine *form*; flat six engine *pract*; flat-six *coll*; 180°-six *rare*

Sechszylindermotor *m* <kfz.mot> • six-cylinder engine

Sechszylinder-Reihenmotor *m* <kfz.mot> • six-cylinder in-line engine; straight six *pract.coll*

Sechszylinderreihenmotor *m* <mot> • six-cylinder in-line engine

Sechszylinder-V-Motor *m* (V-6) <kfz.mot> • V-six cylinder engine (V-6); V-six engine *pract*; Vee-six *coll*

Sechzehnerleitung *f* <tele> • quadruple phantom circuit

Sechzehnventiler *m prakt.ugs* <kfz.mot> *(Vierzylindermotor)* • 16-valve engine; 16-valve *coll*

Sechzehnventilkopf *m* <kfz.mot> • 16-valve head

Secondary Action *f* <kino> • secondary action

Second-Level-Cache *m* (2-L-Cache) <edv> • second level cache

Second-Level-Fälschungsschutz *m* <jur.ökon> *(gegen Produktpiraterie, Fälschung; z. B. nur unter UV-Licht sichtbar)* • covert safety feature; second-level piracy protection; covert safety marking

Sectioning *n* <kfz> *(Custom Car)* • sectioning

Secur Code II <edv> • Secur Code II

Security Level *m* <edv> *(PDF 417)* • security level

Security-Modul *n* • PPS security module; security module

Security-Module *n* • PPS security module; security module

Sedalipid *n Handelsname* <med.pharm> • Magnesium-pyridoxal 5-phosphate glutamate (MPPG)

Sedcard *f* <werb.phot> • set card

sedezimal <math> *(zur Basis 16)* • hexadecimal; sexadecimal

sedieren *vt* <med> • sedate *vt*

Sedierung *f* <med> • sedation

Sediment *n* <geo> *(z. B. Sandstein)* • sediment

Sediment *n* <verf> *(Niederschlag am Boden; z. B. in Behälter)* • sediment; bottom settlings; bottoms *pract*; settlings *coll*

sedimentäre Erzlagerstätte *f* <min> • sedimentary ore deposit; sedimentary deposit

sedimentäres Gestein *n* <geo> *(z. B. Sandstein)* • sedimentary rock; stratified rock

sedimentäres Uranvorkommen *n* <geo> • sedimentary uranium occurence

Sedimentationsbecken *n* <verf.hydr> *(offen; zur Entfernung von Sinkstoffen; Wasseraufbereitung)* • settling tank; precipitation tank; sedimentation tank; clarifying basin; subsidence basin

Sedimentationsgeschwindigkeit *f* <geo> • sedimentation rate

Sedimentationsgleichgewicht *n* <geo> • sedimentation equilibrium

Sedimentationspotential *n* <geo> • sedimentation potential

Sedimentgestein *n* <geo> *(z. B. Sandstein)* • sedimentary rock; stratified rock

sedimentieren *vt* <verf> *(suspendierte Feststoffe)* • precipitate *vt*

Sedimentierung *f wiss* <verf> *(Vorgang)* • sedimentation; settlement; settling *coll*; gravity settling *rare*

Sedimentierzentrifuge *f* <verf> • sedimentation centrifuge

Sedimentrohr *n* <chem.verf> • sediment tube

Sedimentrohr *n* <petr> • calyx

Sedimentzuwachs *m* <geo> • aggradational deposit; accretion

Seeablagerung *f* <geo> • lacustrine deposit

Seeablagerung *f* <geo> • marine deposit

Seeanker *m* <nav> • floating anchor

Seeanker *m* <nav> • sea anchor; floating anchor

Seebagger *m* <bau.masch> • marine dredger

Seebaustelle *f* <petr> • offshore building-site

Seebauwerk *n* • coastal work

Seebauwerk *n* • marine structure

Seebauwerk *n* <tech.allg> *(z. B. Bohrinsel, Windkraftanlage)* • offshore structure

Seebebenflutwelle *f* <geo> • seaquake flood wave

Seebeck-Effekt *m* <phys> • Seebeck effect

See-Boden-Rakete *f* <mil> • ship-to-ground missile

Seecontainer *m* <logist> • sea container

seed <nukl> *(Brennelement mit höherer Konzentration)* • spike

Seedeich *m* <bau> • dike

Seedeich *m* <bau> • dyke

Seedeich *m* <bau> • sea wall

See-Echo *n* <navig> • sea returns

See-Erz *n* <min> • lake iron ore

Seefahrt *f* <nav> • marine navigation

Seefallreep *n* <nav> • roop ladder; sea ladder

Seefernkabel *n* <el> • long-distance submarine cable

seefest verzurrt <nav> • secured for sea

Seefracht *f* <logist> • ocean freight *US*; seaborne freight; sea freight

Seefunk *m* <tele> • marine radio

Seefunk *m* <tele> • maritime radio

Seefunkbake *f* <navig> • maritime radio beacon; maritime radiobeacon; marine radio beacon

Seefunkbereich *m* <tele> • marine band

Seefunkdienst *m* <tele> • marine radio service

Seefunkfeuer *n* <navig> • maritime radio beacon; maritime radiobeacon; marine radio beacon

Seefunkstelle *f* <tele> • marine radio station

Seegang *m DIN 4049-3* <geo> • sea state; motion of sea

Seegangsecho *n* <navig> *(Radar)* • sea clutter; sea returns

Seegangseigenschaften *fpl* <nav> • sea-keeping qualities

Seegangsreflex *m* <navig> • sea clutter; wave clutter

Seegangsschwundeffekt *m* <navig> • roller fading

Seegerring *m prakt* <füg> *(Sicherungsring mit Löchern; Welle/Bohrung)* • Truarc retaining ring; snap ring; circlip; circlip with eyes *form.did*; retaining ring with eyes *form.did*

Seegerringzange *f prakt* <wz> *(für Außen- und Innensicherungen)* • snap ring pliers *US*; retaining ring pliers *US*; circlip pliers *GB*

Seegerringzange für Außensicherungen *f* <wz> • external snap ring pliers *US*; external retaining ring pliers *US*; external circlip pliers *GB*

Seegerringzange für Innensicherungen *f* <wz> • internal snap ring pliers *US*; internal retaining ring pliers *US*; internal circlip pliers *GB*

seegestützt <tech.allg> • seaborne

seegestützt <aerospace> • sea-launched

Seehorizont *m* <nav.navig> • visible horizon; apparent horizon

Seekabel *n* <el> • submarine cable

Seekabel *n prakt* <el> • submarine cable; sub sea cable; undersea cable; underwater cable *pract*

Seekabeltelegrafie *f* <tele> • submarine telegraph system

Seekarte *f* <doku> • hydrographic chart

Seekarte *f* <doku> • hydrographic map

Seekarte *f* <navig> • marine chart

Seekarte *f* <navig> • nautical chart

Seele *f* • cable core; core

Seele *f* • central core

Seele *f* <el> *(Kabel)* • core

Seele *f* <füg> *(Schweißdraht)* • flux core

Seele *f* <masch> *(Seil)* • rope core

Seele *f* <wz> *(Bohrer)* • web

Seelenachse *f* <mil> • axis of gun; centerline of bore; axis of bore

Seelenelektrode f <füg> • flux-cored electrode
See-Luft-Rakete f <mil> • ship-to-air missile
Seemeile f (sm) <allg> • nautical mile (nm); sea mile
Seemeile f <msr> (1852 Meter) • sea mile
Seemeile f DIN 1301 <verk> (Luftfahrt, Seefahrt: entspricht 1 Bogenminute auf Grosskreis) • nautical mile; 1852 m
Seemeilen pro Stunde fpl <nav> (Einheit der Geschwindigkeit; 1,852 km/h) • international knot (kn); nautical miles per hour; knot
Seenotfunkmeldung f • distress radio message
Seenotrettungskreuzer m <nav> • rescue cruiser
Seenotsignalrakete f <nav> • distress signal rocket
Seenottaste f <navig> (Empfänger) • MOB key
Seepipeline f <petr> • submarine pipeline
Seerückhalt m <bau> • lake retention
Seesack m <pack> • kitbag
Seesalz n (aus Salzgärten) • bay salt
Seesalz n <nahr> • marine salt; sea salt
Seeschlagbelastung f <nav> • slamming loads
Seeschlepper m <nav> • sea-going tug
Seeschleuse f <bau> • sea gate; sea lock
Seeschutzbauten mpl <bau.hydr> • sea defense works US; sea defence works GB
See-See-Rakete f <mil> • ship-to-ship missile
Seestraße f <nav> • sea lane
seetüchtiges Schiff n <nav> • seaworthy ship
Seetüchtigkeitsattest n <nav> • seaworthiness certificate
See-Unterwasser-Rakete f <mil> • ship-to-underwater missile; surface-to-underwater missile
Seeventil n <nav> • sea valve; sea cock
Seeverbrennung f <ents> • ocean incineration; sea incineration
Seeverbringung f <petr> • sea handling
Seeverhaltensversuch m <nav> • sea-keeping trial
Seeverklappung f <ents> • ocean dumping
Seeverlegung f <petr> • submarine laying
Seevermessung f <geo> • marine survey
seewärtiger Außenhandel m <ökon> • overseas trade
seewärts • seaward
seewärts • seawards
Seewasser n <geo> • sea water
Seewasserbau m <bau> • marine construction
Seewasserbau m <hydr> • seashore civil engineering
seewasserbeständig <qualit.mat> • salt-water-proof; seawater-resistant
Seewasserechtheit f <qualit.mat> • seawater fastness
Seewasserechtheit f <textil> (Färberei) • fastness to seawater
Seewasserverdampfer m <verf> • sea-water evaporator
Segas-Anlage f <petr> • Segas plant
Segas-Verfahren n <petr> • Segas process
Segel n <nav> • sail
Segel n <textil> • sail
Segelecke f <nav> • corner of the sail
Segelfläche f <nav> • sail area
Segelflugplatz m <aerospace> • gliderport
Segelflugzeug n <aerospace> • glider; sailplane
Segelflugzeug n <aerospace> • glider
Segelflugzeug n <aerospace> • gliding plane; sailplane; glider
Segelflugzeugpilot m <aerospace> • glider pilot
Segellatte f <nav> • sail batten; batten
Segelleinen n <textil> • duck; sailcloth
Segelmacher m <nav> • sailmaker
Segelnummer f <nav> • sail number
Segelöse f <nav> • eyelet
Segelplakette f <nav> • sail button

Segelschiff n <nav> • sailing ship
Segelschiff mit Hilfsmotor <nav> • motor sailer
Segelstellung f <aerospace> (Verstellpropeller) • feathering position
Segeltrimm m <nav> • sailing trim
Segeltuch n <nav> • canvas; sail cloth
Segeltuch n <textil> • duck; sailcloth
Segeltuchrutsche f <förd> (z. B. Rettungsgerät) • canvas chute
Segeltuch-Strandtasche f <textil> • canvas beach bag
Segerkegel m <metall> • Seger cone; pyrometric cone; melting cone
Segler m prakt.ugs <aerospace> • gliding plane; sailplane; glider
Segler m <nav> • skipper; sailor
Segment n norm DIN 4048 <bau.hydr> • radial gate; tainter gate; segment gate
Segment n <edv> (als Einheit zusammengefasste Bildelemente) • display group; segment; block
Segment n <masch> (z. B. Rad, Scheibe, Kreissäge) • segment
Segment n <math> (z. B. eines Kreises) • segment
Segment n <wz> (Segmentverfahren; Gewindewalzen) • segment die; segment; segmental die
Segmentabstreifer m <pack> (Abstreckpresse) • segment stripper
Segmentanker m <el> • segment-core armature
Segmentantenne f <el> • pillbox aerial; cheese aerial
Segmentation f <soz> • segmentation
Segmentaxiallager n <masch> • tilting pad thrust bearing
Segmentbogen m <bau> • segmental arch
Segmentdrucklager n DIN 31654 <masch> • tilting pad thrust bearing
Segment-Gewindewalzrolle f <wz> (Segmentverfahren) • rotary die
segmentieren vt <navig> (z. B. eine Route) • segment vt
segmentierte Aufzeichnung f <av> • segmented recording
Segmentierung f <autom> • segmentation
Segmentierung f <edv> • segmentation
Segmentierung f <soz> • segmentation
Segmentkrümmer m <rls> • mitred bend; lobster back bend
Segmentlager n <masch> • segmental bearing
Segmentlager n <masch> • pad bearing
Segmentleiter m <el> • segmental conductor
Segmentleiter m <el> • Milliken conductor; segmental conductor US; type-M conductor CAN; Milliken-type segmental conductor
Segmentpumpe f <pump> • rotary segment pump
Segmentrollwerkzeug n <wz.masch> • planetary die; planetary thread-rolling die; rotaries and segments
Segmentschleifkörper m <wz> • segmental abrasive block
Segmentschleifscheibe f <wz> • segmental grinding wheel
Segmentschütz n <bau.hydr> • radial gate; tainter gate; segment gate
Segmentspannung f <el> • segment voltage; bar voltage
Segmentstahl m <mat> • half-round bar
Segmenttor n <hydr> (Schleuße) • stop gate
Segmentverfahren n <prod> • planetary thread-rolling; rotary planetary thread-rolling rare; planetary threading
Segmentwalzmaschine f <wz.masch> • planetary-die machine; planetary-die threader; planetary machine; planetary thread roller / thread-rolling machine; rotary thread-roller
Segmentwalzwerkzeug n <wz.masch> • planetary die; planetary thread-rolling die; rotaries and segments

Segmentwehr n <bau.hydr> • radial gate; tainter gate; segment gate

Segmentwerkzeug n <wz.masch> • planetary die; planetary thread-rolling die; rotaries and segments

Segregationskonstante f <verf> (Zonenschmelzen) • segregation constant; partition constant

Segway-Roller m <fz> • Segway scooter

Sehachse f <opt> • optic axis; axis of vision

Sehfeld n <opt> • angle of view; field of view; visual field

Sehhilfe f <opt> • visual aid

Sehne f <math> • chord

Sehnenlänge f <tech.allg> (Mathematik, Tragflügelprofil, Flügeltiefe (Flugzeug)) • chord length

Sehnenmaß n <masch> (Zahndicke (Zahnrad)) • chordal dimension; chord dimension

Sehnenwicklung f <el> • chord winding

Sehnenwinkel m <aerospace> (Tragflächen) • decalage

Sehnenxanthom n <med> • tendon xanthoma; tendinous xanthoma

Sehnungsfaktor m <el> • pitch factor

sehr guter Zustand m <tech.allg> • very good condition (vgc)

sehr hochwertiger Liner m <pap> • super high-grade liner

sehr hoher Integrationsgrad m <el.ic> • very large-scale integration (VLSI)

sehr reaktiv <chem> (betont: reagiert schnell und leicht) • reactive

sehr zähflüssig <tech.allg> (Flüssigkeit; z. B. Öl) • high-viscosity; highly viscous rare

Sehschärfe-Prüfung f <opt> • eye test

Sehschlitz m <mil> • observation slit

Sehschlitz mm <tech.allg> • sight

Sehspalt m <tech.allg> • sight

Sehspalt m <mil> • observation slit

Sehstrahl m <edv> • eye ray

Sehtest m <opt> • eye test

Sehwinkel m <opt> • visual angle

Seide <hygi> • floss

Seide f ugs <hygi> (zum Reinigen der Zahnzwischenräume) • dental floss; floss coll

Seide f <textil> • silk

seideisolierter Draht m <el> • silk-covered wire; silk-insulated wire

Seidel'sche Koeffizienten mpl <opt> • Seidel coefficients

Seidelbast m <bio> • mezereon; Daphne mezereum

Seidenbau m <textil> • sericulture; cultivation of silk

Seidendraht m <el> • silk-covered wire; silk-insulated wire

Seidendruck m <druck> • silk printing

Seidenei n <textil> (Ei vom Seidenspinner) • silk seed; silk grain

seidenes Tuch n <bekl> • foulard

Seidenfaden m <textil> (Raupe) • silk filament

Seidenfaden m <textil> (Nähfaden) • silk thread

Seidenfinishkalander m <textil> • scrooping calender

Seidenflocken npl <textil> • exfoliation; silk louse; lousiness; fibrillation

Seidengewebe n <textil> • silk fabric; silk cloth

Seidengewinnung f <textil.ökon> • yield of cocoons

Seidenglanzkalander m <textil> • Schreiner calender

Seidenhaspel f <textil> • swift

Seidenholz n <holz> • satinwood

Seidenkämmlinge mpl <textil> • bourrette silk; bourrette; silk noil; noil silk; noils

Seidenkultur f <textil> • sericulture; cultivation of silk

Seidenlackdraht m <el> • varnished-silk braided wire

Seidenlaus f <textil> • exfoliation; silk louse; lousiness; fibrillation

Seidenleim m <textil> • silk glue; silk gum

seidenmatt <obfl> (z. B. Verchromung) • satin adj

seidenmatte Verchromung f <obfl> • satin chromium plating

Seidenpapier n DIN 55405 <mat.pap> • tissue paper

Seidenpapier n DIN 6730 <pap> • wrapping tissue

Seidenraupe f <bio> • silk worm

Seidenraupenindustrie f <textil> • sericultural industry

Seidenraupenzucht f <textil> • sericulture; cultivation of silk

Seidenschrei m <textil> • silk-on-silk noise

Seidenspulmaschine f <textil> • silk winding frame

Seidenstraßen fpl <geo> (historische Handelswege) • silk roads pl

Seidenstuhl m <textil> • silk loom

seidenweich <allg> (z. B. Oberfläche, Haut, Leder, Motorlauf, Fahrkomfort) • silky; silken; silky-smooth

Seidenzucht f <textil> • sericulture; cultivation of silk

Seidenzuchtindustrie f <textil> • sericultural industry

Seidenzwirnmaschine f <textil> • silk throwing machine

seidig <allg> (z. B. Oberfläche, Haut, Leder, Motorlauf, Fahrkomfort) • silky; silken; silky-smooth

seidig glänzend <obfl> • silky

Seife f <chem> • soap

Seife f <chem.verf> (Altpapier-Recycling) • soaping agent

Seife f <hygi> • soap

Seife f <innen> • soap

Seife f <min> (z. B. Gold) • placer

Seife f <min> • placer deposit

Seifengold n <min> • placer gold

Seifenhalter m <innen> • soap dish

Seifenhaugleichnis n <mech> (Verteilung der Torsionsspannungen im Querschnitt) • membrane analogy

Seifenhautgleichnis n <mech> • membrane analogy

Seifenkiste f <kfz> • soap box car

Seifenschale f <innen> • soap dish

Seifenschaum m <chem> • suds

Seifenspender m <hygi> • soap dispenser

Seifenspender m <innen> • soap dispenser

Seifenstrang m • bar of soap

Seifenwalke f <textil> • soap-milling

seifig <nahr> (Speiseeisfehler) • rancid; soapy; goaty; stale coconutlike; perspirationlike

seiger <min> • perpendicular; vertical; plumb

seigerer Schacht m <min> • vertical shaft

Seigerförderung f <min> • vertical hoisting

seigern v <mat> • liquate v

seigern v <metall> • segregate v

Seigerraffination f <verf> • liquation refining

Seigerschacht m <min> • perpendicular shaft; vertical shaft; plumb shaft

Seigerteufe f <petr> • true vertical depth (TVD)

Seigerung f <mat> • liquation

Seigerung f <metall> • segregation

Seigerungsstreifen m <metall> • segregated band

Seigerungszone f <metall> • segregation zone

Seignettesalz n <mat> • Seignette salt; Rochelle salt

Seignettesalzkristall m <el> • Seignette electric crystal

seihen v <verf> • strain v

Seiherpresse f • cage press

Seiherverfahren n (Bleicherderaffination) • percolation method; percolation process

Seihtuch n <verf> • straining cloth

Seil n <tech.allg> (Textil oder Metall) • rope

Seil n <bau> (der Gegengewichte bei Double Hung Fenstern) • sash cord; cord

Seil n <förd> (allg., aus Metall, typ. Stahl) • wire cable; wire rope; cable

seilabgespannte Auftriebsplattform f <petr> • rope anchored buoyancy platform

Seilablenkungswinkel m <förd> *(Seiltrieb)* • fleet angle
Seilablenkungswinkel m <masch> • fleet angle of rope
Seilantrieb m <allg.tech> • grid winch system
Seilantrieb m <licht.theat> • cable drive
Seilaufhängung f <tech.allg> *(von horizontal gespannten bzw. durchhängenden Tragseilen)* • catenary suspension
Seilaufliegezeit f <förd> *(z. B. Seilbahn)* • rope life
Seilbagger m <bau.masch> • cable excavator
Seilbahn f <förd> *(für Personen und/oder Güter)* • cableway US.UK; aerial cableway; ropeway US; tramway US.rare; telpherage obs
Seilbahn f <förd.agri> *(zum Transport von Bananenbüscheln)* • cableway; banana trolley
Seilbahnförderung f <förd> • endless-rope haulage
Seilbahnwagen m <förd> *(von Seilschwebebahn)* • aerial car
Seilbandförderer m <förd> • rope belt conveyor
seilbetätigt <tech.allg> • cable-operated
Seilbohren n <prod> • cable-tool drilling
Seilbruch m <logist> *(RFZ)* • breakage of the hoist rope; failure of the hoist rope
Seilbruch-Alarm m <allg> • cable breakage alarm
Seilbruchlast f <qualit.mat> • rope-breaking load
Seilbrücke f <bau> • cable bridge
Seilbrücke f <bau> • cable suspension bridge; suspension bridge
Seilbuchse f <füg> • wire socket
Seildreher m <prod> • rope twister
Seildruckluftbremse f <brems> • air-operated cable brake
Seildurchhang m <förd> *(z. B. Seilbahn)* • rope sag
Seildurchhang m <mech> • cable sag
Seilelektrode f <el> • cable electrode
Seilfähre f <nav> • rope ferry
Seilfänger m <kfz> *(procon-ten)* • cable arrester
Seilfahrtschacht m <min> • man-hoist shaft
Seilfahrtschacht m <min> • man shaft
Seilfahrzeug n <förd> • ropeway car
Seilfahrzeug n <förd> • ropeway carrier
Seilfanghaken m <min> *(Bohrtechnik)* • spear
Seilflaschenzug m <förd> • wire-rope tackle block; wire-rope pulley block
Seilförderung f <förd> • funicular traction
Seilförderung f <förd> • rope haulage
Seilgabel f <förd> *(Seilbahn)* • gripper fork
Seilgeschirr n <förd> *(Freileitungsbau)* • tackle
Seilgeschwindigkeit f <förd> *(Winde, Kran, Schachtförderanlage)* • cable speed
Seilgeschwindigkeit f <förd> • hoisting speed
Seilgeschwindigkeit f <förd> *(z. B. Kran)* • rope speed
Seilgeschwindigkeit f <förd> • winding speed
Seilhängebahn f <förd> • overhead cable railway; aerial railway rare
Seilhaspel f <masch> • rope reel
Seilhülle f <kfz> • cable conduit
Seilkausche f DIN 3090,3091 <masch> *(Scheuerschutz für Seile; z. B. Formstahlkausche, Vollkausche)* • thimble
Seilklemme f <füg> *(z. B. Kran, Schiff, Bauwesen)* • cable clamp; rope clamp; rope clip
Seilkloben m <füg> • rope block
Seilkriechausgleichvorrichtung f <förd> • rope creep-correction device
Seilkurve f <math> • funicular catenary
Seilkurve f <math> • funicular curve
Seillage f <masch> *(z. B. auf Trommel)* • lap
Seillaufkatze f <förd> • rope trolley
Seilmuffe f <füg> • rope socket
Seilpolygon n <mech> • funicular polygon; string polygon
Seilreibung f <mech> • rope friction

Seilrille f <masch> *(Seilrolle, Seiltrommel)* • rope groove
Seilrille f <masch> *(Winde)* • score
Seilriss m <qualit.mat> • rope break
Seilrissüberwachung f <msr> • cable rupture sensor
Seilrolle f <bau> *(vertikale Schiebefenster)* • pulley; sash pulley
Seilrolle f <masch> • rope pulley
Seilrolle f <masch> • rope sheave
Seilrolle f <masch> *(z. B. für Drahtseil)* • sheave
Seilrollenrille f <masch> • sheave groove
Seilrutsch m <masch> • rope slip
Seilscheibe f • head wheel
Seilscheibe f <förd> • bull wheel
Seilscheibe f <förd> *(z. B. Schachtförderanlage)* • cable sheave
Seilscheibe f <förd> • hoisting pulley
Seilscheibe f <förd> • hoisting sheave
Seilscheibe f <masch> • headgear pulley
Seilscheibe f <masch> • rope sheave
Seilscheibenschwungrad n <masch> • rope pulley flywheel
Seilscheibenstuhl m • gridaw
Seilscheibenstuhl m <masch> • sheave support
Seilschlag m <masch> *(z. B. Gleichschlag, Kreuzschlag)* • rope lay
Seilschlag m <prod> *(Verfahren)* • laying
Seilschlagbohren n <petr> • cable tool drilling
Seilschlagmaschine f <prod> • rope-laying machine
Seilschrapper m <förd> • cable scraper
Seil-Schutzrohr n <allg> • cable protection tube
Seilschwebebahn f <förd> *(für Personen und/oder Güter)* • cableway US.UK; aerial cableway; ropeway US; tramway US.rare; telpherage obs
Seilseele f <masch> • rope core
Seilspanner m <masch> • rope retainer
Seilspannklemme f <wz> • draw-tongs
Seilspannklemme f <wz> • draw vice
Seilsperrfangvorrichtung f <förd> • rope safety gear
Seilstahl m <mat> • steel for cables; roping steel
Seilstrahl m <mech> • ray of the funicular polygon
Seiltrieb m <antr> *(textile Seile)* • rope drive
Seiltrieb m <masch> • steel-rope drive
Seiltrommel f <förd> *(Winde, Kran)* • cable drum
Seiltrommel f <förd> • rope drum
seilverankert <tech.allg> • guyed
seilverankert <bau> *(z. B. Brücke, Mast, Schutzhütte (Gebirge))* • cable-stayed
Seilverspannung f <bau> *(z. B. Mast, Antenne)* • cable bracing
Seilwinde f <förd> *(für Seile, meist Stahlseil)* • cable winch
Seilwinde f <förd> *(für textile Seile)* • rope winch
Seilwinde f <förd.theat> *(auf dem Schnürboden)* • grid winch
Seilwindenantrieb m <allg.tech> • grid winch system
Seilzug m <tech.allg> *(z. B. Fahrzeugbremse, Flugzeugsteuerung)* • cable control
Seilzug m <tech.allg> *(Drahtseele mit Hülle)* • cable; control cable; control wire
Seilzug m <förd> *(Ziehen mit Seilwinde)* • winch traction
Seilzug m <masch> *(z. B. Bühnenmaschinerie)* • cable operation
Seilzug m <mech> *(Ziehen, Zugkraft am Seil)* • pull of the rope
seilzugbetätigt <tech.allg> *(z. B. Bremsen)* • cable-controlled
seilzugbetätigt <tech.allg> *(z. B. Bobschlitten)* • cable-operated
Seilzugbetätigung f <mech> • cable-operated mechanism

Seilzugbremse f <brems> • cable brake

Seilzug der Feststellbremse m <kfz.brems> • parking brake cable; hand-brake cable *pract.coll*

Seilzugführung f <kfz> • cable guide

seilzuggesteuert <kfz> • cable-controlled

Seilzugkatze f <förd> *(Kabelkran)* • load carriage; wheeled carriage

Seilzugsteuerung f <msr> *(z. B. Sportflugzeug)* • cable control

Seilzugsteuerung f <msr> *(z. B. Bühnenmaschinen, Sportflugzeug)* • cable operation

Seiner m <nav> • seiner

Seismik f <geo> • seismology

seismische Masse f <msr> • seismic mass; proof mass

seismischer Aufschluss m <min> • seismic prospecting

seismisches Profil n <geo> • seismic profile; seismic reflection profile *form*

seismische Welle f <geo> *(Erdbeben)* • earthquake wave

seismische Welle f <geo> *(Seebeben)* • seaquake wave

seismische Welle f <geo> *(allg.)* • seismic wave

Seismizität f <geo> • seismicity

Seismogramm n <geo> • seismogram

Seismograph m <msr> • seismograph

Seismometer n <msr> • seismometer

Seismometrie f <msr> • seismometry

Seite f <allg> • side

Seite f <tech.allg> • face

Seite f <edv> • page

Seite f <math> *(einer Gleichung, Ungleichung)* • member

Seite f <nav> • side

Seite f <navig> *(Display)* • page; screen

Seitenabweichung f <tech.allg> • lateral deviation

Seitenabweichungswinkel m <fz> • yaw angle

Seitenadresse f <edv> • page address

Seitenadressierung f <edv> • page addressing

Seitenadressregister n <edv> • page address register

Seitenairbag <kfz.sich> *(schlauchförmig)* • inflatable tubular structure (ITS)

Seiten-Airbag m <kfz> • side airbag :V; lateral airbag :V

Seitenanguss m <kst> • edge gate; side gate

Seitenanker m <bau> *(Mast)* • side guy

Seitenanker m <el> • side armature

Seitenankerrelais n <el> • side armature relay

Seitenanlegemarke f <druck> • side lay

Seitenanschlag m <druck> • side lay

Seitenanschluss m <el> *(Elektronenröhre)* • side contact

Seitenansicht f <doku> *(techn. Zeichnung; Ansicht eines Objekts von links bzw. rechts)* • side view; end view

Seitenaufprall m <kfz> • lateral impact; side impact *pract.coll*; side crash *SAE SP-1333*

Seitenaufprall-Dummy m <kfz> • side impact dummy (SID)

Seitenaufprallschutz m <kfz> *(innen, gegen seitlichen Crash)* • side impact door beam; side protection [in the doors] *coll.did*; side-impact protection beam; side impact beam *pract.coll*; door beam *pract.coll*

Seitenauspuff m ugs <kfz> • sidepipe

Seitenband n <tech.allg> *(Akustik, EDV, Rundfunk, Fernsehen)* • side band

Seitenbandfrequenz f <el> *(Funktechnik)* • sideband frequency; side frequency

Seitenband in Regellage n <tele> • erect sideband

Seitenbandinterferenz f <tele> • sideband interference

Seitenbandunterdrückung f <el> • sideband suppression

Seitenbegrenzungsplatte f • end plate

Seitenbeleuchtung f :V <theat> • perches *pl*

Seitenbeplankung f <kfz> *(flächige Teile, außen)* • side bumper panels *pl*; body side panels *pl*; below-the-beltline cladding

Seitenbeschreibungssprache f (PDL) <druck> • page description language (PDL)

Seitenbeschreibungssprache f <edv> • page description language

Seitenbestimmung f <navig> • sense finding

Seitenbestimmungsantenne f <navig> • sense aerial

seitenblasender Konverter m <metall> • side-blown converter

Seitenblech n <kfz> *(von A- bis C-Säule, gesamte Türeinfassung)* • aperture panel; side panel; side aperture [panel]; side frame *BMW*

Seitenblech n <kfz> *(hinten, ab B-Säule)* • quarter panel; side panel; quarter side panel *obs*; rear side panel

Seitenblende f <kfz> *(als Anbauteil)* • side skirt

Seitenblende f <mil> *(Schießstand; zwischen Schützenständen)* • screen; protective wall

Seitenbreite f <edv> • page width

Seitenbühne f <theat> • side stage

Seitenbühnenwagen m <theat> • side stage waggon

Seitencrash m <kfz> • side crash; lateral impact

Seitencrash m <kfz> • lateral impact; side impact *pract.coll*; side crash *SAE SP-1333*

Seitencrashbarriere f BMW <kfz> *(innen, gegen seitlichen Crash)* • side impact door beam; side protection [in the doors] *coll.did*; side-impact protection beam; side impact beam *pract.coll*; door beam *pract.coll*

Seitendrucker m <edv.druck> *(z. B. Laserdrucker; im Ggs. zu Zeilendrucker)* • page printer

Seitenecho n <akust> • side echo

Seitenecho n <navig> • side-lobe echo

Seitenelektrode f <kfz.el> *(Zündkerze)* • side electrode

Seitenentleerer[wagen] m <bahn> • side-discharge car

Seitenentleerer[wagen] m <bahn> • side-dump car

Seitenfalte f DIN EN 26590 <pack> • gusset

Seitenfalte f DIN 55405 <pack.teil> • gusset

Seitenfaltenbeutel m DIN 55405 <pack> • gusseted bag; satchel bag *BS 3130*

Seitenfaltensack m <pack> • gusseted sack; gusseted bag *US*

Seitenfenster n <bau> *(in Erkerkonstruktionen)* • side window

Seitenfenster n <fz> • side window

Seitenfenster hinten n <kfz> • rear side window; quarter window

Seitenfenster vorne n <kfz> • front side window

Seitenfestigkeit f <bekl> *(Helm)* • rigidity

Seitenfestigkeit f <kfz.qualit> *(Fahrgastraum)* • lateral stiffness; lateral impact resistance

Seitenfläche f *(Beitel)* • bevel

Seitenfläche f • rim

Seitenfläche f <tech.allg> • face

Seitenfläche f <tech.allg> • lateral face

Seitenfläche f <tech.allg> • lateral surface

Seitenfläche f <tech.allg> *(z. B. Gebäude, Werkstück)* • side

Seitenfläche f <mat> • facet

Seitenflosse f <aerospace> • fin; vertical fin

Seitenflosse f <bio> • dorsal fin

Seitenformat n <druck> • page size

Seitenformat n <druck> • paper format; paper size; page size; sheet size

Seitenformat n <edv> • page size

Seitenformatierung f <edv> • page formatting

Seitenfrequenz f <av> *(Frequenz eines Modulators)* • modulator frequency; modulating frequency; secondary frequency; adjacent frequency

Seitenfrequenz f <el> *(Funktechnik)* • sideband frequency; side frequency

Seitenfrequenz f <tele> • side frequency

Seitenführung f <kfz> *(Fahrverhalten; Fahrzeug und/ oder Reifen)* • driving stability; directional stability; directional control; lateral grip; lateral stability

Seitenführung f <masch> • side guard

Seitenführung f <masch> • side guiding

Seitenführung f <prod> *(von Reifen)* • lateral grip; directional control; lateral stability; directional stability

Seitenführungskraft f <fz> *(Kfz, Eisenbahnfahrzeug)* • lateral force

Seitenführungskraft f <kfz> *(Reifen)* • cornering force; lateral guiding force *ppwiss-did*; lateral grip *ppwiss-mdl*; lateral stability *ppwiss-mdl*; lateral force

Seitenführungskraft f <kfz> • cornering force

Seitenführungskraft f <prod> *(von Reifen)* • lateral guiding force; cornering force

Seitenführungsvermögen n <kfz> *(Reifen)* • cornering force; lateral guiding force *ppwiss-did*; lateral grip *ppwiss-mdl*; lateral stability *ppwiss-mdl*; lateral force

Seitengelenkwelle f form <kfz.antr> *(zwischen Differenzial und Antriebsrädern)* • drive shaft; axle shaft *pract*; half shaft *pract*

Seitengerippe n BMW <kfz> *(von A- bis C-Säule, gesamte Türeinfassung)* • aperture panel; side panel; side aperture [panel]; side frame *BMW*

seitengesteuerter Motor m <mot> • side-valve engine; L-head engine *US*; T-head engine; sv engine

seitengetrennte Beatmung f <med.tech> • independent lung ventilation (ILV); master-slave ventilation

seitengleich <math> *(z. B. Dreieck, Quadrat)* • equal-sided

seitengleicher Schlüssel m <sich> • two-way key :V; symmetrical key :V

Seitengleitbewegung f <aerospace> • slip

Seitengreifer m <förd> *(Gabelstapleranbaugerät)* • squeeze clamp

Seitengummi m <kfz> *(Reifen)* • wall rubber

Seitengummi m/n <mat> *(Kfz-Reifen)* • sidewall rubber; wall rubber

Seitenguss m <prod> • side casting

Seitenhalbierende f <math> *(z. B. Dreieck)* • median line

Seitenhalter m <el> *(Fahrdraht)* • registration arm

Seitenhöhe f <edv> • side depth

Seitenkammer f <phot> • oblique camera; wing camera

Seitenkanalpumpe f <masch> • regenerative pump; regenerative turbine pump; side-channel pump *GB*

Seitenkanal- und Peripheralpumpen pl <masch> • turbine-type pumps *pl*; vortex pumps *pl*; turbine pumps *pl*; turbine impeller pumps *pl*

Seitenkante f <tech.allg> • lateral edge

Seitenkantensteuerung f <druck> • web edge control

Seitenkette f • side chain

Seitenkette f <masch> • lateral chain

Seitenkipper m • side tipping truck

Seitenkipper m <nfz> *(Anhänger)* • side dump trailer; side tipping trailer *GB*; side dumper *coll*

Seitenkipper m <nfz> *(Lastkraftwagen)* • side dump truck; side dumper; side dump truck; side tipper *GB*

Seitenkipper m <nfz> • side dump trailer

Seitenkipper m <nfz> • side dump truck

Seitenkipper m <nfz> • side tipper

Seitenkipper m <nfz> • side tipping trailer

Seitenkipper m <nfz> *(Anhänger)* • side dump trailer; side tipping trailer *GB*; side dumper *coll*

Seitenkipper m <nfz> *(Lastkraftwagen)* • side dump truck; side dumper; side dump truck; side tipper *GB*

Seitenkipplader m <bau.masch> • side tilting dump shovel loader

Seitenkipplader m <bau.masch> • side tilting shovel loader

Seitenkippwagen m <bahn> • side dump car

Seitenkippwagen m <bahn> • side tipping wagon

Seitenkolonne f <verf> *(Stripper)* • side stripper

Seitenkraft f <tech.allg> • lateral force

Seitenkraft f <mech> • side force

Seitenkraft f <kfz> *(Reifen)* • cornering force; lateral guiding force *ppwiss-did*; lateral grip *ppwiss-mdl*; lateral stability *ppwiss-mdl*; lateral force

Seitenlänge f *(Höhe)* • depth of page

Seitenlänge f <allg> • side length

Seitenlänge f <druck> • page length

Seitenlänge f <edv> • length of page

Seitenlager n <masch> • steady bearing; steady bracket

Seitenleitwerk n <aerospace> • tailplane; vertical tailplane; fin *pract*

Seitenleitwerk n <aerospace> • vertical tail

Seitenleser m <edv> • page reader

Seitenleuchte f <kfz.el> • side lamp

Seitenleuchte f <nfz> • side-marker lamp

Seitenlicht n <phot> • side light

Seitenlicht nsg <phot> • sidelighting *sg*

Seitenlinie f <bio> *(Taxidermie: Fisch)* • lateral line

Seitenliste f <edv> • slot bracket

Seitenlüfter m <kfz> • side vent

Seitenluftkanal m <obfl> *(Spritzpistole)* • lateral air passage

Seitenluft-Zusatzkanal m <obfl> *(Spritzpistole)* • lateral atomization orifice

Seitenmarke f <druck> • sidelay

Seitenmarkierungsleuchte f <kfz.el> • side lamp

Seitenmarkierungsleuchte f <nfz> • side-marker lamp

Seitenmaßstab m <doku> • lateral magnification

Seitenmeißel m <wz> • shoulder tool

Seitenmeißel m <wz> • side-cutting tool

Seitenmoment n rar <phys> • yawing moment

Seitenmontage f <druck> • page composition

Seitenmontage f <druck> • page make-up

Seitenmontage f <druck> *(Computer-to-Film)* • full-page page makeup; page makeup

Seitenneigung f <fz> • lateral sway

Seitenneigung f prakt <fz> *(betont: Winkel der Seitenneigung; z. B. einer Karosserie)* • roll angle

Seitenneigung [der Karosserie] f <kfz> *(Effekt als solcher)* • body roll

Seitennumerierung f <druck> • page numbering

Seitenobjektiv n <phot> • side lens

Seitenpeilung f <navig> • relative bearing

Seitenplanke f <nav> • side panel

Seitenplatte f • end plate

Seitenplatte f • end shield

Seitenprojektionsscanner m <edv> • side-view scanner

Seiten pro Minute fpl <druck> • pages per minutes (ppm)

Seitenrad n <energ.wind> • fantail

Seitenradar m <navig> • side-looking airborne radar

Seitenrahmen m <edv> • page frame

Seitenregistersteuerung f <druck> • side-register control

Seitenreibung f <masch> • side friction

seitenrichtig <doku> *(Photo, Schaubild)* • laterally correct

seitenrichtig <druck> • right-reading

seitenrichtig <opt> • true to side

Seitenring m <kfz> *(Felge)* • side ring; continous side ring *did*; endless side ring *did*; flange ring *US*

Seitenrinne f <licht.theat> *(Zuschauerraum)* • side slot

Seitenrippe f <bio> • nervure

Seitenrollwerkzeug n rar <wz> • tangential thread-rolling attachment; tangential thread-rolling head; straddle-type thread-rolling attachment *rare*; tangential side-rolling attachment *rare*

Seitenruder *n* <aerospace> • rudder

Seitenruder *n* <aerospace> *(Flugzeug)* • directional control

Seitenruder *n* <aerospace> • rudder plane; rudder

Seitenruderachse *f* <aerospace> • rudder torque axis; rudder axis

Seitenruderfußhebel *m* <aerospace> • rudder lever

Seitenruderfußhebel *m* <aerospace> • rudder pedal

Seitenschalter *m* <navig> • sense finder

Seitenschalung *f* <bau> *(Straßenbau)* • paving forms

Seitenschalung *f* <bau> *(Betonbau)* • side form

Seitenscheibeneinfassung *f* <kfz> • side window trim *:V*

Seitenschiebefenster *n* <bau> *(allg.)* • gliding window; glider; sliding window; slider; horizontal slider

Seitenschieber *m* <kst> *(Teil eines Schieberwerkzeugs)* • sliding core; side core

Seitenschiene *f* <edv> *(im Gehäuse, für Laufwerke)* • mounting rail; side rail

Seitenschiff *n* <bau> *(Kirche)* • side aisle

Seitenschlag *m prakt.ugs* <kfz> • static wheel imbalance; wheel wobble *pract.coll*

Seitenschlag *m* <kfz.antr> *(Rad oder Welle)* • face runout; side run-out

Seitenschlag *m prakt.ugs* <masch> *(allg. von Rotationskörpern; z. B. Rad, Bremsscheibe)* • lateral runout; side-to-side wobble *did*; wobble *pract.coll*

Seitenschneider *m DIN ISO 5742* <wz> *(allg.)* • diagonal cutting pliers *ISO 5742*; diagonal cutter *US*; dikes *pl US*; side cutter *GB*; diagonal nippers *pl GB*

Seitenschneider mit aufgelegtem Gewerbe *m norm* <wz> • high leverage diagonal cutting pliers; heavy-duty diagonal cutting pliers

Seitenschnittmähdrescher *m* <agri> • side-cutting combine

Seitenschräge *f* <metall> *(beim Gießen, Schmieden, Pressen)* • die draft *US*; die taper; die draught *GB*

Seitenschrägenwinkel *m* • draft angle

Seitenschrägenwinkel *m* <wz> • die draft angle *US*; die draught angle *GB*

Seiten-Schrägschulterring *m* <kfz> • combined side and tapered bead seat ring

Seitenschub *m* <fz> *(z. B. durch Wind)* • lateral thrust

Seitenschub *m* <logist> *(Schwenkschubgabel)* • reach travel

Seitenschub *m* <nav> • side thrust

Seitenschürze *f* <kfz> *(als Anbauteil)* • side skirt

Seitenschütter *m* <bau.masch> *(Schwimmbagger)* • side ladder dredger

Seitenschutzleiste *f* <kfz> *(außen an Karosserie; relativ schmale Leiste)* • body side molding; protective molding

Seitenschweller *m* <kfz> *(als Anbauteil)* • side skirt

Seitensichtradar *n* <navig> • side-looking airborne radar

Seitensichtradar *n* <navig> • side-looking radar

Seitenspant *n* <nav> • side frame

Seitenspant (des Spiegels) *m* <nav> • transom side frame

Seitenspeicher *m* <edv> • page buffer

Seitenspeicher *m* <edv> • page store

seitenspezifisch <kfz> • handed

Seitenspot *m* <licht> • side spot

Seitenstabilisierungsflosse *f* <aerospace> • vertical stabilizer

Seitenstabilität *f* <fz> • lateral stability

Seitenstabilität *f* <kfz> *(Fahrverhalten; Fahrzeug und/oder Reifen)* • driving stability; directional stability; directional control; lateral grip; lateral stability

Seitenstabilität *f* <prod> *(von Reifen)* • lateral grip; directional control; lateral stability; directional stability

Seitenständer *m* <fz> *(z. B. Motorrad)* • side stand

Seitenstapler *m* <logist> • side loader

Seitensteg *m* <opt> *(Brillenfassung)* • pad

Seitensteifheit *f* <phys> • lateral stiffness

Seitenstellschraube *f* <mil> *(Artillerie)* • windage adjustment screw

Seitenstellschraube *f* <msr> • transversing screw

Seitenstollen *m* <min> • lateral adit

Seitenstoß *m* <tech.allg> • lateral thrust

Seitenstrahl *m* <opt> • side beam

Seitenstreifen *m* <bau> *(befahrbar oder nicht)* • shoulder; sidestrip; berm; verge; margin

Seitenstreifen *m* <kfz> *(Reifen)* • sidewall stock; sidewall strip

Seitenstreuung *f* <tele> • side scattering

Seitenstrom *m* <chem.petr> • side stream

Seitenstrom *m* <masch> *(z. B. im Laufrad)* • side stream

Seitensupport *m* <wz.masch> • side tool head

Seitenteil *n* <kfz> *(von A- bis C-Säule, gesamte Türeinfassung)* • aperture panel; side panel; side aperture [panel]; side frame *BMW*

Seitenteil *n* <kfz> *(hinten, ab B-Säule)* • quarter panel; side panel; quarter side panel *obs*; rear side panel

Seitenteil *n* <kfz.mot> *(des Wankelmotors)* • rotor housing

Seitenteilkreis *m* <msr> • azimuth dial

Seitentrennung *f* <büro> • dual page copying

Seitentriftwinkel *m* <navig> *(Schiff, Luftfahrzeug)* • drift angle

Seitentrimm *m* <nav> • transverse trim

Seitenüberdeckung *f* • side overlap

Seitenüberlauf *m* <edv> • page overflow

Seitenüberschlag *m* <el> • sideflash

Seiten umbrechen *vi ISO/IEC 2382-23* <edv> • paginate *vi ISO/IEC 2382-23*

Seitenumkehr *f* <av> • lateral inversion

Seitenventiler *m prakt* <mot> • side-valve engine; L-head engine *US*; T-head engine; sv engine

Seitenventilmotor *m* <mot> • side-valve engine; L-head engine *US*; T-head engine; sv engine

Seitenverfüllung *f* <bau.rls> • side fill

Seitenvergrößerung *f* <opt> • transverse magnification

Seitenverhältnis *n* <tech.allg> *(Verhältnis von Höhe zu Breite von etw.; z. B. Autoreifen)* • aspect ratio; geometric relation

Seitenverhältnis *n ugs* <edv.av> *(Bildschirm)* • aspect ratio

Seitenverhältnis *n* <opt> • lateral magnification

seitenverkehrt <druck> • reversed

seitenverkehrt <druck> • wrong-reading

seitenverkehrt <phot> • laterally inverted

seitenverkehrtes Vergrößern *nsg* <phot> • flopping *sg*

Seitenverkleidung *f* <kfz> • panelling

seitenverschiebbar <edv> • page-relocatable

Seitenverschluss *m DIN 55405* <prod> • side closure

Seitenverstellung *f* <tech.allg> • lateral adjustment

Seitenverstellung *f* <mil> *(Artillerie)* • windage adjustment

seitenvertauscht <phot> • laterally inverted

Seitenvorhang *m* <kfz.sich> *(eine Art Seitenairbag)* • inflatable curtain

Seitenvorschub *m* <prod> • formfeed

Seitenwagen *m* <kfz> *(Motorrad)* • side-car

Seitenwahl *f* <navig> *(Empfänger)* • PAGE key

Seitenwand *f* <tech.allg> *(allg.)* • sidewall

Seitenwand *f* <tech.allg> *(allg., dünnwandig, insbes. Blech, auch Holz, Kunststoff)* • side panel

Seitenwand *f* <kfz> *(von Reifen)* • sidewall

Seitenwand *f* <logist> *(Fachbodenregal)* • closed upright; side panel *US*; side sheet *GB*; end finishing panel; closed frame

Seitenwand f <masch> *(Rahmenteil; z. B. von Druck-maschine)* • side frame

Seitenwand f DIN 55405 <pack.teil> • sidewall; wall

Seitenwand-Außenblech n <kfz> *(von A- bis C-Säule, gesamte Türeinfassung)* • aperture panel; side panel; side aperture [panel]; side frame BMW

Seitenwandgummi m/n <mat> *(Kfz-Reifen)* • sidewall rubber; wall rubber

Seitenwand hinten f BMW <kfz> *(hinten, ab B-Säule)* • quarter panel; side panel; quarter side panel *obs*; rear side panel

Seitenwand-Innenblech n <kfz> • inner quarter panel

Seitenwandrahmen m <nfz> • side-panel frame

Seitenwandsäule f <bahn> • side pillar; intermediate side post; side post

Seitenwandsäule f <kfz> • body side pillar

Seitenwandschwenkfenster m Opel.rar <kfz> *(hintere Seitenscheibe)* • hinged quarter window; opening rear side window

Seitenwandspritzpresse f <prod> *(Kfz-Reifen)* • sidewall extruder *formal*; tuber *pract*

Seitenwandspritzpresse f <prod> *(Kfz-Reifen)* • sidewall extruder *form*; tuber *pract*

Seitenwechsel m ISO/IEC 2382-23 <edv> *(automat. Funktion)* • page break ISO/IEC 2382-23

seitenweise auslagern vi <edv> • page out vi

seitenweise blättern vi <edv> • page vi

seitenweise einlagern vi <edv> • page in vi

seitenweiser Zugriff m <edv> • page mode

Seitenwelle f rar <kfz.antr> *(zwischen Differential und An-triebsrädern)* • drive shaft; axle shaft *pract*; half shaft *pract*

Seitenwelle f <masch> • half shaft

Seitenwiderstand m <nav> • lateral resistance

Seitenwind m <allg> *(allg.; z. B. beim Autofahren)* • cross-wind[s]; side wind

Seitenwind m <nav> *(auf See)* • crosswind[s]

Seitenwindabweiser m <kfz> *(für Seitenfenster vorn)* • wing shields

Seitenwindeinwirkung f <verk> *(Fahrverhalten)* • side-wind effect

Seitenwindfahrwerk n <aerospace> • drift landing-gear

Seitenwindkonverter m <metall> • side-blown converter

Seitenwinkel m <masch> *(Keil, Kegel)* • angle of draft; angle of taper

Seitenzipfel m <tele> • side lobe

Seitenzipfelecho n <navig> • side-lobe echo

Seitenzug m <verbr> *(Feuerungstechnik)* • side flue

Seitenzugbremse f <fz> • side-pull brake

Seitenzugriffszeit f <edv> • page access time

Seite-Taste f <navig> *(Empfänger)* • PAGE key

seitlich aufgehängter Roboter m <autom> • robot, sus-pended from the wall

seitlich ausbiegen vi <mech> *(z. B. Knickstab)* • deflect laterally vi

seitlich ausweichen,vi <mech> *(z. B. Druckstab beim Knicken, Blech beim Beulen)* • deflect laterally vi

seitliche Annäherung f <msr> • lateral approach

seitliche Annäherung f EN 60947 <msr> • lateral ap-proach EN 60947

seitliche Belüftungsöffnung f <bekl> *(für Motorrad-fahrer)* • side zip for ventilation

seitliche Betätigung f <msr> • side actuation

seitliche Betätigung f GB <msr> • side sensing

seitliche Blinkleuchte f <kfz.el> • side turn signal light US; side flasher GB; side repeater light/lamp GB; re-peater [lamp] GB.pract.coll; side indicator GB

seitliche Einführung f <el> *(Winkelstecker)* • angled cable entry

seitliche Entnahme f <logist> *(Silo)* • side unloading

seitliche Erfassung f <msr> • side sensing

seitliche Führung f <masch> • lateral guide

seitliche Heckstütze f <nav> • side counter timber

seitliche Keule f <navig> • side lobe

seitliche Kofferraummulde f <kfz> • lateral trunk recess

seitliche Markierungsleuchte f <kfz.el> • side marker light/lamp; marker light/lamp *pract*

seitliche Markierungsleuchte hinten <kfz.el> • rear side marker lamp

seitliche Markierungsleuchte vorne <kfz.el> • front side marker lamp

seitliche Migration f <ents> • lateral migration

seitlicher Belüftungsreißverschluss m <bekl> *(für Motorradfahrer)* • side zip for ventilation

seitlicher Blinker m ugs.prakt <kfz.el> • side turn signal light US; side flasher GB; side repeater light/lamp GB; re-peater [lamp] GB.pract.coll; side indicator GB

seitlicher Druck m <tech.allg> • lateral pressure

seitlicher Druck m <tech.allg> • side pressure

seitlicher Fahrtrichtungsanzeiger m form <kfz.el> • side turn signal light US; side flasher GB; side repeater light/lamp GB; repeater [lamp] GB.pract.coll; side indica-tor GB

seitliche RL-Führung f rar <rls> *(von der Seite)* • sway brace; lateral pipe support

seitlicher Luft[ansaug]schacht m <kfz> • side scoop

seitlicher Rammschutz m Allrad <kfz> *(flächige Teile, außen)* • side bumper panels pl; body side panels pl; be-low-the-beltline cladding

seitlicher Schub m <aerospace> *(Raumfahrzeug)* • side thrust

seitlicher Überschlag m <el> • sideflash

seitlicher Unterfahrschutz m <nfz> • side underride guard

seitlicher Versatz m <tech.allg> *(z. B. von Rohren, Wel-len)* • parallel misalignment; lateral mismatch; lateral mis-alignment; lateral offset

seitliches Anlaufrad n <agri> *(Siloentnahmefräse)* • wall wheel

seitliches Ausweichen n <mech> *(z. B. beim Knicken, Beulen)* • lateral deflection

seitliche Schiebeplane f <nfz> • curtain

seitliche Schiebetür f <nfz> • sliding side door

seitliche Schnürung f <bekl> • lace-up side

seitliches Fenster n <bau> *(in Erkerkonstruktionen)* • side window

seitliches Gleitstück n <masch> • side bearer

seitliche Stoßleiste f <kfz> *(außen an Karosserie; relativ schmale Leiste)* • body side molding; protective molding

seitliche Streuung f <tele> • side scattering

seitliches Wegrutschen n <verk> *(von Fz; z. B. in ver-eister überhöhter Kurve)* • sideslipping; sideway skidding

seitliche Verlagerung f <ökol> *(von Schad- od. Nähr-stoffen im Boden)* • migration export

seitliche Verschiebung f <rls> *(von Rohren; uner-wünscht)* • lateral deflection; lateral offset; lateral move-ment

seitlich hinterschliffen <prod> • side-relieved

seitlich kippbarer Niederbordwagen m <bahn> • open side-dumping car

seitlich nicht begrenzte Schaufel f <masch> • open blade

seitlich senkrecht zur Biegeebene ausweichen vi <mech> • buckle sideways vi

seitlich versetzter Crash m <kfz> • offset crash

seitlich versetzter Crash m did <kfz.qualit> • offset crash test

seitlich wandern vi <antr> *(z. B. Flachriemen auf Scheibe, Papierstreifen auf Walze)* • run off vi

seitwärts <allg> • sideways directed; sideways
Sekans m <math> • secant function; secant
Sekansfunktion f <math> • secant function; secant
Sekante f <math> • secant line
Sekret n <med> • secretion; secretum rar
Sekretäranlage f <tele> • manager-and-secretary station
Sekreteindickung f <med> • inspissation of secretions
Sekretolytika npl <med> • liquefying expectorants pl
Sekretum n rar <med> • secretion; secretum rar
Sekretverflüssigung f <med> • liquefaction of secretions V
Sektion f <nav> • subassembled section; section; subassembly
Sektion f <verf> • compartment; section
Sektion f <verf> (in Plattenwärmetauscher) • plate pack; stack of plates; section
Sektionalkessel m <rls> • sectional boiler
Sektionsbauweise f <nav> • section building
Sektionsturbine f <petr> • sectional turbo drill
Sektor m <edv> • sector
Sektor m <edv> • sector; disk sector
Sektor m <edv> (Magnetplatte) • bucket
Sektor m <edv> • sector; disk sector
Sektor m <hydr> (Schütz) • gate leaf
Sektor m <math> (Ausschnitt, Kreissektor) • sector
Sektor m <math> (Kreisfläche im Innern eines Zentriwinkels) • circle sector; circular sector
Sektor n norm DIN 4048 <bau.hydr> • sector gate; sector weir
Sektorabtastung f <navig> • sector scanning
Sektorbildung f <navig> • sectoring
Sektor-Einzeldrahtleiter m <el> • solid shaped conductor IEC; shaped solid conductor; solid sector conductor
Sektorenregner m <agri> • sector sprinkler
Sektorenscheibe f <opt> • sector disc
sektorförmiger Leiter m <el> • sector-shaped conductor IEC; sector shaped conductor; sectoral conductor
Sektorfolge f <edv> (auf Platte; Teil einer Spur, bestehend aus Sektoren) • cluster
Sektorierung f <edv> • sectoring
Sektorleiter m <el> • sector-shaped conductor IEC; sector shaped conductor; sectoral conductor
Sektor[leiter]kabel n <el> • sector cable
Sektorlesezeit f • sector read time
Sektor-Mehrdrahtleiter m <el> • stranded shaped conductor IEC; shaped stranded conductor; stranded sector conductor; sector strand
Sektorpuffer m <edv> • SECTOR BUFFER
Sektorschütz n <hydr> • sector gate
Sektor-Slipping n <edv> (Festplatte) • sector slipping
Sektorversatz m <edv> (versetztes Schreiben der Sektoren auf die Festplatte) • interleaving; memory interleaving; interleaved design
Sektorwehr n <bau.hydr> • sector gate; sector weir
sektorweiser Bildausfall m <navig> • blind sector
Sektorzelle f <tele> • sector cell
Sekundäranker m <el> • secondary armature
Sekundärauslösung f <el> • indirect tripping
Sekundärauslösung f <el> (durch Nebenschluss) • shunt release
Sekundärbatterie f <el> • secondary battery
Sekundärbatterie f wiss <el> (wiederaufladbar; z. B. Bleiakku, NiCd, NiMH) • storage battery; secondary battery thsc; accumulator battery form; rechargeable battery did; battery pract
Sekundärbeschleuniger m <kst> • secondary accelerator
Sekundärbild n <kfz.el> • secondary pattern; scope secondary pattern

Sekundärbindung f <chem> • secondary structure conformation
Sekundärcoating n <lwl> • secondary coating
sekundäre Aktion f <kino> • secondary action
sekundäre Anschlussklemme f <el> • secondary terminal
sekundäre Ausbeutung f <petr> • secondary recovery
sekundäre Bewegung f <kino> • secondary action
Sekundärecho n <navig> • second-trace echo
sekundäre Kugelwelle f <opt> • secondary spherical wavelet; secondary wavelet
Sekundärelektron n <nukl> • secondary electron
Sekundärelektronenausbeute f <nukl> • secondary-electron yield
Sekundärelektronenemission f <nukl> • secondary electron emission (SEE); secondary emission
Sekundärelektronenspektrum n <phys> • secondary-electron spectrum
Sekundärelektronenvervielfacher m <nukl> • photomultiplier; secondary-electron multiplier
Sekundärelement n <el> • secondary cell
Sekundärelement n <textil> • secondary knitting element
sekundäre Lichtquelle f <edv> • secondary light
sekundärer Explosivstoff m <prod> • secondary high explosive
sekundäre Riemenscheibe f <kfz.antr> (CVT) • secondary V-pulley
sekundärer Luftschadstoff m <emiss> • secondary pollutant
sekundärer Lunker m <metall> • secondary pipe
sekundärer Rohstoff m <ents> • secondary [raw] material
sekundäres Phosphat n • dibasic phosphate
sekundäres Phosphat n <chem> (HPO_4^{2-}) • monohydric phosphate
sekundäre Welle f <geo> (seismische Welle) • S-wave; shear wave; secondary wave; shake wave; transverse wave
Sekundärfarbe f <opt> • secondary color
Sekundärfaser f <ents> • secondary fiber; recycled fiber
Sekundärfaserstoff m <ents> • secondary fibers pl; reclaimed fibers pl; recovered fibers pl
Sekundärfederung f <bahn> (Drehgestell) • secondary suspension
Sekundärförderung f <petr> • secondary recovery
Sekundärfutter n <pack> (Pre-Necker) • secondary chuck
Sekundärgruppe f <tele> • supergroup
Sekundärgruppenumsetzer m <tele> • supergroup translating equipment
Sekundärionisation f <phys> • secondary ionization
Sekundärkegelscheibenpaar n <kfz.antr> (CVT) • secondary V-pulley
Sekundärklemme f <el> • secondary terminal
Sekundärkolben m <kfz.brems> (im Tandem-Hauptzylinder) • secondary piston; floating piston
Sekundärkreis m (Sender) • harmonic suppressor
Sekundärkreis m <el> • secondary circuit
Sekundärkreis m <kfz.el> • secondary circuit; high-voltage circuit; high-tension circuit obs; HT circuit obs
Sekundärkreislauf m <tech.allg> (z. B. Kernkraftwerk) • secondary circuit; secondary loop
Sekundärkreislauf m <ents> (Altpapierverwertung) • secondary white water circuit
Sekundärkühlkreis m DIN 25401-3 <nukl> (Kernreaktor) • secondary coolant circuit
Sekundärkühlung f <verf> (zweite Kühlstufe) • secondary cooling
Sekundärkupferhütte f <metall> • secondary copper smelting and refining plant

Sekundärlagerstätte f <geo> • secondary deposit
Sekundärleitung f <alarm> • non-supervised line :V
Sekundärlichtquelle f <edv> • secondary light
Sekundärluft f <tech.allg> • secondary air
Sekundärluft f <kfz.emiss> (für Katalysator) • secondary air; additional air pract
Sekundärluft f <verbr> (zur Nachverbrennung) • secondary air; secondary combustion air
Sekundärluftansaugung f <kfz.emiss> (mit Sekundärluftsaugsystem; Vorgang) • secondary air induction; air induction pract
Sekundärlufteinblasesystem n <kfz.emiss> (mit Luftpumpe) • air injection system
Sekundärlufteinblasung f <kfz.emiss> (mit Sekundärlufteinblasesystem; Vorgang) • secondary air injection; air injection pract
Sekundärlufteinspeisung f <kfz.emiss> (mit Sekundärluftsaugsystem; Vorgang) • secondary air induction; air induction pract
Sekundärlufteinspeisung f <kfz.emiss> (mit Sekundärlufteinblasesystem; Vorgang) • secondary air injection; air injection pract
Sekundärluftpumpe f <kfz.emiss> (in Sekundärlufteinblasesystem) • air injection reactor pump form; air pump pract; smog pump coll
Sekundärluftsaugsystem n <kfz.emiss> (selbstansaugend, ohne Luftpumpe) • air induction system; pulse air system pract; pulsair injection reaction system
Sekundärluft-Selbstansaugung f <kfz.emiss> (selbstansaugend, ohne Luftpumpe) • air induction system; pulse air system pract; pulsair injection reaction system
Sekundärluftsystem n <kfz.emiss> (allg.) • secondary air system
Sekundärluftzufuhr f <kfz.emiss> (mit Sekundärluftsaugsystem; Vorgang) • secondary air induction; air induction pract
Sekundärluftzufuhr f <kfz.emiss> (mit Sekundärlufteinblasesystem; Vorgang) • secondary air injection; air injection pract
Sekundärluftzugabe f <kfz.emiss> (mit Sekundärluftsaugsystem; Vorgang) • secondary air induction; air induction pract
Sekundärluftzugabe f <kfz.emiss> (mit Sekundärlufteinblasesystem; Vorgang) • secondary air injection; air injection pract
Sekundärluftzugaberate f <kfz.emiss> • air induction rate
Sekundärmanschette f <kfz.brems> (Hauptzylinder) • secondary seal; secondary cup
Sekundärmaßnahme f <ents> (Verfahren zur Abgasreinigung, Rückstandsbehandlung) • secondary measure; end-of-pipe technology
Sekundärmaßnahmen fpl <emiss> • flue gas treatment; post-combustion emission control
Sekundärmaterial n <kst> (von Kunststoffteilen) • regrind
Sekundärmembran f <nahr> (Fettkügelchen) • protective membrane; final membrane
Sekundärmetall n <metall> • secondary metal
Sekundärnormal n <msr> • secondary standard; substandard rare
Sekundäroszillogramm n <kfz.el> • secondary pattern; scope secondary pattern
Sekundärpulper m <pap.ents> • secondary pulper
Sekundärpumpe f <kfz.antr> (Automatikgetriebe) • secondary pump; rear pump
Sekundärrad n <fz.antr> (Drehmomentwandler; z. B. Kfz, Lokomotive) • turbine [wheel]; driven torus
Sekundärradar n <navig> • secondary radar

Sekundärreaktion f <chem> • secondary reaction
Sekundärregler m <msr> (Kaskadenregelung) • secondary controller; submaster controller
Sekundärrohstoff m <ents> (der Wiederverwertung zugeführt) • secondary material; secondary raw material; reclaimed material; recovered material; salvaged material
Sekundär[roh]stoff m <ents> • secondary [raw] material
Sekundärschlüssel m <kfz> • secondary key
Sekundär-Seite f <el> • secondary side
Sekundärseite f prakt <kfz.el> (Zündspule) • secondary winding sg; secondary coil [winding]; secondary windings pl; secondary pract; high-tension winding[s] obs
sekundärseitig <kfz.el> (Zündspule) • secondary side, on the ~
Sekundärspannung f <el> • secondary voltage
Sekundärspeicher m <edv> • secondary memory; secondary store
Sekundärspeicher m <edv> (jeder nichtflüchtige Speicher außerhalb der CPU) • external storage; storage subsystem; secondary storage; peripheral storage; auxiliary storage
Sekundärspeicherung f <edv> • secondary storage
Sekundärspiegel m <opt> • secondary mirror
Sekundärspule f <el> • secondary coil
Sekundärspule f <kfz.el> (Zündspule) • secondary winding sg; secondary coil [winding]; secondary windings pl; secondary pract; high-tension winding[s] obs
Sekundärspule f <msr> • secondary coil
sekundärstatistische Auswertung f <werb> • desk research
Sekundärstoß m <nukl> • secondary collision
Sekundärstrahler m <licht> • secondary radiator
Sekundärstrahler m <phys> • parasite aerial
Sekundärstrahlung f <astron> • secondary cosmic radiation component; secondary cosmic radiation
Sekundärstrahlung f <phys> • secondary radiation; secondary emission
Sekundärströmung f <phys> • secondary flow
Sekundärstrom m <el> • secondary current
Sekundärstromkreis m <el> • secondary circuit
Sekundärstromkreis m <kfz.el> • secondary circuit; high-voltage circuit; high-tension circuit obs; HT circuit obs
Sekundärstruktur f <med> • secondary structure
Sekundärteil-Abfallanlage f <nukl> • secondary plant waste system (SPW)
Sekundärteilchen n <nukl> • secondary particle
Sekundärträger m <kfz> • secondary structure component
Sekundärventil n <kfz.antr> (CVT) • secondary valve
Sekundärverbrennungsluft f <verbr> (zur Nachverbrennung) • secondary air; secondary combustion air
Sekundärwelle f <masch> • secondary shaft
Sekundärwelle f <phys> • secondary wave
Sekundärwicklung f <el> • secondary winding
Sekundärwicklung f <kfz.el> (Zündspule) • secondary winding sg; secondary coil [winding]; secondary windings pl; secondary pract; high-tension winding[s] obs
Sekundärwicklung f <msr> • secondary winding
Sekundärwiderstand m <el> • secondary resistance
Sekundärzelle f <el> • secondary cell
Sekunde f (s) <msr> (SI-Einheit der Zeit) • second (s)
Sekundenkleber m <füg> (Cyanacrylat) • superfast adhesive; instant-set adhesive; fast adhesive; superglue Loctite
Sekundenkleber m ugs <füg> • cyanoacrylate adhesive
Sekundenpendel n <phys> • second pendulum
Selberbauen n <bahn> (Modellbahn; von Grund auf) • scratchbuilding
selbstabblendender Innenspiegel m :V <kfz.innen> • electrochromic mirror Jaguar

selbstabdichtend <masch> • non-spill
selbstabdichtend <masch> *(z. B. Pumpe)* • self-sealing
selbstabdichtende Schlauchkupplung *f* <rls> • non-spill coupling
selbstabdunkelnder Filter *m* <opt> *(für Schweißhelme)* • auto-darkening filter
selbstabdunkelndes Filter *n* <opt> *(für Schweißhelme)* • auto-darkening filter
Selbstabgleich *m* <el.msr> • automatic balancing; self-balancing; self-adjustment
selbstabgleichend <el.msr> • self-balancing; self-adjusting
selbstabgleichende Brücke *f* <el> • self-balancing bridge
selbstabgleichendes Potentiometer *n* <el> • self-balancing potentiometer
Selbstabnahmeoberfilz *m* <pap> • lick-up overfelt; lick-up wet felt
Selbstabnahmepapiermaschine *f* <pap> • lick-up machine; single-cylinder machine
Selbstabnahmewalze *f* <pap> • pick-up roll
selbstabschaltend <edv> • self-extinguishing *adj*
Selbstabsorption *f* <nukl> • self-absorption
Selbstabsorption *f* <phys> • self-absorption
Selbstabsorptionskoeffizient *m* <phys> • self-absorption coefficient; internal absorption coefficient
selbstabtastend <msr> *(z. B. Nachformbrennschneiden)* • self-scanning
selbstabtastendes Photodiodenarray *n* (SSPD) <autom> • self-scanned photodiode array (SSPD)
selbstadjungiert <math> • self-adjoint
selbständig • unaided
selbständig <allg> • independent
selbständig <allg> • self-contained
selbständig <allg> • unassisted
selbständig <tech.allg> *(z. B. Messung)* • off-line
selbständig <tech.allg> • self-maintaining
selbständig <tech.allg> *(z. B. Bewegung, Prozess)* • self-sustaining
selbständig <edv> • stand-alone
selbständig ablaufend <autom> • self-maintained
selbständig ablaufend <verf> *(Prozess, Vorgang)* • self-sustaining
selbständig agierender Roboter *m* <autom> • autonomous robot
selbständig arbeitend <tech.allg> • autonomous
selbständige Baugruppe *f* <allg> • self-contained component
selbständige Einheit *f* <tech.allg> • off-line equipment
selbständiger Fahrer *m* <nfz> • owner operator; owner driver *AUS*
selbständiger Fahrer *m* <nfz.logist> • owner operator; owner driver *AUS*
selbständiges Gerät *n* <edv> • stand-alone device
selbstangetrieben <mil> *(z. B. Munition)* • self-propelled
selbstangleichende Blende *f* <el.innen> *(für Deckenleuchten)* • self-leveling canopy
Selbstanlagerung *f* <el> • self-trapping
Selbstanlassen *n* <metall> • self-tempering
Selbstanlasser *m* • automatic starter
Selbstanlasser *m* <mot> • self-starter
selbstanlaufend <masch> *(Maschine; z. B. Notstromdiesel)* • self-starting; auto-starting
selbst anlaufender Rotor *m* <energ.wind> • self-starting rotor
selbstanpassend <msr> • self-adaptive; autoadapting
selbstanpassende Abtastung *f* <msr> • self-adaptive sampling; adaptive sampling
selbstanpassende Regelung *f* <msr> • adaptive control; self-optimizing control

selbstanpassendes Programm *n* <edv> • self-adapting program
selbstanpassendes Regelsystem *n* <msr> • adaptive control system
selbstanpressender Kabelschuh *m* <el> • self-crimping lug
Selbstansaugen *n* <mot> • normal aspiration
selbstansaugend <masch> *(Pumpe)* • self-priming
selbstansaugend <mot> • normally aspirated
selbstansaugend *adj* <masch> *(Pumpe)* • self-priming *adj*
Selbstansaugstufe *f* <förd> *(Pumpe)* • priming stage; self-priming stage
selbstanweisender Übertrag *m* <edv> • self-instructed carry
Selbstanzeige *f* <jur> *(z. B. bei Steuerhinterziehung)* • self accusation
selbstanziehender Injektor *m* <mot> • restarting injector
selbstauffrischend <edv> • self-refreshing
Selbstaufheizkathode *f* <el> • ionic-heated cathode
Selbstaufkohlung *f* <metall> • autocarburization
Selbstaufnahme *f* <av> • self-recording *Sha*
Selbstaufnahmefunktion *f* <av> • self-recording *Sha*
selbstaufrichtend <förd> *(Kran)* • self-erecting
selbstaufrichtend <nav> *(Wasserfahrzeug)* • self-righting
selbst aufrichtender Ausleger *m* <förd> • self-derricking jib; self-erecting jib
selbstaufrichtendes Boot *n* <nav> • self-righting boat
selbstaufzeichnend <tech.allg> • automatically recording
selbstaufzeichnend <msr> • self-recording
Selbstausgleich *m* <msr> • self-compensation; inherent regulation; auto-compensation; self-regulation
selbstausgleichend <msr> • self-compensating; auto-compensating
Selbstauslöseeinrichtung *f* <msr> • automatic tripping device; automatic releasing device
Selbstauslösefunktion *f Can* <av> • self-timer; delayed-action shutter release; delay timer; timer delay
selbstauslösend • automatically tripping
selbstauslösend <tech.allg> • automatically disengaging
selbstauslösend <tech.allg> • automatically releasing
selbstauslösend <masch> • self-opening; collapsible
selbstauslösender Anschlag *m* <masch> • automatic stop
selbstauslösender Drehmomentschlüssel *m* <wz> *(typ. mit Mikrometerskala am Griff und mit fühl-, hörbarer Auslösung)* • click type torque wrench; micrometer [type] torque wrench; automatic cut-out torque wrench *GB*; break-away torque wrench *US.rare*; clutch type torque wrench *US.rare*
selbstauslösender Gewindeschneidkopf *m* <wz> *(für Innengwd.)* • opening die head; inserted-chaser tap; inserted-blade tap
Selbstauslöser *m* <av> • self-timer; delayed-action shutter release; delay timer; timer delay
Selbstauslöser *m* <el> • automatic release
Selbstauslöser *m* <phot> • self-timer
Selbstauslöser *m* <phot> • delayed-action shutter release
Selbstauslöser-LED *f prakt* <phot> • self-timer LED
Selbstauslöser-Leuchtdiode *f* <phot> • self-timer LED
Selbstauslösung *f (Kupplung)* • automatic disengagement
Selbstauslösung *f* • automatic tripping; automatic release
Selbstauslösung *f* <phot> • delayed-action shutter release
selbst ausrichtend, sich ~ <opt> • self-aligning
Selbstausschalter *m* <el> • automatic circuit breaker; automatic cut-out
selbstbackende Elektrode *f* <el> • self-baking electrode

Selbstbau *m* <bau> *(von Häusern)* • amateur building; DIY construction

selbst bauen *vt* <tech.allg> *(komplett, von Grund auf)* • scratchbuild *vt*; build from scratch *vt*

Selbstbauer *m* <tech.allg> *(von größeren Gegenständen, wie z. B. Boote, Häuser)* • amateur builder

selbstbeblasend <el> *(Leistungsschalter)* • autopneumatic

Selbstbedienungstankstelle *f* <kfz> • self-service station

Selbstbehalt *m* <vers> *(bei Mietwagen)* • accident damage excess (ADE)

Selbstberührungspunkt *m* <math> *(Kurve)* • double cusp; tacnode

Selbstbeteiligung *f* (SB) <kfz.vers> • deductible

Selbstblock *m* <bahn> • automatic block

selbstbohrende Schraube *f* <füg> • self-drilling screw

Selbstdiagnosesystem *n* <autom> • self-diagnosis system

selbstdichtend <masch> *(z. B. Klappe, Ventil)* • self-sealing

selbstdichtendes Gewinde *n* <rls> • dryseal thread; thread for pressure-tight joints; self-sealing thread; dryseal pipe thread; jointing thread

selbstdichtendes kegeliges Rohrgewinde *n* (PTF-SPL) <rls> *(kurz)* • dryseal special short taper pipe thread (PTF-SPL) B1.20.3

selbstdichtendes kegeliges Rohrgewinde *n* (PTF-SPL) <rls> *(extra kurz)* • dryseal special extra short taper pipe thread ANSI B1.20.3; PTF-SPL EXTRA SHORT

selbstdichtendes kegeliges Rohrgewinde *n* (SPL-PTF) <rls> *(Sondergwd.)* • dryseal special taper pipe thread (SPL-PTF) ANSI B1.20.3; dryseal special diameter-pitch combination thread

selbstdichtendes kegeliges SAE-Rohrgewinde *n* (PTF-SAE) <rls> *(kurz)* • dryseal SAE short taper pipe thread; PTF-SAE-SHORT; PTF-SHORT

selbstdichtende Verbindung *f* <rls> • pressure-seal joint

Selbstdiffusion *f* <chem.phys> • self-diffusion

Selbsteinleger *m* <autom> • self feeder

selbsteinrückende Kupplung *f* <masch> • self-actuating clutch

selbsteinstellend <msr> • self-adaptive; self-adjusting

selbsteinstellende Abisolierzange *f* <wz.el> • automatic wire stripper

selbsteinstellende Kupplung *f* <kfz> • self-adjusting clutch (SAC) *LuK*

selbsteinstellendes Lager *n* DIN ISO 4378-1 <masch> • self-aligning bearing ISO 4378-1

Selbsteinstellung *f* <tech.allg> • adaptation

Selbsteinstellung *f* <tech.allg> • automatic adjustment

Selbsteinstellung *f* <av> • self-adjustment

Selbstentladeanhänger *m* <nfz> • self-emptying trailer

Selbstentlade-Kieswaggon *m* <bahn> • gravel hopper [wagon] *GB*

selbstentladend <el> • self-discharging

selbstentladend <el> • self-unloading; self-emptying; self-discharging

selbstentladende Holzschute *f* <nav> • self-tipping log barge

Selbstentladerate *f* <energ.sol> • self-discharge; self-discharge rate

Selbstentladewagen *m* • automatic discharge car

Selbstentladung *f* • automatic unloading

Selbstentladung *f* <el> • automatic discharge

Selbstentladung *f* <energ.sol> • self-discharge; self-discharge rate

Selbstentlandungsrate *f* <energ.sol> • self-discharge; self-discharge rate

selbstentschlackend <metall> • self-slagging

selbstentzündlich <mat> • self-igniting; pyrophoric

Selbstentzündung *f* <chem> • spontaneous ignition

Selbstentzündung *f* <chem> • spontaneous combustion *pf liste*

Selbstentzündung *f* <ents> • self-ignition

Selbstentzündung *f* ISO 13943 <verbr> *(spontane Entzündung infolge Selbsterhitzung)* • self-ignition ISO 13943

Selbstentzündungstemperatur *f* • self-ignition temperature

Selbstentzündungstemperatur *f* <mat> • self-ignition temperature

Selbstentzündungstemperatur *f* <mat.chem> • spontaneous-ignition temperature

selbst erhaltend <autom> • self-maintaining

selbst erhaltend <nukl> *(Kettenreaktion)* • self-sustaining

Selbsterhitzung *f* ISO 13943 <tech.allg> • self-heating ISO 13943

selbsterkennend <edv> • autodiscriminative; autodiscriminating; autodistinguishing

selbsterkennende Dekodierung *f* <edv> *(Strichcode-Lesegerät-Merkmal)* • autodiscrimination; automatic distinguishing

selbsterlöschendes Gewebe *n* <bekl> *(z. B. für Feuerwehruniformen)* • self-extinguishing fabric

selbsterregend <el> • self-exciting

Selbsterregerwicklung *f* <el> • self-excitation winding

selbsterregt <el> • self-excited

Selbsterregung *f* <el> • self-excitation

selbsterzeugt <msr> • self-generated

selbstexpandierbarer Stent *m* <med.tech> • self expandable stent; self-expanding stent

selbstexpandierender Stent *m* <med.tech> • self expandable stent; self-expanding stent

selbstexpandierender Stent *m* <med.tech> • spring-open stent

selbstfahrend <förd> *(Kran)* • self-propelled

selbstfahrend <fz> • locomotive

selbstfahrende Walze *f* <bau.masch> • self-propelled roller

Selbstfahrer *m* <nav> • self-propelled barge

Selbstfahreraufzug *m* <förd> • unattended automatic type lift

Selbstfernwahl *f* • automatic toll dialling

Selbstfilterung *f* <nukl> • inherent filtration

selbstfokussierend <opt> • self-focussing

selbstfokussierend <phot> • self-focusing

selbstfurchende Schraube *f* <füg> • thread forming screw ISO 7085; thread-rolling screw DIN 7500; thread-forming tapping screw *form*; thread rolling screw

selbstgängig <ents> • self-sustained; autonomous

selbstgängig <metall> *(Erzverhüttung)* • self-fluxing

Selbstgang *m* <tech.allg> • automatic motion

Selbstgang *m* <wz.masch> • automatic traverse

selbstgefertigt <allg> • home-made

selbstgefertigt <prod> • shop-built

selbstgeführter Wechselrichter *m* <energ.sol> • self-commutated inverter; self-commutating inverter

selbstgemachtes Speiseeis *n* <nahr> • home-made ice cream

selbstgenutzte Eigentumswohnung *f* <bau.fin> • owner-occupied condominium

selbstgetrieben • self-propelled

selbsthärtend <mat> • self-hardening

selbsthärtend <metall.kst> • self-curing

Selbsthaltekontakt *m* <el> *(z. B. Relais)* • self-holding contact

selbsthaltendes Relais *n* <el> • lock-in relay

Selbsthalterelais *n* <el> • self-holding relay
Selbsthalteschaltung *f* <el> • self-holding circuit
Selbsthaltetaste *f* <el> • self-locking push-button
Selbsthaltung *f* <el> *(Kontakte, Schalter, Signale)* • latching
selbstheilend <el> *(Bauteil, z. B. Kondensator)* • self-healing
Selbstheilungskraft *f* <med> • innate recuperative power
Selbstheizkathode *f* <el> • ionic-heated cathode
selbsthemmend <masch> *(Schneckengetriebe)* • irreversible
selbsthemmend <masch> *(z. B. Mutter)* • self-locking; self-retaining
selbsthemmende Differentialsperre *f* <kfz.antr> *(reduziert die Differentialwirkung; z. B. Viskose- od. Lamellenkupplung)* • differential brake
selbsthemmende Mutter *f* <füg> *(mit Nylonring als Klemmteil)* • self-locking nut *US*; jam nut *US.pract.coll*; stiff nut *GB.pract.coll*; Nyloc nut; Simmonds lock nut ®; elastic stop nut *GB*
Selbsthemmung *f* <masch> • irreversibility
Selbsthemmung *f* <masch> *(z. B. Keil, Schraube)* • self-retention
Selbstillumination *f 3D Studio* <edv> • self illumination *3D Studio*
Selbstinduktion *f* <el> • self-induction
Selbstinduktion *f* <kfz.el> • self-induction
Selbstinduktion *f* <msr> • self-induction
Selbstinduktionskoeffizient *m* <el> • coefficient of self-inductance; coefficient of self-induction
Selbstinduktivität *f* <el> • self-inductance
selbstinduziert <el> • self-induced
Selbstkipper *m* <nfz> • self-dumping car
Selbstklebeband *n* <füg> *(Kunststoff, mit oder ohne Textilverstärkung)* • adhesive tape; pressure-sensitive tape *US*; tape *coll*; self adhesive tape
Selbstklebeetikett *n* <hilfsm> • self-adhesive label; pressure-sensitive label
Selbstklebeetikette *f* <druck> • self-adhesive label
Selbstklebefolie *f* <füg> • self-adhesive foil
Selbstklebefolie *f prakt.ugs* <kst> *(zum Bekleben/Dekorieren von Oberflächen)* • adhesive film; pressure-sensitive film
Selbstklebefolie *f* <kst.obfl> *(Kunststofffolie mit Klebeschicht)* • adhesive film; self-adhesive plastic sheeting
selbstklebend <tech.allg> *(Oberfläche, Folie, Teil)* • adhesive *adj*; tacky *coll*
selbstklebend <füg> • self-adhesive *adj*; adhesive *adj*
selbstklebend <füg> • self-adhesive; self-adherent
selbstklebend <füg> • pressure-sensitive
selbstklebend <obfl> *(Maskierfolie)* • self-adhesive
selbstklebender Bewehrungsstreifen *m* <bau.innen> • self adhesive joint tape; Lafarge patching type *LAF*; type P joint tape *USG*
selbstklebender Klebstoff *m* <füg> • adhesive with self-adhesive properties; adhesive with self-bonding properties; adhesive with pressure-sensitive properties
selbstklebender Schmelzklebstoff *m* <füg> • hot melt pressure sensitive adhesive (HMPS)
selbstklebende Rückseite *f* <füg> *(z. B. von Aufklebern, Schalldämm-Matten)* • self-adhesive backing
selbstklebende Rückseite *f* <füg> *(meist auf Rückseite)* • adhesive backing; adhesive coating
selbstklebendes Adressetikett *n* <büro> • self-adhesive address label
Selbstkleber *m* <füg> • self-adhesive
Selbstklebersystem *n* <füg> • adhesive with self-adhesive properties; adhesive with self-bonding properties; adhesive with pressure-sensitive properties

Selbstklebstoff *m* <prod> • pressure-sensitive adhesive
selbstklemmend *adj* <wz> • self-aligning *adj*; self-clamping *adj*
Selbstkletterschalung *f* <bau> *(Beton)* • self-climbing formwork; auto-climbing formwork
selbstkonjugiert <math> • self-conjugate
selbstkonjugiertes Teilchen *n* <nukl> • self-conjugate particle
Selbstkontrolle *f* <allg> *(Person, Automat)* • self-check
Selbstkontrolle *f* <tech.allg> • automatic check
Selbstkontrolle *f* <tech.allg> • automatic checking
Selbstkontrolle *f* <qualit> • self-testing
Selbstkontrollsystem *n* <autom> • self-checking mechanism
selbstkorrigierender Kode *m* <edv> • error-correcting code
Selbstkosten *pl* <fin> • cost; cost price; total production cost; cost of sales
Selbstkostenpreis *m* <tech.allg> • cost price; cost of manufacture
selbstkräuselndes Garn *n* <textil> • self-crimping yarn
Selbstkühlung *f* <hlk> • natural air cooling
Selbstkühlung *f* <hlk> • self-cooling
selbstladend <tech.allg> • self-loading; autoloading; self-load
selbstladende Pistole *f* <mil> • autoloading pistol; semi-automatic pistol
selbstladende Waffe *f DSB* <mil> *(Gewehr, Pistole)* • semi-automatic firearm; autoloader; auto *coll*
Selbstladepistole *f* <mil> • autoloading pistol; semi-automatic pistol
Selbstladeschürfzug *m* <bau> • elevating scraper
Selbstladewaffe *f* <mil> *(Gewehr, Pistole)* • semi-automatic firearm; autoloader; auto *coll*
Selbstladewagen *m* <nfz> *(Anhänger)* • self-load trailer
selbstlaufende Sonde *f* <petr> • natural flowing well
selbstleitend <el> • normally-ON
Selbstlenkung *f* <aerospace> *(Rakete)* • preset guidance
selbstlenzend <nav> • self-draining; self-bailing
selbstlernend <edv> • self-learning; self-teaching
selbstlernende Funktionen *fpl* <msr> *(z. B. einer Automatikgetriebesteuerung)* • adaptive functions
selbstleuchtend <opt> • self-luminous
selbstleuchtende Oberfläche *f* <edv> • self-illuminated surface
selbstleuchtendes Bitmap *n* <edv> • self-illumination bitmap
selbstlöschend <phys> *(z. B. Entladung)* • self-quenching
selbstlöschendes Zählrohr *n* <nukl> • self-quenching counter
Selbstmischer *m* • autoblender
Selbstmischeröl *n* <kfz> *(Zweitaktschmierung)* • self-mixing oil
Selbstmischeröl *n* <kfz.mot> • self-mixing oil
Selbstmördertür *f jarg* <kfz> *(seit 1962 verboten)* • rear-hinged door; forward-opening door; suicide door *jarg*
Selbstmordschaltung *f* • suicide circuit
selbstnachstellend <masch> *(z. B. Bremse, Kupplung)* • self-compensating
selbstöffnend <masch> *(z. B. Schneidkopf)* • self-opening
selbstöffnender Gewinderollkopf *m* <wz.masch> *(Walzen)* • self-opening thread rolling-head
selbstöffnender Gewindeschneidkopf *m* <wz> • self-opening die-head; self-opening die
selbstöffnender Innengewinde-Schneidkopf *m :V* <wz> • collapsible tap; collapsing tap
selbstöffnender Innengewinde-Schneidkopf *m* <wz> *(für Innengwd.)* • opening die head; inserted-chaser tap; inserted-blade tap

selbstöffnender Schneidkopf *m* <wz> • self-opening die-head; self-opening die

selbstöffnender Schneidkopf *m* <wz.masch> *(Gewindeschneiden)* • self-opening die-head

Selbstöler *m* <tribo> • automatic feed oil cup

selbstoptimierend <msr> • self-optimizing

selbstoptimierender PID-Regler *m* <msr> • self-optimizing PID controller; auto-optimizing PID controller

Selbstorganisation *f* <nukl> • self-heating; self-organisation

selbstorganisierend <edv> • self-organizing

selbstorganisierendes System *n* <msr> • self-organizing system

selbstorganisiertes Plasma *n* <nukl> • self-organized plasma; self-heated plasma

Selbstoszillation *f* <edv.av> • self-oscillation; feedback

selbstparkend <kfz> *(automatisch einparkend, ohne Fahrereingriff)* • self-parking

selbstpolierend <obfl> *(Anstrich)* • self-polishing

Selbstportrait *n* <phot> • self portrait

selbstpositionierendes Bohrschiff *n* <petr> • self-positioning drill ship

Selbstprogrammierung *f* <edv> • self-programming; automatic programming

Selbstprüfeinrichtung *f* <msr> • self-test facility; self-checking facility

selbstprüfend <edv> • self-checking *adj stand*; character self-checking; self-testing

selbstprüfend <qualit> • self-checking

selbstprüfender Kode *m* <edv> • error-detecting code

Selbstprüfmechanismus *m* <autom> • self-checking mechanism

Selbstprüfung *f DIN EN ISO 8402* <qualit> • self-inspection *ISO 8402*

Selbstregelmotor *m* <el> • self-adjusting motor

selbstregelnde Glühstiftkerze *f* <kfz.el> • self-regulating sheathed type glow plug; SR sheathed-element glow plug; SR sheathed glow plug

selbstregelnder Vorschaltwiderstand *m* • ballast resistor

selbstregelnder Vorwiderstand *m* • ballast resistor

selbstregelndes System *n* <msr> • adaptive system

Selbstregelung *f* <msr> *(z. B. Kernreaktor)* • self-regulation

selbstregenerierender Pralldämpfer *m* <kfz> *(zw. Stoßfänger u. Karosserie)* • reversible impact absorber; recovering impact absorber

selbstregistrierend <msr> • self-recording

selbstregulierend <masch> *(z. B. Pumpe, Verdichter)* • self-adjusting; self-regulating

selbst reingelegt <edv> • self-toasted

Selbstreingungseffekt *m ugs* <obfl> *(von Oberflächen; Hydrophobie plus spezielle Struktur; Bionik)* • lotus effect; self-cleaning effect *coll*

selbstreinigend <obfl> *(Anstrich)* • self-cleaning

selbstreinigend *adj* <prod> • auto-cleaning

selbstreinigend <prod> *(Laufflächenprofil)* • auto-cleaning

selbstreinigendes Sieb *n* <verf> • self-cleaning screen

Selbstreinigung *f* <bau> *(Sanitärtechnik)* • self-purification

Selbstreinigung *f* <ents> • self-purification

Selbstreinigung *f* <geo> *(Gewässer)* • self-cleansing

Selbstreinigung *f* <kfz.el> *(Zündkerze)* • deposit scavenging *Champion*; scavenging *Champion*; self-cleaning *Bosch*

Selbstreinigung *f* <verf> *(z. B. Filter)* • self-cleaning

Selbstreinigungskraft *f* <ents> • assimilative capacity; recuperating power; self-purifying power

Selbstreinigungstemperatur *f (Zünkerze)* • antifouling temperature

Selbstreinigungsvermögen *n* • autopurification power

Selbstretter *m* <min> • self-contained breathing apparatus

Selbstrettung *f* <bahn> • self-rescue

Selbstrückstellung *f* <msr> *(z. B. Zähler)* • self-resetting

Selbstrückstellung *f* <msr> *(auf Null, z. B. Zähler)* • self-zeroing

Selbstsättigung *f* <el> • self-saturation

selbstsaugend *rare* <masch> *(Pumpe)* • self-priming

selbstsaugend *adj rare* <masch> *(Pumpe)* • self-priming *adj*

selbstschärfend <wz> • self-dressing

selbstschärfend <wz> • self-sharpening

selbstschaltend <tech.allg> • automatically disengaging

selbstschaltend <tech.allg> • automatically indexing

selbstschaltend <wz.masch> • self-indexing

Selbstschalter *m* <el> • automatic circuit breaker; automatic cut-out

selbstschlagender Körner *m* <wz> • automatic center punch *US*; automatic centre punch *GB*

selbstschließend <bau> *(Tür)* • self-closing

selbstschließendes Scharnier *n* <innen> *(typ. an Küchenschränken)* • self-closing hinge

Selbstschlussventil *n* <rls> • automatic steam-pipe isolating valve

selbstschmierend <tribo> *(betont: ohne Öl)* • oilless

selbstschmierend <tribo> *(allg.)* • self-lubricating

selbstschmierender Gleitbelag *m* <masch> • self-lubrificating slideway lining

selbstschmierendes Lager *n* <masch> *(allg.)* • self-lubricating bearing

selbstschmierendes Lager *n* <masch> *(betont: ohne Öl)* • oilless bearing

selbstschneidend <füg> *(z. B. Schraube)* • self-cutting

selbstschneidend <füg> *(Gewinde; Schraube)* • self-tapping

selbstschneidende Schraube *f* <füg> *(für vorgebohrtes Kernloch; feine Steigung; nicht für Blech)* • thread-cutting screw (TEKS) *ISO 1479*; thread cutting tapping screw; metallic drive screw; drive screw; tapping screw

selbstschneidendes Gewinde *n* <masch> • self-cutting thread

Selbstschneideschraube *f* <füg> *(stumpfes Ende; z. B. für Metall oder Kunststoff)* • self-tapping screw; tapping screw

selbstschreibend <msr> • self-recording; autographic

Selbstschreiber *m* <msr> • self-recording unit

Selbstschütz *n* <el> • self-acting cut-out

selbstschwimmende Decks *npl* <petr> • floating decks *pl*

selbstschwingend <phys> • self-oscillatory

selbstschwingende Mischröhre *f* <el> • self-heterodyning mixer

selbstschwingende Mischstufe *f* <av> • mixer oscillator; self-excited mixer

selbstschwingendes Audion *n* <tele> • self-interference audion

selbstsichernd <masch> • self-retaining; self-locking

selbstsichernde Mutter *f* <füg> *(mit Nylonring als Klemmteil)* • self-locking nut *US*; jam nut *US.pract.coll*; stiff nut *GB.pract.coll*; Nyloc nut; Simmonds lock nut ®; elastic stop nut *GB*

selbstsichernde Mutter *f* <füg> *(allg.)* • locknut; self-locking nut

selbstsichernde Schraube *f* <füg> *(allg.)* • self-locking bolt

selbstspannend <ents> *(Elektroentstauber)* • wire-weight

selbstspannend <kfz> *(Verdeck)* • self-tensioning

selbstspannend <masch> *(Riemen)* • self-tensioning
selbstspannend <wz.masch> • self-clamping; self-gripping
selbstspannend *adj* <wz> • self-aligning *adj*; self-clamping *adj*
selbstspannende Traktur *f* <mus> • floating action; self-compensating action
Selbstsperrdifferential *n* <kfz.antr> *(mit Differenzialbremse, automatisch; z. B. Viskose- od. Lamellenkupplung)* • limited-slip differential
selbstsperrend <tech.allg> • automatically interlocking
selbstsperrend <el> • normally-OFF
selbstsperrend <masch> • irreversible
selbstsperrend <masch> • self-blocking
selbstsperrend <masch> • self-locking
selbststabilisierend <kfz> *(z. B. Achsgeometrie)* • self-stabilizing
Selbststabilisierung *f* <fz> *(z. B. Lageregelung)* • self-stabilization
Selbststabilisierung *f* <nukl> *(Reaktor)* • self-regulation
selbstständiger Nachlauf *m* <energ.wind> • free yaw
Selbststeuerung *f* <aerospace> • automatic-pilot control
Selbststeuerung *f* <mil> *(z. B. Lenkwaffe)* • automatic control
Selbststeuerungskopf *m* <mil> • automatic homing head; target-seeking head; self-homing head
Selbststreuung *f* <el> • self-scattering
selbstsynchronisierend <edv> • self-clocking
selbsttätig <tech.allg> • automatic (AUTO); automatical; self-acting
selbsttätige Abschaltung *f* • automatic cut-out
selbsttätige Abstimmung *f* • automatic tuning control; automatic tuning
selbsttätige Ausschaltung *f* <tech.allg> • automatic stop
selbsttätige Ausschaltung *f* <el> • automatic circuit breaking; automatic opening
selbsttätige Ausschaltung *f* <masch> • automatic cut-out
selbsttätige Differentialsperre *f* <kfz.antr> *(reduziert die Differentialwirkung; z. B. Viskose- od. Lamellenkupplung)* • differential brake
selbsttätige Entlüftung *f* <kfz.mot> • self-ventilation
selbsttätige induktive Zugsteuerung *f* <bahn> • automatic train control
selbsttätige Lautstärkeregelung *f* <av> • automatic volume control
selbsttätiger Be- und Entlüfter *m form* <rls> *(z. B. in Heizungsanlagen, Dampfmaschinen)* • snifter valve; snifter *pract*; snifting valve *rare*
selbsttätiger Bremsdruckregler *m* <brems> • self-adjusting brake gear
selbsttätiger Horizontalausgleich *m* <förd> • self-levelling
selbsttätiger Regler *m* <msr> • automatic controller
selbsttätiger Vorschub *m* <wz.masch> • autofeed
selbsttätiger Vorschub *m* <wz.masch> • automatic feed
selbsttätiger Vorschub *m* <wz.masch> • power feed
selbsttätiger Zeitgeber *m* <msr> • autotimer
selbsttätiges Maschinenaggregat *n* <masch> • self-contained unit
selbsttätiges Ventil *n* <rls> • automatic valve
selbsttätige Umsteuerung *f* <masch> • self-reversal
selbsttätige Verdeckverriegelung *f* <kfz> • automatic latching mechanism :V
selbsttätige Werkstückablage *f* <wz.masch> • automatic unloading
selbsttätige Werkstückablage *f* <wz.masch> • automatic work unloading
selbsttätig registrierend <tech.allg> • automatically recording

selbsttätig registrierend <msr> • autographic
selbsttätig schließender Wehrverschluss *m* <energ.hydr> • self-actuating gate
selbsttätig schließendes Absperrventil *n* <rls> • automatic stop valve
selbsttätig verstellbar • autotraversing
selbsttätig verstellbar <tech.allg> • automatically adjustable
selbsttätig wirkender Trakturspanner *m* <mus> *(Orgel)* • floating beam springs *pl*; floating beam weights *pl*
selbsttaktend <edv> • self-clocking
Selbsttarierung *f* <msr> • auto taring
Selbsttest *m* <druck> • selftest; test mode; print test; printer test
Selbsttest *m* <med.tech> • self-test; power-on-self-test POST *PB*; power-up diagnostics *Bear*; electronic self-check *Bear*
Selbsttest *m* <msr> • self test
Selbsttest *m* <navig> *(Empfänger)* • self test
Selbsttest *m* <pap> • internal test, self test
Selbsttesteigenschaften *fpl* <edv> • self-checking properties *pl*
selbsttestend <edv> • self-checking *adj stand*; character self-checking; self-testing
Selbsttestfunktion *f* <druck> • selftest; test mode; print test; printer test
Selbsttränke *f* <agri> • automatic drinker
Selbsttränkebecken *n* <agri> • drinking bowl; drinking trough
selbsttragend <tech.allg> *(Konstruktionsprinzip)* • self-supporting
selbsttragend <fz> *(Karosserie)* • self-supporting
selbsttragend <fz> *(z. B. Karosserie)* • integral
selbsttragend <kfz> *(z. B. Rennwagen)* • monocoque
selbsttragend <kfz> *(Karosserie)* • unsupported
selbsttragende Aluminiumkarosseriestruktur *f* <kfz> • unitized aluminum body structure
selbsttragende Bauweise *f* <kfz> • unitized body design; integral body and frame construction *did*; unitary construction *GB*; unit construction; unibody [construction] *US*
selbsttragende Bauweise *f* <nfz> • integral construction; monocoque construction; monocoque design; integrated monocoque design; integral chassisless design
selbsttragende Ganzstahlbauweise *f* <nfz> • integral all-steel construction; all-steel monocoque construction; all-steel monocoque design
selbsttragende Ganzstahlkarosserie *f* <kfz> • unit construction all-metal body
selbsttragende Karosserie *f* <kfz> • unitized body; monocoque body *GB*
selbsttragende Karosseriebauweise *f* <kfz> • monocoque body design
selbsttragende Konstruktion *f* <fz> • frameless construction
selbsttragender Aufbau *m* <kfz> • unitized body design; integral body and frame construction *did*; unitary construction *GB*; unit construction; unibody [construction] *US*
selbsttragender Kolben *m* <masch> • piston supported by the cylinder; self-supporting piston
selbsttragender Tankanhänger *m* <nfz> • frameless tank trailer
selbsttragender Tanklastwagen *m* <nfz> • frameless tank truck
selbsttragendes Gestell *n* <verf> • self-supporting frame; free-standing frame
Selbsttriggerung *f* <med.tech> • autocycling
selbstüberlagernd <el> • autoheterodyning; autodyne
selbstüberprüfbar *selten* <edv> • self-checking *adj stand*; character self-checking; self-testing

selbstüberprüfend *norm* <edv> • self-checking *adj stand*; character self-checking; self-testing

Selbstüberprüfungsmechanismus *m* <autom> • self-checking mechanism

selbstüberwachend <autom> • self monitoring; selfcontrolling

Selbstüberwachung *f* <autom> • self monitoring; self-controlling

Selbstumkehr *f* <phys> *(Spektrallinien)* • self-inversion

Selbstumkehr *f* <wz.masch> • self-reversal

Selbstunterbrecher *m* • automatic cut-out

Selbstunterbrecher *m* • automatic interrupter

Selbstunterbrechung *f* • automatic interruption

selbstventilierender Kaminkühler *m* <hlk> • chimney cooler with natural draught

selbstventilierender Kühlturm *m* <verf> • natural draft cooling tower *US*; natural draught cooling tower *GB*; atmospheric cooling tower

selbstverankernde Mutter *f :V* <füg> *(für Bleche)* • self-clinching nut

selbstverankernde Schraube *f :V* <füg> *(Stehbolzen für Bleche)* • self-clinching stud

selbstverankernde Schraubverbindung *f :V* <füg> *(für Bleche; Schraube oder Mutter; typ. für Alu-Bleche)* • self-clinching fastener

selbstverankert <bau> • self-anchored

selbstverdichtender Beton *m* (SVB) *DIN EN 206-1* <bau.mat> • self-compacting concrete (SCC) *DIN EN 1045-2*

selbstverlöschend <mat> *(z. B. Kunststoff)* • self-extinguishing

selbstvernetzend <mat> • self-curing

selbstverriegelnd <kfz> *(z. B. Verdeck)* • self-locking

selbstverriegelnd <masch> • self-locking

Selbstverriegelung *f* <tech.allg> • automatic interlocking

Selbstversorgung *f* <allg> • self-support

Selbstversorgung *f* <tech.allg> • self-sufficiency

selbstverstärkende Bremse *f* <brems> • self-energizing brake *US*; self-energising brake *GB*

selbstverstärkende Bremse *f rar* <kfz.brems> *(Trommelbremsenbauart)* • servo brake; single-anchor self-energizing brake *US.form.rare*; self-energizing brake *US.rare*

selbstverzehrend <el> • expendable

selbstverzehrend <obfl> *(z. B. Opferanode)* • sacrificial

selbstverzehrende Anode *f* <obfl> *(Kathodenschutz)* • sacrificial anode; galvanic anode *ISO 8044*

selbstverzehrende Anode *f* <prod> • expendable anode

selbstvorspannend <bau> *(Spannbeton)* • self-pretensioning; self-stressing

selbstvulkanisierend <kst> • self-vulcanizing; self-curing

Selbstwählbetrieb *m* <tele> • automatic dial service

Selbstwähleinrichtung *f* <tele> • autodialler

Selbstwählferndienst *m* <tele> • trunk dialling service

Selbstwählferngespräch *n* <tele> • dialled telephone call

Selbstwählfernverkehr *m* <tele> • automatic long-distance service; long-distance dialling; subscriber trunk dialling

selbstweiterschaltende Schleife *f* <msr> • self-recycling loop

selbstzentrierend <wz> *(z. B. Futter)* • self-centring

selbstzentrierendes Bohrfutter *n* <wz.masch> • self-centring drill chuck

selbstzentrierendes Spannfutter *n* <wz.masch> • scroll chuck; self-centring chuck

Selbstzerstörer *m* <edv> *(Programmschutz)* • self-killer

selbstzündender Treibstoff *m* <aerospace> • hypergolic propellant

Selbstzünder *m press* <kfz.mot> *(im Ggs. zu Ottomotor)* • diesel engine; compression-ignition engine; CI engine; diesel *coll*; constant-pressure engine *thsc.rare*

Selbstzünder... <kfz> *(Diesel)* • compression-ignition ...

Selbstzündung *f* <tech.allg> *(betont: von alleine, von selbst)* • self-ignition; auto ignition

Selbstzündung *f* <aerospace> *(Triebwerk)* • spontaneous ignition

Selbstzündung *f* <kfz> *(beim Dieselmotor)* • compression ignition (CI); self-ignition; auto ignition

Selbstzündung *f* <kfz.mot> *(beim Ottomotor)* • dieseling; running-on; run-on; postignition *rare*; afterfire *rare*

Selbstzündung mit homogenem Gemisch *f :V* <mot> • homogeneous charge compression ignition (HCCI)

selbst zuführend <wz.masch> • self-feeding

Selbstzuschneiden, zum ~ <kfz> *(z. B. Fensterfolien, Bodenmatten)* • trim-and-fit ...

select *vt* <qualit> *(nach Kriterium: gut)* • select *vt*; pick out *vt*

Selectavision Video Disc System *n* <av> • Selectavision® videodisk system

Selecta-Vision Video-Disc-System *n* <av> • Selectavision® videodisk system

Selected-commercial <druck> • selected-commercial; semicommercial

Select High Regelung *f* <kfz.antr> *(ABS)* • select-high control

Selective Availability *f* (SA) <navig> • Selective Availability (SA); S/A

Selective Compliance Assembly Robot Arm (SCARA) <autom> • Selective Compliance Assembly Robot Arm (SCARA)

Select Low Regelung *f* <kfz> *(ABS)* • select-low control

SE-Leiter *m* <el> • solid shaped conductor *IEC*; shaped solid conductor; solid sector conductor

selektieren *vt* <druck> • select *vt*

Selektion *f* <tech.allg> • selection

Selektion *f* <bio> • selection

Selektion *f* <soz> • selection

Selektionsgatter *n* <el> • select gate

Selektionsgrad *m* <tele> • degree of selectivity

selektiv • selective

selektiv <edv.math> *(Information)* • syntactic

selektiv <energ.sol> • selective

Selektivabfrage *f* <tele> • selective polling

selektiv arbeiten *vi* <verf> • operate selectively *vi*

Selektivauslösung *f* <el> *(Relais)* • selective tripping

Selektivaustauscher *m* <chem> • selective exchanger

Selektivbeschichtung *f* <energ.sol> • selective coating

selektive Auflösung *f* <chem> • selective dissolution; preferential dissolution

selektive Beschichtung *f* <energ.sol> • selective coating

selektive Datensicherung *f* <edv> • selective backup

selektive dielektrische Erwärmung *f* • glue-line heating

selektive Hydrierung *f* <chem> *(von Fetten)* • selective hydrogenation

selektive katalytische Reduktion *f* (SCR) <emiss.verf> • selective catalytic reduction (SCR)

selektive Korrosion *f DIN EN ISO 8044* <obfl> • selective corrosion *ISO 8044*; preferential corrosion

selektive Mahlung *f* *(Aufbereitung)* • differential grinding

selektive nichtkatalytische Reduktion *f* <chem> • SNCR-process; SNR-process; selective noncatalytic reduction; thermal DeNO$_x$

Selektive Nicht Katalytische Reduktion *f* (SNR) <emiss> *(Entstickung)* • selective non catalytic reduction (SNR); thermal deNOx

selektive Oxidation *f* <chem> • selective oxidation; preferential oxidation

selektiver Bandfilterverstärker *m* • band-pass selective amplifier

selektive Reflexion *f* <opt> • selective reflection

selektive Schwund *m* <tele> • selective fading; differential fading

selektiver Strahler *m* <phys> • selective radiator

selektiver Verstärker *m* <el> • accentuator

selektiver Verstärker *m* <el> • selective amplifier

selektiver Wellenschwund *m* • differential fading

selektives Backup *n* <edv> • selective backup

selektives Erdschlussschutzsystem *n* • discriminating leakage protective system

selektives Getriebe *n* <kfz.antr> • selective transmission

selektives Kopieren *n* <edv> • selective backup

selektives Kracken *n* <chem> • selective cracking

selektive Spaltung *f* <chem> • selective cracking

selektives Verhalten *n* <msr> • selective features

Selektive Verfügbarkeit *f* <navig> • Selective Availability (SA); S/A

Selektivfilter *n* <av> • band-stop filter *DIN IEC 50*; band elimination filter; band exclusion filter; band-reject filter; band suppressor

Selektivfilter *n* <opt> • selective filter

Selektivität *f* <energ.sol> • selectivity

Selektivität *f* <msr> • selectivity

Selektivität *f* <phys> • selectivity

Selektivitätskurve *f* <el> • selectivity characteristic

Selektivitätsregelung *f* <msr> • selectivity control

Selektivkatalysator *m wiss* <kfz.emiss> *(chemische Funktionseinheit)* • three-way catalyst (TWC); 3-way catalyst

Selektivkatalysator *m wiss* <kfz.emiss> *(Bauteil der Auspuffanlage)* • single-bed 3-way catalytic converter; single-stage 3-way catalytic converter

Selektivkrackung *f* <chem> • selective cracking

Selektivmessung *f* <phot> • selective metering; selective measuring

Selektivruf *m* <tele> • selective calling; selective call

Selektivschalter *m* <msr> • metal distinguishing proximity switch; metal discriminating proximity sensor; selective sensor; non-ferrous/ferrous sensor *rare*; selective switch *rare*

Selektivschutz *m* <el> • selective protection

Selektivschutzsystem *n* <el> • discriminating leakage protective system

Selektivsicherung *f* <el> • discriminating fuse

Selektivstrahler *m* <phys> • selective radiator

Selektivverstärker *m* <el> • selective amplifier

selektiv wirkendes Herbizid *n* <agri> • selective herbicide

selektiv wirkendes Lösungsmittel *n* <chem> • selective solvent

Selektor *m* <textil> • selector

Selektorkanal *m* <edv> • selector channel

Selen *n* (Se) <chem> • selenium (Se)

Selengleichrichter *m* <el> • selenium rectifier

Selenit *m* <mat> $(M_2SeO_3;$ *kristallin, transparent)* • selenite

Selenphotoelement *n* <phot> • selenium photovoltaic cell; selenium photocell

Selensperrschichtzelle *f* <el> • selenium barrier-layer cell

Selentrockengleichrichter *m* <el> • selenium dry-plate rectifier

Selenzelle *f* <phot> • selenium cell

Selfaktor *m* <textil> *(Spinnmaschine)* • mule spinning machine; self-acting mule

Selfaktorspindel *f* <textil> • mule spindle

Selfaktorwagen *m* <textil> • mule carriage

Self-Lock-Feingewinde *n* <masch> • metric Self-Lock fine thread (LK-MF); Self-Lock fine thread

Self-Lock-Gewinde *n* <masch> • metric Self-Lock thread (LK-M); metric Self-Lock coarse thread; Self-Lock thread; Self-Lock coarse thread

Self-Lock-Regelgewinde *n* <masch> • metric Self-Lock thread (LK-M); metric Self-Lock coarse thread; Self-Lock thread; Self-Lock coarse thread

Selsyn *n* <el> • selsyn

Selsyn *m* <el> *(z. B. Drehfeldgeber, Resolver)* • synchro

Sel-Taste *f* <druck> *(Online-Taste)* • select switch

Seltene Erden *fpl* <chem> • rare earths *pl*; lathanides *pl form*

seltene Erden *pl* • rare-earth elements; rare earths

Seltenerde *f* <chem> • rare earth

Seltenerdmetalle *npl* • rare-earth metals; rare-earth elements

Seltenerd-Übergangsmetall-Legierung *f* <edv> • rare earth transition metal alloy (RE-TM)

Selterswasser *n ugs* <nahr> *(meist ein Mineralwasser)* • soda water; carbonated water

seltsames Teilchen *n* <phys> • strangelet

Semantik *f norm.* <edv> *(auch in Computersprachen)* • semantics *stand.*

semiadditiv <math> • semiadditive

semi-aktives Fahrwerk *n* <kfz> • semi-active suspension

Semicommercial <druck> • selected-commercial; semicommercial

Semicontainerschiff *n* <nav> • partial container ship; semi-container ship

semifest <phys> • semisolid

Semi-Floating-Starrachse *f prakt* <kfz> • semi-floating axle

semigraphische Darstellung *f* <edv> • semigraphic representation

Semi-Gürtelreifen *m* <fz> • bias belted tire *US*; bias-belted tyre *GB*

semi-integrale Bauweise *f* <nfz> • semi-integral construction

semikontinuierlicher Betrieb *m* <verf> • semicontinuously operated digester

Semikraft-Verfahren *n* <pap> • kraft semichemical process

semikristallin *adj* <energ.sol> • semicrystalline *adj*

Semikundenlösung *f* <edv> *(Design, Konstruktion, Ausführung)* • semi-custom design

semiletale Dosis *f* <med> • median lethal dose (MLD); mean lethal dose; mid-lethal dose

semipermeabel <phys> • semipermeable

semipolar <math> • semipolar

semipolare Bindung *f* <chem> • semipolar bond; semipolar double bond

semitransparent <opt> • semitransparent

semitransparentes Modul *n* <sol> • semitransparent module

Sempervivum tectorium <bio> • leek; sempervivum tectorium

Sem-Schraube *f* <füg> • sem

Sendeabrufzeitgeber *m* <tele> • interval-polling timer

Sendeanlage *f* <av.tele.navig> • transmitting station; transmitting installation

Sendeantenne *f* <av.tele> • transmitting aerial

Sendeaufforderungszeichen *n* <tele> • proceed-to-transmit signal

Sendeband *n* <av.tele> • transmission band

Sendebereich *m* <av.tele> • transmitter service area; service area

Sendebereich *m* <tele> *(eines Satelliten)* • footprint

Sendebetriebsart *f* <tele> • transmission service mode; transmission mode

Sendebezugsdämpfung f <tele> • sending reference equivalent
Sendebild n <av> • outgoing picture
Sende/Empfangsgerät n <navig> • transceiver
Sende-Empfangs-Gerät n <tele> • transmit-receive set; transceiver
Sende-Empfangs-Kontakt m <tele> • transmit-receive contact
Sende-Empfangs-Schalter m <el> • transmit-receive switch; TR-switch
Sende-Empfangssystem n <phys> (z. B. Funk, Licht, Schall) • transmitter / receiver system
Sende-Empfangs-Weiche f <tele> • duplexer
Sende-Empfangs-Weiche f <tele> • transmitter-receiver filter
Sendefreigabesignal n <tele> • proceed-to-transmit signal
Sendefrequenz m <av.tele> • transmission frequency
Sendegerät n <av.tele> • transmitting apparatus
Sendegerät n <tele> • transmitting device; transmitting apparatus; transmitting set
Sendegerät n <msr> (z. B. Infrarot, Ultraschall) • transmitter
Sendekanal m <av.el.mus> • transmit channel; send channel; transfer channel
Sendekanal m <tele.av> • transmission channel
Sendekondensator m <tele> (Telegrafie) • signalling capacitor
Sendekopf m <phys> (Ultraschall) • sending transducer
Sendekopie f <werb> • print for cinema
Sendekopie f <werb> • print for TV
Sendeleistung f <tele> • effective-radiated power; transmitting power
Sendemast m <el> • radio mast
senden vt <tech.allg> (materiell; z. B. Paket, Brief, Daten) • send vt
senden vt <tele> (TV-Programm) • televise vt
senden vt <tele> (Radiosendung, TV-Programm) • broadcast vt; air vt US.pract
senden vt <tele/edv/av> (über Kabel oder Funk; Daten, Signale) • transmit vt; transfer vt
Sendepause f <av> • no-transmission interval
Sendepegel m <av.tele> • transmitting level
Sendepuls m <allg> • emitted pulse
Sender m <av> • broadcasting transmitter
Sender m <av> (am Radio oderTV eingestellte Station) • station; channel
Sender m <av.tele> (für drahtlose Übertragung allg.; z. B. Funk, IR, Radio, TV, Fernbedienu) • transmitter
Sender m <av.tele> • transmitter
Sender m <msr> (z. B. Infrarot, Ultraschall) • transmitter
Sender m <msr> (Synchro zur Winkelübertragung) • synchro transmitter; control transmitter
Sender m <phys> (betont: Emission von etw.; z. B. Strahlung) • emitter
Sender m <qualit.mat> (Ultraschallprüfung) • transmitting probe
Sender m <tele> • sender
Senderabstimmung f <el> • transmitter tuning
Senderausfall m <qualit> • transmitter failure; transmitter outage
Sendereinstellung f <av> • tuning
Sender-Feinabstimmung f <av> • station fine tuning
Senderkennzahl f <av> • station identification number; station code
Senderleistung f <phys> • transmitter power
Sendername m <av> • station name
Sendernamenanzeige m <av> • station name display
Senderöhre f <el> • transmitting tube; transmitting valve

Senderprogrammierung f <av> • station selection
Senderreichweite f <av.tele> • transmission range
Sendersiebkreis m <tele> • harmonic suppression circuit
Sendersortierung f (ASS) Phi <av> • auto sorting system (ASS); Automatic Sorting System Sha; Sort TV Nok; auto sorting system Sha
Senderspeicher m <av> • channel preset; station memory
Sendersperrröhre f <el> • anti-transmit-receive tube; ATR-tube
Sendersperrzelle f <lwl> (Wellenleitertechnik) • transmitter-blocker cell
Senderstufe f <av.tele> • transmitting stage
Sendersuchlauf m <av> • automatic station search; station search
Sendersystem mit versetzten Trägerwellen <av> • offset carrier system
Senderverriegelung f <tele> • transmitter interlock circuit
Senderverstärker m <phys> • transmitter amplifier
Senderwahltaste f <av> • channel select button "up" or "down"; channel selector button; station select button; channel button
Sendeschluss m <av> (Rundfunk, Fernsehen) • end of transmission
Sendeschluss m <tele> • close-down
Sendeseite f <tele> • sending end
Sendespannung f <el> • transmitting voltage
Sendesperrtaste f <tele> • transmit disable button
Sendestation f <av.tele.navig> • transmitting station; station
Sendetaste f <tele> • press-to-transmit button; press-to-transmit key
Sende- und Empfangscharakteristik f <tele> • emitter and receiver characteristic
Sendeverzerrung f <av.tele> • transmission distortion
Sendezähler m <tele> • meter relay
Sendung f • broadcast
Sendung f <av> • transmission
Sendung f <econ> • shipment
Sendung f <logist> • consignment
sendzimierverzinkt <obfl> (Stahlarmierung) • sendzimized
Sendzimir-Kaltwalzwerk n <metall> • Sendzimir cold-strip rolling mill; Sendzimir mill
Sendzimirverfahren n <obfl> • Sendzimir process
Sendzimir-Verzinkung f <obfl> • Sendzimir process
Sendzimir-Verzinkungsanlage f <obfl> • Sendzimir galvanizing line; Sendzimir-type coating line
Senega polygala <bio> • snake root; senega polygala
Senfgas n prakt <chem.mil> (Kampfstoff) • dichlorodiethyl sulfide; mustard gas pract
Senföl n <nahr> • mustardseed oil
Senge f <textil> • singeing machine
Sengen n <textil> (Ausrüstung) • singeing
sengen vt <textil> • gas-singe vt; gas v; genap v
sengen vt <textil> (von Textiloberflächen; Ausrüstung) • singe vt
Sengprozess m <textil> (Ausrüstung) • singeing process
Senium praecox wiss <bio> • premature aging
Senk... <füg> (bei Schrauben) • countersunk ...; c'sunk in dwgs,tables
Senk-Blechschraube mit Innensechsrund <füg> • hexalobular socket countersunk head tapping screw
Senk-Blechschraube mit Kreuzschlitz f DIN ISO 1891 • cross recessed countersunk (flat) head tapping screw
Senk-Blechschraube mit Schlitz f DIN ISO 1891 <füg> • slotted countersunk (flat) head tapping screw
Senkblei n <bau> • plumb bob
Senk-Bohr-Werkzeug n <wz> • combination drill and countersink

Senkbremsung f <förd> • gradient braking; retardation braking

Senkbremsung f <förd> *(Kran)* • lowering braking

Senkbrunnen m <bau> • sunk well

Senkbrunnengründung f <bau> *(z. B. Brückenpfeiler)* • open-caisson foundation

Senkbrunnengründung f <bau> • well foundation

Senkdurchmesser m <füg> *(von Muttern)* • diameter of the countersink

Senke f rar <el.ic> *(Zone beim Feldeffekttransistor)* • drain

Senke f <geo> *(Vertiefung im Gelände)* • depression

Senke f <geo> *(Geländemulde)* • depression; dip *pract.coll*; sink

Senke f <phys> *(für Signal, Wärmeenergie)* • sink

Senkel m <bekl> *(einer Verschnürung; z. B. von Schuhen)* • lace

senken vi <geo> *(Boden)* • subside vi

senken vi <hydr> *(Wasserspiegel)* • sink vi

senken vt <tech.allg> *(z. B. Druck, Temperatur, Spannung)* • lower vt

senken vt <tech.allg> *(Kosten, Ausgaben)* • reduce vt; cut vt; lower vt; decrease vt

senken vt <tech.allg> *(z. B. Geschwindigkeit, Durchflussmenge)* • diminish vt; reduce vt; lower vt

senken vt <energ.hydr> *(Wehrverschluss)* • lower vt

senken vt <prod> *(Bohrung anschrägen)* • countersink vt; spotface vt

Senkenelektrode f <el> *(Feldeffekttransistor)* • drain

Senkenspannung f <el> *(Halbleiter)* • drain voltage

Senkenströmung f <phys> • sink flow

Senkenstrom m <el> *(Halbleiter)* • drain current

Senker m <wz> • countersinking cutter; counterboring cutter; countersink; counterbore

Senkfaschine f <hydr> • sinking fascine

Senkgeschwindigkeit f <logist> *(z. B. von Regalförderzeug)* • lowering speed

Senkgrube f <ents> • cesspool; cesspit *GB*; catch pit; settling pit

Senkgrube f <waste> • cesspool; cesspit; catch pit; sink

Senk-Holzschraiube mit Kreuzschlitz f DIN ISO 1891 <füg> • cross recessed countersunk (flat) head wood screw

Senk-Holzschraube mit Schlitz f DIN 97 <füg> • slotted countersunk head wood screw; slotted countersunk flat head wood screw

Senk-Holzschraube mit Schlitz f DIN ISO 1891 <füg> • slotted countersunk (flat) head wood screw

Senkkasten m <bau> • caisson

Senkkasten m <bau> *(für Arbeit unter Wasser)* • diving bell

Senkkastenbauweise f <bau> *(z. B. Brücke)* • caisson construction

Senkkastengründung f <bau> *(Tiefbau)* • caisson foundation; compressed air foundation

Senkkastenkonstruktion f <bau> *(z. B. Brücke)* • caisson construction

Senkkasten ohne Boden m <bau> • pneumatic caisson

Senkkörper m <bau> *(Caisson)* • open caisson

Senkkopf m DIN ISO 1891 <füg> *(allg.; von Schraube, Niet)* • countersunk head

Senkkopf m <füg> *(mit ebener Kopfoberfläche)* • flat head; countersunk head; flat countersunk head; flush head

Senkkopfauflage f <füg> • countersunk bearing face

Senkkopf-Winkel m <füg> • countersink angle; countersunk angle; head angle

Senklot n <bau> • plumb bob

Senk-Nagelschraube f DIN ISO 1891 <füg> • slotted countersunk (flat) head drive screw

Senkniet m DIN 302,661 <füg> • countersunk-head rivet DIN 302,661; countersunk rivet; flush rivet

Senknietverbindung f <füg> • countersunk riveted joint

senkrecht <allg> *(meist in Richtung Erdmittelpunkt)* • vertical; perpendicular

Senkrechtabhebung f <wz.masch> • vertical relief movement; vertical tool clearance

senkrecht angeordnet <tech.allg> • vertically arranged; vertically disposed *rare*

senkrecht aufeinander <math> • mutually perpendicular

senkrecht aufeinander <math> • orthogonal

Senkrechtaufnahme f <phot> *(Luftbildaufnahme)* • vertical aerial photography

Senkrechtaufzeichnung f <edv> • vertical recording

Senkrechtaufzeichnung f <edv> • vertical recording; perpendicular recording

Senkrechtbauart f <masch> • vertical design

Senkrechtbecherwerk n <förd> • vertical bucket elevator

senkrecht bohren vi/vt <petr> • drill vertically vi/vt

Senkrechtbohrmaschine f <wz.masch> • vertical drilling machine; vertical boring machine

Senkrechtbohrwerk n <wz.masch> • vertical boring mill

Senkrechtdrehautomat m <wz.masch> • vertical turning automatic; vertical automatic

Senkrechte f <math> • normal; surface normal; perpendicular

senkrechte Bohrung f <petr> • vertical well

senkrecht einfallend *(Strahl)* • normally inclined

senkrechte Lage f <tech.allg> • verticality; vertical position

senkrechte Lageschwankung f <av> • vertical hunting

senkrechte Parallelprojektion f <edv> • orthogonal parallel transformation

senkrechte Projektion f <doku> • orthogonal projection

senkrechter Einfall m <phys> *(z. B. Licht)* • normal incidence

senkrechter Schram m <min> • shear cut

senkrechter Wurf m <mech> • vertical throw; projection

senkrechtes Anstecken n <min> • vertical piling

senkrechtes Flügelprofil n <bau> *(vertikales Element eines Tür- od. Fensterflügelrahmens)* • stile

senkrechtes Rahmenholz n Holz <bau> • jamb; side jamb

senkrechtes Rahmenprofil n <bau> • jamb; side jamb

Senkrechtförderer m <förd> • vertical conveyor; vertical elevator

Senkrechtfräsmaschine f <wz.masch> • vertical milling machine

senkrecht geteiltes Kurbelgehäuse n <mot> • vertically split crankcase

Senkrechtkraft f <mech> • vertical force

Senkrechtlandung f <aerospace> • vertical landing

Senkrechtofen m <metall> • vertical furnace

Senkrechtprüfknopf m DIN EN 1330-4 <qualit.mat> *(Ultraschallprüfung)* • straight beam probe

Senkrechträummaschine f <wz.masch> • vertical broaching machine

Senkrechtschiebefenster n <bau> *(Oberbegriff; mit 1 oder 2 verschiebbaren Flügeln)* • vertical sliding window; hung window chain link

Senkrechtschiebefenster n <bau> *(mit zwei verschiebbaren Flügeln)* • double-hung window; double hung

Senkrechtschiebefenster n <bau> *(mit einem verschiebbaren Flügel)* • single-hung window; single-hung

Senkrechtschleifmaschine f <wz.masch> • vertical-spindle grinding machine

Senkrechtschleuderguss m <prod> • vertical centrifugal casting

Senkrechtschlitten m <wz.masch> • head slide; vertical slide

Senkrechtschnitt m • vertical cut

Senkrechtschweißen *n* <füg> • vertical welding

Senkrechtschwingung *f* <phys> • perpendicular vibration

Senkrechtspannung *f* <mech> • meridian stress

Senkrechtspindel *f* <masch> • vertical screw

Senkrechtspindel *f* <masch> • vertical spindle

Senkrechtstab *m* <bau> • vertical member

Senkrechtstart *m* <aerospace> *(Rakete)* • vertical launching

Senkrechtstart *m* <aerospace> *(Flugzeug)* • vertical take-off

senkrechtstartendes Flugzeug *n* <aerospace> • vertical take-off airplane; VTO aeroplane

Senkrechtstarter *m* <aerospace> • vertical take-off airplane; VTO aeroplane

Senkrechtstart- und -landeflugzeug *n* <aerospace> • vertical take-off and landing airplane; VTO aeroplane; VTOL aeroplane

Senkrechtstellung *f* <tech.allg> • vertical position

Senkrechtstellung *f* <tech.allg> • verticality

Senkrechtstoßeinrichtung *f* <wz.masch> • slotting attachment

Senkrechtstoßen *n* <prod> • slotting

Senkrechtstoßmaschine *f* <wz.masch> • slotting machine; slotter

Senkrechtstoßräumen *n* <prod> • vertical push broaching

senkrecht verstellbar <tech.allg> *(z. B. Mikroskop, Tageslichtprojektor, Sonnenschirm, Fräskonsole)* • depth-adjustable

senkrecht verstellbar <tech.allg> • vertically adjustable

Senkrechtverstellung *f* <tech.allg> *(z. B. Lampe, Gewindefuß, Stativ)* • elevating motion; rise-and-fall motion

Senkrechtverstellung *f* <prod> • height adjustment; vertical adjustment

Senkrechtvorschub *m* <wz.masch> • vertical feed; depth feed; downfeed

Senkrechtvorschubschlitten *m* <wz.masch> • downfeed slide

Senkrechtwebstuhl *m* <textil> • vertical loom

Senkrechtwelle *f* <masch> • vertical shaft

senkrecht (zu) <math> *(im rechten Winkel zu/auf etw.)* • perpendicular (to); normal (to)

senkrecht zu <math> *(im rechten Winkel zu oder auf etw. stehend)* • normal; perpendicular

senkrecht zu den Schichten <chem> • flatwise

Senkschacht *m* <min> • drop shaft; drum shaft

Senkschachtverfahren *n* <bau> • caisson sinking

Senk-Schneidschraube mit Kreuzschlitz *f* DIN ISO 1891 <füg> • cross recessed countersunk (flat) head thread cutting screw

Senk-Schneidschraube mit Schlitz *f* DIN ISO 1891 <füg> • slotted countersunk (flat) head thread cutting screw

Senkschraube *f* <füg> • countersunk screw

Senkschraube *f* <füg> • flat-head screw

Senkschraube *f* <füg> *(mit Teilgewinde, bzw. mit Mutter)* • countersunk bolt; countersunk flat bolt; flat countersunk bolt

Senkschraube *f* <füg> *(mit Ganzgewinde, bzw. ohne Mutter)* • countersunk head screw; flat head screw

Senkschraube mit Halteschlitz *f* DIN ISO 1891 <füg> • countersunk head screw with forged slot

Senkschraube mit hohem Vierkantansatz *f* DIN 605 <füg> • flat countersunk square neck bolt with long square

Senkschraube mit Innensechskant *f* DIN ISO 1891 <füg> • hexagon socket countersunk (flat) head cup screw

Senkschraube mit Kreuzschlitz *f* DIN ISO 1891 <füg> *(mit Flachkopf)* • cross recessed flat head screw; cross recessed countersunk head screw; cross recessed countersunk flat head screw

Senkschraube mit Nase *f* DIN ISO 1891 <füg> • flat countersunk nib bolt

Senkschraube mit Schlitz *f* DIN EN ISO 2009 <füg> • slotted countersunk flat head screw

Senkschraube mit Schlitz *f* DIN 981 <füg> • slotted countersunk head screw

Senkschraube mit Schlitz und kleinem Kopf *f* DIN ISO 1891 <füg> • slotted shallow countersunk (flat trim) head screw

Senkschraube mit Schlitz und Zapfen *f* DIN ISO 1891 <füg> • slotted countersunk head screw with full dog point

Senkschuh *m* <wz> • cutting shoe

Senkspindel *f* <wz> *(Dichtemessung von Flüssigkeiten)* • hydrometer; densimeter; aerometer

Senkstange *f* <petr> *(Bohrtechnik)* • sinker bar

Senkung *f* • cutting

Senkung *f* • downward motion

Senkung *f* <allg> • reduction

Senkung *f* <tech.allg> • lowering

Senkung *f* <chem.verf> *(in Flüssigkeiten)* • settling; settlement

Senkung *f* <geo> • depression

Senkung *f* <geo> *(Boden; Wasserspiegel)* • sinking; subsidence

Senkung *f* <prod> *(zylindrisch)* • counterbore

Senkung *f* <prod> *(kegelig)* • countersink

Senkungsdurchmesser *m* <füg> *(von Senkschrauben)* • head diameter; diameter of the head

Senkungswinkel *m* <mil> *(Ballistik)* • angle of depression

Senkwaage *f* ugs <chem> *(allg.)* • hydrometer; densimeter

Senkwaage *f* <msr> • areometer; densimeter; hydrometer

Senkwaage *f* <wz> *(Dichtemessung von Flüssigkeiten)* • hydrometer; densimeter; aerometer

Senkwinkel *m* <füg> *(bei Muttern)* • countersink angle; countersunk angle

Senkwinkel *m* <prod> • included angle

Senkzylinder *m* <min> *(Senkschachtverfahren)* • caisson

sensationslüsterne Verkehrsteilnehmer *mpl* norm <verk> *(an Verkehrsunfallschauplätzen; z. B. im Gegenverkehr)* • starers; gapers

Sense *f* <agri.wz> • scythe

Sensengriff *m* <agri.wz> • snath

Sensenstiel *m* <agri.wz> • snath

Sensibilisator *m* <druck> • sensitizer

Sensibilisierung *f* <med> • sensitization

Sensibilisierung *f* <med> *(physiologisch, psychologisch)* • sensitization

sensible Daten *fpl* <edv> • critical data

sensible Daten *npl* <edv> • critical data

sensible Wärme *f* <therm> • sensible heat

sensitiver Bildschirm *m* rar <edv> • touch screen; touch-sensitive screen; touch panel

Sensitivität *f* <med> *(Antikörpernachweis)* • sensitivity

Sensitometer *n* <phot> • sensitometer

Sensitometrie *f* <phot> • sensitometry

Sensor *m* <alarm> *(erkennt und meldet ein Alarmereignis)* • detector; sensor; alarm; detection device; sensing device

Sensor *m* ugs. <edv> • motion tracker; tracker *pract.*; sensing device *rare*

Sensor *m* <msr> *(ganze Baueinheit)* • sensor (SENS); sending unit

Sensoranschluss *m* <msr> • sensor connection

Sensorausgang *m* <msr> • sensor output

Sensorbeschreibung *f* <msr> • technical description of a transducer

Sensor-Bildpunkt *m* <av> • sensor pixel
Sensorbildschirm *m* <edv> • touch screen; touch-sensitive screen; touch panel
Sensorbildschirm *m* <edv.av> • touchscreen
Sensorbreite *f* <msr> • sensor width
Sensorelektronik *f* <msr> • sensor electronics
Sensorelement *n* <msr> • sensing element [1]; transduction element; input transducer; primary element
Sensorelement *n* <msr> • sensing element
Sensor-Endstufenklemme *f* <msr> • sensor output interface terminal
Sensoren mit versetzten Frequenzen *m pl* <msr> • staggered frequency sensors
Sensorfeld *n* <msr> • sensor surface
Sensorfläche *f* <msr> • sensor surface
sensorgeführter Roboter *m* <autom> • sensory-controlled robot
Sensorgeneration *f* <msr> • sensor generation
sensorgesteuert <msr> • sensor-controlled
Sensorhandschuh *m rar* <edv> • data glove
Sensorik *f* <msr> • sensing technology
Sensorik *f* <msr> • sensor technology
Sensorik- und Sensorsysteme-Zubehör *n* <msr> • accessories for sensors and sensor systems
sensorische Analyse *f* <nahr> *(Lebensmittelüberwachung)* • sensory estimation; sensory evaluation; organoleptic test
sensorische Analyse *f* <nahr> • sensory evaluation
sensorische Prüfung *f* <nahr> • sensory evaluation
Sensorkopf *m* <msr> *(von Fühler, Sensor)* • sensing head; sensor head
Sensorkugel *f* <msr> *(Kraft-Momenten-Sensor)* • sensor ball
Sensor mit umsetzbarem Oszillatormodul *m* <msr> • limit switch style proximity sensor; proximity sensor with turnable oscillator module; modular proximity sensor *GB*; rectangular proximity sensor with turnable osc...
Sensor mit umsetzbarer aktiver Fläche *m* <msr> • limit switch style proximity sensor; proximity sensor with turnable oscillator module; modular proximity sensor *GB*; rectangular proximity sensor with turnable osc...
Sensor-Pixel *n* <av> • sensor pixel
Sensorspule *f* <msr> • sensor coil
Sensorsystem *n* <msr> • sensor system
Sensortechnik *f* <el> • touch-sensing technology
Sensortechnik *f* <msr> • sensor technology
Sensortechnik *f* <msr> • sensing technology
Sensor-Übersicht *f* <allg> • sensor summary
Sensor-Zubehör *n* <msr> • sensor accessories
Sensor zur Aufkleberfassung *m* <msr> • label sensor
S-Entwickler *m* <füg> *(Schweißen)* • stationary acetylene generator
SEP <el> • standard plug-in station (SPS); standard mounting station
SEP <navig> • spherical error probable (SEP); spherical error probability
separat <allg> • remote
separater Daten-Router *m* <edv> • separate data router
separates Antriebsaggregat *n* <nfz> *(für Ladehilfen o.ä. am Anhänger)* • on-board power pack
separates Bedien- und Anzeigeteil *n* <alarm> *(von Alarmanlagen; stationär)* • remote control station; remote control panel; remote control console
Separation *f* <ents> • separation
Separationsmagnet *m* <ents> • separating magnet
Separator *m* <agri> • centrifugal cream separator
Separator *m* <kfz.el> *(in Starterbatterie)* • separator
Separator *m* <masch> *(betont: Bauteil zum Trennen)* • separator

Separator *m* <tele> • separator
Separator *m rar* <verf> *(allg.)* • separator; collector *pract*; trap *coll*
Separatortrommel *f* <agri> • separation drum
Separatrix *f* <nukl> *(im Divertor)* • separatrix
separat sammeln *vt* <pap.ents> *(z. B. graphische Papiere)* • collect separately *vt*
Separatstrich *m* <pap> • off-machine coating
Separat-Videosignal *n* <av> • separate video signal; S-Video signal; Y/C signal
Separierung *f* <ents> *(mechanische)* • sorting; separation
Sepia *f* <obfl.holz> • sepia
Sepia *n* <kino> *(bräunlicher Farbton alter Filme, Photos)* • sepia effect; sepia
Sepia-Effekt *m* <kino> *(bräunlicher Farbton alter Filme, Photos)* • sepia effect; sepia
Sepsis *f* <med> • sepsis
Sequencerprogramm *n* <edv.av> • software sequencer; MIDI recorder; sequencer program
Sequential-Build-Up-Technologie *f did* <el.ic> • SBU technology; sequential-build-up technology
Sequentialfarbfernsehverfahren *n* <av> • sequential color transmission
Sequentialstichprobenverfahren *n* <qualit> *(statistische Qualitätskontrolle)* • sequential sampling
sequentiell <edv> • sequential
sequentiell <edv> • serial
sequentiell arbeitender Computer *m* <edv> • sequential computer
sequentielle Arbeitsweise *f* <edv> • sequential operation; serial operation
Séquentielle Communication à Mémoire *n* (SECAM) <av> • Séquentielle Communication à Mémoire (SECAM)
sequentielle Datei *f* <edv> • sequential file
sequentielle Einspritzung *f prakt* <kfz.mot> • sequential fuel injection (SFI) *GM*; sequential injection *pract*; sequential electronic fuel injection, SEFI *Ford*
sequentielle elektronische Kraftstoffeinspritzung *form* <kfz.mot> • sequential fuel injection (SFI) *GM*; sequential injection *pract*; sequential electronic fuel injection, SEFI *Ford*
sequentielle Fuel Injection, SFI *Opel.werb* <kfz.mot> • sequential fuel injection (SFI) *GM*; sequential injection *pract*; sequential electronic fuel injection, SEFI *Ford*
sequentielle Kraftstoffeinspritzung *f* <kfz.mot> • sequential fuel injection (SFI) *GM*; sequential injection *pract*; sequential electronic fuel injection, SEFI *Ford*
sequentieller Betrieb *m* <edv> • serial operation
sequentieller Empfänger *m* <navig> • sequencing receiver
sequentieller Speicher *m* <edv> • sequential access storage; serial access storage
sequentieller Zugriff *m* <edv> • sequential access; serial access
sequentielle Schaltung *f* <el> • sequential circuit
sequentielles Kommissionieren *n* <logist> *(nacheinander Sammeln)* • sequential picking; order picking in sequence
sequentielles manuelles Schaltgetriebe *n* (SMG) *BMW* <kfz.antr> • sequential manual gearbox (SMG)
sequentielles Übertragungsverfahren *n* <av> • sequential television transmission
sequentielle Verarbeitung *f* <edv> • sequential processing
Sequenz *f* <av> • song; sequence
Sequenz *f* <av> • track; sequence
Sequenzanalyse *f* <math> • sequential analysis
Sequenzermodus *m* <edv.av> • sequencer mode

Sequenzerprogramm *n* <edv.av> • software sequencer; MIDI recorder; sequencer program

Sequenzersoftware *f* <edv.av> • composer program; composer *pract*; composer software; song writing software; sequencer software

Sequenzersong *m* <av> • song; sequence

Sequenzspeicher *m* <edv> • sequential access memory; serial access memory

Serge *f* <bekl> *(glattes feines Köpergewebe; typ. für Uniformen)* • serge

Serge *m* <bekl> *(glattes feines Köpergewebe; typ. für Uniformen)* • serge

Sergegewebe *n* <bekl> *(glattes feines Köpergewebe; typ. für Uniformen)* • serge weave

Serie *f (Artikel)* • batch; series; lot

Serie *f* <allg> *(z. B. Bücher, Erzeugnisse, Unfälle)* • series

Serie *f* <mil> • series; 5 shot series

Serie *f* <org> • run

Serie *f* <prod> • gang

Serie *f* <prod> • lot

Serie *f* <prod> *(Gerät)* • range

seriell <edv> • serial

seriell arbeitender Computer *m* <edv> • serial computer

serielle Datenübertragung *f* <edv> • serial data transfer

serielle Ports *f* <edv> • commports

serieller Addierer *m* <edv> • serial adder

serieller Anschlag *m* <druck> • serial print mode

serieller Anschluss *m* <edv> • serial interface; serial port

serieller Betrieb *m* <autom> • serial mode

serieller Hybridantrieb *m* <kfz.antr> • series hybrid propulsion; series hybrid drive; series arrangement

serieller Port *m* <edv.av> • serial interface; serial port; serial communication port

serieller Speicher *m* <edv> • serial memory

serieller Speicher *m* <edv> • sequential access storage; serial access storage

serieller Zugriff *m* <edv> • sequential access; serial access

Serielles Bus-und Fieberoptikprotokoll *n* <edv> • serial-bus and fiber-channel protocol

serielle Schnittstelle *f* <edv> • serial interface; serial port

serielle Schnittstelle *f* <edv.av> • serial interface; serial port; serial communication port

serielle Schnittstelle *f* <lwl> • serial interface

serielles Gerät *n* <edv> • serial device

serielles Interface *n* <edv.av> • serial interface; serial port; serial communication port

serielles Kommissionieren *n* <logist> *(nacheinander Sammeln)* • sequential picking; order picking in sequence

serielle Übertragung *f* <el> • serial transmission

seriellhybrider Antrieb *m* <kfz.antr> • series hybrid propulsion; series hybrid drive; series arrangement

Seriellport *m* <edv> *(Schnittstele um eine Seriellport erweitern)* • serial port

Serien... <kfz> • stock ... *US*

Serienabgleich *m* <el> • serial adjustment

Serienaddierer *m* <edv> • serial adder

Serienanfertigung *f* <allg> • batch production

Serienausrüstung *fsg* <kfz> • standard equipment; standard features; standard specification; standard spec *coll*

Serienausstattung *fsg* <kfz> • standard equipment; standard features; standard specification; standard spec *coll*

Serienbau *m* <prod> • serial construction

Serienbauelement *n* • series element

Serienbearbeitung der Aufträge *f* <logist> • batch picking

Serienbetrieb *m* <edv> • serial operation

Serienbetrieb *m* <förd> • series operation; series pumping; pumping in series

Serienbohren *n* <prod> • duplicate boring

Serienbohren *n* <prod> • repetition drilling

Seriendrossel *f* <el> • series reactor

Seriendruckbetrieb *m* <druck> • serial print mode

Seriendrucker *m* <edv> • serial printer

serienfähig <prod> *(technische Lösung, Konstruktion)* • ready for series production

Serienfahrzeug *n* <kfz> • production vehicle

Serienfahrzeug *n* <kfz> • production vehicle; stock car *US*

Serienfertigung *f* • series production

Serienfertigung *f* <kst> • series production

Serienfertigung *f* <prod> • production

Serienformel *f* <phys> *(Spektrum)* • series formula

Serienfräsen *n* <prod> • repetition milling

Serienfüller *n* <prod> *(Füllmaschine, mit der mehrere Gebinde pro Takt parallel abgefüllt werd)* • in-line filler

Serienfunkenstrecke *f* • multiple spark gap

Seriengegenkopplung *f* • series feedback

seriengekoppelt <el> • series-gated

Seriengrenze *f* <phys> *(Spektrum)* • series limit; convergence limit

Seriengröße *f* <prod> • batch size

Seriengröße *f* <prod> • lot size

Serienheizkreis *m* <el> • series-heater string circuit

Serienherstellung *f* • series production

Serieninduktivität *f* <el> • series inductance

Serienkompensation *f* <msr> • tandem compensation; cascade compensation

Serienkondensator *m* <el> • series capacitor

Serienkopplung *f* <el> • series gating

Serienkopplung *f* <el> • tandem connection

Serienkühlturm *m* <verf> • packaged cooling tower; package cooling tower

Serienlichtbogenschweißen *n* <füg> • series-arc welding

serienmäßig <kfz> *(Ausstattung)* • standard

serienmäßig <ökon> *(Produkte aller Art)* • standard

serienmäßige Ausstattung *f* <kfz> • standard equipment; standard features; standard specification; standard spec *coll*

serienmäßiges Rad *n* <kfz> • standard wheel; original equipment wheel; OEM wheel *pract*

serienmäßig gefertigt • series-manufactured

serienmäßig gefertigt <prod> • volume-built

Serienmotor *m* <el> • series-wound motor

Serienmotor *m* <mot> *(in Großserie hergestellter Verbrennungsmotor)* • production engine

Seriennummer *f* <tech.allg> • serial number

Seriennummer *f* <prod> • serial number

serienorientiertes Kommissionieren *n* <logist> • batch picking

Serien-Parallel-Umsetzer *m* <edv> • serial-to-parallel converter

Serien-Parallel-Umsetzer *m* <edv> • series-parallel converter; serial-to-parallel converter

Serien-Parallel-Umsetzer *m* <edv> • staticizer

Serienpumpe *f* <förd> • series pump

Serienrad *n* *prakt.ugs* <kfz> • standard wheel; original equipment wheel; OEM wheel *pract*

Serienrechner *m* <edv> • serial computer; sequential computer

serienreif <prod> *(technische Lösung, Konstruktion)* • ready for series production

Serienresonanz *f* <el> • series resonance; voltage resonance

Serienresonanzkreis *m* *norm* <av> • series-resonant circuit *stand*

Serienresonanzkreis *m* <el> • acceptor circuit

Serienresonanzkreis *m* <el> • series-resonance circuit
Serienschalter *m* <el> • series switch; multiple-circuit switch; multiple-variable-control switch
Serienschaltsystem *n* <el> • series connection; series system of distribution
Serienschaltung *f* <el> • series connection; cascade connection
Serienschaltung *f rar* <el> • series connection; connection in series
Serienschaltungskompensation *f* <el> • tandem compensation
Serienschwingkreis *m* <av> • series-resonant circuit *stand*
Serienschwingkreis *m* <el> • series resonance circuit
Seriensignal *n* <msr> • series signal
Serienspeicher *m* <edv> • serial store; sequential store
Serienspeicherfunktion *f* <edv> • serial storage function
Serienspeicherung *f* <edv> • serial storage
Serienspektrum *n* • series spectrum
Serienspule *f* <el> • series coil
Serientechnik *f* <kfz> • stock technology
Serienteil *n* <prod> • duplicate part
Serienteil *n* <prod> • repetitive part
Serienteil *n* <prod> • series-produced component
Serienteil *n* <prod> • series-produced part
Serientrimmer *m* <el> • padding capacitor
Serienübergabe *f* <edv> *(Fernverarbeitung)* • serial transfer; serial transmission
Serienübertrag *m* <edv> • serial carry; successive carry
Serienverarbeitung *f* <edv> • serial processing
Serienverschaltung *f* <el> • series connection
Serienversion *f* <prod> *(eines Fahrzeugs oder einer Komponente)* • production version
Serienverzweiger *m (Wellenleitertechnik)* • series T junction
Serienwiderstand *m* <el> • series resistance
Serienwiderstand *m* <energ.sol> • series resistance
Serienzündgerät *n Philips* <el> • series ignitor *Philips*; superimposing ignition device *Osram*
Serienzugriff *m* <edv> • serial access
Serigraphie *f* <druck> • serigraphy; silk screen printing
Serokonversionsrate *f* <med> • seroconversion rate; conversion rate
Serpentinasbest *m* <bau.mat> • serpentine asbestos
Serpentinenaufzeichnung *f* <edv> • serpentine recording; linear recording; longitudional recording
Serpentinenaufzeichnung *f* <edv> • serpentine recording; linear recording; longitudinal recording; linear serpentine recording
Serum *n* <med> • serum
Serum *n* <nahr> *(Speiseeis)* • continuous phase; lamella
Serumkrankheit *f* <med> • serum sickness; serum disease
Serumschock *m* <med> • serum shock; seroanaphylaxis
Server *m* <edv> • server
Serveranlage *f* <edv> *(z. B. für Internet-Hosting)* • server farm
Server-Farm *f* <edv> *(z. B. für Internet-Hosting)* • server farm
Service *n* <gastr> *(z. B. Kaffee-, Tafelservice)* • set
servicefreundlich <tech.allg> • easy to maintain
Service-Intervallanzeige *f BMW* <kfz.msr> • service reminder [indicator]
Servicekoffer *m* <el.rep.logist> • storage container
Serviceprozessor *m* <edv> • service processor; maintenance processor
Service-Rücksteller *m* <kfz.wz> • service indicator reset tool *:V*
Service-Schalter *m :V* <kfz.alarm> *(zur Außerbetriebsetzung der Diebstahlsicherung)* • valet switch

Serviceventil *n* <kfz> • service valve
Servierbrett *n ugs* <kfz> *(Heckspoiler mit Düsenspalt)* • rear spoiler; rear deck spoiler; rear aerofoil *Ferrari*; rear decklid wing *Ford*
Serviertemperatur *f* <nahr> • serving temperature
Servierwagen *m* <fz> • tea wagon *US*; teacart *US*; trolley *GB*
Servoantrieb *m* <edv> *(Festplatte)* • servo drive
Servoantrieb *m* <masch> • servo drive
Servobandfrequenzen *fpl* <edv> • servoband frequencies
Servobremse *f* <kfz> • servo-assisted brake
Servobremse *f* <kfz.brems> *(Trommelbremsenbauart)* • servo brake; single-anchor self-energizing brake *US.form.rare*; self-energizing brake *US.rare*
Servobremse *f rar.obs* <kfz.brems> *(mit Bremskraftverstärker)* • energy-assisted braking system
Servodaten *npl* <edv> *(Positioniersystem)* • servo data
Servoelement *n* <kfz.antr> *(Bremsbandbetätigung im Automatikgetriebe)* • servo [unit]; band servo *Chrysler*
Servogerät *n* <tech.allg> • servo
Servogerät *n* <masch> • servomechanism
Servogerät *n* <masch> • servo unit
servogeregelt <masch> • servo-controlled
Servoinformationen *fpl* <edv> *(Positioniersystem)* • servo data
Servointegrator *m* <msr> • incremental integrator
Servointegrator *m* <msr> • servo-integrator
Servokopf *m* <edv> *(Festplatte)* • SERVO HEAD
Servolenkgetriebe *n* <kfz> • power-steering mechanism
Servolenkpumpe *f* <kfz> • power steering pump; steering pump; S-pump *in dwgs*
Servolenkung *f* <kfz> • power-assisted steering
Servolenkung *f* <kfz> • power assisted steering (pas); power steering *pract.coll*; p/steering *advert*; hydraulic power steering *coll.press*; boosted steering *coll.press*
Servolenkung in Blockbauweise <kfz> • integral-type power [assisted] steering; in-line power steering
Servolenkung in Halbblockbauweise <kfz> • linkage-type power [assisted] steering; linkage power steering; offset power steering
Servolenkung mit außenliegendem Arbeitszylinder <kfz> • linkage-type power [assisted] steering; linkage power steering; offset power steering
Servolenkung mit Drehstab *f* <kfz> *(Servolenkung)* • rotary-valve power steering; torsion bar power steering; ball-and-nut power steering
Servolenkung mit integriertem Arbeitszylinder <kfz> • integral-type power [assisted] steering; in-line power steering
Servomechanismus *m* <masch> • servomechanism
Servomotor *m* <masch> *(allg.)* • servo motor; servomotor
Servomotoren mit oder ohne Bürsten <el> • brush and brushless servo motors
Servomultiplizierer *m* • servomultiplier
Servo-Parallel-Manipulator *m* <autom> • servo master-slave manipulator
Servoregelung *f* <msr> • servo control
Servoruder *n* <aerospace> • servotab
Servoschließung *f* <kfz> *(für Türen/Hauben/Heckklappe)* • power closing *:V*; servo closing [feature/function] *:V*; soft-close automatic *BMW*; closing aid *MB*
Servoschließung *f* <kfz> *(nur Kofferraumdeckel oder Heckklappe)* • power pull down; servo pull down *:V*
Servospur *f* <edv> • servo track
Servosteuerung *f* <msr> • servo control
Servosystem *n* <edv> *(Festplatte)* • servo drive
Servosystem *n* <masch> *(mech.)* • servo system; servo; servomechanism

servounterstützt <tech.allg> • power-assisted (p/a); assisted *pract.coll*; powered *pract.coll*; servo-assisted *rare*
servounterstützte Kugelumlauflenkung f <kfz> • powered recirculating-ball steering
Servoventil n <med.tech> • servo valve
Servoverstärker m <masch> • servo amplifier
Servowirkung f <masch> • servo action
Servo-Zahnstangenlenkung f <kfz> • power rack-and-pinion steering; rack-and-pinion power steering
Sesselrad n <fz> • semi-recumbent
Session-at-Once-Verfahren n (SAO) <edv> • session at once (SAO)
Setcard f <werb.phot> • set card
SET-Garn n <textil> *(Falschdrahtverfahren)* • set yarn
Set-Top-Box f <av> • satellite receiver; receiver; set-top box; direct satellite system box controller
Settop-Box f <av.tele> • settop-box
Settop-Box mit CI f <av.tele> • settop-box with CI
Settop-Box ohne CI f <av.tele> • settop-box without CI; simple settop-box
Setup n ugs <edv> *(Einstellung der Hard- und Software; durch den Anwender)* • configuration; setup
Setzapparat m *(Aufbereitung)* • jig
Setzboden m *(Kupolofen)* • charging level
Setzdehnungsmesser m <msr> • stress-probing extensometer
Setzdominanz f <msr> *(Flipflop)* • dominant set
Setzen n ugs <kfz> *(von Federelementen)* • creep deformation; sagging *coll*
Setzen n <navig> • caging
setzen vi <bau> *(Boden, Gebäude)* • settle vi
setzen vi <kfz> *(Federelemente)* • sag vi
setzen vt *(Aufbereitung)* • jig vt
setzen vt <bau> *(lotrechte stabförmige Elemente, z. B. Pfosten, Pflöcke, Stützen)* • erect vt
setzen vt <druck> • compose vt; set vt
setzen vt <edv> • set vt
setzen vt <psych> *(Vertrauen in eine Person)* • place vt
Setzfuge f <bau> • settlement joint
Setzherd m <verf> *(Aufbereitung)* • table
Setzholz m Holz <bau> *(bei mehrflügeligen Fenstern)* • mullion; mull *pract*; center mullion
Setzimpuls m <el> • set pulse
Setzkasten m *(Aufbereitung)* • jig box; wash box
Setzkeil m <masch> • cotter
Setzklaue f <min> • setting clamp
Setzkopf m <füg> • manufactured head
Setzkopf m <füg> • manufactured rivet head
Setzkopf m <füg> *(Niet)* • performed head
Setzkopf m <füg> • performed rivet head
Setzkübel m <förd> • drop-bottom bucket
Setzlast f <min> • setting load
Setzlatte f <min> • straight-edge
Setzmaschine f *(Aufbereitung)* • jig washer
Setzpacklage f <bau> *(Straßenbau)* • hand-packed bottoming; telford base; telford foundation
Setzpfosten m <bau> *(bei mehrflügeligen Fenstern)* • mullion; mull *pract*; center mullion
Setzpfostenabdeckleiste f :V <bau> • mullion cover; mullion trim
Setzpfostenabdeckprofil n :V <bau> • mullion cover; mullion trim
Setzpfostenabdeckung f :V <bau> • mullion cover; mullion trim
Setzriss m <geo> *(Boden)* • subsidence break
Setzsieb n *(Aufbereitung)* • jig screen; jigger
Setzstock m <wz.masch> *(auf Spitzendrehmaschinen; ganz außen, feststehend oder mitlaufend)* • end column; end-support column; outer stay

Setzstock m <wz.masch> *(Drehmaschine; allg. jede Position)* • lathe steady; steady rest; steady
Setzstock m <wz.masch> *(Drehmaschine; mittige Unterstützung)* • center rest
Setzstockbacke f <wz.masch> • steady-rest jaw; work shoe
Setzstocklager n <wz.masch> • boring stay bearing; stay bearing; outboard bearing
Setzstocklager n <wz.masch> • end support bearing block
Setzstocklager n <wz.masch> • outer arbor support
Setzung f <bau> *(z. B. Mauer)* • settlement
Setzung f <geo> *(Boden; z. B. durch Baulasten)* • settlement; subsidence
Setzung f <geo> *(z. B. durch Grundwasserabsenkung, Bergbau)* • ground settlement; surface subsidence; subsidence; settlement; settling
Setzungsgeschwindigkeit f <geo> • ground settling velocity; soil settling rate
Setzungsriss m <bau> • settlement crack
Setzungsspannung f <geo> *(Bodenmechanik)* • settlement stress
Setzungstiefpegel m <min> *(Bodenmechanik)* • settlement deep gauge
Setzverlust m <kfz> *(Federelemente)* • relaxation
Setzwäsche f *(Aufbereitung)* • jigging; hutching
Seufzeratmung f <med> • sigh breath
Seven Mode Cycle m wiss <kfz.emiss> • seven mode cycle
Seven Mode-Zyklus m wiss <kfz.emiss> • seven mode cycle
Sexagesimalrechnung f <math> • sexagesimal arithmetic
Sex-sells-Muster n <werb> • sex-sells approach
Sextant m <navig> • sextant
Sextantenfernrohr n <opt> • sextant telescope
SF <hygi> *(von Sonnenschutzcremes etc.)* • sun protection factor (SPF)
SF <kfz.vers> • no-accident bonus category
SFBI <edv> • Shared Frame Buffer Interconnect (SFBI)
SFK <kst> • aramid fiber re-reinforced plastic (SFRP)
S-förmige Kurve f <math> *(Schaubild)* • sigmoid curve; sigmoid
S-förmige Kurve f rar <verk> • S-bend; S-curve; S-shaped curve; reverse curve; sigmoid curve
S-förmiges Saugrohr n <energ.hydr> • S draft tube
S-Funktion f <wz.masch> *(numerische Steuerung)* • spindle-speed function
SFX <edv> • special effect
SFZ <logist> *(Tunnellager)* • lane vehicle; deep lane vehicle; rack-entry vehicle
Sg <chem> • seaborgium (Sg); unnilhexium *obs*
S-Grat-Köper m <textil> • left-hand twill
SGS-85 <navig> • Soviet Geodetic System (1985) (SGS-85)
SH <kfz.innen> • seat heater
Shader m <edv> • shader *pract.*; imager *rare*
Shading n <edv> • shading
Shading n <edv> • rendering; shading; image calculation *did.rare*
Shading n <edv> • shading
Shading-Attribut n <edv> • shading attribute
Shadow-Map n <edv> • shadow map
Shadow-Mapping n <av> • shadow mapping
Shadow-Mapping n <edv> • shadow mapping
S-Haken m <füg> • S-shaped hook
S-Haken m <mus> *(Orgel; zw. Abstrakte und Ventil)* • pallet pull-down wire; pallet pull-down; pull-down wire; pull-down hook; pulldown
Shaker m prakt <qualit> *(Schwingungsprüfstand)* • shaker

Shakespeare-Bühne f <theat> • Shakespearean stage
Shannon-Theorem n <av> • sampling theorem; Shannon theorem; Nyquist theorem; Nyquist sampling theorem
Shape-Interpolation f rar <edv> (Formveränderung von Grafikobjekten) • morphing; metamorphosis obs
Shape-Memory-Alloy n <mat> • shape-memory alloy; memory alloy
Shape-Memory-Legierung f <mat> • shape-memory alloy; memory alloy
Shared Frame Buffer Interconnect m (SFBI) <edv> • Shared Frame Buffer Interconnect (SFBI)
Shareware f <edv> • shareware
Sharpie m <nav> • sharpie
Sharp Super Picture n Sha <av> • Sharp Super Picture Sha
Sheddach n <bau> • shed roof; sawtooth roof
Shedding n <med> • shedding
SHED-Test m <kfz.emiss> • SHED test
SHED-Testraum m <kfz.emiss> • sealed housing for evaporative determination (SHED)
Sheeted-Dike-Komplex m <geo> (Schicht) • sheeted dike complex
Sheet Molding Compound (SMC) <kst> • sheet molding compound (SMC)
Sheet-Moulding-Compound n (SMC) <kst> • sheet molding compound (SMC); prepreg obs
Sheet-Moulding-Compound n (SMC) <kst> • sheet molding compound (SMC)
Sheffer'scher Strich m <math> (logische Funktion) • Sheffer stroke
Sheffer-Element n <msr> (logische Schaltung) • Sheffer element
Sheffield-Prüfgerät n <pap> • Sheffield tester
Shell m prakt. <pack> • shell
Shell Rauchgas Simultan Verfahren n <emiss> • Shell flue gas treatment process
Shelterdecker m prakt <nav> • shelter-deck ship
Shelterdeckschiff n <nav> • shelter-deck ship
Shelterdeckschiff n <nav> • shelter-deck vessel
Sherard<isier>schicht f <obfl> • sherardized <zinc> coating
Sherardisieren n <obfl> (mit Zink) • sherardizing
sherardisieren vt <obfl> (Verzinken) • sherardize vt
Sherard[isier]schicht f <obfl> • sherardized [zinc] coating
Sherard-Verzinken n <obfl> (mit Zink) • sherardizing
Sherbet n <nahr> • sherbet; fruit sherbet prakt
Sherbeteis n <nahr> • sherbet; fruit sherbet prakt
Shift-by-wire-Schaltbetätigung f <kfz.el> • shift by wire
Shift-Objektiv n <phot> • perspective correction lens; PC-lens
Shift-Zeichen n <edv> (zur Wahl eines anderen Zeichensatzes) • shift character
Shim n prakt <mot> • shim; adjusting shim; adjusting disk US; adjusting disc GB
Shimmy n rar <kfz> (Seitenschlag; spürbar und/oder sichtbar) • shimmy; wheel judder US; wheel shudder GB
Shimmy-Effekt m <kfz> • shimmy-effect
SHL-Simultan-Verfahren n <emiss> • SHL-process
SHL-Verfahren n <emiss> • SHL-process
Shooting n <phot> (Fotoaufnahmen) • shooting; photo shooting
Shooting n <werb> (Filmaufnahmen) • shooting; film shooting
Shopper m <pack.tour> • shopper; shopping bag
Shopprimer m <obfl> (Material) • shop primer
Shopprimer m <obfl> (Schicht) • shop primer
Shoran-Verfahren n <navig> • short-range navigation system; short-range navigation; shoran

Shore-Härte f <qualit.mat> • shore hardness; shore hardness test
Shore-Härteprüfer m <qualit.mat> • Shore hardness tester
Shore-Härteprüfung f <qualit.mat> • shore hardness; shore hardness test
shorterisieren v <metall> (flammenhärten) • shorterize v
Short Message Service m (SMS) <tele> (via Mobilfunknetz) • Short Message Service (SMS); short text messaging
Short-Range-Scannen n <edv> • short-range scanning
Showerdeck n <petr> • shower deck
Showkochen n ugs <gastr> • frontcooking
ShowView n Gem für Deu <av> • ShowView Gem for Ger; VCRplus Gem for USA; Videoplus Gem for UK
SHR <edv> (Bildschirm) • Super High Resolution (SHR)
Shredder m <büro> (für Dokumente, Datenträger) • shredder
Shredder m <ents> • car shredder; automobile shredder US
Shredder m <kfz.ents> • shredder
Shredderabfall m <kfz.ents> • shredder waste :V
Shredderleichtfraktion f (SLF) <ents> • shredder light fraction (SLF)
Shreddermüll m <kfz.ents> • shredder waste :V
S/H-Schaltung f <msr> (A/D-Wandler) • sample and hold circuit; sample and hold; sample/hold circuit; S/H circuit
Shunt m <el> • shunt
Shunt m <el> • shunt resistor
Shuntdiode f rar <el> • bypass diode; shunt diode rar
Shutter m <av> • shutter
Shuttle n <nfz.verk> (zwischen zwei beliebigen Verkehrsmitteln; z. B. zw. City und Flughafen) • shuttle bus; shuttle
Shuttle n <nfz.verk> (kostenlose Beförderung; z. B. zu Mietwagenfirma, Hotel) • courtesy bus; courtesy coach
Shuttle-Bus m <nfz.verk> (zwischen zwei beliebigen Verkehrsmitteln; z. B. zw. City und Flughafen) • shuttle bus; shuttle
Shuttle-Bus m <nfz.verk> (kostenlose Beförderung; z. B. zu Mietwagenfirma, Hotel) • courtesy bus; courtesy coach
Shuttle-Maschine f <pack.kst> • shuttle machine
Shuttle-Ring m <av> • shuttle ring
Shuttle-Timer-Programmierung f <av> • shuttle timer programming
Shuttlezug m <bahn> • shuttle train
SI <phys> • International System of Units (SI); SI-System pract
Sial n <geo> (oberste Schicht der Erdkruste) • sial; granitic layer
SI-Basiseinheit f <norm> • SI basic unit
Siccativ de Haarlem n <obfl> (Trockenstoff) • Haarlem siccative
sich bewegende Teile f <kfz.mot> • moving parts
Sichel f <förd> (in Sichelpumpe) • crescent
Sichelbond m <el.ic.prod> (zweiter Bond beim Ball-Bonden) • crescent bond
sichelförmiger Schildbogen m <bau> • crescent-shaped formeret
sichelförmiges Spritzbild n <obfl> (Spritzbild der Spritzpistole) • heavy side pattern; crescent-shaped pattern
Sichelpumpe f prakt <förd> • internal gear pump; internal-gear two-teeth-difference pump; internal-gear rotary pump; crescent pump pract
Sichelschrämmaschine f <min> • sickle cutter
Sichelzahnradpumpe f <förd> • internal gear pump; internal-gear two-teeth-difference pump; internal-gear rotary pump; crescent pump pract
sicher <allg> (fest, bestimmt, ohne Zweifel) • positive
sicher <allg> (geschützt vor Gefahren, Risiken; z. B. Personen, Daten) • safe; secure

sicher bedämpft <msr> • safely damped
sicher dimensionieren vt <tech.allg> • determine safe dimensions vt; calculate safe dimensions vt
sichere Dimensionierung f <tech.allg> (z. B. von Querschnitten) • calculation of safe dimensions; determination of safe dimensions
sicherer Arbeitsbereich m <allg> • safe activating range; safe application range
Sicherer Arbeitsbereich m (SOA) <tech.allg> • safe operating area (SOA)
sicherer Betrieb m <allg> • reliable operation
sicheres Lesen n <edv> • error-proof reading
sichere und schnelle Methode f <pap> • safe and fast method
sichere Uranvorräte mpl <geo> • assured reserves
sichere Vorräte mpl <geo> • proved reserves
sicher gedämpft <msr> • safely damped
Sicherheirtstiefe f <edv> (PDF 417) • security level
Sicherheit f <allg> • safety
Sicherheit f <tech.allg> • safety
Sicherheit f <mil> • safety
Sicherheit f <nukl> • safety
Sicherheit f <sich> • security; collateral; collateral security; surety
Sicherheitsabschaltung f <el> (bei Hausgeräten; z. B. von Wasserkochern) • safety cut-out
Sicherheitsabschaltung f <sich> • emergency shutdown
Sicherheitsabstand m <tech.allg> (z. B. Druck, Temperatur) • safety margin
Sicherheitsabstand m <logist> (Palettenregal) • flue space
Sicherheitsabstand m <prod> • stand-off distance
Sicherheitsabstand m <verk> (zwischen Zügen, Flugzeugen) • clearance
Sicherheitsabstand m <verk> (Luftverkehr, Autobahn, Binnenschiffahrt) • clearance required
Sicherheitsabstand m <verk> • safe distance
Sicherheitsabstand zur Klopfgrenze m <kfz.el> • departure from knocking :V
Sicherheits-Arretierhaken m <kfz> (für Fronthaube) • safety catch
Sicherheitsausblaseleitung f <rls> (Dampferzeuger) • safety valve discharge piping
Sicherheitsauslösung f <tech.allg> • safety release
Sicherheitsausschalter m <el> (Knopf, Taste) • safety cut-out
Sicherheitsband n <av> • guard band
Sicherheitsbehälter m <nukl> • containment vessel
Sicherheitsbehälter m <nukl> (Teil des Reaktorgebäudes; meist kugelförmig) • reactor containment
Sicherheitsbeiwert m <mech> • load factor
Sicherheitsbeleuchtung f <sich> • emergency lighting
Sicherheitsbereich m <alarm> • protected area
Sicherheitsbereich m <nukl> • safety area
Sicherheitsbeschlag m <bau> • security hardware
Sicherheitsbond m <el.ic.prod> • security bond
Sicherheitsbremshebel m <fz> (Fahrrad) • safety lever
Sicherheitsbremsleuchte f Hella <kfz.el> (nachträglich eingebaut) • auxiliary stop light
Sicherheitsbügel m <masch> • retaining clip
Sicherheitsdeckung f <mot> • safety lap
Sicherheitsdiskette f <edv> • backup disk
Sicherheitsebene f <sich> (numerische Steuerung) • clearance area; clearance plane
Sicherheits-Eckumlenkung f <bau> • security corner drive
Sicherheitseinbruch m <edv> • security breach
Sicherheitseinrichtung f <tech.allg> • safety device

Sicherheitseinrichtung f <sich> • safeguard
Sicherheitseinschluss m <nukl> • containment; confinement
Sicherheitsfahrschaltung f <bahn> • deadman's brake
Sicherheitsfahrschaltung f <bahn> • deadman's handle
Sicherheitsfahrschaltung f <logist> (RFZ, Eisenbahnlokomotive) • dead man's handle
Sicherheitsfaktor m <mech> • safety factor
Sicherheitsfaktor m <mech> • stress-intensity factor
Sicherheitsfelge f <kfz> • safety rim; rim with safety contour did; rim with safety bead seat did
Sicherheits[felgen]kontur f <fz> (Motorrad) • safety bead seat; safety rim bead seat; safety [rim] contour
Sicherheitsfelgenschulter f <fz> (Motorrad) • safety bead seat; safety rim bead seat; safety [rim] contour
Sicherheitsfenster n <bau> • security window
Sicherheitsfilm m <kino> • non-inflammable film
Sicherheitsfilm m <kino> • safety film
Sicherheitsfunkenstrecke f <el> • safety spark gap; safety gap
Sicherheitsfunktion f <edv> • security operation
sicherheitsgerecht <tech.allg> • corresponding to safety regulations
sicherheitsgerecht <tech.allg> • corresponding to safety requirements
sicherheitsgerichtete SPS <msr> • safety relevant PLC
Sicherheitsgeschirr n <sich> • safety harness
Sicherheitsgitter n <nukl> • bird cage
Sicherheitsglas n <bau> • safety glass
Sicherheitsglas n <bau> (Oberbegriff) • security glass; safety glass
Sicherheitsglas n <kfz> • safety glass
Sicherheitsglas n <kst> • safety glass; compound glass
Sicherheitsglas n <silik> • safety glass
Sicherheitsglas n <silik> • shatterproof glass
Sicherheitsgrenze f <qualit> • safety limit
Sicherheitsgrenztaster m • safety limit switch
Sicherheitsgurt m <aerospace> • seat-belt
Sicherheitsgurt m <fz> • seat belt; safety belt GM.Ford; belt coll
Sicherheitsgurt m <kfz> (Auto) • safety belt
Sicherheitsgurt m <sich> • safety belt
Sicherheitsgurt m <textil> (Flugzeug) • seat belt
Sicherheitsgurt anlegen vt form <fz.sich> • buckle up vi coll; belt up vi GB; fasten the seat belt vt form
Sicherheitsgurt anlegen vt <sich> • buckle up vt
Sicherheitsgurt auf dem Rücksitz m <kfz.sich> • rear seat belt
Sicherheitsgurt auf dem Vordersitz m <kfz.sich> • front seat belt
Sicherheitsgurt-Höhenverstellung f <fz> • seat belt height adjust[ment]
Sicherheitsgurtkissen n <kfz> (Sitzpolster) • booster seat; seat belt cushion
Sicherheitsgurtverankerung f <kfz.sich> • seat belt mounting; belt mounting
Sicherheitshaken m <masch> • safety hook
Sicherheitshülle f <nukl> • containment; confinement
Sicherheitshülle f <nukl> (Teil des Reaktorgebäudes; meist kugelförmig) • reactor containment
Sicherheitsinitiator m <el> • safety proximity switch
Sicherheitsinitiator m Baumer+baumer w <wz.masch> (z. B. Presse) • safety proximity switch baumer wb
Sicherheitsinjektor m <mot> • restarting injector
Sicherheitsintervall n <qualit> • confidence interval
Sicherheitskabel n <tech.allg> • safety cable
Sicherheitskältemittel n <kfz.hlk> • cfc refrigerant; halocarbon refrigerant; chlorofluorocarbon refrigerant

Sicherheitskältemittel *n sg=pl* <hlk> • halocarbon refrigerant; chlorofluorocarbon refrigerant; halogenated hydrocarbon refrigerant; chlorflourcarbon refrigerant
Sicherheitskette *f* <tech.allg> • bridle chain
Sicherheitskette *f rar* <licht.theat> • safety chain
Sicherheitskette *f* <sich> *(z. B. Deckel, Tür, Halsband)* • safety chain
Sicherheitsketten *fpl* <kfz> *(stets zwei, über Kreuz)* • safety chains *pl*
Sicherheitskode *m* <edv> • redundant code
Sicherheitskontrolle *f* <aerospace> *(z. B. beim Einchecken)* • security screening
Sicherheitskontrollen von Passagieren und Gepäck *fpl* <aerospace> • passenger and baggage security screenings
Sicherheitskonzept *n* <sich> • safety concept
Sicherheitskupplung *f* <masch> • safety clutch
Sicherheitslampe *f* <min> *(Bergwerk (bes. Kohlebergwerk))* • Davy lamp
Sicherheitslampe *f* <min> • Davy safety lamp
Sicherheitsleine *f* <nav> • safety line
Sicherheitslenkrohr *n* <kfz> • safety steering column; energy absorbing steering column; E/A steering column; collapsible steering column
Sicherheitslenksäule *f* <kfz> • safety steering column; energy absorbing steering column; E/A steering column; collapsible steering column
Sicherheitslicht *n* <druck> *(Plattenhandling)* • safelight
Sicherheits-Lichtgitter *n* <sich> *(Fingerschutz; z. B. an Pressen)* • light grid
Sicherheits-Lichtvorhang *m* <prod> *(flächige Lichtschranke)* • safety light curtain
Sicherheitsmagnetkontakt *m* <alarm> • high-security magnetic contact; balanced magnetic contact; balanced magnetic switch; balanced magnetic contact switch
Sicherheitsmerkmal *n* <tech.allg> • safety characteristic
Sicherheitsmutter *f* <füg> *(allg.)* • locknut; self-locking nut
Sicherheitspannen *fpl* <tech.allg> *(z. B. bei der Fluggepäckkontrolle)* • security lapses
Sicherheitspedal *n* <fz> *(Fahrrad)* • clipless pedal
Sicherheitspfeiler *m* <bau> • safety pillar
Sicherheitsphilosophie *f* <sich> • safety philosophy
Sicherheitspunkt *m* <qualit> • significance point
Sicherheitsrad *n* <kfz> • safety wheel
Sicherheitsraum *m* <bau> • safety clearance
Sicherheitsraum *m* <nukl> • safety zone
Sicherheitsregeln *fpl* <sich> • safety rules
Sicherheitsregler *m* <msr> • safety governor
Sicherheitsreibkupplung *f* <masch> • safety friction clutch
sicherheitsrelevante Funktion *f* <allg> • safety purpose
Sicherheitsriegel *m* <sich> • safety catch
Sicherheitsrohrtour *f* <petr> • anchor string of casing; anchor string; surface casing
Sicherheitsrutschkupplung *f* <masch> • safety slipping coupling
Sicherheitsschale, -wanne *f* <kfz.sich> *(typ. auf Beifahrersitz, in Reboard-Position; im Ggs. zu Kindersitz)* • infant carrier; baby seat; infant safety seat
Sicherheitsschalter *m* <kfz.el> • battery disconnect switch; battery master switch; power cut off switch; battery safety switch; power cut off *pract*
Sicherheitsschalter *m prakt* <kfz.msr> *(el. Kraftstoffpumpe)* • fuel pump shutoff switch; fuel cut-off switch; inertia fuel cut-off switch
Sicherheitsschalter *m* <sich> • safety switch
Sicherheitsschalterleiste *f* <el> • safety strip
Sicherheitsschaltermatte *f* <el> • safety contact mat

Sicherheitsschieber *m* <petr> • blowout preventer; preventer
Sicherheitsschloss *n* <tech.allg> • safety lock
Sicherheitsschuhe *mpl* <bekl> • safety shoes
Sicherheitsschulter *f* <fz> *(Motorrad)* • safety bead seat; safety rim bead seat; safety [rim] contour
Sicherheitsschwelle *f* <edv> • confidence level
Sicherheitssensor *m* <msr> • fail-safe sensor
Sicherheitssitzkissen *n* <kfz> *(Sitzpolster)* • booster seat; seat belt cushion
Sicherheitssperre *f* <masch> • safety interlock
Sicherheitsstab *m* <nukl> • emergency shut-down rod; scram rod
Sicherheitsstab *m* <nukl> *(Kernreaktor)* • safety shut-down rod
Sicherheitsstandard *m* <sich> • safety standard
Sicherheits-Steuerventil *n* <kfz.antr> *(für den Rückwärtsgang)* • reverse inhibitor valve
Sicherheitsstreifen *m* <verk> • shoulder
Sicherheitsstufe *f* <edv> *(PDF 417)* • security level
Sicherheitssymbol *n* <edv> *(Secur Code II)* • secure symbol
Sicherheitssystem *n IEV 415* <energ.wind> • protection system *IEV 415*
Sicherheitssystem *n* <nukl> *(Kernreaktor)* • safety system
Sicherheitssystem *n* <sich> • safety system
Sicherheitstechnik *f* <qualit> • fail-safe technique
sicherheitstechnische Spezifikation *f* <sich> *(von Maschinen)* • safety-relevant specification
Sicherheitstor *n* <bau> • safety gate
Sicherheitstor *n* <sich> • guard gate
Sicherheits-Treibgas 134A *n* <bau.mat> • safety propellant gas 134A
Sicherheitstür *f* <sich> • emergency door
Sicherheitstürverstärkung *f werb.rar* <kfz> *(innen, gegen seitlichen Crash)* • side impact door beam; side protection [in the doors] *coll.did*; side-impact protection beam; side impact beam *pract.coll*; door beam *pract.coll*
Sicherheitsüberdeckung *f* <mot> • safety lap
Sicherheitsventil *n* <rls> *(betont: Sicherheit vor Überdruck)* • safety valve; safety relief valve; pressure relief valve
Sicherheitsventil *n* <sich> *(allg., jede Bauart, jede Funktion)* • safety valve
Sicherheitsventil gegen Drucküberschreitung *n* <energ.sol> • pressure relief valve; P-relief
Sicherheitsverglasung *f* <bau> • security glazing
Sicherheitsverriegelung *f* <tech.allg> • safety interlock
Sicherheitsverriegelung *f* <bau> • security lock
Sicherheitsverriegelung *f* <masch> *(mech. Verriegelung)* • safety lock
Sicherheitsverschluss *m* <energ.hydr> • guard gate; guard valve
Sicherheitsverschluss *m* <sich> • safety-catch
Sicherheitsvorlage *f* <füg> • seal
Sicherheitsvorschriften einhalten *v* <jur> • meet safety regulations *v*
Sicherheitsvorstopfbuchse *f* <förd> • auxiliary stuffing box
Sicherheitswinkel *m* *(Stromrichter)* • margin of commutation
Sicherheitszelle *f* <kfz> • safety cage
Sicherheitszentrale *f* <alarm> *(für Einbruch, Überfall, Feuer)* • monitoring station; monitoring center; remote center
Sicherheitszentrale *f* <alarm> *(bei einem Wach- und Sicherheitsunternehmen)* • central station; central alarm station; central monitor station; central receiving station

Sicherheitszone *f* <tech.allg> *(im Umkreis um ein Gebäude etc.)* • security perimeter
Sicherheitszunge *f* <av> *(Audio-, Videocassette; zum
Ausbrechen)* • erasure prevention tab; erasure lock
Sicherheitszuschlag *m* <tech.allg> • safety margin
Sicherhter *n* <edv> • security filter
sicher im Falle des Ausfalls *rar.did* <tech.allg> *(Bauteil,
System, Funktion; der Ausfall gefährdet nicht die Sicherheit)* • fail-safe
sichern <edv> *(Daten)* • back up
sichern <edv> *(Daten)* • secure
sichern *vt* <allg> • ensure *vt*
sichern *vt* <tech.allg> • back up *vt*
sichern *vt* <tech.allg> *(etwas schützen vor)* • safeguard *vt*
sichern *vt* <tech.allg> *(gegen unbeabsichtigte Bewegung)*
• secure *vt*
sichern *vt* <tech.allg> *(allg., etw. vor etw.)* • protect *vt*
sichern *vt prakt.ugs* <edv> *(Daten, Datei; z. B. auf Platte)*
• save *vt*
sichern *vt* <el> *(mit el. Sicherung, insbes. Schmelzsicherung)* • protect by fuse *vt*
sichern *vt* <mil> *(Waffe)* • make safe *vt*; engage safety *vt*
sichern *vt* <nav> *(Ladung, Frachtgut; z. B. durch Verzurren)* • secure *vt*; seize *vt*
Sichern-Feld *n* <navig> *(Display)* • save field
sicherstellen, dass *vt* <qualit> • make sure that *vt*
Sicherstellungsbereich *m* <edv> • save area
sicher unbedämpft <msr> • safely undamped
Sicherung *f* <el> *(in Stromkreis; jeder Typ)* • fuse
Sicherung *f* <el> *(elektromagnetischer Unterbrecher)*
• circuit breaker; circuit protector; breaker *pract*
Sicherung *f* <füg> *(für Verbindungen)* • locking device
Sicherung *f* <masch> *(mech. Verriegelung)* • safety lock
Sicherung *f* <mil> *(Waffenbauteil)* • safety
Sicherung *f* <sich> *(abstrakt oder konkret; Vorkehrung,
Schutzmaßnahme)* • safeguard
Sicherung *f* <sich> *(allg.)* • safeguard; protective measure
Sicherung betätigen *vt* <mil> *(Waffe)* • make safe *vt*; en-
gage safety *vt*
sicher ungedämpft <msr> • safely undamped
Sicherungen *fpl* <kfz.el> • fuse box; fuse block
Sicherung lösen *vt* <mil> • release safety *vt*
Sicherungsabdeckung *f* <kfz.el> • fuse panel; fuse box
cover
Sicherungsabschaltkennlinie *f* <el> • fuse characteris-
tic
Sicherungsalarmanlage *f* <alarm> • fuse alarm
Sicherungsalarmanlage *f* <alarm> • fuse alarm device
Sicherungsanlage *f* <tech.allg> • protective device
Sicherungsautomat *m* <el> *(als Sicherung gegen Lei-
tungsüberlastung, Überstrom)* • automatic cut-out; safety
cut-out; automatic circuit breaker
Sicherungsbereich *m* <alarm> • protected area
Sicherungsblech *n* <masch> *(z. B. für Muttern, Schrau-
ben)* • tab washer
Sicherungsblech *n* <masch> *(dick; jede Form)* • locking
plate
Sicherungsblech mit Außennase *n* <füg> • external tab
washer
Sicherungsblech mit Innennase *n* <füg> • internal tab
washer
Sicherungsblech mit Lappen *n* <füg> *(Sicherung v.
Schraubverbindungen)* • tab washer with long tab
Sicherungsblech mit zwei Lappen *n* <füg> • tab
washer with long tab and wing
Sicherungsdatei *f* <edv> • back-up file; file back-up
[copy]
Sicherungsdiskette *f* <edv> • backup disk
Sicherungsdraht *m* <el> • fuse wire

Sicherungseinheit *f* <allg> • fuse unit
Sicherungseinsatz *m* <el> • fuse body
Sicherungseinsatz *m* <el> • fuse cartridge
Sicherungseinsatz *m* <el> • plug
Sicherungsfach *n* <kfz.el> • fuse box; fuse block
Sicherungsfassung *f* <el> • fuse holder; fuse base *rare*
Sicherungsfeder *f* <kfz.brems> *(bei Schwimmrahmen-
und Faustsattelbremse)* • locating spring
Sicherungsfeder *f* <masch> • retaining spring; spring clip
Sicherungsfüllung *f* <el> • fuse filler
Sicherungsgerät *n* <edv> • backup device; backup sys-
tem; data backup system; backup unit
Sicherungshalter *m* <edv> • tie-down straps
Sicherungshalter *m* <kfz.el> *(für Schmelzsicherung)*
• cavity
Sicherungshebel *m* <masch> • safety catch
Sicherungshebel *m* <mil> • safety catch; thumb safety
Sicherungskappe *f* <kfz.mot> *(Vergaser)* • anti-tampering
plug; idle mixture adjustment screw limiter [cap]; limiter
cap
Sicherungskasten *m* <el> *(allg.)* • cut-out box; fuse-box
Sicherungskasten *m* <kfz.el> • fuse box; fuse block
Sicherungskastendeckel *m* <kfz.el> • fuse panel; fuse
box cover
Sicherungskette *f rar* <licht.theat> • safety chain
Sicherungskleinautomat *m* <el> • small automatic cut-
out
Sicherungsklemme *f* <el> *(Klemmhalter)* • fuse clip
Sicherungsklinke *f* <masch> *(betont: Fangeinrichtung)*
• safety-catch
Sicherungsklinke *f* <masch> *(betont: Raste, Kralle)*
• safety pawl
Sicherungsklinke *f* <masch> *(betont: blockierend)*
• locking pawl; blocking pawl *rare*
Sicherungskopie *f* <edv> *(zweites Exemplar von
Dateien, Datenträgern)* • back-up copy; back-up
Sicherungskopie einer Datei *f* <edv> • back-up file; file
back-up [copy]
Sicherungslack *m* <masch> *(z. B. für Schraubverbindun-
gen)* • varnish fastener; locking compound
Sicherungsmaßnahme *f* <sich> *(allg.)* • safeguard; pro-
tective measure
Sicherungsmaßnahme *f* <sich> • safeguarding measure;
safeguarding action
Sicherungsmedium *n* <edv> • backup medium; backup
storage medium; peripheral memory; backing store
Sicherungsmittel *n* DIN 55405 <hilfsm> • securing de-
vice
Sicherungsmutter *f* <füg> *(allg.)* • locknut; self-locking
nut
Sicherungsmutter *f* <füg> • prevailing torque nut; pre-
vailing torque locknut
Sicherungsmutter *f* <füg> *(mit Nylonring als Klemmteil)*
• self-locking nut *US*; jam nut *US.pract.coll*; stiff nut
GB.pract.coll; Nyloc nut; Simmonds lock nut ®; elastic
stop nut *GB*
Sicherungsmutter mit Kunststoffring <füg> • prevail-
ing torque nut with nylon insert
Sicherungspatrone *f* <allg> • cartridge fuse
Sicherungspatrone *f* <el> • cartridge fuse
Sicherungspatrone *f* <el> • enclosed fuse
Sicherungsplatte *f* <masch> • locking plate
Sicherungsradar *n* <navig> • surveillance radar
Sicherungsrastbolzen *m* <mil> *(Schusswaffe)* • thumb
safety plunger
Sicherungsriegel *m* <tech.allg> *(z. B. Kfz, Tor)* • safety-
catch
Sicherungsring *m* DIN 6799,472 *(allg.; für Bohrungen)*
• snap ring; internal snap ring *form*; circlip; retaining ring

Sicherungsring m DIN 471/472 <füg> (Sicherungsring mit Löchern; Welle/Bohrung) • Truarc retaining ring; snap ring; circlip; circlip with eyes form.did; retaining ring with eyes form.did

Sicherungsring m DIN 6799,471 <masch> (allg., für Wellen) • snap ring; external snap ring form; circlip; retaining ring

Sicherungsring m wiss <masch> • snap ring; circlip

Sicherungsringzange f <wz> (für Außen- und Innensicherungen) • snap ring pliers US; retaining ring pliers US; circlip pliers GB

Sicherungsschalter m <el> • fuse switch

Sicherungsscheibe f DIN6799 <füg> (rund, außen C-förmig, innen etwa E-förmig) • E-clip

Sicherungsscheibe f <masch> (betont: Platte zum Verriegeln; jede Form, auch ohne Loch) • locking plate

Sicherungsscheibe f <masch> (betont: mit Loch; zum Zurückhalten von etw.) • retaining washer; captive-lock washer

Sicherungsschicht f <tele> • data link layer

Sicherungsschicht f <tele> (OSI-Modell) • link layer

Sicherungsschraube f <füg> (allg.) • self-locking bolt

Sicherungsschraube f <füg> • prevailing torque bolt

Sicherungsschraube mit Nylonauftrag f <füg> (hemmend) • nylon-coated bolt

Sicherungsseil n <licht.theat> • safety chain

Sicherungsspeicher m <edv> • back-up memory; back-up store

Sicherungsstift m <kfz.mot> (bei 2-Taktern; verhindert Wandern der Kolbenringe) • piston ring stop; piston ring pin; locating pin; peg pract; piston ring stop peg rare

Sicherungsstift m <masch> (allg.) • locating pin; securing pin

Sicherungsstöpsel m <el> • fuse plug

Sicherungsstreifen m <el> • fuse strip

Sicherungssystem n <edv> • backup system

Sicherungstafel f <el> • fuse panel; fuse board

Sicherungstrennschalter m <el> • fuse-disconnecting switch

Sicherungstür f <bau> • fire door

Sicherungszange f <wz> • fuse tongs

Sicherungszieher m <kfz.el> • fuse removal tool

sich miteinander verbinden vt <druck> (Fixierung) • coalesce vt

sich schneidende Achsen fpl DIN 3998 <masch> (Zahnradgetriebe) • intersecting axes

Sicht f <opt> (z. B. gute oder schlechte) • visibility; sight

Sichtanzeige f <msr> • visual display; visible indication

Sichtanzeigegerät n • display device; visual indicator

sichtbare Anzeige f <msr> • visible display

sichtbare Fuge f <bau> • face joint

sichtbare Körperkante f <doku> • visible edge

sichtbare Laserdiode f (VLD) norm <edv> • visible laser diode (VLD) stand

sichtbarer Bereich m <phys.med> (Spektrum) • visible range; visible region

sichtbarer Schnellrücklauf m rar <av> • review

sichtbarer Schnellvorlauf m rar <av> • cue

sichtbarer Umriss m <doku> • visible outline

sichtbares Licht n <druck> (Spektralbereich) • visible light

sichtbares Licht n <phys.med> • visible light

sichtbares Sicherheitsmerkmal n <jur.ökon> (gegen Produktpiraterie, Fälschung; z. B. nichtentfernbare Aufkleber) • overt safety feature; first-level piracy protection; overt safety marking

sichtbares Spektrum n <licht.med> • visible spectrum

sichtbares Teil n <bau> • exposed part

sichtbare Strahlung f <phys.med> (Wellenlänge ca. 380 bis 780 nm) • visible radiation; light radiation

sichtbares Zeichen n <alarm.navig> • visible signal

Sichtbarkeitsgrenze f <opt.navig> • visibility threshold

Sichtbarkeitskurve f <opt> • visibility curve

Sichtbarkeitsschwelle f <opt> • threshold of visibility

Sichtbarkeit von hinten <kfz> (z. B. von Rückleuchten) • rear visibility

sichtbar machen v <tech.allg> • visualize v; render visible vi/vt

sichtbar machen vt rar <edv> (Daten etc. auf dem Bildschirm) • display vt; show vt coll

Sichtbarmachung f <tech.allg> • visualization

Sichtbereich m <opt> • visual range; range of vision

Sichtbeton m <bau> (bleibt unverkleidet, unverputzt) • exposed concrete; fair-faced concrete; decorative concrete; face concrete; facing concrete

Sichtblende f <opt> • screen

sichten v <verf> • grade v

sichten v <verf> • separate v

sichten vt • classifiy vt

sichten vt <nav> (Land) • sight vt

sichten vt <verf> (auch fig.: Auswahlverfahren) • screen vt

sichten vt <verf> • sift vt

Sichter m <verf> (Aufbereitung) • separator

Sichter m <verf> • sifter

Sichtfeld n • field of view

Sichtfenster n <tech.allg> (z. B. Ofen, Unterseeboot, Raumfahrzeug) • observation window

Sichtfenster n <edv> (z. B. im Handy, Scanner) • view window

Sichtfenster n <kfz.mot> (für die Einstellmarkierung) • timing window

Sichtfläche f <allg> • face

Sichtfläche f <bau> • facework; facing; face

Sichtfläche f <masch> • non-working visual surface; visual surface

Sichtflug m <aerospace> (im GGs. zu Instrumentenflug) • contact flight; visual flight

Sichtflugregeln fpl <aerospace> (Ggs. zu Instrumentenflugregeln) • visual flight rules pl (VFR)

Sichtflugwetterbedingungen fpl <aerospace> • visual meteorological conditions pl (VMC)

Sichtfuge f <bau> • face joint

Sichtfunkpeiler m <navig> • optical direction finder

Sichtgerät n <edv> • visual display unit; visual indicator

Sichtgerät n DIN 44300 <edv> (allg) • device for temporary visual output :V

Sichtgerät n <msr> • indicator

Sichtglas n <sich.bekl> (z. B. Schutzhelm) • visor

Sichtglasöler m <tribo> • sight-feed oiler

Sichtkante f <doku> • visible edge

Sichtkartei f <büro> • visual file; visible file

Sichtkartensystem n <edv> • cordonnier system

Sichtkontrolle f <qualit> (kurze Prüfung mit bloßem Auge, ohne Prüfgeräte) • visual check; optical check rare

Sichtlinienausbreitung f <phys> • line-of-sight propagation

Sichtloch n <mil> (in Magazin) • sight hole

Sichtmelder m <alarm.opt> • visual annunciator

Sichtmesser m <opt.msr> • visibility meter

Sicht nach hinten f <kfz> (nach hinten) • rear visibility; view to the rear; view aft GB; rearward visibility US

Sicht nach schräg hinten <kfz> • view over the shoulder

Sicht nach schräg links hinten <kfz> • rear three-quarter vision

Sicht nach vorn f <kfz> • forward visibility

Sicht nach vorne f <nfz> • in-front-of-the-truck visibility KW

Sichtnavigation f <aerospace> (im Ggs. zu Instrumentenflug) • contact navigation; landmark navigation; visual navigation

Sichtpeilgerät *n* <navig> • optical direction finder; visual direction finder

Sichtpeilung *f* <navig> • optical direction finding; visual direction finding

sichtprüfen *vt* <qualit> • inspect *vt*; examine *vt*; check (for) *vt*

Sichtprüfung *f* <qualit> *(Prüfung mit bloßem Auge, ohne Prüfgeräte)* • visual inspection; visual examination; optical inspection *rare*

Sichtreichweite *f* <meteo> • optical range; optical distance

Sichtscheibe *f* <aerospace> *(z. B. Raumfahrzeug)* • observation window

Sichtspeicherröhre *f* <av> • visual storage tube; display storage tube; character-writing tube

Sichtstellung *f* <mil> *(von Wendescheiben)* • facing position

Sichttelefon *n rar* <tele> • videophone; picture phone; picture telephone; visual telephone

Sichttiefe *f DIN 4049-2* <ökol> *(Gewässer)* • visibility depth

Sichttrübung *f* <kfz.emiss> *(durch Abgase)* • impaired vision; clouded vision

Sichtung *f (Aufbereitung)* • pneumatic sizing

Sichtung *f* <verf> *(Trennung nach Sorten, Größen)* • classification

Sichtvergleichsnormal *n* <msr> • visual comparison block

Sichtvermerksetikett *n* <jur> • visa sticker

Sichtvermerkszwang *m* <jur> • visa requirement

Sichtverpackung *f* <werb> • display package

Sicht vor die Motorhaube *f* <nfz> • in-front-of-the-truck visibility *KW*

Sichtweite *f* <opt> • line-of-sight limit

Sichtweite *f* <opt> • visibility

Sichtweite *f* <opt.navig> • vision range

Sick-Building-Syndrom *n* (SBS) <bau> • sick-building syndrome (SBS)

Sick-Building-Syndrom *n* (SBS) <med.tech> • Sick Building Syndrome (SBS)

Sicke *f* <av> • cone surround; surround

Sicke *f* <kfz> *(zur Versteifung)* • ribbing

Sicke *f* <kfz> *(als Stilelement)* • swage line; sculpture line; body swage

Sicke *f* <pack> • bead

Sicke *f DIN 55405* <pack.teil> • bead

Sicke *f* <prod> • bead

Sicken *n* <kfz.rep> *(Blechformvorgang)* • beading

Sicken *n* <pack> • beading

sicken *v* <prod> • bead *v*

Sickenhammer *m* <kfz.wz> *(Karosseriehammer)* • widenose peen hammer; grooving hammer

Sickenmaschine *f* <kfz.wz> *(Blechbearbeitungsmaschine)* • beader; Pexto roller *US*

Sickenmaschine *f* <prod> • beading machine

Sickerbecken *n* <ents> • oozing basin

Sickerbett *n* <ents> • seepage bed

Sickerbrunnen *m* <bau> • inverted well

Sickerbrunnen *m rar* <bau> *(z. B. für Grundwasser)* • absorbing well

Sickerbrunnen *m sg=pl* <hlk> • dry well

Sickerdränage *f* <bau> • weep drain

Sickerdruck *m* <geo> *(Bodenmechanik)* • seepage pressure

Sickerfeuerung *f* <verbr> • trickle furnace

Sickerflüssigkeit *f* <tech.allg> • seepage

Sickerflüssigkeit *f* <ents> • leachate; percolating water

Sickergeschwindigkeit *f* <geo> *(Bodenmechanik)* • seepage velocity

Sickergraben *m* • infiltration ditch

Sickergrube *f* <bau> • trickle pool

Sickergrube *f* <ents> *(Sanitärtechnik)* • soak-away

Sickergrube *f* <ents.hydr> • soakaway; soaking pit; seepage pit

Sickerlaugung *f* <metall> *(Hydrometallurgie)* • percolation leaching

Sickerlinie *f* <geo> *(Bodenmechanik)* • seepage flow line

Sickerloch *n* <bau> • weep hole

Sickerloch *n* <ents> *(Sanitärtechnik)* • soak-away

sickern *vi* <tech.allg> *(Flüssigkeit, Gas)* • leak *vi*

sickern *vi* <tech.allg> • percolate *vi*

sickern *vi* <bau> • seep *vi*; ooze out *v*; trickle *v*; leak *v*

sickern *vi* <ents> • ooze out *vi*

Sickerrohr *n* <ents> *(z. B. Gebäudeentwässerung)* • drain pipe

Sickerrohr *n* <ents> • drain tile

Sickerrohr *n* <verf> • filter drain

Sickerschacht *m* <bau> *(z. B. für Grundwasser)* • absorbing well

Sickerschacht *m* <bau> • soakaway pit; dry well

Sickerschacht *m* <bau> • dry well; soakaway pit

Sickerschlitz *m* <hydr> • blind drain

Sickersperre *f* <ents> • seepage barrier

Sickerstollen *m* <min> • infiltration gallery

Sickerstrahlenweg *m* <phys> • leakage radiation path; leakage path

Sickerstrahlung *f* <phys> • leakage radiation

Sickerstrang *m* <agri> • seepage drain

Sickerströmung *f* <geo> *(Bodenmechanik)* • seepage flow

Sickerströmungsdruck *m* <geo> *(Bodenmechanik)* • seepage pressure

Sickerung *f* <tech.allg> • percolation

Sickerung *f* <tech.allg> • seepage

Sickerverlust *m* <tech.allg> • leakage; seepage loss

Sickerwasser *n* <energ.hydr> • leakage water; seepage; leakage

Sickerwasser *n* <ents> • seeping water; percolation water; infiltration water; drainage water; seepage

Sickerwasser *n pl* **-wässer** <ents> • leachate; percolating water

Sickerwasseranfall *m* <ents> • leachate generation; leachate production

Sickerwasserbehandlung *f* <ents> • leachate treatment

Sickerwasserkreislaufführung *f* <ents> • leachate recirculation (LR)

Sickerwasserkreislaufverfahren *n* <ents> • leachate recirculation (LR)

Sickerweg *m* <el> • leakage path

Sickerwegverhältnis *n* <phys> • percolation factor; percolation coefficient

Sick-Kitchen-Syndrom *n* (SKS) <gastr.hlk> *(Sonderform des SBS)* • sick-kitchen syndrome (SKS)

SID <kfz> • side-impact dummy (SID)

Side-Impact-Dummy *m* (SID) <kfz> • side-impact dummy (SID)

Sidepipe *f* <kfz> • sidepipe

siderisch <astron> • sidereal

siderisches Jahr *n* <astron> • sidereal year

Siderit *m* <min> • siderite; spathic iron ore; spathic iron

Sidestick *m* <aerospace> *(Handhebel zur Motorsteuerung bei Zeppelin NT)* • sidestick

Sieb *n* <el> • filter

Sieb *n* <med> • sieve

Sieb *n* <pap.ents> • screen; sieve

Sieb *n* <verf> *(mit Löchern oder als Drahtflecht)* • sieve; colander; cullender

Sieb *n* <verf> • screen; sieve; strainer

Sieb *n* <verf> • screen *ISO 9045*
Sieb *n* <verf> • eliminator
Sieb *n* <verf> • riddle
Sieb *n* <verf> • strainer
Sieb *n* <verf> *(betont: als Drahtgeflecht)* • wire screen
Sieb *n* <verf> *(zum Abgießen von Flüssigkeiten)* • strainer
Siebabwasser *n* <pap> • pulpwater; backwater
Siebanalyse *f* <verf> • screen analysis; mesh analysis; size analysis; grading analysis
Siebanlage *f* <verf> • screening plant; sifting plant; screening device
Siebanlage *f* <verf.hydr> • screening plant; screening chamber
Siebapparat *m* <verf> • screen classifier
Siebaustrag *m* <verf> • screen discharge
Siebband *n* *(Aufbereitung)* • endless-belt screen; belt screen
Siebband *n* <verf.hydr> • band screen; travelling band screen *GB*; traveling water screen *US*; band-type screen
Siebband mit äußerer Beaufschlagung *n* <verf.hydr> • dual flow band screen; central flow band screen; double entry/single exit dual flow band screen *form*; double flow band screen; twin flow band screen
Siebband mit beidseitiger Beaufschlagung *n* <verf.hydr> • dual flow band screen
Siebband mit innerer Beaufschlagung *n* <verf.hydr> • dual flow band screen; single entry/double exit dual flow band screen *form*; centre-flow band screen *GB*; internal flow band screen; center flow band screen *US*
Siebbandpresse *f* <verf> • belt-type press
Siebbandrechen *m* obs <verf.hydr> • band screen; travelling band screen *GB*; traveling water screen *US*; band-type screen
Siebbandtrockner *m* <textil> • brattice drier
Siebbespannung *f* <verf> • screen gauze
Siebblech *n* <ents> • screen plate
Siebblech *n* <verf> • perforated plate; screen plate
Siebboden *m* <chem> *(Kolonne)* • sieve plate; perforated plate
Siebboden *m* <verf> • perforated plate
Siebboden *m* DIN 4185 <verf> • screen bottom; screen panel *ISO 9045*
Siebbodenkolonne *f* <verf> • perforated-plate column; sieve-plate column
Siebböden *mpl* <verf> • sieve plates *npl*; sieve trays *npl*
Siebdrossel *f* <el> • filter choke; smoothing choke
Siebdrossel *f* <msr> • filter choke
Siebdruck *m* <druck> *(konventionelles Druckverfahren)* • silkscreen printing; screen printing; screen process; silk-screening
Siebdruck *m* <druck> • silk-screen printing; screen printing; stencil printing; serigraphy
Siebdruck *m* <druck> *(Druckverfahren)* • screen printing; silk-screen printing
Siebdruck *m* <el.ic.prod> • screen printing
Siebdruck *m* <pack> *(Schablonieren)* • silk screen printing
Siebdruck *m* <prod> • screen printing
Siebdruck *m* DIN 55405 <prod> • screen printing *BS 3130*
Siebdruck *m* <textil> • screen printing
Siebdruckfarbe *f* <druck> • screen printing ink
Siebdruckgewebe *n* <druck> • screen texture
Siebdruckmaschine *f* <druck> • silk screen printing machine
Siebdruckrakel *f* <druck> • squeegee
Siebdruckverfahren *n* <druck> • screen printing process
Siebdüse *f* <verf> • screen vent
Siebdurchgang *m* <ents> • screening
Siebdurchgang *m* <verf> • screenings; siftings; subsieve fraction; screen underflow; screen undersizes

Siebdurchlauf *m* <ents> • screening
Siebeffekt *m* ugs <verf> *(Abscheider, Filter)* • interception [effect]; sieving effect *coll*
Siebeinlauf *m* <verf> • strainer gate
Siebeinsatz *m* <verf> • strainer
Siebelement *n* <verf.hydr> • screening element
sieben *vt (Mühle)* • bolt *vt*
sieben *vt* <el> • filter *vt*
sieben *vt* <verf> *(Getreide; Kies)* • riddle *vt*
sieben *vt* <verf> • sieve *vt*; screen *vt*; shift *vt*
sieben *vt* <verf> • sift *vt*
Siebeneck *n* <math> • heptagon
Siebener *m* ugs <kfz> • BMW 7 Series; 7 Series BMW *pract*; 7 Series
siebenfach <allg> • sevenfold
Siebenfachkammer *f* <phot> • seven-lens camera
Siebenflächner *m* <math> • heptahedron
siebengliedrig <chem> • seven-membered
siebenlitzig <el> • seven-strand
Siebenpolröhre *f* <el> • heptode
Siebenring *m* <chem> • seven-membered ring
Siebensegmentanzeige *f* • seven-segment display
siebenstellig <math> *(Zahl)* • seven-place
Siebentwässerung *f* <pap> • drainage on the wire
siebenwertig <chem> • heptavalent; septivalent
Siebenwertigkeit *f* <chem> • septivalence
Siebenwertigkeit *f* <chem> • heptavalence; septivalence
Sieberfolg *m* <verf> *(Klassierung)* • screening efficiency
Siebfaktor *m* <av> • hum-reduction factor
Siebfaktor *m* <el> • filter factor; hum-reduction factor
Siebfeld *n* <verf> • mesh panel; tray *US*; screen panel; screening panel; basket
Siebfeldrahmen *m* <verf.ents> • tray frame; mesh panel frame
Siebfilter *n* <verf> • mesh filter; straining filter
Siebfläche *f* <verf> • screening area; screen area
Siebfläche *f* <verf.hydr> • screening surface
Siebgewebe *n* <pap> • forming fabric
Siebgewebe *n* <textil> • gauze
Siebgewebe *n* <verf> • screening cloth; straining cloth
Siebgewebe *n* <verf> • wire cloth
Siebgewebe *n* <verf.hydr> • screen mesh; screen cloth
Siebgitter *n* <ents> • grate bar
Siebglied *n* <el> • filter
Siebglied *n* <tele> • trap
Siebgütegrad *m* <verf> *(Klassierung)* • screening efficiency
Siebgut *n* DIN ISO 2395 <verf> • material to be sieved *ISO 2395*
Siebgut *n* <verf.hydr> • screenings *pl*
Siebhammermühle *f* <verf> • screen hammer mill
Siebkasten *m* <verf> • screen frame; straining box
Siebkasten *m* <verf> • sieve plate
Siebkennlinie *f* <verf> • grading curve; gradation limit
Siebkern *m* <verf> • strainer core; skim core
Siebkette *f* <agri> • cleaning conveyor
Siebkette *f* <agri> *(Kartoffel- und Rübenerntemaschine)* • elevator chain
Siebkette *f* <el> • filter chain; filter; wave filter
Siebkettenförderer *m* <förd> • screen chain conveyor
Siebkettenroder *m* <agri> • elevator digger
Siebkies *m* <bau.mat> • screened gravel
Siebklassieren *n* <bau.mat> *(z. B. Kies)* • sifting
Siebklassierung *f* <ents> • screening
Siebklassierung *f* <verf> • screen classification; screen sizing; screen grading; screen separation
Siebkohle *f* <verbr> • graded coal
Siebkohle *f* <verbr> • sifted coal
Siebkondensator *m* <el> • filter capacitor; smoothing capacitor

Siebkopf m <kst> • screen head; straining head
Siebkopfspritzmaschine f <kst> • straining machine; screen-head extruder
Siebkorb m <pap.ents> • screen basket
Siebkorb m <verf.hydr> • semicircular basket
Siebkreis m <el> • filter circuit; selective circuit
Siebkurve f (Siebanalyse) • aggregate grading curve; grading curve
Siebkurve f <msr> • sieve curve; grading curve
Sieblaufregulierwalze f <pap> • wire guide roller; wire guide roll
Siebleistung f <verf> • screening capacity
Sieblinie f <msr> • sieve curve; grading curve
Sieblochung f <verf> • sieve perforation
Siebmarkierung f <pap> • wire mark
Siebmasche f <verf> • mesh
Siebmaschine f <min> (für Sand, Kies etc.) • sifting machine
Siebmaschine f DIN ISO 9045 <verf> • screen ISO 9045
Siebmaschine f DIN ISO 9045 <verf.hydr> • screen ISO 9045; screening machine; screening device
Siebmatte f <verf> • screen; sieve; strainer
Siebmedium n <verf.hydr> • screening medium; filtering medium
Siebnummer f <verf> • mesh
Siebnutzfläche f <verf> (Filter) • active screen area
Sieböffnung f <verf> • screen aperture; screen opening
Siebpaket n <kst> • screen pack
Siebpartie f <pap> • wire end; Foudrinier section
Siebpartie f <pap> • forming section
Siebpartie f <pap.ents> • wire section; wire part
Siebplatte f (Schlacke) • dross filter
Siebplatte f <verf> • perforated plate
Siebplatte f <verf> • screening plate
Siebradroder m <agri> • reel digger
Siebrätter m • gyratory screen; gyratory sifter
Siebrechen m <verf> • brushed fine screen; brushed screen
Siebrechen m Nogg <verf.hydr> • filter screen J + A; continuous element filter screen form
Siebroder m <agri> • sieve digger
Siebrost m <verbr> • grate
Siebrost m <verf> • grizzly ISO 9045; sieve grate; grate; bar screen ISO 9045
Siebroststab m <verf> • grizzly bar
Siebrückstand m <ents> • screen discard; screen reject; sceening residue; sieving residue
Siebrückstand m <ents> • screen reject
Siebrückstand m <verf> (z. B. Sand, Mehl) • oversize material
Siebrückstand m <verf> • plus mesh; plus material; oversize material
Siebrückstand m <verf> • retained material
Siebsatzrüttler m <verf> • mechanical sieve shaker
Siebschablonendruck m <textil> • screen stencil printing
Siebschaltung f <el> • filter circuit
Siebscheibe f <verf.hydr> • disc screen
Siebschleuder f <verf> • screen centrifuge
Siebschneckenaustragzentrifuge f <verf> • screen-conveyor centrifuge
Siebseite f <pap> • bottom side
Siebspannwalze f <pap> • wire-stretch roll
Siebtafel f <verf> • mesh panel; tray US; screen panel; screening panel; basket
Siebtechnik f <bau> • screening practice
Siebteilung f DIN 66160 <verf> • pitch
Siebtiefe f DIN ISO 2395 <verf> • sieve depth ISO 2395
Siebtisch m <pap> • forming table
Siebtrommel f <agri> • cleaning drum

Siebtrommel f <verf> • cage
Siebtrommel f <verf> • perforated basket
Siebtrommel f <verf> • screen drum; sieve drum; sizing drum
Siebtrommel f <verf.hydr> (gesamte Maschine) • drum screen; rotary screen; revolving screen ISO 9045; rotary type screen; rotating drum screen
Siebtrommel f <verf.hydr> • cup screen Brac; single entry cup screen form
Siebtrommel f <verf.hydr> • drum screen; double entry drum screen
Siebtrommelroder m <agri> • drum elevator digger
Siebtrum m <pap> • wire run
Siebung f <el> • filtering
Siebung f <ents> • screening
Siebung f <soz> • sieving
Siebung f <verf.hydr> • screening
Siebvorgang m <verf> • sieving action
Siebwasser n <pap.ents> • white water
Siebwasserpumpe f <pap> • backwater pump
Siebwirkungsgrad m <verf> • grading efficiency; screening efficiency
Siebzentrifuge f <verf> • screen centrifuge
Siebzylinder m • cylindrical-shaped screen
Siebzylinder m <agri> (Mähdrescher) • rotary cleaner
Siedeanalyse f • distillation analysis
Siedebarometer n <meteo.msr> • hypsometer
Siedebeginn m <phys> • IBP
Siedebeginn m <verf> • initial boiling point
Siedebereich m <chem.petr> • boiling range; distillation range
Siedebereich m <therm> • boiling range
Siedediagramm n <therm> • boiling point diagram
Siedeendpunkt m <phys> • end point
Siedeendpunkt m <phys> • FBP
Siedeendpunkt m <phys> • final boiling point
Siedehitze f <therm> • boiling heat
Siedekapillare f • capillary air bleed; air-leak tube
Siedekühlung f <verf> • boiling cooling
Siedekühlung f <verf> • boiling-water cooling
Siedelinie f <therm> • boiling curve
Siedeminimum n <phys> • minimum vapor pressure
Sieden n <phys> • bubble
Sieden n <therm> • boiling
siedend <phys> • ebullient
siedend <therm> • boiling
Siedepunkt m <phys> (allg., jede Flüssigk.) • boiling point (b.p.); boiling temperature
Siedepunkt m <phys> (von Wasser) • boiling point (b.p.)
Siedepunktserhöhung f <therm> • boiling point elevation
Siedepunktskurve f <therm> • boiling point curve
Siedepunktsmaximum n <phys> • maximum boiling point
Siedepunktsminimum n <phys> • minimum boiling point
Siederohr n <rls> • boiler tube
Siederohr n <rls> • boiling tube
Siederohrkessel m <energ.therm> • water-tube boiler
Siedesalz n • evaporated salt
Siedeschwanz m <chem> (Destillation) • heavy ends
Siedesteinchen n <chem> • boiling chip; boiling stone
Siedetemperatur f <therm> • boiling temperature; boiling point
Siedethermometer n <msr> • hypsometer; boiling-point thermometer
Siedeverzug m <verf> (z. B. Dampferzeuger) • delayed boiling; boiling delay; boiling retardation
Siedewasserreaktor m (SWR) <nukl> • boiling-water reactor (BWR)
Siedlungsabfälle mpl <ents> • municipal solid waste (MSW)

Siedlungsabfall *m* <ents> • residential waste

Siedlungsfläche *f* <agri.tech> *(für Mikroorganismen; z. B. für Biogasentwicklung)* • settling surface; contact surface

Siedlungsmüll *m* <ents> • municipal solid waste (MSW)

Siedlungsplanung *f* <bau> • community planning

Siegbahn-Einheit *f* <phys> *(Längeneinheit in der Röntgenspektroskopie)* • Siegbahn X-unit (XU); X-unit

Siegbahnsche X-Einheit *f* <phys> *(Längeneinheit in der Röntgenspektroskopie)* • Siegbahn X-unit (XU); X-unit

Siegel *n* <mil> • seal

Siegelfaden *m* <druck> • sealing thread; sealable thread

Siegellack *m* <mat> • sealing wax

Siegelmarke *f* <pack> *(z. B. Weinflasche)* • sealing label

Siegelmaschine *f* <kst> • sealing machine

Siegeln *n* <kst> *(Verschweißen von Foliennähten)* • sealing *V*

siegeln *vt* <kst> *(Folien)* • seal *vt*

siegeln *vt* <prod> • heat seal *vt BS 3130*

Siegelpunkt *m norm* <kst> • gate freeze time; sealing point

Siegelrandbeutel *m DIN 55405* <pack> • sachet

Siegelzeit *f* <kst> • sealing time *V*

Siegerpodest *n form* <sport> • rostrum; medallists' podium; medallists' platform; medal rostrum *form*

Siegert'sche Formel *f* <chem> • Siegert formula

Siegertreppchen *n ugs-press* <sport> • rostrum; medallists' podium; medallists' platform; medal rostrum *form*

SI-Einheit *f* <norm> • SI unit

SI-Einheit *f* <norm> *(im SI-System: z. B. Meter, Kilogramm, Sekunde)* • basic unit; elementary unit; fundamental unit *rare*

Siel *n* <ents> • sewer; sewer line

Sielhaut *f* <ents.hydr> • sewer slime; sewer film

Siemens *n* (S) <norm> *(SI-Einheit des elektrischen Leitwerts: 1 S = 1/Ohm)* • siemens (S); reciprocal ohm

Siemens-Code *m* <edv> *(Strichcodetyp)* • Siemens Code

Siemens-Martin-Ofen *m* <metall> • open-hearth furnace

Siemens-Martin-Stahl *m* <metall> • open-hearth steel

Siemens-Martin-Verfahren *n* <metall> • open-hearth process

Siemensstern *m* <av> *(Testbild)* • resolution test star *:V*

Sienaerde *f* • earth of Siena; sienna

siena natur <kunst> • raw sienna

Sierra-DAC *m* <edv> • Sierra DAC

Sievert *n* (Sv) *DIN 1301* <nukl> *(Einheit der Äquivalentdosis; 1 Sv = 100 rem)* • sievert (Sv)

Sigmabindung *f* <chem> • sigma bond

Sigma-Delta-Kodierung *f* <edv.av> • sigma-delta encoding; oversampled sigma delta

Sigma-Delta-Verfahren *n* <edv.av> • sigma-delta encoding; oversampled sigma delta

Sigma-Delta-Wandlung *f* <edv.av> • sigma-delta encoding; oversampled sigma delta

Sigmaelektron *n* <phys> • sigma electron

SIGMA-Schweißen *n* <füg> • shielded inert gas metal-arc welding

SIGMA-Schweißen *n* <füg> • sigma welding

SIGMA-Schweißen *n* <füg> • MIG-welding *ISO 4063*; SIGMA-welding; gas-metal arc welding; shielded inert gas metal arc welding *rare*; gas-shielded-metal arc welding *rare*

Signal *n* <tech.allg> *(akustisch, elektrisch, optisch; z. B. Bahn, Navigation, Kommunikation)* • signal

Signal *n* <akust> *(Schallereignis)* • sound; signal; acoustic event

signalabhängige Weiche *f* <bahn> • interlocked points

Signalabschattung *f* <tele> *(von Funksignalen; z. B. durch Gebäude, Brücken, Tunnel, Berge)* • interruption of signal reception

Signalabschwächung *f* <el> • signal attenuation

Signalabstand *m* <bahn> • signal headway

Signalabweichung *f* <el> • dropout (DO); drop out; missing signal

Signalakquisition *f* <navig> • signal acquisition

Signalakquisitionszeit *f* <navig> • signal acquisition time

Signalalphabet *n* <tele> • signaling alphabet *US*; signalling alphabet *GB*

Signalamplitude *f* <el> • signal amplitude

Signalanalysator *m* <el> • signal analyzer *US*; signal analyser *GB*

Signalanlage *f* <bahn> • signal installation

Signal anlegen *vt* <el> • apply a signal *vt*

Signal anlegen *vt* <el> • inject a signal *vt*

Signalanpassung *f* <el> • signal conditioning

Signalanpassung *f* <msr> • signal adaptation; signal matching

Signalaufbereitung *f* <el> • signal conditioning

Signalaufbereitung *f* <lwl> • signal conditioning

Signalaufbereitung *f* <msr> • signal conditioning; signal preprocessing

Signalaufbereitung *f* <msr> • signal conditioning

Signalauffrischverstärker *m* <el> • signal regeneration amplifier

Signalauflösung *f* <el> • signal resolution

Signalaufzeichnung *f* <msr> • signal recording

Signalausfall *m* (DO) *DIN 66010* <el> • dropout (DO); drop out; missing signal

Signalausgang *m* <msr> • signal output

Signalauswerter *m* <msr> • logic control

Signalauswertung *f* <el> • signal processing

Signalbandbreite *f* <el> • signal bandwidth

Signalbegrenzer *m* <el> • signal clipper; signal limiter

Signalbereich *m* <navig> • signal range

Signalbrücke *f* <bahn> • signal gantry; gantry

Signaldämpfung *f* <el> • signal attenuation

Signaldrehmomentschlüssel *m* <wz> *(typ. mit Mikrometerskala am Griff und mit fühl-, hörbarer Auslösung)* • click type torque wrench; micrometer [type] torque wrench; automatic cut-out torque wrench *GB*; break-away torque wrench *US.rare*; clutch type torque wrench *US.rare*

Signale eingeben *vt* <el> • inject signals *vt*

Signaleingang *m* <el> • signal input

Signaleinspeisung *f* <el> • injection

Signalempfang *m* <navig> • signal reception; reception *pract*

Signalempfangsempfindlichkeit *f* <navig> *(Empfänger)* • receiver sensitivity

Signalempfangsfähigkeit *f* <navig> *(Empfänger)* • receiver sensitivity

Signalempfindlichkeit *f* <navig> *(Empfänger)* • receiver sensitivity

Signalentkopplung *f* <msr> • signal isolation

Signalerfasssung *f* <navig> • signal acquisition

Signalerfassungszeit *f* <navig> • signal acquisition time

Signalerkennung *f* <tech.allg> • signal identification

Signalfluss *m* <tech.allg> • information flow

Signalfluss *m* <edv.av> • routing; signal flow

Signalfluss *m* <el> • signal flow

Signalflussplan *m* <doku> • functional block diagram

Signalflussplan *m* <el> • signal-flow diagram; signal-flow graph; signal-flow chart

Signalflussweg *m* <msr> • control path; signal-flow path

Signalfolge *f* <verk> *(der Lichtsignalfolge)* • signal cycle

Signalform *f* <el> • waveform

Signalformung *f* <el> • signal shaping; signal conditioning

Signalfrequenz *f* <edv.av> • signal frequency; signal tone

Signalfrequenz *f* <el> • signal frequency

Signalgabe f <tele> • signalling
Signal-Gating n <el> • gating; signal gating
Signalgeber m <alarm> • warning device; warnings (pl)
Signalgeber m <el> • signal generator; signaller
Signalgeber m <energ.sol> • internal signal source
Signalgehalt m <tele> • intelligence
Signalgemisch n • composite signal
Signalgemisch n <edv> • composite signal
Signalgenerator m <tele> • signal generator
Signalglocke f <alarm> (allg.) • alarm bell; warning bell; signalling bell GB
Signalglocke f <tele> • signalling bell
Signalgröße f • signal variable
Signalgrubenlampe f <min> • signalling lamp
Signalhorn n <kfz.el> • horn
Signalhorn-Stromkreis m <kfz.el> • horn circuit
Signalhorntaste f <kfz> • horn button
Signalhorntaste f <kfz.msr> (große Taste oder Fläche in der Lenkradmitte) • horn boss; horn pad; horn button coll
Signalhorntaste f <kfz.msr> (kleine Taste auf Lenkrad-speiche) • horn button
Signalisator m <msr> • signal indicator
signalisieren <allg> • indicate
signalisieren vt <verk> (z. B. einen Zug, ein Schiff) • signal vt
Signalisierung f <tele> • signalization
Signalisierung außerhalb des Bandes <av> • outband signalling
Signalisierungskanal m <tele> • signalling channel
Signalisierungskanal m <tele> • signalization channel
Signalisierungskanal m rar <tele> (ISDN) • D channel; data channel; delta channel; signalling channel
Signalisierungsprotokoll n <tele> (ISDN) • access protocol; primary access protocol; user-network access protocol
Signalkanal m <tele> • signal channel
Signalkanal m <tele> (ISDN) • B channel; bearer channel; information channel
Signalkerze f <alarm> (Notsignal) • smoke candle
Signalkode m <tech.allg> • signal code
Signalkonditionierer m rar <msr> • control equipment
Signalkorb m <bahn> • signal basket
Signallampe f <bahn> • signal lamp
Signallampe f prakt <msr> (z. B. in Bedienfeld) • indicator light; signal light; signal lamp rare
Signallaufzeit f <el> • signal delay
Signallaufzeit f <navig> • signal travelling time; signal propagation time
Signallaufzeit f <navig> • signal propagation time; signal travel time
Signalleistung f <el> • signal power
Signalleitung f <el> • signal leads
Signalleitung f <tele> • signal line
Signalleuchtboje f <navig> • signal light buoy
Signalleuchte f <msr> (z. B. in Bedienfeld) • indicator light; signal light; signal lamp rare
Signallicht n ugs <msr> (z. B. in Bedienfeld) • indicator light; signal light; signal lamp rare
Signallleuchte f rar <msr> (allg. für Betriebszustand; z. B. EIN/AUS; jede Farbe möglich) • indicator light (IND LITE); indicator pract.coll; signal light rare
Signalmanometer n <alarm> • electric alarm pressure gauge
Signalmelodie f <kfz.msr> • chime
Signalmischer m <el> • signal combiner
Signalmittelung f <el> • signal averaging
Signal-Nebensprech-Verhältnis n <tele> • signal-to-cross-talk ratio
Signalnull f • signal zero

Signalparameter m <el> • signal parameter
Signalpegel m <av> • signal level
Signalpegel m <el> • signal level
Signalpegel m <tele> • signal level
Signalpegel am Empfängereingang m <el> • receiver input level
Signalpegelanzeige f <av> (z. B. bei Bandgeräten) • recording level indicator; signal level indicator; level indicator
Signalplatte f <av> (Vidikon) • signal plate
Signalprotokoll n <edv> • signal protocol
Signalprozessor m <av> • signal processor
Signalprozessor m <el> • signal processor
Signalqualität f <navig> • signal quality; eye pattern quality
Signalqualitätsbalken m <navig.tele> (auf dem Display; als Balken) • signal strength bar
Signalquelle f <phys> (z. B. akustisch, elektronisch, optisch) • signal source
Signal/Rausch-Abstand m (SRA) <el> (Geräuschspannungsabstand) • signal-to-noise ratio (SNR); signal/noise ratio; SNR-ratio; noise margin pract; S/N ratio pract
Signalrauschen n <el> • signal noise
Signal/Rauschen plus Verzerrungen n (SINAD) <av> • signal noise and distortion (SINAD)
Signal-Rauschverhältnis n <el> (Geräuschspannungsabstand) • signal-to-noise ratio (SNR); signal/noise ratio; SNR-ratio; noise margin pract; S/N ratio pract
Signalregenerierung f <el> • signal regeneration
Signalrelais n <bahn> • signal relay
Signalrückführung f <tele> • signal return
Signalrückmelder m <tele> • signal indicator
Signalrückwandler m DIN 44300 <msr> (Code-Umsetzer) • decoder
Signalrufinnensteuerung f <förd> (Lift) • signal control
Signalscheinwerfer m <nav> • signal searchlight
Signalspeicherröhre f <el> • signal converter storage tube
Signalspezifikation für den GPS SPS f <navig> • GPS SPS Signal Specification
Signalstärke f <el> • signal level; signal strength
Signalstärke f <navig> • signal strength; signal power [level]; signal level
Signalstärken-Balkengraphik f <navig.tele> (auf dem Display; als Balken) • signal strength bar
Signalstellwerk n <bahn> • signal tower
Signalstrompfad m <el> • signal circuit
Signalstütze f <bahn> • signal bracket
Signalsummierpunkt m <msr> (automatische analoge Zeichenerkennung) • signal-summation point
Signaltafel f • display board
Signaltafel f • signalboard
Signaltafel f <alarm> • annunciator
Signalthermometer n <msr> • alarm thermometer
Signalton m <kfz.msr> • chime
Signalträger m <el> • signal carrier
Signaltyp m <msr> • type of signal
Signalüberdeckung f (durch Störsignal) • blanketing
Signalübertragung f <bahn> • signal transmission
Signalübertragung f <el> • signal transmission
Signalübertragungskabel n <el> • signal cable
Signalübertragungssystem n <msr> (Drehmomentsensor) • signal-transmission system; signal transmitter
Signalüberwachung f <bahn> • signal indicator
Signalüberwachung f <el> • signal control
Signalüberwachung f <msr> • signal proving
Signalumsetzer m <el> (Code-Umsetzer mit mehreren Eingängen und Ausgängen) • signal converter; signal transducer; coder

Signalunterscheidung *f* <tech.allg> • signal discrimination

Signalvariable *f* • signal variable

Signalverarbeitung *f* <edv> • signal processing

Signalverarbeitung *f* <edv.av> • sound processing; audio processing; signal processing

Signalverarbeitung *f* <el> • signal processing

Signalverarbeitung *f* <el> • signal conditioning electronics; signal conditioning

Signalverarbeitung *f* <el> • signal processing

Signalverarbeitung *f* <msr> *(Sensor)* • signal processing; signal-processing

Signalverarbeitungsanlage *f* <el> • signal processor

Signalverarbeitungseinheit *f* <el> • signal processing unit

Signalverarbeitungskanal *m* <navig> • signal processing channel; receiver channel; channel CHAN *pract*

Signal[verarbeitungs]prozessor *m form* <navig> • GPS processor; processor *pract*; signal processor

Signalverfolger *m* <el> • signal tracer

Signalverfolgung *f* <navig> • signal tracking

Signalverfügbarkeit *f* <navig> • signal availability

Signalverlauf *m* <msr> • fault course; signal course

Signalverlust *m* <el> • signal loss

Signalverstärkung *f* <edv.av> • signal gain

Signalverstärkung *f* <el> • signal amplification; signal step-up

Signalverteilung *f* <edv.av> • routing; signal flow

Signalverzerrung *f* <av> • signal distortion

Signalverzerrung *f* <edv> • signal distortion

Signalverzerrung *f* <el> • signal distortion

Signalverzögerung *f* <el> • signal delay

Signalvorverarbeitung *f* <msr> • signal conditioning; signal preprocessing

Signalwandler *m DIN 44300* <el> *(Code-Umsetzer mit mehreren Eingängen und Ausgängen)* • signal converter; signal transducer; coder

Signalweg *m* <el> • signal path

Signalweiche *f* <av> • signal splitter *US*; change-over gate

Signalwelle *f* <el> • signal wave

Signalwert *m* <el> • signal level

Signalwesen *n* <bahn> • signalling

Signalwiederholungssperre *f* <bahn> • one-pull signal lock

Signalwirkung *f* <bekl> • high visibility

Signalzerhacker *m* <tele> • sign chopper

Signal zur Erde zurücksenden *vt* <aerospace> *(z. B. Raumsonde)* • beam a signal back to Earth *vt*

Signalzustand *m* <el> • signal mode

Signatur *f form* <doku> • signature

Signaturrahmenleiste *f* <logist> *(Fachbodenregal)* • labelholder *US*; card holder *GB*

Signet *n rar.gehob* <kfz> *(allg.)* • badge; medallion *US.rare*

Signet *n* <werb> • logo; logotype; logogram

Signiermaschine *f* <pack> • marking machine

signifikant *DIN 55350-24* <math> *(Statistik)* • significant

Signifikanzniveau *n* <math> • significance level

Signifikanztest *m* <qualit> • significance test

SI-Grundeinheit *f* <norm> • SI basic unit

SIHR-System *n* <kfz.innen> • self-inflating head restraint [system] (SIHR) *Autoliv*

Sikkativ *n wiss* <chem> *(z. B. in Verpackungen, Doppelverglasungen, Klimaanlagen)* • desiccant; drying agent; dehumidifier; drier *coll*

Sikkativ *n DIN 7732* <obfl> *(Additiv, z. B. für Farbe)* • siccative *norm*; liquid drier; drying accelerator; drier *norm*

Silagefräse *f* <förd> • silo unloader

Silan *n* <mat> • silane

Silbe *f* <edv> *(Teil eines Maschinenworts)* • slab

Silbenkompandierung *f* <tele> *(Informationsübertragung)* • syllabic companding

Silbenverständlichkeit *f* <tele> • syllabic articulation; syllable intelligibility

Silber *n* (Ag) <chem> • silver (Ag); argentum metallicum

Silberamalgam *n* <chem> • silver amalgam

Silberbad *n* <metall> • silver-plating bath; silver bath

Silberbarren *m* <mat> • silver ingot

Silberbelag *m* <obfl> • silver coating

silberbeschichtet <obfl> • silvered

Silberbild *n* <phot> • silver image

Silberblech *n* <mat> • silver plate

Silberblick *m (Bleientsilberung)* • gleam of silver

Silber-Cadmium Akkumulator *m* <el> • silver-cadmium storage battery

Silberchloridbatterie *f* <el> • silver chloride battery

Silberchloridelektrode *f* <el> • silver chloride electrode

Silberdiffusion-Platte *f* <druck> *(lichtempfindliche Druckplatte)* • silver halide plate; silver diffusion plate; silver plate *pract*

Silberdiffusions-Platte *f* <druck> *(lichtempfindliche Druckplatte)* • silver halide plate; silver diffusion plate; silver plate *pract*

Silberdiffusions-Technologie *f* <druck> *(konventionelle CtP-Technologie)* • silver halide technology; silver diffusion technology

Silberdiffusionstransfer *m prakt* <druck> • silver halide diffusion transfer; silver diffusion transfer *pract*

Silberdraht *m* <el> • silver wire

Silberelektrode *f* <kfz.el> *(Zündkerze)* • silver electrode

Silberelektrolyt *m* <obfl> • silver plating solution; silver plating bath

Silbererstarrungspunkt *m (Temperaturskale)* • freezing point of silver

Silbererzbergbau *m* <min> • silver ore mining

Silberfolie *f* <mat> • silver foil

silberfreies Negativ *n* <phot> • silver-free negative; silverless negative

silberführend <min> • silver-bearing; argentiferous

Silbergehalt *m* <phot> • silver content

Silberglanz *m* <min> • argentite; silver glance

Silberhalogenide *npl* <phot> • silver halides *pl*

Silberhalogenidfotografie *f* <phot> • silver salt photography

Silberhalogenid-Kristall *n wiss* <druck> *(Silberhalogenid-Technologie)* • silver salt crystal *wiss*; silver halide microcrystal *thsc*; silver particle *pract*

Silberhalogenidkristalle *npl* <phot> • silver-halide crystals *pl*

Silberhalogenid-Platte *f* <druck> *(lichtempfindliche Druckplatte)* • silver halide plate; silver diffusion plate; silver plate *pract*

Silberhalogenid-Technologie *f* <druck> *(konventionelle CtP-Technologie)* • silver halide technology; silver diffusion technology

Silberhartlot *n* <füg> • hard silver solder; silver brazing alloy

Silberhybrid-Platte *f* <druck> *(lichtempfindliche Druckplatte)* • silver hybrid plate; hybrid plate

Silberhybrid-Technologie *f* <druck> *(konventionelle CtP-Technologie)* • silver hybrid technology; hybrid technology; mask technology *pract*

Silberkeim *m prakt* <druck> *(Silberhalogenid-Technologie)* • silver salt crystal *wiss*; silver halide microcrystal *thsc*; silver particle *pract*

Silberkorn *n* <phot> • silver grain

Silberlaugerei *f* <metall> • silver leaching plant

Silberleinwand *f* <phot> • silver screen

Silberlot *n* <füg> • silver solder

Silbernitrat n (AgNO₃) <chem> • silver nitrate (AgNO₃); argentum nitricum; lunar caustic *coll*

Silberoxidelement n <el> • silver oxide cell

Silberpapier n *ugs* <pack> • metallized paper; metallic paper

Silberplatte f *prakt* <druck> *(lichtempfindliche Druckplatte)* • silver halide plate; silver diffusion plate; silver plate *pract*

silberplattiert <prod> • silver-clad

Silberrückgewinnung f <ökol> • silver recovery

Silbersalzdiffusionstransfer m <druck> • silver halide diffusion transfer; silver diffusion transfer *pract*

Silbersalze npl <phot> • silver salts *pl*

Silbersalzemulsionsschicht f *wiss* <druck> *(Silberhalogenid-Platte)* • silver halide emulsion layer *wiss*; emulsion layer *pract*

Silbersalzkristall n *wiss* <druck> *(Silberhalogenid-Technologie)* • silver salt crystal *wiss*; silver halide microcrystal *thsc*; silver particle *pract*

Silberscheibe f <edv> • silvery disk

Silberscheidung f <chem> • silver refining

Silberschicht f <obfl> • silver coating

Silber/Silberchlorid-Elektrode f <el.chem> • silver-silver chloride electrode; Ag/AgCl electrode

Silber-Silberchlorid-Elektrode f <el.chem> • silver-silver chloride electrode; Ag/AgCl electrode

Silber-Silberchloridelektrode f <el.chem> • silver-silver chloride electrode; Ag/AgCl electrode

Silberspritzverfahren n <prod> • silver spray technique

Silberstreifen mpl <kst> *(Spritzgießfehler)* • silver streaks

Silberwand f <phot> • silver screen

Silber-Zink-Akkumulator m <el> • silver-zinc storage battery

silbrige Scheibe f <edv> • silvery disk

Silencer m ® <kfz.tele> • Silencer ®

Silencer™ m <kfz> • Silencer™

Silentblock m <masch> • silent block

Silhouette f <tech.allg> • profile

Silicagel <ents> • silicagel

Silicagel n <hilfsm> • silica gel

Silica Gel n <mat> • silica gel

Silica-Reifen m <tech.allg> • silica tire

Silicatbindung f <wz> *(Schleifkörper)* • silicate bond

Silicatgestein n <min> • siliceous rock

Silicatglas n <silik> • silicate glass

silicatisch <chem> • siliceous

Silicatschlacke f <bau.mat> • silicate slag

Silicieren n <metall> *(Zementation mit Silizium)* • siliconization

Silicium n (Si) <chem> • silicon (Si)

Siliciumanodisierung f <obfl> • silicon anodization

Siliciumbauelement n <el> • silicon device

Siliciumcarbid n <mat> *(z. B. für Gleitringdichtung, Lager von Pumpen)* • silicon carbide

Siliciumcarbid n <mat> • silicon carbide

Siliciumcarbidbeschichtung f <med.tech> *(Stent)* • silicone carbide coating

Siliciumchip m <el> • silicon chip

Siliciumdetektor m <el> • silicon detector

Siliciumdiode f <el> • silicon diode

Siliciumdioden[target]vidikon n <av> • silicon diode vidicon

siliciumdioxidhaltig <chem> • siliceous

Siliciumflächengleichrichter m <el> • silicon junction rectifier

siliciumfrei • non-silicious

siliciumfrei <mat> • silicon-free

Siliciumgatetransistor m <el> • silicon-gate transistor

siliciumgesteuerter Gleichrichter m <el> • silicon-controlled rectifier

Siliciumgleichrichter m <el> • silicon rectifier

Siliciumhalbleiterplättchen n <ic> • silicon chip

Silicium(IV)-oxid n <min> • heliotrope; bloodstone

Siliciumkarbid n <mat> • silicon carbide

Siliciumkristallgleichrichter m <el> • silicon crystal rectifier

siliciumlegiertes Gusseisen n <mat> • silicon cast iron

siliciumorganisch • organo-silicon

siliciumorganische Verbindung f • organosilicon compound

siliciumorganische Verbindung f <chem> • silicone

Siliciumoxid n <chem> • silica; silicon dioxide

Silicium-Oxid-Grenzschicht f <ic> • silicon-oxide interface

Siliciumphotoelement n <sol> • silicon photovoltaic cell

Siliciumplanartechnik f <silik> • planar silicon technology

Siliciumscheibe f <mat> • silicon wafer; silicon slice

Siliciumsolarelement n <sol> • silicon solar cell

Siliciumsperrschichtzelle f <sol> • silicon photovoltaic cell

Siliciumstab m <mat> • silicon rod

Siliciumstahl m <mat> • silicon steel

Siliciumsubstrat n <mat> • silicon substrate

Siliciumtortransistor m <el> • silicon-gate transistor

Siliciumwiderstand m <el> • silicon resistor

Siliconausrüstung f <textil> • silicone finish

siliconbeschichtet <obfl> • silicone-coated

Silicondichtung f <masch> • silicone packing

Siliconfett n <tribo> • silicone grease

Siliconformtrennmittel n <prod> • silicone mold-release agent

Silicongummi m <kst> • silicone rubber

Siliconharz n <mat> • silicone resin

Silicon-Kautschuk m <kst> • silicone rubber

Siliconöl n <tribo> • silicone oil

Siliconschmiermittel n <tribo> • silicone lubricant

Silicospiegel m <mat> *(Eisen-Silicium-Mangan-Legierung)* • silicospiegel

silicothermisch <chem> • silicothermic

Silier- und Formpresse f <agri> • stack-silo former and consolidator

Silikabaustein m <bau.mat> • silica brick

Silikagelelektrolyt-Batterie f <energ.sol> *(wartungsfreie Batterie)* • gelled battery; silica-gel captive-electrolyte battery

Silikagelfett n • silica-gel grease

Silikageltrockenmittel n <verf> • silica-gel desiccant

Silikastein m <bau.mat> • silica refractory

Silikat n <chem> • silicate

Silikat n <silik> • silicate

Silikatfarbe f <obfl> • mineral paint

Silikatglas n <silik> • silicate glass

Silikatklebstoff m <füg> • silicate adhesive

Silikon n • silicon

Silikon n <kst> • silicone

Silikon n <mat> • silicone

Silikonbeschichtungsanlage f <druck> • silicone applicator

Silikonentferner m <kfz> • grease remover; wax and grease remover; spirit wipe

Silikonflüssigkeit f <kfz> • silicone fluid; silicone oil *ppwiss-mdl*

Silikonflüssigkeit f <kfz> • silicone fluid; silicone oil

Silikongummi m <kst> • silicone rubber

Silikongummi m <mat> • silicone rubber

Silikonkautschuk m <kst> • silicone rubber

Silikon-Kautschuk m <kst> • silicone rubber

Silikonkautschuk m <mat> • silicone rubber

Silikonklebstoff *m* <füg> • silicone adhesive
Silikonkrater *m* <obfl> *(Lackfehler)* • cratering; fish eyes
pl; cissing; saucering
Silikonkunstharzschicht *f* <druck> *(Warm-Druck-Fixie-
rung)* • silicon rubber covering
Silikonöl *n* <msr> • silicon oil
Silikonöl *n* <textil> *(Ausrüstung)* • silicon[e] fluid
Silikonöl *n* <tribo> *(synthetischer Schmierstoff)* • silicone
oil
Silikonöl *n* <tribo> • silicone grease
Silikonöl n <kfz> • silicone fluid; silicone oil *ppwiss-mdl*
Silikonwerk *n* <druck> • silicone applicator
Silikon-Zündkabel *n* <kfz.el> • silicone [spark] plug lead
Silizium *n* <mat> • silicon
Silizium *n* <ic> • silicon
Silizium *n* (Si) <phot> • silicon (Si)
Silizium *n* **nsgl** (Si) <msr> • silicon nsgl (Si)
Silizium auf Isolator *n* <el.ic.prod> • silicon on insulator
(SOI)
Siliziumband *n* <energ.sol> • ribbon-type silicon; silicon
ribbon
siliziumberuhigter Stahl *m* <mat> • silicon-killed steel
Silizium Fotodiode *f* <phot> • silicon photo diode (SPD);
silicon blue cell (SBC)
Silizium für Photovoltaik-Anwendungen *n* did <en-
erg.sol> *(für Solarzellen)* • solar grade silicon (SoG-Si);
solar-cell-grade silicon *rare*; silicon for photovoltaic applications *did*
Silizium in Elektronikqualität *n* <ic> *(doppelt so teuer
wie Solarqualität)* • electronics grade silicon
Silizium in Photovoltaikqualität *n* <ic> *(halb so teuer
wie Elektronikqualität)* • solar grade silicon
Silizium in Solarqualität *n* <ic> *(halb so teuer wie Elekt-
ronikqualität)* • solar grade silicon
Siliziumkarbid *n* <mat> *(z. B. für Gleitringdichtung, Lager
von Pumpen)* • silicon carbide
Silizium-Montagegerät *n* <lwl> • silicon array assembly
machine
Siliziumplatte *f* <energ.sol> • silicon sheet
Siliziumsensor *m* mk <msr> • silicon sensor
Siliziumstab *m* <ic> • silicon rod
Silizium-Substrat *n* <ic> • silicon substrate
Siliziumsubstrat *n* <msr> • silicon substrate
Silizium-Trägerteil *n* <lwl> • silicia chip; chip
Silkonöl *n* <kfz> • silicone fluid; silicone oil
Sill *m* <geo> • sill
Sillimanit *m* <mat> • sillimanite
Silo *m/n* <logist> *(jede Art; ober- od. unterirdisch; z. B. für
Getreide, Futter, Raketen)* • silo
Silo *m/n* <logist> *(Vorratslager)* • silo; bin
Siloanhänger *m* <nfz> • dry bulk trailer; bulker *coll*
Silobauweise *f* <logist> *(HRL)* • rack-supported structure
Silocontainer *m* <logist> • dry bulk container
Silodruck *m* <logist> • silo pressure
Siloentleerung *f* <logist> • silo emptying
Siloentnahmegerät *n* <förd> • silo unloader
Silogebläse *n* <förd> *(Fördern im Luftstrom)* • ensilage
blower
Siloobenentnahmefräse *f* <förd> • silo top unloader
Silorüttler *m* <verf> • bin vibrator
Silospeicher *m* DIN 19237 <msr> • drift register
Silountenentnahmefräse *f* <förd> • silo bottom unloader
Silowiegen *n* <msr> • silo weighing
Silozelle *f* <logist> • silo compartment
Silo zur Zwischenlagerung *m/n* <logist> • intermediate
silo
SILSO-Material *n* <energ.sol> *(für Solarzellen)* • solar
grade silicon (SoG-Si); solar-cell-grade silicon *rare*; silicon
for photovoltaic applications *did*

Silt *m* <geo> *(feine Sandablagerung)* • silt
SIM <tele> • Subscriber Identification Module (SIM); SIM
card *pract*
Similisierkalander *m* <textil> • simili calender
SIM-Karte *f* prakt <tele> • Subscriber Identification Module
(SIM); SIM card *pract*
SIM-Lock *m* <tele> *(typ. Handymerkmal bei Prepaid-Pake-
ten)* • SIM lock
SIMM <edv> • single in-line memory module (SIMM);
SIMM chip; SIMM module
SIMM *n* <edv> • single in-line memory module (SIMM);
SIMM [memory] module
SIMM *n* <edv> • single in-line memory module (SIMM);
SIMM memory module; SIMM module
SIMM-Chip *m* <edv> • single in-line memory module
(SIMM); SIMM chip; SIMM module
Simmerring *m* ᵀᴹ prakt <masch> • radial shaft seal ring;
lip seal with garter spring; radial seal *pract*; shaft seal.
pract; oil seal *pract*
Simmerringfeder *f* <masch> *(ringförmige Schrauben-
zugfeder im Radialwellendichtring)* • garter spring
SIMM-Modul *n* <edv> • single in-line memory module
(SIMM); SIMM [memory] module
SIMM-Modul *n* prakt <edv> • single in-line memory mod-
ule (SIMM)
SIMM-Platine *f* <edv> • SIMM board
SIMM-Speicherbaustein *m* <edv> • single in-line mem-
ory module (SIMM); SIMM chip; SIMM module
SIMM-Speichermodul *n* <edv> • single in-line memory
module (SIMM)
SIMM-Steckplatz *m* <edv> • SIMM socket; SIMM slot
simplex <tele> • simplex
Simplex-Betrieb *m* <lwl> • simplex operation
Simplexbetrieb *m* <tele> • simplex operation
Simplexbremse *f* <brems> • simplex brake
Simplexbremse *f* <kfz.brems> • non-servo brake; double-
anchor non-servo brake
Simplexkanal *m* <tele> • simplex channel
Simplexkette *f* <kfz.mot> • simplex chain; single roller
chain
Simplexkriterium *n* <math> • simplex criterion
Simplexkupplung *f* <antr> • single-action clutch
Simplexleitung *f* <tele> • simplex circuit
Simplexpumpe *f* <masch> • simplex pump
Simplextheorem *n* <math> • simplex criterion
Simplexzylinder *m* <kfz.brems> *(für Simplexbremse, mit
zwei Kolben)* • double-end wheel cylinder
Simpson-Getriebe *n* <kfz.antr> • compound planetary
gearset; Ravigneaux planetary transmission; Ravigneaux
transmission; Simpson planetary transmission; Simpson
transmission
Simpson-Planetenradsatz *m* <kfz.antr> • Simpson
planetary gearset; Simpson gearset
Simpson-Planetensatz *m* <kfz.antr> • Simpson planetary
gearset; Simpson gearset
Simpson-Satz *m* <kfz.antr> • Simpson planetary gearset;
Simpson gearset
Sims *m* ugs <bau> *(allg.; auch an Säulen)* • cornice
Simsbrett *n* <bau> • fascia board
Simulation *f* <edv> • simulation
Simulationsanlage *f* <allg.tech> *(von Anlagen, Syste-
men; für Tests, Probeläufe)* • mock-up
Simulationsbetrieb *m* <navig> • simulator mode
Simulationsechtheit einer Testpuppe *f* <kfz> • bio
fidelity of a test dummy *ISO/TR9790-2*
Simulationsmodell *n* <tech.allg> • simulation model
Simulationsmodus *m* <navig> • simulator mode
Simulationsprogramm *n* <edv> • simulator
Simulationsprogramm *n* <edv> • simulator program

Simulationsprogramm *n* <navig> • simulator mode
Simulationsrechner *m* <edv> • simulation computer
Simulationstest *m* <tech.allg> • simulation test
Simulator *m* <tech.allg> *(z. B. FLugsimulator, Netzwerk-simulator)* • simulator
Simulator *m* <did> • simulator
Simulator *m* <edv> • simulator program
Simulatorbetrieb *m* <navig> • simulator mode
Simulatorkuppel *f* <aerospace> *(Flugsimulator)* • simulator dome
Simulcast *n* *Tel,Nor,Ori* <av> • simulcast; simulcast recording
Simulcastaufnahme *f* <av> • simulcast; simulcast recording
simulieren *vt* <tech.allg> *(abstrakt; z. B. Prozesse durch math. Modelle)* • simulate *vt*
simulieren *vt* <tech.allg> *(Situation)* • simulate *vt*
Simulierer *m* <edv> • simulator program; simulator
simultan <allg> *(z. B. Impfung, Übersetzung)* • simultaneous
Simultanaufnahme *f* *JVC* <av> • simulcast; simulcast recording
Simultanbetrieb *m* <tech.allg> *(z. B. Rechner)* • parallel mode; parallel operation; simultaneous operation; concurrent working; flyby
simultan betriebenes RAID *n* <edv> • multiple simultaneous RAID
Simultanbohren *n* <prod> • simultaneous drilling
Simultanbonden *n* *(IC-Herstellung)* • mass-bonding
Simultanbühne *f* <theat> • multiple stage; multiple staging; simultaneous stage *rare*
simultaner Operationsablauf *m* • concurrent operations
Simultanfahrweise *f* <wz.masch> *(numerische Steuerung)* • simultaneous control
Simultanfarbfernsehen *n* <av> • simultaneous color television
Simultanimpfung *f* <med> • simultaneous administration of vaccines
Simultankontaktierungsverfahren *n* <füg> • parallel interconnection method
Simultankontrast *m* <av> • simultaneous contrast
Simultanleitung *f* <el> • bunched circuit
Simultanleitung *f* <tele> • superposed circuit
Simultanlöten *n* <füg> • simultaneous soldering
Simultanreaktion *f* <chem> • simultaneous reaction
Simultanrechner *m* <edv> • simultaneous computer; time-parallel computer; time-parallel computer
Simultanschaltung *f* <tele> • superposed circuit; composite circuit
Simultantelegraf *m* <tele> • superposed telegraph
Simultanverarbeitung *f* <edv> • parallel processing; simultaneous processing
Simultanverfahren *n* <av> *(Farbfernsehen)* • simultaneous color television system; field simultaneous system
Simultanverfahren *n* <emiss> • Combined NOx/SOx removal process; Simultaneous NOx/SOx control process
Simultanverfahren *n* <verf> • simultaneous process
Simultanvergleichsmethode *f* *(Analog-Digital-Umsetzung)* • word-at-a-time method
Simultanverteilung *f* <math> *(Statistik)* • joint distribution
Simultanweiche *f* <el> • transceiver filter
SIMV <med.tech> • synchronized intermittent mandatory ventilation (SIMV)
SINAD <av> • signal noise and distortion (SINAD)
singen *vi* <el> *(Verstärker)* • sing *vi*
Single-Action-Pistole *f* <mil> • single-action pistol
Single-Action-Revolver *m* <mil> • single-action revolver
Single Buoy Mooring *n* <chem.petr> • Single Buoy Mooring (SBM)

Single Buoy Mooring *n* (SBM) <petr> • Single Buoy Mooring (SBM)
Single-Channel Linear Recording (SLR) *Tandberg* <edv> • Single-Channel Linear Recording (SLR) *Tandberg*
Single-Chip-Beschleuniger *m* <edv> • dual-purpose accelerator; single-chip accelerator; double-duty accelerator *coll*
Single-Chip-Decoder *m* <edv> • single-chip decoder
Single-Density-Diskette *f* <edv> • SD diskette; single-density diskette
Single-Frequenz-Empfänger *m* <navig> • single-frequency receiver
Single-Inline-Memory-Modul *n* (SIMM) <edv> • single in-line memory module (SIMM); SIMM chip; SIMM module
Single in-line package *n* (SIP) <edv.av> • Single in-line package (SIP); SIP chip; SIP module
Single-Mode-Modell *n* <el> *(z. B. Handy)* • single-mode model
Singlesession-Aufzeichnungsverfahren *n* <edv> • single session recording method
Singlesession-Laufwerk *n* <edv> • SINGLE-SESSION DRIVE
Single-Shot-Messung *f* <petr> • single shot survey
Single-Speed-CD-ROM-Laufwerk *n* <edv> • single-speed CD-ROM drive; single-speed drive
Single-Speed-Laufwerk *n* <edv> • single-speed CD-ROM drive; single-speed drive
Single-Tasking *n* <edv> • single-tasking
Single-Typ Wirbelschicht *f* <ents> • Single-Type CFB
singuläre Komponente *f* <math> • singular component
Singularität *f* <phys> • singularity
Singulett *n* <phys> *(Spektrum)* • singlet
Singulettbindung *f* <chem> • single-electron bond
Singuletterm *m* • singlet term
Singulettsystem *n* <opt> • singlet term system; singlet system
Singulettzustand *m* <phys> • singlet state
Sinkeimer *m* <ents.hydr> • sediment bucket; sediment pan
sinken *vi* <allg> *(allmählich geringer werden; z. B. Druck, Temperatur, Preis)* • decrease *vi*; go down *vi*
sinken *vi* <tech.allg> *(allmählich; z. B. Flugzeug, Schwebstoff, Nebel)* • descend *vi*
sinken *vi* <nav> *(Schiff)* • sink *vi*; founder *vi*; go down *vi*
Sinkflug *m* <aerospace> • descent
Sinkflug *m* <aerospace> • fall; sinking
Sinkgeschwindigkeit *f* <aerospace> *(Sinkflug)* • descent rate; descent speed; descent velocity
Sinkgeschwindigkeit *f* <verf> *(von Schwebstoffen, Sedimenten)* • settling rate; settling speed; sedimentation rate; sedimentation speed
Sinkgeschwindigkeit *f* <verf> *(von Schwebstoffen; z. B. in Abscheidern)* • settling velocity; free falling velocity; terminal settling velocity
Sinkkasten *m* <bau> • mud trap
Sinklage *f* <bau> • mattress
Sinkscheider *m* *(Aufbereitung)* • float-and-sink apparatus; dense-medium washer
Sinkscheideranlage *f* • dense-medium separation plant
Sinkscheidung *f* <ents> • sink float [separation]; heavy media separation
Sinkschicht *f* <verf> • grit layer
Sinkschlamm *m* <verf.hydr> *(Kläranlage)* • bottom deposit; bottom sludge
Sinkstoff *m* <verf> *(Abwasserbehandlung)* • sludge
Sinkstoffe *mpl* <chem.verf> • settleable particles *pl*; settleable solids *pl*
Sinkstoffe *mpl* <ents> • settling material; sinking material

Sinkstoffe *mpl* <geo> *(in fließendem Wasser)* • waterborne sediments

Sinkstück *n* <bau> • mattress

Sink- und Schwebstoffe *mpl* <mat> *(in Flüssigkeit, Gas)* • suspended matters

Sinnenprüfung *f* <nahr> • sensory evaluation

sinnfälliges Schalten bei Phasenverschiebung <masch> • directional control

sinnlich wahrnehmbare Empfindung *f* <psych> • perception; sensation

sinnvolle Ausstattungsdetails *npl* <kfz.innen> • thoughtful interior touches

Sinter *m* <mat> • sinter

Sinteraluminium *n* <mat> • sintered aluminum

Sinteraluminiumpulver *n* <mat> • sintered aluminum powder

Sinteranlage *f* <prod> • agglomerating plant

Sinteranlage *f* <verf> • sintering plant

Sinterapparat *m* <verf> • sintering machine

Sinterband *n* <mat> • sintering strand

Sinterbrand *m* <mat> • sinter firing

Sintercarbid *n* <mat> • cemented carbide

Sintercarbid *n* <mat> • sintered carbide

Sintercarbidschneidwerkstoff *m* <mat> • cemented-carbide cutting material

Sinterdolomit *m* <mat> • sintered dolomite

Sintereisen *n* <mat> • sintered iron

Sinterelektrode *f* <el> • self-baking electrode

Sinterglas *n* <silik> • glass ceramic

Sintergleitwerkstoff *m* <mat> • sintered sliding material

Sintergrund *m* <obfl> • fritted ground; sintered ground; mat ground coat

Sinterhartmetall *n* <mat> *(z. B. für Schneidwerkzeuge)* • cemented hard metal; cemented hard carbide; cemented carbide; sintered carbide; hard metal

Sinterherd *m* <prod> • fused hearth bottom

Sinterherd *m* <verf> • sintering hearth

Sinter-HM *n prakt* <mat> *(z. B. für Schneidwerkzeuge)* • cemented hard metal; cemented hard carbide; cemented carbide; sintered carbide; hard metal

Sinterkörper *m* <mat> • sintered compact

Sinterkorund *m* <mat> • sintered corundum

Sinterkorundisolator *m* <kfz.el> *(Zündkerze)* • sintered corundum insulator

Sinterkuchen *m* <mat> • sinter cake

Sinterlager <masch> • sintered-powder bearing

Sinterlager *n* <masch> *(z. B. Diesel-Motor)* • bearing of sintered material

Sinterlager *n* <masch> • sintered bearing

Sinterlagerbuchse <masch> • sintered-powder bushing

Sinterlegierung *f* <mat> • sintered alloy

Sinterlinge *mpl* <verf> *(Erzaufbereitung)* • sintered pellet

Sintermetall *n* <mat> • sintered metal

Sintermetall *n* <metall> • powder metal

Sintermetallurgie *f* <metall> • particle metallurgy *DIN ISO 3252*; powder metallurgy *DIN ISO 3252*; metal ceramics

Sintern *n* <mat> • sintering

Sintern *n* <prod> • sintering

sintern *v* <prod> *(Zement)* • clinker *v*

sintern *vt* <obfl> *(Email; erhitzen zum Zusammenbacken)* • frit *vt*; agglomerate *vt*

sintern *vt* <prod> *(Pulvermetalle)* • sinter *vt*

sintern *vt* <verf> *(Glas)* • frit *vt*

Sintern im Vakuum *n* <metall> *(Pulvermetallurgie)* • vacuum sintering

Sinterofen *m* <prod> • sintering furnace

Sinterpfanne *f* <prod> • sintering pan; sintering pallet

Sinterpresse *f* <prod> • sintering press

Sinterprodukt *n* <mat> *(betont: Agglomerat)* • agglomerate

Sinterröstung *f* <metall> *(Pyrometallurgie)* • roast sintering

Sinterschmiedepleuel *n* <kfz> • sinter-forged connecting rod

Sinterstahl *m* <mat> • sintered steel

Sintertechnik *f* <prod> • sinter technology

Sinterteil *n* <prod> • sintered part

Sinterteil *n* <prod> • sintering

Sintertemperatur *f* <prod> • clinkering temperature

Sintertemperatur *f* <verf> • sintering temperature

Sintertonerde *f* <silik> • sintered alumina

Sintertränklegierung *f* <metall> *(Pulvermetallurgie)* • impregnated sinter alloy

Sinterwerkstoff *m* <mat> • sintered material

Sinterzone *f* <prod> • clinkering zone

Sinterzone *f* <verf> • sintering zone

Sinus *ugs* <phys> • sine oscillation

Sinus *m* <math> • sine

Sinusablenkung *f* <el> • sine-wave sweep

Sinusaufspannplatte *f* <wz.masch> • sine table

Sinusausdruck *m* <math> • sine term

Sinusbussole *f* <msr> • sine galvanometer

Sinusfeld *n* <el> • sinusoidal field

sinusförmig <tech.allg> • sine-shaped

sinusförmig <math> • sinusoidal

sinusförmig <phys> *(z. B. Schwingung)* • sinusoidal

sinusförmig *adj* <phys> • sinusoidal *adj*

sinusförmige Bewegung *f* <mech> • sinusoidal movement

sinusförmige Erregung *f* <phys> • sinusoidal excitation

sinusförmiger Strom *m* <el> • sinusoidal current; simple harmonic current

sinusförmige Schwinge *f* <phys> • sinusoidal vibration

sinusförmige Schwingung *f* <phys> • harmonic motion; sine motion

sinusförmige Schwingung *f* <phys> • sine oscillation

sinusförmige Welle *f* <phys> • sinusoidal wave; sine wave

sinusförmig moduliert <el> • sinusoidally modulated

Sinusfunktion *f* <math> • sinusoidal function

Sinusgenerator *m* <el> • sine-wave generator; sine-wave oscillator

Sinusgenerator *m* <el> • sine generator; sine wave generator

Sinusglied *n* <math> • sine term

Sinusgröße *f* <phys> • sinusoidal quantity

Sinus hyperbolicus <math> • hyperbolic sine

Sinuskurve *f* <av> • sine wave; sine signal

Sinuskurve *f* <math> • sinusoidal curve; sinusoid; sine curve

Sinusleistung *f* <el> • sine-wave power output

Sinuslineal *n* <msr> • sine bar

Sinuspotentiometer *n* <el> • sine potentiometer

Sinussatz *m* <math> • sine law; law of sines

Sinusschwingung *f* <av> • sine wave; sine signal

Sinus-Schwingung *f* <phys> • sine oscillation

Sinusschwingung *f* <phys> • sinusoidal vibration; sine-wave vibration

Sinussignal *n* <av> • sine wave

Sinusspannung *f* <el> • sinusoidal voltage; sine-wave voltage

Sinusstrom *m* <el> • simple harmonic current; harmonic current; sinusoidal current; sine current

Sinustisch *m* <masch> • sine table

Sinuston *m* <av> • sine wave; sine signal

Sinus versus <math> • versed sine; versine

Sinuswechselrichter *m* <sol> • sine wave inverter; sine-wave inverter; pure sine wave inverter

Sinuswelle f <av> • sine wave; sine signal

SIP <edv.av> • Single in-line package (SIP); SIP chip; SIP module

SIP-Baustein m <edv.av> • Single in-line package (SIP); SIP chip; SIP module

SIP-Chip m <edv.av> • Single in-line package (SIP); SIP chip; SIP module

Siphon m • siphon

Siphon m <ents.hydr> • siphon

Siphon m <obfl> (in Sprühnebelkammern) • waste trap

Siphon m <verf> • siphon

Siphon m <verf> • siphon trap

Siphoneinguss m • siphon runner

Siphonwirkung f <phys> • siphonage

SIP-Modul n <edv.av> • Single in-line package (SIP); SIP chip; SIP module

Sirene f <alarm> • siren

Sirup m <nahr> • syrup

sirupartig <chem.petr> • syrupy; syrup like

Sirupus ipecacuanhae m <pharm> • syrup of ipe-cac[uanha]; ipecac syrup

Sisal m <textil> • sisal

SISRW <tech.allg> • radiation-induced spurious gigantism (RISG)

Sissy-Bar f <kfz> (Motorrad) • sissy bar

Sissybar f <kfz> (Motorrad) • sissy bar

Sissy-Bar-Tasche f <kfz> (Motorrad) • sissy bar bag

SIS-Übergang m <sol> • SIS-junction; semiconductor-insulator-semiconductor-junction

SI-System n prakt <phys> • International System of Units (SI); SI-System pract

Sitz m <tech.allg> (Ventil etc.) • seat

Sitz m <bekl> • fit

Sitz m <fz> • seat

Sitz m <kst> • seat

Sitz m <masch> (z. B. Presssitz) • fit

Sitz... <kfz.innen> • upholstery material; seating material

Sitzanordnung f <innen> (z. B. in Konferenzräumen, Vans) • seating configuration; seating arrangement; seating floor plan; seating plan; internal/interior layout

Sitzauflage aus Holzkugeln f <kfz> • bead seat mat; beaded seat cushion

Sitzbank f <fz> • dual-seat

Sitzbank f <innen> • twinseat

Sitzbank f <kfz.innen> • bench seat

Sitzbankschloss n <kfz> (z. B. von Motorrad, Roller) • seat lock

Sitzbelegung f <tech.allg> (z. B. in Autos, Konzertsälen) • seat occupancy

Sitzbezug m <kfz> • seat cover; seat protector; seat saver ad

Sitzbezug m <textil> • seat cover

Sitzbezug aus Lammfell-Imitat <kfz> • simulated sheepskin seat cover

Sitzbezugstoff m :V <textil> • seating fabric

Sitzeinbau m <kfz> (Vorgang) • seat installation

Sitze mit Stoffbezug <kfz.innen> • fabric upholstery; fabric covered seats; cloth upholstery VAG; cloth seats US.pract.ad

sitzen vi <masch> • be seated vi; be fitted vi

sitzend ausgeführte Arbeit f <allg> • sedentary work

Sitzfallschirm m <aerospace> • seat-pack parachute; seat parachute; chair parachute

Sitzfellbezug m <kfz> • fur seat cover

Sitzfläche f <bekl> (Hose) • seat

Sitzfläche f <masch> • bearing area

Sitzflächenneigung f <kfz.msr> • seat tilt

Sitzheizelement n <innen> • seat heater element

Sitzheizung f (SH) <kfz.innen> • seat heater

Sitzheizung für alle Sitze <kfz.innen> • heated front/rear seats; heated F/R seats

Sitzheizung vorne f <kfz.el> (nur Fahrersitz) • heated front seat

Sitzheizung vorne f <kfz.el> (beide Vordersitze) • heated front seats

Sitzhöhenverstellung f <kfz.innen> • seat height ad-just[ment]

sitzintegrierter Sicherheitsgurt m <kfz> • seat-integrated seat belt [system]; seat-anchored belt; seat-integrated belt system, SBS BMW

sitzintegriertes Gurtsystem, SGS BMW <kfz> • seat-integrated seat belt [system]; seat-anchored belt; seat-integrated belt system, SBS BMW

Sitzkissen n <kfz.innen> • seat bolster US; seat cushion GB

Sitzklimatisierungssystem n <kfz.hlk> • seat air-conditioning [system]

Sitzkonstellation f <innen> (z. B. in Konferenzräumen, Vans) • seating configuration; seating arrangement; seating floor plan; seating plan; internal/interior layout

Sitz-Laufschiene f form <kfz> • seat runner; seat guide channel form; seat slide coll; seat rail; seat fixture rare.coll

Sitzlehnen-Verstellmechanik f form <kfz.innen> • recliner; seat back reclining mechanism form

Sitz mit hoher Rückenlehne m <nfz> • high-back seat

Sitzmuffe f <fz> (Fahrrad) • seat lug

Sitzmulde f <kfz> (im Bodenblech) • seat well; under seat panel; seat pan

Sitzplätze mpl <fz> • seats; seating positions

Sitzplatzkapazität f <fz> • seating capacity

Sitzplatzpräferenz f <allg> (beim Buchen von Flügen, Veranstaltungen; z. B. in der Oper) • seat preference

Sitzpneumatik f <kfz.el> • seat inflators; power enthusiast seat inflators Chrysler

Sitzpolster n <kfz.innen> • seat bolster US; seat cushion GB

Sitzpolster n <kfz.innen> • seat squab; squab pract.coll

Sitzposition f <bekl> • riding position

Sitzposition f <fz> (des Fahrers) • driving position

Sitzrohr n DIN ISO 8090 <fz> (Fahrrad) • seat tube ISO 8090

Sitzrohrwinkel m <fz> (Fahrrad) • seat tube angle

Sitzschale f <kfz> (Kindersitz) • seat shell

Sitzschale, -wanne f <kfz.sich> (typ. auf Beifahrersitz, in Reboard-Position; im Ggs. zu Kindersitz) • infant carrier; baby seat; infant safety seat

Sitzschiene f . <kfz> • seat runner; seat guide channel form; seat slide coll; seat rail; seat fixture rare.coll

Sitzschienenbock m <kfz> • seat rail console

Sitzstrebe f <fz> (Fahrrad) • seatstay

Sitzträger m <kfz> • seat base; seat riser Chrysler

Sitzung f <jur> • intergovernmental meeting

Sitzventil n <masch> • seating valve; seated-type valve

Sitzverstellbereich m <kfz.innen> (in Längsrichtung, in mm) • seat travel

Sitzverstellmechanik f <fz> • seat adjuster

Sitzverstellung f <fz> • seat adjuster

Sitzverstellung f <fz> • seat adjustment

Sitzverstellung mit Memory-Mechanik Citroën <kfz.innen> • memory seat adjustment

Sitzwanne f <kfz> (im Bodenblech) • seat well; under seat panel; seat pan

Sitzwaschbecken n <innen> • bidet

Sizing n <pack> • sizing

SK <füg> • flow welding (FLOW)

Skala f <msr> (Markierung auf Lineal, Messinstrument, Zifferblatt) • scale

Skala für direkte Blendenablesung f <phot> • aperture direct-readout scale

Skala mit unterdrücktem Nullpunkt f rar <msr> • set-up scale

Skala mit Zollteilung f <msr> • English scale

Skala ohne Nullpunkt f <msr> • set-up scale

skalar <math> • scalar adj

Skalar m <math> • scalar quantity; scalar

skalare Größe f <math> • scalar quantity; scalar

skalarer Druck m <nukl> • scalar pressure

skalares Potential n <phys> • scalar potential

Skalarfeld n <math> • scalar field

Skalarprodukt n <math> (z. B. v. Vektoren) • scalar product

Skalarprodukt n <math> (von Vektoren) • dot product; scalar product

Skale f rar <msr> (Markierung auf Lineal, Messinstrument, Zifferblatt) • scale

Skalenablesung f <msr> • scale reading; dial reading

Skalenanzeige f <msr> • scale indication; dial indication

Skalenanzeiger m <msr> • dial finger

Skalenausschlag m <msr> • scale deflection; dial swing

Skalenbeleuchtung f <msr> • scale illumination; dial illumination

Skalenbeleuchtung f <phot> (im Sucher) • scale illumination

Skalenbereich m <msr> • scale range; measuring range

Skalenbezifferung f <msr> • scale numbering

Skalenblatt n <msr> • scale dial

Skaleneinteilung f DIN 2257 <msr> • scale graduation; scale division

Skalenendstrich m <msr> • scale end mark

Skalenendwert m <msr> • maximum scale value; full scale value; end scale value

Skalenfaktor m <msr> • multiplying power

Skalenfaktor m <msr> • scale factor

Skalenfaktor m <navig> (Kreiselparameter) • scale factor

Skalenfaktor m <pap> • scale factor

Skalenfehler m <qualit> • scale error

Skalengalvanometer n <el> • scale galvanometer

Skaleninstrument n <msr> • direct-reading instrument

Skalenintervall m <tech.allg> • scale interval

Skalenkreis m <msr> • circular scale; angular scale

Skalenlampe f <msr> • dial lamp; instrument lamp

Skalenmarke f <msr> • graduation mark; scale mark

Skalenmittenwert m <msr> • midscale value

Skalenrad n <phot> • scale dial

Skalenreiter m <msr> • indicator clip

Skalenring m <msr> • dial

Skalenring m <msr> • graduated collar

Skalenring m <msr> • graduated ring

Skalenscheibe f <msr> • graduated dial

Skalenscheibe f <msr> • graduated disc

Skalenscheibe f <msr> • indicating dial

Skalenscheibeneinstellung f <tech.allg> (z. B. Messgerät, Vorrichtung, Ziffernschloß) • dial operation

Skalenseil n <av> (Radio) • driving string

Skalenseil n <msr> (für Skalenzeiger) • pull cord

Skalenteil m <msr> (Libelle) • bubble division

Skalenteil m <msr> (Strichabstand) • scale interval; dial interval

Skalenteilung f <msr> • scale graduation; scale division

Skalentrommel f <msr> • graduated collar

Skalenverzerrung f <msr> • scale distortion

Skalenvollausschlag m <msr> • full scale

Skalenwert m <msr> • scale interval; dial interval

Skalenwert m <msr> • scale reading; dial reading

Skalenzeiger m <msr> • scale pointer; dial pointer; scale needle; dial needle

Skale ohne Nullpunkt f rar <msr> • set-up scale

skalierbare Linearaufzeichnung f (SLR) Tandberg <edv> (Magnetband) • scalable linear recording (SLR)

Skalieren n <edv> • scaling

skalieren vt <edv> • scale vt

skalieren vt <math> • scale vt

Skalierung f <edv> • scaling

Skalierung f <msr> (Markierung auf Lineal, Messinstrument, Zifferblatt) • scale

Skalierung f <phys> • scaling

Skalierungsfaktor m <edv> • scaling factor

Skalpell n <wz> • scalpel; frisket knife; x-acto knife pract; stencil cutting knife form

Skeletal-Animation f <edv> • skeleton animation

skeletale Deformation f <edv> • skeletal deformation

Skelett n <tech.allg> • framework

Skelett n <aerospace> (eines Flugzeuges) • skeleton; structure

Skelett n <bau> • skeleton

Skelett n <bau> • skeleton framing

Skelett n <kfz> (Reifen) • fabric

Skelett n <masch> (Grundstruktur) • skeleton

Skelett-Animation f <edv> • skeleton animation

Skelettbauweise f <tech.allg> • skeleton construction

Skelettbauweise f <kfz> • skeleton construction

Skelettbildung f <mat> (Gefüge) • skeleton formation

Skelettkatalysator m <chem> • skeleton catalyst

Skelettkörper m <metall> (Pulvermetallurgie) • skeleton solid; interconnected pore system

Skelettlinie f <doku> (Fachwerkzeichnung) • skeleton line; profile mean line

Skelettmodell n <metall> • skeleton pattern

Skelettplattenbauweise f <bau> • panel-frame construction

Skelettrahmenbauweise f <bau> • skeleton framing

Skew n <av> • skew

Ski m DIN ISO 6289 <sport> (für Alpin, Abfahrt od. Langlauf) • ski coll

Ski mpl DIN ISO 6289 <sport> (für Alpin, Abfahrt od. Langlauf; als Paar) • skis pl; slats pl coll

Skiaskop n <opt> • skiascope

Skiatron n <el> • skiatron

Skibindung f <sport> (Ausrüstung) • ski binding; binding pract

Skiboard n <sport> (kürzer als 1 m, Tip und Tail hochgezogen) • ski board

Skibox f <kfz> • ski rack

Skibrille f <bekl.sport> • goggles

Skidpad n prakt.ugs <kfz> (Testgelände) • skid pad

Skihalteraufsatz m <kfz> (für Lastenträger) • ski clamps; ski holder Jaguar

Skikasten m <kfz> • ski rack

Skikoffer m <kfz> • ski rack

Skikorb m <kfz> • ski rack

skimmen vt <petr> • skim vt

Skimrinne f <ents> • skim edge V

Skin-Effekt m • skin effect

Skin-Effekt m <el> (in Wechselstromleitern) • skin effect

Skineffekt m <phys> • skin effect

skineffektarmer Leiter m <el> • Milliken conductor; segmental conductor US; type-M conductor CAN; Milliken-type segmental conductor

Skinpackung f <pack.klass> • skin package US; skin pack GB

Skintiefe f <el> • skin depth

Skin-Zeit f <nukl> • skin [penetration] time

Skip n Son <av> • skip search; scene search; scene finder JVC

Skipaufzug m <förd> • skip hoist

Skipbefehl *m* <edv> • skip instruction; skip

Skipförderung *f* <förd> • skip hoisting

Skipistenkonditionierer *m* :*V* <nfz> *(Überschneefahrzeug)* • snow groomer; ski-slope grooming machine *form*; Pisten Bully *TMpract*; Ratrac*TM*; Sno-Cat *TMUS*

Skip-Shift-Schaltung *f* <kfz> • skip-shift

Skirts *npl* <petr> *(Bohrplattform)* • skirt system

Skisack *m* <kfz> • ski bag :*V*

Skischuh *m* <sport.bekl> • ski boot

Skistiefel *m prakt* <sport.bekl> • ski boot

Skistock *m* <sport> • ski-pole

Skiträger *m* <kfz> • ski carrier

Ski- und Skischuhbox *f MB* <kfz> • skiing equipment box

Skizze *f* <doku> *(meist freihändig, nicht unbedingt maßstäblich)* • sketch

Skizze *f* <doku> *(Freihandzeichnung)* • sketch

Skizze *f* <werb> • rough; scribble; thumbnail sketch

Sklero-Kornealschale *f* <opt> • haptic lens

skleronom <mech> • scleronomic; scleronomous

Skleroskop *n* <mat> • scleroscope

Skorotroneinheit *f* <büro> *(Kopiergerät)* • scorotron

Skrubber *m* <nukl> • scrubber; gas washer

Skrubberkühler *m* <verf> • scrubber apparatus

SKS <gastr.hlk> *(Sonderform des SBS)* • sick-kitchen syndrome (SKS)

S-Kurve *f* <math> *(Schaubild)* • sigmoid curve; sigmoid

S-Kurve *f* <verk> • S-bend; S-curve; S-shaped curve; reverse curve; sigmoid curve

SK-Verfahren *n* <ents> • leachate recirculation (LR)

Skybox *f* <edv> • sky box

Skylight-Filter *n* (ugs: m) <phot> • skylight filter

Skyview *f* <navig> *(Display)* • satellite sky view; sky view; sky view indicator; satellite skyview page

Skyviewabbildung *f* <navig> *(Display)* • satellite sky view; sky view; sky view indicator; satellite skyview page

Skyview-Anzeige *f* <navig> *(Display)* • satellite sky view; sky view; sky view indicator; satellite skyview page

SL <kfz> *(Rad)* • special ledge (SL); safety ledge *US*

SL-Abschaltventil *n* <kfz> *(für Sekundärluft)* • air cut-off valve

Slant-Azimuth-Technik *f* <av> • slant azimuth technique; slanted azimuth technique; slanted azimuth recording technique

Slanted-Azimuth-Technik *f* <av> • slant azimuth technique; slanted azimuth technique; slanted azimuth recording technique

Slave *m* <edv> • slave

Slave *m* <edv.av> • slave

Slave-Oszillator *m* <edv.av> • slave oscillator

Slaveprozessor *m* <autom> • slave processor

Slave-Prozessor *m* <edv> • slave processor

SLF <ents> *(Gemisch aus Kunststoffen, Textilien, Glas, Leichtmetall)* • shredder light fraction

SLF <ents> • shredder light fraction (SLF)

SLF-Gemisch *n* <ents> *(Gemisch aus Kunststoffen, Textilien, Glas, Leichtmetall)* • shredder light fraction

Slider *m* <av.edv> *(zur Dateneingabe)* • slider; data entry slider

Slim *n* <av> • slim effect; slim *adj*

Slim-Effekt *m* <av> • slim effect; slim *adj*

Slinger *m* <metall> • slinger

Slingram-Verfahren *n* *(Geophysik)* • electromagnetic gun

Slingshot-Vergaser *m Suzuki* <kfz.mot> *(Motorrad)* • slingshot-carburetor *Suzuki*

Slip *m* <nav> *(Fischereifahrzeug)* • slipway; ramp; chute

Slip *m* <nav> • slipway; hauling slip

Slip mit hohem Beinausschnitt *m* <bekl> • hi-cut brief; hi-leg brief

Slipper *m* <bekl> • slip-on shoe

Slipperbauweise *f* <kfz.metall> • slipper design

Slipper-Dip-Vorbehandlung *f* <obfl> • slipper dip pretreatment

Slipwinkel *m* <aerospace> • side-slip indicator

Slogan *m* <werb> • slogan

Slot *m prakt* <edv> *(betont: Zum Nachrüsten)* • expansion slot; slot *pract*

Slot *m prakt* <edv> • slot

Slotted Aloha-Verfahren *n* <tele> • slotted Aloha process

Slotted-tube-Stent *m* <med.tech> • tubular stent; tubular-slotted stent *Biotronik*; slotted tube stent *obs*

Slow Associated Control Channel *m* (SACCH) *norm* <tele> • Slow Associated Control Channel (SACCH)

SLOW DOWN-Anzeige *f* <kfz> • SLOW DOWN indicator; catalytic converter SLOW DOWN indicator *form*

Slow-Down-Mode *m* <kfz> • slow-down mode

SLOW DOWN-Warnleuchte *f* <kfz> • SLOW DOWN indicator; catalytic converter SLOW DOWN indicator *form*

Slow-In *m* <edv> • slow-in

Slow in and Slow out *n* <kino> • slow-in and slow-out

slow/low-Stamm *m* <med> • slow/low virus

Slow-Out *m* <edv> • slow-out

Slow-Shutter-Modus *m* <av> • slow shutter mode

SLR <edv> • Single-Channel Linear Recording (SLR) *Tandberg*

SLR <edv> *(Magnetband)* • scalable linear recording (SLR)

SLR-Kamera *f* <phot> *(meist KB)* • single lens reflex camera; SLR camera

SLS-System *n* <kfz.emiss> *(selbstansaugend, ohne Luftpumpe)* • air induction system; pulse air system *pract*; pulsair injection reaction system

SLS-Ventil *n* <kfz.emiss> • aspirator valve; pulsair valve

Slushmoulding *n* <kst> • slush molding

Slush-Moulding *n* <kst> • slush molding

Slush-Verfahren *n* <kst> • slush molding

SM <alarm> *(in der zuletzt begangenen Tür)* • block lock :*V*; blocking lock :*V*

SM <el> • stranded shaped conductor *IEC*; shaped stranded conductor; stranded sector conductor; sector strand

Small-Block-Motor *m* <kfz> • small-block engine

Smaragd *m* <bekl> • emerald

smaragdgrün *RAL 6001* <kunst> • emerald green; gamma green *Magic Color*; Guignet's green; Guinea green

SmartCard *f* <edv.phot> *(Digital-Fotografie)* • SSFD chip card; SmartCard

Smartware *f* <edv> *(Bedienungskomfort)* • smartware

S-Matrix *f* <nukl> • scattering matrix; S-matrix

SMC <kst> • sheet molding compound (SMC)

SMC <kst> • sheet molding compound (SMC); prepreg *obs*

SMC-Formmasse *f* <kst> • sheet molding compound (SMC); prepreg *obs*

SMD <edv> • surface mounted device (SMD); SMD chip

SMD <el.ic.prod> • surface mounted device (SMD)

SMD *n* <el> *(Bestückungstechnik)* • surface mount[ed] design (SMD)

SMD-Alu-Elektrolytkondensator *m* <el> • SMD alloy electrolytic capacitor

SMD-Alu-Elko *m prakt* <el> • SMD alloy electrolytic capacitor

SMD-Ausführung *f* <el> *(im Ggs. zur bedrahteten Ausführung)* • SMD-style

SMD-Chip *m* <edv> • surface mounted device (SMD); SMD chip

SMD-Elektrode *f* <el.chem> • static mercury drop electrode (SMDE)

SMD-Gehäuse n <edv> • surface mounted device (SMD); SMD chip

SMD-Pad n <el> • SMD pad

SMD-Technik f <edv.prod> • surface mount technology (SMT)

Smear-Effekt m <av> • smear effect; smearing effect; streaking effect

SMEC n <kfz.msr> *(Steuergerät bei Chrysler)* • SMEC Chysler

smektisch <mat> *(in Flüssigkristallen; Richtungs- u. Schwerpunktskorrelationen)* • smectic

smektischer Aggregatzustand m <mat> *(kristalline Flüssigkeit)* • smectic state

smektischer Zustand m <mat> *(kristalline Flüssigkeit)* • smectic state

S-Meldung f <edv> • supervisory response *ISO 3309*; S response

SMES <energ> *(schneller Kompensator)* • superconducting magnetic energy storage (SMES); cryogenic magnetic energy storage

SMF <edv.av> • Standard MIDI File (SMF); standard MIDI file; MIDI file

SMF-Songdatei f <edv.av> • standard Midi file (SMF); Midi format *stand.*; Midi songfile standard *form.*; Midi standard file

SMG <kfz.antr> • sequential manual gearbox (SMG)

Smog m *DIN ISO 4225* <emiss> *(aus smoke und fog abgeleitet)* • smog *ISO 4225*

Smog msg <ökol> • smog

Smoking m <textil> • dinner-jacket

Smooth-Shading n <edv> • smooth shading

Smooting n <edv.av> • loop crossfade; smoothing

SMPTE f *[sämmptih]* <av> • SMPTE *[sämmptih]*; Society of Motion Picture and Television Engineers

SMPTE-MIDI-Synchronisationseinheit f <av> • SMPTE synchronizer; SMPTE-to-MIDI synchronizer

SMPTE-Synchronizer m <av> • SMPTE synchronizer; SMPTE-to-MIDI synchronizer

SMS <tele> *(via Mobilfunknetz)* • Short Message Service (SMS); short text messaging

SMS f ugs <tele> *(auf Handy)* • SMS message; short message; text message; SMS *coll*

SMS-Mitteilung f <tele> *(auf Handy)* • SMS message; short message; text message; SMS *coll*

SMT-... <el> *(Baustein; z. B. Kondensator, Diode)* • surface-mount ...; SMT-...

SMT-Batteriehalter m <el> *(z. B. für Knopfzellen)* • SMT battery retainer

SMT-fähig <el> • SMT-capable

SMT-geeignet <el> *(Baustein; z. B. Kondensator, Diode)* • surface-mount ...; SMT-...

SMT-Technik f rar <edv.prod> • surface mount technology (SMT)

SMVA <ents> • hazardous waste incineration plant

Sn <chem> • tin (Sn); stannum metallicum

SNCR-Verfahren n <chem> • SNCR-process; SNR-process; selective noncatalytic reduction; thermal DeNO$_x$

Snell-Einnäher m <bekl> • Snell certification sticker; Snell sticker

Snellius'sches Brechungsgesetz n <opt> • Snell's refraction law

S-Nockenbremse f <nfz.brems> • S-cam brake; s-cams pl sl

SNR <emiss> *(Entstickung)* • selective non catalytic reduction (SNR); thermal deNOx

SO <alarm> • visual signal device

SO2-Abscheidung f <ents> • SO$_2$-removal

SO2-Brüden pl <chem> • SO$_2$-rich offgas; SO$_2$-vapor

SO2-Reichgas n <chem> • SO$_2$-rich offgas; SO$_2$-vapor

SO$_2$-Abscheiderate f <emiss> • SO$_2$-removal efficiency

SOA <tech.allg> • safe operating area (SOA)

so bald wie möglich <tech.allg> *(z. B. Lieferung, Fertigstellung, Montage)* • as soon as possible (ASAP)

Society of Motion Picture and Television Engineers f <av> • SMPTE *[sämmptih]*; Society of Motion Picture and Television Engineers

Sockel m *(.)* • support

Sockel m <tech.allg> • footing

Sockel m <tech.allg> *(allg.; Grundplatte etc., z. B. von Sitzen)* • base; riser

Sockel m <bau> *(Wand, Mauer)* • dado

Sockel m <bau> • pedestal

Sockel m <el> *(Transistor)* • header

Sockel m <el> • lamp base; socket

Sockel m <geo> *(Küstensockel)* • shelf

Sockel m <geo> • continental basement; continental shelf

Sockel m <kfz> *(Helmprüfung)* • anvil

Sockel m <kfz.el> *(von Lampen)* • base *US*; cap *GB*

Sockel m <licht> • cap *stand*; base *gen*

Sockel m <logist> *(Fachbodenregal)* • base

Sockel m <masch> • pedestal

Sockel m <masch> *(Grundrahmen)* • base frame; pedestal; understructure; foot; underbase *rare*

Sockel m <metall> *(Hochofen)* • understructure

Sockeladapter m <el> • valve adapter

Sockelbuchse f <el> *(Kathodenstrahlröhre)* • cap sleeve

Sockelgestein n <geo> *(fester Fels oder Untergrund, z. B. als Fundament)* • bedrock; living rock; native rock

Sockelheizkörper m <hlk> • baseboard heater

Sockelleiste f <logist> *(z. B. an Regal, unten)* • base plate *US*; plinth *GB*

sockellose Glühlampe f <licht> • capless lamp

Sockelmauer f <bau> • plinth wall

Sockel oben (h) <licht> • base up (h); base up burning

Sockelring m *(Silo)* • bottom section

Sockelschaltung f <el> *(Elektronenröhre)* • basing

Sockelschaltung f <el> • pin connection

Sockel seitlich (p) <licht> • base at the side (p)

Sockelstift m <el> *(Elektronenröhre)* • base prong; base pin; contact pin

Sockelstufe f <bau> • pedestal step

Sockeltäfelung f <bau> • dado frame; dado framing

Sockel unten (s) <licht> • base down (s); base down burning

Soda f <chem> • soda; natron; sodium bicarbonate

Soda f <chem> • sodium carbonate; soda

Soda f <min> *(Na$_2$CO$_3$)* • natron

Soda n <chem> • sodium carbonate; natrum carbonicum

Soda n <chem.verf> • soda ash; sodium carbonate

Sodaaufschluss m <pap> • soda pulping

Sodaenthärtung f <chem.verf> *(Wasserchemie)* • soda softening

Sodaverfahren n <pap> • soda process

Sodazellstoff m <pap> • soda pulp

SODIS <hygi> • solar drinking water disinfection (SODIS); solar sterilization of drinking water

Sodis-Flasche f <hygi> *(zur Wasserentkeimung durch Sonnenlicht)* • sodis bottle

SODIS-Verfahren n <hygi> • solar drinking water disinfection (SODIS); solar sterilization of drinking water

Söderberg-Elektrode f <el> • Söderberg electrode; self-baking electrode

söhlig <min> • aclinal

söhlig <min> • level; horizontal

söhlige Bohrung f <min> • horizontal drilling

söhlige Förderstrecke f <min> • horizontal drive

söhliger Firstenstoß m <min> • flat-back overhand stope

söhliger Firstenstoßbau m <min> • flat-back stoping

söhliger Gang m <min> • flat lode
söhlige Schicht f <min> • horizon
söhlige Strecke f <min> • gallery; roadway
söhlige Verschiebung f <min> • horizontal displacement
Sofa n <innen> • sleeper; sofa; loveseat
SOFC <energ> • solid oxide fuel cell (SOFC)
SOFC <energ.chem> • solid oxide fuel cell (SOFC)
Soffitte f <kfz.el> • festoon bulb; festoon-type bulb; linear [source] lamp; tubular lamp *coll*
Soffitte f <licht> • double-ended lamp; tubular lamp
Soffittenlampe f <kfz.el> • festoon bulb; festoon-type bulb; linear [source] lamp; tubular lamp *coll*
Soffittenlampe f <licht> • double-ended lamp; tubular lamp
Soffittenleitung f <el.licht> • tubular lamp wire
Soffittensockel m allg <licht> • double-ended cap
sofort <allg> *(z. B. Reaktion, Implementierung)* • immediately; instantly; at once; without delay
sofort <allg> *(z. B. Ansprechen, Reaktion)* • instantaneous; undelayed
Sofortabfrage f <edv> • real-time interrogation
Sofortaufnahme f (QSR) <av> *(VCR-Funktion)* • quick start recording (QSR); direct record; instant record; record what you see; immediate recording
Sofortaufnahmetimer m <av> *(VCR-Funktion)* • one-touch recording (OTR); quick timer recording; instant timer recording; quick recording function; quick timer *coll*
Sofortbild n <phot> • instant picture
Sofortbildfilm m <phot> • instant film
Sofortbildkamera f <phot> • instant picture camera; instant camera; Polaroid camera ®; Polaroid-Land camera ®
Sofortdruck auf Abruf m <druck> *(Druck)* • digital printing
Sofortdruck auf Abruf m <druck> *(Digitaldruck)* • print on demand (PoD); print-on-demand; on-demand printing
Soforthilfe f <jur> • emergency response; emergency assistance; relief assistance
Soforthilfemaßnahme f GTS <jur> • emergency operation; emergency relief assistance
Soforthilfeprogramm n BMI <jur> • emergency relief programme
sofortiger Zugriff m <edv> • instantaneous access
sofortige Verwendung f <pap> • immediate use
sofortige Wiedergabefunktion f Sha <av> • instant review; Instant ReView JVC; Easy programme playback Hit; instant replay Sha; one-touch playback Aiw
Sofortmessung f <pap> • on-the-spot measurement
Sofortsetzung f *(Bodenmechanik)* • immediate settlement
Sofortstartlampe f <licht> • instant-start lamp
Sofort-Stopp m <prod.nahr> *(Speiseeis; Freezer)* • instant-stop
Sofortstopp m <sich> • high-speed stop
Sofortverarbeitung f <edv> • real-time processing
Sofortverarbeitung anfallender Daten <edv> • demand processing
Sofortverarbeitung anfallender Daten <edv> • immediate processing
Sofortverkehr m <logist> *(z. B. Medikamentenzustellung für Apotheken, Ärzte)* • demand service
Sofortverkehr m <tele> • no-delay operation
Sofortverkehr m <tele> • no-delay service
Sofortvorschub m <edv> • immediate skip
Sofortwahl f <tele> *(erst Hörer abnehmen, dann wählen; im Ggs. zu Blockwahl)* • immediate dialing US; immediate dialling GB; sequential dialing US
Sofortwiedergabe f <av> • instant review; Instant ReView JVC; Easy programme playback Hit; instant replay Sha; one-touch playback Aiw
Sofortwiedergabe mit Programmangabe f <av> • instant review with programme readout

Sofortwiedergabetaste f <av> • instant review button
Sofortzugriff m <edv> • immediate access
Softbindung f <sport> *(Snowboard)* • soft binding
Softcase n <pack> *(Motorrad)* • tail bag; rack bag
Soft Close Automatic f BMW <kfz> *(für Türen/Hauben/Heckklappe)* • power closing :V; servo closing [feature/function] :V; soft-close automatic BMW; closing aid MB
Softeis n <nahr> • soft-serve ice cream; soft ice cream; soft-served ice cream; soft-ice; soft-served ice
Softeis-Automat m ugs <nahr.prod> • soft-serve freezer; dispensing freezer; soft-serve machine; soft-serve batch freezer; counter freezer
Softeis-Chargenfreezer m <nahr.prod> • soft-serve freezer; dispensing freezer; soft-serve machine; soft-serve batch freezer; counter freezer
Softeisfreezer m <nahr.prod> • soft-serve freezer; dispensing freezer; soft-serve machine; soft-serve batch freezer; counter freezer
Softeismaschine f <nahr.prod> • soft-serve freezer; dispensing freezer; soft-serve machine; soft-serve batch freezer; counter freezer
Soft-Fehler m <edv> • soft error
Softgreifer m <autom> • soft gripper
Softip-Getriebe n <kfz.antr> • Softip transmission
Soft Keys mpl <navig> *(Empfänger)* • soft keys pl
Soft-Object n <edv> • soft object
Soft-Object-Animation f <edv> • soft object animation; simulation
Softscheibe f <av.licht> • scrim
Softsektorierung f <edv> • soft sectoring
Softtasten fpl <navig> *(Empfänger)* • soft keys pl
Softtastenbedienung f <navig> *(Empfänger)* • softkey operation
Software f <allg.edv> *(geistiges Produkt, das aus Information auf einem Medium beruht)* • software
Softwareänderung f <edv> • software update
Softwarebaustein m <edv> • software building block
Softwarebefehl m <edv> • software command; software instruction
Softwarebibliothek f <edv> • software library
Softwareerweiterung f <edv> • software extension
Softwarefehler m <edv> • program error; software error
Softwarefehlerbeseitigungsprogramm n <edv> • software debugging program; software debug program
Softwarehilfen fpl <edv> • software aids
softwarekompatibel <edv> • software-compatible
Softwarekonfiguration f <edv> • software configuration
Softwarepaket n <edv> • software package
Softwaresequencer m <edv.av> • software sequencer; MIDI recorder; sequencer program
Softwaresequenzer m <edv.av> • software sequencer; MIDI recorder; sequencer program
Softwaretechnik f <edv> • software engineering
Softwareträger m <edv> • software carrier
Softwaretreiber m <edv> • software driver
Softwarewartung f <edv> • software maintenance
Softwarewerkzeug n <edv> • software tool
Sog m <nav> *(Propeller)* • thrust deduction
Sog m <phys> *(Strömung durch relativen Unterdruck)* • suction
Soglast f <bau> *(z. B. Dach, Fenster)* • suction wind loading
SoG-Si <energ.sol> *(für Solarzellen)* • solar grade silicon (SoG-Si); solar-cell-grade silicon rare; silicon for photovoltaic applications did
so gut wie <allg> *(nahezu, fast)* • all but
Sogverschleiß m <mat> • cavitation wear
Sogwirbel m <phys> • swirl
Sogziffer f <phys> • thrust-deduction coefficient

SOHC <mot> *(eine einzige)* • single overhead camshaft (sohc)

SOHC-Motor *m* <kfz.mot> • sohc-engine

Sohlabdichtung *f* <ents> *(von Deponien)* • bottom sealing

Sohlbank *f* <bau> • window sill; sill; sill plate

Sohldruck *m* <bau> • base pressure

Sohle *f (Herd)* • bottom; bed

Sohle *f* <bau> • bottom; floor

Sohle *f* <bau> *(Kaianlage)* • dredged berth

Sohle *f* <bekl> *(Schuhe)* • sole

Sohle *f* <bekl> *(Schuh)* • sole

Sohle *f* <hydr> *(Kanal)* • bottom; ground; sole

Sohle *f* <min> *(Grube)* • level horizon

Sohle *f* <min> *(Tagebau)* • lift

Sohle *f* **(1)** <ents.hydr> *(eines Rohres bzw. Kanals)* • invert

Sohle *f* **(2)** <ents.hydr> *(eines Grabens)* • trench bottom; bottom of a trench

Sohlebefestigung *f* <hydr> *(Kanal)* • bed reinforcement

Sohlegefälle *n (Fluss)* • bed slope; bottom slope

Sohlenbergbau *m* <min> • horizontal mining; horizon mining

Sohlengefälle *n* DIN 4045 <ents.hydr> • sewer base slope

Sohlengewölbe *n* <min> • floor arch

Sohlen-Handfaust *f* <kfz.wz> • toe dolly; kidney dolly

Sohlenhebung *f* <min> • floor lift

Sohlenplatte *f (Ofenherd)* • bottom plate; bath plate

Sohlenplatte *f* <min> • floor plate

Sohlenplatte *f* <prod> • base plate; sole plate

Sohlenstrecke *f* <min> • bottom road

Sohlfläche *f* • base area

Sohllöseneinbruch *m* <min> • toe cut; bottom-draw cut; bottom-horizontal cut

Sohlplatte *f* <bau> *(Abwasserkanal)* • invert

Sohlplatte *f* <ents> *(Kläranlage)* • sole plate; bearing plate

Sohlplatte *f* DIN 189 <masch> *(Steh-Gleitlager)* • base plate; base slab; bedplate

Sohlpressung *f* <bau> • base pressure

Sohlpressung *f* <min> • soil pressure

Sohn *m* <edv> • son; daughter

Sohn-CD *f* <edv> • son; daughter

SoHo-Markt *m* <econ> • soho market

Sol-Technologie *f* <el.ic.prod> *(Siliziumfilm auf isolierender Oxidlage)* • SOI technology

Sojabohnenöl *n* <bio> • soy bean oil; soya bean oil *rare*

Sol *n* <chem> • sol

Solarabsorber *m* <energ.sol> • heat-pump assisted solar collector

Solaranlage *f* <energ.sol> • solar system; solar collector system; solar collection system

Solarbatterie *f* <energ.sol> • photovoltaic battery; solar battery *rare*

Solardach *n* <energ.sol> • solar roof

Solardachziegel *m* (SDZ) <energ.sol> • PV-roofing tile

Solarenergie *f* <energ.sol> • solar energy

solare Prozesswärme *f* <energ.sol> • solar process heat

solarer Energiegewinn *m* <bau> • solar heat gain; passive solar heat gain

solarer Wasserstoff *m* <astron> • solar hydrogen

solares Prozesswärmesystem *n* <energ.sol> • solar industrial process heat system

solares Rauschen *n* <astron> • solar noise

solare Trinkwasserdesinfektion *f* (SODIS) <hygi> • solar drinking water disinfection (SODIS); solar sterilization of drinking water

solare Trinkwasser-Desinfektionsflasche *f* <hygi> *(zur Wasserentkeimung durch Sonnenlicht)* • sodis bottle

solare Trinkwasser-Entkeimung *f* <hygi> • solar drinking water disinfection (SODIS); solar sterilization of drinking water

Solarfarmanlage *f* <energ.sol> • solar farm [system]; dispersed system; distributed collector system; solar-thermal distributed receiver system

Solarfarmkraftwerk *n* <energ.sol> • solar farm [system]; dispersed system; distributed collector system; solar-thermal distributed receiver system

Solarfarmsystem *n* <energ.sol> • solar farm [system]; dispersed system; distributed collector system; solar-thermal distributed receiver system

Solarfassade *f* <bau> • photvoltaic facade; PV facade

Solargeber *m* <sol> • solar transducer

Solargenerator *m* <energ.sol> • solar generator; photovoltaic generator

solargestützte Holztrocknung *f* <holz> • solar drying of timber

solargestützte Trocknungsanlage *f* <energ.sol> • solar-assisted drying system

Solar-grade-Silizium *n* rar <energ.sol> *(für Solarzellen)* • solar grade silicon (SoG-Si); solar-cell-grade silicon *rare*; silicon for photovoltaic applications *did*

Solar Home System *n* <sol.bau> • solar home system (SHS); residential PV system; home electric system

Solarisation *f* <phot> • solarization

Solarisation *f* <phot> *(Verfremdungstechnik)* • Sabattier effect; pseudo-solarization; solarization

Solarisationssäume *mpl* <phot> • Mackie lines *pl*

solarisieren *vt* <phot> • solarize *vt*

Solarkollektor *m* <energ.sol> *(zur Wärmeerzeugung)* • solar collector; collector *pract*

Solarkollektor *m* rar <energ.sol> • solar collector

Solarkollektoranlage *f* <energ.sol> • solar system; solar collector system; solar collection system

Solarkonstante *f* <astron> • solar constant

Solarkonstante *f* <energ.sol> • solar constant

Solarkonstante *f* <phys> *(1367 Watt pro Quadratmeter, plus/minus 7 Prozent)* • solar constant

Solarkonverter *m* <energ.sol> • solar energy converter

Solarkraftwerk *n* <energ.sol> *(allg., thermisch oder photovoltaisch)* • solar power plant

Solarmaschine *f* <sol> • solar engine

Solarmobil *n* <kfz.sol> • solar car; sun car

Solarmodul *n* <energ.sol> *(Photovoltaik)* • photovoltaic module; solar electric module; PV module; solar module

Solarpaneel *n* rar <energ.sol> • panel

Solarpanel *n* rar <energ.sol> • panel

Solarschindel *f* <energ.sol> *(mit Photozellen)* • solar shingle

Solarsilizium *n* (SoG-Si) <energ.sol> *(für Solarzellen)* • solar grade silicon (SoG-Si); solar-cell-grade silicon *rare*; silicon for photovoltaic applications *did*

Solarsilizium *n* Bayer <energ.sol> • polycrystalline silicon

Solarstrom *m* <energ.sol> • solar power

Solarstromanlage *f* <energ.sol> *(Solarkraftwerk mit Solarzellen)* • PV plant; photovoltaic solar power plant

Solarstromkraftwerk *n* <energ.sol> *(Solarkraftwerk mit Solarzellen)* • PV plant; photovoltaic solar power plant

Solartapete *f* ugs.Presse <sol> • solar cell on a roll *ARDI*; solar roll *coll.press*

Solartaschenrechner *m* <sol.edv> • solar calculator

solar-terrestrisch <astron> • solar-terrestrial

solar-terrestrische Physik *f* <phys> • solar-terrestrical physics

Solarthermie *f* <energ.sol> • solar-thermal energy conversion; solar energy utilization

solarthermische Energieumwandlung *f* <energ.sol> • solar-thermal energy conversion; solar energy utilization

solarthermisches Kraftwerk *n* <energ.sol> *(mit Kollektoren bzw. Konzentratoren)* • solar thermal power plant
Solartrocknung *f* <energ.sol> • solar drying
Solarturmanlage *f* <energ.sol> • central receiver power system; central power tower system; central receiver system; central receiver solar power system; solar-thermal central receiver system
Solarturmkraftwerk *n* <energ.sol> • central receiver power system; central power tower system; central receiver system; central receiver solar power system; solar-thermal central receiver system
Solarturmsystem *n* <energ.sol> • central receiver power system; central power tower system; central receiver system; central receiver solar power system; solar-thermal central receiver system
Solarwärme *f* <energ.sol> • solar heat
Solar Wall *f* <energ.sol> *(Luftkollektor-System)* • solar wall
Solarwand *f* <energ.sol> *(Luftkollektor-System)* • solar wall
Solarwasserstoff *m* <astron> • solar hydrogen
Solarzelle *f* <energ.sol> *(zur spektralen Zerlegung der Sonnenstrahlung)* • multigap cell; multi-bandgap cell; multijunction cell; tandem cell
Solarzelle *f* <energ.sol> • photovoltaic cell; solar voltaic cell; solar battery *obs*; solar cell
Solarzelle *f* <energ.sol.> • photovoltaic cell
Solarzelle hohen Wirkungsgrads *f* <energ.sol> • high efficiency solar cell
Solarzelle mit Heterostruktur *f* <energ> • heteroface cell
Solarzelle mit tiefliegenden Kontakten *f* <energ.sol> *(ohne Abschattung)* • laser-grooved buried-grid solar cell (LGBG); buried-grid solar cell; LGBG cell *pract*
Solarzellenplatte *f* <energ.sol> • solar panel
Solarzellenwirkungsgrad *m* <sol> • solar cell efficiency
Sole *f* <chem> • brine solution; brine *coll*; salt brine *rare*
Solebad *n* <prod.nahr> *(Speiseeis; Rundgefrierer)* • brine bath
Solebehälter *m* <prod> • brine tank
Solebergbau *m* <min> *(z. B.Salzbergwerk)* • leaching
solehaltig • briny
Soleil-Platte *f* • biquartz
Solekreislauf *m* <hlk> • brine circulation *sg*
Solekühler *m* • brine cooler
Sole/Luft-Wärmepumpe *f* <hlk> • water-to-air heat pump
Solenoid *n* <nukl> • solenoid
Solenoidrelais *n* <el> • solenoid relay
Solenoidspule *f* <nukl> • solenoidal coil [of torus]
Solepumpe *f* • brine pump
Solequelle *f* <min> • saline
Sole/Wasser-Wärmepumpe *f* <hlk> • water-to-water heat pump; water-water heat pump
Sol-Gel-Übergang *m* <chem> • sol-gel transformation
solid fuel <aerospace> *(z. B. für Raketen)* • solid propellant
Solid-Modeling *n* <edv> • solid modeling
Solid-Modeling *n* <edv> • CSG modeling *US*; CSG modelling *GB*; solid modeling *US*; solid modelling *GB*
Solid-State-Floppy-Disk *f* (SSFD) <edv> • solid-state floppy disk (SSFD)
Solid-Textur *f* <edv> • solid texture
Solid-Texturing *n* <edv> • solid texturing
Soliduslinie *f* <metall> • solidus curve; solidus line; solidus
Soliduslinie *m* <phys.chem> • solidus line; solidus; solids curve
Solifluktion *f* <geo> • solifluction; soil flow
Solion *n* <el.chem> *(elektrochemisches Bauelement)* • solion

Sollänge *f* <textil> *(Wickelei)* • pre-set length
Sollanzeige *f* <msr> • error-free indication
Sollanzeige *f* <msr> • ideal indication
Sollbahn *f* <aerospace> • equilibrium orbit
Sollbahn *f* <prod> *(numerische Steuerung)* • set path
Sollbruchstelle *f* <tech.allg> • predetermined breaking point; defined weak point *rare*; rated breaking point *rare*
Sollbruchstelle *f* <masch> • breaking-point
Solldrehzahl *f* <masch> *(z. B. Turbine, Hauptspindel, E-Motor)* • desired speed
Solleistung *f* • required output
Solleistung *f* <tech.allg> *(z. B. Motor, Kraftwerk)* • design power
Solleistung *f* <tech.allg> • desired output
Sollflugbahn *f* <tech.allg> *(Geschoß, ballistische Rakete, Raumfahrzeug)* • intended trajectory
Sollflugbahn *f* <aerospace> • prescribed trajectory
Sollflugbahn *f* <aerospace> • specified trajectory
Sollflugbahn *f* <mil> *(Geschoß)* • desired trajectory
Sollfrequenz *f* <av> • listed frequency
Sollgeschwindigkeit *f* <tech.allg> *(z. B. Fahrzeug, Schlitten, Vorschub, Laufkatze)* • desired speed
Sollgeschwindigkeit *f* <autom> • desired velocity
Soll/Ist-Differenz *f* <autom> • error signal deviation
Soll-Ist-Vergleich *m* <av> • regulator
Sollkennlinie *f* <msr> • best straight line
Sollkurs *m* <navig> • desired track [line] (DTK)
Sollmaß *n* <tech.allg> • desired dimension
Sollmaß *n* <tech.allg> • desired size
Sollmaß *n* <tech.allg> • specified size
Sollmaß *n* <msr> • specified dimension
Sollstellung *f* <tech.allg> *(z. B. Schalter, Schütz, Ventil)* • demanded position
Sollstellung *f* <msr> *(z. B. Zeiger, Nadel)* • desired position
Sollstrom *m* <msr> • set current
Sollweite *f* (DS) <ents.hydr> • desired size
Sollwert *m* <tech.allg> *(betont: erforderlicher Wert)* • required value
Sollwert *m* <msr> *(eingestellter Wert, z. B. von Regelung; z. B. eine bestimmte Temperatur)* • set value; setpoint; setting; control input
Sollwert *m* <msr> *(Betonung: gewünschter Wert)* • desired value
Sollwertabweichung *f* <msr> • deviation from desired value
Sollwertabweichung *f* <msr> *(Regeln)* • deviation error
Sollwertänderung *f* <msr> *(Steuerung, Regelung, Qualitätssicherung)* • change of set point
Sollwertanzeige, <msr> *(z. B. auf Display, Skala)* • setpoint reading
Sollwertbereich *m* <tech.allg> • operating differential
Sollwertbildung *f* <msr> • formation of setpoint
Sollwerte *mpl* <qualit> • target values
Sollwerteingang *m* <msr> • reference input
Sollwerteinsteller *m* <msr> • reference input element
Sollwerte und Grenzwerte *mpl* <qualit> • target values and limits
Sollwertferneinstellung *f* <msr> • set-point remote adjustment
Sollwertferngeber *m* <msr> • set-point transmitter
Sollwertfernverstellung *f* <msr> • remote set-point adjustment
Sollwertgeber *m* <msr> • set-point transmitter
Sollwertgeber *m* <msr> • reference input element
Sollwert-Istwert-Übereinstimmung *f* <qualit> • coincidence of desired and actual value
Sollwertstelleinrichtung *f* <msr> • control-point setting mechanism
Sollwerttabelle *f* <msr> • set value table

Sollzeit f <msr> • characteristic time
Sollzeitpunkt m <tech.allg> • ideal significant instant
Sollzustand m <msr> (z. B. Messgerät, Regler) • desired condition
Solobus m <nfz> • rigid bus
Solo-Fahrzeug n <nfz> (Lkw-Zugmaschine ohne Anhänger) • straight truck US; rigid GB
Solo-Lkw m <nfz> (Lkw-Zugmaschine ohne Anhänger) • straight truck US; rigid GB
Solo-Wagen m <nfz> (Lkw-Zugmaschine ohne Anhänger) • straight truck US; rigid GB
Solowagen m <nfz> • rigid bus
Solutizerprozess m <petr> • solutizer process
Solvat n <chem> • solvate
Solvat n <tribo> • solvent neutral [oil]
Solvatation f <chem> • solvation
Solvay-Verfahren n <chem.verf> • ammonia soda process; Solvay's ammonia soda process
Solvens n <chem> • solvent; dissolver
Solventextraktion f <chem> • solvent extraction; liquid-liquid extraction
Solventextraktion f <chem.verf> (Raffinationsverfahren) • solvent extraction; solvent refining
Solventparaffinierung f <chem> • solvent dewaxing
Solventraffinat n <tribo> • solvent neutral [oil]
Solventraffination f <chem> • solvent refining
Solventraffination f <chem.verf> (Raffinationsverfahren) • solvent extraction; solvent refining
Solventtrocknung f <chem> • solvent drying
Solvolyse f <chem> • solvolysis; lyolysis
Solzustand m <chem> • sol state; sol condition
Somerville-Laborsortierer m <pap> • fractionator Somerville type
Sommerbetrieb m <tech.allg> (z. B. Kfz, Klimaanlage) • summer operation
Sommerbutter f <nahr> • summer butter
Sommerfeldzahl f DIN ISO 4378-4 <masch> (Tragfähigkeitskennzahl für Gleitlager) • Sommerfeld number ISO 4378-4
Sommerfreibord m <nav> • summer freebord
Sommerhandschuh m <bekl> • summer glove; warm weather glove; summer sports style glove
Sommeröl n <tribo> (Schmieröl) • summer-grade oil
Sommerreifen m <kfz> • summer tire
Sommer-/Winterzeitschaltung f Telefunken <av> • automatic summer/winter time adjust; auto summer/winter time adjust; summer/winter time adjust
Sommerzeit f <allg> (Uhrzeit eilt astronomischer Zeit (Sonnenzeit) vor) • daylight savings time
Sommerzeitautomatik f Akai <av> • automatic summer/winter time adjust; auto summer/winter time adjust; summer/winter time adjust
Sonar n <navig> (allg.) • sonar; sonar set
Sonar n prakt <navig> (Tiefenmessung) • sonar; echo sounder; echo depth finder; acoustic depth finder; echo sounding device
Sonarbereich m <navig> • sonar range
Sonardom m <msr> • sonar dome
Sonde f <tech.allg> • probe
Sonde f <msr> (Meteorologie; Bohrlochvermessung) • sonde
Sonde f <msr> (Bodensondierung) • sounding apparatus
Sonde f <msr> (allg.) • probe
Sonde f prakt <msr> • flue gas probe; sampling probe pract; flue probe; stack probe rare
Sondenanschluss m <tech.allg> • probe connection
Sondenballon m <meteo> • meteorological balloon; sounding balloon; registering balloon
Sondenbruch m <tech.allg> • probe damage

Sondencharakteristik f <msr> (Plasma) • probe current-voltage data; current-voltage data
Sondenkabelschaden m <tech.allg> • damage to the probe cables
Sondenkeramik f <kfz.emiss> (Lambda-Sonde) • ceramic probe body
Sondenkreuz n • Christmas tree
Sondenmikrophon n <akust> • probe microphone
Sondenprobe f <min> • spoon sample
Sondenreinigung f <tech.allg> • cleaning of the probe
Sondenrohr n <msr> • probe shaft
Sondenspannung f <msr> • probe voltage
Sondenspitze f <msr> • probe tip
Sondenspule f (Magnetfeldmessung) • flip coil
Sondenspule f <phys> • pick-up coil
Sondenwechsel m <tech.allg> • exchange of the probe
Sonderabfall m <ents> • hazardous waste US; dangerous waste GB
Sonderabfall m <ents> (Teil des Industrieabfalls) • hazardous waste; special waste
Sonderabfallbehandlung f <ents> • hazardous waste treatment
Sonderabfallverbrennungsanlage f (SAV) <ents> • hazardous waste incinerator
Sonderangebot n <werb> • special offer
Sonderappell m GTS <jur> • special appeal
Sonderausführung f <bau> • custom design
Sonderausgaben fpl <fin> • special expenses
Sonderausstattung fsg <tech.allg> • optional equipment sg; optional features pl; options pl pract
Sonderausstattung fsg <doku> (Überschrift über Liste/Tabelle) • options pl
Sonderausstattung ohne Mehrpreis f <tech.allg> • no-cost option; option at no extra cost
Sonderausstattungsliste f <doku> • list of options
Sonderausstattungspaket n <tech.allg> (allg.) • option package
Sonderausstattungspaket n <tech.allg> (mit besonders günstigem Preis/Leistungsverhältnis) • special value package
Sonderbauform f <prod> (eines Gehäuses) • special housing
sonderberuhigter Stahl m <metall> • abnormal steel
Sonderbewehrung f <bau> • special (-purpose) reinforcement
Sonderbewetterung f <min> • auxiliary ventilation; separate ventilation
Sonderbronze f <mat> • special bronze
Sondereinrichtung f <wz.masch> • special attachment
Sonderform f <tech.allg> • specialty shape; special shape
Sonderfreigabe f ISO 9000 <qualit> (Ermächtigung zur Freigabe eines fehlerhaften Produktes) • concession ISO 9000
Sondergewinde n <masch> • special thread
Sondergewinde n <masch> • special-purpose thread; special thread
Sonderglas n <bau> • specialty glass; special glass
Sondergusseisen n <metall> • special cast iron
Sonderkarosserie f <kfz> • special body; coachbuilt body GB; one-off body
Sonderlackierung f <obfl> • premium paint
Sonderlegierung f <mat> • special-purpose alloy
Sondermaschine f <tech.allg> • special machine
Sondermaschinen fpl <masch> • special purpose machines pl
Sondermessing n <mat> • high-strength brass
Sondermüll m <ents> • special refuse
Sondermüll m <ents> (Teil des Industrieabfalls) • hazardous waste; special waste

Sondermüll *m* <ents> *(im Hausmüll enthaltene Problemstoffe)* • special waste
Sondermüll *m prakt.ugs* <ents> • hazardous waste *US*; dangerous waste *GB*
Sondermülldeponie *f* <ents> • hazardous waste landfill; toxic waste landfill; toxic landfill
Sondermülldeponie *f* <ents> • hazardous waste landfill; toxic waste landfill
Sondermüllentsorgung *f* <ents> • hazardous waste collection
Sondermüllentsorgung *f* <ents> • disposal of hazardous waste; disposal of toxic waste; toxic waste disposal
Sondermüllverbrennungsanlage *f* (SMVA) <ents> • hazardous waste incineration plant
Sondermüllverbrennungsanlage *f prakt.ugs* <ents> • hazardous waste incinerator
Sondernetz *n* <tele> • dedicated network
Sonderobjektiv *n* <av> • special lens
Sonderorganisation *f GTS* <jur> • specialized agency
Sonderpassung *f* <füg> *(nicht genormt)* • special fit
Sonderprofil *n* <bau> *(Fenster)* • accessory profile
Sonderprofil *n* <mat> *(Alu, Holz, Kunststoff, Stahl)* • special profile; special section
Sonderprogramm *n GTS* <jur> • Special Programme
Sonderrad *n* <kfz> • custom wheel; customized wheel; custom designed wheel
Sonderrad *n* <kfz> • custom wheel; customised wheel; custom designed wheel; special wheel; alternative wheel
Sonderspannung *f* <el> *(andere als gewöhnliche Sp.; z. B. von Netzteilen)* • special voltage
Sonderspannvorrichtung *f* <prod> • special work-holding fixture
Sonderstahl *m* <metall> *(meist ein legierter Edelstahl)* • non-standard grade steel; special steel; special-purpose steel
Sondertafel *f* <allg> • special pattern
Sondertechniken *fpl* <prod> • special techniques
Sonderwalzwerk *n* <metall> • special rolling mill
Sonderwerkzeug *n* <kfz.wz> • special tool; specialty tool form
Sonderwerkzeugmaschine *f* <wz.masch> • special-purpose machine tool
Sonderzeichen *n* <druck> • special character; special symbol
Sonderzubehör *n* <tech.allg> • accessories *pl*
Sonderzubehör *n* <tech.allg> • extras
Sonderzubehör *n* <tech.allg> • optional equipment
Sonderzubehör *nsg* <tech.allg> • optional equipment *sg*; optional features *pl*; options *pl pract*
Sonderzubehörteile *npl* <tech.allg> *(z. B. Kfz)* • optional accessories
sondieren *vt* <tech.allg> *(mit Sonde untersuchen)* • probe *vt*
sondieren *vt* <min> *(z. B. Kohlebergwerk)* • sound *vt*
Sondiergerät *n* <msr> *(Bodensondierung)* • sounding apparatus
Sondierschacht *m DIN 4048-2* <energ.hydr> *(z. Erkundung des Gebirges)* • exploration shaft
Sondierstollen *m DIN 4048-2* <energ.hydr> *(Stollen zur Erkundung des Gebirges)* • exploration tunnel
Sone *n* <akust> *(Kennwort zur Angabe der Lautheit)* • sone
SONET-Netzwerktechnik *f* <lwl> • synchronous optical networking (SONET)
Song *m* <av> • song; sequence
Song-Position-Pointer *m* (SPP) <av> • song position pointer (SPP)
Song Select *m* <av> • song select; song select message; song select command

Song Select *n* <av> • song select; song select message; song select command
Song Select-Befehl *m* <av> • song select; song select message; song select command
Sonic-Venturi-System <obfl> *(HVLP-Spritzpistolen)* • sonic venturi
so niedrig wie möglich <tech.allg> *(z. B. Emissionen)* • as low as possible (ALAP)
so niedrig wie vernünftigerweise möglich <tech.allg> *(z. B. Emissionen, Risiken, Kosten)* • as low as reasonable achievable (ALARA)
Sonifikation *f* <astron> • sonification
Sonne *f* <astron> • sun
Sonnenaktivität *f* <astron> • solar activity
Sonnenbank *f* <hygi> • sun bed; sun bench
Sonnenbatterie *f* <sol> • solar battery
Sonnenbatterietafel *f* <sol> • solar battery panel
Sonnenbeobachtungssatellit *m* <aerospace> • orbiting solar observatory
sonnenbetrieben <sol> • solar-powered
Sonnenbild *n* <energ.sol> • solar image; image of the sun
Sonnenbleiche *f* <textil> • sun bleaching
Sonnenblende *f* <bau> *(Vordach, z. B. über Terrasse)* • awning
Sonnenblende *f* <kfz> • visor; vizor; sunshade
Sonnenblende *f* <kfz> • sunshade
Sonnenblende *f* <kfz> *(innen oder außen)* • sun visor; sunshade *rare*; visor *coll*
Sonnenblende *f* <phot> • lens-hood
Sonnenblumenöl *n* <hygi.tribo> • sunflower oil
Sonnenbrille *f* <opt> • sun-glasses
Sonnenbrillen-Fach *n* <kfz.innen> • sunglass storage compartment; sunglass storage
Sonnendach *n* <kfz> *(aus Glas)* • sun roof; moon roof *Ford*
Sonnendach *n MB* <kfz> *(allg; normalerweise aus Metall)* • sliding sunroof (sr); sliding roof; sunroof
Sonneneinstrahlung *f* <energ.sol> *(durch Sonnenlicht; in MJ/m² oder kWh/m²)* • insolation; radiant exposure; irradiation *pract*; sunlight exposure *coll*
Sonnenenergie *f ugs* <energ.sol> • solar energy
Sonnenenergie-Satellit *m* <aerospace> • solar power satellite (SPS)
Sonnenenergieverstärker *m* <sol> • solar energy intensifier
Sonnenenergiewandler *m* <energ.sol> • solar energy converter
Sonneneruption *f* <astron> • solar flare; facula *thsc*; flare *coll*
Sonnenfackel <astron> • flare
Sonnenfackel *f* <astron> • solar flare; facula *thsc*; flare *coll*
Sonnenferne *f* <astron> • aphelion
Sonnenfinsternis *f* <astron> • solar eclipse
Sonnenfleck *m* <astron> • sunspot
Sonnenfleckenaktivität *f* <astron> • sunspot activity
Sonnenfleckengruppe *f* <astron> • spot group
Sonnenfleckenmaximum *n* <astron> • sunspot maximum
Sonnenfleckenminimum *n* <astron> • sunspot minimum
Sonnenfleckenperiode *f* <astron> • sunspot cycle
Sonnenfleckentätigkeit *f* <astron> • sunspot activity
Sonnenfühler *m* <energ.sol> • sun-tracking sensor
Sonnengeber *m* <aerospace> • solar transducer; solar sensor
Sonnenheizung *f* <hlk> *(Raumheizung mit Sonnenenergie)* • solar heating
Sonnenkollektor *m* <energ.sol> *(zur Wärmeerzeugung)* • solar collector; collector *pract*
Sonnenkollektor *m* <energ.sol> • solar collector

Sonnenkorona f <astron> • solar corona
Sonnenkraftwerk n <energ.sol> *(allg., thermisch oder photovoltaisch)* • solar power plant
Sonnenlauf m <energ.sol> • movement of the sun; solar path; path of the sun; route of the sun
Sonnenliege f <hygi> • tanning bed
Sonnenliege f <hygi> • sun bed; sun bench
Sonnennähe f <astron> • perihelion
Sonnenofen m <energ.sol> • solar furnace
Sonnenokular n <astron.opt> • solar eyepiece
Sonnenorientierung f <astron> • sun acquisition
Sonnenorientierungsgeber m <aerospace> • solar sensor; sun-fixed reference sensor
Sonnenpaddel n <aerospace> • solar cell paddle; solar cell panel; solar battery paddle *rare*
Sonnenparallaxe f <astron> • solar parallax
Sonnenrad n *DIN 3998* <antr> *(Planetengetriebe; z. B. in Automatikgetriebe)* • sun gear; sun wheel *GB*; center gear; sun pinion; internal gear
Sonnenrad-Antriebsnapf m <kfz.antr> • sungear drive shell *Chrysler*
Sonnenrauschen n <astron> • solar noise
Sonnenscheinautograph m <meteo.msr> • sunshine duration transmitter
Sonnenscheindauer fsg <energ.sol> • duration of sunshine *sg*
Sonnenscheinschreiber m <meteo.msr> • sunshine duration transmitter
Sonnenscheinstunden fpl <energ.sol> • sunshine hours *pl*; hours of sunshine *pl*
Sonnenschild m <bekl> *(Helm)* • visor; sun visor; peak; peak visor
Sonnenschutz m <bau> • solar screen
Sonnenschutzbeschichtung f <bau> *(auf Fensterglas)* • sun control film; sunshade film
Sonnenschutzbrille f <opt> • sun-glasses
Sonnenschutzfaktor m (SF) <hygi> *(von Sonnenschutzcremes etc.)* • sun protection factor (SPF)
Sonnenschutzglas n <bau> *(eingefärbt)* • heat-absorbing glass; tinted glass
Sonnenschutzglas n <silik> *(mit Metall- oder Metalloxidbeschichtung)* • low E glass; low emissivity glass; low-e glass; heat-absorbing glass
Sonnenschutz-Isolierglas n <bau> *(mit Metallbeschichtung)* • sunshade insulating glass
Sonnenschutz-Rollo n <kfz> *(für Seiten- oder Heckfenster)* • roll-up sun screen; roll-up shade; sunblind *GB*
Sonnenschutzstreifen m <kfz> • windshield sunshield *US*; sun shield; top tints; top stripe *rare*; graduated tints *pl*
Sonnenschutzvorrichtung f <bau> • solar screen
Sonnensegel n <nav> • awning
Sonnenspektrograph m <astron> • solar spectrograph
Sonnenspektrum n <astron> • solar spectrum
Sonnenspule f <textil> • sun cheese; flat-conical cheese
Sonnensystem n <astron> • solar system
sonnenstrahldurchlässung <energ.sol> • translucent; transparent
Sonnenstrahlen mpl <energ.sol> • solar rays *pl*; sun's rays *pl*
Sonnenstrahlung f <astron> • solar radiation
Sonnenstrahlung aussetzen vt <phys> • insolate *vt*
sonnenstrahlungsdurchlässig <energ.sol> • transparent; translucent
Sonnenstunden fpl <energ.sol> • sunshine hours *pl*; hours of sunshine *pl*
Sonnensuchsystem n <energ.sol> • sun-seeking system
Sonnentätigkeitsperiode f <astron> • solar activity cycle; solar cycle
Sonnentag m <astron> • solar day

Sonnentau m <bio> • sundew; drosera rotundifolia
Sonnenuntergang m <allg> *(Fliegerei: Regeln; Photographie)* • sunset
Sonnenwind m <astron> • solar wind
Sonnenzahl f <energ.sol> *(von Spiegeln, Linsensystemen)* • concentration ratio
Sonnenzahlkonzentrationsverhältnis n <energ.sol> • sun concentration ratio
Sonnenzeit f <astron> • solar time
Sonnenzelle f obs <energ.sol> • photovoltaic cell; solar voltaic cell; solar battery *obs*; solar cell
Sonnenzellenausleger m rar <aerospace> • solar cell paddle; solar cell panel; solar battery paddle *rare*
Sonnenzellenplatte f <energ.sol> • solar panel
Sonometer n <msr> • sonometer
Sonotrode f <füg> *(Ultraschallschweißen; z. B. bei Vliesstoffen, Chipverdrahtung)* • sonotrode
Sony/Philips Digital Interface n (SPDIF) <av> • Sony/Philips digital interface (SPDIF)
S-Operator m <nukl> • scattering matrix; S-matrix
Sopor m <med> • sopor; stupor
Sorbens n <chem.verf> • absorbing substance; absorbing material; absorbing agent; sorbent
Sorbet n <nahr> • sorbet
Sorbet n <nahr> • sherbet; fruit sherbet *prakt*
Sorbieren n <verf> • sorption
sorbierter Stoff m <verf> • sorbate
Sorbinsäure f <nahr> *(Wein)* • sorbic acid
Sorbit n (E 420) <nahr> • sorbitol (E 420)
Sorelzement m <bau.mat> • Sorel cement
Soret-Effekt m *(Thermodiffusion)* • Soret effect
sorgfältig durchkonstruiert <tech.allg> • elaborate
sorgfältig durchkonstruiert <tech.allg> • well-designed
Sorgfalt f <tech.allg> • diligence; prudence; care
Sorgfalt f <jur> • diligence; care; attention
Sorgfaltspflicht f <jur> • duty of care; duty to take care; duty to take due care
Sorption fsg <verf> • sorption
Sorptionsfähigkeit f <verf> • sorption capacity *:V*
Sorptionsfilter m <nukl> • sorption filter
Sorptionskälteanlage f <hlk> • sorption refrigeration system
Sorptionsmittel n <chem> • sorbent material
Sorptionsmittel n <verf> • sorbent
Sorptionspumpe f <verf> *(Getterpumpe)* • sorption pump
Sorptionsverfahren n <ents> • sorption process
Sorptiv n <verf> • sorbate
Sorte f <allg> *(Erscheinungsform von etwas; z. B. von Molekülen)* • sort; type; kind
Sorte f <jur> • plant variety
Sorten auf Holzschliffbasis fpl <pap> • ground wood based grades
Sortencharakter m <nahr> *(Wein)* • varietal character
sortenrein <autom> *(z. B. Paletteninhalt)* • homogenous
Sortenschutz m <jur> • variety protection; plant varieties *pl*; plant variety protection; protection of plants varieties
Sortenspezifikation f <pap> • grade specification
sortentypischer Charakter m <nahr> *(Wein)* • varietal character
Sortieranlage f <ents> • separation plant
Sortieranlage f <ents> • sorting plant
Sortierband n <förd> • sorting belt; sorting conveyor
Sortierbetrieb m <büro> • collate mode
Sortierbetrieb m <ents> • sorting plant
Sortierdatei f <edv> • sort file
Sortiereinrichtung f <büro> *(z. B. für Geld, Kopien)* • sorter
Sortieren n <edv> • sorting; sort
Sortieren n <ents> *(von Faserstoff)* • screening

sortieren vt *(Gruppen zuteilen)* • assort vt
sortieren vt *(Aufbereitung)* • classify vt
sortieren vt <allg> • sort vt
sortieren vt <tech.allg> *(in Reihenfolge)* • sequence vt
sortieren vt <tech.allg> *(nach Größe)* • size vt
sortieren vt <druck> *(z. B. Kopiererfunktion)* • collate vt;
sort vt
sortieren vt <prod> *(nach Qualität)* • grade vt
sortieren vt <verf> *(z. B. nach Größe, Dichte, Gewicht)*
• separate vt
Sortieren durch Austausch <edv> • sorting by exchange
Sortieren durch Auswahl <edv> • sorting by selection
Sortieren durch Einschieben <edv> • sorting by inser-
tion
Sortieren durch Mischen <edv> • sorting by merging
Sortierer <büro> *(z. B. für Geld, Kopien)* • sorter
Sortierer m <ents> • sorter
Sortierer m <pap.ents> • screen; sieve
Sortierer m <verf> *(z. B. für Geld, Pakete)* • sorting ma-
chine; sorter
Sortierer und Leser m <edv> • sorter reader
Sortierfach n <büro> *(Kopierer)* • sorter bin
Sortierfläche f <ents> • screen area
Sortierfolge f <edv> • collating sequence
Sortierfolge f <verf> • marshalling sequence
Sortiergüte f <ents> • screening efficiency
Sortierkasten m <pap> • perforated pan screening tray
Sortierleser für Belege • document sorter reader
Sortiermagnet m <ents> • sorting magnet; sorter magnet
Sortiermaschine f <edv> *(Lochkartenmaschine)* • pun-
ched-card sorter
Sortiermaschine f <pack> • sorting machine; sorter
Sortiermaschine f <verf> • grading machine; grader
Sortiermerkmal n <edv> • sort key
Sortierplatte f <ents> • screen plate
Sortierprogramm n <edv> • sorting program
Sortierprogrammgenerator m <edv> • sort gen-erator
Sortierprüfung f <qualit> • screening inspection; screen-
ing test
Sortierschlüssel m <edv> • sort key
Sortiersieb n • classifying screen; separating screen;
sorting screen
Sortierstufe f <ents> • screening stage
Sortiersystem n <verf> • screening system
sortierte Kohle f DIN 22005-2 <min> • washed coal
sortiertes Altpapier n <pap.ents> • sorted waste paper
sortierte Ware f <pap.ents> • pre-sorted waste paper
Sortiertisch m <verf> • grouping table; sorting table
Sortiertrommel f <pap.ents> • drum screen
Sortiertrommel f <verf> • separating drum
Sortier- und Mischprogramm n <edv> • sort-collate
program
Sortierung f *(Aufbereitung)* • classification; separation
Sortierung f <ents> • sorting
Sortierung f <ents> *(an der Abholstelle)* • collection point
separation
Sortierung f <ents> *(mechanische)* • sorting; separation
Sortierung f <ents> *(nach Korngröße)* • particle sizing
Sortierung f <textil> *(Numerierung; Prüfen)* • sorting
Sortierung f <verf> *(nach Qualität)* • grading
Sortierung f <verf> *(nach Größe)* • sizing; grading
Sortierung f <verf> • sorting
Sortierverfahren n <ents> • separation method
Sortiervorgang m <tech.allg> *(z. B. EDV, Verfahrens-
technik)* • sorting operation
Sortierzeit f <edv> • sorting time
Sortierzone f <ents> *(innerhalb eines Sortierers)* • screen-
ing zone

Sortierzyklon m <verf> • cyclone separator; cyclone washer
Sortiment n <allg> • assortment
Sortiment n <logist> • range of articles; assortment
Sortiment n <werb> • range
Sortimente npl <holz> • timber assortments
Sortimentspackung f DIN 55405 <pack.klass> • assort-
ment pack ISO/WD 21076; assortment package
Sort-TV n Nok <av> • auto sorting system (ASS); Auto-
matic Sorting System Sha; Sort TV Nok; auto sorting
system Sha
SOS-Ruf m <alarm> • SOS call
Soße f <gastr> • sauce
Soßen fpl <nahr> *(Speiseeis)* • toppings pl; sauces pl
SOS-Technik f <el> • silicon-on-sapphire technology;
SOS technique
SOS-Übergang m <energ.sol> • SOS-junction; semicon-
ductor-oxide-semiconductor-junction
SOT-Deckel m <pack> *(umweltfreundlich: Öffnungs-
lasche, -zunge bleiben am Deckel)* • SOT end; nonde-
tachable end
SOT-Lasche f <pack> *(SOT-Deckel-Nomenklatur)* • stay-
on tab; retained-ring tab; ecology tab
Souffleur m /-euse f <theat> • prompter
Souffleurkasten m <theat> • prompt box; prompter's box
Sound m <av> *(Audioinformationen auf Sampling-CDs)*
• sound; sample sound; sampling sound
Sound m ugs <av> *(Güte der Tonwiedergabe; z. B. von
Lautsprechern)* • audio quality; tone; sound quality pract;
sound coll
Sound m <edv.av> *(Audioqualität eines Synthesizers)*
• tone; sound
Sound m <edv.av> *(gespeicherte und abrufbare Parame-
terwerte für einen Klang)* • sound program; sound; timbre;
patch; program
Soundanlage f werb <kfz.av> *(Stereoanlage)* • audio
system; sound system ad
Soundausgabe f <av> • sound output
Soundbänke fpl <edv.av> • sound patches; preset banks;
factory presets; patches; sound presets
Soundbibliothek f <edv.av> • sound library; audio library;
music library
Soundblaster m (SB) <edv.av> • Soundblaster (SB);
Sound Blaster; SoundBlaster; SB standard
Sound Blaster m <edv.av> • Soundblaster (SB); Sound
Blaster; SoundBlaster; SB standard
Soundblaster 16 m (SB 16) <edv.av> • Soundblaster 16
(SB 16)
Soundblaster-Instrumentenbank f (SBI) <edv.av>
• Soundblaster instrument bank (SBI); SB instrument
bank; SB instrument file
Soundblaster Pro m (SB Pro) <edv.av> • Soundblaster
Pro (SB Pro); SoundBlaster Pro; Sound Blaster Pro
Sound Blaster Pro m <edv.av> • Soundblaster Pro (SB
Pro); SoundBlaster Pro; Sound Blaster Pro
Sound Canvas (SC) <av> • Sound Canvas (SC)
Sounddatei f <av> • sound format; audio format; sample
(data) format; audio file; sound output format
Soundeffekt m ugs <el.mus> *(Klangveränderung)* • sound
effect; effect pract
Soundeffektprozessor m <el.mus> • effects processsor;
effects engine; effects generator; effects synthesizer;
special effects generator
sound emission <akust.emiss> • noise emission
Soundformat n <av> • sound format; audio format; sam-
ple (data) format; audio file; sound output format
Soundkanal m <av> • audio channel; sound channel
Soundkarte f <edv> • sound card; audio board; sound
board; audio card
Soundkarte f <edv.av> • PCM cartridge

Soundkartenstandard *m* <av> • sound standard; audio standard

Soundkompatibilität *f* <av> • sound compatibility

Soundorgel *f* <kfz> • electronic song horn

Sound-Patches *mpl* <edv.av> • sound patches; preset banks; factory presets; patches; sound presets

Soundprozessor *m* <av.edv> • synthesizer; sound engine; synth *jarg.*; sound processor

Soundqualität *f* <av> *(Güte der Tonwiedergabe; z. B. von Lautsprechern)* • audio quality; tone; sound quality *pract*; sound *coll*

Soundquelle *f* <edv.av> • sound source; audio source

Sound-RAM *n* <edv.mus> • sample RAM; sample memory; wave sampling RAM; wave sample RAM; wavetable RAM

Sound Retrieval System *n* (SRS) <edv.av> • Sound Retrieval System (SRS); SRS 3D; SRS technique

Soundsammlung *f* <edv.av> • sound library; audio library; music library

Soundsample *n* <av> • sound sample; sampled sounds

Soundsampler *m* <edv.av> • sampler

Soundscape <edv.av> • Soundscape

Sound-Shuttle-Funktion <av> • sound shuttle

Soundstandard *m* <av> • sound standard; audio standard

Soundsystem *n* *werb* <kfz.av> *(Stereoanlage)* • audio system; sound system *ad*

Soundtrack *m* <av> *(z. B. von Kinofilm)* • sound track; film music

Soundtreiber *m* <av> • sound driver; driver

Sounduntermalung *f* <av> • sound support

Soundunterstützung *f* <av> • sound support

Soundverarbeitung *f* <edv.av> • sound processing; audio processing; signal processing

Source *f* <el> • source

Source-Elektrode *f* <el> *(Feldeffekttransistor)* • source

Source-Folger *m* <el> • source follower

Sourcefolger *m* <el> • source follower

Source-Gebiet *n* <el> • source region

Sourceschaltung *f* <el> • common source; common source configuration; common source connection

Soviet Geodetic System (1985) *n* (SGS-85) <navig> • Soviet Geodetic System (1985) (SGS-85)

Soxhlet'scher Extraktionsapparat *m* <verf> • Soxhlet extractor; Soxhlet

Soxhlet-Apparat *m* <verf> • Soxhlet extractor; Soxhlet

Sozia *f* <kfz> *(Motorrad, Roller)* • passenger

Sozialhilfe *f* <jur> • social assistance; public relief; relief services; welfare assistance

Sozialhilfeleistungen *fpl* *BMI* <jur> • social assistance benefits

Sozialisation *f* *AWR* <soz> • socialization

Sozius *m* <kfz> *(Motorrad)* • passenger

Sozius-Fußraste *f* <fz> *(Motorrad)* • passenger footrest; buddy peg *coll*

Sozius-Haltegriff *m* <kfz> • passenger grab handle

Soziussitz *m* <kfz> *(Motorrad, Motorroller, Motorschlitten)* • pillion

SP <av> • standard play (SP)

Space *f* <el> *(Fehlen eines Signals)* • space

Space *m* *selten* <edv> *(Klarschrift)* • space; blank

Space-Frame-Knoten *m* <kfz> • space-frame node

Spacemap *f* <edv> *(CAD; aus Voxeln)* • spacemap

Space Shuttle *n* <aerospace> • space shuttle

Space Warp *n* <edv> • space warp

Spachtel *f* <kfz.wz> *(zum Schaben, Kratzen, Auftragen)* • putty knife *US*; putty scraper *US*; filling knife *GB*

Spachtel *f* *A* <wz> *(gerade, scharfe Kante; z. B. für Kfz-Anwendungen)* • putty knife *US*; putty scraper *US*; filling knife *GB*

Spachtel *m* <bau.wz> *(für Kitt; eher schmale Klinge)* • putty-knife

Spachtel *m* <kfz.wz> *(breit, nachgiebig; aus Gummi oder Kunststoff)* • squeegee

Spachtel *m* <obfl.wz> *(flache Klinge; speziell zum Farbabkratzen)* • paint-scraper

Spachtel *m* <wz> *(allg.)* • spatula

Spachtel *m* <wz> *(gerade, scharfe Kante; z. B. für Kfz-Anwendungen)* • putty knife *US*; putty scraper *US*; filling knife *GB*

spachtelbar <mat> • knife-grade

Spachtellack *m* <obfl> • flatting varnish

Spachtelmasse *f* <bau.mat> *(für Gipskartonplatten)* • adhesive *pract*; drywall adhesive; compound *pract*

Spachtelmasse *f* <mat> *(betont: Kitt, für Fugen)* • putty; luting; stopper

Spachtelmasse *f* <mat> *(Polyesterspachtel)* • filler paste

Spachtelmasse *f* <obfl> *(Füller für dünnen Auftrag)* • filler

Spachtelmesser *n* *ugs* <kfz.wz> *(zum Schaben, Kratzen, Auftragen)* • putty knife *US*; putty scraper *US*; filling knife *GB*

Spachteln *n* *DIN EN ISO 4618* <obfl> *(Auftragen eines Ziehspachtels zum Glätten der Oberfläche)* • filling *ISO 4618-3*

spachteln *vt* <bau> • putty *vt*

spachteln *vt* <obfl> *(z. B. Riss)* • stop *vt*; fill *vt*

Spachteln mit Feinspachtel *n* <kfz.rep> • stopping *GB*

Spachteltechnik *f* <kunst> • putty-knife painting

Späne *mpl* <ents> *(Altpapiersorte)* • shavings *pl*

Späne *mpl* <prod> • chips

Späne *mpl* <prod> *(Holz)* • shavings

Späne *mpl* <prod> • swarf

Späne aufteilen *vt* <prod> • fragmentize chips *vt*

Spänefangeinrichtung *f* <holz> • sawdust collecting system

Spänefangkasten *m* <prod> *(Pappschere)* • shavings bin

Spänefangschale *f* <wz.masch> • chip pan

Spänefangschale *f* <wz.masch> • chip tray

Späneförderer *m* <wz.masch> *(Späneabfuhr)* • chip conveyor; swarf conveyor

Spänekasten *m* <wz.masch> • chip bin

Späneräumer *m* <wz.masch> • chip remover

Spänerutsche *f* <wz.masch> • chip chute

Späneschutz *m* <sich> *(Arbeitsschutz)* • chip guard

Spänestauung *f* <wz.masch> • chip clogging; chip congestion

Spänetransporteinrichtung *f* <wz.masch> • chip conveyor

Spänetrockner *m* <verf> • wood chip drier

spät <kfz.el> *(Zündung)* • retarded

Spätdose *f* *prakt, ugs* <mot.msr> *(für Spätzündung)* • vacuum retard [unit]

spätest möglicher Abschlusstermin *m* <jur> • latest allowable completion time

Spätheimkehrerschaltung *f* <alarm> • late return disarming feature *:V*

Spätholz *n* <obfl.holz> • latewood; summerwood

Spätschaden *m* <qualit> • latent injury

Spätverstellsystem *n* *rar* <mot.msr> *(für Spätzündung)* • vacuum retard [unit]

Spätverstellung *f* <kfz.el> *(in Richtung spät)* • ignition retard; spark retard

Spätzündung *f* <kfz.el> • ignition retard; spark retard; retarded ignition; retarded spark

Spaghetti-Düse <kst> • spaghetti die

Spallation *f* <nukl> • spallation

Spallationsquerschnitt *m* <nukl> • spallation cross-section

Spalt *m* • interstice

Spalt *m* • space
Spalt *m* <tech.allg> *(schlitzähnliche Öffnung, in einem Teil od. zw. benachbarten Teilen)* • gap
Spalt *m* <tech.allg> *(meist zwischen festem und bewegtem Teil)* • clearance
Spalt *m* <tech.allg> *(allg.)* • gap
Spalt *m* <tech.allg> *(sehr eng)* • crevice
Spalt *m* <tech.allg> *(Lücke; eher klein, schmal)* • clearance; interstice *form*; gap *coll*
Spalt *m* <el> *(in Magnet-Schreib/Lesekopf)* • head gap; gap
Spalt *m* <geo> *(z. B. Gletscher)* • crevasse
Spalt *m* <geo> *(eher schmal)* • fissure; cleft; crack
Spalt *m* <kfz> *(Karosserie)* • gap
Spalt *m* <metall> • bite
Spalt *m* <nfz> *(Blattfederung)* • nip
Spalt *m* <obfl.holz> • crevice
Spalt *m* <opt> • slit
Spalt *m* <prod> • die clearance
Spalt *m* <prod> • fissure
Spalt *m* <prod.led> *(Walzenabstand)* • nip; apron nip; bite; roll clearance; roll gap
Spaltabsaugung *f* <aerospace> *(Tragflügel)* • slot siphoning
Spaltanlage *f* <petr> • cracking plant
Spaltausbeute *f* <led> *(Spaltleder)* • split yield
Spaltausbeute *f* <nukl> • fission product yield; fission yield
Spaltausfluchtung *f* <el> • gap alignment
Spaltausleuchtung *f* <licht> • slit illumination
Spaltbacke *f* <opt> • slit jaw
spaltbar <chem> • divisible
spaltbar <chem> *(optisch aktive Verbindungen)* • resolvable
spaltbar <mat> *(z. B. Schieferplatten, Holz)* • cleavable
spaltbar <nukl> *(Material)* • fissile; fissionable
spaltbares Material *n* <nukl> • fissionable material
Spaltbarkeit *f* <chem> • divisibility
Spaltbarkeit *f* <chem> *(optisch aktive Verbindungen)* • resolvability
Spaltbarkeit *f* <mat> • cleavability
Spaltbarkeit *f* <nukl> • fissility
Spaltbarkeit *f* <nukl> • fissionability
Spaltbeleuchtungslampe *f* • exciter lamp
Spaltbenzin *n* • cracked gasoline; cracked naphta
Spaltbild *n* <opt> • slit image
Spaltblättchen *n* <min> • cleavage sheet
Spaltblende *f* <opt> • collimating slit; slit
Spaltblende *f* <opt> • slit diaphragm; slot diaphragm
Spaltbreite *f* <tech.allg> • gap width
Spaltbreite *f* <av> • gap length
Spaltbruch *m* <mat> *(Bruchmechanik)* • cleavage fracture; cleavage
Spaltbruchstück *n* <nukl> • fission fragment
Spaltbrüchigkeit *f* <mat> • cleavage brittleness
Spaltdicke *f* <led> • splitting substance
Spaltdruck *m* <masch> *(Strömungsmaschine)* • clearance pressure
Spaltdruck *m* <pap> • nip pressure
Spalte *f* <tech.allg> • gap
Spalte *f* <druck> *(z. B. in Wörterbuch, Zeitung)* • column
Spalte *f* <geo> *(im Gestein)* • rift
Spalte *f* <math> *(Matrix, Tabelle)* • column
Spaltebene *f* <mat> • cleavage plane
Spalteffekt *m* <av> *(von Magnetköpfen)* • gap effect; gap loss
Spalteinfang *m* <nukl> • fission capture
Spalteinstellung *f* <av> *(Schreib/Lesekopf)* • azimuth adjustment; azimuth alignment
Spalten *n* <led> *(Gerbvorgang)* • splitting

spalten *vi* <tech.allg> *(in zwei oder mehrere Teile)* • split *vi*; part *vi*
spalten *vi* <tech.allg> *(in zwei Teile; meist entlang natürlicher Trennlinie)* • cleave *vi*
spalten *vi* <mat> *(feine Haarrisse entwickeln)* • fissure *vi*
spalten *vt* <allg> *(teilen)* • divide *vt*
spalten *vt* <chem> • decompose *vt*
spalten *vt* <chem> *(Emulsionen)* • demulsify *vt*
spalten *vt* <led> *(Nacken)* • neck *vt*
spalten *vt* <prod> *(z. B. Holz)* • chop *vt*
Spaltenabstand *m* <druck> • column spacing
Spaltenadresse *f* <edv> • column address
Spaltenanzeiger *m* <edv> • column indicator
Spaltenaufteilung *f* <druck> • column split
spalten aus dem Äscher *v* <led> • split after liming; split in limed condition; split out of the lime
spalten aus dem Chrom *v* <led> • split after the chrome tannage *v*; split in the blue *v*
spalten aus dem Kalk *v* <led> • split after liming; split in limed condition; split out of the lime
Spaltenausgleich *m* <druck> • column balancing
Spaltenbildung *f* <geo> • fissuring
spaltenbinär <edv> • column-binary
spaltenbinärer Modus *m* <edv> • column binary mode
spaltende Druckhydrierung *f* <chem.petr> • hydrocracking
Spaltenergie *f* <nukl> • fission energy
spalten in der Blöße *v* <led> • split after liming; split in limed condition; split out of the lime
Spaltenparitätsbit *n* <edv> • column parity bit
Spaltensplittung *f* <druck> • column split
Spaltentzerrungsgerät *n* <phot> • slit rectifier
Spaltenvektor *m* <math> • column vector
spaltenweise anordnen *vt* • arrange in columns *vt*
Spaltenzahl *f* <druck> *(Zeichen pro Zeile)* • columns [per line]
Spalter *m* prakt <pap> • paper splitting machine *:V*; splitter/fuser *:V*; paper restorer *:V*; paper splitting/fusing machine *:V*
Spalterzange *f* <led> • splitting tongs *pl*
spaltfähig <nukl> • fissionable
spaltfähig <nukl> *(Material)* • fissile; fissionable
Spaltfehler *m* <led> • splitting damage
Spaltfeld *n* <av> *(Magnetkopf)* • gap field
Spaltfestigkeit *f* <qualit.mat> *(allg.)* • cleavage strength; interlaminar strength
Spaltfestigkeit *f* <qualit.mat> *(von Schichtwerkstoffen)* • interlaminar strength
Spaltfilter *n* <chem> • edge filter
Spaltfilter *n* <tribo> • plate oil filter
Spaltfläche *f* <mat> • cleavage plane; cleavage face; cleavage surface
Spaltflügel *m* <aerospace> • slotted wing
spaltförmige Lichtquelle *f* <licht> • slit light source; slit source
Spaltfrequenz *f* <tele> • split frequency
spaltfüllender Klebstoff *m* <füg> • gap-filling adhesive; void-filling adhesive
Spaltgas *n* <chem.petr> • cracked gas
Spaltgas *n* DIN 25401-3 <nukl> • fission gas
Spaltgatter *n* <wz.masch> • gang saw
Spaltgewicht *n* <led> • split weight
Spaltgift *n* DIN 25401-3 <nukl> • fission poison
Spaltglimmer *m* <bau.mat> • laminated mica; sheet mica
Spalthammer *m* <bau.wz> • cleaver
Spaltjustage *f* <av> *(Schreib/Lesekopf)* • azimuth adjustment; azimuth alignment
Spaltkammer *f* <nukl> • fission chamber
Spaltkante *f* • gap edge; slit edge

Spaltkette *f* <nukl> • fission chain

Spaltkorrosion *f DIN EN ISO 8044* <obfl> • crevice corrosion *ISO 8044*

Spaltkristall *m* <mat> • cleavage crystal

Spaltlänge *f* <av> • gap width

Spaltlampe *f* <licht> • slit lamp

Spaltleder *n* <led> • split leather

Spaltleiterschutz *m* <el> • divided-conductor protection

Spaltleitwert *m* <el> • gap admittance

Spaltleuchte *f* <licht> • slit lamp

Spaltleuchtenmikroskopie *f* <opt> • slit lamp microscopy

spaltlose Fowlerklappe *f* <aerospace> • non-slotted Fowler flap

Spaltlüfter *m* <bau.hlk> • ventilating system; permanent ventilating system; permanent ventilation; night vent

Spaltlüftung *f* <bau> • night ventilation *:Roto*

Spaltmagnetron *n* <el> *(Vielkammermagnetron)* • slot magnetron

Spaltmaschine *f* <led> • splitting machine

Spaltmaß *n* <prod> *(von Nähten; z. B. zwischen Karosserieteilen)* • gap width

Spaltmaterial *n* <nukl> • core material

Spaltmaterial *n* <nukl> • nuclear reactor fuel; nuclear fuel; fissile material; fissionable material; core material

Spaltmesser *n* <led> • splitting knife

Spaltmesser-Schleifmaschine *f* <led> • band knife grinding machine

Spaltneigungswinkel *m* form <av> *(Magnetkopf)* • azimuth angle; head azimuth

Spaltneutron *n* <nukl> • fission neutron

Spaltneutronenspektrum *n* <nukl> • fission spectrum

Spaltöffnung *f rar* <tech.allg> *(schlitzähnliche Öffnung, in einem Teil od. zw. benachbarten Teilen)* • gap

Spaltöffnung *f* <bio> • stoma; pore

Spaltphase *f* <el> • split phase

Spaltphasenmotor *m* <el> • split-phase motor

Spaltpol *m* <el> • split pole; shaded pole

Spaltpolmotor *m* <el> • shaded-pole motor

Spaltprodukt *n* <chem> • cleavage product; breakdown product

Spaltprodukt *n* <nukl> • fission product

Spaltproduktaktivität *f* <nukl> • fission-product activity

Spaltproduktreihe *f* <nukl> • fission chain

Spaltprozess *m* <nukl> • fission reaction

Spaltprüfung *f* <qualit> • split test

Spaltquerschnitt *m* <nukl> • fission cross-section

Spaltreaktion *f* <bio.chem> • cleavage reaction

Spaltreaktion *f* <nukl> • fission reaction

Spaltring *m* <förd> • wear ring; wearing ring

Spaltring *m* <masch> • split ring

Spaltriss *m* <qualit> • cleavage crack

Spaltrohr *n* <förd> *(Pumpe)* • can

Spaltrohrmotor *m* <förd> • canned motor

Spaltrohrmotorpumpe *f* <förd> • canned motor pump; can pump *rar*

Spaltrohrpumpe *f* <förd> • canned motor pump; can pump *rar*

Spaltruder *n* <nav> *(Bremswirkung)* • split rudder

Spaltsäge *m* <bau.wz> • cleaving saw

Spaltsämaschine *f* <agri> • slot seeder

Spaltschiffsrumpf *m* <nav> *(öffnet sich in voller Länge des Fahrzeuges, z. B. Spaltschute)* • split hull

Spaltschwelle *f* <nukl> • fission threshold

Spaltsieb *n* <verf> • slotted screen; wedge-wire screen; split sieve

Spaltsieb *n* <verf.hydr> *(allg.)* • fine bar screen

Spaltsieb *n Pass* <verf.hydr> • rotostrainer *Brac*; externally fed rotary screen; rotary screen; rotasieve *J + A*

Spaltspektrograph *m* <opt> • slit spectrograph

Spaltspektrum *n* <nukl> • fission spectrum

Spaltspitzenspannung *f* <el> • peak alternating gap voltage

Spaltstärke *f* <led> • splitting substance

Spaltstelle *f* <bio> • cleavage site

Spaltstoff *m* <chem.petr> *(Ausgangsmaterial für Krackverfahren)* • cracking feed; cracking feedstock

Spaltstoff *m* <nukl> • nuclear reactor fuel; nuclear fuel; fissile material; fissionable material; core material

Spaltstoffabreicherung *f* <nukl> • fuel depletion

Spaltstoffanreicherung *f* <nukl> • fuel enrichment

Spaltstoffelement *n* <nukl> • reactor-fuel element

Spaltstofferschöpfung *f* <nukl> • fuel depletion

Spaltstoffrückgewinnung *f* <nukl> • nuclear fuel regeneration

Spaltstoffrückgewinnung *f* <nukl> • nuclear fuel reprocessing

Spaltstoffverdopplungszeit *f* <nukl> • fuel doubling time

Spaltstoffwiederaufbereitungsanlage *f* <nukl> • fuel reprocessing plant

Spaltstück *n* <nukl> • fission fragment; fragment

Spalttiefe *f* <tech.allg> • gap depth

Spalttiefe *f* <av> • gap depth

Spaltüberdruck *m* <turb> • absolute clearance pressure

Spaltultramikroskop *n* <opt> • slit ultramicroscope

Spaltundichtigkeit *f* <masch> *(Gleitlager, Gleitführung)* • clearance leakage

Spaltung *f (z. B. Erdöl)* • cracking

Spaltung *f (Schichtstoff)* • delamination

Spaltung *f* • nuclear fission

Spaltung *f* <chem> *(z. B. Verbindung)* • decomposition

Spaltung *f* <chem> *(z. B. Naturgas)* • reforming

Spaltung *f rar* <chem.petr> *(von Alkanen, in Raffinerie)* • cracking

Spaltung *f* <med.chem> • splitting; decompensation

Spaltung *f* <min> • splitting

Spaltung *f* <nukl> *(von Atomen)* • fission; decomposition

Spaltung *f* <phys> *(Trennung einer Atomverbindung)* • split-up; splitting-up

Spaltung *f* <prod> *(in zwei Teile; meist entlang natürlicher Linien)* • cleaving; cleavage

Spaltungsbreite *f* <nukl> • fission width

Spaltungsreaktor *m* <nukl> • fission reactor

Spaltungswärme *f* <nukl> • fission heat

Spaltverfahren *n* <petr> • cracking process

Spaltverlust *m* <av> *(von Magnetköpfen)* • gap effect; gap loss

Spaltverlust *m* <masch> *(Strömungsmaschinen)* • blade-tip leakage loss

Spaltverlust *m* <masch> *(Wirkungsgradverringerung durch Umströmen von Laufrädern)* • clearance loss

Spaltverlust *m* <turb> • clearance loss; leakage

Spaltweite *f* <tech.allg> • gap width

Spaltweite *f* <av> • gap length

Spaltweite *f* <ents> *(in Sieben)* • aperture; mesh size

Spaltweite *f* <masch> *(z. B. Strömungsmaschine, Labyrinthdichtung)* • clearance

Spaltweite *f* <verf.hydr> • bar spacing; clear space; clear opening of a bar screen; aperture

Spaltwinkel *m* <av> *(Magnetkopf)* • azimuth angle; head azimuth

Spaltwinkeldifferenz *f* <av> • azimuth angle difference

Spaltzange *f* <led> • splitting tongs *pl*

Spaltzone *f* <nukl> • active zone

Spaltzone *f rar* <nukl> *(z. B. bei Druckwasserreaktor)* • reactor core; core *pract*

Spaltzone *f* <petr> • cracking zone

Spaltzugfestigkeit *f* <qualit.mat> *(Beton)* • splitting tensile strength

Spalt zwischen Leit- und Laufrad m <masch> (Strömungsmaschinen) • clearance

Spaltzylinderprüfung f <qualit.mat> (Beton) • split cylinder test

Spammer m <edv> (von unerwünschter E-Mail) • spammer

Span m <obfl.holz> • chip

Span m <prod> (Holz) • shaving

Span m <wz.masch> (Abfall beim Schneiden) • chip

Spanabfuhr f <wz.masch> • chip disposal; chip clearance

spanabhebende Bearbeitung f <prod> • chip removal

spanabhebende Bearbeitung f <prod> (z. B. von Metall) • chip removal; chip removing

Spanablenkung f <prod> (am Werkzeug) • chip deflection

Spanabnahme f DIN 8589-0 <prod> • chip removal

Spanabsaugeinrichtung f <wz.masch> • chip-removal suction device

Spanabstreifer m <wz.masch> • chip wiper; wiper

Spanauswurf m <wz.masch> • swarf ejection clearance; swarf clearance

spanbar <mat> (spanend; mit Werkzeugmaschine) • machinable

Spanbarkeit f <qualit.mat> • machinability

Spanbildung f <prod> • chip formation

Spanbrecher m <wz> (z. B. Nut in der Wendeschneidplatte) • chip breaker

Spanbrecher-Gewindebohrer m <wz> • chip-breaker tap

Spanbrechernut f <wz> • chip-breaker groove

Spanbrecherplatte f <wz> • chip-breaker plate

Spanbreite f <prod> • width of cut

Spandicke f <prod> (nicht verwechseln mit Spanungsdicke) • chip thickness

spanend <prod> (Bearbeitung, Formgebung) • chip-forming; chip-producing

spanend <prod> • metal-cutting; metal-removing

spanend bearbeiten vt <prod> • machine vt

spanende Bearbeitung f <wz.masch> (von Werkstücken, Oberflächen) • machining; cutting

spanende Bearbeitung von Metallen f <prod> • metal cutting

spanende Formung f rar <wz.masch> (von Werkstücken, Oberflächen) • machining; cutting

spanendes Verfahren n <prod> (im Ggs. zu spanlos) • cutting process

spanendes Verfahren n <prod> • material removal technique

spanendes Verfahren n <prod> • metal cutting process

spanendes Werkzeug n <wz> • cutting tool

spanende Verzahnmaschine f <wz.masch> • gear cutting machine

spanend nachbearbeiten vt <prod> • remachine vt

Spanfläche f <wz> (am Werkzeug, Meißel) • face

Spanfläche f <wz> • cutting face; tool face

Spanfläche f <wz> • tooth face

Spanflächenauskolkung f <prod> (Werkzeug) • surface cratering; tool-face cratering

Spanflusswinkel m <prod> • chip flow angle

Spanformstufe f <wz> • chip-breaking shoulder

Spanführung f <prod> (durch das Werkzeug) • chip deflection

Spangeometrie f <prod> (z. B. Spanform und -abmessungen) • chip geometry

Spangrat m <prod> • machining burr

Spanholzplatte f rar <bau.mat> • chipboard US.GB; particle board US; pressboard rare

Spanholzplatte f <innen> (Halbzeug für Möbelbau) • chipboard

Spanische Fliege f <bio> • Spanish fly; cantharis Lytta vesicatoria

Spanisches Grün n rar <obfl> (Kupferpatina) • verdigris

Spankammer f <prod> • flute

Spankorb m <pack> (aus Spanholz) • chip basket

Spanleistung f <prod> (Volumen pro Zeiteinheit) • cutting capacity

Spanleitblech n • chip chute

Spanleitrille f <wz> • land-and-groove chip breaker

Spanleitstufe f <wz> (betont: zum Spanbrechen) • step chip breaker

Spanleitstufe f <wz.masch> (allg.) • deflection shoulder

Spanloch n <wz> • clearance hole

Spanlocke f <prod> (entsteht z. B. beim Bohren zähen Werkstoffes) • chip curl

spanlos <prod> • chipless; non-chipping

spanlose Bearbeitung f <prod> (z. B. durch Erodieren, Ätzen) • chipless machining; non-cutting shaping rare

spanlose Formung f <prod> • forming

Spanlücke f <prod> • gash

Spanmasse f <prod> • weight of metal removed

Spann... <tech.allg> • adjusting

Spannabzugpistole f <mil> • double-action-only pistol

Spannanker m <bau> (Mast) • tie rod; strainer

Spannbacke f <wz> (allg.; von Spannvorrichtung, Schraubstock) • clamping jaw; gripping jaw; jaw pract; grip rare

Spannbacke f <wz.masch> (eines Spannfutters; z. B. von Bohr-, Drehmaschinen) • chuck jaw; clamping jaw; gripping jaw

Spannbacken m rar.ugs.Süddt. <wz> (allg.; von Spannvorrichtung, Schraubstock) • clamping jaw; gripping jaw; jaw pract; grip rare

Spannbahn f <bau> (Spannbeton) • prestressing lane

Spannbahnfertigung f <bau> (Spannbeton) • long-line method

Spannbalken m <bau> • tie beam

Spannband n • taut ribbon

Spannband n <allg> • retaining strap

Spannband n <logist> (Ladungssicherung) • strap

Spannband für Kolbenringe n <kfz.wz> (zum Kolbeneinsetzen) • piston ring compressor; piston ring clamp GB; piston-ring tightener

Spannbandlagerung f <msr> (Messwerk) • taut-ribbon suspension

Spannbaum m <math> (im Ggs. zum Hamiltonkreis) • spanning tree

Spannbereich m <prod> (z. B. Werkstückabmessung: Minimum bis Maximum) • chucking capacity; holding capacity

Spannbeton m <bau.mat> • prestressed concrete (PC)

Spannbetonarbeiten fpl <bau> • prestressed concrete work

Spannbetondruckkessel m <nukl> • prestressed concrete pressure vessel

Spannbetonfertigteil n <bau.mat> • precast prestressed concrete unit

Spannbeton-Hohldiele f <bau> • prestressed hollow-core concrete slab

Spannbeton-Hohlplatte f <bau> • prestressed hollow-core concrete slab

Spannbett n <bau> (Spannbeton) • prestressing bed; stressbed

Spannbettverfahren n <bau> • long-line method

Spannbewehrung f <bau> (Spannbeton) • prestressing steel

Spannblock m <bau> (Spannbeton) • jacking block

Spannbolzen m <bau> (Spannbeton) • pulling bolt; pull bolt

Spannbolzen m <prod> (Vorrichtung) • clamping bolt

Spannbolzen m <wz> • drawbolt

Spannbreite f <prod> (Schraubstock) • width of jaws
Spannbrett n <wz> (Tierpräparierung) • wooden stretcher; stretching frame
Spannbuchse f <prod> (z. B. für Stangenmaterial) • clamping bush
Spannbuchse f <prod> • holding bush
Spannbügel m <füg> • clip
Spannbügel m <masch> (typ. Halterung und Riemenspanner; z. B. Generatorhalterung) • adjusting link
Spanndorn m <wz> • drawn-in arbor
Spanndorn m <wz> • mandrel
Spanndraht m <tech.allg> (zum Dehnen, für Zugspannung) • stretching wire; tension wire
Spanndraht m <tech.allg> (zum Verankern) • anchoring wire
Spanndraht m <tech.allg> (zum Verstreben; meist diagonal, über Kreuz, quer) • bracing wire
Spanndraht m <tech.allg> (von einfachen Stabmasten) • pole guy
Spanndraht m <bau.mat> (in Spannbeton) • prestressing wire
Spanndrahtaufhängung f <verk> (z. B. Ampel) • span-wire suspension
Spanndruck m <kst> • mold-locking pressure
Spanndruck m <prod> (z. B. pneumatischer, hydraulischer Spanner) • clamping pressure
Spanneinrichtung f <tech.allg> • clamping mechanism
Spanneinrichtung f <förd> • take-up
Spanneinrichtung f <masch> • tensioning device
Spanneisen n <prod> • holding strap
Spanneisen n DIN6314-6316 <prod> • clamp
Spanneisen n <rel> (für Finger; Folter) • finger clamp
Spannelement n <kfz.mot> • tensioner
Spannelement n <kst> • clamping element
Spannen n <tech.allg> (richtig einstellen, z. B. Riemen, Werkstücke) • adjustment
spannen v <tech.allg> (Durchhang) • take up slack v
spannen v <prod> (längen) • stretch v
spannen vi/vt <tech.allg> (straffen) • tighten vi/vt; tauten vi/vt
spannen vi/vt <tech.allg> (Drehmoment aufbringen) • torque vi/vt
spannen vt <masch> (Kette, Riemen, Seil; z. B. Steuerkette, Fahrradkette) • tension vt; tighten vt
spannen vt <masch> (z. B. Kette, Riemen, Seil) • tension vt
spannen vt <mech> (z. B. Feder) • load vt
spannen vt <mech> • stress vt; load vt
spannen vt <mil> (Hammer, Verschluss) • cock vt
spannen vt <mus> (Orgeltraktur) • stretch vt; tension vt
spannen vt <phot> (z. B. Verschluss) • set vt; rewind v
spannen vt <phot> (Verschluss m) • cock vt; set vt; tension vt; recock vt
spannen vt <prod> (z. B. Werkstück zwischen Backen) • chuck vt
spannen vt <prod> (z. B. Werkstück, Werkzeug) • clamp vt; grip vt; hold vt
spannen vt <prod> (z. B. Werkzeug) • lock vt
spannen vt <prod> (z. B. Blech) • planish vt
spannen vt <prod> (z. B. Werkstück) • set up vt
spannen vt <prod> (Werkstück) • mount vt; clamp vt
spannen vt <wz.masch> • clamp vt
Spannen mittels Schraubspindeln <bau> (Spannbeton) • screw-tensioning
Spannen mittels Schraubspindeln mittels Gewichten <bau> (Spannbeton) • weight-tensioning; weight-stretching
Spannen von Hand n <prod> (z. B. Werkstücke) • manual clamping

Spanner m <tech.allg> • clamping mechanism
Spanner m <fz> (Kette) • tensioner
Spanner m prakt <kfz> • landau bar
Spanner m <wz> (z. B. für Fell, Leder) • stretcher
Spanner m <wz> • tightener
Spannfeder f <masch> • tension spring
Spannfeder f <masch> (ringförmige Schraubenzugfeder im Radialwellendichtring) • garter spring
Spannfeder f <phot> (für den Verschluss) • cocking spring
Spannfeld n (Freileitung) • line section; span
Spannfinger m <prod> • finger clamp; toe dog
Spannfläche f <masch> • bearing area
Spannflansch m <masch> • fixing flange; mounting flange
Spannfrosch m <wz> • draw-tongs
Spannfutter n <wz> (allg.; für Werkzeug, Stangenmaterial; z. B. an Bohr-, Drehmaschine) • chuck; jaw chuck rare
Spannfutter mit Zahnkranz n <masch> • scroll chuck
Spannfutterschlüssel m <wz> • chuck key
Spannfutterschlüsselhalter m <wz> • chuck key holder
Spanngeschirr n <wz.el> (Freileitungsbau) • tackle
Spanngitterröhre f <el> • frame grid valve
Spannglied n <bau> (von Spannbeton) • prestressing tendon; tendon pract; stressing tendon rare; prestressing element rare
Spanngliedführung f <bau> (Spannbeton) • cable profile
Spanngurte mpl <logist.pack> (mit Sperrklinke) • ratchet straps
Spannhals m <wz> (eines Werkzeugs, z. B. einer Bohrmaschine) • collar
Spannhammer m <kfz.wz> (Karosseriehammer) • planishing hammer
Spannhammer m <wz> (für Bleche) • shrinking hammer; shrink hammer
Spannhebel m <kfz.brems> (in Trommelbremse, für Feststellbremse) • parking-brake lever
Spannhebel m <kfz.mot> • tensioning lever
Spannhebel m <masch> (z. B. an Vorrichtungen) • chuck lever; chucking lever
Spannhebel m <prod> • clamping lever; gripping lever
Spannhebel m <wz.masch> (an Drehmaschinen-Reitstock; klemmt den Reitstock auf dem Bett) • lock lever; locking lever
Spannhülse f <füg> (geschlitzt, hohl; eher großer Durchmesser) • split sleeve; clamping sleeve
Spannhülse f <füg> (spiralig, eher sehr klein) • spiral-pin
Spannhülse f <füg> (geschlitzt, hohl; kleiner Durchmesser) • roll pin; hollow dowel pin
Spannhülse f <masch> (betont: zum An-, Einpassen) • adapter sleeve
Spannhülse f <masch> (betont: Haltebuchse) • retaining bush
Spannhülse f <prod> (von außen, eher großer Durchmesser; z. B. für Stangenmaterial) • clamping collar
Spannhülse f <wz.masch> (an Revolverkopf) • turret bushing
Spannhülsenlager n <masch> • adapter bearing
Spannhydraulik f <hydr> • hydraulic clamping
Spannhydraulik f <hydr> • hydraulic clamping system
Spannkabel n <bau> (Spannbeton) • prestressing cable; prestressing strand
Spannkanal m • cable duct
Spannkanal m <bau> (für Spannbeton) • posttensioning conduit
Spannkanal m <bau> • prestressing duct
Spannkanal m <bau> • sheath
Spannkeil m <prod> • chucking wedge; set-up wedge
Spannkette f <tech.allg> • tension chain
Spannkette f <textil> • tentering chain

Spannkettenrad *n* <masch> • idler sprocket

Spannklaue *f* <wz.masch> *(eines Spannfutters; z. B. von Bohr-, Drehmaschinen)* • chuck jaw; clamping jaw; gripping jaw

Spannklemme *f* <masch> *(zum Verankern)* • anchor clamp

Spannkluppe *f* <holz.wz> • woodcraft vice

Spannknecht *m* <wz> • T-bar clamp

Spannkopf *m* • closer

Spannkopf *m* <bau> *(Spannbeton)* • pulling head; stressing head

Spannkopf *m* <prod> *(i.a. Aufsetzteil (z. B. Hauptspindel Drehmaschine))* • chucking appliance

Spannkopf *m* <prod> *(z. B. an Werkzeugmaschinen)* • clamping head

Spannkopf *m* <prod> • grip holder pullers

Spannkopf *m* <qualit.mat> *(Zugprüfung)* • specimen-holding jaws

Spannkopf *m* <qualit.mat> *(Prüfmaschine)* • clamping device; clamping piece

Spannkopf *m* <wz.masch> *(am Spindelstock)* • chuck

Spannkraft *f* <kfz> *(Verdeckspannung)* • tensile force

Spannkraft *f* <prod> *(von Spannvorrichtung auf Werkstück wirkend)* • clamping force

Spannkraft *f* <prod> • holding force

Spannkurve *f* <prod> *(z. B. Kreis (Exzenter))* • chuck operating cam

Spannlager *n* DIN ISO 5593 <masch> • insert rolling bearing *ISO 5593*

Spannleiste *f* <druck> • clamping bar

Spannmutter *f* <tech.allg> *(z. B. Spannzange)* • clamping nut

Spannmutter *f* <füg> • mounting nut

Spannmutter *f* <prod> • holding nut

Spannpappe *f* <prod> *(Tierpräparation)* • stretcher card

Spannpatrone *f* <prod> • gripping collet

Spannpatrone *f* <wz.masch> • collet chuck

Spannplatte *f* • floor plate

Spannplatte *f* <tech.allg> • base plate

Spannplatte *f* <metall> *(Druckguss)* • backplate

Spannplatte *f* <prod> *(Teil der Spannvorrichtung)* • clamping plate; gripping plate

Spannplatte *f* <prod> • faceplate

Spannplattenmotor *m* <prod> *(z. B. Spannen großer Werkstücke)* • chuck motor

Spannpratze *f* <kfz.rep> *(Richtbankzubehör)* • anchoring attachment; chassis clamp

Spannpratze *f* <prod> • workholding strap; strap

Spannpresse *f* <bau> *(Spannbeton)* • prestressing jack

Spannpresse *f* <bau.masch> • posttensioning jack

Spannrad *n* <masch> *(z. B. für Kettentrieb)* • tensioning wheel

Spannrahmen *m* <kst> • damping frame

Spannrahmen *m* <led> *(Stollmaschine)* • movable frame

Spannrahmen *m* <prod> *(z. B. für Buchbindevorrichtung)* • clamping frame

Spannrahmen *m* <textil> • tenter frame; stenter

Spannriegel *m* <wz> • straining beam

Spannriemenscheibe *f* <kfz.mot> *(Antriebsriemen)* • idler pulley; belt tensioner; drive belt tensioner; idler

Spannring *m* • tightening ring

Spannring *m* <av> *(Kondensatormikrofon)* • stretching ring

Spannring *m* <masch> • locking ring; clamping ring

Spannring *m* <masch> • locking collar

Spannring *m* **(1)** <hilfsm> *(Spanneinrichtung: Schraube)* • bolted locking ring; bolted ring

Spannring *m* **(2)** <hilfsm> *(Spanneinrichtung: Hebel)* • lever-lock ring; lever locking ring

Spannrolle *f* <antr> • belt adjuster; belt tightener

Spannrolle *f* <av> *(Magnetband)* • tension roller

Spannrolle *f* <fz> • tension pulley; tension roller

Spannrolle *f* <kfz.mot> *(Antriebsriemen)* • idler pulley; belt tensioner; drive belt tensioner; idler

Spannrolle *f* <masch> • tension reel; bridle roll

Spannrolle *f* <masch> *(Kettentrieb, Riementrieb)* • tension pulley; idler; floor block

Spannrolle *f* <masch> *(Kette, Riemen, Seil)* • idler pulley; guide pulley; tension pulley

Spannrolle *f* <masch> *(für Ketten-, Riemen-,Seiltrieb)* • tensioning pulley

Spannrolle *f* <prod> • tension roller; tightener

Spannrolle des Steuerriemens *f* <kfz.mot> • timing belt tensioner pulley

Spannsäge *f* <wz> • frame saw; span-web saw

Spannsäule *f* <masch> *(Bohrtechnik)* • jack bar

Spannsatz *m* <masch> *(presst Nabe auf Welle)* • clamp ring :V

Spannsatz *m* <prod> • set of clamps

Spannscheibe *f* • clamping plate

Spannscheibe *f* <förd> *(Seilförderung)* • tension pulley

Spannscheibe *f* <phot> • tensioning wheel

Spannschieber *m* <prod> • chucking-slide assembly

Spannschiene *f* <druck> • clamping bar

Spannschiene *f* DIN ISO 7967-3 <mot> • slide rail *ISO 7967-3*

Spannschläger *m* <kfz.wz> • bumping blade; slapper

Spannschlaggerät *n* form. <kfz.wz> • bumping blade; slapper

Spannschlitten *m* <wz.masch> • tool rest; tool post

Spannschlitz *m* <masch> • clamping slot

Spannschloss *n* <füg> *(zum Straffen von Seilen, Drähten etc.)* • turnbuckle; screw shackle *rare*; coupling nut *rare*

Spannschraube *f* <füg> *(Werkstück)* • work-holding bolt

Spannschraube *f* <prod> • locking screw; tightening screw

Spannschraube *f* <prod> • set-screw

Spannschraube *f* <wz> *(z. B. Vorrichtungsbau)* • drawbolt; drawback bolt

Spannstab *m* <bau> *(Spannbeton)* • stressing bar

Spannstahl *m* <bau> *(Spannbeton)* • prestressing steel

Spannstahl *m* <bau.mat> • prestressed steel

Spannstation *f* <metall> *(Taktstraße)* • loading station

Spannstelle *f* <bau> *(Schaltechnik)* • tie

Spannstift *m* <füg> *(geschlitzt, hohl; kleiner Durchmesser)* • roll pin; hollow dowel pin

Spannstück *n* <kfz.rep> *(Richtsatzzubehör)* • toe

Spannstück *n* <mil> *(Schusswaffe; Teil des Schlagwerks)* • sear

Spannstückfeder *f* <mil> • sear spring

Spannstückwelle *f* <mil> • sear pin

Spanntiefe *f* <wz> *(z. B. Schweiß-Gripzange)* • throat depth

Spanntisch *m* <prod.rep> • straightening bench; straightening table; bumper-and-door jack

Spanntreiben *n* <kfz.rep> *(Blechformen)* • raising

Spann- und Entspannstation *f* <metall> *(Taktstraße)* • loading and unloading station

Spannung *f* <tech.allg> *(Straffheit von Seilen, Saiten, Riemen)* • tautness

Spannung *f* <edv> *(Keyframing-Parameter)* • tension

Spannung *f* <el> *(Potentialdifferenz; in Volt; z. B. Netzspannung 230 V)* • voltage; tension *rare.coll*

Spannung *f* ugs <el> • voltage gradient; potential difference

Spannung *f* <mech> *(durch Verformung induzierte Kraft pro Flächeneinheit; in N/mm²)* • stress; unit stress; mechanical stress *rare*

Spannung anlegen *vi* <el> *(allg.)* • apply a voltage *vi*

Spannung anlegen an *vt* <el> *(el. Bauelemente, Verbraucher; z. B. E-Motor, Magnetventil, Relais)* • energize *vt*

Spannung-Dehnung-Diagramm *n* <qualit.mat> • stress-strain diagram; stress-strain-curve

Spannung-Dehnung-Linie *f rar* <qualit.mat> • stress-strain diagram; stress-strain-curve

Spannung-Dehnung-Schaubild *n* <qualit.mat> • stress-strain diagram; stress-strain-curve

Spannungen abbauen *vt* <mat> • relieve stresses *vt*

Spannungen beseitigen *v* <mat> • relieve stresses *vt*

Spannung gegen Erde *f* <el> • voltage to ground *US*; voltage to earth *GB*

Spannung in Flussrichtung <el> • forward voltage

Spannung in Sperrichtung <el> • reverse voltage

Spannung in Umfangsrichtung *f* <mech> *(im Ggs. zu Axialspannung, Radialspannung)* • circumferential stress; hoop stress; tangential stress; peripheral stress

spannunglos <tech.allg> *(z. B. Gurt, Kette, Riemen, Seil)* • untensioned

spannunglos <el> • dead; inactive

spannunglos <mech> • stress-free; unstressed

Spannungsabbau *m* <prod> *(mechanische Sp.)* • stress relief; stress relieving

Spannungsabfall *m* <mech> • stress drop; stress decrease

Spannungsabfall *m* (Ud) <msr> *(über Widerstände, Sensoren etc.)* • voltage drop (Ud); potential drop *thsc*; voltage disturbance *rare*

Spannungsabfall einer Leitung *m* <el> • line drop

Spannungsabfall in Durchlassrichtung *m* <el> • forward drop; forward voltage drop

spannungsabgestimmt <el> *(Oszillator)* • voltage-tuned

Spannungsabgriff *m* <el> *(Vorgang)* • voltage tapping

Spannungsabgriff *m* <el> *(konkrete Stelle)* • voltage tap

spannungsabhängig <el> • voltage-dependent

spannungsabhängiger Widerstand *m* <el> • voltage-dependent resistor; varistor

Spannungsänderungen *fpl* <el> • voltage variations

Spannungs-Anschluss *m* Hitachi <edv> • power supply connector; power connector *Hitachi*

Spannungsanstieg *m* <el> • voltage increase

Spannungsanstieg *m* <el> • power surge; surge *pract*

Spannungsanstieg *m* <el> *(Netzsspannung)* • power spike; spike *pract*

Spannungsanstieg *m* <mech> • stress increase

Spannungs-Anstiegsgeschwindigkeit *f* <msr> • slew rate

Spannungsanzapfung *f* <el> • voltage tapping; voltage tap

Spannungsanzeiger *m* <el.msr> • voltage indicator

Spannungsanzeiger *m* <mech> • stress indicator

Spannungsarmglühen *n* <metall> *(falsch: Spannungsfreiglühen)* • stress relief annealing

Spannungsarmglühen *n wiss* <metall> • stress-relief heat treatment

Spannungsarmglühen *n wiss* <metall> *(irreführend, denn es bleiben Restspannungen)* • stress-relief annealing; stress relieving *pract*; stress relief annealing with slow cooling in still air *did*

Spannungsaufbau *m* <el> • voltage build-up

Spannungsausbeute *f* <el> • voltage efficiency

Spannungsausfallanzeige *f* <msr> • voltage failure indication

Spannungsausgleich *m* <el> • voltage compensation

Spannungsausgleich *m* <mech> • stress equalization

Spannungsausgleicher *m* <el> • voltage corrector

Spannungsauslenkung *f* <el> • voltage excursion

Spannungsauslösung *f* <el> *(Relais)* • shunt tripping

Spannungsaussteuerung *f* <el> • voltage swing

Spannungsbauch *m* <el> • potential antinode

spannungsbeaufschlagt *form* <el> *(z. B. Draht, Kabel, Klemme)* • active; live; current-carrying; voltage-carrying *rare*; alive *rare*

Spannungsbegrenzer *m* <el> • voltage limiter

Spannungsbereich *m* <el> • voltage range

Spannungsbereich *m* <mech> • stress range

Spannungsbereichumschalter *m* <msr.el> • voltage range switch

Spannungsdämpfung *f* <el> • voltage attenuation

Spannungs-Dehnungs-Beziehungen *fpl* <mat.mech> • stress-strain relations

Spannungs-Dehnungs-Diagramm *n* <qualit.mat> • stress-strain diagram; stress-strain-curve

Spannungs-Dehnungs-Linie *f* <qualit.mat> • stress-strain curve; stress-strain graph; stress-strain characteristic

Spannungsdiagramm *n* <therm> *(für Zustandsänderungen)* • pressure-volume diagram; p-v diagram

Spannungsdoppelbrechung *f* <opt> • strain birefringence; stress birefringence

Spannungs-Druck-Wandler *m* <el> • voltage-to-pressure transducer

Spannungsdurchschlag *m* <el> • dielectric breakdown

Spannungseinbruch *m* <msr.el> • voltage dip

Spannungseingang *m* <msr> • voltage input

Spannungseinrichtung *f* <textil> *(Stufen-Zwirnmaschine)* • thread tension device

Spannungseinschluss im Flaschenboden *m did* <pack.silik> *(Glasflasche)* • bottom stress

Spannungsellipsoid *n* <mech> • ellipsoid of elasticity

Spannungsellipsoid *n* <mech> • ellipsoid of stress

Spannungsempfindlichkeit *f* <el> • voltage sensitivity

Spannungsentlastung *f* <mech> • stress relief; stress relaxation

spannungserhöhend <el> • voltage-increasing; boosting

spannungserhöhend <mech> • stress-raising

Spannungsermittlung *f* <mech> • stress determination; stress analysis

spannungserniedrigend <el> • voltage-reducing

spannungserniedrigend <mech> • stress-lowering; stress-reducing

Spannungsfaktor *m* <energ.sol> • voltage factor

Spannungsfeld *n* <mech> • stress field

Spannungsfernmessgerät *n* <msr.el> • televoltmeter

spannungsfest <el.qualit> • voltage-proof

Spannungsfestigkeit *f* <el> *(eines Dielektrikums)* • dielectric strength; electric strength; insulating strength; breakdown strength; puncture strength

Spannungsfestigkeit *f* <el.qualit> • voltage proof

Spannungsfestigkeit *f* <pap> • electric strength

Spannungsfigur *f* <mech> • strain pattern

Spannungsformzahl *f* <mech> • theoretical stress concentration factor

spannungsfrei <mech> • stress-free; unstressed

spannungsfreie Schicht *f* <obfl> • tension-free layer

Spannungsfreiglühen *n prakt* <metall> *(irreführend, denn es bleiben Restspannungen)* • stress-relief annealing; stress relieving *pract*; stress relief annealing with slow cooling in still air *did*

Spannungsfreimachen *n* <bau> • relaxation

spannungsfrei machen *vt* <mech> *(allg.)* • stress-relieve *vt*; distress *vt rare*

spannungsfrei machen *vt* <prod> *(Metalle, Kunststoffe von inneren Spannungen befreien)* • temper *vt*; anneal *vt*

Spannungs-Frequenz-Wandler *m* <el> • voltage-to-frequency converter

spannungsführend <el> *(z. B. Draht, Kabel, Klemme)* • active; live; current-carrying; voltage-carrying *rare*; alive *rare*

spannungsführende Komponente *f* <el> *(allg. spannungsführendes Bauteil)* • active component

Spannungsfunktion *f* <mech> • stress function

Spannungsgefälle *n* <el> • voltage gradient; potential difference

Spannungsgefälle *n* <el> • potential difference

Spannungsgefälle *n* <mech> • stress gradient

Spannungsgegenkopplung *f* <el> • inverse voltage feedback

spannungsgespeist <el> • voltage-fed

spannungsgespeister Dipol *m* <el> • voltage-fed dipole

spannungsgesteuert <msr.el> *(spannungssteuerbar)* • voltage-controlled

spannungsgesteuerte Kapazität *f* <el> • voltage-variable capacitance

spannungsgesteuerter Oszillator *m* (VCO) <av.el.tele> • voltage-controlled oscillator (VCO)

spannungsgesteuerter Oszillator *m* <el> • analog oscillator (VCO); voltage-controlled oscillator

spannungsgesteuerter Quarzoszillator *m* (VCXO) <el> • voltage-controlled crystal oscillator (VCXO); voltage-controlled x'tal oscillator; VXO *pract*

spannungsgesteuerter Verstärker *m* <el> • voltage-controlled amplifier (VCA); analog amplifier; analogue amplifier

spannungsgesteuertes Filter *n* <el> • voltage-controlled filter (VCF); analog filter

Spannungsgleichhaltung *f* <el.msr> • voltage regulation

Spannungsgleichung *f* <el> *(Spannungsinduktion)* • voltage equation

Spannungsgrenze *f* <el> • limiting voltage; voltage limit

Spannungsgrenzwert *m* <el> • marginal voltage

Spannungsgrenzwert *m* <el> • voltage limit

Spannungsgrenzwert *m* <mech> • stress limit

Spannungshauptachse *f* <mech> • principal axis of stress

Spannungsimpuls *m* <el> *(plötzlicher Spannungsanstieg; meist unerwünscht)* • voltage surge

Spannungsknoten *m* <el> • potential node

Spannungskonzentration *f* <mech> • stress concentration

Spannungskorrosion *f* DIN EN ISO 8044 <mech.chem> *(z. B. an Rissen)* • stress corrosion *ISO 8044*

Spannungslinien *fpl* <obfl> • hairlines *pl*; hairline cracks *pl*

spannungslos <el> • not energized

spannungsloses Merzerisieren *n* <textil> *(Stretch-Effekt)* • slack mercerization

Spannungsmessbereich *m* <el.msr> • voltage range

Spannungsmesser *m* <el.msr> • voltmeter

Spannungsmessung *f* <el.msr> • voltage measurement

Spannungsmessung *f* <msr> *(mechanische Spannung)* • stress measurement

Spannungsnormal *n* <el> • voltage standard

Spannungsoptik *f* <opt> *(mech. Spannungen)* • photoelasticity

spannungsoptisch <opt> *(zerstörungsfreie Werkstoffprüfung)* • elastooptic

spannungsoptisch <opt> • photoelastic

spannungsoptische Konstante *f* <mat.msr.opt> • stress-optical constant; stress-optic constant

Spannungspegel *m* <el> • voltage level

Spannungspfad *m* <el> • potential circuit; voltage path

Spannungspol *m* <el> • power pole

Spannungspotential *n* <el> • electric potential

Spannungspotential *n* <obfl> • electrical potential

Spannungsprüfer *m* <el> *(allg.; jeder Typ)* • voltage tester; voltage indicator; voltage detector

Spannungsprüfer *m* <wz.el> *(Schraubendreherform)* • voltage tester; mains tester; mains testing screwdriver; neon screwdriver *GB*; neon tester *GB.pract*

Spannungsprüfpin *m* <edv> *(Pinbelegung: Pin 1)* • power good pin

Spannungsprüf-Schraubendreher *m* form <wz.el> *(Schraubendreherform)* • voltage tester; mains tester; mains testing screwdriver; neon screwdriver *GB*; neon tester *GB.pract*

Spannungsprüfstift *m* <edv> *(Pinbelegung: Pin 1)* • power good pin

Spannungsprüfung *f* <el> • dielectric test

Spannungsquelle *f* <el> • power supply; voltage source *rare*; electrical power source *rare*

Spannungsreferenz *f* <el> • voltage reference

Spannungsregelröhre *f* <el> • voltage-regulator tube

Spannungsregelung *f* <el.msr> • voltage control

Spannungsregler *m* <edv.av> • voltage regulator; voltage control; regulator of tension

Spannungsregler *m* <el.msr> • voltage controller

Spannungsregler *m* <kfz.el> • voltage regulator (VOLT REG); automotive voltage regulator *obs*

Spannungsregler *m* <msr> *(einstellbarer Widerstand als Dreh- oder Schieberegler)* • potentiometer; pot *coll*; voltage control *rare*

Spannungsrelais *n* <el> • voltage relay

Spannungsrelaxation *f* <kst> • stress relaxation

Spannungsrelaxation *f* <qualit.mat> • stress relaxation

Spannungsreserve *f* <kfz.el> • high-voltage reserve; voltage reserve

Spannungsresonanz *f* <el> • voltage resonance

Spannungsrichtverhältnis *n* <el> • detector voltage efficiency

Spannungsriss *m* <qualit.mat> • stress crack

Spannungsrissbildung *f* <qualit> *(haarfeine Risse in Kunststoffteilen)* • crazing

Spannungsrissbildung *f* <qualit.mat> *(allg.)* • stress cracking; stress fracturing

Spannungsrissbildung an der Luft *f* <qualit.mat> • stress cracking when exposed to air

Spannungsrisskorrosion *f* <mech.chem> • stress corrosion cracking (SCC)

Spannungsrückwirkung *f* <el> • voltage feedback

Spannungsrückwirkung *f* <el> • voltage reaction

Spannungssättigungscharakteristik *f* <el> • voltage saturation characteristic

Spannungsschnellregler *m* <el> • automatic voltage regulator

Spannungsschreiber *m* <el> • recording voltmeter

Spannungsschutz *m* <el> • voltage protection

Spannungsschwankung *f* <el> • voltage fluctuation; flicker *pract*

Spannungsschwankungen *fpl* <el> *(allg.)* • voltage fluctuations

Spannungsschwankungen *fpl* <el> *(Netzspannung, Stromversorgung)* • power fluctuations

Spannungsschwellenwert *m* <el> • voltage threshold

Spannungsspeisung *f* <el> *(Antenne)* • voltage feed; end feed

Spannungsspitze *f* <el> *(Koronaentladung)* • voltage peak *form*; peak *coll*

Spannungsspitze *f* <el> • voltage peak

Spannungsspitze *f* <el> • voltage spike *efector*

Spannungsspitze *f* <mech> *(z. B. durch Kerbwirkung)* • stress concentration

Spannungsspitze *f* <mech> • peak stress

Spannungsspitze f <mech> • stress concentration; stress peak

Spannungsspitze f <qualit.mat> • stress concentration

Spannungsspitzen fpl <el> • voltage peaks pl

Spannungsspitzenwert m <mech> • stress-concentration factor

Spannungssprung m <el> • abrupt voltage change; voltage jump

Spannungsstabilisator m <el> • constant-voltage regulator; voltage regulator; voltage stabilizer

Spannungsstabilisatorröhre f <el> • voltage-stabilizing tube

Spannungsstehwellenverhältnis n <el> • voltage standing wave ratio

Spannungssteller m <el.msr> • voltage regulator

Spannungssteuerung f (VC) <edv.av> • voltage control (VC)

Spannungsstörspitzen fpl <el> • spikes

Spannungsstoß m <el> • surge; voltage impulse

Spannungsstufenregler m <msr> • step-voltage regulator

Spannungsteiler m <el> (z. B. ein Potentiometer, Widerstände in Reihe) • voltage divider

Spannungsteilerschaltung f <el> • potential divider

Spannungstrajektorie f <mech> • stress trajectory

Spannungstransformator m <el> • voltage transformer

Spannungstrapezverfahren n <mech> (Bodenmechanik) • stress trapezium method

Spannungsübergang m <el> • voltage transient

Spannungsüberhöhung f <el> (Resonanz) • voltage step-up

Spannungsüberlagerung f <el> • voltage superposition

Spannungsüberlagerung f <mech> (z. B. Zug und Biegung) • stress superposition

Spannungsübersetzung f <el> • voltage transfer; voltage transformation

Spannungsübersetzungsverhältnis n <el> (Transformator) • voltage ratio

Spannungsübertragungsfaktor m <akust> • response to voltage

Spannungsumkehrung f <mech> (z. B. dynamische Biegung) • stress reversal

Spannungsumlagerung f <mech> • stress redistribution

Spannungsunterschied m <el> • potential difference

Spannungsverdoppler m <el> • voltage doubler

Spannungsverdopplerschaltung f <el> • voltage doubler circuit; cascade voltage doubler

Spannungs-Verformungs-Verhalten n <qualit.mat> • deformation under stress :V

Spannungsverhältnis n <el> (Transformator) • voltage ratio

Spannungsverlauf m <el> • voltage curve

Spannungsverlauf m <el.chem> • applied potential waveform

Spannungsverlauf m <mech> • flow of stress

Spannungsverlauf m <mech> • stress curve; stress distribution

Spannungsverlust m <bau> (Spannbeton) • prestress loss

Spannungsverlust m <el> • voltage loss

Spannungsverringerung f <el> • voltage attenuation

Spannungsverstärker m <el> • voltage amplifier; booster

Spannungsverstärkerstufe f <el> • voltage amplification stage

Spannungsverstärkung f <el> • voltage amplification; voltage gain

Spannungsverstärkungsfaktor m <el> • voltage amplification factor; voltage amplification ratio

Spannungsverteilung f <el> • voltage distribution

Spannungsverteilung f <mech> • stress distribution

Spannungsvervielfacher m <el> • voltage multiplier

Spannungswaage f <el> • absolute electrometer

Spannungswähler m <el> • voltage selector

Spannungswahlschalter m <el> • line voltage selector; voltage selector

Spannungswandler m <el> (Trafo plus Elektronik; z. B. mit Oszillator, Gleichrichter) • voltage transformer; voltage transducer

Spannungswandler m <kfz.el> (Airbag) • voltage transformer

Spannungswandler m <msr> (Messwandler) • voltage transformer; potential transformer

Spannungswelle f <el> • voltage surge

Spannungswelle f <el> • voltage wave

Spannungswelle f <mech> • stress wave

Spannungswelligkeit f <el> • voltage ripple

Spannungszeiger m <el> • voltage phasor

Spannungszeiger m <el> • voltage vector

Spannungs-Zeit-Verhalten n <el> • voltage-time response

Spannungszuführungspunkt m <el> • point of voltage application

Spannungszustand m <qualit.mat> • state of stress; stress state

Spannung von Hand f <wz.masch> • manual chucking; hand chucking

Span-Nut f <füg.wz> (am Gewindeende von Schneidschrauben, im Spiralbohrer) • flute; chip cavity

Spannut f <wz> (allg.; zur Spanführung, zum Spanbrechen) • chip groove; flute; gash

Spannut f <wz> (z. B. in Spiralbohrer) • flute; clearing groove rare; chip room rare; chip groove rare

Spannuten-Kerndurchmesser m rar <wz> (Bohrer; z. B. Gewindebohrer) • core diameter; web diameter

Spannutensteigungswinkel m <wz> (der Spannut) • flute lead angle; flute angle; helix angle

Spannvorrichtung f <bahn> (Fahrleitung) • wire stretcher

Spannvorrichtung f <prod> (Werkzeugmaschinen, Montagevorrichtungen, Messmaschinen) • chucking device

Spannvorrichtung f <prod> (für Werkstücke) • clamping fixture; work-holding fixture

Spannvorrichtung f <wz> • tightener

Spannweite f <tech.allg> (z. B. Schraubstock, Zange) • clamping capacity

Spannweite f <aerospace> (Tragflächen) • wing span; span; spread

Spannweite f <bau> • bearing distance; span

Spannweite f <el> (Freileitung) • spanlength; span

Spannweite f <math> (Statistik) • range

Spannweite f <prod> (Spannvorrichtung: Höchstabmessung des gespannten Teiles) • chucking capacity

Spannweite f <prod> (Spannvorrichtung) • opening capacity

Spannweitenkarte f DIN 55350-33 <qualit> (Qualitätsregelkarte zur Überwachung der Streuung eines Prozesses) • range chart

Spannweitenmitte f <math> (Statistik) • midrange

Spannwinkel m <prod> • angle plate; setting angle

Spannzange f <wz.masch> (für Stangenmaterial) • collet chuck; collet pract; draw-in attachment rare

Spannzeug n <qualit.mat> (Prüfmaschine) • clamping device; clamping piece

Spannzeug n <wz.el> (Freileitungsbau) • tackle

Spannzylinder m <prod> (hydraulische, pneumatische Spannvorrichtung) • clamping cylinder

Spanplatte f DIN EN 312 <bau.mat> • chipboard US.GB; particle board US; pressboard rare

Spanplattentäfelungsmaterial *n* <bau.mat> • particle-board panel stock

Spanquerschnittsfläche *f* <prod> *(z. B. Vorschub mal Schnittiefe)* • chip cross-section area

Spanquerschnittsstauchung *f* <prod> • chip area compression

Spanraum *m* <prod> • chip space; chip clearance; chip room

Spanraum *m rar* <wz> *(z. B. in Spiralbohrer)* • flute; clearing groove *rare*; chip room *rare*; chip groove *rare*

Spanraumzahl *f* <prod> • chip volume ratio

Spanrichtungswinkel *m* <prod> • side flow angle

Spanschachtel *f* DIN 55405 <pack> • chip box

Spanschichtstück *n* <prod> • chip segment

Spanstauchung *f* <prod> *(durch Schnittkraft)* • chip deformation; chip upset

Spanstauchung *f* <prod> • shearing strain

Spanstauung *f* <prod> • chip clogging; chip congestion

Spant *n/m* <aerospace> • former; bulkhead

Spant *n/m* <nav> *(Dickschiff)* • frame

Spant *n/m* <nav> *(Boot)* • rib; frame

Spantabstand *m* <nav> • frame spacing

Spantenbiegemaschine *f* <nav> • frame-bending machine

Spantenriss *m* <nav> *(Konstruktionszeichnung)* • body plan; frame lines *rare*

Spantflächenkurve *f* <nav> • curve of cross-sectional areas

Spantflächenmomentenkurve *f* <nav> • moment curve of sectional areas

Spantform *f* <nav> • shape of frame

Spantfüllstreifen *m* <nav> • frame liner

Spantglühofen *m* <nav> • bending furnace

Spantholz *n* <nav> • frame timber

Spantiefe *f* <wz.masch> • cutting depth; depth of cut

Spantiefenzustellung *f* <wz.masch> • infeed

Spantiefe pro Zahn *f* <wz.masch> • chip load per tooth

Spantinhaltskurven *fpl* <nav> • Bonjean's curves

Spantring *m* <nav> • frame ring

Spantwerk *n* <nav> • ship's framing

Spantwinkel *m* <nav> • frame angle

Spanumfangswinkel *m* <wz.masch> • angle of approach

Span- und Neigungswinkel *mpl* <wz> *(am Drehmeißel)* • rake angles *pl*

Spanung *f* <prod> • metal cutting

Spanung *f rar* <wz.masch> *(von Werkstücken, Oberflächen)* • machining; cutting

Spanungsdicke *f* <prod> *(nicht verwechseln mit Spandicke)* • chip thickness

Spanungskennwert *m* <prod> • machining characteristic

Spanungsquerschnitt *m* <prod> *(Fertigungsplanung (Schnittiefe, Vorschub))* • chip cross-section

Spanungsseitenverhältnis *n* <prod> • slenderness ratio of the cut

Spanungsverhältnis *n* <prod> • cutting depth/feed ratio

Spanvolumen *n* <prod> • removal rate; removal volume

Spanwinkel *m* <wz> *(am Drehmeißel)* • back rake angle (BR)

Spanwinkel *m* <wz> *(am Fräser)* • rake angle

Sparbecken *n* <hydr> • recuperation bassin

Sparbeize *f* <metall> • inhibited acid

Sparbeizzusatz *m* <chem> • pickling inhibitor

Sparbeton *m* <bau.mat> • poor concrete; lean concrete

Sparbrenner *m* <verbr> • gas pilot burner

Spardiode *f* <el> • efficiency diode

Spardiode *f* <el> • booster diode

Spardüse *f* • economizer jet

Sparflamme *f* <verbr> • gas pilot burner

Sparflug *m* <aerospace> • economy cruise; economical cruise; weak-mixture cruise

Spargang *m ugs* <kfz.antr> • overdrive; overdrive gear

Spargang *m ugs* <kfz.antr> *(betont: drehzahlsenkendes Übersetzungsverhältnis)* • economy ratio

Sparhälfte *f* <prod> *(Gießerei)* • sand pattern

Sparkathode *f* • economy filament

Sparkathode *f* <el> • low-consumption cathode

Sparlampe *f* <licht> • energy-saving lamp

Sparmodus *m* <el> • battery saver mode

Sparmodus *m* <el> • energy saver mode; power down mode

Sparrekord *m* <kfz> • fuel economy record

Sparren *m* <bau.mat> • rafter

Sparrendach *n* <bau> • couple roof

Sparrenpaar *n* <bau> *(Dachstuhl)* • couple [of rafters]; pair of rafters

Sparrost *m* <verbr> • economical grate

Sparrow-Kriterium *n* <aerospace> • Sparrow's criterion

sparsam <kfz> *(Motor)* • economical

sparsame Farbführung *f* <druck> • economical ink usage

sparsames Fahren *n* <kfz> • economy-minded driving

Sparschaltung *f* <el> • economizing circuit

Sparschaltung *f* <el> • battery saver mode

Sparschaltung *f* <licht> • dimmer switching

Sparschleuse *f* <hydr> • recuperation lock

Spartransduktor *m* <el> • autotransductor

Spartransformator *m* <el> • autotransformer

Sparwiderstand *m* <el> *(Relais)* • economy resistance

spasticus <med> • spastic; spasmodic; convulsive

spastisch <med> • spastic; spasmodic; convulsive

Spat *m* <min> • spar

Spatel *m* <med> • spatula

Spatel *m* <wz> • spreader; spatula; applicator; application paddle

Spatenfräse *f* <agri> • spading rotary cultivator

Spatenpflug *m* <agri> • spade machine

Spatenruder *n* <nav> • spade rudder

Spaten zum Wurzelabstechen *m* <agri.wz> • root pruning spade

Spatializer *m* <av> • spatializer audio processor; spatializer

Spaziergang *m rar* <av> *(Computergrafik)* • walkthrough; walkaround *rare*

Spazierstockschaltung *f ugs* <kfz.antr> • dashboard gearchange; dashboard shift; dashboard change *GB*

SPC <msr> • stored-program controller (SPC)

SPCC <bau.mat> • sprayed polymer cement concrete (SPCC); polymer-modified cementicious mix for spray application *:V*; polymer-modified sprayed concrete *:V*; sprayed concrete with polymer additive

SPDIF <av> • Sony/Philips digital interface (SPDIF)

Speaker-Ausgang *m* <edv> *(Speaker-Buchse an Soundkarte)* • audio output; phone-out; speaker-out; speaker output; phone output

Speaker-Ausgangsbuchse *f* <edv> *(Speaker-Buchse an Soundkarte)* • audio output; phone-out; speaker-out; speaker output; phone output

Special Effect *m* (SFX) <edv> • special effect

Special-Interest-Titel *m* <werb> • special-interest magazine

Special-Interest Titel *m* <werb> • special-interest magazine

Special-Interest-Zeitschrift *f* <werb> • special-interest magazine

Special Ledge *n* (SL) <kfz> *(Rad)* • special ledge (SL); safety ledge *US*

speckiger Glanz *m* <druck> *(Kaltdruckfixierung)* • glossy appearance

Speckle-Muster *n* <textil> *(Beugung des Laserlichts am Textilgut)* • speckle pattern

Speckschmierung f <tribo> *(z. B. Wellenlager aus Holz)*
• lard lubrication

Spedition f <logist> • shipper

Speed n sl <chem> *(als Droge; z. B. Methadrin, Benzedrin, Dexedrin)* • amphetamine; speed sl

Speedcontrol f ® <msr.verk> *(Radargerät)* • Speedcontrol ®

Speedster m <kfz> *(Autotyp)* • speedster

Speedway-Maschine f <kfz> • speedway motorcycle

Speedway-Motorrad n <kfz> • speedway motorcycle

Speerspitze f <mil> *(scharfes dreieckiges Blech o.ä.)*
• fluke

Speiche f prakt.ugs <fz> *(von Drahtspeichenrad)* • wire spoke; spoke pract

Speiche f <masch> *(Räder aller Art)* • spoke

Speiche f <verf> *(z. B. in Siebtrommel)* • radial arm

Speichen einziehen vt <prod> • spoke vt

Speicheneinziehmaschine f <prod> • spoke screwing machine

Speichenflansch m <fz> • spoke flange

Speichenkopf m <fz> • spoke head

Speichenkreuz n <kfz> *(Rad)* • spider

Speichennippel m <fz> • spoke nipple

Speichenrad n <kfz> • spoke wheel; styled spoke wheel press.ad; radially spoked wheel did

Speichenreflektor m <fz> *(Fahrrad)* • wheel reflector

Speichenschutz m <fz> • spoke protector; spoke disc; spoke guard

Speichenschutzscheibe f <fz> • spoke protector; spoke disc; spoke guard

Speichenspanner m <fz> • spoke wrench US; spoke key GB

Speichenstrahler m <fz> *(Fahrrad)* • wheel reflector

Speicher m *(betont: Halter)* • holder

Speicher m <tech.allg> *(allg. Einrichtung zum Sammeln/Aufbewahren)* • storage US; store GB

Speicher m <tech.allg> *(für Energie; z. B. Druck, Wärme, Elektrizität)* • accumulator

Speicher m <bau> *(ganz oben, unter dem Dach)* • loft; garret

Speicher m ugs <bau> *(oberstes Stockwerk, direkt unter dem Dach)* • attic; loft; garret

Speicher m <edv> *(für Daten, aber kein Massenspeicher; z. B ROM, RAM)* • memory

Speicher m <edv> *(für Daten, nichtflüchtig; Massenspeicher)* • storage device; data storage system; storage; data storage device; store GB

Speicher m <kfz.antr> *(Automatikgetriebe-Steuerung)*
• accumulator; hydraulic accumulator; damper

Speicher m <logist> *(betont: Vorrat)* • reservoir

Speicher m <logist> *(betont: als Puffer für Rohlinge, Halbzeuge oder fertige Werkstücke)* • buffer

Speicher m <masch> *(Kompressor)* • receiver

Speicher m <petr> • reservoir bed

Speicher m <wz.masch> *(für Werkzeuge)* • magazine

Speicher m <wz.masch> *(Gestell, Regal; z. B. für Werkzeuge)* • rack

Speicherabruf m <edv> • memory recall

Speicherabzugskontrolle f <logist> • dump check

Speicheradressbereich m <edv> • address space; address range; memory address [space]

Speicheradresse f <edv> • storage address; address

Speicheradresse f <edv> • memory address

Speicheradressendekodierer m <edv> • memory address decoder

Speicheradressenregister n <edv> • memory address register

Speicheradressenzähler m <edv> • memory address counter

Speicheradressierung f <edv> • memory addressing

Speicheranforderung f <av> • storage requirement

Speicheranforderung f <edv> • memory request

Speicheransteuerung f <edv> • memory control

Speicheraufrüstung f <edv> • memory expansion

Speicherausdruck m <edv> • memory print-out

Speicherausgabeanforderung f <edv> • memory output request

Speicherballon m <agri.tech> • balloon gas-holder

Speicherbank f • memory bank

speicherbar <edv> • storable

Speicherbaustein m <edv> • memory device

Speicherbaustein m <edv> • memory module; memory block

Speicherbaustein m <edv> • memory module

Speicherbaustein m <el> • memory module

Speicherbecken n <bau.hydr> • storage basin; water reservoir; reservoir

Speicherbecken n <energ> *(allg. Wasserkraftwerk)* • reservoir; storage reservoir; storage basin; impounding reservoir

Speicherbedarf m <av> • storage requirement

Speicherbedarf m <edv> • storage requirement

Speicherbedarf m <edv> • memory requirements

Speicherbefehl m <edv> • store command; store instruction

Speicherbehälter m <logist> • hold tank

Speicherbehälter m <logist> • storage tank; storage vessel; hold tank

Speicherbereich m <edv> • storage area

Speicherbereinigung f <edv> • garbage collection

Speicherbildschirm m <edv> • storage CRT; storage [tube] display

Speicherbit n <edv> • storage bit

Speicherbit n rar <edv> *(0 oder 1)* • binary digit (bit); binary character; data bit; information bit; bit

Speicherblase f <hydr> • bladder; sac

Speicherblock m <edv> • memory unit; memory block

Speicherblock m <nukl> • storage unit; storage block

Speicherblockanweisung f <edv> • common statement

Speicherbus m <edv> • memory bus

Speicherchip m <av.edv> • chip

Speicherdatenregister n <edv> • memory data register

Speicherdauer f <edv> • maximum storage time

Speicherdauer f <el> • maximum retention time

Speicherdichte f <tech.allg> • storage density

Speicherdichte f <edv> *(allg.; jed. Datenträger)* • recording density; character density; storage density; data density

Speicherdruck m <masch> *(Windkessel)* • receiver pressure

Speicherebene f <edv> • storage plane; digit plane

Speicher einer Steuerung f <msr> • controller memory

Speichereinrichtung f rar <edv> *(für Daten, nichtflüchtig; Massenspeicher)* • storage device; data storage system; storage; data storage device; store GB

Speichereinspritzsystem Common Rail n <kfz.mot>
• common-rail direct injection (CDI)

Speicherelektrode f <el> • accumulation electrode; energy-storage electrode

Speicherelement n <edv> • memory element; storage element

Speicherelement n <edv> • storage element

Speicherelement n <masch> *(Feder)* • storage mechanism

Speicherenergieschweißen n <füg> • stored-energy welding

Speicherentleerung f <edv> • memory dump

Speichererweiterung f <edv> • memory expansion

Speicherfähigkeit f <tech.allg> *(z. B. Container, Behälter, Lagerraum)* • bunkering capacity

Speicherfähigkeit f <edv> • storage capacity
Speicherfeld n <edv> • memory field
Speicherfilter n <ents> • deep bed filter
Speicherfläche f <edv> • storage area
Speicherfolgekodierung f <edv> *(absolute Adressierung)* • specific coding
Speicherfournisseur m <textil> • storage feeder; storage feed device
Speicherfreigabe f <edv> • freeing of storage
Speicherfunktion f <el> *(Relais)* • latching function
Speichergasanlage f <logist> • motor-fuel gas storage
Speichergerät n <av> • storage device
Speichergeschwindigkeit f <edv> • memory speed
Speichergestein n <petr> • carrier rock; containing rock; pay; reservoir rock; reservoir sand
Speicherglied n <edv> • storage element
Speicherheizung f <hlk> • electric storage heating
Speicherhierarchie f <edv> • storage hierarchy; memory hierarchy
Speicher hoher Kapazität m <edv> • high-capacity storage; large-capacity storage
Speicherhorizont m <petr> • reservoir horizon; producing formation horizon
speicherhungrig ugs <edv> *(Anwendungen)* • storage-intensive; data-intensive; memory-intensive; storage-hungry *coll*; information-intensive *rare*
Speicherinhalt m <edv> • memory content; memory contents
Speicherinhalt m *DIN 4048-1* <energ.hydr> *(Stausee)* • storage capacity
Speicherinhalt m <hydr> • reservoir storage; storage capacity
Speicherintegrator m <edv> • storage integrator
speicherintensiv <edv> *(Anwendungen)* • storage-intensive; data-intensive; memory-intensive; storage-hungry *coll*; information-intensive *rare*
speicherintensive Anwendung f <edv> *(typ. in Bezug auf RAM)* • memory-intensive application
Speicherkamera f <av> • storage camera
Speicherkapazität f <av> *(auf Spule oder Cassette)* • tape length
Speicherkapazität f <av> • storage space; storage capacity
Speicherkapazität f <edv> *(von Magnetbändern, Festplatten, CDs etc.)* • storage capacity; capacity; data [storage] capacity; recording capacity *TEAC*; media capacity
Speicherkapazität f <edv> • storage capacity; capacity; data [storage] capacity; recording capacity *TEAC*; media capacity
Speicherkapazität f <energ.sol> *(für Wärmeenergie)* • storage capacity
Speicherkapazität f <msr> *(von flüchtigen Speichern; z. B. RAM)* • memory capacity
Speicherkarte f <edv> • memory card
Speicherkarte f <edv.av> *(in Synthesizer)* • RAM cartridge; memory cartridge; RAM card; memory card
Speicherkartenlaufwerk n <edv> • memory card drive
Speicherkassette f • storage cartridge
Speicherkathodenstrahlröhre f <el> • storage cathode-ray tube
Speicherkern m <edv> • memory core
Speicherkondensator m <el> • storage capacitor; reservoir capacitor
Speicherkraftwerk n <energ.hydr> • storage power station; reservoir power station
Speicherkraftwerk n <energ.hydr> • storage power plant
Speicherkreis m <edv> • memory circuit
Speicherkugel f *Citroën* <kfz> *(Hydropneumatik)* • suspension sphere

Speicherlöschen n <edv> • reset of storage
Speicherlogik f <edv> • memory logic
Speichermagazin n <wz.masch> *(für Werkzeuge)* • storage magazine
Speichermasse f <bau.mat> • thermal mass
Speichermatrix f <edv> • memory matrix
Speichermedium n <tech.allg> *(Mittel zur Aufbewahrung von Daten; z. B. Disketten, Festplatten, CDs)* • storage medium; data storage medium *rare*; recording medium
Speichermedium n <tech.allg> *(z. B. für Daten, Wärme, Strom)* • storage medium
Speichermenge f <hydr> • retained storage volume
Speichermenge f <logist> *(Teile im Lager, Puffer)* • amount of components being stored
Speicher mit Auswahlansteuerung <edv> • selectively addressable memory
Speicher mit Bitzugriff <edv> • bit-access memory
Speicher mit direktem Zugriff m <edv> *(z. B. der Arbeitsspeicher)* • random access memory (RAM); direct-access memory
Speicher mit dynamischer Verschiebung <edv> • dynamic-relocation memory
Speicher mit großer Kapazität m <edv> • high-capacity storage; large-capacity storage
Speicher mit indexsequetiellem Zugriff m <edv> • indexed sequential storage
Speicher mit kurzer Zugriffszeit <edv> • rapid-access memory; immediate-access memory
Speicher mit langer Zugriffszeit <edv> • slow-access memory
Speicher mit Lichtpunktabtastung <edv> • flying-spot memory
Speicher mit mittlerer Zugriffszeit <edv> • medium-access memory
Speicher mit schnellem Zugriff <edv> • high-speed memory
Speicher mit sequentiellem Zugriff <edv> • sequential access storage; serial access storage
Speicher mit sequentiellem Zugriff m <edv> • sequential-access memory
Speicher mit sequentiellem Zugriff m <edv> • sequential access storage; serial access storage
Speicher mit seriellem Zugriff <edv> • sequential access storage; serial access storage
Speicher mit seriellem Zugriff m <edv> • sequential access storage; serial access storage
Speicher mit Tastaturzugriff <edv> • keyboard-accessible memory
Speicher mit verteilter Logik <edv> • distributed-logic memory
Speicher mit wahlfreiem Zugriff m <edv> *(z. B. der Arbeitsspeicher)* • random access memory (RAM); direct-access memory
Speichermodul m <edv> • memory module; memory block
Speichermodul n <edv> • memory module
Speichermodul n <navig> *(Empfänger)* • memory module
Speichermodulierdruck m <antr> *(Automatikgetriebesteuerung)* • accumulator control pressure
Speichermodulierdruckventil n <antr> *(Automatikgetriebesteuerung)* • accumulator control valve
Speichern n <edv> • storing
Speichern n <prod.autom> • storage
speichern vt <tech.allg> *(betont: ansammeln)* • accumulate *vt*
speichern vt <edv> *(Daten; z. B. auf Platte)* • store *vt*; record *vt*; write *vt*
speichern vt <edv> *(Stapelspeicher)* • stack *vt*
speichern vt rar <edv> *(Daten, Datei; z. B. auf Platte)* • save *vt*

speichern (auf) *vt* <edv> *(Daten)* • store (on) *vt*; place (on) *vt*; pack (into) *vt*
speichernde Dosimetrie *f* <nukl> • accumulative dosimetry
Speicheroszilloskop *n* <phys> • storage oscilloscope
Speicherpaket *n* <edv> • memory stack
Speicherplatte *f (Leiterplatte)* • memory board
Speicherplatte *f* <edv> • storage disk
Speicherplatte *f* <edv> *(magnet.)* • disk *US.GB*; storage disk; recording disk
Speicherplatte *f* <edv> *(opt.)* • disc *US.GB*; storage disc; recording disc
Speicherplatte *f* <el> *(Signalspeicherröhre)* • storage target; target
Speicherplattenoberfläche *f* <av> • target surface
Speicherplatz *m* <av> • storage space; storage capacity
Speicherplatz *m* <av> • channel preset; station memory
Speicherplatz *m* <edv> • storage space; disk space
Speicherplatz *m* <edv> • memory location; storage location
Speicherplatz *m* <edv> • store room
Speicherplatz *m* <edv> • storage space; disk space
Speicherplatz *m* <prod.autom> • storage location
Speicherplatz *m* <wz.masch> *(Werkzeugspeicher)* • storage position
Speicherplatzangabe *f* <edv> • locant
Speicherplatzanordnung *f* • memory array
Speicherplatzbedarf *m* <av> • storage requirement
Speicherplatzfreigabe *f* <edv> • freeing of storage
Speicherplatzzähler *m* <edv> • location counter
Speicherprogramm *n* <edv> • stored program
speicherprogrammierbar <edv> *(z. B. Steuerung)* • programmable
speicherprogrammierbares Steuergerät *n* (SPC) <msr> • stored-program controller (SPC)
speicherprogrammierbare Steuerung *f* (SPS) <msr> • programmable logic controller (PLC); programmable controller
speicherprogrammiert <edv> • stored-program
speicherprogrammierte Steuerung *f* <msr> • stored program controller
Speicherprogrammierung *f* <edv> • memory programming
Speicherprüfbit *n* <edv> • memory check bit
Speicherpumpe *f* <energ.hydr> • storage pump
Speicherraum *m* <energ.hydr> • storage; reservoir capacity; storage capacity
Speicherregister *n* <edv> • memory register
speicherresident <edv> *(im RAM)* • resident
speicherresident <edv> • memory-resident; core-resident
speicherresidentes Programm *n* <edv> • RAM-resident program
Speicherring *m* <nukl> *(Beschleuniger)* • storage ring
Speicherröhre *f* <edv> • storage tube (DVST); direct view storage tube; storage CRT
Speicherröhre *f* <el> • memory tube; storage tube
Speicher-Rollenwechsler *m* <druck> • zero-speed web splicer
Speicherrollenwechsler *m* <druck> • zero-speed web splicer
Speicherschaltung *f* • memory circuit
Speicherscheibe *f* <edv> *(magnet.)* • disk *US.GB*; storage disk; recording disk
Speicherscheibe *f* <edv> *(opt.)* • disc *US.GB*; storage disc; recording disc
Speicherschicht *f* <edv> *(Leseschicht von magn. od. opt. Speichermedien)* • recording layer; storage layer *Mitsumi*; recorded layer *ISO*; information layer; memory layer
Speicherschirm *m* <el> • persistent screen

Speicherschleife *f* <edv> • storage loop
Speicherschutz *m* <edv> • memory protection; storage protection
Speicherschutzschlüssel *m* <edv> • protection key
Speichersee *m rar* <energ> *(allg. Wasserkraftwerk)* • reservoir; storage reservoir; storage basin; impounding reservoir
Speichersegment *n* <edv> *(Programmsegmentierung)* • memory segment
Speichersender *m* <edv> • storage transmitter
Speichersichtgerät *n* <edv> • memory monitor; memoryscope
Speichersilo *n/m* <logist> • storage silo
Speichersteuereinheit *f* <edv> • storage control unit
Speichersubstanz *f* <bau.mat> • thermal mass
Speichersuchregister *n* <edv> • memory search register
Speichersystem *n* <edv> *(für Daten, nichtflüchtig; Massenspeicher)* • storage device; data storage system; storage; data storage device; store *GB*
Speichersystem *n* <verf> • combinde batch system
Speichertank *m* <energ.sol> • storage tank
Speichertank *m* <petr> *(Bohrinsel)* • storage tank
Speichertastatur *f* <edv> • storage keyboard
Speichertechnik *f* <el> • memory technology
Speichertechnologie *f* <edv> • storage technology
Speichertemperatur *f* <energ.sol> • storage temperature
Speichertiefe *f* <edv> • storage depth
Speichertrommel *f* <nav> • rope storage reel
Speichertrommel *f* <edv> • magnetic drum; storage drum
Speichertrommel *f* <masch> *(z. B. Seiltrieb von Kranen)* • magazine drum
Speicherung *f* <av> • storage; recording
Speicherung *f* <edv> • storage
Speicherung *f* <edv> • store up
Speicherung *f* <edv> *(Vorgang; z. B. auf Band, Festplatte)* • data storage; storage
Speicherung *f* <hydr> • pondage
Speicherung *fsg* <allg> • accumulation
Speicherung auf Platte *f* <edv> *(Vorgang)* • disk storage *US*; disc storage *GB*
Speicherung der Anzeige *f IBM* <edv> *(Speicherung des Bildschirminhalts, ganz oder teilweise; z. B. als BMP)* • screen shot; screen capture; screen dump *rare*
Speicherung des Belichtungsmesswerts *f* <phot> *(Kamerafunktion; z. B. bei Spotmessung)* • exposure lock
Speicherungsvermögen *n* <energ.hydr> • storage; reservoir capacity; storage capacity
Speicherung von Daten *f* <edv> • storage of data; data storage
Speichervaraktor *m* • charge-storage varactor; snap-off diode
Speicherverfahren *n* <edv> • recording technique
Speicherverfahren *n* <edv> *(von Plattenlaufwerken)* • recording method; recording technology; encoding method; recording code
Speichervermittlung *f* <edv> • switching center
Speichervermittlung *f* <tele> • message routing; message switching; store-and-forward switching
Speichervermittlung *f* <tele> *(mit Zwischenspeicherung auf Band)* • tape relay
Speichervermittlung *f* <tele> *(speicherorientiert, in Paketen, Blöcken, Rahmen, Zellen)* • message switching (MS); message routing
Speichervermögen *n* <edv> *(von Magnetbändern, Festplatten, CDs etc.)* • storage capacity; capacity; data [storage] capacity; recording capacity *TEAC*; media capacity
Speichervermögen *n* <edv> • storage capacity; capacity; data [storage] capacity; recording capacity *TEAC*; media capacity

Speicherverschachtelung f <edv> • memory interleaving

Speicherverwaltung f <edv> • memory management

Speicherverwaltungseinheit f <edv> • memory management unit

Speicherverwaltungseinheit f <edv> • MMU

Speichervolumen n <edv> *(von Magnetbändern, Festplatten, CDs etc.)* • storage capacity; capacity; data [storage] capacity; recording capacity *TEAC*; media capacity

Speichervolumen n <edv> • storage capacity; capacity; data [storage] capacity; recording capacity *TEAC*; media capacity

Speichervolumen n <energ.sol> • storage volume

Speichervorgang m <edv> • write cycle; write [process]; Transaction *ECMA*; recording process; write operation

Speicherwähleinrichtung f <tele> • repertory dialler

Speicherwasserkraftwerk n <energ.hydr> • storage power plant

Speicherwerk n <edv> • accumulating register

Speicherwerk n <energ> *(Wasserkraftwerk)* • high-head plant

Speicherwort n <edv> • memory word

Speicherwortlänge f <edv> • memory word length

Speicherzeit f *(bei Sichtspeicherröhren)* • holding time

Speicherzeit f <edv> • storage time; retention time

Speicherzeit f <hlk> • heating period

Speicherzelle f <edv> • storage cell; storage element; memory cell

Speicherzugriff m <edv> • memory access

Speicherzugriff m <edv> *(auf gespeicherte Informationen)* • data access

Speicherzugriffsschutz m <edv> • fetch protection

Speicherzugriffszeit f <tech.allg> *(auf gespeicherte od. gelagerte Daten, Güter)* • access time; seek rate *rare*

Speicherzugriffszeit f <edv> • memory access time

Speicherzuordnung f <edv> • memory allocation; storage allocation

Speicherzuordnungsbereich m <edv> • memory partition

Speicherzuweisung f <edv> • memory allocation; storage allocation

Speicherzyklus m <edv> • memory cycle

Speicherzykluszeit f <edv> • memory cycle time

Speirohr n <bau> • spout

Speisebatterie f <el> • supply battery

Speiseboden m <logist> • feed tray

Speisebrücke f <tele> • feeding bridge; supply bridge; transmission bridge

Speisedrossel f <el> • feed coil; feeder reactor

Speisedruck m <pneum> • supply pressure

Speisedruckrohr n <rls> • feed delivery pipe

Speiseeinrichtung f <prod> • feeding device

Speiseeis n <nahr> • ice cream; ice cream and related products *form*; ice cream and frozen desserts *form*; edible ices *form.GB*

Speiseeisansatz m *rar* <nahr.prod> *(Speiseeis)* • mix; ice cream mix

Speiseeisbereiter m <nahr.prod> *(Haushalt, Kleinbetriebe)* • ice cream maker; ice cream making machine *BOKU*

Speiseeisbereiter m *obs* <nahr.prod> *(Speiseeis)* • freezer; ice cream freezer

Speiseeisbestandteile f <nahr> • ice cream ingredients

Speiseeisfabrik f <nahr.prod> • ice cream plant

Speiseeisfehler fpl <nahr.qualit> • ice cream defects; defects of ice cream

Speiseeishalberzeugnisse fpl <nahr> • intermediate ice cream products

Speiseeishersteller m <nahr.prod> • ice cream manufacturer

Speiseeisherstellung f <nahr.prod> • ice cream manufacture

Speiseeis in Rechteckpackung n <nahr> *(Speiseeis)* • family brick; ice cream brick; brickette

Speiseeis kombiniert mit Backwaren n <nahr> • bisque

Speiseeiskonserven fpl <nahr> • cans of ice cream mix

Speiseeismaschine f *BOKU* <nahr.prod> *(Haushalt, Kleinbetriebe)* • ice cream maker; ice cream making machine *BOKU*

Speiseeis mit hohem Eigehalt n <nahr> • Frozen Custard *US*; French ice cream *US*; French custard ice cream *US*; New York ice cream *rare*

Speiseeis mit Sodawasser n <nahr> • ice cream soda *US*

Speiseeismix m <nahr.prod> *(Speiseeis)* • mix; ice cream mix

Speiseeisportionierer m <nahr> *(Speiseeis)* • scooper; ice cream scoop

Speiseeisprobe f <nahr> • ice cream sample

Speiseeispulver n <nahr> • ice cream powder; dried ice cream mix

Speiseeisriegel m <nahr> • ice cream bar; stickless bar; ice cream candy bar

Speiseeisstrang m <nahr.prod> *(Extruder)* • stream of ice cream; ice cream ribbon; ice cream string

Speiseeis wechselnden Temperaturen aussetzen vt V: <nahr> • heat shock vt

Speisefett n <nahr> • edible fat

Speiseflasche f <therm> • gravity-feed tank

Speisehahn m <rls> • feed cock

Speisehornstrahler m <navig> *(Radar)* • feedhorn

Speisekabel n <aerospace> *(Rak.; letzte leicht trennbare Verbindung vor dem Start)* • umbilical cord

Speisekabel n <el> • feeder cable

Speisekopf m <mot> • combined check and stop valve

Speiseleitung f <el> • supply line

Speiseleitung f <prod> • feeder

Speiseleitung f <prod> *(Gießen)* • feeder line

Speiseleitung f <rls> • feed line

Speiseleitungsverteiler m <prod> *(Gießen)* • feeder distribution center

speisen v <tech.allg> • feed v

speisen vt <tech.allg> *(z. B. mit Gas, Luft, Strom, Wasser)* • supply vt

speisen vt <el> • energize vt

speisen vt <el> • power vt

speisen vt <msr> *(Sensor)* • supply vt

speisen vt <verf> • charge vt

Speisepumpe f <energ.sol> • feed pump

Speisepumpe f <rls> • feed pump

Speisepumpe f <rls> • boiler feed pump

Speisepunkt m <el> • feeder point; feed point; distributing point

Speisepunkt m <prod> *(Gießen)* • feeder point

Speisepunkt m <rls> • feed point

Speiser m <prod> *(Gussform)* • feeder; riser

Speiserbecken n <prod> • feeder spout

Speiserbecken n <silik> • feeder bowl; feeder spout

Speiseregulierventil n <rls> • feed-regulating valve

Speiserkanal m <prod> *(Gießen)* • feeder channel

Speiserohr n <rls> • feed pipe

Speiserohrverteiler m <rls> • perforated feed pipe

Speisertropfen m <prod> • glass gob

Speiserufer m <alarm> • low-water alarm

Speisespannung f <el> • supply voltage

Speisespannung f <msr> • supply voltage

Speisestärke f <nahr> $((C_6H_{10}O_5)_n)$ • starch

Speisestrom m <el> • supply current

Speisestromkreis *m* <el> • supply circuit
Speisetrichter *m* <verf> • feed hopper
Speiseventil *n* <rls> • feed check valve
Speisewagen *m* <bahn> • dining car; restaurant car
Speisewalze *f* <textil> *(für Farbe)* • color furnisher
Speisewalze *f* <verf> • feed roll
Speisewasser *n* <rls> • feed water
Speisewasserabsperrung *f* <rls> • feed check
Speisewasseraufbereitung *f* <verf> *(z. B. Dampferzeuger)* • feed-water conditioning
Speisewasserbehälter *m* <energ.therm> *(Dampferzeuger)* • surge tank
Speisewasserbehälter *m* <rls> • feed-water container; feed-water storage tank
Speisewasserdruckleitung *f* <verf> • boiler feed discharge piping
Speisewasserenthärtung *f* <verf> • feed-water softening
Speisewasserentlüfter *m* <verf> • feed-water deaerator
Speisewasserentlüftung *f* <verf> *(z. B. Dampferzeuger)* • feed-water deaeration
Speisewasserpumpe *f* <rls> • boiler feed pump
Speisewasserregler *m* <rls> • feed-water regulator
Speisewasserreiniger *m* <verf> • feed-water purifier
Speisewasserverdampfer *m* <verf> • boiler make-up evaporator
Speisewasservorwärmer *m* <energ> *(Wärmekraftwerk, Dampferzeuger)* • economizer *US*; economiser *GB*; feed-water preheater; feed heater
Speisewasservorwärmung *f* <rls> *(Dampferzeuger)* • feedwater pre-heating
Speisezone *f* <prod> • feed zone
Speiskobalt *m* <min> • smaltine; smaltite; grey cobalt
Spektiv *n* <opt.mil> *(für Schusslöcher)* • telescope; spotting telescope; spotting scope
spektral <phys> • spectral
Spektralanalysator *m* <phys> • spectrum analyser
Spektral-Analyse *f* <av> *(akustisch)* • spectrum analysis; spectrometry
Spektralanalyse *f* <phys> • spectral analysis
spektralanalytisch • spectroanalytical
Spektralapparat *m* <phys> • spectroscopic instrument
Spektralaufnahme *f* • spectrogram
Spektralband *n* (B) <phys> • spectral band (B)
Spektralbandbreite *f* <lwl> • spectral bandwidth
Spektralbandbreite *f* <opt> • spectral bandwidth
Spektralbande *f* <phys> • spectral band
Spektralbereich *m* <druck> • spectral region; region of the spectrum
Spektralbereich *m* <el> • region of the spectrum; spectrum; spectral region
Spektralbereich *m* <opt> • spectral range; spectral region
Spektralcharakteristik *f* <phys> *(z. B. Kopierer)* • spectral response
Spektraldichte *f* <opt> • spectral density
Spektraldichtemesser *m* <opt> • spectral density meter
spektrale Augenempfindlichkeitskurve *f* <opt.med> • visibility curve; relative luminosity curve
spektrale Empfindlichkeit *f* <av.phot> *(von Film, Aufnahmeröhren, CCD-Chips)* • color sensitivity; spectral sensitivity; color response
spektrale Empfindlichkeit *f* <druck> *(Druckplatteneigenschaft)* • spectral sensitivity; spectral response
spektrale Empfindlichkeit *f* <phys> *(allg.)* • spectral sensitivity; spectral response
spektrale Empfindlichkeitskurve *f* <opt.phot> • spectral response curve; spectral sensitivity curve
spektrale Energieverteilung *f* <opt> • spectral energy distribution

Spektralempfindlichkeit *f* <phys> *(allg.)* • spectral sensitivity; spectral response
Spektralenergieverteilung *f* <opt> • spectral energy distribution
spektraler Durchlassgrad *m* <opt> • spectral transmittance
spektraler Reflexionsgrad *m ISO 13666* <opt> • spectral reflectance *ISO 13666*
spektraler Transmissionsgrad *m wiss* <opt> • spectral transmittance
spektrale Verteilung *f* <opt> • spectral distribution
spektrale Zerlegung *f* <licht> • dispersion
spektrale Zerlegung der Sonnenstrahlung *f* <astron.sol> • spectrum-splitting
Spektralfarbe *f* <opt> • spectral color
Spektralfarbe *f* <opt> • color of the spectrum
Spektralfilter *n* <phot> • spectral filter
Spektral-Filter *n* (ugs: m) <phot> • diffraction filter
Spektralfilter *n* (ugs: m) <phot> • diffraction filter
Spektralgerät *n* <phys> • spectroscopic instrument
Spektralklasse *f* <opt> • spectral class
Spektralkolorimeter *n* <phys> • spectrocolorimeter
Spektrallinie *f* <opt> • spectral line; spectrum line
Spektrallinien *f* <phys> • line spectrum; spectral lines
Spektrallinienbreite *f* <opt> • spectral-line width
Spektrallinienintensität *f* <opt> • spectral-line intensity
Spektrallinienpaar *n* <phys> • spectral-line pair
Spektrallinienserie *f* <phys> • spectral-line series
Spektrallinienverbreiterung *f* <opt> • spectral-line broadening
Spektrallinienverschiebung *f* <phys> • spectral-line shift
Spektralordnung *f* <opt> • spectral order
Spektralphotometer *n* <phys> • spectrophotometer
Spektralphotometrie *f* <phys> • spectrophotometry
spektralphotometrisch <phys> • spectrophotometric
Spektralpolarimeter *n* <opt> • spectropolarimeter
spektral reine Strahlung *f* <phys> • pure radiation
Spektralröhre *f* • Geissler tube
Spektralschwerpunkt *m* <opt> • spectral centroid
Spektralserie *f* <phys> • spectral-line series
Spektralterm *m* <phys> • spectral term
Spektraltyp *m* <opt> • spectral class
spektral unzerlegt <phys> • undispersed
Spektralverschiebung *f* <astron> • spectrum shift
Spektralverteilung *f* <opt> • spectral distribution
Spektrenprojektor *m* <opt> • spectrum projector; projection comparator
spektrochemisch • spectrochemical
spektrochemische Analyse *f* <phys.chem> • spectral analysis
Spektrogramm *n* <phys> • spectrogram
Spektrograph *m* <phys> • spectrograph
Spektrographengitter *n* <phys> • spectrograph grating
Spektrographie *f* <phys> • spectrography
Spektroheliogramm *n* <astron> • spectroheliogram image; spectroheliogram
Spektroheliograph *m* <astron> • spectroheliograph
Spektrohelioskop *n* <astron> • spectrohelioscope
Spektrometer *n* <phys> • spectrometer
Spektrometrie *f* <av> *(akustisch)* • spectrum analysis; spectrometry
Spektrometrie *f* <phys> • spectrometry
Spektroskop *n* <phys> • spectroscope
Spektroskopie *f* <phys> • spectroscopy
spektroskopischer Aufspaltungsfaktor *m* <phys> • spectroscopic splitting factor
Spektrozonalfilm *m* <phys> • spectrozonal film
Spektrum *n* <druck> • spectrum

Spektrum *n* <phys> • light spectrum; spectrum; spectrum of light; light color spectrum

Spektrum erster Ordnung *n* <astron> *(kosmische Strahlung)* • primary spectrum

spekulare Farbe *f prakt* <opt> • specular color portion; specular color *pract*

spekularer Farbanteil *m* <opt> • specular color portion; specular color *pract*

spekulares Licht *n* <opt> • specular light

Spekulum *n* <med.tech> • speculum

Spenderverpackung *f DIN 55405* <pack.klass> • dispenser; dispenser container

Spengler-Gripzange *f rar* <wz> *(Kfz-Reparatur)* • sheet metal tool; bending tool *US.form*; sheet metal clamp *GB*; self-grip sheet metal clamp *GB*

Spermöl *n* <tribo> *(von Spermwalen, inzwischen unter Artenschutz)* • sperm oil

Sperr... <phys> *(räumlich trennen)* • isolating ...

Sperrabfall *m form* <ents> • bulky waste; bulky refuse

Sperrad *n* <masch> • ratchet wheel

Sperradresse *f DIN ISO 3309* <edv> • no-station address *ISO 3309*

Sperradwelle *f* <masch> • ratchet-wheel shaft

Sperranstrichmittel *n* <obfl> • waterproofing paint; damp-proofing paint

Sperrausgleichsgetriebe *n form* <kfz.antr> *(zuschaltbare Vollsperrung)* • locking differential; lockable differential; no-spin differential; nonslip differential; limited-slip differential *coll*

Sperrband *n norm* <av> • stop-band *stand*

Sperrbefehl *m* <edv> • inhibit command; disable instruction

Sperrbereich *m* <av> • guard band

Sperrbereich *m* <el> *(Halbleiter)* • blocking-state region

Sperrbereich *m* <el> *(Diode)* • cut-off region

Sperrbereich *m* <el> *(Thyristor)* • non-conducting zone

Sperrbereich *m* <el> *(Filter)* • stop band; attenuation band

Sperrbereich *m* <el> *(bei Halbleitern)* • barrier region; junction region; junction *pract*; depletion layer; depletion region

Sperrbereich *m* <nukl> *(Strahlenschutz)* • exclusion area

Sperrbolzen *m* <sich> • locking pin

Sperrcharakteristik *f* <el> • reverse blocking characteristic

Sperrdämpfung *f* <el> • stop band attenuation

Sperrdampfkondensator *m* <rls> • gland condenser

Sperrdifferential *n* <kfz.antr> *(zuschaltbare Vollsperrung)* • locking differential; lockable differential; no-spin differential; nonslip differential; limited-slip differential *coll*

Sperrdifferential *n* <kfz.antr> *(mit Differentialbremse, automatisch; z. B. Viskose- od. Lamellenkupplun)* • limited-slip differential

Sperrdiode *f* <el> • blocking diode

Sperrdraht *m* • inhibit wire

Sperre *f* • barrier

Sperre *f* • catch

Sperre *f* <tech.allg> *(mechanisch, elektrisch)* • lock-out

Sperre *f* <tech.allg> • stop

Sperre *f* <bahn> • gate

Sperre *f* <bau> *(z. B. Lawinenschutz)* • obstacle

Sperre *f prakt* <bau.hydr> *(komplette Stauanlage)* • dam

Sperre *f* <el> • rejector

Sperre *f* <el> • suppressor

Sperre *f prakt* <el> *(Siebschaltung)* • trap circuit; trap *pract*; antiresonance circuit *rare*; rejection circuit *rare*; wave trap *rare*

Sperre *f ugs* <kfz.antr> *(formschlüssig; blockiert das Differential)* • differential lock; power lock *coll*; diff lock *coll*

Sperre *f* <masch> • latch

Sperre *f* <masch> • lock

Sperre *f* <masch> • locking device

Sperre *f* <tele> • black-out

Sperre *f* <verk> • road-block

Sperre der Gebührenübernahme *f* <edv> • local charging prevention

Sperreffekt *m* <verf> *(Abscheider, Filter)* • interception [effect]; sieving effect *coll*

Sperreingang *m* <el> • inhibiting input; inhibit input

Sperreinrichtung *f* <masch> • arrester; arrestor

Sperreinrichtung *f* <masch> • locking device

Sperrelais *n* <el> • lock-in relay; latch-in relay; locking relay; interlocking relay

Sperrelektrode *f* <el> • unidirectional electrode

Sperren *n* <tele> • call barring

sperren *v* <el> • drop out *v*; block *v*

sperren *v* <el> *(Diode)* • bias off *v*; render non-conductive *v*

sperren *v* <masch> • lock *v*

sperren *vt* • close *vt*

sperren *vt* <tech.allg> *(z. B. Telephon, Stromzufuhr, Zutritt)* • cut off *vt*

sperren *vt* <druck> • space *vt*

sperren *vt* <jur> *(z. B. Konto, Zahlungen)* • stop *vt*

sperren *vt* <masch> • block *vt*

sperren *vt* <masch> *(z. B. Spannvorrichtung)* • catch *vt*

sperren *vt* <masch> • inhibite *vt*

sperren *vt* <masch> • retain *vt*; hold *vt*

sperren *vt* <tele> *(Anschluss)* • cut off *vt*; disconnect *v*; suspend *v*

sperren *vt* <verk> *(z. B. Zugang, Straße)* • obstruct *vt*; close *v*

sperrend <el> • non-conducting

Sperrenkörper *m* <bau> • embankment

Sperrenkraftwerk *n* <energ> • barrage power station

Sperrerholungszeit *f* <el> • reverse recovery time

Sperrfähigkeit *f* <el> • blocking capacity

Sperrfähigkeit *f* <mat> • insulating property

Sperrfeder *f* <masch> *(z. B. Schloß, Kupplung)* • click spring; lock spring; retaining spring

Sperrfilter *n* • band-rejection filter

Sperrfilter *n* <el> • suppression filter

Sperrfilter *n* <opt> • barrier filter

Sperrflüssigkeit *f* <masch> *(Pumpe)* • sealing liquid; buffer liquid

Sperrflüssigkeit *f* <masch> *(z. B. Säurepumpe)* • sealing liquid

Sperrflüssigkeit *f* <verf> • confining liquid

Sperrfrequenz *f* <el> • stop frequency

Sperrfrist *f* <edv> • retention cycle

Sperrfunktion *f* • inhibit function

Sperrgatter *n* <el> • inhibiting gate; inhibiting circuit

Sperrgetriebe *n* <masch> • ratchet-and-pawl mechanism

Sperrgitter *n* <el> • barrier grid

Sperrgitteroszillator *m* • blocking-grid oscillator; blocking oscillator

Sperrgitterröhre *f* <el> • barrier-grid tube

Sperrglied *n* <masch> • pawl wheel; ratchet wheel

Sperrglied *n* <msr> • blocking element

Sperrglied *n* <msr> • inhibitor

Sperrgrad *m* <kfz.antr> *(Differentialsperre)* • locking ratio; limited-slip action

Sperrgrund *m* <obfl> • sealer

Sperrgut *n* <ents> • oversized bulky waste (OBW)

Sperrhaken *m* <bau> *(in Fenster-, Türschlossmechanik)* • latch; lock

Sperrhebel *m* <masch> • locking lever

Sperrhebel *m* <masch> • pawl

Sperrhebel *m* <masch> • safety catch

Sperrhebel m <tele> • ratchet lever
Sperrholz n DIN EN 313 <holz> • plywood
Sperrholz n <kfz.innen> • plywood; marine ply
Sperrholz n <mat.holz> • plywood
Sperrholzkarosserie mit Kunstlederbezug f <kfz> • wooden body covered with leatherette GB.form; fabric body pract
Sperrhorn n <metall.wz> (Ambosshilfswerkzeug) • hardie for offsetting and bending :V
Sperrhülse f <mil> (Schusswaffe) • action spring plug; recoil spring plug
Sperrichtung f <el> • blocking direction
Sperrichtung f <el> (z. B. Stromrichter) • non-conducting direction; inverse direction; reverse direction
sperrig <kfz> (zu transportierende Gegenstände) • bulky
sperriger Abfall m form <ents> • bulky waste; bulky refuse
Sperrigteil n <logist> • bulky material US; bulky item GB
Sperrimpuls m <edv> • inhibit pulse
Sperring m <förd> • lantern ring; seal cage
Sperring m <kst> (in Rückströmsperre; Spritzgussmaschine) • sliding ring
Sperring m <masch> • check ring
Sperring m <sich> • locking ring
Sperrkammer f <masch> (Pumpe) • seal cage
Sperrkapazität f <el> • reverse capacitance
Sperrkennlinie f • blocking characteristic
Sperrkennlinie f <el> (Halbleiter) • reverse characteristic; off-state characteristic
Sperrkette f <tele> • higher limiting filter
Sperrkippstufe f <el> • inhibit flip-flop
Sperrklinke f <masch> (von Sperrklinkenmechanismus) • pawl
Sperrklinke f <masch> (betont: blockierend) • locking pawl; blocking pawl rare
Sperrklinke f <masch> (betont: Einschnapp-, Schlossfalle) • catch
Sperrklinke f <masch> (betont: Arretierung) • detent
Sperrklinke f <masch> (betont: zum Halten) • holding pawl
Sperrklinke f <masch> (betont: fingerartiges Verriegelungsstück) • latch finger
Sperrklinke f <masch> (betont: zum Festhalten) • retaining pawl
Sperrklinke f <masch> (betont: Sicherheitsverriegelung) • safety latch
Sperrklinke f <masch> (allg.; z. B. am Handbremshebel von Pkw oder in Ratschen) • pawl; locking pawl
Sperrklinke f <wz> (betont: in Ratsche) • ratchet pawl
Sperrklinkenentriegelung f <masch> • latch release
Sperrklinkenmechanismus m <masch> (Ratsche) • ratchet-and-pawl mechanism
Sperrklinkenrelais n <el> • latching relay
Sperrknopf m <tech.allg> (Verriegelung) • locking button
Sperrkolben m <sich> (in Schloss) • lock plunger
Sperrkondensator m <el> • isolating capacitor; blocking capacitor
Sperrkontakt m <el> • blocking contact
Sperrkreis m <el> (Siebschaltung) • trap circuit; trap pract; antiresonance circuit rare; rejection circuit rare; wave trap rare
Sperrkreisfilter n <el> (betont: Unterdrückung) • suppression filter
Sperrleitung f <el> • inhibit line
Sperrlogik f <el> • inhibit logic
Sperrmagnet m <el> • blocking magnet
Sperrmauer f <bau.hydr> • masonry dam
Sperrmechanismus m <masch> • interlock mechanism
Sperrmedium n <verf> (z. B. Säurepumpe) • confining fluid

Sperrmoment n <kfz> (Differentialsperre) • locking power
Sperrmoment n <kfz.antr> (Differentialsperre) • locking power
Sperrmüll m <ents> • bulky waste; bulky refuse
Sperrmüll m <nfz.logist> • bulky refuse FAUN
Sperröhre f • electrodeless tube
Sperröldichtung f <masch> • oil-buffered seal
Sperrpappe f • insulating felt
Sperrpaß m <av> • band-stop filter DIN IEC 50; band elimination filter; band exclusion filter; band-reject filter; band suppressor
Sperrpaßfilter n <av> • band-stop filter DIN IEC 50; band elimination filter; band exclusion filter; band-reject filter; band suppressor
Sperrplatte f <masch> • check plate
Sperrpunktabgleich m <av> • locking point adjustment
Sperrröhre f <el> • anti-transmit-receive tube; ATR-tube
Sperrschalter m <el> • holding key
Sperrschaltung f <el> • inhibition circuit; latching circuit
Sperrschaltung f <el> • rejection circuit; paralysis circuit
Sperrschicht f <bau.mat> (dampfundurchlässig) • insulating course; insulating layer; waterproofing course; waterproofing layer
Sperrschicht f <el> (bei Halbleitern) • barrier region; junction region; junction pract; depletion layer; depletion region
Sperrschicht f <textil> • interlining
Sperrschichtdetektor m <el> • photovoltaic detector
Sperrschichtdicke f <el> • junction width; depletion-region width
Sperrschichtdiode f <el> • junction diode
Sperrschichtelement n <el> (ein Halbleiterphotoelement) • photovoltaic cell; barrier-layer photocell; blocking-layer photocell; semiconductor photocell
Sperrschichtfeldeffekttransistor m <el> • junction field-effect transistor (JFET); junction-gate field-effect transistor
Sperrschicht-FET m (JFET) <el> • junction fet (JFET)
Sperrschichtfläche f <el> • junction area
Sperrschichtgleichrichter m <el> • junction rectifier; electronic-contact rectifier; barrier-layer rectifier
Sperrschichtisolation f <el> • junction isolation
Sperrschichtkapazität f <el> • junction capacitance; depletion-region capacitance
Sperrschichtkondensator m <el> • junction capacitor
Sperrschichtmaterial n; pl: -ien DIN 55405 <mat.allg> • barrier material
Sperrschichtpapier n DIN EN 26590 <pap> (z. B. mit Polyethylen beschichtet) • barrier coated paper
Sperrschicht-Photoeffekt m <energ.sol> • photovoltaic effect
Sperrschichtphotoeffekt m <phys> • photovoltaic effect
Sperrschichtphotoelement n • barrier-layer photocell
Sperrschichtphotoelement n wiss <el> (ein Halbleiterphotoelement) • photovoltaic cell; barrier-layer photocell; blocking-layer photocell; semiconductor photocell
Sperrschichtphotozelle f <el> • photovoltaic cell
Sperrschichtphotozelle f <el> (ein Halbleiterphotoelement) • photovoltaic cell; barrier-layer photocell; blocking-layer photocell; semiconductor photocell
Sperrschichttemperatur f <el> • junction temperature
Sperrschichttransistor m <el> • depletion-layer transistor
Sperrschichtwiderstand m <el> • junction resistance
Sperrschieber m <kfz.antr> (in Automatikgetriebesteuerung) • shut-off valve; lock valve
Sperrschieber-Drehkolbenpumpe f <förd> • external vane pump; vane-in-stator pump
Sperrschieberpumpe f <förd> • external-vane pump; vane-in-stator pump

Sperrschieberpumpe f <masch> (stehende Flügel) • vane pump

Sperrschleuse f <hydr> • double guard gates; double safety gates

Sperrschritt m <tele> • stop signal

Sperrschwinger m • blocking oscillator

Sperrsignal n <edv> • inhibiting signal

Sperrsignal n <tele> • blocking signal

Sperrspannung f <el> (Halbleiter) • reverse voltage; reverse bias; blocking voltage; back voltage; inverse voltage

Sperrspannung f <el> (Diode) • cut-off voltage

Sperrspannung f <el> (Anode) • inverse anode voltage

Sperrspannung f <el> (Thyristor) • off-state voltage

Sperrspannungsscheitelwert m <el> • peak inverse voltage

Sperrspannungssprung m <el> • initial inverse voltage

Sperrstift m <kfz> (im Tür-, Zündschloß etc.) • locking pin

Sperrstörung f <navig> • barrage jamming

Sperrstoff m <bau> • damp-proof material

Sperrstoff m <bau.mat> (z. B. Dampfsperre) • insulant

Sperrstoff m <mat> • waterproofer; water-resistant material

Sperrstrom m <el> • reverse current; inverse current; backward current

Sperrstrom m <el> • return current; reverse current; inverse current; cut-off current

Sperrstrom m <el> • reverse saturation current; saturation current

Sperrsynchronisierung f <kfz.antr> • locking synchromesh; baulk ring synchromesh GB; blocker ring synchromesh US; proportional load synchromesh

Sperrsynchronisierung mit Spreizring f <kfz.antr> • Porsche-type synchromesh

Sperrtaste f <el> • locking key

Sperrtore npl <hydr> • guard gates

Sperrträgheit f (Thyristor) • recovery effect

Sperrung f <tech.allg> • blocking

Sperrung f <tech.allg> (z. B. Zugang, Leitung) • obstruction

Sperrung f <bau> (z. B. in Mauern, Fundamenten) • damp-proofing

Sperrung f <bau> (gegen Dampf, Feuchtigkeit) • insulation

Sperrung f <druck> • spacing

Sperrung f <edv> • inhibition

Sperrung f <el> • rejection

Sperrung f <kfz.antr> (Differentialsperre) • lock-up

Sperrung f <masch> • locking; arresting

Sperrung f <prod> (Schließvorgang) • closing

Sperrung f <tele> (Anschluss) • suspension

Sperrventil n rar <tech.allg> (verhindert Rückströmung) • check valve; flow check valve; non-return valve; one-way valve; unidirectional valve rare

Sperrventil n <kfz.antr> (in Automatikgetriebesteuerung) • shut-off valve; lock valve

Sperrventil n <rls> • stop valve; bypass valve; check valve

Sperrverzahnung f <kfz.antr> (am Synchronring) • stop teeth pl

Sperrverzögerungszeit f <el> (Halbleiter) • reverse recovery time; backward recovery time

Sperrverzugsladung f <el> • recovery charge

Sperrvorrichtung f <nav> • locking device

Sperrvorspannung f <el> • reverse bias

Sperrwand f <ents> (zur Isolierung von kontaminiertem Gelände) • slurry trench cutoff wall; slurry wall

Sperrwasser n <masch> (Pumpe) • seal water

Sperrwasserdichtung f <masch> (Kolbenpumpe) • water-sealed gland

Sperrwerk n <energ.hydr> • dam structure :V

Sperrwerk n <masch> • ratchet-and-pawl mechanism

Sperrwiderstand m <el> (Diode) • reverse resistance; backward resistance

Sperrwirkung i <tech.allg> • blocking action

Sperrwirkung f <kfz> (Differentialsperre) • locking ratio; limited-slip action ppwiss-mdl

Sperrwirkung f <kfz.antr> (Differentialsperre) • locking power

Sperrzahn m <masch> • plunger pawl

Sperrzahn m <masch> • ratchet tooth

Sperrzahnkranz m <tele> • ratchet drum

Sperrzahnschraube f <füg> • serrated washer head screw

Sperrzahnsicherungsschraube f <füg> • serrated washer head screw

Sperrzeichen n <tele> • blocking signal

Sperrzeit f • blocking time

Sperrzeit f • hold-off time

Sperrzeit f • insensitive interval; insensitive time

Sperrzeit f <tech.allg> (z. B. Bahnhof, Flughafen, Tiefgarage, Theater, Telephon) • dead time

Sperrzeit f <av> • blanking time

Sperrzeit f <edv> • retention cycle

Sperrzeit f <el> (bei negativer Anodenspannung eines Stromrichters) • inverse period

Sperrzeit f <el> • off-period

Sperrzeit f <msr> • inhibit interval; blocking time; lock-out time

Sperrzeitbasis f <av> • ratchet time base

Sperrzeitschaltuhr f <alarm> • time-controlled arming device :V

Sperrzusatz m <bau.mat> • damp-proofing addition

Sperrzustand m <el> • blocking state

Sperrzustand in Vorwärtsrichtung <el> • off-state

Spezialbodenventil n <kfz.brems> (in Hauptzylinder für Scheibenbremsen) • check valve; quick take-up valve Delco

Spezialbus m norm <nfz> • special bus stand

Spezial-Druckmedien npl <pap> • special print media

Spezialdruckpapier n <pap> • special printing grade

Spezialeffekt m <av> • special effect; trick effect

Spezialeffekt m <edv> • special effect

Spezialeinschübe mpl <el> • special-purpose plug-in units

Spezialglas n <bau> • specialty glass; special glass

Spezialglas zur Vermeidung Newtonscher Ringe n <phot> (Diarähmchen) • anti-Newton glass; AN glass

Spezialgriff m <mil> (Schnellfeuerpistole) • special grip

Spezialkleber m <füg> (Metallkleben) • special glue

Spezialklebstoff m <füg> • special adhesive; speciality adhesive; specially designed adhesive; specifically designed adhesive; adhesive for specific uses

Spezialkultur f <med> • special culture

Spezialpapier n <druck> • special application paper

Spezialpapier n <pap> • special paper

Spezialschneidgerät n <pap> • specially designed cutter

Spezial-Verlängerung f <wz> • wobble extension [bar]

Spezialwerkstatt f <kfz> • specialty shop

Spezialwerkzeug n <kfz.wz> • special tool; specialty tool form

Spezialwerkzeug n <kfz.wz> • special tool coll; specialty tool form

Spezialzeichen n rar <druck> • special character; special symbol

speziell abgestimmte Oszillator-Spule f <el> • specially trimmed oscillator coil

speziell ausgebildeter Oszillator m <el> • specially designed oscillator

speziell dafür vorgesehen <pap> • dedicated

spezielle Relativitätstheorie f <phys> • special theory of relativity

spezielles Kabel n <edv> • custom cable

Spezies f <bio> (biologische) • species

Spezifikation f <edv> • symbology specification; specification

Spezifikation f ISO 9000 <qualit.doku> (Dokument, das Forderungen angibt) • specification ISO 9000; spec pract

Spezifikationsformular n <el.doku> • wiring form

spezifikationskonform <tech.allg> • in specification; in spec pract

spezifische Aktivität f <kfz.emiss> (Katalysator) • specific activity

spezifische Aktivität f <nukl> (Aktivität je Masseneinheit) • specific activity; specific radioactivity

spezifische Arbeit f (w) <therm> • specific work (w)

spezifische Auftragsmenge f DIN 55405 <prod> • coating weight

spezifische Ausstrahlung f <opt> (Photometrie) • radiant emittance

spezifische Austauschfeuchtemenge f <chem> • drying rate

spezifische Dampfleistung f • evaporation per sq.m. of heating surface

spezifische Dichte f <phys> • specific density

spezifische Drehzahl f <energ.hydr> (Wasserturbine) • specific speed

spezifische Drehzahl f <masch> (Pumpe, Turbine) • specific speed

spezifische Drehzahl f <masch> (Strömungsmaschine) • specific speed

spezifische Elektronenladung f • electron charge-to-mass ratio; electron charge-mass ratio

spezifische Energie f <phys> • energy density

spezifische Entropie f (s) <phys.chem> • specific entropy (s)

spezifische Formänderungsarbeit f <mech> • strain work per unit volume; strain energy per unit volume

spezifische innere Energie f (u) <phys> • specific internal energy (u)

spezifische Ionisation f <nukl> • linear energy transfer (LET); specific ionization

spezifische Körnung f <obfl> (eines Fotos) • specific grain

spezifische Ladung f <phys> • charge-mass ratio; specific charge

spezifische Leitfähigkeit f <el> • specific conductivity

spezifische Leitfähigkeit f <el> (für Strom) • specific conductance; conductivity

spezifische Lichtausstrahlung f <licht> • illumination

spezifische Lichtausstrahlung f <licht> • illumination per square centimetre

spezifische Lichtausstrahlung f <licht> • luminous emittance; radiance

spezifische Masse f <phys> (Masse pro Raumeinheit) • density; specific weight

spezifische Masse f <phys> (Masse pro Raumeinheit) • density; mass density obs.rare

spezifische Oberfläche f <verf> • specific filter surface area; specific surface area

spezifischer Abtrag m VDI 3401 <prod> (elektrochemisches Abtragen) • specific metal removal

spezifischer Bodendruck m • bearing pressure

spezifischer Brennstoffverbrauch m <aerospace> • thrust specific fuel consumption

spezifischer Durchgangswiderstand m <kst> (von Kunststoffen) • volume resistivity

spezifischer Durchgangswiderstand m <pap> (Isolierung) • volume resistivity

spezifischer elektrischer Widerstand m <el> • resistivity; specific resistance

spezifischer Impuls m <aerospace> (Schub je Gewichtsdurchsatz) • specific impulse; thrust per rate of fuel consumption

spezifischer Kraftstoffverbrauch m <kfz> • specific fuel consumption (sfc); fuel consumption

spezifischer Leitwert m <el> (für Strom) • specific conductance; conductivity

spezifischer Oberflächenwiderstand m <el> • surface resistivity

spezifischer Oberflächenwiderstand m <pap.el> • surface resistivity

spezifischer Standwert m • spezific acoustical impedance

spezifischer Staubwiderstand m <verf> • dust resistivity; resistivity

spezifischer Wärmeleitwiderstand m <qualit.mat> • thermal resistivity

spezifischer Widerstand m <el> • resistivity; specific resistance

spezifisches Auftragsgewicht n <prod> • coating weight

spezifisches Gewicht n <phys> (Verhältnis Gewichtskraft zu Volumen) • specific weight; weight density rare; specific gravity rare

spezifisches Volumen n (v) <therm> (Volumen je Masseneinheit) • specific volume (v)

spezifisches Wärmeleitvermögen n <phys> (Stoffkonstante; in W/m · K) • thermal conductivity coefficient; k-factor

spezifische Wärme f <therm> • specific heat

spezifische Wärmekapazität f (c) <phys.therm> (z. B. in J/kg · K) • specific heat capacity (c)

spezifische Wärmemenge f (q) <phys.therm> • specific heat (q)

spezifisch langsamläufige Pumpe f <förd> (Pumpe) • low-specific-speed pump

spezifisch leichte Verunreinigung f <pap.ents> • contaminant with a low specific gravity

spezifisch schnellläufige Pumpe f <förd> (Kreiselpumpe) • high-specific-speed pump

spezifisch schwere Teile npl <pap.ents> • heavies pl; heavy compounds pl; heavy contaminants pl

Spezifität f <med> (Antikörpernachweis) • specificity

spezifizieren vt <doku> (z. B. techn. Daten) • specify vt

sphärisch <tech.allg> • spherical; ball-shaped coll

sphärische Aberration f <opt> • spherical aberration

sphärische Bewegung f <mech> • rotation about a point; spherical motion

sphärische Geometrie f <math> • spherical geometry

sphärische Irrtumswahrscheinlichkeit f (SEP) <navig> • spherical error probable (SEP); spherical error probability

sphärische Koordinaten fpl <math> • spherical coordinates

sphärische Längsaberration f <phys> • longitudinal spherical aberration

sphärische Linse f <opt> • spherical lens

sphärischer Absorber m <energ.sol> • spherical absorber

sphärischer Reflektor m ugs <tech.allg> (z. B. Solaranlage, Antenne) • spherical reflector; spherical mirror

sphärischer Spiegel m <tech.allg> (z. B. Solaranlage, Antenne) • spherical reflector; spherical mirror

sphärisches Dreieck n <math> • spherical triangle

sphärisches Mapping n <edv> • spherical mapping; spherical image mapping; spherical projection

sphärisches Pendel n <phys> • spherical pendulum

sphärische Spiegelung f <edv> • spherical reflection mapping

sphärisches Zweieck n <math> • spherical lune

sphärische Trigonometrie f <math> • spherical trigonometry

sphärische Zentral-Lenker-Hinterachse f <kfz> • central control arm rear axle; central-link rear axle

sphärisch gekrümmte Fläche f <math> • spherical surface

Sphäroguss m (GGG) <mat> (z. B. für Kurbelwellen) • ductile cast iron; nodular cast iron

Sphäroid n <math> • spheroid

Sphäroid n <math> • ellipsoid; spheroid

Sphäroidisierung f <metall> • spheroidization

Sphärolager n <kfz> • spherical bearing

Sphärolith m <min> • spherolite

sphärolithisch <mat> • nodular; spheroidal

Sphärometer n <opt> • spherometer

Sphärometrie f <msr> • spherometry

Sphärophon n <edv.av> • Sphärophon; spherophone

sphärotorisches Brillenglas n <opt> • toric lens

sphärozylindrisch <opt> • spherocylindrical

Sphagnumtorf m <agri.pack> • spagnum peat

Sphalerit m <min> • sphalerite; zinc blende

Sphen m <min> • sphene

Sphenoid n <mat> • sphenoid

Spheral Solar f <sol> • spheral solar

Spherical-Morph m <edv> • spherical morph

Spickelement n DIN 25401-3 <nukl> (Brennelement mit höherer Konzentration) • spike

Spider m <kfz> • spider

Spiegel- in Zss. <obfl> (Oberfläche) • specular adj; shiny adj; glossy adj

Spiegel m <tech.allg> (Pegel, Wasserstand) • level

Spiegel m <tech.allg> (allg.; z. B. Rück-, Schminkspiegel etc.) • mirror

Spiegel m <geo> (Wasserspiegel: Meer, See) • surface

Spiegel m <innen> • mirror

Spiegel m prakt <kfz> (von Radschüssel) • inner attachment face; inner mounting face

Spiegel m ugs <med.tech> • speculum

Spiegel m <metall> (SM-Ofen) • stopping

Spiegel m <mil> • bullseye; bull's eye

Spiegel m <nav> (senkrecht stehende Abschlussplatte eines Bootsrumpfes) • stern transom; aft transom; transom

Spiegel m <opt> • reflector

spiegelähnlich <tech.allg> • mirror-like

Spiegelantenne f <el> • reflector aerial

Spiegelarray n <kino> (z. B. in XGA-, SVGA- und SXGA-Auflösung für digitale Kinoprojektoren) • digital mirror device (DMD)

Spiegelautokollimator m <autom> • mirror autocollimator

Spiegelbelag m <obfl> • mirror coating; reflective coating

Spiegelbewegung f <phot> • movement of the mirror

Spiegelbild n <tech.allg> • mirror image; reflected image

Spiegelbildantenne f • image aerial

Spiegelbild der Ladung <el> • electrical image

spiegelbildisomer <chem.mat> • enantiomorphous

Spiegelbildisomerie f <chem.mat> • enantiomorphism; mirror-image isomerism

Spiegelbildkopie f <doku> • mirror-image copy

Spiegelbildkopiereinrichtung f <wz.masch> • mirror-image attachment; reverse-image attachment

Spiegelbildkopieren n <prod> • reverse duplicating

spiegelbildlich <tech.allg> • mirror-image

spiegelbildlich <druck> • reverse

spiegelbildliche Lage f <prod> • mirror-image position

spiegelbildliches Nachformen n <prod> • mirror duplicating; reverse duplicating; mirror-copying

spiegelbildlich kopieren vt <büro> • mirror-copy vt; reverse-duplicate vt

Spiegelbildschalter m <masch> (numerische Steuerung) • mirror-image switch

spiegelblank <obfl> • mirror-bright; highly polished

Spiegelbruch m <lwl> • mirror zone fracture

Spiegelchip m <el.ic.prod> (programmierbare Maske) • mirror chip

Spiegeldämpfung f <el> • image attenuation

Spiegelebene f <tech.allg> • mirror plane of symmetry; reflection plane

Spiegelebene f <edv> (von opt. Speichermedien; z. B. CDs) • land; mirror surface; reflective surface; space; flat area

Spiegelebene f <math> • symmetry plane

Spiegeleier npl <nahr> • eggs sunny side up US

Spiegeleigenschaften fpl <opt> • specular properties pl

Spiegeleisen n <mat> • spiegel iron; spiegel; spiegeleisen

Spiegelerhebung f <hydr> • banked-up water level

Spiegelerhöhung f <hydr> (Talsperre) • storage level elevation

Spiegelfeinmessgerät n <msr> (Bauschinger) • mirror extensometer

Spiegelfeinmessgerät n <msr> (Martens) • tilting-mirror gauge

Spiegelfläche f • mirror surface; reflecting surface

Spiegelfrequenz f <tele> • second-channel frequency; image frequency

spiegelfrequenzfrei <tele> • imageless

Spiegelfrequenzselektion f <tele> • image-frequency rejection

Spiegelfrequenzsicherheit f <tele> • image ratio

Spiegelfrequenzstörung f <tele> • image interference; second-channel interference

Spiegelfrequenzunterdrückung f <tele> • image suppression

Spiegelfrequenzverhältnis n <tele> • image ratio

Spiegelfrequenzwiedergabe f <tele> • image response

Spiegel für Blendeneinspiegelung m <phot> • aperture display mirror

Spiegel-Fusionstreiber mit Magneteinschluss m <nukl> • magnetic mirror fusion driver

Spiegelgalvanometer n <el> • mirror galvanometer; reflecting galvanometer

Spiegelgesetz n <opt> • law of reflection

Spiegelglanz m <obfl> • specular gloss; specular finish

Spiegelglanzfarbe f <edv> • specular color

Spiegelglanzpunkt m <edv> • specular highlight

Spiegelglas n <energ.sol> • mirrored glass

Spiegelglas n <silik> • polished plate glass; plate glass

Spiegelglas n <silik> (für Fenster, Spiegel) • plate glass; polished plate glass

spiegelglatt <obfl> • mirror-smooth

Spiegelheck n <nav> • flat stern; square stern; transom stern

spiegelig werden vi (Schleifmittel) • glaze vi

Spiegeljustierung f <energ.sol> • mirror adjustment

Spiegelkerne mpl <nukl> • mirror pair of nuclei; mirror nuclei

Spiegelkondensor m <opt> • mirror condenser; catoptric condenser

Spiegelladung f <el> • image

Spiegellinsenobjektiv n <opt> • mirror-lens objective; catadioptric objective

Spiegellinsenobjektiv n <phot> • mirror lens; cat [lens]; catadioptric lens form

Spiegel-Linsen-System n <edv> • lens-mirror system

Spiegelmetall n <mat> • speculum metal; speculum

Spiegelmikroskop n <opt> • reflecting microscope

Spiegelmonochromator m • mirror monochromator; reflecting monochromator

Spiegeln n <edv> (von Dateien, Verzeichnissen, Platten, Grafikelementen) • mirroring

spiegeln vt <tech.allg> (konkret mit Spiegel oder metaphorisch; z. B. Dateien) • mirror vt

Spiegelnachführsystem n <energ.sol> • tracking system

spiegelnd <min> • specular

spiegelnd <obfl> (Oberfläche) • specular adj; shiny adj; glossy adj

spiegelnd <opt> • reflective

spiegelnde Fläche f <energ.sol> • reflective area

spiegelnde Oberfläche f <obfl> • mirror-finished surface; mirror surface; reflecting surface

spiegelnde Reflexion f <opt> • specular reflection

Spiegelobjektiv n • catoptric objective; reflecting objective

Spiegelobjektiv n <phot> • mirror lens; cat [lens]; catadioptric lens form

Spiegelöffnung f <opt> • reflector aperture

Spiegeloptik f <opt> • mirror optics

spiegeloptisches Verfahren n <msr> (z. B. Messen der Verlängerung) • mirror method

Spiegeloszillograph m • mirror oscillograph

Spiegelperiskop n <opt> (z. B. Unterseeboot) • mirror periscope

Spiegelpoldreieck n • image pole triangle

Spiegelprisma n <opt> • totally reflecting prism; reflecting prism

Spiegelrad n <phot> (Hochgeschwindigkeitskamera) • mirror drum; mirror wheel

Spiegelrad n <textil> (automatische Warenschaumaschine mit Lasersystem) • rotating multi-faceted mirror

Spiegelreflektor m <astron> • mirror reflector

Spiegelreflexion f <opt> • reflection by mirror

Spiegelreflexion f <opt> • specular reflection

Spiegelreflexkamera f <phot> • reflex camera; reflex

Spiegelreisekassette f <hygi> (für Rasierer) • travel case with mirror

Spiegelschale f <energ.sol> • reflective bowl; shell

Spiegelscheinwerfer m <licht.theat> • reflector spotlight

Spiegelschicht f <edv> • reflective layer; reflective coating; reflector layer; reflection layer; reflective layer

Spiegelschicht f <obfl> • mirror coating; reflective coating

Spiegelschrank m <innen> • mirrored bathroom cabinet

Spiegelschrift f <edv> • mirror writing

Spiegelschwankung f <geo> (Gewässer) • water-level variation

Spiegelsegment n <energ.sol> • mirror segment; petal

Spiegelselektion f <tele> • image rejection

Spiegelstereoskop n <opt> • mirror steroscope

Spiegelstreifen m <energ.sol> • mirror strip

Spiegelsymmetrie f <tech.allg> • mirror symmetry; specular symmetry

Spiegelsystem n <nukl> • mirror system; mirror configuration

Spiegeltele n prakt.ugs. <phot> • reflex-mirror telephoto lens; mirror lens pract.coll; RF lens pract.

Spiegelteleobjektiv n <phot> • reflex-mirror telephoto lens; mirror lens pract.coll; RF lens pract.

Spiegelteleskop n <astron> • reflecting telescope; reflector

Spiegeltransformation f <edv> • mirror transformation

Spiegelüberzieher m <kfz> • mirror bra

Spiegelumkehrsystem n • mirror erecting system

Spiegelung f ugs <opt> • specular reflection

Spiegelungsprinzip n <el> • image principle

Spiegelungsprinzip n <math> (Funktionentheorie) • symmetry principle; reflection principle

Spiegelverhältnis n <nukl> • mirror ratio

spiegelverkehrt <tech.allg> • mirror-inverted

Spiegelvisierung f <mil> • mirror sights pl

Spiegelwagen m <druck> (Analogkopierer) • mirror carriage

Spiegelwelle f <phys> • reflected wave

spiegelwellenfrei <el> • imageless

Spiel n <tech.allg> (betont: absichtlicher Abstand) • allowance

Spiel n <tech.allg> (betont: innere Lockerheit) • internal slackness

Spiel n <tech.allg> (betont: Lockerheit allg.) • looseness

Spiel n prakt <antr> (zwischen Zahnrädern im Eingriff) • backlash; normal backlash

Spiel n <masch> (betont: freier Weg, Hub) • free travel

Spiel n <masch> (von Wellen und Lagern) • lash US; play GB; free play GB

Spiel n <masch> (betont: erwünschter Abstand um oder zu etw.; z. B. Ventilspiel) • clearance

Spiel n prakt <masch> (Abfolge von Takten; z. B. Kolbenmaschinen, Werkzeugmaschinen) • work cycle; working cycle; cycle pract; duty cycle rare

Spiel n <mech> (betont: Lockerheit, auch unerwünscht) • amount of looseness

Spiel n <nahr> (Weinmerkmal) • complex

spielarm <tech.allg> • high-precision fit

Spielausgleich m <antr> • backlash compensation; play compensation; backlash elimination

spielausgleichend <masch> • antibacklash

Spielausgleichsfeder f <kfz.mot> (Bauteil des Hydrostößels) • plunger spring

Spielbaum m <math> • game tree

Spiel beseitigen vt <antr> • take up backlash vt

Spieldauer f <tech.allg> (Spiel als Bewegungszyklus) • circular-trip time

Spieldauer f <av> (z. B. von Band, CD) • running time; playing time; time of playback; minutes of playback; absolute time

Spieldauer f <förd> • round-trip time

Spiele-Karte f coll. <edv.av> • game sound card; game soundcard; game board coll.

Spieler m ugs <av> (z. B. für Platten, Bänder, Cassetten, CD, DVD) • player

Spiele-Soundkarte f <edv.av> • game sound card; game soundcard; game board coll.

Spielfeld n <sport> (Fläche für Eishockey) • ice surface; playing area; rink pract; ice pract

Spielfigur f <spiel> (Spielstein o.ä.) • piece

Spielfläche f <theat> • acting area; acting space; main stage; playing area; playing space

Spielflächenbeleuchtung f <licht.theat> • acting area light

Spielflächenleuchte f <licht.theat> • acting area lantern

Spielflanke f <masch> (Gewinde, Zahnrad) • trailing flank; clearing flank; clearance flank rare; following flank rare

spielfrei <antr> (z. B. Messgerät) • backlash-free

spielfrei <masch> (in Drehrichtung; z. B. Wellenkupplung, Zahnräder) • backlash-free :V

spielfrei <masch> • free from play

spielfrei <masch> (z. B. Zahnrad) • backlash-free; zero-backlash

spielfrei <masch> • zero-clearance

Spielfreiheit f <masch> • absence of play

Spielfreiheit f <masch> (Gewinde, Zahnradgetriebe) • zero backlash

Spielfreiheit f <masch> • zero clearance

Spielkleidung f <sport.bekl> (Sportbekleidung) • uniform

Spielmatrix f <math> • game matrix

Spielmechanik f <mus> • mechanical key action; tracker key action; tracker key-action; key mechanism

Spielpartnermaschine f <spiel> • game-playing machine
Spielpassung f <masch> • clearance fit; loose fit
Spielprogramm n <edv> • games program
Spielraum m <allg> • play
Spielraum m <tech.allg> (für Bewegung, Einstellen, Dehnung) • clearance
Spielraum m <bau> (Anschluss) • clearance
Spielraum m <bau> (Fenster; Abstand zwischen Glaskante und Glasfalzgrund) • clearance of rebate :V
Spielraum m <masch> • clearance space
Spielraum m <phot> (Emulsion) • latitude
Spielraum m <prod> • margin
Spielsimulierung f <math> • gaming
spieltheoretisch <math> • game-theoretic
Spieltheorie f <math> • theory of games; game theory
Spieltisch m <kfz> (Kindersitz) • playing table
Spieltraktur f <mus> • key action; key-action; playing action; key-movement; clavier action
Spielventiltraktur f <mus> • key action; key-action; playing action; key-movement; clavier action
Spielvorhang m <theat> • house curtain; front curtain; front cloth; house tab
Spielweise f <math> (Spieltheorie) • strategy
Spielwert m • game value; game worth
Spielzahl f <förd> (z. B. Kran) • number of cycles
Spielzeit f <av> (z. B. von Band, CD) • running time; playing time; time of playback; minutes of playback; absolute time
Spielzeit f <logist> (kompletter Ein- und Auslagerzyklus) • cycle time
Spielzeugkreisel m <spiel> • spinning top; top
Spiel zwischen Brennstofftablette und Hüllrohr n <nukl> • can-pellet clearance
Spiere f <nav> • spar
Spigelia anthelmia <bio> • pinkroot; spigelia anthelmia
Spike m <kfz> (Reifen) • stud; spike
Spike m <kfz> (M + S-Reifen mit Spikes) • stud
Spike m <kfz.sport> (Wettbewerbsreifen) • spike
Spikebildung f DIN EN ISO 6520 <füg.qualit> (extrem ungleichmäßiger Einbrand beim Schweißen) • spiking ISO 6520-1
Spikereifen m <kfz> • spiked tire
Spikereifen m historisch <kfz> • studded tire
Spikereifen n <kfz> • studded tire; studded tyre,; spiked tyre
Spiking n wiss. <tech.allg> • spiking
Spill n <förd> • capstan
Spill n <petr> • cathead
Spillkopf m <nav> • warping end ISO 3828
Spillseil n <petr> • catline
Spillwinde f <förd> • capstan
Spin m <nukl> • spin; intrinsic angular momentum
Spin m <phys> (Elementarteilchen) • spin; intrinsic angular momentum
Spinabsättigung f • spin saturation
Spinatpulver n <nahr> • spinach powder
Spinaufspaltung f <nukl> • spin doubling
Spinauslöschung f <phys> • quenching of orbital angular momenta
Spin-Bahn-Kopplung f <phys> • spin-orbit coupling
Spin-Bahn-Wechselwirkung f <phys> • spin-orbit interaction
Spindel f • post
Spindel f <bau> (Treppe) • newel
Spindel f HDPP <druck> (Außentrommelrecorder) • spindle HDPP
Spindel f <masch> • spindle; screw rare
Spindel f <masch> • shaft; arbor; axle
Spindel f <masch> (Ventil) • stem

Spindel f <masch> (in Pumpe) • screw; screw-shaped rotor did; screw spindle rar; spindle rar
Spindel f <metall> • upright; post
Spindel f <textil> (Spul-, Zwirnstelle; Aufsteckvorrichtung) • spindle
Spindel f <verf> (Plattenwärmetauscher) • compression bolt; tightening bolt
Spindelantrieb mit Hublenkern m <theat> • screw-actuated lift
Spindelantriebsleistung f <wz.masch> • spindle-drive power
Spindelantriebsmotor m <wz.masch> • spindle-drive motor
Spindelaräometer n <msr> • hand hydrometer
spindelbetätigter Rechenreiniger m <ents> (Kläranlage) • spindle operated screen cleaner
Spindelbohrer m <wz> • gun drill
Spindelbremse f <bahn> • screw brake
Spindelbremse f <wz.masch> • spindle brake
Spindelbund m <masch> • spindle collar
Spindeldrehzahl f <wz.masch> • spindle speed
Spindeldrehzahlbeeinflussung f <wz.masch> (numerische Steuerung) • spindle-speed override (SSO)
Spindeldrehzahlfunktion f DIN ISO 2806 <prod.autom> • spindle speed function ISO 2806
Spindeldrehzahlfunktion f <wz.masch> (numerische Steuerung) • spindle-speed function
Spindeldrehzahlvorwahl f <wz.masch> • spindle-speed preselection
Spindelflansch m <wz.masch> • spindle flange
Spindelfuß m <metall> • center plate
Spindelgeschwindigkeit f <pap> • spindle speed
Spindelhülse f <wz.masch> • spindle sleeve; spindle quill
Spindelkasten m <wz.masch> • driving gearbox
Spindelkasten m <wz.masch> (Drehmaschine) • headstock; head assembly
Spindelkegel m <wz.masch> • spindle nose taper
Spindelkörper m <textil> • spindle barrel
Spindelkopf m <wz.masch> • spindle head
Spindellagerarm m <wz.masch> • adjustable arm
Spindellagerplatte f <masch> • multiple-spindle plate; pattern plate
Spindellenkgetriebe n <kfz> • screw-and-nut steering gear
Spindellenkung f <kfz> • worm-and-nut steering
Spindelloch n form <edv> (Loch in der Mitte einer Magnetplatte oder CD) • centerhole US; driving-hub access hole form; central spindle hole; centre hole GB; central hole coll
spindellose Spinnmaschine f <textil> • open-end spinning machine; open-end spinning frame
Spindelmotor m <edv> (z. B. von Festplatten) • spindle motor
Spindelöl n <chem.petr> • spindle oil
Spindelöl n <tribo> • spindle oil
Spindelpinole f <wz.masch> • spindle sleeve; spindle quill
Spindelpresse f <wz.masch> • screw press
Spindelpumpe f <masch> • screw pump
Spindelpumpe f <masch> (Güllepumpe) • slurry auger pump
Spindelschaft m <textil> • center shaft
Spindelschlagpresse f <wz.masch> • power screw percussion press; screw percussion press
Spindelschleifkörper m <wz> • pencil grinder
Spindelschlitten m <wz.masch> • spindle slide
Spindelstock m <wz.masch> • drill head
Spindelstock m <wz.masch> • headstock
Spindelstock m <wz.masch> • spindle head

Spindelstockgetriebe n <wz.masch> • headstock gearing

Spindelstuhl m <wz.masch> • spindle carrier drum; spindle carrier

Spindelträger m <wz.masch> • spindle carrier

Spindeltreppe f <bau> (enger als Wendeltreppe, Kern trägt) • spiral stairs

Spindeltrieb m <hydr> (Hydraulik) • screw link actuator

Spindeltrommel f <wz.masch> • spindle carrier drum; spindle carrier

Spindeltrommelschaltung f <wz.masch> • spindle-carrier indexing

Spindelumsteuerung f <wz.masch> • spindle reversal

Spindelverlängerung f <masch> • extended spindle

Spindelvorgelege n <wz.masch> • back gear

Spindelwagenheber m <kfz.wz> (allg.; Spindel vertik. od. horiz.; im Ggs. zu hydraulischem Wagenheber) • screw jack; screw-type jack

Spindelwagenheber m <kfz.wz> (Spindel senkrecht; einfache Form mit Kragarm) • side-lift jack

Spindelwinde f <förd> • spindle winch

Spindrehimpuls m <phys> • spin angular momentum

Spinell m <min> • spinel

Spinentartung f • spin degeneracy

Spin-Gitter-Relaxation f <phys> (Festkörperphysik) • spin-lattice relaxation

Spinkühlung f <phys> (Kernpolarisation) • spin refrigeration

Spinmagnetismus m <phys> • spin magnetism

Spinmoment n <nukl> • spin momentum

Spinmultiplett n <nukl> • spin multiplet

Spinnabfall m <ents> • spinning waste

Spinnbad n <textil> (Seide) • scouring bath; degumming bath; boiling-off bath

Spinnbündel n <chem.petr> • bundle of filaments

Spinncop[s] m <textil> (Spinnerei) • spinning-cop; spin-cop

Spinndüse f <kst.textil> • spinneret

Spinndüse f <textil> (synthetische Fasern) • spinneret[te]; spinning jet

Spinne f <bio> • spider

Spinne f <el> (Halbleiter) • interconnects

Spinnen n <textil> (Spinnerei; synthetische Fasern) • spinning

Spinnen n <textil> (von Seidenraupen) • cocooning

Spinnen n <textil> (Vorgang des Spinnens) • spinning

spinnen vt <chem.petr> • spin vt spun, spun

spinnen vt <textil> (Spinnerei; synthetische Fasern) • spin vt

spinnenartiger Effekt m <kunst> • centipede effect

Spinnen-Eiweiß n <bio.chem> (z. B. für hochfeste Gewebe) • spider protein

Spinnennetz n <chem.petr> • web

Spinnen-Protein n <bio.chem> (z. B. für hochfeste Gewebe) • spider protein

Spinnenseide f <textil> • spider silk

Spinner m <textil> (Spinnerei) • spinner

Spinnerei f <chem.petr> • mill; spinning mill

Spinnerei f <textil> • spinning mill; spinning factory

Spinnerei f <textil> (Vorgang des Spinnens) • spinning

Spinnerei f <textil> (Verarbeitungsstätte) • spinning mill

Spinner-Motor m Agfa <druck> (Belichtungseinheit) • spin motor Agfa; spinning-motor

Spinnerspiegel m <opt.druck> (in Belichtungseinheit) • rotating mirror; spinning mirror; spin mirror

Spinnfaden m <textil> • strand

Spinnfaser f <textil> (synthetisch) • staple fiber

Spinn(faser)garn n <textil> (synthetisch) • spun yarn; staple yarn

Spinnfasergarn n <textil> (synthetisch) • staple fiber yarn

Spinngranulat n <textil> (für synthetische Fasern) • chips for synthetic fibers

Spinnkabel n <chem.petr> • tow; spinning tow

Spinnkabel n <textil> (synthetische Fasern) • tow

Spinnkanne f <kst> • spinning box; centrifugal pot; Topham pot

Spinnkop[s] m <textil> (Spinnerei) • spinning-cop; spin-cop

Spinnkuchen m <chem.petr> • cheese; cake

Spinnlösung f <kst> • spinning solution

Spinnmaschine f DIN ISO 2187 <textil> (Spinnerei) • spinning frame; spinning machine; spinning preparatory machine

Spinnrad n <textil> (historisch bzw. Heimarbeit) • spinning wheel

Spinnrad n <textil> (Spinnerei) • spinning wheel

Spinnschacht m <kst> • spinning chamber

Spinntopf m <kst> • spinning box; centrifugal pot; Topham pot

Spinnvlies n <kfz> (z. B. für Schallschutz) • nonwoven [fabric]; spunbonded fabric Frdbg

spinnwebartiges Muster n <kunst> • centipede effect

Spinnwirtel m DIN ISO 9947 <textil> (Ringzwirnmaschine; Schwunggewicht an der Spindel) • whorl US; wharve; spindle wharve

Spinnzopf m <ents.pap> • ragger; rag catcher; ragger line

Spinoperator m • spin operator

Spinor m <math> • spinor

Spinorbital n <phys> • spin orbital

Spinordarstellung f <math> • spinor representation

Spinorfeld n <math> • spinor field

Spinquantenzahl f <phys> • spin quantum number

Spinresonanz f <phys> • spin resonance

Spinrichtung f <nukl> • spin direction

Spin-Spin-Kopplung f <phys> • spin-spin coupling; spin-spin interaction

Spin-Spin-Wechselwirkung f <phys> • spin-spin coupling; spin-spin interaction

Spinterm m • spin term

Spinthariskop n <phys> • spinthariscope

Spinwechselwirkung f <phys> • spin interaction

Spinwelle f <phys> • spin wave

Spinzustand m <phys> • spin state

Spion m ugs <kfz.wz> (mit Metallblättchen) • feeler gauge; thickness gauge

Spion m <msr> • feeler gauge

Spionagesatellit m <aerospace> • reconnaissance satellite

Spiralabscheider m • dust-collecting fan

Spiralabtastung f <av> • spiral scanning

Spiralausgleichsfeder f <bau> (z. B. für Kipptor) • spiral balance

Spiralbahn f <astron> • spiral orbit

spiralbewehrt <bau> (Stahlbeton) • spiral-reinforced

Spiralbewehrung f <bau> (Stahlbeton) • spiral reinforcement

Spiralbindung f <druck> • spiral binding

Spiralbohrer m DIN 338 <wz> (z. B. auch nach DIN 340, DIN 341, DIN 346, DIN 1869, DIN 1897) • twist drill

Spiralbohrerausspitzmaschine f <wz.masch> • drill-point thinning machine

Spiralbohrernutenfräser m <wz> • twist-drill flute cutter; twist-drill cutter

Spiralbohrersatz m <wz> • twist drill set

Spiralbohrerschleiflehre f <msr> • drill point gauge; twist-drill drill point gauge

Spiralbohrerschleifmaschine f <wz.masch> • twist-drill grinding machine

Spiraldraht m <el> • spiral wire
Spirale f <edv> • helix
Spirale f prakt <masch> (z. B. Francis-Turbine, Kaplan-Turbine, Kreiselpumpe) • volute; volute casing; spiral casing; scroll case; volute-type casing
Spirale f <math> • spiral
Spirale f <msr> (Bourdon Rohr) • spiral tube
Spiraleinsatz m <phot> (in Filmentwicklerdose) • spiral tank reel; film reel; tank reel; developing spiral; processing spiral
Spiralfalz m <druck> • spiral fold
Spiralfeder f <masch> • spiral spring; spiral-coiled spring
Spiralförderer m <förd> • spiral conveyor
spiralförmig <tech.allg> • helical; spiral-shaped; spiral
spiralförmige Breithalterwalze f <textil> • helixed-surface spreader roller
Spiralfräsen n <prod> • spiral milling
Spiralfräser m <wz> • spiral cutter
Spiralfutter n <masch> • spiral chuck
Spiralgehäuse n <masch> (z. B. Francis-Turbine, Kaplan-Turbine, Kreiselpumpe) • volute; volute casing; spiral casing; scroll case; volute-type casing
Spiralgehäuse-Kreiselpumpe f <masch> (allg.) • volute pump; volute casing pump; spiral casing pump; volute-type pump
Spiralgehäusepumpe f <förd> • volute pump; spiral-housing pump; scroll-casing pump
Spiralgehäusepumpe f <masch> (allg.) • volute pump; volute casing pump; spiral casing pump; volute-type pump
Spiralgehäusepumpe f <masch> (zur Abgrenzung gegenüber Doppelspiralgehäusepumpen) • single-volute pump
Spiralgehäusezunge f <masch> • volute tongue; volute casing tongue
spiralgenutet <prod> • spiral-fluted
spiralgenuteter Gewindebohrer m <wz> • spiral-flute tap; spiral-fluted tap; helical-fluted tap
spiralgeschweißtes Rohr n <füg> • spiral seam tube
Spiral-Gewindebohrer m <wz> • drill tap; combination drill and tap; combined tap and [core] drill
Spiralhälfte f <phot> • reel flange; reel half pl.-ves
Spiralheftung f <druck> • spiral binding
spiralisierte Prothese f <med.tech> (alloplastische Gefäßprothese) • spiralled graft
Spiralkabel n <el> (z. B. an Telefon, Elektrorasierer) • retractile cord
Spiralkabel n Toyota <kfz.sich> (Airbag) • contact coil Bendix; clock spring Chrysler; coil spring VW
Spiral-Kabelschloss n <fz> • self coiling cable lock
Spiralkegelrad n <masch> • spiral bevel gear
Spiralklassierer m <verf> (Aufbereitung) • spiral classifier
Spiralmesser n <led> (Ausreckmaschine) • setting-out blade
Spiralmesserwalze f <led> (zum Entfleischen, Enthaaren) • spiral bladed cylinder
Spiralmikroskop n <opt> • spiral microscope
Spiralnebel mpl <astron> • spiral nebula
Spiralnut f <masch> • spiral flute; spiral groove
Spiralnut f ugs.rar <wz.masch> • helical flute; flute helix
Spiralpresse f <verf.hydr> • screw compactor
Spiralrohr n <rls> • spiral tube
Spiralrohrbündelwärmetauscher m <rls> • spiral-tube heat exchanger
Spiralrohrüberhitzer m <rls> (Dampferzeuger) • spiral superheater
Spiralscheider m • dust-collecting fan
Spiralschlauch m <kunst.wz> • re-coil flexible air hose Badger; re-coil air hose Badger; coil-hose

Spiralschwerstange f <petr> • spiral drill collar
Spiralsenker m <wz> • spiral countersink
Spiralsieb n Nogg <verf.hydr> • screen/compactor LW
Spiralspan m <prod> (z. B. beim Bohren) • coiled chip; spiral chip
Spiral-Spannstift m DIN 7343-44 <füg> • spiral pin
Spiralspannstift m ISO 8748-8752 <füg> • spring-type straight pin ISO 8748-8752
Spiralspule f <el> • spiral coil
Spiralstrecke f <textil> • spiral drawing frame
Spiraltrieb- und Aufzugsfeder f <bau> (z. B. Dachbodentreppe, Kipptor) • spiral power spring
Spiralverpackungsmaschine f <pack> • spiral wrapping machine
spiralverstärkte Prothese f <med.tech> (alloplastische Gefäßprothese) • spiralled graft
spiralverzahnt <masch> (Kegelrad) • spiral-toothed; spiral-tooth
spiralverzahnt <masch> (Zahnräder) • spiral-cut
Spiralwärmetauscher m <rls> • spiral-plate heat exchanger
Spiralwicklung f <kunst.wz> • coil-winding
Spiralwinkel m <masch> (Gewinde, Spiralbohrer) • helix angle
Spiralzahnkegelritzel n <masch> • spiral bevel pinion
Spiralzunge f <masch> • volute tongue; volute casing tongue
Spiritus m <chem> • spirit
Spiritusbrenner m <verf> • alcohol burner
Spiritusbrennerei f • distillery
Spirituslack m <obfl> • spirit varnish
spirituslöslich <chem> • spirit-soluble
Spiritusumdruckverfahren n <druck> • spirit duplicating
Spiroll-Fertiger m <bau> • spiroll machine
Spirometer für den exspiratorischen Spitzenfluss n DIN EN 13328-1 <med.tech> • peak exspiratory flow meter DIN EN 13328-1
spitz prakt <tech.allg> (am Ende (Körner, Nadel, Turmdach...)) • conical
spitz <tech.allg> • sharp-pointed; pointed
spitz <masch> • tapered
spitz <math> (auch fig.: Bemerkung) • pointed
spitz <math> (Winkel, Eck, Kante) • acute
spitz adj <licht.theat> • narrow
Spitzachslagerung f <masch> • needle bearing; axle bearing with jeweller's point; needle axle bearing
Spitzamboss m <wz> • beaked anvil; beaded anvil
spitz ausgezogenes Gewindeprofil n <masch> • fundamental triangle; sharp V profile; basic triangular profile rare
spitzbefahrene Weiche f <bahn> • facing points
Spitzboden m <bau> • cock-loft
Spitzbogen m <bau> • gothic arch; ogive; pointed arch
Spitzbogen-Gewindeprofil n <masch> • gothic-arch thread profile
Spitzbogenkaliber n <prod> • gothic pass
Spitzbohrer m <wz> • spade drill; flat drill
Spitze, abgeflacht f DIN ISO 1891 <füg> (Schraubenende) • truncated point
Spitze f • center
Spitze f <allg> (oben, z. B. der Tabelle im Sport) • top
Spitze f <tech.allg> (spitz zulaufender Körper, z. B. Kirchturm) • spire
Spitze f <aerospace> (Rumpf) • nose cone
Spitze f <bio> (Finger, Flügel, Nase, Zunge) • tip
Spitze f <edv> (Lesestift) • tip
Spitze f <edv.av> • resonance; peak level
Spitze f <el.chem> • peak
Spitze f DIN ISO 1891 <füg> (Schraubenende) • cone point

Spitze f <füg> *(Gewindeprofil)* • crest
Spitze f <masch> • point
Spitze f <math> • apex; vertex
Spitze f <math> *(Kurve, Funktion (Zweige mit gemeinsamer Tangente))* • cusp; spinode
Spitze f <ökon> *(im Wettbewerb)* • lead
Spitze f <phys> *(eines Impulses)* • spike
Spitze f <wz> *(der Zange, Pinzette)* • nip
Spitze gesäumt <bekl> • lace edged
Spitzenabrundung f <wz> • nose radius
Spitzenabrundung f <wz> • top radius
Spitzenabstand m <el> • peak separation
Spitzenabstand m <wz.masch> *(zwischen Spindelstock und Reitstock)* • center distance
Spitzenamplitude f <tech.allg> • peak amplitude
Spitzenamplitude f <edv.av> • peak-to-peak amplitude; peak amplitude; peak-to-peak
Spitzenanhebungskreis m <el> • peaking circuit
Spitzenanschliff m <prod> • point grinding
Spitzenausgangsleistung f <el> • peak output power
Spitzenausleger m <förd> • fly-jib; tip extension
Spitzenbeanspruchung f <tech.allg> • peak load
Spitzenbegrenzung f <el> • peak clipping
Spitzenbelastung f <tech.allg> *(maximal)* • peak load
Spitzenbelastung f <energ> • peak load; peakload; peak-load demand
Spitzenbelastungszeit f <tech.allg> • peak time
Spitzenbelastungszeit f <el> • maximum power-demand time
Spitzenbelastungszeit f <verk> • peak period
Spitzenbeutel m <textil> • toe pouche
Spitzende n <ents.hydr> • spigot; spigot end; male end
Spitzendiode f <el> • point-contact diode
Spitzendrehmaschine f <wz.masch> • center lathe
Spitzendruck m (PIP) <med.tech> • peak inspiratory pressure (PIP)
Spitzendruckpfahl m <bau> *(Grundbau)* • point-bearing pile
Spitzendurchlassstrom m <el> • peak forward current
Spitzendurchlassstrom m <el> • peak on-state current
Spitzeneinsatz m <bekl> • lace insert
Spitzenelektrode f <el> • point electrode
Spitzenentladung f <el> • point discharge
Spitzenfaktor m <el> • peak factor
Spitzen-Flächen-Transistor m <el> • point-junction transistor
Spitzenflow m <med.tech> • peak flow
Spitzenfunkenentladung f <el> • needle-point discharge
Spitzenfunkenstrecke f <el> • needle-point spark gap
Spitzengerät n <masch> • bench centre
Spitzengeschwindigkeit f <fz> • peak velocity
Spitzengeschwindigkeit f rar <masch> *(eines Rotors; z. B. Propeller, Windkraftanlage)* • tip speed; blade tip speed
Spitzengleichrichter m <el> • peak-responsive rectifier
Spitzengleichrichter m <el> • point-contact rectifier
Spitzengleichrichtung f <el> • peak-responsive rectification
Spitzengrundgewirk n <textil> • hexagonal mesh
Spitzenhalbmesser m <wz> • nose radius
Spitzenhelligkeit f <av> • high-light brightness
Spitzenhöhe f <el.chem> *(z. B. einer Gaschromatographie)* • peak height
Spitzenhöhe f <wz.masch> *(Drehmaschine)* • pitch
Spitzenklasse f <qualit> *(beste Qualität)* • top grade; top notch *coll*
Spitzenkontakt m <el> • point contact
Spitzenkontaktgleichrichter m <el> • point-contact rectifier

Spitzenkraftwerk n <energ> • peak load plant
Spitzenkraftwerk n <energ> • peak load power plant
Spitzenkreis m <el> • peaking circuit
Spitzenlast f <tech.allg> • peak load
Spitzenlast f <energ> • peak load; peakload; peak-load demand
Spitzenlast f <energ> *(Strombelastung eines Kraftwerks)* • maximum load demand; maximum load; maximum demand; maximum power load; maximum power demand
Spitzenleistung f <tech.allg> • peak performance; top performance
Spitzenleistung f <tech.allg> • peak power
Spitzenleistung f <el> *(Sender)* • peak envelope power
Spitzenleistung f <energ> *(Kraftwerk)* • maximum power *IEV 415*; maximum power output; peak power
Spitzenleistung f <energ.sol> • peak power
Spitzenleistung f <kfz.mot> *(eines Motors)* • peak power [output]
Spitzenlicht n <licht> • headlight
spitzenlose Außenrundschleifmaschine f <wz.masch> • centerless cylindrical grinding machine
spitzenloser Kolben m <el> *(Elektronenröhre)* • tipless bulb
spitzenlose Schleifmaschine f <wz.masch> • centerless grinding machine
spitzenloses Einstechschleifen n <prod> • infeed centerless grinding
spitzenloses Gewindeschleifen n <prod> • centerless thread grinding
Spitzenlosrundschleifautomat m <wz.masch> • automatic centreless cylindrical grinding machine
Spitzenlosrundschleifmaschine f <nukl> • centreless grinder
Spitzenlosschleifen n <prod> • centerless grinding
Spitzenmaschine f <textil> • Leavers lace machine
Spitzenmodell n <kfz> • top-of-the-line model
Spitzennadel f DIN 62150,62151 <textil> • bearded needle; beard needle *US*; spring needle; spring beard knitting needle *US*; spring beard needle
Spitzenpegel m <edv.av> • resonance; peak level
Spitzenpotential n <el.chem> • peak potential
Spitzenradius m <qualit.mat> • tip radius
Spitzenrundungshalbmesser m <füg> *(Spitzgewinde)* • crest radius
Spitzenrundungshalbmesser m <wz> • nose radius
Spitzenschleifapparat m <wz.masch> • center grinder
Spitzenschleifen n <prod> • center grinding
Spitzenschleifen n <prod> • grinding between centers
Spitzenschleifen n <prod> • point sharpening
Spitzenschreiber m <msr> • maximum recording attachment
Spitzenspannung f <el> • peak voltage
Spitzenspannung f <el> • crest voltage
Spitzenspannung f <mech> • peak stress
Spitzenspannungsmesser m <el> • peak voltmeter
Spitzenspannungsmesser m <msr> • crest voltmeter
Spitzenspannungsmessgerät n <kfz.el> • peak voltmeter
Spitzenspannungszeiger m <el> • peak indicator
Spitzenspanwinkel m <wz> • top rake
Spitzensperrspannung f <el> • peak inverse voltage
Spitzensperrspannung f <el> • peak reverse voltage
Spitzenspiel n <masch> *(Gewinde)* • crest clearance
Spitzenspiel n <masch> *(Gewinde)* • root clearance; bottom clearance
Spitzenspiel n <masch> *(Gewinde)* • crest clearance; thread-crest clearance *form*; major clearance
Spitzen-Store m <innen> *(Vorhang)* • lace panel
Spitzenstoßstrom m <el> • peak surge current

Spitzenstrom *m* <el> • peak current; maximum current
Spitzenstrom *m* <el.chem> • peak current
Spitzenstromstärke *f* <el.chem> • peak current
Spitzenstrom-Talstrom-Verhältnis *n* <el> • peak-to-valley current ratio
Spitzentragfähigkeit *f* <bau> *(Pfahlgründung)* • end-bearing capacity
Spitzentransistor *m* <el> • point-contact transistor
Spitzenverbrauch *m* <tech.allg> • peak consumption
Spitzenverkehr *m* <verk> • peak traffic
Spitzenverschleiß *m* <wz> • nose wear
Spitzenverstärkung *f* <textil> *(Strumpf)* • toe guard
Spitzenwatt *n* <energ.sol> • peak watt
Spitzenwebmaschine *f* <textil> • lace weaving machine
Spitzenweiche *f* <bahn> • facing point switch
Spitzenweite *f* <wz.masch> *(Drehmaschine (Abstand zw. Spindelstock und Reitstock))* • center distance
Spitzenwert *m* <allg> • maximum
Spitzenwert *m* <tech.allg> • peak value
Spitzenwert *m* *norm;prakt* <av> • peak value *stand*
spitzenwertanzeigend <msr> • peak-reading
Spitzenwertanzeiger *m* <msr> • peak-reading instrument
Spitzenwertanzeiger *m* <msr> • peak-reading meter
Spitzenwertbegrenzung *f* <el> • peak clipping
Spitzenwert bilden *vt* <tech.allg> • peak *vt*
Spitzenwertbildung *f* <tech.allg> • peaking
Spitzenwertfaktor *m* <el> • peak factor
Spitzenwertgleichrichtung *f* <el> • peak-responsive rectification
Spitzenwertzeiger *m* <msr> • peak indicator
Spitzenwiderstand *m* <el> • point resistance
Spitzenwiderstand *m* <mech> • cone friction
Spitzenwiderstand *m* <mech> *(Reibungswiderstand)* • cone friction resistance
Spitzenwinkel *m* <wz> • nose angle
Spitzenwinkel *m* <wz> *(am Bohrer)* • point angle
Spitzenwirbel *m* <aerospace> *(Flügelspitze)* • tip vortex
Spitzenwirbelkavitation *f* <aerospace> • blade tip cavitation; tip cavitation
Spitzenzähler *m* <el> • demand meter; peak meter
Spitzenzähler *m* <msr> • point counter; needle counter
Spitzenzählrohr *n* <nukl> • point counter; needle counter
Spitzenzeiger *m* <msr> • peak indicator
Spitzenzeit *f* <tech.allg> • peak period
Spitzenzeit *f* <verk> • peak period
spitzer Winkel *m* <math> • acute angle
Spitze-Spitze (s-s) <av> • peak-to-peak (p-p); pp
Spitze-Spitze-Voltmeter *n* <el> • peak-to-peak voltmeter
Spitze-zu-Spitze-Amplitude *f* <msr> • double-amplitude peak
Spitze-zu-Spitze-Amplitude *f* <phys> • peak-to-peak amplitude
Spitzfeile *f* <wz> • taper file
Spitzgeschoß *n* <mil> • pointed bullet
Spitzgewinde *f* <füg> • triangular screw thread; V-thread; Vee-thread; sharp Vee thread; V-shaped thread
Spitzgewinde *n* <masch> • V thread; vee thread; sharp V thread *obs*; sharp vee thread *obs*
spitzgezahnter Fräser *m* <wz> • sawtooth cutter
Spitzhacke *f* <bau.wz> *(groß, langer Stiel)* • pick; pickaxe *rare.GB*
Spitzhammer *m* <wz> *(klein)* • pick hammer; picking hammer; pencil-point pick hammer
Spitzkasten *m* <verf> *(Aufbereitung)* • pyramidal separator
Spitzkelle *f* <bau> • pointing trowel; filling trowel
Spitzkerbe *f* <qualit.mat> *(Kerbschlagprüfung)* • V-notch
Spitzkerbprobe *f* <qualit.mat> • V-notch specimen; V-notched specimen

Spitzkopf *m* <led> • snipe head
Spitzlicht *n* <kunst> *(hellste Fläche, Lichtakzent; in Bildern allg.; z. B. Fotos, Gemälde)* • highlight; accent light
Spitzlichter *npl* <phot> • highlights *pl*; highlight areas *pl*
Spitzmeißel *m* <bau.wz> • diamond point chisel; point chisel *GB*; chisel point
Spitzmeißel *m* <wz> • diamond-point chisel; point chisel *GB*
Spitzpfahl *m* <bau> • pointed stake
Spitzpunkt *m* <math> • cusp
Spitzschraube *f* <füg> • pointed-top screw
Spitzsenker *m* <wz> • countersinking cutter; countersink
Spitzstampfer *m* <bau.masch> • peg rammer
Spitzstampfer *m* <metall> • pegging rammer; peg rammer
Spitzstöckel *m* <metall.wz> *(Amboshilfswerkzeug; zum Runden)* • anvil punch
Spitztrichter *m* <verf> • cone classifier
Spitztrichter *m* <verf> • conical hopper
Spitztüte *f* <pack> • cone; pointed bag
Spitz- und Schlichthammer *m* <kfz.wz> • pick and finishing hammer; sharp point finishing hammer; picking and dinging hammer
Spitz- und Schlichthammer *m* <kfz.wz> *(Karosseriehammer)* • combination hammer *US*; pick and finishing hammer
Spitzwegerich *m* <bio> • ribwort; plantago major
Spitzwerkzeug *n* <kfz.wz> • pick tool
Spitzwerkzeug *n* <kfz.wz> • inside pry spoon; pick tool
spitzwinklig <math> • acute-angled
spitzwinkliges Dreieck *n* <math> • acute triangle
Spitzwinkligkeit *f* <math> • acuteness
Spitzzange *f* <wz> *(halbrunde, spitz zulaufende Backen; oft mit Drahtschneider)* • long nose pliers; needle nose pliers *GB*; snipe nose pliers; taper-nose pliers *rare*
Spitzzirkel *m* <kfz.wz> • divider; machinists' divider *US*
Spitzzirkel *m* <wz> *(zum Zeichnen, Anreißen)* • dividers
spitz zulaufen *v* <tech.allg> • taper *vi*
spitz zuschneiden *v* <pap> • cut to form a tip *v*
SPL <akust> • sound-pressure level
SPL <av> *(eines Lautsprechers für zugeführte Leistung; in dB/W/m)* • sensitivity (SPL); sound pressure level
Splashed Graphics *fpl* <obfl> *(Effektlack)* • splashed graphics
Spleiß *m* DIN 3089 <förd> *(Stahldrahtseil)* • splice
Spleiß *m* <lwl> • splice
Spleißapparat *m* <textil> *(Gespinstreinigung)* • splicer
Spleißen *n* <med> • splicing
Spleißen *n* <textil> *(Gespinstreinigung)* • splicing
spleißen *vt* <füg> *(Seil)* • splice *vt*
spleißen *vt* <füg> • splice *vt*
spleißen *vt* <lwl> • splice *vt*
Spleißgerät *n* <lwl> • splicer; splice unit; splicing machine
Spleißhälfte *f* <lwl> • chip
Spleißmodul *n* <lwl> • splice tray; splice module
Spleißmodulhalter *m* <lwl> • splice tray stack
Spleißmodulträger *m* <lwl> • splice organizer
Spleißschutz *m* <lwl> • splice protection
Spleißtechnik *f* <lwl> • splicing technique
Spleißträger *m* <lwl> • splice tray; splice module
Spleißverbindung *f* <lwl> • splice joint
Spleißvorgang *m* <textil> *(Gespinstreinigung)* • splicing cycle
Splice-Funktion *f* <el.mus> *(Funktion in Samplern)* • combine; splice
Spline *m* <edv> • freeform curve; spline
Spline *n* <edv> • spline
Spline *n* <math> • spline
Splint *m* DIN EN ISO1234 <füg> *(z. B. für Kronenmutter)* • cotter pin *US*; split pin *GB.BS1574*; split cotter pin

Splintanker *m* <füg> • cotter-secured foundation bolt

Splinteintreiber *m* <wz> • drift pin

Splintentreiber *m* <wz> *(allgemein)* • pin punch; parallel pin punch; drift punch

Splintholz *n* <holz> *(weich; zw. Borke und Kernholz)* • sapwood

Splintholzbaum *m* <holz> • sapwood tree

Splintloch *n* <füg> *(Mutter, Schraube)* • split pin hole

Splintloch *n* <füg> • cotter pin hole

Splintlochbohrer *m* <wz> • cotter pin drill

Splintsicherung *f* <füg> • cotter lock

Splinttreiber *m* <kfz.wz> *(für Sicherungsstifte an Scheibenbremsen)* • brake pin punch

Splinttreiber *m* <wz> *(allgemein)* • pin punch; parallel pin punch; drift punch

Splinttreiber mit Führungshülse *m* <wz> • sliding shank pin punch

Splintverbindung *f* <füg> • cottered joint

Splitbauweise *f* <hlk> *(z. B. Wärmepumpe)* • split system; split type

Split-Eis *n* <nahr> • split-ice; split *GB*; shell and core bar *Hoyer*

Split-Eis Herstellung *f* <nahr.prod> • split-ice production; shell and core production *Hoyer*

Splitgerät *n* prakt <hlk> *(typ. in D; als Ein- od. Zweischlauchgerät)* • split AC [unit]

Split-Getriebe *n* <nfz> • splitter gearbox; splitter drive gearbox

Splitgruppe *f* <nfz> *(Schaltgetriebe)* • splitter group; splitter drive

Splitklimagerät *n* <hlk> *(typ. in D; als Ein- od. Zweischlauchgerät)* • split AC [unit]

Splitpoint *m* <edv.av> • split point; dividing point

Splitpunkt *m* <edv.av> • split point; dividing point

Splitt *m* <bau.mat> • grit; split gravel; stone chippings; stone chips

splittarm <bau.mat> • low aggregate content

Splitt aufbringen *vi* <bau> • grit *vt*

Splittbeschuss *m* <obfl> • gravel impact

Splitten *n* <tech.allg> • splitting

Splitter *m* <tech.allg> *(Bruchstück; z. B. aus Glas)* • fragment

Splitter *m* <bau.mat> *(abgeplatzt; Stein)* • spall

Splitter *m* <chem.petr> • splitter

Splitter *m* <holz> *(Holz)* • sliver

Splitter *m* <mat> *(scharf, spitz; aus Glas, Keramik)* • shard

Splitter *m* <prod> *(abgebrochenes, abgeplatztes Werkstoffteilchen)* • chip

Splitterfänger *m* <pap> • sliver screen; bull screen

splitterfest <qualit.mat> *(Glas)* • shatterproof

Splitterfestigkeit *f* <qualit.mat> *(Glas)* • shatter resistance; shatter strength

Splittergehalt *m* <pap> • shive content

splitterige Bruchfläche *f* <holz> • barked fracture surface; barked fracture; splintery fracture

Splitterkegel *m* <mil> *(Einhüllende der Splitterflugbahnen)* • cone of burst

Splitterkegel *m* <mil> *(Splitterbombe, Splittergranate)* • cone of dispersion

splittern *vi* <tech.allg> *(z. B. Holz)* • splinter *vi*

splittern *vi* <mat> *(Glas)* • shatter *vi*

splittern *vi* <obfl> *(Lack; Rissbildung beim Trocknen)* • crack *vi*

splittern *vt* <mat> *(z. B. Erz zum Sortieren)* • spall *vt*

Splitterschaufellaufrad *f* <turb> • splitter-blade runner

splittersicher <qualit.mat> *(Glas)* • shatterproof

splittersicher <sport> *(Schießbrille)* • shatterproof

splittersicheres Glas *n* <silik> • safety glass

Splittersicherheit *f* <qualit.mat> • shatter resistance; shatter strength

Splittgehalt *m* <bau> • aggregate content

Splitting *n* ugs <el.mus> *(in Tastaturzonen, die mit versch. Klängen belegt sind)* • keyboard splitting; keyboard split; keyboard division; splitting *coll*

Splittingkolonne *f* <chem.petr> *(Fraktionierkolonne)* • splitting column

Splittkanone *f (AUDI)* <obfl> • gravel gun *(AUDI)*

Splittkanone *f Audi* <obfl.qualit> • gravel gun *Audi*

Splittkolonne *f* <chem.petr> *(Fraktionierkolonne)* • split-ting column

splittreich <bau> • high aggregate content

Splittschäden *mpl* <kfz> • stone chippings *pl*; rock chips *pl*; stone chips *pl*

Splittschutz *m* <kfz> *(am hinteren Kotflügel)* • stone guard; gravel guard; gravel shield

Splittstreuer *m* <bau.masch> *(Straßenbau)* • gritting machine; gritter; chipping spreader

Splittstreumaschine *f* <bau.masch> *(Straßenbau)* • gritting machine; gritter; chipping spreader

Split-Wärmepumpe *f* <hlk> • split-system heat pump; split-type heat pump; remote heat pump

Splitwärmepumpe *f* <hlk> • split-system heat pump; split-type heat pump; remote heat pump

Split-µ-Belag *m* <bau.verk> • split-friction road surface; asymmetrical road surface; surface of differing adhesion

SPL-PTF <rls> *(Sondergwd.)* • dryseal special taper pipe thread (SPL-PTF) *ANSI B1.20.3*; dryseal special diameter-pitch combination thread

Spodumen *m* <min> • spodumene; triphane

Spoiler <kfz> *(Strömungseinfluss)* • spoiler

Spoiler *m* <aerospace> • spoiler

Spoiler *m* prakt <kfz> *(exponiert, meist separat montiert v.a. bei Sportwagen)* • front spoiler

Spoiler *m* <phys> *(Strömungsablenkung)* • interceptor

Spoiler *mpl* <energ.wind> • blade spoilers; blade tip spoilers

Spongia tosta *f* <bio> • roasted sponge; spongia tosta

Spongiose *f* <obfl> • graphitic corrosion

Spontanatmung *f* <med> • spontaneous respiration; spontaneous breathing

Spontanatmung *f* <med.tech> • spontaneous breathing; spontaneous ventilation

Spontanbetrieb *m* (ARM) *DIN ISO 3309* <edv> • asynchronous response mode (ARM) *ISO 3309*

spontane Abstrahlung *f* <phys> • spontaneous radiation

spontane Emission *f* <lwl> • spontaneous emission

spontane Magnetisierung *f* <phys> • spontaneous magnetization

spontaner Atemzug *m* <med.tech> • spontaneous breath; demand breath

spontanes Drucken *n* <edv> *(ohne Druckbefehl; Druckerstörung, Softwaredefekt)* • spurious printing

spontane Strahlung *f* <phys> • spontaneous radiation

Spontanspaltung *f* <nukl> • spontaneous fission

Spontanzündung *f ISO 13943* <chem.verbr> *(durch Temperaturanstieg ohne sekundäre Zündquelle)* • spontaneous ignition *ISO 13943*

Spoofing *n* <navig> • spoofing

sporadische Hypercholesterinämie *f* <med> • sporadic hypercholesterolemia

sporadische Hypertriglyceridämie *f* <med> • sporadic hypertriglyceridemia

Spore *f* <wz> *(an Steigeisen)* • gaff

Sporen *fpl* <med> • spores *pl*

Sporn *m* <aerospace> • skid

Sporn *m* <aerospace> • tail skid

Sporn *m* <hydr.bau> *(Talsperre)* • toe wall

Spornrad *n* <aerospace> • tail wheel
Sport *m* <av> • sports mode; sports
Sportabzug *m* <sport> *(Schießen)* • target trigger
Sport-Fahrwerkssatz *m* <kfz> • performance handling
system
Sportfedersatz *m* <kfz> • performance springs
Sportfoto *n ugs* <phot> *(fotografische Aufnahme)* • sports
picture; sports shot
Sportfotografie *f* <phot> *(fotografische Aufnahme)*
• sports picture; sports shot
Sportfotografie *fsg* <phot> *(Teilbereich der Fotografie)*
• sports photography *sg*
Sportgehäuse *n* <av> *(für Camcorder)* • sports housing
Sportgewehr *n* <mil> *(Büchse)* • sports rifle
Sportkleidung *fsg* <textil.sport> • sportswear *sg*
Sportlenkrad *n* <kfz> • sports car style steering wheel;
sport type steering wheel
sportliche Gangart *f press* <kfz> • sporty driving style
sportlicher Fahrstil *m* <kfz> • sporty driving style
Sportmaschine *f* <kfz> • sports bike
Sport-Modus *m* <av> • sports mode; sports
Sportmotorrad *n* <kfz> • sports bike
Sportmotorrad *n* <kfz.sport> • sports bike
Sportpaket *n werb* <kfz> *(für Tuningzwecke)* • tuning kit
Sportpedal *n DIN ISO 8090* <fz> • bow pedal *ISO 8090*
Sportpistole *f* <sport> *(Disziplin)* • Sport Pistol
Sportpistole *f* <sport> *(Waffe)* • target pistol; competitive
target pistol
Sportpistole Damenklasse *f* <mil> • Ladies Pistol; La-
dies Match
Sportpistole Kleinkaliber *f DSB* <sport> *(Disziplin)*
• Sport Pistol
Sportschuh *m* <bekl> • sports shoe; casual shoe
Sportsitz *m* <kfz.innen> • bucket seat; sport seat *rare*
Sportstätte *f* <sport> • venue; facility
Sportstiefel *m* <bekl> • racing boot
Sportsucher *m* <phot> • sports finder
Sporttourer *m* <kfz> • sport touring bike
Sport-Utility-Car *n rar* <kfz> *(Kombination aus Limou-
sine, Kombi, Offroader und Sportwagen)* • sport utility
vehicle (SUV); sport utility car; sport utility *coll*; sport ute
US.coll
Sport-Utility-Fahrzeug *n* <kfz> *(Kombination aus Limou-
sine, Kombi, Offroader und Sportwagen)* • sport utility
vehicle (SUV); sport utility car; sport utility *coll*; sport ute
US.coll
Sport-utility-vehicle *n* (SUV) <kfz> *(Kombination aus
Limousine, Kombi, Offroader und Sportwagen)* • sport
utility vehicle (SUV); sport utility car; sport utility *coll*; sport
ute *US.coll*
Sport Utility Wagon *m Audi* <kfz> *(Kombination aus
Limousine, Kombi, Offroader und Sportwagen)* • sport
utility vehicle (SUV); sport utility car; sport utility *coll*; sport
ute *US.coll*
Sportwaffe *f* <sport> • sporting arm; sporting firearm
Sportwagen *m* <kfz> • sports car; sportster
Sportwagen mit GFK-Karosserie *m* <kfz> • fiber-glass
sports car; sports car with fiber-glass body
Sportwagen mit Kunststoffkarosserie *m* <kfz> • fiber-
glass sports car; sports car with fiber-glass body
Sportzierblende *f werb* <kfz> *(im Alu-Felgen-Look)*
• mag-style wheel cover
Spot *m* <werb> *(TV, Kino)* • commercial; spot
Spot *m* **(prakt-ugs)** <licht> • narrow spotlight
Spot-Beam-Technology *f* <tele> *(Satellitenmobilfunk)*
• spot-beam technology
Spot-Lackierung *f* <obfl> • spot coating
Spotleuchte *f* <licht> *(z. B. als Wandspot, Rondell, Bal-
ken, Deckenbogen)* • directional light [fixture]

Spotlicht *n* <edv> • spot light; spot
Spotlicht *n* <licht> • spot light
Spot Light *n* <edv> • spot light; spot
Spotlight *n* <licht> • spot light
Spotlight-Effekt *m* <av> • spotlight effect
Spotmessung *f* <phot> • spot metering
SPP <av> • song position pointer (SPP)
SPPF-Verfahren *n* <kst> *(Thermoformen)* • solid phase
pressure forming
SPR <edv> • Symmetric Phase Recording (SPR)
Sprachaktivierung *f* <tele> • Voice Activity Detection
(VAD)
Sprachanalysator *m* <tele> • speech analyser
Sprachanalyse *f* <philol> *(z. B. für künstliche Intelligenz)*
• linguistic analysis
Sprachanalyse *f* <tele> • speech analysis
Sprachantwortsystem *n* <tele> • voice answer-back
system
Sprachanweisung *f* <edv> • language statement
Sprachaufnahme *f* <edv> • voice recording; speech re-
cording; digitization of speech; digitizing of speech
Sprachaufzeichnung *f* <av> • speech recording; voice
recording
Sprachaufzeichnung *f* <edv> • voice recording; speech
recording; digitization of speech; digitizing of speech
Sprachaufzeichnungsgerät *n* <av> • speech recording
equipment; voice recording equipment
Sprachausgabe *f* <edv> • voice output; speech output
rare; text-to-speech *rare*
Sprachausgabe *f* <msr> *(von Warnmeldungen)* • voice
alert; electronic voice alert
Sprachausgabeeinheit *f* <av.edv> • voice response unit;
audio response unit
Sprachausgabetechnologie *f* <edv> *(gesprochene
Ausgabe digitaler Informationen)* • text-to-speech tech-
nology
sprachbandüberlagerte Datenübermittlung *f* (DOV)
<tele> • data over voice (DOV)
Sprachbeschneidung *f* <av> • speech clipping
sprachbetätigt <tech.allg> • voice-actuated
Sprachcoder *m* <tele> • codec
Sprachcodierer *m* <tele> • codec
Sprachdeutlichkeit *f* <tele> • articulation
Sprache auf Compilerebene <edv> • compiler-level lan-
guage
Sprachebene *f* <term> • level of language
Spracheditor *m* <edv> • language editor
Spracheingabe *f* <av> • speech input; vocal input
Spracheingabe *f* <edv.av> • voice input
Sprach-Encoder *m* <tele> • codec
Spracherkennung *f* <edv.av> • speech recognition;
speech perception; speaker recognition; voice recognition
Spracherkennungssoftware *f* <edv> • voice recognition
software
Sprachförderung *f BMI* <jur> • promotion of language
Sprachfrequenz *f* <av> • speech frequency; voice frequency
Sprachfrequenzband *n* <tele> • speech band; voice
band
sprachgesteuert <tech.allg> • voice-controlled; voice-
operated
sprachgesteuerter Träger *m* <tele> • voice-controlled
carrier
sprachgesteuerter Verstärkungsregler *m* <tele>
• voice-operated gain-adjusting device
sprachgesteuerter Videorecorder *m* <av> • voice-
controlled video recorder
sprachgesteuertes Mikrophon *n* <kfz> *(Gegensprechanlage für Motorradfahrer)* • voice activated microphone

sprachgesteuerte Verstärkungsregelung *f* <tele> • voice-operated volume control; voice-operated gain control

Sprachgüte *f* <tele> • quality of speech

Sprachinterpolation *f* <tele> • voice interpolation

Sprachinterpretierer *m* <edv> • language interpreter

Sprachinverter *m* <tele> • speech inverter

Sprachkanal *m* <tele> • voice channel

Sprachkodierer-Dekodierer *m* <tele> • voice encoder-decoder; vocoder

Sprachkodierung *f* <edv.tele> • speech coding

Sprachlautstärke *f* <av.tele> • speech volume

Sprachmodulation *f* <tele> • speech modulation; voice modulation

sprachmoduliert <av.tele> • speech-modulated; voice-modulated

sprachmodulierte Welle *f* <av.tele> • speech-modulated wave

sprachorientiert <edv> • language-oriented

Sprachpausennutzung *f* <tele> • speech interpolation

Sprachpegel *m* <tele> • speech level; voice level

Sprachpegelmesser *m* <akust> • electrical speech level meter; speech level meter

Sprachprozessor *m* <edv.tele> • speech processor

Sprachsignalverarbeitung *f* <tele> • speech-signal processing

Sprachsignalverarbeitung *f* <tele> • speech processing; speech signal processing

Sprachspeicher *m* <edv> • voice memory; voice store

Sprachspeicherung *f* <edv> • speech filing

Sprachsteuerung *f* <edv> *(z. B. von Software)* • voice control

Sprachsteuerung *f* <tele> • voice control

Sprachsynthese *f* <edv.av> • speech synthesis; voice synthesis

Sprachsynthese *f* <edv.av.tele> • speech synthesis

Sprachsynthesizer *m* <edv.av.tele> • speech synthesizer; voder

Sprachtechnologie *f* <edv> *(zur Sprachein- und -ausgabe)* • speech technology

Sprachübersetzer *m* <edv> • language translator; language interpreter

Sprachübersetzung *f* <edv> • language translation

Sprachübertragung *f* <tele.av> • speech transmission; voice transmission

Sprachverarbeitung *f* <tele> • speech processing; speech signal processing

Sprachverständlichkeit *f* <tele> • speech intelligibility; speech articulation

Sprachverständlichkeitsprüfung *f* <psych> • intelligibility test

Sprachwiedergabe *f* <av> • speech reproduction; voice reproduction

Sprachwiedergabe *f* <edv> • voice output; speech output *rare*; text-to-speech *rare*

spratzen *v* • crackle *v*

spratzen *vt* <metall> • spatter *vt*; split *vt*; split *vt*

Spratzprüfung *f (Isolieröl)* • crackle test

Spraybilder *npl DuMont* <kunst> • graffiti *pl*

Spray-Coat-Verfahren *n* <obfl> *(Chemische Oxidation)* • spray coating

Sprayfarbe *f ugs* <obfl> • spray paint; aerosol paint

Spray-Pyrolyse *f* <energ.sol> • spray pyrolysis

Spraz-Away-Box *f AMI* <obfl> • spraz-out box

Sprazout-Box *f Unholzer* <obfl> • spraz-out box

Spreader *m* <förd> *(für Container)* • spreader

Spread-Spektrum-Datenfunk *m* <logist> • spread-spectrum radio

Sprechadern *fpl* <tele> • speaking wire pair; speaking pair

Sprechbatterie *f* <av> • speaking battery; microphone battery

Sprechbereich *m* <akust> *(Reichweite)* • speaking range

Sprechbereich *m* <tele> • telephone area

sprechbereit <tele> • ready-to-speak

sprechendes Warnsystem *n* <kfz.alarm> • talking warning system

Sprecherecho *n* <tele> • talker echo

Sprecherraum *m* <av> • speaker cubicle

sprecherunabhängig <edv> *(z. B. Spracherkennung)* • speaker-independent

Sprechfrequenz *f* <av> • speech frequency; voice frequency

Sprechfrequenzband *n* <tele> • speech band

Sprechfunk *m* <tele> • radiotelephony

Sprechfunk-Duplex-Betrieb *m* <tele> • duplex telephony

Sprechfunkgerät *n* <tele> • radiotelephone

Sprechfunkgerät *n* <tele> *(klein, handlich)* • walkie-talkie; radio transceiver

Sprechgarnitur *f* <av> *(allg.; z. B. für Spracheingabe am PC, Call Center, Intercom)* • headset with microphone; headgear with microphone; microphone headset

Sprechgarnitur *f* <tele> *(betont: für Telefondienst, Call-Center)* • operators telephone set

Sprech-Hör-Vergleichsprüfung *f* <av> • voice-ear test

sprechkanalfreier Verbindungsaufbau *m* <tele> • off-air call set-up (OACSU)

Sprechkapsel *f* <tele> *(im Telefonhörer)* • telephone transmitter inset; transmitter inset

Sprechkopf *m* <av> • speech reproducing head; reproducing head

Sprechkopf *m* <av> *(von Magnetbandgeräten; z. B. Videorecorder)* • recording head; record head

Sprechkreis *m* <tele> • voice circuit; talking circuit

Sprechpausenerkennung *f* (VAD) <tele> • Voice Activity Detection (VAD)

Sprechschalter *m* <tele> • microphone switch

Sprechschalter *m* <tele> • speaking key; talking key

Sprechspule *f* <av> *(Lautsprecher)* • voice coil

Sprechstrom *m* <el> *(Aufzeichnung)* • recording current

Sprechstrom *m* <tele> *(Sprache)* • speech current; speaking current; voice current

Sprechstromkreis *m* <tele> • speaking circuit

Sprechtaste *f* <av> *(Mikrofon)* • microphone button; press-to-talk switch

Sprechtaste *f* <tele> *(Funkgerät, Sender)* • transmitter button; speaking key *rare*; talk key *rare*

Sprech- und Mithörschalter *m* <tele> • combined listening and speaking key

Sprechverbindung *f* <tele> • speech communication; voice communication

Sprechverkehr *m* <tele> • line telephony

Sprechverkehr *m* <tele> • telephone exchange working

Sprechverstärker *m* <tele> • speech amplifier

Sprechweg *m* <tele> • speaking circuit; speaking path; speaking channel

Sprechweg *m* <tele> • speech circuit; speech path; speech channel

Sprechwegdurchschaltung *f* <tele> • speech path switching

Sprechwegnummer *f* <tele> • channel designation

Sprechzustand *m* <tele> • conversation state

Spreißel *m ugs* <holz> *(Holz)* • sliver

spreiten *vt* <phys.chem> • spread *vt*

Spreitung *f* <phys.chem> • spreading

Spreizabzieher *m* <wz> • extractor; puller

Spreizband *n* <masch> • friction band

Spreizbandkupplung *f* <masch> • internal-expanding clutch

spreizbarer Gewindebohrer *m* <wz> • expansion tap; adjustable tap

Spreizbuchse *f* <masch> • split bushing

Spreizcode *m* <tele> *(CDMA)* • spreading code

Spreizdübel *m* <bau.mat> • expansion plug; hammer plug; rawlplug

Spreize *f* <tech.allg> *(versch. Konstruktionen)* • brace

Spreize *f* <tech.allg> • horizontal support; horizontal strut

Spreize *f* <bau> *(Absteifung eines Ofengewölbes)* • stay

Spreize *f* <min> *(im Schram)* • punch prop

Spreize *f* <min> • spreader; brace; raking prop

Spreize *f* <theat> • sprag

spreizen *vi* <bau> • straddle *vi*

spreizen *vi* <textil> *(Fasern)* • protrude *vi*

spreizen *vt* <allg> *(z. B. Finger, Splint, Scherengitter)* • expand *vt*

spreizen *vt* <tech.allg> *(z. B. Flügel, Dorn, Reibahle)* • spread *vt*

spreizender Greifer *m* <autom> • chuck-type hand

Spreizenfuß *m* <förd> *(z. B. Mobilkran)* • elevating shoe

Spreizenstapler *m* <förd> • straddle carrier

Spreizenstapler *m DIN ISO 5053* <förd> • straddle truck ISO 5053

Spreizfassung *f* <prod> • expanding-block cutter mounting

Spreizfeder *f* <brems> *(von Scheibenbremsen)* • spreader spring

Spreizfeder *f* <kfz.brems> *(im Radzylinder von Trommelbremsen)* • cup expander spring

Spreizfeder *f* <masch> • expanding spring

Spreizhebel *m* <kfz.brems> *(in Trommelbremse, für Feststellbremse)* • parking-brake lever

Spreizkegel *m* <prod> • expanding cone; taper-expanding plug

Spreizkeilbremse *f* <nfz> • wedge brake

Spreizklappe *f* <aerospace> • split flap; under wing flap

Spreizmaß *n* <kfz.mot> *(von Lagerschalen)* • bearing spread

Spreizmechanismus *m* <tech.allg> • expanding mechanism

Spreizmechanismus *m* <prod> • expander

Spreizmesserverfahren *n* <prod> *(Kegelradherstellung)* • spread-blade method

Spreizmutter *f* <füg> *(Befestigungselement)* • locut nut

Spreizniet *m* <füg> • split rivet

Spreizplatine *f* <textil> • pelerine jack; pelerine point

Spreizreibahle *f* <wz> • expansion reamer

Spreizreibahle *f* <wz> • solid expansion reamer

Spreizring *m* <kfz.mot> *(in Kolbenring)* • expander spacer; expander ring; ring expander; spacer [ring] *pract*

Spreizring *m* <wz> • expanding ring

Spreizringkupplung *f* <masch> • radially expanding clutch; expanding-band clutch; expanding-band coupling

Spreizschnabel *m* <wz> • spreader; hydraulic wedge

Spreizsegment *n* <prod> • expanding segment

Spreizstempel *m* <min> • holing prop; sprag

Spreizung *f* <bau> *(V-förmig auseinander gehend)* • splay

Spreizung *f* <kfz> • nip

Spreizung *f* <kfz> *(Vorderachsgeometrie)* • steering axis inclination (SAI) *US*; kingpin inclination, KPI *GB*; swivel angle *GB*; steering-swivel inclination *GB*; balljoint inclination

Spreizung *f* <kfz.mot> *(von Lagerschalen)* • bearing spread

Spreizung *f* <wz> *(z. B. Reibahle)* • spreading

Spreizungsachse *f rar* <kfz> • steering axis; swivel axis *GB*; steering-swivel axis *GB*; pivot axis; kingpin axis

Spreizungswinkel *m* <kfz> *(Vorderachsgeometrie)* • steering axis inclination (SAI) *US*; kingpin inclination, KPI *GB*; swivel angle *GB*; steering-swivel inclination *GB*; balljoint inclination

Spreizwerkzeug *n* <feuer.wz> • spreader

Sprengarbeit *f* <spreng> • shooting; shot-firing

Sprengbohren *n* <prod> • explosive drilling

Sprengbohrloch *n* <spreng> • blast-hole; shot-hole

sprengen *vt* <agri> *(Grünanlagen)* • sprinkle *vt*; water *vt*

sprengen *vt* <masch> *(aufknacken; absichtlich od. als Defekt; z. B. Muttern, Behälter, Motor)* • crack *vt*; rupture *vt*; burst *vt*

sprengen *vt* <spreng> *(mit Sprengmitteln; z. B. Dynamit)* • blast *vt*; dynamite *vt*

Spgengelatine *f* <spreng> • blasting gelatine; blasting gelatin; explosive gelatine; explosive gelatin

Sprenghöhe *f* <masch> *(Blattfeder)* • camber

Sprengkammer *f* <bau.mil> *(Brücke)* • demolition chamber

Sprengkapsel *f* <spreng> *(zwischen Zündschnur und Sprengstoff; z. B. in Steinbruch, Mine)* • detonator; detonating cap; primer; fuze *US*; fuse

Sprengkraft *f* <spreng> • explosive power; brisance

Sprengladung *f* <spreng> • explosive charge; blasting charge

sprengladungssicherer Laderaum *m* <aerospace> • blastproof cargo hold

Sprengleitung *f* <spreng> • firing cable; shot-firing cable

Sprenglochbohren *n* <spreng> • blast-hole drilling; shot-hole drilling

Sprenglochbohrmaschine *f* <min> • blast-hole machine

Sprenglochbohrmaschine *f* <min> *(Steinbruch)* • quarry drill

Sprengluft *f* <spreng> • liquid oxygen explosive; liquid air

Sprengmittel *n* <spreng> • blasting agent

Sprengniet *m* <füg> • explosive rivet

Sprengöl *n* <spreng> • explosive oil

Sprengpunkt *m* <mil> • point of burst

Sprengpunkt *m* <spreng> • explosion point

Sprengring *m* <bahn> • retaining ring; tire fastening ring; tire shoulder

Sprengring *m DIN 9045, 73123* <füg> *(C-förmiger Drahtring, Querschnitt rund od. eckig)* • circlip; ring spring *rare*; annular spring *rare*

Sprengring *m DIN 9045.prakt.* <masch> • snap ring; circlip

Sprengring *m* <masch> • retainer ring; snap ring

Sprengringlehre *f* <msr> • retainer ring gauge

Sprengsalpeter *m* <spreng> • explosive saltpetre

Sprengscheibe *f* <masch> • bursting disc

Sprengschwaden *m* <spreng> • afterdamp

Sprengschweißen *n* (S) <füg> *(ein Pressschweißverfahren)* • explosion welding (EXW)

Sprengschweißen *n DIN 1910-2* <füg> • explosive welding; explosion welding *US*

Sprengschweiß-Verschlussstopfen *m* <allg.tech> • explosive-activated metal plug

Sprengstoff *m* <prod> *(Explosionsumformung)* • secondary high explosive

Sprengstoff *m* <spreng> • explosive

Sprengstoffgesetz *n* <spreng> • law on explosives

Sprengstoffladung *f* <spreng> • explosive charge

Sprengstofflager-Richtlinie *f* <spreng> • explosives storage guideline

Sprengstoffverordnung *f* <spreng> • explosives ordinance

Sprengtechnik *f DIN 20163* <spreng> • blasting

Sprengumfangsgeschwindigkeit *f* *(Schleifscheibe)* • bursting peripheral speed

Sprengung *f* <agri> *(mit Wasser)* • sprinkling

Sprengung *f* <spreng> • blast

Sprengung *f* <spreng> • burst

Sprengung *f* <spreng> *(v. Gebäuden, Brücken, Anlagen)* • demolition

Sprengung f <spreng> • detonation
Sprengung f <spreng> • rupture
Sprengung f <spreng> • shot
Sprengungsplan m <doku.spreng> *(Zeichnung über Sprengarbeiten)* • blasting plan
Sprengwagen m <ents> • street-sprinkler; sprinkler; road flusher
Sprengwerk n <bahn> *(Wagenuntergestell)* • solebar support
Sprengwerk n <bau> • strut frame; strut bracing
Sprengwerkstrebe f <bau> • truss rod
sprengwirkungshemmende Verglasung f DIN <bau> • glazing resistant to detonating *:V*
Sprengzünder m <spreng> • electric detonator; detonator
Sprengzündschnur f <spreng> • detonating fuse; detonating cord
Sprenkel m <obfl> *(Farb~)* • spatter; dot; speckle; speck
Sprenkeleffekt m <obfl> • stipple effect
Sprenkelkappe f <obfl> • spatter cap; stipple cap
sprenkeln vt <obfl> • spot vt
sprenkeln vt <verf> • mottle vt
Sprenkelvorsatz m <obfl> • spatter cap; stipple cap
Spreugebläse n <agri> • chaff blower
Spriegel m prakt <kfz> *(Cabrioverdeck)* • convertible top bow; bow *pract*; hood stick *GB*; rib *coll*; folding-top bow
Spriegel m <nav> • tarpaulin bow frame
Spriegel Nr. 1 m <kfz> *(vorderster Spriegel eines Cabrioverdecks)* • header bow; convertible top bow no. 1 *:V*
Spriegel Nr. 2 m <kfz> • drag bow *:V*; idler bow *:V*; convertible top bow no. 2 *:V*
Spriegel Nr. 3 m <kfz> *(dritter Spriegel eines Cabrioverdecks)* • main bow *:V*; hinge bow *:V*; convertible top bow no. 3 *:V*
Spriegel Nr. 4 m <kfz> • rear tack strip; convertible top bow no. 4 *:V*
Spriet n <nav> • sprit
Srietfall n <nav> • sprit halyard; halyard
Spriethorn n <nav> • peak
Srietsegel n <nav> • sprit sail
Springbeule f <kfz.rep> • oil can *pract*
Springblende f <phot> *(in Kameraobjektiv)* • diaphragm
Springblende f <phot> • automatic diaphragm
Springbrunneneffekt m • fountain effect
Springen n <mil> • jump; lift
springen v • bounce v
springen v <edv> • skip v
springen vi <allg> *(Sport, Technik, Mathematik, Psychologie)* • jump vi
springen vi <qualit.mat> *(Glas, Porzellan, Keramik, Holz)* • crack vi
springen vt <qualit.mat> *(z. B. Glas, Keramik)* • fissure vt
springen vt <silik> *(z. B. Glasflasche, Fensterscheibe)* • burst vt
Springen des Stromabnehmers <bahn> • de-wiring of the pantograph
Springflut f <geo> • spring tide
Springrollo n <bau> • roll-up shade
Springrollo n <innen> • roller blind
Springschreiber m <tele> • start-stop teleprinter
Springtide f DIN 4049-3 <geo> • spring tide
Springwagen m <büro> *(Buchungsautomat)* • shuttle carriage
Springwalzwerk n <metall> • jump mill
Sprinkler m <feuer> • sprinkler
Sprinkleranlage f <feuer> *(HRL)* • sprinkler system; sprinkling system
Sprinkleranlage f <feuer> • fire-sprinkler system; sprinkler system; sprinkler fire-extinguishing installation
Sprintrennen n <kfz> • drag racing

Sprit m ugs <chem.petr> • gasoline *US*; gas *US.pract*; petrol *GB*
spritig <nahr> *(Weinfehler)* • burning taste
Spritzaggregat n <kst> • injection unit; plasticating unit; injection carriage
Spritzalitieren n <obfl> • alumetizing
Spritzalumetieren n <obfl> • aluminum spraying
Spritzauftrag m <obfl> • spray application
Spritzauftrag m <obfl> • spraying
Spritzauftrag m <verf> *(Naßgutaufgabe in Walzentrocknern)* • splash feed
spritzauftragen vt <obfl> • spray-apply vt; apply by spraying vt; spray on vt
Spritzautomat m <obfl> • automatic paint sprayer; automatic spraying machine
Spritzbalken m <agri> *(Pflanzenschutzgerät)* • spray boom
Spritzbalken m <metall> *(z. B. Brause nach Warmwalzen)* • spray bar
spritzbar <kst> • extrudable
spritzbar <qualit.mat> *(z. B. Lack)* • sprayable
Spritzbeschichten n <obfl> • spray coating
Spritzbeton m DIN 18 551 <bau.mat> • shotcrete; Jetcrete ®; Gunite ®; gunned concrete *rare*; sprayed concrete *rare*
Spritzbetonauskleidung f <bau> *(Tunnelbau)* • permanent lining of shotcrete; shotcrete lining
Spritzbetondüse f <bau> • shotcrete gun nozzle
Spritzbeton mit Kunststoffzusatz m (SPCC) <bau.mat> • sprayed polymer cement concrete (SPCC); polymer-modified cementicious mix for spray application *:V*; polymer-modified sprayed concrete *:V*; sprayed concrete with polymer additive
Spritzbild n <obfl> *(Resultat auf der gespritzten Oberfläche)* • spray pattern
Spritzbild n <obfl> *(Form des an der Spritzpistole austretenden Spritzstrahls)* • spray pattern
Spritzblasen n <kst> • injection blow molding; blow molding
Spritzblasmaschine f <kst> • injection blow molding machine
Spritzblech n <tech.allg> *(Schutz gegen Spritzflüssigkeit (Werkzeugmaschine, Fahrzeug))* • deflector plate
Spritzblech n <kfz> • splash guard
Spritzblech n <kfz> • splash panel; anti-splash guard; inner mudshield
Spritzblech n <verf.hydr> • dashboard
Spritzbreiteneinstellventil n <obfl> *(Spritzpistole)* • spreader adjustment valve; spreader adjusting valve; spreader valve *coll*; pattern adjustment valve
Spritzbrett n *(Traktor)* • dashboard
Spritzbrett n <pap> • baffle board
Spritzbrett n <prod> • splash board
Spritzdruck m <kst> • injection molding pressure; injection pressure
Spritzdruck m prakt <kst> *(Spritzgießen)* • injection pressure; first-stage injection pressure *form*; booster pressure *rare*
Spritzdüse f <metall> *(Pulvermetallurgie)* • atomization nozzle
Spritzdüse f <obfl.wz> *(von Farbspritzpistole, Airbrush)* • spraying nozzle; spray jet *rare*
Spritzdüse f <verf> • spray nozzle
Spritzdusche f <obfl> • shower *coll.press*
Spritze f • gun
Spritze f <med> • injection
Spritze f <med> • syringe
Spritze f ugs <med.tech> • hypodermic syringe; syringe *coll*

Spritze f <med.wz> *(für Rauschgift)* • machine *sl*
Spritze f <obfl> • spray
Spritzeigenschaft f <obfl> *(der Airbrushpistole)* • spraying characteristic
Spritzeinheit f <kst> • injection unit; plasticating unit; injection carriage
Spritzen n <kst> • injection molding
Spritzen n <obfl> • spraying
Spritzen n <obfl> • spray application
Spritzen n <obfl> • spray coating
Spritzen n <prod> • extrusion
Spritzen n <verf> • spraying
spritzen v <allg> • squirt v
spritzen v <füg> *(Schweißen)* • spatter v
spritzen v <kst> • extrude v
spritzen v <obfl> • sputter v
spritzen vt <allg> • inject vt
spritzen vt <kfz> • splash vt
spritzen vt <kst> • injection-mold vt
spritzen vt <kst> • mold vt; injection-mold vt; inject vt
spritzen vt <obfl> *(Spritzverfahren)* • paint vt; spray[paint] vt
spritzen vt <obfl> *(allg.)* • spray vt
spritzen vt <obfl> *(Airbrush-Technik)* • airbrush vt; brush vt coll; airpaint vt
spritzen vt prakt <obfl> *(Lackauftrag im Spritzverfahren)* • paint vt; spray vt prakt
spritzen vt <verf> • spray vt
spritzen vt <verf> • spray-apply vt
spritzen vt <verf> • syringe vt
spritzen (auf) vt ugs <obfl> • spray (on) vt
spritzen in vt <obfl> *(Rostschutzmittel in Hohlräume)* • spray into vt; inject into vt
Spritzen mit elektrostatischer Aufladung n did <obfl> • electrostatic spraying
Spritzennadel f <med.wz> • hypodermic needle
Spritzentfettung f <obfl> • spray degreasing
Spritzer m • spatter
Spritzer m <allg> • splash
Spritzer m <obfl> *(Farb~)* • spatter; dot; speckle; speck
Spritzer mpl DIN EN ISO 6520 <füg.qualit> *(Schweißen)* • spatter sg=pl ISO 6520-1; splatter sg = pl prakt
Spritzergebnis n <obfl> *(Resultat auf der gespritzten Oberfläche)* • spray pattern
spritzfähig einstellen vt <obfl> *(Lacke)* • reduce to spraying consistency vt
Spritzfarbe f <obfl> • spray paint; aerosol paint
Spritzfehler m <qualit> • injection defect
Spritzfehler m <qualit> • injection-molding defect
Spritzfläche f <kst> • projected area
Spritzflasche f <verf> • wash-bottle
Spritzfüller m <obfl> *(Lacksorte)* • spray filler
spritzgegossen <kst> • injection molded
spritzgegossenes Teil n <kst> *(mit oder ohne Anguss)* • injection molding; injection molded part; molding; molded part
Spritzgehäuse n <kst> • cylinder; barrel
spritzgepresstes Teil n obs <kst> *(mit oder ohne Anguss)* • injection molding; injection molded part; molding; molded part
Spritzgerät n <verf> • sprayer
Spritzgeschwindigkeit f <kst> • injection rate
Spritzgießautomat m <kst> • injection molding machine; injection machine; molding machine
spritzgießbar <kst> • castable
Spritzgießen n <kst> • injection molding
Spritzgießen n <plast> • injection molding
Spritzgießer m <kst> • molder; injection molder

Spritzgießmaschine f norm <kst> • injection molding machine; injection machine; molding machine
Spritzgießmaschine f <kst> • injection molding machine
Spritzgießmaschine mit mehreren Werkzeugeinheiten f <kst> • injection molding machine with several molds
Spritzgießmasse f <kst> • injection molding material; injection molding compound; molding material; molding compound
Spritzgießteil n <kst> • injection molding
Spritzgießwerkzeug n <kst> • injection mold
Spritzgießwerkzeug n <kst.wz> • injection mold; die prakt
Spritzgießzylinder m <kst> • injection cylinder; shooting cylinder
Spritzgrund m <obfl> *(für Spritzlackierungen u. dgl.)* • substrate ISO 4618/1; painting surface; painting ground; ground prakt
Spritzguss m <kst> • injection molding
Spritzgussmasse f <kst> • injection molding material; injection molding compound; molding material; molding compound
Spritzgussstück n <kst> • injection-molded plastic
Spritzgussteil n norm <kst> • injection molded part; molded part
Spritzgusswerkzeug n <kst.wz> • injection mold; die prakt
Spritzhaube f <masch> • splash hood
spritzig <kfz> *(Motor, Fahrzeug)* • zappy US; nippy GB
spritzig <nahr> *(Wein)* • crackling; crisp; spritzig
Spritzkabine f • atomizing chamber
Spritzkabine f <obfl> *(allg.)* • spray booth; spraying booth; spray cabin
Spritzkabine f prakt <obfl> *(nur Spritzverfahren)* • spray booth; spraying booth
Spritzkammer f <obfl> *(allg.)* • spray booth; spraying booth; spray cabin
Spritzkegel m <hlk> *(Kondensator)* • spray cone
Spritzkegel m <verf> • cone spray diffuser
Spritzkolben m <kst> • injection plunger; injection ram
Spritzkopf m <wz> • extruder head
Spritzkopf m <wz> • extrusion head; die head
Spritzkühlung f <hlk> • spray cooling
Spritzlack m <obfl> • spray paint
Spritzlackieren n <obfl> • spray painting
Spritzlackieren n <obfl> • spraying
spritzlackieren vt <obfl> *(Spritzverfahren)* • paint vt; spray[paint] vt
Spritzling m norm <kst> *(mit oder ohne Anguss)* • injection molding; injection molded part; molding; molded part
Spritzlinggewicht n <kst> • shot weight
Spritzlingsgewicht n <kst> • molding weight
Spritzlingsvolumen n norm <kst> • shot volume
Spritzloch n <kfz.wz> • injection orifice; injection bore
Spritzmalerei f rar <kunst> *(Maltechnik)* • airbrushing; airbrush US; spray painting form; airbrush painting; airpainting
Spritzmaschine f <kst> • tubing machine
Spritzmaschine f <kst> • injection molding machine; injection machine; molding machine
Spritzmasse m VDI 3469-5 <emiss> • spraying compound
Spritzmenge f <kst> *(in ccm/sec)* • injection rate
spritzmetallisiert <obfl> • metal-sprayed; metallized
Spritzmetallisierung f <obfl> • metal spraying; spray metallization
Spritzmethode f <kst> • spray-up technique
Spritzmörtel m <bau> • sprayed mortar
Spritzmörtelauftrag m <bau> • spray application of mortar

Spritzmörtel mit Kunststoffzusatz *m* <bau.mat>
• sprayed polymer cement concrete (SPCC); polymer-modified cementicious mix for spray application *:V*; polymer-modified sprayed concrete *:V*; sprayed concrete with polymer additive

Spritzmundstück *n* <kfz> *(Extruder)* • die

Spritzmundstück *n* <prod> • die

Spritznebel *m* <obfl> *(Spritzlackierung, Airbrushing)*
• spray mist; spray fog; spray dust *rare*

Spritzpistole *f form* <kunst.wz> *(für Grafikarbeiten)* • airbrush gun; airbrush *coll*; air gun *coll*; spray gun *form*; spraying pistol *rare*

Spritzpistole *f* <obfl> • spray gun

Spritzpistole *f* <verf> • spray gun

Spritzpistole *f* <verf> • spray gun; powder gun (powder application)

Spritzpistole mit Entlüftung *f* <obfl.wz> • bleeder type [spray] gun

Spritzpistolenkopf *m* <obfl> • spray gun head

Spritzpistole ohne Entlüftung *f* <Wz.Lack> • non-bleeder type [spray] gun

Spritzprägen *n norm* <kst> • injection compression molding

Spritzpresse *f* <kst.prod> • transfer molder

Spritzpressen *n* <kst> • compression molding

Spritzpressen *n* <kst.prod> • transfer molding

Spritzpressen *n* <plast> • transfer molding

Spritzpresskolben *m* <kst.prod> • transfer plunger; molding plunger

Spritzpressmaschine *f* <kst.prod> • transfer molder

Spritzpressteil *n* <kst> • transfer molding

Spritzpresswerkzeug *n* <kst.prod> • transfer mold

Spritzpresszylinder *m* <kst.prod> • transfer cylinder

Spritzputz *m* <bau> • sprayed mortar

Spritzquellung *f* <prod> • die swell

Spritzradierer *m* <kunst> *(für Airbrush)* • air eraser

Spritzreinigung *f* <obfl> • spray cleaning

Spritzring *m* <förd> • deflector

Spritzring *m* <tribo> • oil-flinger ring

Spritzroboter *m* <obfl> • spray-painting robot; painting robot

Spritzroboter *m* <obfl.autom> • spray robot

Spritzroboter *m* <prod> • spray robot

Spritzschlauch *m* <agri> • spray hose

Spritzschmierung *f* <tribo> • oil-bath lubrication; splash lubrication

Spritzschutz *m* <fz> • splashguard

Spritzschutzblech *n* <kfz> • splash guard

Spritzschutzhaube *f* <verf> • splash housing

Spritzseite *f* <kst> • injection side

Spritzspachtel *m* <obfl> • high-build filler; spray putty

Spritzstrahl *m* <obfl> *(Spritzpistole)* • spray jet

Spritz-/Tauchverfahren *n* <obfl> • combined spray/immersion process; spray/immersion process; spray/dip treatment; combined spray/dip treatment

Spritzteller *m* • splash plate; splash cup

Spritztopf *m* <kst.prod> • transfer pot

Spritzventil *n* <verf> • spray valve

Spritzverfahren, im ~ <obfl> • spray-type ...

Spritzverfahren *n* <obfl> • spray process

Spritzverluste *mpl* <obfl> • overspray; overspray losses

Spritzversteller *m* <kfz.mot> • timing device

Spritzversteller *m* <kfz.mot> • roller ring

Spritzversteller *m* <kst> • injection timing device

Spritzversteller *m* <kst> • injection timing gear

Spritzverstellernabe *f* <kst> • injection control hub

Spritzverstellmuffe *f* <mot> • injection timing collar

Spritzverzinken *n* <obfl> • zinc spraying

spritzverzinken *vt* <obfl> • galvanize by spraying *vt*

spritzverzinken *vt* <obfl> • zinc spray *vt*

Spritzverzinkung *f* <obfl> • metal spraying of zinc

Spritzviskosität *f* <obfl> *(Lacke)* • spraying viscosity

Spritzvolumen *n* <kst> • injection volume

Spritzvolumen *n* <kst> • shot capacity

Spritzvorbehandlung *f* <obfl> • spray pretreatment

Spritzvorbehandlung *f* <obfl> • spray pickle; spray cleaning

Spritzwäscher *m* <verf> *(Aufbereitung)* • spray scrubber

Spritzwand *f* <kfz> *(zwischen Motor- und Innenraum)*
• bulkhead; firewall; dash panel; front partition panel

Spritzwasser *n* • shower water

Spritzwasser *n* <tech.allg> • splashes of water; spray *n*

Spritzwasser *n* <pap.ents> *(bei Spuckstoffbearbeitung im Rejectsorter)* • flushing water

Spritzwasser *n* <verk> *(von der Straße)* • road spray

Spritzwasserbereich *m* <kfz> *(durch Spritzwasser korrosiv stark belastet)* • splash zone

Spritzwasserbereich *m* <kfz.obfl> • splash zone

spritzwassergeschützt <tech.allg> *(z. B. Gehäuse)*
• splashproof; splash-proof; spray-proof *rare*; shower-proof *rare*

spritzwassergeschützter Motor *m* <masch> • splash-proof motor

spritzwassergeschütztes Gehäuse *n* <el> *(z. B. E-Motor)* • splash-proof enclosure

Spritzwasserschutz *m* <tech.allg> • splash guards; antispray guards

Spritzwerkzeug *n* <wz> • molding die

Spritzwinkel *m* <obfl> *(Spritzanlage)* • spray angle; fan angle

Spritzzapfen *m* <kfz.mot> • pintle

Spritzzeit *f* <kst> • injection time

Spritzzeit *f* <obfl> *(einer Spritzpistole)* • spray time

Spritzzone *f* <obfl> • spray zone

Spritzzylinder *m* <kst> • injection cylinder; shooting cylinder

Spritzzylinder *m* <kst> *(Spritzgießmaschine; enthält die Schnecke)* • plasticizing barrel; barrel *pract*; cylinder *pract*

Sprödbruch *m* <mat> *(Bruchmechanik)* • cleavage fracture; cleavage

Sprödbruch *m* <qualit.mat> • brittle fracture; separation fracture; non-plastic fracture

sprödbruchempfindlich <qualit.mat> • liable to brittle fracture

Sprödbruch-Übergangstemperatur *f* <qualit.mat> • nil ductility transition temperature (NDT)

spröde <füg> • brittle

spröde <mat> • short

spröde <qualit> • brittle

spröder Überzug *m* <obfl.holz> • brittle finish

spröde werden *vi* <qualit.mat> • embrittle *vi*

Sprödigkeit *f* <mat> • shortness

Sprödigkeit *f* <qualit.mat> • brittleness

Sprödigkeitspunkt *m* • brittle point

Sprödwerden *n* <qualit.mat> • embrittlement

Sprosse *f* <av> *(Magnetband)* • frame

Sprosse *f* <bau> *(Leiter)* • rung; stave

Sprosse *f* <bau> *(Fenster)* • muntin; sash bar; window bar; glazing bar; munting

Sprosse im Scheibenzwischenraum *f* <bau> *(Sprossenfenster)* • muntin sealed inside the airspace; muntin sealed between the glass

Sprosse im SZR *f* <bau> *(Sprossenfenster)* • muntin sealed inside the airspace; muntin sealed between the glass

Sprossenfenster *n* <bau> • multi-lite sash

Sprossenflügel *m* <bau> • multi-lite sash

Sprossenprofil *n* <bau> • muntin profile

Sprossenrahmen *m* <bau> • grille; muntin grille; grid; divided light grille

Sprossenraster *n* <bau> • grille; muntin grille; grid; divided light grille

Sprossenschrift *f* <akust> *(Aufzeichnungsvorgang)* • variable-density recording

Sprossenschrift *f* <akust> *(Lichttonaufzeichnung)* • variable-density sound track; variable-density track

Sprossenteilung *f* <edv> • row pitch

Sprossenvorsatz *m* <bau> • grille; muntin grille; grid; divided light grille

Sprossenvorsatzrahmen *m* <bau> • grille; muntin grille; grid; divided light grille

Sprosse zwischen den Scheiben *f* <bau> *(Sprossenfenster)* • muntin sealed inside the airspace; muntin sealed between the glass

Sprudeldichtemessgerät *n* <verf> • bubble-type density meter

sprudeln *vi* <chem> *(Bläschen bilden; z. B. kohlensäurehaltiges Getränk)* • effervesce *vi*; bubble *vi coll*

Sprudelschauglas *n* <verf> • bubble glass

Sprudler *m* *ugs* <med.tech> • bubble humidifier; bubble-through humidifier *rare*

Sprühabsorber *m* <ents> • spray dryer absorber (SDA)

Sprühabsorption *f* <ents> • spray absorption; quasi-dry absorption system; spray-dry scrubbing; semi-dry scrubbing; dry scrubbing

Sprühabsorption *f* <verf> • spray absorption

Sprühätzung *f* <obfl> • sputter etching

Sprühapplikation *f wiss* <obfl> • spray application

Sprühapplikation von Hand <obfl> • manual spraying

Sprühaufladung *f* • spray charge

Sprühauftrag *m* <obfl> • spray application of atomized spray; spray application

Sprühauftrag *m* <obfl> • spray application

sprühbarer Klebstoff *m* <füg> • spray adhesive; sprayable adhesive

Sprühbehandlung *f* <obfl> • spray treatment

Sprühbild mit harter Kontur *n* <kunst> • hard-edged spray pattern

Sprühdraht *m* <ents> • discharge electrode [wire]; ionizing electrode; emitting electrode

Sprühdüse *f* <obfl> *(in Sprühnebelkammern)* • spray nozzle; atomizing nozzle

Sprühdüse *f* <verf> • injection nozzle

Sprühdüsenwäscher *m* <ents> • spray scrubber; spray washer

Sprühdüsenwascher *m* <verf> • spray scrubber

Sprühebene *f* <verf> • spray bank

Sprühelektrode *f* • discharge electrode; ionic electrode; ionizing electrode

Sprühelektrode *f* <ents> • discharge electrode [wire]; ionizing electrode; emitting electrode

Sprühelektrode *f* <verf> • discharge electrode; corona [discharge] electrode; emitting electrode

Sprühen *n* <obfl> • spraying

sprühen *v* <el> *(Funken)* • spark *v*

sprühen *v* <el> • sputter *v*

sprühen *vt* <hygi> *(z. B. Parfum)* • spray atomized liquid *vt*

sprühen *vt* <obfl> *(allg.)* • spray *vt*

sprühen *vt* <obfl> *(Airbrush-Technik)* • airbrush *vt*; brush *vt coll*; airpaint *vt*

sprühen (auf) *vt* <obfl> • spray (on) *vt*

sprühen in *vt* <obfl> *(Rostschutzmittel in Hohlräume)* • spray into *vt*; inject into *vt*

Sprühentladung *f* <phys> *(z. B. Kopierer)* • spray discharge; corona discharge

Sprüher *m (Chromatografie)* • chromatosprayer

Sprüher *m* *ugs* <kunst.wz> *(für Fixativ, z. B. auf Kohlezeichnungen)* • atomizer; diffuser

Sprüher *m* <verf> • sprayer; atomizer

Sprühfarbe *f prakt* <obfl> • spray paint; aerosol paint

Sprühfarbenentferner *m* <obfl> • graffiti remover; spray paint remover

Sprühflüssigkeit *f* • atomized spray; spray

Sprühgefrieren *n* <nahr> • spray freezing

Sprühgerät *n* <verf> • sprayer; atomizer

Sprühglocke *f* <obfl.wz> • spray bell; dome head; atomizer head; dome-shaped discharge head *did*; rotating spray element *AUDI.did*

Sprühhärten *n* <metall> • spray hardening

Sprühkabine *f* <obfl> • spray booth; spray cabin

Sprühkabine *f* <obfl> *(allg.)* • spray booth; spraying booth; spray cabin

Sprühkammer *f* <hlk> *(Kältetechnik)* • spray chamber

Sprühkappe *f* <pack.teil> • cap; actuator cap

Sprühkautschuk *m* <kst> • latex-sprayed rubber; sprayed rubber

Sprühkleber *m* <füg> • spray mount

Sprühkleber *m* <füg> • spray adhesive; sprayable adhesive

Sprühkolonne *f* <chem> • spray column

Sprühkopf *m* <kunst.wz> • air head assembly

Sprühkopf *m DIN 55405* <pack.teil> • actuator

Sprühkopf *m* <verf> • spray head

Sprühkristallisation *f* <mat> *(Granulaterzeugung)* • prilling

Sprühkühldüse *f* <hlk> • mist cooling nozzle

Sprühkühlung *f* <hlk> • spray cooling

Sprühmittel *n* <agri> *(Schädlingsbekämpfung)* • plant spray

Sprühnebel *m* <verf> • spray mist

Sprühnebelkühlung *f* <hlk> • mist cooling

Sprühpistole *f* • atomizing pistol lance

Sprühpistole *f rar* <kunst.wz> *(für Grafikarbeiten)* • airbrush gun; airbrush *coll*; air gun *coll*; spray gun *form*; spraying pistol *rare*

Sprühpistole *f* <obfl> *(für Pulverauftrag)* • powder gun

Sprühpistole (bei Pulverauftrag) *f* <verf> • spray gun; powder gun (powder application)

Sprührahmen *m* <ents> • frame[-]type discharge electrode system; rigid frame electrode system

Sprühsahne *f* <nahr> • spray cream in can

Sprühscheibe *f* <verf> • disk atomizer *US*; disc atomiser *GB*; splash plate

Sprühschmierung *f* <tribo> • spray lubrication

Sprühschutz *m* <el> • antibrushing fittings; corona shield

Sprühsorption *f* <ents> • spray absorption; quasi-dry absorption system; spray-dry scrubbing; semi-dry scrubbing; dry scrubbing

Sprühstrahl *m* <verf> • directed spray

Sprühstrom *m* <verf> *(zwischen Sprüh- und Niederschlagselektroden in Elektroentstaubern)* • corona current; corona discharge current

Sprühteller *m* <verf> • disk atomizer *US*; disc atomiser *GB*; splash plate

Sprühtrockner *m* <nukl> • spray-dryer

Sprühtrockner *m* <verf> • spray dryer

Sprühtrockner *m* <verf> • spray drier; flash drier

Sprühtrocknung *f* <ents> • spray drying

Sprühtrocknung *f* <verf> • spray drying

Sprühtrocknung *f* <verf> • spray drying; flash drying

Sprühturm *m* <ents.verf> *(einbauloser Sprühwäscher)* • spray tower; spray-tower scrubber; scrubbing tower

Sprühturm *m* <verf> • spray tower

Sprühventil *n* <rls> *(zerstäubend)* • spray valve; atomizer valve

Sprühverlust *m* <el> • corona loss
Sprühwachs *n* <kfz.obfl> • spray wax; spray car polish
Sprühwachs *n* <sport.obfl> *(Skiwachs)* • spray wax
Sprühwäscher *m* <ents> • spray scrubber; spray washer
Sprühwäscher *m* <verf> • spray washer
Sprühwasserentwicklung *f* <kfz> *(am Fahrzeugheck, bei Regen; Sichtbehinderung)* • spray formation
Sprung *m* <allg> *(Sport, Technik, Mathematik)* • jump
Sprung *m* <edv> • jump; branch
Sprung *m* <geo> • displacement; normal fault; fault
Sprung *m* <masch> *(Schrägzahnrad)* • face advance
Sprung *m* <math> *(math. Funktion)* • discontinuity; jump discontinuity; jump
Sprung *m* <math> *(in e. Funktion)* • step
Sprung *m* <metall> *(Bruchmechanik)* • dislocation jog; jog
Sprung *m* <nav> *(Schiffbau)* • sheer
Sprung *m* <phys> • jump discontinuity
Sprung *m* <phys> *(Quantenmechanik)* • transition
Sprung *m* <qualit.mat> *(spröder stoff)* • fissure
Sprung *m* <silik> *(Glas, Porzellan, Fliese, Steingut)* • crack; fissure
Sprung *m* <tele> *(in Funkwellen)* • hop
Sprungadresse *f* <edv> • branch address; transfer address
Sprungantwort *f* <msr> *(Regelkreis)* • step response
Sprungantwort *f* <msr> • jump response; step response; transient response; step-function response
Sprungantwortzeit *f* <msr> • step response time
Sprunganweisung *f* <edv> • jump statement; go-to statement
Sprungbedingung *f* <edv> • jump condition; branch condition
Sprungbefehl *m* <edv> • jump instruction; branch instruction
Sprungbildung *f* <geo> • faulting
Sprungbildung *f* <qualit.mat> *(spröder Werkstoff (Glas, Keramik))* • crack formation; cracking
Sprungcharakteristik *f* <msr> • transient characteristic; step-function response characteristic
Sprungeingang *m* <msr> *(Regelkreis)* • step input
Sprungentfernung *f* <tele> *(über die Totzone)* • skip distance
Sprungfeder *f* • elastic spring
Sprungfunktion *f* Sha <av> • skip search; scene search; scene finder *JVC*
Sprungfunktion *f* <edv> • jump operation
Sprungfunktion *f* <math> • jump function
Sprungfunktion *f* <msr> • step function; jump function
Sprungfunktion *f* DIN ISO 2806 <prod.autom> • skip function *ISO 2806*
sprunghafte Änderung *f* <allg> • discontinuity
sprunghafte Änderung *f* <tech.allg> • jump
sprunghafte Änderung *f* <tech.allg> • step
sprunghaft schwankender Anzeigewert *m* <msr> • erratic reading
Sprunghöhe *f* <geo> • fault throw
Sprung ins Hangende *m* <geo> • upthrown fault
Sprung ins Liegende *m* <geo> • downthrown fault
Sprungkontakt *m* <el> • snap-action contact
Sprungnetz *n* <geo> • fracture system
Sprungprogramm *n* <edv> • jump routine
Sprungschalter *m* <el> • quick break-and-make switch
Sprungschalter *m* <el> • snap switch
Sprungschaltung *f* <el> • jump feed
Sprungschanze *f* :V <energ.hydr> *(schießender Abfluss)* • flip bucket :V
Sprungspannung *f* <el> • initial inverse voltage
Sprungspannung *f* <el> • step voltage
Sprungteilung *f* <masch> • block indexing

Sprungtemperatur *f* <mat.el> *(Supraleiter)* • transition temperature
Sprungtischfräsen *n* <prod> • intermittent-feed milling
Sprungtischschaltung *f* <prod> • intermittent table feed; jump feed
Sprungtuch *n* <feuer> • safety blanket
Sprungüberdeckung *f* <masch> • face contact ratio
Sprungüberdeckungswinkel *m* <masch> • overlap angle
Sprung über die Perforation *m* <druck> • skip over perforation; perforation skip-over
Sprungübergangsfunktion *f* <msr> • step-function response; unit-step response
Sprungverzerrung *f* <msr> • transient distortion
Sprungvorschub *m* <masch> • jump feeding; skip feeding; jump feed; skip feed; intermittent-table feed[ing]
sprungweise Durchprüfung *f* <edv> • leap-frog test
Sprungweite *f* <geo> • fault heave
Sprungwelle *f* <el> • surge
Sprungwinkel *m* <geo> • angle of slip
SPS <msr> • programmable logic controller (PLC); programmable controller
SPS <navig> • Standard Positioning Service (SPS); Standard Positioning System *rare*; GPS/SPS
SPS <prod> *(zur Minimierung von Rüstzeiten)* • synchronous production system (SPS)
SPS-Code *m* rar <navig> • Coarse/Acquisition code (C/A code); Clear/Acquisition code; Civil Access Code; civilian code; Common Access Code
SPS-Empfänger *m* <navig> • SPS receiver
SPS-Genauigkeit *f* <navig> • SPS accuracy
SPS-System *n* <msr> • PLC-system
Spuckstoff *m* <pap> • groundwood rejects; screenings; screen
Spuckstoff *m* <pap.ents> • reject
Spül... <kfz.mot> *(in Zusammensetzungen bzgl. Ladungswechsel)* • scavenging ...
Spülapparat *m* <verf> • rinser
Spülbad *n* <verf> • rinsing bath; scouring bath
Spülbagger *m* <bau.masch> • flushing dredger; reclamation dredger
Spülbecken *n* <bau> • sink
Spülbetrieb *m* <druck> *(für Tintenkanäle von Druckmaschinen)* • washing out
Spülbild *n* <kfz.mot> • scavenging picture
Spülbohren *n* <min.petr> • flush drilling; mud-flush drilling; wash drilling
Spülbohren *n* <petr> • hydraulic circulating system
Spülbohren *n* <petr> *(im Meer)* • wash-boring
Spülbohrung *f* <min.petr> • non-core drilling; rotary drilling
Spülcharge *f* <metall> • wash-out heat
Spüldamm *m* <hydr> • hydraulic-fill earth dam; hydraulic-fill dam
Spüldampf *m* <petr> • stripping steam
Spüldruck *m* <kfz.mot> • scavenging pressure
Spülen *n* <obfl> • rinsing
spülen *vt* <tech.allg> *(Oberflächen, mit Flüssigkeit)* • rinse *vt*
spülen *vt* <kfz> *(Hohlräume, Leitungen; mit Flüssigkeit oder Gas)* • purge *vt*; flush *vt*
spülen *vt* <kfz.mot> *(Zweitaktmotor)* • scavenge *vt*
spülen *vt* <verf> • flush *vt*
spülen *vt* <verf> *(z. B. Geschirr, Textilien)* • wash *v*; rinse *v*; scour *v*
spülen *vt* <verf> • backflush *vt*; backwash *vt*; blowback *vt*
Spüler *m* <verf> *(vor Flaschen-Abfüllung)* • rinser
Spülflüssigkeit *f* <förd> • flush liquid; flushing liquid
Spülflüssigkeit *f* <petr> • fluid mud; mud flush; mud

Spülflüssigkeit f <tribo> • drilling fluid; circulation fluid
Spülflüssigkeit f <verf> • fluid mud
Spülflüssigkeit f <verf> • rinsing liquid
Spülgas n (Chromatopraphie) • purge gas
Spülgas n <kfz> • scavenging gas; flush gas
Spülgas n <verf> • backflushing air; backwashing air; backwashing gas; backflushing gas
Spülgrad m <kfz> • scavenging efficiency
Spülgrad m wiss <kfz.mot> • scavenging efficiency thsc
Spülkanal m <kfz.mot> (betont: Kanal) • scavenging passage
Spülkanal m <mot> (Zweitaktmotor) • transfer port
Spülkanal m <verf> • fluid passage
Spülkasten m DIN 19542 <bau.hygi> (Wasserklosett) • flushing cistern; cistern
Spülkasten m <innen> • cistern
Spülkasten m <kfz> (2-Takter) • air box US; air chest GB
Spülkastenschwimmer m • cistern float
Spülkolben m <kfz> • scavenger piston
Spülkopf m <petr> • swivel
Spülkopf m <petr> • flush head; circulating head; feedhead
Spülkopf m <verf> • feedhead
Spülkopfkrümmer m <petr> • gooseneck
Spüllanze f <bau.masch> • jetting lance
Spülluft f <kfz> • purge air
Spülluft f <kfz.mot> • scavenge air; scavenging air
Spülluft f <petr> • circulating air
Spülluft f <verf> • backflushing air; backwashing air; backwashing gas; backflushing gas
Spülluftansaugleitung f <kfz.emiss> • purge air line form; air purge connection; hot air [purge] line; purge connection; flushing air line
Spülluftanschluss m <kfz.emiss> • purge air line form; air purge connection; hot air [purge] line; purge connection; flushing air line
Spülluftanschluss m <kfz.emiss> (des Aktivkohlefilters) • evaporative emission purge hose; purge connection
Spüllufteinlass m <kfz.emiss> • purge air line form; air purge connection; hot air [purge] line; purge connection; flushing air line
Spülluftkasten m <kfz> (2-Takter) • air box US; air chest GB
Spülluftmenge f <verf> • amount of backflushing air; amount of backwashing air
Spülluftventil n prakt <kfz.emiss> • scavenging valve; purge valve
Spülmaschine f <textil> • rinsing machine
spülmaschinenfest <mat> (Geschirr, Dekor, Besteck) • dishwasher safe
Spülmittel n <chem> • rinsing agent
Spülmittel n <chem> • scouring addition
Spülmittel n <kfz> • scavenger
Spülmittel n wiss <kfz.mot> • scavenge medium thsc
Spülöl n <tribo> (für Verbrennungsmotoren) • detergent oil
Spülprobe f <petr.min> (Bohrprobe aus dem abgeführten Spülmittelstrom) • sludge sample
Spülpumpe f <kfz> • scavenge pump
Spülpumpe f <kfz.mot> • scavenging pump
Spülpumpe f <masch> • circulating pump
Spülpumpe f <masch> • flushing pump
Spülpumpe f <petr> • mud pump; slush pump; circulating pump
Spülrinne f DIN 4048-1 <energ.hydr> (Talsperre) • flushing conduit
Spülrohr n • flush pipe
Spülrohrleitung f <rls> • pipe line
Spülsäule f <petr> • mud column
Spülschieber m <rls> • scour valve

Spülschlamm m <bohr> • drillling fluid; drilling mud
Spülschlamm m <petr> • drilling mud
Spülschlauch m <petr> • mud hose; rotary hose
Spülschleuse f <hydr> (Wasserkraftwerk) • scouring basin; flush basin
Spülschlitz m <kfz> • scavenge port
Spülschlitz m <kfz.mot> • scavenging port
Spülsieb n <verf.hydr> • self-washing screen V
Spülsonde f <bau> (Grundbau) • wash point penetrometer
Spülstrahl m <kfz.mot> • scavenging jet
Spülstrom m <kfz> (Zweitaktmotor) • scavenging flow
Spülstrom m wiss <kfz.mot> • scavenging flow thsc; scavenging current thsc
Spülstromverlauf m <kfz.mot> • scavenging flow
Spültakt m <kfz> • scavenge stroke
Spültank m <petr> • mixing pit
Spültrübe f <petr> • mud fluid; fluid mud; mud flush
Spülung f (z. B. Rohr) • clearing-out
Spülung f <tech.allg> (allg., mit Flüssigkeit) • rinse
Spülung f <ents.hydr> • flushing; scouring; washing
Spülung f <kfz> • scavenging; scavenge
Spülung f <kfz.mot> (Altgase, im Zweitakter) • scavenging
Spülung f <obfl> • rinse
Spülung f <petr> (von Bohrlöchern) • flushing; circulation
Spülung f prakt <petr> (Material) • mud fluid; drilling fluid; drilling mud; mud flush pract; mud pract
Spülung f <verf> (z. B. von Geschirr) • washing; rinsing; scouring
Spülung auf Ölbasis f <petr> • oil base mud
Spülung auf Wasserbasis f <petr> • water base mud
Spülungsbehälter m <petr> • mud tank
Spülungsgewicht n <petr> • mud weight
Spülungsimpuls-Übertragung f <petr> • mud pulse telemetry
Spülungskanal m <petr> (im Bohrwerkzeug) • water passage; water groove
Spülungskreislauf m <wz.masch> • drilling fluid circulation system; drilling fluid circulation
Spülungskurzschluss m <mot> (Zweitaktmotorproblem) • short circuiting
Spülungs-Log n <petr> • mud log
Spülungsrate f <petr> • circulation rate
Spülungsrücklaufleitung f <petr> • mud return line
Spülungssäule f <petr> • mud column; drilling fluid column; fluid column
Spülungstank m <petr> • mud tank
Spülungsumlauf m <petr> • mud circulation
Spülungsverlust m <petr> • lost circulation; loss of circulation
Spülungswaage f <petr> • mud balance
Spülventil n • flush valve
Spülventil n prakt <kfz.emiss> • scavenging valve; purge valve
Spülventil n <rls> • rinse valve; scour valve
Spülverfahren n <kfz> (Zweitaktmotor) • scavenging system
Spülverfahren n <kfz.mot> • scavenging system
Spülverlust m <phys> • fluid loss
Spülverluste mpl <kfz.mot> • scavenging losses pl
Spülversatz m <min> (Grubenbau) • hydraulic stowage; hydraulic filling; silting
Spülversatz einbringen vi <min> • flush vt
Spülwanne f <obfl> (Galvanisieren) • rinsing tank
Spülwasser n <tech.allg> (schlagartig große Menge; z. B. Toilette) • flush water
Spülwasser n <tech.allg> (eher langsam fließend, auch reichlich; z. B. zum Abspülen von Shampoo) • rinsing water
Spülwasserreinigung f <verf> • wash water cleaning

Spülwirkung f <kfz> • scavenging action
Spülzone f <obfl> • rinsing section
Spürbüchse f <mil> (chemische Aufklärung) • detector can; indicator can
Spule f <edv.av> (aufgewickeltes Magnetband) • reel; reel of tape; tape reel
Spule f DIN IEC 50 <el> (Induktivität) • coil DIN IEC 50
Spule f <el> (Elektromagnet) • coil; magnet coil
Spule f DIN 55405 <pack> (zum Aufwickeln von Bändern, Fäden etc.) • reel
Spule f <textil> (Garnträger von dem der zu verarbeitende Faden abgezogen wird) • yarn package; package; bobbin; cone
Spule f <textil> (Garnspule von Spinnmaschinen) • bobbin; reel
Spulen n <textil> • winding
spulen v <textil> • reel v; spool v
spulen vt <masch> (z. B. Draht, Faden) • wind vt
spulen vt <textil> • wind vt
Spulenabgleich m <el> • coil alignment
Spulenabgriff m <el> • coil tap
Spulenabnahme f <textil> • doffing
Spulenabnehmer m <textil> • package doffer
Spulenabschirmung f <nukl> • coil shielding
Spulenanzapfung f <el> • coil tap
Spulenaufstecker m <textil> • yarn holder peg; skewer
Spulenbank f <textil> • bobbin rail
spulenbelastet <el> • coil-loaded
Spulenblindwiderstand m <el> • coil reactance
Spulenbreite f <el.ic.prod> • spool width
Spulenbremse f <textil> • bobbin brake
Spulenbrett n <textil> • bobbin board
Spulendraht m <el> • coil wire; winding wire; magnet wire rare
Spulendurchmesser m <av> • spool diameter
Spulenfeld n <el> • coil section
Spulenfeld n <el> (eines Kabels) • loading section; pupinization section
Spulenfeldergänzung f <tele> • building-out
Spulenfluss m <el> • flux linking a coil
Spulenformmaschine f <el> • coil-forming machine
Spulengalvanometer n • coil galvanometer
Spulengatter n <prod> • creel
Spulengatter n <textil> • magazine creel; warp creel; warping creel; spool rack NZ
Spulengehäuse n <nukl> • coil housing; coil casing
Spulengestell n <el> • coil rack
Spulengestell n <textil> • bobbin stand; bobbin table
Spulengüte f <el> • coil quality; coil figure of merit
Spulenhalter m <textil> • bobbin spindle
Spulenhalterung f <el> • coil support
Spulenhalterung f <textil> (Spulmaschine) • bobbin holder; package holder
Spulenhülse f <textil> (Nähmaschine) • bobbin case
Spulenhülse f <textil> • pirn; quill US; cop of weft thread; bobbin of filling yarn US; package of weft yarn
Spulenkasten m <tele> • coil box
Spulenkasten m <textil> • bobbin box
Spulen-Kern m <av> • hub
Spulenkern m <av> • hub
Spulenkern m <el> • coil core
Spulenkern m <el> (einstellbar) • coil slug
Spulenkern m <textil> • bobbin
Spulenkette f <av> • low-pass filter
Spulenkörper m <el> • coil form
Spulenkörper m <textil> • bobbin core
Spulenkopf m <el> • coil end
Spulenlack m <el> • coil varnish
Spulenpotentiometer n <el> • inductive potentiometer

Spulenpunkt m <tele> • loading point
Spulensatz m <el> • coil assembly; coil bank
Spulenschalter m <el> • coil switch
Spulenschützenwebmaschine f <textil> • bobbin loom
Spulenseite f <el> • coil side
Spulenseitenteilung f <el> • unit interval
Spulenständer m <textil> • multi-feeder yarn tackle
spulenstromabhängige Induktivität f <el> • varindor
Spulenteilung f <el> • unit interval
Spulenteller m <textil> • cone plate
Spulentester m <kfz.el> • coil tester; ignition coil tester rare
Spulenträgerarm m <textil> • bobbin holder
Spulentransportband n <förd> • doffed package conveyor
Spulenvorwiderstand m <el> (Bauteil) • swamping resistor
Spulenvorwiderstand m <msr> • swamping resistance
Spulenwagen m <textil> • bobbin rail
Spulenwalze f <textil> • bobbin cylinder
Spulenweite f <el> (in Nutteilungen) • coil pitch
Spulenweite f <el> • coil span; coil width
Spulenwelle f <prod> (Drahtspulmaschine) • spool shaft
Spulenwickelkopf m <prod> • coil winding head
Spulenwickelmaschine f <wz.masch> • coil winding machine
Spulenwiderstand m <el> • coil resistance
Spulenwindung f <allg> • coil winding
Spulenzündanlage f <kfz.el> • coil ignition [system] (CI)
Spulenzündung f (SZ) <kfz.el> • coil ignition [system] (CI)
Spulgeschwindigkeit f <textil> (Spulmaschine) • winding speed
Spulmaschine f <textil> • bobbin winder; winding frame; winding machine; winder
Spulstelle f <textil> (Spulmaschine) • winding head
Spulung f Her <el> • type of winding
Spulvorgang m <textil> (Spulmaschine) • winding process; winding operation
Spumavirus n <med> • spumavirus
Spund m (Falz) • bung; stopper; plug cock
Spund m <bau> (Holz) • groove and tongue
Spund m <bau> • plug cock
Spund m; pl: -e o. Spünde DIN 55405 <pack.teil> • bung
Spundbohle f <bau> • pile plank
Spundbohle f <bau> • steel sheet pile
Spundbrett n <bau> • matched board
Spundbretter npl <bau> • matchboarding
spunden vt <pack> (Fass) • bung vt
spunden vt <prod> (Bretter) • groove and tongue vt; match vt
Spundfass n <pack> • non-removable-head drum
Spundhobel m <wz> • matching plane; grooving plane
Spundloch n <pack> • bung-hole
Spundloch n DIN 55405 <pack.teil> • bunghole
Spundlochbohrmaschine f <wz.masch> • bung-hole boring machine; bung boring machine
Spundmaschine f <bau.masch> • grooving and tonguing machine
Spundung f <bau> • matching
Spundung f <holz> • tongue and groove
Spundwand f <bau> (mit Spundbohlen) • sheet-pile wall; sheet-pile bulkhead; sheet piling; sheeting
Spundwandschürze f <bau> • sheet piling
Spundwerk n <bau> (mit Spundbohlen) • sheet-pile wall; sheet-pile bulkhead; sheet piling; sheeting
Spur f (Matrix) • spur
Spur f <allg> (z. B. von Füßen, Rädern, Skiern) • trace
Spur f <aerospace> (z. B. eines Flugzeuges auf dem Radarschirm) • track

Spur f <av> • track
Spur f <av> • track; sequence
Spur f <av> *(auf einem Magnetband)* • track; channel
Spur f prakt <av> *(auf Band, Platte)* • magnetic track; track *pract*
Spur f ugs <bahn> • track gauge; gauge *coll*; railway track gauge
Spur f <edv> • track; channel
Spur f <edv> • track
Spur f <jur> *(bei der Verfolgung von Straftaten)* • lead
Spur f prakt <kfz> • tread *US*; tread width *US*; track width *GB*; track *GB*
Spur f prakt <kfz> • toe-in; gather *US.obs*
Spur f <msr> *(Codescheibe)* • track; disk track
Spur f <nukl> *(Kammer)* • path; trail
Spur f prakt <sport> *(Langlauf)* • track; course
Spur f <verk> • traffic lane
Spur f ugs <verk> *(von Straßen)* • lane; traffic lane
Spur 0 f <bahn> *(Modellbahn)* • 0 scale
Spurabstand m <av> • track pitch; pitch
Spurabstand m <edv> • track pitch; track spacing; track separation
Spurabstand m <edv> • track pitch; track spacing
Spurabweichung f <edv> *(bei Speichermedien; z. B. Band-, Plattenlaufwerk)* • tracking error; mistracking
Spuradresse f <edv> • home address
Spuranordnung f <av> • track configuration; recording pattern; track system; tape pattern
Spuranzeige f <kfz.av> • track indicator *Blaupkt*; direction indicator
Spuraufnahme f <phys> • nuclear track photography
Spuraufzeichnung f <edv> • channel recording
Spurauswahleinrichtung f <edv> • channel selector
Spurbeschreibungssatz m <edv> • track description record
Spurbreite f <av> *(Magnetband)* • track width
Spurbreite f <bahn> *(Schiene)* • gauge
Spurbreite f <edv> • track width; recording track width *Western Digital*
Spurbus m <nfz> • guided bus
Spurbusstrecke f <nfz> • guided busway; track-guided busway
Spurbustrasse f <nfz> • bus guideway; bus trackway
Spurdichte f <edv> *(auf Datenträger; z. B. Band, Platte)* • track density
Spurdichte f <edv> • track density
Spurdifferenzwinkel m <kfz> • toe-out on turns; Ackermann angle
Spur einer Transformstörung f <geo> *(inaktive Verlängerung einer Transformstörung)* • fracture zone
Spureinstellen n <kfz> *(Vorgang, Serviceleistung)* • front end aligment; alignment
Spurelement n <edv> • track element
Spurelement n <edv> • magnetic spot; spot
spuren vt <sport> *(Skistrecke)* • prepare vt; groom vt
Spurenanalyse f <chem> • trace analysis
Spurenaufteilung f <av> • track configuration; recording pattern; track system; tape pattern
Spurenelement n • guest element
Spurenelement n <chem> • trace element
Spurenelement n <chem> • accessory element
Spurengas n <chem> • trace gas
Spurenlage f <jur> *(am Tatort)* • scene-of-crime evidence
Spuren pro Zoll fpl (tpi) <edv> • tracks per inch (TPI)
Spurenstoff f DIN 4049-2 <chem> • trace substance
Spurensystem n <av> • track configuration; recording pattern; track system; tape pattern
Spurenverunreinigung f <chem> • trace impurity
Spurenzahl f <edv> • channel number

Spurfehler m <edv> *(bei Speichermedien; z. B. Band-, Plattenlaufwerk)* • tracking error; mistracking
Spurfehlersignal n <edv> • tracking-error signal
Spurfehlerspannung f <edv> • tracking-error signal
Spurfolgesystem n <edv> • tracking servo system; tracking servo; track guidance system
Spurführung, f <kfz> • directional control
Spurführung f <nfz> • track guidance
Spur G f <bahn> *(Modellbahn)* • G scale
spurgeführter Bus m <nfz> • guided bus
spurgelenkter Bus m <nfz> • guided bus
Spurgeometrie f <edv> • track geometry
Spurgeschwindigkeit f <av> • track velocity
Spur-Gleitschutzkette f form <kfz> • snow chains; tire chains; antiskid chain *rare*; non-skid chain *rare*
Spurhalten n <kfz> • tracking
Spurhaltesignal n <edv> • tracking-error signal
Spurhaltigkeit f <kfz> *(z. B. von Autos)* • track keeping; steering stability
Spurhaltung f <msr> *(von Speichermedien)* • tracking; track following; track guidance
Spurhaltungskraft f <kfz> • lateral force; cornering force
Spurhebel m <kfz> • steering arm; steering knuckle arm *US*; knuckle arm *US*
Spur HO f <bahn> *(Modellbahn)* • HO scale
Spurkammer f <nukl> • track chamber
Spurkegel m <navig> *(Kreisel)* • space cone
Spurkette f • non-skid chain
spurkorrigierend <kfz> *(z. B. Hinterachslager)* • track-aligning :V
Spurkranz m <bahn> • wheel flange
Spurkranzschmiereinrichtung f <bahn> • railroad wheel flange lubrication system; flange lubrication system *pract*
Spurkranzschmiermittel n <tribo> • railroad wheel flange lubricant
Spurkranzschmierung f <bahn> • flange lubrication
Spurkreis m <kfz> *(Bahn des Rades)* • track arc
Spurkrümmung f <phys> • track curve
Spurkurve f <mech> *(Kinematik)* • herpolhodie; herpolhode
Spurlänge f <av> • video track length; track length
Spurlage f <av> • position of tracks on a tape
Spurlage f Nok,Aiw <av> • tracking; tracking system; tracking control *Ten*
Spurlage-Justierungstaste f <av> • tracking button
Spurlagenfehler m <edv> *(bei Speichermedien; z. B. Band-, Plattenlaufwerk)* • tracking error; mistracking
Spurlagenregelung f Sha,Dae,Gol <av> • tracking; tracking system; tracking control *Ten*
Spurlagenregler m <av> • tracking; tracking system; tracking control *Ten*
Spurlagenschema n <av> • track configuration; recording pattern; track system; tape pattern
Spurlager n <masch> *(axial belastet, z. B. Kaplanturbine)* • center plate
Spurlager n <masch> • footstep bearing
Spurlageregelung f <av> • tracking control; tracking control circuit
Spurlageregler m <av> • tracking control
Spurlagewinkel m <av> • track slope
Spurlehre f <bahn> • rail gauge template
Spurmarkierung f <edv> • mark
Spurmaß n <bahn> • gauge measure; gauge
Spurmaß n <msr> • gauge measure
Spurmitte f <edv> • track centre
Spur mit umkehrbarer Fahrtrichtung f <verk> • reversible lane
Spur N f <bahn> *(Modellbahn)* • N scale

Spurnachführung f <msr> *(von Speichermedien)* • tracking; track following; track guidance

Spurnachsteuerung f <msr> *(von Speichermedien)* • tracking; track following; track guidance

Spurneigung f <av> • track slope

Spurneigungswinkel m <av> • track slope

Spuromnibus m <nfz> • guided bus

Spurplättchen n <masch> • adjusting clip

Spurplatte f <masch> • breast plate

Spurplatte f <masch> *(Turbine)* • footstep plate

Spurplattenträger m <masch> • footstep pillow

Spurpunkt m <math> • trace

Spurpunkt m <phys> • track point

Spurregelung f <av> • tracking; tracking system; tracking control *Ten*

Spurregelung f <msr> *(von Speichermedien)* • tracking; track following; track guidance

Spurreglertaste f <av> • tracking button

Spurreißer m <agri> • row marker

Spurrille f <bahn> • flange groove

Spurrille f <bau> • rut

Spurscheibe f DIN ISO 4378-1 <masch> • thrust collar ISO 4378-1

spursicher <kfz> • sure-footed *press.ad*

Spur-Spur-Zugriffszeit f abg <edv> • track-to-track seek time; single track seek time *obs*

Spurstabilität f <kfz> *(Fahrverhalten; Fahrzeug und/oderReifen)* • driving stability; directional stability; directional control; lateral grip; lateral stability

Spurstabilität f <kfz> *(von Fahrzeugen; typ. bei hoher Geschwindigkeit)* • directional stability; tracking stability; straight-line stability; tracking

Spurstabilität f <prod> *(von Reifen)* • lateral grip; directional control; lateral stability; directional stability

Spurstange f <kfz> • tie rod; track rod GB; side rod GB

Spurstangenhebel m <kfz> • steering arm; steering knuckle arm US; knuckle arm US

Spurstangenkopf m <kfz> • tie rod end; side rod end GB

Spurstangenkopfabzieher m <kfz.wz> • tie rod separator; tie rod puller

Spurteilung f <av> • track pitch; pitch

Spurtiefe f <edv> • track depth

Spurtreue f <kfz> *(eines Anhängers)* • tracking

Spurtreue f <kfz> *(von Fahrzeugen; typ. bei hoher Geschwindigkeit)* • directional stability; tracking stability; straight-line stability; tracking

Spurüberlauf m <edv> • track overflow

Spur-Umschalter m <av> • track selector *Blaupkt*; play/reverse play button

Spurverbreiterung f <kfz> *(zwischen Radträger und Rad)* • wheel spacer

Spurverfahren n (TAO) <edv> • track at once

Spurversatz m <kfz> • axle offset; track offset

Spurversatzwinkel m <kfz> • thrust angle; offset angle

Spurverschiebung f :V <edv> • track displacement; side-to-side swing

Spurverstellfelge f <kfz> • track adjustable rim

Spurverstellrad n <kfz> • track adjustable wheel

Spurverstellscheibe f <kfz.wz> • track adjustable disk

Spurverstellschüssel f <kfz.wz> • track adjustable disk

Spurverstellung f <kfz> • track adjustment

Spurverzerrung f <av> *(Magnetband)* • track distortion

Spurwechsel m <verk> *(Wechsel der Fahrspur, z. B. zum Überholen)* • lane change

Spur wechseln vt <verk> • switch lanes vt

Spurwechselradsatz m <bahn> • wheel set of adjustable gauge

Spurwechseltest m <kfz.qualit> • lane change test

Spurwechselzeit f <edv> • track-to-track seek time; single track seek time *obs*

Spurweite f <av> *(Magnetband)* • track width

Spurweite f <bahn> • track gauge; gauge *coll*; railway track gauge

Spurweite f <edv> • track width; recording track width *Western Digital*

Spurweite f <kfz> • tread US; tread width US; track width GB; track GB

Spurwinkel m <av> • track slope

Spurwinkel m <kfz> • trail angle

Spurzapfen m <masch> • pin

Spurzapfen m <masch> • pivot

Spur-zu-Spur-Positionierzeit f <edv> • track-to-track seek time; single track seek time *obs*

Sputnik m UdSSR <aerospace> • sputnik

Sputterätzen n <el.ic.prod> *(trockenes physikalisches Ätzverfahren)* • ion etching; sputter etching; ion milling

Sputtering n <obfl> *(Metallzerstäuben, zum Beschichten; z. B. von Magnetplatten)* • sputtering; sputtering process

Sputtern n <obfl> *(Metallzerstäuben, zum Beschichten; z. B. von Magnetplatten)* • sputtering; sputtering process

sputtern vt <obfl> *(im Vakuum zerstäuben; Dünnschichttechnik; z. B. Festplattenbeschichtung)* • sputter vt; sputter on vt; deposit by sputtering vt

Sputterprozess m <obfl> *(Metallzerstäuben, zum Beschichten; z. B. von Magnetplatten)* • sputtering process

Sputtervorgang m <obfl> *(Metallzerstäuben, zum Beschichten; z. B. von Magnetplatten)* • sputtering; sputtering process

Spyder m Ferrari.Porsche <kfz> • spider

SQUAREspot HDPP/Creo <druck> *(Belichtung)* • square spot; SQUAREspot HDPP/Creo; square pixel *basysPrint*

Square-Wave-Polarogramm n <el.chem> • square-wave polarogram

Square-Wave-Polarograph m <el.chem> • square-wave polarograph

Square-Wave-Polarographie f <el.chem> • square-wave polarography (SWP)

square-wave-polarographisch adj <el.chem> • square-wave polarographic adj

Square-Wave-Voltammetrie f <el.chem> *(Gleichstrom mit überlagertem rechteckförmigem Wechselstrom)* • square-wave voltammetry (SWV)

Square-Wave-Voltammogramm n <el.chem> • square-wave voltammogram

Squash and Squees n <edv> • squash and stretch

Squash and Stretch n <edv> • squash and stretch

Squash und Stretch n <kino> • squash and stretch

Squeeze-Casting n <prod> *(Variante des Druckgießens)* • squeeze casting

Squeeze-Casting-Verfahren n <prod> • squeeze casting process

Squeeze-Gießen n <prod> *(Variante des Druckgießens)* • squeeze casting

Sr <chem> • strontium (Sr); strontium metallicum

SRA <el> *(Geräuschspannungsabstand)* • signal-to-noise ratio (SNR); signal/noise ratio; SNR-ratio; noise margin *pract*; S/N ratio *pract*

SRAM <edv> • static random access memory (SRAM); SRAM; SRAM chip; static RAM

SRAM <edv> • static RAM (SRAM)

SRAM-Baustein m <edv> • static random access memory (SRAM); SRAM; SRAM chip; static RAM

SRAM-Chip m <edv> • static random access memory (SRAM); SRAM; SRAM chip; static RAM

SRAM mit niedrigem Stromverbrauch m <edv> • low-power SRAM

SR-Flipflop *m* <edv> • set-reset flip-bistable
SR-Flipflop *m* <el> • set-reset flip-flop
SR-Glühstiftkerze *f* <kfz.el> • self-regulating sheathed type glow plug; SR sheathed-element glow plug; SR sheathed glow plug
S-Rohr *n* <rls> *(Zwischenstück)* • piping offset
S-Rohrstück *n* <rls> *(Zwischenstück)* • piping offset
SRS <edv.av> • Sound Retrieval System (SRS); SRS 3D; SRS technique
SRS-3D-Technik *f* <edv.av> • Sound Retrieval System (SRS); SRS 3D; SRS technique
SR-Stabglühkerze *f* Beru <kfz.el> • self-regulating sheathed type glow plug; SR sheathed-element glow plug; SR sheathed glow plug
SRS-Technik *f* <edv.av> • Sound Retrieval System (SRS); SRS 3D; SRS technique
SRS-Warnleuchte *f rar* <kfz.msr> • air bag warning light; SRS warning light *rare*
SRT <agri.tech> • solids detention time; solids residence time; solids retention time
ss <av> • peak-to-peak (p-p); pp
s-s <av> • peak-to-peak (p-p); pp
ß-2-Mikroglobulin *n* <med> • ß-2 microglobulin
SSA <edv> • Serial Storage Architecture (SSA); SSA interface
ss-Amplitude *f* <phys> • peak-to-peak amplitude
SS-Anlage *f* <el> • bus system
SSA-Schnittstelle *f* (SSA) <edv> • Serial Storage Architecture (SSA); SSA interface
S-Schlag *m* <kfz> *(Blattfederdeformation)* • spring wind-up; axle wind-up
SSD <kfz> • sun roof; steel sliding roof *rare*
SSFD <edv> • solid-state floppy disk (SSFD)
SSFD-Chip-Karte *f* <edv.phot> *(Digital-Fotografie)* • SSFD chip card; SmartCard
S-Signal *n* <av> • synchronizing signal; sync; sync signal; synchronization signal; synchro
ß-Indolylessigsäure *f* <agri.chem> • indole-3-acetic acid (IAA)
SSPD <autom> • self-scanned photodiode array (SSPD)
SSPD-Sensor *m* <prod.autom> • SSPD-sensor
S-Spektralbereich UV *m* <opt> • ultraviolet and visible spectral region
SSPS <energ.sol> • satellite solar power station (SSPS)
St <phys> *(veraltete Einheit der kinematischen Viskosität: 1 Quadratzentimer/Seku)* • stokes (St)
Staatswald *m* <holz> *(bundeseigener Wald)* • forest owned by the Central Government
Staatswald *m* <holz> *(Wald im Alleinbesitz der Bundesländer)* • forests owned by the Laender
Stab *m* <tech.allg> *(allg., größerer Durchmesser)* • bar
Stab *m* <tech.allg> *(kleinerer Durchmesser)* • rod
Stab *m* <tech.allg> *(eher dünn)* • rod
Stab *m* <bau> *(vertikal, auf Druck beansprucht)* • column
Stab *m* <bau> *(Fachwerk)* • member
Stab *m* <geo> *(Landvermesssung)* • stadia rod; surveyor's rod; graduated rod; measuring staff; stadia *sg pract*
Stab *m prakt* <mech> *(Euler)* • Eulerian column; column *pract*
Stab *m* <silik> *(Waferproduktion)* • boule; cylindrical ingot
Stababstand *m* <verf.hydr> • bar spacing; clear space; clear opening of a bar screen; aperture
Stabanker *m* <el> • bar-wound armature
Stabantenne *f* <el> • rod antenna US; rod aerial GB; whip antenna US; whip aerial GB
Stabantrieb *m* <el> • rod drive
Stabausdehnungstemperaturregler *m* <msr> • rod thermostat
Stabausdehnungsthermometer *n* <msr> • rod-and-tube thermometer

Stabaustausch *m* <bau> *(Statik)* • bar substitution
Stabbatterie *f* <el> • torch battery; bar-shaped battery; tubular cell
Stabbewehrung *f* <bau> *(Stahlbeton)* • bar reinforcement
Stabdiagramm *n* DIN 55350-23 <math> *(Statistik)* • bar chart
Stabdrucker *m* <druck> • bar printer
Stabelektrode *f* <el> • rod electrode; rigid electrode
Stabelektrode *f* <füg> *(Schweißtechnik)* • bar electrode; pencil electrode
Stabelement *n* <bau> *(Fachwerk)* • member
Stabelement *n* <el> • cylindrical cell
Stabendmoment *n* <mech> • fixed-end moment
Staberder *m* <el> • earth rod
Stabfeder *f* <masch> • torsion bar; torsion spring; torsion bar spring; bar spring
stabförmig <allg> *(größerer Durchmesser)* • bar-shaped
stabförmig <tech.allg> *(kleinerer Durchmesser)* • rod-shaped
stabförmig <phys> *(Heißleiter)* • rod-form
stabförmige Feder *f* <masch> • rod spring
stabförmiger Thermistor *m* <el> • rod-type thermistor
stabförmiges Brennelement *n* <nukl> • solid fuel rod; fuel rod; rod-type fuel element
Stabfräser *m* <wz> • astragal cutter
Stabfußboden *m* <bau> • strip flooring
Stabglas *n* <silik> • glass canes; glass sticks
Stabglühkerze *f* Beru <mot> *(bei Dieselmotor)* • sheathed-type glow plug *Champion*; sheathed-element glow plug; sheath-type glow plug; sheathed glow plug; pencil-type glow plug *rare*
Stabgreiferwebautomat *m* <textil> • rigid rapier loom
Stabheizer *m* <hlk> *(Aquarium)* • submersion tube heater; submersible heater; submersible aquarium heater
Stabheizung *f* <hlk> *(Aquarium)* • submersion tube heater; submersible heater; submersible aquarium heater
Stabi *m* ugs <kfz> • stabilizer; anti-roll bar GB; anti-sway bar US; sway bar US; sway eliminator US
Stabi *m* <petr> • stabilizer US; stabiliser GB
stabil <tech.allg> *(z. B. Verhalten)* • persistent; steady
stabil <tech.allg> • sturdy; robust; rugged
stabil <tech.allg> *(Werkstoff, Konstruktion)* • robust
stabil <chem> *(nicht zerfallend; z. B. Verbindung)* • stable
stabil <el> • steady-state
stabil <mech> *(Position, Lage)* • stable
stabil <nukl> *(nicht radioaktiv zerfallend)* • inactive
stabil <ökon> *(z. B. Börsenkurs)* • firm
stabil <phys> *(z. B. Gleichgewicht)* • stable
Stabilcar-Stütze *f* <nfz> *(für Caravans)* • stabilizing jack
stabile Bahn *f* <aerospace> • equilibrium orbit
stabile Druckbedingungen *fpl* <mot> • stable pressure conditions *pl*
stabile Plattform *f* <mech> *(z. B. mittels Kreisel)* • stabilized platform
stabiler Fallschirm *m* <sport> • antispin parachute
stabiler Kern *m* <nukl> *(Endprodukt einer Zerfallsreihe)* • stable nucleus; final product; end product
stabiler Zustand *m* <tech.allg> *(z. B. Regler, Sender, Triebwerk)* • steady state
stabiles Gleichgewicht *n* <mech> • stable equilibrium
stabiles Isotop *n* <chem> • stable isotope; non-radioactive isotope
stabiles System *n* <msr> • stable system
Stabilisat *n* <ents> • stabilized disposable scrubber sludge
Stabilisator *m* <tech.allg> *(Gerät oder Substanz)* • stabilizer US.GB; stabiliser GB
Stabilisator *m* <chem> • stabilizing agent; stabilizer
Stabilisator *m* <kfz> • stabilizer; anti-roll bar GB; anti-sway bar US; sway bar US; sway eliminator US

Stabilisator *m* <nahr> *(z. B. in Speiseeis)* • stabilizer; stabilizing agent

Stabilisator *m* <petr> • stabilizer *US*; stabiliser *GB*

Stabilisatorkolonne *f* <chem.petr> • stabilizer column

Stabilisatorröhre *f* <el> • voltage-reference tube

stabilisieren *vi* <tech.allg> *(Prozess, Zustand)* • steady *vi*

stabilisieren *vr* <navig> *(Kreiselkompass)* • settle *vi*

stabilisieren *vt* <allg> • stabilize *vt*

stabilisieren *vt* <led> • fix *vt*

stabilisierend <allg> • stabilizing

stabilisierend <el> • antihunt

stabilisierendes Glühen *n* <metall> • stabilizing annealing; stabilizing anneal; stabilizing

Stabilisierkolonne *f* <petr> • stabilizer

Stabilisiermittel *n* <chem> • stabilizing agent; stabilizer

stabilisierte Plattform *f* <mech> *(z. B. mittels Kreisel)* • stabilized platform

stabilisierte Plattform *f* <petr> • stabilized platform; gyro-stabilized platform

stabilisierter Draht *m* <el.ic.prod> • stabilized wire

stabilisierter Schlamm *m* <ents> • stabilized sludge

stabilisierter Wirkungsgrad *m* <energ.sol> • EOL efficiency

stabilisierte Spannung *f* <el> • constant voltage; stabilized voltage

stabilisierte Stromversorgung *f DIN 41745* <el> • stabilized power supply

Stabilisierung *f* <tech.allg> • stabilization

Stabilisierung *f* <el> • regulation

Stabilisierung *f* <ents> • stabilization

Stabilisierung *f* <msr> • equalization

Stabilisierung *f* <nahr> *(Wein)* • stabilizing; stabilization operations; stabilization treatments

Stabilisierung *f* <nukl> *(Material)* • stabilization material

Stabilisierung *f* <phys> • steadying

Stabilisierung des Restzuckers *f* <nahr> *(Wein)* • stabilization of residual sugar

Stabilisierungsbad *n* <phot> • stabilizing bath

Stabilisierungsbahn *f* <aerospace> • stabilization phase

Stabilisierungsdraht *m* <av> *(in Trinitron-Masken; horizontal)* • damper wire

Stabilisierungseinrichtung *f* <msr> • compensating network

Stabilisierungsfläche *f* <tech.allg> *(z. B. Schiff, Flugzeug)* • stabilizing surface; stabilising surface *GB*

Stabilisierungsfläche *f* <aerospace> • stabilizer; stabilizing surface; stabilizing fin; stabilising fin *GB*; fin

Stabilisierungsflosse *f* <nav> • stabilization fin

Stabilisierungsglied *n* <msr> • equalizer; stabilizer

Stabilisierungsglühen *n* <metall> • stabilizing annealing; stabilizing anneal; stabilizing

Stabilisierungskolonne *f* <chem.petr> • stabilizer

Stabilisierungskreisel *m* <tech.allg> *(z. B. Schiff, Rakete)* • gyro stabilizer; stabilizing gyro; stabilising gyro *GB*

Stabilisierungsmittel *n* <ents> • stabilizing agent

Stabilisierungsnetz *n* <msr> • stabilization network

Stabilisierungsorgane *npl* <aerospace> • stabilizing assembly

Stabilisierungsschaltung *f* <el> • stabilizing circuit; stabilizing network; antihunting circuit

Stabilisierungstransformator *m* <el> • stabilizing transformer

Stabilisierungsverfahren *n* <ents> • stabilization process

Stabilität *f* <tech.allg> *(Gleichgewicht)* • balance

Stabilität *f* <tech.allg> *(zeitlich)* • permanence

Stabilität *f* <chem> *(Widerstandsfähigkeit eines Stoffes gegen chem. Veränderung)* • persistence *ISO 11074-1*; stability

Stabilität *f* <msr> • steadiness

Stabilität *f* <nav> *(Lage)* • stability

Stabilität *f* <nukl> • inactivity

Stabilität *f* <phys> • stability

Stabilität *f* <qualit> *(z. B. Werkstoff)* • sturdiness; ruggedness

Stabilitätsbedingung *f* <msr> *(Regelung)* • stability condition

Stabilitätsgrad *m* <msr> • relative stability

Stabilitätsgrenze *f* <el> • stability limit

Stabilitätsgrenze *f* <nukl> • stability limit; limit of stability; critical stability

Stabilitätskriterium *n* <msr> • stability criterion

Stabilitätskriterium nach Nyquist *n* <phys> *(Stabilitätskriterium)* • Nyquist criterion; Nyquist stability criterion; left-hand rule

Stabilitätsmoment *n* <nav> • stability moment

Stabilitätsnachweis *m* <nav> *(Krängungsversuch)* • stability test

Stabilitätsrand *m* <msr> • stability limit; stability margin

Stabilitätsrechnung *f* <mech> • stability calculation

Stabilitätsspielraum *m* <qualit> • margin of stability

Stabilitätstheorie *f* <mech> • theory of stability

Stabilitätsverschlechterung *f* <allg> *(politisch, militärisch, wirtschaftlich, technisch)* • destabilization

Stabkondensator *m* <el> • cylindrical capacitor

Stabkraft *f* <mech> • bar force; force in bar

Stabläufer *m* <el> • electric motor with bar-wound rotor

Stablampe *f* <licht> • flashlight *US*; torch *GB*

Stableistung *f* <nukl> • rod power

Stabliste *f ISO 4066* <doku.bau> *(Angabe der Bewehrungen)* • bar schedule *ISO 4066*

Stabmagnet *m* <el> • bar magnet; rod magnet

Stabmaterial *n* <metall> *(z. B. Stahlprofil)* • bar stock

Stabmühle *f* <nukl> • rod mill

Stabprofil *n* <metall> • bar section; bar shape

Stabrechen *m* <bau.hydr> • bar rack; trash rack; trash screen; bar grid

Stabreflektor *m* <opt> • rod mirror

Stabregelung *f* <nukl> • rod control

Stabrost *n* <ents.hydr> • bar rack

Stabsiebrost *m* <verf> • bar screen

Stabstärke *f* <bau.hydr> *(von Rechen)* • bar size; width of bar profile

Stabstahl *m* <metall> *(z. B. Normprofile)* • bar steel; steel bar; steel rod

Stabstahlschere *f* <wz.masch> *(z. B. Walzwerk)* • bar cropper; bar cropping shears

Stabstahlwalzwerk *n* <metall> • bar rolling mill; rod rolling mill; light section rolling mill

Stabstandsanzeiger *m* <nukl> • rod position indicator

Stabstrangpresse *f* <prod> • rod extrusion press

Stabstromwandler *m* <el> • bar-type current transformer

Stabsystem *n* <verf> *(Dispersionswascher)* • system of rods

Stabtransistor *m* <el> • unijunction transistor

Stabverlängerung *f* <qualit.mat> *(Zugversuch; elastisch, plastisch)* • bar elongation

Stabwalzwerk *n* <metall> • bar mill; rod mill

Stabwanderrost *m* <energ> • bar travelling grate

Stabweite *f* <verf.hydr> • bar spacing; clear space; clear opening of a bar screen; aperture

Stabwerk *n* <bau> • framework; frame; framing

Stabwicklung *f* <el> • bar winding

Stabwiderstand *m* <el> • rod resistor

Stabziehen *n* <prod> • rod drawing

Stabziehmaschine *f* <prod> • rod drawing machine

Stabzug *m* <metall> • bar chain

Stachelabstand *m* <druck> • pin distance; tractor pin spacing

Stachelband *n* <druck> • sprocket belt
Stachelbandabdeckung *f* <druck> • tractor cover; tractor flap; tractor clamp
Stachelbandführung *f* <edv> • pin feed; tractor feed; sprocket feed
Stachelbildung *f* <qualit.mat> *(Schleiffunkenprüfung)* • secondary burst
Stacheldrahtschneidezange *f* <wz> • barbed wire cutter
Stachelrad *n* <druck> • sprocket wheel; pin wheel
Stachelradabdeckung *f* <druck> • tractor cover; tractor flap; tractor clamp
Stachelradantrieb *m* <druck> • sprocket feed; pin feed; pin feed tractor; tractor drive
Stachelradführung *f* <edv> • pin feed platen device
Stachelradtransport *m* <edv> • pin feed; tractor feed; sprocket feed
Stachelradvorschub *m* <druck> • pin feed tractor
Stachelwalze *f* <masch> • pin-feed drum
Stachelwalze *f* <masch> • sprocket drum
Stachelwalze *f* <textil> *(Ballenbrecher)* • toothed roller; porcupine
Stachelwalzenantrieb *m* <edv> • sprocket drive
Stachelwalzenbrecher *m* <textil> • toothed-roll crusher
Stackfehler *m* <edv> • stack fault
Stacking *n* <edv> • stacking
Stackpointer *m* <edv> • stack pointer
Stacksound *m* <edv.av> *(Klangprogramm)* • layer; stack; stack sound
Stadtabfälle *mpl* <ents> • urban waste
Stadtauto *n* <kfz> • city car
Stadtbahn... <bahn> *(z. B. Netz, Waggon)* • light rail ...
Stadtbereichsnetz *n* (MAN) <tele> • metropolitan-area network (MAN)
Stadtbus *m* <nfz> • city bus; urban bus *stand*; transit bus *US*; transit coach *US*; bus *GB*
Stadtentwässerung *f* <ents> • municipal sewerage
Stadtfahrt *f rar* <verk.kfz> *(Kraftstoffverbrauchsangabe)* • urban driving; metro driving; city traffic
Stadtgas *n* <verbr> *(entsteht z. B. bei Kohledestillation; Ggs. zu Erdgas)* • city gas; town gas
Stadtgas-Sauerstoff-Schweißbrenner *m* <füg> • oxy-town-gas welding torch
Stadtgasschneidbrenner *m* <prod> • oxy-town-gas cutting torch
Stadtlinienbus *m* <nfz> • city bus; urban bus *stand*; transit bus *US*; transit coach *US*; bus *GB*
Stadtmüll *m* <ents> • city garbage; city refuse; town garbage; town refuse
stadtnaher Bereich *m* <tech.allg> • exurban fringe
Stadtnetz *n* <tele> • metropolitan-area network (MAN)
Stadtomnibus *m* <nfz> • city bus; urban bus *stand*; transit bus *US*; transit coach *US*; bus *GB*
Stadtrad *n* <fz> *(Fahrradtyp)* • city bike
Stadtstraße *f* <bau> • street
Stadttechnik *f* <admin> • municipal services; urban services
Stadttechnik *f* <bau> • municipal engineering
Stadtumfeld *n* <tech.allg> • exurban fringe
Stadtverkehr *m* <verk.kfz> *(Kraftstoffverbrauchsangabe)* • urban driving; metro driving; city traffic
Stadtwasserversorgung *f* <bau.hydr> • urban water supply
stadtweites WAN *n* <edv> • city-wide WAN
stadtweites Wide-Area-Network *n* <edv> • city-wide WAN
Stadtwerke *npl* <allg> • municipal works
Stäbchengleitung *f* <mat> • pencil gliding
Stäbchenparkett *n* <bau> • strip flooring
Stäbchenspeicher *m* <edv> • rod memory; rod store

Stäbler-Wronski-Effekt *m* <energ.sol> *(Leistungsverlust durch energiereiche Strahlung)* • Staebler-Wronski effect (SW)
städtisches Abwasser *n* <ents> • municipal sewage; urban sewage
Ständer *m* <bau.innen> *(aus Holz)* • stud; timber stud
Ständer *m* <el> *(z. B. in Drehstromgenerator)* • stator; stator assembly
Ständer *m rar* <licht.theat> *(für mobile Scheinwerfer)* • floor stand; pillar stand; stand
Ständer *m prakt* <logist> • rack column *form/pract*; column *pract*; vertical *pract*; post *pract*
Ständer *m* <masch> *(z. B. Ständerbohrmaschine, Presse, Diesel-Motor)* • column
Ständer *m* <masch> *(betont: Funktion als Rahmen)* • frame
Ständer *m* <masch> *(betont: Fuß)* • pedestal; stand
Ständer *m* <masch> *(betont: aufrecht stehendes, langes Bauteil)* • post
Ständer *m* <metall> *(vertikales Bauteil)* • vertical member
Ständer *m* <msr> • stator
Ständer *m* <rep> *(z. B. zum Aufbocken eines Motors, Getriebes)* • stand
Ständer *m* <wz.masch> *(betont: aufrecht stehende Maschine)* • upright standard; upright housing
Ständeranlasser *m* <el> • reduced-voltage starter; stator-resistance starter
Ständerauffederung *f* <masch> *(Pressenständer)* • arc spring
Ständerbauweise *f* <wz.masch> • post-and-beam construction
Ständerblech *n* <el> *(Generator)* • stator core
Ständerblechpaket *n* <el> • stator core
Ständerblechung *f* <el> • stator-core lamination
Ständerbohrmaschine *f* <wz.masch> • box-column drilling machine
Ständerfenster *n* <metall> • housing window
Ständerführung *f prakt* <prod> *(Werkzeugmaschine, Vorrichtung)* • column way; knee-to-column way
Ständerführungsbahn *f* <prod> *(Werkzeugmaschine, Vorrichtung)* • column way; knee-to-column way
Ständerfuß *m* <masch> • column base
Ständergebläse *n* <hlk> • floor blower
Ständergehäuse *n* <el> • stator frame
Ständerkappe *f* <metall> • housing cap
Ständernut *f* <el> • stator slot
Ständerpaket *n* <el> *(z. B. in Drehstromgenerator)* • stator; stator assembly
Ständerrahmen *m* <logist> • upright frame; upright assembly
Ständerrahmenhöhe *f* <logist> • frame height
Ständerrahmentiefe *f* <logist> • frame depth
Ständerregal *n* <logist> • cantilever rack; cantilever racking
Ständerrolle *f* <metall> • housing roller
Ständerschleifmaschine *f* <wz.masch> • floor-stand grinding machine; pedestal grinder; stand grinder
Ständerstoß *m* <logist> *(Regal)* • splice
Ständerweite *f* <logist> *(Regal)* • bay length
Ständerwicklung *f* <el> • stator winding
ständig <allg> • continuous
ständige Last *f* <tech.allg> *(allg.; mechanisch, elektrisch, thermisch; z. B. Gewicht)* • permanent load; continuous load
ständige Last *f* <bau.phys> *(eines Gebäudes)* • dead load
ständiger Allradantrieb *m* <kfz.antr> • permanent four wheel drive; permanent four-wheel drive; permanently engaged four-wheel drive *pract.coll*; permanently engaged four wheel drive; full-time four-wheel drive

ständig wechselnde Einsatzstelle f <prod> • regularly changing place of employment

Stängel m <bio> *(von Pflanzen; z. B. von Getreide)* • haulm; stalk; stem

Stärke f <tech.allg> *(physische Leistungsfähigkeit)* • power

Stärke f <tech.allg> *(Dicke; z. B. Wandstärke)* • thickness

Stärke f <nahr> *((C$_6$H$_{10}$O$_5$)$_n$)* • starch

Stärke f <tele> *(Signal)* • strength

Stärke f <textil> *((C$_6$H$_{10}$O$_5$)$_n$)* • starch

Stärkeabbau m <chem> • starch breakdown

Stärkebrei m <textil> *(Ausrüstung)* • starch solution

Stärke der magnetischen Induktion f <el> • intensity of magnetic induction

Stärke des Signalrauschens f <navig> • noise strength

Stärkeklebstoff m <füg> • starch adhesive; starch-based adhesive

Stärkekleister m <füg> • starch paste

Stärkeleim m <füg> • starch adhesive; starch-based adhesive

Stärkeleimung f <pap> • starch sizing

stärken vt <allg> • strengthen vt

stärken vt <allg> *(Position)* • back vt

stärken vt <tech.allg> • reinforce vt; strengthen vt

stärken vt <textil> *(z. B. Kleidung)* • starch vt

Stärkesirup m <nahr> • corn syrup (CS); glucose syrup; starch syrup; grain syrup

stärkespaltend <chem> • amylolytic; starch-splitting

stärkespaltendes Enzym n did <chem> • amylase; amylolytic enzyme

Stärke von Leder f <led> • substance of leather

Stäubegerät n <prod> • dusting machine; duster

stäuben vt <agri> *(mit Stäubmitteln)* • dust vt

stäuben vt <druck> *(Druckfarbe)* • mist vt

stäuben vt <verf> • powder vt

Stäubmaschine f <prod> • dusting machine; duster

Staffelanleger m <druck> • streamfeeder; stream feed; stream feeder

Staffelei f <kunst> • easel

Staffelgruppe f <tele> • grading group

staffeln vi/vt <tech.allg> • echelon vi/vt

staffeln vt <tech.allg> • grade vt; graduate vt

staffeln vt <tech.allg> • stagger vt

Staffelrostfeuerung f <verbr> • multi-stage grate furnace

Staffelschlauch m DIN EN 26590-1 <mat.allg> • stepped end tube DIN EN 26590-1

Staffelung f <tech.allg> • echelon

Staffelung f <tech.allg> *(Anordnung)* • staggering; stagger

Staffelung f <tele> • grading

Staffelungsplan m <tele> • grading diagram

Staffelwalze f <metall> • stepped roll; staggered roll

Stag n <nav> *(relativ dünnes Tau; zum Abspannen von Masten etc.)* • stay

Staging n <edv.kino> • staging

Stagnation einer Strömung f <phys> • stagnation of fluid flow

Stagnationslinie f <verf> *(z. B. Filtertechnik)* • stagnation streamline

Stahl m <mat> • steel

Stahlabstichseite f <metall> *(Schmelzofen)* • tapping side

Stahlakkumulator m <el> • Edison accumulator; Edison cell

Stahlaluminiumseil n <el> • steel-cored aluminum conductor

Stahlaluminiumseil n <förd> • aluminum-steel cable

Stahlanteil m <bau> *(in Stahl-, Spannbeton)* • percentage of reinforcement; percentage of rebar steel

Stahlarmierung f <bau> *(in der Aussteifungskammer des Kunststoffprofils)* • steel reinforcement; steel stiffener

Stahlaufbau m <bau> *(z. B. Stahlhochbau, Stahlwasserbau)* • steel superstructure

Stahlaussteifung f <bau> *(in der Aussteifungskammer des Kunststoffprofils)* • steel reinforcement; steel stiffener

Stahlband n <förd> *(Riemen, beweglich)* • steel band; steel belt

Stahlband n rar <mat> *(Halbzeug)* • steel strip; strip steel

Stahlband n rar <msr> • steel measuring tape; steel tape; flexible steel rule; steel rule coll

Stahlbandantrieb m <antr> • steel-belt drive

Stahlbandbewehrung f <bau> • steel band armoring US; steel band armouring GB; steel tape armoring US; steel tape armouring GB

Stahlbandbewehrung f <el> • tape armor (STA) US; steel tape armour GB

Stahlbandförderer m <förd> • steel band conveyor

Stahlbandgegenwendel f <el> *(über der Kabelbewehrung)* • spiral binder tape; binder tape; counter helix; wire-band serving US

Stahlbandhaltewendel f <el> *(über der Kabelbewehrung)* • spiral binder tape; binder tape; counter helix; wire-band serving US

Stahlbandmaß n <msr> • steel measuring tape; steel tape; flexible steel rule; steel rule coll

Stahlbandregelung f <turb> *(Turbine)* • steel band governing

Stahlbau m DIN 18800 <tech.allg> *(z. B. Stahlhochbau, Stahlwasserbau, Brückenbau, Behälterbau)* • constructional steelwork; steel construction; structural steel erection

Stahlbauer m <prod> • steel worker

Stahlbauprofil n <mat> • structural steel section; structural steel shape

Stahlbeton m <bau> • reinforced concrete (RC)

Stahlbetonannulus m <petr> • annular base

Stahlbetonbalken m <bau> • reinforced concrete beam

Stahlbetonbau m <bau> • reinforced concrete engineering; reinforced concrete construction

Stahlbetondecke f <bau> • reinforced concrete floor; reinforced concrete ceiling rare

Stahlbetondecke f <bau.verk> • reinforced concrete road pavement; reinforced road pavement; RC road pavement; RC pavement

Stahlbetondeckenplatte f <bau> • reinforced concrete floor slab

Stahlbetonfertigteil n <bau> • precast reinforced compound unit; prefabricated RC compound unit; precast reinforced concrete compound unit; precast reinforced concrete unit

Stahlbetonfertigteil n <bau> *(zum Tübbing-Ausbau von Tunnels; aus Beton)* • concrete preform; tunnel lining segment; tunnel segment rare; tubbing rare

Stahlbeton-Fertigteilkonstruktion f <bau> *(Hochregallager)* • precast reinforced concrete construction

Stahlbetongebäude n <bau> *(Hochregallager)* • reinforced concrete building

Stahlbetongründungskörper m <petr> • reinforced concrete base

Stahlbetonpfahl m <bau> • reinforced concrete pile

Stahlbetonplatte f <bau> • reinforced concrete slab; reinforced slab

Stahlbetonponton m <petr> • reinforced concrete pontoon; RC pontoon

Stahlbetonriegel m <bau> • reinforced-concrete slab

Stahlbetonrippendecke f <bau> • hollow block floor; ribbed concrete floor; tile and slab floor

Stahlbetonrohr n (Stb-Rohr) <ents.hydr> • reinforced concrete pipe; RC pipe

Stahlbetonschaft m <petr> • RC tower

Stahlbetonschwelle f <bahn> • reinforced concrete sleeper

Stahlbetonskelettbauweise f <bau> • precast concrete skeleton construction

Stahlbetonstraßendecke f <bau.verk> • reinforced concrete road pavement; reinforced road pavement; RC road pavement; RC pavement

Stahlbetonträger m <bau> • reinforced concrete beam

Stahl/Beton-Verbundkonstruktion f <bau> • concrete-and-steel structure

Stahlbirne f <energ.hydr> (Turbinengehäuse) • bulb

stahlblau <kunst> • Prussian blue; potash blue; iron blue US

Stahlblech n <metall> (Grobblech und Mittelblech; flaches, tafelförmiges Halbzeug) • steel plate

Stahlblech n <metall> (Feinblech und Mittelblech aus Stahl; wickelbar auf Coils) • steel sheet; sheet steel pract; tin coll

Stahlblechbandbund n <prod> • steel stock coil

Stahlblechemail n <obfl> • sheet steel frit; sheet steel enamel; porcelain enamel for sheet steel; vitreous enamel for sheet steel

Stahlblechemaillierung f <obfl> (Vorgang) • sheet steel enameling US; sheet steel enamelling GB

Stahlblechemaillierung f <obfl> (Schicht) • vitreous enamel coating on sheet steel; porcelain enamel coating on sheet steel

Stahlblech-Tafel f <metall> (Grobblech und Mittelblech; flaches, tafelförmiges Halbzeug) • steel plate

Stahlblechzellenkasten m <el> (Batterie) • steel container

Stahlblock m <metall> • steel ingot

Stahlbogenausbau m <min> • steel arch support

Stahlbolzen m <masch> • steel bolt

Stahlbuchse f <masch> • steel liner

Stahlcoil m <metall> (aufgerolltes Stahlblech) • steel coil

Stahlcord m <kfz> (Reifen) • wire tire cord; wire cord; steel cord

Stahlcord m <mat> (für Gürtelreifen) • wire tire cord; wire cord; steel cord

Stahlcordbahn f <kfz> (Reifen) • steel cord fabric

Stahlcordgewebe n <kfz> (Reifen) • steel cord fabric

Stahlcordseil n <mat> (für Gürtelreifen) • wire tire cord; wire cord; steel cord

Stahldraht m <mat> (z. B. in Reifen) • steel wire

stahldrahtbewehrt <tech.allg> • steel-wire-armored US; steel-wire-armoured GB

stahldrahtbewehrtes Kabel n <el> • steel-wire armored cable US; steel-wire armoured cable GB

Stahldrahtbewehrung f <el> (verzinkt) • galvanised steel wire armor US; galvanised steel wire armour GB; GSW armor US; GSW armour GB

Stahldrahtbürste f <wz> (für Handgebrauch) • wire brush; wire scratch brush; wire hand brush

Stahldrahtgewebe n <tech.allg> • steel mesh

Stahldrahtlitze f <textil> • cast-steel wire heald

Stahldrahtseil n <förd> • steel cable; steel wire rope

Stahldrehstabfeder f <masch> (auch Fahrzeugbau) • steel torsion bar

Stahldruck m <druck> • die stamping

Stahleinlage f rar.did <bau.mat> (von Beton) • reinforcement

Stahleisen n <mat> • steel iron

Stahlerzeugung f <metall> • steelmaking

Stahlfaserbeton m <mat> • steel fiber concrete

Stahlfeder f <fz> • steel fork

Stahlfeinblech n <mat> • steel sheet

Stahlflasche f <pack> (z. B. für Gas) • steel bottle; steel cylinder

Stahlflaschenwagen ,n <nfz> • steel cylinder truck; cylinder truck

Stahlform f <prod> • steel mold

Stahlformguss m <metall> • cast steel

Stahlformsand m <metall> • steel molding sand

Stahlformschamotte f <metall> • steel molding chamotte

Stahlfrischherd m <metall> • steel finery

Stahlfundament n <kfz> (Stoßdämpfungsprüfung f) • steel base

Stahlgehäuse n <pack> (z. B. eines Abstreckringes) • steel housing

Stahlgehäuse n <verf> • steel tank

stahlgekapselt <tech.allg> • steel-encapsulated

stahlgepanzert <tech.allg> • steel armored US; steel armoured GB

Stahlgerüst n <petr> • jacket

Stahlgewebebewehrung f <bau> • reinforcing fabric; reinforcing steel mesh; reinforcing mesh

Stahlgewebeeinlage f <bau> • reinforcing fabric; reinforcing steel mesh; reinforcing mesh

Stahlgewebematte f <bau.mat> • reinforcing sheet; reinforcing mat

Stahlgießen n <metall> • steel casting

Stahlgießen n <metall> (Vorgang) • steel casting; casting of steel

Stahlgießerei f <metall> • steel foundry

Stahlgittersilo m/n <agri> • steel lattice silo

Stahlglanzblech n <mat> • blue steel plate

Stahlgliederförderband n <förd> • steel-plate conveyor

Stahlgrobblech n <mat> • steel plate

Stahlgürtelreifen m <kfz> • steel belted radial; steel belted radial tire; steel belted tire; steel breaker tire

Stahlguss m <mat> (in Formen gegossener Stahl) • cast steel

Stahlguss m <metall> (Vorgang) • steel casting; casting of steel

Stahlgussstück n <metall> • steel casting

Stahlgusswalze f <metall> • cast-steel roll

Stahlhängebahn f <förd> (Bahn) • overhead runway

Stahlhängebahn f <förd> (Fahrzeug) • overhead truck; overhead carrier

Stahlhalbtaucher m <petr> • semi-submersible steel platform; semi-submersible steel construction; semi-submersible steel unit

stahlig <nahr> (Wein) • steely

Stahlkappe f <bekl> (Stiefel) • steel toe

Stahlkern m <förd> (Drahtseil) • steel core

Stahlketten fpl <nfz> (Pistenraupe) • steel tracks

Stahlkies m <prod> (z. B. zum Bohren, Putzen) • steel shot

Stahlkiesstrahlen n <obfl> • shot blasting

Stahlkokille f <metall> • permanent steel mold; steel mold

Stahlkugel f <mat> (z. B. Eindringkörper für Brinell-Härteprüfung) • steel ball

Stahlkurbeldach n <kfz> • crank-open sun roof

Stahllamelle f <kfz.mot> • oil rail; oil ring

Stahllamellenkupplung f <masch> • steel lamination coupling

Stahlleichtbau m <tech.allg> • light-weight steel construction

Stahlleichtbeton m <bau.mat> • reinforced light-weight concrete

Stahllineal n <wz> (Messwerkzeug) • steel rule; steel scale

Stahlluppe f <metall> • steel ball

Stahlmantel m <rls> • steel jacket

Stahlmaß n <wz> (Messwerkzeug) • steel rule; steel scale

Stahlmaßstab m <wz> (Messwerkzeug) • steel rule; steel scale

Stahlmast *m* <bau> • steel tower

Stahlmessband *n rar* <msr> • steel measuring tape; steel tape; flexible steel rule; steel rule *coll*

Stahlmutter *f* <tech.allg> • steel nut

Stahloberfläche *f* <mat> • steel surface

Stahlpanzerleitung *f* <el> • metal-cased conductor

Stahlpanzerrohr *n* <el> *(Kabelschutz)* • rigid steel conduit; steel conduit

Stahlpanzerrohrgewinde *n* (Pg) *DIN 40430* <rls> • Panzer Gewinde (Pg) *DIN 40430*; steel conduit thread; steel conduit pipe thread

Stahlplatine *f* <prod> • steel slug

Stahlplatte *f* <mat> • steel plate

Stahlplattenstartbahn *f* <aerospace> *(auf sumpfigem Gelände)* • iron-matted runway; steel runway

Stahlplattierung *f* <tech.allg> • steel plating; steel cladding

Stahlprofile *npl* <mat> • structural steel shapes; steel shapes

Stahlquecksilberthermometer *n* <msr> • steel-tube mercury thermometer

Stahlquerschnitt *m* <bau> *(Stahlbeton)* • steel area; reinforcement area

Stahlrad *n* <kfz> • steel wheel; steel disk wheel *form*

Stahlrädchen *n* <wz> *(Glasschneider)* • steel cutting wheel

Stahlrahmen *m* <tech.allg> • steel frame

Stahlregal *n* <logist> • steel rack

Stahlregale *npl* <masch> • steel shelving *sg*

Stahlringausbau *m* <min> • steel ring support; tubbing

Stahlroheisen *n* <metall> • steelmaking pig iron; steelmaking iron

Stahlrohr *n DIN EN 10266* <rls> *(betont: zum Stofftransport)* • steel pipe

Stahlrohr *n DIN EN 10266* <rls> *(betont: nicht primär zum Stofftransport; z. B. in Wärmetauschern)* • steel tube

Stahlrohrgerüst *n* <bau> • tubular steel scaffolding

Stahlsaitenbeton *m* <bau> • prestressed wire concrete

Stahlschalung *f* <bau> • steel formwork; metal formwork; metal shuttering

Stahl-Scheibenrad *n form* <kfz> • steel wheel; steel disk wheel *form*

Stahlschiebedach *n* (SSD) <kfz> • sun roof; steel sliding roof *rare*

Stahlschmelze *f* <metall> • steel melt; molten steel *pract.coll*

Stahlschmelzofen *m* <metall> • steel-melting furnace

Stahlschneiden *pl* <petr> • steel cut out sections *pl*; steel skirts

Stahlschrot *n* <prod> • metal abrasive; steel abrasive; abrasive shot

Stahlschrott *m* <ents> • steel scrap

Stahlschutzrohr *n* <ents.hydr> • steel casing; steel sleeve

Stahlschweißkonstruktion *f* <tech.allg> • welded-steel structure

Stahlschwelle *f* <bahn> • steel sleeper

Stahlseele *f* <förd> *(Drahtseil)* • steel core

Stahlseil *n* <tech.allg> *(besonders stark; z. B. in Seilbahnen etc.)* • steel cable

Stahlseil *n* <förd> • steel rope

Stahlseileinlage *f* <förd> • wire-cable reinforcement

Stahlseilgurt *m* <förd> • steel-rope belt

Stahlskelett *n* <bau> • steel skeleton

Stahlskelettbau *m* <bau> • steel skeleton building; steel skeleton-frame construction; steel frame construction; steel framing

Stahlskelettbauweise *f* <bau> • steel skeleton structure

Stahlsorte *f DIN EN 10020* <mat> • steel grade

Stahlspundbohle *f* <bau> • steel sheet pile

Stahlspundwand *f* <bau> • steel piling; sheet pile

Stahlstab *m* <mat> • steel bar

Stahlstempel *m* <min> • steel prop

Stahlstichdruck *m* <druck> • die stamping

Stahlstiftschraube *f* <füg> • steel stud bolt

Stahlstützschale *f* <masch> *(Gleitlager)* • steel backing

Stahlstützschalenlager *n* <masch> • steel-backed bearing

Stahlträger *m* <bau> • steel beam; steel joist

Stahlträgerdecke *f* <bau> • filler-joist floor

Stahltürzarge *f* <bau> • steel door frame

Stahlveredler *m* <metall> • steel stabilizer; stabilizer

Stahlverreiberwalze *f* <pack> *(Decorator)* • steel vibrating roller; steel vibrating roll

Stahlverstärkung *f* <bau> *(in der Aussteifungskammer des Kunststoffprofils)* • steel reinforcement; steel stiffener

Stahlversteifung *f* <bau> *(in der Aussteifungskammer des Kunststoffprofils)* • steel reinforcement; steel stiffener

Stahlwalzen *fpl* <druck> *(Kaltdruckfixierung)* • hard rollers

Stahlwalzwerk *n* <metall> • steel mill

Stahlwerk *n* <metall> • steel works; steel mill

Stahlwerksofen *m* <metall> • steelmaking furnace

Stahlwerkspfanne *f* <metall> • steel ladle

Stahlwerkstaub *m* <energ> • steel mill dust

Stahlwinkel *m* <bau.wz> • T-square *GB*; Tee square *US*; hanger's tee *US.coll*

Stahlwolle *f* <wz> • steel wool *US*; wire wool *GB*

Stahlzahnbohrkrone *f* <wz> *(Tunnelbau, Erdölbohrung)* • castellated bit

Stahlzarge *f* <bau> • steel door frame

Stahlzellendecke *f* <bau> • cellular flooring

Stalagmit *m* <geo> *(von unten)* • stalagmite

Stalagtit *m* <geo> *(von oben; t wie top)* • stalagtite

Stall *m prakt* <phys> *(Aerodynamik; z. B. an Rotorblättern, Flügeln)* • stall; stalling; flow separation

Stallregelung *f* <energ.wind> • stall control; stall regulation

Stalltür *f* <nfz> *(Wohnwagen: zweiteilige Tür mit unabhängig beweglichen Teilen)* • stable door

Stalu-Seil *n* <el> • steel-cored aluminum conductor

Stalu-Seil *n prakt.ugs* <förd> • aluminum-steel cable

Stamm *m* <chem> • parent

Stamm *m* <holz> *(Baum)* • trunk

Stammanmeldung *f* <jur> • parent application; main application; basic application

Stammansatz *m* <chem> • stock liquor

Stammband *n* <av> • master tape

Stammbaumanalyse *f* <med> • pedigree tracing

Stammblatt *n* <wz> • saw-blade body

Stammdatei *f* <edv> • master file

Stammdaten *pl* <allg> *(historisch)* • historical data

Stammdaten *pl* <edv> • master data

Stammflotte *f* <obfl> • stock liquor

Stammkabel *n* <el> • main cable

Stammkanal *m* <ents.hydr> • main sewer; trunk sewer; interceptor (sewer); intercepting sewer

Stammkarte *f* <edv> • master card

Stammkörper *m* <chem> • parent substance; mother substance

Stammkreis *m* <tele> • side circuit

Stammlauge *f* <obfl> • mother liquid; mother liquor

Stammleitung *f* <el> • main distribution cable

Stammleitung *f* <tele> • side circuit

Stammlösung *f* <chem> *(Titration)* • stock solution

Stammschmelze *f* <metall> • master heat

Stammschutz *m* <agri> • tree wrap; tree guard

Stammsiel *n Hamburg* <ents.hydr> • main sewer; trunk sewer; interceptor (sewer); intercepting sewer

Stammspule f <tele> • side-circuit loading coil
Stammverbindung f <chem> • parent compound
Stammverzeichnis n <edv> • root directory
Stammwerkzeug n <kst> • parent mold; blank mold
Stammzelle f <bio> • stem cell
Stampfasphalt m <bau.mat> • compressed asphalt
Stampfauskleidung f <metall> • rammed lining
Stampfbeton m <bau> • tamped concrete; rammed concrete
Stampfbohle f <bau> • tamping beam; tamper; compacting beam
Stampfdichte f <qualit.mat> • apparent density after tamping
stampfen vt <bau> (Boden, Untergrund) • tamp vt
stampfen vt <bau.metall> • ram vt; tamp vt
stampfen vt <nav> (Bewegung um die Querachse) • pitch vt
Stampfer m <tech.allg> • beater; beetle
Stampfer m <bau> • rammer; tamper
Stampfer m <masch> (Hammermühle) • beater
Stampffertiger m <bau.masch> • road tamping machine
Stampffuß m <bau> • tamping plate
Stampflehm m <bau.mat> • rammed clay
Stampfmasse f <mat> • ramming mass; ramming mix; rammed-layer lining material
Stampfvolumen n <qualit.mat> (z. B. Pigmente, Füllstoffe) • tamped volume
Stampfwerk n <pap> • stamping mill; hammer mill
Stand m <allg> (z. B. der Entwicklung, der Technik) • state
Stand m <tech.allg> • level
Stand m <mil> (Gesamtanlage) • shooting range; range
Stand m <werb> (z. B. Messe) • booth
Standalone Dedicated Control Channel m (SDCCH) norm <tele> • Standalone Dedicated Control Channel (SDCCH)
Stand-Alone Monitor m <edv> • stand-alone monitor; external monitor
Standanzeige f <msr> • level indication
Standard m <allg> (Ausführung, Typ) • standard
Standard m <tech.allg> (Spezifikationen) • standard specification
Standard m <doku> (Formblatt) • standard sheet
Standard m <msr> • master
Standardabweichung f <math> • root-mean-square deviation; standard deviation
Standardabweichung f <qualit> • repetitive error
Standardanschluss m <edv> • standard interface
Standardantrieb m <kfz.antr> (Antriebskonzept; in D die Ausnahme mit ca. 11 % Anteil) • conventional drive layout; longitudinally mounted front engine with rear-wheel drive
Standardanwendung f <allg> • general application
Standardarbeitsweise f <edv> • burst mode operation; burst mode
Standardausführung f <prod> (ohne Besonderheiten) • standard design
Standardausstattung fsg <kfz> • standard equipment; standard features; standard specification; standard spec coll
Standardbaueinheit f <masch> • standard modular unit
Standardbaugruppe f <tech.allg> • standard assembly
Standardbaustein m <tech.allg> • standard module; standard unit
Standardbetriebssystem n <edv> • standard operating system; standard operation system
Standardbezugsspannung f <el> • standard-reference voltage
Standardbrennweite f <phot> • standard focal length
Standardbrief m <werb> • form letter

Standardbus m <nfz> • standard bus; standard-sized bus
Standard-Cartridge f <edv> • standard cartridge; standard data cartridge; data cartridge
Standard Clock Rate f prakt <edv> (von Prozessoren) • standard clock rate; default clock rate
Standard-Dickenmesser m <pap> • standard thickness gauge
Standarddiskette f <edv> • standard diskette; standard floppy disk; standard disk pract.coll
Standarddruck m <meteo> (Normatmosphäre) • standard pressure; normal pressure
Standard-DV n <av> • standard DV
Standard-Einbauplatz m (SEP) <el> • standard plug-in station (SPS); standard mounting station
Standardeinheit f <tech.allg> (vereinheitlicht, genormt) • standardized component; standardized unit; standard element
Standardeinstellung f <tech.allg> • default setting
Standardelektrode f <el> • standard electrode
Standardelement n <tech.allg> (vereinheitlicht, genormt) • standardized component; standardized unit; standard element
Standardelement n <el> • standard cell; standard component
Standard-Fahrerhaus n <nfz> (Pick-Ups: eine Sitzreihe) • standard cab
Standard-Farbe f <bau.obfl> • standard color US; standard colour GB
Standardfehler m <math> (Statistik) • standard error
Standardfernsehsignal n <av> • standard television signal
Standard-Flachkollektor m <energ.sol> • standard flat-plate collector; typical flat-plate collector
Standardgehäusematerial n <allg> • normal housing material
Standardgröße f <allg> (z. B. Bekleidung) • standard size
Standardhüllkurve f <av> • ADSR envelope; ADSR envelope curve; standard envelope
Standardinterface n <edv> • standard interface
standardisierte Normalverteilung f DIN 55350-22 <math> (Statistik) • standardized normal distribution
standardisiertes Verfahren n <tech.allg> • standardized method
standardisierte Zufallsgröße f DIN 55350-21 <math> (Zufallsgröße mit Erwartungswert Null und Standardabweichung Eins) • standardized variate; centred and normed random variate; centred and normed variate
Standardkalomelelektrode f <el> • standard calomel electrode
Standard-Kippschalter m <el> (mit Kipphebel aus Metall) • standard toggle switch
Standardkomponente f <tech.allg> (vereinheitlicht, genormt) • standardized component; standardized unit; standard element
Standardkubikzentimeter m <pap> • standard cubic centimeters (SCCM)
Standardküvette f <chem> • standard cell
Standardlänge f <tech.allg> • standard length
Standardleiterplatte f <el> • standard-pattern printed circuit board
Standardleitstrahlanflug m <aerospace> • standard beam approach
Standard-Linienbus m <nfz> • standard bus; standard-sized bus
Standardlinienbus m <nfz> • standard bus; standard-sized bus
Standardmaß n <tech.allg> (übliche Größe, gängige Abmessung; z. B. Kolbendurchmesser) • standard dimension; standard size

Standard-Messverfahren n <pap> • standard testing procedures

Standard-MIDI-File n (SMF) <edv.av> • Standard MIDI File (SMF); standard MIDI file; MIDI file

Standard-Näherungsschalter m <msr> • standard sensor; conventional switch rare

Standardnormalelement n <el> • standard cell

Standardobjektiv n <phot> (Standardbrennweite, bei KB typ. 50 mm) • standard lens; normal lens rare

Standard-Ortsbestimmungs-Dienst m rar <navig> • Standard Positioning Service (SPS); Standard Positioning System rare; GPS/SPS

Standardpapier n <pap> • plain paper

Standardpegel m <tele> • standard level

Standardpistole f <sport> (Disziplin des Schießsportes) • standard pistol

Standard-Play n (SP) <av> • standard play (SP)

Standardpolystyrol n <kst> • general-purpose polystyrene

Standard-Positionierungsdienst m rar <navig> • Standard Positioning Service (SPS); Standard Positioning System rare; GPS/SPS

Standard Positioning Service m (SPS) <navig> • Standard Positioning Service (SPS); Standard Positioning System rare; GPS/SPS

Standardpotential n <phys> • standard potential; normal potential

Standardpräparat n <chem> • standard preparation

Standardprobe f <chem> • standard sample

Standardprobe f <mat> • standard specimen

Standardprogramm n <edv> • standard program; standard routine

Standardquelle f <opt> • standard source

Standardrad n <kfz> • standard wheel; original equipment wheel; OEM wheel pract

Standard-Reanimation f <med> • cardiopulmonary resuscitation (CPR); mouth-to-mouth aspiration and chest compression

Standardreifen m <kfz> • standard tire

Standardschalter m <msr> • standard sensor; conventional sensor

Standardschalter m <msr> • standard sensor; conventional switch rare

Standardschnecke f <kst> • standard screw

Standardschnittstelle f <edv> • standard interface

Standardsensor m <msr> • standard sensor; conventional sensor

Standardsieb n <verf> • standard sieve

Standardsiebreihe f <verf> (z. B. für Baustoff) • standard sieve scale; standard sieve series

Standardsondenversuch m <qualit.mat> • standard penetration test

Standardsorten fürAltpapier und Pappe fpl DIN 6739-30 <ents.pap> • standard grades of recovered paper and board DIN 6739-30

Standardspannung f <el.chem> • standard voltage; standard electrode potential

Standardstahl m <mat> • standard steel

Standardsucherscheibe f <phot> • standard focusing screen

Standard-S-VHS n <av> • standard S-VHS

Standardtakt m <edv> (von Prozessoren) • standard clock rate; default clock rate

Standardtaktung f ugs <edv> (von Prozessoren) • standard clock rate; default clock rate

Standardteil n <tech.allg> • standard component; standard part

Standard Temperature, Pressure, Dry (STPD) <med.tech> • standard temperature, pressure, dry (STPD)

Standardtestbedingungen fpl (STC) <tech.allg> • standard test conditions (STC)

Standard-Testwert m <edv> • factory-set value

Standardtext m <term> • standard text

Standard-Tokamak m <nukl> • standard tokamak

Standardverfahren n <obfl> (anodische Oxidation) • natural anodizing

Standard-VHS n <av> • standard VHS

Standard-Vidikon n <av> • vidicon camera

Standardvolumen n <edv> (durch analytische Gleichungen erzeugbarer Körper; z. B. Zylinder, Kugel) • analytic solid

Standardwasserstoffpotential n <el.chem> • standard hydrogen electrode potential

Standardwert m <pap> • default value

Standardzeichensatz m <edv> • standard character set; standard code set

Standardzeit f <navig> • standard time

Standard-Zündquelle f <feuer> (z. B. für Brandprüfungen) • standard ignition source

Standaufsicht f <mil> • Range Officer; Assistant Range Officer; Referee

Standbedienung f <förd> (Flurfördermittel) • standing-operator control

Standbein n <petr> • platform leg

Standbeutel m DIN 55405 <pack> • stand-up pouch

Standbild n <av> • still image; still [frame]; freeze frame; field still rare; field freeze rare

Standbildfortschaltung f <av> • frame advance; individual frame switching; still picture advance; still advance; frame forward/backward

Standbildfunktion f <av> • still frame function; freeze frame function

Standbildkamera f <av> • still camera

Standbildmodus m <av> • still frame mode; freeze frame mode

Standbild-Taste f <av> • still button

Standbildton m <av> • still frame audio

Standby m prakt <tech.allg> (Betriebszustand) • stand by

Standby-Betrieb m <tech.allg> • stand-by operation

stand-by Betrieb m rar <tech.allg> • stand-by operation

Standby-Priorität f <tour> (am Flughafen) • priority airport standby

Standby-Zeit f <el> (z. B. von Handy) • standby time

Standby-Zustand m <tech.allg> (Modus; sofort aktivierbar) • stand-by

Standcaravan m <kfz> • static caravan

Stand der Technik msg <tech.allg> (gegenwärtiger, aktueller Entwicklungsstand) • state of the art

Stand der Technik msg <jur> (in Patentschriften) • state of the art; prior art

standfest <geo> (Gestein) • strong; sound

standfest <mech> (stabil) • stable

standfest <mech> (gleichmäßig) • steady

standfeste Bremsen fpl <kfz.brems> • fade-resistant brakes :V

standfestes Gestein n <geo> • strong ground

Standfestigkeit f <kfz> (von Aggregaten; auch von Bremsen) • life

Standfestigkeit f <mech> • stability

Standfestigkeit f <wz> (Werkzeuge) • durability

Standfoto n <av> • still; still photograph

Standgarderobe f <innen> • garment rack valet; coatrack

Standgas n <kfz> • idling speed

Standgebläse n <hlk> • floor blower

Standgerät n <druck> • console type

Standgetriebe n <masch> • ordinary gear train

Standglas n <präp> • preserving jar

Standglied n <mech> (Kinematik) • fixed link; fixed member

Standguss m <metall> • stand casting
standhalten vi <tech.allg> (einer Beanspruchung) • resist vi
standhalten vi <qualit> (einer Beanspruchung, Prüfung) • withstand vi
Standheizung f <kfz> • parking heater :V; engine-independent air heating system form
Standheizung f <nfz> • cab heater; night heater; gas heater rare
Standhöhe f <logist> (Füllstand: Behälter, Silo) • level
Standhöhenregelung f <msr> • level control
Standjury f <mil> • range jury
Standkriterien npl <qualit> (Werkzeug) • tool-life criteria
Standlänge f <wz> (Bohrwerkzeug) • footage per bit
Standleitung f <el> (betont: direkte elektrische Verbindung) • point-to-point circuit
Standleitung f <tele> (allg.; für Telefon, Internet usw.) • dedicated line
Standleitung f <tele> (betont: private Leitung) • privateline
Standlicht n <kfz.el> (betont: das Licht) • parking light
Standlicht als Lichtringe n <kfz.el> • light-ring parking lights :V
Standlichtgehäuse f <kfz> • sidelight pod
Standlicht vorne n ugs <kfz> (NICHT mit "side marker light" übersetzen!) • sidelight; sidelamp; front parking lamp US
Standlinie f <mil> • position line
Standlinie f <msr> (Vermessungstechnik) • base
Standlinie f <navig> • line of position (LOP)
Standmast m <bau> • fixed post
Standmenge f <wz> (schneidende Werkzeuge) • number of pieces machined between resharpenings
Standmenge f <wz> (Ur- und Umformen) • number of pieces per die
Standmoment n <mech> • restoring moment; righting moment
Standöl n <obfl> (z. B. für Holz) • stand oil; bodied oil
Standoffizieller m <mil> • range official
Standort m <bau> (z. B. eines Gebäudes, einer Anlage) • site
Standort m <navig> (vermittels Radioortung bestimmt) • radio fix
Standort m <navig> • position (POS)
Standort m <tele> • site
Standortanzeiger m <navig> • ground position indicator
Standortbedingungen fpl <ents> • local conditions
Standortbegehung f <ents> • site inspection (SI)
Standortbestimmung f <bau> (Industrieanlagen) • siting
Standortbestimmung f <navig> • position finding; position fixing
Standortbestimmung f <navig> (Vorgang) • positioning; position fixing; position determination; location; position location
Standortfaktor m <holz> • site factor
Standortfehler m <navig> • site error
Standortpeilung f <navig> • position fixing
Standortwahl f <bau> • site selection
Standpersonal nsg <mil> • range personnel sg; range officials pl
Standplatten m <kfz> (Reifen; Unrundheit durch langes Stehen; z. B. über den Winter) • flat spot
Standplattenbildung f <kfz> (Reifen, durch langes Stehen) • flat spot formation
Standplatz m <kfz> (für Caravan etc.) • pitch; site
Standprotokoll n <mil> • range register
Standprüfung f <kfz.antr> (Automatikgetriebe) • stall test
Standpunkt m <allg> • point of view; standpoint; stance
Standpunkt m <phot> • viewpoint
Standregelung f <msr> • level control
Standroboter m <autom> • floor-mounted robot

Standrohr n <bau> • standpipe
Standrohr n <fz> (z. B. Motorradgabel) • inner tube
Standrohr n <msr> (pneumatische Wasserspiegeldifferenz-Steuerung) • standpipe; dip tube
Standrohr n <petr> (kurze Rohrfahrt im obersten Bohrlochbereich) • conductor pipe; conductor casing; surface pipe; surface string
Standsäule f <wz.masch> • vertical column
Standschub m <phys> (von Propeller, Strahltriebwerk; bei ruhendem Fahrzeug) • static thrust
Standseilbahn f <bahn> (Wagen auf Schienen, von Seil gezogen; z. B. in Kaprun, San Francisco) • cable railway; funicular railway; cable-traction railway rare; rope-traction railway rare
standsicher <mech> • statically stable
Standsicherheit f <förd> (im Aufzug) • riding stability
Standsicherheit f <logist.mech> (Regal) • structural stability
Standsicherheit f <mech> • static stability; stability
Standsicherheit f <mil> • safety
Standsicherheitsanalyse f <bau> (Bodenmechanik) • stability analysis
Standspeicherung f <nukl> • container storage
Standspur f ugs <bau> (befahrbar) • hard shoulder
Standspur f <bau> (auf Autobahnen) • emergency lane; breakdown lane US
Standstreifen m <bau> (auf Autobahnen) • emergency lane; breakdown lane US
Standtube f DIN 55405 <pack> • stand-up tube
Standuhr f <innen> • grandfather clock
Standverbindung f <tele> • point-to-point transmission
Standvergabe f <mil> • firing point allocation
Standversuch m <qualit.mat> (Metall) • constant-stress test[ing]; creep test[ing] pract; creep-rupture test[ing]; stress-rupture test[ing]
Standverteilung f <mil> • firing point allocation
Standvitrine f <innen> • rack cabinet
Standvolumen n <prod> (spanendes Werkzeug) • total volume of metal removed
Standwächter m <msr> • level controller
Standweg m <prod> • total tool path
Standzahnradgetriebe n <masch> • ordinary gear train
Standzeit f prakt <tech.allg> (betont: Haltbarkeit von Bauteilen und Material) • durability; service life; life coll
Standzeit f <msr> (eines Sensors) • operating life; working life; life pract
Standzeit f <nukl> (Ruhe-, Warteperiode; z. B. in Lager, Abklingbecken) • dwell time; residence time
Standzeit f <qualit> (allg., durch Störung, Wartung, Instandsetzung etc.; z. B. bei Lkw) • downtime; down time; outage time
Standzeit f <wz.qualit> (Haltbarkeit von Werkzeugen mit Schneidkanten) • service life; life pract; tool life; edge life
Standzeit bei hohen Einsatztemperaturen f <qualit.mat> • high-temperature service life
Standzeitgleichung f <wz.qualit> • tool-life equation
Standzeitprüfung f <wz.qualit> • tool-life test
Standzuteilung f <mil> • firing point allocation
Standzylinder m <chem> (Laborgerät) • gas jar
Stange f <tech.allg> (eher dick) • bar
Stange f <tech.allg> (z. B. für Flagge, Zelt) • pole
Stange f <tech.allg> (eher dünn) • rod
Stange f <masch> (stielartig) • stem
Stange f <mat> (z. B. für eine Fahne) • staff
Stange f <verf> (Gichtglocke) • beam
Stange f <wz> (Parallelreißer) • upright spindle
Stangenabstand m <bau> • pole distance
Stangenanguss m <kst> • direct gate; direct feed; sprue gate; center gate US; centre gate GB

Stangenanspitzen *n* <prod> *(z. B. Stabziehen)* • bar tapering; bar pointing
Stangenautomat *m* <wz.masch> • automatic bar machine
Stangenführungsbuchse *f* <wz.masch> • work-steady bush
Stangenglas *n* <silik> • cane
Stangengreifer *m* <förd> • double-rope grab
Stangenhalbautomat *m* <wz.masch> • semiautomatic bar machine
Stangenkopf-Lastmesszelle *f* <msr> • rod end load cell
Stangenlademagazin *n* <wz.masch> *(Automation)* • bar feeder
Stangenmagazin *n* <wz.masch> *(Automation)* • bar magazine
Stangenrissprüfgerät *n* <msr> • rod crack-test instrument
Stangenrohrwalzwerk *n* <metall> • mandrel mill
Stangenrost *m* <verf> • bar screen
Stangenrostsieb *n* <verf> • grizzly screen; bar screen
Stangenschalter *m* <el> • rod-operated switch
Stangenschere *f* <wz.masch> • bar shears; bar cutting machine
Stangenschrämmmaschine *f* <min> • bar coal cutter
Stangenschwefel *m* <chem> • roll sulfur
Stangensicherung *f* <mil> • trigger pin safety
Stangenspannfutter *n* <wz.masch> *(z. B. Drehmaschine)* • bar chuck
Stangenstromabnehmer *m* <nfz.el> • trolley pole; rod collector
Stangenvorschub *m* <wz.masch> *(z. B. in Drehmaschinen durch die hohle Hauptspindel)* • bar feed
Stangenwähler *m* <tele> • panel selector
Stangenwalzwerk *n* <metall> • rod rolling mill
Stangenwerkstoff *m* <prod> *(Halbzeug)* • bar stock
Stangenziehen *n* <metall> • bar drawing
Stangenzinn *n prakt* <kfz.rep> • body lead; body solder; lead solder; filling solder
Stangenzirkel *m* <msr> *(Feinwerktechnik)* • beam compass; beam trammel
Stangenzuführung *f* <wz.masch> • stock feeding device
Stannatverfahren *n* <obfl> • tin immersion treatment
Stanniol *n* <mat> • tin foil; tinfoil; silver paper; tin-foil paper *rare*
Stanniolfolie *f* <mat> • tin foil; tinfoil; silver paper; tin-foil paper *rare*
Stanniolkondensator *m* <el> • tin-foil capacitor
Stanniolpapier *n* <mat> • tin foil; tinfoil; silver paper; tin-foil paper *rare*
Stanniolsicherung *f* <el> • tin fuse
Stannum metallicum *n* <chem> • tin (Sn); stannum metallicum
Stanton-Zahl *f* <therm> • Stanton number
Stanyl *n* ® <kst> • Stanyl ®
Stanzabfall *m* <ents> *(z. B. Lochkartenlochung)* • chad; punchings
Stanzautomat *m* <wz.masch> *(für Löcher)* • automatic puncher
Stanzautomat *m* <wz.masch> • automatic stamping machine
Stanzbiegeautomat *m* <wz.masch> • automatic stamping and bending machine
Stanz-Biege-Automat *m* <wz.masch> • automatic stamping-bending machine
Stanz-Biegemaschine *f* <wz.masch> • stamping-bending machine *:V*
Stanz-Bohr-Anlage *f* <wz.masch> • stamping/drilling machine
Stanzdruck *m* <prod> • press-work pressure
Stanze *f prakt* <druck> *(Druckplattenregistrierung)* • punching device; punch *pract*

Stanze *f* <pap> *(guillotinenförmig)* • guillotine
Stanze *f* <prod> *(allg.)* • stamping machine; stamping press
Stanze *f* <wz> *(für Löcher)* • punch
Stanzeinheit *f* <prod> • punch assembly
Stanzen *n* <pap.ents> *(Papierverarbeitung)* • pressing
Stanzen *n* <prod> • punching; blanking
stanzen *vt* <druck> *(Druckplattenregistrierung)* • punch *vt*
stanzen *vt* <edv> *(Etikettenmaterial)* • die-cut *vt*
stanzen *vt* <metall> • punch *vt*; blank *vt*; stamp *vt*
stanzen *vt* <prod> *(Rohling; z. B. Bleche, Tailored Blanks)* • blank *vt*
stanzen *vt* <prod> *(Löcher; meist mehrere)* • perforate *vt*
Stanzetiketten ohne Steg *npl* <edv> • butt-cut labels *pl*
Stanzfalz *m* <druck> • perforation fold
Stanzform *f* <druck> • punching form
Stanzgitter *n* <prod> • blanking skeleton
Stanzkontrolle *f* <edv> • punch check
Stanzkopf *m* <druck> *(Stanzsystem)* • punch head
Stanzlochverlauf *m* <druck> *(Druckplattenstanzung)* • punch hole curvature; shape
Stanzmatrize *f* <prod> • punch die
Stanzmatrize *f* <wz> • stamping die
Stanzmesser *n* <prod> • punch knife; punching knife
Stanzmesser *n* <wz> • clicking die
Stanzpresse *f* <prod> • stamping press
Stanzstempel *m* <prod> • stamp
Stanzsystem *n* <druck> *(Druckplattenregistrierung)* • punching device; punch *pract*
Stanzteil *n* <bekl> • cut-out part
Stanzteil *n* <prod> • metal stamping; die stamping
Stanzung *f* <druck> *(Druckplattenregistrierung)* • notching
Stanzwerkzeug *n* <kfz.wz> *(für Dichtungen oder Dichtungsringe)* • gasket punch
Stanzwerkzeug *n* <wz> • stamping tool; pressing tool
Stanzzange *f KNAUF* <bau.wz> *(für Montage von Metallständerwänden)* • stud crimper; crimping tool *LAF*
Stapel *m* <allg> *(eher unordentlich; z. B. Wäsche)* • pile
Stapel *m* <tech.allg> *(von Befehlen, Prozessschritten etc.)* • batch
Stapel *m* <büro> *(ordentlich; z. B. Papier im Kopiergerät, Drucker)* • stack
Stapel *m* <nav> *(Stapellauf)* • building block; block
Stapel *m* <textil> *(Baumwolle)* • staple
Stapelanleger *m* <druck> • pile feeder
Stapelarbeitsweise *f* <edv> • stack operation
Stapelaufzugmotor *m* <förd> • pile hoist motor
Stapelausleger *m* <druck> • pile delivery
Stapelautomat *m* <led> *(für Bock und Flachwagen)* • horse and table stacker
stapelbar <logist> *(z. B. Paletten, Container, Stühle)* • stackable
Stapelbehälter *m* <logist> *(z. B. Rungen-, Box- und Gitterboxpaletten, Lagerkästen)* • portable rack
Stapelbetrieb *m* <edv> • batch processing; batch processing mode; batch mode
Stapelbütte *f* <ents.pap> • storage chest
Stapeldatei *f* <edv> • batch file
Stapeleinrichtung *f* <tech.allg> *(für flache Teile, Bleche, Papier; z. B. von Kopierer)* • stacker
Stapelfähigkeit *f* <logist> *(z. B. Paletten, Container)* • stacking capability
Stapelfaser *f* <textil> *(synthetisch)* • staple fiber
Stapelfehlordnung *f* <logist> • stacking fault
Stapelfernverarbeitung *f* <edv> • remote batch processing
Stapelfestigkeit *f* <pap> • top-to-bottom stacking strength
Stapelfestigkeitswert *m* <pap> • bulk strength value
Stapelförderer *m* <förd> • stacking elevator

Stapelgerät n <förd> • stacking device
Stapelgestell n <logist> (z. B. Rungen-, Box- und Gitter-boxpaletten, Lagerkästen) • portable rack
Stapelgreifer m <agri> • stack gripper
Stapelguss m <metall> • stack molding
Stapelheber m <förd> • pile hoist
Stapelhilfsmittel n <logist> (für Flachpaletten, z. B. Rahmen und Rungen) • portable storage aid GB
Stapelhöhe f <druck> • pile height
Stapelhöhe f <logist> (Stapler) • stacking height; piling height
Stapelkorb m <logist> • post pallet
Stapelkran m <logist> • stacker crane; overhead stacker crane
Stapellänge f <textil> (z. B. Chemiefaser) • staple length
Stapellauf m <nav> (eines Schiffs) • launch; launching
Stapellaufbahn f <nav> • launching ways
Stapellaufbahnneigung f <prod.nav> • declivity of standing ways
Stapellaufkeil m <nav> • launching wedge; sliver
Stapellaufmasse f <nav> • launching weight
Stapellaufschleppkette f <nav> • launching drag; chain drag
Stapellaufschlitten m <nav> • running ways; sliding ways
Stapellaufwiege f <nav> (Werft) • launching cradle; cradle
Stapelmaschine f <prod> (z. B. für Bleche) • stacking machine; stacker
Stapeln n <büro> (Sortierart) • batch sorting
stapeln vr <logist> (meist unerwünscht; z. B. Altmaterial, alte Zeitungen, Unerledigtes) • pile up vi
stapeln vt <büro> (Kopiergerät: Sortierer) • stack vt
stapeln vt <logist> (z. B. Kisten, Container, Reifen) • stack vt
stapeln vt <logist> • tier up vt; tier vt
stapeln vt <logist> (flache Objekte; z. B. Papier, Platten, Bleche) • stack vt
stapelnder Speicher m <edv> • last-in-first-out memory; push-down memory; push-down stack; push-down store; LIFO memory
stapelndes Indexregister n <edv> • stacking index register
Stapelofen m <metall> • batch furnace
Stapel Platinen m <prod> (Blechrohlinge für Presswerk) • stack of blanks; pile of blanks
Stapelplatz m <logist> (z. B. Baustelle) • stacking ground; piling place
Stapelrahmen m <logist> • pallet stacking frame
Stapelregler m <pneum> • stacked-diaphragm controller
Stapelschema n <logist> (Palette) • stacking pattern
Stapelsound m <edv.av> (Klangprogramm) • layer; stack; stack sound
Stapelspeicher m <edv> • last-in-first-out memory; push-down memory; push-down stack; push-down store; LIFO memory
stapelspeicherorientiert <edv> • stack-oriented
Stapelstauchwiderstand m <pap> • box compression strength; compression strength; stacking performance strength; BCT value
Stapeltisch m <druck> • pile table; piling table; stock table
Stapeltisch m <prod> • stacking table
Stapelturm m <prod> • storage tower
Stapel- und Kommissionierfahrzeug n <logist> • hybrid
Stapelung f <mat> • stacking
Stapelverarbeitung f <edv> • batch processing; batch mode
stapelweise verarbeiten vt <edv> • batch vt
Stapelwendeapparat m <druck> • pile reverser

Stapelzeiger m <edv> • stack pointer
Stapelzelle f <energ.sol> (allgemein) • tandem cell; multi-junction cell; multi bandgap cell rare; tandem junction photovoltaic cell UNI-SOLAR
Stapler m <förd> (Fahrzeug; kurze Bauart ohne Gegen-gewicht, für schmale Regalgassen) • tiering truck
Stapler m <logist> (Fahrzeug; z. B. Gabelstapler) • stacker truck
Stapler m <logist> (allg.) • stacker
Stapler m DIN ISO 5053 <logist> (Fahrzeug; besonders hohe Reichhöhe; z. B. durch Teleskopmast) • high-lift truck ISO 5053
Stapler m <prod> (z. B. für Bleche) • stacking machine; stacker
Stapler mit hebbarem Bedienstand m <logist> • man-up stacker truck
Stapler ohne hebbaren Bedienstand m <logist> • man-down stacker truck
Starenkasten m ugs <verk> (zur Geschwindigkeitsüber-wachung) • stationary radar trap
stark <allg> (z. B. Argument, Brille, Geruch, Gift, Nerven, Wille) • strong
stark <allg> (z. B. Farben, Beleuchtung, Kontrast) • intensive
stark <tech.allg> (z. B. Motor) • powerful; strong
stark <masch> (Querschnitt; z. B. Blech, Rohrwand) • heavy
stark <phys> (Kraft, Wechselwirkung) • strong
stark abgenutzt <tech.allg> (schlimm) • badly worn
stark alkalisch <chem> • strongly basic
stark anfärben vi/vt <obfl> • dye deeply vi/vt
stark anhaftendes Material n <tech.allg> • highly adhesive material
stark aufgeschlagen <pap> • highly beaten
stark basisch <chem> • strongly basic
stark bindig <füg> • intensively cohesive
stark bündelnd <tele> (Antenne) • highly directional
stark dotiert <ic> (Halbleiter) • heavily doped; highly doped
starke Base f <chem> • strong base
starke Bündelung f <qualit.mat> (Ultraschallprüfung) • concentration
starke Durchlässigkeitsbeeinträchtigung f <pap> • big permeability problem
stark eingeölte Bleche npl <prod> (im Presswerk) • heavily oiled sheets
starker Anstieg m did <tech.allg> • spiking
starker Elektrolyt m <chem> • strong electrolyte
starke Säure f <chem> • strong acid
starkes Netz n <el> • strong grid
starke Stoßwelle f <nukl> • strong shock wave
starke Wechselwirkung f <nukl> • strong nuclear inter-action; strong interaction
Starkfeldmagnetscheidung f <verf> • high-intensity magnetic separation
Starkgas n <verbr> • rich gas; strong gas
Starkgasvorlage f <chem.verf> • rich gas collecting main
stark gebündelt <opt> (z. B. Licht, Laserstrahl) • highly collimated
stark gebündeltes Mikrofon n <av> • hyperdirectional microphone; beam microphone
stark gedreht <textil> • hard twisted; hard-twisted
stark gedrehter Zwirn m <textil> • hard twist
starkgeleimt <pap> • strongly sized
stark geneigt <kfz> (Windschutzscheibe) • steeply raked
stark geschädigt <holz> (Wald, Bäume; weit fortgeschrittenes Waldsterben) • severely damaged
stark gewölbtes Blech n <kfz> • high crown panel
stark gezwirnt <textil> • hard twisted; hard-twisted

Starkholz n <holz> • large-diameter wood; large-sized timber

stark isolierender Abgaskrümmer mit extrem niedriger Wärmekapazität m <kfz.mot> *(typ. doppelwandig mit Luftspalt)* • highly insulating ULOC exhaust manifold

stark konisch <tech.allg> • high-taper

stark kontrastierend <druck> • high-contrast

Starklastzeit f <el> *(Stromverbrauch)* • potential peak period

Starkpappe f DIN 55405 <mat.pap> • kraft-lined board; kraft lined board

Starkregner m <agri> • high-rate sprinkler

Starkreiniger m <chem> • heavy-duty detergent

Stark-Schwach-Regelung f <msr> • high-low control

stark schwefelhaltige Kohle f <verbr> • high-sulfur coal

Starkstrom m <el> *(380 – 400 V Drehstrom)* • power current; heavy current *rare*

Starkstromanlage f <el> • electric power installation; power installation

Starkstromfreileitung f <el> • overhead power line

Starkstromgeräusch n <el> *(z. B. Hochspannungsleitung, Transformator)* • power-induced noise

Starkstromgleichrichter m <el> • power rectifier

Starkstromkabel n <el> • electric power supply cable; electric power cable

Starkstromleitung f <el> • electric power transmission line; electric power line

Starkstromleitungsmast m <el> *(Gittermast)* • power transmission tower

Starkstromnetz n <el> • power mains; power supply system

Starkstromsammelschiene f <el> • power bus bar

Starkstromschalter m <el> • heavy-current switch

Starkstromsicherung f <el> • mains fuse

Starkstromsteckdose f <el> *(380 – 400 V Drehstrom; z. B. für Schweißgeräte)* • three-wire receptacle; three-wire power outlet

Starkstromtechnik f obs.prakt <el> • electric power engineering; power engineering *pract*; heavy-current engineering *rare*

Stark-Verbreiterung f <phys> *(Spektrallinien)* • Stark broadening

stark verdünnte Lösung f <chem> • weak solution; diluted solution

stark vergrößernd <opt> • highly magnifying; high-powered; powerful

stark verrippt <tech.allg> *(z. B. Wärmetauscher)* • heavily ribbed

stark verzerrt <phys> *(unerwünscht; z. B. Welle, Signal)* • badly distorted

stark wasserhaltiger Abfall m <ents> • waste with a high water content

Starlinse f <opt> • cataractous lens

starr <mech> *(so steif, daß eine Biegebelastung zum Bruch führt; z. B. Zwieback)* • rigid

Starrache mit einfacher Antriebsradlagerung f <kfz> • semi-floating axle

Starrachse f <kfz> *(allgemein)* • rigid axle; beam axle; straight axle *US*; I-beam axle *US*; mono axle *US*

Starrachse f <kfz> *(angetriebene Hinterachse)* • rigid drive axle; live axle

Starrachse f <kfz> *(nicht angetriebene Hinterachse)* • dead axle; trailing axle

Starrachse mit doppelter Antriebsradlagerung f <kfz> • fully floating axle

Starr-Deichselanhänger m <nfz> • rigid drawbar trailer

starre Kupplung f <masch> • fixed coupling

starre Kupplungsscheibe f <masch> • rigid clutch hub

starre Nabe f <energ.wind> • rigid hub

starrer Ausleger m <förd> *(Kran)* • strut jib

starrer Caravan m <kfz> • rigid-walled caravan; non-folding caravan

starrer Durchtrieb m <kfz.antr> • fixed drive; rigid axle connection; direct link between front and rear axles

starrer Hohlleiter m <el> • rigid waveguide

starrer Körper m <phys> • rigid body

starre Schraube f <füg> • bolt with normal shank; bolt with full shank

starres Luftschiff n <aerospace> • rigid airship

starres Packmittel n DIN 55405 <pack> • rigid container

starre Straßendecke f <bau> *(typ. Beton)* • rigid pavement; rigid road pavement

starre Verbindung f <mech> • rigid connection; rigid joint

starre Visierung f <mil> • fixed sights

Starrflügler m <aerospace> • fixed-wing airplane

starr fortlaufende Verarbeitung f <edv> • consecutive processing

Starrheit f <qualit.mat> *(völlige Abwesenheit von Elastizität; z. B. frischer Zwieback)* • rigidity

Starrkörper m <phys> • rigid body

Starrkörperpendel n <mech> • physical pendulum

Starrkörperverschiebung f <tech.allg> • rigid-body displacement

Starrkrampf m <med> • tetanus

Starrluftschraube f <aerospace> • fixed-blade airscrew

starrplastisch <bau> *(Festigkeitsrechnung)* • rigid-plastic

Starrrahmenlokomotive f <bahn> • rigid-frame locomotive

Starrrahmen-Muldenkipper m rar <nfz> • dumper US.GB

Starrschmiermittel n <tribo> • semisolid lubricant

Starrschraube f <füg> • bolt with normal shank; bolt with full shank

Start m <allg> *(z. B. Werbekampagne, Rakete)* • launching

Start m <allg> *(eines Vorgangs)* • beginning; commencement; onset; start

Start m <tech.allg> • initiation

Start m <aerospace> *(Rakete)* • launch

Start m <aerospace> *(Abheben; z. B. Flugzeug)* • take-off

Start m <av> • start

Start m <av> • start; start message; start command

Startadresse f <edv> • start address; initial address; entry point; starting location

Startanhebung f <kfz.el> *(Zündspannung)* • start boosting :V; starting-voltage boosting *Bosch*

Startanhebung f <kfz.mot> *(Kraftstoff/Luft-Gemisch)* • cranking enrichment

Startanlage f <aerospace> • launcher; launch emplacement; launcher; launch installation

Startanreicherung f <kfz.mot> *(Kraftstoff/Luft-Gemisch)* • cranking enrichment

Startanweisung f <edv> • starting statement

Startautomatik f prakt.ugs <kfz.mot> • automatic choke; autochoke *pract.coll*

Startbahn f <aerospace> *(Rakete)* • launching trajectory

Startbahn f <aerospace> *(Flugzeug)* • take-off runway

Startband n <av> • leader strip; tape leader

Startbau <bau> • drive pit; launch pit

Startbedingung f <msr> • trigger situation

Startbefehl m <av> • start; start message; start command

Startbefehl m <edv> • initial instruction; start instruction; run instruction

startbereit <aerospace> *(Rakete)* • ready for launching

startbereit <aerospace> *(Flugzeug)* • ready for take-off

Startbeschleuniger m <aerospace> • start booster; take-off booster; assisted take-off unit

Startbit n <edv> • start bit

Startdeck n <nav.mil> *(Flugzeugträger)* • take-off deck

Startdrehmoment *n* <el> *(E-Motor)* • initial torque
Startdünger *m* <agri> • starter fertilizer
Startdüse *f* <mot> *(Vergaser)* • easy start jet
Starteinrichtung *f wiss/prakt* <turb> *(Gasturbinen-Hilfs-einrichtung)* • starting device; starting equipment
Starteinstellung *f* <med.tech> • initial setting
starten *vi* <allg> *(z. B. Flugzeug, Rennläufer)* • start *vi*
starten *vi* <aerospace> *(Flugzeug; betont: abheben)* • take off *vi rare*
starten *vt* <allg> *(z. B. Rakete, Werbekampagne)* • launch *vt*
starten *vt* <tech.allg> *(Anlage, Maschine)* • set going *vt*
starten *vt* <tech.allg> *(Maschine, System, Anlage)* • start up *vt*; start *vt*
starten *vt* <tech.allg> *(Vorgang, Prozess initiieren; z. B. Reaktion, Gespräche)* • initiate *vt*
starten *vt* <kfz.mot> *(Motor; mit dem Ziel, dass er anspringt)* • start *vt*
starten *vt* <kfz.mot> *(Motor; ohne Zündung, z. B. bei Kompressionstest)* • crank *vt*; crank over *vi*
starten mit Starthilfekabel *vt* <kfz> *(Fahrzeug mit entladener Batterie)* • jump-start *vt*
Starter *m* <el> • starter; starter switch
Starter *m* <kfz.el> • starter; starting motor; self-starter *obs*
Starter *m* <kst> • polymerization initiator; initiator
Starteranode *f* <el> • starter anode
Starterbatterie *f* <kfz.el> • car battery; lead-acid car battery *form*; automotive battery; starter battery; battery *coll*
Starter-Blockschlüssel *m form* <kfz.wz> • obstruction wrench; half moon box wrench *US*; half moon manifold wrench *US*
Starterdrosselklappe *f* <kfz> • starting butterfly valve
Starterelektrode *f* <kfz> • primer electrode
Starterfassung *f* <licht> *(Leuchtstoffröhre)* • starter holder; starter socket *rare*
Starter-Generator *m* <kfz.el> • starter alternator *:V*; starter-generator unit *:V*
Starterhebel *m* <kfz.mot> • choke valve lever
Starterklappe *f* <kfz.mot> • choke valve; choke flap
Starterknopf *m* <el> • starter push-button; starter button
starterlose Schaltung *f* <licht> • starterless circuit
Starterschaltung *f* <el> • starter circuit; switch-start circuit
Starterschlüssel *m* <kfz.wz> • obstruction wrench; half moon box wrench *US*; half moon manifold wrench *US*
Startertaste *f* <el> *(zum Starten von Maschinen, Motoren)* • starting button; starting push-button; start button *pract*
Starter- und Blockschlüssel *m form* <kfz.wz> • obstruction wrench; half moon box wrench *US*; half moon manifold wrench *US*
Starterverzahnung *f* <kfz.mot> • flywheel ring gear; starter motor ring gear; starter ring gear; flywheel starter ring; gear ring
Starterzahnkranz *m* <kfz.mot> • flywheel ring gear; starter motor ring gear; starter ring gear; flywheel starter ring; gear ring
Starterzug *m* <kfz.el> *(Seilzug zum Starterschalter; z. B. in Fiat500)* • starter switch control cable
Starterzug *m* <kfz.msr> *(Bowdenzug der Starterklappe)* • choke control cable
Startfeder *f* <kfz.mot> • starting spring
Startfläche *f* <aerospace> • launch plane
Startflugplatz *m* <aerospace> • departure aerodrome; take-off aerodrome
Startflugplatz *m* <aerospace> • take-off airfield
Start-Freifeld *n* <edv> • leading quiet zone; starting empty field
Startfunktion *f* <av> • start
Startgeschwindigkeit *f* <tech.allg> • starting velocity
Startgeschwindigkeit *f* <aerospace> • take-off speed; get-away speed

Startgrube *f* <bau> *(Tunnelbau)* • access pit
Startgrube *f* <bau> • drive pit; launch pit
Starthebel *m* <kfz.mot> • starting lever
Start-Hellzone *f* <edv> • leading quiet zone; starting empty field
Starthilfe *f* <aerospace> • boosting; launching assistance
Starthilfe *f* <el> • ignition aid
Starthilfe *f* <kfz> *(Notmaßnahme; jede Art)* • assist-starting; emergency starting
Starthilfe *f* <kfz.mot> *(Unterstützung für Kaltstart)* • cold start device (CSD)
Starthilfebatterie *f* <kfz.el> • booster battery
Starthilfekabel *n DIN 72553* <kfz.el> • jumper cable; booster cable; jump leads *rare*
Starthilfsrakete *f* <aerospace> • rocket-assisted take-off unit; RATO unit; jet-assisted take-off rocket; JATO rocket; auxiliary start engine
Startimpuls *m* <el> • initiating pulse; starting pulse; pilot pulse
Startkatalysator *m* <kfz.emiss> *(Bauteil der Auspuffanlage)* • primary catalytic converter; primary converter
startklar <aerospace> • ready for take-off
Startknopf *m* <el> • starter button
Startkriterium *n* <msr> • trigger criterion; start criterion
Startlage *f* <aerospace> • launch position
Startleistung *f* <aerospace> • starting power
Startleistung *f* <aerospace> *(Triebwerk)* • take-off power
Startmasse *f* <aerospace> *(Rakete)* • initial mass; launching mass
Startmasse *f* <aerospace> *(Flugzeug)* • take-off mass
Startmenge *f* <kfz.mot> • starting delivery
Startmengenstellung *f* <kfz.mot> • starting delivery position
Startmoment *n* <masch> • breakaway torque; starting torque
Startmuster *n* <edv> • start pattern; start character
Startphase *f* <allg> *(z. B. Werbekampagne, Rakete)* • launching phase
Startphase *f* <aerospace> *(Rakete)* • booster phase
Startphase *f* <el> *(Empfänger)* • start-up phase
Startplattform *f* <aerospace> *(f. Rakete; stationär oder mobil)* • launch pad; launching platform; launching pad
Startplatz *m* <aerospace> • launching site; launch site
Startpult *n* <mil> • launch-control post
Startpunkt *m* <tech.allg> *(einer Bewegung)* • starting point
Startrakete *f* <aerospace> • launching rocket
Startrakete *f* <aerospace> *(1. Stufe einer Rakete)* • rocket booster
Startraketentriebwerk *n* <aerospace> • take-off rocket
Startrampe *f* <aerospace> • launching ramp; take-off ramp; ramp launcher
Startreagens *n* <chem> *(einer Kettenreaktion)* • trigger
Startreaktion *f* <chem> • start reaction; initiating reaction
Startroutine für Ladeprogramm *f* <edv> • bootstrap routine
Start-Ruhezone *f* <edv> • leading quiet zone; starting empty field
Startschacht *m* <aerospace> • launcher silo
Startschacht *m* <bau> • drive shaft
Startschalter *m* <el> *(betont: Schalter nur für Starter)* • starting switch
Startschiene *f* <aerospace> • rocket launcher rail; launcher rail; launching rack
Startschleuder *f* <tech.allg> *(Modellflugzeug)* • catapult
Startschub *m* <aerospace> *(Rakete)* • initial thrust; starting thrust
Startschub *m* <aerospace> *(Flugzeug)* • start thrust; take-off thrust
Startschwierigkeiten *fpl* <kfz.mot> *(Motor)* • hard starting

Startselektor m <msr> • start selector; starting sensor US
Startselektorfunktion f <msr> • start selector function
Startsequenz f <edv> • start pattern; start character
Startsignal n <kfz.msr> (der Kurbelwelle) • crank signal
Startspannungsanhebung f <kfz.el> (Zündspannung) • start boosting :V; starting-voltage boosting Bosch
Startsperre f <kfz> • starting interlock; starter interlock; starter lockout; start inhibitor
Startstellung f <aerospace> • launch position
Startstellung f <kfz.mot> • starting position
Startstellung f <mil> • missile-firing installation; missile-firing emplacement; firing base; firing site
Start-Stopp-Betrieb m <edv.tele> • start-stop operation
Start-Stopp-Lücke f <av> • interrecord gap
Start-Stopp-Multivibrator m <el> • start-stop multivibrator
Start-Stopp-Prinzip n <edv.tele> • start-stop system
Start-Stopp-Schreiber m <tele> • start-stop teleprinter
Start-Stopp-Übertragung f <edv> • start-stop transmission
Start/Stop-Zyklus m Quantum <edv> (Festplatte) • start/stop cycle
Startstrecke f <aerospace> (von Flugzeug) • take-off distance; starting distance
Startstromstoß m <el> • start impulse; start pulse
Startstufe f <aerospace> (mehrstufige Rakete) • launching stage; mother missile
Starttaste f <av> (z. B. Abspielgerät) • start button
Start-Taste f <av> • start button
Starttaste f prakt <el> (zum Starten von Maschinen, Motoren) • starting button; starting push-button; start button pract
Starttaster m <el> • start button
Starttisch m <aerospace> (f. Rakete; stationär oder mobil) • launch pad; launching platform; launching pad
Starttisch m <mil> • launching base
Starttriebwerk n <aerospace> • booster rocket engine; rocket booster
Starttriebwerkdüse f <aerospace> • booster motor nozzle; booster nozzle
Startturm m <aerospace> • rocket launching tower
Startüberbrückung f <kfz.el> (Leitung) • start bypass
Start- und Landebahn f <aerospace> • airport runway; runway
Start- und Landebahnbefeuerung f <aerospace> • runway lights; strip lights
Start- und Landepiste f <aerospace> • airstrip
Start und Landung <aerospace> • take-off and landing
Startventil n <kfz.mot> (Kraftstoffeinspritzung) • cold start injector; cold start valve
Startvergaser m <kfz.mot> • starting carburetor US; starting carburettor GB
Startvermögen n <kfz> • starting ability
Startwegpunkt m <navig> • departure waypoint; FROM waypoint
Startwicklung f <el> • starting winding
Startwinkel m <aerospace> • launching angle
Startzeichen n <edv> • start flag
Startzeichen n <edv> • start pattern; start character
Startzeit f <av> (z. B. Magnetband) • start-up time
Startzeit f <edv> (Festplatte) • power on to drive ready; drive ready time; power-on to ready
State Implementation Plan m <ents> (US-Gesetzgebung) • State Implementation Plan (SIP)
Static Random Access Memory m (SRAM) <edv> • static random access memory (SRAM); SRAM; SRAM chip; static RAM
Statik f <mech> • statics
statikformverleimt <bau> (Holzprofile) • laminated

Statikgurt m <kfz.sich> • static belt
Statin n ® <pharm> (Gruppe von Lipidsenkern) • cholesterol synthesis inhibitor; HMG-CoA reductase inhibitor; reductase inhibitor; statin rare
Station f <verk> • station
stationär <tech.allg> (befestigt) • fixed
stationär <tech.allg> (Objekt; nicht beweglich) • immobile
stationär <tech.allg> (nicht mobil; z. B. Anlage, Einrichtungen) • stationary; fixed
stationär <edv> (Scanner) • machine mountable; machine mount; stationary
stationär <masch> (z. B. Sonnenrad im Planetengetriebe, Ständerwicklung) • stationary
stationär <phys> (im Gegensatz zu mobil; z. B. Feld, Ladung) • stationary
stationär <phys> (nicht veränderlich) • steady-state; steady
stationär <phys> (Strömungslehre) • viscous
stationär <phys> (Strömung, turbulenzfrei) • streamline; laminar
stationäre Anlage zur Geschwindigkeitsüberwachung f form <verk> (zur Geschwindigkeitsüberwachung) • stationary radar trap
stationäre Belastung f <tech.allg> (im Ggs. zu transienter Belastung) • constant load; permanent load; steady load; steady-state load
stationäre Elektrode f <el.chem> • stationary electrode
stationäre Kreisfahrt f <kfz> (Testen des Kurvenverhaltens) • steady-state cornering
stationäre Phase f <chem> (Chromatografie) • stationary phase
stationäre Plattform f <petr> • stationary platform
stationäre Radarfalle f <verk> (zur Geschwindigkeitsüberwachung) • stationary radar trap
stationärer Aufbau m <obfl> (der Druckluftquelle) • stationary design
stationärer Empfänger m <navig> • stationary receiver
stationärer Gasmotor m <ökol> (z. B. mit Biogas betrieben) • stationary gas engine
stationärer Kopf m <edv> • stationary head
stationärer Motor m <mot> (Ggs. zu Fahrzeugmotor) • stationary engine
stationärer Scanner m <edv> (Kassenscanner, Strichcodeleser) • fixed mounted scanner; fixed station scanner; fixed base scanner; fixed scanner
stationärer Strom m <el> • steady current
stationärer Wert m <tech.allg> • steady-state value
stationärer Zustand m norm <tech.allg> (zeitlich unveränderte Parameter) • steady state stand
stationärer Zustand m <phys.chem> • stationary state
stationäre Schwingung f <phys> • steady-state oscillation
stationäres Feld n <phys> • stationary field; steady-state field
stationäres Funktelefon n <tele> • fixed cellular terminal
stationäres Plasma n <nukl> • steady state plasma; steady plasma state; steady state
stationäre Startanlage f <aerospace> • launch installation; launch site
stationäre Strömung f <phys> • steady flow
stationäre Strömung f <phys> (zeitliche Konstanz) • stationary flow
stationäre Wirbelschichtfeuerung f (SWSF) <ents> • bubbling bed FBC; bubbling FBC; dense-phase AFBC; fixed bed FBC
Stationaritätsbedingung f <msr> • steady-state condition
Stationskennung f <navig> • identification signal
Stationsschrank m <el> • cabinet

Stationstaste f <av> *(betont: Suchfunktion)* • station-finder push-button

Stationstaste f <av> *(betont: Speicherfunktion)* • preset station button; channel preset button; channel preset

Stationstasten-Anzeige f <kfz.av> • preset station indicator; station preset indicator

Stationszeichen n *form* <av> *(Tonzeichen)* • signature tune

statisch <el> *(Elektrizität)* • static

statisch <phys> • static

statisch ausgeglichen <mech> *(allg.)* • statically balanced

statisch ausgewuchtet <mech> *(Rotationsteile; z. B. Räder)* • statically balanced

statisch bestimmt <mech> • statically determinate

statische Aufladung f <el> *(Vorgang; z. B. durch Reibung)* • static charging

statische Aufladung f <el> *(Ergebnis des Vorgangs)* • static charge

statische Berechnung f <bau> *(z. B. eines Tragwerkes)* • design calculation

statische Bereitstellung f <logist> *(Kommissionieren)* • in-aisle order picking; travel pick

statische Bewehrung f <bau> • statical reinforcement

statische Daten npl <logist> • static data npl

statische Deemphasis f <av> • static de-emphasis

statische Dichtung f <tech.allg> • static seal

statische Elastizitätstheorie f <mech> • elastostatics

statische Elektrizität f <el> • static electricity

statische Entladung f <el> • static discharge

statische Genauigkeit f <navig> • static accuracy

statische Hochspannungsverteilung f <kfz.el> • static high-voltage distribution; stationary high-tension distribution; stationary ignition distributor system

statische Kennlinie f <el> • static characteristic

statische Konvergenz f <av> • static convergence; beam convergence

statische Kräfteanalyse f <mech> • static force analysis

statische Messung f <msr> • static measurement

statische Methode f <navig> • static survey; static surveying; static positioning

statische Präemphasis f <av> • static pre-emphasis

statische Prüfung f <qualit> • static test

statische Quecksilbertropfen-Elektrode f <el.chem> • static mercury drop electrode (SMDE)

statische Radunwucht f <kfz> • static wheel imbalance; wheel wobble *pract.coll*

statischer Arbeitspunkt m <el> • quiescent point; Q-point

statischer Ausgang m <el> • latched output; solid state output

statischer Elutionstest m <ents> • static leaching test

statischer Empfänger m <navig> • static receiver

statischer RAM n (SRAM) <edv> • static RAM (SRAM)

statischer Reifen-Halbmesser m <prod> • loaded tire radius (SLR); static loaded tire radius; static loaded radius; loaded radius

statischer Scanner m <edv> • fixed beam scanner

statischer Schirm m <el> • shield; cable shield[ing]; metal[lic] shield; metallic screen *ABG*; outside shielding

statischer Speicher m <edv> • static memory

statischer Test m <kfz.emiss> *(Kat-Aktivitätstest)* • static test

statisches Auswuchten n <mech> • static balancing

statisches Bett n <chem> • fixed bed; static bed

statische Schaltung f <el> • solid-state circuit

statisches Datenhandling nsg <msr> • static data handling

statisches Flächenmoment n <mech> *(z. B. einer Kraft, Masse)* • first moment of area; first moment *pract*; statical moment; static moment

statisches Magnetfeld n <phys> • magnetostatic field

statisches Menü n <edv> • tablet menu

statisches Moment n <mech> *(z. B. einer Kraft, Masse)* • first moment of area; first moment *pract*; statical moment; static moment

statische Sondierung f <bau> *(Bodenmechanik)* • static sounding

statisches RAM n <edv> • static random access memory (SRAM); SRAM; SRAM chip; static RAM

statisches Schaltgerät n <el> • solid-state switching device

statische Stabilität f <mech> • static stability

statische Stabilität f <phys> • static balance; standing balance

statisches Übertragungsverhalten nsg <msr> • static transfer characteristics pl

statisches Verfahren n <navig> • static survey; static surveying; static positioning

statisches Verhalten n <msr> • steady-state behavior; steady-state behaviour

statische Tragzahl f DIN ISO 76 <masch> *(Wälzlager)* • static load rating ISO 76; basic static load rating ISO 5593; static load coefficient

statische Unwucht f <mech> *(z. B. Reifen)* • static imbalance; static unbalance ISO 1925

statische Vermessung f <navig> • static survey; static surveying; static positioning

statische Vorspur f <kfz> • static toe-in

statische Zerreißfestigkeit f <mech> • modulus of rupture

statische Zündeinstellung f <kfz.el> • static ignition timing; static timing

statisch unbestimmt <mech> • statically indeterminate; undeterminate

statisch wirkend <mech> • externally pressurized

statisch wirkende Walze f <bau> • static roller

Statistik f <math> • statistics

Statistik irreversibler Prozesse f <therm> • kinetic theory

Statistikprotokoll n <tech.allg> • statistical report

statistisch abhängige Variable f <qualit> • correlated variable

statistisch abhängige Zufallsgröße f <qualit> • correlated variable

statistisch auswerten vt <allg> • evaluate statistically vt

statistische Aussage f <math> • statistical statement; probability statement

statistische Drift f <navig> • random drift

statistische Entscheidungsfunktion f <math> • statistical decision function

statistische Entscheidungstheorie f <math> • statistical decision theory

statistische Maßzahl f <math> • statistic

statistische Mechanik f <math.phys> • statistical mechanics; statistical physics

statistische Messzahl f <math> • statistic

statistische Physik f <math.phys> • statistical mechanics; statistical physics

statistische Prozessregelung f <msr> • statistical process control (SPC)

statistische Qualitätskontrolle f <qualit> • statistical quality control

statistischer Fehler m <math> • random error

statistische Sicherheit f <math> • level of confidence; significance

statistisches Mittel n <math> • statistical average

statistisches Signal *n* <tele> • non-repetitive waveform

statistische Streuung *f* <math> • statistical straggling

statistische Verteilung *f* <math> • statistical distribution; random distribution

statistisch signifikant <math> • statistically significant

statistisch verteilt <math> • statistically distributed; randomly distributed

Stativ *n* <tech.allg> *(z. B. für Kamera, Blitz, Theodolit)* • tripod

Stativ *n* <licht.theat> *(für mobile Scheinwerfer)* • floor stand; pillar stand; stand

Stativ *n* <opt> *(Mikroskop)* • stand

Stativanschluss *m* <phot> • tripod socket; tripod receptacle

Stativgewinde *n* <phot> • tripod socket; tripod receptacle

Stativkamera *f* <phot> • tripod-mounted camera

Stativstrahler *m* <obfl> *(Lackierkabinen)* • portable radiant drying unit; infrared radiant drier

Stator *m* <el> *(Elektromotor)* • stator

Stator *m* <el> *(Induktionsgeber)* • stator; stationary pole piece

Stator *m* <el> *(z. B. in Drehstromgenerator)* • stator; stator assembly

Stator *m* <förd> *(Exzenterschneckenpumpe)* • stator

Stator *m wiss* <kfz.antr> *(im Strömungswandler, Automatikgetriebe)* • stator; reactor; torque multiplier; reaction member

Statorblech *n rar* <el> *(Generator)* • stator core

Statorblechpaket *n rar* <el> • stator core

Statormesser *n* <pap> *(Rotorschneidemaschine)* • bed knife

Statorplatte *f* <el> *(Drehkondensator)* • stator vane; fixed plate

Statorschaufel *f* <turb> • fixed blade; fixed guide

Statorwelle *f* <antr> *(Drehmomentwandler)* • stator shaft; reaction shaft

Statorwicklung *f* <el> • stator winding

Statorzacken *m* <kfz.el> *(Induktionsgeber)* • stator tooth

Statoskop *n* <aerospace> • precision altimeter; statoscope

Statusabfrage *f* <edv> • status request

Statusaktualisierung *f* <edv> • status update

Statusangabe *f* <edv> • status update

Statusanzeige *f* <msr> • status indicator

Statusbit *n* <edv> • status bit

Statusbyte *n* <edv> • status byte

Statusflag *n* <edv> • status flag

Statuslampe *f* <msr> • status light

Statusmeldung *f* <msr> • status message; status signal

Statusregisterbefehl *m* <edv> • status register instruction

Statusseite *f* <navig> *(Display)* • status page; status display; satellite status display; satellite status page

Statusupdate *n* <edv> • status update

Statuswort *n* <edv> • status word

Statuswortregister *n* <edv> • status word register

Statuszeile *f* <edv> • status line

Stau *m* <tech.allg> *(Verstopfung bei materiellen Strömen; z. B. Fahrzeuge, Schüttgut)* • congestion

Stau *m* <tech.allg> *(betont: völlig verstopft; z. B. Papier im Kopiergerät, Kfz auf Straße)* • jam

Stau *m* <bau.hydr> *(an Laufwasserkraftwerk, Damm, Wehr etc.)* • differential head; drop; fall step

Stau *m* <hydr> *(von Wasser; absichtlich oder unabsichtlich)* • impoundage

Stau *m* <verk> *(allg.)* • traffic jam; traffic tie-up *US.coll*; traffic congestion

Stau *m ugs* <verk> *(betont: lange Fahrzeugschlange; z. B. an Baustellenengpässen)* • back-up *US*; tailback *GB*; traffic congestion [in front of an obstacle]

Stauanlage *f* <hydr> *(Wasserkraftwerk, Trinkwasserspeicher, Hochwasserschutz)* • dam plant; barrage; weir; dam

Stauaufladung *f* <kfz.mot> • constant pressure turbocharging

Staub *m* <sol> • particulate matter (PM); particulates; dust *ugs*

Staubabdeckung *f* <edv> • dust cover

Staubabdichtung *f* <tech.allg> • dust seal; dust sealing

Staubablagerung *f* <energ.sol> • dust deposition

Staubablagerungen *fpl* <verf> • dust deposits *npl*; deposits of particulate matter *npl*

Staubablagerung in Katalysatoren *f* <emiss> • plugging of catalyst pores

Staubablösung *f* <verf> • dust shave-off; particulate shave-off; dust dislodging

Staubabsaugeinrichtung *f* <prod> • dust-collecting equipment; dust-exhaust system

Staubabsauger *m* <ents> • suction dust remover

Staubabsaugsystem *n* <druck> *(Ablation-Technologie)* • debris removal system; shroud extraction system; extraction system *pract*

Staubabsaugung *f* <prod> • dust aspiration; dust exhaust; dust extraction

Staubabschälen *n* <verf> • dust shave-off; particulate shave-off; dust dislodging

Staubabscheider *m* <emiss.verf> *(z. B. in Abluft)* • dust arrester; dust catcher; dust separator; dust collector

Staubabscheider *m* <verf> *(durch Niederschlag; meist elektrostatisch)* • dust precipitator; precipitator

Staubabscheidung *f* <ents> • dust collection; particulate collection; dust removal; particulate removal; particulate control

Staubabsetzkammer *f* <verf> *(Schwerkraftabscheider)* • settling chamber; sedimentation chamber; drop-out box; expansion chamber

Staubalken *m* DIN 4048-1 <bau.hydr> *(Staukörper zwischen Wehrwangen)* • spill board

Staubanteil *m* <pap> • fines content

Staubanteil *m* <verf> • percentage of particulate matter

Staubaustrag *m* <verf> • dust discharge; dust being removed

Staub austragen *vt* <verf> • discharge dust *vt*

Staubaustragsöffnung *f* <verf> • collected dust discharge system; dust discharge device

Staubaustragssystem *n* <verf> • collected dust discharge system; dust discharge device

Staubaustragsvorrichtung *f* <verf> • collected dust discharge system; dust discharge device

Staubaustrittsöffnung *f* <verf> • dust outlet; dust out

Staubauswurf *m* <prod> • dust output; dust emission

Staubballen *m* <verf> • dust agglomerates *npl*; agglomerated masses of dust *npl*; agglomerates of dust *npl*; agglomerates of particulate matter *npl*; chunks of dust *npl*

Staubbekämpfung *f* <prod> • dust suppression

staubbeladen <ents> • dust-laden; dust-filled; dusty

staubbeladener Tropfen *m* <ents> • particulate-laden droplet; dust-laden droplet

Staubbeladung *f* <verf> • dust concentration; dust content; dust loading; particulate concentration

Staubbelästigung *f* <bau> • dust nuisance

staubbeständig <tech.allg> • dust-resistant

Staubbeutel *m* <prod> • dust bag

staubbindendes Öl *n* <tech.allg> • dust-laying oil

Staubbindeöl *n* <tech.allg> • dust-laying oil

Staubbindetuch *n* DIN EN ISO 4618 <obfl> • tack rag *US*; tack cloth; tacky cloth *rare*; dust trapping cloth *GB*

Staubbrand *m* <verf> • dust hazard

Staubbrenner *m* <verbr> • pulverized-fuel burner

Staubbunker m <ents> • dust collecting hopper; dust bunker; dust container; dust bin; dust hopper

staubdicht <tech.allg> • dust-tight; sealed against dust; dust-proof

staubdicht gekapselt <tech.allg> • dust-tight; sealed against dust; dust-proof

Staubdichtung f <tech.allg> • dust-proof seal

Staubecken n <energ> (allg. Wasserkraftwerk) • reservoir; storage reservoir; storage basin; impounding reservoir

Staubecken n <hydr> (Rückhaltebecken) • retaining basin

Staubemission f ugs <emiss> • airborne particulate emission; dust emission coll

Staubentnahmegerät n <tech.allg> • dust sampler

Staubexplosion f <verf> • dust explosion

Staub-Ex-Zulassung f <el> • certified Dust-Ex unit

Staubfänger m <verf> (Hochofen) • gravity dust catcher; dust catcher

staubfein <mat> • powdered

Staubfeuerung f <verbr> • pulverized-fuel suspension firing; suspension firing

Staubfilter m/n <verf> (z. B. in Staubsauger) • dust filter

Staubfließverfahren n <chem> • fluidized-bed process; fluidized-bed technique

staubförmig <mat> • powdered; pulverulent

staubförmige Emission f <ents> • dust emission

staubfrei <tech.allg> • dust-free

staubfreier Raum m <tech> • cleanroom ISO 14644-1; clean air room

staubfreies Schleifpulver n <prod> • flour abrasive

staubfreies Strahlen n <prod> • dustless blasting

staubgefeuert <verbr> • pulverized-fuel-fired

Staubgehalt m <ents> (im Rauchgas) • gas loading

Staubgehalt m <verf> • dust concentration; dust content; dust loading; particulate concentration

Staubgehaltmesser m <verf.msr> • konimeter; dust particle counter; dust counter; coniometer

Staubgehaltsmesser m <msr> • konimeter; dust collector

staubgeschützt <tech.allg> • dust-tight; sealed against dust; dust-proof

staubgeschütztes Gehäuse n <tech.allg> • dust-proof enclosure

staubhaltig <ents> • dust-laden; dust-filled; dusty

staubhaltig <verf> • dust bearing; dust-laden; dusty

staubhaltige Luft f <tech.allg> • dust-laden air

Staubhaube f <tech.allg> • dust hood

staubig <tech.allg> • dusty

Staubkammer f <tech.allg> • dust chamber; settling chamber; drop-out box

Staubkappe f <kfz.el> (steif; Kunststoff; z. B. Generatorrückseite) • dust cover; molded cover Lucas

Staubkohle f <verbr> • powdered coal; dust coal; pulverized coal

Staubkonzentration f <verf> • dust concentration; dust content; dust loading; particulate concentration

Staubkorn n <druck> (Ablation-Technologie) • remaining debris; debris

Staubkuchen m <verf> (trocken) • filter cake; dust cake

Staubkuchen m <verf> • dust layer; dust cake

Staubmaske f <tech.allg> • dust respirator

Staubmasse f <verf> • dust concentration; dust content; dust loading; particulate concentration

Staubmesser m <msr> (Staubprobensammler) • impinger apparatus; impinger; dust impinger

Staubmessgerät n <msr> (Staubprobensammler) • impinger apparatus; impinger; dust impinger

Staubmessgerät n <msr> • konimeter; dust collector

Staubmühle f <verf> • pulverizing mill

Staubpartikel n <ents> • dust particle

Staubprobe f <msr> • dust sample

Staubprobenahme f <msr> • dust sampling

Staubprobensammler m <msr> • dust sampler; dust impinger

staubresistent :V <obfl> • dust-free

Staubsack m <metall> (Hochofen) • gravity dust catcher; dust catcher

Staubsammelbunker f <ents> • dust collecting hopper; dust bunker; dust container; dust bin; dust hopper

Staubsammeltrichter m <ents> • dust collecting hopper; dust bunker; dust container; dust bin; dust hopper

Staubsammelvorrichtung f <ents> • dust collecting hopper; dust bunker; dust container; dust bin; dust hopper

Staubsammler m <tech.allg> • dust catcher

Staubsand m <mat> • flour sand

staubsaugen vt <verf.innen> (mit Staubsauger; z. B. Teppiche, Polster) • vacuum vt

Staubsauger m <verf.innen> • vacuum cleaner; vac US.coll

Staubschicht f <verf> • dust layer; dust cake

Staubschicht auf der Niederschlagswand f <verf> (Röhrenelektroentstauber) • dust on precipitator wall

Staubschichtdicke f <ents> (z. B. Filter) • thickness of dust layer; thickness of dust cake

Staubschutz m <tech.allg> (Einrichtung) • dust guard

Staubschutz m <tech.allg> (Maßnahme) • dust-proof protection; dust protection

Staubschutz m <edv> • dust cover

Staubschutzhelm m <bekl> • antidust helmet

Staubschutzhülle f <tech.allg> • dust-protective cover; dust cover

Staubschutz-Kalotte f <av> (Lautsprecher) • dust cap; center dome US; centre dome GB

Staubschutz-Kappe f <av> (Lautsprecher) • dust cap; center dome US; centre dome GB

Staubschutzkappe f <kfz> (flexibel; z. B. für Kolben und Druckstangen) • dust boot; dust seal; dust guard; boot; dust cover

Staubschutzklappe f <edv> (Laufwerk) • shutter

Staubschutzlippe f <masch> • dust lip

Staubschutzmanschette f <kfz> (flexibel; z. B. für Kolben und Druckstangen) • dust boot; dust seal; dust guard; boot; dust cover

Staubschutzmaske f <bekl.sich> • dust mask

Staubschutzring m <masch> • dust washer

Staubsichter m <msr> • dust-collecting equipment

Staubspeicherbunker m <verf> • dust storage depository; dust storage hopper; storage hopper

Staubsträhnen fpl <verf> • dust agglomerates npl; agglomerated masses of dust npl; agglomerates of dust npl; agglomerates of particulate matter npl; chunks of dust npl

Staubteilchen n <ents> • dust particle

Staubteilchenzähler m <verf.msr> • konimeter; dust particle counter; dust counter; coniometer

staubtrocken <obfl> • tack-free; touch-dry; dust-dry

Staubvergasungsverfahren n <chem> • entrained gasification process

Staubverhalten von Farbstoffen n ISO 105 Z05 <textil.obfl> • dusting behaviour of dyes ISO 105 Z05

Staubverteiler m <tech.allg> (Zerstäuber) • delivery spout

Staubwanne f <pap> • dust pan fines tray

Staubwiderstand m <ents> • electrical resistance; electrical resistivity of particles; particle resistivity

Staubwolke f <verf> • cloud of dust

Staubzähler m <verf.msr> • konimeter; dust particle counter; dust counter; coniometer

Staubzentrifuge f <verf> • centrifugal separator

Stauchamboss m <metall> • anvil heel

Stauchautomat m <wz.masch> • automatic header

Stauchdruck m <füg> (Nieten) • push-up pressure

Stauchdruck *m* <prod> • upsetting pressure
Stauchen *n* <tech.allg> *(allg.)* • squash; bulge
Stauchen *n* <edv> *(m. anderem Element verbundenes Grafikelement verschieben u. verkleinen)* • shrinking :V
Stauchen *n* <kfz.rep> *(Blechformen, durch Hammerschläge)* • tucking; shrinking
stauchen *vt* <edv> *(m. anderem Element verbundenes Grafikelement verschieben u. verkleinen)* • shrink *vt* :V
stauchen *vt* <masch> • upset *vt*
stauchen *vt* <msr> *(Material zusammendrücken)* • compress *vt*
stauchen *vt* <prod> *(z. B. Nägel)* • clinch *vt*
stauchen *vt* <prod> *(z. B. Schraubenköpfe)* • head *vt*
stauchen *vt* <prod> *(z. B. Sägezähne)* • swage *vt*
stauchen *vt* <prod> *(allg.; durch Druck verformen)* • squash *vt*
stauchen *vt* <prod.metall> *(vorschmieden)* • edge *vt*
Stauchfalzung *f* <füg> • buckle folding
Stauchgerüst *n* <prod> • edging roll
Stauchgeschwindigkeit *f* <pap> • compression rate
Stauchgesenk *n* <prod> • blocker die
Stauchgrat *m* <prod> • upsetting flash
Stauchgrenze *f prakt* <mech> *(Fließgrenze bei Druckbeanspruchung)* • compression yield point
Stauchindex *m* <pap> • compression index
Stauchkaliber *n* <prod> • edging pass; upset pass
Stauchkammerverfahren *n* <chem.petr> • stuffer box method
Stauchkraft *f* <mech> *(allg.)* • compressive force
Stauchkraft *f* <pap> *(z. B. Wellpappe)* • crushing force
Stauchkraft *f* <prod> *(beim Schmieden)* • forging force; upsetting force
Stauchkraft *f* <prod> *(beim Pressen)* • platen force
Stauchlast *f* <pap> *(z. B. Wellpappe)* • crushing load
Stauchmaschine *f* <wz.masch> • upsetting machine; heading machine
Stauchmatrize *f* <wz> • forging-machine die; heading die
Stauchplatte *f* <pap> • crushing platen
Stauchpresse *f* <wz.masch> • upsetting press
Stauchprüfmaschine *f* <pap> • compression testing machine
Stauchprüfpresse *f* <pap> • box compression tester
Stauchprüfung *f* <qualit.mat> *(analog zum Zugversuch; bis zum Kollaps des Probenkörpers)* • compression test; pressure test; collapse test
Stauchschlitten *m* <prod> • moving platen
Stauchschlitten *m* <wz.masch> • heading slide; ram
Stauchschmieden *n* <prod> • upset forging; upsetting
Stauchschmiedeteil *n* <prod> • upset forging
Stauchsetzmaschine *f* *(Aufbereitung)* • percussion jig; movable-sieve jig
Stauchspannung in kPa *f* <pap> • compressive stress kPa
Stauchstempel *m* <prod.wz> • upsetting punch
Stauchstich *m* <prod> • edging pass; upset pass
Stauchstufe *f* <prod> • upset pass; blow
Stauch-Tragfähigkeit *f* <pap> • compression load-bearing ability
Stauch- und Streckmaschine *f* <prod> *(Blechformmaschine)* • shrinker/stretcher
Stauchung *f* <kfz> *(Unfallschaden)* • buckle
Stauchung *f* <kfz> *(Rahmenschaden)* • mash
Stauchung *f* <mech> *(z. B. im Stauchversuch; Kunststoffverarbeitung)* • compression
Stauchung *f* <mech> • linear compression
Stauchung *f* <mech> • axial compression; compression; shortening
Stauchung *f* <prod> • heading
Stauchung *f* <prod> • upsetting; upset

Stauchung *f* <qualit.mat> • longitudinal contraction
Stauchverhältnis *n* <prod> • length-diameter ratio; L/D ratio
Stauchversagen *n* <pap> • compressive failure
Stauchversuch *m* <qualit.mat> • crushing test
Stauchversuch *m* <qualit.mat> • upsetting test
Stauchversuch *m* <qualit.mat> *(analog zum Zugversuch; bis zum Kollaps des Probenkörpers)* • compression test; pressure test; collapse test
Stauchwalze *f* <metall> • edging roll
Stauchwalzgerüst *n* <metall> • edging mill
Stauchwiderstand *m* <pap> • compressive strength crush resistance crush streng
Stauchwiderstand bei niedrigem Schlankheitsgrad *m* <pap> • short span compression strength
Stauchwiderstand STFI *m* <pap> • compression resistance SCT
Stauchwiderstandswert *m* <pap> • crush number
Stauchwiderstand von Wellenrohpapier *m* <pap> • corrugated crush test
Stauchwulst *m* <prod> *(allg., jeder Werkstoff)* • upset material
Stauchwulst *m* <prod> *(aus Metall)* • upset metal
Stauchzugabe *f* <prod> • heading allowance
Stauchzugabe *f* <prod> • upset allowance
Staudamm *m* <bau.hydr> • dam; storage dam; barrage
Staudamm mit Überlaufschacht *m* <bau> • drop-inlet dam
Staudruck *m* <kfz.antr> *(im Strömungswandler-Leitrad)* • ram pressure
Staudruck *m prakt.ugs* <kfz.emiss> *(allg. und Viertaktmotor)* • exhaust backpressure; back pressure *pract.coll*; exhaust gas backpressure *form*
Staudruck *m norm* <kst> *(hinter der Schnecke)* • back pressure
Staudruck *m wiss* <phys> *(am umströmten Körper)* • dynamic pressure; dynamic head; stagnation pressure
Staudruckbremse *f* <mot.brems> • exhaust brake
Staudrucklog *n* <msr> • hydrodynamical log
Staudruck-Lufthutze *f* <kfz> *(hervorstehend)* • air scoop
Staudüse *f* <fz> *(fängt Fahrtwind ein (Belüftung, Kühlung))* • diffuser
stauen *vt* <energ> *(Wasserkraftanlage)* • impound *vt*
stauen *vt* <hydr> • dam *vt*
stauen *vt* <nav> *(Ladung)* • stow *vt*
Staufferbüchse *f* <tribo> • grease cup
Staufferbüchse *f* <tribo> • Stauffer lubricator
Staufferbüchse *f* <tribo> • Stauffer screw-down greaser
Staufferfett *n* <tribo> • cup grease; grease
Staufförderer *m* <logist> *(z. B. als Einlagerungsförderer)* • accumulating conveyor
Stauhaltung *f* <energ.hydr> • impoundment
Stauhöhe *f* <energ> *(Wasserkraftanlage)* • impounding head
Stauhöhe *f* <hydr> *(z. B. Wasserkraftwerk)* • barrage height; height of damming
Stauhöhe *f* <pap> *(Auflaufkasten)* • head of stock
Staukante *f* <mot> *(Kondensator)* • edge of rise
Staukasten *m* <kfz> • locker
Staukasten *m* <nfz> *(unterflur)* • underbody toolbox; belly locker *sl*
Staukasten *m Pick-Ups* <nfz> • storage chest *pickup trucks*; tool box *pickup trucks*
Staukasten *m* <pap> • weir box
Stauklappe *f norm DIN 4048* <hydr> *(Wehr)* • gate check; flap gate; flapgate
Stauklappe *f* <kfz.mot> *(L-/LE-Jetronic)* • sensor flap
Stauklappenwehr *n* <hydr> *(Wehr)* • gate check; flap gate; flapgate
Staukoeffizient *m* <nav> • stowage factor

Staukontrolle f <allg> *(z. B. Flaschenabfüllungsanlage, Müllsortierung)* • jamming control
Staukopf m <kst> *(Blasformen)* • accumulator head
Staukuppe f <geo> • dome
Staulamelle f <hydr> *(Talsperre)* • storage level elevation
Staulinie f <hydr> • backwater curve
Staulippe f <pap> • slicelip
Staulücke f <nav> • broken stowage
Staumauer f <bau.hydr> • masonry dam
Staumessvorrichtung f <verf.hydr.msr> • level differential sensing device; level sensing device
Stauplatte f <kfz.mot> *(K-Jetronic)* • sensor plate
Stauplatte f <nukl> *(im unteren Kerntragwerk)* • flow distributor plate
Staupunkt m <chem> *(Destillation)* • loading point; phase-inversion point
Staupunkt m <nukl> *(im Divertor)* • null point; null field
Staupunkt m <phys> *(Strömung)* • stagnation point
Staupunkttemperatur f <phys> *(Strömung)* • stagnation temperature
Stauraum m <energ.hydr> • storage; reservoir capacity; storage capacity
Stauraum m <kfz> • stowage space
Stauraum m <nfz> • luggage storage space; luggage space; storage space
Stauraum für Kleinteile <kfz.innen> • oddment stowage space
Staurohr n <aerospace> • Pitot tube
Staurohr n <msr> *(Strömungsmessung)* • Pitot tube; impact tube
Staurohrwindmesser m <meteo> • pressure-tube anemometer
Staurollenförderer m <logist> *(z. B. als Einlagerungsförderer)* • accumulating conveyor
Stauscheibe f <kfz.mot> *(K-Jetronic)* • sensor plate
Stauscheibe f <kst> • breaker plate
Stauscheibe f <msr> • measuring orifice
Stauscheibe f <rls> • baffle plate; baffle
Stauscheibe f <rls> *(eine Lochblende)* • orifice plate
Stauschleuse f <bau> • dam-up lock
Stauschwall m • backwater surge; back wave
Stausee m <hydr> *(z. B. für Trinkwasser, für Wasserkraftwerk)* • artificial lake; dam lake; obstruction lake
Stausee m <hydr> • reservoir
Stauspiegel m <hydr> *(Wasserkraftwerk)* • head water level
Stauspiegel m <hydr> *(z. B. Flusskraftwerk)* • storage level
Staustrahlrohr n <aerospace> • aerothermodynamic duct; atherodyde; athodyde
Staustrahltriebwerk n <aerospace> • ramjet engine
Staustufe f <energ.hydr> • weir; dam stage
Staustufe f <hydr> *(Flusskraftwerkskette)* • barrage
Staustufenkraftwerk n <energ> *(innerhalb einer Kette von Flusskraftwerken)* • barrage power station
Stautemperatur f <phys> • stagnation temperature
Stauung f <bau> *(z. B. Hochwasser, Oberwasser (Wasserkraftwerk))* • damming up
Stauung f <bau> *(z. B. eines Flusses)* • stemming
Stauung f <nav> • stowage
Stauung f <phys> *(Fluid, z. B. Luft, Wasser)* • stagnation
Stauverfahren n <msr> *(z. B. Pitot-Rohr)* • differential pressure flow metering
Stauvorrichtungsbetätiger m <pap> • slice actuator
Stauwand f <hydr> • dam wall
Stauwasser n <energ.hydr> • banking; banked-up water; damed-up water
Stauwasser n DIN 4049-3 <geo> *(nicht: Stillwasser)* • dead tide; slack water
Stauwasser n <hydr> • backwater

Stauwehr n <hydr> • flood gate; mill-dam
Stauweite f <bau> • length of backwater influence
Stauweite f <energ.hydr> • swell amplitude
Stauwerk n <hydr> *(z. B. Wasserkraftwerk)* • barrage; headworks; headwork
Stauwurzel f <hydr> • head of reservoir
Stauzeit f <hydr> • retention time
Stauziel n <energ.hydr> • top designing water level
Stauziel n <energ.hydr> • full supply level
Stauziel n <energ.hydr> *(für Stau- oder Speicherbecken festgelegte Wasserspiegelhöhe)* • level
Stauziel n <hydr> • expected permanent level; permanent level
Stb-Rohr <ents.hydr> • reinforced concrete pipe; RC pipe
STC <tech.allg> • standard test conditions (STC)
SteadyShot n Son <av> • SteadyShot Son
Steamblock m <energ> • package boiler
Steam-set-Farbe f <druck> • steam-set ink
Stearin n <chem> • stearin
Stearinpech n <chem> • stearin pitch
Stearinsäure f <chem> • stearic acid
Steatit m <min> • steatite; soapstone; lard stone
Stechahle f <wz> • scratch awl
Stechbeitel m <wz> • ripping chisel; socket-firmer chisel
Stechdrehmeißel m <wz> • narrow-blade cutting-off tool; parting turning tool; end-cut turning tool
Stechen n <mil> • shoot-off
stechen vt <med> *(Ohrläppchen, Zunge, Nabel etc.)* • pierce vt
stechen vt <mil> *(Schusswaffe; spannen des Stechers)* • activate the set trigger mechanism vi; cock the hair trigger vi
stechend <allg> *(Geruch, Gestank)* • acrid
stechendes Schweißen n <füg> • pushing welding technique
Stecher m <mil> • hair trigger; set trigger
Stecher m <mus> *(Orgel)* • sticker
Stecher entspannen vt <mil> *(Stecher)* • deactivate the set trigger mechanism vt; decock the hair trigger vt
Stecherhebel m <mil> *(Freie Pistole)* • cocking lever
Stecherkoppel f <mus> *(Orgel)* • sticker coupler
Stechermechanik f <mus> *(Orgel)* • sticker action
Stecherscheide f <mus> *(Orgel)* • sticker guide rail
Stechheber m <nahr> *(z. B. für Wein)* • plunging siphon
Stechheber m <wz> • pipette
Stechhygrometer n <wz> • hygrometer probe
Stechkamm m <textil> • holding down sinkers; stitch comb sinkers; loop clearing sinkers; web holders
Stechkarren m DIN 4902 <förd> • two-wheel hand truck
Stechkarte f • clocking-in card
Stechmeißel m <wz> • necking tool; parting-off tool
Stechperforation f <druck> • pin perforation
Stechpipette f <chem> • dropping pipette
Stechschloss n <mil> • set trigger mechanism
Stechuhr f <msr> • time clock
Stechzirkel m <wz> • pair of dividers
Stechzirkel m <wz> *(z. B. Zeichnen, Messen, Übertragen)* • dividers
Steckachse f *(Motorrad)* • knock-out wheel spindle
Steckachse f <masch> • fully floating axle
Steckachse f <masch> • knock-out spindle
Steckachsenabzieher m <kfz.wz> • axle puller; flange type axle puller; axle shaft puller; rear axle puller
Steckachsenauszieher m <kfz.wz> • axle puller; flange type axle puller; axle shaft puller; rear axle puller
Steckachsen-Schlagauszieher m <kfz.wz> • axle puller; flange type axle puller; axle shaft puller; rear axle puller
Steckanschluss m <el> • plug-in connection; plug-and-socket connection; push-on connection

Steckanschluss *m* <el> • receptacle outlet
steckbar <tech.allg> • pluggable
steckbar <el> *(z. B. Karte)* • plug-in
steckbare gedruckte Schaltung *f* <ic> • plug-in printed circuit board
steckbarer Baugruppeneinschub *m* <tech.allg> • plug-in
steckbare Spule *f* <el> • plug-in coil
steckbares Relais *n* <el> • plug-in relay
steckbare Verbindungsschnur *f* <el> • patch cord
Steckbaugruppe *f* <tech.allg> • plug-in subassembly; plug-in unit
Steckbaustein *m* <tech.allg> • plug-in module
Steckbauweise *f* <tech.allg> • plug-in construction
Steckbodenschachtel *f* DIN 55405 <pack> • lock-end carton
Steckbohrbuchse *f* DIN 173 <prod> • slip renewable bushing; renewable drill bush *DIN 173*
Steckbolzen *m* <masch> • lock pin; stop pin
Steckbrücke *f* <allg> • connector
Steckbrücke *f* ugs <edv> *(typ. on PCBs)* • jumper
Steckbuchse *f* <el> • receptacle
Steckbuchse *f* <prod> *(Bohren)* • slip bushing
Steckbuchse *f* <tele> • pin jack
Steckbügel *m* <tele> • U-link
Steckdose *f* <el> • socket [outlet]; plug outlet; power outlet; plug connector; power point
Steckdose *f* <el> • receptacle
Steckdose *f* ugs <el.bau> • mains outlet; wall socket; power outlet
Steckdose *f* <kfz.el> *(für Zubehör, im Bereich Instrumententafel)* • inspection lamp receptacle *US*
Steckdosengerät *n* <tech.allg> • plug-in device
Steckdosenleiste *f* <el> *(jede Form; ein- od. zweireihig)* • power outlet box
Steckdosenleiste *f* <el> *(betont: einreihig, schmal, lang)* • power outlet strip; multiple outlet strip; outlet strip
Steckdosenleiste mit einzelner Absicherung *f* <el> • outlet box with individual fuse protection
Steckdosenleiste mit einzeln schaltbaren Steckdosen *f* <el> • outlet strip with individual switches; multiple switch strip
Steckdosenleiste mit Hauptschalter *f* <el> • power outlet box with master switch; outlet strip with master switch
Steckdosensäule *f* <el.tour> *(auf Campingplätzen)* • electric hook-up point
Steckeinheit *f* <edv> • snap-in module
Steckeinschub *m* <tech.allg> • plug-in unit
Steckelkaltwalzwerk *n* <metall> • Steckel cold-rolling mill; Steckel mill
Steckelwalzwerk *n* <metall> • Steckel cold-rolling mill; Steckel mill
stecken *vt* <tech.allg> *(Stift etc. in eine Öffnung; z. B. Stecker in Buchse)* • plug in *vt*
steckenbleiben *vi* <edv> *(z. B. Programm)* • stop *vi*
steckengeblieben <kfz> *(in tiefem Sand, Schnee, Sumpf)* • bogged; bogged down
steckengebliebener Block *m* <metall> • stool sticker
Stecker *m* <bau> • peg
Stecker *m* <el> *(i. Ggs. zu Buchse)* • plug connector; male connector; connector; plug; male
Steckeranschlussstelle *f* <el> • receptacle outlet
Steckerbauform *m* <msr> • plug connection; plug-in ...
Steckerfeld *n* <autom> • patchboard; plugboard
Stecker für Erweiterungssteckplatz *m* <edv> • expansion slot connector
Stecker für Schließwinkeltest *m* <kfz.el> • diagnostic dwell meter connector *GM*

Steckerhülse *f* <el> • pin bushing
steckerkompatibel • connector-compatible; plug-compatible
Steckerleiste *f* <el> • multipoint connector; frame connector; plug strip
Steckerleiste *f* <el> *(Leiterplatte)* • printed-circuit connector
Steckerleiste *f* <innen> *(z. B. Bücherregal)* • plug strip
Steckerloch *n* <el> • connector receptacle
Steckerschalter *m* <el> • plug switch
Steckerschnur *f* <el> • patch cord
Steckersicherung *f* <el> • plug fuse
Steckerstift *m* <el> • plug pin; contact pin; male plug
Stecker- und Buchsenverbindung *f* <el> • jack connection
Steckervariante *f* <allg> • model with plug connector; model with plug connection
Steckerverbindung *f* <msr> • plug connection; plug-in ...
Steckfassung *f* <el> • plug socket holder; plug socket
Steckfeld *n* <tech.allg> *(z. B. Elektrik, Pneumatik)* • plugboard; patch-board
Steckfeldprogrammierung *f* <msr> • plugboard programming
Steckfenster *n* <kfz> *(komplett mit Schürzen)* • side curtains
Steck-Gelenk-Schlüssel *m* rar <wz> • flex-head box wrench *US*; flex-head wrench *US*; flex-socket wrench *US*; swivel socket wrench *GB*
Steckgriff *m* :Roto <bau> • removable handle :Roto
Steckgriff *m* <wz> • spinner handle; driver; socket driver; spinner *rare*
Steckgriff mit Gelenk *m* form <wz> • flexible handle; breaker bar *US*; swivel handle *GB*; flex spinner *GB*; flex-head nut spinner *ISO*
Steckhülse *f* <el> • receptacle
Steckhülse mit Flachstecker *f* *m* <el> • receptacle with tab
Steckkarte *f* <edv> • extension card; add-on card; pluggable circuit card *rare*
Steckkarte *f* <el> *(Platine, bestückt, mit Kontaktkamm zum Einstecken)* • card; printed-circuit board; board *pract*; plug-in board *rare*
Steckkartenfassung *f* rar <edv> • slot
Steckkette *f* <antr> *(Kettentrieb)* • detachable chain
Steckkontakt *m* <el> • plug contact
Steckkontaktleiste *f* <el> • rack-and-panel connector
Steckkopplung *f* <füg> • adapter jack
Steckkraft *f* :V <el> *(beim Eindringen Stecker in Buchse)* • insertion force
Steckkupplung *f* <füg> *(für Rohr- und Schlauchverbindungen)* • push fit coupling
Steckkupplung *f* <rls> *(z. B. Rohr, Schlauch)* • plug-in coupling
Stecklampe *f* <licht> • jack lamp
Stecklasche *f* <pack.teil> • tuck; tuck flap
Steckleiste *f* <edv> • connector
Steckling *m* <holz> • cutting
Steckmodul *m* <tech.allg> • plug-in module; snap-in module
stecknadelkopfgroße Durchrostung *f* <kfz> • rust pinhole; pinprick rust hole
Stecknuss *f* <wz> *(Einsatz zum Aufstecken; z. B. auf Knarre)* • socket
Stecknusssatz *m* rar <wz> *(Auswahl von Antriebswerkzeugen und Einsätzen)* • socket set; socket wrench set; ratchet and socket set *US*
Steckplatz *m* <edv> • slot
Steckplatz *m* <msr> *(für Module in Baugruppenträger)* • module slot; module position; module location

Steckprogrammeinheit f <edv> • plug-program unit
Steckprogrammsteuerung f <msr> • plugboard control; plug-program control
Steckregal n <logist> *(Fachbodenregal)* • clip-together shelving; boltless shelving
Steckrelais n <el> • plug-in relay
Steckrohr n • plain coupler
Steckschalter m <el> • plug cut-out
Steckschalter m <el> • plug-in switch
Steckschloss n <bekl> *(an Riemen, Taschen)* • quick-lock buckle; quick-lock closure system
Steckschlüssel m <wz> *(allg.; komplett mit Griff oder nur als Einsatz, Nuss)* • socket wrench; socket spanner *GB*
Steckschlüssel m <wz> *(mit T-Griff, für Außensechs-kantschrauben und Muttern)* • nut driver; nut spinner *GB*; Tee-handled socket wrench *DIN 898*
Steckschlüssel m <wz> *(mit Querbohrung zum Einführen eines Stifts zum Drehen)* • socket wrench; box spanner *GB*
Steckschlüssel m <wz> *(Einsatz zum Aufstecken; z. B. auf Knarre)* • socket
Steckschlüsseleinsätze und Betätigungswerkzeuge npl <wz> • sockets and drive tools *pl*; sockets and accessories *pl GB*; socketry *sg GB*
Steckschlüsseleinsatz m <wz> *(Einsatz zum Aufstecken; z. B. auf Knarre)* • socket
Steckschlüsseleinsatz für Ölablassschrauben m <kfz.wz> • drain plug socket
Steckschlüsseleinsatz mit Doppelsechskant m <wz> • 12-point socket; double hex socket *US.pract*; bi-hexagon socket *GB*
Steckschlüsseleinsatz mit Doppelvierkant m <wz> • 8-point socket; double square socket
Steckschlüsseleinsatz mit Gelenk form <wz> • universal joint socket; universal socket; flexible socket *US*; flex socket *US.coll*
Steckschlüsseleinsatz mit Sechskant m <wz> • 6-point socket; hexagon socket *US*; single hexagon socket *US*
Steckschlüsselgarnitur f form. <wz> *(Auswahl von Antriebswerkzeugen und Einsätzen)* • socket set; socket wrench set; ratchet and socket set *US*
Steckschlüssel mit Griff m norm <wz> *(mit T-Griff, für Außensechskantschrauben und Muttern)* • nut driver; nut spinner *GB*; Tee-handled socket wrench *DIN 898*
Steckschlüsselsatz m <wz> *(Auswahl von Antriebswerkzeugen und Einsätzen)* • socket set; socket wrench set; ratchet and socket set *US*
Steckschlüsselsatz m <wz> *(Auswahl von Steckschlüsseleinsätzen)* • socket set; set of sockets
Steckschwert n <nav> • daggerboard
Steckschwertkasten m <nav> • daggerboard case; daggerboard box
Steckschwertschlitz m <nav> • daggerboard slot; slot
Stecksockel m <el> • plug base
Stecksockel m <msr> • plug-in base
Stecksockelrelais n <el> • plug-in relay
Steckspule f <el> • plug-in coil
Steckspule f <tele> • adjustable plug coil
Steckstift m <el> • pin plug
Stecktafel f <edv> • patch panel; patch board
Stecktafel f <el> • peg board
Stecktafel f <el> • plugboard; pin board
Stecktafelverdrahtung f <el> • patch-panel wiring
Stecktasche f <edv> • envelope *ECMA*
Steckverbinder m <el.lwl> *(allg.; Buchse oder Stecker)* • connector; plug-and-socket connector
Steckverbinder in Push-Push-Technik m <el> • push-push connector

Steckverbinder mit Schnappverschluss m <el> • snap-fit connector
Steckverbinder mit weiblichen Kontakten m <el> • receptacle
Steckverbinder-System n <el> • connector system
Steckverbindung f <el> • socket outlet and plug; plug connector; connector; plug-and-socket device
Steckverbindung f <el.lwl> *(allg.; Buchse oder Stecker)* • connector; plug-and-socket connector
Steckverbindung f <rls> *(von Rohren, z. B. in Auspuff-anlagen)* • slip joint; clamped joint connection
Steckverbindungsfeld n <el> • patch bay
Steckvorrichtung f <el> • socket outlet and plug; plug connector; connector; plug-and-socket device
Steerable Downhole Motor m <petr> • steerable downhole motor
Stefan-Boltzmann'sches Gesetz n <therm> • Stefan-Boltzmann law
Stefan-Boltzmann-Konstante f <therm> • Stefan-Boltzmann constant
Steg *DIN ISO 5419* <wz> *(Spiralbohrer)* • fluted land *ISO 5419*
Steg m *(z. B. Schallplatte)* • land
Steg m <tech.allg> *(Planetengetriebe)* • planet carrier; planet cage; planetary carrier; planet arm; cage
Steg m <aerospace> • web
Steg m <bau> • stem
Steg m <bau> *(Träger, Schiene)* • web
Steg m <bau> • web
Steg m <edv> *(zwischen Etiketten)* • holding strip; strip
Steg m <el> *(Batterie)* • cell connector
Steg m <el> *(Batterie)* • inter-cell link; cell connector
Steg m prakt <kfz.antr> *(Automatikgetriebe)* • planet spider
Steg m <kst> • flight land; screw land; land
Steg m <masch> *(kinematisches Getriebe)* • ground link; frame link; fixed member
Steg m <masch> *(z. B. Kette)* • stud; bridge
Steg m <msr> *(Kraft-Moment-Sensor)* • support
Steg m *DIN 55405* <pack.teil> • divider *BS 3130*; partition
Steg m <theat> • catwalk; cat-walk
Steg m <wz> *(im Ggs. zu Nut)* • land
Stegabstand m <füg> • root gap; root opening
Stegbefestigung f • spider support
Stegbefestigung f <el> • beam-lead technique
Stegbewehrung f <bau> • web reinforcement
Stegblech n <bau> *(Träger, Schiene)* • web plate
Stegbreite f <tech.allg> • land width
Stegbreite f <kst> *(Schneckensteg)* • land width; flight land width
Stegeinsatz m *DIN 55405* <pack.teil> • partitions *BS 3130*; divisions *BS 3130*; fillers *BS 3130*
Stegetechnik f <el.ic.prod> • beam lead bonding
Stegfläche f <kst> *(z. B. bei Schlitzdüse)* • land
Stegflanke f <füg> • root face
Stegflanke f <kst> • edge
Steghohlleiter m <el> *(Wellenleitertechnik)* • ridge waveguide
Stegkette f <masch> • stud-link chain
Stegkettenförderer m <förd> • drag conveyor; scraper-chain conveyor
Stegkettenförderer m <förd> • U-link conveyor
Stegknie n • tripping bracket
Stegkopf m <hydr> • mole head
Steglasche f • bracket clip
steglos *(Kette)* • plain
Stegplatte f <fz> • stay bridge
Stegrippe f <aerospace> • web rib
Stegseitenkante f <füg> • root edge
Stehachse f <phys> • vertical axis

Stehauf-Kreisel *m* <navig> • tippe top; tippy top

Stehbild *n rar* <av> • still image; still [frame]; freeze frame; field still *rare*; field freeze *rare*

Stehbildwerfer *m obs* <opt> • still projector *obs*

Stehblech *n* <kfz> *(allg.)* • kick panel; apron

Stehbodenbeutel *m* <pack> • block bottom bag; self-opening satchel bag *BS 3130*; S.O.S. bag

Stehbolzen *m* <füg> *(Stiftschraube im eingebauten Zustand)* • stud; stud bolt *rare*

Stehbolzen *m prakt* <füg> *(allg.)* • stud; stud bolt *rare*

Stehbolzen *m* <kfz> *(am Radträger)* • wheel stud; stud

Stehbolzenausdreher *m* <kfz.wz> • stud extractor; stud remover and installer *form*; stud setter and extractor *GB.form*; stud remover

Stehbolzendreher *m rar* <kfz.wz> • stud extractor; stud remover and installer *form*; stud setter and extractor *GB.form*; stud remover

Stehbolzen-Ein- und Ausdreher *m form* <kfz.wz> • stud extractor; stud remover and installer *form*; stud setter and extractor *GB.form*; stud remover

Stehbolzengewindebohrer *m* <wz> • stay bolt tap

stehen *vi (Werkzeugstandzeit)* • last *vi*

stehen *vi* • stand *vi*

stehen *vi* <allg> *(Person, Tier, Gegenstand)* • stand upright *vi*

stehen *vi* <tech.allg> • be at rest *vi*

stehen *vi* <tech.allg> *(z. B. Fahrzeug)* • be stationary *vi*

stehenbleiben *vi* <tech.allg> *(vorübergehend oder endgültig)* • halt *vi*; stop *vi*

stehenbleiben *vi ugs* <kfz.mot> *(Motor)* • stall *vi*

stehenbleiben *vi* <masch> • run down *vi*

stehenbleibende Pixel *npl* <edv> • remaining pixels *pl*; mouse droppings *pl coll.*

stehend <allg> • standing

stehend <allg> • standing upright

stehend <allg> • upright

stehend <tech.allg> • at rest

stehend <tech.allg> • in vertical position

stehend <phys> *(z. B. Welle)* • stationary

stehend <phys> *(Luft, Wasser)* • still

stehende Anzeige *f* <werb> • repeat advertisement

stehende Luftschicht *f* <bau> • dead air

stehende Part *f* <nav> • standing part

stehende Pfahlgründung *f* <bau> • bearing pile foundation

stehender Dampfkessel *m* <energ.therm> • vertical boiler

stehender Motor *m* <kfz.mot> • vertical engine

stehender Pfahl *m* <bau> • end-bearing pile

stehender Start <kfz> • standing start; start from rest

stehender Verkehr *m* <verk> *(großflächige Staus; z. B. innerstädtisch, bei Großveranstaltungen)* • traffic collapse

stehendes Bild *n* <av> • still image

stehendes Flöz *n* <geo.min> • vertical seam

stehendes Gewässer *n* <geo> *(z. B. ehemaliger Flussarm)* • dead water

stehendes Gewässer *n* <geo> • stagnant waters

stehendes Gießen *n* <prod> • pouring on end

stehende Turbine *f* <energ.hydr> • vertical-shaft turbine; vertical-axis turbine

stehende Welle *f norm* <av> • standing wave *stand*

stehende Welle *f* <phys> • standing wave; stationary wave

Stehfeld *n* <phys> • stationary field

Stehgleitlager *n* <masch> • pedestal plain bearing *ISO 4378-1*

Stehhöhe *f* <kfz> • headroom

Stehkolben *m* <masch> • flat-bottom flask

Stehkragen *m* <bekl> • stand up collar

Stehkugellager *n* <masch> • ball-bearing pillow block

Stehlager *n DIN 118-1* <masch> • pedestal bearing; plummer block [bearing]; pillow bearing

Stehlager *n DIN ISO 4378-1* <masch> • pedestal plain bearing *ISO 4378-1*

Stehlager *n DIN ISO 5593* <masch> • plummer block *ISO 5593*; pillow block *US*

Stehlampe *f* <licht> • floor lamp

Stehleiter *f* <bau> • stepladder

Stehleuchte *f* <licht> • floor standard lamp; standard lamp

Stehperron *m* <nfz> • center platform; standing platform

Stehplatzkapazität *f* <fz> *(z. B. Autobus, Straßenbahn, U-Bahn)* • standing capacity

Stehprüfung *f* <el> *(Isolation)* • proof test

Stehrakelstreichverfahren *n DIN 6730* <pap> • spread coating

Stehrohrkessel *m* <rls> • round upright boiler

Stehsitz *m* <logist> *(RFZ, Elektrokarren, Schlepper)* • supported leaning position; semi-sitting position; inclined position

Stehstoßspannung *f* <el> • withstanding impulse voltage; withstand impulse voltage

Stehvermögen *n* <obfl> *(von Schlicker)* • set

Stehwechselspannung *f* <el> • power frequency withstand voltage; withstand alternating voltage

Stehwelle *f* <phys> • standing wave

Stehwellenmesser *m* <phys> • standing-wave meter

Stehwellenverhältnis *n* <el> • standing-wave ratio

Stehwellenverhältnismesser *m* <phys> • standing-wave meter

Stehwellenverlustfaktor *m* <phys> *(Fehlanpassung)* • standing-wave loss factor

Stehzeit *f* <kst> *(Härtezeit; Vernetzen)* • curing period

Stehzeit *f* <metall> *(in der Form, bis zum Erstarren)* • time in mold

Stehzeit *f* <mil> *(von Wendescheiben)* • at-rest period

Stehzentrifuge *f* <verf> • underdriven centrifuge; bottom-driven centrifuge

steif <tech.allg> *(wenig oder nicht biegbar)* • stiff

steif <psych> *(Benehmen, Verhalten von Menschen)* • dry

Steife *f* <tech.allg> *(Bauwesen, Maschinenbau)* • bracing; rib

Steife *f* <tech.allg> *(Strebe)* • shore

Steife *f rar* <tech.allg> *(Widerstand gegen Biegung; z. B. von Kaugummistreifen)* • stiffness

Steife *f* <bau> *(Platte)* • stiffener

Steife *f* <bau> *(Holzbau)* • strut

Steife *f* <mech> • inflexibility

Steife *f* <min> • puncheon; shore; stay; prop

steife Fahrgastzelle *f* <kfz> • stiff cabin structure; rigid passenger compartment; rigid passenger cage; rigid safety cage

steifer Kinnbügel *m* <bekl> *(Helm)* • rigid chin bar

steife Turmauslegung *f* <mech> • stiff tower

Steifezahl *f* • coefficient of stiffness

Steifezahl *f* <mech> • coefficient of compressibility

Steifezahl *f* <qualit.mat> • modulus of compressibility

Steifheit *f rar* <tech.allg> *(Widerstand gegen Biegung; z. B. von Kaugummistreifen)* • stiffness

Steifheit *f* <qualit.mat> *(betont: fehlende Flexibilität)* • inflexibility

Steifigkeit *f* <tech.allg> *(Widerstand gegen Biegung; z. B. von Kaugummistreifen)* • stiffness

Steifigkeit *f* <bekl> *(Helm)* • rigidity

Steifigkeit *f* <kfz> *(von Reifen)* • stiffness

Steifigkeit *f* <nahr> *(von Speiseeis)* • stiffness

Steifigkeit *f* <qualit> *(betont: Widerstand gegen Verformung; z. B. Karosserie)* • stiffness; rigidity

Steifigkeit *f* <qualit.mat> *(betont: fehlende Flexibilität)* • inflexibility

Steifigkeitsausrichtung *f* <pap> • stiffness orientation
Steifigkeitsmodul *m* <mech> • stiffness module
steif werden *vi* <tech.allg> • stiffen *vi*
steif werden *vi* <mat> *(allg.)* • harden *vi*; stiffen *vi*
Steigbahn *f* <aerospace> • trajectory of climb
Steigbügel *m* <allg> *(zum Reiten)* • stirrup
Steige *f* <pack> *(für Obst, Gemüse)* • crate
Steige *f* DIN 55405 <pack> • crate; fruit and vegetable tray
Steigeisen *n* <ents.hydr> • step iron
Steigeisen *npl* <agri.wz> *(für Bäume)* • tree climbing iron; climbing spurs *pract*; tree climbing spurs
Steigeisen *npl* DIN 48345 <wz> *(betont: für Masten)* • pole climbers; climbing iron
Steigeisen *npl* <wz> *(allg.)* • climbing iron
steigen *vi* <allg> *(z. B. Druck, Temperatur, Drehzahl, Börsenkurs, Gewinn, Kosten)* • climb *vi*; rise *vi*
steigen *vi* <aerospace> *(Flugzeug)* • pitch upward *vi*
steigende Flanke *f* norm. <edv> *(Signal)* • rising edge stand.
steigender Bogen *m* <bau> • rampant arch
steigender Gasstrom *m* <verf> • stream of upward moving gas
steigender Gespannguss *m* <metall> • bottom casting; uphill casting
steigender Guss *m* <metall> • bottom casting; uphill casting; ascensional casting
steigender Guss *m* <metall> • bottom casting; uphill casting
steigendes Schweißen *n* <füg> • upward welding
steigende Trompe *f* <bau> • rising squinch
Steigendgießen *n* <metall> • bottom casting; uphill casting
steigend gießen *vt* <metall> *(im Ggs. zu fallend gießen)* • bottom-cast *vt*; cast uphill *v*; pour from the bottom *v*
Steiger *m* <füg> *(Gießerei)* • open feeder
Steiger *m* <füg> *(Gussform)* • open riser
Steigermodell *n* • riser pattern
steigern *vt* <tech.allg> *(z. B. Intensität)* • increase *vt*
Steigersystem *n* <füg> • risering
Steigerung *f* <tech.allg> • increase; increment *form*; growth; rise *coll*
steigerungsgesteuert <prod> *(Werkzeugmaschine)* • pitch-controlled
Steigfähigkeit *f* <aerospace> *(Flugzeug, Hubschrauber)* • climbing power
Steigfähigkeit *f* <kfz> • climbing ability
Steigfähigkeit *f* <kfz> • hill-climbing ability
Steigfähigkeit *f* <nfz> • gradeability
Steigflug *m* <aerospace> • climbing flight; climb; ascent
Steigflugleistung *f* <aerospace> • climbing power
Steiggeschwindigkeit *f* <aerospace> *(m/s oder ft/min)* • climbing speed
Steiggitter *n* <textil> • upright lattice
Steighöhe *f* <aerospace> • ascent height; rising height
Steighöhe *f* <mech> • height of throw
Steighöhenmethode *f* <msr> • capillary rise method
Steigkanal *m* <metall> • standpipe
Steigkastenwechselwebstuhl *m* <textil> • drop-box loom
Steigkraft *f* <mech> *(Theorie der schiefen Ebene)* • climbing force
Steigleistung *f* <aerospace> • climbing power
Steigleiter *f* • ladder
Steigleitung *f* <allg> *(allg. Leitung, Rohr, Kabel)* • riser
Steigleitung *f* <bau> *(Wasser)* • rising pipe; riser pipe
Steigleitung *f* <bau> *(z. B. für Luft, Wasser)* • riser
Steigleitung *f* <el> • vertical riser cable; rising mains
Steigleitung *f* <förd> *(aufwärtsführende Druckleitung an Pumpen)* • column pipe; rising main

Steigleitung *f* <min> • rising main; riser
Steigleitung *f* <rls> *(Wasser, Dampf)* • ascending main
Steignaht *f* <füg> *(Schweißen)* • vertical-up weld
Steig- oder Sinkfluggeschwindigkeit *f* <aerospace> • vertical speed (VS)
Steigort *n* <min> • brow
Steigpresse *f* <pap> • reverse press
Steigrohr *n* <tech.allg> *(z. B. Wasserleitung, Dampferzeuger)* • lift tube
Steigrohr *n* <förd> *(aufwärtsführende Druckleitung an Pumpen)* • column pipe; rising main
Steigrohr *n* <petr> • tubing; tubing string; production tubing
Steigrohr *n* <petr> • tubing
Steigrohr *n* <rls> *(z. B. Dampferzeuger)* • ascending pipe
Steigrohr *n* <rls> *(z. B. Dampfkessel)* • lift line
Steigrohr *n* <rls> *(z. B. Dampfkessel)* • rising pipe; ascending pipe
Steigrohrhänger *m* <petr> • tubing hanger
Steigrohrkopf *m* <petr> • tubing head
Steigrohrstrang *m* <petr> • tubing; tubing string; production tubing
Steigschnecke *f* <pap.ents> • ascending screw
Steigstromvergaser *m* <kfz.mot> • updraft carburetor
Steigstromvergaser *m* <mot> • updraught carburettor
Steigtrichter *m* <metall> *(Gussform)* • feeding gate; outgate
Steig- und Sinkgeschwindigkeit *f* <aerospace> • rate of climb and descent
Steig- und Sinkgeschwindigkeitsmesser *m* <aerospace> • rate-of-climb indicator; variometer
Steigung *f* <tech.allg> *(Kegel)* • taper
Steigung *f* <bau> *(Gelände)* • inclination
Steigung *f* DIN 18065 <bau> *(Treppe)* • rise
Steigung *f* <füg> *(Gewinde, Schraube)* • lead
Steigung *f* <füg> *(Gewinde)* • pitch
Steigung *f* <füg> • lead; flank lead *stand*; pitch; thread pitch
Steigung *f* <geo> • incline
Steigung *f* <kst> *(Schnecke)* • pitch
Steigung *f* <masch> • axial pitch
Steigung *f* <masch> *(Gewinde allg.)* • lead; thread lead
Steigung *f* norm <masch> • thread pitch
Steigung *f* <math> *(Gerade, Kurve; fig.: Straße, Eisenbahnstrecke)* • slope
Steigung *f* <msr> *(Empfindlichkeit eines Sensors)* • slope
Steigung *f* <verk> • gradient
Steigung *f* <verk> *(Straße)* • uphill grade
Steigung *f* <verk> • grade
Steigung der Feldlinien *f* <nukl> • pitch
Steigung der Spannut *f* <wz> • flute lead; lead of flute
Steigungsfehler *m* <masch> *(Gewinde)* • backlash error
Steigungsfehler *m* <prod> • pitch error
Steigungsfehler *m* <qualit> *(Gewinde, Schnecke)* • lead error
Steigungsführung *f* • head control
Steigungsführung *f* <wz> • lead control
steigungsgeführt <wz> • lead-controlled
Steigungshöhe *f* <bau> *(Treppe)* • rise
Steigungskorrektur[einrichtung] *f* <prod> • pitch-correction unit
Steigungslehre *f* <msr.wz> *(in Blättchenform)* • thread gauge; screw-pitch gauge; thread-pitch gauge; screw-thread gauge
steigungslos <masch> • annular; pitchless; no-lead ...; nonhelix
Steigungsmesser *m* <msr> • gradient meter
Steigungsmessmaschine *f* <msr> • pitch-measuring machine

Steigungsrichtung f <masch> *(Gewinde)* • hand of thread; thread direction
Steigungssinn m <masch> • helix hand; helix direction
Steigungsverhältnis n <aerospace> *(Luftschraube)* • pitch ratio
Steigungsverstellbereich m <aerospace> *(Luftschraube)* • propeller pitch range
Steigungswiderstand m <fz> • gradient resistance; grade resistance
Steigungswinkel m <tech.allg> • angle of ascent
Steigungswinkel m <tech.allg> • gradient angle
Steigungswinkel m <füg> • helix angle; lead angle *stand*
Steigungswinkel m <kst> • helix angle
Steigungswinkel m <masch> *(z. B. Schaufel)* • pitch angle
Steigungswinkel m <masch> *(Gewinde)* • lead angle *norm; pract*; thread lead angle; helix angle *pract*
Steigwinkel m <tech.allg> • ascending angle
Steigwinkel m <aerospace> • climb angle
Steigzeit f <aerospace> • time of climb; time of ascent
Steigzug m <rls> *(Kessel)* • uptake
steil <phot> *(Bild, Beleuchtung; nachteilig)* • hard; harsh; high in contrast *rare*
Steilabfall m <allg> *(z. B. Gelände, Größen aller Art)* • drop-off; sharp drop-off
steil abfallen vt <tech.allg> • fall off steeply *vt*
steil abfallend <verk> *(Straße, Eisenbahntrasse)* • steeply sloping downward; steeply sloping
Steilabhang m <geo> • steep slope
steil ansteigende Rechteckwelle f <el> • sharp-attack square wave
Steilbandförderer m <förd> • high-angle belt conveyor; steeply inclined conveyor
Steilböschung f <bau> • scarp; steep slope
Steildach n <bau> • pitched roof
steile Absorptionskante f <phys> *(Filter)* • sharp cut-off
steile Flanke f <phys> *(Impuls)* • steep edge
steil einfallend • steeply inclined; steep-dipping
steiler Anschlag m <mil> • in-line stance
steiler Kegel m <masch> • steep taper
steiler Köper m <textil> • upright twill
steiler Mehrzweckimpulsgenerator m <el> • multipurpose ramp generator
steile Röhre f <el> • high-slope tube; high-mu tube
steiles Einfallen n <geo> • sharp dip; steep dip
steiles Flöz n <min> • pitching seam; steep seam
steiles Gefälle n <verk> • steep down grade
steile Triode f • high-mutual conductance triode
steile Zielung f <mil> • steep sighting
Steilförderer m <förd> • steeply inclined conveyor
steilgängig <masch> *(Gewinde, Schnecke)* • coarse-pitch
steilgängig <wz> *(z. B. Bohrer)* • steep-spiral
steilgängiges Gewinde n <masch> • steep-pitch thread; high-helix thread; quick-lead thread; high-pitch thread
Steilgängigkeit f <masch> *(Gewinde, Spindel, Schnecke)* • coarseness
steilgedrallt <wz> *(Gewindebohrer)* • fast-spiral fluted
Steilgewinde n <masch> • steep-pitch thread; high-helix thread; quick-lead thread; high-pitch thread
Steilhang m <geo> *(z. B. Klippe)* • precipice
Steilheck n <kfz> • hatchback
Steilheit f • electrode admittance
Steilheit f <allg> • steepness
Steilheit f <el> • transconductance; mutual conductance
Steilheit f <math> *(arithmet. Mittelwert der 4. Potenz der standardisierten Beobachtungsw)* • kurtosis
Steilheit f rar <msr> *(Empfindlichkeit eines Sensors)* • slope
Steilkegel m <masch> • short taper; steep-angle taper

Steilkurve f <aerospace> • sharp turn; short-radius turn
Steilkurve f <verk> • short-radius turn
Steilrampe f <bahn> • steep incline
Steilrohr-Berieselungsverflüssiger m <verf> • vertical shell-and-tube condenser
Steilrohrkessel m <energ.therm> • vertical tube boiler
Steilrohrverdampfer m <energ.therm> • vertical tube evaporator
Steilschulterbreitbettfelge f <kfz> • drop center wide base rim; 15 degree drop center wide base rim *did*; 15 degree DC W rim *did*; DC W rim *prakt*; 15 degree full drop center wide base rim *US-norm*
Steilschulter-Breitfelge f <kfz> • drop center wide base rim; 15 degree drop center wide base rim *did*; 15 degree DC W rim *did*; DC W rim *prakt*; 15 degree full drop center wide base rim *US-norm*
Steilschulterfelge f <kfz> • drop center rim; 15 degree full drop center rim *US.stand*; 15 degree drop center rim; 15 degree DC rim; DC rim *pract*
Steilschultertiefbettfelge f <kfz> • drop center rim; 15 degree full drop center rim *US.stand*; 15 degree drop center rim; 15 degree DC rim; DC rim *pract*
Steilsichtprisma n <opt> • high-angle prism
steilspiralgenutet <wz> *(Gewindebohrer)* • fast-spiral fluted
Steilstromspülung f <kfz> *(Zweitaktmotor)* • laminar-flow scavenging
Steilstromspülung f <kfz.mot> • laminar-flow scavenging
Steilwandzelt n DIN ISO 7152 <tour> • frame tent *ISO 7152*
Steilwurfsieb n • circle-throw screen
Stein m <allg> • stone
Steinabstich m <metall> • matte taphole
steinähnlich <ents> • rock-like
Steinanker m <bau> • stone anchor
steinartig <ents> • rock-like
Steinauflage f <hydr> *(Deich)* • enrockment
Steinbohrer m <bau.wz> • masonry drill; stone drill; wall drill; masonary drill *rare*
Steinbohrer m <wz> • stone cutter; stone bit; stone drill
Steinbohrer m ugs <wz> • masonry drill bit
Steinbrecher m <verf> • rock crusher; stone crusher; rock breaker
Steinchen n *(Fehler)* • glass stone; stone
Steindamm m <bau> • rockfill dam; stone dam
Steindruck m obs <druck> *(ein typisches Flachdruckverfahren)* • lithographic printing; litho printing; lithography
Steiner'sche Kurve f <math> • tricuspid curve; tricuspid
Steiner'scher Satz m <mech> *(Momente zweiter Ordnung)* • parallel-axes theorem
Steine setzen vi <bau> • lay bricks *vi*
Steine und Erden n <mat> • non-metallic minerals
Steinfundament n <bau> • stone foundation
Steingeröll n <geo> • scree
Steingeröll n <geo> • boulder stones
Steingitterwerk n <bau> • chequerwork
steingrau RAL 7030 <obfl> • slate grey
Steingut n <silik> • stone ware
Steingut-Service n <gastr> • stoneware set
Steingut-Set n <gastr> • stoneware set
Steinhalter m <wz> • stone holder; honing-stick holder
steinhart <ents> • rock-like
Steinholz n <bau> • artificial flooring cement; magnesite composition; xylolite
Steinholzfußboden m <bau> • composition flooring; magnesium magnesite flooring; magnesium oxychloride flooring
Steinieflasche f DIN 55405 <pack> • steinie bottle

Steinkloben m <bau.mat> *(für Tür- und Fensterladen-scharniere)* • hinge-pin anchor for embedment in mortar :V

Steinkohle f <min> *(zw. Braunkohle und Anthrazit; Des-tillat reagiert basisch; 75–91,5% C)* • low-grade anthra-cite; semianthracite coal; semianthracite; lean coal

Steinkohlenaktivkoks m (SAK) <ents> • activated an-thracite coke; activated bituminous coke

Steinkohlenbrikett n <verbr> *(Oberbegriff: Kohlenbrikett. n)* • coal briquette

Steinkohlenentgasung f <verf> • coal carbonization

Steinkohlengas n <min> • coal gas

Steinkohlenkoks m <verbr> • coal coke

Steinkohlenmühle f <verf> *(z. B. im Kohlekraftwerk)* • coal-dust mill; pulverized-coal mill

Steinkohlenschwelteer m <verbr> • low-temperature coal tar

Steinkohlenstaub m <verbr> *(z. B. Dampferzeuger mit Kohlenstaubfeuerung)* • coal-dust

Steinkohlenteer m <chem> • bituminous-coal tar; coal tar

Steinkohlenteeröl n <chem> • coal oil

Steinkohlenteerpech n <chem> • coal-tar pitch

Steinkohlenwäsche f <min> • coal washery; washery

Steinlager n <masch> *(Uhr, Messinstrument)* • jewel bearing

Steinlaus f <bio> • rocklouse :V; petrophaga lorioti *thsc*

Steinmeißel m <bau.wz> • brick chisel; stone chisel

Steinmeteorit m <min> • aerolite; meteorite; meteoric stone

Steinmetz-Konstante f <phys> • hysteresis constant

Steinöl n <chem.petr> • rock oil; Petroleum Oleum petrae *thsc*

Steinpackung f <bau> • rip-rapping; rip-rap; rock fill

Steinpflaster n <bau> • stone pavement

Steinpflasterung f <bau> • block pavement *US*; sett pavement; pavement

Steinplatte f <bau> • stone slab

Steinpolierzylinder m <led> • stone roller

Steinsäge f <wz> • masonry saw; stone cutter; rock cut-ting saw; stone cutting saw; rock cutter

Steinsalz n <chem> • rock salt; halite

Steinschlag m <geo> *(als Vorgang)* • rockfall

Steinschlag m <obfl.kfz> *(Lackschäden durch bei der Fahrt aufgewirbelte Partikel)* • stone chipping; stone chip

Steinschlag m <verk> *(Warnschildtext)* • Falling Rocks

Steinschlagblech n <kfz> • dog leg section; dog's leg *pract*

Steinschlagecke f <kfz> *(am hinteren Kotflügel)* • stone guard; gravel guard; gravel shield

Steinschlagecke f MB <kfz> • dog leg section; dog's leg *pract*

steinschlagfeste Dickschichtgrundierung f form <obfl> • anti-chipping primer/filler; chip-resistant primer; stone guard primer; chipping primer/filler

Steinschlagfüller m <obfl> • anti-chipping primer/filler; chip-resistant primer; stone guard primer; chipping primer/filler

steinschlaggefährdet <kfz> • chipping-prone :V; suscep-tible to stone strike

Steinschlaggrund m <obfl> *(Schicht)* • anti-chip coating

Steinschlaghammer m <wz> • stone breaker's hammer

Steinschlagkorrosion f <obfl> *(Karosserieblech (Kfz), Außenhaut (Lokomotive, Waggon))* • corrosion due to gravel impact

Steinschlagschaden m <kfz> • stone chip damage; chipping damage

Steinschlagschäden mpl <kfz> • stone chippings *pl*; rock chips *pl*; stone chips *pl*

Steinschlagschutz m <kfz> *(allg., Bauteil)* • stone shield; gravel shield; stone guard

Steinschlagschutz m :V <kfz> • nose protector; front end bra *US*; front mask; car mask; front end cover *Ford*

Steinschlagschutz m <kfz> *(am hinteren Kotflügel)* • stone guard; gravel guard; gravel shield

Steinschlagschutz m <kfz.mot> • oil pan guard *US*; oil sump guard *GB*; pan guard *US*; sump guard *GB*; skid plate *US*

Steinschlagschutz m <obfl> *(z. B. von Kfz, Lokomotive, Flugzeug)* • stone-chip protection *(BASF)*; gravel protec-tion

Steinschlagschutz m <obfl> *(Wirkung, Effekt)* • gravel protection; stone-chip protection *BASF*

Steinschlagschutzgrund m <obfl> *(Schicht)* • anti-chip coating

Steinschlagzwischengrund m <obfl> *(Schicht)* • anti-chip coating

Steinschleifer m <verf> • stone grinder

Steinschliff m <pap.ents> • stone groundwood; ground-wood pulp

Steinschmelzen n <silik> • matte smelting

Steinschotter m <bahn> • rail track ballast

Steinschraube f DIN 529 <füg> *(mit Spalt)* • masonry bolt; wall screw *coll*

Steinschraube f <füg> *(für Beton, Stein etc.; div. Formen)* • foundation bolt

Steinschraube Form C f <füg> *(mit Spalt)* • masonry bolt; wall screw *coll*

Steinschüttdamm m <bau> • rock-fill dam

Steinschüttung f <bau> • rock fill; rip-raping; rip-rap

Steinspalthammer m <wz> • stone sledge

Steinspeicher m <energ.sol> • pebble-bed storage

Steinsplitt m <bau.mat> • stone chippings

Steinstichloch n <metall> • matte taphole

Steinverblendung f <bau> *(z. B. mit Werkstein)* • stone facing

Steinwalze f <led> *(Schleifen)* • stone wheel

Steinwalze f <prod.obfl> *(zum Anreiben von Pigmenten)* • roll mill; stone mill

Steinwender m <bau> • block turnover unit

Steinwolf m <bau> • lewis

Steinwolle f <bau.mat> • mineral wool; rock wool

Steinzange f <bau.wz> *(für Fliesen)* • nippers

Steinzeug n <mat> • vitrified clay

Steinzeug n <silik> *(mit Salzglasur)* • glazed ware

Steinzeug n <silik> *(allg.; z. B. für Geschirr)* • stoneware

Steinzeugrohr n <rls.allg> • vitrified clay pipe

Stellage f <logist> • rack

Stellantrieb m <msr> • actuator; positioner; actuating drive; servo drive; servo [actuator]

Stellantrieb m <msr> • control drive

Stellarator m <nukl> • stellarator

stellbare Keilverbindung f <masch> • gib and cotter

stellbares Vorschaltgerät n <licht> • adjustable ballast

Stellbereich m <msr> • adjusting range

Stellbereich m <msr> • control range; correcting range; effective range

Stellbogen m <msr> *(Zirkel)* • wing

Stelldrossel f <licht> • adjustable ballast

Stelldruck m <msr> • control air pressure

Stelldruck m <prod.autom> • actuating pressure

Stelle f <allg> • location

Stelle f <allg> • place

Stelle f <allg> • point

Stelle f <allg> • spot

Stelle f <tech.allg> *(Position)* • point; place; spot

Stelle f <mat> *(im Kristallgitter)* • site

Stelle f <math> • digit; place; figure

Stelle f <ökon> *(Beschäftigung, Anstellung)* • employment; occupation; work; labor *US*; job

Stelleinheit f <msr> • servo unit; operator
Stelleinrichtung f <msr> • servomechanism; servo equipment; control equipment; regulating unit
Stelleiste f <masch> • gib
Stellelement n <lwl> • drive; positioner
Stellelement n <msr> • correcting element
stellen vt <allg> (z. B. einen Stuhl, Tisch an einen bestimmten Platz) • place vt
stellen vt <allg> • put vt
stellen vt <msr> • regulate vt
stellen vt <msr> (Uhr, Wecker, Zähler) • set vt
Stellen (des Schlickers) n <obfl> • setting up (the slip)
Stellenschreibweise f <edv> • positional notation; positional representation
Stellensortieren von rechts nach links <edv> • digital sorting; radix sorting
Stellenverschiebung f <edv> • arithmetic shift
Stellenverschiebungsregister n <edv> • shifting register
Stellenwahl f <allg> • selection of position
Stellenwert m <math> • place value; local value
Stellenwertverschiebung f <math> • arithmetic shift
Stellenzahl f <math> • number of digits
Steller m rar <msr> (Betätigungsorgan; z. B. elektr., hydraul., mechan., pneumatisch) • control element; actuator; control device; power element; final actuating device
Stellfläche f <logist> • floor area
Stellfuß m <masch> (typ. höhenverstellbar, mit Dämpfungseinsatz) • machine mount
Stellgeschwindigkeit f <msr> (bes. beim Regeln) • control speed; regulating speed; floating speed/rate; correction speed; servovelocity
Stellgetriebe n <msr> • actuating gear; control gear; actuating mechanism
Stellglied n <msr> (Betätigungsorgan; z. B. elektr., hydraul., mechan., pneumatisch) • control element; actuator; control device; power element; final actuating device
Stellglied n <msr> (betont: zur Korrektur) • correcting element
Stellgliedeingriff m <msr> • reset
Stellgröße f <autom> • correcting variable
Stellgröße f <msr> • command signal
Stellgröße f <msr> • control quantity; control variable; correcting quantity; correcting variable; manipulated variable/quantity
Stellgröße f <msr> (Steuern) • controlled variable
Stellhebel m • change lever
Stellhebel m <masch> • actuating lever
Stellhebel m <msr> • control lever
Stellhebel m <phot> • set lever
Stellit n <mat> (Hartmetallgusslegierung) • stellite
Stellitauftragschweißen n <füg> • stellite facing
Stellkeil m <masch> • tightening wedge
Stellkeil m <wz> • adjusting key
Stellklaue f <masch> • adjusting dog
Stellknopf m <msr> • adjusting knob
Stellkolben m <msr> • control piston
Stellkondensator m <el> • adjustable capacitor
Stellkraft des Reglers <msr> • regulating power of the governor
Stellkreisel m <navig> (z. B. Schiff, Lenkwaffe) • steering gyro; positioning gyro
Stellmechanismus m <msr> • servomechanism
Stellmittel n <obfl> • set-up agent; electrolyte; set-up salt pract.; correcting agent general
Stellmotor m <msr> (Stellantrieb; typ. ein E-Motor, auch Hydraulikmotor) • servo motor; motor actuator; control motor rare
Stellmutter f <tech.allg> • adjusting nut

Stellmutter f <mus> (Orgeltraktur) • regulating nut; adjustable nut; adjusting nut
Stellort m <msr> • control point; mixing point
Stellplätze für Fahrräder <bahn> (im Zug) • bicycle storage
Stellplatz m <kfz> (für Caravan etc.) • pitch; site
Stellrad n <tech.allg> • handwheel
Stellrad n <masch> • adjusting handwheel
Stellring m <masch> • adjusting collar
Stellring m <masch> • set collar
Stellrose f <navig> • adjustable compass card
Stellsalz n prakt. <obfl> • set-up agent; electrolyte; set-up salt pract.; correcting agent general
Stellschalter m <el> • positioning switch
Stellschiene f <masch> • slide rail
Stellschraube f prakt <tech.allg> • adjusting screw; set screw pract; setting screw rare
Stellschraube f <masch> • set screw
Stellschraube f <masch> • setting bolt
Stellschraube f <masch> • setting screw
Stellschraube f <prod> • adjustment screw
Stellsignal n <msr> (für Aktoren, Ventilantriebe etc.) • control signal (CS); actuating signal
Stellspindel f <wz.masch> • adjusting screw
Stellspindel f <wz.masch> • adjusting screw
Stellstab m DIN 25401-3 <nukl> (Neutronenabsorber; z. B. im DWR) • control rod (CR)
Stellstabantrieb m <nukl> • control rod drive
Stellstift m <masch> • set pin; steady pin
Stellstromkreis m <msr> • control circuit
Stelltransformator m <el> • adjustable transformer; voltage-regulating transformer; variable-voltage transformer
Stellung f <tech.allg> (z. B. eines Hebels, eines Schalters) • setting
Stellung f <prod> • position
Stellung der Satelliten f <navig> (aller Satelliten eines Navigationssystems) • satellite constellation; constellation
Stellungmacher m <wz> (Ventil) • valve positioner
Stellungnahme f <jur.EU> • opinion
Stellungsabgriff m <navig> • proportional pick-off
Stellungsanzeige f <rls> • movement indicator
Stellungsanzeiger m <förd> • positioning indicator
Stellungsanzeiger m <prod> • position indicator
Stellungsfehler m <tech.allg> • position error
Stellungsfernmelder m <el> • remote position indicator
Stellungsgeber m <förd> (z. B. Aufzug, Seilbahn) • position transmitter
Stellungsgeber m <msr> • position indicator
Stellungsgeber m <prod> • position encoder
Stellungsmelder m <msr> • position indicator
Stellungsrückführung f <prod> • position feedback
Stellungsziffer f <chem> (Nomenklatur) • locant; position number
Stellungsziffer f <edv> • position number
Stellventil n <msr> (betont: einstellbar) • adjustable valve
Stellventil n <msr> (betont: Servofunktion) • servo valve
Stellventil n <msr> (betont: zum Regulieren von etw.) • regulating valve
Stellwart m form <licht.theat> • control board operator; board operator
Stellwartenraum m <licht.theat> • control booth; light booth; control room
Stellwerk n • positioner
Stellwerk n <bahn> • switch-tower US; signal box
Stellwerk n <bahn> • switch stand
Stellwerk n <licht.theat> • lighting control system; control board
Stellwerk n <mot> (Schwungrad) • barring gear
Stellwerk n <msr> • servo-actuator

Stellwerkanlage f <bahn> • electrical interlock post; interlocking cabin
Stellwerksbeleuchter m allg <licht.theat> • control board operator; board operator
Stellwerk und Signalanlage f <bahn> • signals and points control box
Stellwiderstand m <el> • regulating resistor; variable resistor; rheostat
Stellwinkel m <wz> • adjustable set square; bevel rule
Stellzeit f <msr> • correction time
Stellzeug n <masch> • adjusting gear
Stellzylinder m <hydr> • operating cylinder
Stellzylinder m <kunst.wz> • control cylinder
Stelze f <bau> • stilt
Stelzen fpl <bau.innen> • stilts pl
Stelzpflug m <agri> • Belgian plough
Stelzradtraktor m <nfz> • high-clearance tractor
Stemmeisen n <kfz.wz> • caulking iron
Stemmeißel m <wz> • mortise chisel
stemmen vt <prod> (mit Stemmmeißel) • mortise vt
Stemmer m <wz> (Niet) • caulking tool
Stemmer m <wz> (Holz) • mortising tool
Stemmfuge f <prod> • caulked joint; caulking joint
Stemmhammer m <wz> • caulking hammer
Stemmloch n <bau> • mortise
Stemmmaschine f <holz.wz> • mortising machine; hollow chisel machine
Stemmtor n <hydr> (Schleuße) • mitre gate
Stempel m (Türstock) • arm
Stempel m <bau.min> • strut
Stempel m <büro> • stamp
Stempel m <druck> • counter punch; patrix
Stempel m <masch> • plunger
Stempel m <metall> (oben, mit Kern; beim Schmieden, Pressen) • male die; male die part; upper die
Stempel m <min> • pit prop; mine prop; puncheon
Stempel m <prod> • punch
Stempel m <prod> • force plug; male form
Stempel m <prod> (Presse) • ram
Stempel m <wz> (Lochen) • patrix
Stempel m <wz> (z. B. Schneidvorrichtung) • punch
Stempel m <wz> (beim Pressen, Stanzen) • punch
Stempelausbau m <min> • prop support
Stempelbewegung f <prod> • punch travel
Stempeldichte f <min> • prop density
Stempeldurchdrückversuch m <qualit.textil> (z. B. Geotextilien) • static puncture test; CBR-test
stempelfreie Abbaufront f <min> • prop-free face
Stempelhalteplatte f <prod> • punch bearer; punch holder
Stempelkissen n <büro> • stamp pad
Stempeln n <kfz.brems> • judder; wheel hop; brake tramp
stempeln vt (Gold- und Silberwaren) • hallmark vt
stempeln vt <büro> • stamp vt
Stempelplatte f <prod> • force plate
Stempelpresse f <wz.masch> • dieing stamp
Stempelrauber m <min> • prop drawer
Stempelschloss n <min> • yoke
stempelschneiden vt tech <edv> (Etikettenmaterial) • die-cut vt
Stempelschneider m <wz> • punch cutter; die-sinker
Stempelwagenheber m <kfz.wz> • bottle jack; pillar jack GB
Stencil-Buffer m <edv> • stencil buffer
Stengel m obs <bio> (von Pflanzen; z. B. von Getreide) • haulm; stalk; stem
Stengel m <mat> • column
Stengelfaser f <textil> • stalk fiber; stem fiber
stengelig <mat> • columnar

stengelige Struktur f • columnar structure
Stengelknicker m <agri> • forage crimper
Stengelkohle f • columnar coal
Stengelkristall m <mat> • columnar crystal
Stengelschwader m <agri> • stalk windrower
Stengelstruktur f <mat> (Kristallgefüge) • columnar structure
stenök DIN 4049-2 <bio> (mit engem Toleranzbereich gegenüber Umweltbedingungen) • stenecious
stenosans <med> • stenosing; obstructive
Stenose f <med> • stenosis; narrowing; obstruction
stenosierend <med> • stenosing; obstructive
Stent m <med> (allgemein) • stent
Stent-Graft m <med.tech> • stent graft; stented graft not for co-knit
Stentgraft m <med.tech> • stent graft; stented graft not for co-knit
Stentprothese f <med.tech> • stent graft; stented graft not for co-knit
Step-by-Step-Aufnahme f <av> • step recording; step-by-step recording
Step-by-Step-Recording n <av> • step recording; step-by-step recording
Stephanskraut n <bio> • stavesacre; delphinium staphisagria
Steppdecke f <textil> • quilt
steppen vt <füg> • stitch-weld vt; steppen vt
Steppermotor m <edv> • stepper motor
Steppermotor m <kfz.el> (Vergaser) • stepper motor
Steppfutter n <bekl> • quilt lining
Steppnaht f <füg> • stitch weld
Steppnahtschweißen n <füg> • stitch welding
Step-Prinzip n <av> • step recording; step-by-step recording
Steprecording n <av> • step recording; step-by-step recording
Steptronic f BMW <kfz.antr> • Steptronic BMW
Ster m <msr> (veraltete Einheit des Volumens in der Forstwirtschaft; 1 st = $1m^3$) • stere
Steradiant m DIN 1301 <msr> (ergänzende SI-Einheit für den Raumwinkel) • steradian
Stereo n <av> • stereo
Stereo-Anzeige f <av> • STEREO indicator
Stereo-Anzeige f <kfz.av> • STEREO indicator
Stereoaufnahme f <av> • stereophonic recording
Stereoaufnahme f <phot> • stereoscopic photograph
Stereoaufnahme f <phot> • stereoscopic photography
Stereoaufnahmegerät n <av> • stereophonic recorder
Stereoaufzeichnung f <av> • stereophonic recording
Stereoausgänge pl <av> • stereo outputs
Stereo-Ausgangsbuchse f <edv.av> • stereo-out
Stereoauswertegerät n <phot> • stereoplotter
Stereoauswertung f <phot> • stereoscopic plotting
Stereobildpaar n <opt> • stereoscopic pair; stereogram; stereograph
Stereo-Bildverarbeitungssystem n <phot> • stereo camera imaging system
Stereoblockpolymer[es] n <chem> • stereoblock polymer
Stereobox f <av> • stereo-mate
Stereo-Cassetten-Radio n (SCR) <kfz.av> • stereo cassette [radio]
Stereochemie f <chem> • stereochemistry
stereochemische Isomerie f <chem> • stereoisomerism
stereochemische Spezifität f <chem> • stereospecifity
Stereodekoder m <av> • stereo decoder
Stereodoppelspur f <av> • stereo-twin
Stereoeffekt m <akust> • stereophonic effect; stereo effect

Stereoeffekt *m* <kino> *(Film)* • stereoscopic effect

Stereoempfänger *m* <av> • stereo receiver

Stereo-Empfangsanzeige *f* <kfz.av> • stereo reception indicator

Stereoentfernungsmesser *m* <navig> • stereoscopic rangefinder

Stereoformel *f* <chem> • space formula

Stereofotografie *f* <phot> • stereophotography

Stereogerät *n* • stereo instrument

stereographisch <opt.math> *(Projektion)* • stereographic

stereographische Abbildung *f* <math.doku> • stereographic projection

stereoisomer <chem> • stereoisomeric

Stereoisomer[es] *n* <chem> • stereoisomer

Stereoisomerie *f* <chem> • stereoisomerism

Stereokamera *f* <phot> • stereoscopic camera; stereo camera

Stereokanal *m* <av> • stereo channel

Stereokartierung *f* <phot> • stereoscopic plotting; stereo-plotting

Stereoklangbild *n* <akust> • stereophonic sound

Stereokomparator *m* <phot> • stereocomparator

Stereolithographie *f* <prod> *(Prototyping)* • stereo lithography

Stereometer *n* <msr> • volumenometer

Stereometrie *f* <math> • stereometry; solid geometry

Stereomikroskop *n* <opt> • stereomicroscope

Stereomischpult *n* <av> • stereophonic mixer

Stereomodell *n* <tech.allg> • stereoscopic model

Stereopanorama *n* <edv.av> • stereo panorama; panorama; pan

stereophon <akust.av> • stereophonic

Stereophonie *f* <akust.av> • stereophony

Stereophotogrammetrie *f* <phot> • stereophotogrammetry

stereoregulär <chem> • stereoregular

Stereoregularität *f* <chem> • stereoregularity

Stereorundfunksender *m* <av> • stereophonic radio transmitter

Stereosampling *n* <av> • stereo sampling; stereophonic sampling

Stereoschallplatte *f* <av> • stereophonic record

Stereoselektivität *f* <chem> • stereoselectivity

Stereoskop *n* <opt> • stereoscope

stereoskopisches Bild *n* <opt> • stereoscopic image

stereoskopisches Bildpaar *n* <opt> • stereopair; stereoscopic pair of images; stereoscopic pair

stereoskopisches Röntgenaufnahmeverfahren *n* <phys> • stereoradiography

stereoskopische Tomographie *f* <med> • stereoscopic tomography

Stereospezifität *f* <chem> • stereospecifity

Stereosumme *f* <av> • stereo outputs

Stereosummensignal *n* <av> • composite audio signal

Stereoton *m* <akust.av> • stereophonic sound; stereo sound

Stereotonwiedergabe *f* <akust.av> • stereophonic reproduction of sound

Stereotyp *n* AWR <jur> • stereotype

Stereoverstärker *m* <av> • stereophonic amplifier; stereo amplifier

Stereovorsatz *m* <phot> • stereo attachment

steril <med.tech> • sterile

Sterilblasen *n* <pack.kst> *(z. B. auf Shuttle-Maschinen)* • sterile blow molding

Sterilfiltration *f* <verf.med> • sterile filtration

sterilgeblasener Artikel *m* <pack.kst> • sterile blow-molded article

Sterilisation *f* <med.tech> • sterilization

Sterilisation von Medizinprodukten *f* <med.hygi> • sterilization of medical devices

Sterilisation von Produkten für die Gesundheitsfürsorge *f* <med.hygi> • sterilization of health care products

sterilisierbar [im Autoklaven] <hygi> • autoclavable

Sterilisierbeutel *m* DIN 55405 <pack> • retortable pouch; processable pouch

Sterilmilch *f* <nahr> • sterilized milk

Sterilsahne *f* <nahr> • sterilized cream

sterisch <chem> • steric

sterische Behinderung *f* <chem> • steric hindrance; steric inhibition

sterische Hinderung *f* <chem> • steric hindrance; steric inhibition

Stern *m* *(Kinematik)* • driven star wheel; star wheel

Stern *m* <astron> • fixed star; star

Stern *m* <druck.edv> • asterisk

Stern *m* <edv> *(Code 3/9)* • asterisk

Stern *m* prakt <fz> *(verbindet Felge und Nabe, Stern- oder Speichenform)* • wheel spider; spider *pract*; center member *stand*; spoke wheel center; center web

Stern *m* <masch> *(z. B. Anker, Rotor)* • spider

Stern *m* <metall> • rattler star

Stern *m* <qualit.mat> *(Schleiffunkenprüfung)* • sparkler

Sternadresse *f* <edv> • asterisk address

Sternanordnung *f* <mot> *(Zylinder)* • radial arrangement

Sternantenne *f* <el> • star aerial

Sternausstecher *m* <nahr> *(für Plätzchen, Keks)* • star-shaped cookie cutter

Sternblüte *f* <bau> *(z. B. in Korinthischem Kapitell)* • star-shaped flower

Sternbuchsenschott *n* <nav> • afterpeak bulkhead; stuffing-box bulkhead; stern-tube bulkhead

Sternchen *n* ugs <doku> • asterisk

Sternchen *n* <edv> *(Code 3/9)* • asterisk

Sterndämpfer *m* <textil> • star steamer

Sterndichte *f* <astron> • stellar density

Stern-Dreieck-Anlasser *m* <el> • star-delta starter

Stern-Dreieck-Anlassschaltung *f* <el> • star-delta starting connection

Stern-Dreieck-Anlauf *m* <el> • star-delta starting

Stern-Dreieck-Schalter *m* <el> • star-delta switch

Stern-Dreieck-Schaltung *f* <el> • star-delta connection

Stern-Dreieck-Umschalter *m* <el> • star-delta throw-over switch

Stern-Dreieck-Umwandlung *f* <el> • star-delta transformation

Sterneffektfilter *n* **(ugs: m)** <phot> • star filter

Sternentwicklung *f* <astron> • stellar evolution

Sternferne *f* • apastron

Sternfilter *n* <phot> • star filter

sternförmig <allg> • star-shaped

sternförmig <tech.allg> *(von Mittelpunkt ausgehend)* • radial *adj*

sternförmige Leitungsführung *f* <el> • star-type cabling; star configuration

sternförmige Risse *mpl* DIN EN ISO 6520 <qualit.mat> *(in Schweißverbindungen)* • radiating cracks ISO 6520-3; star cracks

sternförmiges Netz *n* <bau> • radial supply system

sternförmiges Netz *n* <el> • radially operated network

sternförmige Verkabelung *f* <el> • star-type cabling; star configuration

sternförmige Verlegung *f* <el> • star-type cabling; star configuration

Sternfotografie *f* <astron> • astrophotography; astronomical photography

Stern-Gerlach-Versuch *m* <nukl> • Stern-Gerlach experiment

sterngeschaltet <el> • star-connected
Sterngriff *m* <masch> • star knob
Sterngrößenmesser *m* <astron> • star magnitude meter
Sternhaufen *m* <astron> • star cluster; cluster
Sterninterferometer *n* <astron> • stellar interferometer
Sternjahr *n* <astron> • sidereal year
Sternkolbengebläse *n rar* <mot> • vane-type supercharger
Sternkomparator *m* • stellar comparator
Stern-Konfiguration *f* <tele> • star configuration
Sternkoppler *m* <lwl> • star coupler
Sternkurve *f* <math> • astroid
Sternmotor *m* <mot> *(Flugmotor)* • radial engine
Sternmotor *m* <mot> • radial engine
Sternnähe *f* <astron> • periastron
Sternnetz *n* <el> • star net
Sternnetz *n* <tele.edv> • radial network; star-type network
Stern-Netzwerk *n* <edv> • star network
Sternpolygon *n* <math> • star polygon
Sternpopulation *f* <astron> • population
Sternpunkt *m* <el> • neutral point; star point
Sternpunkterdung *f* <el> • neutral earthing
Sternpunkterdungsdrosselspule *f* <el> • neutral earthing reactor
Sternpunktklemme *f* <el> • neutral terminal
Sternpunktleiter *m* <el> • neutral conductor; neutral
Sternpunktleiter *m form* <el> *(Dreiphasenstrom, Drehstrom)* • neutral conductor; neutral *pract*
Sternrad *n* <masch> *(Pumpe)* • star impeller
Sternrad *n* <pack> • star wheel
Sternradpumpe *f* <masch> • regenerative pump; regenerative turbine pump; side-channel pump *GB*
Sternradschaltgetriebe *n* <masch> • pin-and-star wheel; star-wheel mechanism
Sternrad-Seitenkanalpumpe *f* <masch> • regenerative pump; regenerative turbine pump; side-channel pump *GB*
Sternradwender *m* <agri> • spider wheel; finger-wheel rake
Sternrevolver *m* <wz.masch> • turnstile turret
Sternrevolverdrehmaschine *f* <wz.masch> • horizontal turret lathe; vertical-axis turret lathe
Sternrevolverkopf *m* <wz.masch> • horizontal turret head; vertical-axis turret head
Sternschaltung *f* <el> • star connection; Y-connection
Sternschaltung *f* <el> • Y configuration
Sternschnuppenprojektor *m* <opt> • shooting star projector
Sternspannung *f* <el> • star voltage; Y-voltage
Sternspektrograph *m* <astron> • stellar spectrograph
Sternspektrum *n* <astron> • star spectrum; stellar spectrum
Stern-Stern-Schaltung *f* <el> • star-star connection; Y-Y connection
Sterntag *m* <astron> • sidereal day
Sternum *n wiss* <bio> • sternum
Sternvieleck *n* <math> • star polygon
Sternviererkabel *n* <el> • spiral-four cable; spiral-four quad; star-quad cable
Sternviererverseilung *f* <el> *(Kabel)* • star twisting; spiral quad formation
Sternwarte *f* <astron> • astronomical observatory; observatory
Sternwartenkuppel *f* <astron> • observatory dome
Sternweite *f* <astron> • parsec
Sternwind *m* <astron> • stellar wind
Stern-Zeichen *n* <doku> • asterisk
Sternzeit *f* <astron> • sidereal time
Steroid *n* <chem> • steroid compound; steroid
Steroide *npl* <bio.pharm> • corticosteroids *pl*; steroids *pl*
Stethoskop *n* <kfz.wz> *(für Motorgeräusche)* • mechanics' stethoscope; sonoscope *rare*

Stethoskop *n* <wz> *(allg.)* • stethoscope
stetig <tech.allg> *(betont: ununterbrochen; z. B. Förderung, Regelung, Entwicklung)* • continuous
stetig <tech.allg> *(betont: stabil; z. B. Betriebszustand)* • steady
stetig <tech.allg> *(betont: unverändert, gleich)* • uniform
Stetigbahnsteuerung *f* <msr> • continuous-path control
stetige Kornzusammensetzung *f* <bau> • continuous grading
stetiger Code *m* <edv> *(Strichcode ohne Lücken)* • continuous code
stetige Regelung *f* <msr> • continuous control
stetiger Prozess *m* <tech.allg> • continuous process
stetiger Regler *m* <msr> • continuous controller
stetiger Vorgang *m* <allg> • continuous process
Stetigförderer *m DIN 15201* <förd> • steady-flow conveyor; continuous handling equipment *DIN 15201*; continuous mechanical handling equipment *DIN 15201*; conveyor; conveyor with continuous forward movement
stetig fördern *v* <förd> • convey continuously *v*; convey *v*
Stetigkeit *f* <allg> *(Entwicklung, Prozess)* • steadiness
Stetigkeit *f* <el> • continuity
Stetigkeit *f* <math> *(Kurve)* • smoothness
Stetigkeit *f* <phys> *(im Ggs. zu Schrittweise, sprunghaft)* • continuity
Stetigmischer *m* <bau> • continuous mixer
Stetigschleifer *m* <wz.masch> • continuous grinder
Stetigschüttgutförderer *m* <förd> • continuous bulk conveyor
stetig wirkend <tech.allg> *(z. B. Kraft, Spannung, Kühlung)* • continuous
Steuer *n* <aerospace> • control surface
Steuer *n ugs* <kfz> • steering wheel; driving wheel *GB.obs.rare*
Steuer *n* <nav> • rudder
Steueranschluss *m* • gate terminal
Steuerantrieb *m* <msr> *(z. B. Ventilantrieb)* • control engine
Steueranweisung *f* <msr> • control statement
Steueranzeige *f* <navig> *(Instrument)* • heading display; heading field; course indicator
Steuerband *n* • pilot tape
Steuerband *n* <wz.masch> • control tape
steuerbar <tech.allg> *(z. B. Datenfluss, Verkehrsstrom, Nachfrage)* • controllable
steuerbar <tech.allg> *(Fahrzeug, Flurfördergerät)* • steerable
steuerbar <bohr> • steerable
Steuerbarer Vorortantrieb *m* <petr> • steerable downhole motor
Steuerbarkeit *f* <tech.allg> *(z. B. Fahrzeug, Flurfördergerät)* • steerability
Steuerbarkeit *f* <bohr> • steering capability
Steuerbarkeit *f* <fz> *(Flugzeug, Schiff)* • controllability
Steuerbaustein *m* <msr> • control module
Steuerbefehl *m* <druck> • control code; control command
Steuerbefehl *m* <edv> • control command; control instruction
Steuerbefehl *m* <msr> • control instruction
Steuerbefehl mit Folgenummer *m DIN ISO 3309* <edv> • supervisory command *ISO 3309*; S command
Steuerbefehlsregister *n* <edv> • control register
Steuerbereich *m* <msr> • control range
Steuerbewegung *f* <hydr> *(Hydraulikventil)* • distributing valve motion
Steuerbit *n* <edv> • control bit
Steuerblock *m* <edv> • control block
Steuerblock mit Folgenummer *m DIN ISO 3309* <edv> • supervisory format frame *ISO 3309*
Steuerbohrung *f* <kfz.mot> • cutoff bore

steuerbord <nav> *(rechts)* • starboard *adj*
Steuerbord *n* <nav> *(rechte Seite von Schiffen und Flugzeugen; grün markiert)* • starboard; starboard side
Steuerbordseite *f* <nav> *(rechte Seite von Schiffen und Flugzeugen; grün markiert)* • starboard; starboard side
Steuerbrücke *f* <el> • control bridge
Steuerbühne *f* • control platform
Steuerbürste *f* <edv> • control brush
Steuerbus *m* <edv> • control bus
Steuercharakteristik *f* <msr> • control characteristic
Steuercode *m* <druck> • control code; control command
Steuercode *m* <edv.av> • driver code
Steuerdaten *pl* <msr> • control data
Steuerdiagramm *n* <kfz.mot> • timing diagram
Steuerdiagramm *n* <masch> *(Kolbenmaschine)* • distribution diagram; valve diagram
Steuerdiagramm *n* <masch> *(Zweitaktmotor)* • port opening diagram
Steuerdiagramm *n* <masch> *(z. B. Kolbenmaschine)* • control diagram
Steuerdiagramm *n* <mot.msr.doku> • timing diagram
Steuerdrossel *f* <el> • modulating choke
Steuerdrossel *f* <kfz.mot> *(K-Jetronic Mengenteiler)* • metering port
Steuerdruck *m* <aerospace> • control lever force
Steuerdruck *m* <hydr> • operating pressure
Steuerdruck *m* <kfz.antr> *(Automatikgetriebe-Steuerung)* • control pressure
Steuerdruck *m* <msr> • control force
Steuerdruck *m* <msr> • control pressure
Steuerdrucksystem *n* DB <kfz.antr> • control pressure system *MB*
Steuerdüse *f* <aerospace> *(Raumfahrzeug)* • control nozzle
Steuereingang *m* <el> • input
Steuereinheit *f* <tech.allg> *(jede Art, jede Größe)* • control unit
Steuereinheit *f* ugs <edv> *(Teil der Zentraleinheit)* • control unit; controller
Steuereinheit *f* <energ.sol> *(von Solaranlagen)* • control system; control unit
Steuereinheit *f* <msr> *(als el. Schaltung, Platine, IC)* • control unit; control circuitry *rare*
Steuereinrichtung *f* <tech.allg> *(z. B. Schaltuhr, Programmwähler)* • controlling device; control device
Steuerelektrode *f* <el> *(von Transistoren)* • gate electrode; gate *pract*; control electrode *rare*; modulation electrode *rare*
Steuerelektronik *f* <msr> • control electronics
Steuerelektronik *f* <msr> *(als el. Schaltung, Platine, IC)* • control unit; control circuitry *rare*
Steuerelement *n* <masch> • positioning actuator
Steuerelement *n* <msr> *(Betätigungsorgan; z. B. elektr., hydraul., mechan., pneumatisch)* • control element; actuator; control device; power element; final actuating device
Steuerelementschaden *m* <nukl> • control element assembly damage; CEA-damage
Steuerempfänger *m* <msr> • control receiver
Steuerfahne *f* <msr> *(für Näherungssensor)* • target; reference plate; operating device; actuator *US.rare*
Steuerfestwertspeicher *m* <edv> • control read-only memory
Steuerfläche *f* <aerospace> • control surface
Steuerfrequenz *f* <msr> *(allg.)* • control frequency
Steuerfrequenz *f* <tele> • pilot frequency; drive frequency
Steuerfrequenzempfänger *m* <tele> • pilot receiver
Steuergehäusedeckel *m* <kfz.mot> • timing cover; engine front cover *Ford*

Steuergenerator *m* <av> • pilot-frequency generator
Steuergenerator *m* <msr> • control generator
Steuergerät *n* DIN VDE 0100 <tech.allg> *(mit Steuer- und/oder Regelfunktionen)* • control unit
Steuergerät *n* EN 60947 <el> • control circuit device EN 60947
Steuergerät *n* <kfz> *(Gegensprechanlage für Motorradfahrer)* • power pack
Steuergerät *n* <kfz.msr> *(für Zünd- und Einspritzanlagen)* • electronic control unit (ECU); control unit *pract*; electronic control module, ECM *GM*; electronic control assembly, ECA *Ford*; single-module engine controller, SMEC *Chrysler*
Steuergerätetafel *f* <msr> • pilot-control console
Steuergerät für Lambda-Regelung *n* <kfz.emiss> • oxygen sensor control unit; OXS CNTRL UNIT
Steuergestänge *n* <msr> • control linkage
Steuergestell *n* <aerospace> • rack
Steuergetriebe *n* <msr> • control gear
Steuergitter *n* <el> *(Elektronenröhre)* • control grid
Steuergittereinsatzspannung *f* <el> • grid base voltage; grid cut-off voltage
Steuergittermodulation *f* <tele> *(Elektronenröhre)* • control-grid modulation
Steuergitterspannung *f* <tele> *(Elektronenröhre)* • control-grid voltage
Steuergittervorspannung *f* <tele> *(Elektronenröhre)* • control-grid bias; grid bias voltage
Steuergleichspannung *f* <el> • DC-control voltage
Steuergröße *f* <msr> • control variable
Steuerhebel *m* <allg.tech> • control lever
Steuerhebel *m* <masch> • operating lever
Steuerhysteresis *f* <msr> • control hysteresis
Steuerimpuls *m* <el> *(Thyristor)* • gate pulse
Steuerimpuls *m* <msr> • control pulse; master pulse; pilot pulse
Steuerkabine *f* *(Kran)* • cabin
Steuerkabine *f* <prod> *(z. B. Walzwerk)* • control box; cabin
Steuerkanal *m* <aerospace> • control channel
Steuerkanal *m* <tele> • pilot channel
Steuerkanal *m* <tele> *(ISDN)* • D channel; data channel; delta channel; signalling channel
Steuerkanal *m* <tele> • signalization channel
Steuerkante *f* <kfz.mot> • edge of control spool
Steuerkante *f* <msr> *(z. B. eines Kolbens)* • metering notch
Steuerkarte *f* <edv> • control card
Steuerkasten *m* <kfz.antr> *(Automatikgetriebe)* • control valve assembly; valve block; hydraulic control block; valve body; control unit *ZF*
Steuerkasten *m* <prod.autom> • teach box
Steuerkennlinie *f* <el> *(Elektronenröhre)* • transfer characteristic
Steuerkennlinie *f* <msr> • control characteristic
Steuerkette *f* DIN ISO 7967-3 <mot> *(Ventilsteuerung)* • timing chain *ISO 7967-3*; camshaft drive chain *rare*; cam chain *coll*
Steuerkette *f* <msr> *(im Ggs. zu Regelkreis)* • open-loop control; open-path control *GB*
Steuerkettenabdeckung *f* <kfz.mot> *(bei OHC-Motoren mit Steuerkette)* • timing chain cover
Steuerkettenschacht *m* <kfz.mot> • timing chain chamber; cam chain chamber
Steuerkettenspanner *m* <mot> • cam chain tensioner; cam chain adjuster
Steuerklasse *f* <kfz.fin> *(eines Autos)* • tax rating
Steuerknopf *m* <tech.allg> • control button
Steuerknüppel *m* <aerospace> • control lever

Steuerknüppel *m form.rar* <edv> *(für Computerspiele)*
• joystick
Steuerknüppel *m* <msr> *(z. B. Flugzeug, EDV)* • control stick
Steuerkode *m* • control code
Steuerkolben *m* <hydr> • actuating piston
Steuerkolben *m* <kfz> *(allg. und K-Jetronic)* • control plunger
Steuerkolben *m* <kfz.antr> *(Hydraulik im Automatikgetriebe)* • spool valve
Steuerkommando *n* • control command
Steuerkompass *m* <navig> • steering compass; course compass
Steuerkopf *m* • master filter valve
Steuerkopf *m* <av> • control head; CTL head; synch head
Steuerkopf *m* <fz> • head tube
Steuerkopf *m* <kfz> *(Motorrad)* • steering head; steering-head tube
Steuerkopfmuffe *f* <fz> • head lug
Steuerkraft *f* <msr> • control force
Steuerkreis *m* <msr> • control circuit
Steuerkreis *m* <msr> • open loop
Steuerkreisumspanner *m* • control-circuit transformer
Steuerkupplung *f* <kfz.antr> *(Lamellenkupplung)* • electro-hydraulic clutch
Steuerkurs *m* <nav.navig> • course to steer (CTS); course steered; course through water; steered course
Steuerkurs *m* <navig> • steered course; course steered; heading
Steuerkurs-Anzeigefeld *n* <navig> *(Instrument)* • heading display; heading field; course indicator
Steuerkurve *f* <autom> • radial cam
Steuerkurve *f* <msr> *(z. B. Werkzeugmaschine (Analogsteuerung))* • control cam
Steuerkurve *f* <phot> *(an Nikkor-Objektiv)* • meter coupling ridge
Steuerlastigkeit *f* <nav> • trim by the stern
Steuerleistung *f* <el> *(Transistor)* • gate power
Steuerleistung *f* <el> *(Gitter)* • grid-driving power
Steuerleistung *f* <kfz> • rating horse power
Steuerleitung *f* <el> • pilot wire
Steuerleitung *f* <el> • connecting wire
Steuerleitung *f* <kunst.wz> • control piping
Steuerleitung *f* <msr> • control lead
Steuerleitung *f* <msr> • control wire; control line
Steuerleitung *f* <msr> *(elektr.)* • control wire; control cable
steuerliche Einstufung *f* <kfz.fin> *(eines Autos)* • tax rating
Steuerlochstreifen *m* <wz.masch> • control tape
Steuerlochung *f* • control hole; function hole
Steuerlochung *f* • control punching
Steuerlogik *f* <msr> • control logic
Steuerluft *f* <obfl> *(Airless-Spritzanlage)* • control air
Steuerluftdruck *m* <msr> • control air pressure
Steuermagnet *m* <msr> • control magnet
Steuermann *m*; *pl:-leute* <nav> • helmsman
Steuermeldung mit Folgenummer *f DIN ISO 3309*
<edv> • supervisory response *ISO 3309*; S response
Steuermenü *n* <edv> • control menu
steuern *vt* <tech.allg> *(z. B. Werkzeugmaschine, Seilbahn, Informationsfluss)* • control *vt*
steuern *vt* <aerospace> *(z. B. Flugzeug)* • pilot *vt*
steuern *vt* <fz> • operate *vt*
steuern *vt* <kfz> • steer *vt*; pilot *vt bob*
steuern *vt* <msr> • control *vt*
steuern *vt* <nav> • manoeuvre *vt*
steuern *vt* <nav> • steer *vt*
steuernde Kanalkante *f* <masch> *(Kolbendampfmaschine)* • distributing edge of the steam port

Steuernocken *m* <masch> *(z. B. Werkzeugmaschine)*
• controlling cam; operating cam
Steueroszillator *m* <el> • master oscillator
Steuerplakette *f* <kfz> *(auf Autos in GB und in den USA)*
• car tax sticker *US*; tax disc *GB*
Steuerprinzip *n* <med.tech> • control principle
Steuerprinzip *n* <med.tech> • cycling mechanism; cycling control
Steuerprogramm *n* <edv> • control program; master program
Steuerprogramm *n* <edv> • executive program; executive routine
Steuerprogramm *n rar* <edv> *(Software zur Steuerung von Hardware; z. B. für CD-Laufwerk, Drucker)* • driver; device driver; driver software; software driver
Steuerprogramm *n* <msr> *(z. B. Waschmaschine, Werkzeugmaschine)* • controlling program; control program
Steuerprogrammkern *m* <edv> • nucleus
Steuerprogrammsystem *n* <edv> • supervisor
Steuerpult *n* <msr> • control desk; control console; operating desk; operation console
Steuerpult *n* <nav> • steering console
Steuerpultschalttafel *f* <masch> • console control panel
Steuerquarz *m* • frequency control crystal; control crystal
Steuerrad *n ugs* <kfz> • steering wheel; driving wheel *GB.obs.rare*
Steuerrad *n* <nav> • steering wheel
Steuerradsatz *m* <masch> • timing-gear train
Steuerraum *m* <el> *(Elektronenröhre)* • buncher space
Steuerrechner *m* <edv> • process control computer; process controller; process computer
Steuerrechner *m* <msr> • controlling computer; control computer
Steuerregister *n* <edv> • control register
Steuerrelais *n* <msr> • control relay; pilot relay
Steuerriemen *m* <kfz.mot> *(zur Ventilsteuerung)* • timing belt; camshaft drive belt; cam belt; spur belt
Steuerriemenabdeckung *f* <kfz.mot> *(OHC-Motor, Nockenwellenantrieb)* • timing belt cover
Steuerröhre *f* <el> • control valve
Steuerrohr *n* <fz> • head tube
Steuerrohrmuffe *f* <fz> • head lug
Steuerrohrwinkel *m* <fz> • head tube angle; head angle
Steuerruder *n* <aerospace> • control vane; directional vane
Steuerruder *n* <nav.aerospace> • rudder
Steuersäule *f* <aerospace> • control stick; control lever
Steuersatz *m* <fz> • headset; head parts *Shimano*
Steuersatz *m* <fz> • headset
Steuerschärfe *f* <el> *(Elektronenröhre)* • proportionality factor
Steuerschaltbild *n* <el> • control circuit diagram
Steuerschalter *m* <allg> • control switch
Steuerschalter *m* <msr> • control switch; controller
Steuerschalttafel *f* <msr> • control panel
Steuerschaltung *f* <el> *(Thyristor)* • gate circuit
Steuerschaltung *f* <msr> • control circuit
Steuerscheitelpunkt *m* <edv> • control vertex (CV); control point *pract*; anchor point
Steuerschieber *m* <kfz.antr> *(Hydraulik im Automatikgetriebe)* • spool valve
Steuerschieber *m* <msr> • control slide valve
Steuerschlitz *m* <kfz.mot> *(K-Jetronic Mengenteiler)*
• metering port
Steuerschrank *m* <el> *(Schaltschrank)* • control cabinet
Steuerschwingung *f* • drive oscillation
Steuersender *m* <el> • control transmitter; drive transmitter; master oscillator

Steuersignal n <msr> (für Aktoren, Ventilantriebe etc.)
• control signal (CS); actuating signal

Steuerspannung f (CV) <el> • control voltage (CV)

Steuerspannung f <el> (Thyristor, Transistor) • gate voltage

Steuerspannung f <el> (am Gate; z. B. von Transistoren)
• gate voltage

Steuerspannung f <el> (Bias) • bias voltage

Steuerspannung f <msr> • control-circuit voltage

Steuerspannungsschnittstelle f <edv.av> • CV/gate interface

Steuerspeicher m <edv> • control memory; control store

Steuerspur f <av> • synchro track; synchronous track; synch track; control track; CTL track

Steuerstab m <nukl> (Neutronenabsorber; z. B. im DWR)
• control rod (CR)

Steuerstabschutzrohr n <nukl> • control rod guide tube

Steuerstand m <msr> • control console

Steuerstand m <msr> (von Maschinen) • control station; control center

Steuerstand m <nav> • steering stand; steering position

Steuerstange f <aerospace> • push-pull rod

Steuersteg m <el> (Elektronenröhre) • blade-like control electrode

Steuerstrecke f <msr> (Steuern) • control system; controlled system; controlled process

Steuerstreifen m <wz.masch> • control tape

Steuerstrich m <navig> • lubber line

Steuerstrich m <navig> (Kompaß) • lubber's line; lubber's mark

Steuerstrom m <el> (an Gate; z. B. bei Transistor) • gate current

Steuerstrom m <msr> (bei Vorspannung) • bias current; control current rare

Steuerstrom m <msr> (allg.) • control current

Steuerstromkreis m <msr> • control circuit; pilot circuit

Steuerstromstoß m <msr> • directing pulse

Steuerstromunterbrecher m • control cut-out switch

Steuerstufe f (Sender) • exciter stage

Steuerstufe f <el> • control stage

Steuerstufe f <el> • master oscillator stage

Steuersystem n <msr> • closed-loop control system

Steuertafel f <msr> • control panel

Steuertastatur f <msr> • control keyboard

Steuertaste f <msr> • control key

Steuerteil m <edv> • control section

Steuerteil n <kfz.el> (Schaltgerät Thyristorzündung)
• control stage Bosch

Steuerterminal n <edv> • printer control terminal

Steuertochter f <nav> • repeater steering compass

Steuerträger m <tele> • pilot carrier

Steuertransformator m <el> • adapting transformer

Steuertriebwerk n <aerospace> • thruster

Steuer- und Anzeigesystem n <msr> (z. B. von Fernbedienung, GPS-Empfänger) • control display unit (CDU); control and display system; control/display panel

Steuer- und Regelgeräte npl <kst> • controls pl

Steuer- und Regelsysteme npl <msr> • control systems pl

Steuer- und Regelungseinheit f <msr> • logic-and control unit

Steuer- und Überwachungssystem n <msr> • control and monitoring system

Steuerung f <aerospace> • steering

Steuerung f <autom> (Gerät) • controller

Steuerung f <bahn> (Lokomotive) • valve gear

Steuerung f <masch> • automatic control

Steuerung f <med.tech> (Umschaltmechanismus) • cycling; cycling/triggering AARC

Steuerung f <msr> • control gear; control mechanism

Steuerung f <msr> • timing gear

Steuerung f <msr> (allg.; Vorgang oder System) • control; open-loop control

Steuerung f <msr> • system control; control; control system efector

Steuerung der Einzelblattzuführung f <druck> • sheet feeder control

Steuerung des Lautstärkepegels f <av> • volume level control

Steuerung(en) f <el> • control; control instrumentation vegacon

Steuerungsaggregat n <msr> • control unit

Steuerungsalgorithmus m <msr> • control algorithm; operation algorithm

Steuerungsanweisung f norm. <edv> • instruction stand.

Steuerungsdiagramm n <masch> (z. B. Kolbenmaschine) • control diagram

Steuerungsgestänge n <bahn> (Lokomotive) • valve gear

Steuerungshierarchie f <msr> • hierarchical control ladder; hierarchic control ladder

Steuerungsmaßnahme f <allg> • control command

steuerungsnahe Codierung f <autom> • hardware dependant code representation

Steuerungsoperation f <msr> • control operation

Steuerungsrechner m <msr> • control computer

Steuerungstaste Strg f did <edv> • Ctrl-key; Control key did

Steuerungstechnik f <autom> • control engineering

Steuerungsumkehr f <msr> • control reversing

Steuerungs- und Anzeigeinformationen fpl <edv>
• subcode; C & D bits; control and display information

Steuerungs- und Automatisierungstechnik f <allg>
• control and automation technology

Steuerungs- und Regelungstechnik f <msr> • process control engineering; control engineering

Steuerungsventilkasten m <hydr> • distributing valve chest

Steuerungsverfahren für einzelnen Übermittlungsabschnitt n DIN ISO 7478 <edv> • single link procedure (SLP) ISO 7478

Steuerungsverfahren für Übermittlungsabschnittsbündel n DIN ISO 7478 <edv> • multilink procedure (MLP) ISO 7478

Steuerungsvorgang m <mot> • process of distribution

Steuerung von Hand <tech.allg> • manual control; hand control

Steuerung von Hand f <msr> (abstrakt, Betriebsweise)
• manual control; manual mode

Steuervariable f <msr> • control variable

Steuervektor m <msr> • control vector

Steuerventil n <kfz> (elektronisch verstellbare Stoßdämpfer) • selector valve

Steuerventil n <kfz.antr> (Automatikgetriebe) • flow control valve

Steuerventil n rar <rls> (zum Ansteuern eines anderen Ventils) • pilot valve; relay valve

Steuerventil n <rls.msr> (allg.) • control valve

Steuerventil für Air Gulp-Ventil <kfz.emiss> • air gulp valve solenoid valve

Steuerventil für Lamellenkupplung f <kfz.antr> • clutch control valve

Steuerverlustleistung f <el> (Thyristor) • gate power loss

Steuerverstärker m <msr> • control amplifier

Steuerwagen m <bahn> • A-unit US; driving trailer GB

Steuerwalze f <kfz.mot> (Auslass-Steuerungssystem)
• cylindrical valve; barrel valve

Steuerwalze f <masch> (z. B. Fertigungstechnik) • barrel controller; master controller

Steuerwarte f <tech.allg> (z. B. Kraftwerk, chem. Fabrik) • control center; control room
Steuerwelle f <kfz.mot> • control shaft
Steuerwelle f <masch> (z. B. Kurvenautomat) • operating shaft
Steuerwelle f <msr> (z. B. Werkzeugmaschine) • camshaft
Steuerwerk n <edv> (Teil der Zentraleinheit) • control unit; controller
Steuerwerk n <msr> • processor module
Steuerwicklung f <el> • control winding
Steuerwicklung f <el> • controlling field winding
Steuerwicklung f <el> (Magnetkernwicklung) • drive winding
Steuerwicklung f <el> (Transduktor) • gate winding
Steuerwinkel m rar <fz> (Zweirad) • rake angle; stearing head rake angle
Steuerwirkung f <aerospace> (z. B. Ruderausschlag, Ausfahren von Klappen) • corrective action
Steuerwort n <msr> • control word
Steuerzahnriemen m DIN ISO 7967-3 <mot> (für Nockenwelle) • synchronous belt ISO 7967-3
Steuerzeichen n <av> • pilot signal; control signal
Steuerzeichen n <druck> • control code; control command
Steuerzeichen n <edv> • control character
Steuerzeichen n <edv> • layout character
Steuerzeiten f <kfz.mot> • valve timing; engine valve timing; engine timing
Steuerzeiten fpl <kfz.mot> • timing
Steuerzeiten fpl <masch> • port timings
Steuerzylinder m <el> • modulator electrode
Steuerzylinder m <masch> • piston valve cylinder
Steven m <nav> • post
Stevenlager n <nav> • stern bearing
Stevenlog n <nav> • hydrodynamical log
Stevenrohr n <nav> • stern tube; shaft tube
Stevenschuh m <nav> • forefoot
Stewart-Plattform f rar <masch> (Parallelstruktur mit 6 Freiheitsgraden; z. B. in WzMasch oder Simulator) • Stewart platform; hexapod structure; hexapod
STFI-Hackschnitzel-Sortierer m <pap> • STFI chip classifier
Stibitz-Kode m <edv> • excess-three code
Stibnit m <min> • stibnite
Stibnit m <min> • antimonite (Sb_2S_3); stibnite; antimony glance; grey antimony
Stich m <bau> • Stichhöhe
Stich m <kfz> (Schraubenfeder) • cutting
Stich m prakt <metall> (im Walzwerk) • roll pass; pass pract
Stich m <prod> • engraving
Stich m <textil> (Nähprozess) • stitch
Stichabnahme f <metall> (Walzwerk) • reduction
Stichanschluss m <el> • stub feeder
Stichaxt f <wz> • mortise axe
Stichbalken m <bau> • hammer beam; filler joist
Stichbogen m <bau> • segmental arch
Stichbond m ppws <el.ic.prod> • stitch bond
Stichbonder m <el> (Mikroelektronik) • stitch bonder
Stichel m • graver
Stichel m <wz> • stylus
stichfest <ents> • semi-solid
Stichflamme f <feuer> • darting flame
Stichflamme f <kfz.feuer> (z. B. aus dem Auspuff) • flash fire
Stichfolge f <metall> (Walzen) • pass sequence
Stichgarn n <textil> • embroidery thread
Stichgeschwindigkeit f <textil> (Nähmaschine) • sewing speed

Stichhöhe f <bau> • rise; pitch; camber
Stichkanal m <hydr> • branch channel
Stichleitung f <el> • stub line; open feeder; tie feeder; stub
Stichleitung f prakt <el> • resonant line; line resonator
Stichleitung f <rls> • shunt stub
Stichleitungsabzweig m • bifurcation stub
Stichleitungsantenne f <el> • stub aerial
Stichleitungsträger m <el> (Wellenleiter) • stub support
Stichling m <bau.wz> • keyhole saw; drywall saw
Stichloch n <metall> (Ablaufrinne) • metal notch
Stichloch n <metall> (z. B. Schmelzofen) • taphole; tapping hole
Stichloch n <textil> (beim Nähen) • stitch-hole
Stichlochpfropfen m <metall> • plug
Stichlochstange f <metall> (Schmelzofen) • tapping bar
Stichlochstopfen n <metall> • taphole plugging
Stichlochstopfmaschine f <metall> • taphole gun; clay gun
Stichprobe f <qualit> (punktuelle Kontrolle) • random test; random check
Stichprobenanteil m <math> (Statistik) • sampling function; sampling ratio
stichprobenartig <qualit> • sample
Stichprobeneinheit f <qualit> • sample unit
Stichprobenentnahme f <qualit> (z. B. aus Material, Fertigprodukten) • sampling
Stichprobenerhebung f <math> (für Statistik, Umfragen) • sampling
Stichprobenfehler m <qualit> • sampling error
Stichprobenmittel n <qualit> • sample mean
Stichprobenplan m DIN 55350-31 <qualit> (Zusammenstellung von Stichprobenanweisungen) • sampling inspection plan; sampling plan; sampling scheme
Stichprobenprüfung f <qualit> • sampling test
Stichprobenquote f <math> (Statistik) • sampling function; sampling ratio
Stichprobensystem n DIN 55350-31 <qualit> • sampling system
Stichprobenumfang m <qualit> • sample size
Stichprobenvarianz f <qualit> • sample variance
Stichprobenverarbeitung f <qualit> • sampling processing
Stichprobenverfahren n <qualit> • random sample test
Stichsäge f <wz> (Handsäge, schmales, spitz zulaufendes Blatt, zum Kurvensägen) • compass saw; padsaw GB
Stichsäge f rar <wz> (handstichsägenähnliche Elektrosäge) • reciprocating saw US; all-purpose power saw Bosch
Stichstraße f <verk> • entrance ramp
Stichstrecke f <bahn> • spur track; dead-end branch
Stichtiefdruck m <druck> • copperplate printing
Stichwort n <tech.allg> (EDV-Register, Lexikon, Wörterbuch) • index word
Stichwortübersicht f <licht.theat> • cue synopsis gen; lighting cue synopsis form
Stichwortverzeichnis n <licht.theat> • cue synopsis gen; lighting cue synopsis form
Stichwortzettel m <licht.theat> • cue synopsis gen; lighting cue synopsis form
stickend <min> (Wetter) • foul
Stickereiwebstuhl m <textil> • lappet loom
Stickies npl <pap.ents> (in Altpapier) • stickies pl; sticky contaminants pl; adhesives pl; bonding agents pl
Stickmaschine f <textil> • embroidering machine
Stickoxid n <kfz.emiss> • nitrogen oxide; oxide of nitrogen; NOx
Stickoxidbildung f <emiss> • NOx formation; NO formation
Stickoxide n <kfz.emiss> • nitrogen oxides pl; oxides of nitrogen pl

Stickoxide *npl ugs* <chem> • nitrogen oxides *pl*; oxides of nitrogen

Stickoxidsystem *n :V* <kfz.mot> • nitrous oxide system

Stick-slip *m* <tech.allg> *(z. B. infolge Schmierungsman-gel)* • stick-slip

Stick-Slip-Effekt *m* <tech.allg> *(z. B. Kolben, Schublade, Werkstück)* • stick-slip motion; stick-slip

Stick-Slip-Effekt *m* <kst.qualit> *(Oberflächenfehler in Blasformteilen)* • stick-slip effect

Stickstoff *m* (N) <chem> • nitrogen (N)

Stickstoffaufnahme *f* • nitrogen uptake

Stickstoffbase *f* <chem> • nitrogenous base

Stickstoffbestimmung *f* • nitrogen determination; nitrogen analysis

Stickstoffbindung *f (im Boden)* • nitrogen fixation

Stickstoffbrücke *f* • nitrogen bridge

Stickstoffdioxid *n* <chem> • nitrogen dioxide

Stickstoffdioxid *n* <kfz.emiss> • nitrogen dioxide

stickstoffdotiert • nitrogen-doped

stickstofffrei • nitrogen-free

Stickstofffüllung *f* <navig> *(Gehäuse)* • dry nitrogen filling

stickstoffgefüllt <nav> *(GPS Empfängergehäuse)* • dry-nitrogen-filled

Stickstoffgehalt *m* • nitrogen content

Stickstoffgenerator *m* <chem.verf> • nitrogen generator

stickstoffhaltig • nitrogenous

Stickstoff-Kohlendioxid-Laser *m* • nitrogen-carbon dioxide laser

Stickstoffkreislauf *m* <chem> • nitrogen cycle

Stickstofflampe *f* • nitrogen lamp

Stickstoffmonoxid *n* <chem> • nitrogen monoxide; nitric oxide *pract*

Stickstoffmonoxid *n* <kfz.emiss> • nitric oxide

Stickstoffoxide *npl* <chem> • nitrogen oxides *pl*; oxides of nitrogen

Stickstoffoxide *npl rar* <kfz.emiss> • nitrogen oxides *pl*; oxides of nitrogen *pl*

Stickstoffplasma *n* • nitrogen plasma

Stickstoffspülen *n* <metall> • nitrogen purging

Stickstofftunnel *m* <nahr.prod> *(Speiseeis)* • liquid nitrogen freezer; LIN freezer

Stickstoffzähler *m* • nitrogen meter

Stickybeladung *f* <ents> *(Altpapierverwertung)* • stickies content

Sticta pulmonaria <bio> • lungwort; sticta pulmonaria

Stiefel *m* <bekl> • boot

Stiefel *m* <förd> *(Pumpe)* • barrel; chamber

Stiefelette *f* <bekl> • ankle boot

Stiefelhose *f* <bekl> • boot cut jeans

Stiefel-Rohrwalzverfahren *n* <metall> • Stiefel tube-rolling process

Stiefmütterchen *n* <bio> • pansy; viola tricolor

Stiege *f* <pack> *(für Obst, Gemüse)* • crate

Stiel *m* <bau> • column

Stiel *m* <bau> *(Rahmen)* • member; leg

Stiel *m* <bau> *(Pfettendach)* • strut

Stiel *m* <bio> *(Hauptstiel, der die Traube trägt)* • peduncle

Stiel *m* <chem> *(z. B. Labortrichter)* • stem

Stiel *m* <nahr.wz> *(Speiseeis; Besenstiel)* • stick

Stiel *m* <wz> *(z. B. Hammer)* • handle; helve

Stielamboss-Löffeleisen *n* <kfz.wz> • long reach dolly

Stiele *mpl* <nahr> *(Wein)* • stalks; stems

Stieleinstecker *m* <prod.nahr> *(Speiseeis)* • stick inserter; stick setter

Stieleinsteckmaschine *f* <prod.nahr> *(Speiseeis)* • stick inserter; stick setter

Stieleis *n* <nahr> *(allg)* • ice cream on a stick; ice lolly *GB*; lolly *GB*; stick bar; ice pop *US*

Stieleis *n* <nahr> *(Wassereis)* • ice lolly *GB*; popsicle *US*

stiellose Produkte *fpl* <nahr> *(Speiseeis)* • stickless items; stickless products

Stielschleifer *m* <bau.wz> • pole sander

Stielspachtel *m* <bau.wz> • long handle board knife *LAF*

Stielstrahler *m* • rod radiator

Stieltjes'sches Integral *n* <math> *(Analysis)* • Stieltjes' integral

Stift *m* • prong

Stift *m* <edv> • light pen; wand; light wand; wand scanner; scanning wand

Stift *m* <edv> • pin

Stift *m* <el> • pin

Stift *m* <füg> • peg

Stift *m* DIN 1471-81 <füg> • pin; dowel [pin] *GB*

Stift *m* <hygi> *(z. B. Augenbrauenstift, Lippenstift)* • stick

Stift *m* <masch> • stud

Stift *m* <nav> • pin

Stiftanordnung *f* <el> • pin allocation

Stiftanordnung *f* <el> • pin configuration

Stiftbeschleunigung *f* <edv> *(Plotter)* • pen acceleration

Stiftbohrkrone *f* <bau.wz> *(Tunnelbau)* • core drill

Stiftbolzen *m* <füg> • stud bolt

Stiftdiode *f* <el> • pin diode

Stiftdrucker *m* <edv> • stylus printer; Stiftdrucker *m*

stiften *vt* <füg> *(mit Stift verbinden)* • pin *vt*

stiftförmig <tech.allg> • pencil-shaped

Stiftfreilauf *m* • pin free-wheel clutch

Stiftgeradführung *f* <msr> *(Schreiber)* • parallel guiding of the pencil

Stiftgeschwindigkeit *f* <edv> • pen velocity; pen speed

Stifthalter *m* <mil> • housing pin retainer

Stiftkarussell *n* <edv> • pen carousel

Stiftklemme *f* <el> • prong terminal

Stiftkontakt *m* <alarm> • plunger switch; plunger type alarm switch; mechanical plunger switch

Stiftkontakt *m* <el> • pin contact

Stiftkopplung *f* <el> • pin coupling

Stiftlagerung *f* <masch> • pin support

Stiftleiste *f* <msr> • connection strip; pin connector

Stiftlochbohrer *m* <wz> • pin-hole drill; pin drill

Stiftlochreibahle *f* <wz> • taper-pin reamer

Stiftnietung *f* <füg> • pin riveting

Stiftöler *m* <tribo> • pin lubricator; pin oiler

Stiftplotter *m* <edv> • pen plotter

Stiftscheibenmühle *f* <verf> • pin-disc mill

Stiftschlüssel *m* DIN 898 <fz> *(z. B. für Tretlager)* • pin wrench; pin-type wrench *rare*

Stiftschlüssel *m* prakt <wz> *(für Innensechskantschrauben; jede Form)* • hex key *US*; hexagon key *GB*; Allen key *coll*

Stiftschlüssel *m* prakt <wz> *(einseitig abgewinkelt; für Innensechskantschrauben)* • hex key [wrench]; Allen wrench; hexagon key; hexagon wrench; hexagon wrench key *GB*

Stiftschlüsselsatz *m* prakt <wz> *(einseitig abgewinkelt; für Innensechskantschrauben)* • hex key [wrench] set; Allen wrench set; hexagon key set; hexagon wrench set; hexagon wrench key set *GB*

Stiftschraube *f* DIN 938-949 <füg> *(allg.)* • stud; stud bolt *rare*

Stiftschraube mit Dehnschaft *f* DIN ISO 1891 <füg> • waisted stud

Stiftschraube mit Freistich *f* DIN ISO 1891 <füg> • stud with undercut; stud with groove

Stiftschraubeneinsetzmaschine *f* <wz> • automatic stud insertion machine

Stiftschraubensetzer *m* <wz> • stud driver

Stiftsockel *m* (G) <el> *(von Lampen, Röhren)* • pin-cap (G); post-cap; pin base; pin-type cap; plug base *rare*

Stiftstecker *m* <el> • pin plug
Stifttrommel *f* • pegboard matrix
Stiftung *f* <jur> • foundation; endowed institution
Stiftwalzenantrieb *m* <edv> • sprocket drive
Stiftwandler *m* <lwl> *(Wellenleitertechnik)* • probe transformer
Stift zum Einlesen von Strichcodes *m* <av> • scanner; scanning device
Stigma *n* AWR <jur> • stigma
stigmatisch <opt> *(Abbildung)* • stigmatic
stigmatische Abbildung *f* <opt> • stigmatic image
Stigmatisierung *f* AWR <jur> • stigmatization
Stilb *n* (sb) *obs* <licht> *(SI-fremde Einheit der Leuchtdichte: 10000 cd/Quadratmeter)* • stilb (sb) *obs*
stil de grain brun <kunst> *(bräunlicher Farbton)* • brown pink
Stilfenster *n* <bau> • custom window
stilisieren *vt* <kunst> • stylize *vt*
Still *n* <av> • still; still photograph
stille Alarmeinrichtung *f* <alarm> • silent alarm transmitter; alarm transmitter; alarm signal transmission device; signal transmitter; signal transmitting system
stille Alarmierung *f* <alarm> • remote alarm; silent alarm; signalling *GB*; remote annunciation/signalling; alarm transmission
Stilleben *n* <phot.kumsrt> • still life
stille Entladung *f* <el> • dark discharge
stillegen *vt* <tech.allg> *(z. B. System oder Bauteil)* • render inoperative *vt*
stiller Alarm *m* <alarm> • remote alarm; silent alarm; signalling *GB*; remote annunciation/signalling; alarm transmission
stiller Alarmgeber *m* <alarm> • silent alarm transmitter; alarm transmitter; alarm signal transmission device; signal transmitter; signal transmitting system
stillgelegt <min> *(Bergwerk u.ä.; betont: verlassen)* • abandoned
Still-Kamera *f rar* <av> • still camera
stilllegen *vt* <tech.allg> *(endgültig; z. B. Anlage, Werk)* • close down *vt*; shut down *vt*; put out of service *vt*; put out of operation *vt*
stilllegen *vt* <tech.allg> *(genehmigungspflichtige Anlage)* • put out of commission *vt*
stilllegen *vt* <min> *(Bergwerk u.ä.; betont: verlassen)* • abandon *vt*
stilllegen *vt* <verf> *(durch Absperren, Abklemmen; z. B. Anschluss, Bauteil)* • blind off *vt*
Stilllegung von Werken *f* <ökon> • closing of plants
Still-Picture *n* <edv> • still picture
stillschweigend <jur> • tacit; implicit; implied; by implication; implied in fact
stillsetzen *vt* • bring to rest *vt*
stillsetzen *vt* <masch> *(Aggregat; z. B. Pumpe, Triebwerk)* • shut down *vt*; stop *vt*; deactivate *vt*
stillsetzen *vt* <prod> *(z. B. Anlage, Fabrik)* • stop *vt*
Stillstand *m* • halt
Stillstand *m* <allg> *(von Bewegung)* • standstill
Stillstand *m* <tech.allg> *(z. B. Fahrzeug, maschine)* • rest
Stillstand *m* <tech.allg> *(abruptes Anhalten)* • stoppage
Stillstand *m* <edv> • hold
Stillstand *m* IEV 415 <energ.wind> • standstill IEV 415
Stillstandgetriebe *n* <masch> *(i. a. kinematische Getriebe)* • dwell mechanism; stop mechanism
Stillstandsdauer *f* <tech.allg> *(von periodisch bewegten Elementen/Baugruppen)* • dwell duration
Stillstandsdauer *f* <masch> *(innerhalb v. Bewegungszyklen)* • dwell period
Stillstandskorrosion *f* <obfl> • downtime corrosion; idle corrosion

Stillstandsperiode *f* <prod> • stop period; shutdown time
Stillstandstemperatur *f* <energ.sol> • stagnation temperature
Stillstandstemperatur *f* <energ.sol> • no-flow temperature; stagnation temperature
Stillstandswächter *m* <msr> *(für Motoren)* • loss-of-speed detector
Stillstandszeit *f* <tech.allg> • idle time; stoppage time
Stillstandszeit *f* <tech.allg> • rest period
Stillstandszeit *f* <masch> *(innerhalb v. Bewegungszyklen)* • dwell period
Stillstandszeit *f* <prod> • downtime
Stillstandszeit *f* <prod> • outage time
Stillstandzeit *f* <tech.allg> • down time
stillstehen *v* <allg> *(z. B. Wachstum)* • be stationary *v*
stillstehen *v* <masch> *(z. B. Spindel, Stößel, Werkzeug)* • dwell *v*
stillstehen *vt* <tech.allg> • be at rest *vt*
stillstehen *vt* <geo> *(z. B. Wasser)* • stagnate *vt*
stillstehen *vt* <masch> *(z. B. Maschine)* • stand idle *vt*
stillstehend • stationary
stillstehend <tech.allg> • at rest
stillstehend <tech.allg> *(z. B. Fahrzeug, Maschine)* • motionless
stillstehend <hydr> *(z. B. Wasser)* • stagnant
stillstehend <masch> • idle
Still-Video-Kamera *f u.a. Can* <av> • still video camera *e.g. Can*
Stimme *f* <edv.av> • voice
Stimme *f* <med> • voice
Stimmenbefehl *m* <av.edv> • voice message; voice mode
Stimmengenerator *m* <av.edv> • voice generator
Stimmgabel *f* <mus> • tuning fork
stimmgabelgesteuerte Uhr *f* <msr> • tuning-fork clock
Stimmgabelmodulator *m* <el> • tuning-fork frequency modulator
Stimmgabelschwebung *f* <akust> • fork beat
Stimmgabelsteuerstufe *f* <msr> • mechanical master oscillator
stimmpolyphon <mus> *(Instrument)* • polyphonic
Stimmpolyphonie *f* <edv.av> • polyphony
Stimmprozessor *m* <edv.av> • voice processor
Stimmung *f* <phot> • mood; atmosphere
Stimmungsnummer *f* <licht.theat> • cue number; Q-number
Stimulierbarkeit von Lymphozyten *f* <med> • lymphocyte proliferative response (LPR)
stimulieren *vt* <allg> *(Reaktionen, Handlungen, Vorstellungen, Fantasien)* • stimulate *vt*
stimulierte Emission *f* <lwl> • stimulated emission
Stinkbombengeruch *m* <kfz.emiss> • rotten-egg odor *form*; rotten-egg smell; stink-bomb smell
Stippe *f* <kst> *(Materialfehler in Folien)* • fisheye
Stippe *f* <pap.ents> *(unerwünschte Faserzusammenballung)* • fiber bundle; fiber lump; fiber knot
Stippen *n* <obfl> *(Vorgang und Ergebnis; Lackfehler)* • dirt contamination
Stippenbildung *f* <obfl> *(auf Zink)* • pinholing
Stiren *n* <chem> • vinylbenzene
Stirenalkydharz *n* <chem> • stirenated alkyd
Stiren-Butadien-Kautschuk *m* <kst> • stirene-butadiene rubber (SBR)
Stiren-Chloropren-Kautschuk *m* <kst> • stirene-chloroprene rubber (SCR)
Stiren-Isopren-Kautschuk *m* <kst> • stirene-isoprene rubber (SIR)
Stirling-Motor *m* <kfz.mot> • Stirling engine
Stirnabschreckversuch *m* <metall> • end quench test

Stirnabschreckversuch m ISO 642 <qualit.mat> (Stahl)
• hardenability test by end quenching ISO 642; Jominy test
Stirnansicht f ugs.rar <doku> • front elevation; front view
pract
Stirnband n <opt> (Brille) • brace bar
Stirnbelüftung f <bekl> (Helm) • brow vent; forehead vent
Stirnblech n <tech.allg> • faceplate
Stirnbogen m <bau> • front arch
Stirnbreite f DIN 3998 <antr> (Zahnrad) • face width
Stirndeckel m <kfz.antr> (z. B. von Getriebe) • end cover
Stirndrehen n <prod> • face turning; facing
Stirndrehmeißel m <wz> • end-cut turning tool
Stirnebene f (z. B. Zahnrad) • diametral plane; transverse
plane; plane of rotation
Stirnebene f <bau> (z. B. einer Schachtel, eines
Ziegels) • end plane
Stirneingriffswinkel m <masch> (Verzahnung) • real
pressure angle
Stirneingriffswinkel m DIN 3998 <masch> (Schrägver-
zahnung) • transverse pressure angle; transverse pres-
sure angle at point
Stirnelektrode f <kfz.el> (Zündkerze) • front electrode; top
electrode
Stirnen n <prod> • face milling; facing
Stirnfaltung f DIN 55405 <prod> • end fold BS 3130
Stirnfläche f <tech.allg> (betont: die Oberfläche) • end
surface
Stirnfläche f <tech.allg> (nach vorne zeigend) • front face
Stirnfläche f <tech.allg> • frontal area
Stirnfläche f <tech.allg> (allg.; z. B. auch bei Gewinde-
stiften) • end face; face
Stirnfläche f <füg> (bei Gewindestiften) • face
Stirnfläche f <kfz> (Querschnittsfläche eines Fahrzeugs)
• cross-sectional area
Stirnfläche f <prod> (Werkstück, Werkzeug) • end face
Stirnfläche f <wz> (Fräser) • outside face; rim; side
Stirnflächenabstand m <lwl> • end face separation
Stirnflächendichtung f <allg> • interfacial seal
Stirnflächeneinsenkung f <nukl> (von Brennstofftablet-
ten) • dishing
Stirnflächenkopplung f <lwl> • butt joint; fiber end cou-
pling
Stirnflächenplanen n <prod> • end facing
Stirnflächenrauheit f <lwl> • end face roughness
Stirnflächenschliff m <prod> • frontal section
Stirnflankennaht f <füg> • square edge weld
Stirnflaschenzug m <förd> • spur-geared hoist
Stirnfräsen n <prod> • end milling
Stirnfräser m <wz> • end mill; face cutter
Stirnführung f <förd> (Förderkorb) • front guiding
Stirnkegelscheitel m <masch> (Verzahnung) • face apex
Stirnkehlnaht f <füg> (Schweißtechnik) • edge fillet weld
Stirnlochschlüssel m <wz> • face pin spanner wrench
US; face pin wrench GB; pin wrench GB
Stirnmauer f <bau> • face wall
Stirnmauer f <bau> (Durchlaß) • head wall
Stirnmesserkopf m <wz> • face milling cutter
Stirnmitnehmer m <prod> • face driver
Stirnmodul m DIN 3998 <antr> (Verzahnung) • transverse
module
Stirnnaht f <füg> • edge weld
Stirnplatte f <tech.allg> • faceplate
Stirnplatte f <prod> • pattern plate; cluster plate
Stirnpolster n <bekl> (Helm) • brow pad
Stirnprofil n DIN 3998 <masch> (Zahnradgetriebe)
• transverse profile
Stirnprofilwinkel m <masch> (Schrägverzahnung)
• transverse pressure angle; transverse pressure angle
at point

Stirnrad n <antr> (typ. Zahnrad mit Geradverzahnung)
• spur gear
Stirnrad n DIN 3998 <masch> • cylindrical gear
Stirnraddifferential n <kfz> • spur differential
Stirnradformfräsen n <prod> • spur-gear milling
Stirnradgetriebe n <antr> • cylindrical gear pair; cylindri-
cal gear
Stirnradgetriebe n <masch> • spur gear transmission
Stirnradgetriebe n <masch> • spur gear; spur gears; spur
gear system
Stirnradgetriebe n <mech> • parallel shaft gear; parallel
shaft gearing; parallel shaft transmission
Stirnradgetriebekopf m <masch> (an Motoren) • spur
gearhead
Stirnradkettenzug m <förd> • spur-geared chain hoist
Stirnradölpumpe f rar <tribo> • gear type oil pump
Stirnradsatz m <masch> • spur gear; spur gears; spur
gear system
Stirnradschraubgetriebe n <masch> • pair of crossed
helical gears
Stirnradschraubgetriebe n <masch> • spiral gears
Stirnradwälzfräsen n <prod> • spur gear hobbing
Stirnradwälzfräsmaschine f <wz.masch> • spur-gear
hobbing machine
Stirnradwalzen n <prod> • spur gear rolling
Stirnradwendegetriebe n <masch> • spur reversing gear
system
Stirnrädergetriebe n <masch> • spur gears
Stirnreibahle f <wz> • bottoming reamer; end-cutting
reamer
Stirnschleifen n <prod> • face grinding; flat-side grinding;
side grinding
Stirnschneide f <wz> • face cutting edge
Stirnschneide f <wz> • front cutting edge; end cutting
edge
Stirnschnitt m <masch> (Zahnrad) • section in plane of
rotation
Stirnseite f <tech.allg> (z. B. Bolzen, Werkzeug, Zahnrad)
• end face; front face
Stirnseite f <tech.allg> • front side
Stirnseite f <tech.allg> • outside face; rim
Stirnseite f <edv> (Referenzpunkt für Entfernungsanga-
ben) • face of scanner; face
Stirnseite des Scanners f <edv> (Referenzpunkt für
Entfernungsangaben) • face of scanner; face
stirnseitig <msr> • on front
Stirnsenken n <prod> • spotfacing
Stirnsenker m <wz> • spotfacer; facing tool
Stirnsiegeleinschlag m <prod> • crimp wrap
Stirnspreize f <bau> (Grabenverbau) • face waling; face
piece
Stirnsteilheit f <el> (Stoßspannung) • wave-front steep-
ness
Stirnstoß m <füg> • edge joint DIN EN 12345
Stirnstreuverlust m <el> • face-ring stray loss
Stirnteilung f DIN 3998 <antr> (Zahnrad) • transverse
pitch; circumferential circular pitch
Stirnverbindung f <el> • end winding
Stirnverbindung f <masch> • face-ring connection
Stirnverschleiß m (elektroerosive Bearbeitung) • frontal
wear
Stirnverschluss m DIN 55405 <prod> • end seal
Stirnwand f <tech.allg> • front
Stirnwand f <bahn> • end wall
Stirnwand f <ents> (Feuerraum) • front wall
Stirnwand f ugs <kfz> (zwischen Motor- und Innenraum)
• bulkhead; firewall; dash panel; front partition panel
Stirnwand f <nfz> • front bulkhead; headache rack coll
Stirnwandbrechbacke f <verf> • fixed jaw

Stirnwandstütze f <kfz> • cowl support
Stirnwandtür f <bau> • end door
Stirnwinkel m <masch> (Verzahnung) • face angle
Stirnzahn m <masch> • end tooth; end edge
Stirnzahndicke f <masch> • transverse tooth thickness
Stirnzapfen m <bio> (Taxidermie) • base of the antler of horn; base of the antler
Stirnzapfen m <masch> (z. B. Welle) • end gudgeon; end journal
Stirnzeit f <el> (Stoßspannung) • wave-front duration
Stitch and Glue-Bauweise f <nav> (Segelboot) • stitch and glue construction
Stitch-Bond m <el.ic.prod> • stitch bond
Stitchbonden n <el> • stitch bonding
stochastisch wiss <allg> (betont: beliebig herausgegriffen, z. B. Probe) • random; stochastic thsc
stochastisch definierte Grenze f <math> • probability limit
stochastische Animation f <edv> • stochastic animation
stochastische Funktion f <math> • random function
stochastische Irrfahrt f <math> • random walk
stochastischer Prozess m <math> • Markov process; stochastic process; random process
stochastischer Vektor m <math> • random vector
stochastisches Rauschen n <phys> • stochastic noise
stochastisches Suchverfahren n <qualit> • random search procedure; random search technique
stochastische Variable f <math> • stochastic variable; random variable
stochastische Variable f <math> • variate; random variable; stochastic variable
Stochern n <bau> • rodding
Stochern n ugs.prakt <obfl> (Lokalisierung von Rostschäden an Karosserien) • prodding coll.pract
stochern vt <bau> (Betonverdichtung) • puddle vt; rod vt
stochern vt <verf> • poke vt
Stocheröffnung f <verf> • pokehole
Stock m <bau> • sill
Stock m ugs <bau> (eines Gebäudes) • floor US; story US.GB; storey GB
Stock m <geo> • stock; sill
Stock m <prod> • stock; body; stand
Stock m <sport> (Hockey, Skistock, Spazierstock) • stick; staff
Stockanker m <nav> • stocked anchor
Stockausschlag m <holz> • coppice shoots
stocken vi <allg> (Vorgänge, Bewegungen; z. B. Inflation, Strömung, Wachstum) • stagnate vi
stocken vi <tech.allg> (z. B. Verkehr, Beschickung) • jam vi
stocken vi <kfz.mot> (Motor; während der Fahrt) • stall vi
stocken vt • stop vt
Stockfleckigkeit f • foxiness
stockfleckig werden v • fox v
stockförmige Lagerstätte f <min> • stockwork; stock
stockig • foxy
stockig <holz> • pecky
Stocklack m <obfl.holz> • stick lac
Stockpunkt m <tribo> • pour point
Stockpunkt m <verbr> (flüssiger Brennstoffe) • pour point; setting point
Stockpunkterniedriger m <chem> (z. B. für Kraftstofffließpunkt) • pour point depressant; pour-point depressant
Stockpunktverbesserer m <chem> (z. B. für Kraftstofffließpunkt) • pour point depressant; pour-point depressant
Stockschaltung f <kfz.antr> • dashboard gearchange; dashboard shift; dashboard change GB
Stockung f <kst> • hang-up
Stockung f <ökon> (z. B. Absatz, Handel) • stagnation

Stockung f <verk> • jam
Stockung f <verk> • stoppage
Stockwerk n (Lagerstätte) • floor
Stockwerk n <bau> • floor; storey
Stockwerk n <bau> (eines Gebäudes) • floor US; story US.GB; storey GB
Stockwerkanzeiger m <förd> • lift floor annunciator; lift car annunciator; lift landing signal lamp
Stockwerkdruckknopf m <förd> (Aufzug) • landing push-button
Stockwerkruf m <bau.förd> (Aufzug) • waiting-passenger indicator
Stockwerksanlage f <logist> • multi-level shelving ct; multi-tier shelving GB
Stockwerksbau m <min> • breast stoping
Stockwerkschalter m <el> (Aufzug) • floor switch
Stockwerksgarage f <bau> • multistorey parking garage
Stockwerksgesims n <bau> (irgendwo zwischen Kranz und Sockel) • belt; cornice; string course
Stockwerksrahmen m <bau> • multistorey frame
Stöchiometrie f <chem> • stoichiometry
Stöchiometriefaktor m <ents> • stoichiometric factor
stöchiometrisch <chem> • stoichiometric
stöchiometrisch <kfz.mot> (Kraftstoff/Luft-Verhältnis; ca. 14,7 g Luft zu 1 g Kraftstoff) • stoichiometric
stöchiometrische Formel f <chem> • stoichiometric formula
stöchiometrische Grundformel f <chem> • stoichiometric formula
stöchiometrischer Betrieb m <chem> (z. B. Motor, Verbrennung) • stoichiometric operation
stöchiometrischer Cordierit m <kfz.emiss> • stoichiometric cordierite
stöchiometrischer Faktor m <ents> • stoichiometric factor
stöchiometrischer Luftbedarf m tech.wiss <verbr> • theoretic air requirement; stoichiometric air requirement; theoretical air pract
stöchiometrisches Mischungsverhältnis n <kfz> (14.7 : 1 Luft : Kraftstoff) • stoichiometric ratio
Stöckle n ugs. süddt. <kfz.wz> (Karosserie-Handfaust) • dolly
Stöpsel m <tech.allg> • plug
Stöpsel m <el.tele> • jack-plug; key plug; plug
Stöpsel m <pack> • stopper
Stöpsel m ugs <pack> • plug US; stopper GB
Stöpsel m <silik> (z. B. für Chemikalienflaschen) • bung
Stöpselbrett n <tele> • plug board
Stöpselbrett n <tele> (alte Telefonanlage) • jack board; jack panel; jack field
Stöpselkopfsicherung f <el> • screw-plug cartridge fuse; screw-plug fuse
stöpseln v <tele> • plug v
Stöpselringanschluss m <tele> • sleeve wire
Stöpselschalter m <el> • plug cut-out
Stöpselschalter m <tele> • plug switch
Stöpselschnur f <el> • jumper
Stöpselspule f <tele> • adjustable plug coil
Stöpselunterbrecher m <el> • infinity plug
Stöpselwiderstand m <el> • plug resistance
Stör... <allg> (z. B. Signal, Effekt) • spurious
Störabstand m prakt <el> (Geräuschspannungsabstand) • signal-to-noise ratio (SNR); signal/noise ratio; SNR-ratio; noise margin pract; S/N ratio pract
störanfällig <av> • susceptible to interference
störanfällig <el> • interference-prone
störanfällig <qualit> • susceptible to faults
Störanfälligkeit f <qualit> • susceptibility to damage
Störantwortkurve f <msr> • recovery curve

Störanzeige *f* <tech.allg> • false reading
Störanzeige *f* <msr> • false indication
Störatom *n* <mat> • impurity atom; foreign atom
Störaufnahme *f* <msr> • stray pick-up
Störaustastdiode *f* <tele> • squelch diode
Störaustaster *m* <el> • noise blanker
Störaustastschaltung *f* <el> • interference blanking circuit
Störbandleitung *f* • impurity band conduction
Störbegrenzer *m* <av> • noise limiter; interference limiter
Störbegrenzung *f* <av> • noise limitation; interference limitation
Störbereich *m* <qualit> • error range; disturbance range
Störbeseitigung *f* <edv> • debugging
Störbeseitigung *f* <el> • interference elimination
Störbild *n* <av> • parasitic image
Störbreite *f* • frequency-range of radio interference
Störcharakteristik *f* <phys> • interference characteristic
Stördaten *fpl* <msr> • fault data; disturbance data
Störecho *m* <phys> *(z. B. Radar, Ultraschallprüfung)* • false echo
Störecho *n* <phys> *(z. B. Radar, Ultraschallprüfung)* • unwanted echo
Störeffekt *m* <tech.allg> • perturbation
Störeffekt *m* <el> • interference effect; spurious effect
Störeffekt *m* <phys> • parasitic effect
Störeinfluss *m* <tech.allg> • perturbing action
Störeinfluss *m* <msr> • cross interference
Störeingabe *f* <msr> • disturbance input
störempfindlich <qualit> • susceptible to interference; susceptible to trouble
stören *vt* <allg> • disturb *vt*
stören *vt* <tech.allg> • interfere with *vt*
stören *vt* <mil> *(z. B. Sender, Radar)* • jam *vt*
stören *vt* <phys> • interfere *vt*
störend beeinflussen *v* <tech.allg> • interfere with *v*
störende Beeinflussung *f* <tech.allg> • interference
störende Kraft *f* <tech.allg> *(z. B. Turbulenz (Flugzeug), Hindernis (Fahrzeug))* • disturbing force
störende Kreuzmodulation *f* <tele> • irritating cross modulation
störender Bestandteil *m* <pap.ents> *(im Faserstoff)* • foreign particle; disturbing component
störendes Seitenband *n* <tele> • spurious sideband
Störereignis *n* <msr> • fault event *US*
Störerkennung *f* <navig> • noise recognition
Störfaktor *m* <av> • noise factor
Störfaktor *m* <el> • interference factor
Störfall *m* <tech.allg> *(z. B. Kernkraftwerk)* • incident
Störfall *m* <nukl> • accident
Störfallablauf *m* <tech.allg> • sequence of events
Störfallanalyse *f* <tech.allg> • accident analysis
störfallbedingte Freisetzung *f* <nukl> *(von Schadstoffen oder Strahlung)* • accidental release
Störfeld *n* <av> • noise field
Störfeld *n* <el> • interference field; interference
Störfeldfestigkeit *f* <msr> • field immunity; noise immunity
Störfeldstärke *f* <av> • noise field strength
Störfeldstärke *f* <el> • interference field strength
störfest <el> • noise immune; immune to electrical noise; field immune *rare*
Störfestigkeit *f* <msr> • immunity to electrical noise *proxitronic*; noise immunity *Siemens, 1/9*
Störfestigkeit *fsg* <msr> • noise immunity; immunity to noise; immunity to interference; immunity to disturbance
Störfilter *n* <el> • noise filter
Störflecke *mpl* <navig> • clutter
störfrei <tech.allg> • free from interference; free from disturbance
störfrei <av> • noise-free; noiseless; clear

störfrei <el> • noise-free
störfrei <qualit> • trouble-free; undisturbed
Störfrequenz *f* • interfering frequency
Störfrequenz *f* <phys> • parasitic frequency
Störfrequenz *f* <tele> • disturbance frequency
Störfrequenz *f* <tele> • jamming frequency
Störfrequenzgang *m* • interfering frequency response
Störfrequenzgang *m* <phys> • parasitic frequency response
Störfunkstelle *f* <mil> • jamming station
Störfunkstelle *f* <tele> • jamming transmitter
Störfunktion *f* <math> *(Differentialgleichung)* • perturbation function; disturbance function; forcing function
Störgebiet *n* <av> *(Fernseh-, Rundfunksender)* • interference area
Störgeräusch *n* <akust.tele> • parasitic noise; background noise
Störgeräusch *n* <av> • disturbing noise; static noise; undesired noise *rare*
Störgeräusch *n* <qualit.mat> *(z. B. Ultraschallprüfung)* • disturbing noise
Störgeräuschabstand *m* <el> *(Geräuschspannungsabstand)* • signal-to-noise ratio (SNR); signal/noise ratio; SNR-ratio; noise margin *pract*; S/N ratio *pract*
Störgröße *f* <msr> • disturbance
Störgröße *f* <msr> *(Regeln)* • disturbance [variable]
Störgröße *f* <phys> • noise
Störgrößenaufschaltung *f* <msr> • disturbance feedforward
Störimpuls *m* • interference pulse; disturb pulse
Störimpulsunterdrückung *f* <phys> • suppression of interference
Störinnerung *f :V* <edv> *(erscheint, so lange eine Software nicht registriert und bezahlt ist)* • reminder screen; nag screen; nag *coll*
Störklappe *f* <aerospace> • spoiler
Störklappe *f* <phys> *(stört Fluidströmung)* • interceptor
Störkomponente *f* • interfering component
Störkraft *f* <phys> *(z. B. auf Massenschwinger wirkend)* • disturbing force
Störkraft *f* <phys> • disturbing force
Störleistung *f* • interference power
Störlicht *n* • extraneous light; unwanted light
Störmeldeausgang *m* <el> • alarm output
Störmeldedrucker *m* <msr> • event recorder
Störmelder *m* <msr> • fault indicator; disturbance indicator; alarm indicator
Störmelderelais *n* <msr> • alarm relay
Störmeldesystem *n* <msr> • alarm indication system
Störmeldung *f* <alarm> • trouble signal
Störmeldung *f* <msr> *(allg.)* • alarm indication; trouble indication; fault indication
Störmodulation *f* *(Störsender)* • jamming modulation
Störmodulation *f* <av> • spurious modulation; unwanted modulation
Störniveau *n* <av> • noise level
Störniveau *n* <el> *(Halbleiter)* • impurity level; defect level
Störniveau *n* <el> • interference level; noise level
Störniveaubesetzung *f* <el> *(Halbleiter)* • impurity-level population
Störparameter *m* <msr> • perturbation parameter
Störpegel *m* <edv> • noise level; noise
Störpegel *m* <el> • noise level
Störpegel *m* <msr> • disturbance level; background level; interference level
Störpegelabstand *m* <el> • noise ratio
Störpegel im Schwarz <av> *(Fernsehen)* • noisy blacks
Störpegelzählung *f* • background count
Störquelle *f* <tech.allg> • interference source

Störquelle *f* <tech.allg> • noise source
Störquelle *f* <phys> *(z. B. akustisch, elektronisch, mechanisch)* • disturbance source
Störrauschen *n* <av> • spurious noise; background noise
Störreflektor *m* <mil> • confusion reflector
Störringe *mpl* <navig> *(Radar)* • ring-arounds
Störschall *m* <av> *(Mikrofon)* • wind noise
störschallunterdrückendes Mikrofon *n* <av> • noise-cancelling microphone
Störschallunterdrückung *f* <akust> • noise cancellation
Störschallunterdrückung *f* <qualit.mat> *(Ultraschallprüfung)* • noise suppression
Störschreiber *m* <msr> • fault recorder; disturbance recorder
Störschutz *m* <el> • mains filter
Störschutz *m* <el> • noise suppression; radio shielding
Störschutz *m* <tele> • radio noise-suppression device; radio noise-suppression unit
Störschutzband *n* • interference guard band
Störschutzdiode *f* <av> • black spotter
Störschutzfilter *n* • interference trap
Störschutzfilter *n* <el> • noise filter; radio interference filter
Störschutzkondensator *m* <el> • noise-suppression capacitor; anti-interference capacitor
Störschutzkondensator *m* <el> • spark capacitor; spark killer
Störschutzschicht *f* <el> • shield layer
Störschwelle *f* <akust> • discomfort threshold
Störschwellenwert *m* <el> • noise threshold
Störschwingung *f* <phys> • parasitic oscillation; undesired oscillation
Störsender *m* <tele> • interfering station; interfering transmitter
Störsender *m* <tele> • jamming station; jamming transmitter; jammer
Störsendung *f* <tele> • jamming
störsicher *(Gerät)* • interference-proof
störsicher <msr> • noise immune
Störsicherheit *f* <msr> • noise immunity; immunity to noise; immunity to interference; immunity to disturbance
Störsignal *n* <tech.allg> • interference signal; spurious signal; unwanted signal; interference
Störsignal *n* <av> • shading signal
Störsignal *n* <edv> • drop-in; disturb signal
Störsignal *n* DIN 44146 <el> • noise; noise component; noise signal
Störsignal *n* <navig> • interfering signal
Störsignal *n* <phys> • parasitic signal
Störspannung *f* <el> • interference voltage; disturbing voltage; noise voltage
Störspannungen *f* <msr> • interfering voltages; disturbing voltages; noise voltages
Störspannungsabstand *m* <el> *(Geräuschspannungsabstand)* • signal-to-noise ratio (SNR); signal/noise ratio; SNR-ratio; noise margin *pract*; S/N ratio *pract*
Störspannungsgenerator *m* <tele> • noise generator
Störspannungsschutz *f* • noise protection; interference protection
Störspannungsspitze *f* <el> • pulse spike
Störsperre *f* • atmospheric suppressor
Störsperre *f* • interference blanker; interference suppression device
Störstelle *f* <el> *(Halbleiter)* • impurity; defect; imperfection
Störstelle *f* <phys> • foreign atom; impurity; impurity atom
Störstelle *f* <qualit.mat> *(im Kristallgitter)* • crystal defect; crystal imperfection; lattice defect
Störstellenatom *n* <phys> • foreign atom; impurity; impurity atom

Störstellenbandleitung *f* <el> • impurity band conduction
Störstellendichte *f* <mat> • impurity concentration; impurity density
Störstellendotierung *f* • impurity doping
störstellenfrei <mat> • impurity-free
Störstellengradient *m* <el> • impurity gradient
Störstellenhalbleiter *m* <el> • extrinsic semiconductor; defect semiconductor; impurity semiconductor
Störstellenhalbleitung *f* <el> • extrinsic conduction; defect conduction; impurity conduction
Störstellenniveau *n* <el> • impurity level; defect level
Störstellenkonzentration *f* <el> • impurity concentration
Störstellenleiter *m* <el> • extrinsic semiconductor; defect semiconductor; impurity semiconductor
Störstellenleitung *f* <el> • extrinsic conduction; defect conduction; impurity conduction
Störstellenstreuung *f* <el> • impurity scattering
Störstellenübergang *m* <el> • impurity junction
Störstoff *m* <pap.ents> *(im Faserstoff)* • foreign particle; disturbing component
Störstrahlung *f* <phys> • parasitic radiation; spurious radiation; stray radiation
Störstrahlung *f* <tele> • radiated interference
Störstreifen *m* <av> • interference strip; noise bar
störstreifenfrei <av> • noise-free; noiseless; clear
störstreifenfreies Standbild *n* <av> • perfect still; perfect still picture; noiseless still; clear still *Son*; perfect freeze *Gru*
störstreifenfreie Standbildfortschaltung *f* <av> • perfect frame advance; perfect still advance; noiseless frame advance; clear frame advance *Son*
störstreifenfreie Zeitlupe *f* <av> • perfect slow; noiseless slow; perfect slow motion; noiseless slow motion
störstreifenfreie Zeitlupenwiedergabe *f* <av> • perfect slow; noiseless slow; perfect slow motion; noiseless slow motion
Störstrom *m* • disturbance current
Störstrom *m* • interference current
Störsuchaufgabe *f* <edv> • trouble-location problem
Störton *m* • interfering tone
Störung *f* • atmospherics
Störung *f* <allg> • perturbation
Störung *f* <tech.allg> *(Anlage, System, Netz (z. B. elektrische Energie))* • breakdown
Störung *f* <tech.allg> *(z. B. im Ablauf, in d. Übertragung, in d. Strömung)* • disturbance
Störung *f* <tech.allg> • fault
Störung *f* <tech.allg> *(im Betrieb; z. B. Fahrzeug unterwegs)* • breakdown; glitch *coll*
Störung *f* <tech.allg> *(z. B. Kernkraftwerk)* • incident
Störung *f* <el> *(gegenseitige Signalbeeinflussung)* • noise; interference; parasitic noise; interfering noise
Störung *f* <el> • interference
Störung *f* <el> *(allg.)* • noise
Störung *f* <geo> • fracture; fault; disturbance
Störung *f* <med> *(gesundheitlich)* • disorder
Störung *f* <phys> • foreign atom; impurity; impurity atom
Störung *f* <qualit> • failure
Störung *f* <qualit> • imperfection
Störung *f* <qualit> *(in der Funktion von Systemen/Komponenten)* • malfunction; fault
Störung *f* <tele> *(beabsichtigt: Funkverkehr, Radar)* • jamming
Störung *m* <tech.allg> *(z. B. im Material, Gefüge)* • inhomogeneity; heterogeneity; discontinuity
Störung des Ineinandergreifens *f* <masch> *(von Maschinenelementen allg.; z. B. Zahnräder)* • defective meshing
Störungsanalyse *f* <tech.allg> • fault analysis; disturbance analysis; error analysis

störungsanfällig <qualit> • troublesome
störungsanfälliger Diaprojektor m <phot.qualit> • troublesome slide projectors
Störungsanzeige f <kfz.msr> • malfunction indicator lamp
Störungsanzeige f <msr> • failure indication
Störungsanzeige f <qualit> • malfunction indication
störungsarme Antenne f <tele> • anti-interference antenna US; anti-interference aerial GB
Störungsaufzeichnung f <msr> • failure recording
Störungsaufzeichnung f <msr> • fault recording
Störungsaufzeichnung f <qualit.msr> • trouble recording
Störungsaustaster m <el> • noise silencer
Störungsbehebung f <qualit> (bei System- oder Betriebsstörung) • troubleshooting; fault elimination
Störungsbeseitigung f <tech.allg> • fault clearance
Störungsbeseitigung f <tech.allg> (in Systemen, Anlagen etc.) • fault removal; fault clearance
Störungsbeseitigung f <edv> • debugging
Störungseingrenzung f <qualit> • fault localization
Störungsfall m <allg> • event of a fault; event of a failure
Störungsfall m <msr> • fault event US
störungsfrei <tech.allg> • free from interference; free from disturbance
störungsfrei <av> • noise-free; noiseless; clear
störungsfrei <phys> (Strömung) • undisturbed
störungsfrei <qualit> • trouble-free; undisturbed
störungsfrei <qualit> • defect-free
störungsfrei <qualit> • trouble-free
störungsfreier Betrieb m <qualit> • failure-free operation
störungsfreier Betrieb m <qualit> • non-interference operation
störungsfreier Betrieb m <qualit> • trouble-free operation
störungsfreies Kabel n <el> • quiet cable
störungsfreies Langstreckenkabel n <el> • extended distance quiet cable
störungsfreies Standbild n <av> • perfect still; perfect still picture; noiseless still; clear still Son; perfect freeze Gru
störungsfreie Standbildfortschaltung f <av> • perfect frame advance; perfect still advance; noiseless frame advance; clear frame advance Son
störungsfreie Zeitlupe f <av> • perfect slow; noiseless slow; perfect slow motion; noiseless slow motion
Störungsfunktion f <math> • perturbation function
Störungsgebiet n <av> • interference area; mush area
Störungshäufigkeit f <qualit> • frequency of disturbances
Störungskraft f <tech.allg> • disturbing force
Störungsmeldesystem n <msr> • fault indicator system; disturbance indicator system
Störungsmeldung f <tech.allg> • alarm condition
Störungsmeldung f <alarm> • failure indication
Störungsmeldung f <alarm> • trouble signal
Störungsmeldung f <msr> (allg.) • alarm indication; trouble indication; fault indication
Störungsmethode f (Aberrationsmethode) • perturbation method
Störungsprotokoll n <msr> • fault printout; fault log; disturbance printout; disturbance log
Störungsrechnung f <math> (Differentialrechnung, Funktionenanalyse) • perturbation theory
Störungsrechnung f <nukl> • perturbation theory
störungssicher (elektrisches Gerät) • interference-proof
Störungsstelle f <qualit> (Materialfehlerstelle) • fault spot
Störungsstelle f <qualit> (Problemursache) • trouble spot
Störungssuchaufgabe f <edv> • trouble-location problem

Störungssuche f <qualit> (allg.; auch als Überschrift über Tabellen und Suchbäumen) • troubleshooting; fault diagnosis; fault tracing rare; fault tracking rare
Störungstheorie f <math> • perturbation theory
Störungsunterdrückung f <tech.allg> • interference suppression
Störungsunterdrückung f <el> • noise suppression
Störungsursache f <qualit> (in Hardware, Systemen, Anlagen) • trouble source
Störungszeichen n <tele> • trouble tone
Störungszone f <qualit> • fault zone
Störunterdrückung f <msr> • noise suppression; interference rejection; noise rejection
Störwelle f • disturbing wave; interference wave
Störwellentyp m <phys> • spurious mode
Störwert m <msr> • fault value; disturbance value
Störwertauswertung f <msr> • fault data analysis
Störwertdaten fpl <msr> • fault data; disturbance data
Störwertdiagramm n <msr> • fault chart
Störwertdrucker m <msr> • alarm value printer
Störwerterfassung f <msr> • fault recording; disturbance recording
Störwerterfassungsgerät n <msr> • fault recording instrument; fault recording device; disturbance recording instrument; disturbance recording device
Störwerterfassungssystem f <msr> • fault recording system; disturbance recording system
Störwertinhalt m <msr> • fault information; fault data information
Störwirkung f <tech.allg> • perturbing action
Störzeile f <av> • interference strip; noise bar
Störzone f <av> • interference; interference pattern; interference stripe
Störzone f <edv> • burst error; error burst; burst; block error; multiple error
störzonenfrei <av> • noise-free; noiseless; clear
stößefrei <nukl> (Plasma) • collision-free
Stöße im Plasma f <nukl> • plasma collisions
Stößel m <chem> (in Mörser; zum Zerstampfen, Zerdrücken, Zerreiben) • pestle
Stößel m <druck> • platen
Stößel m prakt <ents> (in MVA; befördert Müll vom Aufgabetisch in die Feuerung) • ram feeder; charging ram
Stößel m <kfz.mot> (in Ventilsteuerung) • tappet; valve tappet; valve lifter; cam follower; barrel tappet
Stößel m <kfz.mot> (Bauteil des Hydrostößels) • lifter [body]
Stößel m <kfz.mot> (betont: Ggs. zu Hydrostößel) • solid valve lifter US
Stößel m <masch> • finger
Stößel m <msr> • cam follower
Stößel m <prod> (einer Presse) • slide; ram
Stößel m <wz> (zum Stampfen, Stempeln, Prägen) • pestle
Stößel m <wz> (Schlagwerkzeug) • striker
Stößelausgleichsmasse f <masch> • ram balance weight
Stößelfeder f <masch> • injection spring
Stößelfestklemmung f <masch> • ram lock
Stößelführung f <kfz.mot> (Bauteil des Hydrostößels) • lifter bore
Stößelführung f <masch> • ram guide; ram way
Stößelführung f <mot> (Ventil) • tappet guide
Stößelführung f <prod> (Schneidwerkzeug) • slide guide
Stößelhohlraum m <kfz.mot> • lifter cavity
Stößelkolben m <kfz.mot> (Bauteil des Hydrostößels) • plunger
Stößelkontakt m <alarm> • take-off switch; take-off contact; take-off switch block

Stößelkraft *f* <masch> *(z. B. Presse)* • slide force

Stößelrolle *f* <masch> • follower roller

Stößelrolle *f DIN ISO 7967-3* <mot> • tappet roller *ISO 7967-3*

Stößelschlitten *m* <masch> • saddle

Stößelspiel *n* <mot> • tappet clearance

Stößelstange *f* <kfz.mot> *(OHV-Ventilsteuerung)* • push rod; valve push rod

Stößelstangengehäuse *n* <kfz.mot> • push rod housing; push rod cover

Stößelstangen-Messwerkzeug *n* <kfz.wz> • push rod measuring tool

Stößelstangenmotor *m* <kfz.mot> • pushrod engine

Stößeltaste *f* <el> • plunger key

Stößeltaster *m* <el> • rod-actuated push-button switch

Stößelteller *m* <mot> • tappet head

Stöße zwischen Ionen *f* <nukl> • ion collisions

Stoff *m* • material; matter; substance

Stoff *m* • solid

Stoff *m* <chem> • matter

Stoff *m* <ents> *(Altpapier)* • stock; stuff; porridge

Stoff *m* ugs <nahr> *(z. B. Gras)* • dope *coll*

Stoff *m* <textil> • cloth; fabric

Stofffänger *m* <pap> • pulp saver

Stoffaufbereitung *f* <pap> *(von Fasern)* • preparation; stock preparation

Stoffaufbereitung *f* <pap.verf> *(Zellstoff, Fasern)* • stock preparation; fiber preparation *US*; fibre preparation *GB*

Stoffauflauf *m* <pap> • headbox

Stoffauflaufkasten *m* <pap> • flow box; breast box; headbox

Stoffauflaufkonsistenz *f* <pap> • headbox consistency

Stoffauflöser *m* <pap> • hydrapulper; v

Stoffauflösung *f* <pap> *(von Zellstoff)* • pulping; cooking

Stoffauflösung *f* <pap> *(Verfahrensstufe in der Stoffaufbereitung einer Papierfabrik)* • defibering; defibration; defiberization; slushing

Stoffaufschläger *m* <pap> • perfecting engine; refiner

Stoffausbeute *f* <ents> • stock recovery

Stoffaustausch *m* <tech.allg> *(z. B. durch Diffusion, Mischen)* • exchange of materials

Stoffaustauschzahl *f* <nukl> • mass transfer coefficient

Stoffaustrag *msg* <ents> • substance output; substance transfer

Stoffbahn *f* <pap> • paper web

Stoffbahn *f* <textil> • mat

Stoffbelüftung *f* <verf> *(Altpapierverwertung)* • stock aeration

Stoffbevorratungs- und -umwälzsystem *n* <pap> • stock storage and circulation system

Stoffbezug [auf den Sitzen] <kfz.innen> • fabric upholstery; fabric covered seats; cloth upholstery *VAG*; cloth seats *US.pract.ad*

Stoffbilanzgleichung *f* <chem> • mass-balance equation

Stoffbrei *m* <pap> • pulp slurry; pulp stock

Stoffbütte *f* <pap> • supply tank; supply vat; pulp chest

Stoff-Designer *m* <kunst> • fabric designer

Stoffdichte *f* <pap> • pulp consistency

Stoffdichte *f* <pap> • stock consistency

Stoffdichte *f* <pap> *(z. B. Altpapierverwertung)* • stock density; stock consistency

Stoffdichteregler *m* <pap> • consistency regulator

Stoffeintrag *m* <pap> • pulp furnish

Stoffeintrag *msg* <ents> • substance input

Stoffentlüfter *m* <pap> • stock deaerator; deculator

Stofffänger *m* <pap.ents> • fiber recovery unit; saveall

Stoff-Flusssystem *n* <pap> • stock flow system

stoffgeleimt <pap> • pulp-sized; beater-sized; engine-sized

Stoffgrube *f* <pap> • wash tank; receiver tank; blowpit

Stoffhaltebügel *m* <kfz> • rear tack strip; convertible top bow no. 4 *:V*

stoffig <nahr> *(Wein)* • rich in extract

Stoffilter *m* <verf> *(Oberflächenfilter)* • cloth filter; fabric filter; woven-fabric filter

Stoffkette *f* <verf> • material chain

Stoffklasse *f* <chem> • class of substances; family

Stoffkonstante *f* <mat> • material constant; matter constant

Stoffkonzentration *f* <pap> • stock concentration

Stoffkreislauf *m* <ents> • substance circle

Stofflage *f* <textil> • lay of cloth

Stoffleimung *f* <pap> • engine sizing

stoffliches Recycling *n* <kfz> • material-sensitive recycling *:V*

stoffliches Wiederverwerten *n* <kfz> • material-sensitive recycling *:V*

Stofflöser *m* <pap> • hydrapulper; pulper

Stofflöser *m* <pap> • pulper; slusher

Stofflösung *f* <pap> *(Verfahrensstufe in der Stoffaufbereitung einer Papierfabrik)* • defibering; defibration; defiberization; slushing

Stoffmahlung *f* <pap> • stock beating; stock disintegration

Stoffmenge *f* <phys> *(SI-Einheit: Mol)* • amount of substance; quantity of substance

Stoffmischung *f* <pap> • furnish

Stoffmühle *f* <pap> • beater; beating engine

Stoffförderpumpe *f* <pap> • stock delivery pump

Stoffpatent *n* <jur> • patent for substances

Stoffprobe *f* <pap> • pulp specimen

Stoffpumpe *f* <förd> • pulp pump; stuff pump *rar*

Stoffpumpe *f* <pap> • stock pump; stuff pump

Stoffrinne *f* <holz.pap> *(Holzschliffherstellung)* • stock line

Stoffrückgewinnung *f* <ents> • stock recovery

Stoffschiebedach *n* <kfz> *(z. B. wie bei Mazda 121)* • sliding canvas sunroof

Stoffschluss *m* <masch> *(im Ggs. zu Formschluss und Kraftschluss)* • closure by adhesive force

Stoffsortierung *f* <pap> • stock separation

Stoffstrom *m* <pap> • stock flow

Stoffstrom *m* <phys> • mass flux

Stoffstromsteuermodul *m* <pap> • stock flow control module

Stoffsuspension *f* <pap> • pulp suspension

Stoffsuspension *f* <pap> • fiber suspension; fibrous stock suspension; stock suspension

Stoffteilchen *n* • particle of matter

Stofftreiber *m* <pap> • propeller agitator

Stofftrennung *f* <ents> *(mechanische)* • sorting; separation

Stoffübergang *m* • mass transfer

Stoffübergang *m* <ents> • mass transfer

Stoffübergangszahl *f* • mass transfer coefficient

Stoffumsetzer *m* <chem> • reactor

Stoffumwandlung *f* <ents> • conversion

Stoffumwandlung *f* <nukl> • transmutation

Stoffverdeck *n* <kfz> *(allg., betont: aus Stoff)* • fabric top; canvas top; fabric roof *rare.press*

Stoffverdünnung *f* <pap.ents> *(im Pulper)* • dilution

Stoffverteiler *m* <pap> • flow distributor

Stoffwanne *f* <pap> • beater tank; beater tub; beater vat

Stoffwasser *n* <pap> • pulp suspension

Stoffwechsel *m* <bio> • metabolism

Stoffwechsel... <bio> • metabolic

Stoffwechselbahn *f* <bio> • metabolic pathway; pathway; metabolic channel

stoffwechselbedingtes Aktionspotential *n* <bio> • metabolically conditioned action potential

stoffwechselbedingtes Verhalten n <bio> • metaboli-
cally conditioned behavior
Stoffwechselkette f <bio> • metabolic chain
Stoffwechselkrankheit f <med> • metabolic disease
Stoffwechselprodukt n <bio> (z. B. Biogas als Brenn-
stoff) • metabolic product
Stoffwechselprodukt n <ents> • metabolite
Stoffwechselregulator m <med.pharm> • regulator of
metabolism V
Stoffwechseltätigkeit f <verf> • metabolic activity
Stoffwechselweg m <bio> • metabolic pathway; pathway;
metabolic channel
Stoffwechselweg m <bio> • degradation pathway
Stoffweiße f <pap> • pulp brightness
Stokes'sche Linien fpl • Stokes lines
Stokes'scher Durchmesser m DIN 66160 <phys>
(Sinkgeschwindigkeits-Äquivalentdurchmesser) • Stokes
diameter
Stokes'sche Regel f <phys> (Fluoreszenz) • Stokes' rule
Stokes'scher Integralsatz m <math> • Stokes' integral
theorem
Stokes'scher Satz m <math> • Stokes' theorem; integral
theorem of Stokes
Stokes'sches Gesetz n <phys> (Reibungsgesetz)
• Stokes' law
Stokes'sches Widerstandsgesetz n <phys> (Strö-
mungslehre) • Stokes' law
Stokes n (St) <phys> (veraltete Einheit der kinematischen
Viskosität: 1 Quadratzentimer/Seku) • stokes (St)
Stokesscher Integralsatz <math> • Stokes' theorem;
integral theorem of Stokes
Stokes-Verschiebung f • Stokes' shift
Stollarm m <led> (Stollmaschine) • staking arm
Stollbock m <led> • knee staker; draw beam
Stolleisen n <led> (Handstollen) • stake
Stollen m <bau> • tunnel
Stollen m <min> • drift; gallery
Stollen m <min> • heading; drive
Stollen m <prod> (Reifen) • lug
stollen v <led> • stake v
Stollenausbau m <min> • tunnel support
Stollenausbrüche mpl <prod> • chunking
Stollenbergbau m <min> (Erz) • stoping
Stollenbergbau m <min> • tunnel mining; drift mining; adit
mining
Stolleneingang m <min> (Bergwerk) • adit
Stollen einschrauben v • calk v
Stollenmundloch n <min> • adit opening
Stollenöffnung f <min> • adit opening
Stollenort n <min> • adit end; gate end
Stollensicherung f <bau> (Tunnelbau) • gallery lining
Stollenvortrieb m <bau> • heading
Stollenwinkel m <kfz> (Reifen) • lug angle
Stollklinge f <led> • staking knife
Stollkrücke f <led> • crutch stake
Stoll-Leiste f <led> (Vibrationsstollmaschine) • vibrating
plate
Stollmaschine f <led> • staking machine
Stollmehl n <led> • staking dust
Stollmesserwalze f <led> (Universalstollmaschine)
• staking knife cylinder
Stollmond m <led> • moon knife
Stollrad n <led> (Kantenausbrechmaschine) • staking
drum; staking wheel
Stoma n <bio> • stoma; pore
Stoney-Schütz n <energ.hydr> • stoney roller gate
Stoneyschütz n <energ.hydr> • stoney roller gate
Stop m obs <allg> (Stehenbleiben) • stop; halt
Stopbefehl m <edv> • stop command; stop message

Stopbit n <edv> • stop bit
Stopfbit n <druck> • justification bit
Stopfbuchsbrille f <rls> (von Ventilen, Armaturen)
• gland; gland flange; gland follower; stuffing box gland
Stopfbuchsdehner m <rls> • packed slip expansion joint;
packed sliding joint
Stopfbuchsdichtung f <rls> (allg.; Abdichtung zwischen
Welle od. Spindel und Gehäuse; z. B. bei Ven) • gland
seal; stuffing-box seal; packed stuffing box; packed gland;
gland pract
Stopfbuchse f prakt <rls> (allg.; Abdichtung zwischen
Welle od. Spindel und Gehäuse; z. B. bei Ven) • gland
seal; stuffing-box seal; packed stuffing box; packed gland;
gland pract
Stopfbuchsenbrille f <rls> (von Ventilen, Armaturen)
• gland; gland flange; gland follower; stuffing box gland
Stopfbuchsendehner m <rls> • packed expansion joint
Stopfbuchseneinsatz m <masch> • loose stuffing box;
inserted stuffing box
Stopfbuchsenschott n <nav> • afterpeak bulkhead;
stuffing-box bulkhead; stern-tube bulkhead
Stopfbuchsenschraube f <masch> • packing bolt
Stopfbuchsensperrdampf m <masch> • gland-sealing
service steam
Stopfbuchsensperrluft f <masch> (z. B. Pumpe)
• gland-sealing service air
Stopfbuchskompensator m <rls> • packed slip expan-
sion joint; packed sliding joint
stopfbuchslos <förd> • glandless
stopfbuchslos <masch> • glandless
Stopfbuchspackung f <masch> (Pumpe) • stuffing-box
packing; gland packing; packing
Stopfbuchspackung f form <rls> (allg.; Abdichtung zwi-
schen Welle od. Spindel und Gehäuse; z. B. bei Ven)
• gland seal; stuffing-box seal; packed stuffing box;
packed gland; gland pract
Stopfe f CH <rls> (allg.; Abdichtung zwischen Welle od.
Spindel und Gehäuse; z. B. bei Ven) • gland seal; stuff-
ing-box seal; packed stuffing box; packed gland; gland
pract
Stopfen m <tech.allg> (allg.) • plug
Stopfen m <füg> • screw plug; pipe plug
Stopfen m <nahr> (Wein) • cork
Stopfen m DIN 55405 <pack> • plug US; stopper GB
Stopfen m <wz> • mandrel point
stopfen vt <bahn> (Gleisbau) • pack vt; tamp vt; pun vt
stopfen vt <masch> (z. B. mit Dichtungsmaterial) • pack vt
stopfen vt <prod> (Loch) • stuff vt; plug v
stopfen vt <spreng> (Sprengloch) • stem vt
stopfen vt <textil> (Löcher in Gewebe) • mend vt; repair vt
stopfen vt <textil> (Strümpfe) • darn vt
stopfen vt <verf> (z. B. Leck, Stichloch) • stop vt
Stopfengießpfanne f <metall> • stopper ladle; teeming
ladle; bottom-pouring ladle
Stopfenmaschine f <metall> (Hochofen) • taphole gun;
clay gun
Stopfenpfanne f <metall> • stopper ladle; teeming ladle;
bottom-pouring ladle
Stopfenstange f <metall> (Rohrherstellung) • plug rod;
stopper rod
Stopfenstange f <prod> (z. B. Rohrherstellung) • plug bar
Stopfenwalzwerk n <metall> (Rohrherstellung) • plug
rolling mill; plug mill
Stopfenzug m <metall> • bar drawing
Stopfenzug m <prod> • plug drawing
Stopfer m <druck> • paper jam; paper blockage; paper
stoppage; jam
Stopfhacke f <bahn.bau> (Gleisbau) • tamping pick
Stopfisolierung f <bau> • powder insulation

Stopfmatte f <nav> • collision mat
Stopfvorrichtung f <kst> • stuffing device; stuffing unit
Stopfwort n <tele> • stuffing word
Stoplatte f <nav> • daggerboard stop batten; stop batten; batten
Stopmutter f <füg> (mit Nylonring als Klemmteil) • self-locking nut US; jam nut US.pract.coll; stiff nut GB.pract. coll; Nyloc nut; Simmonds lock nut ®; elastic stop nut GB
Stopp m <allg> (Stehenbleiben) • stop; halt
Stopp m <verk> • halt
Stoppbad n <phot> • stop bath
Stoppbefehl m <edv> • breakpoint instruction; stop instruction; halt instruction
Stoppel m A <pack> • plug US; stopper GB
stoppen vt ugs <tech.allg> (Vorgang, Bewegung zum Stillstand bringen; z. B. Reaktion, Kfz, Zug, Uhr) • stop vt; bring to rest vt rare; arrest vt rare
Stopper m prakt <chem> (für Reaktionen) • shortstopping agent; stopper pract
Stopper m <förd> (Oberbegriff) • chain stopper
Stopper m <nav> (Affenschaukel) • stop
Stopper m <nav> (Stapelaufschlitten) • launching trigger; dagger shore; trigger dog
Stopperkette f <nav> • chain stopper
Stopperstift m <nav> • pin stop
Stopp-Freifeld n <edv> (rechts vom Startzeichen eines Codes) • trailing quiet zone; terminating empty field
Stopp-Hellzone f <edv> (rechts vom Startzeichen eines Codes) • trailing quiet zone; terminating empty field
Stoppimpuls m <el> • stop pulse
Stopplicht n <kfz> • stop-light
Stoppmutter f <füg> (allg.) • locknut; self-locking nut
Stopp-Ruhezone f <edv> (rechts vom Startzeichen eines Codes) • trailing quiet zone; terminating empty field
Stoppschalter m • halt switch
Stopp-Start-Funktion f <kfz.el> • stop-start function; stop-start feature
Stopptaste f <av> • stop button; stop key
Stopptrick m <av> • freeze frame effect
Stoppuhr-Einblendung f <av> • stopwatch function
Stoppuhr-Funktion f <av> • stopwatch function
Stoppversuch m <nav> • stopping test
Stoppweg m <av> (z. B. eines Magnetbandes) • stop distance
Stoppzeichen n <verk> • halt sign
Stoppzeit f <av> (Ende von Timer-Aufnahmen) • ending time
Stoppzylinderschnellpresse f <druck> • stop-cylinder press; stop-cylinder machine
Stop-Start-Bedientaste f <av> (z. B. Tonbandgerät) • stop-start button; stop-start key
Stoptaste f obs <av> • stop button; stop key
Storchschnabelmanipulator m <autom> • mechanical pantograph manipulator
Store m <innen> (meist weiß, mehr oder weniger durchsichtig; über ganze Fensterfläche) • panel; underpanel
Storecheck m <werb> • storecheck
stornieren vt <ökon> (z. B. Auftrag, Reservierung) • cancel vt
Stornierungstaste f <edv> • cancellation key
Stornotaste f <edv> • cancellation key
Storyboard n <edv> • storyboard
Storyboard n <werb> • storyboard
Storysketch m <edv> • story sketch
Stoß m • blow
Stoß m (Strahlung) • burst
Stoß m <tech.allg> • impingement

Stoß m <tech.allg> (Betonplatten, Trägern, Schienen) • joint; butt joint
Stoß m <tech.allg> • shock
Stoß m <tech.allg> (Aufprall) • impact (on)
Stoß m <el> • surge
Stoß m <fz> • bump stroke
Stoß m <holz> • splice
Stoß m <logist> (z. B. Bücher, Holz) • pack; stack
Stoß m <logist> (Regal) • splice
Stoß m <masch> • push
Stoß m <mech> • impulse
Stoß m <mech> • percussion
Stoß m <min> (Abbau) • face; breast
Stoß m <min> (Strecke) • side-wall; wall
Stoß m <phys> • collision
Stoß m <spiel> (Billiard) • stroke
Stoßabscheidekammer f (Gasreinigung) • inertia scrubber; impingement separator
Stoßabscheidung f (Teer) • inertia separation
Stoßabsorption f <bekl> (Helm) • impact-absorption; impact-protection; shock-absorption
Stoßamplitude f <el> • surge amplitude
Stoßanregung f <phys> • impact excitation; collision excitation; shock excitation; impulse excitation
Stoßart f DIN EN 12345 <füg> (z. B. Stumpfstoß, T-Stoß) • type of joint; joint form rare
stoßartig <allg> • sudden
stoßartig <tech.allg> (Ablauf, Arbeitsweise, Betrieb) • discontinuous
stoßartig <tech.allg> • impulsive
stoßartig <tech.allg> • intermittent
Stoß auf Gehrung <füg> • mitred joint
Stoßaufladung f <kfz.mot> • pulse turbocharging
Stoßaufnahme f <mech> • shock accommodation
Stoßausbreitung f <el> • pulse-current propagation
Stoßausbreitung f <phys> • shock propagation
Stoßausschlag m • throw
Stoßbank f <prod> (für Hohlkörper) • push bench
Stoßbankverfahren n <prod> (Rohrherstellung) • push bench process
Stoßbeanspruchung f <tech.allg> (allg.) • impact load
Stoßbeanspruchung f <tech.allg> (betont: Spannungen) • impact stress
Stoßbeanspruchung f <mech> • shock stress
Stoßbelastung f <tech.allg> (allg.) • impact load
Stoßbelastung f <tech.allg> (betont: Spannungen) • impact stress
Stoßbelastung f <mech> • impact loading
Stoßbelastung f <mech> • shock load
Stoßbeschleunigung f <phys> • impact acceleration
Stoßbetrieb m <edv> • burst mode operation; burst mode
Stoßblech n <füg> • splice plate
Stoßboden m <mil> • breech face
Stoßbohren n <bau> • percussion drilling
Stoßbohrer m <wz> • percussion drill
Stoßbohrmaschine f <wz.masch> • percussion drill; percussion machine
Stoßbügel m <kfz> (vertikal; extra lang und hochgezogenes Rohr) • nerf bar; bumper bar
stoßdämpfend <masch> (z. B. Aufhängung, Schuhe) • impact-absorbing
stoßdämpfend <masch> • shock-absorbing
stoßdämpfende Feder f <tech.allg> (z. B. Fahrzeug, Maschinenfundament) • concussion spring
Stoßdämpfer m <fz> • bumper
Stoßdämpfer m <kfz> (Radaufhängung) • shock absorber; shock coll; damper; shocker GB
Stoßdämpfer mpl <kfz> (Stoßdämpfungsprüfung) • dolly dampers pl

Stoßdämpferbock *m* <masch> • shock absorber bracket

Stoßdämpferdom *m* <kfz> • shock absorber tower; shock absorber plate; shock absorber housing

Stoßdämpferhalter *m* <masch> • shock absorber mounting

Stoßdämpfer mit Luftunterstützung <kfz> • air shock absorber; air-assisted shock absorber; self-leveling shock absorber; air adjustable shock absorber

Stoßdämpfer mit Niveauregulierung <kfz> • air shock absorber; air-assisted shock absorber; self-leveling shock absorber; air adjustable shock absorber

Stoßdämpferöl *n* <masch> • shock absorber oil

Stoßdämpfer-Zusatzfeder *f :V* <kfz> • shock absorber helper spring; booster spring *pract.coll*

Stoßdämpfung *f* <bekl> *(Helm)* • impact-absorption; impact-protection; shock-absorption

Stoßdämpfung *f* <mech> • shock absorption

Stoßdämpfung *f* <phys> • collision damping

Stoßdämpfungsprüfung *f* <qualit> *(Helmprüfung)* • shock-absorption test

Stoßdichte *f* <phys> • collision density

Stoßdruck *m* <mech> • side pressure

Stoßdruck *m* <phys> • impact pressure; shock pressure

Stoßdurchschlag *m* <el> • impulse breakdown

Stoßebene *f* <mech> *(Stoß zwischen Körpern)* • contact face

Stoßecke *f* <kfz> • quarter bumper

Stoßeinrichtung *f DIN 25606* <bahn> • buffing gear

Stoßeisen *n* <led> • slicker; hand slicker; sleeker

Stoßeisen *n* <prod> • knock-out bar

Stoßelastizität *f* <mech> • impact resilience

Stoßelastizität *f* <mech> • resilience

Stoßelektron *n* • impact electron

stoßempfindlich <tech.allg> • sensitive to impact; sensitive to shock

Stoßen *n* <prod> *(allg.: Waagrechtstoßen)* • shaping

stoßen *v* <tech.allg> • butt-joint *v*

stoßen *v* <masch> • push *v*

stoßen *v* <prod> • joint *v*

stoßen *v* <prod> • plane *v*

stoßen *v* <prod> • strike *v*

stoßen *vt* • chop *vt*

stoßen *vt* <allg> *(z. B. gegen etwas)* • knock *vt*

stoßen *vt ugs* <masch> *(im Sinne von Rütteln, Schütteln)* • jolt *vt*

stoßen *vt* <prod> *(waagerecht)* • shape *vt*

stoßen *vt* <prod> *(senkrecht)* • slot *vt*

stoßen *vt* <verf> *(z. B. Pfeffer, Zucker)* • pulverize *vt*

stoßendes Tiefbohren *n* <bau> • percussion drilling

Stoßenergie *f* <phys> • shock energy

Stoßentladung *f* • impulse discharge

Stoßentladungsschweißen *n* <füg> • electrostatic percussion welding

stoßerregter Generator *m* <el> • shock-excited oscillator

Stoßerregung *f* <el> • impulse excitation

Stoßerregung *f* <phys> • shock excitation

Stoßfänger *m* <fz> • fender

Stoßfänger *m* <kfz> *(vorderer und hinterer)* • bumper

Stoßfänger *m* <kfz> *(allg., vorne und hinten)* • bumper

Stoßfängerabdeckung *f* <kfz> *(auf Oberseite)* • bumper filler; bumper cover [plate]; gravel tray *AUS.coll*

Stoßfängereck *n* <kfz> *(Eckteil dreiteiliger Stoßfänger)* • bumper outer part; corner bumper; bumper corner

Stoßfängerecke *f* <kfz> *(Abdeckkappe)* • bumper end cap; bumper extension

Stoßfängerecke *f* <kfz> *(Eckteil dreiteiliger Stoßfänger)* • bumper outer part; corner bumper; bumper corner

Stoßfänger-Gepäckträger *m* <kfz> • bumper-mount luggage rack

Stoßfängerhalteblech *n* <kfz> • bumper mounting panel

Stoßfängerhorn *n* <kfz> • bumper horn; overrider *US*; bumper guard; bumper face guard

Stoßfänger in Wagenfarbe lackiert *mpl* <kfz.obfl> • body-colored bumpers *US*; color-matched bumpers *US*; body-coloured bumpers *GB*; colour-matched bumpers *GB*

Stoßfängerträger *m* <kfz> • bumper bracket; bumper mount[ing bracket]; bumper iron *coll*

Stoßfängerverkleidung *f* <kfz> *(senkrechte Fläche)* • bumper fascia

Stoßfängerverkleidung *f* <kfz> *(auf Oberseite)* • bumper filler; bumper cover [plate]; gravel tray *AUS.coll*

stoßfest <bekl> *(Helm)* • impact-absorbing

stoßfest <mech> • shock-resistant

stoßfest <qualit.mat> • impact-resistant

stoßfeste Lampe *f* <licht> • rough-service lamp

Stoßfestigkeit *f* <edv> *(einer Festplatte)* • shock resistance

Stoßfestigkeit *f* <qualit> • impact strength; impingement resistance; shock resistance

Stoßfestigkeit *f* <qualit> *(allg.; z. B. von Reifen)* • impact resistance

Stoßfettpresse *f* <tribo> • push grease gun

Stoßfläche *f* <füg> • abutting surface

Stoßfläche *f* <mech> • shock surface

stoßfrei <hydr> • pulsation-free

stoßfrei *rar* <kfz> *(Getriebe, Beschleunigung)* • smooth

stoßfrei <mech> • shockless

stoßfrei <phys> • shock-free

stoßfreie Dämpfung *f* <nukl> • collisionless damping

stoßfreier Gang *m* <masch> • smooth running

stoßfrei laufen *v* <tech.allg> • run smoothly *v*

Stoßfrequenz *f* <phys> • collision frequency

Stoßfront *f* <phys> • shock front

Stoßfuge *f* <bahn> *(in Schienen)* • expansion joint

Stoßfuge *f* <bau> • vertical joint

Stoßfunktion *f* • impulse function

Stoßgalvanometer *n* <msr> • ballistic galvanometer

stoßgedämpft gelagert <masch> *(als Erschütterungsschutz)* • shock-mounted

Stoßgenerator *m* <el> • impulse generator; lightning generator

Stoßgewinn *m* <phys> *(Impulstechnik)* • reflection gain

Stoßhäufigkeit *f* <phys> • collision frequency

Stoßheber *m* <förd> • hydraulic ram

Stoßheizung *f* <phys> • shock wave heating

Stoßimpulskorona *f* <phys> • burst-pulse corona

Stoßimpulsüberwachungssystem *n* (SÜS) <akust.msr> • impact monitoring system

Stoßintegral *n* <phys> • collision integral

Stoßionisation *f* • collision ionization; impact ionization

Stoßionisation *f* <el> • ionization due to the collision of atoms

Stoßionisation *f* <verf> • bombardment charging; ionization by collision; ionization by impact

Stoßkante *f* <bau> • nosing

Stoßkante *f* <füg> • abutting edge

Stoßkoeffizient *m* <mech> • coefficient of restitution

Stoßkraft *f* <mech> • impact force

Stoßkreis *m* <el> • impulse circuit

Stoßkurzschlussreaktanz *f* <el> • transient reactance

Stoßkurzschlussstrom *m* <el> • instantaneous short-circuit current; asymmetric short-circuit current

Stoßlasche *f* <masch> • butt strap

Stoßlasche *f* <masch> • fish plate; splice plate

Stoßlinie *f* <phys> • impact line; shock line

Stoßlücke *f* <tech.allg> • joint clearance

Stoßlücke *f* <bahn> *(Schienen)* • expansion gap

Stoßlüftung f <bau> • shock ventilation :V; rapid ventila-
tion :V; massive ventilation :V
Stoßmagnetisierung f • impulse magnetization; flash
magnetization
Stoßmaschine f <wz.masch> • shaping and slotting ma-
chine
Stoßmaschine f <wz.masch> • shaping machine; shaper
Stoßmaschine f <wz.masch> • slotting machine
Stoßmeißel m <wz> • slotting tool; slotter tool
Stoßmischer m • batch mixer
Stoßmittelpunkt m <mech> (Schnittpunkt der Stoßnor-
malen) • center of percussion; impact center
Stoßnaht f <füg> (Schweißen) • butt joint
Stoßofen m <metall> • pusher-type furnace; pusher fur-
nace
Stoßofen m <metall> (z. B. Walzwerk) • continuous
pusher-type furnace
Stoßpaar n <phys> (Atome) • collision pair
Stoßparameter m <phys> • impact parameter; collision
parameter
Stoßplatte f <turb> • baffle plate; baffle
Stoßprofilleiste f <fz> • side protection profile
Stoßprüfung f <mech> • shock test
Stoßpunkter m <füg> • poke welding machine
Stoßquerschnitt m <nukl> • collision cross-section
Stoßrad n <wz> • pinion-shaped cutter; generating cutter
Stoßräumen n <prod> • push broaching
Stoßräumwerkzeug n <wz> • push broach
Stoßreaktanz f <el> • transient reactance
Stoßrelais n <el> • rate-of-change relay
Stoßring m <masch> • thrust collar
Stoßschaufellader m <bau.masch> • duckbill loader;
duckbill
Stoßschuh m <metall> • pusher shoe
Stoßschweißen n <füg> • butt welding; percussive welding
Stoßschwelle f <bahn> • joint sleeper
stoßsicher <bekl> (Helm) • impact-absorbing
stoßsicher <mech> • shock-proof
stoßsicher befestigen vt <masch> • shock-mount vt
stoßsichere Montage f <masch> • shock-proof mounting;
shock mounting
Stoßsieb n (Aufbereitung) • impact screen
Stoßsignal n <msr> • needle impulse signal
Stoßsimulator m <prod> • high-energy-rate device
Stoßspannung f <el> • impulse voltage; surge voltage;
transient voltage
Stoßspannung f <el> (Spannung bei Ausgleichsvor-
gängen, Transienten) • transient voltage
Stoßspannungsbeanspruchung f <el> • impulse volt-
age stress
Stoßspannungsdurchschlag m <el> • impulse break-
down
Stoßspannungsgenerator m <el> • impulse generator;
surge generator
Stoßspannungspegel m <el> • impulse level
Stoßspannungsschreiber m <msr> • impulse voltage
recorder; surge voltage recorder
Stoßspannungsüberschlag m <el> • impulse flash-over
Stoßspektrum n <phys> • impact spectrum
Stoßsperrspannung f <el> • reverse surge voltage
Stoßspiel n <mot> (von Kolbenringen) • ring gap
Stoßstange f <kfz> (betont: Rohr- bzw. Stangenform)
• bumper bar; face bar US.rare
Stoßstange f <kfz> (betont: flache Stahlleiste) • bumper
blade; bumper rail
Stoßstange f obs.ugs <kfz> (allg., vorne und hinten)
• bumper
Stoßstange f rar <kfz.mot> (OHV-Ventilsteuerung) • push
rod; valve push rod

Stoßstange f <masch> • push-rod; bumper
Stoßstange f <wz.masch> (Senkrechtstoßmaschine)
• slotting bar; tool bar
Stoßstange an Stoßstange <verk> (Fahrweise im
Berufsverkehr) • nose-to-tail
Stoßstangenaußenteil n obs <kfz> (Eckteil dreiteiliger
Stoßfänger) • bumper outer part; corner bumper; bumper
corner
Stoßstangenblatt n <kfz> • bumper blade; bumper rail
Stoßstangenbügel m <kfz> • bumper bow; nudge bar US
Stoßstangenecke f <kfz> • quarter bumper
Stoßstangenecke f obs.ugs <kfz> (Abdeckkappe)
• bumper end cap; bumper extension
Stoßstangenecke f obs.ugs <kfz> (Eckteil dreiteiliger
Stoßfänger) • bumper outer part; corner bumper; bumper
corner
Stoßstangeneinlage f <kfz> • bumper insert
Stoßstangengehäuse n <kfz.mot> • push rod housing;
push rod cover
Stoßstangenhalter m ugs <kfz> • bumper bracket;
bumper mount[ing bracket]; bumper iron coll
Stoßstangenhorn n <kfz> • bumper horn; overrider US;
bumper guard; bumper face guard
Stoßstangenhorn n <kfz> (vertikal; extra lang und hoch-
gezogenes Rohr) • nerf bar; bumper bar
Stoßstangenhorn mit Gummiauflage <kfz> • rubber-
faced bumper [and grille] guard
Stoßstangenmotor m <kfz.mot> • pushrod engine
Stoßstangen-Scheuerleiste f <kfz> • bumper insert
Stoßstelle f <tech.allg> • butt joint; joint
Stoßstelle f <tele> • reflection point
Stoßstrahlung f <nukl> • collision radiation
Stoßstrom m <allg> • peak current; surge current IMO
Stoßstrom m <el> • impulse current; surge current
Stoßstrom m <el> (Diode) • surge forward current
Stoßstromkreis m <el> • impulse circuit
Stoßstromschutz m <msr> • surge protection
Stoßteil n <masch> • butt piece
Stoßterm m <phys> • collision term
Stoßtheorie f <phys> • collision theory
Stoßübergang m <phys> • collision transition
Stoßüberschlag m <el> • impulse flash-over
Stoßüberschlagprüfung f <el> • impulse flash-over test
Stoßüberschlagspannung f <el> (Isolator) • impulse
flash-over voltage
Stoßüberspannung f <el> • voltage surge
Stoß- und Schwingungsaufnehmer m <masch>
• shock and vibration pick-up
stoßunempfindlich <tech.allg> • shock-insensitive
Stoßverbindung f <tech.allg> • butt joint
Stoßverbindung f <füg> (z. B. Schweißtechnik, Klebe-
technik) • end-to-end joint
Stoßverbreiterung f (Spektrallinien) • collision line broad-
ening; collision broadening
Stoßverhalten n <msr> • impulse response
Stoßverlust m <mech> • loss of energy due to impact;
loss of energy due to collision
Stoßverlust m <mech> • shock loss
Stoßverschleiß m <tech.allg> • impact wear
Stoßverstärkung f <phys> (Impulstechnik) • reflection
gain
Stoßversuch m • impulse test; pulse test
Stoßwahrscheinlichkeit f <nukl> • collision probability
stoßweise <tech.allg> (Betriebsart (z. B. Ejektor)) • discontinuous
stoßweise <tech.allg> (z. B. Bremsen, Auswerfen, Abblasen) • intermittent
stoßweise <tech.allg> • jerking; jerky
stoßweise <tech.allg> • pulsating

Stoßwelle f <el> • surge; voltage impulse
Stoßwelle f <nukl> • shock wave
Stoßwelle f <phys> • shock wave
Stoßwellenfront f <phys> • shock front
Stoßwellenheizung f <phys> • shock wave heating
Stoßwellenrohr n <aerospace> • shock tunnel
Stoßwellenrohr n <phys> (Aerodynamik) • shock tube
Stoßwellenwiderstand m <phys> • shock wave drag
Stoßwinkel m <bau> • bevel; bevel angle
Stoßwinkel m <mech> • shock angle
Stoßzahl f <mech> • collision frequency
Stoßzahl f (k) <mech> • impact coefficient (k); restitution coefficient
Stoßzahl f <phys> • number of impacts; number of collisions
Stoßzeit f <nukl> • time of energy exchange; energy exchange time
Stoßzentrum n <mech> • percussion center
Stotterbremsen f <kfz.brems> (Bremsmethode bei Vollbremsung) • cadence braking; stab braking; intermittent braking
Stotterbremsen n ugs <kfz> (Bremsmethode bei Bergabfahrt) • snubbing; intermittent braking
stottern vi <kfz> (Motor) • hesitate vi
stottern vi <mot> • run erratically vi; galop vi; splutter vi
STPD <med.tech> • standard temperature, pressure, dry (STPD)
Strafe f <mil> • penalty
straff <allg> (Muskel, Riemen, Seil) • tight
straff <tech.allg> (Seil) • taut
straff <tech.allg> • tensioned
straff <kfz> (Verdeck, Fahrzeug) • taut
straffer <kfz> (Stoßdämpfer, Federn) • uprated; stiffer coll
Straffer m <druck> • top drawsheet
straff gespannter Messdraht m <msr> • taut measuring wire
straff halten vt <tech.allg> (z. B. Seil, Riemen, Kette, Faden) • keep under tension vt; keep taut vt
Straffheit f • degree of tensioning; tensioning
Straffheit f • tautness
Straffheit f <masch> (Gurt, Kette, Riemen, Seil) • tightness
Straffungslauf m <edv> • retension
Straffunktion f <math> (mathematische Programmierung) • penalty function
Straflo-Turbine f <energ.hydr> • Straflo turbine; straight flow turbine
Strahl m (gebündelt) • beam
Strahl m <tech.allg> (Luft, Gas) • blast
Strahl m <edv> • ray of light; luminous ray; light ray; ray
Strahl m <kfz.mot> • jet
Strahl m <math> (Geometrie) • half-line
Strahl m <nukl> • ray
Strahl m <phys> • ray
Strahl m <phys> (Flüssigkeit, Gas) • stream
Strahl m <prod> • jet
Strahlablenker m (Kolkschutz einer Talsperre) • downstream sill
Strahlablenker m <turb> (Pelton-Turbine) • jet deflector
Strahlablenkung f <phys> • ray deflection; beam deflection
Strahlablenkung f <turb> (z. B. Pelton-Turbine) • jet deflection
Strahlablenkungspropeller m <nav> • jet deflection propeller
Strahlablösung f wiss <kfz.mot> • flow detachment thsc; detachment of the flow
Strahlablösung f <phys> (Fluiddynamik) • jet separation
Strahlabsorber m (Teilchenseparator) • beam stopper

Strahlabtastung f • beam scanning
Strahlabweiser m <turb> (Pelton-Turbine) • jet deflector
Strahlanhaften n • jet attachment
Strahlanlage f <prod> • blasting plant
Strahlantrieb m <tech.allg> • jet propulsion; reaction propulsion
Strahlaufhellung f (Oszilloskop) • beam unblanking
Strahlauftrefffleck m <av> • beam spot
Strahlauftreffpunkt m <phys> • irradiated point
Strahlauslenkung f <av> • sweep
Strahlauslenkung f <phys> • beam deflection
Strahlauslenkvorrichtung f <nukl> • beam extractor
Strahlausrichtung f • beam alignment; beam collimation
Strahlaustritt m <tech.allg> • jet exit
Strahlaustritt m <aerospace> • jet stream exhaust
Strahlaustrittsdruck m <tech.allg> • jet exit pressure
Strahlaustrittsgeschwindigkeit f <tech.allg> • jet efflux speed
Strahlaustrittsgeschwindigkeit f <tech.allg> • jet velocity
Strahlaustrittswinkel m <turb> (Gasturbine) • gas exit angle
Strahlbegrenzer m <metall> • stream limiter
Strahlblende f <opt> • beam stop
Strahlblockierung f <energ.sol> • screening
Strahlbreite f • beam width
Strahlbreitenregelung f <tele> • beam width control
Strahlbremse f <aerospace> • jet brake; thrust spoiler
Strahlbrenner m <verbr> • jet burner
Strahlbündelung f • beam focusing; beam focussing
Strahl des Stoffauflaufs m <pap> • jet from the headbox
Strahldichte f <phys> • radiance; radiant intensity; radiant intensity per unit area
Strahldüse f <tech.allg> • jet nozzle
Strahleinschnürung f <phys> (Fluiddynamik) • jet contraction
Strahleinspritzung f <verbr> • solid jet injection; solid injection
Strahleinstellung f <av> • beam positioning
Strahleintrittswinkel m <verbr> • gas inlet angle
Strahlen n <obfl> (mit Schrot) • shot blasting
Strahlen n DIN EN ISO 4618 <obfl> (Reinigungsverfahren; z. B. mit Sand, Trockeneis) • abrasive blasting ISO 4618-3; blast cleaning
strahlen v <phys> • emit rays v; radiate v
strahlen v <phys> (bestrahlen) • irradiate v
strahlen v <prod> (durch Strahlgebläse) • blast-clean v; blast v
strahlen vt rar <obfl> (Oberfläche reinigen; mit Sandstrahler o.ä.) • shotblast vt
Strahlenabschirmung f <nukl> • radiation barrier; radiation shielding; radiation protection
strahlenabsorbierend <phys> • black
strahlenabsorbierend <phys> • radiation-absorbing
Strahlenanregung f <phys> • radiation excitation
Strahlenart f <nukl> • mode of radiation; type of radiation
Strahlenaustrittsfenster n <med.tech> (Röntgen-Apparat) • tube window; tube aperture; X-ray port
Strahlenbaum m <edv> • ray tree; tree
Strahlenbelastung f <nukl> • radiation dose; dosage exposure
Strahlenbeständigkeit f <qualit.mat> • radiation resistance; radioresistance; radiation stability
Strahlenbrechung f <phys> • refraction
Strahlenbündel n <licht> • beam of light; light beam; light pencil
Strahlenbündel n <lwl> • ray bundle
Strahlenbündel n <opt> • beam of rays; beam; bundle of rays; beam of light

Strahlenbündel n <phys> • pencil
Strahlenbündelung f • beam focusing; beam focussing
Strahlenbüschel n <math> • pencil of straight lines; bunch
strahlenchemische Zersetzung f • radiolysis
strahlend <phot> (Licht, Farben) • brilliant
strahlend <phys> • radiative; radiant; radiating
strahlender Einfang m <nukl> • radiative capture
strahlende Rekombination f <nukl> • radiative recombination
strahlender Übergang m <nukl> • radiative transition
Strahlendiagnostik f <med> • diagnostic radiology
strahlendicht <phys> • radiopaque; radiodense; radioopaque obs; opaque to X-rays rare
Strahlendosimeter n <nukl> • radiation dosemeter
Strahlendosimeter n <nukl> • radiation dosimeter
Strahlendosimetrie f <nukl> • radiation dosimetry
Strahlendosis f <nukl> • radiation dose
Strahlendurchgang m <phys> • passage of rays
strahlendurchlässig <phys> • radiolucent; radiationtransparent; transparent
Strahlendurchlässigkeit f <nukl> • radiolucency; radiation transparency; transparency
Strahleneinfall m <phys> • ray incidence
Strahlenempfidlichkeit f <nukl> • radiosensitivity
strahlenexponiert <nukl> (ionisierender Strahlung ausgesetzt) • exposed
strahlenexponiert <phys> • radiation-exposed
strahlenexponierte Person f <nukl> • exposed person; irradiated person
Strahlenexponierung f <phys> • radiation exposure
Strahlenexposition f <phys> • irradiation; exposure to radiation
Strahlenfänger m <phys> • beam catcher
Strahlenfalle f <el> (Auffängerelektrode) • ray trap; beam trap
Strahlenfalle f fam. <energ.sol> • sunshine trap; heat trap; solar trap; thermal trap
Strahlenfeld n <nukl> • radiation field
strahlenfest <mat> • radioresistant
Strahlenfestigkeit f <mat> • radioresistance; radiation resistance
Strahlenfilter n <phys> • radiation filter; ray filter
strahlenförmig <tech.allg> (von Mittelpunkt ausgehend) • radial adj
strahlenförmig <mus> (Orgelwippen) • splayed; radiating
strahlenförmige Mechanik f <mus> (Orgel) • splayed backfall action; radiating key action
strahlenförmige Verteilung f <phys> • jet-like distribution
Strahlengang m <msr> (Absorptionsspektrometrie) • beam path
Strahlengang m <opt> • light path; optical path
Strahlengang m <opt> • path of rays; course of beam
Strahlengang m <phot> • light path; light beam
Strahlengang m <phys> • ray path; light path; beam path
strahlengefährdete Zone f <nukl> • exclusion area; radiation danger zone
Strahlengefährdung f <nukl> • radiation hazard
Strahlengefahr f <nukl> • radiation hazard
strahlengeschützt <sich> • radiation-proof
Strahlenhärte f <phys> • penetration ability
Strahlenhärte f <phys> • radiation hardness
Strahlenhärtemessgerät n <phys> • penetrameter
Strahlenkegel m <licht> • light cone; light pencil; ray cone; ray pencil
Strahlenkranz m <astron.opt> (durch Lichtbrechung z. B. i.d. Atmosphäre) • halo; nimbus
Strahlenmaske f <nukl> • mask

Strahlen mit körnigem Strahlmittel n DIN EN ISO 4618 <obfl> (betont: grobe Körnung, z. B. Stahl, Schlacke, Korund) • grit blasting ISO 4618-3
Strahlen mit Trockeneis-Pellets n <obfl> • CO_2-blasting; blast cleaning with carbon dioxide pellets
Strahlennachweis m <nukl> • radiation detection
Strahlennachweisgerät n <nukl> • radiation detector
Strahlennetz n <el> • radial network
Strahlenoptik f DIN 1335 <opt.phot> • geometrical optics
strahlenresistent <mat> • radioresistent
Strahlenresistenz f <mat> • radioresistance
Strahlenrichtung f <phys> • ray direction
Strahlenrisiko n <nukl> • radiation hazard
Strahlenschaden m <mat> (Sachen) • radiation damages to materials; radiation damages; radiation damage
Strahlenschaden m <med> (Mensch) • irradiation damage; radiation injury
Strahlenschleuse f <nukl> • radiation trap
Strahlenschranke f <phys> • radiation barrier
Strahlenschutz m <nukl> (Mensch) • health physics
Strahlenschutz m <nukl> • nuclear shielding; radiation shielding
Strahlenschutz m <nukl> • radiation protection
Strahlenschutz m <nukl> • radiological protection; radioprotection
Strahlenschutzabschirmung f <nukl> (gegen radioaktive Strahlung) • radiation shielding; nuclear shielding
Strahlenschutzbaustein m <nukl> • radiation protection building stone; shielding stone
Strahlenschutzbeauftragter m <nukl> • radiological safety officer
Strahlenschutzbereich m <nukl> • protection area; radiation area
Strahlenschutzbeton m <bau.mat> (mit Blei- oder Stahlkieszusatz) • loaded concrete
Strahlenschutzbeton m <bau.mat> • heavyweight concrete
Strahlenschutzbeton m <nukl> (Reaktor) • radiation shielding concrete; shielding concrete
Strahlenschutzglas n <nukl> • radiation shielding glass; shielding glass
Strahlenschutzmessung f <nukl> • health measurement
Strahlenschutzplakette f <nukl> • film badge meter; film badge
Strahlenschutzverordnung f <nukl> • radiation protection regulation
Strahlenschutzwand f <bau.innen> • radiation protection wall
strahlensicher <sich> • radiation-proof
Strahlenteiler m <opt> • beam splitter
Strahlenteilerwürfel m <opt> • beam splitter cube; beam dividing cube
Strahlenteilungsprisma n <opt> • beam-division prism
Strahlenteilungswürfel m <opt> • beam splitter cube; beam dividing cube
Strahlentzunderung f <metall> • descaling by shot blasting
Strahlenüberwachungsmonitor m <nukl> • radiation survey meter
Strahlenumlenker m • beam bender
strahlenundurchlässig <mat> • radiopaque
Strahlenundurchlässigkeit f <mat> • radiopacity
Strahlenunterbrecher m • beam chopper
Strahlenverfolgungsverfahren n <edv> • ray tracing; ray casting
Strahlenverlauf m <opt> • ray path
strahlenvernetzt <allg> • irradiated
Strahlenverseuchung f ugs <nukl> (radioaktiv) • contamination

Strahlenweg m <phot> • optical path; light path
Strahlenwirkung f <nukl> • radiation effect
Strahler m <akust> • projector
Strahler m <hlk> (Heizung) • radiating element
Strahler m <licht> • light emitter
Strahler m <med> • irradiator
Strahler m <nukl> • emitter; radiator
Strahler m <phys> • emitter
Strahler m <phys> • irradiation source; radiation source
Strahler m <phys> • irradiador
Strahler m (IR-Gerät) <msr> (z. B. Infrarot, Ultraschall) • transmitter
Strahlerabstand m (Antenne) • element spacing
Strahlerebene f (Antenne) • array; bay
Strahler erster Ordnung m <av> • dipole
Strahlerkopf m (Antenne) • bracket
Strahlerkopf m <med> • radiation head
Strahler nullter Ordnung m <av> • monopole; point source
Strahlerwand f (Antenne) • multielement array
Strahlerweiterung f <av> • beam spread
Strahlfleck m <av> • beam spot
Strahlflugzeug n <aerospace> • jet plane; jet-engined aeroplane; jet-propelled aircraft; jet
Strahlfokussierung f • beam focusing; beam focussing
Strahlführung f <turb> • jet guiding
Strahlgebläse n <masch> • jet blower
strahlgeführt <kfz.mot> (Gemischbildung beim DI-Benziner) • jet-formed :V
Strahlgeschwindigkeit f <tech.allg> • jet velocity
Strahlgeschwindigkeit f <pap> • jet speed
strahlgetrieben <tech.allg> • jet-propelled; reactive
Strahlgleichrichter m <agri> (Beregnungsanlage) • flow straightener
Strahlgrenze f <phys> • jet boundary
Strahlhärten n DIN 32511 <metall> (Elektronen- oder Laserstrahl) • beam hardening
Strahljustierung f • beam alignment
Strahlkies m <prod> • blasting grit
Strahlkondensation f <verf> • jet condensation
Strahlkondensator m <mot> • ejector condenser
Strahlkontraktion f <phys> (Fluiddynamik) • jet contraction
Strahlläppen n <prod> • vapor blasting; wet blasting
Strahlleistung f <tech.allg> • jet power
Strahlmischer m <verf> • jet mixer
Strahlmittel n <obfl> • abrasive
Strahlmittel n DIN EN ISO 4618 <obfl> (fester Stoff zum Strahlen) • blast-cleaning abrasive ISO 4618-3
Strahlmittel n <prod> (z. B. Sand) • blasting abrasive; blasting medium
Strahlmittelkorn n <wz> • abrasive grain for blasting
Strahlmühle f <verf> • jet mill; fluid-energy mill
Strahl-Multiplexer m <licht> (Laser) • ray-multiplexer
Strahl nullter Ordnung m <phys> • zero-order ray
Strahlöffnungswinkel m <phys> • total beam angle EN 60947; beam angle; beam width
Strahlpistole f <prod> • sandblasting gun
Strahlprallmühle f <verf> • nozzle pulverizer; flash pulverizer; pneumatic mill
Strahlpumpe f <förd> • jet pump; ejector pump; ejector
Strahlpumpenbagger m <bau.masch> (mit Baggerpumpen) • jet ejector dredger
Strahlputzen n <prod> (Gießerei) • sandblasting; blast tumbling
Strahlputztrommel f <metall> • sandblasting barrel; blast-tumbling barrel
Strahlradierer m AMI <kunst> (für Airbrush) • air eraser
Strahlrohr n <tech.allg> (Rohr mit Düse) • jet pipe; nozzle pipe

Strahlrohr n <aerospace> • aerothermodynamic duct; atherodyde; athodyde
Strahlrohr n <bau> • tail pipe
Strahlrohr n <feuer> (Schlauchmundstück) • hose nozzle
Strahlrohr n DIN 25401-3 <nukl> (Kanal zum Durchlaß eines Strahlenbündels für Versuchszwecke) • beam hole
Strahlrohr n <obfl> (Wärmestrahlung, z. B. beim Galvanisieren) • radiant tube
Strahlrohrofen m <obfl> • radiant-tube furnace
Strahlrohrregler m • jet-pipe regulator; hydraulic position servo
Strahlrohrverstärker m • jet-pipe valve; jet relay
Strahlruder n <aerospace> (Rakete) • exhaust internal control vane; gas internal control vane; gas rudder; jet tab; jet vane
Strahlruder n <nav> • jet tab; jet vane
Strahlruder n <nav> • reactive rudder; reaction rudder
Strahlruder n <nav.aerospace> • jet-deflection flap
Strahlrücklauf m <tech.allg> • flyback
Strahlrücklauf m <av> • retrace; beam return
Strahlschreibgeschwindigkeit f • beam-writing rate
Strahlschub m <aerospace> • jet thrust
Strahlschweissen n <füg> • beam welding
Strahlschwenkung f <aerospace> • beam switching
Strahl-/Siebgeschwindigkeit f <pap> • jet-wire speed
Strahl-/Sieb-Verhältnis n <pap> • jet/wire ratio
Strahlspaltung f <obfl> (Spritzpistole) • split spray; split pattern
Strahlsperrung f <el> • gating
Strahlspur f <phys> • trace
Strahlstärke f <phys> • radiant intensity
Strahlsteuerelektrode f <el> • ray-control electrode
Strahlsteuerelektronik f <el> • beam-control electronics
Strahlsteuerung f <aerospace> • jet control
Strahlsteuerung f <el> • ray control
Strahlstörer m (Regner) • jet disturber
Strahlstreuung f • beam divergence
Strahlstrom m <el> • beam current
Strahlstrom m <meteo> (starke West-Ost-Strömung in der Stratosphäre) • jet stream
Strahlsucher m <opt> (Oszilloskop) • beam locator; spot locator
Strahltaille f DIN 32511 <phys> (Laserstrahl) • beam waist
Strahlteil m <el> (Dampferzeuger) • radiant zone
Strahlteiler m <edv> • beam splitter
Strahlteiler m <energ.hydr> • chute blocks
Strahlteiler m <kfz.wz> (Zubehör für Laservermessungssystem) • beam splitter
Strahlteiler m <msr> • beam splitter
Strahltetrode f <el> • beam tetrode
Strahltrieb m <tech.allg> • jet propulsion
Strahltriebflugzeug n <aerospace> • jet plane; jet-propelled aircraft; jet
Strahltriebwerk n <aerospace> • jet engine; reaction engine thsc; jet-propulsion engine thsc; jet pract
Strahltriebwerk n <turb> • jet-propulsion engine
Strahlumlenkung f <tech.allg> • jet reversal
Strahlumschalter m • electron-beam switch
Strahlung f <licht> (als Gesamtheit aller Lichtstrahlen) • radiation
Strahlung f <nukl> • emission; radiation
Strahlung f <phys> (z. B. Licht, Wärme) • emission
Strahlung f <phys> • emission of rays
Strahlung f <phys> • radiation
Strahlungsabsorber m <energ.sol> (eines Sonnenkollektors; meist eine Platte) • absorber; solar absorber
Strahlungsabsorber m <phys> (allg.) • radiation absorber
Strahlungsabsorption f <phys> • radiation absorption

Strahlungsanteil m <energ.sol> • component
Strahlungsausbeute f <phys> • radiation yield; radiation efficiency
Strahlungsaustauschfaktor m <therm> • radiation interchange factor
strahlungsbelastet <phys> • radiation-exposed
Strahlungsbelastung f <nukl> • radiation exposure; radiation burden
Strahlungsbeständigkeit f <mat> • radiation resistance; radioresistance
Strahlungsbrenner m • radiation burner
Strahlungscharakteristik f <el> *(Antennentechnik)* • radiation pattern; radiation characteristic
Strahlungsdämpfung f <phys> • radiation damping
Strahlungsdampferzeuger m <energ> • radiant-type boiler
Strahlungsdetektor m <nukl> • radiation detector; detector
Strahlungsdetektor m <nukl> *(Zählrohr)* • radiation counter
Strahlungsdiagramm n <el> *(Antennentechnik)* • radiation pattern; radiation diagram
Strahlungsdichte f <phys> *(Photometrie)* • radiant energy density
Strahlungsdosis f <nukl> • radiation dose; dose *pract*; radiation dosage; irradiation dose
Strahlungsdruck m <phys> • radiation pressure
Strahlungseinfang m <nukl> • radiative capture
Strahlungseinheit f *(Elektronenkaskade)* • cascade unit
Strahlungselement n <el> *(Antenne)* • radiating element
Strahlungsemission f <phys> • emission of radiation
Strahlungsempfänger m form <energ.sol> *(für Sonnenstrahlung; z. B. Sonnenkollektor)* • solar receiver; receiver *pract*
Strahlungsempfänger m <msr> *(Absorptionsspektrometrie)* • photodetector; detector *pract*
Strahlungsempfänger m <phys> • radiation receiver; radiation receptor; radiation detector
Strahlungsempfang m <phys> • radiation detection; radiation reception
Strahlungsempfindlichkeit f <nukl> • radiosensitivity
Strahlungsenergie f <nukl> • radiant energy; radiation energy
Strahlungsenergiedichte f <phys> *(Photometrie)* • radiant energy density
Strahlungsfeld n <nukl> • radiation field; radiated field
Strahlungsfestigkeit f <qualit.mat> • radiation resistance; radioresistance; radiation stability
Strahlungsfläche f • emitting area
Strahlungsfläche f <tech.allg> • radiating area
Strahlungsfluss m <energ.sol> • radiation flux; radiant flux
Strahlungsfluss m <phys> *(Photometrie)* • radiant flux
Strahlungsfluss m <phys> • radiant power
Strahlungsflussdichte f <phys> • radiant flux density; radiant energy density
Strahlungsfunktion f <phys> • relative spectral energy distribution
strahlungsgefährdeter Bereich m <nukl> • radiation danger zone; hot area *pract*
strahlungsgekoppelte Antenne f <el> • indirectly fed aerial; parasitic aerial
strahlungsgekoppeltes Antennenelement n <el> • parasitic aerial element; parasitic element
Strahlungsgesetz n <phys> • law of radiation
Strahlungsgleichgewicht n <phys> • radiation equilibrium
Strahlungsgröße f <phys> • radiometric quantity; radiant quantity

Strahlungsgürtel m <geo> *(Erde)* • radiation belt
Strahlungsheizfläche f <hlk> • radiant heating surface
Strahlungsheizfläche f <hlk> • radiation heating surface
Strahlungsheizkörper m <hlk> • radiant heater
Strahlungsheizung f <hlk> • radiant heating
Strahlungsheizung f <hlk> • radiation heating; heating by radiation
Strahlungshöhe f *(Antenne)* • equivalent height
Strahlungsindikator m <nukl> • radiation indicator
strahlungsinduziert <nukl> • radiation-induced
strahlungsinduziertes spontanes Riesenwachstum n (SISRW) <tech.allg> • radiation-induced spurious gigantism (RISG)
Strahlungsintensität f <el> • interference voltage
Strahlungsintensität f <energ.sol> • light intensity
Strahlungsintensität f <energ.sol> • irradiance; radiation intensity
Strahlungsintensität f <nukl> *(Aktivität in Curie)* • radiation intensity; radioactivity
Strahlungsintensität f <phys> *(Photometrie)* • radiation intensity; radiant intensity
Strahlungsionisation f <phys> *(Gasentladungsröhre)* • radiation ionization
Strahlungskalorimeter n <msr> • radiation calorimeter
Strahlungskeule f <el> *(Antenne)* • radiation lobe
Strahlungskomponente f <energ.sol> • component
Strahlungskonstante f (C) <therm> • radiation constant (C)
Strahlungskontrolle f <med> • radiological monitoring
Strahlungskonzentration f <energ.sol> • radiation concentration
Strahlungskorrektur f <phys> *(Quantenelektrodynamik)* • radiation correction
Strahlungskühlung f <hlk> • radiation cooling
Strahlungslänge f *(Elektronenkaskade)* • cascade unit
Strahlungslänge f *(Hochenergiephysik)* • radiation length
Strahlungslappen m <el> *(Antenne)* • radiation lobe
Strahlungsleistung f <av> *(Antenne)* • radiated power
Strahlungsleistung f <lwl> • radiant power
Strahlungsleistung f <phys> *(Photometrie)* • radiation power; radiant power
strahlungslos <phys> • non-radiative; radiationless
strahlungslose Rekombination f <nukl> • non-radiative recombination
strahlungsloser Übergang m <nukl> • radiationless transition
Strahlungsmenge f <phys> • quantity of radiant energy
Strahlungsmesser m <msr> • radiation measuring device; radiation meter; radiometer
Strahlungsmesstechnik f <msr> • radiation measuring technique
Strahlungsmesstechnik f <msr> • radiation measuring technology
Strahlungsmessung f <msr> • radiation measurement; radiometry
Strahlungsmonitor m <nukl> • radiation monitoring instrument; radiation monitor
Strahlungsnachweis m <nukl> • radiation detection
Strahlungsniveau n <nukl> • irradiation level
Strahlungsnormal n <nukl> • radiation standard
Strahlungsofen m <metall> • radiation furnace
Strahlungspuffer m <nukl> • radiation buffer
Strahlungspyrometer n <msr> • radiation pyrometer; heat radiation pyrometer
Strahlungsquant n <phys> • light quantum; photon; radiation quantum
Strahlungsquelle f <astron.radio> • emitter
Strahlungsquelle f <msr> *(Absorptionsspektrometrie)* • source *pract*; light source *rare*

Strahlungsquelle f <nukl> • radiation source
Strahlungsquelle f <phys> • source of radiation; irradiation source
Strahlungsrekombination f <nukl> • radiative recombination
Strahlungsrohrofen m <obfl> *(beim kontinuierlichen Feuerverzinken)* • radiant tube furnace
Strahlungsschwächung f <phys> • radiation attenuation
Strahlungsschweißen n <kst> • heat radiation welding [technique] :*V*; non-contact heat welding :*V*
strahlungsstabil adj <energ.sol> • radiation resistant *adj*; radiation tolerant *adj*
Strahlungsstärke f <phys> • radiant intensity
Strahlungsstreuung f <phys> • radiation scattering
Strahlungstemperatur f <energ.sol> • source temperature
Strahlungstemperatur f <therm> • radiation temperature
Strahlungsthermoelement n <msr> • radiation thermocouple
Strahlungsthermometer n <msr> • black-bulb thermometer; radiation thermometer
Strahlungstrockner m <obfl> • radiant-heat dryer
Strahlungstrockner m <verf> • radiant-heating drier; radiation drier
Strahlungsübergang m <nukl> • radiative transition
Strahlungsüberhitzer m <energ> *(Dampferzeuger)* • radiant superheater
Strahlungsüberwachungsgerät n <nukl> • go no-go radiation detector
Strahlungsuntergrund m <nukl> • radiation background
Strahlungsverlust m <hlk> *(an Kesseloberfläche)* • radiation loss; case loss
Strahlungsverlust m <phys> • loss by radiation; radiation loss; radiative loss
Strahlungsverluste mpl <energ.sol> • radiative heat losses *pl*
Strahlungsverluste des Plasmas f <nukl> • plasma energy losses; energy losses from a plasma; plasma radiation losses; plasma losses
Strahlungsvermögen n • emissive power; emissivity
Strahlungsvermögen n • intrinsic radiance
Strahlungsvermögen n <phys> • radiating capacity
strahlungsverträglich adj <energ.sol> • radiation resistant *adj*; radiation tolerant *adj*
Strahlungswärme f <hlk> • radiant heat
Strahlungswärme f <phys> • radiant heat
Strahlungswärmedurchgang m <bau> • radiant heat transfer
Strahlungswärmeverluste mpl <energ.sol> • radiative heat losses *pl*
Strahlungswarngerät n <nukl> • radiation alarm monitor
Strahlungswiderstand m <av> • radiation resistance; sound radiation resistance
Strahlungswiderstand m <mat> • radiation resistance
Strahlungswinkel m <licht> • beam angle
Strahlungswinkel m <phys> • angle of radiation
Strahlungswirkungsgrad m <el> *(Antenne)* • radiation efficiency
Strahlungszähler m <nukl> • radiation counter
Strahlungszipfel m <el> *(Antenne)* • radiation lobe
Strahlungszone f <phys> • radiation zone
Strahlverbreiterung f • beam broadening; beam spreading
Strahlverfahrenstechnik f DIN 8200 <obfl> • blasting
Strahlverfolgung f <edv> • ray tracing; ray casting
Strahlverlauf m • beam path
Strahlverschiebung f <el> *(Elektronenstrahlröhre)* • positioning of the trace
Strahlverschlussblende f • beam-stopping aperture

Strahlwäscher m <ents> • jet scrubber
Strahlwasser n <allg> • hose water
strahlwassergeschützt <tech.allg> • hose-proof
strahlwassergeschützt <tech.allg> *(z. B. E-Motor)* • jet-proof
Strahlwinkel m <el> *(Antenne)* • beam angle
Strahlwirkung f <tech.allg> • jet action
Strahlwobbelung f <av> • spot wobble
Strahlzerlegungsspiegel m • beam splitting mirror
Strahlzerstäubung f <verf> • jet spraying
Straight-Ahead-Action f <kino> • straight ahead action
Straight-Code m <edv> • straight code; straight bar code
Straight-run-Benzin n • distillate gasoline *US*; straight-run petrol
Straightrun-Benzin n <chem.petr> • straight-run gasoline
Strainer m <kst> • straining machine; strainer
Strainerkopf m <kst> • straining head
strainern v <kst> • strain *v*
Strak m <nav> *(Plattengang)* • strake
Strak m <nav> *(von Planken, Platten im Schiffsrumpf)* • strake
Straken n <nav> • fairing of lines; fairing
Straken n <nav> • fairness; kindliness
straken v <nav> • fair *v*
Straklinie f <nav> • fairing line
Strandgut n <ents> *(angeschwemmt)* • flotsam
Strandkakerlake f <bio> • rock louse; ligia occidentalis *thsc*; western sea roach; common rock hopper; cucaracha del mar
Strandmüll m <ents> *(angeschwemmt)* • flotsam
Strandtasche aus Segeltuch f <textil> • canvas beach bag
Strang m <el> • phase winding
Strang m <energ.sol> *(in Serie geschaltete Solarzellen)* • string
Strang m <geo> • string
Strang m <masch> *(Wellenstrang, Rohrstrang)* • line
Strang m <metall> • billet
Strang m <metall> • strand
Strang m <textil> • skein
Strang m <textil> *(Faden)* • hank; skein
Strangelet n <phys> • strangelet
Strangform f <textil> *(Faden)* • hank form
Strangform f <textil> *(Weifen)* • reel form
Stranggarnfärbemaschine f <textil> • hank-dyeing machine
stranggepresst <prod> *(z. B. Metall, Kunststoff)* • extruded; extrusion-molded *US*; extrusion-molded *GB*
stranggepresstes Rohr n <prod> • extruded tube
Stranggießen n <metall> *(z. B. Stahl)* • continuous casting; continuous strand casting
Strangguss m <metall> *(z. B. Stahl)* • continuous casting; continuous strand casting
Strangussprofil n <tech.allg> *(betont: extrudiert; z. B. Kunststoff, Alu)* • extruded profile; extrusion *pract*
Strangklemme f <el> • line terminal
Strangpresse f <prod> *(z. B. für Alu, Kunststoff)* • extruder; extrusion press
Strangpressen n <prod> • extruding
Strangpressen n <prod> • extrusion molding
Strangpressen n <prod> • warm extrusion; extrusion
Strangpresskopf m <wz> • extruder head
Strangpressmasse f <mat> • extrusion-molding material
Strangpressmatrize f <wz> • extrusion die
Strangpressprofil n <prod> • extruded part; extruded profile; extrusion
Strangpressrohling m <prod> • extrusion billet
Strangpressteil n <prod> • extruded part; extruded profile; extrusion

Strangschmieren n <prod> • strand lubrication
Strangstabilisator m <petr> • string stabilizer
Strangwalze f <metall> • strand roll
Strangwerkzeug n <wz> • extrusion die
Strangziehen n <kst> • pultrusion
strapazierfähig <tech.allg> • hard-wearing
strapazierfähig <qualit> *(z. B. Bekleidung, Bodenbelag)* • durable
Strap-down-System n <navig> • strap down system; analytic inertial navigation system
S-Traps m <bau> *(Geruchsverschluss)* • S-trap
Straße f <metall> *(Walzwerk)* • train
Straße f <prod> *(Fertigungsstraße)* • line
Straße f <verk> • road
Straße f <verk> *(in Ortschaften mit Häusern)* • street
Straße im Abtrag f <bau> • sunken road; road in cut(ting)
Straße erster Ordnung f <verk> • first-grade road
Straße im Auftrag f <bau> • embanked road; road in embankment; road on an embankment
Straße mit Autopilot-Leitfunktion f <verk> • smart highway; intelligent highway; automated highway
Straße mit Gegenverkehr f <verk> • two-way road
Straße mit geringem Verkehrsaufkommen f form <verk> • lightly traveled road *US*; lightly travelled road *GB*
Straße mit getrennten Fahrbahnen fpl <bau> • divided highway
Straße mit großer Verkehrsdichte,f <bau> • denesely travel(l)ed highway
Straße mit Kfz-Leitautomatik f <verk> • smart highway; intelligent highway; automated highway
Straßenabfluss m <bau> • street inlet; storm drain
Straßenablauf m <bau> • road inlet; gully; gulley; road drain
Straßenablauf m <ents.hydr> • street inlet; road gully *GB*; gully, gulley; storm water inlet *US*; curb inlet *US*.
Straßenabschnitt m <verk> *(z. B. von Autobahn, Landstraße)* • stretch of road; road section; run of road
Straßenabziehmaschine f <bau.masch> • road scraping machine
Straßenachse f <bau> • road axis
Strassenanwohner mpl <soz> • roadside residents
STRASSENARGBITEN <verk> *(als Warnschild)* • ROADWORKS AHEAD
Strassenarbeiten fpl <bau> • roadworks; road work[s]
Straßenaufbruchhammer m <bau.masch> • road breaker; road ripper
Strassenaufreißer m <bau.masch> • scarifier
Straßenaufreißer m <bau.masch> • road breaker; road ripper
Straßenausbau m <bau> • road improvement; highway improvement
Straßenausrüstung f <verk> • road furniture; highway furniture
Straßenbahn f <bahn> • street car *US*; tram [car] *GB*
Straßenbahngleiskörper m <bahn.bau> • tram track
Straßenbahnnetz n <bahn> • streetcar system *US*; tramway system *GB*; tram system *GB*
Straßenbahnoberleitung f <bahn.el> • streetcar mains; tram mains
Straßenbahnwagen m rar <bahn> • street car *US*; tram [car] *GB*
Straßenbahnwagen [mit Rollenstromabnehmer] m <bahn> • trolley car
Straßenbau m <bau.verk> • road construction; highway engineering *US*; road building; road engineering
Strassenbauarbeiten fpl <bau> • roadworks; road work[s]
Straßenbauasphalt m <bau.mat> *(Gemisch aus Bitumen und Zuschlägen)* • asphalt; road asphalt

Straßenbaubitumen n <bau.mat> • road asphalt
Straßenbaumaschine f <bau.masch> • road-making machine
Straßenbaumaschinen fpl <bau.masch> • road-building machinery; road-making machines
Strassenbaumaschinen[park] fpl [m] <bau.masch> • road-making plant; road-building machinery
Strassenbaumasse f <bau.mat> • road-making mixture
Straßenbau-Prüfgerät n <bau> • road construction tester
Straßenbaustelle f <bau> • road construction site; road building site
Straßenbaustoff m <bau.mat> • road construction material
Straßenbautechnik f <bau> • road engineering
Strassenbauteer m <bau> • road tar
Straßenbauunternehmen n <bau> • road construction company
Strassenbauwerk n <bau> • road structure
Straßenbelag m <bau.mat> • pavement *US*; road surfacing; carriageway surfacing *GB*; topping
Straßenbeleuchtung f <bau.licht> *(innerstädtische Straßenbeleuchtung)* • street lighting
Straßenbeleuchtung f <licht> • street lighting
Strassenbenutzer m <verk> • road user
Straßenbenutzungsgebühr f form <verk> *(für Verkehrswege; z. B. für Autobahnen, Tunnels, Brücken)* • toll
Straßenbenutzungsgebühr mit elektronischer Buchung f <verk.fin> *(mit Chip-Karte)* • road-pricing
Strassenbeschilderung f <verk> • road signing
Straßenbett n <bau> • roadbed
Straßenbettung f <bau> • subgrade
Straßenbrücke f <bau> • highway bridge; road bridge
Straßendamm m <bau> • road embankment; roadway
Straßendecke f <bau.mat> • pavement *US*; road surfacing; carriageway surfacing *GB*; topping
Straßendeckenmaterial n <bau.mat> • paving material
Straßendeckenmischung f <bau.mat> • road mix
Straßen-Display n <navig> *(Display)* • graphic highway; moving highway; highway
Straßeneinlauf m <bau> • road inlet; gully; gulley; road drain
Straßeneinlauf m <ents.hydr> • street inlet; road gully *GB*; gully, gulley; storm water inlet *US*; curb inlet *US*.
Straßenentwässerung f <bau> • road drainage
Straßenfahrkomfort m <kfz.antr> *(Geländewagen)* • on-road ride
Straßenfahrzeug n DIN 70010 <kfz> • road vehicle; on-road vehicle
Straßenfertiger m <bau.masch> *(Fahrbahn)* • road finisher; road finishing machine; paver-finisher; paver; spreader finisher
Strassenfräse f <bau.masch> • road miller
straßengängig <kfz> • road-holding
straßengebundener Verkehr m <verk> • road-bound traffic
Straßenglätte f <verk> *(Straßenzustand; z. B. durch Regen, Schnee, Eis, Matsch)* • slippery road conditions; skidding conditions
Strassengraben m <bau> • roadside ditch
Straßengully m <bau> • street inlet
Straßenhaftung f <prod> • road grip
Straßenhelm m <bekl> • on-road helmet
Straßenhobel m <bau.masch> • road grader; grader; blade grader
Straßenhöhe f <bau> • road elevation
Straßenkanal m <ents.hydr> • lateral sewer; street sewer; street main
Straßenkappe f <bau> *(von Schieber)* • road cap
Straßenkehrmaschine f DIN 30702-3 <ents> • street sweeper; motor sweeper

Straßen-Kernbohrgerät *n* <bau.masch> • road pavement coring machine

Straßenklasse *f* <bau> • road category

Straßenklinker *m* <bau.mat> • paving brick

Strassenkörper *m* <bau> • road structure

Straßenkörper *m* <bau> • road bed

Straßenkoffer *m* <bau> • roadbed

Straßenkreuzer *m* ugs <kfz> • sled *coll.derog*; canoe *coll.derog*; ark *coll.derog*

Straßenkreuzung *f* <verk> • intersection *US.GB*; crossroad *GB*

Straßenlage *f* <kfz> *(eines Fahrzeugs)* • road holding; roadability

Straßenleitpfosten *m* <bau> • reflector post; reflectorizing traffic stud

Strassen-Leuchtnagel *m* <bau> • reflectorizing traffic stud

Straßenmarkierung *f* <verk> • roadway marking; road marking; pavement marking; carriageway marking *GB*

Strassenmarkierungsfarbe *f* <bau.mat> • road marking paint

Straßenmarkierungsgerät *n* <bau.masch> • road marker; line marker

Strassenmarkierungsmaschine *f* <bau.masch> • pavement marking machine; stripe painter *pract*

Straßenmaschine *f* <kfz> • street bike

Straßenmotorrad *m* <kfz> • street bike

Straßenmotorrad *n* <kfz> • street bike

Strassennagel *m* <bau> • road stud; traffic stud

Strassennetz *n* <verk> • road network; road system

Straßenoctanzahl *f* <mot> • road octane number

Straßenöl *n* <bau.mat> • road oil

Straßenpflaster *n* <bau> • pavement

Straßenplanierer *m* <bau.masch> • road grader; blade grader

Straßenplanum *n* <bau> • road bed

Strassenprofil *n* <bau> • road profile; road cross section; cross sectional profile of road

Strassenquerschnitt *m* <bau> • road profile; road cross section; cross sectional profile of road

Strassenrandbereich *m* <bau> • roadside

Straßenreinigungsfahrzeug *n* <verk> • scavenger

Straßenrinne *f* <bau> • gutter channel; gutter; road channel

Straßenrinne *f* <ents.hydr> • gutter; street drain

Straßensammlung *f* <pap.ents> *(von Altpapierbündeln)* • kerbside collection *GB*; curbside collection *US*; roadside collection

Straßenschäden *mpl* <verk> • road damage

Straßenschleifmaschine *f* <bau.masch> • road grinder

Straßenschmutz *m* <obfl> *(auf Autolack)* • road film

Straßenschotter *m* <bau.mat.verk> • road metal

Straßensinkkasten *m* <ents.hydr> • street inlet; road gully *GB*.; gully, gulley; storm water inlet *US*.; curb inlet *US*.

Straßensperre *f* <verk> • roadblock

Straßensperre durch die Polizei *f* <verk> • police block; police road block

Straßensprengwagen *m* <ents> • street washer; road flusher

Straßensteigung *f* <bau> • grade of a road; grade

Straßentankwagen *m* <nfz> • tank truck; road tanker

straßentauglich <kfz> *(geeignet für Alltagsbetrieb; z. B. Sportwagen)* • roadworthy; streetable

straßentaugliche Version *f* <kfz.sport> *(von Rennsportwagen)* • street version; road-legal version *GB*

Straßenteer *m* <bau.mat> • road bar

Straßentunnel *m* <verk> • road tunnel; vehicular tunnel

Straßenüberführung *f* <verk> *(Fußgänger)* • footbridge

Straßenüberführung *f* <verk> *(Fahrzeuge)* • overpass bridge; overpass; road bridge

Straßenunterbau *m* <bau> • road foundation

Straßenunterführung *f* <verk> *(Fußgänger)* • subway

Straßenunterführung *f* <verk> *(Fahrzeuge)* • underpass

Straßenverbindung *f* <verk> • road link

Straßenverbreiterung *f* <bau> • street widening

Straßenverbreiterung *f* <verk> • road widening

Straßenverhältnisse *npl* <bau> • road conditions

Straßenverhalten *n* <kfz> • roadability

Straßenverkehr *m* <kfz> • traffic

Strassenverkehrsunfall *m* <verk> • road traffic accident

Straßenvermessung *f* <verk> • road surveying; highway surveying

Straßenversion *f* <kfz.sport> *(von Rennsportwagen)* • street version; road-legal version *GB*

Straßenverwaltung *f* <verk> • road administration; highway administration

Strassenwärter *m* <verk> • maintenance man; road surface man

Strassenwalze *f* <bau.masch> • road roller

Straßenzubehör *n* <verk> • road furniture; highway furniture

Straßenzustand *m* <bau> • road conditions

Straßenzustand *m* <verk> • road condition

Straßenzustand *m* <verk> • road conditions *pl*

Straße zweiter Ordnung *f* <verk> • second-grade road

Strategie *f* <allg> • strategy

strategische Allianz *f* rar <econ> • strategic partnership

strategische Allianz *f* <org> • strategic alliance; strategic cooperation

strategische Partnerschaft *f* <econ> • strategic partnership

strategischer Partner *m* <ökon> • strategic partner

Stratigraphie *f* <geo> • stratigraphy

stratigraphische Falle *f* <geo> • stratigraphic trap

stratigraphisches Erkundungsbohrloch *n* <min> • stratigraphic test hole

Stratoskop *n* • stratoscope

Stratosphärenballon *m* <aerospace> • stratospheric balloon; high-altitude balloon; stratostat

Stratosphärenflugzeug *n* <aerospace> • stratosphere airplane

Stratum *n* <geo.min> • layer; stratum

Streamer *m* prakt <edv> *(zur Datensicherung)* • magnetic tape drive; magnetic tape cartridge drive *form*; magnetic tape cassette drive; tape backup system; streamer *pract*

Streamer *m* <phys> *(Plasma)* • streamer

Streamer[funken]kammer *f* <phys> *(Plasma)* • streamer chamber

Streamerkassette *f* <edv> *(zur Datensicherung)* • data cartridge; magnetic tape cartridge; streamer cartridge; tape cartridge

Streaming-Medien *fpl* <tele.av> *(Musik, Videos via Internet)* • streaming media

Streaming Video *n* <tele.av> *(z. B. via Internet)* • streaming video

Streamlineanschluss *m* <tech.allg> *(Internet)* • streamline connection

Streb *m* <min> • longwall face; face

Strebausbau *m* <min> • face support

Strebbau *m* <min> *(Abraum)* • longwall

Strebbau *m* <min> • longwall working; longwalling

Strebbreite *f* <min> • face width

Strebbruch *m* <min> • face collapse

Strebbruch *m* <min> *(bis ins Haupthangende)* • gutter-cup

Strebbruchbau *m* <min> • longwall caving

Strebe *f* <tech.allg> *(eher längs, auch quer)* • stringer

Strebe *f* <tech.allg> *(erhöht Steifigkeit)* • brace

Strebe *f* <tech.allg> • bracing strut; strut

Strebe *f* <tech.allg> *(Bauwesen, Maschinenbau)* • diagonal member

Strebe *f* <tech.allg> • shore

Strebe *f* *(Bauwesen, Fahrzeugbau, Maschinenbau)* • strut

Strebe *f* <kfz> • brace

Strebe *f* <min> • brace; prop; stanchion

Strebe in Form eines Dreiecksporns *f* <bau> • triangular buttress

Strebepfeiler *m* <bau> *(seitliche Stütze)* • buttress

Strebestempel *m* <min> *(Stütze in Stollen etc.)* • anchor post; cockermeg; sprag; safety prop; prop

Strebförderband *n* <förd> • face belt conveyor

Strebfördermittel *n* <min> • face conveyor

Strebförderung *f* <min> • face haulage

Streblänge *f* <min> • face length

Strebraum *m* <min> • longwall

Streckbank *f* <prod> • wire-stretching machine; stretcher

streckbar <mat> • extensible

streckbar *rar* <metall> *(relativ leicht umformbar; durch Umformverfahren)* • ductile; flowable *rare*

streckbar <qualit.mat> • stretchable

Streckblasen *n* <kst> *(von PET-Flaschen)* • stretch blow molding *:V*

Streckblasmaschine *f* <kst> *(z. B. für PET-Flaschen)* • stretch blow molding machine *:V*

Streckdrücken *n* <prod> • stretch spinning

Strecke *f* <bahn> • track

Strecke *f* <geo> *(Flussstrecke)* • reach

Strecke *f* <math> *(Abstand zwischen A und B)* • distance

Strecke *f* <math> • line segment

Strecke *f* <math> *(Linie mit Anfangs- und Endpunkt)* • finite line segment

Strecke *f* <min> • tunnel

Strecke *f* <min> • drift

Strecke *f* <min> • gateway; roadway; gallery

Strecke *f* <msr> *(im Regelkreis: Stellglied und Wirkungsweg; z. B. Regler, Motor, Drehzah)* • controlled system; controlled process; control system

Strecke *f* <sport> *(Langlauf)* • track; course

Strecke *f* <tele> • path

Strecke *f* <textil> *(Spinnerei)* • drawing frame; draw frame

Strecke *f* <verk> *(z. B. Straßenabschnitt, schlechte Wegstrecke)* • stretch

Strecke *f* <verk> *(z. B. auf der Strecke von München nach Berlin)* • way

Strecke *f* <verk> *(von A nach B)* • route

Strecke *f* <wz.masch> • draw frame

Strecke erster Ordnung <msr> • first-order system

Streckeisen *n* <led> *(Weichen in der Wasserwerkstatt)* • breaking iron

Strecken *n* <büro> *(Funktion der Editiertafel, Kopiergerät)* • stretching

Strecken *n* <edv> *(Grafik-Funktion zum Verschieben und Vergrößern eines Bildelements)* • stretching

Strecken *n* <prod> *(Blechformen)* • throwing; stretching

Strecken *n* <textil> *(Ausrüstung)* • stretching

strecken *v* • break *v*

strecken *v* <prod> • draft *v*

strecken *v* <prod> • draw *v*

strecken *v* <prod> • draw down *v*; draw out *v*

strecken *vt* • dilute *vt*; thin down *vt*; water down *vt*

strecken *vt* <allg> *(dehnen)* • stretch *vt*

strecken *vt* <tech.allg> • extend *vt*

strecken *vt* <led> *(Wasserwerkstatt)* • break *vt*

strecken *vt* <prod> • lengthen *vt*

strecken *vt* <prod> • rough down *vt*

strecken *vt* <sport> *(Arme, Beine)* • stretch *vt*

strecken *vt* <textil> *(Spinnerei; synthetische Fasern)* • draw *vt*; draft *vt*

strecken *vt* <textil> *(Fixierung; Ausrüstung)* • stretch *vt*

Streckenabschnitt *m* <bahn> • track section; line stretch

Streckenabschnitt *m* <verk> • route segment

Streckenabzweigung *f* <verk> • junction; bifurcation

Streckenauffahren *n* <min> *(im Gestein)* • drifting

Streckenauffahren *n* <min> • tunnelling

Streckenausbau *m* <min> • roadway support

Streckenbandförderer *m* <förd> • gate belt conveyor

Streckenbefeuerung *f* <navig> • route lighting

Streckenblock *m* <bahn> • section blocking

Streckenblock *m* <bahn> *(Streckenabschnitt)* • block; block section

Streckendämpfung *f* <av> • path attenuation

Streckendämpfungsmessung *f* <tele> • transmission efficiency test

Streckendamm *m* <min> • gateside pack; roadside pack

Streckeneinmündung *f* <bahn> • junction

Streckenentblockung *f* <bahn> • section clearing

Streckenfehler *m* <aerospace> • distance error

Streckenfernsprecher *m* <tele> • portable telephone set; portable telephone

Streckenfeuer *n* <navig> • route beacon

Streckenförderband *n* <förd> • gate belt conveyor

Streckenförderung *f* <min> • haulage

Streckenführung *f* <verk> • route mapping; routing

streckengesteuert <msr> • straight-line-controlled

Streckengewölbe *n* <min> *(Gebirgsmechanik)* • roadway arch

Streckenhohlraum *m* <min> • roadway excavation

Streckenkabel *n* <min> • gangway cable

Streckenlänge *f* <bahn> • track mileage

Streckenlast *f* <mech> • distributed load; line load

Streckenlokomotive *f* <bahn> • main-line locomotive

Streckenmarkierungsfunkfeuer *n* <navig> • en-route marker beacon

Streckenmelder *m* <alarm> • line sensor; line detector; barrier detector

Streckenmessgerät *n* <msr> • distance measuring equipment; distance measuring device

Streckenmessung *f* <msr> • distance measurement; linear measurement

Streckenort *n* • fast place

Streckenort *n* <min> • adit end; gate end

Streckenort *n* <min> • forehead; roadhead

Streckenpfeiler *m* <min> • chain pillar; entry stump

Strecken-Rangierlokomotive *f* <bahn> *(groß)* • road switcher

Streckenraum *m* <min> • roadway excavation

Streckenschalter *m* <bahn> • section circuit breaker

Streckenschalter *m* <el> • overhead line switch

Streckenschalter *m* <el> • sectionalizing switch

Streckenschalter *m* <el.bahn> *(Elektrotraktion)* • track switch

Streckenschalter *m* <min> • gate-end box; gate-end switch

Streckenschutz *m* <el> *(Relais)* • pilot protection

Streckensteuerung *f* DIN ISO 2806 <msr.autom> *(numerische Steuerung)* • straight-line control; linear-path control system; linear-path system; line motion control system *ISO 2806*

Streckenstoß *m* <min> • gallery face; gallery end

Streckentrenner *m* <bahn> *(Fahrleitung)* • overlap span

Streckentrenner *m* <el> • section insulator

Streckentrenner *m* <el> • sectionalizing switch

Streckentrennung *f* <el> *(Fahrleitung)* • section gap

Streckenüberwachung *f* <alarm> • line protection *:V*

Streckenverblockung *f* <bahn> • section blocking

Streckenverlauf *m* <verk.navig> • route
Streckenvortrieb *m* <min> *(im Gestein)* • drifting
Streckenvortrieb *m* <min> • tunnelling
Streckenvortriebsmaschine *f* <min> *(in Lagerstätten)* • heading machine
Streckenvortriebsmaschine *f* <min> • tunnelling machine
Streckenzug *m* <phot> • survey traverse
Strecker *m* <bau> *(Mauerwerk)* • binder; header
Streckfolie *f* <mat.kst> • stretch wrap; stretch film
Streckformen *n* <prod> • drape forming; stretch forming
Streckformwerkzeug *n* <wz> • drape mold
Streckgerüst *n* <obfl> *(beim Bandverzinken)* • leveler *US*; tension leveler *US*; leveller *GB*
Streckgerüst *n* <obfl> *(beim Bandverzinken)* • leveler; tension leveler
Streckgesenk *n* <wz> • fuller; swager
Streckgesenkschmieden *n* <prod> • swaging
Streckgestell *n* <textil> *(Spinnerei)* • drawing rollers *pl*; roller drafting zone; drawing frame; draw frame; drawer
Streckgewicht *n* <led> *(Wasserwerkstatt)* • green-fleshed weight
Streckgrenze *f* (Re) DIN EN 10002-5 <qualit.mat> *(im Zugversuch; in N/mm²)* • yield point (Re) DIN EN 10002-5; yield strength; yield stress
Streckkaliber *n* <prod> • drawing pass; roughing pass
Strecklage *f* <prod> • extended position
Streckmaschine *f* <led> *(Wasserwerkstatt)* • breaking machine
Streckmaschine *f* <textil> *(Ausrüstung)* • stretching machine
Streckmaschine *f* <textil> *(Spinnerei)* • drawing rollers *pl*; roller drafting zone; drawing frame; draw frame; drawer
Streckmaschine *f* <wz.masch> • draw frame
Streckmetall *n* <mat> • expanded metal
Streckmetallboden *m* *(Destillation)* • expanded-metal tray
Streckmittel *n* DIN EN ISO 4617 <tech.allg> *(betont: verdünnend)* • diluent ISO 4617
Streckmittel *n* <tech.allg> *(betont: füllend)* • filler; filling
Streckmittel *n* <mat> • extender
Streckmittel *n* <nahr> *(betont: verfälschend)* • adulterant
Streckpackung *f* DIN 55405 <pack.klass> • stretch pack
Streckprozess *m* <textil> *(Ausrüstung)* • stretching process
Streckrichten *n* <prod> • tension levelling
Streckrichtmaschine *f* <wz.masch> • flattener
Strecksäge *f* <wz> • framed cross-cut saw
Streckspannung *f* rar <qualit.mat> *(im Zugversuch; in N/mm²)* • yield point (Re) DIN EN 10002-5; yield strength; yield stress
Streckung *f* • dilution
Streckung *f* <mech> • axial extension; axial elongation; extension; elongation; lengthening
Streckung *f* <metall> • roughing-down
Streckung *f* <prod> • drafting
Streckung *f* <prod> • drawing-down; drawing-out
Streckung *f* <prod> • extension
Streckung *f* <prod> • stretching; stretch
Streckung *f* <textil> • drawing
Streckung *f* <textil> *(von Garn)* • tension
Streckungsverhältnis *n* IBM <edv.av> *(Bildschirm)* • aspect ratio
Streckwalze *f* <metall> • breaking-down roll
Streckwalze *f* <metall> • roughing roll
Streckwalze *f* <wz> • drawing roller
Streckwalzwerk *n* <metall> • elongator
Streckwalzwerk *n* <metall> • stretch reducing mill
Streckwerk *n* <prod> • drawer

Streckwerk *n* <textil> *(Spinnerei)* • drawing rollers *pl*; roller drafting zone; drawing frame; draw frame; drawer
Streckwerk *n* <wz.masch> • draw frame
Streckziehen *n* <prod> • drape forming
Streckziehen *n* <prod> • stretch-forming; stretching
Streckzwirnmaschine *f* <textil> • draw-twister
Streetfighter *m* <kfz> *(Motorrad mit besonders aggressivem Styling)* • streetfighter
Streetfood *n* <nahr> • street food
Strehleinrichtung *f* <wz.masch> *(zum Gewindestrehlen)* • chasing attachment
Strehleinrichtung *f* <wz.masch> • chasing attachment
Strehlen *n* <prod> • thread chasing; screw chasing *rare*; chasing
strehlen *vt* <prod> • chase *vt*; thread-chase *vt*
Strehler *m* <wz> • chaser; chasing tool
Strehler *m* <wz> • thread-cutting chaser; thread chaser; threading chaser; insert chaser; die-head thread chaser
Strehlerbacke *f* <wz> • chaser die
Strehlerbackenkopf *m* <wz> • chaser die head
Strehlerbackenkopf *m* rar <wz> • thread-cutting head; threading attachment; threading head; die head; chasing die head
Strehlerkluppe *f* <wz> • chaser die stock
Strehlwerkzeug *n* <wz> • thread-cutting chaser; thread chaser; threading chaser; insert chaser; die-head thread chaser
Streichanlage *f* <pap> • coating station
streichbar <obfl> • brushable; paintable
Streichbaum *m* <led> *(Wasserwerkstatt)* • scudding beam
Streichbaum *m* <textil> • back rail; back bearer; back-rest *US*; whip roll *US*
Streichbaum *m* <textil> *(Webstuhl)* • back beam
streichblechloser Pflug *m* <agri> • moldboardless plough
Streicheisen *n* <led> *(Wasserwerkstatt)* • scudding knife; beam knife; slate knife; slater
Streichen *n* DIN 22005-2 <geo> *(Schnittspur einer Schichtfläche mit Horizontalfläche)* • strike; course; bearing; trend
Streichen *n* <obfl> • brushing
Streichen *n* <pap> • coating
streichen *vt* <allg> *(z. B. Auftrag, Name (Liste))* • cancel *vt*
streichen *vt* <druck> • delete *vt*
streichen *vt* <druck> • purge *vt*
streichen *vt* <geo> • strike *vt*
streichen *vt* <kst> • spread *vt*
streichen *vt* <led> *(Leder)* • scud *vt*; slate *vt*
streichen *vt* <led> • scud *vt*; scrape off *vt*
streichen *vt* <obfl> • brush on *vt*; brush *vt*; paint *vt*; apply by brushing *vt*; apply by brush *vt*
streichen *vt* <obfl> *(z. B. Tür mit Farbe)* • spread-coat *vt*; coat *vt*
streichen *vt* <pap> • coat *vt*
streichen *vt* <pap> • knife-coat *vt*
streichender Streb *m* <min> • strike face
Streichfarbe *f* <pap.ents> • coating color *GB*; coating color *US*
streichfertig <obfl> *(Farbe)* • ready-mixed
streichfertige Farbe *f* <obfl> • ready-mixed paint; ready-to-brush paint
streichfertig eingestellt <obfl> *(Anstrichstoffe)* • ready-to-brush
Streichgarn *n* <textil> *(im Ggs. zu Kammgarn; moosartig weich)* • carded yarn
Streichgerät *n* <obfl> • spreader
Streichgießverfahren *n* <pap> • cast coating
Streichkalander *m* • spreading calender
Streichmaschine *f* <kst> • spreading machine

Streichmaschine f <led> • scudding machine
Streichmaschine f <pap> • coating machine; coater
Streichmaß n <msr> • wood marking gauge
Streichmasse f <obfl> *(z. B. Kitt, Farbe)* • coating slip; coating mixture; coating slurry
Streichmasse f <pap> • coating material
Streichmassentrog m <prod> • coating pan
Streichmesser n • doctor blade; doctor knife
Streichmesser n <led> *(Wasserwerkstatt)* • scudding knife; beam knife; slate knife; slater
Streichradanleger m <druck> • friction-operated feeder; friction feeder; friction feed
Streichrichtung f <verf> *(z. B. Papiererzeugung)* • level course; strike direction
Streichschiene f <agri> *(Pflug)* • tail piece
Streichschiene f <textil> • doctor blade
Streichschlag m <kfz.rep> *(Ausbeulen)* • striking blow
Streichstange f *(Abstreicher)* • plough bar
Streichwalze f <kst> • doctor roll
Streichwehr n <bau.hydr> • side weir
Streifblech n <tribo> *(Schmiervorrichtung)* • wiper
Streifen m *(Färben)* • barre; barry mark
Streifen m • strap
Streifen m <kfz> *(Reifen)* • strip
Streifen m <kst> • segregation
Streifen m <metall> • strip; band
Streifen m <mil> *(Dienstgradabzeichen)* • bar
Streifen m <msr> *(z. B. Schreiber)* • paper tape; tape
Streifen m <msr> • ribbon
Streifen m <obfl> • stria
Streifen m <opt> *(durch Interferenz)* • fringe
Streifen m <phot> *(ganzer Film)* • roll of film
Streifen m <prod> • band
Streifen m <qualit.mat> *(Fehler, z. B. im Papier)* • streak
Streifen m <textil> • stripe
streifen vt • graze vt; touch slightly in passing v; touch slightly v
streifen vt <verf> *(mit Streifen versehen)* • stripe vt
Streifenabreißvorrichtung f <msr> • chart tear-off device
Streifenabschwächer m <phys> *(Wellenleitertechnik)* • strip attenuator; flap attenuator; vane attenuator
Streifenabtastung f <av> • rectilinear scanning
Streifenabtastung f <edv> • paper-tape scanning; tape scanning
Streifenantrieb m <msr> *(Schreiber)* • paper drive
Streifenaufhängung f • strip suspension
Streifenausgleichung f <phot> • strip adjustment
Streifenauslenkung f *(Interferenz)* • band deviation
Streifen ausstanzen vi <pap> • produce strips in a strip punch vi
Streifenbauweise f <el> • in-line package
Streifenbild n <opt> *(Interferenz)* • fringe pattern
Streifenbildung f <druck> • image streaks; streaking
Streifenbildung f <obfl> *(Lackbild)* • mottling
Streifenblech n <mat> • strip sheet
Streifenbreite f <msr> • chart width
streifender Einfall m <opt> • glancing incidence
Streifendiagramm n <msr> • strip-chart record
Streifendichtung f <bau> • strip sealing
streifendruckende Addiermaschine f <büro> • adding-listing machine
Streifenentladung f <el> • striated discharge
Streifenerz n <min> • banded ore
Streifenfeder f <kfz.mot> *(des Wankelmotors)* • side seal spring
streifenfrei <kfz> *(z. B. Lackpflege, Scheibenwischerfunktion)* • streakless
Streifenfundament n <bau> • strip footing; continuous footing; wall footing; strip foundation

Streifengeber m <edv.tele> • perforated-tape transmitter; tape transmitter
Streifengummiermaschine f <druck> • strip gumming machine
Streifenkavitation f <phys> • streak cavitation
Streifenklemmen fpl <el> • strip terminals
Streifenkode m <edv> • bar code
Streifenkohle f • banded coal
Streifenkopiergerät n <phot> • contact printer
Streifenleitung f <el> • microwave strip line; strip line; microstrip
Streifenlesegeschwindigkeit f <edv> • tape-reading rate
Streifenlesekopf m <edv> • tape reading head
Streifenmaske f <av> • aperture grill; Trinitron mask *TM* Sony
Streifenpackung f DIN 55405 <pack.klass> • strip pack
Streifenprobe f <min> • groove sample
Streifenrolle f <masch> • journal roll
Streifenschere f <metall> • strip shear; strip shears
Streifenschneider m <kunst.wz> • double-line scalpel
Streifenschneider m <pap> • slitting machine; strip cutter
Streifenschreiber m <msr> • strip chart recording instrument; strip chart recorder
Streifenschreiber m <tele> • perforated-tape telegraph recorder
Streifensicherung f <el> • metal strip fuse; renewable fuse unit
Streifenstanze f <wz> • strip punch
Streifenstauchprüfgerät Bauart STFI n <pap> • compression strength tester STFI
Streifenstauchwiderstand m <pap> • compression force resistance
Streifenstauchwiderstand m <pap> • short column in-plane compression test
Streifenstauchwiderstand m <qualit.mat> • strip crush resistance
Streifenstauchwiderstandsprüfung f <pap> • compression strength test
Streifenvorschub m <msr> • chart feed
Streifenvorschub m <msr> *(Schreiber, Registriergerät)* • paper feed
Streifenvorschub m <prod.edv> • tape feed
Streifenvorschubmotor m <msr> *(Registrierstreifen)* • chart drive motor
Streifenwagen m <kfz> *(Polizeiauto)* • cruise car *US*; police patrol car *GB*; prowl car *coll*; cruiser *coll*
Streifenwalzwerk n <metall> • band mill
Streifenwechselstrecke f <verk> • lane-shifting distance
Streifenwiderstand m <el> • ribbon resistor
Streifenzuführvorrichtung f <msr> • strip feeder
Streifenzugversuch m <qualit.mat> *(zur Bestimmung der Reißkraft und Reißdehnung)* • strip tensile test
streifig <av> *(Fernsehbild)* • streaked
streifig <geo> • interstratified
streifig <metall> *(z. B. Perlit (Gefüge))* • banded
streifig <obfl> • striated
streifig <textil> *(Färberei)* • barry; streaky
streifig <textil> *(Fehler)* • barry
Streifigkeit f <obfl.qualit> *(Lackfehler durch Pinselfurchen)* • ropiness
Streiflicht nsg <phot> • direct sidelighting sg :V
Streifschaden m <kfz> *(Karosserie-Unfallschaden)* • sideswipe
Streifung f <metall> • banded structure; striation
Streik m <ökon> *(Arbeitsniederlegung)* • strike
Streitwert m <jur> • amount in dispute; amount in litigation; value of the matter in dispute; amount in controversy *US*

streng <allg> *(Geruch, Gestank)* • acrid

streng <jur> *(Vorschrift)* • stringent

streng <math> • rigorous

streng <meteo> *(z. B. Winter, Klima)* • hard

strenge Anforderungen *fpl* <jur> • stringent requirements

strenge Kosten/Nutzen-Analyse *f* <ökon> • strict cost/benefit analysis

strenge Lösung *f* <math> • exact solution

strenger machen *vt* <druck> *(Druckfarbe)* • strengthen *vt*

strengflüssig *rar* <phys> *(Flüssigkeit)* • viscous

streng geordnete Lage *f* <autom> *(z. B. von Teilen auf Palette)* • strictly controlled position

streng geordnete Position *f* <autom> *(z. B. von Teilen auf Palette)* • strictly controlled position

Streptomycin *n* <med> • streptomycin

Streptomyzin *n* <med> • streptomycin

Stretch *n* <av> • stretch effect; stretch

Stretch-Effekt *m* <av> • stretch effect; stretch

Stretcheinsatz *m* <bekl> *(Anzug für Motorradfahrer)* • stretch panel; stretch panelling; stretch section; stretch patch; elasticized section

Stretchen *n* <edv> *(Grafik-Funktion zum Verschieben und Vergrößern eines Bildelements)* • stretching

Stretchfolie *f* <mat.kst> • stretch wrap; stretch film

Stretchfolie *f* <pack> • shrink foil

Stretchfolieneinschlag *m* <logist.pack> *(Ladungssicherung)* • stretch film wrapping; stretch wrapping

Stretchfolienverpackung *f* <logist.pack> *(Ladungssicherung)* • stretch film wrapping; stretch wrapping

Stretch-Packung *f* <pack.klass> • stretch pack

Stretch-SUV *n* <kfz> • SUV stretch; stretch SUV

Streuamplitude *f* <phys> • scattering amplitude

Streuautomat *m* <nfz> *(z. B. für Sand, Streusalz)* • spreader; gritter *GB*

Streuband *n* <phys> • scatter band; spread band

Streubereich *m* <msr> • tolerance range

Streubereich *m* <phys> • spread

Streubereich *m* <qualit> *(Statistik)* • margin of error

Streubild *n* <math> *(Statistik)* • scatter diagram

Streubild *n* <navig> • dispersion diagram

Streublindwiderstand *m* <el> • leakage reactance

Streubreite *f* <agri> *(Düngemittel)* • spreading width

Streubreite *f* <math> *(Statistik)* • scattering range; range

Streuecho *n* <phys> *(z. B. Ultraschall, Radar)* • scatter echo

Streueffekt *m* <phys> • scattering effect

Streueigenschaften *fpl* <edv> • diffuse property

Streuelektron *n* <phys> • scatter electron; stray electron

Streuellipse *f* *(Ballistik)* • pattern of dispersion

Streuemission *f* <phys> • stray emission

streuen *vt* <allg> *(Nachrichten etc.)* • broadcast *vt*

streuen *vt* <tech.allg> *(durch Bestäuben; z. B. Pestizid)* • dust *vt*

streuen *vt* <tech.allg> *(betont sparsam; z. B. Salz)* • sprinkle *vt*

streuen *vt* <tech.allg> *(z. B. Heu im Stall, Saatgut, Streusalz, Sand, Sägemehl)* • strew *vt*; spread *vt*

streuen *vt* <obfl> *(Puderemail auf heiße Werkstücke)* • dust on *vt*; powder *vt*; dredge *vt*

streuen *vt* <phys> *(durch Leckage; z. B. Strahlung)* • leak *vt*

streuen *vt* <phys> *(durch Aufprall auf ein Hindernis; z. B. Strahlung, Licht, Tröpfchen)* • scatter *vt*; disperse *vt*

streuen *vt* <werb> *(Werbemittel, Werbebotschaft)* • distribute *vt*

streuender Meniskus *m* <opt> *(Linse)* • negative meniscus; diverging meniscus; negative meniscus lens

streuendes Medium *n* <nukl> *(Phantom)* • scattering medium

streuen (über) *vt* <druck> *(Kaskadenentwicklung)* • cascade *vt*

Streuer *m* <agri> • distributor

Streufähigkeit *f* <obfl> *(Galvanotechnik)* • throwing

Streufahrzeug *n* <nfz> • road salt vehicle; road salter *coll*

Streufaktor *m* <phys> • leakage coefficient; dispersion coefficient

Streufaktor *m* <phys> • scattering factor

Streufeld *n* <el> • stray field *efector*; leakage field

Streufeld *n* <phys> • flux leakage field; leakage field; stray field

Streufeldbereich *m* • area of magnetic leakage

Streufeldkopplung *f* <edv> *(MAMMOS, DWDD)* • stray field coupling

Streufläche *f* • scattering surface

Streufluss *m* <phys> • leakage flux

streufrei <tele> • scatter-free

Streufrequenz *f* <phys> • scattering frequency

Streugerät *n* <agri> • distributor

Streuglas *n* <silik> • diffusing glass

Streugrenze *f* <phys> • scattering limit; variation limit

Streugut *nsg* <bau> *(für Straßen)* • abrasives *pl*; grit *sg*

Streuimpedanz *f* <el> • leakage impedance

Streuindikatrix *f* <opt> • scattering indicatrix; diffusion indicatrix

Streuinduktivität *f* <el> • leakage inductance

Streukathode *f* <edv> • flood cathode; flood gun

Streukegel *m* • dispersion cone; scattering cone

Streukoeffizient *m* <el> • leakage coefficient; dispersion coefficient

Streukoeffizient *m* <opt> • scattering coefficient

Streukörper *m* <opt> • diffuser

Streukopplung *f* <el> • spurious coupling

Streukopplung *f* <el> • stray coupling

Streukreis *m* <opt> • circle of confusion

Streulicht *n* <druck> *(Belichtung)* • stray light

Streulicht *n* <licht> • scattered light; diffused light; stray light

Streulicht *n* <licht> • spurious light; unwanted light

Streulicht *n* <licht> • diffuse reflection *norm*; bounce light *coll*; diffuse reflectance *rare*; reflectance *rare*

Streulichtbeleuchtung *f* <licht> • diffuse illumination; diffuse lighting

Streulichtblende *f* <licht> • baffle

Streulichteffekt *m* <licht> • flare effect

Streulichtfaktor *m* <opt> • stray-light factor

Streulicht-Messgerät *n* <kfz.msr> *(für Windschutzscheiben)* • diffusion meter *:V*

Streulichtschirm *m* <licht> • scattered-light shield

Streulinse *f* <phot> • diverging lens

Streu-Makadamdecke *f* <bau> • dry penetration macadam pavement

Streumatrix *f* <nukl> • scattering matrix; S-matrix

Streumittel *n* <bau> *(für Straßen)* • abrasives *pl*; grit *sg*

Streuneutron *n* <nukl> • scattered neutron

Streupfad *m* <el> • leakage path

Streuplan *m* <werb> • media plan; media schedule

Streupuder *m* • dusting powder

Streuquerschnitt *m* <nukl> • scattering cross-section

Streureaktanz *f* <el> • leakage reactance

Streusalz *n* <verk> *(Auftausalz für Verkehrswege)* • road salt; de-icing salt

streusalzbedingte Korrosion *f* *wiss.prakt* <obfl> • salt corrosion

Streuscheibe *f* <licht> *(für Leuchten und Scheinwerfer; z. B. von Autos)* • lens; diffusing lens *thsc*

Streuscheibe *f* <opt> • diffusing screen

Streuscheibe *f* <phot> • diffuser [plate]; diffusing screen; diffusing disk

Streuscheibe für Blinker hinten *f* <kfz.el> • taillamp turn signal lens

Streuscheibe für Blinker vorn *f* <kfz.el> • front turn signal lens

Streuscheibe für Bremsleuchte *f* <kfz.el> • taillamp stop lens

Streuscheibe für Rückfahrscheinwerfer *f* <kfz.el> • taillamp reverse lens

Streuscheibe für Rückleuchte *f* <kfz.el> • taillamp lens

Streuscheiben-Haltering *m* <kfz> • lens retaining ring

Streuscheiben-Reinigungsanlage *f* <kfz> • headlight washing system : V

Streuscheiben-Reinigungsanlage *f Hella* <kfz> *(mit oder ohne Wischer)* • headlights washer/wiper system (hlww); headlight wash/wipe; headlamp wash/wipe *GB*; headlamp cleaning *coll*; headlamp powerwash system *Jaguar*

Streuschicht *f* <opt> • scattering layer

Streuschirm *m* <opt> • diffusing screen

Streuschwund *m* <tele> • scatter fading

Streusieb *n* <obfl> *(Emaillieren)* • vibration screen; vibrating screen; dredge

Streuspalt *m* <phys> • leakage air gap

Streustrahleffekt *m* <tele> • scattering effect

Streustrahlrichtfunkstrecke *f* <tele> • scatter radio relay circuit

Streustrahlübertragung *f* <tele> • scattering transmission; scatter transmission

Streustrahlung *f* <phys> • leakage radiation; stray radiation

Streustrahlung *f* <phys> • scattered radiation; diffused radiation

Streustrahlung *f* <phys> • spurious radiation

Streustrahlung *f* <phys> *(allg.; z. B. Licht)* • diffuse radiation; scattered radiation; stray radiation

Streustrom *m* <el> • stray current; leakage current; vagabond current *rare*

Streustromableitung *f* <el> • drainage of stray current; drainage

Streustromkorrosion *f* <obfl> • leakage current corrosion; stray current corrosion; electrocorrosion

Streusubstanz *f* <opt> • scattering medium

Streuteller *m* <verf> *(Kreiselsichter)* • whizzer

Streutransformator *m* <el> • constant-current transformer

Streuung *f* <licht> • diffusion

Streuung *f* <lwl> • scattering

Streuung *f* <math> • standard deviation

Streuung *f* <math> *(Statistik)* • variance; straggling

Streuung *f* <math> *(statistischer Daten)* • variance

Streuung *f* <math.phys> • scattering; scatter

Streuung *f* <mil> • deviation

Streuung *f* <msr> *(der Messwerte)* • dispersion

Streuung *f* <opt> • dispersion

Streuung *f* <phys> • leakage

Streuung *f* <verf> *(z. B. Sand, Salz, Dünger)* • spreading; spread

Streuung *f* <verk> *(von Lichtstrahlen)* • scattering

Streuungsdiagramm *n* <math> *(Statistik)* • scatter diagram

Streuverlust *m* <el> • leakage loss; stray loss

Streuverlust *m* <lwl> • scattering loss

Streuverlust *m* <tele> • scatter loss

Streuverlust *m* <werb> • wasted audience; wasted coverage; wasted reach

Streuvermögen *n* <obfl> *(Galvanisierung)* • throwing power

Streuvermögen *n* <opt> • diffusing power; diffusion factor

Streuvermögen *n* <phys> • scattering power

Streuwagen *m* <nfz> *(für Dünger, Streugut, Streusalz)* • spreader [car]

Streuwalze *f* <agri> *(Stalldungstreuer)* • rotor; beater

Streuweg *m* <el> • leakage path

Streuwinkel *m* • divergence angle

Streuwinkel *m* <phys> • scattering angle

Streuzentrum *n* <phys> • scattering center

Strg-Taste *f* <edv> • Ctrl-key; Control key *did*

Strich *m* *(Gitter)* • line groove

Strich *m* <av> • overbar

Strich *m* <doku> • dash

Strich *m* <doku> *(z. B. gerader Strich)* • line

Strich *m norm* <edv> *(in Strichcode)* • bar *stand*

Strich *m* <math> *(neben einer Größe)* • prime

Strich *m* <math> *(über einer Größe)* • overbar; overline

Strich *m* <msr> *(Skale)* • division

Strich *m* <navig> *(Kompaß)* • point

Strich *m* <obfl> • overline

Strich *m* <prod> *(quer; z. B. mit der Feile)* • stroke

Strichabstand *m* <druck> • line distance; line spacing

Strichappretur *f* <textil> • nap finish

Strichauftrag *m* <obfl> • coating application

Strichbreite *f norm* <edv> • bar width *stand*

Strichbreitenabweichung *f* <edv> • bar width deviation

Strichbreitenreduktion *f norm* <edv> • bar width reduction (BWR) *stand*

Strichbreitenreduzierung *f selten* <edv> • bar width reduction (BWR) *stand*

Strichbreitenverbreiterung *f norm* <edv> • bar width increase *stand*

Strichbreitenverhältnis *n* <edv> • bar width ratio; wide-to-narrow bar ratio

Strichbreitenverlust *m* <edv> *(Strichcode-Problem)* • print loss; ink shrinkage; bar width loss

Strichbreitenzuwachs *m norm* <edv> *(Strichcode-Problem)* • print gain; bar width gain; bar gain; ink spread

Strichcode *m* <edv> • bar code

Strichcodeart *f* <edv> • bar code symbology; bar code type; symbology *pract*

Strichcodedatenerfassung *f* <edv> • bar code collection; bar code data collection

Strichcodedichte *f* <edv> *(in einem Strichcodesymbol)* • bar code density; character density; symbol density

Strichcodeelement *n* <edv> • bar code element

Strichcodeerfassung *f* <edv> • bar code collection; bar code data collection

Strichcodeetikett *n* <edv> • bar code label; bar-coded label

Strichcodefamilie *f* <edv> • bar code family; symbology family

Strichcodefeld *n* <edv> *(allgemein)* • encoded area; bar code area; symbol area

Strichcodefeld *n* <edv> *(auf Etikett)* • bar code field; code zone

Strichcodegerät *n* <edv> *(einzelnes Gerät)* • bar code device

Strichcodegerät *n* [kein Pl.] <edv> *(Ausrüstung)* • bar code equipment

Strichcode-Kamera *f* <edv> • bar code camera

Strichcodelesegerät *n* <edv> *(für Strichcodes, einzelnes Gerät)* • bar code reader; reading device; reader

Strichcodelesegerät *n norm* <edv> • bar code reader *stand*

Strichcode-Lesepunkt *m* <av> *(an VCR-Fernbedienung)* • bare code reading section

Strichcodeleser *m* <logist> • bar code reader; bar-code reader; barcode reader

Strichcode-Lesestift *m* <av> • bar code reader

Strichcode-Master *m norm* <edv> • bar code master *stand*

Strichcodemenü *n* <edv> • bar code menu

Strichcodemessgerät *n norm* <edv> • verification instrument *stand*; verifier *stand*; bar code verifier; bar code verification instrument

Strichcodemuster *n* <edv> • bar code pattern

Strichcodemuster *n* <edv> • bar code pattern; code pattern

Strichcodeprüfgerät *n* <edv> • verification instrument *stand*; verifier *stand*; bar code verifier; bar code verification instrument

Strichcodesymbol *n* <edv> • bar code symbol

Strichcodesymbologie *f form* <edv> • bar code symbology; bar code type; symbology *pract*

Strichcodesystem *n* <edv> • bar code system

Strichcodetastatur *f* <edv> • paper keypad

Strichcodeterminal *n* <edv> • bar code terminal

Strichcodetyp *m* <edv> • bar code symbology; bar code type; symbology *pract*

Strichcodezeichen *n* <edv> • bar code character

Strichcodezeichen *n norm* <edv> • symbol character *stand*; bar code character *stand*; code character; cipher

Strichcodezeichenaufbau *m* <edv> • bar code character structure

Strichcodezeichenpaar *n* <edv> • character pair; pair of characters; bar code character pair

strichcodiert <edv> *(Information)* • bar-coded *adj*

strichcodiert <edv> *(Datenträger)* • bar-coded *adj*

Strichcodierung *f DIN EN 1556* <edv> • bar coding

Strichelement *n* <edv> • bar element

stricheln *vt* <doku> • dash *vt*

stricheln *vt* <doku> *(schraffieren)* • shade *vt*

Strichendmaß *n* <msr> • hair-line gauge block; line gauge block

Strichfarbe *f* <min> • streak color

Strichfokus *m* • line focus

Strichgitter *n* <doku> • line grating

Strichgitter *n* <msr> • groove grating; line grating; graticule

Strichhöhe *f norm* <edv> • bar height *stand*; bar length

Strichkode *m* <edv> • bar code

Strichkodierung *f* <edv> • bar coding

Strichkreuz *n* <tech.allg> *(Messmarke, Skala, Schreibtafel)* • cross lines

Strichkreuz *n* <doku> • cross line

Strichkreuz *n* <opt> • cross-hairs; cross-hair

Strichkreuzplatte *f* <msr> • hair-line graticule

Strichlänge *f* <edv> • bar height *stand*; bar length

Strichlehre *f* <msr> • length gauge

Strichlinie *f* <doku> *(im Dt. nur schmal)* • dashed line; dashes; dash line

Strichlinie *f* <doku> • broken line

Strichlinie *f* <doku> • hatched rule

Strichlinie *f* <verk> *(Fahrbahnmarkierung)* • dashed line

Strichmarke *f* <msr> *(z. B. Skala)* • division mark

Strichmarke *f* <msr> • hair-line

Strichmarkierung *f* <tech.allg> • line marking; dash marking

Strichmaß *n* <msr> • line standard

Strichmaßmessung *f* <msr> • line measurement

Strichmaßstab *m* <msr> • line standard

Strichmodul *m [módul]* <edv> • bar module

Strichpartikel *n* <pap.ents> *(Störstoff)* • coating particle

Strichperforierung *f* <druck> • rule perforation; slot perforation

Strichplatte *f* <min> • streak plate

Strichplatte *f* <msr> • hair-line graticule

strichpunktiert <doku> • dash-dotted

strichpunktierte Linie *f* <doku> • dash-dot line; dot-and-dash line; dash-dotted line

Strichpunktlinie *f* <doku> *(schmal und breit)* • chain line

Strichpunktlinie *f* <doku> • dash-dot line; dot-and-dash line; dash-dotted line

Strichraster *m* <av> • bar pattern

Strichraster *m* <doku> • line grating

Strichsignal *n* <tele> • dash signal

Strichskala *f A* <msr> • line scale; line graduation; division scale

Strichskale *f DIN 2257* <msr> • line scale; line graduation; division scale

Strichstärke *f* <edv> • line weight

Strichstärke *f* <edv> • bar width *stand*

Strichteilkreis *m* <msr> *(am Kreisumfang)* • circular-graduated scale

Strichteilung *f* <msr> • line graduation

Strichvorlage *f* <doku> • line original

Strichvorlage *f* <edv> • non-gray-scale image

Strichwalze *f* <textil> • pile roller

Strichzeichnung *f* <doku> • line-drawing

Strichzeichnung *f* <doku> • skeleton sketch

Strichzeichnung *f ugs* <doku> • line drawing

Strich-Zweipunktlinie *f* <doku> *(schmal; angrenzende Teile, Grenzstellungen)* • double dashed chain line; thin double dashed chain line; chain thin double dashed line

Strichzweipunktlinie *f* <edv> • double dashed chain line

Strickbündchen *n* <bekl> *(Ärmel)* • knitt cuff

Strickbund *m* <bekl> *(Jacke)* • knitt waistband

Stricken *n* <textil> *(maschinell)* • machine knitting

stricken *vt* <textil> • knit *vt*

stricken *vt* <textil> *(maschinell)* • knit *vi/vt*

Strickerei *f* <textil> • knitting mill; knitting factory; hosiery mill; hosiery factory

Strickfixierverfahren *n* <chem.petr> • knit-de-knit process

Strickheber *m* <textil> • knitting cam

Strickmasche *f* <chem.petr> • loop formed by knitting

Strickmaschine *f* <textil> • knitting machine; weft-knitting machine

Strickmaschinennadel *f* <textil> • knitting-machine needle

Strickschloss *n* • cam assembly; cam system; lock

Strickwaren *fpl* <textil> • hosiery goods *pl*

Strickweste *f* <textil> • cardigan

Striegel *m* <sport> *(Reiten)* • curry comb

Striemen *mpl* <mat> • striae

String *m* <bekl> • G string; g-string

String *m* <edv> • string; polyline *AUTODESK*; polygon curve *RHV*

String *m* <el> • string

String *m* <energ.sol> *(in Serie geschaltete Solarzellen)* • string

Stringer *m rar* <tech.allg> *(eher längs, auch quer)* • stringer

Stringer *m* <nav> • stringer

String-Tanga *m* <bekl> • G string; g-string

Striping *n* <edv> • data striping; striping

Strippdampf *m* <chem> • stripping steam

strippen *vt* <druck> • strip *vt*

Stripper *m* <chem> • stripper

Stripper *m* <edv> • single label dispenser

Stripper *m* <verf> *(Säule)* • stripping column; stripper column; stripper

Stripperkolonne *f* <verf> *(Säule)* • stripping column; stripper column; stripper

Stripperkran *m* <förd> *(Stahlwerk)* • stripper crane

Stripperwerk *n* <förd> *(Kran)* • stripper mechanism

Stripping *n* <chem.petr> *(Trennprozess)* • stripping operation

Strippingfilm *m* <druck> • stripping film
Strippingneutron *n* <nukl> • stripped neutron
Strippingreaktion *f* <nukl> • stripping reaction
Stripping-Voltammetrie *f* <el.chem> • stripping voltammetry
Strippkolonne *f* <chem> • stripping column
Strippkolonne *f* <verf> *(Säule)* • stripping column; stripper column; stripper
Strobe *n* <av> • stroboscope effect; strobe
Stroboskop *n rar* <kfz.el.wz> *(zur Einstellung des Zündzeitpunkts)* • timing light; stroboscopic timing light *form*; stroboscope; strobe lamp *pract*; strobe light *pract*
Stroboskop *n* <msr> • stroboscope
Stroboskop *n* <phot.phys> • strobe
Stroboskop-Effekt *m* <av> • stroboscope effect; strobe
stroboskopisch <opt> • stroboscopic
stroboskopische Läuferscheibe *f* <msr> *(Zähler)* • stroboscopic meter disc
Stroboskoplampe *f* <licht> • flash lamp
Stroboskoplampe *f* <opt> • stroboscopic lamp
Strömen *n* <tech.allg> *(Vorgang, von Fluiden)* • flow
Strömen *n* <phys> • fluid flow
strömen *vi* <rls> *(Fluide; durch Rohre, Rohreinbauten, Armaturen etc.)* • stream *vi*; flow *vi*; pass *vi*
strömendes Medium *n* <tech.allg> *(Oberbegriff für Flüssigkeiten und Gase)* • fluid
Strömung *f* <tech.allg> • flow; stream
Strömung *f* <tech.allg> *(Vorgang, von Fluiden)* • flow
Strömung *f* <tech.allg> *(z. B. Daten, Fluid)* • stream; flow; flux
Strömung *f* <energ.hydr> • flow; flowing; current; flux
Strömung *f* <geo> *(Fließgewässer)* • water flow; water current
Strömung *f* <phys> • fluid flow
Strömung in umgekehrter Richtung *f* <tech.allg> *(Flüssigkeit, Gas)* • reverse flow
Strömungsablösung *f* <förd> *(in Pumpen)* • flow separation
Strömungsablösung *f rar* <phys> *(Aerodynamik; z. B. an Rotorblättern, Flügeln)* • stall; stalling; flow separation
Strömungsablösung *f* <phys> *(Fluiddynamik allg.)* • flow separation
Strömungsabriss *m* <phys> *(Aerodynamik; z. B. an Rotorblättern, Flügeln)* • stall; stalling; flow separation
Strömungsabriss *m* <phys> *(Fluiddynamik allg.)* • flow separation
Strömungsabrisswirbel *m* <phys> • burble
Strömungsaufteilung *f* <verf> • distribution of flow
Strömungsbild *n* <phys> • flow pattern; flow diagram; picture of flow
Strömungsdiagramm *n* <phys> • flow pattern; flow diagram; picture of flow
Strömungsdoppelbrechung *f* • flow birefringence
Strömungsdruck *m* <phys> • flow pressure
Strömungsdüse *f* <phys> • flow nozzle
Strömungsdurchsatz *m* <phys> • flow flux
Strömungselement *n* <phys> *(geschlossene Kontrollfläche)* • non-moving fluidic element
Strömungserscheinung *f* <phys> • fluid-flow phenomenon
Strömungsfaden *m* <phys> • stream filament
strömungsfähiges Medium *n* <tech.allg> *(Oberbegriff für Flüssigkeiten und Gase)* • fluid
strömungsfähiges Medium *n* <phys> • fluid medium
Strömungsfeld *n* <phys> • flow field
Strömungsförderer *mpl* <förd> • pneumatic and hydraulic conveyors
Strömungsfunktion *f* <phys> • stream function

Strömungsgeschwindigkeit *f* <tech.allg> *(von Flüssigkeiten, Gasen; z. B. Wasser im Flussbett, Erdgas in Rohren)* • flow velocity; flow rate; velocity of flow; stream velocity *rare*; current velocity *rare*
Strömungsgeschwindigkeit *f* <tech.allg> *(von Flüssigkeiten, Gasen in Rohren, Filtern etc.; z. B. in m³/sec, t/h)* • flow rate; flow velocity
strömungsgetragenes Luftfahrzeug *n* <aerospace> • heavier-than-air aircraft; heavier-than-air craft; aerodyne
Strömungsgetriebe *n* <masch> • fluid transmission; Föttinger converter
strömungsgünstig <kfz> *(Karosserieteile; in bezug auf Luftwiderstand)* • aero *adj*
Strömungshindernis *n* <verf> • obstruction to flow
Strömungskalorimeter *n* <msr> • continuous-flow calorimeter
Strömungskanal *m* <energ.sol> *(in Solarkollektor)* • riser tube
Strömungskanal *m* <energ.sol> *(in Solarkollektor)* • fluid tube; fluid passage; flow passage; fluid flow tube; transfer fluid tube
Strömungskanal *m* <hydr> *(Wasserversorgung)* • calibration flume
Strömungskanal *m* <hydr> *(für fluiddynamische Versuche, z. B. Schiffsrumpfdesign)* • fluid-dynamic test channel
Strömungskanal *m* <phys> *(für Aerodynamikmessungen)* • wind tunnel (WTL)
Strömungskupplung *f* <kfz.antr> • fluid coupling; hydrodynamic clutch; fluid flywheel; fluid clutch; Foettinger coupling
Strömungskupplung *f* <masch> • fluid coupling; fluid clutch
Strömungslehre *f* <phys> • fluid dynamics
Strömungslehre *f* <phys> • fluid mechanics
Strömungsleitblech *n* <masch> • flow baffle
Strömungslinie *f* <phys> • flow line; streamline
Strömungslinien des Fluids *fpl* <phys> • streamlines of fluid flow
Strömungsmaschine *f* <masch> *(enthält Laufrad/Laufräder (Turbine, Kreiselpumpe, Kreiselverdichter))* • continuous-flow machine
Strömungsmaschine *f* <masch> *(z. B. Kreiselpumpe, Turbine)* • flow machine; fluid kinetic machine
Strömungsmaschine *f* <masch> • turbo-machine
Strömungsmechanik *f* <phys> • fluid mechanics
Strömungsmedium *n* <verf> • flow medium
Strömungsmenge Null *f* <masch> *(z. B. Kennlinie von Pumpen, Turbinen)* • zero flow
Strömungsmengenwert *m* <pap> • flow value
Strömungsmenge pro Zeiteinheit <tech.allg> • flow rate per unit time
Strömungsmesser *m* <msr> • flow meter; flow-rate meter
Strömungsmessung *f* <msr> • velocity measurement
Strömungsmittel *n* <verf> • flow medium
Strömungsnetz *n* <phys> • flow net
Strömungspotential *n* <phys> • flow potential; streaming potential
Strömungspumpe *f* <masch> • water movement pump :*V*
Strömungspumpen *fpl* <förd> • dynamic pumps *pl*; turbo machines *pl*; turbine pumps *pl*
Strömungsquerschnitt *m* <tech.allg> • flow cross-section; flow area
Strömungsrate an Sekundärluft <kfz.emiss> • air induction rate
Strömungsregelventil *n* <msr> • flow-regulating valve
Strömungsregler *m* <msr> • flow controller
Strömungsreibung *f* <mech> • fluid friction
Strömungsrelais *n* • flow relay

Strömungsrichtung f <tech.allg> • flow direction; direction of flow

Strömungssicherung f <verbr> • flow control *Testo*

Strömungsstau m <phys> • stagnation of fluid flow

Strömungssystem n <med.tech> • single-circuit [system]

Strömungstotraum m <ents> • dead airspace

Strömungstotraum m <verf> • dead air space; dead space

Strömungstriebwerk n <turb> • fluid-jet propulsion engine

Strömungsüberwachung f <allg> • flow monitor

Strömungsumkehr f <tech.allg> • return in direction of flow; return of flow

Strömungsumlenkung f <ents> • flow baffling

Strömungsumlenkung f <verf> • change in direction of flow

Strömungsverlust m <kfz.mot> • thermodynamic loss

Strömungsverlust m <phys> • velocity loss

Strömungsverluste mpl <phys> • flow losses

Strömungsverteiler m <nukl> *(im unteren Kerntragwerk)* • flow distributor head

Strömungswächter m <msr> *(mit Schaltfunktion)* • flow rate cut-out; flow sensor with cut-out

Strömungswächter m <msr.rls> • flow monitor

Strömungswalze f <geo> • convection cell

Strömungswiderstand m <tech.allg> • flow resistance; resistance of flow

Strömungswiderstand m <phys> *(umströmter Körper)* • drag

Strömungswiderstandsbeiwert m <phys> • resistance coefficient

Strömungswinkel m <phys> • flow angle

Strömungszelle f <geo> • convection cell

Stroh n <bio.mat> *(Einjahrespflanze)* • straw

Strohballenpresse f <agri> • straw baler

Strohhäcksler m <agri> • chaff cutter

Strohlehm m <bau.mat> • straw clay

Strohpappe f <mat.pap> • strawboard

Strohreißer m <agri> • straw cutter; straw chopper

Strohsammler m <agri> • straw collector

Strohverbrennungsofen m <verbr> • straw burning furnace

Strohzellstoff m <pap> • straw cellulose

Strom m <tech.allg> *(elektr. Strom, Flüssigkeitsstrom)* • current

Strom m <tech.allg> *(z. B. Daten, Fluid)* • stream; flow; flux

Strom m *prakt.ugs* <el.allg> • electric current; current *pract.coll*

Strom m <geo> • river

Strom m <geo.hydr> • big river

Strom m <msr> *(elektrisch)* • electric current; current *allg*

Strom m <phys> • flux

Stromabgabe f <el> • current delivery; current output

Stromabgleich m <el> • current balance

stromabhängig <el> • current-controlled

stromabhängig <el> • current-dependent

stromabhängiger Verlust m <el> • load loss

Strom abnehmen vt <el> • collect current vt

Stromabnehmer m <bahn> *(E-Lok)* • pantograph; current collector *rare*

Stromabnehmer m <el> *(oberirdisch)* • collector shoe gear

Stromabnehmer m <el> *(Bahn)* • current collector

Stromabnehmer m <el> • current consumer

Stromabnehmer m <el> *(unterirdische Stromschiene)* • plough

Stromabnehmer m <nfz.el> • trolley pole

Stromabnehmerbügel m <bahn> • collector bow; slide bow

Stromabnehmerbürste f <el> *(Motor, Generator)* • collector brush; brush

Stromabnehmerfänger m <el> • pole retriever

Stromabnehmerkopf m <nfz.el> *(Oberleitungsbus)* • trolley head

Stromabnehmerlöffel m <el> • contact slipper

Stromabnehmerrolle f <el> *(an Oberleitung)* • pick-up roll; trolley [roll]

Stromabnehmerrolle f <nfz.el> • trolley wheel

Stromabnehmer-Schallemission f <bahn> • pantograph noise emission

Stromabnehmerstange f <nfz.el> • trolley pole

Stromabschaltung f <energ> • power grid shutdown

Stromabschwächung f <el> • current attenuation

Stromänderung f <el> • current change

Stromaggregat n <el> • generating set

Stromalgebra f <phys> *(Hochenergiephysik)* • current algebra

Stromanstieg m <el> • current increase; current rise

Stromanstiegsrelais n <el> • rate-of-change relay; surge relay

Stromanzeiger m <msr> • current indicator; circuit indicator

Stromart f <el> *(z. B. Gleichstrom, Einphasenwechselstrom)* • current type

Stromaufnahme f <el> • power consumption; current consumption; current through

Stromausbeute f <el> • current efficiency; electrical efficiency

Stromausfall m <el> • power failure; electric-supply failure

Stromausfall m ugs <energ> • power outage; loss of power; blackout *coll*

Stromausfallsicherung f Mit <av> • power failure backup

Stromausfallsteuerlogik f <msr> • power-fail control logic

Stromausfallwarnzeichen n <alarm> • power-failure flag

Stromausgleichsbatterie f <el> • floating trickle battery; floating trickle

Stromausgleichsrelais n <el> • current-balance relay

Strom aus Kernkraftwerken m <energ.nukl> • electricity generated in nuclear power plants

Stromaustrittszone f <el> • positive area; anodic area

Strombahn f <el> • current path

Strombauch m <el> • current antinode

strombeaufschlagt <el> • with current flow

Strombedarf m <el> *(im Stromversorgungsnetz)* • power demand; power requirements; current demand

Strombegrenzer m <el> • current limiter

Strombegrenzer m <el> • demand limiter

Strombegrenzungsdrossel f <el> • current-limiting coil; current-limiting reactor; protective reactance coil

Strombegrenzungsschalter m <el> • current-limiting circuit breaker

Strombegrenzungsschaltung f <el> • current-limiting circuitry

Strombegrenzungssicherung f <el> • current-limiting fuse

Strombegrenzungsventil n <msr> • metering valve

Strombegrenzungswiderstand m <el> • current-limiting resistor

Strombelag m <el> *(per cm)* • ampere bars per cm

Strombelag m <el> • current coverage

Strombelastbarkeit f <el> • current-carrying capacity; carrying capacity; current rating; maximum current load

Strombelastung f <el> • electrical load

Stromberg-Gleichdruckvergaser m did <kfz.mot> • Stromberg carburetor; Stromberg-type VV carburetor; Stromberg-type variable venturi carburetor *did*

Stromberg-Vergaser *m* <kfz.mot> • Stromberg carburetor; Stromberg-type VV carburetor; Stromberg-type variable venturi carburetor *did*

strombetätigt <el> • current-operated

Strombett *n* <geo> • river bed; bed of a river; channel of a river; stream bed; river channel

Strombrücke *f* <el> • jumper; bond

Strom-/Datenkabel *n* <navig> • power/data cable

Stromdichte *f* (I/S) <el> • current density

Stromdichteverlauf *m* <el> • current-density distribution

Stromdifferentialrelais *n* <el> • phase-balance relay

Stromdifferentialschutz *m* <el> • current phase-balance protection

Stromdriftkompensation *f* • current drift compensation

Stromdüse *f* <wz> (Schutzgasschweißen) • contact nozzle

stromdurchflossener Leiter *m* <el> • current-carrying conductor

Stromdurchgang *m* <el> • current passage; throughput

Stromdurchleitung *f* <energ> • electricity transmission

Stromeinsatzpunkt *m* <el> (Elektronenröhre) • initial velocity current starting point

Strom einspeisen *vt* <el> • feed current *vt*

Stromeintrittszone *f* (Galvanotechnik) • negative area

Stromempfindlichkeit *f* (Galvanometer) • current sensitivity

Stromentnahme *f* <el> • current drain

Stromentnahmeschiene *f* <el> • conductor rail

Stromerzeuger *m* <el> • generator; electric generator

Stromerzeugung *f* <energ.el> • power generation; electric power generation *rare*; electric energy generation *rare*; current generation *rare*

Stromerzeugung durch Kernenergie *f* <energ.nukl> • nuclear power generation

Stromerzeugung in Kernkraftwerken *f* <energ.nukl> • nuclear power generation

Stromfaden *m* <phys> (Strömungslehre) • stream filament

Stromfaden *m* DIN 4044 <phys> (Hydrodynamik) • liquid filament

Stromfaden *m* <phys> • stream filament

Stromfadentheorie *f* <phys> (Strömungslehre) • stream tube theory

Stromfahne *f* <kfz.el> (Starterbatterie) • current-carrying lug

Stromfaserung *f* <phys> (Strömungslehre) • burble

Stromfernmessgerät *n* <msr.el> • teleammeter

Stromfluss *m* <el> • current flow

Stromflusswinkel *m* <el> (Stromrichter) • conducting period

Stromflusswinkel *m* <el> • operating angle; current-flow angle

Stromform *f* <energ.sol> • wave form

Stromfühler *m* <mot> • current sensor; current sensing device

stromführend <el> (z. B. Draht, Kabel, Klemme) • active; live; current-carrying; voltage-carrying *rare*; alive *rare*

stromführende Komponente *f* <el> (allg. spannungsführendes Bauteil) • active component

stromführende Leitung *f* <tech.allg> • live cable; live line

stromführende Leitung *f* <el> (betont: potentiell gefährlich) • live wire

stromführender Kreis *m* <el> • live circuit

stromführendes Teil *n* <el> • current-carrying part

stromführende Teile *npl* <el> (meist in bezug auf Netzspannung) • live parts

Stromfunktion *f* <phys> (Strömungslehre) • stream function

Stromgegenkopplung *f* <el> • negative current feedback; inverse current feedback

stromgespeister Dipol *m* <el> • current-fed dipole

stromgesteuert <msr> • current-controlled

Stromgleichrichter *m* <el> • electric current rectifier

Stromimpuls *m* <el> • current impulse

Stromimpuls *m* <el> (kurze Spannungs- oder Stromstärkeänderung) • impulse; current impulse; current rush; current surge; impulse current

Stromimpulsgenerator *m* <el> • current pulse generator

Stromimpulsverfahren *n* • residual field method of inspection; residual field method

Strom in Durchlassrichtung <el> • forward current

Strom in Sperrrichtung <el> • reverse current

Stromkabel *n* ugs <tech.allg> (zwischen Verbraucher und Netzsteckdose; 230 V bzw. 110 V; flexibel) • power cord; power supply cord; mains lead *coll*; supply cord *coll*; flex *GB.coll*

Stromkanal *m* <tech.allg> • channel

Stromklassieren *n* (Aufbereitung) • hydraulic classification; sluicing

Stromklassierer *m* <verf> (Aufbereitung) • hydraulic classifier; launder classifier; trough classifier

Stromklemme *f* <el> • current terminal

Stromklemme *f* <el> • feeder clamp

Stromknappheit in Spitzenlastzeiten *f* <energ> • peak-period power shortage

Stromknoten *m* <el> • current node

Stromkreis *m* <el> • electric circuit; circuit *pract*

Stromkreiselement *n* <el> • circuit element

Stromlaufplan *m* <el> • schematic circuit diagram; circuit diagram; wiring diagram

Stromleiste *f* <edv> • power strip

Stromleiter *m* <el> • electric conductor; conductor

Stromleitung *f* <el> • current conduction; conduction; current flow

stromliefernd (npn) Siemens WB <el> • current sourcing (npn)

Stromlieferung *f* <el> • current supply

Stromlinie *f* <geo> (Bodenmechanik) • seepage flow line

Stromlinie *f* <phys> • flow line

Stromlinie *f* <phys> • streamline

Stromlinienfilter *n* <phys.verf> • streamline filter

stromlinienförmig <fz> • streamlined

stromlinienförmig verkleidet <fz> • faired-in

Stromlinienform *f* <fz> • streamline shape; streamline form

Stromlinienruder *n* <nav> • hydrofoil rudder; streamlined rudder

Stromlinienverkleidung *f* <fz> • fairing

Stromlinienverkleidung *f* <fz> • streamlined covering; streamlined cap

Stromlinienverkleidung *f* <fz> • streamlining

Stromlinienwagen *m* <bahn> • fluted coach; streamliner *coll*

stromlos <el> (Messbrücke) • balanced

stromlos <el> • currentless; dead

stromlose Leitung *f* <el> • dead line

stromloses Abscheiden *n* <obfl> • electroless plating

stromloses Ende *n* <el> • dead end

stromloses Verfahren *n* <obfl> • electroless method; zero-current method

stromloses Vernickeln *n* <obfl> • electroless nickel plating

Stromlosigkeit *f* <el> • absence of current

Strommessbereich *m* <el> • current-measuring range; current range; amperage range

Strommesser *m* <msr> • current meter

Strommesser *m* rar <msr> • ampere meter; ammeter *pract*

Stromnetz *n* <el> • electric mains

Stromnetz *n* <el> • mains; electric supply mains *form*
Stromnulldurchgang *m* <el> • zero current
Strompegel *m* <el> • current level
Strompfad *m* <el> • current path
Strompfad *m* <el> *(Messpfad)* • series circuit
Strompfeiler *m* <bau> *(Brückenbau)* • water pier
Stromphase *f* <el> • current phase
Strom-Potential-Kurve *f* <el.chem> • current-voltage curve; current-potential curve; i-E curve; c.v. curve
Stromprüfer *m* ugs <wz.el> *(Schraubendreherform)* • voltage tester; mains tester; mains testing screwdriver; neon screwdriver *GB*; neon tester *GB.pract*
Stromqualität *f* <energ> • power quality
Stromquelle *f* <el> • power supply
Stromrauschen *n* <el> • current noise
Stromregelung *f* <msr> • current control
Stromregler *m* <kfz.brems> *(hydraulischer Bremskraftverstärker)* • flow regulator *:V*
Stromregler *m* <msr> • current regulator
Stromrelais *n* <el> • current relay
Stromresonanz *f* <el> • current resonance; antiresonance
Stromresonanzkreis *m* <el> • parallel-resonant circuit; antiresonant circuit
Stromresonanzkreis *m* <el> • rejector
Stromresonanzkreis *m* <el> • series-resonance circuit
Stromresonanzpunkt *m* <el> *(bei Filtern)* • antiresonance peak
Stromrichter *m* DIN 41750 <el> • power converter; current converter; electronic power converter; rectifier; static converter
Stromrichter *m* <energ.sol> • power conditioning unit (PCU) *rare*; converter
Stromrichtergruppe *f* <el> • rectifier group
Stromrichterschaltung *f* <el> • converter circuit
Stromrichtung *f* <el> • current direction
Stromrichtungsumkehr *f* <el> • current reversal
Stromrinne *f* <verf> *(Aufbereitung)* • trough washer
Stromrückkopplung *f* <el> • current feedback
Stromrückleitungskabel *n* <el> • return cable
Stromschalter *m* <el> • current switch
Stromschaltlogik *f* <el> • current-mode logic
Stromschicht *f* <bau> *(Mauerwerk)* • diagonal course
Stromschiene *f* <bahn> *(U-Bahn u. dgl.)* • contact rail; conductor rail; third rail; power rail
Stromschiene *f* <el> *(allg.)* • power rail
Stromschienenkontakt *m* <el> • electrical depression bar
Stromschleife *f* <el> • current loop
Stromschließer *m* <el> • circuit closer
Stromschlüssel *m* <el.chem> *(Elektrolytlösung)* • salt bridge
Stromschluss *m* <el> • circuit closing
Stromschreiber *m* <el> • recording amperemeter
Stromschritt *m* <tele> • signal element
Stromschutz *m* <el> • current protection
Stromschwankung *f* <el> • current fluctuation; power fluctuation
Stromsetzmaschine *f* *(Aufbereitung)* • stream jig washer
Strom-Spannungs-Charakteristik *f* <el> • current-voltage characteristic; voltage-current characteristic; I-V-curve; V-I-curve; volt-ampere characteristic
Strom-Spannungs-Kennlinie *f* <el> • current-voltage characteristic; voltage-current characteristic; I-V-curve; V-I-curve; volt-ampere characteristic
Strom-Spannungs-Kurve *f* <el> • current-voltage characteristic; voltage-current characteristic; I-V-curve; V-I-curve; volt-ampere characteristic
Stromspannungskurve *f* <el.chem> • current-voltage curve; current-potential curve; i-E curve; c.v. curve

Strom-Spannungs-Kurve *f* <el.chem> • current-voltage curve; current-potential curve; i-E curve; c.v. curve
Strom-Spannungskurve *f* <el.chem> • current-voltage curve; current-potential curve; i-E curve; c.v. curve
Strom-Spannungs-Messinstrument *n* <el.msr> • voltmeter-ammeter
Stromsparmodus *m* <el> • energy saver mode; power down mode
Stromsparschaltung *f* <el> • power management; power management system; power down function
Stromsparschaltung *f* <el> • battery saver mode
Stromspar-SRAM *m* :V <edv> • low-power SRAM
Stromspeisung *f* <el> • current feed
Stromspitze *f* <el> • current peak value; current spike
Stromspitze *f* <el.chem> • peak
Stromspule *f* <el> • current coil
Stromstabilisierung *f* <el> • current stabilizing
Stromstärke *f* (I) <el> *(in Ampere)* • amperage (I)
Stromstärke *f* <el> • current strength; current intensity
Stromstärkefernmessgerät *n* <msr.el> • teleammeter
Stromstärke-Zeit-Kurve *f* <el.chem> • current-time curve; i-t curve
Stromstellventil *n* <msr> • flow controller
Stromstellventil *n* <rls> • flow regulator
Stromsteuerung *f* <el> • current drive
Stromstoß *m* <el> *(kurze Spannungs- oder Stromstärkeänderung)* • impulse; current impulse; current rush; current surge; impulse current
Stromstoß *m* <el> • surge; voltage impulse
Stromstoßrelais *n* <el> • surge relay
Stromtarif *m* <ökon> • electricity tariff
Stromteiler *m* <el> • current divider
Stromteilernetzwerk *n* <el> • current-dividing network
Stromteilung *f* <el> • current division
Stromtor *n* • electronic relay
Stromtor *n* • hot-cathode gas-filled valve; thyratron
Stromträger *m* <el> • current carrier
Stromtrockner *m* <verf> • pneumatic conveying drier
Stromübersetzung *f* <el> • current transformation
Stromumkehr *f* <el> • current reverse
Strom- und Spannungsmessgerät *n* <el.msr> • voltmeter-ammeter
Stromunterbrecher *m* <el> • circuit breaker
Stromventil *n* <kst> • flow control valve
Stromventil *n* <msr> • flow controller
Stromventil *n* <msr> • metering valve; volume-control valve
Stromventil *n* <rls> • flow regulator
Stromverband *m* <bau> *(Mauerwerk)* • diagonal bond
Stromverbrauch *m* <el> • current consumption; power consumption
Stromverbrauch *m* ugs <el> *(elektr. Energiekonsum; z. B. von Maschinen, typ. in W/h od. kW/h)* • power consumption; input power; power demand; power requirements *pl*; power drain *rare*
Stromverbraucher *m* <el> • current consumer
Stromverbraucher *m* <el> • load
Stromverbrauchszähler *m* <msr> • electric supply meter; energy meter; supply meter
Stromverdrängung *f* <el> • skin effect
Stromverdrängungseffekt *m* rar <el> *(in Wechselstromleitern)* • skin effect
Stromverdrängungskoeffizient *m* <el> • skin coefficient
Stromverlauf *m* <el> • current path
Stromverlust *m* <el> • current loss
Stromversetzung *f* <navig> • drift; set
Stromversorger *m* ugs <energ.el> • public utility; power plant operator

Stromversorgung f <el> *(allg.; aber eher in Bezug auf Netzstrom)* • power supply; electric power supply *rare*; electric energy supply *rare*; electricity supply *rare*

Stromversorgung f <el> *(allg.; jede Spannungsquelle, auch aus Batterie)* • current supply

Stromversorgungsanlage f <el> • power generating plant; power generating station

Stromversorgungsausfall m <energ> • power outage; loss of power; blackout *coll*

Stromversorgungseinheit f form <el> *(mit Trafo/Gleichrichter; integriert od. separat)* • power supply; power pack *pract*; power supply unit *form*; power entry module *rare*

Stromversorgungsgerät n <tech.allg> • power supply unit; power supplying unit

Stromversorgungskabel n <el> • power supply cable

Stromversorgungsnetz n <el> • power-supply system; power system; supply network; public mains

Stromversorgungsnetz n <el> • electric grid; grid; network; utility grid

Stromversorgungsnetz n <energ.sol> • electricity supply grid; electricity supply system

Stromversorgungsqualität f <energ> • power quality

Stromversorgungsteil m <el> • power pack

Stromversorgungsunternehmen n <energ.el> • public utility; power plant operator

Stromverstärker m <el> • current amplifier

Stromverstärkung f <el> • current gain; current amplification

Stromverstärkung in Basisschaltung <el> • common-base current gain

Stromverstärkung in Emitterschaltung <el> • common-emitter current gain

Stromverstimmungsmaß n <el> *(Oszillatorfrequenz)* • pushing figure

Stromverteilung f <el> • current distribution

Stromverzweigung f <el> • current branching

Stromvorsatz m <msr> • shunt

Stromwaage f <el> • ampere balance; electrodynamic balance

Stromwächter m <el> • current relay

Stromwächter m <el> • main limit switch

Stromwächter m <mot> • automatic current controller

Stromwächter m <msr> • automatic controller

Stromwärme f <phys> • Joule heat

Stromwärmeverlust m <el> • copper loss; I^2R loss

Stromwärmeverlust m <el> *(von Trafos)* • short-circuit loss; copper loss

Stromwäsche f <verf> *(Aufbereitung)* • streaming

Stromwandler m <el> • current transformer

Stromwandler m <energ.sol> • power conditioning unit (PCU) *rare*; converter

Stromwechsel m <el> • alternation

Stromwender m <el> *(in Motor oder Gleichstromgenerator)* • commutator

Stromwender m rar <el> *(in Gleichstromgenerator)* • collector; commutator

Stromwenderanker m <el> • commutator armature

Stromwenderfahne f <el> • commutator lug

Stromwenderglimmer m <el> • commutator mica

Stromwenderlamelle f <el> • commutator segment

Stromwendermotor m <el> • commutator motor

Stromwenderschritt m <el> • commutator pitch

Stromwendersegment n <el> • commutator segment

Stromwenderwicklung f <el> • commutator armature winding

Stromwendung f <el> • commutation

Stromwert m <el> • current value

Stromzähler m prakt <msr> *(in kW/h)* • electricity meter; kilowatt-hour meter; energy meter; supply meter

Stromzählung f <verk> *(Verkehrserhebung)* • traffic origin and destination study

Stromzeiger m <el> • circuit indicator

Stromzeiger m <el> • current phasor

Strom ziehen vt <el> • draw current (from) vt

Stromzuführung f <el> • power supply

Stromzuführungsdraht m <el> • lead-in wire

Stromzufuhr f <el> • current supply

Stromzweig m <el> • current branch; branch circuit

Strontium n (Sr) <chem> • strontium (Sr); strontium metallicum

Strontiumalter n • strontium age

Strontium metallicum <chem> • strontium (Sr); strontium metallicum

Stropp m <nav> *(Anschlagmittel)* • strop US; strap GB; sling

Strosse f • operating level

Strosse f <min> • stope

Strosse f <min> • bench; bank

strossen vt <min> • bench vt; bate vt

Strossenbau m <min> *(Tagebau)* • benching

Strossenbau m <min> • bottom stoping; underhand stoping

Strossenförderung f <min> • bench transport

strossenförmig abbauen v <min> • bench v

strossenförmiger Abbau m <min> • benching

Strossenstrecke f <min> • stope drift; stope drive

Strowger-Wähler m <tele> • Strowger selector

Strudel m <geo> *(Fließgewässer, z. B. hinter Wehr, in Klamm)* • eddy; swirl; whirlpool; whirl; vortex

Strudel m <geo> *(in Gewässer; eher großflächig kreisend)* • whirlpool

Strudel m <msr> *(Phasenebene)* • focus

Strudelkessel m <geo> *(Auskolkung)* • pothole

Strudelloch n <min> *(in Kohlenflözen)* • blister

strudeln vi/vt • eddy vi/vt

Strudelpunkt m <msr> *(Phasenebene)* • focus

Struktur f *(Farben, Öle)* • body

Struktur f <allg> • structure

Struktur f <tech.allg> *(flächig; z. B. Muster auf einer Oberfläche)* • pattern

Struktur f <tech.allg> *(räumlich; z. B. eines Materials)* • structure

Struktur f <chem> • constitution

Struktur f <edv> • format; structure

Struktur f <edv> • pattern

Struktur f <jur> *(z. B. eines Unternehmens)* • organization

Struktur f <mat> *(von Stoffen)* • texture

Struktur... <tech.allg> *(Teil der Struktur; meist tragend)* • structural

Strukturänderung f <mat> • structural change

Strukturätzen n <obfl> • pattern etching

Strukturanalyse f <bau> • structural analysis

Strukturapolipoprotein n <med> • structural protein

Strukturbeton m <bau.mat> • textured concrete

Strukturbohrung f <petr> • structural drilling

Strukturbreite f <el> • feature width; pattern width

Strukturbreite f <textil> • pattern width

Strukturbreitenmessmikroskop n <opt> • line-width measuring microscope

Strukturchemie f <chem> • structure chemistry; structural chemistry

Strukturdatenverarbeitung f <edv> • pattern data handling

Strukturelement n <el> • pattern feature; pattern line

Strukturelement n <el> • structural element

Strukturelement n <obfl> • pattern feature

strukturell <tech.allg> • structural

strukturell <math.edv> • syntactic

strukturelle Auslegung f <tech.allg> *(Dimensionierung eines Tragwerks etc.)* • structural design

strukturelle Festigkeit f <tech.allg> • structural strength

strukturelle Korrosion f <obfl> • structural corrosion

struktureller Klebstoff m <füg> • structural adhesive; engineering adhesive

Strukturerkennung f <edv> *(künstliche Intelligenz)* • pattern recognition

Strukturfaktor m <mat> • structure factor

Strukturfehler m <qualit.mat> • structural defect; structural fault

Strukturfestigkeit f <tech.allg> • structural strength

Strukturformel f <chem> • structural formula; constitutional formula

Strukturgen n <med> • structural gene

strukturieren vt <allg> *(z. B. Thema, Begriffsfeld, Sachgebiet)* • delineate vt

strukturieren vt <energ.sol> *(einer Solarzellenoberfläche pyramidenförmige Struktur geben)* • structure vt; texture vt

strukturieren vt <obfl> • pattern vt

strukturiert <phot> *(Papieroberflächen)* • textured

strukturierte Programmierung f <edv> • structured programming

strukturierter Text m (ST) *norm.* <edv> *(eine Textsprache)* • structured text (ST) *stand.*

strukturiertes Programm n <edv> • structured program

Strukturisomerie f <chem> • structural isomerism

Strukturklebstoff m DIN EN 12701 <füg> • structural adhesive; engineering adhesive

Strukturkomponenten f <nukl> • structural components

strukturlos <mat> • structureless; devoid of structure

strukturlos <mat> • amorphous

strukturlos <phot> • featureless

Strukturmaterial n <mat> • structural material

Strukturmodell n <tech.allg> *(z. B. Atom, Bauwerk, Organisation)* • structure model

Strukturparameter m <msr> *(z. B. von Regelkreisen)* • structure parameter

Strukturpositioniergenauigkeit f <el> • pattern positioning accuracy

Strukturprogramm n <edv> • pattern data program; pattern data routine

Strukturprotein n <med> • structural protein

Strukturresonanz f <chem> • resonance; mesomerism

Strukturschaum m <kst> • structural foam

Strukturschaumausrüstung f <kst> • foam molding kit

Strukturschaumstoff m <nav> *(Bootsbau)* • self-skinning rigid foam; integral skin foam

Struktursteifigkeit f <tech.allg> *(Bauwerk, Fahrzeug, Maschine)* • structural stiffness; structural rigidity

Strukturtyp m <mat> • lattice type; structure type

Strukturüberdeckungsgenauigkeit f <edv> • pattern registration accuracy

Strukturüberdeckungsgenauigkeit f <prod> • pattern matching accuracy

Strukturumwandlung f <mat> • structural transformation

Strukturveränderungen fpl <mat> *(Änderung des Gitteraufbaus)* • structural changes pl

Strukturverzerrung f <el> • pattern distortion

strukturviskose Flüssigkeit f <tribo> • non-Newtonian liquid

Strukturviskosität f <kst> • structural viscosity

Strukturviskosität f <phys.kst> *(nicht-Newtonsche Flüssigkeit)* • Bingham flow

Strukturwerkstoff m <mat> • structural material

Strumpf m <textil> • sock

Strumpfhose f <textil> • tights pl

Strumpfstrickerei f <textil> • hosiery knitting

Strumpfstrickmaschine f <textil> • hosiery knitting machine

Strumpfwaren fpl <textil> • hosiery goods pl

Strumpfwirkerei f <textil> • hosiery knitting

Strumpfwirkstuhl m <textil> • stocking loom

STT <edv> *(z. B. durch Diktiersysteme, Spracheingabe)* • speech-to-text (STT)

Stub-Acme-Gewinde n ANSI B1.8 <masch> • stub Acme thread (STUB ACME) *ANSI B1.8*

Stubbenroder m <agri> *(Forsttechnik)* • stump chopper; stump grinder

Stubbyflasche f DIN 55405 <pack> • stubby bottle

Stuck m <bau> • stucco

Stuckdecke f <bau> • stucco ceiling

Stuckgips m <bau.mat> • plaster of Paris; plaster

Student'sche Verteilung f <math> *(Statistik)* • t-distribution; Student's distribution

Studentsche Verteilung f <math> *(Statistik)* • Student's distribution; Student distribution

Student-Verteilung f <math> *(Statistik)* • Student's distribution; Student distribution

Student-Verteilung f <math> *(Statistik)* • t-distribution; Student's distribution

Studie f <doku> • study

Studierzimmer n wiss <büro> *(in der Wohnung, im Privathaus)* • study

Studiobeleuchtung f <licht> • studio lighting

Studiomaschine f <av> • professional machine

Studio Picture Control f Phi <av> • Studio Picture Control Phi

Studiosynthesizer m <mus.el> • studio synthesizer

Studio Tracking System n Phi <av> • Studio Tracking System Phi

Stück n <allg> *(z. B. eines Weges, einer Rede)* • part

Stück n <allg> • piece

Stück n <tech.allg> *(einer Maschine, eines Fahrzeuges, Gerätes)* • component

Stück n <tech.allg> *(kleines Bauteil unbekannten Namens)* • device; widget coll

Stück n <mat> *(z. B. Kohle)* • lump

Stück n <prod> • workpiece

Stückanalyse f <qualit.mat> • random analysis

Stückelung f <msr> *(Wägestücke)* • subdivision

Stückerz n <min> • lump ore

Stückesprengen n <min> • pop-shooting

Stückfärbemaschine f <textil> • piece-dyeing machine

Stückfertigungsgrundzeit f <prod> • floor-to-floor time

Stückgut n <logist> • general cargo

Stückgut n <logist> • packaged goods

Stückgut n <logist> • parcel goods; parcel

Stückgut n <logist> *(Bahn)* • part-load

Stückgut n <nfz.logist> • general cargo

Stückgut-Container m <logist> • general cargo container

Stückgutfördereinrichtung f <förd> • package-type conveyor

Stückgutfördereinrichtung f <förd> • parts-handling equipment

Stückgutfrachtschiff n <nav> • general-cargo ship; break bulk ship

stückig <mat> • lumpy

stückige Zutaten fpl <nahr> • particulate ingredients; particulate matter

Stückkalk m <bau.mat> • lump lime

Stückkohle f <verbr> • lump coal; coarse coal

Stückkoks m <verbr> • lump coke

Stücklizenz f <jur> • royalty per unit; piece royalty

Stückprüfung f <qualit> • individual testing (of each ...)

Stückschlacke f <ents> • lump slag

Stückverzinken n <obfl> • batch galvanizing

stückweise <tech.allg> • piecewise
stückweise <prod> • in pieces
Stückzahl f <prod> *(Exemplare in einem Fertigungslauf)* • production run; run
Stückzahl f <prod> *(allg.)* • number of pieces
Stückzeit f <prod> *(allg.)* • production time per piece; individual-component time
Stückzeit f <prod> *(betont: auf spanenden Werkzeugmaschinen)* • machining time per piece
Stückzeit f <prod> *(Zeit für einen Produktionszyklus; z. B. für ein Spritzgussteil)* • cycle time
Stückzeitermittlung f <prod> • piece-rate setting
Stülpbalg m <bio> *(Tierpräparat)* • cased skin; flat skin
Stülpdeckel m **(1)** DIN 55405 <pack.teil> • slip lid BS 3130; slip on lid; slip cover
Stülpdeckel m **(2)** <pack.teil> • telescoping cover
Stülpdeckeldose f DIN 55405 <pack> • slip lid can; slip lid tin GB
Stülpdeckelschachtel f <pack> • telescope box
Stülpdeckelschachtel f DIN 55405 <pack> • telescope box
Stülpen n <prod> • inside-out redrawing; reserve redrawing
Stülpziehen n <prod> • inside-out redrawing; reserve redrawing
Stürzbühne f <metall> • tipping stage
stürzen v <prod> • assemble by fitting reversing ends v
stürzen vt *(umstürzen)* • tip vt; dump vt
stürzen vt <allg> *(über etwas)* • tumble vt
stürzen vt <math> *(Matrix)* • transpose vt
stürzen vt <ökon> *(z. B. Aktienkurs, Preis)* • plunge vt
stürzende Linien fpl <phot> • converging lines pl; keystoning; converging verticals pl
Stürzen der Gicht <metall> • scaffold fall
Stützausleger m <förd> *(z. B. Mobilkran)* • outrigger
Stützbauwerk n <bau> *(Grundbau)* • retaining structure
Stützbeine fpl <petr> *(Bohrplattform)* • supporting legs
Stützblech n <tech.allg> • gusset plate
Stützblech n <tech.allg> • support plate
Stützblech n ZF <kfz.antr> *(Automatikgetriebesteuerung)* • retainer plate; support plate ZF
Stützbock m <bau> • trestle
Stützbock m <kfz> *(für Anhänger generell)* • trailer jack
Stützbock m <kfz> *(für Caravan)* • camper jack
Stützbock m <kfz.wz> *(allg., dreibeinig, für Fahrzeug)* • jack stand US; safety stand; axle stand GB
Stützbock m <masch> • pedestal
Stützbock m <masch> • jack
Stützbogen m <bau> • flat arch; supporting arch
Stützdorn m <prod> • mandrel
Stütze f *(seitlich)* • back-up
Stütze f <tech.allg> *(verstrebend, versteifend)* • brace
Stütze f <tech.allg> *(von unten nach oben; z. B. für Bauteil, Träger, Last)* • support
Stütze f <tech.allg> *(seitlich, schräg, gegen Umkippen; z. B. von Wand, Schiff)* • shore
Stütze f <bau> *(von hinten)* • backup
Stütze f <bau> *(vertikal, auf Druck beansprucht)* • column
Stütze f <bau> • pillar
Stütze f <bau> *(senkrecht)* • stay; prop; pillar; standard; upright
Stütze f <bau> • trestle
Stütze f <bau> *(gegen Durchhängen oder Umfallen)* • prop; stay
Stütze f <bau> • strut
Stütze f <masch> *(unterstützend, eher von unten)* • support
Stütze f <prod> • mounting bracket
Stütze f <silik> • pin

Stützebene f <druck> • guide plate
Stützelement n <tech.allg> *(für flexible Strukturen)* • support member
Stützelement n <lwl> • support member
Stützen f <nukl> • support structure; corsett
stützen vi <bau> • stay vi
stützen vt • carry vt
stützen vt <allg> *(von hinten)* • back vt
stützen vt <tech.allg> • buttress vt
stützen vt <tech.allg> • shore vt
stützen vt <tech.allg> • shore up vt
stützen vt <tech.allg> *(von unten nach oben; z. B. Bauteil, Träger, Last)* • support vt
stützen vt <bau> • retain vt
stützen vt <min> • prop vt
stützen vt <ökon.tech> *(z. B. Unternehmen, Wechselkurs; Leiter, Wand, Werkstück)* • support vt
stützenfrei <bau> • column-free
Stützenfundament n <bau> • column footing; column foundation
Stützenfundament n <masch> • column footing; column foundation
Stützenfundament n <masch> *(z. B. Presse)* • column footing; column foundation
Stützenisolator m <el> • pin insulator; stand insulator
Stützenraster m <bau> • column grid
Stützenreihe f <bau> • column row
Stützenschutz m <logist> • column guard
Stützensenkung f <bau> • support settlement
Stützenstoß m <logist> *(Regal)* • splice
Stützer m <el> • insulated support
Stützeraufbau m *(für elektrische Betriebsmittel)* • apparatus insulator unit
Stützfeder f <fz> *(Schrauben- od. Blattfeder)* • overload spring; helper spring; auxiliary spring; helper pract
Stützfeder f <masch> • bearing spring
Stützfeuerung f <ents> *(Müllverbrennung)* • auxiliary burner
Stützfüße mpl <nfz> • landing gear; support legs; landing legs; dolly legs rare
Stützfüße herunterkurbeln vi <nfz> • dolly down
Stützfuß m <masch> • support foot
Stützfuß m <masch> • pipe support
Stützgerüst n <petr> *(Stützgerüst n)* • jacket
Stützgewebe n <verf> • backing cloth; supporting fabric
Stützglied n <tech.allg> *(für flexible Strukturen)* • support member
Stützhülse f <masch> • carrying bracket
Stützisolator m <ents> *(elektrische Gasreinigung)* • support[ing] insulator
Stützisolator m <ents> *(Elektroentstauber)* • support insulator
Stützkörper m <masch> *(eines Lagers)* • back
Stützkörper m <masch> • backing
Stützkonstruktion f <tech.allg> *(für flexible Bauteile, z. B. Filter, Netz, Sieb)* • supporting structure
Stützkonstruktion f <verf> *(für Filter, Sieb)* • support; backing
Stützkorb m <ents> • support cage
Stützkorb m <verf> *(z. B. für Filter, Sieb)* • support cage
Stützkorsett n <nukl> • support structure; corsett
Stützlänge f <bau> • span length; span
Stützlage f <füg> • backing pass
Stützlage f <kfz> *(Blattfeder)* • helper leaf; auxiliary leaf
Stützlager n <masch> • foot bearing
Stützlager n <masch> • steady bearing
Stützlast f <kfz> *(Pkw-Anhänger)* • trailer noseweight
Stützlast f <kfz> *(Anhänger)* • tongue load; noseweight
Stützlinie f <mech> *(Statik)* • resistance line; thrust line

Stützmasse f <aerospace> • ejected matter; particle jet
Stützmast m <förd> (Seilbahn) • supporting tower US;
trestle
Stützmauer f <bau> • support wall; retaining wall
Stützmauer f <bau> • retaining wall
Stützmoment n <mech> • moment at support
Stützmoment n <navig> (Kreiselorientierung) • slaving
torque
Stützpfeiler m <bau> • buttress
Stützpfosten m <bau> (z. B. Fenster) • support mullion
Stützplatte f <tech.allg> (z. B. für Baugerüst; für Möbel,
Waschmaschine) • supporting plate; back-up plate
Stützplatte f <kst> • back plate; rear plate
Stützpunkt m <edv> • control point
Stützpunkt m <masch> (Lager) • supporting point
Stützpunkt m <mech> • fulcrum
Stützrad n <fz> (Kinderfahrrad) • stabilizer; training wheel
Stützrad n <kfz> (von Caravans) • jockey wheel
Stützrädchen npl <fz> (an Kinderrad) • training wheels
Stützrädchen npl :V <kfz> (2000: in Deutschland nicht
zugelassen) • wheelie bars
Stützräder npl <fz> (an Kinderrad) • training wheels
Stützrahmen m <tech.allg> (für biegsame, flächige Ge-
bilde, z. B. Filter, Folien, Netze) • support frame
Stützrahmen m <aerospace> • cabane structure; cabane
Stützrahmen m <energ.sol> • collector supporting struc-
ture
Stützreaktion f <mech> • supporting reaction; support re-
action; supporting force; support force
Stützrelais n <el> • latching relay
Stützring m <füg> (von hinten) • backing ring
Stützring m <masch> (z. B. für Rohre, Silos) • support
ring; back-up ring
Stützrippe f <tech.allg> • stiffening rib
Stützrohr n • support tube
Stützrolle f <förd> (z. B. Fördergurt) • idler pulley
Stützrolle f DIN ISO 5593 <masch> (Laufrolle zum Einbau
in eine Gabel) • yoke-type track roller ISO 5593
Stützrolle f <metall> • back-up roller
Stützrolle f <nfz> (Raupenkette) • track idler
Stützschale f <masch> (Gleitlager) • support shell; back-
ing shell
Stützschaufel f <energ.hydr> (z. B. in Rohrleitung) • stay
vane; stayvane
Stützschaufelring m <energ.hydr> • stay vane ring
Stützscheibe f <masch> • back-up washer; back-up ring
Stützschraube f <masch> • setting screw
Stützsenkung f <bau> • sinking of a support
Stützsieb n (am Filter) • back-up plate
Stützsieb n <pap> • backing screen
Stützsiebdraht m <pap> • backing wire
Stützstelle f <edv> • control point
Stützstoff m <mat> • core material
Stützstoffbauweise f <tech.allg> • sandwich construction
Stützteller m <kfz.wz> (Schleifscheibe) • backing pad
Stützteller m <nfz> (an Kranen) • outrigger plate
Stützträger m <verf.hydr> (Siebband) • backup beam;
back-up beam
Stützturm m <förd> (Seilbahn) • trestle
Stützung f • backing up
Stützung f <bau> • footing
Stützung f <bau> • propping
Stützung f <bau> • retaining
Stützung f <navig> (Nachführung der Kreiselachse)
• slaving
Stützung f <ökon> (von Aktienkursen, Banken, Währun-
gen) • support
Stützungsunterbrechung f <navig> (Kreiselorientierung)
• erection cut-out

Stützwalze f <metall> • backing-up roll; back-up roll
Stützweite f • bearing distance
Stützweite f <bau> • span length; span
Stützweite f <bau> (z. B. Träger) • support distance
Stützwinkel m <masch> • support foot
Stützwinkel m <prod> (für Werkstück) • supply bracket
Stützzapfen m <masch> • pivot
Stützzapfenlager n <masch> • pivot bearing
Stufe f <tech.allg> (Stadium eines Prozesses) • stage
Stufe f <aerospace> (Raketentriebwerk) • stage
Stufe f <bau> (Treppe) • step
Stufe f <edv> (Ebene) • level
Stufe f <energ.hydr> (Laufrad/Leitrad-Kombination; Was-
serturbine) • stage
Stufe f <geo> (im Gelände) • grade
Stufe f <masch> (von Pumpen, Turbinen) • stage
Stufe f <math> (Tensor) • rank; valence
Stufe f <qualit> (Qualitätslevel) • grade
Stufe f <wz> (Absatz) • offset
stufen vt <tech.allg> (Vorgänge aller Art, z. B. Fertigung,
Verdichtung) • stage vt
stufen vt <tech.allg> (z. B. Antrieb, Fertigung) • step vt
stufen vt rar <tech.allg> (in eine Gruppe, Klasse, Katego-
rie) • grade vt; classify vt; rate vt
Stufenanfang m <el.chem> • foot of the wave
Stufenanker m <el> • double-winding armature
Stufenanordnung f <aerospace> • staging
Stufenauftritt m <bau> • tread; go
Stufenbatterie f <el> • cascade battery
Stufenbehälter m <nukl> • stage housing
Stufenbeizung f <metall> • cascade pickling
Stufenbildung f <verk> (zwischen Betonstraßenplatten)
• faulting; stepping-off
Stufenboden m <agri> (Mähdrescher) • grain pan
Stufenbohrer m <wz> • step drill; stepped drill
Stufendrehschalter m <el> • rotary stepping switch
Stufeneinlauf m <metall> • stepped spine
Stufenentstaubungsgrad m <verf> (von Entstaubern)
• fractional collection efficiency; fractional efficiency
Stufenfilter m <kfz.mot> • multiple stage filter :V
Stufenfilter n <verf> • step filter
Stufenflotation f <verf> • multistage floatation
stufenförmig adj <allg> (z. B. Anstieg, Entwicklung)
• step-shaped adj
stufenförmiger Einbruch m <min> (Abteufen) • bench
cut; stope cut
Stufenfräsen n <prod> • step cutting; shoulder cutting
Stufenfühlerlehre f :V <kfz.wz> • step feeler gauge;
stepped thickness gauge; go/no-go gauge coll
Stufenfundament n <bau> • benched foundation
Stufenfunktion f <math> • step function
Stufenfutter n <masch> • step chuck
Stufengehäuse n <masch> (Pumpe, Turbine, Verdichter)
• stage casing; interstage casing
Stufengehäusepumpe f rare <masch> • ring section
pump; ring construction pump; unit construction pump;
segmental type pump rar
Stufengetriebe n <kfz.antr> (im Ggs. zu stufenlosen
Getr.) • stepped transmission
Stufengetriebe n <wz.masch> (Spindeldrehzahl, Vor-
schub) • change-speed transmission; change-speed
drive; variable-speed gear
stufengewickelt <el> • bank-wound
Stufen-Gewindebohrer m DIN 25967 <wz> (Vor- und
Nachbearbeitung) • tandem tap; combination roughing
and finishing tap
Stufen-Gewindebohrer m :V <wz> (zwei versch. Durch-
messer) • step tap; multiple diameter tap
stufengezogen <mat> (Kristalle) • rate-grown

stufengezogener Transistor m <el> • rate-grown transistor

Stufengitter n • echelon grating; echelon

Stufengraufilter n <opt> • graded-density filter

Stufengraukeil m <opt> • stepped grey wedge; step wedge

Stufengruppe f <turb> • group of stages

Stufenhärten n <metall> • martempering; marquenching; step quenching rare; step hardening rare; time-quench hardening rare

Stufenheck n <kfz> • notchback; booted body GB

Stufenhecklimousine f <kfz> • notchback sedan US; notchback pract

Stufenheckversion f <kfz> (eines ursprünglich 3- oder 5-türigen Modells) • notchback version US; classical car shape with boot GB.did; booted version GB

Stufenhöhe f <bau> (Treppe) • rise

Stufenhöhe f <el.chem> (Höhenunterschied zwischen Grundstrom und Grenzstrom) • wave height; height of the wave; wave-height (GB); stepheight (GB, selten); stepheight (GB, selten)

Stufenindexfaser f <lwl> • step index fiber

Stufenkegelscheibe f <masch> • step-cone pulley

Stufenkeil m <metall> (Probe) • stepped wedge; stepped bar

Stufenkeil m <opt> • stepped grey wedge; step wedge

Stufenkolben m <kfz.mot> • double-diameter piston; stepped piston

Stufenkompensator m <msr> • deflection potentiometer

Stufenkopplung f <el> • intervalve coupling

Stufenlage f <el.chem> • position of the wave

Stufenleiter f rar <bau> • stepladder

Stufenlinse f <opt> • Fresnel lens; stepped lens

Stufenlinse mit schwarz gefärbten Stufen f <licht.theat> • colouvred lens

Stufenlinsenscheinwerfer m <licht.theat> • fresnel spotlight form; fresnel spot prakt

stufenlos <tech.allg> • stepless

stufenlos <kfz.antr> • continuously variable

stufenlos ändern vr <masch> (Getriebe) • vary infinitely v; vary steplessly v

stufenlose Abstandsmessung f <msr> • continuous distance sensing

stufenlose Automatik f ugs <kfz.antr> • continuously variable automatic transmission; stepless automatic transmission; stepless gearbox GB; stepless 'box GB.coll; CVT transmission

stufenlos einstellbar <tech.allg> (z. B. Getriebe) • continuously variable

stufenlos einstellbar <tech.allg> (z. B. Temperatur, Widerstand) • steplessly adjustable

stufenlos einstellbarer Schiebewiderstand m <el> • variable resistor

stufenlos einstellbarer Widerstand m <el> • continuously adjustable resistor

stufenloser Einstieg m <nfz> (auch Eisenbahn, Straßenbahn) • no-step entrance; no-step entry

stufenlose Riemenautomatik f <kfz.antr> • variable belt transmission; continuously variable belt transmission; Variomatic transmission DAF.Volvo; Variomatic DAF.Volvo

stufenloses Automatikgetriebe n <kfz.antr> • continuously variable automatic transmission; stepless automatic transmission; stepless gearbox GB; stepless 'box GB.coll; CVT transmission

stufenloses Getriebe n <kfz.antr> • continuously variable transmission (CVT); constantly variable transmission; infinitely variable transmission; stepless transmission

stufenloses Getriebe n <masch> • infinitely variable transmission

stufenlose Verschlusszeiten fpl <phot> • stepless <shutter> speeds

stufenlos regelbar <msr> • steplessly variable; steplessly adjustable; infinitely variable

stufenlos regelbare Geschwindigkeit f <msr> • infinitely variable speed

stufenlos regelbarer Motor m <el> • infinitely variable-speed motor

stufenlos stellbar <masch> (z. B. Hebel, Schraube) • steplessly adjustable

stufenlos stellbar <masch> • variable-speed

stufenlos veränderlich <tech.allg> (z. B. Druck, Temperatur) • steplessly variable

stufenlos verstellbar <masch> (z. B. Getriebe, Messgerät, Widerstand) • continuously adjustable

stufenlos verstellbar <masch> (z. B. Hebel, Zeiger) • steplessly adjustable

stufenlos verstellbares Getriebe n <kfz.antr> • continuously variable transmission (CVT); constantly variable transmission; infinitely variable transmission; stepless transmission

Stufenluft f <emiss> • tertiary air

Stufenmischbrenner m <emiss> • Distributed Mixing Burner (DMB) Babcock&Wilcox; Staged Mixing Burner, SMB Steinmüller

Stufennummer f <edv> • level number

Stufenplan m <doku> • diagram of stages

Stufenplanet m <antr> (Planetengetriebe) • stepped planet gear :V

Stufenpolymerisation f <chem> • stepwise polymerization

Stufenportal n <bau> • stepped portal

Stufenpresse f <prod> • multiple-die press

Stufenprofil n <lwl> • step index

Stufenprofilfaser f <lwl> • step index fiber

Stufenräder npl <masch> • gear cone

Stufenrädergetriebe n <antr> (z. B. Norton-Getriebe (Vorschub, Werkzeugmaschine)) • change-speed geared drive; speed-change gear box

Stufenrakete f <aerospace> • many-stage rocket; stage rocket; step rocket

Stufenreaktion f <chem> • step reaction; successive reaction

Stufenregler m <msr> • idling and maximum-speed governor

Stufenrelais n <el> • ratchet relay

Stufenrohrkessel m <verf> • boiler with stepped flue

Stufenrost m <verbr> • step grate

Stufenschalter m <el> • multiple-contact switch; multipoint switch; tapping switch; step switch; multi position switch

Stufenschaltung f <el> • step switching

Stufenscheibe f <kfz.mot> (Vergaser) • fast idle cam

Stufenscheibe f <masch> (z. B. Flachriementrieb) • step-cone pulley; cone pulley; speed cone

Stufenscheibenantrieb m <masch> • step-cone pulley drive; cone pulley drive; step-cone pulley transmission; cone pulley transmission

Stufenschlag m <prod> (Tiefziehen) • redrawing; second draw

Stufenschütz n <el> • tapping contactor

Stufensenker m <wz> • step counterbore

Stufenspannung f <el> • step voltage

Stufensteuerung f <msr> • increment control

Stufentransformator m <el> • step transformer

Stufentrennungshöhe f <aerospace> • staging altitude; stage-separation altitude

Stufentrommel f <förd> • stepped drum

Stufenturbine f <turb> • stage turbine

Stufenumsetzer *m* <el> • incremental digital transducer

Stufenverbrennung *f* <verbr> • staged combustion; two-stage combustion; fuel staging

Stufenvergaser *m* <kfz.mot> • two-stage carburetor; progressive carburetor

Stufenvergaser *m* <mot> • two-stage carburetor; dual-throat carburetor

Stufenverschlüsselungsmethode *f* • digit-at-a-time method

Stufenversetzung *f* <mat> • edge dislocation

Stufenverstärker *m* <el> • cascade amplifier

Stufenverstärkung *f* <el> • stage gain; stage amplification

Stufenwäsche *f* <chem.verf> • fractional washing

Stufenwalze *f* <masch> • stepped drum

Stufenwalze *f* <metall> • stepped roll

Stufenwanderrost *m* <verbr> *(z. B. Müllverbrennung)* • step traveling grate *US*; cascading travelling grate *GB*

stufenweise <tech.allg> • in steps

stufenweise <tech.allg> *(nach und nach)* • gradually

stufenweise <tech.allg> *(in aufsteigenden Schritten)* • incrementally

stufenweise <prod> *(zunehmend)* • progressive

stufenweise Anreicherung *f* <chem.verf> *(Flotation)* • retreatment concentration

stufenweise aufgebrachte Last *f* <mech> • gradually applied load

stufenweise bohren *vi* <prod> • step-drill *vi*

stufenweise destillieren *vt* <chem.verf> • fractionate *vt*

stufenweise einstellbar <tech.allg> *(z. B. Drehzahl, Belichtungszeit)* • step-by-step adjustable

stufenweises Härten *n* <metall> • gradual tempering

stufenweise Verringerung *f* <tech.allg> *(z. B. eines Wertes)* • decrement

stufenweise vorbohren *vt* <prod> • step-drill *vt*

Stufenweite *f* <el> *(Relais)* • reach

Stufenwicklung *f* <el> • banked winding; bank winding

Stufenziehverfahren *n* <mat> • rate-growth technique

Stufen-Zwirnverfahren *n* <textil> *(Zwirnerei)* • stage twisting system

Stufenzylinder *m* <kfz.brems> *(für Simplexbremse, mit zwei Kolben)* • stepped [double-end] wheel cylinder

Stufe um Stufe einstellbar <tech.allg> *(z. B. Drehzahl, Belichtungszeit)* • step-by-step adjustable

Stuffer *m* <werb> • leaflet; flyer; supplement

Stufung *f (Staffelung)* • echelon

Stufung *f* <tech.allg> *(Abstufung)* • grading

Stufung *f* <tech.allg> *(Drehzahlen)* • progression

Stufung *f* <el> • cascading; coordination

Stufung *f* <masch> *(im Durchmesser)* • stepping

Stufungszeit *f* <el> *(Relais)* • stagger time

Stuhl *m DIN 68880-1* <innen> • chair

Stuhl *m* <textil.prod> • loom

Stukkatur *f* <bau> • plaster work

Stulp *m* <bau> • astragal

Stulpe *f* <bekl> • cuff; gauntlet

Stulpenmembrangasspeicher *m* <verf> • membrane gas-holder

Stulpfenster *n* <bau> • french casement

Stulpflügel *m* <bau> • french casement

Stulpflügelkonstruktion *f* <bau> • french casement

Stulpflügelprofil *n* <bau> *(Drehflügel)* • meeting stile

Stulpleiste *f* <bau> • astragal

Stulpmembranspeicher *m* <verf> • membrane gas-holder

Stulpprofil *n* :V <bau> • astragal

Stumba *npl* <textil> • bourrette silk; bourrette; silk noil; noil silk; noils

Stummabstimmschaltung *f* <tele> • quiet automatic gain control circuit

Stummabstimmung *f* • interstation muting; interstation noise suppression

Stummabstimmung *f* <tele> • quieting tuning

Stummelblock *m* <metall> • butt ingot

Stummelheck *n* <kfz> • short notch back *:V*

stummes Dia *n* <werb> • slide without audio accompliment

stummgemachter Most *m* <nahr> *(Wein)* • preserved must; grape must with fermentation arrested

Stummmachen *n* <nahr> *(Wein)* • chemical sterilization of must; muting

stummschalten *vt* <av> *(Ausgangskanäle, Lautsprecher)* • mute *vt*

stummschalten *vt* <msr> *(Alarmton)* • suppress *vt*; cancel *vt*; silence *vt*; mute *vt ISO 10 651*

Stummschaltung *f* <av> *(Funktion von Stereoanlagen etc.)* • mute

Stummschaltung *f* <edv> *(Fehlerverdeckung bei digitalisierten Daten)* • muting

stumpf <bau> *(Anschlag)* • flush-mount

stumpf <bau> *(Flügel- oder Rahmenprofil)* • unrebated

stumpf <füg> • blunt

stumpf <obfl> *(z. B. Farbe)* • dead

stumpf <obfl> *(z. B. Farben)* • flat

stumpf <obfl> *(als Defekt; z. B. Lack)* • dull; dead *coll*; lusterless *US*; lacking luster *US*; lustreless *GB*

stumpf <obfl.holz> • dull; drab

stumpf <obfl.metall> *(z. B. korrodiert)* • tarnished

stumpf <wz> *(durch Verschleiß)* • blunt; dull; dulled

stumpf <wz> • dull

Stumpf *m* <allg> *(z. B. Baumstumpf)* • stub

Stumpf *m* <math> • frustum

stumpf aneinander fügen *v* <tech.allg> • butt-joint *v*

stumpfbefahrene Weiche *f* <bahn> • trailing points

stumpfe Bisektrix *f* <math> • obtuse bisectrix

stumpfe Klinge *f* <kunst.wz> • blunt blade

stumpfer Eckstoß *m* <bau> • butt

stumpfer Stoß *m* <tech.allg> • butt joint

stumpfer Winkel *m* <math> • obtuse angle

stumpfes Einschweißen *n* <kfz.rep> • butt welding

stumpfes Ende *n* <tech.allg> • butt

Stumpffeile *f* <wz> • blunt file

stumpfgeschweißt <füg> • butt-welded

Stumpfgleis *n* <bahn> • dead-end track

Stumpfheitsgrad *m* <wz> • degree of dullness; degree of bluntness

Stumpfkabel *n* <tele> • stub cable

Stumpfkegel *m rar* <math> *(geometr. Körper)* • frustum of a cone; truncated cone; cone frustum

Stumpflöten *n* <füg> • butt soldering

stumpf machen *vi/vt* <wz> • dull *vi/vt*

stumpf machen *vt* <prod> *(Kante)* • blunt *vt*; dull *vt*

Stumpfnaht *f* <füg> *(Schweißverbindung)* • butt weld; butt seam

Stumpfnahtschweißen *n* <füg> • butt seam welding

Stumpfschweißelektrode *f* <füg> • butt welding die

Stumpfschweißen *n* <füg> • butt welding

Stumpfschweißen *n* <kfz.rep> • butt welding

Stumpfschweißmaschine *f* <füg> • butt welder

Stumpfstoß *m DIN EN 12345* <füg> *(z. B. bei Schweißverbindung)* • butt joint

Stumpfstoß *m* <füg> • butted joint

stumpf stoßen *v* <tech.allg> • butt *v*

stumpf stoßen *vt* <füg> *(Naht)* • abut *vt*

stumpfverzahnt <masch> *(Zahnrad)* • addendum-corrected

stumpfverzahnt <masch> • stub-toothed; stub-tooth

stumpfverzahntes Getriebe *n* <masch> • addendum-corrected gearing

Stumpfverzahnung f <masch> • addendum-corrected gearing

Stumpfverzahnung f <masch> • stub tooth gearing

Stumpfweiche f <bahn> • trailing point switch; trailing point

stumpf werden vi <obfl> (Lack) • go dull vi

stumpf werden vi <obfl> (Glanz, Lack) • dull vi

stumpf werden vi <wz> (Schneide) • blunt vi; dull vi

stumpfwink[e]lig <math> • obtuse-angled

stumpfwinkliges Dreieck n <math> • obtuse triangle

Stumpfzahn m <masch> • stub tooth

Stunde f (h) DIN 1301 <phys.msr> (Zeiteinheit) • hour (h)

Stundenachse f <astron> • polar axis

Stundendrehzahl f <aerospace> (Triebwerk) • one-hour speed

Stundenganglinie f <msr> • hourly load graph

Stundenkilometer mpl ugs <phys> (Einheit der Geschwindigkeit, i.a. von Landfahrzeugen) • kilometres per hour (kph)

Stundenkreis m <msr> (Uhr) • hour circle

Stundenkreisprojektor m (Planetarium) • hour circle projector

Stundenleistung f <tech.allg> • output per hour; production rate per hour; hourly output

Stundenleistung f <masch> (z. B. Motor, Turbinenluftstrahltriebwerk) • one-hour rating; one-hour capacity rating

Stundenwinkel m <astron> • hour angle

Stundenzähler m <msr> • hour meter

Stundenzugkraft f <fz> • tractive effort at hourly rating

Stupor m <bio> • stupor

Stupp f <chem> (Quecksilberraffination) • stupp; soot

Sturm m <meteo> • gale-force wind; gale; storm

Sturm m <meteo> (starker Wind) • windstorm

Sturm m <meteo> (starker Regen) • rainstorm

Sturmflut f DIN 4049-3 <geo> • storm surge

Sturmhaube f <bekl> • under helmet; cold weather mask

Sturmhut m <bio> (Pflanze) • wolfsbane; aconitum napellus

Sturmöl n • storm oil

Sturmsicherung f <energ.wind> • overspeed control; overspeed protection

Sturmstange f <kfz> • landau bar

Sturmwarnsignal n <alarm> • gale warning signal

Sturz m <allg> (z. B. Außentemperatur, Börsenkurs, Preis) • drop

Sturz m prakt <bau> (obere Begrenzung der Fensteröffnung; z. B. aus Stein, Beton, Holz) • window header; lintel; header pract

Sturz m <kfz> • camber; wheel camber; camber angle did.form

Sturz m <metall> • pack

Sturzabdeckung f :V <bau> • head flashing

Sturzbalken m <bau> (über Fenster, Türen) • summer; bressummer; breastsummer; lintel

Sturzbalken m <bau> (Fenstersturz aus Holz) • window header; lintel; header pract

Sturzbrett n <hydr> (bei Wehren) • spillway floor

Sturzfestigkeit f <qualit.mat> (Sinter) • dumping strength

Sturzfestigkeit f DIN 22005-2 <qualit.mat> (Koks) • shatter strength; shatter index

Sturzflugautomatik f • automatic dive control

Sturzflugbremse f <aerospace> • dive brake; dive flap

Sturzguss m <metall> • slush casting

Sturzhelm m <kfz.bekl> (für Motorradfahrer) • protective helmet; crash helmet; protective motorcycle helmet; motorcycle helmet

Sturzmühle f <verf> • tumbling mill

Sturzpolster n <bekl> • foam pad

Sturzprüfung f <qualit> (Koks) • drop shatter test; shatter test

Sturzriegel m <bau> • lintel

Sturzriegel m <bau> (obere Begrenzung der Fensteröffnung; z. B. aus Stein, Beton, Holz) • window header; lintel; header pract

Sturzring m <fz> • head pad

Sturzrinne f <hydr> • chute spillway

Sturzträger m <bau> • lintel

Sturzwicklung f <el> • back-wound coil; back-wound winding

Sturzwinkel m did.form <kfz> • camber; wheel camber; camber angle did.form

Stutzen m <mil> (Repetierbüchse mit kurzem Lauf) • carbine

Stutzen m prakt <rls> (kurzes Rohrstück an Behälter, Apparat etc., meist mit Flansch) • pipe connection; pipe nozzle; nozzle pract

Stutzen n <tech.allg> (Zurechtschneiden; z. B. Pflanzen, Abbildungen) • trimming

stutzen vt AUTODESK <edv> • trim vt

Stutzenanschlussrohr n <rls> • nozzle pipe

Stutzenaustrittsdurchmesser m <rls> • nozzle exit diameter

Stutzen für Messsonde m <kfz> • pickup fitting

Style m <edv.av> • style

Styling n <kfz> (eines Autos) • styling

Styling n <prod> (ästhetisch) • styling

Stylist m <werb> • stylist

Styren n rar <chem> • styrene

Styrol n <chem> • styrene

Styrol-Butadien-Kautschuk m <kst> • styrene butadiene latex (SBL); S/B latex; styrene butadiene rubber; SBR

Styrol-Butadien-Latex m (SBL) <kst> • styrene butadiene latex (SBL); S/B latex; styrene butadiene rubber; SBR

Styrol-Copolymerisat n <kst> • styrene-copolymerisate

styrolisieren vt <chem> • stirenate vt

styrolisiertes Alkydharz n <chem> • stirenated alkyd

Styropor n wz.ugs <kst> • expanded polystyrene (EPS); styrofoam coll

Styropor n ugs <kst> • polystyrene foam; styrofoam coll; foamed polystyrene

Styropor-Kühlbox f <hlk> • Styrofoam cooler

Styroporprotektor m <bekl> (Motorradfahrer) • styrofoam protector

su <msr> • usable operating distance (su) EN 60947; usable switching distance; usable sensing distance; usable sensing range; useful sensing range

Sub m prakt.ugs <bau.fin> • sub-contractor; subbie coll

subaquatisch <tech.allg> (z. B. Pumpe) • subaqueous

subatmosphärisch <phys> • subatmospheric

subatomar <phys> (kleiner als Atome, z. B. Teilchen) • subatomic

subbituminöse Kohle f <verbr> • subbituminous coal; lignitous coal

Subcode m <av> • sub code

Subcode m <edv> • subcode; C&D bits; control and display information

Subcode-Block m :V <edv> • subcode block

Subcode-Kanal m :V <edv> • subcode channel

Subcode-Symbol n :V <edv> • subcode symbol

subcutaneus <med> • subcutaneous; hypodermic

subduzierende Platte f <geo> (Tektonik) • descending plate; downgoing plate; sinking plate

Subframe m <edv> • subframe; data bit subframe

subharmonisch <phys> (z. B. Akustik) • subharmonic

Subharmonische f norm <av.phys> • sub-harmonic stand; subharmonic

Subharmonische f <phys> (Schwingung, z. B. akustische) • subharmonic

subjektive Bewertung f <av> (von Lautsprechern) • subjective evaluation

subjektiver Einflussfaktor m <qualit> • human-error factor

subjektiver Fehler m <qualit> • mistake

subjektiver Fehler m <qualit> • personal error

Subkorngrenze f <mat> • subgrain boundary; subboundary

Subkultur f AWR <jur> • subculture

subkutan (s. c.) <med> • subcutaneous; hypodermic

subletale Dosis f <nukl.med> • sublethal dose

Sublimand m <mat.therm> (Ausgangsstoff für Sublimation) • sublimand

Sublimat n <mat.therm> • sublimate

Sublimation f <therm> (Verdampfen e. festen Stoffes ohne Auftreten e. flüssigen Phase) • sublimation

Sublimationsdruckkurve f <therm> • sublimation pressure curve; sublimation curve

Sublimationskurve f <therm> • sublimation pressure curve; sublimation curve

Sublimationstrocknung f <verf> • freeze drying

Sublimationswärme f <therm> • sublimation heat

Sublimatpapier n <pap> • mercury chloride paper

sublimierbar <mat.therm> • sublimable

Sublimierblase f <therm> • sublimer

sublimieren v <therm> • sublimate v

sublimierter Schwefel m <chem> • sublimated sulfur; sulfur

Sublimiervorlage f <verf> • condenser

Subline f <werb> • subline; sub-head; subheadline

submarin <allg> • submarine adj

submarine Pipeline f <petr> • submarine pipeline

Submarining n <kfz.sich> (unter dem Beckengurt bei einem Frontalaufprall) • submarining

Submikrogefüge n <mat> • submicrostructure

Submikrogrammethode f <chem> • ultramicroanalysis

Submikrometerbereich m <verf> (Filter) • submicrometre range

Submikrometerschwelle f <verf> (Filtertrechnik) • submicrometre barrier

Submikron n <ents> (z. B. Staub) • submicron

submikroskopisch <allg> • submicroscopic

Submikrostruktur f <mat> • submicrostructure

subminiaturisiert <prod> (insbes. Elektronik) • subminiaturized

Subminiaturisierung f <prod> • subminiaturization

Subminiaturrechner m <edv> • subminiature computer

Subminiaturröhre f <el> • subminiature tube; subminiature valve

Subnormale f <math> • subnormal

Subnotebook n <edv> (Größe < DIN A4-Format, Dicke <5 cm, Gewicht <2 kg) • subnotebook [computer]

Suboktavkoppel f <mus> (Orgel) • sub-octave coupler

Suboptimum n <qualit> • suboptimum

suborganismisches Testverfahren n DIN 38415-4 <hydr> • sub-animal testing DIN 38415-4

Sub-Pixel-Verfahren n <edv> • sub-pixel integration

Subset n <math> (allg.) • subset; partial quantity

Subskribenten-Identifikationsmodul n (SIM) rar <tele> • Subscriber Identification Module (SIM); SIM card pract

Substandard m <phot.kino> (Film unter 35 mm) • substandard

Substandardschiff n <nav> (meist unter Billigflagge) • substandard ship; substandard pract

substantiver Farbstoff m <textil> (Färberei) • substantive dyestuff; direct dyestuff; direct dye

Substantivfarbstoff m <textil> (Färberei) • substantive dyestuff; direct dyestuff; direct dye

Substanz f • body

Substanz f • material; matter; substance

Substanz f <chem> • matter

Substanz f <mat> • substance

Substanz f <mat> • material

Substanz f <mat> • substance

Substituent m <chem> • substituent group; substituent

substituieren vt <allg> • replace vt

substituieren vt <edv.math.mat> • substitute vt

substituiertes Atom n <mat> (Kristallgitter) • substitutional atom

Substitution f <edv.mat.math> • substitution

Substitution f <med> (Heilmittel) • replacement

Substitutionsatom n <mat> (Kristallgitter) • substitutional atom

Substitutionsbefehl m <edv> • extract instruction; setting instruction

Substitutionsfehler m <edv> • substitution error

Substitutionsfehlerrate f <edv> • substitution error rate (SER)

Substitutionsgitterplatz m <mat> • substitutional lattice site

Substitutionsisomerie f <chem> • substitution isomerism

Substitutionsleerstelle f <mat> • substitutional vacancy

Substitutionslegierung f <mat> • substitutional alloy

Substitutionsmischkristall m <mat> • substitutional solid solution

Substitutionsreaktion f <chem> • substitution reaction

Substitutionsstelle f <mat> (Kristallgitter) • substitutional site

Substitutionsstörstelle f <mat> (Fremdstörstelle) • substitutional impurity

Substitutionsverfahren n <math> • substitution method

Substrat n <tech.allg> (allg., tragendes Basismaterial unter einer Schicht) • substrate; base material; backing; support

Substrat n wiss <tech.allg> (für Beschichtungen, Überzüge, Leiterbahnen; z. B. Halbleiter, Film) • substrate; carrier material; substrate material; support [material]; base [material]

Substrat n <edv> (bei Festplatten) • substrate; base

Substrat n DIN <el.ic.prod> (für integrierte Schaltungen; typ. Keramik) • substrate

Substrat n <geo> (z. B. als Nährmedium für Pflanzen) • substrate; substratum thsc

Substrat n wiss <mat> (als Basis für Beschichtungen etc.) • base material; basis material; substrate thsc

Substrat n <msr> (für Halbleiter-Gassensoren) • insulating substrate

Substrat n ISO 4618/1 <obfl> (für Spritzlackierungen u. dgl.) • substrate ISO 4618/1; painting surface; painting ground; ground pract

Substrat n <obfl> (Untergrund, allg.) • substrate

Substrat n <obfl> (für Anstrich, Aufdruck usw.) • substrate

Substratdicke f <tech.allg> • substrate thickness; base material thickness

Substratdotierung f <mat.ic> (Halbleiter) • substrate doping

Substrat-Resist-Grenzschicht f <ic> • substrate-resist-interface

Substratwiderstand m <el.ic> • substrate resistivity

Sub-System n <edv.tele> • sub-system

Subsystem n <edv.tele> • subsystem

Subtangente f <math> • subtangent

Subtrahend m <math> • subtrahend

subtrahieren vt <math> (Zahlen) • subtract vt

Subtraktion *f* <math> • subtraction
Subtraktionsfarbe *f* <phys> • non-self-luminous color; pigment
Subtraktionsmischkristall *m* <mat> • subtraction solid solution
Subtraktionsschaltung *f* <msr> • subtraction circuit
Subtraktionsübertrag *m* <edv> • subtract carry
subtraktive Farben *fpl* <phot> • subtractive colors
subtraktive Farbmischung *f* <phys> • subtractive color mixing
subtraktive Modulation *f* <phys> • downward modulation
subtraktives Dreifarbenverfahren *n* <opt> • subtractive color process
subtraktive Synthese *f* <edv.av> • subtractive synthesis; analog synthesis
Subtraktivverfahren *n* <el> • subtractive process; edged-foil process
subtransiente Reaktanz *f* <el> • direct-axis subtransient reactance; subtransient reactance
subtransienter Strom *m* <el> • subtransient current
Subtransientreaktanz *f* • subtransient reactance
subtransitorische Längs-EMK *f* <el> • direct-axis subtransient electromotive force
subtransitorische Längsimpedanz *f* <el> • direct-axis subtransient impedance
Subunternehmer *m* <bau.fin> • sub-contractor; subbie coll
Subunternehmer *m* DIN 8402 <jur> • subcontractor ISO 8402
Subvention *f* <jur> • subsidy
Subventionen *fpl* UNRWA <jur> • cash grants
Subwoofer *m* <kfz.av> • sub-woofer
Subwoofer-Satelliten-System *n* <av> • subwoofer-satellite (loud)speaker system
Succus <med> • succus
Suchadresse *f* <edv> • seek address
Suchanker *m* rar <nav> • drag anchor; grapnel
Suchanker *m* <wz> • grappling hook; grappling iron; grapnel
Suchantenne *f* <tele> • sensing antenna US; sensing aerial GB
Suchargument *n* <edv> • search argument
Suchbaum *m* <edv> • search tree
Suchbegriff *m* <edv> • search word
Suchbereich *m* <navig> • detection range
Suchbetrieb *m* <edv> • search mode
Suchbohrung *f* <petr> • exploratory boring
Suchbohrung *f* <petr> • exploratory drilling
Suchbohrung *f* <petr> (Bohrloch) • prospect well
Suchbohrung *f* <petr> (Vorgang) • scout drilling
Suchdrehscheibe *f* <av> • jog; jog dial
Suche *f* <chem> • tracing
Suche *f* <edv> • search
Suche *f* <min> • prospecting
Suche *f* <opt> • view finding
Suche *f* <prod> • locating
Suchempfänger *m* <navig> • localizer receiver
suchen *v* <min> • prospect v
suchen *vt* <allg> • look for vt
suchen *vt* <allg> • search vt
suchen *vt* <tech.allg> (z. B. Frequenz, Adresse) • find vt
suchen *vt* <edv> • seek vt
suchen *vt* <tele> • hunt vt
Sucher *m* <phot> • viewfinder; finder pract; camera viewfinder rare
Sucheranzeigeprisma *n* <phot> • information display prism
Sucherausblick *m* <phot> (bei Sucherkameras) • viewfinder window

Sucherbeleuchtungstaste *f* <phot> • viewfinder illumination button
Sucherbild *n* <phot> • viewing image; image seen in the viewfinder; view-finder image
Sucherbildbeschnitt *m* <phot> • finder image cut-off
Suchereinblick *m* <phot> • viewfinder eyepiece
Sucherentriegelung *f* <phot> (nur SLR mit abnehmbarem Sucher) • finder release
Sucherkamera *f* <phot> • direct vision camera; rangefinder camera
Suchermonitor *m* <av> • electronic viewfinder (EVF)
Sucherobjektiv *n* <phot> • viewing lens
Sucherokular *n* <phot.av> (Kamerasuchereinblick) • finder eyepiece; eyepiece; viewfinder eyepiece
Sucherrahmen *m* <phot> • view-finder frame
Sucherscheibe *f* <phot> (im Sucher; normalerweise eine Mattscheibe) • viewing screen; focusing screen; ground glass screen
Suchersystem *n* <phot> • view-finder system
Sucherteleskop *n* <astron> • finder telescope
Suchfehler *m* <edv> • seek error
Suchfunkmessgerät *n* <navig> • searching radar set
Suchfunktion *f* <autom> • search routine
Suchgerät *n* <mil> (z. B. für Minen) • detector
Suchgeschwindigkeit *f* <edv> • seek rate
Suchhöhe *f* <ic> • search height; search
Suchkode *m* <edv> • retrieval code
Suchkreis *m* <el> • search circuit; finding circuit
Suchlauf *m* (z. B. beim Videorecorder) • cueing; cue
Suchlauf *m* <av> • search mode; search function; scanning
Suchlauf *m* <av> • search run; search
Suchlauf *m* <av> • search; scan
Suchlauf *m* <edv> • seek operation; seek n
Suchlaufautomatik *f* • automatic station finder
Suchlaufgeschwindigkeit *f* <av> • search speed
Suchlauftaste *f* <kfz.av> • frequency scan button; search tuning rocker Blaupkt
Suchlaufwippe *f* Blaupkt <kfz.av> • frequency scan button; search tuning rocker Blaupkt
Suchmethode *f* <edv> • search method
Suchprogramm *n* <autom> • search routine
Suchprüfung *f* <edv> • seek check
Suchradar *n* <mil> • search radar
Suchroutine *f* <edv> • search routine
Suchrufkanal *m* Alcatel <tele> • Paging Channel (PCH) Alcatel
Suchschalter *m* <el> • finder
Suchscheinwerfer *m* <kfz> • searchlight
Suchscheinwerfer *m* <kfz> • spot light US
Suchscheinwerfer *m* <licht> • spotlight lamp
Suchschlüssel *m* <edv> • search key
Suchschrittmethode *f* (Optimierung) • hill-climbing
Suchspule *f* <el> • search coil; exploring coil
Suchspule *f* <phys> • pick-up coil
Suchstrategie *f* <edv> • search strategy
Suchverfahren *n* <edv> • search procedure; search technique
Suchvorgang *m* <tech.allg> • search process
Suchwähler *m* <tele> • finder switch
Suchzeichen *n* <edv> • inquiry signal
Suchzeit *f* • latency
Suchzeit *f* <tech.allg> (z. B. edv) • search time; seek time
Suchzeit *f* <edv> • seek time; positioning time
Sucrose *f* <nahr> (Rohr- oder Rübenzucker) • sucrose; saccharose
Sucus <med> • succus
Südabweichung *f* <energ.sol> • azimuth
süffig <nahr> (Wein) • palatable

Süllversteifungsprofil n <nav> • coaming stiffener
sümpfen vt <min> • bail vt
sümpfen vt <min> • dewater vt; drain vt
Sümpfkübel m <min> • bailer
SÜS <akust.msr> • vibration monitoring system
SÜS <akust.msr> • impact monitoring system
süß <nahr> • sweet
Süße f <nahr> • sweetness
süßen vt <nahr> • sweeten vt
süße Sahne f <nahr> • sweet cream
Süßkraft f <nahr> • sweetening power
Süßmolke f <nahr> • sweet whey
Süßmolkenpulver n <nahr> • sweet whey powder
Süßrahmbutter f <nahr> • sweat cream butter
Süßreserve f <nahr> (Wein) • unfermented grape juice;
partly fermented grape must for sweetening
Süßung f <nahr> • sweetening
Süßungsmittel n <nahr> • sweetener
Süßverfahren n <nahr> • sweetening process
Süßwasser n <geo> • fresh water; inland water; sweet
water
Süßwasserbehälter m <logist> • fresh-water storage tank
Süßwasserpumpe f <masch> • fresh-water pump
Süßwasserspülung f <petr> • fresh water mud
Suffix m <edv> • postamble; postfix; suffix
Suffizienz f <math> • sufficiency
SU-Gleichdruckvergaser m did <kfz.mot> • SU carbu-
retor; SU-type VV carburetor; SU-type variable venturi
carburetor did
sukzessive Approximation f <phys.msr> (Annähe-
rungsverfahren) • successive approximation
Sulfat n <chem> • sulfate US; sulphate
Sulfatangriff m <bau.chem> • sulfate attack
Sulfataufschluss m <pap> • sulfate pulping
sulfatbeständiger Zement m <bau.mat> • sulfate-
resistant cement
Sulfatblase f <qualit.mat> (Glasfehler) • scab
Sulfathärte f <chem> (Wasser) • sulfate hardness
Sulfathüttenzement m <bau.mat> • slag sulfate cement;
super-sulfated cement
sulfatieren v <chem> (Alkohole mit Schwefelsäure ver-
estern) • sulfate v
sulfatisieren v <chem> (Metallsufide durch Rösten in
Sulfate umwandeln) • sulfatize v
sulfatisieren v <chem.el> (kristallinen Bleisulfatnieder-
schlag im Bleiakku bilden) • sulfate v
Sulfatisierofen m <chem.verf> • sulfatizing roasting fur-
nace
Sulfatkochlauge f <pap> • sulfate cooking liquor; kraft
cooking liquor
Sulfatkristallisator m <chem> • sulfate crystallizer
Sulfatverfahren n <chem.verf> (Altpapierverwertung)
• sulfate process GB; sulfate process US
Sulfatzellstoff m <pap> • sulfate pulp
Sulfatzellstoffkocher m <pap> • sulfate digester; kraft
digester
Sulfid n <chem> (Salz des Schwefelwasserstoffes) • sul-
fide US; sulphide GB
Sulfiderz n <min> • sulfide ore
sulfidieren vt <chem> • sulfidize vt
sulfidieren vt <textil> • churn vt; xanthate vt
sulfidisches Erz n <min> • sulfide ore
Sulfit n <chem> (Salz der schwefeligen Säure) • sulfite
US; sulphite
Sulfitablauge f <pap> • sulfite lye
Sulfitaufschluss m <pap> • sulfite pulping
Sulfitkochsäure f <pap> • bisulfite cooking liquor; bisul-
phite liquor
Sulfitkraftpapier n <pap> • sulfite kraft paper

Sulfitverfahren n <pap> • sulfite process
Sulfitzellstoff m <pap> • sulfite pulp
Sulfoaluminatverbindung f <chem> • sulfoaluminate
compound
Sulfochlorierung f <chem.verf> • sulfochlorination
Sulfurierung f <chem> • sulfonation
Sulphur <chem> • sublimated sulfur; sulfur
Sulphuricum acidum <chem> • sulfuric acid; sulfuricum
acidum
Sulphur iodatum <chem> • sulfur iodide; sulfur iodatum
Sumach m <bio> • sumach; rhus venenata
Summand m <math> • addend
Summandenregister n <edv> (Rechenwerk) • addend
register
Summationsformel f <math> • summation formula
Summationsgift n <bio> • cumulative poison; cumulating
toxin
Summationsindex m <edv> • summation index
Summationskonvention f <math.edv> • summation con-
vention
Summator m <edv> • summator; summer
Summe f <tech.allg> • total; sum
Summe f <math> • sum
Summe f <math> • total
Summenbildung f <math.msr> • summing
Summendrucktaste f <edv> • key for printing totals
Summenfehler m <math> • accumulated error; gross
error
Summenfehler m <qualit> • cumulative error
Summenformel f <chem> • empirical formula
Summenformel f <math> • summation formula
Summengang m <edv> • total cycle
Summengesprächszählung f <tele> • summation call
metering
Summenhäufigkeitsverteilung f <qualit> (Statistik)
• cumulative frequency distribution
Summenkarte f <edv> • sum card
Summenkontrolle f <edv> • summation check; total
checking
Summenkurve f <qualit> (Statistik) • cumulative fre-
quency curve
Summenlocher m <büro> • gang summary punch
Summenlocher m <edv> • sum punch; gang summary
punch
Summenregel f • sum rule
Summensignal n • composite signal
Summensignal n <edv> • sum signal
Summenübertragung f <edv> • total transfer
Summenvektor m <math> • sum vector
Summenverteilung f <verf> • cumulative size distribution
Summenwert aller Kohlenwasserstoffe m <kfz.emiss>
• total hydrocarbons (THC)
Summenzähler m <el.msr> • summation meter
Summenzählwerk n <edv> • totalizer
Summenzeichen n <math> (Sigma) • summation sign
Summenzeitkonstante f <msr> • total time constant
Summer m <akust> • buzzer; hummer
Summer m prakt <msr> • warning buzzer [signal]; buzzer
pract
Summeranlasszündung f <kfz> • buzz-type starting
ignition
Summerempfang m <tele> • reception by buzzer
Summer für nichtangelegte Sicherheitsgurte <kfz.el>
• fasten belts buzzer US
Summergerät n <tele> • buzzer set
Summerrelais n • buzzer relay
Summerschaltung f <tele> • audio oscillator circuit
Summerton m <akust> • humming sound
Summerton m <tele> • buzzer sound; humming sound

Summerzeichen *n* <akust> • humming sound
Summerzeichen *n* <tele> • buzzer signal; humming sound
summieren *vt* <allg> • total *vt*
summieren *vt* <tech.allg> • accumulate *vt*
summieren *vt* <math> • add up *vt*
summieren *vt* <math> • sum up *vt*; sum *n*
summieren *vt rar* <math> *(Zahlen)* • add *vt*; sum (up) *vt coll*
summierender Zähler *m* <msr> • totalizing counter
summierende Schaltung *f* <el> • adder; adding circuit
summierendes Messgerät *n* <msr> • totalizing instrument; summation instrument
Summierglied *n* <edv> • summing element
Summierintegrator *m* <edv> • summing integrator
Summiernetzwerk *n* <edv> • summing network
Summierstelle *f* <msr> • summing point
Summierstufe *f* <el> • mixing stage
Summiertrieb *m* <autom> • mechanical adding device
Summierung *f* <allg> *(z. B. von Einzelpositionen, Ereignissen)* • addition
Summierung *f* <allg> • totalization
Summierung *f* <math> • summation; summing
Summierung *fsg* <allg> • accumulation
Summierverbindungsstelle *f* <edv> • summing junction
Summierverstärker *m* <edv> • summation amplifier; summing amplifier; summer
Sumpf *m* <chem.petr> *(von Destillationstürmen, Kolonnen, Säulen)* • bottom
Sumpf *m* <geo> *(nasser, schwammiger Boden)* • mire; bog
Sumpf *m* <metall> *(in Ofen, Herd)* • liquid pool
Sumpfaufgabe *f* <verf> *(Zweiwalzentrockner)* • top feed
Sumpfeisenerz *n* <min> • bog iron ore
sumpfen *vt* <silik> • soak *vt*; wet *vt*
Sumpffieber *n* <med> • malaria; marsh fever; periodic fever
Sumpfgas *n* <chem> *(Methan)* • marsh gas
Sumpfgebiet *n* <geo> *(schwammiger Boden, üppige Vegetation)* • swamp
Sumpfgrube *f* <silik> • soaking pit
Sumpfhuhnjagd *f rar* <edv> • grouse shooting
Sumpfinhalt *m (Öl)* • standage
Sumpfland *n* <geo> *(schwammiger Boden, üppige Vegetation)* • swamp
Sumpfphase *f* <chem> • liquid phase
Sumpfphasehydrierofen *m* <chem> • liquid-phase converter
Sumpfphasehydrierung *f* <chem> • liquid-phase hydrogenation
Sumpfporst *m* <bio> *(Pflanze)* • wild rosemary; ledum palustre
Sumpfprodukt *n* <chem> • bottom product; bottoms
Sumpfschaber *m* <ents> *(Kläranlage)* • sump scraper
Sunburst-Code *m* <edv> *(Strichcodetyp)* • Sunburst Code; Wagon Wheel Code
Sunk *m* <energ.hydr> • negative surge
Sunnhanf *m* <textil> • sunn hemp; false hemp
SUPADRIV... <wz> *(Schraubwerkzeuge)* • SUPADRIV...
Supadriv-Kreuzschlitz *m* <füg> • Supadriv
Superabsorber *mpl* <kst> *(hochsaugaktive Polymere)* • superabsorbents
Superaerodynamik *f* <aerospace> • superaerodynamics
superaktinisch *adv* <tech.allg> • hyperactinic :*V*
Superakzeptor *m* <el> • superacceptor
Super-Audio-CD *f* (SACD) <av> • Super Audio Compact Disc (SACD)
Superauswahlregel *f* <phys> • superselection rule
Superballonreifen *m* <kfz> • superballoon tire

Superbenzin *n prakt.ugs* <chem.petr> *(Benzinsorte, verbleit)* • premium [leaded] *US*; 4-star [petrol] (98 octane) *GB.BS4040*; 5-star [petrol] (100 octane) *GB.obs*
Superbike *n* <kfz> *(schwere Maschine, Hubraum mind. 500 cm³)* • super bike
Super bleifrei <kfz> *(Benzinsorte)* • premium unleaded *US*; super unleaded *US*
Super Clear Picture *n Aiw* <av> • Super Clear Picture *Aiw*
Supercomputer *m* <edv> • supercomputer
Supercomputer *m* <edv> • super computer
Super-Density Compact Disc *f* (SD-CD) <edv> • Super Density Compact Disc (SD-CD)
Super Desktop Publishing *n* (SDTP) <edv> • super desktop publishing (SDTP)
Super-Digitalzoom *n* <av> • Super Digital Zoom
SuperDisk-Laufwerk *n* <edv> • SuperDisk drive
Superdruck-Teilturbine *f* (SD) DIN 4304 <energ.therm> *(Dampfturbine)* • super pressure turbine section
Super-Enamel *m* <obfl> *(Lacksorte bei Ford, Chrysler, American Motors zwischen 1956 und 1964)* • super enamel
Superfinish *n* <prod> • superfinishing
Superfraktionierung *f* <chem.petr> • superfractionation
superfrühhochfester Zement *m* <bau.mat> • jet cement
Superfundaltlast *f* <ents> • Superfund site
Superfundkataster *nsg* <ents> • Superfund inventory
Superfund-Sanierungsfließband *nsg* <ents> • Superfund remedial pipeline
Superfund-Sanierungsprogramm *nsg* <ents> • Superfund Cleanup Program
Superhaufen *m* <astron> • clouds of galaxies *pl*; superclusters of galaxies *pl*; superclusters *pl*
superhell <el.licht> *(z. B. Signalleuchte)* • superbright
Superhet *m* <av> • superheterodyne receiver; Superhet *pract*
superheterodynamischer Empfänger *m did* <av> • superheterodyne receiver; Superhet *pract*
Superheterodynempfang *m* <tele> • superheterodyne reception
Super High Resolution *f* (SHR) <edv> *(Bildschirm)* • Super High Resolution (SHR)
Superhochdecker *m* <nfz> • luxury coach; high-deck coach *GB*; high-floor coach *GB*
Superhochdecker-Reisebus *m* <nfz> • luxury coach; high-deck coach *GB*; high-floor coach *GB*
Superhochfrequenz *f* <tele> • superhigh frequency (SHF)
Superhochfrequenztransistor *m* <el> • superhigh-frequency transistor; SHF transistor
Super-Hub *m* <aerospace> *(in Europa: London Heathrow, Frankfurt, Charles-de-Gaulle, Schiphol)* • Super Hub
Superikonoskop *n* *(Bildaufnahmeröhre mit Vorabbildung)* • image iconoscope
Superimposer *m Gru* <av> • title generator; titler; character generator *JVC*; superimposer *Gru*
Superinfektion *f* <med> • superinfection
Superkalander *m* <pap> • supercalender
Superkavitation *f* <phys> • supercavitation
Superkraftstoff *m* DIN51600 <chem.petr> *(Benzinsorte, verbleit)* • premium [leaded] *US*; 4-star [petrol] (98 octane) *GB.BS4040*; 5-star [petrol] (100 octane) *GB.obs*
Superlegierung *f* <mat> • superalloy
SuperLo Lux *n JVC* <av> • hi-sensitivity CCD *JVC*
Super-LSI *f* • extra-large scale integration
Supermini *m prakt* <edv> • supermini computer; supermini *pract*
Superminicomputer *m* <edv> • supermini computer; supermini *pract*

Superminirechner *m* <edv> • supermini computer; supermini *pract*

Supermultiplett *n* <nukl> • supermultiplet

Super-Niederquerschnittreifen *m* <kfz> • super low section tire

Supernova *f* <astron> • supernova

Superoktavkoppel *f* <mus> *(Orgel)* • super-octave coupler

superopak <obfl> • fully opaque; fully opacified

Superopakemail *n* <obfl> • fully opaque frit; fully opaque enamel; fully opacified frit; fully opacified enamel

superopaque <obfl> • fully opaque; fully opacified

Superorthikon *n* *(speichernde Bildaufnahmeröhre)* • image orthicon

Superphantomschaltung *f* <tele> • double phantom circuit

Superphosphat *n* <agri> *(Düngemittel)* • superphosphate

Super-PIN *f* <tele> • personal unblocking key (PUK)

superplastische Umformung *f* <prod> • superplastic forming

Superplastizität *f* <qualit.mat> • superplasticity

Superplastizität *f* <qualit.mat> *(von Stahl)* • super plasticity

Super plus *n* <kfz> *(Benzinsorte, bleifrei)* • Super Plus *US* + *GB*

Superpositionssatz *m* <phys> • superposition theorem

Superpremium Eiskrem *f* <nahr> • superpremium ice cream; gourmet ice cream; deluxe ice cream

Superrechner *m* <edv> • super computer

Superregenerativempfang *m* <tele> • superregenerative reception

Super Rewind *n Hit* <av> • Super Rewind *Hit*

Superscape Command Language *f* (SCL) <edv> *(Programmiersprache für VR-Anwendungen)* • Superscape Command Language (SCL)

Superscene-Antialiasing *n* <edv> • superscene antialiasing

superschnell <phot> *(Film)* • ultrafast

superschneller Speicher *m* <edv> • ultra-speed memory

superschwer <chem> *(Element)* • superheavy

superschweres Element *n* <chem> • superheavy element

Super-Single-Reifen *m* <nfz> *(z. B. Größe 495/4522,5)* • super-single tire

Super Stable <edv> • Super Stable

Super-Standbild *n* <av> • super still

Super-Standbild *n Gol* <av> • perfect still; perfect still picture; noiseless still; clear still *Son*; perfect freeze *Gru*

Supertanker *m* <nav> • supertanker

Super TriLogic *n Son* <av> • Super TriLogic *Son*

Super [verbleit] *n* <chem.petr> *(Benzinsorte, verbleit)* • premium [leaded] *US*; 4-star [petrol] (98 octane) *GB.BS4040*; 5-star [petrol] (100 octane) *GB.obs*

Superverflüssiger *m* <bau.mat> *(starker Weichmacher)* • superplasticizer

Super-VGA *n* (SVGA) <edv> • Super VGA (SVGA)

Super-VHS *n* (S-VHS) <av> • Super-VHS (S-VHS); Super Video Home System

Super-VHS-Compact *n* (S-VHS-C) <av> • Super-VHS-Compact (S-VHS-C); Super Video Home System Compact

Super Video Home System *n* <av> • Super-VHS (S-VHS); Super Video Home System

Super Video Home System Compact *n* <av> • Super-VHS-Compact (S-VHS-C); Super Video Home System Compact

Super Video Recording *n* (SVR) <av> • Super Video Recording (SVR); super video recording system; SVR system

Super Video Recording *n* (SVR) <av> • Super Video Recording (SVR)

Supervisorkern *m* <edv> • supervisor nucleus

Supervisorruf *m* <edv> • supervisor call

Superweibchen *n* <bio> • meta female

Superweitwinkelfotografie *f* <phot> • ultrawide-angle photography

Superweitwinkelobjektiv *n* <phot> • ultra-wide-angle lens; ultrawide-angle lens

Superzentrifuge *f* <verf> • ultracentrifuge

Suppenlöffel *m* <gastr> • soup spoon

Suppenschale *f* <gastr> • soup bowl

Suppentasse *f* <gastr> • soup bowl

Suppenteller *m* <gastr> *(tief)* • dinner plate

Supplement *n werb* <druck> *(zu einer Zeitung)* • supplement

Supplement *n* <edv> *(Strichcodezusatz)* • supplemental code; add-on symbol; addendum

supplementär <allg> • supplementary

Supplementunterdrückung *f* <edv> • supplement suppression

Supplementwinkel *m* <math> • supplementary angle; supplement

Supply-Boote *fpl* <nav> *(Bohrplattform)* • supply boats

Supply-Chain-Management *n* <logist> *(Integration von Lieferanten und Abnehmern)* • supply chain management

Supply-Chain-Management *n* <logist> • supply-chain management (SCM)

Support *m* <wz.masch> *(Werkzeugträger)* • carriage; slide; saddle

Supportfeststellhebel *m* <wz.masch> • saddle clamping lever

Supportführung *f* <wz.masch> • tool head slide; head slide

Supportschlossplatte *f* <wz.masch> • apron

Supraelektron *n* <nukl> • superelectron

supraflüssig <phys> • superliquid

Supraflüssigkeit *f* <phys> • superfluid

suprafluid <phys> • superfluid

suprafluider Zustand *m* <phys> • superfluid state; superfluidity

Suprafluidität *f* <phys> • superfluidity

supraleitend <nukl> • superconducting

supraleitend <phys> • superconducting

supraleitender Hohlleiter *m* <phys.el> • superconducting waveguide

supraleitender Magnet *m* <phys> *(z. B. für Magnetschwebebahn)* • superconducting magnet

supraleitender magnetischer Energiespeicher *m* (SMES) <energ> *(schneller Kompensator)* • superconducting magnetic energy storage (SMES); cryogenic magnetic energy storage

supraleitender Schichtspeicher *m* <edv> • cryogenic memory; cryogenic store

supraleitender Speicher *m* <phys> • superconducting memory

supraleitender Stoff *m* <qualit.mat> • superconductor

supraleitender Zustand *m* <phys> • superconducting state

supraleitendes Kabel *n* • cryogenic cable; superconductive cable

supraleitende Spulen *f* <nukl> • superconducting coils

supraleitend machen *vt* <el> • render superconductive *vt*

Supraleiter *m* <el.tele> • superconductor

Supraleiter *m* <nukl> • superconductor

supraleitfähig <phys> • superconducting

Supraleitfähigkeit *f* <phys> • superconductivity

Supraleitung *f* <nukl> • superconductivity

Supraleitung *f* <phys> • superconduction

Supraleitungsschicht f <nukl> • superconducting film

Supraleitungsspeicher m • cryogenic memory; cryotron memory; superconducting memory

Supraleitungszustand m <phys> • superconducting state

Suprarenin n <pharm> • suprarenin

Suprastrom m <phys> • supercurrent

Surface-Mapping n <edv> • picture mapping; mapping pract

Surface-Modeling n prakt <edv> • boundary representation (b-rep); surface modeling pract

Surface mounted device n (SMD) <edv> • surface mounted device (SMD); SMD chip

Surface-Rendering n <edv> • surface rendering

Surfacing n <edv> • surfacing

Surfbretthalter m <kfz> (für Lastenträger) • surfboard carrier

Surformhobel m <bau.wz> • rasp :V

Surrogat n <mat> • substitute

Surround-Sound m <av> • quadrosound; 3D surround sound

Surround-Sound m <av> • surround-sound; stereoscopic sound

Survival-Analyse f <med> • survival analysis

suspendieren vt <pap.ents> • put into suspension vt

suspendieren vt <verf> (Feststoff in Flüssigkeit) • suspend vt

suspendierter Stoff m <mat> (Feststoff in Flüssigkeit) • suspended material; suspended matter

suspendierte Stoffe mpl <verf> (allg., in Gas oder Flüssigkeit) • suspended solids pl; suspended matter; suspensoids pl form

Suspension f <bohr> • drilling fluid; drilling mud

Suspension f <chem> (Feststoff in Flüssigkeit) • suspension

Suspension f <ents> • slurry

Suspension f <verf> (Gemenge) • suspension

Suspension f <verf> • suspension

Suspensionskolloid n <chem> • suspensoid colloid; suspensoid

Suspensionspolymerisation f <chem> • suspension polymerization; bead polymerization

Suspensionsreaktor m <nukl> • suspension reactor; slurry reactor

Suspensionsröstung f <chem.verf> • suspension roasting

Suspensoidkracken n <chem.verf> • suspensoid catalytic cracking; suspensoid cracking

Sustainlevel m <mus.el> • sustain level

Sustainphase f <mus.el> • sustain level

Suszeptanz f <el> • susceptance

Suszeptibilität f <phys> • susceptibility

SUV <kfz> (Kombination aus Limousine, Kombi, Offroader und Sportwagen) • sport utility vehicle (SUV); sport utility car; sport ute US.coll

SU-Vergaser m <kfz.mot> • SU carburetor; SU-type VV carburetor; SU-type variable venturi carburetor did

SUW-Wölbungsmessgerät n <pap> • SUW warp meter

Suzuki Advanced Cooling System (SACS) <kfz> (Motorrad; kombinierte Luft-/Ölkühlung) • Suzuki Advanced Cooling System (SACS)

Suzuki-Membraneinlass m <kfz> (Zweitaktmotor) • Suzuki Power Reed System

Suzuki Posi-Force-Getrenntschmiersystem n <kfz.mot> (Zweitaktmotor) • Suzuki Posi-Force System

Suzuki Power Reed System prakt <kfz> (Zweitaktmotor) • Suzuki Power Reed System

Sv <nukl> (Einheit derÄquivalentdosis; 1 Sv = 100 rem) • sievert (Sv)

SVB <bau.mat> • self-compacting concrete (SCC) DIN EN 1045-2

SVGA <edv> • Super VGA (SVGA)

S-VHS <av> • Super-VHS (S-VHS); Super Video Home System

S-VHS-C <av> • Super-VHS-Compact (S-VHS-C); Super Video Home System Compact

S-VHS-Vollformat n <av> • standard S-VHS

S-Video-Anschluss m <av> • S-video terminal

S-Videosignal n <av> • separate video signal; S-Video signal; Y/C signal

SV-Motor m prakt <mot> • side-valve engine; L-head engine US; T-head engine; sv engine

SVR <av> • Super Video Recording (SVR); super video recording system; SVR system

SVR-System n <av> • Super Video Recording (SVR); super video recording system; SVR system

s/w <phot> • black and white (b/w); black & white; b & w

Swabben n <petr> (von Ölsanden) • swabbing

Swan-Sockel m <el> • bayonet base; bayonet cap

Swansockel m rar <el> (von Lampen) • bayonet base; bayonet cap GB

Swapping n <edv> (von Dateien, Programmteilen, vom RAM auf Festplatte) • swapping

SW-Dia[positiv]film m <phot> • black-and-white transparency film; black-and-white slide film

SWE <licht> (Abstand auf der Farbtafel) • threshold value (SWE)

S-Web-Verfahren n <energ.sol> • S-web process; supported web process

Sweep-Antenne f prakt <navig> • sweep antenna US; sweep aerial GB

Sweetening-Verfahren n <nahr> • sweetening process

Sweetheart-Shopping n <edv.ökon> • sweetheart shopping

S-Welle f <geo> (seismische Welle) • S-wave; shear wave; secondary wave; shake wave; transverse wave

Swelling-Index m <mat> (Kohle) • swelling index

SWFD <tele> • Public Switched Telephone Network (PSTN)

SW-Film m <phot> • black-and-white film; b/w film; b & w film; mono film coll

SW-Filmentwicklung fsg <phot> • black-and-white film development sg; b/w film development sg

SW-Fotografie f <phot> (fotografische Aufnahme) • black-and-white picture; b/w picture; b&w picture; black-and-white photograph

S/W-Fotografie fsg <phot> (Teilbereich der Fotografie) • black-and-white photography sg; b/w photography; monochrome photography

SW-Fotografie fsg <phot> (Teilbereich der Fotografie) • black-and-white photography sg; b/w photography; monochrome photography

SW-Fotopapier n <phot> • black-and-white paper; b/w paper; b&w paper

Swimmingpool-Reaktor m <nukl> • swimming pool reactor

Swirl Pot m <kfz> (Kraftstoffbehälter) • swirl pot

Switchable Polymer-Platte f <druck> (wärmeempfindliche Druckplatte) • switchable polymer plate

Switchable Polymer-Technologie f <druck> (Thermaltechnologie) • switchable polymer technology

Switch Controller m Moog <el.mus> • switch controller Moog

Switched Trigger m Moog <el> • switched trigger Moog

SW-Negativfilm m <phot> • black-and-white negative film; black-and-white print film

S-Wölbung f <pap> • S-warp

SW-Papier n <phot> • black-and-white paper; b/w paper; b & w paper

SW-Polarogramm *n* <el.chem> • square-wave polarogram

SW-Polarograph *m* <el.chem> • square-wave polarograph

sw-polarographisch *adj* <el.chem> • square-wave polarographic *adj*

SWR <nukl> • deuterium moderated reactor; heavy water moderated reactor; heavy water reactor

SWR <nukl> • boiling-water reactor (BWR)

SWSF <ents> • bubbling bed FBC; bubbling FBC; dense-phase AFBC; fixed bed FBC

SWT <prod.nahr> • scraped-surface heat exchanger (SSHE); scraped-surface exchanger

SW-Vergrößerer *m sg=pl* <phot> • black-and-white enlarger; b/w enlarger

SW-Vergrößerung *f* <phot> • black-and-white enlargement; black-and-white print

SW-Voltammogramm *n* <el.chem> • square-wave voltammogram

Sydonar-AGR *f* <kfz.emiss> *(System Doduco)* • Sydonar EGR

Sylvesterknaller *m* <spreng> • New Year's fireworks

Symbol *n* <allg> • symbol

Symbol *n* <edv> *(GEM, CAD, Windows, etc.)* • icon

Symbolanhang *m* <edv> *(verkettetes Barcode-Symbol)* • appended message

Symbolbreite *f* <edv.druck> • symbol width *stand*; symbol length *stand*

Symboldichte *f* <edv> • symbol density

Symboldichte *f* <edv> *(in einem Strichcodesymbol)* • bar code density; character density; symbol density

Symbolerkennung *f* <edv> • scanning

Symbolfeld *n* <edv> *(allgemein)* • encoded area; bar code area; symbol area

Symbolhöhe *f* <edv.druck> • symbol height; code height

Symbolik *f prakt* <edv> • bar code symbology; bar code type; symbology *pract*

Symbolinterferenz *f* <tele> • intersymbol interference

symbolische Adresse *f* <edv> • symbolic address; floating address; pseudoaddress

symbolische Darstellung *f* <doku> • image

symbolische Darstellung *f norm.* <edv> • symbolic representation *stand.*

symbolische Logik *f* <math> • symbolic logic; symbolical logic; mathematical logic

symbolischer Befehl *m* <edv> • symbolic instruction; pseudoinstruction

symbolischer Kode *m* <edv> • pseudocode

symbolische Sprache *f* <edv> • symbolic language

Symbolkontrast *m norm* <edv> • symbol contrast *stand*

Symbollänge *f* <edv> *(eines Strichcodes)* • width; symbol width

Symbollänge *f norm* <edv.druck> • symbol width *stand*; symbol length *stand*

Symbologie *f* <edv> • bar code symbology; bar code type; symbology *pract*

Symbologiefamilie *f* <edv> • bar code family; symbology family

Symbologie-Identifikator *m norm* <edv> • symbology identifier *stand*

Symbologiespezifikation *f* <edv> • symbology specification; specification

Symbolprüfzeichen *n* <edv> • symbol check character

Symbolschreibweise *f* <edv.druck> • symbolic notation

Symbolsprache *f* <edv> • symbolic language

Symbolstruktur *f norm* <edv> • symbol architecture *stand*

Symbolteilbibliothek *f* <edv> • symbol[s] library

Symbolüberhang *m* <edv> • overhead *stand*; bar code message overhead

Symbolwinkel *m* <edv> *(beim Strichcodelesen)* • symbol angle; scanning angle

Symbolzeichen *n norm* <edv> • symbol character *stand*; bar code character *stand*; code character; cipher

Symistor *m* <el> • triode alternating-current switch

Symmetric Phase Recording (SPR) <edv> • Symmetric Phase Recording (SPR)

Symmetrie *f* <el> *(Gegentaktverstärker)* • balance

Symmetrieachse *f* <phys.math> • symmetry axis; axis of symmetry

Symmetriedrossel *f* <el> • current-balancing reactor; balancing reactor

Symmetrieebene <math> • symmetry plane

Symmetrieebene *f* <tech.allg> • mirror plane of symmetry; plane of symmetry; symmetry plane

Symmetrieelement *n* <math.mat> • symmetry element

Symmetriegruppe *f* <math> *(Geometrie)* • symmetry group

Symmetrieklasse *f* <mat> • crystallographic class; class of symmetry

Symmetriemessung *f* <kfz.rep> • symmetrical squaring; symmetrical analysis

Symmetrieoperation *f* <math> • symmetry operation

Symmetrieoperation *f* <math.phys> • symmetry operation; symmetry transformation

Symmetrieprinzip *n* <math> *(Funktionentheorie)* • symmetry principle; reflection principle

symmetrieren *v* <el> • balance *v*

Symmetrierglied *n* <el> • balance-to-unbalance transformer; balun

Symmetrierleitung *f* <el> • balancing line

Symmetrierstufe *f* <el> • balancer

Symmetrierung *f* <el> • balancing

Symmetrierung *f* <tech.allg.math> • symmetrization

Symmetrierungsschleife *f* <el> • balancing loop

Symmetrierverstärker *m* <el> • balun amplifier

Symmetrierwiderstand *m* <el> • balancing resistor

Symmetrieschaltung *f* <tech.allg> • symmetrical switching

Symmetrietransformation *f* <math.phys> • symmetry operation; symmetry transformation

Symmetriezentrum *n* <tech.allg> *(Ggs. zu Symmetrieachse)* • center of symmetry *US*; centre of symmetry *GB*

symmetrisch <allg> • symmetrical

symmetrisch <tech.allg> • balanced

symmetrische Belastung *f* <el> • balanced load

symmetrische Doppelleitung *f* • balanced pair transmission line; balanced twin transmission line

symmetrische Felge *f* <kfz> • symmetric rim

symmetrischer Ausschaltstrom *m* <el> • symmetric breaking current

symmetrischer Kreis *m* <el> • balanced circuit

symmetrischer Kreisel *m* <navig> • symmetrical gyro

symmetrischer Stromkreis *m* <el> • balanced circuit

symmetrischer Übertrager *m* <el> • balanced-to-balanced transformer

symmetrischer Verstärker *m* • balanced amplifier

symmetrischer Vierpol *m* <el> • symmetrical two-terminal-pair network

symmetrische Schaltung *f* <el> • balanced circuit

symmetrisches Dreiphasensystem *n* <el> • symmetrical three-phase system

symmetrisches Gewinde *n* <masch> • symmetrical thread

symmetrisches Gewindeprofil *n* <füg> • symmetrical thread profile

symmetrisches Mehrphasensystem *n* <el> • balanced polyphase system; symmetrical polyphase system

symmetrisches Netzwerk *n* <el> • balanced network; symmetrical network

symmetrische Speiseleitung f <el> • balanced feeder
symmetrisches T-Glied n <el> • H-network
symmetrisch geerdet <el> • balanced to earth
symmetrisch gepoltes Relais n <el> • neutral relay
sympathetische Reaktion f <chem.phys> (z. B. induzierte Detonation) • sympathetic reaction
sympathetische Tinte f norm <doku> • sympathetic ink norm; secret ink pract
sympathisches Pendel n <phys> • double pendulum
Symphonic Ensemble-Effekt m KORG <edv.av> • ensemble; symphonic ensemble KORG
Synchro m <el.msr> • synchro; self-synchronous device; selsyn
Synchro m <msr> • synchro
Synchro m <navig> (Messabgriff) • synchro
Synchrodetektor m <el> • synchronous detector
Synchro-Edit n Pan,Hit,Gru <av> • synchro edit
Synchroempfänger m <el> • synchro receiver
synchron <tech.allg> • in synchronism; in step
synchron <tech.allg> • synchronous
synchron <edv.phys> • sync
Synchronabtrennstufe f <av> • synchronizing separator; sync separator
synchron arbeiten vi <tech.allg> • operate synchronously vi
Synchronbahn f <aerospace> (Erdsatellit) • synchronous orbit
Synchronbetrieb m <av> • common-wave operation
Synchronbetrieb m <edv> • synchronous operation
Synchronbetrieb m <el> • sync operation
synchron bewegen vr <tech.allg> • move in synchronism v
synchron bleiben vi <tech.allg> • keep in step vi
Synchronblitz m <phot> • synchro-flash
Synchron-Digitalhierarchie-Plattform f rar <tele> • SDH platform
Synchrondigitalrechner m <edv> • synchronous digital computer
Synchrondrehmoment n <masch> • synchronous torque
Synchrondrehzahl f <tech.allg> • synchronous speed
synchrone Bestandsführung f <logist> • real-time inventory control
Synchroneinrichtung f <kfz.antr> (Getriebeteil) • synchronizer; synchromesh mechanism did; synchromesh
synchrone Längsfeldreaktanz f <el> • direct-axis synchronous reactance
synchrone Längsimpedanz f <el> • direct-axis synchronous impedance
synchrone Reaktanz f <el> • direct-axis synchronous reactance; synchronous reactance
synchroner Verlauf von Energieangebot und -bedarf <energ> • sun-synchronous energy demand
synchroner Zähler m DIN 19237 <msr> • parallel counter
synchrones Produktionssystem n (SPS) <prod> (zur Minimierung von Rüstzeiten) • synchronous production system (SPS)
synchrone Steuerung f <autom> • clocked control
synchrones Überspielen n <av> • synchro edit
synchrone Übertragung f <tele> • synchronous transmission
Synchronfeder f <kfz> • synchronizing spring
Synchrongatter n <el> • synchronous gate
Synchrongenerator m <el> • synchronous generator
Synchrongetriebe n <kfz> • synchromesh gear; synchronized gearbox
Synchrongleichrichter m <el> • synchronous rectifier
Synchronimpuls m <av> • picture sync impulse; sync impulse; sync signal; frame pulse; frame synchronizing pulse rare

Synchronimpulsgeber m <el> • synchronizer
Synchronisation f <tech.allg> (von Vorgängen, bewegten Teilen) • synchronization
Synchronisation f <av> (Abstimmung von Bild und Ton) • synchronization; dubbing pract
Synchronisation Channel m (SCH) <tele> • synchronization channel (SCH)
Synchronisationsanschluss m <phot> (für Blitzkabel) • sync. terminal
Synchronisationsbereich m <av> • retaining zone
Synchronisationsbereich m <el> • pull-in range
Synchronisationseinheit f <av.edv> • synchronizer
Synchronisationsfehler m <tech.allg> • synchronization error
Synchronisationsfehler m <av> • horizontal hunting; jitter
Synchronisationsfehler m <el> (z. B. von Speichermedien) • phase jitter; time base error; jitter
Synchronisationsgenerator m <av> • synchronization signal generator; synchronization unit
Synchronisationsgerät n <av.edv> • synchronizer
Synchronisationsmuster n <edv> • synchronization pattern; sync pattern
Synchronisationsröhre f <el> • synchronizing tube; synchronizing valve
Synchronisationsumschalter m <phot> (zwischen X und FP Blitzsynchronisation) • sync. selector switch
Synchronisationszeichen n <edv> (Datenübertragung) • sync character
Synchronisator m <el> • synchronizer
Synchronisiereinrichtung f did <kfz.antr> (Getriebeteil) • synchronizer; synchromesh mechanism did; synchromesh
synchronisieren vt <tech.allg> (z. B. Film, Motoren, Räder, Werkzeuge) • synchronize vt
synchronisieren vt <av> (Film) • dub vt
synchronisieren vt <edv> • synchronize vt; sync vt
synchronisierendes Moment n <masch> • synchronizing torque; pull-in torque
Synchronisierfrequenz f <el> • synchronizing frequency
Synchronisierhülse f <masch> (Getriebe) • synchromesh sleeve
Synchronisierleitung f <msr> • sync wire
Synchronisiermuffe f <masch> • synchromesh sleeve
Synchronisierschaltung f <el> • synchronizing circuit
Synchronisiersignal n <av> • synchronization signal
Synchronisiersignal n <edv> • synchronizing signal; sync signal
Synchronisiersymbol n <edv> • synchronization symbol
synchronisiert <tech.allg> • synchronized
synchronisiert <autom> (zeitgleich) • synchronized; synchronous
synchronisierte Beatmung f <med.tech> • assisted ventilation (AV); assisted mechanical ventilation
synchronisierte intermittierende mandatorische Beatmung f (SIMV) <med.tech> • synchronized intermittent mandatory ventilation (SIMV)
synchronisierter Asynchronmotor m <el> • synchronous asynchronous motor
synchronisierter Induktionsmotor m <el> • synchronous induction motor
Synchronisierung f <tech.allg> (Vorgang, nicht Ergebnis) • synchronization
Synchronisierung f <tech.allg> (von Vorgängen, bewegten Teilen) • synchronization
Synchronisierung f <kfz> (Getriebe) • lock-in
Synchronisierung f <kfz.antr> (Vorgang) • synchronizing
Synchronisierung f <kfz.antr> (Getriebeteil) • synchronizer; synchromesh mechanism did; synchromesh

Synchronisierung ohne Sperrvorrichtung <kfz.antr> *(Getriebe)* • constant load synchromesh

Synchronisierungseinrichtung f <kino> • synchronizer

Synchronisierungsimpuls m <av> • synchronizing pulse

Synchronisierungsschaltung f <el> • synchronizing circuit

Synchronisierungsschiene f <el> • synchronizing bus bar

Synchronisierungswalze f <büro> *(Registriereinheit im Kopierer)* • synchronizing roller

Synchronisierzeichen n <edv> • synchronization symbol

Synchronismus m <tech.allg> *(elektrisch, mechanisch)* • synchronism

Synchronizer m <av.edv> • synchronizer

Synchronkabel n <el> • synchronization lead

Synchronkabel n <phot> • sync cord

Synchronkegel m <kfz> • synchronizing cone

Synchronkegel m <kfz.antr> *(Zahnradteil; Gegenstück zum Synchronring)* • synchronizer cone; synchromesh cone

Synchronkörper m <kfz> • detent

Synchronkörper m <kfz.antr> *(Getriebesynchronisierung)* • synchronizer hub; synchro hub

Synchronkopf m <av> • control head; CTL head; synch head

Synchronkugel f <kfz> • synchronizing ball

Synchronkupplung f <kfz> • synchromesh unit

synchron laufen vi <tech.allg> • move in synchronism vi

synchron laufen vi <tech.allg> • synchronize (to) vi

Synchronlinearmotor m <el> • synchronous linear motor

Synchronmanipulator m <autom> • master-slave manipulator

Synchronmarke f <edv> • synchronisation mark [US: synchronization]; synchronisation gap [US: synchronization]

Synchronmaschine f <el> • synchronous machine

Synchronmotor m <el> • synchronous motor

Synchronmotor m <kfz.el> *(z. B. Antriebsmotor von Elektroautos)* • synchronous motor

Synchronmotor mit Selbstanlauf • autosynchronous motor

Synchronoskop n <el> • synchronoscope

Synchronphasenschieber m <el> • synchronous phase advancer

Synchronrechner m <edv> • synchronous computer

Synchronriegel m <kfz> *(Getriebesynchronisierung)* • synchronizing key; clutch key; blocker bar *GB*; shifting plate *GB*; slipper *coll*

Synchronriemen m <kfz.mot> *(zur Ventilsteuerung)* • timing belt; camshaft drive belt; cam belt; spur belt

Synchronriemenabdeckung f <kfz.mot> *(OHC-Motor, Nockenwellenantrieb)* • timing belt cover

Synchronring m <kfz.antr> *(Getriebesynchronisierung)* • synchronizer [ring]; baulk ring *GB*; balk ring *US*; stop ring; blocking ring

Synchronsatellit m <aerospace> • synchronous satellite

Synchronschalter m <el> • synchronous switch

Synchronschiebehülse f <kfz> • synchronizing slide collar

Synchronsignal n <av> • synchronizing signal; sync; sync signal; synchronization signal; synchro

Synchronsignal n <av> • picture sync impulse; sync impulse; sync signal; frame pulse; frame synchronizing pulse *rare*

Synchronsignal n <edv> • synchronizing signal; sync signal

Synchronspur f <av> • synchro track; synchronous track; synch track; control track; CTL track

Synchronsteuerung f <msr> • general locking

Synchronsteuerung f <msr> • synchronization control

Synchrontaktgeber m <msr.el> • synchronous clock-pulse generator

Synchrontelegrafie f <tele> • synchronous telegraphy

Synchronuhr f <msr> • synchronous timer; synchronous clock

Synchronverstärker m <el> • synchronous amplifier

Synchronwert m <av> • synchronizing level

Synchronzeichengeber m • blip generator

Synchronzeit f prakt <phot> *(für Blitzaufnahmen; z. B. 1/60 sek)* • synchronization speed; synchronization shutter speed *form*; sync speed *pract*

Synchronzeitgeber m <msr> • synchronous timer; synchronous clock

Synchronzerhacker m <tele> • synchronous vibrator

Synchrophasenmesser m <el.msr> • synchro phase meter

Synchrophasotron n <nukl> • synchrophasotron

Synchroskop n <kfz.el> • distributor tester; synchroscope

Synchro-Time f <av> • automatic clock setting [system] (ACSS); auto clock setting; self-setting clock; synchro time

Synchrotron n <nukl> • synchrotron

Synchrotronstrahlung f <nukl> • synchrotron radiation

Synchro zur Winkelübertragung m <msr> • synchro transmitter receiver system; torque synchro

Synchrozyklotron n <nukl> • synchrocyclotron; synchrocyclotron accelerator

syndiotaktisch <chem> • syndiotactic

Syndrom des toxischen Schocks <med> • toxic shock syndrome (TSS)

Synergie f <allg> *(fig.: Vorteile bei Zusammenschlüssen)* • synergy; synergistic effects; synergetic effects

Synergismus m <allg> *(fig.: Vorteile bei Zusammenschlüssen)* • synergy; synergistic effects; synergetic effects

synergistischer Effekt m <allg> *(fig.: Vorteile bei Zusammenschlüssen)* • synergy; synergistic effects; synergetic effects

synergistische Wirkung f <allg> *(fig.: Vorteile bei Zusammenschlüssen)* • synergy; synergistic effects; synergetic effects

Synerjet-Antrieb m <aerospace> • synerjet engine

syngenetisch <geo> • syngenetic; idiogeneous

Synklinale f <geo> • syncline

Synklinorium n <geo> • synclinorium; synclinore

synodisch <astron> • synodic

Synonym n <term> • synonym

Synoptik f <tech.allg> *(Darstellungsform)* • synoptics

Synoptik f <alarm> • map board display; map board; map display; zone locator

synoptische Meteorologie f <meteo> • synoptic meteorology; synoptics

syntaktisch <tele.edv> • syntactic

Syntaxalgorithmus m <edv> • syntactic algorithm

Syntaxfehler m <edv> *(bei Befehlseingabe, Programmierung, Quellcode)* • syntax error; syntactical fault *rare*

syntektonisch <geo> • principal tectonic

Synthese f <allg> *(z. B. Chemie, Elektronik)* • synthesis

Synthese f <chem> *(von Verbindungen)* • synthesis

Synthesefaser f <kst> • synthetic fiber; synthetics; man-made fiber

Synthesefaser f <kst> • synthetics

Synthesefaserstoff m <kst.textil> • synthetic polymer fiber; synthetic fiber

Synthesefett n <chem> • synthetic fat; artificial fat

Syntheseform f <edv.av> • method of synthesis; method of sound synthesis

Synthesegas n <chem> • synthesis gas

Synthesegas *n* <chem> *(z. B. als Ausgangsstoff für die Ammoniaksynthese)* • water gas

Synthesegraphit *m* <el> • Acheson graphite; electrographite

Synthesekautschuk *m* (SR) <kst> • synthetic rubber (SR); artificial rubber; man-made rubber

Synthese-Kautschuk *m* <kst> • synthetic rubber (SR); artificial rubber; man-made rubber

Syntheseöl *n* <tribo> • synthetic lubricant; synthetic fluid; synthetic oil

Syntheseprinzip *n* <edv.av> • method of synthesis; method of sound synthesis

Syntheseverfahren *n* <edv.av> • method of synthesis; method of sound synthesis

Synthesizer *m* <av> • synthesizer

Synthesizer *m* <av.edv> • synthesizer; sound engine; synth *jarg.*; sound processor

Synthesizerspieler *m* <mus.el> • synthesist; synthesizer player; keyboarder

Synthetics *npl* <kst> • synthetic fiber; synthetics; man-made fiber

Synthetic Spin Valve GMR <edv> *(Magnetköpfe für Festplatten)* • Synthetic Spin Valve GMR

Synthetikmaterial *n ugs* <kst> • synthetic material

Synthetikmotor[en]öl *n* <tribo> • synthetic engine oil; synthetic oil *coll*

Synthetiköl *n* <obfl> *(z. B. für Holz)* • synthetic lubrication

Synthetiköl *n* <tribo> • synthetic lubricant; synthetic fluid; synthetic oil

Synthetiköl *n ugs* <tribo> • synthetic engine oil; synthetic oil *coll*

Synthetikwatte *f* <tech.allg> • filter cotton; floss (cotton); polymer wool

Synthetisator *m rar* <el> • frequency generator; frequency synthesizer *rare*; frequency-generating set *obs*

synthetisch <tech.allg> *(z. B. Musik, Sprache, Stoff)* • synthetic; artificial

synthetische Faser *f* <kst> • synthetic fiber; synthetics; man-made fiber

synthetische Faser *f* <kst.textil> • chemical fiber *US*; chemical fibre *GB*; synthetic fiber *US*; synthetic fibre *GB*; man-made fiber *US.rare*

synthetische Kamera *f* <edv> *(virtuelles Grafikwerkzeug; legt Blickrichtung fest)* • virtual camera; camera *pract*

synthetische Peptide *n pl* <med> • synthetic peptides *pl*

synthetische Polymere *npl* <kst> *(Thermoplaste, Duroplaste und Elastomere)* • plastics *pl*; synthetic polymers

synthetischer Ester *m* <chem.tribo> • synthetic ester

synthetischer Faden *m* <textil> • synthetic thread; man-made thread

synthetischer Faden *m* <textil> *(Zwirnerei)* • synthetic filament

synthetischer Faserstoff *m* <kst.textil> • chemical fiber *US*; chemical fibre *GB*; synthetic fiber *US*; synthetic fibre *GB*; man-made fiber *US.rare*

synthetischer Gefäßersatz *m rar* <med.tech> *(Gefäßprothese, Patch)* • synthetic vascular graft; synthetic vessel substitute; synthetic vascular replacement; alloplastic vascular replacement *rare*

synthetischer Hilfsgerbstoff *m* <led> • auxiliary syntan; neutral syntan

synthetischer Klangerzeuger *m* <av.edv> • synthesizer; sound engine; synth *jarg.*; sound processor

synthetischer Klebstoff *m* <füg> • synthetic adhesive

synthetischer Kohlenwasserstoff *m* <chem> *(z. B. Schmiermittel)* • synthetic hydrocarbon

synthetischer Kraftstoff *m* <kfz> • synthetic fuel

synthetischer Nähfaden *m* <textil> • synthetic thread

synthetischer Stoff *m* <textil> • synthetic cloth; synthetic fabric

synthetischer Treibstoff *m* <chem.mot> • synthetic propellant

synthetischer Werkstoff *m* <kst> • synthetic material

synthetisches Einzelgespinst *n* <textil> *(Zwirnerei)* • synthetic filament

synthetisches Endlosgarn *n* <textil> *(Zwirnerei)* • synthetic filament

synthetisches Endlosgespinst *n* <textil> *(Zwirnerei)* • synthetic filament

synthetisches Filament *n* <textil> *(Zwirnerei)* • synthetic filament

synthetisches Material *n* <kst> • synthetic material

synthetisches Öl *n* <tribo> • synthetic lubricant; synthetic fluid; synthetic oil

synthetisches Öl *n* <verbr> • artificial crude

synthetisches Polymer *n* <textil> • synthetic polymer

synthetisches Reinigungsmittel *n* <chem> • synthetic detergent; soapless soap

synthetisches Waschmittel *f* <chem> • synthetic detergent

synthetisch hergestellte Faser *f* <kst> • synthetic fiber; synthetics; man-made fiber

synthetisieren *vt* <el> • synthesize *vt*

Synthie *m jarg.* <av.edv> • synthesizer; sound engine; synth *jarg.*; sound processor

Synzytium *n* <med> *(pl: Synzytien)* • syncytia *pl*; giant cell

Syphon *m* • siphon

SysEx-Nachricht *f* <mus.av.edv> • system exclusive; system exclusive message; sysex; sysex message; sysex string

Sys-Ex-Nachricht *f* <mus.av.edv> • system exclusive; system exclusive message; sysex; sysex message; sysex string

Sys-Ex-Strang *m* <mus.av.edv> • system exclusive; system exclusive message; sysex; sysex message; sysex string

System *n* *(Kinematik)* • assemblage

System *n ISO 9000* <tech.allg> *(Einheit aus in Wechselbeziehung/-wirkung stehenden Elementen)* • system ISO 9000

systemabhängig <tech.allg> *(z. B. Einfluss, Fehler)* • systematic

Systemabsturz *m* <edv> • system crash

Systemachse *f* <av> *(Messungen an Lautsprechern)* • system reference axis

Systemadministrator *m* <edv> • system administrator

Systemanalyse *f* <edv> • systems analysis

Systemanforderung *f* <tech.allg> • system requirement

Systemanordnung *f* <tech.allg> • system layout

Systemantwort *f* <msr> • system response

systematische Abweichung *f* <msr> • systematic error

systematische Abweichung der Schätzfunktion *f DIN 55350-24* <qualit> • bias of estimator

systematische Benennung *f* <term> • systematic name

systematische Messabweichung *f* <msr> • systematic error

systematischer Fehler *m* <qualit> *(systematisch auftretend, gleiche Ursache)* • systematic error

systematischer Fehler *m* <qualit> *(durch Vorspannung, Vorurteil etc.)* • bias

System auf einem programmierbaren Chip *n* <edv> • system on programmable chip (SOPC)

Systemaufruf *m* <edv> • system call

Systemausfall *m* <tech.allg> *(betont: Versagen)* • system failure

Systemausfall *m* <qualit> *(betont: Ausfallzeit, Nichtverfügbarkeit)* • system outage

Systemausgabeprogramm *n* <edv> • output writer
Systemausgangsgröße *f* <tech.allg> • system output
Systembefehl *m* <edv> • system message
Systembereich *m* <edv> • system area
Systembetrieb *m* <navig> • system operation
Systemblockade *f* <edv> • dead lock
Systembus *m* <edv> • system bus
Systemdatei *f* <edv> • system file
System der Europäischen Artikelnummerierung *n* <pack> • European Article Numbering System (EANS)
Systemdiskette *f* <edv> • system floppy disc
Systemdrucker *m* <edv> • system printer
Systemdruckregler *m* <kfz.mot> *(K-Jetronic, am Kraftstoffmengenteiler)* • system pressure regulator
systemeigene Software *f* <edv> • resident software
Systemeigengeräusch *n* <akust> • background noise
System Einheitsbohrung <norm> *(Gegensatz: System Einheitswelle (DIN ISO 286-2))* • basic-hole system
System Einheitswelle <norm> *(Gegensatz: System Einheitsbohrung (DIN ISO 286-2))* • basic-shaft system
Systementwurf *m* <tech.allg> • system design
Systemereignis *n* <av.edv> • system event
System erster Ordnung <msr> • first-order system
Systemerweiterung *f* <edv> • system upgrade
Systemerweiterung *f* <edv> • system extension
systemexklusive Nachricht *f* <mus.av.edv> • system exclusive; system exclusive message; sysex; sysex message; sysex string
Systemfehler *m* <tech.allg> • system error
Systemfilter *m* <verf> *(z. B. Wassertechnik)* • system filter
Systemfirmware *f* <edv> • system firmware
Systemfunktion *f* <edv> • system operation
systemgebunden <edv> • system-linked
Systemgenauigkeit *f* <navig> • system accuracy
Systemgenerierung *f* <edv> • system generation
Systemgrenze *f (Wirkungsgradberechnung)* • control volume
Systemhilfsanweisung *f* <msr> *(numerische Steuerung)* • system spare
Systemintegrität *f* <tech.allg> • system integrity
systemisches Insektenvertilgungsmittel *n* <agri.chem> • systemic insecticide
Systemkennzeichen *n* <edv> *(UPC-Codes)* • classification number; number system character
Systemkern *m* <edv.av> • system core
Systemkoffer *m Testo* <msr> • service case *Testo*
Systemkomponente *f* <tech.allg> • system component
Systemkontrollsprache *f* <edv> • job control language
System-Lernprogramm *n* <prod.autom> *(z. B. für Roboter-Programmierung)* • teach-in program
Systemlinie *f* <tech.allg> • grid line
Systemlinie *f* <tech.allg> • modular line
Systemlinie *f* <doku> *(techn. Zeichnung (z. B. Rohrplan, Fachwerk))* • center-to-center line
Systemliniengitter *n* <doku> • grid
Systemmatrix *f* <msr> • system matrix; transition matrix
System mit einem Freiheitsgrad <mech> *(auch Statistik)* • one-degree-of-freedom system
System mit geerdetem Nullpunkt <el> • earthed neutral system
System mit mehreren Freiheitsgraden <tech.allg> *(z. B. Physik, mathematische Statistik)* • multiple-degree-of-freedom system
System mit Zwangsbedingungen <masch> *(z. B. kinematisches Getriebe (Mechanismus))* • constrained system
Systemnachricht *f* <edv> • system message
Systemnachweis *m* <edv> • system log
Systemnetz *n* <tech.allg> • modular grid

Systemoptimierung *f* <tech.allg> • system optimization
Systemparameter *m* <tech.allg> • system parameter
Systemparameter *m* <edv> • system preference
Systemparameter *mpl* <navig> • system parameters *pl*
Systemplatte *f* <edv> • system disc
Systemplattenstapel *m* <edv> • operational pack
Systemprogrammierung *f* <edv> • system programming
Systemprotokoll *n* <edv> • system log
System-Prüfeinrichtung *f* <navig> • build-in-test-equipment (BITE)
Systemprüfung *f* <qualit> *(nur bei Systemen, Anlagen)* • system performance check; system performance test
Systemreaktion *f* <msr> • system response
System Reset *m* <mus.av.edv> *(MIDI-Nachricht)* • system reset; system reset message; system reset command
System Reset-Befehl *m* <mus.av.edv> *(MIDI-Nachricht)* • system reset; system reset message; system reset command
System Reset-Nachricht *f* <mus.av.edv> *(MIDI-Nachricht)* • system reset; system reset message; system reset command
Systemresidenz *f* <edv> • system residence
Systemsoftware *f* <edv> • system software
Systemstabilität *f* <msr> • system stability; system dependability
Systemsteifigkeit *f* <mech> *(Bodenmechanik)* • systemic rigidity
Systemsteuerung *f* <edv> • system control; system regulation *Siemens*
Systemstörung *f* <navig> *(ungeplant)* • system malfunction
Systemstörung *f* <navig> *(durch das DOD)* • system disruption
Systemträger *m* <tech.allg> *(Grundmodul eines Systems)* • system carrier
Systemträger *m* <ic> • lead frame
Systemüberwachung *f* <msr> • system monitoring
System umfunktionieren *n* <edv> • cripple a system
Systemumgebung *f* <edv> • system environment
Systemumgebung *f* <edv> *(z. B. DOS, Windows)* • operating system environment; environment *coll*
Systemunterbrechung *f* <navig> *(durch das DOD)* • system disruption
Systemunterlagen *fpl* <edv> • software
Systemverfügbarkeit *f* <navig> • availability; system availability
Systemvergrößerer *m* <phot> • modular enlarger; system enlarger
Systemverhalten *n* <msr> *(z. B. Regelystem)* • system behaviour
Systemverifizierung *f* <edv> • system verification
Systemverwaltung *f* <edv> • system management
Systemwartung *f* <edv> • system maintenance
Systemzahlzeichen *n* <edv> *(UPC-Codes)* • classification number; number system character
Systemzeit *f prakt* <navig> • GPS time; GPS system time
System zur Messung der Luftverschmutzung *n* <ökol> • air pollution measuring system
Systemzusammenbruch *m* <edv.qualit> • system shutdown
SZ <kfz.el> • coil ignition [system] (CI)
Szene *f* <edv> • scene
Szenenanalyse *f* <autom> *(Roboter)* • scene analysis
Szenenerkennung *f* <autom> *(Roboter)* • scene analysis
Szenenfläche *f* <theat> • stage floor; floor *coll*
Szenensuchlauf *m* <av> • record search; scene search
Szenensuchlauf *m Gru* <av> • skip search; scene search; scene finder *JV*

Szenenübergang *m* <av> *(Fernsehen)* • wipe; scene transition

Szintigramm *n* <phys> • scintigram

Szintigraphie *f* <phys> • scintigraphy

Szintillation *f* <nukl> • scintillation

Szintillation *f* <opt> • scintillation

Szintillationsblitz *m* <opt> • scintillation; flash

Szintillationsdetektor *m* <nukl> • scintillation counter; scintillation detector; scintillator

Szintilliations-Detektor *m* <phys> • scintillation tube

Szintillationskammer *f* <phys> • scintillation chamber

Szintillationsmesskopf *m* <nukl> • scintillation head

Szintillationsschirm *m* • scintillation screen

Szintillationssonde *f* <phys> • scintillation probe

Szintillationsspektrometer *n* <phys> • scintillation spectrometer

Szintillationszähler *m* <nukl> • scintillation counter; scintillation detector; scintillator

Szintillator *m* <nukl> • scintillation counter; scintillation detector; scintillator

Szintillatorkristall *m* <phys> • scintillation crystal

szintillieren *v* <phys> • scintillate *v*

SZM <nfz> *(für Sattelauflieger)* • tractor; semitrailer tractor *form*; truck *US.pract*; fifth wheel tractor *rare*; truck tractor

SZR <bau> *(Fensterbau; Mehrscheiben-Isolierglas)* • air space

T

t • back-filling system

t <hlk> • dew point; dew-point

t <msr> *(Einheit der Masse: 1000 kg)* • ton

t <phys> • time (t)

t <textil> • gauge; needle-space; neeles per inch gauge

T.S. <verf.hydr> • dried matter; dried solid matter

T4-Zelle *f* <bio> • helper T cell; T4-cell; CD4+-cell

T8+-Zelle *f* <bio> • suppressor T cell; T8+-cell; CD8+-cell

Ta <chem> • tantalum (Ta)

TA-Adapter *m* ugs <tele> *(zum Anschluss von analogen Geräten an ISDN-Anschluss)* • terminal adapter (TA); ISDN adapter

TAA-Versuch *m* <obfl.qualit> • thio acetamide corrosion test *ISO 4541*; TAA test

TAB <alarm> *(reine Meldetafel für Anlagenzustand)* • zone annunciator

TAB <el.ic.prod> *(Direktmontage von Chips)* • tape automated bonding (TAB); tape carrier bonding

Tabak *m* <bio.nahr> • tobacco; nicotiana tabacum

tabellarische Darstellung *f* <doku> • tabulation

Tabelle *f* <edv.druck> • table

Tabelle für Verzeichnispfade *f* <edv> • path table

Tabellenadressierung *f* <edv> • table addressing

Tabellenargument *n* <edv> • table argument

Tabellenbearbeitung *f* <edv> • table handling

Tabellenfeld *n* <druck.edv> • table cell

Tabellenform *f* <doku> *(Darstellung, z. B. von Funktionen, Zahlen, Symbolen)* • tabular form

tabellengesteuert <msr> • table-driven

Tabellenkalkulationsprogramm *n* <edv> • spreadsheet software; spreadsheet program

Tabellenkopf *m* <doku> • head of table; boxhead

Tabellenlesebefehl *m* <edv> • table look-up instruction

Tabellen- oder Diagrammform *f* <doku> *(Darstellung von Funktionen)* • tabular or graphic form

Tabellensatz *m* <druck> • tabular matter

Tabellenwert *m* <doku> • tabular value

Tabellenzelle *f* <edv> *(in Tabelle, Tabellenkalkulation)* • cell

Tabellierblockformat *n* <msr> *(numerische Steuerung)* • tabulation block format

tabellieren *vt* <doku> *(Zahlenkolonnen etc.)* • tabulate *vt*; tab *vt*

Tabelliermaschine *f* <druck> • tabulating machine; tabulator

Tabelliersprung *m* <druck> *(Schreibmaschine)* • tabulated space

Tabellierung *f* <doku> *(Vorgang, nicht Ergebnis)* • tabulation

Tablar *n* <logist> • tray

Tableau *n* <alarm> • map board display; map board; map display; zone locator

Tableau *n* <alarm> *(reine Meldetafel für Anlagenzustand)* • zone annunciator

Tableau *n* <bau> *(Blende; z. B. um Schlüsselloch, Türgriff)* • escutcheon [plate]

Tableau *n rar* <msr> *(für Messwerte, Maschinendaten etc.)* • display panel; indicator panel; display *pract*; indicator board *rare*

Tablett *n DIN 55405* <pack> • tray

Tablette *f* <kst> *(Schallplattenpressen)* • biscuit

Tablette *f* <pharm> *(allg.)* • tablet

Tablette *f* ugs <pharm> *(kleine, tablettenähnliche Arzneimittelzubereitung)* • tabloid; tablet *coll*

Tablettenpresse *f* <prod> *(allg.; eher für abgerundete Tabletten, Pellets)* • pelletizing machine; pelletizer

Tablettenpresse *f* <prod.pharm> • tablet press; tableting machine *US*; tabletting machine *GB*; tablet-compressing machine

Tablettenpressen *n* <prod> *(allg.)* • pelletizing; pelletizing

Tablettiermaschine *f* <prod> *(allg.; eher für abgerundete Tabletten, Pellets)* • pelletizing machine; pelletizer

Tablettiermaschine *f* <prod.pharm> • tablet press; tableting machine *US*; tabletting machine *GB*; tablet-compressing machine

Tablettmenü *n* <edv> • tablet menu

Tablett mit Aussparungen *n* <prod.nahr> *(Speiseeis; für Waffeltüten oder Becher)* • cassette

Tablettstift *m* <edv> *(allg)* • stylus; stylus pen; electronic pen; digitizing pen; electronic digitizing pen

Tablettstift *m* <edv> *(zum Aussenden von Schallwellen)* • sonic pen; sonic digitizing pen

Tablettverpackung *f* <pack> • tray pack; cell pack

Tabloid *n* <druck> *(Zeitung; halbe Größe des üblichen Formats)* • tabloid; tabloid size

Tabloidfalz *m* <druck> • tabloid fold

Tabloidformat *n* <druck> *(Zeitung; halbe Größe des üblichen Formats)* • tabloid; tabloid size

Tabloid-Format *n* <druck> *(Zeitung; halbe Größe des üblichen Formats)* • tabloid; tabloid size

Tabulationsgeschwindigkeit *f* <druck> • tab speed; tabulation speed

Tabulator *m* <druck> *(Markierung)* • tab; tabulator

Tabulator *m* <druck> *(auf Tastatur links oben)* • Tab key; tabulator key

Tabulatortaste *f* <druck> *(auf Tastatur links oben)* • Tab key; tabulator key

Tabulatorzeichen *n* <edv> • tabulator character

TAB-Verfahren *n* (TAB) <el.ic.prod> *(Direktmontage von Chips)* • tape automated bonding (TAB); tape carrier bonding

TACAN <navig> • Tactical Air Navigation System (TACAN)

Tacho *m ugs* <kfz> *(zur Anzeige der Fahrgeschwindigkeit, in km/h oder mph)* • speedometer; clock *coll*; speedo *coll*

Tachodynamo *m rar* <msr> *(Drehzahlsensor, der eine drehzahlproportionale Spannung erzeugt)* • tachogenerator; tacho-generator; tachometer generator

Tachogenerator *m* <msr> *(Drehzahlsensor, der eine drehzahlproportionale Spannung erzeugt)* • tachogenerator; tacho-generator; tachometer generator

Tachograph *m* <nfz.msr> • tachograph; recording tachometer

Tachometer *m* <kfz> *(zur Anzeige der Fahrgeschwindigkeit, in km/h oder mph)* • speedometer; clock *coll*; speedo *coll*

Tachometeranschluss *m* <kfz> • speedometer connection

Tachometerantrieb *m* <kfz> *(allg.; umfasst auch Tachowelle)* • speedometer drive

Tachometerantrieb *m* <kfz> *(betont: Zahnrad, Ritzel)* • speedometer drive gear

Tachometergenerator *m rar* <msr> *(Drehzahlsensor, der eine drehzahlproportionale Spannung erzeugt)* • tachogenerator; tacho-generator; tachometer generator

Tachoritzel *n* <kfz> • speedometer drive pinion

Tachostand *m ugs* <kfz> • mileage

Tachowelle *f* <kfz> • speedometer cable; speedometer drive cable

Tachygraphometer *n* <phot> • tacheographometer

Tachykardie *f* <med> • tachycardia; heart hurry *popsci*

Tachymeter *n* <msr> • tacheometer

Tachymetertheodolit *m* <msr> • tacheometric theodolite

Tachymetrie *f* <msr> *(geodätisches Messverfahren)* • tacheometry

Tachypnoe *f* <med> • tachypnoea *GB*; tachypnea *US*; rapid respiration[s] *popsci*

Tacker *m* <wz> *(zum Klammern)* • stapler

TA-Code *m* <kfz.av> *(Verkehrsdurchsagen im stummgeschalteten Autoradio)* • TA code

Tactical Air Navigation System *n* (TACAN) <navig> • Tactical Air Navigation System (TACAN)

tadellos <qualit> • flawless

tadelloser Zustand *m* <tech.allg> • immaculate condition; pristine condition *form*; excellent condition *coll*; superb condition *ad*

TAE <tele> • TAE-type telephone jack

TAE-Dose *f prakt* <tele> • TAE-type telephone jack

täfeln *vt* <bau> *(Wand)* • panel *vt*; wainscot *vt*; board *vt rare*

Täfelung *f* <bau.innen> *(typ. aus Holz)* • wainscot; wall paneling *US*; paneling *US*; panelling *GB*

tägliche Aberration *f* <opt.astron> • diurnal aberration

tägliche Fördermenge *f* <förd> • daily output

tägliche Streckenleistung *f* <bahn> • daily run

täglich/wöchentlich <av> *(Timerprogrammierung)* • every day/every week; daily/weekly

Tänzerarm *m* <prod> *(Drahtspulmaschine)* • dancer

Tänzerwalze *f* <druck> • dancer roller; compensating roller; floating roller

Tänzerwalze *f* <masch> • floating roller

Tänzerwalze *f* <msr> • dancer roll

Täuschungsalarm *m* <alarm> • false alarm due to detector deception *:V*

Täuschungsmeldung *f* <alarm> • false alarm due to detector deception *:V*

Täuschungssignal *n* <navig> • deceptive signal

Tafel *f* <bau> *(Fahrbahn)* • deck

Tafel *f* <bau.mat> • plate

Tafel *f* <büro> *(auch Schule)* • board

Tafel *f* <doku> • chart

Tafel *f* <edv.druck> *(z. B. Logarithmentafel, Preistafel)* • table

Tafel *f* <el> *(Schalttafel)* • panel; board

Tafel *f* <mat> *(dünn)* • sheet

Tafel *f* <mat> *(Blechtafel)* • slab

Tafel *f prakt* <mat> • sheet metal blank; sheet *pract*; sheet steel

Tafelausreckmaschine *f* <led> • table setting-out machine

Tafelbauweise *f* <bau> • panel construction

Tafelbesteck *n gehoben* <gastr> *(Messer, Gabel, Löffel etc.)* • cutlery *US.GB*; flatware *US*

Tafelblech *n* <mat> • sheet metal blank; sheet *pract*; sheet steel

Tafelblechschere *f rar* <wz> *(Blechschere mit Schneiden für gerade Schnitte)* • straight pattern snips; straight cutting snips; aviation snips *coll*

Tafelblei *n* <mat> • sheet lead

tafelförmige Lagerstätte *f* <min> • blanket vein

Tafelgedeck *n* <gastr> *(Milchkännchen, Zuckerdose, Salz- und Pfefferstreuer, Butterdose)* • hostess set

Tafelglas *n obs* <bau.silik> • window glass; sheet glass; flat-drawn glass

Tafelglas *n* <silik> • sheet glass; plate glass

Tafelglimmer *m* <mat> • sheet mica

tafelig <geo.min> • tabular

Tafelleim *m* <füg> • sheet glue

Tafelmesser *n* <gastr> • place knife; dinner knife

Tafeln *n* *(Einnivellierung von Fluchtstäben)* • boning-in

Tafelschere *f* <wz.masch> • guillotine shears; guillotine shear

Tafelschiefer *m* <min> • grapholite

Tafelservice *n* <gastr> *(z. B. 20-teilig, 20-tlg.)* • dinner set

Tafelteller *m* <gastr> *(flach)* • dinner plate

Tafelteller *m* <gastr> *(tief)* • dinner plate

Tafelwaage *f* <msr> • platform balance

Tafler *m* <textil> • piler

Taftbindung *f* <textil> • plain weave; linen weave; homespun weave *US*; taffeta weave; calico weave

Tagbau *m A* <min> *(z. B. von Braunkohle)* • strip mining *US*; opencast mining *GB*; open-pit mining; surface mining

Tag-Betrieb *m prakt* <alarm> • part protection

Tagebau *m prakt* <min> *(z. B. von Braunkohle)* • strip mining *US*; opencast mining *GB*; open-pit mining; surface mining

Tagebauaufschluss *m* <min> • open-pit development; open-cast development; open-cut development

Tagebaubetrieb *m rar* <min> *(z. B. von Braunkohle)* • strip mining *US*; opencast mining *GB*; open-pit mining; surface mining

Tagebauentwässerung *f* <bau> • open-cut drainage

Tagebaukante *f* <min> • open-pit rim

Tagebaukohle *f* <verbr> • opencast coal

Tagebausohle *f* <min> • pit bottom

tagesaktuelle Abrechnung *f* <tele> • hot billing

Tagesanlagen *fpl* <min> • surface installation; heapstead

Tagesausgleichsbecken *n* <energ> *(Wasserkraftwerk)* • diurnal balance basin

Tagesbelastung *f* <tech.allg> *(z. B. radioaktive Bestrahlung, Immissionen, Fahrzeuge (Autobahn))* • daily load

Tagesdosimeter *m* <nukl> • day dosimeter

Tagesganglinie *f* <meteo> *(z. B. Sonnenstand, Temperatur, Luftdruck)* • daily load graph

Tageskilometerzähler *m* <kfz.msr> • trip recorder *US*; trip mileage counter *GB*; trip *pract.coll*; trip odometer; trip meter *rare*

Tagesleistung *f* <tech.allg> *(z. B. Produktion (Brauerei, Hüttenwerk, Autofabrik), Amt, Redaktion)* • daily output

Tagesleistung *f* <tech.allg> *(z. B. Bergwerk, Fabrik)* • output per day

Tagesleuchtfarbe *f* <obfl> • dayglo color

Tagesleuchtfarbe f <sich> • daylight fluorescent ink
tageslicht adj <licht> • daylight adj
Tageslicht n <av> • daylight
Tageslichtbedingungen fpl <druck> (Plattenhandling) • daylight conditions pl
Tageslichtbeleuchtung f <bau> • daylighting
Tageslichtbeleuchtung f <licht> (z. B. Arbeitsplatz) • daylight illumination
Tageslichtdose f <phot> • daylight developing tank; daylight processing tank; daylight film tank; daylight tank
Tageslicht-Einspuldose f <phot> • daylight-loading tank
Tageslichtentwickler m <phot> • daylight developer
Tageslichtentwicklung f <phot> • daylight development
Tageslicht-Entwicklungsdose f <phot> • daylight developing tank; daylight processing tank; daylight film tank; daylight tank
Tageslichtfilm m <phot> • daylight-balanced film; daylight film
Tageslichtlampe f <licht> • daylight lamp; solar-color lamp
Tageslichtlampe f <textil> (Färberei) • daylight lamp; daylight bulb
Tageslichtpapier n <phot> • daylight paper
Tageslichtpatrone f <phot> • daylight loading magazine
Tageslichtprojektor m <büro> (für Folien) • overhead projector (OHP)
Tageslichtquotient m <prod> (Ergonomie (Arbeitsplatz)) • daylight factor
Tageslichtspektrum n <licht> • daylight spectrum; daylight color rendering
Tagesmittel n <meteo> (z. B. Temperatur) • daily average
Tagesmittelwert m <ents> • daily average [reading]; daily mean value
Tagesmittelwert m <meteo> (z. B. Temperatur, Luftdruck) • daily average
Tagesoberfläche f <min> • ground surface; ground level; day
Tagesordnungspunkt m (TOP) <doku> • item on the agenda
Tagesreichweite f <tele> (Funkverkehr (Sender, Radar)) • diurnal range; daytime service range
Tagesspeicher m <energ> (Wasserkraftwerk) • daily storage reservoir
Tagesspitze f <energ> • day peak
Tagesstrecke f <min> • surface drift
Tageswelle f <av.tele> (Sender) • wave for day-time transmission
Tageszeit f <allg> • time of day
Tageszeitung f <doku> • daily newspaper; daily
Tagged Image File Format n (TIFF) <edv> • Tagged Image File Format (TIFF); TIFF format
Taglastkraftwerk n <energ> • day-load power station
Tagundnachtgleiche f <astron> • equinox; equinoctial point
Tag-und-Nacht-Simulator m <verf> • day and night simulator :V
Tagungsbeitrag m <doku> • conference paper; paper presented at a conference
Taifun m <meteo> (im westlichen Pazifik und in Ostasien) • typhoon
Tail m <el.ic.prod> (unverformtes Drahtmaterial) • tail
Tail-End-Schaltung f <emiss.verf> (SCR-Anlage am Ende der Abgasreinigung; typ. für MVA) • tail-end position; tail-end configuration
Taillänge f <el.ic.prod> • tail length
Taillenfeder f <kfz> • hourglass spring
Taillenstretch m <bekl> • stretch panels at hips
Tailored Blank n <prod> • tailored blank
Tailored Blanks fpl <metall> • tailored blanks pl

Tails Assay m prakt <nukl> (in Prozent) • tails assay
Takelage f <nav> • rig; rigging
Takelskizze f <nav> • rigging plan
Take-Out-System n Sony <kfz.av> (Diebstahlschutz) • Take-Out System Sony
Takeover n <ökon> (von Unternehmen) • takeover; acquisition US; purchase
Takt m <edv> (eines Taktgebers) • clock (CP); clock pulse; bit clock; clock cycle
Takt m <kfz.mot> • stroke; cycle
Takt m <verk> (von Fahrzeugen) • headway
Takt... <tech.allg> (in Intervallen; z. B. Betrieb, Last) • intermittent
Taktablauf m <tech.allg> (z. B. Kolbenmotor) • cycling
Taktbetrieb m <tech.allg> • clock mode
Taktdauer f rar <prod> (Zeit für einen Produktionszyklus; z. B. für ein Spritzgussteil) • cycle time
Takteingang/Taktausgang m <msr> • clocked input/output; clock input/output
takten v <msr> (betont: Zeitintervall) • clock v; time v
takten v <msr> (betont: synchronisieren) • synchronize v
takten vt <msr> (betont: schrittweise Positionierung) • index vt
taktend <el> • pulsed (mode)
Taktförderer m <förd> • indexing conveyor
Taktfolge f <tech.allg> • clock pulse rate; clock rate
Taktfrequenz f <edv> • clock rate; clock cycle; clock speed; clock pulse; clock frequency
Taktfrequenz f <el> • timing pulse frequency
Taktfrequenz umschaltbar <edv> • software clock speed switchable
Taktgatter n <msr> • clock gate
Taktgeber m DIN 44300 <edv> • clock generator (PG); clock; timing generator; clock-pulse generator; synchronizing pulse generator
Taktgeber m <kfz> (K-Jetronic) • frequency valve
Taktgeber m <tele> • cadence tapper
Taktgeberbetrieb m <edv> • fixed-cycle operation; synchronous operation
Taktgeberfolgesteuerung f <msr> • timer sequencing
Taktgeberfrequenz f <edv> • master frequency
Taktgeberfrequenz f <msr> • clock frequency
Taktgeberimpuls m • clock pulse
Taktgeberkette f <mot> • timing chain
Taktgeberrelais n <msr> • relay cycle timer
Taktgeberspur f • clock track
Taktgebung f <tele> • cadence
taktgenaue Lieferung f <logist> • just-in-sequence delivery
Taktgenerator m <edv> • clock generator (PG); clock; timing generator; clock-pulse generator; synchronizing pulse generator
taktil <psych> (z. B. Oberflächenrauheit) • tactile
taktile Folgeprogrammierung f <autom> • leadthrough by using a tactile sensor
taktiler Flächensensor m <autom> • area touch sensor; area tactile sensor
taktiler Sensor m <msr> • tactile sensor
taktiler Warnhinweis m <doku.alarm> • tactile danger warning ISO11683
taktiles Sensorfeld n <autom> • area tactile sensor
Taktimpuls m <edv> • sprocket pulse
Taktimpuls m <el> • timing pulse; clock pulse
Taktimpulsflanke f <msr> • clock-pulse edge; clock edge
Taktimpulsfolge f • clock rate; timing-pulse rate
Taktimpulsgeber m <edv> • clock generator (PG); clock; timing generator; clock-pulse generator; synchronizing pulse generator
Taktimpulsverteiler m • clock-pulse distributor

Taktische Flugnavigationshilfe f <navig> • Tactical Air Navigation System (TACAN)

Taktizität f <kst> • tacticity

Taktleitung f <edv> • pulse wire

Taktleitung f <el> • clocking lead

Taktlochreihe f (Lochreihe) • sprocket channel

Taktmarkierspur f • clock marker track

Taktmultiplikator m <edv> • cycle multiplier

Taktphase f • clock phase

Taktprogramm n • clock program

Taktrate f <edv> • clock rate; clock cycle; clock speed; clock pulse; clock frequency

Taktrückgewinnung f • clock recovery; timing recovery

Taktschiebeverfahren n <bau> (Brückenbau) • incremental launching method

Taktsignal n <autom> • clock signal

Taktsignal n <el> • timing signal

Taktsprung m <navig> • cycle slip

Taktspur f <av> • clock marker track; clock track

Taktspur f <edv> • timing track

Taktstange f <masch> • transfer bar

Taktsteuerung f <autom> • clocked control

Taktstraße f <prod.autom> • automatic transfer line; automated linked line; linked line

Taktung f <masch> • synchronization; timing

Taktvorschub m <wz.masch> (Maschine) • intermittent feed

taktweise arbeiten vi <tech.allg> • operate at a time cycle vi

Taktzeit f <msr> • clock cycle

Taktzeit f prakt <prod> (Zeit für einen Produktionszyklus; z. B. für ein Spritzgussteil) • cycle time

Taktzeit f <verk> (von Fahrzeugen) • headway

Taktzeitpunkt m <edv> • clock time; clock moment; decision time

Taktzyklus m <msr> • clock cycle

Tal n <geo> • valley

Tal n <phys> (Wellental) • trough

Talbot-Außenrückspiegel m form <kfz> • European design racing mirror

Talbotspiegel m prakt.coll <kfz> • European design racing mirror

Talfahrtbremse f <brems> • down-hill brake

talgig <nahr> (Geschmack; Speiseeisfehler) • oxidized; cardboard flavor; tallowy; cappy; painty

Talje f <nav> • purchase; tackle

Talk m <min> • talcum; talc

Talkschnur f <bau> (Dichtungsmittel) • talc coiling

Talkum n <chem.hygi> • talcum powder; talc

Talkum n <kst.silik> • talc

Talkumiermaschine f <verf> • powdering machine

Tallöl n <chem> • tall oil

Talpunkt m <el> (Tunneleffekt) • valley point

Talpunkt m <math> (Kurve) • valley

Talspannung f <el> • valley point voltage

Talspeicher n <energ.hydr> • lower reservoir; lower basin

Talsperre f <bau.hydr> (komplette Stauanlage) • dam

Talsperre f <energ> (Wasserkraftwerk) • barrage

Talsperrenbecken n <energ> (allg. Wasserkraftwerk) • reservoir; storage reservoir; storage basin; impounding reservoir

Talstrom m <el> • valley point current; valley current

TA Luft f prakt <jur.emiss> • TI Air pract; Technical Instructions on Air Quality Control form; Clean Air Guideline

Talwert m <av> • valley value DIN IEC 50

Tambour m <pap> • reel; jumbo roll

Tambourbasis f auf ~ <pap> • reel basis, on a ~

Tambourbericht m <pap> • reel report

Tambourhandhabungssystem n <pap> • reel handling system

Tambourquerprofil n <pap> • cross reel profile

Tambourrolle f <pap> • reel

Tambour-Streifenschneider m <pap> • strip sampler

Tambourwalze f <pap> • reel drum

Tambourwechsel m <pap> • machine reel turn up

Tamper m <nukl> (Reaktor) • tamper

Tampon m <druck> (Druckfarbenauftrag) • dabber

Tampon m <hygi> (für Körperöffnungen) • tampon

Tampon m <med> (für Wunden) • tent; swab

tamponieren vt <druck> • dab vt

tamponieren vt <med> (Wunde) • tent vt

Tandemachsaggregat n <nfz> • tandem axle bogie; two-axle bogie

Tandemachsanhänger m <nfz> • tandem axle trailer

Tandemachse f <kfz> (Anhänger) • twin axle; tandem axle

Tandemachse f <nfz> • tandem axle; tandem coll

Tandemachser m <kfz> (Anhänger) • twin axle

Tandemachsfahrwerk n <nfz> • tandem axle chassis

Tandemanlage f <kst> • tandem calender

Tandemanordnung f <tech.allg> • tandem arrangement; tandem mounting

Tandembeschleuniger m <nukl> • tandem electrostatic accelerator; tandem accelerator

Tandembetrieb m <bahn> (Lokomotiven) • tandem operation

Tandem-Bremskraftregler m <kfz.brems> • dual proportioning valve

Tandemdampfmaschine f <masch> • tandem steam engine; tandem engine

Tandemdrehwiderstand m <el> • multisection controller; multisection control

Tandemdruckmaschine f <druck> • tandem press

Tandemeinsteller m <el> • multisection controller; multisection control

Tandemfahrwerk n <aerospace> (Flugzeug) • bicycle landing gear; bicycle undercarriage

Tandemförderung f <min> • tandem hoisting

Tandemgenerator m <nukl> • tandem generator

Tandem-Hauptzylinder m <kfz.brems> • tandem master cylinder; dual master cylinder; double-piston master cylinder; split-system master cylinder; dual-piston master cylinder

Tandem-Konzentratorzelle f <energ.sol> • tandem concentrator cell

Tandemmaschine f <druck> • tandem press

Tandemmaschine f <masch> • tandem steam engine; tandem engine

Tandem-Mirror <nukl> • tandem mirror

Tandemmotor m <mot> • tandem motor

Tandemofen m <metall> • tandem furnace

Tandemregler m <el> • multisection controller; multisection control

Tandemsolarzelle f genau <energ.sol> (allgemein) • tandem cell; multi-junction cell; multi bandgap cell rare; tandem junction photovoltaic cell UNI-SOLAR

Tandemspiegel m <nukl> • tandem mirror

Tandemverbunddampfmaschine f <masch> • tandem compound steam engine; tandem compound engine

Tandemvibrationswalze f <bau.masch> • tandem vibrating roller

Tandemwalze f <bau.masch> • tandem roller

Tandemwalzwerk n <metall> • tandem rolling mill

Tandemzelle f <energ.sol> (allgemein) • tandem cell; multi-junction cell; multi bandgap cell rare; tandem junction photovoltaic cell UNI-SOLAR

Tandemzelle f <energ.sol> (aus zwei Solarzellen) • dual junction cell; two junction cell rare

Tandemzelle f <energ.sol> *(zur spektralen Zerlegung der Sonnenstrahlung)* • multigap cell; multi-bandgap cell; multijunction cell; tandem cell
Tandemzylinder m <hydr.pneum> • tandem cylinder
Tangasche f <bio> *(Seetang-Rohstoff)* • kelp
Tangens m <math> • tangent; tan
Tangente f <math> • tangent
Tangentenabrückung f <bau> • shift
Tangentenbussole f <el.msr> • tangent galvanometer
Tangentensatz m <math> • law of tangents; tangential law
Tangentenschraube f <masch> *(Feinwerktechnik)* • tangent screw
Tangentenvektor m <math> • tangential vector
tangential <math.phys> • tangent; tangential
Tangentialbeanspruchung f <mech> • tangential stress
Tangentialbeschleunigung f <mech> • tangential acceleration
Tangentialdruckdiagramm n <masch> *(Kurbeltrieb, z. B. Motor)* • tangential pressure diagram
Tangentialdruckdiagramm n <mech> *(Dynamik des Kurbeltriebes)* • crank effort diagram
Tangentialebene f <math> • tangent plane
tangentiale Injektion f <nukl> • tangential beam; tangential injection
Tangentiale Kohlenstaubzufuhr f <verbr> *(Dampferzeuger)* • tangential coal inlet
tangentiale Komponente f <prod> *(Spanen)* • tangential force component; tangential force
tangentiales Bildfeld n <opt> • tangential field of view; tangential field
tangentiale Spursteuerung f <edv> • tangential tracking
Tangentialfeuerung f <verbr> *(Wirbelströmung im Feuerraum)* • tangential firing
Tangentialgeschwindigkeit f <phys> *(z. B. Werkstück, Rad, Rotor)* • peripheral speed; peripheral velocity; circumferential speed; circumferential velocity; tangential speed/velocity
Tangential-Gewinderollen n <prod> • tangential thread-rolling
Tangential-Gewinderollkopf m <wz> • tangential · thread-rolling attachment; tangential thread-rolling head; straddle-type thread-rolling attachment *rare*; tangential side-rolling attachment *rare*
Tangentialkeil m <masch> • tangential key
Tangentialkomponente f <phys> *(z. B. Beschleunigung, Geschwindigkeit, Kraft)* • tangential component
Tangentialkraft f <masch> *(z. B. an Wellen, Rotoren, Seiltrommeln (Ggs. zu Radiallast, Axiallast))* • circumferential load; circumferential force; tangential load
Tangentialkraft f <phys> • tangential force
Tangentialkraftschwankung f (TKS) <masch> *(Kolbenmaschine, Kurbeltrieb)* • tangential force variation
Tangentialplatte f <prod> • on-end plate
Tangentialpunkt m <edv> • point of tangency
Tangential-Rollkopf m <wz> • tangential thread-rolling attachment; tangential thread-rolling head; straddle-type thread-rolling attachment *rare*; tangential side-rolling attachment *rare*
Tangential-Rollverfahren n <prod> • tangential thread-rolling
Tangentialschnitt m <opt> • tangential section
Tangentialschubkraft f <phys> • tangential force
Tangentialspannung f <mech> *(im Ggs. zu Axialspannung, Radialspannung)* • circumferential stress; hoop stress; tangential stress; peripheral stress
Tangentialstrehler m <wz> • tangential thread-chaser
Tangentialturbine f rar <energ.hydr> • Pelton turbine; Pelton wheel; impulse water turbine; Pelton free-jet turbine *rare*; free-jet turbine *rare*

Tangentialvektor m <math> • tangential vector
Tangentialverfahren n <prod> *(Wälzfräsen)* • tangential method
Tangentialverzeichnung f <opt> • tangential distortion
Tangentialvorschub f <wz.masch> • tangential feed
Tangentialwellenpfad m <tele> • tangential wave path
Tangentialzyklon m <verf> *(allg.; Filter)* • tangential-type cyclone; tangential-inlet cyclone
Tangentialzyklon m <verf> *(mit Umkehr der Hauptströmungsrichtung)* • reverse flow tangential cyclone; returned flow type of tangential-type cyclone *did*
Tangentkeil m DIN 268,271 <füg> • Kennedy key; tangential key
Tangentkeil m DIN 268,271 <masch> • tangential key
Tank m ugs <tech.allg> *(für Flüssigkeit und Gase; relativ groß, offen oder geschlossen)* • tank
Tank m prakt.ugs <kfz> • fuel tank
Tank m <logist> • reservoir
Tankablassschraube f <verf> • tank drain plug
Tankanhänger m <nfz> • tank trailer; liquid trailer; thermos bottle *sl*
Tankanlage f <logist> • fuel storage depot
Tankanlage f <nav> • wharf for oil-fuel bunkering
Tankbelüftungsleitung f <tech.allg> • tank air charging line
Tankbodenrückstände mpl <verf> • tank bottoms
Tankcontainer m <logist> • tanktainer
Tankcontainer m <nfz> • tank container; liquid container
Tankdeck n <petr> *(Bohrplattform)* • tank deck
Tankdecke f <nav> *(Doppelboden)* • tank top
Tankdeckel m prakt.ugs <kfz> *(Verschluss des Einfüllstutzens)* • fuel filler cap; gas cap *pract.coll*
Tankdeckel m ugs <kfz> *(Karosserieteil, das den eigentlichen Tankdeckel verdeckt)* • fuel filler door; fuel filler flap; fuel filler lid
Tankdeckel m Jobo <phot> • tank lid *Jobo*
Tankdeckelbefestigung f <kfz> • tether
Tanken n <kfz> • fueling; fuel fill
tanken vi/vt <kfz> • fill up *vi*; refuel *vi/vt*; fill up with petrol *vi/vt* GB
Tankentlüftung f <kfz.emiss> • fuel tank vent line; fuel tank vent connection
Tankentwässerung f <verf> • tank drainage
Tanker m <nav> • liquid cargo ship; tank ship; tanker
Tanker m ugs <nav> • bulk-oil carrying vessel; bulk-oil carrier; oil tanker *pract*; tanker *coll*
Tanker m <petr.nav> • tanker; carrier *tanker*
Tankerlöschanlage f <petr.nav> • tanker unloading equipment
Tanker-Mooring-System n <petr> *(Bohrplattform)* • tanker-mooring-sytem
Tankfahrzeug n <nfz> • road tanker
Tankfassungsvermögen n rar <tech.allg> • tank capacity
Tankfassungsvermögen n <logist> • tankage
Tankfeld f <tech.allg> • tank area
Tankflugzeug n <aerospace> • bowser GB
Tankfüllstandsanzeiger m <logist.msr> • tank level indicator; reservoir level indicator
Tankfüllstandsmesser m <msr> • tank gauge
Tankinhalt m <tech.allg> • tank capacity
Tankinhalt m prakt <kfz> *(Fassungsvermögen)* • fuel tank capacity
Tankinhalt m prakt <kfz> *(tatsächlicher Inhalt)* • fuel tank inventory
Tankinnenblase f <kfz> *(im Kraftstofftank)* • in-tank bladder
Tankklappe f <kfz> *(Karosserieteil, das den eigentlichen Tankdeckel verdeckt)* • fuel filler door; fuel filler flap; fuel filler lid

Tankklappenentriegelung f <kfz.msr> • fuel filler door release

Tankklappenfernentriegelung f <kfz> • fuel filler remote release

Tankkompressor m <wz> (für Druckluftwerkzeuge) • tank compressor

Tankkreis m <el> • tank circuit; tank oscillator

Tanklager n <logist> (für Rohöl, Raffinerieprodukte etc.) • tank farm; tank depot; fuel depot

Tanklastkraftwagen m <nfz> • tank truck; tanker coll; road tanker rare

Tanklastwagen m ugs <nfz> • tank truck; tanker coll; road tanker rare

Tanklöschfahrzeug n DIN <nfz> • pump water tender MB

Tank mit Doppelmantel m <prod> • double shell tank; double-walled tank; jacketed tank

Tankreaktor m <nukl> • tank reactor

Tankreinigung f <verf> • tank cleaning

Tankrespirator m <med.tech> • iron lung; tank ventilator

Tankroboter m <kfz> • fuel robot

Tankrucksack m <kfz> (Motorrad) • tank bag; tank panel US

Tanksäule f ugs <kfz> • gasoline pump US; petrol pump GB; gas pump US.coll; bowser AUS.NZ.coll

Tankschiff n <nav> • liquid cargo ship; tank ship; tanker

Tankstelle f <verk> • filling station; gas station US; petrol station GB; gasoline station US.form; roadside filling station rare

Tankstellenlackierung f derog <obfl> (vor Gebrauchtwagenverkauf) • blow over derog

Tankstellenwärter m <verk> • gas station attendant US; gasoline station operator US

Tankstopp m <kfz> • refueling stop; fill-up coll; refuel coll

Tanktopf m <phot> • tank base

Tankuhr f ugs <kfz.msr> • fuel gauge US.GB; fuel level gauge rare; fuel gage US.rare

Tankverschluss m <kfz> • gas cap; petrol cap GB; tank screw cap rare

Tankverschlussdeckel mit Druckausgleichsventil <kfz> • pressure-vacuum relief gas cap

Tankvolumen n <tech.allg> • tank capacity

Tankvordruck m <rls> • initial tank pressure

Tankwagen m ugs <nfz> • tank truck; tanker coll; road tanker rare

Tanne f <pap.ents> (Nadelbaum; Weichholz) • fir

Tannenbaumantenne f <el> • pine-tree aerial

Tannenbaumkristall m <mat> • arborescent crystal; pine-tree crystal; fir-tree crystal; dendrite

Tannenbaumnut f <masch> (z. B. Turbinenläufer) • fir-tree groove

Tannenbaumprofil-Räumwerkzeug n <wz> • pine-tree broach

Tannenbaumstruktur f <mat> • dendritic structure; pine-tree structure

Tannenholz n <obfl.holz> • fir wood

Tannin n <chem> • tannin; tannic acid

Tannin n <nahr> (Wein) • tannin

Tanninbuntätzdruck m <textil> • colored tannin discharge printing

tanningebeizt • tannin-mordanted

Tantal n (Ta) <chem> • tantalum (Ta)

Tantalelektrolytkondensator m <el> • tantalum electrolytic capacitor

Tantalgleichrichter m <el> • tantalum rectifier

Tantalit m <min> • tantalite

Tantallampe f <licht> • tantalum lamp

Tantalleuchtdraht m <licht> • tantalum lamp filament

Tantalplattierung f <metall> • tantalum cladding

Tante Emma <edv> • Brad's mom; Lillian Silverberg

T-Antenne f <el> • T-shaped aerial; center-fed aerial

TAO <edv> • track at once

Tape-Mark-Verzeichnis n <edv> • tape mark directory

Tape Optimizer m Mit <av> • Tape Optimizer Mit

Tape-Sync-Verfahren n (FSK) <edv.av> • frequency shift keying (FSK); frequency shift coding; tape sync

Tapetendruckmaschine f <pap.druck> • wallpaper printing machine

Tapetenkleister m <füg> • paperhanger's paste

Taq-Polymerase f <med> (Polymerase-Kettenreaktion) • taq-polymerase

Tara f <pack> • tare

Tarantel f <bio> • tarantula; tarentula cubensis

Tarentula cubensis <bio> • tarantula; tarentula cubensis

Targa-Ausführung f <kfz> • targa-roofed version

Targabügel m <kfz> • targa bar

Targa-Format n (TGA) <edv> • Targa format (TGA)

Targastreifen m <kfz> • targa band

Target n <el> • collecting electrode; gathering electrode; target

Target n <nukl> (für beschleunigte Teilchen) • target

Target n <phys> • target

Target Group f prakt <werb> • target group; target audience

Targetkern m <nukl> • target nucleus

Target-Nuklid n <nukl> (urspr. Nukleid) • target; target-nuclide

Targetteilchen n <nukl> • bombarded particle; target particle

tarieren vt <fz> • tare vt

Tarifschaltuhr f <tele> • tariff switching clock

Tarnblende f <mil> • camouflage blind

Tarnfarbe f <mil> • camouflage color; camouflage

Tarnkappe f :V <kfz> • Stealth Bra Innovisions

Tarnkappe f ugs <kfz> (für Fahrzeugbug; USA-Realium) • Stealth Bra ®

Tarp n <tour> • tarp-tent

Tasche f <allg> (Handtasche, Einkaufstasche) • handbag; bag; shopping bag

Tasche f <allg> (Hosentasche) • pocket

Tasche f <allg> (Schultasche mit Riemen) • satchel

Tasche f <tech.allg> (relativ robust, für kleine Mengen; typ. aus Stoff, Leder) • pouch

Tasche f <av> (für Camcorder und Zubehör) • case

Tasche f <bekl> • pocket

Tasche f DIN <edv> • envelope ECMA

Taschen f <prod> • product pockets

Taschenakkumulator m <el> • pocket accumulator

Taschenband n <prod> • pocket conveyor

Taschenbandelevator m <förd> • apron conveyor; slat conveyor

Taschenbuch n <druck> • pocketbook

Taschendosimeter n <nukl> • pocket dosimeter

Taschenfalz m <füg> • buckle fold

Taschenfalzmaschine f <wz.masch> • buckle folding machine

Taschenfilter n <verf> (flache Filterelemente) • pocket filter; envelope filter; flat bag filter; bag filter

Taschenfilter n <verf> • envelope-type filter; screen-type filter GB; bag-type filter GB

Taschenfilterelement n <verf> • filter envelope; flat bag; filter pocket; flat filter pocket; bag GB.rare

Taschenförderband n <prod> • pocket conveyor

Taschenformat n <tech.allg> • pocket size

Taschenfräsen n <prod> • pocketing

Taschenhalter m <fz> • bag holder

Taschenionisationskammer f <nukl> • pocket chamber

Taschenklappe f <bekl> • snap-down flap

Taschenkompass m <navig> • pocket compass

Taschenlager n <masch> • pocket bearing
Taschenlampe f <licht> • flashlight *US*; torch *GB*; electric torch; pocket torch
Taschenlocher m <büro> • port-a-punch
Taschenlupe f <opt> • pocket magnifier
Taschenmesser n <wz> • pocketknife
Taschenmessgerät n <msr> • pocket-size instrument
Taschenmessinstrument n <msr> • pocket meter
Taschenradio n <av> • pocket-size radio receiver; pocket-size radio
Taschenrechner m <edv> • pocket computer; handheld computer
Taschenrechner m <edv> • calculator
Taschenseparator m <kfz.el> *(Batterie)* • envelope separator
Taschenspektroskop n <opt> • pocket spectroscope
Taschenträger m <kfz> *(Motorrad)* • support bar
Taschentuchversuch m <qualit.mat> • doubling test; doubling-over test; double-folding test
Taschenumdrehungszähler m <msr> • pocket counter
Task f *norm.* <edv> *(speicherprogrammierte Steuerungen)* • task *stand.*
Taskverkettung f <edv> • task linking
Tasse f <verf> • cold water basin; collection basin; collecting basin; collecting pond *GB*
Tassendrehmaschine f <silik> • cup jolley
Tassenstößel m <kfz> *(Ventilsteuerung)* • bucket tappet; bucket-pattern tappet
Tassenstößel m <kfz.mot> *(in Ventilsteuerung)* • tappet; valve tappet; valve lifter; cam follower; barrel tappet
Tassenstößel mit hydraulischem Spielausgleich m <kfz.mot> • hydraulic valve lifter; hydraulic tappet; hydraulic lifter; auto lash adjuster; hydraulic lash adjuster *Chrysler*
Tasse und Untertasse f <gastr> • cup and saucer
Tastabstand m <msr> • sensing range (sd); switching range/distance/lobe; working distance; operating distance
Tastanordnung f <tech.allg> • keying system
Tastatur f *prakt* <tech.allg> *(eher klein, oft nur numerisch)* • keypad
Tastatur f <edv> • keyboard; data entry keyboard *rare*; entry keyboard *rare*; input keyboard *rare*
Tastatur f <mus> *(z. B. Klavier, Flügel)* • keyboard
Tastaturabfrage f <edv.av> • keyboard inquiry
Tastaturadapter m <el> • keyboard adapter
Tastaturaufteilung f <el.mus> *(in Tastaturzonen, die mit versch. Klängen belegt sind)* • keyboard splitting; keyboard split; keyboard division; splitting *coll*
Tastaturauswahl f <edv> *(Entscheidung zwischen mehreren Tastaturen; z. B. diverse Belegungen)* • selection of a keyboard; keyboard selection
Tastaturbedienung f <navig> *(Empfänger)* • keypad operation
Tastaturbefehl m <edv> • keyboard command
Tastaturbereich m <edv.av> • keyboard zone; key zone; key group
tastaturbetätigt <tech.allg> • keyboard-operated
Tastaturdecoder m <edv> • keyboard wedge decoder; wedge decoder
Tastatureingabe f <tech.allg> • keyboard input; keyboard entry
Tastaturemulation f <edv> • keyboard emulation
Tastaturersatzkabel n <el> • keyboard replacement cable
Tastaturfeld n <tech.allg> *(eher klein, oft nur numerisch)* • keypad
Tastaturfeld n <edv> • keypad
tastaturgesteuert <tech.allg> *(z. B. Werkzeugmaschine)* • key-controlled

Tastaturinterface n <edv> • keyboard wedge; wedge; wedge interface; keyboard interface
Tastaturkabel n <el> • keyboard cable
Tastaturkodierer m <edv> • keyboard encoder
tastaturprogrammiert <edv> *(z. B. CNC-Werkzeugmaschine)* • keyboard-programmed
Tastaturschnittstelle f <edv> • keyboard wedge; wedge; wedge interface; keyboard interface
Tastaturschublade f <el> • underdesk keybord drawer; underdesk drawer; keybord drawer
Tastatursperre f <tech.allg> • keyboard lock
Tastaturteilung f <el.mus> *(in Tastaturzonen, die mit versch. Klängen belegt sind)* • keyboard splitting; keyboard split; keyboard division; splitting *coll*
Tastaturumgehung f <edv> • key bypass
Tastaturwahl f <edv> *(Eingabe über Tasten)* • keyboard selection
Tastaturwahl f <edv> *(Entscheidung zwischen mehreren Tastaturen; z. B. diverse Belegungen)* • selection of a keyboard; keyboard selection
Tastaturweiche f <edv> • keyboard wedge; wedge; wedge interface; keyboard interface
Tastaturzone f <edv.av> • keyboard zone; key zone; key group
Tastbetrieb m <el> • jogger operation; inching
Tastbetrieb m <el> *(Sender)* • pulse operation
Tastbolzen m <msr> • gauging pin
Tastdiamant m <av> *(Plattenspieler)* • stylus diamond
Taste f <tech.allg> • key button; push-button; key press-button; press-button *rar*; button
Taste f <tech.allg> *(in Tastatur, Klaviatur)* • key
Taste f <av> • button
Taste f. Schnellvorlauf u. Bildsuchlauf vorwärts <av> *(bei Videorecordern und Videokameras)* • fast forward/cue button; fast forward/search (+) button
Taste für Bildsuchlauf rückwärts f <av> • review button
Taste für Bildsuchlauf vorwärts f <av> • cue button
Taste für Filmtransport-Betriebsart f Nikon <phot> • film advance mode button *Nikon*
Taste für Schnellrücklauf u. Bildsuchlauf rückwärts f <av> *(bei Videorecordern und Videokameras)* • rewind/review button; rewind/search-button; rewind/search button
tasten v <tech.allg> • key *v*
Tastenabstrakte f <mus> • key tracker; keyboard tracker
Tastenanordnung f <tech.allg> • keyboard layout
Tastenanschlag m <tech.allg> • keystroke; stroke; key touch
Tastenbefehl m <navig> • key command
Tastenblock m <tele> • keypad
Tastendruckbalken m <mus> *(Orgel)* • thumper; thumper-rail; thumper-bar
Tastenfeld n <tech.allg> • keyboard arrangement; keyboard; key panel
Tastenfeld n <tech.allg> *(eher klein, oft nur numerisch)* • keypad
Tastenfeld n <druck> *(Schreibmaschine)* • typewriter keyboard
Tastenfeld n <tele> • keypad
Tastenfeldsender m <tele> • keyboard transmitter
Tastenfunktion f <navig> *(Empfänger)* • key function
Tastengeber m <tele> • keyboard transmitter
tastengesteuert <tech.allg> • key-driven; key-controlled
Tastenhebel m <tech.allg> • key lever
Tastenkombination f <edv> • hotkey; shortcut
Tastenliste f <edv.av> • key map
Tastenpriorität f <edv.av> • key priority; note priority; note sounding priority

Tastenreihe f <tech.allg> • key row; key bank
Tastensatz m <tech.allg> • key set
Tastenschalter m <el> • key switch; push-button switch
Tastenschalterkontakt m <el> • keyboard contact
Tastensperre f <tech.allg> • keypad lock
Tastenstange f <tech.allg> • key stem
Tastenstengel m <tech.allg> • key stem
Tastensteuerung f <msr> • push-button control
Tastenstreifen m <tele> • key strip
Tastentelefon n <tele> • key-operated telephone
Tastentraktur f <mus> • key action; key-action; playing action; key-movement; clavier action
Tastentraktur f <mus> • key tracker; keyboard tracker
Taster m <agri> *(Rübenvollernter)* • feeler; finder
Taster m <edv.av> *(anschlagdynamischer Taster)* • pad
Taster m prakt <el> *(Schaltelement)* • push button; press button *rare*; press key *rare*; pushbutton key *rare*
Taster m <msr> *(zum Erfassen von Körperkonturen; z. B. zur Maßkontrolle, zum Digitalisi)* • gauge head *US.GB*; contouring tracer; tracer finger; feeler; stylus
Taster m <msr> *(Prüfspitze, Sonde)* • probe
Taster m <wz> *(Messwerkzeug)* • machinists' caliper *US*; caliper *US.GB*; calliper *GB.rare*
Tasterdraht m <msr> • feeler wire
Tasterdruck m <wz.masch> • stylus pressure
Tastergelenk n <msr> • caliper joint
Tasterlehre f <msr> • caliper gauge
Tastermessuhr f <msr> • dial gauge caliper
Taster mit Federbelastung m <msr> • spring loaded shaft; spring-loaded shaft
Tasterschenkel m <msr> • caliper leg
Tasterzirkel m <wz> • caliper compasses
Taste schneller Rücklauf <kfz.av> • fast rewind button
Taste schneller Vorlauf <kfz.av> • fast forward button; FF button
Tastfernsprecher m <tele> • key-operated telephone
Tastfilter n <tele> • keying filter
Tastfinger m <prod> • tracer finger; tracer point
Tastgerät n <tech.allg> • keyer
Tastgerät n <masch> • tracing device
Tastgeräusch n <akust> • key click
Tastgeschwindigkeit f <tech.allg> • keying speed
Tastgeschwindigkeit f <prod> • tracing speed
Tasthub m <tele> • frequency shift
Tastimpuls m • gate pulse
Tastimpulsgenerator m • gating-pulse generator
Tastkopf m <av> • scanning head; sensing head
Tastkopf m <msr> *(Teil eines Sensors)* • sensing head; pick-up; probe
Tastkopfverstärker m <el> • probe amplifier
Tastkreis m • keying circuit
Tastlehre f <msr> • caliper gauge
Tastnadel f • contact stylus; stylus
Tastnase f <masch> • follower; tracer
Tastpause f • keying space
Tastperiode f <mot> • sampling period
Tastregelung f <msr> • discontinuous control
Tastrolle f <masch> • follower roll
Tastschalter m <edv> • pushbutton
Tastschnittgerät n <obfl.msr> • tracing stylus instrument
Tastschnittverfahren n DIN EN ISO 3274 <obfl.qualit> *(Oberflächenbeschaffenheit)* • profile method *ISO 3274*
Tastspule f • exploring coil; test coil
Taststeuerung f <msr> • inching control; touch control
Taststift m <msr> *(zum Abtasten, Nachfahren von Körpern)* • stylus
Taststrecke f <prod> • tracing length
Tastung f <tech.allg> • keying; keysending
Tastverhältnis n <el> • pulse duty factor; duty factor

Tastverhältnis n <tele> • keying interval; keying ratio; duty cycle
Tastverhältnis 1:1 <tele> • unity mark-to-space ratio
Tastverstärker m <el> • probe amplifier; pulse-modulated amplifier
Tastvoltmeter n <el> • probe voltmeter
Tastwahl f <tele> • push-button dialling
Tastwahlblock m <tele> • keypad
Tastwahlfernsprecher m <tele> • push-button telephone; key-operated telephone
Tastwahlzeichen n <el> • push-button signal
Tastweite f <allg> • detection range
Tastwelle f <tele> • keying wave
Tastzeit f <msr> • sampling time
Tastzeit f <navig> *(Radar)* • keying period; keying cycle
Tastzirkel m <wz> *(Werkstätte, Navigation (Landkarte, Seekarte))* • caliper compasses; hermaphrodite caliper
tatsächlich <tech.allg> *(Zustand)* • actual
tatsächlich <tech.allg> *(Wert; z. B. Leistung)* • actual; asis
tatsächliche Abmessungen fpl <prod> *(einzelnes Maß oder Bauteil insgesamt)* • actual size; actual dimensions
tatsächliche Größe f <prod> *(einzelnes Maß oder Bauteil insgesamt)* • actual size; actual dimensions
tatsächliche Leistung f <el> *(in Watt; [P] = 1 W)* • active power; actual power; effective power; wattage *pract*
tatsächlicher Abstand m <wz.masch> *(zw. Freifläche und Werkstückoberfläche)* • actual clearance
tatsächlicher Flugweg m <aerospace> • actual flight path
tatsächlicher Maschinenausnutzungsgrad m <ökon> • machine effective utilization index
Tatze f <nav> *(von Dreipunktboot)* • float
tatzgelagert <bahn> *(E- Motor)* • nose-suspended
tatzgelagert <fz> • axle-hung
Tatzlager n <fz> • axle bearing; suspension bearing
Tatzlageraufhängung f <bahn> • nose suspension
Tatzlagerdynamo m <fz> • axle-hung generator
Tatzlagergenerator m <fz> • axle-hung generator
Tatzlagermotor m <bahn> • nose-suspended motor; nose-suspension motor; axle-hung motor
Tatzlagermotorantrieb m <bahn> • nose-suspension drive
Tau n <tech.allg> *(Textil oder Metall, relativ dick und schwer)* • rope
taub <med> *(gehörlos, auch „schwerhörig" für Ratschläge, Argumente)* • deaf
taub ugs <med> *(z. B. Finger, Haut)* • dead
taub <min> • barren; dead
taub <min> *(Kohlenflöz)* • foul
tauber Gang m <min> • dead vein; dead lode; buck reef
taubes Gestein n <min> *(im Ggs. zu Erz)* • dead rock; dead ground; waste rock; barren rock; deads
Taubucht f <nav> • bight of a rope
Tauchätzen n <obfl> • immersion etching
Tauchalitieren n <obfl> • hot-dip aluminizing; dip aluminizing
Tauchanker m <el> • solenoid plunger
Tauchanker m <msr> • plunger
Tauchankerrelais n <el> • plunger relay
Tauchanlage f <obfl> • immersion plant; immersion pickle plant
Tauchanlage f <prod> • dipping machine
Tauchbad n <obfl> *(eher kurzes Eintauchen)* • dip bath; dipping bath *rare*
Tauchbad n <obfl> *(Immersionsflüssigkeit beim Galvanisieren)* • electrolyte
Tauchbad n <prod> *(betont: lang untertauchen)* • immersion bath

Tauchbad n <prod> (betont: Ölbad) • oil bath
Tauchbad n <verf> (Behälter zum Eintauchen von Teilen; z. B. zum Abschrecken, Beschichten) • dipping tank; dip tank; dipping bath; tank; bath pract
Tauchbad für Schokoladenüberzug n <nahr.prod> (Speiseeis) • bath for chocolate enrobing
Tauchbadschmierung f <tribo> • oil-bath lubrication
Tauchbatterie f <el> • plunge battery; plunging battery
Tauchbecken n <verf> (Behälter zum Eintauchen von Teilen; z. B. zum Abschrecken, Beschichten) • dipping tank; dip tank; dipping bath; tank; bath pract
Tauchbehälter m <verf> (Behälter zum Eintauchen von Teilen; z. B. zum Abschrecken, Beschichten) • dipping tank; dip tank; dipping bath; tank; bath pract
Tauchbehandlung f <obfl> • dip treatment; immersion treatment
Tauchbeschichten n <obfl> • dipping ISO 4618-3
Tauchbeschichten n <prod> • dip coating
Tauchbeschichtung f <obfl> • dip coating; immersion coating
Tauchbeschichtungseinrichtung f <obfl> • dip coater
Tauchbrenner m <verbr> • submerged burner
Tauchbrücke f <bau.hydr> • submersible bridge
Tauchbütte f <pap> • dipping vat
Taucheffekt m <kfz.sich> (unter dem Beckengurt bei einem Frontalaufprall) • submarining
Tauchelektrode f • dip-coated electrode; dipped electrode; immersion electrode
Tauchen n <kfz> (Fahrwerk) • brake dive; dive; nose dive coll; tail lift coll
Tauchen n <obfl> • dipping process; immersion process; dip process; dipping; immersion
tauchen vi <allg> (Technik (z. B. Tauchlöten), Sport; U-Boot) • dive vi
tauchen vi <prod> • plunge vi
tauchen vt <allg> • submerge vt
tauchen (in) vt <tech.allg> • immerse (in) vt; dip (into) vt; soak (in) vt
Tauchentfetten n <obfl> • dip degreasing; immersion degreasing
Tauchentfettung f <obfl> (Vorgang) • dip degreasing
Tauchentfettungsmittel n <obfl> • soak cleaner
Taucheranzug m <tauch> • diving-suit
Taucherbrille f DIN 7875 <tauch> • diving-goggles
Taucherglocke f <bau> (für Arbeit unter Wasser) • diving bell
tauchfähig <allg> (z. B. Gerät, Maschine) • submersible
Tauchfärbung f <obfl> (anodische Oxidation) • dip dyeing; immersion dyeing
Tauchfilter m <verf> • submersible filter
Tauchform f • dipping form
Tauchform f <prod> • former
Tauchformen n <prod> • dip molding; solvent molding
Tauchfräsen n <prod> • plunge milling
Tauchfräsmaschine f <wz.masch> • plunge-milling machine
Tauchgabel f <fz> (z. B. Motorrad, Mountainbike) • telescopic fork; tele pract
tauchgehärtet <metall> • dip-hardened; immersion-hardened
tauchgeschmiert <tribo> • splash-lubricated
Tauchgestell n • dipping rack
tauchglasiert • dip-glazed
Tauchglocke f <tech.allg> • floating bulb
Tauchglocke f <bau> (für Arbeit unter Wasser) • diving bell
Tauchglocke f <metall> (zur Erzeugung von Kugelgraphit) • bell; bell plunger
Tauchglockendurchflussmesser m <msr> • bell flowmeter

Tauchglockenmanometer n <msr> • inverted-bell manometer
Tauchglockenwirkdruckgeber m • bell-type difference pressure transmitter
Tauchgrenze f <nav> • margin line
Tauchgrund m <obfl> (Schicht) • dip primer coat[ing]
Tauchgrundierung f <obfl> (Material) • dip primer
Tauchgrundierung f <obfl> (Schicht) • dip primer coat[ing]
Tauchhärten n <metall> • dip hardening; immersion hardening
Tauchhartlöten n <füg> • dip brazing
Tauchkern m <el> • plunger
Tauchkern m <msr> • plunger
Tauchkernrelais n <el> • plunger relay
Tauchkernrelais n <el> • solenoid relay
Tauchkernspule f <el> • plunger coil; sucking coil; plunger solenoid; sucking solenoid
Tauchkernsystem n <el> • plunger system
Tauchkerntransformator m <el> • telescoping coil transformer
Tauchkolben m <kunst.wz> • plunger
Tauchkolben m <masch> (z. B. Pumpe) • plunger piston; plunger; ram
Tauchkolben m DIN ISO 7967-2 <masch> • trunk piston ISO 7967-2
Tauchkolbenmotor m <mot> • trunk piston engine
Tauchkolbenpumpe f <förd> (mit Tauchkolben) • plunger pump; ram pump
Tauchkolbenpumpe f <masch> • plunger pump
Tauchkondensator m <el> • plunger-type capacitor
Tauchkreiselpumpe f <masch> • submerged impeller pump
Tauchlack m <obfl> • dipping varnish
Tauchlack m <obfl> (Material) • dip paint; dipping paint
Tauchlackieren n <obfl> • dip varnishing
Tauchlackieren n DIN EN ISO 4618 <obfl> • dipping ISO 4618-3
Tauchlackierung f <obfl> (Vorgang) • dip painting
Tauchlänge f <prod> • immersion length
Tauchlänge f <textil> • immersion distance
Tauchlösung f • hot-dip solution
Tauchlösung f <prod> • dip solution; dipping cement
Tauchlötbad n <füg> • soldering dipper
Tauchlöten n <füg> • dip brazing
Tauchlöten n <füg> • dip soldering
Tauchmessstab m <msr> • dip stick
Tauchmetallisieren n <obfl> • dip metallizing
Tauchmotor m <el> (z. B. für Pumpe) • submersible motor
Tauchmotorpumpe f <förd> (Motor unter Wasser) • submersible pump; immersion pump; wet-pit pump
Tauchphosphatierung f <obfl> (Vorgang) • dip phosphating; dip phosphatizing; immersion phosphating [process]
Tauchpresse f <textil> (Chemiefaserherstellung) • steeping press
Tauchpuder n <obfl> • dipping powder
Tauchpuderemail n <obfl> • dipping powder
Tauchpumpe f <förd> (Pumpe unter Wasser, Motor über Wasser) • submersible pump; shaft-driven submersible pump; submerged pump; immersed pump
Tauchpumpe f prakt <förd> (Motor unter Wasser) • submersible pump; immersion pump; wet-pit pump
Tauchpumpe f <masch> • submersible pump; immersion pump; wet-pit pump
Tauchrelais n • dipper relay
Tauchrohr n • dip pipe; immersion pipe
Tauchrohr n <kfz> (Motorradgabel) • outer tube; fork slider

Tauchrohr *n* <verf> *(in Zyklonen)* • inner pipe; exit pipe; tubular guard; outlet tube; discharge tube

Tauchrohrdurchmesser *m* <verf> • inner pipe diameter; exit pipe diameter; tubular guard diameter

Tauchrohrkondensator *m* <hlk> • submerged-coil condenser

Tauchrüttler *m* <bau.masch> • immersion vibrator; poker vibrator; spud vibrator; internal vibrator

Tauchschmierung *f* <tribo> • splash lubrication; oil-bath lubrication

Tauchschmierung *f* DIN ISO 4378-3 <tribo> • dip-feed lubrication *ISO 4378-3*; oil bath lubrication

Tauchschwingung *f* <av> • hearing

Tauchsieder *m* <hlk> • immersion heater

Tauchspul... <av> • moving coil (MC)

Tauchspule *f* <el> • moving coil

Tauchspule *f* <el> • plunger coil; plunger-type coil

Tauchspul-Lautsprecher *m* DIN 45579-1 <av> • moving coil loudspeaker

Tauchspulmagnet *m* <el> • plunger electromagnet

Tauchspulmikrofon *n* <av> • moving-coil microphone

Tauchstreichmaschine *f* <obfl> • dip coater

Tauchstreichverfahren *n* DIN 6730 <pap> • dip coating

Tauchthermoelement *n* <msr> • immersion thermocouple

Tauchthermostat *m* <msr> • immersion thermostat

Tauchtiefe *f* <förd> *(Tauchpumpe)* • depth of immersion; immersion depth

Tauchtiefe *f* <nav> • draught

Tauchtiefe *f* <prod> • immersion

Tauchtopf *m* • float cage

Tauchtränken *n* • infiltration by dipping

Tauchtränken *n* <verf> *(Holz)* • dip timber treatment; dip treatment

Tauchtrimmer *m* <el> • plunger-type trimmer

Tauchtrommel *f* • dipping drum

Tauchüberzug *m* <obfl> • dip coat; immersion coat

Tauchveraluminieren *n* <obfl> • dip-aluminizing

Tauchverbleien *n* <obfl> • lead dipping

Tauchverbrennung *f* <verbr> • submerged combustion

Tauchverfahren *n* <obfl> • dipping process; immersion process; dip process; dipping; immersion

Tauchversuch *m* <qualit> • immersion test

Tauchverzinken *n* <obfl> • hot-dip galvanizing

Tauchvorbehandlung *f* <obfl> • dip pretreatment; batch pickle; immersion cleaning; immersion pickle

Tauchwalze *f* <pap> • bathing fountain roller; fountain roll

Tauchwalze *f* <textil> • dipping roller; immersion roller

Tauchwalzentrockner *m* • dip-feed drum drier

Tauchwand *f* <hydr> • trash board

Tauchweichlöten *n* <füg> • salt bath soldering

Tauchzeit *f* <metall> *(z. B. im Härtebad)* • soaking time

Tauchzelle *f* <msr> • immersion cell

tauen *vt* <edv> *(CAD; Kurven, Layers)* • unfreeze *vt*

tauglich <tech.allg> *(in gebrauchsfähigem Zustand)* • serviceable

Taukappe *f* • dew cap

Tauklemme *f* <nav> • clam cleat

Tauklüse *f* <nav> • bow-chock mooring pipe

Taukurve *f* <phys> *(Zustandsschaubild; z. B. von Wasser)* • dew-point curve; condensation curve

Taulinie *f* <phys> *(Zustandsschaubild; z. B. von Wasser)* • dew-point curve; condensation curve

Taumelband *n* <av> *(Einstellung der Magnetkopfspaltrichtung)* • azimuthal alignment tape

Taumelbewegung *f* <aerospace> • tumbling

Taumelbewegung *f* <mech> *(Drehung plus Axialschlag)* • wobbling

Taumelfehler *m* <füg> *(Gewinde)* • drunkenness

Taumelfehler *m* <masch> • wobble

Taumelfehler *m* <masch> *(Gewindesteigung)* • drunken lead; helical drunkenness; helix variation

Taumelkopf *m* <masch> • wobble head

Taumellager *n* <masch> • wobble bearing

Taumeln *n* <masch> • wobble; waddle

taumeln *vi* <aerospace> • tumble *vi*

taumeln *vi* <masch> • run untrue *vi*

taumeln *vi* <masch> *(räumliche Bewegung)* • wobble *vi*

taumelndes Gewinde *n* <masch> • drunken thread

Taumelscheibe *f* <masch> • nutating disc; swash disc; swash plate

Taumelscheibe *f* <masch> • rotating crank

Taumelscheibe *f* <masch> *(Pumpe)* • wobbling disc; wobble plate

Taumelscheibe *f* <masch> *(fest)* • Z-crank

Taumelscheibenpumpe *f* <masch> • wobble-plate pump; rotary swash plate pump

Taumelscheibenzähler *m* <msr> • disc meter

Taumelschlag *m* rar <masch> *(allg. von Rotationskörpern; z. B. Rad, Bremsscheibe)* • lateral runout; side-to-side wobble *did*; wobble *pract.coll*

Taumeltrieb *m* <masch> • wobble shaft

Taumelwelle *f* <masch> • wobble shaft

Taupunkt *m* (t) <hlk> • dew point; dew-point

Taupunkt *m* <phys> *(allg.; jede Flüssigkeit)* • dew point; dew point temperature

Taupunktanzeiger *m* <msr> • dew-point indicator

Taupunkthygrometer *n* <msr> • dew-point hygrometer; dew-point meter; dewpointmeter

Taupunktmesser *m* <msr> • dew-point hygrometer; dew-point meter; dewpointmeter

Taupunktschreiber *m* <msr> • dew-point recorder

Taupunkttemperatur *f* <phys> *(allg.; jede Flüssigkeit)* • dew point; dew point temperature

Tausalz *n* <chem> *(allg.; z. B. als Streusalz für Straßen, Start- u. Landebahnen)* • de-icing salt

Tausalz *n* <verk> • freezing-preventive common salt

Tausch *m* <jur> • exchange; barter; swap *coll*; trade

Tausch... *prakt.ugs* <rep> *(in Zusammensetzungen; z. B. Motor, Ersatzteil)* • rebuilt ...; reconditioned ...; remanufactured ...; recon ... *pract.coll*

tauschen *vt* <ökon> *(konkrete Objekte, als Teil eines Tauschhandels)* • swap *vt*

tauschen *vt* <ökon> *(z. B. Fahrzeug gegen ein anderes)* • trade *vt*

Tauscherfläche *f* rar <verf> • heat-exchanger surface

Tauschfenster *n* <bau.rep> • replacement window

Tauschgeschäft *n* <jur> • barter transaction; exchange transaction; exchange deal; swap deal *coll*; swap *coll*

Tauschmotor *m* ugs <kfz.mot.rep> • rebuilt engine; remanufactured engine; reconditioned engine; recon engine *pract.coll*

Tauschpalette *f* <logist> • European exchange pallet; Euro pallet

Tausend-Dächer-Programm *n* prakt <energ.sol> • 1000-roofs program

Tausendfüßler-Verlauf *m* <kunst> • centipede effect

Taustopper *m* <nav> • lanyard stopper

Taustropp *m* <nav> • rope sling

tautomer <chem> • tautomeric

Tautomer[es] *n* <chem> • tautomer

Tautomerie *f* <chem> • tautomerism

tautomerisieren *v* <chem> • tautomerize *v*

tautozonal <mat> • tautozonal

Tauwasserbildung *f* <bau> *(an relativ kalten Flächen; z. B. an Fensterscheiben, Fliesen)* • condensation

Tauwasserschale *f* <hlk> • defrosting tray

Tauwerk *n* <nav> • cordage *sg*; ropes *pl*; roping

Taxameter n <kfz> • taximeter

Taxi n <kfz> • taxi; cab *coll*; taxicab *obs*; taximeter cab *obs*

Taxidermie f <prod.bio> *(von Tieren)* • taxidermy; animal stuffing *coll*

Taxidermist m <prod.bio> • taxidermist; preparator

Taxifahrpreis m <kfz> • cab fare

Taxiway m <aerospace> • taxiway

Taxizugsystem n <bahn> • taxi trains

Taylor'sches Theorem n <math> • Taylor's theorem; Taylor theorem

Taylor-Formel f <math> • Taylor's formula

Taylor-Reihe f <math> • Taylor's series; Taylor series

Taylor-Reihenentwicklung f <math> • Taylor's series expansion; Taylor series expansion

Taylor-Schaltung f <el> • Taylor connection

Taylorsche Reihe f <math> • Taylor's series; Taylor series

TB <edv> • terabyte (TB); TByte; Tbyte

TBBA <kst> *(Flammhemmer)* • tetrabromobisphenol-A (TBBA)

TBC <av> • time base corrector (TBC)

TBI-System n <kfz.mot> • TBI system *GM*; throttle body injection system

TBM <bau.masch> • tunnel boring machine (TBM); tunneling machine

TBM <bohr> • tunnel boring machine (TBM)

TBN <tribo> *(Maß für das Neutralisationsvermögen eines Detergentaddtivs)* • Total Base Number (TBN); base number

TBT <obfl.nav> *(Bewuchshemmer für Schiffsrümpfe)* • tributyl tin (TBT)

TBT-belastetes Baggergut n <ents> • TBT-contaminated dredgings

TBT-freier Anstrich m <obfl> • TBT-free paint coat[ing]

TByte n <edv> • terabyte (TB); TByte; Tbyte

Tc <chem> • technetium (Tc)

TC-Bond m <el.ic.prod> • thermocompression bond

TC-Bonden n <el.ic.prod> • thermocompression bonding; TC bonding

TCM n <kfz.antr> *(Automatikgetriebe; betont: das Steuergerät)* • transmission control module (TCM); automatic electronic command unit *ZF*; electronic transmission control; transmission ECU

TCO <opt.el> • transparent conductive oxide (TCO)

T-Code m <edv> • T-label; T-shaped label; dual-orientation label; dual-orientation code; omnidirectional label

T-Conveyor m <druck> *(Conveyor)* • T-conveyor

TCO-Schicht f <energ.sol> • TCO-film; transparent, conductive oxide film

T-Dämpfungsglied n <el> • T-pad

Td-Erwachsenenimpfstoff m <pharm> • tetanus and diphteria toxoids, adult type

TD-Felge f <kfz> • TD rim; TR-Denloc rim *Dlp.Mich*; Denevo rim *Dlp.Mich*

TDI <kfz.mot> • direct-injection turbo diesel [engine] (TDI)

Td-Impfstoff m <pharm> • tetanus and diphteria toxoids, adult type

TDMA <tele> • time division multiple access method (TDMA); time division multiple access

TDMA-Verfahren n <tele> • time division multiple access method (TDMA); time division multiple access

TDM-Verfahren n <tele> • time division multiplex method (TDM); time-division multiplexing; time division multiplex

TDOP <navig> • time dilution of precision (TDOP)

TDR <edv> • Time-Domain Reflectometer test (TDR)

TD-Rad n <kfz> • TD wheel; TR-Denloc wheel

TDS <av.msr> • time-delay spectrometry (TDS)

TE <tele> *(z. B. Telefon, Fax, Anrufbeantworter, Modem, PC)* • terminal equipment (TE); terminating equipment

Teachingverfahren n <prod.autom> • teach-in method; leadthrough [method]

Teach-in-Programm n <prod.autom> *(z. B. für Roboter-Programmierung)* • teach-in program

Teach-In-Verfahren n <prod.autom> • teach-in method; leadthrough [method]

Teaser m <werb> • teaser

Tebarcon n *Handelsname* <med> • fibrates *pl*

Technetium n (Tc) <chem> • technetium (Tc)

Technik f • art

Technik f <allg> *(Ingenieurwissenschaft)* • technology

Technik f <tech.allg> *(Wissenschaft und Praxis)* • engineering

Technik f <tech.allg> *(z. B. der Datenverarbeitung, Fertigung)* • method

Technik f <tech.allg> *(als Handlungsweise)* • procedure

Technik f <tech.allg> • technique

Technik f <did> • skill

Technikbewertung f <tech.allg> • technology assessment

Techniker/in m/f <did> *(z. B. Fachschulabsolvent)* • technician; technical

Technik-Übersetzer m <doku> • technical translator; sci-tech translator

technisch <allg> • engineering

technisch <allg> • technical

technisch <allg> *(z. B. im Ggs. zu rechtlich, wirtschaftlich)* • technological

technisch <tech.allg> *(großtechnisch)* • industrial

technisch ablenken vt <petr> *(Bohrung)* • sidetrack vt; 4

technisch ausführbar <tech.allg> *(konkret umsetzbar; z. B. Konstruktion, Architektenentwurf)* • technically feasible; practicable *coll*

technisch ausgereift <tech.allg> *(hochentwickelt, anspruchsvoll)* • sophisticated

technische Änderung f <tech.allg> • technical modification

technische Analyse f <chem> • commercial analysis

technische Anlagen fpl <tech.allg> • technical facilities *pl*

Technische Anleitung f (TA) <doku> *(BRD-Gesetzgebung)* • Technical Instructions (TI); Technical Guidelines

Technische Anleitung zur Reinhaltung der Luft f *form* <jur.emiss> • TI Air *pract*; Technical Instructions on Air Quality Control *form*; Clean Air Guideline

technische Betreuung f <tech.allg> • technical support

technische Brauchbarkeit f <jur> • operativeness

technische Chemie f <chem> • technical chemistry; industrial chemistry

Technische Daten <doku> *(Überschrift in Produktinformationen)* • Specifications

technische Daten pl <tech.allg> *(z. B. Abmessungen, Gewicht, Leistung, Nennwerte)* • specifications; technical data; engineering data

technische Datenbank f <edv> • engineering data base

technische Eignungsprüfung f <qualit> • technical aptitude test

technische Elastizitätsgrenze f <qualit.mat> *(Zugversuch)* • practical elastic limit

technische Flugweite f <aerospace> • range of an aircraft; range

technische Frage f <tech.allg> *(Anfrage)* • technical query

technische Frequenz f <tech.allg> • industrial frequency

technische Gebäudeausrüstung n <bau> • building services; mechanical services; services

technische Hilfen für behinderte Menschen fpl DIN EN 12182 <med.tech> • technical aids for disabled persons DIN EN 12182

technische Illustration f <doku> • technical illustration

technische Keramik f <silik> *(Funktions- und Konstruktionskeramik)* • engineering ceramics

technische Konstruktionszeichnung f <doku> • engineering structural drawing; engineering construction drawing

technische Kunststoffe mpl <kst> • engineering plastics

technische Lösung f <tech.allg> • engineering solution

technische Mechanik f <mech> • engineering mechanics

technische Meldung f <alarm> • trouble signal

technischer Alarm m <alarm> • trouble alarm; spurious alarm

technischer Alkohol m • commercial alcohol; industrial alcohol

technischer Aufwand m <tech.allg> • engineering effort; engineering efforts

technischer Beratungsdienst m <tech.allg> • engineering consultancy service

technischer Bühnenrahmen m <theat> • fourth wall; proscenium opening

technischer Diamant m <wz> • industrial diamond

technischer Entwurf m <doku> • engineering design

technischer Klebstoff m <füg> • engineered adhesive

technischer Kreisel m <navig> • technical gyro

Technischer Kundendienst m <edv> • Tech Support

technischer Kundendienst m <tech.ökon> • technical support

technische Rohrtour f <petr> • intermediate casing; intermediate string of casing

technischer Ruß m <chem> *(z. B. als Pigment für Tinten, Toner, Reifenfarbe)* • carbon black

technischer Tuschefüller m <obfl> • technical pen

technischer Übersetzer m <doku> • technical translator; sci-tech translator

Technischer Überwachungsverein m (TÜV) <org.sich> • German technical inspection association TÜV

technischer Versuchsreaktor m <nukl> • engineering test reactor

technischer Werkstoff m <mat> • engineering material

technischer Zeichner m <doku> • draftsman US; draughtsman GB

technisches Aluminiumsulfat n <chem> • acid alum

technisches Anforderungsprofil n <tech.allg> • engineering requirements; requirements profile

technisches Calciumnitrat n • Norge nitre

technisches Einheitensystem n <phys> • engineering system of units

technisches Fett n • commercial grease

technisches Gas n <verf> • manufactured gas

technisches Kaliumchlorid n • muriate of potash

technisches Öl n <allg> • industrial oil

technische Strahlenoptik f DIN 1335 <opt> • geometrical optics DIN 1335

technische Trocknung f <verf> • kiln drying

technische Verwendung f <tech.allg> • engineering use

technische Zeichnung f <doku> • engineering drawing

technisch machbar prakt <tech.allg> *(konkret umsetzbar; z. B. Konstruktion, Architektenentwurf)* • technically feasible; practicable coll

technisch rein <tech.allg> *(z. B. Nahrungsmittel, Schmierstoff, Kosmetikartikel)* • commercially pure

technisch rein <mat> • technically pure

technisch überarbeiten vt <prod> • re-engineer vt

technisch unausführbar <tech.allg> • impracticable; unfeasible

Technologie f <tech.allg> • technology

Technologiefaktor m <prod> *(Einfluss des Fertigungsverfahrens auf die Dimensionierung)* • technology factor :V; process factor :V

Technologieträger m <kfz> • technology carrier; technological show-piece coll

technologisch <tech.allg> • technological

technologische Anlage f <tech.allg> • process plant

technologische Berechnung f <tech.allg> • process-engineering calculation

technologische Einheit f <prod> • production unit

Tedlar n <energ.sol> *(Photovoltaik)* • polyvinyl fluoride (PVF); Tedlar

Tedur n ® <kst> • Tedur ®

TED-Videoplatte f <av> • TED video disc

Teedose f <pack> • tea caddy

Teekannenpfanne f <metall> • teapot spout ladle; teapot ladle

Teer m <chem> • tar

Teer abscheiden vt • detar vt

Teerabscheider m • detarrer; tar separator

Teerabscheidung f • detarring; tar separation

Teerbeton m <bau.mat> • tar concrete

Teerdestillation f <chem.petr> • tar distillation

Teerdruckscheidung f <chem.verf> • tar decantation under pressure

teeren vt <tech.allg> *(allg.; z. B. Straße)* • tar vt

teeren vt <nav> *(Schiffs-, Bootsrumpf)* • grave vt

Teerentferner m <obfl.ents> • tar remover

teerig <bau> • tarry

Teerkocher m <bau.masch> • road kettle; tar boiler

Teermakadam m <bau.mat> • tar macadam

Teernebel m <obfl.bau> • tar mist

Teeröl n DIN EN 12303 <chem> • coal tar oil; tar oil; coal tar base oil

Teerölverfahren n <holz> *(Holzschutz)* • Rüping process

Teerpapier n <bau.mat> • tar paper; asphalt paper

Teerpapier n ugs <pap> *(z. B. zum Verpacken, am Bau)* • asphalt paper; tarred brown paper; tarred paper; tar paper coll

Teerpappe f <bau.mat> • tar board; tar-saturated roofing felt; tar-saturated felt

Teerrückstand m <ents> • tar residue

Teersand m <petr> • tar sand

Teerscheider m • detarrer; tar separator

Teersplitt m <bau.mat> • tar-coated chippings

Teervorlage f <bau.masch> • tar-collecting main

Teerwäscher m <chem.verf> • tar scrubber

Teerwagen m <bau.masch> • tar tank car

Teflon n ^TM.prakt <kst> • polytetrafluoroethylene (PTFE); Teflon ^TM.pract

teflonähnlich <kst> • Teflon-like

teflonisiert <obfl> • teflon coated; teflon-finished

Teflon-Prothese f <med.tech> *(alloplastische Gefäßprothese)* • teflon graft; PTFE-prosthesis; PTFE-graft

teflonummanteltes Kapton n (TKT) <el.mat> *(Kabelisolierungsmaterial)* • Teflon-Kapton-Teflon (TKT)

Teigformmaschine f <gastr> • dough forming machine

teigig <mat> • pasty; paste-like

teigig <nahr> • doughy

Teigigkeit f <kfz.antr> *(Schaltung)* • rubbery vagueness

Teigkneter m <gastr> • dough kneader; dough kneading machine

Teigmischer m <gastr> • dough mixer; dough mixing machine

Teigteilmaschine f <gastr> • dough divider; dough dividing machine

Teil m <allg> • part

Teil m <tech.allg> *(Elektrotechnik, Maschinenbau, Bauwesen)* • element

Teil m <tech.allg> • portion

Teil m <edv> *(Befehlswort)* • decrement

Teil m <jur> *(z. B. eines Gesetzes)* • section

Teil n <tech.allg> *(kleines Bauteil unbekannten Namens)* • device; widget *coll*

Teil n <tech.allg> *(Bauteil)* • member

Teil n *prakt* <tech.allg> *(als Bestandteil z. B. von Baugruppen, Systemen, Anlagen, Maschinen)* • component part; component; part *pract*

Teil n <logist> • stock keeping unit (SKU); item; line item; article; material *US*

Teil n <prod> • workpiece

teilabkommissionierte Palette f <logist> • partial pallet

Teilabtastung f <edv> • short scan; short read; partial read; partial scan

Teiladditivverfahren n <el> • semi-additive process

Teilamt n <tele> • subexchange

Teilanlage f <tele> • subsystem

Teilapparat m <prod> *(z. B. zum Bohren, Fräsen)* • divider; dividing apparatus

Teilapparat m <wz.masch> *(aufgesetzt auf (z. B.) Fräsmaschine)* • dividing attachment

Teilausfall m <qualit> • partial failure

Teilauslösungskurve f <masch> • index trip cam

Teilaustenitisieren n EN 10052 <metall> *(Behandeln im Alpha- und Gamma-Gebiet)* • inter-critical treatment EN 10052

Teilauswerfeinrichtung f <prod> *(z. B. Spritzgießen, Tiefziehen)* • part-ejection device

teilautomatisch <tech.allg> *(z. B. Fertigung)* • partly automatic

teilautomatische Fließbettfeuerung f <verbr> • semi-automatic fluidized bed combustion

teilautomatischer Betrieb <logist> *(RFZ)* • semi-automatic operation

teilautomatischer Ölbrenner m <hlk> • semi-automatic oil burner

teilautomatische Schwebebettfeuerung f <verbr> • semi-automatic fluidized bed combustion

teilautomatische Wirbelbettfeuerung f <verbr> • semi-automatic fluidized bed combustion

teilautomatische Wirbelschichtfeuerung f <verbr> • semi-automatic fluidized bed combustion

teilautomatische Wirbelschichtverbrennung f <verbr> • semi-automatic fluidized bed combustion

teilautomatisiert adj <tech.allg> • semi-automated adj

Teilbandförderer m <förd> • sectional-belt conveyor

Teilbaugrupe f <tech.allg> • subassembly; subunit; sub-assy *pract*

Teilbaum m <textil> • sectional beam

Teilbeaufschlagung f <energ.hydr> • partial load

Teilbeaufschlagung f <turb> • partial admission

Teilbelastung f <tech.allg> • fractional load

Teilbereich m <allg> *(z. B. eines Sachgebietes, Unternehmens)* • subdivision

Teilbereich m <allg> • subrange

Teilbereich m <math> *(Algebra, Topologie)* • subdomain

teilbesetztes Energieband n <nukl> • partially occupied band

Teilbewegung f <prod> • indexing movement

Teilbild n <av> • television field; partial image

Teilbild n <edv> • subpicture

Teilbildabtastung f <av> • field scan

Teilbildaustastperiode f <av> • horizontal black-out period

Teilbilddauer f <av> • field duration

Teilbildfrequenz f <av> • field frequency

Teilbildfrequenzteiler m <av> • field divider

Teilbildkontrollröhre f <av> • field monitoring tube

Teilbildkorrektion f <av> • field bend

Teilblattverstellung f <energ.wind> • partial span pitch control

Teilblock m <edv> • subblock; blockette

Teilblockkühler m <kfz> • block radiator

teilbündig <msr> • semi-flush

Teilchen n <emiss> *(z. B. Ruß aus Dieselmotor)* • particle

Teilchen n <nukl> • particle

Teilchen n <phys> *(Flächenteilchen)* • element

Teilchen n <phys> • material particle; matter particle; corpuscle

Teilchen n <verf> • particle

Teilchenaufladung f <verf> • particle charging

Teilchenbahn f <nukl> • particle path; particle trajectory

Teilchenbeschleuniger m <nukl> • particle accelerator; cyclotron

Teilchenbeschleunigung f <phys> • particle acceleration

Teilchenbewegung f <nukl> • particle motion

Teilchenbündel n <nukl> • cluster

Teilchendichte f <nukl> • particle density

Teilchendiffusion f <nukl> • particle diffusion

Teilchendiskriminierung f <nukl> • particle discrimination

Teilchendurchmesser m <verf> • particle diameter; particle size diameter *rare*

Teilcheneinfang m <nukl> • particle capture

Teilcheneinschlusszeit f <nukl> • particle confinement time

Teilchenenergie f <nukl> • particle energy

Teilchenfluenz f <phys> • particle fluence

Teilchenflugbahn f <phys> • particle trajectory

Teilchenfluss m <phys> • particle flux

Teilchenflussdichte f <phys> • particle flux density

Teilchengeschwindigkeit f <phys> • particle velocity

Teilchengröße f <tech.allg> *(von losen Teilchen; z. B. Schüttgut, Kies, Sand, Staub)* • particle size; grain size

Teilchengrößenanalysator m <verf> • particle-size analyzer *US.GB*; particle-size analyser *GB*

Teilchengrößenanalyse f <verf> • particle-size analysis

Teilchengrößenbereich m <verf> *(Siebanalyse)* • range of screen sizes

Teilchengrößenfraktion f <verf> *(alle Teilchen der gleichen Größe; z. B. Schwebstoff)* • particle size fraction; grain-size fraction; grain fraction; size category; size fraction

Teilchengrößenverteilung f <verf> • particle size distribution; grain size distribution

Teilchen hoher Energie n <phys> • energetic particle

Teilchennachweis m <nukl> • particle detection

Teilchenseparator m <phys> • particle separator

Teilchenspektrum n <phys> • particle spectrum

Teilchenspin m <nukl> • particle spin

Teilchenspur f <phys> • particle track

Teilchenstoß m <nukl> • particle impact

Teilchenstrahl m <nukl> • ray

Teilchenstrahl m <phys> • particle beam

Teilchenstrahlung f <phys> • corpuscular radiation; particle radiation

Teilchenstromdichte f <nukl> • current density

Teilchenzähler m <nukl> • particle counter

Teilchenzahl f <nukl> • number of particles

Teildispersion f <phys> • partial dispersion

Teildraufsicht f <doku> • fragmentary top plan view

Teildruck m <phys> • partial pressure

Teildruckgefälle n <phys> *(z. B. in d. Medizin)* • partial pressure drop

teildurchlässig <opt> • semi-transparent; partially transmitting; semitransparent

teildurchlässig <phys> • semipermeable

teildurchlässig verspiegelt <obfl> *(z. B. optisches Prisma)* • partly silvered

Teildurchschlag m <el> • partial breakdown; incomplete breakdown

Teileauswurf *m* <prod> • ejection of parts
Teileauswurfeinrichtung *f* <prod> • part-ejection device
Teilebene *f* <prod> *(z. B. Form)* • parting plane
Teilebibliothek *f* <edv> *(CAD; Zeichnungselemente)* • template and shape library
Teile eines Näherungsschalters *mpl EN 60947* <msr> • parts of a proximity switch *EN 60947*
Teilefertigung *f* <prod> • discrete-part manufacturing; piece-part production
Teilegruppe *f* <masch> • family of parts
Teileheber *m* <prod> • elevator
Teileinrichtung *f* <prod> • dividing apparatus
Teileinrichtung *f* <wz.masch> • dividing attachment
Teileinsatz *m* <rep> *(z. B. Kfz-Karosserie)* • repair section; patch panel *pract*
Teilelager *n* <logist> • parts warehouse
Teilemagazin *n* <wz.masch> • part magazine
teilen *vr* <allg> *(gabelförmig)* • bifurcate *v*
teilen *vr* <allg> • bisect *v*
teilen *vr* <tech.allg> *(z. B. in zwei Hälften auseinander fallen)* • split *v*
teilen *vt* <allg> • part *vt*
teilen *vt* <allg> • space *vt*
teilen *vt* <tech.allg> *(Zahlen, Räume)* • divide *vt*
teilen *vt* <bahn> *(Strecke in Abschnitte)* • section *vt*; sectionalize *v*
teilen *vt* <bau> *(Räume)* • partition *vt*
teilen *vt* <masch> *(z. B. Gehäuse, Lager)* • split *vt*
teilen *vt* <msr> *(Skala)* • graduate *vt*
teilen *vt* <navig> *(z. B. eine Route)* • segment *vt*
Teilentladung *f* <el> *(Hochspannungsleitung)* • corona
Teilentladung *f* <el> • partial discharge
Teilenummer *f* (TN) <logist> *(allg.; z. B. von Ersatzteilen in Stückliste)* • part number (PN)
Teileprogramm *n DIN ISO 2806* <wz.masch> *(legt den Arbeitsablauf einer NC-Maschine fest)* • part program *ISO 2806*
Teileprogrammieren *n* <wz.masch> • part programming
Teiler *m* <el> • divider
Teiler *m* <el> • count-down oscillator; prescaler; line divider; frame divider; field divider
Teiler *m* <math> • divisor
Teilersatz-Ersatzteil *n did* <rep> *(z. B. Kfz-Karosserie)* • repair section; patch panel *pract*
Teilerschaltung *f* <el> • divider circuit
Teilerstufe *f* <el> • dividing stage
Teileträger *m* <sport> *(z. B. bei Radrennen)* • spares car; donor car *GB*; junker *US.coll.derog*; skillet *US.coll.derog*
teilevakuiert <phys> • partially evacuated
teilevakuierter Flachkollektor *m* <energ.sol> • reduced pressure flatplate collector
Teilevereinzelung *f* <autom> • segregation of parts
Teilfarbennegativ *n* <druck> • separation negative
Teilfarbenpositiv *n* <druck> • separation positive
Teilfeldsuchbohrung *f* <petr> *(Oberbegriff)* • new pool test
Teilfeldsuchbohrung *f* <petr> • new-pool wildcat
Teilfeldsuchbohrung *f* <petr> • deeper-pool test
Teilfeldsuchbohrung *f* <petr> • shallower-pool test
Teilfläche *f* <edv.math> • surface patch
Teilfläche *f DIN 3998* <masch> • reference surface
Teilfläche *f* <metall> • joint
Teilflankenwinkel *m* <füg> • flank angle *stand*
Teilflankenwinkel *m* <masch> • flank angle; half angle of thread *symmetr. thd.*; one-half included angle of thread *symmetr. thd.*
Teilfolge *f* <math> • subsequence; partial sequence
Teilfrequenz *f* <av> *(Frequenz eines Modulators)* • modulator frequency; modulating frequency; secondary frequency; adjacent frequency

Teilfrequenz *f* <phys> • component frequency
Teilfuge *f* <bau> • joint
Teilfuge *f* <prod> *(z. B. Form)* • parting line; parting surface
Teilfunktion *f* <allg> • subfunction
Teilfunktionsprüfung *f* <qualit> • functional test of subassemblies
Teilgasstrom *m* <verf> • slipstream
teilgefrieren *vi* <nahr.prod> *(Speiseeis)* • partially freeze *vt*; partly freeze *vt*; pre-freeze *vt*
teilgefrorenes Speiseeis *n* <nahr.prod> • partially frozen ice cream; semi-frozen ice cream
teilgeladen <mil> *(z. B. Biathlon)* • partially loaded
Teilgenauigkeit *f* <prod> *(erreichbare)* • indexability
Teilgenauigkeit *f* <wz.masch> *(z. B. von Revolverköpfen)* • indexing accuracy; accuracy of index[ing]
teilgeordnet *adj* <autom> • partially oriented *adj*
teilgeordnet Speichern *n* <autom> • partially ordered storage
Teilgitter *n* <opt.mat> • sublattice
Teilgraph *m* <edv> • subgraph; section graph
Teilgruppe *f* <tele> • grading group
Teilgruppentrennung *f* <edv> *(Fernverarbeitung)* • unit separator
Teilhärtung *f* <metall> • selective hardening
Teilintegration *f* <math> • partial integration; integration by parts; integration per parts
Teilionisation *f* <phys> • partial ionization
Teilisolierung *f* <el> • partly insulated
Teilkammerkessel *m* <rls> • sectional boiler
Teilkapazität *f* <el> • partial capacitance
Teilkasko *f ugs* <kfz.vers> • part insurance cover *GB*
Teilkaskoversicherung *f* (TK) <kfz.vers> • part insurance cover *GB*
Teilkegel *m DIN 3998* <masch> *(Kegelradgetriebe)* • reference cone; pitch cone
Teilkegelmantel *m* <prod> • pitch surface
Teilkegelscheitel *m* <tech> *(Kegelrad)* • pitch apex
Teilkegelwinkel *m DIN 3998* <masch> *(Kegelradgetriebe)* • pitch angle; pitch-cone angle
Teilklinke *f* <masch> • index pawl
Teilkörper *m* <masch> *(Verzahnung)* • pitch surface
Teilkörper *m* <math> • subfield
Teilkörper *m* <nukl> • partial body
Teilkörperbestrahlung *f* <nukl> • partial body exposure; partial body irradiation; partial irradiation
Teilkörperdosis *f* <nukl> • partial body dose
Teilkörperzähler *m* <nukl> • partial-body counter
Teilkohärenz *f* <allg> • partial coherence
Teilkomplex *m* <tech.allg> *(Netzwerk)* • subsystem
Teilkondensation *f* <chem> • dephlegmation
Teilkondensation *f* <turb> *(Dampfturbine)* • partial condensation
Teilkondensator *m* <chem> *(Destillation)* • countercurrent partial condenser; partial condenser
Teilkondensator *m* <chem.verf> *(Destillation)* • dephlegmator; countercurrent partial condenser; partial condenser
Teilkopf *m* <masch> • dividing head; indexing head
Teilkraft *f* <mech> • component force
Teilkreis *m DIN 3998* <masch> *(Zahnrad)* • pitch circle; reference circle
Teilkreis *m* <msr> • circular scale; angular scale
Teilkreis *m* <msr> • graduated circle; divided circle; graduated dial
Teilkreisbogen *m* <math> *(Teil des Umfangs eines Kreises)* • arc; circle arc *rare*; circular arc *rare*
Teilkreisdurchmesser *m* <masch> *(Zahnrad, Kugel- oder Rollensatz bei Wälzlagern)* • pitch diameter; reference diameter

Teilkreishalbmesser *m* <masch> *(Zahnrad)* • pitch radius

Teilkreisteilung *f* <masch> *(Teilung am Teilkreis des Zahnrades)* • circular pitch

Teilkreisteilungsfehler *m* <masch> *(Verzahnung)* • adjacent pitch error

teilkristallin <kst> • semicrystalline; hemicrystalline; hypocrystalline

Teilkurbel *f* <prod> • index crank

Teilkurve *f* <edv> • polynom

Teillackierung *f* <obfl> *(Reparaturlackierung)* • partial respray

Teillast *f* <tech.allg> • partial load

Teillast *f* <energ.hydr> • partial load

Teillast *f* <kfz> • partial load; part load; part throttle

Teillast *f* <kfz.mot> • part throttle; partial load; part load

Teillast *f* <masch> *(z. B. Turbine)* • part load

Teillastbereich *m* <tech.allg> • partial load region; partload

Teillastbereich *m* <kfz> • partial load; part load; part throttle

Teillastbereich *m* <kfz.mot> • range between no load and full load

Teillastbereich *m* <kfz.mot> • part throttle; partial load; part load

Teillastbetrieb *m* <tech.allg> *(z. B. Motor, Pumpe, Turbine)* • part-load operation; partial load operation

Teillastbetrieb *m* <tech.allg> *(von Systemen und Komponenten allg.)* • part-load operation; partial load operation

Teillastbetrieb *m* <kfz> *(Fahrbetrieb ohne Vollgas)* • part-throttle operation

Teillastbetrieb *m* <kfz> *(gleichmäßiges Fahren, ohne Vollgas)* • cruise; cruising

Teillastbetrieb *m* <mech> *(Windkraftanlage)* • partial load operation

Teillastnadel *f* <mot> *(Vergaser)* • part-load needle

Teillastventil *n* <masch> *(z. B. Kolbenverdichter)* • part-load valve

Teillastverhalten *n* <tech.allg> *(z. B. einer Wasserturbine)* • behaviour under part-load

Teillastverstellung *f* <kfz.el> *(Zündzeitpunktverstellung)* • ignition advance under part load

Teillastwirkungsgrad *m* <tech.allg> *(z. B. E-Motor, Pumpe, Turbine)* • part load efficiency

Teillastwirkungsgrad *m* <energ.sol> • efficiency in the partial load region

Teilleiter *m* <el> • conductor element

Teilleseimpuls *m* <edv> • partial-read pulse

Teillesung *f* <edv> • short scan; short read; partial read; partial scan

Teillineal *n* <wz> • dividing ruler

Teilmantelgeschoss *n* <mil> • semi-jacketed projectile; soft-nose bullet; soft-point bullet

Teilmatrix *f* <math> • submatrix

Teilmenge *f* <math> *(allg.)* • subset; partial quantity

Teilmodul *m* <el> • submodul

Teilnachwirkzeit *f* <phys> • partial restoring time

Teilnehmer *m* <lwl> *(tech)* • subscriber

Teilnehmer *m* <sport> • competitor

Teilnehmer *m* <tele> • party; subscriber

Teilnehmerabfrageklinke *f* <tele> • local jack

Teilnehmeranlage *f* <tele> • subscriber's installation

Teilnehmer anrufen *vi* <tele> • call up a subscriber *vi*

Teilnehmeranschlussleitung *f* <tele> • subscriber's line; individual line

Teilnehmeranschlussschaltung *f* <tele> • subscriber's line circuit; user line circuit

Teilnehmerapparat *m* <tele> • subscriber's telephone set; subscriber's set; subset

Teilnehmerbetrieb *m* <edv> • time-sharing mode; time-sharing

Teilnehmerdichte *f* <tele> • subscriber density

Teilnehmereinrichtung *f* <tele> • subscriber's installation

Teilnehmerendeinrichtung *f* <tele> • subscriber's terminal

Teilnehmerendverstärker *m* <tele> • loudspeaker telephone set

Teilnehmerfernwahl *f* <tele> • long-distance dialling

Teilnehmergruppe mit gemeinsamer Adresse *f* <edv> • hunt group

Teilnehmerhauptanschluss *m* <tele> • subscriber's main station

Teilnehmerkennung *f* <tele> • network user identification

Teilnehmerklinke *f* <tele> • subscriber's jack

Teilnehmerleitung *f* <tele> • subscriber's line; individual line

Teilnehmerleitung für Schnellverkehr <tele> • toll terminal *US*

Teilnehmernebenstelle *f* <tele> • subscriber's extension station

Teilnehmer-Netz-Schnittstelle *f* <tele> • user-network interface

Teilnehmernummer *f* <tele> • subscriber's number

Teilnehmerrechensystem *n* <edv> • time-sharing system

Teilnehmersprechstelle *f* <tele> • subscriber's set; subset

Teilnehmersystem *n* <edv> • time-sharing system

Teilnehmerwählsystem *n* <tele> • automatic switching system

Teilnehmer-zu-Teilnehmer-Zeichengabe *f* <tele> *(Zusatzdienst)* • user-to-user signalling (UUS)

Teilnetz *n* <el> • subsystem

Teilnetz *n* <tele> • subnetwork

Teilpipette *f* <chem.verf> • measuring pipette

Teilproblem *n* <allg> • subproblem

Teilprodukt *n* <math> • partial product; subproduct

Teilprofilplatte *f : V* <wz> • partial profile insert; non-cresting insert; non-topping insert

Teilpunkt *m* <math> *(z. B. elementare Geometrie)* • point of division

Teilraster *m* <av> • field *US*; frame

Teilraum *m* <math> • subspace

Teilreaktion *f* <chem> • partial reaction

Teilreflexion *f* <opt> • partial reflection

Teilreparaturblech *n* <rep> *(z. B. Kfz-Karosserie)* • repair section; patch panel *pract*

Teilschaltung *f* <el> • subcircuit

Teilscheibe *f* <prod> *(z. B. Fräsen, Bohren)* • dividing plate; division plate

Teilscheibenraste *f* <prod> • indexing notch

Teilschere *f* <wz> • dividing shears; dividing shear

Teilschiene *f* <textil> • lease rods; lease sticks *US*

Teilschmierung *f* <tribo> • mixed lubrication; semifluid lubrication; incomplete lubrication

Teilschnecke *f* <prod> • indexing worm screw

Teilschnitt *m* <doku> *(techn. Zeichnung)* • part section; sectional detail view

Teilschnittmaschine *f* <bau> *(Tunnelbau)* • selective cutting machine

Teilschott *n* <nav> • partial bulkhead

Teilschreibimpuls *m* <edv> • partial write pulse

Teilschritt *m* <prod> • part pitch

Teilschwingung *f* <phys> • partial oscillation; partial vibration

Teilschwingungen *fpl* <av> *(der Lautsprecher-Membran)* • partial oscillation modes *pl*; partial modes *pl*; partials *pl* *pract*

Teilsegment n <edv> • subsegment
Teilspannung f <el> • partial voltage
Teilsperrzeit f <phys> • partial restoring time
Teilspiel n <math> *(Spieltheorie)* • subgame
Teilspindel f <wz.masch> • index spindle
Teilspur f <av> *(Film)* • half-track
Teilstäbe mpl <textil> • lease rods; lease sticks *US*
Teilsteigung f rar <masch> *(Gewinde)* • pitch (P) *pract*; thread pitch; axial pitch *rare*
Teilstrahl m <phys> • partial beam; component beam
Teilstrahlungspyrometer n <msr> • partial-radiation pyrometer; monochromatic optical pyrometer
Teilstrecke f <verk> *(z. B. von Autobahn, Landstraße)* • stretch of road; road section; run of road
Teilstrecke einer Route f <navig> • route leg; navigation leg; leg *pract*
Teilstreckenvermittlung f <edv> *(Fernverarbeitung)* • section exchange
Teilstreckenvermittlung f <tele> • message switching; section-by-section switching; store-and-forward switching
Teilstreckenzähler m Ford <kfz.msr> • trip recorder *US*; trip mileage counter *GB*; trip *pract.coll*; trip odometer; trip meter *rare*
Teilstrich m <math> • division line
Teilstrich m <msr> • graduation line; scale line; division line
Teilstrichabstand m DIN 2257 <msr> • scale spacing
Teilstrichskale f <msr> • graduated scale
Teilstrom m <el> • partial current
Teilstrom m <masch> • side stream
Teilstrom m <nukl> • branch current
Teilstrom m <turb> • split stream
Teilstromdichte-Potential-Kurve f <obfl> • partial current density potential curve
Teilstromentnahme nach Verdünnung f <kfz.emiss> • constant volume sampling (CVS)
Teilstück n <verk> *(einer Strecke)* • segment
Teilstück einer Straße n <verk> *(z. B. von Autobahn, Landstraße)* • stretch of road; road section; run of road
teilsynthetisches Öl n <tribo> • semi-synthetic oil
Teilsystem n <tech.allg> • subsystem
Teilsystem n <edv.tele> • sub-system
Teilsystemsteuerungsebene f <logist> • zone control level
Teiltonschwingung f <akust> • partial
Teiltrommel f <msr> • graduated drum; sleeve
Teilübertrag m <edv> • partial carry
Teilumrissnachformen n <prod> • segment copying
Teilung f <allg> • section; sectionalizing
Teilung f <allg> • splitting
Teilung f <tech.allg> *(Abstand)* • pitch
Teilung f <bau> *(z. B. von Räumen)* • partition
Teilung f <füg> *(z. B. Gewinde, Nietlöcher, Zähne)* • pitch
Teilung f <füg> • lead; flank lead *stand*; pitch; thread pitch
Teilung f <masch> *(z. B. Zahnteilung, Schaufelteilung)* • spacing
Teilung f (P) <masch> *(Gewinde)* • pitch (P) *pract*; thread pitch; axial pitch *rare*
Teilung f <textil> *(Spinnmaschine; Spulmaschine; Zwirnmaschine)* • gauge
Teilung f <textil> • gauge; needle-space; neeles per inch gauge
Teilung nach Winkelmaß f <masch> • angular division
Teilungsebene f <tech.allg> *(z. B. Gussform, Schmiedegesenk)* • plane of joint
Teilungsebene f <bau> • joint face
Teilungsfehler m <math> • dividing error; indexing error
Teilungsfehler m <prod> • faulty pitch; pitch error
Teilungsfläche f <bau> • joint face

Teilungsgenauigkeit f <wz.masch> *(z. B. von Revolverköpfen)* • indexing accuracy; accuracy of index[ing]
Teilungshülse f <msr.wz> *(Messschraube)* • barrel; sleeve
Teilungsintervall n <math> • division
Teilungsintervall n <msr> • graduation interval
Teilungskeil m <opt> • wedge beam splitter
Teilungskurve f <chem> *(Aufbereitung)* • distribution curve
Teilungslinie f <bau> • joint line
Teilungslinie f <math> • division line
Teilungslinie f <metall> • neutral line
Teilungsplatte f <opt> • beam splitter
Teilungspunkt m <tech.allg> • point of division
Teilungspunkt m <edv.av> • split point; dividing point
Teilungswinkel m <prod> • angular pitch
Teilungswürfel m <opt> • beam dividing cube
Teilvakuum n <phys> • partial vacuum
Teilvektor m <math> *(z. B. Kraft, Geschwindigkeit)* • component vector
Teilverbrennung f <verbr> • partial combustion
Teilverlust m <tech.allg> • fractional loss
Teilvermittlungsstelle f <tele> • dependent exchange; sub-center
Teilverriegelungseinrichtung f <prod> • index positioning arrangement
Teilverriegelungseinrichtung f <prod> • workpiece locking device
Teilversatz m <min> • partial stowing
Teilverschluss m <med> • partial obstruction
Teilversetzung f <mat> *(Kristallgitter)* • half dislocation; partial dislocation
Teilvielfachfeld n <tele> • partial multiple
Teilvorrichtung f <prod> • dividing device
Teilwalze f <textil> • dividing roller
Teilwasserwechsel m <verf> • partial water change
teilweise aufgeschnittene Darstellung f <doku> • partial cutaway view
teilweise auflösen vt <chem.obfl> *(z. B. oberste Schicht)* • dissolve partially vt
teilweise Einspannung f <prod> • partial fixation
teilweise gegorener Most m <nahr> *(Wein)* • partly fermented grape must; grape must in fermentation
teilweise polarisiert <phys> *(z. B. Licht)* • partially polarized
teilweiser Stromausfall m <el> • electrical brownout; brownout
teilweise Vorspannung f <bau> • partial prestressing
Teilwelle f <phys> • partial wave; partial mode; subwave
Teilwirkung f <tech.allg> • individual effect
Teilzahlung f <fin> • part payment; installment; partial payment
Teilzirkel m <wz> • dividers; bow compasses
Teilzone f <tele> • subzone
Teilzustand m <phys> • substate
Teilzylinder m DIN 3998 <prod> *(Verzahnung)* • pitch cylinder; reference cylinder
Teilzylindermantel m <prod> • pitch surface
Tektonik f <geo> • tectonics
tektonisch beansprucht <geo> • tectonized
tektonische Geologie f <geo> • structural geology
tektonische Melange f <geo> • tectonic melange
tektonischer Graben m <geo> • rift valley
tektonischer Graben m <geo> • graben; continental rift *(thsc-ppsc)*
tektonische Schwächezone f <geo> • line of weakness; zone of weakness; lineament *thsc*
tektonisches Fenster n <geo> • tectonic window; window; fenster

TEL <chem> *(Antiklopfmittel im Benzin; weitgehend ver-boten)* • tetraethyl lead (TEL)

Tela depurata *f wiss* <med> *(Verband)* • mull

Telaribühne *f* <theat> • periaktos stage

Telaro *n* <theat> • revolving prism; revolving panel; triangular prism; periaktos; telaro

Telco-artiges Anschlusskabel *n* <edv> • Telco-Type Connector Cable

Tele *n Hit* <av> • tele lens; tele

Tele *n sg=pl ugs* <phot> • telephoto lens; telephoto *coll*

Telebox *f* <edv> • electronic mail

Telebrennweite *f* <phot.av> • long focal length

Telechirurgie *f* <med.tech> *(mit Tele-Manipulator)* • remote surgery; tele surgery

Tele-Chirurgie *f* <med.tech> *(mit Tele-Manipulator)* • remote surgery; tele surgery

Telecom Red <alarm> • Telecom Red

Tele-Conferencing *n* <tele> *(z. B. Audio-Konferenz, Video-Konferenz, Computer-Konferenz)* • teleconferencing

Teledienst *m* <tele> • teleservice

Teledienste *mpl* <tele> • teleservices

Telefax *n* <tele> *(Sendung)* • fax; facsimile transmission *rare*

Telefaxgerät *n form* <tele> • fax machine; facsimile machine *rare*

Telefaxpapier *n* <pap> *(Thermopapier od. Normalpapier)* • fax machine paper; paper for fax machines; facsimile recording paper *obs.rare*

Telefon *n* <tele> • telephone; phone *coll*

Telefonanruf *m* <tele> • telephone call

Telefonanschlusseinheit *f* (TAE) <tele> • TAE-type telephone jack

Telefonausfall *m* <tele> *(Betriebsstörung)* • telephone breakdown

Telefondienst *m* <tele> • telephony service; telephony; telephone service

Telefondose *f prakt* <tele> • telephone socket; telephone jack

Telefongesellschaft *f* <tele> • telephone company; phone company *coll*; telco *coll*

Telefongespräch *n from* <tele> • telephone call; call *coll*

Telefonhörer *m* <tele> • handset; telephone handset; telephone receiver; receiver; earphone *obs.rare*

Telefonie *f* <tele> • telephony service; telephony; telephone service

Telefoniekanal *m* <tele> • telephone channel

Telefoniesender *m* <tele> • radiotelephone transmitter

Telefonie via DSL *f* <edv> • voice over DSL (VoDSL)

Telefonie via Internet *f did* <tele> *(Telefonieren via PC und Internet)* • voice over IP (VoIP)

telefonischer Informationsdienst *m rar* <tele> • call center; telephone information service *rare*

Telefonkabel *n* <tele> *(am Endgerät)* • telephone flex; telephone cord

Telefonkarte *f* <tele> • phonecard; calling card; dialling card

Telefonklingel *f ugs* <tele> • bell; ringer; signal bell

Telefonkonferenz *f* <tele> • teleconferencing

Telefonkunde *m* <tele> • telephone subscriber; telephone customer; subscriber of telephone services

Telefon mit Freisprecheinrichtung *f* <tele> • hands-free phone system

Telefonnetz *n ugs* <tele> • telephone network; telephone system; voice network

Telefonrechnung *f* <tele.fin> • telephone bill

Telefonschnur *f* <tele> *(am Endgerät)* • telephone flex; telephone cord

Telefonsteckdose *f* <tele> • telephone socket; telephone jack

Telefonstecker *m* <tele> • phone plug

Telefonstörung *f* <tele> *(Interferenz)* • telephone interference

Telefontechnik *f* <tele> • telephone engineering; telephony

Telefonverbindung *f* <tele> • telephone connection

Telefonverkehr *m* <tele> • telephone traffic

Telefonvermittlung *f* <tele> • telephone exchange

Telefonvermittlungsschrank *m* <tele> • telephone switchboard; telephone switch box

Telefonverstärker *m* <tele> • telephone amplifier; telephone repeater

Telefonwählgerät *n* (TWG) <tele> • telephone dialer *US*; dialer *US*; automatic telephone dialer *US*

Telefonzange *f* <wz> *(Spitzzange mit Drahtschneider)* • radio pliers

Telefonzelle *f* <tele> • telephone booth; call box; telephone box *GB*; telephone kiosk *GB.rare*; telephone cabin

Telefotografie *f* <phot> • long-distance photography; telephotography

Telegabel *f prakt* <fz> *(z. B. Motorrad, Mountainbike)* • telescopic fork; tele *pract*

Telegraf *m* <tele> • telegraph

Telegrafenamt *n* <tele> • telegraph station

Telegrafendraht *m* <tele> • telegraph wire

Telegrafenkode *m* <tele> • telegraph code

Telegrafenleitung *f* <tele> • telegraph line

Telegrafenmast *m* <tele> • telegraph pole

Telegrafenrelais *n* <tele> • telegraph relay

Telegrafenübertrager *m* <tele> • telegraph repeater

Telegrafenweg *m* <tele> • telegraph channel

Telegrafie *f DIN 44330* <tele> • telegraphy

Telegrafieempfang *m* <tele> • telegraphy reception

Telegrafiekanal *m* <tele> • telegraph channel

Telegrafiemodulation *f* <tele> • modulation keying

Telegrafierfrequenz *f* <tele> • telegraphic frequency; signalling frequency; dot frequency

Telegrafiergeschwindigkeit *f* <tele> • telegraph signalling speed; telegraph speed; modulation rate

Telegrafiernebensprechen *n* <tele> • telegraph crosstalk

Telegrafierstrom *m* <tele> • telegraph current; signalling current

Telegrafiesender *m* <tele> • telegraph transmitter

Telegrafieverstärker *m* <tele> • telegraph repeater

Telegrafieverteiler *m* <tele> • telegraph distributor

Telegrafieverzerrung *f* <tele> • telegraph distortion

Telegrafiezeichenschritte *mpl* <tele> • telegraph signal elements

Telegrafiezeichenverzerrung *f* <tele> • telegraph signal distortion

Telegramm *n* <tele> *(Überseeverkehr)* • cable

Telegramm *n* <tele> • telegram; message

Telegrammadresse *f* <tele> • telegraphic address

Telegrammlaufzeit *f* <tele> • telegram transition delay; message transition delay

Telegrammschlüssel *m* <tele> • telegram code

Telegrammzusprechdienst *m* <tele> • phonogram service

Telegraphenzange *f DIN ISO 5742* <wz> • lineman's plier *ISO 5742*; fencing plier

Telegraphon *n* <av> • Telegraphone

Telekommunikation *f* (TK) <tele> • telecommunications

Telekommunikationsanlage *f* <tele> *(z. B. eine Nebenstellenanlage)* • telecommunication installation

Telekommunikationsdienst *m* <tele> • telecommunication service

Tele-Konferenz *f rar* <tele> *(z. B. Audio-Konferenz, Video-Konferenz, Computer-Konferenz)* • teleconferencing

Telematik f <tele> • telematics
Telematikdienst m <tele> • teleservice
Telematikdienste mpl <verk.tele> • telematics services; telematics
telematisches System n <verk> *(Verkehrslenkung, -leitung)* • telematic system
Telemeter n <msr> • telemeter; range finder
Telemetrie f <msr> *(Übertragung von Messdaten per Funk)* • telemetry; radio telemetry
Telemetrie f <msr> • telemetry; telemetering; remote measurement
Telemetrieeinheit f <med.tech> • telemetry unit
Telemetrieelektroden fpl <med.msr> • telemetering electrodes
Telemetriefunktion f <med.tech> • telemetry function
Telemetry Exchange <tele> • telemetry exchange (TEMEX)
Tele-Objektiv n <av> • tele lens; tele
Teleobjektiv n <av> • tele lens; tele
Teleobjektiv n <phot> • telephoto lens; telephoto *coll*
Teleobjektiv n <phot.kino> • telelens
Teleoperator m <prod.autom> • teleoperator
Telepen-Code m <edv> *(Strichcodetyp)* • Telepen Code
Telephotometrie f <phot> • telephotometry
Teleprompter m <av> *(TV-Studio)* • teleprompter
Teleskop n <kfz.av> *(von Antenne)* • telescoping staff; telescoping steel whip
Teleskop... <wz> *(bei Werkzeugen)* • telescoping...; telescopic...
Teleskopabdeckung f <wz.masch> *(Führung)* • telescoping sliding guard
Teleskopantenne f <el> *(allg.)* • telescopic antenna US; telescopic aerial GB
Teleskopantenne f <kfz.av> • retractable antenna US; retractable aerial GB
Teleskoparm m <masch> • telescoping arm
Teleskopauflieger m <nfz> • telescopic semitrailer; extendable semitrailer
Teleskopausleger m <masch> *(z. B. Kran, Roboter)* • power-telescoping boom
Teleskopausleger m <nfz> *(Ladekran)* • telescopic boom
Teleskopdämpfer m <kfz> • telescopic damper
Teleskopflügel m <aerospace> • variable span wing; telescopic wing
Teleskopgabel f <fz> *(z. B. Motorrad, Mountainbike)* • telescopic fork; tele *pract*
Teleskopgabel f <logist> *(RFZ)* • telescopic fork; extendable fork
Teleskophubgerüst n <logist> *(Hochregalstapler)* • multiple lift mast
teleskopierbarer Sattelanhänger m <nfz> • telescopic semitrailer; extendable semitrailer
Teleskop-Justiereinrichtung f <kfz.rep> *(Teil des Karosseriemesssystems)* • telescoping tram
Teleskopkran m <förd> • telescopic crane
Teleskopmast in 2fach-Ausführung <logist> *(Hochregalstapler)* • double lift mast
Teleskopmast in 3fach Ausführung <logist> *(Hochregalstapler)* • triple lift mast
Teleskop-Radmutternschlüssel m <kfz.wz> • telescoping lug wrench US; extending wheel nut wrench GB
Teleskoprohr n <masch> • telescopic tube
Teleskop-Sattelanhänger m <nfz> • telescopic semitrailer; extendable semitrailer
Teleskopschornstein m <nav> • telescopic funnel
Teleskopspindel f <masch> • telescopic screw
Teleskopstoßdämpfer m <kfz> • telescopic shock absorber; direct-acting shock absorber
Teleskopverteiler m <agri> • telescopic distributor

Teleskopwaage f <msr> • dumpy level
Teleskopwagenheber m <kfz> • telescopic jack
Teleskopwelle f <masch> • telescopic shaft
Teleskopzylinder m <masch> • telescopic cylinder
Telespiel n <av.spiel> • video game
Teletex n <tele> • teletex
Teletexdienst m <tele> • teletex service
Teletex-Telex-Umsetzer m <tele> • teletex/telex converter
Teletouch n <kfz.antr> • Teletouch
Teletypesatz m <druck> • teletype setting
Teletypesetter m <druck> • teletype setter
Televorsatz m <phot> • telephoto attachment
Tele-Vorsatzlinse f <av.phot> • tele converter lens
Telex n <tele> • telex
Telex n <tele> *(ausgedrucktes Dokument)* • teletype message; telex; teleprint; teletype
Telexanschluss m <tele> • telex connection
Telexanschluss m <tele> • teleprinter terminal
Telex-Dienst m <tele> • Telex service
Telexdienst m <tele> • teleprinter service; teletypewriter service; telex service; telex
Telexgerät n <tele> • telex machine; teleprinter; teletypewriter; telewriter
Telex-Netz n <tele> • teleprinter network; telex network; teletype network
telezentrisch <opt> • telecentric
Telezoom n <phot> • telephoto zoom *:V*
Telharmonium n <el.mus> • Dynamophone; Telharmonium
Teller m <chem> *(z. B. Kollergang)* • pan
Teller m <gastr> • plate
Telleranguss m <kst> • disk gate US; disc gate GB
Telleranode f <el> • plate anode; disc anode
Telleransatz m <füg> *(Schraube)* • washer-faced portion; washer face
Telleraufgeber m DIN 15201 <förd> • disc feeder
Tellerbeschicker m <av> *(Plattenspieler)* • disc feeder
Tellerbeschicker m <förd> • disc feeder
Tellerbohrer m <wz> *(Erdbohrer)* • disc auger; post-hole auger
Tellerbrecher m <verf> • disc crusher
Tellerdrehmaschine f <silik> • plate jiggering machine
Tellerfarbwerk n <druck> • disc inking arrangement
Tellerfeder f DIN 2092, 2093 <masch> *(als Einzelfeder oder in Paketen, Säulen)* • disc spring; belleville spring *pract*; conical disc spring
Tellerfeder f <masch> *(Federart; z. B. in Pkw-Kupplungen)* • diaphragm spring; belleville spring
Tellerisolator m <el> • plate insulator
Tellerkneter m <verf> • rotary kneading table
Tellerkopf m <füg> *(Schraube)* • feather head
Tellermesser n <pap> • circular slitting knife; disc knife; slitter
Tellermühle f <min> • disc mill
Tellerofen m <ents> • multiple hearth incinerator; multifurnace incinerator
Tellerrad n <kfz.antr> *(Achsgetriebe)* • crown wheel; axle drive gear; ring gear; differential drive gear
Tellerschleifer m <wz> *(runde Fläche, rotationale Schwingbewegung; zum Schleifen, Polieren)* • router; random orbit sander; disk-type sander US; orbital sander; rotary sander
Tellerschleifscheibe f <wz> • dish grinding wheel; dish wheel
Tellerschraube mit Nasen DIN ISO 1891 <füg> • belting bolt; elevator bolt
Tellerseparator m • disc centrifuge
Tellerspeiser m <prod> • revolving disc feeder; disc feeder

Tellerstanze f <prod> • punching platen

Tellerstößel m <kfz.mot> • flat valve lifter US; flat tappet GB; simple valve lifter; simple tappet

Tellertrockner m • disc drier

Tellerventil n <kfz> • poppet valve

Tellerventil n <rls> • disc valve

Tellerzentrifuge f • disc centrifuge

Tellur n (Te) <chem> • tellurium (Te)

Tellurik f (Geophysik) • telluric-current prospecting

Telomer[es] n <chem> • telomer

Telxon-Code m <edv> • Telxon Code

TEMEX <alarm> • TEMEX

TEM-Modus m <el> (Wellentyp) • TEM mode; transverse electromagnetic mode

TE-Modus m <el> (Wellenleiter) • transverse electric mode; H-wave

Tempera f <obfl> • tempera

Tempera-Bindemittel n <obfl> • tempera binder

Temperafarbe f <kunst> (Farbe) • gouache; poster paint

Temperafarbe f <obfl> • tempera

Temperatur f <phys> • temperature

Temperaturabfall m <phys> • temperature drop; temperature fall; drop in temperature

temperaturabhängig <tech.allg> • temperature-dependent

Temperaturabhängigkeit f <msr> • temperature dependence

Temperaturabhängigkeit der Viskosität f <tribo> • variation of viscosity with temperature; viscosity variation with temperature

Temperaturabminderungsfaktor m <rls> • temperature correction factor

Temperaturabnahme f sg <hlk> • temperature drop; decrease in temperature

Temperaturabtastrate f <pap> • sampling frequency temperature

Temperaturänderung f <phys> • temperature change; temperature variation

Temperaturäquivalent n <el> (Halbleiter) • voltage equivalent of thermal energy

Temperatur an der Metalloberfläche f <kfz> • metal-skin temperature

Temperaturanforderung f <bio> • temperature requirement

Temperaturanhebung f <energ.sol> • temperature rise; difference in temperatures; rise in temperature; temperature difference

Temperaturanspruch m <bio> • temperature requirement

Temperaturanstieg m <phys> (allmählich; z. B. durch globale Erwärmung) • temperature rise

Temperaturanstieg m <verf> • temperature increase; increase in temperature

Temperaturanzeige f <msr> • temperature gauge

Temperaturanzeige und -registrierung f <msr> • temperature indicator and recorder (TIR)

Temperaturausgleich m <hlk> • temperature equalization

Temperaturausgleich m <msr> (allg.) • temperature compensation; thermal compensation; temperature correction

Temperaturausgleichsthermostat m <kfz.mot> (Vergaser) • temperature compensator; capstat

Temperaturbeaufschlagung f <kfz.emiss> (z. B. von Katalysatoren) • thermal head

temperaturbedingter Nullpunktdrift m <msr> • thermal effect on zero; temperature zero shift; temperature-induced null shift; null temperature shift rare

temperaturbegrenzt <msr> • temperature-limited

Temperaturbeiwert m <masch> (Lebensdauer von Wälzlagern) • temperature coefficient

Temperaturbelastung f <phys> (allg. Beanspruchung od. mech. Spannung) • thermal stress

Temperaturbereich m <tech.allg> (allg.; z. B. eines Sensors) • temperature range

Temperaturbereich m <logist> (räumlich; von Lkw oder Lagerhaus) • temperature zone

Temperaturbereich m <qualit> (spezifizierte Einsatzbedingungen, z. B. eines Geräts) • temperature rating; temperature range

temperaturbeständig <qualit> • temperature resistant; temperature-stable

Temperaturbeständigkeit f <qualit> (z. B. von Werkstoffen, Eigenschaften, Werkzeugen) • temperature resistance; thermal stability

Temperatur des feuchten Thermometers <meteo.msr> • wet-bulb temperature

Temperatur des trockenen Thermometers f wiss <phys> • dry bulb temperature

Temperaturdifferenz f <energ.sol> • temperature rise; difference in temperatures; rise in temperature; temperature difference

Temperaturdifferenz f <phys> (allg.) • temperature difference

Temperaturdifferenzregler m <msr> • differential thermostat

Temperaturdrift f <el> • temperature drift

Temperatureinfluss auf die Empfindlichkeit m <msr> • thermal effect on span; thermal sensitivity; sensitivity shift

Temperatureinfluss auf Nullpunkt m <msr> • thermal effect on zero; temperature zero shift; temperature-induced null shift; null temperature shift rare

Temperatur-Einsatzbereich m <tribo> • service temperature

Temperatureinstellung f <msr> • temperature setting

temperaturempfindlich <qualit.mat> • temperature-sensitive; sensitive to temperature

Temperatur-Entropie-Diagramm n <therm> • temperature entropy chart; temperature entropy diagram; tephigram

Temperaturerhöhung f <phys> • temperature increase; increase in temperature; temperature rise

Temperaturfehler des Nullpunkts m <msr> • thermal effect on zero; temperature zero shift; temperature-induced null shift; null temperature shift rare

Temperaturfeld n <phys> • temperature field

Temperaturfestigkeit f <qualit> (z. B. von Werkstoffen, Eigenschaften, Werkzeugen) • temperature resistance; thermal stability

Temperaturfixpunkt m <phys> • fundamental point; temperature fixed point

Temperaturfühler m (TF) <msr> • temperature sensor; temperature sender; temperature sending unit; thermosensitive element rare; thermometer probe rare

Temperaturführung f <msr> (Prozess; durch Heizen oder Kühlen; z. B. Spritzgießmaschine, Photobäder) • temperature control; tempering rare

Temperaturgeber m <msr> • temperature sensor; temperature sender; temperature sending unit; thermosensitive element rare; thermometer probe rare

Temperaturgefälle f <phys> • temperature gradient; heat gradient pract; heat drop coll

temperaturgeführt <msr> (z. B. Prozess, System, Bauteil, Frachtgut) • temperature controlled

temperaturgeregelt <msr> (z. B. Prozess, System, Bauteil, Frachtgut) • temperature controlled

Temperaturgleichgewicht n <phys> (z. B. Prüfbedingungen beim Katalysator-Test) • temperature equilibrium

Temperaturgradient *m* <meteo> *(Veränderung einer atmosphärischen Variablen mit der Höhe)* • lapse rate *ISO 4225*

Temperaturgradient *m* <phys> *(allg.; z. B. beim An- und Abfahren von Systemen)* • temperature gradient

Temperaturgrenzschicht *f* <phys> • thermal boundary layer

Temperatur im Fruchtfleisch *f* <bio> • pulp temperature

Temperaturindikator *m* <msr> • temperature indicator

Temperaturkennkörper *m* <msr> *(allg. Markierung)* • temperature marker

Temperaturkennkörper *m* <prod> *(beim Verschmelzen)* • fusion pyrometer

Temperaturkennlinie *f* <phys> • temperature characteristic

Temperaturkoeffizient *m* (TK) <msr> • temperature coefficient (TC)

Temperaturkoeffizienteinstellung *f* <msr> • temperature coefficient regulation

Temperaturkompensation *f* <druck> *(Recorder)* • temperature compensation

Temperaturkompensation *f* <msr> *(allg.)* • temperature compensation; thermal compensation; temperature correction

temperaturkompensiert <msr> • temperature compensated

temperaturkonstant <tech.allg> *(Wert; betont: stabil)* • thermally stable

temperaturkonstant <tech.allg> *(Wert; betont: gleichbleibend)* • constant-temperature *adj*

Temperaturkonstanz *f* <tech.allg> • temperature stability

Temperaturkorrektur *f rar* <msr> *(allg.)* • temperature compensation; thermal compensation; temperature correction

Temperaturkurve *f* <tech.allg> • temperature curve

Temperaturleitfähigkeit *f* <phys> • thermal diffusivity; thermometric conductivity

Temperaturleitvermögen *n* <phys> • thermal diffusivity; thermal conductivity

Temperaturmessfarbe *f* <msr> • sentinel pyrometer

Temperaturmessfarbe *f* <msr> *(z. B. für Lagergehäuse)* • temperature-indicating paint

Temperaturmessgeber *m* <msr> • temperature sensor

Temperaturmessgerät *n* <msr> • temperature measuring device; temperature measuring equipment

Temperaturmesskörper *m* <msr> • temperature marker

Temperaturmessstutzen *m* <kfz.emiss> • thermowell

Temperaturmesstechnik *f* <msr> • temperature sensing technology

Temperatur-Mess- und -Regelgerät *n* <msr> • temperature-measuring and controlling device

Temperaturmessung *f* <msr> • temperature measurement; thermometry

Temperatur-Messzündkerze *f Bosch* <mot.el> • thermocouple spark plug; temperature-measuring spark plug *Bosch*; T.C. spark plug

Temperaturniveau *n* <hlk> • temperature level

Temperaturrauschen *n* <phys> • temperature noise

Temperaturregelung *f* <msr> *(Vorgang allg.)* • temperature control; thermal control

Temperaturregelungsjalousie *f* <bau> • thermal control shutter; thermoregulating-system shutter

Temperaturregelungsjalousie *f* <hlk> • thermoregulating-system shutter

Temperaturregler *m CT58-...* <aerospace> • temperature control assembly *CT58-...*

Temperaturregler *m* <hlk> *(Knopf, Hebel o.ä. für Klimaanlage od. Heizung)* • climate control

Temperaturregler *m* <msr> *(Regelkreis-Komponente, allg.)* • temperature controller

Temperaturregler *m DIN 58966-1* <msr> *(automatisch)* • thermostat

Temperaturregler *m* <msr> *(Bedienungselement, z. B. Knopf, Hebel)* • temperature control

Temperatur-Reglereinsatz *m* <kfz.mot> *(im Ölfilterumgehungsventil)* • temperature control element

Temperaturrelais *n* <el> • thermal relay; temperature relay

Temperaturrückgang *m* <phys> • temperature decrease

Temperaturschalter *m* <el> • thermo switch; temperature switch

Temperaturschmelzsicherung *f* <el> • temperature fuse

Temperaturschreiber *m* <msr> *(für sehr hohe Temperaturen)* • recording pyrometer

Temperaturschreiber *m* <msr> *(allg.)* • temperature recorder; recording thermometer *rare*; thermograph *rare*

Temperaturschwankung *f* <tech.allg> • variation in temperature

Temperaturschwankung *f* <phys> • temperature fluctuation

Temperaturschwankungen *fpl* <tech.allg> • variations of temperature

Temperaturschwankungen *fpl* <hlk> • temperature variations; variations in temperature

Temperaturschwankungen *fpl* <prod.nahr> • temperature fluctuations; temperature variations

Temperatursensor *m* <msr> • temperature sensor

Temperaturskale *f* <msr> • temperature scale

Temperaturspannung *f* <el> *(Halbleiter)* • voltage equivalent of thermal energy; thermal voltage

Temperaturspannung *f* <mat> • thermal stress

temperaturstabil <qualit.mat> *(Material, Eigenschaft)* • thermally stable

Temperaturstabilisierung *f* <msr> • temperature stabilization

Temperaturstandfestigkeit *f* <qualit> • temperature resistance

Temperatursteigerung *f* <tech.allg> • increase of temperature

Temperaturstrahler *m* <therm> • temperature radiator; thermal radiator; thermal source

Temperaturstrahlung *f* <therm> • temperature radiation; thermal radiation; heat radiation

Temperaturüberschreitung *f* <tech.allg> • temperature excursion

Temperaturüberwachung *f* <edv> *(z. B. von CPU)* • temperature monitor[ing function]

Temperaturunabhängigkeit *f* <tech.allg> • temperature independence

temperaturunempfindlich <qualit.mat> • temperature-insensitive

Temperaturunterschied *m* <phys> *(allg.)* • temperature difference

Temperaturverlauf *m* <phys> • temperature variation

Temperaturverlauf *m* <prod> • temperature history

Temperaturverteilung *f* <phys> • temperature distribution

Temperaturwächter *m* <el> *(z. B. Kaffeemaschine, Geschirrspüler)* • overtemperature protector switch

Temperaturwechsel *fpl* <prod.nahr> • temperature fluctuations; temperature variations

Temperaturwechselbeständigkeit *f* <qualit.mat> • thermal shock resistance; spalling resistance

Temperaturwechselempfindlichkeit *f* <qualit> • susceptibility to temperature change[s]

Temperaturwelle *f* <phys> *(Tieftemperaturphysik)* • temperature wave; thermal wave

Temperatur-Zeit-Kombination *f* <nahr.prod> *(Pasteurisierung)* • time-temperature combination; time-temperature relationship

Temperaturzwischenstück *n* <el> • temperature adapter

Tempererz *n* <min> • malleable ore

Temperglühofen *m* <metall> • malleable annealing furnace

Temperguss *m* (GT) *DIN 17006-4* <metall> *(durch Tempern stahlähnl. Eigensch.; zäh, span-, löt-, schweißbar)* • malleable cast iron; malleable iron

Temperierstation *f* <kst> • preheating station

Temperiersystem *n* <kst> • temperature control system

temperiert <msr> *(z. B. Prozess, System, Bauteil, Frachtgut)* • temperature controlled

temperierter Ganzton *m* <akust> • equally tempered whole tone

temperierter Ganztonschritt *m* <akust> • equally tempered whole tone

temperierter Halbton *m* <akust> • equally tempered semitone

temperierter Halbtonschritt *m DIN 1320* <akust> • equally tempered semitone

Temperierung *f* <msr> *(Prozess; durch Heizen oder Kühlen; z. B. Spritzgießmaschine, Photobäder)* • temperature control; tempering *rare*

Temperierventil *n* <verf.hlk> • tempering valve

Temperierzone *f norm* <kst> • barrel zone

Temperkohle *f* <metall> • temper carbon

Tempermittel *n* <metall> • packing material

Tempern *n rar* <metall> *(Abbau von Spannungen, Steigerung der Zähigkeit auf Kosten der Härte)* • tempering; drawing *rare*

tempern *vt* <tech.allg> • temper *vt*

tempern *vt* <kst> *(durch Wärmebehandlung nachträglich Vernetzen)* • post-cure *vt*; post-stove *vt*

tempern *vt* <metall> *(Eisen, Stahl wärmebehandeln zur Erhöhung von Festigkeit, Härte)* • temper *vt*; anneal *vt*; malleablize *vt*

tempern *vt* <prod> *(Metalle, Kunststoffe von inneren Spannungen befreien)* • temper *vt*; anneal *vt*

Temperofen *m* <prod> *(allg.; für Metall, Glas)* • annealing furnace

Temperofen *m* <verf> • curing oven; oven

Temperroheisen *n* <mat> • malleable pig iron

Temperverfahren *n* <metall> • annealing process; malleablizing process

Tempofanatiker *m* <kfz> • speed freak; speed nut

Tempohemmschwelle *f* <verk> *(z. B. Berliner Kissen)* • speed bump

Tempolimit *n press.ugs* <kfz> • speed limit; speed limitation

Tempomat *m* <kfz.msr> • cruise control; cruise *advert*; speed control [system]

Tempomat-Hauptschalter *m* <kfz.msr> • cruise control main [switch]

temporär begrenzte Last *f* <bau.phys> • live load

temporäre Funkkennung *f* (TMSI) <tele> • Temporary Mobile Subscriber Identity (TMSI)

temporäre Härte *f* <qualit.mat> • carbonate hardness; temporary hardness

temporales Aliasing *n* <edv> • temporal aliasing

Temporary Mobile Subscriber Identity *norm* <tele> • Temporary Mobile Subscriber Identity (TMSI)

Tempostat *m* <kfz.msr> • cruise control; cruise *advert*; speed control [system]

TEM-Welle *f* <phys> • TEM-wave; transverse electromagnetic wave

Tenakel *n* <druck> • copyholder

Tendenz *f* <allg> *(zu etwas)* • tendency; trend

Tendenzglied *n* <msr> • tendency element

Tender *m* <bahn> • tender

Tenderbrücke *f* <bahn> • cab apron

Tenderlok *f ugs* <bahn> *(Kohle-/Wasserbehälter auf Lok)* • tank engine *US*; tank locomotive; tank loco *coll*

Tenderlokomotive *f* <bahn> *(Kohle-/Wasserbehälter auf Lok)* • tank engine *US*; tank locomotive; tank loco *coll*

tendinöses Xanthom *n* <med> • tendon xanthoma; tendinous xanthoma

Ten Segment Decimal Code *m* <edv> *(Strichcodetyp)* • Ten Segment Decimal Code

Tensid *n* <chem> *(in Reinigungsmitteln)* • surface-active agent; surfactant; tenside

Tension *f* <edv> *(Keyframing-Parameter)* • tension

Tension Leg Plattform *f* <petr> • Tension Leg Platform

Tensionsthermometer *n* <msr> • vapor-pressure thermometer

Tensor *m DIn 1303* <math> • tensor

Tensoralgebra *f* <math> • tensor algebra

Tensordichte *f* <math> • pseudotensor

Tensorenrechnung *f* <math> • tensor calculus

Tensorfeld *n* <math> • tensor field

tensoriell <math> • tensorial

tensorielles Produkt *n* <math> • tensor product

Tensorkopplung *f* <math> • tensor coupling

Tensoroperator *m* <math> • tensor operator

Tensorprodukt *n* <math> • tensor product

Teppich *m* <innen> • rug

Teppich *m* <kfz.innen> *(Auslegeware)* • carpet

Teppich *m* <textil> • carpet

Teppichbelag *m* <bau> *(Straßendecke)* • road mat; road carpet; premix carpet

Teppichboden *m DIN ISO 2424* <bau.innen> • wall-to-wall carpeting *ISO 2424*

Teppichbodenfarbe zum Aufsprühen *f* <kfz> • spray-on carpet dye

Teppichbodenmatte *f* <kfz> • carpet floor mat

Teppichbodenmesser *n* <wz> • trimming knife

Teppichbodenmesserklinge *f* <wz> • trimming knife blade

Teppichfliese *f DIN ISO 2424* <bau.innen> • carpet tile *ISO 2424*

Teppichförderer *m* <förd> • bottom loading belt

Teppichklebstoff *m* <füg> • carpet adhesive; carpet backing adhesive; carpet layment adhesive

Teppichmesser *n* <wz> • trimming knife

Teppichmesserklinge *f* <wz> • trimming knife blade

Teppichsatz *m* <kfz> • carpeting; carpet kit; carpet set *rare*

Teppichschermaschine *f* <textil> • carpet shearing machine

Teppichwebstuhl *m* <textil> • carpet loom

Teppichwirkmaschine *f* <textil> • carpet knitting machine

Tera... (T) <edv> *(Vorsilbe für Einheiten; z. B. Terabit = 2^{40} Bit)* • tera (T)

Tera... (T) <phys.msr> *(Vorsilbe für Einheiten; z. B. Terawatt = 10^{12} Watt)* • tera (T)

Terabyte *n* (TB) <edv> • terabyte (TB); TByte; Tbyte

Terassentür *f* <bau> • patio door; French door; French window; glazed door

teratogen <med> • teratogen

teratogen <ökol> *(Missbildungen verursachend)* • teratogenic; teratologic

teratogener Effekt *m* <med.nukl> *(missbildungserzeugende Wirkung)* • teratogenic effect; congenital malformation; congenital deformity

Terbium *n* (Tb) <chem> *(seltenes Metall)* • terbium (Tb)

Terebinthinae oleum <chem> • turpentine; terebinthinae oleum

Terenzbühne *f* <theat> • Terence stage

Terephthalsäure *f* <chem.petr> • terephthalic acid

Term *m* <math> *(Gleichung)* • member; term
Term *m* <phys> • energy term; term; energy level
Termabstand *m* <chem> • level distance
Termaufspaltung *f* <phys> • term splitting
Term des Grundzustands *m* <chem> • ground term
Termin *m* <theat> *(Bühnenbodenmarkierung für die Dekoration)* • mark
Terminal *n prakt* <edv> *(z. B. ein Bildschirmgerät mit Tastatur oder Touchscreen)* • user terminal; terminal *pract*
Terminaladapter *m* (TA) <tele> *(zum Anschluss von analogen Geräten an ISDN-Anschluss)* • terminal adapter (TA); ISDN adapter
Terminalemulation *f* <edv> • terminal emulation
Terminal Equipment *n* <tele> *(z. B. Telefon, Fax, Anrufbeantworter, Modem, PC)* • terminal equipment (TE); terminating equipment
Terminal-Interface *n* <edv> • terminal interface
Terminalsatz *m* <kfz.rep> *(Richtbank)* • terminal set
Terminaltaste *f* <el> • terminal key
terminieren *vt* <doku> *(terminlich, zeitlich festlegen)* • schedule *vt*
terminieren *vt* <el> *(mit Abschlusswiderstand)* • terminate *vt*
terminkritischer Punkt *m* <logist> *(Projektplanung)* • long-lead item
Terminologiebank *f ISO 1087* <term> • termbank *ISO 1087*; terminology data base
Terminologiedatenbank *f* <transl> • terminology data bank
Terminplanung *f* <werb> • timing
Terminus *m* <term> • term *ISO 1087*
termitenfest <textil> *(Ausrüstung)* • resistant to termites
Termschema *n* <nukl> • energy-level diagram; energy-band scheme; term diagram
Termverschiebung *f* <chem> • energy-level shift; term shift
Termzuordnung *f* <math> • term assignment
ternär <math.chem> • ternary
ternäre Legierung *f* <obfl> • ternary alloy; three-component alloy
ternäre Spaltung *f* <nukl> • ternary fission
ternäres System *n* <chem> • ternary system; three-component system
Terneblech *n DIN 55405* <mat.metall> • terne plate
Terpentin *n* <chem> • turpentine; terebinthinae oleum
Terpentin *n* <obfl> • turpentine; oleo resin
Terpentinersatz *m ugs* <chem> *(z. B. als Verdünner)* • mineral spirits *GB*; volatile mineral spirits heavy thinner *US*; white spirits
Terpentinersatz *m* <chem.obfl> *(Lösungs- und Verdünnungsmittel für Lack)* • white spirit; mineral spirit; varnish makers' and painters' naphtha *rare*
Terpentinersatz *m* <obfl> • turpentine substitute; white spirit; turps substitue
Terpentinharz *n* <chem> • rosin; pine rosin; pine resin; colophony
Terpentinharzöl *n* <chem> • rosin oil
Terpentinöl *n* <mat> • oil of turpentine
Terpentinöl-Ersatz *m rar* <chem> *(z. B. als Verdünner)* • mineral spirits *GB*; volatile mineral spirits heavy thinner *US*; white spirits
Terpin *n* <obfl> • terpin
Terpolymer *n* <chem> • terpolymer
Terpolymeres *n* <chem> • terpolymer
Terrakotta *f* <silik> *(gebrannter Ton als Material, oder Gebilde daraus)* • terra-cotta
Terrakotte *f* <silik> *(gebrannter Ton als Material, oder Gebilde daraus)* • terra-cotta
Terrasse *f* <bau> • terrace

Terrasse *f* <geo> *(Steilhang)* • bench
Terratec Maestro 32 <edv.av> • Terratec Maestro 32
Terratektur *f* <bau> • underground architecture
Terrazzo *m* <bau.mat> • terrazzo; venetian mosaic; granolith
Terrestrial Flight Telephone System <aerospace> • Terrestrial Flight Telefone System (TFTS)
terrestrisch <geo> • terrestrial
terrestrische Aufnahme *f* <geo> • ground photograph; terrestrial photograph; ground survey
terrestrische Flugtelekommunikation *f* <aerospace> • Terrestrial Flight Telefone System (TFTS)
terrestrische Navigation *f* <navig> • terrestrial navigation
terrestrische Photogrammetrie *f* <phot> • ground photogrammetry; terrestrial photogrammetry
Terrestrisches Flugtelekommunikations-System *n* (TFTS) <aerospace> • Terrestrial Flight Telefone System (TFTS)
terrestrische Sonnenstrahlung *f* <energ.sol> • terrestrial solar radiation
terrestrisches Telekommunikationssystem *n* <tele> • terrestrial telecommunication system
terrestrische Strahlung *f* <geo.phys> • terrestrial radiation
tertiär <allg> • tertiary
tertiäres Phosphat *n* <chem> *(Salz der Phosphorsäure; PO_4^{3-})* • phosphate
tertiäres Salz *n* <mat> • tertiary salt
Tertiärgruppe *f* <tele> • mastergroup
Tertiärluft *f* <chem.verf> • tertiary air
Tertiärspeicher *m* <edv> • auxiliary memory; tertiary memory
Tertiärwicklung *f* <el> • tertiary winding; stabilizing winding
Terylen *n* ^{TM}*ICI* <textil> • Dacron ^{TM}*DuPont*; Trevira *n* ^{TM}*Hoechst*; Terylene ^{TM}*ICI*; Diolen ®
Terzfilter *n* <av> • one-third octave filter
Tesafilm *m* ® *BDF.ugs* <büro.füg> *(dünne Folie, glasklar od. transparent)* • transparent tape *rare*; Scotch Tape ® *US.coll*; Sellotape ® *GB.coll*
Tesching *m* <mil> *(6, 7 or 9 mm, für Schrot, Rundkugel oder Spitzgeschoss)* • Flobert rim-fire gun; rat gun *coll*
Tesla *n* (T) *DIN 1301* <phys> *(SI-Einheit der magnetischen Flussdichte; 1 Wb je Quadratmeter)* • tesla (T)
Tesla-Spule *f* <el> • Tesla coil
Tesla-Strom *m* <el> • Tesla current
Tesla-Transformator *m* <el> • Tesla transformer
Tesselation *f* <edv> • tesselation
tesseral <mat.min> • tesseral
Test *m* <qualit> *(technischer Vorgang zur Ermittlung von Merkmalen)* • test
Test *m* <qualit> *(eher gründlich, meist mit Hilfsmitteln)* • test
Testanforderung *f* <edv> • test request
Test animatic *m* <werb> • animatic
Testareal *n press* <kfz> *(allg. und betont: Gelände)* • testing ground *US*; proving ground *GB*
Testausdruck *m* <druck> • test print pattern; test printing; test pattern
Testbenzin *n* <chem> *(z. B. als Verdünner)* • mineral spirits *GB*; volatile mineral spirits heavy thinner *US*; white spirits
Testbild *n* <av> • test pattern; definition pattern; resolution pattern
Testbild-Schalter *m* <av> • test signal switch
Testcharakteristik *f* <qualit> • operating characteristic
testeintrag1 <min> • test entry1
testen *vt* <qualit> *(meist gründlich; meist mit Hilfsmitteln)* • test *vt*

Tester *m* <qualit> • automatic test system (ATS); tester *pract*

Testergebnis *n* <edv> • test result

Testergebnis *n* <qualit> • test result

Testfahrt *f* <kfz.qualit> • test drive; trial run; road test

Testflug *m* <aerospace> • test flight; trial flight

Testgenauigkeit *f* <qualit.mat> • test accuracy; measuring accuracy; testing accuracy

Testgerät *n* <edv> • tester

Testhybridmikroschaltung *f* <el> • test hybrid microcircuit

Testhypothese *f* <math> • null hypothesis

Testkörper *m* <qualit> *(allg.)* • reference standard

Testkopf *m* <kfz> *(Helmprüfung)* • headform

Testliner *m* DIN 55405 <mat.pap> • test liner

Testliner *f* <pack.ents> • test liner; test-liner board

Testmarkt *m* <werb> • test market

Testmöglichkeit *f* <qualit> • test facility

Testnegativ *n* <phot> • focusing negative; test negative

Testparameter *n* <edv> • test parameters

Testpuppe *f* ugs.did <kfz> *(Crashtests)* • dummy

Teststand *m* <mil> • function firing range

Teststrecke *f* <kfz> *(allg. und betont: Gelände)* • testing ground *US*; proving ground *GB*

Teststrecke *f* <kfz.qualit> *(betont: Fahrbahn, Straßenoberfläche)* • test track

Teststreifen *m* <phot> • test strip

Teststufe *f* <qualit> • check-out stage

Testsystem *n* <qualit> • test system

Testtafelkontrast *m* <opt> • target contrast

Testtext *m* <druck> • test print pattern; test printing; test pattern

Testumgebung *f* <qualit> • test environment

Testverbrauch *m* <kfz.qualit> • observed fuel economy

Testverfahren *n* <qualit> • test method; testing procedure

Testwagenpreis *m* <kfz> • price as tested; as-tested price

Testzeichen *n* <edv> • check character; check digit *rare*; check signal *rare*

Testziffer *f* <edv> • check digit (CD)

Testzyklus *m* <qualit> • test cycle

Tetanus *m* <med> • tetanus

Tetartoeder *n* <mat> • tetartohedron

tetartoedrisch <mat> *(Kristallgitter)* • tetartohedral

T-Etikett *n* <edv> • T-label; T-shaped label; dual-orientation label; dual-orientation code; omnidirectional label

Tetraäthylblei *n* obs <chem> *(Antiklopfmittel im Benzin; weitgehend verboten)* • tetraethyl lead (TEL)

Tetrabrombisphenol A *n* (TBBA) <kst> *(Flammhemmer)* • tetrabromobisphenol-A (TBBA)

Tetrachromatbad *n* <prod.obfl> *(Galvanisierung)* • tetrachromate bath; tetrachromate solution

Tetracyclin *n* <med> • tetracycline

Tetrade *f* <math> • tetrad

Tetraeder *n* <math> • tetrahedron

tetraedrisch <math.mat> • tetrahedral

Tetraethylblei *n* (TEL) <chem> *(Antiklopfmittel im Benzin; weitgehend verboten)* • tetraethyl lead (TEL)

tetragonal <math.mat> • tetragonal

tetragonales Kristallsystem *n* <mat> • tetragonal crystal system

tetragonales System *n* <mat> • tetragonal system

Tetrahydroimidazobenzodiazepin *n* chem. <med> • TIBO-derivatives; tetrahydroimidazobenzodiazepine *chem*

Tetrajunktionstransistor *m* <el> • tetrajunction transistor

Tetramethylblei *n* (TML) <chem> • tetramethyl lead (TML)

tetramorph • tetramorphous

Tetrapol-Netz *n* <tele> • tetrapol network

Tetrasubstitution *f* <chem> • tetrasubstitution

Tetravalenz *f* <chem> • tetravalence; quadrivalence

Tetrazyclin *n* <med> • tetracycline

Tetrode *f* <el> • tetrode

Tetroxokieselsäure *f* <chem> *(H_4SiO_4)* • silicic acid; orthosilicic acid; tetraoxosilicic acid

TEU <logist> *(Maßanheit für Ladekapazität, z. B. Containerschiffe)* • twenty feet equivalent unit (TEU)

Teufe *f* <min> • depth

Teufen *n* <min> • sinking

Teufenlage *f* <min> • depth level

Teufenzeiger *m* <min> • depth indicator

TEU-km *m* <logist> *(1 mile = 1,61 km; 1 km = 0,621 mi)* • TEU mile

teure Masse *f* <mat> • expensive compound

TE-Welle *f* <el> • transverse electric wave; H-wave

Tex *n* DIN 1301 <textil> *(Einheit der Feinheit textiler Fasern; Masse in Gramm je 1000 m)* • tex

Texas Instruments (TI) <edv> *(Hersteller)* • Texas Instruments (TI)

Texas Instruments Graphics Architecture (TIGA) <edv> • Texas Instruments Graphics Architecture (TIGA)

Texel *f* <wz.holz> • adze

Texel *n* <edv> • texel

Tex-Numerierungssystem *n* DIN 60905 <textil> • tex system

Tex-System *n* <textil> *(Titrierung)* • tex system

Text *m* ISO/IEC 2382-23 <doku> • text ISO/IEC 2382-23

Textanzeige *f* <allg> • electronic text display

Textaufbereitungsprogramm *n* <edv> • text editor

Textauszeichnungssprache *f* <edv> • make-up language

Textbaustein *m* ISO/IEC 2382-23 <edv> • boilerplate ISO/IEC 2382-23

Textbaustein *m* <term> • standard text

Textbearbeitung *f* <edv> • text editing

Textbearbeitungsprogramm *n* <edv> • text editor; text editing program

Text Data Mining *n* prakt <edv> • text data mining

Textdatei *f* <edv> • text file

Textdatensuche *f :V* <edv> • text data mining

Texteditor *m* <edv> • text editor

Texteingabe *f* <edv> • text input

Texter *m* <werb> • copywriter; copy writer

Texterfassung *f* <edv> • text input

Texterkennung *f* <edv> *(durch Scanner und OCR-Software)* • optical character recognition (OCR)

Texterkennungsprogramm *n* <edv> • text recognition program; text recognition software; OCR software

Texterkennungssoftware *f* <edv> • text recognition program; text recognition software; OCR software

Textformatierungsprogramm *n* <edv> • text formatting program

Textgestaltung *f* <werb> • copy writing

Textil *n* DIN 60000 <textil> • textile

textilbewehrter Beton *m* <bau.mat> • textile-reinforced concrete

Textilchemie *f* <chem.textil> • textile chemistry

Textilcord *m* <prod> • fabric cord

Textildekoration *f* <kunst> • fabric decoration; fabric design

Textil-Design *n* <kunst> • fabric decoration; fabric design

Textildruck *m* <textil.druck> • textile printing

textile Auslegeware *f* <textil> • wall-to-wall carpeting

textile Bodenbelag mit geklebtem Pol *m* DIN ISO 2424 <bau.innen> • bonded-pile carpet ISO 2424

textile Gefäßprothese *f* <med.tech> • textile vascular graft; fabric vascular graft; fabric graft; textile graft

Textileinlage *f* <kst> • textile insertion

textile Prothese *f* <med.tech> • textile vascular graft; fabric vascular graft; fabric graft; textile graft

textiler Bodenbelag *m DIN ISO 2424* <textil> • textile floor covering

textiler Faserstoff *m* <textil> • textile fiber

textiler Halbstoff *m* <pap> • non-woody pulp

textiler Patch *m* <med.tech> • textile patch graft; fabric patch graft

Textilfarbe *f* <textil.obfl> • textile pigment; fabric color

Textilfaser *f* <textil> • textile fiber

Textilfasergarn *n DIN 61850* <silik> • textile glass yarn

Textilfutter *n* <bekl> • textile lining

Textilgewebe *n* <textil> • textile fabric

Textilglas *n DIN 61850* <textil> • textile glass

Textilglas-Effektgarn *n DIN 61850* <silik> • fancy glass yarn

Textilglas-Webschlauch *m* <silik> • woven glass tube

Textilglas-Wirkschlauch *m DIN 61850* <silik> • knitted glass tube

Textilgürtelreifen *m* <prod> • fabric breaker radials; fabric breaker tire

Textilhilfsmittel *n* <textil> • textile auxiliary

Textilien *fpl DIN 60000* <textil> • textiles *pl*

Textilindustrie *f* <textil> • textile industry

Textilmalerei *f* <kunst> • fabric decoration; fabric design

Textilmaschinen *fpl* <textil> • textile machinery

Textilöl *n* <textil> • textile oil

Textilprothese *f* <med.tech> • textile vascular graft; fabric vascular graft; fabric graft; textile graft

Textilschlauch *m* <tech.allg> *(für Druckleitungen; z. B. für Druckluft, Bremsanlage)* • braided hose; fabric-reinforced hose

Textilstruktur *f* <kfz> *(Cabrioverdeck)* • pinpoint surface

Textilverbundstoff *m* <textil> • non-woven fabric; bonded fabric

Textilveredlung *f* <textil> • textile finishing

Textilzellstoff *m* <pap> • rayon pulp; dissolving pulp

Textkopf *m* <druck> • header

Textmodus *m* <edv> • character mode; text mode; form mode *IBM*

Textnachricht *f* <tele> *(auf Handy)* • SMS message; short message; text message; SMS *coll*

Text ohne Formatierung *m* <doku> • unformatted text; unformatted document

Text ohne Formatierungssteuerzeichen *m rar* <doku> • unformatted text; unformatted document

Textsatz *m* <druck> • text matter

Textseite *f* <druck> • text page

textuelles Programmieren *n* <autom> • high-level programming

Textur *f* <nahr> *(visuelle, auditorische, haptische Merkmale; z. B. von Speiseeis)* • texture

Textur *f* <obfl> *(allg.)* • texture; surface structure

Textur *f* <obfl.holz> *(Holzcharakteristik)* • texture; figure

Texturabbildung *f* <edv> • bitmap texture; pixel texture

Texturbuffer *m* <edv> • texture buffer

Texture-Blur *m Autodesk* <edv> • texture blur

Texture-Map *f* <edv> • texture map

Texture-Mapping *n* <edv> • texture mapping

texturieren *vt* <chem.petr> • texture *vt*

texturieren *vt* <energ.sol> *(einer Solarzellenoberfläche pyramidenförmige Struktur geben)* • structure *vt*; texture *vt*

texturiert <mat> • textured

texturierte Oberfläche *f* <energ.sol> • textured surface

texturiertes Garn *n* <textil> *(betont: strukturiert)* • crimped yarn; textured yarn; crimp yarn; crinkled yarn

Texturierung *f* <edv> • texturing

Texturierverfahren *n* <textil> *(Falschdrahtverfahren)* • texturing method

Texturpixel *n* <edv> • texel

Textursimulation *f* <edv> • texture simulation

Texturunschärfe *f* <edv> • texture blur

Textverarbeitung *f* <edv> • word processing; text processing

Textverarbeitungsautomat *m* <edv> • word-processing equipment

Textverarbeitungsfunktion *f* <druck.edv> • word processing function

Textverarbeitungsplatz *m* <edv> • word-processing station

Textverarbeitungsprogramm *n* <edv> • word processing program

Textverarbeitungssystem *n* <edv> • word-processing system; word-editing program

TF <msr> • temperature sensor; temperature sender; temperature sending unit; thermosensitive element *rare*; thermometer probe *rare*

TF/MR-Kopf *m* <edv> *(Magnetband)* • thin film/magneto resistive head; TF/MR head

T-förmiger Brennraum *m* <kfz.mot> *(seitengesteuerter Motor, z. B. Motorrad)* • T-head; T-shaped combustion chamber

T-förmiges Zwischenstück *n* <rls> *(Rohr)* • T-shape connection tube

TFT-LCD-Technik *f* <edv> *(Thin-Film-Transistor Liquid-Crystal-Display)* • TFT-LCD technology

TFTS <aerospace> • Terrestrial Flight Telefone System (TFTS)

T-Funktion *f* <wz.masch> *(numerische Steuerung)* • T-function; tool function

TG <med> *(die Lipide)* • triglycerides *pl*; neutral fats *pl*; triacylglycerol *rare*

TG <med> *(die Lipidkonzentration im Plasma)* • triglycerides *pl* (TG); triglyceride concentration

TGA <edv> • Targa format (TGA)

TGA <edv> • Truevision Graphics Array (TGA)

T-Glied *n* <lwl> *(Wellenleiter)* • T-section; T-junction

T-Griff, mit ~ <wz> *(bei Werkzeugen)* • T-handle; T-handled

TGS-Silizium *n* <energ.sol> • TGS-silicon; terrestrial solar grade silicon

Th <chem> • thorium (Th)

Thallium *n* (Tl) <chem> *(Erdmetall)* • thallium (Tl)

Thalliumatomuhr *f* <nukl> *(Atomstrahlresonator)* • thallium atomic beam clock; thallium beam clock

thalliumhaltig <chem> • thalliferous

T-Hantel *f* <sport.tech> • T-bar

THC <chem> • Total Hydro Carbons (THC)

THD <av> *(von Audioanlagen, Verstärkern)* • total harmonic distortion (THD); total distortion *rare*

THD <el> *(in Stromnetzen)* • total harmonic distortion (THD)

THD+N <av> • total harmonic distortion plus noise (THD+N)

THD für Spannung und Strom *f* <el> • total harmonic distortion factors; THD for voltage and current

Theatertechnik *f* <theat> • stage craft; stage enginering

Theisen-Desintegrator *m* <verf> *(Gaswäscher)* • Theisen disintegrator

T-Helferlymphozyt *m* <bio> • helper T cell; T4-cell; CD4+-cell

Themenbereich *m* <doku> • topical area

Theodolit *m* <opt> • theodolite; surveyor's transit

Theodolitzug *m* <msr> *(Vermessung)* • survey traverse; traverse

Theorem *n* <math> • theorem

theoretisch <allg> • ideal

theoretisch <allg> • theoretical

theoretische Gipfelhöhe *f* <aerospace> • calculated ceiling

theoretische Kurve *f* <tech.allg> • calculated curve

theoretische Leistung *f* <allg> • potential capacity

theoretische Menge *f* <chem> • theoretical quantity

theoretischer Boden *m* <chem> *(Destillation)* • theoretical plate; ideal plate

theoretisch erforderliche Luftmenge *f prakt* <verbr> • theoretic air requirement; stoichiometric air requirement; theoretical air *pract*

theoretischer Luftbedarf *m* <verbr> • theoretic air requirement; stoichiometric air requirement; theoretical air *pract*

theoretische Trennstufe *f* <av> • perfect plate

theoretische Trennstufe *f* <chem> • theoretical plate; perfect plate

Theremin *n* <el.mus> • Thereminvox; etherophone; theremin

Thereminvox *n* <el.mus> • Thereminvox; etherophone; theremin

Thermalhärtung *f* <metall> • hot quenching

Thermalisierung *f* <nukl> • moderation; thermalization

Thermalplatte *f HDPP* <druck> *(Druckplatte)* • thermal plate; thermal medium *Creo*; infrared plate; IR plate *pract*

Thermalpräzipitator *m* <ents> *(Staubmessung)* • thermal precipitator

Thermalruß *m* <kst> • thermal black

Thermalspaltprozess *m* <prod> *(Rußherstellung)* • thermal process

Thermaltechnologie *f HDPP* <druck> *(Druckplattentechnologie)* • thermal technology

Thermik *f* <meteo> • thermal convection; thermal; thermic upwash

Thermiksegelflug *m* <aerospace> • thermal gliding

Thermion *n* <therm.el> • thermion

Thermionikelement *n* <el> • thermionic converter

thermionischer Generator *m* <el> • thermionic power generator; thermionic generator

thermionischer Konverter *m* <el> • thermionic converter

thermionischer Wandler *m* <el> • thermionic converter

thermisch <phys> • thermal

thermisch beaufschlagen *vt* <textil> *(Ausrüstung)* • heat-treat *vt*

thermisch beständig <mat> • heat-proof

thermisch beständig <qualit.mat> • thermally stable; thermostable

thermisch diffuse Streifen *mpl* <phys> *(Kristall-Röntgen-Reflexion)* • thermal diffuse streaks

thermische Abschirmung *f* <therm.nukl> • thermal shield

thermische Alterung *f* <kfz.emiss> *(Katalysator)* • thermal aging *US*; thermal ageing *GB*

thermische Alterung *f* <metall> • temperature aging; heat aging

thermische Analyse *f DIN 51005* <chem.verf> • thermal analysis

thermische Ausdehnung *f* <phys> *(allg., von Stoffen bei Erwärmung)* • thermal expansion

thermische Beanspruchung *f* <phys> • thermal stress

thermische Behandlung *f* <metall> • thermal treatment

thermische Behandlung *f* <nahr> *(von Lebensmitteln; z. B. von Wein, Most)* • heat treatment; thermal treatment

thermische Behandlung mit Promotor <kst> • promoted heat treatment

thermische Behandlungsstraße *f* <ents> *(für Abfallverbrennung)* • incineration train

thermische Belastbarkeit *f* <tribo> *(von Schmierstoffen)* • thermal stability

thermische Belastbarkeit *f* <verf> *(z. B. einer Anlage)* • thermal capacity

thermische Belastung *f* <tech.allg> • thermal load; heat load

thermische Bewegung *f* <nukl> • thermal motion

thermische Dauerfestigkeit *f* <qualit.mat> • thermal fatigue strength

thermische Dauerstandfestigkeit *f* <qualit.mat> • thermal endurance

thermische Dekontamination *f* <ents> • thermal decontamination

thermische Denaturierung *f* <med> *(Polymerase-Kettenreaktion)* • denaturation; thermal denaturation

thermische Desaktivierung *f* <kfz.emiss> *(Katalysator)* • thermal deactivation

thermische Diffusion *f* <druck> *(Thermalplatte)* • thermal diffusion

thermische Diode *f* <energ.sol> • thermic diode

thermische Dissoziation *f* <chem> • thermal dissociation

thermische Effizienz *f* <bau> • thermal efficiency

thermische Eigenschaften *fpl* <qualit.mat> • thermal properties

thermische Elektronenemission *f* <phys> • thermionic electron emission; thermionic emission

thermische Emission *f* <phys> • Edison effect; thermoelectronic emission; thermionic emission; thermal emission

thermische Energie *f* <phys> • thermal energy; heat energy; calorific energy

thermische Festigkeit *f* <qualit.mat> • thermal stability; heat resistance *pract*; resistance to heat; thermal endurance *rare*; thermostability

thermisch eindicken *vt* <nahr> *(Leinöl)* • calorize *vt*

thermisch eindicken *vt* <verf> • heat-thicken *vt*; heat-body *vt*

thermische Isolierung *f* <bau> *(Isolierung gemäß DIN EN ISO 7345, 9229, 9251, 9288, 9346)* • thermal insulation

thermische Kalibrierung *f* <edv> • thermal recalibration (TCAL); thermal calibration

thermische Konvektion *f* <therm> • heat convection

thermische Leistung *f* <hlk> *(allg. von Heizungen, Heizgeräten)* • heating power; heating capacity; heat output

thermische Leistung *f* <nukl> • thermal power

thermische Leitfähigkeit *f* <mat> *(allg.; Eigenschaft als solche, unspezifisch)* • thermal conductivity; thermal conductance; heat conductivity

thermisch empfindlich <kst> *(Material; z. B. Kunststoff, wie PVC)* • heat-sensitive

thermische Neutronen *f* <nukl> • thermal neutrons

thermische Neutronenabsorption *f* <nukl> • thermal neutron absorption

thermische Platte *f* <druck> *(Druckplatte)* • thermal plate; thermal medium *Creo*; infrared plate; IR plate *pract*

thermischer Abbau *m* <ents.chem> • thermal decomposition

thermischer Aufwind *m* <aerospace> • thermal upcurrent

thermischer Ausdehnungskoeffizient <phys> *(Achtung: Unterschied zw. linearem A., Oberflächena. und kubischem A.)* • coefficient of thermal expansion

thermischer Ausdehnungskoeffizient *m* <phys> • temperature coefficient of expansion (TCE); coefficient of thermal expansion; thermal coefficient of expansion; thermal expansion coefficient

thermischer Brutreaktor *m* <nukl> • thermal breeder reactor; thermal breeder

thermischer DeNO$_x$ *m* <chem> • SNCR-process; SNR-process; selective noncatalytic reduction; thermal DeNO$_x$

thermische Reaktorleistung *f* <nukl> • thermal reactor output

thermische Rekalibrierung f <edv> • thermal recalibration (TCAL); thermal calibration

thermischer Gradient m wiss <phys> • temperature gradient; heat gradient pract; heat drop coll

thermischer Grenzstrom m <el> • rated short-circuit current

thermischer Isolierungswirkungsgrad m <phys> • efficiency of the non-conducting covering

thermischer Kernreaktor m <nukl> • thermonuclear reactor

thermischer Melder m <alarm> • heat-sensitive fire detection system

thermischer Molekulardruck m <phys.chem> • thermomolecular pressure

thermischer Reaktor m DIN 25401-3 <nukl> • thermal neutron reactor; slow reactor; thermal reactor

thermischer Schild m <nukl> • thermal shield

thermischer Schock m <tech.allg> (allg.) • thermal shock

thermischer Schock m <nahr> (Speiseeis) • heat shock; thermal shock; temperature abuse

thermischer Spaltruß m <kst> • thermal black

thermischer Spleiß m <lwl> • fusion splice

thermischer Strahler m <therm> • thermal source

thermischer Strömungssensor m <msr> • thermal flow sensor

thermischer Verlustfaktor m <nukl> • thermal leakage factor

thermisch erweichen vt <verf> • heat-soften vt

thermischer Widerstand m <ic> • thermal resistance

thermischer Wirkungsgrad m <therm> (z. B. Wärmekraftmaschine) • thermal efficiency

thermische Säule f <nukl> • thermal column; graphite column

thermisches Ausheilen n <metall> • thermal annealing; thermal anneal

thermisches Bohren n <petr> • thermic drilling; flame drilling; fusion drilling

thermische Schäden pl <kfz.emiss> (Katalysatorausfall durch zu hohe Temperaturen) • thermal degradation; thermal damage

thermische Schäden pl <kst> (allgemein und von Kunststoffen) • thermal degradation; thermal damage

thermische Schädigung f <kfz.emiss> (Katalysatorausfall durch zu hohe Temperaturen) • thermal degradation; thermal damage

thermische Schädigung f <kfz.emiss> (Katalysator) • thermal aging US; thermal ageing GB

thermische Schädigung f <kst> (allgemein und von Kunststoffen) • thermal degradation; thermal damage

thermische Schwingung f <phys> • thermal vibration

thermisches Dekontaminationsverfahren n <ents> • thermal decontamination process

thermisches Entschlichten n <textil> (von Glasfaserstoffen) • heat cleaning; heat desizing

thermisches Gleichgewicht n <phys> • thermal equilibrium

thermische Sicherung f <el> • temperature fuse

thermisches Instrument n <msr> (z. B. Messgerät) • thermal instrument

thermisches Kracken n <chem.verf> • thermal cracking

thermisches Muster n <büro> (Kopierer) • thermal pattern

thermisches Neutron n <nukl> • thermal neutron

thermisches NOx n <emiss> • thermal NOx

thermische Solaranlage f DIN EN ISO 9488 <energ.sol> • thermal solar system DIN EN ISO 9488

thermische Spannung f <mech> • thermal stress

thermisches Rauschen n <el> • thermal noise; Johnson noise; Nyquist noise; thermal agitation noise; resistance noise

thermisches Recycling n <kst> • thermal recycling

thermisches Reformieren n <chem.verf> • thermal reforming

thermisches Relais n <el> • temperature relay; thermal relay

thermisches Schneiden n DIN 2310 <prod> • thermal cutting

thermisches Spleißen n <lwl> • fusion splicing

thermisches Spleißgerät n <lwl> • fusion splicer

thermisches Spritzen n DIN EN 657 <obfl> (mit Metall als Spritzwerkstoff) • metal spraying; thermal spraying

thermische Stabilität f <qualit> (z. B. von Werkstoffen, Eigenschaften, Werkzeugen) • temperature resistance; thermal stability

thermische Stabilität f <qualit.mat> (allg., jedes Material) • thermal stability; heat resistance

thermische Stabilität f <tribo> (von Schmierstoffen) • thermal stability

thermische Standfestigkeit f <qualit> (z. B. von Werkstoffen, Eigenschaften, Werkzeugen) • temperature resistance; thermal stability

thermische Strahlung f <phys> • caloric radiation

thermische Strahlung f <phys> (Wellenlänge über 3 Mikrometer) • long-wavelength radiation; long wave radiation; long-wave radiation; longwave radiation

thermische Strahlung f <therm> • heat radiation

thermisches Trennen n <metall> • thermal cutting

thermisches Überlastrelais n <el> • overload temperature relay

thermisches Verfahren n <ents> • thermal treatment

thermische Teilchen n <nukl> • suprathermal particles

thermische Trägheit f <hlk> • thermal inertia

thermische Trägheit fsg <energ.sol> • thermal inertia sg

thermische Trennung f <bau> (Aluminiumfenster) • thermal break; thermal barrier; insulating barrier

thermische Überlastung f wiss.did. <kfz.emiss> (Katalysator) • overheating

thermische Umwandlung f <ents> • thermal conversion

thermische Verluste mpl <tech.allg> • heat losses pl; thermal losses pl

thermische Wanderung f <nukl> • thermal motion

thermische Zustandsgröße f <therm> (Temperatur, Druck, Volumen) • thermal property of state

thermisch getrennt <bau> • thermally broken

thermisch-katalytisches Kracken n <chem.verf> • thermal-catalytic cracking

thermisch stabil <chem> • heat-proof

thermisch stabil <mat> (allg.) • heat-resistant; heat-resisting; heat-proof; thermally stable

thermisch stabil <qualit.mat> • thermally stable

thermisch widerstandsfähig <qualit.mat> • thermally stable; thermostable

Thermistor m <el> • thermistor; NTC resistor; thermally sensitive resistor did; negative temperature coefficient resistor form.rare

Thermistor m prakt.ugs <msr> • thermistor; NTC thermistor

Thermistorkalorimeter n <msr> • thermistor calorimeter

Thermistormessfühler m <msr> • thermistor sensor

Thermistorsonde f <msr> • thermistor probe

Thermit n <chem> • thermit

thermitgeschweißt <füg> • thermit-welded

Thermitschweißen n <füg> (ein Gießschmelzschweißverfahren) • thermit welding (TW); aluminothermic welding obs

Thermitschweißnaht f <füg> • thermit weld

Thermitverbundschweißen n <füg> • thermit-combined welding

Thermitverfahren n <füg> • thermic process; aluminothermic process; Goldschmidt's process

Thermitwulst *m/f* <füg> • thermit collar
Thermoanalyse *f* <metall> • thermal analysis
Thermoauslöser *m* <msr> • thermal cut-out
Thermoband *n* <edv> • thermal ribbon; thermal foil
Thermobatterie *f* <el> • thermoelectric battery
Thermobekleidung *f* <bekl> *(z. B. für Motorradfahrer)* • thermal garments
Thermobeschichtung *f* <edv> • thermally sensitive layer; heat-sensitive layer
Thermobimetall *n* <mat.msr> • thermostatic bimetal
Thermobohren *n* <prod> • jet piercing
Thermobohrer *m* <prod> • jet-piercing lance
Thermochemie *f* <chem> • thermochemistry
Thermodiffusion *f* <druck> *(Thermalplatte)* • thermal diffusion
Thermodiffusion *f* <nukl> • thermal diffusion; thermodiffusion
Thermodiffusionspotential *n* <nukl> • thermodiffusion potential
Thermodiffusionstrennrohr *n* <nukl> • thermal diffusion column
Thermodirektdruck *m* <edv> • thermal direct printing; direct thermal printing
Thermo-Direktdrucker *m* <edv> • thermal direct printer; direct thermal printer
Thermo-Direktverfahren *n* <edv> • thermal direct printing; direct thermal printing
Thermodruck *m* <druck> • thermoprinting
Thermodruck *m* <edv> • thermal printing
Thermodrucker *m* <druck> • thermal printer
Thermodrucker *m* <edv> • thermal printer
Thermo-Drucker/Plotter *m* <edv> • thermal printer/plotter
Thermodruckkopf *m* <druck> • thermal print head
Thermo-Druckkopf *m* <edv> • thermal print head; thermal head
Thermodruckwerk *n* <druck> • thermoprinting unit
Thermodynamik *f* *DIN 1345* <therm> • thermodynamics; theory of heat
thermodynamische Änderung *f* <therm> • thermodynamic transformation
thermodynamisches Gleichgewicht *n* <nukl> • thermodynamical plasma equilibrium
thermodynamisches Gleichgewicht *n* <therm> • thermodynamic equilibrium
thermodynamisches Modell *n* <nukl> • gasdynamical model
thermodynamisches Nichtgleichgewicht *n* <nukl> • gasdynamical non-equilibrium
thermodynamisches Potential *n* <therm> • thermodynamic potential
thermodynamische Temperaturskala *f* <phys> *(absolute Temperatur)* • kelvin scale; thermodynamic temperature scale; kelvin absolute temperature scale
Thermoeffekt *m* <phys> • thermal effect
Thermoelastizität *f* <qualit.mat> • thermoelasticity
thermoelektrischer Effekt *m* <el> • thermoelectric effect; thermoelectricity
thermoelektrischer Generator *m* <el> • thermoelectric generator
thermoelektrischer Strom *m* <el> • thermoelectric current
thermoelektrischer Verstärker *m* <el> • thermoelectric relay
thermoelektrisches Element *n* <el> • thermoelectric couple; thermocouple
thermoelektrisches Relais *n* <el> • electrothermal relay
Thermoelektrizität *f* <el> • thermoelectricity
thermoelektromotorische Kraft *f* <el> • thermoelectromotive force

Thermoelektron *n* <el> • thermoelectron
Thermoelement *n* <druck> • thermal element
Thermoelement *n* <msr> • thermocouple
Thermoelementausgleichsleitung *f* <msr.el> • thermocouple extension wire
Thermoelement-Zündkerze *f* <mot.el> • thermocouple spark plug; temperature-measuring spark plug *Bosch*; T.C. spark plug
Thermoemission *f* <phys> • thermionic emission
Thermo-EMK *f* <el> • thermoelectromotive force
thermoempfindlich <edv> *(Thermodruck)* • thermally sensitive *adj*; heat-sensitive *adj*
Thermoetikett *n* <edv> • thermal label
Thermofarbband *n* <edv> • thermal ribbon; thermal foil
Thermoformen *n* <kst> • thermoforming
Thermoformung *f* *rar* <kst> • thermoforming
Thermofühler *m* *prakt* <msr> • temperature sensor; temperature sender; temperature sending unit; thermosensitive element *rare*; thermometer probe *rare*
Thermofutter *n* <bekl> • cold-weather insulation; thermal lining; thermalized lining
Thermogalvanometer *n* <msr> • thermogalvanometer
Thermogenerator *m* <el> • thermoelectric generator
Thermograph *m* <msr> • thermograph
Thermographie *f* <therm.msr> • thermography
Thermogravimetrie *f* *ISO 11358* <kst> • thermogravimetry *ISO 11358*; thermogravimetric analysis
Thermokarton *m* <edv> *(für Thermo-Direktdrucker)* • thermal cardboard
thermokinetisches Brennstoffäquivalent *n* <phys> • thermokinetic fuel equivalent
Thermokompression *f* (TC) <el.ic.prod> • thermocompression (TC)
Thermokompressionsbond *m* <el.ic.prod> • thermocompression bond
Thermokompressionsbonden *n* <el.ic.prod> • thermocompression bonding; TC bonding
Thermokompressionsbonder *m* <el> • thermocompression bonder
Thermokompressionsschweißen *n* <el.ic.prod> • thermocompression bonding; TC bonding
Thermokompressionsverfahren *n* <el.ic.prod> • thermocompression bonding; TC bonding
Thermokompressor *m* <chem> • thermocompressor
Thermokopf *m* <druck> • thermal print head
Thermokopf *m* <edv> • thermal print head; thermal head
Thermokopie *f* <msr.doku> • thermogram
Thermokopierer *m* <büro> • thermal paper copier
Thermokopierverfahren *n* <büro> • thermographic process
Thermokraft *f* <el> • thermoelectric power; thermoelectric force
Thermokreuz *n* <chem> • thermal cross; thermoelectric cross; thermocross
thermolabil <chem> • thermolabile
Thermolumineszenz *f* <phys> • thermoluminescence
Thermolumineszenzdosimeter *n* <nukl.msr> • thermoluminescent dosimeter (TLD); TLD dosimeter *pract*
Thermolyse *f* <chem> *(Dissoziation durch Wärme)* • thermolysis
thermolytisch <chem> • thermolytic
thermomagnetisch <phys> • thermomagnetic
thermomagnetischer Effekt *m* <phys> • thermomagnetic effect
thermomagnetischer Schreibprozess *m* <edv> • thermomagnetic write process
thermomagnetisches Sauerstoffmessverfahren *n* <msr> • thermomagnetic oxygen measuring method

thermomagnetisches Schreiben *n* <edv> • thermomagnetic write process

thermomagnetisch-optische Aufzeichnung *f* <edv> *(reversibles optisches Speicherverfahren)* • thermo-magneto-optic recording; TMO recording

thermomagnetooptische Aufzeichnung *f* (TMO) <edv> *(reversibles optisches Speicherverfahren)* • thermo-magneto-optic recording; TMO recording

thermo-magneto-optische Aufzeichnung *f* <edv> *(reversibles optisches Speicherverfahren)* • thermo-magneto-optic recording; TMO recording

thermomagnetooptischer Speicher *m* <phys> • TMO-disk

thermomagneto-optisches Verfahren *n* <edv> • thermomagnetic write process

Thermomaterial *n* <edv> • thermal material

thermomechanisch <metall> *(Behandlung von Stahl)* • thermomechanical

thermomechanischer Effekt *m* <phys> • thermomechanical effect; fountain effect

thermomechanischer Holzstoff *m* <holz> • thermomechanical pulp

Thermomelder *m* <alarm> • thermostatic detector; heat-sensitive fire detection system

Thermomessinstrument *n* <msr> • thermal instrument

Thermometer *n* DIN 16160 <msr> • thermometer

Thermometerablesung *f* <msr> • thermometer reading

Thermometergefäß *n* <msr> • thermometer bulb

Thermometerkugel *f* <msr> • thermometer bulb

Thermometerregler *m* <msr> • thermometer controller

Thermometerschutzrohr *n* <msr> • thermometer harness

Thermometerskala *f A* <msr> • thermometer scale

Thermometerskale *f* <msr> • thermometer scale

Thermometrie *f* <msr> • thermometry

thermometrische Abkühlungsgeschwindigkeit *f* <msr> • thermometrical rate of cooling

Thermomolekulardruck *m* <phys.chem> • thermomolecular pressure

thermoneutral <chem> • thermoneutral

thermonuklear <nukl> • thermonuclear

thermonukleare Bombe *f* <mil> • thermonuclear bomb; fusion bomb

thermonukleare Fusion mit magnetischem Einschluss <nukl> • magnetic confinement fusion

thermonukleare Fusion mit Trägheitseinschluss <nukl> • inertial confinement fusion

thermonukleare Reaktionen *f* <nukl> • thermonuclear reactions

thermonuklearer Reaktor *m* <nukl> • nuclear fusion reactor; fusion reactor; thermonuclear reactor

Thermoöl *n* <energ.sol> • thermal oil; heat transfer oil

Thermopane *n* <bau> • thermopane

Thermopapier *n* <büro> *(Kopieren)* • thermal paper

Thermopapier *n* <druck> • thermal paper

Thermopapier *n* <edv> • thermal paper

thermophil <bio> *(gedeiht bei hoher Temperatur)* • thermophilic

thermophiler Temperaturbereich *m* <ents> *(Biogas)* • thermophilic temperature range

Thermophon *n* <akust> • thermophone

Thermo-Photo-Energiewandler *m* <energ.sol> • thermo-photovoltaic cell; TPV-cell

Thermo-Photowandler *m* <energ.sol> • thermo-photo-voltaic cell; TPV-cell

Thermoplast *m* <kst> *(unvernetzt, replastifizierbar)* • thermoplastic; thermoplastic material; thermoplastic resin

Thermoplast *m* DIN 55405 <mat.kst> • thermoplastic

Thermoplast-Außenschale *f* <bekl> *(Helm)* • injection-molded shell

thermoplastische Bildaufzeichnung *f* <tele> • thermoplastic recording

thermoplastische Elastomere *npl* <kst> • thermoplastic elastomers *pl*; thermoplastic rubbers *pl*

thermoplastische Olefine *npl* (TPO) <obfl.kst> • thermoplastic olefins (TPO)

thermoplastischer Faden *m* <kst> • thermoplastic yarn

thermoplastischer Klebstoff *m* <füg> • thermoplastic adhesive

thermoplastischer Kunststoff *m* <kst> *(unvernetzt, replastifizierbar)* • thermoplastic; thermoplastic material; thermoplastic resin

thermoplastische Schutzhülle *f* <el> • oversheath; over-sheath; extruded oversheath; plastic oversheath; protective sheath[-ing]

thermoplastisches Elastomer *n* <kst> • thermoplastic rubber; thermoplastic elastomer; elastoplastic; plastomer; rubberlike thermoplastic *coll*

thermoplastische Sortierung *f* (TPS) <ents> • thermoplastic sorting [process] (TPS)

thermoplastische Vulkanisate *npl* (TPV) <kst> • thermoplastic vulcanisates (TPV)

Thermoplatte *f Agfa* <druck> *(Druckplatte)* • thermal plate; thermal medium *Creo*; infrared plate; IR plate *pract*

Thermoplotter *m* <edv> • thermal plotter

Thermo-Printer/Plotter *m* <edv> • thermal printer/plotter

Thermopsychrometer *n* <msr> • thermocouple psychrometer

Thermopunktmatrix *f* <druck> • thermal dot matrix

Thermoreaktor *m* <kfz.emiss> • thermal reactor; thermactor *Ford*

Thermoregler *m* <msr> • thermal controller

Thermoregulierungsradiator *m* <hlk> • thermoregulating-system radiator

Thermorelais *n* <tele> • electrothermal relay; thermal relay; thermoelectric relay

Thermosäule *f* <el> *(Kombination von Thermoelementen)* • thermopile

Thermoschalter *m* <el> • thermal circuit breaker; thermal cut-out

Thermoschalter der Lambda-Regelung *m* <kfz.emiss> • oxygen sensor system thermo switch

Thermoschalter für Zündvorverstellung <kfz.emiss> • distributor thermal vacuum switch (DTVS)

Thermoschock *m* <phys> • thermal shock

thermoschockbeständig <qualit> • resistant to thermal shock

Thermoschockbeständigkeit *f* <qualit.mat> • resistance to thermal shock; thermal shock resistance

Thermoschockfestigkeit *f* <qualit.mat> • resistance to thermal shock; thermal shock resistance

Thermoscontainer *m* <logist> • heat-insulated container

Thermoselect-Verfahren *n* <ents> • Thermoselect process

thermosensitiv <edv> *(Thermodruck)* • thermally sensitive *adj*; heat-sensitive *adj*

Thermosflasche *f* <pack> • thermos flask; vacuum bottle

Thermosiphonkühlung *f rar* <tech.allg> • thermosyphon cooling; thermosiphon cooling; natural recirculation cooling

Thermosiphonwirkung *f* <hlk> *(Heizungs- und Kühlsystem)* • thermosiphon action

Thermosonicbond *m* <el.ic.prod> • thermosonic bond

Thermosonicbonden *n* <el.ic.prod> • thermosonic bonding; TS bonding

Thermosonicverfahren *n* <el.ic.prod> • thermosonic bonding; TS bonding

Thermospannung f <el> • thermoelectric voltage; thermoelectromotive force; thermovoltage
thermostabil <el.ic.prod> • thermostable
thermostabil <mat> • heat-stable
thermostabil <qualit.mat> • thermally stable; thermostable
Thermostabilität f <tech.allg> • heat stability
Thermostabilität f <el.ic.prod> • thermostability
Thermostabilität f ISO 305 <qualit.mat> (z. B. von Kunststoffen) • thermal stability ISO 305; thermostability
Thermostabilität f <tribo> (von Schmierstoffen) • thermal stability
Thermostarter m • thermal starter
Thermostat m <kfz.hlk> (im Kühlkreislauf) • thermostat
Thermostat m <msr> (automatisch) • thermostat
Thermostatdüse f <kfz.mot> (Vergaser) • capstat temperature controlled jet
thermostatgeregelter Luftfilter m <kfz.mot> • thermostatic air cleaner (TAC); thermac GM; thermal air cleaner
thermostatgesteuert <msr> • thermostatically controlled
thermostatisches Expansionsventil <hlk> • thermostatic expansion valve (TEV)
Thermostatluftfilter m <kfz.mot> • thermostatic air cleaner (TAC); thermac GM; thermal air cleaner
Thermostat-Luftventil n wiss.did <kfz.mot> (Ansaugluft-Temperaturregelung) • sponge rubber valve
Thermostat mit Dehnstoffelement <msr> (z. B. Motorkühlung) • wax-type thermostat
Thermostatregelung f <msr> • thermostatic control
Thermostatregler m <msr> • thermostatic controller
Thermostatventil n <kfz.hlk> (im Kühlkreislauf) • thermostat
Thermostatventil n <kfz.mot> (im Auspuffkrümmer) • exhaust manifold heat control valve
Thermostreckformen n <metall> • sheet shaping
Thermostrom m <el> • thermocurrent; thermoelectric current
thermosyphonisch <energ.sol> • thermosyphon; thermosyphoning
Thermosyphon-Solaranlage f <energ.sol> • thermosyphoning system; natural circulation system
Thermotechnologie f Agfa <druck> (Druckplattentechnologie) • thermal technology
Thermotherapie f <med> • thermotherapy
Thermotransferband n <edv> • thermal transfer ribbon; thermal transfer foil; thermal ribbon; thermal foil; transfer foil
Thermotransferdruck m <druck> • thermal transfer printing
Thermotransferdruck m (TT) <edv> • thermal transfer printing (TT)
Thermotransferdrucker m <druck> • thermal transfer printer
Thermo-Transfer-Drucker/Plotter m <edv> • thermal transfer printer/plotter
Thermotransferfarbband n <druck> • thermal transfer ribbon
Thermotransferfolie f <edv> • thermal transfer ribbon; thermal transfer foil; thermal ribbon; thermal foil; transfer foil
Thermo-Transfer-Plotter m <edv> • thermal transfer plotter
Thermo-Transfer-Printer/Plotter m <edv> • thermal transfer printer/plotter
Thermotransferverfahren n <edv> • thermal transfer printing (TT)
Thermoumformer m <el> • thermal converter; thermoconverter
Thermoumformer m <el> (Strom) • thermocurrent converter

Thermoumlaufkühlung f <hlk> • natural circulation water cooling
Thermounterdruckschalter m <kfz.emiss> (AGR) • thermal vacuum switch (TVS)
Thermo-Unterdruckventil n <kfz> • thermal vacuum valve (TVV)
Thermounterwäsche f <bekl> (z. B. für Sportler) • thermal underwear
Thermoventil n <hlk> • thermovalve; temperature valve
Thermoverzögerungsschalter m <el> • thermal delay switch
Thermoverzögerungsventil n <rls> • thermal delay valve
Thermovoltmeter n <msr.el> • thermovoltmeter; thermocouple voltmeter
Thermovulkanisation f <kst> • thermal vulcanization
Thermowaage f <chem> • thermobalance
Thermozeitschalter m <el> • thermo-time switch
Thermozeitventil n <kfz.el> • thermal time valve; thermotime valve; thermal check and delay valve; TCD valve
Theta-Meson n <nukl> • theta meson
Theta-Pinch m <nukl> • theta-pinch; thetatron; simple mirror configuration
Thetatron n <nukl> • theta-pinch; thetatron; simple mirror configuration
THF <med> (Immunmodulator) • thymic humoral factor (THF) INN
Thin-Small-Outline-Package n rar <ic> (z. B. für SDRAMs) • thin small outline package (TSOP); TSOP package
Thin Wire-Knickschutztülle f <el> • ThinNet Insulator Boot
Thioharnstoffharz n <kst> • thiourea resin; polythiourea
Thioplast m <kst> • thioplast; polysulfide rubber
Thiuramvernetzung f <kst> • thiuram cure
Thixo-Casting n <prod> (Material wird als halbflüssige Paste in die Form gedrückt) • thixo casting
Thixoformen n <prod> • thixo forming
Thixo-Gießen n <prod> (Material wird als halbflüssige Paste in die Form gedrückt) • thixo casting
thixotrop <obfl> (GFK-Karosserien) • thixotropic
Thixotropie f <bau> • thixotropy
Thixotropie f <obfl> (Eigenschaft von Gelen, sich durch Schütteln zu verflüssigen) • thixotropy
Thlaspi Capsella bursa-pastoris <bio> • shepherd's purse; thlaspi capsella bursa-pastoris
Thomasbirne f <metall> (Stahlwerk) • basic Bessemer converter
Thomaskonverter m <metall> (Stahlwerk) • basic Bessemer converter
Thomasmehl n <agri> (Düngemittel; Nebenprodukt des Thomas-Verfahrens) • Thomas meal; Thomas phosphate
Thomasroheisen n <metall> • basic Bessemer pig iron
Thomasschlacke f <metall.agri> (Düngemittel) • Thomas slag
Thomasstahl m <metall> (Ergebnis des Thomasverfahrens) • basic Bessemer steel; Thomas steel
Thomasverfahren n <metall> • basic Bessemer process
Thomas-Verfahren n <metall> (Frischen mit Luft) • thomas process
Thomson'sche Doppelbrücke f <el> • Thomson bridge; Kelvin double bridge; Kelvin bridge; Thomson double bridge
Thomson'scher Effekt m <phys> • Thomson effect; Thomson thermoelectric effect
Thomson'sche Streuung f <phys> • Thomson scattering
Thomson-Effekt m <phys> • Thomson effect; Thomson thermoelectric effect
Thomson-Messbrücke f <el> • Thomson bridge; Kelvin double bridge; Kelvin bridge; Thomson double bridge

Thorerde f <chem> • thoria

thorieren vt <el> (z. B. Glühfaden) • thoriate vt

thorierter Wolframfaden m <mat.licht> • thoriated tungsten filament

Thorium n (Th) <chem> • thorium (Th)

Thoriumbrutreaktor m <nukl> • thorium breeder reactor

Thorium-Hochtemperaturteaktor m (THTR) <nukl> • thorium high-temperature reactor (THTR)

Thoriumreihe f <nukl> • thorium series

Thoriumzerfallsreihe f <nukl> • thorium series

Thoron n <chem> (Radonisotop 220) • thoron

Three-Wheeler m <kfz> (Morgan-Roadster) • Three-Wheeler

threoninarmes Protein n <med> • threonine-poor protein (TPP); apolipoprotein SAA

Threshold m <edv.av> • threshold

Thresholdwert m <edv.av> • threshold

Thrombozyt m <med> • platelet cell

Thru-Box f <edv.av> • MIDI thru box; thru box; MIDI split box; split box

THTR <nukl> • thorium high-temperature reactor (THTR)

Thuja f <bio> • tree of life; thuja occidentalis

Thuja occidentalis <bio> • tree of life; thuja occidentalis

Thulium n (Tm) <chem> • thulium (Tm)

Thymic Humoral Factor m (THF) INN <med> (Immunmodulator) • thymic humoral factor (THF) INN

Thymidin f <med> • thymidine

Thymin n (T) <med> • thymine (T)

Thymopentin n INN <med> (Immunmodulator) • thymopentine INN

Thymopoetin n INN <med> (Immunmodulator) • thymopoeitin INN

Thyratron n <el> • thyratron

Thyratronzündung f <el> • thyratron firing

Thyristor m DIN 41786 <el> • thyristor

Thyristorblockierungszustand m <el> • thyristor off-state

Thyristordrehzahlsteller m <msr> • thyristor speed controller

Thyristordurchlasszustand m <el> • thyristor on-state

thyristorgesteuert <msr.el> (z. B. Lokomotive) • thyristor-controlled

Thyristorwechselrichter m <el> • thyristor frequency converter

Thyristorzerhackersteuerung f <el> • thyristor chopper control

Thyristor-Zündanlage f <kfz> • capacitor-discharge ignition system

Thyristorzündung f <el> • thyristor firing

Thyristor-Zündung f <kfz.el> • capacitor discharge ignition system (CDI); capacitor discharge ignition; CD ignition [system]; CD system; thyristor ignition rare

Thyristorzündung f <kfz.el> • capacitor discharge ignition system (CDI); capacitor discharge ignition; CD ignition [system]; CD system; thyristor ignition rare

TI <edv> (Hersteller) • Texas Instruments (TI)

TiO₂-getrübt <obfl> (Email) • titania-opacified; titanium-opacified

TIBO-Derivate npl <med> • TIBO-derivatives; tetrahydroimidazobenzodiazepine chem

TiC <mat> • titanium carbide (TiC)

Tichelmann-System n <energ.sol> • parallel flow arrangement

Tickdauer f <edv> (Magnetkartenleser) • tick duration

Ticker m <tele> • ticker

Tickerzeichen n <tele> • ticking tone

Tidalvolumen n <med.tech> • tidal volume; stroke volume ISO 10651-1

Tide f <geo> • tides; ebb and flood; ebb and flow

Tidehub m <geo> • tidal range

Tidenhub m DIN 4049-3 <geo> • tidal range

Tidenkurve f <geo> • marigram US; tidal diagram

Tidenmesser m <geo.msr> • tide gauge

tief <allg> • deep

tief <tech.allg> (räumlich, akustisch) • low

Tiefätzen n <prod> • dimensional etching; deep etching

Tiefätzung f <metall> • deep etching

Tiefaufreißer m <bau.masch> • rooter; scarifier

Tiefbaggerung f <bau> • deep-cut excavating; deep-cut digging

Tiefbau m <bau> (Zweig des Bauwesens) • civil engineering

Tiefbau m <min> • underground mining; deep mining; underground working

Tiefbauförderung f <min> (im Ggs. zu Tagbauförderung) • deep mining

Tiefbaukohle f <min> • deep-mined coal

Tiefbeize f prakt <obfl> • weight loss-metal etch; deep etching pract

Tiefbett n <kfz> (einer Felge) • drop center (DC); full drop center US

Tiefbett n <nfz> • lowbed; dropdeck

Tiefbettanhänger m <nfz> • double drop platform trailer; low-loading trailer

Tiefbettfelge f <kfz> • drop center rim; 5-degree full drop center rim US.stand; 5-degree drop center rim; 5-degree DC rim; DC rim; drop-base rim pract

Tiefbohren n <petr> • deep boring; deep drilling; deep-hole drilling

Tiefbohren n <prod> • deep boring; deep drilling

Tiefbohrer m <wz> • deep-hole drill

Tiefbohrloch n <petr> • deep well; deep hole

Tiefbohrverfahren n <prod> (mit Spezialbohrern (auch Aufbohren)) • deep boring technique

Tiefbrunnen m <bau> (Wasserversorgung) • deep well

Tiefbrunnenpumpe f <förd> • deep-well pump

Tiefbrunnenpumpe f <masch> • borehole pump

Tiefbunker m <logist> • pit bin; ground-storage bin

Tiefdecker m <aerospace> • low-wing monoplane; low-set monoplane

Tiefdecker m <aerospace> (Flugzeugtyp) • low-wing [airplane]

Tiefdruck m <druck> (flächenvariabel) • intaglio halftone

Tiefdruck m DIN 16528 <druck> (Druckverfahren) • gravure printing; intaglio; intaglio printing; gravure; rotogravure

Tiefdruck m <meteo> • low pressure

Tiefdruck m DIN 55405 <prod> • gravure printing

Tiefdruckfarbe f <druck> • intaglio ink; gravure ink

Tiefdruckmaschine f <druck> • intaglio printing press; gravure printing press; gravure press

Tiefdrucknäpfchen npl <druck> • gravure cells

Tiefdruckpapier n <druck> • intaglio paper; gravure paper; gravure coated paper

Tiefdruckplatte f <druck> • intaglio plate; gravure plate

Tiefdruckraster m <druck> • gravure screen

Tiefdruckrotationsmaschine f <druck> • gravure rotary

Tiefdruckverfahren n <druck> • intaglio printing process; gravure

Tiefdruckzylinder m <druck> • intaglio printing cylinder; gravure cylinder

Tiefe f <allg> (z. B. Gewässer, Tal, Bohrloch) • depth

Tiefe f <druck> (dunkle Bildstelle) • shadow; shadow area

Tiefe f <edv> • trace depth; depth of trace

Tiefe f <min> • depth

tiefe Haftstelle f <el> (Halbleiter) • deep trap

tiefe Hohlform f <prod> • deep recessed part

Tiefeinbau m <bau> • replacement construction

Tiefeinbrandelektrode f <füg> *(Schweißtechnik)* • deep penetration electrode

Tiefeinbrandschweißen n <füg> • deep penetration welding

Tiefen- <av> • low frequency- (LF); bass-

Tiefen fpl <akust> • low-pitched notes; bass notes

Tiefen fpl <av> • bass notes; bass *pract*

Tiefenabsorber m <akust> • bass absorber

Tiefenanhebung f <akust> • bass emphasis; bass boost; low-frequency accentuation; low-frequency emphasis; low-note accentuation

Tiefenanode f <obfl> *(Kathodenschutz)* • deep well anode

Tiefenanschlag m <prod> *(z. B. Bohren, Fräsen, Tiefziehen)* • depth-control stop; depth stop

Tiefenauflage f <logist> *(Palettenregal)* • front-to-rear member; front-to-rear support

Tiefenaufzeichnung f <av> *(auch Tonsignal als Schrägspur)* • deep-layer recording; deep-layer modulation; depth-multiplex recording

Tiefenauslösung f <prod> *(z. B. Werkzeugmaschine, Presse)* • depth trip mechanism; depth trip

Tiefenauslösung f <prod> *(Bohrer)* • feed trip

Tiefenbegrenzer m <agri> *(Traktor)* • depth control

Tiefenbegrenzer m <prod> • depth limiter; depth limiting stop

Tiefenbestrahlung f <med> • deep irradiation

Tiefendosis f <phys> *(Strahlung)* • depth dose

tiefeneinstellbar <tech.allg> • depth-adjustable

Tiefeneinsteller m <akust> • bass tone control

Tiefeneinstellung f <agri> *(Pflug)* • depth control

Tiefeneinstellung f <prod> *(z. B. Bohren, Fräsen)* • depth setting; depth adjustment; depth control

Tiefenentwickler m <phot> • contrast developer

Tiefenentzerrer m <akust> • bass compensator

Tiefenerosion f DIN 4049-3 <geo> • vertical erosion; degradation

Tiefenfilter n <ents> • deep bed filter

Tiefenfilter n/m rar <edv.av> • high-pass filter (HPF); highpass filter; highpass *pract*; high-pass *pract*; high pass *pract*

Tiefenfiltration f <ents> • deep-bed filtration

Tiefengestein n <geo> • intrusion rock; intrusive rock

Tiefengestein n <geo> • deep-seated rock; plutonic igneous rock; plutonic rock; plutonite

Tiefenlage f <min> • depth level

Tiefenlehre f <msr> • depth gauge

Tiefenlehre f <wz> • depth gauge

Tiefenlinie f <geo> *(Landkarte, Seekarte)* • line of equal depth; contour line; subsurface line; subsurface contour; isobath

Tiefenlinie f <nav> • contour line *US*; isobath; fathom line; line of equal depth

Tiefenmaske f <druck> • deep-shadow mask

Tiefenmaß n <msr> • depth gauge micrometer

Tiefenmaß n <wz> • depth gauge

Tiefenmaßstab m <opt> • longitudinal magnification

Tiefenmesseinrichtung f <wz.masch> • depth gauge attachment

Tiefenmesser m <msr> • depth gauge; depth measuring device

Tiefenmesser m <navig> *(Echolot)* • depth finder; sounder

Tiefenmessschieber m <msr> • vernier depth gauge

Tiefenmessschieber m <wz> • depth gauge

Tiefenmessschraube f <msr> • depth micrometer; micrometer depth gauge

Tiefenmessschraube f norm <wz> • depth micrometer; depth gauge micrometer *rare*

Tiefenmessung f <msr> • depth measurement

Tiefenmessung f <nav> *(akustisch (Echolot))* • depth sounding

Tiefenmessung f <qualit.mat> • penetration depth measurement; depth measurement

Tiefenmikrometer n <wz> • depth micrometer; depth gauge micrometer *rare*

Tiefenmodulation f <av> *(auch Tonsignal als Schrägspur)* • deep-layer recording; deep-layer modulation; depth-multiplex recording

tiefenorientiert <tech.allg> *(Suchstrategie)* • depth-first

tiefenorientiertes Suchverfahren n <masch> • depth-first search

Tiefenpuffermethode f rar <edv> • Z-buffering; depth-buffer method *rare*

Tiefenregler m <akust> • bass control

Tiefenregler m <av> • bass control; tone control for bass *rare*

Tiefenregler m <kfz.av> • bass control

Tiefenrichtung f <logist> *(Regal)* • cross-aisle direction

Tiefenruder n <nav> *(U-Boot)* • depth rudder; diving rudder; horizontal rudder

Tiefenrüttler m <bau> *(Bodenverdichtung)* • depth vibrator :V

Tiefenschärfe f <edv> • depth cue

Tiefenschärfe f <phot> • focus depth; depth of focus; depth of field; focal depth *rare*; zone of sharpness

Tiefenschärfenskale f <phot> • depth of field scale

Tiefenschrift f <akust> *(Elektroakustik)* • hill-and-dale recording

Tiefenschriftaufzeichnung f <av> *(auch Tonsignal als Schrägspur)* • deep-layer recording; deep-layer modulation; depth-multiplex recording

Tiefensickerungsanlage f <bau> • subsoil drainage; subdrainage; subgrade drainage

Tiefenskala f <msr> *(z. B. Tiefenlehre)* • depth dial; depth scale

Tiefenskale f rar <msr> *(z. B. Tiefenlehre)* • depth dial; depth scale

Tiefensondiergerät n <navig> *(akustisch; Echolotprinzip)* • depth sounding apparatus

Tiefensperre f <akust> • low-rejection filter

Tiefenstabilisierungsflosse f <nav> *(U-Boot)* • horizontal stabilizer

Tiefensteg m <logist> *(Palettenregal)* • front-to-rear member; front-to-rear support

Tiefentaster m <msr> • depth gauge

tiefentladen adj <energ.sol> • deep-cycled

Tiefentladung f <energ.sol> • excessive discharge; overdischarge

Tiefenträger m <logist> *(Palettenregal)* • front-to-rear member; front-to-rear support

Tiefenunschärfe f <edv> • depth cue

Tiefenuntersuchung f <opt> • depth discrimination

Tiefenverhältnis n <opt> • longitudinal magnification

tiefenverkehrt <opt> • pseudoscopic

tiefenverkehrtes Bild n <opt> • pseudoscopic image

tiefenverkehrtes Raumbild n <opt> • pseudoscopic image

Tiefenverwitterung f <geo> • decomposition

Tiefenvorschub m <wz.masch> • depth feed; downfeed; vertical feed

Tiefenwinkel m <phot> • depression angle

tiefergelegt <kfz> *(Karosserie)* • lowered

tiefergesetzt <kfz> *(Karosserie)* • lowered

Tieferlegen n <kfz> *(allg., meist 20–40 mm)* • lowering

Tieferlegen n <kfz> *(Custom Cars)* • dropping

Tieferlegungssatz m <kfz> • lowering kit

Tieferlegungssatz hinten <kfz> • rear-end lowering kit

Tieferlegungssatz vorne <kfz> • front-end lowering kit

tiefer Ton *m* <akust> • low-pitched note

tiefe Temperatur *f* <allg> • low temperature

Tiefe-zuerst-Suche *f* <masch> *(Suchstrategie)* • depth-first search

Tieffach *n* <textil> • bottom shed; lower shed

tieffärbend <textil> • deep-dyeing

Tiefflug *m* <mil> • low-level flight

Tiefflugtraining *n* <mil> • low-level flight training

Tieffrequenzoszillator *m* <edv.av> *(unter 20 Hz)* • low-frequency oscillator (LFO); modulation generator *obs*; MG *obs*

Tieffroster *m* <nahr> • deep freezer

Tiefgang *m* <agri> • ploughing depth

Tiefgang *m* <nav> • draft *US*; draught

Tiefgang *m* <nav> *(Verdrängungsschiff)* • draught

Tiefgangsdiagramm *n* <nav> • draught diagram

Tiefgangskontrolle *f* <nav> • draught control

Tiefgangsmarke *f* <nav> *(Schiff)* • draught mark

Tiefgangsskala *f* <msr> • immersion scale

Tiefgangsskala *f* <nav> *(Schiff)* • draught scale

Tiefgangsüberwachung *f* <nav> • draught monitoring

Tiefgarage *f* <bau> • deep-level garage

Tiefgarage *f* <kfz> *(öffentl.; ohne Einparkservice)* • Self Park *US*; underground car park *GB*

Tiefgarage *f* <kfz.bau> • underground car park

Tiefgefrieranlage *f* <nahr> • deep-freezing plant

Tiefgefrierapparat *m* <nahr> • deep freezer

tiefgefrieren *vt* <nahr.prod> *(Speiseeis)* • harden *vt*

Tiefgefrierprozess *m* <nahr.prod> *(Speiseeis)* • hardening; final freezing

Tiefgefriertunnel *m* <nahr.prod> *(Speiseeis)* • hardening tunnel; freezing tunnel *Hoyer*; chilling tunnel

tiefgefroren <nahr> • deep-frozen

tief gekröpfter Ringschlüssel *m* <wz> • deep offset box wrench *US*; deep offset box end wrench *US.form*; deep offset ring wrench *GB*; deep offset ring spanner *GB*

tiefgelegte Sattelzugmaschine *f* <nfz> • low-height tractor; low-profile tractor

tiefgezogen <prod> • deep-drawn

tiefgezogene Rückenpartie *f* <bekl> *(Jacke)* • dropped back

Tiefgrubber *m* <agri> • grubber; field cultivator; cultivator

Tiefgründung *f* <bau> • deep foundation

Tiefhammer *m* <kfz.wz> • fender bumping hammer; fender bumping panel beater *GB*

Tiefhammer *m* <kfz.wz> • fender bumping hammer

tiefkalte Blasluft *f* <kst> • chilled blowing air

Tiefkeller *m* <bau> • deep basement

tiefklingend <akust> • low

Tiefkühlanhänger *m* <nfz> • refrigerated van trailer; reefer *pract*

Tiefkühlanlage *f* <hlk> • quick-freezing plant; freezing plant

Tiefkühlaufbau *m* <nfz> • refrigerated van body; refrigerated van *coll*

Tiefkühlcontainer *m* <nfz> • refrigerated container

Tiefkühlen *n* <nahr> • deep freezing

tiefkühlen *vt* <nahr> • freeze *vt*

Tiefkühlfach *n* <nahr> • freezing box; freezer *coll*

Tiefkühlkette *f* <nahr.logist> • cold chain; distribution cold chain

Tiefkühlkoffer *m* <nfz> • refrigerated van body; refrigerated van *coll*

Tiefkühllagerraum *m* <logist> • freezer storage room; holding freezer

Tiefkühllagerung *f* <logist> • freezer storage; frozen-food storage

Tiefkühlraum *m* <nahr.prod> *(Speiseeis)* • hardening room; hardening chamber

Tiefkühlschrank *m* <nahr> • food freezer

Tiefkühltruhe *f* <hlk> • chest food freezer

Tiefkühltruhe *f* <nahr> • freezer; deepfreeze

Tiefkühlung *f* <nahr.prod> *(von Most, Wein; z. B. zur Verlangsamung der Gärung)* • refrigeration; chillproofing; chilling; cooling

Tiefladeanhänger *m* <nfz> • lowbed trailer; low profile trailer *Dakota*; lowboy trailer *coll*; lowboy *sl*; lowdeck trailer; low-loader *rare*

Tiefladelinie *f* <nav> • load water-line; load line

Tiefladmarke *f* <nav> • load line mark; load mark; Plimsoll mark

Tieflader *m* ugs <bahn> • depressed-center freight car; center-depressed flat car *rare*; well wagon *GB*; low-bed flat car *rare*

Tieflader *m* ugs <nfz> • lowbed trailer; low profile trailer *Dakota*; lowboy trailer *coll*; lowboy *sl*; lowdeck trailer; low-loader *rare*

Tiefladerwagen *m* <kfz> • depressed center flat car

Tiefladewagen *m* <bahn> • depressed-center freight car; center-depressed flat car *rare*; well wagon *GB*; low-bed flat car *rare*

Tieflochaufbohren *n* <prod> • deep-hole boring

Tieflochbohren *n* <min> • long-hole drilling

Tieflochbohren *n* <prod> • deep-hole boring; deep-hole drilling

Tieflochbohrer *m* <wz> • deep-hole drill; drill bit

Tieflochbohrmaschine *f* <wz.masch> • deep-hole drilling machine

Tieflochreibahle *f* <wz> • gun reamer

Tieflochspiralbohrer *m* <wz> • crankshaft drill

Tieflochsprengung *f* <spreng> • long-hole blasting

Tieflöffel *m* <bau.masch> • backhoe dipper

Tieflöffelausrüstung *f* <bau.masch> • hoe attachment

Tieflöffelbagger *m* <bau.masch> • back-acting excavator; back-acting shovel; dragshovel; pullscoop; backhoe

Tieflöffel-Schöpfeimerbagger *m* <bau.masch> *(Eimer bewegt sich beim Schöpfen zum Bagger hin)* • back-hoe dredger

Tieflotungsapparat *m* <navig> • flying sounder

Tiefofen *m* <metall> • pit furnace; soaking pit furnace; soaking pit

Tiefpass *m* <av> • low-pass; low-pass filter

Tiefpass *m* <msr> • low-pass filter; low pass

Tiefpassfilter *n* <av> • low-pass; low-pass filter

Tiefpassfilter *n/m* (TPF) <av> • low-pass filter (LPF); low-pass filter

Tiefpflügen *n* <agri.hydr> *(zur Entwässerung)* • deep ploughing

Tiefpotenz *f* <med> • low potency

tiefprägen *vt* <prod> • emboss *vt*

Tiefpumpe *f* <masch> • borehole pump; subsurface pump

Tiefpumpförderung *f* <petr> • mechanical pumping with sucker rods

Tiefpunkt *m* <tech.allg> • lowest point

Tiefpunkt *m* <ökon> *(einer Entwicklung, z. B. Aktienkurs)* • trough

Tiefpunkt nach der Tischzeit *m* <büro> *(Müdigkeit)* • post-lunch tiredness

Tiefschleifen *n* <prod> • abrasive machining; creep-feed grinding

Tiefschnitt *m* <min> *(Tagebau)* • deep cut

Tiefschnittbagger *m* <bau.masch> • down-dredger

Tiefschuss *m* <mil> • low shot

Tiefschwarz *n* <obfl> • jet-black; jet

Tiefschweißen *n* <füg> • deep welding

Tiefschwund *m* <tele> • black-out fading

Tiefseeablagerung *f* <geo> • deep-sea deposit; deep-sea sediment; pelagic deposit

Tiefseeankereinrichtung f <petr> • deep sea anchoring; deep sea mooring

Tiefseebohren n <petr> • deep-sea drilling

Tiefseedrohne f <nav> *(Roboter für Bergung etc.)* • deep-sea drone

Tiefseegraben m <geo> • deep-sea trench

Tiefseekabel n <el> • submarine cable

Tiefseelotung f <navig> • deep-sea sounding

Tiefseemessung f <tauch> *(z. B. Ozeanographie)* • bathymetry

Tiefsee-Plattform f <petr> • deepwater platform

Tiefseetauchschiff n <tauch> • bathyscaphe

Tiefseeverankerung f <petr> • deep sea anchoring; deep sea mooring

tiefsiedend <chem> • low-boiling

Tiefspülbecken n <bau.hygi> • wash-down closet

Tiefstapelauslage f <druck> • low pile delivery

Tiefstellen n <nukl> *(Regulierung der Überschussreaktivität)* • set

Tiefstes Absenkziel n <energ.hydr> • minimum water level

Tiefstrahler m <licht> • narrow-angle lighting fitting

Tiefstraße f <bau> • depressed road

Tiefstraße f <verk> • underground road

Tiefstromabnehmer m <el> *(für unterirdische Stromschiene)* • plough

Tiefsttemperaturtechnik f <verf> *(theoret. bis −273 °C)* • cryogenic engineering

Tieftank m <nav> • deep tank

Tieftauchfahrzeug n <nav> • hydrospace vehicle; bathyscaphe

Tieftemperaturadsorption f <phys> • kryoadsorption; low temperature adsorption

Tieftemperaturanlage f <verf> • deep-cooling plant

Tieftemperaturbehandlung f <verf> • subzero treatment

Tieftemperaturbeständigkeit f <tech.allg> • low-temperature resistance

Tieftemperaturentgasung f <chem> • low-temperature carbonization

Tieftemperaturkalorimeter n <msr> • low-temperature calorimeter

Tieftemperaturkoks m <verbr> • low-temperature coke

Tieftemperaturkorrosion f <obfl> • low-temperature corrosion

Tieftemperaturphysik f <phys> • cryophysics; low-temperature physics

Tieftemperaturpolymer[es] n <kst> • low-temperature polymer; cold polymer

Tieftemperaturschaltelement n <tech> • cryotron

Tieftemperaturspeicher m <edv> • cryogenic memory; cryotron memory

Tieftemperaturtechnik f <tech> • cryogenic engineering

Tieftemperaturteer m <chem> • low-temperature tar

Tieftemperaturverdampfer m <verf> • low-temperature evaporator

Tieftemperaturverhalten n <tech.allg> • low-temperature behaviour

Tieftemperaturverhalten n <tribo> • low temperature flow characteristics *pl*; low temperature fluidity properties; low temperature characteristics *pl*; low temperature fluidity; low temperature performance

Tieftemperaturverkokung f <chem> • low-temperature carbonization

Tieftemperaturverstärker m <tech> • cryogenic amplifier

Tieftemperaturwärmetauscher m <rls> • low-temperature heat exchanger

Tieftöne mpl <av> • bass notes; bass *pract*

Tieftöner m <av> • bass loudspeaker; LF unit; woofer; bass driver

Tiefton- <av> • low frequency- (LF); bass-

Tieftonblende f <akust> • bass control

Tiefton-Chassis n <av> • bass loudspeaker; LF unit; woofer; bass driver

Tieftonempfindlichkeit f <akust> • bass response

Tiefton-Lautsprecher m <av> • bass loudspeaker; LF unit; woofer; bass driver

Tieftonlautsprecher m <av> • bass loudspeaker; low-frequency loudspeaker; boomer; woofer

Tieftonoszillator m <edv.av> *(unter 20 Hz)* • low-frequency oscillator (LFO); modulation generator *obs*; MG *obs*

Tief- und Verkehrsbau m <bau> *(Zweig des Bauwesens)* • civil engineering

Tiefung f <prod> • indentation; cupping

Tiefungsversuch m DIN 50101 <qualit.mat> • ductility test *ISO 8490*; indentation test; cupping test

Tiefungsversuch m <qualit.mat> • cupping test; cup-drawing test; cup test

Tiefungswert m <qualit.mat> • cupping value

Tiefversenkung f <ents> • deep well disposal

Tiefwasserbelüftungsanlage f (TWBA) <ökol> • deep-water aeration system

Tiefwasserfundament n <petr> • deepwater foundation

Tiefziehbandstahl m <mat> • deep-drawing strip steel

Tiefziehen n <prod> *(Hohlteile)* • cupping

Tiefziehen n DIN 8584-3 <prod> • deep drawing; swaging

tiefziehen v <prod> • deep-draw v

tiefziehen vt <kst> • swage vt

tiefziehen vt **(1)** DIN 55405 <prod> • thermoform vt

tiefziehen vt **(2)** <prod> • deep draw vt

Tiefziehen und Abstreckziehen n (DWI) <prod> *(z. B. Fertigung v. Getränkedosen)* • drawing & wall-ironing (DWI)

Tiefziehgüte f <mat> • drawing grade; drawing quality

Tiefziehpresse f <wz.masch> • deep-drawing press

Tiefziehstahl m <mat> *(z. B. Karosserieblech)* • deep-drawing steel

Tiefziehstempel m <wz> • deep-drawing punch

Tiefziehwerkzeug n <wz> • deep-drawing die

Tiegel m <verf> • crucible; cup

tiegelfreies Zonenschmelzen n <chem> • floating-zone melting

Tiegelgussstahl m <metall> • crucible steel

tiegellos <chem> • non-crucible

tiegelloser Kippofen m <metall> • non-crucible tilting furnace

tiegelloses Zonenziehen n <energ.sol> • floating-zone process; floating-zone growth; floating-zone method; float-zone process

Tiegelofen m <verf> • crucible furnace

Tiegelrücken m <druck> • platen back

Tiegelstahl m <metall> • crucible steel

Tiegelverfahren n <prod> • crystal pulling method

Tiegelzange f <verf> • crucible tongs

Tiegelziehen n <el.ic> • Czochralski process (CZ); Czochralski pulling process

Tiegelziehverfahren n <el.ic> • Czochralski process (CZ); Czochralski pulling process

Tierfoto n ugs <phot> *(fotografische Aufnahme)* • animal picture

Tierfotografie f <phot> *(fotografische Aufnahme)* • animal picture

Tierfotografie fsg <phot> *(Teilbereich der Fotografie)* • animal photography sg

Tierfutter n <agri> • animal feed

Tierhaar n <textil> • animal hair

tierische Abfälle mpl <verf> • animal waste

tierische Ausscheidungen fpl <kfz> *(z. B. auf Autolack)* • bird droppings pl

tierischer Faserstoff m <textil> • animal fiber

tierischer Klebstoff m DIN EN ISO 9665 <füg> • animal adhesive ISO 9665; animal glue

tierischer Leim m <füg> • animal adhesive ISO 9665; animal glue

tierisches Blutgefäß n prakt <med.tech> • xenogenic vascular graft; vascular xenograft; vascular heterograft; animal [blood] vessel pract

tierisches Fett n <nahr> • animal fat

tierisches Öl n <tribo> • animal oil

tierisches Wachs n <obfl.holz> • animal wax

Tierkadaver m <bio> • carcass; animal carcass rare

Tierkörperform f <bio> (Tierpräparation) • body form; mounting body

Tierkohle f <chem> • animal charcoal

Tierkopfform f <bio> • head form

Tierleim m <pap> • animal size

Tiermehl n <agri.nahr> • meat and bone meal (MBM)

tiermehlfrei <nahr> • MBM-free

Tiermehlfutter n <agri.nahr> • MBM feed

Tiernahrung f <agri> • animal feed

Tieröl n <tribo> (Knochenöl) • bone oil

Tieröl n rar <tribo> • animal oil

Tiertragetasche f <pack.tour> • pet carrier

Tierwachs n <obfl.holz> • animal wax

TIFF <edv> • Tagged Image File Format (TIFF); TIFF format

TIFF-Format n <edv> • Tagged Image File Format (TIFF); TIFF format

TIF-Typ Variante f <ents> • twin interchanging fluidized bed; TIF-Type CFB

TIGA <edv> • Texas Instruments Graphics Architecture (TIGA)

tilgen vt <doku> (Zeichen, Wörter, Zeilen) • delete vt

tilgen vt <doku> • obliterate vt

tilgen vt <doku> (betont: völlig unleserlich machen) • blot out vt

tilgen vt <druck> (Zeichen, Zeichengruppen, Textteile) • delete vt

tilgen vt <edv> • erase vt

tilgen vt <phys> (Schwingungen, Wellen) • cancel vt; cancel out vt; absorb vt

tilgen vt <phys> (Lumineszenz) • quench vt

Tilger m prakt <masch> (durch Massenträgheit) • mass damper; damper weight; dampener weight rare

Tilger-Gewicht n prakt <masch> (durch Massenträgheit) • mass damper; damper weight; dampener weight rare

Tilgung f <tech.allg> • absorption

Tilgung f <chem> • blotting out

Tilgung f <druck> • deletion

Tilgung f <edv> • erasion

Tilgung f <phys> (Lumineszenz) • quenching

Tilgungszeichen n <doku> • deletion mark

Tilsiter n <nahr> (Käse) • tilsit

Tilted-Gap-Verfahren n <av> • slant azimuth technique; slanted azimuth technique; slanted azimuth recording technique

Tilting n <edv> • tilting

Tilt-up-Bauweise f <bau> (Platten-Aufricht-Bauweise) • tilt-up construction; tilt-up method

Timbre n <av.mus> • timbre of sound; tone quality; tone color

Time Base Corrector m (TBC) <av> • time base corrector (TBC)

Time-Correction f <edv.av> • time correction; time stretching

Time-Delay-Spectrometry f <av.msr> • time-delay spectrometry (TDS)

Time Dilution of Precision f (TDOP) <navig> • time dilution of precision (TDOP)

Time-Domain Reflektometertest m (TDR) <edv> • Time-Domain Reflectometer test (TDR)

Time Download n <av> • time download

Time Limit Call n <av> • tape remaining display; tape remaining indicator; time elapsed/remaining indicator; remaining time counter; Time Limit Call

Timer m <el> (zum Programmieren von Automatikfunktionen, Vorgängen) • time switch; timer switch; timer pract

Timer m <navig> • timer (TMR)

Timer m <phot> (zur Belichtungssteuerung beim Vergrößern) • exposure timer; enlarger timer; enlarging timer; timer

Timer-Aufnahme f <av> • timer recording

Timer-Aufnahme-Anzeige f <av> • timer recording indicator

Timer-Aufnahme-Programmnummer f <av> • timer programme number

Timer-Aufnahme-Taste f <av> • timer record button

Timerblöcke mpl <av> (Videorecorder) • number of programmed events; x events/month timer programming; number of events/days in advance; events per month

Timerprogramme npl <av> (Videorecorder) • number of programmed events; x events/month timer programming; number of events/days in advance; events per month

Timer-Programmierung f <av> • timer programming

Timerprogrammierung täglich/wöchentlich f <av> • every day/every week function; daily/weekly programmable; daily/weekly repeat

Timer-Taste f <av> • timer button

TimeScan mit Dynamic Drum System n <av> • time scan with dynamic drum JVC

TimeScan mit dynamischer Kopftrommel m JVC <av> • time scan with dynamic drum JVC

Time-sharing n prakt <edv> • time sharing [method]

Time-sharing-Modus m prakt <edv> • time sharing mode

Time-Slice-Spektrum n <edv.av> (eines Tons) • time slice spectrum

Time-Slice-Synthese f <edv.av> • time slice synthesis

Time-Slice-Verfahren n <edv.av> • time slice synthesis

Time-Stretching n <edv.av> • time correction; time stretching

Timing n <edv> • timing

Timing n <kino> • timing

Timing n <werb> • timing

Timing Clock f wiss. <edv.av> • timing clock; MIDI clock

Timunox n Handelsname <med> (Immunmodulator) • thymopentine INN

Tinoldraht m <füg> • resin-core solder; resin-cored solder

Tinte f <druck> • ink

Tintenbehälter m <druck> • ink cartridge

Tintenbehälterwechsel m <druck> • ink cartridge replacement

Tintendruck m <druck> • ink-jet printing

Tintendrucker m <druck> • ink-jet printer

Tintendruckerpapier n <druck> • ink-jet paper; paper for ink-jet printing

Tintendruckkopf m <druck> • ink-jet print head

Tintendruckwerk n <druck> • ink-jet printing mechanism

Tintendüse f <druck> • ink nozzle; nozzle

Tintenende n <druck> • end of ink

Tintenfestigkeit f <druck> • ink resistance

Tintenfraß m <doku> • ink-induced paper degradation

Tintenkanal m <druck> • ink channel

Tintenpatrone f <druck> • ink cartridge

Tintenpunkt m <druck> • ink dot

Tintenroller m <edv> • liquid roller

Tintenschreiber m <edv> • fiber tip pen; fiber tip

Tintenschreiber m <msr> • indicating pen

Tintenschreiber m <msr> *(Messschreiber)* • pen-and-ink recorder; ink recorder

Tintenschreiber m <tele> *(Fernschreibtechnik)* • ink writer

Tintenspritzverfahren n <druck> • ink jet dyeing

Tintenstrahl m <druck> • ink-jet

Tintenstrahldruck m <druck> • ink-jet printing

Tintenstrahldruck m <edv> • ink-jet printing

Tintenstrahldrucker m <druck> • ink-jet printer

Tintenstrahldrucker m <edv> • ink-jet printer

Tintenstrahl-Drucker/Plotter m <edv> • ink-jet printer/plotter

Tintenstrahlplotter m <edv> • ink-jet plotter

Tintenstrahl-Printer/Plotter m <edv> • ink-jet printer/plotter

Tintenstrahlverfahren n <druck> • continuous stream printing

Tintenstrahlverfahren n <edv> • ink-jet process

Tintentröpfchen n <druck> • ink droplet

Tintenüberwachung f <druck> • ink monitoring

Tintenverschmierung f <edv> • ink smudge; ink smear

Tintenvorrat m <druck> • ink supply; ink level

Tintenzuleitung f <druck> • ink supply pipe

Tintometer n <opt.msr> • tintometer

TiO₂ n <chem.obfl> *(Weißpigment)* • titanium dioxide (TiO_2)

Tipgeschwindigkeit f <masch> *(eines Rotors; z. B. Propeller, Windkraftanlage)* • tip speed; blade tip speed

Tippbetrieb m <mech> • jogger operation; jogging; inching

Tippbetrieb m <prod> • finger-tip-pressure operation

Tipper m <mot> • carburetor primer; carburetor tickler

TippEx n ® <büro> • correction fluid; Wite-Out ᵀᴹBIC

Tippschaltdrucktaster m • jog push-button; jog button

tippschalten v <prod> • jog v

Tippschalter m • jog push-button; jog button

Tippschalter m <allg> • finger-tip switch; finger-tip control

Tippschaltung f <el> • touch control

Tipptasten-Automatik f <kfz.antr> • pushbutton electronic transmission; pushbutton automatic transmission

Tiptronic-Anzeige[einheit] f <kfz.msr> • Tiptronic display [unit]

Tiptronic-Getriebe n <kfz> • tiptronic

Tiptronic-Modus m <kfz> • tiptronic mode

Tisch m <bau.innen> *(Möbelstück)* • table

Tisch m <druck> • platen

Tisch m <opt> *(Mikroskop)* • stage

Tisch m <prod> • bench; bed

Tischanschlag m <prod> *(Feinwerktechnik)* • stage stop

Tischanschlag m <wz.masch> • table stop

Tischapparat m <tele> • desk telephone; table telephone

Tischaufbau m • table-top set-up

Tischaufbau m <prod> • bench mounting

Tischausführung <tech.allg> • bench-type

Tischausreckmaschine f <led> • table setting-out machine

Tischbaugruppe f <wz.masch> • table assembly

Tischbesteck n <gastr> *(Messer, Gabel, Löffel etc.)* • cutlery US.GB; flatware US

Tischbohrmaschine f <wz.masch> • bench drill; bench drilling machine

Tischbohrwerk n <wz.masch> • table-type horizontal boring and facing machine; table-type horizontal boring and facing mill

Tischcomputer m <edv> • desk-top computer; desk computer

Tischdrehmaschine f <wz.masch> • bench lathe

Tischdurchbiegung f <prod> *(Presse)* • table deflection

Tischeinstellung f <prod> • table positioning

Tischempfänger m <av> • table receiver

Tischenthaarmaschine f <led> • table unhairing machine

Tischfarbwerk n <druck> • table inking unit

Tischfeder f <opt> *(Mikroskop)* • stage clip; slide clip

Tischförderer m <prod> • conveyor table

Tischführung f <wz.masch> • table slideway; table track

Tischgerät n <büro> *(kopierer)* • tabletop machine

Tischgerät n <msr> • table-mounted instrument; desk instrument

Tischgerätelösung f <pap> • benchtop solution

Tischgeschwindigkeit f <wz.masch> • table speed

Tischglättmaschine f <led> • table slating machine

Tischhalterung f Revell <kunst.wz> • airbrush stand; airbrush rack; table support; airbrush rest; airbrush hanger Badger

Tischhebespindel f <masch> • table elevating screw

Tischklemmhebel m <wz.masch> • table lock

Tischkreissäge f <bau.wz> • miter saw US; mitre saw GB

Tischkreissäge f <wz.masch> • bench saw; circular saw bench form; table saw

Tischler m <nav> • joiner

Tischlerbandsägemaschine f <wz.masch> • joinery bandsawing machine; joinery bandsaw

Tischlerplatte f <holz> • lumber-core plywood

Tischlerplatte f <innen> *(Möbelbau)* • chipboard

Tischlerraspel f <wz> • cabinet rasp

Tischlerschraubzwinge f <wz> *(Spannwerkzeug)* • cabinet clamp

Tischmaschine f <wz.masch> • bench-mounted machine

Tischmodell n <el> • standalone model

Tischplotter m <edv> *(Tischgerät)* • desk top plotter

Tischplotter m <edv> • flat-bed plotter

Tischpositioniermotor m <wz.masch> • table positioning serve

Tischpositionierung f <prod> • table positioning

Tischpresse f <masch> • bench plate

Tischprojektor m <opt> *(Dias, Folien)* • table projector

Tischrücklauf m <prod> • table return

Tischrüttelformmaschine f <prod> *(Gießerei)* • plain jolt-molding machine

Tischrüttler m <bau.masch> *(Beton)* • vibrating table; table vibrator

Tischsäge f <wz> • bench saw

Tischschleifmaschine f <wz.masch> • bench grinder

Tischspindelmutter f <wz.masch> *(Fräsmaschine)* • table-screw nut

Tischstativ n <phot> • table-top triped

Tischstütze f <masch> • table support

Tischträger m <masch> *(Waagerechtstoßmaschine)* • cross rail

Tischträger m <wz.masch> *(Säulenbohrmaschine)* • table-supporting arm

Tischträgerklemmung f <masch> • rail clamp

Tischumdrehung f <wz.masch> • table revolution

Tischumsteuerkupplung f <wz.masch> • table reverse clutch

Tischumsteuerung f <wz.masch> • table reversal

Tischversenkung f <theat> • stage trap; grave trap; bridge; stage elevator

Tischvorschub m <prod> • table feed

Tischvorschubspindel f <wz.masch> • table feed screw

Tischwäsche fsg <textil> • table linen sg

Tischweg m <prod> • table travel; table traverse

Tissue n <pap> *(Papiersorte)* • tissue; tissue paper

Tissue-Papier n <pap> *(Papiersorte)* • tissue; tissue paper

Tissueprodukt n <pap> • tissue product

Titan n (Ti) <chem> • titanium (Ti)

Titanblech n <mat> • titanium sheet

Titancarbidüberzug m <obfl> • titanium-carbide coat

Titandioxid n (TiO₂) <chem.obfl> *(Weißpigment)* • titanium dioxide (TiO_2)

Titandioxid-Pigment n DIN 55 912 <obfl> • titanium white
Titandioxidumhüllung f <füg> (Schweißelektrode) • rutile coating
Titaneisen n prakt <min> • titanic iron ore; ilmenite
Titaneisenerz n <min> • titanic iron ore; ilmenite
Titanemail n <obfl> • titanium porcelain enamel US; titanium vitreous enamel GB; titanium cover coat
titanführend <geo.min> • titaniferous
Titangelb n <obfl> • titan yellow; thiazole yellow
titangetrübt <obfl> (Email) • titania-opacified; titanium-opacified
titanhaltig <chem> • titanium-bearing
Titanium n (Ti) <chem> • titanium (Ti)
Titankarbid n (TiC) <mat> • titanium carbide (TiC)
Titannetz n <bau.mat> • titanium grid
Titanometrie f <chem> • titanometry
Titanoxid n <min> • rutile; titanium oxide
titanplattiert <obfl> • titanium-clad
Titanschwamm m <mat> • titanium sponge
Titanweiß n C.I. PW 6 <obfl> • titanium white
Titanweißemail f <obfl> • titanium white porcelain enamel US; titanium white vitreous enamel GB; titania white porcelain enamel US; titanium white cover coat; titania white cover coat
Titanweißware f <silik> • titania whiteware
Titelabtaster m <av> • caption scanner
Titelfeld n <av> • safe title area
Titelgenerator m <av> • title generator; titler; character generator JVC; superimposer Gru
Titelzusatzgerät n <kino> • movie titler
Titer m <bio.med> • titer US; titre GB
Titer m <chem> • titer US; titre GB
Titer m <textil> (Feinheitsgrad von Seide) • titer US; titre-number GB; fineness [of silk]; silk-titre GB; count [of silk]
Titerbestimmung f <textil> (Seide-Titrierung) • determination of titer US; determination of titre GB; determination of denier obs
Titerlösung f <chem> • standard solution
Titerpumpe f rar <förd> • metering pump; proportioning pump; dosing pump; metering and proportioning pump rare; controlled-volume pump rare
Titrans n <chem> • titrant
Titration f <chem> • titration
Titration f <textil> (Färberei) • titration
Titrationscoulometer n <chem> • titration voltameter
Titrieranalyse f <chem> • volumetric analysis; mensuration analysis; titrimetric analysis; titrimetry; volumetry
Titrierautomat m <chem> • automatic titrator
Titrierbecher m <chem> • titrating beaker
titrieren vi/vt <chem> • titrate vi/vt
Titrierkolben m <chem> • wide-neck flask; wide-necked flask
Titrierung f <textil> (Titrierung) • numbering of silk; determination of titre
Titrierung f <textil> (Färberei) • titreing; titration
Titrierungssystem n <textil> (Titrierung) • numbering system
Titrimetrie f <chem> • titrimetry; volumetry
TK <kfz.vers> • part insurance cover GB
TK <msr> • temperature coefficient (TC)
TK <tele> • telecommunications
Tk-Anlage f prakt <tele> (z. B. eine Nebenstellenanlage) • telecommunication installation
T-Kettenglied n <el> • mid-series termination
T-Klemme f <el> • tee joint
T-Kopf m <kfz.mot> (seitengesteuerter Motor, z. B. Motorrad) • T-head; T-shaped combustion chamber
TKS <masch> (Kolbenmaschine, Kurbeltrieb) • tangential force variation

Tk-System n prakt <tele> (z. B. eine Nebenstellenanlage) • telecommunication installation
TKT <el.mat> (Kabelisolierungsmaterial) • Teflon-Kapton-Teflon (TKT)
Tl <chem> (Erdmetall) • thallium (Tl)
TL-Antrieb m <aerospace> • turbojet drive
TLC <chem> • thin-layer chromatography (TLC)
TLC <med> • total capacity (TLC)
TLD-Dosimeter n prakt <nukl.msr> • thermoluminescent dosimeter (TLD); TLD dosimeter pract
TLEV <kfz.emiss> • Transitional Low Emission Vehicle (TLEV)
TLR-Kamera f <phot> • twin lens reflex camera; TLR camera
T-Lymphozyt m <med> • T-lymphocyte; T-cell
Tm <chem> • thulium (Tm)
T/m <textil> (Zwirn) • turns per meter (t.p.m.) US; twist level in turns per metre GB; twist level
TMC-Kanal m <tele> (RDS-Radio) • traffic message channel (TMC)
TMFE-Elektrode f <el.chem> • thin mercury film electrode (TMFE); mercury-film electrode; mercury thin-film electrode rare
TML <chem> • tetramethyl lead (TML)
TM-Modus m <phys> (Wellentyp) • transverse magnetic mode
TMO <edv> (reversibles optisches Speicherverfahren) • thermo-magneto-optic recording; TMO recording
T-Modus m <phys.el> • transverse mode
TMO-Speicher m <phys> • TMO-disk
TMP <pap.ents> • thermo mechanical pulp (TMP)
TMSI <tele> • Temporary Mobile Subscriber Identity (TMSI)
TMS-Prozessor m <edv> • TMS processor
TM-System n <transl> (Textverarbeitung, Terminologiedatenbank und Übersetzungsspeicher) • translation-memory system; TM system pract
T-Muffe f <el> • T-joint US; tee joint
TM-Welle f <phys> • transverse magnetic wave
TN <logist> (allg.; z. B. von Ersatzteilen in Stückliste) • part number (PN)
TNS <navig> (mit Lagekreisel) • inertial navigation system (INS)
T-Nut f <wz.masch> (zum Spannen v. Werkstücken) • T-slot US; tee slot
T-Nutenschraube f DIN ISO 1891 <füg> • T-slot screw
T-Nutenstein m <füg> • T-slot nut; nut for T-slots DIN 508
T-Nuten-Tisch m <wz.masch> (zum Aufspannen) • T-slot table
T-Nut für T-Nut-Schrauben <wz.masch> • T slot for T bolts
TOA <navig> (eines Signals) • time of arrival (TOA)
TOA-Entfernungsmessung f <navig> • TOA ranging
toasten vt jarg <edv> (Daten auf CD) • burn vt
Toaster m ugs <edv> • CD-R drive; CD recorder system form; CD-ROM recorder form; CD-R unit; CD-R device rare
Toaster m ugs.rar <hygi> • sun bed; sun bench
Toaster m <nahr> • toaster; electric toaster rare
TOB-Technik f <edv> (gegen Störsignale) • twisted open bitlines (TOB)
TOC <ents> • total organic carbon (TOC)
TOC <ökol> • Total Organic Carbon (TOC)
Tochter f <edv> • son; daughter
Tochteraktivität f <nukl> • daughter activity
Tochteranzeigegerät n <msr> • slave indicator
Tochteratom n <phys> • daughter atom
Tochtercomputer m obs.rar <edv> • slave computer
Tochterelement n <phys> • daughter element
Tochterfraktion f <phys> • daughter fraction
Tochtergerät n <tech.allg> • slave unit; slave set

Tochtergesellschaft f <jur> • subsidiary
Tochterkern m <nukl> • daughter nucleus
Tochterkompass m <navig> • repeater; remote repeater; repeater compass
Tochterpflanze f <bio> • sucker; sympodium thsc
Tochterplatine f <wz> • piggyback
Tochterplatte f <el> (Leiterplatte) • daughterboard
Tochterpositiv n <el> (gedruckte Schaltung) • derived positive
Tochterprodukt n <nukl> • daughter; product nucleus
Tochterprodukt n <nukl> (radioaktiver Zerfall) • decay product; disintegration product; daughter product; decay daughter rare
Tochterprodukt n <prod> • product nucleus
Tochterrelais n <el> • slave relay
Tochterröhre f <el> • slave tube
Tochtersender m <tele> • slave transmitter; repeater transmitter
Tochtersubstanz f <nukl> (radioaktiver Zerfall) • decay product; disintegration product; daughter product; decay daughter rare
Tochteruhr f <msr> • slave clock
Tochterzerfall m <nukl> • daughter decay
Todesstuhl m <jur.tech> • death chair
tödliche Dosis f <med> • lethal dose
tödliche Dosis f <med> (z. B. von radioaktiver Strahlung, eines Toxins) • lethal dose
tödlicher Sturzflug m <aerospace> • fatal dive
tödliches Pathogen n <med> (z. B. Keim) • lethal pathogen
Tönung f <druck> • hue; shading; tinge
Töpfchen n <hygi> • potty
Töpferscheibe f <silik> (zum Herstellen runder Gefäße) • potter's wheel
Töpferton m <silik> • potter's clay
TOF-Taste f <druck> • form feed button; form feed switch; top of form switch
Toilette f <bau.hygi> (Raum mit Toilettenschüssel o.ä.) • toilet; lavatory; bathroom US; loo GB.coll; it GB.coll
Toilette f <innen> • toilet; W.C.; lavatory; loo coll
Toilettenabwasser-Sammelanlage f <ents> (z. B. in Schiffen, Wohnwagen) • toilet waste retention system
Toilettenbrille f <hygi> • toilet seat
Toilettendeckel m <innen> • toilet lid
Toilettenpapier n • toilet paper; bathroom tissue; loo paper US; ugs
Toilettenpapierhalter m <innen> • toilet tissue holder; toilet roll holder; toilet paper holder; bathroom tissue holder US
Toilettenraum m <nfz> (z. B. eines Caravans; mit/ohne Toilette/Dusche) • shower room; toilet compartment
Toilettensitz m form <hygi> • toilet seat
Toilettensitz m <innen> • toilet seat
Toilettenspülung f DIN19542 <hygi> (Wasserklosett; als Einrichtung) • toilet flushing system
Tokamak m <nukl> • tokamak
Tokamak mit gleichbleibendem Magnetfeld n (FCT) <nukl> • flux-conserved tokamak (FCT)
Token m <edv> • token
Token Ring m <edv> • token ring
Toleranz f <qualit> • tolerance; allowable limits; permissible limits
Toleranz f ugs <qualit> • dimensional tolerance; tolerance coll; size tolerance rare
Toleranzangabe f <edv.doku> (techn. Zeichnung) • symbol for geometric tolerancing
Toleranzanzeiger m <msr> • limit indicator; limit pointer
toleranzarmes Platzieren n <autom> (von Teilen; z. B. durch IR) • accurate placing

Toleranzband n <msr> • error band
Toleranzbereich m <tech.allg> • extent of tolerance
Toleranzbereich m <qualit> • tolerance range; tolerance band
Toleranzdosis f <nukl> • permissible dose; tolerance dose
Toleranzen und Passungen fpl <qualit> • limits and fits
Toleranzfeld n <qualit> • tolerance zone
Toleranzfeldlage f <norm> • tolerance position
Toleranzgrad m <norm> • tolerance grade
Toleranzgrenze f <tech.allg> • tolerance limit
Toleranzgrenze f <qualit> • alarm limit
Toleranzgröße f <qualit> • acceptance width
toleranzhaltig <tech.allg> • holding to prescribed tolerances; holding to prescribed limits
Toleranzhülse f <allg> • spring sleeve
Toleranzklasse f <norm> (Gewinde) • tolerance class; class of thread; thread class; thread fit class; class of fit
Toleranzlochlehre f <msr> • internal limit gauge
Toleranzmarke f <msr> (Messuhr) • tolerance indicator
Toleranzmessbrücke f <msr> • limit bridge
Toleranzprüfung f <qualit> • marginal testing; marginal checking
Toleranzreihe f <allg> • series of tolerances
Toleranzstufe f <qualit> • grade of accuracy
Toleranztasterlehre f <msr> • toggle gauge
tolerierte Ausschusszahl f <qualit> • tolerance number of defects
toleriertes Maß n <tech.allg> (techn. Zeichnung, Fertigung) • dimension with tolerance
Tollkirsche f <bio> • deadly nightshade; atropa belladonna
Tollwut f <med> • rabies; lyssa; hydrophobia
Toluol n <chem.petr> • toluen; toluol
Toluylenrot n <chem> (Redoxindikator) • toluylene red; neutral red
Tombak m <mat> (Cu-Zn-Legierung) • tombac
Tombakbalg m <rls> • tombac bellows
Tombakkompensator m <rls> • tombac expansion joint
Tomograph m <med> • tomograph
Tomographie f <med> • tomography
Tomonaga-Bild n <phys> (Quantentheorie) • interaction picture; interaction representation
Ton m DIN 1320 <akust.mus> • tone
Ton m <mus> • note
Ton m <obfl> (z. B. Farbton) • tint
Ton m <obfl> (bei Unterscheidung ähnlicher Farben; z. B. von Textilien, Papieren) • shade; hue
Ton m <opt> (Farbe) • tone
Ton m <phot.druck> (bestimmter Farb- oder Grauton) • tone
Ton m <silik> • clay; argil; potter's clay
Tonabbau m <min> • clay winning
Tonabnehmer m <av> • sound pick-up; phonograph pick-up
Tonabnehmer m ugs <av> • tone arm; pick-up arm
Tonabnehmeranschluss m <av> • phonograph adapter
Tonabnehmerarm m <av> • tone arm; pick-up arm
Tonabnehmereinsatz m <av> • pick-up cartridge; pick-up inset
Tonabnehmerkopf m <av> • pick-up; playback head
Tonabnehmerwandler m <av> • pick-up transducer
Tonabnehmerzusatz m <av> • phonograph attachment
Tonabstimmung f <akust> • tone tuning
Tonabstimmung f <av> • sound tuning
Tonabstufung f <av> • tone grading
Tonabtastoptik f <kino> • optical sound head
Tonabtastspalt m <av> • sound-scanning slit
Tonabzug m <mus> • key tracker; keyboard tracker
Tonätzung f <druck> • tint etching

Tonality *f* <werb> • tonality
Tonangel *f* <av> • boom arm
Ton-Anzeigefeld *n* <navig> *(Display)* • tone field
Tonarm *m* <av> • tone arm; pick-up arm
tonartig <silik> • clayey
Tonaufbereitungsanlage *f* <silik> • clay preparation plant
Tonaufnahme *f* <av> • sound record; phonogram; sound recording; audio recording
Tonaufnahmegerät *n* <av> • sound recorder
Tonaufnahmegerät *n* <kino> *(Tonfilm)* • sound motion-picture recording system
Tonaufnahmeverfahren *n* <av> • sound-recording technique
Tonausgabe *f* <av> • sound output
Tonausgang *m* rar <edv.av> *(z. B. an Soundkarte)* • audio output connector; audio connector; audio-out connector; sound output
Tonausgangsbuchse *f* rar <edv.av> *(z. B. an Soundkarte)* • audio output connector; audio connector; audio-out connector; sound output
Tonausgangs-Wahlschalter *m* <av> • audio output switch
Tonausgangs-Wahltaste *f* <av> • audio output button
Tonausgang-Wahltaste *f* <av> • audio output mode selector button
Tonaussetzer *m* <av> • blip; crackle
Tonaussteuerung *f* <av> • audio level control; audio level adjustment
Tonbad *n* <phot> • toning bath
Tonband *n* <av> • audio tape; magnetic sound recording tape *form*
Tonband *n* <geo> • clay band
Tonbandantrieb *m* <av> • capstan drive
Tonbandaufnahme *f* <av> • tape recording
Tonbandgerät *n* <av> *(meist eher klein; im Heim- und Amateurbereich)* • tape recorder
Tonbandgerät *n* ugs.rar <av> *(meist mit großen, freistehenden Spulen; Studiogerät; z. B. revox)* • tape deck; tape recorder *coll.rare*
Tonbandkopie *f* <av> • dub
Tonbandmaschine *f* <av> *(meist mit großen, freistehenden Spulen; Studiogerät; z. B. revox)* • tape deck; tape recorder *coll.rare*
Tonbandrollenantrieb *m* <av> • capstan drive
Tonbank *f* <geo> • clay bank; clay seam
Tonbeton *m* <bau.mat> • clay concrete
Tonbildung *f* <geo> • argillization
Tonblende *f* <av> • bass-treble control; tone control
Tonburst *m* <av> • tone burst
Tondia *n* <werb> • cinema slide with audio accompliment
Tondreieck *n* <tech> *(Laborgerät)* • pipeclay triangle
Tone-Burst <av> • tone burst
Toneffekte *mpl* <av> • sound effects; audio effects
Toneingang *m* <av> • audio-in; audio input; sound input
Toneingangsbuchse *f* <av> • audio-in; audio input; sound input
Toneisenstein *m* <min> • ironstone clay
Tonempfänger *m* <av> • sound receiver
Tonen *n* <druck> • scumming
Tonen *nsg* <phot> • toning *sg*
tonen *vt* <phot> • tone *vt*
tonen *vt* <phot> *(Foto; z. B. mit Sepiatoner)* • tone *vt*
Tonendkontrolle *f* <av> • sound master control
Tonentzerrer *m* <av> • sound corrector; variable correction unit
Toner *m* <chem> • tinting agent
Toner *m* <druck> *(z. B. für Kopiergerät, Laserdrucker)* • toner (EP); electrostatic powder; particle ink *rare*
Toner *m* <phot> *(z. B. Sepia, Blau)* • toner

Tonerauffangbehälter *m* <ents.pack> *(Kopiergerät)* • waste-toner bottle
Tonerbehälter *m* <büro> *(Kopiergerät)* • toner bottle
Tonerbild *n* <büro> *(Kopierer)* • toned image
Tonerde *f* <bau.mat> *(gelblich-graues Material für Trockenziegel)* • adobe
Tonerde *f* <silik> *(Al₂O₃; z. B. als keramisches IC-Substrat)* • alumina; aluminum oxide *US*
Tonerdegel *n* <chem> *(Aluminiumoxidhydrat)* • gelatinous aluminum hydroxide
tonerdereich <chem> • high-aluminous
Tonerdeschiffchen *n* <silik> *(Zonenschmelzen)* • alumina boat
Tonerdeschmelzzement *m* <silik> • aluminous cement; high-alumina cement; alumina cement
Tonerdesilikat *n* <silik> • aluminum silicate
Tonerfach *n* <büro> *(Kopiergerät)* • toner hopper
Tonerfluss *m* <büro> *(Kopiergerät)* • toner flow
Tonerkassette *f* <druck> • toner cartridge
Tonerkontrollsystem *n* <büro> *(Kopiergerät)* • toner density control
Toner nachfüllen *vt* <büro> *(Kopierer)* • add toner *vt*
Tonerpatrone *f* <büro> *(Kopiergerät)* • toner cartridge; EP cartridge *NEC*
Tonerrecycling *n* <ents> *(Kopiergerät)* • toner recycling
Toner-Rückführungsschnecke *f* <druck> • auger roller
Tonersammelflasche *f* <druck> • toner collection bottle
Tonerstand-Messfühler *m* <büro> *(Kopiergerät)* • toner sensor
Tonerteilchen *n* <büro> *(Kopiergerät)* • toner particles
Tonertestmarke *f* <büro> *(Kopierer)* • test patch
Toner-Transfer-Drucker *m* <edv> • toner transfer printer
Toner-Transfer-Druckverfahren *n* <edv> • electrostatic printing (method/process); toner-transfer printing
Tonerübertragungsrate *f* <büro> *(Kopiergerät)* • toner delivery rate
Tonerzeugung *f* <av> • sound synthesis; audio synthesis
Tonerzufuhreinheit *f* <büro> *(Kopiergerät)* • toner dispensor
Tonesse *f* <chem> *(Bunsenbrenner)* • burner guard
Tonfehler *m* <av> • sound fault
Tonfilmprojektor *m* <kino> • sound projector
Tonfilmsystem *n* <kino> • movie sound system
Tonfilter *n* <akust> • tone filter
Tonfixierbad *n* <phot> • fixing and toning bath
Tonfläche *f* <druck> • tint area
tonfrequent moduliert <av> • tone-modulated
Tonfrequenz *f* <av> *(Audioband 16 Hz – 20 kHz)* • audio frequency (AF); sound frequency; audible frequency; voice frequency *rare*; sonic frequency *rare*
Tonfrequenz *f* <tele> • voice frequency
Tonfrequenzamplitudenbegrenzer *m* <av> • audio-frequency peak limiter
Tonfrequenzamplitudenmodulation *f* <av> • audio-frequency amplitude modulation
Tonfrequenzband *n* <av> • audio-frequency band
Tonfrequenzbereich *m* <av> • audio range
Tonfrequenzbereich *m* <tele> • audio-frequency range
Tonfrequenzfernwahl *f* <tele> • voice-frequency dialling
Tonfrequenzfilter *n* <av> • audio-frequency filter
Tonfrequenzgang *m* <av> • audio-frequency response
Tonfrequenzgenerator *m* form <av> *(Analogoszillator)* • tone generator; audio-frequency generator *form*; tone source *pract*
Tonfrequenzgenerator *m* <tele> • voice-frequency generator; audio-frequency generator
Tonfrequenzkanal *m* <tele> • audio channel
Tonfrequenz-Klemmleiste *f* <edv> • voice frequency terminal strip

Tonfrequenzmotor *m* <tele> • phonic motor
Tonfrequenzrelais *n* <tele> • voice-frequency relay
Tonfrequenzruf *m* <tele> • voice-frequency ringing; voice-frequency signalling
Tonfrequenzrufumsetzer *m* <tele> • voice-frequency signalling relay set
Tonfrequenzrundsteuerung *f* <el> • audio-frequency remote control
Tonfrequenzschwebung *f* <av> • audio-frequency beat
Tonfrequenzspektrometer *n* <msr> • audio-frequency spectrometer
Tonfrequenzspektrum *n* <phys> • audio spectrum; audible spectrum
Tonfrequenzteil *m* <av> • audio-frequency section
Tonfrequenztelegrafie *f* <tele> • voice-frequency telegraphy
Tonfrequenzträger *m* <tele> • audio-frequency carrier
Tonfrequenzübertrager *m* <tele> • audio-frequency transformer
Tonfrequenzverstärker *m* <av> • audio amplifier; audio-frequency amplifier *form*
Tonfrequenzverstärkung *f* <av> • audio-frequency amplification
Tonfrequenzzeichengabe *f* <tele> • voice-frequency signalling
Tonfrequenzzerhacker *m* <av> • audio-frequency chopper
tongebunden <silik> • clay-bonded
Tongemisch *n* <akust> • complex sound
Tongenerator *m* <av> *(Analogoszillator)* • tone generator; audio-frequency generator *form*; tone source *pract*
Tongenerierung *f rar* <av> • sound synthesis; audio synthesis
Tongewinnung *f* <chem> • clay winning
Tonhöhe *f* <edv.av> • pitch
Tonhöhe *f* <mus> • pitch
Tonhöhenabstimmung *f* <mus> • note tuning
Tonhöhenänderung *f* <av.akust.mus> • transposition
Tonhöhenbeugung *f* <edv.av> • pitch bending
Tonhöhenbeugung *f buchspr.* <edv.av> • pitchbending; pitchbend
Tonhöhenbeugungsrad *n buchspr.* <edv.av> • pitch-bend wheel; pitch wheel; pitchbender
Tonhöhenhüllkurve *f* <av> • oscillator envelope; oscillator contour; pitch envelope; pitch contour; frequency envelope
Tonhöhenkonstanz *f* <mus> • pitch constancy
Tonhöhenkorrektur *f* <edv.av> • pitch correction
Tonhöhenschwankungen *fpl* <av.akust> *(langsame)* • wow
Tonhöhenschwankungen *fpl* <mus> • pitch variations
Tonhöhenschwankungen *fpl* <tele> *(schnelle)* • flutter
Tonhöhevibrato *n* <edv.av> • frequency vibrato
tonig <chem> • argillaceous; clayey
Tonimpuls *m* <akust> • sound pulse
Toningenieur *m* <av> • sound engineer
Toninjektion *f* <bau> • clay pressure grouting
Toninjektion *f* <min> • clay grouting
Tonkabel *n* <av> • audio cable
Tonkamera *f* <av> • sound camera
Tonkanal *m* <av> • audio channel; sound channel
Tonkleb[e]stelle *f* <av> • blooping patch
Tonkneter *m* <silik> • clay mill; pug mill
Tonknetmaschine *f* <silik> • clay mill; pug mill
Tonkonserve *f* <av> • sound record
Ton-/Kontrollkopf *m* <av> • audio/control head; A/C head; sound/sync head
Tonkopf *m* <av> • audio head; sound head
Tonkoppler *m* <kino> • synchronizer

Tonkübel *m* <silik> • crock
Tonlampe <akust> • sound exiter lamp
Tonlampe *f* <licht> • exciter lamp; exciter; sound exciter lamp
Tonleitung *f* <av> • audio circuit; programme line
Tonlöschkopf *m* <av> • audio erase head
Tonmaskierung *f* <akust> • aural masking
Tonmasse *f* <silik> • clay body
Tonmineral *n* <silik> • clay mineral
Tonmischeinrichtung *f* <av> • audio mixer; sound mixer
Tonmischen *n* <av> • audio mixing; audio mix; sound mixing; sound mix
Tonmischmaschine *f* <silik> • clay blunger
Tonmischpult *n* <av> • sound mixer
Tonmischung *f* <av> • dubbing; sound mixing
Tonmix *m* <av> • audio mixing; audio mix; sound mixing; sound mix
Tonmodell *n* <kfz.prod> • clay model
Ton-Modell *n* <prod> • clay model
tonmoduliert <tele> • tone-modulated
tonmodulierte Welle *f* <tele> • sound-modulated wave
Tonmontagegerät *n* <av> • editing tape recorder
Tonmotor *m DIN 45510* <av> *(Magnettongerät)* • capstan motor
Tonnage *f* <nav> *(in Registertonnen)* • tonnage
Tonne *f* <allg> • barrel; cask
Tonne *f* (t) *DIN 1301* <msr> *(Einheit der Masse: 1000 kg)* • ton
Tonne *f* <nav> • buoy
Tonne *f* <phys> *(Einheit der Masse: 1000 kg)* • metric ton; tonne; 1000kg
Tonne *f* <verf> *(Tank; typ. ca. 1000 Liter bzw. 1 Tonne; bes. für Wein, Bier)* • tun
Tonneaukarosserie *f* <kfz> • tonneau body
Tonnenboje *f* <nav> • cask buoy
Tonnenboje *f* <navig> *(Schiffahrt)* • barrel buoy
Tonnenfeder *f* <kfz> • barrel spring
tonnenförmiges Dach *n* <bau> • arch roof
tonnenförmige Verzeichnung *f* <opt> • barrel distortion
Tonnenform *f* <masch> • barrel-shaped thread
Tonnengewölbe *n* <bau> • barrel vault; circular vault
Tonnenlager *n* <masch> *(Wälzlagertyp)* • spherical roller bearing *FAG*; barrel roller bearing
Tonnenleger *m* <nav> • buoy-laying vessel; buoy layer
Tonnenretortenofen *m* <verf> • drum retort furnace
Tonnenrolle *f* <masch> *(Tonnenlager (Wälzlagerbauart))* • barrel roller
Tonnenrolle *f* <masch> • spherical roller
Tonnenschale *f* <bau> • barrel shell
Tonnenverzeichnung *f* <opt> • barrel distortion
tonnlägiger Schacht *m* <min> • hading shaft; incline shaft; underlay shaft
Tonnlage *f* <min> • hade; inclination
Tonometer *n DIN EN ISO 8612* <opt.msr> *(ophthalmisches Instrument, misst Augendruck)* • tonometer *ISO 8612*
Tonoptik *f* <kino> *(Tonfilm)* • sound optical system
Tonpegeleinstellung *f* <av> • audio level control; audio level adjustment
Tonplatte *f* <bau> • clay tile
Tonprojector *m* <kino> • sound projector
Tonqualität *f* <av> *(Güte der Tonwiedergabe; z. B. von Lautsprechern)* • audio quality; tone; sound quality *pract*; sound *coll*
Tonquelle *f* <edv.av> • sound source; audio source
Tonraffer *m* <av> • playback compressor
Tonraspler *m* <silik> • clay shredder
Tonraum *m* <av> • sound booth
Tonrauschen *n* <av> • audio noise; sound noise
Tonregler *m* <av> • tone control

tonrichtig <av> *(ohne Verfälschung der Klangfarbe)* • tone-compensated

tonrichtig <phot> *(ohne Farbstich)* • tone-compensated

Tonrille f <av> *(Schallplatte)* • sound groove

Tonrohr n <bau.mat> • tile pipe

Tonrohrdränung f <agri> • tile drain; tile drainage

Tonrolle f <av> • drive capstan

Tonrollenantrieb m <av> • capstan drive

Tonsäule f <av> • column loudspeaker

Tonsäule f <werb> • public address pillar

Tonschicht f <geo> • clay bank

Tonschiefer m <geo> • clay shale; argillaceous slate; clay schist

Tonschlämme f <metall> • clay wash; clay slurry

Tonschlicker m <chem> • clay slurry

Tonschneider m <silik> • clay mill; pug mill

Tonschrift f <mus> • tone print

Tonsender m <tele> • sound transmitter; audio transmitter; aural transmitter

Tonsieb n <av.tele> • audio filter

Tonsignal m <av> • acoustic signal

Tonsignal n <edv.av> • audio signal; audible signal; aural signal; sound signal

Tonsperrkreis m <av> • audio trap

Tonspülung f <min> *(Bohrtechnik)* • conventional mud

Tonspur f <av> • audio track; sound track; sound recording track

Tonspur f <av> *(auf einem Magnetband)* • track; channel

Tonspurkopiergerät n <av> • sound track printer

Ton-/Steuerkopf m <av> • audio/control head; A/C head; sound/sync head

Tonsteuerung f <mus> • key action; key-action; playing action; key-movement; clavier action

Tonstörung f <av> • audio interference

Tonstreifen m <av> • sound interference band

Tonstudio n <av> • sound studio

Tonstufe f <av> • tone interval

Ton-/Synchronkopf m <av> • audio/control head; A/C head; sound/sync head

Tontabelle f rar <edv.av> *(Summe aller Quantisierungsschritte)* • sample; wavetable pract

Tontechnik f <av> • sound engineering

Tontechniker m <av> • sound engineer

Tontiegel m <silik> • clay crucible

Tonträger m <av> • sound recording medium; sound carrier

Tontraktur f <mus> • key action; key-action; playing action; key-movement; clavier action

Tontreppe f <av> • sound carrier attenuation

Tonüberblendung f <av> • sound fading; sound change-over

Tonumfang m <akust> • sound volume

Tonumfang m <phot> • tonal range; tone range

Tonung f <phot> • toning

Tonungsbad n <phot> • toning bath; toner

Tonunterdruck m <druck> • ground tint

Tonunterdrückung f <av> • sound suppression; sound rejection

Tonunterdrückung f <av> *(Bildteil)* • take-off

Tonverstärker m <av> *(bei Aufnahme und Wiedergabe)* • audio amplifier; sound amplifier

Tonwahl f <tele> • Dual Tone Multifrequency (DTMF)

Tonware f ugs.rar <silik> *(meist einseitig glasiert)* • earthenware; heavy clay ware rare

Tonwelle f <av> *(von Tonbandgeräten und Cassettenrecordern)* • capstan wheel shaft; capstan shaft; capstan

Tonwert m <phot> • tonal value

Tonwertabstufung f <phot> • tonal separation

Tonwerte pl <phot> • tonal values pl; tone values pl

Tonwertskala f <phot.druck> • tone scale

Tonwertumfang m <druck> • tonal range

Tonwertumfang m <phot> • tonal range; tone range

Tonwertumkehrung fsg <phot> *(z. B. beim Sabattier-Effekt)* • tonal reversal

Tonwertwiedergabe f <phot> • tonal rendition; tone rendering; tonal reproduction; tone reproduction

Tonwertzunahme f <druck> • increase in tonal value

Tonwertzunahme f <druck> • dot gain

Tonwiedergabe f <av> • audio playback; sound reproduction

Tonwiedergabe f <edv.av> • sampling playback; sample playback; digitized playback; audio playback; sound playback

Tonwiedergabe f <phot> • tonal rendition; tone rendering; tonal reproduction; tone reproduction

Tonziegel m <bau.mat> *(luftgetrocknet, meist strohfaserverstärkt; z. B. aus Nilschlamm)* • adobe

Tool n prakt <edv> *(Anwendungssoftware für bestimmte Problemlösungen)* • tool

Toolbox f prakt <edv> *(z. B. Menüpunkt in Grafikprogramm)* • tool box

Toolface n <petr> • toolface

TOP <doku> • item on the agenda

Topbenzin n <chem.petr> • light gasoline

Topcase n <kfz> *(Motorrad)* • travel trunk

Topdestillation f <chem.petr> • primary distillation

Topf m <tech.allg> *(z. B. Kochtopf, Blumentopf)* • pot

Topf m <el> *(Potentialtopf)* • well

Topf m ugs <kfz> *(Zylinder v. Hubkolbenmotor)* • pot coll

Topfanode f <el> • can anode

Topfaußenfilter m <verf> • canister filter

Topfbürste f <kfz.wz> • wire cup brush

Topfbürste f <kfz.wz> *(Bohrervorsatzgerät)* • wire cup brush; cup-shaped wire brush

Topfdrahtbürste f <kfz.wz> *(Bohrervorsatzgerät)* • wire cup brush; cup-shaped wire brush

Topfen m A <nahr> • soft cheese

Topferkennung f <el> *(von Glaskeramik-Kochfeldern)* • pot detection

Topffilter m <verf> • canister filter

Topfgehäusepumpe f <förd> • barrel pump; barrel casing pump; double casing pump; barrel-type pump

Topfgelenk n <kfz.antr> • pot joint

Topfglühen n <metall> • pot annealing; box annealing; close annealing

Topfglühofen m <metall> • pot annealing furnace; pan-type annealing furnace

Topfkern m <phys> • pot core

Topfkernspule f <el> • pot-type coil

Topfkreis m <el> • coaxial cavity circuit; cavity resonator

Topfmagnet m <phys> • pot magnet

Topfmanschette f <kfz.brems> • cup seal; cup pract

Topfmanschette f <masch> *(Dichtung)* • cup seal

Topfpumpe f <förd> • barrel pump; barrel casing pump; double casing pump; barrel-type pump

Topfschleifscheibe f <wz> • cup wheel

Topfsockel m <el> • shaped base; European outside-contact base

Topfspinnmaschine f <textil> • pot-spinning frame; can-spinning frame

Topfstrecke f <textil> • can gill box

Top-Fuel Eliminator m <kfz> • top fuel eliminator US; American fueler coll

Topfvibrator m <prod> • bowl-type vibratory feeder

Topfzeit f <kst> • pot life

Topfzeit f prakt <mat> *(z. B. von Dicht-, Klebstoff, Gips, Kunstharz)* • application life; work life; pot life pract

Topochemie f <chem> • topochemistry

Topographie f <geo> • topography
Topographien fpl <jur> (Halbleitererzeugnisse) • topography
Topographieschutz m <jur> • protection of topography; microchip protection
topographisch <geo> • topographic; topographical
topographische Aufnahme f <geo.msr> • topographical survey
topographische Gegebenheiten fpl <bau> • lay of the land; lie of the land GB
Topologie f <edv.math> • topology
Topologie f <math> • topology
topologischer Raum m <math> • topological space
Toppanlage f <petr> • topping plant; skimming plant
Toppbenzin n <chem.petr> • straight-run gasoline
Toppbenzin n <petr> • topped gasoline
Toppdestillation f <petr> • topping
Topped Crude n <petr> • topped crude
toppen vt <petr> • top vt; skin vt
Toppings fpl <nahr> (Speiseeis) • toppings pl; sauces pl
Topplicht n <nav> (weiß) • top light
Toppprodukt n <petr> • tops; overhead product
Topprückstand m <petr> • long residue; long residuum
Toppseitentank m <nav> • topside tank; gunwale tank
Toppwingtank m <nav> • topside tank; gunwale tank
Toprok m <pap> • toprok
Topsleeper-Fahrerhaus n <nfz> • top-sleeper cab
Topsoßen fpl <nahr> (Speiseeis) • toppings pl; sauces pl
TOP-Text m <av> • TOP text
TOP-Text-Decoder m <av> • TOP text decoder
TOP-Text-Programmierung f <av> • TOP text programming
Topzelle f rar <energ.sol> • top cell
Topzustand in jederHinsicht m werb <tech.allg> (z. B. Gebrauchtfahrzeug) • mint condition throughout; immaculate condition throughout ad; as new coll
Tor n <bau> (z. B. Schleusentor) • gate
Tor n <bau> • portal
Toranschluss m <el> • gate terminal
Toray-Offsetdruckplatte f <druck> • Toray plate
Tor-Eingangs-Ausgangs-Strom m <el> • gate input-output current
Torelektrode f <el> • gate electrode
Torf m <min> • peat
Torf m <verbr> • peat
Torf m <verf> • peat moss; peat fiber
Torfbagger m <min> • peat drag
Torfbrikettpresse f <verf> • peat briquetting press
Torffaserkohle f <verbr> • peaty fibrous coal
Torfgranulat n <verf> • peat moss; peat fiber
Torfkoks m <verbr> • peat coal; peat charcoal
Torfmull m <mat> • peat dust
Torfschwelgas n <verbr> • peat gas
Torfstechen n <min> • peat cutting; peat digging
Torfteer m <verbr> • peat tar
Torfvergasung f <verf> • peat gasification
Torfverkohlung f <verf> • peat carbonization; peat charring
Torglied n <el> • gate circuit; gate element
Torgriff m <bau> • gate handle
Torimpuls m <el> (Torschaltung) • gate pulse
Torimpulsgenerator m <el> • gate generator
torisch <opt> • toric; toroidal
torisches Brillenglas n <opt> • toric lens
torisches Glas n <opt> • toric lens
Torkammer f <energ.hydr> • gate chamber
Torkapazität f <el> • gate capacitance
Torklappe f <hydr> • bypass gate
Torkret m <bau> • torcrete

Torkretbeton m <bau.mat> • air-placed concrete; gunned concrete; jetcrete; shotcrete
Torkretieren n <bau> • shotcreting
Torkretieren n <bau.mat> • gunniting
Torkretieren n <silik> • gunning
Torkretierspritze f <bau> • cement gun
Tornado m <meteo> (im mittleren Westen der USA; sehr verwüstend) • tornado; cyclone coll
Tornisterempfänger m <mil> • kitbag receiver
Tornisterempfänger m <tele> • portable receiver; pack receiver
Tornisterentgiftungsgerät n <mil> • pack decontamination apparatus
Tornisterfunkgerät n <mil> • knapsack transmitter
Tornisterfunkgerät n <tele> • pack radio set
Tornisterfunkgerät n obs <tele> (eher schwer, mit großer Sendeleistung) • portable radio transceiver; portable two-way radio; portable radio set
Tornistersprühgerät n <agri> • knapsack sprayer; back pack sprayer rare
Toroid n <math.el> (Fläche, Körper) • toroid
toroidale Magnetfeldanordnung f <nukl> • toricity
toroidales Beta n <nukl> • toroidal beta
toroidales Magnetfeld n <nukl> • toroidal [magnetic] field
toroidales System n <nukl> • closed system; closed magnetic trap; toroidal system
Toroidalfelddivertor m <nukl> • toroidal divertor
Toroidfalle f <phys> (Plasma) • toroidal confinement system
Toroidspule f <el> • toroidal coil
torpedieren vt <mil> • torpedo vt
Torpedo m <kst.prod> • torpedo; spreader; muller rare
Torpedo m <mil> • torpedo
Torpedo-Karosserie f <kfz> • torpedo body
Torpedo verschießen vt <mil> • torpedo vt
TorqueFlite n <antr> • TorqueFlite
Torquer m <navig> (Kreisel) • torquer
Torquer-Rückführbetrieb m <navig> • capturing
Torquer-Rückführung f <navig> • force-balance loop
Torr n DIN 66038 <phys> (SI-fremde Einheit des Drucks: 133, 322 Pa) • torr obsolete
Torröhre f <el> • gate valve; gating valve
Torschaltung f <av> • signal gating circuit
Torschaltung f <el> • gate circuit; gating circuit
Torschaltungslogik f <el> • gate logic
Torschiff n <nav> (für Schleusen, Trockendocks) • gate vessel
Torsen-Allradantrieb m <kfz.antr> • Torsen four wheel drive
Torsen-Differential n <kfz.antr> • Torsen differential
Torsignal n <el> • gate signal
Torsiograph m <msr> • torsiograph
Torsion f <mech> • twist; twisting
Torsion f <phys> • torsion
Torsionalbewegung f <rls> • torsional rotation; torsional movement; windup
Torsionsanzeiger m <msr> • torsion indicator
Torsionsband n <mat> • twisting spring-steel strip
torsionsbeansprucht <mech> • torsionally stressed
Torsionsbeanspruchung f <mech> • torsional stress
Torsionsbelastung f <mech> • torsional load
Torsionsbewegung f <rls> • torsional rotation; torsional movement; windup
Torsionsbruch m <qualit.mat> • torsional fracture
Torsionsdämpfer m <tech.allg> (allg.) • torsion damper; torsional damper; torsional vibration damper
Torsionsdämpfer m <kfz> (in der Kupplungsscheibe) • torque cushion springs pl; damper springs pl; torque cushion

Torsionsdauerbeanspruchung f <mech> • torsional fatigue loading

Torsionsdauerfestigkeit f <qualit.mat> • torsional fatigue strength

Torsionsdynamometer n <msr> • torsion dynamometer

Torsionselastizität f <mech> • torsion elasticity

Torsionselement n <navig> (dynamisch abgestimmter Kreisel) • flexure

Torsionsfaden m <textil> • torsion fiber

Torsionsfeder f <masch> • torsion spring

Torsionsfeder f <masch> • torsion bar; torsion spring; torsion bar spring; bar spring

Torsionsfederkonstante f <masch> • torsional spring constant

Torsionsfestigkeit f <qualit.mat> • torsion strength; torsional strength

Torsionsfestigkeit f wiss <qualit.mat> • torsion strength; torsional strength

Torsionsgalvanometer n <el.msr> • torsion galvanometer

Torsionshohlleiter m <el> • twisted waveguide

Torsionsinstrument n <msr> • taut-band instrument

Torsionskraft f <mech> • torsional force; twisting force

Torsionskurbelachse f <kfz> (Hinterachse) • flex arm suspension

Torsionsmodul m <qualit.mat> • torsion modulus

Torsionsmoment n <mech> • torsional moment; twisting moment

Torsionsmoment n wiss.rar <mech> (allg.) • torque (T); rotation moment rare

Torsionsnachgiebigkeit f <qualit.mat> • torsion flexibility

Torsionspendel n <phys> • torsion pendulum; torsional pendulum

Torsionsprüfmaschine f <qualit.mat> • torsion-testing machine

Torsionsprüfung f <qualit.mat> • torsion test; torsional test

Torsionsschallwellen fpl <phys> • torsional sound vibration

Torsionsschwellspannung f <mech> • fluctuating torsion stress

Torsionsschwingung f <phys> • torsional oscillation; torsional vibration

Torsionsschwingungsprüfmaschine f <qualit.mat> • torsional-load fatigue testing machine

Torsionsschwingungsversuch m <qualit> • torsion pendulum test

Torsionsspannung f <mech> • torsion stress; torsional stress

Torsionsstab m <kfz> • torsion bar

Torsionsstab m <masch> • torsion bar; torsion spring; torsion bar spring; bar spring

Torsionsstab m <msr> • torsion bar; torque bar

Torsionsstabventilfeder f <kfz.mot> • torsion bar valve spring

torsionssteif <qualit> • torsionally stiff

Torsionssteife f <qualit> • torsional stiffness

Torsionssteifheit f <phys> • torsional stiffness

Torsionssteifigkeit f wiss <kfz> • torsional stiffness

Torsionssteifigkeit f <qualit> • torsional stiffness

Torsionstexturierung f <textil> • torsion texturing

Torsionsvektor m <mech.math> • torsion vector

Torsionsversuch m <qualit.mat> • torsion test; torsional test

Torsionswaage f <msr> • torsion balance

Torsionswechselbeanspruchung f <mech> • cyclic torsional stress

Torsionswechselfestigkeit f <qualit.mat> • alternate torsional strength

torsionsweich <mech> (Ggs.: torsionssteif) • weak in torsion

torsionsweich <qualit> • torsionally weak

Torsionswelle f <msr> (für Drehmomentmessungen) • torque shaft; torsion shaft; sensing shaft

Torsionswelle f <phys> • torsional wave

Torsionswiderstand m <mech> • torsional resistance

Torsionswinkel m <mech> • twist angle

Torsionswinkel m <msr> • torsion angle

Torsionswinkel m <msr> (Drehmomentmesswelle) • deflection angle

Torspannung f <el> • gate voltage

Torsteuerung f <el> • gating

Torstrom m <el> • gate current

Tortendrucker m <gastr> (für Esspapier) • cake printer

Torus m <bau> (Ringwulst, z. B. an Attischer Säulenbasis; i. Ggs. zu Trochilus) • torus

Torus m <edv> • torus; ring; donut coll.

Torus m <math> • torus

Torusachse f <nukl> • toroidal axis

Torusbalg m <rls> • toroid bellows; toroidal bellows

Torusdrift f <nukl> • toroidal drift

torusförmig <tech.allg> • toroidal; donut-shaped; doughnut-shaped

Toruskoordinaten fpl <math> • toroidal coordinates

Torusmittelebene f <nukl> • toroidal mean field

Torusseele f <nukl> • magnetic axis

Torussystem n <nukl> • toricity

Toruswelle f <rls> • toroidal convolution; toroid convolution

TORX ® <füg> (allg.) • TORX ®; TORX drive

TORX ® <füg> • external TORX; external TORX drive

TORX... <wz> (Schraubwerkzeuge) • TORX...

TORX™ <füg> (allg.) • TORX™; TORX drive

Torx-Außenangriff m <füg> • external TORX; external TORX drive

Torx-Innenangriff m ® <füg> • internal TORX drive; internal TORX; recessed TORX; TORX recess

Torx-Kraftangriff m <füg> • external TORX; external TORX drive

Torx-Kraftangriff m <füg> (allg.) • TORX ®; TORX drive

Torx-Kraftangriff m <füg> (allg.) • TORX™; TORX drive

Torx-Schraube f <füg> • TORX screw; TORX drive screw

Tosbecken n <energ.hydr> • stilling basin; stilling pool; absorption pool

Toshiba-Code m <edv> (Strichcodetyp) • Toshiba Code

Toskammer f <hydr> • stilling chamber

tot <allg> (z. B. Lebewesen, Saison (ohne Umsatz), Kapital, Last (Eigengewicht)) • dead

tot <tech.allg> (z. B. Leitung) • inoperative

tot <tech.allg> (allg.; Lebewesen, Leitung) • dead

tot ugs <el> (Batterie) • discharged; flat pract.coll; dead coll; low coll; run-down coll

tot abschließen <rls> (Rohr) • dead-end

Totalabbau m <ökol> (vollständiger biochemischer Abbau organischer Stoffe) • ultimate degradation

Totalabbaubarkeit f <ökol> • ultimate biodegradability

Totalausfall m <qualit> • total failure; black-out failure

Total Base Number f <tribo> (Maß für das Neutralisationsvermögen eines Detergentadditivs) • Total Base Number (TBN); base number

Totale f <allg> • complete view

Totale f <av> • long shot

totale Finsternis f <astron> • total eclipse

totale Reflexion f <opt> • total reflection

totaler Stoßquerschnitt m <nukl> • total collision cross section

totaler Stromausfall m <el> • electrical blackout; blackout

Totales Energie-System *n* <energ> • total energy system; cogeneration system

Totalintensität *f* <geo.phys> *(erdmagnetisches Feld)* • total force

Totalisator *m* <msr.meteo> • storage gauge

Totalkapazität *f* (TLC) <med> • total capacity (TLC)

Total Organic Carbon *n* (TOC) <ökol> • Total Organic Carbon (TOC)

Totalpräparat *n* <bio> *(Taxidermie)* • whole mount; full-body mount

total reflektierendes Prisma *n* <opt> • total-reflection prism

Totalreflexion *f* <lwl> • total reflection

Totalreflexion *f* <opt> • total reflection

Totalrestaurierung *f* <kfz.rep> • full restoration; ground-up rebuild

Totalschwund *m* <av> • fade-out

Totalschwund *m* <tele> • black-out

Totalstrahlung *f* <nukl> • total radiation

Totalverschluss *m V* <med> • complete obstruction

Totbereich *m* <msr> • dead zone; dead spot area

totbrennen *vt* <chem> • dead-burn *vt*

totbrennen *vt* <metall> *(übermäßige Glühtemperatur und/ oder -dauer)* • kill *vt*

totbrennen *vt* <silik> *(z. B. Keramik)* • overburn *vt*

Totenmaske *f* <präp> • death mask

Totenstarre *f* <bio> • rigor mortis

Totenuhr *f* <obfl.holz> • deathwatch beetle; deathwatch; death tick (US)

toter Gang *m* <masch> • lost motion

toter Gang *m* <masch> *(beim Drehrichtungswechsel einer Gewindespindel)* • backlash

toter Punkt *m* <allg> • dead center

toter Punkt *m* <masch> *(z. B. Kinematik)* • neutral point

toter Punkt *m* <tele.av> • blind spot

toter Weg *m* <masch> • idle motion; idle movement

toter Winkel *m* <kfz> • blind spot

totes Gleis *n* <bahn> • switcher pocket

totes Gleis *n ugs* <bahn> *(normalerweise mit Prellbock)* • dead-end track; pocket track

tote Spule *f* <el> • dummy coil

tote Windung *f* <el> • idle turn

tote Zeit *f* <tech.allg> • time loss

tote Zone *f* <edv> *(Mehrstrahlscanner)* • dead zone

tote Zone *f* <el> *(Dreipunktregelung)* • dead band

tote Zone *f* <msr> • inactive neutral range

tote Zone *f* <phys> *(z. B. Funknavigation)* • silent zone

tote Zone *f* <tele.navig> • blind spot

tote Zone *f* <tele.navig> • skip zone; zone of silence

tote Zone *f* <verf> • dead space

Totgang *m* <masch> *(allg.)* • lost motion

Totgang *m* <masch> *(beim Drehrichtungswechsel einer Gewindespindel)* • backlash

Totgebiet *n* <tele> • blind area

totgemahlen <nahr> • overground; dead-beaten

totgeröstet <metall> • dead-roasted

totgewalzt <metall> *(Produkt unbrauchbar (z. B. zu spröde))* • dead-milled

totgewalzt <metall> • dead-rolled

Totimpfstoff *m* <med> • inactivated vaccine

Totlage *f* <masch> *(Kolben, Schlitten, Schwinge)* • dead-point position

Totlagenstellung *f* <masch> • dead-centre position

Totlagenüberwindung *f* <masch> • overriding of dead center; overriding of dead point

Totlast *f* <tech.allg> *(im Ggs. zu Nutzlast, Verkehrslast)* • dead load

Totlast *f* <bau> *(die aus der Eigenmasse resultierende Kraft; im Ggs. zu Verkehrslast)* • dead weight; permanent weight; permanent load; own weight

Totlast *f* <förd> *(Eigengewicht von Hebezeug, Lastaufnahmemitteln)* • dead weight

Totlast *f* <nav> • dead weight

totlegen *vi* <el> • dead-end *vi*

Totmannbremse *f* <sich> *(Eisenbahnlokomotive, Verladebrücke)* • deadman's brake

Totmanneinrichtung *f* <logist> *(RFZ, Eisenbahnlokomotive)* • dead man's handle

Totmannknopf *m* <sich> *(z. B. Führerstand (Lokomotive, Kran))* • dead-man's button

Totmannschalter *m* <msr> • biased off-switch

Totmannschaltung *f* <msr.alarm> *(z. B. Lokomotiv-Führerstand)* • watchdog circuit

totpumpen *vt* <petr> • kill *vt*

Totpumpleitung *f* <petr> • kill line

Totpumpmanifold *n* <petr> • kill manifold

Totpunkt *m* <masch> *(von Hubbewegungen; z. B. von Kolben, Schlitten)* • dead-center position *US*; dead-centre position *GB*

Totpunkt des Kolbens *m* <masch> • piston dead center *US*; piston dead centre *GB*

totpunktfrei <masch> *(z. B. Bewegung)* • without dead-center

Totpunkt-Konstruktion *f BMW* <kfz> *(Verdeckmechanismus)* • toggle mechanism *:V*

Totpunktstellung *f* <masch> *(Kolben, Koppel (kinematisches Getriebe))* • dead point position

Totpunktzündung *f* <mot> • dead-centre ignition

Totraum *m* <chem> *(Extruder)* • dead spot

Totraum *m DIN 4048-1* <energ.hydr> *(Speicherraum unter dem tiefsten Absenkziel, im Gefälle nicht entleerba)* • dead storage

Totraum *m* <geo> *(z. B. Augebiet)* • dead water

Totraum *m* <hydr> *(Strömungsgeschwindigkeit Null)* • wake space

Totraum *m* <kfz> *(Verbrennungsraum)* • clearance volume; trapped volume

Totraum *m* <kfz.mot> *(Kurbelkasten)* • dead space; free air space; free volume

Totraum *m* <kfz.mot> • clearance volume; trapped volume; compression chamber

Totraum *m* <med.tech> • dead space; physiologic dead space

Totraum *m* <tele> • silent zone

Totraum *m* <verf> • dead space

Totraum *m* <verf> • dead air space; dead space

Totrösten *n* <prod> *(Produkt unbrauchbar)* • dead roasting

Totspeicher *m* <edv> • ROM; read-only memory

Totvakzine *f* <med> • inactivated vaccine

Totvolumen *n DIN EN 1330-8* <qualit.mat> *(Dichtheitsprüfung)* • dead volume

Totwalzen *n* <chem> • overmastication

Totwalzen *n* <metall> *(Produkt unbrauchbar)* • dead milling; killing

Totwalzen *n* <prod> • overmilling

Totwasser *n* <geo> *(Gezeiten)* • dead tide; slack tide

Totwasser *n* <geo> *(Bach, Fluss)* • still water

Totwasser *n* <nav> *(Kielwasser)* • dead water

Totwasser *n* <phys> *(Nachstrom)* • dead wake

Totwassergebiet *n* <hydr> *(z. B. Fließgewässer)* • wake space

Totweiche *f* <nahr> *(Malz)* • oversteeping

Totzeit *f* <förd> *(aussetzende Förderer)* • dead time

Totzeit *f* <msr> • time delay; time lag; insensitive time; insensitive interval; dead time

Totzeit *f* <nukl> • dead time

Totzeit *f* <tele> • delay time

Totzeit *f* <wz.masch> • non-cutting time

Totzeitbereich *m* <msr> • dead band

Totzeitglied n <msr> • dead-time element; delay element; lagging element

Totzeitkorrektur f <msr> • dead-time correction

Totzeitsystem n <msr> • dead-time system

Totzeitverzögerung f <msr> • transportation lag

Totzone f <energ.sol> • dead layer

Totzone f <msr> (Dreipunktregelung) • dead band

Totzone f <tele> • skip zone

Totzone f <tele.navig> • skip zone; zone of silence

Touchieren n <masch> (Führungsbahnen) • bedding-in

Touch-Operator-Panel n <msr> • touch operator panel; operator touch panel

Touch Pad n <edv> • touch pad

Touchreader m <edv> • contact reader; touch reader

Touchscanner m <edv> • contact scanner; touch scanner

Touchscreen m prakt <edv> • touchscreen

Touchscreen m <edv> • touch screen; touch-sensitive screen; touch panel

Tourbus m <nfz> • tour bus

Tourencaravan m <nfz> • touring caravan; tourer pract.coll

Tourenhose f <bekl> • touring pants

Tourenjacke f <bekl> • touring jacket

Tourenmaschine f <kfz> • touring bike

Tourenmotorrad n <kfz> • touring bike

Touren pro Meter <textil> (Zwirn) • turns per meter (t.p.m.) US; twist level in turns per metre GB; twist level

Tourenrad n <fz> (Fahrrad) • roadster

Tourensattel m <fz> (Fahrrad) • roadster saddle

Tourensattel m DIN ISO 8090 <fz> • touring saddle ISO 8090

Tourensportler m rar <kfz> • sport touring bike

Tourenzähler m ugs <kfz.msr> (zeigt Motordrehzahl an; in U/min) • tachometer; revolution counter form; revcounter GB; tacho coll; tach coll

Tourenzähler m <msr> • speed counter

Tourenzahl f ugs <tech.allg> • number of revolutions

Tourenzahl f <masch> • speed; speed of revolution

Tourenzahl f ugs <mot> • number of revolutions per unit time

Tourer m <kfz> • touring bike

Tourer m prakt.ugs <nfz> • touring caravan; tourer pract.coll

Touristikcamper m <nfz> • touring camper; touring caravanner

Touristikwagen m <bahn> • touring coach

Tourneebus m <nfz> • tour bus

TO-Wegpunkt m <navig> (in Navigationssystem) • destination waypoint; TO waypoint

Tower m prakt <aerospace> (Flughafen) • control tower; tower pract

Townsend-Elektronenlawine f <el> • Townsend avalanche

Townsend-Entladung f <el> • Townsend discharge

Townsend-Lawine f <el> • Townsend avalanche

Toxikonose f rar <med> • toxicosis

Toxikose f <med> • toxicosis

Toxikum n <med> • toxic agent

Toxin n <chem.bio> • toxic substance; toxic agent; toxicant; toxin

Toxin n <med> • toxin

toxisch wiss <chem.med> • toxic; poisonous GB

toxisch <ökol> • toxic

toxischer Stoff m <chem.bio> • toxic substance; toxic agent; toxicant; toxin

toxisches Gas n <emiss> • toxic gas

Toxisches Schock-Syndrom n (TSS) <med> • toxic shock syndrome (TSS)

Toxizität f <bio> • toxicity

Toxizität f <nukl> • toxicity

Toxizität f <ökol> (Gefährlichkeit einer Substanz bezogen auf den lebenden Organismus) • toxicity

Toxizitätsprüfung durch Extraktionsverfahren f <ents> • Extraction Procedure Toxicity Test (EP-Tox); EP-Tox Test

Toxoid n <med> • toxoid

Toyoglide n Toyota <kfz.antr> (Automatikgetriebe) • Toyoglide Toyota

TP <kfz.av> • traffic program identification (TP)

TP-Code m <kfz.av> (erkennt Sender mit Verkehrsdurchsagen) • TP code

TPF <av> • low-pass filter (LPF); lowpass filter

tpi <edv> • tracks per inch (TPI)

TPO <obfl.kst> • thermoplastic olefins (TPO)

T-Profil n <mat> (allg. Stahl) • T-section

T-Profil n <mat> (z. B. Aluminium, Stahl) • T-bar :V; T-shaped bar :V

T-Profil n <metall> • T-section

TPS <ents> • thermoplastic sorting [process] (TPS)

TP-Triebwerk n <aerospace> • turboprop engine (TPE); TP engine

TPV <kst> • thermoplastic vulcanisates (TPV)

TPV-Zelle f <energ.sol> • thermo-photovoltaic cell; TPV-cell

T-Querschnitt m <tech.allg> (z. B. Draht, Säule, Träger) • T-section

Tr <masch> • stub Metric trapezoidal screw thread (Tr) DIN 380

Tr <masch> • ISO metric trapezoidal thread (Tr); ISO metric trapezoidal coarse thread

Trabant m <kfz.antr> (z. B. in Automatikgetriebe) • planet gear; planet pinion; pinion gear; planet wheel

Trabantenrad n <antr> (Planetengetriebe) • differential satellite pinion

Trabantenstadt f <bau> • satellite town

Trabantenstation f <edv> (Fernverarbeitung) • tributary station

Tracer m <nukl> • tracer; spike

Tracerisotop n <nukl> • tracer element; tracer isotope

Tracermethode f <chem> • tracer method; indicator method

Traceruntersuchung f <chem> • tracer test; tracer investigation

Traceruntersuchung f <nukl> • radioactive tracer test

Trace-Tiefe f <edv> • trace depth; tree depth pract.

Trace-Tiefe f prakt <edv> • trace depth; depth of trace

Trachealkanüle f <med.tech> • tracheostomy tube ISO 4135

Trachealtubus m <med.tech> • endotracheal tube; tracheal tube; ET-tube

Tracheotomie f <med> • tracheostomy

Tracheotomietubus m DIN ISO 4135 <med.tech> • tracheostomy tube ISO 4135

trachytischer Tuff m <geo.bau.mat> • trass

Track m <av> • track; sequence

Track m <edv> (CD-ROM) • track

Track m <navig> • course over ground (COG); track

track vt <navig> (Satelliten) • track vt

Track-At-Once-Verfahren n <edv> • track at once

Trackball m <edv> (Maus-Äquivalent) • trackball; tracker ball GB; trackerball GB.rare; rolling ball rare; roller-ball rare

Tracker m ugs. <edv> • motion tracker; tracker pract.; sensing device rare

Tracker m <kfz> • Tracker; stolen vehicle tracking system

Tracking n <av> • tracking; tracking system; tracking control Ten

Tracking n <navig> (von Satelliten) • tracking

Tracking-Automatik f <av> *(System)* • automatic tracking control system (ACTS); automatic tracking system

Tracking-Detektor m <opt> • tracking detector

Trackingfehler m <edv> *(bei Speichermedien; z. B. Band-, Plattenlaufwerk)* • tracking error; mistracking

Tracking-Fehlersignal n <edv> • tracking signal *:V*

Trackingregelung f <av> • tracking control; tracking control circuit

Trackingregler m <av> • tracking control

Trackingsignal n <edv> • tracking-error signal

Track-Modus m <navig> *(Empfänger)* • track mode

Trackplotter m <navig> • track plotter; track recorder; course recorder

Tracks per Inch <edv> • tracks per inch (TPI)

Tracta-Gelenk n <antr> • Tracta constant velocity [universal] joint

Tracta-Gleichlaufgelenk n <antr> • Tracta constant velocity [universal] joint

traditionelle Animation f <kino> • traditional animation

trächtig <bio> *(Tier)* • pregnant

träge <allg> • indifferent

träge <tech.allg> *(zäh, langsam bewegend)* • sluggish

träge <chem> *(in Bezug auf Reaktionen)* • inert; inactive

träge <el> *(langsam; z. B. Relais, Sicherung)* • slow; slow-acting

träge Masse f <mech> • inertial mass

Träger m <tech.allg> *(Basis, Sockel)* • base

Träger m <tech.allg> *(Hauptbeanspruchung: Biegung)* • beam

Träger m prakt <tech.allg> *(für Beschichtungen, Überzüge, Leiterbahnen; z. B. Halbleiter, Film)* • substrate; carrier material; substrate material; support [material]; base [material]

Träger m <av> *(bei Bändern; z. B. PE)* • tape base; base

Träger m <av> • carrier wave; carrier

Träger m <bau> *(z. B. aus Beton, Holz, Stahl)* • girder

Träger m <bekl> *(elastisch; z. B. an BH)* • strap

Träger m <edv> *(bei Festplatten)* • substrate; base

Träger m <edv> • carrier

Träger m <edv.av> • carrier; carrier wave; audio oscillator form.

Träger m <el> *(Ladungsträger)* • carrier

Träger m <kfz> *(Profil in Tragwerkstruktur, z. B. im Rahmen)* • member; structural member; rail

Träger m prakt <kfz.emiss> *(Katalysator; Körper oder Material)* • catalyst substrate; catalyst support; substrate pract

Träger m <kst> *(Kaschierung, Selbstklebefolie, -etikett)* • back

Träger m <logist> *(Palette)* • stringer

Träger m <mat> *(z. B. für Magnetschicht)* • supporting material; supporting substance

Träger m <msr> *(von Dehnmessstreifen)* • carrier; backing; base

Träger m <navig> • carrier wave (CW); carrier

Träger m <nfz> • carrier vehicle

Träger m <obfl> *(Untergrund, allg.)* • substrate

Träger m prakt <tele> • carrier frequency

Träger m <wz> *(von Schleifmitteln; z. B. von Schmirgelleinen)* • backing

Trägeramplitude f <tele> • carrier amplitude

Trägeramplitudenabweichung f <tele> • carrier amplitude shift; carrier shift *pract*

Träger auf mehreren Stützen m <bau> *(als Bauteil; i.a. statisch unbestimmt)* • continuous girder; continuous beam

Trägerausgangsleistung f <tele> *(tatsächlich)* • carrier power output

Trägerausgangsleistung f <tele> *(spezifiziert)* • carrier power output rating

Trägerbalken m <edv> *(in Strichcode)* • bearer bar

Trägerbauwerk n <petr> • carrier platform

Trägerbekleidung f <bau.innen> • column and beam encasement

Trägerbetrieb m <tele> • transmitted-carrier operation

Trägerbeweglichkeit f <el> *(Halbleiter)* • carrier mobility

Trägerblech n <kfz.rep> • parent panel

Trägerbox f <edv> *(für CD-ROM)* • disc caddy *US.GB*

Trägerbrücke f BMW <kfz> *(Dachtraversen)* • top carriers pl; carrying bars pl; roof bars pl Jaguar

Trägerbündel n <tele> • carrier beam

Trägerdampfdestillation f <chem> • carrier distillation

Trägerdichte f <el> *(Halbleiter)* • carrier density

Trägerdienst m <tele> • bearer service

Trägerdienste mpl <tele> • support service

Trägerdiffusion f <tele> *(Ladungsträger)* • carrier diffusion

Trägerdriftbeweglichkeit f <el> *(Halbleiter)* • carrier mobility

Trägereinfang m <el> • carrier trapping

Trägerelektrode f <el> • base-plate electrode; supporting electrode

Trägerelektrolyt m <el.chem> • supporting electrolyte

Trägerelement n <tech.allg> *(z. B. für funktionelle Schichten)* • support member

Trägerelement n <nukl> • carrier

Trägerelemente npl <prod.autom> *(für bewegte Werkstücke)* • supports pl

Trägererzeugung mit Hilfsfrequenz f <av> • pilot synchronizing

Trägerfällung f <nukl> • carrier precipitation

Trägerfahrzeug n <logist> *(Tunnellager)* • aisle vehicle; deep lane S/R machine

Trägerfalle f <el> • carrier trap

Trägerfarbe f <phot> *(eines Schichtträgers)* • base tint

Trägerflansch m <bau> *(auch Maschinenbau)* • beam flange; girder flange

Trägerflüssigkeit f <chem> • vehicle

Trägerflüssigkeit f <verf> • carrier liquid

Trägerfluss m <förd> *(Strömungsförderung (z. B. Wasser für Zuckerrüben))* • carrier flow

Trägerfolie f <edv> • base film

trägerfrei *(Radiochemie)* • carrier-free

trägerfreie Elektrophorese f <obfl> • free boundary electrophoresis

trägerfrequente Übertragung f <tele> • carrier transmission

Trägerfrequenz f <av> • carrier frequency

Trägerfrequenz f <edv.av> • carrier frequency; fundamental frequency *stand.*; original frequency

Trägerfrequenz f <lwl> • carrier frequency

Trägerfrequenz f <navig> • carrier frequency

Trägerfrequenz f <tele> • carrier frequency

Trägerfrequenzabweichung f <tele> • carrier shift

Trägerfrequenzendeinrichtung f <tele> • carrier terminal set

Trägerfrequenzfernsprechen n <tele> • carrier telephony

Trägerfrequenzgrundeinrichtung f <tele> • basic carrier telephone equipment

Trägerfrequenzimpuls m <tele> • carrier-frequency pulse

Trägerfrequenzkabel n <tele> • carrier-frequency cable

Trägerfrequenzkanal m <tele> • carrier channel

Trägerfrequenzkonstanz f <tele> • carrier-frequency stability

Trägerfrequenzleitung f <tele> • carrier line; carrier circuit

Trägerfrequenznachrichtenübermittlung f <tele> • carrier-current communication

Trägerfrequenzsperre f <tele> (Kopplungskondensator) • line trap

Trägerfrequenzstrom m <tele> • carrier current

Trägerfrequenzsystem n <tele> • carrier-frequency system

Trägerfrequenztelefonie f <tele> • carrier telephony

Trägerfrequenztelegrafie f <tele> • carrier telegraphy

Trägerfrequenzübertragung f <tele> • carrier transmission

Trägerfrequenzunterdrückung f <tele> • carrier suppression

Trägerfrequenzverstärker m <tele> • carrier amplifier

Trägergas n <chem> • carrier gas

Trägergassublimation f <chem> • entrainer sublimation

Trägergerüst n <energ.sol> (von Solarkollektoren; z. B. zur Dachmontage) • collector structure; collector mounting base; supporting structure; collector pedestal; pedestal pract

Trägergestein n <geo> (als Ggs. zu Ganggestein) • host rock; parent rock; native rock

trägergesteuert <tele> • carrier-controlled

trägergesteuerte Störsperre f <tele> • carrier-operated antinoise device

trägergestütztes Jagdflugzeug n <mil> (Flugzeugträger) • carrier-based fighter; deck fighter; shipboard fighter rare

Trägergewebe n <rls> (von Schläuchen, Kompensatoren) • reinforcement fabric; tire cord US; tyre cord GB; carcass rare

Trägergröße f <av> • carrier

Trägerhalbtaucher m <petr> • semi-submersible carrier

trägerinjiziert <el> (Halbleiter) • carrier-injected

Trägerkatalysator m <kfz.emiss> • supported catalyst

Trägerkörper m <kfz.emiss> (Katalysator; Körper oder Material) • catalyst substrate; catalyst support; substrate pract

Trägerkonzentrationsgefälle n <el> (Halbleiter) • carrier concentration gradient

Trägerlaufzeit f <el> • carrier transit time

Trägerlawine f <el> • carrier avalanche

Trägerlebensdauer f <el> • carrier lifetime

Trägerlebensdauer f <el.edv> • volume lifetime

Trägerlebensdauer f <obfl.qualit> (in Oberflächenschicht) • surface lifetime

Trägerleistung f <tele> • carrier power

trägerlos <bekl> (BH) • strapless

Trägermaterial n; pl: -ien <mat.allg> • substrate

Trägermaterial n <tech.allg> (für Beschichtungen, Überzüge, Leiterbahnen; z. B. Halbleiter, Film) • substrate; carrier material; substrate material; support [material]; base [material]

Trägermaterial n <edv> (Klebeetiketten) • release liner; liner; carrier; release sheet

Trägermaterial n <edv> (Farbband) • carrier ribbon

Trägermedium n <tech.allg> • carrying agent

Trägermedium n <el> • carrying medium

Trägermedium n <mat> • vehicle

Trägermedium n <phys.mat> • transmission medium

Trägermodulation f <el> • carrier modulation

Träger-Modulator-Verhältnis n <edv.av> • carrier-to-modulator ratio (cmr); c-m ratio

trägermodulierend <el> • carrier-modulating

Trägerorganisation f <jur> • executing agency; implementing agents; implementing partners; operational partners

Trägerphase f <navig> • carrier phase; carrier beat phase; phase; carrier-wave phase

Trägerphasenabweichung f <navig> • carrier phase offset

Trägerphasenauswertung f <navig> (durch Messung der Trägerphasenverschiebung) • carrier-phase tracking; carrier tracking pract; phase tracking pract; carrier-aided tracking rare; carrier-phase observation rare

Trägerplatte f <tech.allg> • mounting plate

Trägerplatte f <tech.allg> • supporting plate

Trägerplatte f <tech.allg> • base plate

Trägerplatte f <druck> • platen

Trägerplatte f <edv> (bei Festplatten) • substrate; base

Trägerplatte f <el> (Lumineszenzschirm) • screen base

Trägerplatte f <kfz> • backing plate

Trägerplattform f <petr> • carrier platform

Trägerponton m <nav> (z. B. für Landungssteg, Behelfsbrücke) • pontoon; buoyancy device form; float coll

Trägerprofil n <logist> (Regal) • beam profile

Trägerrakete f <aerospace> (Raumfahrt) • carrier rocket; boost vehicle; launcher vehicle; mother missile

Trägerrauschen n <tele> • carrier noise

Träger-Rausch-Verhältnis n <av> • carrier-noise ratio; carrier-to-noise ratio

Trägerreichweite f <el> (Halbleiter) • carrier range

Trägerrekombination f <el> • carrier recombination

Trägerrost m <bau> • steel grid; girder grillage

Trägerscheibe f <edv> (bei Festplatten) • substrate; base

Trägerschicht f <av> (bei Bändern; z. B. PE) • tape base; base

Trägerschicht f <chem> • backing layer

Trägerschicht f <el> • substrate; base layer

Trägerschwebung f <tele> • carrier beat

Trägerschwingung f <edv> • carrier

Trägersignal m <allg> • carrier signal

Trägersignal n <el> (Modulation) • carrier signal

Trägerspannung f <tele> • carrier voltage

Trägerspeicherung f <el> (Halbleiter) • carrier storage

trägersperrende Drossel f <tele> • carrier-isolating choke coil

Trägerstaueffekt m <tele> • carrier storage effect

Trägersteuerung f <tele> (Hapug-Modulation) • carrier control

Träger-Störungs-Verhältnis n <av> • carrier-interference ratio

Trägerstoff m DIN 55405 <mat.allg> • substrate

Trägerstoff m <med> • vehicle

Trägerstoffdestillation f <chem> • carrier distillation

Trägerstrich m <edv> (in Strichcode) • bearer bar

Trägerstrom m <tele> • carrier current

Trägerstromfernsprechen n <tele> • carrier telephony

Trägerstromtelegrafie f <tele> • carrier telegraphy

Trägerstromverstärker m <tele> • carrier repeater

Trägersubstanz f <chem> • carrier medium; support; vehicle

Trägerteil n <lwl> • silicia chip; chip

Trägerteilchen n <druck> • carrier beads

Trägertelefonie f <tele> • carrier telephony

Trägertelegrafie f <tele> • carrier telegraphy

Trägerumtastverfahren n <tele> • carrier shift keying

Trägerunterdrückung f <tele> • carrier suppression

Trägerverarmung f <el> (Halbleiter) • carrier depletion

Trägerverbau m <hydr> (Baugrube) • beam-type retaining construction

Trägerverbindung f <phys> • carrier compound

Trägerwalzwerk n <metall> • beam rolling mill; girder rolling mill

Trägerwelle f <av> • carrier wave; carrier

Trägerwelle f <edv> • carrier

Trägerwelle f <navig> • carrier wave (CW); carrier

Trägerwellenoszillator m <el> • carrier wave oscillator

Trägerwellenschrift f <edv> • carrier script

Trägerwerkstoff *m* <tech.allg> *(für Beschichtungen, Überzüge, Leiterbahnen; z. B. Halbleiter, Film)* • substrate; carrier material; substrate material; support [material]; base [material]

Trägerwerkstoff *m* <mat> *(als Basis für Beschichtungen etc.)* • base material; basis material; substrate *thsc*

träges Ansprechen *n* <msr> • slow response; sluggish response

träge Sicherung *f* <el> • slow-blow fuse; slow fuse; SLO-BLO fuse *Littelfuse™*; time-delay fuse *rare*; delay-action fuse *rare*

Trägheit *f* <tech.allg> • lag coefficient

Trägheit *f* <tech.allg> • inertia

Trägheit *f* <chem> • inactivity; inertness; indifference

Trägheit *f* <msr> • response time

Trägheit *f ugs* <phys> • inertia

Trägheit *f* <psych> • passivity

Trägheitsachse *f* <mech> • axis of inertia

trägheitsarm <masch> • low-inertia

Trägheitsbewegung *f* <mech> • inertial motion

Trägheitseffekt *m* <ents> • inertial impaction; inertial collection

Trägheitseinschluss *m* <nukl> • inertial confinement

Trägheitsellipse *f* <mech> • inertial ellipse; momental ellipse

Trägheitsellipsoid *n* <mech> • ellipsoid of inertia; inertia ellipsoid; momental ellipsoid

Trägheitsfaktor *m* <el> • inertia factor

Trägheitsflug *m* <aerospace> • inertial flight

Trägheitsgesetz *n* <chem> • law of inertia

Trägheitsgesetz *n* <mech> • Newton's first law; Newton's first law of motion; Newton`s law of inertia

Trägheitshalbmesser *m* <mech> • radius of inertia; radius of gyration

Trägheitshauptachse *f* <mech> • principal axis of inertia

Trägheitskoeffizient *m* • inertia coefficient

Trägheitskraft *f* <mech> • inertial force; force of inertia; inertia force

Trägheitskreis *m* <mech> *(Theorie der Trägheitsmomente)* • circle of inertia

Trägheitslenkung *f* <aerospace> • inertial guidance

Trägheitsmittelpunkt *m* <mech> • inertia center

Trägheitsmoment *n* <kfz> • moment of inertia *wiss-mdl*; rotational inertia; mass momentum *BMW*

Trägheitsmoment *n* <mech> • inertia moment; moment of inertia

Trägheitsmoment *n* <phys> *(Trägheit eines Körpers bei Drehbewegungen)* • mass moment of inertia (J); moment of inertia

Trägheitsnavigation *f* <navig> • inertial navigation

Trägheitsnavigationssystem *n* (TNS) <navig> *(mit Lagekreisel)* • inertial navigation system (INS)

Trägheitsplattform *f* <mil> *(z. B. Visier, Raketenwerfer)* • inertial platform

Trägheitspol *m* <mech> • inertia pole

Trägheitsradius *m* <mech> • radius of inertia; radius of gyration

Trägheitssensor *m* <navig> • inertial reference sensor (IRS)

trägheitsstabilisiert <mil> *(z. B. Visier, Raketenwerfer)* • inertially stabilized

Trägheitstensor *m* <phys> • inertial tensor

Trägheitswiderstand *m* <mech> • inertia force; inertia resistance

Träne *f ugs* <obfl> *(Lackfehler; eher punktuell, einzeln)* • run; hanger *pract*

Träne *f* <prod.obfl> *(Tauchlackieren)* • tear

tränenfrei <obfl> • runs and sags, without ~

Tränengas *n* <chem> • tear-gas

Tränenreizstoff *m* <chem> • lachrymator

Tränensack *m* <bio> • pouch

tränken *vi* <allg> • infiltrate *vi*

tränken *vt* <tech.allg> *(mit wasserabweisendem Mittel, Öl, Wachs etc.)* • impregnate *vt*; imbibe *vt*; soak *vt*

tränken *vt* <tech.allg> *(allg., durchnässen, eintauchen)* • soak *vt*

tränken *vt* <agri> *(Vieh)* • water *vt*

tränken *vt* <bau> • saturate (with) *vt*; wet out (with) *vt*

tränken *vt* <chem> *(Isolierung)* • impregnate *vt*

Tränkharz *n* <chem> • impregnating resin

Tränklack *m* <obfl> • impregnating varnish

Tränklegierung *f* <obfl> • impregnation alloy

Tränkmasse *f* <chem> • impregnation material; impregnation compound

Tränkmittel *n* <chem> • impregnation agent; impregnant

Tränkrohr *n* <min> • infusion tube

Tränkung *f* <bau> • impregnation

Tränkung *f* <chem> • impregnation; soaking; steeping

Tränkung *f* <chem> • imbibition

Tränkung *f* <pap.textil> • soaking

Träufelimprägnierung *f* <obfl> • trickle impregnation

Träufelspule *f* <el> • mush-wound coil

Traffic-Message-Kanal *m* <tele> *(RDS-Radio)* • traffic message channel (TMC)

Trafo *m prakt* <el> *(zur Änderung von Spannung u./o. Stromstärke zw. verschiedenen Stromkre)* • transformer

Trafoöl *n* <el> *(Kühlung)* • transformer oil

Trafoverlust *m prakt* <el> *(z. B. Kupferverlust)* • transformer loss; transformer losses

Tragachse *f* <masch> • bearing axle

Traganteil *m* <masch> *(z. B. Gleitlager)* • percentage of contact area

Tragarm *m* <tech.allg> *(z. B. Mikroskop, Stehlampe)* • supporting arm

Tragarm *m* <bau> • bracket

Tragarm *m* <kfz> • suspension arm

Tragarm *m* <kunst.wz> • cover handle; yoke

Tragarm *m* <logist> *(im Kragarmregal)* • cantilever arm

Tragarm *m* <masch> • bar-storage arm

Tragbalken *m* <bau> • girder; stringer

Tragbalken *m* <edv> *(in Strichcode)* • bearer bar

Tragbalken *m* <förd> • lifting beam

tragbar <tech.allg> *(leicht transportierbar; z. B. TV, PC)* • portable

tragbare Fernsehkamera *f* <av> • walkie-lookie

tragbare Punktschweißzange *f* <füg> • portable spot welding gun

tragbarer Fernseher *m ugs* <av> • portable TV; portable television set

tragbarer GPS-Empfänger *m* <navig> *(GPS)* • handheld receiver; portable GPS receiver

tragbarer Ticketcomputer *m* <bahn> *(von Zugschaffnern)* • mobile ticketing machine *:V*

tragbares Fernsehgerät *n* <av> • portable TV; portable television set

tragbares Funkgerät *n* <tele> • pack radio set

tragbares Funksprechgerät *n* <tele> *(eher schwer, mit großer Sendeleistung)* • portable radio transceiver; portable two-way radio; portable radio set

tragbares Gerät *n* <tech.allg> • portable; portable set

tragbares Mehrfachmessgerät *n* <msr> • portable multi-component measuring instrument

tragbares Messgerät *n* <nukl> • hand dosimeter

tragbare Stereoanlage *f* <av> • portable stereo system; boom box *coll*; ghetto blaster *coll.derog*

Tragbild *n* <kfz.mot> *(allg.)* • contact pattern; wear pattern

Tragbild *n* <masch> *(Kolben, Lager)* • surface appearance

Tragbild *n* <masch> *(Gleitlager, Zahnradpaar)* • wear pattern; gear-tooth contact pattern; tooth bearing

Tragbild *n* <obfl> *(Lagerfläche (im Zusammenhang mit Rauheit))* • contact area

Tragbild zwischen Ventil und Ventilsitz *n* <kfz.mot> • valve/valve seat contact pattern

Tragbock *m* <masch> • bearer; pedestal

Tragbügel *m* DIN 55405 <pack.teil> • bail

Tragdorn *m* <förd> • ram

Tragdorn *m* <masch> *(Gabelstapler)* • boom

Tragdornanbaugerät *n* <förd> • ram attachment

Tragdraht *m* <tech.allg> *(horizontal gespannt oder durchhängend)* • catenary wire

Tragdraht *m* <bahn> *(des Fahrdrahts)* • catenary; catenary wire; catenary cable; span wire; suspension wire

Tragearm *m* <phot> *(Verbindung zw. Vergrößererkopf und Säule)* • supporting arm

Tragebalken *m* <edv> *(in Strichcode)* • bearer bar

Trageband *n* <navig> *(Meridiankreisel)* • suspension tape

Tragebeutel *m* DIN 55405 <pack> • handle bag

Trageeinrichtung *f* <bekl> *(Helm)* • retention system

Tragegriff *m* <bau.innen> *(für Gipskartonplatten)* • board carrier :V

Tragegriff *m* <kunst.wz> • cover handle; yoke

Tragegurt *m* <bau.innen> • belt

Trageeigenschaft *f* <textil> *(Bekleidung)* • wear property; wearability

Trageklötzchen *n* <bau> • bearing block :V

Tragekoffer *m* <wz> • carrying case

Tragekomfort *m* <bekl> • comfort

Tragekonstruktion *f* <energ.sol> *(für Solarzellen)* • support structure

tragen *vt* <tech.allg> *(Bauwesen, Maschinenbau)* • bear *vt*

tragen *vt* <tech.allg> *(z. B. Kran trägt Last)* • carry *vt*

tragen *vt* <edv> *(Informationen usw.)* • carry *vt*

tragen *vt* <energ.sol> *(Solarzellen)* • support *vt*

tragen *vt* <mech> • support *vt*

tragend <tech.allg> • load-bearing

tragende Außenhaut *f* <fz> *(z. B. Flugzeug, PKW, Autobus)* • stressed skin

tragende Fläche *f* <masch> *(z. B. eines Wellenzapfens)* • bearing surface

tragende Fläche *f* <mech> *(betont: Größe, Abmessungen; z. B. in mm²)* • support area; bearing area; load-carrying area

tragende Flanke *f* <masch> • pressure flank; load flank; load-resisting flank *rare*

tragende Gewindeflanke *f* <masch> • pressure flank; load flank; load-resisting flank *rare*

tragende Komponente *f* <tech.allg> *(belastetes Teil eines Tragwerks)* • structural part; structural component; load-carrying component; load-bearing component; structural member

tragende Konstruktion *f* <bau.fz> • supporting structure

tragende Länge *f* <mech> *(zur Berechnung, Bemessung angenommen)* • bearing length

tragender Anker *m* <el> • riding anchor

tragendes Bauteil *n* <tech.allg> *(belastetes Teil eines Tragwerks)* • structural part; structural component; load-carrying component; load-bearing component; structural member

tragendes Element *n* <tech.allg> *(belastetes Teil eines Tragwerks)* • structural part; structural component; load-carrying component; load-bearing component; structural member

tragendes Karosserieteil *n* <kfz> • load-bearing part; structural member; structural part

tragendes Teil *n* <tech.allg> *(belastetes Teil eines Tragwerks)* • structural part; structural component; load-carrying component; load-bearing component; structural member

tragende Struktur *f* IEV 415 <bau> • support structure IEV 415

tragende Wand *f* <bau> • load-bearing wall; bearing wall

tragende Zahnflanke *f* <masch> *(Verzahnung)* • active profile

Trageplatte *f* <masch> *(betont: Last tragend)* • bearing plate

Trageriemen *m* <phot> *(für Kamera)* • neck strap; camera strap

Trageriemenöse *f* <phot> *(an Kamera)* • neck-strap eyelet; shoulder strap holder

Trageschlaufe *f* <navig> *(für den Empfänger)* • wrist strap

Trageschlaufe *f* <phot> *(Kamera)* • strap

Tragestruktur *f* <nukl> *(für Kernreaktor)* • support structure

Tragetasche *f* <kfz.pack> *(für Autoabdeckung)* • storage bag

Tragetasche *f* <pack> • carrying case

Tragetasche *f* <pack> *(für Kleinkinder, Säuglinge)* • infant carrier; carrier

Tragetasche *f* <pack> • carrier bag

Tragevorrichtung *f* DIN 55405 <pack.teil> • carrying device

tragfähiger Boden *m* <bau> • natural foundation

tragfähiger Untergrund *m* <bau> • natural foundation

Tragfähigkeit *f* <autom> *(eines Roboters)* • payload; load capacity *Unimation*

Tragfähigkeit *f* <bau> • bearing capacity; capacitance; structural load; structural stability

Tragfähigkeit *f* <förd> *(Kran; typ. in Tonnen)* • maximum load; hoisting capacity; lifting capacity; crane capacity

Tragfähigkeit *f* <förd> *(Lift; meist in kg und Anzahl Personen)* • capacity; lifting capacity

Tragfähigkeit *f* <fz> *(von Reifen; in kg)* • load rating; tire load carrying capacity; load carrying capacity; tire carrying capacity; carrying capacity

Tragfähigkeit *f* <logist> *(RFZ)* • load capacity; capacity

Tragfähigkeit *f* <masch> • load-bearing capacity; carrying capacity; load rating

Tragfähigkeit *f* <mech> *(statisch, dynamisch)* • bearing power; bearing capacity

Tragfähigkeit *f* <nav> • deadweight-carrying capacity; deadweight capacity

Tragfähigkeitsgrenze *f* <masch> • bearing limit

Tragfähigkeitsindex *m* <fz> *(von Reifen)* • load index (LI)

Tragfähigkeitskennzahl *f* (LI) <fz> *(von Reifen)* • load index (LI)

Tragfähigkeitsklasse *f* <prod> • load range

Tragfähigkeitsskala *f* <msr> • deadweight scale

Tragfähigkeitsskala *f* <nav> • draught-deadweight scale

Tragfähigkeitswert *m* <prod> • ply-rating (PR)

Tragfeder *f* <masch> • bearing spring; suspension spring

tragfest <textil> *(Naht)* • resistant to wear[ing]; resistant to wear and tear

Tragfläche *f* <aerospace> *(betont: Flügelform, Strukturelement)* • wing

Tragfläche *f* <aerospace> *(als Begriff der Aerodynamik)* • airfoil *US*; aerofoil *UK*

Tragfläche *f* <nav> *(zum Gleiten auf Wasser)* • hydrofoil *US/UK*; hydroplane *US*

Tragflächenboot *n* <nav> • hydroplane; hydrofoil boat *UK*; hydrofoil *UK*; hydrofoil craft

Tragflächenprofil *n* <aerospace> • airfoil section; wing profile; wing section

Tragflügel *m* <aerospace> *(als Begriff der Aerodynamik)* • airfoil *US*; aerofoil *UK*

Tragflügel m <aerospace> *(betont: Flügelform, Struktur-element)* • wing

Tragflügelanstellwinkel m <aerospace> • wing attack angle

Tragflügelende n <aerospace> • wing-tip

Tragflügelflattern n <aerospace> • wing flutter

Tragflügelkante f <aerospace> • wing trailing edge

Tragflügelmittelstück n <aerospace> • center-section wing; center-inner wing; center-inboard wing; stub wing

Tragflügelpfeilung f <aerospace> • wing sweep

Tragflügelprofil n <aerospace> • airfoil section; wing profile; wing section

Tragflügelschaufel f <turb> • aerofoil-section blade

Tragflügelsehne f <phys> *(wichtiges Maß in der Tragflügelaerodynamik)* • wing chord

Tragflügelspannweite f <aerospace> • wing span

Tragflügelstrebe f <aerospace> • wing strut

Tragflügelumströmung f <phys> • flow about an aerofoil

Tragflügelverjüngung f <aerospace> • wing taper

Tragflügelvorderkante f <aerospace> • wing leading edge

Tragflüssigkeit f <navig> • flotation fluid; floatation fluid

Traggelenk n <fz.masch> • supporting ball joint; suspension ball joint

Traggerüst n <bau> • support rack

Traggriff m DIN 55405 <pack.teil> • handle

Traghaken m <förd> • suspension hook

Tragheitsnavigationssystem n <navig> • inertia navigation system (INS)

Tragholm m <fz> *(z. B. Waggon, Flugzeug)* • load-carrying spar

Traghülse f <masch> • carrying sleeve; carrying quill

Tragkabel n <el> • messenger cable

Tragkette f <el> *(z. B. Freileitung)* • suspension chain

Tragkette f <förd> *(Stetigförderer (Kreisförderer ...))* • carrying chain

Tragkettenförderer m <förd> • rigid-arm elevator

Tragklötzchen n <bau> • bearing block :V

Tragklotz m <masch> *(Gleitlager)* • segment; shoe

Tragkörper m <aerospace> • lifting body

Tragkörper m <opt> • block

Tragkoffer m <pap> • carrying case

Tragkonstruktion f <tech.allg> • supporting structure

Tragkopf m <kfz.rep> *(Richtbankzubehör)* • lifting plate

Tragkraft f <förd> *(z. B. Kran)* • carrying force; lift force; load-carrying capacity; portative force

Tragkraft f <mech> • carrying capacity

Tragkraft- und Typenschild n <logist> • plaque

Tragkranz m <bau> • lintel girder

Tragkranz m <masch> • bearing crib

Tragkranz m <min> • walling crib; wedging crib; wedge ring

Traglager n <tech.allg> *(Bauwesen, Maschinenbau)* • bearing support

Traglager n <masch> • angular bearing; journal bearing; plummer block; yoke

Traglast f <autom> *(z. B. Roboter)* • payload

Traglast f <mech> • collapse load; ultimate load

Traglast f <qualit.mat> • plastic collapse load

Traglastverfahren n <bau.mech> *(statische Berechnung)* • ultimate load design method; ultimate load method

Traglastverfahren n <mech> *(Festigkeitsrechnung)* • limit plastic design; limit-load plastic design; load-factor method

Traglatte f <bau.innen> • cross joist

Traglattung f <bau.innen> • cross joists pl

Traglufthalle f <bau> • inflatable structure

Tragmast m <el> • straight-line support; straight-line support tower

Tragmast m <el> *(Fahrleitung, Freileitung)* • suspension pole; suspension tower

Tragorgan n <förd> • load carrier

Tragplatte f <tech.allg> • base plate

Tragplatte f <kfz> *(Motor)* • bed

Tragprofil n <bau.innen> • cross bar :V; ceiling channel

Tragrand m ISO 13666 <opt> *(Brille)* • carrier ISO 13666

Tragring m <agri> *(Melkkarausell)* • cow platform

Tragring m <masch> *(Welle)* • thrust collar; collar set

Tragring m <metall> *(Hochofen)* • mantel ring

Tragring m <min> • ring crib

Tragring m <mot> *(Kolben)* • ring support; ring carrier

Tragrohr n <fz> *(z. B. Motorradgabel)* • inner tube

Tragrohr n <masch> • suspension tube

Tragrolle f <förd> *(Stetigförderer, z. B. Gurtförderer)* • carrier roller; idler roller

Tragrolle f <theat> • carrying pulley

Tragrost m <tech.allg> *(Bauwesen (Fundament), Maschinenbau)* • carrying grid

Tragsäule f <tech.allg> *(Bauwerk, Maschine)* • strut

Tragsäule f <bahn> *(für Fahrdraht)* • supporting column

Tragschicht f <bau> *(Straßenbau)* • base; base course

Tragschicht f <kfz.mot> *(des Gleitlagers)* • bearing material

Tragschicht f <masch> • bearing stratum

Tragschicht f <mat> *(für andere Schicht)* • substratum

Tragschichtmaterial n <bau> *(Straßenbau)* • base material

Tragschiene f <el> *(für Schaltschrankkomponenten; typ. Hutschiene)* • mounting rail

Tragschlauch m <nav> *(Schlauchboot)* • buoyancy tube

Tragschneide f <masch> • bolster cross member

Tragschraube f <aerospace> • lifting rotor; helicopter rotor; primary rotor

Tragschraube f <aerospace> *(Hubschrauber)* • main rotor

Tragschraubenflugzeug n <aerospace> • gyroplane; autogiro

Tragschrauber m <aerospace> • gyroplane; autogiro

Tragschrauber m <aerospace> • autogiro

Tragschrauber m <aerospace> • gyroplane; autogiro

Tragseil n <tech.allg> *(zwischen zwei Punkten gespannt bzw. durchhängend; z. B. bei Hängebrücke)* • carrying rope; catenary cable; carrying cable

Tragseil n <bahn> *(des Fahrdrahts)* • catenary; catenary wire; catenary cable; span wire; suspension wire

Tragseil n <bau.bahn> *(für Fahrdraht, Freileitung)* • supporting cable

Tragseil n <el> • bearer cable; messenger cable

Tragseil n <förd> • hauling rope

Tragseil n <förd> *(Kabelbagger, Kabelkran)* • track cable

Tragseil n <theat> • wire cable; line

Tragseil n <verk> *(Seilbahn)* • track rope; standing rope

Tragspiegel m DIN ISO 6621 <mot> *(Kolbenring)* • witness line ISO 6621

Tragstein m <bau> *(für ein Gesims; eher hoch als tief)* • ancon; bracket

Tragstern m <el> *(Generator)* • spider

Tragstruktur f <energ.sol> *(für Solarzellen)* • support structure

Tragtiefe f <masch> *(Gewinde)* • engagement depth

Tragtiefe f <masch> • engagement depth; thread overlap; depth of thread engagement; height of thread engagement; depth of engagement

Tragwalze f <druck> • carrier roll

Tragwalze f <förd> *(Stetigförderer)* • carrier roller

Tragwalzenaufrollung f <druck> • carrier roll rewinding

Tragwand f <bau> • load-bearing wall; bearing wall

Tragweite f <jur> • extent of protection; range of protection; scope of protection

Tragwerk n <tech.allg> (Fahrzeug, Maschine) • framework
Tragwerk n <aerospace> • mainplane [structure]; wing assembly
Tragwerk n <bau> • supporting structure
Tragwerksplan m DIN ISO 10209-4 <bau.doku> • structural engineering drawing ISO 10209-4
Tragwerkzylinder m <nukl> • plenum cylinder
Tragzahl f <masch> • basic load rating; rated load
Tragzapfen m <masch> • pivot; trunnion
Trailer m <edv> • postamble; postfix; suffix
Trainee m <did> • trainee
trainieren vt <did> (Personal; z. B. Maschinenführer) • train vt
trainieren vt <masch> (Federn) • coax vt
Trainingsabzug m FWB <mil> • dry-firing mechanism; dry fire mechanism
Trainingsbank f <sport.tech> (z. B. im Sportstudio) • workout bench; bench pract
Trainingsbügel m <fz> (am Fahrrad) • flat handlebar ISO 8090
Trainingslenker m <fz> (am Fahrrad) • flat handlebar ISO 8090
Trainingsschießen n <sport> • shooting practice
Trajekt m <nav> • ferry bridge
Trajektorie f <doku> (schmale Strichpunktlinie) • trajectory
Trajektorie f <phys> • trajectory
Traktion f <fz> (zwischen Reifen und Fahrbahn/Schiene) • traction; tractive force
Traktionsausrüstung f <bahn> • traction system
Traktionsbatterie f <fz.el> • traction battery
Traktionseinflüsse mpl <kfz> (bei Vorderradantrieb) • torque steer
Traktionseinflüsse auf die Lenkung mpl <kfz> (bei Vorderradantrieb) • torque steer
Traktionsqualität f <bahn> • traction quality
Traktionsvermögen n <kfz> • traction potential
Traktor m <agri> (für Landwirtschaftsgeräte etc.) • tractor; agricultural motor tractor form; agricultural tractor; farm tractor
Traktor m <druck> (zum Transport von Endlospapier) • tractor; form tractor form; tractor unit
Traktor m <förd> • towing tractor ISO 5053
Traktorabdeckung f <druck> • tractor cover; tractor flap; tractor clamp
Traktoranhänger m <agri> • tractor trailer
Traktoranhängevorrichtung f <agri> • tractor hitch
Traktorantrieb m <druck> • sprocket feed; pin feed; pin feed tractor; tractor drive
Traktoraufsatz m <druck> • tractor drive assembly
Traktorenabstand m <druck> • pin distance; tractor pin spacing
Traktorenkraftstoff m <nfz> • tractor fuel
Traktorenöl n <tribo> • tractor vaporizing oil
Traktorenpaar n <druck> • tractors; tractor pair
Traktorführungsstange f <druck> • tractor guide bar
Traktorklappe f <druck> • tractor cover; tractor flap; tractor clamp
Traktorlösehebel m <druck> • tractor release lever
Traktorpaar n <druck> • tractors; tractor pair
Traktorpflug m <agri> • tractor plough
Traktorstift m <druck> • tractor pin; sprocket tractor pin; tractor tooth; transport pin
Traktortransport m <edv> • pin feed; tractor feed; sprocket feed
Traktorvorschub m <druck> • pin feed tractor
Traktorvorschub m <druck> • sprocket feed; pin feed; pin feed tractor; tractor drive
Traktorvorschubstift m <druck> • tractor pin; sprocket tractor pin; tractor tooth; transport pin

Traktorzahn m <druck> • tractor pin; sprocket tractor pin; tractor tooth; transport pin
Traktrix f <math> • tractrix; tractrix curve
Traktur f <mus> (Orgel) • action
Trakturspanner m <mus> (Orgel) • floating beam springs pl; floating beam weights pl
Trakturspannung f <mus> (Orgel) • action tension; action tensioning; tracker action key touch; action touch
Tram f A.CH <bahn> • street car US; tram [car] GB
Trambahn f süddt <bahn> • street car US; tram [car] GB
Trampeln n <kfz> • axle tramp; tramp pract
Tran m • transinformation content per symbol
Tran m <bio> • train-oil
Tran m <nahr> • fish-oil
tranig <nahr> (Geschmack; Speiseeisfehler) • oxidized; cardboard flavor; tallowy; cappy; painty
Trankochanlage f <nav> • liver plant
Trans-104-Element n <chem> • superheavy element
Transadmittanz f <el> • transadmittance
Transaktinide[n] npl <chem> • transactinide elements
Transaktion f norm. <edv> • transaction stand.
transaktiv adj <med> (aus der Entfernung wirken) • transacting adj
Transaxle-Bauweise f <kfz> • rear wheel drive transaxle
Transaxle-Einheit f prakt <kfz.antr> (bei Frontantrieb oder Transaxle-Bauweise) • transaxle
Transbrake-Knopf m <kfz.antr> (Automatikgetriebesperre) • transbrake button
Transducerhorn n <ic> (Sonotrode beim Drahtbonden) • transducer horn; horn
Transduktor m <el> • transductor; magnetic amplifier
Transduktor m <msr> • transductor
Transduktordrossel f <el> • transductor; magnetic amplifier
Transduktordrossel f <phys> • transductor choke
Transduktorelement n <phys> • transductor element
Transduktor in Reihenschaltung <el> • series transductor
Transferband n <edv> • transfer film; transfer ribbon
Transferbefehl m <edv> • transfer command; transfer instruction
Transferdruck m <mot> • transfer pressure
Transferdrucker m <edv> • transfer printer
Transferelement n <el> • transfer electron device
Transferfahrzeug n <logist> (z. B. für Luftfracht-ULD) • transfer vehicle (TV)
Transferfaktor m <ents> (Stoffübergang von einem Medium in ein anderes) • transfer factor
Transferfolie n <edv> • transfer film; transfer ribbon
Transferformen n <kst.prod> • transfer molding
transferieren vt <med> • blot vt
Transferkanal m <el> • transfer channel
Transferkontrolle f <edv> • transfer check
Transfermaschine f <prod> (Fertigungsstraße) • transfer machine
Transferpresse f <kst.prod> • transfer press
Transferpressen n <kst.prod> • transfer molding
Transferpulver n <textil> (zur Musterübertragung durch Sieb etc.) • pounce
Transferpumpe f <mot> • transfer pump
Transferrate f <edv> (einer Verbindung; Signale pro Zeiteinheit) • data transfer rate; transfer rate; throughput rate; data rate ugs; data throughput
Transferstraße f <prod> • transfer line; automated linked line rare
Transferwalze f <druck> (Farb- und Feuchtwerk) • transfer roller; transfer roll
transfinite Kardinalzahl f <math> • transfinite cardinal number

Transfluxor *m* <el> • transfluxor; multi-aperture core
Transfluxorlogik *f* <edv> • transfluxor logic
trans-Form *f* <chem> • trans form
Transformation *f* <tech.allg> • transformation
Transformationsbereich *m* <silik> • transformation range
Transformations-EMK *f* <el> • transformation electromotive force
Transformationsgleichung *f* <phys.math> • transformation equation
Transformationsglied *n* <el> • matching pad; matching section; impedance matching set
Transformationshülse *f* <el> *(Hohlleiter)* • slug
Transformationsintervall *n* <metall> • transition interval
Transformationsmatrix *f* <math> • transform matrix
Transformationstemperatur *f* <kst> • glass-transition temperature; transition temperature *pract*
Transformationstheorie *f* <phys> *(Quantenmechanik)* • transformation theory
Transformator *m* <el> *(zur Änderung von Spannung u./o. Stromstärke zw. verschiedenen Stromkre)* • transformer
Transformatorabgriff *m* <el> • transformer tap
Transformatoranpassung *f* <el> • transformer adaptation
Transformatoranzapfung *f* <el> • transformer tap
Transformatorbank *f* <el> • transformer bank
Transformatorblech *n* <el.mat> • transformer plate; transformer sheet
Transformatorersatzschaltung *f* <el> • transformer equivalent circuit
transformatorgekoppelt <el> • transformer-coupled
Transformatorgleichrichter *m* <el> • transformer rectifier
transformatorische Rückkopplung *f* <el> • transformer feedback
Transformatorisolation *f* <el> • Transformer Isolation
Transformatorkern *m* <el> • transformation core; transformer core
Transformatorkessel *m* <el> • transformer tank
Transformatorkopplung *f* <el> • transformer coupling
Transformatorleistung *f* <el> • transformer capacity
Transformatormantel *m* <el> • transformer shell
Transformator mit geteilter Wicklung *m* <el> • split transformer
Transformator mit Luftkühlung *m* <el> • air-cooled transformer
Transformatoröl *n* <el> • transformer oil
Transformatorrückkopplung *f* <el> • transformer feedback
Transformatorspule *f* <el> • transformer coil
Transformatorstation *f* <el> • transformer station; voltage transformation substation
Transformatorsystem *n* <msr> • transformer system
Transformatorübersetzungsverhältnis *n* <el> • transformer ratio
Transformatorverlust *m* <el> *(z. B. Kupferverlust)* • transformer loss; transformer losses
Transformatorverlustleistung *f* <el> *(z. B. Kupferverlust)* • transformer loss; transformer losses
Transformatorwagen *m* <bahn> • transformer carriage
Transformatorwagen *m* <nfz> • transformer truck
Transformatorwicklung *f* <el> • transformer winding
transformieren *vt* <el> • transform *vt*
Transformierte *f* <math> • transform
Transformstörung *f* <geo> • transform fault
Transfusion *f* <chem> • diffusion through a porous diaphragm
Transfusion *f* <med> *(Bluttransfusion)* • transfusion
transgenes Tier *n* <med> • transgenic animal
Transgression *f* <geo> • transgression
transhorizontale Ausbreitung *f* <phys> *(von Funkwellen)* • transhorizon propagation

transient *DIN IEC 50* <tech.allg> *(Übergang von einem stationären Zustand in einen anderen)* • transient *DIN IEC 50*
Transiente *f* <msr> *(Übergang von einem stationären Zustand in einen anderen)* • transient
Transientenrekorder *m* <msr> • transient recorder
Transientenschutz *m* <el> • transient protection
Transienten-Störspannung *f* <msr> • transient noise voltage
transiente Reaktanz *f* <el> • transient reactance
transiente Reaktanz *f* <phys> • direct-axis transient reactance
transienter Kurzschlusswechselstrom *m* <el> • transient short-circuit current
transienter Vorgang *m* <msr> *(Übergang von einem stationären Zustand in einen anderen)* • transient
transiente Spannung *f* <el> • transient voltage
transiente Stabilität *f* <msr.el> • transient stability
transiente Zeitkonstante *f* <phys> • transient time constant
Transistor *m* <el> *(Halbleiterschaltelement)* • transistor
Transistoralterung *f* <qualit.el> • transistor aging
Transistorbasis *f* <el> • transistor base
Transistorbaugruppe *f* <el> • transistor assembly
transistorbestückt <el> • transistorized
Transistor-Dioden-Logik *f* <el> • transistor-diode logic
Transistordriftbeweglichkeit *f* <el> • transistor drift mobility
Transistoremitterfolger *m* <el> • transistor emitter follower
Transistorempfänger *m* <av> • transistor radio; transistor receiver
Transistorfrequenz *f* <el> • transistor frequency
transistorgetaktet <el> • transistor-cycled
Transistorgrundschaltung *f* <el> • basic transistor circuit
transistorischer Flüchtling *m* <jur> • refugee in transitu
transistorisierte Baugruppe *f* <el> • transistorized assembly
Transistorisierung *f* <el> • transistorization
Transistorkennlinie *f* <el> • transistor characteristic
Transistorlogik *f* <el.msr> • transistor logic
Transistor mittlerer Leistung *m* <el> • medium-power transistor
Transistorradio *n* <av> • transistor radio
Transistorrauschen *n* <el> • transistor noise
Transistorschalter *m* <el> • transistor switch
Transistorschaltung *f* <el> • transistor circuit
Transistorschaltungsentwurf *m* <el> • transistor circuit design
Transistorsender *m* <el> • transistor transmitter
Transistorspannungsregler *m* <el> • transistor voltage regulator
Transistorspulen-Zündung *f* **TSZ** <mot.el> • transistorized ignition system
Transistorspulen-Zündung mit Hallgeber *f* (TSZ-h) <mot.el> • transistorized ignition system with Hall-effect; inductive semiconductor ignition with Hall-effect
Transistorspulenzündung mit Hallgeber TSZ-H <kfz.el> • transistorized ignition with Hall generator (TI-H) *Bosch*; transistorized coil ignition with Hall sensor TCI-h; Hall-effect ignition system
Transistor-Spulenzündung mit Induktionsgeber, TSZ-I <kfz.el> • transistorized ignition with magnetic pickup (TI-I) *Bosch*; transistorized ignition with inductive pickup; transistor controlled magnetic pulse type ignition; transistorized ignition system with inductive pulse generator; transistorized ignition with induction-type pulse generator

Transistorsystem *n* <el> • transistor system
Transistortetrode *f* <el> • transistor tetrode
Transistor-Transistor-Logik *f* (TTL) <edv.av> • transistor-transistor logic (TTL); TTL gate; TTL
Transistor-Transistor-Logik *f* <el> • T2L
Transistor-Transistor-Logikschaltkreis *m* <edv> • transistor-transistor logic circuit
Transistortriode *f* <el> • transistor triode
Transistorverstärker *m* <el> • transistor amplifier
Transistorverstärkung *f* <el> • transistor gain
Transistor-Widerstand-Logik *f* <edv.el> • TRL
Transistor-Widerstand-Logik *f* <el> • transistor-resistor logic
Transistorzerhacker *m* <el> • transistor chopper
Transistorzündanlage mit Unterbrecherkontakt *f* <kfz.el> • breaker-triggered transistorized ignition [system] (TI-B) *Bosch*; contact-controlled transistorized ignition
Transistorzündung *f* (TZ) <mot.el> • transistorized ignition system
Transistorzündung mit elektronischem Unterbrecher *f rar* <kfz.el> • breakerless transistorized ignition [system]; contactless electronic ignition [system]
Transistorzündung mit Hallgeber *f* (TZ-H) *Bosch* <kfz.el> • transistorized ignition with Hall generator (TI-H) *Bosch*; transistorized coil ignition with Hall sensor TCI-h; Hall-effect ignition system
Transistorzündung mit Induktionsgeber *f* (TZ-I) *Bosch* <kfz.el> • transistorized ignition with magnetic pickup (TI-I) *Bosch*; transistorized ignition with inductive pickup; transistor controlled magnetic pulse type ignition; transistorized ignition system with inductive pulse generator; transistorized ignition with induction-type pulse generator
Transistorzündung mit mechanischem Unterbrecher *f rar* <kfz.el> • breaker-triggered transistorized ignition [system] (TI-B) *Bosch*; contact-controlled transistorized ignition
Transit <navig> • Transit; Navy Navigation Satellite System NNSS *rare*; Transit system
Transitamt *n* <tele> • transit exchange
Transit-Empfänger *m* <navig> • Transit receiver
Transitfrequenz *f* <el> • transit frequency
Transition *f* <edv> • transition
Transitional Low Emission Vehicle (TLEV) <kfz.emiss> • Transitional Low Emission Vehicle (TLEV)
Transitleitung *f* <el> • transit line
transitorische Längsimpedanz *f* <el> • direct-axis transient imped-ance
Transitron *n* • transitron
Transit-Satellitennavigationssystem *n* (Transit) <navig> • Transit; Navy Navigation Satellite System NNSS *rare*; Transit system
Transit-System *n* <navig> • Transit; Navy Navigation Satellite System NNSS *rare*; Transit system
Transit Time Magnetic Pumping *n* (TTMP) <nukl> • transit time magnetic pumping
Transkoder *m* <av> • transcoder
transkristallin <mat> • transcrystalline
transkristalliner Bruch *m* <qualit.mat> • transcrystalline fracture
transkristalline Spannungsrisskorrosion *f* <qualit.mat> • transgranular stress-corrosion cracking
Translation *f* <edv> • translation
Translation *f* <mat> • translatory shift
Translation *f* <mech> • translation
Translation *f* <transl> (*betont: Übersetzen + Dolmetschen*) • translation and interpretation
Translation *f wiss* <transl> (*wiss. für Übersetzen*) • translation

Translationsbewegung *f* <mech> • translational motion; translatory motion
Translationsebene *f* <tech.allg> • glide plane
Translationsebene *f* <mat> • translation plane; slip plane
Translationsenergie *f* <mech> • translational energy
Translationsfläche *f* <edv> (*Leitlinie gekrümmt oder gerade*) • swept surface
Translationsfläche *f* <edv> • tabulated cylinder
Translationsfläche mit gekrümmter Leitlinie <edv> • curve driven surface
Translationsfläche mit gerader Leitlinie <edv> • tabulated cylinder
Translationsfreiheitsgrad *m* <mech> • translational degree of freedom
Translationsgitter *n* <mat> • translation lattice
Translationsinvarianz *f* <math> (*Algebra, Geometrie*) • translation invariance
Translationskörper *m* <edv> (*CAD; Leitlinie gekrümmt oder gerade*) • swept solid
Translationskörper *m* <edv> • extrusion object
Translationskörper *m* <edv> • tabulated cylinder
Translationskörper mit gekrümmter Leitlinie <edv> • curve driven solid
Translationskörper mit gerader Leitlinie <edv> • tabulated cylinder
Translationsmodul *m* <autom> • translational module
Translationsneigung *f* <pap> • translation tendency
Translationsplatzwechsel *m* <mat> • translatory shift
Translationsrichtung *f* <mat> • slip direction
Translationsschale *f* <bau> • translational shell
Translationswelle *f* <phys> • translational wave
translatorisch <autom> (*Bauart*) • linear
translatorisch <mech> (*Bewegung*) • translational
translatorisch *wiss* <mech> • translatory
translatorisch bewegen *vt* <mech> • translate *vt*; move laterally *vt*
translatorische Bewegung *f* <mech> • translational motion
transliterierte Form *f* <term> • transliterated form
transluzent <opt> • translucent
transluzid <opt> • translucent
Transmembranprotein *n* (TM) <bio.chem> • transmembrane protein (TM); inner membrane glycoprotein
Transmission *f* <masch> • transmission
Transmission *f* <mat> (*von Licht, Wärme durch Material*) • transmittance
Transmission *f* <opt> • transmission
Transmissionline-Gehäuse *n* <av> • transmissionline enclosure
Transmissions-Absorptionsprodukt *n* <energ.sol> • transmittance-absorptance product; transmittance-absorptance coefficients product
Transmissionsdynamometer *n* <msr> • transmission dynamometer
Transmissionselektronenmikoskopie *f* <phys> • transmission electron microscopy; TEM
Transmissionsfaktor *m* <phys> • transmission factor
Transmissionsfilter *m* <energ.sol> • heat mirror; heat reflector; high-infra-red reflectance coating
Transmissionsgitter *n* <opt> • transmission grating
Transmissionsgrad *m* <energ.sol> • transmittance
Transmissionsgrad *m* <opt> • transmittance
Transmissionskoeffizient *m* <opt> (*Extinktion*) • transmission coefficient
Transmissionsmessung *f* <opt.msr> • transmission measurement
Transmissionsriemen *m* <antr> • transmission belt
Transmissionsstufengitter *n* <opt> • transmission echelon

Transmissionsverluste *mpl* <energ.sol> • transmission losses *pl*

Transmissionsvermögen *nsg* <energ.sol> • transmissivity

Transmissionswärmeverlust *m* <bau> • transmission heat loss; transmission loss

Transmissionswelle *f* <masch> • transmission shaft; line shaft

Transmissivität *f* <energ.sol> • transmissivity

Transmissometer *n* <opt.msr> *(zur Sichtweitemessung z. B. auf Flugplätzen)* • transmissometer

Transmitter *m* <msr> • transmitter

Transmutation *f* <nukl> • transmutation

Transmutation *f* <phys> • atomic transformation

Transmutationsanlage *f* <nukl.ents> • transmutation plant

Transom *n* <nav> • transom

Transomheck *n* <nav> • transom stern

Transomwrange *f* <nav> • transom floor

Transparency-Falloff *m* <edv> • transparency falloff

transparent <energ.sol> • translucent; transparent

transparent <mat> • transparent; translucent; nonopaque; diaphanous

transparent <pap> • transparent; translucent

transparent <phys> *(für Licht)* • transparent

transparent <qualit.mat> • transparent

transparent <tele> *(Datenübertragung ohne Fehlersicherungsprotokoll)* • transparent

Transparentchromatierung *f* <obfl> • chromating process for transparent coating

transparente, elektrisch leitfähige Oxidschicht *f* <energ.sol> • TCO-film; transparent, conductive oxide film

transparente Druckfarbe *f* <druck> • transparent ink

transparente Körbchen *npl* <bekl> *(BH)* • sheer cups

Transparentemail *n* <obfl> • transparent porcelain enamel; transparent vitreous enamel; clear glass frit; clear frit; translucent porcelain/vitreous enamel

transparenter Trägerdienst *m* <tele> • transparent bearer service

transparentes, leitfähiges Oxid *n* (TCO) <opt.el> • transparent conductive oxide (TCO)

transparente Wärmedämmung *f* <opt.therm> • transparent insulation (TI)

Transparentfolie *f* <phot> *(für Tageslichtprojektor)* • transparent foil

transparent isolierte Wand <bau> • transparently insulated wall (TI wall); transparent insulation wall

Transparentkopie *f* <büro> • transparency copy

Transparentlack *m DIN 55 945* <obfl> • transparent lacquer; clear varnish

Transparentpapier *n* <pap> • glazed tracing paper; tracing paper; transparent paper

Transparentpaste *f* <obfl> • transparent gel

Transparentweiß *n* <obfl> • reducing white

Transparentzeichnung *f* <doku> *(kann mit anderen Zeichnungen gemeinsam kopiert werden)* • overlay drawing

Transparenz *f* <mat> • light transmission; transparency

Transparenz *f* <opt> • transparency

Transparenz *f prakt* <opt> • ideal transmission *thsc*; transparency *pract*

Transparenz *f* <opt.mat> *(Material)* • transparence; transparency; translucency

Transparenz *f* <qualit.pap> *(von Papier)* • transparency; translucency

Transparenzabnahme *f* <edv> • transparency falloff

Transparenzdaten *npl* <edv> • alpha data *pl*; transparency data *pl*

Transparenz-Falloff *m* <edv> • transparency falloff

Transparenzfilter *m* <edv> *(Abbildungsverfahren)* • opacity mapping

Transparenz-Interpolation *f* <edv> • transparency interpolation

Transparenzkoeffizient *m* <opt> • transparency coefficient

Transparenzpuffer *m* <edv> • alpha data *pl*; transparency data *pl*

Transparenzschieberegler *m* <edv> • transparency slider

Transparenzstufe *f* <edv> • transparency level

Transpirationskühlung *f* <hlk> • transpiration cooling; sweat cooling

Transplants *pl* <kfz.prod> *(Autos, wegen Importquotenregelung im Ausland erzeugt)* • transplants *sg*

Transponder *m* <kfz> *(Kenndatenspeicher)* • transponder

Transponder *m* <navig> • transponder

Transponder *m* <tele.navig> • transmitter-responder

Transponderradar *n* <navig> • secondary surveyance radar

transponieren *vt* <av.akust> • transpose *vt*

transponieren *vt* <math> • transpose *vt*

Transponierte *f* <math> • transpose

transponierte Matrix *f* <math> • transposed matrix; transpose

Transponierung *f* <av.akust.mus> • transposition

Transponierungsempfänger *m* <el> • superheterodyne receiver

Transport *m* <allg.logist> *(Verkehrswesen, Fördertechnik, Post)* • conveyance; transportation; haulage; transport

Transport *m* <edv> *(Material im Drucker)* • feed

Transport *m* <edv> • transfer

Transport *m* <logist> *(Verschiffung)* • shipping; shipment; water carriage

Transport *m* <logist> • transport; transportation; carriage; movement; transport operation

Transport *m* <prod> • handling; feed

transportabel <tech.allg> *(z. B. Computer, Projektor)* • transportable; movable

transportable Elektrostanzmaschine *f* <textil> • electric portable cloth drill machine

Transportbahn *f* <förd> • transfer path

Transportband *n* <chem> • delivery tape

Transportband *n* <förd> • conveyor belt; band conveyor

Transportband *n* <förd> • conveyor belt; conveying belt; belt *pract*

Transportband *n* <min> • belt conveyor

Transportbandkreislauf *m* <förd> • conveyor circuit

Transportbefehl *m* <edv> • transfer order

Transportbehälter *m* <logist> • transfer container; tote box; container; casket

Transportbehälter *m* <logist> • shipping container; shipping cylinder

Transportbestimmungen *fpl* <logist> • carrier rules

Transportbeton *m* <bau.mat> • transit-mixed concrete; ready-mixed concrete; truck-mixed concrete; ready-mix concrete; transit mix *pract*

Transportbeton *m* <bau.mat> • ready-mixed concrete; transit-mix concrete; truck-mixed concrete

Transportbetonmischer *m* <nfz> *(Lkw)* • concrete mixer; transit-agitator truck; transit-truck mixer; ready-mix truck; truck mixer

Transportbetonwerk *n* <bau.mat> • ready-mix plant

Transportbewehrung *f* <bau> • reinforcement for handling

Transportcontainer *m* <nukl.logist> *(für Brennelemente)* • shipping cask

Transportdienst *m* <tele> • bearer service

Transportdienst *m rar* <tele> • bearer service

Transporteigenschaften *f* <nukl> • transport properties

Transporteinrichtung *f* <tech.allg> *(z. B. für Film, Papierstreifen, Werkstück)* • transportation device

Transporteinrichtung *f* <förd> *(z. B. Rollgang, Kreisförderer)* • conveying device

Transporteinrichtung *f* <förd> • conveying plant; conveyor system; conveying system; transportation system; transfer equipment

Transporteinrichtung *f* <masch> • transfer unit

Transporter *m* <aerospace> • transport airplane

Transporter *m* <nfz> • transport vehicle; transportation vehicle; transporter

Transporter *m* <nfz> *(bis 7,5 t zulässiges Gesamtgewicht)* • light commercial vehicle; light duty truck

Transporter *m* <petr> *(allgemein)* • carrier

Transporter mit Kofferaufbau <nfz> • cutaway van; cutaway delivery van

Transporterumbau *m :V* <nfz> • van conversion; modified van; converted van

Transportfahrzeug *n* <nfz> • transportation vehicle; transport vehicle

Transportfaktor *m* <el> *(Halbleiter)* • transport factor

Transportfaktor *m* <nukl> • transport mean free path

Transportfehler *m* <prod> • misfeed

Transportfinger *m* <masch> • transfer finger

Transportflugzeug *n* <aerospace> • transport airplane; transport plane; transporter

Transportgeräte *npl* <förd> • handling equipment

Transportgeschwindigkeit *f* <av> *(Magnetband)* • tape speed

Transportgewinde *n rar* <masch> *(z. B. Trapezgewinde einer Spindel)* • translation thread; power-transmission thread; motion transmitting screw thread

Transportgleichung *f* <phys> • transport equation

Transportgleichungen *f* <nukl> • transport codes

Transportgreifer *m* <druck> • paper gripper

Transportgreifer *m* <prod> • pull-down claw

Transportgrund *m* <obfl> • factory primer

Transportguteinrichtung *f* <allg> • conveyor system

Transporthaken *m* <förd> • lifting hook; handling hook

transportierbar <tech.allg> *(nicht stationär; z. B. Klimagerät, Notstromaggregat)* • transportable; portable *rare*

Transportierbarkeit *f* <logist> • transportability

transportieren *vt* <tech.allg> *(betont: vorwärts)* • advance *vt*

transportieren *vt* <chem> *(z. B. Weiterleiten von Flüssigkeiten)* • convey

transportieren *vt* <edv> *(Daten)* • transport *vt*; transfer *vt*

transportieren *vt* <förd> • transfer *vt*

transportieren *vt* <förd> • transport *vt*; convey *vt*; feed *vt*; handle *vt*; haul *vt*

transportieren *vt* <förd> *(allg.)* • transport *vt*

transportieren *vt* <phot> *(Film)* • advance *vt*; wind on *vt*

transportierte Gutmenge *f* <förd> • rate of conveying

Transportkapazität *f* <fz> *(Bus, Bahn)* • passenger capacity; passenger-carrying capacity

Transportkasten *m* <logist> • tote-box; box pallet

Transportkasten *m* <logist> • transfer container; tote box; container; casket

Transportkette *f* <förd> • chain carrier; filling hook chain *US*

Transportkontrolle *f* <edv> • transfer check

Transportkorb *m* <förd> • transport basket

Transportkübel[wagen] *m* <förd> • skip car; ladle truck

Transportkübel[wagen] *m* <förd> • skip; tipping skip; dump skip

Transportladefahrzeug *n* <aerospace> • launcher loader

Transportloch *n* <tech.allg> *(Film, Lochstreifen)* • sprocket hole; feed hole

Transportloch *n* <druck> • paper sprocket hole

Transportlochung *f* <tech.allg> • sprocket holes

Transportlochung *f* <edv> *(Lochstreifen)* • sprocket hole

Transportlöcher *npl* <druck> • guide holes; sprocket holes; transport holes

Transportmechanismus *m* <tech.allg> • transport system

Transportmischer *m* <nfz> • mixer truck; mixer conveyor; transit mixer

Transport mit gestrafftem Fluss *m* <bau> • just-in-time transport(ation)

Transportmittel *n* <verk> • means of transport[ation]; transport; transportation *US*; mode of transportation; mode *form*

Transportmittel *npl* <förd> • means of conveyance

Transportmodell *n* <el> • transport model

Transportöse *f* <förd> • tie-down hook/loop; transport eyebolt; lifting lug

Transportpfanne *f* <metall> • transfer ladle

Transportphänomene *f* <nukl> • transport phenomena

Transportprimer *m* <obfl> • factory primer

Transportproblem *n* <logist> • distribution problem

Transportproblem *n* <math> *(z. B. Optimierung)* • transportation problem

Transportprüfung *f* <edv> • feed check

Transportquerschnitt *m* <nukl> • transport cross-section

Transportrolle *f* <förd> • feed roll; conveyor roller

Transportrolle *f* <phot> *(Film)* • sprocket

Transportroller *m* <förd> • live stillage

Transportsauger *m* <druck> • transport suckers

Transportschicht *f* <tele> *(OSI-Modell)* • transport layer

Transportschiene *f* <förd> • transfer rail

Transportschiff *n* <petr> • carrier [ship]

Transportschlitten *m* <förd> • skid

Transportschnecke *f* <förd> • conveyor screw; scroll conveyor

Transportschnecke *f* <förd> • conveyor screw; screw conveyor *rare*

Transportsicherung *f* <av.phot> • transport lock[ing device]

Transportstachel *m* <druck> • tractor pin; sprocket tractor pin; tractor tooth; transport pin

Transportstange *f* <masch> • transfer bar

Transportsystem *n* <förd> • conveying plant; conveyor system; conveying system; transportation system; transfer equipment

Transporttheorie *f* <phys> *(Neutronenfeld)* • transport theory

Transporttotzeit *f* <msr> • transportation lag

Transporttrommel *f* <phot> *(Film)* • transport sprocket

Transport-Überwachung *f* <logist> • transport control

Transport- und Montagewagen *m* <rep> • transporter-erector

Transport- und Verkaufsverpackung *f* <pack.logist> • transport and sales packaging

Transportverpackung *f* <pack.klass> • shipping container

Transportwagen *m* <kfz> • transport car

Transportwalze *f* <büro> • feed roll

Transportwalze *f* <led> *(Entfleischen, Falzen)* • feed roller; grip roller; nip roller

Transportwalze *f* <pap> • support roll

Transportwasser *n* <chem> • carriage water

Transportwasser *n* <förd> • transport water

Transportwasser *n* <hydr> *(Aufbereitung)* • flush water

Transportweg *m* <logist> • transport route

Transportwerk *n* <av> *(z. B. Tonband)* • drive mechanism

Transportwirkungsquerschnitt *m* <nukl> • transport cross-section

Transposition f <av.akust.mus> • transposition

Transposition f <math> • transposition

transpulmonaler Druck m <med.tech> • transpulmonary pressure

transrespiratorischer Druck m <med.tech> • transrespiratory pressure

transskribierte Form f <term> • transcribed form

transsonarer Wegaufnehmer m balluff <allg> • linear displacement transducer

Transsonikgeschwindigkeit f <aerospace> • transonic velocity; transonic speed

transsonisch <aerospace> (Strömung) • transonic

Transspezies-Infektion f <med> • trans-species infection; cross-species infection; inter-species infection

trans-Stellung f <chem> • trans position

Transuran n <nukl.chem> • transuranic element; transuranium element

transversal <tech.allg> • transverse

Transversalaufzeichnung f <av> • transverse recording

Transversalbeschleunigung f <mech> • transverse acceleration

Transversale f <math> • transversal

transversale Durchbiegung f <tech.allg> (betont: quer zur Längsachse) • transverse deflection

transversale Eigenschwingung f <mech> • transverse mode

Transversaleffekt m <msr> (piezoelektrische Messung) • transverse effect; transverse piezoelectric effect

transversale Injektion f <nukl> • transverse injection

transversalelektrisch <el> • transverse-electric

transversalelektrische Welle f <el> • transverse electric wave

transversalelektrische Welle f <phys> • H wave

transversalelektromagnetische Welle f <el> • transverse electromagnetic wave

transversale Welle f <phys> • transverse wave

Transversalschwingung f <phys> • transverse vibration

Transversalspurvideospeichergerät n <av> • quadruplex video tape recorder

Transversalverfahren n <av> (Videoband) • quadruplex recording; quadruplex scanning; transverse track recording; Ampex recording system; traverse recording

Transversalverschiebung f <geo> • transverse vault

Transversalwelle f <phys> • transverse wave

transzendent <math> • transcendental

Trap m <el> (Halbleiter) • trap

TRAPATT-Diode f <el> • TRAPATT diode; trapped-plasma avalanche-triggered transit diode

Trapez n <math> • trapezoid US; trapezium

Trapezbinder m <bau> • pitched truss; hip truss

Trapezblatt n <energ.wind> • tapered blade

Trapezentzerrung f <av> • keystone correction

Trapezfeder f <nfz> • multileaf spring

Trapezfehler m <av> • keystone distortion; trapezoidal distortion

Trapezflügel m <aerospace> • tapered wing; trapezoidal wing rare

trapezförmig <tech.allg> • trapezoidal; keystone-shaped coll

trapezförmiges Rotorblatt n <energ.wind> • tapered blade

Trapezformel f <math> • trapezoidal rule; trapezoidal formula

Trapezgabel f <kfz> (Motorrad) • girder fork

Trapezgelenkeck n <masch> (Getriebe) • trapezoidal linkage

Trapezgewinde n <füg> • acme thread US; trapezoid[al] thread GB; acme screw-thread US; acme standard screw-thread US

Trapezgewinde n <masch> (allg.; metrisch) • trapezoidal thread

Trapezgewinde n <masch> • Acme thread (ACME) ANSI B1.5; Acme screw thread

Trapezgewindebohrer m <wz> • acme thread tap

Trapezgewindespindel f <masch> • acme-threaded lead screw

Trapezkolbenring m <mot> • taper-sided piston ring; wedge-shaped piston ring

Trapezlenker m <kfz> (Paralleltrapez) • trapezoidal control arm; trapezium control arm

Trapezlenker m rar <kfz> • A-arm US; wishbone GB

Trapezlenkerachse f <kfz> • short arm/long arm suspension; SALA suspension; unequal length A-arm suspension US; unequal-length wishbone suspension GB; unequal wishbones [axle] GB.coll

Trapezoeder n <math> • trapzohedron

Trapezoid n <math> • trapezoid; trapezium

Trapezring m DIN ISO 6621 <mot> (Kolbenring) • keystone ring ISO 6621

Trapeztragfläche f <aerospace> • tapered wing; trapezoidal wing rare

Trapezverzeichnung f <av> • keystone distortion; trapezoidal distortion

Trapezverzerrung f <av> • trapezium distortion

Trapezverzerrung f <av> • keystone distortion; trapezoidal distortion

Trapezwechselrichter m <energ.sol> • modified sine wave inverter

Trapezwelle f <phys> • trapezoidal wave

trapped air <med.tech> • trapped air; trapped volume

trapped volume <med.tech> • trapped air; trapped volume

Trapping n <druck> (Farbmanagement) • trapping

Traps m prakt <hygi> (z. B. von Waschbecken, Toilette, Urinal) • odor trap; drain trap; stench trap; stink trap coll; air trap rare

Trass m <geo> • trass

Traß m <bau.mat> • trass

Trasse f <tele> • transmission route

Trasse f <verk> (z. B. für Eisenbahn, Straße) • line; artery; right-of-way; route

Trassenabsteckung f <bau> • route surveying

Trassenführung f <bau> • routing

Trassenschäler m <bau.masch> • grade-builder

Trassieren n <bau> • routing

trassieren vi <el> (Leiterplatten) • track vi

trassieren vt <verk> • route vt; lay out vi

Trassierung f <tech.allg> (einer Rohrleitung, Kabeltrasse, etc.; Resultat der Montage) • routing; layout

Trassierung f <el> (Leiterplatten) • tracking

Trassierung f <verk> • route surveying; route mapping; routing

Trasszement m (Trz) <bau.mat> • pozzolanic cement; trass cement

Traube f <nahr> • bunch; cluster

Traubenabbeermaschine f <agri> • stalk separator; stemmer

Traubenabbeermaschine f <agri> (zur Trennung der Traubenbeeren von den Stielen) • stemmer; destalker; stalk separator; destalking machine; grape picker

Traubenbildung f <nahr> (Fettkügelchen) • agglomeration; clustering; clumping

traubenförmig <allg> • aciniform

Traubenmost m <nahr> • must; grape must

Traubenmühle f <nahr> (mit 2 Zylindern) • roller crusher; grape crusher

Traubenmühle f <nahr> (Wein) • crusher; grape mill

Traubenmühle mit Abbeervorrichtung f <nahr> (Wein) • crusher-stemmer; destemming berry mill

Traubenmühle mit Ablauf f <nahr> • crusher with drainer; crusher with juice separator
Traubenpresse f <nahr> • grape press
Traubensäure f • racemic acid
Traubensaft m <nahr> • grape juice
Traubenstampfen n <nahr> (mit Füßen) • treading
Traubentrester m <nahr> (Wein) • pomace; marc; grape marc
Traubenzucker m ugs <nahr> • dextrose; dextroglucose; grape sugar obs
Traufbohle f <bau> • fascia board; eaves board; gutter board
Traufbrett n <bau> • fascia board; eaves board; gutter board
Traufe f <bau> (unterer Dachrand) • eaves
Trautonium n <el.mus> • Trautonium
Trauzl-Block m <spreng> (Sprengstoffprüfung) • Trauzl lead block
Travan <edv> • Travan
Travan-[Band]laufwerk n <edv> • Travan [tape] drive
Travan-Bandlaufwerk n <edv> • Travan drive; Travan tape drive; Tavan streamer
Travan-Drive n <edv> • Travan drive; Travan tape drive; Tavan streamer
Travan-Drive n <edv> • Travan [tape] drive
Travan-Laufwerk n <edv> • Travan drive; Travan tape drive; Tavan streamer
Travan-Streamer m <edv> • Travan drive; Travan tape drive; Tavan streamer
Travan-Technologie f <edv> • Travan technology
Travelling-Wave-Technologie f <druck> (Thermaltechnologie) • T-wave technology Cymbolic; travelling-wave technology
Traverse f <tech.allg> (eher groß; typ. aus Holz oder Metall) • crossmember; cross-beam; cross girder; transverse beam; transverse girder
Traverse f <förd> • side arm
Traverse f <masch> (z. B. Kranbau, Werkzeugmaschine) • cross bar; crossmember; cross-beam
Traverse f form <masch> (Metall, jede Größe, jedes Profil) • cross rail; traverse
Traverse f <wz.masch> • top beam
traversieren vi <prod> (seitliches Hin- und Herbewegen; z. B. von Walzen, Wickeln) • oscillate vi; traverse vi
Trawler m <nav> • trawler
Trawlwinde f <nav> • trawl winch
Tray n <pack> • tray
TR-Denloc Felge f Dlp.Mich <kfz> • TD rim; TR-Denloc rim Dlp.Mich; Denevo rim Dlp.Mich
TR-Denloc Rad n <kfz> • TD wheel; TR-Denloc wheel
Treatment n <edv> • treatment
Treber m <nahr> (Wein) • pomace; marc; grape marc
Trecker m ugs.rar <agri> (für Landwirtschaftsgeräte etc.) • tractor; agricultural motor tractor form; agricultural tractor; farm tractor
Treffbereichstheorie f <nukl.med> (biologische Strahlenwirkung) • target theory; target-hit theory
treffen vt <tech.allg> (Oberfläche, Ziel etc.; z. B. mit Hammer, Geschoss, Schlag, Strahl) • strike vt; hit vt
Trefferanzeige f <mil> • marking of shots
Trefferbild n <mil> • pattern
Trefferereignis n <math> (Wahrscheinlichkeit, Statistik) • hit event
Trefferlage f <mil> • location of shots
Treffertheorie f <bio> (biologische Strahlenwirkung) • hit theory
Trefferwahrscheinlichkeit f <math> (Statistik, Qualitätssicherung) • success probability
Trefferwert m <mil> • hit value

Trefffaktor m <edv> • recall factor
Trefflinie f <mil> (Ballistik) • line of impact
Treffpunkt m <mil> (Ballistik) • point of graze
Treibachse f <förd> (Stetigförderer) • driving axle
Treibanker m <bau.mat> • concrete anchor
Treibanker m <nav> • sea anchor; floating anchor
Treibarbeit f <metall> (z. B. Kupferteller) • cupellation
Treibarbeit f <prod> (durch Umformen manuell hergestelltes Objekt; z. B. Messingschale) • chased work
Treibdampf m <masch> (Dampfmaschine) • motive steam; operating steam
Treibdorn m <kfz.wz> • drift; driver; punch
Treibdruck m <verf> (beim Verkoken) • swelling pressure
Treibdüse f <verf> (Dampfstrahlkälteanlage) • steam nozzle
Treibdüsenbrenner m <verbr> • premix burner
Treibeis n DIN 4049-3 <geo> • drift ice
Treiben n <metall> • cupellation; cupellation assay; cupel assay
treiben vi <allg.hydr> (auf Wasser) • float vi
treiben vi/vt <agri> (Haustiere, z. B. Rindvieh) • drive vi/vt
treiben vi/vt <nav> (mit der Strömung) • drift vi/vt
treiben vt <tech.allg> • impel vt
treiben vt <bau> (z. B. Pfahl, Spundbohle in den Boden) • ram vt
treiben vt <mech> (hineintreiben) • push in vt
treiben vt <mech> (heraustreiben) • push out vt
treiben vt <mil> (z. B. Lenkwaffe, Rakete) • propel vt
treiben vt <prod> (Blech; z. B. Kupfer-, Messingblech für Gefäße; Handarbeit) • expand vt; beat vt
treibende Kraft f <phys> • impelling force; motive force
treibender Zement m <bau.mat> • expanding cement
treibendes Element n <mech> (Getriebe) • leader
treibendes Ölfeld n <ökol.nav> (auf dem Meer; z. B. aus Havarie) • oil spill; oil layer rare
treibendes Rad n <tech.allg> • drive wheel
treibendes Rad n <bahn> (von Loks, Triebwagen) • drive wheel; driver pract
treibende Stegflanke f <kst> • leading edge of flight
treibendes Zahnrad n <kfz.mot> (z. B. Ölpumpe) • drive gear
Treibeofen m <metall> • cupel
Treibeofen m <metall> (mit Kupelle) • cupellation furnace; cupel
Treibeofen m <verf> • refining furnace
Treiber m <av> • horn driver; driver
Treiber m <av> • sound driver; driver
Treiber m <edv> (Software zur Steuerung von Hardware; z. B. für CD-Laufwerk, Drucker) • driver; device driver; driver software; software driver
Treiber m <el> (Elektronenröhre) • exciter
Treiber m <nukl> • pusher
Treiber m <textil> • picker
Treiber m sg=pl <kfz.wz> • drift; driver; punch
Treiberbrennstoff m DIN 25401-3 <nukl> • driver fuel
Treiberelektronik f <el> • drive electronics
Treiberfeld n <el> • drive field
Treiberimpuls m <el> • drive pulse; driving pulse
Treiberprogramm m rar <edv> (Software zur Steuerung von Hardware; z. B. für CD-Laufwerk, Drucker) • driver; device driver; driver software; software driver
Treiberröhre f <el> • driver tube
Treiberschaltung f <el> • drive circuit
Treibersignal n <el> • driving signal
Treibersoftware f <edv> (Software zur Steuerung von Hardware; z. B. für CD-Laufwerk, Drucker) • driver; device driver; driver software; software driver
Treibersoftware fsg <edv> • driver; drivers
Treiberstrom m <el> • drive current

Treiberstufe f <el> • driver stage
Treiberstufenleistung f <el> • driving power
Treibertransistor m <el> • driver transistor
Treiberverstärker m <el> • drive amplifier
Treiberwicklung f <el> • drive winding
Treibgas n <chem> (in Spraydosen) • propellant gas; propellant coll
Treibgas n <pack.allg> • propellant
Treibgestänge n <bahn> • coupling rods
Treibgut n <ents> • flotsam
Treibhammer m <kfz.wz> (Richthammer für grobe Ausbeularbeiten) • bumping hammer; blunt-point pick hammer; round point hammer
Treibhammer m <wz> (z. B. für Kupferblech) • chasing hammer; embossing hammer
Treibhammer m prakt <wz> (englische Form mit Bahn und Kugel) • ball peen hammer US; machinists' hammer US; ball pein hammer GB; engineers' ball pein hammer GB.form; ball pein engineering hammer GB.rare
Treibhaus n <agri> • greenhouse; glasshouse; hothouse
Treibhaus n press <kfz> • greenhouse
Treibhauseffekt m <geo> (Erdklima) • greenhouse effect
Treibimpuls m <el> • drive pulse
Treibkapsel f <kfz> (Gurtstraffer) • propellant capsule
Treibkeil m DIN6886 <füg> • taper key; square key; flat plain key
Treibkeil m <masch> • drive-fitted key
Treibklotz m <kfz.wz> (Blechformen) • former; hammerform; hollowing block
Treibkraft f <masch> • motive power
Treibladung f <aerospace> • fuel charge
Treibladung f <aerospace> (z. B. für Schleudersitz) • propellant charge
Treibladung f <mil> • propelling charge; propellant
Treibladung f <spreng> • bursting charge; burster
Treibladungspulver n <aerospace> (z. B. Rakete, Feuerwerkskörper) • propellant powder
Treibmagnet m rare <förd> (Magnetpumpe) • driving magnet; external magnet; drive magnet
Treibmittel n <ents> • propellant
Treibmittel n <kst> • blowing agent; gas developing agent; foaming agent
Treibmittel n <mil> • propelling charge; propellant
Treibmittel n <nav> • foaming agent
Treibmittel n DIN 55405 <pack.allg> • propellant
Treibmittelkreis m • hydraulic circuit
Treibmittelpumpe f <förd> • jet pump; ejector pump; ejector
Treibnetz n <nav> (senkrecht hängend; beliebige Maschenweite) • seine
Treibnetz n <nav> (senkrecht hängend, große Maschen; Fische verhaken sich mit den Kiemen) • gill net
Treibnetzeinholmaschine f <nav> • seine-hauling machine
Treibnetzfischerboot n <nav> • gillnet fishing boat; gillnetter
Treibnetzfischerschiff n <nav> • gillnet fishing ship; gillnetter
Treibofen m rar <metall> (mit Kupelle) • cupellation furnace; cupel
Treibrad n <bahn> (Lok) • driving wheel
Treibriemen m <wz.masch> • driving belt
Treibrolle f <förd> • feed roller
Treibrolle f <masch> (Förderband) • capstan
Treibrolle f <metall> • pinch roll
Treibsand m <geo> • quicksand; running sand
Treibsatz m <aerospace> • fuel charge
Treibsatz m <aerospace> (Feststoffrakete, Feuerwerkskörper) • propellant charge; solid charge

Treibsatz m <aerospace> (Rakete, Schleudersitz) • propulsion charge
Treibscheibe f <förd> (Seiltrieb) • driving pulley; driving disc; driving sheave; traction sheave
Treibscheibe f <masch> • driving pulley; friction disc
Treibscheibenaufzug m <förd> • traction sheave lift; traction sheave elevator
Treibscheibenwinde f <förd> • driving pulley winch
Treibschieberpumpe f <förd> • sliding-vane pump; guided-vane pump; internal vane pump; vane-in-rotor pump
Treibseil n <förd> (z. B. Schachtförderanlage) • driving rope
Treibsel n form <ents> (angeschwemmt) • flotsam
Treibsel n form <ents> • flotsam
Treibsitz m <masch> • tight fit
Treibspiritus m <chem> • power alcohol
Treibstange f <bahn> (zw. Antriebsrädern) • connecting rod
Treibstoff m <aerospace> (für Raketen, Strahltriebwerke, Flugzeugmotoren; z. B. Flugbenzin, Jet A) • fuel
Treibstoff m <chem> (allg.) • propellant
Treibstoff m <nav> (z. B. Kohle, Schweröl, Uran) • fuel
Treibstoffabsperrschieber m <fz> • propellant cut-off valve
Treibstoffaufnahme f <fz> • refuelling; fuelling
Treibstoffbehälterzelle f <aerospace> • tank cell
Treibstoffbetankungsschlauch m <fz> • propellant filler hose
Treibstoffbunkerschiff n <nav> • refuelling ship
Treibstoffdruck m <aerospace> • fuel pressure
Treibstoffdruck m <nav> • fuel pressure
Treibstoffdurchsatz pro Sekunde m <aerospace> • fuel flow per second; propellant flow per second; rate of fuel consumption per second
Treibstoffe für Fluggeräte mpl <aerospace> (Flugbenzin und Turbinenkraftstoff) • aviation fuels
Treibstoffeinspritzdüse f <aerospace> • propellant-injection nozzle; propellant-spray nozzle
Treibstoffenergie f <aerospace> • energy of the fuel
Treibstoffenergie f <nav> • energy of the fuel
Treibstoffleitung f <aerospace> • fuel line
Treibstoffleitung f <nav> • fuel line
Treibstoff-Masse-Verhältnis n <aerospace> (Rakete) • propellant-weight ratio
Treibstoffpumpe f <aerospace> • fuel feed pump; fuel pump pract
Treibstoffpumpe f <nav> • fuel feed pump; fuel pump pract
Treibstoffreserve f <aerospace> • reserve fuel; reserve propellant
Treibstoffrumpfbehälter m <aerospace> • fuselage fuel tank
Treibstoffschnellablass m <aerospace> (als Einrichtung, System) • fuel jettisoning gear
Treibstoffschnellablass m <aerospace> (als Vorgang) • fuel jettisoning
Treibstoffschnellablassleitung f <aerospace> • emergency fuel discharge
Treibstoffschnellablassöffnung f <aerospace> • emergency fuel discharge
Treibstoffschwingungsdämpfer m <aerospace> • anti-surge baffle
Treibstoffschwingungsdämpfer m <kfz> • slosh baffle
Treibstofftank m <aerospace> (z. B. für Flugbenzin, Jet Fuel) • fuel tank
Treibstofftank m <nav> (z. B. für schweres Heizöl) • fuel tank
Treibstoffübernahme f <fz> • fuelling

Treibstoffübernahme f <nav> (auf See) • replenishment

Treibstoffübernahme f <petr> (Lager, Tankstelle) • bunkering

Treibstoffverbrauch m <fz> • fuel consumption; propellant consumption

Treibstoffvorwärmer m <mot> • fuel-oil preheater

Treibstoffzelle f <aerospace> • fuel bay; propellant bay

Treibstoffzuführungsleitung f <aerospace> • fuel supply line

Treibstoffzufuhr fsg <aerospace> • fuel supply

Treibstoffzusatz m <aerospace> • fuel additive

Treibstrom m <el> • drive current

Treibzeug n <energ.hydr> • debris

Tremolo n <akust.av> • tremolo

Tremolo-Effekt m <akust.av> • tremolo

Trend m <med.tech> • trend

Trendanalyse f <werb> • trend analysis

Trendverlauf m <med.tech> • trend curve

Trenn... <phys> (räumlich trennen) • isolating ...

Trennanlage f prakt <nukl.verf> • isotope separation plant; isotope separation facility

Trennarbeit f <nukl> • separative work

Trennbalken m <edv> (Code 49) • separator bar

Trennband n <büro> (Kopierer) • separation belt

trennbar <tech.allg> • separable

trennbar <tech.allg> (z. B. elektrische, mechanische Verbindung) • disconnectable

Trennbarriere f <sich> • safety barrier

Trennbläser mpl <druck> • fanning blowers pl

Trennblech n <logist> (Schubladenschrank) • cross divider; divider

Trennblech n <logist> (Fachbodenregal) • shelf divider

Trennboden m <verf> (in Destillationskolonne) • tray; plate

Trennbruch m <mat> (Bruchmechanik) • cleavage fracture; cleavage

Trennbruch m <qualit.mat> • rupture; separation fracture

Trennbuchse f <tele> • splitting jack

Trenndiffusion f <chem> • separation diffusion

Trenndiffusion f <el> • isolation diffusion

Trenndiode f <el> • isolation diode; buffer diode

Trenndüse f <nukl> • separative nozzle; nozzle separator

Trenndüsensystem n <nukl> • nozzle system

Trenndüsenverfahren n <nukl> • separation nozzle process; nozzle process; Becker jet

Trennebene f <doku> (techn. Zeichnung) • split plane

Trennebene f <kst> • parting line; mold parting line; flash line; split plane of mold rare

Trennebene des Verteilerkanals f <kst> • runner split line

Trennecken fpl <büro> (Kopierer) • separators

Trenneffekt m <nukl> • separation effect

Trenneinsatz m <masch> (Pumpe) • spacer

Trennelement n <el> (Batterie) • separator

Trennelement n <nukl> • separating element

Trennelementdüse f <nukl> • separative nozzle; nozzle separator

Trennelementkorb m <nukl> • separation element assembly

Trennelementstufe f <nukl> • separative stage; separation stage; partition stage

Trennen n <chem.petr> • separation

Trennen n <prod> • cutting; parting

trennen vt <allg> • divide vt; part vt; separate vt

trennen vt <bau> • partition vt

trennen vt <chem> • decompose vt; crack vt; segregate vt

trennen vt <el> (z. B. vom Netz) • disconnect vt; interrupt vt; open vt

trennen vt <el> (galvanische Verbindung) • isolate vt

trennen vt <kfz> • break vt

trennen vt <kfz.rep> (allg. und Bleche) • cut vt

trennen vt <masch> (z. B. Wellen) • disengage vt

trennen vt <mech> • disjoint vt

trennen vt <prod> (z. B. Formen in Gießerei) • release vt

trennen vt <qualit> (nach Qualität) • grade vt; classify vt

trennen vt <tele> (Verbindung) • clear vt

trennen vt <verf> • size vt

Trennendverschluss m <el> • cable distribution head

Trennentwässerung f <ents> (Sanitärtechnik) • separate sewage system; separate system

Trennfaktor m <nukl> (Isotopentrennung) • separation factor

Trennfilter m <av> • separator

Trennfilter n <tele> • channel filter; separation filter

Trennfläche f <tech.allg> • interface

Trennfläche f <tech.allg> (z. B. Gussform, Werkstück) • parting surface

Trennfläche f <kst> • parting line; mold parting line; flash line; split plane of mold rare

Trennfläche f <masch> • contact surface

Trennfläche f <mat> • natural joint

Trennfläche f <phys> (z. B. zwischen zwei Phasen) • discontinuity surface

Trennflügel-Drehkolbenpumpe f <förd> • external vane pump; vane-in-stator pump

Trennflügelpumpe f <förd> • external-vane pump; vane-in-stator pump

Trennflügel-Wälzkolbenpumpe f <förd> • cam-and-piston pump; cam-vane pump; eccentric-piston pump; oscillating-piston pump; cam pump

Trennflüssigkeit f <chem> • separating liquid

Trennflüssigkeit f <ents> (Aufbereitung) • separation fluid; dense medium

Trennflüssigkeit f <masch> (z. B. Säurepumpe) • sealing liquid

Trennfuge f <bau> • kerf

Trennfunkenstrecke f <el> (z. B. Blitzschutzstrecke) • spark gap

Trenngabel f <kfz.wz> • ball joint separator; ball joint remover; tie rod [end] separator; pitman arm wedge

Trenngatter n <wz.masch> • horizontal band-sawing machine

Trenngrad m <verf> (von Entstaubern) • fractional collection efficiency; fractional efficiency

Trenngrad m DIN 66160 <verf.qualit> • grade efficiency

Trenngrenze f <verf> • cut diameter; cut size diameter; cut size; cut diameter size; limit screen size

Trenngrund m <obfl> (Grundierungssorte) • isolator; barrier paint

Trennisolator m <el> (für Prüfzwecke) • test insulator

Trennkanalisation f <ents> • separate sewerage system

Trennkanalisation f <ents> • separate system; separated system; two-pipe system

Trennkaskade f <chem.nukl> • cascade

Trennkern m <metall> • breaker core

Trennklaue f <büro> (in Kopierer; trennt Papier von der Trommel) • separation claw

Trennklinke f <masch> • interruption jack

Trennklinke f <tele> • break jack

Trennkolben m <kfz> (Einrohr-Stoßdämpfer) • dividing piston; free piston; floating piston

Trennkolonne f <chem> • rectification column

Trennkolonne f <chem.petr> • splitter

Trennkolonne f <nukl> • separation column

Trennkondensator m <el> • isolating capacitor; separating capacitor

Trennkontakt m <el> • break contact

Trennkontakt m <tele> • space contact

Trennkontakt m <tele> • spacing contact

Trennkorn *n* <ents> • cut size particle

Trennkorngröße *f* <chem> *(Siebanalyse)* • effective screen cut point

Trennkorngröße *f* <verf> • cut diameter; cut size diameter; cut size; cut diameter size; limit screen size

Trennkraft *f :V* <el> *(beim Herausziehen von Stecker aus Buchse)* • separation force

Trennkreissäge *f* <wz.masch> • circular cut-off saw

Trennlack *m* <kst> *(GFK)* • release agent

Trennlasche *f* <el> • isolating link; disconnecting link

Trennleiste *f* <bau> *(zwischen Flügeln von Vertikalschiebefenstern)* • parting bead; parting strip; parting stop

Trennleistung *f* <nukl> • separative power; separative capacity

Trennleistung *f* <verf> • separation efficiency

Trennlinie *f* <kfz.rep> • cutting line; separation line

Trennlücke *f norm* <edv> • intercharacter gap (ICG) *stand*; intercipher gap

Trennlücke Z *f* <edv> • intercharacter gap (ICG) *stand*; intercipher gap

Trennmesser *n* <druck> • separating slitter

Trennmesser *n* <wz> • slitting knife

Trennmittel *n* <chem.verf> • separator

Trennmittel *n* <kst> *(GFK)* • release agent

Trennmittel *n* <obfl> *(für Formteile, Beton-Schalung etc.)* • release agent; parting agent; bond breaker; mold release agent; parting compound

Trennplatte *f* <opt> • beam splitter

Trennplatte *f* <prod> • squeegee

Trennplatte *f* <silik> • parting dish

Trennplatte *f* <textil> • separator

Trennröhre *f* <el> • buffer tube; buffer valve

Trennrohr *n* <nukl> • Clusius column; Clusius-Dickel column; thermal diffusion column

Trennsäge *f* <wz> • cut-off saw; dicing saw

Trennsäule *f* <msr> • separation column

Trennschärfe *f* <qualit> *(Statistik)* • power

Trennschärfe *f* <verf> *(Aufbereitung)* • separation accuracy

Trennschärferegelung *f* <av> • selectivity control

Trennschalter *m* <el> • disconnection switch; disconnector (switch); interruption key; isolating switch; isolator (switch)

Trennschaltverstärker *m* <el> • isolated switch amplifier

Trennschaltverstärker *m* <el> • switching amplifier; isolated switch amplifier

trennscharf <tele.av> • selective

Trennscheibe *f* <tech.allg> *(Prallplatte)* • baffle plate; baffle

Trennscheibe *f* <bau> *(Glasscheibe)* • glass partition

Trennscheibe *f* <kfz.wz> *(für Winkelschleifer)* • cutting disk; cutting wheel

Trennscheibe *f* <wz> • abrasive wheel; cutting-off wheel; disk wheel; abrasive blade

Trennschicht *f* <tech.allg> • interlayer

Trennschicht *f* <bau> • parting layer

Trennschicht *f* <phys> *(Strömung)* • separation layer

Trennschichtmaterial *n*; pl: -ien *DIN 55405* <mat.allg> • release material; release coated material

Trennschirm *m* <mil> *(Schießstand; zwischen Schützenständen)* • screen; protective wall

Trennschleifen *n* <prod> • abrasive friction cutting; abrasive friction cutting-off; disk cutting

Trennschleifer *m* <wz> • angle grinder; disc sander/grinder *GB*

Trennschleiferscheibe *f* <wz> • angle grinder disk *US*; angle grinder disc *GB*

Trennschleifmaschine *f* <wz.masch> • abrasive disk machine; abrasive wheel cutting-off machine; disk grinder

Trennschleifscheibe *f* <wz> • abrasive disk

Trennschneiden *n* <prod> *(z. B. Metall, Stein)* • parting; cutting; splitting

Trennschnitt *m* <doku> *(technische Zeichnung)* • separation cut

Trennschnitt *m* <ic.prod> *(Vereinzeln von Chips)* • dicing cut

Trennschnitt *m* <prod> • parting cut; cut

Trennschott *n* <nav> • partition; intervening bulkhead; non-structural bulkhead; partition bulkhead

Trennschritt *m* <tele> • spacing interval

Trennschutzschalter *m* <el> • isolating switch

Trennschwelle *f* <bau> • raised separator

Trennsicherung *f* <el> • fuse disconnecting switch; bridge fuse

Trennsieb *n* <verf> • grading screen; classifying screen

Trennstelle *f* <kfz.rep> • cutting line; separation line

Trennstrecke *f* <bahn> *(Fahrleitung)* • phase break

Trennstrecke *f* <el> • air break

Trennstrich *m* <doku> • hyphen

Trennstrom *m* <tele> • spacing current

Trennstrom senden *vt* <tele> • space *vt*

Trennstromwelle *f* <tele> • spacing wave

Trennstück *n* <masch> • separator

Trennstufe *f* <chem> • separation stage; distillation stage

Trennstufe *f* <el> • isolating stage; separator stage; buffer stage; buffer cascade

Trennstufenhöhe *f* <chem> • height equivalent to a theoretical plate

Trennsymbol *n* <edv> • separator

Trennsystem *n* <ents> • separate system; separated system; two-pipe system

Trenntrafo *m prakt* <el> • isolation transformer

Trenntransformator *m* <el> • isolation transformer

Trenntrichter *m* <chem> • separating funnel

Trennumschalter *m* <tele> • double-throw disconnecting switch

Trenn- und Abziehvorrichtung *f* <kfz.wz> • bearing puller; external operator *GB.rare*

Trenn- und Montagegabel *f form* <kfz.wz> • ball joint separator; ball joint remover; tie rod [end] separator; pitman arm wedge

Trennung *f* <tech.allg> *(z. B. eines Raumes)* • division

Trennung *f* <tech.allg> *(einer Verbindung)* • interruption

Trennung *f* <aerospace> *(Stufe)* • fall-away

Trennung *f* <chem> • decomposition; cracking; separation

Trennung *f* <chem.verf> • segregation

Trennung *f* <el> • disconnection; cut-off; opening

Trennung *f* <mech> *(Verbindung, Kupplung)* • disengagement; disconnection

Trennung *f* <nukl> • partition

Trennung *f* <prod> *(Werkstück von der Form)* • release

Trennung *f* <qualit> *(nach Qualität)* • grading; classification

Trennung *f* <term> • hyphenation

Trennung *f* <verf> • separation

Trennung *f ugs* <verf> *(von Dichteklassen; z. B. durch Destillation, Ultrazentrifugation)* • fractionation; separation coll

Trennungsbruch *m* <qualit.mat> • brittle fracture; separation fracture; non-plastic fracture

Trennungsenergie *f* <nukl> • separation energy

Trennungsgrad *m* <tele> • degree of selectivity

Trennungsvermögen *n* <verf> *(z. B. eines Filters)* • separation efficiency

Trennungsweiche *f* <bahn> • diverging points

Trennungszeichen *n ISO/IEC 2382-23* <edv> *(Sonderzeichen)* • soft hyphen *ISO/IEC 2382-23*; discretionary hyphen

Trennungszunge f <tech.allg> • separation lug; spacing lug

Trennverfahren n <ents> • separation process

Trennvermögen n <obfl> • abhesiveness

Trennverstärker m <el> • buffer amplifier; isolation amplifier

Trennwachs n <kfz> (GFK-Karosserien) • release wax

Trennwand f <tech.allg> (Bauwesen, Maschinenbau) • division wall

Trennwand f <tech.allg> • center division US; centre division GB

Trennwand f <bau> • separation wall

Trennwand f <bau.innen> • partition; partition wall

Trennwand f <chem> • barrier

Trennwand f <chem> • membrane

Trennwand f <ents> • baffle plate; baffle

Trennwand f <ents> (zur Isolierung von kontaminiertem Gelände) • slurry trench cutoff wall; slurry wall

Trennwand f <innen> (Brett, Blech, zur Ein-, Aufteilung von Räumen; z. B. im Schrank) • partition panel

Trennwand f <kfz> • dashboard

Trennwand f <kfz> (allg., z. B. zw. Innenraum und Motor-/Kofferraum) • partition panel

Trennwand f <kunst.wz> (im Kompressor) • partition

Trennwand f <logist> (zur Unterteilung von Schubladen, Schubladenschränken) • partition; divider

Trennwand f <masch> (z. B. im Rohr) • diaphragm

Trennwand f <mil> (Schießstand; zwischen Schützenständen) • screen; protective wall

Trennwanddiffusion f • barrier diffusion

Trennwanddiffusionsverfahren n <nukl> • gaseous diffusion process

Trennwert m <nukl> • separative work

Trennwerterzeugung f <nukl> • separative power; separative capacity

Trennzeichen n <edv> • field separator

Trennzeichen n <edv> (EAN-Symbol) • centre pattern [US: center]; centre bar battern [US: center]; centre guard bar [US: center]

Trennzeichen n <edv> (Zusatzcodes) • delineator pattern

Trennzeichen n <tele> • break sign

Trennzeit f <el> (Zähler) • dead time

Trennzeit f <tele> • spacing time

Trennzeit f <tele> • splitting time

Treppchen n prakt. <edv> • jaggy pract.; stair step rare

Treppchen n <edv> • jaggy coll

Treppchen n ugs-prakt <sport> • rostrum; medallists' podium; medallists' platform; medal rostrum form

Treppe f DIN 18065 <bau> • stairs BS 5578

Treppe f <led> (Lederfehler) • chatter damage

Treppenabgang m <bau> • egress stair

Treppenabsatz m <bau> • stair landing; landing

Treppenauge n DIN 18065 <bau> • stair well BS 5578; well mouth; wellhole

Treppenblock m DIN 6318 <prod> • stepped packing block

Treppendurchlass m <bau> • cascade culvert

Treppeneffekt m ugs <edv> (pixelbedingt gezackte Linien und Kanten) • aliasing

Treppenfunktion f <math> • staircase function

Treppenfunktionssignal n <msr> • staircase signal

Treppengenerator m <el> • staircase generator

Treppenhaus n <bau> • staircase; stairwell

Treppenhausautomat m <el> • automatic staircase lighting switch

Treppenhausbeleuchtung f <licht> • staircase lighting

Treppenhausmauer f <bau> • string wall

Treppenimpuls m <el> • staircase pulse

Treppenkrümmling m <bau> • wreath piece

Treppenkurve f <math> • step waveform; staircase curve

Treppenlauf m DIN 18065 <bau> • flight of stairs BS 5578

Treppenlift m <bau> (für Gehbehinderte) • staircase elevator :V

Treppenmuster n <edv> • aliasing

Treppenöffnung f <nav> • ladderway

Treppenöffnung f <nav> • stairway

Treppenpfosten m <bau> • stair post; newel

Treppenpfosten m <bau> • newel; newel post

Treppenpodest n DIN 18065 <bau> • stair landing; landing

Treppenpolygon n <math> (statistische Verteilung) • histogram; staircase curve

Treppenrost m <energ> (Dampferzeuger) • step grate

Treppenrost m <ents> (z. B. Müllverbrennung) • step grate

Treppenrost m <verf> (z. B. Dampferzeuger) • cascade grate

Treppenrostfeuerung f <verbr> • step-grate furnace

Treppenrostgenerator m <verf> (Gaserzeuger) • step-grate producer

Treppenschacht m <bau> • open well

Treppenschalter m <el> • landing switch

Treppenspannung f <el> • staircase voltage

Treppenspannungsgenerator m <el> • staircase generator

Treppenspannungs-Inverter m <energ.sol> • modified sine wave inverter :V

Treppenstufe f <bau> • stair

Treppenstufe f DIN 18065 <bau> • step

Treppenstufe f rar <edv> • jaggy pract.; stair step rare

Treppenstufeneffekt m <edv> • aliasing

Treppenstufenverfahren n <qualit> (Vielzahl von Proben auf mehreren Laststufen) • staircase method

Treppenwange f DIN 18065 <bau> • stringer BS 5578; string board

Treppenwellenform f <phys> • staircase waveform

Treppenwicklung f <el> • stepped winding

Tresoranlage f VDMA 24990 <sich> • strongroom VDMA 24990

Tresorraummelder m <alarm> (meist ein Geräuschsensor) • vault alarm

Trester m <nahr> (Wein) • pomace; marc; grape marc

Tresterkuchen m <nahr> (Wein) • press-cake; press cake; pomace-cake

Tresterschleuder f <nahr> (Wein) • press-cake breaker; pomace mill/breaker/crusher; draff separator; marc crumbler; marc disintegrator

treten vt <allg> • kick vt

treten vt <allg> (z. B. Fahrrad, Tretboot) • pedal vt

treten vt <kfz> (Pedal) • tread vt

Tretkurbel f <fz> (Fahrrad) • crank

Tretkurbelabzieher m <fz> (für Fahrräder) • cotterless crank extractor; crank puller

Tretkurbelarm m <fz> • crank arm; crankarm

Tretkurbelsatz m <fz> • crankset

Tretlager <fz> • bottom bracket

Tretlager n <fz> • bottom bracket (B.B.); B.B.

Tretlagerachse f <fz> • bottom bracket axle; bracket axle

Tretlagergarnitur f <fz> • bottom bracket set; bottom bracket assembly

Tretlagergehäuse n DIN ISO 8090 <fz> • bottom bracket shell ISO 8090

Tretlager mit Keilwelle n DIN ISO 8090 <fz> • cottered cassette ISO 8090

Tretmatte f <alarm> • pressure mat; tread mat; undercarpet mat/pad/sensor/switch; floor mat; step mat

Tretroller m <fz> (Kinderfahrzeug der 50er–60er Jahre) • scooter

Tretschalter *m* <el> • foot switch
Tretvorrichtung *f* <masch> • treadle
Treuerabatt *m* <jur> • patronage discount
Treugut *n* <jur> • trust property; trust; trust fund; trust assets
Treuhänder *m* <jur> • trustee; fiduciary *US*
Treuhandfonds *mpl GTS* <jur.fin> • trust fund
Treuhandverhältnis *n* <jur> • trust; trust relationship
Treuhandvermögen *n* <jur> • trust property; trust; trust fund; trust assets
Trevira *n* ^{TM}*Hoechst* <textil> • Dacron ^{TM}*DuPont*; Trevira *n* ^{TM}*Hoechst*; Terylene ^{TM}*ICI*; Diolen ®
Tr-F <masch> • ISO metric trapezoidal fine thread (Tr-F)
TR-Felge *f* <kfz> • TR rim
Triac *m* <el> • triac; triode alternating-current switch; bidirectional thyristor
Triacetatfaser *f* <textil> • cellulose triacetate fiber
Triacylglycerine *npl rar* <med> *(die Lipide)* • triglycerides *pl*; neutral fats *pl*; triacylglycerol *rare*
Triade *f* <math> • triad
Trial *n* <kfz.sport> *(Geländewettbewerb)* • trial
Trial-and-error-Methode *f* <tech.allg> • trial-and-error method
Trialfahrrad *n* <fz> • trial bicycle
Trial-Motorrad *n* <kfz> • trials bike
Trialmotorrad *n* <kfz> • trial bike *coll*
Trial-Wettkampf *m* <kfz.sport> • trial competition; trial
Triangel *f* <mus> • tubular bells
Triangles per Second *TPS* <edv> • triangles per second *tps*
Triangulation *f* <geo.msr> *(Geodäsie)* • triangulation
Triangulation *f* <navig> • triangulation
Triangulationsnetz *n* <geo.msr> • triangulation network
Triangulationspunkt *m* <geo.msr> • triangulation point
Triangulationspunkt *m* <geo.msr> • triangulation station
Triangulierung *f* <geo.msr> *(Geodäsie)* • triangulation
Triaxial[druck]gerät *n* <mech.msr> *(Bodenmechanik)* • triaxial apparatus
Triaxial[druck]gerät *n* <mech.msr> *(Bodenmechanik)* • triaxial compression cell
Triboelektrifizierung *f* <büro> *(Kopieren)* • triboelectrification
Triboelektrizität *f* <el> • triboelectricity
Tribologie *f DIN 50323* <tribo> *(Schmierungstechnik)* • tribology
Tribolumineszenz *f* <phys> • triboluminescence
Tributylzinn *n (TBT)* <obfl.nav> *(Bewuchshemmer für Schiffsrümpfe)* • tributyl tin (TBT)
Trichroismus *m* <opt> • trichroism
Trichter *m (Rohr)* • bell mouth
Trichter *m* <tech.allg> • funnel
Trichter *m* <tech.allg> • hopper
Trichter *m* <akust> • horn
Trichter *m* <av> • horn
Trichter *m* <druck> • former
Trichter *m* <förd> *(z. B. für Kohle, Zuckerrüben, Kies)* • chute
Trichter *m* <kfz.wz> • funnel
Trichter *m* <kst> *(auf Extruder oder Spritzgießmaschine)* • feed hopper; hopper; machine hopper; feeder; material hopper
Trichter *m* <metall> • cone
Trichter *m* <metall> • cup
Trichter *m* <prod> • pouring basin
Trichter *m* <prod> • pouring gate
Trichter *m* <prod.nahr> *(groß; auf Maschine)* • hopper; filling hopper; filler hopper; feeding hopper
Trichter *m* <rls> *(Rohrherstellung)* • bell
Trichter *m* <verf> *(Zufuhr des Mahlgutes)* • mill

Trichter *m* <verf> *(handlich, klein bis winzig)* • filling funnel; funnel
Trichterantenne *f* <tele> • horn aerial
Trichterbau *m* <prod> • milling
Trichterbeschickung *f* <kst> *(z. B. Extruder)* • hopper feed
Trichterblende *f* <opt> • funnel stop
Trichtereinlaufwalze *f* <druck> • former roller
Trichterfalz *m* <druck> • former fold
Trichterfalz *m* <prod> • former fold
trichterförmig ausgebildet <el.ic.prod> • funneled
Trichterhals *m* <tech.allg> • flared throat
Trichterinhalt *m* <kst> *(in Liter)* • hopper size
Trichterkanne *f DIN 55405* <pack> • cone-top can
Trichterlautsprecher *m* <av> • exponential-horn loudspeaker
Trichterlautsprecher *m* <av> • horn loudspeaker
Trichter-Lautsprecher *m* <av> *(Einheit aus Horntreiber, Druckkammer und Horn)* • horn loudspeaker; horn *pract*
Trichternase *f* <druck> • former nose
Trichteröler *m* <tribo> • funnel-type straight oil cup
Trichterrohr *n* <rls> • funnel tube
Trichterspitze *f* <druck> • former nose
Trichterspulmaschine *f* <prod> • cup winding machine
Trichterstoffänger *m* <pap> • cone save-all
Trichterstrahler *m* <el> • conical-horn aerial *US*; conical-horn antenna *GB*
Trichterstrahler *m* <tele> • horn aerial
Trichterwaage *f* <msr> • hopper scale; hopper weigher
Trichterwagen *m* <bahn> • hopper
Trichterwalze *f* <druck> • former roller
Trichterwinde *f* <bio> • morning glory
Trickeffekt *m* <av> • special effect; trick effect
Trickfilm *m ugs* <kunst> • cartoon; animated cartoon
Trickfilmkamera *f* <kino> • cartooning camera
Tricklinse *f* <phot> • special-effect lens
Tricktaste *f* <av> *(Magnettontechnik)* • blend-in button
Tricktisch *m* <av> • animation board
Tricktisch *m* <av> • cartooning stand
Tricküberblendung *f* <av> • animation superimposition
Trickzeichner *m* <kunst> • animator
Tridion-Sicherheitszelle *f* <kfz> • Tridion safety cell
Trieb *m* <agri> *(z. B. Viehtrieb)* • drive
Trieb *m* <masch> *(z. B. Kurbeltrieb)* • drive mechanism
Trieb *m* <masch> • pinion
Trieb *m* <masch> • rack and pinion drive
Trieb *m* <masch> • rack and pinion movement
Trieb *m* <masch> • transmission
Triebachsanhänger *m* <nfz> • shaft-driven trailer
Triebachse *f* <bahn> *(Lokomotive)* • driving axle
Triebdrehgestell *n* <bahn> • power truck; motor truck; motor bogie
Triebeinheit *f* <el> *(Motor)* • motive power unit
Triebfahrzeug *n* <bahn> • motor power unit
Triebfahrzeug *n* <bahn> • tractive unit
Triebfahrzeugpark *m* <bahn> • tractive stock
Triebfeder *f* <masch> • power spring
Triebkraft *f* <bahn> *(Lokomotive)* • driving force
Triebkraft *f* <chem> *(einer chem. Reaktion)* • affinity
Triebkraft *f* <fz> • propelling power
Triebkraft *f* <kfz> • tractive effort
Triebkraft *f* <kfz> • tractive force
Triebkranz *m* <masch> • scroll
Triebkranz *m* <masch> • scroll gear
Triebrad *n* <bahn> • drive wheel
Triebrad *n* <bahn> • driver
Triebrad *n* <mil> *(Panzer)* • track sprocket
Triebstock *m* <antr> *(Triebstockverzahnung)* • driving pin wheel

Triebstock *m* <masch> • lantern gear; lantern pinion

Triebstock *m* <masch> • pin wheel

Triebstock *m* <textil> • headstock

Triebstockrad *n* DIN 3998 <masch> *(Zahnradgetriebe)* • cylindrical lantern gear

Triebstock-Verzahnung *f* <masch> • rack and pinion gearing; positive rack and pinion gearing

Triebstockzahnrad *n* <masch> • trundle

Triebstockzahnrad *n* <masch> • trundle wheel

Triebstock-Zahnstange *f* <verf.hydr> *(Kletterrechen)* • open-tooth rack *Brac*; pin rack

Triebstrang *m rar* <antr> *(konkrete Komponenten; z. B. Kupplung, Getriebe, Wellen)* • drive train; power train; driveline *GB*; transmission *GB.rare*; power-transmission chain *rare*

Trieb- und Aufzugsfeder *f* <masch> • power spring

Triebwagen *m* <bahn> • motor coach

Triebwagen *m* <bahn> • railcar

Triebwagenzug *m* <bahn> • motor train unit; motor train set

Triebwasserableitung *f* <energ.hydr> • tailrace canal; tailrace *pract*

Triebwasserkanal *m* <energ.hydr> • power canal; diversion canal

Triebwasserkanal *m* <energ.hydr> *(vom Gewässer zum Kraftwerk)* • headrace canal; headrace *pract*

Triebwasserstollen *m* <energ.hydr> • headrace tunnel

Triebwasserzuleitung *f* <energ.hydr> *(vom Gewässer zum Kraftwerk)* • headrace canal; headrace *pract*

Triebwerk *n* (Uhr) • motion

Triebwerk *n* <aerospace> *(Flugzeug, Hubschrauber)* • engine

Triebwerk *n* <aerospace> • power plant

Triebwerk *n* <aerospace> • propulsion unit

Triebwerk *n* <fz> • power transmission equipment

Triebwerk *n press* <kfz> *(Motor)* • powerplant

Triebwerk *n* <masch> *(z. B. Turmuhr)* • driving mechanism

Triebwerk abbremsen *vt* <aerospace> • run the engine on the chocks *vt*

Triebwerklagerung *f* <kfz.mot> • engine mount system

Triebwerksaggregat *n* <masch> • power pack unit

Triebwerksaufhängung *f* <aerospace> • engine mount

Triebwerksaufhängung *f* <aerospace> • engine mounting

Triebwerksblock *m* <masch> • power pack

Triebwerksbrand *m* <aerospace> • engine burn

Triebwerksbremse *f* <aerospace> • power brake

Triebwerksgehäuse *n* <aerospace> • engine shroud

Triebwerksgondel *f* <aerospace> • engine nacelle

Triebwerksmantel *m* <aerospace> • engine casing

Triebwerksregler *m* <msr> • propulsion-unit governor

Triebwerksrotor *m* <aerospace> *(Gasturbine)* • engine rotor

Triebwerksschaltschütz *n* <el> • propulsion-unit contactor

Triebwerksschub *m* <aerospace> • engine thrust; engine propulsion thrust *form*

Triebwerksteil *n* <antr> • power transmission element

Triebzug *m* <bahn> *(z. B. ICE3)* • motor train unit; motor train set; motor coach train

Trieder *n* <math> • trihedron

triedrisch <mat.math> • trihedral

Triergol *n* <aerospace> *(Raketentreibstoff)* • triergol

Trieur *m* <agri> • cockle cylinder

Trieur *m* <agri> • grader

Trifokalglas *n* <opt> • trifocal lens

Triftanlage *f* <holz> *(für Nutzholz; Bäche, Kanäle, Schleusen etc.)* • drifting system

triften *vt* <holz> *(Kurzholz; strömungsabwärts treiben lassen)* • drift *vt*

Trigatron *n* <el> • trigatron

Trigger *m* <edv> *(Scanner-Signalbit; zeigt an, dass das Symbol in Leseposition ist)* • trigger mark; key mark

Trigger *m prakt* <el.msr> *(allg.)* • trigger

Triggeransprechschwelle *f* <msr> • triggering threshold

Triggeransprechzeit *f* <med.tech> • trigger response time

Triggerarbeit *f* <med.tech> • trigger effort

Triggerart *f* <msr> • trigger type; kind of triggering; triggering mode

Triggerbaustein *m* <el> • trigger module

Triggerbedingung *f* <msr> *(eines Sensors)* • triggering condition

Triggerdatum *n* <msr> • trigger date

Triggerdiode *f* <el> • trigger diode

Triggereingang *m* <el> • trigger input

Triggereinrichtung *f* <msr> • triggering system; triggering equipment

Triggerelektrode *f* <el> • trigger electrode

Triggerempfindlichkeit *f* <med.tech> *(Einstellgröße, Ansprechschwelle)* • sensitivity setting; trigger sensitivity [setting]; sensitivity control

Triggerempfindlichkeit *f* <med.tech> *(Ansprechempfindlichkeit)* • trigger sensitivity; sensitivity

Triggerereignis *n* <msr> • trigger event

Trigger-Flipflop *m* <edv> • trigger flip-flop; Eccles-Jordan trigger

Triggerfunktion *f* <msr> • trigger function

Triggergatter *n* <msr> • trigger gate

Triggerimpuls *m* <el> • trigger pulse

Triggerkriterium *n* <msr> • trigger criterion; start criterion

Triggerlatenz *f* <med.tech> • trigger response time

Triggern *n* <el> • trigger

triggern *vt* <el> • trigger *vt*

Triggerniveau *n* <med.tech> *(Ansprechempfindlichkeit)* • trigger sensitivity; sensitivity

Triggerniveau *n* <msr> • trigger level

Triggerpegel *m* <msr> • trigger level

Triggerquelle *f* <msr> • trigger source

Triggerröhre *f* <el> • trigger tube

Triggerschalter *m* <el> • trigger switch

Triggerschaltung *f* <edv> • toggle circuit

Triggerschaltung *f* <el> • trigger circuit

Triggerschwelle *f* <msr> • trigger level

Triggerschwelle *n* <med.tech> *(Ansprechempfindlichkeit)* • trigger sensitivity; sensitivity

Triggersperre *f* <el> • trigger hold-off

Triggerstopp *m prakt* <mil> *(Schusswaffe)* • trigger stop

Triggerstoppschraube *f* <mil> • trigger stop screw; trigger overtravel stop screw

Triggerstufe *f* <msr> • trigger

Triggeruhrzeit *f* <msr> • trigger time; time of triggering

Triggerung *f* <el> • trigger

Triggerung *f* <msr> *(eines Sensors)* • triggering; initiation

Triggerverzögerungszeit *f* <med.tech> • trigger response time

Triggerwahl *f* <el> *(Impulsoszilloskop)* • trigger-source selection

Triggerzeitpunkt *m* <msr> • trigger time; time of triggering

Triggerzündanlage *f* <licht> *(Leuchtstoffröhre)* • trigger starting system

Triglyceridaustauschprotein *n V* <med> • triglyceride exchange protein (TGEP)

Triglyceride *npl* (TG) <med> *(die Lipide)* • triglycerides *pl*; neutral fats *pl*; triacylglycerol *rare*

Triglyceride *npl* (TG) <med> *(die Lipidkonzentration im Plasma)* • triglycerides *pl* (TG); triglyceride concentration

Triglycerid-Exchange-Protein *n V* <med> • triglyceride exchange protein (TGEP)
Triglyceridkonzentration *f* <med> • triglyceride concentration
Triglyceridkonzentration *f* <med> *(die Lipidkonzentration im Plasma)* • triglycerides *pl* (TG); triglyceride concentration
triglyceridreiche Lipoproteine *npl* <med> • triglyceride-rich lipoproteins *pl*
Triglycinsulfatelement *n* <mat> • temperature autostabilizing non-linear dielectric
Triglyzerid *n* <chem> • triglyceride
trigonal <mat> • trigonal
Trigonocephalus lachesis <bio> • bush master; trigonocephalus lachesis
Trigonometrie *f* <math> • trigonometry
trigonometrische Höhenmessung *f* <geo.msr> • trigonometric levelling
trigonometrischer Punkt *m* <geo.msr> • triangulation point
trigonometrischer Punkt *m* <geo.msr> • triangulation station
triklines Kristallsystem *n* <mat> • triclinic crystal system
Trikot *n* <sport.bekl> *(Sportbekleidung)* • uniform
Trikotstoff *m* <textil> • jersey; jersey fabric
Trikuspidalklappenersatz *m* <med> • tricuspid valve substitute
Trilex-Felge *f* <kfz> • Trilex rim
trilineares Filtern *n* <edv> • trilinear filtering
trilineare Texturierung *f* <edv> • trilinear texturing
trilobales Profil *n* <textil> • trilobal fiber cross-section
TriLogic *n Son* <av> • TriLogic *Son*
TriLogic Plus *n Son* <av> • TriLogic Plus *Son*
Trilokwandler *m* <kfz.antr> • TRILOK torque converter; TRILOK converter
Trimaran *m* <nav> • trimaran
Trimenon *n* <med> *(Säuglingsalter, Schwangerschaft)* • trimester
trimer <chem> • trimeric
Trimer[es] *n* <chem> • trimer
Trimetallplatte *f* <druck> • trimetal plate
Trimetallplatte *f* <druck> • trimetallic plate
trimetrisch <doku> *(Projektion)* • trimetric
Trim-Funktion *f* <av> *(eines Sound-Samples)* • truncation; trimming
Trimm *m* <nav.aerospace> • trim
Trimmabschaltarm *m* <nukl> • shim safety signal arm
Trimmblei *n* <aerospace> *(Modellbau)* • lead weight[s] *[led]*
Trimmeinrichtung *f* <nav> • trimming device
Trimmelement *n DIN 25401-3* <nukl> • shim member
Trimmen *n* <tech.allg> *(Zurechtschneiden; z. B. Pflanzen, Abbildungen)* • trimming
Trimmen *n prakt* <prod> • trimming
trimmen *vt* <doku> *(bestimmte Bildelemente abschneiden)* • trim *vt*
trimmen *vt* <edv> • trim *vt*
trimmen *vt* <fz> *(Flugzeug, Schiff)* • trim *vt*
trimmen *vt* <nav> *(Ladung)* • stow *vt*
trimmen *vt* <nav.aerospace> • trim *vt*
trimmen *vt* <nukl> *(Reaktor)* • shim *vt*
Trimmer *m* <tech.allg> *(mech. Abschneiden)* • trimmer
Trimmer *m* <agri.wz> • grass trimmer; grass shear
Trimmer *m* <el> *(zur elektr. Abstimmung)* • trimmer
Trimmgeschwindigkeit *f* <nukl> • shim velocity
Trimming *n* <av> *(eines Sound-Samples)* • truncation; trimming
Trimmklappenantrieb *m* <aerospace> • trim motor
Trimmkondensator *m* <el> • trimmer capacitor

Trimmless-Verfahren *n* <kst.prod> • trimless process
Trimmotor *m* <aerospace> • trim tab motor
Trimmpotentiometer *n* <el> • trim potentiometer; trim pot *coll*
Trimm-Poti *n prakt* <el> • trim potentiometer; trim pot *coll*
Trimmruder *n* <aerospace> • trim tab
Trimmruder *n* <aerospace> • trimming tab
Trimmschleife *f* <el> • adjusting loop
Trimmstab *m* <nukl> • shim rod
Trimmtank *m* <nav> *(U-Boot)* • trimming tank
Trimmung *f* <aerospace> • trim
Trimmung *f* <fz> *(Flugzeug, Schiff)* • trimming
Trimmwiderstand *m prakt* <el> • trimming resistor; adjusting resistor; trimmer *pract*
trimolekular <chem> • termolecular
trimolekular <chem> • trimolecular
trimorph <chem> • trimorphic
trimorph <chem> • trimorphous
Trinitron-Maske *f TM Sony* <av> • aperture grill; Trinitron mask *TM Sony*
Trinitrotoluol *n* <chem> • TNT
Trinitrotoluol *n* <chem> • trinol
Trinitrotoluol *n* <chem.spreng> • trinitrotoluol
Trinkflasche *f* <fz> *(z. B. Radrennfahrer)* • water bottle
Trinkhalm *m* <kfz.wz> • soda straw
Trinkjoghurt *n* <nahr> • drinking yoghurt
Trinkmolke *f* <nahr> • drinking whey
Trinksauger *m* <hygi> *(für Fläschchen)* • teat *GB*; nipple *US*
Trinkwasser *n* <ents> • drinking water; potable water
Trinkwasser *n* <nahr> • drinking water; potable water
Trinkwasseraufbereitung *f* <chem.verf> • drinking water treatment
Trinkwasseraufbereitung *f* <verf.hydr> • drinking water purification
Trinkwasseraufbereitungsanlage *f* <chem.verf> • drinking water treatment plant
Trinkwasserbedarf *m* <allg> • supply of potable water
Trinkwasserchlorung *f* <chem.verf> • drinking water chlorination
Trinkwasserfluoridierung *f* <chem.verf> • drinking water fluoridation
Trinkwasserversorgung *f* <admin> • drinking water supply
Trinkwasserversorgung *f* <admin> • public drinking water supply
Trinkwasserwagen *m* <nfz> • drinking water car
Trioblockwalzwerk *n* <metall> • three-high blooming mill
Triode *f* <el> • triode
Triode *f* <el.av> • three-electrode valve
Triode-Hexode-Mischröhre *f* <el> • triode-hexode converter
Triode-Hexode-Mischröhre *f* <el> • triode-hexode frequency changer
Triodenschaltung *f* <el> • triode connection
Triodenverstärker *m* <el.av> • triode amplifier
Trioroststab *m* <verbr> • triple grate bar
Triowalzgerüst *n* <metall> • three-high rolling stand
Triowalzgerüst *n* <metall> • three-high stand
Triowalzstraße *f* <metall> • three-high rolling train
Triowalzstraße *f* <metall> • three-high train
Triowalzwerk *n* <metall> • three-high rolling mill
Triozickzackstraße *f* <metall> • cross-country mill
Tripel *m* <obfl.holz> • rottenstone
Tripeleffektverdampfer *m* <verf> • triple-effect evaporator
Tripel-Inductosyn *n* <autom> • triple-linear inductosyn
Tripelpunkt *m* <nukl> • triple point
Tripelpunkt *m* <therm> *(Zustandsdiagramm)* • triple point
Tripel-Reflektor *m* • triple reflector

Tripelspiegel m <opt> • corner reflector
Tripelzelle f <energ.sol> • triple junction cell
Triphenyl-Phosphat n <chem.kst> *(Flammhemmer; z. B. in PC-Monitoren)* • triphenyl phosphate
Triple-a-Prozess m <nukl> • triple-a-process; helium-burning process
Triplesuperphosphat n <chem> • triple superphosphate
Triplet n <opt> • triplet
Triplet n <opt> • triplet lens
Triplett n <phys> *(Gruppe von Spektrallinien)* • triplet
Triplettfeinstruktur f <phys> • triplet fine structure
Triplettzustand m <phys> • triplet state
Triplexkette f <antr> • triplex chain
Triplexpappe f *DIN 55405* <mat.pap> • triplex board
Triplex-Plungerpumpe f <förd> • three-plunger pump; 3-plunger pump; triplex plunger pump; triplex ram pump
Triplexpumpe f <förd> • three-cylinder pump; three-piston pump; 3-piston pump *werb*; triplex pump
Triplexpumpe f <masch> • three-throw pump
Tripodegelenk n <antr> • tripod joint; constant velocity tripod joint; three-ball-and-trunnion universal joint; tri-pot joint; Glaenzer-Spicer universal joint
Tripode-Gleichlaufgelenk n <antr> • tripod joint; constant velocity tripod joint; three-ball-and-trunnion universal joint; tri-pot joint; Glaenzer-Spicer universal joint
Tripod-Kopf m <wz.masch> • tripod head
Tripstahl m <metall> • TRIP steel
Triptan n <mot> *(Zusatzstoff für hochklopffeste Kraftstoffe)* • triptane
Tripton n *(Schwebstoffe in Gewässern)* • detritus
Trisektrix f <math> *(winkeldreiteilende Kurve)* • trisectrix
Trisilicatschlacke f <chem> • trisilicate slag
trisubstituiert <chem> • trisubstituted
Tritid n <nukl> • tritide
tritiiertes Wasser n <nukl> • tritium water; tritiated water
Tritium n <chem> *(Wasserstoff-Isotop)* • T
Tritium n <chem> • tritium
Tritium n <nukl> • tritium
Tritiumadsorpionsanlage f <nukl> • tritium adsorption facility
Tritiumaktivität f <nukl> • tritium activity
Tritiumausstoß m <nukl> • tritium discharge; tritium release
Tritiumbrüten n <nukl> • breeding of tritium
Tritiumbruturate f <nukl> • tritium breeding ratio
Tritiumerzeugung f <nukl> • tritium production
Tritiumextraktionsanlage f <nukl> • tritium extraction facility
Tritiumkern m <nukl> • triton
Tritiumkonzentration f <nukl> • tritium concentration
Tritiumproduktion f <nukl> • tritium production
Tritiumwasser n <nukl> • tritium water; tritiated water
Tritiumzelle f <nukl> • tritium cell
Triton n <nukl> • triton
Tritt m <bau> *(Treppe)* • step
Tritt m <bau> *(Treppe)* • top surface of step
Tritt m <bau> *(Treppe)* • tread
Tritt m <masch> • footlever
Tritt m <textil> *(Nähmaschine, Webstuhl)* • pedal
Tritt m <textil> *(Nähmaschine, Webstuhl)* • treadle
Trittabdeckung f <bahn> • step cover plate
Trittbrett m <kfz> *(klein; z. B. bei Geländewagen)* • step plate
Trittbrett n <bahn> • footboard
Trittbrett n <bahn> • step
Trittbrett n <kfz> *(lang; wie bei VW Käfer und Pickup-Trucks)* • running board
Trittbrettbeleuchtung f <kfz.el> • running board courtesy light

Tritte anschnüren vi <textil> • tie up the treadles vi
Trittfläche f *DIN 18065* <bau> *(Treppe)* • tread
Trittleiste f <nfz> *(Lieferwagen)* • side step
Trittleiter f <bau> • stepladder
Trittmatte f <alarm> • pressure mat; tread mat; under-carpet mat/pad/sensor/switch; floor mat; step mat
Trittplatte f <fz.brems> • treadle
Trittplattenbremsventil n <nfz.brems> • foot-operated brake valve
Trittschall m <akust> • impact noise
Trittschall m <akust> • impact sound
Trittschall m <bau.phys> • impact sound; impact noise
Trittschalldämmung f <akust> • impact-sound insulation
Trittschalldämmung f *ISO 140* <bau.akust> *(z. B. von Decken)* • impact sound insulation *ISO 140*
Trittschallfilter n <akust> • impact sound filter
Trittschallhammerwerk n <akust> • impact machine
Trittschallpegel m <akust> • impact sound level
Trittstufe f <kfz> *(Caravan-Tür)* • caravan step
Trittstufenkasten m <nfz> *(Autobus)* • stepwell
Trittwebstuhl m <textil> • treadle loom
Trituration f <verf> • trituration
trivalent <chem> • tervalent
trivalent <chem> • trivalent
trivalenter Telegrafenkode m <tele> • three-condition telegraph code
Trivalenz f <chem> • tervalency
Trivalenz f <chem> • trivalency
trivialer Name m <chem> *(z. B. Soda für Natriumkarbonat)* • unsystematic name
Trivialname m <chem> • common name
Trivialname m <chem> • unsystematic name
Trochilus m <bau> *(Ringkehle, z. B. in Attischer Säulenbasis; i. Ggs. zu Torus)* • trochilus
Trochoidenpumpe f <förd> • internal gear pump; internal lobe pump; internal-gear one-tooth-difference pump
Trochotron n <el> • trochotron
trocken <nahr> *(Wein)* • dry
Trockenadditivverfahren n <verf> • dry scrubbing
Trockenätzen n <obfl> • dry etching
Trockenanalyse f <chem> • dry analysis
Trockenanalyse f <chem> • dry-way analysis
Trockenanlage f <obfl> • low-bake equipment; low-bake installation
Trockenapparat m <verf> • drier; drying apparatus
Trockenarbeitsplatz m <phot> • dry area; dry side; dry bench
trocken aufbereiten vt <verf> • dry-clean,vt
Trockenaufbereitung f <ents> • dry treatment; dry processing
trocken aufbohren vt <prod> • dry-bore vt
Trockenaufstellung f <förd> • dry installation; dry-well installation; dry-pit installation *US*; dry-sump installation
Trockenauftrag m <obfl> *(von Email)* • dry application process; dry application method; powder application
Trockenauftragsverfahren n <obfl> *(von Email)* • dry application process; dry application method; powder application
Trockenbatterie f <el> • dry battery
Trockenbatterie f <el> • dry-cell battery
Trockenbau m <bau.innen> • dry lining *GB*; drywall *US*
Trockenbauer m <bau.innen> • dry liner *GB*; drywall contractor *US*; drywall installer *US*; drywall mechanic *US*
Trockenbaumonteur m <bau.innen> • dry liner *GB*; drywall contractor *US*; drywall installer *US*; drywall mechanic *US*
Trockenbauweise f <bau> • dry construction
Trockenbearbeitung f <wz.masch> • dry machining
Trockenbeet n <ents> • drying bed

Trockenbereich *m* <phot> • dry area; dry side; dry bench

Trockenbestäuber *m* <druck> • dry sprayer

Trockenbestäubung *f* <druck> • dry spraying

Trockenbetonmischung *f* <bau.mat> • dry concrete

Trockenblaszone *f* <obfl> *(Station in der Lackierstraße)* • blower zone

Trockenblech *n* <pap> • drier plate drying plate

Trockenboden *m* <agri> • drying loft

Trockenboden *m* <bau.innen> • drywall floor

Trockenbohren *n* <prod> • dry drilling

Trockenbohrprobe *f* • dry sample

Trockenbohrung *f* <bohr> • dry bore

Trockenbrett *n* • drain board

Trockenbügeln *n* <textil> • dry pressing

trocken cyanieren *vt* • gas-cyanide *vt*

Trockendampf *m prakt* <phys> *(im Ggs. zu Nassdampf)* • dry steam

Trockendarre *f* • drying kiln

Trockendarre *f* • drying tunnel

trocken dekatieren *vt* <textil> • decatize with dry steam *vt*

Trockendeposition *f* <verf> • dry deposition

Trockendestillation *f* <chem.verf> • dry distillation

Trockendestillation *f* <chem.verf> • pyrogenic distillation

Trockendichte *f* <bau> *(des Bodens)* • dry density

trockendichtendes Gewinde *n* <rls> • dryseal thread; thread for pressure-tight joints; self-sealing thread; dryseal pipe thread; jointing thread

trockendichtendes kegeliges Rohrgewinde *n* (F-PTF) <rls> *(ein Feingewinde)* • dryseal fine taper pipe thread (F-PTF) ANSI B1.20.3

Trockendock *n* <nav> • drydock

trockene Abscheidung *f* <ents> *(bei Abgas)* • dry gas cleaning

trockene Akustik *f* <akust> • dead acoustics

trockene Aufbereitung *f* <min> *(Erz, Kohle)* • dry cleaning; dry treatment

trockene Destillation *f* <chem.verf> • destructive distillation

trockene Destillation *f* <chem.verf> • dry distillation

trockene Destillation *f* <chem.verf> • pyrogenic distillation

trockene Entwicklung *f* <druck> • dry development

Trockeneigelb *n* <nahr> • egg yolk solids

Trockeneinfärben *n* <kst> *(Formmasse)* • dry coloring

Trockeneis *n* <chem> • solid carbon dioxide

Trockeneis *n* <verf> • dry ice; carbon dioxide ice; solid carbon dioxide

Trockeneisstrahlen *n* <obfl> • CO_2-blasting; blast cleaning with carbon dioxide pellets

trockene Ladung *f* <logist> • dry cargo

trockene Laufbuchse *f* <kfz.mot> • dry liner; dry sleeve

Trockenelektroabscheider *m* <chem> • dry precipitator

Trockenelektrofilter *n* <ents> • dry electrostatic precipitator; dry ESP

Trockenelement *n* <el> • dry cell

trockene Massengutfahrt *f* <verk> • dry bulk cargo transportation

Trockenemulsion *f* <phot> • dry emulsion

Trockenentschwefelung *f* <ents> *(z. B. Rauchgas von Kohlekraftwerk)* • dry desulfuration

Trockenentschwefelung *f* <verf> • catalytic dry process

Trocken-Entschweflungsanlage *f* <emiss> *(z. B. Rauchgas von Kohlekraftwerk)* • dry-desulfurisation plant

Trockenentwicklung *f* <phot> • dry development

trockener Ascheabzug *m* <emiss> • dry-bottom boiler

trockene Reibung *f* <mech> • dry friction

trockene Reibung *f* <mech> • solid friction

trockener Entwickler *m* <druck> • dry developer

trockener Gaszähler *m* <msr> • dry-gas meter

trockener Kondensator *m* <mot> • dry condenser

trockenes Granulatverfahren *n* <nukl> • dry granulation process

trockenes Konversionsverfahren *n* <nukl> • dry conversion process

trockenes Oxidationsverfahren *n* <verf> • catalytic dry process

trockene Staubabscheidung *f* <ents> • dry collection of particulate matter

trockenes Thermometer *n* <msr> • dry-bulb thermometer

trockenes Verfahren *n* • dry process

Trockenextrakt *m* • dry extract

trockene Zylinderlaufbuchse *f* <kfz.mot> • dry liner; dry sleeve

trockenfalzen *vt* <led> • dry-shave *vt*

Trockenfarblack *m rar* <druck> *(z. B. für Kopiergerät, Laserdrucker)* • toner (EP); electrostatic powder; particle ink *rare*

Trockenfestigkeit *f* *(Pap; Textil; Gießerei)* • dry strength

Trockenfestigkeit *f* <metall> • dry bond strength

Trockenfestigkeit *f* <obfl> • film strength

Trockenfestigkeit *f* <textil> *(Fasern)* • dry strength

Trockenfeuerlöscher *m* <feuer> • dry chemical fire extinguisher

Trockenfeuerlöscher *m* <feuer> • powder extinguisher

Trockenfilmdicke *f* <obfl> • dry film thickness; dry coat thickness

Trockenfilmfestigkeit *f* <obfl> • film strength

Trockenfilmschmiermittel *n* <tribo> • dry-film lubricant

Trockenfilmstärke *f* <obfl> • dry film thickness; dry coat thickness

Trockenfilter *n* • dry filter

Trockenfirnis *m* <obfl> • siccative varnish

Trockenflächenmasse *f* <pap> • dry basis weight

Trockenflecken *mpl* <phot> • drying marks *pl*; water marks *pl*

Trockenfracht *f* <logist> • dry cargo

Trockenfrachtanhänger *m* <nfz> • dry van trailer; dry freight van trailer

Trockenfrachtaufbau *m* <nfz> • dry van; dry van body

Trockenfrachter *m* <nav> • dry-cargo ship

Trockenfrachtkoffer *m* <nfz> • dry van; dry van body

Trockengas *n* <verf> • dry gas

Trockengasreinigung *f* • dry gas cleaning

Trockengasspeicher *m* <verf> • dry gas-holder

Trockengefäß *n* <verf> • desiccator; desicator *rar*

Trockengehalt *m* • dry content

Trockengehalt *m* <ents> *(z. B. im Abfall)* • solid content

Trockengehalt *m* <pap.ents> • dry matter content; dryness

Trockengel *n* <chem> *(enthält keine Flüssigkeit)* • xerogel

Trockengelenk *n* <kfz.antr> *(in Gelenkwelle)* • flexible coupling; rubber coupling; Rotoflex coupling *pract*; rubber doughnut *coll*; doughnut joint *coll*

Trockengelenk *n* <masch> • dry-disc joint

trockengesättigt <phys> *(Dampf)* • dry-saturated

trockengesättigter Dampf *m* <phys> • dry-saturated steam

trockengeschliffen <prod> • dry-ground

Trockengeschwindigkeit *f* • drying rate

Trockengestell *n* <phot> *(für Fotoabzüge)* • drying rack; print drying rack; print rack

Trockengestell *n* <silik> • drying rack

Trockengestell *n* <silik> • hack

Trockengestell *n* <silik> • perch

Trockengewicht *n* <verf.hydr> *(Rechengut)* • dry weight

Trockenglattausrüstung *f* <textil> • smooth-drying finish

Trockengleichrichter *m* <el> • dry plate rectifier
Trockengleichrichter *m* <el> • dry rectifier
Trockengleichrichter *m* <el> • metallic rectifier
Trockenguss *m* <prod> • dry sand casting
Trockenguss *m* <prod> • dry sand mold casting
Trockengussform *f* <prod> • dry sand mold
Trockengut *n* <verf> • material to be dried
Trockengut *n* <verf> • material being dried
Trockenhaltung *f* <ents.hydr> • drainage; underground drainage
Trockenheit *f* <pap> • dryness
Trockenheit *f* <verf> • drought
Trockenherd *m* *(Aufbereitung)* • dry cleaning table
Trockenhygrometer *n* <msr> • dry-bulb hygrometer
Trocken-in-Nass-Verfahren *n :V* <obfl> • dry-on-wet process
Trockenkabine *f* <obfl> • low-bake booth
Trockenkammer *f* • drying chamber
Trockenkammer *f* • drying loft
Trockenkammer *f* • drying room
Trockenkammer *f* • drying vault
Trockenkammer *f* <holz> • dry kiln
Trockenkammer *f* <metall> • drying stove
Trockenkammer *f* <textil> *(Färberei)* • hot-air chamber; drying chamber
Trockenkleber *m* <füg> • dry adhesive
Trockenklebrigkeit *f* <kst> • aggressive tack
Trockenklebrigkeit *f* <kst> • dry tack
Trockenknittererholung *f* <textil> • DCR
Trockenknittererholung *f* <textil> • dry crease recovery
Trockenkohle *f* • dry coal
Trockenkollergang *m* • dry pan
Trockenkonservat *n* <nahr> • dried preserve
Trockenkonservierung *f* <präp> • dry preservation
Trockenkugeltemperatur *f* <phys> • dry bulb temperature
Trockenkupplung *f* <kfz.antr> • dry clutch
Trockenkupplung *f* <masch> • dry-disc clutch
Trockenkupplung *f* <masch> • dry-plate clutch
Trockenlackierung *f* <obfl> • dry coating process
Trockenlauf *m* *(Lager)* • dry run
Trockenlauf *m* *(Lager)* • dry running
Trockenlauf *m* <förd> • dry running; dry operation
trockenlaufendes Gleitlager *n* <masch> *(bauartbedingt; z. B. mit Teflon)* • no-lube friction bearing; no-lube plain bearing
Trockenlaufzeit *f* norm <kst> • dry cycle time; dry running time
trocken legen *vt* <tech.allg> *(Boden, Gebäude)* • drain *vt*; dewater *vt*
trockenlegen *vt* <bau> *(Untergrund, Boden, Landflächen)* • drain *vt*
Trockenlegung *f* <bau> • dewatering
Trockenlegung *f* <energ.hydr> • dewatering
Trockenlegung *f* <ents> *(von Sümpfen, Gebäuden)* • drainage
Trockenlegung *f* <kfz.ents> *(von Autowracks)* • wreck draining *V*
Trockenlöschen *n* <verf> *(Koks)* • dry quenching
Trockenlöschen *n* <verf> *(Kalk)* • dry slaking
Trockenluft *f* <hlk> *(Luft mit geringer Luftfeuchte)* • dry air
Trockenluft *f* <verf> *(Luft zum Trocknen)* • drying air
Trockenluftfilter *m* <kfz.mot> *(formal auch: n)* • dry air cleaner; dry-type pleated paper filter [element] *form*
Trockenluftfilterelement *n* form <kfz.mot> *(formal auch: n)* • dry air cleaner; dry-type pleated paper filter [element] *form*
Trockenmagnetscheider *m* • dry magnetic separator
Trockenmahlung *f* • dry grinding

Trockenmahlung *f* <obfl> • dry milling; dry grinding
Trockenmasse *f* <ents> *(beim Trocknen einer Substanz bei 100…105 °C erhaltener Rückstand)* • total solids (TS); dry solid matter
Trockenmasse *f* <nahr> • total solids (TS); total solids content
Trockenmater *f* <druck> • dry flong
Trockenmauer *f* <bau> • dry wall
Trockenmauerung *f* <bau> • dry bricklaying
Trockenmauerung *f* <bau> • dry masonry
Trockenmauerung *f* <bau> • dry walling
Trockenmilchprodukt *n* <nahr> • dried milk product
Trockenmischer *m* <verf> • dry mixer; dry blender
Trockenmischung *f* • dry blend
Trockenmischung *f* • dry mix
Trockenmischung *f* <prod> *(z. B. Betontechnologie)* • dry batch
Trockenmittel *n* ugs <chem> *(z. B. in Verpackungen, Doppelverglasungen, Klimaanlagen)* • desiccant; drying agent; dehumidifier; drier *coll*
Trockenmittel *n* DIN 55405 <hilfsm> • desiccant
Trockenmittelbeutel *m* <hilfsm> • desiccant bag
Trockenmittelhalterungsstopfen *m* <hilfsm> • desiccant stopper
Trockenmuser *m* <agri> • dry masher
Trockenobjektiv *n* *(Mikroskop)* • dry objective
Trockenofen *m* • drying oven
Trockenofen *m* <druck> • dryer; drying unit; oven
Trockenofen *m* <holz> • dry kiln
Trockenofen *m* <holz> • seasoning kiln
Trockenofen *m* <med> • drying oven
Trockenofen *m* <metall> • baking stove
Trockenofen *m* <metall> • drying stove
Trockenofen *m* <nukl> • drying kiln
Trockenofen *m* <obfl> • drier; furnace; drying oven; drying unit; oven
Trockenofen *m* <obfl> *(Feuchtigkeitsentzug durch Erhitzen)* • drier; furnace; drying oven; drying unit; drying kiln
Trockenofen *m* <pack> • drying oven; stoving oven *GB*; bake oven *US*
Trockenofen *m* <prod> • foundry stove
Trockenoffset *m* <druck> *(Offsetdruck)* • waterless offset printing; dry offset printing
Trockenoffset *m* <pack> • letterset; dry offset
Trockenoffsetplatte *f* <druck> *(Druckplatte)* • waterless offset plate; dry offset plate
Trockenpartie *f* <pap> • drier end
Trockenpartie *f* <pap> • drier part
Trockenpartie *f* <pap> • drying section; dryer section
Trockenpartie Trocknerpartie <pap> • drying section dry line
Trockenpatrone *f* *(Feinwaage)* • balance desiccator
Trockenpistole *f* *(Laborgerät)* • drying pistol
Trockenplatte *f* <phot> • dry plate
Trockenplattengleichrichter *m* <el> • dry-plate rectifier
Trockenplattenverfahren *n* <phot> • dry-plate process
Trockenpräparat *n* <präp> • dry specimen
Trockenpräparation *f* <präp> • dry preservation
Trockenpresse *f* • drying press
Trockenpresse *f* <phot> *(zum (Hochglanz-)Trocknen von Barytpapier)* • flatbed dryer; print dryer; print glazer; drier/glazer; flatbed glazer *Ilford*
Trockenprobe *f* <metall> • dry assay
Trockenputz *m* <bau.innen> • bonding compound
Trockenputzbatzen *mpl* <bau.innen> *(zum Verkleben von Gipskartonplatten)* • dabs; bonding dabs
Trockenputzweise *f* <bau.innen> • direct bond system
Trockenrasierer *m* <hygi> *(Netz- od. Akkubetrieb)* • shaver; electric razor

Trockenreibung *f* <tribo> • dry friction; solid friction
Trockenreiniger *m* • dry cleaner
Trockenreinigung *f* • dry cleaning
Trockenreinigung *f* • dry purification
Trockenreinigungsechtheit *f ISO 105 D01* <textil>
 • color fastness to dry cleaning *ISO 105 D01*
Trockenrieselfilter *m* <verf> • trickle filter; bacterial filter;
 drip filter; wet/dry filter
Trockenriss *m* <holz> • seasoning check
Trockenriss *m* <holz> • shrinkage shake
Trockenriss *m* <silik> • drying crack
Trockenrohdichte *f* <phys> • dry-bulk density
Trockenrohdichte *f* <phys> • dry-unit weight
Trockensandform *f* <prod> *(Gießerei)* • dry-sand mold
Trockensandformen *n* <prod> *(Gießerei)* • dry-sand
 molding
Trockensandkern *m* <prod> *(Gießerei)* • dry-sand core
Trockenschale *f (Gießerei)* • core plate
Trockenschale *f* • drying tray
Trockenscheidung *f (Zucker)* • dry liming
Trockenscheidung *f* <metall> • dry parting
Trockenschichtstärke *f* <obfl> *(Schutzanstrich)* • dry film
 thickness
Trockenschießen *n* <mil> • dry-firing
Trockenschlamm *m* • dry sludge
Trockenschlamm *m* <verf.hydr> • dry sludge
Trockenschleifen *n* <prod> • dry grinding
Trockenschleuder *n* • centrifugal drier
Trockenschleuder *n* <verf> • spin drier
Trockenschleudern *n* <verf> • spin drying
Trockenschliff *m* <prod> • dry grinding
Trockenschmiermittel *n* <tribo> • solid lubricant
Trockenschnecke *f* <verf> • screw-conveyor drier
Trockenschnee *m* <verf> • carbon dioxide snow
Trockenschrank *m* • cabinet drier
Trockenschrank *m* • drying cupboard
Trockenschrank *m (Labor)* • drying oven
Trockenschrank *m* <phot> • drying cabinet; film-drying
 cabinet
Trockenschrank *m* <verf> • oven
Trockenschüttung *f* <bau.innen> • insulating granules
trockenselbstansaugend *adj* <förd> • dry priming *adj*;
 self-priming from dry *adj*
Trockensieben *n* <verf> • dry screening
Trockensiebung *f* <ents> • dry screening
Trockensiegel *n* <druck> • die stamp
Trockensoption *f* <verf> • spray drying
Trockensorption *f* <verf> *(z. B. Rauchgasentschwefe-
lung)* • spray drying
Trockensorption[sverfahren] *n* <ents> • dry absorption
 [system]; dry scrubbing
Trockensorptionsverfahren mit Wassereindüsung *n*
 <ents.verf> *(Abgaskonditionierung vor der Additivein-
blasung)* • conditioned dry scrubbing process *:V*
Trockensortierung *f* <ents> • dry sorting
trockenspalten *vt* <led> • split in dry statet
Trockenspinnmaschine *f* <textil> • dry spinning frame
Trockenspinnverfahren *n* <chem.petr> • dry spinning
Trockenspritzbeton *m* <bau.mat> • dry-mix shotcrete
Trockenspritzen *n* <bau> *(Spritzbeton)* • dry-mix shot-
crete process; dry shotcreting
Trockenspritzmaschine *f* <bau> • dry spraying machine
Trockenspritzverfahren *n* <bau> *(allg.)* • dry spraying
 method; dry spraying
Trockenspritzverfahren *n* <bau> *(Spritzbeton)* • dry-mix
 shotcrete process; dry shotcreting
Trockenstabilat *n* <ents> • dry stabilate
Trockenständer *m* <phot> *(für Fotoabzüge)* • drying rack;
 print drying rack; print rack

Trockenständer *m* <prod> • drying rack
Trockenstempel *m* <druck> • die stamp
Trockenstoff *m DIN 55 945* <obfl> *(Additiv, z. B. für
Farbe)* • siccative *norm*; liquid drier; drying accelerator;
 drier *norm*
Trockenstoffaufstreuung *f* <nahr.prod> *(Speiseeis)*
 • dry coating; dry stuff coating
Trockenstoffe *fpl* <nahr> • dry matters; dry substances;
 dry ingredients
Trockenstoffgehalt *m* <nahr> • total solids (TS); total
 solids content
trockenstollen *vt* <led> • dry-stake *vt*
Trockensubstanz *f* • dry matter
Trockensubstanz *f (TS)* <ents> *(beim Trocknen einer
Substanz bei 100 ... 105 °C erhaltener Rückstand)* • total
 solids (TS); dry solid matter
Trockensubstanz *f* <mat> • solid matter
Trockensubstanz *f* <nahr> • total solids (TS); total solids
 content
Trockensubstanz *f (T.S.)* <verf.hydr> • dried matter;
 dried solid matter
Trockensubstanzgehalt *m* • dry-substance content
Trockensubstanzgehalt *m* <chem.verf> • solids content
Trockensubstanzmasse *f* • dry mass
Trockensubstanzmasse *f* • dry weight
Trockensumpf *m* <kfz.mot> • dry sump
Trockensumpfschmierung *f* <kfz.mot> • dry sump lubri-
cation
Trockensumpfschmierung *f* <tribo> • dry-sump lubrica-
tion
Trockensumpfschmierung *f* <tribo> • gravity-feed lubri-
cation
Trockentemperatur *f* • dry-bulk temperature
Trockentemperatur *f* • drying temperature
Trockentemperatur *f prakt* <phys> • dry bulb tempera-
ture
Trockenthermometer *n* <msr> • dry-bulb thermometer
Trockentinte *f rar* <druck> *(z. B. für Kopiergerät, Laser-
drucker)* • toner (EP); electrostatic powder; particle ink
 rare
Trockentoner *m* <druck> • dry toner
Trockentraining *n* <mil> • dry-firing exercise
Trockentrainingseinrichtung *f* <mil> • dry-firing mecha-
nism; dry fire mechanism
Trockentransformator *m* <el> • dry-type transformer
Trockentransformator *m* <el> • oilless transformer
Trockentransformator *m* <el> • air-cooled transformer
Trockentrommel *f* • drying cylinder
Trockentrommel *f* • drying drum
Trockentrommel *f (Zucker)* • granulator
Trockentrommel *f* <verf> • drum drier
Trockentrommel *f* <verf> • tumble drier
Trockentunnel *m* • drying tunnel
Trockentunnel *m* <obfl.verf> • tunnel furnace; tunnel drier
Trockenturm *m* <chem> • gas drying jar
Trockenüberschlagspannung *f* <el> • dry flash-over
 voltage
Trockenüberschlagspannung *f* <el> • dry spark-over
 voltage
Trockenunterboden *m* <bau.innen> • drywall floor lining
 :V
Trockenverarbeitung *f* • dry processing
Trockenverdampfer *m* • dry-expansion evaporator
Trockenverfahren *n* • chill-roll method
Trockenverfahren *n* • dry process
Trockenverfahren *n* <emiss> • Dry process
Trockenverfahren *n* <ents> • dry absorption [system]; dry
 scrubbing
Trockenverfahren *n* <verf> • dry process

Trockenverglasung f <bau> • dry glazing
Trockenverlust m <verf> • loss on drying
Trockenverschluss m • dry seal
Trockenverzinkung f <obfl> • dry galvanizing
Trockenvorgang m <tech.allg> • drying process
trockenwalken vt <led> • drum-dry vt
Trockenweißpause f <druck> • ozalid print
Trockenweißpause f <druck> • ozalid white print
Trockenwerk n • drying plant
Trockenwerk n <druck> • dryer; drying unit; oven
Trockenwetterabfluss m • dry-weather flow
Trockenwetterabfluss m <ents> • dry weather flow (DWF)
Trockenzeit f <obfl.holz> (Furniertrocknung) • dwell time
Trockenzentrifuge f • centrifugal drier
Trockenzentrifuge f • hydroextractor
Trocken-Zerspanung f <prod> (ohne KSS) • dry machining
Trockenzerspanung f <wz.masch> • dry machining
Trockenziehen n <prod> • dry drawing
Trockenziehschmiermittel n <tribo> • dry drawing lubricant
Trockenzuckerung f <nahr> (Wein) • chaptalization
Trockenzug m <prod> • dry drawing
Trockenzwirnen n <textil> (Zwirnerei) • dry twisting
Trockenzylinder m • drying drum
Trockenzylinder m <pap> • dryer; drying cylinder
Trockenzylinder m <pap.textil> • can drier
Trocknen n <obfl> • drying
Trocknen n <pack> (Lacke, Farben) • drying stand; stoving GB; baking US
Trocknen n <textil> (Färberei) • drying
Trocknen nsg <phot> • drying sg
trocknen vi <tech.allg> (z. B. Lack) • dry vi
trocknen vi/vt <tech.allg> • desiccate vi/vt
trocknen vi/vt <agri> (Pflanzen) • wither vi/vt
trocknen vi/vt <edv> (Magnetplatte) • dry vi/vt
trocknen vt (Form, Kern in Gießerei) • bake vt
trocknen vt • dehydrate vt
trocknen vt <tech.allg> • dry vt
trocknen vt <druck> (Druckfarbe) • set vt
trocknen vt <holz> • season vt
trocknen vt <nahr> (im Trockenofen) • desiccate vt; kiln-dry vt; dry vt
trocknen vt <textil> (Färberei) • dry vt
trocknen vt <verf> • dehumidify vt
trocknen vt <verf> • exsiccate vt
trocknendes Öl n • drying oil
trocknendes Öl n <obfl.holz> • drying oil
Trocknen unter Schrumpfungsbehinderung f <pap> • restraint drying
Trockner m • dehydrator
Trockner m • drying apparatus
Trockner m <druck> • dryer; drying unit; oven
Trockner m <kfz.hlk> (allg. und in Klimaanlagen) • drier US; dehydrator form.thsc; dryer GB
Trockner m <obfl> • drier; furnace; drying oven; drying unit; oven
Trockner m <obfl> (Feuchtigkeitsentzug durch Erhitzen) • drier; furnace; drying oven; drying unit; drying kiln
Trockner m <phot> • drier US; dryer GB
Trockner m <verf> • drier
Trockneraufgabegut n <verf> • substance to be dried
Trocknereinheit f <druck> • dryer; drying unit; oven
Trockner mit kurzer Verweilzeit des Trockenguts m <verf> • short-retention-time drier; short-time drier
Trocknerzapfen m • drier journal
Trocknerzug m <pap> • dryer draw
Trocknis f <verf> • drought

Trocknung f <tech.allg> (z. B. Nahrungsmittel, Papier, Holz, Gas (Thermodynamik)) • desiccation
Trocknung f <tech.allg> • drying
Trocknung f <chem> (zum Trocknen, Konzentrieren; meist absichtlich) • dehydration
Trocknung f prakt <chem.verf> • exsiccation
Trocknung f <ents> • drying; distillation
Trocknung f <holz> • seasoning
Trocknung f <med> • desiccation; desication rar
Trocknung f norm <pack> (Lacke, Farben) • drying stand; stoving GB; baking US
Trocknung f <verf> (z. B. Holz) • dehumidification
Trocknung f <verf> • exsiccation
Trocknung fsg <phot> • drying sg
Trocknungsanlage f <druck> • dryer; drying unit; oven
Trocknungsanlage f <ents> • drying plant
Trocknungsbeschleuniger m <obfl> (Additiv, z. B. für Farbe) • siccative norm; liquid drier; drying accelerator; drier norm
Trocknungsgruppe f <pap> • drier group
Trocknungskonstante f • drying constant
Trocknungsmedium n <chem> (z. B. in Verpackungen, Doppelverglasungen, Klimaanlagen) • desiccant; drying agent; dehumidifier; drier coll
Trocknungsmittel n <chem> (z. B. in Verpackungen, Doppelverglasungen, Klimaanlagen) • desiccant; drying agent; dehumidifier; drier coll
Trocknungsprozess m <energ.sol> • drying operation
Trocknungsschnecken fpl <nukl> • drying extruder
Trocknungsverzögerer m <kunst> (Additiv) • drying retarder; drying retardant
Trocknungswirkung f <kfz.hlk> (einer Klimaanlage) • dehumidifying effect
Trocknungszeit f <kunst> (von aufgesprühter Farbe) • drying time
Trocknungszeit f <obfl.holz> • drying time
Trocknungszeit f <obfl.holz> (Furniertrocknung) • dwell time
Tröpfchen n <allg> (i.a. kleiner als 0,2 mm Durchmesser) • droplet
Tröpfchenabscheider m <verf> • liquid-vapor separator
Tröpfchenbewässerung f <agri> • drip irrigation; ground drip; trickle irrigation
Tröpfchengeschwindigkeit f <kfz.mot> • droplet velocity
Tröpfchengröße f <kfz.mot> • droplet size
Tröpfchenmodell n <nukl> • liquid drop model
Tröpfchenspektrum n <agri> (Pflanzenschutzspritzmittel) • spray spectrum
Tröpfchenverteilung f • droplet distribution
tröpfeln vi <allg> • trickle vi
Tröpfelschlauch m <rls> • trickle hose
Trog m <geo> • trough
Trog m <logist> • tank
Trog m <pack> • tray
Trog m <pack.verf> • vat
Trog m <verf.ents> (Feinsiebtrommel) • tray
Trogbandförderer m <förd> • trough belt conveyor
Trogbrücke f <bau> • trough bridge
Trogförderer m <förd> • trough conveyor
Trogkettenförderer m <förd> • continuous-flow conveyor
Trogkettenförderer m <förd> • drag-link conveyor
Trogkneter m <verf> • trough mixer
Trogmischer m <allg.tech> (z. B. für Beton) • pan mixer
Trogmischer m <bau> • pan [type] mixer
Trogmischer m <verf> • open-pan mixer
Trogmischer m <verf> • trough mixer
Trogpresse f • pot press
Trogschleuse f <hydr> • trough lift
Trojaner m ugs <edv> (Virus) • trojan horse

Trojanisches Pferd *n* <edv> *(Virus)* • trojan horse
Trokar *m DIN 58298-19* <med.tech> • trocar
Trolley *m* <pack.tour> • pullman
Trolleybus *m* <nfz> • trolley bus; trolley coach *US*; track-less trolley
Trolleygelenkbus *m* <nfz> • articulated trolley bus; articulated electric trolley
Trolleygelenkzug *m* <nfz> • articulated trolley bus; articulated electric trolley
Trolleyleitung *f* <el.nfz> • twin contact wires
Trommel *f (Mischen; Putzen)* • barrel
Trommel *f (Zentrifuge)* • bowl
Trommel *f (Gurtbandförderer)* • end pulley
Trommel *f* • spool
Trommel *f* <druck> • drum
Trommel *f* <druck> • print drum
Trommel *f* <el> *(für Kabel)* • reel
Trommel *f* <masch> *(z. B. Bremstrommel, Seiltrommel)* • drum
Trommel *f* <mil> • cylinder
Trommel *f* <msr> • drum
Trommel *f* <msr> *(z. B. Skalentrommel)* • sleeve
Trommel *f* <msr> *(Messschraube)* • thimble
Trommel *f DIN 55405* <pack> • drum *BS 3130*
Trommel *n norm DIN 4048* <bau.hydr> • drum gate
Trommelabdeckung *f* <edv.druck> • drum protection shutter
Trommelabsatz *m* • chimney step
Trommelabtaster *m* <av> • drum scanner
Trommelabtastung *f* <av> • drum scanning
Trommeladressenregister *n* <edv> • drum address register
Trommelamalgamation *f* • barrel amalgamation
Trommelamalgamation *f* • barrel amalgamation process
Trommelanker *m* <el> • drum armature
Trommelanker *m* <el> • drum rotor
Trommelanker *m* <el> • drum-wound armature
Trommelapparat *m* <obfl> *(beim galvanischen Verzinken)* • barrel finishing machine; barrrel plater
Trommelapparat *m* <obfl> • barrel finishing machine; barrel plater
Trommelaufzug *m* <förd> • winding-drum elevator
Trommelausreckmaschine *f* <led> • drum setting-out machine
Trommelausstoßmaschine *f* <led> • drum setting-out machine
Trommelbelegungsplan *m* <edv> • drum layout chart
Trommelboden *m* <ents> • discharge area
Trommelbremse *f* <brems> *(allg. und Kfz)* • drum brake
Trommelbremse *f* <fz> *(in Radnabe)* • drum brake *US*; hub brake *GB*; internal expanding type brake *JAP*
Trommelbremsnabe *f* <fz> *(in Radnabe)* • drum brake *US*; hub brake *GB*; internal expanding type brake *JAP*
Trommeldeckel *m* <ents> • drum cover
Trommeldrucker *m* • drum printer
Trommeldrucker *m* <druck> • barrel printer
Trommeldrucker *m* <edv> • drum printer
Trommeleinbauten *mpl* <rls> *(in Dampferzeugern: z. B. Prallbleche, Zyklone)* • drum internal fittings
Trommeleinbauten *mpl* <rls> *(z. B. Ableitbleche, Dampftrockner)* • drum internals
Trommeleinheit *f* <druck> • drum unit
Trommelenthaarmaschine *f* <led> • drum unhairing machine
Trommelentsafter *m* • cylinder-type juice separator
Trommelextraktionsanlage *f* <chem.verf> • rotary drum diffusion apparatus
Trommel, zusammenklappbare *f* <prod> • collapsible drum

Trommelfallmühle *f* • autogenous tumbling mill
Trommelfilter *m* <ents> • drum filter
Trommelfilter *m* <verf.hydr> • micro screen drum
Trommelfilter *n* • drum filter
Trommelfilter *n* <verf> • revolving filter
Trommelfördermaschine *f* <förd> • drum hoist
trommelförmiger Läufer *m* <el> • drum rotor
Trommelfräsmaschine *f* <wz.masch> • drum-type milling machine
Trommelgalvanisierung *f* <obfl> • barrel electroplating
Trommelgalvanisierung *f* <obfl> • barrel plating
Trommelgaszähler *m* <msr> • drum gas meter
Trommelgerüst *n* <verf.hydr> • drum structure
Trommelglättmaschine *f* <led> • drum slating machine
Trommelheizung *f* <druck> • drum heater
Trommelheizungsschalter *m* <druck> • drum heater key
Trommelholzschleifmaschine *f* <wz.masch> • drum sander
Trommelholzschleifmaschine *f* <wz.masch> • drum sanding machine
Trommelkartoffelsortierer *m* <agri> • rotary potato sorter
Trommelkonverter *m* <metall> • barrel converter
Trommelkran *m* <mil> *(Revolvertrommel)* • yoke; cylinder crane; crane *pract*
Trommelkühlung *f* <verf> • drum cooling
Trommelkurve *f* <wz.masch> *(räumliche Kurve, im Ggs. zur Scheibenkurve)* • drum cam
Trommellackieren *n* <obfl> • tumbling
Trommelläufer *m* <el> • drum rotor
Trommelläufer *m* <el> • non-salient pole rotor
Trommelmälzerei *f* • drum malting
Trommelmagazin *n* <mil> *(Luftpistole)* • cylinder magazine
Trommelmagazin *n* <wz.masch> *(für Werkzeuge in CNC-Werkzeugmaschinen)* • drum magazine
Trommelmagnet *m* <ents> • drum magnetic separator
Trommelmagnetscheider *m* • drum magnetic separator
Trommelmantel *m* <ents> • drum jacket
Trommelmaschine *f* <edv> • drum machine
Trommelmaschine *f* <led> *(Streichen)* • drum scudding machine
Trommelmaschine *f* <masch> • drum-transfer machine
Trommelmaschine *f* <masch> • rotary-drum-fixture machine
Trommelmaschine *f* <masch> • rotary-drum machine
Trommelmischer *m* • barrel mixer
Trommelmischer *m* <verf> • drum mixer
Trommelmischer *m* <verf> • drum tumbler
Trommelmühle *f* <ents> • drum mill; drum pulverizer
Trommelmühle *f* <verf> • drum mill
trommeln *vt* <metall> • rumble *vt*
trommeln *vt* <obfl> *(beim Sherardisieren und mechanischen Plattieren)* • barrel *vt*; tumble *vt*
trommeln *vt* <prod> *(z. B. Kugeln für Kugellager)* • barrel-polish *vt*
Trommelnaßmühle *f* <verf> • wet-cylinder mill
Trommelneigung *f* <ents> • angle of drum inclination
Trommelöffner *m* <textil> • cylinder opener
Trommelofen *m* • barrel-shaped furnace
Trommelofen *m* <verf> • drum furnace
Trommelpfanne *f* <metall> • pouring drum
Trommelplotter *m* <edv> • drum plotter
Trommelpolieren *n* <obfl> • barrel burnishing; tumbling
Trommelpolieren *n* <prod> *(z. B. Wälzlagerkugeln)* • barrel polishing
Trommelportionierung *f* <msr> • drum portioning
Trommelpulper *m* <pap.ents> • drum pulper; disintegration drum

Trommelrechen m <verf.hydr> • vertical drum screen
Trommelreifen m <kfz> • drum-built tire
Trommelrevolver m ugs <mil> • revolver; wheelgun coll.rare; revolving pistol obs
Trommelrevolver m <wz.masch> • drum turret
Trommelrevolverdrehmaschine f <wz.masch> • drum-type turret lathe
Trommelrevolverkopf m <wz.masch> • drum turret
Trommelrotor m <el> • drum rotor
Trommelschalten n (Automat) • carrier indexing
Trommelschalten n <masch> • drum indexing
Trommelscheider m <verf> • drum separator
Trommelschichtenfilter n <verf> • drum layer filter
Trommelschleifmaschine f <wz.masch> • drum sander
Trommelschleifmaschine f <wz.masch> • drum sanding machine
Trommelschleuder f <metall> • centrifugal cutter
Trommelschreiber m <msr> • drum-chart recorder
Trommelsieb n <ents> • revolving drum screen; rotary drum screen
Trommelsieb n <verf> • screening drum
Trommelsieb n <verf.hydr> (gesamte Maschine) • drum screen; rotary screen; revolving screen ISO 9045; rotary type screen; rotating drum screen
Trommelsiebmaschine f DIN ISO 9045 <verf.hydr> (gesamte Maschine) • drum screen; rotary screen; revolving screen ISO 9045; rotary type screen; rotating drum screen
Trommelsinkscheider m • dense-medium washing drum
Trommelsinterofen m <verf> • rotary sintering kiln
Trommelskale f <msr> • cylinder dial
Trommelsortierer m <pap.ents> • drum screen
Trommelspeicher m <edv> • drum memory
Trommelspeicher m <edv> • drum store
Trommelspeicher m <edv> • magnetic drum memory
Trommelspeicher m <edv> • magnetic drum store
Trommelspeicher m <wz.masch> (für Werkzeuge) • drum magazine
Trommelspeicheradresse f <edv> • drum store address
Trommelspeicherspur f <edv> • drum store channel
Trommeltrockner m (Zuckergewinnung) • granulator
Trommeltrockner m <agri> • rotary drier
Trommeltrockner m <agri> • tumble drier
Trommeltrockner m <verf> • drum drier
Trommelturbine f <turb> (Bauweise) • drum turbine
Trommelunterteil n <av> • lower head drum; lower drum
Trommelversuch m (Koksprüfung) • drum test
Trommelversuch m <qualit.mat> • rattler test
Trommelwaschmaschine f <agri> (für Hackfrüchte) • rotary-drum washer
Trommelwaschmaschine f <verf> • drum washing machine
Trommelwaschmaschine f <verf> • tumble washer
Trommelwassermesser m <msr> • drum water meter
Trommelwehr n <bau> • drum weir
Trommelwehr n <bau.hydr> • drum gate
Trommelwelle f <masch> • drum shaft
Trommelwerkzeugspeicher m <wz.masch> • drum magazine
Trommelwicklung f <el> • drum winding
Trommelzähler m <msr> (Gaszähler) • revolving-drum meter
Trommelzellenfilter n <verf> • multicompartment drum filter
Trommelzentrifuge f <verf> • basket centrifuge
Trompe-l'oeil n <kunst> (Kunstrichtung) • trompe-l'oeil
Trompetenkopf m <bau> (einer Schraube) • bugle head
Trompetenrohr n <masch> • circular syphon
Troostit m <metall> (Gefüge) • troostite

Tropenband n <tele> (Kurzwellen-Radiofrequenzband 2300–5500 kHz) • tropical radio band
tropenfest <qualit.mat> • tropicalized
tropenfest <qualit.mat> • tropics-proof
Tropenfestigkeit f <qualit> • resistance to tropical conditions
Tropenfestigkeit f <qualit> • resistance to tropical influence
Tropfbenzoltank m (Benzolanlage) • drain tank
Tropfdüse f • drip nozzle
Tropfelektrode f • drop electrode
Tropfelektrode f • dropping electrode
Tropfelektrode f <el.chem> • dropping electrode
Tropfen m <allg> • drop
Tropfen m <silik> • tear
Tropfen mpl <med> • drops pl
tropfen v <allg> • drip v
tropfen v <tech.allg> • drop v
tropfen vi <tech.allg> (z. B. Lack von Pinsel, Speiseeis) • drip (off) vi
Tropfenabfall m <phys> (Lösen eines Tropfens; z. B. von Elektrode, Hahn) • disengagement of a drop; dislodgement of a drop
Tropfenabscheider m <ents> • mist eliminator; droplet separator
Tropfenabscheider m <hlk> (Kühlturm) • spray eliminator
Tropfenabscheider m <verf> • mist eliminator; droplet separator
Tropfenabschläger m <el.chem> (Tropfzeitkontrolle) • drop knocker; drop hammer; drop dislodger; drop terminator
Tropfenalter n <el.chem> • drop age
Tropfenfänger m <ents> • mist eliminator; droplet separator
Tropfenfänger m <verf> • mist eliminator; droplet separator
Tropfenfall m <phys> (Lösen eines Tropfens; z. B. von Elektrode, Hahn) • disengagement of a drop; dislodgement of a drop
Tropfenfallmethode f <nukl> • falling-drop method
tropfenförmig <allg> (z. B. Blüte, Glühbirne, Vase) • drop-shaped
tropfenförmiger Thermistor m • bead-form thermistor
tropfenförmiger Werkstoffübergang m <mat> • globular transfer
Tropfenkollektor m <ents> • drop collector
Tropfenkondensation f • dropwise condensation
Tropfenleben n <el.chem> • drop life of a drop; drop-life (GB); drop lifetime; lifetime of a drop
Tropfenlebensdauer f <el.chem> • drop life; life of a drop; drop-life (GB); drop lifetime; lifetime of a drop
Tropfenprobe f <qualit> • lubricating oil drop test
Tropfenschlagerosion f <obfl> • impingement attack
Tropfenstrahl m <agri> (Bewässerung) • spray
Tropfenübergang m <füg> • drop transfer
Tropfenübergang m <füg> • globular transfer
Tropfenwachstum n <el.chem> • drop growth; drop-growth (GB)
Tropfenzähler m <msr> • dropper
Tropfer m • dropper
Tropffeuerung f • drip furnace
Tropfflasche f <chem> • dropping bottle
Tropfflasche f DIN 55405 <pack> • dropper bottle
Tropfgeschwindigkeit f <el.chem> • drop rate; dropping rate
Tropfglas n <chem> • dropping bottle
Tropfkathode f <el.chem> • dropping cathode
Tropfkörper m • bacteria bed
Tropfkörper m • biofilter

Tropfkörper *m* • biological filter
Tropfkörper *m* • filter bed
Tropfkörper *m DIN 19557* <ents> *(Kläranlage)* • trickling filter
Tropfkörper *m* <verf> • percolation filter
Tropfkörper *m* <verf> • trickling filter
Tropfkörperanlage *f (Abwasserreinigung)* • biofiltration plant
Tropfkörperbrocken *m (Abwasserreinigung)* • filter block
Tropfkörperverfahren *n* <ents> • trickling-filter process
Tropfkollektor *m* • drop collector
Tropfleiste *f :Rehau* <bau> • head drip *:Rehau*
Tropfloch *n* <bau> • weep hole
Tropfnase *f* <bau> • drip cap
Tropfnase *f* <bau> • weather drip
Tropfnase *f* <bau> • drip
Tropfnase *f* <bau.ents> • water drip
Tropföl *n* <tribo> • dripping oil
Tropföler *m* <tribo> • drip oiler
Tropföler *m* <tribo> • drop-feed lubricator
Tropfölschmierung *f DIN 3401:66* <tribo> • drip-feed oiling
Tropfölschmierung *f DIN ISO 4378-3* <tribo> • drop-feed lubrication *ISO 4378-3*
Tropfpipette *f* <chem> • dropping pipette
Tropfpunkt *m* • dropping point
Tropfpunkt *m* <nahr> *(von Speiseeis; tropffreie Zeit in Minuten)* • time-to-drip
Tropfpunkt *m* <tribo> • dropping point
Tropfrinne *f* <verf.hydr> *(Abwasserreinigung)* • collection hopper; trough; gully
Tropfröhrchen *n* • drop tube
Tropfröhrchen *n* • dropper
Tropfschale *f* <gastr> *(z. B. für gewaschenes Geschirr)* • drip pan
Tropfschale *f* <tribo> • oil dish
Tropfschmierung *f* <tribo> • drop-feed lubrication *ISO 4378-3*
Tropfschürze *f* <bau> • apron
tropfsicher • antidribble
Tropfsonde *f* • drop collector
Tropfsperre *f* <obfl> *(Spritzpistole)* • anti-drip device
Tropftrichter *m* <verf> • drop funnel
Tropfverschluss *m Lloyds* <el> *(Kaffeeautomat)* • drip stop *Capresso*; grid and drip tray *Capresso*; non-drip spigot *Faberware*
Tropfwanne *f* <verf> *(z. B. Filmentwicklung, Lackieranlage)* • draining pan
Tropfwasser *n* <tech.allg> • dripping water
Tropfwasser *n* <tech.allg> • rain
tropfwassergeschützt <el> *(z. B. E-Motor)* • drip-proof
tropfwassergeschützter Motor *m* <el> • drip-proof motor
tropfwassergeschütztes Gehäuse *n* • drip-proof enclosure
Tropfzeit *f* <el.chem> • drop time; drop-time *(GB)*
Tropfzeitkontrolle *f* <el.chem> • timed mercury drop duration; timed mercury drop detachment
Trophäenbrett *n* <bau> *(für Tierpräparate, z. B. Geweih)* • wall panel; wall shield
Trophäenschild *n* <bau> *(für Tierpräparate, z. B. Geweih)* • wall panel; wall shield
Troposphäre *f* <navig.geo> • troposphere
troposphärische Brechung *f* <navig> • tropospheric refraction
troposphärische Streustrahlverbindung *f* <tele> • tropospheric forward scatter
troposphärische Verzögerung *f* <navig> • tropospheric delay

troposphorische Refraktion *f* <navig> • tropospheric refraction
Trosse *f* <nav> *(Drahtseil bzw. drahtbewehrtes Tau mit weniger als 25 cm Umfang)* • cable-laid rope; cablet
Trosse *f* <nav> • cable
Trosse *f* <nav> *(dick, schweres Tau; zum Festmachen oder Schleppen)* • hawser
Trossenhaspel *f* <nav> • hawser reel
Trossenkneifer *m* • cable compressor
Trossenruder *n* <nav> • hawser rudder
Trossenwinde *f* <nav> • hawser winch
Trossenzug *m* <nav> • tow-rope pull
Trotte *f* <nahr> *(zum Auspressen von Maische)* • press
Trouton-Noble-Versuch *m* • Trouton-Noble experiment
Trub *m* <nahr> *(Niederschlag in Weinfässern, -flaschen)* • lees; wine lees; bottoms
Trub *m* <nahr> • sediment
Trucker *m ugs* <logist> • truck driver; truck operator; trucker *coll*; truckie *AUS.NZ*
Trudeln *n* <aerospace> *(um die Längsachse drehender Sturzflug bzw. Absturz)* • tailspin; nose spin; corkscrew spin
trudeln *vi* <energ.wind> *(Bewegung des Rotors im Leerlauf, ohne Netzlast)* • idle *vi*
trudelsicher <aerospace> • non-spinning
trüb <obfl.holz> • dull; drab
trüb[e] • cloudy
trüb[e] *(z. B. Beleuchtung)* • dim
trüb[e] *(z. B. Farbton)* • flat
trüb[e] *(undurchsichtig)* • opaque
trüb[e] <allg> • hazy
trüb[e] <meteo> • dull
trüb[e] <meteo> • misty
trüb[e] <qualit> *(Flüssigkeit)* • turbid
Trübe *f* <verf> • sludge water
Trübe *f* <verf> *(Filtration)* • slurry
Trübekreislauf *m (Schwerflüssigkeitsverfahren)* • medium circuit
trüben *vi/vt* <obfl> *(Oberflächenglanz)* • tarnish *vi/vt*
Trübeniveau *n* <verf> *(Schwerflüssigkeitsaufbereitung)* • surface level of the medium
Trübezuleitung *f (Flotation)* • pulp inlet
Trübglas *n* <silik> • opal glass
Trübglas *n* <silik> • opaque glass
Trübheit *f* • dullness
Trübheit *f* <allg> • opaqueness
Trübheit *f* <qualit.opt> *(Flüssigkeit)* • turbidity
Trüblauf *m (Filtration)* • bleeding
Trübung *f* <tech.allg> *(Vorgang; gleichmäßig)* • opacification
Trübung *f* <tech.allg> *(Vorgang und Zustand; eher wolkig)* • clouding
Trübung *f* <kst> • haze
Trübung *f* <obfl> *(Zustand, Ergebnis)* • opacity
Trübungsmesser *m prakt* <msr> *(zur Messung des Schwebstoffanteils)* • opacimeter
Trübungsmesser *m* <opt> • nephelometer
Trübungsmesser *m* <opt> • turbidimeter
Trübungsmessung *f* <opt> • nephelometry
Trübungsmessung *f* <opt.msr> • turbidimetry
Trübungsmittel *n* <obfl> • opacifier
Trübungspunkt *m* <petr> • cloud point
Trübungspunkt *m* <tribo> • cloud point
Trübungsstärke *f* <obfl> • coefficient of diffuse reflection; whiteness
Trübungstitration *f* <chem.msr> • turbidimetric titration
Trübungstitrationszahl *f DIN EN ISO 4320* <chem> • cloud point-index *ISP 4320*
Trübwasser *n* <agri.tech> • supernatant [liquid]

Truecolor *n* <edv> • truecolor

Truecolor-Darstellung *f* <edv> • true color representation; 32-bit representation; real color representation *rare*

Trüffel *m* <nahr> *(Delikatess-Pilzsorte; Grammpreis ca. wie Gold)* • truffle

Trüffel *m* <nahr> *(Schokolode)* • truffle

trüffelartiger Pilz *m* <bio> • truffle

Trümmer *m* <druck> *(Ablation-Technologie)* • remaining debris; debris

Trümmergestein *n* <geo> • breccia

Trümmergestein *n* <geo> • clastic rock conglomerate

Trümmergestein *n* <geo> • fragmental rock conglomerate

Trümmerschutz *m* <bau> • missile protection

Trümmerschutzzylinder *m* <nukl> • missile protection cylinder

Truevision Graphics Array *n* (TGA) <edv> • Truevision Graphics Array (TGA)

Truhe *f* DIN 68880-1 *(z. B. Bauernmöbel, Gefriertruhe)* • chest

Truhenexklusivität *f* <nahr> *(Speiseeis)* • freezer exclusivity

Trum *n/m* <antr> *(Riementrieb)* • strand side

Trum *n/m* <min> • compartment

Trum *n/m* <min> • veinlet

Trumme *f* norddt <ents.hydr> • street inlet; road gully *GB.*; gully, gulley; storm water inlet *US.*; curb inlet *US.*

Truncate-Funktion *f* <av> *(eines Sound-Samples)* • truncation; trimming

Trunk *m* <tele> *(Telefonhauptleitung)* • trunk

trunkenes Gewinde *n* rar <masch> • drunken thread

trunkieren *vt* <edv> *(Eingabe in ein Datenfeld)* • truncate *vt*; clip *vt*

trunkierte Form *f* <term> • clipped term

Trunkierungsfehler *m* <edv> • truncation error

Tru-Seal-Felge *f* <kfz> • Tru Seal rim; six-piece EM rim; 6P EM rim *prakt*

TRW-Streifen *m* <sich> *(auf ID-Karten)* • TRW strip

Try-out-Presse *f* <metall> • try-out press

Trypsin-Verfahren *n* <kst> *(Wärmesensibilisierungsverfahren)* • trypsin method

Trz <bau.mat> • pozzolanic cement; trass cement

TS <ents> *(beim Trocknen einer Substanz bei 100 … 105 °C erhaltener Rückstand)* • total solids (TS); dry solid matter

TS <nahr> • total solids (TS); total solids content

TS-Bond *m* <el.ic.prod> • thermosonic bond

TS-Bonden *n* <el.ic.prod> • thermosonic bonding; TS bonding

TSCC-Brennraum *m* <kfz.mot> • twin swirl combustion chamber (TSCC) *Suzuki*

T-Schaltung *f* <el> • T network; tee network

Tschebyscheff'sche Geradführung *f* • Tchebycheff's mechanism

Tschebyscheff'sche Ungleichung *f* <math> • Tchebycheff's inequality

Tscherenkow-Strahlung *f* <nukl> • Cerenkov radiation

Tscherenkow-Zähler *m* <nukl.msr> • Cerenkov counter

TSI-Maschinenrichtungs/Querrichtungsverhältnis *n* <pap> • TSI MD/CD ratio

TSIMR-Querprofil *n* <pap> • TSIMD cross machine profile

TSO-Messgerät *n* <pap> • TSO meter

TSOP-Gehäuse *n* <ic> *(z. B. für SDRAMs)* • thin small outline package (TSOP); TSOP package

TSO-Ultraschall-Geschwindigkeitsmesser *m* <pap> • TSO ultrasonic velocity meter

TSS <med> • toxic shock syndrome (TSS)

T-Stahl *m* <mat> • T bar; tee steel

T-Stahl *m* <metall> *(Ergebnis des Thomasverfahrens)* • basic Bessemer steel; Thomas steel

T-Stoß *m* DIN EN 12345 <füg> *(z. B. geschweißt)* • T-joint; tee joint

T-Stück *n* <tech.allg> • T-piece

T-Stück *n* <hlk> • conduit tee

T-Stück *n* <rls> *(betont: als Abzweig; für Rohre, Kanäle, Schläuche)* • branch tee

T-Stück *n* <rls> *(betont: zum Anschließen; Rohr od. Schlauch)* • T-shape connection tube

T-Stück *n* <rls> *(Rohr, Schlauch)* • tee; Tee

T-Stück *n* <rls> *(Rohr-Formstück)* • pipe tee

T-Stütze *f* <bau.innen> • T-brace

Tsunami *m* <geo> *(durch Seebeben hervorgerufen)* • tsunami

Tsunami-Wellenlänge *f* <geo> • tsunami wavelength

T-Suppressorlymphozyt *m* <bio> • suppressor T cell; T8+-cell; CD8+-cell

T-Suppressorzelle *f* <bio> • suppressor T cell; T8+-cell; CD8+-cell

T-System *n* <bau.innen> *(Deckenkonstruktion)* • T-system

TSZ-h <mot.el> • transistorized ignition system with Hall-effect; inductive semiconductor ignition with Hall-effect

TT <edv> • thermal transfer printing (TT)

TTL <edv.av> • transistor-transistor logic (TTL); TTL gate; TTL

TTL-Belichtungsmessung *f* <phot> • through-the-lens metering; TTL-metering

TTL-Blitz *m* <phot> • TTL flash unit; TTL-flash

TTL-Blitzautomatik *f* <phot> • TTL-auto-flash

TTL-Blitzgerät *n* <phot> • TTL flash unit; TTL-flash

TTL-Logikschaltkreis *m* <edv.av> • transistor-transistor logic (TTL); TTL gate; TTL

TTL-Schaltkreis *m* <edv> • transistor-transistor logic circuit

TTL-Schaltkreis *m* <edv.av> • transistor-transistor logic (TTL); TTL gate; TTL

TTL-Schaltkreis *m* <el> • TTL circuit

TTMP <nukl> • transit time magnetic pumping

T-Träger *m* <bau> • T-beam; T-girder

TTS <edv> *(z. B. Bahnhofansage, Navigation, Voice-Commerce)* • text-to-speech (TTS)

TTS-Maschine *f* <druck> • teletype setter

Tube *f* DIN 55405 <pack> • collapsible tube; tube

Tubenbeutel *m* <pack> • stand-up tube

Tubenfarbe *f* <obfl> • tube paint

Tuberkelbakterien *npl* <med> • tubercle bacillus; Koch's bacillus

Tuberkulintest *m* (PPD) <med> • purified protein derivative (PPD)

Tuberkulintest *m* <med> • tuberculin test

Tuberkulose-Impfung *f* <med> • BCG vaccination

tuberös-eruptives Xanthom *n* <med> • tubero-eruptive xanthoma

tuberöses Xanthom *n* <med> • tuberous xanthoma

Tubus *m* <med.tech> *(zur Intubation verwendetes Instrument; pl: -ben, -busse)* • tube; tubus *rare*

Tubus *m* <opt> • body

Tubusaufsatz *m* <opt> *(z. B. Fernrohr, Mikroskop)* • tube attachment

Tubuslänge *f* <opt> • tube length

Tubusmaterial *n* <mat> • tubular material

Tubusträger *m* • arm

Tubusträger *m* • arm of the microscope

Tubusträger *m* <opt> • tube stand

Tubusträger *m* <opt> *(z. B. Mikroskop)* • tube support

Tubusverlängerung *f* <opt> *(z. B. Fernrohr, Mikroskop)* • tube extension

Tuch *n* <textil> *(Oberbegriff für gewebte und nicht gewebte Stoffe)* • fabric; cloth

Tuchbindung *f* <textil> • plain weave; linen weave; homespun weave *US*; taffeta weave; calico weave

Tuchel-Stecker *m* <allg> • plug and socket connection Tuchel

tuchen *vt* <mus> *(Orgellager etc., zur Reduzierung von Reibung und Geräuschen)* • cloth-line *vt*; cloth bush *vt*

Tuchfilter *m* <verf> *(Oberflächenfilter)* • cloth filter; fabric filter; woven-fabric filter

Tuchfilter *n* <textil> • woven-fabric filter

Tuchherd *m* *(Aufbereitung)* • blanket table

Tuchscheibenzylinder *m* <led> *(Polieren)* • cloth polishing wheel; cloth disc wheel

Tuchschermaschine *f* • cloth shearing machine

Tuchstange *f* <druck> • blanket bar

Tuchweberei *f* <textil> • wool weaving

Tuchwebstuhl *m* <textil> • cloth weaving loom

Tübbing *m* <bau> *(zum Tübbing-Ausbau von Tunnels; aus Beton)* • concrete preform; tunnel lining segment; tunnel segment *rare*; tubbing *rare*

Tübbing *m* <min> *(z. B. aus Stahl, Gusseisen)* • tubbing ring

Tüll *m* <textil> • tulle; net

Tülle *f* <el> *(weich; in Durchdringung; typ. aus Gummi; Kabelschutz od. Abdichtung)* • grommet

Tülle *f* <med.tech> • port

Tülle *f* <msr> • grommet *Siemens, 5/0*

Tülle *f* <nahr.prod> *(Speiseeis)* • ice cream mold; mold *pract*; mold pocket; freezing pocket; freezing mold

Tüllmaschine *f* • bobbinet frame

Tüllwebstuhl *m* <textil> • net maschine

Tünche *f* <bau.obfl> • whitewash

Tünchen *n* • limewashing

Tünchen *n* <bau.obfl> • whitening

Tünchen *n* <bau.obfl> • whitewashing

tünchen *vt* <obfl.bau> *(Wände, mit weißer Kalkfarbe)* • lime *vt*; whitewash *vt*; limewash *v*; whiten *vt*

Tüpfel *m/n* <obfl> • stipple

Tüpfelanalyse *f* <chem> • drop analysis

Tüpfelanalyse *f* <chem> • spot analysis

Tüpfelkappe *f* <obfl> • spatter cap; stipple cap

Tüpfeln *n* <obfl> • stippling

Tüpfelplatte *f* <chem> • cavity plate

Tüpfelplatte *f* <chem> • spot plate

Tür *f* <bau> • door leaf; door

Tür *f* *DIN EN 12433* <bau.fz> • door

Türabdichtfolie *f* <kfz> *(in Autotür)* • water deflector; water shield

Türangel *f* <bau> • hinge pivot

Türanschlag *m* <kfz> • door catch

Türanschlagpuffer *m* <kfz> • door bumper

Tür-Armstütze mit Griff <kfz.innen> *(innen, zum Festhalten, mit Armstütze)* • armrest handle

Türaufsteller *m* <kfz> • door stay

Türaufstellerfeder *f* <kfz> • door hold-open spring

Türausmauerung *f* <bau> • door lining

Türausschnitt *m* <kfz> • door aperture; door opening; door surround; door frame

Türaußenblech *n* <kfz> • door skin *pract*.; door outer panel

Türaußengriff *m* <tech.allg> • door outside handle

Türausstiegsbeleuchtung *f* <kfz.el> • illuminated entry system; exit lights; door exit lights

Türbeschläge *mpl* <bau> • door furniture

Türbetätigungszylinder *m* <antr> • door operating cylinder

Türblatt *n* <bau> • door leaf; door

Türblatt *n prakt.* <kfz> • door skin *pract*.; door outer panel

Türblech *n* <kfz> • door skin

Türblech-Falzzange *f* <kfz.wz> • door skinner; door-skinnner pliers

Türboden *m* <kfz> • door bottom; door frame bottom

Türbolzen-Ausschlaggerät *n* <kfz.wz> *(zum Austreiben von Türbolzen)* • door pin removing tool; hinge pin breaker lever; door hinge pin remover

Türbolzen-Ausschlagwerkzeug *n* <kfz.wz> *(zum Austreiben von Türbolzen)* • door pin removing tool; hinge pin breaker lever; door hinge pin remover

Türdämpfer *m* <bau> • door damper *:V*

Türdichtgummi *m* <kfz> *(allg.)* • door seal; door weatherstrip; door luting *obs.coll*

Türdichtsystem *n* <kfz> • door sealing system

Türdichtung *f* <kfz> *(allg.)* • door seal; door weatherstrip; door luting *obs.coll*

Türdichtungsstreifen *m* <kfz> • door weather strip

Türeinheit *f* <bau> • door unit

Türeinstieg *m prakt* <kfz> *(Teil des Schwellers)* • door tread plate; tread plate; door step

Türenliste *f* <doku.bau> *(Bauteilgruppen-Zeichnung und Tabelle von Türen)* • door schedule

Türen und Klappen *fpl* <kfz> • closures

Türfalzkante *f* <kfz> • door hem flange

Türfangband *n* <kfz> • door check strap; door check arm

Türfederzange *f* <kfz.wz> • door handle spring clip remover; door clip removal tool

Türfenster-Schachtabdichtung *f* <kfz> • window weatherstrip; door gutter seal

Türfeststeller *m* <kfz> • door stay

Türfeststellmechanismus *m* <kfz> • door stay

Türflügelprothese *f rar* <med.tech> *(Herzklappenersatz)* • bileaflet valve; bileaflet tilting disk valve *US*; bileaflet tilting disc valve *GB*

Türführung *f* • door guide

Türfüllung *f* <bau> • door panel

Türfutter *n* <bau> • door casing

Türfutter *n* <bau> • door lining

Türfutter *n* <bau> • jamb liner

Türfutter *n* <bau> • jamb lining

Türgriff *m* <bau> *(von Haus- u. Wohnungstüren)* • door-handle; handle *pract*

Türgriff *m* <kfz> *(außen)* • door-handle

Türgriff *m* <kfz> *(innen)* • door release handle

Türgriff *m* <kfz.innen> *(innen, zum Festhalten, mit Armstütze)* • armrest handle

Türgriff außen *m* <tech.allg> • door outside handle

Türgriff-Stifttreiber *m* <kfz.wz> • door handle pin remover

Türhaut *f prakt.* <kfz> • door skin *pract*.; door outer panel

Türhaut erneuern <kfz.rep> • re-skin the door *vt pract*

Türhebevorrichtung *f* <bau> • door machine

Türhinterkante *f* <kfz> • trailing edge of the door

Türholm *m* <kfz> • door post; door pillar; door jamb

Türinnenfläche *f* <kfz> • door shut [face]

Türinnengeripe *n* <kfz> • door frame

Türinnenverkleidung *f* <kfz.innen> • door trim [panel]; door lining

Türkantenschoner *m* <kfz> • door edge molding

Türkantenschutzleiste *f* <kfz> • door edge molding

Türkasten *m* <kfz> • door frame

türkis <obfl> • turquoise

Türkis *m* <bekl> • turquoise

türkisblau *RAL 5018* <obfl> • turquoise

Türklinke *f ugs* <bau> *(von Haus- u. Wohnungstüren)* • door-handle; handle *pract*

Türkontakt *m* <kfz> • car-door electric contact

Türkontaktschalter *m* <kfz> • door contact interrupter

Türkontakt[schalter] *m* <kfz.el> • door pillar switch; door jamb switch *rare*

Türlautsprecher *m* <kfz.av> • in-door speaker; door speaker

Türleibung *f* <bau> • reveal

Türmchen n <bau> • turret
Türnase f <kfz> • door catch
Türoberkantenverkleidung f <kfz.innen> • door capping
Türöffnung f <bau> • doorway
Türpassung f <kfz> • door alignment
Türpfosten m <bau> • door post
Türpfosten m <bau> • jamp
Türpfosten m <kfz> • door pillar
Türpfosten m <kfz> • door post; door pillar; door jamb
Türrahmen m <bau> • door case; door frame
Türrahmen m <kfz> • door aperture; door opening; door surround; door frame
Türrahmen m <kfz> • door frame
Türsäule f <kfz> • door post; door pillar; door jamb
Türsäulenbasis f <kfz> • door post base; door base
Türsäulensockel m <kfz> • door post support
Türsäulenunterkante f <kfz> • door post base; door base
Türschacht m <kfz> • door gutter; door well
Türschalter m <kfz> • door switch
Türscharnier m <kfz> • door hinge
Türscharnierauge n <kfz> • door hinge hole; hinge hole
Türscharnierbolzen m <kfz> • door hinge pin; hinge pin
Türscharnier-Spannstiftauszieher m <kfz.wz> • door hinge pin remover
Türscharnierverstärkung f <kfz> (z. B. von A-Säule) • hinge-pillar reinforcement
Türscheibenführungsschiene f <kfz> • door glass mounting channel
Türschließblech n <kfz> • door shut plate
Türschließer m • door check
Türschließer m <bau> (schließt Tür automatisch) • door closer :V
Türschließzylinder m <kfz> • door lock cylinder
Türschließzylinder m <sich> • door lock cylinder
Türschloss n <kfz> • door lock
Türschloss-Enteiser m <kfz> • door lock de-icer
Türschlosssäule f <kfz> • door lock pillar
Türschweller m <kfz> (fester Bestandteil der Karosserie) • sill; rocker panel US; body rocker panel US; body sill; door sill coll
Türschweller-Zierblech n <kfz> (Zierblende; z. B. mit Schriftzug, Logo) • scuff plate; kickplate; door step trim; step plate
Türsicherungsstift m <kfz> • safety lock
Türspalt m <kfz> • door gap; door edge gap
Tür-Spaltmaß n form. <kfz> • door gap; door edge gap
Türsprechanlage f <bau> (zw. Haustür und Wohnung) • door interphone
Türstirnfläche f <kfz> • door shut [face]
Türstock m (mit schrägen Beinen) • battered set
Türstock m • timber set
Türstock m <bau> • drift set
Türstock m <bau> • frame set
Türstoß m <kfz> • door hem flange
Türsturz m <bau> • door lintel
Türtasche f <kfz.innen> • door pocket
Türübergang m <kfz> • door protrusion
Türüberstand m <kfz> • door protrusion
Türunterkante f <kfz> • door bottom
Türunterseite f <kfz> • door bottom; door frame bottom
Türverkleidung f <kfz.innen> • door trim [panel]; door lining
Türverkleidungslösehebel m <kfz.wz> • trim pad remover; trim pin remover
Türverkleidungs-Lösehebel m <kfz.wz> • trim pad release tool; trim pin remover; trim pad remover
Türverriegelung f <kfz> • door latch
Türvorderkante f <kfz> • leading edge of the door

Türzarge f <bau> (Teil einer Türkonstruktion, in den das Türblatt eingehängt wird) • door frame
Türziehgriff m <kfz> • door pull handle
Türziehgriff m <kfz> • pull-out door handle
Tür-Zuzieh-Automatik f ugs <kfz> (für Türen/Hauben/ Heckklappe) • power closing :V; servo closing [feature/ function] :V; soft-close automatic BMW; closing aid MB
Tüte f DIN 55405 <pack> • cone; pointed bag
Tüteneis n <nahr> (mit Speiseeis gefüllte kegelförmige Waffel oder Papiertüte) • ice cream cone
Tütenfalte f <pack> • gusset
Tütenpapier n <pap> • bag paper
TÜV (TÜV) <org.sich> • German technical inspection association TÜV
TÜV-geprüft <allg> • certified
TÜV-Vorbereitung f <kfz> • MoT preparation GB
Tuff m DIN 4047-3 <geo> (verfestigte Vulkanasche) • tuff
Tulpennaht f <füg> • U-groove weld
Tumble m <kfz.mot> • tumble
Tumblerschalter m <el> • trigger switch; tumbler switch
Tuner m <av> (für Radiosendungen; Bauteil einer Hifi-Anlage, ohne eigenen Verstärker) • tuner
Tuner m <av> • tuner; tuner knob; tuning; tuning knob
Tunerausgang m prakt <av> • tuner output
Tunereingang m prakt <av> • tuner input
Tune Request m <av.edv.mus> • tune request; tune request message; Tune request command
Tune Request-Befehl m <av.edv.mus> • tune request; tune request message; Tune request command
Tunergehäuse n prakt <av> • tuner cabinet
Tunermodul n prakt <av> (in mehrteiliger Hifi-Anlage) • tuner module
Tungstit m <min> • tungstite
Tuning n <kfz> • performance tuning; tuning for performance
Tuning-Kit m werb <kfz> (für Tuningzwecke) • tuning kit
Tuningteile npl <kfz> • performance accessories pl
Tunnel m • lengthener
Tunnel m <bau> • gallery
Tunnel m <bau.verk> • tunnel
Tunnel m <min> • drive
Tunnelanguss m <kst> • tunnel gate; submarine gate
Tunnelanschnitt m <kst> • tunnel gate; submarine gate
Tunnelauffahren n <min> • tunnelling
Tunnelauffahrmaschine f <bau.masch> • tunnel boring machine (TBM); tunneling machine
Tunnelausbau m <min> • tunnel lining
Tunnelausbau m <min> • tunnel support
Tunnelauskleidung f <bau> • tunnel lining
Tunnelbau m <bau> • tunnel driving
Tunnelbau m <bau> • tunnel construction; tunneling
Tunnelbauweise f <bau> • tunnel driving method
Tunnelbeleuchtung f <licht> • tunnel lighting
Tunnelbohrmaschine f <bau.masch> • tunnel rock drill
Tunnelbohrmaschine f (TBM) <bau.masch> • tunnel boring machine (TBM); tunneling machine
Tunnelbohrmaschine f prakt <bau.masch> • tunnel boring machine
Tunnelbohrmaschine f (TBM) <bohr> • tunnel boring machine (TBM)
Tunneldecke f <bau> • tunnel soffit
Tunneldiode f <el> • tunnel diode
Tunneldiodenspeicher m <edv> • tunnel diode memory
Tunneldiodenspeicher m <edv> • tunnel diode store
Tunneldiodenverstärker m <el> • tunnel diode amplifier
Tunneleffekt m <el> • tunnel effect
Tunneleffekt m <el> • tunnelling
Tunneleffekt m <el> • tunnelling effect
Tunneleffekt m <nukl> • tunnel effect; tunnelling

Tunneleffektwiderstand *m* <el> • tunnelling resistance
Tunneleingang *m* <bau> • tunnel portal
Tunnelglocke *f* <chem> *(Glockenbodenkolonne)* • tunnel cap
Tunnelgroßbohrwagen *m* <min> • drill jumbo
Tunnellager *n* <logist> • deep lane storage
Tunnellager *n* <masch> • plummer block
Tunnellager *n* <masch> • tunnel bearing
Tunnellager *n* <nav> • tunnel shaft bearing
Tunneln *n* <kfz> • tunneling
tunneln *vi* <el> • tunnel *vi*
tunneln *vi* <energ.sol> • tunnel *vi*
Tunnelofen *m* <obfl> • tunnel furnace
Tunnelofen *m* <verf> • continuous furnace; tunnel furnace
Tunnelpropeller *m* <nav> • tunnel propeller; tunnel screw
Tunnelregal *n* <logist> • deep lane storage stacker rack
Tunnelrettungszug *m* <bahn> • tunnel emergency rescue train :*V*; tunnel rescue train :*V*
Tunnelsohle *f* <bau> • tunnel invert
Tunnelstrom *m* <el> • tunnel current
Tunneltrockner *m* <chem> • canal drier
Tunneltrockner *m* <verf> • tunnel drier
Tunnelübergang *m* <el> • tunnel junction
Tunnelvortrieb *m* <bau.min> • tunnel driving
Tunnelvortrieb *m* <bau.min> • tunnelling
Tunnelvortriebsmaschine *f* <bau.masch> • tunnel boring machine
Tunnelvortriebsmaschine *f* <bau.masch> • tunnel boring machine (TBM); tunneling machine
Tunnelvortriebsmaschine mit Trockenförderung *f* <bau.hydr> *(für Rohre, Kanäle)* • auger microtunneling nachine *US*; auger micro tunnel boring machine; auger tunnel boring machine; auger TBM *pract*
Tunnelwandung *f* <bau> • tunnel wall
Tunnelzelt *n* <tour> • tunnel tent
Tupfen *n* <obfl> *(Farb~)* • spatter; dot; speckle; speck
Tupfer *m* <hygi> • swab
Tupfer *m* <kfz> *(Vergaser-Starthilfe)* • tickler
Tupfer *m* <kfz.mot> *(Vergaser-Starthilfe)* • tickler
Tupfer *m* <obfl> *(Farb~)* • spatter; dot; speckle; speck
Turas *m* <förd> *(Umlenkung, ev. Antrieb von Fördergurt, Eimerkette)* • tumbler
Turbidimeter *n* <opt.msr> • turbidimeter
Turbidimetrie *f* <opt.msr> • turbidimetry
Turbine *f* <fz.antr> *(Drehmomentwandler; z. B. Kfz, Lokomotive)* • turbine [wheel]; driven torus
Turbine *f* <mot> *(Turboaufladung)* • turbine
Turbine *f* <petr> • turbine; turbo drill
Turbine *f* <turb> *(allg.)* • turbine
Turbine mit verstellbaren Turbinenleitschaufeln *f* <kfz.mot> *(via Unterdruck oder elektrisch)* • variable-nozzle turbine (VNT)
Turbinenanlage *f* <energ> • turbine unit
Turbinenanlage *f* <turb> • turbine plant
Turbinenanordnung *f* <energ.hydr> • turbine setting
Turbinenantrieb *m* <fz> *(z. B. Flugzeug, Luftkissenfahrzeug, Schiff)* • turbine propulsion
Turbinen-Austrittsgehäuse *n* DIN ISO 7967-4 <turb> • turbine outlet casing *ISO 7967-4*
Turbinenbeschaufelung *f* <turb> • turbine blading
Turbinenbetrieb *m* <energ.hydr> • turbining; generating; turbining mode
Turbinenbohranlage *f* <petr> • turbodrill
Turbinenbohren *n* <petr> • turbo drilling
Turbinenbohren *n* <petr> • turbodrilling
Turbinendeckband *n* <turb> • turbine shroud band
Turbinendeckband *n* <turb> • turbine shroud ring
Turbinendeckel *m* <turb> • turbine cover; head cover

Turbinendrehmoment *n* <turb> • torque of the turbine
Turbinendrehzahlregler *m* <turb.msr> • turbine speed controller
Turbinen-Düsenring *m* DIN ISO 7967-4 <turb> • turbine nozzle ring *ISO 7967-4*
Turbinendüsenschaufel *f* <turb> • turbine nozzle blade
Turbinendurchflusszähler *m* <msr> • turbine flowmeter
Turbineneinlauf *m* <turb> • turbine intake
Turbineneinlaufverschluss *m* <energ.hydr> • turbine valve; inlet valve
Turbineneintrittstemperatur *f* <turb> • turbine inlet temperature
Turbinen-Eintrittstemperatur *f* <turb> • turbine inlet temperature
Turbinen-Gaseintrittsgehäuse *n* DIN ISO 7967-4 <turb> • turbine inlet casing *ISO 7967-4*
Turbinengebläse *n* <masch> • turbine blower
Turbinengebläse *n* <masch> • turboblower
Turbinengehäuse *n* <masch> *(Turbolader)* • turbine housing/casing
Turbinengesamtwirkungsgrad *m* <phys.turb> • overall turbine efficiency; overall efficiency of the turbine; turbine overall efficiency
Turbinenkraftstoff *m* <petr.turb> • turbine fuel
Turbinenläufer *m* <turb> • turbine rotor
Turbinenlaufrad *n* <turb> • turbine rotor
Turbinenleistung *f* <turb> • turbine output
Turbinenluftstrahltriebwerk *n* <aerospace> • jet turbine engine
Turbinenluftstrahltriebwerk *n* <aerospace> • turbojet engine
Turbinenöl *n* <tribo.turb> • turbine oil
Turbinenpumpe *f* <masch> • diffuser pump
Turbinenpumpe *f* <masch> • turbine pump
Turbinenrad *n* <fz.antr> *(Drehmomentwandler; z. B. Kfz, Lokomotive)* • turbine [wheel]; driven torus
Turbinenrad *n* <kfz> *(Gurtstraffer)* • impeller wheel
Turbinenrad *n* <mot> *(im Turbolader)* • turbine wheel
Turbinenregler *m* <turb.msr> • turbine governor
Turbinenrotor *m* <turb> • turbine rotor
Turbinenrührer *m* <verf> • turbine agitator
Turbinenrührer *m* <verf> • turbine mixer
Turbinensatz *m* <energ.hydr> • turbine set
Turbinenschaufel *f* <turb> • turbine blade
Turbinenschaufel *f* <turb> • turbine bucket *US*
Turbinenschutz *m* <energ.hydr> *(Wasserturbine)* • turbine protection
Turbinenstaustrahltriebwerk *n* <aerospace> • turboramjet
Turbinen-Strömungsmesser *m* <msr> • turbine-type flow meter
Turbinentrockner *m* <verf> • turbine drier
Turbinentrockner *m* <verf> • turbo shelf drier
Turbinenwelle *f* <energ.hydr> • turbine shaft
Turbinenwelle *f* <turb> *(Turboaufladung)* • turbine shaft
Turbinenwelle *f* <turb> • turbine shaft
Turboalternator *m* <el> • turboalternator
Turbo-Anzeige *f* <edv> • high-speed LED
Turboanzeige *f* <kfz.msr> • turbo gauge
turboaufgeladen <mot> • turbo-charged
Turboaufladung *f* <fz.mot> • turbocharging; exhaust turbo-supercharging
Turbobohren *n* <petr> • turbodrilling
Turbodiesel *m* prakt.ugs <kfz.mot> • turbo diesel engine; turbo diesel
Turbodiesel mit Direkteinspritzung *m* (TDI) <kfz.mot> • direct-injection turbo diesel [engine] (TDI)
Turbo-Dieselmotor *m* <kfz.mot> • turbo diesel engine; turbo diesel

Turbo-Dieselmotor mit Direkteinspritzung *m* <kfz.mot> • turbo diesel engine with direct injection (TDI); directly injected turbo diesel; directly injected turbo diesel engine

Turbo Drive *m Phi* <av> • high-speed drive *Gru*; high-speed mechanism *Son*; turbo drive *Phi*; high-speed drive mechanism *Gru*; super spec drive *JVC*

Turbo-Drive *n* <kfz.antr> • Turbo-Drive

Turbodynamo *m* <el> • turbodynamo

turboelektrisch <el> • turboelectric

Turbofeuchtwerk *n* <druck> • turbo-type dampening system :V

Turbo-Feuchtwerk *n* <druck> • turbo-type dampening system :V

Turbogebläse *n* <masch> • turboblower

Turbogenerator *m* <el> *(für Drehstrom)* • turbo-generator; turbine-generator; turbo-alternator

Turbogeneratorsatz *m* <el> • turbogenerator set

Turbogetriebe *n* <masch> • fluid flywheel

Turbogetriebeanlage *f* <nav> • turbine-geared propulsion plant

Turbokompressor *m* <masch> • turbocompressor

Turbolader *m prakt.ugs* <mot> • turbocharger *ISO 7967-3*; turbo-supercharger *form*; turbo blower *pract*; turbo *coll*; exhaust-driven [turbo-]supercharger *rare*

Turboloch *n* <kfz.mot> • turbo lag

Turbolöser *m* <pap> • turbodissolver

Turbomaschine *f* <masch> • turbomachine

Turbo Mecha Deck *n Sab* <av> • high-speed drive *Gru*; high-speed mechanism *Son*; turbo drive *Phi*; high-speed drive mechanism *Gru*; super spec drive *JVC*

Turbomischer *m* <prod> • turbine agitator; turbine-type stirrer; turbo-mixer

Turbo-Modus *m werb.* <edv> *(Taktfrequenz)* • turbo mode *adv.*; high speed; high clock speed

Turbomolekularpumpen *f* <förd> • turbo-molecular pumps

Turbomotor *m* <mot> • turbocharged engine; turboengine *coll*; supercharged engine

Turboproptriebwerk *n* <aerospace> • turboprop engine (TPE); TP engine

Turbopumpe *f* <masch> • turbopump

Turbopumpen *fpl* <förd> • dynamic pumps *pl*; turbo machines *pl*; turbine pumps *pl*

Turborührer *m* <prod> • turbine agitator; turbine-type stirrer; turbo-mixer

Turbosauger *m* <masch> *(Gas)* • turbo-exhauster

Turbo Search *n JVC* <av> • Turbo Search *JVC*

Turboverzögerung *f form* <kfz.mot> • turbo lag

Turbowalze *f* <druck> • turbo roller :V

Turbo-Winkelschleifer *m* <wz> *(z. B. zum Steinschleifen)* • geared turbine grinder (GTG)

turbulent <phys> *(Strömung)* • turbulent

turbulente Strömung *f* <phys> • turbulent flow

Turbulenz *f* <phys> • turbulence

Turbulenzbereich *m* <phys> • turbulent region

Turbulenzbewegung *f* <phys> • turbulent motion

Turbulenzen *f* <nukl> • turbulences

Turbulenzen *fpl* <kfz> *(beim Offenfahren)* • buffeting

Turbulenzensensor *m* <aerospace> • CAT sensor

turbulenzfrei <phys> *(Strömung)* • non-turbulent

Turbulenzkanal *m* <kfz.mot> *(Ansaugsystem)* • turbulence duct

Turbulenznachstrom *m* <nav> • turbulent wake

Turbulenztheorie *f* <phys> • turbulence theory

turbulenzüberlagerte Diffusion *f* • eddy diffusion

Turbulenzverstärker *m* <phys> • turbulence amplifier

Turkey *m jarg* <med> *(Drogen)* • withdrawal; cold turkey *jarg*

Turm *m* <bau> • tower

Turm *m* <energ.sol> • tower; receiver tower

Turm *m* <energ.wind> • tower

Turm *m* <licht.theat> • tower; lighting tower *form*

Turm *m* <petr> *(Bohrplattform)* • tower

Turmalin *m* <bekl> • tourmaline

Turmalin *m* <min> • tourmaline

Turmalin *n* <msr> *(piezoelektrische Eigenschaften)* • tourmaline

Turmbleiche *f* <pap> • tower bleaching

Turmboden *m* <chem.verf> *(Biogas-Anlage)* • tower bottom (ÜV)

Turmdrehkran *m* <förd> • revolving tower crane

Turmdrehkran *m* <förd> • rotating tower crane

Turm-Entschwefler *m* <verf> • hydrogen sulfide tower scrubber :V

Turmextraktionsanlage *f* <chem> • tower diffusion plant

Turmextraktionsanlage *f* <chem> • tower extraction plant

Turmfördermaschine *f* <min.förd> • tower-mounted winder

Turmfundament *n* <bau> *(Kirche)* • tower foundation

Turmhöhe *f* <energ.wind> • tower height

Turmkopf *m* <chem.verf> *(Biogas-Anlage)* • tower head (ÜV)

Turmkopf *m* <energ.wind> • nacelle *IEV 415*; machine cabin; gondola; equipment pod *rare*

Turmkreuz mit Wetterfahne *n* <bau> *(Kirche)* • cross with weathervane

Turmofen *m* <metall> • tower furnace

Turmreiniger *m* <chem.verf> *(Gas)* • tower purifier

Turmrollenblock *m* <petr> • crown block

Turmrollenlager *n* <min> • poppet head

Turmsäure *f* • Glover acid

Turmsäure *f* <chem> • raw acid

Turmsäure *f* <pap> • tower acid

Turmschaft *m* <bau> • tower shaft

Turmschatten *m* <energ.wind> • tower shadow; tower wake

Turmspeicher *m* • stacking pillar

Turmsumpf *m* <verf> *(Kühlturm)* • tower pond

Turmtrockner *m* • drying tower

Turmtrockner *m* <metall> • tower drier

Turmtrockner *m* <verf> • shaft drier

Turmverflüssiger *m* <verf> *(Kältetechnik)* • vertical open-type shell-and-tube condenser

Turmwäscher *m* <chem.verf> • scrubbing tower

Turnpike *m* <verk> *(autobahnähnliche Schnellstraße in den USA, mit Speed Limit)* • turnpike

turnusmäßige Wartung *f* <rep> *(z. B. EDV, Flugzeug, Schiff)* • scheduled maintenance

Turtle Beach <av.edv> • Turtle Beach

Turtle Beach Multisound <av.edv> • Turtle Beach Multisound

Tuschefeder *f* <kunst.wz> • indian ink pen

Tuschefeinzeichner *m* <kunst> *(Zeichenutensil)* • ink fine liner

Tuschestift *m* <edv> • liquid ink pen

Tuschieren *n* *(Führungsbahnen)* • bedding-in

Tuschieren *n* <prod> *(Abstimmung von Ober- und Unterpresswerkzeug)* • marking

Tuschierlineal *n* <prod> • levelling straight edge

Tuschierplatte *f* • bench plate

Tuschierplatte *f* <druck> • surface plate

Tussis convulsiva *f wiss.rar* <med> • whooping cough; pertussis

TV-Download *n* <av> *(Videorecorderfunktion)* • Follow TV; TV download

T-Verbindung *f* <füg> *(Schweißen)* • T-butt joint

T-Verbindung *f rar* <füg> *(z. B. geschweißt)* • T-joint; tee joint

t-Verteilung *f 55350-22* <math> *(Statistik)* • t-distribution; Student's distribution

T-Verzweigung *f* <el> • T-junction

TV-Spot *m prakt* <werb> • TV commercial; television commercial; TV spot *pract*

TV-Werbespot *m* <werb> • TV commercial; television commercial; TV spot *pract*

TV-Werbung *f* <werb.av> • TV advertising; television advertising

Twaddle-Grad *m* <chem> *(Dichtegrad)* • Twaddle degree

T-Wave-Technologie *f Cymbolic* <druck> *(Thermaltechnologie)* • T-wave technology *Cymbolic*; travelling-wave technology

TWBA <ökol> • deep-water aeration system

Tweed *m* <textil> • tweed

Tweed-Polster *n* <kfz.innen> • tweed upholstery

Tween *n prakt* <edv> *(Computeranimation; Phase zw. Anfangs- und Endzustand einer Bewegung)* • inbetween; tween

Tweening *n* <edv> • tweening; in-betweening

Tweeter *m* <av> • tweeter; tweeter loudspeaker; treble unit; high-frequency loudspeaker; HF unit

Twenty Feet Equivalent Unit *f* (TEU) <logist> *(Maßeinheit für Ladekapazität, z. B. Containerschiffe)* • twenty feet equivalent unit (TEU)

TWG <tele> • telephone dialer *US*; dialer *US*; automatic telephone dialer *US*

Twilight-Modus *m* <av> *(von Camcordern)* • twilight mode

Twin *m prakt* <edv> *(Animationsfehler)* • twin

Twin *m* <kfz.mot> *(Zweizylinder-Motor)* • twin

Twinaxial-Steckverbinder *m* <el> • twinaxial connector

Twinaxkabel *n* <el> • twinax strap

Twin-Rad *n* <kfz> *(bei Pkw; Sicherheitsrad mit Notlaufeigenschaften)* • JJD wheel; wheel with double rim; twin wheel; dual wheel

Twin-Recoder *m* <av> • twin recorder

Twirling *n* <edv> • twirl morph; twirling

Twirl-Morph *m* <edv> • twirl morph; twirling

Twisted-Pair-Anschluss *m* <edv> • twisted pair jack

Twisted-Pair LAN/WAN *n* <edv> • twisted-pair LAN/WAN

Twisting *n* <edv> • twisting

Twist-Lock *n* <nfz> *(LKW-Aufbau)* • twist lock

Twistor *m* <el> *(Festkörperbauelement)* • twistor

Twistorspeicher *m* <edv> • twistor memory

Twistorspeicher *m* <edv> • twistor store

Twistung *f* <kfz.mot> *(von Kurbelwellen)* • twisting

Two Page Display *n* (2PD) <edv> • two page display (2PD)

Tyndall-Effekt *m* <phys> • Tyndall effect

Tyndall-Kegel *m* <opt> • Tyndall cone

Tyndall[o]meter *n* <druck> *(Trübungsmessgerät)* • nephelometer

Tyndall[o]meter *n* <opt.msr> *(Trübungsmessgerät)* • tyndallometer

Typ *m* <allg> *(Erscheinungsform von etwas; z. B. von Molekülen)* • sort; type; kind

Typ *m* <prod> *(Modellreihe allg., ohne Wertung; z. B. BMW 7er Reihe)* • series; production series; type

Type *f* <druck> • printing type

Typenabschlagstärke *f* <druck> • impact intensity

Typenaufschlagstärke *f* <druck> • impact intensity

Typenauswahl *f* <msr> • sensor choice *baumer wb*

Typenbezeichnung *f* <allg> • type-code

Typenbezeichnung *f* <kfz> • model designation

Typendruck *m* <tele> • type printing

Typendruckempfänger *m* <tele> • type printing receiver

Typendrucker *m* <druck> • character printer; full form impact printer; full form printer

Typendrucker *m* <tele> • type printer

Typendrucker *m* <tele> • type printing apparatus

Typenhammer *m* <druck> *(Schreibmaschine)* • print hammer

Typenhammer *m* <druck> *(in Typenraddruckern)* • print hammer; impression hammer

Typenkorb *m* <druck> • print thimble; thimble

Typenkorbarretierung *f* <druck> • thimble lock

Typenkorbbezeichnung *f* <druck> • thimble name

Typenkorbdrucker *m* <druck> • thimble printer

Typenkorbdruckwerk *n* <druck> • thimble printing mechanism

Typenkorbhalterung *f* <druck> • thimble holder

Typenprojekt *n* <bau> • typified design

Typenprüfung *f* <qualit> • prototype test

Typenprüfung *f* <qualit> • type test

Typenrad *n* <druck> • daisy wheel; type wheel *rare*

Typenradaustausch *m* <druck> • daisy wheel change

Typenraddrucker *m* <druck> • daisy wheel printer; type wheel printer *rare*

Typenraddruckwerk *n* <druck> • daisy wheel printing mechanism

Typenradhalterung *f* <druck> • print wheel holder

Typenradkassette *f* <druck> • print wheel cartridge

Typenradlebensdauer *f* <druck> • daisy wheel life

Typenradmotor *m* <druck> • print wheel motor

Typenradspeiche *f* <druck> • print wheel spoke

Typenradzeichen *n* <druck> • daisy wheel character

Typenreihe *f* <druck> • type range

Typenreihe *f* <prod> • range

Typenschild *n* <tech.allg> *(Elektrogeräte usw.)* • type plate

Typenschild *n* <tech.allg> *(z. B. Motor)* • nameplate

Typenschild *n* <tech.allg> • type identification plate

Typenschild *n* <doku> *(hart)* • identification plate; ID-plate

Typenschild *n* <doku> *(weich; z. B. Aufkleber)* • identification label; ID-label

Typenschild *n* <förd> • nameplate; nametag

Typenschild *n* <masch> *(einer Maschine)* • rating plate

Typenschilddrucker *m* <edv> • type plate printer

Typenschlüssel *m* <kfz.el> *(Zündkerze)* • spark plug identification system *Champion*; type designation code *Bosch*

Typenstab *m* <druck> • print bar

Typenstange *f* <druck> • type bar

Typenstangendrucker *m* <druck> • rack-type printer

Typenträger *m* *(Fotosatz)* • font disc

Typenträger *m* <druck> • character carrier

Typenwalze *f* <druck> *(Schreibmaschine)* • character drum

Typenwalzendrucker *m* <druck> • wheel printer

Typformel *f* <mot.el> *(Zündkerze)* • type symbol *Champion*; spark plug identification; spark plug ID *Champion*; type designation *Bosch*

Typformelschlüssel *m Bosch* <kfz.el> *(Zündkerze)* • spark plug identification system *Champion*; type designation code *Bosch*

typgeprüft <fz> • type approved

Typhus *m* <med> • typhoid fever

Typhus abdominalis *m* <med> • typhoid fever

Typ I <edv> *(PCMCIA)* • type I

Typ II <edv> *(PCMCIA)* • type II

Typ III <edv> *(PCMCIA)* • type III

Typ-II-Supraleiter *m* <nukl> • type II super conductor

Typisierung *f* <jur.tech> • typefaction

Typisierung *f* <kfz> • model designation

Typisierung *f* <med> • phenotyping; typification; typing

Typ IV <edv> *(PCMCIA)* • type IV

typographischer Punkt *m* <druck> • typographical point

typographisches Maßsystem *n* <druck> • type measurement system

typographisches System *n DIN 16502-2* <druck> • typographical system

Typprüfung *f* <jur> *(z. B. von Ersatzteilen, Kfz-Zubehör)* • approval test; Type Approval test

Tyvac *n* <edv> *(Fasermaterial)* • Tyvac

TZ <mot.el> • transistorized ignition system

T- Zelle *f* <med> • T-lymphocyte; T-cell

T-Zell-Epitop *n* <med> • T cell epitope

TZ-H <kfz.el> • transistorized ignition with Hall generator (TI-H) *Bosch*; transistorized coil ignition with Hall sensor TCI-h; Hall-effect ignition system

TZ-I <kfz.el> • transistorized ignition with magnetic pickup (TI-I) *Bosch*; transistorized ignition with inductive pickup; transistor controlled magnetic pulse type ignition; transistorized ignition system with inductive pulse generator; transistorized ignition with induction-type pulse generator

TZ-K <kfz.el> • breaker-triggered transistorized ignition [system] (TI-B) *Bosch*; contact-controlled transistorized ignition

U

U <av> • luminance-minus-red signal (U)

U <bio.med> *(Ribonukleinsäure)* • uracil (U)

U <chem> • uranium (U)

U <therm> • internal energy (U)

UART <av> • universal asynchronous receiver transmitter (UART); Midi UART; UART chip

UART-Baustein *m* <av> • universal asynchronous receiver transmitter (UART); Midi UART; UART chip

UART-Chip *m* <av> • universal asynchronous receiver transmitter (UART); Midi UART; UART chip

U-Bahn *f* <verk.bahn> • subway *US*; underground *GB*

U-Bahn-Netz *n* <verk.bahn> • subway system *US*; underground system *GB*

U-Bogen *m* <rls> • U-bend; return bend

U-Bogen-Ausgleicher *m* <rls> • horseshoe-bend expansion joint

U-Boot *n* <nav> • submarine

U-Boot-Luft-Rakete *f* <mil> • underwater-to-air missile; submarine-air missile

U-Boot-Luft-Unterwasserziel-Rakete *f* <mil> • underwater-to-air-to-underwater missile

U-Boot-Schiff-Rakete *f* <mil> • underwater-to-ship missile

U-Boot-Unterwasserziel-Rakete *f* <mil> • underwater-to-underwater missile

U-Brake *f* <fz.brems> *(typ. an Mountainbikes)* • u-brake

U-Bremse *f* <fz.brems> *(typ. an Mountainbikes)* • u-brake

U-Chromzierleiste *f* <kfz> *(z. B. zum Aufstecken auf Regenrinne)* • chrome channel trim

uCO <msr.emiss> *(Abgasmesswert)* • CO value undiluted (uCO); CO undiluted

UCR <druck> *(Farbmanagement)* • under color removal (UCR) *US*; under colour removal *GB*; under color reduction *US.rare*; under colour reduction *GB.rare*

UCS <edv.logist> *(Strichcodesymbol)* • Uniform Container Symbol (UCS)

Ud <msr> *(über Widerstände, Sensoren etc.)* • voltage drop (Ud); potential drop *thsc*; voltage disturbance *rare*

UDF <edv> *(für DVD-Medien)* • Universal Disk Format (UDF); UDF format

UDF-Format *n* (UDF) <edv> *(für DVD-Medien)* • Universal Disk Format (UDF); UDF format

UD-Format *n* <edv> *(für DVD-Medien)* • Universal Disk Format (UDF); UDF format

U-Dock *n* <nav> • box floating dock; box dock

UDS <kfz.msr> • crash recorder *:V*; iron witness *:V coll*; black box *:V coll*

ÜB <kfz> • roll bar *US*; safety bar *US.form*; roll-over bar *GB*

Überabfrageregelung *f* <tele> • automatic overload control

Überabtastung *f* <edv.av> • oversampling

Über-alles-Frequenzgang *m* <msr> • overall frequency response

Überalterung *f* <qualit> • overaging; overageing

Überanpassung *f* <el> • overmatching; overmatch

Überanzug *m* <bekl> *(Regenbekleidung)* • oversuit

überarbeitete Auflage *f* <druck> • revised edition

Überauswahlregel *f* <phys> • superselection rule

Überballonreifen *m* <kfz> • giant tire *US*; giant tyre *GB*

Überbandmagnet *m* <ents> • overband magnet

Überbandmagnetscheider *m* <ents> • overband magnetic separator; belt type magnetic separator; top-mounted magnetic separator

Überbau *m* <bau> *(allg.)* • superstructure

Überbeanspruchung *f* <tech.allg> *(Zustand)* • overload

Überbeanspruchung *f* <tech.allg> *(Vorgang)* • overloading

Überbeanspruchung *f* <tech.allg> *(durch exzessiven Gebrauch)* • overuse

Überbeanspruchung *f* <mech> *(Zustand; mech. Spannung, Last)* • overstress

Überbeanspruchung *f* <mech> *(Vorgang; mech. Spannung, Last)* • overstressing

Überbeanspruchung *f* <mech> *(Vorgang, durch Zugbelastung)* • overtensioning

überbeladen *vt* <fz> • overload *vt*; load excessively *vt*

Überbelastungsventil *n* <rls> • overload valve

Überbelegung *f* <tele> *(v. Leitungen, Frequenzkanälen; Verstopfung, Datenstau)* • congestion

überbelichten *vt* <phot> • overexpose *vt*

überbelichtet <phot> • overexposed

Überbelichtung *f* <druck> *(von Druckplatten)* • overexposure

Überbelichtung *f* <phot> *(von Aufnahmen, Filmen, Papieren)* • overexposure

Überbereichmessung *f* <tele> • overrange measurement

Überbesetzung *f* <math> *(Statistik)* • overpopulation

überbestimmt <mech> *(mehr Angaben als zur Lösung nötig)* • overdetermined

überbestimmt <mech> *(redundant)* • redundant

überbestimmt <term> *(Begriffsdefinition)* • overdefined

Überbestrahlung *f* <nukl> • overirradiation; overexposure

überbetriebliche Werknorm *f* <norm> • publicly available specification (PAS)

überblasen *vt* <metall> *(Stahl)* • overblow *vt*

überblasen *vt* <mus> *(Blasinstrument)* • overblow *vt*

überblasener Stahl *m* <metall> • overblown steel

Überblaston *m* <akust> • overblow tone

überblatten *vt* <prod> • halve *vt*; lap *vt*

überbleichen *vt* <verf> • overbleach *vt*

Überblenden *n* <av> *(stufenloser Übergang von einem Klang zu einem anderen)* • crossfade

Überblendregler *m* <av> *(Ton; vorne und hinten)* • fader

Überblendung *f* <av> *(stufenloser Übergang von einem Klang zu einem anderen)* • crossfade

Überblendung *f* <opt> *(Projektionsbilder)* • fade-over; dissolve

Überblendungsstufe f <av> • fade-over stage

überbohren vt <petr> • wash over vt

Überbombierung f <pap> • overcrown

Überbonden n <ic> (Bondfehler) • overbonding

über Bord Geworfenes n <nav> (z. B. Ballast) • jetsam

über Bord geworfenes Material n <nav> (z. B. Ballast) • jetsam

überbrannt <silik> • overburnt

überbrausen vt <verf> • spray vt

überbreiter Videokopf m <av> • wide-gap video head

Überbrennen n <obfl.qualit> (zu langes Brennen von Email) • over-firing

überbrennen vt <silik> (z. B. Ziegel) • overburn vt; overfire vt; overstove vt

überbrücken vi/vt <tech.allg> • shunt vi/vt

überbrücken vt <tech.allg> (eine Funktion außer Kraft setzen; z. B. Freilauf, Sperre) • bridge vt

überbrücken vt <bau> (Distanz; z. B. Graben, Fluss mit Brücke, Träger) • span vt

überbrücken vt <el> (mit Steckbrücken, Überbrückungsdraht) • jumper vt

überbrücken vt <el> (kurzschließen) • short-circuit vt

überbrücken vt <kfz.mot> (umgehen; z. B. einen Filter,) • bypass vt

Überbrücken von Ungenauigkeiten n <msr> • accommodation of imprecision

überbrückt <el> • bridged

überbrücktes T-Netzwerk n <el> • bridged-T network

Überbrückung f <el> (von Klemmen, Kontakten; mit Draht, Kabel, Steckbrücke) • jumper

Überbrückung f <el> (Vorgang) • bridging

Überbrückungsdraht m <el> • jumper wire

Überbrückungsfilter n <el> • bypass filter

Überbrückungskabel n <el> (allg.) • jumper cable

Überbrückungskabel n ugs <kfz.el> • jumper cable; booster cable; jump leads rare

Überbrückungskondensator m <el> • bypass capacitor

Überbrückungskontakt m <el> • bridging contact

Überbrückungskupplung f <kfz.antr> • direct-drive clutch (DDC); torque converter lockup clutch; torque converter clutch; lockup clutch

Überbrückungsschalter m <el> • override switch; bypass switch

Überbrückungsschaltung f <el> • bridge connection; bridging connection

Überbrückungsschwingkreis m <el> • resonant shunt

Überbrückungsspule f <el> • leak coil

Überbrückungswandlersystem n rar <kfz.antr> • direct-drive clutch (DDC); torque converter lockup clutch; torque converter clutch; lockup clutch

Überbrückungswiderstand m <el> • bypass resistance

Überbrückungszeit f <msr> • initial delay

Überchlorung f <chem> (z. B. von Trink-, Badewasser) • superchlorination; excess chlorination

überdachte Fläche f <bau> (in großen Räumen, Hallen) • hall space; underhall space

überdachte Fläche f <bau> (allg.) • underroof space

überdachtes Packen n <agri.pack> (z. B. auf Plantagen) • shed packing

Überdachung f <bau> (Vordach) • canopy; rooflike projection

Überdachung f <bau> (allg.; Gebäude insgesamt) • roofing

Überdämpfung f <msr> • overdamping

überdecken vr rar <masch> (Bleche etc. an Nähten) • overlap vi

überdecken vt rar <tech.allg> (z. B. Bilder, Fenster, Signale) • superimpose vt

überdecken vt <bau> (z. B. Graben, Grube, Kanal) • cover vt

überdecken vt <navig> (Gelände, mit Radarstrahl) • sweep vt

überdecken vt <obfl> (z. B. mit Farbe) • overcoat vt

überdecken vt rar <phot> (beim Belichten) • mask vt

überdeckte Ausstellungsfläche f <werb> • hall exhibition space

überdeckte Fläche f <allg> • covered area

überdeckter Bereich m <ökon> (Markt, Zielgruppen) • coverage

überdeckter Frontreißverschluss m <bekl> • concealed main zipper

überdeckte Struktur f <geo> • buried structure

Überdeckung f <tech.allg> (von Bildern, Signalen) • superimposition

Überdeckung f rar <tech.allg> • overlap; lapping; lap

Überdeckung f <antr> (von Zahnrädern) • contact ratio; contact gear ratio; engagement factor

Überdeckung f <bau> (z. B. von Gräben, Gerinnen) • covering

Überdeckung f <bau> (Schichtdicke über etwas Eingebettetem, Vergrabenem; z. B. Erde über Roh) • cover BS 4118; depth of cover

Überdeckung f <kfz.mot> (von geteilten Gleitlagerschalen) • bearing crush

Überdeckung f <kfz.qualit> (beim Offset-Crashtest; z. B. 40%) • overlap

Überdeckung f <masch> (Zahnradpaar im Eingriff; Fläche) • engagement; meshing surface

Überdeckung f <navig> (eines Gebiets durch Satelliten) • coverage

Überdeckung f <obfl> (z. B. mit Klarlack) • overcoating

Überdeckung f <tele.av> • blanketing

Überdeckungsgebiet n <geo.phot> • overlap area

Überdeckungsgrad m DIN 3998 <antr> (von Zahnrädern) • contact ratio; contact gear ratio; engagement factor

Überdeckungshöhe f <bau> (Schichtdicke über etwas Eingebettetem, Vergrabenem; z. B. Erde über Roh) • cover BS 4118; depth of cover

Überdeckungskoeffizient m <tech.allg> • overlap coefficient

Überdeckungsregler m <phot> • intervalometer

Überdeckungsstoß m <füg> (allg.) • lap joint

Überdeckungsstoß m <füg> (von Kabeln, Seilen) • lapped splice

überdehnen vt <tech.allg> (z. B. Riemen, Kette, Seil, Stoff) • overtension vt

überdehnen vt <tech.allg> (z. B. Gummiband) • overtighten vt

überdehnen vt <mat> (z. B. Metall, Textilien) • overstretch vt; overdraw vt rare

überdehnt <masch> (z. B. Seilzug allg., insbes. Handbremszug; Feder) • stretched

über der Achse liegende Blattfeder f <kfz> • overslung leaf spring

über der Achse verlegter Rahmen m <kfz> • overslung frame

über die ganze Länge erstrecken vr <tech.allg> • run the full length vi

über die Tragfläche abkippen vi <aerospace> • drop a wing vi

überdimensional <tech.allg> • outsize

überdimensionieren vt <tech.allg> (allg.) • overdimension vt

überdimensionieren vt <tech.allg> (betont: hinsichtlich der Größe) • oversize vt

überdimensionieren vt <tech.allg> (betont: hinsichtlich der Auslegungsdaten) • over-design vt

Überdosierung f <agri> • overdressing
Überdosierung f <verf> • overdosage
Überdosis f <nukl.med> • overdose
überdrehen vt <füg> (zu fest anziehen; z. B. Schraube, Mutter) • overtighten vt
überdrehen vt <füg> (zu weit drehen; z. B. Schraube, Mutter) • overtwist vt
überdrehen vt <kfz.mot> (Motor) • overspeed vt; overrev vt coll
überdrehen vt <masch> (Uhrwerk) • overwind vt
überdrehen vt <masch> (Gewinde abreißen) • strip vt
Überdrehmaschine f <wz.masch.silik> • jigger
Überdrehzahl f <tech.allg> (von Wellen, Motoren) • overspeed
Überdrehzahl f <energ.wind> (Rotor) • overspeed; rotor overspeed
Überdrehzahlregler m <msr> • overspeed governor
Überdrehzahlschutz m <energ.wind> • overspeed control; overspeed protection
Überdrehzahlsicherung f <masch> • overspeed protection
Überdrehzahlwächter m <fz> • overspeed monitor
Überdruck m <tech.allg> • overpressure; excess pressure
Überdruck m <druck> (Druck auf bereits vorbedrucktes Material) • overprinting
Überdruck m <ents.hydr> • positive pressure
Überdruckbeatmung f (PPV) <med.tech> • positive pressure ventilation (PPV)
Überdruckbeschaufelung f <turb> • reaction blading
Überdruckdampfhärtung f <bau> (von Beton) • steam curing; autoclaving
Überdrucken n <druck> (Druck auf bereits vorbedrucktes Material) • overprinting
überdrucken vt <druck> • overprint vt; double print vt; surprint vt rare
Überdruckfeuerung f <verbr> • pressurized combustion
Überdruckgrad m <turb> • degree of reaction
Überdruckkammer f <aerospace> (Luftkissenfahrzeug) • plenum air chamber
Überdruckkanal m <aerospace> • compressed-air tunnel
Überdruckkessel m <rls> (Heizkessel, Dampferzeuger) • pressurized boiler; pressurised boiler GB
Überdruckpumpe f <förd> • booster pump
Überdruckregler m <verf.msr> • overpressure controller; excess-pressure controller; overpressure regulator; excess-pressure regulator
Überdruckschalter m <msr> • maximum pressure governor
Überdrucksensor m <msr> • gauge pressure transducer
überdrucksicher <qualit> • overpressure-proof
Überdrucksicherung f <verf.msr> • overpressure safety control device
Überdruckturbine f <turb> • reaction turbine
Überdruckventil n DIN ISO 4135 <tech.allg> • pressure-limiting valve ISO 4135
Überdruckventil n <tech.allg> (allg.; betont: zu hoher Druck) • pressure relief valve; relief valve
Überdruckventil n <tech.allg> (allg.) • relief valve; blow-off valve
Überdruckventil n <el> (für Batteriegase) • vent cap; resealing vent cap
Überdruckventil n <kfz> (Motorölpumpe) • pressure regulating valve; pressure relief valve
Überdruckventil n <rls> (betont: Sicherheit vor Überdruck) • safety valve; safety relief valve; pressure relief valve
Überdruckwächter m <msr> • maximum pressure governor
Überdruckwindkanal m <phys> (für Flugzeugbau, Kfz, Gebäudemodelle) • compressed-air tunnel

überdrücken vt <tech.allg> (zu stark komprimieren) • overcompress vt
überdurchschnittlich <math> • above-average
Übereckmaß n <masch> • across-corner dimension
übereinander angeordnete Fenster npl <bau> • stacked window units
übereinander drucken vt <druck> • overprint vt; double print vt; surprint vt rare
übereinander greifen vi/vt <masch> • overlap vi/vt; imbricate vi/vt
übereinander lagern vt <tech.allg> (z. B. Bilder, Fenster, Signale) • superimpose vt
übereinander schichten vt <logist> • stack vt
übereinstimmen vi <allg> (zeitlich; z. B. Ereignisse, Abläufe) • coincide vi
übereinstimmen vi <allg> (inhaltlich; z. B. Meinungen) • coincide vi; agree vi
übereinstimmend <allg> (widerspruchsfrei, in sich schlüssig, passend) • congruent; agreeing; accordant; congruous
Übereinstimmung f <edv> • compliance
Übereinstimmungsgrad m <allg> (z. B. Bedeutung von Text, Übersetzung, Werkstück, Verfahren) • degree of conformity
Übereinstimmungskontrolle f <edv> • consistency check
überelastisch <mat> • plastic
überelastisch <qualit.mat> • superelastic
Überempfindlichkeit f <allg> • hypersensitivity
Überempfindlichkeitsreaktion f <med> • hypersensitivity reaction
überentwickeln vt <phot> • overdevelop vt
überentwickelt <phot> • overdeveloped
Überentwicklung f <phot> • overdevelopment
übererlaubter Übergang m <nukl> • superallowed transition
Übererregung f <el> • overexcitation
übereutektisch <mat> (z. B. Stahl) • hypereutectic
übereutektoid <mat> • hypereutectoid
Überexponierung f <nukl> • overirradiation
Überexposition f <nukl> • overirradiation
überfärben n <textil.prod> • cross-dyeing
überfahrbarer Randstein m <bau.verk> • mountable curb
überfahrbarer Tiefladeanhänger m <nfz> • ramp trailer
überfahren vt <förd> (z. B. Endstellung d. Seiltrommel) • overwind vt
überfahren vt <fz> (z. B. Pistenende durch Flugzeug, Verkehrsampel durch Kfz) • overshoot vt
überfahren vt <masch> (z. B. Endlage mit Schlitten, Laufkatze) • overrun vt
überfahren vt <masch> (z. B. Laufkatze, Schlitten) • overtravel vt
überfahren vt <verk> (z. B. eine Ampel) • go through vt
überfahren vt <verk> (z. B. e. Linie, e. Signal) • pass vt
Überfahren von Altrohren n <ents.hydr> • pipe eating
Überfahrgeschwindigkeit f <msr> • overtravel speed; target speed
überfahrsicher <masch> (robust; auf od. im Boden montierte Sensoren, Kabel etc.) • rugged
Überfahrt f <nav.verk> (z. B. mit einer Fähre) • passage
Überfahrweg m <logist> (Regalförderzeug) • runout
Überfahrweg m <msr> • overtravel
Überfall m <energ.hydr> (Stauwehr, Hochwasserentlastungsanlage) • spillway; overflow; overfall
Überfall m <msr> (zur Durchflussmessung von Fließgewässern) • notch
Überfallalarm m <alarm> • holdup alarm comm; hold-up alarm comm; panic alarm priv

Überfall-Code m <alarm> • ambush code; duress code

Überfall-Fußleiste f <alarm> • kick switch; foot rail

Überfallgruppe f <alarm> • panic circuit; hold-up circuit; twenty-four-hour panic circuit; PA zone

Überfall-Handsender m <alarm> • radio panic button; hand-held panic button; portable duress sensor

Überfallhöhe f <bau.hydr> (Wehr) • head over spillway

Überfallkrone f <bau.hydr> (Damm) • spillway crest

Überfall-Linie f obs <alarm> • panic circuit; hold-up circuit; twenty-four-hour panic circuit; PA zone

Überfallmeldeanlage f (ÜMA) <alarm> • holdup alarm system; deliberately-operated alarm system GB.norm

Überfallmeldelinie f obs <alarm> • panic circuit; hold-up circuit; twenty-four-hour panic circuit; PA zone

Überfallmelder m (ÜM) <alarm> • personal attack device; deliberately-operated device GB.norm; panic alarm priv; hold-up alarm device comm; duress alarm [device]

Überfall-Meldergruppe f <alarm> • panic circuit; hold-up circuit; twenty-four-hour panic circuit; PA zone

Überfallmenge f <energ.hydr> • spill; spillage; overflow; spillover

Überfallpfeiler m <bau> • overflow buttress

Überfalltaster m <alarm> • personal attack button; PA button; panic button/switch priv; holdup button comm; emergency button

Überfall-Tretleiste f <alarm> • kick switch; foot rail

Überfalltretleiste f <alarm> • kick switch; foot rail

Überfallturm m DIN 4048-1 <bau.hydr> • morning glory spillway

Überfall- und Einbruchmeldeanlage f (ÜEA) <alarm> • intruder alarm system; intruder alarm; intrusion alarm [system]; intruder detection system; intrusion detection system

Überfallwehr n <energ.hydr> (Stauwehr, Hochwasser-entlastungsanlage) • spillway; overflow; overfall

Überfallwehr n <hydr.ents> (für Abwasser) • waste weir

Überfaltungsfehler m <edv.av> (unerwünschter Effekt beim Digitalisieren analoger Signale) • aliasing; foldover [effect]

Überfalz m <druck> • gripper fold

überfangen vt <silik> (Glas) • plate vt; flash vt

Überfangglas n <silik> • flashed glass

Überfeinstruktur f <mat> • hyperfine structure

überfetter Lack m <obfl> • extra long-oil varnish

Überfischen n <nahr> (Gewässer, Fischbestände) • over-fishing

überfließen vi <tech.allg> • flow over vi

überflüssiges Glied n <math.edv> • redundant term

Überflug m <aerospace> (z. B. bei Flugschau, z. B. im Formationsflug) • flyover

Überflurförderer m <förd> • overhead conveyor

Überflurhydrant m <rls.feuer> • standpost hydrant; pillar hydrant; post hydrant; street hydrant

Überflurkettenförderer m <förd> • tow-conveyor

Überfluss m <tech.allg> • abundance

überflutbar <masch> (umempfindlich gegenüber Überflutung; z. B. Pumpe) • flood-proof; floodable

überflutbare Brücke f <bau.hydr> • submersible bridge

Überfluten n <edv> (mit Daten; versehentlich oder vorsätzlich) • flooding

überfluten vt <allg> (großflächig) • flood vt

überfluten vt <geo> (z. B. Ufer, Damm, Landschaft, Straßen, Häuser) • flood vt

überfluten vt <geo> (völlig, total unter Wasser setzen) • inundate vt; submerge vt; flood vt

überfluten vt <geo> (Hindernis; z. B. Damm, Deich) • overflow vt

Überflutungsbereich m <geo> • flooding zone

Überflutungs-Kühlsystem n <prod.nahr> (Speiseeis; Freezer) • flooded cooling system; full-flooded refrigeration system

überflutungssicher <bau> (sicher vor Überflutung; z. B. Gelände, Haus) • flood-proof

überflutungssicher <masch> (umempfindlich gegenüber Überflutung; z. B. Pumpe) • flood-proof; floodable

Überflutungsverdampfer m <verf> • flood evaporator; flooded evaporator; flooded chiller; flood chiller

Überflutungszone f <geo> • flooding zone

Überform f <metall> (Gießerei) • mantle

überführen vt <chem> • convert vt

überführen vt <kfz> (Neufahrzeuge bei Lieferung) • transfer vt

Überführung f <bau.verk> (Brücke) • overpass US; flyover GB

Überführung f <chem> (Konversion) • conversion

Überführung f <chem.el> (z. B. von Ionen) • transference

Überführung f <holz> (Umwandlung einer Bestockung in eine andere) • conversion of woodlands

Überführung f prakt.ugs <kfz.fin> • destination charge

Überführungsdose f <tele> • terminal socket

Überführungskennzeichen n <kfz.verk> (für Überführungs- u. Probefahrten) • temporary license plate US; temporary plate; trade plate coll

Überführungs-Kilometerstand m <kfz> • delivery mileage; del. mileage

Überführungsklinke f <tele> • transfer jack

Überführungskosten fpl <kfz.fin> • destination charge

Überführungstrommel f <druck> • transfer drum

Überführungszahl f <chem.phys> (Bruchteil des Gesamtstroms, den eine Ionenart transportiert) • Hittorf number; transference number; transport number

Überfüllen n <druck> (Farbmanagement) • overlapping

Überfüllsicherung f <allg> • overfill protection; protection against tank overfilling vegacon

überfüllt <tech.allg> (Behälter; z. B. Motor mit Öl) • over-filled

Überfüllung f <tech.allg> (allg.; z. B. von Behältern) • overfilling

Übergabe f prakt <bau> (von Objekten; z. B. schlüsselfertiges Haus) • handover; handing over

Übergabe f <jur> (von Rechten, Pflichten) • transfer

Übergabe f <ökon> (von Lieferungen, Waren) • delivery

Übergabeboje f <petr> • storage buoy

Übergabecontainer m <logist> • transfer container

Übergabeeinrichtung f <wz.masch> (für Werkstücke, Werkzeuge) • transfer device

Übergabefuß m <druck> • transfer butt

Übergabeplatz Auslagerung m <logist> (für ausgelagerte Ladeeinheiten eines RFZ) • output station; delivery station; discharge station; deposit station; dispatch stand

Übergabeplatz Ein-/Auslagerung m <logist> (für einzulagernde und ausgelagerte Ladeeinheiten) • P/D station; P&D station; pick & deposit station; pick-up & dispatch station; I/O station

Übergabeplatz Einlagerung m <logist> (für einzulagernde Ladeeinheiten eines RFZ) • pick-up station; input station; pick-up extension; pick-up stand

Übergabepunkt m <tech.allg> • interconnection point

Übergabepunkt m <energ.el> (Schnittstelle Verbraucher/Kraftwerk) • point of common coupling (PCC)

Übergabeschurre f <förd> • transfer chute

Übergabestation f <logist> (für einzulagernde und ausgelagerte Ladeeinheiten) • P/D station; P&D station; pick & deposit station; pick-up & dispatch station; I/O station

Übergabestelle f <förd> • transfer point

Übergabestelle f <hlk> (Heizdampf) • supply terminals

Übergabestelle f <logist> *(HRL)* • transfer station
Übergabestelle f <tele> • interchange point
Übergabetrommel f <druck> • transfer drum; transmission drum
Übergabe-Wort n <navig> • handover word (HOW)
Übergabezeit f <edv> • transfer time
Übergabezylinder m <druck> • transfer cylinder
Übergang m <bahn> • bridge
Übergang m <ic> *(Halbleiter)* • junction region; transition region; junction; junction zone
Übergang m <jur> *(z. B. des Eigentums)* • passage
Übergang m <kfz.rep> *(Lackschliff)* • featheredge
Übergang m <mil> *(Schusswaffe; zwischen Patronenkammer und Lauf)* • throat
Übergang m <nukl.mat> • transition
Übergang m <petr> • cross-over sub
Übergang m <verk> *(für Fußgänger)* • crossing
Übergang m <wz> • change-over
Übergang Rumpf-Tragflügel m <aerospace> • fillet wing/fuselage; wing fuselage fillet
Übergangs... <tech.allg> *(Übergang von einem stationären Zustand in einen anderen)* • transient *DIN IEC 50*
Übergangsantwort f <msr> • unit step response
Übergangsbereich m <tech.allg> • transition region; transition range
Übergangsbereich m <ic> *(Halbleiter)* • junction region; transition region; junction; junction zone
Übergangsbereich m <nukl> • transition interval
Übergangsbereich m <phys> *(z. B. Strömungszustand, Temperatur)* • transition range
Übergangsbogen m <tech.allg> *(z. B. Straße, Kontur, Ausrundung)* • leveling curve *US*; levelling curve *GB*
Übergangsbogen m <bau.bahn> • transition curve; easement curve
Übergangsbogen m <bau.verk> *(Straße)* • transition curve; easement curve; spiral transition curve; junction curve
Übergangsbohrung f <kfz.mot> *(Vergaser)* • bypass bore
Übergangsbrücke f <fz> *(zwischen den Wagen, Elementen)* • gangway floor plate
Übergangsdämpfung f <tele> *(Verlust)* • transfer loss
Übergangsdüse f <kfz> • change-over nozzle
Übergangsebene f <el> • junction plane
Übergangseinheit f <tech.allg> • transfer unit
Übergangseinrichtung f *DIN 25624-1* <bahn> *(zw. den Wagen)* • intercommunication gangway *DIN 25624-1*
Übergangseisen n <metall> • off-grade iron; off-iron
Übergangselement n <chem> *(z. B. Halbmetall)* • transition element
Übergangsfassung f <el> *(Reduzierstück)* • reduction socket
Übergangsfläche f <el> • junction area
Übergangsfließen n <mat> • transient flow
Übergangsfraktion f <chem> • intermediate cut
Übergangsfrequenz f <el> • transit frequency
Übergangsfunktion f <math> • transient function
Übergangsfunktion f <msr> • transient response
Übergangsgebiet n <ic> *(Halbleiter)* • junction region; transition region; junction; junction zone
Übergangsgebiet n <phys> *(allg.; z. B. bei Strömung von laminar zu turbulent)* • transition zone
Übergangsgradient m <el> • junction gradient
Übergangsgreifer m <druck> • transfer gripper
Übergangsgrenzfläche f <el> • junction interface
Übergangs-Grenzwerte mpl <kfz.emiss> • interim standards
Übergangshülse f <tech.allg> *(Anpassungsstück)* • transition sleeve; adaptor sleeve
Übergangskabel n <el> • transition cable

Übergangskapazität f <el> • transition capacitance; junction capacitance
Übergangskennlinie f <el> • transition characteristic
Übergangskennlinie f <phys> *(z. B. eines Transduktors)* • transfer curve
Übergangskontakt m <alarm> • take-off switch; take-off contact; take-off switch block
Übergangskriechen n <mat> • transient creep
Übergangskrümmer m <förd> *(bei mehrstufigen Kreiselpumpen)* • crossover
Übergangskurve f <tech.allg> *(z. B. Straße, Kontur, Ausrundung)* • leveling curve *US*; levelling curve *GB*
Übergangskurve f <bau.bahn> • transition curve; easement curve
Übergangskurve f <bau.verk> *(Straße)* • transition curve; easement curve; spiral transition curve; junction curve
Übergangsmatrix f <math> *(Algebra)* • transition matrix; transfer matrix
Übergangsmetall n <chem> • transition metal; semimetal
Übergangsmuffe f <masch> • reducing sleeve
Übergangsmuffe f <masch> • reducing socket
Übergangspassung f <masch> • transition fit
Übergangsperiode f <jur.fin> *(z. B. Steuergesetzgebung)* • transitional period
Übergangsperiode f <phys> • transition period
Übergangsphänomen n <el.phys> • transient phenomenon
Übergangspotential n <el> • junction potential
Übergangspunkt m <bau> • tangent point
Übergangspunkt m <edv> • transition point
Übergangspunkt m <metall.mat> *(Zustandsänderung)* • transition point
Übergangsradius m <tech.allg> • fillet radius
Übergangsradius m <tech.allg> *(z. B. Geleise, Straße, Werkstück)* • transition radius
Übergangsregelung f <jur> • transitional provision; transitional arrangement
Übergangsrohr n <rls> • reducing pipe
Übergangssitz m <masch> • transition fit
Übergangsspannung f <el> • junction voltage
Übergangsstecker m <el> • adapter plug; plug adapter
Übergangsstrahlung f <phys> • transition radiation
Übergangsströmung f <phys> *(von laminar zu turbulent)* • transition flow
Übergangsstrom m <el> *(an Verbindungsstellen; z. B. Steckverbindung, Lötstelle)* • junction current
Übergangsstrom m <el> *(bei Transienten)* • compensating current; balancing current; equalizing current; transient current
Übergangsstück n <tech.allg> • adapter; transition piece
Übergangsstück n <ents.hydr> • adaptor
Übergangsstück n <petr> • cross-over sub
Übergangsteil n norm <wz> *(für Steckschlüsseleinsätze)* • adapter; converter; drive adapter; socket converter
Übergangsteil für IMPACT-Einsatze n norm <wz> • Impact adapter; impact converter
Übergangstemperatur f <tech.allg> • transition temperature
Übergangstemperaturbereich m <tech.allg> • transition temperature
Übergangstür f <bau> • gangway door
Übergangsverhalten n <msr> *(Regeltechnik)* • characteristic response
Übergangsverhalten n <msr> • transient response
Übergangsverhalten n <nukl> • transient behaviour
Übergangsverlust m <tech.allg> • transition loss
Übergangsverlust m <el> • contact loss
Übergangsvorgang m <el> • transition phenomenon; transient phenomenon

Übergangswahrscheinlichkeit f <phys> • transition probability

Übergangswiderstand m <el> *(an Kontakten)* • contact resistance

Übergangswiderstand m <el> *(an Verbindungen)* • junction resistance

Übergangswiderstand m <el> *(allg.)* • transition resistance

Übergangszeit f <tech.allg> • transition period; transient time

Übergangszone f <ic> *(Halbleiter)* • junction region; transition region; junction; junction zone

Übergangszone f <kst> *(von Spritzgieß- od. Extruderschnecken)* • transition zone; compression section; compression zone; transition section; melting section *rare*

Übergangszone f <metall> • fusion zone

Übergangszone f <petr> • transition zone

Übergangszustand m <tech.allg> • transient state; transient condition; transition state

übergar <metall> • black; dry

Übergasabschaltung. f MB <kfz.antr> *(Automatikgetriebe)* • kickdown shutoff

Übergasschalter m *rar* <kfz.antr> *(Automatikgetriebe)* • kickdown switch

Übergasschaltung f MB <kfz.antr> *(bei gestuften Automatikgetrieben)* • kickdown; forced downshift *GB*

Übergassystem n MB <kfz.antr> *(Automatikgetriebe)* • kickdown system

Übergasventil n MB <kfz.antr> *(Automatikgetriebe-Steuerung)* • kickdown valve; detent valve

über Gatter verknüpfen vt <el> *(z. B. Transistor)* • gate vt

übergeben vt <jur> • deliver vt; hand over vt; turn over vt; transfer vt

Übergehen n <edv> *(Menüoption)* • skip; ignore

übergehen vt <nav> • shift vt

Übergehen von Sätzen n <edv> • record skipping

übergeordneter Computer m <edv.allg> • host computer; host

übergeordnete Regelung f <jur> • imposed control

Übergeschwindigkeit f <fz> *(Kfz, Flugzeug)* • overspeed

Übergeschwindigkeitsbegrenzer m <fz> • overspeed limiter

Übergewicht n <fz> *(z. B. LKW)* • excess weight

Übergitter n <mat> • superlattice

Übergreifdeckel m <pack.teil> • slip lid *BS 3130*; slip on lid; slip cover

Übergreifen n <tech.allg> • lapping

Übergreifen n <prod> • lap

Übergreifen n <tele> • skipping

Übergröße f <bekl> • oversize; outsize

Übergruppe f <tele> • supergroup

Übergruppenfrequenzband n <tele> • supergroup band

Übergruppenmodulationseinrichtung f <tele> • supergroup translating equipment

Übergruppenverteiler m <tele> • supergroup distribution frame

Überhälter m <holz> • standards

überhängte Nadelmasche f <textil> • transferred needle loop; transferred cylinder needle loop

überhärten vt <kst> • overcure vt

Überhang m <bau> *(auskragend)* • cantilevered element

Überhang m <bau> • overhang

Überhang m norm <edv> • overhead *stand*; bar code message overhead

Überhang m <kfz> • overhang *norm-mdl*

Überhang m <logist> *(Regal)* • overhang

Überhang m <nav> • overhang

Überhanglänge f <kfz> • overhang *norm-mdl*

Überhangwinkel m <kfz> *(hinten; z. B. 24°)* • departure angle

Überhangzeichen n <edv> • overhead character; non-message character

überhart <mat> • extremely hard

Überhauen n <min> • rise; rise heading

Überhebeduo n <metall> • pull-over two-high stand; drag-over two-high stand

überheben vt <metall> • drag over vt

Überhebevorrichtung f <metall> *(z. B. Walzwerk)* • pass-over device; pull-over device

Überhebewalzwerk n <metall> • pass-over mill; pull-over mill

überheizen vi/vt <hlk> • overheat vi/vt

überhitzen vi/vt <tech.allg> • overheat vi/vt

überhitzen vt <therm.mat> • superheat vt

Überhitzer m <rls> *(Dampferzeuger)* • superheater

Überhitzerflachrohr n <rls> *(z. B. Dampferzeuger)* • flat superheater coil

Überhitzerheizfläche f <rls> • superheater surface

Überhitzerheizschlange f <rls> • superheater coil

Überhitzerheizschlange f <rls> • zigzag superheating tube

Überhitzerkammer f <rls> • superheater chamber

Überhitzerregler m <msr> • superheater regulator

Überhitzerrippenrohr n <rls> *(Dampfkessel)* • ribbed superheater tube; grilled superheater tube

Überhitzerrohrbündel n <rls> *(Dampfkessel)* • superheater bank

Überhitzersammelkammer f <rls> *(Dampferzeuger)* • superheater steam collector

Überhitzerschraubenrohr n <rls> • helical superheating tube

Überhitzschutz m *rar* <el> • thermal overload protection; overheating protection; thermal shutdown; thermal shutdown feature

überhitzt <tech.allg> *(z. B. Motor)* • overheated

überhitzter Dampf *wiss* <phys> *(im Ggs. zu Nassdampf)* • dry steam

überhitzter Dampf m <therm> • superheated steam

überhitzter Stahl m <metall> *(Fehler beim Glühen, Vorwärmen, Schweißen)* • burnt steel

Überhitzung f <kfz> *(allg.; z. B. Motor, Automatikgetriebe, Bremsen)* • overheating

Überhitzung f *prakt.ugs* <kfz.emiss> *(Katalysator)* • overheating

überhitzungsempfindlich <mat> • easily overheated

überhitzungsempfindlich <qualit.mat> • susceptible to overheating

Überhitzungsrisse mpl <brems> *(z. B. in Bremsscheiben)* • heat checking

Überhitzungsschutz m <el> • thermal overload protection; overheating protection; thermal shutdown; thermal shutdown feature

Überhitzungswärme entziehen vt <verf> • desuperheat vt

überhöht <füg> • reinforced

überhöht <prod> • leptokurtic

überhöht <verk> *(Kurve; z. B. von Straße, Rennstrecke, Eisenbahngleis)* • banked; superelevated

Überhöhung f <tech.allg> • camber

Überhöhung f <bau.bahn> • bank; banking; superelevation

Überhöhung f <el> • step-up

Überhöhung f <füg> • reinforcement

Überhöhung f <ökon> *(Preis)* • rise

Überhöhung f <prod> • leptokurtosis

Überhörfrequenz f <akust> • ultrasonic frequency

Überhörfrequenz f <tele.akust> • superaudible frequency; ultra-audible frequency

Überholen n <fz> (gründlich instandsetzen; z. B. Motor, Getriebe) • reconditioning; rebuilding; overhaul

überholen vt <rep> • overhaul vt

überholen vt <rep> • overhaul and refit vt

überholen vt <rep> (instandsetzen) • recondition vt; remanufacture vt; rebuild vt

überholen vt <verk> (ein anderes Fahrzeug) • pass vt; overtake vt

überholender Zahn m <masch> • hunting tooth

Überholen von Zylinder und Zylinderkopf n <mot.rep> • top end overhaul

Überholgewinde n <kfz> • Bendix screw

Überholgleis n <bahn> • pass track

Überholklauenschaltung f <masch> • override clutch gear change

Überholreserve f <fz> • passing power

Überholspur f <verk> • fast lane; hammer lane US.coll; centerfield lane US.coll.fig; showoff lane US.coll.derog; centerfield US.coll.fig

Überholspur freimachen vi <verk> • pull over vi

Überholsteuerung f <msr> • override control

überholte Benennung f <term> • superseded term

Überholung f <qualit> (Wartung von Maschinen, Anlagen) • overhaul

Überholung f <rep> • overhaul and refitting

Überholung f <rep> • reconditioning

Überholungsgleis n <bahn> • passing siding

Überholungsstelle f <verk> • overtaking point

Überhorizontübertragung f <tele> (Funkwellen) • over-the-horizon transmission; beyond-the-horizon transmission; transhorizon transmission

Überhorizontverbindung f <tele> • over-the-horizon link

Überjahresspeicher m <logist> • carry-over storage

über Kabel adressierte Datenbereitstellung f <edv> • addressed cable delivery of data

überkalken vt <bau> • overlime vt

Überkavitation f <phys> • supercavitation

überkippen vi/vt <fz> • overturn vi/vt

überkippen vt <tech.allg> (z. B. Fahrzeug, Kran) • tip over vt

überkippen vt <fz> • nose over vt

überkippt <geo> • overcast

überkippte Falte f <geo> (Bodenfalte) • overturned fold

überkippte Falte f <geo> • overthrust; overthrust fault; overfault

Überkippung f <geo> • overthrust; overthrust fault; overfault

überklebter Nähverschluss m DIN EN 26590 <füg.pap> (Papiersack) • sewn and taped closure

überkochen vi <tech.allg> • boil over vi

überkochen vi <nahr> • overcook vi

Überkohlung f <metall> • overcarburization; supercarburization

Überkompensation f <opt.el> • excessive compensation

Überkompensation f <psych> • overcompensation

Überkompoundierung f <el> • overcompounding

überkomprimiert <tech.allg> (z. B. Luft im Reifen) • supercompressed

Überkonsolidierung f <mech> • overconsolidation

über Kopf <tech.allg> (z. B. Förderband, Wegweiser, Anzeige) • overhead

überkopfgeschweißt <füg> • overhead-welded

Überkopflader m <nfz> • shovel loader; overshot loader; overhead loader

Überkopflage f <füg> (Schweißen) • overhead position

Überkopfposition f <füg> (Schweißen) • overhead position

Überkopfprodukt n rar <chem.petr> • top product; overhead product

Überkopfschweißen n <füg> • overhead welding

überkoppeln vt <lwl> • transmit vt

Überkopplung f <el> • overcoupling

Überkorn n DIN ISO 2395 <mat> (z. B. Siebtechnik) • oversize material ISO 2395; oversize product

Überkorrektur f <msr> • overcorrection

Überkreuzlage f <tech.allg> • crossed position

Überkreuzung f <tech.allg> • cross-over; crossing

überkritisch <phys> (z. B. Drehzahl) • supercritical

überkritische Dämpfung f <phys> • overdamping

überkritische Drehzahl f <masch> • speed above the critical

überkritische Kopplung f <el> • overcritical coupling; overcoupling

überkritischer Reaktor m <nukl> • supercritical reactor

überkritische Turmauslegung f wiss <mech> • stiff tower

überlackieren vt <obfl> • over-coat vt; overpaint vt; paint over vt

Überlackierung f <obfl> (Vorgang) • over-coating; over-painting

überladen vt <el> (Batterie) • overcharge vt

überladen vt <fz> • overload vt; load excessively vt

Überladeschutz m <energ.sol> (Unterbrechung des Ladestroms bei vollgeladenen Batterien) • overcharge protection; input breaker; high battery disconnect; high voltage disconnect

Überladung f <el> (Batterie) • overcharge

Überladung f <kst> • overpacking

Überladung f <mot> • supercharging

Überladungsschutz m <qualit.mat> • overload protection

Überladungsschutz-IC für Lithium-Ionen-Akkus m <el> • Li+ protection IC; lithium-ion battery overcharge protection IC

Überlänge f <prod> • excess length

überlagern vi/vt <geo> • overlap vi/vt

überlagern vr <tech.allg> (z. B. Bewegungen, Flüssigkeiten) • superimpose vi

überlagern vr <masch> (Bleche etc. an Nähten) • overlap vi

überlagern vr <phys> (mechanisch, elektronisch, akustisch, optisch) • interfere vi

überlagern vt <tele.av> • blanket vi

überlagern vt • envelop vt

überlagern vt <tech.allg> (z. B. Bilder, Fenster, Signale) • superimpose vt

überlagern vt <geo> • overlie vt

überlagern vt <math.phys> (z. B. Bewegungen, Funktionen) • superpose vt

überlagern vt <obfl> • overlay vt

überlagern vt <tele> • heterodyne vt

überlagernde Schichten fpl <geo> • superimposed strata

überlagernde Schichten fpl <min> • overlying beds

Überlagern von Sensorfeldern n <msr> • overlapping sensor fields

überlagerter Schutz m <el> • back-up protection

überlagerter Strom m <el> • superposed current

überlagertes Fernsehbild n <av> • ghost image

Überlagerung f <tech.allg> (von Bildern, Signalen) • superimposition

Überlagerung f <tech.allg> • overlap; overlapping

Überlagerung f <akust> • beat vibration

Überlagerung f <el> (gegenseitige Signalbeeinflussung) • noise; interference; parasitic noise; interfering noise

Überlagerung f <el> (von schlecht geglättetem Gleichstrom; in %) • ripple; residual ripple

Überlagerung f <math.phys> (z. B. Funktionen, Schwingungen, Wellen) • superposition

Überlagerung f <msr> • mutual interference; interference; interaction rare

Überlagerung f <obfl> • overlay

Überlagerung f <tele> • heterodyning

Überlagerungsanalysator m <msr> • heterodyne analyser

Überlagerungsdruck m <bau> • roof pressure

Überlagerungsdruck m <geo> • normal rock pressure

Überlagerungsdruck m <min> (betont: übermäßig hoher Druck) • overpressure; overburden pressure

Überlagerungseffekt m <tech.allg> • beating effect; beat effect

Überlagerungsempfänger m <el> (allg.) • beat receiver

Überlagerungsempfänger m <el> • superheterodyne receiver; superhet receiver; superhet; heterodyne receiver

Überlagerungsempfang m <el> (allg.) • beat reception

Überlagerungsempfang m <el> • superheterodyne reception; heterodyne reception

Überlagerungsfrequenz f <akust> • superaudio frequency

Überlagerungsfrequenz f <el> (allg.) • beat frequency

Überlagerungsfrequenz f <el> • superheterodyne frequency; heterodyne frequency

Überlagerungsfrequenz f <tele> • supertelephone frequency

Überlagerungsfrequenzmesser m <msr> • heterodyne frequency meter

Überlagerungskode m <tele.edv> • superimposed code

Überlagerungskreis m <el> • superposed circuit

Überlagerungsmethode f <el> • heterodyne beat method

Überlagerungsoszillator m <el> • beat frequency oscillator

Überlagerungsoszillator m <el> • heterodyne oscillator

Überlagerungsoszillatorröhre f <phys> • local oscillator tube

Überlagerungspfeifen n <el> • heterodyne whistling; heterodyne whistle

Überlagerungsprinzip n <el> • heterodyne principle

Überlagerungsprinzip n <phys> • superposition principle

Überlagerungsprogramm n <edv> • overlay program

Überlagerungssatz m <phys> • superposition theorem

Überlagerungssteilheit f <el> • conversion transconductance

Überlagerungsstörung f <el> • heterodyne interference

Überlagerungsstrom m <el> • superposed current

Überlagerungssummer m <el> • multifrequency heterodyne generator

Überlagerungstelefonie f <tele> • superposing telephony

Überlagerungstelegrafie f <tele> • superaudio telegraphy

Überlagerungstelegrafie f <tele> • superposed telegraphy

Überlagerungstelegrafieempfang m <tele> • heterodyne code reception

Überlagerungston m <el> • beat note

Überlagerungstransformator m <el> • superimposing transformer

Überlagerungsverstärkung f <el> • conversion gain

Überlagerungsvorsatzgerät n <tele> • superheterodyne converter

Überlagerungswellenmesser m <el> • heterodyne frequency meter; heterodyne wavemeter

Überlagerungszündgerät n Osram <el> • series ignitor Philips; superimposing ignition device Osram

Überlandbus m <nfz> (für lange Strecken in den USA) • motorcoach US; highway bus US; over-the-road bus US; OTR bus US; intercity bus US

Überlandbus m <nfz> (allgemein für Überlandverkehr) • intercity bus; intercity coach; interurban coach stand; cross-country bus; coach GB

Überlandbus m <verk> (für kurze Strecken) • suburban bus; suburban coach

Überlandflug m <aerospace> • cross-country flight

Überlandfreileitung f <el> • overhead transmission line; cross-country power line

Überlandfreileitungsmast m <el> • transmission line pole; transmission-line tower

Überlandleitung f <el> • landline

Überlandleitung f ugs <el> (für Hochspannung; kein Kabel) • overhead power line; power transmission line; overhead line pract; power line pract

Überlandlinienbus m <nfz> (für lange Strecken in den USA) • motorcoach US; highway bus US; over-the-road bus US; OTR bus US; intercity bus US

Überlandlinienbus m norm <nfz> (allgemein für Überlandverkehr) • intercity bus; intercity coach; interurban coach stand; cross-country bus; coach GB

Überlandlinienbus m <verk> (für kurze Strecken) • suburban bus; suburban coach

Überlandomnibus m <nfz> (für lange Strecken in den USA) • motorcoach US; highway bus US; over-the-road bus US; OTR bus US; intercity bus US

Überlandomnibus m <nfz> (allgemein für Überlandverkehr) • intercity bus; intercity coach; interurban coach stand; cross-country bus; coach GB

Überlandomnibus m <verk> (für kurze Strecken) • suburban bus; suburban coach

Überlandverkehr m <kfz> (auf Autobahnen und Landstraßen) • highway driving; cruising; cruise; touring [conditions]; long-haul driving GB

Überlandverkehr m <verk> • long-distance road haulage

Überlandzentrale f <energ> • long-distance power station

überlanger Bus m <nfz> • stretch bus US

Überlappen n <tech.allg> • overlap; overlapping

Überlappen n <bau> • imbrication

überlappen vr <masch> (Bleche etc. an Nähten) • overlap vi

überlappende Bewegung f <kino> • follow through and overlapping action

überlappender Strichcode m <edv> • interleaved bar code

überlappgelötet <füg> • lap-soldered

überlappgenietet <füg> • lap-riveted

überlappgeschweißt <förd> • lap-welded

überlapphartgelötet <füg> • lap-brazed

Überlappnaht f <füg> • overlapping weld

Überlappnahtschweißen n <füg> • lap seam weld

Überlappnahtschweißen n <füg> • lap seam welding; lap seam weld

Überlappnietverbindung f <füg> • riveted lap joint

Überlappschweißen n <füg> • overlap welding; lap welding

Überlappstoß m DIN EN 12345 <füg> (z. B. geschweißt, geklebt) • lap joint

überlappter Stoß m <füg> (z. B. geschweißt, geklebt) • lap joint

überlappter Strichcode m <edv> • interleaved bar code

überlapptes Suchen n <edv> • seek overlap

überlappte Verarbeitung f <verf> • overlapped processing

überlappte Wicklung f <el> • lap winding

überlappt geschweißte Naht f <füg> • overlapping weld

überlappt nieten vt <prod> • lap-rivet vt

überlappt schweißen vt <füg> • lap-weld vt

Überlappung f <tech.allg> • overlap; lapping; lap

Überlappung f <bau> • gain

Überlappung f *prakt* <kfz.rep> *(Schweißen)* • lap joint
Überlappung f <qualit.mat> *(Gieß- oder Schmiedefehler)* • cold shut; cold lap
Überlappungsintegral n <mech> • overlap integral
Überlappungslänge f <füg> • overlapping length
Überlappungsnaht f <kfz.rep> *(Schweißen)* • lap joint
Überlappungsschalter m <el> • make-before-break switch
Überlappungswinkel m <masch> *(z. B. Ventilöffnung, -schließung)* • overlap angle
überlaschen vt <füg> • splice vt
Überlast f <tech.allg> *(mechanisch, elektrisch, thermisch)* • excess load
Überlast f <tech.allg> *(mechanisch, elektrisch, psychologisch)* • overload
Überlast f <tech.allg> • surcharge
Überlast f <verf> *(Ofen)* • overcharge
Überlastanzeige f <msr> *(Funktion)* • overload indication
Überlastanzeige f <msr> *(Bauteil)* • overload indicator; overload display
Überlastanzeiger m <el> • overload indicator
Überlastauslöser m <sich> • overload release
Überlastausschalter m <el> • overload circuit breaker
Überlastautomat m <förd> • safe load indicator
Überlastbarkeit f <tech.allg> • peak load allowance
Überlastbarkeit f <energ> *(Wärmekraftwerk)* • peak steam-generating capability
Überlastbarkeit f <msr> • overload capacity; overload capability
Überlastdisplay n <msr> *(Bauteil)* • overload indicator; overload display
überlastet <kfz.mot> • overloaded
Überlastfaktor m <el> • overload factor
Überlastfaktor m <nukl> • hot channel factor
überlastfest <el> • overload protected; protected against overload
überlastgeschützt <el> • overload protected; protected against overload
Überlastgrenzwert m <tech.allg> • overload limit
Überlastprüfung f <qualit> • overload test
Überlastrelais n <el> • overload relay
Überlastschalter m <el> • overload circuit breaker; circuit breaker
Überlastschutz m <el> • overload protection
Überlastschutz m <msr> *(Biegebalken)* • overload stop
Überlastschutz m <sich> • safeguard against overload
Überlastsicherheitsventil n <rls> • overload relief valve
Überlastsicherung f <masch> *(z. B. Aufzug, Motor)* • overload protection
Überlaststrom m <el> • overload current
Überlastung f <tech.allg> *(Zustand)* • overload
Überlastung f <tech.allg> *(Vorgang)* • overloading
Überlastung f <mech> *(Zustand; mech. Spannung, Last)* • overstress
Überlastung f <mech> *(Vorgang; mech. Spannung, Last)* • overstressing
Überlastungsanzeiger m <tech.allg> • overloading indicator
Überlastungsanzeiger m <msr> *(für Gravitationskraft)* • g-meter
Überlastungskupplung f <masch> • overload clutch; safety clutch
Überlastungsmelder m <alarm> • overload alarm
Überlastungsschutz m <qualit.mat> • overload protection
Überlastungsspielzahl f <qualit.mat> • overstress cycle number
Überlastungsspitze f <tech.allg> • peak overload
Überlastungszähler m <tele> • congestion meter

Überlastventil n <rls> • overload valve
Überlastverhalten n <el> • overload behavior *US*; overload characteristics; overload behaviour *GB*
Überlauf m <edv> *(Speicher, Stack, Zeit)* • overflow; overrun
Überlauf m <energ.hydr> • run-off
Überlauf m <energ.hydr> *(Stauwehr, Hochwasserentlastungsanlage)* • spillway; overflow; overfall
Überlauf m <ents> • tailings; residues
Überlauf m <logist> *(HRL)* • reject spur; reject line
Überlauf m <masch> *(über Endposition hinaus; z. B. eines Schlittens)* • overtravel; overshoot
Überlauf m <metall> • skimmings
Überlauf m <verf> *(z. B. Ablauf von Überschuss)* • flow-off
Überlauf m <verf> *(z. B. über ein Stauwehr; typ. in Kubikmeter pro Sekunde)* • overflow rate
Überlaufadresse f <edv> • non-home address
Überlaufalarm m <msr> *(von Behälter)* • spillage alarm
Überlaufanzeige f <msr> • overflow indication
Überlauf-Bauwerk n <ents> • overflow basin
Überlaufbereich m <tech.allg> • overflow area
Überlaufbit n <edv> • overflow bit
Überlaufbohrer m <wz> • tapper tap
Überlaufdamm m <bau.hydr> • overflow dam; spillway dam
Überlaufen n <tech.allg> *(von Flüssigkeit)* • overflow
überlaufen vi <tech.allg> • overflow vi; flow over vi; spill vi
überlaufen vi <tech.allg> *(schwallartig, schnell, in großen Mengen)* • overshoot vi
überlaufen vt <masch> *(eine Endstellung)* • overtravel vt; overrun vt; overshoot vt
überlaufendes Wasser n <energ.hydr> • spill; spillage; overflow; spillover
Überlaufgut n <ents> • overflow product; tailings
Überlaufkanal m <bau> *(allg.)* • overflow channel
Überlaufkanal m <bau> *(für Überlaufwasser, z. B. aus Staubecken)* • spillway channel; spillway canal; spillway
Überlaufkanal m <verf.hydr> *(betont: Umgehung)* • overflow bypass
Überlaufklasse f <chem.petr> • overflow fraction
Überlaufkontakt m <el> • overflow contact
Überlaufkonus m <bau.hydr> • overflow cone
Überlaufkrone f <bau.hydr> *(Damm)* • spillway crest
Überlaufmelder m <msr> • overflow indicator
Überlaufmenge f <verf> *(z. B. über ein Stauwehr; typ. in Kubikmeter pro Sekunde)* • overflow rate
Überlauföffnung f <bau> *(Badewanne, Waschbecken)* • overflow port
Überlaufrinne f <bau> • overflow gutter
Überlaufrinne f <bau> *(z. B. bei Schwimmbecken)* • overflow launder
Überlaufrohr n <kfz> *(z. B. Vergaser)* • overflow pipe
Überlaufrohr n <verf> • intake stem assembly
Überlaufschaft m <wz> *(Gewindebohrer od. -furcher)* • reduced-diameter shank; reduced shank
Überlaufschlauch m <mot.hlk> *(z. B. zwischen Kühler und Ausgleichsbehälter)* • overflow hose
Überlaufschwelle f <verf.hydr> • overflow edge
überlaufsicher <tech.allg> *(z. B. Waschbecken, Tank)* • spillproof
Überlaufsicherung f <tech.allg> • overflow protection
Überlaufspur f <tech.allg> • overflow track
Überlaufstoff m <pap.ents> • reject
Überlaufthermometer n <msr> • weight thermometer
Überlauftraps m <rls> • overflow trap
Überlaufwehr n <bau.hydr> • overflow weir
Überlaufwert m <edv> • overflow value
Überlaufzähler m <tele> • analysis meter
Überlebensausrüstung f <allg> • field survival kit; survival kit

Überlebenswahrscheinlichkeit f <allg> • survival probability

Überlebenswindgeschwindigkeit f <energ.wind> • survival wind speed; survival speed; design wind speed *rar*; design speed *rar*; extreme wind speed *IEV 415*

Überlebenszeiten-Analyse f <med> • survival analysis

Überleiteinrichtung f did <tele> • Mobile services Switching Centre (MSC)

überleiten vt <tech.allg> *(transferieren)* • pass over vt; transfer vt; carry over vt

Überleitrohr n <turb> • bypass pipe

Überleitungsamt n <tele> • transfer exchange

Überleitungseinrichtung f <tele> • transfer facility

Überlesen n <edv> • skipping

überlesen vt <edv> *(ignorieren)* • ignore vt

überlesen vt <edv> *(überspringen)* • skip vt

Überlichtgeschwindigkeit f <phys> *(Relativitätstheorie)* • supervelocity of light

übermäßige Nahtüberhöhung f DIN EN ISO 6520 <füg> *(Schweißfehler)* • excess weld metal *ISO 6520-1*

übermäßiger Einsatz von Antibiotika m <pharm> • overuse of antibiotics

übermäßige Wurzelüberhöhung f DIN EN ISO 6520 <füg.qualit> • excess penetration *ISO 6520-1*

übermahlen vt <verf> • overgrind vt

übermalen vt <kunst> • overcoat vt

übermalen vt <obfl.holz> • overpaint vt

Übermaß n <tech.allg> • oversize

Übermaß n <prod> • negative allowance

Übermaßkolben m <kfz.mot> • oversize piston; oversized piston

Übermaßventilführung f <kfz.mot> • oversize valve guide; oversized valve guide; oversize guide

übermastizieren vt <kst> • overmasticate,vt

übermitteln vt <tele> *(Nachricht, Signal etc.)* • transmit vt

Übermittlung f <tele> • transmission

Übermittlungsabschnitt mit gleichberechtigter Steuerung m DIN ISO 3309 <edv> • balanced data link *ISO 3309*

Übermittlungsabschnitt mit zentraler Steuerung m DIN ISO 8885 <edv> • unbalanced data link *ISO 8885*

Übermittlungsdienst m <tele> • bearer service

Übermittlungsgebühr f <tele.fin> • transmittal fee

Übermittlungsschlusszeichen n <tele> • end-of-message signal

Übermodulation f <el> • overmodulation

übermoduliert <el> • overmodulated

Übermöllerung f <metall> *(Hochofen)* • overburdening

übermolekulare Struktur f <mat> • supermolecular structure

Übernahme f <ökon> *(von Unternehmen)* • takeover; acquisition *US*; purchase

Übernahmeangebot n <ökon> • takeover bid; tender offer; corporate takeover proposal; offer to acquire; offer to purchase

Übernahmebedingung f <jur> • condition of acceptance

Übernahmefrequenz f <av> • crossover frequency

über Normalnull (üNN) <bau.geo> • above mean sea level (a.m.s.l.)

Übernutzung f <holz> *(von Nutzwald)* • overcutting

Über-pari-Beschwerung f <textil> *(Seide)* • weighting over par; loading over par

überpolen vt <metall> • overpole vt

Überpressung f <prod> *(Pressfehler)* • overpress

überprüfen vt <allg> *(eher kurzer Vorgang; z. B. Füllstand, Verriegelung, Reisegepäck)* • check vt

überprüfen vt <tech.allg> *(betont: gründlich, mit den Augen, ohne Werkzeuge)* • examine vt

überprüfen vt <doku> *(Texte; korrekturlesen, korrigieren)* • revise vt

überprüfen vt <qualit> *(betont: erneut beurteilen)* • re-assess vt

überprüfen vt <qualit> *(verifizieren, sicherstellen; z. B. dass etwas im gewünschten Zustand ist)* • verify vt; make sure vt

überprüfen vt <qualit> *(vor allem mit den Augen)* • inspect vt; check vt

Überprüfung f <allg> *(eher kurzer Vorgang; z. B. von Füllstand, Verriegelung, Reisegepäck)* • check; checking

Überprüfungstabelle f <edv> • validation table

Überprüfung vor Ort f <qualit> *(z. B. am Einbauort, auf der Baustelle)* • on-site inspection

Überputz m <bau> *(an Wänden oder Decken)* • setting coat; finishing coat

Überputzleitung f <el> • exposed wiring

Überputzsteckdose f <el.bau> • surface socket

überquadratisch <tech.allg> *(höher als breit; Geometrieverhältnis > 1)* • oversquare

überquadratischer Motor m <mot> *(z. B. Bohrung 90 mm, Hub 80 mm)* • short-stroke engine; oversquare engine

überqueren vt <allg> *(beim Gehen, Fahren, Verlegen; z. B. Straße, Leitungen)* • cross vt

Überrahmen m <tele> • superframe

überrecken vt <rls> • over-extend vt

Überreiber m <druck> *(betont: Form)* • pyramid roller

Überreiber m <druck> *(betont: Material)* • steel rider

Überreichweite f <tele> *(von Funkwellen)* • over-coverage; overshoot

Überreichweitenverbindung f <tele> • over-the-horizon link

Überrelaxation f <math> • overrelaxation

Überrest m <chem> • residue

Überrest m <ents> • remainder

Überriese m <astron> • supergiant star

Überrollbügel m (ÜB) <kfz> • roll bar *US*; safety bar *US.form*; roll-over bar *GB*

Überrollbügelschalter m <kfz.msr> • safety bar switch

Überrollbügel-Warnleuchte f <kfz.msr> • safety bar warning light

Überrollkäfig m <kfz> • roll cage

Überrollpflug m <agri> • roll-over plough

Überrollschutz m <bau.masch> *(von Kabinen)* • roll-over protection system (RPS)

Überrückkopplung f <tele> • superregeneration

übersättigen vt <chem> • supersaturate vt

übersättigte Lösung f <chem> • supersaturated solution

Übersättigungsgrad m <chem> • degree of supersaturation

Übersäuerung f <ökol> *(von Boden und Gewässern, z. B. durch sauren Niederschlag)* • acidification

Übersäuerung f <verf> • over acidification

Übersäure f <chem> • peracid

Überschallanströmung f <phys> • supersonic flow

Überschallbereich m <phys> • supersonic region

Überschalldüse f <aerospace> • supersonic nozzle

Überschalldüse f <phys> • convergent-divergent nozzle

Überschallflug m <aerospace> • supersonic flight

Überschallflugverkehr m <aerospace> • supersonic travel (SST)

Überschallflugzeug n <aerospace> • supersonic aircraft

Überschallgasstrahl m <phys> • ultrasonic gas jet

Überschallgeschwindigkeit f <aerospace> • supersonic speed

Überschallkanal m <aerospace> • supersonic wind tunnel; supersonic flow wind tunnel

Überschallknall m \<aerospace\> • sonic boom; sonic bang

Überschall-Ramjet-Triebwerk n \<aerospace\> • ramjet engine; supersonic combustion ramjet engine

Überschallstaustrahltriebwerk n historisch \<aerospace\> • supersonic combustion ram-jet

Überschallströmung f \<phys\> • supersonic flow

Überschaltdrossel f \<el\> • transition coil

überschalten vt \<el\> • override vt

Überschaltwiderstand m \<el\> • transition resistance

Überschichtung f AWR \<jur\> • superordination

Überschiebung f \<geo\> (betont: Verschiebung des Hangenden) • overthrust fault; overthrust; overlap fault rare

Überschiebung f \<geo\> (geologische Verwerfung) • thrust fault

Überschiebung f \<geo\> (Plattentektonik; Erhebung eines Teils der Erdkruste) • upthrust

Überschiebungsdecke f \<geo\> • flake; thrust fault

überschlächtig \<energ\> (Wasserrad) • overshot

Überschlag m \<el\> (betont: Durchbruch des Dielektrikums) • breakdown

Überschlag m \<el\> (Lichtbogenbildung) • arcing; flashover; spark-over; spark arc-over

Überschlag m \<fz\> (nach vorne; insbes. Fahrrad, Motorrad) • nose-over

Überschlag m \<kfz\> (eines Fahrzeugs; seitlich) • rollover

Überschlag m \<math\> (Kalkulation; z. B. Kostenvoranschlag) • rough estimate

Überschlagbügel m rar \<kfz\> • roll bar US; safety bar US.form; roll-over bar GB

Überschlagen n \<kfz\> (eines Fahrzeugs; seitlich) • rollover

überschlagen vi \<allg\> (grobes, vereinfachtes Berechnen) • estimate vi

überschlagen vi \<el\> (Lichtbogenbildung) • arc over vi; flash over vi; spark over vi

überschlagen vi \<kfz.el\> (Funken) • arc vi; jump vi

überschlagen vr \<kfz\> (Autounfall) • roll over vi; overturn vi

Überschlagneigung f \<kfz\> (von Fahrzeugen) • tendency to roll

Überschlagprüfung f \<el\> • flash-over test; spark-over test

Überschlagprüfung f \<el\> • gap test

Überschlagschutz m \<kfz\> • rollover protection

Überschlagspannung f \<el\> • needle-point voltage

Überschlagspannung f \<kfz\> • electric discharge voltage; electric discharge voltage across the plug electro

Überschlagsspannung f \<el\> (allg.) • flashover voltage; sparkover voltage; breakdown voltage; arcing voltage

Überschlagswert m \<allg\> • approximate value

Überschlagswert m \<qualit\> • rough estimate

Überschlagtest m \<kfz\> (Fahrzeug) • rollover test

überschlagverhindernd \<el\> • antiarcing

Überschlagversuch m \<kfz\> (Fahrzeug) • rollover test

Überschlagweite f \<el\> • flash-over distance

Überschmierung f \<tribo\> • overlubrication

Überschneefahrzeug n \<nfz\> (z. B. PistenBully, Sno-Cat) • oversnow vehicle

überschneiden vt \<allg\> (z. B. Einflüsse, Kompetenzen, Abläufe) • cut over vt

überschneiden vt \<tech.allg\> (z. B. Bereiche) • intersect vt

überschneiden vt \<phot\> • overlap vt

überschneidender Bewegungsübergang m \<edv\> • overlapping action

überschneidender Handlungsübergang m \<edv\> • overlapping action

Überschneidungsgebiet n \<tele\> • equiphase zone

Überschnitt m \<agri\> • overcutting

Überschönung f \<nahr\> (Wein) • overfining; over-fining

Überschreiben n \<edv\> • rewriting; overwriting

überschreiben vt \<edv\> (Daten) • overwrite vt; rewrite vt

überschreiten vt \<allg\> • exceed vt

überschreiten vt \<el\> (Grenzwert) • overshoot vt

überschreiten vt \<geo\> (z. B. Deich, Damm durch Hochwasser) • overflow vt

überschreiten vt \<jur\> (z. B. Befugnisse, Rechte) • transgress vt

überschreiten vt \<masch\> • overtravel vt

Überschreitungswahrscheinlichkeit f \<qualit\> • risk of passing off-standard production

Überschrift f \<doku\> (über einem Text, Teiltext; z. B. Kapitel) • caption

überschüssiger Aushub m \<bau\> • spoil

überschüssiger Kraftstoff m \<kfz\> (z. B. Autorennen) • surplus fuel

überschüssige Tinte f \<druck\> (in Strichcodes) • extraneous ink

Überschuss m \<kfz\> • excess

Überschuss m \<ökon\> • surplus

Überschussanzeiger m \<msr\> • overspill indicator

Überschusschlorung f \<chem\> • superchlorination; excess chlorination

Überschuss-Drei-Kode m \<edv\> • excess-three code

Überschusselektron n \<el\> • excess electron

Überschussgas n \<verbr\> • surplus gas

Überschusshalbleiter m \<el\> • n-type semiconductor; excess semiconductor

Überschussladungsträger m \<el\> • excess charge carrier; excess carrier

überschussleitend \<el\> • n-conducting; n-type conducting

Überschussleitung f \<el\> • excess conduction

Überschussleitung f rar \<el\> • electron conduction; n-type conduction

Überschussreaktivität f \<nukl\> • built-in reactivity

Überschussreaktivität f \<nukl\> • excess reactivity; extra reactivity

Überschussstrom m \<el\> • excess current

Überschusstoner m \<druck\> • residual toner

Überschusswärme f \<energ.sol\> • excess heat

Überschweißblech n \<kfz.rep\> • cover panel

überschwemmen vt \<allg\> (großflächig) • flood vt

Überschwemmungsgebiet n \<bau\> • flood district

Überschwemmungsgebiet n \<geo\> • flood plain

Überschwemmungswelle f \<geo\> • high-flood wave

überschwer \<phys.chem\> (z. B. Wasser) • superheavy

überschwerer Wasserstoff m \<chem\> • tritium

überschweres Bohrgestänge n (HWDP) \<petr\> • heavy weight drill pipe (HWDP)

Überschwingen n \<av.el\> • overshoot; ringing

überschwingen vi \<cl\> • overshoot vi

überschwingen vt \<el\> • overswing vt

überschwingen vt \<fz\> (z. B. Federung) • overtravel vt

überschwingen vt \<msr\> • hunt vt

Überschwinger m \<av\> (positiver ~) • overshoot

Überschwinger m \<av\> (negativer ~) • undershoot

Überschwingspitze f \<el\> • spike

Überschwingung f \<phys\> • ballistic factor

Überschwingung f \<phys\> • damping factor

Überschwingweite f \<phys\> • maximum deviation; maximum overshoot

Überseekabel n \<tele.el\> • transoceanic cable

Überseekoffer m \<pack.tour\> (betont: für Schiffsreise) • steamer trunk

Überseekoffer m \<pack.tour\> (großer Reisekoffer od. Transportcontainer) • trunk

Überseeverbindung f <tele> • transoceanic communication

übersehnte Wicklung f <el> • long-chord winding

übersensibilisieren vt <phot> • hypersensitize vt; supersensitize vt

übersetzen vt <edv> *(Programme; Quellcode)* • compile vt

übersetzen vt <masch> *(Drehzahl)* • transmit vt

übersetzen vt rar <msr> *(Messgröße, Signal)* • convert vt

übersetzen vt <nav> *(ans andere Ufer, mit Fähre)* • ferry vt

übersetzen vt <transl> *(Ausgangstext in einen Zieltext)* • translate vt

Übersetzer m rar <edv> *(übersetzt Programmiersprache in Maschinensprache)* • compiler; compiling program; compiling routine

Übersetzer m <edv> *(für Quellcode)* • compiler; translator; translating routine

Übersetzer m <tele> • transcriber; coder; decoder

Übersetzer m <transl> • translator

Übersetzerin f <transl> • translator

Übersetzfähre f <nav> • transfer ferry

Übersetzfenster n <bahn> • sliding window

Übersetzung f <antr> *(Zahnradtrieb ins Langsame)* • gear ratio reduction

Übersetzung f <antr> *(Zahnradtrieb ins Schnelle)* • gear ratio step up

Übersetzung f <edv> • compilation

Übersetzung f DIN 3998 <kfz.antr> *(Zahnradtriebe)* • gear ratio

Übersetzung f <masch> *(betont: Drehzahländerung)* • speed change

Übersetzung f <masch> *(der Drehzahl)* • transmission

Übersetzung f <masch> *(Riementriebe)* • pulley ratio; transmission ratio

Übersetzung f <transl> *(in andere Sprachen; z. B. von Handbüchern)* • translation

Übersetzung ins Langsame f DIN 3998 <antr> • speed reduction; step-down

Übersetzung ins Schnelle f DIN 3998 <antr> • speed increase; step-up

Übersetzungsgetriebe n <antr> • transmission

Übersetzungsgetriebe ins Langsame n <antr> • speed reducer; reduction gear; reduction set; speed-reduction mechanism; step-down gear

Übersetzungsgetriebe ins Schnelle n <antr> • speed increaser; step-up gear

Übersetzungsprogramm n <edv> *(für Quellcode)* • compiler; translator; translating routine

Übersetzungsprogramm n <edv.transl> *(zum automatischen Übersetzen)* • translation software; translator

Übersetzungsrechner m <edv> • source computer

Übersetzungsreihe f <kfz.antr> • series of ratios

Übersetzungsstufe f <kfz.antr> *(betont: andere Übersetzung)* • gear ratio

Übersetzungsstufe f <masch> • speed step

Übersetzungssystem mit Translation-Memory n <transl> *(Textverarbeitung, Terminologiedatenbank und Übersetzungsspeicher)* • translation-memory system; TM system *pract*

Übersetzungsverhältnis n <antr> *(jede Art von Getriebe)* • speed ratio

Übersetzungsverhältnis n <el> • transformation ratio

Übersetzungsverhältnis n <kfz.antr> *(Getriebe gesamt)* • transmission ratio

Übersetzungsverhältnis n DIN 3998 <masch> • gear ratio

Übersetzungswerkzeug n <transl> • translation tool

Übersetzungswippe f <mus> *(Orgel; mechanische Traktur)* • backfall; rocking-lever; rocker; back-fall

Übersetzungszeit f <edv> • compile time

Übersicht f <allg> • chart; overview; guide

Übersicht behalten vi <allg> • keep track of vi

übersichtlich angeordnet <allg> • clearly arranged; neatly grouped

Übersichtsaufnahme f <med> • overall radiogram

Übersichtsaufnahme f <phot> • low-power photograph

Übersichtsplan m <bau.doku> • location drawing ISO 10209-4

Übersichtsschaltplan m <el> • functional circuit diagram

überspannen vt <allg> *(Bereich (zeitlich, räumlich, thematisch))* • cover vt

überspannen vt <tech.allg> *(z. B. eine Fläche mit e. Leitung)* • span vt; overspan vt

überspannen vt <tech.allg> *(stark od. zusätzlich belasten)* • surcharge vt

überspannen vt <tech.allg> *(z. B. Riemen, Kette, Seil, Stoff)* • overtension vt

Überspannung f <el> *(meist in Bezug auf Netzspannung)* • overvoltage; power surge; surge *pract*; overpotential *rare*

Überspannungsableiter m <el> *(betont: gegen Blitzschlag)* • lightning arrester

Überspannungsableiter m <el> *(z. B. in Steckdose integriert)* • surge arrester; overvoltage arrester; surge diverter; arrester *pract*; overvoltage protective device *form.rare*

Überspannungsableiter mit Wasserwiderstand m <el> • water column arrester

Überspannungsauslöser m <el> • overvoltage release

Überspannungsausschalter m <el> • overvoltage circuit breaker; maximum-voltage circuit breaker

Überspannungsfaktor m <el> • magnification factor

überspannungsgeschützt <el> • overvoltage-protected; overvoltage-proof

Überspannungsrelais n <el> • overvoltage relay; maximum-voltage relay

Überspannungsschalter m <el> • overvoltage circuit breaker; maximum-voltage circuit breaker

Überspannungsschutz m <el> *(Sicherheitsfunktion; z. B. bei Blitzschlag)* • overvoltage protection (OVP); surge protection *pract*; power transient protection *thsc*; transient protection *thsc*

Überspannungsschutz m prakt <el> *(z. B. in Steckdose integriert)* • surge arrester; overvoltage arrester; surge diverter; arrester *pract*; overvoltage protective device *form.rare*

Überspannungsschutzgerät n form.rar <el> *(z. B. in Steckdose integriert)* • surge arrester; overvoltage arrester; surge diverter; arrester *pract*; overvoltage protective device *form.rare*

Überspannungsschutzrohr n <el> • surge protector tube

Überspannungssicherung f <el> • excess voltage cut-out

Überspannungsstoß m <el> • surge; voltage impulse

Überspannungswächter m <el> • excess voltage preventer

Überspezifikation f <prod> *(eher unerwünscht; z. B. bessere Qualität als nötig)* • overspecification

Überspielen n <av> • closed-circuit transmission

überspielen vt <av> *(Nachvertonen oder Neubespielen eines Bandes)* • dub vt; rerecord vt rare

überspielen vt <av> *(Kopieren eines Magnetbandes, einer Aufnahme)* • copy vt; dub vt; duplicate vt

überspielen vt <av> *(über eine Leitung übertragen; Daten, Bilder)* • transmit vt; transfer vt

Übersprechdämpfung f <av> • crosstalk attenuation

Übersprecheinfluss m Tandberg <edv> • interference

Übersprechen n <av> *(von Stereo-Lautsprechern)* • speaker crosstalk; stereo crosstalk; crosstalk

Übersprechen des Nachbarkanals *n* <av> • adjacent-channel splatter

Übersprechkompensation *f* <av> • crosstalk compensation; crosstalk elimination; crosstalk cancel

Übersprechkopplung *f* <av.tele> • transverse cross-talk coupling

Übersprechunterdrückung *f* <av> • crosstalk compensation; crosstalk elimination; crosstalk cancel

überspreizen *vi* <bau> • straddle *vi*

Überspringbefehl *m* <edv> • skip instruction

Überspringen *n* <tech.allg> *(Funke, Flamme)* • flash-over

Überspringen *n* <edv> • skipping

Überspringen *n* <el> • spark-over

überspringen *vi* <kfz.el> *(Funken)* • arc *vi*; jump *vi*

überspringen *vt* <edv> *(Arbeitsschritt, Menüoption)* • skip *vt*

Überspringen der Perforation *n* <druck> • skip over perforation; perforation skip-over

Überspringen von Sätzen *n* <edv> • record skipping

Überspringfunktion *f* <av> • skip search; scene search; scene finder *JVC*

Überspritzen *n* <kst> • packing

überspritzen *vt* <kst> • pack *vt*; overpack *vt*

Überspritznebel *m* <obfl> • overspray

Übersprühverlust *m* <verf> • overspray loss

Übersprung *m* <geo> • overfault

Überstabilität *f* <phys> • overstability

Überstand *m* <logist> *(Regal)* • overhang

Überstand *m* <med> • supernatant

Überstau *m* <ents.hydr> • surcharge

Überstauung *f* <allg> *(von Wasser)* • flooding

Überstauungen *fpl* <allg> *(von Wasser)* • flooding

überstehend <tech.allg> • projecting

überstehend <tech.allg> • salient

überstehend <bau> • overhung

überstehend <med> • supernatant

überstehende Bildteile *npl* <büro> *(Kopie)* • trailing edge artifacts *pl*

überstehende Noppen *fpl* DIN ISO 2424 <textil> *(Teppich)* • sprouting *ISO 2424*

überstehendes Geschoss *n* <bau> • jetty

übersteigen *vt* <allg> • exceed *vt*

Übersteuern *n* <kfz> *(Fahrverhalten)* • oversteer

übersteuern *vi* <kfz> *(Fahrverhalten)* • oversteer *vi*

Übersteuerneigung beim Gaswegnehmen *f* <kfz> • lift-throttle oversteer

übersteuertes Bild *n* <av> • hard image

Übersteuerung *f* <tech.allg> *(der Maschine durch den Menschen)* • override

Übersteuerung *f* <av> • overload

Übersteuerung *f* <av> • blasting

Übersteuerung *f* <edv.av> • overamplification; overloading; overmodulation

Übersteuerung *f* <cl> • overdriving

Übersteuerung *f* <kfz> *(Fahrverhalten)* • oversteer

Übersteuerungsanzeige *f* <av> • overload annunciation; overload warning system

Übersteuerungsanzeiger *m* <av> • overload indicator

Übersteuerungsbereich *m* <el> • saturation region

Übersteuerungsfaktor *m* <av> • overdrive factor

Übersteuerungsfestigkeit *f* <edv.av> • resistance to overmodulation

Übersteuerungsschalter *m* <el> • override switch

Übersteuerungsschutz *m* <tech.allg> • overrange protection

überstöchiometrisch <verbr> • fuel-lean; fuel-weak; lean of stoichiometry; leaner than stoichiometric; more than stoichiometric

Überstrahlen *n* <av> • blooming

überstrahlen *vt* <tech.allg> • flare *vt*

überstrahlen *vt* <av> • bloom *vt*

überstrahlen *vt* <opt> • glare *vt*

überstreckt <nahr> *(z. B. Sauce, Suppe, Wein)* • watered

überstreichen *vt* <edv> *(Symbol)* • scan *vt*; pass *vt*; sweep *vt*; sweep out *vt*

überstreichen *vt* <el> *(z. B. Gebiet, Raum, Winkel mit Abtaststrahl)* • sweep over *vt*

überstreichen *vt* <meteo> *(z. B. Wind)* • sweep *vt*

überstreichen *vt* <navig> *(Radar)* • scan *vt*

überstreichen *vt* <obfl> • overpaint by brushing *vt*

überstreichen *vt* <obfl> • rebrush *vt*

überstreichen *vt* <tele> *(räumliches Gebiet (mit Rundfunk, Fernsehen, Radar))* • cover *vt*

überstreichende Bewegung *f* <tech.allg> • sweeping motion; sweep

Überstreichung *f* <math> *(als Klammerzeichen)* • vinculum

Überstreifring *m* <mot> • snap piston ring

überstrichene Fläche *f* IEV 415 <energ.wind> *(Rotorfläche bezogen auf den Windstrom)* • swept area *IEV 415*; capture area *rare*; area of swept circle *rare*; intercept area *rare*; reference area *rare*

überstrichene Kreisfläche *f* rar <energ.wind> *(Rotorfläche bezogen auf den Windstrom)* • swept area *IEV 415*; capture area *rare*; area of swept circle *rare*; intercept area *rare*; reference area *rare*

überströmbares Kraftwerk *n* <energ.hydr> • flooded water power plant; submersible power plant

Überströmdrossel *f* <kfz.mot> • overflow restriction

überströmen *vt* <allg> • spill *vt*

überströmen *vt* <tech.allg> *(z. B. Damm, Rinne)* • overflow *vt*

Überströmkanal *m* <mot> *(Zweitakter)* • transfer passage

Überströmkanaldeckel *m* <mot> *(Zweitakter)* • transfer port cover

Überströmphase *f* <mot> *(Zweitakter)* • transfer phase

Überströmrohr *n* <masch> • overflow pipe

Überströmrohr *n* <turb> • bypass pipe

Überströmschlitz *m* <mot> *(Zweitaktmotor)* • transfer port

überströmt <energ.hydr> • flooded

überströmtes Kraftwerk *n* <energ.hydr> • flooded water power plant; submersible power plant

Überströmventil *n* <tech.allg> *(z. B. Pumpe)* • overflow valve

Überströmventil *n* <hydr> • relay valve

Überstrom *m* DIN VDE 0660 <el> • overcurrent; overload current; excess current

Überstromauslöser *m* <el> • overcurrent trip

Überstromauslöser *m* <el> • short-circuit release; overcurrent release

Überstromauslösung *f* <el> • overcurrent tripping; overcurrent circuit breaking; overcurrent release

Überstromauslösung *f* <el> • overload trip point; overload protection

Überstromautomat *m* <el> • overload trip

Überstrom in Durchlassrichtung *m* <el> • overload forward current; excess forward current

Überstrom in Sperrrichtung *m* <el> • overload reverse current; excess reverse current

Überstromrelais *n* <el> • overcurrent relay; overload relay

Überstromschalter *m* <el> • overcurrent switch; overload switch

Überstromschalter *m* <el> • overcurrent circuit breaker

Überstromschnellauslöser *m* <allg> • magnetic trip

Überstromschutz *m* <el> • overcurrent protection; overload protection; excess-current protection

Überstromschutzgerät *n* <el> • overcurrent protector
Überstromschutzschalter *m* <el> • overcurrent circuit breaker
Überstromsensor *m* <msr> • overcurrent sensor
Überstromspule *f* <el> • overcurrent coil; overload coil
Überstromzeitschutz *m* <el> • time-lag overcurrent release
Überstruktur *f* <mat> • superstructure
Überstrukturgitter *n* <mat> • superlattice
Überstrukturlinie *f* <mat> • superlattice line
überstumpfer Winkel *m* <math> • reflex angle
Übersüße *f DLG* <nahr> *(Speiseeisfehler)* • too sweet
übersynchron <phys> *(z. B. Signal)* • supersynchronous
übertägig <min> • opencast; overground; topside
Übertakter *m* <edv> *(Person, die CPUs übertaktet)* • overclocker
Übertemperatur *f* <tech.allg> *(z. B. Heizung, Motor, Schmieröl, Werkzeug)* • overtemperature; excess temperature
Übertemperatur *f* <tech.allg> • temperature excursion
Übertemperatur *f* <energ.sol> • temperature rise; difference in temperatures; rise in temperature; temperature difference
Übertemperatur *f* <med> • overtemperature
Übertemperatursicherung *f* <el> • thermal fuse
Übertötungsfähigkeit *f* <mil> • overkill capacity
Übertonfrequenz *f* <tele.akust> • superaudible frequency
Übertotpunktfeder *f* <kfz> • over-center spring
Überträger *m* <chem> • carrier
Überträgerzunge *f* <mil> *(Revolver)* • transfer bar
Übertrag *m* <doku> *(z. B. einer Zwischensumme auf die nächste Seite)* • carry
übertragbar <allg> *(z. B. Daten, Kraft, Leistung, Rechte)* • transferable
übertragbar <med.phys> *(z. B. Bazillus, Krankheit; Leistung, Wärme)* • transmissible
übertragbare Leistung *f* <el> • power capable of being transmitted
Übertragbarkeit *f* <jur> • assignability
übertragen *vt* <allg> *(z. B. Daten, Messwerte, Rechte)* • transfer *vt*
übertragen *vt* <tech.allg> *(Daten)* • communicate *vt*
übertragen *vt* <edv> • carry over *vt*
übertragen *vt* <petr> *(Daten mit MWD-System)* • telemeter *vt*
übertragen *vt* <phys> *(Kraft; Wärme)* • transfer *vt*
übertragen *vt* <tele> • broadcast *vt*
übertragen *vt* <tele> • televise *vt*
übertragen *vt* <tele.edv.av> *(über Kabel oder Funk; Daten, Signale)* • transmit *vt*; transfer *vt*
übertragener Lichtbogen *m* <el> • transferred arc
übertragener Widerstand *m* <el> • reflected resistance
Übertrager *m prakt* <el> • matching transformer; impedance matching transformer
Übertrager *m* <msr> *(analog/adaptiert analog; z. B. Druckanstieg in Spannungsanstieg)* • transducer; measuring transducer *rare*
Übertrageramt *n* <tele> • repeating station
Übertragerbrücke *f* <el> • transformer bridge
Übertragerröhre *f* <tele> • transformer tube
Übertragerspule *f* <tele> • repeating coil
Übertragsfortpflanzung *f* <edv> • carry propagation
Übertragsschaltung *f* <edv> • carry circuit; carry gate
Übertragssignal *n* <edv> • carry-over signal
Übertragsspeicherung *f* <edv> • carry-over storage
Übertragung *f* <tech.allg> • conveyance; assignment; transfer; assignation
Übertragung *f* <chem> • transference
Übertragung *f* <edv> • remote

Übertragung *f* <jur> *(von Rechten, Pflichten)* • transfer
Übertragung *f* <phys> *(z. B. von Wärme)* • transfer
Übertragung *f* <tele> *(z. B. Fernsehsendung)* • broadcasting
Übertragung *f* <tele> *(von Daten, Signalen)* • communication
Übertragung *f* <tele.av> • transmission
Übertragung per Satellit *f* <tele> • satellite transmission; transmission via satellite
Übertragungsabschnitt *m* <tele> • transmission link
Übertragungsanweisung *f* <edv> • transfer statement; move statement
Übertragungsband *n* <av.tele> • transmission band
Übertragungsband *n* <tele> • communication band
Übertragungsbandbreite *f* <lwl.av.tele> • transmission band width
Übertragungsbefehl *m* <edv> • transfer instruction
Übertragungsbereich *m* <av> *(Frequenzbereich)* • frequency range; waveband
Übertragungsbereich *m Blaupkt* <kfz.av> • bandwidth; frequency range
Übertragungsbereich *m* <tele> • transmission range
Übertragungscharakteristik *f* <el> • transfer characteristic
Übertragungscode *m* <edv> • channel code; modulation code
Übertragungsdämpfung *f* <edv.tele> • transmission loss
Übertragungseigenschaft *f* <phys> • transmission property
Übertragungsende *n* <tele> *(z. B. Daten, Fernsehsendung, Telefax)* • end of transmission
Übertragungsfähigkeit *f* <edv> • transmitting capacity
Übertragungsfähigkeit *f* <phys> • propagation sensitivity
Übertragungsfähigkeit *f* <phys> *(z. B. von Kraft, Licht, Wärme)* • transmissibility
Übertragungsfaktor *m* <el> • transmission factor; transmission coefficient
Übertragungsfaktor *m* <msr> • transfer factor; transfer coefficient
Übertragungsfaktor *m* <phys> • propagation factor
Übertragungsfaktor bei naher Besprechung *m* <av> • close-talking sensitivity; close-talking response
Übertragungsfehler *m* <edv.tele> • transmission error
Übertragungsfrequenz *f* <tele> • transmission frequency
Übertragungsfrequenzband *n* <av.tele> • transmission band
Übertragungsfrequenzgang *m* <av> *(z. B. von Lautsprechern, z. B. 22…20.000 Hz)* • frequency response; frequency response curve; amplitude characteristic; harmonic response
Übertragungsfunktion *f* <tech.allg> • transfer function
Übertragungsfunktionsanalysator *m* <tele> • transfer function analyzer
Übertragungsgatter *n* <el> • transmission gate
Übertragungsgeschwindigkeit *f* <tech.allg> *(z. B. für Wärme, Signale, Daten)* • transfer rate
Übertragungsgeschwindigkeit *f* <edv> *(DFÜ; meist in bps; z. B. 115200 bps)* • transfer rate; data transfer rate; transfer speed; bit rate; bit rate *pract*
Übertragungsgewinn *m* <el> • transducer gain
Übertragungsgewinn *m* <phys> • transmission gain
Übertragungsgleichung *f* <phys.math> • transfer equation
Übertragungsglied *n* <msr> • transfer element; transmission element
Übertragungsgüte *f* <phys.qualit> • transfer quality
Übertragungsgüte *f* <tele> • merit
Übertragungsgüte *f* <tele> • transmission quality
Übertragungskanal *m* <edv> • communication channel

Übertragungskanal *m* <edv.tele.av> • transmission channel; transmitting channel; channel

Übertragungskapazität *f* <lwl> • transmission capacity

Übertragungskennlinie *f* <el> • transfer characteristic; transfer ratio

Übertragungskonstante *f* <el> • transfer constant; transmission constant

Übertragungskontrolle *f* <edv> • transfer check

Übertragungskorona *f* <büro> *(Kopierer)* • transfer corona

Übertragungskreis *m* <msr> • transfer circuit; transmission circuit

Übertragungsleistung *f* <tech.allg> • transfer efficiency; transmission efficiency

Übertragungsleistung *f* <el> • power-handling capacity

Übertragungsleitung *f* <el> • transmission line

Übertragungsleitwert *m* <el> • transfer admittance

Übertragungsleitwert *m* <el> • transfer conductance

Übertragungslinie *f* <doku> *(schmale Strichpunktlinie)* • trajectory

Übertragungsmaß *n* <el> • transfer constant

Übertragungsmatrix *f* <msr> • transfer matrix

Übertragungsmedium *n* <phys.mat> • transmitting medium; transmission medium

Übertragungsmessgerät *n* <tele.msr> • transmission measuring set

Übertragungsnetz *n* <tele> • transmission network

Übertragungspegel *m* <tele> • transmission level

Übertragungsqualität *f* <edv> • broadcast quality

Übertragungsrate *f* <tech.allg> *(Daten, Energie; z. B. Wärme)* • transfer rate

Übertragungsrate *f* <edv> *(einer Verbindung; Signale pro Zeiteinheit)* • data transfer rate; transfer rate; throughput rate; data rate *ugs*; data throughput

Übertragungsrate *f* <tele> *(Daten, Signale)* • transmission rate

Übertragungsreaktion *f* <kst.prod> • transfer reaction

Übertragungsrelais *n* <tele> • repeating relay

Übertragungsscheinwiderstand *m* <el> • transfer impedance

Übertragungsschlüssel *m* <tele> • connection key

Übertragungsstelle *f* <tele> • outside source

Übertragungssteuerung *f* <edv> • transmission control

Übertragungsstrecke *f* <lwl> • transmission link

Übertragungssystem *n* <tele> • transmission system

Übertragungstaste *f* <av> *(an VCR-Fernbedienung)* • transmit button

Übertragungsverhalten *n* <msr> • transfer characteristics *pl*

Übertragungsverlust *m* <tele> • transmission loss

Übertragungsverzögerung *f* <el> • transmission lag

Übertragungswagen *m* <av> *(für Radio und TV)* • broadcasting vehicle

Übertragungswagen vor dem Gebäude *m* <av> *(für Radio und TV)* • outside broadcasting vehicle

Übertragungswalze *f* <druck> *(Farb- und Feuchtwerk)* • transfer roller; transfer roll

Übertragungsweg *m* <tech.allg> *(konkret, mechanisch, elektrisch, metaphorisch)* • transmission path; transmission route

Übertragungsweg *m* <alarm> *(betont: Verbindungsleitungen)* • interconnecting wiring

Übertragungswippe *f* <mus> *(Orgel; mechanische Traktur)* • backfall; rocking-lever; rocker; back-fall

Übertragungswirkungsgrad *m* <tele> • transmission efficiency

Übertragungszeit *f* <tech.allg> • transmission time; transfer time

Übertragungszeit *f* <edv> • carry time

Übertragungszeit *f* <edv> • transfer time

Übertragungszylinder *m* <büro> *(Farbkopierer)* • transfer cylinder

Übertragung über Satellit *f* <tele> • satellite transmission; transmission via satellite

Übertragwalze *f* <druck> *(Farb- und Feuchtwerk)* • transfer roller; transfer roll

übertreffen *vi* <tech.allg> *(in Gewicht, Wucht, Masse, Einfluss)* • preponderate *vi*

übertreffen *vt* <allg> *(z. B. Wert, Messung)* • exceed *vt*

übertreffen *vt* <tech.allg> *(Leistung allg.; z. B. im Test)* • outperform *vt*

übertreffen *vt* <kfz> *(in bezug auf Geschwindigkeit)* • outspeed *vt*

Übertriebgas *n* <pap> • digester relief gas; relief gas *pract*

Übertriebsäure *f* <pap> • relief liquor

Über-/Unterfüllen *n* <druck> *(Farbmanagement)* • trapping

Überverbrauchszähler *m* <hlk> • excess meter

Überverbunderregung *f* <el> • overcompound excitation; overcompounding

Überverdichtung *f* <tech.allg> • supercompression

übervernetzen *vt* <kst> • overcure *vt*; overvulcanize *vt*

übervulkanisieren *vt* <kst> • overcure *vt*; overvulcanize *vt*

überwachen *vt* <allg> *(betont: beobachten)* • observe *vt*

überwachen *vt* <tech.allg> *(betont: durch Anwesenheit; z. B. Maschine, automatischer Prozess)* • attend (to/upon sth.) *vi*

überwachen *vt* <prod> *(z. B. Maschine, Prozess, Arbeit, Arbeiter)* • supervise *vt*; oversee *vt*; superintend *vt form*; watch over *vt coll*; monitor *vt rare*

überwachen *vt* <tele> *(Gespräch; beobachtend, z. B. durch MAD)* • monitor *vt*

überwachter Kanal *m* <el> • channel being monitored

überwachter Kreisel *m* <navig> • controlled gyro

überwachtes Signal *n* <edv> • monitored signal

überwachte Verbindung *f* <alarm> • supervised line; monitored line

Überwachung *f* <tech.allg> *(eher langfristig; z. B. von Prozessen, Messwerteinhaltung)* • monitoring; supervision

Überwachung *f* <aerospace> • tracking service

Überwachung *f* <alarm.sich> • surveillance; supervision

Überwachung *f* <nukl> • control; monitoring; surveillance; survey

Überwachung *f* <sich> • observation

Überwachung auf geschlossenen Zustand *f* <alarm> • operable opening protection

Überwachung auf verschlossenen Zustand *f* <alarm> • surveillance of locked state

Überwachung der Prozesse *f* <msr> • process monitoring; process control

Überwachung des Sicherheitsalarms *f* <edv> • security-alarm monitoring

Überwachungsanlage *f* <nukl> • monitoring system

Überwachungsbereich *m* <alarm> *(Bereich, den die gesamte Anlage überwacht)* • protected premises

Überwachungsbereich *m* <alarm> *(eines Alarmsensors; z. B. IR-Bewegungsmelder)* • detection zone; detection pattern; detection field; coverage

Überwachungsbereich *m* <nukl> • controlled area; surveyed area

Überwachungsbereich *m* <sich> • monitoring area

Überwachungseinheit *f* <msr> • monitoring element

Überwachungseinrichtung *f* <tech.allg> • monitor system; monitoring system

Überwachungseinrichtung *f* <edv> • verifying attachment

Überwachungselektronik f <tech.allg> • electronic control

Überwachungsfolie f <alarm> (Kunststofffolie mit Alarmdrahteinlage; typ. für Fensterglas) • wired polyethylene sheeting :V; alarm polythene sheeting :V

Überwachungsfolie f <alarm> (dünne Metallstreifen) • foil tape; window foil; window tape; window strip

Überwachungsgerät n <msr> (z. Überwachung von Messwerten etc.) • monitor

Überwachungsgestell n <tele> • supervisory rack

Überwachungskontakt m <alarm> (zur Überwachung von beweglichen Teilen; z. B. an Türen, Fenstern) • contact switch; door contact/switch; protective switch; contact

Überwachungskreis m <el> • guard circuit

Überwachungskreis m <tele> • supervising circuit

Überwachungsmodul m <msr> • monitoring module

Überwachungsplatz m <tele.sich> • supervisor position

Überwachungsprogramm n <qualit> (über längere Zeit) • monitor program

Überwachungspult n <tech.allg> • monitor desk

Überwachungspunkt m <msr> (ständige Kontrolle) • monitoring point

Überwachungsradar n <navig> • surveillance radar

Überwachungsrelais n <tele> • clearing relay

Überwachungsrelais n <tele> • supervisory relay

Überwachungsschalter m <el> • monitoring switch

Überwachungsschaltung f <el> • monitoring circuit

Überwachungsstation f <edv> • monitoring station

Überwachungszählrohr n <nukl> • monitor counter

Überwachungszeichen n <tele> • clearing pulse

Überwachungszeichen n <tele> • supervisory signal

Überwachungszyklus m <rep> • repair cycle

Überwachung von Förderbändern f <förd> • product detection on conveyor belts

überwalzen vt <prod> • lap vt

Überwalzung f <prod> • lap seam; seam

Überwaschkrone f <petr> • washover shoe

Überwaschrohr n <petr> • washover pipe

Überwasserfahrzeug n <nav> • surface craft; surface ship; surface vessel

Überwasserschiff n <nav> • top sides pl

Überweg m <allg> • crossing

Überweg m <verk> • overpath

Überweibchen n <bio> • meta female

Überweiche f <nahr> (Malz) • oversteeping

Überweisung f <jur> • remittance; transfer

Überweisungsfernamt n <tele> • transfer trunk exchange

Überweisungsgebühr f <jur> • remittance tax; remittance fee

Überweisungsleitung f <tele> • toll switching trunk

Überweisungsmeldeleitung f <tele> • recording trunk

Überweisungstaste f <tele> • assignment key

Überweitwinkelfotografie f <phot> • superwide angle photography; ultrawide angle photography

Überweitwinkelobjektiv n <phot> • superwide angle lens; ultrawide angle lens

überwendlich nähen vt <textil> • overedge vt

Überwendlichnähmaschine f <textil> • overlock machine; whipping machine

Überwendlichstich m <textil> (Konfektion) • overedge stitch

Überwendlingstich m <textil> (Konfektion) • overedge stitch

überwinden vt <allg> (Schwierigkeiten, Probleme) • overcome vt

überwinden vt <prod> • override vt

überwinden vt <verk> (z. B. Kehren einer Bergstraße) • negotiate vt

überwölbt <tech.allg> (nach außen gewölbt) • convex

überwölbt <bau> (z. B. Kanal, Passage) • arched

überwölbt <bau> • vaulted

Überwuchtmasse f <masch> • amount of overbalance

Überwurfdeckel m <kfz.el> (an Scheinwerferrückseite; Metall, mit Stecker) • headlamp bulb cover

Überwurfmuffe f <füg> (für Wellen, Rohre) • jointing tube

Überwurfmutter f <füg> • connection nut

Überwurfmutter f <füg> • sleeve nut

Überwurfmutter f <füg> • spigot nut

Überwurfmutter f <füg> (Rohrverbindung) • union nut

Überwurfmutter f <füg> • coupling nut; coupling ring; cap nut

Überwurfmutternschlüssel m <wz> • flare nut wrench; line wrench pract

überzähliger Stab m <masch> (z. B. Fachwerk) • redundant bar

Überziehblech n <kfz.rep> • cover panel

Überziehen n <aerospace> (Flugzeug) • stalling

Überziehen n DIN 5090275 <obfl> (Applikation einer metallischen Schicht) • coating with metallic materials; plating

Überziehen n <prod> • overdrawing

überziehen vt ugs <tech.allg> (z. B. Gummiband) • overtighten vt

überziehen vt <aerospace> (Flugzeug) • stall vt; overclimb vt

überziehen vt <obfl> (mit Metallen) • coat vt; plate vt

überziehen vt <obfl> (allg.; z. B. mit Schutzschicht) • coat vt

überziehen vt <textil> (z. B. Polstermöbel, Bett) • cover vt

Überziehen im Schmelzfluss n <obfl> • hot dipping; hot-dip coating

überziehen (mit) vt <nahr.prod> (Glasurmasse, Trockenstoffe) • coat (with) vt; enrobe (with) vt

überziehen (mit) vt <obfl> (mit met. Stoffen, [elektro]chem. oder als Dampf) • plate (with) vt

überziehen mit Schokolade oder Fettglasur vt <nahr.prod> (Speiseeis) • wet coat vt; wet enrobe vt

überziehen mit Trockenstoffen vt <nahr.prod> (Speiseeis) • dry coat vt; dry enrobe vt

Überziehen mit Zinn n <obfl> • tin coating

Überzieher m :V.ugs <kfz> • nose protector; front end bra US; front mask; car mask; front end cover Ford

Überziehetikett n DIN 55 405 <pack> • sleeve label; shrink sleeve

Überziehgeschwindigkeit f <aerospace> • stalling speed

Überzieh-Handschuh m <bekl> (Regenbekleidung) • glove cover; overmitt

Überzieh-Hose f <bekl> (Regenbekleidung) • overtrousers pl

Überziehreparaturblech n <kfz.rep> • cover panel

Überziehschweller m <kfz.rep> • cover sill; over-sill

Überzieh-Stiefel m <bekl> (Regenbekleidung) • rain leggings pl; boot cover; overboot

Überzug m <nahr> (Speiseeis) • coating; enrobing

Überzug m wiss.norm <obfl> (metallische Schicht, allg.) • metallic coating

Überzug m wiss.norm <obfl> (aufgedampft/[elektro]-chemisch abgeschieden, metallisch) • deposit

überzugbildend <mat> • skin-forming

Überzugklarlack m <obfl> (Schicht) • clear coat finish; clear coat; clear pract

Überzugsharz n <obfl> • coating resin

Überzugslack m <obfl> • coating varnish; finishing varnish

Überzugsmasse f <nahr> (Speiseeis) • coating; couverture

Überzugsmetall n <obfl> • coating metal

Überzugspapier *n* <pap> • lining paper

üblich <allg> • standard

übliche Bezeichnung *f* <term> • common name

übliche Größe *f* <allg> *(z. B. Bekleidung)* • standard size

übliche Lösungsmittel *npl* <obfl> • common solvents *pl*

übliche Standardprüfmethoden *fpl* <pap> • current standard test methods

übrigbleibend <allg> • remaining; left over

übrigbleibend <math> • residual

übrige Systemkomponenten *fpl* <energ.sol> • balance of system (BOS)

Übungsstand *m* <mil> • practice range

ÜEA <alarm> • intruder alarm system; intruder alarm; intrusion alarm [system]; intruder detection system; intrusion detection system

UEG <msr> • Lower Explosive Limit (LEL)

U-Einfädelung *f* <av> *(Videoband)* • U-loading; U-shaped tape lead; U-threading

U-Eisen *n* <mat> *(Halbzeug; typ. Walzprofil)* • channel iron

ÜM <alarm> • personal attack device; deliberately-operated device *GB.norm*; panic alarm *priv*; hold-up alarm device *comm*; duress alarm [device]

ÜMA <alarm> • holdup alarm system; deliberately-operated alarm system *GB.norm*

üNN <bau.geo> • above mean sea level (a.m.s.l.)

üppig <kfz> *(Ausstattung)* • sumptuous

üppiger Komfort *m* <allg> *(z. B. Autoausstattung)* • sumptuous comfort

UESC-Modul *n* Ford <kfz.msr> • UESC-module *Ford*

Ü-Wagen *m* prakt <av> *(für Radio und TV)* • broadcasting vehicle

UF <kst> *(z. B. Resopal)* • ureaformaldehyde plastic (UF); ureaformaldehyde resin; urea resin *pract*

UF <verf> • ultrafiltrate

UF <verf> *(Vorgang)* • ultrafiltration

UF₄ <nukl> • uranium tetrafluoride (UF$_4$); green salt

UFC <med.tech> *(Detektormaterial)* • Ultra-Fast Ceramic (UFC) *Siemens*

UFC-Detektormaterial *n* <med.tech> *(für Röntgenstrahlen)* • UFC detector material

Uferbefestigung *f* <bau> *(eines Flusses)* • bank reinforcement; embankment; bank revetment

Uferböschung *f* <bau> *(an Fluss)* • river bank; bank *coll*

Uferdamm *m* <bau.hydr> *(an Fluss-, Seeufer)* • levee

Uferschutz *m* <bau> *(entlang Flüssen)* • bank protection

Uferströmung *f* <geo> • littoral current

U-Feuerung *f* <verbr> • fantail firing

U-förmig biegen *vt* <prod> *(z. B. mittels Abkantpresse)* • channel-bend *vt*

U-förmige Bandeinfädelung *f* did <av> *(Videoband)* • U-loading; U-shaped tape lead; U-threading

U-förmiger Bandweg *m* did <av> *(Videoband)* • U-loading; U-shaped tape lead; U-threading

U-förmiger Federrohrbogen *m* <rls> • U-shaped expansion pipe

ug-Kern *m* <nukl> • odd-even nucleus

U-Gummiprofil *n* <kfz> *(allg. Gummidichtprofil)* • run channel; channel *pract*

UHF <phys> • ultrahigh frequency (UHF)

UHF-Bereich *m* prakt <av.tele> • ultrahigh-frequency range; UHF range *pract*

UHF-Wellen *fpl* <av.tele> • ultrahigh frequency waves; UHF waves

UHR <edv> • ultra high resolution (UHR)

Uhr *f* <msr> *(jede Art)* • time piece

Uhr *f* DIN 8230, 8231 <msr> *(klein und tragbar; z. B. Armbanduhr)* • watch

Uhr *f* <msr> *(fest installiert und/oder nicht leicht tragbar; z. B. in PC, AV-Gerät)* • clock

Uhreinstellung *f* <tech.allg> • clock setting

Uhreinstellung auf Sommer-/Winterzeit *f* <av> • automatic summer/winter time adjust; auto summer/winter time adjust; summer/winter time adjust

Uhrenarmband *n* <textil.led> • watch strap

Uhrenbatterie *f* <msr.el> • watch cell

Uhrendaten *npl* <navig> • clock data *pl*

Uhrenfehler *m* <navig> *(Abweichung der angezeigten Uhrzeit von der GPS-Systemzeit)* • receiver clock error; clock offset; time-bias error; time bias; clock bias

Uhrengehäuse *n* <msr> • watch case

Uhrenparadoxon *n* <phys> • clock paradox

Uhrenschaltkreis *m* <msr> • clock circuit

Uhrfeder *f* <msr> • watch spring

Uhrfederkontakt *m* <kfz.sich> *(Airbag)* • contact coil *Bendix*; clock spring *Chrysler*; coil spring *VW*

Uhrfehler *m* <navig> *(Abweichung der angezeigten Uhrzeit von der GPS-Systemzeit)* • receiver clock error; clock offset; time-bias error; time bias; clock bias

Uhrkorrekturdaten *npl* <navig> • clock corrections *pl*; clock correction data *pl*; satellite clock corrections *pl*; clock correction parameters *pl*

Uhrradio *n* <av> • clock radio; clock digital radio

Uhrtaste *f* <av> • clock button; clock setting button

Uhrwerk *n* <msr> • clock movement; clock work

Uhrwerk *n* <msr> • watch movement

Uhrwerkantrieb *m* <tech.allg> • clockwork mechanism; clockwork

Uhrwerkmotor *m* ugs <mot> • clock-spring motor

Uhrwerktriebfeder *f* <msr> • main watch spring

Uhr-/Zählwerk-Anzeige *f* <av> • clock/counter indicator

Uhrzeiger *m* <msr> • watch hand

Uhrzeigersinn *m* <tech.allg> • clockwise direction; cw direction

Uhrzeitanzeige *f* <msr> *(Display)* • time display

Uhrzeitberichtigungen *fpl* <navig> • clock corrections *pl*; clock correction data *pl*; satellite clock corrections *pl*; clock correction parameters *pl*

Uhrzeiteinstellung *f* <tech.allg> • clock setting

Uhrzeitführung *f* <msr> • clock synchronization; clock control

Uhrzeitgeber *m* <msr> • real-time clock

Uhrzeit-Taste *f* <av> • clock button; clock setting button

UHT <nahr.prod> • ultra-high-temperature treatment (UHT); ultra-high-temperature pasteurisation

UJT <el> • unijunction transistor (UJT); filamentary transistor *rare*; double-base diode *rare*

U-KAT <kfz.emiss> *(Konverter)* • uncontrolled catalytic converter; open-loop catalytic converter; U-cat *press. rare*

UKW <tele> *(Radiofrequenzbereich 30–300 MHz)* • frequency modulation (FM)

UKW-Antenne *f* <av.el.tele> • VHF aerial; very high frequency aerial

UKW-Bereich *m* <av.el.tele> • VHF range; very high frequency range

UKW-Drehfunkfeuer *n* <navig> • VHF omnidirectional radio range (VOR); very high frequency omnidirectional radio range

UKW-Drehfunkfeuer *n* <navig> • VOR transmitter

UKW-Eingang *m* <av> • frequency-modulation front end

UKW-Empfänger *m* <av.el.tele> • VHF receiver; very high frequency receiver

UKW-Frequenzmesser *m* <el.msr> • VHF frequency meter; very high frequency frequency meter

UKW-Peiler *m* <navig> • VHF direction finder; very high frequency direction finder

UKW-Peilstelle *f* <navig> • VHF direction finder; very high frequency direction finder

UKW-Sender m <av.el.tele> • VHF transmitter; very high frequency transmitter

UKW-Speicherebenen-Anzeige f <kfz.av> • FM memory bank indicator *Blaupkt*

UKW-Stereoanzeige f <av.msr> • frequency-modulation stereo indicator light

UKW-Steuergerät n <av.el.tele> • VHF tuner unit; very high frequency tuner unit

UKW-Vorwahldrucktaste f <av.el.tele> • frequency-modulation preset button

U-Laden n <av> *(Videoband)* • U-loading; U-shaped tape lead; U-threading

U-Law-Code m <av> • u-law companding; u-law coding

U-Law-Kodierung f <av> • u-law companding; u-law coding

U-Law-Komprimierung f <av> • u-law companding; u-law coding

Ulbricht'sche Kugel f <opt> • Ulbricht integrating sphere; integrating sphere

Ulcus n <med> • ulcer; ulcus

ULD <logist> • unit loading device (ULD)

ULEV <kfz.ökol> • ultra low emission vehicle (ULEV)

ULEV-Fahrzeug n <kfz.ökol> • ultra low emission vehicle (ULEV)

UL-Freigabe f <el> *(Underwriter Laboratories)* • UL approval

Ulkus n <med> • ulcer; ulcus

U-Loading n <av> *(Videoband)* • U-loading; U-shaped tape lead; U-threading

ULSAB-Karosserie f <kfz> *(aus höherfestem Stahl geringerer Dicke)* • ultra light steel auto body (ULSAB) *BMW*

ultimativ ugs <allg> *(nicht überbietbar, non plus ultra)* • ultimate

ultimative Fahrmaschine f <kfz> *(z. B. ein Morgan, eine Cobra, Münch)* • ultimate driving machine

ultraakustisch <akust> • ultra-acoustic

Ultrabeschleuniger m <chem> • ultra-accelerator

Ultrabuchse f <masch> • ultrabushing

Ultracap m prakt <el> • ultracap; high-capacitance capacitor

ultradünn <qualit> • ultrathin

Ultradünnmikrotomie f <opt> • ultrathin microtomy

Ultradünnschnitt m <qualit.mat> • ultrathin section

Ultradur n BASF <kst> • polybuthylene terephthalate (PBT) ; polybutyleneterephthalate

Ultra-Fast Ceramic n (UFC) Siemens <med.tech> *(Detektormaterial)* • Ultra-Fast Ceramic (UFC) Siemens

Ultrafilter m/n <verf> • ultrafilter

Ultrafiltrat n (UF) <verf> • ultrafiltrate

Ultrafiltration f (UF) <verf> *(Vorgang)* • ultrafiltration

ultraharte Röntgenstrahlen mpl <phys> • ultrahard X-rays pl

Ultra High Density f bes. in Zss. <edv> • ultra high density

Ultra High Resolution f (UHR) <edv> • ultra high resolution (UHR)

Ultra-Hocherhitzung f (UHT) <nahr.prod> • ultra-high-temperature treatment (UHT); ultra-high-temperature pasteurisation

Ultrahochfrequenz f (UHF) <phys> • ultrahigh frequency (UHF)

Ultrahochfrequenzerwärmung f <phys> • ultrahigh-frequency heating

Ultrahochfrequenzofen m <metall> • ultrahigh-frequency furnace

ultra-hochmodul <qualit> • ultrahigh-modulus

Ultrahochvakuum n <verf> • ultrahigh vacuum

Ultrahöchstintegration f <av.edv.el> • very large-scale integration (VLSI); ultra large-scale integration; very high large-scale integration

ultrahohe Dichte f <edv> • ultra high density

Ultrakurzwelle f (UKW) <tele> *(Radiofrequenzbereich 30–300 MHz)* • frequency modulation (FM)

Ultrakurzwellenbereich m <tele> *(30 bis 300 MHz)* • very-high-frequency range (VHF); VHF range

Ultraleichtdose f <pack> • ultra-light can

ultraleichte Pkw-Karosserie f <kfz> *(aus höherfestem Stahl geringerer Dicke)* • ultra light steel auto body (ULSAB) *BMW*

ultraleichte Stahl-Radaufhängung f <kfz> • ultralight steel auto suspension (ULSAS)

Ultra-Long-Range-Scannen n <edv> • ultra-long-range scanning

Ultra Low Emission Car n Porsche <kfz.ökol> • ultra low emission car *Porsche*

Ultra-Low-Emission-Vehicle n (ULEV) <kfz.ökol> • ultra low emission vehicle (ULEV)

ultramarin RAL 5002 <kunst> *(Farbe)* • ultramarine

Ultramarin n <kunst> • ultramarine

Ultramikroanalyse f <chem> • ultramicroanalysis

Ultramikroskop n <opt> • ultramicroscope

Ultramikroskopie f <opt> • ultramicroscopy

Ultramikrotom n <opt> • ultramicrotome

ultraniedrige Kapazität f rar <tech.allg> • ultra low capacity (ULC)

Ultrapasteurisation f <nahr> • uperization

ultrarapid <tech.allg> • ultrafast

ultrarein <chem> • ultrapure

Ultraschall m <phys> • ultrasonic sound; ultrasound; sound wave of ultrasonic frequency

Ultraschall... (US) <phys> *(in Komposita)* • ultrasonic (US)

Ultraschall-Alarmanlage f <alarm> • ultrasonic alarm system

Ultraschall-Ausbreitungsgeschwindigkeit f <phys> • ultrasonic propagation velocity

Ultraschallbearbeitung f <prod> • ultrasonic machining

Ultraschallbehandlungskopf m <med.tech> *(für Therapie)* • ultrasonic head

Ultraschallbereich m <akust> *(oberhalb der Hörgrenze)* • ultrasonic frequency range

Ultraschallbestrahlung f <phys> • exposure to ultrasonic waves

Ultraschall-Bewegungsmelder m (US) <alarm> • ultrasonic motion detector; ultrasonic intruder detector; ultrasonic movement detector *GB*; ultrasonic detector/sensor; ultrasonic motion sensor

Ultraschallbewegungsmelder m <alarm> • ultrasonic motion detector; ultrasonic intruder detector; ultrasonic movement detector *GB*; ultrasonic detector/sensor; ultrasonic motion sensor

Ultraschallbohren n <prod> • ultrasonic drilling

Ultraschallbohrmaschine f <wz.masch> • ultrasonic drilling machine

Ultraschallbond m <füg> • ultrasonic bond

Ultraschallbonden n <füg> • ultrasonic bonding; US bonding

Ultraschallbündel n <akust> • ultrasonic beam

Ultraschalldämpfung f <phys> • ultrasonic attenuation

Ultraschalldefektoskop n <qualit.mat> • ultrasonic flaw detector; ultrasonic crack detector; sonic analyser

Ultraschalldefektoskopie f <qualit.mat> • ultrasonic inspection

Ultraschalldetektor m <msr> • ultrasonic detector

Ultraschalldickenmessgerät n <msr> • ultrasonic thickness gauge

Ultraschall-Dickenmessgerät n <msr> • ultrasonic thickness gage

Ultraschalldoppler *m* <alarm> • ultrasonic motion detector; ultrasonic intruder detector; ultrasonic movement detector *GB*; ultrasonic detector/sensor; ultrasonic motion sensor

Ultraschall-Dopplergerät *n* <alarm> • ultrasonic motion detector; ultrasonic intruder detector; ultrasonic movement detector *GB*; ultrasonic detector/sensor; ultrasonic motion sensor

Ultraschalldurchflussmesser *m* <msr> • ultrasonic flowmeter

Ultraschallecho *n* <phys> • ultrasonic echo

Ultraschallechoimpulsgerät *n* <msr> • supersonic reflectoscope

Ultraschallecholot *n* <msr.akust> • supersonic echo sounder

Ultraschallecholotung *f* <msr> • ultrasonic echo sounding

Ultraschall-Einparkhilfe *f* <kfz.msr> • park distance control system

Ultraschallempfangskopf *m* <msr> • ultrasonic receiver

Ultraschall-Entfernungsmessung *f* <msr> • ultrasonic distance measurement

Ultraschallerzeuger *m* <akust> • ultrasonic generator

Ultraschallfehlersuche *f* <qualit.mat> • ultrasonic flaw detection; ultrasonic crack detection

Ultraschallfrequenz *f* <akust> • ultrasonic frequency

Ultraschall-Gasblasendetektion *f* <qualit> *(Dichtheitsprüfung)* • ultrasonic bubble detection

Ultraschallgeber *m* <akust> • ultrasonic generator

ultraschallgebondet <phys.füg> • ultrasonically bonded

Ultraschallgenerator *m* <akust> • ultrasonic generator

Ultraschall-Geschwindigkeitsmesser *m* <msr> • ultrasonic velocity meter

Ultraschallholographie *f* <akust.opt> • ultrasound holography

Ultraschallimpuls *m* <phys> • ultrasonic pulse

Ultraschallimpulsechoprüfung *f* <qualit> • ultrasonic pulse-reflection testing

Ultraschallinterferometer *n* <msr> • ultrasonic interferometer

Ultraschallkardiograph *m* <med> • ultrasonic cardiograph

Ultraschallkoagulation *f* <med> *(zyklodestruktive Chirurgie)* • ultrasonic coagulation

Ultraschallkopf *m* <phys> • ultrasonic transducer

Ultraschallleistung *f* <phys> • supersonic power

Ultraschalllöten *n* <füg> • ultrasonic soldering

Ultraschalllotung *f* <msr> • ultrasonic sounding

Ultraschallmelder *m* <alarm> • ultrasonic motion detector; ultrasonic intruder detector; ultrasonic movement detector *GB*; ultrasonic detector/sensor; ultrasonic motion sensor

Ultraschallmesseinrichtung *f* <msr> • ultrasonic measuring device

Ultraschall-Messumformer *m* <msr.ents> *(Ultraschall-Wasserspiegeldifferenz-Steuerung)* • ultrasonic transducer

Ultraschallnäherungsschalter *m EN 60947* <alarm> • ultrasonic proximity switch *EN 60947*

Ultraschall-Prüfgerät *n* <qualit> • ultrasonic tester

Ultraschallprüfgerät *n* <qualit.mat> • ultrasonic flaw detector

Ultraschallprüfgerät *n* <qualit.mat> • ultrasonic inspectoscope

Ultraschallprüfung *f DIN 54119* <qualit.mat> • ultrasonic inspection; ultrasonic testing

Ultraschallreinigung *f* <verf> • ultrasonic cleaning; sonic cleaning

Ultraschallresonanzprüfverfahren *n* <phys> *(Medizin, Technik)* • ultrasonic resonance test method

Ultraschallresonanzverfahren *n* <phys> *(Medizin, Technik)* • ultrasonic resonance test method

Ultraschallschranke *f* <alarm> • ultrasonic barrier detector

Ultraschallschweißen *n* (US) *DIN 1910* <füg> *(ein Pressschweißverfahren)* • ultrasonic welding (USW)

Ultraschallschweißen *n* <füg> • ultrasonic bonding; US bonding

Ultraschall-Schwingeinheit *f* <füg> *(Ultraschallschweißen; z. B. bei Vliesstoffen, Chipverdrahtung)* • sonotrode

Ultraschallschwinger *m* <phys> • ultrasonic oscillator

Ultraschallschwinger *m* <phys> • ultrasonic vibrator

Ultraschall-Schwingläppen *n* <prod> • US oscillapping

Ultraschallschwingungen *fpl* <phys> • ultrasonic vibrations *pl*

Ultraschallsensor *m* <msr> • ultrasonic sensor

Ultraschallsichtverfahren *n* <med> • ultrasonic imaging

Ultraschallsignal *n* <phys> • ultrasonic signal

Ultraschallsirene *f* <verf> • ultrasonic agglomerator

Ultraschallsonde *f* <msr> • ultrasonic probe

Ultraschallsteinzertrümmerer *m* <med.tech> • ultrasonic lithotriptor

Ultraschallstrahl *m DIN EN 1330-4* <akust> • ultrasonic beam

Ultraschallstroboskop *n* <msr> • ultrasonic stroboscope

Ultraschalltechnik *f* <phys> • ultrasonic techniques *pl*

Ultraschalltherapiegerät *n* <med> • ultrasonic therapy unit

Ultraschalltiefenmesser *m* <msr> • ultrasonic depth gauge

Ultraschall-Tomographie *f* <qualit> • ultrasonic tomography

Ultraschallverfahren *n* <füg> • ultrasonic bonding; US bonding

Ultraschallverzögerungsleitung *f* <phys> • ultrasonic delay line

Ultraschallviskosimeter *n* <msr> • ultrasonic viscosimeter; ultrasonic viscometer

Ultraschallwandler *m* <phys.msr> • ultrasonic transducer

Ultraschall-Wasserspiegeldifferenz-Steuerung *f* <msr.ents> • ultrasonic differential controller

Ultraschallweichlöten *n* <füg> • ultrasonic soldering

Ultraschallwelle *f* <phys> • ultrasonic wave

Ultraschallwerkstoffprüfung *f* <qualit.mat> • ultrasonic material testing; ultrasonic inspection

Ultraschall-Windgeschwindigkeitsmesser *m* <msr.meteo> • ultrasonic anemometer

Ultraschallzerstäuber *m* <verf> • ultrasonic atomizer; ultrasonic nebulizer

ultraschnell <tech.allg> • ultrafast

Ultraschwarz *n* <av> • infrablack

Ultraschwarzgebiet *n* <av> • blacker-than-black region

Ultraschwarzimpuls *m* <av> • blacker-than-black pulse

Ultra-SCSI *n* <edv> • Ultra-SCSI

Ultrastabilität *f* <phys> • ultrastability

ultraviolett (UV) <phys> • ultraviolet (UV)

Ultraviolettbande *f* <opt> • ultraviolet band

Ultraviolettbestrahlung *f* <phys> • ultraviolet irradiation

ultraviolettdurchlässig <qualit.mat> • ultraviolet-transmitting

ultraviolettempfindlich <qualit.mat> • ultraviolet-sensitive

Ultraviolett-Entkeimer *m* <verf> *(für Nahrungsmittel, Trinkwasser)* • UV-sterilizer; UV-lamp; ultraviolet sterilizer; UV-steriliser *GB*

ultravioletter Strahl *m* <phot> • ultraviolet ray

ultraviolettes Licht *n* <licht> • ultraviolet light; black light; UV-light

ultraviolette Strahlung *f* <phys> *(Wellenlänge kürzer als 380 nm und länger als Röntgenstrahlen)* • ultraviolet radiation; ultra-violet radiation; UV radiation *pract*

Ultraviolettfotografie f <phot> • ultraviolet photography

Ultraviolettkatastrophe f <phys> • ultraviolet catastrophe

Ultraviolettlampe f <phys> *(UV-Technologie)* • ultraviolet light source; UV light source; UV lamp; ultraviolet lamp

Ultraviolettlaser m (UVASER) <phys> • ultraviolet laser (UVASER)

Ultraviolett-Lichtquelle f <phys> *(UV-Technologie)* • ultraviolet light source; UV light source; UV lamp; ultraviolet lamp

Ultraviolett-Luftentkeimungslampe f <licht> • bactericidal uviol

Ultraviolettmikroskop n <opt> • ultraviolet microscope

Ultraviolettmikroskopie f <opt> • ultraviolet microscopy

Ultraviolett-Platte f <druck> *(lichtempfindliche Druckplatte)* • ultraviolet plate; UV plate

Ultraviolettspektralbereich m <phys> • ultraviolet spectral region

Ultraviolettspektroskopie f <phys> • ultraviolet spectroscopy

Ultraviolettsperrfilter n <phot> • UV-filter; ultraviolet absorbing filter; ultraviolet barrier filter; ultraviolet filter

Ultraviolettstrahlung f <phys> *(Wellenlänge kürzer als 380 nm und länger als Röntgenstrahlen)* • ultraviolet radiation; ultra-violet radiation; UV radiation *pract*

Ultraviolett-Technologie f <druck> *(konventionelle CtP-Technologie)* • ultraviolet technology; UV technology

Ultrazentrifugation f <bio.tech> *(z. B. zur Klassifizierung von Lipoproteinen)* • ultracentrifugation

Ultrazentrifuge f (UZ) <verf> • ultracentrifuge

Ultrazentrifugierung f <bio.tech> *(z. B. zur Klassifizierung von Lipoproteinen)* • ultracentrifugation

UL-Zulassung f <el> *(Underwriter Laboratories)* • UL approval

um 180° phasenverschoben <tech.allg> • in phase opposition; in opposition

um 90° phasenverschoben <tech.allg> • in phase quadrature; in quadrature

umadressieren vt <edv> • relocate vt

umarbeiten vt <tech.allg> *(geringfügig, modifizieren; z. B. Entwurf, Programm)* • modify vt

umarbeiten vt <tech.allg> *(gestaltungsmäßig, konstruktiv ändern)* • redesign vt

umarbeiten vt <prod> *(umwandeln)* • convert vt

umarbeiten vt <textil> *(z. B. Kleid, Anzug)* • remodel vt; rework vt

U-matic n TM Sony <av> • U-matic TM Sony; U-matic system

U-matic-System n <av> • U-matic TM Sony; U-matic system

umbändern vt <textil> *(Wickelei)* • wrap in vt; wrap up in vt

Umbandung f <pack> • strapping

Umbau m <bau> *(z. B. Haus, Büro, Werkshalle)* • conversion

Umbau m <bau> *(betont: Vergrößerung, Erweiterung)* • enlargement

Umbau m <bau> • reconstruction; rebuilding

Umbau m <bau> *(betont: nachträgliche Ausstattung)* • retrofit

Umbau m <bau> *(eines Gebäudes)* • alteration

Umbau m <nav> • jumboising

umbauen vt <bau> *(ein Gebäude)* • modify vt; redesign vt; convert vt

Umbausatz m <kfz> *(für Tuningzwecke)* • tuning kit

umbauter Raum m <bau> • building volume

umbauter Raum m <bau> • enclosure

Umbauung f <bau> • enclosure

umbeschriebene Kugel f <math> • circumsphere

umbeschriebener Kegel m <math> • circumcone

umbeschriebener Kreis m <math> • circumscribed circle; circumcircle

umbiegen vt <prod> *(z. B. Blech)* • bend over vt

Umbildegerät n <opt> • projection printer

Umbildegerät n <phot> • transforming printer

umbilden vt <tech.allg> *(betont: Struktur verändern od. neu gestalten)* • restructure vt

umbilden vt <phot> • transform vt

umbilden vt <prod> • reshape vt; re-form vt

Umbildeobjektiv n <phot> • transforming lens

Umbilikalvene f <med.tech> *(Gefäßersatz)* • human umbilical cord vein allograft (HUVAG); umbilical vein graft; umbilical cord vein; umbilical vein; Dardik graft *rare*

umblocken vt <edv> • reblock vt

umbördeln vt <prod> • border vt

umbra <kunst> *(Braunton)* • umber; raw umber

Umbra f <astron> • umbra

Umbruchpflug m <agri> • buster

Umbruchpflug m <agri> • reclamation plough

umdecken vt <bau> *(neu eindecken; Dach)* • retile vt

Umdeklaration f <ents> *(z. B. von Abfällen)* • redeclaration; re-labeling

Umdotierung f <el> • re-doping

umdrehen vt <allg> *(um Hoch- od. Querachse)* • turn around vt

umdrehen vt <allg> *(um Längs- oder Querachse; Unterseite nach oben; z. B. Steak)* • turn over vt

Umdrehung f <tech.allg> • revolution; turn

Umdrehung f <masch> *(von Wellen, Rädern etc.; eine Drehung um 360°)* • revolution

Umdrehungen pro Minute fpl (UpM) <masch> *(von Wellen etc.; z. B. Motordrehzahl)* • revolutions per minute pl (rpm); 1/min

Umdrehungsgeschwindigkeit f <druck> *(Außentrommel)* • rotational speed

Umdrehungsgeschwindigkeit f <edv> *(von Festplatten, CD-Laufwerken)* • rotational speed; spindle speed *Seagate*; spin rate *coll*; spin speed; disk rotation speed

Umdrehungsgeschwindigkeit f rar <masch> *(von Wellen etc.; typ. in Umdrehungen/Minute)* • speed (n); rpm *pract*; rev *coll*; rotational speed *rare*; speed of rotation *rare*

Umdrehungslatenz f <edv> • rotational latency; latency

Umdrehungszähler m form.rar <kfz.msr> *(zeigt Motordrehzahl an; in U/min)* • tachometer; revolution counter *form*; revcounter *GB*; tacho *coll*; tach *coll*

Umdrehungszähler m <msr> *(addiert die Gesamtanzahl von Wellenumdrehungen)* • revolution counter

Umdruck m <druck> • transfer

Umdruckabzug m <druck> • transfer

umdrucken vt <druck> • transfer vt

Umdruckfarbe f <druck> • transfer ink

Umdruckpresse f <druck> • transfer press

Umeichung f <msr> • gauge transformation

Umentwicklung f <phot> • reversal development

u-Meson n <phys> • mu meson; muon

Umesterung f <chem> • transesterification

Umesterung f <chem.nahr> *(von Fetten und Ölen)* • interesterification

umfällen vt <chem> • reprecipitate vt

umfahren vt <wz> • trace out vt

Umfahrung f <verk> *(z. B. wegen Baustelle)* • deviation; bypass; rerouting

Umfahrungsgleis n <bahn> • loop line

Umfahrungsstrecke f <verk> *(z. B. wegen Baustelle)* • deviation; bypass; rerouting

Umfang m <allg> *(eines Körpers od. Objektes)* • girth

Umfang m <allg> *(betont: Reichweite)* • reach

Umfang m <allg> *(betont: gesamtes Ausmaß, gesamte Reichweite)* • span

Umfang *m* <allg> *(Reichweite; z. B. von Schäden, Einflüssen)* • extent

Umfang *m* <tech.allg> *(eines Buches, einer Stichprobe)* • size

Umfang *m* <jur> • scope; extent

Umfang *m* <math> • circumference

Umfang *m* <math> • periphery; perimeter

Umfang *m* <msr> • coverage

Umfang *m* <prod> *(z. B. der Produktpalette)* • range

Umfang der Grundgesamtheit *m DIN 55350-14* <math> *(Statistik)* • population size

Umfang der Lizenz *m* <jur> • scope of the license

umfangreiche Messungen *fpl* <pap> • extensive measurements *pl*

Umfangsabrichten *n* <prod> *(z. B. Schleifscheibe)* • peripheral dressing

Umfangschleifen *n* <prod> • cylindrical grinding

Umfangsdruck *m* <mech> *(im Ggs. zu Axialdruck, Radialdruck)* • circumferential pressure

Umfangsflachschleifen *n* <prod> • peripheral surface grinding

Umfangsfläche *f* <tech.allg> • circumferential surface

Umfangsfreifläche *f* <tech.allg> • diametral clearance

Umfangsgeschwindigkeit *f* <phys> *(z. B. Werkstück, Rad, Rotor)* • peripheral speed; peripheral velocity; circumferential speed; circumferential velocity; tangential speed/velocity

Umfangsgeschwindigkeit der Blattspitzen *f* <masch> *(eines Rotors; z. B. Propeller, Windkraftanlage)* • tip speed; blade tip speed

Umfangskomponente *f* <phys> *(z. B. Kraft, Geschwindigkeit, Beschleunigung)* • peripheral component; circumferential component

Umfangskräfte *fpl* <kfz> *(Reifen)* • longitudinal forces *pl*; circumferential forces *pl*

Umfangskraft *f* <masch> *(z. B. an Wellen, Rotoren, Seiltrommeln (Ggs. zu Radiallast, Axiallast))* • circumferential load; circumferential force; tangential load

Umfangslast *f* <masch> *(z. B. an Wellen, Rotoren, Seiltrommeln (Ggs. zu Radiallast, Axiallast))* • circumferential load; circumferential force; tangential load

Umfangslast für Außenring *f DIN ISO 5593* <masch> • rotating outer ring load *ISO 5593*; peripheral load for outer ring

Umfangslast für Innenring *f DIN ISO 5593* <masch> *(Wälzlager)* • rotating inner ring load *ISO 5593*; peripheral load for inner ring

Umfangslinie *f* <math> • periphery

Umfangsregister *n* <druck> • circumferential register

Umfangsschleifen *n DIN ISO 603* <prod> • peripheral grinding *ISO 603*; edge grinding

Umfangsschneide *f* <wz> • peripheral cutting edge

Umfangsschweißnaht *f* <füg> • all around weld

Umfangsspannung *f* <mech> *(im Ggs. zu Axialspannung, Radialspannung)* • circumferential stress; hoop stress; tangential stress; peripheral stress

Umfangsteilung *f* <tech.allg> *(z. B. Maßstab, Zahnrad, Vorrichtung)* • circumference pitch

Umfangswinkel *m* <math> • angle at circumference

Umfangszähne *mpl* <masch> • flute edges *pl*

Umfangszähne *mpl* <masch> • teeth on the periphery *pl*

umfassen *vt* <allg> *(z. B. Bauteile, Lieferungen, Leistungen, Themenpunkte)* • include *vt*

umfassen *vt* <tech.allg> *(festhalten)* • grip *vt*; grasp *vt*

umfassen *vt* <mil> *(z. B. die Flanke eines Feindes)* • envelop *vt*

umfassende Garantie *f werb* <kfz> • bumper-to-bumper protection warranty *advert*; bumper-to-bumper protection

umfassendes Qualitätsmanagement *n DIN EN ISO 8402* <qualit> *(auf die Mitwirkung aller Mitglieder einer Organisation gestützt)* • total quality management (TQM) *ISO 8402*

Umfassung *f* <bau> • enclosure

Umfassungsblech *n* <nukl> • baffel

Umfassungsmauer *f* <bau> • enclosing wall

Umfeld *n* <opt.licht> • surround; surround field

Umfläche *f* <math> • peripheral surface

Umfläche *f* <wz> • land

Umflechtung *f* <mat> • braid

Umflechtung *f* <mat> *(Vorgang)* • braiding

umfließend <phys> *(Strömung, z. B. Luft um Gebäude, Wasser um Brückenpfeiler)* • circumfluent

umflochtener Draht *m* <mat> • braided wire

umformatieren *vt* <edv> • reformate *vt*

umformbar <mat> *(permanente Verformung ohne Bruch möglich)* • plastic; deformable

umformbar <mat> *(durch Umformen; z. B. Tiefziehen)* • workable; formable

umformbar <qualit.mat> • deformable

Umformbarkeit *f* <tech.allg> *(allg.)* • formability; workability

Umformbarkeit *f* <mat> • plasticity

Umformbarkeit *f* <metall> *(unter Druck-, Schlagbelastung; z. B. beim Hämmern, Schmieden)* • malleability

Umformbarkeit *f* <qualit.mat> • deformability

Umformen *n* <prod> • transformation

umformen *vt* <allg> *(verändern)* • change *vt*

umformen *vt* <el> • transform *vt*

umformen *vt* <math> *(z. B. Gleichung)* • convert *vt*; rewrite *vt*

umformen *vt* <msr> *(Messgröße, Signal)* • convert *vt*

umformen *vt DIN 8582* <prod> • form *vt*; shape *vt*; deform *vt*

umformen *vt* <prod> *(z. B. Tiefziehen)* • work *vt*

Umformen mittels Wasserdruck *n did* <prod> *(von Hohlkörpern, Rohren)* • hydroforming; hydroforming process

Umformer *m* <el> *(allg.)* • converter

Umformer *m* <el> *(wandelt Signal von einer Energieform in eine andere um; z. B. Mikrophon)* • transducer

Umformer *m* <el> *(zur Umwandlung von Wechselstrom in Gleichstrom)* • rectifier

Umformer *m rar* <el> *(zur Änderung von Spannung u./o. Stromstärke zw. verschiedenen Stromkre)* • transformer

Umformergruppe *f* <el> • motor-generator set

Umformerlokomotive *f* <bahn> • converter locomotive; mutator locomotive

Umformerstation *f* <el> • converter substation

Umformerwerk *n* <el> • converter station

Umformgrad *m* <prod> • degree of deformation; logarithmic deformation; forming degree

Umformgrad *m* <prod> *(z. B. Stauchen, Walzen, Tiefziehen)* • degree of reduction

Umformkraft *f* <prod> • forming force

Umformmaschine *f* <wz.masch> • metal-forming machine; metal-working machine

Umformpresse *f* <pack> • conversion press

Umformstation *f* <pack> • form station

Umformung *f* <allg> • change

Umformung *f* <math> *(z. B. Gleichung)* • conversion; rewriting

Umformung *f* <phys> • transformation

Umformung *f* <prod> • forming; shaping; working

Umformung *f* <prod> *(mechanisch)* • mechanical working

Umformung *f* <prod> *(plastisch)* • plastic working

Umformungsverlust *m* <el> • conversion loss

Umformwegparameter *m* <prod> • strain-path parameter

Umformwerkzeug *n* <wz> • forming die
Umformwerkzeug *n* <wz> *(allg.)* • forming tool
umführen *vt* <tech.allg> • loop *vt*
Umführung *f* <bahn> • loop
Umführung *f* <ents.hydr> *(von Rohren, Kanälen etc.; permanent od. temporär)* • by-pass; diversion works
Umführungskanal *m* <energ> *(Flusskraftwerk)* • peripheral passage
Umführungskanal *m* <förd> • return channel; return passage
Umführungskanal *m* <turb> • guide channel
Umführungsleitung *f* <tech.allg> • by-pass line; by-pass
Umführungsleitung *f* <ents.hydr> *(von Rohren, Kanälen etc.; permanent od. temporär)* • by-pass; diversion works
Umführwalzgerüst *n* <metall> • drag over mill
umfüllen *vt* <prod> • transfer *vt*
Umgärung *f* <nahr> *(Wein)* • refermentation; second fermentation of wine
Umgang *m* <tech.allg> • by-pass line; by-pass
Umgang *m* <mil> *(mit Waffen)* • handling
umgebauter Transporter *m :V* <nfz> • van conversion; modified van; converted van
umgeben *vt* <allg> • surround *vt*; environ *vt*
umgeben *vt* <tech.allg> • enclose *vt*
umgebende Atmosphäre *f* <tech.allg> • ambient atmosphere
umgebende Luft *f* <tech.allg> • ambient air
Umgebung *f* <tech.allg> *(z. B. chemisch aggressiv, sauer, staubig, feucht)* • environment; atmosphere
Umgebung *f* <tech.allg> *(räumlich, örtlich)* • neighbourhood; surroundings; vicinity
Umgebung *f* prakt <edv> *(z. B. DOS, Windows)* • operating system environment; environment *coll*
Umgebung *f* <geo> • environment
Umgebung mit starken elektromagnetischen Störungen *f* <el> • noisy environment
Umgebungs... <tech.allg> • ambient ...
Umgebungsbedingungen *fpl* <tech.allg> *(z. B. Luftdruck, Temperatur, Feuchtigkeit)* • ambient conditions *pl*; environmental conditions *pl*
Umgebungsbedingungen am Einsatzort *fpl* <tech.allg> *(betont: äußere Einflüsse, wie z. B. Staub, Feuchtigkeit, Temperatur)* • environmental requirements; field conditions
Umgebungsbeleuchtung *f* <licht> • ambient lighting
Umgebungsdruck *m* <tech.allg> • ambient pressure
Umgebungseinfluss *m* <tech.allg> *(tatsächlicher Effekt)* • environmental effect
Umgebungseinfluss *m* <tech.allg> *(potentiell)* • environmental influence
umgebungsempfindlich <allg> *(Lebewesen, Stoff, Gerät)* • environment-sensitive
Umgebungsenergie *f* <hlk> • ambient energy
Umgebungsfeuchtigkeit *f* <hlk> • ambient humidity
Umgebungsklasse *f* <msr> • environmental conditions *pl*; local conditions *pl*; operating environment class; environment class
Umgebungslärm *m* <tech.allg> • ambient noise
Umgebungslicht *n* <edv> *(CAD, Computergrafik)* • ambient light; background light
Umgebungslicht *n* <licht> *(allg.)* • ambient light
Umgebungslichtabschattung *f* <edv> • ambient light rejection; ambient light suppression
Umgebungslichtbedingungen *fpl* <tech.allg> • ambient light conditions *pl*
Umgebungslichttoleranz *f* <edv> *(Scanner)* • ambient light tolerance
Umgebungslichtunterdrückung *f* <edv> • ambient light rejection; ambient light suppression

Umgebungsluft *f* <tech.allg> • ambient air
Umgebungsluft *f* <tech.allg> *(freie Atmosphäre)* • outdoor air; outside air; ambient air
Umgebungsluftdruck *m* <tech.allg> • atmospheric pressure; air pressure *coll*; barometric pressure
Umgebungsluftüberwachung *f* <msr> • ambient air monitoring
umgebungsstabilisiert <tech.allg> • environment-stabilized
Umgebungsstrahlenschutzkontrolle *f* <nukl> • area monitoring
Umgebungsstrahlung *f* <phys> • natural background radiation
Umgebungstemperatur *f* <tech.allg> • ambient temperature
Umgebungstemperatur *f* <hlk> *(in Gebäuden; typ. 20 °C)* • room temperature (RT); ambient temperature; inside temperature; interior temperature; ordinary temperature *rare*
Umgebungstemperatur *f* <meteo> • environmental temperature
Umgebungstemperatur *f* <phys> • temperature of the surroundings
Umgebungsüberwachung *f* <nukl> • environmental monitoring; environmental survey
Umgebungswärme *f* <hlk> • ambient heat
umgehen *vt* <tech.allg> *(Hindernis; z. B. Verkehrshindernis, Schwierigkeit)* • bypass *vt*; pass around *vt*
umgehen *vt* <tech.allg> • circumvent *vt*; dodge *vt coll*
Umgehungsfilter *n* <el> • bypass filter
Umgehungskanal *m* <bau> *(z. B. Umgehung eines Kraftwerkes)* • diversion canal
Umgehungsleitung *f* <tech.allg> • by-pass line; by-pass
Umgehungsventil *n* <tech.allg> • bypass valve
umgekehrt <allg> • reverse; reversed; inverse; opposite; reciprocal
umgekehrte Blockseigerung *f* <mat> • inverse segregation; negative segregation
umgekehrte Osmose *f* <chem> • reverse osmosis
umgekehrte polnische Notation *f* <edv> • inverted Polish notation
umgekehrtes ausschließendes ODER *n* <edv> • inverted exclusive OR
umgekehrtes Bild *n* <phot> • inverted image
umgekehrtes Multiplett *n* <opt> • inverted multiplet
umgekehrtes Verhältnis *n* <math> • reciprocity; inverse proportion; inverse ratio
umgekehrt proportional <math> • inversely proportional
umgekrempelter Rand *m* <rls> • flanged rim
umgelenkte Blattfeder *f* <kfz> • cantilevered leaf spring; cantilever leaf spring
umgelenktes Flussbündel *n* <nukl> *(im Divertor)* • diverted field lines *pl*
Umgemisch-Regulierschraube *f* <mot> *(Vergaser)* • volume control screw
umgerüsteter Transporter *m :V* <nfz> • van conversion; modified van; converted van
umgestalten *vt* <allg> *(Anordnung, Entwurf, Organisation)* • change *vt*; modify *vt*
umgestalten *vt* <allg> • reorganize *vt*; rearrange *vt*
umgestalten *vt* <tech.allg> *(Produkte aller Art)* • redesign *vt*
umgestalten *vt* <tech.allg> • reshape *vt*; remodel *vt*
umgestalten *vt* <bau> • transform *vt*
umgestaltet <tech.allg> • redesigned
umgießen *vt* <metall> *(stoffschlüssiges Fügen)* • cast around *vt*
Umgrenzung *f* <allg> • boundary
Umgriff *m* <obfl> *(elektrophoretische Lackierung)* • throwing power; throw power

Umgriff m <obfl> *(von Lackierung an Kanten, Seiten)* • wrap around; wraparound

Umgruppierung f <allg> • rearrangement; regrouping

Umhängekeyboard n <edv.av> • remote keyboard; strap-on remote controller; strap-on master keyboard

umhaspeln vt ['um] <tech.allg> *(auf eine andere Spule; z. B. Band, Draht, Faden)* • rereel vt; rewind vt

Umhüllen n <tech.allg> • enveloping

umhüllen vt <tech.allg> *(abdecken)* • shroud vt; jacket vt rare

umhüllen vt <tech.allg> *(z. B. Kabel, Elektrode)* • cover vt

umhüllen vt <obfl> *(durch Beschichten; z. B. Elektrode)* • coat vt

umhüllen vt <pack> *(wie eine Kapsel)* • encapsulate vt

umhüllen vt <pack> *(wie ein Kasten)* • encase vt

umhüllen vt <pack> *(z. B. mit Papier, Folie, Band)* • wrap vt

umhüllen vt <prod> *(z. B. Pellets in Brennstäben)* • clad vt

Umhüllende f <math> • envelope curve; envelope

umhüllte Elektrode f DIN EN 499/757 <füg> *(Schweißtechnik)* • covered electrode; coated electrode; sheathed electrode

umhülltes Kabel n <el> • covered cable; sheathed cable

Umhüllung f <tech.allg> • cladding

Umhüllung f <tech.allg> *(z. B. Buch, Compact Disc)* • cover

Umhüllung f <tech.allg> *(z. B. Draht, Kabel, Elektrode, Seil)* • covering

Umhüllung f <tech.allg> *(z. B. Kabel, Gerät)* • jacket

Umhüllung f <tech.allg> • enveloping

Umhüllung f <pack> *(wie eine Kapsel)* • encapsulation

Umhüllung f <pack> *(wie ein Kasten)* • encasement

Umhüllung f DIN 55405 <pack.allg> • wrap BS 3130

Umhüllung f <prod> *(Beschichtung, Überzug; z. B. mit Kunststoff)* • coating

Umhüllung f <prod> *(z. B. von Dehnmessstreifen)* • embedding

Umhüllungsmasse f <füg> • coating material

Umhüllungspseudomorphose f <mat> • perimorphism

U/min obs <masch> *(von Wellen etc.; z. B. Motordrehzahl)* • revolutions per minute pl (rpm); 1/min

U min⁻¹ <masch> *(von Wellen etc.; z. B. Motordrehzahl)* • revolutions per minute pl (rpm); 1/min

Umkehr f <allg> • inversion

Umkehr f <tech.allg> • reverse; reversal

Umkehranlasser m <el> • reversing starter

Umkehrantrieb m <el> • reversible drive

umkehrbar prakt.ugs <tech.allg> *(Vorgang jeder Art)* • reversible

umkehrbar <math> • invertible

umkehrbare Reaktion f <chem> *(kann in beide Richtungen erfolgen; Kennzeichnung durch Doppelpfeil)* • reversible reaction

umkehrbare Reaktion f <chem> *(chemisches Gleichgewicht wird erreicht)* • balanced reaction

umkehrbare Route f <navig> • reversible route

umkehrbarer Prozess m <tech.allg> • reversible process

umkehrbarer Prozess m <therm> • reversible cycle

umkehrbarer Vorgang m ugs <tech.allg> • reversible process

umkehrbarer Wandler m <av> • reversible electroacoustic transducer form; reversible transducer pract

umkehrbarer Zähler m <msr> • reversible counter; bidirectional counter

umkehrbares Element n <tech.allg> • reversible element

umkehrbares Element n <el.chem> • reversible cell

Umkehrbarkeit f <tech.allg> • reversibility

Umkehrbarkeitsgrad m <therm> *(thermodynamische Zustandsänderung)* • degree of reversibility

Umkehrbetrieb m <tech.allg> • reversing duty

Umkehrdampfmaschine f <masch> *(z. B. Schiff, Lokomotive)* • reversing steam engine

Umkehr der Bewegungsrichtung f <masch> • travel direction reversal

Umkehr der Strömungsrichtung f <tech.allg> *(z. B. Rohrleitung)* • delivery reversal; flow-direction reversal

Umkehrdruck m <druck> *(gedruckte Inverswiedergabe)* • reverse image; inverse image

Umkehreffekt m <av> • negative art effect; negative art

Umkehreinwand von Loschmidt m <therm> • reversibility paradox

umkehren vt <tech.allg> *(abstrakt; z. B. Polung, Farbe)* • invert vt; reverse vt

umkehren vt <tech.allg> *(Bewegungsrichtung)* • reverse vt

Umkehrentwicklung f <phot> • reversal development

Umkehrfarbfilm m <phot> • reversal color film US; reversal colour film GB

Umkehrfeld n <el> • exciter field reversal; field reversal

Umkehrfeldkonfiguration f <nukl> • field-reversed geometry

Umkehrfeld-Spiegel m <nukl> • field reversed mirror

Umkehrfilm m <phot> *(meist ein Diapositiv-Farbfilm)* • reversal film

Umkehrformel f <math> • inversion formula

Umkehrfrequenz f <phys> • inversion frequency

Umkehrfunktion f <math> • inverse function

Umkehrgrenzpunkt m <aerospace> • point of non-return

Umkehrintegral n <math> • inversion integral

Umkehrkanal m <turb> • reversing nozzle

Umkehrkopie f <druck> • reversed positive

Umkehrkupplung f <masch> • reversing clutch

Umkehrlinse f <opt> • erecting lens; erector lens

Umkehrmatrix f <math> • inverse matrix

Umkehrmotor m <el> • reversing motor

Umkehrofen m <obfl> *(Emaillierung)* • U-shaped furnace; U-type furnace

Umkehrokular n <opt> • reversing eyepiece

Umkehrosmose f (RO) <bio> • reverse osmosis; re-osmosis

Umkehrosmoseanlage f <verf> • reverse osmosis device

Umkehrpapier n <phot> • reversal paper

Umkehrpendel n <mech> • reversible pendulum

Umkehrprisma n <opt> • reversing prism; image-erecting prism

Umkehrprobe f <math> • reversal test

Umkehrpropeller m <aerospace> • feathering propeller; feathering screw propeller

Umkehrpunkt m <tech.allg> • inversion point

Umkehrpunkt m <tech.allg> *(vor allem bei Bewegungen)* • reversal point

Umkehrpunkt m <masch> *(von Hubbewegungen; z. B. von Kolben, Schlitten)* • dead-center position US; dead-centre position GB

Umkehrpunkt m <math> *(Funktion, Bahnkurve)* • cuspidal point; cusp

Umkehrpunkt m <math> • spinode

Umkehrpunkt m <metall> • arrest point

Umkehrpunkt m <verk> • turning point

Umkehrrichtung f <tech.allg> • reverse direction

Umkehr-Riemenscheibe f <kfz.mot> • back drive pulley

Umkehrschalter m <el> • reversing switch

Umkehrschaltung f <el> • reversing circuit; inverter circuit

Umkehrschaufel f <turb.hydr> • reversing bucket

Umkehrspanne f <masch> *(z. B. Spindelantrieb, Federung)* • elastic aftereffect error

Umkehrspanne f <masch> *(reibungsbedingt)* • friction error

Umkehrspanne *f VDI/VDE 2600 <msr> (quantitative Angabe der Hysterese)* • reversal error; range of inversion
Umkehrspektrum *n <phys>* • inversion spectrum
Umkehrsperrung *f <tech.allg>* • back stopping
Umkehrsperrung *f <masch>* • non-return
Umkehrspiegel *m <opt>* • reversion mirror
Umkehrspiel *n <masch> (beim Drehrichtungswechsel einer Gewindespindel)* • backlash
Umkehrspülung *f <kfz.mot>* • loop scavenging; reverse scavenging; tangential-flow scavenging; Schnürle scavenging; backflow scavenging
Umkehrstrecke *f <navig>* • reverse route (RR)
Umkehrströmung *f <tech.allg>* • reverse flow
Umkehrsystem *n <opt>* • inversion system
Umkehrtemperatur *f <msr>* • inversion temperature
Umkehrtrommel *f <förd>* • reverse drum
Umkehrtrommel *f <min>* • return drum
Umkehrturbine *f <energ.hydr>* • reversible pump-turbine; reversible pump turbine
Umkehrturbine *f <turb> (allg.)* • reversing turbine
Umkehrung *f <allg>* • inversion
Umkehrung *f <tech.allg> (z. B. Drehrichtung)* • reversal; reversion *rare*
Umkehrverfahren *n <phot>* • reversal process
Umkehrverstärker *m <el>* • inverter amplifier
Umkehrwalzstraße *f <metall>* • reversing mill train
Umkehrwalzwerk *n <metall>* • reversing mill
Umkehrzeit *f <navig>* • reverse time
Umkippen *n <tech.allg> (z. B. von Regalen)* • overturning
umkippen *vi <phys> (Energie, Zustand)* • flip *vi*; switch states *vi*
umkippen *vi/vt <tech.allg> (z. B. Fahrzeug, Regal)* • overturn *vi/vt*; turn over *vi/vt*; tilt over *vi/vt*
umklappbare Rücksitzlehne *f <kfz>* • folding rear seats
Umklappen *n <allg>* • tilting
Umklappen *n <phys>* • flop-over; flip-over; flip
umklappen *vi <msr> (Elementarmagnete)* • switch magnetically *vi*
umklappen *vi <phys> (Energie, Zustand)* • flip *vi*; switch states *vi*
Umklapp-Prozess *m <phys>* • flop-over process; Umklapp process; U-process
Umkleidekabine *f <bau.innen> (kleine Kammer; z. B. in Kaufhaus, Boutique, Schwimmbad)* • changing cubicle
Umkleideraum *m <bau.innen> (Raum zum Umziehen; in Sportanlagen, Theatern etc.)* • dressing room; changing area *pract*
umklemmbar *<el> (Schaltung; z. B. pnp/npn-Ausgang)* • switchable
umklemmen *vt <el> (allg.)* • change connections *vi*
umklemmen *vt <el> (Anschlüsse umkehren)* • reverse connections *vi*
Umklöppelung *f <textil>* • braid; braiding
umkodieren *vt <edv>* • translate *vt*
Umkodiergerät *n <edv>* • input translator
Umkodierung *f <edv>* • translation
Umkodierung *f <el> (von Daten, Signalen; z. B. analog – digital)* • conversion
Umkreis *m <tech.allg>* • perimeter
Umkreis *m <bau>* • surrounding area
Umkreis *m <math>* • circumscribed circle; circumcircle
umkreisen *vt <allg> (z. B. Planetenräder das Sonnenrad)* • circle *vt*
umkreisen *vt <aerospace> (im Orbit; z. B. Satellit die Erde)* • orbit *vt*
Umkreismittelpunkt *m <math>* • circumcenter *US*; circumcentre *GB*
Umkreisradius *m <math>* • circumradius

Umkristallisation *f <chem> (Speiseeis)* • re-crystallisation
Umkristallisierung *f <chem>* • recrystallization; recrystallisation *GB*
umladen *vi/vt <logist> (Ladegut anders anordnen; z. B. auf Ladefläche)* • reload *vi/vt*; rearrange *vi/vt*
umladen *vi/vt <logist.nav> (z. B. auf einen anderen Frachter)* • transship *vi/vt*
umladen *vt <el> (mit umgekehrter Polung; z. B. Kondensator)* • recharge *vt*
umladen *vt <logist> (Ladegut von einem Transportmittel auf ein anderes)* • transfer *vt*; reload *vt*
Umladestation *f <ents>* • transfer station
Umladung *f <bahn>* • transbordement
Umladung *f <el>* • recharge
Umladung *f <logist>* • transfer
Umladung *f <logist.nav>* • transshipment
Umladungsstreuung *f <el>* • charge-exchange scattering
Umläufigkeit *f DIN 4048-1 <energ.hydr> (Durchsickern v. Wasser seitl. eines Absperrbauwerks)* • seepage through valley flanks
Umlagerung *f <ents>* • redeposition
Umlagerung *f <logist>* • rearrangement
Umlagerungspolymerisation *f <kst>* • rearrangement polymerization; rearrangement polymerisation *GB*
Umlagerungspseudomorphose *f <mat>* • paramorphism
Umlagerungsverluste *mpl <turb>* • compression and eddy losses *pl*
Umlauf *m <tech.allg> (z. B. von Luft, Wasser, Paletten, Geld)* • circulation; circulatory flow *rare*
Umlauf *m <bahn> (eines Waggons, Zuges)* • turn-round; round trip
Umlauf *m <bau.hydr>* • bypass culvert; culvert
Umlauf *m <doku.büro> (von Fachzeitschriften, Rundschreiben, Verwaltungsmitteilungen)* • circulation
Umlauf *m <masch> (von Wellen, Rädern etc.; eine Drehung um 360°)* • revolution
Umlauf *m <nav>* • running board
Umlaufaufzug für Personen *m form <förd>* • paternoster; rotary elevator *US*; rotary lift *GB*
Umlaufbahn *f <tech.allg> (von Elektronen, Satelliten, Planeten; elliptisch od. kreisförmig)* • orbit
Umlaufbahnebene *f rar <aerospace> (von Satelliten, Planeten)* • orbit plane; trajectory plane
Umlaufbestand *m <prod>* • work in process (WIP) *GB*; work-in-progress *US*; goods in process
Umlaufbestandskosten *fpl <ökon>* • WIP costs *pl*
Umlaufbetrieb *m <verf> (z. B. Umlaufkessel, Umlaufschmierung)* • continuous operation
Umlaufbetrieb *m <verf>* • recirculation mode; closed-circuit mode
Umlaufbewegung *f <nukl>* • orbital motion
Umlaufbiegemaschine *f <qualit.mat>* • rotary bending test machine; rotating bar fatigue machine
Umlaufbiegeprüfmaschine *f <qualit.mat>* • rotary bending test machine; rotating bar fatigue machine
Umlaufbiegeversuch *m <qualit.mat>* • rotating bar fatigue test
Umlaufdauer *f <allg> (z. B. von Rundschreiben, Satelliten, Flüssigkeiten)* • circulation time; circulation period
Umlaufdauer *f <masch> (Umdrehungen)* • period of revolution
Umlaufdruckschmierung *f <tribo>* • circulating force-feed lubrication
Umlaufdurchmesser *m <wz.masch> (z. B. Drehmaschine; maximaler Werkstückdurchmesser)* • swing; swing diameter *rare*
umlaufen *vi <tech.allg> (Fluid; z. B. Blut, Warmwasser, Luft, Paletten)* • circulate *vi*

umlaufen *vi rar* <masch> *(um mehr als 360 Grad; jede Drehgeschwindigkeit; z. B. Antriebswellen)* • rotate *vi*
umlaufen *vt rar* <allg> *(z. B. Planetenräder das Sonnenrad)* • circle *vt*
umlaufen *vt rar* <tech.allg> *(Hindernis; z. B. Verkehrshindernis, Schwierigkeit)* • bypass *vt*; pass around *vt*
umlaufen *vt rar* <aerospace> *(im Orbit; z. B. Satellit die Erde)* • orbit *vt*
umlaufend <bau> *(Dichtung; ununterbrochen entlang des Umfangs angeordnet, z. B. an Tür)* • full perimeter; perimeter; continuous; uninterrupted; surrounding entire frame
umlaufende Achse *f* <masch> • live axle
umlaufende Dichtung *f* <bau> • full perimeter sealing gasket
umlaufende elektrische Maschine *f DIN EN 60034* <el> • rotating machine
umlaufende Kurbelscheibe *f* <masch> • rotating crank
umlaufende Kurbelschleife *f* <masch> • rotating crank slider
umlaufende Lochscheibe *f* <opt> *(z. B. Stroboskop)* • perforated disk *US*; perforated rotating disc *GB*
umlaufende Nut *f* <kst> • peripheral groove
umlaufender Becher *m* <förd> • rotary cup
umlaufender Schneidkopf *m* <wz.masch> • rotating die head
umlaufender Verbindungsreißverschluss *m* <bekl> *(Kombi)* • all round connecting zip
umlaufende Schubkurbel *f* <masch> • rotating slider crank
umlaufendes Dichtprofil *n* <bau> • full perimeter sealing gasket
umlaufendes Kühlwasser *n* <verf> • circulating water; circulation water
umlaufendes Magnetfeld *n* <el> • rotating field; rotating magnetic field
umlaufende Teilchen *npl* <nukl> • transit particles *pl*; passing particles *pl*
Umlauf entgegen dem Uhrzeigersinn *m* <masch> *(von Wellen; z. B. von Motoren, Pumpen)* • counterclockwise rotation; ccw rotation; anticlockwise rotation; anticlockwise running
Umlauffeile *f* <wz> *(zum Entgraten)* • rotary file; burr
Umlauffilter *m/n* <verf> • band filter; belt filter; linear belt filter
Umlauffrequenz *f* <phys> • rotational frequency
Umlaufgas *n* <verf> • recycle gas
umlaufgeschmiert <tribo> • lubricated by oil circulation
Umlaufgeschwindigkeit *f* <tech.allg> *(von Rotationskörpern; z. B. Wellen)* • rotational speed
Umlaufgeschwindigkeit *f* <tech.allg> *(von Objekten und Medien in Kreisläufen)* • circulation speed
Umlaufgetriebe *n obs.rar* <masch> • planetary gearing; planetary gear train; epicyclic gearing; epicyclic gear train
Umlauf im Uhrzeigersinn *m* <masch> *(von Wellen; z. B. von Motoren, Pumpen)* • clockwise rotation; cw rotation
Umlaufintegral *n* <math> • circulatory integral; contour integral
Umlaufkanal *m* <bau.hydr> • bypass culvert; culvert
Umlaufkessel *m* <therm> *(Zwangsumlaufkessel, Naturumlaufkessel)* • circulation boiler
Umlaufkolbengebläse *n* <masch> • rotary blower
Umlaufkolbenpumpe *f DDR* <förd> • rotary pump; rotary positive displacement pump; positive displacement rotary pump; rotary displacement pump; positive rotary pump
Umlaufkolbenverdichter *m* <masch> • rotary compressor
Umlaufkontrollgerät *n* <msr> • revolution monitoring instrument

Umlaufkühlung *f* <tech.allg> *(betont: mit Pumpe; z. B. von Kfz-Motoren)* • forced circulation cooling
Umlaufkühlung *f* <verf> *(allg.)* • closed-circuit cooling; closed-cycle cooling
Umlaufleitung *f* <ents.hydr> *(von Rohren, Kanälen etc.; permanent od. temporär)* • by-pass; diversion works
Umlaufluftkühlung *f* <tech.allg> *(mit Gebläse)* • forced-air cooling
Umlaufluftkühlung *f* <verf> • closed-circuit ventilation cooling
Umlaufmotor *m rar* <kfz.mot> *(Wankel-type)* • rotary piston engine; rotary engine *pract*; Wankel engine *rare*
Umlauföl *n* <tribo> • circulating oil
Umlaufpotentiometer *n* <el> • rotating potentiometer
Umlaufpumpe *f rar* <förd> • circulating pump; recirculation pump; circulation pump; circulator pump *rare*; circulator *rare*
Umlaufrad *n* <kfz.antr> *(z. B. in Automatikgetriebe)* • planet gear; planet pinion; pinion gear; planet wheel
Umlaufrädergetriebe *n* <masch> *(Getriebetyp)* • planetary gear; planetary gearing; planetary transmission
Umlaufrechen *m Geig* <verf.hydr> • continuous chain raked barscreen *Brac*; endless rake screen; front raked chain hauled screen *Brac*; multi-raked bar screen; multi raked screen
Umlaufrechen mit freihängenden Ketten *m* <verf.hydr> • catenary bar screen
Umlaufrechen mit Harkenreiniger *m* <verf.hydr> • raked bar screen
Umlaufregal *n prakt* <logist> • vertical carousel *form, pract*; paternoster *pract*; storage carousel *US*
Umlaufrichtung *f* <masch> *(von Wellen etc.)* • direction of rotation; sense of rotation
Umlaufrichtung *f* <rls> *(von Fluiden)* • direction of circulation
Umlaufrichtungswendeschalter *m* <el> • reversing controller
Umlaufschieberegister *n* <edv> • recirculation shift register
Umlaufschmieröl *n* <tribo> • circulating oil
Umlaufschmierstoff *m* <tribo> • circulating oil
Umlaufschmierung *f DIN ISO 4378-3* <tribo> • recirculating lubrication *ISO 4378-3*; circulatory lubrication; circulating oil lubrication; circulating lubrication
Umlaufschrott *m* <metall> • foundry returns; home scrap
Umlaufseilbahn *f* <förd> • continuously running ropeway
Umlaufsiebrechen *m obs* <verf.hydr> • band screen; travelling band screen *GB*; traveling water screen *US*; band-type screen
Umlaufspeicher *m* <msr.edv> • circulating memory; circular memory; circular storage; cyclic memory/storage; circulating store
Umlaufströmung *f* <nukl> • circulating stream
Umlaufsystem *n* <pack> *(Spritzanlage)* • recirculating system
Umlaufübertrag *m* <edv> • end-around carry
Umlaufvakuumpumpe *f* <masch> • rotary vacuum pump
Umlaufventil *n* <rls> *(allg.)* • bypass valve
Umlaufverdampfer *m* <verf> • circulation evaporator
Umlaufverschluss *m* <masch> • rotating shutter; rotary shutter; revolving shutter
Umlaufwasser *n* <verf> • circulating water; circulation water
Umlaufwasser-System *n* <nfz> *(Straßenkehrmaschine)* • recirculation water system
Umlaufzahl *f* <masch> *(addiert)* • number of revolutions
Umlaufzahl *f obs.rar* <masch> *(von Wellen etc.; z. B. Motordrehzahl)* • revolutions per minute *pl* (rpm); 1/min
Umlaufzeit *f* <allg> *(z. B. von Rundschreiben, Satelliten, Flüssigkeiten)* • circulation time; circulation period

Umlaufzeit f <aerospace> (Satellit, Mond etc.) • orbital period
Umlaufzeit f <bahn> • turnaround time US; turnround time GB
Umlaufzeit f <bio> (von Nährstoffen) • turnover time
Umlaufzeit f <masch> • revolution period; rotation time
Umlaufzeit f <min> • cycle time
Umlaufzeit der Gestirne f <astron> • sidereal period
umlegbare Kurbel f <masch> (Handkurbel) • folding crank handle; folding crank
umlegbares Blattkorn n <mil> • folding front sight; folding leaf sight
Umlege-Mechanismus m <kfz.innen> (Rücksitzlehne) • folding mechanism
Umlegen n <nav> (Kippen, Schrägstellen; z. B. Mast) • tilting
Umlegen n <tele> (Anruf) • call transfer
umlegen vt <tech.allg> • turn over vt
umlegen vt <masch> (z. B. Hebel, Schalter) • shift vt; throw vt
umlegen vt <nav> (z. B. Mast) • tilt vt
umlegen vt ugs.rar <prod> (Blechkante ganz umbiegen, dadurch entschärfen und versteifen) • clinch vt; edge-bead vt; bead vt; flange vt; border vt
umlegen vt <tele> (Anruf) • transfer vt
Umlegeriemen m <antr> (Riemengetriebe) • shifting belt
Umlegungszeichen n <tele> • transfer signal
Umleimer m <holz> (allg.; jedes Material, meist Kunststoff, jede Farbe) • edge strip
Umleimer m <holz> (aus Furnier, echt oder Imitat) • veneer tape
umleiten vt <tech.allg> (z. B. Strömung, Verkehr) • divert vt
umleiten vt <tech.allg> (betont: an etwas vorbei) • bypass vt
umleiten vt <verk> (via Umleitung; z. B. Fahrzeuge) • deviate vt
Umleitung f <tech.allg> (z. B. Strömung, Verkehrsfluss) • diversion
Umleitung f <ents.hydr> (von Rohren, Kanälen etc.; permanent od. temporär) • by-pass; diversion works
Umleitung f <verk> (z. B. wegen Baustelle) • deviation; bypass; rerouting
Umleitungskanal m <energ.hydr> • diversion channel; by-channel
Umleitungskraftwerk n <energ.hydr> • canal power plant; diversion canal plant; diversion power plant
Umleitungsstollen m <bau> (z. B. Wasserkraftwerk) • diversion tunnel
Umleitungsventil n <rls> (allg.) • bypass valve
Umleitventil n <kfz> (für Sekundärluft; mechanisch) • air diverter valve; diverter valve pract; air control valve; A.I.R. control valve GM
Umleitventil n <kfz.emiss> (für Sekundärluft; elektrisch) • EAC valve GM; electric air control valve
Umleitventil n <rls> (allg.) • bypass valve
Umlenkabscheider m <verf> • baffle-type separator; momentum separator; baffle chamber
Umlenkblech n <tech.allg> (Metall; richtungslenkend) • baffle plate; directional baffle; baffle
Umlenkblech n <druck> (für Papierdurchlauf) • diverter blade
Umlenkblock m <kfz.sich> (procon-ten) • relay pulley
Umlenkdüse f <turb> • reversing nozzle
umlenken vt <tech.allg> (in Gegenrichtung; z. B. Kette, Seil, Riemen, Strömung) • reverse vt; turn back vt
umlenken vt <tech.allg> (Bewegungsrichtung; z. B. Strömung, Strahl) • divert vt
umlenken vt <tech.allg> (in neue Richtung, auf andere Strecke; z. B. Lkw, Fracht, Fluid) • reroute vt

umlenken vt <aerospace> (ablenken; Luftströmung; z. B. durch Klappen) • deflect vt
umlenken vt <fz> • steer back vt
Umlenkentstauber m <verf> • baffle-type separator; momentum separator; baffle chamber
Umlenkhebelsystem n <kfz> (Motorrad) • rocker-type rear suspension
Umlenkkanal m <förd> • return channel; return passage
Umlenkplatte f <tech.allg> (allg. für Förderströme; z. B. Luft, Schüttgut) • deflector [plate]; deflection plate
Umlenkprisma n <opt> • reflecting prism
Umlenkriemenscheibe f <kfz.mot> (z. B. für Zahnriemen) • idler pulley; idler
Umlenkrolle f <av> • tape guide roller; guide roller; tape guide
Umlenkrolle f <bau> (vertikale Schiebefenster) • pulley; sash pulley
Umlenkrolle f <förd> (Seiltrieb, Riementrieb; Richtungsänderung < 90°) • deflection pulley; diverting pulley
Umlenkrolle f <förd> (Seiltrieb, Riementrieb; Richtungsänderung ca. 90°) • turn pulley; corner pulley
Umlenkrolle f <kfz.mot> (z. B. für Zahnriemen) • idler pulley; idler
Umlenkrolle f <masch> (Seiltrieb, Riementrieb; Richtungsänderung 180°) • return pulley; return sheave
Umlenkrollen fpl <masch> • turn around rollers pl
Umlenkschaufel f <rls> (z. B. in Luftleitungen (Klimaanlage), Leitapparat (Gebläse)) • deflecting blade
Umlenkspiegel m <druck> (Belichtungseinheit) • deflecting mirror; path-folding mirror rare
Umlenkstation f <verf.hydr> (Kettenräumer) • returning station
Umlenkstelle f <antr> (z. B. Kettentrieb, Seiltrieb, Riementrieb) • reversal point; reversing point
Umlenkstelle f <textil> • drape point
Umlenktrommel f <förd> • return drum
Umlenkturas m <masch> • idler tumbler
Umlenkung f <aerospace> (z. B. Strömung am Tragflügel, Abgasstrahl (Schubumkehr)) • deflection
Umlenkung f <mus> (mechanische Orgeltraktur) • change of action direction
Umlenkung f <verk> • redirection
Umlenkwand f <nukl> • deflection grove
Umluft f <hlk> • recirculated air
Umluftanlage f <kfz.hlk> (im Caravan) • warm air heating system; blown air heating [system]
Umluftbetrieb m <hlk> (der Klimaanlage) • recirculation mode
Umluftgebläse n <kfz.hlk> • recirculation air blower
Umluftheizer m <hlk> • recirculatory heater
Umluftheizung f <hlk> • recirculating heating; heating by circulating air
Umluftheizung f <kfz.hlk> (im Caravan) • warm air heating system; blown air heating [system]
Umluftklappe f <hlk> (für Umluftbetrieb; sperrt Frischluftzufuhr) • air admission flap
Umluftofen m <el> • air-circulating oven
Umluft-Regulierschraube f prakt <mot> (Vergaser) • volume control screw
Umluftschaltung f <hlk> • recirculation circuit
Umluftverfahren n <hlk> • air recirculation system; air return ventilation system rare; air return system rare
Ummagnetisierung f <phys> (mit Polaritätsumkehr) • magnetic reversal
Ummagnetisierung f <phys> (allg., erneute Magnetisierung) • remagnetization; remagnetisation GB
Ummagnetisierungsverlust m wiss <el> (von Transformatoren) • iron loss; core loss rare

Ummagnetisierungsverlust *m* <phys> *(allg.)* • magnetic hysteresis loss

Ummanteln *n* <kst.obfl> • extrusion coating

ummanteln *vt* <tech.allg> *(abdecken)* • shroud *vt*; jacket *vt rare*

ummanteln *vt* <obfl> *(beschichten)* • coat *vt*

ummanteln *vt* <prod> *(hart; z. B. mit Rohr umgeben)* • can *vt*

ummanteln *vt* <prod> *(z. B. Draht, Kabel, Elektrode)* • cover *vt*; coat *vt*

ummanteln *vt* <prod> *(hart; einkapseln; mit Gehäuse)* • encase *vt*

ummanteln *vt* <prod> *(eher weich, mit Hülle)* • sheathe *vt*; jacket *vt*; envelop *vt*

ummanteln *vt* <prod> *(z. B. Pellets in Brennstäben)* • clad *vt*

ummantelte Elektrode *f* <füg> *(Schweißtechnik)* • coated electrode; covered electrode; sheathed electrode

ummantelter Draht *m* <el> • sheathed wire

ummantelter Propeller *m* <masch> • shrouded propeller

ummantelter Sprengstoff *m* <spreng> • ordinary sheathed explosive

ummantelter Stent *m* <med.tech> • covered stent; covered stent graft

ummantelter Träger *m* <bau> • cased beam

Ummantelung *f* <tech.allg> *(hart; z. B. mit Rohr)* • canning

Ummantelung *f* <tech.allg> *(hart; Gehäuse)* • case; encasement

Ummantelung *f* <tech.allg> *(Beschichtung; z. B. von Kabeln, Schweißelektroden)* • coat

Ummantelung *f* <tech.allg> *(Abdeckung; z. B. als Schutz)* • cover; covering *rare*

Ummantelung *f* <tech.allg> *(Hülle)* • envelope

Ummantelung *f rar* <el> *(von Kabeln)* • jacket; outer sheath; sheathing; sheath

Ummantelungsglas *n* <silik> • cladding glass

umnähen *vt* <textil> *(Gewebekante)* • overedge *vt*

umnähen *vt* <textil> *(Saum hochnähen)* • stitch up *vt*

Umnetzung *f* <obfl> *(Benetzung)* • preferential wetting

Umordnung *f* <allg> • rearrangement

umorientieren *vi/vt* <tech.allg> *(z. B. Magnetpartikel)* • reorient *vi/vt*

U-Motor *m rar* <kfz.mot> *(obs.)* • dual piston engine; double-barrelled engine *rare*; double-cylinder engine; U-cylinder engine; twin-piston engine

Umpflasterung *f* <bau> • surround of paving blocks

umpolen *vi* <el> *(Kollektor)* • commutate *vi*

umpolen *vi/vt* <el> *(z. B. Motor, Magnet)* • change the polarity *vi/vt*; reverse the polarity *vi/vt*

Umpolschalter *m* <el> • polarity-reversing switch; pole-changing switch; normal-invert switch *rare*

Umpolung *f* <el> *(z. B. plus nach minus)* • polarity reversal; pole reversal

Umpolung *f* <el> *(allg., auch bei mehrpoligen Anschlüssen)* • pole changing

Umpolungsschalter *m* <el> • polarity-reversing switch; pole-changing switch; normal-invert switch *rare*

Umpolungsspannung *f* <el> • turnover voltage

umprogrammierbare Steuerung *f* <msr> • reprogrammable controller; reprogrammable hard-wired programmed controller

umprogrammieren *vt* <edv> • reprogram *vt*

Umpumpsystem *n* <masch> • recirculating pump system

Umranden *n* <druck> • edging

Umrandung *f* <kfz.el> *(Zierring, Blende; z. B. an Scheinwerfern, am Instrumentenblock u.ä.)* • bezel; surround *GB*; trim

umrechnen *vt* <math> *(Zahlen, Größen, Werte; z. B. Maßangaben, Währungen)* • convert *vt*

Umrechnung *f* <math> *(von Zahlen, Größen, Werten; z. B. von Maßangaben, Währungen)* • conversion

Umrechnung *f* <qualit.mat> *(von Prüfergebnissen)* • conversion

Umrechnung auf BTPS-Bedingungen *f* <med.tech> • BTPS-compensation; Correction to BTPS-standard; BTPS-normalization

Umrechnungsfaktor *m* <math> *(für Maßeinheiten)* • conversion factor

Umrechnungstabelle *f* <math> *(allg.; z. B. für Einheiten, Größen, Preise)* • conversion table; table of conversion factors *rare*

Umrechnungstabelle *f* <math> *(mit Korrekturfaktoren)* • correction table

Umrechnungstafel *f rar* <math> *(allg.; z. B. für Einheiten, Größen, Preise)* • conversion table; table of conversion factors *rare*

Umrechnungstafel *f* <math> *(mit Korrekturfaktoren)* • correction table

Umrechungskonstante *f* <math> • conversion constant

Umreifung *f* <logist.pack> *(Ladungssicherung)* • strapping

Umreifungsband *n DIN 55405* <pack> *(meist Stahl, Kunststoff)* • strap

Umreifungsmaschine *f* <pack> *(allg.; für Stahl- oder Kunststoffbänder)* • strapping machine

Umreifungsmaschine *f* <pack> *(für Stahlbänder)* • steel banding machine

umreißen *vt* <allg> *(z. B. Thema, Problem, Ziel)* • outline *vt*; delineate *vt*

umreißen *vt rar* <bau> *(völlig zerstören; z. B. Gebäude, Brücke)* • wreck *vt*; demolish *vt*; pull down *vt*; tear down *vt*

umreißen *vt* <doku> *(Umriss zeichnen, Konturen nachfahren)* • trace out *vt*

umrichten *vt* <el> *(z. B. 60 Hz auf 50 Hz)* • convert the frequency *vt*

umrichten *vt* <wz.masch> *(z. B. Revolver, Kettenmagazin, Spanneinrichtungen)* • reset *vt*; retool *vt*; change the tooling *vt*; change the set-up *vt*

Umrichter *m* <el> *(z. B. 60 Hz auf 50 Hz)* • converter; frequency changer

Umrichtung *f* <el> *(z. B. 60 Hz auf 50 Hz)* • frequency conversion

Umrichtung *f rar* <wz.masch> *(für andere Werkstücke)* • resetting; change-over; retooling; tooling change-over *rare*

Umrichtzeit *f* <prod> *(z. B. für Werkzeugmaschine, Fertigungsstraße)* • resetting time; change-over time

Umriss *m* <tech.allg> • contour

Umriss *m ugs* <doku> *(eines Körpers; in techn. Zeichnung)* • outline; part edge *rare*

Umrissfräsen *n* <prod> • contour milling; profile milling

Umrisslinie *f* <doku> *(eines Körpers; in techn. Zeichnung)* • outline; part edge *rare*

Umrissnachformeinrichtung *f* <wz.masch> • contouring attachment; profiling attachment

Umrissnachformen *n* <prod> • contour machining; contouring *pract*

Umrissnachformhobeln *n* <prod> • contour planing

Umrissnachformsteuerung *f* <wz.masch> • contour control

Umrisstaster *m* <wz.masch> *(z. B. zum Nachformen)* • stylus; tracer

Umriss vor der Verformung *m* <doku> • initial outline prior to forming

umrollen *vi/vt* <pap> • rewind *vi/vt*

umrollen *vt* <tech.allg> • roll over *vt*

umrollen *vt* <pap> • rereel *vt*; rewind *vt*

Umroller *m* <pap> • rereeling machine; rewinding machine; rewinder

Umrollrüttelformmaschine *f* <bau.masch> • jolt roll-over molding machine
Umrühren *n* <tech.allg> • stirring
umrühren *vt* <tech.allg> *(Flüssigkeit)* • stir *vt*; agitate *vt*
umrühren *vt* <verf> *(Charge in Brennofen)* • rabble *vt*
Umrührgerät *n* <nahr> *(Wein)* • stirrer; stirring apparatus
umrüstbare Buchse *f* <el> • adaptable socket
umrüsten *vt* <tech.allg> *(konvertieren)* • convert *vt*
umrüsten *vt* <tech.allg> *(nachträglich einbauen)* • retrofit *vt*; backfit *vt*
umrüsten *vt* <wz.masch> *(z. B. Revolver, Kettenmagazin, Spanneinrichtungen)* • reset *vt*; retool *vt*; change the tooling *vt*; change the set-up *vt*
Umrüststecker *m* <el> • convertible connector
Umrüstung *f* <tech.allg> *(allg.)* • backfitting; retrofitting
Umrüstung *f* <tech.allg> *(Altanlage)* • retrofitting
Umrüstung *f* <edv> *(nachträgliche Hardwareänderung)* • retrofitting
Umrüstung *f* <wz.masch> *(für andere Werkstücke)* • resetting; change-over; retooling; tooling change-over *rare*
Umrüstzeit *f* <prod> *(z. B. für Werkzeugmaschine, Fertigungsstraße)* • resetting time; change-over time
Umsack *m DIN 55405* <pack> • baler; baler bag; baler sack
Umsatz *m* <chem> • conversion
Umsatz *m* <fin> • sales; sales revenue; turnover; transaction; operating revenues
Umsatzgleichung *f* <chem> • reaction equation
Umsatzrate *f* <kfz.emiss> *(von Katalysatoren)* • conversion rate
umschaltbare Knarre *f* <wz> • reversible ratchet; reversible ratchet wrench; reversing ratchet *rare*
umschaltbarer Stecker *m* <el> • switch-over plug
Umschalten *n* <tech.allg> *(z. B. von Einspritzdruck auf Nachdruck)* • switch-over; change-over
Umschalten *n* <el> • switching
Umschalten *n* <el> *(durch Kollektor)* • commutation
Umschalten *n* <el> *(z. B. von Stromquellen)* • switch-over
Umschalten *n* <wz.masch> *(von Positionen; z. B. Revolverkopf)* • indexing
umschalten *vi* <el> *(Kollektor)* • commutate *vi*
umschalten *vi* <navig> *(von einem Satelliten zum nächsten schalten)* • multiplex *vi*
umschalten *vi/vt* <el> *(Relais)* • change over *vi/vt*
umschalten *vt* <tech.allg> *(ins Gegenteil; z. B. Richtung, Polarität)* • reverse *vt*
umschalten *vt* <tech.allg> • switch over *vt*
umschalten *vt* <bahn> *(Weiche)* • throw *vt*
umschalten *vt* <wz.masch> *(z. B. Revolverkopf)* • index *vt*
Umschalten auf Linkslauf *n* <wz.masch> *(bei Werkzeug mit Drehbewegung, z. B. Bohrmaschine)* • reversing
Umschalter *m* <el> • double-throw switch
Umschalter *m* <el> *(zur Umkehr von Richtung oder Polarität)* • reversing switch
Umschalter *m* <el> *(Wahlschalter mit 2 oder mehreren Stellungen)* • selector switch
Umschalter *m* <el> *(jeder Schalter mit 2 Schaltzuständen)* • toggle switch
Umschalter *m* <el> • change-over switch; two-way switch
Umschalter Bohren/Schlagbohren *m* <wz> • hammer action selector
Umschalter Rechts-/Linkslauf *m* <wz> *(bei Werkzeugen mit rotierendem Spannfutter)* • chuck rotation selector
Umschaltfrequenz *f* <el> *(eines Wechselrichters)* • switching frequency; clocking speed
Umschaltfunken *n* <el> *(an Kollektor)* • commutation sparking
Umschaltgetriebe *n* <bau> *(DK-Beschlag für Fenster)* • tilt gear mechanism; tilt gear; turn gear mechanism; turn gear

Umschalthebel *m* <masch> • change lever
Umschalthebel für Verschlusszeitenanzeige *f* <phot> • display-range selector lever
Umschalthebel für Zeitenanzeige *f* <phot> • display-range selector lever
Umschaltklinke *f* <tele> • transfer jack
Umschaltknarre *f* <wz> • reversible ratchet; reversible ratchet wrench; reversing ratchet *rare*
Umschaltkontakt *m* <el> • double-throw contact; change-over contact; throw-over contact *rare*
Umschaltkupplung *f* <masch> • reversing clutch
Umschaltkurve *f* <wz.masch> • reversing cam
Umschaltmechanismus *m* <med.tech> • cycling mechanism; cycling control
Umschaltmodul *n* <edv> *(wechselt zw. zwei Zuständen, Anzeigen etc.)* • flip switch module; module flip switch
Umschaltperiode *f* <tech.allg> • switching period
Umschaltpotential *n* <el.chem> • switchover potential
Umschaltpunkt *m* <hlk> *(zum Zuschalten einer Zusatzwärmequelle)* • balance point; switch-over point
Umschaltrelais *n* <el> • change-over relay; change-switch-over relay *rare*
Umschaltschieber *m* <kfz.antr> *(Automatikgetriebe-Steuerung)* • command valve; shift valve; gear shift slider *ZF*
Umschaltschieber *m Volvo* <kfz.antr> *(Automatikgetriebe-Steuerung)* • manual valve (MV); manual selector valve; selector valve; manual shift valve *Ford*
Umschaltschütz *n* <el> • change-over contactor
Umschaltsteuerung *f* <med.tech> • cycling mechanism; cycling control
Umschalttaste *f* <edv> *(auf Tastatur)* • shift key
Umschalttor *n* <msr> • change-over gate
Umschaltung *f* <tech.allg> *(z. B. von Einspritzdruck auf Nachdruck)* • switch-over; change-over
Umschaltung *f* <el> *(durch Kollektor)* • commutation
Umschaltung *f* <el> *(z. B. von Stromquellen)* • switch-over
Umschaltung *f* <masch> • shift; shifting
Umschaltung *f* <wz.masch> *(von Positionen; z. B. Revolverkopf)* • indexing
Umschaltung von Bandzählwerk auf Uhrzeitanzeige *f* <av> • counter/clock switching
Umschaltung von Uhrzeitanzeige auf Bandzählwerk *f* <av> • counter/clock switching
Umschaltventil *n* <tech.allg> *(allg.)* • switch-over valve; switching valve
Umschaltventil *n* <hlk> *(für die Arbeitsrichtung v. Wärmepumpen; meist ein Vierwegeventil)* • reversing valve; refrigerant reversing valve; switchover valve; changeover valve
Umschaltventil *n* <kfz.emiss> *(Sekundärluft, allg.)* • air select valve; air switching valve
Umschaltventil *n* <kfz.emiss> *(Sekundärluft, elektr.)* • electric air switching valve
Umschaltventil *n* <prod.nahr> *(Plattenpasteur)* • flow diversion valve (FDV)
Umschaltzeichen *n* <edv> *(zur Wahl eines anderen Zeichensatzes)* • shift character
Umschaltzeit *f* <el> • change-over time; switching time
Umschaltzeit *f* <el> *(Relais)* • relay transfer time
Umschlag *m* <bekl> *(an Hose)* • cuff *US*; turn-up *GB*
Umschlag *m* <chem> *(Titration)* • break
Umschlag *m* <chem> *(Emulsion)* • reversion
Umschlag *m* <druck> *(Buch)* • cover
Umschlag *m* <logist> *(von Waren; z. B. im Lager, Hafen)* • handling
Umschlag *m* <logist> *(Zu- und Abgänge pro Zeiteinheit; z. B. im Ersatzteillager)* • throughput; turnover; parts usage activity *US*

Umschlag *m* <logist.nav> *(von Frachtgut)* • transshipment

Umschlag *m* <med> • compress

Umschlag *m* <med> *(homöopath.)* • cataplasm; poultice

Umschlag *m* <metall> *(Blechrand)* • turn-up

Umschlag *m* <meteo> *(Wetter)* • abrupt change

Umschlag *m* <pack> *(Brief)* • envelope

Umschlag *m* <pap> *(für Heft, Buch)* • jacket

Umschlag *m* <phys> *(von laminarer in turbulente Strömung)* • transition

Umschlaganlage *f* <logist> • handling plant

Umschlagbereich *m* <chem> • indicator range

Umschlagbild *n* <druck> *(Buch)* • cover picture

Umschlageinrichtungen *fpl* <logist> *(z. B. Hafen, Flughafen, Güterbahnhof)* • cargo-handling facilities; cargo-handling equipment; cargo-handling machinery

Umschlagen *n* <chem> *(Emulsion)* • reversion

Umschlagen *n* <logist> *(von Waren; z. B. im Lager, Hafen)* • handling

Umschlagen *n* <logist.nav> *(von Frachtgut)* • transshipment

Umschlagen *n* <meteo> *(von Wetter)* • abrupt changing

Umschlagen *n* <phys> *(von laminarer in turbulente Strömung)* • transition

umschlagen *vi* <allg> *(z. B. Wetter, Betriebsverhalten)* • change abruptly *vi*

umschlagen *vt* <chem> *(Reaktion)* • reverse *vt*

umschlagen *vt* <chem> *(Farbe)* • turn *vt*

umschlagen *vt* <förd> *(Fracht)* • transship *vt*

umschlagen *vt* <metall> *(Blechkante)* • turn over *vt*

umschlagen *vt* <prod> *(z. B. Blech, Nagel)* • clinch *vt*; clench *vt*

Umschlag laminar-turbulent <phys> • transition to turbulence

Umschlagmaschine *f* <metall> • turn-up machine

Umschlagrelais *n* <el> • throw-over relay

Umschlagsintervall *n* <chem> *(Farbindikator)* • transition interval

Umschlagspunkt *m* <phys> • point of inflection

Umschlagwerkzeug *n* <wz> • hatchet stake

Umschlagzeit *f* <logist> *(von Frachtgut etc.; z. B. im Hafen)* • cargo handling time

Umschlagzeit *f* <logist> *(allg. von Gütern; z. B. von Ersatzteilen im Lager)* • handling time

umschließen *vt* <allg> *(von allen Seiten einfassen)* • encircle *vt*; surround *vt*

umschließen *vt* <tech.allg> *(umgeben)* • enclose *vt*

umschließende Griffschalen *fpl* <mil> • wraparound grip plates; combat-type grip plates

umschlingen *vt* <tech.allg> *(Band, Seil, Riemen und Trommel, Seilrolle bzw. Riemenscheibe)* • contact *vt*

umschlingen *vt* <tech.allg> *(mit Schnur, Draht etc. einwickeln)* • wrap *vt*

Umschlingung *f* <tech.allg> *(von Seilrollen, Riemenscheiben, Videokopftrommeln)* • contact; wrap

Umschlingung *f prakt* <tech.allg> *(in Winkelgraden; z. B. zw. Seil und Trommel, Band und Videokopf)* • angle of contact; contact angle; angular contact; wrapping angle; wrap angle

Umschlingungsbogen *m* <tech.allg> *(z. B. Seil auf Seilrolle)* • arc of contact; arc of wrap

Umschlingungstrieb *m* <antr> *(als Zahnstangentrieb)* • belt-type rack-and-pinion drive

Umschlingungswinkel *m* <tech.allg> *(in Winkelgraden; z. B. zw. Seil und Trommel, Band und Videokopf)* • angle of contact; contact angle; angular contact; wrapping angle; wrap angle

Umschlingungswinkel *m* <fz> *(Kettentrieb: z. B. Motorradkette)* • chain wraparound

umschmelzen *vt* <metall> • remelt *vt*; refuse *vt*

Umschmelzmetall *n* <metall> • remelted metal

Umschmelzofen *m* <metall> • remelting furnace

umschneiden *vt* <av> *(neu aufzeichnen)* • rerecord *vt*; re-edit *vt*

Umschnitt *m* <av> *(Neuaufzeichnung)* • rerecording

Umschnürung *f* <tech.allg> • hooping

Umschottung *f* <nav> • bulkheading

umschreiben *vt* <edv> • transcribe *vt*

umschreiben *vt* <math> *(Umkreis um eine geom. Figur; z. B. Dreieck)* • circumscribe *vt*

Umschreiber *m* <edv> • transcriber

umschulen *vt* <did> • retrain *vt*

UMS-Dienst *m* <tele> • unified message service (UMS)

UM-Service *m rar* <tele> • unified message service (UMS)

umsetzbare aktive Fläche *f* <msr> *(in versch. Positionen; z. B. von Näherungssensor)* • turnable sensing head

umsetzbare Plattform *f* <petr> • mobile platform

umsetzbarer Oszillator *m* <msr> *(in versch. Positionen; z. B. von Näherungssensor)* • turnable sensing head

umsetzbarer Sensorkopf *m* <msr> *(in versch. Positionen; z. B. von Näherungssensor)* • turnable sensing head

Umsetzbarkei zu einer anderen Lokation *f* <petr> • re-location

umsetzbar vor Ort <msr> *(Sensorkopfposition)* • field changeable

Umsetzbrücke *f* <logist> *(für RFZ)* • transfer car *US*; transfer carriage *US*; transfer unit *US*; transfer vehicle *GB*; end-of-aisle transfer car *US*

umsetzen *vt* <tech.allg> *(Objekte anders platzieren, verschieben)* • shift *vt*; set over *vt*

umsetzen *vt* <druck> *(Schriftsatz)* • reset *vt*; recompose *vt*

umsetzen *vt* <msr> *(Messgröße, Signal)* • convert *vt*

Umsetzen der Laufräder *n did* <kfz> • wheel rotation; interchanging of wheels; wheel interchanging

Umsetzen der Räder *n* <kfz> • wheel rotation; interchanging of wheels; wheel interchanging

Umsetzer *m* <edv> • encoder

Umsetzer *m* <edv.el> • converter

Umsetzer *m* <el> • transformer

Umsetzer *m* <logist> *(für RFZ)* • transfer car *US*; transfer carriage *US*; transfer unit *US*; transfer vehicle *GB*; end-of-aisle transfer car *US*

Umsetzer *m* <tele> • translator

Umsetzereinrichtung *f* <tele> • translating equipment

Umsetzgerät *n rar* <autom> *(nicht frei programmierbar, daher im Dt. nicht in der Kategorie Roboter)* • pick and place unit/device/machine; automated transfer device *form*; limited sequence robot; bang-bang robot *coll*; fixed stop robot *coll*

Umsetzgeschwindigkeit *f* <edv.av> • conversion speed

Umsetzpaddel *n* <verf.hydr> *(Schwimmschlammabstreifer)* • scum paddle

Umsetzrate *f* <edv.av> • conversion rate

Umsetzung *f* • shifting

Umsetzung *f* <allg> *(z. B. Theorie in Praxis, Formel in Schaubild, Daten in Zeichen)* • conversion

Umsetzung *f* <av> • transcription

Umsetzung *f* <chem> • decomposition

Umsetzung *f* <chem> • reaction

Umsetzung *f* <edv.av> • translation

Umsetzung *f* <el> • transformation

Umsetzung *f* <el> *(von Daten, Signalen; z. B. analog – digital)* • conversion

Umsetzung *f* <prod> • resetting

Umsetzungszeit *f* <edv.av> • conversion time

Umsetzwagen *m* <logist> *(für RFZ)* • transfer car *US*; transfer carriage *US*; transfer unit *US*; transfer vehicle *GB*; end-of-aisle transfer car *US*

Umsetzzeit *f* <edv.av> • conversion time

Umsiedlung *f GTS* <jur> *(von Bevölkerungsgruppen)*
• resettlement
Umsortieren *n* <edv> • sorting by exchanging
Umspanndorn *m* <wz.masch> • adapter
umspannen *vt* <allg> *(Raum, Zeit)* • span *vt*
umspannen *vt* <el> • transform *vt*
umspannen *vt* <prod> *(z. B. Werkzeugmaschine)* • re-
chuck *vt*
umspannen *vt* <prod> • reclamp *vt*
umspannen *vt* <wz.masch> • reset *vt*
Umspanner *m* <el> • transformer
Umspannung *f* <el> • transformation
Umspannung *f* <prod> • rechucking
Umspannung *f* <prod> • reclamping
Umspannung *f* <prod> • resetting
Umspannwerk *n* <el> • substation
Umspannwerk *n* <el> • transformer station
Umspannwerk *n* <el> • transformer station
umspeichern *vt* <edv> • dump *vt*
umspeichern *vt* <edv> • exchange *vt*
umspeichern *vt* <edv> • restore *vt*
Umspeicherung *f* <edv> • dumping
Umspeicherung *f* <edv> • exchange
Umspeicherung *f* <edv> • restoring
umspielen *vt* <av> • rerecord *vt*
umspinnen *vt* <textil> *(Draht, Schlauch)* • braid *vt*
umspinnen *vt* <textil> *(z. B. Litze, Seil)* • cover *vt*
Umspinnungsgarn *n* <textil> • core-spun yarn; core yarn
Umspinnungszwirn *m* <textil> • spinning covering twist;
twist for covering by spinning
umsponnener Draht *m* <el> • covered wire
umsponnenes Garn *n* <textil> • core spun yarn
Umspringen der Frequenzen <av> • double moding
Umspringen der Frequenzen <av> • mode shift
umspritzen *vt* <kst> • mold in *vt*
umspritzen *vt* <kst> • outline *vt*; coat (with) *vt*
umspulen *vt* <tech.allg> *(z. B. Band, Draht, Faden)* • rereel *vt*
umspulen *vt* <av> • rewind *vt*
umspulen *vt* <textil> • cop *vt*
umspulen *vt* <textil> *(Faden)* • rewind *vt*
Umspulmaschine *f* <textil> • rereeling machine
Umspulzeit *f* <av> *(Magnetband)* • winding time
umständehalber zu verkaufen <ökon> • reluctant sale
umstecken *vt* <el> • replug *vt*
umstecken *vt* <prod> *(z. B. Wechselräder, Werkzeuge,
Stöpsel (Stöpselfeld))* • change *vt*
Umsteckrad *n* <masch> • pick-off change gear
Umsteckrad *n* <masch> *(z. B. Wechselradgetriebe)*
• pick-off gear
Umsteckrad *n* <wz.masch> • loose change gear
umstellbare Schön- und Widerdruckmaschine *f*
<druck> • convertible perfector
umstellen *vt* <tech.allg> *(anders anordnen; z. B. Maschinen, Möbel)* • rearrange *vt*; relocate *vt*
umstellen *vt* <tech.allg> *(z. B. Prozess, Produktion)* • set
over *vt*
umstellen *vt* <masch> *(großen Hebel)* • throw *vt*; throw
over *vt*
umstellen *vt* <ökon> *(z. B. Betrieb, Organisation)* • shift *vt*
Umstellhebel *m* <masch> • shift lever
Umstellung auf eine andere Sorte *f* <pap> • grade
change
Umstellventil *n* <hydr> • reversing valve
umsteuerbarer Motor *m* <el> • reversible motor
Umsteuergröße *f* <edv> • modifier
Umsteuerhebel *m* <wz.masch> • reversing lever
Umsteuerkupplung *f* <masch> • reversing clutch
Umsteuermotor *m* <el> • reversing motor

umsteuern *vi/vt* <nav> • reverse the direction *vi*
umsteuern *vt* <tech.allg> *(in neue Richtung, auf andere
Strecke; z. B. Lkw, Fracht, Fluid)* • reroute *vt*
umsteuern *vt* <antr> *(elektrisch, mechanisch)* • reverse *vt*
Umsteuerpropeller *m* <nav> *(Richtungsumkehr)* • rever-
sible propeller
Umsteuerpropeller *m* <nav> *(verstellbarer Anstellwinkel)*
• variable pitch propeller
Umsteuerreibkupplung *f* <masch> • reversing friction
clutch
Umsteuerschalter *m* <el> • reversing switch
Umsteuerschieber *m* <masch> *(Kolbenmaschine)* • di-
rectional control valve
Umsteuerschieber *m* <masch> • selector valve; selector
pract
Umsteuerschieber mit Vorsteuerschieber <masch>
• relay selector
Umsteuerung *f* <masch> *(z. B. Kolbenmaschine, Schiffs-
schraube)* • direction reversal
Umsteuerungsturbine *f* <turb> • reversing turbine
Umsteuerventil *n* <rls> • reverse valve; reversing valve
Umsteuerwähler *m* <tele> • routing selector
Umsteuerzeit *f* <tech.allg> *(z. B. Schiff)* • reversing time
umströmen *vt* <tech.allg> *(z. B. Hindernis, Steg, Torpedo)*
• pass around *vt*; flow around *vt*
umströmend <phys> *(Strömung, z. B. Luft um Gebäude,
Wasser um Brückenpfeiler)* • circumfluent
Umströmkanal *m* <bau> *(z. B. Bewässerung)* • circulation
channel
Umstülpprozess *m* <ents.hydr> • inversion
Umsturzversuch *m* <nfz> • rollover test
Umtastabstand *m* <tele> • frequency shift
Umtastfrequenz *f* <tele> • keying frequency
Umtrieb *m* <holz> • rotation; rotation length
Umtriebpropeller *m* <pap> • propeller agitator
Umtriebszeit *f* <holz> • rotation; rotation length
UMTS-Mobilfunk *m* <tele> *(1900 MHz)* • universal mobile
telecommunication system (UMTS)
Umverpackung *f* <pack> • overwrapping
Umverpackung *f DIN 55405* <pack.klass> • overpack
Umverteilung *f* <logist> • redistribution
umwälzen *vt* <tech.allg> *(Fluid, z. B. Wasser, Kühlmittel,
Schmieröl, Luft)* • circulate *vt*
umwälzen *vt* <pap.ents> *(Altpapierstoff)* • circulate *vt*
Umwälzer *m* <masch> • fan
Umwälzer *m* <nukl> • circulator
Umwälzgeschwindigkeit *f* <allg> *(in m/s, oder als An-
zahl Umläufe je Zeiteinheit)* • circulation rate
Umwälzheizeinrichtung *f* <hlk> • circulation heater
Umwälzkocher *m* <pap> • circulating digester
Umwälzkochung *f* <pap> • circulation cook
Umwälzlüfter *m* <hlk> *(z. B. Umluft)* • circulating fan
Umwälzpumpe *f* <förd> • circulating pump; recirculation
pump; circulation pump; circulator pump *rare*; circulator *rare*
Umwälzung *f* <tech.allg> • recirculation
Umwälzung *f* <rls> *(einer Flüssigkeit, typ. mit Pumpe;
z. B. Kühlwasser)* • recirculation
umwalzen *vt* <metall> • loop *vt*
Umwalzer *m* <metall> • looper
Umwalzer *m* <metall> • looping roller
Umwandeln *n* <chem.petr> • conversion
umwandeln *vt* <allg> • transform *vt*
umwandeln *vt form* <allg> *(z. B. Form, Stoff, Zustand,
Gefüge)* • change *vt*
umwandeln *vt* <tech.allg> *(z. B. Form, Signal, Frequenz)*
• convert *vt*; transform *vt*
umwandeln *vt* <chem> • interconvert *vt*
umwandeln *vt* <msr> *(Messgröße, Signal)* • convert *vt*
Umwandler *m* <tech.allg> • converter

Umwandler *m* <el> • converter unit
Umwandler *m* <el> • modifier
Umwandlermodul *n* <tech.allg> • converter module
Umwandlung *f* <allg> *(z. B. von Energie, Gefüge, Messwerten, Rechten)* • transformation; change
Umwandlung *f* <tech.allg> *(z. B. Daten, Formate, Einheiten, Chemikalien)* • conversion
Umwandlung *f* <chem.petr> *(von KW)* • reforming
Umwandlung *f* <el> *(von Daten, Signalen; z. B. analog – digital)* • conversion
Umwandlung *f* <energ.sol> *(Schaltoperation mit Stromumkehr)* • commutation
Umwandlung ,f <holz> *(Forstliche Planung und Waldbau)* • conversion
Umwandlung *f* <holz> *(Forstrecht und staatliche Maßnahmen)* • clearance of forest for other land use; deforestation
Umwandlung *f* <metall> *(z. B. von einem Kristallgitter in ein anderes)* • transition; inversion
Umwandlung *f* <nukl> *(allg.)* • transmutation; transformation
Umwandlung *f* <nukl> *(durch radioaktiven Zerfall)* • devolution; transition
Umwandlung gesprochener Sprache in Textdateien *f* (STT) <edv> *(z. B. durch Diktiersysteme, Spracheingabe)* • speech-to-text (STT)
Umwandlungsbereich *m* <tech.allg> • conversion zone
Umwandlungsbereich *m* <metall> • transformation range
Umwandlungsenthalpie *f* <metall> • enthalpy of transformation
Umwandlungsfunktion *f* <phys> • transfer function
Umwandlungsgeschwindigkeit *f* <edv.av> • conversion speed
Umwandlungsgestein *n* <geo> • metamorphic rock
Umwandlungshärtung *f* <metall> • transformation hardening
Umwandlungsintervall *n* <metall> • transition interval; transformation interval
Umwandlungskode *m* <edv> • conversion code
Umwandlungskoeffizient *m* <phys> • conversion coefficient
Umwandlungsprodukt *n* <chem> *(allg.)* • transformation product
Umwandlungsprodukt *n* <chem> • decomposition product; degradation product
Umwandlungsprogramm *n* <edv> • conversion program; conversion routine
Umwandlungspunkt *m* <metall> • transformation point; critical point; arrest point
Umwandlungsrate *f* <edv.av> • conversion rate
Umwandlungsrate *f* <kfz.emiss> *(von Katalysatoren)* • conversion rate
Umwandlungsschicht *f* <obfl> • conversion coating
Umwandlungsschlüssel *m* <edv> • conversion code
Umwandlungstemperatur *f* <metall> • transformation temperature
Umwandlungsverlust *m* <tech.allg> • conversion loss
Umwandlungswärme *f* <mat> • transition heat; transformation heat
Umwandlungswirkungsgrad *m* <el> *(z. B. Stromrichter, Solarzelle)* • conversion efficiency
Umwandlungszeit *f* <edv.av> • conversion time
Umwandlungszone *f* <tech.allg> • conversion zone
Umwandlung von Textdateien in gesprochene Sprache *f* (TTS) <edv> *(z. B. Bahnhofsansage, Navigation, Voice-Commerce)* • text-to-speech (TTS)
Umwandlung zweiter Ordnung *f* <chem> *(Zustandsänderung viskos-elastisch in spröd-glasartig)* • second-order transition

Umweg *m* <verk> • detour
Umweglenkung *f* <tele> • rerouting; alternate routing
Umwegsteuerung *f* <tele> • rerouting; alternate routing
Umwelt *f* ISO 14001 <ökol> • environment ISO 14001
Umweltaudit *n* ISO 14010 <ökol.qualit> • environmental audit ISO 14010
Umweltauflage *f* <ökol.jur> • environment regulation
Umweltauswirkung *f* ISO 14001 <ökol> • environmental impact ISO 14001
umweltbedingt <ökol> • ecological
Umweltbedingungen *fpl* <ökol> • environmental conditions
umweltbelastend <ökol> *(durch Verschmutzung; z. B. des Bodens, der Luft)* • polluting; pollutive
umweltbelastend <ökol> *(allg.; z. B. Flusskanalisierung, Straßenbau, Trockenlegung)* • ecologically undesirable
Umweltbelastung *f* <ökol> *(durch Verunreinigungen; Vorgang und Ergebnis, z. B. durch Abgase)* • environmental pollution; pollution load on the environment; pollution of the environment; environmental contamination
Umweltbericht *m* <ökol.doku> • environmental report
umweltbewusst <ökol> • ecology-minded; environment-conscious; environmentally aware GB; environmentally conscious
Umweltbewusstsein *n* <ökol> • ecological awareness; environmental awareness; environmental consciousness *rare*
Umweltbeziehungen *fpl* <ökol> • environmental relationships
Umwelt des Menschen *f* <ökol> • human environment
Umwelteinflüsse *mpl* <ökol> • environmental effects
Umwelteinfluss *m* <ökol> • environmental impact; impact on the environment
Umwelterhaltung *f* <ökol> • environmental conservation; environmental preservation
umweltfeindlich <ökol> *(durch Verschmutzung; z. B. des Bodens, der Luft)* • polluting; pollutive
umweltfeindlich <ökol> *(Handeln und Objekte; z. B. Dünnsäureverklappung, Abgase)* • ecologically harmful; damaging to the environment
Umweltforschung *f* <ökol> • environmental research
umweltfreundlich <ökol> *(eher vorteilhafte Auswirkungen, soweit man das weiß)* • ecologically beneficial; ecologically desirable
umweltfreundlich <ökol> *(keine Auswirkungen, soweit man das weiß)* • harmless to the environment; ecologically harmless; environmentally friendly GB; friendly to the environment GB; environmentally safe
umweltfreundlich <ökol> *(betont: verursacht keine Umweltverschmutzung)* • non-polluting
umweltfreundliche Elektronik *n* <el> • green electronics
umweltfreundliche Produktion *f* <prod> • environmentally friendly manufacture
umweltfreundliches Elektronikdesign *n* <el> • green design of electronics
Umweltfreundlichkeit *f* <ökol> *(z. B. eines Produkts)* • environmental friendliness GB
Umweltgefährdung *f* <ökol> *(z. B. durch Abfälle, Emissionen)* • endangering the environment
Umweltgefahr *f* <ökol> • environmental hazard; ecological hazard
Umwelthygiene *f* <ökol> • environmental hygiene
Umweltkatastrophe *f* <ökol> • environmental disaster; ecodoom
Umweltkrise *f* <ökol> • environmental crisis
Umweltmanagementsystem *n* ISO 14001 <ökol> • environmental management system ISO 14001
Umweltmedien *mpl* <ents> *(Boden, Luft und Wasser)* • environmental compartments

Umweltmesstechnik *f* <msr.ökol> • environmental instrumentation
Umweltmeteorologie *f VDI 3786* <meteo.ökol> • environmental meteorology *VDI 3786*
Umweltministerium *n* <admin.ökol> • Department of the Environment
Umweltmissbrauch *m* <ökol> • environmental abuse
umweltneutral <ökol> *(keine Auswirkungen, soweit man das weiß)* • harmless to the environment; ecologically harmless; environmentally friendly *GB*; friendly to the environment *GB*; environmentally safe
Umweltpolitik *f ISO 14001* <ökol> • environmental policy *ISO 14001*
Umweltprüfverfahren *n* <ökol> • environmental testing
Umweltqualität *f* <ökol> • environmental quality
Umweltschäden *mpl* <ökol> *(Resultat von Umweltbelastungen)* • ecological damage *sg*; damage to the environment *sg*
Umweltschädigung durch Wärme *f* <ökol> • thermal pollution
umweltschädlich <ökol> *(Handeln und Objekte; z. B. Dünnsäureverklappung, Abgase)* • ecologically harmful; damaging to the environment
umweltschädlich <ökol> *(allg.; z. B. Flusskanalisierung, Straßenbau, Trockenlegung)* • ecologically undesirable
umweltschädlich <ökol> *(durch Verschmutzung; z. B. des Bodens, der Luft)* • polluting; pollutive
Umweltschützer *m* <ökol> *(aktiv, engagiert, organisiert)* • environmentalist
Umweltschutz *m* <ökol> • environmental protection; protection of the environment; pollution control; environment protection
Umweltschutzbehörde der USA *f* <admin.ökol> • Environmental Protection Agency (EPA)
Umweltschutzbewegung *f* <ökol> • environment movement; ecology movement
Umweltschutzgesetz *n* <jur.ökol> *(UK-Gesetzgebung)* • Environmental Protection Act (EPA)
Umweltschutzgesetz *n* <jur.ökol> *(allg.)* • environmental law
Umweltschutz-Gütesiegel *n* <ökol> *(z. B. „Blauer Engel")* • ecology mark; environmental logo; ecologo; ecoseal; eco-label
Umweltschutzinspektorat *n* <admin.jur> *(UK-Gesetzgebung)* • Her Majesty's Inspectorate of Pollution (HMIP)
Umweltschutzkampagne *f* <ökol> • environmental campaign
Umweltschutzkonferenz *f* <ökol> • environmental conference
Umweltschutzmaßnahme *f* <ökol> *(allg.)* • environmental action; environmental measure; environmental-protection measure
Umweltschutzmaßnahme *f* <ökol> *(betont: gegen Verschmutzung)* • antipollution measure
Umweltschutzpapier *n* <pap> • 100% recycled paper
Umweltschutzpolitik *f* <ökol> • environmental policy *ISO 14001*
Umweltschutzprogramm *n* <ökol> • environmental programme *GB*; environmental program *US*
Umweltschutzvorschriften *fpl* <jur.ökol> • environmental standards
Umweltstudie *f* <ökol> • ecological study
Umweltüberwachung *f* <ökol> • environmental monitoring
Umweltverbesserung *f* <ökol> • environmental improvement
umweltverschmutzend <ökol> • polluting; pollutive; contaminating; environmental pollutive
Umweltverschmutzer *m* <ökol> • polluter

Umweltverschmutzung *f* <ökol> *(durch Verunreinigungen; Vorgang und Ergebnis, z. B. durch Abgase)* • environmental pollution; pollution load on the environment; pollution of the environment; environmental contamination
Umweltverschmutzung durch die Industrie *f* <ökol> • industrial pollution
Umweltverschmutzungsgesetzgebung *f* <ökol> • pollution legislation
Umweltverträglichkeitsprüfung *f* (UVP) <jur.ökol> • Environmental Compatibility Test (E.C.test); Environmental Impact Assessment
Umweltzeichen *n* <ökol> *(z. B. „Blauer Engel")* • ecology mark; environmental logo; ecologo; ecoseal; eco-label
umwenden *vi rar.ugs* <masch> *(um Hochachse; Arbeitsrichtung)* • reverse the direction *vi*
umwenden *vt* <allg> *(um Längs- oder Querachse; Unterseite nach oben; z. B. Steak)* • turn over *vt*
umwenden *vt* <tech.allg> *(um Längs- oder Querachse umwälzen; z. B. Unterseite nach oben)* • roll over *vt*
Umwerfer *m* <fz> • front derailleur; front changer *GB*; front mech *coll*
Umwerter *m* <tele> • translator
Umwertung *f* <qualit.mat> *(von Prüfergebnissen)* • conversion
umwickeln *vt* ['um] <tech.allg> *(auf eine andere Spule; z. B. Band, Draht, Faden)* • rereel *vt*; rewind *vt*
umwickeln *vt* [um'wik] <pack> *(z. B. mit Papier, Folie, Band)* • wrap *vt*
umwickelter Draht *m* <el> • taped wire
Umwicklung *f* <tech.allg> *(z. B. zum Schutz von Kabeln, Transportgut)* • wrapping; bandage
Umzäunung *f* <bau> • perimeter fence
Umzugskosten *pl* <fin> • moving expenses; relocation expenses; removal expenses; removal costs; cost of a move
UN <füg> *(allg.; ISO-Inch-Gewinde)* • Unified inch screw thread (UST); Unified screw thread; Unified system thread; ISO inch screw thread; UN thread
unabgedeckt <allg> • uncovered
unabgefedert <masch> • unsprung
unabgeglichen <el> • unbalanced
unabgelenktes Licht <phys> • free-field light
unabgesättigte Bindung *f* <chem> • dangling bond
unabgeschirmt <el> *(z. B. Antenne, Kabel)* • unscreened; unshielded
unabgeschirmt <phys> • unshielded
unabgestimmt <el> • untuned
unabhängig <allg> • independent; autonomous
unabhängig <tech.allg> *(separat, ohne Anschluss)* • off-line
unabhängig <tech.allg> *(autark; Gerät, Maschine, System)* • self-contained
unabhängig <kfz> *(Radaufhängung)* • independent (ind)
unabhängige Betriebsweise *f* <tech.allg> • off-line mode
unabhängige Hebeldoppelfunktion *f* <obfl.wz> *(vielseitigster Airbrushtyp)* • independent double action
unabhängiger Betrieb *m* <tech.allg> • off-line operation
unabhängiger Wartebetrieb *m* (ADM) *DIN ISO 3309* <edv> • asynchronous disconnected mode (ADM) *ISO 3309*
unabhängiges Ereignis *n* <qualit> *(Statistik)* • independent event
unabhängiges Zeitrelais *n* <el> • independent time-lag relay
unabhängige Variable *f* <math> • independent variable; argument
Unabhängige-Variable-Geber *m* <edv> • timing pulse generator

Unabhängigkeitsprinzip n <phys> • superposition principle

Unabhängigkeitsprinzip der Kraftwirkungen n <phys> • independence theorem

unabhängig von <allg> (ohne Berücksichtigung von etw.) • irrespective of

unabtrennbar <allg> • inseparable

unähnlich <allg> • dissimilar; unlike coll

U-Naht f <füg> (Schweißnaht) • U-butt weld

unangenehme Beleuchtung f <licht> • discomfort lighting

unangereichertes Uran n <chem.nukl> • unenriched uranium

unarmierte Dichtungsbahn f <ents> (für Mülldeponie) • unreinforced liner sheet; unsupported liner sheet

unaufdringlich <akust> (Geräusch; z. B. Motorgeräusch) • unobtrusive

unauflöslich ugs.rar <chem> (z. B. in Wasser, Säure) • insoluble; incapable of being dissolved; indissoluble rare

unausgebranntes Rauchgas n <ents> • unburned effluent gas

unausgeglichen <allg> (z. B. technisch, finanziell, optisch) • unbalanced

Unausgeglichenheit f <tech.allg> • unbalance

unausgewuchtet <masch> (rotierende Masse) • unbalanced; out-of-balance

unauslöschliche Tinte f <doku> • indelible ink

unbauwürdig <min> • inexploitable

unbauwürdige Lagerstätte f <min> • non-exploitable deposit; non-mineable deposit; non-workable deposit

unbauwürdiges Flöz n <min> • unworkable seam

unbeabsichtigt <allg> (z. B. durch Fehlbedienung) • inadvertent; unintentional

unbeabsichtigte Dekanülierung f <med.tech> • accidental decannulation

unbeabsichtigte Extubation f <med.tech> • accidental extubation

unbeansprucht <mech> • unloaded

unbearbeitbar <prod> (spanend) • unmachinable

unbearbeitet <allg> (Stoff aller Art, auch geistiger Stoff, z. B. ein Thema) • untreated

unbearbeitet <metall> (Rohling) • blank adj

unbearbeitet <prod> (roh, rau) • raw

unbearbeitet <prod> (spanend) • unmachined

unbearbeitetes Teil n <prod> (Rohling) • blank

unbearbeitetes Teil n <prod> (betont: roh) • raw piece

unbearbeitetes Teil n <prod> (spanend) • unmachined piece

unbearbeitetes Werkstück n <prod> • work blank

unbeaufsichtigt <tech.allg> (z. B. Maschine, Prozess) • unattended

unbeaufsichtigte Datensicherung f <edv> • unattended backup

unbeaufsichtigtes Aufnehmen f <av> • unattended recording; absentee recording

unbeaufsichtigtes Backup n <edv> • unattended backup

unbebautes Grundstück n <bau.fin> • unimproved real property; land not built-on; undeveloped real estate; vacant land; land awaiting development

unbedämpft <msr> (Sensorzustand) • undamped; unoperated; target absent mode

unbedämpfter Zustand m <msr> (Sensor) • undamped state; unactuated state; unattenuated state; target absent mode

unbedeckt <msr> (Sensorzustand) • undamped; unoperated; target absent mode

unbedeckter Zustand m <msr> (Sensor) • undamped state; unactuated state; unattenuated state; target absent mode

unbedeutend <allg> (z. B. Verunreinigung, Verfärbung, Problem) • insignificant; minor

unbedingt <jur> • unconditional

unbedingte Anrufumleitung f <tele> (Zusatzdienst, Telefon-Merkmal) • Call Forwarding Unconditional (CFU)

unbedingte Anrufweiterschaltung f <tele> (Zusatzdienst, Telefon-Merkmal) • Call Forwarding Unconditional (CFU)

unbedingte Anweisung f <edv> • unconditional statement; imperative statement

unbedingte Konvergenz f <math> (Reihen) • permanent convergence

unbedingt erforderlich <allg> (z. B. Forderung, Maßnahme, Nachbesserung) • imperative

unbedingter Sprung m <edv> • unconditional jump

unbedingter Sprungbefehl m <edv> • unconditional jump instruction

unbedingte Rufumleitung f <tele> (Zusatzdienst, Telefon-Merkmal) • Call Forwarding Unconditional (CFU)

unbedingte Wahrscheinlichkeit f <math> • marginal probability

unbedingt-gleiche Farben fpl <phys> • isomeric colors

unbeeinflusst <allg> (ohne negative Einflüsse) • unaffected

unbeeinflusst <allg> (neutral, weder positiv noch negativ) • uninfluenced

unbeeinflusst <tech.allg> (Vorgang, Zustand jeder Art) • undisturbed

unbeeinträchtigt <allg> (ohne negative Einflüsse) • unaffected

unbefestigt <verk> (Straße) • unsurfaced; unpaved

unbefestigter Seitenstreifen m <verk> (nicht befahrbar) • soft shoulder

unbefestigte Straße f <bau> • dirt road US; earth road GB

unbefristete Einstellung f <ökon> • permanent tenure

unbefugter Eingriff m <jur> • tampering

unbegrenzt <allg> (abstrakt; z. B. Möglichkeiten) • limitless

unbegrenzt <allg> (Anzahl, Wert, Distanz; z. B. gefahrene km) • unlimited

unbegrenzt <tech.allg> (zeitlich) • indefinite

unbegrenzt <math> • unbounded

unbegrenzte Freikilometer mpl <kfz> (bei Mietwagen) • unlimited miles

unbehandelt <mat> (allg.; z. B. Nahrung, Metall) • untreated

unbehandelter Müll m <ents> • raw refuse; unprocessed refuse; untreated refuse; crude refuse

unbehandelter Siedlungsabfall m <ents> • untreated municipal solid waste

unbehandeltes Abwasser n <ents> • raw sewage; untreated sewage; crude sewage GB.

unbehandeltes Wasser n <chem.verf> • untreated water

unbehauener Feilenkörper m <wz> • file blank

unbehelmt <bekl> • nonhelmeted; unhelmeted

unbehindert <allg> (ohne Widrigkeiten) • unimpeded

unbehindert <allg> (ohne Zwänge, Schranken) • unrestrained

unbehindert <allg> (ohne Einschränkungen; z. B. Betrieb, Zugang, Zugriff) • unrestricted

unbehindert <bau> (ohne Hindernisse; z. B. Durchgang, Straße, Weg, Zugang) • unobstructed

Unbekannte f <math> (in einer mathematischen Gleichung) • unknown quantity; unknown

unbekannte Größe f <math> (in einer mathematischen Gleichung) • unknown quantity; unknown

unbekugelt <kfz> (Schallschluckmaterial) • without lead balls

unbelastet <tech.allg> • unloaded
unbelastet <el> • off-load
unbelasteter Durchhang m <masch> *(Kette, Riemen, Seil)* • unloaded sag
unbelasteter Zustand m <tech> • no-load condition
unbelegt <bau.tele> *(z. B. Hotelzimmer, Mietwohnung, Telephonanschluss)* • unoccupied
unbelegt <tele> • idle
unbeleuchtet <licht> *(z. B. Fahrzeug, Parkplatz, Straße)* • unilluminated; unlit
unbelichtet <phot> *(Film, Fotoleiter)* • unexposed; non-exposed *rare*
unbelichteter Film m <phot> • unexposed film
unbelüftet <kfz.brems> *(Bremsscheibe)* • solid
unbelüfteter Motor m <mot> • totally enclosed motor
unbemannt <tech.allg> • unmanned
unbemannt <aerospace> *(Flugzeug)* • pilotless
unbemannt <fz> *(z. B. Flugzeug, Unterseeboot)* • unpiloted
unbemannte Rakete f <aerospace> • unmanned rocket
unbemannter Raumflugkörper m <aerospace> • unmanned space vehicle
unbemanntes Aufklärungsflugzeug n <mil> • reconnaissance drone; unmanned spy plane *coll*
unbemanntes Bodenfahrzeug n <mil> *(z. B. ein Minenspürgerät)* • unmanned ground vehicle (UGV)
unbemanntes Erkundungsflugzeug n <mil> • reconnaissance drone
unbemanntes Fluggerät n form <aerospace> • pilotless airplane; pilotless aircraft; unmanned airplane; robot airplane; drone *pract*
unbemanntes Flugzeug n <aerospace> • pilotless airplane; pilotless aircraft; unmanned airplane; robot airplane; drone *pract*
unbemanntes Spionageflugzeug n ugs <mil> • reconnaissance drone; unmanned spy plane *coll*
unberechtigter Zugriff m <edv> • unauthorized access
unberücksichtigt lassen vt <tech.allg> *(irrelevante Faktoren, Einflüsse)* • factor out vt; leave aside vt; disregard vt; ignore vt
unberuhigt <metall> *(Vergießen)* • unkilled
unberuhigter Stahl m <metall> • rimmed steel; rimming steel *rare*; unkilled steel; effervescent steel
unberuhigt vergossener Stahl m <metall> • rimmed steel; rimming steel *rare*; unkilled steel; effervescent steel
unbeschädigt <allg> • undamaged
unbeschädigt <tech.allg> *(z. B. Schicht, Material)* • sound; intact
unbeschaufelter Diffusor m <masch> *(Pumpe)* • vaneless diffuser; diffuser ring; diffusion ring
unbeschichtete Folie f <prod> • uncoated masking film; uncoated film
unbeschichtete Maskierfolie f <prod> • uncoated masking film; uncoated film
unbeschichteter Baustahl m <mat> • uncoated carbon steel
unbeschichteter Vliesstoff m <textil> • uncoated nonwoven material
unbeschrankt <bahn> *(Bahnübergang)* • unguarded
unbeschrankter Bahnübergang m <bahn> • unguarded level crossing; grade crossing without gates
unbeschrieben <allg.edv> *(Datenträger, Formularfeld, Schreibblatt)* • blank
unbeschriebenes Magnetband n <edv> • unrecorded magnetic tape; blank tape *coll*
unbesetzt <tech.allg> *(frei; z. B. Raum, Fernsprechleitung, Werkzeugposition)* • clear
unbesetzt <tech.allg> *(Orte, Plätze aller Art; z. B. in Fahrzeugen, Kristallgitter, Netzen)* • unoccupied

unbesetzt <ökon> *(Arbeitsplatz, Stelle)* • vacant
unbesetzt <phys> *(Elektronenschale)* • unfilled
unbesetzt <qualit.mat> *(Platz im Kristallgitter)* • vacant
unbesetzt <tele> *(Fernsprechleitung)* • free; disengaged
unbesetztes Energieband n <phys> • empty band
unbespülte Bereiche im Rohrleitungssystem m/pl <verf> • deadlegs
unbespult <av> *(Bandmaschine)* • non-loaded
unbespult <el> • unloaded
unbespultes Kabel n <el> • unloaded cable
unbeständig <allg> *(instabil, schwankend; Zustand)* • instable; unstable; unsteady
unbeständig <phys.chem> *(vorübergehend; Phase, Zustand)* • transient
unbeständige Strömung f <phys> • unsteady flow
Unbeständigkeit f <allg> *(technisch, wirtschaftlich, politisch)* • instability
Unbeständigkeit f <phys> *(z. B. Licht, Strömung)* • unsteadiness
Unbeständigkeit f <phys.chem> *(z. B. Phase, Zustand)* • transience
unbestimmbar <allg> • undeterminable; indefinable
unbestimmt <allg> *(z. B. Konsequenzen)* • uncertain
unbestimmt <tech.allg> *(z. B. Zeit, Anzahl, Maß, Integral)* • indefinite
unbestimmt <tech.allg> *(z. B. Wert)* • indeterminate
unbestimmte Gleichung f <math> • diophantine equation
unbestimmte Position f <autom> *(z. B. von Teilen auf Palette)* • uncontrolled position; irregular position
unbestimmter Koeffizient m <math> • undetermined coefficient
unbestimmtes Integral n <math> • antiderivative
unbestimmtes Integral n <math> • indefinite integral
Unbestimmtheit f <allg> • uncertainty
Unbestimmtheit f <tech.allg> *(Zeit, Anzahl, Maß, Integral)* • indefiniteness
Unbestimmtheit f <tech.allg> • indeterminacy
Unbestimmtheit f <math> • undeterminateness
unbestückte Leiterplatte f <el> • unloaded pcb; unassembled printed circuit board
unbetätigt <allg> • non-activated
unbewaffnet <opt> *(Auge; ohne Brille, Fernrohr)* • naked; unaided
unbewaffnetes Auge n <opt> • unaided eye; naked eye
unbeweglich <allg> *(Person, Fahrzeug)* • immobile
unbeweglich <allg> *(zeitlich, örtlich, rechtlich, finanziell)* • immovable
unbeweglich <tech.allg> *(befestigt)* • fixed
unbeweglich <tech.allg> *(stationär)* • stationary
unbewegt <phys> *(Fluid; z. B. Luft, Wasser; eher unerwünscht)* • stagnant
unbewegt <phys> *(Fluid; z. B. Luft, Wasser)* • still
unbewehrt <bau.mat> *(Beton)* • unreinforced; non-reinforced; plain
unbewehrt <el> *(Kabel)* • unarmored US; unarmoured GB
unbewehrter Beton m <bau.mat> • unreinforced concrete; non-reinforced concrete; plain concrete; ordinary concrete; bulk concrete
unbewehrtes Kabel n <el> • unarmored cable US; unarmoured cable GB
unbewertet <msr> *(Messergebnis, z. B. Rauschpegel)* • unweighted
unbewerteter Störspannungsabstand m <av> • unweighted signal-to-noise ratio; unweighted SNR
unbewusste Schussabgabe f <mil> • unconscious trigger release; unintentional trigger release
Unbiegsamkeit f <mech> • inflexibility
unbrauchbares Signal n <tele> • non-usable signal

unbrennbar <mat> • incombustible; non-combustible

unbrennbar ugs <qualit.mat> *(unfähig, unter festgelegten Bedingungen mit Flamme zu brennen)* • not flammable *ISO 13943*; not inflammable; flameproof *coll*; not combustible *rare*

unbunt <av> *(bestimmte Farben)* • hueless; achromatic *adj*

Unbuntbereich m <phys> • achromatic region

unbunte Farbe f prakt <druck> *(z. B. Druck- und Grafikfarben)* • achromatic color *US*; achromatic colour *GB*; neutral colour *GB*

unbunte Farben fpl <druck> *(Farbmanagement)* • achromatic colors *US*; achromatic colours *GB*

UNC <füg> • Unified inch screw thread, coarse-pitch series (UNC) *ANSI B1.1*; Unified Coarse thread; National Coarse thread; Unified National Coarse thread; UNC thread *pract*

UNC-Gewinde n prakt <füg> • Unified inch screw thread, coarse-pitch series (UNC) *ANSI B1.1*; Unified Coarse thread; National Coarse thread; Unified National Coarse thread; UNC thread *pract*

uncodiert <edv.doku> *(durch den Menschen lesbar)* • human-readable

uncodiertes Einschreiben n <edv> • uncoded recording

UND n <msr> • AND

undecodiert <edv> *(Signal)* • undecoded; non-decoded

undefinierbar <qualit> *(Fehler, Ursache)* • undefinable

undehnbar <mat> • inextensible; inextensional

undekodiert <edv> *(Signal)* • undecoded; non-decoded

Underscan-Modus m <edv> • underscan mode

Underslung-Rahmen m <fz> • underslung frame

undeutlich <alarm> *(schwer erkennbar)* • indistinct

undeutlich <av> *(unscharf, verwaschen; z. B. Signal, Bild)* • blurred

undeutlich <phys> *(Signal; akustisch, optisch, elektronisch)* • faint; weak

undeutlich <tele> *(Sprache)* • inarticulate

undeutlich <tele> *(gesprochener Text)* • unintelligible

undeutlich machen vt <allg> • obscure vt

UND-Funktion f <msr> • AND function

UND-Gatter n <msr> • AND gate

UND-Glied n <msr> • AND element

undicht <allg> *(konkret oder abstrakt; z. B. in Bezug auf Flüssigkeiten, Informationen)* • leaky

undicht <tech.allg> *(in Bezug auf Fluide; z. B. Gas, Öl)* • untight; leaking; leaky

undichte Stelle f <allg> *(für vertrauliche Informationen)* • leak; information leak

undichte Stelle f <tech.allg> *(betont: Austrittsort)* • leakage

undichte Verbindung f <rls> • leaking joint; leaking connection

Undichtheit f <tech.allg> *(betont: Austrittsort)* • leakage

Undichtigkeit f <tech.allg> *(betont: Austrittsort)* • leakage

Undichtigkeit f <tech.allg> *(betont: Austrittsort)* • leakage

Undichtigkeit f <bau> *(gegenüber Wind, Regen etc.; unerwünscht; z. B. eines Daches)* • leakage

undicht sein vi <tech.allg> • leak vi

UND-NICHT-Gatter n <msr> • AND-NOT gate

UND-NICHT-Schaltung f <msr> • AND-NOT circuit

UND-NICHT-Tor n <msr> • AND-NOT gate; AND-inhibitory gate; AND-EXCEPT gate

UND-ODER-Gatter n <msr> • AND-OR gate

UND-Operation f <msr> *(in Logikschaltung)* • AND operation; logical product; conjunction

UND-Operator m <msr> • AND operator

undotiert <mat.chem> • undoped

UND-Schaltung f <msr> • AND circuit; coincidence circuit; AND-configuration; logic coincidence circuit

Undulationsmechanik f <phys> • wave mechanics

Undulator m <tele> • undulator

undurchdringlich <mech> *(Fläche, Verpackung etc.)* • impenetrable

undurchlässig <obfl> *(Folie, Verpackung, Hülle etc.; z. B. für Feuchtigkeit)* • impervious; impermeable

undurchlässig <opt> *(kein Licht durchlassend; im Ggs. zu transparent)* • opaque; nontransparent

undurchlässige Bodenschicht f <geo> • impermeable strata; impermeable layer

undurchlässiger Boden m <geo> • impermeable soil

undurchlässiger Boden m <ökol> *(Wanne o.ä.; z. B. für Tankaufstellung)* • impermeable floor

undurchlässig für Wärme <phys> *(nicht wärmeleitend)* • athermous; athermanous; adiathermic; non-diathermic

Undurchlässigkeit f <allg> *(für Gas, Flüssigkeit, Staub)* • impenetrability

Undurchlässigkeit f <tech.allg> *(einer Folie, Verpackung, Hülle etc.; z. B. für Feuchtigkeit)* • impermeability; imperviousness

Undurchlässigkeit für Licht f <phys> *(Materialeigenschaft)* • opacity; nontransparency

Undurchlässigkeit für Wärme f <phys> • athermancy

Undurchlässigkeit von Fugen f <bau> *(in Bezug auf Luft)* • joint impermeability; air permeability

undurchsichtig <opt> *(kein Licht durchlassend; im Ggs. zu transparent)* • opaque; nontransparent

Undurchsichtigkeit f ugs <phys> *(Materialeigenschaft)* • opacity; nontransparency

UND-Verknüpfung f <msr> *(in Logikschaltung)* • AND operation; logical product; conjunction

uneben <prod> *(geringfügige Abweichung)* • out-of-flat

uneben <qualit> *(Boden, Fläche)* • uneven; inequal

Unebenheit f <av> *(CD, Schallplatte)* • warp; radial tilt; sag

Unebenheit f <obfl> *(unerwünschter Zustand einer Oberfläche)* • unevenness; asperity; surface irregularity; surface asperity *rare*

unecht <tech.allg> *(spontan od. erratisch auftretend; z. B. Impuls, Signal)* • spurious

unecht rar <tech.allg> *(etw. vortäuschend; z. B. Leder, Seide; im Ggs. zu original, echt)* • imitated

unecht <mat> *(z. B. Holz)* • false

unecht <math> • improper

unecht <qualit> *(betrügerisch, bewusst irreführend; z. B. Attrappe)* • sham; feigned; imitated; fake

unechter Bruch m <math> • improper fraction

unechter Impuls m <el> *(einzelne Spitze)* • spike pulse

unechter Impuls m <phys> *(erratisch)* • spurious pulse

unechter V-Motor m ugs.prakt <kfz.mot> *(V-Motorenart)* • V-engine with offset crankshaft

unechtes Blattgold n <mat> • gilding metal

unechtes Büttenpapier n <pap> • mold-made paper

unedel <mat> • ignoble

unedel <msr> *(Thermoelement)* • base

Unedelmetall n <mat> • base metal; non-precious metal; ignoble metal *rar*

unedles Metall n <mat> • base metal; non-precious metal; ignoble metal *rar*

UNEF <füg> • Unified inch screw thread, extra-fine-pitch series (UNEF) *ANSI B1.1*; UNEF thread; Unified National Extra Fine thread

unegal <textil> *(Färberei)* • unlevel; uneven

uneigentliches Integral n <math> • improper integral

Uneingeschränkt <edv> • unconstrained

uneingeschränkt <jur.tele> *(z. B. Befugnis, Kredit, Macht; Übermittlungsdienst)* • unrestricted

uneingeschränkt <math> • unconditional

uneingeschränkt betriebsbereit <tech.allg> • fully operational

uneinheitlich <allg> • non-uniform
uneinheitlich <mat> • inhomogeneous
uneinheitlich <prod> *(von Normen od. Vorgaben abweichend)* • non-standard
uneinheitliche Farbe f <nahr> • nonuniform color
unelastisch <qualit.mat> • inflexible; stiff
unelastische Streuung f <nukl> • inelastic scattering
unelastische Streuung f <phys> • Raman scattering
unelastische Träger mpl <bekl> *(BH)* • non-stretch straps
unempfindlich <tech.allg> *(neutral)* • indifferent
unempfindlich <tech.allg> *(stabile Bauart; z. B. Gehäuse)* • rugged US; robust GB; sturdy
unempfindlich <msr> *(nicht reagierend auf etw.)* • insensitive
unempfindlich für <allg> *(z. B. Störungen, Krankheiten)* • insusceptible to
unempfindlich gegen Umwelteinflüsse <allg> • immunity against environmental influences
Unempfindlichkeitsbereich m <msr> • neutral range; neutral zone; dead band
unempfindlich machen vt <tech.allg> • desensitize vt
unendlich <allg> *(z. B. Anzahl, Universum, Geduld)* • infinite
unendlich <phot> *(als Entfernungseinstellung)* • infinity
unendlich dünn <math> *(Linie)* • infinitesimally thin
unendliche Reihe f <math> • infinite series
unendliche Schallwand f <akust> *(z. B. in Lautsprecher)* • infinite baffle
unendliche Zahl f <math> • infinity
unendlich fern <math> • infinitely distant; at infinity
unendlich ferner Punkt m <math> • point at infinity
Unendlichkeit f <math> • infinity; infinitude
unendlich klein <math> • infinitesimal adj
unendlich kleine Größe f <math> • infinitesimal quantity; infinitesimal
unendlich nahe <math> • infinitesimally close to
unentbehrlich <allg> • indispensable
unentflammbar ISO 13943 <qualit.mat> *(unfähig, unter festgelegten Bedingungen mit Flamme zu brennen)* • not flammable ISO 13943; not inflammable; flameproof coll; not combustible rare
unentgeltlich <fin> • free of charge; gratuitous; without consideration; free; without payment
unentwickelt <phot> *(Film)* • undeveloped
unerforscht <allg> *(Fachbereich, geographisches Gebiet)* • unexplored
unergiebig <tech.allg> *(Bergwerk, Lagerstätte, Quelle, Verhandlung)* • unproductive
unergiebig <obfl> *(Farbe)* • unyielding
unergiebig <qualit> *(z. B. Erz, Bergwerk, Boden)* • poor
unerregter Zustand m <el> • de-energized state
unersetzbar <allg> • irreplaceable
unerwünscht <allg> *(z. B. Nebenwirkung)* • undesired; unwanted
unerwünscht <allg> *(z. B. Signal, Effekt)* • spurious
unerwünscht <tech.allg> *(erratisch; z. B. Emission, Strahlung)* • spurious
unerwünschte Echosignale npl <navig> *(Funkortung)* • air clutter
unerwünschte Lärmimmission f rar <emiss> • noise pollution; sound pollution rare; disturbance caused by noise rare; noise nuisance rare
unerwünschter Alarm m <alarm> • false alarm; nuisance alarm; unwanted alarm; unwanted alarm signal
unerwünschte Resonanz f <tele> • spurious resonance
unerwünschtes Ausdrucken n <edv> *(ohne Druckbefehl; Druckerstörung, Softwaredefekt)* • spurious printing
unerwünschtes Echo n <navig> *(Radar)* • clutter

Unexaktheit f <qualit> • inaccuracy; imprecision; inexactness
UNF <füg> • Unified inch screw thread, fine-pitch series (UNF) ANSI B1.1; Unified fine thread; National fine thread; UNF thread; Unified National Fine thread
Unfall m DIN14011 <tech.allg> *(allg.; mit Sach- und/oder Personenschaden)* • accident
Unfall m ugs <verk> *(von Kraftfahrzeugen)* • car accident; crash
Unfall am Arbeitsplatz m <sich> • occupational accident; industrial accident; accident at work; work accident
Unfalldatenschreiber m (UDS) <kfz.msr> • crash recorder :V; iron witness :V coll; black box :V coll
unfallfrei <tech.allg> *(z. B. Betrieb, Fahrer, Fahren, Fahrzeug)* • accident-free
unfallfrei <kfz> *(z. B. Gebrauchtwagen)* • crash-free
unfallfreier Fahrer <kfz> • driver with clean record
Unfallgefahr f <tech.allg> • accident hazard
Unfallhäufigkeit f <sich> • frequency of accidents; rate of accidents
Unfallhergang m <jur> • sequence of events
Unfallhergangsanalyse f <tech.allg> • accident reconstruction
Unfall mit Überschlag m <kfz> • rollover accident; rollover crash coll
Unfallquote f <sich> • toll of industrial accidents
Unfallquotient m <sich> • frequency rate
Unfallrekonstruktion f <tech.allg> • accident reconstruction
Unfallschaden m <tech.allg> • accident damage sg
Unfallschutz m <tech.allg> • accident control US; accident prevention GB
unfallsicher <tech.allg> • safe
unfallträchtig <tech.allg> *(Situation)* • accident-prone
Unfallursache f <tech.allg> • accident cause
Unfallverhütung f <tech.allg> • accident control US; accident prevention GB
Unfallvermeidung f <sich> • accident avoidance
Unfallversicherung f <vers> • accident insurance; employment injury insurance; work-related injury insurance; workmen's compensation insurance US; personal accident insurance
Unfallwarnzeichen n <tech.allg> • accident advisory sign
UNF-Gewinde n <füg> • Unified inch screw thread, fine-pitch series (UNF) ANSI B1.1; Unified fine thread; National fine thread; UNF thread; Unified National Fine thread
unformatiert <edv> *(Text, Datenträger)* • unformatted
unformatierte Kapazität f <edv> • unformatted capacity; raw capacity
unformatierter Text m <doku> • unformatted text; unformatted document
unfreeze vt <edv> *(CAD; Kurven, Layers)* • unfreeze vt
Unfreiheit f <jur> • restraint
Ungänze f <qualit> • discontinuity
ungebeugt <opt> *(Lichtstrahl)* • undeflected
ungebleicht <chem> *(roh)* • raw
ungebleicht <chem> *(Papier, Textilien)* • unbleached
ungebleichtes Papier n <pap> • unbleached paper
ungeblockter Satz m <edv> • unblocked record
ungebrannt <nahr> *(z. B. Kaffee)* • green
ungebrannt <silik> *(z. B. Ziegel)* • unburned; raw
ungebunden <allg> • free
ungebunden <chem> • uncombined; free coll
ungebunden <phys> *(z. B. Bewegung, Teilchen)* • unbound
ungebunden <wz> • loose
ungebundener Sauerstoff m <chem> • available oxygen; free oxygen coll
ungedämpft <phys> *(Schwingung, Welle)* • undamped

ungedämpfte Schwingung f <phys> • undamped oscillation

ungedämpftes System n <tech.allg> • non-damped system

ungedämpfte unterbrochene Welle f <phys> • interrupted continuous wave

ungedämpfte Welle f <phys> • undamped wave; continuous wave

ungedeckter Ausdruck im Vollton m <druck> *(z. B. weiße Punkte)* • poor coverage in solid areas

ungedreht <textil> *(Faden)* • non-twisted; untwisted

ungeeignet <tech.allg> *(für einen bestimmten Zweck; z. B. Bauteil, Werkzeug, Maßnahme)* • unsuitable; unfit

ungeerdet <el> *(meist ein Nachteil)* • ungrounded US; unearthed GB

ungefasst <opt> *(z. B. Edelstein, Linse)* • unmounted

ungefedert <masch> • unsprung

ungefederte Massen fpl <kfz> • unsprung mass sg; unsprung weight sg pract

ungefüllt <allg> • unfilled

ungefüllt <mat> *(z. B. Kunststoff)* • filler-free

ungefüttert <bekl> • unlined

ungefüttert <kfz> *(z. B. Roadsterverdeck)* • unlined

ungegerbte Haut f <led> • rawhide

ungeglättet <pap> • unfinished

ungeglättet <pap> *(ohne Glanz)* • unglazed

ungehärtet <metall> • unhardened

ungehinderter Spänefall m <wz.masch> • unobstructed chip clearance; unobstructed chip fall

ungehindert fortschreitende Welle f <phys> • free-progressive wave

ungekerbt <qualit.mat> • unnotched

ungekittet <opt> *(Linsen)* • uncemented; non-cemented

ungeladen <el> *(Teilchen)* • uncharged; neutral

ungeladen <el> *(Akku, Starterbatterie etc.)* • uncharged

ungeladen <mil> *(Waffe)* • unloaded; not loaded

ungeleimt <pap> • unsized

ungeleimtes Papier n <pap> • unsized paper; unglued paper

ungelenkt <aerospace> *(Flugkörper)* • unguided; free-flight; uncontrolled

ungelenkte Rakete f <mil> • unguided missile; ordnance rocket; unguided rocket

ungelöscht <bau.mat> *(Kalk)* • unslaked; unquenched

ungelöschter Kalk m <bau.mat> • unslaked lime; quicklime

ungenaue Lage f <masch> • off-position

Ungenauigkeit f <qualit> • inaccuracy; imprecision; inexactness

Ungenauigkeitswinkel m <navig> • bad-bearing sector

ungenügende Aussteuerung f <av.tele> • undermodulation

ungenügender Wurzeleinbrand m DIN EN ISO 6520 <füg> *(Schweißen)* • incomplete root penetration ISO 6520-1

ungeordnet <allg> *(zufällig)* • random

ungeordnet <allg> *(z. B. Liste, Menge)* • unordered

ungeordnet <ents> *(Müllablagerung)* • uncontrolled; unsound; improper

ungeordnete Ablagerung f <ents> *(von Müll)* • uncontrolled disposal; uncontrolled dumping; unsound disposal; improper disposal

ungeordnete Reihenfolge f <allg> • random order

ungeordnetes Bündel n <tech.allg> • unoriented bundle

Ungeordnetheit f <allg> • randomness

ungepaart <phys> *(Elektron, Neutron, Proton)* • unpaired

ungepackt dezimal <edv> • zoned decimal

ungepacktes Format n <edv> • unpacked format

ungepfeilt <aerospace> *(Flügel, Leitwerk)* • unswept

ungepfeilter Tragflügel m <aerospace> • unswept wing; untapered wing; unyawed wing

ungepolter Elektrolytkondensator m <el> • non-polarized electrolytic capacitor

ungepuffert <tech.allg> *(z. B. Speicher, Wirkung)* • non-buffered; unbuffered; bufferless

ungerade <math> • odd

ungerade Eigenfunktion f <math> • odd eigenfunction

ungerade Funktion f <math> • odd function

Ungerade-gerade-Kern m <phys> • odd-even nucleus

Ungerade-gerade-Prüfung f <edv> • odd-even check

ungerade Parität f <edv> • odd parity

ungerader Kern m <phys> • odd nucleus

Ungerade-ungerade-Kern m <phys> • odd-odd nucleus

ungerade Zahl f <math> • odd number; uneven number

Ungeradheit f <math> • oddness

ungeradzahlig <math> • odd-numbered

ungeradzahlige Oberwelle f <phys> • odd harmonic

ungeradzahliger Klirrfaktor m <av> • odd-order harmonic distortion

ungeregelt <tech.allg> *(allg.)* • uncontrolled

ungeregelter Katalysator m (U-KAT) <kfz.emiss> *(Konverter)* • uncontrolled catalytic converter; open-loop catalytic converter; U-cat press.rare

ungerichtet <allg> *(z. B. Suche, Strahlung, Wirkung)* • unoriented

ungerichtet <tech.allg> *(z. B. Fasern, Strahlung)* • non-directional

ungerichtet <av> *(z. B. Mikrophon)* • omnidirectional

ungerichtet <phys> *(Wellenausbreitung)* • undirectional

ungerichtete Antenne f <av> • omnidirectional antenna US; omnidirectional aerial GB

ungerichtete Größe f <math> • scalar quantity; scalar

ungerichtetes Funkfeuer n <navig> • nondirectional beacon (NDB)

ungerichtetes Mikrofon n <av> • non-directional microphone; omnidirectional microphone

ungerillt <pap> • uncreased

ungesättigt <tech.allg> *(z. B. Dampf, Fett, Kohlenwasserstoff, Polyester, Magnetisierung)* • unsaturated

ungesättigt <phys> *(Farbe)* • desaturated

ungesättigte Elektronenpaarbindung f <chem> • dangling bond

ungesättigte Polyester mpl (UP) <kst> • unsaturated polyester (UP)

ungesättigter aliphatischer Kohlenwasserstoff m <chem.petr> • alkyne; acetylenic hydrocarbon; unsaturated aliphatic hydrocarbon

ungeschält <holz> • unbarked

ungeschirmt <edv> • unshielded

ungeschirmtes Datenkabel n <el.edv> • unshielded data cable

ungeschliffen <mat> *(Diamant)* • uncut

ungeschliffen <obfl> *(betont: roh, rau)* • rough

ungeschliffen <obfl.wz> • unground

ungeschützt <tech.allg> *(gegen Zugriff, Zugang etc.; Arbeitsbereich, Anlage)* • non-protected

ungeschützt <el> *(spannungsführender Leiter, Leitung, Kontakt)* • bare; exposed

ungeschützt <obfl> *(z. B. der Witterung, Blicken)* • exposed

ungeschützte Datei f <edv> • work file; scratch file coll

ungeschützte Küste f <geo> • unsheltered coast

ungeschützter Lichtbogen m <el> • open arc

ungesiebter Zuschlagstoff m <bau.mat> • all-in aggregate

ungesinterter Formkörper m <keram> *(Keramikmasse vor dem Sintern)* • greenbody :V; ceramic molded part prior to sintering

ungesinterter Formling m <prod> • green compact
ungesockelt <el> • unbased
ungesteuerter Ausdünner m <agri> • blind down-the-row thinner
ungestört <tech.allg> (z. B. Vorgang, Regelmäßigkeit, Oberfläche) • perfect
ungestört <tech.allg> (z. B. Ausbreitung, Strömung, Übertragung) • undisturbed; unperturbed
ungestört <mat> (Kristallgitter) • undistorted
ungestörter Kristall m <mat> • perfect crystal
ungestörtes Gitter n <mat> • perfect lattice
ungestörtes System n <phys> • unperturbed system
ungetarnt <allg> (Erlkönig im Straßenverkehr) • undisguised; uncamouflaged
ungetrocknete Form f <prod> • green-sand mold
UN-Gewinde n <füg> (allg.; ISO-Inch-Gewinde) • Unified inch screw thread (UST); Unified screw thread; Unified system thread; ISO inch screw thread; UN thread
ungewiss <allg> (z. B. Konsequenzen) • uncertain
Ungewitter n ugs.rar <meteo> (allg.; meist mit starken Regenfällen) • tempest; violent storm; hurricane coll
ungewobbelt <el> • non-swept
ungewöhnlich <allg> • exceptional
ungewollt <allg> (z. B. Signal, Effekt) • spurious
ungewollte Löschung f <edv> (von Daten, Dateien) • accidental erasure
ungewollter Kontakt m <tech.allg> • accidental contact; inadvertent contact
ungewolltes Auslösen n <msr> (von Stellgliedern, Prozessen) • spurious tripping; false triggering; false tripping
ungewolltes Auslösen n <msr> (Vorgang) • false triggering; spurious triggering; accidental switching
ungiftig <chem> • non-toxic; non-poisonous
Ungiftigkeit f <chem> • non-toxicity
ungleich <allg> • unequal; inequal
ungleich <tech.allg> (nicht identisch) • unlike
ungleicharmig <mech> (Hebel) • unequal-armed
Ungleichartigkeit f <allg> (nicht ähnlich) • dissimilarity
Ungleichartigkeit f <allg> (aufgrund von Mermalsunterschieden) • heterogeneity
Ungleichartigkeit f <allg> • inhomogeneity
ungleiche Teilung f <prod> • irregular spacing
ungleichförmige Bewegung f <mech> • irregular motion
ungleichförmige Bewegung f <mech> • non-uniform motion; accelerated motion
ungleichförmiger Sand m <bau.mat> • non-uniform sand
ungleichförmige Strömung f <phys> • non-uniform flow
Ungleichförmigkeit f <tech.allg> (z. B. Bewegung) • non-uniformity
Ungleichförmigkeit f <tech.allg> (z. B. im Material, Gefüge) • inhomogeneity; heterogeneity; discontinuity
Ungleichförmigkeit f <el> • notching ratio
Ungleichgewicht n <mech> • non-equilibrium
Ungleichheit f <allg> • inequality
Ungleichheitsrelation f <phys> • inequality relation
ungleichkörniger Sand m <bau.mat> • non-uniform sand
Ungleichlauf m <masch> • asynchronous operation
Ungleichlauf m <phys> • asynchronism
ungleichmäßig <tech.allg> (z. B. Farbe, Gefüge, Muster) • non-uniform
ungleichmäßige Antriebskraftverteilung f <kfz> • asymmetric power distribution; asymmetric torque distribution; asymmetric power split; asymmetric torque split; power split with bias to the front/rear wheels
ungleichmäßige Korrosion f <obfl> • localized corrosion
ungleichmäßiger Bandlauf m <av> (Abweichung Bandantrieb-Ist- von Solldrehzahl; hörbarer Effekt) • wow and flutter (W/F); flutter and wow; flutter; uneven tape run rare

Ungleichmäßigkeit f <tech.allg> (z. B. Fertigung) • non-uniformity
ungleichnamig <el> (Pole) • opposite
ungleichnamige Flanke f DIN 3998 <masch> (Zahnradgetriebe) • opposite flank
ungleichnamige Pole mpl <phys> • unlike poles; antilogous poles
ungleichschenkeliger rundkantiger Winkelstahl m DIN 1024 <mat> (warmgewalzt) • round edge unequal angle BS EN 10056
ungleichschenklig <math> (Dreieck, Winkelstahl) • with unequal legs
ungleichschenkliger Winkelstahl m <mat> • unequal angle; unequal leg angle
ungleichschenkliges L-Profil n <mat> • unequal angle; unequal leg angle
ungleichseitig <tech.allg> • inequilateral
ungleichseitig <math> • scalene
ungleichseitiges Dreieck n <math> • scalene triangle
Ungleichung f <math> • inequality
ungleichwertig <tech.allg> • inequivalent
Ungras n <agri> • weed grass
ungrundiert <obfl> • unprimed
ungültig <allg> • invalid
ungültig <edv> (Eingabe, Wert, Objekt) • invalid
ungültig <jur> (betont: nicht bindend) • not binding
ungültig <jur> (betont: nichtig; Vertragsklausel) • void
ungültige Adresse f <edv> • invalid address
ungültig machen vt <jur> • nullify vt
ungünstiger Kraftstoffverbrauch m <kfz> • poor fuel economy; high fuel consumption; low fuel mileage
ungünstigste Bedingungen fpl <tech.allg> (postulierter Betriebszustand) • worst case conditions pl
ungünstigster Belastungsfall m <tech.allg> • most unfavorable loading case
ungünstigster Betriebsfall m <tech.allg> (postulierter Betriebszustand) • worst case conditions pl
ungünstigster Fall m ugs <tech.allg> (postulierter Betriebszustand) • worst case conditions pl
unhaltiges Gestein n <min> (im Ggs. zu Erz) • dead rock; dead ground; waste rock; barren rock; deads
unhandlich <allg> • awkward
unhandlich <allg> (z. B. Gepäckstück, Möbelstück, Spedition), Buch, Koffer) • clumsy
unhandlich <förd> (Fördergut) • bulky
unharmonisch <phys> (Schwingung) • anharmonic
unhörbar hohe Frequenz f <akust> • ultra-audible frequency
Unhörbarkeit f <akust> • inaudibility
unhörbar tiefe Frequenz f <akust> • subaudio frequency; infrasonic frequency
uniaxial <mat> • uniaxial
uniaxiale magnetische Anisotropie f <phys> • uniaxial magnetic anisotropy
unidirektional wiss <tech.allg> (Ablauf, Wirkung; z. B. Bewegung, Messung, Strahlung) • unidirectional
Uni-Farbton m <obfl> • solid paint
Unified-... <norm> • Unified ...
Unified-12-Gang-Gewindereihe n (12 UN) <füg> • Unified-12-thread series (12 UN); twelve-threaded series; 12-pitch thread series
Unified-Extra-Feingewinde n (UNEF) ANSI B1.1 <füg> • Unified inch screw thread, extra-fine-pitch series (UNEF) ANSI B1.1; UNEF thread; Unified National Extra Fine thread
Unified-Extrafein-Gewinde n <füg> • Unified inch screw thread, extra-fine-pitch series (UNEF) ANSI B1.1; UNEF thread; Unified National Extra Fine thread

Unified-Feingewinde n (UNF) ANSI B1.1 <füg> • Unified inch screw thread, fine-pitch series (UNF) ANSI B1.1; Unified fine thread; National fine thread; UNF thread; Unified National Fine thread

Unified-Gewinde n (UN) <füg> (allg.; ISO-Inch-Gewinde) • Unified inch screw thread (UST); Unified screw thread; Unified system thread; ISO inch screw thread; UN thread

Unified-Grobgewinde n (UNC) ANSI B1.1 <füg> • Unified inch screw thread, coarse-pitch series (UNC) ANSI B1.1; Unified Coarse thread; National Coarse thread; Unified National Coarse thread; UNC thread pract

Unified-Messaging-Service m <tele> • unified message service (UMS)

Unified-Miniaturgewinde n (UNM) <füg> • Unified miniature screw thread (UNM) ANSI B1.10

Unified-Regelgewinde n <füg> • Unified inch screw thread, coarse-pitch series (UNC) ANSI B1.1; Unified Coarse thread; National Coarse thread; Unified National Coarse thread; UNC thread pract

Unified-Schraubengewinde n <füg> (allg.; ISO-Inch-Gewinde) • Unified inch screw thread (UST); Unified screw thread; Unified system thread; ISO inch screw thread; UN thread

Unified-Sondergewinde n (UNS) ANSI B1.1 <füg> • Unified inch screw thread, special diam. pitch or length of engagement (UNS) ANSI B1.1; Unified special thread; National special thread

unifizieren vi/vt <allg> • unify vi/vt

Uniform Container Symbol n (UCS) <edv.logist> (Strichcodesymbol) • Uniform Container Symbol (UCS)

Uniformschrift f <edv> • uniform spacing :V

Unifying n <edv> • unifying

Unijunctiontransistor m (UJT) <el> • unijunction transistor (UJT); filamentary transistor rare; double-base diode rare

Unijunction-Transistor m <el> • unijunction transistor (UJT); filamentary transistor rare; double-base diode rare

Unimog m TMMB <nfz> • Unimog TMMB; universal motorized gear carrier :V

Unionmelt-Schweißen n <füg> • Unionmelt welding

unipolar <chem> (Bindung) • homopolar; covalent; unipolar

unipolar <el> • homopolar

unipolar <el> • unipolar

unipolarer Transistor m <edv.ic> • field-effect transistor (FET); unipolar transistor; fieldistor

Unipolargenerator m <el> • homopolar generator; acyclic generator; unipolar generator

Unipolarmaschine f <el> • homopolar machine; acyclic machine; unipolar machine

Unipolartransistor m <el> • unipolar transistor

unique <allg> • unique

Unique Selling Proposition f (USP) <werb> • unique selling proposition (USP)

Unisensor mit umsetzbarer aktive Fläche m <msr> • modular proximity switch; proximity switch with turnable sensing head

Uni-Servobremse f <kfz.brems> • uni-servo brake

unisoliert <el> (blank; Leiter, Draht, Kontakt, Griff) • uninsulated; naked coll

unisolierte Flachsteckhülse f <el> (zum Verbinden mit Flachstecker) • non-insulated female disconnect; non-insulated female quick disconnect; non-insulated tab receptacle rare

unisolierter Flachstecker m <el> (zum Verbinden mit Flachsteckhülse) • non-insulated tab connector; non-insulated male tab connector; non-insulated tab pract; non-insulated spade connector GB

unisolierter Kabelschuh m <el> (U-förmige Zunge) • non-insulated fork terminal; non-insulated spade terminal; non-insulated spade tongue terminal rare

unistabiles Kippglied n rar <el> (im Ggs. zum Flip-Flop) • monoflop; univibrator; monostable multivibrator

unitär <math> • unitarian

unitär <phys> • unitary

unitäre Matrix f <math> • unitary matrix

unitäres System n <phys> • one-component system

unitäre Symmetrie f <phys> • unitary symmetry

Unitaritätsrelation f <phys> • unitarity relation

Unit-Loading-Device n <logist> • unit loading device (ULD)

Unit-Ölbrenner m <verbr> • Unit oil burner

Uni-Transistor-RAM n (UtRAM) <ic> • unitary transistor RAM (UtRAM)

univalente Funktion f <math> • univalent function; simple function

univariant <chem> • monovariant; univariant

univariate Verteilung f <math> (Statistik) • univariate distribution

Universalabbeizer m <obfl.holz> • universal stripper

Universal Asynchronous Receiver Transmitter m (UART) <av> • universal asynchronous receiver transmitter (UART); Midi UART; UART chip

Universalaufspannwinkel m <wz> • universal angle plate

Universalauswertegerät n <phot> • universal plotter

Universalbagger m <bau.masch> • fully versatile excavator

Universal-Biegeeisen n form <kfz.wz> • levering bar; flange tool; pry bar US; pry rod US; fender flange tool US

Universaldrehtisch m <opt> (Mikroskop) • universal stage

Universaldreibackenfutter n <wz> • three-jaw universal chuck

Universalemulsion f <phot> • universal emulsion

Universal-Endstück n <kfz> • universal muffler tip

Universalentwickler m <phot> • universal developer; general developer; general purpose developer

universaler serieller Bus m (USB) <edv> (Schnittstelle) • Universal Serial Bus (USB)

Universal-Fernbedienung f <av> • universal remote control

Universal-Fernmeldesteckdose f <tele> • universal telecommunication socket

Universalfräsmaschine f <wz.masch> • universal milling machine

Universalgehäuse n vegacon <allg> • standard housing version; standard housing pf liste

Universalgelenk n form <wz> (Verbindungsteil für Steckschlüsseleinsätze) • universal joint; U-joint pract

Universalgerüst n <metall> (Walzwerk) • universal stand

Universalgestell n <el> • miscellaneous apparatus rack

Universalhärte f (HU) <qualit.mat> • universal hardness (HU); Vickers hardness under load; HVL

Universal-Handbürste f <wz> (Draht-Handbürste) • wire bristle brush

Universal-Handfaust f <wz> • general purpose dolly; universal dolly; utility dolly; railroad dolly US; rail dolly US

Universal-Heizelement n <el> (z. B. für Wasserkocher) • universal element

Universalindikator m <chem> • universal indicator

Universalkleber m rar <füg> (z. B. UHU) • general-purpose adhesive; all-purpose adhesive; universal adhesive rare

Universalklinge f <pap> • industrial razor blade

Universalklotz m prakt <wz> • general purpose dolly; universal dolly; utility dolly; railroad dolly US; rail dolly US

Universalkompensator m <rls> • universal expansion joint

Universalleiterplatte f <el> • all-purpose PCB

Universal-Löffeleisen n <wz> • general purpose spoon

Universalmanipulator m <prod> • general-purpose manipulator

Universalmesser n <wz> • utility knife US; trimming knife GB; trim knife GB; hobby knife GB

Universalmesser mit Abbrechklinge n <wz> • segment blade utility knife US; segment blade trimming knife GB; segment blade trim knife GB; segment blade hobby knife GB

Universalmesser mit einziehbarer Klinge n <wz> • retractable utility knife US; retractable trimming knife GB; retractable trim knife GB; retractable hobby knife GB

Universalmessinstrument n <msr> • multipurpose instrument

Universalmessinstrument n <msr> • multipurpose meter

Universalmessmikroskop n <msr.opt> • universal measuring microscope

Universalmethode f <tech.allg> • allround method

Universalmotor m <el> • universal motor

Universal-Motorgerät m did.rar <nfz> • Unimog ^{TM}MB; universal motorized gear carrier :V

Universal-Nitroverdünner m <obfl> • general purpose lacquer thinner; all-purpose reducer US; all-purpose thinner

Universalpflug m <agri> • general purpose plow US; general purpose plough GB

Universalplanscheibe f <wz.masch> • universal face plate

Universal Product Code m (UPC) <edv.pack> • Universal Product Code (UPC); Uniform Product Code

Universalpumpe f <förd> • general purpose pump; general duty pump; general service pump; all-purpose pump

Universalregister n <edv> • general register

Universalschleifmaschine f <wz.masch> • universal grinding machine; universal grinder

Universalschmelzeinsatz m <el> • universal fuse link

Universalschnecke f <kst> • multi-purpose screw

Universalschraubenschlüssel m <wz> • combination wrench

Universal Serial Bus m <edv> (Schnittstelle) • Universal Serial Bus (USB)

Universal Shipping Container Code m <edv.logist> • Universal Shipping Container Code; UPC Shipping Container Code; Universal Shipping Container Symbology; UPC casecode

Universalspannfutter n <wz.masch> (selbstzentrierend) • universal chuck; concentric chuck; self-centring chuck GB

Universalstecker m <el> • universal plug

Universalstollmaschine f <led> • universal staking machine

Universalsucher m <opt.phot> • universal viewfinder

Universaltestbildgeber m <av> • electronic test pattern generator

Universaltheodolit m <opt> • transit [theodolite]

Universal Transverse Mercator m (UTM) <navig> • Universal Transverse Mercator (UTM)

Universal Transverse Mercator-Projektion f <navig> • Universal Transverse Mercator map projection

Universalverdünnung f <obfl> • general purpose lacquer thinner; all-purpose reducer US; all-purpose thinner

Universalwalzwerk n <metall> • universal rolling mill

Universalwinkelmesser m <msr> • combination square; universal bevel protractor

Universalzange f form <wz> (mit Gleitgelenk; allgemein) • multiple slip joint plier ISO 5742; slip joint pliers US; adjustable joint pliers US; multigrip pliers GB; waterpump pliers US

Universalzange mit Rillen-Gleitgelenk f form <wz> • groove lock pliers US; groove joint pliers US; tongue and groove joint pliers US; channellock pliers US; half moon slip joint pliers GB

Universalzange mit verstellbarem Gelenk f <wz> (2-fach verstellb. Gelenk, gezahnte Greifbacken, Aussparung z. Greifen) • combination slip joint pliers US; slip joint combination pliers US; slip joint pliers US.pract

universell <allg> • universal

universelle Fernbedienung f <av> • universal remote control

universell einsetzbarer Optosensor m <msr> • universal photoelectric sensor

universelle Konstante f <phys> (z. B. Molvolumen, Loschmidt-Konstante) • universal constant

universelle Naturkonstante f <phys> (z. B. Molvolumen, Loschmidt-Konstante) • universal constant

universelle Zeit f <phys> (Relativitätstheorie) • universal time

Universitätsgebäude n <bau> • university building

Universum n <astron> • universe; cosmos; macrocosmos

Univibrator m <el> (im Ggs. zum Flip-Flop) • monoflop; univibrator; monostable multivibrator

Univibratorkippschaltung f <el> • single-shot trigger circuit

UNJ <füg.aerospace> (Kernradius 0.15 P bis 0.18 P) • Unified inch screw thread, constant-pitch series (UNJ) ANSI B1.15; Unified J form

UNJC <füg> • Unified inch screw thread, coarse-pitch series (UNJC) ANSI B1.15

UNJEF <füg> • Unified inch screw thread, extra-fine-pitch series (UNJEF) ANSI B1.15

UNJ-Extra-Feingewinde n (UNJEF) ANSI B1.1 <füg> • Unified inch screw thread, extra-fine-pitch series (UNJEF) ANSI B1.15

UNJF <füg> • Unified inch screw thread, fine-pitch series (UNJF) ANSI B1.15

UNJ-Feingewinde n (UNJF) <füg> • Unified inch screw thread, fine-pitch series (UNJF) ANSI B1.15

UNJ-Gewinde n (UNJ) <füg.aerospace> (Kernradius 0.15P bis 0.18P) • Unified inch screw thread, constant-pitch series (UNJ) ANSI B1.15; Unified J form

UNJ-Grobgewinde n (UNJC) <füg> • Unified inch screw thread, coarse-pitch series (UNJC) ANSI B1.15

unkaputtbar werb.rar <allg> • indestructible

unkenterbar <nav> • non-capsizable

unklar <allg> (nicht deutlich erkennbar) • indistinct

unklar <allg> (z. B. Beschreibung, Anweisung) • confused; confusing

unklarer Anker m <el> • foul anchor

unklare Sprache f <tele> (überlagert durch Störeinflüsse) • blurred voice

unklassiert <ents> (Abfälle, Wertstoffe; z. B. Kunststoffsorten, Metallarten) • unassorted; unsorted

unkompensiert <tech.allg> (z. B. Schaltkreis) • unbalanced; uncompensated

unkompensierter Stromkreis m <el> • unbalanced circuit

unkompliziert <allg> (Person, Aufgabe) • simple; straightforward

unkomprimierte Kapazität f <edv> • uncompressed capacity; native capacity Conner; capacity without data compression

unkondensiert <chem.petr> • uncondensed

unkontinuierlich did <tech.allg> • discontinuous

unkontinuierlich <tech.allg> (zeitlich; z. B. Belastung, Förderstrom, Arbeitsanfall) • discontinuous

unkorreliert <math> • uncorrelated

unkorrigierbarer Fehler m <edv> • uncorrectable error

unkorrigiert <tech.allg> (z. B. Messergebnis) • uncorrected

unkorrigiert <av> (Wiedergabe von Bild, Schrift, Ton) • unmodified

unkorrigierte Bitfehlerrate f :V <edv> • uncorrected bit error rate; raw bit error rate; raw BER; uncorrectable-error rate; raw error rate

Unkrautbekämpfung f <agri> • weed control; weed eradication; weed killing

Unkrautbekämpfungsmittel n prakt <chem.agri> • herbicide; weed control agent; weed killer coll

Unkrautegge f <agri> • weeder harrow

Unkrautpflug m <agri> • shim

Unkrautstriegel m <agri> • weeder

unlegiert <metall> (z. B. Baustahl) • unalloyed; plain coll

unlegierter Stahl m <metall> (<0,5% Si, 0,8% Mn, 0,1% Al, 0,1% Ti, 0,25% Cu; ein Baustahl) • plain carbon steel

unlegiertes Motorenöl n <tribo> • non-premium motor oil

unlesbar <druck> (wegen verstümmelter Schrift; auch ugs. Synonym für unverständlich) • unreadable

unlesbar <opt> • illegible

unlösbar ugs.rar <chem> (z. B. in Wasser, Säure) • insoluble; incapable of being dissolved; indissoluble rare

unlösbar <masch> (Verbindung) • permanent

unlösbar <math> (Gleichung, Problem) • unsolvable

unlösbare Verbindung f <masch> • permanent joint

unlösbare Verbindungselemente npl <masch> • permanent joints

unlöschbar <doku> (z. B. Bleistiftstrich, Tinte, Druck) • indelible

unlöschbar <edv> (Daten, Datei, Aufzeichnung) • unerasable; undeletable; non-erasable; non-deletable

unlöschbar <feuer> • inextinguishable

unlöschbarer Speicher m <edv> • non-erasable memory

unlöslich <chem> (z. B. in Wasser, Säure) • insoluble; incapable of being dissolved; indissoluble rare

unlösliche Anode f <el> • insoluble anode; permanent anode

unlösliche Substanz f • insoluble [substance]

UNM <füg> • Unified miniature screw thread (UNM) ANSI B1.10

unmagnetisch <mat> • non-magnetic

unmarkiert <tech.allg> (nicht gekennzeichnet; konkret od. abstrakt) • unlabeled US; unlabelled GB; untagged

unmaskierte Brühe f <led> • straight liquor; straight solution

unmessbar <msr> • unmeasurable; immeasurable

unmischbar <phys> • immiscible

unmittelbare Adresse f <edv> • immediate address; zero-level address

unmittelbare Adressierung f <edv> • immediate addressing

unmittelbare Messung f <msr> • direct measurement

unmittelbares Messen n <msr> • direct measuring

unmittelbare Verarbeitung f <edv.av> • demand processing; demand processing mode; demand mode

unmittig • off-center

unmittig rar <tech.allg> (nicht zentriert) • off-center US; off-centre GB

Unmittigkeit f <tech.allg> • off-center position US; off-centre position GB

unmodifiziert <tech.allg> (z. B. Kunststoff) • unmodified

unmoduliert <el> (z. B. Signal, Frequenz) • unmodulated

unmodulierter Träger m <av.el.tele> • unmodulated carrier

unmodulierter Zustand m <tele> • zero modulation state; zero modulation

unmoduliertes Zeichen n <tele> • unmodulated signal

Unmöglichkeitsprinzip n <math> • impossibility principle

unnachgiebig <qualit> (starr) • unyielding

unnatürliche Farbe f <nahr> (z. B. rotes Vanilleeis, weiße Schokolade) • unnatural color US; unnatural colour GB

Unnilenium obs <chem> • meitnerium (Mt); unnilenium obs

Unnilhexium obs <chem> • seaborgium (Sg); unnilhexium obs

Unniloctium n obs <chem> (Ordnungszahl 108, superschweres Element) • hassium (Hs); unniloctium obs

Unnilpentium n obs <chem> • dubnium (Db); unnilpentium obs

Unnilquadium n obs <chem> • rutherfordium (Rf); unnilquadium obs; kurtchatovium obs

Unnilseptium obs <chem> • bohrium (Bh); unnilseptium obs

Unordnung f <tech.allg> (leicht chaotisch; räumlich, zeitlich, organisatorisch) • disorder

unpaarig <phys> (Anordnung; z. B. Elektronen) • unpaired

unpaariges Elektron n <phys> • unpaired electron

unparallel <tech.allg> • out-of-parallel

unpenetrierbar <mech> (Fläche, Verpackung etc.) • impenetrable

unpolar <el> • non-polar

unpolare Bindung f <chem> (Prozess) • electron pair bonding; homopolar bonding; covalent bonding; atomic bonding

unpolarisiert <licht> • unpolarized; unpolarised GB

unpolarisiertes Relais n <el> • non-polarized relay; non-polarised relay GB

unproduktive Arbeit f <min> • dead work

unproduktive Arbeit f <ökon> • unproductive work

Unrat m <ents> (umherliegend, verstreut; z. B. auf Straße) • litter

UNRC <füg> • Unified inch screw thread, coarse-pitch series (UNRC)

unreflektierter Reaktor m <nukl> • bare reactor

unregelmäßig <allg> (Form) • irregular

unregelmäßig <tech.allg> (zeitlich; z. B. Belastung, Förderstrom, Arbeitsanfall) • discontinuous

unregelmäßig <tech.allg> (betont: nicht konstant) • inconstant

unregelmäßige Form f <tech.allg> • odd shape

unregelmäßiger Erzkörper m <nukl> • unconform ore body

unregelmäßiger Verschleiß m <tech.allg> (z. B. von Lagern, Reifen) • uneven wear

unregelmäßige Schwingung f <fz> • buffeting

unregelmäßige Stromversorgung f <el> • erratic electricity supply

Unregelmäßigkeit f <allg> (unkonstant) • inconstancy

Unregelmäßigkeit f <tech.allg> (z. B. im Material, Gefüge) • inhomogeneity; heterogeneity; discontinuity

Unregelmäßigkeiten im Netz f <msr> • power system irregularities

Unregelmäßigkeit im Betriebsablauf f <tech.allg> • operational irregularity

unreif <nahr> (Wein) • green; unripe

unreife Baumwolle f <textil> • dead cotton

unrein <allg> • impure

unrentabel <ökon> (z. B. Anlage, Maschine) • uneconomical

unreproduzierbar <tech.allg> (z. B. Signal, Messung, Ergebnis, Qualität) • irreproducible; nonreproducible

unrestaurierbar <kfz.rep> (Altauto, Karosserie, Oldtimer) • beyond recall pract; too far gone pract

UNR-Extra-Feingewinde n <füg> • Unified inch screw thread, extra-fine-pitch series (UNREF)

UNRF <füg> • Unified inch screw thread, fine-pitch series (UNRF)

UNR-Feingewinde *n* (UNRF) <füg> • Unified inch screw thread, fine-pitch series (UNRF)

UNR-Grobgewinde *n* (UNRC) <füg> • Unified inch screw thread, coarse-pitch series (UNRC)

unrichtig <tech.allg> *(Handhabung, Maßnahme)* • improper

unrichtig <qualit> *(Zahl, Wert, Daten, Information)* • incorrect

UNRS <füg> • UNRS

UNR-Sondergewinde *n* (UNRS) <füg> • UNRS

Unruh *f* <msr> *(in Uhrwerk)* • balance wheel

Unruhfeder *f* <msr> *(in Uhrwerk)* • balance spring

unruhige Strömung *f* <phys> • broomy flow

unrund <masch> *(rotierender Körper; z. B. Bremstrommel, Schleifscheibe)* • out-of-round *adj*; untrue; non-circular *rare*

Unrunddrehmaschine *f* <wz.masch> • eccentric lathe

unrunder Leerlauf *m* <kfz> • rough idling

unrundes Gewinde *n* <füg> • out-of-round thread

Unrundheit *f* <tech.allg> *(zu Unwucht/Seitenschlag führend; z. B. von Rädern, Reifen)* • runout; out-of-round-[ness]

Unrundheit *f* <kfz.brems> *(von Bremstrommeln; radial)* • radial run-out

Unrundheit *f* <masch> *(betont: unrunde Form)* • out-of-round[ness]; non-circularity; ovality

Unrundlauf *m* <masch> • untrue running

Unrund-Nachformdrehen *n* <prod> • out-of-true copying

Unrundschleifen *n* <prod> • contour grinding

Unrundwerden *n* <masch> *(durch Verschleiß, z. B. Reifen)* • wearing out-of-truth

UNS <füg> • Unified inch screw thread, special diam. pitch or length of engagement (UNS) *ANSI B1.1*; Unified special thread; National special thread

unsachgemäße Handhabung *f* <tech.allg> • improper handling

unsachgemäßer Eingriff *m* <tech.allg> • tampering

unsatiniert <pap> • unglazed

unschädlich <tech.allg> *(z. B. Substanz, Verfahren)* • non-hazardous; innocuous; harmless *coll*

unschädlich machen *vt* <ents> *(z. B. Abfallstoffe)* • render innocuous *vt*

Unschärfe *f* <phot> *(durch Verwischen, Verwackeln)* • blur

Unschärfe *f* <phot> *(durch Schleier)* • haziness

Unschärfe *f* <phot.opt> *(eines Bildes)* • unsharpness; fuzziness

Unschärfekreis *m* <opt> • blur circle; confusion circle

Unschärferelation *f* <phys> • uncertainty relation

unscharf <alarm> • disarmed; unset

unscharf <opt> *(Bild, Projektion; z. B. nicht richtig fokussiert)* • blurred; out of focus; fuzzy; unsharp; diffuse

unscharf <opt> *(Bild, Detail; schwer zu erkennen; keine klaren Umrisse)* • indistinct

unscharf <phot> *(Hauptmotiv, nicht scharf gestellt, nicht fokussiert)* • out of focus

unscharf <phot> *(Bild; verschleiert, trüb)* • hazy; blured

unscharf abbilden *vt* <phot> • blur *vt*

unscharf abgestimmt <av> • flat-tuned

unscharfe Abstimmung *f* <av> • flat tuning; broad tuning

unscharfer Anlagenzustand *m* <alarm> • access mode; day setting; day operation; day mode; protection off

unscharfes Bild *n* <opt> • blurred image

unscharfe Trennung *f* <tech.allg> • indistinct selectivity

unscharfgeschaltet <alarm> • disarmed; unset

unscharfschalten *vt* <alarm> • disarm *vt*; unset *vt*

unscheidbar <metall> • inseparable

unschmelzbar <metall> • infusible

unsegmentierte Aufzeichnung *f* <av> • non-segmented recording

unselbständige Entladung *f* <el> • non-self-maintained discharge; non-self-sustained discharge

Unselektivität *f* <tele> • spurious response

unsicherer Empfang *m* <tele> • doubtful reception

unsicherer Sektor *m* <navig> • side-lobe sector

Unsicherheitsfaktor *m* <msr> • uncertainty factor

unsichtbar <allg> *(versteckt)* • hidden

unsichtbar <tech.allg> *(z. B. Tinte, verdeckte Kante in techn. Zeichnung)* • invisible

unsichtbar <opt> *(Bild; z. B. Ladungsbild auf Fotoleiter od. Bild auf unentwickeltem Film)* • latent

unsichtbare Kante *f* <doku> *(technische Zeichnung)* • hidden line; hidden edge *rare*

unsichtbare Lichtschranke *f* *ugs* <alarm> • active infra-red detector; active infra-red beam barrier/device *form*; infrared photoelectric beam system; infra-red beam *pract*; invisible beam *coll*

Unsichtbares Klebeband *n* <büro> *(beschriftbar)* • invisible tape; Magic Tape [TM]*Scotch*

unsortiert <allg> • unsorted

unsortiert <ents> *(Abfälle, Wertstoffe; z. B. Kunststoffsorten, Metallarten)* • unassorted; unsorted

unsortiertes Altpapier *n* <pap.ents> • unsorted waste paper

unstabil <tech.allg> *(Vorgänge, Zustände)* • unstable; instable

unstarr <kfz> *(nur bei Caravan)* • flexible

unstarrer Caravan *m* <kfz> • folding caravan; folder *pract.coll*

unstarres Luftschiff *n* <aerospace> • non-rigid airship

unsterbliche Tumorzelle *f* <med> • immortal tumor cell

unstetig <tech.allg> *(z. B. mathem. Funktion, Förderung, Entwicklung)* • discontinuous

unstetig <tech.allg> *(betont: mit Unterbrechungen)* • intermittent

unstetig <tech.allg> *(Zustand, Bewegung; z. B. Strömung)* • unsteady

unstetig <prod> *(schubweise, in einzelnen Losen)* • batchwise

unstetige Regelung *f* <msr> • discontinuous control; intermittent control

unstetiger Regler *m* <msr> • discontinuous controller; sampling controller

unstetiges Glied *n* <msr> *(Regler)* • discontinuous element

Unstetigförderer *m* <förd> • intermittent-flow conveyor; intermittent handling equipment; intermittently operated conveyor

Unstetigkeit *f* <tech.allg> *(z. B. mathematisch, physikalisch)* • discontinuity

Unstetigkeitsfläche *f* <geo> • discontinuity

Unstetigkeitsfläche *f* <math> • discontinuity surface

Unstetigkeitspunkt *m* <tech.allg> *(z. B. Mathematik, Physik, Chemie)* • discontinuity [point]; burst point *rare*

Unstetigkeitsstelle *f* <tech.allg> *(z. B. Mathematik, Physik, Chemie)* • discontinuity [point]; burst point *rare*

Unstetigkeitswelle *f* <phys> • discontinuity wave

unstrukturiert <allg> • unstructured; devoid of structure

Unsymmetrie <tech.allg> *(z. B. elektronisch, finanziell, mechanisch)* • asymmetry; imbalance; unbalance; dissymmetry *rare*; unsymmetry *rare*

unsymmetrisch <tech.allg> • asymmetric; asymmetrical; out-of-balance; unsymmetric *rare*; unsymmetrical *rare*

unsymmetrisch <el> *(z. B. Filter, Schaltung, Verstärker)* • unbalanced

unsymmetrische Felge *f* <fz> • asymmetric rim

unsymmetrische Komponente *f* <el> • unbalanced component

unsymmetrische Leitung *f* <el> • unbalanced line

unsymmetrischer Verstärker m <el> • unbalanced amplifier

unsymmetrischer Verstärker m <tele> • single-ended amplifier

unsymmetrische Schaltung f <el> • unbalanced circuit

unsymmetrische Spaltung f <nukl> • asymmetric fission

unsymmetrische Welle f <phys> • asymmetric wave

unsynchronisiertes Getriebe n <kfz.antr> • non-synchromesh transmission; non-synchromesh gearbox *GB*; crash box *GB coll*

unsystematische Benennung f <term> • unsystematic term

unsystematische Bezeichnung f <term> • unsystematic designation

unsystematischer Abbau m <min> • coyoting; gophering

unsystematischer Terminus m <term> • unsystematic term

untauglich <tech.allg> *(für einen bestimmten Zweck; z. B. Bauteil, Werkzeug, Maßnahme)* • unsuitable; unfit

untauglich <mil> • unfit

unteilbar <allg> *(z. B. technisch, organisatorisch, finanziell, juridisch)* • indivisible

Untenaustrag m <verf> • bottom discharge

Untenentnahme f <prod> • bottom unloading

Untenentnahmefräse f <prod> • bottom unloader

untengesteuerter Motor m <mot> • side-valve engine; L-head engine *US*; T-head engine; sv engine

Unteradresse f <edv> • subaddress

Unteramboss m <wz> • anvil block

Unteramt n <tele> • subexchange

Unteransicht f <doku> *(technische Zeichnung)* • bottom view

Unterantrieb m <antr> *(Kurbeltrieb)* • undercrank action

Unterantrieb m <förd> *(Kran)* • underdrive

Unterarm m <autom> *(Roboter)* • forearm

Unterarmschützer m <bekl> • forearm armor *US*; forearm armour *GB*

unteratmosphärisch <meteo> • subatmospheric

Unteraufgabe f <edv> • subtask

Unteraufgabenbildung f <edv> • subtasking

Unterauftragnehmer m <jur> • subcontractor *ISO 8402*

Unterbär m <metall> • bottom tup

Unterbär m <wz.masch> • lower ram

Unterbau m <tech.allg> • base

Unterbau m <bau> *(allg.)* • substructure; understructure

Unterbau m <bau.bahn> *(Gleis)* • foundation; subbase; base course; bottoming; substratum

Unterbau m <bau.verk> *(Straße)* • road-bed; earthfill; embankment

Unterbau m prakt <fz> *(von Reifen)* • carcass; tire body *US*; body plies; body ply cord; casing *rare*

Unterbau m <kfz> • underbody

Unterbau m <masch> *(Rahmen)* • subframe; underframe

Unterbau m <nfz> *(Fahrgestell mit Antrieb und Fahrwerk, ohne Aufbau, Fahrerkabine)* • underbody; understructure; substructure; floor assembly

Unterbau m <petr> *(Bohrturm)* • substructure

Unterbaueinheit f <wz> • base unit

unterbauen vt <bau> *(begründen, abstützen)* • found vt; underpin vt

unterbauen vt <bau> *(unterfüllen)* • pack up vt

unterbauen vt <masch> *(mit Beilagscheiben, Keilen, Distanzstücken etc.)* • bolster vt; shim vt

unterbauen vt <min> • undermine vt; underwork vt

Unterbaugerippe n <nfz> *(Bus-Unterbau; skelettartige Struktur aus mehreren Gitterrahmen)* • chassis frame; underframe; substructure frame

Unterbaugruppe f <tech.allg> • subassembly; subunit; subassy *pract*

Unterbau hinten m <kfz> • rear underbody section

Unterbaumaterial n <bau.mat> • base material

Unterbausohle f <bau> • subgrade; basement soil

unter Baustellenbedingungen geschweißt <füg> • field-welded; site-welded

Unterbeanspruchung f <mech> • underloading

Unterbecken n <energ.hydr> • lower reservoir; lower basin

unter beengten Einbauverhältnissen <tech.allg> • where space is critical

unterbelichten vt <av.phot> • underexpose vt

unterbelichtet <av.phot> • underexposed

Unterbelichtung f <av.phot> *(zu geringe Belichtung)* • underexposure

Unterbelichtung f <druck> *(Belichtung)* • under-exposure

Unterbereich m <math> • subdomain

Unterbeton m <bau.mat> *(geringere Güte)* • inferior concrete

Unterbeton m <bau.mat> *(Substrat)* • subconcrete

Unterbindung f <emiss> *(von unerwünschten Effekten; z. B. Staub, Lärm)* • suppression; abatement

unterbleichen vt <pap> • underbleach vt

unterbliebenes Arbeiten n <prod> • missing operation

Unterboden m <bau> • subsoil

Unterboden m <kfz> *(Fahrzeugunterseite)* • underbody; underfloor

Unterboden m prakt <kfz> *(gesamter tragender Unterbau einer Pkw-Karosserie)* • underbody [structure]; undercarriage *form*; substructure; platform *pract*; floor pan *coll*

Unterbodenkonservierung f <obfl.kfz> *(Vorgang)* • underbody protection; underbody coating; underbody treatment; underbody preservation; underfloor treatment

Unterbodenlockerer m <agri> • subsoiling tine; subsoiler

Unterbodenschutz m <fz.obfl> *(Schicht)* • underseal [coating]; underbody coating; undercoating *coll*

Unterbodenschutz m <fz.obfl> *(Material)* • underseal; underbody sealing compound; undersealant *pract*

Unterbodenschutz m <obfl.kfz> *(Vorgang)* • underbody protection; underbody coating; underbody treatment; underbody preservation; underfloor treatment

Unterbodenverkleidung f <kfz> • underside paneling *US*; underside panelling *GB*

Unterbodenwäsche f <kfz> *(Reinigung des Fz.-Unterbodens)* • underbody wash

unterbombiert <pap> • undercrowned

Unterbombierung f <pap> • undercrown

Unterbonden n <ic.qualit> *(Bondfehler)* • underbonding

Unterbrechen n <allg> • interruption; interrupting

unterbrechen vt <allg> *(z. B. anderen Sprecher)* • interrupt vt

unterbrechen vt <tech.allg> *(vorübergehend stoppen; Programm, Arbeit, Vorgang etc.)* • halt vt; stop vt

unterbrechen vt <edv> *(durch beherzten Eingriff; z. B. Programmablauf; Bootsequenz)* • intercept vt

unterbrechen vt <el> *(Stromkreis)* • break vt; open vt

unterbrechen vt <el> *(z. B. Verbindung, Stromzufuhr)* • disconnect vt; cut vt

unterbrechen vt <el> *(galvanische Verbindung)* • isolate vt

Unterbrecher m <el> • circuit breaker; contact breaker; breaker; cut-out; disconnecting switch *rare*

Unterbrecher m <kfz.el> *(in Zündanlage; Funktion und Bauteil; betont: Funktion)* • contact breaker (CB); primary-current contact breaker *rare*

Unterbrecher m <kfz.el> *(in Zündanlage; betont: Bauteil)* • contact points *pl*; breaker points *pl*; points *pl pract.coll*

Unterbrecher m <kfz.el> *(als Ersatzteil)* • contact point set; contact set; set of contact points; set of breaker points; gap set

Unterbrecher... <kfz.el> *(in Komposita)* • breaker point ...
Unterbrecherarm *m rar* <kfz.el> • contact breaker arm
Unterbrecherbad *n* <phot> • stop bath
Unterbrecherfeder *f* <kfz.el> • breaker spring
Unterbrecherfinger *m* <kfz.el> • contact breaker arm
Unterbrecherfunkenstrecke *f* <el> • breaking spark gap
Unterbrechergarnitur *f* <kfz.el> *(als Ersatzteil)* • contact point set; contact set; set of contact points; set of breaker points; gap set
Unterbrecherhalteplatte *f rar* <kfz.el> *(ganz unten im Verteiler, unbeweglich)* • distributor baseplate; subplate *pract*; contact breaker base *rare*
Unterbrecherhebel *m* <kfz.el> *(schwenkbares Teil)* • breaker lever; contact arm; rocker arm *rare*
Unterbrecherkontakt *m* <kfz.el> *(betont: ein einzelner Kontakt des Unterbrechers)* • contact breaker point (CB point); contact point; breaker point; ignition point; distributor contact
Unterbrecherkontaktabstand *m form* <kfz.el> *(in mech. Zündverteiler)* • contact breaker gap; breaker points gap; contact gap; points gap *pract*; CB gap *pract*
Unterbrecherkontakte *mpl* <kfz.el> *(als Ersatzteil)* • contact point set; contact set; set of contact points; set of breaker points; gap set
Unterbrecherleistung *f* <el> • rupturing capacity
Unterbrechermesser *n* <el> • interrupter blade
Unterbrechernocken *m* <kfz.el> • breaker cam; distributor cam; contact-breaker cam *rare*
Unterbrecherplatte *f* <kfz.el> *(ganz unten im Verteiler, unbeweglich)* • distributor baseplate; subplate *pract*; contact breaker base *rare*
Unterbrechersatz *m* <kfz.el> • breaker set; break package
Unterbrecherscheibe *f* <kfz.el> *(im Verteiler oberhalb der Grundplatte; drehbar)* • contact breaker plate; breaker plate *pract*; action plate *Ford.Lucas*; bearing plate *Lucas*; governor plate
Unterbrecherscheibe *f* <masch> *(allg.)* • interrupter wheel
Unterbrecherscheibe *f* <masch> *(gezackt)* • star wheel
Unterbrecherspule *f* <el> • trip coil
Unterbrecherstrom *m DIN ISO 6518* <kfz.el> • contact breaker current
Unterbrechertragplatte *f* <kfz> • contact-breaker base
Unterbrecherwelle *f* <masch> • interrupter shaft
Unterbrechung *f* <allg> • interruption; stop
Unterbrechung *f* <tech.allg> *(eines automatischen Ablaufs; z. B. Eingriff in die Bootsequenz)* • interception
Unterbrechung *f* <el> *(Leitung)* • disconnection
Unterbrechung *f* <el> *(aller Anschlüsse)* • isolation
Unterbrechung *f* <el> *(eines Stromkreises)* • opening; breaking
Unterbrechung der Stromversorgung *f* <navig> • power interruption
Unterbrechungen der Plasmasäule *f* <nukl> • plasma disruptions
Unterbrechungsadresse *f* <edv> • interrupt address; IRQ address
Unterbrechungsanforderung *f rar* <edv> *(allg.)* • interrupt request (IRQ); interrupt *pract*
Unterbrechungsbedingung *f* <edv> • interrupt condition
Unterbrechungsbefehl *m* <edv> • interrupt instruction
Unterbrechungsbehandlung *f* <edv> • interrupt handling
Unterbrechungsbestätigung *f* <edv> • interrupt acknowledge
Unterbrechungseinrichtung *f* <tele> • break-in facility
unterbrechungsfreie Stromversorgung *f* (USV) <el> • uninterruptible power system (UPS)

Unterbrechungsfreigabe *f* <edv> • interrupt enable
Unterbrechungsklinke *f* <tele> • break jack
unterbrechungsloser Kontakt *m* <el> • continuity-preserving contact
Unterbrechungsmaskenregister *n* <edv> • interrupt mask register
Unterbrechungsprogramm *n* <edv> • interrupt program; interrupt routine
Unterbrechungspunkt *m* <edv> *(bedingter Programmstopp)* • conditional break-point; break-point; check-point
Unterbrechungsrückmeldung *f* <edv> • interrupt acknowledge
Unterbrechungsschalter *m* <edv> • interrupt initiation switch
Unterbrechungssteuerlogik *f* <edv> • interrupt control logic
Unterbrechungsstrom *m DINISO6518* <kfz.el> • breaking current
Unterbrechungstaste *f* <druck> • interrupt key
Unterbrechungstaste *f* <el> • break key; interruption key
Unterbrechungsverfahren *n* <tele> • break-in procedure
Unterbrennerkoksofen *m* <verbr> • underjet coke oven
unterbringen *vt* <allg> *(Gegenstände, an einem Ort)* • site *vt*; place *vt*
unterbringen *vt* <tech.allg> *(z. B. Komponenten in einem Gehäuse)* • accommodate *vt*; house *vt*; incorporate *vt rare*
Unterbringung *f* <tech.allg> *(von Bauteilen)* • accommodation
Unterbringung *f* <tour> *(von Personen; in Hotel, Pension etc.)* • accommodation
unterbrochen <allg> *(nicht durchgehend; z. B. Strichlinie)* • discontinuous
unterbrochen <tech.allg> *(z. B. Zufuhr, Versorgung, Anschluss)* • cut-off
unterbrochen <tech.allg> *(Verbindung; absichtlich oder als Störung)* • interrupted; disconnected
unterbrochen <tech.allg> *(mit Pausen; z. B. Betrieb)* • intermittent
unterbrochen <tech.allg> *(Verbindung; unerwünscht, als Störung)* • broken
unterbrochen <el> *(Stromkreis)* • open
unterbrochene Belegzufuhr *f* <edv> • discontinuous document feeding
unterbrochene Linie *f* <kunst> *(unabsichtlich; z. B. durch Fehler in der Farbzufuhr)* • broken line
unterbrochener Strich *m* <verk> • broken stripe
unterbrochener Strom *m* <el> • discontinuous current
unterbrochener Widerstand *m* <el> • open-circuit resistor
unterbrochenes Blinkfeuer *n* <navig> • occulting light; intermittent light; scintillating light; occulting quick-flashing light
unterbrochenes Feuer *n* <navig> • occulting light; intermittent light; scintillating light; occulting quick-flashing light
unterbrochenes Leuchtfeuer *n* <navig> • occulting light; intermittent light; scintillating light; occulting quick-flashing light
unterbrochene Stahlspitze *f* <qualit.mat> *(Schleiffunkenprüfung)* • detached spearhead
Unterbühne *f* <theat> • understage; understage space
unterchlorige Säure *f* <chem> • hypochlorite (HClO)
Unterdämpfung *f* <el> • underdamping
Unterdeck *n* <bau> *(Brücke)* • lower deck
Unterdeck *n* <nav> • lower deck
Unterdeck *n* <nfz> *(eines Doppeldeckers)* • lower deck
unter der Achse liegende Blattfeder *f* <kfz> • underslung leaf spring
unter der Achse verlegter Rahmen *m* <kfz> • underslung frame

unter der Schirrmherrschaft des UNHCR <jur> • under UNHCR auspices

unter der Tragfläche angeordnet <aerospace> • underslung

Unterdeterminante f <math> • subdeterminant; minor determinant; complementary minor

unterdimensioniert <tech.allg> • undersized

Unterdosierung f <med> • underdosage

Unterdosierung f <verf> • underfeeding

Unterdrempel m <hydr> • lower lock sill

unter Druck <mech> • under pressure; pressurized

Unterdruck m <tech.allg> *(zu geringer Druck in Reifen, Schlauchbooten, Traglufthallen etc.)* • underinflation; underpressure

Unterdruck m <druck> • underprinting; ground tint

Unterdruck m <metall> *(beim Walzen)* • bottom-roll pressure; bottom pressure

Unterdruck m <meteo> • depression

Unterdruck m <phys> *(weniger als ein Bezugsdruck; z. B. relativ zum Barometerdruck)* • negative pressure

Unterdruck m <phys> *(jeder Wert unter Atmosphärendruck; z. B. im Ansaugtrakt von Kfz-Motoren)* • vacuum

Unterdruck m <phys> • partial vacuum

Unterdruck m <verf> *(unter Sollwert)* • low pressure

Unterdruckanschluss m <kfz.mot> • vacuum port; vacuum connection; vacuum nipple *coll*

Unterdruckanschluss des EGR-Ventils f <kfz.emiss> • EGR signal tube; EGR valve vacuum line

Unterdruckanschluss für Verteiler m <kfz.mot> *(am Vergaser)* • distributor vacuum port

Unterdruck-Barriere f <nukl> *(z. B. im Containment)* • vacuum barrier

unterdruckbetätigt <msr> • vacuum operated

Unterdruckblase f <phys> *(Strömung)* • reattachment bubble

Unterdruck-Bremskraftverstärker m <kfz.brems> • vacuum brake booster; vacuum-powered brake servo [unit]; vacuum-assisted brake booster; vacuum-assist brake booster; master vac [servo] [unit] *Fiat*

Unterdruckbremskraftverstärker m <kfz.brems> • vacuum brake booster; vacuum-powered brake servo [unit]; vacuum-assisted brake booster; vacuum-assist brake booster; master vac [servo] [unit] *Fiat*

Unterdruckdose f <mot.msr> *(Zündregelung)* • vacuum capsule; vacuum chamber [assembly]; vacuum control unit; vacuum unit; dashpot *coll*

Unterdruckdose f prakt <mot.msr> *(für Frühzündung)* • vacuum advance unit; vacuum advance; advance capsule *pract*; advancer *coll*

Unterdruckdose f prakt <mot.msr> *(für Spätzündung)* • vacuum retard [unit]

Unterdruckdose f <msr> *(als Stellglied, z. B. für Lüftungsklappen etc.)* • actuator

Unterdruckentgaser m <verf> • vacuum degasifier

Unterdruckentlüftung f <hlk> • exhaust ventilation

Unterdruck erzeugen vt <verf> • draw a vacuum vt

Unterdruckfilter n <chem> • vacuum filter

Unterdruckförderpumpe f <kfz> • vacuum fuel pump

Unterdruckfühler m <kfz.msr> • vacuum sensor

unterdruckgeregelte Abgasrückführung f <kfz.emiss> • vacuum modulated EGR

unterdruckgeregeltes AGR-System n press. <kfz.emiss> • vacuum modulated EGR

unterdruckgeregeltes EGR-Ventil n <kfz.emiss> • vacuum modulated EGR valve

unterdruckgesteuert <mot.msr> • vacuum controlled

unterdruckgesteuerter Drosselklappensteller m <kfz.mot> *(Leerlaufdrehzahlanhebung mit Unterdruckdose)* • fast idle capsule

Unterdruckhöhe f <förd> *(Pumpe; Höhenunterschied)* • positive suction head; positive inlet head; total suction head

Unterdruckkammer f <aerospace> • decompression chamber

Unterdruckkammer f <verf> • extract-air chamber

Unterdruckkammerdeckel m <kfz.mot> *(SU- oder Stromberg-Vergaser)* • suction chamber cover

Unterdruckleitung f <kfz> • vacuum line; vacuum connection; vacuum passage; vacuum pipe; vacuum control line

Unterdruckleitung f <rls> • vacuum hose

Unterdruckleitung des EGR-Ventils f <kfz.emiss> • EGR signal tube; EGR valve vacuum line

Unterdruckmessdose f prakt <mot.msr> • vacuum gauge

Unterdruckmessgerät n <mot.msr> • vacuum gauge

Unterdrucköffnung f <kfz.mot> *(meist kleine Bohrung)* • vacuum port

Unterdruckphase f <kfz.mot> • during pressure relief

Unterdruckpresse f <kst> • bottom ram press

Unterdruckreduzierventil n <kfz.msr> • vacuum reducer valve (VRV)

Unterdruckregler m <msr> • vacuum regulator; low-pressure governor

Unterdruckschlauch m <rls> • vacuum hose

Unterdrucksicherheitsventil n <rls> • atmospheric relief valve

Unterdrucksicherung f <rls.sich> • underpressure safety control device

Unterdrucksignalfilter n <mot.msr> • vacuum filter

Unterdruck-Signalgeber m <mot.msr> • vacuum control switch

Unterdruckspeicher m <kfz> • vacuum tank

unter Druck spülen vt <verf> • pressure-flush vt

Unterdrucksystem n <obfl> *(in Zinkaufdampfanlagen)* • vacuum system

Unterdrucktester m <mot.msr> • vacuum gauge

Unterdrucktragfläche f <aerospace> • suction aerofoil

Unterdruckumschaltventil n <kfz> • distributor vacuum modulator valve (DVMV) *GM*

Unterdruckvergaser m rar <kfz.mot> • variable-venturi carburetor; VV carburetor; CV carburetor; CD carburetor

Unterdruckverstärker m <mot> • vacuum amplifier

Unterdruckversteller m <mot.msr> *(allg. Früh- oder Spätverstellung)* • vacuum control unit; vacuum unit

Unterdruckversteller m <mot.msr> *(für Frühzündung)* • vacuum advance unit; vacuum advance; advance capsule *pract*; advancer *coll*

Unterdruckversteller m <mot.msr> *(für Spätzündung)* • vacuum retard [unit]

Unterdruckversteller mit Früh- und Spätdose m Bosch <kfz.el> • dual diaphragm distributor; dual-acting diaphragm distributor; vacuum advance retard assembly; double-acting vacuum unit *Lucas*

Unterdruckverstellung f <mot.el.msr> *(für Frühzündung)* • vacuum advance

Unterdruckverstellung f <mot.msr> *(Regelung des Zündzeitpunktes)* • vacuum control; vacuum timing control; vacuum ignition-timing control

Unterdruckverstellung f <mot.msr> *(für Spätzündung)* • vacuum retard

Unterdruckverzögerungsventil n <kfz> *(Sekundärluft)* • differential vacuum delay and separator valve

Unterdruckverzögerungsventil der Frühdose n <kfz> • distributor vacuum delay valve (DVDV) *GM*

Unterdruck-Vorsteuerventil n <mot.msr> • vacuum bias valve

Unterdruckwächter m <msr> • minimum pressure governor

Unterdruckwelle f <kfz> (Auspuffanlage) • negative pressure wave

Unterdruckzündversteller m <mot.msr> (allg. Früh- oder Spätverstellung) • vacuum control unit; vacuum unit

Unterdruckzündversteller m <mot.msr> (für Frühzündung) • vacuum advance unit; vacuum advance; advance capsule pract; advancer coll

Unterdruckzündversteller m <mot.msr> (für Spätzündung) • vacuum retard [unit]

Unterdruckzündverstellung f <mot.el.msr> (für Frühzündung) • vacuum advance

Unterdruckzündverstellung f <mot.msr> (Regelung des Zündzeitpunktes) • vacuum control; vacuum timing control; vacuum ignition-timing control

Unterdruckzündverstellung f <mot.msr> (für Spätzündung) • vacuum retard

Unterdruckzylinder m <kfz.antr> (im Keilriemengetriebe) • vacuum cylinder

Unterdrücken n <allg> (von Signalen, Aktionen, Reaktionen etc.) • suppression

unterdrücken vt <allg> (Signale, Verhalten, Reaktionen etc.) • suppress vt

unterdrücken vt <edv> (ignorieren; z. B. Fehlermeldungen) • ignore vt

unterdrücken vt <el> • reject vt

unterdrücken vt <mech> (Schwingungen) • damp out vt

unterdrücken vt <msr> (Alarmton) • suppress vt; cancel vt; silence vt; mute vt ISO 10 651

Unterdrücken verdeckter Flächen n DIN 8805 <edv> • hidden surface removal ISO 8805

Unterdrücken verdeckter Linien n DIN 8805 <edv> • hidden line removal ISO 8805

unterdrückter Nullpunkt m <msr> • suppressed zero

unterdrückter Träger m <tele> • suppressed carrier; quiescent carrier

Unterdrückung f <allg> (von Signalen, Aktionen, Reaktionen etc.) • suppression

Unterdrückung f <edv> (Fehlerverdeckung bei digitalisierten Daten) • muting

Unterdrückung f <emiss> (von unerwünschten Effekten; z. B. Staub, Lärm) • suppression; abatement

Unterdrückung f <mech> (von Schwingungen) • damping-out

Unterdrückungsfaktor m <navig> • cancelation ratio US; cancellation ratio GB

Unterdrückungsschaltung f <tele> • squelch circuit

untere Alarmgrenze f <msr> • lower alarm limit

untere Drehpfanne f <masch> • pivot bearing

untere Explosionsgrenze f (UEG) <msr> • Lower Explosive Limit (LEL)

untere Fensterbankplatte f :V <bau> • undersill

untere Fläche f <tech.allg> • lower surface; bottom surface

untere Fläche f <bau> • sole

untere Gänge mpl <kfz.antr> (Getriebe; z. B. 1, 2) • low range of gears

untere Grenze f <tech.allg> • bottom limit; lower limit; low limit

untere Grenzfrequenz f <av> • low-frequency cut-off; low-frequency limit

untere Grenzfrequenz f <meteo> • absorption limiting frequency

untere Grenzkorngröße f <verf> (Siebanalyse) • lower size

untere Haltung f <hydr> • downstream reach

untere Hinterradstrebe f <fz> (Fahrrad) • chain stay

untere Höckerfrequenz f <tele.av> • bottom frequency

untere hybride Frequenz f <nukl> • lower hybrid frequency

Untereinheit f <tech.allg> (z. B. Baugruppe) • sub-unit; subunit

untere Instrumententafelverkleidung f <kfz.innen> • lower instrument trim panel

Unterelektrode f <füg> (Schweißen) • lower electrode; bottom electrode

untere linke Ecke f <tech.allg> • bottom lefthand corner

untere Luftspiegelung f <meteo> • inferior mirage

unterentwickeln vt <phot> • underdevelop vt

unterentwickelt <allg> • underdeveloped

unterentwickelt <phot> (Film, Abzug) • underdeveloped

Unterentwicklung f <phot> • underdevelopment

untere Polplatte f <av> • back plate

untere Putzwalzen fpl <textil> • draw-box underclearer

unterer Abnahmefilz m <pap> • bottom felt

untere Randfaser f <mech> (max. Biegespannung) • bottom fiber US; bottom fibre GB

unterer Ansprechwert m <mot> • just-operating value

unterer Drehzahlbereich m <kfz> • bottom end; low end

untere rechte Ecke f <tech.allg> • bottom righthand corner

unterer Flügel m <bau> (Vertikalschiebefenster) • lower sash

unterer Grenzpegel m <msr> • threshold level

unterer Grenzwert m <tech.allg> • minimum value

unterer Heizwert m obs <verbr> (ohne Verdampfungswärme des Wasserstoffs) • net calorific value; lower heating value; net combustion heat; net heating value

unterer Höcker m <tele.av> • bottom peak

unterer Holm m <rls> (Plattenwärmetauscher) • lower carrying bar; lower guide rail; bottom guide bar

unterer Isolationspegel m <el> • minimum flash-over voltage; basic insulation level

unterer Lenker m <fz> • lower link

unterer Lufteinlassschlitz m <bekl> (Helmbelüftung) • lower air intake

Untererregung f <el> • underexcitation

unterer Totpunkt m (UT) <mot> (Kolbenmaschine) • bottom dead center (BDC) US; lower dead center US; bottom dead centre GB; LDC

unterer Ventildeckel m <kunst.wz> • valve screw Badger; valve nut; valve pin guide (down); spring retainer

unterer Ventilfederteller m <kfz.mot> (Ventiltrieb; Ein-/Auslassventile) • valve spring seat

unterer Wärmeschild m <kfz.emiss> (Katalysator) • grass heat shield; lower shield; grass shield

unterer Wärmeschutzschild m <kfz.emiss> (Katalysator) • grass heat shield; lower shield; grass shield

unteres Abmaß n <tech.allg> (Istmaß) • lower deviation; low limit

unteres Abmaß n <tech.allg> (Toleranz nach unten) • minus tolerance

unteres Band n <bau> (Kippflügel-Scharnier) • bottom hinge

unteres Deck n <nav> • lower deck

unteres Fallrohrende n <bau> • leader shoe

unteres Flügelholz n Holz/DIN <bau> • bottom rail

unteres Flügelprofil n allg <bau> • bottom rail

unteres Gitter n <nukl> (im unteren Kerngerüst) • lower grid

unteres Kerngerüst n <nukl> • core support assembly

unteres Kerntragwerk n <nukl> • lower grid assembly

unteres Kettenrad n <verf.hydr> (Umlaufrechen, Siebband) • foot sprocket

unteres Pleuelauge n <mot> (auf dem Kurbelzapfen gelagerter Teil des Pleuels) • connecting-rod big end; big end coll; crank pin end GB; bottom end ISO 7967-2; crankshaft end

unteres Pleuelende n DIN ISO 7967-2 <mot> (auf dem Kurbelzapfen gelagerter Teil des Pleuels) • connecting-rod big end; big end coll; crank pin end GB; bottom end ISO 7967-2; crankshaft end

unteres Rahmenrohr *n* <fz> *(Fahrrad)* • down tube
unteres Seitenband *n* <av> • lower sideband (LSB)
untere Streckgrenze *f* <qualit.mat> • lower yield point
unteres Windleitblech *n* <kfz> • fairing panel
untere Trageplatte *f* <nukl> *(für Kern)* • lower grid support forging
untere Umlenkrolle *f* <masch> • tail pulley
untereutektisch <mat> • hypoeutectic
untereutektoid <mat> • hypoeutectoid
untere Ventilschaftführung *f* <kunst.wz> • valve screw *Badger*; valve nut; valve pin guide (down); spring retainer
unterfahren *vt* <förd> *(Last; mit Gabelstapler, Hubwagen etc.)* • run under the load *vt*
unterfahren *vt* <min> • undercut *vt*; undermine *vt*
unterfahren *vt* <verk> • undercross *vt*
Unterfahrmaß *n* <logist> *(Palettenregal)* • shuttle window height
Unterfahrschutz *m* <nfz> *(Front, Heck, seitlich)* • underrun guard; under-run bumper; under-run bar; underride protection
Unterfahrung *f* <verk> • undercrossing
Unterfangbauweise *f* <bau> • top-head method
unterfangen *vt* <bau> • underpin *vt*
Unterfarbenkorrektur *f* (UCR) <druck> *(Farbmanagement)* • under color removal (UCR) *US*; under colour removal *GB*; under color reduction *US.rare*; under colour reduction *GB.rare*
Unterfarbenreduktion *f* <druck> *(Farbmanagement)* • under color removal (UCR) *US*; under colour removal *GB*; under color reduction *US.rare*; under colour reduction *GB.rare*
Unterfeuerung *f* <verbr> • undergrate firing
Unterflanschlaufkatze *f* <förd> • trolley travelling on lower flanges
Unterflasche *f* <förd> *(Kran, Flaschenzug)* • fall block; bottom block; snatch block *coll*
Unterflügel *m* <aerospace> • lower wing
Unterflügel *m* <bau> *(Vertikalschiebefenster)* • lower sash
Unterflüssigkeitsmotor *m* <el> *(z. B. für Pumpe)* • submersible motor
Unterflur... <nfz> • underfloor ...
Unterfluranordnung *f* <fz> • underfloor mounting
Unterflurautobahn *f* <verk.bau> • subsurface freeway *:V.US*; sursurface motorway *:V.GB*
Unterflurbelüftung *f* <fz.hlk> • underfloor ventilation
Unterflurbewässerung *f* <agri> • subsurface irrigation; subirrigation
Unterflurdränage *f* <agri> • subsurface drainage
Unterflurfahrleitung *f* <el.bahn> • underground contact rail
Unterflurfeuer *n* <aerospace> • flush-embedded runway lights; flush-runway lights
Unterflurförderer *m* <förd> • underground conveyor
Unterflurhydrant *m* <hydr> *(bündig mit Straßenoberfläche)* • underground hydrant; sunk hydrant
Unterflurinstallation *f* <bau> • underfloor installation
Unterflurkettenantrieb *m* <förd> • tow-line drive
Unterflurkontaktschiene *f* <el.bahn> • underground contact rail
Unterflurkühler *m* <hlk> • underground cooler
Unterflurlabor *n* <verk> *(für Aquaplaning-Versuche)* • glass road facility
Unterflurmotor *m* <fz.antr> *(allg.)* • underfloor engine
Unterflurofen *m* <metall> • underground furnace
Unterflurstaubabführung *f* <ents> • underfloor dust extraction; underfloor extraction
Unterflurstromabnehmer *m* <el.bahn> • underground collector
Unterfrequenzschutz *m* <el> • underfrequency protection

Unterführung *f* <verk> • underground passageway *US*; underpass *US*; subway *GB*
Unterfüllen *n* <druck> *(Farbmanagement)* • underlapping
unterfüttern *vt* <masch> *(mit Beilagscheiben, Keilen, Distanzstücken etc.)* • bolster *vt*; shim *vt*
Unterfütterung *f* <bau> *(mit Unterlattung)* • furring
Unterfunktion *f* <tech.allg> • subfunction
untergärig <nahr> *(z. B. Bier)* • bottom-fermented; bottom-fermenting
untergehängte Decke *f* <bau> • suspended ceiling; hung ceiling; false ceiling; dropped ceiling; architectural ceiling
untergehen *vi* <nav> *(Schiff)* • sink *vi*; founder *vi*; go down *vi*
untergeordneter Computer *m* <edv> • slave computer
untergeordneter Regelkreis *m* <msr> • slave control loop; subloop
untergeordnetes Objekt *n* <edv> *(bei hierarchischen Verknüpfungen)* • child
untergeordnete Straße *f* <verk> • secondary road
Untergeschoss *n* <bau> • basement; basement floor
Untergesenk *n* <metall> *(Schmieden)* • lower die; bottom die; bottom swage
Untergestell *n* DIN 25603 <bahn> • underframe
Untergestell *n* <masch> *(Grundrahmen)* • base frame; pedestal; understructure; foot; underbase *rare*
Untergestell für Brennkrafttriebwagen *n* DIN 25603-5 <bahn> • underframe for diesel railcars *DIN 25603-5*
Untergestellvorbau *m* <masch> • underframe extension
untergetaucht <tech.allg> *(in Flüssigkeit)* • submerged
Untergitter *n* <mat> • sublattice
Unterglasurdekor *n* <silik.obfl> • underglaze decoration
Unterglasurfarbe *f* <silik.obfl> • underglaze color *US*; underglaze colour *GB*
untergliedern *vt* <allg> *(z. B. Inhalt, Programm)* • subdivide *vt*
untergliedern *vt* rar <edv> *(Festplatte)* • partition *vt*
untergliederte Datei *f* <edv> • partitioned file
Unterglocke *f* <metall> • lower bell; main bell; big bell
untergraben *vt* <bau> • undermine *vt*
Untergrenze *f* <tech.allg> • bottom limit; lower limit; low limit
Untergriff *m* <prod> *(konstruktiv nötige Unterschneidung)* • undercut
Untergröße *f* <bekl> • undersize
Untergrund *m* <bau> • subsoil; subgrade; underground; undersoil; undersurface
Untergrund *m* <bau> *(von Straßen)* • subgrade
Untergrund *m* <doku> *(zum Zeichnen, Malen)* • ground
Untergrund *m* <geo.ents> *(unter Deponie)* • underlying soil; underlying strata; underground strata; bedding layer; footing
Untergrund *m* <obfl> *(für Anstrich, Aufdruck usw.)* • substrate
Untergrund *m* prakt <obfl> *(für Spritzlackierungen u. dgl.)* • substrate *ISO 4618/1*; painting surface; painting ground; ground *pract*
Untergrundabdichtung *f* <bau> *(allg.; z. B. mit Folien, Bitumenanstrich)* • subsoil sealing
Untergrundabdichtung *f* <bau> *(durch Verfüllen)* • undergrund injection
Untergrundabdichtung *f* <ents> *(von Deponien)* • bottom sealing
Untergrund absperren *vt* <bau> • seal *vt*
Untergrundanstrich *m* <obfl> *(allg.; z. B. auf Holz, Beton, Metall)* • ground coat; priming
Untergrundanstrich *m* <obfl> *(zum Auftragen direkt auf das Blech)* • wash-primer; reaction primer; etching primer; etch primer
Untergrundbahn *f* rar <verk.bahn> • subway *US*; underground *GB*

Untergrunddosis f <nukl> • background dose
Untergrundentwässerung f <bau> • subsoil drainage; subdrainage; subgrade drainage
Untergrund-Frosteindringtiefe f <bau> • subgrade frost penetration [depth]
Untergrundgasspeicher m <energ.bau> • underground gas reservoir; underground gas store
Untergrundrauschen n rar <edv.av> • background noise; background hiss
Untergrundspeicher m <logist> • underground reservoir; underground store
Untergrundspeicherung f <logist> • underground storage
Untergrundstrahlung f rar <phys> (allg.; jede Sorte; z. B. natürliche Radioaktivität) • background radiation
Untergrundverhältnisse npl <geo> (unter Mülldeponie, in Bohrloch) • subsurface conditions
Untergrundvorbehandlung f <obfl> • base surface preparation; base surface pretreatment
Untergrundzählrate f <nukl> • background counting rate
Untergrundzählstoß m <nukl> • background count
Untergruppe f <allg> • subgroup
Untergruppe f <tech.allg> (betont: Modul, austauschbar) • module
Untergruppe f <tech.allg> (Baugruppe) • subassembly; subassy
Untergruppenkontrolle f <edv> • minor control
Untergruppentrennung f <edv> • record separation
Untergurt m <bau> (im Fachwerk) • lower chord; bottom chord; bottom boom rare
Untergurt m <bau> (Stahlprofile, z. B. I-, C-, Z-Profil) • lower flange
Untergurt m <förd> • bottom belt
Untergurtförderer m <förd> • bottom belt conveyor; bottom loading belt
Untergurtstab m <bau> (in Fachwerk, z. B. Brücke, Kran) • bottom chord member; bottom boom member
Unterhängetübbing m <min> • suspended tubbing
Unterhärtung f <kst> • undercure
Unterhafen m <nav> • tail-water port
unterhalb der Leistungsgrenze betrieben <tech.allg> • underrun
Unterhaltungselektronik f <av> (Radio, TV, HiFi, Video etc.) • consumer electronics; home electronics
Unterhaltungselektronik f <el> (Spiele; z. B. Playstation, GameBoy, Bingo) • leisure electronics
Unterharmonische f <phys> • subharmonic
Unterhaupt n <bau.hydr> (Schleuse) • tail gate; lower lock gate
Unterhaut f <bio> (dick; unter der Epidermis) • dermis; derma
Unterhautelektrode f <med> • subdermal electrode
Unterhebelrepetierer m <mil> • lever-action rifle :V
Unterhebestab m <textil> • lower twilling bar
Unterholm m VW Käfer <kfz> • side member VW beetle
unterirdisch <tech.allg> (z. B. Lager, Garage, Anlagen) • subsurface; underground
unterirdisch <geo> • subterranean
unterirdische Architektur f <bau> • underground architecture
unterirdische Detonation f <mil> (z. B. von Nuklearwaffen) • underground detonation; underground burst rare
unterirdische Erosion f <geo.hydr> • subsurface erosion
unterirdische festverlegte Leitung f <rls> (z. B. für Gas, Öl, Wasser) • subsurface pipe; buried pipeline
unterirdischer Behälter m <logist> • underground storage tank; underground tank
unterirdischer Kanal m <bau> • underground conduit
unterirdische Rohrleitung f <ents.hydr> • buried pipeline

unterirdischer Rauchgaskanal m <verbr> • underground main flue
unterirdischer Transformator m <el> • buried transformer
unterirdische Speicherung f <logist> • underground storage
unterirdisch verlegt <tech.allg> (Leitungen; z. B. Kabel, Rohre, Kanäle) • buried
Unterkammer f <tech.allg> • lower chamber
Unterkammer f <kfz.mot> (im K/KE-Jetronic Mengenteiler) • lower chamber
Unterkanal m <tele> • subchannel
Unterkante f <tech.allg> • bottom edge
Unterkasten m <tech.allg> • bottom box
Unterkasten m <metall> • bottom flask
Unterkavitation f <phys> • subcavitation
Unterkette f <textil> • ground warp
Unterkiefer m <bio> • lower jaw; inferior maxilla; mandible
Unterkipper m <nfz> (Lastkraftwagen) • bottom dumper; belly dumper sl
Unterkipper m <nfz> (Anhänger) • bottom dump trailer; bottom dumper; belly dumper coll
Unterklasse f <math> (Mengenlehre, Statistik) • subclass
Unterkleber m <füg> • joiner tape
unterkochen vt <pap> • undercook vt
Unterkörper m <math> • subfield
Unterkolbenpresse f <metall> • bottom-ram press; upstroke press
Unterkonstruktion f <bau.innen> (von Rigipsplatten u. ä.) • frame; support; supporting construction
Unterkonstruktion f <petr> (Bohrturm) • substructure
unter Kontrolle bringen vt <tech.allg> (z. B. Prozess) • bring under control vt
Unterkorn n <verf> (Siebtechnik) • undersize; minus material; screen undersize
unterkorrigiert <opt> • undercorrected
Unterkreiden n <obfl> (pulvriges Ablösen einer Farbschicht) • chalking
Unterkriechen der Farbe n <obfl> • seeping under of paint
Unterkriechschutz m <alarm> • creep zone
unterkriechsichere Nahzone f <alarm> • creep zone
unterkritisch <tech.allg> (Betriebsbedingungen; z. B. Druck, Temperatur, Drehzahl) • subcritical; non-critical
unterkritisch <nukl> (Masse) • subcritical
unterkritische Ballung f <el> • underbunching
unterkritische Dämpfung f <el> • underdamping
unterkritische Drehzahl f <masch> • speed below the critical
unterkritische Kopplung f <el> • undercoupling
unterkritische Kopplung f <phys> • undercritical coupling
unterkritischer Reaktor m <nukl> • subcritical reactor
unterkritische Turmauslegung f wiss <mech> • soft tower
unterkühlen vt <allg> (allg.) • overcool vt
unterkühlen vt <phys> (auf sehr tiefe Temperaturen) • supercool vt
Unterkühlung f <hlk> (auf unter 0 Grad) • subzero cooling
Unterkühlung f <phys> • supercooling
Unterkunft f <tour> (mindestens Schlafgelegenheit und sanitäre Einrichtungen) • accomodation
Unterlänge f <druck> • descender character; lower case descender
Unterläufigkeit f DIN 4048-1 <energ.hydr> (Durchsickern v. Wasser unter Sohle v. Absperrbauwerk) • underflow
Unterlage f <tech.allg> (als Stütze von unten oder hinten) • backing; back-up
Unterlage f <tech.allg> (Grundlage) • base
Unterlage f <bau> (Bett; z. B. Sand, Kies) • bed; bedding

Unterlage f <büro> *(zum Schreiben)* • pad
Unterlage f <druck> • underpacking
Unterlage f <masch> *(Unterfütterung; z. B. Abstandshalter, Beilagescheiben)* • bolster
Unterlagebogen m <druck> • underpacking
Unterlagen fpl <doku> • papers and documents; data and information; records; documents; material
unterlagernde Schicht f <min> • substratum
Unterlagerungsfernwahl f <tele> • low-frequency dialing US; low-frequency dialling GB
Unterlagerungsfrequenz f <akust> • subaudio frequency
Unterlagerungsfrequenz f <tele> • subtelephone frequency
Unterlagerungsmodulation f <tele> • subcarrier modulation
Unterlagerungstelegrafie f <tele> • subaudio telegraphy; infra-acoustic telegraphy
Unterlagsplatte f <masch> • bolster plate
Unterlassungsanspruch m <jur> • claim to prevent the use of the patent
Unterlassungsklage f <jur> • action for permanent injunction
Unterlastausschalter m <el> • underload circuit breaker
Unterlastung f <el> • derating
Unterlattung f <bau> • furring strips
Unterlauf m <geo> *(eines Flusses)* • lower course
Unterlauf n <hydr.ents> • underflow
Unterlaufprodukt n <ents> • underflow [product]
Unterlegeklotz m <masch> • bolster
unterlegen vt <tech.allg> *(Keil, Klotz, Platte)* • chock vt
unterlegen vt <tech.allg> *(mit Polster)* • pad vt
unterlegen vt <masch> *(mit Beilageblechen; z. B. zum Einstellen)* • shim vt
unterlegen vt <prod> *(unterfüttern; z. B. mit Beilagescheiben, Abstandshaltern)* • bolster vt
Unterlegkeil m <tech.allg> *(Bauwesen, Maschinenbau)* • chock
Unterlegkeil m <kfz.wz> *(zum Sichern gegen Wegrollen)* • wheel chock; chock; wheel block rare
Unterlegkeil m <masch> • shim wedge
Unterlegplatte f <masch> • shim
Unterlegplatte f <masch> • bolster plate
Unterlegplatte f <min> *(Boden)* • floor plate
Unterlegscheibe f prakt.ugs <füg> *(glatt, mit Rundloch, typ. f. Schraubverbindungen)* • plain washer; flat washer; washer pract.coll
Unterlegstreifen m <füg> • backing strip
Unterleibschützer m DIN EN ISO 18814 <sport.sich> • abdomen protector DIN EN ISO 18814
Unterlicht n <bau> • bottom transom; sub-light :Roto
unterliegen vi <tech.allg> *(Bedingungen, Einflüssen)* • subject, be ~ (to); subjected, be ~ (to)
Unterliek n <nav> • foot
Unterliekstrecker m <nav> • clew outhaul; outhaul
Unterlizenz f <jur> • sublicense; sub-license
Unterlizenznehmer m <jur> • sublicensee
Unterluft f <verbr> • underfire air; undergrate air
Unterluftzelle f <verf> • subaeration cell; subaeration floatation cell
Untermaß n <tech.allg> • undersize
Untermaßbohrer m <wz> • undersize drill
untermaßig <petr> • undergauge; undergage US
untermaßiger Meißelstabilisator m <petr> • undergauge near-bit stabilizer
Untermatrix f <math> • submatrix
untermeerische Pipeline <petr> • submarine pipeline
untermeerische Rohrleitung f <petr> • submarine pipeline
Untermenge f <math> *(allg.)* • subset; partial quantity

Untermenge der Grundgesamtheit f <math> *(Statistik)* • subpopulation
Untermenü n <edv> • submenu; sub-menu
Untermenüseite f <edv> *(Display)* • submenu page
Untermesser n <metall> *(fest stehend; Scherwerkzeug)* • stationary blade
Untermesser n <pap> • bed knife
Untermesser n <wz> *(allg.)* • bottom blade; lower blade
Untermesser n <wz.masch> *(Schere)* • bottom cutter
untermischen vt <tech.allg> • intermix vt
Untermoderierung f <nukl> • undermoderation
Untermöllerung f <metall> • underburdening
untermotorisiert <kfz.mot> • underpowered
Unternehmen n <ökon> *(für Produkte oder Dienstleistungen)* • business; enterprise; firm
Unternehmen der Binnenschifffahrt n <ökon.nav> • inland waterways transport enterprise; enterprise engaged in inland waterways transport; enterprise engaged in inland navigation; inland waterway carrier
Unternehmen in Familienbesitz n <ökon> • family-owned company
Unternehmensatmosphäre f <hlk> *(Raumluft; z. B. spezielle Duftnote)* • corporate air
Unternehmensforschung f <ökon> • operations research; operational research
Unternehmensimage n <werb> • corporate identity (CI)
Unternehmenskultur f <werb> • corporate culture
Unternehmensspiel n <spiel> • management game; business game
unternehmensweite Lösung f <tech.allg> *(z. B. eines technischen Problems)* • enterprise-wide solution
Unternehmer m <jur> • entrepreneur
Unterniveau n <phys> *(Atomphysik, Quantenphysik)* • sublevel
unternormal <qualit> • substandard adj
Unteroktavkoppel f <mus> *(Orgel)* • sub-octave coupler
Unterordnungsbetrieb m <edv> • subordination mode
Unterparameter m <tech.allg> • subparameter
Unter-pari-Beschwerung f <textil> *(Seide)* • weighting below par; weighting below par
unter Planum arbeiten <bau> • dig below working level
unterpolt <el> • underpoled
Unterpressen n <bau> *(z. B. mit Beton)* • grouting
Unterprogramm n <edv> • subroutine; subprogram; child [program] rare
Unterprogrammaufruf m <edv> • subroutine call
Unterprogrammbefehl m <edv> • subroutine instruction
Unterprogrammbibliothek f <edv> • subroutine library
Unterprogramm mit einer Ebene <edv> • one-level subroutine
Unterpulverschweißen n <füg> • submerged-arc welding (SAW)
Unterputz m <bau.mat> • undercoat; scratch coat; rough coat; first coat; coarse stuff
Unterputz... <bau.el> *(Schalter, Steckdosen)* • flush ...
Unterputzanlage f <el> *(el. Leitungen)* • concealed installation; buried installation
Unterputzleitung f <el> • concealed wiring; buried wiring
Unterputzschalter m <el> • flush switch; recessed switch; sunk switch
Unterputzsteckdose f <el> • flush socket
unter Putz verlegen vt <bau> *(Leitungen)* • conceal vt; bury vt
Unterputzverlegung f <el> • concealed wiring; buried wiring
unterquadratisch <tech.allg> *(breiter als hoch; Geometrieverhältnis < 1)* • undersquare
unterquadratischer Motor m <kfz.mot> • long stroke engine; undersquare engine

Unterrahmen m rar <edv> • subframe; data bit subframe
Unterraum m <math> • subspace
Unterrichtsprogramm n <did> *(Software)* • teachware
Unterriese m <astron> • subgiant star
Unterrock m <bekl.textil> • underskirt
Unterrohr n <fz> *(Fahrrad)* • down tube
Unterrosten n <obfl> *(allg.)* • creepage; rust creep; undercutting; underfilm creepage corrosion; underfilm corrosion
Unterrostung f <obfl> *(allg.)* • creepage; rust creep; undercutting; underfilm creepage corrosion; underfilm corrosion
Unterroutine f rar <edv> • subroutine; subprogram; child [program] *rare*
untersättigt <chem> • subsaturated; undersaturated
Untersättigung f <chem> • subsaturation; undersaturation
Untersattel m <prod> • bottom pallet
Untersattel m <wz> • bottom anvil block
Untersatz m <tech.allg> *(Ständer, Sockel etc.; z. B. für heiße Objekte, Laborgeräte)* • pedestal; base; support
unterschätzen vt <allg> *(z. B. Wert, Risiko, Kosten, Zeitaufwand)* • underestimate vt; underrate vt
Unterschale f <nukl> • subshell
Unterschallflugzeug n <aerospace> • subsonic aircraft
Unterschallfrequenz f <phys> • subsonic frequency
Unterschallgeschwindigkeit f <phys> • subsonic velocity
Unterschallströmung f <phys> • subsonic flow
unterscheidbare Zustände mpl <edv> *(Einzelschritte)* • distinguishable increments
unterscheiden vr <allg> • differ vi
unterscheiden vt <allg> *(trennen)* • differentiate vt
unterscheiden vt <allg> *(voneinander abgrenzen)* • discriminate vt; discern vt; distinguish vt
unterscheidende Logik f <msr> • discriminatory logic
Unterscheidungsmerkmal n <allg> • distinguishing feature
Unterscheidungsvermögen n <msr> *(von Sensoren)* • discrimination
Unterschicht f <tech.allg> • base layer
Unterschicht f <bau> • lower course
Unterschicht f <mat> *(Trägermaterial, Verstärkung)* • back-up material
Unterschicht f <mat> *(z. B. Karton, Textilien)* • sublayer
Unterschicht f <obfl> • substratum
Unterschichtung f AWR <jur> • subordination
Unterschieber m <wz.masch> • bottom slide; lower slide
unterschiedliche Signalpegel mpl <msr> • deviation in level between signals
Unterschiedsmessgerät n <msr> • comparison gauge
Unterschiedsmessung f <msr> • differential measuring
Unterschiedsschwelle f <akust> • difference threshold
Unterschiedsschwelle f <licht> • contrast threshold
Unterschieneschweißen n DIN 1910 <füg> • firecracker welding
Unter-Schiene-Schweißen n <füg> • firecracker welding
unterschlächtig <energ.hydr> *(Wasserrad)* • undershot
unterschlächtiges Wasserrad n <energ.hydr> • undershot wheel; undershot water wheel
Unterschlagrevolverwebstuhl m <textil> • circular box underpick loom
Unterschlagwebstuhl m <textil> • underpick loom
Unterschlitten m <wz.masch> • bottom slide; lower slide
Unterschneiden n <druck> *(Zusammenrücken benachbarter Buchstaben)* • kerning
Unterschneiden n <masch> *(Vorgang)* • undercutting
unterschneiden vt <bau> *(Fundament)* • underream vt
unterschneiden vt <druck> *(Buchstaben zusammenrücken)* • kern vt
unterschneiden vt <prod> • undercut vt

unterschneiden vt <wz.masch> *(betont: mit Räumwerkzeug)* • underream vt
Unterschneider m <petr> • underreamer
Unterschneidung f <masch> *(Vorgang)* • undercutting
Unterschneidung f <masch> *(Ergebnis, z. B. am Zahnfuß)* • undercut
Unterschnitt m <masch> *(Ergebnis, z. B. am Zahnfuß)* • undercut
Unterschnitt m DIN 3998 <masch> *(Zahnradgetriebe)* • cutter interference
Unterschnitt m <metall> • backing-off
unterschnittene Kaimauer f <bau> • undercut quay
unterschnittener Buchstabe m <druck> • kerned letter
unterschnittfrei <masch> *(z. B. Zahnfuß)* • without undercut
unterschnittfrei <prod> • free from undercut
Unterschnittfreiheit f <masch> • absence of undercutting
Unterschnittwinkel m <prod> • undercut angle
unterschrämen vt <min> • undercut vt; hew vt; pool vt
Unterschrank m <büro> • cabinet
unterschreiben vt <jur> • sign vt; undersign vt; subscribe vt
unterschreiten vt <tech.allg> *(einen Wert; unerwünscht, z. B. Umsatzziel)* • fall below vt
unterschreiten vt <tech.allg> *(einen Wert; erwünscht, z. B. Emissionsgrenzwert)* • stay below vt
Unterschrift f <doku> • signature
Unterschubfeuerung f <verbr> • underfeed firing
Unterschubrost m <verbr> • underfeed stoker
Unterschwellerschiene f <kfz> • under sill panel
Unterschwingen n <el> • undershoot
Unterschwingung f <av.phys> • sub-harmonic *stand*; subharmonic
Unterseeboot n <nav> • submarine
unterseeischer Abbau m <min> • ocean mining; undersea mining
Unterseekabel n <el> • submarine cable
Untersegment n <edv> • subsegment
Unterseite f <allg> • underside; bottom side
Unterseite f <bau> *(eines Bogens, Gewölbes)* • intrados
Unterseite f ugs <allg> • underside; underneath *coll*
Unterseite f <textil.led> • backing
Unterseite des Aufbaus <kfz> • underbody
untersetzen vt <antr> *(Drehzahl)* • gear down vi; step down vi; reduce the speed vi
untersetzen vt <el> • scale vt
Untersetzer m <el> • scaler
Untersetzer in Ringschaltung m <tele> • ring scaler
Untersetzerschaltung f <el> • scaling circuit
untersetzt <el> • scaled
untersetzt <masch> • reduced; geared-down
Untersetzung f <antr> • speed reduction; step-down; stepping down
Untersetzung f coll <antr> *(Zahnradtrieb ins Langsame)* • gear ratio reduction
Untersetzung f <el> • scaling
Untersetzungsgetriebe n <antr> • speed reducer; reduction gear; reduction set; speed-reduction mechanism; step-down gear
Untersetzungsgetriebe n <nfz> • reduction gearbox; reduction gearset; reduction box *coll*; reduction gearing
Untersetzungsverhältnis n <el> • scaling factor; countdown ratio
Untersetzungsverhältnis n <masch> *(Getriebe)* • step-down ratio; reduction ratio
Untersicht f <bau> *(von Architekturdetails; z. B. von Trägern, Gewölben)* • soffit
Untersicht f <doku> *(Darstellung der Unterseite)* • bottom view; view from below; underside view

unterspannter Balken m <bau> • trussed beam; braced beam; framed beam

unterspannt mit Pfettenaufhängungen <bau> • trussed with sag rods

Unterspannung f <el> • undervoltage

Unterspannungsauslösung f <el> • undervoltage release

Unterspannungsauslösung f <el> • undervoltage trip

Unterspannungsautomat m <el> • automatic undervoltage circuit breaker

unter Spannung setzen vt rar <el> (allg.) • apply a voltage vi

Unterspannungsrelais n <el> • undervoltage relay; minimum-voltage relay; low-voltage relay

Unterspannungsschalter m <el> • undervoltage circuit breaker

Unterspannungsschutz m <el> • undervoltage protection

Unterspannungsspule f <el> • no-volt coil

unter Spannung stehend prakt <el> (z. B. Draht, Kabel, Klemme) • active; live; current-carrying; voltage-carrying rare; alive rare

unter Spannung stehende Leitung f <el> (allg.) • energized line

unter Spannung stehende Leitung f <el> (betont: potentiell gefährlich) • live wire

unter Spannung stehende Teile f <el> (meist in bezug auf Netzspannung) • live parts

Unterspannungswächter m <el> • automatic undervoltage circuit breaker

Unterspannungswicklung f <el> (Sekundärspule) • secondary winding

Unterspiel n <math> • subgame

unterspülen vt <hydr> (z. B. Uferböschungen) • undermine vt

Unterspülung f <bau> (durch Wasserströmung; z. B. unter Brückenpfeilern) • undermining; washout

Unterspülung f <geo> • underwashing; subsurface erosion

unterständiger Anker m <el> • undertype armature

Unterstand m <bau> (als Wetterschutz; Hütte etc.) • shelter

Unterstand m <mil> • dugout

Unterstation f <el> • substation; outstation

Unterstein m <verf> (Mahlwerk) • lower millstone; fixed millstone; bottom millstone

Unterstellbock m <kfz.wz> (allg., dreibeinig, für Fahrzeug) • jack stand US; safety stand; axle stand GB

Unterstempel m <min> • lower prop

Unterstempel m <prod> • lower punch; bottom punch; bottom ram; bottom die

unterste Stellung f <tech.allg> • lowermost position

Untersteuern n <kfz> (Fahrverhalten) • understeer; understeering

untersteuern vi <kfz> • understeer vi

Unterstichprobenahme f <math> (Statistik) • subsampling

Unterstichprobenentnahme f rar <math> (Statistik) • subsampling

unterstöchiometrisch <mot> (Luft/Kraftstoff-Gemisch; mehr Kraftstoff als nötig; z. B. 9:1) • rich of stoichiometry; richer than stoichiometry; less than stoichiometric; substoichiometric; fuel-rich pract

Unterstopfen n <bau> (z. B. mit Beton) • grouting

unterstopfen vt <bau> • tamp vt

Unterstreichen n <druck> • underscore; underline; underline mode; underlining

Unterstreichfunktion f <druck> • underscore; underline; underline mode; underlining

Unterstreichung f <druck> • underscore; underline; underline mode; underlining

unter strikter Kontrolle halten vt <ökol> (z. B. Emissionen, Lebensmittel, Viehfutter, Antibiotikaeinsatz) • keep close tabs on vt

Unterströmung f <hydr> • undercurrent

Unterstrom m <el> • undercurrent

Unterstromauslöser m <el> • undercurrent trip [device]

Unterstromauslösung f <el.msr> • undercurrent tripping; undercurrent release

Unterstromausschalter m <el> • undercurrent circuit breaker

Unterstromautomat m <el> • automatic minimum circuit breaker; automatic undercurrent circuit breaker

Unterstromrelais n <el> • undercurrent relay

Unterstromschutz m <el> • undercurrent protection

unter Strom setzen vt <el> • energize vt

unter Strom stehend ugs <el> (z. B. Draht, Kabel, Klemme) • active; live; current-carrying; voltage-carrying rare; alive rare

Unterstromwächter m <el> • automatic minimum circuit breaker; automatic undercurrent circuit breaker

Unterstruktur f <mat> • substructure

unterstützen vt <allg> (helfend) • assist vt

unterstützen vt <allg> • support vt

unterstützen vt <allg> (mittragen; Entscheidung, Meinung) • endorse vt

unterstützen vt <tech.allg> (als Sicherheit, Reserve) • back up vt

unterstützen vt <bau> • truss vt

unterstützen vt <mech> (statisch; Aufnehmen von Kräften, Momenten) • bear vt

unterstützte Beatmung f <med.tech> • pressure support ventilation (PSV)

unterstützte Leitung f <edv> • lead supported

unterstützte Spontanatmung f <med.tech> • pressure support ventilation (PSV)

Unterstützung f <allg> • assistance

Unterstützung f <allg> (materiell, ideell, finanziell) • support

Unterstützung f <tech.allg> (als Reserve, Sicherheit) • backing

Unterstützung f <tech.allg> (Funktion oder Teil) • support

Unterstützung f <bau> • trussing

Unterstützungsfunktion f <edv> • help function

Unterstützungsprogramm n <edv> • support program; support routine

Unterstützungssoftware f <edv> • support software; support program

Unterstützungsstelle f <tech.allg> • supporting point

Untersturz m <ents.hydr> • back-drop connection

untersuchen vt <allg> • investigate vt

untersuchen vt <allg> (kritisch, genau, im Detail) • analyze vt US; analyse vt GB

untersuchen vt <tech.allg> (betont: gründlich, mit den Augen, ohne Werkzeuge) • examine vt

untersuchen vt <min> (Erze auf Metallgehalt) • assay vt

untersuchen vt <qualit> (vor allem mit den Augen) • inspect vt; check vt

Untersuchung f <allg> (Prüfung) • examination

Untersuchung f <allg> (durch Nachforschungen) • investigation

Untersuchung f <doku> • study

Untersuchung f <qualit.msr> (Konformitätsbewertung durch Beobachten oder Beurteilen) • inspection

Untersuchungsbohrung f <min> (Vorgang) • exploration drilling

Untersuchungsbohrung f <min.petr> (Ergebnis, Loch) • exploration well; exploration hole

Untersuchungsergebnisse *npl* <allg> • findings; results
Untersuchungsergebnisse *npl* <allg> • results of examinations
Untersuchungssubstanz *f* <qualit.mat> • substance under investigation; experimental substance
untersynchron <el> • subsynchronous; hyposynchronous
Untersystem *n* <edv> • subsystem
untertägig lagern *vt* <ents.logist> • store in subsurface space *vt*; store in underground space *vt*
untertage <petr> *(im Bohrloch)* • downhole
Untertagebergbau *m* <min> • deep mining; underground mining
Untertagedeponie *f* (UTD) <ents> *(für Sondermüll)* • underground hazardous waste disposal facility; underground depot; subsurface repository
Untertagedeponie *f* <ents> *(allg.)* • underground waste site :V
Untertagelaugung *f* <min> • solution mining; in-situ leaching; underground leaching
Untertagevergasung *f* <verf> • underground gasification; gasification in place; in-situ gasification
Untertasse *f* <gastr> • saucer
untertauchen *vt* <allg> • submerge *vt*
Unterteil *n* <tech.allg> • bottom part; lower part; bottom *pract*
unterteilen *vt* <allg> • subdivide *vt*
unterteilen *vt* <tech.allg> *(in Abschnitte)* • sectionalize *vt*; sectionize *vt*
unterteilen *vt* <edv> *(Festplatte)* • partition *vt*
unterteilen *vt* <msr> *(Skala)* • graduate *vt*
Unterteiler *m* <logist> *(Fachbodenregal)* • shelf divider
unterteilt <allg> • subdivided
unterteilt <masch> *(z. B. scheibenförmige Maschinenteile)* • segmental
Unterteilung *f* <allg> • subdivision
Unterteilung *f* <tech.allg> *(Räume, Flächen, Bereiche)* • partition
Unterteilung *f* <verk> *(z. B. einer Strecke, einer Baustelle)* • sectionizing
Unterteller *m rar* <gastr> • saucer
Untertischaufnahme *f* <med.tech> • undertable radiography
Untertischaufzug *m* <förd> • undercounter dumbwaiter
Untertischbildverstärker *m* <opt> • undertable image intensifier
Untertischzielgerät *n* <med.tech> • undertable spotfilm device
Untertitel *m* <av.kino> • subtitle
Untertitel-Aufzeichnung *f* <av> • subtitle recording
Untertitel-Mitschnitt *m* <av> • subtitle recording
Untertonbereich *m* <akust.tele> • subaudio frequency range
untertonfrequent <akust> • subsonic; infrasonic
Untertor *n rar* <bau.hydr> *(Schleuse)* • tail gate; lower lock gate
untertourig <kfz> *(Motorbetrieb)* • lugging
untertourig laufen *vi* <kfz.mot> *(Motor)* • labour *vi*
Untertrum *n* <förd> *(Gurtförderer)* • slack side; slack strand; bottom strand; return side
Untertrumspannung *f* <förd> • slack side tension
Untertunnelung *f* <bau> • tunneling *US*; tunnelling *GB*
Unterverbunderregung *f* <el> • undercompound excitation
Unterverkleidung Lenksäule *f* <kfz> • lower steering column cover
Untervernetzung *f* <kst> *(allg.)* • undercure
Untervernetzung *f* <kst> *(bei Gummi)* • undervulcanization
Unterverteilerstation *f* <el> • distribution substation; subsidiary distribution station

Unterverzeichnis *n* <edv> • subdirectory
Unterverzeichnis für Sicherheitskopien *n* <edv> • backup subdirectory
Unterverzweiger *m* <tele> • subcabinet
untervulkanisiert <kst> *(Gummi)* • undervulcanized; undervulcanised *GB*
Unterwäsche *f* <bekl> *(direkt auf dem Körper getragene Kleidung)* • underwear *sg*
Unterwäsche *f ugs.rar* <kfz> *(Reinigung des Fz.-Unterbodens)* • underbody wash
Unterwagen *m* <förd> • bogie
Unterwagen *m* <nfz> *(Mobilkran)* • chassis; undercarriage
Unterwalze *f* <kfz.wz> *(Glättmaschine)* • anvil
Unterwalze *f* <metall> *(Walzwerk)* • bottom roll; lower roll
Unterwalze *f* <verf.hydr> *(Walzenpresse)* • lower roll
Unterwanderungsschaden *m* <obfl> • subsurface corrosion damage
Unterwange *f* <wz.masch> *(Biegepresse, Abkantbank)* • lower beam; clamping beam
Unterwanne *f* <mot> • undertray
Unterwanten *fpl* <nav> • lower shrouds
Unterwasser *n* <energ.hydr> *(Wasser unterhalb der Staustufe)* • tailwater; downstream water; backwater
Unterwasser *n* <verf.hydr> • underscreen water
Unterwasserakustik *f* <phys> • hydroacoustics; underwater acoustics
Unterwasseranstrich *m* <obfl> • underwater paint coat
Unterwasser-Arbeitsgeräte-System *n* <petr> • deep-subsea-working-system
Unterwasseratemgerät *n* <med.tech> • underwater breathing apparatus
Unterwasserauspuff *m* <nav> • underwater exhaust
Unterwasserbaggern *n* <bau> • dredging
Unterwasserbergbau *m* <min> • underwater mining
Unterwasserbeton *m* <bau.mat> • underwater concrete
Unterwasserbetonierung *f* <bau> • underwater concreting
Unterwasser-Boden-Rakete *f* <mil> • underwater-to-surface missile
Unterwasserbrennschneiden *n* <prod> • underwater cutting
Unterwasserbrennschneider *m* <wz> • underwater cutting torch; underwater cutting blowpipe
Unterwasserdamm *m* <bau.hydr> • submerged breakwater
Unterwasserdetonation *f* <spreng.mil> • underwater explosion; underwater burst *rare*
Unterwasser-Eruptionskreuz *n* <petr> • underwater tree equipment
Unterwasserexplosion *f* <spreng.mil> • underwater explosion; underwater burst *rare*
Unterwasserfernmesstechnik *f* <msr> • underwater telemetry
Unterwasserfernsehen *n* <av> • underwater television
Unterwasserfernsehkamera *f* <av> • underwater television camera
Unterwasserfotografie *f* <phot> • underwater photography
Unterwasserfunken *n* <prod> *(erosives Abtragen)* • electric spark discharge in liquid
Unterwassergehäuse *n* <av> • marine housing
Unterwassergraben *m* <energ.hydr> • tailrace; tailwater race
Unterwasserhelling *f* <nav> • ways-end
Unterwasserhorchgerät *n* <mil> • hydrophone
Unterwasserkabel *n* <el> • submarine cable; sub sea cable; undersea cable; underwater cable *pract*
Unterwasserkamera *f* <phot.av> • underwater camera
Unterwasserkanal *m* <bau.hydr> • afterbay

Unterwasserkanal m <energ.hydr> • tailrace; tailwater race

Unterwasserkondensator m <hlk> • submerged condenser

Unterwasserkraftwerk n <energ.hydr> • flooded water power plant; submersible power plant

Unterwasser-Luft-Rakete f <mil> • submarine-air missile; underwater-to-air missile

Unterwassermesswertaufnehmer m <msr> • underwater transducer

Unterwassermotor m <el> (z. B. für Pumpe) • submersible motor

Unterwassermotorpumpe f form <förd> (Motor unter Wasser) • submersible pump; immersion pump; wet-pit pump

Unterwassernavigation f <navig> • underwater navigation

Unterwasserortung f <navig> (allg.) • underwater location

Unterwasserortung f <navig> (Sonar) • underwater sound location

Unterwasserortungsbereich m <navig> • sonar range

Unterwasserortungsgerät n <msr> • underwater sound locator

Unterwasserortungsgerät n <navig> (allg.) • sonar; sonar set

Unterwasser-Produktionssystem n <petr> • subsea production system

Unterwasserpumpe f <förd> (Motor unter Wasser) • submersible pump; immersion pump; wet-pit pump

Unterwassersäge f <wz> • submarine saw

Unterwasserschall m <akust> • underwater sound

Unterwasserschallempfänger m <akust> • underwater-sound receiver

Unterwasserschallempfänger m <mil> • hydrophone

Unterwasserschallortung f <akust.msr> • underwater sound location

Unterwasserschallsender m <akust> • submarine oscillator

Unterwasserschiff n <nav> • underwater body; underwater hull

Unterwasser-Schiff-Rakete f <mil> • underwater-to-surface missile

Unterwasserschneidbrenner m <wz> • underwater cutting blowpipe; underwater cutting torch

Unterwasserschweißelektrode f <füg> • underwater welding electrode

Unterwasserschweißen n <füg> • underwater welding

Unterwasser-See-Rakete f <mil> • underwater-to-surface missile

Unterwasserspiegel m <energ> (Laufkraftwerk) • downstream water level; downstream water line; tailwater elevation; tailwater level

Unterwassersprengung f <spreng> • submarine blasting

Unterwasserteil des Schiffes m <nav> • underwater body; underwater hull

Unterwassertrennen n <prod> • underwater cutting

Unterwassertunnel m <bau.verk> • underwater tunnel

Unterwasser-Wirbelradpumpe f <masch> (z. B. Aquarium) • submersible impeller pump V

Unterwasserzerkleinerer m <verf.hydr> • in-line comminutor; in-channel comminutor

Unterwasserzünder m <spreng> • submarine electric detonator

Unterwasserzündschnüre fpl <min> • sump fuse

Unterwegsbahnhof m <bahn> • intermediate station

Unterwegsverstärker m <av> • intermediate repeater station

Unterwegsverstärker m <tele> • wayside repeater station

Unterwerk n <bahn.el> • substation

Unterwerkzeug n <prod> • bottom die

Unterwind m <metall> (Hochofen) • underblast

Unterwind m <verbr> (Ofen) • downdraft US; downdraught GB

Unterwind m <verbr> • underfire air; undergrate air

Unterwindfeuerung f <verbr> • forced-draught furnace

Unterwindfrischverfahren n <metall> • bottom-blown converter process

Unterwindgebläse n <verbr> • undergrate blower; forced-draft fan US; forced-draught fan GB

unterwindgefeuerter Ofen m <verbr> • forced-draft furnace US; forced-draught furnace GB

Unterwindzone f <verbr> • underfire air compartment; underfire air zone

unterworfen <allg> (Bedingungen, Einflüssen) • subjected to

Unterzieh-Handschuh m <bekl> • inner glove

Unterzug m <tech.allg> (Hauptträger) • main beam

Unterzug m <bau> (unterhalb einer Decke sichtbarer Träger; typ. Beton) • binding beam; sleeper; floor beam rare

Unterzug m <min> • stringer; stretcher

Unterzug m <nav> (für Schiffsdeck) • deck girder

Unterzug m <verbr> • bottom flue

unter Zugspannung rar <mech> • subjected to tensile stress; under tension stress; tensile-stressed; tensioned pract; stressed coll

Untiefentonne f <nav> • sandbank buoy

Untiefentonne f <navig> • shoal buoy

untiefe Stelle f <nav> • shoal

untrennbar <allg> • inseparable

unüberwacht arbeiten vi <prod.autom> (Maschine, Anlage) • operate unattended vi

unumkehrbar <tech.allg> (Vorgang) • irreversible; nonreversible

Ununbium n (Uub) <chem> • ununbium (Uub)

Ununhexium n (Uuh) <chem> • ununhexium (Uuh)

Ununnilium n (Uun) <chem> • ununnilium (Uun)

Ununoctium n (Uuo) <chem> • ununoctium (uuo)

Ununquadium n (Uuq) <chem> • ununquadium (Uuq)

ununterbrochen <allg> • continuous

ununterbrochen <tech.allg> (Abfolge von Ereignissen) • uninterrupted; continuous; unbroken; straight

ununterbrochen <tech.allg> (ständig; z. B. Messung, Steuerung, Bestrahlung) • continuous; non-intermittent

ununterbrochener Betrieb m <ökon> (ohne Pausen, Stillstandszeiten) • continuous operation; non-stop operation; 24-hour operation

ununterbrochener Strahl m <phys> • unchopped beam

ununterscheidbar <allg> • indistinguishable

Unununium n (Uuu) <chem> • unununium (Uuu)

unveränderbar <allg> (nicht variierbar) • invariable; unchangeable

unveränderlich <allg> (gleichbleibend) • invariant; constant

unveränderlich rar <allg> (nicht variierbar) • invariable; unchangeable

unveränderte Neuauflage f <druck> (z. B. eines Buches) • reprint

unverankerter Kompensator m <rls> • unrestrained expansion joint

unverarbeitete Daten pl <edv> • raw data

unverbindliches Angebot n <ökon> • offer without engagement

unverbleit form <chem.petr> (Kraftstoff) • unleaded US; lead-free GB; non-leaded; nonleaded; non-lead

unverbrannte Kohlenwasserstoffe mpl <emiss> • unburned hydrocarbons pl

unverbrannter Kraftstoff m <kfz.mot> • unburned fuel

unverbrennbar <mat> • incombustible *adj*
Unverbrennbares *n* <mat> • incombustible
unverdichtet <bau> *(z. B. Boden, Kies)* • uncompressed
unverdickt <obfl> • unbodied
unverdünnt <chem> *(z. B. Abgas, Säure)* • undiluted
unverdünnt <kunst> • non-diluted
Unvereinbarkeit *f* <allg> • incompatibility
unverfälscht <nahr> • unadulterated
unverfestigt <bau> *(z. B. Boden, Untergrund)* • unconsolidated
unvergärbar <nahr> • unfermentable
unverglast <tech.allg> • bare; unglazed
unvergrößert <phot> *(Filmverarbeitung, Kopieren)* • unmagnified
unverkittet <opt> • non-cemented
unverkleinerte Kopie *f* <büro> • fullsize copy; 1:1 copy
unverlierbar <füg> *(Unterlegteile)* • captive
unverlierbarer Dichtring *m* <kfz.el> *(Zündkerze)* • captive gasket
unverlötet <tech.allg> • solderless
unvermischbar <phys> • immiscible
unvernetzt <kst> • uncross-linked
unvernetzt <kst> • uncured
unverpacktes Speiseeis *n* <nahr> *(allg)* • bulk ice cream
unverrippt <mat> *(z. B. Blech, Kühler, Rohr)* • unribbed
unverrohrtes Bohrloch *n* <bohr> • uncased bore
unverrohrt <bau> *(z. B. Leitung, Seil)* • uncased
unverrohrte Bohrung *f* <bohr> • uncased bore
unverrohrte Erddränung *f* <agri> • unlined subsurface drainage
unverrohrtes Bohrloch *n* <petr> • open hole; uncased wellbore
unverschleißbar <qualit.mat> • unwearable
unverschlüsselt <tele> • uncoded
unverschnitten <nahr> • unblended
unverschoben <phys> *(Term; Quantenphysik)* • unshifted
unverseifbar <chem> • unsaponifiable
unversetzter Abbauraum *m* <min> • chamber without filling
unverspannter Kompensator *m* <rls> • unrestrained expansion joint
unverspiegelt <phot> • unsilvered
unverständlich <tele> *(gesprochener Text)* • unintelligible
unverständliches Nebensprechen *n* <tele> • nonintelligible cross-talk
Unverständlichkeit *f* <tele> • unintelligibility
unverstärkt <el> *(Signal, Lautstärke)* • unamplified
unverstärkt <mat> *(z. B. Kunststoff, Papier)* • unreinforced; non-reinforced
unversteift <mat> *(z. B. Blech, Papier)* • unstiffened
unverstellbar <tech.allg> *(z. B. Leitschaufel)* • non-adjustable
unvertauschbar <tech.allg> • non-interchangeable
Unverträglichkeit *f* <allg> • incompatibility
unverwitterbar <qualit.mat> • unweatherable
unverzahnter Grundkörper *m* <prod> • gear blank
unverzehrbar <tech.allg> *(z. B. Pilze, Elektroden)* • nonconsumable
unverzerrt <tech.allg> *(z. B. akustische, optische Wiedergabe)* • undistorted; distortionless; distortion-free
unverzerrtes Bild *n* <av> • undistorted picture
unverzichtbar <allg> *(z. B. Forderung, Maßnahme, Nachbesserung)* • imperative
unverzinkt <obfl> • ungalvanized
unverzögert <allg> *(z. B. Ansprechen, Reaktion)* • instantaneous; undelayed
unverzögerte automatische Verstärkungsregelung *f* <msr> • instantaneous automatic gain control; instantaneous automatic volume control

unverzüglich *form* <allg> *(z. B. Reaktion, Implementierung)* • immediately; instantly; at once; without delay
unverzweigt <chem.petr> *(z. B. Molekül)* • linear; straight
unverzwirnte Seide *f :V* <textil> • floss silk; silk floss
unvollkommenes Bündel *n* <tele> • limited-availability group
unvollkommene Verbrennung *f* <verbr> • incomplete combustion; restricted combustion; partial combustion; part combustion
unvollständige Modulation *f* <av.tele> • undermodulation
unvollständiges Gewinde *n* <maschfüg> • incomplete thread; imperfect thread; lead thread
unvollständiges Spiralgehäuse *n* <turb> *(Wasserturbine)* • semi-scroll case; semi-spiral scroll case
unvollständige Verbrennung *f* <verbr> • incomplete combustion; restricted combustion; partial combustion; part combustion
unvollständige Wahl *f* <tech.allg> • mutilated selection
unvollständige Wahl *f* <tele> • incomplete dialing *US*; incomplete dialling *GB*
unwägbar <allg> *(physikalisch; fig.: nicht bezifferbar)* • unweighable
unwesentlich <allg> *(z. B. Verunreinigung, Verfärbung, Problem)* • insignificant; minor
unwesentliche Ziffer *f* <edv> • less significant digit
Unwetter *n* <meteo> *(allg.; meist mit starken Regenfällen)* • tempest; violent storm; hurricane *coll*
Unwetter *n* <meteo> *(in Indien)* • typhoon
unwirksam <allg> *(Mittel, Maßnahme)* • ineffective
unwirksam <tech.allg> *(Einrichtung, Gerät)* • inoperative
unwirtschaftliche Funde *fpl* <petr> • non-commercial fields
unwissentlich <jur> • unwittingly
Unwucht *f* <tech.allg> *(allg., von drehenden Teilen, z. B. Wellen, Räder)* • imbalance; mass unbalance
Unwucht *f* <kfz> *(von Rädern)* • wheel imbalance; wheel out-of-balance
Unwucht *f* <mech> • unbalance
Unwuchtfehler *m* <mech> • unbalance error; out-of-balance error
Unwuchtförderer *m* <förd> • unbalanced vibrating conveyor
unwuchtfrei <masch> *(z. B. Rad, Welle)* • true-running; balanced; true
unwuchtfreier Lauf *m* <masch> • true running
Unwuchtwinkel *m DIN ISO 1925* <mech> • angle of unbalance *ISO 1925*
unzerbrechlich <qualit.mat> *(z. B. Glas)* • unbreakable; shatterproof
unzerreißbar <qualit.mat> • untearable
unzerspanbar <prod> • unmachinable
unzerstörbar <allg> • indestructible
unzugänglich <allg> *(räumlich)* • inaccessible
unzugängliche Stelle *f* <rep> • awkward location
unzulässig <allg> • inadmissible; not allowable
unzulässig <edv> *(Eingabe, Wert, Objekt)* • invalid
unzulässige Farbe *f* <edv> • illegal color *US*; illegal colour *GB*
unzulässige Kodekombination *f* <edv> • forbidden code combination
unzulässiger Befehl *m* <edv> • illegal instruction; invalid instruction; invalid command
unzulässiges Zeichen *n* <edv> • illegal character; forbidden character *rare.obs*
unzureichend <allg> *(z. B. Speicher, Platz auf der Festplatte)* • insufficient
unzusammendrückbar <phys> • incompressible
unzutreffend <doku> *(Frage, Antwortfeld in Fragebogen)* • unapplicable

unzweckmäßig konstruiert <tech.allg> • ill-designed
unzweideutig <math> • unambiguous
unzyklisch <tech.allg> *(Vorgang)* • acyclic
U-Ofen *m* <obfl> *(Emaillierung)* • U-shaped furnace; U-type furnace
UP <füg> • submerged-arc welding (SAW)
UP <kst> *(z. B. Diolen^{TM}, Trevira^{TM}, Mylar^{TM})* • urethane polyester (UP); polyester resin
UP <kst> • unsaturated polyester (UP)
UP-Anlage mit Zweischienenfahrwerk *f* <prod> • UP machine with dual-track undercarriage
UP-Auftragschweißen *n* <obfl.füg> • submerged-arc surfacing
UPC <edv.pack> • Universal Product Code (UPC); Uniform Product Code
UPC-A <edv> • UPC-A
UPC-Code für Versandbehälter *m* <edv.logist> • Universal Shipping Container Code; UPC Shipping Container Code; Universal Shipping Container Symbology; UPC casecode
UPC-D <edv> • UPC-D
UPC-E <edv> • UPC-E
UPC-Zusatzcode *m* <edv> • UPC supplemental code
Update *n prakt* <edv> *(Ergebnis des Aktualisierens)* • updated version [of a program]; update *pract*
Update-Geschwindigkeit *f* <navig> *(von Karten etc.)* • update rate; update speed
updaten *vt ugs* <tech.allg> *(z. B. Dokument, Software)* • update *vt*
updaten *vt* <edv> *(Datenbestand, Programm etc.)* • update *vt*
Update-Rate *f prakt* <navig> *(von Karten etc.)* • update rate; update speed
Upgrade *n* <edv> *(um neue Module, Funktionen, Fehler usw. erweiterte Programmversion)* • upgrade; upgraded version
Upgrade-Option *f* <tech.allg> *(von Hardware)* • upgradeability; upgrade option
Uplink *m* <tele> *(zu Satellit)* • uplink
UpM <masch> *(von Wellen etc.; z. B. Motordrehzahl)* • revolutions per minute *pl* (rpm); 1/min
UP-Pulver *n* <füg> *(Schweißen)* • flux powder
UP-Pulver *n* <füg> • submerged-arc welding flux powder
U-Profil *n* <tech.allg> *(Dichtung, flexibel)* • channel strip
U-Profil *n* <tech.allg> *(z. B. Stahlprofil, Dichtkeder)* • U-profile; U-section; channel; trough section *rare*
UP-Schweißautomat *m* <füg> • submerged-arc automatic welding machine
UP-Schweißdraht *m* <füg> • submerged-arc welding wire
UP-Schweißen *n* (UP) <füg> • submerged-arc welding (SAW)
UP-Schweißgerät *n* <füg> • submerged-arc welding device
UP-Schweißnaht *f* <füg> • submerged-arc weld
Upside-down-Gabel *f* <kfz> *(Motorrad)* • upsidedown fork
UPS Maxicode 2D *m* <edv> *(Strichcodetyp/-standard)* • UPS Maxicode 2D
Uptwister *m* <textil> *(Stufen-Zwirnverfahren)* • uptwister
Uptwisterspindel *m* <textil> *(Uptwister)* • uptwister spindle
U-Pumpe *f* <förd> *(Motor unter Wasser)* • submersible pump; immersion pump; wet-pit pump
U-Querschnitt *m* <tech.allg> *(z. B. Stahlprofil, Dichtkeder)* • U-profile; U-section; channel; trough section *rare*
Uracil *n* (U) <bio.med> *(Ribonukleinsäure)* • uracil (U)
Uran *n* (U) <chem> • uranium (U)
Uran-235 *n* <nukl> • uranium-235
Uran235-Actinium-Zerfallsreihe *f* <chem> • actinium decay series

Urananreicherung *f* <nukl> • uranium enrichment
Uranbergarbeiter *m* <nukl.min> • uranium miner
Uranblockgitter *n* <mat> • lumped uranium lattice
Uranbrennstoffelement *n* <nukl> • uranium fuel element
Uranbrennstofftablette *f* <nukl> • uranium pellet
Urandioxid *n* <nukl.chem> • uranium dioxide
Urandioxidtablette *f* <nukl> • uranium pellet
Uranerz *n* <min> • uranium ore
Uranerzbergbau *m* <min> • uranium ore mining
uranfrei <chem> • uranium-free
Urangehalt *m* <min> • uranium content; uranium grade
uranhaltig <min> • uranium bearing; uraniferous
uranhaltige Munition *f* <mil> • uranium ammo
Uranhexafluorid *n* <nukl> • uranium hexafluoride
uranhöffiges Gebiet *n* <geo> • prospect; promising area
Uraninit *m* <min> • pitchblende
Uraninit *m* <min> • uraninite
Urankonzentrat *n* <nukl> • uranium concentrate; yellow cake
Uran-Radium-Zerfallsreihe *f* <chem> • uranium decay series
Uran-Radium-Zerfallsreihe *f* <phys> • uranium series
Uranreaktor *m* <nukl> • uranium reactor
Uranspaltung *f* <nukl> • uranium fission
Urantetrafluorid *n* (UF_4) <nukl> • uranium tetrafluoride (UF_4); green salt
Urantrennarbeit *f* (UTA) <nukl> • separative work unit (SWU)
Urantrioxid *n* <nukl> • orange oxide
Uranverbindung *f* <chem.nukl> • uranium compound
Uranvorkommen *n* <geo> • uranium occurence
Uranvorkommen in Gängen *n* <geo> • uranium occurence in veins
Uranvorräte *mpl* <geo> • uranium reserves
Uraser *m* <phys> • ultraviolet laser
Urband *n* <av> • master tape
urbaner Abfall *m* <ents> • urban waste
Urbarmachung *f* <agri> • reclamation
Urbeleg *m* <edv> • source document
Urbeleg *m* <jur> • original document
Ureingabe *f* <edv> • bootstrap
Urethan *n* <kst> • urethane
Urethanelastomer[es] *n* <kst> • urethane elastomer; polyurethane elastomer
Urethankautschuk *m* <kst> • urethane rubber; polyurethane rubber; isocyanate rubber
Urethanlack *m* <obfl> *(emailartig harter, hochglänzender Lack)* • urethane enamel
Urethanpolyesterharz *n* <kst> *(z. B. Diolen^{TM}, Trevira^{TM}, Mylar^{TM})* • urethane polyester (UP); polyester resin
Urform *f* <allg> • archetype
Urform *f* <prod> • master; original model; prototype
Urformen *n* <prod> • forming; casting and powder metal forming *rare*; primary processing
Urgebirge *n* <geo> • fundamental complex
Urgestein *n* <geo> • mother rock
Urheber *m* <jur> • author; deviser
Urheberrecht *n* <jur> *(als Recht des Urhebers)* • copyright; intellectual property
Urheberrecht *nsg* <jur> *(als Gesetz)* • copyright law
Urheberschutzrecht *n* <jur> • copyright
Urinprobe *f* <med> • urine specimen
Urinprobennahmesatz *m* <med.tech> • urine specimen kit
Urkilogramm *n* <msr.norm> • standard kilogram *US*; standard kilogramme *GB*
Urkontinent *m* <geo> *(ältester Teil der Kontinente)* • craton; core of a continent; continental nucleus; core
Urkunde *f* <jur.doku> • legal document; legal instrument; deed; document

Urlader *m rar* <edv> • bootstrap loader; initial program loader *rare*
Urladerdiskette *f rar* <edv> • boot disk *US*; boot disc *GB*
Urladerprogramm *n* <edv> • bootstrap program
Urladerroutine *f* <edv> • bootstrap routine
Urlängennormal *n* <msr> • primary standard of length
Urlauge *f* <chem> • mother liquor; mother liquid
Urmeter *n* <msr.norm> • standard meter
Urmodell *n* <prod> *(erstes Präzisionsmodell; z. B. auf Basis einesTonmodells oder von CAD-D)* • master model; grand master pattern; master pattern; master form
Urmuster *n* <prod> • master standard
Urnormal *n* <msr> • primary standard
U-Rohr *n* <rls> • U-tube; U-bend tube *rare*
U-Rohr-Dampferzeuger *m* <energ.nukl> • U-tube steam generator
U-Rohr-Manometer *n* <msr> • U-tube manometer
Urometer *n* <med.tech> • urinometer
Urplatte *f* <edv> • glass master
Urprogrammlader *m rar* <edv> • bootstrap loader; initial program loader *rare*
Ursache-Wirkungs-Beziehung *f* <allg> • cause-and-effect relationship
Urschablone *f* <prod> • templet master
Urspannung *f* <el> • electromotive force
Urspannungsquelle *f* <el> • voltage generator
ursprüngliche Adresse *f* <allg> • original address
ursprüngliche Messlänge *f* <qualit.mat> *(z. B. Zugversuch; vor Aufbringen der Kraft)* • original gauge length (L0) *ISO/TC164/SC1N3*; initial gauge length
Ursprung *m* <math> *(Schnittpunkt von Koordinatenachsen)* • origin; point of origin
Ursprung *m* <qualit> *(von Material, Daten etc.)* • source
Ursprungsadresse *f* <allg> • original address
Ursprungsadresse *f* <logist> *(z. B. Postversand)* • origination address
Ursprungsbeleg *m* <edv> • source document
Ursprungsbeleg *m* <jur> • original document
Ursprungsgestein *n* <geo> • parent rock; origin rock
Ursprungskarte *f* <edv> *(Qualitätssicherung)* • source card
Ursprungskartensatz *m* <edv> • source deck
Ursprungsmesslänge *f* <qualit.mat> *(z. B. Zugversuch; vor Aufbringen der Kraft)* • original gauge length (L0) *ISO/TC164/SC1N3*; initial gauge length
Ursprungsprogramm *n* <edv> • source program
Ursprungsraum *m* <av> • originating room
Ursprungssprache *f* <edv> *(Übersetzung)* • source language
Ursprungstext *m* <edv> • source text
Ursprungszüchter *m* <jur> • original grower
Urstück *n* <prod> • master piece; reference piece; master component
Urtica urens *f* <bio> • stinging nettle; urtica urens
Urtinktur *f* <med> • mother tincture
Urtitersubstanz *f* <chem> • standard titrimetric substance; titrimetric standard
Urtyp *m* <prod> • prototype
Urwertkarte *f DIN 55350-33* <qualit> *(Qualitätsregelkarte)* • original data chart
US <alarm> • ultrasonic motion detector; ultrasonic intruder detector; ultrasonic movement detector *GB*; ultrasonic detector/sensor; ultrasonic motion sensor
US <füg> *(ein Pressschweißverfahren)* • ultrasonic welding (USW)
US <phys> *(in Komposita)* • ultrasonic (US)
US-Anemometer *m* <msr.meteo> • ultrasonic anemometer
USB <edv> *(Schnittstelle)* • Universal Serial Bus (USB)

USB-Controller *m* <edv> • USB controller
US-Bond *m* <füg> • ultrasonic bond
US-Bonden *n* <füg> • ultrasonic bonding; US bonding
USB-Schnittstelle *f* <edv> • USB interface
USCG <org> • US Coastguard (USCG)
U-Scheibe *f prakt* <füg> *(glatt, mit Rundloch, typ. f. Schraubverbindungen)* • plain washer; flat washer; washer *pract.coll*
U-Schweißen *n prakt* <füg> • firecracker welding
US Coastguard *f (USCG)* <org> • US Coastguard (USCG)
US-Dickentester *m* <msr> • ultrasonic thickness gage
User-Byte *n* <edv> • user byte
User-ID *f prakt* <edv> • user identification; user ID *pract*
US-Generator *m* <akust> • ultrasonic generator
US-Küstenwache *f* <org> • US Coastguard (USCG)
US-Luftfahrtbehörde *f* <org> • Federal Aviation Administration (FAA)
USP <werb> • unique selling proposition (USP)
U-Spant *n* <nav> • U-shaped frame
u-Split-Fahrbahn *f* <bau.verk> • split-friction road surface; asymmetrical road surface; surface of differing adhesion
US-Schwingungen *fpl* <phys> • ultrasonic vibrations *pl*
USST-Gewinde *n obs* <füg> • United States Standard thread (USST)
U-Stahl *m* <mat> *(Halbzeug; typ. Walzprofil)* • channel iron
UST-Gewinde *n* <füg> *(allg.; ISO-Inch-Gewinde)* • Unified inch screw thread (UST); Unified screw thread; Unified system thread; ISO inch screw thread; UN thread
U-Stück *n* <rls> *(Rohr)* • return bend
USV <el> • uninterruptible power system (UPS)
US-Verkehrsministerium *n* <org> • Department of Transportation (DOT)
UT <mot> *(Kolbenmaschine)* • bottom dead center (BDC) *US*; lower dead center *US*; bottom dead centre *GB*; LDC
UTA <nukl> • separative work unit (SWU)
UTC <navig> *(z. B. Flugsicherung)* • universal time coordinated (UTC); UTC-time *pract*; coordinated universal time; universal time *coll*
UTC-Zeit *f prakt* <navig> *(z. B. Flugsicherung)* • universal time coordinated (UTC); UTC-time *pract*; coordinated universal time; universal time *coll*
UTD <ents> *(für Sondermüll)* • underground hazardous waste disposal facility; underground depot; subsurface repository
UTM <navig> • Universal Transverse Mercator (UTM)
UTM-Koordinaten *fpl* <navig> • UTM coordinates *pl*
UTQGS-Kennung *f* <qualit> *(für Reifen)* • UTQGS mark
UtRAM <ic> • unitary transistor RAM (UtRAM)
Uub <chem> • ununbium (Uub)
Uuh <chem> • ununhexium (Uuh)
uu-Kern <nukl> • odd-odd nucleus
Uun <chem> • ununnilium (Uun)
Uuo <chem> • ununoctium (uuo)
Uuq <chem> • ununquadium (Uuq)
Uuu <chem> • unununium (Uuu)
UV <phys> • ultraviolet (UV)
UV-A *ISO 13666* <phys> *(Wellenlänge 315 bis 380 nm)* • UV-A *ISO 13666*
UV-Absorber *m* <kst> • UV absorber; UV stabilizer
UVASER <phys> • ultraviolet laser (UVASER)
UV-B *ISO 13666* <phys> *(Wellenlänge 280 bis 315 nm)* • UV-B *ISO 13666*
UV-Beschädigung *f curing* <mat> • UV degradation
UV-beständig <qualit.mat> • UV-resistant
UV-C <phys> *(Wellenlänge 100 bis 280 nm, effektiv 200 bis 280 nm)* • UV-C
UVCeti-Stern *m* <astron> • flare star

UV-Entkeimer *m* <verf> *(für Nahrungsmittel, Trinkwasser)*
• UV-sterilizer; UV-lamp; ultraviolet sterilizer; UV-steriliser
GB
UV-Filter *m/n* <phot> • UV-filter; ultraviolet absorbing filter;
ultraviolet barrier filter; ultraviolet filter
UV-Gasanalysegerät *n* <msr.emiss> • UV analyzer *US*;
UV analyser *GB*
UV-Gerät *n* <verf> *(für Nahrungsmittel, Trinkwasser)* • UV-
sterilizer; UV-lamp; ultraviolet sterilizer; UV-steriliser *GB*
UV-Härten *n DIN EN ISO 4618* <mat> *(von Beschich-
tungsstoffen)* • UV curing *ISO 4618-3*
UV-Lampe *f* <phys> *(UV-Technologie)* • ultraviolet light
source; UV light source; UV lamp; ultraviolet lamp
UV-Lampe *f* <verf> *(für Nahrungsmittel, Trinkwasser)*
• UV-sterilizer; UV-lamp; ultraviolet sterilizer; UV-steriliser
GB
UV-Licht *n* <licht> • ultraviolet light; black light; UV-light
UV-Lichtquelle *f* <phys> *(UV-Technologie)* • ultraviolet
light source; UV light source; UV lamp; ultraviolet lamp
UV-Mapping *n* <edv> • UV mapping
UVP <jur.ökol> • Environmental Compatibility Test
(E.C.test); Environmental Impact Assessment
UV-photometrisches Verfahren *n DIN ISO 13964*
<ökol.meteo> • ultraviolet photometric method *DIN
ISO 13964*
UV-Platte *f* <druck> *(lichtempfindliche Druckplatte)* • ultra-
violet plate; UV plate
UV-Scheinwerfer *m Hella* <kfz.licht> • UV headlights
UV-Schutz *m* <bau> • UV protection
UV-Stabilisator *m* <kst> • UV absorber; UV stabilizer
UV-stabilisiert <kst> • UV stabilized
UV-Strahl *m* <phot> • ultraviolet ray
UV-Strahlen *mpl* <phys> • ultraviolet rays
UV-Strahlung *f* <phys> • ultraviolet radiation
UV-Strahlung *f prakt* <phys> *(Wellenlänge kürzer als
380 nm und länger als Röntgenstrahlen)* • ultraviolet
radiation; ultra-violet radiation; UV radiation *pract*
UV-Technologie *f* <druck> *(konventionelle CtP-Techno-
logie)* • ultraviolet technology; UV technology
U-W-Schweißen *n* <füg> • underwater welding
UZ <verf> • ultracentrifuge
U-Zylinder-Motor *m rar* <kfz.mot> *(obs.)* • dual piston en-
gine; double-barrelled engine *rare*; double-cylinder engine; U-cylinder engine; twin-piston engine

V

v <phys> *(eines Körpers in einer bestimmten Richtung)*
• velocity (v)
v <therm> *(Volumen je Masseneinheit)* • specific volume (v)
V.35 <el> • V.35
V-10 <kfz.mot> • V-ten cylinder engine (V-10); V-ten en-
gine *pract*; Vee-ten *coll*
V10-Motor *m prakt* <kfz.mot> • V-ten cylinder engine (V-10);
V-ten engine *pract*; Vee-ten *coll*
V-12 <kfz.mot> • V-12 engine (V-12); V-twelve engine
pract; Vee-twelve *coll*
V12-Motor *m prakt* <kfz.mot> • V-12 engine (V-12);
V-twelve engine *pract*; Vee-twelve *coll*
V3-Schleife *f* <med> • hypervariable loop; V3 loop
V-4 <kfz.mot> • V-four cylinder engine (V-4); V-four engine
pract; Vee-four *coll*

V4-Motor *m prakt* <kfz.mot> • V-four cylinder engine (V-4);
V-four engine *pract*; Vee-four *coll*
V-6 <kfz.mot> • V-six cylinder engine (V-6); V-six engine
pract; Vee-six *coll*
V6-Motor *m prakt* <kfz.mot> • V-six cylinder engine (V-6);
V-six engine *pract*; Vee-six *coll*
V-8 <kfz.mot> • V-eight engine (V-8); Vee-eight *pract*;
V-eight cylinder engine *rare*; eight-cylinder engine in a
Vee configuration *did.rare*
V8/8 mm <av> • Video-8 (V8/8 mm); 8 mm video
V8-Motor *m prakt* <kfz.mot> • V-eight engine (V8); Vee-
eight *pract*; V-eight cylinder engine *rare*; eight-cylinder
engine in a Vee configuration *did.rare*
VA <kfz> *(bei Starrachse oder figurativ)* • front axle
VA <werb> • consumer analysis
Vaccinia *n* <med> • vaccinia virus
Vaccinninum <med> • smallpox vaccine; vaccinninum
V-Achtzylindermotor *m rar* <kfz.mot> • V-eight engine
(V8); Vee-eight *pract*; V-eight cylinder engine *rare*; eight-
cylinder engine in a Vee configuration *did.rare*
VAC-Stahl <mat> • vacuum decarburized steel
Vacural-Verfahren *n* <prod> *(Druckgussverfahren für
Aluminium)* • Vacural process
vacuumentkohlter Stahl *m* <mat> • vacuum decarbur-
ized steel
VAD <tele> • Voice Activity Detection (VAD)
VAFC <edv> • VESA Advanced Feature Connector
(VAFC)
vagabundierender Strom *m* <el> • stray current; leak-
age current; vagabond current *rare*
vagabundierendes Elektron *n* <nukl> • stray electron
vagabundierendes Licht *n* <geo> *(z. B. über Sümpfen)*
• flare; flare light
vagabundierendes Licht *n* <licht> • veiling glare
VAK <nukl> • experimental nuclear power plant
Vakanz *f* <qualit.mat> *(Kristallgitter)* • vacancy
Vakuum *n* <phys> • vacuum
Vakuumanlage *f* <verf> • evacuating equipment
Vakuumanlage *f* <verf> • vacuum equipment
Vakuumansaugkopf *m* <masch> • vacuum chuck
Vakuumanschluss *m* <pack> • vacuum connection
Vakuumaufdampfen *n* <obfl> *(zum Aufbringen sehr dün-
ner Schichten; z. B. auf Wafern)* • physical vapor deposi-
tion (PVD); plasma vapor deposition process; vacuum
evaporation; vapor deposition; PVD process
Vakuumaufdampfverfahren *n* <obfl.prod> • vacuum
evaporation
Vakuumaufschrumpfen *n* <kst> • snap-back forming
Vakuumauftrag *m* <obfl> • vacuum enameling *US*; vac-
uum enamelling *GB*
Vakuumbandfilter *m* <verf> • vacuum belt filter
vakuumbedampfen *vt* <prod> • vacuum metallize *vt*
Vakuumbedampfung *f* <metall.obfl> • vacuum plating
Vakuumbedampfung *f* <obfl> • vapor deposition *US*;
vacuum deposition; vapour deposition *GB*
Vakuumbedampfungsanlage *f* <obfl> • vapor coating
plant; vacuum coating plant
Vakuumbehälter *m* <verf> • vacuum tank
Vakuumbehandlung *f* <verf> • vacuum treatment; vac-
uum processing
Vakuumbeschichtungstechnik *f DIN 28400-4* <obfl>
• vacuum coating
Vakuumbeton *m* <bau.mat> • vacuum concrete
Vakuumblitzableiter *m* <el> • vacuum lightning arrester
Vakuum-Bremskraftverstärker *m rar* <kfz.brems>
• vacuum brake booster; vacuum-powered brake servo
[unit]; vacuum-assisted brake booster; vacuum-assist
brake booster; master vac [servo] [unit] *Fiat*
Vakuumbrennen *n* <phys> • vacuum firing

Vakuumbrunnen m <bau> (Grundbau) • vacuum well
point
Vakuumbrunnen m <ents> • extraction well
Vakuumdämmung f <therm> • vacuum insulation
Vakuumdestillation f <chem.verf> • vacuum distillation;
distillation under reduced pressure
Vakuumdestillierapparat m <chem.verf> • vacuum still
vakuumdicht <tech.allg> • vacuum-tight
Vakuumdichtung f <masch> • vacuum seal
Vakuumdrehfilter m <ents> • rotary vacuum filter; vacuum rotary filter
Vakuumdruckguss m <prod> • vacuum die casting
Vakuumdruckimprägnierung f <prod> (Isolierstoffe)
• vacuum pressure impregnation
Vakuumeindampfen n <obfl.prod> • vacuum evaporation
Vakuumeindampfer m <nahr.verf> • vacuum concentrator; vacuum evaporator
Vakuumelektronenkanone f <phys> • vacuum electron
gun
Vakuumemaillierung f <obfl> • vacuum enameling US;
vacuum enamelling GB
Vakuumentgasung f <verf> • vacuum degassing
Vakuumentgasungsschnecke f <kst> • vacuum-vented
screw
Vakuum erzeugen vt <tech.allg> (luftleeren Raum
schaffen) • evacuate vt; create a complete vacuum vt
Vakuumexsikkator m <verf> • vaccum desiccator; vacuum drier
Vakuumfaktor m <el> (Mehrelektronenröhre) • gas ratio
Vakuumfilmhalter m <druck> (Reprotechnik) • vacuum
back
Vakuumfilter n <chem> (Laborgerät) • vacuum nutsche;
vacuum filter; suction filter; nutsch filter; nutsch
Vakuumfilternutsche f <chem> (Laborgerät) • vacuum
nutsche; vacuum filter; suction filter; nutsch filter; nutsch
Vakuumfluktuation f <phys> • vacuum fluctuation
Vakuumformen n <kst> • vacuum molding; vacuum
forming; vacuum blowing rare
Vakuumformmaschine f <kst> • vacuum forming machine
Vakuumfunke m <el> • high-vacuum spark; vacuum
spark
vakuumgedämmt <hlk> (thermisch; z. B. Fenster) • vacuum-insulated
Vakuumgefäß n <chem> • vacuum flask
Vakuumgefrierapparat m <verf> • vacuum froster; vacuum freezer
Vakuumgefriereinrichtung f <verf> • vacuum froster;
vacuum freezer
Vakuumgefriertrockner m <nahr.prod> • vacuum freeze
drier
Vakuumgefriertrocknung f <nahr.prod> • vacuum
freeze drying; lyophilization
vakuumgegossen <prod> • vacuum-cast; suction-cast
vakuumgeschmolzen <metall> • vacuum-melted
Vakuumgitterspektrometer n <phys> • vacuum grating
spectrometer
Vakuumgleichrichter m <el> • vacuum-tube rectifier
Vakuumglühlampe f <licht> • vacuum lamp
Vakuumguss m <prod> • vacuum casting; suction casting
Vakuumhartlöten n <füg> • vacuum brazing
Vakuumheber m <förd> • vacuum lifter
Vakuumimprägnierung f <textil> • vacuum impregnation
Vakuuminduktionsschmelzen n <metall> • vacuum induction melting
Vakuumisolation f <energ.sol> • evacuation; vacuum
thermal insulation
vakuumisolierter Kollektor m <energ.sol> • evacuated
tubular collector; evacuated-tube collector

Vakuumkammer f <tech.allg> • vacuum chamber
Vakuumkanal m <verf> (allg.) • vacuum column
Vakuumkitt m <mat> • vacuum cement
Vakuumkneter m <verf> • vacuum kneader
Vakuumkolben m <chem> • vacuum flask
Vakuumkolben m <el> (z. B. für Elektronenröhren) • vacuum envelope
Vakuum-Kollektor m <energ.sol> • evacuated tubular
collector; evacuated-tube collector
Vakuumkolonne f <verf> (allg.) • vacuum column
Vakuumkolonne f <verf> (betont: zum Destillieren) • vacuum still
Vakuumkondensator m <el> • vacuum capacitor
Vakuumkopierrahmen m <druck> • vacuum frame
Vakuumkristallisation f <verf> • vacuum crystallization;
vacuum crystallisation GB
Vakuumkristallisator m <verf> • vacuum crystallizer
Vakuumkühler m <hlk> • vacuum cooler
Vakuumkühlung f <hlk> • vacuum cooling
Vakuumlampe f <licht> • vacuum lamp
Vakuumlasthaftgerät n <förd> • vacuum lifting device
Vakuumleitung f <rls> • vacuum line
vakuumlichtbogengeschmolzen <metall> (z. B. Stahl)
• vacuum-arc-melted; skull-melted
Vakuumlichtbogenofen m <metall> • vacuum arc furnace
Vakuumlichtbogenschmelzen n <metall> • vacuum arc
melting
Vakuumlichtgeschwindigkeit f <phys.licht> • velocity of
light in vacuo
Vakuummantel m <nukl> • vacuum jacket
Vakuummessgerät n <msr> • vacuum gauge; vacuometer
Vakuummessung f <msr> • vacuum measurement
Vakuummetallisierung f <obfl> • vacuum metallizing
Vakuummetallurgie f <metall> • vacuum metallurgy
Vakuummeter n DIN 28400-3 <msr> • vacuum gauge;
vacuometer
Vakuummischer m <verf> • vacuum mixer
vakuumnachgeformt <prod> • free-blown
Vakuumnutsche f <ents.verf> • suction filter; vacuum filter
**vakuum- oder druckquellenbetriebene Absaug-
geräte** npl DIN EN ISO 10079 <med.tech> • suction
equipment powered from a vacuum or pressure source
DIN EN ISO 10079
Vakuumofen m <metall> • vacuum furnace
Vakuumpackung f DIN 55405 <pack.klass> • vacuum
package
Vakuumpermeabilität f <phys.el> • vacuum permeability
Vakuumphotozelle f <phys> • vacuum phototube; vacuum photocell
Vakuumphysik f <phys> • vacuum physics
Vakuumplattentrockner m <verf> • vacuum shelf drier
Vakuumpolarisation f <nukl> • vacuum polarization
Vakuum-Pressverfahren n <prod> • vacuum bag procedure
Vakuumpumpe f DIN 28400-2 <förd> • vacuum pump
Vakuumrelais n <el> • vacuum relay
Vakuumröhre f <el> (als Elektronenröhre) • vacuum
valve; vacuum tube
Vakuumröhre f <energ.sol> (in Kollektoren) • evacuated
tube
Vakuumröhrenphotozelle f <phys> • vacuum phototube;
vacuum photocell
Vakuumrückstand m <petr> • vacuum residue; short
residue
Vakuumsackverfahren n <prod> • vacuum-bag molding
Vakuumsaugplatte f <kst> • vacuum back

Vakuumsaugrahmen *m* <kst> • vacuum frame
Vakuumsaugverfahren *n* <kst> • straight vacuum forming
Vakuumschalter *m* <el> • vacuum switch; circuit-breaker; vacuum interrupter; vacuum circuit breaker
Vakuumschalung *f* <bau> • vacuum form
Vakuumschleuse *f* <phys> • vacuum lock
Vakuumschmelzen *n* <metall> • vacuum melting
Vakuumschub *m* <aerospace> • vacuum thrust
Vakuumschwankung *f* <phys> • vacuum fluctuation
Vakuumsensor *m* <kfz.mot> *(Turboaufladung)* • boost sensor
Vakuumsintern *n* <metall> *(Pulvermetallurgie)* • vacuum sintering
Vakuum-Solar-Kollektor *m* <energ.sol> • evacuated tubular collector; evacuated-tube collector
Vakuumspannen *n* <masch> • vacuum chucking
Vakuum-Spannplatte *f* <wz.masch> • vacuum jig
Vakuumspektrograph *m* <phys> • vacuum spectrograph
Vakuumspektrometer *n* <phys> • vacuum spectrometer
Vakuumspritzen *n* <kst> • vacuum injection molding
Vakuumstoffauflauf *m* <pap> • vacuum headbox
Vakuumstreckformen *n* <kst> • vacuum forming
Vakuumsystem *n* DIN 28400-8 <tech.allg> • vacuum system; evacuated system
Vakuumsystem *n* <druck> *(saugt die Platte an die Recordertrommel)* • vacuum system
Vakuumtechnik *f* DIN 28400 <masch> • vacuum technology
Vakuum-Thermisches Recycling *n* (VTR) <ents> *(von Altbatterien)* • vacuum thermal recycling
Vakuumthermoelement *n* <el> • vacuum thermocouple
Vakuumtiefziehen *n* <kst> • straight vacuum forming
Vakuumtransport *m* <büro> *(Kopiergerät)* • vacuum transport
Vakuumtrennanlage *f* <verf> • vacuum separator
Vakuum-Trennschalter *m* <el> • vacuum switch; circuitbreaker; vacuum interrupter; vacuum circuit breaker
Vakuumtrockenpartie *f* <pap> • vacuum drier
Vakuumtrockenschrank *m* <verf.nahr> • vacuum drying oven
Vakuumtrockner *m* <verf> • vaccum desiccator; vacuum drier
Vakuumtrocknung *f* DIN 28400-5 <verf> • vacuum drying
Vakuumtrommelfilter *n* <verf> • rotary-drum vacuum filter; vacuum drum filter
Vakuumverdampfer *m* <verk> • vacuum evaporator
Vakuumverdampfungsanlage *f* <verf> *(Salzgewinnung)* • vacuum pan
Vakuumverschiebungsdichte *f* <nukl> • vacuum density of electric charge
Vakuumverschluss *m* DIN 55405 <prod> • vacuum closure
Vakuumwalzentrockner *m* <verf> • vacuum drum drier
Vakuumwand *f* <nukl> • vacuum wall
Vakuum-WC mit Wascheinrichtung *n* DIN 25630-2 <bahn.hygi> • vacuum toilet and wash basin DIN 25630-2
Vakuumweichlöten *n* <füg> • vacuum soldering
Vakzin *n* wiss <pharm> • vaccine; vaccinum thsc.rare
Vakzination *f* rar <med> *(zur Immunisierung)* • inoculation; vaccination; jag coll
Vakzine *f* <med> • vaccine; vaccinum
val <phys.chem> *(Stoffmenge)* • gram equivalent
Val *n* <chem> • gram equivalent
Valenz *f* <chem> • valence US; valency
Valenzbahnfunktion *f* <chem> • valency orbit
Valenzband *n* <chem> • valency band
Valenzbezeichnung *f* <chem> • valency indication
Valenzbindung *f* <chem> • valency bond

Valenzbindungsmethode *f* <chem> • valency-bond method; electron-pair method
Valenzbindungsstruktur <chem.phys> • valency-bond structure
Valenzbindungstheorie *f* <chem.phys> • valency-bond theory; electron-pair theory
Valenzelektron *n* <phys> • valency electron; conduction electron; outer-shell electron; valence shell electron; valence electron
Valenzelektronenkonzentration *f* <phys> • valency-electron concentration
Valenzfunktion *f* <phys> • valency orbital
Valenzhalbleiter *m* <el> • valency semiconductor
Valenzkräfte *fpl* <phys> • valency forces
Valenzkristall *m* <mat> • valency crystal
Valenzorbital *n* <phys> • valency orbital
Valenzschale *f* <phys> • valency shell
Valenzschwingung *f* <phys> *(Atom/Molekular-Physik)* • stretching vibration; valency vibration
Valenzstrichformel *f* <chem> • structural formula; dash valency formula
Valenzstruktur *f* <chem.phys> • valency-bond structure
Valenzstrukturmethode *f* <chem> • valency-bond method; electron-pair method
Valenzstufe *f* <chem> • valency stage; valency state
Valenzwechsel *m* <chem> • valency change
Valenzwinkel *m* <phys> • valency angle
Valenzzahl *f* <chem> • valency number
Validierung *f* DIN EN ISO 8402 <qualit> • validation ISO 8402
VA-Messgerät *n* <msr.el> • voltammeter US; voltameter GB
Van *m* ugs <kfz> *(Mehrzweckauto auf Pkw-Basis)* • multipurpose vehicle (MPV) US; mini-van; multi-purpose van, MPV; space wagon advert; people carrier
Van *m* <nfz> *(Freizeitfahrzeug auf Lieferwagenbasis)* • van; passenger van form
Vanadinbleierz *n* <min> • vanadinite
Vanadinit *m* <min> • vanadinite
Vanadium *n* (V) <chem> • vanadium (V)
Vanadiumstahl *m* <mat> • vanadium steel
Van-Allen-Gürtel *m* <astron> • Van Allen radiation belt
Van-Arkel-de-Boer-Verfahren *n* <kst> • Van Arkel-de Boer process
vandalensicher <qualit> • resistant against vandalism; vandal-proof
vandalismusresistent <qualit> • resistant against vandalism; vandal-proof
vandalismussicher <tech.allg> *(z. B. Tastaturen, Bedienungselemente, Verkaufsautomaten)* • vandalproof
Van-de-Graaff-Beschleuniger *m* <phys> • Van de Graaff accelerator
Van-de-Graaff-Generator *m* <el> • Van de Graaff generator
Van-der-Pol-Oszillator *m* <phys.el> • Van der Pol oscillator
Van-der-Waals'sche Anziehungskräfte *fpl* <phys.chem> • Van der Waals forces [of attraction]
Van-der-Waals'sche Gleichung *f* <phys.therm> *(Zustandsgleichung)* • Van der Waals equation
Van-der-Waals'sche Kraft *f* <phys.chem> • Van der Waals force; Van der Waals attraction
Van-der-Waals'sche Zustandsgleichung *f* <phys.therm> *(reales Gas)* • Van der Waals equation
Van-der-Waals-Bindung *f* <chem> • Van der Waals bond
Vanille *f* <nahr> • vanilla
Vanilleeis *n* ugs <nahr> • vanilla ice cream
Vanilleextrakt *n* <nahr> • vanilla extract

Vanillegeschmack *m* <nahr> • vanilla flavor *US*; vanilla flavour *GB*

Vanille-Geschmack *m* <nahr> • vanilla flavor *US*; vanilla flavour *GB*

Vanilleschote *f* <nahr> • vanilla pod

Vanillin *n* <nahr> • vanillin

VANOS *f BMW* <kfz.mot> • variable valve timing [control] (VVT); variable valve system *Porsche*; variable valve control

V-Antenne *f* <el> • V antenna *US*; V aerial *GB*; vee aerial *GB*

Var *n* <el> *(SI-Einheit der elektrischen Blindleistung)* • volt-ampere reactive (var)

Varaktor *m* <el> • voltage-variable capacitance diode; variable capacitance diode; capacitance diode; varactor [diode]; varicap

Varaktordiode *f* <el> • voltage-variable capacitance diode; variable capacitance diode; capacitance diode; varactor [diode]; varicap

Variabilitätskoeffizient *m* <math> *(Statistik)* • variation coefficient

Variable *f* <math> • variable

variable Antriebskraftverteilung *f* <kfz.antr> • slip-sensitive power distribution; slip-controlled power distribution; variable power distribution

variable Datensatzlänge *f* <edv> • variable record length

variable Einlasssteuerung *f* <kfz.mot> • variable induction control (VIC) *Mitsubishi*

variable Flügelgeometrie *f* <aerospace> • variable geometry wings

variable Frequenz *f* <el> • variable frequency

variable Längssperre *f* <kfz.antr> *(zentrales Sperrdifferential)* • variable longitudinal limited-slip differential; variable limited-slip center differential

variable Nockenwellensteuerung *f* <kfz.mot> • variable valve timing [control] (VVT); variable valve system *Porsche*; variable valve control

variable Nockenwellenverstellung *f* <kfz.mot> • variable valve timing [control] (VVT); variable valve system *Porsche*; variable valve control

Variablenprüfung *f DIN 55350-31* <qualit> *(Annahmestichprobenprüfung)* • inspection by variables

variable Parität *f* <edv> • variable parity

variable Quersperre *f* <kfz.antr> • variable limited-slip axle differential

variable Region *f* (V) <med> *(Antikörper)* • variable region (V)

variable Region *f* (V) <med> *(Virushülle)* • variable region (V)

variabler Fokus *m* (VF) <kfz.el> *(von Scheinwerfern)* • variable focus (VF)

variabler Formstrahl *m* <el> • variably shaped beam

variabler Messring *m* <navig> • variable range marker

variabler Parameter *m* <tech.allg> • variable parameter

variabler Radstand *m* <kfz> • variable wheelbase

variabler Suchlauf *m* <av> • variable search; variable-speed search

variable Satzlänge *f* <edv> • variable record length

variable Saugrohrlänge *f* <kfz.mot> • variable induction control (VIC) *Mitsubishi*

variables Druckverfahren *n* <edv> • variable printing (process); on-demand printing

variables Expansionsventil *n* <kfz.hlk> *(Drosselorgan zur Druckminderung im Kältemittelkreislauf)* • variable orifice valve (VOV); Smart VOV ®

variables Gaswechselsystem *n* <kfz.mot> • variable induction control (VIC) *Mitsubishi*

variable Steuerzeiten *fpl* <kfz.mot> • variable valve timing

variables Ventilsystem *n Porsche* <kfz.mot> • variable valve timing [control] (VVT); variable valve system *Porsche*; variable valve control

variable Symbollänge *f* <edv> • variable symbol length

variable Turbinengeometrie *f* <turb> *(verstellbare Lauf- und/oder Leitschaufeln)* • variable turbine geometry (VTG)

Variable Valve Timing + Lift Electronic Control (VTEC) *Honda* <kfz.mot> • Variable Valve Timing + Lift Electronic Control (VTEC) *Honda*

variable Ventilsteuerung *f* (VVS) <kfz.mot> • variable valve timing [control] (VVT); variable valve system *Porsche*; variable valve control

variable Winkelgeschwindigkeit *f* <edv> *(von Datenträgern)* • constant linear velocity (CLV)

variable Wortlänge *f* <edv> • variable word length

variable Zeitlupe *f* <av> • variable slow motion

Variante *f* <allg> *(Wahlmöglichkeit; z. B. Produktmerkmale)* • option

Variante *f* <tech.allg> *(geänderte Version)* • modification

Variante *f* <tech.allg> *(eines Typs, Modells)* • variant type

Variante *f* <tech.allg> *(Erzeugnis, Verfahren)* • version

Variante *f* <doku> *(erzeugt aus einer Mutterzeichnung)* • variation

Variante *f* <term> *(Alternativform einer Benennung)* • variant

Variante der Creutzfeldt-Jakob-Krankheit *f* <med> • variant Creutzfeldt-Jakob disease (vCJD)

Variantencodierung *f* <kfz.prod> • control unit coding *BMW*

Variantenkonstruktion *f* <doku> *(Zeichnung, CAD)* • variation design

Varianz *f* <math> *(Statistik)* • variance

Varianzanalyse *f* <math> • variance analysis

Variation *f* <allg> • variation

Variationsbereich *m* <tech.allg> • variation range; range [of variation]

Variationsbreite *f* <tech.allg> • variation range; range [of variation]

Variationsgleichung *f* <math> • variational equation

Variationskoeffizient *m* <math> *(Statistik)* • variation coefficient

Variationsprinzip *n* <math> • variational principle

Variationsprinzip *n* <mech> • integral variational principle

Variationsrechnung *f* <math> • calculus of variations; variational calculus; variations calculus

Varicellae *fpl* <med> • chickenpox; varicella

Varietät *f* <math> *(z. B. von Gruppen)* • variety

variieren *vt* <allg> • vary *vt*

Variokoppler *m* <el> • variocoupler

Variomatic *f DAF.Volvo* <kfz.antr> • variable belt transmission; continuously variable belt transmission; Variomatic transmission *DAF.Volvo*; Variomatic *DAF.Volvo*

Variomatikgetriebe *n DAF.Volvo* <kfz.antr> • variable belt transmission; continuously variable belt transmission; Variomatic transmission *DAF.Volvo*; Variomatic *DAF.Volvo*

Variometer *n* <aerospace> • vertical-speed indicator; rate-of-climb indicator

Variometer *n* <msr> • variometer; inductometer

Variooobjektiv *n form.rar* <opt> *(für Kameras, Projektoren)* • zoom lens; zoom *pract*

Varistor *m* <el> • varistor

Varizellen *fpl* <med> • chickenpox; varicella

Varmeter *n* <el> • reactive volt-ampere meter; varmeter

Vaseline *f* ® <tech.allg> • petroleum jelly; K-Y jelly ®

VASS <av> • Video Address Search System (VASS)

VAT <kfz> • front axle carrier

Vater *m prakt* <edv> *(in hierarchischen Verknüpfungen)* • parent object; parent *pract*

Vater *m* <edv> *(CD-Produktionszwischenstufe)* • father
Vater-CD *f* <edv> *(CD-Produktionszwischenstufe)* • father
Vaterplatte *f* <av> *(Schallplatte)* • master
Vaterplatte *f* <edv> *(für CDs)* • metal master; first negative; father disc
Vater- und Sohn-Antriebsanlage *f* <nav> • father and son propulsion plant
VAWK <energ.wind> • vertical axis wind turbine (VAWT) *IEV 415*; cross-wind-axis turbine *obs*
VB <kfz.fin> *(Gebrauchtwagenpreis, z. B. in Inseraten)* • or near offer (ono); or best offer, obo
V-Brake *f prakt* <fz> *(z. B. Mountainbike)* • V-brake
V-Bremse *f* <fz> *(z. B. Mountainbike)* • V-brake
VC <edv.av> • voltage control (VC)
VCA <el> • voltage-controlled amplifier (VCA); analog amplifier; analogue amplifier
VCF <el> • voltage-controlled filter (VCF); analog filter
V-Chip *m* <edv> *(freiwillige Selbstkontrolle)* • V-chip; violence-filter chip
VCO <av.el.tele> • voltage-controlled oscillator (VCO)
VCO <el> • analog oscillator (VCO); voltage-controlled oscillator
VCR <av> • Video Cassette Recording (VCR)
VCR <av> *(z. B. VHS, S-VHS)* • video cassette recorder (VCR)
VCR-Betriebsanzeige *f* <av> • VTR indicator; VCR indicator
VCR Longplay *n* <av> • VCR Longplay
VCR mit Wiedergabe von Tonsequenzen im Suchlauf *m* <av> • sound-browsing VCR
VCRplus *n Gem für USA* <av> • ShowView *Gem for Ger*; VCRplus *Gem for USA*; Videoplus *Gem for UK*
VCSEL-Laserdiode *f* <lwl> • vertical-cavity surface-emitting laser (VCSEL)
VCXO <el> • voltage-controlled crystal oscillator (VCXO); voltage-controlled x'tal oscillator; VXO *pract*
VDA-Flächenschnittstelle *f* (VDA-FS) <edv> • VDA sculptured surface interface
VDA-FS <edv> • VDA sculptured surface interface
VDI <org> • German Engineer Association
V-Dichtung *f* <masch> • chevron packing
VDOP <navig> • vertical dilution of precision (VDOP)
VDP <pap.ents> • German Pulp and Paper Association
VE <chem> *(Wasser; entkalkt)* • demineralized; de-ionized
VE <kfz.mot> • distributor-type injection pump (VE); distributor pump
Vegetabilien *fpl rar* <ents> • organic waste; putrescible waste; bio waste *coll*; vegetabilities *pl rare*
vegetabilisches Pergament *n* <mat.pap> • vegetable parchment; parchment paper
Vektor *m DIN 1303* <math> • vector
Vektoraddition *f* <math> • vector addition
Vektoralgebra *f* <math> • vector algebra
Vektoranalysis *f* <math> • vector analysis
Vektorbefehl *m* <edv> • vector instruction
Vektorbildschirm *m* <edv> • vector display; calligraphic display; stroke display *rare*
Vektordarstellung *f* <math.phys> • vector representation
Vektor der magnetischen Induktion *m* <nukl> • vector of magnetic induction
Vektordiagramm *n* <phys> *(für Kräfte)* • vector diagram
Vektorfeld *n* <math> • vector field
Vektorgradient *m* <nukl> • vector gradient
Vektorgrafik *f* <edv> • vector graphics
Vektorgraphik *f obs* <edv> • vector graphics
Vektorgröße *f* <math.phys> • vector quantity
vektoriell <math> • vectorial
vektorielle Darstellung *f* <math> • vectorial representation
vektorielle Größe *f* <math.phys> • vector quantity

vektorielles Potential *n* <el> • vector potential
Vektormeson *n* <nukl> • vector meson
Vektormesser *m* <el> • vector voltmeter
Vektorpaar *n* <math> • vector couple
Vektorplotter *m* <edv> • vector plotter
Vektorpotential *n* <el> • vector potential
Vektorprodukt *n* <math> • vector product
Vektor-Raster-Konverter *m* <edv> • vector-raster-converter
Vektorraum *m* <math> • vector space
Vektorrechnung *f* <math> • vector calculus
Vektor-Refresh-Bildschirm *m* <edv> • vector refresh CRT
Vektorschreibweise *f* <math> • vector notation
Vektorsynthese *f* <edv.av> • vector synthesis
Vektorunterbrechung *f* <edv> • vector interrupt
Vektorvoltmeter *n* <el> • vector voltmeter
Vektorwinkel *m* <math> • vectorial angle
Vektorzerleger *m* <edv> • resolver
Velcroarretierung *f* <bekl> • velcro lock
Velo *n CH* <fz> *(Zweirad)* • bicycle; bike *coll*; cycle *coll.rare*
Velocity-Code *m* <edv> • velocity code
Velocity Crossfade *n* <edv.av> • velocity crossfade
Velocity-Fenster *n* <edv.av> • velocity zone; velocity window
Velocity Switch *n* <edv.av> • velocity switch
Velocity-Window *n* <edv.av> • velocity zone; velocity window
Velocity-Zone *f* <edv.av> • velocity zone; velocity window
Velours *m* <kfz> *(Teppichboden)* • cut pile; velour [carpet]
Veloursleder *n* <led> *(allg.)* • suede; suede leather
Veloursleder *n* <led.bekl> • suede; suede leather
Velours-Matte *f* <kfz.innen> • velour floor mat
Velourspapier *f DIN 55405* <mat.pap> • velour paper
Veloursprothese *f* <med.tech> • velour graft
veloursschleifen *vi* <led> • suede *vi*
Veloursverkleidung *f* <kfz.innen> • velour trim
Veloxkessel *m* <energ.therm> *(Dampferzeuger)* • Velox boiler
Vene *f* <bio> *(Blut strömt zum Herzen)* • vein
Venetianisches Terpentinbalsam *m* <obfl> • Venetian turpentine balsam
venetztes Auto *n ugs* <kfz> • network vehicle
Ventil *n* <tech.allg> *(allg.)* • valve
Ventil *n prakt* <kfz> *(von Reifen)* • tire valve; valve *pract*
Ventil *n* <mot> *(Motorsteuerung)* • valve
Ventil *n* <rls> *(allg.; für Flüssigkeiten, meist Absperr- oder Ablassventil)* • valve
Ventil *n* <rls> *(einfaches Zapf-, Ablassventil; z. B. an Kühler, Behälter)* • valve; cock *coll*; petcock *US.coll*; cock valve *rare*; plug valve *rare*
Ventilabschaltung *f* <kfz.mot> • valve cut-out
Ventilabsperrung *f* <rls> • valve stop
Ventilabstrakte *f* <mus> *(Orgel)* • pallet tracker
Ventilabzug *m* <mus> *(Orgel; zw. Abstrakte und Ventil)* • pallet pull-down wire; pallet pull-down; pull-down wire; pull-down hook; pulldown
Ventilabzugsdraht *m* <mus> *(Orgel; zw. Abstrakte und Ventil)* • pallet pull-down wire; pallet pull-down; pull-down wire; pull-down hook; pulldown
Ventilanhubstange *f* <masch> • valve push rod
Ventilanordnung *f* <kfz.mot> • valve arrangement; valve layout
Ventilansprechzeit *f* <med.tech> • valve response time
Ventilantrieb *m DIN ISO 7967-3* <mot> • activating mechanism *ISO 7967-3*
Ventilation *f rar* <hlk> *(Vorgang)* • ventilation
Ventilationswiderstand *m* <masch> *(Motor, Pumpe, Turbine)* • windage resistance
Ventilator *m* <hlk> • fan

Ventilator *m* <kfz.hlk> *(als Zubehör, zur Aufbaumontage)* • cooling, defogging and ventilating fan; defogging ventilating and cooling fan; ventilating, defrosting and cooling fan; cooling, defogging and defrosting fan

Ventilator *m* <masch> *(zur Kühlung)* • ventilating fan

Ventilator *m prakt* <med.tech> • lung ventilator *ISO 4135*; mechanical ventilator; ventilator *pract*

Ventilatorgebläse *n* <hlk> • fan blower

Ventilatorkühlturm *m* <verf> • forced-draft cooling tower *US*; forced-draught cooling tower *GB*

Ventilauslass *m* <rls> • valve outlet

Ventilaussparung *f* <kfz.mot> • valve clearance depression

Ventilbetätigung *f* <masch> *(Vorgang)* • valve actuation; valve action; valve operation

Ventilbetätigungsmechanismus *m* <masch> • valve-operating mechanism

Ventilblende *f ZF* <antr> *(Hydraulik)* • restriction washer; valve orifice *ZF*; governor screen

Ventilboden *m* <chem> *(Kolonne)* • valve tray

Ventilboden *m* <kfz> *(in Zweirohr-Stoßdämpfern)* • bottom check valve; foot valve; cylinder base valve; base valve

Ventilbohrung *f* <kfz.mot> • valve bore

Ventilbrücke *f DIN ISO 7967-3* <mot> *(Betätigung mehrerer Ventile durch einen Nocken)* • valve bridge *ISO 7967-3*

Ventildampfmaschine *f* <masch> • steam engine with drop valve gear

Ventildeckel *m* <kfz.mot> *(allg.; jeder Motortyp)* • valve cover; cylinder head cover

Ventildeckel *m* <kfz.mot> *(bei OHV und SOHC; mit Kipphebeln)* • valve cover; rocker arm cover; rocker cover *GB*; rocker box *GB*

Ventildeckel *m* <kfz.mot> *(bei DOHC-Motoren)* • valve cover; camshaft cover; cam cover *pract*

Ventildeckel *m* <masch> • valve cap

Ventildeckeldichtung *f* <kfz.mot> • valve cover gasket; cylinder head cover gasket; rocker cover gasket; tappet gasket

Ventildeckelschraube *f* <kfz.mot> • valve cover screw

Ventildeckel-Verschlussschraube *f* <kfz.mot> • valve adjusting cap

Ventildichtringzange *f* <kfz.wz> • valve stem seal pliers; valve guide seal tool

Ventildichtungsfläche *f* <masch> • valve-sealing surface

Ventildreheinrichtung *f* <mot> • valve rotator

Ventildrehvorrichtung *f* <kfz.mot> • roto cap; valve rotator

Ventildurchmesser *m* <masch> • valve diameter

Ventileinsatz *m* <kfz> *(Reifen)* • valve insert

Ventileinsatzring *m* <masch> • valve-seat insert ring; valve-seat insert

Ventileinschleifapparat *m* <wz.mot> *(Gerät oder Einsatz für Bohrmaschine)* • valve lapper

Ventileinschleifen *n* <prod> • valve seating

Ventileinschleifer *m* <kfz.wz> • valve grinding tool; suction valve grinder; valve grinder

Ventileinschleifgerät *n* <wz.mot> *(Gerät oder Einsatz für Bohrmaschine)* • valve lapper

Ventileinschleifpaste *f* <wz.mot> • valve grinding compound; valve lapping compound; valve-seating abrasive

Ventileinstelllehre *f* <kfz.wz> *(Fühlerlehre zum Messen des Ventilspiels)* • feeler gauge; valve feeler gauge; valve-setting gauge *rare*

Ventileinstelllehre *f* <kfz.wz> *(bei Tassenstößeln)* • valve tappet feeler gauge *form*

Ventileinstellschlüssel *m* <kfz.wz> *(für Motoren mit Tassenstößeln)* • tappet wrench; tappet adjuster

Ventileinstellschlüssel *m* <mot.wz> *(allg.)* • valve adjusting wrench; valve adjusting tool

Ventileinstellschraube *f* <kfz.mot> • valve adjuster screw

Ventileinstellschraube *f* <masch> • valve-adjusting stud

Ventileinstellschraube *f DIN ISO 7967-3* <mot> • valve adjuster screw *ISO 7967-3*

Ventileinstellung *f* <kfz.mot> *(Vorgang und Ergebnis)* • valve adjustment; valve lash adjustment; valve setting

Ventileinstellung für Öffnungs-Kipphebel *f* <kfz.mot> *(Desmodromik)* • upper rocker adjuster

Ventileinstellung für Schließ-Kipphebel *f* <kfz.mot> *(Desmodromik)* • closing rocker adjuster

Ventil-Einstellwerkzeug *n* <kfz.wz> • valve lifter depressor; valve adjusting tool

Ventilerhebung *f* <mot> *(Hubhöhe und Vorgang)* • valve lift

Ventilerhebung *f* <mot> *(Schnelligkeit)* • rate of lift

Ventilerhebungszeit *f* <mot> *(Einspritzventile)* • injection period

Ventilfeder *f* <mot> • valve spring

Ventilfeder-Ausbauwerkzeug *n* <wz.mot> • valve spring compressor

Ventilfederbelastung *f* <kfz.mot> • valve spring load

Ventilfederhebel *m* <kfz.wz> *(hebelförmig zum Niederdrücken der Ventilfedern)* • valve spring depressor; valve spring compressor

Ventilfederheber *m rar* <kfz.wz> • valve spring lifter; valve lifter; expansion-type valve spring compressor *form*

Ventilfederhebezange *f* <kfz.wz> • valve spring lifter; valve lifter; expansion-type valve spring compressor *form*

Ventilfedermitnehmer *m* <mot> • valve-spring lifter

Ventilfeder-Montagehebel *m* <kfz.wz> *(hebelförmig zum Niederdrücken der Ventilfedern)* • valve spring depressor; valve spring compressor

Ventilfederscheibe *f DIN ISO 7967-3* <mot> • valve spring washer *ISO 7967-3*

Ventilfederschwingung *f* <mot> • valve-spring surge

Ventilfederspannapparat *m form.rar* <kfz.wz> *(allg.)* • valve spring compressor; valve spring lifter *rare*; valve lifter *rare*

Ventilfederspanner *m* <kfz.wz> *(allg.)* • valve spring compressor; valve spring lifter *rare*; valve lifter *rare*

Ventilfederspanner *m* <kfz.wz> *(hebelförmig zum Niederdrücken der Ventilfedern)* • valve spring depressor; valve spring compressor

Ventilfederteller *m* <mot> *(Ventiltrieb, Ein-/Auslassventile, oben oder unten)* • valve spring retainer *ISO 7967-3*; valve retainer; valve spring collar; valve-spring washer

Ventilfederteller oben *m* <kfz.mot> *(Ventiltrieb; Ein-/Auslassventile)* • valve spring cap; valve-spring retainer

Ventilfederteller unten *m* <kfz.mot> *(Ventiltrieb; Ein-/Auslassventile)* • valve spring seat

Ventilflattern *n* <kfz.mot> • valve float; valve bounce; valve flutter *rare*

Ventilfühlerlehre *f* <kfz.wz> *(Fühlerlehre zum Messen des Ventilspiels)* • feeler gauge; valve feeler gauge; valve-setting gauge *rare*

Ventilführung *f* <mot> • valve guide; valve bushing; valve stem guide

Ventilführungs-Anschlagring *m* <kfz.mot> • valve guide stop ring; valve guide set ring

Ventilführungsreibahle *f* <wz.mot> • valve guide reamer

Ventilgehäuse *n* <kfz> *(Automatikgetriebe-Steuerung; enthält diverse Steuerventile)* • valve body

Ventilgehäuse *n* <rls> *(Hauptteil eines Ventils)* • valve body; valve casing; valve box; valve chamber

Ventilgehäusedeckel *m* <mot> • valve cover plate

Ventilgehäuseverschluss *m* <masch> • valve plug

Ventilgehäuse-Zwischenplatte f <kfz.antr> *(Automatik-getriebe)* • spacer plate; separator plate; valve plate *GB*; valve body separator [plate]

Ventilgerüst n <kfz.mot> *(Membranventil)* • valve body; valve support

ventilgesteuert <masch> • valve-controlled

Ventilgewinde n (Vg) DIN 7756 <füg> • valve thread *DIN 7756*

Ventilgitter n <aerospace> • flap-valve grid

Ventilgummi n <fz> *(Dunlop-Ventil)* • valve hose

Ventilhahn m <masch> • valve cock

Ventilhals m <masch> • valve throat

Ventilhaube f <kfz> *(Reifen)* • valve hood

Ventilhebel m <mot> • valve arm

Ventilhebezange f <wz> • valve remover

Ventilhub m <mot> *(Maß)* • valve stroke; valve travel; valve lift

Ventilhubbegrenzung f <mot> • valve-lift stop

ventilierter Kontakt m <kfz.el> • ventilated points

Ventilkammer f <mil> *(Druckluftwaffe)* • valve chamber

Ventilkanal m <mot> • valve port

Ventilkappe f <kfz> *(Reifen)* • valve hood

Ventilkappe f <masch> • valve cap

Ventilkasten m <hydr.pneum> • valve chest

Ventilkasten m <masch> • valve box

Ventilkegel m <rls> • valve cone; valve poppet; taper plug

Ventilkegelstück n <kfz.mot> *(Ventilbefestigungsele-ment)* • valve keeper; valve lock[ing] key; valve lock; split collar; split keeper

Ventilkeil m prakt <kfz.mot> *(Ventilbefestigungselement)* • valve keeper; valve lock[ing] key; valve lock; split collar; split keeper

Ventilklappe f <rls> • flapper; valve flap

Ventilklemmkegel m DIN ISO 7967-3 <mot> *(verbindet Ventilfederteller mit Ventilschaft)* • valve collet *ISO 7967-3*; valve key; valve lock

Ventilkörper m <rls> *(Hauptteil eines Ventils)* • valve body; valve casing; valve box; valve chamber

Ventilkolben m <hydr> • bucket

Ventilkolben m <kfz.brems> *(im Unterdruckbremskraft-verstärker)* • valve plunger

Ventilkolben m <rls> • plunger; valve piston

Ventilkopf m <kfz.mot> *(Ventile im Zylinderkopf)* • valve head; valve crown

Ventilkorb m <masch> • valve cage

Ventilkugel f <masch> • float

Ventilläpper m <kfz.wz> • valve grinding tool; suction valve grinder; valve grinder

Ventillehre f prakt <kfz.wz> *(Fühlerlehre zum Messen des Ventilspiels)* • feeler gauge; valve feeler gauge; valve-setting gauge *rare*

Ventilloch n <kfz> *(im Rad)* • valve hole; valve aperture

ventillos <tech.allg> • valveless

Ventilmechanismus m <mot> • valve train; valve gear

Ventilmitnehmer m <mot> • valve lifter

Ventilnachschleifmaschine f <wz.masch> • valve refacer

Ventilniederhalter m <kfz.wz> • valve lifter depressor; valve adjusting tool

Ventilöffner m <wz> • valve opener

Ventil öffnet <kfz.mot> *(im Steuerdiagramm)* • valve opens

Ventilöffnung f <masch> • valve port; valve opening

Ventilöffnungsdauer f <mot> • valve-lift period

Ventilöffnungsdruck m <mot> • valve-opening pressure

Ventilöffnungsgeschwindigkeit f <mot> • valve-lifting velocity

Ventilplättchen n <kfz.mot> • valve shim; valve adjust-ment shim

Ventilplättchenzange f <kfz.wz> • valve shim pliers; shim pliers

Ventilplatte f <kfz.mot> • valve shim; valve adjustment shim

Ventilplattenzange f <kfz.wz> • valve shim pliers; shim pliers

Ventilpositions-Erfassung f <tech.allg> • detection of valve position

Ventilprinzip n <kfz.brems> *(ABS)* • valve principle

Ventilregelstange f <masch> • valve control rod

Ventilsack m DIN 55405 <pack> • valved sack *DIN EN 26590-1*; valve sack

Ventilschaft m <rls> *(mit axialem Hub)* • valve stem

Ventilschaft m <rls> *(mit Drehbewegung)* • valve shaft; valve spindle; valve rod *rare*

Ventilschaftabdichtung f <kfz.mot> • valve stem seal; oil seal; stem seal *coll*; valve guide seal; valve seal

Ventilschaft-Aufdrücker m <kfz.wz> • valve stem seal installer

Ventilschaft-Dichtring-Abziehzange f form <kfz.wz> • valve stem seal pliers; valve guide seal tool

Ventilschaftdichtung f <kfz.mot> • valve stem seal; oil seal; stem seal *coll*; valve guide seal; valve seal

Ventilschaftführung f <obfl.wz> *(Spritzpistole)* • valve pin guide

Ventilschaftzange f <kfz.wz> • valve stem seal pliers; valve guide seal tool

Ventil Schaltdruck n <antr> *(Automatikgetriebesteue-rung)* • accumulator control valve

Ventilscheibe f <pack> *(z. B. in Coater/Decorator)* • valve plate

Ventilschieberstange f <masch> • valve actuator rod; valve rod

Ventilschleifpaste f ugs <wz.mot> • valve grinding com-pound; valve lapping compound; valve-seating abrasive

Ventil schließt <kfz.mot> *(im Steuerdiagramm)* • valve closes

Ventilschlitz m <kfz> *(Rad)* • valve slot

Ventilschluss m <masch> • valve-seat contact

Ventilschraube f <wz> • valve screw

Ventilschubstange f <masch> • valve push rod

Ventilschutzkappe f DIN 55405 <pack.teil> • aerosol cap; overcap

Ventilschwingung f <masch> • valve flutter

Ventilsitz m <rls> *(allg., z. B. im Motor)* • valve seat; valve seating *rare*

Ventilsitzbreite f <kfz.mot> • seat width *pract*; valve seat width; valve margin

Ventilsitzeinschleifen n <prod> • valve seating

Ventilsitzeinschleifer m <wz.mot> *(Gerät oder Einsatz für Bohrmaschine)* • valve lapper

Ventilsitzfläche f <rls> • valve seat face; valve mating surface

Ventilsitzfräser m <kfz.wz> • valve seat cutter; valve re-seating cutter

Ventilsitznachschleifmaschine f <wz.masch> • valve reseating grinding machine; valve reseating machine; valve reseater

Ventilsitzring m <mot> • valve seat ring; valve seat insert; valve-seat insert ring

Ventilsitzschleifer m <wz.mot> *(Gerät oder Einsatz für Bohrmaschine)* • valve lapper

Ventilsitzwinkel m <kfz.mot> • valve seat angle

Ventilspiel n <mot> • valve lash; valve clearance

Ventilspielausgleicher m <mot> • hydraulic valve lifter; hydraulic lifter

Ventilspieleinstellplättchen n <mot> • shim; adjusting shim; adjusting disk *US*; adjusting disc *GB*

Ventilspieleinstellschraube f <mot> • valve adjusting screw; tappet adjusting screw; lash adjuster [screw]

Ventilspieleinstellung f <kfz.mot> *(Vorgang und Ergebnis)* • valve adjustment; valve lash adjustment; valve setting

Ventilspindel f <rls> • valve spindle; valve rod

Ventilstahl m <mat> • valve steel

Ventilstange f *AMI* <kunst.wz> • valve plunger *Badger*; valve rod; valve shaft

Ventilsteigrohr n <pack> • dip tube

Ventilstellantrieb m <rls> • valve-actuating gear; valve-actuating mechanism; valve-actuating train

Ventilstellgetriebe n <rls> • valve-actuating gear; valve-actuating mechanism; valve-actuating train

Ventilstellschraube f <masch> • valve-adjusting stud

Ventil-Stellschraube f *rar* <mot> • valve adjusting screw; tappet adjusting screw; lash adjuster [screw]

Ventilstellung f <rls> • valve position

Ventilstellungsmelder m <rls.msr> • valve position indicator

Ventilsteuergestänge n <masch> • valve control linkage

Ventilsteuerhebelstütze f <mot> • valve-rocker bracket

Ventilsteuerhebelzapfen m <mot> • valve-rocker fulcrum pin

Ventilsteuerung f <mot> • valve timing; valve control

Ventilsteuerung f <rls> • valve-actuating gear; valve-actuating mechanism; valve-actuating train

Ventilsteuerung mit Kettenantrieb f <kfz.mot> • chain-driven timing system

Ventilsteuerungsvorrichtung f <rls> • valve-actuating gear; valve-actuating mechanism; valve-actuating train

Ventilsteuerzeiten f <kfz.mot> • valve timing; engine valve timing; engine timing

Ventilstößel m <kfz.mot> *(in Ventilsteuerung)* • tappet; valve tappet; valve lifter; cam follower; barrel tappet

Ventilstößel m <masch> *(nockengesteuert)* • cam follower

Ventilstößel m <mot> • valve lifter

Ventilstößelführung f <mot> • valve-tappet guide

Ventilstoßstange f <masch> • valve push rod

Ventilteller m <kfz.mot> *(Ventile im Zylinderkopf)* • valve head; valve crown

Ventilteller m <masch> *(Umschalt- und Klappenventile)* • valve disk

Ventilteller m <rls> • valve disk *US*; valve disc *GB*; valve head

Ventilträger m <kfz> *(Reifen)* • valve support

Ventilträger m <kfz.mot> *(Membranventil)* • valve body; valve support

Ventiltraktur f <mus> *(Orgel)* • pallet tracker

Ventiltrieb m <mot> • valve train; valve gear

Ventilüberdeckung f <mot> *(im Steuerdiagramm)* • valve lap; valve overlap; overlap in valve timing

Ventilüberschneidung f <mot> *(im Steuerdiagramm)* • valve lap; valve overlap; overlap in valve timing

Ventilüberschneidungszeit f <kfz.mot> • valve overlap period

Ventilverlängerung f <kfz> *(Luftreifen)* • valve extension

Ventilverschluss m <masch> • valve shutter

Ventilverschluss m <wz> • valve screw

Ventilverzögerung f <mot> • valve lag

Ventilvoröffnung f <mot> • valve lead

Ventilwirkung f <phys> • valve effect

Ventrikelflimmern n <med> *(z. B. durch el. Strom)* • ventricular fibrillation

Venture-Kapital-Firma f <econ> • venture-capital company (VC)

Venturi n <kfz.mot> • carburetor venturi; choke tube *Bing*; carburetor throat; carburetor barrel; venturi

Venturi-Düse f <msr> • Venturi tube meter

Venturi-Düse f <rls> • venturi tube; venturi

Venturi-Durchflussmesser m <msr> • Venturi tube meter

Venturikehle f <ents> • venturi throat

Venturi-Mischer m <verf> *(für Flüssigkeiten; keine bewegten Teile)* • venturi-based mixer

Venturi-Rohr n <msr> • Venturi tube meter

Venturi-Rohr n <rls> • venturi tube; venturi

Venturiwäscher m <verf> *(Hochleistungsw.)* • venturi scrubber; venturi-type scrubber

Venturi-Wäscher m <verf> *(Hochleistungsw.)* • venturi scrubber; venturi-type scrubber

Venturi-Wäscher mit verstellbarer Kehle m <verf> • variable-throat venturi [scrubber]

Venussonde f <aerospace> • Venus probe

verabredeter Anruf m <tele> • appointment call

verabreichen vt <med.pharm> *(Arznei, Medikament)* • administer vt

veränderbar <tech.allg> • changeable; alterable; modifiable; variable

Veränderliche f <math> • variable

veränderliche Drossel f <masch> *(Srömung)* • variable-area nozzle

veränderliche Größe f <math> • variable

veränderlicher Kondensator m <el> • variable capacitor

Veränderung f <allg> • variation

verästeln vi/vt <allg> *(auch fig.)* • ramify vi/vt

verästeln vt • branch vt

verästelt <mat> • dendritic

verästelte Risse mpl *DIN EN ISO 6520* <qualit.mat> *(ausgehend von einem gemeinsamen Riß)* • branching cracks *ISO 6520-1*

verätzen vt <obfl.holz> • burn vt

Verätzung f <obfl.holz> • burning

Veräußerung eines Betriebes f <ökon> • sale of a business; disposal of an enterprise

verallgemeinerte Koordinaten fpl <math> • generalized coordinates

veralteter Lagerbestand m <logist> • obsolete stock

veraluminieren vt <obfl> • aluminize vt

Verandadeck n <nav> • veranda deck

Verandadeck n <nav> • verandah deck

Verandatür f <bau> • patio door; French door; French window; glazed door

verankern v <bau> • bolt v

verankern v <bau> • stay v

verankern v <bau> • tie v

verankern vi <obfl.holz> *(Lack, Lasur auf Holz)* • key vi; adhere vi

verankern vt <tech.allg> • anchor vt

verankern vt <bau> *(Spannbeton)* • block vt

verankerte Längsfuge f <bau> *(mit Fugenankern)* • anchored longitudinal joint

verankerter Kompensator m <rls> • restrained expansion joint; expansion loop with bellows joint

Verankerung f <tech.allg> *(Spannseil, Strebe)* • anchor tie

Verankerung f <tech.allg> • anchoring

Verankerung f <tech.allg> *(mit Spannseilen)* • guying

Verankerung f <mech> *(jede Art mechanischer Verankerung; z. B. in Wand, Boden)* • anchor

Verankerung f <petr> *(Bohranlage)* • rigging

Verankerung f <rls> *(von Gelenkkompensatoren)* • tie rods; tie bars

Verankerung im Außenwandbereich eines Gebäudes f did <bau> *(Bauteil; z. B. permanent einbetoniert oder angedübelt)* • scaffold anchor

Verankerungsbolzen m ugs <füg> • anchor bolt

Verankerungselement n <bau.mat> • anchor device

Verankerungsklemme f <kfz.rep> *(Richtbankzubehör)* • anchoring attachment; chassis clamp

Verankerungspfahl *m* <bau> • anchor pile

Verankerungspfeiler *m* <bau> *(Brückenbau)* • anchor pier; anchorage pier

Verankerungsplatte *f* <bau> *(allg.; in Wand oder Boden; z. B. für Rohrhalterungen)* • anchor plate

Verankerungssystem *n* <tech.allg> • anchoring system

Verankerungssystem *n* <petr> *(Ölplattform)* • mooring system

Verankerungszone *f* <bau> • anchorage zone; anchor zone

Veranstalter *m* <allg> *(z. B. Kultur, Sport, Wirtschaft)* • organiser

Verantwortungsbereich *m* <org> • domain of influence

verarbeitbar <edv> *(Daten)* • processable

verarbeitbar <mat> • workable

Verarbeitbarkeit *f* <mat> *(z. B. Abfall, Kunststoff, Rohstoff)* • workability

Verarbeitbarkeit *f* <verf> • processibility; processability

Verarbeitbarkeitsdauer *f* DIN EN 971-1 <kst> • pot life

verarbeiten *vt* <tech.allg> *(z. B. Daten, Lebensmittel)* • process *vt*

verarbeiten *vt* <edv> *(Daten, Signale)* • process *vt*

verarbeiten *vt* <msr> *(Sensorsignal)* • process *vt*

verarbeiten *vt* <prod> • handle *vt*

verarbeiten *vt* <prod> *(Stoff, z. B. Erdöl, Kunststoff, Metall)* • work *vt*

verarbeitende Industrie *f* <prod> *(betont: Endbearbeitung)* • finishing industry

verarbeitende Industrie *f* <prod> *(allg.)* • manufacturing industry

Verarbeiter *m* <kst> • molder; injection molder

Verarbeitung *f* <edv> *(von Daten)* • processing; handling

Verarbeitung *f* <msr> *(Sensor)* • signal processing; signal-processing

Verarbeitung *f* <phot> • processing

Verarbeitung *f* <prod> • working

Verarbeitung *f* <prod> *(Vorgang; Bearbeitung von Material)* • processing

Verarbeitung *f* <prod.qualit> *(allg.; z. B. von Anzügen, Autos, Möbeln)* • workmanship; build quality *GB*; fit and finish; build *GB*

Verarbeitung *f* <qualit> • finish

Verarbeitung nach Prioritäten *f* <edv> • priority processing

Verarbeitungsbad *n* <phot> • processing solution

Verarbeitungschemikalien *fpl* <phot> • processing chemicals *pl*

Verarbeitungsdeck *n* <nav> • factory deck

Verarbeitungseinheit *f* <edv> • processing unit

verarbeitungsfähige Spachtelmasse *f* <bau.mat> • ready-mixed compound; pre-mixed compound

Verarbeitungsfehler *m* <phot> • processing error

Verarbeitungsgeschwindigkeit *f* <edv> • speed of operation

Verarbeitungsgeschwindigkeit *f* <edv> *(u.a. abhängig von der Taktfrequenz)* • processing speed; computing speed; calculating speed *rare*

Verarbeitungsgeschwindigkeit *f* <verf> • processing speed

Verarbeitungsindustrie *f* <ökon> • processing industry

Verarbeitungslösung *f* <phot> • processing solution

Verarbeitungsmaschine *f* <prod> • processing machine

Verarbeitungsmerkmale *f* <qualit.mat> • fabrication characteristics

Verarbeitungsmutterschiff *n* <nav> *(Fischfangflotte)* • fish-processing mother ship

Verarbeitungsparameter *m* <prod> • set-up data; process data; process parameter

Verarbeitungsparameter *mpl* <prod> • processing parameters *pl*; processing variables *pl*; process parameters *pl*; process variables *pl*

Verarbeitungsqualität *f* <prod.qualit> *(allg.; z. B. von Anzügen, Autos, Möbeln)* • workmanship; build quality *GB*; fit and finish; build *GB*

Verarbeitungsschale *f* <phot> • processing tray; processing dish; tray; dish; lab dish

Verarbeitungsschicht *f* <tele> • application layer

Verarbeitungsschiff *n* <nav> • factory ship

Verarbeitungsschiff *n* <nav> *(einer Fischfangflotte)* • factory ship

Verarbeitungsschwindung *f* <kst> *(vor dem Entformen; im Ggs. zu Schrumpfung)* • shrinkage; mold shrinkage; processing shrinkage; shrinkage from mold dimensions *US*; contraction

verarbeitungssicher <ents> • safe for factory processing

Verarbeitungsstufe *f* <verf> • processing stage

Verarbeitungstemperatur *f* <tech.allg> • processing temperature

Verarbeitungstemperatur *f* <kst> • injection temperature; stock temperature

Verarbeitungszeit *f* <mat> *(z. B. von Dicht-, Klebstoff, Gips, Kunstharz)* • application life; work life; pot life *pract*

Verarbeitungszeit *f* <phot> *(Labor)* • processing time

verarmt <el> • depleted

verarmte Fraktion *f* <nukl> • depleted fraction; stripped fraction

Verarmung *f* <el> • depletion

Verarmung *f* *rar* <nukl> • depletion

Verarmungsbereich *m* <el> • depletion region

Verarmungsfaktor *m* *rar* <nukl> • depletion factor

Verarmungskonzentration *f* <nukl> *(in Prozent)* • tails assay

Verarmungs-MOSFET *m* <el> • depletion MOSFET

Verarmungsschicht *f* <el> *(bei Halbleitern)* • barrier region; junction region; junction *pract*; depletion layer; depletion region

Verarmungsteil *m* *rar* <nukl> *(einer Kaskade)* • stripping section; stripper

Verarmungstyp *m* <el> • depletion type; depletion mode

veraschen *vt* <ents.verbr> • incinerate *vt*; reduce to ashes *vt*; ash *vt*

Verascher *m* <verbr> • incinerator

Veraschung *f* <ents> *(zu Asche; z. B. Sondermüll)* • combustion; incineration

Veraschungsschälchen *n* <verbr> • incineration dish

Veratrum album <bio> • white hellebore; veratrum album

Verband *m* <bau> *(Mauerwerk)* • bond

Verband *m* <bau> *(Fachwerkverband)* • lattice

Verband *m* <logist> *(Regal)* • brace *US*; bracing *US*; tie *GB*

Verband *m* <math> • structure

Verband *m* <med> • bandage

Verband *m* <med> *(z. B. für Wunden)* • dressing

Verband *m* <mil> *(von Flugzeugen, Schiffen, Truppen)* • formation

Verband *m* <mil> • group

Verband *m* <verk> *(Straßenfahrzeuge, Schiffe)* • convoy

Verband Deutscher Papierfabriken *m* (VDP) <pap.ents> • German Pulp and Paper Association

Verbandkasten *m* <kfz> *(im Auto)* • first aid kit

Verbandkasten *m* <med> *(allg.)* • first aid kit

Verbandmull *m* <med> *(Verband)* • mull

Verbandsflagge *f* <nav> • association flag

Verbandsmittel *n* <textil> • surgical dressing *sg*; antiseptic dressing *sg*

Verbascum thapsus <bio> *(Pflanze)* • Aaron's rod; mullein; Verbascum thapsus

Verbatim-Microdisk *f* <edv> • Microdisk *VERBATIM*
Verbau *m* <bau> *(Sicherung von Grabenwänden)* • shoring; sheeting; lining
Verbau *m* <min> *(Grabenbau)* • timbering
verbaut *rar* <tech.allg> • built-in; integrated; inbuilt *rare*
verbessern *vt* <allg> • improve *vt*
verbessern *vt* <allg> *(z. B. Leistungsfähigkeit eines Systems)* • enhance *vt*
verbessern *vt* <qualit> *(z. B. Struktur, Eigenschaften, Produktqualität)* • refine *vt*
verbessern *vt* <qualit> • upgrade *vt*
verbesserte Kostenstruktur *f* <ökon> • improved cost structure
verbesserte Unterstützung *f* <edv> *(von bestimmten Merkmalen, z. B. SDRAM)* • improved support
Verbesserung *f* <nahr> *(Erhöhung des natürlichen Alkoholgehaltes durch Zusätze)* • enrichment; improvement; amelioration
Verbesserung *f* <qualit> • improvement
Verbesserung der Umweltverträglichkeit *f* <ökol> • pollution control
Verbeulen *n* <tech.allg> *(z. B. Karosserie)* • bulging
Verbeulen *n* <mech> • buckling
verbeult <kfz> *(Karosserieschaden)* • dented
verbeulte Felge *f* <kfz> • dented rim; bent rim; buckled rim
verbiegen *vt* <prod> • bend *vt*
Verbietungsrecht *n* <jur> • right to vorbid
verbinden *vt* <tech.allg> *(Bestandteile od. Eigenschaften miteinander)* • combine *vt*
verbinden *vt* <tech.allg> *(z. B. Drähte, Schläuche, Büros, Fertigungsvorgänge)* • connect *vt*
verbinden *vt* <tech.allg> *(z. B. Leitungen, Netze)* • interconnect *vt*
verbinden *vt* <el> *(Bauteile, Stromkreise; z. B. mit Kabel, Infrarot, Funk)* • link *vt*
verbinden *vt* <füg> • bond *vt*
verbinden *vt* <füg> *(fügen)* • join *vt*
verbinden *vt* <ic> *(Anschlussdrähte an Chip)* • bond *vt*
verbinden *vt* <tele> *(Gespräch)* • put through *vt*
verbindend <mat> • agglutinant *adj*
Verbinder *m* <edv> • functor
Verbinder *m* <el> *(zw. Zellen)* • interconnector
Verbinder *m* <el> • connector
Verbinder *m* <füg> • bonder
Verbindung *f* <allg> *(z. B. von Funktionen, Gegenständen, Farben)* • combination
Verbindung *f* <tech.allg> *(tech. allg., Vorgang und Resultat)* • connection; connexion *GB*
Verbindung *f* <tech.allg> *(über Adapter)* • coupling; union
Verbindung *f* <tech.allg> • interconnection
Verbindung *f* <chem> *(Vorgang, Reaktion)* • combination
Verbindung *f* <chem> *(chemische Verbindung)* • chemical compound; compound
Verbindung *f* <füg> *(Ergebnis des Fügens, lösbar oder unlösbar)* • joint
Verbindung *f* <lwl> *(von Fasern untereinander; von Fasern und Bauteilen)* • joint; junction
Verbindung *f* <lwl> *(über ein Kabel; zwischen zwei Endpunkten.)* • link
Verbindung *f* <masch> *(beweglich)* • linkage; link
Verbindung *f* <masch> • junction
Verbindung *f* <mech> *(fest)* • joint
Verbindung *f* <tele> *(Anruf)* • call
Verbindung durch Vermittlung *f* <tele> • exchange-switched connection
Verbindung herstellen *vt* <tele> • establish a call *vi*; establish a connection *vi*; set up a call *vi*; set up a connection *vi*

Verbindungsabweisung *f* <tele> • call rejection
Verbindungsaufbau *m* <tele> • call set-up
Verbindungsauslosung *f* <edv> • call clearing
Verbindungsbahn *f* <bahn> • junction railway
Verbindungsbeamter *m* GTS <jur> • liaison officer
Verbindungsbezeichner *m* norm. <edv> • connection descriptor *stand.*
Verbindungsblech *n* <tech.allg> *(z. B. Bauwesen, Fahrzeugbau)* • connection plate
Verbindungsblech *n* <mat> • joint plate
Verbindungsbolzen *m* <bau> *(Schaltechnik)* • keybolt
Verbindungsbolzen *m* <füg> • connecting pin
Verbindungsdauer *f* <tele> • line holding time; circuit time
Verbindungsdeich *m* <bau> • connecting dyke
Verbindungsdose *f* <el> • access fitting; joint box
Verbindungsdraht *m* <el> *(Brücke)* • jumper
Verbindungsdraht *m* <el> • connecting wire; interconnecting wire
Verbindungsebene *f* <allg> *(zwischen Gebäuden, Organisationen)* • interconnection level
Verbindungselement *n* :V <füg> • fastener
Verbindungsfähigkeit *f* <chem> • combining ability
Verbindungsfähigkeit *f* <chem> • combining power
Verbindungsfläche *f* <füg> • bonding surface
Verbindungsfuge *f* <füg> • joint gap; joint clearance
Verbindungsgestänge *n* <masch> • linkage
Verbindungsgestell *n* <tele.el> • connecting rack; patch bay
Verbindungsglied *n* <tech.allg> • connecting link
Verbindungsglied *n* <masch> *(bei Ketten, Drahtseilen)* • shackle
Verbindungshalbleiter *m* <el> • compound semiconductor
Verbindungshülse *f* <füg> • jointing sleeve
Verbindungskabel *n* <el> • connecting cable; interconnecting cable; junction cable *rare*
Verbindungskabel *n* <fz> *(Mittelzug-Felgenbremse)* • straddle cable; center wire; crossover cable; stirrup cable
Verbindungskabel *npl* <el> *(elektrisch, Gesamtheit aller Anschlüsse)* • interconnecting wiring
Verbindungskanal Deckel zu Flanschgehäuse <kfz.brems> *(Festsattelbremse)* • transfer duct
Verbindungsklammer *f* <füg> • brace
Verbindungsklammer *f* <füg> • clamp
Verbindungsklammer *f* <masch> • clasp
Verbindungsklasse *f* <chem> • family
Verbindungsklemme *f* • binding post
Verbindungsklemme *f* <el> • bonding clip
Verbindungsklemme *f* <el> • connection terminal
Verbindungsklinke *f* <tele> • multiple jack
Verbindungskontaktloch *n* <el> *(zw. zwei Leitungsebenen)* • contact hole; via *pract*; contact via *rare*; via hole *rare*
Verbindungslasche *f* <bau> *(zum Verbinden von Trägern; z. B. bei Fachwerkbrücken)* • fish-plate; flitch; link plate; sideplate *coll*
Verbindungslasche *f* <masch> *(meist rechteckige Platte; z. B. für Schienen, Träger)* • joint piece
Verbindungsleitung *f* *(zwischen Wahlstufen)* • interchange trunk
Verbindungsleitung *f* <alarm> • detector circuit; protective circuit/loop; protection loop; detection circuit/loop; detector/sensor loop
Verbindungsleitung *f* <el> • connecting lead
Verbindungsleitung *f* <el> • connecting line
Verbindungsleitung *f* <el> • connection lead
Verbindungsleitung *f* <el> • connection line

Verbindungsleitung f <el> • interconnection
Verbindungsleitung f <el> • junction line
Verbindungsleitung f <tele> • junction circuit
Verbindungslinie f <metall> *(Zustandsdiagramm)* • tie line
Verbindungslinie f <verk> • connecting line
Verbindungslöten n <füg> • joining by brazing
Verbindungslöten n <füg> • joining by soldering
Verbindungslogik f <edv> • interconnecting logic
verbindungsloser Trägerdienst m <tele> • connection-less bearer service
Verbindungsmatrix f • connection matrix
Verbindungsmuffe f <tech.allg> *(z. B. von Rohren, Kanälen, Wellen, Stäben)* • coupling sleeve; sleeve
Verbindungsmuffe f <füg> • cable joint sleeve
Verbindungsmuffe f <füg> • cable jointing sleeve
Verbindungsmuffe f <füg> *(zw. Rohren, Drähten, Schläuchen)* • connecting sleeve
Verbindungsmuffe f <füg> *(z. B. für Stangen, Rohre)* • joint sleeve
Verbindungsmuffe f <lwl> • vault closure; straight closure
Verbindungsmuffe f <rls> *(Rohr, Schlauch)* • coupler
Verbindungsnaht f <füg> • joint seam
Verbindungsnaht f <füg> • joint weld
Verbindungsöse f <el> • splicing ear
Verbindungsplatte f <tech.allg> • tie plate
Verbindungsplatte f <bau> • joint plate
Verbindungsplatte f <masch> • butt plate
Verbindungsprofil n <bau> *(zwischen zwei Fenstern)* • mullion
verbindungsprogrammierte Steuerung f <autom> • hard-wired programmed controller
Verbindungspunkt m • connection point
Verbindungspunkt m • juncture
Verbindungspunkt m • juncture point
Verbindungspunkt m • tie point
Verbindungspunkt m <tech.allg> • junction point
Verbindungspunkt m <edv> *(z. B. im Ablaufdiagramm)* • connector
Verbindungsreißverschluss m <bekl> • connecting zip; zip attachment (for)
Verbindungsrohr n <rls> • connecting pipe
Verbindungsschäkel m • bending shackle
Verbindungsschäkel m <masch> • joining shackle
Verbindungsschalter m <el> • position coupling key
Verbindungsschalter m <el> • position grouping key
Verbindungsschicht f <el> • interconnect layer
Verbindungsschiene f <bahn> • junction rail
Verbindungsschiene f <el> *(Batterie)* • connector bar
Verbindungsschiene f <el> • terminal bar
Verbindungsschlauch m <tech.allg> • flexible connection hose
Verbindungsschleuse f <aerospace> *(Raumfahrzeug)* • intercommunication air lock
Verbindungsschnur f <av> • connecting cord; connecting lead
Verbindungsschnur f <el> • connecting cord
Verbindungsschnur f <el> • flexible cord
Verbindungsschnurgestell n <el> • patch bay
Verbindungsschraube f <füg> • connecting bolt
Verbindungsschraube f <füg> • holding bolt
Verbindungsschraube f <kfz.brems> *(zwischen Druckstangenkolben und Anschlaghülse)* • piston extension screw; stroke limiting screw
Verbindungsschweißen n <füg> • joining by welding
Verbindungsschweißen n <füg> • joint welding
Verbindungsschweißen n <füg> • welding of joints
Verbindungsseil n <fz> *(Mittelzug-Felgenbremse)* • straddle cable; center wire; crossover cable; stirrup cable

Verbindungsstab m <tech.allg> • interconnecting bar
Verbindungsstange f <tech.allg> *(allg.)* • connecting rod
Verbindungsstange f <bahn> • tie rod *US*
Verbindungsstange f <masch> • link
Verbindungsstecker m <el> • connecting plug; connector
Verbindungssteg m <theat> • catwalk; cat-walk
Verbindungsstelle f <tech.allg> • interconnect point
Verbindungsstelle f <füg> *(Ergebnis des Fügens, lösbar oder unlösbar)* • joint
Verbindungsstelle f <masch> • junction
Verbindungsstelle f <textil.füg> *(Gespinst)* • yarn joint; piecing zone
Verbindungsstift m <füg> • connecting pin
Verbindungsstöpsel m <innen> • connecting plug
Verbindungsstrecke f <verk> • passage-way
Verbindungsstruktur f <el> • connection pattern; interconnect pattern
Verbindungsstück n <tech.allg> *(betont: anpassender Übergang)* • adapter
Verbindungsstück n <tech.allg> • tie piece
Verbindungsstück n <bau.innen> • connector
Verbindungsstück n <füg> *(jede Form)* • joint piece; connecting piece; connection; coupler
Verbindungsstück n <füg> *(allg., mech., auch für Rohrleitungen)* • connector
Verbindungsstück n <masch> *(an Stumpfnähten; z. B. eine Lasche)* • tie piece; joint piece; splice piece
Verbindungsstück n <nfz> *(Sattelschlepper)* • fifth-wheel swiveling mount *US*
Verbindungsstück n <verk> • road link
Verbindungsstück n <wz> *(für Steckschlüsseleinsätze)* • adapter; converter; drive adapter; socket converter
Verbindungsstück n <wz> *(erweiternder Adapter für Steckschlüsseleinsätze)* • increasing adapter
Verbindungstechnik f <el> *(z. B. integrierte Schaltkreise)* • interconnection technology
Verbindungstechnik f <füg> • joining techniques
Verbindungstechnik f <ic.prod> *(Halbleiter)* • bonding technique
Verbindungstechnik f <masch> *(Montage)* • mounting technique
Verbindungstechnik f <textil> • structural technique
Verbindungsübergabe f <tele> *(Zusatzdienst)* • call transfer (CF)
Verbindungsübergang m <el> *(Wellenleiter)* • junction
Verbindungsverlust m <el> • junction loss
Verbindungsweg m <el> • connection path
Verbindungswelle f <masch> *(z. B. zw. Ackerschleppe und Landmaschine)* • connecting shaft
Verbindungswiederherstellung f <tele> • call restoration
Verblasen n <metall> *(Stahl)* • bessemerizing; blowing; convertering
Verblaseröstung f <metall> • blast roasting
Verblaserost m <metall> • sintering grate
Verblassen n <edv> *(der Schwärzung von Thermomaterial)* • fading
Verblassen n <obfl.qualit> *(einer Beschichtung)* • fading
verblatten vt <holz> • halve vt; splice vt
Verblattung f <bau> • scarf joint
Verblechung f <kfz> • paneling *US*; panelling *GB*
verbleibende Fahrtzeit f <navig> • time to go (TTG)
verbleibende Zeit f <navig> • time to go (TTG)
verbleien vt <chem.petr> *(Kraftstoff)* • lead vt
verbleien vt <obfl> • lead-plate vt; lead-coat vt
verbleit <tech.allg> *(z. B. Benzin)* • leaded
verbleiter Kraftstoff m <chem.petr> *(für alte Ottomotoren ohne Katalysator)* • leaded gasoline *US*; leaded petrol *GB*; leaded fuel; ethylized fuel *rare*

verbleites Benzin n <chem.petr> *(für alte Ottomotoren ohne Katalysator)* • leaded gasoline *US*; leaded petrol *GB*; leaded fuel; ethylized fuel *rare*
verbleites Superbenzin mit 100 und mehr Oktan n did <aerospace> • aviation gasoline *ASTM D910*; avgas *US.pract*; aviation petrol *UK*
verblenden vt <bau> • face *vt*; pitch *vt*
Verblender m <bau> • facing brick
Verblendmauer f <bau> • face wall
Verblendmauerwerk n <bau> *(betont: Ziegelstein)* • face brickwork
Verblendmauerwerk n <bau> *(allg.)* • facework
Verblendplatte f <bau.mat> • facing panel
Verblendung f <bau> *(allg.)* • facework
Verblendung f <innen> • face
Verblendung f <kfz> *(allg.; betont: zur Verschönerung; z. B. Zierblenden)* • trim
Verblendziegel m <bau.mat> • facing brick
verblocken vt <tech.allg> • interlock *vt*
verblocken vt <kfz.antr> *(Getriebeelemente)* • lock (together) *vi/vt*; interlock *vi/vt*; couple *vt*
verblocken vt <prod> • interconnect *vt*
Verblockung f <tech.allg> • interlock
Verblockung f <masch> • safety interlock
Verblockung f <prod> *(z. B. Fertigungsstraßen)* • interconnection
verbördeln vi/vt <füg> *(Blech)* • dovetail *vi/vt*
Verbördelung f <füg> • dovetailed joint
verbogen <tech.allg> *(unerwünscht; z. B. Stange, Werkzeug)* • bent; crooked
verbogene Farbnadel f <kunst.wz> • bent paint needle
verbogene Felge f <kfz> • dented rim; bent rim; buckled rim
verbolzen vt <füg> • shore *vt*; shore up *vt*
verbolzen vt <min> • prop *vt*; strut *vt*
verborgen <allg> *(hinter einem Gegenstand)* • concealed; hidden
verboten <jur> • illegal; forbidden *coll*
verbotene Energielücke f <phys> • energy gap; bandgap; forbidden band; forbidden energy gap; energy band gap
verbotene Linie f <phys> *(Spektrum)* • forbidden line
verbotener Speicherzugriff m <edv> • illegal memory access
verbotener Übergang m <phys> • forbidden transition
verbotenes Band n <phys> • energy gap; bandgap; forbidden band; forbidden energy gap; energy band gap
verbotenes Energieband n <phys> • energy gap; bandgap; forbidden band; forbidden energy gap; energy band gap
verbotene Zone f <phys> • energy gap; bandgap; forbidden band; forbidden energy gap; energy band gap
verbrannt <qualit> *(z. B. Ventile, Zündkerzen, Kontakte)* • burnt; burned
verbrannte Fläche f ISO 13943 <feuer> • burned area ISO 13943
verbrannter Überzug m <obfl.qualit> *(Galvanotechnik)* • burnt deposit
Verbrauch m <tech.allg> • consumption
Verbrauch m <tech.allg> • absorption
Verbrauch m prakt.ugs <kfz> • fuel consumption; fuel economy *in specs*; fuel mileage *pract*; fuel con *in tables*
Verbrauch m <ökon> *(von Waren, Dienstleistungen)* • consumption
Verbrauch m <phys> *(z. B. Wärme)* • dissipation
Verbrauch m <phys> *(Verschlucken von Energie; z. B. Wärme, Kraft, Leistung)* • absorption
verbrauchen vr <prod> *(z. B. Elektrode, Elektrolyt)* • spend *vi*

verbrauchen vt <chem> • consume *vt*
verbrauchen vt <el> • dissipate *vt*
verbrauchen vt <ökon> *(Reserven, Vorräte)* • exhaust *vt*
verbrauchen vt <phys> *(Energie)* • absorb *vt*
Verbraucher m <tech.allg> *(Person, Stromverbraucher)* • consumer
Verbraucher m <el> • load
Verbraucher m <ökon> *(Person)* • consumer
Verbraucher m <ökon> *(Nutzer; von Produkten, Energie, Wasser)* • user
Verbraucher m <phys> *(für Signal, Wärmeenergie)* • sink
Verbraucherabfall m <ents> • post consumer waste
Verbraucheranalyse f (VA) <werb> • consumer analysis
verbraucherangepasste Absicherung f <el> • fuse rated for a particular appliance
Verbraucheranlage f <el> • consumer's installation
Verbraucheranschlussklemme f <el> *(Zähler)* • consumer's terminal
Verbraucherforschung f <werb> • consumer research
Verbraucherkreis m <el> • load circuit
Verbraucherleitung f <el> • consumer's cable
Verbraucherleitung f <tele> • service cable
Verbrauchernetz n <energ> • public mains
Verbrauchernetz n <energ> • public mains net
Verbraucherpackung f DIN 55405 <pack> • consumer package
Verbraucherschutz m <nahr> • consumer protection
Verbraucherstromkreis m <el> • load circuit
Verbraucherwiderstand m <el> • load resistance
Verbrauchs-Drittelmix m <kfz> • Euromix formula
verbrauchserhöhend <kfz> • fuel-consuming
Verbrauchsfaktor m <ökon> • demand factor
Verbrauchsleitung f <bau> *(Wasser)* • supply pipe
Verbrauchsmittel n <tech.allg> *(z. B. Nagel, Dichtung, Federscheibe)* • consumable spare
verbrauchsoptimiert <kfz> • fuel-saving *adj*
Verbrauchsschmierung f <tribo> *(betont: Einmaldurchlauf)* • loss lubrication; once-through lubrication; once-total-loss lubrication *rare*; once-total-all-loss lubrication *rare*; once-total-all-non-recovery lubrication *rare*
verbrauchssenkend <kfz> • fuel-saving *adj*
verbrauchstreibend <kfz> • fuel-consuming
Verbrauchswerte mpl <kfz> • fuel economy numbers
Verbrauchswerte nach amerikanischer EPA-Norm mpl <kfz> • EPA estimated fuel economy
Verbrauchszählpunkt m <msr> • energy metering point
verbraucht <allg> *(Vorräte aller Art; Kraftstoff, Elektrode)* • consumed
verbraucht <allg> *(Ladung, Vorrat)* • spent
verbraucht <allg> • worn
verbraucht <el> *(Batterie)* • run-down
verbraucht <ents> *(Adsorbens; z. B. mit Schadstoffen)* • used; spent
verbraucht <med> *(Mensch, z. B. durch Arbeitsüberlastung, Dauerstress)* • worn-out; exhausted
verbraucht <ökon> *(Vorräte)* • exhausted
verbraucht <phys> *(z. B. Energie)* • dissipated
verbrauchte Batterie f <el> • run-down battery
verbrauchte Dampfmenge f <tech.allg> • amount of steam used
verbrauchte Luft f <hlk> • vitiated air
verbrauchter Elektrolyt m <verf> • spent bath
verbreiten vt <tech.allg> *(allg.; konkrete oder abstrakte Objekte)* • distribute *vt*
verbreiten vt <phys> *(z. B. Wärme, Licht)* • shed *vt*
verbreiten vt <psych> *(z. B. Freude, Furcht, Zuversicht)* • spread *vt*
verbreiten vt <werb> *(z. B. Nachrichten)* • propagate *vt*
verbreitern vt <tech.allg> • broaden *vt*

verbreitern *vt* <bau> *(z. B. Straße)* • extend *vt*

verbreitern *vt* <bau> • extend sideways *vt*

verbreitern *vt* <bau> *(Straße)* • widen *vt*

Verbreiterung *f* <bau> • extension

Verbreiterungsprofil *n* <bau> *(z. B. für den Anschluss)* • extension profile

Verbreitung *f* <allg> *(z. B. Krankheit, Wissen)* • spread

Verbreitung *f* <tech.allg> • dispersion

Verbreitung *f* <ökon> *(von Waren, Nachrichten, Daten usw., meist gegen Entgelt)* • distribution

Verbreitung *f* <werb> *(Nachrichten)* • propagation

Verbreitungsradius *m* <geo> • dispersion halo

verbrennbar <tech.allg> *(allg. brennfähig)* • combustible; burnable *coll*

Verbrennbarkeit *f* <verbr> *(z. B. Müll)* • combustibility

verbrennen *vi/vt* <verbr> *(Kraftstoff, Brennstoff, Treibstoff)* • burn *vi/vt*; combust *vi/vt*

verbrennen *vt* <ents> *(zu Asche; z. B. Sondermüll)* • incinerate *vt*

Verbrennung *f* <ents> *(zu Asche; z. B. Sondermüll)* • combustion; incineration

Verbrennung *f* <soz> *(Feuerbestattung)* • incineration; cremation

Verbrennung *f* <verbr> *(zur Wärmegewinnung)* • combustion; burning

Verbrennung mit geringer Luftzahl *f* <emiss> • Combustion in low excess air (LEA)

Verbrennungsabgas *n* <emiss> • furnace gas

Verbrennungsabgas *n* <verbr> • burner gas

Verbrennungsablauf *m* <verbr> *(allg.)* • combustion process

Verbrennungsanalyse *f* <verf> • combustion analysis

Verbrennungsanlage *f* <ents> *(zum Veraschen)* • incinerator; incineration plant

Verbrennungsanlage *f* <verbr> *(allg.)* • combustion plant

Verbrennungsaussetzer *m* <kfz.el> • combustion miss

Verbrennungsdruck *m* <kfz.mot> • combustion pressure

Verbrennungsdruck *m* <mot> *(in Kolbenmotor)* • combustion pressure

Verbrennungseinheit *f* <ents> • incineration line

Verbrennungsende *n* <kfz.mot> • end of combustion

Verbrennungsgase *npl* <kfz.mot> • combustion gases

Verbrennungsgasturbine *f* <turb> *(im Ggs. zur Entspannungsturbine)* • combustion gas turbine

Verbrennungsgeräusche *npl* <kfz.mot> • combustion noise

Verbrennungsgeschwindigkeit *f* <kfz.mot> • combustion velocity

Verbrennungsgeschwindigkeit *f* <verbr> • burning velocity

Verbrennungshub *m* <mot> • ignition stroke

Verbrennungskammer *f* <verbr> • furnace chamber

Verbrennungskammer *f* <verbr> *(von Feuerungsanlagen)* • combustion chamber; fire box *rare*; furnace

Verbrennungskraftmaschine *f form* <kfz.mot> *(innere Verbrennung; z. B. Ottomotor, Dieselmotor)* • internal combustion engine; IC engine

Verbrennungskraftmaschine *f* <mot> *(z. B. Dampfmaschine, Kolbenmotor, Ottomotor, Gasturbine)* • combustion engine

Verbrennungslinie *f* <ents> • incineration line

Verbrennungslöffel *m* <chem> • deflagration spoon

Verbrennungsluft *f* <verbr> • combustion air

Verbrennungslufteinblasung *f* <ents> • combustion air supply; injection of combustion air

Verbrennungsluftführung *f* <verbr> • combustion air control; combustion air metering

Verbrennungsluftregelung *f* <verbr> • combustion air control; combustion air metering

Verbrennungsluftzuführung *f* <ents> • combustion air supply; injection of combustion air

Verbrennungsluftzufuhr *f* <ents> • combustion air supply; injection of combustion air

Verbrennungsmarkierung *f* <kst> *(Spritzfehler)* • burn spot

Verbrennungsmotor *m* <kfz.mot> *(innere Verbrennung; z. B. Ottomotor, Dieselmotor)* • internal combustion engine; IC engine

Verbrennungsofen *m* <verbr> *(zur Veraschung)* • incineration furnace; incineration kiln; incinerator

Verbrennungsofen *m* <verbr> *(z. B. für Altöl, Müll)* • combustion furnace

Verbrennungsprodukt *n* <verbr> *(z. B. Rauchgas, Holzkohle, Gichtgas)* • combustion product

Verbrennungsprozess *m* <verbr> • combustion process

Verbrennungsrate *f* <ents> • combustion rate

Verbrennungsraum *m rar* <kfz.mot> *(in Kolbenmotor)* • combustion chamber

Verbrennungsraum *m* <verbr> *(von Feuerungsanlagen)* • combustion chamber; fire box *rare*; furnace

Verbrennungsrechnung *f* <verbr> • combustion calculation; combustion analysis

Verbrennungsregelung *f* <msr> *(Öfen)* • combustion control

Verbrennungsrohr *n* <rls> • flame tube

Verbrennungsrost *m* <ents> • combustion grate

Verbrennungsrückstände *mpl* <kfz.mot> • combustion residue[s]

Verbrennungsrückstand *m* <ents> *(Asche etc.)* • incineration residue; combustion residue

Verbrennungsschiffchen *n* <chem> *(Labor)* • combustion boat

Verbrennungsschlieren *pl* <kst> *(Spritzgießfehler)* • silver streaks

Verbrennungsspritzer *mpl* <kst> *(Spritzgießfehler)* • silver streaks

Verbrennungstechnik *f* <verbr> • combustion engineering; combustion technology *rare*

Verbrennungstemperatur *f* <kfz.mot> • combustion temperature

Verbrennungsturbine *f* <turb> *(im Ggs. zur Entspannungsturbine)* • combustion gas turbine

Verbrennungsverfahren *n* <kfz.mot> • combustion operating principle

Verbrennungsverhalten *n* <ents> *(von Brennstoff, Abfall u. a.)* • combustion characteristics

Verbrennungsverlauf *m* <verbr> *(z. B. in Brenner, Motor)* • combustion process; process of combustion

Verbrennungsvorgang *m* <verbr> *(z. B. in Brenner, Motor)* • combustion process; process of combustion

Verbrennungswärme *f* <verbr> • heat of combustion; combustion heat

Verbrennungswelle *f* <phys> • combustion wave

Verbrennungswirkungsgrad *m* <hlk> *(von Heizungsbrennern; Rauchgasanalyse)* • combustion efficiency

Verbrennungswirkungsgrad *m* <verbr> *(allg.; z. B. Motor, Turbine, Heizkesselbrenner)* • combustion efficiency

Verbrennungszone *f* <tech.allg> • combustion zone

Verbretterung *f* <bau> • furring

Verbruch *m* <min> • caved area; caved goaf; caved waste

verbrühen *vr* <allg> *(Haut)* • scald *vt*

Verbund *m* <tech.allg> *(z. B. Werkstoffe, Medien (Lehrmaterial))* • composite

Verbund *m* <tech.allg> • interconnection

Verbund *m* <bau> • bond

Verbund *m* <bau> • brick bond

Verbund *m* <bau.innen> • key; bond

Verbund *m* <energ> • power pool
Verbund... <tech.allg> *(laminiert; z. B. Folie, Scheiben, Platten; z. B. Kunststoff, Holz, Glas)* • laminated ...
Verbund... <tech.allg> *(aus zwei oder mehreren Werkstoffen)* • compound ...
Verbund-Abgasturbolader *m DIN ISO 7967-4* <mot> *(Rotor mechanisch mit Kurbelwelle verbunden)* • engine-coupled turbocharger *ISO 7967-4*
Verbund-Alarmglas *n* <alarm.mat> • wired glass
Verbundanweisung *f* <edv> • compound statement
Verbundbau *m* <bau> • composite building construction
Verbundbaustoff *m* <bau> • composite structural material
Verbundbauweise *f* <tech.allg> • sandwich construction
Verbundbefehl *m* <edv> • compound instruction
Verbundbetrieb *m* <tech.allg> *(z. B. Rechner, Lokomotiven, Netze)* • interconnected operation
Verbundbetrieb *m* <tech.allg> • interconnection
Verbundbetrieb *m* <energ> • grid operation
Verbundbuchse *f* <füg> • sleeve *US*
Verbundbuchse *f* <masch> *(Gleitlager)* • babbitt-line bushing
Verbundchip *m* <edv> • packaged chip
Verbunddampfmaschine *f historisch* <masch> • compound steam engine
Verbundelektrode *f* <kfz.el> *(Zündkerze)* • compound center electrode; compound electrode; composite electrode
verbunden <allg> • combined
verbunden <tech.allg> *(z. B. Glasscheiben, Holzplatten, Motor und Generator)* • compound
verbunden <tech.allg> *(hintereinander)* • ganged
verbunden <tech.allg> *(mechanisch, elektronisch)* • linked
verbunden <el> *(z. B. Drähte, Netze, Büros)* • connected
verbunden <el> • on-line
verbunden <füg> • bonded
verbunden <füg> • joined
verbunden <füg> • tied together
verbunden <mech> *(z. B. Wellen, Schwinger)* • coupled together
verbunden <pack> *(z. B. mit Draht, Schnur)* • bound together
verbundene Unternehmen *npl* <econ> • affiliated companies; group companies; subsidiary companies; associated companies; related companies
Verbunderregung *f* <el> • compound excitation
Verbundfenster *n* <bau> • double-glazed window
Verbundfenster *n* <bau> • coupled window *:V*; double window *:Roto*; composite window *:Rehau*
Verbundfolie *f DIN 55405* <mat.allg> • multi-layer film
Verbundgenerator *m* <el> • compound generator
Verbundglas *n* <glas> *(z. B. Bau, Kfz)* • laminated glass; shatterproof glass; composite glass
Verbundglasröhre *f* <el> • compound glass tube
Verbundgleitlager *n* <masch> • laminated sleeve bearing
Verbundguss *m* <prod> *(mehrere Werkstoffe)* • compound casting
Verbundgussplattierung *f* <metall> • cast coating
Verbundherzstück *n* <bahn> • built-up crossing
Verbundkeilriemen *m* <ents> *(durch eine Deckplatte miteinander verbundene parallele Keilriemen)* • joined V-belt; multiple vee belt
Verbundkern *m* <nukl> • compound nucleus
Verbundkessel *m* <hlk> • combination boiler
Verbundkettenfahrleitung *f* <bahn> • compound catenary suspension line
Verbundkoksofen *m* <verbr> • combination coke oven
Verbundkonstruktion *f* <bau> *(versch. Materialien z. B. Holz/Alu)* • composite window

Verbundkonstruktion aus Stahl und Beton *f* <bau> • concrete-and-steel structure
Verbundlage *f* <el> • bonding layer
Verbundlager *n* <masch> • composite bearing
Verbundlampe *f* <licht> • dual lamp
Verbundleitung *f* <el> • interconnecting feeder
Verbundleitung *f* <el> • interconnecting trunk
Verbundleitung *f* <el> *(Kraftwerke oder Verteilungsnetze)* • trunk feeder
Verbundlenkerachse *f* <kfz> • semi-independent suspension; twist-beam rear axle; crossmember-type suspension *did.rar*
Verbundlokomotive *f* <bahn> • compound locomotive
Verbundmaschine *f* <el> • compound-wound machine; compound machine
Verbundmetall *n* <mat> *(plattiert)* • clad metal
Verbundmetall *n* <mat> *(z. B. Bimetall)* • composite metal
Verbundmetall *n* <mat> *(laminiert)* • laminated metal; ply metal
Verbund-Mittelelektrode *f* <kfz.el> *(Zündkerze)* • compound center electrode; compound electrode; composite electrode
Verbundmotor *m* <el> • compound motor
Verbundmühle *f* <verf> • multicompartment mill
Verbundnetz *n* <edv> *(heterogen)* • mixed network
Verbundnetz *n* <energ> • interconnected grid; interconnected power network; interconnected power system
Verbundofen *m* <verbr> • combination oven
Verbundpackstoff *m* <pack> • composite material
Verbundplanetengetriebe *n form.rar* <kfz.antr> *(betont: komplettes Getriebe in Planetenbauweise)* • planetary transmission *US*; epicyclic gearbox *GB*; planetary gear train; compound planetary gearset *rare*; planetary gear set
Verbundplatte *f* <tech.allg> • sandwich panel
Verbundplatte *f* <bau> *(mehrschichtig)* • composite board
Verbundplatte *f* <bau.mat> *(z. B. Holz und Metall, mehrere Holzarten)* • composite panel; composition board
Verbundplatte *f* <el> *(Leiterplatte)* • composite printed-circuit board
Verbundplattenbauweise *f* <bau> • sandwich construction
Verbundregelung *f* <msr> • compound control
Verbundröhre *f* <el> *(duplex)* • duplex tube
Verbundröhre *f* <el> *(multiplex)* • multiple-unit tube; multisection tube
Verbundsäule *f* <bau> *(Formstahl und Beton)* • combination column; composite column
Verbundschaltung *f* <el> • composite transistor; transistor compound
Verbundschaltung *f* <el> • compound connection
Verbundschicht *f* <obfl> *(Oberflächentechnik)* • composite coating
Verbundschloss *n* <kfz> *(Hosenträgergurt)* • central buckle
Verbundseil *n* <el> • steel-cored aluminum conductor
Verbund-Sicherheitsglas *n* <glas> *(z. B. Bau, Kfz)* • laminated glass; shatterproof glass; composite glass
Verbundsicherheitsglas mit Alarmdrahteinlage *n form* <alarm.mat> • wired glass
Verbundskala *f* <msr> • combination scale
Verbundspule *f* <el> • compound coil
Verbundstahl *m* <mat> • composite steel
Verbundstahl *m* <mat> • compound steel
Verbundstapelung *f* <logist> *(Ladungssicherung)* • bond pattern
Verbundstoff *m* <kst> • combined plastic
Verbundstoff *m* <kst> • composite plastic
Verbundstoff *m* <mat> *(z. B. Papier u. Kunststoff)* • composite

Verbundstoffbuchse f <masch> (Pumpe) • compound gland
Verbundsystem n <bau> • keying system
Verbundsystem n <el> • interconnected grid system
Verbundsystem n <el> (Stromversorgung) • network of interconnected transmission lines
Verbundteilen n <prod> (Teilapparat (i.a. Kreisteilen)) • compound indexing
Verbundteilungssystem n <masch> (Verzahnung) • double-pitch system
Verbundträger m <bau> • built-up girder
Verbundträger m <bau> • composite girder; compound girder
Verbundtransistor m <el> • compound transistor
Verbundtrommeltrockner m <verf> • direct-indirect rotary drier
Verbundturbine f <turb> • compound turbine
Verbundüberzug m <obfl> • composite plate
Verbundverfahren n <kst> • jointing process
Verbundverfahren n <kst> • jointing technique
Verbundwerkstoff m <kst> • composite material : V
Verbundwerkstoff m <mat> (z. B. plattiertes Blech) • composite material; composite
Verbundwerkzeug n <wz> (z. B. für Bohren und Senken) • compound tool
Verbundwicklung f <el> (el. Maschinen: Hauptschluss und Nebenschluss) • compound winding
Verbundwirkung f <tech.allg> (z. B. mechanisch und chemisch) • composite action
Verbundzelle f alt <energ.sol> (allgemein) • tandem cell; multi-junction cell; multi bandgap cell rare; tandem junction photovoltaic cell UNI-SOLAR
Vercadmen n <obfl> • cadmium plating
Verchrombarkeit f <obfl> (z. B. von Alu-Teilen) • chrome plateability
Verchromen n <obfl> • chroming
verchromen vt <obfl> • plate with chromium vt; chrome vt
verchromt <obfl> • chromium-plated; chrome-plated; chromized
verchromter Präzisionsstahl m <mat> • chromium plated silver steel; chrome-plated silver steel
verchromter Ventildeckel m <kfz> • chromed valve cover
verchromtes Messinggehäuse n <tech.allg> • chrome-plated brass housing
Verchromung f <obfl> (Schicht/Vorgang) • chromium plating
Verdachtsfläche f <ents> • possible hazardous site; suspect site; proposed site Superfund
verdämmen vt <bau> • tamp vt
verdampfbar <mat> • vaporizable
verdampfbar <verf> • evaporable
Verdampfen n <chem.petr> • evaporation
verdampfen vi <phys> • vaporize vi
verdampfen vi/vt <hlk> • evaporate vi/vt
verdampfen vi/vt <phys> • volatize vi/vt; volatilize vi/vt
Verdampfer m <hlk> (Klimaanlage) • evaporator
Verdampfer m <hlk> (außerhalb des Gebäudes) • outdoor coil
Verdampfer m <prod.nahr> (Speiseeis; Freezer) • evaporator; freezer evaporator
Verdampfer m <verf> • vaporizer; evaporator
Verdampferaggregat n <verf> • evaporator unit
Verdampfereinheit f <hlk> • outdoor unit; evaporator unit
Verdampferheizfläche f <ents> • evaporative [heating] surface; evaporator surface
Verdampferrohr n <kfz.el> (Flammkerze) • vaporizer tube Bosch
Verdampferrohr n <rls> • generating tube

Verdampferschlange f <hlk> • evaporator coil
Verdampferumluftgehäuse n <kfz.hlk> • evaporator recirculation housing
Verdampferzylinder m <prod.nahr> (Speiseeis; Freezer) • evaporator; freezer evaporator
verdampft <ents> • evaporated
Verdampfung f <phys> • vaporization; evaporation; volatilization
Verdampfungsdruck m <phys> (im Gleichgewicht mit der flüssigen Phase) • vapor pressure; steam pressure; vapor tension
Verdampfungsemissionen fpl <kfz.emiss> • evaporative emissions pl; evaporative losses pl
Verdampfungsgeschwindigkeit f <phys> • evaporation rate
Verdampfungskammer f <verf> (Entspannungsverdampfer) • flash chamber
Verdampfungskoeffizient m <energ.therm> • vaporization coefficient
Verdampfungskristallisator m <verf> • crystallizing evaporator; evaporative crystallizer
Verdampfungskühlung f <hlk> • evaporation cooling
Verdampfungsneigung f <chem.phys> (z. B. von Kraftstoffen, Schmierstoffen) • volatility
Verdampfungsnukleon n <nukl> • evaporation nucleon
Verdampfungsquelle f <tech.allg> • evaporation source
Verdampfungsröstung f <verf> • volatilization roasting
Verdampfungsschiffchen n <verf> • evaporating boat
Verdampfungstemperatur f <hlk> • evaporation temperature
Verdampfungstemperatur f <prod> • evaporating temperature; evaporator temperature
Verdampfungstrocknung f <verf> • evaporation drying; evaporative drying
Verdampfungsvergaser m <mot> • vaporizing carburettor
Verdampfungsverhalten n <chem.phys> (z. B. von Kraftstoffen, Schmierstoffen) • volatility
Verdampfungsverlust m <verf> (z. B. Kühlturm) • evaporation loss
Verdampfungsverluste mpl <kfz.emiss> • evaporative emissions pl; evaporative losses pl
Verdampfungswärme f <phys> (dem Betrag nach gleich der Kondensationswärme) • heat of evaporation; latent heat of evaporation; latent heat of vaporization; heat of vaporization
Verdampfungswärme f **Kondensationswärme** f <phys> • heat of condensation; latent heat of condensation
Verdampfungszone f <chem.petr> • flash zone
Verdampfungszone f <obfl> (in kontinuierlich arbeitenden Zinkaufdampfanlagen) • evaporation vessel
Verdampfungszone f <obfl> (in kontinuierlich arbeitenden Zinkaufdampfanlagen) • evaporation zone
Verdan-System n <tele> • automatic repetition
Verdauungsstörung f <med> • indigestion; impaired digestion; disturbed digestion; hypopepsia; dyspepsia
Verdeck n <kfz> (allg. von offenen Autos) • convertible top; top pract.coll; canvas top; hood GB
Verdeck n rar <nfz> (Lkw) • tarpaulin
Verdeckabdeckung f <kfz> (Cabrios) • rear-cowl cover
Verdeckabdeckung f <kfz> (Cabrios; nur über Verdeckschacht) • tonneau cover US.GB; rear cowl cover; boot cover; top boot Mazda; boot coll
Verdeckbezug m <kfz> • soft-top skin; folding-top covering rare
verdecken vt <allg> (verdunkeln, abschatten; eher unerwünscht) • obscure vt
verdecken vt <akust> • mask vt

verdecken vt <bau> (z. B. durch Verputzen, Verblenden) • conceal vt; hide vt

verdecken vt <edv> • hide vt

verdecken vt <opt> (Sonne, Mond) • eclipse vt

verdecken vt <opt> • occult vt

Verdeckfenster n <kfz> • window in the convertible top

Verdeckgestänge nsg <kfz> • convertible top frame assembly US; hood sticks pl GB

Verdeckgestell n <kfz> • folding-top structure

Verdeckgriff m <kfz> • top lift handle

Verdeckhaltebügel m <kfz> • rear tack strip; convertible top bow no. 4 :V

Verdeckhülle f <kfz> (Cabrios; nur über Verdeckschacht) • tonneau cover US.GB; rear cowl cover; boot cover; top boot Mazda; boot coll

Verdecklager n <kfz> • folding-top base

Verdeckrahmen m <kfz> • folding-top frame

Verdeckschachtabdeckung f <kfz> (hart, aus Metall oder Kunststoff) • hard lid

Verdeckschalter m <kfz.msr> • convertible top power switch

Verdeckspriegel m <kfz> (Cabrioverdeck) • convertible top bow; bow pract; hood stick GB; rib coll; folding-top bow

Verdeckstange f ugs <kfz> (Cabrioverdeck) • convertible top bow; bow pract; hood stick GB; rib coll; folding-top bow

verdeckte Fläche f <edv> • hidden surface

verdeckt eingebaut <tech.allg> • fully enclosed

verdeckte Kante f <doku> • hidden edge; hidden line

verdeckte Linie f <doku> • hidden line

verdeckte Oberflächen fpl <tech.allg> • concealed faces pl

verdeckter Beschlag m <bau> (im Flügelprofil) • concealed hardware; hidden hardware

verdeckter Einbau m <tech.allg> (z. B. von Schaltern, Kameras) • concealed installation; hidden installation coll

verdeckter Gang m <geo> • blind lode; blind vein

verdeckter Scheibenwischer m <kfz> • hideaway wiper; hidden wiper; disappearing wiper

verdeckter Umriss m <doku> • hidden outline

verdecktes Maximum n <mat> • hidden maximum

verdecktliegend <allg> (hinter einem Deckel) • concealed

verdecktliegend <tech.allg> (z. B. Leitung, Rohr) • covered

verdeckt liegender Beschlag m <bau> (im Flügelprofil) • concealed hardware; hidden hardware

Verdeckung f <akust> • masking

Verdeckungseffekt m <akust> • masking effect

Verdeckverschluss m <kfz> • folding-top clamp

verderbliche Ladung f <logist> • perishable cargo; perishables pl coll

Verdet'sche Konstante f <opt> • Verdet constant

Verdet'sche Konstante f <opt> • Verdet's constant

verdichtbar rar <tech.allg> (z. B. Abfall) • compressible; compactible

verdichtbar <bau> (z. B. Boden, Erde, Sand) • compactible

Verdichtbarkeit f <ents> (von Müll) • compactibility

Verdichten n <obfl> (Anodische Oxidschichten) • sealing

verdichten vt <bau> (Mörtel, Beton) • pack vt; densify vt rare

verdichten vt <bau> (Erdreich, Boden) • compact vt

verdichten vt <edv> (Daten, Dateien; allg., jedes Format) • compress vt

verdichten vt <ents> (zur Volumenverminderung; z. B. Abfall) • compact vt

verdichten vt <metall> (verfestigen; Formsand) • consolidate vt

verdichten vt <obfl> (Poren) • seal (up) vt

verdichten vt <obfl> (anodische Oxidschichten) • seal vt

verdichten vt <verf> (Gase; z. B. Luft, Kraftstoff/Luft-Gemisch, Kältemittel) • compress vt

Verdichter m <bau.masch> (Beton, Erdreich) • vibrator; compactor

Verdichter m <kfz.mot> (im Turbolader) • compressor

Verdichter m <masch> (für Gase allg.) • compressor

Verdichter m <verf> • pelletizing equipment

Verdichteranlage f <masch> (für Luft und technische Gase) • compressing plant

Verdichterantriebsmotor m <nukl> • compressor motor

Verdichter-Eintrittstemperatur f <turb> • compressor intake temperature

Verdichtergehäuse n <mot> (Turbolader) • compressor housing US; compressor casing GB

Verdichterkältemaschine f <hlk> • vapor-compression refrigerating machine

Verdichterrad m <mot> (im Turbolader) • compressor impeller; compressor wheel

Verdichterschaufel f <masch> • compressor blade

Verdichterturbine f <turb> • compressor turbine

Verdichterturbine f <turb> • compressor driving turbine

Verdichterwirkungsgrad m <masch> • compressor efficiency

verdichtete Luft f <kfz.mot> • compressed air

verdichteter Leiter m <el> • compacted conductor

verdichteter Mehrdrahtleiter m <el> (Kabeltyp) • stranded shaped compacted conductor

verdichtetes Erdgas n <chem.petr> • compressed natural gas (CNG)

Verdichtung f <tech.allg> (von Gasen, Kunststoff, Erdreich, Daten) • compression

Verdichtung f <bau> • ramming

Verdichtung f <bau> • compaction; backfill compaction; compaction of trench

Verdichtung f <edv> • packing

Verdichtung f <ents> • compaction; compacting

Verdichtung f <kfz.mot> (Kraftsttoff/Luft-Gemisch) • compression

Verdichtung f prakt <kfz.mot> • compression ratio; compression pract

Verdichtung f <mat> (Feststoff) • consolidation

Verdichtung f <mat> (Struktur) • densification

Verdichtung f <phys> (z. B. Elektronenpaket) • bunch

Verdichtung f <verf> (z. B. Erdreich, Sand) • compaction

Verdichtung des (Rohr-)Grabens f <bau> • compaction; backfill compaction; compaction of trench

Verdichtungsbad n <obfl> • sealing bath

Verdichtungsbelag m <obfl> • sealing smut

Verdichtungsdruck m <masch> (Verdichter, Kompressor) • compression pressure

Verdichtungsdruck m <mot> (in Kolbenmotor) • combustion pressure

Verdichtungsende n <kfz.mot> • end of compression

Verdichtungsfähigkeit f <bau> (Bodenaushub) • compactability

Verdichtungsfunktion f <phys> • condensation function

Verdichtungsgerät n <tech.allg> • consolidation apparatus

Verdichtungsgerät n <bau.masch> • compactor; compaction machine; soil compactor

Verdichtungsgrad m <tech.allg> (z. B. von Kolbenmaschinen) • compression ratio

Verdichtungsgrad m <chem.kst> • bulk factor

Verdichtungsgrad m <ents.metall> • degree of compaction

Verdichtungshub m <mot> • compression stroke

Verdichtungshub m <mot> (von UT nach OT) • compression stroke; compression cycle

Verdichtungskammer f <masch> *(in Luftkompressor)* • compression chamber

Verdichtungslinie f <mot.msr.doku> *(im p-V-Diagramm)* • cylinder pressure curve

Verdichtungsmaß n <bau> • compacting factor

Verdichtungspfahl m <bau> • compaction pile

Verdichtungsprozess m <ents> • compaction process

Verdichtungsraum m <kfz.mot> • clearance volume; trapped volume; compression chamber

Verdichtungsraum m <mot> • compression volume

Verdichtungsring m <kfz.mot> • compression ring

Verdichtungsschicht f <ents> • compensation layer

Verdichtungsstoß m <phys> *(Überschallgeschwindigkeit)* • compression shock; pressure shock; shock; shock wave

Verdichtungsstoß m <phys> *(Turbine)* • surging shock

Verdichtungsstufe f <masch> • compression stage

Verdichtungstakt m <mot> *(von UT nach OT)* • compression stroke; compression cycle

Verdichtungstemperatur f <kfz.mot> • compression temperature

Verdichtungsventil n <masch> • compression valve

Verdichtungsverhältnis n <kfz.mot> • compression ratio; compression *pract*

Verdichtungsversuch m <qualit.mat> • compacting test

Verdichtungswärme f <therm> • compression heat

Verdichtungswalze f <bau.masch> • compaction roller

Verdichtungswelle f <phys> • compression wave

Verdichtungswelle f <phys> • shock wave

Verdichtungszündung f rar <kfz> *(beim Dieselmotor)* • compression ignition (CI); self-ignition; auto ignition

verdicken vi/vt <verf> • thicken vi/vt; inspissate vi/vt

verdicken vt <chem.verf> • concentrate vt

verdicken vt <obfl> *(Farbe, Lack)* • body vt

Verdicker m <verf> • thickener

Verdickersystem n <tribo> • thickener system

Verdickung f <textil> *(Gespinst)* • slub

Verdickungsmittel n <chem> • bodying agent

Verdickungsmittel n <chem> • thickener; thickening agent

Verdickungswirkung f <tribo> • thickening effect

Verdoppler m <el> • doubler

Verdopplungszeit f DIN 25401-3 <nukl> *(für den Spaltstoffeinsatz)* • doubling time

verdorben <nahr> *(z. B. Flaschen, Dosen)* • tainted

verdrängen vt <förd> *(durch Kolben; z. B. in Gas in Kolbenmotoren, Wasser in Verdrängerpumpen)* • displace vt; force away vt coll.rare

Verdränger m <förd> • displacer; displacing element

Verdrängerelement n <förd> • displacer; displacing element

Verdrängergebläse n <masch> • positive-displacement blower

Verdrängerhub m <masch> *(Kolbenpumpe)* • pressure stroke

Verdrängerkörper m <förd> • displacer; displacing element

Verdrängerkörper m <kst.prod> • torpedo; spreader; muller *rare*

Verdrängerkolben m <masch> • displacement piston; displacer piston

Verdrängerlader m <mot> • positive displacement supercharger; supercharger

Verdrängerplatte f <förd> *(in Impeller-Pumpe)* • eccentric section

Verdrängerprinzip n <masch> *(z. B. Pumpe, Verdichter)* • principle of positive displacement; positive displacement principle

Verdrängerpumpe f <masch> • positive displacement pump; displacement pump; positive pump *rar*

Verdränger-Verdichter m <masch> • positive displacement compressor

verdrängte Flüssigkeit f <tech.allg> *(z. B. in Pumpen)* • displaced liquid

Verdrängung f <tech.allg> *(räumlich, physisch)* • displacement

Verdrängung f <tech.allg> *(betont: Ersetzung)* • substitution

Verdrängung f <geo> • metasomatism; metasomatosis

Verdrängung f <nav> *(Schiffsgröße)* • displacement

Verdrängung f <phys.nav> *(betont: Volumen)* • volume displacement

Verdrängungs... <tech.allg> *(z. B. Körper, Schiff, Boot, Wettbewerb)* • displacement ...

Verdrängungskörper m <kst.prod> • torpedo

Verdrängungskörper m <petr> *(ringförmiger)* • annular displacement body

Verdrängungskörper m <phys> *(Strömung)* • spreader

Verdrängungsmittel n <chem.verf> *(Chromatografie)* • displacer; displacing agent

Verdrängungspfahl m <bau> • displacement pile

Verdrängungsprinzip n rare <masch> *(z. B. Pumpe, Verdichter)* • principle of positive displacement; positive displacement principle

Verdrängungspumpe f <masch> • reciprocating and rotary pump

Verdrängungsreaktion f <chem> • displacement reaction

Verdrängungsschwerpunkt m <nav> • center of buoyancy US; centre of buoyancy GB

Verdrängungsspülung f <kfz.mot> • displacement-type scavenging; perfect scavenging

Verdrängungsvolumenzähler m <msr> • positive-displacement flowmeter; volumetric displacement flowmeter

Verdrängungszähler m <msr> • positive-displacement flowmeter; volumetric displacement flowmeter

verdrahten vt <bio> *(Tierpräparat)* • wire vt

verdrahten vt <el> • wire vt

verdrahtete Alarmanlage f <alarm> • hard-wire alarm system

verdrahtetes Oder n norm. <edv> • wired OR *stand.*

verdrahtete Verbindung f <el.füg> • wired connection

Verdrahtung f <el> • wiring; circuit wiring *rare*

Verdrahtungsart f <el> • wiring type

Verdrahtungsdichte f <el> • wiring density

Verdrahtungsfehler m <el.qualit> • wiring fault

Verdrahtungsmaschine f <prod> • wiring machine

Verdrahtungsplan m <el> • circuit diagram; wiring diagram; connection diagram *rare*; wire map *rare*

Verdrahtungsplatte f <el> • wiring board

Verdrahtungsschablone f <wz> • wiring jig

Verdrahtungsschema n <el> • circuit diagram; wiring diagram; connection diagram *rare*; wire map *rare*

Verdrahtungsstelle f <el.füg> • wiring point

verdrallen vt <prod> • twist vt

Verdrehachse f <mech> • axis of torsion; axis of twist

verdrehbare Blattspitzen f <energ.wind> • pivotable tips

Verdrehbeanspruchung f <mech> • torsional strain; torsional stress

Verdrehbeanspruchung f <phys> • torsional stress

Verdrehen n <edv> • twisting

verdrehen vt <prod> • twist vt

Verdrehfeder f rar <masch> • torsion spring

verdrehfest <bau> • torsion resistant

Verdrehfestigkeit f <qualit.mat> • torsional strength; twisting strength

Verdrehflankenspiel n DIN 3998 <masch> *(z. B. Zahnrad, Kupplung)* • circumferential backlash

verdrehfrei <tech.allg> • antitorsion

verdrehfrei <tech.allg> • torsion-free; torsionless
verdrehsteif *m* <qualit> • torsionally stiff
Verdrehsteifigkeit *f* <kfz> • torsional stiffness
Verdrehsteifigkeit *f* <masch> *(von Wellen)* • torsional rigidity
Verdrehsteifigkeit *f* <phys> • torsional stiffness
Verdrehung *f* <mat> *(schraubenförmig; Holz)* • wind
Verdrehung *f* <mech> • torsional twisting; twisting; twist
Verdrehungswinkel *m* **sg=pl** <msr> *(Drehmomentmess-welle)* • deflection angle
Verdrehung und Kräuselung *f* <pap> • twist-curl
Verdrehung und Verwindung *f* <pap> • twist warp
Verdrehversuch *m* <qualit.mat> • torsion test; torsional test
verdrehweich <qualit> • torsionally flexible
verdrillen *vt* <prod> *(z. B. Seil)* • strand *vt*
verdrillen *vt* <prod> *(z. B. Drähte)* • transpose *vt*
verdrillen *vt* DIN 55405 <prod> • twist *vt*
verdrillte Doppelleitung *f* <el> • twisted pair
verdrillter Draht *m* <el> • twisted wire
Verdrillung *f* <el> *(Freileitung)* • coordinated transposition; transposition
Verdrillung *f* <mech> • torsional twisting; twisting; twist
Verdrillung *f* <prod> • twisting
Verdrillungsisolator *m* <el> • transposition insulator
verdrosselter Anschluss *m* <el> *(bei Isolierschienen)* • impedance bond
Verdrosselung *f* <el> • choking
Verdruckbarkeit *f* <druck> • runability
Verdrückung *f* <geo> • pinching-out
Verdrückung *f* <petr> • petering
verdübeln *vt* <bau> • peg *vt*
verdübeln *vt* <füg> • key *vt*
verdübeln *vt* <füg> • register *vt*
verdübeln *vt* <prod> • dowel *vt*
verdübelte Querfuge *f* <bau> • dowel transverse joint; doweled transverse joint
verdübelter Balken *m* <bau> • flitched beam
Verdübelung *f* <füg> • key
Verdübelung *f* <füg> • keying
Verdübelung *f* <füg> • pegging
Verdübelung *f* <prod> • dowelling
verdünnbar <tech.allg> *(Flüssigkeit)* • dilutable
verdünnbare Farbe *f* <obfl> • dilutable paint
verdünnen *vt* <tech.allg> *(Flüssigkeit)* • dilute *vt*
verdünnen *vt* <chem> *(Säure)* • dilute *vt*; thin *vt coll*
verdünnen *vt* <obfl> *(Lack)* • thin *vt*; reduce *vt*
verdünnend <tech.allg> • diluting
verdünnend <phys> • rarefactive
Verdünner *m* DIN 55 945 <obfl> • thinner *ISO 4618/1*
Verdünner *m prakt* <obfl> • thinner *pract*; lacquer thinner
Verdünner *m* <obfl> • reducer *US*
verdünnte Farbe *f* <kunst> • pre-reduced paint; diluted paint
verdünnte Luft *f* <phys> • rarefied air
verdünnte Säure *f* <chem> • dilute acid
Verdünnung *f* <chem> • dilution
Verdünnung *f* <chem> • dilution
Verdünnung *f* <pap.ents> *(im Pulper)* • dilution
Verdünnung *f* <phys> • rarefaction
Verdünnungsfaktor *m* <chem> • dilution factor
Verdünnungsgrad *m* <chem> • dilution ratio
Verdünnungslinie *f* <phys> • rarefactional wave
Verdünnungsluft *f* <verf> • diluting air
Verdünnungsmittel *n* <chem> • diluent
Verdünnungsmittel *n* <chem> • diluent
Verdünnungsmittel *n* <druck> • ink reducer
Verdünnungsmittel *n* <obfl> *(z. B. für Farbe, Lack)* • thinner

Verdünnungsmittel *n* <obfl> • thinner *ISO 4618/1*
Verdünnungsspülung *f* <kfz.mot> • perfect mixing
Verdünnungsstoff *m* <chem> • diluent
Verdünnungswasser *n* <pap> • white water; dilution water
Verdünnungswasser-Kreislaufsystem *n* <pap> • white water return system
Verdünnungswelle *f* <phys> • rarefactional wave
Verdüppelung *f* <navig.mil> • window dropping; flasher dropping; chaff dropping
Verdüsen *n* <verf> • nozzle atomization *US.GB*; nozzle atomisation *GB.rare*
verdüsen *vt* <verf> *(Flüssigkeit od. Partikel vernebeln)* • atomize *vt US.GB*; atomise *vt GB.rare*
Verdunkeln *nsg* <phot> • blacking-out *sg*; light-proofing *sg*
verdunkeln *vr* <allg> • darken *vi*
verdunkeln *vt* <licht> *(völlig dunkel)* • black out *vt*
verdunkeln *vt* <licht> • dim *vt*
verdunkeln *vt* <phot> • black out *vt*; make light-proof
Verdunklung *fsg* <phot> • blacking-out *sg*; light-proofing *sg*
Verdunklungsdrossel *f* <el> • reactance dimmer
Verdunklungsschalter *m* <licht> • dimmer switch
Verdunklungsvorrichtung *f* <licht> • dimmer
Verdunklungswiderstand *m* <el> • reactance dimmer
Verdunklungswiderstand *m* <el> • rheostat dimmer
verdunsten *vi* <phys> • evaporate *vi*
verdunsten *vi* <phys> • volatize *vi*
Verdunstung *f* <meteo> • atmospheric evaporation
Verdunstung *f* <phys> • evaporation; volatilization
Verdunstungsausgleich *m* <tech.allg> *(z. B. Klimaan-lage, Bewässerung)* • compensation for evaporation; evaporation compensation
Verdunstungsemissionen *fpl* <kfz.emiss> • evaporative emissions *pl*; evaporative losses *pl*
Verdunstungsgeschwindigkeit *f* <hlk> • evaporation rate
Verdunstungskälte *f* <bio> *(durch Schwitzen etc.; latente Verdampfungswärme)* • evaporation cold
Verdunstungskälte *f* <therm> • latent heat of evapora-tion; latent heat of vaporization; evaporation cold *coll*; evaporative cold *coll*
Verdunstungskennzahl *f* <verf> • Merkel coefficient
Verdunstungskondensator *m* • evaporative condenser
Verdunstungskühlturm *m* <hlk> • wet cooling tower; evaporative cooling tower
Verdunstungskühlung *f* <hlk> • evaporative cooling
Verdunstungskühlung *f* <hlk> • wet cooling; evaporative cooling
Verdunstungsmesser *m* • atmometer
Verdunstungsmesser *m* • evaporimeter
Verdunstungstest (im SHED-Testraum) *m* <kfz.emiss> • SHED test
Verdunstungsverluste *mpl* <kfz.emiss> • evaporative emissions *pl*; evaporative losses *pl*
Verdunstungsverluste *mpl* <kfz.mot> • evaporation loss
Verdunstungszahl *f* • evaporation number
veredeln *vt* • fine *vt*
veredeln *vt* • improve *vt*
veredeln *vt* *(okulieren)* • inoculate *vt*
veredeln *vt* <agri> *(pfropfen)* • graft *vt*
veredeln *vt* <mat> • refine *vt*
veredeln *vt* <obfl> • surface-finish *vt*; finish *vt*
veredeln *vt* <prod> *(Erzeugnisse)* • process *vt*
veredeln *vt* <qualit> • upgrade *vt*
veredeln *vt* <textil> • finish *vt*
veredelter Schwefel *m* <chem> • sublimated sulfur; sul-fur
veredeltes Papier *n* <pap> • processed paper

Veredelung f <obfl> (z. B. Schutz, Aussehen von Oberflächen) • surface finishing; finishing; surface refinement rare

Veredelung f <qualit> (allg.) • refining; refinement

vereinbar <tech.allg> • compatible

Vereinbarkeit f <allg> • compatibility

vereinbart <jur> • agreed

vereinbarter Ansprechstrom m DIN VDE 0100 <el> (bringt die Schutzeinrichtung zum Ansprechen) • conventional operating current

Vereinbarung f <edv> • declaration

Vereinbarungsanweisung f <edv> • declarative statement

Vereinbarungssymbol n <edv> • declarator

Verein Deutscher Ingenieure (VDI) <org> • German Engineer Association

vereinfachen vt <allg> • simplify vt

vereinfachen vt <math> (z. B. Ausdruck, Gleichung) • reduce vt

vereinfachte Darstellung f <tech.allg> (z. B. Schraube, Schweißnaht) • simplified representation

Vereinfachter Codabar m <edv> • Rationalized Codabar (Brit. a. -ised)

Vereinflagge f <nav> • burgee

vereinheitlichen vt <allg> • unify vt

vereinheitlichen vt <tech.allg> • standardize vt

vereinigen vt (z. B. Geräteteile) • assemble vt

vereinigen vt (Elemente) • combine vt

vereinigen vt • join vt

vereinigte Axial- und Radialturbine f <turb> • combined-flow turbine; mixed-flow turbine

Vereinigung f (von Gasblasen) • coalescence

Vereinigung f (von Elementen) • combination

Vereinigung f <edv> (Boolesche Operation in Computergrafik) • addition; union

Vereinigung f <math> (Boole) • union

Vereinigungsklasse f <qualit> (Statistik) • class sum

Vereinigungsmenge f <math> (Mengenlehre) • union; join

Vereinigungsmenge f <math> • set union

Vereinzeln n <ic.prod> (Zertrennen in Einzelchips) • dicing

Vereinzeln n <logist> (Kommissionieren) • picking

vereinzeln vt <pap.ents> (Altpapier) • disintegrate vt; defiber vt

Vereinzelungseinrichtung f <prod> (bei Teilezufuhr; z. B. Schrauben, Montagekleinteile) • feed limiting device

Vereinzelung von Personen f <sich> (z. B. durch Drehkreuz) • segregation of persons

Vereisen n <hlk> • freezing; ice build-up

Vereisen n <kfz> (z. B. Vergaser, Verdampfer) • icing

vereisen vt <allg> • ice vt

vereisen vt <allg> (z. B. Straße, Landebahn, Flugzeug) • ice up vt

Vereisung f (Gletschergebiet) • glaciation

Vereisung f <geo> • ice accretion

Vereisung f <hlk> • freezing; ice build-up

Vereisung f <phys> (ungewollt) • icing

vereisungsfrei <tech.allg> (z. B. Straße, Flugzeug, Antenne) • ice-free

Vereisungsgefahr f <meteo> • ice hazard

Vereisungsschutzgerät n • anti-icer

Vereisungswarnlampe f <alarm> • ice-detection light

Verengerung f <med> • stenosis; narrowing; obstruction

verengt <pap> • necked down

verengter Kraftstoffeinfüllstutzen m <kfz.emiss> (im Tankeinfüllstutzen von Kat-Autos) • nozzle restrictor; restrictor

Verengung f (Rohr) • necking

Verengung f • reduction

Verengung f • restriction

Verengung f <tech.allg> (z. B. Querschnitt (Strömungsquerschnitt, Stoffquerschnitt)) • contraction

Verengung f <tech.allg> • narrow

Verengung f <tech.allg> • narrowing

Verengung f <tech.allg> • throat

Verengung f ugs <tech.allg> (konkret oder abstrakt; z. B. in Metallstab, Magnetfeld, Plasma) • constriction; contraction

Verengung f <med> • stenosis; narrowing; obstruction

Vererzung f (Gussfehler) • metal penetration; penetration

Vererzung f <geo> • metallization

Vererzung f <geo> • mineralization

verestern vt <chem> • esterify vt

Veresterung f <med> • esterification

Verfälschen n <nahr> (Lebensmittel, Getränke) • adulteration

verfälschen vt <nahr> (betont: Mischen mit Qualitätsminderung) • adulterate vt

verfärben v • discolor v

verfärben vt <obfl> • stain vt

Verfärbung f <obfl> (unerwünscht) • discoloration

Verfärbung f <obfl> (punktuell; Fleck) • stain

verfahrbar <tech.allg> (z. B. Gerüst, Mast, Scheinwerfer) • traversable

verfahrbar <prod> • positionable

verfahrbar <theat> (z. B. Plattform) • movable

verfahrbare Räumerbrücke f <verf.ents> (Längsräumer) • travelling bridge

verfahrbarer Bandschleifenwagen m <förd> • travelling tripper

verfahrbare Rechenreinigungsmaschine f <verf.ents> • traversing trash rake

verfahrbarer Rechenreiniger m <verf.ents> • traversing trash rake

verfahrbarer Roboter m <autom> • mobile robot

verfahrbarer Tisch m <wz.masch> • travelling table

verfahrbares Gestell n <autom> • carriage

verfahrbares Regal n form <logist> (Regale allg.) • mobile racking GB, form, pract; sliding rack US

verfahrbares Regal n form <logist> (Fachbodenregal) • mobile shelving GB, form, pract; mobile binning pract

Verfahrbereich m <masch> • traversing range

Verfahrbereich m <prod> • positioning range

Verfahren n • operation

Verfahren n <allg> • method

Verfahren n <allg> (nach ISO festgelegt Art und Weise, eine Tätigkeit auszuführen) • procedure

Verfahren n <tech.allg> (Methode) • method; procedure; system; process; technique

Verfahren n <tech.allg> • technique

Verfahren n <jur> • process

Verfahren n <masch> • traverse

Verfahren n <masch> • traversing

Verfahren n <nukl> • method; operation; procedure; process

Verfahren n <verf> • process

verfahren vt <allg> • proceed vt

verfahren vt <logist> (RFZ) • travel vt

verfahren vt <masch> (z.b. Schlitten, Tisch) • traverse vt

Verfahren auf Zementbasis n <ents> • cement-based process

Verfahren Bergbau-Forschung n <emiss> • Bergbau Forschung process

Verfahren mit durchgehendem Licht n <msr> (optoelektronischer Winkelkodierer) • transmittance method; direct scan method; through scan method

Verfahren mit reflektiertem Licht n <msr> (optoelektronischer Winkelkodierer) • reflectance method; reflective scan method

Verfahrensauswahl f <ents> • remedy selection
Verfahrensbeschreibung f <verf> • process description
Verfahrensfehler m <tech.allg> • approach error
Verfahrensfehler m <jur> • procedural error
Verfahrensfehler m <math> • approximation error
Verfahrensfehler m <qualit> • error of method
Verfahrensfließbild n <doku> • process flow diagram; flow schematic
Verfahrensgaskühler m <nukl> • process gas cooler
verfahrensgerecht <verf> • adapted to the process
Verfahrensinstrumentierung f <msr> • process instrumentation
verfahrensorientierte Programmiersprache f <edv> • procedure-oriented language
verfahrensorientierte Programmiersprache f <edv> • procedure-oriented programming language
verfahrensorientierte Sprache f <edv> • procedure-oriented language
verfahrensorientiertes Programmpaket n <edv> • procedure-oriented software package
verfahrensorientiertes Programmsystem n <edv> • procedure-oriented software system
Verfahrenspatent n <jur> • method patent; processing patent; process patent
Verfahrensprinzip n <verf> • process principle
Verfahrensregelung f <msr> • process control
Verfahrensschema n <verf> • process description
Verfahrenssteuerung f <msr> • process control
Verfahrenstechnik f <verf> • process engineering; process technology
verfahrenstechnische Lösung f <verf> • process design
Verfahrensverknüpfung f <prod> (Urformen) • hybrid process
Verfahrensweise f <allg> • approach
Verfahrensweise f <tech.allg> • method
Verfahrensweise f <tech.allg> • technique
Verfahrensweise f <edv> • procedure
Verfahrensweise f <jur> • practice
Verfahrgeschwindigkeit f <wz.masch> (linear) • straight line velocity
Verfahrweg m <masch> • travel
Verfahrweg m <masch> • traverse
Verfall m <bau> • dilapidation
Verfallsdatum n <tech.allg> • use-by date; best-before date
verfeinern vt <allg> (z. B. Geschmack, Stil, Verfahren) • refine vt; improve vt
verfeinern vt <textil> (Spinnerei) • attenuate vt
verfestigen vi <chem.petr> • harden v; solidify v
verfestigen vr <kst> (Formstoff) • set v
verfestigen vr <mat> • bond v
verfestigen vr <mat> • solidify v
verfestigen vt (verdichten) • consolidate vt
verfestigen vt <tech.allg> • harden vt
verfestigen vt <bau> (z. B. Straßenbelag) • compact vt
verfestigen vt <bau> (mit Zement) • grout vt
verfestigen vt <ents> • solidify vt
verfestigen vt <mech> • strain-harden vt
verfestigen vt <metall> • work-harden vt
verfestigen vt <qualit.mat> • strengthen vt
verfestigter Schlamm m <ents> • solidified sludge; stabilized sludge; fixed sludge
verfestigte Schwimmdecke f <verf> • crust
verfestigtes Gestein n • cemented rock
verfestigtes Gestein n • consolidated rock
Verfestigung f (Verdichten) • consolidation
Verfestigung f <bau> (z. B. Boden) • compacting
Verfestigung f <bau.mat> (von Gips, Mörtel etc.) • stiffening; solidification

Verfestigung f <ents> • stabilization; solidification; fixation
Verfestigung f <kst> (Formstoff) • setting
Verfestigung f <mat> • bonding
Verfestigung f <mat> • hardening
Verfestigung f <mat> • solidification
Verfestigung f <mat> (Konsolidierung) • consolidation
Verfestigung f <prod> • strain hardening
Verfestigung f <prod.metall> • work hardening
Verfestigung f <qualit.mat> • strengthening
Verfestigung mit Kalk f <ents> • lime-based solidification
Verfestigung mit organischen Polymeren f <ents> • organic polymer solidification
Verfestigung mit Thermoplasten f <ents> • thermoplastic solidification
Verfestigung mit Zement f <ents> • cement-based solidification; cementitious solidification
Verfestigungsexponent m <mech> • strain-hardening exponent
Verfestigungsmittel n <ents> • solidification agent; solidifier; immobilizing agent; stabilization agent; fixation agent
Verfestigungsmittel n <ents> • solidifying agent
Verfestigungsreagens n <ents> • solidification agent; solidifier; immobilizing agent; stabilization agent; fixation agent
Verfestigungsverfahren n <ents> • solidification technique; stabilization technique; fixation technique
Verfestigungsverfahren n <ents> • stabilization [process]; solidification [process]
Verfilzbarkeit f <textil> • felting power
Verfilzen n <textil> • felting
verfilzen vt <textil> • felt vt
verfilzen vt <textil> • mat vt
Verfilzungsmaschine f <textil> • felter
Verfinsterung f <astron> • eclipse
verfischter Buchstabe m <druck> • wrong fount
verflechten vt <edv> • interlace v
verflüchtigen vr <phys.chem> • volatilize v
verflüchtigen vr <phys.chem> • volatize v
Verflüchtigung f <phys.chem> • volatilization
verflüssigbar <tech.allg> • liquefiable
verflüssigbar <phys> (Gas, Dampf) • condensable
verflüssigen vt <phys> (z. B. Bitumen) • flux vt
verflüssigen vt <phys> (z. B. Dampf, Kältemittel) • condense vt
verflüssigen vt <silik> • deflocculate vt
verflüssigen vt <verf> (strömungsfähig machen; gilt auch für Schlämme) • fluidize vt
verflüssigen vt <verf> (allg.) • liquefy vt
Verflüssiger m <tech.allg> (Kondensator) • condenser
Verflüssiger m <hlk> (Wärmepumpe; gibt Wärme an die Raumluft ab) • indoor coil
Verflüssiger m <hlk> (in Klimaanlage, Wärmepumpe) • condenser; refrigerant coil rare
Verflüssiger m <verf> (allg.) • liquefier
Verflüssigerplattform f <petr> • liquefier platform
Verflüssigersatz,m stand <hlk> • indoor unit
Verflüssigersatz m <verf> • condensing unit
verflüssigte Luft f <tech.allg> • liquefied air
verflüssigtes Ammoniak n <chem> • liquefied ammonia; liquid ammonia
verflüssigtes Erdgas n (LNG) <petr> • liquefied natural gas (LNG)
verflüssigtes Erdölgas n <petr> • liquefield petroleum gas (LPG); LP gas
verflüssigtes Gas n <tech.allg> • liquefied gas
Verflüssigung f <phys> • fluidization
Verflüssigung f <phys> (Änderung des Aggregatzustands von gasförmig zu flüssig) • condensation

Verflüssigung f <silik> • deflocculation
Verflüssigung f <verf> • fluxing
Verflüssigung f <verf> • liquefaction
Verflüssigungsanlage f <petr> (Erdgas) • liquefaction plant
Verflüssigungsdruck m <phys> • condensation pressure
Verflüssigungsdruck m <phys> • condensing pressure
Verflüssigungspunkt m <phys> • condensation point
Verflüssigungspunkt m <phys> • liquefaction point
Verflüssigungstemperatur f <phys> • liquefaction temperature
Verflüssigungstemperatur f <phys> • condensation temperature; condensation point
Verfolgen n <navig> (von Satelliten) • tracking
verfolgen vt (Linien) • trace vt
verfolgen vt <allg> • trace vt
verfolgen vt <aerospace> (z. B. mit Radar) • track vt
verfolgen vt <fz> • track vt
verfolgen vt <licht.theat> • follow vt
verfolgen vt <navig> (Satelliten) • track vt
Verfolger m ugs <licht.theat> • follow spot; lime coll.
Verfolgerscheinwerfer m form <licht.theat> • follow spot; lime coll.
Verfolgungsradar n <mil> (z. B. von Flugabwehrgeschütz) • tracking radar
Verfolgungstiefe f rar <edv> • trace depth; tree depth pract.
verformbar <kst> (durch Wärme) • thermoplastic
verformbar <mat> (unter Druck) • malleable
verformbar <mat> • moldable
verformbar <mat> • workable
verformbar <mat> (permanente Verformung ohne Bruch möglich) • plastic; deformable
verformbar <qualit.mat> • deformable
Verformbarkeit f <kfz> (Knautschzone) • deformability
Verformbarkeit f <kst> (von Kunststoffen, z. B. durch Thermoformen) • moldability US
Verformbarkeit f <mat> • malleability
Verformbarkeit f <mat> • workability
Verformbarkeit f <mat> • plasticity
Verformbarkeit f <metall> (unter Zug) • ductility
Verformbarkeit f <qualit.mat> • deformability; ductility
Verformbarkeit f <qualit.mat> • thermoplasticity
verformen vr <prod> (Werkstück; durch einseitiges Erwärmen, Feuchtigkeit etc.) • warp vi
verformen vr/vt <tech.allg> (allg.; elastisch, plastisch; absichtlich, ungewollt) • deform vi/vt
Verformung f <tech.allg> (Vorgang und Ergebnis; absichtlich oder unabsichtlich) • deformation
Verformung f <edv> • stretching
Verformung f <el> (Halbleiter) • warpage
Verformung f <ents.hydr> • deformation
Verformung f <logist> (Regal) • distortion
Verformungsanisotropie f <mat> (Formänderung richtungsabhängig) • deformation anisotropy
Verformungsbefehl m <edv> • deform command
Verformungsbruch m <qualit.mat> • plastic fracture
Verformungsbruch m <qualit.mat> (im Ggs. zum Sprödbruch; Bruch erst nach plastischer Verformung) • ductile fracture; ductile break
Verformungselement n <kfz> • deformation element
Verformungselement n <msr> • mechanical sensing element; elastic sensing element; flexure; elastic element; elastic member
Verformungsenergie f <phys> • deformation energy
Verformungsentfestigung f <mech.prod> (durch Kaltverformung) • work softening
Verformungsgeschwindigkeit f did <prod> • deforming speed

Verformungsgeschwindigkeit f <prod> • strain rate
Verformungsgrad m <tech.allg> • amount of deformation
Verformungsgrenzendiagramm n <prod> (Pressen, Tiefziehen) • forming limit diagram (FLD)
Verformungskraft f <mech> • deformation force
verformungslos <qualit> (Bruch) • non-deformed
Verformungspotential n <el> (Halbleiter) • deformation potential
Verformungsrest m <prod> (bleibende Verformung, z. B. nach Tiefziehen) • set; permanent set
Verformungstextur f <prod> (Kristallgefüge (z. B. gestreckte Körner)) • deformation texture
Verformungswiderstand m <prod> (höher als Formänderungsfestigkeit (schließt Werkzeugeinfluss ein)) • deformation resistance
Verformungszahl f <qualit.mat> • modulus of compressibility
Verformungszone f <tech.allg> • deformation zone
Verformungszustand m <mech> (z. B. elastisch, plastisch; einachsig vs. mehrachsig) • deformation state
Verformungszwillinge mpl <prod> (im Kristallgefüge) • deformation twins
verfrachten v <geo> (z. B. Geschiebe) • transport v
verfrachten v <logist> • charter v
Verfrachtung f <ökol> (von Schad- oder Nährstoffen) • export
verfügbar <allg> • disposable
verfügbar <tech.allg> • available
verfügbare Adresse f <edv> • available address
verfügbare Betten npl <tour> • available beds
verfügbare Einspritzleistung f norm <kst> • available injection power
verfügbare Leistung f <masch> • available power
verfügbarer Speicherplatz m • free location
verfügbarer Speicherplatz m <edv> • available space
verfügbare Speicherkapazität f <edv> • usable storage
Verfügbarkeit f <tech.allg> • availability
Verfügbarkeit f IEV 415 <energ.wind> • availability IEV 415; availability factor
Verfügbarkeit f <logist> • availability
Verfügbarkeit f <navig> • availability; system availability
Verfügbarkeitsfaktor m <tech.allg> • availability factor
Verfügbarkeitstest m <ents> • availability test
Verfügbarkeit von Flügen weltweit f <tour> • flight availability worldwide
verfügbar machen vt <allg> (zugänglich machen) • provide vt, place at disposal vt; make available vt
verfügen über vi <jur> • dispose of vt
verfüllen <bau> (Tätigkeit) • backfill
Verfüllen n <bau> (z. B. mit Beton, Mörtel) • grouting; grout injection rare
verfüllen v <bau> • fill v
verfüllen v <bau> • fill in v
verfüllen v <bau> • refill v
verfüllen vi <ents> • fill up vi
verfüllen vt <petr> • plug vt
Verfüllmasse f <bau> (Erdbau) • backfill
Verfüllmaterial n <bau> (Material) • backfill; backfill material
verfüllte Deponie f <ents> • completed fill; finished landfill site
verfüllter Abbau m <min> • filled stope
Verfüllung f <bau> (Material) • backfill; backfill material
Verfüllung f <ents> • backfilling
verfugen v <bau> • point v
verfugen vt <bau> • fill up masonry joints vi; fill up joints vi; joint vt
Verfugungsarbeiten fpl <bau> • jointing

Verfugungsgerät n <bau.masch> *(zur maschinellen Verfugung im Trockenbau)* • banjo taper *US*; Ames taping tool [®]; automatic taping and compounding tool *did*; Bazooka [TM]*US*

Vergabe nach draußen f <ökon> *(von Aufträgen)* • outsourcing; farming-out *rare*

vergällen v <chem> • denature v

vergällter Spiritus m • methylated spirit

Vergällungsmittel n <chem> • denaturant

vergären v <nahr> • ferment v

vergasen v <metall> *(z. B. Schmelze)* • gas v

vergasen v <verf> • gasify v

Vergaser m <kfz.mot> • carburetor *US*; carburetter *GB*; carburettor *GB.obs*; carb *pract*; squirt box *sl*

Vergaser m <verf> • gasifier

Vergaseranschlussstutzen m <mot> • carburetor flange

Vergaserbrand m <mot> • carburetor fire

Vergaserdämpfer m *prakt* <kfz.mot> *(in SU- oder Stromberg-Vergaser)* • piston damper; damper piston; carburetor damper *pract*

Vergaserdeckel m <kfz.mot> *(allg.; jede Bauart)* • carburetor cover

Vergaserdeckel m <kfz.mot> *(Fallstromvergaser; Deckel über Schwimmerkammer)* • float chamber cover

Vergaserdeckel m <kfz.mot> *(SU- oder Stromberg-Vergaser)* • suction chamber cover

Vergaserdüse f <mot> • spray nozzle

Vergaserdurchlass m <kfz.mot> • carburetor venturi; choke tube *Bing*; carburetor throat; carburetor barrel; venturi

Vergasereinstellung f <mot> *(z. B. Leerlaufdüse)* • carburetor adjustment

Vergasereinstellung f <mot> • carburetor tuning

Vergaserfrostschutzvorrichtung f <mot> • carburetor anti-icer

Vergasergehäuse n <kfz.mot> • carburetor body

Vergasergehäuse n <mot> • carburetor housing

Vergasergehäuse n <mot> • carburetor main body

Vergasergestänge n <mot> • carburetor control

Vergasergestänge n <mot> • carburetor linkage

Vergaserknallen n <kfz.mot> • backfire *sg*

Vergaserkraftstoff m <kfz> • gasoline

Vergaserkraftstoff m <mot> *(Benzin)* • carburetor fuel

Vergaserkraftstoff m <mot> • petrol

Vergaserlufteinlass m <mot> • carburetor induction system

Vergaserluftfänger m • carburetor air scoop

Vergaser-Lufttrichter m <kfz.mot> • carburetor venturi; choke tube *Bing*; carburetor throat; carburetor barrel; venturi

Vergaserluftvorwärmer m <mot> • carburetor air heater

Vergasermotor m *prakt* <kfz.mot> • carburetor engine

Vergasermotor m <mot> • spark-ignition gasoline engine

Vergasermotor m <mot> • spark-ignition petrol engine

Vergaser-Ottomotor m *norm* <kfz.mot> • carburetor engine

Vergaserpatschen n *prakt* <kfz.mot> • backfire *sg*

Vergaserschlüssel m <kfz.wz> *(für Vergasereinstellungen)* • carburetor adjusting tool

Vergaserschlüssel m <kfz.wz> *(für Befestigungsmuttern)* • carburetor wrench

Vergaserschraubendreher m <kfz.wz> *(Sonderformen)* • carburetor adjusting tool

Vergaserschraubendreher m <kfz.wz> *(für Schlitzschrauben, kurze Ausführung)* • stubby screwdriver; chubby screwdriver *GB*

Vergaserschwimmer m <mot> • carburetor float

Vergaserschwimmerkammer f <kfz> • carburetor float chamber *US*; float bowl *GB*

Vergaserschwimmerkammer f <kfz.mot> • carburetor float chamber; carb float bowl *pract.coll*; float bowl *pract.coll*

Vergasersockel m :V <kfz.mot> • carburetor spacer; carburetor adapter

Vergasersystem n <mot> • carburetion system

Vergaser-Venturi n <kfz.mot> • carburetor venturi; choke tube *Bing*; carburetor throat; carburetor barrel; venturi

Vergaservereisung f <kfz.mot> • carburetor icing

Vergaserzwischenstück n <kfz> • carburetor adapter

Vergasung f <ents> *(Umsetz. von C-haltigem Material unter hohen Temp. zu gasf. Brennstoff)* • gasification; gassing

Vergasungsanlage f <verf> • gasification plant

Vergasungsapparat m <verf> • gasifier

Vergenz f <geo.opt> • vergence

vergesellschaftete Arten fpl <bio> • cohabitating species

Vergesellschaftung f <bio.min> • paragenesis

Vergesellschaftung f <min> • association

vergießbar <mat> • flowable

vergießbar <mat> • pourable

vergießbare Muffe f <el> • sealing box

Vergießen n <el.ic.prod> • encapsulation

Vergießen n <prod> *(Einbetten in Vergussmasse)* • potting

vergießen vt <el> *(Elektronikkomponenten, Gehäuse; mit Vergussmasse)* • pot vt

vergießen vt <prod> *(stoffschlüssiges Fügen; z. B. Seilkausche mit Blei)* • cast vt

vergießen in vt <prod> • cast in vt

vergiften vt <chem> • poison vt

Vergiftung f <ökol> • contamination

Vergiftung der Luft f <ökol> • airborne contamination; atmospheric discharge

Vergiftungselement n <kfz.emiss> *(in bezug auf Katalysatoren)* • contaminant

Vergiftungsfaktor m <nukl> *(Reaktor)* • poisoning factor

Vergilben n <pap.obfl> • yellowing

vergilben vi <pap.obfl> *(Papier, Farbe, Lack)* • yellow vi; age vi

vergilbte Oberflächenschicht <obfl> • yellowed surface layer

vergipsen vi <bau> *(Loch, Naht, Riss)* • plaster vt

vergittert <tech.allg> • latticed

vergittert <bau> *(Holz)* • trellised

vergittertes Fenster n <bau> *(z. B. einer Bank)* • grilled window

Vergitterung f <tech.allg> • grating

verglasen vt <tech.allg> *(z. B. Kabine, Veranda)* • glaze vt

verglasen vt <silik> *(zu Glas verarbeiten, einschmelzen)* • vitrify vt

Verglasen mit Dichtprofilen n <bau> • dry glazing

verglast <tech.allg> *(mit Glasscheiben oder durch Überhitzung)* • glazed

Verglasung f <bau> • glazing

Verglasung f <chem.verf> *(allg. Glasigwerden, absichtlich oder als Fehler)* • vitrification

Verglasung f <energ.sol> • collector cover; cover glazing; glazing

Verglasung f DIN 52306-52336 <kfz> • glazing

Verglasung mit Dichtstoffen f <bau> • wet glazing

Verglasung mit Druckdichtung f :V <bau> • wedge glazing

Verglasung mit freiliegender Dichtstoffase f <bau> • face glazing

Verglasungsbreite f <bau> • glass width

Verglasungsdichtung f <bau> • glazing seal; glazing gasket

Verglasungsfläche f <bau> • glass area
Verglasungsklötzchen n <bau> (Fenstereinbau) • glazing block; setting block; block pract
Verglasungsprodukt n <ents> • product of vitrification
Verglasungsstärke f <bau> • glass thickness; glazing thickness
Verglasungssystem n <bau> • glazing system
Verglasungstyp m <bau> (verwendetes Glas) • glazing type
Verglasungsverfahren n <ents> (z. B. radioaktive Abfälle) • vitrification process
Vergleich m <jur> • settlement; conciliation
vergleichbar <allg> (z. B. Verfahren, Methode, Plan, Messung) • commensurable
vergleichbar <allg> • comparable
vergleichen vt <allg> • compare vt
vergleichen vt <doku> (Seite für Seite, nebeneinander; z. B. Original und Abschrift) • collate vt
vergleichende Versuche mpl <msr> • competitive experiments
vergleichen mit vt <tech.allg> • reference to vt
Vergleicher m <msr.edv> • comparator
Vergleicherbürste f <edv> • comparing brush
Vergleichpräzision f DIN ISO 5725-1 <msr> • reproducability ISO 5725-1
Vergleichpräzision f DIN <msr> (von Messungen) • reproducibility; measurement reproducibility rare
Vergleichsanalyse f <qualit> • reference analysis
Vergleichsbalken m <qualit.mat> • reference bar; comparator bar
Vergleichsblock m <edv> • reference block
Vergleichsbyte n <edv> • match byte
Vergleichsdiagramm n • break-even chart
Vergleichsdruck m <phys> (z. B. Meteorologie) • reference pressure
Vergleichseinrichtung f <edv> • comparator
Vergleichsformänderung f <mech> (mehrachsiger Dehnungszustand) • equivalent strain
Vergleichsformänderung f <mech> • equivalent total strain
Vergleichsgas n <msr> (für Wärmeleitfähigkeit) • reference gas
Vergleichsgas-Kanal m <msr> • reference gas channel
Vergleichsglied n <msr> • subtracting element
Vergleichsglied n <msr> • comparing element
Vergleichsglied n <msr> • comparison element
Vergleichsinstrument n <msr> • reference instrument
Vergleichskammer f <msr> • reference gas cavity
Vergleichskörper m <qualit> (allg.) • reference standard
Vergleichskondensator m <el> • reference capacitor
Vergleichsküvette f <msr> (Absorptionsspektrometrie) • reference cell
Vergleichslampe f <msr> • comparison lamp
Vergleichslampe f <msr> (als Bezugsgröße) • reference lamp
Vergleichslehre f <msr> • reference gauge
Vergleichslösung f <tech.allg> (auf verschiedenen Wegen ermittelt) • comparison solution
Vergleichsmesser m <msr> • comparator
Vergleichsmessung f <msr> (Vorgang und Ergebnis) • comparative measuring; comparative measurement
Vergleichsmessung f <msr> (betont: als Bezugsgröße) • reference measurement
Vergleichsmethode f <tech.allg> • comparison method
Vergleichsmethode f <tech.allg> (z. B. Berechnung, Messung) • comparison technique
Vergleichsmuster n <qualit.mat> (Prüfung der Oberflächenrauheit) • visualtactile comparator
Vergleichsobjekt n <allg> • comparable object

Vergleichspegel m <tech.allg> (Elektronik; Hochwassermarke) • reference level
Vergleichsprobe f <opt> (Spektralanalyse) • standard
Vergleichsprobe f <qualit> • reference specimen; comparison specimen
Vergleichspunkt m <msr> • control point
Vergleichspunkt m <msr.qualit> (als Bezugswert) • bench mark; reference point
Vergleichssatz m <math> • comparison theorem
Vergleichsschaltung f <el> • comparator; comparator circuit; comparing circuit; differential connection
Vergleichsschutzsystem n <el> • differential protective system
Vergleichsschwarzpegel m <av> • reference black level
Vergleichssortieren n <edv> • collation sorting
Vergleichsspannung f <mech> (mehrachsiger Spannungzustand) • equivalent stress
Vergleichsspektrum n • comparison spectrum
Vergleichsspektrum n <phys> • reference spectrum
Vergleichsstab m <qualit.mat> • reference bar; comparator bar
Vergleichsstelle f <kfz.msr> (Regelung) • differential element
Vergleichsstelle f <msr> (Thermoelement) • cold junction
Vergleichsstelle f <msr> • comparison point
Vergleichsstelle f <msr> • mixing point
Vergleichsstelle f <msr> • reference junction
Vergleichsstrahl m <opt> • comparison beam
Vergleichsstrahl m <phys> • reference beam
Vergleichsstrahler m <msr> (Pyrometer) • standard light source
Vergleichsstück n <qualit> • comparison specimen
Vergleichsstufe f <el> • comparator; comparator circuit; comparing circuit; differential connection
Vergleichstastatur f <edv> • comparator keyboard
Vergleichstemperatur f <tech.allg> • reference temperature
Vergleichstemperatur f <msr> • fiducial temperature
Vergleichs- und Schiedsordnung f <jur> (der Internationalen Handelskammer) • Rules of Conciliation and Arbitration
Vergleichsversuche mpl <msr> • competitive experiments
Vergleichswert m <allg> • comparative value
Vergleichswiderstand m <el> • reference resistance
Vergleichszähler m <el> (für Eichung) • substandard
Vergletscherung f <geo> • glaciation
Verglühbrand m <silik> • baking
Verglühbrand m <silik> • biscuit
Vergolden n <obfl> • gold plating
vergolden v <obfl> • gild v
vergolden v <obfl> • gold-plate v
vergoldet <obfl> (z. B. Kontakte, Stecker) • gold-plated
vergoldete Berylliumkupferkontakte mpl <el> • beryllium copper contacts plated with gold
vergoldeter Kontakt m <el> • gold-plated contact
vergoldeter Normklinkenstecker m <av> (z. B. für Kopfhörer) • gold plated unimatch plug; gold unimatch plug
Vergoldung f <obfl> • gilding
Vergoldung f <obfl> • gold plating
Vergoldung mit Blattgold <obfl> • leaf gilding
vergossen <tech.allg> (z. B. elektronische Baugruppe) • sealed-in
vergossen <prod> (z. B. Kondensator) • compound-filled
vergossen <prod> • potted
vergossene Knickschutztülle f <edv> • molded boot
vergossener Eingangsisolator m <el> • pothead insulator
vergossenes Gehäuse n <edv> • molded body

vergraben *vt* <allg> *(verstecken)* • bury *vt*
vergrabene Schicht *f* <el> • buried layer
vergrabene Schicht *f* <el.ic> • buried layer
Vergrabungsstelle *f* <nukl> *(radioaktiver Abfälle)* • burial ground; graveyard
Vergröberung des Korns <metall> • grain coarsening
Vergrößerer *m* <phot> • enlarger
Vergrößererkopf *m* <phot> • enlarger head; enlarging head; enlarger housing
Vergrößererlampe *f* <phot> • enlarger lamp; enlarger bulb
Vergrößererlicht *nsg* <phot> • printing light *sg*
Vergrößern *nsg* <phot> *(von Fotos; Vorgang)* • enlarging *sg*; enlargement *sg*; projection printing *sg*
vergrößern *v* • augment *v*
vergrößern *v* <allg> • increase *v*
vergrößern *v* <phys> • magnify *v*
vergrößern *vt* <edv> *(Bildschirmanzeige; z. B. Bildausschnitt, Landkarte)* • zoom in *vt*
vergrößern *vt* <phot> • enlarge *vt*; print *vt*; blow up *vt*; copy *vt*
Vergrößern der Ansicht <edv> • zoom-in; magnify
vergrößert <tech.allg> *(betont: größere Abmessungen)* • upsized
vergrößert <energ.sol> *(Bild)* • enlarged
vergrößerter Bildausschnitt *m* • close-up section view
vergrößertes Bild *n* <phot> • magnified image
Vergrößerung *f* <opt> *(e.g. mit Lupe, Mikroskop)* • magnification
Vergrößerung *f* <phot> *(Ergebnis)* • enlargement; print *pract*; enlarged print *form.rare*
Vergrößerung *fsg* <phot> *(von Fotos; Vorgang)* • enlarging *sg*; enlargement *sg*; projection printing *sg*
Vergrößerung-Anzeigefeld *n* <edv> *(Display)* • zoom field; zoom function field; zoom control field
Vergrößerung mit vollem Tonwertumfang *f* <phot> • full-scaled print
Vergrößerungsansatz *m* <opt> • magnifying attachment
Vergrößerungsapparat *m* <phot> • enlarger
Vergrößerungsapparat *m* <phot> • enlarger
Vergrößerungsbereich *m* <phot> • magnification range *durst*
Vergrößerungsfaktor *m* norm <edv> • magnification factor *stand*
Vergrößerungsfaktor *m* <opt> • magnification factor
Vergrößerungsfaktor *m* <phot> • magnification factor *durst*; degree of magnification; degree of enlargement
Vergrößerungsfeld *n* <edv> *(Display)* • zoom field; zoom function field; zoom control field
Vergrößerungsgerät *n* <büro> *(im Kopierer)* • printing machine
Vergrößerungsgerät *n* <opt> • projection printer
Vergrößerungsgerät *n* <phot> • enlarger
Vergrößerungsglas *n* • magnifying lens
Vergrößerungsglas *n* <opt> • magnifier
Vergrößerungsglas *n* <opt> • magnifying glass
Vergrößerungsglas *n* <opt> • magnifier; magnifying lens
Vergrößerungskassette *f* <phot> • enlarging easel; masking frame; masking easel; paper easel; easel *pract*
Vergrößerungskopf *m* <phot> • enlarger head; enlarging head; enlarger housing
Vergrößerungslampe *f* <phot> • enlarger lamp; enlarger bulb
Vergrößerungslicht *nsg* <phot> • printing light *sg*
Vergrößerungslinse *f* <opt> • magnifying lens
Vergrößerungsmaßstab *m* <phot> • enlargement ratio; magnification ratio
Vergrößerungsmaßstab *m* <phot> • scale of enlargement

Vergrößerungsmöglichkeit *f* <druck> • enlargement capability
Vergrößerungsobjektiv *n* <phot> • enlarging lens; enlarger lens
Vergrößerungsobjektiv *n* <phot> • enlarging objective
Vergrößerungspapier *n* form <phot> • photographic paper; photo paper *pract*; printing paper; enlarging paper *form*
Vergrößerungsrahmen *m* <phot> • enlarging easel; masking frame; masking easel; paper easel; easel *pract*
Vergrößerungsstück *n* <wz> *(erweiternder Adapter für Steckschlüsseleinsätze)* • increasing adapter
Vergrößerungsstück für Kraftschrauber-Einsätze *n* <wz> • impact adapter/or
Vergrößerungssucher *m* <phot> • high-magnification finder
Vergüten *n* <metall> *(von Stahl; Härten mit nachfolgendem Anlassen auf 450–650 °C)* • hardening and tempering; quenching and tempering; heat treatment *pract*
vergüten *vt* <metall> *(Stahl; durch Wärmebehandlung)* • harden and temper *vt*; quench and temper *vt*; heat-treat *vt pract*
vergütete Faserplatte *f* <holz> • tempered fiberboard
vergüteter Stahl *m* <metall> • hardened and tempered steel; quenched and tempered steel; heat-treated steel *pract*
vergütetes Objektiv *n* <phot> • coated lens
Vergütungsstahl *m* DIN EN 10083-1 <mat> *(z. B. gehärtet und angelassen; 0,2–0,6% C)* • quenched and tempered steel; heat-treated steel *coll*
Vergussharz *n* rar <kst> • casting resin
Vergussmasse *f* <bau.mat> *(zum Verpressen; z. B. Mörtel, Beton)* • grout; grouting material
Vergussmasse *f* <el> *(betont: zum Isolieren)* • insulating compound
Vergussmasse *f* <el> *(zur Verkapselung elektr. Komponenten)* • potting material
Vergussmasse *f* <mat> *(betont: zum Füllen)* • filling compound
Vergussmasse *f* <mat> *(betont: Zum Abdichten, Versiegeln)* • sealing compound
Vergussmaterial *n* <bau.mat> *(zum Verpressen; z. B. Mörtel, Beton)* • grout; grouting material
Vergussmörtel *m* rar <bau.mat> • grouting mortar; grout *pract*; intrusion grout *rare*; intrusion mortar *rare*
Verhackung *f* <textil> • entanglement
Verhältnis *n* <math> • proportion
Verhältnis *n* <soz> • relation
Verhältnisarm *m* <el> *(Brücke)* • ratio arm
Verhältnis Bohrung : Hub *n* <kfz> • bore:stroke ratio; stroke-bore ratio
Verhältnisgleichrichter *m* <el> • ratio detector
Verhältnispotential *n* <chem> • redox voltage; mV-voltage; ratio potential; redox potential *ant*; mV-value
Verhältnisrechner *m* <edv> • ratio computer
Verhältnisregelung *f* <msr> • ratio control
Verhältnisschreiber *m* <msr> • ratio recorder
Verhältnis von breitem zu schmalem Element *n* <edv> *(Strichcode)* • element width ratio; wide:narrow ratio; wide to narrow ratio; wide-to-narrow element ratio; WE:NE ratio
Verhältnis von breiten zu schmalen Strichen *n* <edv> • bar width ratio; wide-to-narrow bar ratio
Verhältnis von breit zu schmal *n* <edv> *(Strichcode)* • element width ratio; wide:narrow ratio; wide to narrow ratio; wide-to-narrow element ratio; WE:NE ratio
Verhältniswiderstand *m* <el> • ratio resistor
Verhältniszahl *f* <tech.allg> • proportionality factor
Verhältniszahl *f* <math> *(z. B. Statistik)* • ratio

Verhärtung f <mat> • hardening
verhaften vi <obfl.holz> (Lack, Lasur auf Holz) • key vi; adhere vi
verhallen vi <akust> (Ton) • fade away vi
Verhalten n <tech.allg> • behaviour
Verhalten gegenüber der Umwelt n <ökol> • environmental behaviour; environmental behavior US
Verhalten nanostrukturierter hydrophober Oberflächen n wiss <obfl> (von Oberflächen; Hydrophobie plus spezielle Struktur; Bionik) • lotus effect; self-cleaning effect coll
Verhaltensregeln fpl <mil> (für Schützen) • rules of conduct pl
Verhalten unter Kurzschlussbedingungen n EN 60947 <msr> • short-circuit characteristics EN 60947
Verhandlungsbasis f (VB) <kfz.fin> (Gebrauchtwagenpreis, z. B. in Inseraten) • or near offer (ono); or best offer, obo
Verhandlungssache f (VS) <kfz> • offers
verharzen vi <tech.allg> (Öl) • gum vi
verharzen vi <mat> • resinify vi
Verharzung f <tech.allg> (von Öl) • gum formation; gumming
Verharzung f <holz> • resinification
Verhau m <bau> • hewing
Verhau m <min> • getting
Verhau m <min> • working
Verhinderungsschaltung f <el> • inhibition circuit
Verhinderungswicklung f <el> • inhibit winding
Verholanker m <nav> • kedge anchor; kedge
Verholanker m <nav> • warp anchor
Verholboje f <nav> • warping buoy
Verholboje f <navig> • hauling-off buoy
verholen vt <nav> • haul vt
verholen vt <nav> • shift vt
Verholgeschirr n <nav> • mooring equipment
Verholklampe f <nav> • cable chock
Verholklampe f <nav> • warping chock
Verholklüse f <nav> • bulwark-mooring pipe
Verholklüse f <nav> • hawser port
Verholklüse f <nav> • warping pipe
Verholkopf m <nav> • warping drum
Verholkopf m DIN ISO 3828 <nav> • warping end ISO 3828
Verholseil n <nav> (eher dünn; an Bord von Schiffen befestigte Leine zum Festmachen) • hawser
Verholspill n <nav> • warping capstan
Verholwinde f <nav> • mooring winch
Verholwinde f <nav> • warping winch
Verholwinde f DIN ISO 3828 <nav> • mooring winch ISO 3828
verholzen vi <mat> • lignify vi
Verhornung f <ents> • lignification
verhüllen vt <allg> (verstecken; z. B. in Rauch, Nebel) • cover vt; shroud vt
verhütten vt <metall> • smelt vt
Verhüttung f <metall> • smelting
verhüttungsfähig <metall> • smeltable
verifizieren vt wiss <qualit> (betont: sicherheitshalber) • verify vt
Verifizierer m <edv> • verifier
Verifizierung f <allg> (z. B. Richtigkeit, Posteingang, Gültigkeit) • confirmation
Verifizierung f <qualit> (Bestätigung oder Bereitstellung eines Nachweises) • verification
Verifizierung durch Eingabewiederholung f <edv> • keystroke verification
Veris-System n <agri> (Boden-Leitfähigkeitsmessung) • Veris system

verjüngen v <bio> • rejuvenate v
verjüngen v <prod> • taper v
verjüngen vr <tech.allg> • taper vi
verjüngt <textil> (Spule) • tapered
verjüngter Querschnitt m <tech.allg> • tapered cross-section
verjüngter Rechenstab m <ents> (z. B. Kläranlage) • taper bar; taper section bar; wedge bar
verjüngter Schaft m rar <wz> (Gewindebohrer od. -furcher) • reduced-diameter shank; reduced shank
verjüngter Vierkantschaft m <masch> • taper square shank
Verjüngung f (z. B. Säule) • constriction
Verjüngung f <tech.allg> • taper
Verjüngung f <bio> • rejuvenation
Verjüngung f <holz> • regeneration
Verjüngung f <masch> (z. B. Wellenzapfen, Kegelstift) • draft
Verjüngung f <prod> • conicity
Verjüngung f <prod> • tapering
Verjüngungsfläche f <holz> • regeneration area
Verjüngungsmaßstab m <doku> • reduction scale
verkabeln v • cable v
verkabeln vt <el> (Person, Zimmer etc. mit Abhöreinrichtungen, Wanzen versehen) • wire vt
verkabeltes Alarmsystem n <alarm> • hard-wire alarm system
Verkabelung f • cabling
Verkabelung f <el> • cabling
Verkabelungsplan m <edv.doku> • wiring map
Verkabelungsschema n <el.doku> • connection diagram ISO 10209-4
verkämmen v <füg> (Zimmerei) • join by cogging v; cog v
verkämmen v <textil> • interlace v
Verkäufer m <ökon> • vendor
verkalken vi <tech.allg> (z. B. Kessel, Rohre, Boden) • calcify vi
Verkalkung f (Boden) • calcification
Verkanten n <mil> • canting
verkanten v • cant v
verkanten vr <masch> (hängenbleiben, blockieren; z. B. Schublade, Schlitten) • jam vi; catch an edge vi
verkanten vt <prod> (kippen, typ. unerwünscht; z. B. Werkstück, Werkzeug) • tilt vt
Verkantung f <phot> • swing
Verkantung f <prod> (z. B. Pressenstößel) • side tilt
verkappter integrierter Schaltkreis m <ic> • packaged integrated circuit
Verkappung f <lwl> • capping
verkapseln vt <tech.allg> • encapsulate vt
verkapselter Klebstoff m <füg> • microencapsulated adhesive; encapsulated adhesive
verkapseltes Lager n <masch> (z. B. Wälzlager) • sealed bearing
Verkapselung f <el.ic.prod> • encapsulation
Verkapselung f <energ.sol> (von Solarzellen) • encapsulation; incapsulation rare
Verkapselung f <prod> (Einbetten in Vergussmasse) • potting
verkatten vt <nav> • back vt
Verkaufsaußendienst m <werb> • sales force
Verkaufsautomat m <masch> (z. B. als Münz-, Geldschein-, Geldkarten-, Kreditkartenautomat) • vending machine
Verkaufsblätter npl <pap> • sales sheets
Verkaufsdisplay n <pack.klass> • display
Verkaufseinheit f form <logist> • stock keeping unit (SKU); item; line item; article; material US
verkaufsfähig <ökon> • saleable

verkaufsfähiges Nebenprodukt *n* <ents> • saleable by-product

Verkaufsförderung *f* <werb> • sales promotion; promotion

Verkaufshilfe *f* <werb> • display material

Verkaufslackierung *f* <obfl> *(z. B. Kfz)* • sales respray

Verkaufslizenz *f* <jur> • license to sell

Verkaufspreis *m* (VP) <kfz> *(nominell; bei Neuwagen: Listenpreis; bei Gebrauchtwagen:Verhandlungsba)* • sticker price

Verkaufspreis *m* <ökon> *(tatsächlich)* • sales price

Verkaufsrenner *m* <kfz> • hot seller

Verkehr *m* <kfz> • traffic

Verkehr *m* <tele> • traffic

Verkehr *m* <verk> • intercommunication

verkehrsabhängige Steuerung *f* <verk.msr> • traffic-actuated control

Verkehrsabwicklung *f* <verk> • forwarding of traffic

Verkehrsabwicklung *f* <verk> • handling of traffic

Verkehrsader *f* <tele> • traffic artery

verkehrsarmer Zeitraum *m* <tele> • slack traffic period

Verkehrsart *f* <tele> • traffic mode

Verkehrsart *f* <verk> • type of traffic

Verkehrsaufkommen *n* <bau.verk> *(auf Verkehrs-flächen; z. B. Straßen, Brücken, Gebäuden)* • traffic load

Verkehrsaufkommen *n* <tele> • communication load

Verkehrsaufkommen *n* <verk> • traffic volume

Verkehrsausscheidungszahl *f* <tele> • trunk prefix

Verkehrsausscheidungsziffer *f* <tele> • trunk prefix

Verkehrsbau *m* • traffic engineering

Verkehrsbau *m* <bau.verk> • traffic-structure engineering

Verkehrsbauten *mpl* <bau> • traffic structures

Verkehrsbauwerk *n* <verk.bau> • traffic structure

Verkehrsbauwesen *n* <bau.verk> • traffic-structure engineering

Verkehrsbelastung *f* <bau.verk> *(auf Verkehrsflächen; z. B. Straßen, Brücken, Gebäuden)* • traffic load

Verkehrsbelastungsplan *m* <bau> • traffic flow diagram

Verkehrsbelegung *f* <tele> • traffic volume per unit time

Verkehrsbereich *m* <verk> *(z. B. Nahverkehr (U-Bahn, Autobuslinien))* • coverage area

Verkehrsbeschränkung *f* <bau> • traffic restraint

Verkehrsbetrieb *m* <verk> • carrier; transportation provider; transit operator *US*; transport services provider *GB*; transport operator *GB*

Verkehrsbezeichnung *f* <nahr> • denomination

Verkehrsdetektor *m* • traffic detector

Verkehrsdichte *f* <bahn> *(Abfolge von Zügen)* • train frequency

Verkehrsdichte *f* <bau.verk> *(auf Verkehrsflächen; z. B. Straßen, Brücken, Gebäuden)* • traffic load

Verkehrsdichte *f* <kfz> *(Anteil bestimmter Motoren im Straßenverkehr; z. B. von Dieselmotoren)* • engine population

Verkehrsdichte *f* <verk> *(allg., Anzahl von Verkehrsteilnehmern pro Bezugsgröße)* • traffic density

Verkehrsdurchsagekennung *f* (TA) <kfz.av> • traffic announcement identification (TA)

Verkehrsebene *f* <bau> • traffic level

Verkehrseinheit *f* <tele> • traffic unit

Verkehrserhebung *f* <verk> • traffic survey; traffic count; traffic census

Verkehrsfläche *f* <verk> *(Straße, Radweg, Gehweg, Parkplatz, Rollweg, Vorfeld (Flughafen))* • circulation area

Verkehrsflugzeug *n* <aerospace> • passenger airplane; commercial aeroplane *obs*

Verkehrsfluss *m* <verk> • traffic flow

Verkehrsfrequenz *f* <tele> • working frequency

Verkehrsführung *f* <verk> • traffic routing

Verkehrsführung *f* <verk> • traffic handling

Verkehrsfunksenderkennung *f* (TP) <kfz.av> • traffic program identification (TP)

Verkehrsgüte *f* <tele> • grade of service

Verkehrsinformations-Management[system] *n* <verk.msr> • traffic management system; smart-car/smart-highway system *press*

Verkehrsingenieurwesen *n* <bau> • traffic engineering

Verkehrskanal *m* <tele> *(RDS-Radio)* • traffic message channel (TMC)

Verkehrsklasse *f* <bau> • traffic category

Verkehrsknoten *m* <tele> • traffic interchange

Verkehrsknotenpunkt *m* <verk> • junction

Verkehrsknotenpunkt *m* <verk> • traffic junction

Verkehrskode *m* <tele> • communication code

Verkehrskreisel *m* <verk> • rotary circle *US*; traffic circle *US*; rotary *US.coll*; roundabout *GB*

Verkehrslärm *m* <verk.akust> • traffic noise

Verkehrslast *f* <tech.allg> *(z. B. Brücke, Kranbahn)* • travelling load

Verkehrslast *f* <bau> *(z. B. Straßen-, Eisenbahnbrücke)* • live load

Verkehrslast *f* <bau> *(in der Baustattik)* • live load

Verkehrslast *f* <verk> *(z. B. Brücke, Straße)* • rolling load

Verkehrslast *f* <verk> • traffic load

Verkehrsleiteinrichtungen *fpl* <bau> • traffic controls

Verkehrsleitrechner *m* <verk> • road traffic control computer

Verkehrsleitsystem *n* :*V* <verk.msr> • traffic management system; smart-car/smart-highway system *press*

Verkehrsleitung *f* <tele> *(Leitungsbündel)* • traffic capacity

Verkehrsleitzentrale *f* <bau> • traffic control center *US*; traffic control centre *GB*

Verkehrslenkung *f* <verk> • transportation system management; traffic management

Verkehrslinie *f* <verk> • traffic line

Verkehrsmanagement *n* <verk> • transportation system management; traffic management

Verkehrsmenge *f* <tele> • traffic volume

Verkehrsmittel *n* <verk> • means of transport[ation]; transport; transportation *US*; mode of transportation; mode *form*

Verkehrsmittelwerbung *f* <werb> • transit advertising; transportation advertising

Verkehrsnagel *m* <bau> • road stud; traffic stud

Verkehrsprognose *f* <bau> • traffic forecast

Verkehrsraumbreite *f* <bau> • travel[l]ed width

Verkehrsrechner *m* • traffic computer

Verkehrsregelung *f* <bau> • traffic control

verkehrsreicher Zeitraum *m* <bau> • heavy traffic period

Verkehrsschild *n* <verk> • traffic sign

verkehrsschwache Zeit *f* <tele> • slack period

Verkehrssektor *m* <verk.tele> • transportation and communications *US*; transport and communications *GB*

verkehrssicheres Fahrzeug *n* <kfz> • vehicle in safe and roadworthy condition :*V*

Verkehrssicherheit *f* <verk.sich> • traffic safety

Verkehrssignalsteuerung *f* <verk> • traffic signal control

Verkehrsspur *f* veraltet <bau> • traffic lane

verkehrsstarke Zeit *f* <ökon> *(in Geschäften, Ämtern)* • busy hours; busy period

verkehrsstarke Zeit *f* form <verk> *(auf Straßen)* • rush hour

Verkehrsstau *m* form <verk> *(allg.)* • traffic jam; traffic tie-up *US.coll*; traffic congestion

Verkehrsstauung *f* <bau> • traffic jam; traffic hold-up; traffic congestion

Verkehrssteuerung f <verk> • flow control

Verkehrsstockung f <bau> • traffic jam; traffic hold-up; traffic congestion

Verkehrsstreifen f <bau> • traffic lane

Verkehrsstrom m <verk> • traffic stream

Verkehrsstudie f <verk> • traffic study

Verkehrsteilnehmer m <verk> • road user

Verkehrstote mpl <Verk> • traffic deaths pl

Verkehrsüberwachungsradar n <verk> • traffic radar

Verkehrsumleitung f <bau> • diversion of traffic; detour US

Verkehrsunfall m <verk> (von Kraftfahrzeugen) • car accident; crash

Verkehrsunternehmen n <verk> • carrier; transportation provider; transit operator US; transport services provider GB; transport operator GB

Verkehrsverlust m <tele> • traffic loss

Verkehrswasserbau m <bau.hydr> • waterway engineering

Verkehrsweg m <verk> • traffic route; transportation route US; transport route GB

Verkehrswegebau m form <bau.verk> • road construction; highway engineering US; road building; road engineering

Verkehrswert m <tele> • traffic intensity

Verkehrswert m <tele> • traffic load

Verkehrswesen n <verk.tele> • transportation and communications US; transport and communications GB

Verkehrszählung f <verk> • traffic survey; traffic count; traffic census

Verkehrszeichenbeleuchtung f <verk.licht> • traffic-sign lighting

verkehrt <allg> • inverted

verkehrt <allg> • reversed

verkehrt bombiert <prod> (z. B. Profilwalze) • concave

verkehrt konisch • big-end up

Verkehrtspülung f (Bohrtechnik) • countercurrent circulation; reverse circulation; counterflush

verkeilen vt <tech.allg> (fixieren, sichern; z. B. Rahmen, Tür, Ladung auf Lkw, Schiff) • chock vt; block vt rare; wedge vt

verkeilen vt <füg> • key vt

verketten vt <edv> • daisychain vt

verketten vt <edv> (Daten oder Symbole) • concatenate vt

verketten vt <füg> • chain vt

verkettet <tele> • chained together

verkettete Datei f <edv> • concatenated file; chained file

verkettete Datei f <edv> • threaded file

verketteter Strom m <el> • interlinked current

verkettete Sechsphasenspannung f <el> • hexagon voltage

verkettete Spannung f <el> • diametral voltage

verkettete Spannung f <el> • line voltage

verkettete Spannung f <el> • mesh voltage

verkettete Spannung f <el> • system voltage

verkettete Spannung f <el> • voltage between lines

verkettete Spannung f <el> • voltage between phases

Verkettung f <tech.allg> (z. B. von Dateien) • concatenation

Verkettung f <tech.allg> • interconnection

Verkettung f <tech.allg> (durch Querverbindungen) • interlinking; interlinkage

Verkettung f <edv> • chaining

Verkettung f <edv> • daisychain

Verkettung f prEN 1556 <edv> (innerhalb eines Barcodes) • concatenation prEN 1556

Verkettung f prEN 1556 <edv> (von Barcodesymbolen) • concatenation prEN 1556; message append

Verkettung f <masch> • linking; linkage

Verkettungseinrichtung f <masch> • line linking element

Verkettungseinrichtung f <masch> • linking device

Verkettungseinrichtung f <masch> • transfer link

verkieseln v <chem> • silicify v

Verkieselung f <chem> • silicification

verkippen v <förd.min> • dump overburden v

Verkitten n <obfl.holz> • stopping

verkitten v <bau> • putty v

verkitten v <bau> • seal v

verkitten v <füg> • cement v

verklammern v • clamp v

verklammern v (Pulvermetallurgie) • interlock v

verklammern vt <masch> • interlock mecanically vt

Verklappung f <ents> (im Meer; z. B. von Dünnsäure) • dumping of waste at sea; waste disposal at sea

Verklappung von Baggergut f <ents> • dumping of dredgings at sea; disposal of dredgings at sea

Verklappung von TBT-belastetem Baggergut n <ents> • sea disposal of TBT-contaminated dredgings; dumping of TBT-contaminated dredgings at sea

Verklebemaschine f <füg> • gluer

Verkleben n <petr> • balling; bit balling

verkleben v • clog v

verkleben v • stick v

verkleben v <füg> • cement v

verkleben v <füg> • glue v

verkleben vi/vt <tech.allg> • agglutinate vt/vi

verkleben vt <füg> (betont: zuflicken, abdecken; z. B. Zielscheiben, Defekt, Riss) • patch vt

verkleben miteinander vt <tech.allg> • agglutinate vt/vi

verklebt (mit) <füg> (durch Klebstoff verbunden) • bonded (to)

Verklebung von Pappe (PAT) f <pap> • gluing of board (PAT)

verkleiden v • case v

verkleiden v (Rohre mit Wärmeschutzmasse) • case with laggings v

verkleiden v <bau> • cover v

verkleiden v <prod> • fair v

verkleiden v <prod> • jacket v

Verkleiden mit Blei n <prod> (Außenflächen) • lead lining

verkleidet adj <fz> • faired adj

Verkleidung f • balustrades

Verkleidung f • boarding

Verkleidung f • casing

Verkleidung f • fairing

Verkleidung f • jacket

Verkleidung f • side enclosures

Verkleidung f <tech.allg> • cladding

Verkleidung f <tech.allg> (Vorgang und Ergebnis) • covering

Verkleidung f <tech.allg> • lagging

Verkleidung f <bau> • cover

Verkleidung f <bau> • facework

Verkleidung f <bau> • facing

Verkleidung f prakt <bau> • window casing; window trim; casing pract; trim pract

Verkleidung f <innen> • panelling

Verkleidung f <kfz> • fairing

Verkleidung f <kfz> (allg.; betont: zur Verschönerung; z. B. Zierblenden) • trim

Verkleidung f <kfz> (flächig; außen; z. B. Stoßfängerverkleidung) • fascia US

Verkleidung f <kfz> (Motorrad) • fairing

Verkleidung f <kfz.innen> (betont: steif/hart; Täfelung, flächige Formteile) • panel; paneling

Verkleidung f <kst> (Kunststoff-Formteil, beliebige Form) • molding (mldg)

Verkleidung f <min> • planking
Verkleidung f <prod> • jacketing
Verkleidungsblech n <tech.allg> (z. B. für Heizkörper, Maschine) • cowling
Verkleidungsblech n <mat> • facing plate
Verkleidungsblech n <nav.aerospace> • fairing plate
Verkleidungselement n <kfz> (Karosserie) • trim finisher
Verkleidungskappe f <tech.allg> • protective cover
Verkleidungskappe f <tech.allg> • protective covering
Verkleidungsmauer f <bau> (Böschung) • revetment wall
Verkleidungsplatte f <bau> • cladding panel
Verkleidungsplatte f <bau.mat> • facing slab
Verkleidungsplatte f <bau.mat> • facing stone
Verkleidungstafel f <bau> • cladding panel
verkleinern vt <navig> (Display) • zoom out vt
Verkleinern der Ansicht <edv> • zoom-out
verkleinertes Bild n <edv> • proxy
verkleinertes Bild n <phot> • reduced image
verkleinertes Bild n <phot> • reduced-size image
Verkleinerung f • decrease
Verkleinerung f <druck> • reduction
Verkleinerung f <opt> • demagnification
Verkleinerung f <opt> (z. B. Photo, Kopierer) • reduction in size
Verkleinerung f <phot> • minification
Verkleinerung f <phot> • reduction
Verkleinerung f <phys> (z. B. Intervall, Amplitude) • diminishing
Verkleinerungsfaktor m <edv> • reduction factor
Verkleinerungsgerät n <druck> • reduction printer
Verkleinerungsglas n <kunst> • minimizing glass
Verkleinerungskamera f <phot> • reduction camera
Verkleinerungsmaßstab m <doku> • reduction scale
Verkleinerungsmaßstab m <druck> • image reduction ratio
Verkleinerungsmöglichkeit f <druck> • reduction capability
Verkleinerungsverhältnis n <opt> • reduction ratio
Verklemmen n <mil> (Schiefhalten einer Handfeuerwaffe) • angular error
Verklemmen n <verf.hydr> (des Rechenguts in einem Rechenrost) • jamming; wedging
verklemmt • bound
verklemmt (Bohrloch) • bridged
verklemmt <tech.allg> • hinge-bound
verklemmt <füg> (unerwünscht) • wedged
verklemmt <masch> • jammed
verklemmt <masch> • stuck
Verklicker m <nav> • wind indicator
Verklinkung f <el> (Kontakte, Schalter, Signale) • latching
Verklotzung f <bau> • blocking
Verklotzungsholz n <bau> (Fenstereinbau) • glazing block; setting block; block pract
verklumpen v • clot v
verknäulen vt <chem.petr> • shrink vt
Verknoten n <textil> (Vorgang) • knotting
verknoten vt <textil> (Gespinstreinigung) • knot vt
verknotungssichere Schnur f <el> • snarl-proof cord
verknüpfen v <tech.allg> (Funktionen, Schaltkreise) • couple v
verknüpfen v <chem> • bond v
verknüpfen v <füg> (z. B. Fäden) • tie v
verknüpfen vt <allg> (verbinden; z. B. technisch, thematisch) • link vt
verknüpfen vt <chem> • link vt
verknüpfen vt <edv> (Daten oder Symbole) • concatenate vt
verknüpft <tele> • chained together
verknüpfte Anwendung f <edv> • associated application

verknüpfte Impedanz f <el> • coupled impedance
verknüpfter Scheinwiderstand m <el> • coupled impedance
Verknüpfung f <edv> (Hypertext; z. B. in HTML-Dokument, auf Web-Seite) • link
Verknüpfungsbefehl m • connective instruction
Verknüpfungslogik f <math> (z. B. Regeltechnik) • combinational logic
Verknüpfungsoperation f • connective operation
Verknüpfungsschaltung f • combinational switching circuit
Verknüpfungssteuerung f norm. <edv> • logic control stand.
Verknüpfungszeichen n <edv> • connective
Verknüpfungszeichen n <edv> • link
verkohlen v <feuer> (Pyrolyse oder unvollständige Verbrennung) • char v
verkohlter Rückstand m ISO 13943 <feuer> (nach Pyrolyse oder unvollständiger Verbrennung) • char ISO 13943
Verkohlung f • carbonization
Verkohlung f <chem> • charring
verkokbare Kohle f • coking coal
verkoken v • carbonize v
verkoken v • coke v
Verkokung f • high-temperature carbonization
Verkokung f <tech.allg> • carbonization; coking
Verkokungsanlage f • coking plant
Verkokungsbatterie f • carbonizing bench
Verkokungsbatterie f • coke-oven battery
Verkokungsblase f <chem> • coking still
Verkokungsfeuerung f (Heizanlagen) • coking stoker
Verkokungsgas n • carbonization gas
Verkokungskammer f • coke chamber
Verkokungskammer f • coking chamber
Verkokungsofen m • coke oven
Verkokungsofen m • coking oven
Verkokungsrückstand m • coke residue
Verkokungsrückstand m <verbr> • carbon residue
Verkokungswärme f • coking heat
Verkokungswert m • coke number
Verkokungswert m • coke value
Verkokungszahl f • coke number
Verkokungszahl f • coke value
Verkokungszeit f • carbonization period
Verkokungszeit f • coking period
verkoppeln v <el> • couple v
Verkorken n <nahr> • corking
verkraften vt <tech.allg> • handle vt
Verkrallung f <kfz.innen> (Sitzverstellung) • seat locking [mechanism]
verkratzen vt ugs.rar <obfl> (allg.; z. B. polierte Oberfläche, Lack, Film) • scratch vt
Verkrautung f DIN 4047-5 <geo.bio> (übermäßige Ausbreitung von Wasserpflanzen in der Unterwasserzone) • weedage
Verkreidung f <obfl> (Ergebnis des Kreidens; z. B. als Lackfehler) • chalking
Verkrümmung f <tech.allg> (allg. ungewollt) • warpage
verkrümmungsfrei <qualit.mat> • warp-proof
Verkrustung f <tech.allg> (Bildung unerwünschter harter Ablagerungen; z. B. Schmutz) • incrustation; encrustation; hard-caking
Verkrustung f <rls> (harte Ablagerung) • crust
Verkrustung f <verf> (von Rohren, Kaminen) • scaling
verkümmerter Arm m <geo> • failed arm; failed rift
verküpen v <obfl> • vat v
verküpen vi <textil> (Färberei) • vat vi
verkürzen v <allg> (auf) • shorten v

verkürzen v <prod> • cut v

verkürzen vt <tech.allg> (z. B. Arbeitszeit) • reduce vt

Verkürzung f <mech> • axial compression; compression; shortening

Verkürzungsglied n DIN 19237 <msr> • pulse-contracting element

Verkürzungskondensator m <el> • shortening capacitor

Verkupfern n <obfl> • copper plating; coppering

verkupfern v <obfl> • copper v

verkupfern v <obfl> • copper-plate v

verkupfert <obfl> • copper-plated

verkupferte Kohle f <el> • copper-plated carbon

verkupferte Kohle f <el> • coppered carbon

verlackter Farbstoff m <obfl> • lake pigment; lake

Verladeband n <förd> • loading band

Verladebrücke f <förd> • loading bridge

Verladebunker m <logist> • loading bin

Verladegerät n <förd> • loader

verladen vt <logist> (Fracht, Güter) • load vt

verladen vt <logist> (Fracht transportfertig machen) • ship vt

Verladerampe f <logist> • loading bay

Verladerampe f <logist> • loading dock US; loading bay GB; platform; dock pract

Verladeschurre f <förd> • loading chute

Verladung f <logist> • loading

Verladung f <logist> • shipment

Verlängern n <edv> (von Bildelementen) • extending

verlängern vt <allg> (zeitlich, räumlich) • extend vt

verlängern vt <allg> (irgendwie länger machen) • lengthen vt

verlängern vt <allg> (zeitlich) • prolong vt; protract vt

verlängern vt <tech.allg> (durch Ziehen und bleibende Verformung) • elongate vt

verlängern vt <edv> (Bildelement) • extend vt

verlängertes Fahrerhaus n <nfz> (Pick-Ups) • extended cab

Verlängerung f <jur> • extension; renewal

Verlängerung f BMI <jur> (eines Visums) • renewal

Verlängerung f norm <qualit.mat> • elongation norm

Verlängerung f <wz> (Verbindungsteil für Steckschlüssel-einsätze) • extension [bar]; extension piece rare

Verlängerung f <wz> (Verbindungsteil für Steckschlüssel-einsätze) • extension [bar]; extension piece rare; cheater bar coll

Verlängerung der Betriebszeit f DIN 25401-3 <nukl> (Kernkraftwerk) • stretch-out

Verlängerung der Gerätemesslänge f norm <qualit.mat> • elongation norm

Verlängerung der Patentschutzfrist f <jur> • patent term extension; patent term renewal

Verlängerung für Kraftschrauber-Einsätze f <wz> • impact extension bar; impact extension

Verlängerung in gegenseitigem Einvernehmen <jur> • renewal by mutual agreement

Verlängerungsblech n <bau> • make-up pan

Verlängerungsfaktor m <phot> • filter factor

Verlängerungsglied n DIN 19237 <msr> (Eingangssignale verlängerndes Zeitglied) • pulse-stretching element

Verlängerungskabel n <tech.allg> (allg.) • extension lead

Verlängerungskabel n <edv> • extension cable

Verlängerungskabel n <el> • extender cable

Verlängerungskabel n <el> • extension cable

Verlängerungskabel n <el> • connector cable

Verlängerungskabeltrommel f <el> (für Verlängerungskabel) • cable extension reel; extension reel; cable reel

Verlängerungsleitung f <el> • extension line

Verlängerungsleitung f <el> • extension cable

Verlängerungsrohr n <tech.allg> • extension tube

Verlängerungsrohr n <rls> • extension tube

Verlängerungsrohr n <wz> (für Schraubenschlüssel, zum Verlängern des Hebelarms) • tubular handle; detachable handle

Verlängerungsschiene f • extension bar

Verlängerungsschnur f <el> • extension cord

Verlängerungsstange f <tech.allg> • lengthening rod

Verlängerungsstück n <tech.allg> • extension piece

Verlag m <werb> • publishing house

verlagern v • displace v

verlagern v <mech> (z. B. Schwerpunkt; fig.: z. B. Schauplatz) • shift v

verlagern vr <prod> • misalign v

verlagern vr <term> (z. B. Betonung) • shift v

verlagert <kfz> (durch unsachgemäße Lagerung korrodierte Neuteile) • shop-soiled

Verlagerung f <allg> (z. B. Betonung, Produktion, Schwerpunkt) • shifting

Verlagerung f <tech.allg> • displacement

Verlagerung f <tech.allg> (z. B. Ladung, Schwerpunkt) • shift

Verlagerung f <prod> • misalignment

Verlagerungsfähigkeit f <masch> (von Wellenkupplung) • misalignment capacity

Verlagerungsrate f <nukl> • displacement rate

Verlangsamen n <tech.allg> (von Bewegungen; z. B. eines Fz.) • slowing down

verlangsamen v <tech.allg> (Bewegungen aller Art) • decelerate v

verlangsamen v <tech.allg> • slow down v

verlangsamen v <nukl> • moderate v

Verlangsamer m rar <nfz.brems> • retarder

Verlangsamung f <tech.allg> (Bewegung, Ablauf, Verfahren) • deceleration

Verlangsamung f <tech.allg> (Hinauszögern, Abbremsen; z. B. Abläufe, Wirkungen) • retardation

Verlangsamung f ugs <tech.allg> (bremsende, hemmende Wirkung; zeitlich späterer Effekt) • retardation; slowing down coll

Verlangsamung f <nukl> • moderation

Verlangsamung f ugs <phys> (Verlangsamung von Bewegungen) • deceleration; slowing-down coll; slow-down coll

verlangter Teilnehmer m <tele> • called subscriber

verlangter Teilnehmer m <tele> • wanted subscriber

verlaschen v <prod> • fish-plate v

verlaschen v <prod> • fish v

verlaschen v <prod> • strap v

verlaschter Schienenstoß m <bahn> • fish-plated rail joint

verlassen vt <edv> • quit vt; exit vt

Verlauf m <tech.allg> (einer Rohrleitung, Kabeltrasse, etc.; Resultat der Montage) • routing; layout

Verlauf m <tech.allg> • path; course

Verlauf m <math> (Kurve) • behaviour

Verlauf m <math> (Kurvenform) • shape

Verlaufen n <obfl> (Lacke) • flowout

Verlaufen n <pack> (von Lack) • flow out

Verlaufen n <prod> (z. B. Bohrer) • deviation

Verlaufen n <prod> (z. B. des Bohrers) • drift

Verlaufen n <prod> (Bohrer) • drifting

Verlaufen n <prod> (z. B. Bohrer) • run-off

verlaufen v (Kurve) • behave v

verlaufen v <allg> (Zeit) • proceed v

verlaufen v <tech.allg> • run out of center v

verlaufen v <obfl> • flow v

verlaufen v <prod> (Bohrer) • drift v

verlaufen v <prod> (z. B. Bohrer) • run v

verlaufen v <wz> (z. B. Bohrer) • run untrue v

verlaufene Bohrung f <prod> • off-center hole
verlaufene Bohrung f <prod> • untrue hole
verlaufenes Bohrloch n <petr> • angle hole
verlaufenes Bohrloch n <petr> • deflected hole
verlaufenes Bohrloch n <prod> • drifted hole
Verlauffilter m/n <phot> • graduated filter; graded-density
filter *rare*
Verlaufmittel n <obfl> • flow-control agent
Verlaufraster-Dekorstreifen m <kfz> • dot striping
Verlaufskurve f <med.tech> • trend curve
Verlaufsregistrierung f <med.tech> • trend curve
Verlauftechnik f <kunst> *(Farbverlauf)* • levelling technique
Verlegeklinke f <tele> • transfer jack
verlegen vt <allg> *(z. B. Firmensitz, Truppen)* • transfer
vt
verlegen vt <tech.allg> *(z. B. Leitung, Rohr)* • lay vt; install
vt
verlegen vt <bau> *(z. B. Leitung, Rohr)* • lay vt
verlegen vt <bau> *(z. B. Platten, Teppich)* • lay out vt
verlegen vt <bau> *(z. B. Estrich, Boden, Teppich, Fliesen)*
• place vt
verlegen vt <bau> *(Routenverlauf ändern; z. B. Straße,
Zufahrt; Kabel-/Rohrtrasse)* • reroute vt
verlegen vt <ökon> *(z. B. Produktion, Wohnsitz)* • shift vt
Verlegung f *(Flussbett)* • clearing
Verlegung f • placing
Verlegung f <allg> *(z. B. Firmensitz, Truppen, Wohnsitz)*
• transfer
Verlegung f <tech.allg> *(z. B. Leitungen, Rohre)* • installa-
tion
Verlegung f <tech.allg> *(einer Rohrleitung, Kabeltrasse,
etc.; Resultat der Montage)* • routing; layout
Verlegung f <bau> *(z. B. von Kabeln, Rohren)* • laying
Verlegung f <el> *(Leitung)* • wiring
Verlegung f <ökon> *(z. B. Büro, Wohnsitz; Termin)* • shift-
ing
Verlegung von LWL-Kabeln in Abwasserleitungen f
<lwl> *(FAST)* • owg routing through sewer tubes
Verlegung von LWL-Kabeln in Gasleitungen f <lwl>
• owg routing through gas pipelines
**Verlegung von LWL-Kabeln in Trinkwasserleitun-
gen** f <lwl> • owg routing through drinking water pipes
verleimen v <füg> *(z. B. Holz)* • cement v
verleimen v <füg> • glue v
verleimen vt <füg> • glue vt
verleimen vt <nav> • bond vt
Verleimtechnik f <füg> • gluing technique
Verleimverfahren n <füg> • gluing operation
Verleseband n <agri> • picking conveyor
Verleseband n <agri> • sorting belt
Verleseband n <agri> • spool-type sorter
Verlesemaschine f <agri> • grader
verletzen vt <obfl> *(z. B. eine Beschichtung)* • rupture vt
verletzter Ring m <mil> *(auf Schießscheibe)* • touched
ring
Verletzung f <jur> • infringement; breach *GB*; encroach-
ment; violation
Verletzung f <obfl> *(z. B. einer Lackschicht)* • rupture
Verletzung f form <prod> *(Loch im Reifen)* • puncture
Verletzung der Halswirbelsäule f did <kfz.med> *(Hals-
wirbel; durch Heckaufprall)* • whiplash injury
Verletzungen des Kabels f <edv> • bad vampire taps
Verletzungspotential n <sich> • injury potential
Verletzungsspannung f • injury potential
verlitzen v <prod> • strand v
Verlitzmaschine f <prod> • stranding machine
Verlitzung f <prod> *(Vorgang)* • stranding
verlöschen v <verbr> *(Flamme)* • extinct v

verloren <bau> *(Schalung)* • permanent
verlorene Palette f <logist> • one-way pallet; disposable
pallet; expendable pallet; non-returnable pallet; throw-
away pallet
verlorener Kopf m <prod> *(Gießen)* • lost head; shrink
head; dead head; feeder head
verlorene Rohrtour f <petr> • liner (LNR); liner pipe
verlorene Schalung f <bau> • permanent formwork
verlorene Schmierung f <tribo> • all-loss lubrication;
non-recovery lubrication
verlorenes Modell n <prod> • investment pattern
Verlust m <tech.allg> • loss
Verlust m <phys> *(durch Verteilung, Zerstreuung)* • dissipation
verlustarm <tech.allg> *(z. B. Verbindung, LWL-Spleiß)*
• low-loss
verlustarmer Isolator m <el> • low-loss insulator
verlustarmer Leiter m <el> • Milliken conductor; segmental conductor *US*; type-M conductor *CAN*; Milliken-
type segmental conductor
verlustbehaftet <phys> *(durch Abstrahlung, Ableitung)*
• dissipative
verlustbehaftetes Dielektrikum n <el> • imperfect
dielectric; lossy dielectric *rare.coll*
Verlustbelegung f <tele> • lost call
Verlust der dielektrischen Eigenschaft m did <el>
• dielectric loss; loss of insulating properties *coll*
Verluste durch Wärmeleitung mpl <energ.sol> • conductive heat losses *pl*; conduction losses *pl*; heat losses
by conduction *pl*
Verlustfaktor m <tech.allg> • loss factor
Verlustfaktor m <el> *(eines Dielektrikums)* • dielectric loss
factor
Verlustfaktor m <phys> *(Thermodynamik; z. B. durch Abstrahlung, Ableitung)* • dissipation factor
verlustfrei • lossless
verlustfrei <tech.allg> • free of losses
verlustfrei <lwl> • lossless
verlustfrei <phys> *(z. B. Energieumwandlung)* • non-dissi-
pative
verlustfreie Leitung f • lossless line
verlustfreie Leitung f <el> • dissipationless line
Verlustglied n <phys> *(Bernoulli-Gleichung für Strömungen)* • loss element
Verlusthöhe f <förd> • loss of head; head loss
Verlusthöhe f <verf.hydr> • headloss
Verlustkegel m <nukl> • loss cone
Verlustkegel m <phys> • loss cone
Verlustkoeffizient m <masch> *(Wirkungsgradberech-
nung (Strömungsmaschinen))* • coefficient of losses
Verlustkomplianz f *(Viskoseelastizität)* • loss compliance
Verlustkonstante f <phys> *(Schwingungen, Kreisel)*
• damping constant
Verlustkontrollgerät n <agri> *(Mähdrescher)* • seed loss
monitoring instrument
Verlustleistung f <el> • power dissipation; power loss
Verlustleistung f <energ.sol> • dissipated power
Verlustleistung f <masch> *(durch Luft- oder Gaswider-
stand beim Motor)* • windage
Verlustleistung f <therm> • power dissipation
verlustlose Kapazität f <el> • pure capacitance
verlustlose Komprimierung f <edv> • lossless com-
pression
verlustloser Isolator m <el> • perfect dielectric
verlustlose Strömung f <phys> • unresisted flow
Verlustmatrix f *(Statistik)* • loss matrix
Verlustmenge f <ents> • waste quantity
Verlustmodul m • loss modulus
Verlustquelle f <allg> • source of loss

Verlustquelle f <allg> (Energieverlust, finanz. Verlust, Informationsverlust) • source of losses

Verlustregler m <tele> • dissipative regulator

Verlustschmierung f <mot.tribo> (Öl im Benzin oder aus sep. Tank) • total-loss lubrication

Verlustschmierung f <tribo> (betont: Einmaldurchlauf) • loss lubrication; once-through lubrication; once-total-loss lubrication rare; once-total-all-loss lubrication rare; once-total-all-non-recovery lubrication rare

Verlustschmierung f <tribo> • non-circulating lubrication

Verlustschmierung f <tribo> • once-through lubrication

Verlustschmierung f DIN ISO 4378-3 <tribo> • once-through lubrication ISO 4378-3

Verlustströmung f <tech.allg> • leakage flow

Verluststrom m <el> • leakage current

Verluststrom m <el> • lost current

Verlustverkehr m <tele> • lost traffic

Verlust verursachender Kunde m <ökon.edv> • below-zero customer (BZ); BeeZee coll

Verlustwärme f <phys> • dissipated heat

Verlustwahrscheinlichkeit f <prod> • loss probability

Verlustwahrscheinlichkeit f <tele> • proportion of lost calls

Verlustwiderstand m <phys> • loss resistance

Verlustwinkel m <phys> • loss angle

Verlustzähler m • loss meter

Verlustzeit f <tech.allg> • idle time

Verlustzeit f <prod> • down time

Verlustzeit f <prod> • lost time

Verlustziffer f • loss coefficient

Verlustziffer f • loss factor

vermahlen v • disintegrate v

vermahlen v <verf> • grind v

vermahlen v <verf> • mill v

Vermahlungsgrad m <verf> • grinding fineness

Vermahlungsgrad m <verf> • milling fineness

Vermarktbarkeit f <ökon> • marketability

Vermarktung f <ökon> (von Waren, Nachrichten, Daten usw., meist gegen Entgelt) • distribution

vermaschen v <tech.allg> (Netz) • interconnect v

vermaschen v <el> • intermesh v

vermaschen v <textil> • interloop v

vermaschte Regelkreise mpl <msr> • interconnected loops; multiple loops

vermaschter Regelkreis m <msr> • multiple-loop system

vermaschtes Netz n <el> • fully intermeshed network

vermaschtes Netz n <el> • mesh-operated network

vermaschtes Netz n <el> • network circuit

vermaschtes Netzwerk n <el> • network circuit

vermaßen v • dimension v

vermehren v <allg> (z. B. Menge) • increase v

vermehren v <bio> • multiply v

vermehren vt <nukl> (Spaltmaterial) • breed vt

Vermehrungsgut n <holz> • reproductive material

Vermehrungszyklus m <med> • replicative cycle

vermeidbarer Abfall m <ents> • excessive waste

Vermeidung von Ausschuss f <prod> • loss prevention

Vermeidung von Bahnbruch f <pap> • preventing web breaks

Vermengen n • blending

Vermengen n <verf> • mingling

Vermengen n <verf> • solid-solid mixing

vermengen v • blend v

vermengen v (Statistik) • confound v

vermengen v <tech.allg> • mix v

vermengen v <verf> • mingle v

vermengen vt <verf> (verschiedene Substanzen, lose; z. B. durch Verrühren) • mingle vt

vermessen v <geo.msr> (geographisch) • survey v

vermessen v <msr> • gauge v

vermessen v <msr> • measure v

vermessen vt <tech.allg> (Federn) • identify vt

Vermesser m <nav> • measurer

vermessingen v <obfl> • brass v

vermessingen v <obfl> • brass-plate v

vermessingt <obfl> • brass-plated

Vermessung f • measurement

Vermessung f norm <edv> (eines Strichcodesymbols) • verification stand

Vermessung f <geo.msr> (geographisch) • surveying; survey

Vermessung f <nav> • measurement

Vermessungsangabe f <msr> • ordnance datum

Vermessungsempfänger m <msr> • site surveyor

Vermessungsereignis n <navig> • survey event

Vermessungsfahrzeug n <geo> • survey craft

Vermessungsfahrzeug n <nav> • survey vessel

Vermessungsfahrzeug n <nav> • surveying craft

Vermessungsfahrzeug n <nav> • surveying vessel

Vermessungsformblatt n <nav> • measurement form

Vermessungsformel f <nav> • tonnage formula

Vermessungsgerät n <geo> • ground survey instrument

Vermessungsgerät n <msr> • survey instrument

Vermessungskoeffizient m <nav> • tonnage coefficient

Vermessungskreisel m <navig> • survey gyro; surveying gyro

Vermessungskunde f <geo.msr> • geodesy; geodetics; geodetic surveying; geodetic engineering; surveying

Vermessungskunde f rar <geo.msr> • surveying

Vermessungsmaße npl <nav.msr> • tonnage measures

Vermessungsplan m DIN ISO 10209-4 <bau.doku> • setting-out drawing ISO 10209-4

Vermessungsstab m <msr> (Geodäsie) • station pole

Vermessungsstelle f <geo.msr> • surveying station

Vermessungstechnik f <geo.msr> • geodesy; geodetics; geodetic surveying; geodetic engineering; surveying

Vermessungstechnik f <geo.msr> • surveying

Vermessungstonne f <nav> • register ton

Vermessungswesen n <geo.msr> • surveying

Vermessungswesen n <geo.msr> • geodesy; geodetics; geodetic surveying; geodetic engineering; surveying

Vermessungswesen n <msr> • surveying

vermieten vt <fin> • let vt; rent vt; lease vt; let out vt; hire out vt

vermindern v <allg> (z. B. einen Anteil, Verbrauch) • decrease v

vermindern v <allg> • lessen v

vermindern v <allg> • reduce v

vermindern v <tech.allg> • lower v

vermindern vt <phys> (z. B. Verstärkung, Empfindlichkeit) • diminish vt

verminderte Dienstgüte f <qualit> (z. B. Netzbetrieb (Fernsprechen, Datenübertragung)) • degraded service

Verminderung f • decrease

Verminderung f <allg> • reduction

Verminderung f <tech.allg> (Mengen (z. B. Durchflussmenge, Legierungsanteil)) • diminishing

Verminderung f <tech.allg> • lowering

Verminderung von Spannungen f <bau> • relieve stresses

vermischen vt <tech.allg> (untrennbar) • blend vt

vermischen vt <tech.allg> (allg.; z. B. Kleinteile, Flüssigkeiten, Gase) • mix vt

Vermischung f <füg> • dilution

Vermischung f AWR <jur> • mixing

Vermischung f <kfz.mot> • mixing; mixture

vermischungsfähig <tech.allg> • miscible

vermittelte Netze npl <tele> • switched networks

Vermittler *m GTS* <jur> • intermediary
Vermittlung *f* <tele> • central exchange
Vermittlung *f* <tele> • telephone exchange
Vermittlung *f* <tele> • telephone switching center
Vermittlung mit Schrittschaltwählern <tele> • step-by-step exchange
Vermittlungsanlage *f* <tele> • exchange installation
Vermittlungsbereich *m* <tele> • commutation zone
Vermittlungsdienst *m* <edv.tele> • network service (NS)
Vermittlungseinrichtung *f* <tele> • switching equipment
Vermittlungsknoten *m* <tele> • switching node
Vermittlungsplatz *m* <tele> • operator's position
Vermittlungsplatz *m* <tele> • switchboard position
Vermittlungsrechner *m* <edv> • communication processor
Vermittlungsschicht *f* <edv> • network layer
Vermittlungsschicht *f* <tele> *(OSI-Modell)* • network layer
Vermittlungsschnur *f* <tele> • patch cord
Vermittlungsschnur *f* <tele> • switchboard cord
Vermittlungsschrank *m* <tele> • exchange switchboard
Vermittlungsschrank *m* <tele> • switchboard
Vermittlungsstelle *f* <tele> • switching center
Vermittlungssubsystem *n* (NSS) <tele> • Network Sub-System (NSS)
Vermittlungtechnik *f* <tele> • telephone switching engineering
Vermörtelung *f* <bau> • grouting
vermuffen *v* <masch> *(z. B. Rohre, Stangen)* • joint by sleeves *v*
Vermuffung *f* <rls> • sleeve joint
Vermullung *f* • irreversible drying
vermutetes Erz *n* <min> • inferred ore
vermutetes Erz *n* <min> • prospective ore
vernachlässigbar <allg> *(z. B. Fehler)* • negligible
vernachlässigbar <allg> • negligible
vernachlässigbar <tech.allg> *(z. B. Abweichung, Fehler)* • negligible; insignificant
vernachlässigbar klein <allg> • negligibly small
vernachlässigen *v* <allg> • neglect *v*
Vernähbarkeit *f* <textil> *(Prüfen)* • sewability; sewing performance
vernähen *vt* <textil> *(auf der Nähmaschine)* • use on the sewing machine *vt*; process on the sewing machine *vt*; sew by sewing machine *vt*
vernähen *vt* <textil> *(vernäht sein)* • lie in the fabric *vt*
vernebeln *vt* <verf> • aerolize *vt*; atomize *vt*; nebulize *vt* rare; disperse finely *vt did*
Vernebelung *f* <med.tech> • nebulization *US*; nebulisation *UK*
Vernebelung *f* <verf> *(von Flüssigkeit)* • atomization
Vernebelungsgerät *n* • atomizer
Vernebelungsgerät *n* <mil> • mist blower
Vernebler *m* <med.tech> *(Erzeugung von Medikamenten-Aerosolen)* • nebulizer *US*; nebuliser *GB*
Verneblergerät *n rar* <med.tech> *(Erzeugung von Medikamenten-Aerosolen)* • nebulizer *US*; nebuliser *GB*
Verneblerschlauch *m* <med.tech> • nebulizer hose
Verneblersystem *n* <med.tech> *(Erzeugung von Medikamenten-Aerosolen)* • nebulizer *US*; nebuliser *GB*
verneinend <math> • negative
Verneinungschaltung *f* <msr> • NOT circuit
vernetzbar <tech.allg> • suitable for networking
vernetzen, sich <chem> *(Kunststoffe)* • cross-link *vi*
vernetzen *v* • interlace *v*
vernetzen *v* <tech.allg> • network *v*
vernetzen *vt rar* <verf> *(Gummi; z. B. Reifen)* • vulcanize *vt US*; vulcanise *vt GB*; cure *vt*
vernetzt <tech.allg> • interconnected
vernetzt <tech.allg> • networked

vernetzt *adj* <chem> • crosslinked *adj*
vernetzte Isolierung *f* <el.kst> • thermosetting insulation; thermosetting dielectric; thermoset insulation; crosslinked insulation
vernetzter Kunststoff *m* <kst> *(Duroplaste und Elastomere)* • thermoset
vernetztes Fahrzeug *n* <kfz> • network vehicle
vernetztes Molekül *n* • cross-linked molecule
Vernetzung *f* <allg> • networking
Vernetzung *f* <tech.allg> • networking
Vernetzung *f* <chem> *(bei Kunststoffen)* • cross-linking
Vernetzung *f* <edv> • interlacing network
Vernetzung *f* <kst> • cross-linkage
Vernetzung *f* <prod> • crosslinking
Vernetzung der Polymere *f* <druck> *(Polymertechnologie)* • polymerization *US*; polymerisation *GB*
Vernetzungszeit *f* <kst> • curing time
vernichten *v* <allg> *(z. B. Daten, Dokumente)* • destroy *v*
vernichten *vt* <phys> • annihilate *vt*
Vernichtung *f* <allg> *(z. B. Speicherdaten, Dokumente)* • destruction
Vernichtung *f* <jur> • annulment; defeat; nullification
Vernichtung *f ugs* <phys> *(von Paaren)* • annihilation; pair annihilation
Vernichtungsoperator *m* <phys> • annihilation operator
Vernichtungsstrahlung *f* <phys> • annihilation radiation; pair annihilation; positron-electron annihilation
Vernickeln *n* <obfl> • nickel plating
vernickeln *v* <obfl> • nickel-plate *v*
vernickeln *v* <obfl> • nickelize *v*
vernickelt <obfl> • nickel-plated
vernickeltes Messing *n* <mat> • nickel-plated brass
Vernickelungsbad *n* <obfl> • nickel-plating bath
Vernickelungsbad *n* <obfl> • nickel-plating solution
vernieten *v* <füg> • rivet *v*
vernieten *vt rar* <füg> • rivet
vernietet *ugs.rar* <füg> • riveted *US*; rivetted *GB*
vernuten *v* <prod> • tongue *v*
veröffentlichen *vt* <druck> *(Buch)* • publish *vt*
Veröffentlichung auf elektronischem Wege *f did* <edv.druck> • electronic publishing
Veröffentlichungtag der Patenterteilung *m* <jur> *(Patent)* • publication of the grant of the patent *EPS*
Verölen *n* <kfz.mot> *(von Zündkerzen)* • oil fouling; wet fouling; plug fouling
verölen *v* <mot> *(z. B. Zündkerze)* • oil up *v*
verölt <ents> *(unerwünscht ölenthaltend; Abfall, Müll)* • oily; oil-contaminated
verölt <kfz.el> *(Zündkerze)* • oil-fouled; oily
Verordnung *f* <jur> *(z. B. durch EG-Gesetzgebung)* • regulation
Verordnungsblatt *n* <jur> • Official Gazette; patent office journal; journal
Verpacken *n* <pack> *(Vorgang)* • packaging; packing
verpacken *vt* <pack> *(z. B. für Versand)* • package *vt*
verpacken *vt* <pack> *(ein-/umwickeln, einschlagen, z. B. in Papier)* • wrap *vt*
verpacken *vt DIN 55405* <prod> • package *vt*; pack *vt*
Verpackerbetrieb *m* <prod> • contract packager
verpacktes Speiseeis *n* <nahr> • packaged ice cream
Verpackung *f* <pack> *(allg.; Vorgang und Ergebnis)* • packaging; packing
Verpackung *f* <werb> *(auch metaphorisch: Außenhülle)* • packaging; wrapping
Verpackung *f* (1) *DIN 55405* <pack.allg> • packaging
Verpackung *f* (2) *DIN 55405* <pack.allg> *(Gesamtheit von Packmittel und Packhilfsmittel)* • package; packaging
Verpackungsabfall *m* <ents> • packaging waste; packing waste

Verpackungsautomat *m* <pack> • automatic packaging line

Verpackungschips *mpl* <hilfsm> • loose fill

Verpackungscode *m* <pack> • boxing station code numbers; box number

Verpackungsdesigner *m* <werb> • package designer

Verpackungsdruck *m* <werb> • package printing

Verpackungsdruckfarbe *f DIN 55405* <prod> • printing ink

Verpackungseinheit *f* <pack> • package unit; shipping unit; package *pract*; parcel of goods *rare*

Verpackungsfolie *f* <pack> *(Kunststoff, dünn)* • packaging film

Verpackungsfolie *f* <pack> *(Metall; z. B. für Teekisten)* • packaging foil

Verpackungsfolie *f* <pack> *(Kunststoff, dick)* • packaging sheet[ing]

Verpackungsgestalter *m* <werb> • package designer

Verpackungsgewicht *n* <pack> • tare weight

Verpackungsindustrie *f DIN 55405* <pack.allg> • packaging industry

Verpackungsklebstoff *m* <füg> • packaging adhesive

Verpackungslack *m* <obfl> • packaging-forming varnish

Verpackungsmaschine *f* <pack> *(betont: zum Ein-, Umwickeln, z. B. mit Folie, Papier)* • wrapping machine

Verpackungsmaschine *f DIN 8740-1* <pack> *(allg.)* • packaging machine; packing machine; packer

Verpackungsmaschine *f DIN 55405* <pack.allg> • packaging machine

Verpackungsmaterial *n* <pack> *(betont: zum Einwickeln, Einschlagen; z. B. Papier, Folie)* • wrapping material

Verpackungsmaterial *n* <pack> *(allg.; z. B. Packpapier, Folien, Kartons)* • packaging material

Verpackungsmüll *m* <ents> • packaging waste

Verpackungsmüll *m* <ents> • packaging waste; packing waste

Verpackungsnetz *n DIN 55405* <mat.allg> • packaging net

Verpackungspapier *n* <pack> • packaging paper

Verpackungspolster *n* <hilfsm> • cushioning material *BS 3130*

Verpackungsroboter *m* <pack> • packaging robot

Verpackungssystem *n* <pack> *(allg.)* • packaging system

Verpackungssystem *n* <pack> *(betont: in Beutel, Taschen)* • bagging system

Verpackungstest *m* <werb> • packaging test; pack test

Verpackungsverbund *m* <pack> • packaging compound

Verpackungsverordnung *f* <pack.ents> • Packaging Ordinance

Verpackungswesen *nsg DIN 55405* <pack.allg> • packaging *V:*

verperlen *v* <prod> *(zu Schrot verarbeiten)* • shot *v*

verpolfest <el> *(Steckverbinder)* • reverse polarity protected

verpolgeschützt <el> *(Steckverbinder)* • reverse polarity protected

Verpolschutz *m* <el> *(Steckverbinder)* • reverse polarity protection; polarity reversal protection

verpolsicher <el> *(Steckverbinder)* • reverse polarity protected

verpoltes Paar *n* <edv> • reversed pair

verpolungsfest <el> *(Steckverbinder)* • reverse polarity protected

Verpolungsschutz *m* <el> *(Steckverbinder)* • reverse polarity protection; polarity reversal protection

Verpolungsschutz *m* <el> *(betont: Vertauschen von + und –)* • reverse voltage protection

Verpolungsschutznase *f* <el> *(zentriert auf Steckverbinder)* • center-bumped polarizing

Verpolungsschutzschlitz. m <el> *(bei Steckverbindern)* • polarizing slot

verpolungssicher <el> *(Steckverbinder)* • reverse polarity protected

Verpolungssicherheit *f* <el> *(Steckverbinder)* • reverse polarity protection; polarity reversal protection

Verpressen *n* <bau> *(z. B. mit Beton, Mörtel)* • grouting; grout injection *rare*

verpressen *vt* <bau> *(mit Mörtel, Beton)* • grout *vt*

verpressen *vt* <prod> *(durch Einspritzen; z. B. Dichtmasse)* • inject *vt*

verpuffen *v* • deflagrate *v*

Verpuffung *f* • deflagration

Verpuffungsstrahlrohr *n* <aerospace> *(Staustrahltriebwerkj)* • pulse jet

Verpuffungstemperatur *f* • deflagration temperature

Verpuffungsturbine *f* <turb> • constant-volume gas turbine

Verpuffungsturbine *f* <turb> • explosion gas turbine

Verputz *m* <obfl> *(Oberflächenbeschichtung)* • plaster

Verputzen *n* <bau> • plasterwork; plastering

verputzen *v* <bau> • daub *v*

verputzen *v* <bau> • parget *v*

verputzen *v* <bau> • plaster *v*

verputzen *v* <bau> • render *v*

verputzen *vt* <bau> *(z. B. Wände mit Putz)* • plaster *vt*; parget *vt*

verputzen *vt prakt* <kfz.rep> *(Schweißnähte)* • cut down *vt pract*

verrammeln *vt* <bau> • ram up *vt*; ram tight *vt*

Verrastung *f* <kfz> *(von Steckverbindern etc.)* • engagement *:V*

verrauscht <av> • noisy

verrauscht sein *v* • be degraded by a high noise level *v*

verrauscht sein *v* • be noisy *v*

verreiben *v* <verf> • grind *v*

verreiben *v* <verf> • triturate *v*

verreiben *vt* <tech.allg> *(z. B. Farbe, Pulver)* • distribute *vt*

Verreiberzylinder *m* <druck> • oscillating ink roller; distributing cylinder; oscillator

Verreiberzylinder *m* <druck> • oscillating dampening roller; dampening distributing cylinder

Verreibung *f* <verf> • trituration

Verreibwalze *f* <druck> • distributing roller

Verreibwalze *f* <druck> • distributor

verriegeln *v* • bar *v*

verriegeln *v* <masch> • bolt *v*

verriegeln *v* <masch> • latch *v*

verriegeln *v* <sich> *(elektronisch)* • interlock *v*

verriegeln *vt* <tech.allg> • lock *vt*

verriegeln *vt* <kst> • clamp *vt*; clamp up *vt*; lock *vt*

verriegelt <tech.allg> *(gesichert; z. B. Flugzeugtür, Klappe)* • secured

Verriegelung *f* • bolting

Verriegelung *f* <allg> • locking; locking system

Verriegelung *f* <tech.allg> • fastening

Verriegelung *f* <tech.allg> • locking

Verriegelung *f* <bau> • lock

Verriegelung *f* <kfz> *(von Cabrioverdeck oder Hardtop)* • latch

Verriegelung *f* <kst> • die assembly

Verriegelung *f* <sich> *(z. B. Flugzeugtüre)* • interlock

Verriegelung *f* <theat> • locking mechanism; lock

Verriegelung für kleinste Blende *Nikon* <phot> • minimum aperture lock

Verriegelung in Drehrichtung *f* <masch> • angular interlocking

Verriegelungsbolzen *m* <masch> • lock bolt

Verriegelungsbügel *m* <kfz> *(Gegenstück zur Schloßfalle; U-förmig)* • striker

Verriegelungseffekt *m* <el> *(Verstärker)* • black-out effect

Verriegelungseinrichtung *f* <tech.allg> • locking device

Verriegelungseinrichtung *f* <masch> *(z. B. Presse (Arbeitsschutz))* • clamping device

Verriegelungseinrichtung *f* <sich> • interlocking device

Verriegelungskeil *m* <masch> • safety wedge

Verriegelungsklinke *f* <nfz> *(Anhängerkupplung)* • wedge

Verriegelungslogik *f* <el> • interlocking logic

Verriegelungsrelais *n* <el> • locking relay; interlocking relay; blocking relay

Verriegelungsring *m* <masch> • lock ring

Verriegelungsschalter *m* <el> • interlocking switch

Verriegelungsschalter *m* <el> • locking switch

Verriegelungsschaltung *f (elektronische Sperre)* • blacking circuit

Verriegelungsschaltung *f* <edv> • interlock circuit

Verriegelungsschaltung *f* <el> • paralysis circuit

Verriegelungsschaltung *f* <el> • latching circuit

Verriegelungsstift *m* <masch> • locking pin

Verriegelungsstift *m* <masch> *(betont: zum Verriegeln in einer best. Position)* • locking pin

Verriegelungsstück *n :V* <kfz> *(Tür- oder Haubenschloß: nichtschnappende Hälfte)* • striker; lock striker; latch striker

Verriegelungsventil *n* <masch> • hydraulic lock

Verriegelungszapfen *m* <kfz> *(Gegenstück zur Schloßfalle)* • striker

Verrieselung *f* • broad irrigation

Verrieselung *f* <agri> • surface irrigation

verringern *vt* <tech.allg> *(z. B. Geschwindigkeit, Durchflussmenge)* • diminish *vt*; reduce *vt*; lower *vt*

Verringerung *f* <allg> *(z. B.)* • decrease

Verringerung *f* <allg> • decrease

Verringerung *f* <allg> • reduction; diminution; lessening

Verringerung *f* <tech.allg> *(z. B. Mengen, Wirkungen)* • diminishing

Verringerung *f* <tech.allg> • fall

Verringerung des Gewichts *f ugs* <tech.allg> *(Konstruktionsziel, z. B. bei Kfz)* • weight reduction

verrippt <prod> • finned

verrippt <prod> • ribbed

Verrippung *f* <tech.allg> *(zur Verstärkung)* • ribbing

Verrippung *f* <kfz> *(Zylinder)* • finning

Verrippung *f* <kfz.mot> *(zur Oberflächenvergrößerung)* • finning

Verrödelung *f* <bau> *(Schaltechnik)* • tie

verrohren *v* • case in *v*

verrohren *v* <petr> *(Bohrloch)* • set casing *v*

verrohren *v* <rls> • case *v*

verrohren *vt* <petr> • case *vt*

verrohrte Bohrung *f* <bohr> • cased bore

verrohrte Bohrung *f* <petr> • cased hole

verrohrte Erddränung *f* <bau> • lined subsurface drainage

verrohrtes Bohrloch *n* • cased hole

verrohrtes Bohrloch *n* <bohr> • cased bore

verrohrtes Bohrloch *n* <petr> • cased hole

Verrohrung *f* <petr> • casing

Verrohrung *f* <petr> *(Vorgang des Auskleidens)* • casing

Verrohrungskopf *m* *(Bohrtechnik)* • casing head

Verrohrungsprogramm *n* <petr> • casing program *US*; casing programme *GB*

Verrohrungsschema *n* <petr> • casing program *US*; casing programme *GB*

Verrohrungsteufe *f* <petr> • casing point; casing depth

verrosten *v* <obfl> • rust *v*

verrostet <obfl> • rusty

verrottbar *adj* <ents> • putrescible *adj*

Verrottung *f* <ents> • composting

Verrottung *f* <ents> *(Abbau von org. Stoffen durch Mikroorganismen unter aeroben Bedingungen)* • decomposition

verrottungsbeständig <qualit> *(z. B. Holz, Gewebe, Faden)* • rot-proof; non-fouling

Verruca *f wiss* <bio> *(Hautdefekt)* • wart; verruca *thsc*

verrücken *v* <bau> • dislodge *v*

verrücken *vt* <tech.allg> *(z. B. Werkstück)* • displace *vt*

Verrückung *f* <tech.allg> • displacement

verrühren *v* <verf> • mix *v*

verrühren *v* <verf> • mix by stirring *v*

verrühren *vt* <nahr> *(in Küchenmaschine)* • pulse *vt*

Verrußen *n* <kfz.el> *(Zündkerze)* • carbon fouling; cold fouling; low temperature fouling

verrußen *v* <emiss> *(z. B. Schornstein, Zündkerze, Motorzylinder)* • soot *v*

verrußt <kfz.el> *(Zündkerze)* • carbon-fouled; sooty; sooted; fuel-fouled; carbonaceous fouled *rare*

Verrußung *f* <kfz.el> *(Zündkerze)* • carbon fouling; cold fouling; low temperature fouling

Versäuerung *f* <ökol> *(von Boden und Gewässern, z. B. durch sauren Niederschlag)* • acidification

Versagen *n* <tech.allg> *(z. B. Gerät, Vorrichtung, Maschine, Anlage)* • breakdown

Versagen *n* <tech.allg> *(Zusammenbruch, totale Funktionsstörung; z. B. von Anlagen, Systemen)* • breakdown; failure

Versagen *n* <qualit> • failure

Versagen *n* <qualit> • malfunction

Versagen *n* <qualit> • malfunctioning

Versagen *n* <qualit> • outage

Versagen *n* <qualit.tech> *(Funktionsausfall)* • failure

versagen *v* <tech.allg> • break down *v*

versagen *v* <qualit> • malfunction *v*

versagen *vi* <tech.allg> • fail *vi*

Versagensart *f* <qualit> • failure mode; mode of failure

Versagensart *f* <qualit> *(Modus)* • failure mode

Versager *m* <mot> • misfire

Versager *m* <petr> *(Bohrloch)* • failed hole

Versager *m* <spreng> • hangfire

Versager *m* <spreng> • spent shot

Versagung *f* <jur> • refusal; rejection

Versalzung *f* <chem> *(Boden)* • salinization

Versanddaten *fpl* <logist> • shipping data

versanden *v* <geo> • sand up *v*

Versandgewicht *n* <verk> • shipping weight; dry weight; net weight

Versandhülle *f* <büro> • envelope

Versandhülse *f* <pack> • mailing tube

Versandpapiere *npl* <logist> • shipping documents *npl*

Versandrohr *n DIN 55405* <pack> • mailing tube

Versandrolle *f* <pack> • mailing tube

Versandschachtel *f DIN 55405* <pack> • shipping box; case; shipping container; shipper

Versandtasche *f DIN 55405* <pack> • envelope

Versandung *f* <geo> • sand silting

Versandung *f* <geo> • sanding-up

Versandverpackung *f DIN 55405* <pack.klass> • shipping container

versatile ultrasonic sensor <msr> • vielseitiger Ultraschall-Sensor *m*

Versatz *m (Gerberei)* • layer pits

Versatz *m (Gerberei)* • layers

Versatz *m* <kfz> *(allg.)* • offset

Versatz *m* <masch> • offset

Versatz *m* <metall> • cross joint

Versatz *m* <min> • backfilling

Versatz *m* <min> • filling

Versatz *m* <min> • packing

Versatz *m* <min> • stowing
Versatz *m* <navig> • drift; set
Versatz *m* <prod> • misalignment
Versatz *m* <prod> • mismatch
Versatz *m* <silik> • batch
Versatz *m* <silik> • batch composition
Versatzbewegung *f* <textil> • lap; shog; throw; rise; fall
Versatz einbringen *v* <min> • stow *v*
Versatzgut *n* <min> • backfill
Versatzgut *n* <min> • filling
Versatzgut *n* <min> • filling material
Versatzgut *n* <min> • fill
Versatzgut *n* <min> • packing
Versatzgut *n* <min> • packing material
Versatzgut *n* <min> • stowage
Versatzgut *n* <min> • stowing material
Versatzleuchte *f* <licht.theat> • practical
versatzloser Abbau *m* <min> • mining without filling
versatzloser Abbau mit Rahmenzimmerung • open square-setting
Versatzmaschine *f* <min> • gobber
Versatzmaschine *f* <min> • stower
Versatzmaßnahme *f* <ents> • mine filling action *:V*
Versatzrichtung *f* <navig> • drift; set
Versatzstrecke *f* <min> • brattice road
Versatzstrecke *f* <min> • gob heading
Versatzwinkel *m* <kfz.mot> • offset angle
versauern *vi* <ökol> *(Boden, Gewässer)* • acidify *vi*
Versauerung *f* <ökol> *(von Boden und Gewässern, z. B. durch sauren Niederschlag)* • acidification
verschachteln *v* <edv> • interlace *v*
verschachteln *vt* <edv> • nest *vt*
verschachteln *vt* <edv> • interleave *vt*
verschachteltes Programm *n* <edv> • nested program
verschachtelte Spule *f* • back-wound coil
verschachtelte Unterprogramme *npl* <edv> • nested subroutines
Verschachtelung *f* DIN <edv> *(versetztes Schreiben der Sektoren auf die Festplatte)* • interleaving; memory interleaving; interleaved design
Verschäumen *n* <kst> *(Kunststoff-Formteile)* • foaming
verschäumen *vt* <kst> *(Kunststoff-Formteile)* • foam *vt*
Verschäumerflotationszelle *f* <kst> • rougher cell
verschäumter Binder *m* <textil> • foamed binder
Verschäumung *f* <kfz> *(Öl; z. B. Stoßdämpfer-Ölfüllung, Motoröl)* • aeration; foaming; churning
Verschäumungsgrad *m* <kst> • foam blow ratio
Verschäumungsmaschine *f* <kst> • foaming machine
verschalen *v* • board *v*
verschalen *v* *(Wärmeisolierung)* • lag *v*
verschalen *v* • line *v*
verschalen *v* <bau> • form *v*
verschalen *v* <bau> • plank *v*
verschalen *v* <bau> • shutter *v*
verschalen *v* <bau> • timber *v*
Verschaltung *f* <tech.allg> • faulty connection
Verschaltung *f* <el> • interconnection
Verschaltung *f* <el> *(z. B. von Solarzellen)* • electrical interconnection; interconnection
Verschalung *f* • boarding
Verschalung *f* <bau> • form
Verschalung *f* <bau> • planking
Verschalung *f* <bau> • sheathing
verschertes Feld *n* <nukl> • sheared field
Verscherung *f* <nukl> • shear; magnetic shear
verschicken *vt* <logist> *(kleinere Waren, Güter, Artikel, Bestellungen)* • ship *vt*
verschiebbar <allg> • sliding
verschiebbar <tech.allg> • free to slide

verschiebbar <tech.allg> • slidable
verschiebbar <tech.allg> *(z. B. Arbeitsplattform, Tür)* • traversable
verschiebbare Abgriffschelle *f* <el> *(z. B. an Widerstand)* • adjustable strap
verschiebbare Abgriffschelle *f* <el> • variable slider
verschiebbare Achse *f* <fz> • slider; slide axle; sliding bogie
verschiebbarer Abgriff *m* <el> *(Wheatstonesche Brücke)* • jockey
verschiebbarer Spindelstock *m* <wz.masch> • travelling head
verschiebbarer Stößelschlitten *m* <wz.masch> *(Waagerechtstoßmaschine)* • travelling head
verschiebbares Achsaggregat *n* <fz> • slider; slide axle; sliding bogie
verschiebbare Sattelkupplung *f* <nfz> • sliding fifth wheel; sliding fifthwheel; sliding 5th wheel
verschiebbare Sonde *f* <el> *(Messleitung)* • travelling probe
verschiebbares Programm *n* <edv> • relocatable program
verschiebbare Spule *f* <el> • sliding coil
verschiebbares Teil *n* <tech.allg> • sliding member
verschiebbares Zahnrad *n* <masch> • sliding gear
Verschiebeankermotor *m* <el> • displacement-type armature motor
Verschiebebefehl *m* <edv> • relocation instruction
Verschiebebefehl *m* <edv> • shift instruction
Verschiebebewegung *f* <masch> • traversing motion
Verschiebebewegung *f* <masch> • traversing movement
Verschiebeeinrichtung *f* *(Oszilloskop)* • offset feature
Verschiebeeinrichtung *f* <edv> • shift unit
Verschiebeeinrichtung *f* <edv> • shifter
Verschiebeelement *n* <lwl> • drive; positioner
Verschiebefunktion *f* <navig> *(Empfänger)* • panning function; pan function; panning mode
Verschiebegelenk *n* <masch> *(in Kardanwellen)* • slip joint *US*; plunging joint *GB*; sliding joint *GB*
Verschiebeimpuls *m* <el> • shift pulse
Verschiebekräfte *fpl* <kfz.antr> *(Verschiebegelenke)* • plunging forces *pl*
Verschiebekran *m* <förd> • shunting crane
Verschiebemechanismus *m* <masch> • traversing mechanism
Verschiebe-Modus *m* <navig> *(Empfänger)* • panning function; pan function; panning mode
Verschieben *n* <büro> *(Kopieren)* • transfer
Verschieben *n* <edv> • moving
Verschieben *n* <navig> *(Display)* • panning
verschieben *v* • set off *v*
verschieben *v* • transpose *v*
verschieben *v* <allg> *(auf später)* • delay *v*
verschieben *v* <tech.allg> • displace *v*
verschieben *v* <tech.allg> *(räumlich, zeitlich)* • shift *v*
verschieben *v* <bahn> • switch *v*
verschieben *v* <edv> • relocate *v*
verschieben *v* <mech> *(z. B. Knoten (Finite-Elemente-Methode))* • dislocate *v*
verschieben *v* <prod> • misalign *v*
verschieben *vt* <tech.allg> *(Kegelscheibe, Zunge im Rechenschieber, Tür)* • slide *vt*
verschieben *vt* <edv> • move *vt*
verschieben *vt* <edv> • pan *vt*
verschieben *vt* <navig> *(Display)* • pan *vt*
Verschieben des Bildausschnitts <edv> • panning
verschiebendes Ladeprogramm *n* <edv> • relocating loader
Verschiebeoperation *f* <edv> • shift operation

Verschieberäder *npl* <masch> • sliding gears
Verschieberäder *npl* <masch> • sliding-mesh gears
Verschieberegal *n prakt* <logist> *(Regale allg.)* • mobile racking *GB, form, pract;* sliding rack *US*
Verschieberegal *n prakt* <logist> *(Fachbodenregal)* • mobile shelving *GB, form, pract;* mobile binning *pract*
Verschieberegister *n* <edv> • shift register
Verschiebevorgang *m* <navig> *(Display)* • panning
Verschiebung *f* <allg> *(zeitlich, z. B. Messung)* • offset
Verschiebung *f* <allg> *(zeitlich)* • postponement
Verschiebung *f* <tech.allg> • displacement
Verschiebung *f* <tech.allg> • shift
Verschiebung *f* <edv> • relocation
Verschiebung der Spektrallinien <opt> • spectral-line displacement
Verschiebung der Spektrallinien <phys> • spectral-line shift
Verschiebungsadresse *f* <edv> • relocation address
Verschiebungsbruch *m* <geo> • sliding rupture
Verschiebungsbruch *m* <qualit.mat> • shear fracture
Verschiebungsdiagramm *n* <el> • shift diagram
Verschiebungsfaktor *m* • displacement factor
Verschiebungsfluss *m* <el> • displacement flux
Verschiebungsflussdichte *f* <el> • displacement flux density
Verschiebungsflusslinie *f* <el> • line of flux
Verschiebungskonstante *f* <el> • permittivity
Verschiebungskonstante *f* <el> • permittivity of vacuum
Verschiebungskonstante *f* <el> • absolute permittivity; dielectric coefficient
Verschiebungsmethode *f* <mech> *(Finite-Elemente-Methode)* • displacement method
Verschiebungsoperator *m* <math> • displacement operator
Verschiebungsplan *m* <math> *(Statistik)* • displacement diagram
Verschiebungsplan nach Williot <mech> *(Festigkeitslehre)* • Williot diagram
Verschiebungspolarisation *f* <phys> • induced polarization
Verschiebungsprogramm *n* <edv> • relocation program
Verschiebungsstrom *m* <el> • displacement current
Verschiebungsstromdichte *f* <el> • displacement current density
Verschiebungsvektor *m* <math> *(z. B. Koordinatenverschiebung)* • displacement vector
Verschiebungswandler *m* <el> • displacement transducer
Verschiebungswicklung *f* <el> • shift winding
verschiedenartig <allg> • dissimilar
verschiedenartig <allg> • heterogeneous
verschiedenartig <allg> • inhomogeneous
Verschiedenartigkeit *f* <allg> *(aufgrund von Merkmalsunterschieden)* • heterogeneity
verschiedenfarbig • heterochromatic
verschiedenfarbig <opt> • varicolored
verschiedenfarbig <opt> • variegated in color
verschiedengestaltig <allg> • heteromorphic
Verschiedenheitsfaktor *m* • diversity factor
verschiedenpolig <el> • heteropolar
verschießen *v* <textil> • fade *v*
verschlacken *v* <chem> • scorify *v*
verschlacken *v* <metall> *(z. B. Ofen)* • slag *v*
verschlacken *v* <metall> *(Gießerei)* • vitrify *v*
Verschlackung *f* <chem> • scorification
Verschlackung *f* <ents> • slagging
Verschlackung *f* <metall> *(Ofen)* • slagging
Verschlackung *f* <metall> • vitrification
Verschlackung *f* <verbr> *(z. B. Ofen, Dampfkesselbrennkammer)* • clinkering

Verschlackungsbeständigkeit *f* <nukl> • slag resistance
Verschlag *m DIN 55405* <pack> • wooden crate; crate
Verschlagwagen *m* <bahn> • stock car *US;* cattle wagon *GB*
verschlammt <geo> • silty
Verschlammung *f* <ents> • siltation
Verschlammung *f* <min> • silting
verschlechtern *v* <tech.allg> *(z. B. Istwerte, Fertigung)* • deteriorate *v*
verschlechtern *vr* <qualit> *(z. B. Betriebszustand, Zuverlässigkeit)* • degrade *vi*
Verschlechterung *f* <qualit> • deterioration
Verschlechterung der Umweltbedingungen *f* <ökol> • ecological deterioration
Verschlechterungsfaktor *m* <kfz.emiss> *(Katalysator)* • deterioration factor (df)
Verschleiern *n* <phot> • fogging
verschleiern *v* <av> • mask *v*
verschleiern *vi/vt* <phot> • fog *vi/vt*
verschleiert <phot> *(Bild)* • fogged; foggy; veiled
Verschleierung *f* <phot> • fogging
Verschleierung *f* <tele> • masking
Verschleifen *n* <kfz> *(Reparaturstellen, Nähte, Unebenheiten; mit Winkelschleifer)* • linishing *GB*
Verschleifen der Übergänge <kfz.rep> *(Lackschliff)* • featheredging; feathering the edges
Verschleiß *m* <tech.allg> *(allg., jede Art der Abnutzung)* • wear and tear
Verschleiß *m* <tech.allg> *(durch Stoffverlust: z. B. Gleitlager, Reifen, Werkzeugschneide)* • wear
Verschleiß *m* <kfz> *(Verschlechterung der Eigenschaften)* • deterioration
verschleißarm *form* <qualit> *(allg.)* • wear-resistant; wear-resisting
Verschleißbarkeit *f* <qualit> • wearing capacity; wearability
verschleißbeansprucht <tech.allg> *(z. B. Oberfläche, Bauteil)* • subject to wear; subjected to wear; wearing
verschleißbeständig <qualit.mat> • abrasion resisting
Verschleißbild *n* <kfz.mot> *(allg.)* • contact pattern; wear pattern
Verschleißdecke *f* <bau> • wearing course
verschleißen *vt* <tech.allg> *(mechanisch; z. B. Kleidung, Möbel, Werkzeug)* • wear *vt*
verschleißen *vt* <tech.allg> *(aktiv, durch Abrieb)* • abrade *vt*
Verschleißfaktor *m* <tech.allg> • deterioration factor (df)
verschleißfest <qualit> *(allg.)* • wear-resistant; wear-resisting
verschleißfest <qualit> *(allg., betont: Oberfläche)* • hard-wearing
verschleißfest <qualit.mat> *(allg. widerstandsfähig gegen Abrieb; z. B. Anstrich, Aufdruck)* • abrasion-resistant; abrasion-resisting; abrasion-proof; resistant to abrasion; non-abrasive
Verschleißfestigkeit *f* <qualit.mat> *(allg.)* • wear resistance; resitstance to wear
Verschleißfestigkeit *f* <qualit.mat> • abrasion resistance
Verschleißfestigkeit *f* <qualit.mat> *(abrasive Beanspruchung; z. B. von Anstrichen, Überzügen, Textilien, Rei)* • abrasion resistance; resistance to abrasion; attrition resistance; abrasion strength
Verschleißfortschritt *m* • wear amount
Verschleißfortschritt *m* <qualit> • wear rate
verschleißfrei <qualit> • wearless
verschleißfrei <qualit.mat> • wear-free; minimal wear; free of any process of wear and tear
Verschleißfühler *m* <brems.msr> *(z.b. Kfz, Kran)* • wear sensor

Verschleißgrenze f <qualit> (z. B. Maschine, Werkzeug)
• service limit; wear limit
Verschleißindikatoren mpl <kfz> • treadwear indicators
pl (TWI); wear bars pl coll
Verschleißinhibitor m <tribo> • extreme-pressure additive; EP/AW additive; load-carrying additive; antiwear additive; EP additive
Verschleißkehle f <bahn> • hollow tread
Verschleißkorrosion f DIN EN ISO 8044 <masch>
• wear corrosion ISO 8044
verschleißlos <qualit.mat> • wear-free; minimal wear;
free of any process of wear and tear
Verschleißmarke f <wz> (z. B. Wendeschneidplatte)
• wear land
Verschleißmarke f <wz.qualit> (insbes. spanende Werk-
zeuge) • wear mark
Verschleißmarkenbreite f • wear land width
verschleißmindernd <qualit> (Beschichtung, Maßnah-
men, Schmierung) • wear-reducing
Verschleißmuster n <kfz.mot> (allg.) • contact pattern;
wear pattern
Verschleißnarbe f <obfl.qualit> • wear scar
Verschleißpartikel n <masch> (abgetragene Partikel;
z. B. Metallspäne, Bremsstaub) • wear debris; rubbings coll
Verschleißplatte f <förd> • wear plate; wearing plate
Verschleißplatte f <masch> • wearing plate
Verschleißprävention f <tech.allg> (z. B. von Ober-
flächen) • wear prevention
Verschleißprozess m <qualit> (fortschreitender Material-
verbrauch durch Reibung) • wear process
Verschleißprüfung f <qualit.mat> • wearing test
Verschleißschicht f <bau> • road surface dressing
Verschleißschicht f <bau> (Straße) • topping
Verschleißschicht f <bau> • wearing course
Verschleißschicht f <masch> • finishing layer
Verschleißschutz msg <qualit> (Maßnahmen gegen
Verschleiß) • wear protection sg; wear control
Verschleißschutzadditiv n <tribo> • extreme-pressure
additive; EP/AW additive; load-carrying additive; antiwear
additive; EP additive
Verschleißschutzeigenschaften pl <tribo> (von
Schmiermitteln) • wear behavior; antiwear characteristics;
antiwear behavior
Verschleißschutzschicht f <obfl> • antiabrasion layer
Verschleißschutzstoff m <tribo> • antiwear agent
Verschleißschutzzusatz m <tribo> (in Schmiermittel;
z. B. Öl) • antiwear additive
Verschleißteil n <masch> • wearing part
Verschleißverhalten n <qualit.mat> (allg.) • wear behav-
ior US; wear characteristics; wear behaviour GB
Verschleißverhalten n <tribo> (von Schmiermitteln)
• wear behavior; antiwear characteristics; antiwear be-
havior
Verschleißversuch m <qualit.mat> • rattler test
Verschleißvolumen n <tech.allg> (z. B. Baggerzahn,
Bremsbelag, Reifen) • volume wear rate
Verschleißwand f <förd> • wear plate; wearing plate
verschleppen vt <phot> • contaminate vt; carry over vt
Verschleppung f AWR <jur> • enforced displacement
Verschleppung fsg <phot> • contamination sg; carry-over
sg; chemical contamination sg
Verschleppung von Bohrinseln f <petr> • towing of
platforms
verschlicken v <ents> • silt v
verschlicken v <ents> • silt up v
Verschließautomat m <prod> • automatic closing machine
verschließbare Gebäudeöffnungen fpl :V <alarm>
• operable openings

verschließen v • occlude v
verschließen v <tech.allg> (z. B. Behälter, Flasche, Briefumschlag) • close v
verschließen v <tech.allg> (z. B. Hohlraum, Öffnung)
• obturate v
verschließen v <bau> (z. B. Loch, Rohr) • plug v
verschließen v <prod> (mit Stopfen) • stopper v
verschließen v <sich> • lock v
verschließen vt <kfz> (mit einem Stopfen) • plug vt
verschließen vt DIN 55405 <prod> • seal vt
Verschließhilfmittel npl DIN 55405 <hilfsm> • closing
device
Verschließkappe f DIN 55405 <pack.teil> • cap
Verschließklappe f DIN 55405 <pack.teil> • flap
Verschließmaschine f DIN 8740-3 <pack> • closing machine
Verschließmaschine f <wz.masch> (z. B. für Konservendosen) • seaming machine
Verschließmembran f DIN 55405 <hilfsm> • closing
membrane
Verschließmittel n sg=pl DIN 55405 <pack.teil> • closure
Verschließorgan n <prod> • closing head
Verschließplombe f <hilfsm> • seal
verschlissen <fz> (Sicherheitsgurt) • frayed; worn
verschlissen <masch> • attrited
verschlissen <textil> • worn-out
verschlissen <textil.qualit> • worn
verschlossene Batterie f <el> (wartungsfreie Batterie)
• sealed battery; captive electrolyte battery
verschlossene Batterie mit Gel-Elektrolyt f <en-
erg.sol> (wartungsfreie Batterie) • gelled battery; silica-gel
captive-electrolyte battery
verschlossene Batterie mit Silikagel-Elektrolyt f
<energ.sol> (wartungsfreie Batterie) • gelled battery; sil-
ica-gel captive-electrolyte battery
verschlüsseln vt <edv> (geheime vertrauliche Nachricht,
Daten) • encrypt vt; code vt pract; encode vt; encipher vt
obs.rare
verschlüsselt <tele> (Nachricht, Signal) • encrypted;
cryptographic rare
verschlüsselte Bake f <navig.mil> • code beacon
verschlüsselte Nachricht f <tele> • enciphered message
verschlüsselter Befehl m <edv> • coded instruction
verschlüsseltes Fernsprechen n <tele> • enciphered
telephony; ciphony
verschlüsseltes Nichtdatenzeichen n <edv> (in Strichcode) • auxiliary character; encoded non-data character
verschlüsselte Sprache f <doku> • coded language
verschlüsseltes Sendeverfahren n <tele> • privacy
system
Verschlüsselung f <edv> (von Daten, als Datenschutz;
z. B. im Internet, Mobilfunk) • encryption; encipherment
Verschlüsselungsalgorithmus m <edv> • encryption
algorithm
Verschlüsselungschip m <ic> • crypto chip
Verschlüsselungsgerät n • encoder
Verschlüsselungsmatrix f • encoding matrix
Verschluss m (Schieber) • gate
Verschluss m <tech.allg> (betont: mit Riegel) • bolt as-
sembly
Verschluss m <tech.allg> • closure
Verschluss m <tech.allg> • fastener
Verschluss m <av> • shutter
Verschluss m rar <edv> (über Schreib-/Leseöffnung von
3,5"-Disketten) • shutter
Verschluss m <masch> • lock
Verschluss m <med> (eines Hohlorgangs; z. B. Atem-
wege) • obstruction; occlusion; clogging; blockage coll

Verschluss *m* <mil> *(Schusswaffe)* • breech; breech block; slide

Verschluss *m* <nfz> *(Sattelkupplung)* • locking mechanism

Verschluss *m* <nfz> *(Sattelkupplung)* • locking mechanism

Verschluss *m* <pack> *(Stöpsel)* • stopper

Verschluss *m* <phot> • shutter

Verschluss *m DIN 55405* <prod> • closure

verschlussähnliches Kamerageräusch *n* <av> *(bei einigen Camcordern im Schnappschussmodus)* • clicking sound effect simulating a photo camera; shutter "click" sound *JVC*

Verschlussaufzug *m* <phot> • shutter cocking mechanism

Verschlussauslöser *m* <phot> • shutter release

Verschlussauslösung mit Selbstauslöser *f* <phot> • time release; timer release; timer-delayed release; self-timer release; shutter release with auto timer

Verschlussbolzen *m* <masch> • locking bolt

Verschlussdecke *f* <bau> *(Straße)* • sealing coat

Verschlussdeckel *m* <tech.allg> • cover lid

Verschluss[deckel] *m* <tech.allg> *(z. B. von Behältern; eher klein)* • cap

Verschlussdeckel *m* <el> *(z. B. Steckdose)* • cover

Verschlussdeckel *m* <kunst.wz> • cap

Verschlussdüse *f* <kst> *(betont: Ventil)* • nozzle shut-off valve

Verschlussdüse *f norm* <kst> *(betont: Düse)* • shut-off nozzle; sealing nozzle; valved nozzle

Verschlussdüsen *fpl* <kst> *(Einrichtungen zum Verschließen der Maschinendüse)* • nozzle shut-off devices

Verschlusseinrichtung *f* <mil> *(Schusswaffe)* • action

Verschlusselement *n* <hydr> • paddle

Verschlussfang *m* <mil> • slide stop; breech catch; slide catch

Verschlussfanghebel *m* <mil> • slide stop; breech catch; slide catch

Verschlussfeder *f* <mil> *(Schusswaffe)* • action spring; recoil spring

Verschlussfederführung *f* <mil> *(Schusswaffe)* • action spring guide; recoil spring guide

Verschlussgehäuse *n* <sport> *(Schießen)* • slide casing *Walther*; receiver

Verschlussgeschwindigkeit *f* <av> • shutter speed

Verschlussgeschwindigkeit *f* <phot> • shutter speed

Verschlussglocke *f* <metall> *(Hochofen)* • bell

Verschlusshebel *m* <mil> *(Freie Pistole)* • breechblock lever

Verschlusskappe *f* <mil> • breech cover

Verschlusskappe *f* <nukl> *(Kernreaktor)* • cover cap

Verschlusskappe *f* <pack> *(mit Gewinde)* • screw cap

Verschlussklappe *f* <pack> *(Papierbeutel)* • sealing flap

Verschlusskolben *m* • breechblock piston

Verschlusskugel *f* <kfz.mot> *(in Kugel-Rückschlagventil; z. B. im Hydrostößel)* • check ball

Verschlusskupplung *f* <masch> • locking coupling

verschlusslos <phot> • shutterless

Verschlussmaschine *f* <nahr> *(Wein)* • bottle-closing machine

Verschlussmechanismus *m* <mil> *(Schusswaffe)* • action

Verschlussmutter *f* <kfz> • spinner; knock-off/on nut; center lock [nut]; Rudge nut; wing nut

Verschlussplatte *f* • closing plate

Verschlussprofil *n :V* <bau> *(des unteren Flügels bei Vertikalschiebefenstern)* • keeper rail

Verschlussprofil *n :V* <bau> *(des oberen Flügels bei Vertikalschiebefenstern)* • lock rail

Verschlussring *m* <kfz> • lock ring; locking ring; split lock ring *did*

Verschlussring *m* <masch> • locking ring

Verschlussring (Tubeless) *m* <kfz> • lock ring - tubeless; locking ring - tubeless

Verschlussrollo *n* <bau> • shutter blind

Verschlussrollo *n* <phot> • shutter curtain

Verschlussschalter *m* • locking switch

Verschlussschalter *m* <el> • secret switch

Verschlussschraube *f* <füg> • screw-in stopper

Verschlussschraube *f* <füg> • screw plug; pipe plug

Verschlussschraube *f* <kunst.wz> • locking screw

Verschlussschraube *f DIN 910.rar* <masch> *(z. B. für Kühlwasser, Schmieröl)* • drain plug

Verschlussschraube *f* <mot> • indicator plug

Verschlussschraube mit Außensechskant *f DIN 909* <füg> *(kegeliges Gewinde)* • hexagon head pipe plug

Verschlussschraube mit Bund und Innensechskant *f DIN 908* <füg> *(zylindrisches Gewinde)* • hexagon socket screw plug

Verschlussschraube mit Bund und Innensechskant *f DIN ISO 1891* <füg> • hexagon socket screw plug

Verschlussschraube mit Bund und innenvierkant *f DIN ISO 1891* <füg> • square socket screw plug

Verschlussschraube mit Bund und Sechskant *f DIN ISO 1891* <füg> • hexagon head screw plug

Verschlussschraube mit Bund und Vierkant *f DIN ISO 1891* <füg> • square head screw plug

Verschlussschraube mit Innensechskant *f DIN 906* <füg> *(kegeliges Gewinde)* • hexagon socket pipe plug

Verschlussschraube mit innensechskant und kegeligem Gewinde *f DIN ISO 1891* <füg> • hexagon socket pipe plug

Verschlussschraube mit kegeligem Gewinde *f DIN 909* <füg> • pipe plug

Verschlussschraube mit Sechskant und kegeligem Gewinde *f DIN ISO 1891* <füg> • hexagon head pipe plug

Verschlussschraube mit zylindrischem Gewinde *f* <füg> • screw plug; pipe plug

Verschluss spannen <phot> • cock the shutter

Verschlusssperre *f* <mil> • slide stop; breech catch; slide catch

Verschlussspiegel *m* <kfz> • shutter bow

Verschlussstellung *f* <bau> • locked position

Verschlusssteuerung *f* <phot> • shutter control mechanism

Verschlussstopfen *m* <tech.allg> *(allg.)* • plug

Verschlussstopfen *m* <füg> • screw plug; pipe plug

Verschlussstopfen *m* <kfz> *(Schüttgutkatalysator)* • fill plug; drain plug; service fill plug

Verschlussstopfen *m* <kfz.el> *(Batterie)* • vent plug

Verschlussstopfen *m* <pack> • stopper

Verschlussstopfen *m* <rls> *(z. B. Ablaßrohr)* • end plug

Verschlussstück *n* <mil> *(Schusswaffe)* • breech; breech block; slide

Verschlussstück *n* <mot> • indicator plug

Verschlussstück *n* <nukl> *(Strahlenkanal)* • stringer

Verschlusssystem *n* <bekl> *(Helm)* • fastening system

Verschlussüberwachung *f* <alarm> • surveillance of locked state

Verschlussvolumen *n* <bio> *(Lungenvolumen, bei dem sich die kleinen Atemwege selbst schließen)* • closing volume (CV)

Verschlussvorhang *m* <phot> • blind; curtain

Verschlusszeit *f* <av> *(Videokamera)* • shutter time

Verschlusszeit *f* <phot> • shutter speed; speed *pract.coll.*

Verschlusszeit *f* <phot> • shutter speed

Verschlusszeit/Blenden-Kombination *f* <phot> • speed/aperture combination

Verschlusszeitenbereich m <phot> • shutter speed range
Verschlusszeitenknopf m <phot> • shutter speed dial
Verschlusszeitenprisma n <phot> • shutter speed information plate
Verschlusszeitenskala f <phot> • shutter speed scale
verschmelzen v <chem> (kolliodale Teilchen) • coalesce v
verschmelzen v <metall> • fuse together v
verschmelzen v <metall> • smelt v
verschmelzen v <prod> (Öffnung) • seal v
verschmelzen vi <mat> (auf Molekülebene; z. B. durch Wärme, Lösungsmittel) • coalesce vi
Verschmelzung f rar <econ> (von Unternehmen) • merger; amalgamation rare
Verschmelzungsfrequenz f <opt> • fusion frequency
Verschmieren n <petr> • balling; bit balling
verschmieren v • clog v
verschmieren v <druck> (Schrift) • smear v
verschmieren v <prod> (Schleifscheibe) • load v
verschmieren v <prod> • lute v
verschmieren v <druck> (Druckfarbe, Druckbild) • smear v; slur v
verschmiert <energ.sol> (Bild) • blurred
verschmoren vi <el> (z. B. Kontakt) • scorch vi
verschmorter Kontakt m <el> • scorched contact
verschmutzen v <allg> • make dirty v
verschmutzen v <tech.allg> • soil v
verschmutzen v <el> (Kontakte) • soot v
verschmutzen v <ökol> • contaminate v
verschmutzen v <ökol> • pollute v
verschmutzen vi <kfz.el> (Zündkerze) • foul vi
verschmutzen vt ugs <tech.allg> (allg. verunreinigen) • contaminate vt; soil vt
verschmutzt <tech.allg> (allg.; z. B. Umwelt) • contaminated; polluted
verschmutzt <av> (z. B. Videokopf) • clogged; dirty adj
verschmutztes Papier n <pap.ents> • contaminated paper
Verschmutzung f <tech.allg> • soiling
Verschmutzung f <kfz.el> (Zündkerze) • fouling
Verschmutzung f <msr> • contamination Siemens, 2/2; process contamination
Verschmutzung f <ökol> • contamination
Verschmutzung f <ökol> • dirtiness
Verschmutzung f <ökol> (z. B. Luft, Wasser) • pollution
Verschmutzung der Meere f <ökol> • marine pollution
Verschmutzung der Videoköpfe <av> • video head clogging
Verschmutzung durch Fluorid f <ökol> • fluoride pollution
Verschmutzung durch Haushalte f <ökol> • domestic pollution
Verschmutzung durch Öl f <ökol> • oil pollution
Verschmutzung durch Schwefeldioxid f <ökol> • sulfur-dioxyde pollution
Verschmutzung durch Schwermetalle f <ökol> • heavy metal pollution
Verschmutzungsanzeiger m <ökol> • indicator of pollution
Verschmutzungsfaktor m <allg> • dirt factor
Verschmutzungsfaktor m <rls> (Heizflächenberechnung) • slagging factor
Verschmutzungsgebühren f <ökol> • pollution charges
Verschmutzungsgrad m • degree of contamination
Verschmutzungsgrad m • degree of pollution
Verschmutzungsgrad m • degree of soiling
Verschneiden n <masch> (Gewinde[flanken]) • cross threading; shaving; thread lapping

Verschneiden n <nahr> (Wein) • blending
verschneiden v (Lösungsmittel) • dilute v
verschneiden v <agri> (z. B. Baum) • prune v
verschneiden v <petr> • cut back v
verschneiden v <petr> • flux v
verschneiden v <verf> • blend v
verschneiden vt <nahr> (betont: Mischen mit Qualitätsminderung) • adulterate vt
Verschneiden von Erz n <nukl> • blending
verschneites Bild n ugs <av> (auf Bildschirm) • snowy picture coll
Verschnitt m <nahr> (Wein) • blend
Verschnitt m <prod> • blanking waste
Verschnitt m <prod> • clippings
Verschnitt m <prod> • offcut
Verschnitt m <prod> • scrap
Verschnitt m <prod> (Sägen) • waste
Verschnittbenzin n <mot> • blended gasoline
Verschnittbenzin n <mot> • blended petrol
Verschnittbitumen n • bitumen cutback
Verschnittbitumen n <bau.mat> • cutback bitumen
verschnittenes Gewinde n <prod> • crossed thread; mismatched thread
Verschnittmittel n <tech.allg> (betont: verdünnend) • diluent ISO 4617
Verschnittmittel n <nahr> (betont: verfälschend) • adulterant
Verschnittöl n • flux oil
Verschnittwein m <nahr> • blending wine
Verschnürmaschine f <druck> • cording machine
Verschnürmaschine f <druck> • tying-up machine
Verschnürungsdraht m <ents.pap> (für Ballen aus Altpapier) • transportation wire
verschönern vt <kfz> (z. B. Motorteile) • dress up vt
verschränkbare Achse f <nfz> • articulating axle
verschränken v (z. B. Riemen) • cross v
verschränken v • slip v
verschränken v <tech.allg> (z. B. Programme, Verfahren, Abläufe) • interlace v
verschränken v <bau> • joggle v
verschränken v <prod> (z. B. Fertigungsabläufe) • interconnect v
verschrauben vt <füg> • bolt together vt
verschrauben vt <füg> • screw together vt
verschrauben vt <petr> • make up vt
verschrauben vt <petr> (Gestänge, Meißel) • make up vt
verschraubt <allg> • connected
verschraubter elektrischer Anschluss m <el> • screwed connector
verschraubter Rahmen m <bau> • mechanical frame
verschraubtes Feld n <nukl> • helicoidal field; helical field
Verschraubung f <füg> • bolting
Verschraubung f <füg> • bolting-up
Verschraubung f <füg> • screw joint
Verschraubung f <füg> • screwing
Verschraubung f <füg> • threaded joint
Verschraubung f <füg> • threaded assembly; assembly; threaded connection
Verschraubungslänge f rar <masch> (Gewinde) • length of thread engagement; thread engagement; length of engagement; thread reach; engagement length
verschrotten v <ents> • scrap v
Verschrottung f ISO 9000 <qualit> (Verhinderung des ursprünglich beabsichtigten Gebrauches) • scrap ISO 9000
Verschrottungsderby n <kfz.sport> • demolition derby
verschütteln vt <pharm> • succuss vt
verschütten v <allg> • shed v
verschütten v <allg> • spill v

verschüttetes Öl n <ökol> (auf dem Boden) • oil spill
verschwächen v <prod> (Kesselrand) • thin v
verschwammen v <silik> • sponge v
Verschwefelung f <chem> • thionation
Verschweißen n <edv> (von Grafikobjekten) • welding
Verschweißen n <tribo> (Verschleiß) • welding; local welding
verschweißen v <füg> • weld v
verschweißen v <füg> • weld together v
verschweißen v <kst> (z. B. Folien) • seal v
verschweißen v <lwl> (von Glasfasern) • fuse v; splice v
verschweißt <bau.kst> (Kunststoffrahmen) • welded
verschweißte Naht f <bekl> (Regenbekleidung) • welded seam
verschweißte Wurzel f <füg> • back weld
verschwelen v • carbonize v
verschwelen v <feuer> • char v
Verschwelung f <ents> • carbonisation
Verschwemmen n <kfz.rep> (Karosseriezinn) • filling; cover lead loading
Verschwenkung f <phot> • avertence
Verschwertung f <bau> • diagonal cross bracing
Verschwertung f <bau> • diagonal bracing; cross bracing; X-bracing pract; diagonal cross bracing rare
Verschwiegenheit f <jur> • secrecy
Verschwimmen n <petr> • floating
verschwimmen v (Farbschattierung) • blend into each other v
verschwimmen v (Opt.; Akust.) • blur v
verschwinden v • become zero v
verschwinden v <allg> • disappear v
verschwinden vi <math> • vanish vi
verschwindende Modulation f <tele> • zero modulation
verschwindendes magnetisches Moment n <phys> • zero magnetic moment
verschwommen <phot> (Bild; verschleiert, trüb) • hazy; blured
verschwommener Druck m <druck> • mackle
versehentlich <allg> (z. B. durch Fehlbedienung) • inadvertent; unintentional
verseifen vt <chem> • saponify vt
Verseifung f <chem> • saponification
Verseifung f <obfl> • saponification
Verseifungsprodukt n <chem> • saponification product
Verseifungszahl f <chem> • saponification number
Verseifungszahl f <chem> • saponification value
Verseifungszahl f <tribo> • saponification number
verseilen v <prod> (Kabel) • strand v
verseilen v <prod> (Kabel) • twist v
Verseilmaschine f <wz.masch> • quadding machine
verseilt <el> (Kabel) • stranded
verseilter Leiter m rar <el> • stranded conductor; multistrand conductor; stranded wire; strand
verseiltes Kabel n <el> • rope-lay cable
verseiltes Kabel n <el> • stranded cable
verseiltes Kategorie 5 Rohkabel f <edv> • category 5 stranded bulk cabel
versenden vt <logist> (kleinere Waren, Güter, Artikel, Bestellungen) • ship vt
versengen vt <obfl> • sear vt
versengen vt ISO 13943 <obfl> (unvollständiges Verkohlen durch Wärme) • scorch vt ISO 13943
Versenkantenne f <kfz.av> • retractable antenna US; retractable aerial GB
Versenkausführung f <kfz> (z. B. der Bolzenlöcher in Rädern) • countersink design/type
versenkbar <kfz> (Seitenscheiben) • movable
versenkbar <phot> • retractable

versenkbar <theat> • lowered, sth. which can be
versenkbare Mittelbühne f <theat> • double stage; double-deck stage
versenkbare Spielbühne f <theat> • double stage; double-deck stage
Versenkbühne f <theat> • sinking stage
Versenken n <kfz> • frenching
versenken vt <textil> (Schlossteil) • put into action vt
Versenkfenster n <bau> • drop window
Versenkgrube f <ents> • lay-away pit
Versenkgrube f <ents> • lay-away vat
Versenkschiebebühne f <theat> • sinking and sliding stage
versenkt <allg> (technisch; psychologisch) • immersed
versenkt <tech.allg> • recessed; flash-mounted; sunk
versenkt <tech.allg> • submerged
versenkt <tech.allg> (z. B. Befeurung der Landebahn; Objektivfassung) • sunk
versenkt <nav> (durch Öffnen der Seeventile) • scuttled
versenkt anbringen v <prod> • recess v
versenkt eingebautes Instrument n <tech.allg> • flush-type instrument
versenkter Schalter m <el> • flush switch
versenkter Schalter m <el> • sunk switch
versenkter Scheibenwischer m <kfz> • hideaway wiper; hidden wiper; disappearing wiper
versenkte Schraube f <füg> • countersunk screw
versenkt montiert <tech.allg> • flush-mounted
versenkt montiert <tech.allg> • recess-mounted
versenkt montiert rar <tech.allg> (in den Boden, in die Wand) • flush-mounted; recessed
Versenkung f <tech.allg> • recess
Versenkung f <prod> • dimple
Versenkung f <theat> • trap; bridge
Versenkung in Schluckbrunnen f <ents> • deep well disposal
Versenkungsdrehbühne f <theat> • cylindric revolving stage
Versenkungsöffnung f <theat> • trap opening
Versenkungsschieber m <theat> • trap door
Versenkungstisch m <theat> • stage trap; grave trap; bridge; stage elevator
versetzen vt <tech.allg> (an anderen Ort bringen; z. B. Personen, Gebäude) • displace vt
versetzen vt <metall> (Kristallgefüge) • dislocate vt
versetzen vt <opt> (Ausrichtung dejustieren, falsch fluchten) • misalign vt
versetzen vt <prod> (falsch positionieren) • misplace vt
versetzer Kurbelzapfen m <kfz.mot> (Gabelmotor) • offset crankpin
versetzt <tech.allg> • offset adj
versetzt anordnen vt <tech.allg> • stagger vt
versetzte Kolbenringstöße fpl <kfz.mot> • staggered ring [end] gaps pl; offset ring [end] gaps pl
versetzter Abzug m <mil> • offset trigger
versetzter Frontalaufprall m <kfz> • offset crash
versetzter Kern m <prod> (Gießerei) • misplaced core
versetzter Köper m <textil> • transposed twill
versetztes Trägerwellensystem n <av> • offset carrier system
versetzt stapeln vt <druck> (Kopierer) • offset stacks vt
Versetzung f • misalignment
Versetzung f <tech.allg> (Anordnung, z. B. Niete, Schweißnähte; Stockwerke) • staggering
Versetzung f <bau> • offset
Versetzung f <edv> (CAD) • offset
Versetzung f <energ.sol> • dislocation
Versetzung f <mat> • dislocation
Versetzung f <navig> • drift; set

Versetzungsdichte f <metall> (Kristallgefüge) • dislocation density
Versetzungsebene f <metall> (Bruchmechanik) • dislocation plane
Versetzungsenergie f <metall> (Bruchmechanik) • dislocation energy
versetzungsfrei <metall> (Kristallgefüge) • dislocation-free
Versetzungsgewinn m • staggering advantage
Versetzungslinie f <metall> (Bruchmechanik) • dislocation line
Versetzungspotential n <metall> (Bruchmechanik) • dislocation potential
Versetzungsquelle f <metall> • dislocation source
Versetzungssprung m • jog
Versetzungssprung m <metall> (Bruchmechanik) • dislocation jog
Versetzungswanderung f <mat> • migration of dislocations
Versetzungswinkel m <prod> • offset angle
verseuchen vt rar <tech.allg> (mit Viren; z. B. einen Datenträger) • infect vt
verseuchen vt ugs <tech.allg> (mit Strahlung, Chemikalen, Bakterien viren u.ä.) • contaminate vt
verseuchte Erde f <ents> (vor Ort oder als Aushub) • contaminated soil
verseuchte Erde f <ents> (an Ort und Stelle) • contaminated soil
verseuchtes Erdreich n <ents> (an Ort und Stelle) • contaminated soil
Verseuchung f <nukl> • contamination
Verseuchung f <ökol> • contamination
versicherungsmathematische Grundsätze mpl <vers> • actuarial principles
versicherungsmathematisches Gutachten n <vers> • actuarial appraisal
Versicherungsprämie f <kfz.vers> • insurance premium GB
Versickern n <ents> • seepage
Versickern n <ents> (Boden) • percolation; seepage; infiltration
versickern v • infiltrate v
versickern v <tech.allg> • percolate v
Versickerung f • infiltration
Versickerung f <hydr> • percolation
Versickerung fsg <ents> • percolation; leaching
Versiegeln n <bau> (der Straßenbelagoberfläche) • sealing
versiegeln vt <obfl> (z. B. Fußboden) • seal vt
Versiegeln von Erz n <nukl> • sealing
Versiegelung f <bau> (Verglasen mit Dichtstoffen) • caulking
Versiegelung f <bau> (der Straßenbelagoberfläche) • sealing
Versiegelung f <obfl> (Lack) • sealer
Versiegelungsmasse f <tech.allg> (z. B. für Nähte, Fugen, Risse) • sealant; sealer; sealing compound; sealing agent; jointing compound
Versiegelungsschicht f <bau> (auf Straße) • sealing coat; seal coat; surface dressing
versiegte Bohrung f <petr> • depleted well
Versilbern n <obfl> • silver plating
versilbern vt <obfl> (galvanisch) • silver-plate vt; silver vt
versilbert <obfl> • silvered
Versilberungsbad n <obfl> • silver-plating bath
Version f <tech.allg> (eine von mehreren Ausführungsmöglichkeiten eines Produkts) • model; version; type; style; build rare
Version mit großer Reichweite f <tele> • long-reach version

versorgen vt <logist> (bedienen) • service vt
versorgen vt <logist> (mit etwas) • supply vt
versorgen vt <nahr> (Bedürfnisse) • cater for vt
versorgen vt <tele> (räumliche Gebiete mit Rundfunk, Fernsehen, Mobilfunk) • cover vt
versorgen vt <tele> • serve vt
Versorger m <nav> (für Bohrplattform) • supply ship
Versorgung f (mit etwas, z. B. Gas, Strom, Wasser) • supply
Versorgung f <bau> (z. B. Wasserversorgung) • service
Versorgung f <energ> (allg.; von/mit elektrischer Energie) • supply
Versorgung f <ökon> (z. B. mit Rundfunk, Fernsehen, Mobilfunk) • coverage
Versorgung f <soz> (z. B. von Hinterbliebenen) • provision
Versorgung mit Speisen und Getränken f <gastr> (z. B. auf Messen, Tagungen, in der Bahn, im Flugzeug) • catering
Versorgungsaggregate in einem Wohnblock fpl <petr> (Bohrinsel) • utility equipment
Versorgungsbereich m <ökon> (Dienstleistungen (z. B. Fernsehen, Tankstellen), Waren) • coverage
Versorgungsbereich m <tele> • service area
Versorgungsbetrieb m prakt <energ.org> (allg.; für Wasser, Strom, Gas) • public utility company; public service company; public utility pract; utility coll
Versorgungsdeck n <petr> (Bohrplattform) • supplying deck
Versorgungsdruck m <med.tech> • supply pressure
Versorgungsdruck m <pneum> • supply pressure
Versorgungsdüse f <hlk> (Klimaanlage) • supply nozzle
Versorgungsfahrzeug n <petr> • tender
Versorgungsgebiet n <av> • primary coverage area
Versorgungsgebiet n <el> (Kraftwerk) • supply area
Versorgungskabel n <el> • service cable
Versorgungskabel n <el> • supply cable
Versorgungskanal m <bau> • service channel
Versorgungskanal m <bau> • service tunnel
Versorgungsleistung f <admin> • service
Versorgungsleistung f rar <gastr> (z. B. auf Messen, Tagungen, in der Bahn, im Flugzeug) • catering
Versorgungsleitung f <tech.allg> (z. B. für Druckluft, Gas, Strom, Wasser) • supply line
Versorgungsleitung f <el> (Kabel) • supply cable
Versorgungsleitung f <rls> (Rohr) • supply pipe
Versorgungsluftdruck m <pneum> • input air pressure
Versorgungsmessung f <ökon> • measurement of coverage
Versorgungsnetz n <el> • supply mains
Versorgungsschiff n <nav> (eher klein; z. B. für Bohrplattform) • supply boat; supply ship
Versorgungsschiff n <nav.logist> (allg.) • supply ship; depot ship; tender
Versorgungssicherheit f <energ.sol> • availability
Versorgungsspannung f <tech.allg> • distribution voltage
Versorgungsspannung f <el> • operational voltage
Versorgungsspannung f <el> (betont: Spannung der Stromquelle) • supply voltage
Versorgungsspannung f <el> (für Stromverbraucher aller Art) • supply voltage
Versorgungsspule f <tech.allg> (z. B. für Draht, Feinblech, Papier) • supply spool; take-off reel
Versorgungstank m <logist> • supply tank
Versorgungs- und Entsorgungsleitungen fpl <bau> • supply lines and drains
verspachteln vt <bau> • seal vt
Verspannen n DIN ISO 2424 <textil> (Spannteppich) • installation by stretching ISO 2424

verspannen *vt* <tech.allg> *(mit Seilen, Drähten etc.; z. B. Mast, Turm, Antenne)* • guy *vt*; stay *vt*; brace *vt*

verspannen *vt* <aerospace> • rig up *vt*

Verspannung *f* <tech.allg> *(mit Draht, Seilen etc.)* • bracing

Verspannung *f* <tech.allg> • guy

Verspannung *f* <tech.allg> • guying

Verspannung *f* <prod> *(falsches Einspannen, allg.; z. B. in Schraubstock)* • faulty clamping

Verspannung *f* <prod> *(falsches Einspannen; in Spannfutter)* • faulty chucking

Verspannung *f* norm <rls> *(von Gelenkkompensatoren)* • tie rods; tie bars

Verspannung *f* <silik> • strain

Verspannungen im Antriebsstrang <kfz.antr> • strain in the drivetrain; strain in the transmission; distortion between the front and rear axles; distortion of the drivetrain

Verspannungen im Antriebsstrang hervorrufen <kfz.antr> • place strain on the transmission

Verspannungen zwischen Vorder- und Hinterachse <kfz.antr> • strain in the drivetrain; strain in the transmission; distortion between the front and rear axles; distortion of the drivetrain

versperren *vt* <allg> *(z. B. Aussicht)* • obstruct *vt*

versperren *vt* <tech.allg> *(mit Querstange, -balken)* • bar *vt*

versperren *vt* <tech.allg> *(allg.; z. B. Durchgang)* • block *vt*

versperren *vt* <bau> *(Schloss)* • shut *vt*

verspiegelt <energ.sol> • mirrored; silvered

verspiegelte Lampe *f* <licht> • mirrored lamp

verspiegelte Lampe *f* <licht> • reflector lamp

Verspiegelung *f* <obfl> *(mit Alu)* • aluminizing

Verspiegelung *f* <obfl> *(Glasrückseite; allg. mit Metall)* • metallization; silvering

verspinnbar <textil> • spinnable

Verspinnbarkeit *f* <textil> *(Fasern)* • spinnability

Verspinnen *n* <kst.textil> • spinning

Verspinnen *n* <verf> • spinning [process]

verspinnen *vt* <textil> • spin *vt*

versplinten *vt* <füg> • cotter *vt*

versplintet <masch> *(Verbindung)* • cottered

verspoilert *derog* <kfz> • spoilerized *derog*

verspreizen *vt* <tech.allg> *(z. B. Gerüst)* • brace *vt*

verspreizen *vt* <tech.allg> *(sichern verkeilen; z. B. Mast, Schalungsbretter)* • chock *vt*

verspreizen *vt* <bau> *(mit Streben, Balken)* • strut *vt*

verspritzen *vt* <tech.allg> *(kleine feste, schnelle Spritzer, Farbe, Funken)* • spatter *vt*

verspritzen *vt* <tech.allg> *(sehr nasse, große Spritzer; z. B. Wasser)* • splash *vt*

Verspröden *n* <qualit.mat> *(allg.)* • embrittlement

verspröden *vi* <qualit.mat> • embrittle *vi*

versprödeter Schlauch *m* <pap> • dry hose

Versprödung *f* <obfl> *(von Überzügen)* • degradation

Versprödung *f* <qualit.mat> *(allg.)* • embrittlement

Versprödungstemperatur *f* <mat> • embrittlement temperature

versprühen *vt* <tech.allg> *(sehr fein verteilen)* • atomize *vt* US.GB; atomise *vt* GB.rare

versprühen *vt* <agri> *(Sprühmittel; z. B. Herbizid)* • spray *vt*

versprühen *vt* <verf> *(allg.; z. B. Wasser)* • spray *vt*

verspülen *vt* <min> • flush *vt*; fill *vt*

verspunden *vt* <bau> • bung *vt*

Verstählen *n* <metall> • acierage; acieration

verstählen *vt* <metall> • steel *vt*; steelify *vt*; steel-face *vt*

Verstählung *f* <metall> • acierage; acieration

Verständigungsbereich *m* <edv> *(Plattenbetriebssystem)* • communication region

verständlich <psych> • intelligible

verständliches Nebensprechen *n* <tele> • intelligible cross-talk

Verständlichkeit *f* <allg> *(der Aussprache)* • articulation

Verständlichkeit *f* <allg> *(Lautstärke, Hörbarkeit)* • audibility

Verständlichkeit *f* <allg> *(Deutlichkeit der Aussprache, Darstellung)* • clearness

Verständlichkeit *f* <doku> *(Klarheit der Darstellung; z. B. von Anleitungen)* • readability

Verständlichkeit *f* <tele> *(Verstehbarkeit)* • intelligibility

Verständlichkeitsäquivalent *n* <tele> • articulation equivalent

Verständlichkeitsprüfung *f* <tele> • listening test

verstärken *vt* <allg> *(z. B. Konstruktion)* • fortify *vt*

verstärken *vt* <tech.allg> *(vervielfachen; z. B. Signal, Spannung, Effekt)* • amplify *vt*

verstärken *vt* <tech.allg> *(von hinten von der Rückseite her; z. B. Folie)* • back up *vt*

verstärken *vt* <tech.allg> *(z. B. Signal, Schub)* • boost *vt*

verstärken *vt* <tech.allg> *(z. B. Einfluss, Wirkung)* • enhance *vt*

verstärken *vt* <tech.allg> *(z. B. Intensität)* • increase *vt*

verstärken *vt* <tech.allg> *(z. B. Anstrengung, Kontrast, Verfahren)* • intensify *vt*

verstärken *vt* <tech.allg> *(Personal, Material, Anstrengungen)* • reinforce *vt*; strengthen *vt*

verstärken *vt* <tech.allg> • reinforce *vt*; strengthen *vt*

verstärken *vt* <chem.verf> *(Säure)* • fortify *vt*

verstärken *vt* <mat> *(z. B. durch Einlagen von Stahl, Glasfaser, Carbonfaser)* • reinforce *vt*

verstärkende Wirkung *f* <masch> • servo action

Verstärker *m* <tech.allg> *(betont: zusätzliche Wirkung, Leistungsanhebung)* • booster

Verstärker *m* <chem> *(betont: Intensivierung von etw.; z. B. Farbe)* • intensifier

Verstärker *m* <el> *(betont: Vervielfachung eines Signals oder Eingangswerts)* • multiplier

Verstärker *m* <el> *(allg.; z. B. in Audiosystemen)* • amplifier

Verstärker *m* <metall> *(Kohlungsmittelzusatz)* • energizer

Verstärker *m* <mus> *(Verstärkeranlage mit integriertem Lautsprecher)* • amplifier; combo *coll*

Verstärker *m* <opt> *(für Licht, Helligkeit; z. B. in LWL)* • amplifier

Verstärker *m* <tele> *(betont: Wiederholung; z. B. für Signale über lange Distanzen)* • repeater

Verstärkerabschnitt *m* <el> • repeater section

Verstärkerabstand *m* <edv> *(im Netzwerk)* • repeater distance; repeater spacing

Verstärkerabstand *m* <lwl> • amplifier spacing

Verstärkeramt *n* <tele> • repeater station

Verstärkerausgang *m* <el> • amplifier output

Verstärkerbandbreite *f* <el> • amplifier bandwidth

Verstärkerbatterie *f* • booster battery

Verstärkerbaustein *m* <el> • amplifier module

Verstärkerdrossel *f* <phys> • transductor choke

Verstärkereingang *m* <el> • amplifier input

Verstärkereinschub *m* <el> • plug-in amplifier

Verstärkerfeld *n* <el> • repeater section

Verstärkerfolie *f* <nukl> • intensifying screen

Verstärkerfüllstoff *m* <kst> • reinforcing filler

Verstärkerfüllstoff *m* <mat> • reinforcing ingredient

Verstärkergestell *n* <el> • repeater bay

Verstärkerhüllkurve *f* <av> *(Lautstärkeverlauf eines Klanges)* • amplifier envelope; amplifier contour; amplifier EG; volume contour; volume EG

Verstärkerkette *f* <el> • amplifier chain

Verstärkerkreis *m* • amplifying circuit

Verstärkermaschine f <el> • rotary amplifier
Verstärkermaschine f <el> • rotating amplifier
Verstärkermaschine f <el> • rotating magnetic amplifier
Verstärkermessgestell n <tele> • repeater test rack
Verstärkerpumpe f <tech.allg> • booster pump
Verstärkerpumpe f <masch> (z. B. Hauswasserversorgung) • booster
Verstärkerrauschen n <av> • amplifier noise
Verstärkerröhre f • amplifier tube
Verstärkerröhre f <el> • power amplifier tube
Verstärkerschaltung f • amplifying circuit
Verstärkerschaltung f <el> • amplification circuit
Verstärkerschaltung f <el> • repeater circuit
Verstärkerspule f <el> • boost coil
Verstärkerstation f (Rohrleitung) • booster station
Verstärkerstation f <el> • amplifier station
Verstärkerstufe f • amplifier stage
Verstärkerstufe f • gain stage
Verstärkertransistor m <el> • amplifying transistor
Verstärkerventil n <kfz.antr> (Hydraulik) • boost valve; booster valve
Verstärkervoltmeter n <el> • amplifier voltmeter
Verstärkerwicklung f <el> • amplifying winding
verstärkt <tech.allg> (bewehrt; z. B. Stahlbeton, GFK-Teile, Gewebe) • reinforced; strengthened
verstärkt <kfz> (Stoßdämpfer, Federn) • uprated; stiffer coll
verstärkt <mech> (für besondere Belastung ausgelegt) • heavy-duty; reinforced rare; beefed-up coll
verstärkte Bodengruppe f <nfz> • reinforced floor platform
verstärkte Isolierung f :V <el> • reinforced insulation IEC 60601-1
verstärkte Kühlung f <verf> (intensiver als normal) • improved cooling
verstärkter Kunststoff m <kst> • reinforced plastic
verstärkter Packstoff m DIN 55405 <mat.allg> • reinforced material
verstärkter Reifen m <prod> • reinforced tire
verstärkter Schaft m <wz> (Gewindebohrer) • reinforced shank [diameter]
verstärkter Synchronimpuls m <av> (bei Aufzeichnung) • amplified sync impulse
verstärktes Cockpit n :V <aerospace> • hardened cockpit
verstärkte Spitze f <bekl> (Stiefel) • reinforced toe
Verstärkung f (z. B. Folie) • backing-up
Verstärkung f • boost
Verstärkung f • boosting
Verstärkung f (Wirkung) • enhancement
Verstärkung f (z. B. Konstruktion) • fortification
Verstärkung f <tech.allg> • reinforcement
Verstärkung f <tech.allg> (Festigkeit; Lösung) • strengthening
Verstärkung f <tech.allg> (durch Faser- oder Gewebeeinlagen in Gussmassen) • reinforcement
Verstärkung f <tech.allg> • increase; increment form; growth; rise coll
Verstärkung f <akust> • transmission gain
Verstärkung f <bau> (von Kunststoffprofilen; z. B. für Fenster, Rollläden) • reinforcement
Verstärkung f <chem> (Lösung) • concentration
Verstärkung f <edv> (eines Repeaters) • repeater gain
Verstärkung f <el> (Signal, Spannung; Vorgang und Ergebnis) • amplification
Verstärkung f <energ.sol> • structural support
Verstärkung f <kfz> (durch Formgebung, Sicken, Verstärkungsbleche etc.) • reinforcement; strengthener
Verstärkung f <nahr> (Wein) • fortification

Verstärkung f <pack> • backing
Verstärkung f <phot> • intensification
Verstärkung f <phys> (Akustik, Elektronik, Optik) • gain
Verstärkung f <psych> (von Anstrengungen) • intensification
Verstärkung f <verf> (von Filtergeweben) • armament
Verstärkungsabfall m • gain fall-off
Verstärkungsabfall m <el> (Elektronik) • decrease of gain
Verstärkungsband n <mat> (Gewebe; z. B. an Segelkanten) • reinforcement tape
Verstärkungsbandbreitezahl f <tele> • power-band merit
Verstärkungsblech n <masch> (allg.) • stiffening sheet
Verstärkungsblech n <masch> (eher dick) • stiffening plate
Verstärkungsfaktor m <allg> • excess gain
Verstärkungsfaktor m <el> • amplification factor; gain pract; amplification coefficient rare
Verstärkungsfaktor m <el> (z. B. bei Lautstärke in Dezibel) • gain factor
Verstärkungsfaktor m <el> • multiplication factor
Verstärkungsfaktor m <el> (zwischen Elektroden) • voltage factor
Verstärkungsfaktor m <msr> • gain constant
Verstärkungsfaktor m <phys> • mu factor
Verstärkungsfaktor m <tele> • multiplier gain
Verstärkungsfaser f <kst> • reinforcing fiber
Verstärkungsfasergehalt m <kst> • content of reinforcing fiber
Verstärkungsfeder für Stoßdämpfer <kfz> • shock absorber helper spring; booster spring pract.coll
Verstärkungsfeinregler m <el> • fine gain control
Verstärkungsgerade f <chem> (Destillation) • enrichment line
verstärkungsgeregelt • gain-controlled
Verstärkungsglied n <msr> • amplification element
Verstärkungskammer f <bau> • reinforcement chamber
Verstärkungskennlinie f <phys> • gain characteristic
Verstärkungskonstanz f • gain stability
Verstärkungskurve f <phys> • gain characteristic
Verstärkungsmaterial n <kst> • reinforcing materials pl
Verstärkungsmuffe f <tech.allg> • reinforcement sleeve
Verstärkungspfeiler m <bau> • buttress
Verstärkungspfeiler m <bau> • counterfort
Verstärkungspfeiler m <bau> • wall-supporting buttress
Verstärkungsplatte f <bau> • reinforcement plate
Verstärkungsplatte f <bau> • stiffening plate
Verstärkungsplatte f <nav> • backing plate
Verstärkungsregelung f <el> • gain control
Verstärkungsregler m <el> • gain controller
Verstärkungsring m <tech.allg> • reinforcing ring
Verstärkungsring m <bau> (Abschluss der Schale eines Stahlbetonkühlturms) • ring beam
Verstärkungsring m <edv> • hard hole ferretti
Verstärkungsring m <rls> (von zweiwelligem Gummikompensator) • external center reinforcing ring
Verstärkungsrippe f <tech.allg> (an dünnwandigen Elementen, z. B. Platten, Rohren) • strengthening rib; stiffening rib
Verstärkungsrippe f <bau.hydr> (Dammtafel) • stiffener
Verstärkungsrippe f <kst> • rib
Verstärkungsschirm m <nukl> • intensifying screen
Verstärkungsspannung f • boosting voltage
Verstärkungsstufe f <el> • amplifying stage
Verstärkungsteil m (Destillation) • enriching section; rectifying section
Verstärkungswulst m/f <tech.allg> (z. B. Reifen) • reinforcing pad

verstäuben *v* • dust *v*
Verstäubungsgerät *n* <agri> • dusting appliance
Verstäubungsverlust *m* • dust loss
Verstandenzeichen *n* <tele> • understood sign
verstauben *vi* <obfl> • become dusty *vi*
Verstauen *n* <nav> • stowage
verstauen *vt* <fz> *(z. B. Gepäck)* • stow *vt*
verstecken *vt* <edv> • hide *vt*
versteckte Datei *f* <edv> • hidden file
versteckte Fläche *f* <edv> • hidden surface
versteckter Heckrotor *m* <aerospace> *(NOTAR-Hub-schrauber)* • hidden tail rotor
verstecktes Dateiverzeichnis *n* <edv> *(z. B. auf Fest-platte)* • hidden directory
verstecktes Inhaltsverzeichnis *n* <edv> *(z. B. auf Fest-platte)* • hidden directory
verstecktes Markovmodell *n :V* <edv> *(Spracherken-nung)* • Hidden Markov Model (HMM)
verstecktes Sicherheitsmerkmal *n* <jur.ökon> *(gegen Produktpiraterie, Fälschung; z. B. nur unter UV-Licht sichtbar)* • covert safety feature; second-level piracy pro-tection; covert safety marking
verstecktes Verzeichnis *n* <edv> *(z. B. auf Festplatte)* • hidden directory
versteckte Wärme *f prakt.ugs* <therm> • latent heat
versteifen *vt* <tech.allg> *(durch Streben, Träger; z. B. Rahmen)* • brace *vt*
versteifen *vt* <tech.allg> *(verstärken; z. B. Werkstoff, Kon-struktion)* • strengthen *vt*; reinforce *vt*
versteifen *vt* <masch> *(schalenförmig)* • cradle *vt*
versteifter Träger *m* <bau> • braced girder
Versteifung *f* <tech.allg> *(mit Verstärkungseffekt)* • rein-forcement
Versteifung *f* <tech.allg> *(z. B. von Platten, Schalen)* • stiffening
Versteifung *f* <tech.allg> *(Werkstoff, Konstruktion)* • strengthening
Versteifung *f* <bau> *(mit Holzbalken; z. B. von Verscha-lungen)* • timbering
Versteifung *f* <bau> *(flächig, plattenartig)* • web
Versteifung *f* <bau> *(von Kunststoffprofilen; z. B. für Fenster, Rollläden)* • reinforcement
Versteifung *f* <bau.hydr> *(Dammtafel)* • stiffener
Versteifung *f* <bau.mat> *(von Gips, Mörtel etc.)* • stiffen-ing; solidification
Versteifung *f* <kfz> *(durch Formgebung, Sicken, Ver-stärkungsbleche etc.)* • reinforcement; strengthener
Versteifung *f* <masch> *(schalenförmig; z. B. Lehrbogen)* • cradle; cradling
Versteifungsblech *n* <masch> *(eher dick)* • stiffening plate
Versteifungsblech *n* <nfz> *(Rahmen)* • gusset plate; sheet metal gusset; gusset *pract*
Versteifungsplatte *f* <tech.allg> *(allg.)* • stiffening plate
Versteifungsplatte *f* <masch> *(eher frei stehend)* • stay plate
Versteifungsring *m* <tech.allg> *(Gebäude: z. B. Kuppel; Druckrohr)* • stiffening ring
Versteifungsrippe *f* <tech.allg> *(für Platten, Schalen, z. B. Fahrzeugbau)* • stiffening rib
Versteifungsrippe *f* <tech.allg> *(z. B. an Platten und Schalen)* • strengthening rib
Versteifungsstab *m* <mat> *(Platte)* • stiffening rib
Versteifungsträger *m* <bau> • bracing girder
versteilern *vt* <phys> *(Signalflanke)* • steepen *vt*
Versteilerung *f* <el> *(Signalflanke)* • slope increase
Versteilerung *f* <phys> *(Signalflanke)* • steepening
versteinen *vt* <bau> *(mit Zement)* • grout *vt*
versteinern *vi* <geo> • fossilize *vi*

versteinern *vt* <ents> • petrify *vt*
Versteinerung *f* <geo> *(Resultat)* • petrifact; fossil
Versteinerung *f* <geo> *(Vorgang)* • petrifaction; fossiliza-tion
Versteinung *f* <bau.min> • grouting
Versteinungsmittel *n* <min> • grout
Versteinungsverfahren *n* <min> • cementation process
Verstell... <tech.allg> • adjusting
Verstellarm *m* <tech.allg> • adjustable arm
verstellbar <tech.allg> *(z. B. Backen)* • movable
verstellbar <tech.allg> • traversable
verstellbar <tech.allg> *(z. B. Propeller, Pumpe)* • variable
verstellbar <tech.allg> *(allg.; z. B. Sitze, Spiegel, Kopf-stützen, Werkzeuge)* • adjustable
verstellbare Autozange *f* <wz> *(2-fach verstellb. Gelenk, gezahnte Greifbacken, Aussparung z. Greifen)* • combi-nation slip joint pliers *US*; slip joint combination pliers *US*; slip joint pliers *US.pract*
verstellbare Blende *f* <med.tech> • variable orifice flow resistor
verstellbare Egge *f* <agri> • expanding harrow
verstellbare Eintrittsleitschaufel *f* <turb> • variable in-let guide vane; variable IGV
verstellbare Formatblende *f* <phot> *(Bildbühne)* • ad-justable negative mask
verstellbare Hosenträger *mpl* <bekl> • adjustable sus-penders *pl*
verstellbare Reibahle *f* <wz> • expanding reamer
verstellbarer Einmaulschlüssel *m norm* <wz> *(ähnl., aber kulturspezifische Bauartunterschiede)* • adjustable wrench; adjustable spanner *GB*; adjustable open-end wrench *coll*; monkey wrench *coll*
verstellbarer Flow-Resistor *m* <med.tech> • variable orifice flow resistor
verstellbarer Lehnstuhl *m* <innen> • reclining chair; re-cliner
verstellbare Rohrdrossel *f* <med.tech> • variable orifice flow resistor
verstellbarer Rand *m* <tech.allg> • adjustable margin
verstellbarer Schraubenschlüssel *m* <wz> *(ähnl., aber kulturspezifische Bauartunterschiede)* • adjustable wrench; adjustable spanner *GB*; adjustable open-end wrench *coll*; monkey wrench *coll*
verstellbarer Seitengurt *m* <kfz> • side adjuster
verstellbarer Sitz *m* <fz> • reclining seat
verstellbare Rumpfabstützung *f* <aerospace> • adjust-able fuselage support
verstellbare Skalenmarke *f* <msr> • memory pointer
verstellbares Lenkrad *n* <kfz> • tilt steering wheel
verstellbares Strichmaß *n* <msr> • caliper gauge
verstellbare Turbinengeometrie *f* (VTG) <turb> *(z. B. bei Abgasturbolader)* • variable turbine geometry (VTG)
verstellbare Visierung *f* <mil> • adjustable sights
verstellbare Vorleitschaufel *f* <turb> • variable inlet guide vane; variable IGV
Verstellbereich *m* <tech.allg> • range of adjustment
Verstellbereich *m* <kfz.mot> *(Zündung)* • timing rate
Verstellbolzen *m* <masch> *(Regler)* • sliding link pin
Verstellen *n* <tech.allg> • adjustment
verstellen *v* <masch> *(Hebel)* • shift *v*
verstellen *v* <masch> *(Schlitten)* • traverse *v*
verstellen *v* <masch> *(z. B. Anstellwinkel, Drehzahl)* • vary *v*
verstellen *v* <wz.masch> *(Reitstockspitze)* • set over *v*
Verstellflügel *m* <aerospace> • variable-incidence wing
Verstellgestänge *n* <masch> • adjusting linkage
Verstellhebel *m* <masch> • shift lever
Verstell-Leitschaufel *f* <turb> • variable inlet guide vane; variable IGV

Verstellmechanik des Objektivs f <druck> • lens drive system

Verstellpropeller m <aerospace> • variable-pitch airscrew

Verstellpropeller m <aerospace> • variable-pitch propeller; inflight-variable-pitch propeller; adjustable-pitch propeller

Verstellpropeller m <aerospace> • adjustable-pitch propeller; variable-pitch propeller

Verstellpropeller m <nav> • variable-pitch propeller

Verstellpropeller m <nav> • variable-pitch screw

Verstellpumpe f <masch> • variable-delivery pump

Verstellpumpe f <masch> • variable-displacement pump

Verstellpumpe f <masch> • variable volume pump

Verstellregler m <msr> • variable-speed governor

Verstellschaufel f <turb> *(von Läufer oder Leitapparat)* • adjustable blade

Verstellscheibe f <kfz.mot> • adjusting plate

Verstellschieber m <verf> • feed regulator

Verstellspindel f <allg> *(von Stützen)* • adjusting spindle

verstellt <kfz.mot> *(Motor; z. B. Vergaser- oder Zündeinstellung)* • out of tune; detuned

Verstelltragfläche f <aerospace> • variable-incidence wing

Verstellung f <masch> *(Hebel)* • shift

Verstellung f <masch> *(Hebel)* • shifting

Verstellweg m <masch> • travel distance

Verstellweg m <masch> • traversing distance

verstemmen *Tätigkeit* <bau> • caulk

verstemmen vt <tech.allg> *(abdichten)* • caulk vt

Verstemmung f *Material* <bau> • caulking *material*; caulking material

verstempeln v *(Ausbau)* • log up v

verstempeln v <füg> • shore up v

verstempeln v <min> • prop v

Versteppung f <verf> • degeneration into steppe

versticken v • nitride v

verstiften v <füg> • peg v

verstiften v <füg> • secure by pins v

verstiften v <füg> • stud v

verstiften v <prod> • dowel v

Verstiftung f <füg> *(Reparaturschweißen)* • studding

verstimmt <av> • off-resonance

verstimmt <av> • out-of-time

verstimmt <el> • mistuned

verstimmt <msr> *(Gerät)* • misaligned

verstimmt <msr> *(Brücke)* • unbalanced

verstimmt <mus> • detuned; out of tune

Verstimmung f <akust> • detuning

Verstimmung f <av> • misalignment

Verstimmung f <av> • offsetting

Verstimmung f <msr> • unbalance

Verstimmungsmessung f • detuning measurement

Verstimmungsschutz m • off-resonance trip

verstöpseln v <tech.allg> *(Öffnungen)* • stopple v

verstoffwechseln vt <bio> • catabolize vt

Verstoffwechselung f <bio> *(in lebenden Organismen; das Aufbrechen komplexer Stoffe in einfachere)* • catabolism; degradation; destructive metabolism

Verstopfen n <verf> *(allg.; Rohrleitungen, Filter, Apparate)* • clogging; congestion

Verstopfen n <verf> *(Sieb)* • blinding; hairpinning; clogging

verstopfen vi <tech.allg> *(z. B. Schleifscheibe)* • become clogged vi

verstopfen vi/vt <tech.allg> *(z. B. Rohr, Trichter, Filter)* • clog vi/vt

verstopfen vi/vt <tech.allg> • jam vi/vt

verstopfen vi/vt <tech.allg> *(z. B. Loch, Ablauf)* • plug vi/vt

verstopfen vi/vt <rls> *(z. B. Rohr)* • obstruct vi/vt

verstopfen vt <allg> • stuff up vt

verstopfen vt <tech.allg> • blind vt

verstopfen vt <tech.allg> • block vt

verstopfen vt <tech.allg> • bung up vt

verstopfen vt ugs <kfz> *(mit einem Stopfen)* • plug vt

verstopfen vt <min> *(z. B. Sprengloch)* • tamp vt

verstopfen vt <rep> *(z. B. Leck, Loch)* • stop vt

verstopft ugs <tech.allg> *(Schleifscheibe, Filter)* • clogged; caked

verstopft <av> *(z. B. Videokopf)* • clogged; dirty adj

verstopft <kfz> *(z. B. Düse, Einspritzventil, Filter)* • clogged; plugged; choked

Verstopfung f <ents.hydr> • clogging; blockage; stoppage; plugging

Verstopfung f <kunst> • clogging

Verstopfung f ugs <med> *(eines Hohlorgangs; z. B. Atemwege)* • obstruction; occlusion; clogging; blockage coll

Verstopfung f <rls> *(von Rohrleitungen)* • plugging

Verstopfung f <verf> *(Gewebefilter)* • blinding

Verstopfungsmaterial n <petr> • lost circulation material (LCM)

verstrahlen v <ökol> *(radioaktiv)* • contaminate v

verstrahlt <nukl> *(radioaktiv)* • contaminated

verstreben v <bau> • strut v

verstreben vt <tech.allg> *(z. B. Kastenkonstruktion)* • brace vt

verstrebter Tragflügel m <aerospace> • braced wing

Verstrebung f <tech.allg> *(erhöht Steifigkeit)* • bracing

Verstrebung f <bau> • strutting

Verstrebung f <kfz> *(Verstärkung zwischen Teilen)* • bracing; bracing; reinforcement

Verstrecken n <verf> • drawing[-process]; stretching[-process]; tensioning[-process]

verstrecken v <prod> *(Umformtechnik)* • draw v

verstrecken v <prod> *(z. B. Folien, Fasern)* • stretch v

verstrecken v <textil> • draw out v

verstrecken vt <chem.petr> • draw; stretch

Verstreckung f <prod> • draft

Verstreckung f <prod> • draw

Verstreckung f <prod> • draw ratio

Verstreckung f <prod> • stretch

Verstreckung f <prod> *(z. B. Folien, Fasern)* • stretching

Verstreckungsgrad m <kst> • degree of stretching

verstreichen v <bau> *(z. B. Fugen)* • seal v

verstreichen v <obfl> • paint v

verstreichen v <obfl> *(z. B. Butter, Farbe)* • spread v

verstreuen vt rar <edv> *(Datei: z. B. auf Festplatte)* • fragment vt

verstrudeln vt <nahr.prod> *(Soßen in Speiseeis)* • ripple vt

verstrudeltes Eis n <nahr> • ripple ice cream; variegated ice cream

verstümmeltes Signal n <tech.allg> • garbled signal

verstümmeltes Telegramm n <tele> • mutilated telegram

verstümmeltes Zeichen n <tele> • mutilated signal

Verstümmelung f <allg> *(z. B. von Signalen, Körpern)* • mutilation

Verstümmelung f <tele> *(von Signalen)* • mutilation

verstürzte Spule f • back-wound coil

Versuch m <tech.allg> • experiment

Versuch m <tech.allg> • test

Versuch m <qualit> • trial

Versuch am maßstäblichen Modell m <tech.allg> *(z. B. im Windkanal)* • model test; model experiment; model trial; scale model test; scale model testing

versuchen v <allg> • try v

Versuchsanlage *f* <verf> • experimental plant
Versuchsanordnung *f* <tech.allg> • experimental ar-
rangement
Versuchsanordnung *f* <qualit> • test arrangement
Versuchsanordnung *f* <qualit> • test set-up
Versuchsatomkraftwerk *n* (VAK) <nukl> • experimental
nuclear power plant
Versuchsaufbau *m* <chem.phys> *(Einrichtung, z. B. im
Labor)* • measuring set-up; test assembly; test set-up
Versuchsaufbau *m* <msr> • experimental set-up
Versuchsauswertung *f* <qualit> • test evaluation
Versuchsauswertung *f* <qualit> • test result evaluation
Versuchsbau *m* <bau> • experimental building
Versuchsbau *m* <min> • trial working
Versuchsbedingung *f* <qualit> • test condition
Versuchsbetrieb *m* <tech.allg> • experimental operation
Versuchsbetrieb *m* <qualit> • test run
Versuchsbetrieb *m* <verf> • pilot plant
Versuchsbohrung *f* <bau> • test hole
Versuchsbohrung *f* <petr> • record hole
Versuchsbohrung *f* <petr> • test boring
Versuchsbohrung *f* <petr> • trial borehole
Versuchsbohrung *f* <petr> • trial boring
Versuchsbrunnen *m* <bau> • test well
Versuchsdaten *pl* <qualit> • test data
Versuchsdurchführung *f* <qualit> • test procedure
Versuchseinrichtung *f* <qualit> • test equipment
Versuchseinrichtung *f* <qualit> • test instrumentation
Versuchseinrichtung *f* <qualit> • test plant
Versuchseinrichtung *f* <qualit> • test rig
Versuchseinrichtung *f* <qualit> • testing equipment
Versuchseinrichtung *f* <qualit> • testing instrumentation
Versuchsergebnis *n* <tech.allg> • experimental result
Versuchsergebnis *n* <qualit> • test result
Versuchsergebnis *n* <qualit> • trial result
Versuchsergebnis *n* <qualit> • trial run result
Versuchsergebnis *n* <qualit> • trial solution
Versuchsfehler *m* <msr> • experimental error
Versuchsgelände *n* <kfz.qualit> • trial ground
Versuchsgelände *n* <mil> • proving ground
Versuchsgelände *n* <prod> • proving ground
Versuchsgelände *n* <prod> • proving ground
Versuchsgelände *n* <qualit> • test ground
Versuchsgelände *n* <qualit> • test site
Versuchsimpfstoff *m* <pharm> • candidate vaccine; ex-
perimental vaccine
Versuchskanal *m* <msr> • experimental channel
Versuchskanal *m* <nav> • trial tank
Versuchskanal *m* <nukl> • experimental hole
Versuchsklima *n* <qualit> • test atmosphere
Versuchskreislauf *m* <nukl> • experimental loop
Versuchskreislauf *m* <nukl> • in-pile experimental loop
Versuchslast *f* <qualit> • proof load
Versuchslast *f* <qualit> • test load
Versuchslauf *m* <qualit> • testing operation
Versuchslauf *m* <qualit> • trial run
Versuchslauf *m* <qualit> • try-out
Versuchsmaßstab *m* <msr> • experimental scale
Versuchsprobe *f* <qualit> • sample
Versuchsprobe *f* <qualit.mat> • test specimen
Versuchsproduktion *f* <prod> • pilot production
Versuchsrakete *f* <aerospace> • experimental rocket
Versuchsreaktor *m* <nukl> • experimental reactor
Versuchsreaktor *m* <nukl> • pilot reactor
Versuchsreaktor *m* <nukl> *(für Forschungszwecke)* • re-
search reactor
Versuchsreihe *f* <qualit> • test series
Versuchssatellit *m* <aerospace> • experimental satellite
Versuchsschaltung *f* <el> • experimental circuit

Versuchsstadium *n* <tech.allg> • experimental stage
Versuchsstadium *n* <tech.allg> • pilot-plant stage
Versuchsstadium *n* <qualit> • trial stage
Versuchsstand *m* <msr> • experimental rig
Versuchsstand *m* <qualit> *(z. B. für Motor, Turbine)* • test
bed
Versuchsstand *m* <qualit> *(z. B. für Maschinen)* • test
bench
Versuchsstand *m* <qualit> • test stand
Versuchsstrecke *f* <min> • experimental gallery
Versuchsstrecke *f* <min> • testing gallery
Versuchsträger *m* <kfz> • camouflaged prototype; dis-
guised prototype
Versuchswerkstoff *m* <mat> • test material
Versuchswert *m* <tech.allg> • experimental value
Versuchszeit *f* <qualit> • test time
Versuchszeit *f* <qualit> • trial time
Versuchszulassung *f* <fz> • prototype approval
versüßen *v* <chem> • eldulcorate *v*
versüßen *v* <nahr> • dulcify *v*
vertäfeln *v* <holz> • shore *v*
vertäfeln *v* <min> • clead *v*
vertäfeln *vt* <bau> • wainscot *vt*
vertäfeln *vt* <bau> *(Wand)* • panel *vt*; wainscot *vt*; board *vt*
rare
vertäfelte Decke *f* <bau.innen> *(typ. Holz, Kunststoff,
Metall; geklebt od. abgehängt)* • panel ceiling; paneled
ceiling *US*; panelled ceiling *GB*; pan ceiling *pract*
Vertäuklüse *f* <nav> • mooring pipe; hawser port
Vertäupoller *m* <nav> *(an Deck)* • mooring bitt
Vertäupoller *m* <nav> *(an Land)* • mooring bollard
vertagen *vt* <allg> *(Aktion, auf späteren Termin; z. B.
Besprechung, Entscheidung)* • postpone *vt*
VERTAK-Verfahren *n* <kfz.obfl> • VERTAC-process
Vertaubung *f* <min> • getting barren
Vertaubung *f* <min> • impoverishment
Vertaubungszone *f* <min> • dead ground
vertauschbar <math> • permutable
Vertauschbarkeit *f* *ugs* <math> *(z. B. von Faktoren; z. B.
$a \times b = b \times a$)* • permutability; commutability; commutativ-
ity
vertauschen *v* • commute *v*
vertauschen *v* <el> *(Freileitungen)* • transpose *v*
vertauschen *v* <math> • permute *v*
Vertauschen der Anschlüsse *n* <allg> • incorrect con-
nection
Vertauschen der Speisespannungsanschlüsse *n*
<el> • reverse connection of the supply voltage
Vertauschung *f* • commutation
Vertauschung *f* <el> *(Freileitungen)* • transposition
Vertauschung *f* <math> • permutation
Vertauschungsregel *f* <math> • commutative law
Vertauschungsrelation *f* *(Quantentheorie)* • commuta-
tion relation
Verteilbereich Einlagerung *m* <logist> *(HRL)* • buffer
area; inbound staging
verteilen *vt* <allg> *(fein über Fläche)* • disperse *vt*
verteilen *vt* <tech.allg> *(Gegenstände über eine Fläche, in
einem Raum; z. B. Waren, Strom)* • distribute *vt*
verteilen *vt* <tech.allg> *(z. B. Flüssigkeit, Luft)* • manifold *vt*
verteilen *vt* <obfl> *(gleichmäßig über eine Fläche; viskose
Masse; Putz, Estrich, Butter)* • spread *vt*
verteilen *vt* <phys> *(sehr fein; verflüchtigend; z. B. Wärme)*
• dissipate *vt*
Verteiler *m* (V) <alarm> • junction box
Verteiler *m* <bau.masch> *(z. B. Asphalt)* • spreading ma-
chine
Verteiler *m* <el> • cable terminal box
Verteiler *m* <el> *(Schaltanlage)* • distribution frame

Verteiler m <el> *(stationäre Klemmenleiste)* • terminal strip
Verteiler m prakt <kfz.el> • distributor; ignition distributor form.*rare*
Verteiler m <kst> • runner; manifold
Verteiler m <prod> • distributing machine
Verteiler m <rls> • manifold
Verteilerabschirmring m <kfz.el> • distributor shielding ring
Verteilerantriebsritzel n <kfz.el> • distributor drive gear
Verteilerbaustein m <el> • junction box
Verteilerboden m <ents> • distribution plate; gas distributor plate; air distribution plate
Verteilerbohle f <bau.masch> *(Straßenfertiger)* • spreading beam
Verteilerbürste f <chem> *(Destillation)* • wiper
Verteilerdeckel m <kfz.el> • distributor cap; distributor cover
Verteilerdifferential n <kfz.antr> *(zw. Vorder- und Hinterachse)* • central differential; inter-axle differential; center differential US; centre differential GB
Verteilerdifferentialsperre f <kfz.antr> • center differential lock
Verteilerdose f <el.bau> *(mit Klemmen; typ. oben in der Wand)* • junction box; connecting box; joint box; distribution box; distributing box
Verteilerdosenbohrer m <bau.wz> *(Kernbohrer für Unterputzdosen)* • switch box sinker
Verteilereinspritzpumpe f <kfz.mot> • distributor fuel injection pump
Verteilereinspritzpumpe f (VE) <kfz.mot> • distributor-type injection pump (VE); distributor pump
Verteilerelektrode f rar <kfz.el> *(im Zündverteiler)* • rotor; distributor rotor; rotor arm; rotor blade
Verteilerfahrzeug n <nfz> • distribution vehicle
Verteilerfahrzeuge fpl <logist> • delivery vehicles; distribution vehicles
Verteilerfernamt n <tele> • group center
Verteilerfernamt n <tele> • switching center
Verteilerfinger m ugs <kfz.el> *(im Zündverteiler)* • rotor; distributor rotor; rotor arm; rotor blade
Verteilerfinger m <mot> • distributor arm
Verteilerfinger m <mot> • distributor rotor arm
Verteilergehäuse n <kfz.el> • distributor body; distributor housing
Verteilergestell n <tele> • distribution frame
Verteilergetriebe n <kfz> *(für Zapfwelle)* • power take-off gear; pto gear
Verteilergetriebe n <kfz.antr> *(z. B. Allradantrieb)* • transfer case; transfer box GB; drop box GB; transfer gear US; power divider transmission rare
Verteilergetriebe n <masch> • auxiliary gearbox
Verteilergetriebe mit Differential n <kfz.antr> • transfer-case differential
Verteilergrundplatte f <kfz.el> *(ganz unten im Verteiler, unbeweglich)* • distributor baseplate; subplate pract; contact breaker base rare
Verteilerkabel n <el> • distribution cable
Verteilerkanal m <hlk> • distribution duct
Verteilerkanal m <kst> • runner; manifold
Verteilerkanal mit ringförmigem Querschnitt m <kst> • annular runner; annulus type runner
Verteilerkappe f <kfz.el> • distributor cap; distributor cover
Verteilerkasten m <bau.el> *(Strom)* • conduit box
Verteilerkasten m <el> • distribution box
Verteilerkasten m <el> • junction box
Verteilerkopf m <kfz.mot> • distributor head
Verteilerläufer m <kfz.el> *(im Zündverteiler)* • rotor; distributor rotor; rotor arm; rotor blade

Verteilerleitung f <el> • distributing main
Verteilerleitung f <el> • distributor
Verteilerlogik f <kfz.el> • distributor logic
verteilerloses Zündsystem n norm <kfz.el> • distributorless ignition [system] (DIS); distributorless semiconductor ignition, BSI *Bosch*; direct ignition [system] *GM.Saab*; fully electronic ignition [system] :V; solid-state ignition [system] :V
verteilerlose Zündung f (VZ) <kfz.el> • distributorless ignition [system] (DIS); distributorless semiconductor ignition, BSI *Bosch*; direct ignition [system] *GM.Saab*; fully electronic ignition [system] :V; solid-state ignition [system] :V
Verteilermast m <bau> • placing boom
Verteiler mit doppeltem Unterbrecher m <kfz.el> • dual contact point distributor
Verteilernetz n <logist> • distribution system
Verteilernetzwerk n <el> • electrical distribution supply network
Verteilernocken m <mot> • distributor cam
Verteilernockenerhebung f <mot> • distributor cam lobe
Verteilernut f <kfz.mot> • distributor groove
Verteilerplatte f <chem> • distributor plate
Verteilerplatte f <förd> *(an Stetigförderer, zur Fördergutverteilung)* • deflector [plate]
Verteilerpunkt m <tech.allg> *(z. B. in Netzen (el. Strom, Funkverkehr, Fluid, Flussdiagramm))* • distributing point
Verteilerpunkt m <tele> • switching point
Verteilerregister n <edv> • distributor register
Verteilerring m <verk> • rotary circle US; traffic circle US; rotary US.coll; roundabout GB
Verteilerrohr n <kfz.mot> *(von Einspritzanlagen; parallel zum Zylinderkopf)* • fuel rail; fuel manifold; fuel header; distributor tube *Bosch*; fuel distributor
Verteilerrohr n <rls> • header
Verteilerrohr n <rls> • manifold
Verteilerrohr n <rls> • perforated feed pipe
Verteilersäule f <el> • distributing pillar
Verteilersammelschiene f <el> • distributing bus bar
Verteilersammelschiene f <el> • submain
Verteilerschalttafel f <el> • distribution switchboard
Verteilerschiene f <el> • distributing bus bar
Verteilerschnecke f • spreading screw
Verteilerschnecke f <agri> • spreader screw
Verteilerschrank m <el> • distributing cabinet
Verteilerschrank für Lichtwellenleiterkabel m :V <lwl> • optical distribution frame (ODF)
Verteilersicherungstafel f <el> • distribution fuse board
Verteilerstab m *(Bewehrung)* • distribution rod
Verteilerstelle f <el> • distributor point
Verteilerstück n <kunst.wz> • connecting piece
Verteilerstück n <prod> • spreader
Verteilerstück n <rls> • manifold
Verteilertafel f <el> • distribution board
Verteilertafel f <el> • distribution panel
Verteilerwalze f <pack> *(Decorator)* • distributor roll[er]
Verteilerwalze f <pack> *(Lubricator)* • distributor roll[er]
Verteilerwelle f <kfz.el> • distributor shaft; timing shaft
Verteilerzylinder m <led> *(Falten)* • spreading cylinder
Verteilfeld n <tele> • distribution matrix
Verteilleitung f <energ.hydr> • manifold
Verteilnetz n <el> • distribution network
Verteilregister n <edv> • distributor register
verteilte Lagerung f <logist> *(Lagerstrategie)* • zoning [of products]
verteilte Last f <logist> • distributed load
verteilte Wicklung f <el> • distributed winding
Verteilung f • spread
Verteilung f <allg> • distribution

Verteilung *f* <tech.allg> *(fein über Fläche)* • dispersion
Verteilung *f* <math> *(Statistik)* • distribution
Verteilung *f* <ökon> *(betont: Zuteilung; z. B. Geldmittel, Waren, Energie)* • distribution; allocation; apportionment; assignment
Verteilung *f* <phys> *(Auflösung, Abstrahlung; z. B. Geruch, Strahlung, Wärme)* • dissipation
Verteilung der Grundgesamtheit <math> *(Statistik)* • parent distribution
Verteilung in der Luft *f* <ökol> • atmospheric dispersion
Verteilungschromatographie *f* <chem> • partition chromatography
Verteilungsdiagramm *n* <math> *(Statistik)* • distribution diagram
Verteilungsdichte *f* <math> *(Statistik)* • distribution density
Verteilungsdichte *f* <math> • probability density
Verteilungsdichtefunktion *f* <math> *(Statistik)* • distribution density function
Verteilungselement *n* <msr> • proportioning element
Verteilungsfaktor *m* *(Strahlenschutz)* • distribution factor
verteilungsfrei <math> • non-parametric
Verteilungsfunktion *f* <math> *(Statistik)* • distribution function
Verteilungsfunktion *f* <opt> • dispersion function
Verteilungsfunktion *f* <phys> • partition function
Verteilungsgesetz *n* <math> *(Statistik)* • distribution law
Verteilungsgesetz *n* <phys.chem> • partition law
Verteilungskabel *n* <el> • distributing cable
Verteilungskanal *m* <el> • distribution conduit
Verteilungskoeffizient *m* • distribution coefficient
Verteilungskoeffizient *m* <geo.qualit> *(Bodenbeschaffenheit)* • partition coefficient
Verteilungskoeffizient *m* <verf> *(Zonenschmelzen)* • segregation constant
Verteilungsnetz *n* <bau> *(Versorgungsanlagen)* • distribution system
Verteilungsnetz *n* <el> • distribution network
Verteilungsphotometrie *f* • distribution photometry
Verteilungsproblem *n* <edv> • distribution problem
Verteilungsproblem *n* <msr.math> • transportation problem
Verteilungsschaltanlage *f* <el> • distribution substation
Verteilungsschalter *m* <el> • section switch
Verteilungsschaltung *f* <el> • distribution circuit
Verteilungsschlüssel für Flüchtlinge in Europa *m* BMI <jur> • European RASRO-Scheme
Verteilungszahl *f* *(Statik, Momentenausgleichsverfahren)* • distribution factor
Verteilung von Gratisproben *f* <werb> • sampling action
Verteilung von Licht und Schatten *f* <kunst> • chiaroscuro
Vertex *m* <edv> *(kleinste Einheit eines Netzmodells)* • vertex
Vertex *n* <math> *(Vieleck vielflach; pl: Vertices)* • vertex; point
Vertex-Shading *n* rar <edv> • Gouraud shading *prakt*; vertex shading *rar*; Gouraud interpolation *rar*
Vertical Dilution of Precision (VDOP) <navig> • vertical dilution of precision (VDOP)
Vertical Interval Time Code *m* (VITC) <av> • Vertical Interval Time Code (VITC)
vertiefen *v* • depress *v*
vertiefen *v* • sink *v*
vertiefen *v* <obfl> • intensify *v*
vertiefen *v* <prod> • dimple *v*
vertiefen *v* <prod> • hollow out *v*
vertiefen *v* <prod> • indent *v*

vertiefen *v* <prod> • recess *v*
vertiefen *vt* <bau> *(z. B. Baugrube, Schacht)* • deepen *vt*
vertiefen *vt* <prod> • pocket *vt*
vertieft <bau> • recessed
Vertiefung *f* • cavity
Vertiefung *f* • depression
Vertiefung *f* • hollow
Vertiefung *f* • sink
Vertiefung *f* • sinking
Vertiefung *f* <tech.allg> • indentation
Vertiefung *f* <tech.allg> • recess
Vertiefung *f* <bau> • deepening
Vertiefung *f* <edv> *(in der Speicherschicht einer optischen Platte; z. B. CD)* • pit; recording mark; mark
Vertiefung *f* <kfz.rep> *(in Blechoberflächen)* • low spot; low area
Vertiefung *f* <obfl> • intensification
Vertiefung *f* <obfl.holz> • recess; depression
Vertiefung *f* DIN ISO 8785 <obfl.qualit> *(Oberflächenfehler)* • recession ISO 8785
Vertiefung *f* <prod> *(z. B. in Blech)* • dimple
Vertiefung *f* <prod> • hollowing-out
Vertiefung *f* <prod> • impression
Vertiefung *f* <prod> • pocket
vertikal <allg> *(meist in Richtung Erdmittelpunkt)* • vertical; perpendicular
Vertikalablenkgerät *n* <el> • vertical time-base generator
Vertikalablenkplatte *f* <el> • vertical deflection plate
Vertikalablenkplatte *f* <el> • Y plate
Vertikalablenkspule *f* <av> *(Fernsehgerät)* • deflecting coil
Vertikalablenkspule *f* <av> • field deflection coil
Vertikalablenkung *f* <av> • field sweep
Vertikalablenkung *f* <av> • vertical deflection
Vertikalablenkung *f* <av> • vertical sweep
Vertikalablenkung *f* <av.el> • y-axis deflection
Vertikalachse *f* • vertical axis
Vertikalachsen-Windenergie-Konverter *m* **(VAWEK)** obs <energ.wind> • vertical axis wind turbine (VAWT) IEV 415; cross-wind-axis turbine obs
Vertikalachser *m* prakt <energ.wind> • vertical axis wind turbine (VAWT) IEV 415; cross-wind-axis turbine obs
Vertikalachswindkraftanlage *f* (VAWK) <energ.wind> • vertical axis wind turbine (VAWT) IEV 415; cross-wind-axis turbine obs
Vertikalachs-Windturbine *f* IEV 415 <energ.wind> • vertical axis wind turbine (VAWT) IEV 415; cross-wind-axis turbine obs
Vertikalansatz *m* <kino> • tilting head
Vertikalantenne *f* <el> • vertical aerial
Vertikalauflösung *f* <av> • vertical resolution; vertical definition
Vertikalauflösung *f* <av> *(gemäß Fernsehnorm; PAL/SECAM 625 Linien, NTSC 525 Linien)* • vertical resolution
Vertikalauflösung *f* <edv> *(Computerbildschirm; z. B. 480, 600, 768, 1024, 1200 Zeilen)* • vertical resolution
Vertikalaufstieg *m* <aerospace> • vertical ascent
Vertikalaufzeichnung *f* <edv> • vertical recording; perpendicular recording
Vertikalaustastimpuls *m* norm <av> • vertical blanking pulse; field blanking pulse
Vertikalaustastlücke *f* <av> • field blanking interval
Vertikalaustastung *f* <av> • vertical blanking
Vertikalbalkengenerator *m* <av> • vertical-bar oscillator
Vertikalbemaßung *f* <edv.doku> • vertical dimensioning
Vertikaldiagramm *n* <el.doku> *(Antenne)* • vertical radiation pattern
Vertikale *f* • normal
Vertikale *f* <edv> • vertical

Vertikale f <geo> • perpendicular
Vertikale f <math> • perpendicular line
Vertikale f <phys.geo> • vertical
vertikale Abdichtung f <ents> (Mülldeponie) • vertical sealing
vertikale Ablenkung f <edv.av> • vertical deflection
vertikale Ablenkung f <el> (Oszilloskop) • vertical deflection
vertikale Anlage f <agri.tech> • stirred-tank digester
vertikale Anordnung f <edv> • ladder orientation stand; vertical orientation; step ladder orientation; ladder format; stacked orientation
vertikale Auflösung f <av> (gemäß Fernsehnorm; PAL/SECAM 625 Linien, NTSC 525 Linien) • vertical resolution
vertikale Auflösung f <av> • vertical resolution; vertical definition
vertikale Auflösung f <edv> (Computerbildschirm; z. B. 480, 600, 768, 1024, 1200 Zeilen) • vertical resolution
vertikale Aufzeichnung f <edv> • vertical recording; perpendicular recording
vertikale Aufzeichnung f <edv> • vertical recording; perpendicular recording
vertikale Ausgleichung f <navig> • vertical adjustment
vertikale Ausrichtung f <edv> • ladder orientation stand; vertical orientation; step ladder orientation; ladder format; stacked orientation
vertikale Bildauflösung f rar <av> (gemäß Fernsehnorm; PAL/SECAM 625 Linien, NTSC 525 Linien) • vertical resolution
vertikale Genauigkeit f <navig> • vertical accuracy
vertikale Geschwindigkeit f <logist> (RFZ) • vertical travel speed US; vertical speed US; hoist speed US; lifting speed GB; lift speed GB
vertikale Laststange f <licht.theat> • boom gen; boomerang rare
Vertikaleelektrofilter n <el.ents.verf> • vertical-flow electrical precipitator
Vertikalendstufe f <av> • field sweep output stage
Vertikalendstufe f <av> • vertical final stage
vertikale Parität f <edv> • vertical parity
vertikale Prüfung f <edv> • vertical check
vertikale Pumpe f <masch> • vertical pump; vertical-shaft pump; vertical type pump
vertikaler Chargenfreezer m <nahr.prod> (Speiseeis) • vertical batch freezer; vertical freezer
vertikale Redundanz f <edv> • vertical redundancy
vertikaler Hub m <masch> • vertical stroke
vertikaler Kreuzverband m <logist> (von Lagerregalen) • diagonal bracing in the vertical plane; cross brace in the rear vertical plane; cross bracing in the vertical plane; brace in the rear vertical plane
vertikaler Riss m <min> • shake
vertikaler Spindelantrieb m <masch> • vertical spindle drive
vertikaler Strichcode m <edv> • vertical bar code; ladder code; step ladder code
vertikales Auflösungsvermögen n <av> • vertical resolution; vertical definition
Vertikales Extrudieren n <prod.nahr> • vertical extrusion
vertikales Flügelprofil n <bau> (vertikales Element eines Tür- od. Fensterflügelrahmens) • stile
vertikales Keiretsu n <kfz.prod> • vertical keiretsu; production keiretsu
vertikales Metallprofil n <bau.mat> • stud; metal stud
vertikales Schiebefenster n <bau> (Oberbegriff; mit 1 oder 2 verschiebbaren Flügeln) • vertical sliding window; hung window chain link
vertikales Schiebefenster n <bau> (mit zwei verschiebbaren Flügeln) • double-hung window; double hung

vertikales Schiebefenster n obs <bau> (mit einem verschiebbaren Flügel) • single-hung window; single-hung
vertikale Strecke f <navig> • vertical distance
vertikales Umlaufregal n form, popw <logist> • vertical carousel form, pract; paternoster pract; storage carousel US
vertikale Synchronisation f <edv> • vertical synchronization
vertikale Turbine f <energ.hydr> • vertical-shaft turbine; vertical-axis turbine
vertikale Übertragung f <med> • vertical transmission
Vertikal-Extruder m <prod.nahr> (Speiseeis) • vertical extruder
Vertikalfeld n <nukl> • vertical field
Vertikalfeldspulen f <nukl> • vertical field coils
Vertikalfrequenz f <av> • field frequency
Vertikalfrequenz f <av> • vertical frequency
Vertikalfrequenz f <edv> (Anzahl Vollbilder pro Sek. von Monitor, Grafikkarte; in Hz; z. B. 70 Hz) • refresh rate; scanning frequency; video refresh cycle; vertical refresh rate; screen refresh rate
Vertikalgerüst n <masch> • vertical stand
Vertikalgerüst n <metall> • vertical mill stand
Vertikalgeschwindigkeit f <mech> • vertical velocity
vertikal geteiltes Kurbelgehäuse n <mot> • vertically split crankcase
Vertikalilluminator m (Mikroskopie) • opaque illuminator
Vertikalkamera f <druck.phot> • vertical camera
Vertikalkammer f <phot> • vertical camera
Vertikalkammerofen m <verbr> • vertical-chamber oven
Vertikalkammerofen m <verbr> • vertical oven
Vertikalkraft f <mech> • vertical force
Vertikalkreis m <astron> • vertical circle
Vertikalmaß n <edv.doku> • vertical dimension
Vertikalmesskammer f <phot> • vertical camera
Vertikalofen m <metall> • vertical furnace
Vertikalparallaxe f <phot> • vertical parallax
Vertikalparallaxe f <phot> • Y parallax
Vertikalpendel n <phys> • vertical pendulum
Vertikalprüfung f <edv> • vertical redundancy check
Vertikalpumpe f <masch> • vertical pump; vertical-shaft pump; vertical type pump
Vertikalretorte f <metall> • vertical retort
Vertikalrohrverdampfer m <energ.therm> • vertical tube evaporator
Vertikalrücklauf m <av> (des Abtaststrahls) • vertical flyback; field flyback; vertical retrace; field retrace; frame flyback
Vertikalschalter m <el> • vertical break switch
Vertikalschiebefenster n <bau> (Oberbegriff; mit 1 oder 2 verschiebbaren Flügeln) • vertical sliding window; hung window chain link
Vertikalschiebefenster n <bau> (mit zwei verschiebbaren Flügeln) • double-hung window; double hung
Vertikalschiebefenster n <bau> (mit einem verschiebbaren Flügel) • single-hung window; single-hung
Vertikalschleuder f <druck> • vertical whirler
Vertikalschweißen n <füg> • vertical welding
Vertikalsichter m <ents.verf> • vertical air classifier
Vertikalsichter m <verf> • vertical screen
Vertikalstab m <bau> • vertical member
Vertikalstellung f <tech.allg> • verticality
Vertikalstrahlungsdiagramm n <el.doku> (Antenne) • vertical radiation pattern
Vertikalsynchronimpuls m <av> • field pulse
Vertikalsynchronimpuls m <av> • vertical synchronization pulse
Vertikalverstärker m <el> • vertical amplifier
Vertikalverwerfung f <geo> • vertical fault

Vertikalwinkel *m* <msr> • vertical angle
Vertikalzug *m* <ents> • vertical gas pass; vertical boiler pass
Vertikalzustellung *f* <wz.masch> • vertical feed
Vertikulartabulator *m* <druck> • vertical tab; vertical tabulator
Vertikulierer *m* <agri> • scarifier; aerator; tiller; cultivator; spike cultivator
vertikutieren *vt* <agri> *(Erdreich, mit Vertikutierer)* • scarify *vt*
Vertikutierer *m* <agri> • scarifier; aerator; tiller; cultivator; spike cultivator
vertonen *vt* <av> *(Film)* • dub *vt*
Vert Paul Veronese *Schmincke* <kunst> *(grüner Farbton)* • green Paul Veronese
verträglich <tech.allg> *(z. B. Systeme, Geräte, EDV-Programme, Farben, Kleidungsstücke)* • compatible
verträglich <tech.allg> *(mit etwas, miteinander (Geräte, Systeme,Aussagen))* • consistent
verträglich <med> *(z. B. Strahlungsdosis)* • tolerable
verträgliche Dosis *f* <med> • permissible dose
verträgliche Dosisleistung *f* <med> • permissible dose
verträgliche Dosisleistung *f* <nukl.med> • tolerance dose
Verträglichkeit *f DIN EN ISO 8402* <tech.allg> *(zw. Geräten, Systemen)* • compatibility *ISO 8402*
Verträglichkeit *f* <tech.allg> *(zw. Geräten, Systemen)* • consistency
Verträglichkeit *f* <med.pharm> • tolerance
Verträglichkeitsbedingung *f* <math> • compatibility condition
Verträglichkeitsbedingung *f* <math> • compatibility equation
Verträglichkeitsbeziehung *f* <math> • compatibility equation
Verträglichkeitsproblem *n* <math> • compatibility problem
vertraglich binden *vt* <jur> • contract *vt*
vertragliche Bindung *f* <jur> • bond by contract
vertragliche Gewährleistung *f* <jur> • exress warranty
Vertragsabrede *f* <jur> • covenant
Vertragsabschluss *m* <jur> • conclusion of a contract; entering into contract
Vertragsbeendigung *f* <jur> • termination of the contract; expiration of the contract
Vertragsbestimmungen *fpl* <jur> • terms of a contract; provisions of a contract; contractual provisions; contractual stipulations; articles of agreement
Vertragsdauer *f* <jur> • duration of the contract; life of the contract
Vertragserfüllung *f* <jur> • performance of a contract; discharge of a contract
Vertragsgebiet *n räumlich* <jur> • contractual territory
Vertragsgegenstand *m* <jur> • subject-matter of the contract
Vertragshändler *m* <kfz> • authorized dealer; franchised dealer *GB*
Vertragsprüfung *f DIN EN ISO 8402* <qualit> • contract review *ISO 8402*
Vertragsschutzrecht *n* <jur> • contractual protective right
Vertragsstaaten *mpl* <jur> • contracting states; state parties
Vertragsstrafe *f* <jur> *(vertragl. vereinbarte Entschädigung)* • liquidated damages
Vertragsstrafe *f* <jur> • liquidated damages; contractual penalty
Vertragswerkstatt *f* <kfz> • authorized dealer
Vertrag über die intern. Kooperation auf dem Gebiet des Patentwesens <jur> • Patent Cooperation Treaty (PCT)

Vertrauensbereich *m* <qualit.mat> *(Statistik)* • confidence interval
Vertrauensniveau *n DIN 55350-24* <qualit> • confidence level
Vertreiber *m* <obfl.holz> • softener; blender
Vertreibung *f AWR* <jur> • expulsion
Vertreter *m* <ökon> • sales representative; sales rep *GB.coll*; rep *GB.coll*
Vertretung *f GTS* <jur> *(eines Mitgliedsstaates bei der UNO)* • Mission
Vertrieb *m* <ökon> • distribution
Vertriebener *m BMI, GTS* <jur> • displaced person
Vertriebsagent *m* <ökon> • distributor
Vertriebslizenz *f* <jur> • license to sell
Vertriebsweg *m* <ökon> • sales channel
vertrockneter Boden *m* <agri> • dried-up soil
verunreinigen *v* • impurify *v*
verunreinigen *v* <tech.allg> • soil *v*
verunreinigen *v* <obfl> *(z. B. Lack)* • contaminate *v*
verunreinigen *v* <ökol> • pollute *v*
verunreinigend <verf> • contaminating
verunreinigt <nahr> *(z. B. Flaschen, Dosen)* • tainted
verunreinigt <ökol> • polluted
verunreinigter Halbleiter *m* <el> • extrinsic semiconductor; defect semiconductor; impurity semiconductor
verunreinigtes Gas *n* <verf> • dirty gas; dusty gas; uncleaned gas; dust-laden gas; particulate-laden gas
Verunreinigung *f* <tech.allg> • soiling
Verunreinigung *f* <ents> • impurity
Verunreinigung *f* <metall> *(Zonenschmelzen)* • solution
Verunreinigung *f* <min> *(in Erz etc.; unerwünscht)* • admixture; contaminant; secondary constituent; impurity
Verunreinigung *f* <msr> • contamination *Siemens, 2/2*; process contamination
Verunreinigung *f* <obfl> *(z. B. Lack)* • contamination
Verunreinigung *f* <ökol> • pollution
Verunreinigung *f* <ökol> • contamination
Verunreinigung *f* <phys> • foreign atom; impurity; impurity atom
Verunreinigung *f* <textil> *(Gespinst)* • impurity
Verunreinigung *f* <textil> *(in Wolle)* • moits
Verunreinigung des Kopierers *f* <druck> • machine contamination
Verunreinigungen *fpl* <pap.ents> • contraries *pl*; impurities *pl*
Verunreinigungen *fpl* <verf.hydr> • debris; refuse *rare*
Verunreinigungen des Plasmas *f* <nukl> • impurities in the plasma
Verunreinigungsgrad der Atmosphäre *m* <energ.sol> • atmospheric turbidity
Verunreinigungskonzentration *f* <mat> • impurity concentration
Verunreinigungsniveau *n* <mat> • impurity level
Verunreinigungssubstanz *f* <tech.allg> • pollutant
Verunreinigungssubstanz *f* <ökol> • contaminant
Verunstaltung des Landschaftsbildes *f* <ökol> *(durch technische Eingriffe)* • visual pollution
verursachen *v* <allg> • generate *v*
verursachen *vt* <tech.allg> • cause *vt*; elicit *vt*; evoke *vt*
Verursacherprinzip *n* <ents> • polluter-pays principle; causative principle
Verursacherprinzip *n* <jur.emiss> • polluter-pays principle; pay-as-you-pollute principle
vervielfachen *v* <tech.allg> • multiply *v*
Vervielfacher *m* <el> *(betont: Vervielfachung eines Signals oder Eingangswerts)* • multiplier
Vervielfacherdiode *f* <el> • multiplier diode
Vervielfacherröhre *f* <el> • multiplier phototube
Vervielfacherschaltung *f* <el> • multiplier circuit

Vervielfachung f <edv> • multiplication
Vervielfachungsfaktor m <nukl> (Reaktor) • multiplication factor
Vervielfältigen n <büro> • duplicating
Vervielfältigen n <edv> • duplication; disc duplication; replication
vervielfältigen v <doku> • duplicate v
vervielfältigen v <druck> • reproduce v
vervielfältigen vt form <büro> (Vorlage; z. B. Dokument) • copy vt; duplicate vt rare
Vervielfältigung f <büro> • replication
Vervielfältigung f <doku> • duplication
Vervielfältigung f <druck> • reproduction
Vervielfältigungsgerät n • duplicator
Vervielfältigungsgerät n <druck> • replicator
Vervielfältigungsmaschine f <doku> (z. B. Kopierer, Handabziehgerät) • duplicating machine
vervollkommnen vt <allg> (z. B. Methode, Technik) • refine vt; perfect vt
vervollständigen vt <allg> (z. B. Berechnung, Schriftsatz, Vertrag, Programm) • complement vt
vervollständigen vt <allg> • complete vt
vervollständigen vt <allg> • complement vt
vervollständigen vt <allg> • complete vt
vervollständigend <allg> • complementary
verwachsen v <phys.mat> • intergrow v
verwachsen vt <sport> (Ski) • wax wrongly vt
Verwachsung f <min> • aggregation
Verwachsung f <phys.mat> • intergrowth
Verwachsungsstruktur f <geo> • intergrowth texture
verwackelt ugs <av> (Camcorderaufnahme) • jittery; shaky
verwackelt <phot> • blurred due to camera shake
verwackelt <phot> • blurred due to shake
Verwackelung f ugs <av> (beim Aufnehmen mit Camcorder; durch Mensch verursacht) • jitter; shake coll
Verwackler m ugs <av> (beim Aufnehmen mit Camcorder; durch Mensch verursacht) • jitter; shake coll
Verwacklung f <av> (beim Aufnehmen mit Camcorder; durch Mensch verursacht) • jitter; shake coll
verwalten v <tech.allg> • manage v
Verwalten von Liegenschaften n <bau> • facility management
Verwalter m <edv> • manager
Verwaltung f <allg> • management
Verwaltungsgerichtsbarkeit f BMI <jur> • system of administrational tribunals
Verwaltungssoftware f <edv> • management software
Verwaltungssystem n <edv> • management-support system
Verwaltungswerkzeug n <edv> • network-management tool
Verwandlungsflugzeug n <aerospace> • convertiplane
Verwandtschaftsgruppe f <chem> (Periodensystem) • family
verwaschen • blurred
verwaschen • indistinct
verwaschen <obfl> (Farben) • faded
verwaschen <phot> • featureless
verwaschen <psych> (z. B. Zielvorgabe, Aussagen aller Art) • confused
verwaschen <textil> • washed-out
verwechseln v <prod> • mismate v
Verwechselungsgefahr f <jur> • danger of confusion; danger of similarity
verwehbarer Stoff m <ents> • fugitive material
Verweildauer f <agri> (im Fermenter) • detention time; residence time; retention time
Verweildauer f <ents> • dwell time; residence time; retention time US

Verweildauer f <prod> • residence time
verweilen v <verf> (z. B. Glühgut im Ofen, Charge im Converter) • dwell v
Verweilmarke f <prod> • stop line
Verweiltank m <verf> • slurry recycle tank
Verweilzeit f (Trocknung) • drying-cycle time
Verweilzeit f (numerische Steuerung) • hold
Verweilzeit f <agri> (im Fermenter) • detention time; residence time; retention time
Verweilzeit f <chem.metall> • hold-up time
Verweilzeit f <chem.metall> • holding time
Verweilzeit f <chem.metall> • residence time
Verweilzeit f <chem.metall> • retention time
Verweilzeit f <edv> • turn-around time
Verweilzeit f <ents> • residence time; retention time
Verweilzeit f <ents> • dwell time; residence time; retention time US
Verweilzeit f <kst> • residence time; barrel residence time
Verweilzeit f <metall> (z. B. im Härtebad) • soaking time
Verweilzeit f <mot> • residence time
Verweilzeit f <nukl> (Ruhe-, Warteperiode; z. B. in Lager, Abklingbecken) • dwell time; residence time
Verweilzeit f <pap.ents> (von Verunreinigungen im Stofflöser) • dwell time; retention time
Verweilzeit f <prod> • residence time
Verweilzeit f DIN ISO 2806 <prod.autom> (z. B. Werkzeug) • dwell ISO 2806
Verweilzeit f <verbr> • residence time
Verweilzeit f <verf> (z. B. Brennstoff auf Ofenrost, Charge im Converter) • dwell
Verweilzeit f <verf> • dwelltime
Verweistabelle f <edv> • look-up table
Verwelken n <bio> (von Pflanzen) • wilting
Verwelkungspunkt m <agri> • wilting point
verwendbar <allg> • applicable
verwendbar <allg> • usable
verwendbar <tech.allg> • serviceable
Verwendbarkeitsdauer f <qualit> • working life
verwenden vt ugs <tech.allg> (für einen best. Zweck; z. B. Gerät, Maschine, Werkstoff) • employ vt; use vt coll
Verwendung f • service
Verwendung f <allg> (von Fahrzeugen, Geräten, Mitteln, werkzeugen) • employment
Verwendung f <allg> • usage
Verwendung f <allg> • use
Verwendung f <tech.allg> • application
Verwendung f <jur> (z. B. eines Patentes) • use
Verwendung f <ökon> • utilization
verwendungsbereit <tech.allg> • ready for use
Verwendungspatent n <jur> • patent of use
Verwendungszweck m <allg> • application purpose
Verwendungszweck m <allg> • purpose
Verwendungszweck m <allg> • use
Verwerfen n <obfl.holz> • warping
verwerfen vt <tech.allg> • dismiss vt; reject vt; overrule vt
verwerfen vt <obfl.holz> • warp vt
Verwerfung f <bahn> • throw
Verwerfung f <geo> • displacement; normal fault; fault
Verwerfung f <geo> (Resultat) • fault
Verwerfung f <geo> (Vorgang) • faulting; shift
Verwerfung f <mat> (z. B. Holzbalken, Schienen) • warpage
Verwerfung f <mat> • warping
Verwerfungsfalle f <geo> • fault trap
Verwerfungsfläche f <geo> • fault plane
Verwerfungskluft f <geo> • riser
Verwerfungslinie f <geo> • fault line
Verwerfungssystem n <geo> • fault system

Verwerfungswinkel m <geo> (von Adern, Gesteins-
schichten) • angle of hade
verwertbar <ents> (z. B. Abfall) • recyclable
verwertbar adj <ents> • reusable; recyclable
verwertbare Förderung f <min> • net output
Verwertbarkeit f <jur> • exploitability; utilization
verwerten v <ökon> • utilize v
verwerten vt <ents> (Altteile) • recycle vt
verwerten vt <jur> (z. B. Patent) • utilize vt
Verwertung f <jur> • benefit; utilization; exploitation
Verwertung f <ökon> • utilization
Verwertung der Lizenz f <jur> • use of the license
Verwertungsbetrieb m <ents> • recycler :V
Verwertungskosten pl <ents> • recycling costs :V
Verwertungspotential n <ents> (von Abfall) • recycling
potential
Verwertungsunternehmen n <ents.ökon> • waste disposal company
verwickelt <allg> (z. B. Methode, System, Zusammenhang) • complex
verwickelt <allg> (z. B. Berechnung, Untersuchung)
• complicate
verwickelt <allg> • complicated
verwickelt <allg> (z. B. Aufgabe, Beschreibung, Darstellung) • intricate
verwinden v <mat> (unerwünschte bleibende Verdrehung
(z. B. Holz)) • distort v
verwinden v <prod> • twist v
verwinden vr <mat> (z. B. Blech, Holz) • wind vi
verwinden vt ugs <mech> (z. B. Karosserie in Längsachse, Drehstabfeder) • subject to torsion vt; subject to
torsional forces vt; subject to torsional moments vt; twist
vt coll
Verwindeversuch m <qualit.mat> (Draht) • torsion test
Verwindung f <aerospace> (von Flügeln) • warp
Verwindung f <energ> (Windenergie) • twist; blade twist
Verwindung f <kfz> (sichtbar/spürbar; bes. bei Cabrios)
• cowl shake sg; body shake sg; scuttle shake sg GB
Verwindung f <kfz> (torsionale Karosseriebeanspruchung) • torsional flexing; flexing
Verwindung f <kfz> (Rahmenschaden) • twisted frame;
body twist
Verwindung f <mech> • buckling
Verwindung f <nav> • twist
Verwindung f <prod> • torsion
Verwindung f <prod> • twist
Verwindungsbeanspruchung f <phys> • torsional
stress
verwindungsfrei <tech.allg> • antitorsion
verwindungsfrei <tech.allg> • torsion-free
verwindungssteif <mech> • torsionally stiff; stiff against
torsion
verwindungssteif <qualit> (z. B. Karosserie, Rahmen)
• torsionally stiff; torsionally resistant
Verwindungssteifheit f <phys> • torsional stiffness
Verwindungssteifigkeit f <kfz> • torsional stiffness
verwirbeln v <tech.allg> • agitate vt
verwirbeln v <phys> • vortex v
verwirbeln v <verf> (Strömung, z. B. in Brenner, Mischkammer) • eddy v
verwirbeln v <verf> (Wirbel erzeugen) • whirl v
verwirbeln vt <textil> (Gespinstreinigung) • intermingle
and couple together vt
verwirbelt <phys> (Strömung) • turbulent
verwirbeltes Filamentgarn n DIN 60900 <textil> • interlaced yarn
Verwirbelung f <energ.sol> • mixing action
Verwirbelung f <geo> (Fließgewässer, z. B. hinter Wehr,
in Klamm) • eddy; swirl; whirlpool; whirl; vortex

Verwirbelung f <kfz> (beim Offenfahren) • buffeting
Verwirbelung f <kfz.mot> • swirl; turbulence
Verwirbelung f <kfz.mot> (Kraftstoff-Luft-Gemisch) • swirl;
turbulence
Verwirbelung f <mot> (Kraftstoff-Luft-Gemisch) • swirl;
turbulence
Verwirbelung f <phys> (Strömung) • eddy
Verwirbelung f <phys> • eddying
Verwirbelung f <phys> • turbulence
Verwirbelung f <verf> (im Zyklon) • vortexing
Verwirbelung f <verf> • whirling
verwirklichen vt <tech.allg> (Plan, Projekt) • realize vt;
implement vt
verwirklichen vt <tech.allg> (Plan, Maßnahme; z. B. Ver-
besserungen) • implement vt
Verwirklichung f <tech.allg> (z. B. eines Plans, Projekts)
• realization; implementation
verwirren vr <textil> (Faden) • entangle vt; get tangled
verwirrend <allg> (z. B. Beschreibung, Anweisung)
• confused; confusing
Verwirrung f <allg> (z. B. Aussage, Konferenz, Betriebsverhalten (Netz), Verdrahtung) • confusion
Verwirrung f <allg> • garbling
Verwirrungsgebiet n <navig> • confusion region
Verwirrungsgebiet n <navig> • interference region
Verwischen n <phot> • blurring action :V
verwischen vi/vt <obfl> (z. B. Farbe, Zeichnung) • smear
vi/vt
verwischt <phot> • blurred
verwischt abbilden vt <phot> • blur vt
Verwischungseffekt m rar <edv> (Computergrafik) • motion blur
verwittern vi <obfl> (Beschichtung, Überzug) • weather vi;
go flat vi
verwittertes Holz n <obfl.holz> • weathered wood
Verwitterung f <qualit.obfl> (einer Beschichtung) • weathering
verwitterungsfest <mat> • non-weathering
Verwitterungsprodukt n <qualit> • weathering product
Verwitterungsschutt m <geo> • detritus
Verwitterungston m <bau.mat> • primary clay
Verwitterungston m <geo> • residual clay
verwölben v <tech.allg> (z. B. Blech, Papier, Querschnitt)
• warp v
verwölben v <mat> (bleibende Verformung durch Krüm-
men) • distort v
verwölbter Querschnitt m <mech> (z. B. infolge Torsion) • warped cross-section
verwölbungsfrei <qualit.mat> (flächige Werkstücke)
• warp-proof
verworfen <geo> • faulted
verworfenes Flöz n <min> (Kohlebergwerk) • displaced
seam
verwundenen Warenstrang aufdrehen v <textil>
• open the wrung goods in hank form v
verwundener Rahmen m <kfz> (Rahmenschaden)
• twisted frame; body twist
Verwurzelung f AWR <jur> • rooting
Very High Resolution f (VHR) <edv> • very high resolution (VHR)
Very Large Format n <druck> (Druckplattenformat) • very
large format (VLF); 16up format size; 16up
Very Large Format-Belichter m <druck> (Recorderformat) • very large format-recorder; 16up-platesetter
Very Large Format-Recorder m <druck> (Recorderformat) • very large format-recorder; VLF-recorder; 16up-
recorder; very large format-platesetter; VLF-platesetter
Very-Low-Density-Lipoprotein n <med> • very-low-
density lipoprotein; prebeta-VLDL

Very-Low-Density-Lipoprotein n (VLDL) Anglizismus
<med> (das Makromolekül) • very-low-density lipoprotein;
prebeta-lipoprotein
verzahnen v <tech.allg> (organisatorisch) • interleave v
verzahnen v <bau> • joggle v
verzahnen v <füg> • key v
verzahnen v <prod> • cut gears v
verzahnen v <prod> • generate gears v
verzahnen v <prod> • hob v
verzahnen v <prod> • indent v
verzahnen v <prod> • manufacture gears v
verzahnen v <prod> • produce gears v
Verzahnmaschine f <wz.masch> • gear manufacturing
machine
verzahnt <tech.allg> (Abläufe, Strukturen) • interleaved
verzahnt <tech.allg> • interlocking
verzahnt <bau> • joggled
verzahnt <füg> • keyed
verzahnt <masch> • castellated
verzahnt <masch> • indented
verzahnt <masch> (Zahnrad) • toothed
verzahnter Balken m <bau> • joggle beam
verzahnte Ringschneide f <füg> • knurled cup point
verzahnter Keil m <förd> • serrated cam
verzahnter Keil m <förd> • serrated cone
Verzahnung f <bau> • denticulation
Verzahnung f <füg> • indented joint
Verzahnung f <füg> (Bauwesen) • joggle
Verzahnung f <füg> • keying
Verzahnung f <masch> • castellation
Verzahnung f <masch> • gearing
Verzahnung f <masch> • teeth
Verzahnung f <masch> • tooth system
Verzahnung f <masch> • toothing
Verzahnung f prakt <obfl> (von Lackschichten) • keying
pract
Verzahnung f <prod> • gear cutting
Verzahnung f <prod> • gear manufacturing
Verzahnungsfehler m <prod> • gear error
Verzahnungsgeometrie f <masch> • gear geometry
Verzahnungsgesetz n <masch> • law of gearing
Verzahnungsverlust m <masch> (Getriebe) • tooth fric-
tion loss
Verzahnungswirkungsgrad m <masch> • tooth efficiency
Verzahnwerkzeug n <wz> • gear-cutting tool
verzapfen vt <füg.holz> (Holzbalken) • mortise vt
verzapfte Verbindung f <bau.füg> (Balkenverbindung)
• mortise-and-tenon joint
verzehrbar <nahr> • consumable
verzehren vr (Elektrode) • consume v
verzehren vt <tech.allg> (Rauch) • abate vt
Verzehrsgewohnheit f <nahr> • consuming habit; eating
habit
Verzehrtemperatur f <nahr> • consumption temperature
verzeichnen v <opt> • distort v
Verzeichnis n <edv> • directory
Verzeichnis anlegen v <edv> • create a directory v
Verzeichnisdatei f <edv> • directory file
Verzeichnung f <av> (Fernsehbild) • distortion
verzeichnungsfrei <av> (Fernsehbild) • distortion-free
verzeichnungsfrei <av> (Fernsehbild) • distortionless
verzeichnungsfrei <opt.av> (z. B. Fernsehbild, Projektion) • undistorted
verzeichnungsfreie Abbildung f <doku> • faithful reproduction
Verzeichnungskorrektur f <opt> • distortion correction
Verzeichnungskorrektur f <phot> • distortion correction;
perspective correction
verzerren v (Sprache) • blur v

verzerren v <mat> (Kristallgitter) • strain v
verzerren v <phys> (z. B. Signal (akustisch, optisch, elektronisch)) • distort v
verzerren vt <edv> • distort vt
verzerrt <av> (Bild) • ragged
verzerrt <phot> (Bild, Perspektive) • distorted
verzerrtes Bild n <av> (Fernsehen) • distorted picture
verzerrte Sprache f <tele> • blurred voice
verzerrte Wellenform f <phys> • distorted waveform
Verzerrung f <edv.av> • distortion
Verzerrung f <el> • distortion
Verzerrung f <lwl> • distortion
Verzerrung f <mat> (Kristallgitter) • strain
Verzerrung f <mat> • unit deformation
Verzerrung f <math> (Statistik) • bias
Verzerrung f <math> (Statistik) • systematic error
Verzerrung f <mech> • shear strain
Verzerrung f <phys> • distortion
Verzerrungen f <av> • distortion
Verzerrungen fpl <druck> • distorted, part.perf
verzerrungsarm <av> • low-distortion
Verzerrungsfaktor m <el> • distortion factor
verzerrungsfrei <tech.allg> • distortion-free
verzerrungsfrei <tech.allg> (akustisch, elektronisch,
optisch) • distortionless
verzerrungsfrei <opt> • non-distorting
verzerrungsfreie Modulation f <phys> • linear modula-
tion
Verzerrungsgehalt m (THD) <el> (in Stromnetzen) • total
harmonic distortion (THD)
Verzerrungskorrektur f <el> • distortion correction
Verzerrungsleistung f <el> • harmonic power
Verzerrungsmesser m <el> • distortion meter
Verzerrungsmesser m <msr> • distortion analyser
Verzerrungsnormal n <el> • distortion standard
Verzerrungstextur f <prod> (Kristallgefüge nach Form-
änderung) • deformation texture
Verziehen n <tech.allg> (unerwünschte Formänderung;
z. B. von Holz, Kunststoff) • deformation; warpage
Verziehen n <bau.fz> (Rahmenprofil) • warping
Verziehen n <kfz> (allg., Rahmenschaden) • misalignment
Verziehen n <kfz> (Spezielle Form eines Rahmenscha-
dens) • diamond-shaped misalignment form; diamonding;
diamond shift; diamond coll
Verziehen n <kfz.rep> (Schweißen) • distortion
Verziehen n <obfl.holz> • warping
Verziehen n <verf> • distortion
verziehen vr <tech.allg> • draw vi
verziehen vr <mat> (sich verzerren; z. B. Holz durch
Schwinden, Schweißteil durch Abkühlen) • distort vi; be-
come warped vi
verziehen vr <mat> (z. B. Blech, Holz) • wind vi
verziehen vr <prod> (Werkstück; durch einseitiges Er-
wärmen, Feuchtigkeit etc.) • warp vi
verziehen vt <obfl.holz> • warp vt
verziehen vt <textil> (Spinnerei; Faden) • draw vt; draft vt
verzimmern vt <min> • timber vt; frame vt
Verzinken n <obfl> (Vorgang) • galvanizing; zinc coating;
zinc plating
verzinken vt <füg> (mit Zinken versehen) • dovetail vt
verzinken vt <obfl> • zinc-plate vt; electrogalvanize vt
norm; zincify vt
verzinken vt <obfl> (allg.) • galvanize vt; zinc coat vt; plate
with zinc vt
verzinkte Bleche npl <obfl> • galvanized panels pl
verzinkter Stahl m prakt.ugs <mat> (feuerverzinkt) • zinc-
dipped steel pract.coll; hot-dip[ped] [galvanized] steel
verzinktes Blech n EN 10079 <mat> • zinc coated sheet
EN 10079

verzinktes Stahlblech n <mat> • galvanized steel plate
Verzinkung f <obfl> (Vorgang) • galvanizing; zinc coating; zinc plating
Verzinkungsanlage f <obfl> • galvanizing line; zinc coating line
Verzinkungsbad n <obfl> (beim galvanischen Verzinken) • galvanizing bath; zinc bath
Verzinkungsbad n <obfl> (zum Feuerverzinken) • molten zinc; zinc bath; galvanizing bath; bath of molten zinc
verzinkungsgerechte Konstruktion f <obfl> • design for galvanizing
Verzinkungsgut n <obfl> • articles to be galvanized
Verzinkungskessel m <obfl> • zinc melting pot; zinc pot
Verzinkungsofen m <obfl> • zink-coating furnace
Verzinkungsstation f <obfl> • galvanizing station
Verzinkungsstraße f <obfl> • galvanizing line; zinc coating line
Verzinkungtrommel f <obfl> • barrel
Verzinkungsverfahren n <obfl> • galvanizing process
Verzinnen n <kfz.rep> • lead loading GB; leading; soldering
Verzinnen n <kfz.rep> • tinning
Verzinnen n <obfl.prod> • tin plating
verzinnen v <obfl> • electrotin v
verzinnen v <obfl.prod> • tin v
verzinnen v <obfl.prod> • tin-coat v
verzinnen v <obfl.prod> • tin-plate v
verzinnen vt <kfz.rep> • body solder vt; lead vt [led]; lead in vt [led in]
Verzinnen der Karosserienähte n <kfz.prod> • deseaming
verzinntes Eisenblech n <mat> • tin plate
verzinntes Eisenblech n <mat> • tinned plate
verzinntes Eisenblech n <mat> • tinned sheet iron
Verzinnungsbad n <obfl> • tin bath
Verzinnungspaste f <kfz.rep> • solder paint GB; tinning compound; tinning butter pract
Verzögerer m <obfl> (Lackzusatz) • retarder
Verzögern n <tech.allg> (von Bewegungen; z. B. eines Fz.) • slowing down
verzögern v <tech.allg> (z. B. Antwort (EDV, Regelung)) • defer v
verzögern vr <tech.allg> (Vorgang) • retard vi; slow down vi
verzögern vt <allg> (einen zeitlichen Ablauf; z. B. Fortschritt, Vorgang) • retard vt; delay vt
verzögern vt <tech.allg> (Entwicklung, Prozess) • retard vt
verzögern vt <tech.allg> (Bewegungen, Abläufe) • decelerate vt
verzögern vt <tech.allg> (Zeitpunkt; z. B. Treffen, Lieferung) • delay vt
verzögern vt <tech.allg> (unerwünscht; z. B. Vorgang, Fortschritt) • inhibit vt
verzögern vt <ökon> (verlängern, hinausschleppen; z. B. Liefertermin) • protract vt
verzögernde Rückführung f <msr> • delay feedback
verzögernde Rückführung f <msr> • lagging feedback
verzögerte Alarmierung f <alarm> • delay operation
verzögerte Bewegung f <tech.allg> • retarded movement
verzögerte Bewegung f <mech> (Theorie der Kinematik) • decelerated movement
verzögerte Eingabe f <edv> • delayed input
verzögerte Lautstärkeregelung [selbsttätige] • delayed automatic gain control
verzögerte Lautstärkeregelung [selbsttätige] • delayed automatic volume control
verzögerte Lautstärkeregelung [selbsttätige] • delayed bias
verzögerter Alarm m <alarm> • delay operation

verzögerter Ausgang m <edv> • deferred exit
verzögerter Auslöser m <el> • time-lag release
verzögerter Auslöser m <el> • time-lag trip
verzögerte Regelspannung f • delay bias
verzögerter Eingang m <edv> • deferred entry
verzögerter Plastifizierbeginn m norm <kst> • screw delay
verzögerter Rücklauf m <mil> (Bauprinzip; z. B. von Sturmgewehren) • blowback shifted pulse (BBSP)
verzögerter Zugriff m <edv> • delayed access
verzögertes Ansprechen n • delay action
verzögertes Ansprechen n • delayed action
verzögertes Ansprechen n <msr> (Regler) • delayed response
verzögerte Arbeiten n • delayed action
verzögerte Scharfschaltung f <alarm> • exit delay
verzögertes Neutron n • delayed neutron
verzögertes Relais n <el> • time-delay relay
verzögert-kritisch <nukl> • delayed-critical
Verzögerung f • delay
Verzögerung f <tech.allg> (zeitlich, allg.; z. B. eines Ereignisses, Signals) • delay
Verzögerung f <tech.allg> (Hinauszögern, Abbremsen; z. B. Abläufe, Wirkungen) • retardation
Verzögerung f <tech.allg> (Behinderung) • inhibition
Verzögerung f <tech.allg> (Hinterherhinken; eher unerwünscht) • lag
Verzögerung f <tech.allg> • lagging
Verzögerung f <tech.allg> (bremsende, hemmende Wirkung; zeitlich späterer Effekt) • retardation; slowing down coll
Verzögerung f <chem> (von Reaktionen; i. Ggs. zur Katalyse) • anticatalysis; negative catalysis; inhibition
Verzögerung f norm. <edv> (Signal) • delay stand.
Verzögerung f <msr> • time lag
Verzögerung f <phys> (Verlangsamung von Bewegungen) • deceleration; slowing-down coll; slow-down coll
Verzögerung der Signalausbreitung f <navig> • propagation delay
Verzögerungsbremse f <bahn> • checking brake
Verzögerungsbremse f <förd> • slowing-down brake
Verzögerungsdrossel f <el> • delay reactor
Verzögerungseffekt m <tech.allg> • delay effect
Verzögerungseffekt m form <el.mus> (Effekt eines Effektprozessors) • delay; echo effect; delay effect; echo
Verzögerungseinheit f <msr> • delay unit
Verzögerungselektrode f • decelerating electrode
Verzögerungsfaktor m <chem> (Chromatographie) • retardation factor
Verzögerungsfläche f • retardation area
verzögerungsfrei <tech.allg> • instantaneous
verzögerungsfreies Glied n <msr> • non-lagging element
Verzögerungsglied n <edv> • delay element; delay line
Verzögerungsglied n <msr> • delay element
Verzögerungsglied n <msr> • time-lag element
Verzögerungskette f <msr> • delay network
Verzögerungskreis m <msr> • delay circuit
Verzögerungsleitung f • delay cable
Verzögerungsleitung f <av> • delay line
Verzögerungsleitung f <el> (Mikrowellentechnik) • slow-wave circuit
Verzögerungsleitung f <el.akust> (Signalübermittlung) • delay line
Verzögerungsleitung f <msr> • delay line
Verzögerungslinie f <edv> • delay line
Verzögerungslinienspeicher m <edv> • delay-line memory
Verzögerungslinienspeicher m <edv> • delay-line store

Verzögerungsmesser *m* <msr> • decelerometer
Verzögerungsmittel *n* <chem> • inhibitor
Verzögerungsmittel *n* <chem> • retarder
Verzögerungsrelais *n* <el> • time delay relay; delay relay *pract*
Verzögerungssack *m* <aerospace> • outer parachute bag
Verzögerungssack *m* <aerospace> • parachute container
Verzögerungsschalter *m* <el> • delay switch
Verzögerungsschalter *m* <el> • time-delay switch
Verzögerungsschaltung *f* <el> • delay network
Verzögerungsschaltung *f* <el> • delay circuit
Verzögerungsschaltung *f* <el> • lag network
Verzögerungsschaltung *f* <el> • retardation network
Verzögerungsschaltung *f* <el> • time-delay circuit
Verzögerungsspannung *f* <el> • delay voltage
Verzögerungsspeicher *m* <edv> • delay-line memory
Verzögerungsspeicher *m* <edv> • delay-line store
Verzögerungsspeicher *m* <msr> • delay-line storage
Verzögerungsspule *f* • delay reactor
Verzögerungsspule *f* <el> • retardation coil
Verzögerungsspule *f* <el> • time-delay coil
Verzögerungsstrecke *f* <nukl> • delay bed; hold-up system
Verzögerungsventil *n* :V <kfz.brems> (*bei Scheibenbremsen*) • disk-brake metering valve *US*; disc-brake metering valve *GB*; metering valve *pract*; hold-off valve *pract*
Verzögerungsventil *n* <msr> (*für Unterdruck, Hydraulik etc.*) • delay valve
Verzögerungsventil *n* <rls> • time-delay valve
Verzögerungswiderstand *m* <el> (*zeitbestimmender Widerstand*) • timing resistance
Verzögerungswinkel *m* <tech.allg> • lag angle
Verzögerungszeit *f* • delay time
Verzögerungszeit *f* • latency
Verzögerungszeit *f* (*Diode*) • recovery time
Verzögerungszeit *f* <tech.allg> • delay period
Verzögerungszeit *f* <tech.allg> • deceleration time
Verzögerungszeit *f* <tech.allg> • lag time
Verzögerungszeit *f* <tech.allg> • retardation time
Verzögerungszeit *f* <edv.av> • delay time; lag time
Verzögerungszeit *f* <el> (*Durchlaßstrom in Halbleiterdioden*) • forward recovery time
Verzögerungszeit *f* <masch> (*Umsteuerung*) • dwelltime period
Verzögerungszeit *f* <msr> • delay time
verzogene Kette *f* <textil> (*im Gewebe*) • bow
verzogener Rahmen *m* <kfz> (*allg.*) • misaligned frame; bent frame *coll.pract*; buckled frame *coll.pract*
Verzoner *m* <tele> • zoner
Verzonung *f* <tele> • zoning
verzuckern *vt* <chem> • saccharify *vt*
Verzug *m* <allg> (*Vorgänge aller Art (Fertigung, Lieferung, Übertragung)*) • delay
Verzug *m* <tech.allg> (*zeitlich*) • lag
Verzug *m* <tech.allg> (*zeitlich*) • lagging
Verzug *m* <tech.allg> (*zeitlich*) • retardation
Verzug *m* <tech.allg> • time delay
Verzug *m* <tech.allg> (*unerwünschte Formänderung; z. B. von Holz, Kunststoff*) • deformation; warpage
Verzug *m* <allg.tech> (*mech., z. B. durch innere Spannungen*) • distortion
Verzug *m* <bau> • lacing
Verzug *m* <jur> • default
Verzug *m* <kfz.mot> (*Zylinderkopf*) • warpage
Verzug *m* <kfz.rep> (*Schweißen*) • distortion
Verzug *m* <mat> • warp

Verzug *m* <textil> (*Spinnerei*) • draught; draft; drawing
verzugsbeständig <qualit.mat> (*z. B. Türe*) • warp-resistant
Verzugsbrett *n* (*Holz*) • cover board
verzugsfrei <mat> (*z. b. Sperrholz*) • non-deforming
verzugsfrei <mat> • non-distorting
verzugsfrei <prod> (*Werkstück*) • warp-free
verzugsfreier Stahl *m* <mat> • non-warping steel
Verzugsfreiheit *f* • freedom from distortion
Verzugsfreiheit *f* <tech.allg> • freedom from warpage
Verzugsfreiheit *f* <mat> • non-distorting properties
Verzugsfreiheit *f* <qualit.mat> • warping resistance
Verzugsplatte *f* (*Beton*) • cover board
verzundern *v* <metall> • scale *v*
verzundern *v* <obfl> (*z. B. beim Warumumformen*) • oxidize *v*
Verzunderung *f* <metall> (*z. B. Schmieden, Warmwalzen*) • oxidation
Verzunderung *f* <metall> • scaling
verzurren *vt* <fz> (*Ladung auf LKW, Waggon, Schiff; mit Seilen, Spannbändern, Ketten etc.*) • lash *vt*
Verzurrgurt *m* <nfz> • tie-down strap; convenience strap
verzweigen *v* • branch *v*
verzweigen *v* <allg> (*auch fig.*) • ramify *v*
verzweigen *vr* <tech.allg> (*z. B. Weg*) • bifurcate *vi*
Verzweiger *m* <lwl> • coupler
Verzweigerbereich *m* <tele> • cabinet district
Verzweigerbereich *m* <tele> • distribution district
verzweigt • branched
verzweigt <tech.allg> • bifurcate
verzweigt <chem.petr> • branched
verzweigt <mat> • dendritic
verzweigt *adj* <chem> (*Kette*) • branched *adj*
verzweigte Kette *f* <chem> • branched chain
verzweigte Kette *f* <chem> • forked chain
verzweigter Stromkreis *m* <el> • branched circuit
verzweigter Zerfall *m* (*Mehrfachzerfall*) • branching decay
verzweigter Zerfall *m* • multiple disintegration
verzweigtes Leitungssystem *n* <rls> • manifold
verzweigtes Molekül *n* • branched molecule
verzweigte Ströme *mpl* • branched currents
verzweigtkettig <chem> • branched-chain
Verzweigung *f* • bypass
Verzweigung *f* (*Wellenleiter*) • hybrid
Verzweigung *f* <allg> (*auch fig.*) • ramification
Verzweigung *f* <tech.allg> (*z. B. Straße, Linie (Diagramm)*) • bifurcation
Verzweigung *f* <tech.allg> (*z. B. Leitung, Programm (EDV)*) • branch
Verzweigung *f* <tech.allg> • branching
Verzweigung *f* <tech.allg> (*z. B. Straße, Leitungsnetz*) • junction
Verzweigung *f* <edv> • jump
Verzweigung *f* <nukl> (*radioaktiver Zerfall*) • branched decay
Verzweigungsadresse *f* <edv> • branch address
Verzweigungsanteil *m* <nukl> • branching fraction
Verzweigungsbefehl *m* <edv> • branch command
Verzweigungsbefehl *m* <edv> • branch instruction
Verzweigungsentscheidung *f* <edv> • branch decision
Verzweigungskabel *n* <el> • distribution cable
Verzweigungskabel *n* <el> • secondary cable
Verzweigungslinie *f* • branch line
Verzweigungslogik *f* (*Numerik*) • branching logic
Verzweigungsmuffe *f* <el> • multiple-cable joint
Verzweigungsmuffe *f* <el> • trifurcating joint
Verzweigungsprogramm *n* <edv> • branching program
Verzweigungsprogramm *n* <edv> • branching routine
Verzweigungsprozess *m* <edv> • branching process

Verzweigungspunkt m <edv> • branching point
Verzweigungspunkt m <edv> • break point
Verzweigungspunkt m <math> (Riemannsche Fläche)
• branch point
Verzweigungsreaktion f <chem> • branched-chain reaction
Verzweigungsstelle f (el; msr) • branching point
Verzweigungsstelle f (Wellenleiter) • hybrid
Verzweigungsstelle f <tech.allg> • branch point
Verzweigungsstelle f <tech.allg> (Netz) • junction
Verzweigungsstruktur f <el> • lineage structure
Verzweigungsverhältnis n (Quantenphysik) • branching
ratio
Verzwergung f <agri> • dwarfing; nanism thsc; stunting
Verzwillingung f <mat> • twinning
VESA <edv> • Video Electronics Standards Association
(VESA)
VESA Advanced Feature Connector m (VAFC) <edv>
• VESA Advanced Feature Connector (VAFC)
VESA-Auflösung f <edv> • VESA-resolution
VESA-Bildschirm m <edv> • VESA display
VESA-BIOS-Erweiterung f <edv> • VESA BIOS extension
VESA-Erweiterungssteckkarte f <edv> • VESA extension
VESA-Feature-Connector m (VFC) <edv> • VESA feature connector (VFC); VGA output connector rare
VESA-Grafikkarte f <edv> • VESA display card
VESA-Localbus m (VLB) <edv> • VESA local bus (VLB);
VL bus
VESA-Media-Channel m (VMC) form. <edv> • VESA
Media Channel (VMC) form.; VM Channel pract.
VESA-Standard m <edv> • VESA standard
VESA-Treiber m <edv> • VESA driver
Veteranenfahrzeug n form <kfz> • classic car
Vetriebsnetz n <ökon> • distribution
VE-Wasser n prakt <chem.verf> (allg.) • deionized water;
demineralized water
VEZ <kfz.el> • fully electronic ignition (FEI) VW
VF <kfz.el> (von Scheinwerfern) • variable focus (VF)
VFC <edv> • VESA feature connector (VFC); VGA output
connector rare
VFET m <el> • vertical fet (VFET)
V-förmig <allg> • V-shaped; vee-shaped
V-förmiges Dach n <bau> • V-roof; double lean-to roof
V-förmiges Sieb n <verf> (Siebmaschinen) • roof-type
panel; V-shaped panel
V-förmig nach innen geneigtes Dach n <bau> • V-roof;
double lean-to roof
V-Form f <aerospace> (Flügel, Leitwerk) • dihedral
Vg <füg> • valve thread DIN 7756
VGA <edv> • Video Graphic Array (VGA)
VGA <edv> • video graphics array (VGA)
VGA-Adapter m <edv> • VGA adapter
VGA-Karte f <edv> • Video Graphics Array (VGA)
VGA-Out-Put-Connector m rar <edv> • VESA feature
connector (VFC); VGA output connector rare
VGA-Teil m <edv> (auf der Hauptplatine) • built-in video
V-Getriebe n <masch> (Zahnradgetriebe) • X-gear pair;
enlarged-centre distance system
V-Getriebe n <masch> (Zahnradgetriebe) • X-cylindrical
gear pair
VHD-Bildplattensystem n <av> • VHD system; video
high density system
VHF <tele> (30 bis 300 MHz) • very-high-frequency range
(VHF); VHF range
VHF-Band n <av> (Fernseher) • VHF range
VHR <edv> • very high resolution (VHR)
VHS <av> • Video Home System (VHS); VHS-System
VHS <av> • Video Home System (VHS)

VHS-C <av> • VHS-Compact (VHS-C)
VHS-Compact n (VHS-C) <av> • VHS-Compact (VHS-C)
VHS High Quality System n (VHS HQ) <av> • VHS High
Quality System (VHS HQ); High Quality VHS; HQ High
Quality
VHS HQ <av> • VHS High Quality System (VHS HQ); High
Quality VHS; HQ High Quality
VHS Index Search System n (VISS) <av> • VHS Index
Search System (VISS); Video Index Search System
VHS-Index-Suchlauf m <av> • VHS Index Search System (VISS); Video Index Search System
VHS Movie f <av> • VHS Movie
VHS-System n (VHS) <av> • Video Home System (VHS);
VHS-System
VHS Videomovie f <av> • VHS Videomovie
VHS-Vollformat n <av> • standard VHS
VI <tribo> (Einfluss der Temperatur auf die Zähigkeit) • viscosity index (VI) ISO 4378-3
Vibration f <el> • vibration
Vibration f <med> (z. B. Massage) • vibration; vibrating
element vegacon
Vibration f <phys> • vibration
Vibrationen fpl <tech.allg> (Fahrzeug, Gebäude, Maschinen) • vibrations pl
Vibrationen des Kolbenpaares <kfz.mot> (im Zweizylindermotor) • rocking couple
Vibrationen des Kolbenpaares im Zweizylindermotor <mot> • rocking couple
Vibrationsalarm m <tele> (Handy) • vibration alarm
vibrationsarm <kfz> • smoothly
Vibrationsaufgabevorrichtung f <förd.prod> (z. B. für
Werkstücke) • vibrating feeder
Vibrationsbandtrockner m <verf> • vibrating conveyor
drier
Vibrationsbeständigkeit f <qualit.mat> • vibration
strength; vibration resistance
Vibrationsbeton m <bau.mat> • vibrated concrete
Vibrationsbohle f <bau> • screeding beam
Vibrationsbohren n <prod> • vibration drilling
Vibrationsdämmung f <bau> • vibration isolation
Vibrationsdämpfer m rar <kfz.mot> (an Kurbelwelle)
• harmonic balancer; torsional damper; vibration damper;
crankshaft vibration damper form
Vibrationsdüse f <masch> • vibrating nozzle
Vibrationsfestigkeit f <tech.allg> • resistance to vibration
Vibrationsfilter n <verf> • vibration filter
Vibrationsförderer m <förd> • bowl feeder
Vibrationsförderer m <förd> • vibrating conveyor
Vibrationsförderer m <förd> • vibratory feeder
Vibrationsförderer m <förd> • vibratory hopper
Vibrationsformmaschine f <metall> (Gießerei) • vibratory molding machine
Vibrationsgalvanometer n <el> • vibration galvanometer
vibrationsgeschützt <tech.allg> • antivibration
vibrationsgeschützt <tech.allg> • vibration-proof
vibrationsgeschützt <tech.allg> • vibration-protected
Vibrationsgießen n <metall> • vibrational casting
Vibrationsknotenfänger m <pap> • vibrating screen
Vibrationskontakt m <alarm> (mit Federkontakt) • vibration detector; mechanical vibro-contact; mechanical
vibration detector; vibration alarm/contact/sensor; contact
vibration sensor
Vibrationskontakt m <alarm> (nach Massenträgheitsprinzip) • mass inertia detector; mass inertia type shock
sensor; inertia detector; inertia sensor; shock sensor
Vibrationsmelder m <alarm> (mit Federkontakt) • vibration detector; mechanical vibro-contact; mechanical
vibration detector; vibration alarm/contact/sensor; contact
vibration sensor

Vibrationsmelder *m* <alarm> *(nach Massenträgheits-prinzip)* • mass inertia detector; mass inertia type shock sensor; inertia detector; inertia sensor; shock sensor

Vibrationsmessgerät *n* <el.msr> • vibrating-reed instrument

Vibrationsmischer *m* <verf> • reciprocating impeller agitator

Vibrationsplattentrockner *m* <verf> • vibrating tray drier

Vibrationsramme *f* <bau.masch> • vibrating-plate rammer

Vibrationsramme *f* <bau.masch> • vibration driver

Vibrationsramme *f* <bau.masch> • vibration tamper

Vibrationsrammung *f* <bau> • driving by vibration

Vibrationsrelais *n* <el> • vibration relay

Vibrationsrinne *f* <förd> • vibrating chute

Vibrationsrost *m* <masch> • shake-out grid

Vibrationsschaber *m* <pap.wz> • vibrating doctor

Vibrationsschleifen *n* <prod> • vibration grinding

Vibrationsschüttelsieb *n* <petr> *(Rotary-Bohranlage)* • vibrating mudscreen

Vibrationsschweißen *n* <füg> *(von Kunststoffen)* • vibration welding

Vibrationsschweißen *n* <kst.füg> • vibration welding

Vibrationssieb *n* <verf> • vibrating screen

Vibrationsstollmaschine *f* <led> • vibration staking machine; vibration staker

Vibrationstrockner *m* <verf> • oscillating tray drier

Vibrationsverdichtung *f* <metall> • vibration ramming

Vibrationsverdichtung *f* <verf> • dynamic compaction

Vibrationswalze *f* <bau.masch> *(Erdbau)* • vibrating roller

Vibrato *n* <mus> *(vor allem Gesang, Streichinstrument)* • vibrato

Vibrator *m* <tech.allg> • vibrator

Vibrator *m* ugs <bau.wz> *(zur Betonverdichtung)* • internal vibrator; immersion vibrator; poker vibrator

Vibrator *m* <spiel> • vibrator; joystick

Vibrator-Lkw *m* <geo.msr> *(Reflektionsseismik)* • vibrator truck *:V*; vibration-inducing truck *:V*

Vibratorschaltung *f* <el> • vibrator circuit

Vibratorspule *f* <kfz> • vibrator coil; trembler coil

Vibrierbohlenfertiger *m* <bau.masch> • vibrating beam finisher

vibrieren *v* <phys> • vibrate *v*

vibrierende Membran *f* • vibrating diaphragm

vibrierende Schütte *f* <prod.nahr> *(Speiseeis; Rüttler)* • vibrating chute; vibrator plate

Vibriertisch *m* <bau.masch> • vibrating table

Vibrobohren *n* <min> • rotary-percussive drilling

Vibrograph *m* <msr> • vibrograph

Vibrometer *n* <msr> • vibrometer

Vibrosichter *m* <verf> *(Aufbereitung)* • vibrating-screen deduster

Vicalloy *n* nsgl <msr> • vicalloy nsgl

Vicat-Erweichungstemperatur *f* ISO 306 <kst.qualit> • Vicat softening temperature *ISO 306*

Vicat-Nadel *f* <qualit.mat> *(Baustoffprüfung)* • Vicat needle

Vicat-Nadelgerät *n* <qualit.mat> *(Baustoffprüfung)* • Vicat apparatus

Vicat-Prüfmethode *f* <kst.qualit> • Vicat test method; Vicat testing method

Vicat-Prüfung *f* <kst.qualit> • Vicat test method; Vicat testing method

Vicat-Prüfverfahren *n* <kst.qualit> • Vicat test method; Vicat testing method

Vicat-Temperatur *f* <kst> *(amorphe Polymere; gemessen bei steigender Temperatur)* • glass transition temperature; softening temperature; softening range; Vicat softening temperature *f*

Vicat-Zahl *f* <kst.qualit> • Vicat softening point

Vichyflasche *f* DIN 55405 <pack> • Vichy bottle

Vickershärte *f* <qualit.mat> • pyramid diamond hardness

Vickershärte *f* (HV) norm <qualit.mat> • Vickers hardness (HV) *norm*; Vickers pyramid hardness; pyramid hardness (number); diamond penetrator hardness *rar*

Vickershärteprüfgerät *n* <qualit.mat> • Vickers hardness tester

Vickershärteprüfgerät *n* <qualit.mat> • Vickers tester

Vickers-Härteprüfung *f* <qualit.mat> • Vickers hardness test[ing] *ISO 6507*

Vickershärte unter Last *f* (HVL) <qualit.mat> • Vickers hardness under load (HVL)

Vickershärte unter Last *f*; HVL <qualit.mat> • universal hardness (HU); Vickers hardness under load; HVL

Vickershärtezahl *f* <qualit.mat> • Vickers hardness (HV) *norm*; Vickers pyramid hardness; pyramid hardness (number); diamond penetrator hardness *rar*

Video *n* <av> • video

Video 2×4 *n* <av> *(Video 2000 Bandkapazität)* • Video 2×4

Video 2000 *n* <av> *(Philips/Grundig)* • Video 2000

Video-8 *n* (V8/8 mm) <av> • Video-8 (V8/8 mm); 8 mm video

Video-Accelerator *m* <edv> • video accelerator

Video Address Search System *n* (VASS) <av> • Video Address Search System (VASS)

Video-Adress-Suchlauf-System *n* VASS <av> • Video Address Search System (VASS)

Videoanimation *f* <edv> • video animation

Videoanschlusskabel *n* <el> • video connection cable

Videoanwendung *f* <tech.allg> • video application

Video-Audio-Mischer *m* <av> • video/audio mixer

Video-Audio-Mixer *m* <av> • video/audio mixer

Videoauflösung *f* <edv> • horizontal resolution; video resolution

Videoaufnahme in Zeitlupe *f* <av> • slow-motion video recording; slo-mo video footage *coll*

Videoaufzeichnung mit herabgesetztem Farbträger *f* <av> • color-under recording; color-under video recording; color-under video system

Videoaufzeichnungsgerät *n* form <av> • video tape recorder (VTR); video recorder; video recording machine *rare*; video recording and taping machine *rare*

Videoausgang *m* <edv.av> • video output

Video-Ausgangsbuchse *f* <av> • video output socket

Videoausgangssignal *n* <edv.av> • video output [signal]

Videoausschnitt *m* <av> • video clip

Videoband *n* <av> *(ohne Kassette)* • video tape; magnetic video tape *form*; tape *pract*

Videoband *n* <av> *(Kassette einschl. Band)* • video tape; video cassette; cassette *pract*; tape *coll*

Videobandaufnahme *f* <av> • video tape recording

Videobandbreite *f* <av> • video bandwidth

Videobandgerät *n* norm <av> • video tape recorder (VTR); video recorder; video recording machine *rare*; video recording and taping machine *rare*

Videobeschleuniger *m* <edv> • video accelerator

Videobildspeicher *m* <edv> • video display memory

Videobildspeicher *m* <edv> • video display store

Videobildspeicherplatte *f* <edv> • video disc

Videobildverarbeitung *f* <edv.av> • video image processing

Video-BIOS *n* <edv> • video BIOS

Video-Blitzlampe *f* <av> • video flash light

Video-Blitzleuchte *f* <av> • video flash light

Video-Blitzlicht n <av> • video flash light
Videobus m <edv> • video bus
Videocassette f <av> • video cassette
Videocassettenrecorder m (VCR) <av> (z. B. VHS, S-VHS) • video cassette recorder (VCR)
Video Cassette Recording n (VCR) <av> • Video Cassette Recording (VCR)
Video-CD f <av> • Video CD
Video-CD f <edv> • Video-CD
Video-CD-Player m <edv> • videodisc player
Video-CD-Player m <edv.av> • videodisc player
Video-CD-Spieler m <edv> • videodisc player
Video-CD-Spieler m <edv.av> • videodisc player
Videoclip m <av> • video
Video Compact Cassette f (VCC) <av> (Video 2000 Kassettenformat) • Video Compact Cassette (VCC)
Video-Controller m <edv> • graphics controller; video controller
Video Data Mining n prakt <edv> (Einzelbilder und Videos) • video data mining
Videodatenterminal n <edv> • video data terminal
Videodatenterminal n <edv> • video display terminal (VDT); visual display term,inal
Video-Digital/Analog-Konverter m <av> • video digital-to-analogue converter
Video-Digital/Analog-Wandler m <av> • video digital-to-analogue converter
Video-Digitizer m <edv> • frame grabber; video digitizer
Videodisk f <edv> (Vorläufer der Video-CD; obsolet) • videodisk US; videodisc Philips.GB; laser videodisc obs; optical video disc rare
Videodrucker m <av> • color video printer; color video copy processor; video printer; video copy processor
Videoeinblendung f <av> • video insertion
Videoeingang m <av> • video input
Video-Eingangsbuchse f <av> • video input socket
Video Electronics Standards Association (VESA) <edv> • Video Electronics Standards Association (VESA)
Videofarbenprüfung f <edv> • video color check
Videofilmer m <av> • videographer
Videofrequenz f <av> • video frequency
Videofrequenzband n <av> • video frequency band
Videogerät n rar <av> • video tape recorder (VTR); video recorder; video recording machine rare; video recording and taping machine rare
Videograbber m <edv> • video grabber
Videografikbereich m (VGA) <edv> • video graphics array (VGA)
Video Graphic Array n (VGA) <edv> • Video Graphic Array (VGA)
Video Heim System n <av> • Video Home System (VHS); VHS-System
Video High Density Disc f JVC <av> • Video High Density Disc JVC
Video Home System n (VHS) <av> • Video Home System (VHS)
Video Home System n <av> • Video Home System (VHS); VHS-System
Videoimpulsgeber m <av.el> • video pulse generator
Video Index Search System n <av> • VHS Index Search System (VISS); Video Index Search System
Videoinformation f <av> • video information
Videokabel n <el.av> • video cable
Videokamera f <av> (allg. für Videoaufnahmen) • video camera; camera coll
Videokamera f ugs <av> (Videokamera mit integriertem Recorder) • camcorder; camera recorder; video camera coll; movie camera coll; cam rare

Videokameradecoder m <edv> (für Strichcode) • video barcode decoder; video decoder; camera decoder; video camera decoder
Videokanal m <av> • video channel; video playback channel
Videokanaleinstellung f <av> • video channel setting
Videokarte f rare.obs <edv> (Schnittstelle zw. CPU and monitor) • graphics card; graphics board; display adapter; graphics adapter; video board obs
Videokartendarstellungsgerät n <navig> • video mapping unit
Videokartierung f <navig> • video mapping
Videokassette f <av> (Kassette einschl. Band) • video tape; video cassette; cassette pract; tape coll
Videokassette f rar <av> • video cassette
Videokassettenrecorder m rar <av> (z. B. VHS, S-VHS) • video cassette recorder (VCR)
Videokodierung f <edv> • video encoding
Videokonferenz f <tele> • video conference
Videokonferenz mit integriertem Simultandolmetschen f (ViKiS) <transl> • video conference with integrated simultaneous interpreting
Videokonverter m <edv> • video converter
Videokonvertierung f <edv> • video conversion
Videokopf m <av> • video head
Videokopfaggregat n rar <av> • video head assembly; head assembly pract
Videokopfeinheit f <av> • video head assembly; head assembly pract
Videokopfrad n <av> (in Videorecorder; allg., jede Bauart) • video head wheel; video head drum; head wheel; wheel pract; drum pract
Videokopftrommel f <av> (zylindr. Teil des Kopfaggregats beim Schrägspurverfahren) • video head drum; head drum; drum
Videokopf-Verschmutzung f <av> • video head clogging
Videokupplung f <el> • video coupler
Videolängsspur f <av> • longitudinal video track
Video-Langspielplatte f <av> • Laser Vision® videodisc; video long play; VLP
Videoleuchte f <av> • video light
Video Long Play f <av> • Laser Vision® videodisc; video long play; VLP
Video Long Play n (VLP) Phi, MCA <av> • Video Long Play (VLP) Phi, MCA
Video-Longplay n <av> (im PAL-Format; verdoppelt die Bandlaufzeit) • long play (LP); longplay; long-play mode
Videomagnetband n form <av> (ohne Kassette) • video tape; magnetic video tape form; tape pract
Videomagnetkopf m <av> • video head
Videomagnetkopf m <av> • video magnetic head
Video-Mapping n <edv> • video mapping
Videomischpult n <av> • video mixer
Video-Mischsignal n <av> • composite video signal
Videomodus m <edv> • video mode
Videoplatte f <av.edv> • video disc
Videoplotter m rar <druck.navig> • chart plotter; graphic plotter
Videoplus n Gem für UK <av> • ShowView Gem for Ger; VCRplus Gem for USA; Videoplus Gem for UK
Videoprinter m <av> • color video printer; color video copy processor; video printer; video copy processor
Video-Programm-System n (VPS) <av> • Video Program System (VPS); Video Programme System
Videoprogrammsystem n (VPS) <av> • Video Program System (VPS); Programme Delivery Control GB; PDC
Video Program System n <av> • Video Program System (VPS); Programme Delivery Control GB; PDC
Videoprüfsignalgeber m <av> • test pattern generator

Video-RAM *n* (VRAM) <edv> • video RAM (VRAM); dual-ported RAM *form.*

Videorecorder *m* <av> • video tape recorder (VTR); video recorder; video recording machine *rare*; video recording and taping machine *rare*

Videorecorder *m* ugs <av> *(z. B. VHS, S-VHS)* • video cassette recorder (VCR)

Videorecorderbildschirm *m* <edv> • video monitor

Videorecorder/Fernsehgerät-Umschalttaste *f* <av> • VTR/TV selector

Videoschaltung *f* <av.el> • video circuit

Video-Sendestatus *m* <edv> • video sending state

Videosignal *n* <av> • picture signal; video signal *coll*

Video-Signalgemisch *n* <av> • composite video signal

Videoskalierung *f* <edv> • video scaling

Videospeicher *m* <edv> • video memory

Videospiel *n* <av.spiel> • video game

Video-Splitter *m* <edv> • video splitter

Videospur *f* <av> • video track

Videostecker *m* <el> • video plug

Video-Strichcodedecoder *m* <edv> *(für Strichcode)* • video barcode decoder; video decoder; camera decoder; video camera decoder

Videotelefon *n* <tele> • video telephone

Videotelefon *n* <tele> • videophone

Videotelefonverbindung *f* <tele> • videophone link

Videoterminal *n* <edv> *(Bildschirm, Display)* • video display terminal

Videotext *m* <av> • teletext

Videotext *m* <av> • videotext

Videotext *m* (VT) <av> • tele text

Videotextdecoder *m* <av> • tele text decoder

Videotext-Programmierung *f* <av> • direct text programming; tele text programming

Videotransformator *m* <av> • rotary transformer

Videoübertrager *m* <av> • rotary transformer

Videoverstärker *m* <av> • video amplifier

Videovorverstärker *m* <av> • head amplifier

Video-Walkman *m* Son <av> • Video Walkman *Son*

Videowand *f* <edv> • video wall

Video-Wiedergabe-Kanal *m* <av> • video channel; video playback channel

Video-Wiedergabe-Programmplatz *m* <av> • video channel; video playback channel

Vidikon *n* <av> • vidicon; vidicon tube

Vidikonröhre *f* <av> • vidicon; vidicon tube

Viehfutter *n* <agri> *(meist grob, trocken)* • forage

Viehfutter mit Tiermehl *n* <agri.nahr> • MBM feed

Viehtransporter *m* <nfz> • cattle transporter

Viehtransportwagen *m* <bahn> • cattle car

Viehwagen *m* <bahn> • livestock vehicle

Viehwagen *m* <bahn> • stock car *US*; cattle wagon *GB*

Viehzuchtmethoden *fpl* <agri> • livestock production methods

Viehzüchter *m* <agri> • livestock producer

Vielblattrotor *m* <energ.wind> • multiblade rotor

Vieldruckkessel *m* <rls> • universal pressure boiler

Vieleck *n* <math> • polygon

Vieleck *n* <math> *(geometr. Figur)* • polygon; n-gon

Vieleckdrehen *n* <prod> • polygonal turning

vieleckig <math> • polygonal

Vieleckinkreisradius *m* <math> • apothem

Vieleckschaltung *f* <el> • polygonal connection

Vieletagenheißpresse *f* <kst> • multiplaten hot press

Vieletagenpresse *f* <kst> • multiple-opening press

vielfach <tech.allg> • multiple

vielfach <tele> • multiplex

Vielfachabtastung *f* <edv> • multiple scanning

Vielfachantenne *f* <av> • multiple aerial

Vielfachaus- und -eingang *m* <tele> • multiterminal

Vielfachbeschleuniger *m* • multiple accelerator

Vielfachbeschleunigung *f* • multiple acceleration

Vielfachbetrieb *m* • multiple operation

Vielfachbetrieb *m* <el> • multimode

Vielfachbogensperre *f* <bau> • multiple-arch dam

Vielfachbohren *n* <prod> • multidrilling

Vielfachchipschaltkreis *m* <el> • multichip circuit

Vielfachdiagramm *n* <doku> • multiple diagram

Vielfachdichtung *f* <msr> • grommet *Siemens, 5/0*

Vielfachecho(s) *n* <phys> *(z. B. Ultraschall)* • spurious echo(es)

Vielfachemittertransistor *m* <el> • multiple-emitter transistor

Vielfaches *n* <math> • multiple

Vielfachfeld *n* <tele> • multiple

Vielfachfunkenstrecke *f* • multiple spark gap

Vielfachfunkenstrecke *f* <el> • multigap arrester

Vielfachfunkenstrecke *f* <el> • multigap discharger

vielfachgeschaltet <el> • multiple-connected

Vielfachheit *f* <phys> • multiplicity

Vielfachinstrument *n* <msr> • multipurpose instrument

Vielfachinstrument *n* <msr> • multipurpose meter

Vielfachkabel *n* • bank cable

Vielfachkabel *n* <el> • multiple cable

Vielfachklinke *f* <tele> • multiple-contact jack

Vielfachklinke *f* <tele> • multiple jack

Vielfachkoinzidenz *f* • multiple coincidence

Vielfachmagnetron *n* <el> • cavity magnetron

Vielfachmeißelanordnung *f* <prod> • multiple tooling

Vielfachmeißelanordnung *f* <wz.masch> • multitooling

Vielfachmeißelhalter *m* <wz.masch> • multitool block

Vielfachmeißelhalter *m* <wz.masch> • multitool holder

Vielfachmesser *m* <msr> • multimeter

Vielfachmesser *m* <msr> • multipurpose instrument

Vielfachmesser *m* <msr> • multirange instrument

Vielfachprozess *m* <verf> • multiple process

Vielfachprüfgerät *n* <msr> • multitester

Vielfachschaltung *f* <el> • multiple

Vielfachspur *f* <autom> • multiple-sound track

Vielfachtonspur *f* <av> • multiple-sound track

Vielfachunterbrechungsklinke *f* <tele> • series multiple jack

Vielfachuntersetzer *m* <nukl> • multiscaler

Vielfachverdrahtung *f* <el> • multiple wiring

Vielfachwerkzeug *n* <kst> *(allg., mit mehreren Formnestern)* • multi-cavity mold *US*; multi-impression mold *US*; multi-cavity mould *GB*

Vielfachwerkzeug *n* <kst> *(mit verschiedenförmigen Formnestern)* • family mold

Vielfachzerlegung *f* <nukl> • nuclear spallation

Vielfachzugriff im Frequenzmultiplex *m* (FDMA) <tele> • frequency division multiple access method (FDMA); frequency division multiple access

Vielfachzugriff im Zeitmultiplex *m* (TDMA) <tele> • time division multiple access method (TDMA); time division multiple access

Vielfachzugriffsverfahren *n* <tele> • multiple access scheme

vielfarbig <tech.allg> • multicolored

vielfarbig <druck> • polychromatic

vielfarbig <obfl> • multicolor

Vielflach *n* <math> • polyhedron

vielflächig <math> • polyhedral

Vielflächner *m* <math> *(auch Kristall)* • polyhedron

Vielflächner *m* did <math> • polyhedron

vielgeschossig <bau> • high-rise

vielgeschossig <bau> • multistorey

vielgestaltig <tech.allg> • multiform

vielgestaltig <mat> • polymorph
Vielgestaltigkeit f <tech.allg> • multiformity
Vielgestaltigkeit f <mat> • polymorphism
vielgliedrig <tech.allg> • many-membered
vielgliedrig <tech.allg> • multimembered
vielgliedrig <chem> • polymembered
Vielkanalanalysator m <el> • multichannel pulse-height analyser
Vielkanalanalysator m <phys> • multichannel analyser
Vielkanalfeldeffekttransistor m <el> • multichannel field effect transistor
vielkanalig <akust> • multichannel
Vielkanalimpulshöhenanalysator m <el> • multichannel pulse height analyser
Vielkanalkoinzidenzschaltung f <el> • multichannel coincidence system
Vielkanalverstärker m <el> • multichannel amplifier
vielkantig <kst> • polygonal
vielkantig <wz> • multiedged
Vielkeilverzahnung f <masch> • multisplining
Vielkeilwelle f <masch> • multiple-spline shaft
Vielkeilwelle f <masch> • multiple-splined shaft
vielkernige Riesenzelle f <med> (pl: Synzytien) • syncytia pl; giant cell
Vielkontaktrelais n <el> • multicontact relay
viellagiger Balg m <rls> • multi-ply bellows; multiple ply bellows
Vielmesserhackmaschine f <ents> • multiknife chipper
Vielmesserstreifenschere f <prod> (Blech) • rotary multiblade slitter; rotary multiblade slitting shear
Vielniveaustörstelle f <el.mat> • multilevel impurity
Vielnut-Keilwelle f rar <masch> (Längsnuten mit etwa rechteckigem Querschnitt; i. Ggs. zu Kerbzahnwelle) • splined shaft; spline shaft; multiple spline shaft rare
Vielphononenstreuung f • multiphonon scattering
Vielproben[prüf]maschine f <qualit.mat> • multispecimen machine
Vielpunktschweißmaschine f <füg> • multiple-spot welding machine
Vielpunktverbindung f <füg> (Punktschweißen) • multiple-spot joint
Vielpunktverbindung f <füg> • multiple-spot welded joint
vielröhrig <hlk> • multitubular
Vielrollenwalzwerk n <prod> • cluster mill
vielschichtig <tech.allg> • multilayer
vielschichtig <tech.allg> • multilayered
vielschichtige Kathode f <el> • multilayered cathode
Vielschicht-Solarzelle f <energ.sol> (zur spektralen Zerlegung der Sonnenstrahlung) • multigap cell; multibandgap cell; multijunction cell; tandem cell
vielseitig <allg> • multilateral
vielseitig <tech.allg> (Material, Produkt) • versatile
vielseitig einsetzbar <tech.allg> • flexible
vielseitig einsetzbar <tech.allg> (Material, Produkt) • versatile
vielseitige Verwendungsmöglichkeiten f <edv> • super versatility
vielseitig verwendbar <tech.allg> (Material, Produkt) • versatile
Vielsprecher m <tele> • high-calling-rate subscriber
Vielspulenrelais n <el> • multicoil relay
Vielspuraufzeichnung f <av> • multi-track recording
Vielstoffdeponie f <ents> • co-disposal landfill
Vielstoffgemisch n <tech.allg> • multicomponent mixture
Vielstofflegierung f <mat> • complex alloy
Vielstofflegierung f <mat> • multialloy
Vielstufenbleiche f <verf> • multistage bleaching
Vielstufenwärme[aus]tauscher m <rls> • multipass heat exchanger

Vielteilchensystem n <edv> • particle system; particle set animation rare
Vielteilchen-System n <edv> • particle system; particle set animation rare
Vielwalzengerüst n <prod> • cluster roll stand
vielwandiger Balg m <rls> • multi-ply bellows; multiple ply bellows
vielwellig adj <lwl> • multimode ...
vielwertig <chem> • multivalent
vielwertig <chem> • polyvalent
vielwertig <chem.math> • polyadic
vielwertig <math> • many-valued
vielwertig <math> • multiple-valued
Vielzahnbit n <wz> (Bit mit 12-eckiger Antriebsspitze) • triple square bit
Vielzahn-Einsatz m <wz> • triple square bit socket US; triple square driver US; triple square socket bit GB
Vielzahnklinge f <wz> (Bit mit 12-eckiger Antriebsspitze) • triple square bit
Vielzahn-Steckschlüsseleinsatz m <wz> (Einsatz mit 12-eckiger Öffnung) • triple square socket
Vielzellenentstauber m <verf> • multicell dust collector
Vielzellenentstauber m <verf> • multicell dust extractor
Vielzellengebläse n <mot> • vane-type supercharger
Vielzellenlader m <mot> • vane-type supercharger
Vielzellenverdichter m <masch> • vane compressor
Vielzellenzyklon m <verf> • multi-cyclone separator; multiclone; multicellular cyclone; multiple-unit cyclone
Vielzugriffsrechner m <edv> • multiaccess computer
Vielzweckdrehmaschine f <wz.masch> • multipurpose lathe
Vielzweckkalander m <kst.pap> • universal calender
Vielzweckklebstoff m <füg> • multiple purpose adhesive
Vielzweckmaschine f <tech.allg> • multipurpose machine
Vielzweckpumpe f <förd> • multi-purpose pump; multi-duty pump
vierachsig <msr> (z. B. Robotersteuerung) • four-axial
vierachsiger Beiwagen m <bahn> • bogie trailer
vierachsiger Kesselwagen m <bahn> • bogie tank wagon GB
vierachsiger Triebwagen m <bahn> • bogie railcar
Vieradressbefehl m <edv> • four-address instruction
Vieradressbetrieb m <edv> • four-address operation
vieradrig <el> (Kabel) • four-wire
vieradriges Kabel n <el> • four-conductor cable
vieradriges Kabel n <el> • four-core cable
vierarmige Brücke f <el> • four-arm bridge
vieratomig <chem> • tetratomic
Vierbackenfutter n <prod> • four-jaw chuck
vierbahnig • four-track
vierbasig <chem> • tetrabasic
vierbindig <chem> • quadricovalent
vierbindig <chem> • tetracovalent
vierbindiger Köper m <textil> • four-end twill
vierbindiger Köper m <textil> • four-leaf twill
Vierbogenmesserfalzmaschine f <druck> • quadruple-knife folding machine
Vierbreitencode m <edv> • four-width code; four-level code
Vierbreitensymbologie f <edv> • four-width code; four-level code
Vierbruch m <druck> • four fold
Vier-Corner-Anwendung f <kfz> (Einsatz an allen vier Rädern) • four-corner application
vierdimensional <tech.allg> (Mathematik, Physik) • four-dimensional
Vierdrahtgabel f <tele> • four-wire terminating set
Vierdrahtkabel n <el> • four-wire cable
Vierdrahtleitung f <tele> • four-wire line

Vierdraht-Näherungssensor *m* <msr> • 4-wire proximity sensor

Vierdrahtschaltung *f* <tele> • four-wire circuit

Vierdrahtschaltung *f* <tele> • four-wire network

Vierdrahtverstärker *m* <tele> • four-wire repeater

Viereck *n* <math> • quadrangle; quadrilateral

viereckig <math> • quadrangular

viereckig <math> • quadrilateral

viereckig <math.phys> • tetragonal

Vierelektrodenröhre *f* <el> • four-electrode value

Vierelektrodenröhre *f* <el> • tetrode

Vier-Elektroden-Sensor *m* <msr> • four electrode sensor

Vierendeel-Fachwerkbinder *m* <bau> • Vierendeel truss

Vierendeel-Stütze *f* <bau> • Vierendeel column

Vierendeel-Träger *m* <bau> • Vierendeel girder

Vierer *m* <el> • phantom circuit

Vierer *m* <nav.sport> *(Ruderboot)* • four

Vierer *m prakt* <sport> • four-man bob

Viererbelastung *f* <tele> • phantom loading

Viererbeschleunigung *f* <phys> • four-acceleration

Viererbespulung *f* <el> • phantom loading

Viererbetrieb *m* <tele> • phantom-circuit operation

Viererbildung *f* <tele> • phantoming

Viererbob *m* <sport> • four-man bob

Viererbündel *n* <el> • quad bundle conductor

Viererbündel *n* <el> • quadruple bundle conductor

Vierergeschwindigkeit *f* <phys> • four-velocity

Vierergruppe *f* • group of four

Vierergruppe *f* <tele> • phantom group

Viererimpuls[vektor] *m* <phys> • four-momentum

Viererkabel *n* <el> • quadded cable; quad cable

Viererkapazität *f* <el> • pair-to-pair capacitance

Viererkapazität *f* <el> • phantom capacity

Viererkapazität *f* <tele> • side-to-side capacity

Viererkraftdichte *f* <phys> • four-density of force

Viererkreis mit Erdrückführung <tele> • earth-phantom circuit

Viererleitung *f* <tele> • phantom circuit

Viererpotential *n* <phys> • four-vector potential

Viererpupinisierung *f* <tele> • phantom loading

Viererschleifenkapazität *f* <el> • phantom capacity

Viererschleifenkapazität *f* <tele> • side-to-side capacity

Viererspule *f* <tele> • phantom-circuit loading coil

Vierertensor *m* <math> • four-tensor

Vierervektor *m* <math> • four-vector

viererverseilt <el> • quadded

viererverseilt <el> • twisted-quad

viererverseiltes Kabel *n* <el> • quadded cable; quad cable

vierfach <allg> • four-fold

vierfach <math> *(z. B. Produkt, Punkt)* • quadruple

Vierfachbindung *f* <chem> • quadruple bond

vierfach CD-ROM *n* <edv> • quad-speed CD-ROM

vierfachdiffundiert <el> • quad-diffused

vierfache Geschwindigkeit *f* <edv> • quad-speed

Vierfachemitterfolger *m* <el> • quadruple emitter follower

vierfacher Zwirn *m* <textil> • four-ply thread

Vierfachkette *f* <masch> • quadruple-strand chain

vierfach konifiziert *adj* <fz> • quadruple butted *adj*

Vierfachmeißelhalter *m* <wz> • four-position tool holder

Vierfachmeißelhalter *m* <wz.masch> • four-way tool block

Vierfachmeißelhalter *m* <wz.masch> • four-way tool post

vierfachpositiv <chem> • tetrapositive

Vierfachrevolver *m* <wz.masch> • four-station turret

Vierfachschalter *m* <el> • four-section switch

Vierfachtelegraf *m* <tele> • quadruplex telegraph

Vierfachtelegrafie *f* <tele> • quadruplex telegraphy

vierfachwirkend *adj* <förd> *(Verdrängerpumpe)* • quadruple-acting *adj*

Vierfachzwillingskabel *n* <el> • quadruple pair cable

Vierfaktorenformel *f* <nukl> • four-factor formula

Vierfarb-... <druck> • four-color ...

Vierfarbdruck *m* <druck> • four-color printing; full-color printing

Vierfarbendruck *m* <druck> • four-color printing; full-color printing

Vierfarbenproblem *n* *(Graphentheorie)* • four-color problem

Vierfarbenringelautomat *m* <textil> • four-color striper

Vierfarbenspulenwechselautomat *m* <textil> • four-color automatic

Vierfarbensystem *n* <licht.theat> • four color system

vierfarbig <druck> • full color

Vierflach *n* <math> • tetrahedron

vierflächig *<mat>* *(Kristall)* • tetrahedral

Vierflächner *m* <math> • tetrahedron

vierflügelig <bau> *(Fenster)* • four-leaved

vierflügelig <masch> *(z. B. Propeller, Hubschrauberrotor, Ventilator)* • four-bladed

Vierfrequenzfernwahl *f* <tele> • four-frequency dialling

Vierfunkenzündspule *f* <kfz.el> • four-spark ignition coil

viergängig <masch> • quadruple-thread

viergängig <masch> • quadruple-threaded

viergängig <masch> *(siehe ...gängig)* • quadruple...; four...

viergängiges Gewinde *n* <masch> • quadruple thread

viergängiges Gewinde *n* <masch> • quadruple-start thread; quadruple thread; quadruple-lead thread; quadruple-pitch thread; four-start thread

Viergang-Automatik *f prakt* <kfz.antr> *(Getriebevollautomat)* • 4-speed automatic transmission *US/GB*; four-speed auto transmission *US/GB.pract*; automatic gearbox with four speeds *GB.rare*; 4-speed auto trans *US.coll*; 4-speed auto box *GB.coll*

Vierganggetriebe *n* <kfz.antr> • four-speed transmission; four-speed gearbox *GB*; four-speed drive

Vierganggetriebe mit Mittelschaltung *n* <kfz.antr> • four on the floor *coll*

Vierganggetriebe mit Overdrive *n* <kfz.antr> • four-speed transmission with overdrive (4 + O); four-speed gearbox with overdrive *GB*; 4 + O transmission; 4 + O gearbox *GB*

Viergang-Overdrivegetriebe *n* <kfz.antr> • four-speed transmission with overdrive (4 + O); four-speed gearbox with overdrive *GB*; 4 + O transmission; 4+O gearbox *GB*

Viergelenkgetriebe *n* <masch> • four-bar linkage

Viergelenk-Hinterachse *f* <kfz> • four-link rear suspension

Viergelenkkette *f* <masch> • four-bar mechanism

Viergelenkkette *f* <masch> • four-bar motion

Viergelenk-Trapezlenker-Hinterachse *f* Audi <kfz> • four-link trapezoidal rear suspension

viergleisig <bahn> • quadruple-track

viergleisig <bahn> • quadruple-tracked

viergleisiger Kreuzkopf *m* <masch> • four-bar type of crosshead

viergliedrig *(Kinematik)* • four-bar

viergliedrig <tech.allg> • four-membered

viergliedrig <math> *(Algebra)* • quadrinomial

viergliedrige kinematische Kette *f* <masch> • four-bar mechanism

viergliedrige kinematische Kette *f* <masch> • four-bar motion

viergliedrige konische Kurbelkette *f* <antr> *(kinematisches Getriebe)* • crank quadrilateral with converging links

viergliedriges Koppelgetriebe *n* <masch> • four-bar linkage

Vierhalskolben *m* <masch> • four-neck flask

vierhübig <masch> • four-throw

Vierkammerkreiskolbenpumpe *f* <masch> • four-lobe pump

Vierkammer-Spritz-Taktanlage *f* <obfl> • batch-worked four-chamber spray plant

Vierkammerzähler *m* <msr> • liquid-sealed drum-type gas meter

Vierkanal-A/D-Wandler *m* <el> • four-channel A/D converter

Vierkanal-Antiblockiersystem *n* <kfz.brems> • four-channel anti lock braking system

Vierkanalstereophonie *f* <av> • quadrophony; four-channel stereophonic sound; quadriphony; quadraphony *rare*

Vierkanalton... <av> • quadrophonic; quadriphonic; four-channel-audio ...; quadraphonic *rare*

Vierkant *m* <masch> *(an Wellenende)* • squared shaft end

Vierkant *m* <masch> *(Ansatz; an Wellen, Schrauben; meist als Antrieb)* • square; squared end

Vierkantansatz *m* <füg> *(Schraube)* • square neck

Vierkant-Anschweißmutter *f norm* <füg> • square weld nut

Vierkant-Anschweißmutter *f DIN ISO 1891* <füg> • square weld nut

Vierkantblock *m* <metall> • square ingot

Vierkantbohrmeißel *m* <wz> • square-section boring bit

Vierkantdurchschlag *m* <wz> • square punch

Vierkantfeile *f* <wz> • square bastard-cut file

Vierkantfeile *f* <wz> *(für die Metallbearbeitung)* • square file; engineers' square file *ISO*

Vierkant-Griff *m* <wz> • spinner handle; driver; socket driver; spinner *rare*

Vierkantholz *n* <holz> • square

Vierkantholz *n* <holz> • squared timber

Vierkant-Holzschraube *f DIN ISO 1891* <füg> • square head wood screw

Vierkanthorn *n* <metall.wz> *(Amboss)* • heel

vierkantig <tech.allg> • square

vierkantig <tech.allg> • square-section

vierkantig <tech.allg> • squared

Vierkantkaliber *n* <metall> • square groove

Vierkant-Kelly *f* <petr> *(Mitnehmerstange)* • square kelly

Vierkantklemmeißel *m* <wz> • square insert

Vierkantknüppel *m* <metall> • square billet

Vierkantkopf *m* <füg> *(z. B. Schraube)* • square head

Vierkantkopf *m* <füg> *(Schraube)* • square head

Vierkantkopf mit Bund <füg> • square washer head; square head with collar *stand*

Vierkantkopfschraube *f* <füg> • square-head bolt

Vierkantkopfschraube mit Bund <füg> • collar screw

Vierkantkurbelsatz *m* <fz> • cotterless crankset

Vierkantloch *n* <tech.allg> • square hole

Vierkantmesser *n* <wz> *(Fräser)* • square blade

Vierkantmutter *f DIN 557* <füg> • square nut

Vierkantmutter, niedrig *f DIN ISO 1891* <füg> • square nut without chamfer

Vierkantmutter mit Bund *f DIN ISO 1891* <füg> • square nut with collar

Vierkantprobestab *m* <qualit.mat> • square specimen

Vierkantquerschnitt *m* <tech.allg> • square section

Vierkantrevolverkopf *m* <wz.masch> • four-station square turret head

Vierkantrohr *n* <rls> • square tube

Vierkantschaft *m DIN 10* <wz> *(rotierendes Werkzeug)* • square shank

Vierkantscheibe *f DIN ISO 1891* <füg> • square washer; square washer with round hole *stand*

Vierkantscheibe für I-Träger *f DIN ISO 1891* <füg> • square taper washer for I-sections; square tapered washer

Vierkantscheibe für U-Träger *f DIN ISO 1891* <füg> • square taper washer for U-sections; square tapered washer

Vierkantschraube *f DIN ISO 1891* <füg> • square head bolt

Vierkantschraube mit Bund *f DIN 478* <füg> • square head bolt with collar

Vierkantschraube mit Kernansatz *f DIN 479* <füg> • square head bolt with short dog point

Vierkant-Schweißmutter *f* <füg> • square weld nut

Vierkantschwerstange *f* <petr> • square drill collar

Vierkantstab *m* <mat> • square bar

Vierkantstahl *m* <metall> • square steel bar

Vierkantstahlfeder *f* <masch> • rectangular wire spring

Vierkantstangenmaterial *n* <metall> • square-section bar stock

Vierkantsteckschlüssel *m* <wz> • square-box wrench

Vierkanttretlager *n* <fz> • cotterless bottom bracket

Vierkant-Unterlegscheibe *f* <füg> • square washer; square washer with round hole *stand*

Vierkantwelle *f* <masch> *(auch Gerätebau)* • solid square shaft

Vierkant-Werkstattfeile *f norm* <wz> *(für die Metallbearbeitung)* • square file; engineers' square file *ISO*

Vierkantzapfen *m* <masch> • square spigot

Vier-Ketten-Konzept *n* <nfz> *(Snow-Cat)* • four track concept

Vierkolben-Festsattel-Scheibenbremse *f* <kfz> • four-piston disc brake

Vierkomponentensystem *n* <mat> *(Legierung)* • four-component system

Vierkopfmagnetmaschine *f* <av> • quadruplex video tape recorder

Vierkopfverfahren *n* <av> *(Videoband)* • quadruplex recording; quadruplex scanning; transverse track recording; Ampex recording system; traverse recording

Vierkursfunkfeuer *n* <navig> • four-course radio range

Vierkursfunkfeuer *n* <navig> • visual-aural radio range

vierlagig <bau> • four-leaved

vierlagig <mat> *(z. B. Papier)* • four-layer

Vierlappenscheibenrad *n* <kfz> • four-panelled disk wheel; disk wheel with four panels

Vierleiteranlage *f* <el> • four-wire system

Vierleiterkabel *n* <el> • four-conductor cable

Vierleiterkabel *n* <el> • four-core cable

Vierleiternetz *n* <el> • four-wire system

Vierlenker-Hinterachse *f* <kfz> • four-link rear suspension

vierlippig <wz> • four-lip

Vierlitzenseil *n* <förd> • four-strand rope

Vierlitzenseil *n* <förd> • four-stranded rope

Vierlochmutter *f* <füg> *(rund)* • round nut with set pin holes in side

viermesserig <wz> *(z. B. Reibahle)* • four-bladed

Viermomentensatz *m* <phys> • four-moment theorem; four-moments theorem

viermotoriges Flugzeug *n* <aerospace> • four-engined airplane

Vierniveaulaser *m* • four-level laser

viernutig <masch> • four-fluted; four-flute

vier obenliegende Nockenwellen <kfz> • quad-cam

vierpaariges Kabel *n* <edv> • 4-pair cable

vierphasig <el> • four-phase

vierphasig <phys> • quarter-phase

Vier-pi-Zähler *m* <msr> • four-pi counter

Vierplattenstoß *m* <masch> • junction of four plates

Vierpol *m* <el> • four-pole network; four-terminal network; quadripole network *rare*

Vierpoldämpfungsfaktor *m* <el> • quadripole attenuation factor

Vierpoldaten *npl* <el> • four-pole characteristics

Vierpol-Detektor *m* <opt> • quaddetector; 4-division detector; detector

Vierpolersatzschaltbild *n* <el> • four-pole equivalent circuit

Vierpolfilter *n* <el> • four-pole filter

Vierpolgleichung *f* <el> • four-terminal network equation

vierpolig <el> *(z. B. Schalter)* • four-pole; quadripolar *rare*

vierpoliger Ein/Aus-Schalter *m* <el> • four-pole single-throw switch; 4-pole single-throw switch; 4PST switch

Vierpol in H-Schaltung *m* <el> • H-network

Vierpol in L-Schaltung *m* <el> • L-network

Vierpolkonstante *f* <el> • four-pole constant

Vierpolkreuzglied *n* <el> • bridge network

Vierpolnetzwerk *n* <el> • quadripole network

Vierpolparameter *m* <el> • four-pole parameter

Vierpolschaltung *f* <el> • four-four-pole network

Vierpolschaltung *f* <el> • four-terminal network

Vierpolschaltung *f* <el> • quadripole network

Vierpolübertragungsmaß *n* <el> • image transfer coefficient

Vierpolübertragungsmaß *n* <el> • image transfer constant

Vierpolverstärker *m* <el> • quadrupole amplifier

Vierpolwinkelmaß *n* <el> • image phase constant

Vierpolwinkelmaß *n* <el> • image phase factor

Vierpunktaufhängung *f* <tech.allg> • four-point suspension

Vierpunktauflage *f* <tech.allg> • four-point support

Vierpunktbefestigung *f* • four-point mounting

Vierpunkt-Ziehkissen *n* <prod> *(von Presse)* • four-point drawing cushion

Vierquadrantenprogrammierung *f* • four-quadrant programming

Vierquadrantmultiplizierer *m* • four-quadrant multiplier

Vierradantrieb *m* <kfz.antr> *(typ.; vier Räder)* • four wheel drive (4wd); 4 × 4 drive; 4-by-4 drive

Vierradbauweise *f* <logist> *(Stapler)* • four-wheel design

Vierradbremse *f* <brems> • four-wheel brake

Vierradbremse *f* <kfz> • four-wheel brake

Vierradfahrwerk *n* <aerospace> • quadricycle landing gear

Vierradfahrzeug *n* <fz> • four-wheeled vehicle

Vierrad-Feststellbremse *f* <nfz.brems> • 4-wheel parking brake; four-wheel parking brake

Vierradlenkung *f* <kfz> • four-wheel steer arrangement

vierrädrig <fz> • four-wheel

vierrädrig <fz> • four-wheeled

Vierrampenverfahren *n* <el> • quad-slope approach

Vierrampenverfahren *n* <el> • quad-slope method

vierreihig <mot> • four-row

vierreihig genietet <füg> • quadruple-riveted

Vierrichtungscursor *m* <edv> • arrow cursor; four-way cursor

Vierring *m* <chem> • four-membered ring

Vierrollenmeißel *m* <wz> • four-cutter bit

Viersäulentiefziehpresse *f* <wz.masch> • four-post drawing press

viersäulig <tech.allg> • four-column

viersäulig <tech.allg> • four-post

viersäurig <chem> *(Base)* • tetraacid

vierschalig <bau> • four-leaved

Vierscheinwerferanlage *f* <kfz> • four-headlamp system

Vierschichtbauelement *n* <el> • four-layer device

Vierschichtdiode *f* <el> • four-layer diode

Vierschichttriode *f* <el> • four-layer triode

Vierschneidenbohrer *m* <wz> • four-flute drill

Vierschneidensenker *m* <wz> • four-lip counterbore

Vierschneider *m* <wz> • four-lipped end mill

vierschneidig <wz> • four-lip

vierschneidig <wz> • four-lipped

Vierseilförderung *f* <förd> • four-rope winding

Vierseilgreifer *m* <förd> • four-rope grab

vierseiliges Kabel *n* <edv> • quad cordage

Vierseit *n* <math> • quadrilateral

Vier-Seiten-Belichter *m* <druck> *(Recorderformat)* • four-up recorder; 4up recorder *pract*; four-up platesetter; 4-up platesetter

Vierseitenbeschnitt *m* <druck> • trimming of four edges

Vier-Seiten-Format *n* (4-up) <druck> *(Druckplattenformat)* • four-up format size (4up); 4up format size; 4up plate *pract*

Vier-Seiten-Recorder *m* <druck> *(Recorderformat)* • four-up recorder; 4up recorder *pract*; four-up platesetter; 4-up platesetter

vierseitig <tech.allg> • four-sided

vierseitig <math> • quadrilateral

vierseitig <math> • quadrangular

Viersitzer *m* <kfz> • four-seater

viersitzig <kfz> *(Fahrzeug)* • four-seater *adj*

Vierspeichenlenkrad *n* <kfz> • four-spoke steering wheel

vierspeichig <masch> *(z. B. Treibscheibe)* • four-spoke

Vierspindelautomat *m* <wz.masch> • four-spindle automatic

Vierspindelautomat *m* <wz.masch> • four-spindle automatic machine

Vierspindelfutterautomat *m* <wz.masch> • four-spindle chucking auto

Vierspindelfutterautomat *m* <wz.masch> • four-spindle chucking automatic

vierspindelig <wz.masch> • four-spindle

Vierspindelstangenautomat *m* <wz.masch> • four-spindle bar auto

Vierspindelstangenautomat *m* <wz.masch> • four-spindle bar automatic

Vierspitzensonde *f* • four-point probe

vierspitzige Hypozykloide *f* <math> *(z. B. kinematische Kette)* • astroid

vierspitzige Hypozykloide *f* <math> • tetracuspid

Vierspurbandgerät *n* <av> • four-track tape deck

vierspurig <av> • four-track

Vierspurmagnetbandgerät *n* <av> • four-track tape deck

vierstellig <math> • four-figure

vierstellig <math> • four-place

Vierstellungsventil *n* <rls> *(z. B. Hydraulik, Pneumatik)* • four-position valve

Vierstofflegierung *f* <mat> • four-component alloy

Vierstofflegierung *f* <mat> • quaternary alloy

vierstrahliges Flugzeug *n* <aerospace> • four-jet airplane

vierströmig *adj* <förd> *(Zahnradpumpe)* • quadruple-flow *adj*

Vierstufenrakete *f* <aerospace> • four-stage rocket

Vierstufenscheibe *f* <masch> • four-step pulley

Vierstufenverfahren *n* <chem.verf> • four-step process

viersystemig <textil> • four-feeder

Viertakt-Arbeitsverfahren *n* <kfz.mot> • four-stroke cycle; four-cycle *coll*; Otto cycle *rare*

Viertakt-Arbeitsverfahren *n* **sg=pl** <kfz> • four-stroke process

Viertakter *m* *prakt* <mot> • four-stroke engine; four-cycle engine; four-stroker *pract*; four-stroke *pract*

Viertaktlaufen *n* <kfz.mot> • four stroking

Viertaktmotor *m* <mot> • four-stroke engine; four-cycle engine; four-stroker *pract*; four-stroke *pract*

Viertakt-Prinzip n <kfz.mot> • four-stroke cycle; four-cycle coll; Otto cycle rare

Viertaktspiel n <kfz> • four-stroke cycle

Viertaktverbrennungsmotor m form <mot> • four-stroke engine; four-cycle engine; four-stroker pract; four-stroke pract

Viertaktverfahren n <kfz> • four-stroke process

Viertaktverfahren n <kfz.mot> • four-stroke cycle; four-cycle coll; Otto cycle rare

vierteilen v <tech.allg> • quarter v

vierteilig <tech.allg> • four-component

vierteilig <math> (z. B. Kurve) • quadripartite

vierteilige 5-Grad-Schrägschulterfelge f did <kfz> • four-piece tapered bead seat rim; four-piece 5 degree tapered bead seat rim did; 4P tapered bead seat rim pract; 4P 5 degree tapered bead seat rim

vierteilige EM-Felge f <nfz> (Schrägschulterfelge; typ. auf Erdbewegern) • Jobmaster rim; four-piece earth-mover rim did; four-piece EM rim; 4P EM rim pract

vierteilige Flachbettfelge f <kfz> • four-piece flat base rim; 4P flat base rim pract; 4P FB rim prakt

vierteilige Ringfelge f LMZ <kfz> • four-piece tapered bead seat rim; four-piece 5 degree tapered bead seat rim did; 4P tapered bead seat rim prakt; 4P 5 degree tapered bead seat rim

vierteilige Schrägschulterfelge f <kfz> • four-piece tapered bead seat rim; four-piece 5 degree tapered bead seat rim did; 4P tapered bead seat rim prakt; 4P 5 degree tapered bead seat rim

vierteiliges Lager n <masch> • four-part bearing

Viertel n <allg> • quarter

Vierteladdierer m <edv> • quarter adder

Vierteldrehung f <tech.allg> (z. B. Bajonett-Verschluss) • quarter turn

Viertelelliptikfeder f <kfz> • quarter-elliptic leaf spring; cantilever leaf spring; cantilevered leaf spring

viertelelliptische Blattfeder f <kfz> • quarter-elliptic leaf spring; cantilever leaf spring; cantilevered leaf spring

Viertelfeder f <masch> • quarter-elliptic spring

viertelgeleimt <füg> • quarter-sized

Viertelkreis m <tech.allg> (auch Bereich e. orthogonalen Koordinatensystems) • quadrant

Viertelkreis m <math> • quarter circle

viertelkreisiger Ausschlag m <navig> • quadrantal deviation

viertelkreisiger Peilfehler m <navig> • quadrantal error

Viertel-Lambda-Platte f <edv.opt> (Speicher) • quarter wave plate; 1/4 wave plate; Faraday rotator

Vierteln n <min> (Proben) • cone sampling

vierteln v <tech.allg> • quarter v

Viertelpunkt m <phys> (Tragflügel) • quarter point

Viertelschläge pro Minute pl (BPM) <edv.av> • beats per minute (BPM)

Viertelspurbandgerät n <av> • four-track tape deck

Viertelswert m <math> • quartile

Viertelumdrehung f <tech.allg> • quarter turn

Viertelwelle f <phys> • quarter wave

Viertelwellenantenne f <el> • quarter-wave aerial

Viertelwellenantenne f <el> • quarter-wave antenna US; quarter-wave aerial GB

Viertelwellenlängenplättchen n • lambda quarter-wave plate

vierter Gang m <kfz.antr> • fourth gear

vierte Umschlagseite f <pap> • back cover

viertubige Sackpackmaschine f <pack> • four-spout packer

viertürig <kfz> (Karosserieausführung) • four-door ...; 4-door ...

Vierung f <bau> (Kirche) • crossing

Vierungsbogen m <bau> • crossing arch

Vierventiler m ugs. <kfz> • four-valve head

Vierventiler m prakt.ugs <kfz.mot> (allg.) • four-valve [engine]; 4-valve engine

Vierventilkopf m <kfz> • four-valve head

Vierventilkopf m prakt <kfz.mot> • four-valve cylinder head; four-valve head pract

Vierventilmotor m <kfz.mot> (allg.) • four-valve [engine]; 4-valve engine

Vierventilversion f <kfz.mot> (eines Motors oder Kopfs) • four-valve version

Vierventil-Zylinderkopf m <kfz.mot> • four-valve cylinder head; four-valve head pract

Vierwalzenbiegemaschine f <wz.masch> • four-roll bender

Vierwalzenbiegemaschine f <wz.masch> • four-roll bending machine

Vierwalzengerüst n <metall> • four-high rolling stand

Vierwalzengerüst n <metall> • four-high stand

Vierwalzenkalander m • four-bowl calender

Vierwalzenkalander m <prod> • four-roll calender

Vierwalzenleimauftragmaschine f (Holz) • double glue spreader

Vierwalzenwalzwerk n <metall> • four-roller mill

Vier-Wege-Drehtisch m <förd> (Eckumsetzer) • four-way turntable

Vierwege-Drehtisch m <logist> • four-way turning table

Vierwegehahn m <rls> • four-way cock

Vierwegemaschine f <wz.masch> • four-way machine

Vierwege-Palette f DIN 15146 <logist> • four-way entry pallet; four-way flat pallet

Vierwegeventil n <kfz> • four-way valve

Vierwegeventil n <rls> (z. B. Hydraulik, Pneumatik, Heizungstechnik) • four-way valve

vierwertig <chem> • quatrivalent; tetravalent

vierwertig <chem> • tetravalent

Vierwertigkeit f <chem> • quadrivalence

Vierwertigkeit f <chem> • tetravalence

Vierwertigkeit f <chem> • tetravalency

vierzählig <mat> • fourfold

vierzählig <math> • tetrad

vierzehnpoliger Stiftsockel m <el> (Kathodenstrahlröhre) • diheptal base

Vierzeilenverschluss m <phot> • four-speed shutter

vierzeiliges LCD-Display n <edv> • four-line LCD display

vierziffrig <math> • four-figure

Vierzylinder m ugs <kfz.mot> • four-cylinder engine

Vierzylinder-Boxer m prakt <kfz.mot> (typ. in VW-Käfer) • flat four-cylinder engine; horizontally-opposed four-cylinder engine form; flat four engine pract; flat-four coll; 180°-four rare

Vierzylinder-Boxermotor m <kfz.mot> • flat four-cylinder engine; flat four coll

Vierzylinder-Boxermotor m <kfz.mot> (typ. in VW-Käfer) • flat four-cylinder engine; horizontally-opposed four-cylinder engine form; flat four engine pract; flat-four coll; 180°-four rare

Vierzylindermotor m <kfz.mot> • four-cylinder engine

Vierzylinder-Quadratmotor m <kfz.mot> • square four [cylinder] engine

Vierzylinder-V-Motor m (V-4) <kfz.mot> • V-four cylinder engine (V-4); V-four engine pract; Vee-four coll

ViewCam-Anschluss m <av> • ViewCamPort Sha

ViewCamPort m Sha <av> • ViewCamPort Sha

View-Morphing n <edv> • view morphing

Viewport m <edv> • viewport

Vignette f <kunst> • vignette

Vignette f allg <licht.theat> • gobo; mask rare

Vignette f <verk.fin> • toll sticker :V
Vignettieren nsg <phot> • vignetting sg
vignettieren vi <opt> (Objektiv) • vignette vi
vignettieren vt <phot> (Bildrand schwärzen) • vignette vt
Vignettierung f <opt> (in Objektiv; unerwünscht) • vignetting; shading
Vignettierung f <phot> (erwünschter Bildeffekt) • vignetting
Vignettierung f <phot> • vignetting sg
ViKiS <transl> • video conference with integrated simultaneous interpreting
Villard-Effekt m <phot> • Villard effect
V-Impuls m <av> • vertical synchronizing pulse; field synchronizing pulse
Vinca minor <bio> • lesser periwinkle; vinca minor
Vinierung f <nahr> (Wein) • fortification
Vinyl n <chem> • vinyl
Vinylalfaser f • polyvinyl alcohol fiber
Vinylbenzol n wiss <chem> • styrene
Vinylharz n <kst> • vinyl resin
Vinylharzlack m <kst.obfl> • vinyl lacquer
Vinylharzschaum m <kst> • vinyl foam
Vinylidenchloridharz n <chem> • vinylidene chloride resin
Vinylschaumstofflaminat n <kst> • vinyl foam laminate
Vinylsulfonfarbstoff m <kst.obfl> • vinyl sulfone dye
Viola tricolor <bio> • pansy; viola tricolor
Violette Fotopolymer-Platte f <druck> (Violett-Platte) • violet photopolymer plate
Violette Silberdiffusion-Platte f <druck> (Violett-Platte) • violet silver halide plate thesc; violet silver diffusion plate; violet silver plate pract
Violette Silberhalogenid-Platte f wiss <druck> (Violett-Platte) • violet silver halide plate thesc; violet silver diffusion plate; violet silver plate pract
Violette Silberplatte f prakt <druck> (Violett-Platte) • violet silver halide plate thesc; violet silver diffusion plate; violet silver plate pract
violette Zelle f <energ.sol> • violet cell
Violett-Laserdiode f (VLD) <druck> (Laser) • violet laser diode (VLD)
Violettverschiebung f <opt> (Spektrallinien) • violet shift
Violinblock m <nav> • fiddle block
Viper f <bio> • viper; viper communis
Viper communis <bio> • viper; viper communis
Virämie f <med> • viraemia GB; virusaemia GB
virales Protein R n <med> (Protein) • vpr; viral protein R
Virginische Zaubernuss f <bio> (Pflanze) • witch hazel; hamamelis virginica
Virial n <phys> • virial
Virialgleichung f <phys> (Quantenmechanik) • virial law; virial theorem
Virialkoeffizient m <phys> (Thermodynamik: Zustandsgleichung) • virial coefficient
Virialsatz m <phys> (Quantenmechanik) • virial law; virial theorem
Virion n <med> • virion
Virtual Acoustics pl <edv.av> • physical modeling (PM, VA); PM synthesis; virtual acoustics
Virtuality f rar <edv> (künstliche Intelligenz: Simulation der Wirklichkeit) • virtual reality (VR); virtuality
Virtual Reality f prakt. <edv> (künstliche Intelligenz: Simulation der Wirklichkeit) • virtual reality (VR); virtuality
Virtual Reality f <edv> • virtual reality (VR)
Virtual Reality Modeling Language f (VRML) <edv> • virtual reality modeling language
virtuell <phys.math> • virtual
virtuelle Adresse f <edv> • virtual address
virtuelle Akustik f <edv.av> • physical modeling (PM, VA); PM synthesis; virtual acoustics

Virtuelle Analogsynthese f Clavia <edv.av> • virtual analog synthesis Clavia
virtuelle Arbeit f <mech> • virtual work
virtuelle Kamera m <edv> (virtuelles Grafikwerkzeug; legt Blickrichtung fest) • virtual camera; camera pract
virtuelle Kathode f <el> • virtual cathode
virtuelle Oberfläche f <edv> (z. B. bei CAD) • algebraic surface; virtual surface
virtueller Bildschirm m <edv> • virtual display; virtual desktop; virtual screen
virtuelle Realität f (VR) <edv> (künstliche Intelligenz: Simulation der Wirklichkeit) • virtual reality (VR); virtuality
virtuelle Realität f (VR) <edv> • virtual reality (VR)
virtueller Marktplatz m <tele> • virtual marketplace
virtueller Prototyp m <prod> (3D-CAD; z. B. Simulation von Montage, Betrieb, Verschleiß, Demontage) • digital mock-up (DMU)
virtueller Raum m <edv.phys> • virtual space
virtueller Spaziergang durch eine Szene m did <av> (Computergrafik) • walkthrough; walkaround rare
virtueller Speicher m <edv> • virtual memory
virtuelles Bild n <opt> • virtual image
virtuelles privates Netz n <tele> • virtual private network (VPO)
virtuelles Schweißen n <füg> • virtual welding
virtuelles Teilchen n <phys> • virtual particle
virtuelle Verbindung f <tele.edv> • virtual circuit
virtuelle Verrückung f <mech> (beliebig kleine, mit dem System verträgliche Verrückung) • virtual displacement
virtuelle Verschiebung f <mech> • virtual displacement
virtuelle Welt f <edv> • cyberspace
Virus m <edv> • virus; computer virus
Virus n rar <edv> • virus; computer virus
Virusgrippe f <med> • influenza; flu coll
Virusmenge f <med> • virus load
Virusnachkomme m <med> • progeny virus
Virusreservoir n <med> • virus reservoir
Vis-à-Vis m <kfz> (Karosseriebauart; Sitzanordnung) • Vis-à-Vis
Visbreaking n <chem.petr> • viscosity breaking
Viscum album <bio> • mistletoe; viscum album
Visette f rar <edv> • Head-Mounted Display (HMD); eye phone; head set
Visible-Light n <druck> (Spektralbereich) • visible light
Visier n <bekl> • face shield US; visor US stand, GB; shield US coll
Visier n <mil> • backsight; sight
Visier n <mil> • rear sight; rearsight
Visier n <opt> • sight
Visierabstand m STR 4.4.3 <sport> • sight radius; sight base Hämmerli; distance between sights STR 4.4.6
Visierbelüftung f <bekl> (Helm) • shield ventilation
Visierbelüftungssystem n <bekl> (Helm) • shield ventilation system
Visierbolzen m <kfz> (Vermessen des Fahrzeuges) • sighting pin; gauge pin
Visierdrücker m <opt> • sight catch
Visierdrücker m <opt> • sight latch
Visierebene f <mil> • plane of sighting
Visiereinrichtung f <mil> (Schusswaffe; z. B. Kimme und Korn, Zielfernrohr) • sights
Visiereinrichtung f <opt> • sight mechanism
Visiereinrichtung f <opt> • sighting device
Visiereinrichtung f <opt.phot> • viewfinder
Visierfuß m <opt> • sight base
Visierfuß m <opt> • sight bed
Visierklappe f <sport> (Schießen) • sight leaf
Visierkorrektur f <mil> • sight correction
Visierkulisse f <opt> • viewing link

Visierlänge f <sport> • sight radius; sight base *Hämmerli*; distance between sights *STR 4.4.6*
Visierlatte f <opt> • viewing plank
Visierlinie f <mil> • line of sight
Visierlinie f <opt> • line of aim
Visierlinie f <opt> • sight line
Visierplatte f <opt> • sight base
Visierplatte f <opt> • sight bed
Visierrahmen m <bekl> *(Helm)* • eyeport rim
Visierrahmen m <opt> • sight frame
Visierrand m <bekl> *(Helm)* • eyeport rim
Visierschieber m • backsight slide
Visierschieber m <mil> • rear sight slide
Visierschütz n <hydr> • visor sash
Visierskala f A <opt> • sight scale
Visierskale f <opt> • sight scale
Visiersystem n <bekl> • visor system *GB*; visor change system
Visiertafel f *(Vermessungswesen)* • boning board
Visierträger m <mil> • rearsight mount
Visierung f <mil> *(Schusswaffe; z. B. Kimme und Korn, Zielfernrohr)* • sights
Visiervorrichtung f <mil> *(Schusswaffe; z. B. Kimme und Korn, Zielfernrohr)* • sights
Visierwinkel m <mil> • angle of fire
Visitor Location Register n <tele> *(Mobilfunk)* • Visitor Location Register (VLR)
Visko-Differential n <kfz.antr> • viscous coupling differential; viscous-coupled limited-slip differential; Ferguson differential; visco-differential
Visko-Differentialbremse f <kfz.antr> • viscous coupling differential brake; Viscous Control, VC
viskoelastisch <kst> • viscoelastic
viskoelastischer Körper m <mat.phys> *(Rheologie)* • Burgers material
viskoelastischer Körper m <phys> • viscoelastic body
viskoelastischer Körper m <phys> • viscoelastic fluid
viskoelastisches Verhalten n <kst.qualit> • viscoelastic behavior of plastics; viscoelasticity; viscous elasticity
Viskoelastizität f <kst.qualit> • viscoelastic behavior of plastics; viscoelasticity; viscous elasticity
Visko-Kupplung f prakt <kfz.antr> • viscous coupling; visco-control unit; Ferguson [viscous] coupling; fluid-in-shear device *did*
Viskolüfter m <kfz.mot> • drive unit fluid fan *Chrysler*
Visko-Mehrlamellenkupplung f form <kfz.antr> • viscous coupling; visco-control unit; Ferguson [viscous] coupling; fluid-in-shear device *did*
Viskoplastizität f <phys> • viscoplasticity
viskos wiss <phys> *(Flüssigkeit)* • viscous
Viskose f <chem> • viscose
Viskose-Differential n <kfz.antr> • viscous coupling differential; viscous-coupled limited-slip differential; Ferguson differential; visco-differential
Visko[se]-Differentialsperre f <kfz.antr> • viscous coupling differential brake; Viscous Control, VC
Viskoseerspinnlösung f <chem> • viscose spinning solution
Viskosefaser f <chem> • viscose fiber
Viskosefaser f <chem> • viscose staple fiber
Viskosefaser f <textil> • viscose fiber
Viskosekupplung f <kfz.antr> • viscous coupling; visco-control unit; Ferguson [viscous] coupling; fluid-in-shear device *did*
viskose Kupplung f did <kfz.antr> • viscous coupling; visco-control unit; Ferguson [viscous] coupling; fluid-in-shear device *did*
Viskose-Modus m <kfz.antr> *(kupplung)* • viscous mode
viskoser Klebstoff m <füg> • viscous adhesive

viskoses Ausfingern n <phys> *(Fehler in Chromatographieresultaten)* • viscous fingering
Viskoseseide f <chem.textil> • viscose rayon
viskoses Fließen n <phys> • viscous flow
Visko[se]-Sperrdifferential n <kfz.antr> • viscous coupling differential; viscous-coupled limited-slip differential; Ferguson differential; visco-differential
viskose Strömung f <phys> • laminar flow; viscous flow; streamline flow; streamlined flow
Viskosimeter m <msr> • viscometer; viscosimeter; viscosity meter
Viskosimetrie f <phys.msr> • viscometry
Viskosität f <chem> • viscosity
Viskosität f DIN 1342 <phys> *(von Flüssigkeiten)* • viscosity
Viskositätsabbau m <chem.petr> • viscosity breaking
Viskositätsbrechen n <chem.petr> • viscosity breaking
Viskositätsgrad m <phys> • flowability
Viskositätsgrad m <tribo> • degree of viscosity
Viskositätsindex m (VI) DIN ISO 4378-3 <tribo> *(Einfluss der Temperatur auf die Zähigkeit)* • viscosity index (VI) *ISO 4378-3*
Viskositätsindexverbesserer m <tribo> *(Additiv)* • viscosity [index] improver; VI improver
Viskositätsklasse f <tribo> *(insbesondere Schmieröl)* • viscosity grade; viscosity class *GB*
Viskositätskoeffizient m <phys> • viscosity coefficient
viskositätskompensiert <msr> *(Strömungsmesser)* • viscosity-compensated; viscosity-adjusted
Viskositätskonstante f <phys> • viscosity coefficient
Viskositätskontrolle f <prod.nahr> *(Speiseeis; Freezer)* • viscosity control
Viskositätsmessbecher m <obfl> *(zur Einstellung der gewünschten Viskosität einer Anstrichfarbe)* • viscosity cup; Ford cup
Viskositätsmesser m <msr> • viscometer; viscosimeter; viscosity meter
Viskositätsmessung f <phys.msr> • viscometry
Viskositätsstabilisator m <chem> • viscosity stabilizer
Viskositätssteuerung f <prod.nahr> *(Speiseeis; Freezer)* • viscosity control
Viskositäts-Temperatur-Koeffizient m <tribo> • temperature coefficient of viscosity
Viskositätszahl f ISO 307 <kst.qualit> • viscosity number *ISO 307*
Viskosität-Temperatur-Abhängigkeit f <tribo> • variation of viscosity with temperature; viscosity variation with temperature
Viskosität-Temperatur-Verhalten nsg <tribo.phys> • viscosity-temperature characteristics *pl*
VISS <av> • VHS Index Search System (VISS); Video Index Search System
Visual n <werb> • visual
Visualisierung f <tech.allg> • visualization
Visualisierung f <edv> • visualization
Visualisierungsprogramm n <edv> • 3D program; 3D application; 3D software
visuelle Prüfung f <qualit> • visual inspection
visuelle Prüfung f rar <qualit> *(Prüfung mit bloßem Auge, ohne Prüfgeräte)* • visual inspection; visual examination; optical inspection *rare*
visueller Sensor m <msr> • visual sensor
visueller Sensor m <opt.msr> • visual sensor
visuelle Schlussprüfung f <qualit> • final inspection; visual end inspection
Visumspflicht f BMI <jur> • visa requirement
Vitalfarbstoff m <opt> *(für biologische Mikroskoppräparate)* • vital stain
Vitalität f <bio> • vitality

Vitamin PP n <med.pharm> • niacin; nicotinic acid
VITC <av> • Vertical Interval Time Code (VITC)
Viton-Dichtung f HANSA <kst> • Viton seal HANSA
Vitriolöl n • oil of vitriol
Vitrit m <geo.min> • vitrain
Vitrokeram n <silik> • glass ceramic
VI-Verbesserer m <tribo> (Additiv) • viscosity [index] improver; VI improver
vividiangrün <obfl> • vividian
vizinal <chem> • vicinal
Vizinalfläche f <mat> (Kristall) • vicinal face
VK <bau.innen> • square edge (S)
VK <kfz.vers> • full insurance cover GB
V-Lager n <masch> • V bearing
V-Lager n <masch> • vee bearing
VLB <edv> • VESA local bus (VLB); VL bus
VL-Bus m <edv> • VESA local bus (VLB); VL bus
VLD <druck> (Laser) • violet laser diode (VLD)
VLD <edv> • visible laser diode (VLD) stand
VLDL <med> (das Makromolekül) • very-low-density lipoprotein; prebeta-lipoprotein
VLDL-Apoprotein n <bio> • apolipoprotein B; VLDL apoprotein; apo B pract
V-Leitwerk n <aerospace> • butterfly-type tail
V-Leitwerk n <aerospace> • V-shaped tail
V-Leitwerk n <aerospace> • V tail
VLF <druck> (Druckplattenformat) • very large format (VLF); 16up format size; 16up
VLF-Belichter m <druck> (Recorderformat) • very large format-recorder; 16up-platesetter
VLF-Recorder m <druck> (Recorderformat) • very large format-recorder; VLF-recorder; 16up-recorder; very large format-platesetter; VLF-platesetter
Vlies n DIN <edv> • liner ECMA
Vlies n <ents> • geotextile
Vlies n <textil> • fleece; non-woven
Vlies n <textil> • mat
Vlies n <textil> • web
Vliesbildung f <textil> • web formation
Vlies-Faden-Nähgewirke n <textil> • Maliwatt type fabric
Vliesflächenmasse f <textil> (g/m²) • bulk weight; weight per unit area of fiber web
Vliesherstellung f <textil> • production of fleeces; production of non-wovens
vliesimprägniertes Einlagematerial n <textil> • web-impregnated stiffening material
Vlieskrempel f <textil> • second breaker
Vliesleitblech n <textil> • fiber web conductor plate
Vliesstoff m <textil> • non-woven fabric; non-woven pract
Vliesstoffhersteller m <textil> • producer of non-wovens
Vliesstoffkompresse f DIN EN 1644-2 <med.mat> • nonwoven compress DIN EN 1644-2
Vliestrommel f <textil> • lap drum
Vliesverband m <textil> • composite web
Vliesverband m <textil> • multilayered web
Vliesverfestigung f <textil> • web consolidation
VLP <av> • Video Long Play (VLP) Phi,MCA
VLP f <av> • Laser Vision® videodisc; video long play; VLP
VLR <tele> (Mobilfunk) • Visitor Location Register (VLR)
V-Lunker m <metall> • secondary pipe
VMC <edv> • VESA Media Channel (VMC) form.; VM Channel pract.
VM Channel m prakt. <edv> • VESA Media Channel (VMC) form.; VM Channel pract.
V-Mischer m • twin-shell blender
V-Mischer m • twin-shell mixer
V-Mischer m <verf> • V-type mixer
VMJ-Zelle f <energ.sol> • VMJ-cell; vertical multijunction cell

VMOSPFET m <el> • vertical metal oxide semiconductor power fet (VMOSPFET)
V-Motor <mot> • V-engine; vee-engine
V-Motor m <mot> • V-type engine
V-Naht f <füg> (geschweißt) • single-V groove weld US; single-V butt weld GB
VN-Turbine f <turb> (Gasturbinenanlage) • compressor driving and power turbine
V-Null-Getriebe n DIN 3998 <masch> (Zahnradgetriebe) • gear pair with reference center distance; long-and-short addendum gears
V-Nut f <masch> (klein, schmal) • V-groove
V-Nut f <masch> (z. B. Keilriemenscheibe) • vee-groove
VOC <chem> • volatile organic compound (VOC)
VOC-Datei f <av.edv> • VOC file format; VOC file; Creative voice file format
VOC-Dateiformat n <av.edv> • VOC file format; VOC file; Creative voice file format
VOC-Format n <av.edv> • VOC file format; VOC file; Creative voice file format
Vocoder m <edv.av> • vocoder
Voder m <tele> (Sprachsynthetisator) • voder
VoDSL <edv> • voice over DSL (VoDSL)
völkerrechtlicher Schutz m GTS <jur> • international protection
völkerrechtliche Schutzaufgabe f <jur> • international protection role; international protection function
völlig <allg> • full
völlig abgasfreies Auto n :V <kfz.emiss> • zero emission vehicle (ZEV)
völlig diffus strahlender Körper m <phys> • perfect diffuser
völlige Auslöschung benachbarter Störer f <tele> • infinite adjacent-channel rejection
völlige Entsalzung f <verf> • complete softening
völligerAusfall der öffentlichen Stromversorgung m <el> • electrical blackout; blackout
völliger Erdschluss m <el> • dead earth
völliger Stillstand m <tech.allg> (z. B. Fz. nach Vollbremsung) • complete stop; dead stop
völliger Stromausfall m <el> • electrical blackout; blackout
Völligkeit f <nav> (Form) • fineness
Völligkeit f <nav> (Form) • fullness
Völligkeitsgrad m <nav> • coefficient of fineness
Vogelbalg m <präp> • bird skin
Vogelkot msg <kfz> (z. B. auf Autolack) • bird droppings pl
Vogelperspektive f DIN ISO 10209-2 <doku> • bird's eye view; bird's eye perespective ISO 10209-2
Vogelsekret nsg <kfz> (z. B. auf Autolack) • bird droppings pl
Vogt-Freezer m <nahr.prod> (Speiseeis) • Vogt freezer
Voice Activity Detection norm <tele> • Voice Activity Detection (VAD)
Voice-Coil-Aktuator m <edv> (Festplatte) • voice coil actuator
VoiceXML-Standard m <edv> (für Spracherkennung) • VoiceXML
VoIP <tele> (Telefonieren via PC und Internet) • voice over IP (VoIP)
VoIP-Telefonie f <tele> (Telefonieren via PC und Internet) • voice over IP (VoIP)
Voith-Retarder m rar, Voith <nfz.brems> • hydraulic retarder; hydrodynamic retarder
Voith-Schneider-Propeller m <nav> • Voith-Schneider propeller
V/Okt.-Charakteristik f <edv.av> • volt per octave proportion; V/oct. proportion
Vol. % Sauerstoff <med.tech> • oxygen percent; oxygen %

Volant *n werb.rar* <kfz> • steering wheel; driving wheel *GB.obs.rare*

Volkswagen "Käfer" <nfz> • pregnant rollerskate *sl*

voll <allg> • filled

voll <allg> • full

voll <tech.allg> *(z. B. Parkplatz, Lager, Deponie)* • complete

voll <mat> *(massiv, z. B. Holz, Ziegel)* • solid

vollabgeschirmte Zündkerze *f* <kfz.el> • fully shielded spark plug

vollabsorbierender Schallmessraum *m* <akust> • anechoic test stand for sound measurements

Vollachse *f* <fz> • solid axle

Volladdierer *m* <edv> • full adder

Vollader *m* <lwl> • buffered fiber

volladressierter Speicher *m* <edv> • addressed memory

Vollager *n* <masch> • monoalloy bearing

Vollager *n* <masch> • solid bearing

Voll-Alu-... *prakt* <mat> *(z. B. Karosserie, Motor, Rahmen)* • all-aluminum ...

Vollanalyse *f* <allg> *(technisch, chemisch, medizinisch, wirtschaftlich)* • complete analysis

Vollanode *f* <el> • solid anode

Vollanode *f* <el.chem> • solid plate

Vollantigen *n* <med> • complete antigen

Vollast *f* <tech.allg> • full load

Vollast *f* <kfz.mot> • full load; full throttle

Vollastanlauf *m* <el> *(Elektromotor)* • full-load starting

Vollastanreicherung *f* <kfz.mot> • full throttle enrichment; full load enrichment

Vollastbereich *m* <kfz.mot> • full load; full throttle

Vollastcharakteristik *f* <el> *(z. B. Motor, Generator)* • full-load characteristic

Vollastdrehzahl *f* <tech.allg> • speed under full load

Vollastentlüftung *f* <kfz.mot> • full-load ventilation

Vollasterregung *f* <el> • full-load excitation

Vollastnadel *f* <kfz> • full load needle

Vollaststellung *f* <kfz.mot> *(z. B. Gaspedal)* • full-load position

Vollaststrom *m* <el> • full-load current

Vollausbruch *m* <bau> • full face attack

Vollausbruch *m* <bau> *(Tunnelbau)* • full-face excavation method

voll ausgeformtes Gewinde / Profil <masch> • full-form thread; full thread; full-depth thread; complete thread

vollausgehärtet <mat> • fully aged

Vollausschlag *m* <msr> • full-scale deflection

Vollausstattung *f* <kfz> • full spec *pract.adv*

Vollaussteuerung *f DIN 45510* <av> *(Magnettonaufzeichnung)* • maximum level

Vollaussteuerung *f* <edv> • full scale

Vollaussteuerung *f* <el> • full drive

Vollautomat *m* <autom> • full automatic

Vollautomat *m* <wz.masch> • fully automatic machine

voll-automatisch *(Arbeitsweise techn. Geräte)* • fully automatic

vollautomatisch <autom> • fully automatic

vollautomatischer Betrieb *m* <autom> • fully automatic operation

vollautomatischer Filmtransport *m* <phot> • fully automatic film transport

vollautomatisches Belichtungsprogramm *n* <av> • full auto exposure

vollautomatisches Decklackspritzen *n* <obfl> • fully automated finish spraying

vollautomatisches Getriebe *n did.rar* <kfz.antr> *(Getriebevollautomat)* • automatic transmission *US/GB*; auto transmission *US/GB.pract*; automatic gearbox *GB.rare*; auto trans *US.coll*; auto box *GB.coll*

vollautomatisches Getriebe mit 3 Gängen *n did* <kfz.antr> *(Getriebevollautomat)* • 3-speed automatic transmission *US/GB*; three-speed auto transmission *US/GB.pract*; automatic gearbox with three speeds *GB.rare*; 3-speed auto trans *US.coll*; 3-speed auto box *GB.coll*

vollautomatisches Getriebe mit 4 Gängen *n did* <kfz.antr> *(Getriebevollautomat)* • 4-speed automatic transmission *US/GB*; four-speed auto transmission *US/GB.pract*; automatic gearbox with four speeds *GB.rare*; 4-speed auto trans *US.coll*; 4-speed auto box *GB.coll*

vollautomatisches Getriebe mit 5 Gängen *n did* <kfz.antr> *(Getriebevollautomat)* • 5-speed automatic transmission *US/GB*; five-speed auto transmission *US/GB.pract*; automatic gearbox with five speeds *GB.rare*; 5-speed auto trans *US.coll*; 5-speed auto box *GB.coll*

vollautomatisches Getriebe mit 6 Gängen *n did* <kfz.antr> *(Getriebevollautomat; z. B. mit Shift by Wire)* • 6-speed automatic transmission *US/GB*; six-speed auto transmission *US/GB.pract*; automatic gearbox with six speeds *GB.rare*; 6-speed auto trans *US.coll*; 6-speed auto box *GB.coll*

vollautomatische Taste *f* • electronic key

vollautomatische Waffe *f* <mil> • fully automatic firearm

Vollbahn *f* <bahn> • standard gauge railway

Vollbalken[träger] *m* <bau> • solid beam

voll beanspruchen *v* <tech.allg> • run all out *v*

Vollbeaufschlagung *f* <masch> *(z. B. Wasserturbine)* • full admission

Vollbecherwerk *n* <förd> • continuous-bucket conveyor

Vollbecherwerk *n* <förd> • continuous-bucket elevator

Vollbelegung *f* <tele> • occupancy

Vollbereichs-Autofokus *m* <av> • full range auto focus; full range AF

vollbesetztes Energieband *n* <phys> • filled band

vollbewegliche Beregnungsanlage *f* <agri> • mobile sprinkler

vollbewegliche Beregnungsanlage *f* <feuer> • fully mobile sprinkler

vollbewegliche Leitung *f (Beregnungsanlage)* • portable pipes

vollbewegliches Treibgestänge *n* <masch> • full side-rodding

Vollbild *n* <av> *(Videosignal)* • frame

Vollbild *n* <av> *(Halbbild n; Zeilensprungverfahren n)* • picture *GB.norm*; frame *US.obs*

Vollbild *n* <av> • full picture

Vollbild *n* <med> *(Krankheitsbild)* • full-blown picture

Vollbildverfahren *n* <edv> • non-interlaced performance

Vollbildwiederholfrequenz *f* <edv> • non-interlaced refresh rate

vollbiologisch <allg> • fully biological

Vollbohrkrone *f* <petr> • non-coring bit

Vollbohrkrone *f* <petr> • plugged bit

Vollbohrkrone *f* <petr> • solid bit

Vollbohrung *f* <min.petr> • non-core drilling; rotary drilling

vollbombierte Schüssel *f* <kfz> • fully-embossed disk; fully-embossed track adjustable disk

vollbombierte Spurverstellschüssel *f* <kfz> • fully-embossed disk; fully-embossed track adjustable disk

Vollbremsung *f* <fz> • full braking

Vollbremsung *f* <kfz> • flat-out braking; emergency braking *ppwiss-mdl*; panic braking *ppwiss-mdl*

Vollbremsung *f* <kfz.brems> • hard stop; all-out braking *coll*

Vollbrücke *f* <msr> • full-bridge

Volldecker *m* • full scantling vessel

Volldraht *m* <el> • solid wire

Volldrehung f <masch> • full turn
Volldrucklinie f <mot> • steam admission line
Volldruckperiode f <mot> • period of admission
vollduplex <edv.av> • full duplex
Vollduplexbetrieb m <edv> • full duplex operation; 4-wire operation
Vollduplex-Betrieb m <edv.av> • full-duplex operation
Vollduplexbetrieb m <tele> • full-duplex operation
volle Beaufschlagung f <energ.hydr> (Wasserturbine) • full gateage; full load
Volleder n <bekl> • grain leather
Vollederaustattung f <kfz.innen> (Merkmal bei Gebrauchtwagen) • full hide; full leather
volle Drehung f ugs <tech.allg> • full-circle rotation; full rotation; full circle coll
volle Einsatzfähigkeit f <navig> • Full Operational Capability (FOC)
Vollei n <nahr> • whole egg
voll einsatzfähig <tech.allg> • fully operational
Volleinschlag m <kfz> (Vorderräder) • steering lock
Volleinschlag m DIN 55405 <prod> • overwrap BS 3130
Volleistungshöhe f <aerospace> • full throttle altitude
volle Kante f (VK) <bau.innen> • square edge (S)
volle Kraft f <nav> • full speed
volle Längskante f <bau.innen> • square edge (S)
vollelastisch <tech.allg> • fully elastic
vollelastisch <mech> • perfectly elastic
vollelektrisch <el> • all-electric
vollelektrische Verpackungsmaschine f <pack> • all-electric packaging machine
vollelektronisch <el> • all-electronic
vollelektronische Zündung f (VEZ) VW <kfz.el> • fully electronic ignition (FEI) VW
vollelektronische Zündung f Bosch <kfz.el> • distributorless ignition [system] (DIS); distributorless semiconductor ignition, BSI Bosch; direct ignition [system] GM.Saab; fully electronic ignition [system] :V; solid-state ignition [system] :V
Vollentsalzer m <verf> (betont: zur Wasserenthärtung durch Ionenaustausch) • ion exchanger; demineralizer; demineraliser GB
vollentsalzt (VE) <chem> (Wasser; entkalkt) • demineralized; de-ionized
vollentsalztes Wasser n <chem.verf> (betont: völlig kalkfreies, reines Wasser) • fully demineralized water; fully demineralised water GB
vollentsalztes Wasser n <chem.verf> (allg.) • deionized water; demineralized water
Vollentsalzung f <chem.verf> (von Wasser) • complete demineralization
Vollentsalzungsanlage f <verf> (betont: zur Wasserenthärtung durch Ionenaustausch) • ion exchanger; demineralizer; demineraliser GB
voller Fadenballon m <textil> • free balloon
voller Gewindegang m <füg> • full form thread; complete thread
Vollerntemaschine f <agri> • complete harvester
Vollernter m <nfz> • harvester
voller Zeigerausschlag m <msr> • full-scale deflection
volle Spulen ausstoßen v <textil> • doff full-wound bobbins v
volles Rohr ugs <kfz> • full throttle; full bore US.coll
volle Umdrehung f <tech.allg> (z. B. Welle, Rad) • complete revolution
volle Umdrehung f <tech.allg> • complete rotation
volle Umdrehung f <masch> (z. B. Welle, Rad, Seiltrommel) • complete turn
volle Ver- und Entsorgung f :V <kfz> (eines Caravans oder Wohnmobils am Stellplatz) • full hook up US

Vollfläche f <büro> (Kopie) • solid area image
vollflächige Bldschirmanzeige f <msr> • full-screen display
Vollflächigkeit f <mat> • holohedry
Vollflächner m <mat> • holohedron
Vollflächnerkristall m <mat> • holohedral crystal
vollfliegende Achse f <fz> (z. B. Dreiachs-Wagen) • fully floating axle
vollflüssige Schmierung f DIN ISO 4378-3 <tribo> (vollständige Trennung der Reibflächen) • hydrodynamic lubrication ISO 4378-3
Vollflussventil n <rls> • inclined-seat valve
Vollform f • male form
Vollformat n <edv> • full size
Vollformatdrucker m <druck> • character printer; full form impact printer; full form printer
Vollformat-Fischauge n <phot> • full-frame fisheye lens
vollfüllen v <allg> • fill v
voll füllig <nahr> (Wein) • full; full-bodied
Vollgas n <kfz> • full throttle; full bore US.coll
Vollgasbetrieb m <kfz> • full-throttle operation; flat-out running pract.coll.GB
vollgasgeben vi <kfz> • floor the pedal; gun the throttle
Vollgastauglichkeit f <kfz> • high-speed resistance
Vollgatter n <wz.masch> • multiple-blade frame saw
vollgeflutetes Frostungssystem n <prod.nahr> (Speiseeis; Freezer) • flooded cooling system; full-flooded refrigeration system
vollgeflutetes Verdampfungssystem n <prod.nahr> (Speiseeis; Freezer) • flooded cooling system; full-flooded refrigeration system
vollgeleimt <füg> • hard-sized
vollgeleimt <pap> • strongly sized
vollgeleimte Papiere npl <pap> (Papierart) • completely sized papers pl
vollgeschirmte Zündkerze f <kfz.el> • fully shielded spark plug
vollgießen v <allg> • fill v
vollgummibereift <förd> (z. B. Einkaufswagen, Karren) • solid-tired
Vollgummireifen m DIN ISO 5053 <förd> (z. B. Einkaufswagen) • solid tire ISO 5053
Vollgummireifen m <förd> (z. B. Einkaufswagen, Karren) • solid-rubber tire
Vollhartguss m <metall> • fully white cast
Vollhartguss m <metall> • fully white cast iron
Vollhartmetall-Gewindebohrer m <wz> (aus einem Stück) • solid tap
Vollhartmetallschneidenkopf m • solid-carbide tip
Vollhartmetallwerkzeug n <wz> • solid-carbide tool
vollhermetisch adj <hlk> • hermetic adj
Vollholz n <holz> (z. B. Möbel) • solid wood
Vollholzbiegen n <prod> • solid wood bending
Vollholzprofil n <bau> (Fensterrahmn) • solid profile
Vollholzscheibe f <masch> • solid-wood pulley
Vollhub m <förd> (z. B. Gabelstapler) • full lift
vollhydraulisch <fz> • fully hydraulic
vollhydraulisch <hydr> • all-hydraulic
Vollimprägnierung f (Holzschutz) • full-cell process
Vollimprägnierung f <textil> (Vliesstoffe) • saturation bonding
Vollinse f • standard lens
vollisoliert <allg> (z. B. akustisch, thermisch, elektrisch) • fully insulated
vollisoliert <el> (z. B. Stecker) • fully insulated
Vollkasko f ugs. <kfz.vers> • full insurance cover GB
Vollkaskoversicherung f (VK) <kfz.vers> • full insurance cover GB
Vollkegel m <masch> • external taper

Vollkegelstrahl m <verf> • full cone
Vollkehlnaht f <füg> • full fillet weld
Vollkeilriemen m <antr> • solid V belt
Vollkeilriemen m <antr> • solid vee belt
Vollkernisolator m <el> • solid-core insulator
Vollknüppel m <metall> • solid billet
vollkommen <allg> *(quantitativ)* • complete
vollkommen <allg> • ideal
vollkommen <tech.allg> *(qualitativ)* • perfect
vollkommene Kopplung f <el> *(Kopplungsfaktor 1)*
• unity coupling
vollkommen elastischer Stoß m <mech> • perfectly
elastic collision
vollkommener Überfall m <bau> *(Überfallwehr)* • drop
spillway
vollkommene Schmierung f <tribo> • perfect lubrication
vollkommene Verbrennung f <verbr> • complete combustion; perfect combustion
vollkommen schwarz <phys> *(Körper; z. B. Absorberfläche)* • ideal black; perfectly black
vollkommen unelastischer Stoß m <mech> • perfectly
inelastic collision
voll konfigurierbar <el> • fully configurable
Vollkonjunktion f <math> • minterm
Vollkontakt-Scheibenbremse f :V <brems> • full-contact
disk brake
Vollkreislicht n <licht> • allround light
Vollkreisregner m <agri> *(großer Impulsregner)* • full cir-
cle rain gun; full circle rain gun sprinkler
vollkristallin <mat> • holocrystalline
Vollkugel f <math> • full sphere
vollkugeliges Wälzlager n <masch> • full complement
(rolling) bearing *ISO 5593*
Vollkunststoffrad n <fz> • all-plastic wheel
Vollkurzschluss m <el> • dead short
Vollkurzschluss m <el> • dead short circuit
Volllast f <energ.hydr> *(Wasserturbine)* • full gateage; full
load
Volllastspiel n <rls> *(eines Kompensators)* • full move-
ment cycle; flexing cycle
Volllinie f DIN 15 <doku> • continuous line; solid line
Vollöschkopf m <av> • full erase head; F.E. head
Vollmacht f <jur> • authority
vollmagnetisch <phys> • all-magnetic
Vollmantelgeschoß n <mil> • fully jacketed projectile; full
jacketed bullet
Vollmantelkabel n <el> • solid-jacket cable
Vollmantelmunition f <mil> • full metal jacket ammunition
Vollmaske f <kfz.rep> *(Schweißschutzmaske)* • full-face
shield; full head screen
Vollmaß n • full size
Vollmaßbohrer m <wz> • size drill
vollmaßig <petr> • full gauge
vollmaßiges Bohrloch n <petr> • full-gauge hole
vollmaßstäblich <tech.allg> • full-scale
Vollmaterial n *(massiv, kompakt)* • bulk material
Vollmaterial n <mat> *(nicht hohl)* • solid material
Vollmaterialschablone f <prod> • solid-material tem-
plate
vollmechanisiert <tech.allg> • fully mechanized
vollmechanisiert <prod> *(im Ggs. zu vollautomatisiert)*
• comprehensively mechanized
Vollmechanisierung f <prod> *(Ausschalten von Muskel-
kraft; nicht verwechseln mit Vollautomatisierung)* • com-
prehensive mechanization
Vollmeißel m <wz> • one-piece tool
Vollmeißel m <wz> • solid tool
Vollmeldung f <msr> • high alarm
Vollmilch f <nahr> • whole milk

Vollmilchpulver n <nahr> • whole milk powder
vollmundig <nahr> *(Wein)* • full; full-bodied
vollmundig <nahr> *(Speiseeis)* • rich mouthfeel
Vollniet m <füg> *(Ggs. zu Hohlniet)* • solid rivet
Vollnorm f <norm> • accepted standard
Volloperation f <med> • complete operation
vollorthopädischer Griff m <mil> *(von Fausfeuerwaffen)*
• anatomical grip
Vollpappe f DIN 55405 <mat.pap> • solid fibreboard
Vollpappe f <pap> • solid board
Vollpension f <tour> *(Unterkunft, Frühstück, Mittagessen
und Abendessen)* • full board
Vollpersenning f <kfz> *(gesamte Innenraumfläche)* • ton-
neau cover
Vollplatzkartei f <logist> • full location box
Vollpolläufer m <el> • non-salient pole rotor
vollpolyphon <edv.av> • fully polyphonic
Vollportalkran m <förd> • full gantry crane
Vollprägen n <prod> • solid coining
Vollprofil n <mat> • full profile
Vollprofil n <mat> *(Ggs. zu Hohlprofil)* • solid profile
Vollprofil n <mat> • solid section
Vollprofil n <mat> • solid shape
Vollprofilgewindebohrer m :V <wz> • controlled-root
tap; topping tap
Vollprofilplatte f <wz> • full profile insert; cresting insert
Vollprofilschneideisen n :V <wz> • controlled-root die;
topping die
vollprogrammierbar <edv> • fully programmable
Vollrad n <bahn> • solid wheel
Vollrad n <kfz> • monobloc wheel
Vollrestaurierung f <kfz.rep> • full restoration; ground-up
rebuild
vollrolliges Wälzlager DIN ISO 5593 <masch> • full
complement (rolling) bearing *ISO 5593*
vollsaugen vr <verf> • soak v
Vollschaft m <füg> *(Schraube: Schaftdurchmesser ist
gleich Gewindedurchmesser)* • normal shank; full shank
Vollschaftkolben m <kfz.mot> • full-skirt piston
Vollschaftschraube f <füg> • bolt with normal shank; bolt
with full shank
Vollschaum... <kfz.innen> *(z. B. Sitz, Instrumentenan-
lage)* • fully foamed ...
Vollschaumsitz m <kfz.innen> • fully foamed seat
Vollscheibe f <kfz> • arborless wheel
Vollscheibe f <masch> *(Riemenscheibe)* • solid pulley
Vollscheiben-Kurbelwelle f <kfz.mot> • full-circle crank-
shaft
Vollscheibenrad n <kfz> • plain disk wheel; solid disk
wheel; disk wheel without openings *did*
Vollschiene f <bahn> • filled section rail
Vollschmierung f <tribo> • fluid-film lubrication
Vollschmierung f <tribo> • perfect lubrication
Vollschmierung fsg <tribo> • complete lubrication *sg*;
fluid lubrication *sg*; liquid lubrication *sg*; hydrodynamic
lubrication *sg*
Vollschnittmaschine f <bau> *(Tunnelbau)* • full face cut-
ting machine
Vollschnittschleifen n <prod> • creep-feed grinding
Vollschrotausbau m <min> • close cribbing
Vollschutzhelm m <bekl> • full-face helmet
Vollschweißkonstruktion f <rls> *(Armatur)* • fully welded
design
Vollschwingaufhängung f <masch> • fully floating sus-
pension
Vollseil n <el> • solid conductor
Vollseil n <masch> • solid wire rope
voll selbsttragender an der Schneide • integral frame
construction

Vollservice *m* <edv> • closed shop
Vollsicherung *f* <edv> • complete backup
Vollsichtfenster *n* <fz> • full-view window
Vollsichtkabine *f* <förd> *(z. B. Kran)* • glass-walled cab
Vollsichtkabine *f* <fz> • all-round visibility cab
Vollsichtkanzel *f* <förd> • glass-walled cab
Vollsichtverglasung *f* <kfz> • wrap-around windshield
Vollspuraufzeichnung *f* <av> • full-track recording
Vollspuraufzeichnung *f* <av> • single-track recording
Vollspurbahn *f* <bahn> • standard gauge railway
Vollspurlöschkopf *m* <av> • full erase head; F.E. head
Vollstab *m* <mat> • solid bar
Vollstab *m* <mat> • solid rod
Vollstab *m* <qualit.mat> • plain specimen
Vollstab *m* <qualit.mat> *(für Werkstoffprüfung)* • unnotched specimen
vollstabilisierte Bohrgarnitur *f* <petr> • packed hole assembly
vollstabilisierte untermaßige Bohrgarnitur *f* <petr> *(mit untermaßigem Meißelstabilisator)* • packed under-gauge near-bit assembly
vollständig bedeckt <msr> • completely covered
vollständig benetzend <phys> *(Flüssigkeit an Wand)* • completely wetting
vollständige Operation *f* • complete operation
vollständiger biologischer Abbau *m* DIN ISO 11074-1 <bio.chem> • ultimate biodegradation *ISOI 11074-1*
vollständiger Druckanzug *m* <aerospace> *(Raumfahrer, Militärpilot)* • full-pressure suit
vollständiger Druckanzug *m* <aerospace> • stratosphere suit
vollständiger Kurzschluss *m* <el> • dead short
vollständiger Kurzschluss *m* <el> • dead short circuit
vollständiges Ausglühen *n* <metall> • true annealing
vollständiges Backup *n* <edv> • complete backup
vollständiges Differential *n* <math> • complete differential; total differential; perfect differential
vollständiges Fahrspiel *n* <förd> • round trip
vollständiges Fahrspiel *n* <förd> *(Unstetigförderer)* • trip cycle
vollständiges Gewinde *n* norm <masch> • full-form thread; full thread; full-depth thread; complete thread
vollständiges Standardbildsignal *n* <av> • standard composite picture signal
vollständiges System *n* <therm> • closed system
vollständige Verbrennung *f* prakt <verbr> • complete combustion; perfect combustion
vollständig frei <msr> • completely uncovered
vollständig unbedeckt <msr> • completely uncovered
vollständig verschachtelt <edv> • completely nested
Vollstau *m* <energ> *(Wasserkraftwerk)* • full storage level
Vollstein *m* <bau> • solid brick
Vollstempelfließpressverfahren *n* <prod> • direct extrusion process
Vollstempelverfahren *n* <prod> • direct extrusion process
vollstopfen *vt* <bau> • ram up *vt*; ram tight *vt*
Vollstrahl *m* <verf> • solid-stream spray
Vollstrangpressen *n* <prod> • rod extrusion
vollsynchronisiert <tech.allg> • fully synchronized
Volltastatur *f* <edv> • full keyboard
Volltauchbehandlung *f* <obfl> • full dipping; full immersion; full dip treatment
Volltauchen *n* <obfl> • full dipping; full immersion; full dip treatment
Volltaucher *m* <petr> *(Bohrinsel)* • submersible
Volltauchverfahren *n* <obfl> • full-dip process

Volltauchvorbehandlung *f* <obfl> • full-dip pretreatment
volltönend <akust> • deep
volltönend <akust> • deep sounding
volltönend <akust> • rich
Vollton *m* <druck> • solid; full tone
Volltorkran *m* <förd> • full gantry crane
volltransistoriert <el> • fully transistorized
volltransistorisierte Schaltung *f* <el> • all-transistor circuit
Volltrommelmotor *m* <el> • smooth-core motor
Vollturbine *f* <turb> • full-admission turbine
Vollturbine *f* <turb> • full-supply turbine
Vollumriss *m* <tech.allg> • full profile
vollvariabler Ventiltrieb *m* <kfz> • fully variable valve timing [system]
vollvariables Ventiltrieb-system *n* <kfz> • fully variable valve timing [system]
vollverkleidet <fz> *(Motorrad)* • fully-faired
vollverkleidetes Motorrad *n* <kfz> • fully-faired motorbike; full dresser *coll*
Vollverkleidung *f* <nfz> • full valancing
Vollverkokung *f* <verbr> • normal carbonization
Vollvermittlungsstelle *f* <tele> • main exchange
Vollversatz *m* <min> • solid packing
Vollversatz *m* <min> • solid stowing
vollverspiegelt • fully silvered
vollverspiegelt <prod> • full-silvered
vollverzinkt <obfl> *(z. B. Autokarosserie, Stahlprofile, Stahlblech)* • fully galvanized; 100% galvanized; all-galvanized
vollverzinkte Karosserie *f* <obfl> • fully galvanized body; 100% galvanized body *press*
Vollverzinkung *f* <obfl> • full galvanization
Vollverzögerung *f* <kfz.brems> • fully developed deceleration
Vollvisierhelm *m* <bekl> • full-face helmet
Vollwählbetrieb *m* <tele> • full dial service
Vollwagen *m* <bahn> • loaded car
Vollwagenzug *m* <min> • full journey
Vollwandbinder *m* <bau> • plate girder
Vollwandbinder *m* <bau> • solid-web girder
Vollwandbrücke *f* <bau> • box-section bridge
vollwandig <bau> • massive
vollwandig <bau> • solid-webbed
Vollwandträger *m* <bau> • plate section
Vollwandträger *m* <bau> • solid-web section
Vollwaschmittel *n* • heavy-duty detergent
voll Wasser <nav> *(z. B. Schiffsrumpf)* • waterlogged
Vollweggleichrichter *m* <el> • full-wave rectifier
Vollweggleichrichterschaltung *f* <el> • full-wave rectifier circuit
Vollweggleichrichtung *f* <el> • full-wave rectification
Vollwegthyristor *m* <el> • bidirectional triode thyristor
Vollwegthyristor *m* <el> • triac
Vollwelle *f* <masch> *(Ggs. zu Hohlwelle)* • solid circular shaft; solid round shaft
Vollwelle *f* <masch> • solid shaft
Vollwelle *f* <phys> • full wave
Vollwinkel *m* <math> • round angle; perigon
Vollwinkelzähler *m* <msr> • four-pi counter
Vollwortgrenze *f* <edv> • full-word boundary
Vollziegel *m* DIN 105 <bau> • solid brick
Vollzylinder *m* <math> *(Ggs. zu Hohlzylinder)* • solid cylinder
Volt *n* (V) DIN 1301 <el> *(Si-Einheit der elektr. Spannung)* • volt (V)
Volta'sche Säule *f* • galvanic pile
Volta'sche Säule *f* <el> • voltaic pile
Volta'sches Element *n* <el> • Volta cell

Volta-Effekt *m* <el> • Volta effect
Volta-Element *n* <el> • two-fluid cell
Volta-Element *n* <el> • Volta cell
Volta-Element *n* <el> • voltaic cell
voltaisch <el> • voltaic
Voltammetrie *f* <el.chem> • voltammetry
voltammetrisch <el.chem> • voltammetric; voltametrically *rare*
Voltammogramm *n* <el.chem> • voltammogram
Voltampere *n* <el> *(Si-Einheit der elektr. Scheinleistung)* • volt-ampere
Voltamperemeter *n* <el.msr> • VA-meter
Voltamperemeter *n* <el.msr> • volt-ampere meter
Voltamperemeter *n* <el.msr> • voltammeter
Volt-Ampere-reaktiv *n* <el> *(SI-Einheit der elektrischen Blindleistung)* • volt-ampere reactive (var)
Voltamperestundenzähler *m* <el.msr> • volt-ampere-hour meter
Volta-Potential *n* <el> • voltaic potential
Volta-Spannung *f* <el> • Volta potential difference
Volta-Spannung *f* <el> • voltaic potential difference
Volt je Meter *n* <el> *(Si-Einheit der elektr. Feldstärke)* • volt per metre
Voltmeter *n* <el> • coulometer
Voltmeter *n* <el.msr> • voltameter
Voltmeter *n* <el.msr> • voltmeter
Voltmeter *n* <msr.el> • voltage gauge
Voltmeter *n* <msr.el> • voltmeter
Voltmeterumschalter *m* <el.msr> • voltmeter switch
Volt/Oktav-Charakteristik *f* <edv.av> • volt per octave proportion; V/oct. proportion
Voltsekunde *f* <phys> *(SI-Einheit des magnetischen Flusses; 1 Wb = 1 Vs)* • weber (Wb); voltsecond
Volumen *n* (V) <tech.allg> *(allg.)* • volume (V)
Volumen *n* <tech.allg> *(Rauminhalt; z. B. von Behältern, Ölwanne, Kofferraum)* • capacity (cap); volumetric capacity
Volumen *n* <logist> *(von Behältern, Containern etc.; z. B. in m³)* • capacity; volume
Volumenabfluss *m* <bau> *(Kanal, Gerinne)* • discharge
Volumenabnahme *f* <tech.allg> • volume decrease
Volumenabnahme *f* <verf> *(z. B. infolge Trocknung)* • decrease in volume
Volumenänderung *f* <metall.prod> • volume change
Volumenänderungsenergie *f* <mech.prod> • volumetric strain energy
Volumenanteil *m* <phys> *(in Gemischen)* • volume fraction
Volumenaufbau *m* <nfz.logist> • high-cube body
Volumenauflieger *m* <nfz> • high-cube semitrailer
Volumenausdehnung *f* <phys> • cubical expansion
Volumenausdehnung *f* <phys> • volume expansion
Volumenauto *n rar.press* <kfz> • mass-produced car; volume car
Volumenbeständigkeit *f* <phys> • volume constancy
Volumendiffusionsquelle *f* <el> • volume diffusion source
Volumendosierung *f* <msr> • volumetric metering; volumetric dispensing; volumetric feeding; volumetric batching
Volumendosiervorrichtung *f* <msr> • volumetric metering device; volumetric feeding device; volumetric batching device
Volumendotierung *f* <el> *(Halbleiter)* • bulk doping
Volumendurchbruch *m* <el> • bulk breakdown
Volumendurchsatz *m rar* <tech.allg> *(Durchsatz als Volumen pro Zeiteinheit; z. B. m3/h)* • volumetric flow rate; volume flow *pract*
Volumendurchsatz *m* <förd> *(Schüttgutstetigförderer)* • conveyed bulk

Volumeneffekt *m* <el> *(Halbleiter)* • bulk effect
Volumeneffekt *m* <nukl> • volume effect
Volumeneinheit *f* <phys> • unit volume
Volumenelastizität *f* <phys> • compressibility
Volumenelastizität *f* <qualit.mat> • volume elasticity
Volumenelastizitätsmodul *m* <mat> *(Zusammenhang zw. Druck und Volumen)* • compressibility modulus
Volumenelastizitätsmodul *m* <qualit.mat> • volume elasticity
Volumenelastizitätsmodul *m* <qualit.mat> *(Elastizitätsmodul für Druck)* • bulk modulus (K); volumetric modulus of elasticity; compression modulus; hydrostatic modulus; bulk modulus of elasticity *rare*
Volumenfahrzeug *n* <nfz> • high-cube vehicle
Volumengehalt *m* <phys> *(einer Mischung)* • content by volume
Volumengesetz *n* <phys> • law of volumes
Volumenhalbleiter *m* <el> • bulk semiconductor
Volumenintegral *n* <math> • triple integral
Volumenintegral *n* <math> • volume integral
Volumenkonstanz *f* <phys> • volume constancy
Volumenkontraktion *f* <phys> *(betont: Volumenabnahme)* • volume contraction; contraction
Volumenkonzentration *f* <msr> • bulk concentration
Volumenkraft *f* <mech> • body force
Volumenladung *f* <el> • volume charge
Volumenleitfähigkeit *f* <el> • bulk conductivity
Volumenleitfähigkeit *f* <el> • volume conductivity
Volumenleitung *f* <el> • volume conduction
volumenlöschbar <el> • bulk-erasable
Volumenmelder *m* <alarm> *(allg.)* • air pressure sensor; pressure differential detector; pressure alarm system
Volumenmesser *m* <msr> • volumenometer
Volumenmodell *n* <edv> *(mit Werkstoffeigenschaften)* • solid model
Volumenmodell *n* <edv> *(ohne Werkstoffeigenschaften)* • solid model
volumenmolar <chem> • molar
Volumenometer *n* <msr> • volumenometer
volumenoptimiertes Fahrzeug *n* <nfz> • high-cube vehicle
Volumenprozent *n* <tech.allg> • percent by volume
Volumenprozent *n* <tech.allg> • percentage by volume
Volumenprozent *n* <phys> *(in Gemischen)* • volume percentage
Volumenprozess *m* <el> • bulk process
Volumenreduzierung *f* <ents> • volume reduction
Volumenrekombinationsrate *f* <el> *(Halbleiter)* • volume recombination rate
Volumen-Rendering *n* <edv> • volume rendering
Volumenschwindung *f* • volume contraction
Volumenschwund *m* <prod> *(z. B. Gießen)* • volume shrinkage; shrinkage
Volumensektion *f* <nav> *(Schiff)* • block
Volumensensor *m* <alarm> • volumetric sensor; volumetric detector; volumetric intrusion detector; space protection detector/device/sensor; space alarm/protector
Volumensteuerung *f* <med.tech> • volume cycling
Volumenstrom *m* DIN 5485 <tech.allg> *(Durchsatz als Volumen pro Zeiteinheit; z. B. m³/h)* • volumetric flow rate; volume flow *pract*
Volumenstrom *m* <förd> *(von Pumpen; Volumen pro Zeiteinheit; z. B. in m³/h)* • pump capacity; rate of delivery; discharge rate; discharge; capacity *pract*
Volumenstrom *m* <med.tech> *(Atemluft im Beatmungsgerät)* • flow rate; flow *pract*
Volumenstrommessung *f* <msr> • volume flow metering
Volumenstromregelung *f* <förd> *(allg.)* • flow control; capacity control; discharge regulation; flow regulation

Volumensuszeptibilität f <phys> • volume susceptibility
volumenunterstützte Beatmung f <med.tech> • volume support (VS)
Volumenverdrängung f <nav> • volume displacement
Volumenverdrängung f <phys> • cubic displacement
Volumenvergrößerung f (durch Quellung) • bulking
Volumenvergrößerung f <therm> • volume increase
Volumenverringerung f <tech.allg> • volume decrease
Volumenverringerung f <ents> • volume reduction
Volumenverschiebung f <phys> (Strömung) • volume displacement
Volumenverunreinigung f • volume impurity
Volumenviskosität f <phys> • bulk viscosity
Volumenvoltameter n <akust.msr> • volume voltameter
Volumenwiderstand m <el> • volume resistivity
Volumenzähler m <msr> • volume flowmeter; volumetric flowmeter; volume meter
Volumeregler m <edv.av> • volume controller
Volume Support m prakt <med.tech> • volume support (VS)
Volumetric-Light n <opt> • volumetric light
Volumetrie f <chem> • volumetric analysis; mensuration analysis; titrimetric analysis; titrimetry; volumetry
volumetrische Analyse f <chem> • volumetric analysis; mensuration analysis; titrimetric analysis; titrimetry; volumetry
Volumetrische Füllmaschine f <prod> • volumetric filler
volumetrischer Durchflussmesser m <msr> • quantity rate-of-flow meter
volumetrischer Durchflussmesser m <msr> • volumetric rate-of-flow meter
volumetrischer Liefergrad m <masch> (Kolbenpumpe) • volumetric efficiency
volumetrischer Wirkungsgrad m rar <kfz.mot> (Verhältnis angesaugter zu theoret. möglicher Frischluftmasse) • volumetric efficiency
volumetrischer Wirkungsgrad m <masch> (z. B. Pumpe, Turbine, Verdichter) • volumetric efficiency
Volumetrisches Füllgerät n <prod> • volumetric filler
volumetrisches Licht n <opt> • volumetric light
voluminös (sperrig) • bulky
voluminös <obfl> • bulky
voluminös <phys> • voluminous
voluminös <textil> (Faden) • bulky; voluminous
voluminöses Papier n <pap> • bulky paper
Volute f <bau> (z. B. in Korinthischem Kapitell) • volute
vom Boden überwachte Landung f <aerospace> • ground-controlled landing
vom Gesetz erfaßte Abfälle mpl <ents> (UK-Gesetzgebung) • controlled waste
vom Gütegrad abweichend • off-grade
vom Menschen verursachte Katastrophe f <allg> • man-made disaster
vom Resonanzpunkt entfernt • off-resonance
vom Stapel laufen lassen v <nav> • launch v
vom Werk eingestellt <prod> • factory-set
von außen angelegte Spannung f <el> • externally applied voltage
Von-Bord-Gehen n <verk> (Passagiere) • disembarkation
von Bord gehen vi <allg> (Fahrgäste von Schiffen, Flugzeugen, Zügen, Reisebussen) • disembark vi
von der Regel abweichend <tech.allg> (z. B. Systemverhalten, Betrieb) • anomalous
von der richtigen geometrischen Form abweichend <tech.allg> • out-of-truth
von der Startbahn abkommen vi <aerospace> • swing off vi
von der Startbahn abkommen vi <aerospace> • take off vi

von der Strasse abkommen vi <verk> (mit einem Fahrzeug) • run off the road vi
von der Synchronspur abgetastete Synchronimpulse mpl <av> • scanned synch impulses
von Ein- und Ausgabe abhängig <edv> • input-output limited
von Fehlern bereinigen v <edv> • debug v
von flüchtigen Bestandteilen befreien v • devolatilize v
von Hand <tech.allg> • manually; by hand
von Hand anziehen vt <tech.allg> • tighten manually v
von Hand einbauen vt <tech.allg> • hand-fit vt
von Hand eingeben vt <edv> • enter manually vt
von Hand eingeben vt <prod> (Material, Rohlinge) • feed by hand vt
von Hand eingestellt <tech.allg> • hand-set
von Hand einstellen vt <tech.allg> • adjust manually vt
von Hand geformt <tech.allg> • hand-molded
von Hand zugeführt <prod> • hand-fed
von Hand zugestellt <prod> • hand-fed
von Neumann-Rechner m <edv> • von Neumann machine
von Neumannscher Flaschenhals m <edv> • bottleneck
vor <tech.allg> (in Leitungen, in Flussrichtung davor) • upstream (of)
Vor... <tech.allg> (als Präfix i.S. von zusätzlich vorher hinzugefügt etc.) • additional ...
Vorabfühlung f <av> • presensing
Vorabhören n <av> • prefade listening
Vorabkontrolle f <druck> (Workflow) • preflight; preflighting
Vorabschaltung f <el> • prestop
Vorabscheider m <ents> • precleaning device; precollector; preseparator
Vorabscheider m <verf> • presettling tank
Vorabsenkung f (Bodenmechanik) • initial convergence
Vorabsiebung f <ents> • pre-screening
vorabstimmen v <av> • pretune v
Vorätzung f <obfl> • first etch
Vorätzung f <obfl> • first etching
Voralarm m <alarm> • prealarm warning; pre-warning; pre-alarm
Voralterung f <el> (Schaltkreis) • burn-in
Voralterung f <mat> • preaging
Voramt n <tele> • control station
vor Anker gehen <nav> • anchor vi
Voranmeldungsgespräch n <tele> • person call
Voranode f <el> (Kathodenstrahlröhre) • first anode
voranreichern vt <chem.verf> • preconcentrate vt
Voranreicherung f <el.chem> (z. B. bei der inversen Voltammetrie) • preconcentration
Voransicht f Autodesk <edv> • preview
Voranstrich m • primer
Voranstrich m <obfl> • primary coat
Voranstrich m <obfl> • primary coating
Voranstrich m <obfl> • primer coat
Voranstrich m <obfl> • priming
Vorantrieb m <pack> (Coater/Decorator) • pre-spin mechanism
Vorarbeiter m <prod> • foreman
voraufgezeichnetes Medium n <edv> • pre-recorded medium
Voraufladung f <mot> • precharge
Vorauflaufbehandlung f (mit Herbiziden) • preemergence treatment
Vorausanzeige f <msr> • ahead indication
Vorausanzeige f <navig> (des Kurses; Wert, Signal) • heading indication; course indication

Vorausanzeige f <navig> (Instrument) • heading display; heading field; course indicator
vorausberechnet <tech.allg> • precalculated
vorausberechnet <tech.allg> • theoretical
vorausberechnete Flugbahn f <aerospace> • precalculated trajectory
vorausberechnete Flugbahn f <aerospace> • precomputed trajectory
vorausbestimmen v <prod> (z. B. Fertigungszeit) • predetermine v
Vorausexemplar n <doku> (z. B. eines Buchs) • advance copy
Vorausgabeprogramm n <edv> • pre-edit program
Vorauslaß m <kfz.mot> • blowdown period; blowdown; exhaust lead
Vorauslaß m nsgl <kfz> • blowdown; exhaust lead
Vorauslaßphase f <kfz.mot> • blowdown period; blowdown; exhaust lead
Vorausmarke f <navig> • heading marker
Vorauspuff m <kfz> • blowdown; exhaust lead
Vorauspuff m <kfz.mot> • blowdown period; blowdown; exhaust lead
Vorausrichtung f <navig> (eines Schiffs) • heading (HDG); course
Voraussetzung f <allg> (z. B. für eine Anwendung) • assumption
Voraussetzung f <allg> • hypothesis
Voraussetzung f <allg> • premise
Voraussetzung f <allg> • presumption
Voraussetzung f <allg> • presupposition
voraussichtliche Ankunftszeit f <navig> (am Bestimmungsort) • estimated time of arrival (ETA)
voraussichtliche [Fahrt-/Flug-]Zeit f <navig> • estimated time enroute (ETE)
voraussichtliche Lebensdauer f <qualit> • life expectancy
voraussichtliche Reisezeit f <navig> • estimated time enroute (ETE)
voraussichtliche Startzeit f <navig> • estimated time of departure (ETD)
Vorausströmphase f <kfz.mot> • blowdown period; blowdown; exhaust lead
Vorausströmung f <hydr> • exhaust lead
Voraustritt m <hydr> • exhaust lead
Vorauszahlung f <jur> • prepayment
Vorbad n <phot> • forebath
Vorbad n <verf> • preliminary bath
Vorbau m <fz> (der Lenkstange) • stem; handle stem
Vorbau m <kfz> (Windschutzscheibenunterkante bis Stoßfänger) • front end; frame forestructure form
Vorbau m <min> • advancing longwall
Vorbau m <nav> (Prototyp) • prototype
Vorbauschnabel m <bau> (Brückenbau) • launching nose
Vorbearbeitung f <prod> • preworking
Vorbearbeitung f <prod> • roughing down
Vorbearbeitung f <prod> • roughing operation
Vorbedingung f • necessary condition
Vorbedingung f <allg> • precondition
Vorbedingung f <allg> • preliminary condition
Vorbedingung f <allg> • prerequisite
vorbedrucken vt <edv> (Etiketten mit einem Vordruck versehen) • preprint vt
vorbehandeln vt <tech.allg> (z. B. Material, Oberfläche) • pre-treat vt
vorbehandeln vt <prod> • process vt; treat vt
vorbehandelt <tech.allg> • pre-treated
Vorbehandlung f <tech.allg> • pre-treatment
Vorbehandlung f <tech.allg> (betont: vorläufig) • preliminary treatment

Vorbehandlung f <tech.allg> • pretreatment
Vorbehandlung f <tech.allg> • prior processing
Vorbehandlung f <kst> (z. B. Granulat) • conditioning
Vorbehandlung f <verf> • preconditioning
Vorbehandlung f <verf> • preparation
Vorbehandlungsanlage f <obfl> • pre-treatment facility
Vorbehandlungsofen m <obfl> (z. B. für Zinkaufdampfverfahren) • pre-treatment furnace
Vorbehandlungsstufe f <ents> • pre-treatment line
vorbeharzen v <kst> • precompound v
vorbeharzen v <kst> • preimpregnate v
Vorbeifahrgeräusch n <kfz.emiss> • passing noise
Vorbeiflug m <aerospace> • fly by
vorbeiführen [an] v • lead past v
vorbeiführen [an] v <tech.allg> • feed past v
vorbeiführen [an] v <tech.allg> • guide past v
vorbeiführen [an] v <prod> (z. B. Werkzeug) • move past v
vorbeiführen [an] v <verk> (z. B. Unfallstelle) • bypass v
Vorbeiströmen n <kfz> • blowby; blow-by
vorbeiströmen v <tech.allg> • flow past v
vorbeiströmen v <energ> (Wasserkraftwerk) • bypass v
Vorbeizen n <obfl> • first pickling
vorbelasten v <tech.allg> • preload v
Vorbelastungswiderstand m <el> (Gleichrichter) • bleeder resistance; bleeder
vorbelichten v <phot> • pre-expose v
Vorbelichtung f <phot> • pre-exposure
Vorbemerkungen fpl <jur> • recitals
Vorbenutzung f <jur> • prior use
Vorbenutzungsrecht n <jur> • right based on prior use
vorbereitetes Essen n <nahr> (z. B. tiefgefroren, in Dosen) • convenience food
Vorbereitung f <tech.allg> • preparation
Vorbereitungsfunktion f • preparatory function
Vorbereitungslogik f <edv> • initialization logic
Vorbereitungszeichen n <tele> • prefix signal
Vorbereitungszeit f (Beschickung) • load time
Vorbereitungszeit f <tech.allg> • preparation time
Vorbereitungszeit f <tech.allg> (Maschine, Gerät) • set-up time
Vorbereitungszeit f <mil> • preparation time
Vorbereitungszeit f <prod> • lead time
Vorbereitungszeit f <verf> • start-up time
vorbeschichtet <obfl> • precoated
vorbeschichtete Druckplatte f <druck> (Computer-to-Film) • presensitized printing plate
vorbeschichteter Stahl m <tech.allg> • precoated steel
Vorbeschichtung f <obfl> • precoating
Vorbeschleunigung f <nukl> • preacceleration
vorbestellt <kfz> (Autos in begrenzter Stückzahl) • spoken for
vorbestrahlen v <verf> (z. B. Lebensmittel) • preirradiate v
Vorbestrahlung f <verf> • preirradiation
Vorbetonung f <av> • pre-emphasis; pre-equalization
vorbeugende Instandhaltung f <rep> • preventive maintenance
vorbeugende Wartung f <edv> • preventive maintenance
vorbeugende Wartung f <rep> • preventive maintenance
Vorbeugungsmassnahme f <qualit> • preventive action
vorbildgetreu <prod> • true to prototype, as per prototype
vorbildgetreues Modell n <tech.allg> • scale model; true-to-scale model
Vorbläser m <druck> • front blowers pl
vorblasen v <metall> • fore-blow v
vorblasen v <silik> • blow back v
vorblasen v <silik> • preblow v

vorblasen v <silik> • puff v
Vorblech n <metall> • sheet bar
Vorbleiche f <pap> • prechlorination
Vorblock m • cog
Vorblock m <metall> • beam blank
Vorblock m <metall> • bloom
Vorblock m <metall> • cogged ingot
Vorblock m <metall> • shaped bloom
vorblocken v <metall> • bloom v
vorblocken v <metall> • cog v
vorblocken v <metall> • cog down v
Vorbohrdurchmesser m <masch> (Gewindebohren) • tap drill size (TDS); tapping drill size; tapping hole size; drill-hole size
Vorbohrdurchmesser m <prod> (Gewindefurchen) • core-hole diameter
vorbohren v <prod> • collar v
vorbohren v <prod> • drill ahead v
vorbohren v <prod> • hole in v
vorbohren v <prod> • predrill v
vorbohren v <prod> • rough-drill v
vorbohren v <prod> • semifinish-bore v
Vorbohrer m <wz> • first bit
Vorbohrer m <wz> • pilot bit
Vorbohrer m <wz> • pilot drill
Vorbohrer m <wz> (für sehr kleine Löcher in Holz; mit Handgriff) • gimlet
Vorbohrloch n <petr> • rat hole; pilot hole
Vorbohrung f <bau> (Tunnelbau) • pilot tunnel
Vorbohrung f <min> • advance borehole
Vorbohrung f <min> (Standwassererkundung) • flank hole
Vorbohrung f <prod> • lead hole
Vorbohrung f <prod> • pilot borehole
Vorbohrung f <prod> • pilot hole
Vorbohrung f <prod> • predrilled hole
Vorbohrung f <prod> • starting hole
Vorbramme f <metall> • roughed slab
vorbrechen v <verf> • precrush v
Vorbrecher m <verf> • prebreaker
Vorbrecher m <verf> • preliminary breaker
Vorbrecher m <verf> • primary crusher
vorbrennen v <silik> • prefire v
vorbügeln vt <led> • preplate vt
Vorbühne f <theat> • forestage; apron; black
Vorbühnenbeleuchtung f <licht.theat> • front of house lighting (FOH) formal; FOH lighting gen
Vorbühnenbrücke f form <licht.theat> (Beleuchtungsbrücke im Zuschauerraum; typ. begehbar) • front of house lighting bridge form; FOH lighting bridge pract
Vorbühnenlicht n <licht.theat> • front of house light (FOH(1)) .; ante-pro coll.obs; anteproscenium light techn.obs
Vorbühnenpodium n <theat> • orchestra elevator; pit elevator
Vorbühnenzug m <licht.theat> • advance bar
vorchloren v (Wasser) • prechlorinate v
vorchlorieren v <pap> • prechlorinate v
vorchromieren v <obfl> • prechrome v
Vorcompiler m <edv> • precompiler
Vordach n <bau> • canopy
Vordach n <bau> • projecting roof
Vordamm m <hydr> • secondary dam
vordefiniertes Objekt n <edv> • stock object
vor dem Wind segeln vi <tech.allg> • run before the wind vi
Vorder... <tech.allg> • antecedent ...
Vorderachs-, Hinterachs-Aufteilung f DIN 74000 <kfz.brems> • front-axle and rear-axle/front-axle split
Vorderachsantrieb m <kfz.antr> • front axle final drive

Vorderachsantrieb m <kfz.antr> • front wheel drive (FWD); front drive rar
Vorderachsaufhängung f <fz> • front-axle suspension
Vorderachsdifferential n <kfz.antr> • front differential; front axle differential
Vorderachse f <fz> • guiding axle
Vorderachse f <fz> • leading axle
Vorderachse f <kfz> • front axle
Vorderachse f (VA) <kfz> (bei Starrachse oder figurativ) • front axle
Vorderachse f prakt.ugs <kfz> • front suspension
Vorderachseinstellung f <kfz> (Vorgang, Serviceleistung) • front end alignment; alignment
Vorderachsgabel f <kfz> • front-axle fork
Vorderachs-/Hinterachs-Aufteilung f <kfz.brems> • front-axle/rear-axle split; front/rear split pract
Vorderachskörper m • front-axle beam
Vorderachslast f <fz> • front-axle load
Vorderachsschenkel m <kfz> • stub axle
Vorderachsstrebe f <fz> • front-axle bracing rod
Vorderachsträger m (VAT) <kfz> • front axle carrier
Vorderachswelle f <fz> • front-axle shaft
Vorderachszapfen m <kfz> • steering-knuckle pivot
Vorderansicht f <bau.doku> (Gebäude) • façade; facade
Vorderansicht f <doku> • front elevation; front view pract
Vorderbau m <fz> • front part of the frame v
Vorderbau m <kfz> (Windschutzscheibenunterkante bis Stoßfänger) • front end; frame forestructure form
Vorderbremse f <fz> • front brake
vordere Blinkerbaugruppe f <kfz.el> • front turn signal assembly
vordere Bordwand f <nfz> • front bulkhead; headache rack coll
vordere Endlage f • extreme forward position
vordere Endstellung f norm <kst> • fully forward position
vordere Hellzone f <edv> • leading quiet zone; starting empty field
vordere Motoraufhängung f <kfz.mot> • front engine mount; front motor mount
vordere Motorlagerung f <kfz.mot> • front engine mount; front motor mount
vorderer Achsantrieb m <kfz.antr> • front axle final drive
vorderer Auspufftopf m prakt.ugs <kfz.emiss> (Resonator) • resonator
vorderer Dachpfosten m did <kfz> (allg.) • A-pillar; A post; front pillar
vorderer Deckel m <kfz> (bei Heckmotorfahrzeugen) • luggage bay cover; front compartment cover; front hood US
vorderer Kurbelwellendichtring m <mot> • front crankshaft oil seal; crankshaft front oil seal
vorderer Lagerbock m <verf> (Plattenwärmetauscher) • fixed end cover; fixed end; head terminal; fixed plate
vorderer Nockenwellendichtring m <kfz.mot> • front camshaft oil seal; camshaft front oil seal
vorderer Sichtbereich m <nfz> • in-front-of-the-truck visibility KW
vorderer Überhang m <kfz> • front overhang; fore overhang
vorderer Umwerfer m <fz> • front derailleur; front changer GB; front mech coll
vorderes Auspuffrohr n <kfz.emiss> • front pipe
vorderes Bodenblech n <kfz> • front floor pan
vordere Seitenscheibe f <kfz> • front side window
vorderes Ende des Verschlusses n <mil> • breech face
vorderes Lagerschild n <kfz.el> (Gleichstromgenerator) • drive end fitting US
vorderes Lot n <nav> • forward perpendicular

vorderes Querblech n <kfz> *(zwischen Motor- und Innenraum)* • bulkhead; firewall; dash panel; front partition panel

vorderes Seitenfenster n <kfz> • front side window

vordere Trennwand f <kfz> *(zwischen Motor- und Innenraum)* • bulkhead; firewall; dash panel; front partition panel

vordere Überhanglänge f <kfz> • front overhang; fore overhang

Vorderfederbock m <kfz> • front spring hanger

Vorderfederstütze f <kfz> • front spring support

Vorderfläche f <tech.allg> • face

Vorderfläche f <tech.allg> • front face

Vorderfläche f <tech.allg> • front surface

Vorderfläche f <tech.allg> • frontal area

Vorderfläche f <bau> • frontage

Vorderfläche f <bau> *(Vorderseite eines Gebäudes)* • façade; facade

Vorderflanke f <av> • leading edge

vor der Geburt <med> • antenatal; prenatal; pre-birth

Vordergehäuse n • front housing

Vordergewicht n *Hämmerli* <mil> • barrel weight

Vorderglied n • first term

Vordergrund m • foreground

Vordergrundfarbe f <edv> • foreground color

Vordergrundprogramm n <edv> • foreground program

Vordergrundprogramm n <edv> • foreground routine

Vordergrundverarbeitung f <edv> • foreground processing

Vorderholm m <aerospace> • front spar

vor [der] Inbetriebnahme <petr> • prior to initial start-up

Vorderkante f <tech.allg> • front edge

Vorderkante f <aerospace> *(von Tragflügeln, Turbinenschaufeln, Rotorblättern)* • leading edge

Vorderkante f <druck> • leading edge

Vorderkante der Tür f <kfz> • leading edge of the door

Vorderkantenrand m <druck> • fore-edge margin

Vorderkantentrenner m <druck> • front separation feeder

Vorderkipper m <bahn> • end tipping wagon

Vorderkipper m <nfz> • front tipper

Vorderkotflügel m <kfz> • front fender *US*; front wing *GB*

Vorderlicht nsg <phot> • frontlighting *sg*

Vordermarke f <druck> • front lay

Vorderplatte f <el.msr> • front panel

Vorderrad n <kfz> • front wheel

Vorderradantrieb m <fz> • front drive

Vorderradantrieb m <kfz.antr> • front wheel drive (FWD); front drive *rar*

Vorderradaufhängung f <fz> • front-wheel suspension

Vorderradaufhängung f <kfz> • front suspension

Vorderradbremse f <fz> • front-wheel brake

Vorderradbremshebel m <kfz> • front brake lever

Vorderradgabel f <fz> • front fork

Vorderradlenkung f <kfz> • front steering

Vorderradlenkzapfen m <kfz> • steering-knuckle pin

Vorderradnabe f <kfz> • front hub

Vorderradreifen m <kfz> • front tire

Vorderreifen m <fz> • front tire :V

Vorderschaft m <mil> *(Gewehrbauteil)* • front shaft

Vorderschaftrepetierer m <mil> *(Büchse)* • pump action rifle; slide action rifle; repeater rifle with slide action *did*

Vorderschaftrepetierer m <mil> *(Flinte)* • pump gun; slide action shotgun; repeater shotgun with slide action *did*

Vorderschnitt m <druck> • fore edge

Vorderschnittfärbung f <druck> • fore-edge painting

Vorderseil n *(Schrapper)* • pull rope

Vorderseite f • show-side

Vorderseite f <tech.allg> • facing page

Vorderseite f <tech.allg> • front face

Vorderseite f <tech.allg> • front side

Vorderseite f <edv> *(eines Laufwerks)* • front panel; front bezel

Vorderseitenkontakt m (VSK) <energ.sol> • front contact; top contact *rare*

Vordersitz m <kfz> • front seat; f/seat *advert*

Vordersitzbezug m <kfz> • front seat cover

Vordersitzgurt m <kfz> • front-seat belt

Vorderständer m <masch> • front upright

Vordersteven m <nav> • stem

Vordersteven m <nav> • stempost

Vorderteil n <tech.allg> • forepart

Vorderteil n <av> *(eines Geräts)* • front

Vordertür f <bau> • front door

Vorder- und Hinterachs-Aufteilung f <kfz.brems> • front-axle and rear-axle split

Vorder- und Hinterachse f <kfz> • front and rear axles *pl*

Vorderwagen m <kfz> *(Windschutzscheibenunterkante bis Stoßfänger)* • front end; frame forestructure *form*

Vorderwagen m <nfz> • front section

Vorderwand f <kfz> *(Frontblech von Nutzfahrzeugen)* • front panel

Vorderwand f <kfz> • cowl section

Vorderwand-Zelle f <energ.sol> • frontwall cell

Vorderzünderblock m <aerospace> • front fuse assembly

Vorderzwisel m <sport> *(Sattel)* • pommel horn

Vordestillationskolonne f <chem> • primary column

vordosieren v <verf> • prebatch v

vordotieren v <el> • predope v

Vordrallregelung f <masch> *(Strömungsmaschine; z. B. Bläser, Verdichter, Pumpe)* • pre-rotational swirl control

Vordrossel f *(pneumatischer Regler)* • fixed restriction

Vordrossel f <el> • input reactor

Vordruck m <druck> • form; printed form; blank *US*

vordrucken vt <edv> *(Etiketten)* • preprint vt

Vordruckwalze f <pap> • dandy roll

Vordruckwalze f <pap> • watermarking dandy

Vordruckwalze f <pap> • watermarking dandy roll

vordrücken v • precompress v

Vordüse f <kst> • pilot jet

Voreilen n • rapid advance

Voreilen n • rapid advancing

voreilen v <masch> *(z. B. Riemen gegenüber getriebener Scheibe)* • slip forward v

voreilen vi <tech.allg> • advance vi

voreilen vi <masch> • lead vi

voreilende Phase f <el> • leading phase

voreilender Kämpferdruck m <bau> • front abutment pressure

voreilender Leistungsfaktor m • capacitive power factor

voreilender Leistungsfaktor m <el> • leading power factor

voreilender Strom m <el> • leading current

voreilende Spule f <textil> • leading bobbin

Voreilung f • rapid advance

Voreilung f <tech.allg> • leading

Voreilung f <el> *(Phase)* • advance

Voreilung f <prod> • forward creep

Voreilung f <prod> • forward slip

Voreilung f <prod> • lead

Voreilung f <textil> • overfeed

Voreilwinkel m <tech.allg> • lead angle

Voreilwinkel m <el> • advance angle

Voreilwinkel m <kfz> • toe-out on turns; Ackermann angle

Voreinflugzeichen n <aerospace> *(Teil des ILS)* • outer marker (OM)

voreingestellt <textil> *(Durchmesser; Länge)* • pre-set
voreingestellte Angabe f <tech.allg> • default setting
voreingestellter Zähler m <msr> • preset counter
voreingestelltes Werkzeug n <wz> • precast tool
Voreinspritzdüse f <mot> • pilot jet
Voreinspritzung f <mot> • injection advance
Voreinspritzung f <mot> • pilot injection
voreinstellen v <tech.allg> • preset *v*
voreinstellen v <msr> • preadjust *v*
voreinstellen v <phot> • prefocus *v*
voreinstellen vt <tech.allg> *(z. B. Prozessgrößen, Sollwerte)* • preset *vt*
Voreinstellung f <allg> • pre-programmed; default setting pf liste
Voreinstellung f <tech.allg> • default setting
Voreinstellung f <av> *(Fernsehkamera)* • prefocussing
Voreinstellung f <msr> • preadjustment
Voreinstellung f <opt> • prefocusing
Voreinstellung f <tech.allg> • presetting
Voreinströmung f <mot> • preadmission
Voreinströmung f <turb> • admission lead
Voreintritt m <mot> • outside lap
Voreintritt m <turb> • admission lead
Voreinziehmaschine f <pack> • pre necker
Voreinziehung f <pack> • pre neck
Vorelektrolyse f <el.chem> *(Voltammetrie)* • preelectrolysis
Vorelektrolysedauer f <el.chem> • preelectrolysis time; pre-electrolysis time
Vorelektrolysepotential n <el.chem> *(Anreicherungselektrolyse; angelegte konstante Spannung)* • deposition potential
Vorelektrolysespannung f <el.chem> *(Anreicherungselektrolyse; angelegte konstante Spannung)* • deposition potential
Vorelektrolysezeit f <el.chem> • preelectrolysis time; pre-electrolysis time
Voremulsion f • preliminary emulsion
Vorendstufenverstärker m <el> • penultimate amplifier
Vorendstufenverstärker m <el> • penultimate power amplifier
vorentfetten vt <obfl> • pre-degrease *vt*
Vorentfettung f <obfl> • pre-degreasing; first degreasing
Vorentflammung f <kfz.el> • pre-ignition
Vorentladung f <el> • predischarge
Vorentschwefelung f <ökol> • primary desulfurization
Vorentwässerungsgraben m <bau> • primary drainage ditch
Vorentzerrer m *(Frequenzmodulationstechnik)* • deaccentuator
Vorentzerrung f <av> • pre-emphasis; pre-equalization
vorepitaxial <el> • pre-epitaxial
Vorerhitzer m <verf> • preheater
Vorerhitzungsgefäß n <pap> • liquor vessel pre-heating vessel
Vorerwärmung f <druck> *(Polymertechnologie)* • pre-heating
Vorerwärmung f <verbr> *(von Brennstoff)* • pre-heating
Vorerwärmungskanal m <verbr> • preheating channel
voreutektisch <mat> • proeutectic
voreutektoid <mat> • proeutectoid
Vorexpansionseinrichtung f <kst> • pre-expander
vorfahren vt <tech.allg> • advance *vt*
Vorfahrt f <verk> • prior right of way
Vorfahrt f <verk> • priority of passage
Vorfahrt f <verk> • priority; right of way
Vorfahrtsrecht n <verk> • priority; right of way
Vorfahrtstaße f <verk> • priority road *US*; major road *GB*
Vorfalz m <druck> • gripper fold

Vorfalzer m <druck> • pre-folder
Vorfeile f <wz> • bastard-cut file
Vorfeile f <wz> • coarse file
Vorfeld n :V <alarm> • exterior perimeter; outside perimeter; perimeter
Vorfeldbus m <nfz> • apron bus; airfield apron bus; airfield passenger bus; airfield bus
vorfertig bearbeiten v <prod> • semifinish *v*
vorfertigen vt <prod> *(allg.)* • prefabricate *vt*; preproduce *vt*
vorfertigen vt <prod> *(durch Gießen)* • precast *vt*
vorfertigen vt <prod> *(durch Urformen)* • preform *vt*
vorfertigen vt <prod> *(spanend)* • premachine *vt*
Vorfertigungsmuster n <prod> • preproduction prototype
Vorfertigungsplatz m <bau> • precasting yard
Vorfeuer n <silik> • prefire
Vorfeuerung f <verbr> • external furnace
Vorfilter m <tech.allg> • pre-filter
Vorfilter n <msr> • preliminary filter *Testo*
Vorfilter n <tele> • keying filter
Vorfilter n <verf> • prefilter
Vorfilter n <verf> • roughing filter
vorfiltern vi <tech.allg> • prefilter *vi*
Vorfläche f <aerospace> • foreflap
Vorflotation f <pap.ents> • pre-flotation
Vorflügel m <aerospace> • leading-edge flap
Vorflügel m <aerospace> • slat
Vorflut f <ents> • discharge
Vorflut f <hydr> • drainage capability; run-off capability
Vorflutanlage f <ents> *(z. B. Kläranlage)* • drainage plant
Vorflutdrän m <ents> • main drain
Vorfluter m • carriage
Vorfluter m DIN 4047-9 <agri> *(Gewässer oder Rohrleitung)* • receiving water; recipient
Vorfluter m <ents> • draining canal; draining ditch; receiving body of water
Vorfluter m <ents> • drainage ditch
Vorfluter m <ents> • outfall ditch
Vorfluter m <ents> • drainage ditch
Vorfluter m <hydr> • discharge
Vorfluter m <hydr> • receiving water; receiving body of water; receiving watercourse
Vorfluter m <nukl> • draining canal; draining ditch
Vorfluter m <verf> • outfall ditch
Vorflutleistung f <ents> • outfall capacity
Vorflyer m <textil> • slubbing frame
Vorflyer m <textil> • slubbing machine
Vorform f <prod> • blank
Vorform f <prod> *(allg.)* • preform
vorformatieren v <edv> • preformat *v*
vorformatiert adj <edv> *(Datenträger)* • preformatted *adj*
vorformen v • premold *v*
vorformen v <kst> • preform *v*
vorformen v <prod> • fuller *v*
vorformen v <prod> • preshape *v*
vorformen v <prod> • rough-stamp *v*
Vorformfräser m <wz> • roughing cutter
Vorformfräser m <wz> • roughing gear-milling cutter
Vorformkammer f <kst> • plenum chamber
Vorformling m <kst> *(beim Blasformen; spritzgegossene Vorstufe eines Spritzblaslings)* • parison; preform
Vorformlingszuleitung f <silik> • preform handling
Vorformmaschine f <kst> • preformer
Vorformmaschine f <prod> • preform machine
Vorformschmieden n <prod> • preliminary forging
vorfräsen v <prod> • gash *v*
vorfräsen v <prod> *(z. B. Zahnlücke)* • pregash *v*
vorfräsen v <prod> • rough-mill *v*
Vorfräser m <wz> • roughing cutter

vorfraktionieren v <chem> • prefractionate v

Vorfraktionierturm m <chem> • prefractionator

vorfrischen v <metall> • prerefine v

Vorfrischmischer m • prerefining mixer

Vorfrischmischer m <metall> • active hot-metal mixer

Vorführbus m prakt <nfz> • demonstration bus; demonstrator pract

Vorführgerät n <allg> (z. B. Staubsauger, Blutdruckmesser) • demonstration set

Vorführgerät n <av> • projector

Vorführgerät n <phot> • projection equipment

Vorführung f <allg> (z. B. wiss. Versuch, sportliche Übung, Gerät, Maschine) • demonstration

Vorführung f <kino> • projection

Vorführung f <kino> (Film) • screening

Vorführwagen m <kfz> • demonstrator; ex-demonstrator ad, on sale

vorfüllen v <masch> (Pumpe mit Flüsssigkeit um die Luft zu verdrängen) • prime v

Vorfüllpumpe f <masch> • primer pump

Vorfunkenstrecke f <el> • auxiliary spark gap

Vorgabe f • intended depth

Vorgabe f (Bohren) • offset angle

Vorgabe f <min> • burden

Vorgabezeit f <prod> • allowed time

Vorgänge pro Zeiteinheit mpl <tech.allg> • events per unit time

Vorgänger m <tech.allg> • predecessor

Vorgängermodell n <tech.allg> • previous model

Vorgalvanisierbad n <prod.obfl> • strike bath

Vorgalvanisierung f <prod.obfl> • strike deposit

Vorgalvanisierung f <prod.obfl> • striking

Vorgang m <allg> • proceeding

Vorgang m <allg> • proceedings

Vorgang m <allg> • process

Vorgang m <allg> • procedure

Vorgang m <tech.allg> (Einzeloperation in einem Gesamtablauf) • operation

Vorgang m <tech.allg> (betont: Aktion) • action

Vorgang m <tech.allg> (betont: Einzelereignis) • event

Vorgang m <tech.allg> • operation

Vorgang m <tech.allg> (als beobachtbares dynamisches Ereignis) • phenomenon

Vorgangsmarkengeber m <msr> • event marker

Vorgangsnummer f <edv> • operation number

Vorgarn n <silik> • sliver

Vorgarn n <textil> • roving

Vorgarnspule f <silik> • sliver bobbin

Vorgarnspule f <textil> • condenser bobbin

Vorgarnspule f <textil> • roving bobbin

vorgebackene Elektrode f <el> • prebaked electrode

Vorgebirge n <geo> • foothills; mull Scot

vorgebogen f <bau.mat> (Bewehrungsstahl) • prebent

vorgebogen <prod> • rough-bent

vorgebrochene Kohle f <allg> • crushed coal

vorgefertigt <tech.allg> • pre-engineered

vorgefertigt <bau> • preconstructed

vorgefertigt <prod> • precast

vorgefertigt <prod> • prefabricated

vorgefertigt <prod> • shop-erected

vorgefertigter Beton m <bau.mat> • pre-cast concrete

vorgefertigtes Bauteil n <tech.allg> • prefabricated unit

vorgefertigtes Bauteil n <bau> • preconstructed unit

vorgefertigtes Betonteil n <bau.mat> • pre-cast concrete element

vorgeformte Finger mpl <bekl> (Handschuh) • precurved fingers pl

vorgeformte Körbchen npl <bekl> (BH) • molded cups pl

vorgeformte Type f <edv> (eines Druckers) • formed type; preformed character; formed character

vorgefrieren vt <nahr.prod> (Speiseeis) • partially freeze vt; partly freeze vt; pre-freeze vt

vorgegeben <allg> • given

vorgegeben <tech.allg> • predetermined

vorgegeben <tech.allg> • preset

vorgegeben <tech.allg> • specified

vorgegebene Antriebskraftverteilung f <kfz> • fixed power distribution; constant power distribution ppwiss-mdl

vorgegebene Antriebskraftverteilung f <kfz.antr> • fixed power distribution

vorgegebener Parameter m <tech.allg> • pre-set parameter

vorgegebene Toleranz f <tech.allg> • pre-prescribed tolerance

vorgegebene Toleranz f <tech.allg> • pre-set tolerance

vorgegebene Zeitfolge f <tech.allg> • timing

vorgegossen <prod> (Gießereitechnik) • cored

vorgegossen <prod> • precast

vorgegossen <prod> • rough-cast

vorgegossene Bohrung f <prod> • cored hole

vorgehängte Dachrinne f <bau> • eaves gutter

vorgehängte Fassade f <bau> (z. B. Naturstein, Betonfertigteile) • hung façade

vorgehaltene Abbaustrecke f <min> • advanced heading

Vorgehensweise f <allg> (Methode, Weg) • approach

Vorgehensweise f <tech.allg> • procedure

Vorgehensweise f <tech.allg> • method of operation; mode of operation; procedure

Vorgelege n <kfz.antr> (zusätzliche Gänge) • auxiliary transmission US; auxiliary gearbox GB; range-change coll

Vorgelege n prakt <nfz> • reduction gearbox; reduction gearset; reduction box coll; reduction gearing

Vorgelege n prakt <wz.masch> • back gear

Vorgelegeachse f <antr> (Getriebe) • idler shaft

Vorgelegegetriebe n <kfz.antr> (zusätzliche Gänge) • auxiliary transmission US; auxiliary gearbox GB; range-change coll

Vorgelegehaspel f/m <förd> • crab winch

Vorgelegehebel m <masch> • speed-change back gear lever

Vorgelege[trieb]rad n <antr> (Zahnradgetriebe) • countershaft drive gear

Vorgelege[trieb]rad n <masch> • layshaft gear

Vorgelegewelle f <kfz.antr> (im Schaltgetriebe) • countershaft US; layshaft GB; countergear assembly US; countergear [shaft] US; cluster gear

Vorgelegezahnradblock m <antr> (z. B. Vorschubgetriebe) • countershaft gear cluster

Vorgelegezahnradblock m <masch> (z. B. LKW, Werkzeugmaschine) • layshaft gear cluster

vorgelegte Funkenlage f <kfz.el> (Zündkerze) • projected spark position; extended spark position

vorgepackter Beton m <bau.mat> • grouted concrete

vorgerichtetes Erz n <min> • blocked-out ore

vorgerichtetes Erz n <min> • developed ore

vorgerillt <edv.av> • pregrooved

Vorgerüst n <metall> • cogging stand

Vorgerüst n <metall> • roughing stand

vorgeschaltet <verf> (in Strömungsrichtung davor) • upstream

vorgeschaltete Rohstoffrückgewinnung f <ents> • front-end recovery

vorgeschalteter Widerstand m <el> • series resistor

Vorgeschichte f <msr> • prefault interval; prefault event; prefault recording; prefault condition; pre-event history

vorgeschmiedete Bohrung f <prod> • punched hole

vorgeschnitten <pap> • roughly cut
vorgeschnittene Blätter npl <pap> • raw sheets
vorgeschobene Sphäre f <aerospace> • bias sphere
vorgeschriebene Flugbahn f <mil> • desired trajectory; specified trajectory; prescribed trajectory
vorgesehen <allg> (für etwas) • slated
vorgesehener Endausbau m <bau> • proposed final-stage construction
Vorgesenk n <prod> (schmieden) • roughing die
Vorgesenk n <wz> • fuller
vorgesetztes Streckenort n <min> • leading place
vorgespannter Gleichrichter m <el> • biased rectifier
vorgespanntes Glas n <silik> • tempered glass; toughened glass rare; heat-treated glass rare
Vorgespinst n <textil> (Spinnerei; fein) • roving
Vorgespinst n <textil> (Spinnerei; grob) • slubbing; slubber
Vorgespinst n <textil> (Spinnerei; weniger gebräuchlich) • rove; roving sliver
vorgestanzte Etiketten ohne Steg npl <edv> • butt-cut labels pl
vorgesteuert <msr> (Ventil) • pilot-controlled; pilot-operated; piloted
vorgesteuertes Ventil n <rls> • pilot-controlled valve
vorgestreckt <metall> • roll-cogged
vorgetäuscht <qualit> (betrügerisch, bewusst irreführend; z. B. Attrappe) • sham; feigned; imitated; fake
vorgewalzter Block m <metall> • rough-rolled ingot; cogged ingot
vorgewalzter Vierkantblock m <metall> • square bloom
vorgezogene Elektroden fpl <kfz.el> (Zündkerze) • projected firing tip; extended gap Champion
vorgezogene Funkenlage f <kfz.el> (Zündkerze) • projected spark position; extended spark position
vorgezogener Isolatorfuß m <kfz.el> • projected insulator nose; projected core nose
Vorglühanlage f <kfz.el> (Dieselmotor) • pre-heater system GM/Vauxhall; preheating unit Beru
Vorglühen n <kfz.mot> • preheating
vorglühen vt <kfz.el> (Dieselmotor) • pre-heat vt
Vorglühkontrolle f Opel <kfz.msr> (Kontrollleuchte) • glow-plug indicator; heater-plug indicator; heater warning light
Vorglühkontrollleuchte f Opel <kfz.msr> (Kontrollleuchte) • glow-plug indicator; heater-plug indicator; heater warning light
Vorglühschalter m <kfz.el> • glow plug switch; heater switch
Vorglühzeit f <kfz.el> • pre-heating time GM/Vauxhall; glow time GM/Vauxhall; preheating time Bosch
Vorglühzeit f <kfz.mot> • preheating period
Vorgranulator m (z. B. Düngemittel) • conditioner
vorgranulieren v <kst> • condition v
Vorgreifer m <druck> • pre-gripper
Vorhängeschloss n DIN 7465 <bau> • padlock
Vorhängeschlossbügel m DIN 7465 <bau> (U-förmig) • padlock shackle; shackle
Vorhärtung f <kst> • precuring; precure
Vorhalle f <bau> (Kirche) • porch
Vorhalt m <msr> • rate action
Vorhalt m <msr> • D action; derivative action
Vorhaltdrossel f <msr> • derivative restriction
Vorhalteeisen n <kfz.wz> (allg.) • hand dolly; dolly pract; dolly block US
Vorhaltemaß n (Ballistik) • predicted interval
Vorhaltepunkt m <mil> (Ballistik) • set-forward point; predicted point
Vorhaltglied n <msr> (Regler) • derivative element
Vorhaltglied n <msr> • rate time element

Vorhaltregelung f <msr> • derivative control; derivative-action control
Vorhaltschaltung f • lead network
Vorhaltstabilisierung f <msr> (Regelung) • derivative equalization
Vorhalttransformator m <el> • stabilizing transformer
Vorhaltwirkung f <msr> • rate action
Vorhaltwirkung f <msr> • D action; derivative action
Vorhaltzeit f <msr> • derivative time; derivative-action time
Vorhaltzeitkonstante f <msr> (Regelung) • derivative time constant; derivative-action time constant
Vorhandschweißen n <füg> • forehand welding
Vorhang m <tech.allg> (z. B. aus Stoff, Licht, Wind) • curtain
Vorhang m <innen> (Oberbegriff für Dekostoffe, Schals, Stores, Querbehänge) • curtain
Vorhang m <obfl> (Lackfehler, Resultat) • curtaining; sagging; sags pl; waterfall rare
Vorhang m <obfl> (eher flächiger Defekt) • sag; curtain
Vorhang m <phot> (bei Schlitzverschlüssen) • curtain; blind
Vorhangbildung f <obfl> (Lackierfehler) • sagging; curtaining
Vorhangelement n <bau> • cladding panel
Vorhanggasse f <theat> • curtain area
Vorhanggießverfahren n <el> (Lötstoplack auf Leiterplatten) • curtain coating
Vorhanglehre f <theat> (für Bühnenvorhang; dicht unter dem Schnürboden) • curtain carrier; curtain track; traveller track GB; traveler track US
Vorhangleiste f <innen> • cornice
Vorhangmelder m <alarm> • curtain
Vorhangschiene f <theat> (für Bühnenvorhang; dicht unter dem Schnürboden) • curtain carrier; curtain track; traveller track GB; traveler track US
Vorhangstange f <innen> • curtain rod
Vorhangtafel f <bau> • cladding panel
Vorhangtasche f <theat> • webbing
vorheften v <füg> • tack v
vorheften v <füg> • tack-weld v
vorheizen vt ugs <tech.allg> (z. B. Wasser, Werkstück, System) • pre-heat vt; warm up vt
vorheizen vt <verf> (betont: zum Vernetzen) • precure vt
vorheizen vt <verf> (beim Vulkanisieren) • prevulcanize vt
Vorheizkammer f (Pebble-Heater-Verfahren) • preheater
Vorhelling f <nav> • ways-end; lower launch slip
vorher anbringen v <bau> • preplace v
Vorherd m • breast pan
Vorherd m <silik> • forehearth
vorher einbringen v <bau> • preplace v
vorher eingestellt <tech.allg> • preset
vorher einstellen v <tech.allg> • preset v
vorhergehend... <tech.allg> • antecedent ...
vorherige Konstruktion f <prod> • previous design
Vorhersage f DIN 4049-3 <meteo> (z. B. Wetter, Hochwasser, Sturmflut) • forecast
Vorhersageeinrichtung f • predictor
Vorhersagefunktion f <math> (Stochastik) • predictor
vorhobeln v <prod> • rough-plane v
Vorhof m <energ.hydr> • forebay
Vorholfeder f <mil> • mainspring; main spring
Vorhydrolyse f <pap> • preimpregnation
vorhydrolysieren v <pap> • preimpregnate v
voriges Modell n <prod> • previous model
vorimprägnieren v <kst> • precompound v
vorimprägnieren v <textil> • preimpregnate v
vorimprägnieren v <textil> • presoak v
vorimprägniert adj <mat> • pre-impregnated adj; pre-pregged adj

Vorimpuls m <el> • pretrigger
Vorimpuls m <el> • pretrigger impulse
Vorimpuls m <tele> • prefix signal
Vorionisator m <el> • igniter
Vorionisator m <el> • primer
Vorionisierung f <nukl> • pre-ionization
vorjustierter Sockel m <licht> • prefocus-cap *stand*; prefocus base
Vorjustierung f <tele> • prealignment
Vorkaliber n <metall> • roughing pass
Vorkammer f <aerospace> • burner cup
Vorkammer f <bau> *(Fensterrahmen)* • pre-chamber
Vorkammer f <hydr> *(Schleuse)* • head bay
Vorkammer f <kfz.mot> *(von Dieselmotoren)* • prechamber
Vorkammer f <kst.prod> *(dem Formnest vorgelagerter Hohlraum für den Vorkammeranguss)* • tab
Vorkammer f <masch> • prechamber; antechamber *rare*; pre-chamber *rare*
Vorkammer f <mot> *(Dieselmotor)* • outer chamber
Vorkammeranguss m <kst> *(Spritzgießen)* • tab gate; tab gating
Vorkammer-Dieselmotor m <kfz.mot> • precombustion engine *US*; indirect injection engine *GB*
Vorkammermotor m <mot> • prechamber motor
Vorkammerverfahren n <kfz.mot> *(Diesel-Motor)* • pre-chamber principle
Vorkasse-Karte f <tele> *(für Handys)* • pre-paid card
Vorkatalysator m <kfz.emiss> *(Bauteil der Auspuffanlage)* • primary catalytic converter; primary converter
Vorkehrungen für den Brandfall m <feuer.sich> • fire precautions
Vorklärbecher m <ents> • preliminary clarification tank
Vorklärbecken n <ents> • preliminary sedimentation tank
Vorklärbecken n <verf.hydr> • primary clarifier; primary settling tank
Vorklären n <nahr> *(von Most; durch Absetzenlassen der festen Bestandteile)* • settling; clearing
Vorklären n <nahr> *(von Most; Abziehen des klaren Mostes von den abgesetzten Trubstoffen)* • debourbage; racking must
Vorklären n <nahr> *(von Most; allg. Trubabtrennung; z. B. durch Zentrifugieren)* • clearing the must
Vorklärung f <verf> • preliminary clarification
Vorklassierung f <verf> • preliminary screening
Vorklassierung f <verf> • preliminary sizing
Vorklebemaschine f <druck> • end-papering machine
Vorklimatisierung f <hlk> • preconditioning
Vorkochung f <pap> • predigestion
Vorkommen n <allg> *(Vorkommnis)* • occurence
Vorkommen n <min> • deposit
vorkompilieren v <edv> • precompile v
vorkomplettieren v <bau> • prefinish v
Vorkondensat n <kst> • precondensate
Vorkondensator m <hlk> • preliminary condenser
Vorkonditionierung f Audi <obfl.qualit> *(Vorbereitung für Korrosionstest)* • preconditioning Audi
Vorkonsolidierung f <bau> • preconsolidation
Vorkontakt m <el> • primary arcing contact
Vorkonzentrat n *(Aufbereitung)* • preconcentrate
Vorkraft f <qualit.mat> • initial load; pre-load; minor load *rar*
vorkragen v <tech.allg> • cantilever v
vorkragen v <bau> • corbel v
vorkragen v <bau> • overhang v
vorkragen v <bau> • project v
Vorkrempel f <textil> • breaker card
Vorkrempel f <textil> • first breaker
Vorkrypta f <bau> *(Kirche)* • antecrypt

Vorkühler m <verf> *(allg.)* • precooler
Vorkühler m <verf> *(betont: erster Kühler; impliziert Existenz eines weiteren Kühlers)* • primary cooler
Vorkühlung f <verf> *(betont: relativ kalt; z. B. zum Abschrecken)* • prechilling
Vorkühlung f <verf> *(allg.)* • precooling
Vorlack m <obfl> • undercoat
Vorladungskorona f <druck> • pre-charge corona
Vorläufer m <prod> *(allg.)* • precursor
Vorläufer m rar <prod> • previous design
Vorläufer m <prod> • previous model
Vorläuferprotein n <bio> *(für Virushülle)* • precursor protein
vorläufige Betriebsbereitschaft f <navig> *(des GPS)* • Initial Operational Capability (IOC)
vorläufige Einsatzfähigkeit f <navig> *(des GPS)* • Initial Operational Capability (IOC)
vorläufige Fassung f <tech.allg> *(eines Dokuments, Bilds, Projekts)* • draft; preliminary version
Vorläufige Kostenschätzung f <bau> *(für Bauvorhaben der Öffentlichen Hand)* • Estimated Appropriation Requirements
vorläufiges Bleiberecht n <jur> • temporary right to stay
vorläufiges Ergebnis n <tech.allg> • preliminary result
vorläufige Zusammenstellungszeichnung f <doku> • preliminary assembly drawing
Vorlage f <tech.allg> *(beispielhaftes Modell)* • model
Vorlage f <büro> *(beim Kopieren)* • original
Vorlage f <chem> *(Destillat-Auffangbehälter; meist Glas)* • distillate receiver; receiving flask; still receiver
Vorlage f <druck> *(Bild zum Scannen, Drucken etc.; z. B. Zeichnung, Foto)* • artwork
Vorlage f <druck> *(Text und/oder Bild)* • copy; original
Vorlage f <masch> *(Wasserabdichtung)* • water seal
Vorlage f <prod> *(ein Objekt zum Kopieren, Nachbauen etc.)* • original; master
Vorlage f <rep> *(Muster für Teileanfertigung, z. B. für Ersatzteile)* • pattern
Vorlagedruck m <verf> • back pressure
Vorlagenabdeckung f <druck> • platen cover *form*; lid *pract.coll*
Vorlagenablage f <edv> • document storage
Vorlagenauswurf m <druck> • document exit
Vorlagenbild n <druck> • input image
Vorlagendichte f <druck> • input density
Vorlageneinzug m <druck> • document feeder *form*; feeder *pract.coll*
Vorlageneinzug m <edv> • document feed
Vorlagenformat n <phot> • original format
Vorlagenführung f <edv> • feed guide
Vorlagenglas n <druck> • original platen
Vorlagengröße f <edv> • document size
Vorlagenhalter m <druck> • copy-holder
Vorlagenstärke f <edv> • document thickness
Vorlagestück n <prod> • block
Vorlandbrücke f <bau> • approach viaduct
Vorlast f <qualit.mat> *(Rockwell-Härteprüfung)* • minor load; initial load
Vorlast f <qualit.mat> *(Rockwell-Härteprüfung)* • preload
Vorlast f <qualit.mat> • initial load; pre-load; minor load *rar*
Vorlastigkeit f <nav> • trim by the head
Vorlauf m • forward travel
Vorlauf m <tech.allg> • forward motion
Vorlauf m <tech.allg> • forward run
Vorlauf m <tech.allg> *(Vorwärtsbewegung)* • advance; forward motion
Vorlauf m <av> *(Band; ohne Bild, Ton)* • fast forward (FF); fast-forwarding; fast wind forward
Vorlauf m <chem> • first runnings

Vorlauf *m* <hlk> • water supply
Vorlauf *m prakt* <hlk> *(von Wärmequelle zum Heizkörper)* • advance [piping]; hot leg *pract*
Vorlauf *m* <kfz> *(Lenkgeometrie)* • negative caster
Vorlauf *m* <masch> • forward stroke
Vorlauf *m* <nahr> *(ohne Druck)* • free-run juice
Vorlauf *m* <nahr> *(leichter Kelterdruck)* • first pressings *pl*; light pressings *pl*
Vorlauf *m* <prod> • forerunnings
Vorlauf *m* <prod> • foreruns
Vorlauf *m* <prod> • foreshots
Vorlauf *m prakt* <prod> *(z. B. Phase in Projektplanung)* • lead time
Vorlauf *m* <tele> • prelaunching
Vorlauf *m* <verbr> *(Kessel)* • flow
Vorlauf *m* <wz.masch> • approach
Vorlaufachse *f* <nfz> • pusher axle
Vorlaufband *n* <av> • leader
Vorlaufband *n* <av> • leader strip
Vorlaufband *n* <av> • tape leader
vorlaufen *v* <wz.masch> • approach *v*
vorlaufen *vt* <tech.allg> • advance *vt*
Vorlauffaser *f* <lwl> • launching fiber
Vorlaufimpuls *m* <msr> • incident pulse
Vorlaufimpuls *m* <msr> • transmitted pulse
Vorlaufleitung *f* <hlk> *(von Wärmequelle zum Heizkörper)* • advance [piping]; hot leg *pract*
Vorlaufprogrammlader *m* <edv> • bootstrap loader
Vorlaufrad *n* <bahn> *(Lok; im Ggs. zu Nachläufer)* • pilot wheel
Vorlaufrad *n* <förd> *(in Kreiselpumpe; axiales Laufrad vor der ersten Stufe)* • inducer
Vorlaufscheibe *f* <masch> • forward-driving pulley
Vorlaufstrecke *f* <förd> *(z. B. Stetigförderer, Rohrleitung)* • starting length
Vorlauftaste *f* <av> • fast forward button; FF button
Vorlauftemperatur *f* <hlk> *(Heizung)* • inlet temperature; supply water temperature
Vorlaufwerk *n* <masch> *(betont: zur Verzögerung eines Vorgangs)* • delay mechanism
Vorlaufwerk *n* <masch> *(z. B. für Selbstauslöser)* • self-timer
Vorlaufzeit *f* <prod> *(z. B. Phase in Projektplanung)* • lead time
Vorlegeband *n* <bau> *(Verglasen mit Dichtstoffen)* • glazing tape
vorlegen *vt* <tech.allg> • present *vt*; produce *vt*; submit *vt*; exhibit *vt*
Vorleger *m DIN ISO 2424* <bau.innen> *(Teppich)* • rug *ISO 2424*
Vorleger *m* <innen> • rug
Vorlegierung *f* <mat> • master alloy
Vorlegierung *f* <metall> • hardening alloy
Vorleitrad *n* <turb> • inlet guide vanes
Vorliek *n* <nav> • luff
Vorlochen *n* <prod> • piercing
vorlochen *vt* <prod> • prepunch *vt*; pierce *vt*
Vorlochstempel *m* <wz> • piercing punch
Vormagnetisieren *n DIN 45510* <av> • biasing
vormagnetisierte Reglerdrossel *f* <el> • transductor; magnetic amplifier
Vormagnetisierung *f* <el> *(Vorgang und Ergebnis)* • bias magnetization
Vormagnetisierungsinduktion *f* <el> • polarized induction
Vormagnetisierungsstrom *m* <av> • bias current
Vormagnetisierungswicklung *f* • bias winding
Vormagnetisierungsfrequenz *f* <av> • bias frequency
Vormahlen *n* <verf> • primary grinding

Vormaischapparat *m* <nahr> • premasher
Vormaß *n* <prod> • original blank diameter
Vormaß *n* <prod> • thread-rolling diameter
vormastizieren *v* <verf> • premasticate *v*
Vormaterial *n* <mat> • raw material
Vormauerziegel *m* <bau.mat> • facing brick
Vormauerziegel *m* <bau.mat> • fair-faced brick
vormelden *vt* <bahn> • announce *vt*
vormelden *vt* <tele> • warn *vt*
Vormeldestromkreis *m* <tele> • warning circuit
Vormeldung *f* <bahn> • train announcement
Vormeldung *f* <tele.bahn> • warning
Vormetall *n* <prod> • blown metal
vormischen *v* <verf> • preblend *v*
vormischen *v* <verf> • premix *v*
vormischen *vt* <nahr> *(Speiseeismix)* • premix *vt*; preblend *vt*
vormischender Brenner *m* <prod> *(z. B. für Flammpolieren)* • premixing torch
Vormischer *m* <nahr.prod> *(Speiseeis)* • premixer; mixing vat; blending tank; batching tank
Vormischer *m* <prod.nahr> *(für Speiseeis)* • preaerator; pre-freezer aerator; aerator; air aerator *rare*
Vormischsilo *n/m* <bau> • prebatching bin
Vormischung *f rar* <nahr.prod> *(Speiseeis)* • premix
Vormix *m* <nahr.prod> *(Speiseeis)* • premix
Vormontage *f* <prod> • preassembly
Vormontagehalle *f* <bau> *(allg.)* • preassembly shed
Vormontagehalle *f* <prod> *(zum Errichten)* • preerection shed
vormontieren *vt* <prod> *(zusammenbauen)* • preassemble *vt*
vormontiert <tech.allg> *(Bauteil, Komponente; z. B. el. Schaltung, Betonverschalung)* • pre-assembled
vorn <nav> • forward; fore
VOR-Navigation *f* <navig> • VOR navigation
VOR-Navigationssystem *n* (VOR) <navig> • VOR navigation system (VOR)
vorne <theat> *(auf der Bühne)* • downstage (D)
vorne angeschlagene Tür *f* <kfz> • front-hinged door
vornehm <nahr> *(Wein)* • distinguished; elegant
Vornschneider *m DIN ISO 5742* <wz> *(allgemein)* • end cutting pliers *ISO 5742*; end cutter; end nipper pliers *US*; end-cut nippers *US*; end cutting nippers *GB*
Vornschneider mit aufgelegtem Gewerbe *m norm* <wz> • high leverage end cutting pliers; heavy duty end cutting pliers
vornübergebeugte Fahrhaltung *f* <kfz> • crouch riding position
Vornutzung *f* <holz> • intermediate felling
Voröffner *m* <textil> • preliminary opener
vor Ort <allg> • on location
vor Ort <edv> • in the field
Vor-Ort-Analyse *f* • on-site analysis
Vorortantrieb *m* <petr> • downhole motor; mud motor; drilling motor
Vor-Ort-Aufschrieb *m* <msr> • local printout
Vorortbahnhof *m* <bahn> • suburban station
Vor-Ort-Druck *m norm* <edv> • on-demand printing *stand*; on-site printing; in-store printing *supermarkets*
Vor-Ort-Drucker *m* <edv> • on-demand printer; demand printer
Vor-Ort-Druckgerät *n* <edv> • on-demand printer; demand printer
Vororteinstellung *f* <msr> • local setting
vor Ort entfernbar <tech.allg> *(z. B. zum Austausch)* • field-removable
Vorort-Gerät *n* <msr> • remote fault recorder; remote unit
vor Ort geschweißt • site-welded

vor Ort nachrüstbar <druck> • field upgradable
Vorortsgespräch n <tele> • suburban call
vor OT <kfz.mot> • BTDC
Voroxygenierung f <med.tech> • pre oxygenation
Vorpackung f <nukl> • pre-packing
vorpfänden v <min> • forestop v
Vorpfändkappe f <bau> • cantilevered bar
Vorpfeilung f <aerospace> • negative sweep
Vorpiek f <nav> • forepeak
Vorplanieren n <kfz.rep> • bumping out; roughing out
vorplastifizieren vt <kst> • preplasticise vt
vorplastizieren v <kst> • preplasticize v
Vorpolieren n <obfl> • prepolishing
Vorpolymer[es] n <kst> • prepolymer
Vorpresse f <pap> • baby press; pony press
Vorpressling m <prod> • preform
Vorpresswalze f <druck> • marking roll
Vorpresswalze f <pap> • baby-press roll
Vorpresswalze f <pap> • pony roll
Vorpresswalze f <verf> • precompacting roller
Vorprodukt n <allg> • fabricated product
Vorprodukt n <mat> • starting material
Vorprodukt n <mat> • precursor
Vorprodukt n <prod> • initial product
Vorprodukt n <prod> • intermediate product
Vorprodukt n <prod> • primary product
Vorprogramm n <edv> • preprogram
vorprogrammierbare Sendungen/Zeitraum fpl <av> (Videorecorder) • number of programmed events; x events/month timer programming; number of events/days in advance; events per month
vorprogrammieren vt <edv> • program in advance vt
vorprogrammiert <edv> • preprogrammed
vorprogrammierter Synthesizer m <edv.av> • preset synthesizer; pre-programmed synthesizer
vorprogrammierter Titel m <av> • instant title JVC; programmed title
vorprogrammierte Timbres npl <edv.av> • sound patches; preset banks; factory presets; patches; sound presets
Vorprozessor m <edv> • preprocessor
Vorpumpe f <förd> (betont: als Hilfe, Unterstützung) • auxiliary pump
Vorpumpe f <förd> (als Zusatz, Reserve) • backing pump
Vorpumpe f <förd> (betont: zeitlich od. räumlich vor der Hauptpumpe) • forepump
Vorpumpe f <förd> • booster pump
Vorräte mpl <tech.allg> (Bilanz) • stocks GB; inventory US; inventories
Vorräumwerkzeug n <wz> • roughing broach
Vorrakel f <textil> • presqueegee
Vorrangdatenbestätigung f <edv> • interrupt confirmation
Vorrangdatenpaket n <edv> • interrupt packet
Vorranggespräch n <tele> • priority call
Vorrangsteuerung f <edv> • priority control
Vorrangstraße f A <verk> • priority road US; major road GB
Vorrangstufe f <edv> • precedence rating
Vorrangunterbrechung f <edv> • priority interrupt
Vorrangunterbrechung f <edv> • priority interruption
Vorrangverarbeitung f <edv> • priority processing
Vorrat m <agri> (Forstwirtschaft) • volume of standing timber; standing volume; growing stock
Vorrat m <logist> (z. B. von Nahrungsmitteln) • provision
Vorrat m <logist> • stock
Vorrat m <logist> • store
Vorrat anlegen v <logist> • stockpile v
Vorratsbecher m <obfl.wz> (Spritzpistole) • paint pot pract; paint cup; paint container

Vorratsbehälter m <tech.allg> (allg., jede Art) • reservoir
Vorratsbehälter m <kfz> (allg.; z. B. für Scheibenwaschanlage) • reservoir
Vorratsbehälter m <logist> • hopper
Vorratsbehälter m <logist> • magazine
Vorratsbehälter m <logist> • storage bin
Vorratsbehälter m <logist> • storage reservoir
Vorratsbehälter m <logist> • storage tank
Vorratsbehälter m <logist> • storage tank; storage vat; storage vessel
Vorratsbehälter m <nfz> (Startpilot) • reservoir
Vorratsbehälter m <nfz.brems> (Druckluftbehälter) • reservoir; air reservoir; air tank
Vorratsbildung f <logist> • in-process work storage
Vorratsbildung f <logist> • storage
Vorratsbunker m <logist> • stock bin
Vorratsbunker m <logist> • storage bin
Vorratshalde f <logist> • stockpile
Vorratshaltung f <logist> • stockpiling
Vorratskathode f • dispenser cathode
Vorratskathode f • impregnated cathode
Vorratslenkung f <logist> • inventory control
Vorratslösung f <phot> (wird vor Gebrauch mit Wasser verdünnt) • stock solution
Vorratsraum m <logist> • store room
Vorratsschiff n <nav> • depot ship
Vorratsschiff n <nav> • supply ship
Vorratssilo n <logist> • storage bin
Vorratsspule f <tech.allg> (z. B. für Draht, Feinblech, Papier) • supply spool; take-off reel
Vorratstank m <logist> • storage tank
Vorratstrichter m <logist> • storage hopper
Vorratstrommel f <el> (für Drähte) • delivery spool
Vorraum m <tech.allg> • antechamber
Vorraum m <bau.bahn> • vestibule
Vorraum m rar <masch> • prechamber; antechamber rare; pre-chamber rare
Vorregelung f <el> • input control
Vorreibahle f <wz> • roughing reamer
Vorreibahle f <wz> • semifinishing reamer
Vorreiber m <bau> (Fensterverschluss) • casement fastener; catcher
vorreinigen v (Abwasser) • preclarify v
vorreinigen v <verf> (z. B. Abwasser) • pretreat v
vorreinigen vt <obfl> • preclean vt
Vorreinigung f <verf.hydr> • preliminary screening
Vorreißer m <textil> • licker-in
Vorrichtung f <jur> • apparatus
Vorrichtung f <min> • development
Vorrichtung f <min> • opening up
Vorrichtung f <prod> • device
Vorrichtungen fpl <prod> • jigs and fixtures
Vorrichtungsaufnahme f <prod> • fixture seating
Vorrichtungsgrundkörper m <prod> • fixture body
Vorrichtungsgrundplatte f <prod> • fixture base plate
vorrichtungslos <prod> • jigless
Vorrichtungsstrecke f <min> • development road
Vorrichtung zum Trockentraining f Browning <mil> • dry-firing mechanism; dry fire mechanism
Vorröhrenmodulation f <tele> • series modulation
Vorrösten n <verf> • preroasting
Vorrohr n <kfz> (Abgasanlage) • headpipe; front pipe; down pipe; header pipe; header pract
Vorrolle f <förd> • ingot conveying roll
Vorrücken n <tech.allg> • advance
vorrücken v • proceed v
vorrücken vt <tech.allg> • advance vt
vorrückende Spur f (Magnettrommel) • precessing track
Vor-Rück-Verhältnis n <tele> • front-to-back ratio

Vor-Rückwärts-Zähler *m* <msr> • bidirectional counter
Vor-Rückwärts-Zähler *m* <msr> • two-way counter
vorsättigen *v* <verf> • presaturate *v*
Vorsättigung *f* <verf> • presaturation
Vorsäule *f* <chem> *(Chromatographie)* • precolumn
Vorsatz ansetzen *v* <druck> • apply the fly-leaf *v*
Vorsatzbeton *m* <bau> • ornamental concrete
Vorsatzbeton *m* <bau.mat> • decorative concrete
Vorsatzbeton *m* <bau.mat> • face concrete
Vorsatzbeton *m* <bau.mat> • facing concrete
Vorsatzfenster *n* <bau> • storm sash; storm window
Vorsatzgerät *n* • attachment
Vorsatzgerät *n* <wz> • attachment
Vorsatzklebemaschine *f* <druck> • end-papering machine
Vorsatzkreissäge *f* <wz.masch> • circular saw attachment
Vorsatzläufer *m* <förd> *(in Kreiselpumpe; axiales Laufrad vor der ersten Stufe)* • inducer
Vorsatzlaufrad *n* <förd> *(in Kreiselpumpe; axiales Laufrad vor der ersten Stufe)* • inducer
Vorsatzlinse *f* <opt> *(vorne an Kameraobjektiv; z. B. für Tele-, Weitwinkel-, Makrofunktion)* • converter
Vorsatzlinse *f* <phot> *(für Nahaufnahmen)* • close-up lens
Vorsatzpanel *n* :V <bau> • insulating panel; storm panel
Vorsatzscheibe *f* <bau> • removable glazing panel
Vorsatzsprosse *f* <bau> *(Fenster)* • applied muntin
Vorsatzteiler *m* <el> • divider probe
Vorschacht *m* <min> • pilot shaft
Vorschäler *m* <agri> • jointer
Vorschäler *m* <agri> • skim coulter
Vorschäler *m* <agri> • skimmer
vorschäumen *v* <kst> • prefoam *v*
vorschäumen *vt* <verf> *(als Vorstufe)* • prefoam *vt*
Vorschalldämpfer *m* <kfz> *(allg.)* • front muffler *US*; pre-muffler *US*; front silencer *GB*; pre-silencer *GB*
Vorschalldämpfer *m* <kfz.emiss> *(Resonator)* • resonator
Vorschaltdrossel *f* <el> • series reactor
vorschalten *v* • connect in series *v*
vorschalten *v* <el> *(z. B. Widerstand)* • connect ahead *v*
vorschalten *v* <el> • place ahead *v*
Vorschaltgerät *n* <kfz.el> *(von Entladungslampen)* • ballast
Vorschaltgerät *n* <licht> • ballast
Vorschaltgetriebe *n* <kfz> • primary transmission
Vorschaltgruppe *f* <nfz> *(Schaltgetriebe)* • splitter group; splitter drive
Vorschaltlampe *f* <licht> • ballast lamp
Vorschaltrad *n* <masch> • additional turbine wheel
Vorschalttransformator *m* <el> • series transformer
Vorschaltturbine *f* DIN 4303 <turb> • auxiliary turbine; topping turbine
Vorschaltturbine *f* <turb> • superposed turbine
Vorschaltturbine *f* <turb> • top turbine
Vorschaltwiderstand *m* • series resistor
Vorschaltwiderstand *m* <el> • compensating resistor
Vorschaltwiderstand *m* <el> • voltage-dropping resistor
Vorschaltwiderstand *m* <kfz.el> *(Spulenzündung)* • ballast resistor; ignition coil resistor *Beru*
Vorschau *f* <edv> • preview
Vorschau *f* <kino> • preview
Vorschaufenster *n* <edv> • preview window
vorscheiden *v* *(Zuckerindustrie)* • predefecate *v*; prelime *v*
vorschieben *v* <tech.allg> • feed forward *v*
vorschieben *v* <masch> • push forward *v*
vorschieben *v* <prod> • feed *v*
vorschieben *vt* <tech.allg> • advance *vt*
Vorschiff *n* <nav> • fore ship
Vorschläger *m* <textil> *(Baumwolle)* • preliminary opener

Vorschlaghammer *m* DIN 1042 <wz> • sledgehammer *US.GB*; sledge *pract*; straight pane hammer DIN 1042
vorschleifen *vt* <led> • prebuff *vt*
Vorschleuse *f* <hydr> • forebay
vorschlichten *v* <prod> • preplanish *v*
Vorschlichtkaliber *n* <metall> *(Walzwerk)* • first finishing pass
Vorschlichtkaliber *n* <prod> • leader
Vorschlichtwalze *f* <metall> • first finishing roll
Vorschliff *m* <obfl.holz> • rough grind; pre-grind
Vorschliff *m* <prod> • rough grinding
Vorschmelzeisen *n* <metall> • first-smelting pig iron
Vorschmelzeisen *n* <metall> • premelted pig iron
vorschmelzen *v* <silik> • premelt *v*
vorschmelzen *v* <verf> • prefuse *v*
Vorschmiedegesenk *n* <prod> • blanker
Vorschmiedegesenk *n* <prod> • blocker
Vorschmiedegesenk *n* <prod> • blocking die
Vorschmiedegesenk *n* <prod> • rougher
vorschmieden *v* <prod> • beck *v*
vorschmieden *v* <prod> • rough *v*
vorschmieden *vt* <prod> • block *vt*
vorschmieren *v* <tribo> • prelubricate *v*
Vorschmierer *m* :V <kfz> • prelubricator; preluber; pre-oiler *pract.coll*
Vorschmiersystem *n* :V <kfz> • prelubricator; preluber; pre-oiler *pract.coll*
vorschneiden *v* <prod> • precut *v*
vorschneiden *v* <prod> • rough-cut *v*
vorschneiden *v* <prod> • rough out *v*
Vorschneider *m* <prod> • coulter
Vorschneider *m* <prod> • cut nippers
Vorschneider *m* <wz> • entering tap
Vorschneider *m* <wz> • first tap
Vorschneider *m* <wz> • rough-cutter
Vorschneider *m* <wz> • taper tap *US/GB*; first tap *GB*; full form roughing tap; taper-chamfer tap; starting tap
Vorschneidezahn *m* <wz> • bevelled roughing tooth
Vorschneidezahn *m* <wz> *(z. B. Räumnadel)* • leader tooth
Vorschneidezahn *m* <wz> *(z. B. Räumnadel)* • leading tooth
Vorschneidezahn *m* <wz> • precutter tooth
vorschrämen *v* <min> • precut *v*
vorschreiben *vt* <jur> *(verfügen)* • prescribe *vt*
Vorschrift *f* <doku> • provision; regulation; rule
Vorschriften *fpl* <kfz.jur> • regulations; controls *pl*
Vorschub *m* <edv> *(Überspringen)* • skip; skipping
Vorschub *m* <edv> *(Material im Drucker)* • feed
Vorschub *m* <füg> *(beim Spleißen)* • feed
Vorschub *m* <wz.masch> *(Weg des Drehmeißels; in mm pro Werkstückumdrehung)* • feed; rate of feed *rare*
Vorschubabschaltung *f* <wz.masch> • feed cut-off
Vorschubantrieb *m* <prod> • feed drive
Vorschubauslösung *f* <wz.masch> • feed trip
Vorschubausrückung *f* <wz.masch> • feed disengagement
Vorschubbagger *m* <bau.mat> • powered feed excavator
Vorschubbeeinflussung *f* <prod> • feed rate override
Vorschubbereich *m* <prod> • feed range
Vorschubbewegung *f* <prod> *(nicht verwechseln mit Zustellbewegung)* • feed motion; advance motion; advance *pract*; feed *pract*
Vorschubeinrichtung *f* <edv> • tape feed mechanism
Vorschubeinrichtung *f* <edv> • tape transport
Vorschubeinrichtung *f* <wz.masch> • feeding device
Vorschubeinrichtung *f* <wz.masch> • feeding mechanism
Vorschubeinrückhebel *m* <wz.masch> • feed engaging lever
Vorschubeinstellung *f* <wz.masch> • feed control

Vorschubfunktion f DIN ISO 2806 <prod.autom> (Steuerung: NC, CNC) • feed function ISO 2806

Vorschubgeschwindigkeit f <edv> • skipping speed

Vorschubgeschwindigkeit f <wz.masch> • feed rate

Vorschubgetriebe n <wz.masch> • feeding gear

Vorschubgetriebe n <wz.masch> • feeding mechanism

Vorschubgetriebe n <wz.masch> • feeding train

Vorschubgetriebekasten m <wz.masch> • feed gearbox

Vorschubgetriebemotor m <wz.masch> • feed motor

Vorschubgrenzwert m <tech.allg> • feed limit

Vorschubgrößeneinstellung f <wz.masch> • rate-of-feed setting

Vorschubhärten n <metall> • progressive quenching

Vorschubhebel m <msr> • feed control lever

Vorschubhebel m <wz.masch> • feed lever

Vorschubklinke f <masch> • feed pawl

Vorschubkraft f <fz> • longitudinal force

Vorschubkraft f <fz> (Flugzeug, Schiff) • thrust force

Vorschubkraft f <prod> • drilling pressure

Vorschubkraft f <prod> • radial force

Vorschubkraft f <wz.masch> • feed force

Vorschubkupplung f <masch> • feed clutch

Vorschubkurve f <wz.masch> • feed cam

Vorschubloch n <edv> • feed hole

Vorschubloch n <prod> (z. B. Schnittwerkzeug) • center hole

Vorschubmarke f <prod> • feed line

Vorschubmarke f <prod> • feed mark

Vorschubmechanismus m <wz.masch> • advance mechanism

Vorschubnocken m <wz.masch> • feed cam

Vorschubpatrone f <prod> • feeding collet

Vorschubpresse f <bau> (Tunnelbau) • jack

Vorschubriefen fpl <prod> • feed marks

Vorschubrost m <ents> • moving grate [stoker]; pusher-type grate

Vorschubschalter m <wz.masch> • feed switch

Vorschubschaltgetriebe n <wz.masch> • change-feed mechanism

Vorschubscheibe f • regulating wheel

Vorschubscheibe f <wz.masch> • control wheel

Vorschubschieber m <prod> (z. B. Stangenautomat (Drehmaschine)) • bar pusher

Vorschubschlitten m <wz.masch> • feed carriage

Vorschubschlitten m <wz.masch> • feed slide

Vorschubskale f <prod> • feed dial

Vorschubskale f <wz.masch> • feed indicator dial

Vorschubsperre f <wz.masch> • carriage interlock

Vorschubsperrgetriebe n <wz.masch> • feed pawl mechanism

Vorschubspindel f <masch> • feed screw

Vorschubsteuerung f <druck> • printer carriage control

Vorschubsteuerung f <wz.masch> • feed rate control

Vorschubsteuerung f <wz.masch> • forms feed control

Vorschubtiefenbegrenzung f <prod> • drilling-depth limitation

Vorschubumsteuerungshebel m <wz.masch> • feed reverse lever

Vorschubventil n • feed valve

Vorschubwählerknopf m <wz.masch> • feed selector knob

Vorschubwahlschalter m <wz.masch> • feed selector

Vorschubwalze f <büro> • feed roll

Vorschubwelle f <masch> • feed shaft

Vorschubwert m <wz.masch> • feed rate

Vorschubzahnstange f <prod> • feed rack

Vorschubzange f <prod> • feeding finger

Vorschubzange f <wz.masch> (für Stangenmaterial) • feeding collet

Vorschubzylinder m <kst> • feed cylinder

Vorschweißen n <lwl> (beim thermischen Spleißen) • prefusion

vorschweißen vt <lwl> • prefuse

Vorschweißflansch m <füg> • welding-neck flange

vorschwelen v • precarbonize v

vorschwelen v (Gas) • predistill v

Vorselektion f <ents> • pre-selection; pre-sorting

vorsensibilisierte Platte f <druck> (Offsetdruck) • pre-sensitized plate

Vorserie f (VS) <prod> (umfasst Produktionsversuchs- und Nullserien) • pre-production series; preproduction [run] US

Vorsetzmaschine f (Aufbereitung) • primary jig; rougher jig

Vorsicht! <doku> (Signalwort von Sicherheitshinweisen: Verletzungsgefahr) • WARNING

Vorsicht! Lebensgefahr! <tech.allg> (Überschrift in Handbüchern, Anleitungen; Schild) • Danger

Vorsieb n <verf> • preconditioning screen

Vorsieb n <verf> • prescreen

Vorsieb n DIN ISO 9045 <verf> • grizzly ISO 9045; sieve grate; grate; bar screen ISO 9045

vorsieben vt <verf> • prescreen vt

Vorsignal n (Impulstechnik) • first marking signal

Vorsignal n (elektr. Zähler) • prebatch signal

Vorsignal n <bahn> • distance signal

Vorsignalabstand m <bahn> • warning distance

vorsintern v <prod> • presinter v

Vorsorgeprinzip n <ökol> • principle of anticipation; precautionary principle; prevention principle

vorsortieren v <ents> • prescreen v

vorsortieren v <ents> • presort v

vorsortieren vt <pap> • preknot vt

vorsortierte Ware f <pap.ents> • pre-sorted waste paper

Vorsortierung f <ents> • pre-selection; pre-sorting

Vorspachteln n <bau.innen> • joint filling; first finish coat; bed coat

Vorspann m <edv> (z. B. von Dateien, E-Mails) • header; prefix; preamble

Vorspannband n <av> • leader tape

vorspannen vt <edv> (Speicherröhre) • prime vt

vorspannen vt <el> (Röhrengitter) • prebias vt

vorspannen vt <el> • bias vt

vorspannen vt <mech> (Feder) • bias vt

vorspannen vt <mech> • prestress vt

vorspannen vt <rls> • cold-set vt; preset vt

vorspannen vt <silik> • toughen vt

Vorspannfeder f <kfz> (Ventil) • bias spring; biasing spring

Vorspannfeder f :V <masch> (in Radialdichtring, Simmerring) • seal energizer

Vorspannkraft f <tech.allg> • prestressing force

Vorspannlok f <bahn> • assisting locomotive

Vorspannlokomotive f <bahn> • assisting locomotive

Vorspannung f <tech.allg> (Vorgang; z. B. von Beton, Glas) • prestressing

Vorspannung f <tech.allg> • tensioning

Vorspannung f <bau> (Messgröße; z. B. in Beton) • prestress

Vorspannung f <el> (Messgröße) • bias voltage; priming potential rare

Vorspannung f <el> (Vorgang) • biasing; priming

Vorspannung f <füg> (Schraubverbindung) • initial load due to tightening; initial stress due to tightening; initial tension pract

Vorspannung f <kfz.mot> • preload

Vorspannung f <masch> (Messgröße; z. B. in Wälzlagern) • preload

Vorspannung f <mech> (Feder) • biasing
Vorspannung f <msr> (mechanisch) • preloading
Vorspannung f <rls> • cold draw; cold pull up; cold pull
Vorspannung aufbringen vi <bau> • prestress vi
Vorspannung ohne Verbund f <bau> (Spannbetonarbeiten) • unbonded prestressing
Vorspannungsabfall m <mat> • loss of prestress
Vorspannungsgrad m <el> (Speicherröhre) • priming speed
Vorspannungsregelung f <el> • bias control
Vorspannungsschaltung f <el> • biasing circuit
Vorspannungsstrom m <el> • bias current
Vorspannungsverlust m <mat> • loss of prestress
Vorspannventil n <rls> • back-pressure valve
Vorspannwert m <rls> • cold pull allowance
vorspeichern vt <tech.allg> • prestore vt
Vorspeicherung f <edv> • prestorage
Vorspinnbecken n <textil> • steeping basin; cooking basin; washing basin; beating basin
Vorspinnmaschine f <textil> • roving frame
Vorspinnmaschine f <textil> • slubbing frame
Vorspinnmaschine f <textil> • speed frame
vorsprengen v (Blattfedern) • preset v
vorspringen v <tech.allg> • project v
vorspringen v <tech.allg> • protrude v
vorspringend <tech.allg> • protruding
vorspringend <tech.allg> • salient
vorspringend <bau> • projecting
vorspringende Kante f <bau> • scarcement
vorspringender Rand m • shoulder
vorspringender Rand m <tech.allg> • ledge
vorspringender Winkel m <math> • salient angle
Vorsprung m <tech.allg> • margin
Vorsprung m <tech.allg> (z. B. Mauervorsprung) • jut
Vorsprung m <bau> • projection
Vorsprungflansch m <rls> • male flange
Vorspülmittel n <obfl> • pre-rinse
Vorspulen n <av> (Band; ohne Bild, Ton) • fast forward (FF); fast-forwarding; fast wind forward
Vorspur f <kfz> • toe-in; gather US.obs
Vorspurwinkel m norm <kfz> • toe-in angle
Vorstadtverkehr m <verk> • suburban traffic
vorstanzen vt <edv> (Etikettenmaterial) • die-cut vt
Vorstapeleinrichtung f <druck> • preloader; pre-loader; pre-loading device
Vorstartprüfung f <aerospace> • prefiring monitoring
Vorstartprüfung f <aerospace> • preflight check
Vorstartprüfung f <aerospace> • preflight check-out
Vorstartprüfung f <aerospace> (z. B. Rakete) • pre-launch check
Vorstartprüfung f <aerospace> • prelaunch check-out
Vorstauchen n <prod> • cone upsetting
Vorstauchen n <prod> (z. B. Bolzenfertigung) • preforming
Vorstauchen n <prod> (z. B. Schraubenfertigung) • pre-heading
Vorstauchen n <prod> • rough upsetting
Vorstauchform f <prod> • preform
Vorstauchstempel m <prod> • cone punch
Vorstauchstempel m <prod> • coning punch
Vorstauchstempel m <wz> • first upsetter
Vorstauchstufe f <prod> • first blow
Vorsteckbolzen m <füg> • cotter bolt
Vorsteckspannungsteiler m <el> • plug-in voltage divider
Vorsteckstift m <masch> • detent pin
Vorsteckstift m <masch> • stop pin
Vorsteckteiler m <el> • multiplier
Vorstecktransformator m <el> • adapter transformer

vorstehendes Faserende n <textil> (z. B. von Seide) • protruding fiber-end US
Vorstellplatte f (Rostfeuerung) • coking plate; dead plate
Vorstellung f <theat> • performance
Vorsteuerdruck m (Hydraulik, Pneumatik) • pilot pressure
Vorsteuerpumpe f <hydr> • hydraulic governor
Vorsteuerschieber m <rls> • pilot gate valve
Vorsteuerspannung f <el> (Bias) • bias voltage
Vorsteuersystem n <msr> (Hydraulik, Pneumatik; z. B. für Ventile) • pilot system
Vorsteuerventil n <rls> (zum Ansteuern eines anderen Ventils) • pilot valve; relay valve
Vorsteven m <nav> • stempost; stem
Vorstich m <metall> • breaking-down pass
Vorstich m <metall> • roughing pass
Vorstopfbuchse f <förd> • auxiliary stuffing box
Vorstopfen m <petr> • bottom plug
Vorstoß m <chem> (Destillation) • condenser adapter; delivery tube; receiver tube
Vorstoß m <metall> • buffer arm; stopping arm
vorstoßen vi/vt <bau> (z. B. Baggerlöffel) • drive forward vi/vt
Vorstraße f <metall> • breaking-down train
Vorstraße f <metall> • roughing train
Vorstrecke f <metall> • preparatory drawing frame
Vorstrecken n <metall> • pony roughing
Vorstrecken n <metall> • roll cogging
Vorstrecken n <prod> • blooming
Vorstrecken n <prod> • preparating drawing
Vorstrecken n <prod> • prestretch
Vorstrecken n <prod> • roughing
Vorstreckgerüst n <metall> • pony rougher
Vorstreckgerüst n <metall> • pony roughing roll stand
Vorstreckkaliber n <metall> • blooming pass
Vorstreckkaliber n <metall> • roughing pass
Vorstreckwalze f <metall> • cogging roll
Vorstreckwalze f <metall> • roughing roll
Vorstreckwalzwerk n <metall> • pony roughing mill
Vorströmen n • preflow
Vorstufe f <druck> • prepress; pre-press
Vorstufe f <hlk> • preselector stage
Vorstufe f <prod> • preceding stage
Vorstufenmodulation f <av> • low-level modulation
Vorstufenmodulation f <av> • low-power modulation
Vorstufentransistor m <el> • predriver transistor
VOR-System n <navig> • VOR navigation system (VOR)
vorteilhaft <allg> (z. B. in Patentschriften) • advantageous
vorteilhafte Ausführung der Erfindung f <jur> (in Patenten) • advantageous embodiment of the invention; preferred embodiment of the invention
vorteilhafte Ausführungsform f <jur> (Patent) • preferred embodiment
vorteilhafte Ausgestaltung f <jur> (Patent) • preferred embodiment
Vortexpumpe f rar <förd> (Laufrad seitlich im Gehäuse angeordnet) • torque-flow pump; free-flow pump; vortex pump; freeway pump; freestream pump
Vortexthermometer n <msr> • vortex thermometer
Vortrabanten mpl <av> • pre-equalize pulses
Vortrag auf einer Tagung m <doku> • conference paper; paper presented at a conference
vortragen vt <ökon> (z. B. Verlust in der Bilanz) • carry forward vt; bring forward vt; carry over vt
vortreiben v <min> (Stollen, Tunnel) • drive v
vortreiben v <min> (Stollen, Tunnel) • drift v
vortreiben v <min.bau> (Tunnel) • tunnel v
Vortrieb m <aerospace> • forward thrust
Vortrieb m <aerospace> • thrust
Vortrieb m <fz> • propulsion

Vortrieb *m* <fz> • propulsion
Vortrieb *m* <min> *(Stollen, Tunnel)* • drift
Vortrieb *m* <min> *(Stollen, Tunnel)* • drift advance
Vortrieb *m* <min> *(Stollen, Tunnel)* • driving
Vortrieb *m* <nav> • force of propulsion; driving force *US*
Vortriebsgeschwindigkeit *f* <fz> • propulsion velocity
Vortriebsgeschwindigkeit *f* <min> • drift advance
Vortriebsgeschwindigkeit *f* <min> *(Stollenbau, Tunnelbau)* • drift advance rate
Vortriebsgeschwindigkeit *f* <nav> • speed of advance
Vortriebskraft *f* <aerospace> *(von Triebwerken)* • thrust
Vortriebskraft *f* <fz> • propelling power
Vortriebskraft *f* <fz> • propulsion
Vortriebskraft *f* <fz> *(Fahrzeug gesamt)* • propulsive power; propulsive force
Vortriebskraft *f* <kfz> *(von Reifen, Ketten)* • tractive force
Vortriebsleistung *f* <fz> *(Fahrzeug gesamt)* • propulsive power; propulsive force
Vortriebsmaschine *f* <min> • header
Vortriebsmittelpunkt *m* <aerospace> *(Schwerpunkt der Vortriebskräfte)* • center of thrust
Vortriebsort *n* <min> • driftage
Vortriebsrohr *n* <bau.rls> • jacking pipe
Vortriebsschraube *f* <fz> • propeller
Vortriebsstabilität *f* <kfz> *(Fahrstabilität)* • directional control; directional stability *ppwiss-mdl*
Vortriebsverteilung *f prakt* <kfz.antr> *(bei Allradantrieb)* • power distribution; drive torque distribution *form*; torque distribution; torque split *pract*; power split *coll*
Vortriebswirkungsgrad *m* <mech> • propulsive efficiency
Vortrockner *m* <verf> • predrier
Vortrockner *m* <verf> • preheating drier
Vortrocknung *f* <kst> *(des Granulats)* • predrying; predrying
Vortrockungsprozess *m* <tech.allg> *(z. B. von Lack)* • predrying process
Vorturbine *f* <turb> • auxiliary turbine
vorübergehend <allg> • temporary
vorübergehend <allg> *(temporär)* • transient
vorübergehend <tech.allg> • temporary
vorübergehend <phys.el> • transient
vorübergehende Regelabweichung *f* <tech.allg> • transient deviation
vorübergehende Regelabweichung *f* <msr> • dynamic error
vorübergehender Vorgang *m* <tech.allg> • transient
vorübergehender Vorgang *m* <tech.allg> • transient phenomenon
vorübergehender Vorgang *m* <tech.allg> • transition phenomenon
vorübergehendes Asyl *n* <jur> • temporary asylum
vorübergehende Sollwertabweichung *f* <msr> • regulation
Vorüberhitzer *m* <energ> *(Dampferzeuger)* • presuperheater
vorübersetzen *v* <tramsrl> • pretranslate *v*
Vorübersetzer *m* <edv> • precompiler
Vorübertrager *m* <el> • input transformer
Vorumschaltung *f (numerische Steuerung)* • anticipation
Voruntersetzer *m (elektronischer Zähler)* • prescaler
Vorurteil *n AWR* <jur> • prejudice
Vorvakuum *n* <phys> *(Zwischenstadium)* • partial vacuum
Vorvakuum *n* <verf> • forevacuum
Vorvakuum *n* <verf> • initial vacuum
Vorvakuumpumpe *f* • backing pump
Vorvakuumpumpe *f* <masch> • backing vacuum pump
Vorvakuumpumpe *f* <masch> • forepump
vorverarbeiten *v* <edv> • preprocess *v*

vorverarbeiten *vt* <msr> *(Signal)* • condition *vt*; preprocess *vt rare*
Vorverarbeiter *m rar* <edv> • preprocessor
Vorverbrennung *f* <kfz.mot> • pre-combustion
Vorverbrennung *f* <verbr> • precombustion
Vorverdampfer *m* <rls> • pre-evaporator
vorverdichten *vt* <kfz> • precompress *vt*
vorverdichten *vt* <kfz.mot> • pre-compress *vt*
Vorverdichter *m* <masch> • compressor
Vorverdichtung *f (Bodenmechanik)* • initial compaction
Vorverdichtung *f* <bau> • preconsolidation
Vorverdichtung *f* <kst> • preforming
Vorverdichtung *f* <kst.prod> • tabletting
Vorverdichtung *f* <verf> • precompaction
Vorverdichtungsraum *m* <kfz.mot> • pre-compression chamber; pumping chamber
Vorverdichtungsverhältnis *n* <kfz.mot> • primary compression ratio; crankcase precompression ratio
vorverdrahtet <el> • pre-wired
vorverformen *v* <prod> • prebend *v*
vorverformen *vt* <metall> *(mit Dehnspannung belasten)* • prestrain *vt*
vorverlegen *vt* <kfz.el> *(Zündzeitpunkt)* • advance *vt*
vorversiegeltes Material *n* <metall> *(z. B. grundierte Bleche für Karosserien)* • presealed material
vorverstärken *v* <el> • preamplify *v*
Vorverstärker *m* <av> • input amplifier
Vorverstärker *m* <edv.av> • preamplifier; preamp *jarg*
Vorverstärker *m* <el> • preamplifier
Vorverstärker *m* <tele> • low-level amplifier
Vorverstärkung *f* <el> • preamplification
Vorversuch *m* <tech.allg> • pretest
Vorversuch *m* <qualit> • preliminary test
Vorverzerrung *f* <av> • preemphase
Vorverzerrung *f* <av> • pre-emphasis; pre-equalization
Vorverzerrung *f* <el> • pre-emphasis
vorverzinnt <obfl> • pretinned
Vorvulkanisation *f* <verf> • prevulcanization
vorwählbare Doppelfunktion *f* <kunst.wz> • pre-adjustable fixed double action
Vorwähleinrichtung *f* <tech.allg> • preselector
vorwählen *v* <kfz> *(Gangschaltung)* • preselect *v*
vorwählen *v* <msr> *(z. B. Steuerprogramm)* • preset *v*
vorwählen *vt* <tech.allg> *(z. B. Prozessgrößen, Sollwerte)* • preset *vt*
vorwählen *vt* <navig> *(z. B. Frequenz)* • preselect *vt*
Vorwähler *m* <el> • preselector
Vorwählersteuerung *f* <msr> • presetting control
Vorwählgetriebe *n* <kfz.antr> • pre-selector transmission; pre-selector gearbox *GB*; pre-selector *GB*
Vorwälzfräser *m* <wz> • roughing hob
Vorwärmdüse *f* <tech.allg> • preheating nozzle
vorwärmen *v* <tech.allg> *(z. B. Wasser, Werkstück, System)* • pre-heat *vt*; warm up *v*
Vorwärmer *m* <verf> • economizer
Vorwärmer *m* <verf> • preheater
Vorwärmgas *n* • preheating gas
Vorwärmkammer *f* <verf> • preheating chamber
Vorwärmkammer *f* <verf> • regenerator chamber
Vorwärmklappe *f* <kfz> • preheating valve
Vorwärmofen *m Agfa* <druck> *(Polymertechnologie)* • preheat oven
Vorwärmung *f* <tech.allg> • preheating
Vorwärmung *f* <tech.allg> • pre-heating; warming up
Vorwärmung *f* <verf> *(durch Wärmerückgewinnung; z. B. aus Abgasen)* • recuperation; regeneration
Vorwärmwalze *f* <kst> • preheater
Vorwärmwalzwerk *n* <metall> • preheating mill
Vorwärmwalzwerk *n* <prod> • warming mill

Vorwärmzeit f <druck> (z. B. Kopiergerät) • warm up time

Vorwärmzone f <tech.allg> (z. B. beim Schweißen, Heißwachsfluten, Trocknen) • preheating zone

Vorwärmzone f <rls> (Dampferzeuger; unterhalb der Siedezone) • non-boiling zone

Vorwärtsabtastung f <edv> • forward scanning; forward reading

Vorwärtsbewegung f <allg> • forward motion

Vorwärts-Bildsuchlauf m <av> • cue

Vorwärtsdruck m <druck> • forward print mode

Vorwärtsdrucken n <druck> • forward print mode

Vorwärtsdruckmode m <druck> • forward print mode

Vorwärts-Durchlassspannung f <el> • forward voltage

Vorwärtserholungszeit f • forward-recovery time

Vorwärtsfahrt f <logist> (RFZ) • forward travel

Vorwärtsfehlerkorrekturbetrieb m <tele> • forward-error-correcting mode

Vorwärtsfließpressen n DIN 8583-6 <prod> • forward extrusion

Vorwärtsgang m <kfz> • forward gear

Vorwärtsgang m <kfz> • forward motion

Vorwärtsgang m <kfz> • forward speed

vorwärtsgekrümmte Schaufel f <masch> (z. B. Kreiselpumpe) • forward-bent vane

vorwärts gerichtete Kinematik f 3D Studio <edv> • forward kinematics

Vorwärtshub m <masch> • forward stroke

Vorwärtsimpedanz f <el> • forward impedance

Vorwärtskanal m <el> • forward channel

Vorwärtskennzeichen n <tele> • forward call indicator

Vorwärts-Kinematik f <edv> • forward kinematics

Vorwärts-Kinematik f <edv> • parenting

Vorwärtskupplung f <kfz.antr> • forward clutch

Vorwärtskupplung f <masch> • forward clutch

Vorwärtslauf m <tech.allg> • forward motion

Vorwärtslauf m <tech.allg> • forward running

Vorwärtsneigung f • forward inclination

Vorwärtsoptimierung f <msr> • feedforward optimizing

Vorwärtsregelung f <msr> • feedforward control

Vorwärtsregler m <msr> • forward-acting controller

Vorwärtsrichtung f <el> (z. B. von Transistoren, Dioden, Sperrschichten) • conducting direction; forward direction; low-resistance direction

vorwärts/rückwärts ugs <tech.allg> (z. B. Druck, Scannen) • bidirectional; boustrophedon

Vorwärts-Rückwärts-Schieberegister n • bidirectional shift register

Vorwärts-Rückwärts-Zähler m <msr> • bidirectional counter

Vorwärts-Rückwärts-Zähler m <msr> • forward-backward counter

Vorwärts-Rückwärts-Zähler m <msr> • reversible counter

Vorwärtsruf m <tele> • ring-forward signal

Vorwärtsscannen n <edv> • forward scanning; forward reading

Vorwärtssignal n <msr> • forward signal

Vorwärtsspannung f <el> • forward voltage; forward bias

Vorwärtsständer m (Dampfmaschine) • forward stroke standard

Vorwärtssteilheit f <el> • forward transconductance

Vorwärtssteilheit f <el> • forward transadmittance

Vorwärtssteuerspannung f <el> • forward gate voltage

Vorwärtsstoßstrom m <el> • surge forward current

Vorwärtsstreuung f <phys> • forward scattering

Vorwärtsstrom m <el> • forward current

Vorwärtsstromverstärkung f <el> • forward current gain

Vorwärtssuchlauf m <av> • cue

Vorwärtssuchlauftaste f <av> • cue button

Vorwärtstransport m <förd> • advance [transport]

vorwärtstreiben v <fz> • propel v

Vorwärtsturbine f <turb> • ahead turbine

Vorwärtsübertragungsfunktion f <msr> • forward transfer function

Vorwärtsverkettung f <edv> • forward chaining

Vorwärtsvollfließpressen n <prod> • forward rod extrusion; rod extrusion

Vorwärtsvorspannung f <el> • forward bias

Vorwärtszähler m <msr> • up-counter

Vorwärtszug m <prod> • forward pass

Vorwärtszweig m <msr> • forward path

Vorwäsche f <textil> • bottoming

Vorwäsche f <verf> • prewashing

Vorwahl f <kfz> • preselection

Vorwahl f <tele> (z. B. 0341 für Leipzig) • area code

Vorwahlblende f <phot> • preset diaphragm

Vorwahl-/Fein-/Normal-Wahltaste f <av> • preset/fine/normal button

Vorwahlnummer f <tele> • prefix

Vorwahlregelung f <msr> • presetting control

Vorwahlrückwärtszähler m <msr> • presettable down-counter

Vorwahlschalter m <el> • preselector control

Vorwahlschalter m <el> • preselector switch

Vorwahlschalter m <kfz> (halbautomatisches Getriebe) • gear selector switch

Vorwahlscheibe f <el> (z. B. Waschmaschine) • preselection dial

Vorwahlstufe f <tech.allg> • preselection stage

Vorwahlzähler m • batching counter

Vorwahlzähler m <msr> • presettable counter

Vorwahlzähler m <tele> • predetermining counter

Vorwalze f <metall> • breaking-bloom roll

Vorwalze f <metall> • breaking-down roll

Vorwalze f <metall> • roughing roll

vorwalzen v • break down v

vorwalzen v <metall> • cog down v

vorwalzen v <prod> • bloom v

vorwalzen v <prod> • rough v

vorwalzen v <prod> • rough down v

Vorwalzgerüst n <metall> • breaking-down stand

Vorwalzgerüst n <metall> • roughing stand

Vorwalzstraße f <metall> • breaking-down train

Vorwalzstraße f <metall> • roughing train

Vorwalzwerk n <metall> • breaking-down mill

Vorwalzwerk n <metall> • roughing mill

Vorwand f <bau> • curtain wall

Vorwarnradar n <aerospace> • early-warning radar

Vorwegänderungen fpl <tech.allg> • premodifications

Vorwegparameter m <msr> • preset parameter

vorweichen v <textil> • presoak v

Vorwerk n <bau> • outbuilding

Vorwickeltrommel f <prod> • feed sprocket

Vorwiderstand m • series resistor

Vorwiderstand m <el> • voltage dropping resistor

Vorwiderstand m <el> (als Bauteil) • additional resistor

Vorwiderstand m <kfz.el> (Spulenzündung) • ballast resistor; ignition coil resistor Beru

Vorwiderstand m <msr> • series resistor

Vorwindfrischer m <metall> • active mixer

Vorwindfrischer m <metall> • primary refining mixer

Vorwindkurs m <nav> • run

Vorzeichen n <math> • sign

Vorzeichen ändern vi <math> • change sign vi

Vorzeichenanzeiger m <edv> • sign indicator

vorzeichenbehaftet <math> • signed

Vorzeichenbit n <edv> • sign bit

Vorzeichendigit n <edv> • sign digit

Vorzeicheninverter m <edv> • inverter
vorzeichenlos <math> • unsigned
vorzeichenlose ganze Zahl f <math> • unsigned integer
vorzeichenlose Zahl f <math> • unsigned number
Vorzeichenprüfanzeige f <edv> • sign check indication
Vorzeichenprüfung f <edv> • sign test
Vorzeichenregel f <math> • rule of signs; law of signs
vorzeichenrichtig <math> • with correct sign[s]
Vorzeichensteuerung f <edv> • sign control
Vorzeichenumkehr f <edv> • sign reversal
Vorzeichenumkehrverstärker m <edv> • sign inverter
Vorzeichenunterdrückung f <edv> • sign suppression
Vorzeichenvereinbarung f <edv> • sign convention
Vorzeichenwechsel m <math> • sign change; sign reversal
Vorzeichenwechseltaste f <edv> • change-sign key
Vorzeichenziffer f <edv> • sign digit
Vorzeichnung f <kunst> (Skizze) • cartoon
Vorzeichnung f <kunst> (von Bildern) • draft; layout; sketch; plan
vorzeitige Alterung f <bio> • premature aging
vorzeitiger Ausfall m <msr> (eines Messgerätes) • premature failure
vorzeitiger Ausfall m <qualit> • premature failure
vorzeitiges Abbinden n <mat> • false set; fake set
vorzeitiges Anschmelzen n <kst> • premature melting
Vorzelt n <kfz> (für Caravan) • awning
Vorzeltleuchte f <kfz> • awning light/lamp
vorzentrieren v <prod> • precenter v
vorzerkleinern v <verf> • precrush v
Vorzerkleinerung f <ents> • pre-shredding
Vorzerleger m <opt> • predisperser
Vorzerlegerprisma n <opt> • foreprism
Vorzerstäuber m <kfz.mot> • inner venturi; atomizer BMW
Vorziehen n <prod> • break-down drawing
Vorziehen n <prod> • predrawing
Vorzimmeranlage f <tele> • executive-secretary system
Vorzug m <tech.allg> (eines Produkts) • feature
Vorzug m <mil> (Abzugsspiel) • first-stage travel [of trigger]; trigger slack; trigger creep; take-up [length]
Vorzug m <prod> • initial draw; initial drawing; first draw[ing]
Vorzugsabmessung f <tech.allg> • preferred dimension
Vorzugsachse f <prod> • preferred axis
vorzugsgerichtet <tech.allg> • with preferred orientation
Vorzugsgewicht n <mil> • first stage trigger weight; take-up weight
Vorzugskraft f <mil> • first stage trigger weight; take-up weight
Vorzugslänge f <tech.allg> • preferred length
Vorzugsmaß n <tech.allg> • preferred dimension
Vorzugsorientierung f <phys.mat> • preferred orientation
Vorzugspassung f <tech.allg> • preferred fit
Vorzugsregulierschraube f <mil> • first-stage adjustment screw
Vorzugsrichtung f • preferred direction
Vorzugsrichtung f <edv> • magnetic preferred direction; preferred direction
Vorzugstoleranzreihe f • recommended series of tolerances
Vorzugsweg m <mil> (Abzugsspiel) • first-stage travel [of trigger]; trigger slack; trigger creep; take-up [length]
Vorzugswert m <tech.allg> • preferred value
Vorzugszahlen fpl • preferred numbers
Vorzugszahlen fpl <tech.allg> • preferred values
Vorzugszahlenreihe f DIN 323 <norm> (z. B. für Maße, Drehzahlen) • preferred number series
Vorzwirn m DIN 60900 <textil> (Stufen-Zwirnverfahren) • initial twist

Votator m <nahr.prod> (Speiseeis) • low-temperature freezer; Votator type freezer
Voute f <bau> • haunch
Voute f <bau> • tapered haunch
Voutenbalken m <bau> • haunched beam
Voutenbeleuchtung f <bau> • cornice lighting
Voutenbeleuchtung f <licht> • cove lighting
Voxel m <edv> (dreidimensionales Pixel) • voxel
Voxel n <edv> • voxel
Voxel n <edv> • voxel; volume element
Voxelelement n <edv> (dreidimensionales Pixel) • voxel
VP <kfz> (nominell; bei Neuwagen: Listenpreis; bei Gebrauchtwagen:Verhandlungsba) • sticker price
VPE-Dielektrikum n <el.kst> (vernetztes PE) • XLPE insulation; crosslinked polyethylene insulation; XLPE dielectric; crosslinked polyethylene dielectric
VPE-Isolierung f <el.kst> (vernetztes PE) • XLPE insulation; crosslinked polyethylene insulation; XLPE dielectric; crosslinked polyethylene dielectric
VPE-Kabeldielektrikum n <el.kst> (vernetztes PE) • XLPE insulation; crosslinked polyethylene insulation; XLPE dielectric; crosslinked polyethylene dielectric
VPI-Stoff m <obfl> (Korrosionsschutz) • vapor-phase inhibitor
vpr n <med> (Gen) • vpr
vpr n <med> (Protein) • vpr; viral protein R
V-Prismenführung f <masch> • V-way
V-Prismenführung f <masch> (z. B. Werkzeugmaschine) • vee way
VPS <av> • Video Program System (VPS); Video Programme System
VPS <av> • Video Program System (VPS); Programme Delivery Control GB; PDC
VPS-Anzeige f <av> • VPS indicator
VPS mit Scanning n <av> • VPS scanning
VPS-Scanning n <av> • VPS scanning
VR <edv> (künstliche Intelligenz: Simulation der Wirklichkeit) • virtual reality (VR); virtuality
VR <edv> • virtual reality (VR)
V-Rad n <masch> • gear with modified teeth
VRAM <edv> • video RAM (VRAM); dual-ported RAM form.
Vreeble n <obfl> (Farbadditiv) • Vreeble
V-Reihenmotor m <mot> • VR engine
VRML <edv> • virtual reality modeling language
VR-Motor m <mot> • VR engine
VS <kfz> • offers
VS <prod> (umfasst Produktionsversuchs- und Nullserien) • pre-production series; preproduction [run] US
V-Sechszylindermotor m <kfz.mot> • V-six cylinder engine (V-6); V-six engine pract; Vee-six coll
V-Serie f <prod> (umfasst Produktionsversuchs- und Nullserien) • pre-production series; preproduction [run] US
VSG-Alarmscheibe f <alarm.mat> • wired glass
VSK <energ.sol> • front contact; top contact rare
VSP-Schaltung f <av> • variable sound processing (VSP)
V-Stellung f <aerospace> (Flügel, Leitwerk) • dihedral
V-Stoß m <füg> (Schweißnaht) • single-V butt joint
V-Stoß m <füg> • vee butt joint
VT <av> • tele text
VTC-Wert m <kfz> (viscous tolerance criterion) • VTC value
VTEC <kfz.mot> • Variable Valve Timing + Lift Electronic Control (VTEC) Honda
VTEC-E-Mechanismus m <kfz.mot> • VTEC-E mechanism
VTG <turb> (z. B. bei Abgasturbolader) • variable turbine geometry (VTG)
VTG-Abgasturbolader m <mot> (Abgasturbolader mit verstellbarem Leitapparat) • VTG charger

VTG-Lader *m* <mot> *(Abgasturbolader mit verstellbarem Leitapparat)* • VTG charger

VTOL-Flugzeug *n* <aerospace> • vertical take-off and landing aircraft

VTOL-Flugzeug *n* <aerospace> • VTOL aircraft

VTR <ents> *(von Altbatterien)* • vacuum thermal recycling

VT-Ring *m* pract <kfz> • lock ring – tubeless; locking ring – tubeless

VTR-Off Eject *n* <av> • VTR-off eject

V-Turbine *f* <turb> • compressor driving turbine

Vulkanfiber *f* <mat> *(zellulosehaltiger Kunststoff)* • vulcanized fiber *US*; vulcanized fibre *GB*; vulcanised fibre *GB*

Vulkanisation *f* <chem> *(Gummi)* • vulcanization *US*; vulcanisation *GB*; curing; cure *pract*

Vulkanisationsbeschleuniger *m* <chem> *(Kautschukverarveitung)* • vulcanization accelerator; cure accelerator; rubber accelerator

Vulkanisationschemikalie *f* <chem> • vulcanizing agent; curing agent

Vulkanisationsgrad *m* <kst> *(Vernetzungsrate, -zustand)* • rate of vulcanization; cure rate; state of cure

Vulkanisationsmittel *n* <chem> • vulcanizing agent; curing agent

Vulkanisationsverzögerer *m* <kst> • antiscorching agent; antiscorcher; retarder

Vulkanisator *m* <kst> *(z. B. Reifenproduktion)* • vulcanizer *US*; vulcaniser *GB*

vulkanisch <geo> • volcanic; vulcanic; igneous

vulkanische Bombe *f* <geo> • bomb

vulkanische Durchschlagsröhre *f* <geo> • pipe

vulkanischer Bogen *m* <geo> • volcanic arc; vulcanic arc; magmatic arc

vulkanische Schlacke *f* <geo> • volcanic cinder

vulkanische Schlacke *f* <geo> • volcanic scoria

vulkanisches Gestein *n* ugs <geo> • extrusive rocks; igneous rocks; volcanic rocks; vulcanic rocks; effusive rocks *rare*

Vulkanisierapparat *m* <kst> • vulcanizer; heater

vulkanisieren *vt* <verf> *(Gummi; z. B. Reifen)* • vulcanize *vt US*; vulcanise *vt GB*; cure *vt*

Vulkanisierform *f* <kst> • vulcanizing mold; curing mold

Vulkanisierkessel *m* <kst> • open-steam vulcanizer; vulcanizing autoclave

Vulkanisierofen *m* <kst> • vulcanizing oven; curing oven

Vulkanisierpresse *f* <kst> • vulcanizing press; curing press; molding press

Vulkanisierpresse *f* <kst> *(z. B. Reifenproduktion)* • vulcanizer *US*; vulcaniser *GB*

Vulkanisierungsmittel *n* <kst> • crosslinking agent

Vulkanisierungspresse *f* <prod> • curing press

Vulkanisierzeit *f* <kst> • vulcanization time

Vulkanismus *m* <geo> • volcanism

Vulkanit *m* wiss <geo> • extrusive rocks; igneous rocks; volcanic rocks; vulcanic rocks; effusive rocks *rare*

Vulkankegel *m* <geo> • volcano cone

Vulkanschlot *m* <geo> • chimney; funnel; main conduit

VVE-Anschluss *m* :V <kfz> *(eines Caravans oder Wohnmobils am Stellplatz)* • full hook up *US*

V-Verzahnung *f* <masch> *(Zahnradgetriebe)* • long-and-short addendum

V-Verzahnungssystem *n* <masch> • extended-centre distance system

V-Vierzylindermotor *m* <kfz.mot> • V-four cylinder engine (V-4); V-four engine *pract*; Vee-four *coll*

VVS <kfz.mot> • variable valve timing [control] (VVT); variable valve system *Porsche*; variable valve control

VV-Vergaser *m* rar <kfz.mot> • variable-venturi carburetor; VV carburetor; CV carburetor; CD carburetor

VXO *m* prakt <el> • voltage-controlled crystal oscillator (VCXO); voltage-controlled x'tal oscillator; VXO *pract*

VZ <kfz.el> • distributorless ignition [system] (DIS); distributorless semiconductor ignition, BSI *Bosch*; direct ignition [system] *GM.Saab*; fully electronic ignition [system] :V; solid-state ignition [system] :V

V-Zehnzylindermotor *m* <kfz.mot> • V-ten cylinder engine (V-10); V-ten engine *pract*; Vee-ten *coll*

V-Zentrum *n* <mat> *(Farbzentrum)* • V-center *US*; V-centre *GB*

V-Zwölfzylindermotor *m* rar <kfz.mot> • V-12 engine (V-12); V-twelve engine *pract*; Vee-twelve *coll*

W

W <chem> • tungsten (W)

W <licht> *(Farbton mit Gelbanteil)* • warm (W)

W <mech> *(axial, polar)* • section modulus (W); stress moment *rare*; resistance moment *rare*

W <phys> *(Größe; SI-Einheit: Joule)* • work (W)

W <phys.el> *(SI-Einheit der Leistung)* • watt (W)

W-12 <kfz.mot> • W-12 engine (W-12); W-twelve engine *pract*

W12-Motor *m* prakt <kfz.mot> • W-12 engine (W-12); W-twelve engine *pract*

W2C <chem> • tungsten carbide (C-2)

WA <ökon> • company employee

Waage *f* <msr> *(allg., zum Wiegen)* • scale; weight scale *form*; balance; scales *pl*

Waage *f* prakt <msr> *(voll- od. teilautomatisch)* • weighing machine

Waagebalken *m* <msr> • balance arm; balance beam

Waagebalkenrelais *n* <el> • balanced beam relay

waagerecht <allg> *(Ausrichtung)* • horizontal

Waagerechtbauart *f* <wz.masch> • horizontal design

Waagerechtbohrmaschine *f* <wz.masch> • horizontal boring machine; horizontal drilling machine; horizontal boring mill *rare*

Waagerecht-Bohr- und Fräswerk *n* <wz.masch> • machining center *US*; machining centre *GB*

Waagerechtbohrwerk *n* <wz.masch> • horizontal boring machine; horizontal drilling machine; horizontal boring mill *rare*

Waagerechte *f* <allg> • horizontal

waagerechte Linie *f* <allg> • horizontal line

waagerechtes Flügelholz *n* <bau> *(Fenster)* • rail; sash rail

waagerechtes Flügelprofil *n* <bau> *(Fenster)* • rail; sash rail

Waagerechtfräsmaschine *f* <wz.masch> • horizontal milling machine

waagerecht geteiltes Kurbelgehäuse *n* <kfz.mot> • horizontally split crankcase

Waagerechtlage *f* <tech.allg> • horizontal position

Waagerechträummaschine *f* <wz.masch> • horizontal broaching machine

Waagerechtschleifmaschine *f* <wz.masch> • horizontal-spindle grinding machine; horizontal-spindle surface-grinding machine

Waagerechtschleuderguss *m* <prod> • horizontal centrifugal casting

Waagerechtschnitt *m* <doku> • sectional plan; plan section

Waagerechtstauchmaschine f <wz.masch> • horizontal upset forging machine; horizontal forging machine; upsetter

Waagerechtstellung f <tech.allg> • horizontal position

Waagerechtstoßen n <prod> • shaping

Waagerechtstoßmaschine f <wz.masch> • shaping machine; horizontal shaper

waagerecht verschiebbarer Bohrständer m <wz.masch> • traveling column US; travelling column GB

waagerecht verschiebbarer Ständer m <wz.masch> • traveling column US; travelling column GB

Waagerechtverschiebung f <masch> • horizontal traverse

Waageschale f rar <msr> • balance pan; scale

Waageschneide f <msr> • balance blade

Waagschale f <msr> • balance pan; scale

WAAS <navig> • Wide Area Augmentation System (WAAS)

WAB <nfz> • swap body; interchangeable body rare

wabenartig <kfz.emiss> (Katalysator) • honeycomb adj

wabenartiges Gitter n <mat> (z. B. Sandwich-Konstruktion) • honeycomb

wabenartig gemustert <obfl> • honeycombed

Wabenbauelement n <tech.allg> • honeycomb structure element; honeycomb element

Wabenbauweise f <tech.allg> (Konstruktionsprinzip, z. B. zum Leichtbau) • cellular construction; honeycomb construction

Wabendecke f <bau.innen> • honeycomb-type ceiling :V

wabenförmig <tech.allg> • honeycomb adj; honeycombed

Wabengrill m <kfz> (Kühlergrill) • eggcrate grille

Wabenkatalysator m <ents> • honeycomb catalyst

Wabenkern m <bau> • honeycomb core

Wabenkörper m <aerospace> • honeycomb

Wabenkörper m <kfz.emiss> (Katalysator) • honeycomb

Wabenkörperkatalysator m <ents> • honeycomb catalyst

Wabenkörper-Verbundplatte f :V <kfz> • honeycomb

Waben-Lautsprecher m <av> • disk diaphragm loudspeaker; honeycomb-type loudspeaker

Wabenmuster n <kunst> • netting cube

Wabenregal n <logist> (für die Lagerung von Langgut, z. B. von Rohren, Stangen) • honeycomb racking; honeycomb rack; pigeon hole racking; pigeon hole rack

Wabenrohrkatalysator m <emiss> (z. B. für SCR-Verfahren) • honeycomb type catalyst

Wabenspule f <el> • honeycomb coil; duolateral coil

Wabenwickel m <kfz.emiss> (Metallmonolith) • honeycomb coil

Wabenwicklung f <el> • honeycomb winding; duolateral winding

Wachempfänger m <tele> • sentinel receiver; watchkeeping receiver

Wachempfang m <tele> • listening watch

Wachfrequenz f <tech> • listening frequency

Wachs n <mat> (z. B. Bienenwachs, Paraffin, als Oberflächenschutz, Gleitmittel) • wax

Wachsabdruck m <prod> (z. B. Feinguss) • wax impression

Wachsamkeitstaste f <bahn> (für Lokomotivführer) • vigilance button

wachsartig <nahr> (Schokoladenüberzug) • waxy

Wachsausschmelzen n <prod> • dewaxing

Wachsausschmelzgießverfahren n <metall> (Feinguss) • lost-wax casting process; cire-perdu process

Wachsausschmelzmodell n <prod> • wax pattern

Wachsausschmelzverfahren n <metall> (Feinguss) • lost-wax casting process; cire-perdu process

Wachsbasis, auf ~ <obfl> • wax-based

Wachsbaumwolldraht m <el.mot> • waxed cotton-covered wire

wachsbeschichtet <obfl> (z. B. Gewebe, Papier) • wax-coated

Wachsbeschichtung f <obfl> • wax coating; wax film

Wachscotton m <bekl> • wax cotton

Wachsdraht m <el.mat> • wax-coated wire; wax-paraffined wire; waxed wire

Wachsen n <obfl> (z. B. von Autolack, Möbeln) • waxing

wachsen vi ugs <allg> (größer werden; z. B. Stadt, Straßennetz, Einzugsgebiet, Markt) • expand vi

wachsen vt <obfl> (z. B. Autolack) • wax vt; polish vt

wachsen vt <sport.obfl> (Ski) • wax vt

Wachsentferner m <obfl.chem> (Mittel) • wax remover

Wachsfaden m <mat> • wax thread; wax string

Wachsfilm m <obfl.holz> • wax coating

Wachsfirnis m <obfl> • wax varnish

Wachsfüllmittel n <obfl.holz> • wax filler

Wachskitt m <obfl.holz> • wax sticks

Wachsleim m <pap.füg> • wax size

Wachslösemittel m <obfl.chem> • wax remover

Wachsmatrize f <prod> • wax matrix

Wachspapier n DIN 55405 <mat.pap> • waxed paper; wax paper

Wachspapier n <pap> (allg.) • wax paper; waxed paper

Wachspapier n <pap.kunst> (betont: als Schablone) • waxed stencil paper

Wachssalbe f <pharm> • cerate

Wachsschicht f <obfl> (betont: zunehmend, eher unerwünscht, z. B. auf Möbel) • wax build-up

Wachsschicht f <obfl> (allg.) • wax film

Wachstuch n <textil> • oilcloth US.GB; waxcloth GB.rare

Wachstum n <allg> (z. B. Bevölkerung, Gewinn) • growth; increase

Wachstum n <tech.allg> (z. B. von Pflanzen, Kristallen) • growth

Wachstumsfaktor m <med> • growth factor

Wachstumsfehler m <mat> (Kristallgitter) • growth defect

wachstumsfest <allg> • growth-resistant

Wachstumsfläche f <mat> (Kristall) • crystal-growth bounding face; bounding face pract

wachstumsfördernde Antibiotika npl <agri.pharm> • growth-promoting antibiotics; antibiotics for growth promotion

wachstumsfördernde Futterzusätze mpl <agri.pharm> • growth-promoting food additives

Wachstumsform f <mat> • growth form

Wachstumsinhibitions-Prüfung f DIN EN ISO 9363-1 <med.opt> (Kontaktlinsen) • growth inhibition test DIN EN ISO 9363-1

Wachstumskurve f <doku> (Statistik) • growth curve

Wachstumsrate f <tech.allg> • growth rate

Wachstumsreaktion f <chem> • chain propagation

Wachstumsrichtung f <mat> • growth direction

Wachstumsspirale f <allg> (Statistik) • growth spiral

Wachstumsstadium n <chem> • propagation stage

Wachstumstempo n ugs <tech.allg> • growth rate

Wachstumstextur f <metall> • growth texture

Wachstumstransistor m <ic> • grown-junction transistor

Wachstumszwilling m <metall> • growth twin

Wachsüberzug m <obfl> • wax coating; wax film

Wachsüberzug m <obfl.holz> • wax finish

Wachs zum Aufsprühen n ugs <kfz.obfl> • spray wax; spray car polish

wackelig ugs <av> (Camcorderaufnahme) • jittery; shaky

Wackelkontakt m <el> (als Effekt; z. B. wahrnehmbares Flackern) • intermittent contact; tottering contact coll

Wackelkontakt m <el> (als Ursache: lose Verbindung) • loose connection; slack connection

Wade f <nav> (senkrecht hängendes Fischnetz) • seine

Wadsworth'sche Aufstellung f <opt> • Wadsworth mounting arrangement; Wadsworth mounting; Wadsworth arrangement

Wadsworth-Anordnung f <opt> • Wadsworth mounting arrangement; Wadsworth mounting; Wadsworth arrangement

Wadsworth-Aufstellung f <opt> • Wadsworth mounting arrangement; Wadsworth mounting; Wadsworth arrangement

Wadsworth-Spiegelprisma n <opt> • Wadsworth prism

Wächter m <alarm> • sentinel

Wächter m <msr> • automatic controller

wägbar <msr> • weighable

Wägebalken m <msr> • weigh beam

Wägebehälter m <msr> • weigh hopper

Wägebereich m <msr> • load capacity

Wägebürette f <msr.chem> • weighing burette; weigh burette

Wägeeinrichtung f form <msr> (allg., zum Wiegen) • scale; weight scale form; balance; scales pl

Wägefläschchen n <msr> (Dichtemessung) • specific-gravity bottle; specific-gravity flask; pycnometer

Wägegut n <msr> • material to be weighed

Wägemaschine f DIN 8120 <msr> (voll- od. teilautomatisch) • weighing machine

Wägemethode f <msr> (allg.) • weighing method

Wägemethode f <phys> (schrittweise Annäherung) • successive approximation; digit-at-a-time method

wägen vt <msr> • weigh vt

Wägesatz m <msr> (Gewichte) • set of weights; weight set

Wägestück n <msr> (geeichtes Gewicht) • calibrated weight; balance weight

Wägezelle f <msr> • weigh cell; weighing cell

wählbar <tech.allg> (z. B. Option, Drehzahl, Frequenz) • selectable

Wählbereitschaftszeichen n <tele> • proceed-to-dial signal

Wählbetrieb m <tele> • dial switching

wählen vi/vt <tele> • dial vi/vt

wählen vt <allg> (z. B. aus Möglichkeiten, Menü-Auswahl, Optionen) • select vt

Wählen Sie im Menü XYZ: A <edv> • From the XYZ menu choose: A; From XYZ choose: A

Wähler m <tele.edv> • selector

Wählerarm m <tele> • wiper

Wählerbank f <tele> • selector bank

Wählergestell n <tele> • selector rack

Wählerkontaktfeld n <tele> • selector bank

Wähler mit Ziffernunterdrückung m <tele> • digit absorbing selector

Wählerrahmen m <tele> • selector shelf

Wählerrelais n <tele> • stepping relay; discriminating relay

Wählerscheibe f <tele> • dial selector

Wählerschiene f <tele> • selector bar; permutation bar; combination bar

Wählerstufe f <tele> • rank of selectors

Wählervielfachfeld n <tele> • level multiple

Wählgerät n <tele> • telephone dialer US; dialer US; automatic telephone dialer US

Wählhebel m <kfz> (Automatikgetriebe) • selector lever; transmission selector lever form; selector coll; shifter coll; gearshift Ford

Wählhebel m <kfz> (zum Aktivieren des Allradantriebs) • selection lever; selector [lever]; transfer lever

Wählhebel m <kfz> (halbautomatisches Getriebe) • gear selector switch

Wählhebelanzeige f <kfz.msr> • transmission range indicator Chrysler, gearshift indicator Ford

Wählhebelanzeige für Automatic-Getriebe f BMW <kfz.msr> • transmission range indicator Chrysler, gearshift indicator Ford

Wählhebelrückschaltung f <kfz.antr> (Automatikgetriebe) • selector lever downshift

Wählhebelsperre f <kfz.antr> (Automatikgetriebe) • selector lever lock; selector lever latch; shift lock

Wählhebelstellung f <kfz.antr> (Automatikgetriebe) • selector lever position

Wählimpuls m <msr> • selective pulse

Wählimpuls m <tele> • dial pulse

Wählimpulsgeber m <tele> • dial pulse generator

Wählkreis m <el> • selecting circuit; selective circuit

Wählleitung f <el> • switched circuit

Wählleitung f <tele> • dial-up line

Wählmagnet m <el> • selecting magnet

Wählnebenstellenanlage f <tele> • private automatic branch exchange (PABX)

Wählnetz n <el> • switched network

Wählnetz n <tele> • dial-up network

Wählorgan n <tele> • selecting mechanism

Wählscheibe f <tech.allg> (z. B. Fernsprecher, Ziffernschloss) • dial

Wählscheibe f <tele> • telephone dial; dial selector

Wählscheibenapparat m <tele> • dial telephone set

Wählschieber m <kfz.antr> (Automatikgetriebe-Steuerung) • manual valve (MV); manual selector valve; selector valve; manual shift valve Ford

Wählsternanschluss m <tele> • concentrator line

Wählsternschalter m <tele> • line concentrator

Wähltastatur f <tele> • dialing keypad US; dialling keypad GB

Wählton m <tele> (beim Wählen) • dialing tone US; dialling tone GB

Wählventil n <kfz.antr> (Automatikgetriebe-Steuerung) • manual valve (MV); manual selector valve; selector valve; manual shift valve Ford

Wählverbindung f <tele> • switched connection

Wählvermittlung f <tele> (Funktion, Vorgang) • automatic exchange; dial exchange

Wählvermittlungsstelle f <tele> • automatic exchange; automatic telephone exchange

Wählvermittlungssystem n <tele> • dial switching system

Wählversuch m <tele> • dialing attempt US; dialling attempt GB

Wählzeichen n <tele> (allg.; auch das hörbare Signal) • dialing signal US; dialling signal GB

Wählzeichen n <tele> (betont: der Steuerimpuls) • pulsing signal

während der Fahrt zuschaltbarer Allradantrieb m <kfz> • shift-on-the-fly four wheel drive

während der Lagerung anvulkanisieren vi <kst> • pile-cure vi; bin-cure vi

Wälzachse f <mech> • rolling axis

Wälzbahn f <masch> (Kontaktfläche; z. B. von Wälzlagern) • contact face

Wälzbahn f <mech> (Kinematik) • centrode

Wälzbewegung f <masch> (z. B. von Wälzkörpern in Lagern) • rolling motion; rolling movement

Wälzbewegung f <mech> (Kinematik) • generating motion

Wälzegge f <agri> • rotary harrow; rolling harrow

Wälzfehler m <masch> (Kinematik) • total composite error

Wälzfehler m <prod> • overall variation

Wälzfeile f <wz> • cabinet file

Wälzfläche f <tech.allg> • rolling face

Wälzfläche f DIN 3998 <masch> (von Zahnrädern) • pitch surface

Wälzfräsautomat m <wz.masch> • automatic hobbing machine

Wälzfräsdorn *m* <wz.masch> • hob arbor
Wälzfräsen *n* <prod> *(z. B. von Gewinden)* • hobbing
Wälzfräser *m DIN 3998* <wz> *(Zahnradfertigung)* • hobbing cutter; hob cutter; hob *pract*
Wälzfräserdrehzahl *f* <prod> • hob speed
Wälzfräserstandzeit *f* <prod> • hob life
Wälzfräsmaschine *f* <wz.masch> • hobbing machine
wälzgelagerte Spindel *f* <masch> • ball-and-roller bearing spindle
Wälzhobeln *n* <prod> • generating shaping; generating planing
Wälzkegel *m DIN 3998* <antr> *(Kegelradgetriebe)* • pitch cone
Wälzkörper *m* <masch> *(z. B. in Wälzlagern)* • rolling element; rolling member
Wälzkolbengebläse *n rar* <tech.allg> • Roots blower; Roots-type lobe compressor; straight-lobe compressor
Wälzkolbenpumpe *f obs* <förd> *(mit umlaufender Nabe)* • lobe pump; lobular pump; lobe type pump; lobular type pump; lobar type pump
Wälzkolbenpumpe *f rar* <förd> • Roots pump
Wälzkolbenzähler *m* <msr> *(betont: mit Ovalverzahnung)* • oval-gear meter
Wälzkolbenzähler *m* <msr> *(allg.)* • rolling-piston meter
Wälzkolbenzähler *m* <msr> *(für Wasser)* • rotary water-meter
Wälzkontakt *m* <masch> • rolling contact
Wälzkreis *m* <masch> • rolling circle
Wälzkreisdurchmesser *m* <masch> *(Verzahnung)* • generating pitch diameter
Wälzkreisdurchmesser *m* <masch> *(allg.; z. B. von Lagern)* • rolling circle diameter
Wälzkreisteilung *f* <masch> *(Teilung am Wälzkreis des Zahnrades)* • circular pitch on rolling circle
Wälzkurve *f* <mech> • generating cam
Wälzlager *n* <masch> *(z. B. Kugellager)* • roller bearing; antifriction bearing; rolling bearing *rare*
Wälzlagerkäfig *m* <masch> *(von Wälzlagern)* • cage *ISO 5593*; retainer
Wälzlager mit Deckscheibe *n DIN ISO 5593* <masch> • shielded rolling bearing *ISO 5593*
Wälzlager mit Dichtscheibe *n DIN ISO 5593* <masch> • sealed rolling bearing *ISO 5593*
Wälzlagerung *f* <masch> • antifriction mounting
Wälzlinie *f* <masch> • pitch line
Wälzmühle *f* <verf> • roller mill
Wälzplatte *f* <masch> • roller plate
Wälzplatte *f* <silik> • marver plate; marver
Wälzpressung *f* <tech.allg> *(zw. Abwälzflächen)* • contact pressure
Wälzprüfgerät *n* <qualit> *(Getriebe)* • contact rolling tester
Wälzprüfung *f* <masch> *(allg.; von Wälzlagern, Zahnrädern)* • running check
Wälzprüfung *f* <qualit> *(Getriebe)* • contact rolling gear test; rolling gear test
Wälzpunkt *m DIN 3998* <masch> • pitch point
Wälzreibung *f* <mech> • combined rolling and sliding friction
Wälzschleifen *n* <prod> *(z. B. von Zahnrädern)* • generation grinding; generating by grinding
Wälzschleifmaschine *f* <wz.masch> • generating grinding machine
Wälzschraubtrieb *m* <masch> • recirculating ball screw and nut
Wälzsprung *m* <masch> • tooth to tooth composite error
Wälzstoßen *n* <prod> • generation by shaping; generation by planing
Wälzstoßmaschine *f* <wz.masch> *(für Zahnräder)* • gear planing machine; generating gear shaper

Wälztrommel *f* <prod> • cradle
Wälz- und Teilflächen *fpl DIN 3998* <masch> *(Zahnradgetriebe)* • pitch and reference surfaces
Wälzverhältnis *n* <masch> • roll ratio
Wälzverzahnungsmaschine *f* <wz.masch> • gear-generating machine
Wälzverzahnungswerkzeug *n* <wz.masch> • gear-generating tool
Wälzwechselrad *n* <wz.masch> • ratio change gear; roll change gear
Wälzwerkzeug *n* <wz> • generating tool
Wälzwinkel *m* <masch> • angle rolled through
Wärme *f* <phys> • thermal energy; heat energy; calorific energy
Wärme *f* (Q) *DIN 1345* <therm> *(thermische Energie)* • heat (Q)
Wärmeabfall *m* <tech.allg> • heat drop
Wärmeabführung *f* <tech.allg> *(betont: durch Wärmesenke)* • heat sinking
Wärmeabfuhr *f* <tech.allg> *(allg.)* • heat removal
Wärmeabfuhr *f* <phys> *(z. B. durch Kühlung, Wärmeabstrahlung)* • heat removal
Wärmeabfuhr *f* <therm> *(durch Strahlung, Konvektion)* • heat dissipation
Wärmeabgabe *f* <tech.allg> *(als Produkt; eher erwünscht)* • heat output
Wärmeabgabe *f* <tech.allg> *(Freisetzung)* • heat release
Wärmeabgabe *f* <hlk> *(betont: Abfuhr unerwünschter Wärme; z. B. mit Kühler)* • rejection of heat
Wärmeabgabe *f* <phys> *(durch Strahlung)* • heat emission
Wärmeabgabe *f* <therm> *(als Verlust; unerwünscht)* • heat loss
Wärmeabgabe *f* <therm> *(betont: Wärmeausbeute; z. B. einer Reaktion)* • heat yield
Wärmeabgabefläche *f* <therm> • heat emitting surface
Wärme-Abgasverlust *m form* <verbr> *(Verlust an thermischer Energie)* • flue gas loss; stack loss; flue gas heat loss; stack gas heat loss; exit flue gas heat loss *rare*
wärmeabgebend *ugs* <tech.allg> *(z. B. chemische Reaktion)* • exothermal; exothermic
wärmeabgebendes Medium *n* <tech.allg> • heating medium
Wärmeableitelement *n* <tech.allg> • heat-dissipating element
wärmeableitend <tech.allg> • heat-dissipating
Wärmeableiter *m rar* <tech.allg> *(z. B. Radiator, Kühler, Kühlkörper)* • heat sink; heat dissipator *form.rare*; heat dump *coll.rare*
Wärmeableitung *f* <tech.allg> • heat removal; heat dissipation; dissipation of heat
Wärmeabschirmung *f* <tech.allg> • heat shield
Wärmeabschirmung *f* <nukl> • thermal shield
Wärmeabsorber *m* <energ.sol> • heat-pump assisted solar collector
wärmeabsorbierend <tech.allg> *(z. B. chemische Reaktion)* • endothermal; endothermic; heat-absorbing
Wärmeabsorption *f* <therm> • heat absorption
Wärmeabstrahlung *f* <emiss> • heat emission
Wärmeabstrahlvermögen *n* <therm> • heat radiation capacity
Wärmeäquivalent *n* <therm> • heat equivalent
Wärmeakkumulator *m* <verf> • heat accumulator
Wärmealterung *f* <metall> • heat aging
Wärmeanstieg *m* <tech.allg> • heat rise
Wärmeaufnahme *f* <hlk> *(Abzug von Wärme aus einem Raum, zum Kühlen)* • collection of heat; heat pickup
Wärmeaufnahme *f* <therm> *(allg.)* • heat absorption
Wärmeaufnahme *f* <therm> *(betont: Zunahme)* • heat gain

Wärmeaufnahmevermögen n <tech.allg> • heat-absorption capacity; heat capacity

wärmeaufnehmend <tech.allg> (z. B. chemische Reaktion) • endothermal; endothermic; heat-absorbing

Wärmeaufwandskoeffizient m <mot> • heat rate

Wärmeausbeute f <therm> (bei Wärmerückgewinnung) • heat energy recovered

Wärmeausbreitung f <therm> • heat propagation

Wärmeausdehnung f <phys> (allg., von Stoffen bei Erwärmung) • thermal expansion

Wärmeausdehnungsfuge f <bau> (z. B. in Mauern, Brücken) • hiatus

Wärmeausdehnungskoeffizient m <phys> • temperature coefficient of expansion (TCE); coefficient of thermal expansion; thermal coefficient of expansion; thermal expansion coefficient

Wärmeausdehnungsmesser m <msr> • heat dilatometer

Wärme ausgesetzt <tech.allg> (allg.; einer Wärmequelle ausgesetzt) • subjected to heat; exposed to heat; exposed to a heat source

Wärmeausgleich m <tech.allg> • heat compensation; heat equalization

Wärmeausgleichgrube f <metall> • soaking pit

Wärmeausstrahlung f <therm> • heat emission

Wärmeaustausch m <therm> • heat exchange

Wärmeaustauschabteilung f <verf> (in Plattenwärmetauschern) • heat exchange section

Wärmeaustauscher m DIN EN 247 <verf> (allg.) • heat exchanger (HX)

Wärmeaustauscherfläche f rar <verf> • heat-exchanger surface

Wärmeaustauschfläche f <verf> • heat transfer surface; heat exchange surface

Wärmeaustauschpaket n <verf> (in Plattenwärmetauschern) • heat exchange section

wärmebeansprucht <tech.allg> (belastet; z. B. durch innere Spannungen) • thermally loaded; subjected to thermally induced stress form; heat-stressed pract

wärmebeansprucht <tech.allg> (allg.; einer Wärmequelle ausgesetzt) • subjected to heat; exposed to heat; exposed to a heat source

Wärmebedarf m <tech.allg> • heat requirement; required heat

Wärmebedarf msg <hlk> • heat requirement; heat demand

wärmebeeinflusst <tech.allg> (z. B. Zone beim Schweißen) • heat-affected

wärmebehandelt <metall> (z. B. Stahl, Schweißnaht) • heat-treated

Wärmebehandlung f <tech.allg> (z. B. von Stahl) • heat treatment

Wärmebehandlung f <nahr> (von Lebensmitteln; z. B. von Wein, Most) • heat treatment; thermal treatment

Wärmebelastung f <tech.allg> • heat load

Wärmebelastung f <ökol> (von Gewässern; z. B. durch Kraftwerke, Industrieabwässer) • thermal load; thermal pollution

Wärmebelastung f <phys> (allg. Beanspruchung od. mech. Spannung) • thermal stress

Wärmeberechnung f <therm> (z. B. Dampferzeuger) • temperature-rise computation

wärmebeständig <kst> • thermally stable; thermostable rare

wärmebeständig <mat> (allg.) • heat-resistant; heat-resisting; heat-proof; thermally stable

wärmebeständiges Schmierfett n <tribo> • high temperature grease

Wärmebeständigkeit f <el.ic.prod> • thermostability

Wärmebeständigkeit f <qualit.mat> • thermal stability; heat resistance pract; resistance to heat; thermal endurance rare; thermostability

Wärmebewegung f <phys> (von Molekülen) • thermal agitation; thermal motion

Wärmebilanzgleichung f <therm> • thermal balance equation; heat balance equation

Wärmebild n <phot> • infrared image; thermal image

Wärmebildung f rar <tech.allg> (allg.) • heat generation; heat development rare; heat evolution rare

wärmebindend rar <tech.allg> (z. B. chemische Reaktion) • endothermal; endothermic; heat-absorbing

Wärmebrücke f ISO 14683 <bau.phys> • thermal bridge ISO 14683; heat bridge; cold bridge

Wärmedämmeigenschaften f <bau.mat> • thermal properties

wärmedämmend <bau.mat> • thermally insulating; heat-insulating

Wärmedämmmaterial n <bau.mat> (gegen Kälte und Wärme; z. B. Glaswolle, Styropor) • thermal insulation material; heat insulation material; lagging material; heat insulator; lagging pract

Wärmedämmpanel n <bau> • insulating panel; storm panel

Wärmedämmplatte f <bau.mat> • heat-insulating board

Wärmedämmschirm m <therm> • thermal screen

Wärmedämmstoff m <bau.mat> (gegen Kälte und Wärme; z. B. Glaswolle, Styropor) • thermal insulation material; heat insulation material; lagging material; heat insulator; lagging pract

Wärmedämmvorsatzpanel n :V <bau> • insulating panel; storm panel

Wärmedämmwert m <bau> (von Fensterrahmen -verglasung) • total resistance to heat flow

Wärmedämmzahl f <mat> • heat-transmission resistance

Wärmedehnung f <phys> (allg., von Stoffen bei Erwärmung) • thermal expansion

Wärmedehnungsriss m <qualit.mat> • expansion crack

Wärmedeposition f <nukl> • heat deposition

Wärmedepositionswert m <nukl> • heat deposition value

Wärmedetektor m <msr> • thermal detector

Wärmediagramm n <therm> • temperature entropy diagram; temperature entropy chart

Wärme-Druck-Fixierung f <druck> (des Toners) • heat-pressure-fusing

Wärmedurchdringung f <therm> • heat penetration

Wärmedurchgang m <bau> (von Gebäudeelementen; z. B. von Fenstern) • heat transmittance; U-factor

Wärmedurchgang m <therm> (allg.) • heat transmission; heat passage

Wärmedurchgangskoeffizient m <therm> (Wärmeisolierung) • heat transfer coefficient; K value pract; K factor pract; thermal transmission coefficient form; thermal transmittance value rare

Wärmedurchgangswiderstand m <therm> (z. B. von Isolierung) • heat transmission resistance

Wärmedurchgangszahl f <therm> (Wärmeisolierung) • heat transfer coefficient; K value pract; K factor pract; thermal transmission coefficient form; thermal transmittance value rare

wärmedurchlässig <therm> • diathermanous; diathermic; transparent to heat

Wärmedurchlässigkeit f <bau> (von Gebäudeelementen; z. B. von Fenstern) • heat transmittance; U-factor

Wärmedurchlässigkeit f <therm> (allg.) • diathermancy; thermal transmittance

Wärmedurchlasswiderstand m <bau.hlk> (zum k-Wert reziproker Wert; je höher desto besser) • thermal resistance; R-value; thermal conduction resistance

Wärmedurchlasswiderstand *m* <qualit.mat> *(z. B. von Fußbodenbelag)* • area thermal insulation

Wärmedurchsatz *m* <tech.allg> • heat throughput

Wärmedurchschlag *m* <el> • thermal breakdown

Wärmeeindringzahl *f* <therm> • heat penetration coefficient

Wärmeeinflusszone *f* (WEZ) <füg> *(beim Schweißen)* • heat-affected zone (HAZ)

Wärmeeinheit *f* <phys> *(z. B. Joule)* • caloric unit; heat unit

Wärmeeintrag *m* <therm> • heat input

Wärmeelektrizität *f* <el> • thermoelectricity

wärmeempfindlich <tech.allg> • heat-sensitive; thermosensitive; sensitive to heat

wärmeempfindlich <edv> *(Thermodruck)* • thermally sensitive *adj*; heat-sensitive *adj*

wärmeempfindliche Beschichtung *f* <edv> • thermally sensitive layer; heat-sensitive layer

Wärmeenergie *f* <phys> • thermal energy; heat energy; calorific energy

Wärmeentwicklung *f* <tech.allg> *(allg.)* • heat generation; heat development *rare*; heat evolution *rare*

Wärmeentwicklung *f* <tech.allg> *(betont: Abgabe, Freisetzung)* • heat release

Wärmeentwicklung *f* <tech.allg> *(unerwünscht, z. B. Wärmestau in Reifen)* • heat build-up

Wärmeentzug *m* <hlk> *(aus Räumen, Luft)* • heat extraction; extraction of heat

Wärmeentzug *m* <therm> *(aus Material)* • heat abstraction

wärmeerzeugend <tech.allg> • heat-generating; calorific

Wärmeerzeuger *m* <hlk> • heating appliance

Wärmeerzeuger *m* <verbr> *(Kessel)* • heat generator

Wärmeerzeugung *f* <therm> • heat generation

wärmefest <mat> *(allg.)* • heat-resistant; heat-resisting; heat-proof; thermally stable

Wärmefestigkeitsgrenze *f* <qualit.mat> • heat distortion point

Wärmefestigkeitsprüfung *f* <qualit.mat> • heat distortion test

Wärme-Feuchtigkeitstauscher *m* <med.tech> *(passiver Atemgasanfeuchter)* • heat and moisture exchanger (HME) *ASTM F 1100*

Wärmefixierung *f* <druck> • heat fusing

Wärmefluss *m* *ISO 13943* <feuer> • heat flux *ISO 13943*; heat flow

Wärmeflussmessung *f* <msr> • heat flow measurement

Wärmeflusssensor *m* <msr> • heat flow sensor

wärmeformbeständig <qualit.mat> • thermostable; heat-stable

Wärmeformbeständigkeit *f* *prakt* <kst.qualit> *(Eigenschaft; unter Biegebeanspruchung, z. B. nach ISO/R75)* • heat deflection temperature (HDT); deflection temperature under [flexural] load *US*; temperature of deflection under a bending stress *GB*; heat distortion temperature; deflection temperature

wärmegedämmt <bau> • thermally insulated

Wärmegefälle *n* *ugs* <phys> • temperature gradient; heat gradient *pract*; heat drop *coll*

Wärmegewinn *m* <bau> • heat gain

Wärmegewinn *m* <energ.sol> • useful energy gain; heat gain; heat recovery; net rate of energy gain

Wärmegleichung *f* <therm> • heat equation

wärmehärtbar <kst> • thermosetting

Wärmehaushalt *m* <therm> • heat balance

Wärmehohlleiter *m* <phys> • heat pipe

Wärmeimpulsschweißen *n* <füg> *(zum Versiegeln)* • thermal impulse heat sealing

Wärmeimpulsschweißen *n* <füg> *(zum Verbinden)* • thermal impulse welding

Wärmeinhalt *msg* <phys> • heat content

Wärmeisolierung *f* <bau> *(Isolierung gemäß DIN EN ISO 7345, 9229, 9251, 9288, 9346)* • thermal insulation

Wärmekapazität *f* <phys> • heat capacity; thermal capacity

Wärmekontakt *m* <phys> • thermal contact

Wärmekontaktverfahren *n* <kst.füg> *(Heizelementschweißverfahren)* • heat contact technique; heat contact welding technique

Wärmekonvektion *f* <geo> *(im Erdmantel)* • convection

Wärmekonvektion *f* <therm> • thermal convection; convection *f pract*

Wärme-Kraft-Kopplung *f* <energ> *(Lieferung von mechanischer Leistung und Wärme)* • combined heat and power (CHP) *GB*; cogeneration *US*

Wärme/Kraft-Kopplungs-Anlage *f* <energ> • total energy system; cogeneration system

Wärmekraftmaschine *f* <masch> • heat engine

Wärmekraftwerk *n* <energ> • thermal power plant *US*; thermal power station *GB*

Wärmekreislauf *m* <therm> • heat cycle

Wärmelehre *f* <therm> • thermodynamics; theory of heat

Wärmeleistung *f* <hlk> *(als Nennwert)* • thermal rating

Wärmeleistung *f* <hlk> *(allg. von Heizungen, Heizgeräten)* • heating power; heating capacity; heat output

Wärmeleit-Analysator *m* <msr> • thermal conductivity analyzer *US*; thermal conductivity detector; thermal conductivity analyser *GB*

wärmeleitend <mat> • heat-conducting

Wärmeleiter *m* <mat> • heat conductor

Wärmeleitfähigkeit *f* <mat> *(allg.; Eigenschaft als solche, unspezifisch)* • thermal conductivity; thermal conductance; heat conductivity

Wärmeleitfähigkeits-Analysator *m* <msr> • thermal conductivity analyzer *US*; thermal conductivity detector; thermal conductivity analyser *GB*

Wärmeleitfähigkeitsdetektor *m* <msr> • thermal conductivity sensor; thermal conductivity cell

Wärmeleitfähigkeits-Sensor *m* <msr> • thermal conductivity sensor; thermal conductivity cell

Wärmeleitfähigkeitszelle *f* <msr> • thermal-conductivity cell; katharometer

Wärmeleitkoeffizient *m* <phys> *(Stoffkonstante; in W/m × K)* • thermal conductivity coefficient; k-factor

Wärmeleitpaste *f* <el.mat> *(z. B. für Kühlkörper auf Prozessoren)* • thermal compound

Wärmeleitplatte *f* <hlk> • convector

Wärmeleitung *f* <phys> *(durch direkten Kontakt)* • heat conduction; thermal conduction

Wärmeleitungsverluste *mpl* <energ.sol> • conductive heat losses *pl*; conduction losses *pl*; heat losses by conduction *pl*

Wärmeleitweg *m* <kfz.el> *(Zündkerze)* • heat path; heat transfer path; heat flow path

Wärmeleitwert *m* <qualit.mat> • thermal conductance

Wärmeleitwiderstand *m* <bau.hlk> *(zum k-Wert reziproker Wert; je höher desto besser)* • thermal resistance; R-value; thermal conduction resistance

Wärmeleitzahl *f* *prakt* <phys> *(Stoffkonstante; in W/m × K)* • thermal conductivity coefficient; k-factor

Wärmemauer *f* <aerospace> • heat barrier

Wärmemenge *f* <phys> • amount of heat; quantity of heat; heat quantity

Wärmemengeneinheit *f* <therm> • caloric unit

Wärmemessung *f* <msr> • heat measurement; calorimetry

Wärmemotor *m* <kfz.mot> • heat engine

wärmen *vt* <gastr> *(Speisen)* • warm *vt*

Wärmenachbehandlung *f* <metall> • postheat treatment

Wärmenutzungsanlage f <hlk> • heat distribution system
Wärmeöl n <energ.sol> • thermal oil; heat transfer oil
Wärmepeilgerät n <msr> • heat seeker
Wärmeprofil n <phys> • thermal profile
Wärmepumpe f DIN 8900-1 <hlk> (Teil einer Wärmepumpenanlage) • heat pump
Wärmepumpe f <hlk> (betont: nur für Heizzwecke) • heating-only heat pump
Wärmepumpe als Raumklimagerät f <hlk> • heat pump room air conditioner
Wärmepumpe für Heiz- und Kühlbetrieb f <hlk> • reversible heat pump; heat pump
Wärmepumpe in eingehäusiger Bauweise f <hlk> • packaged heat pump; packaged type heat pump; single package heat pump
Wärmepumpe in Kompaktbauweise f <hlk> • packaged heat pump; packaged type heat pump; single package heat pump
Wärmepumpe in mehrgehäusiger Bauweise f did <hlk> • split-system heat pump; split-type heat pump; remote heat pump
Wärmepumpe in Splitbauweise f <hlk> • split-system heat pump; split-type heat pump; remote heat pump
Wärmepumpe in Verbindung mit einer Solaranlage f <hlk> • solar-assisted heat pump; solar-augmented heat pump
Wärmepumpe mit elektrisch angetriebenem Verdichter f <hlk> • electrically driven heat pump wiss; electric heat pump
Wärmepumpe mit Wasser bzw. Sole als Wärmequelle f <hlk> • water source heat pump; water-based heat pump
Wärmepumpenaggregat n DIN 8900-1 <hlk> • heat pump unit
Wärmepumpenanlage f DIN 8900-1 <hlk> • heat pump system
Wärmepumpen-Heizungsanlage f <hlk> • heat pump heating system
Wärmepumpenheizungsanlage f <hlk> • heat pump heating system
Wärmepumpenprinzip nsg <therm> • heat pump concept
Wärmepumpen-Wassererwärmer m <hlk> • hot-water heat pump; heat pump water heater
Wärmepunkt m <masch> • hot spot
Wärmequelle f <phys> (allg.) • heat source; source of heat
Wärmequellenanlage f <hlk> • heat source system
Wärmequellentemperatur f <hlk> • heat source temperature; source temperature
Wärmerauschen n <el> • thermal agitation noise; Johnson noise; thermal noise
wärmereaktivierter Kleber m <füg> • heat activated adhesive; adhesive that is activated by heat; adhesive that is reactivated by heat
wärmereaktivierter Klebstoff m <füg> • heat activated adhesive; adhesive that is activated by heat; adhesive that is reactivated by heat
Wärmereflexion f <therm> • heat reflection
Wärmerohr n <energ.sol> • heat pipe
Wärmerohrkollektor m <energ.sol> • heat-pipe collector
Wärmerückgewinnung f (WRG) <tech.allg> (z. B. in Gebäudetechnik) • heat recovery; heat recuperation
Wärmerückgewinnungsabteilung f <verf> (von Plattenwärmetauschern) • regenerator section; regenerative section; regenerator
Wärmerückstrahlung f <therm> • heat reflection
Wärmeschild m <tech.allg> (z. B. an Raumfähre, Kfz-Abgasanlage) • heat shield

Wärmeschild m prakt <kfz> (unteres Katalysatorschutzschild) • bottom cover
Wärmeschild m <nukl> • thermal shield
Wärmeschmelzverfahren n <verf> • heat fusion process
Wärmeschock m <nahr> (Speiseeis) • heat shock; thermal shock; temperature abuse
Wärmeschock m <phys> • thermal shock
Wärmeschrank m <verf> • heating furnace
Wärmeschrumpfung f <therm> • thermal contraction
Wärmeschutz m <tech.allg> (Schutz vor Wärmezufuhr oder -verlust) • thermal protection; heat protection; heat insulation
Wärmeschutz m <bau> (betont: Schutz vor zu großer Wärmeeinwirkung) • heat protection
Wärmeschutz m <bau> (Isolierung gemäß DIN EN ISO 7345, 9229, 9251, 9288, 9346) • thermal insulation
Wärmeschutzband n <bau.mat> • heat-insulating tape covering
Wärmeschutzbekleidung f <bekl> • heat-protective clothing
Wärmeschutzbeschichtung f <bau> • low-E coating; reflective low-E coating
Wärmeschutzfenster n <bau> • low-E window; energy preservation window
Wärmeschutzfilter n <verf> • heat-absorbing filter
Wärmeschutzglas n <silik> (mit Metall- oder Metalloxidbeschichtung) • low E glass; low emissivity glass; low-e glass; heat-absorbing glass
Wärmeschutzschild m <tech.allg> (z. B. an Raumfähre, Kfz-Abgasanlage) • heat shield
Wärmeschutzschild m <kfz> (unteres Katalysatorschutzschild) • bottom cover
Wärmeschutzschild für Handbremszug m <kfz> • brake cable heatshield
Wärmeschutzschirm m <aerospace> • heat screen
Wärmeschutzstoff m <bau.mat> (gegen Kälte und Wärme; z. B. Glaswolle, Styropor) • thermal insulation material; heat insulation material; lagging material; heat insulator; lagging pract
Wärmeschutzverglasung f form <kfz> (wärmedämmendes Glas) • tinted windows; tinted glass; tints coll; t/glass ad
Wärmeschutzverglasung f <silik> (mit Metall- oder Metalloxidbeschichtung) • low E glass; low emissivity glass; low-e glass; heat-absorbing glass
Wärmeschwingung f <phys> • thermal vibration
Wärmesenke f <tech.allg> (z. B. Radiator, Kühler, Kühlkörper) • heat sink; heat dissipator form.rare; heat dump coll.rare
Wärmesenke f <el> (meist ein Strangguss-Rippenprofil; z. B. auf CPU) • heat sink
Wärmesenkentemperatur f <phys> • heat sink temperature
Wärmesensibilisierung f <tech.allg> • heat sensitization; heat sensitisation GB
Wärmespannung f <mech> • thermal stress; heat stress
Wärmespannungsriss m <qualit.mat> • thermal stress crack
Wärmespeicher m <hlk> (z. B. für Solaranlagen) • heat accumulator; thermal reservoir; heat storage
Wärmespeicher m <kfz> • heat storage tank; engine heat storage tank
Wärmespeicherkapazität f <energ.sol> • heat storage capacity
Wärmespeichersystem n <hlk> • heat storage system
Wärmespeichersystem n <kfz> • heat storage system; thermal energy storage system thsc
Wärmespeicherungsvermögen n <tech.allg> • heat-storage capacity
Wärmespritzen n <obfl> • flame spraying

Wärmesprung m <agri> *(von Bananen)* • climacteric rise
wärmestabil <el.ic.prod> • thermostable
Wärmestabilisator m <mat> • heat stabilizer; heat stabiliser *GB*
Wärmestabilität f <qualit.mat> *(allg., jedes Material)* • thermal stability; heat resistance
Wärmestandfestigkeit f <qualit.mat> *(allg., jedes Material)* • thermal stability; heat resistance
Wärmestau m <therm> *(z. B. in Kleidung, Computergehäuse)* • accumulation of heat; heat accumulation
Wärmestaustelle f <tech.allg> • hot spot
Wärmestrahl m <phys> • heat ray
Wärmestrahler m <hlk> • thermal radiator
Wärmestrahlung f <phys> • thermal radiation; heat radiation; radiant heat; radiative heat transfer *rare*; radiant heat transfer *rare*
Wärmestreustrahlung f <phys> • scattered heat radiation
Wärmestreuung f <phys> • heat dispersion; heat scattering
Wärmeströmung f <therm> • thermal convection; convection *f pract*
Wärmestrom m <phys> *(pro Zeiteinheit übertragene Wärme)* • heat flow; rate of heat flow *rare*
Wärmestromdichte f <therm> • heat flow density
Wärmestromdichtefaktor m DIN 25401-3 <nukl> • hot spot factor
Wärmestrommesser m <msr> • heat flowmeter
Wärmetauscher m (WT) <verf> *(allg.)* • heat exchanger (HX)
Wärmetauscher m <verf> *(betont: zur Nutzung von Abwärme)* • recuperator; regenerator; recuperating heat exchanger; recuperating HX
Wärmetauscheranlage f <verf> • heat exchanger equipment; HX plant
Wärmetauscherblock m <hlk> *(z. B. von Kühler, Heizung, Klimaanlage)* • heat exchanger core; core *pract*
Wärmetauscherelement n <verf> *(Einbau in Trockenkühlturm)* • cooling element; heat exchanger element; finned tube element; fin tube element; fin tube bundle
Wärmetauscherfläche f <verf> • heat-exchanger surface
Wärmetauscherkanal m <energ.sol> *(in Solarkollektor)* • fluid tube; fluid passage; flow passage; fluid flow tube; transfer fluid tube
Wärmetauscherkreis m <energ.sol> • heat exchanger loop; secondary circuit
Wärmetechnik f <tech.allg> • heat engineering
Wärmetheorie f rar <therm> • thermodynamics; theory of heat
Wärmetiefenstufe f <geo> • geothermal gradient
Wärmetod m <phys> • heat death
Wärmetönung f prakt <msr> *(Kohlenwasserstoff-Messung)* • catalytic oxidation; heat of combustion; heat of reaction
Wärmetönungs-Sensor m <msr> • catalytic oxidation sensor; heat-of-combustion sensor; pellistor *rare*
Wärmeträger m <verf> *(flüssig od. gasförmig; z. B. in Kühlkreisläufen, Solaranlagen)* • heat transfer medium; heat transport medium; heat transfer fluid; heat carrier; transfer fluid
Wärmeträger-Austritt m <energ.sol> *(Stutzen am Kollektor)* • fluid outlet
Wärmeträger-Eintritt m <energ.sol> *(Stutzen am Kollektor)* • fluid inlet
Wärmeträgerkreis m <energ.sol> • transfer fluid loop; collector loop; primary circuit
Wärmeträgermedium n <verf> *(flüssig od. gasförmig; z. B. in Kühlkreisläufen, Solaranlagen)* • heat transfer medium; heat transport medium; heat transfer fluid; heat carrier; transfer fluid

Wärmeträgeröl n <energ.sol> • thermal oil; heat transfer oil
Wärmeträgheit f <hlk> • thermal inertia
Wärmetransport m rar <tech.allg> *(allg.; z. B. im Wärmetauscher)* • heat transfer
Wärmetransportmedium n <verf> *(flüssig od. gasförmig; z. B. in Kühlkreisläufen, Solaranlagen)* • heat transfer medium; heat transport medium; heat transfer fluid; heat carrier; transfer fluid
wärmetrocknen vt <obfl> • force dry vt
Wärmetrocknung f <obfl> *(im Ggs. zu Lufttrocknung)* • force drying
Wärmeübergang m rar <tech.allg> *(allg.; z. B. im Wärmetauscher)* • heat transfer
Wärmeübergang m <phys> *(durch direkten Kontakt)* • heat conduction; thermal conduction
Wärmeübergangswiderstand m <therm> • heat-transmission resistance
Wärmeübergangszahl f <therm> • heat-transfer coefficient; heat-transfer factor
Wärmeübertragung f DIN 1321 <tech.allg> *(allg.; z. B. im Wärmetauscher)* • heat transfer
Wärmeübertragungsmedium n <verf> *(flüssig od. gasförmig; z. B. in Kühlkreisläufen, Solaranlagen)* • heat transfer medium; heat transport medium; heat transfer fluid; heat carrier; transfer fluid
Wärmeübertragungsoberfläche f <therm> *(z. B. von Wärmetauschern, Wärmesenken)* • heat transfer surface
Wärmeumlaufkühlung f <tech.allg> • thermosyphon cooling; thermosiphon cooling; natural recirculation cooling
Wärmeumsatz m <therm> • heat transformation
wärmeundurchlässig ugs <phys> *(nicht wärmeleitend)* • athermous; athermanous; adiathermic; non-diathermic
Wärmeundurchlässigkeit f <phys> • athermancy
Wärmeverbrauch m <tech.allg> • heat consumption
wärmeverbrauchend <tech.allg> *(z. B. chemische Reaktion)* • endothermal; endothermic; heat-absorbing
Wärmeverbrauchszone f <tech.allg> • cooling load zone
Wärmeverlauf m <phys> *(als Profil, Kurve)* • thermal profile
Wärmeverlust m <tech.allg> *(nicht erwünschte Wärmeabgabe; z. B. von Motor, Gebäude)* • heat loss; loss of heat
Wärmeverlust durch freie Wärme der Abgase m DIN 4702,2 <verbr> *(Verlust an thermischer Energie)* • flue gas loss; stack loss *US*; flue gas heat loss; stack gas heat loss; exit flue gas heat loss *rare*
Wärmeverluste mpl <tech.allg> • heat losses *pl*; thermal losses *pl*
Wärmeverluste durch Konvektion mpl <energ.sol> • convective heat losses *pl*; convection losses *pl*; heat losses by convection *pl*
Wärmeverluste durch Strahlung mpl <energ.sol> • heat losses by radiation *pl*
Wärmeverluste durch Wärmeströmung mpl <energ.sol> • convective heat losses *pl*; convection losses *pl*; heat losses by convection *pl*
Wärmeversorgung f <energ> • heat supply
Wärmeverteilung f <tech.allg> • heat distribution
wärmeverzehrend <tech.allg> • heat-consuming
Wärmeverzug m <metall> *(zeitlich)* • thermal lag
Wärmeverzug m <qualit.mat> *(Verformung)* • thermal distortion
wärmevulkanisiert <kst> • heat-cured
Wärmewechselbehandlung f <prod> • thermoshock treatment
Wärmewechselbeständigkeit f <qualit.mat> • thermal-shock resistance
Wärmewelle f <phys> *(allg.)* • thermal wave

Wärmewert *m* <kfz.el> *(von Zündkerzen)* • heat range; heat rating; heat grade *rare*; preignition rating *rare*; sparkplug heat range *did*

Wärmewert *m* <verbr> *(von Brennstoffen; allg.)* • calorific value; heating value

Wärmewertkennzahl *f* <kfz.el> *(von Zündkerzen)* • heat-range code number; heat range index

Wärmewertreserve *f* (WWR) <kfz.el> • heat-range reserve

Wärmewiderstand *m* <el> • thermal resistance

Wärmewiderstand *m* <therm> • thermal resistance

Wärmewirkung *f* <phys> • thermal effect; heat effect

Wärmewirkungsgrad *m* ugs <phys> • thermal efficiency

Wärmewüste *f* <geo> • flat desert

Wärmezähler *m* <hlk> • heat meter

Wärmezufuhr *f* <tech.allg> • heat supply; heat input

Wärmofen *m* <verbr> *(allg.)* • heating furnace

Wärmofen *m* <verf> *(betont: zum Auf-, Anwärmen)* • heating-up furnace

Wäsche *f* <tech.allg> *(Vorgang, Prozess)* • washing

Wäsche *f* <bekl> *(Vorgang, Handwäsche in der Wanne)* • tubbing

Wäsche *f* ugs <bekl> *(direkt auf dem Körper getragene Kleidung)* • underwear *sg*

Wäsche *f* <min> *(Anlage)* • washery

Wäsche *f* <pap.ents> *(Deinkingverfahren)* • washing

Wäsche *f* <textil> *(Bett-, Tisch-)* • linen *sg*

Wäsche *f* <verf> *(Anlage; z. B. Abgaswäscher)* • cleaning plant

Wäsche *f* <verf> *(Vorgang)* • washing

Wäschedesinfektionsanlage *f* <textil.hygi> • linen disinfection plant

Wäschekorb *m* <hygi> *(typ. aus Korbgeflecht od. Kunststoff)* • laundry hamper; hamper *coll*

Wäschekorb mit Klappdeckel *m* <hygi> *(typ. aus Kunststoff)* • knock-down laundry hamper; knock-down hamper *coll*

Wäschepresse *f* <textil> • laundry press

Wäscher *m* <ents> *(simultane Staub- und Schadgasabscheidung)* • wet scrubber; scrubber; gas washer; washer

Wäscher *m* <verf> • scrubber; scrubbing tower

Wäscher *m* <verf> *(allg.)* • washer

Wäscher *m* prakt <verf> *(durch Berieselung, Sprühdüsen etc.)* • gas scrubber; gas washer; scrubber *pract*

Wäscher *m* prakt <verf> *(allg.)* • wet scrubber; wet scrubbing device; wet collector; scrubber *pract*; wet precipitator

Wäschersumpf *m* <emiss.verf> *(Entschwefelung)* • scrubber sump

Wäschertyp *m* <verf> • scrubber type

Wäschesack *m* <hygi> • laundry bag

Wäscheschleuder *f* <hygi> *(Haushaltsgerät)* • spin drier *US.GB*; spindryer *US*

Wäschespinne *f* <hygi> *(Gestell zum Aufstellen im Freien, drehbar, zusammenklappbar)* • rotary clothes drier *US.GB*; rotary clothes dryer *US*; rotary drier *US.GB*; rotary dryer *US*

Wäscheständer *m* <hygi> *(Gestell zum Aufstellen im Freien, drehbar, zusammenklappbar)* • rotary clothes drier *US.GB*; rotary clothes dryer *US*; rotary drier *US.GB*; rotary dryer *US*

Wäschestärke *f* <textil> $((C_6H_{10}O_5)_n)$ • starch

Wäschetrockner *m* <hygi> *(allg.)* • laundry drier *US.GB*; laundry dryer *US*; clothes drier *GB*

Wäschetrockner *m* <hygi> *(Gestell zum Aufstellen im Freien, drehbar, zusammenklappbar)* • rotary clothes drier *US.GB*; rotary clothes dryer *US*; rotary drier *US.GB*; rotary dryer *US*

Wäschetrockner mit Frontbeschickung *f* form <hygi> • front-load drier *US.GB*; front-load dryer *US*

wässerige elektrolytische Flüssigkeit *f* <chem> • aqueous electrolytic liquid

wässeriger Elektrolyt *m* <chem> • aqueous electrolyte

Wässern *n* <phot> *(von Filmen, Abzügen)* • washing; wash; rinsing; rinse

wässern *vt* <obfl.holz> • dampen *vt*

wässern *vt* <phot> *(Filme, Abzüge)* • wash *vt*; rinse *vt*

Wässerung *f* <phot> *(von Filmen, Abzügen)* • washing; wash; rinsing; rinse

Wässerungshilfe *f* <phot> • hypo clearing agent; hypo eliminator; clearing agent; hypo neutralizer

Wässerungstank *m* <phot> • washing tank

Wässerungszeit *f* <phot> • washing time; washing period

wässrig <chem> • aqueous; watery

wässrige Ammoniaklösung *f* did <chem> *(NH_4OH; in Wasser gelöstes Ammoniakgas)* • ammonia solution; ammonium hydroxide *thsc*; aqueous ammonia *did*; household ammonia; ammonia water *coll*

wässrige Erztrübe *f* <min> • aqueous pulp of ground ore

wässrige Lösung *f* <chem> • aqueous solution; water solution *rare*

wässrige Mischung *f* <verf> *(z. B. Papierfasern od. Kohlestaub in Wasser)* • slurry

wässrige Phase *f* <phys> • aqueous phase

wässriger Klebstoff *m* <füg> • water-based adhesive; water-borne adhesive *rare*; aqueous-based adhesive *rare*; aqueous adhesive *rare*

wässrige Suspension *f* <ents> • water suspension; water slurry

Wafer *m* <ic> *(typ. aus Silizium; 200–300 mm Durchmesser)* • wafer

Waferbearbeitung *f* <ic.prod> • wafer processing

Waferbelichtung *f* <ic.prod> • wafer exposure

Waferbeschichtung *f* <ic.prod> *(Vorgang und Ergebnis)* • wafer coating

Waferjustierung *f* <ic.prod> *(Vorgang und Ergebnis)* • wafer alignment

Wafersägen *n* <ic.prod> • wafer cutting

Waffelboden *m* <bau> • waffle floor

Waffeleis *n* <nahr> *(mit Speiseeis gefüllte kegelförmige Waffel oder Papiertüte)* • ice cream cone

Waffelkopf *m* prakt <kfz.wz> *(Karosseriehammer)* • cross-milled serrated face; cross-hatched face; cross-grooved face; corrugated face; serrated face *pract*

Waffeltüte *f* <nahr> *(für Speiseeis)* • ice cream cone; ice cream cornet; wafer cone

Waffeltütenfüllmaschine *f* <nahr.prod> *(Speiseeis)* • cone filler

Waffenbeschwerung *f* <mil> *(beim Sportschießen)* • additional weight

Waffenbestimmungen *fpl* <mil> • firearms specifications

Waffengewicht *n* <mil> • weight of the firearm

Waffenhand *f* <mil> *(im Ggs. zur freien Hand)* • shooting hand

Waffenkammer *f* <mil> • armory *US*; armoury *GB*

Waffenkoffer *m* <mil> *(für den Transport von Faustfeuerwaffen)* • pistol case

Waffenkontrolle *f* <mil> • firearms examination

Waffenreinigung *f* <mil> • firearm cleaning

Waffensafe *m* <mil> *(betont: sicher)* • firearm safe; gun safe *coll*

Waffenschrank *m* <mil> *(allg.)* • firearm locker; gun locker *coll*

Waffenschrank *m* <mil> *(betont: sicher)* • firearm safe; gun safe *coll*

Wagen *m* <tech.allg> • carriage

Wagen *m* ugs <bahn> *(allg., für Personen od. Güter)* • car *US*; wagon *GB*

Wagen *m prakt* <bahn> *(für Reisende)* • passenger car *US*; railroad passenger car *US*; coach *GB*; daycoach *rare*; railway passenger carriage *GB.rare*

Wagen *m* <druck> *(in Schreibmaschine)* • carriage

Wagen *m* <förd> *(klein, einfach; zum Ziehen, Schieben)* • cart

Wagen *m gehob* <kfz> • automobile *US*; passenger car *form*; motor car *GB*; car *pract.coll*; auto *US.coll.rare*

Wagen *m* <led> *(von Bügelmaschine bzw. Karrenwalze der Walzmaschine)* • carriage roller

Wagen *m* <verf.hydr> • cleaner carriage; rake carriage; tine carrier *Brac*; tine support beam *Brac*; cleaning carriage

Wagenauslösung *f* <druck> *(Schreibmaschine)* • carriage release; typewriter carriage release

Wagen aussetzen *vi* <bahn> • detach wagons *vi*

Wagenbauer *m* <fz> • wagon-maker; coachbuilder

Wagenbeleuchtung *f* <fz> *(Bus, Bahn)* • car lighting *US*; coach lighting *GB*

Wagenbühne *f* <theat> • sliding stage; slip stage; rolling stage; waggon stage

Wagendrehscheibe *f* <bahn> • car turntable

Wagenentladung *f* <bahn.logist> • wagon unloading; car unloading *US*

Wagenfähre *f rar* <nav> • car ferry; vehicular ferry *rare*

Wagenfarbe *f* <kfz.obfl> *(Lackfarbton der Karosserie)* • body color *US*; body colour *GB*

Wagenfeststelleinrichtung *f* <bahn> • car stop

Wagenfolge *f* <bahn> • marshaling *US*; marshalling *GB*

Wagengestell *n* <masch> *(Fahrgestell)* • carriage

Wagengießpfanne *f* <metall> • truck ladle

Wagenguss *m* <prod> • bogie casting; car casting

Wagenhebeanlage *f* <bahn> • railway carriage hoist

Wagenheber *m* <bahn> • car jack; carriage jack

Wagenheber *m* <kfz.wz> *(jed. Art; meist ein Spindelwagenheber)* • jack; car jack

Wagenheber-Ansatzpunkt *m* <fz> *(an Rahmen, tragenden Bauteilen)* • jacking point; jacking position

Wagenheberaufnahme *f* <fz> *(an Rahmen, tragenden Bauteilen)* • jacking point; jacking position

Wagenheberaufnahme *f* <kfz> *(zum Einstecken des Kragarms von Spindelwagenhebern; typ. am Schweller)* • jacking point; jacking position

Wagenheberbefestigung *f* <kfz> *(bei Nichtgebrauch; bei Pkw typ. im Kofferraum)* • jack stowage

Wagenheber-Führungsbolzen *m* <kfz> *(am Fahrzeug; für Scherenwagenheber)* • jack locator pin

Wagenhebertasche *f* <kfz> • jack storage bag

Wagenkasten *m* <fz> *(bei Lkw, Bussen, Eisenbahnwagen)* • vehicle body; car body *US*; coach body *GB*

Wagenkipper *m* <bahn> • car tipper; cradle dump

Wagenkipper *m* <min> • tumbler; wagon tippler

Wagenkipper *m* <nfz> • car dumper

Wagenlautsprecher *m* <av> • in-car speaker

Wagen mit fester Plattform *m DIN ISO 5053* <förd> *(Flurförderzeug)* • fixed height load-carrying truck *ISO 5053*

Wagen mit Mittelgang *m* <bahn> • center-aisle coach *US*; centre-aisle coach *GB*

Wagen mit Seitengang *m* <bahn> • side-corridor coach

Wagenofen *m* <prod> • car furnace

Wagenpapiere *npl* <kfz.doku> • registration papers *pl*

Wagenpark *m* <nfz> • fleet; fleet of vehicles; car stock *rare*

Wagenplane *f* <nfz> • canvas tilt; tilt *pract*

Wagenreihung *f* <bahn> *(Vorgang; durch Rangieren)* • marshaling *US*; marshalling *GB*

Wagenrücklauf *m* <druck> *(Schreibmaschine)* • carriage return (CR)

Wagenrücklauftaste *f* <druck> *(Schreibmaschine)* • return key; carriage return key; CR key

Wagenschieber *m* <bahn.wz> *(zum Rangieren von Hand)* • car moving device; wagon moving device; wagon pinch bar

Wagenschmiere *f* <tribo> • axle grease

Wagenspinner *m* <textil> *(historisch)* • spinning jenny; Mule Jenny; self-acting mule

Wagenstands-Höhenregulierung *f Opel.rar* <kfz> *(Vorgang und System)* • automatic level control; self-leveling suspension; automatic leveling; electronic load-leveling *Chrysler*, ride levelling *GB.Jaguar*

Wagenstirnwand *f* <bahn> • end

Wagenumlauf *m* <bahn> • car circulation; turn-round of cars; turn-round of wagons; wagon circulation

Wagenzugmasse *f* <bahn> • gross trailing load; train load

Waggon *m* <bahn> *(allg., für Personen od. Güter)* • car *US*; wagon *GB*

Wagner'sche Erde *f* <el> • Wagner earth bridge; Wagner earth

Wagner'scher Hammer *m* <el> • hammer interrupter; Wagner interrupter; hammer break; trembler

Wagner *m obs* <fz> • wagon-maker; coachbuilder

Wagner-Schaltung *f* <el> • Wagner earth bridge; Wagner earth

wagnersche Erde *f* <el> • Wagner earth bridge; Wagner earth

Wagon Wheel Code *m* <edv> *(Strichcodetyp)* • Sunburst Code; Wagon Wheel Code

Wahl *f* <allg> *(Entscheidung für eine von mehreren Optionen)* • choice; selection

Wahl *f* <tele> *(mit Scheibe, Tastatur)* • dialing *US*; dialling *GB*

Wahlaufforderungszeichen *n* <tele> • proceed-to-select signal

Wahlbeginnzeichen *n* <tele> • start-of-pulsing signal

Wahlblock *m* <tele> • keypad

wahlfrei <allg> • optional

wahlfreier Zugriff *m* <edv> • direct memory access (DMA); random access; direct access

wahlfreie Satzausführungsunterdrückung *f* <edv> • optional block skip

wahlfreie Zugriffszeit *f* <edv> *(für einen zufälligen Zugriff auf einen bestimmten Plattensektor)* • average access time; average access speed; effective access time; mean access time

Wahlfrequenz *f* <tele> • pulse speed

Wahl mittels Tastatur *f* <edv> *(Eingabe über Tasten)* • keyboard selection

Wahlregister *n* <edv> • selective register

Wahl rückgängig machen *vi* <tech.allg> *(z. B. Menüoption)* • unselect *vt*; deselect *vt*

Wahlschalter *m* <el> • selector switch; option switch

Wahlschalter *m* <el> *(betont: für B)* • mode switch; selector switch; function selector

Wahlsperre *f* <tele> • dialing restriction *US*; dialling restriction *GB*

Wahlstufe *f* <tele> • switching stage

Wahltaste für Hochgeschwindigkeitsverschluss *f* <av> • high speed shutter button

Wahlumsetzer *m* <tele> • dial converter

wahlweise <tech.allg> *(z. B. Ausstattungsmerkmal, Produkteigenschaft)* • optional

wahlweiser Zeilendruck *m* <edv> • selective line printing

Wahlwiederholung *f* <tele> • redialing *US*; redialling *GB*

wahr <phys> *(z. B. Dichte, Geschwindigkeit, Flughöhe)* • true

wahre Dichte *f* <phys> • true density

wahre Fahrt *f* <aerospace> • true air speed

wahre Fluggeschwindigkeit f <aerospace> • true air speed

wahre Funkpeilung f <navig> • corrected radio bearing

wahrer Absorptionskoeffizient m <el> • selective coefficient of absorption

wahrer Horizont m <navig> • celestial horizon; rational horizon; true horizon

wahrer Kurs m <navig> • desired track [line] (DTK)

wahrer Wert m DIN 1319-1 <msr> • true value

wahrer Wind m <nav> • true wind

wahre Scherhaftfestigkeit f <qualit.mat> • true cohesion

wahres Lot n <msr> • true vertical

Wahrheitsfunktion f <msr> • truth function

Wahrheitstafel f <msr> • truth table

Wahrheitswert m <math> (Logik) • truth value

wahrnehmbar <allg> (hör-, sicht-, riech-, fühl-, schmeckbar) • perceptible

wahrnehmbar <allg> (unterscheidbar, identifizierbar) • discernible

wahrnehmbar <allg> (sichtbares Ereignis) • observable

wahrnehmbar <allg> (mit Anstrengung zu bemerken) • detectable

wahrnehmbar <akust> (Schallereignis; Geräusch, Ton) • audible

Wahrnehmbarkeitsgrenze f <bio> • limit of perceptibility

Wahrnehmungsschwelle f <bio> • perception threshold; difference threshold

Wahrnehmungsvermögen n <bio> • perception capability

wahrscheinlicher Fehler m <qualit> • probable error

Wahrscheinlichkeit f <math> • probability

Wahrscheinlichkeit Null f <math> • zero probability

Wahrscheinlichkeitsamplitude f <math> • probability amplitude

Wahrscheinlichkeitsaussage f <math> • probability statement

Wahrscheinlichkeitsdichte f <math> • probability density

Wahrscheinlichkeitsdichtefunktion f <math> • probability density function

Wahrscheinlichkeitsfaktor m <math> • probability factor

Wahrscheinlichkeitsfunktion f <math> • probability function

Wahrscheinlichkeitsgesetz n <math> • probability law

Wahrscheinlichkeitshäufigkeitsfunktion f <math> • probability frequency function

Wahrscheinlichkeitsintegral n <math> • probability integral

Wahrscheinlichkeitskurve f <math> • probability curve

Wahrscheinlichkeitslogik f <math> • probability logic

Wahrscheinlichkeitsmodell n <math> • probability model; probabilistic model

Wahrscheinlichkeitsnetz n <math> • probability paper

Wahrscheinlichkeitsrechnung f <math> (allg.) • probability calculus

Wahrscheinlichkeitsrechnung f <math> (als Theorie) • probability theory

Wahrscheinlichkeitsstrom m <el> • probability current

Wahrscheinlichkeitsverhältnis n <math> • likelihood ratio

Wahrscheinlichkeitsverteilung f <math> • probability distribution

Wahrscheinlichkeitsverteilungsfunktion f <math> • probability distribution function

Wahrscheinlichkeitswert m <math> • probable value; most probable value

wahrscheinlichste Dauer f <qualit> • most likely duration; most likely time

wahrscheinlichste Geschwindigkeit f <phys> • most probable velocity

Waitstate m prakt <edv> (z. B. bei Festplatten) • waitstate; wait state

Wald m <holz> • forest; timber

Waldaufbau m <holz> (Struktur) • forest structure

Waldbahn-Lokomotive f <bahn> • logging engine

Waldbau m <holz> • silviculture

Waldbesitzarten fpl <agri.jur> • types of forest ownership

Waldbesitzerverbände pl <holz> • associations of woodland owners

Waldbesteuerung f <agri.fin> • taxation of woodlands

Waldbewirtschaftung f <holz> • forest management

Waldbrand m <holz.feuer> • forest fire

Waldbrandbekämpfung f <holz.feuer> • forest fire control

Waldeigentumsarten fpl <agri.jur> • types of forest ownership

Waldeigentumsformen fpl <agri.jur> • types of forest ownership

Walden'sche Umkehrung f <chem.phys> • Walden inversion

waldensche Umkehrung f <chem.phys> • Walden inversion

Walderhaltungsabgabe f <holz.fin> • fee charge on deforestation

Walderschließung f <holz.ökon> • opening-up of forests

Waldfläche f <holz> • forest area; woodland; forest estate

Waldfunktionslehre f <agri> • theory of forest funktions

Waldgesinnung f <holz.ökol> (Einstellung der Bevölkerung zum Wald) • forest mindedness

Waldschäden mpl <holz.ökol> • forest damage

Waldsterben n <holz.ökol> • forest dieback; forest death; severe forest damage

Waldvermessung f <geo.msr> (z. B. Baumhöhen, mit Hypsometer) • forest mensuration

Waldwegebau m <holz.verk> • forest road building; construction of forest roads

Walfangfabrikschiff n <nav> (betont: zur Walölherstellung) • floating whale-oil factory

Walfangfabrikschiff n <nav> (allg.) • whale factory vessel

Walfangmutterschiff n <nav> (betont: zur Walölherstellung) • floating whale-oil factory

Walkaround m rar <av> (Computergrafik) • walkthrough; walkaround rare

Walken n <led> • milling

walken vi <fz> (Reifenflanken) • flex vi

walken vt <allg> (durcharbeiten, -kneten) • work vt

walken vt <led> • mill vt; tumble vt

walken vt <textil> • full vt

Walkerde f <chem> • fuller's earth

walkfester Farbstoff m <led> • milling dye

Walkhammer m <textil> • beater

Walkie-Talkie n ugs <tele> (klein, handlich) • walkie-talkie; radio transceiver

Walking Floor-Auflieger m rar <nfz> • Walking Floor semitrailer pract

Walkman m TM Sony <av> • Walkman TM Sony

Walkmaschine f <led> • milling machine

Walkmaschine f <textil> • fulling machine; felting machine; fulling mill; beater

Walkpenetration f <tribo> (Versuch) • worked penetration

Walkthrough m prakt <av> (Computergrafik) • walkthrough; walkaround rare

Walkung f <fz> (von Reifen) • flexing; buckling

Walkzone f <fz> (von Reifen) • flexing zone; flexing area; flex-zone

Wall m <tech.allg> (als Barriere) • barrier

Wall m <bau> (Befestigung) • rampart

Wall m <bau> (zur Um- od. Begrenzung von etwas; typ. aus Erde) • dam; embankment

wallen *vi rar* <tech.allg> *(schäumende, kochende Flüssigkeit)* • boil up *vi*; bubble up *vi*; bubble *vi*

Wallriff *n* <geo> • barrier reef

Walm *m* <bau> • hip

Walmdach *n* <bau> • hipped roof; hip roof

Walmdachgaube *f* <bau> • hipped roof dormer

Walnussfurnier *n* <holz> • walnut veneer

Walnussholz *n* <holz> • walnut wood

Walnussholz-Schaltknauf *m* <kfz> • walnut gearshift knob

Walöl *n* <bio> • whale oil

Walrat *n ugs* <pharm> *(vom Pottwal stammende Salbengrundlage)* • cetaceum

Walsh-Analyse *f* <math.phys> • Walsh spectral analysis

Walsh-Transformation *f* <math> • Walsh transform

Walther-Verfahren *n* <emiss> *(simultane Abscheidung von NO_x und SO_x)* • Walther process

Walzaluminium *n* <mat> • rolled aluminum *US*; rolled aluminium *GB*

Walzasphalt *m* <bau.mat> • rolled asphalt

Walzasphaltbelag *m* <bau> • rolled asphalt pavement

Walzasphalt-Trocken- und Mischanlage *f* <bau.masch> • asphalt drying and mixing plant

Walzbacke *f* <wz.masch> • rolling die

walzbar <metall> • rollable

Walzbarren *m* <metall> • rolling slab

Walzbelag *m* <bau> • rolled pavement

Walzbeton *m* <bau.mat> • rolled concrete

Walzblech *n* <metall> *(dick)* • rolled plate

Walzblech *n* <metall> *(dünn)* • rolled sheet

Walzblei *n* <mat> • rolled lead

Walzblock *m* <metall> • bloom; rolling ingot

Walzdopplung *f* <metall> • lamination

Walzdorn *m* <metall> • rolling mandrel

Walzdraht *m EN 10079* <mat> • rod wire *EN 10079*; wire rod

Walzdrahtentzunderung *f* <metall> • rod descaling

Walzdrahtmaschine *f* <metall> • rod drawing machine

Walzdruck *m* <metall> • roll pressure

Walze *f* <tech.allg> *(jede Größe und Form)* • roller

Walze *f* <tech.allg> *(eher groß und dick; meist ballig)* • barrel

Walze *f* <tech.allg> *(eher länglich; zum Walzen, Anpressen)* • cylinder

Walze *f DIN 4048* <bau.hydr> *(an Wehrpfeilern gelagerter, zylinderförmiger Wehrverschluss)* • roller drum gate; roller weir

Walze *f* <bau.masch> *(für Rasen, Erde, Asphalt)* • roller

Walze *f* <druck> *(z. B. zum Anfeuchten, Farbauftrag)* • roller; cylinder

Walze *f* <druck> *(Schreibmaschine, Anschlagdrucker)* • platen; typewriter platen roller *rare*; typewriter platen *rare*

Walze *f prakt* <kfz.wz> *(zum Treiben langer, schwachgewölbter Bleche)* • raising and wheeling machine *US*; wheeling machine; English wheel *US*; English roller *US*

Walze *f* <metall> *(im Walzwerk)* • roller; roll

Walze *f* <pap.ents> • roller

Walze *f prakt* <prod> *(für Gummi)* • mastication roller; kneading roller; roll *pract*

Walzebene *f* <metall> • rolling plane

Walzen *n DIN 8583-2* <metall> • rolling; milling

walzen *vt* <led> • roll *vt*

walzen *vt* <metall> *(Bleche, Band, Profile)* • roll *vt*; mill *vt*

Walzenabstand *m* <masch> • roll spacing; roll distance

Walzenabwelkmaschine *f* <led> • rotary samming machine

Walzenachse *f* <masch> • roll axis

Walzenärmel *m* <led> • roller cover; roller sleeve; roller coating; roller covering

Walzenangriff *m* <prod> • roll bite

Walzenanlasser *m* <el> • barrel controller; drum starter

Walzenanordnung *f* <masch> • roll arrangement

Walzenanpressdruck *m* <prod> • roll nip pressure; nip pressure *pract*

Walzenanstellung *f* <prod> • roll adjustment

Walzenauftrag *m* <obfl> *(Werkstück läuft zwischen Walzen durch)* • roller coating *ISO 4618-3*

Walzenauftragmaschine *f* <obfl> • roll coater

Walzenausreckmaschine *f* <led> • cylinder setting-out machine; rubber roll setting-out machine

Walzenbahn *f* <led> *(Karrenwalze)* • rolling bed

Walzenballen *m* <masch> • roll barrel; roll body *rare*

Walzenballenlänge *f* <masch> • roll barrel length

Walzenbezug *m* <led> • roller cover; roller sleeve; roller coating; roller covering

Walzenbiegemaschine *f* <prod> • bending rolls

Walzenblechbiegemaschine *f* <prod> • plate bending rolls

Walzenbombierung *f* <masch> *(allg.)* • roll crowning

Walzenbombierung *f* <pap.prod> • press crown; roll crown

Walzenbrecher *m* <prod> • roller breaker; gyratory breaker; gyratory crusher; roll breaker

Walzenbrikettierpresse *f* <prod> • roll-type briquette machine; roll-type briquetting machine; Belgium roll machine

Walzenbügelmaschine *f* <led.textil> • rotary plating machine

Walzenbürste *f* <textil> *(Ausrüstung)* • brushing roller

Walzenbund *m* <masch> • collar

Walzendrehknopf *m* <druck> *(an Schreibmaschine, Drucker)* • platen knob

Walzendrehmaschine *f* <wz.masch> • roll turning lathe

Walzendrehmoment *n* <metall> • roll torque

Walzendrehschieber *m* <kfz.mot> *(bei 2-Takt-Motoren)* • rotary sleeve valve; cylindrical rotary valve

Walzendruck *m* <prod> • roller pressure; roll pressure

Walzendrucker *m* <druck> • barrel printer; drum printer

Walzendruckmaschine *f* <textil.druck> • roller printing machine

Walzendünnschichttrockner *m* <verf> • drum film drier *US.GB*; drum film dryer *US*

Walzendurchgang *m* <prod> • rolling pass

Walzendynamo *m* <fz> *(Fahrrad)* • roller dynamo

Walzenegreniermaschine *f* <textil> • roller gin

Walzeneinbaustück *n* <metall> • roll chock

Walzenentfleischmaschine *f* <led> • cylinder fleshing machine

Walzenfahrschalter *m* <el> *(z. B. Straßenbahn)* • drum controller

Walzenfalzmaschine *f* <led> • cylinder shaving machine

Walzenfräsen *n* <prod> • plain milling

Walzenfräser *m* <wz.masch> • plain milling cutter; plain cutter

Walzenfreilauf *m* <druck> *(bei Schreibmaschine, Drucker)* • platen release mechanism

Walzenfreilauf *m prakt* <kfz.antr> • one-way roller clutch; roller one-way clutch; roller-type freewheel; single diameter roller-type clutch

Walzengatter *n* <holz> • vertical log frame with roller feed

Walzengestell *n* <metall> • roller frame

Walzenglättwerk *n* <prod> *(für Papier, Textilien, Leder)* • calender

Walzenglanz *m* <led> *(Sohlleder)* • rolling glaze

Walzenguss *m* <metall> • roll casting

Walzenhülse *f* <led> • roller cover; roller sleeve; roller coating; roller covering

Walzenkäfig *m* <masch> • roller cage

Walzenkaliber n <metall> *(freier Querschnitt zw. Walzen)* • roll groove; roll pass

Walzenkalibrierung f <wz> *(Form, Profil)* • roll pass design

Walzenkleeblattzapfen m <wz> • roll wobbler

Walzenkrempel f <textil> • roller card

Walzenkupplungszapfen m <metall> • roll wobbler

Walzenkupplungszapfen m <wz> • roll palm end; roll tenon end

Walzenlackieren n <obfl> • roll coating

Walzenlager n <masch> • roll bearing

Walzenlaufzapfen m <masch> • roll neck

Walzenmanschette f <led> • roller cover; roller sleeve; roller coating; roller covering

Walzenmantel m <masch> • roller shell; roll shell

Walzenmesser npl <pap.ents> • fly bars; beater roll bars

Walzenmischer m <verf> • mixing mill

Walzen mit Gewinderolle gegen Gewindesegment n VDI <prod> • planetary thread-rolling; rotary planetary thread-rolling *rare*; planetary threading

Walzenmühle f <ents.verf> *(zum Zerkleinern von Abfall)* • roll crusher

Walzenmühle f <verf> *(allg.)* • roll grinder; roller mill; roll mill

Walzennachformdrehmaschine f <wz.masch> • roll contouring lathe

Walzenpaar n <textil> *(Strecke; Spinnerei)* • pair of drawing rollers; pair of drafting rollers

Walzenpresse f <verf.hydr> *(in Kläranlage; Rechengutpresse)* • roll press

Walzenquetschwerk n <textil> • roller press

Walzenringmühle f <verf> • ring-roll mill

Walzenrost m <ents.verbr> *(typ. Abfallverbrennungsrost in D)* • roller-type grate; drum grate; roller grate; Duesseldorf grate; German VKW grate

Walzenrost m <verbr> *(allg.)* • roller grate

Walzenschalter m <el> • drum controller; barrel switch

Walzenscheider m <verf> *(magnet.)* • induced-roll magnetic separator; induced-roll separator

Walzenschleifmaschine f <wz.masch> • roll grinding machine

Walzenschloss n <druck> • roller socket

Walzenschlupf m <prod> • roll slippage

Walzenschreiber m <msr> *(z. B. Wetterstation)* • drum recorder

Walzenschrotmühle f <agri> • roller mill

Walzenschüsselmühle f <verf> • roller-and-bowl mill

Walzenspalt m <metall> *(Walzwerk)* • nip

Walzenspalt m <prod.led> *(Walzenabstand)* • nip; apron nip; bite; roll clearance; roll gap

Walzenspalt m <prod.pap> • press nip

Walzenspalt-Profil n <prod.pap> • nip profile; press nip profile

Walzenspeiser m <prod> • roll feeder

Walzenständer m <prod> *(Walzwerk)* • roll housing; roll standard; roller rack

Walzenstirnfräsen n <prod> • face-milling

Walzenstirnfräser m <wz.masch> • end face mill; shell end mill

Walzenstollmaschine f <prod.led> • roll staker; cylinder staking machine

Walzenstreichmaschine f <prod.pap> • roll coater; roller coater

Walzenstreichverfahren n DIN 6730 <pap.obfl> • roll coating

Walzenstreuer m <agri> *(allg.)* • roller-feed distributor

Walzenstreuer m <agri> *(für Dünger)* • roller-feed fertilizer distributor; roller-feed fertiliser distributor GB

Walzenstuhl m <prod.obfl> *(zum Anreiben von Pigmenten)* • roll mill; stone mill

Walzentransport m <edv> *(Drucker)* • friction feed

Walzentrockner m <verf> • drum drier US.GB; roller drier US.GB; drum dryer US

Walzenumfangsgeschwindigkeit f <prod> • roll surface velocity

Walzenventilator m <hlk> • radial fan

Walzenventilator zur Aufbaumontage m <kfz.hlk> • pod-mount radial fan

Walzenvergüteofen m <prod> • roll heat-treating furnace

Walzenverschluss m <bekl> *(Helm)* • slide bar fastener

Walzenverstellhebel m <druck> • platen adjusting lever

Walzen von Brammen n <metall> • slab rolling

Walzen von Knüppeln n <metall> *(Knüppel als Eingangsmaterial)* • billet rolling

Walzenvorschub m <pack> *(Cupper)* • roll feed

Walzenwascheinrichtung f <druck> • roller washing; roller wash

Walzenwaschvorrichtung f <druck> • roller washing; roller wash

Walzenwehr n <bau.hydr> *(an Wehrpfeilern gelagerter, zylinderförmiger Wehrverschluss)* • roller drum gate; roller weir

Walzenwinkel m <metall> • roller angle

Walzenzapfen m <masch> • roll neck

Walzenzuführeinrichtung f <masch> *(zuführende Walzen)* • feed rolls

Walzenzugmotor m <metall> • rolling-mill motor

Walzfehler m <metall> • rolling defect

Walzfell n <prod> *(in Reifen)* • rubber sheet; rubber strip

Walzfräsen n <prod> • peripheral milling; slab milling

Walzgerüst n <metall> • rolling-mill stand; roll stand

Walzglas n <silik> • rolled glass

Walzgrat m <metall> • rolling burr; cold lap

walzhart <metall> • as-rolled

Walzhaut f <metall.obfl> *(Eisenoxidschicht nach dem Warmwalzen)* • mill scale; rolling scale; rolling skin

Walzkante f <prod> • rolled edge; rolling edge

Walzknüppel m <metall> • rolling billet

Walzkraft f <metall> • rolling force

Walzlackieren n DIN EN ISO 4618 <obfl> *(Werkstück läuft zwischen Walzen durch)* • roller coating ISO 4618-3

Walzlackiermaschine f <pack> • roller coater

Walzmaschine f <prod> • rolling machine

Walznaht f <metall> • rolling fin

Walzöl n <tribo> • rolling oil; roll oil

Walzpaket n <metall> • pack

Walzplatte f <metall> • sheet ingot

Walzplattieren n <füg> • roll bonding

Walzplattieren n <obfl> • roll cladding

Walzprägen n <prod> • rotary embossing

Walzprofil n <metall> *(meist Stahl)* • rolled section; rolled structural section

Walzprofilieren n <prod> • roll forming; roll-profiling

Walzpuppe f <metall> • billet

Walzrichtung f <prod> • rolling direction

Walzriss m <metall> • rolling crack

walzschwarz <metall> *(Stahl)* • black-rolled; black as rolled

Walzschweißen n <füg> • roll welding (ROW)

Walzsinter m <metall.obfl> *(Eisenoxidschicht nach dem Warmwalzen)* • mill scale; rolling scale; rolling skin

Walzspalt m <metall> • roll gap

Walzspalteinstellung f <metall> • roll gap setting

Walzsplitter m <ents> • sliver

Walzstahl m <mat> • rolled steel

Walzstahlerzeugnis n <metall> • rolled steel product

Walzstahlprofil n <metall> • rolled steel section; rolled steel structural section

Walzstahlträger m <metall> • rolled steel member

Walzstich m <metall> *(im Walzwerk)* • roll pass; pass *pract*

Walzstraße f <metall> • mill train; roll train

Walztoleranz f <metall> • mill tolerance limits; rolling tolerance limits

Walzträger m <metall> • rolled member

Walzwerk n <metall> • rolling mill; mill *pract*; open roll mill *rare*

Walzwerk n <prod> *(Gummi; Maschine zur Mischungsherstellung und Mastikation)* • mill; mixing rolls

Walzwerksgetriebe n <masch> • rolling-mill mechanism; mill mechanism *pract*

Walzwerksrollgang m <masch> • rolling-mill table

Walzzunder m <metall.obfl> *(Eisenoxidschicht nach dem Warmwalzen)* • mill scale; rolling scale; rolling skin

WAN <edv> • wide area network (WAN)

Wand f <bau> *(allg.; z. B. Stein-, Betonmauer)* • wall

Wand f <masch> *(seitlich)* • side

Wand f <verf> *(von Komponenten; z. B. von Behältern, Rohrleitungen)* • wall

Wandabdeckrahmen m <edv> • outlet jack frame and wallplate

Wandabsaugung f <aerospace> • wall-siphoning

Wandabsorption f <phys> • wall absorption

Wandanker m <bau.füg> *(als Kippschutz; z. B. für Gestelle, Regale)* • wall tie

Wandanschluss m <edv> *(z. B. für LAN, Telefon)* • wall jack

Wandapparat m <tele> • wall telephone set

Wandaufhängung f <bau> *(z. B. von Lampen, Rohren, Kabelpritschen)* • wall suspension

Wandauslass m <med.tech> *(Gasanschluss etc.; im Krankenhaus)* • wall supply; wall unit; terminal unit

Wandbefestigung f <bau.füg> • wall mounting

Wandbekleidung f <bau.innen> *(z. B. Holzpaneele, Stoff)* • wall lining

Wandbelag m <bau> • wall covering

Wandbespannung f <textil> • wall covering

Wandddurchdringung f <bau> *(Vorgang und Ergebnis; z. B. für Rohre, Kabel, Lüftungskanäle)* • wall penetration

Wanddicke f <tech.allg> *(z. B. von Blech, Karton, Rohr)* • wall thickness

Wanddickenmessgerät n <msr> • wall thickness gauge

Wanddickenmessschraube f <msr> • wall thickness micrometer

Wanddickenmessung f <msr> *(eher bei dünnen Querschnitten; z. B. Bleche, Rohre)* • wall-thickness gauging

Wanddickenmessung f <msr> *(allg.)* • wall-thickness measurement

Wanddickensteuerung f <kst.prod> • wall thickness control

Wanddickentoleranzzeiger m <prod> • out-of-tolerance wall-thickness indicator

Wanddickenverringerung f <prod> *(z. B. Tiefziehen, Walzen)* • wall reduction

Wanddickenverteilung f <pack> • wall-thickness distribution

Wanddickenzunahme f <prod> *(z. B. beim Umformen)* • thickening of the wall

Wanddrehkran m <förd> • wall-mounted slewing crane

Wanddruck m <geo.min> • wall pressure

Wanddurchbruch m <bau> *(Vorgang und Ergebnis; z. B. für Rohre, Kabel, Lüftungskanäle)* • wall penetration

Wanddurchführung f <bau.el> *(Schutzrohr für Kabel; z. B. einbetoniert)* • wall bushing

Wanddurchführung f <bau.hlk> • wall duct

Wandeffekt m <phys> *(Strömung)* • wall attachment; wall effect

Wandeinbau-Klimagerät n <hlk> *(typ. in USA und Asien)* • thru-the-wall room air conditioner; room air conditioner for thru-the-wall installation

Wandeldekoration f <theat> • traveling panorama *US*; travelling panorama *GB*

Wandelpanorama n <theat> • traveling panorama *US*; travelling panorama *GB*

Wandenergie f <phys> • domain boundary energy; wall energy

Wandentnahmestelle f <med.tech> *(Gasanschluss etc.; im Krankenhaus)* • wall supply; wall unit; terminal unit

Wandbettadsorber m <verf.ents> • moving-bed adsorber

Wanderbettreaktor m <verf> • moving bed reactor

Wanderbettverfahren n <chem> • moving-bed process

Wanderdüne f <geo> • wandering dune *US*

Wanderdünenbefestigung f <bau> • stabilization of wandering dunes

Wandererosion f <obfl> • wandering erosion

Wanderfeld n <el.phys> • traveling field *US*; travelling field *GB*; moving field

Wanderfeldlaser m <phys> • traveling-wave laser *US*; travelling-wave laser *GB*

Wanderfeldlinearmotor m <el> • linear induction motor

Wanderfeldmagnetfeldröhre f <el> • traveling-wave magnetron *US*; travelling-wave magnetron *GB*

Wanderfeldmagnetron n <el> • traveling-wave magnetron *US*; travelling-wave magnetron *GB*

Wanderfeldmaser m <phys> • traveling-wave maser *US*; travelling-wave maser *GB*

Wanderfeldröhre f <el> • traveling-wave tube *US*; travelling-wave tube *GB*; travelling-wave valve *GB*

Wanderfeldröhrenverstärker m <el> • traveling-wave amplifier *US*; travelling-wave amplifier *GB*

Wanderfeldverstärker m <el> • traveling-wave amplifier *US*; travelling-wave amplifier *GB*

Wanderfläche f <tech.allg> • migration area

Wanderknoter m <textil> *(Gespinstreinigung)* • traveling knotter carriage *US*; travelling knotting carriage *GB*; knotting carriage

Wanderkontakt m <el> • traveling contact *US*; travelling contact *GB*

Wanderlänge f <tech.allg> • migration length

Wanderlager n <logist> • mobile storage

Wanderlast f <mech> *(Berechnung von Trägern; z. B. bei Brücken)* • moving load

wandern vi <tech.allg> *(z. B. Ionen, Feuchtigkeit, Partikel, Öl)* • migrate vi

wandern vi <mech> *(z. B. Last)* • move vi

wandern vi <msr> *(Messwert)* • drift vi; shift vi; wander vi *rare*

wandern vi <phys> *(z. B. Feld, Welle)* • travel vi

wandernder Wirbelsturm m <meteo> *(im mittleren Westen der USA; sehr verwüstend)* • tornado; cyclone coll

Wanderrost m <ents.verf> *(allg.)* • traveling grate *US*; travelling grate *GB*

Wanderrost m <verbr> *(Ofen)* • traveling grate *US*; travelling-grate stoker *GB*

Wanderrost m <verbr> *(Dampferzeuger)* • automatic feed grate; chain grate

Wanderrostfeuerung f <verbr> • traveling-grate furnace *US*; travelling-grate furnace *GB*; chain grate furnace

Wanderschichtreaktor m <emiss.verf> *(regenerative Rauchgasentschwefelung)* • fluidized bed reactor *US*; fluidised bed reactor *GB*

Wanderspleißer m <textil> *(Gespinstreinigung)* • traveling splicer carriage *US*; travelling splicing carriage *GB*; splicing carriage

Wandertisch m <förd> *(Kettenförderer)* • car-type chain conveyor

Wandertisch m <prod> *(allg.)* • conveyor table

Wanderung f <tech.allg> *(von Ionen, Flüssigkeit, Partikel etc.)* • migration

Wanderung f <geo> *(Verlagerung, Verschiebung)* • shift; shifting

Wanderung f <msr> *(von Messwerten)* • drift; drifting

Wanderung f <phys> *(von Magnetfeldern, Wellen)* • travel; traveling *US*; travelling *GB*

Wanderungsgeschwindigkeit f <phys> • drift speed; drift velocity

Wanderungsgeschwindigkeit f <verf> *(Elektroentstauber)* • effective migration velocity

Wanderungsgeschwindigkeit im elektrischen Feld f <phys> • electrophoretic mobility; electrophoretic migration; electrophoretic migration [rate]

Wanderungsstrom m <el.chem> • migration current

Wanderwelle f <phys> • traveling wave *US*; transient wave; travelling wave *GB*

Wanderwellenantenne f <el> • traveling-wave antenna *US*; travelling-wave aerial *GB*

Wanderwellenleitung f <el> • traveling-wave line *US*; travelling-wave line *GB*

Wanderwellenlinearbeschleuniger m <nukl> • traveling-wave linear accelerator *US*; travelling-wave linear accelerator *GB*

Wanderwellenspeiseleitung f <el> • non-resonant line

Wandfeld n <bau> *(große glatte Wandfläche zw. Fenstern, Halbsäulen, Simsen etc.)* • panel

wandgeführt <kfz.mot> *(Gemischbildung beim DI-Benziner)* • wall-formed :V

Wandgemälde n <kunst> • mural; wallpainting

Wandgerät n <tech.allg> *(im Ggs. zu Standgerät)* • wall-mounted set

wandhängend <bau> *(z. B. Heizgerät)* • wall-mount; wall-mounted

wandhängender Sitz m <innen> *(bodenfrei aufgehängt; z. B. in Bussen, Bahnen, Wartesälen)* • cantilever seat

Wandhaftung f <phys> *(Strömung)* • wall attachment

Wandhalter m <bau> *(eher groß, stabil; Klammer, Bügel u. dgl.)* • wall bracket

Wandhalter m <innen> *(eher kleines Teil; zum Befestigen von etw. an einer Wand)* • wall holder

Wandhalterung f <bau> *(eher groß, stabil; Klammer, Bügel u. dgl.)* • wall bracket

Wandhöhe f <bau> • wall height

Wandisolator m <el> • wall insulator

Wandkatalyse f <chem> • wall catalysis

Wandkonsole f <bau> • wall bracket

Wandkopfform f <bio> • head form

Wandladung f <el> • wall charge

Wandladung f <spreng> • wall charge

Wandlaufkran m <förd> • wall crane

Wandleichtbauplatte f <bau.innen> • wallboard

Wandleitwert m <el> • wall admittance

Wandler m <el> *(allg.; z. B. Analog-Digital-Wandler)* • converter

Wandler m <el> *(Schaltkreis oder Zusatzgerät)* • converter

Wandler m <el> *(Trafo plus Elektronik; z. B. mit Oszillator, Gleichrichter)* • voltage transformer; voltage transducer

Wandler m <mech> *(allg.; z. B. Drehmomentwandler)* • converter

Wandlerdeckel m <kfz.antr> *(am Pumpenrad)* • converter cover; converter pump cover; pump cover *pract*

Wandlerelement n <msr> • transducing element; sensing element

Wandlergehäuse n <kfz.antr> *(rotierend; Pumpenrad und Wandlerdeckel)* • converter case; converter housing

Wandlergehäuse n <kfz.antr> *(stationär; Teil des Getriebegehäuses)* • converter housing; converter bell housing

Wandlerglocke f <kfz.antr> *(stationär; Teil des Getriebegehäuses)* • converter housing; converter bell housing

Wandlerinstrument n <msr> • transformer-type instrument

Wandlerkopf m <msr> • transducer head

Wandler-Schaltkupplung f (WSK) <kfz.antr> • converter and clutch unit *ZF*

Wandlerschlupf m <kfz.antr> • converter slip

Wandlerstromauslösung f <el> • transducer tripping

Wandlerstufe f <av> *(auf Soundkarte)* • AD circuitry; audio converter; digital voice channel; codec

Wandlerüberbrückung f <kfz.antr> *(Vorgang, Funktion)* • torque converter lockup; converter lockup

Wandlerüberbrückungskupplung f <kfz.antr> • direct-drive clutch (DDC); torque converter lockup clutch; torque converter clutch; lockup clutch

Wandlerüberbrückungs-Magnetventil n <kfz.msr> • torque converter lockup solenoid

Wandleuchte f <licht> *(allg.)* • wall fitting

Wandleuchte f <licht.innen> • wall sconce; sconce *pract*

Wandleuchte mit Glasschirm f <licht> • hurricane wall sconce; hurricane-shade wall sconce

Wandlüfter m <hlk> *(Luft strömt durch die Wand)* • wall-mounted fan

Wandlungszeit f <edv.av> • conversion time

Wandmalerei f <kunst> • mural; wallpainting

Wandmontage f <bau.füg> • wall mounting

Wandpfeiler m <bau> *(lisenenartig)* • pilaster

Wandplatte f <bau> *(allg.)* • wall panel

Wandplatte f <bau> *(groß; z. B. Fertigteil aus Beton)* • wall slab

Wandplatte f <bau.innen> *(Leichtbauplatte)* • wallboard

Wandpotential n <phys> • wall potential; floating potential

Wandprojektion f <phot> • wall projection; horizontal projection

Wandradialbohrmaschine f <wz.masch> • radial wall drilling machine

Wandrauheit f <obfl> *(z. B. an der Innenwand von Rohren; Strömungswiderstand)* • wall surface roughness

Wandreaktion f <chem> • wall reaction

Wandreflexion f <phys> *(z. B. von Licht, Wärme)* • wall reflection

Wandreflexionsgrad m <opt> • wall reflectance

Wandreibung f <phys> *(Strömung)* • wall friction

Wandreibung f <prod> *(von Formwerkzeugen)* • die-wall friction

Wandreibungswinkel m <phys> • wall friction angle

Wandrekombination f <chem> • wall recombination

Wandsäule f <bau> • half column

Wandschalung f <bau> • wall form

Wandschild n <bau> *(für Tierpräparate, z. B. Geweih)* • wall panel; wall shield

Wandschubspannung f <phys> *(durch Strömungsreibung)* • wall shearing stress

Wandstärke f <tech.allg> *(z. B. von Blech, Karton, Rohr)* • wall thickness

Wandsteckdose f <bau> *(allg.; z. B. für Strom, Druckluft, Gas)* • wall socket; wall outlet

Wandsteifigkeit f <kfz> *(Reifen-Seitenwand)* • suppleness

Wandstrahlelement n <phys> • wall attachment device

Wandstrahlungsheizung f <hlk> • wall panel heating

Wandstrahlverstärker m <phys> • wall attachment amplifier

Wandstreuung f <phys> • room scattering

Wandstützpfeiler m <bau> • wall-supporting buttress; buttress; counterfort *rare*

Wandtäfelung f <bau.innen> *(typ. aus Holz)* • wainscot; wall paneling *US*; paneling *US*; panelling *GB*

Wandtafel f <bau> *(allg.; tragend oder Verkleidung; z. B. Betonfertigteil od. Holzpaneel)* • wall panel

Wandtafel f <bau> *(groß; z. B. Fertigteil aus Beton)* • wall slab

Wandtemperatur f <phys> • wall temperature

Wandteppich m <textil.kunst> • tapestry

Wandung f <verf> *(von Komponenten; z. B. von Behältern, Rohrleitungen)* • wall

Wandverbinder m <bau.füg> *(als Kippschutz; z. B. für Gestelle, Regale)* • wall tie

Wandverkleidung f <bau> *(allg., jedes Material; eher eng anliegend)* • wall lining

Wandverkleidung f <bau.innen> *(typ. aus Holz)* • wainscot; wall paneling *US*; paneling *US*; panelling *GB*

Wandverkleidung f <bau.textil> *(mit Stoff; eher locker)* • wall draping

Wandverluste mpl <phys> *(Strömung)* • wall loss; wall losses

Wandverunreinigungen f <nukl> *(Belastung)* • wall loading

Wandvitrine f <innen> • wall mounted display cabinet; glass door wall cabinet

Wandwange f <bau> • wall string

Wange f <bau> *(Seite einer Rahmenkonstruktion)* • frame side

Wange f <bau> *(Treppenhaus)* • stringboard; string

Wange f <masch> *(z. B. an Kurbelzapfen)* • cheek

Wange f <masch> *(Seitenwand)* • side wall

Wange f <wz> • bearer

Wange f <wz> *(Schere)* • shear

Wangenfutter n <bekl> *(Helm)* • cheek padding; cheek pad

Wangenpolster n <bekl> *(Helm)* • cheek padding; cheek pad

Wankachse f <fz> *(horizontal, längs)* • roll axis

Wankelmotor m ugs <kfz.mot> *(Wankel-type)* • rotary piston engine; rotary engine *pract*; Wankel engine *rare*

Wanken nsg <fz> *(Bewegung um die Fahrzeuglängsachse)* • rolling

wanken vi <kfz> *(Fahrzeug, Aufbau, Karosserie)* • roll vi

Wanklenken n <kfz> • roll-steer effect; roll-steer; turn-in rate

Wankwiderstand m <kfz> *(gegen Seitenneigung in Kurven)* • roll resistance; roll stiffness

Wankwinkel m <fz> *(betont: Winkel der Seitenneigung; z. B. einer Karosserie)* • roll angle

Wankzentrum n <kfz> • roll center *US*; roll centre *GB*

Wanne f <tech.allg> *(für Wasser; z. B. aus Blech, Kunststoff)* • basin; tray; trough

Wanne f ugs <bau.innen> *(im Badezimmer)* • bathtub *US*; bath *GB*; tub *US.GB.coll*

Wanne f <geo> *(große Senke)* • basin; depression

Wanne f <masch> *(flach; zum Auffangen von etw.; z. B. von Spänen, Schneidöl)* • tray; pan

Wanne f <math> *(in Kurve)* • sag curve

Wanne f <metall> *(Elektroofen)* • crucible

Wanne f <nahr.prod> *(für Speiseeis)* • bulk can; can

Wanneform f <silik> *(Schmelzwanne)* • trough; tank

Wannenform f <tech.allg> • boat form

Wannenglas n <silik> • tank glass

Wannengründung f <bau> • tanking

Wannenofen m <silik> • tank furnace

Wannenofen m <verf> • pot furnace

Wannenposition f <füg> *(Schweißlage für Handschweißung)* • down hand position; gravity position

Wannier-Mott-Exziton n <phys> *(Halbleiter, Kristallisolator)* • Wannier exciton

Wanzenkraut n <bio> • black snakeroot; cimicifuga racemosa

WAP <tele> • Wireless Application Protocol (WAP)

WAP-basierte Mobilfunkdienste mpl <tele> • WAP-based wireless services

WAP-basierte Mobilfunk-Informationsdienste mpl <tele> • WAP-based wireless information services

WAP-Dienst m <tele> • WAP service

WAP-fähiges Mobiltelefon n <tele> • WAP-enabled handset; Wireless Access Protocol-enabled handset *form*; WAP mobile phone *coll*; WAP cell phone *coll*

WAP-Handy n ugs <tele> • WAP-enabled handset; Wireless Access Protocol-enabled handset *form*; WAP mobile phone *coll*; WAP cell phone *coll*

WAP-Protokoll n <tele> • Wireless Application Protocol (WAP)

WAP-Technologie f <tele> • WAP technology

Wapu-Zange f prakt <wz> *(mit Gleitgelenk; allgemein)* • multiple slip joint plier *ISO 5742*; slip joint pliers *US*; adjustable joint pliers *US*; multigrip pliers *GB*; waterpump pliers *US*

Ward-Leonard-Schaltung f <el> • Ward-Leonard speed-control system; Ward-Leonard system

Ware f <logist> *(am/auf Lager)* • stores npl; stock

Ware f <ökon> *(als einzelner Artikel)* • article; item

Ware f <ökon> *(als Gesamtheit)* • commodities pl; goods pl

Ware f <textil> *(Stoff; z. B. fein, hochwertig, seidenartig)* • material

Waren fpl <ökon> *(als Gesamtheit)* • commodities pl; goods pl

Warenabgabe f <logist> *(am Lager)* • dispatch

Warenabzugsgetriebe n <textil> • take-up motion; cloth take-up motion; fabric take-up motion

Warenannahme f <logist> • goods reception

Warenausgang m <logist> *(betont: Bereich)* • shipping [area]; goods output; issuing [area]; goods outwards

Warenausgangsprüfung f <logist> *(funktional)* • outbound inspection; outbound quality audit; delivery check; dispatch control

Warenausgangsverkehr m <logist> • out-bound logistics

Warenbaum m <textil> • cloth roller; cloth beam *US*; cloth roll

Warenbaumregulator m <textil> • take-up motion; cloth take-up motion; fabric take-up motion

Warenbestand m <fin> *(Inventar)* • trading stock; stock on trade; stock in trade

Wareneingang m <logist> *(betont: Bereich)* • receiving [area]; goods input; goods inwards

Wareneingangsprüfung f <logist> • quantity control

Wareneingangsverkehr m <logist> • in-bound logistics

Warenhaus n <ökon> • department store

Warenkorb m <logist> *(in Fördersystem)* • tray

Warenpartie f <textil> • lot; batch

Warenprobe f <werb> • trial sample; sample

Warenumschlag Straße-Schiene m <logist> • truck-rail turn-arounds

Warenverteilzentrum n <logist> • distribution center *US*; distribution centre *GB*

Warenzeichen n <jur> • trademark; brand name; mark *coll*

warm <tech.allg> *(beliebig hohe Temperatur; z. B. bei Wärmebehandlung, Stahlverarbeitung)* • hot

warm (W) <licht> *(Farbton mit Gelbanteil)* • warm (W)

warmabbindender Klebstoff m <füg> • hot-curing adhesive; hot-setting adhesive; heat-curing adhesive; heat-setting adhesive

Warmabfüllung f <nahr> • warm filling; hot bottling; thermotic bottling

Warmarbeitsstahl m <metall> *(für Schneidwerkzeug)* • hot-forming tool steel; hot-forming steel; hot work tool steel; hot work steel

Warmaushärtung f <mat> *(durch Vernetzen)* • thermosetting

Warmaushärtung f <metall> • artificial aging; hot age hardening

Warmbad n <verf> • hot bath

Warmbadhärten n <metall> (allg.) • hot-bath hardening

Warmbadhärten n <metall> (betont: Abschrecken) • hot quenching; marquenching; martempering

Warmband n <metall> • hot-rolled strip; hot strip

warmbearbeitbar <mat> • hot-workable

Warmbearbeitung f <prod> • hot working

Warmbeladung f <nukl> • hot loading

Warmbeladung f <nukl> • hot reactor loading

Warmbiegeversuch m <qualit.mat> • hot-bending test

Warmblasen n <metall> • hot blowing

Warmblechwalzwerk n <metall> • hot-plate mill

Warmbleiche f <pap> (Substanz) • warm bleach

Warmbleiche f <pap> (Prozess) • warm bleaching

Warmbreitbandcoil m <metall> • hot-rolled strip coil

Warmbreitbandwalzwerk n <metall> • hot strip mill; hot strip rolling mill

warmbrüchig <mat> • hot-brittle; hot-short

Warmbrüchigkeit f <mat> • hot brittleness; hot shortness

Warmdruckfestigkeit f <qualit.mat> • hot compressive strength

Warmdusche f <hygi> • hot shower

Warmentgraten n <prod> • hot trimming

Warmentgratgesenk n <wz> • hot-trimming die

warme Seite f <hlk> (z. B. eines Kältemittelkreislaufs) • high temperature end

warmes Papier n <phot> (mit bräunlichen Grau- und Schwarztönen) • warm-tone paper

warmes Wasser n <hlk> • hot water

warme Zündkerze f <kfz.el> • hot spark plug; hot running spark plug; hot type spark plug

Warmfederindikator m <msr> • inside-spring indicator

warmfest <qualit> • high-temperature resistant

warmfester Stahl m <metall> • heat-resisting steel

warmfester und hitzebeständiger Stahl m <metall> • heat-resisting steel

warmfester Werkstoff m <qualit.mat> • high-temperature material

Warmfestigkeit f <qualit.mat> • high-temperature stability; high-temperature strength rare

Warmfließgrenze f <qualit.mat> • yield point at elevated temperatures

Warmfließpressen n <prod> • hot extrusion

Warmformänderungsvermögen n <qualit.mat> • hot forming property

Warmformen n <kst> • thermoforming

Warmformung f <prod> • hot forming

Warmformwerkzeug n <prod> • hot-forming die

Warmfüllung f <nahr> • warm filling; hot bottling; thermotic bottling

Warmgasschweißen n <füg> • hot gas welding

warmgereckt <prod> • hot-strained

warmgerichtet <prod> • hot-straightened

Warmgesenk n <prod> • hot die

Warmgesenkdrücken n <prod> • hot swaging

Warmgesenkpressen n <prod> • hot die pressing

warmgewalzt <metall> (z. B. Stahl) • hot-rolled

warmgewalztes Profil n <metall> • hot-rolled steel member

warmgewickelt <metall> • hot-coiled; hot-wound

Warmgewindewalzen n <prod> • hot thread rolling

warmgezogen <prod> • hot-drawn

warmgrau <kunst> • brownish grey

Warmhämmern n <prod> • hot swaging

Warmhärte f <mat> • hot hardness; elevated-temperature hardness

Warmhärten n <kst> (durch Vernetzung) • heat curing

warmhärtend <kst> (z. B. Kleber) • hot-setting; high-temperature-setting

warmhärtender Klebstoff m <füg> • hot-curing adhesive; hot-setting adhesive; heat-curing adhesive; heat-setting adhesive

Warmhärteprüfung f <qualit.mat> • hot hardness test

Warmhärtung f <mat> • warm cure

Warmhaltekanne f Privileg <el> • thermal carafe Black&Decker

Warmhalteofen m <verf> • holding furnace

Warmhalteplatte f Privileg <el> • warming plate Krups

Warmhalteplatte f <gastr> (für Speisen auf dem Tisch) • hot tray

Warmhaltetemperatur f <verf> • holding temperature

Warmkaliber n <prod> • hot groove

Warmkammer f <prod> • hot chamber

Warmkammerdruckgießautomat m <prod> • automatic hot-chamber die-casting machine

Warmkammerdruckgießen n <prod> • hot-chamber die casting

Warmkammerdruckgießmaschine f <prod> • hot-chamber die-casting machine

Warmkammerdruckguss m <prod> • hot-chamber die casting

Warmkapazität f <el> • interelectrode capacitance

Warmkautschuk m <kst> • hot rubber

Warmkleber m <füg> • hot-curing adhesive; hot-setting adhesive; heat-curing adhesive; heat-setting adhesive

Warmkreissäge f <wz.masch> • hot circular saw

Warmlauf m prakt <kfz.mot> (von Motoren) • warm-up period; warm-up pract

Warmlaufanreicherung f <kfz.mot> (letzte Anreicherungsphase nach dem Kaltstart) • warm-up enrichment

Warmlaufanreicherung f <kfz.mot> (allg.) • cold-start enrichment

Warmlaufeigenschaften fpl <kfz> • cold drivability

warmlaufen vi <tech.allg> (z. B. Kopierer) • heat vi

warmlaufen vi <masch> (zu heiß werden; z. B. Maschinen, Lager) • run hot vi; overheat vi; get hot vi

warmlaufen vi <mot> • warm up vi

Warmlaufphase f <kfz.mot> (von Motoren) • warm-up period; warm-up pract

Warmlaufregler m <kfz.mot> (K-Jetronic) • warm-up control unit

Warmlaufzeit f <tech.allg> (von Maschinen, Anlagen; bis zum Erreichen der Betriebstemperatur) • warm-up time; warm-up phase

Warmleim m <obfl.holz> • glutine glue; hot glue

Warmluft f <tech.allg> • hot air

Warmluftanlage f <kfz.hlk> (im Caravan) • warm air heating system; blown air heating [system]

Warmluftführung f <kfz> • heater air pipe

Warmluftleitung f <kfz.emiss> (bei luftgekühlten Motoren) • hot air pipe

Warmluftmantel m <hlk> • hot-air jacket

Warmluft-Zentralheizungsanlage f <hlk> • hot air heating system; hot-air space heating system

Warmluftzentralheizungsanlage f <hlk> • hot air heating system; hot-air space heating system

Warmmischmethode f <nahr.prod> (Speiseeismix) • warm blending; warm-mixing process

Warmnebelgerät n <agri> • thermal aerosol fogger; thermal fogger

Warmnebenschluss m <kfz.el> • hot shunting

Warmnieten n <füg> • hot riveting US; hot rivetting GB

Warmpilgern n <metall> • hot pilger rolling

Warmprägung f <prod> • hot embossing

Warmpressen n <prod> • hot pressing

Warmpressen im Gesenk n <prod> • press-forging

Warmpressgesenk n <prod> • hot-pressing die
Warmpressschweißen n DIN 1910 <füg> • hot pressure welding
Warmrecken n <prod> • hot straining
Warmrekristallisation f <metall> • recrystallization in hot-worked material
Warmrichten n <prod> • hot straightening
Warmriss m <qualit.mat> (in Metall; z. B. beim Wärmebe-handeln, Schmieden, Walzen) • heat crack; thermal crack; hot crack; heat check; check
Warmriss m <qualit.mat> (in Öfen, Ausmauerungen, Tiegeln) • fire crack
Warmrissbildung f <metall> • heat crack formation; heat cracking; thermal cracking
Warmsäge f <wz.masch> • hot saw
Warmsägen n <prod> • hot saw cutting; hot sawing
Warmschere f <prod> • hot shears; hot shear
Warmschmieden n <prod> • hot forging
Warmschrot m • hot bottom chisel
Warmschrot m • hot chisel
Warmschrot m <metall.wz> (Ambosshilfswerkzeug; zum Abhauen) • hardie; hardy; blacksmith's hardy rare
Warmschrotmeißel m <wz> • hot top chisel; hot set
Warmschweißen n <füg> • hot welding
Warmspanen n <prod> • hot machining
Warmspritzen n <obfl> • warm spray
Warmspritzen n <obfl> • warm spraying
warmspröde <mat> • hot-brittle
warmspröde <mat> • hot-short
Warmsprödigkeit f <mat> • hot brittleness
Warmsprödigkeit f <mat> • hot shortness
Warmstart m <edv> • warm boot
Warmstart m <kfz> (Vorgang des Startens) • hot starting
Warmstart m <kfz> (Resultat des Startens) • hot start
Warmstart m <kfz.mot> • warm start
Warmstartanreicherung f <kfz.mot> • hot start enrichment
Warmstarteinrichtung f <kfz.mot> • auxiliary vacuum break
Warmstart-Impulsrelais n <kfz.msr> (Kraftstoffeinsprit-zung) • hot-start pulse relay
Warmstartlampe f • preheat lamp
Warmstartlampe f <mot> • hot-hot-cathode lamp
Warmstartlampe f <mot> • hot-start lamp
Warmstauchen n <prod> • hot heading
Warmstauchen n <prod> • hot upsetting
Warmstrangpressen n <prod> • hot extrusion
Warmstreckgrenze f <qualit.mat> • tensile yield point at elevated temperature
Warmstreckgrenze f <qualit.mat> (im Zugversuch ermit-telte Fließgrenze) • yield point at elevated temperature
Warmtonentwickler m <phot> • warm-tone developer
Warmtonpapier n <phot> (mit bräunlichen Grau- und Schwarztönen) • warm-tone paper
Warmumformung f rar <kst> • thermoforming
Warmumformung f <metall> • hot working
Warmverarbeitung f <prod> (allg.) • hot processing
Warmverarbeitung f <prod> (eher bei Metallen) • hot working
warmverfestigender Klebstoff m <füg> • hot-curing ad-hesive; hot-setting adhesive; heat-curing adhesive; heat-setting adhesive
Warmverfestigung f <qualit.mat> • hot-work hardening
Warmverformung f <qualit.mat> • hot deformation
warmvernetzender Klebstoff m <füg> • hot-curing ad-hesive; hot-setting adhesive; heat-curing adhesive; heat-setting adhesive
Warmversprödung f <qualit.mat> • hot embrittlement
Warmversuch m <qualit> (bei erhöhten Temperaturen) • elevated-temperature test

Warmversuch m <qualit> (allg.) • hot test
Warmwalzen n <metall> • hot rolling
Warmwalzprofil n <metall> • hot-rolled steel member
Warmwalzstraße f <metall> • hot-rolling train; hot-rolling mill train
Warmwalzwerk n <metall> • hot-rolling mill
Warmwasser n <hlk> • hot water
Warmwasserbedarf m <hlk> (im Privathausbereich) • domestic hot water demand
Warmwasserbereiter m <hlk> • hot-water heater; geyser GB; water-heater
Warmwasserbereitung f <hlk> (z. B. mit Sonnenkollekto-ren, Wärmepumpen) • water heating
Warmwasser-Fußbodenheizung f <hlk> • hydronic floor heating system
Warmwasserheizkessel m <hlk> • hot-water boiler
Warmwasserheizung f <hlk> (als Prozess, Prinzip) • hot-water heating
Warmwasserheizung f <hlk> (als System, Einrichtung) • hydronic space heating system; hot-water space heating system
Warmwasser-Heizungsanlage f <hlk> (als System, Ein-richtung) • hydronic space heating system; hot-water space heating system
Warmwasserheizungsanlage f <hlk> (als System, Ein-richtung) • hydronic space heating system; hot-water space heating system
Warmwasserinjektor m <tech.allg> • hot-water injector
Warmwasserpumpe f <förd> (allg.) • hot-water pump
Warmwasserpumpe f <hlk> (betont: zur schnelleren Umwälzung) • accelerator pump
Warmwasserschwerkraftheizung f <hlk> • gravity hot-water heating
Warmwasserspeicher m <hlk> (für Wohngebäude) • domestic hot water storage tank
Warmwasserspender m <hlk> • instantaneous water-heater
Warmwassertrichter m <hlk> • hot-water funnel
Warmwasser-Wärmepumpe f <hlk> • hot-water heat pump; heat pump water heater
Warmwasserwärmepumpe f <hlk> • hot-water heat pump; heat pump water heater
Warmwasser-Zentralheizungsanlage f <hlk> • hydro-nic space heating system
warmweißes Licht n <licht> (Lichtfarbe von 3000 K; z. B. von Halogen-Metalldampf-Lampen) • warm white light
Warmzerreißmaschine f obs <qualit.mat> • hot-tensile testing machine
Warmziehen n <prod> • hot drawing
Warmzugprüfmaschine f <qualit.mat> • hot-tensile test-ing machine
Warmzugversuch m <qualit.mat> • hot tensile test; ele-vated-temperature tensile test
Warmzustand m <licht> (einer Lampe) • warm state; hot state
Warnaufkleber m <prod> • self-adhesive warning sign
Warnblinkanlage f <kfz.el> • hazard warning lights
Warnblinkleuchte f <kfz> (Zubehörteil) • hazard warning light; hazard warning flasher
Warnblinkschalter m <kfz.msr> • hazard warning switch
Warndreieck n <kfz> (reflektierend) • triangular safety re-flector; triangular reflector; warning triangle GB
Warnetikett n <doku> • precautionary label ANSI Z123.1
Warnetikett n <pack> • warning label
Warngerät n <alarm> • warning device
Warngerät n <mil> • predictor
Warngerät n <msr> (z. Überwachung von Messwerten etc.) • monitor

Warnglocke f <alarm> *(allg.)* • alarm bell; warning bell; signalling bell *GB*

Warngrenze f *DIN 55350-33* <qualit> *(Wert einer Qualitätsregel)* • warning limit

Warnhinweis m <doku> *(Hinweis auf Verletzungsrisiko)* • warning

Warnhinweis m <doku> *(Hinweis auf Sachschadenrisiko)* • caution

Warnhinweise mpl <doku> *(allg.; z. B. in Werkstattliteratur, Produktdokumentation, Anleitungen)* • warnings and cautions

Warnlampe f <msr> *(betont: Warnung vor Störung, anomaler Zustand; typ. rot od. gelb)* • warning lamp

Warnleuchte f <msr> *(betont: blinkend)* • flashing warning light

Warnleuchte f <msr> *(für Lebensgefahr)* • danger light

Warnleuchte f <msr> *(zur Warnung vor Störung, anomalem Zustand; typ. rot od. gelb)* • warning light (WRNG LITE)

Warnleuchte f rar <msr> *(allg. für Betriebszustand; z. B. EIN/AUS; jede Farbe möglich)* • indicator light (IND LITE); indicator *pract.coll*; signal light *rare*

Warnleuchte der Lambda-Sonde f <kfz.el> • oxygen sensor indicator light; oxygen sensor indicator

Warnleuchte des Abgasrückführsystems f <kfz.emiss> • EGR indicator; EGR indicator light

Warnleuchte für abgenutzte Bremsbeläge f <kfz.msr> • brake wear warning light

Warnleuchte für angezogene Handbremse f <kfz.msr> • hand brake warning light

Warnleuchte für Handbremse und Bremsflüssigkeit f <kfz.msr> • low brake fluid level hand brake ON indicator

Warnleuchte für nicht angelegte Sicherheitsgurte f <kfz.msr> • seat belt warning light; seat belt reminder light; safety belt reminder light *GM*; safety belt warning light *Ford*; fasten seat belt warning light *Ford*

Warnleuchte für offene Tür f <kfz.msr> • door ajar indicator

Warnleuchte für zu niedrigen Kühlmittelstand f <msr> • coolant level warning light; low coolant warning light

Warnleuchte für zu niedrigen Motorölstand f did <msr> • engine oil level warning light; low oil warning light

Warnleuchte für zu niedrigen Öldruck f <msr> • oil pressure warning light; insufficient oil pressure indicator did; oil-pressure indicator lamp

Warnleuchtfeld n <alarm> • alarm annunciator

Warnlicht n <verk> *(vor Verkehrshindernis)* • obstruction lantern

Warnmeldung f <msr> • warning message

Warnmelodie f <msr> • warning signal chime

Warnsignal n *DIN EN 475* <med.tech> • high priority alarm *ASTM F 1463*

Warnsignal n <msr> • caution signal

Warnsignal n <msr> *(Signal, Meldevorgang)* • alarm signal; alarm; alert

Warnsignal für Stromausfall n <alarm> • power-failure flag

Warnsummer m <msr> • warning buzzer [signal]; buzzer *pract*

Warnsystem n <alarm> • alarm system

Warnton „Zündschlüssel steckt" m <kfz.el> • ignition key chime *Ford*; ignition key buzzer; ignition key reminder chime; key-in warning buzzer *GM*

Warnung f <allg> • warning

Warnungsboje f <sich> • danger buoy

Warnungszeitspanne f <navig> • warning time

Warnzeichen n <doku> • warning symbol

Warnzeichen n <verk> • warning sign

Warnzeichen für Gefahr n <doku> • hazard warning symbol *IEEE*

Warnzettel m *DIN 55405* <pack> • warning label

Warpanker m <nav> • kedge anchor; kedge

Warping n <edv> • warping

Warpleine f <nav> • warp line; warp

Warptonne f <nav> • warping buoy

Warte f prakt <tech.allg> *(allg. von Anlagen)* • control room; control center *US*; control centre *GB*; control stand *rare*

Warteanforderung f <edv> • wait request

Warteaufruf m <edv> • wait call

Wartebedingung f <edv> • wait condition

Wartebetrieb m <edv> • stand-by mode

Wartebetrieb m (DM) *DIN ISO 3309* <edv> *(Meldungsblock)* • disconnected mode (DM) *ISO 3309*

Wartefeld n <edv> • queue

Wartefeld n <tele> • call storing panel

Wartefunkfeuer n <navig> • holding beacon

Wartegleis n <bahn> • holding track

Wartegruppe f <bahn> • storage sidings

Wartehäuschen n <verk> *(an Bushaltestelle)* • bus shelter

Wartehöhe f <aerospace> • holding altitude

Wartelinie f <verk> *(Fahrbahnmarkierung)* • waiting line

Warteliste f <allg> *(Buchung von Plätzen in Eisenbahn, Fähre, Flugzeug; Amt, Arztpraxis)* • waiting list

Warteliste f <tech.allg> • queuing list

Wartemusik f <tele> • music on hold

warten vi <tech.allg> *(in Schlange, hintereinander)* • queue vi

warten vi <tech.allg> *(auf ein Ereignis usw.)* • wait vi

warten vt <tech.allg> *(pflegen, sich kümmern um etw.; z. B. eine Maschine)* • tend vt

warten vt <rep> *(betriebsfähig halten; z. B. Maschine, Fahrzeug)* • service vt; maintain vt

wartendes Programm n <edv> • waiting program

Wartentafel f <energ.msr> • power-plant control panel *US*; power-station control panel *GB*

Wartephase f <tech.allg> • stand-by condition

Warteplatz m <tele> • queue place

Warteplatz m <wz> • storage bank

Wartepunkt m <aerospace> • holding point

Warteschaltung f <msr> • holding circuit

Warteschlange f <allg> *(Fertigung, Fördertechnik, Verkehr; z. B. an Haltestelle, Kasse)* • waiting line; queue

Warteschlange f <tech.allg> *(Fahrzeuge, Personen)* • waiting queue

Warteschlange bilden vi <edv.tele> • queue vi

Warteschlangenbetrieb m <tech.allg> • queuing [mode]

Warteschlangenlänge f <tech.allg> • queue length

Warteschlangenpriorität f <edv> • queue priority

Warteschlangenproblem n <math> • queuing problem

Warteschlangentheorie f <math> • queuing theory *US.GB*; waitingline theory *rare*; queueing theory *GB*

Warteschlangenzugriff m <edv> • queued access

Warteschlange vor dem Abfertigungsschalter f <tour> *(z. B. im Flughafen)* • check-in line

Warteschleife f <tech.allg> *(z. B. Datenverarbeitung, Landeanflug)* • waiting loop

Warteschleife f <aerospace> *(vor Landung)* • holding pattern; waiting loop

Warteschleife f <edv> • timing loop

Warteschleife f <edv> *(im Programmablauf)* • waitstate; wait state

Wartespeicher m <edv> • queuing buffer; push-up store

Wartestation f <edv> • passive station

Wartesystem n <tech.allg> • queuing system

Wartesystem *n* <tele> • delay system

Wartetakt *m* <edv> *(z. B. bei Festplatten)* • waitstate; wait state

Warteverfahren *n* <aerospace> • holding pattern

Wartezeit *f* <allg> • waiting time

Wartezeit *f* <tech.allg> *(als Verzögerung)* • delay

Wartezeit *f* <tech.allg> *(im Standby-Zustand)* • stand-by time

Wartezeit *f* <aerospace> *(z. B. vor Landung, in Warteschleife)* • holding time; holding-area flight time

Wartezeit *f* <tele> *(z. B. beim Vermitteln)* • hold time; time on hold

Wartezeit auf Zementhärtung *f* <petr> *(Bohrpause)* • waiting on cement (WOC)

Wartezeitbetrieb *m* <tele> • delay working

Wartezeitproblem *n* <math> • queuing problem

Wartezeitproblem *n* <tele> • congestion problem

Wartezustand *m* <tech.allg> • waiting state

Wartezustand *m* <tele> • hold; camp-on

Wartezyklus *m* <edv> *(z. B. bei Festplatten)* • waitstate; wait state

Wartezyklus *m* <edv> *(im Programmablauf)* • waitstate; wait state

Wartung *f* <tech.allg> *(betont: Beaufsichtigung durch eine Person)* • human attendance; attendance

Wartung *f* <tech.allg> *(durch Bedienperson; z. B. Maschinenführer)* • operator attention

Wartung *f* <tech.allg> *(Maßnahmen zur Aufrechterhaltung der Funktionsfähigkeit)* • maintenance; preventive maintenance *form*; servicing *pract*; upkeeping *coll.rare*

Wartung *f* <rep> *(betont: Ereignis, z. B. gemäß Terminplan)* • service

Wartungsanzeiger *m* <msr> • maintenance indicator

Wartungsarbeiten *fpl* <rep> • service efforts; service measures

wartungsarm <qualit> • low-maintenance

wartungsarme Batterie *f* <energ.sol> *(mit Gehäuse und Öffnungen zum Säurenachfüllen)* • open battery

wartungsarme Batterie *f* <kfz.el> *(Elektrolytstandkontrolle alle 12–24 Monate)* • low-maintenance battery

Wartungsaufwand *m* <rep> • service requirements *pl*

Wartungsbühne *f* <tech.allg> *(z. B. von Lagern)* • maintenance platform

Wartungsfeld *n* <wz.masch> • maintenance console

wartungsfrei <tech.allg> • maintenance-free; service-free *rare*

wartungsfreie Batterie *f* <el> *(100% wartungsfrei, Deckel versiegelt)* • maintenance-free battery

wartungsfreier Betrieb *m* <tech.allg> • maintenance-free operation

wartungsfreundlich <tech.allg> • easy to maintain

Wartungshandbuch *n* <doku.rep> • service manual; maintenance manual

Wartungsintensität *f* <rep> • service requirements *:V*

Wartungsintervall *n* <rep> • service interval; maintenance interval

Wartungskonsole *f* <masch> • service console; maintenance console

Wartungsmaßnahmen *fpl* <rep> • service efforts; service measures

Wartungspersonal *n* <tech.allg> • service personnel

Wartungsplan *m* <doku.rep> • service schedule; maintenance schedule

Wartungsprogramm *n* <tech.allg> • service routine; maintenance routine

Wartungsprozessor *m* <edv> • service processor; maintenance processor

Wartungsreparatur *f rar* <rep> • repair; corrective maintenance *rare*

Wartungssteg *m* <bau> *(meist hoch oben, schmal)* • catwalk

Wartungsturm *m* <tech.allg> • service tower; servicing tower

Wartungsvertrag *m* <rep> • Preventive Maintenance Agreement

Wartungsvorschriften *fpl* <doku> • maintenance procedures *pl*; service procedures *pl*

Wartungszeit *f* <rep> *(Dauer von Wartungsmaßnahmen; z. B. Stillstandszeit)* • servicing time; maintenance time; maintenance interval

Wartungszeitraum *m* <rep> *(Dauer von Wartungsmaßnahmen; z. B. Stillstandszeit)* • servicing time; maintenance time; maintenance interval

Wartungszugänglichkeit *f* <rep> *(z. B. als Problem von Mittelmotor-Autos)* • serviceability; accessibility of serviceable parts

Wartung von Straßenbrücken *f DIN 1076* <bau> • maintenance of road bridges

Warven *fpl DIN 4047-3* <geo> *(Abfolge dünner Sedimentschichten)* • varves

Warze *f* <bio> *(Hautdefekt)* • wart; verruca *thsc*

Warze *f rar* <bio> *(Mamilla)* • breast nipple; mamilla *thsc*; mammary papilla *thsc*; nipple *coll*

Warze *f* <metall> *(Blechfehler)* • wart; projection; button

Warze *f* <prod> *(geprägter Vorsprung, Ausstülpung)* • embossment; boss

Warzenblech *n* <mat> • warted plate

Warzenmeißel *m* <petr> • insert bit

Warzenschweißen *n rar.obs* <füg> *(ein Widerstands-Pressschweißverfahren)* • projection welding

WAS <edv> • Web Attached Storage (WAS)

Waschaggregat *n* <textil> • scouring train

Waschaktivator *m* <ents.verf> • washing fluid; cleaning liquid

Waschanlage *f* <tech.allg> • cleaning plant

Waschanlage *f ugs* <kfz> *(meist an Tankstelle)* • car wash; automatic car wash

Waschanlage *f* <pack.prod> *(für abgestreckte Dosen)* • washer

Waschanlage *f* <textil> • washing plant

Waschanlage *f* <verf> • scrub section

Waschanlagenbetreiber *m* <kfz> • car wash operator

Waschapparat *m* <verf> • washer

Waschautomat *m* <tech.allg> • automatic washer

Waschbad *n* <textil> • scouring bath

Waschband *n* <verf> • washing blanket

waschbar <tech.allg> *(z. B. Anstrich, Tapete, Kleidung)* • washable

Waschbarkeit *f* <tech.allg> *(von Stoffen, Oberflächen)* • washability

Waschbecken *n* <bau> *(allg., jede Größe)* • wash basin

Waschbecken *n ugs* <bau> *(eher klein; z. B. für Gästetoilette)* • handbasin

Waschbecken *n* <innen> • washbasin

Waschbehälter *m* <verf> • washing tank

Waschbenzin *n* <chem> • cleaner's solvent; cleaner's naphtha

Waschberge *mpl* <ents> • washery refuse *sg*; washery dirt *sg*; tailings *pl*

Waschbeton *m* <bau.mat> • exposed aggregate concrete; washed concrete

Waschbeton-Gehwegplatte *f* <bau.mat> • sidewalk-flag of exposed-aggregate concrete

Waschbottich *m* <hygi> • washing tub

Waschbühne *f* <min> *(Kohle)* • strake

Waschdüse *f* <kfz> *(für Windschutzscheibe und Scheinwerfer)* • washer nozzle

Waschechtheit f <textil> *(Färberei)* • fastness to washing; laundering fastness

Wascheffekt m <tech.allg> • cleaning effect

Wascheffekt m <chem> *(Wirkung von Waschmitteln)* • detergent effect

Wascheinrichtung f <verf> *(Schneckenpresse)* • washout facilities *pl*

Waschen n <tech.allg> *(Vorgang, Prozess)* • washing

Waschen n <pap.ents> *(Deinkingverfahren)* • washing

Waschen n <phot> *(von Filmen, Abzügen)* • washing; wash; rinsing; rinse

Waschen n <textil> *(zum Entfetten, Entbasten)* • scouring

Waschen n <verf> *(gründlich, eher mechanisch; z. B. mit Sprühwascher)* • scrubbing

Waschen n prakt <verf> *(mit Nassabscheider)* • wet separation

waschen vt <tech.allg> • wash *vt*

waschen vt <hygi> *(Wäsche, Kleidung)* • launder *vt*

waschen vt <textil.prod> *(allg., jeder Stoff)* • scour *vt*

waschen vt <verf> *(gründlich, eher mechanisch; z. B. mit Sprühwascher)* • scrub *vt*

Waschen mit Säure n <chem.verf> • acid wash

Waschentstauber m <verf.emiss> *(Entstaubung)* • wet separator; wet collector

Wascher m rar <ents> *(simultane Staub- und Schadgasabscheidung)* • wet scrubber; scrubber; gas washer; washer

Wascher-Warnleuchte f :V <kfz.msr> *(Scheibenwasch-, Scheinwerfer-Reinigungsanlage)* • washer fluid level warning light; low washer fluid warning light

Waschfiltrat n <pap.ents> • wash filtrate

Waschflasche f <chem> *(zur Gasreinigung)* • washing bottle; gas-washing bottle; absorption bottle; wash bottle; bubbler *coll*

Waschflaschenbatterie f <chem> • scrubbing train

Waschflotte f <chem> • wash liquor

Waschflüssigkeit f <tech.allg> *(z. B. Wasser)* • washing liquid

Waschflüssigkeit f <kfz> *(Scheiben- bzw. Scheinwerferwaschanlage)* • washer fluid

Waschflüssigkeit f <verf> *(von Sprühwäschern u.ä.)* • scrubbing liquid

Waschflüssigkeit f <verf.emiss> *(flüssiges Absorptionsmedium zur Entschwefelung; Kalkmilch)* • washing liquor; alkaline spray liquor; scrubber slurry [liquid]; washing fluid

Waschflüssigkeit f <verf.ents> *(Kalkmilch, Natronlauge)* • scrubbing liquor; scrubber liquor; wash liquor

Waschhandschuh m <bekl> • wash mitt

Waschhilfsmittel n <chem> • builder

Waschholländer m <pap> • Hollander washer; washer beater; washing engine; potching engine

Waschkasten m <verf> • washing tank

Waschknittererholungswinkel m <textil> • wet crease recovery angle (WCRA)

Waschkolonne f <verf> • scrubber column; wash column

Waschkraft f <chem> *(von Waschmitteln)* • detergency; detergent power

Waschkurve f <min> *(Kohle)* • washability curve

Waschlauge f <chem> *(allg.)* • wash liquor

Waschlösung f <chem.verf> *(zur Gaswäsche; z. B. zur Entstickung)* • scrubbing solution; washing solution

Waschlösung f <verf.emiss> *(flüssiges Absorptionsmedium zur Entschwefelung; Kalkmilch)* • washing liquor; alkaline spray liquor; scrubber slurry [liquid]; washing fluid

Waschmaschine f DIN 11900 <masch> • washing machine

Waschmaschine mit integriertem Trockner f <hygi> • washer/dryer combo *US*; integrated washer/drier *GB*; washer/drier *GB*

waschmaschinenfest <textil> • machine-washable

Waschmaschine-Trockner-Kombination f <hygi> • washer/dryer combo *US*; integrated washer/drier *GB*; washer/drier *GB*

Waschmittel n ugs <chem> *(z. B. Waschpulver, -flüssigkeit)* • detergent; cleansing agent

Waschmittel n <druck> *(für Druckmaschine)* • solvent; washing agent

Waschmittel npl ugs <chem> *(als Oberbegriff)* • detergents *pl*

Waschöl n <chem.verf> • scrubbing oil; wash oil

Waschpinsel m form <kfz.wz> *(für Reinigungszwecke)* • cleaning brush; parts cleaning brush *form*

Waschplatte f <textil> • washing plate

Waschprimer m ugs.rar <obfl> *(zum Auftragen direkt auf das Blech)* • wash-primer; reaction primer; etching primer; etch primer

Waschprobe f <textil> • wash test

Waschraum m <tech.allg> *(im Ggs. zu Badezimmer od. Toilette)* • washing room

Waschraum m prakt.ugs <nfz> *(z. B. eines Caravans; mit/ohne Toilette/Dusche)* • shower room; toilet compartment

Waschsäule f rar <verf> • scrubber column; wash column

Waschsirup m <nahr.prod> *(Zucker)* • high-wash syrup; wash syrup

Waschstraße f rar <kfz> *(meist an Tankstelle)* • car wash; automatic car wash

Waschstraßenbetreiber m rar <kfz> • car wash operator

Waschstufe f <ents.verf> • scrubbing stage; washing stage

Waschsuspension f <verf.emiss> *(flüssiges Absorptionsmedium zur Entschwefelung; Kalkmilch)* • washing liquor; alkaline spray liquor; scrubber slurry [liquid]; washing fluid

Waschteil n <textil> • scouring section

Waschtrog m A <hygi> • washing tub

Waschtrommel f <masch> *(in Waschmaschine)* • washing drum

Waschtrommel f <verf> • washing cylinder

Waschturm m <ents.verf> *(einbauloser Sprühwäscher)* • spray tower; spray-tower scrubber; scrubbing tower

Waschturm m <verf> *(allg., jede Bauart)* • scrubbing tower; washing tower

Wasch- und Trockenmaschine f <hygi> • washer/dryer combo *US*; integrated washer/drier *GB*; washer/drier *GB*

Waschverfahren n <verf> *(allg.)* • washing process

Waschverfahren n <verf.emiss> *(nasses Verfahren zur Abscheidung von NOx oder SOx)* • scrubbing process

Waschvermögen n <tech.allg> *(allg.)* • cleaning efficiency; washing efficiency *rare*

Waschvermögen n <chem> *(von Waschmitteln)* • detergency; detergent power

Waschwalzwerk n <kst> • washing mill

Waschwasser n <verf> *(Sprühwäscher)* • scrub water; scrubbing water

Waschwasser n <verf.emiss> *(flüssiges Absorptionsmedium zur Entschwefelung; Kalkmilch)* • washing liquor; alkaline spray liquor; scrubber slurry [liquid]; washing fluid

Waschwasser n <verf.ents> *(nach dem Abspritzen)* • wash water

Waschwasserheizung f <kfz> • washer fluid heater

Waschzeit f <pap> • vibrating time

Waschzettel m ugs <prod> • operation sheet

Waschzuber m <hygi> • washing tub

Waschzusatzmittel n <chem.textil> • scouring addition

Wash-and-wear-Ausrüstung f <textil> • wash-and-wear finish

Washcoat m <kfz.emiss> *(Katalysator; poröse Oxidschicht zur Oberflächenvergrößerung)* • washcoat

Washcoat-Ablösung *f* <kfz.emiss> • lamination of the washcoat

Washer *m prakt* <pack.prod> *(für abgestreckte Dosen)* • washer

Washout *m* <nukl> • radioactive rain-out; radioactive wash-out; rain-out; wash-out

Wash-Primer *m* <obfl> *(zum Auftragen direkt auf das Blech)* • wash-primer; reaction primer; etching primer; etch primer

Wasser *n* <chem> • water

Wasserabflussrohr *n* <rls> • water drain pipe; ajutage *obs*; adjutage *obs.rare*

Wasserabführung *f* <fz> *(durch Reifen-Laufflächenprofil)* • water dispersion

wasserabgeschreckt <metall> • water-quenched

Wasserablass *m* <tech.allg> *(Vorgang; zur völligen Entleerung)* • water drain

Wasserablass *m* <rls> *(Auslassöffnung, Stutzen, Rohr etc.)* • water outlet

Wasserablasshahn *m* <rls> • drain cock valve

Wasserablassschraube *f* <tech.allg> *(z. B. von Drucklufttank)* • water drain plug

Wasserablaufloch *n* <kfz> *(allg.; z. B. in Karosseriehohlräumen)* • drain hole; drainage hole

Wasserablaufloch *n ugs* <kfz> *(eher schlitzartig; z. B. zw. punktverschweißten Blechen)* • drain louver; drain hole *coll*

Wasserablauföffnung *f* <kfz> *(eher schlitzartig; z. B. zw. punktverschweißten Blechen)* • drain louver; drain hole *coll*

Wasserablaufrinne *f* <kfz> *(um Motor- und Kofferraumöffnung)* • rain channel; drain trough

Wasserablaufrohr *n* <rls> • water drain pipe; ajutage *obs*; adjutage *obs.rare*

Wasserableitprofil *n :V* <bau> • drip cap

Wasserabreißnut *f* <bau> • drip cut; weep cut

Wasserabrissnut *f* <bau> • drip cut; weep cut

Wasserabsaugventil *n* <rls> • water draw-off valve

Wasserabscheider *m* <kunst.wz> • moisture trap; moisture separator; water trap

Wasserabscheider *m* <verf> *(dampfförmiges Wasser)* • steam separator

Wasserabscheider *m* <verf> *(allg.)* • water separator; water trap

Wasserabscheidevermögen *nsg* <tribo> *(von Schmieröl)* • demulsibility; demulsification capacity; water separation capacity

Wasserabschluss *m* <bau.hygi> *(Toilette, WC)* • water seal

Wasserabschrecken *n* <metall> • water quenching

Wasserabsonderung *f* <bau> *(an Wänden etc.)* • bleeding; sweating

wasserabsorbierend <qualit.mat> • water-absorbing

Wasserabspaltung *f* <chem> *(aus einer Verbindung; Reaktion)* • dehydration; water elimination

Wasserabstoßen *n* <bau> *(an Wänden etc.)* • bleeding; sweating

wasserabstoßend *ugs* <chem> • hydrophobic

wasserabstoßend <obfl> • water-repellent

wasserabstoßend <textil> *(Ausrüstung, Gewebe)* • water-repellent

wasserabstoßender Zement *m* <bau.mat> • hydrophobic cement

Wasserabtrennung *f* <agri.tech> • demisting; water removal

wasserabweisend <bekl.qualit> *(z. B. Trenchcoat)* • water-repellent

wasserabweisend *ugs* <chem> • hydrophobic

wasserabweisend <druck> *(Druckplatteneigenschaft)* • hydrophobic; water-repellent

wasserabweisend <obfl> • water-repellent

wasserabweisend <textil> *(Ausrüstung, Gewebe)* • water-repellent

wasserabweisende Ausrüstung *f* <textil> • water-repellent finish

wasserabweisende Eigenschaft *f* <qualit.mat> • water repellency

wasserabweisender Zement *m* <bau.mat> • hydrophobic cement

wasserabweisendes Mittel *n* <chem> • hydrophobing agent

wasserabweisendes Mittel *n* <obfl.textil> • water repellant

wasserabweisende Wirkung *f* <obfl> *(von Lack, Wachsschicht, Imprägnierung)* • water repellency

Wasserabweisungsvermögen *n* <qualit.mat> • water repellency

Wasseräquivalent *n* <phys> • water equivalent

Wasseraktivitätsmesswertgeber *m* <msr> • water activity sensor

Wasser-Alkohol-Einspritzsystem *n* <kfz.mot> *(Nachrüstsystem zur Leistungssteigerung)* • water alcohol injection system

Wasser-Alkohol-Einspritzung *f* <kfz.mot> *(zur Leistungssteigerung)* • water alcohol injection

Wasseranlagerung *f* <chem> • hydration; water addition

wasserannehmend <druck> *(Druckplatteneigenschaft)* • hydrophilic; water-attracting

wasserannehmend <qualit.mat> • water-receptive

wasseranziehend <chem> *(z. B. Bremsflüssigkeit)* • hygroscopic; hygroscopical; water-absorbing; water-attracting

wasseranziehend <druck> *(Druckplatteneigenschaft)* • hydrophilic; water-attracting

wasserarmer Schlamm *m* <ents> • sludge of low humidity

Wasseraufbereitung *f* <verf> *(allg.; biologisch, chemisch, mechanisch)* • water treatment; water processing; water conditioning

Wasseraufbereitung *f* <verf.hydr> *(betont: Reinigung)* • water purification

Wasseraufbereitungsanlage *f* <verf.hydr> • water treatment plant; water-processing unit

Wasserauffangtrog *m* <ents.hydr> *(Schneckenpresse)* • water catchment tray

Wasseraufnahme *f* <tech.allg> *(durch Feststoffe aller Art)* • water absorption; water uptake; water-pickup; moisture suction *rare*

Wasseraufnahme *f* <bahn> *(Dampflokomotive)* • water uptake

Wasseraufnahme *f* <qualit.mat> *(als Materialeigenschaft; z. B. von Papier, Holz, Geweben)* • absorbency; water absorptiveness; water absorbency; absorptive capacity; moisture suction capability *rare*

Wasseraufnahmefähigkeitsprüfer nach Gurley-Cobb *m* <pap.qualit> • Gurley Cobb sizing tester

Wasseraufnahmekoeffizient *m* <bau.mat> • water absorption coefficient

Wasseraufnahmevermögen *n* <qualit.mat> *(als Materialeigenschaft; z. B. von Papier, Holz, Geweben)* • absorbency; water absorptiveness; water absorbency; absorptive capacity; moisture suction capability *rare*

wasseraufnehmend <qualit.mat> • water-absorbing

Wasseraustrittstemperatur *f* <verf> *(allg.)* • outlet water temperature

Wasserbad *n* <verf> • water bath

Wasserballasttank *m* <nav> • water ballast tank

Wasser-Basecoat *m prakt* <obfl> • water-borne basecoat

Wasserbasis, auf ~ <obfl> *(z. B. Lack, Füller)* • water-borne; water-based

Wasserbasisspülung *f* <petr> • water base mud

Wasserbau *m DIN 4048-1, 4054* <bau.hydr> • hydraulic engineering; water engineering *DIN 4048-1, 4054*

wasserbaulich <bau.hydr> • hydraulic-engineering

Wasserbauwerk *n* <bau.hydr> • hydraulic structure

Wasserbauzement *m* <bau.mat> • hydraulic cement

Wasserbecken *n* <bau> *(allg.)* • water basin

Wasserbehälter *m* <tech.allg> *(als Vorrat)* • water reservoir

Wasserbehälter *m* <tech.allg> *(jede Größe, meist geschlossen; selten auch Becken)* • water tank

Wasserbehälter *m* <tech.allg> *(geschlossen, eher klein)* • water container

Wasserbehälter *m* <bau.hydr> *(für Trink-, Regenwasser, Bewässerung)* • cistern; water tank; water reservoir

Wasserbehälter *m Saeco* <el> *(Kaffeemaschine)* • water tank; water container *Capresso*; water reservoir

Wasserbehandlung *f rar* <verf> *(allg.; biologisch, chemisch, mechanisch)* • water treatment; water processing; water conditioning

Wasserbeize *f* <obfl.holz> • water stain

Wasserbelastung *f* <phys> *(Elektromagnetismus)* • water load

wasserbeständig <qualit.mat> • water-resistant

Wasserbewegung *f* <tech.allg> • water movement

Wasserbilanz *f* <tech.allg> *(z. B. von Wasserkraftwerken)* • water balance

wasserbindend <chem> *(z. B. Zement)* • hydraulic

wasserbindender Zement *m* <bau.mat> • hydraulic cement

Wasserbindungseigenschaften *fpl* <chem> • water binding properties *pl*

Wasserbindungsvermögen *n* <chem> • water binding properties *pl*

Wasserbombe *f* <mil> *(insb. gegen U-Boote)* • depth charge; depth bomb; can *sl*

Wasserboxer *m prakt* <kfz.mot> • water-cooled boxer engine

Wasserburg *f rar* <bau> *(umgeben von Wassergraben)* • moated castle

Wasserburg *f* <bau> *(an oder in einem See)* • castle set on a lake

Wasserchemismus *m* <chem.hydr> • water chemistry

Wasser-Cluster-Ion *n* <chem> • hydronium ion

Wasserdamm *m* <agri.hydr> *(z. B. um Reisterrassen)* • levee

Wasserdamm *m* <bau> *(allg.)* • water dam

Wasserdamm *m* <bau.hydr> *(an Fluss-, Seeufer)* • levee

Wasserdamm *m* <min> *(in Zugangsstollen)* • astyllen

Wasserdampf *m* <phys> *(unsichtbar)* • steam; water vapor *US*; water vapour *GB*

Wasserdampfabsorption *f* <phys> *(von Strahlung)* • absorption due to water vapor/vapour *US/GB*

Wasserdampfbehandlung *f* <geo> • pyrohydrolysis

Wasserdampfbremse *f* <bau> • water vapor retarder *US*; water vapour retarder *GB*

Wasserdampfdestillation *f* <chem.verf> • steam distillation

Wasserdampfdruck *m* <phys> • water vapor pressure *US*; water vapour pressure *GB*

wasserdampfdurchlässig <mat> • permeable to water vapor/vapour *US/GB*

wasserdampfflüchtig <chem> • steam-volatile

wasserdampfflüchtige organische Säure *f* *DIN 38414-19* <chem> • steam-volatile organic acid *DIN 38414-19*

Wasserdampfspülung *f* <chem.verf> • steam purge

Wasserdampfstrahlpumpe *f* <förd> • steam injector

Wasserdampftaupunkt *m* <phys> • water vapor dew point *US*; water vapour dew point *GB*

wasserdampfundurchlässig <bau.mat> *(allg.)* • impervious to water vapor/vapour *US/GB*

wasserdampfundurchlässig <bau.mat> *(Isoliermaterial)* • moisture-resistant

wasserdampfundurchlässig <bekl> • moistureproof

Wasserdestillationsanlage *f* <verf> • water still

wasserdicht <tech.allg> *(undurchdringlich; z. B. Schicht, Membran, Plane, Sohlabdichtung)* • impermeable to water; impervious to water; watertight

wasserdicht <tech.allg> *(beständig gegen Wasser od. Wassereintritt; z. B. Gerät, Uhr, Kleidung)* • waterproof

wasserdicht <füg> *(nicht leckend; Verbindung, Anschluss)* • watertight

Wasserdichtausrüstung *f* <textil> • waterproof finishing; watertight finish

Wasserdichte *f* <phys> • density of water

wasserdichte Appretur *f* <textil> • waterproof finishing; watertight finish

wasserdichte Ausrüstung *f* <textil> • waterproof finishing; watertight finish

wasserdichte Dacheindeckung *f* <bau> • rainproof roofing

wasserdichte Membran *f* <bekl> *(Hightech-Gewebe)* • waterproof membrane

wasserdichtes Gewebe *n* <textil> *(allg.; z. B. durch Membran, Gummierung, Imprägnierung)* • waterproof fabric; waterproofed fabric; fabric with waterproofing

wasserdichte Verbindung *f* <rls> • leakproof joint

wasserdichte Zwischenschicht *f* <bekl> *(Hightech-Gewebe)* • waterproof liner

Wasserdichtheit *f* <textil> • waterproofness; watertightness

wasserdicht hinterlegter Frontreißverschluss *m* <bekl> • waterproof backed front zip

Wasserdichtmachen *n* <tech.allg> • waterproofing

wasserdicht machen *vt* <tech.allg> *(z. B. durch Appretur, Dichtungsmasse)* • waterproof *vt*

Wasserdiesel *m :V* <mot> • emulsified water-diesel fuel *SP-1551*

Wasser-Diesel-Emulsionskraftstoff *m :V* <mot> • emulsified water-diesel fuel *SP-1551*

Wasserdruck *m* <phys> • water pressure

Wasserdruckprüfung *f* <rls.qualit> • hydrostatic test; water pressure test *coll*; hydro *pract*

Wasserdrucksteuerung *f* <energ.hydr.msr> • head pressure sensing system

Wasserdüse *f* <tech.allg> • water nozzle

Wasserdüsen-Webmaschine *f* <textil> • water-jet weaving machine

wasserdurchlässig <tech.allg> • permeable to water

Wasserdurchlässigkeit *f* <tech.allg> *(z. B. von Böden, Mauern, Sohlabdichtungen, Papier)* • water permeability

Wasserdurchlässigkeit *f* <bau> • permeability

Wasserdurchlässigkeitsmessung *f* <pap.qualit> • water permeability measurement; water pressure test *rare*

Wasserdurchlässigkeitsprüfgerät *n* <pap.qualit> • water permeability tester

Wasserdurchlass *m* <bau> • culvert

wasserdurchtränkt <mat> *(voller Wasser; z. B. Schwamm, Boden)* • waterlogged

wasserecht <textil> *(Färbung)* • fast to water

Wasserechtheit *f* <textil> *(Färberei)* • fastness to water

Wassereinbruch *m* <fz> *(eher wenig und langsam; z. B. im Pkw-Innenraum/Kofferraum)* • water ingress; water penetration

Wassereinbruch *m* <min> *(viel und schnell)* • water inrush

Wassereinlauf *m* <verf.hydr> • water intake; water inlet

Wassereinpresssonde *f* <min> • water input well

Wassereinspritzsystem *n* <mot> • electronic water injection system; water injection system

Wassereinspritzung *f* <verf> *(als Dusche, Sprühnebel)*
• water spray

Wassereinstau *m* <ents> • leachate build-up; accumulation of leachate

Wassereinzugsgebiet *n* <geo> • water catchment area; water gathering area; water intake area

Wassereis *n* <nahr> *(Speiseeis ohne Milchbestandteile)*
• water ice; ice *US*

Wassereisabfüller *m* <nahr.prod> • water ice filler

Wasserenthärter *m* <tech.allg> *(jede Art und Methode)*
• water softener

Wasserenthärter *m* <chem> *(Mittel)* • water-softening agent

Wasserenthärter *m* ugs <verf> *(typ. ein Ionenaustauscher; größere Installation)* • water softening plant; water softening installation; water softening unit

Wasserenthärtungsanlage *f* <verf> *(typ. ein Ionenaustauscher; größere Installation)* • water softening plant; water softening installation; water softening unit

Wasserentnahme *f* <tech.allg> *(Entfernen, Abziehen von Wasser)* • water removal

Wasserentnahme *f* <verf> *(Vorgang: z. B. aus Fluss zur Kühlung eines Systems)* • water intake

Wasserentnahmestelle *f* <verf> • water intake

Wasserentsalzung *f* rar <chem.verf> *(Wasserentkalkung)*
• deionization; demineralization; deionisation *GB*; demineralisation *GB*

Wasserentsalzung *f* <nahr> *(zur Salzgewinnung aus Meerwasser)* • water desalination

Wasserentsalzungsapparat *m* <verf> • desalter

Wasser entziehen *vi* <tech.allg> • dewater *vt*

Wasser entziehen *vi* <chem> *(Material)* • dehydrate *vt*

Wasser entziehen *vi* ugs <chem.verf> • dehydrate *vt*

wasserentziehend <chem> • dehydrating

wasserentziehendes Mittel *n* <chem> • dehydrating agent; dehydrator

Wasserentzug *m* <tech.allg> *(z. B. aus Gelände, Gewebe)* • dewatering

Wasserentzug *m* <tech.allg> *(betont: völliges Entfernen von Wasser)* • water elimination

Wasserentzug *m* <tech.allg> *(Entfernen von Wasser; jede Menge, jede Methode)* • water removal

Wasserentzug *m* <chem> *(zum Trocknen, Konzentrieren; meist absichtlich)* • dehydration

Wassererhitzer *m* <hlk> • water-heater

Wassererosion *f* <geo> *(Auswaschung, Unterspülung; z. B. von Fels, Ufern)* • water erosion; wash

Wasserextraktionszentrifuge *f* <verf> • hydro-extractor; water-extraction centrifuge

Wasserfahrzeug *n* <nav> • watercraft

Wasserfall *m* <energ.hydr> • waterfall

Wasserfalle *f* <verf> *(z. B. in Pneumatiksystemen)* • water trap; moisture separator; moisture trap; condensate separator

Wasserfarbe *f* <kunst.obfl> • watercolor *US*; watercolour *GB*

wasserfest <qualit.mat> *(z. B. Farbe, Kleber, Material)*
• water-resistant; waterproof; water-insoluble; insoluble in water

wasserfest auftrocknende Farbe *f* <kunst> • waterproof drying paint

wasserfest beschichtet <obfl> • waterproof coated

wasserfestes Papier *n* <qualit.pap> • wet-strength paper

Wasserfilm *m* <obfl> • water film

Wasserfleck *m* <obfl.holz> • water mark

Wasserflecken *mpl* <obfl.qualit> *(Lackfehler)* • water spotting

Wasserflugplatz *m* <aerospace> • water aerodrome; seadrome; seaplane port *rare*

Wasserflugzeug *n* <aerospace> • seaplane *US.GB*; hydroplane *US*

Wasserfluten *n* <petr> • waterflooding

wasserfrei <tech.allg> *(kein Wasseranteil)* • free from water

wasserfrei <tech.allg> *(ohne Feuchtigkeit, trocken)*
• moisture-free

wasserfreies Natriumkarbonat *n* <chem.pap> • calcined soda; anhydrous sodium carbonate *thsc*; soda ash *coll*

wasserfreie Soda *f* ugs <chem.pap> • calcined soda; anhydrous sodium carbonate *thsc*; soda ash *coll*

wasserführend <druck> *(Druckplatteneigenschaft)* • hydrophilic; water-attracting

wasserführend <geo.min> • water-bearing

wasserführende Schicht *f* <geo> • aquifer; water-bearing bed; water layer *coll*

wasserführende Schicht *f* <hydr> • aquifer; water-bearing formation

Wasserführung *f* <tech.allg> *(Fluss, Strömungsmenge)*
• flow [of water]

Wasserfüller *m* <obfl> • water-borne filler; water-based filler

Wassergas *n* <chem> *(z. B. als Ausgangsstoff für die Ammoniaksynthese)* • water gas

Wassergaserzeuger *m* <chem.verf> • water-gas generator

Wassergasgenerator *m* <chem.verf> • water-gas generator

Wassergasreaktion *f* <chem> • water-gas reaction; steam-carbon reaction

Wassergasschweißen *n* <füg> • water-gas welding

wassergebremst rar <nukl> *(Kernreaktor, Neutronen)*
• water-moderated

Wassergefährdungsklasse *f* (WGK) <ökol> • Water Hazard Classification

Wassergefährdungszahl *f* <ökol> • Water Hazard Classification

wassergehärtet <metall> • water-hardened

Wassergehalt *m* <tech.allg> *(Feuchtigkeitsanteil; z. B. von Rechengut, Kohle)* • moisture content

Wassergehalt *m* DIN 18121-2 <geo> *(Boden, Gestein, Sediment)* • water content

Wassergehalt *m* <mat> *(von Gemischen, Stoffen)* • water content

Wassergehalt des Pressfilzes *m* <pap> • press felt water content

Wassergehaltsmesser *m* <msr> • moisture meter

Wassergehaltsprüfung *f* <qualit.mat> • moisture-content test

wassergekühlt <tech.allg> • water-cooled

wassergekühlt ugs <mot> *(Kühlmittel auf Wasserbasis)*
• liquid-cooled; water-cooled *coll*

wassergekühlter Boxermotor *m* <kfz.mot> • water-cooled boxer engine

wassergekühlter Generator *m* <el> • water-cooled alternator

wassergekühlter Kondensator *m* <verf> • water-cooled condenser

wassergesättigt <tech.allg> *(allg.; z. B. Luft, Lappen)*
• water-saturated

wassergesättigt <mat> *(voller Wasser; z. B. Schwamm, Boden)* • waterlogged

wassergetränkt <mat> *(voller Wasser; z. B. Schwamm, Boden)* • waterlogged

Wasserglätte *f* <verk> *(als Verkehrsschild)* • aquaplaning

Wasserglas *n* <chem> • water glass

Wasserglasfarbe f <obfl> • mineral paint
Wasserglaskitt m <bau.füg> • water-glass cement
Wassergleichwert m <phys> • water equivalent
Wassergraben m <agri> (Bewässerungszulauf) • feeder [ditch]
Wassergraben m <bau.hydr> • water ditch
Wasser-Grundlack m <obfl> • water-borne basecoat
Wasserhärte f <chem> • water hardness; hardness of water
wasserhärtender Stahl m <metall> • water-hardening steel
Wasserhärter m prakt <metall> • water-hardening steel
Wasserhärtestahl m <metall> • water-hardening steel
Wasserhahn m <rls> (z. B. am Waschbecken, an Küchenspüle) • water faucet; water tap; water cock
Wasserhahnverlängerung f <rls> • faucet extender
Wasserhaltevermögen n <bau.hydr> (z. B. Rückhaltebecken) • water holding capacity
wasserhaltig <min> • hydrous
wasserhaltiger Klebstoff m <füg> • water-based adhesive; water-borne adhesive rare; aqueous-based adhesive rare; aqueous adhesive rare
wasserhaltiger Sand m <mat> • hydrated sand; hydrated grit; sand containing water
Wasserhaltung f <bau> (Baugrubenentwässerung) • dewatering
Wasserhaltung f <min> (Bergwerkentwässerung; Vorgang) • mine drainage; mine draining
Wasserhaltung f <min> (Einrichtungen zur Bergwerkentwässerung) • mine drainage facilities; mine pumping facilities
Wasserhaltungsschacht m <bau> (zum Abpumpen) • pumping shaft
Wasserhaltungsstollen m <min> • drainage tunnel
Wasserhammer m ugs <rls> (in Wasserleitungen) • water hammer
Wasserhanf m <bio> • boneset; eupatorium perfoliatum
Wasserhaushalt m <tech.allg> (z. B. Siedlungsräume, chemische Industrie) • water balance; water regime
Wasserhaushalt m <geo.ökol> • hydrologic balance
Wasserhaushaltsgesetz n <jur> • Water Ecology Act
Wasserhaut f rar <obfl> • water film
Wasserhebung f <förd> • water hoisting
Wasserheizmantel m <hlk> • water jacket
Wasserhochbehälter m <logist> • high-level water tank
Wasserhydraulik f <hydr> • water hydraulic system
Wasser-in-Öl-Emulsion f <chem> • water-in-oil emulsion
Wasserkalk m <chem> • hydraulic lime
Wasserkammer f <bau> • thermic siphon
Wasserkanal m <bau.hydr> • water canal; water channel
Wasserkanal m prakt <mot> • coolant duct; coolant passage; water passage pract
Wasserkanone f rar <feuer> (auf Löschfahrzeug; z. B. mit 4000 Liter/Minute) • water monitor; fire monitor; water cannon rare
Wasserkanone f <min> • monitor
Wasserkapazität f <bau.hydr> (z. B. Staubecken) • water holding capacity
Wasserkasten m ugs <bau.hygi> (Wasserklosett) • flushing cistern; cistern
Wasserkasten m <druck> (Feuchtwerk) • water fountain; dampening fountain; water pan
Wasserkasten m <innen> • cistern
Wasserkasten m <kfz> (Motorkühler) • radiator tank; header tank rare
Wasserkastenwalze f <druck> • damping fountain roller
Wasserklärer m <verf> (für Nahrungsmittel, Trinkwasser) • UV-sterilizer; UV-lamp; ultraviolet sterilizer; UV-steriliser GB

Wasserkraft f <energ.hydr> • water power; hydro power; hydro-electric power; hydraulic energy; hydro energy
Wasserkraftanlage f DIN 4048-2 <energ.hydr> • hydroelectric power plant US; hydroelectric station GB; hydropower station GB; hydro plant US; hydrostation GB
Wasserkraftgenerator m ugs <energ.hydr> • hydroelectric generator; hydro generator
Wasserkraftkapazität f <energ.hydr> • hydroelectric capacity
Wasserkraftmaschine f <energ.hydr> • hydraulic prime mover
Wasserkraftnutzung f <energ.hydr> • water power utilization; utilisation of water power GB
Wasserkraftpotential n <energ.hydr> • hydro potential
Wasserkraftpotenzial n <energ.hydr> • hydro potential
Wasserkrafttechnik f <energ.hydr> • water power engineering
Wasserkraftwerk n <energ.hydr> • hydroelectric power plant US; hydroelectric station GB; hydropower station GB; hydro plant US; hydrostation GB
Wasserkreislauf m <tech.allg> • water circuit; water cycle
Wasserkreislauf m <geo.meteo> (in der Natur) • water cycle; hydrologic cycle
Wasserkreislauf m <ökol> (in der Natur) • hydrologic cycle; water cycle
Wasserkühler m <büro> (Trinkwasserspender) • water cooler; office cooler; cooler coll
Wasserkühler m <verf> (Wasser als Wärmeträgermedium) • water-cooled radiator
Wasserkühler m <verf> • water-cooled condenser
Wasserkühlpaket n <prod> (Plattenwärmetauscher) • cooling section; cooler section
Wasserkühlriss m <qualit.mat> • water crack
Wasserkühlung f <tech.allg> (z. B. von Kolbenmotoren) • water cooling
Wasserlack m <obfl> • water varnish
Wasserlauf m DIN 4047-5 <geo.hydr> (oberirdisch; z. B. Bach, Fluss) • water course
Wasserlauf m <geo.hydr> (unterirdisch; z. B. Bach, Fluss) • water lode
Wasserlaufloch n <nav> • limber hole
Wasserleistung f <tech.allg> (Verdunstung) • water-evaporation capacity
Wasserleitblech n <kfz> (um Motor- und Kofferraumöffnung) • rain channel; drain trough
Wasserleitung f <rls> (Zulauf, Versorgungsleitung) • water-supply line
Wasserleitungsrohr n <bau.rls> (Hauptrohr) • water main
Wasserleitungsrohr n <rls> (allg.) • water-pipe
Wasserlinie f <nav> • water line; laid line
Wasserlinie f <pap.druck> • wire mark
Wasserlinienebene f <nav> • water-plane
Wasserlinienfläche f <nav> • water-plane area
Wasserlinienriss m <nav.doku> • water-line plan; half-breadth plan
wasserlöslich <qualit.mat> (z. B. Farbe, Kleber, Substanz) • water-soluble
wasserlösliches Salz n <chem> • water-soluble salt
wasserlose Offsetplatte f <druck> (Druckplatte) • waterless offset plate; dry offset plate
wasserloser Offsetdruck m <druck> (Offsetdruck) • waterless offset printing; dry offset printing
Wasser/Luft-Wärmepumpe f <hlk> • water to air heat pump
Wassermangelschalter m <msr> • water-failure switch
Wassermantel m <tech.allg> (zum Kühlen, Heizen) • water jacket
Wassermantel m ugs <kfz.mot> • cooling jacket; water jacket coll

Wassermantelofen *m* <metall> • water-jacketed furnace
Wassermesser *m* <msr> • water meter
Wassermessgefäß *n* <msr> • water measuring tank
Wassermessstelle *f* <msr> • water measuring point
Wassermessung *f* <msr> • water metering
wassermischbar <qualit.mat> *(z. B. Schmieröl)* • water-miscible
wassermoderiert <nukl> *(Kernreaktor, Neutronen)* • water-moderated
Wassermörtel *m* <bau.mat> • hydraulic mortar
Wassernachfüllung *f* <tech.allg> • water refill
Wassernase *f* <bau> • water drip; weather drip
Wasserniveau *n* <tech.allg> *(in Behältern, Tanks, Becken etc.)* • water level
Wasser nutzbar machen *vi* <ökol> • develop water *vi*
Wasseroberfläche *f* <tech.allg> • water surface
Wasser/Öl-Emulsion *f* <mot.tribo> *(grauer Schleim; z. B. am Ölmessstab oder im Öleinfülldeckel)* • water/oil emulsion
Wasserpegel *m* <tech.allg> *(in Behältern, Tanks, Becken etc.)* • water level
Wasserpegel *m* <geo> *(natürliche Gewässer)* • water level
Wasserpegelschreiber *m* <msr> • water-level recorder
Wasserpermeabilitäts-Handprüfer *m* <pap.qualit> • handheld water permeability tester
Wasserpfad *m* <ents> • water pathway
Wasserpfeife *f* <nahr> • water-pipe; hookah *coll*
Wasserphase *f* <phys> • aqueous phase
Wasserprobenahme *f* <qualit> • water sampling
Wasserpumpe *f* <förd> *(allg.)* • water pump
Wasserpumpe *f prakt.ugs* <mot> *(für Motorkühlmittel)* • coolant pump; water pump *pract.coll*
Wasserpumpengehäuse *n* <masch> • water pump body
Wasserpumpenstopfbuchse *f* <masch> • water pump gland
Wasserpumpensystem *n* <energ.sol> • pumped hydro storage; pumped water storage
Wasserpumpenzange *f DIN ISO 5742* <wz> *(mit Gleitgelenk; allgemein)* • multiple slip joint plier *ISO 5742*; slip joint pliers *US*; adjustable joint pliers *US*; multigrip pliers *GB*; waterpump pliers *US*
Wasserpumpenzange mit Rillen-Gleitgelenk *f* <wz> • groove lock pliers *US*; groove joint pliers *US*; tongue and groove joint pliers *US*; channellock pliers *US*; half moon slip joint pliers *GB*
Wasserqualität *f* <qualit.hydr> • water quality
Wasserqualitätsvorschriften *fpl* <ökol.jur> • water-pollution standards
Wasserquerschnitt *m* <bau.hydr> *(z. B. in Kanälen)* • water cross-section
Wasserrad *n* <energ.hydr> • water wheel
Wasserränder *mpl* <obfl> *(Lackfehler)* • water marking
Wasserreaktor *m* <nukl> • water reactor
wasserreicher Schlamm *m* <ents> • aqueous sludge; watery sludge *coll*; sludge of high humidity *rare*
Wasserreinhaltung *f* <geo.ökol> • water conservation; protection of waters; water conservation; water pollution control; pollution control
Wasserreinigung *f* <verf> • water purification
Wasserreservoir *n* <logist> • water reservoir
Wasserringpumpe *f* <füg> • water-ring air pump
Wasserrinne *f* <bau.hydr> • water channel; gullet
Wasserrinne *f* <min> • water garland
Wasserriss *m* <qualit.mat> • water crack
Wasserrohr *n* <rls> • water-pipe
Wasserrohrbruch *m* <rls> • water-pipe rupture
Wasserrohrkessel *m* <energ.hydr> • water-tube boiler

Wasserrückkühlung *f* <hlk> • water recooling
Wassersäule *f* <förd> *(Saughöhe und Druckhöhe von Pumpen)* • water head; pressure head; static head
Wassersäule *f* (WS) *DIN 1314* <phys> *(Meter Wassersäule als Druckeinheit: 1 mWS entspricht 9806,65 Pa)* • water column (wc)
Wassersammelraum *m* <fz> • water accumulator
Wasserschaden *m* <tech.allg> *(z. B. durch Wassereinbruch; Überschwemmung)* • water damage
Wasserschall *m* <akust> • waterborne sound
Wasserscheide *f* <geo> • watershed
Wasserschenkel *m* <bau> *(Fenster)* • weather bead
Wasserschenkel *m* <min> • drip cap; dripstone; throating; label
Wasserschlag *m prakt* <rls> *(in Wasserleitungen)* • water hammer
Wasserschlauch *m* <rls> • water hose; water tube *rare*
Wasserschlauchzange *f* <kfz.wz> • radiator hose shark tooth pliers
Wasserschleier *m* <tech.allg> • water spray
Wasserschleier *m* <feuer> *(Brandbekämpfung)* • water spray
Wasserschloss *n* <bau> *(umgeben von Wassergraben)* • moated castle
Wasserschloss *n* <bau> *(an oder in einem See)* • castle set on a lake
Wasserschloss *n* <energ.hydr> *(in Druckleitung; als Speicher und/oder Wasserhammerschutz)* • surge tank; surge chamber
Wasserschlossdrossel *f* <energ.hydr> • orifice tank
Wasserschutz *m* <tech.allg> • protection against water
Wasserschutz *m* <kfz> *(in Autotür)* • water deflector; water shield
Wasserschwall *m* <energ.hydr> *(Bäche unterhalb von Speicherkraftwerken)* • water jump
Wasserseite *f* <energ.hydr> *(eines Dammes, Wehres)* • upstream face
wasserseitig <energ.hydr> *(in Bezug auf Staudamm)* • upstream
wasserseitige Dichtungsschürze *f* <hydr.bau> *(einer Ufermauer, eines Staudammes)* • upstream side curtain
Wassersensor *m* <msr> • water level sensor; float switch
Wassersicherheitsvorlage *f* <tech.allg> • water seal
Wasserspeicherung *f* <logist> • water storage
Wasserspeichervolumen *n* <energ.hydr> • water-storage space
Wassersperre *f* <min> • water barrier
wassersperrende Rohrtour *f* <petr> • water string
Wasserspiegel *m* <tech.allg> *(in Behältern, Tanks, Becken etc.)* • water level
Wasserspiegel *m* <geo> *(im Boden)* • water table; ground-water table; subsoil water level; ground-water level; water plane *rare*
Wasserspiegelabsenkung *f* <geo> • water table drawdown; drawdown [of the water table] *pract*
Wasserspiegeldifferenz *f* <bau.hydr> *(an Laufwasserkraftwerk, Damm, Wehr etc.)* • differential head; drop; fall step
Wasserspiegeldifferenz-Anzeiger *m* <verf.hydr> • differential level indicator
Wasserspiegeldifferenz-Messeinrichtung *f* <verf.hydr.msr> • level differential sensing device; level sensing device
Wasserspiegeldifferenz-Schalter *m* <verf.hydr.msr> • differential level switch
Wasserspiegeldifferenz-Steuerung *f* <verf.hydr.msr> • differential level controller
Wasserspiegellinie eines Flusses *f* <geo> • hydraulic profile [of a river]

Wasserspiegelunterschied *m prakt* <bau.hydr> *(an Laufwasserkraftwerk, Damm, Wehr etc.)* • differential head; drop; fall step

Wasserspülung *f* <hygi> *(Toilette, WC; als Vorgang)* • water flushing

Wasserspülung *f* <hygi> *(Wasserklosett; als Einrichtung)* • toilet flushing system

Wasserspülung *f* <petr> • water-base mud

Wasserstag *n* <nav> • bobstay

Wasserstand *m* <tech.allg> *(in Behältern, Tanks, Becken etc.)* • water level

Wasserstand *m* <geo> *(natürliche Gewässer)* • water level

Wasserstandsanzeige *f Privileg* <el> *(Kaffeemaschine)* • water level visual indicator

Wasserstandsanzeige *f Privileg* <el> *(Kaffeemaschine)* • water level gauge

Wasserstandsanzeiger *m* <msr> • water-level indicator

Wasserstandschutzrahmen *m* <rls> *(um Schauglas)* • gauge glass protector frame

Wasserstandschwankung *f* <tech.allg> • water-level fluctuation

Wasserstandsdifferenz *f* <tech.allg> • water-level difference

Wasserstandsmarke *f* <msr> • water mark; water-level pointer

Wasserstandsmesser *m* <msr> • water-level gauge

Wasserstandsregelung *f* <hydr.msr> • water-level control

Wasserstandsregler *m* <hydr.msr> *(hält Wasserstand innerhalb eines Systems konstant)* • water-level controller; water-level regulation device; water-level adjuster; constant-level device

Wasserstandsschauglas *n* <msr> • water-gauge glass

Wasserstandsschwankung *f* <energ.hydr> • water-level variation

Wasserstands-Warnleuchte *f* <kfz.msr> *(Scheibenwasch-, Scheinwerfer-Reinigungsanlage)* • washer fluid level warning light; low washer fluid warning light

Wasserstau *m* <bau> *(nach heftigen Niederschlägen)* • water-surface ascent

Wasserstau *m* <bau.hydr> • backwater

Wasserstaubecken *n* <bau.hydr> • reservoir

Wasserstauer *m* <geo> *(Gestein)* • impermeable rock

Wasserstein *m rar* <rls> *(Kalkablagerungen in Rohren, Behältern)* • scale; boiler scale; boiler incrustation; mineral scale *rare*; hard-water depositions *rare*

Wasserstoff *msg* (H) <chem> • hydrogen *sg* (H)

Wasserstoff abspalten *vi* <chem> • dehydrogenate *vi*

Wasserstoffabspaltung *f* <chem> • dehydrogenation

wasserstoffähnlich <chem> • hydrogenic; hydrogen-like

wasserstoffarme Kohle *f* <verbr> • subhydrous coal

Wasserstoffatmosphäre *f* <chem> • hydrogen atmosphere

Wasserstoffatomspektrum *n* <chem> • hydrogen spectrum

Wasserstoffaufnahme *f* <chem> • hydrogen absorption

Wasserstoffbindung *f* <chem> • hydrogen bond; hydrogen bridge; hydrogen bonding; hydrogen bridge linkage *rare*; hydrogen bridge bond *rare*

Wasserstoffblasenkammer *f* <nukl> • liquid-hydrogen bubble chamber

Wasserstoffbrennen *n* <nukl> • proton-proton chain; pp-chain; hydrogen burning processes

Wasserstoffbrüchigkeit *f* <mat.qualit> • hydrogen brittleness

Wasserstoffbrücke *f* <chem> • hydrogen bond; hydrogen bridge; hydrogen bonding; hydrogen bridge linkage *rare*; hydrogen bridge bond *rare*

Wasserstoffbrückenbindung *f norm* <chem> • hydrogen bond; hydrogen bridge; hydrogen bonding; hydrogen bridge linkage *rare*; hydrogen bridge bond *rare*

Wasserstoffdruck *m* <tech.allg> • hydrogen pressure

Wasserstoffdruckminderer *m* <verf.msr> • hydrogen regulator

Wasserstoffelektrode *f* <chem.el> • hydrogen gas electrode; hydrogen electrode

Wasserstoffentladungslampe *f* <licht> • hydrogen-discharge lamp

Wasserstoffentzug *m* <chem> • dehydrogenation

Wasserstoffflasche *f* <rls> • hydrogen cylinder

Wasserstoffgas *n* <chem> *(Batterie)* • oxyhydrogen gas; hydrogen gas *pract*; detonating gas

Wasserstoffgetter *m* <nukl> • hydrogen getter

Wasserstoffglimmentladung *f* <el> • hydrogen glow discharge

wasserstoffhaltig <chem> • hydrogenous

wasserstoffhaltiges amorphes Silizium *n obs* <mat> *(mit ungeordneter Kristallstruktur; z. B. f. Wafer, Photozellen)* • amorphous silicon (a-Si); hydrogenated amorphous silicon *obs*

Wasserstoffion *n* <chem> • hydrogen ion

Wasserstoffionenexponent *m* <chem> • hydrogen ion exponent

Wasserstoffionenkonzentration *f* <chem> *(pH-Wert)* • hydrogen ion concentration

Wasserstoffkern *m* <chem> • hydrogen nucleus

Wasserstoff-Kompensation *f* <msr> *(von Sensoren)* • hydrogen compensation

Wasserstoff-kompensiert <msr> • hydrogen compensated

Wasserstoffkorrosion *f* <obfl> • hydrogen corrosion

Wasserstoffkrankheit *f ugs* <mat.qualit> • hydrogen brittleness

Wasserstofflampe *f* <el> • hydrogen-discharge lamp

Wasserstofflinie *f* <chem> *(Spektralanalyse)* • hydrogen line

Wasserstoffmaser *m* <licht> • hydrogen maser

Wasserstoffmotor *m* <kfz.mot> • hydrogen engine

Wasserstoffpassivierung *f* <prod> • hydrogenation

Wasserstoffperoxid *n* <chem> *(H₂O₂; zum Bleichen)* • hydrogen peroxide

Wasserstoffraffination *f* <petr> • hydrofining

Wasserstoffreduktion *f* <chem.verf> • hydrogen reduction

wasserstoffreich <chem.petr> • hydrogen rich

wasserstoffreiche Kohle *f* <verbr> • perhydrous coal

Wasserstoff-Sauerstoff-Brennstoffzelle *f* <chem> • hydrogen oxygen fuel cell

Wasserstoff-Sauerstoff-Flamme *f* <verbr> • oxyhydrogen flame

Wasserstoff-Sauerstoff-Schneidbrenner *m* <prod> • oxyhydrogen burner; oxyhydrogen torch

Wasserstoff-Sauerstoff-Schweißen *n* <füg> *(Gasschweißverfahren)* • oxyhydrogen welding

Wasserstoffschweißen *n* <füg> • hydrogen welding

Wasserstoff-Speicher *m* <energ.sol> • hydrogen storage

Wasserstoffspektrallinie *f* <chem> *(Spektralanalyse)* • hydrogen line

Wasserstoffspektrum *n* <chem> • hydrogen spectrum

Wasserstoffsprödigkeit *f* <mat.qualit> • hydrogen brittleness

Wasserstoffstörstelle *f* <el> • hydrogenic impurity

Wasserstoffsuperoxid *n ugs* <chem> *(H₂O₂; zum Bleichen)* • hydrogen peroxide

Wasserstoffthyratron *n* <el> • high-voltage hydrogen thyratron

Wasserstoffüberspannung *f* <el.chem> • hydrogen overvoltage

Wasserstoffverbrennung f <nukl> • proton-proton chain; pp-chain; hydrogen burning processes

Wasserstoffversprödung f DIN EN ISO 8044 <qualit.mat> • hydrogen embrittlement ISO 8044

Wasserstoff-Versprödungsversuch m DIN EN ISO 2626 <qualit.mat> (Kupfer) • hydrogen embrittlement test ISO 2626

Wasserstollen m <bau.hydr> (in Staumauer) • drainage tunnel

Wasserstrahl m <tech.allg> • water jet; jet of water

Wasserstrahlantrieb m <antr> • hydraulic-jet propulsion

Wasserstrahlantrieb m <nav> • water-jet propulsion

Wasserstrahldüsenwebmaschine f <textil> • water-jet loom

Wasserstrahlentrinden n <holz> • stream barking

Wasserstrahlentrinder m <holz> • stream barker

Wasserstrahlpumpe f <förd> (Ejektorpumpe) • water-jet pump

Wasserstrahlpumpe f <masch> (zur Vakuumerzeugung) • water-jet vacuum pump; water-jet aspirator pump

Wasserstrahlschneiden n <prod> • water jet cutting

Wasserstrahlverdichter m <förd> • water-operated ejector

Wasserstraße f <nav.verk> • waterway; navigable waterway

Wasserströmung f <tech.allg> (allg.; frei oder erzwungen) • water flow; water current

Wasserstrom m <tech.allg> (Durchfluss; Volumen pro Zeiteinheit) • water flow rate; flow of water

Wasserstrom m <geo> (Fließgewässer) • water flow; water current

Wassertank m <tech.allg> • water tank

Wassertank m <el> (Kaffeemaschine) • water tank; water container Capresso; water reservoir

Wassertankanzeige f <msr> • water tank level indicator

Wassertasse f <verf> (Nass-Speicher) • water cup

Wassertasse f <verf> • cold water basin; collection basin; collecting basin; collecting pond GB

Wassertemperatur f <phys> • water temperature

Wassertemperatureinstellung f <msr> • water-temperature setting

Wassertrieb m <petr> (Erdölförderung durch Wasserfluten) • water drive

Wassertropfen m <allg> • drop of water

Wasserturbine f DIN 4320 <energ.hydr> • water turbine; hydro turbine; hydraulic turbine; hydroelectric turbine

Wasserturm m <bau.logist> • water tower

Wasserübernahme f <nav.logist> • watering

Wasserüberschuss m <tech.allg> • excess water

Wasserüberwachung f <msr> • water monitoring

Wasserüberwachungsgerät n <msr> • water monitor

Wasseruhr f <msr> • water meter

Wasserumlauf m <tech.allg> (z. B. Kühlwasser, Warmwasser) • circulation of water

Wasserumlaufkühlung f <tech.allg> • cooling by circulating water; water recirculation cooling

Wasserumlaufpumpe f rar <förd> • water recirculation pump; water-circulating pump

Wasserumlaufsystem n <nfz> (Straßenkehrmaschine) • recirculation water system

Wasserumwälzanlage f <druck> • dampener circulator

Wasserumwälzpumpe f <förd> • water recirculation pump; water-circulating pump

Wasserumwälzung f <tech.allg> • water recirculation; water circulation

wasser- und aschefrei <verbr> (Rauchgas) • dry ash-free

wasser- und aschefrei <verbr> (Brennstoff) • moisture-and-ash-free

Wasser- und Dampfeindüsung f <mot> (zur Verringerung der NOx-Emission) • water and steam injection (WSI)

wasser- und mineralstofffrei <petr> • dry mineral-matter-free

Wasser und Öl abweisend <obfl> • water and oil repellent

wasserundurchlässig <tech.allg> (undurchdringlich; z. B. Schicht, Membran, Plane, Sohlabdichtung) • impermeable to water; impervious to water; watertight

wasserunlöslich <qualit.mat> (z. B. Farbe, Kleber, Material) • water-resistant; waterproof; water-insoluble; insoluble in water

Wasserunlöslichkeit f <mat> • insolubility in water

Wasserverbrauch m <tech.allg> • water consumption

wasserverdrängende Flüssigkeit f <obfl> • dewatering fluid

Wasserverdrängung f <fz> (durch Reifen-Lauffflächenprofil) • water dispersion

Wasserverdrängung f <nav> (Schiffsgröße) • displacement

wasserverdünnbar <obfl> (Farbe, Lack) • water-dilutable; waterthinnable

wasserverdünnt <tech.allg> • water-diluted; water-thinned

Wasserverdunstung f <tech.allg> • evaporation of water

Wasserverlust m <tech.allg> • water loss

wasservernetzt <kst> • water-cross-linked

Wasserverschluss m <bau> (allg.) • water seal

Wasserverschluss m DIN 19541 <hygi> (z. B. von Waschbecken, Toilette, Urinal) • odor trap; drain trap; stench trap; stink trap coll; air trap rare

Wasserverschmutzung f <ökol> • water pollution; water contamination

Wasserversorgung f <logist> • water supply

Wasserversorgungsleitung f <bau.rls> (allg.) • water-supply line

Wasserversorgungsleitung f <bau.rls> (Hauptleitung) • water-supply mains

Wasservorhang m <feuer> (Brandbekämpfung) • water curtain

Wasservorkommen npl <geo> • water resources

Wasservorlage f <tech.allg> (zur Abdichtung) • water seal

Wasservorlage f <rls> • water header

Wasservorrat m <geo> (Ressourcen) • water reserve; available water-supply; water supply

Wasservulkanisation f <kst> • hydraulic cure

Wasserwaage f <kfz.tour> (speziell zum Aufstellen von Caravans) • camper level

Wasserwaage f <msr.wz> (allg.; mit Libelle) • spirit level; level pract; mechanic's level rare

Wasserwaage aus Aluminium f <wz> • aluminum level US; aluminium level GB

Wasser/Wasser-Wärmepumpe f <hlk> • water to water heat pump; water-water heat pump

Wasserwechsel m <tech.allg> • water change

Wasserwechselautomatik f <verf> (von Aquarien) • automatic water exchanging device; water changing device; water changer

Wasserwechseleinheit f <verf> (von Aquarien) • automatic water exchanging device; water changing device; water changer

Wasserwechselsteuerung f <verf.msr> (von Aquarien) • water exchange regulation device

Wasserwerfer m <feuer> (auf Löschfahrzeug; z. B. mit 4000 Liter/Minute) • water monitor; fire monitor; water cannon rare

Wasserwerfer m <fz> (auf Polizeifahrzeug) • water cannon

Wasserwerfer am Dach m <feuer.kfz> • roof monitor; roof-mounted water cannon *rare.did*

Wasserwerk n <bau.hydr> *(zur Wasserversorgung)* • water works

Wasserwert m <phys> • water equivalent

Wasserwiderstand m <phys> • water resistance

Wasserwirbel m <phys> • water vortex; swirl *coll*

Wasserwirbelbremse f <masch> *(z. B. für Motorenprüfstand)* • water brake

Wasserwirtschaft f <ökon> • water economy

Wasserwirtschaftspolitik f <ökol> • water resource policy

Wasserzähler m <msr> • water meter

Wasserzeichen n *DIN 6730* <pap> • water mark

Wasserzeichenwalze f <druck> • marking roll; water-marking dandy; watermarking dandy roll *rare*

Wasserzement m <bau.mat> • hydraulic cement

Wasser-Zement-Faktor m <bau.mat> *(von Beton; z. B. 50 : 50)* • water-cement ratio (w/c); water:cement ratio; water/cement ratio; water-cement factor; cement/water ratio *rare*

Wasser/Zement-Verhältnis n <bau.mat> *(von Beton; z. B. 50:50)* • water-cement ratio (w/c); water:cement ratio; water/cement ratio; water-cement factor; cement/water ratio *rare*

Wasser/Zement-Wert m <bau.mat> *(von Beton; z. B. 50 : 50)* • water-cement ratio (w/c); water:cement ratio; water/cement ratio; water-cement factor; cement/water ratio *rare*

Wasserzementwert m *rar* <bau.mat> *(von Beton; z. B. 50 : 50)* • water-cement ratio (w/c); water:cement ratio; water/cement ratio; water-cement factor; cement/water ratio *rare*

Wasserzuflussentwickler m <füg> *(zum Schweißen)* • water-to-carbide generator

Wasserzugabe f <allg> • water additon

Wasserzulauf m <verf.hydr> • water intake; water inlet

Wasserzulaufschlauchanschluss m <tech.allg> • water inlet hose attachment

Wasserzutritt m <tech.allg> *(unerwünschtes Eindringen)* • ingress of water

Wastegate n *prakt.ugs* <kfz.mot> *(insbes. bei Turbolader; abgasseitig angeordnet)* • wastegate; wastegate valve; exhaust dump valve *rare.did*; wastegate boost actuator *rare*

Watanabe heritable hyperlipidemic <med> • WHHL rabbit (WHHL); Watanabe heritable hyperlipidemic

Watchdog-Ereignis n <edv.alarm> • watchdog event

Watchdog-Schaltung <msr.alarm> *(z. B. Lokomotiv-Führerstand)* • watchdog circuit

Water-Jet-Cutting n <prod> • water jet cutting

Watt'sche Geradführung f <masch> • Watt's straight-line mechanism

Watt'sches Gelenk n <kfz> • Watt linkage; Watt's linkage

Watt n *ugs* <geo> *(bei Ebbe freigelegter Meeresboden)* • sandflats; mudflats; tidal flats; shoal

Watt n (W) *DIN 1301* <phys.el> *(SI-Einheit der Leistung)* • watt (W)

Wattangabe f <tech.allg> • power rating

Wattebausch m <hygi> • cotton swab

Wattenmeer n <geo> *(Meer im Sandwattbereich)* • tidal shallows

Wattenmeer n <geo> *(bei Ebbe freigelegter Meeresboden)* • sandflats; mudflats; tidal flats; shoal

Wattestäbchen n <hygi> • cotton swab; cotton stick *rare*

Watt-Gestänge n <kfz> • Watt linkage; Watt's linkage

Wattiefe f <kfz> *(von Geländefahrzeugen, Panzern etc.)* • wading depth

wattierte Parka f <bekl> • down parka

Wattkomponente f <el> *(allg. spannungsführendes Bauteil)* • active component

Wattleistung f <phys> • wattage

wattlos <el> • wattless

wattloser Strom m <el> • reactive current; wattless current

Wattmeter n <el.msr> • wattmeter

Watt peak n <energ.sol> • peak watt

Wattrinne f *DIN 4047-2* <geo> *(fällt i.d.R. bei Ebbe trocken)* • gully

wattsche Geradführung f <masch> • Watt's straight-line mechanism

wattsches Gelenk n <kfz> • Watt linkage; Watt's linkage

Wattsekunde f (Ws) <phys> *(Einheit der elektrischen Arbeit oder Energie)* • watt-second (Ws)

Wattstunde f (Wh) <phys.msr> *(SI-fremde Einheit der elektrischen Arbeit oder Energy)* • watt-hour (Wh)

Wattstundenzähler m <el> • active energy meter *US*; watt-hour meter *US*; watt-hour metre *GB*

Wattverlust m *obs* <el> *(von Transformatoren)* • iron loss; core loss *rare*

Wattzahl f <el> • wattage

WAV-Datei f <edv.av> • WAVE file; WAVE audio file; WAV file

Wave-Audiodatei f <edv.av> • WAVE file; WAVE audio file; WAV file

Waveblaster m <edv.av> • Waveblaster

Waveblaster-Aufsteckkarte f <edv.av> • wavetable add-on card; Waveblaster daughter board; optional wave module; Midi daughter board; effects board *jarg*

Waveblaster-Schnittstelle f <edv.av> *(Steckpfosten zur Wavetable-Aufrüstung)* • wavetable interface; Waveblaster interface; Midi extension connector

Waveblaster-Steckplatz m <edv.av> *(Steckpfosten zur Wavetable-Aufrüstung)* • wavetable interface; Waveblaster interface; Midi extension connector

Wavebooster m <edv.av> • Wavebooster

WAVE-Datei f <edv.av> • WAVE file; WAVE audio file; WAV file

WAVE-Format n <edv.av> • WAVE format

Waveformsynthese f <edv.av> • waveform synthesis; wavetable synthesis

Wavefront <edv.av> • wavefront

Waveguide f <edv.av> • waveguide

Waveguide-Synthese f <edv.av> • waveguide synthesis; physical modeling *US*; physical modelling *GB*

Wavelength-Division-Multiplexing n (WDM) <lwl> • wavelength-division multiplexing (WDM)

Wavelet-Analyse f <msr> • wavelet analysis

Wave-Lookuptabelle f <edv.mus> • sample ROM; sample memory; wavetable ROM; wavetable sound ROM; wavetable lookup

Wavemodul-Steckpfosten m <edv.av> *(Steckpfosten zur Wavetable-Aufrüstung)* • wavetable interface; Waveblaster interface; Midi extension connector

Wave-Morph m <edv> • wave morph; ripple morph

Wave-Sequencing n <edv.av> • wave sequencing

Waveshaping n (WS) <edv.av> • waveshaping (WS); nonlinear distortion; nonlinear phase distortion

Wave-Synthese f <edv.av> • wavetable synthesis; PCM sampling; wavetable playback; GM wavetable synthesis; sampling synthesis *rar*

Wave-Synthesizer m <edv.av> • wavetable synthesizer; Midi synthesizer; sampling synthesizer; sample synthesizer; wave synthesizer

Wavesystem n <edv.av> • Wavesystem

Wavetable f *prakt* <edv.av> *(Summe aller Quantisierungsschritte)* • sample; wavetable *pract*

Wavetable-Aufrüstung f <edv> • wavetable upgrade

Wavetable-Erweiterungskarte f <edv.av> • wavetable add-on card; Waveblaster daughter board; optional wave module; Midi daughter board; effects board jarg

Wavetable-Huckepackplatine f <edv.av> • wavetable add-on card; Waveblaster daughter board; optional wave module; Waveblaster add-on; wavetable module

Wavetable-RAM n <edv.mus> • sample RAM; sample memory; wave sampling RAM; wave sample RAM; wavetable RAM

Wavetable-ROM n <edv.mus> • sample ROM; sample memory; wavetable ROM; wavetable sound ROM; wavetable lookup

Wavetable-Schnittstelle f <edv.av> (Steckposten zur Wavetable-Aufrüstung) • wavetable interface; Waveblaster interface; Midi extension connector

Wavetable-Soundkarte f <edv.mus> (Wavetable-Soundkarte) • sampleplayer card; GM card; wavetable board; ROM sampler card; wavetable sample card

Wavetable-Sound-ROM n <edv.mus> • sample ROM; wave ROM; sound ROM; wave sample ROM; sampling ROM

Wavetable-Synthese f <edv.av> • wavetable synthesis; PCM sampling; wavetable playback; GM wavetable synthesis; sampling synthesis rar

Wavetablesynthese f <edv.av> • waveform synthesis; wavetable synthesis

Wavetable-Synthesizer m <edv.av> • wavetable synthesizer; Midi synthesizer; sampling synthesizer; sample synthesizer; wave synthesizer

Wavetable-Tochterplatine f <edv.av> • wavetable add-on card; Waveblaster daughter board; optional wave module; Waveblaster add-on; wavetable module

Wavetable-Upgrade n <edv> • wavetable upgrade

Wavetable-Zusatzkarte f <edv.av> • wavetable add-on card; Waveblaster daughter board; optional wave module; Midi daughter board; effects board jarg

Wavetable-Zusatzmodul n <edv.av> • wavetable add-on card; Waveblaster daughter board; optional wave module; Waveblaster add-on; wavetable module

Waypoint m <navig> • waypoint (WPT); point rare; landmark

WB <kfz> (Rad) • wide base (WB)

WB <med> • Western blotting (WB)

WB-Felge f <kfz> • wide base rim; WB rim prakt

W-Buffer m <edv> • w-buffer

WC n ugs <bau.hygi> (Raum mit Toilettenschüssel o.ä.) • toilet; lavatory; bathroom US; loo GB.coll; it GB.coll

WC n <innen> • toilet; W.C.; lavatory; loo coll

WC-Becken n <innen> • toilet pan; toilet bowl

WC-Bürstenhalter m <innen> • toilet brush holder

WC-Deckel m <innen> • toilet lid

WC-Sitz m <innen> • toilet seat

WC-Vorleger m <innen> • pedestal mat

WD-Glas n <kfz> (wärmedämmendes Glas) • tinted windows; tinted glass; tints coll; t/glass ad

WDM <lwl> • wavelength-division multiplexing (WDM)

WDM-Technik f <lwl> • WDM technology

WEA <energ.wind> • wind turbine generator system (WTGS) IEV 415; wind turbine; wind machine; wind energy conversion system WECS obs

Weaning n <med.tech> (vom Beatmungsgerät) • weaning

Weaver-Schiene f <mil> • weaver scope rail

Webart f <textil> • type of weave; weave

Web Attached Storage f (WAS) <edv> • Web Attached Storage (WAS)

Webautomat m <textil> • automatic loom

Webblatt n <textil> • reed; sley; comb

Webblattzahn m <textil> • reed wire; reed dent; split

Webbreite f <textil> (betont: Breite des Materials) • cloth width

Webbreite f <textil> (betont: Arbeitsbreite der Maschine) • loom width

Web-Dendritic-Growth Verfahren n <energ.sol> (Photozellen) • dendritic web method; web-dendritic growth process; web-dendrite growth process; web-dendrite crystal growth process; dentritic web growth

Webelade f <textil> • sley; loom slay; lay [lathe]; lathe; flybeam

Weben n <textil> (Vorgang) • weaving

Weben n <textil> (Fadensystem) • weft thread; woof; shoot; filling [yarn] US; pick

weben vt <textil> • weave vt

Weber n (Wb) DIN 1301 <phys> (SI-Einheit des magnetischen Flusses; 1 Wb = 1 Vs) • weber (Wb); voltsecond

Weberei f <textil> (Anlage, Fabrik) • weaving mill; weaving factory

Weberkamm m <textil> • comb

Weberknoten m <tech.allg> (Kletterseil, Segelboot) • weaver's knot

Weberknoten m <textil> • weaver's knot

Webervergaser m <kfz.mot> • Weber carburettor; Weber coll

Weber-Zahl f <phys> (Strömungslehre; dimensionslose Kennzahl) • weber number

Weberzange f <textil.wz> • weaver's nippers

Webfach n <textil> (Webstuhl) • warp shed; loom shed; shed pract

Webgeschirr n DIN 63001 <textil> (für Bilden des Faches erforderliche Webschäfte) • loom harness; heald frame; heald stave; heald shaft; heddle frame US

Webkante f <textil> (Weberei) • selvedge

Webkette f <textil> (längslaufende Fäden) • warp thread; warp; chain GB

Webketteneinziehmaschine f <textil> • drawing-in machine

Weblade f <textil> • sley; loom slay; lay [lathe]; lathe; flybeam

Webladenbahnträger m <textil> • slay sole; sley sole

Weblitze f <textil> • heddle US; heald

Webmaschine f DIN 63000 <textil.prod> • loom

Webnest n <textil> • tangle; skip

Webschaft m DIN ISO 10787 <textil> • heald frame ISO 10787; heald shaft; gear; harness frame; heddle frame

Webschütz m <textil> • shuttle

Webschützen m <textil> • shuttle

Webschützenmaschine f <textil> • shuttle-loom; traditional shuttle-type loom

Webseite f <edv> (Seite einer Internet-Präsenz) • web page; website rare

Website f <edv> (besteht meist aus mehreren Webseiten) • website; web site rare

Web-Site f <edv> (WWW; meist mehrere Webseiten) • web site; home page coll

Webstoff m <textil> • woven fabric

Webstuhl m <textil.prod> • loom

Web-Verfahren n <energ.sol> (Photozellen) • dendritic web method; web-dendritic growth process; web-dendrite crystal growth process; dentritic web growth

Web-Wirk-Maschine f <textil> • knitting-weaving machine

wechselseitige Verunreinigung f <verf> (z. B. Vermischung von Hydraulik- und Bremsflüssigkeiten) • cross contamination

Wechsel m <allg> • change

Wechsel m <tech.allg> (durch Umschalten) • change-over

Wechsel m <tech.allg> (rhythmisch, pulsierend) • pulsation

Wechsel m <tech.allg> *(d. Bewegungsrichtung)* • reversal

Wechselanteil m <el> *(von Strom)* • alternating component; oscillating component

Wechselaufbau m (WAB) <nfz> • swap body; interchangeable body *rare*

Wechselbalken m <bau> • trimmer beam; trimmer *pract*

Wechselbandeinheit f <edv> • alternate tape drive; alternate tape unit

wechselbar <edv> *(Datenträger)* • removable; changeable

wechselbarer Datenträger m <edv> • removable medium; removable data storage medium; removable storage medium; removable storage device

wechselbares Speichermedium n <edv> • removable medium; removable data storage medium; removable storage medium; removable storage device

Wechselbarkeit f <edv> *(eines Datenträgers)* • removability

Wechselbeanspruchung f <mech> *(allg.)* • alternating cyclic stress; repeated stress reversal

Wechselbeanspruchung f <mech> *(die wirkende Kraft)* • alternating load

Wechselbeanspruchung f <mech> *(betont: Vorgang, dynamisch)* • alternating loading

Wechselbehältersystem n <verf> *(für Faulbehälter)* • batch system with digester tanks *:V*

Wechselbetrieb m <tele> • simplex operation; half-duplex operation

Wechselbeutel m <phot> • changing bag

Wechselbeziehung f <allg> • correlation; interrelation

Wechselbiegefestigkeit f <qualit.mat> • alternate bending strength

Wechselbiegeprüfung f <qualit.mat> • alternate bending test

Wechselbiegeschwingungen fpl <mech> • alternate bending vibrations

Wechselbogen m <druck> • change sheet

Wechseldruckbeatmung f <med.tech> • positive negative pressure ventilation (PNPV)

Wechseldruckverfahren n <emiss.msr> • magnetopneumatic oxygen measuring method

Wechseldüsen fpl <metall> • coupled tuyeres

Wechsel-EMK f <el> • oscillating electromotive force

Wechselentladung f <el> • alternating discharge

Wechselfeld n <el> • alternating field; AC field

Wechselfeldfrequenz f <el> • field oscillating frequency

Wechselfeldhysterese f <phys> • static hysteresis

Wechselfestigkeit f <qualit.mat> • cycling strength; alternate strength; reverse fatigue strength; fatigue strength *rare*

Wechselfestigkeitsprüfmaschine f <qualit.mat> • alternate strength testing machine

Wechselfestplatte f <edv> *(Festplatte)* • removable disk

Wechselfeuer n <navig> *(blinkend)* • alternate flashing light; alternating light

Wechselfieber n <med> • malaria; marsh fever; periodic fever

Wechselfilter n <opt> *(Kamera, Scheinwerfer)* • interchangeable filter

Wechselfunktion f <msr> *(von Sensor)* • make-break [function]; changeover function

Wechselgerüst n <tech.allg> • change stand

Wechselgestell n prakt <kfz.el> • battery removal trolley; battery trolley *pract*; battery rack *pract*

wechselgesteuerter Motor m <kfz.mot> • intake over exhaust engine; F-head engine; inlet over exhaust engine; ioe engine

Wechselgetriebe n <tech.allg> *(allg., jede Bauart)* • variable-speed transmission

Wechselgetriebe n <antr> *(nur Zahnradgetriebe)* • speed-change gearbox

Wechselgetriebe n <antr> *(manuell)* • manual transmission (man); manual gearbox *GB*; change-speed gearbox *GB*; gearshift [unit] *coll*; speed-changing mechanism *rare*

Wechselgleichrichter m <el> • synchronous self-rectifying vibrator

Wechselgröße f <el> • alternating quantity

Wechselinduktivität f <el> • mutual inductance

Wechselkassette f <phot> • interchangeable magazine

Wechselkontakt m <el> • change-over contact; change-over contact unit

Wechselkontakt mit Unterbrechung m <el> • break-before-make contact

Wechselkurven fpl <verk> *(Straße)* • alternating bends *pl*

Wechsellade f <textil> • change-box slay; change-box sley; multiple-box slay; multiple-box sley

wechselläufiger Kolben m <masch> • piston working alternately

Wechsellage f <tech.allg> • alternating position

Wechsellager n <masch> • double-thrust bearing

Wechsellagerung f <geo> • interstratification; interbedding

Wechsellast f <mech> • alternating load

Wechsellast f <mech> *(die wirkende Kraft)* • alternating load

Wechsellastspielzahl f <qualit.mat> • number of reversals

Wechsellaufsystem n <mil> • interchangeable barrel system

Wechsellicht n <licht> • chopped light

Wechsellichtempfindlichkeit f <opt> • dynamic luminous sensitivity

Wechsellichtphotometer n <opt> • chopped light photometer

Wechsellichtquelle f <licht> • intermittent light source

Wechsel-Magnetfeld n <el> • alternating magnetic field

Wechselmagnetisierung f <phys> • linear hysteresis

Wechselmechanismus m <masch> • shuttle mechanism

Wechselmedium n <edv> • removable medium; removable data storage medium; removable storage medium; removable storage device

wechseln vi <allg> • fluctuate vi

wechseln vi <tele> • shift vi

wechseln vt <allg> *(z. B. Drehzahl, Werkzeug, Geld)* • change vt

wechseln vt <tech.allg> *(z. B. Gerät, Werkzeug, CD-ROM, Tintenpatrone)* • change vt

wechseln vt <tech.allg> *(variieren; z. B. Drehzahl, Farbe, Frequenz, Lage, Stromstärke)* • vary vt

wechseln vt <tech.allg> *(umschalten, andere Position wählen)* • change vt; switch vt

wechseln vt <tech.allg> *(Flüssigkeit; z. B. Motor-, Getriebeöl, Bremsflüssigkeit)* • change vt

wechselnder Lastangriff m <tech.allg> • repeated load reversal

wechselndes Vorzeichen n <math> • alternating sign

Wechselobjektiv n <opt> *(für Kameras, Vergrößerer)* • interchangeable lens

Wechselplatte f <edv> *(Festplatte)* • removable disk

Wechselplatte f <wz> • threading insert; thread insert; thread-cutting blade; thread-cutting insert

Wechselplatten-Gewindebohrer m <wz> • insert tap *:V*

Wechselplattenlaufwerk n <edv> • removable-disk hard drive; removable-cartridge disk drive; removable-media hard disk drive; removable-media hard drive

Wechselpolfeldmagnet m <el> • heteropolar field magnet

Wechselpolgenerator m <el> • heteropolar generator

wechselpolig <el> • heteropolar

Wechselpotential n <el> • alternating potential

Wechselpuffer m <edv> • double buffering
Wechselpunkt m <tech.allg> • point of alternation
Wechselrad n <wz.masch> *(Vorschubgetriebe)* • change gear
Wechselrädergetriebekasten m <wz.masch> *(Vorschubgetriebe)* • change gearbox
Wechselräderschere f <wz.masch> *(Vorschubgetriebe)* • change gear bracket; change gear plate; change gear quadrants; quadrant plate
Wechselrähmchen n <phot> • slide holder; transparency frame; transparency mount
Wechselrahmen m <druck> • change frame
Wechselrahmen m <metall> • changing frame
Wechselrahmen m <phot> • interchangeable picture-frame
Wechselreiber m <druck> • reciprocating rider
Wechselrelais n <el> • center zero relay *US*; centre zero relay *GB*; polarized relay; polarised relay *GB*
Wechselrichten n <el> *(Gleichstrom in Wechselstrom)* • conversion of DC into AC; inversion
Wechselrichter m <el> *(z. B. bei Solarstromanlagen)* • inverter; DC-AC inverter; DC to AC inverter *rare*; grid-tie inverter *rare*; power conditioning unit *rare*
Wechselrichter mit Selbstkommutierung m <el> • self-commutated inverter
Wechselrichterschaltung f <el> • inverter circuit
Wechselsack m <phot> • changing bag; loading bag
Wechselsatz m <mil> *(zum Umbauen, Konvertieren)* • conversion kit; conversion unit
Wechselschalter m <el> • change-over switch; two-way switch
Wechselschaltung f <el> • two-way connection
Wechselschlitten m <wz.masch> • twin saddle
Wechselschreiben n <tele> • half-duplex teletyping
Wechselschreiber m <tele> • half-duplex teletype
Wechselschütz n <el> • change-over contactor
wechselseitig <allg> • mutual; reciprocal
wechselseitig austauschbar <tech.allg> • interchangeable
wechselseitig austauschen vt <tech.allg> • interchange vt
wechselseitige Beeinflussung f <allg> *(neutral, ohne Wertung)* • interaction
wechselseitige Datenübermittlung f DIN ISO 3309 <edv> • two-way alternate data communication *ISO 3309*; TWA data communication *ISO 3309*
wechselseitige Diffusion f <chem> • interdiffusion
wechselseitige Einwirkung f <allg> • interaction
wechselseitige Induktion f <el> • mutual induction
wechselseitige Leiterbeeinflussung f <el> • conductor conflict
wechselseitiger Informationsfluss m <tele> • either-way communication
wechselseitiges Ausbrechen des Hecks n <fz> • fishtails pl
wechselseitig gesicherte Vernichtung f (MAD) <mil> *(Doktrin; Abschreckungsprinzip durch gesicherte Zweitschlagkapazität)* • mutually assured destruction (MAD)
Wechselspannung f <el> • AC voltage; alternating voltage
Wechselspannung f <mech> • alternate stress
Wechselspannung-PULSOR m <msr> • AC-PULSOR
Wechselspannungsanteil m <el> *(von schlecht geglättetem Gleichstrom; in %)* • ripple; residual ripple
Wechselspannungsbetrieb m <el> • AC voltage operation
Wechselspannungsmesser m <msr> • AC voltmeter
Wechselspannungsquelle f <el> • AC source
Wechselspannungssignal n <el> • AC signal

Wechselspannungs-Tachogenerator m <msr> • AC tachogenerator; AC tacho-generator; AC tachometer generator; AC permanent-magnet tachometer; alternating-current permanent magnet tachometer *rare*
Wechselspannungsüberlagerung f <allg> • AC voltage superimposed on the DC-voltage
Wechselspeicher m <edv> • removable medium; removable data storage medium; removable storage medium; removable storage device
Wechselspeichermedium n <edv> • removable medium; removable data storage medium; removable storage medium; removable storage device
Wechselspeichersystem n <edv> • removable storage system
Wechselspektrumverfahren n <phys> • spread spectrum technology
Wechselsperre f <masch> • reciprocal interlocking
Wechselsprechanlage f <tele> *(Sprechen nur abwechselnd möglich, nicht gleichzeitig)* • intercom system
Wechselsprechanlage f <tele> *(drahtlos)* • two-way radio system; radiotelephone system *rare*
Wechselsprechverkehr m <tele> • two-way communication; intercommunication
Wechselsprung m <hydr> • hydraulic jump
Wechselstoß m <bahn> *(Schienen)* • staggered joint
Wechselstrom m (WS) <el> *(z. B. 50 Hz)* • alternating current (AC)
wechselstrombetrieben <el> • AC-operated
wechselstromgekoppelt <el> • AC-coupled
Wechselstromgenerator m <el> *(2- oder 3-phasig; meist ein Drehstromgenerator)* • AC generator; alternator *pract*
wechselstromgespeist <el> • AC-powered
Wechselstrom-Gleichstrom-Wandler m <el> • AC/DC converter
Wechselstrom-Hochfrequenzvormagnetisierung f <av> *(bei Aufzeichnung)* • alternating-current bias; alternating-current magnetic bias; alternating-current magnetic biasing; AC bias; AC biasing
Wechselstrom-Impedanzmessbrücke f <msr> • AC impedance bridge; AC bridge *pract*
Wechselstromkomponente f <el> *(von Strom)* • alternating component; oscillating component
Wechselstromkomponente eines Gleichstroms f <el> • alternating part of direct current
Wechselstromkorona f <druck> • AC-corona
Wechselstromkreis m <el> • AC circuit
Wechselstrommessbrücke f <msr> • AC impedance bridge; AC bridge *pract*
Wechselstrommesser m <msr> • AC ammeter
Wechselstrommotor m <el> • AC motor
Wechselstromnetz n <el> *(öffentl. Stromversorgung)* • AC mains [network]; AC network
Wechselstrompolarographie f <el.chem> • AC polarography
Wechselstromquelle f <el> • AC source
Wechselstromschweißgenerator m <füg.el> • welding alternator
Wechselstromtechnik f <el> • AC engineering
Wechselstromtelegrafie f <tele> • voice-frequency carrier telegraphy
Wechselstromturbogenerator m <el> • turboalternator
Wechselstromverhalten n <el> • AC behavior *US*; AC behaviour *GB*
Wechselstrom-Vormagnetisierung f <av> *(bei Aufzeichnung)* • alternating-current bias; alternating-current magnetic bias; alternating-current magnetic biasing; AC bias; AC biasing
Wechselstromvormagnetisierung f <el> • AC magnetic biasing

Wechselstromwecker *m* <tele> • polarized bell; magneto bell

Wechselstromwiderstand *m* <el> • impedance (Z); electrical impedance

Wechselstromzähler *m* <msr> • AC meter

Wechselstromzeichengabe *f* <el> • AC signaling *US*; AC signalling *GB*

Wechselsystem *n* <kst> *(bei Spritzgießmaschinen)* • mold-changing system

Wechselsystem *n* <mil> *(zum Umbauen, Konvertieren)* • conversion kit; conversion unit

Wechseltaktschrift *f DIN* <edv> *(Disketten-Aufzeichnungsverfahren)* • frequency modulation (FM)

Wechseltaktschrift *f* <tele> • two-frequency recording mode; pulse-width recording

Wechseltaste *f* <tele> • shift key

Wechseltauchprüfung *f* <qualit.mat> • alternate immersion test

Wechseltauchversuch *m* <obfl.qualit> • cyclic immersion test

Wechseltisch *m* <kst> • mold-change table

Wechseltisch *m* <prod> • shuttle platen

Wechseltischbügelmaschine *f* <led> • two-table plating machine

Wechseltubus *m* <opt> • change-over tube

Wechselventil *n* <kfz.antr> *(Automatikgetriebe)* • shuttle valve

Wechselventil *n* <masch> • shuttle valve

Wechselventil *n* <rls> • two-reversing valve

Wechselventil *n rar* <rls> • two-way valve

Wechselverformung *f* <mech> • alternating load deformation

Wechselverkehr *m* <tele> • intercommunication

Wechselwagen *m* <kst> • mold-change carriage

Wechselwebstuhl *m* <textil> • multiple shuttle loom; multiple box loom

Wechselwinkel *mpl* <masch> • alternate angles

Wechselwirkung *f* <tech.allg> • interaction

Wechselwirkung *f* <med> *(Nebenwirkung)* • interaction

Wechselwirkung mit Materie *f* <phys> • interaction with matter

Wechselwirkung mit Materie eingehen <nukl> • interact with matter

Wechselwirkungsbild *n* <phys> • interaction representation; interaction picture

Wechselwirkungsenergie *f* <phys> • interaction energy

Wechselwirkungsfaktor *m* <tele> • interaction factor

wechselwirkungsfrei <tech.allg> • non-interacting

Wechselwirkungsgesetz *n* <phys> • principle of action and reaction; law of action and reaction; third law of motion; Newton's third law; interaction law

Wechselwirkungskonstante *f* <phys> • interaction constant; interaction coupling constant

Wechselwirkungskraft *f* <phys> • interaction force

Wechselwirkungsquerschnitt *m* <phys> • interaction cross-section

Wechselwirkungsraum *m* <el> • interaction space

Wechselwirkungsverlust *m* <tele> • interaction loss

Wechselzahl *f* <mech> *(dynamische belastung)* • number of cycles

Wechselzeichen *n* <tele> • shift signal

Wechselzersetzung *f* <chem> • double decomposition; double decomposition reaction

Wecker *m form* <tele> • bell; ringer; signal bell

Weckerfallklappe *f* <tele> • bell indicator drop

Wecker mit Selbstunterbrechung *m* <alarm> • trembler bell

Weckerumschalter *m* <tele> • ringing change-over switch

Weckruf *m* <tele> • wake-up call

Wedeltest *m* <kfz> • slalom test

WEDER-NOCH <msr> *(Schaltalgebra)* • NEITHER-NOR

Wedge *m prakt* <ic.wz> *(Bondwerkzeug beim Wedge-Wedge-Verfahren)* • bond wedge; wedge

Wedgeferse *f* <ic> *(Chip-Drahtverbindung)* • heel

Weg *m* <allg> *(vom Problem zur Lösung)* • approach

Weg *m* <allg> *(Abstand)* • distance

Weg *m* <allg> *(Art und Weise; Methode)* • technique

Weg *m (s)* <allg> *(Bahn, Pfad, Wegstrecke; z. B. eines Fahrzeuges, Werkzeuges)* • way (s)

Weg *m* <tech.allg> *(als Ergebnis einer Verschiebung, Verdrängung etc.)* • displacement

Weg *m* <tech.allg> *(Methode; z. B. Berechnung)* • method

Weg *m* <aerospace> *(Kurs; Flugzeug, Rakete, Lenkwaffe)* • course

Weg *m* <masch> *(z. B. Kolben, Schlitten, Ventil)* • travel

Weg *m* <phys> *(Verlauf, Pfad)* • path

Weg *m ugs* <verk.navig> • route

Weg *m* <wz.masch> • traverse

Wegabgriffselement *n* <msr> • position transducer

wegabhängige Zapfwelle *f* <agri> • ground speed power take-off

wegätzen *vt* <obfl> • etch away *vt*

Wegauflösung *f* <wz.masch> • traverse resolution

Wegaufnehmer *m* <msr> *(allg.; z. B. induktiv)* • displacement sensor; distance sensor; linear sensor; displacement pick-up *rare*

Wegaufnehmer *m* <msr> *(mit Dehnmessstreifen)* • dilatometer

Wegaufnehmer *m* <qualit.mat> *(beim Zugversuch)* • extensometer

Wegbau-... <tech.allg> *(in Zusammensetzungen: separat angeordnet)* • detached; separate

Wegbau-... <tech.allg> *(in Zusammensetzungen: entfernbar)* • detachable *:V*

Wegbedingungen *fpl DIN ISO 2806* <tech.allg> • preparatory function *ISO 2806*

Wegbegrenzung *f* <masch> *(für Bewegung allg.)* • travel limiting

Wegbegrenzung *f* <wz.masch> *(für Zustellung)* • feed-depth limitation

Wegbegrenzung *f* <wz.masch> *(für Hub)* • stroke-length limiting

wegblasen *vt* <tech.allg> • blow away *vt*; blow off *vt*

Wegdrehung *f* <mil> *(von Zielscheiben)* • edging movement; edging

Wegebau *m* <bau.verk> • road construction; highway engineering *US*; road building; road engineering

Wegenetz *n* <verk> • road network

Wegepunkt *m rar* <navig> • waypoint (WPT); point *rare*; landmark

Wegerecht *n* <jur.verk> • right-of-way

Wegesuche *f* <tele> • path selection

Wegeventil *n* <rls> *(z. B. Pneumatik)* • directional valve

Wegewahl *f* <tele> • routing

Wegfahrsperre *f* <kfz> • immobilizer *US*; immobiliser *GB*; engine immobilizer *US*; engine immobiliser *GB*

weggerostet <tech.allg> • rusted away; rotted out *pract*

Weginformation *f* <wz.masch> • positional control information; positional dimensional information; positioning information

Wegknicken *n* <pap> • buckling

Wegknicken verhindernde Führung *f* <pap> • anti-buckling guide

Wegkonstanthalteeinrichtung *f* <tech.allg> • path stabilizer; path stabiliser *GB*

Wegkürzen *n ugs.rar* <math> *(bei Brüchen)* • cancellation

wegkürzen *vt* <math> *(Brüche, Gleichungen)* • cancel (out) *vt*

Weglänge *f* <tech.allg> • length of distance traveled *US*; length of distance travelled *GB*

Weglänge *f* <mech> • path length

Weglängenmesser *m* <msr> • odometer

Weglaufen *n* <msr> *(allmähliches Weglaufen vom Sollwert, Sollzustand)* • runaway

Weglaufen des Nullpunkts *n prakt.ugs* <msr> • zero-run

weglaufende Vorentflammung *f Bosch* <kfz.el> • runaway pre-ignition *Bosch*

Wegmaßstab *m* <tech.allg> • path scale

Wegmesssystem *n* <prod> *(betont: Messung der Wege)* • displacement measuring system

Wegmesssystem *n* <prod> *(betont: Messung der Position)* • position sensing system

Wegmess- und -steuersystem *n* <wz.masch> • position sensing and control system

Wegmessung *f* <msr> *(bei Verschiebungen, Versatz, unerwünschten Lageänderungen)* • displacement measurement

Wegmessung *f* <msr> *(zurückgelegte Strecke; Distanz)* • distance measurement

Wegminimierung *f* <logist> • routing optimization; routing optimisation *GB*

wegnehmen *vt* <mus> *(Orgelregister)* • push in *vt*; bring in *vt*; put in *vt*; throw off *vt*; draw off *vt*

Wegoptimierung *f* <logist> • routing optimization; routing optimisation *GB*

Wegpunkt *m* (WPT) <navig> • waypoint (WPT); point *rare*; landmark

Wegpunktalarm *m* <navig> *(Empfänger)* • waypoint alarm

Wegpunktbezeichnung *f* <navig> • waypoint name

Wegpunktdaten *npl* <navig> • waypoint information *sg*; waypoint data *pl*

Wegpunktdatenbank *f* <navig> *(Empfänger)* • waypoint data base

Wegpunktdefinitionsseite *f* <navig> *(Display)* • waypoint definition page

Wegpunkteingabefeld *n* <navig> *(Display)* • waypoint field

Wegpunktfunktion *f* <navig> • waypoint function

Wegpunktinformationen *fpl* <navig> • waypoint information *sg*; waypoint data *pl*

Wegpunktliste *f* <navig> *(Display)* • waypoint list; landmark list; waypoint list page; waypoint library; landmark screen

Wegpunktlisten-Seite *f* <navig> *(Display)* • waypoint list; landmark list; waypoint list page; waypoint library; landmark screen

Wegpunktname *m* <navig> • waypoint name

Wegpunktnavigation *f* <navig> • waypoint navigation

Wegpunktnummer *f* <navig> • waypoint number

Wegpunktspeicher *m* <navig> • waypoint storage

Wegpunkt-Suchlauf *m* <navig> • waypoint scanning [feature]

Wegpunkt-Untermenüseite *f* <navig> • waypoint submenu page

Wegpunktverzeichnis *n* <navig> *(Display)* • waypoint list; landmark list; waypoint list page; waypoint library; landmark screen

wegradieren *vt* <doku> *(mit Radiergummi etc.; z. B. einen Fehler)* • erase *vt*

wegräumen *vt* <tech.allg> *(hinderliche, unerwünschte Gegenstände)* • clear away *vt*

wegreißen *vt* <allg> • tear off *vt*

wegschneiden *vt* <allg> • cut away *vt*

Wegschrittgröße *f* <prod> • bit size

wegschwemmen *vi/vt* <prod> *(z. B. Späne)* • wash away *vi/vt*

wegschwenken *vt* <masch> • swing clear *vt*

Wegsensor *m* <msr> *(allg.; z. B. induktiv)* • displacement sensor; distance sensor; linear sensor; displacement pick-up *rare*

wegspülen *vt* <verf> • flush away *vt*

Wegsteuerung *f* <wz.masch> • tool-path control

Wegstrecke *f* <allg> *(Distanz)* • distance

wegtragen *vt* <allg> • carry away *vt*; carry off *vt*

Wegunterschied *m* <opt> • optical path difference

Wegunterschied *m* <phys> • path difference

Wegvergleichsregler *m* <msr> • motion-balance controller

wegwandern *vi* <mot> *(Zündzeitpunkt)* • shift *vi*

Wegwerfartikel *m* <ents> • disposable; throw-away item

wegwerfbar <ents> • disposable

Wegwerfgesellschaft *f* <ents> • throwaway society

Wegwerfhandschuh *m* <bekl> • disposable glove

Wegwerfpackung *f* <ents.pack> • throwaway pack

Wegwerfpalette *f* <logist> • one-way pallet; disposable pallet; expendable pallet; non-returnable pallet; throwaway pallet

Wegwerfpinsel *m* <obfl.wz> • disposable brush

Wegwerfspritze *f ugs* <med> • disposable syringe

Wegwinkel *m* <aerospace> • track course

Weg-Zeit-Diagramm *n* <tech.allg> *(z. B. Kolbenmotor)* • displacement-time diagram; distance-time diagram; path-time diagram

Weg-Zeit-Verhältnis *n* <wz.masch> • path-time ratio

Weg zur Rentabilität *m* <ökon> • path to profitability (P2P)

Wehnelt-Elektrode *f* <el> • Wehnelt cylinder; modulation electrode

Wehnelt-Kathode *f* <el> • Wehnelt cathode

Wehnelt-Unterbrecher *m* <el> • Wehnelt interrupter

Wehr *n* <bau.hydr> • weir; overflow dam

Wehrfeld *n* <bau.hydr> • waterway

Wehrhöhe *f* <bau.hydr> • weir level

Wehrkrone *f* <bau.hydr> • weir crest

Wehrpfeiler *m* <bau.hydr> • weir pier

Wehrrücken *m* <bau.hydr> • weir crest

Wehrschwelle *f* <bau.hydr> • weir sill

Wehrschwellenkraftwerk *n* <energ.hydr> • flooded water power plant; submersible power plant

Wehrüberschreitung *f* <bau.hydr> • overflooding of the weir

Wehrverschluss *m* <energ.hydr> • gate; weir shutter; flood gate

Weibull-Verteilung *f DIN 55350-22* <math> *(Statistik; Lebensdauer)* • Weibull distribution

weich <allg> • soft

weich <bekl> *(z. B. Leder)* • supple

weich <chem> *(Wasser)* • soft

weich <kst> *(PVC)* • plasticized; plasticised *GB*

weich <nahr> *(Wein)* • soft; mellow

weich <obfl> *(im Ggs. zu steif)* • non-rigid

weich <phot> *(Bild, Beleuchtung; vorteilhaft)* • soft; low in contrast

weich <phys> *(Strahlung)* • low-energy; non-penetrating; soft *rare*

weich <textil> *(Faden)* • soft

weich arbeitender Entwickler *m* <phot> • low-contrast developer

Weichbild einer Stadt *n* <tech.allg> • exurban fringe

Weichblei *n* <mat> • soft lead

Weichbraunkohle *f* <min> • soft brown coal; soft lignite

weichdichtend mit glattem Durchgang <rls> *(Keil-Absperrschieber)* • soft sealing with straight passage

Weichdichtung *f* <masch> • soft packing

Weiche *f* <bahn> • switch *US*; points *GB*

Weiche f <chem.verf> (z. B. Textiltechnik) • steep tank
Weiche f <el> • selective coupler
Weiche f <el> (z. B. ein Diplexer) • dividing network; cross-over [network]; frequency-separating filter; frequency-dividing network
Weiche f <led> (Gerbvorgang) • soak; soaking
Weiche f <prod> (beim Sortieren) • sorting gates
Weiche f <theat> • sliding device; slide
Weiche auffahren vi <bahn> • split the points vi
Weiche auffahren vt <bahn> (betont: gegen Widerstand) • force open the points vt
weiche Borsten fpl <hygi> • soft bristles
weiche Broschur f <druck> • quarter cloth
Weichei n <allg> • softy
Weicheis n <nahr> • scoopable ice cream; scooping ice cream; soft scoop ice cream; dipping ice cream; spoonable ice cream
Weicheisen n <mat> • soft iron
Weicheisenanker m <el> • iron-core armature; soft-iron armature
Weicheiseninstrument n rar <el> • moving-iron meter; moving-iron instrument; iron-vane meter; soft-iron meter; soft-iron instrument
Weicheisenkern m <el> • soft-iron core
weiche Kontur f <obfl> (unscharfe Farbgrenzen) • soft-edged
weich-elastischer Schaumstoff m DIN 7726 <mat> • flexible cellular material
weiche Maske f <obfl> (liegt nicht unmittelbar auf der Oberfläche) • soft mask
Weichenantrieb m <bahn> • switch motor US; point operating gear GB
Weichenheizgerät n <bahn> • switch heater US; point heater GB
Weichenherzstück n <bahn> • frog; crossing frog; common crossing
Weichenhobelmaschine f <bahn.wz> • frog and switch planer
Weichenkreuz n <bahn> • scissors crossing
Weichenriegelschalter m <bahn> • lock circuit controller
Weichenschmiermittel n <bahn.tribo> • railroad switch lubricant US; point lubricant GB
Weichenschmierstoff m <bahn.tribo> • railroad switch lubricant US; point lubricant GB
Weichensicherung f <bahn> • locking
Weichensignal n <bahn> • signal point indicator
Weichenstellung f <bahn> • switch position US; point position GB
Weichenstellungssignal n <bahn> • signal point indicator
Weichenstellwerk n <bahn> • signal tower US; signal box GB; interlocking cabin
Weichenverbindung f <bahn> • single cross-over
Weichenverriegelung f <bahn> • facing point locking
Weichenzunge f <bahn> • switch point US; switch blade US; point tongue GB; point blade GB; blade point GB
weiche Oberfläche f <kfz.rep> (Spachtelfehler) • surface tack
weicher Griff m <textil.qualit> • soft handle; soft hand
weiche Röhre f <el> • soft tube
weiches Licht n <phot> • soft light; diffused light
weiches Papier n <phot> • soft-grade paper; soft-contrast paper; soft paper
Weiche spitz befahren vi <bahn> • pass the point facing vi
weiche Strahlung f <phys> • soft radiation
Weiche stumpf befahren vi <bahn> • pass the point trailing vi
weiches Wasser n <chem> • soft water

Weichetui n <hygi> (z. B. für Rasierer) • travel pouch
weiche Turmauslegung f <mech> • soft tower
weiche Überblendung f <av> • lap dissolve
Weichfaserplatte f DIN 68753 <bau> • soft fiberboard US; soft fibreboard GB
weichgeglüht <metall> (auch spannungsarm) • annealed; soft-annealed; spheroidized
weichgekochter Zellstoff m <pap> • soft pulp; high-boiled pulp
weichgelötet <füg> • soldered; soft-soldered
weichgestellt <kst> • non-rigid
weichgezogen <prod> • soft-drawn
Weichglühen n <metall> (von gehärtetem oder kaltverfestigtem Stahl; verbessert Bearbeitbarkeit) • soft annealing; spheroidization rare
Weichgrad m <textil> • steeping degree
Weichgummi n ugs <kst> (weitmaschig vernetzt, gummielastisch) • elastomer; elastoplastic; elastomeric plastic rare; thermoset rare
Weichharz n <mat> • soft resin
Weichheit f <textil> (Faden) • softness
Weichheit des Wassers f <chem> • softness of water
Weichheitszahl f <kst> • softness index
Weichholz n <holz> (Nadelholz; kann auch hart sein) • softwood
Weichkäse m <nahr> • soft cheese
Weichkupfer n <mat> • soft copper
Weichlöten n <füg> (unter 450 °C) • soldering; soft soldering form
Weichlötverbindung f <füg> • soldered joint; soft-soldered joint
Weichlot n rar <füg> (typ. ein Zinn-Blei-Lot; vor allem für elektr. Verbindungen) • solder; soft solder
Weichmachen n <mat> (z. B. Kunststoff, Leder, Papier, Textilien) • softening
weichmachen vt <allg> • soften vt
weichmachen vt <kst> (z. B. PVC) • plasticize vt
weichmachen vt <kst> (beabsichtigt) • plastify vt; plasticize vt; plasticate vt; soften vt; flux vt
weichmachend <kst> • plasticizing; plasticising GB
weichmachender Zusatz m <chem> (Additiv) • plasticizer; plasticiser GB
Weichmacher m <allg> • softener
Weichmacher m <chem> (Additiv) • plasticizer; plasticiser GB
Weichmacher m <kst> (allg. in Kunststoffen, Reifen) • plasticizer; plasticiser GB; softening agent; flexibilizer
Weichmacher m <obfl> (von Lack, Farben) • plasticizer; plasticiser GB
Weichmacher m <obfl> (Lackzusatz) • flex additive
weichmacherfrei <kst> (z. B. PVC) • unplasticized; unplasticised GB
weichmacherfreies Polyvinylchlorid n (PVC-U) <kst> • unplasticized polyvinyl (PVC-U)
Weichmacheröl n <kst> • process oil
weichmagnetisch <el> • soft-magnetic
weichmagnetischer Kern m <msr> (Wiegand-Draht) • magnetically soft core; soft magnetic core
Weichnitrieren n <metall> • soft-nitriding
Weichpackung f <masch> • soft packing
weichplastisches Verfahren n <prod> • soft-mud process
Weich-PVC n <kst> • plasticized PVC; plasticised PVC GB; plasticized vinyl pract
Weichschaum m <kst> • soft foam
weichsektoriert <edv> (Magnetplatte) • soft sectored
Weichsektorierung f <edv> • soft sectoring
Weichspüler m <chem> • softener
Weichspüler m <hygi> • fabric softener

Weichstahl m <metall> (<0,2% C) • mild steel

Weichtastfilter n <tech.allg> • lag filter

Weichtastung f <tele> • soft keying

Weichwasser n <chem.verf> • steep; steeping water

Weichwasser n <led> • soaking liquor

Weichzeichner m prakt <phot> • diffusion filter; soft-focus filter; soft-focus lens; light-diffusing screen rare; soft-focus attachment rare

Weichzeichnerfilter m <phot> • diffusion filter; soft-focus filter; soft-focus lens; light-diffusing screen rare; soft-focus attachment rare

Weichzerkleinerung f <ents> • size reduction of soft materials

Weidepumpe f <agri> (viehbetätigt) • cattle-operated water pump

Weidepumpe f <agri> • pasture pump

Weider m <hydr.bio> • grazer; grazer-scraper

Weiderecht n <holz> • right to forest grazing

Weife f <textil> • reel

Weifen n <textil> (Ausrüstung) • winding; reeling

weifen vt <textil> (Faden) • reel vt; wind vt

Weihnachtsbaum m rar <petr> • christmas tree; oil and gas well Christmas tree

Weinbergpflug m <agri> • vineyard plow US; vineyard plough GB

Weinbergspritze f <agri> • vineyard sprayer

Weinbergtraktor m <agri> • vineyard tractor

Weingeist m <chem> • aqueous ethyl alcohol; spirit of wine

Weingeläger n <nahr> (Niederschlag in Weinfässern, -flaschen) • lees; wine lees; bottoms

weinig n <nahr> • vinous

Weinkonzentrierer m <nahr> • wine concentrator

Weinpumpe f <nahr> • wine pump

Weinschrank m <innen> • wine cabinet

Weinstein m <chem> • cream of tartar; potassium bitartrate thsc; tartar coll

Weinsteinabscheidung f <nahr> (Wein) • tartrate precipitation

Weinsteinstabilisierung f <nahr> (Wein) • tartrate stabilization

Weintrub m <nahr> (Niederschlag in Weinfässern, -flaschen) • lees; wine lees; bottoms

Weiß'scher Bezirk m <phys> • Weiß domain; Weiß molecular magnetic field; magnetic domain; Weiß field; domain pract

Weißabgleich m <av> • white balance

Weißabgleichtaste f <av> • white balance button

Weissach-Achse f Porsche <kfz> • Weissach axle Porsche

Weißätzen n <druck> • white etching

Weißahorn m <obfl.holz> • sycamore maple US; sycamore GB

Weißanlaufen n <obfl> (von Lack) • blooming; blushing

Weißanteil m <av> • white content

Weißbegrenzer m <av> • white clipper

Weißblech n DIN 55405 <pack.mat> • tinplate; tin sheet

Weißblechdose f <pack> • tin

Weißblechwalzwerk n <metall> • tin-plate mill

weißbrennender Ton m <bau.mat> • white-firing clay

Weißdecken-Pappe für Flüssigkeitsverpackungen f <pap.pack> • white-top liquid cartonboard

Weißdorn m <bio> • hawthorn; cratagus oxycantha

Weiße f <pap> • whiteness; brightness; degree of brightness; white content rare; whiteness degree rare

weiße Akten fpl <pap.ents> (Altpapiersorte) • white letters pl

weißen vt <obfl.bau> (Wände, mit weißer Kalkfarbe) • lime vt; whitewash vt; limewash v; whiten vt

Weissenberg-Aufnahme f <mat.phot> (Kristallographie) • Weissenberg photograph

Weissenberg-Effekt m <mat.phys> (viskoelastischer Stoff) • Weissenberg effect

weiße Nieswurz f <bio> • white hellebore; veratrum album

weißer Ahorn m <obfl.holz> • sycamore maple US; sycamore GB

weißer Deckenliner m <pap> • white-top liner

Weißer Raucher m <geo> • white smoker chimney

weißer Temperguss m prakt <metall> • white-heart malleable cast iron; European malleable cast iron

weißer Tischlerleim m <obfl.holz> • woodworker white glue; PVA glue

weißer Ton m <mat> • porcelain clay; china clay; kaolin

weißes Fischbeinpulver n obs <büro> (zum Tintelöschen) • pounce obs

weißes Licht nsg <licht> (Farbanteile rot, blau, grün zu gleichen Teilen vertreten) • white light sg; achromatic light sg

weißes Lithiumfett n <kfz.tribo> (z. B. für Scharniere) • white lithium grease; white body lubricant

weißes Rauschen n <av> (willkürliche Kombination von Frequenzen) • white noise; uniform-spectrum random noise; random noise

weißes Röntgenlicht n <nukl> • bremsstrahlung collision radiation; continuous x-ray radiation; braking deceleration; slowing-down radiation

weißes Roheisen n <metall> • white pig iron

weißes Spezialschmierfett n ugs <kfz.tribo> (z. B. für Scharniere) • white lithium grease; white body lubricant

weißes Sternschauzeichen n <tele> • white star indicator

Weißesteigerung f <pap.ents> • brightness improvement

weiße Vignette f <phot> • white vignette

weiße Ware f Handel <innen.el> (Küchengeräte, Waschmaschinen, Trockner etc.) • electric household appliances

Weiß-Fader m <av> • white fader

Weißgehalt m <obfl> • coefficient of diffuse reflection; whiteness

Weißgehalt m <pap> • whiteness; brightness; degree of brightness; white content rare; whiteness degree rare

Weißglas n <ents> • clear glass; colorless glass US; flint glass

weißglühend <tech.allg> • incandescent

weißglühend <metall> • white-hot

Weißglut f <metall> • white heat (WH)

Weißgold n <mat> (z. B. für Schmuck) • white gold

Weißgrad-, Farb- und Opazitätsmessgerät n <pap> • brightness, color and opacity tester

Weißgrad m <pap> • whiteness; brightness; degree of brightness; white content rare; whiteness degree rare

Weißguss m <metall> • white cast iron

Weißkalk m <bau.mat> • white lime; fat lime; rich lime

Weißkerntemperguss m <metall> • white-heart malleable cast iron; European malleable cast iron

Weißklipper m <av> • white clipper

Weißlauge f <pap> • white cooking liquor; fresh cooking liquor

Weißleim m <obfl.holz> • woodworker white glue; PVA glue

Weißlicht nsg <licht> (Farbanteile rot, blau, grün zu gleichen Teilen vertreten) • white light sg; achromatic light sg

Weißlichthebel m <phot> (Vergrößerer) • white-light lever

Weißmetall n <masch> (Gleitlager; z. B. für Kurbelwellenlagerschalen) • babbit metal

Weißmetall n <mat> (Gleitlager) • white metal

Weißmetallausguss m <masch> • babbitt lining; babbitting; white-metal lining

Weißmetallfutterlager n <masch> • babbitt-lined bearing; white-metal-lined bearing

Weißöl n <tribo> (farblos, klar) • white oil; petroleum white oil

Weißpappe f <pap> • white cartonboard

Weißpegel m <av> • white level; carrier-reference white level

Weißpegelkompression f <av> • white compression

Weißpegelsättigung f <av> • white saturation

Weißprodukt n <petr> • white product

Weißpunkt m <phys> • achromatic point; achromatic locus thsc

Weißrauch m <mot.emiss> • white smoke :V

Weißreferenz f <edv> • white reference

Weißrost m <obfl> • white rust; wet storage stain

Weißrostbildung f <obfl> • white rust formation

Weiß-Schwarz-Amplitudenbereich m <av> • white-to-black amplitude range

Weißspitze f <av> • white peak; peak white

Weißstelle f <druck> (Farbmanagement) • thin white line

Weißtöner m <obfl.chem> (z. B. in Waschmittel, Textilien, Papier) • fluorescent brightener; optical bleaching agent; optical brightening agent; brightener pract; optical bleach

Weißtöner m <textil> • whitening agent

Weißvorläufer m <av> • leading white

Weißwandreifen m <kfz> • whitewall tire US; whitewall tyre GB

Weißwandring m <kfz> (Reifen) • whitewall ring; white-wall topper

Weißwert m <av> • white-level value; bright-level value

Weißwertbegrenzung f <av> • white-level clipping; white-level limiting

Weißwurst f jarg.BMW <kfz.sich> (schlauchförmig) • inflatable tubular structure (ITS)

Weißzuckerfüllmasse f <nahr> (Zucker) • first fillmass; high-grade massecuite

Weißzuckervakuumapparat m <nahr.verf> • white pan

weit <allg> (große Distanz) • long [distance]

weit <bekl> • loose

weit <term> (Begriff) • broad

Weitabtrennschärfe f <av> • far-off selectivity

weit außerhalb der Spezifikationsgrenzen <qualit> • seriously out of tune; far from complying with specifications

Weitbereichsausbreitung f <tele> • long-distance propagation

Weitbereichsdosimeter n <nukl.msr> • wide-range radiation dosimeter

Weitbereichsnachrichtenverbindung f <tele> • long-distance communication

Weitbereichsnavigation f <navig> • long-range navigation

Weitbereichsnavigationssystem n <navig> • long-range navigation system

weit draußen <allg> • far out

Weite f <allg> • reach

Weite f <bau> (z. B. Stützweite) • span

Weite f <opt> (Sichtweite) • range

Weiten n <tech.allg> (Vergrößern von Öffnungen; meist elastisch) • dilatation

Weiten n DIN 8585-3 <prod> • bulge forming

weiten vt <allg> (e. Öffnung; durch Dehnen nach und nach größer machen) • dilate vt

weiten vt rar <tech.allg> (nach außen ausstellen; z. B. Kotflügel) • flare vt

weiten vt <tech.allg> (z. B. Rohr, Schuh) • expand vt; widen vt

weiten vt <bekl> (größer machen; z. B. Hut, Schuh) • expand vt

weit entfernt <allg> • far off

Weiter <edv> (Menüoption) • continue

Weiterbearbeitung f <prod> • further machining

Weiterbehandlung f <prod> • further treatment

Weiterbrennen n ISO 13943 <feuer> (Ausbreiten einer Flammenfront nach Wegnahme der Zündquelle) • self-propagation of flame ISO 13943

weiterentwickeln vr <allg> (Persönlichkeit) • develop vi

weiterentwickeln vr <tech.allg> • progress vi; make progress vi; develop further vi

Weiterentwicklung f <allg> • progression

Weiterentwicklung f <tech.allg> • further development

Weitergabe f <förd> • transfer

Weitergabeeinrichtung f <förd> • transfer feeder

weitergeben vt <tech.allg> (z. B. Daten, Meldung, Rechte, Signal) • transfer vt

weitergeben vt <tele> (Daten) • retransmit vt

weitergehende Rauchgasreinigung f <emiss.verf> • add-on air pollution control equipment; add-on air pollution control

weitergeleitetes Licht n <licht> • propagated light

Weiterglühen n <verbr> • progressive smouldering; glow propagation

Weiterkorrodieren n <obfl.chem> • spread of corrosion

Weiterlauf der Drahtspule durch ihr Eigengewicht <kfz.rep> (Schutzgasschweißgerät) • overrun

weiterleiten vt <tech.allg> (über Zwischenstationen) • relay vt

weiterleiten vt <förd> (z. B. Werkstück) • feed forward vt; pass on vt

weiterleiten vt <logist> (z. B. Brief, Fracht) • forward vt

weiterleiten vt <mech> (Kraft) • transfer vt

weitermelden vt <tele> (Daten) • retransmit vt

Weiterreißen n <qualit.mat> (von Papier, Geweben und Faserverbundwerkstoffen) • tear propagation

Weiterreißfähigkeit f <qualit.mat> (von Papier, Geweben und Faserverbundwerkstoffen) • tear propagation

Weiterreißfestigkeit f <qualit.mat> (von Papier, Geweben und Faserverbundwerkstoffen) • tear propagation resistance

Weiterreißfestigkeit des Materials f <qualit.mat> (in festen Körpern, nach Riss) • resistance of the material to crack propagation

Weiterreißkraft f <qualit.mat> • tear propagation load

Weiterreißprüfung f <qualit.mat> (allg.) • tear propagation test

Weiterreißversuch m DIN 53329 <qualit.led> • tear growth test

Weiterreißversuch m <qualit.mat> (allg.) • tear propagation test

Weiterreißweg m <qualit.mat> • tear extension

Weiterreißwiderstand m <qualit.pap> • tear growth resistance

weiterschalten vi/vt <wz.masch> (in gerasteten Positionen) • advance vi/vt; index vi/vt; index to the next position vi/vt

Weiterschalttaste f <av> • next button

Weiterschlag m <prod> • second draw

Weiterschlagziehstempel m <wz> • second-action draw punch

weitertakten vi/vt <wz.masch> (in gerasteten Positionen) • advance vi/vt; index vi/vt; index to the next position vi/vt

Weiter-Taste f <av> • next button

weitertransportieren vt <förd> • transfer vt

weitertransportieren vt <phot> (Film) • wind on vt

Weiterverarbeitung f <tech.allg> • further processing

Weiterverarbeitung f <druck> • postpress; post-press

weiterverfolgen vt <jur> (Patentanmeldung) • pursue vt; prosecute vt

Weiterverfolgung f <jur> *(von Anmeldungen)* • pursuance; further prosecution

Weiterverwendung f <ents> *(von ge- oder verbrauchten Produkten)* • alternate usage

Weiterverwertung f <ents> *(of used material)* • alternate usage

weiter Weg m <allg> *(z. B. bis zum Ziel)* • long way

Weiterziehen n <prod> • redrawing

Weitfeldobjektiv n <opt> • wide-field lens

weitgespannt <bau> *(z. B. Träger, Dach, Brücke)* • long-span

Weithals-Erlenmeyer m prakt <chem> • wide-neck flask; wide-necked flask

Weithalserlenmeyer m rar <chem> • wide-neck flask; wide-necked flask

Weithals-Erlenmeyer-Kolben m form <chem> • wide-neck flask; wide-necked flask

Weithalsgefäß n <pack> • wider-mouth bottle

Weithalsglas n DIN 55405 <pack> • wide-mouth glass container

Weithalskolben m <chem> • wide-neck flask; wide-necked flask

weit in das nächste Jahrhundert n <allg> • way into the next century

weitmaschig <tech.allg> *(z. B. Sieb, Gitter, Netz)* • coarse-mesh; coarse-meshed; wide-meshed

weitreichend <allg> *(in die Zukunft; z. B. Maßnahmen)* • long-range

weitringiges Holz n <obfl.holz> • coarse textured wood; wood of coarse grain

Weitschenkel m obs <bau> *(Fenster)* • rail; sash rail

Weitspannregal n form, prakt <logist> • wide span shelving US; long-span shelving GB; bulk storage shelving US

Weitstrahldüse f <agri> • range nozzle

Weitstrahler m <licht> • long-distance beam headlight

Weitstrahler mpl <kfz> *(Zusatzscheinwerfer)* • driving lights US; spot lamps GB

Weitstrahlregner m <agri> • wide range sprinkler

weittragende Artillerie f <mil> • long-range artillery

Weitverkehr m <tele> • long-distance telephony; long-distance traffic; long-range communication

Weitverkehrsleitung f <tele> • long-distance circuit

Weitverkehrsnetz n <edv> • wide area network (WAN)

Weitverkehrsnetz n <tele> • long-distance network

Weitverkehrsverbindung f <lwl> • long-haul link

weit vorgezogene Fahrgastzelle f <kfz> *(Pkw)* • cab-forward design; cabin-forward design form

Weitwinkelbrennweite f <phot> • short focal length

Weitwinkelobjektiv n <phot> • wide-angle lens; wide-angle coll

Weitwinkelradar n <navig> • panoramic radar

Weitwinkelradargerät n <navig> • panoramic radar

Weitwinkelstreuung f <opt> • wide-angle scattering

Weitwinkelsucher m <phot> • wide-angle viewfinder

Weitwinkel-Tele-Zoom n <phot> *(z. B. 28–200 mm)* • wide-angle-telephoto zoom :V

Weitwinkel-Vorsatzlinse f <phot> • wide-angle converter lens

Weitwinkelzoom n <phot> • wide-angle zoom

WEK <energ.wind> • wind energy converter (WEC)

Welding n <edv> *(von Grafikobjekten)* • welding

Welke f <bio> *(von Pflanzen)* • wilting

Welken n <bio> *(von Pflanzen)* • wilting

Wellarm m <mus> *(Orgel)* • roller arm

Wellasbest n <bau.mat> • corrugated asbestos

Wellatur f <mus> • rollerboard; roller board; roller-board

Wellbalg m <rls> • convoluted bellows; corrugated bellows

Wellband n <kfz.emiss> *(für Metallkatalysatoren)* • corrugated strip

Wellblech n <mat> *(aus Stahl)* • corrugated sheet metal; corrugated sheet *pract*; corrugated iron *coll*; corrugated iron sheet *rare*

Wellblech n <mat> *(allg.; jedes Material, z. B. aus Alu, Stahl)* • corrugated sheet metal; corrugated sheet *pract*

Wellblechrundbiegemaschine f <prod> • corrugated curving rollers

Wellbrett n <mus> • rollerboard; roller board; roller-board

Welldichtung f <rls> • corrugated seal

Welle f <tech.allg> *(mech., zur Drehmomentübertragung; flexibel geführt)* • cable

Welle f <tech.allg> *(kleinstes flexibles Element eines Wellbalgs)* • convolution; corrugation

Welle f <hydr> *(Wasser; z. B. auf See)* • wave

Welle f <masch> *(mech., zur Übertragung von Drehmoment; steif)* • shaft

Welle f <mat.pap> *(in Wellpappe)* • corrugation flute; flute

Welle f <mus> *(Orgel)* • roller

Welle f <phys> *(Schwingung)* • wave

Welle f <prod.nahr> *(Speiseeis; Freezer)* • dasher; mutator

Welle-Korb-... <kfz.antr> *(Viskosekupplung im Achsdifferential)* • shaft-to-cage ...

wellen vt <prod> *(z. B. Blech, Pappe)* • corrugate vt

Wellenabdichtung f <masch> *(Vorgang)* • shaft sealing

Wellenabdichtung f rar <masch> *(Bauteil; z. B. e. Pumpe, Kurbelwelle)* • shaft seal

Wellenabsorption f <phys> • wave absorption

Wellenabstand m <phys> • wavelength

Wellenachse f <masch> • shaft axis

Wellenachsenwinkel m <masch> *(Winkel zw. Wellen)* • shaft angle; shaft axes angle

Wellenärmchen n <mus> *(Orgel)* • roller arm

Wellenanalysator m <phys> • wave analyzer US; wave analyser GB

Wellenanhebpumpe f <förd> • jacking pump

Wellenantenne f <el> • wave antenna US; wave aerial GB

Wellenantrieb m <masch> • shaft-drive

Wellenanzeiger m <tele> • wave detector

Wellenarm m <mus> *(Orgel)* • roller arm

wellenartig <allg> *(Bewegung)* • undulatory

wellenartig <tech.allg> *(z. B. Form, Struktur, Verhalten)* • wave-type; wavelike

wellenartige Riffelung f <prod> • riffle

Wellenauflauf m <hydr> • wave run-up

Wellenausbreitung f DIN 45020 <phys> • wave propagation; wave transmission

Wellenausbreitungsgeschwindigkeit f <phys> • wave velocity

Wellenausrichtung f <masch> • shaft alignment

Wellenauswuchtmaschine f <masch> • shaft balancing machine

Wellenbahn f <pap> • corrugated medium fluted layer

Wellenbahn f <phys> • wave path

Wellenband n <av.tele> • waveband

Wellenbauch m <phys> *(einer stehenden Welle)* • antinode DIN IEC 50; antinodal point

Wellenbereich m <av.tele> • waveband; wave range

Wellenbereichsanzeige f <av> *(z.b. Radioempfänger)* • waveband indicator; band indicator

Wellenbereichsschalter m <tele> *(Frequenzband; z. B. am Funkgerät)* • band selector switch; band selector; band switch; change-tune switch *rare*; change-wave-range switch *rare*

Wellenberg m <phys> • wave peak; wave crest

Wellenberuhigung f <hydr> • wave subduing

Wellenbeugung f <phys> • wave diffraction

Wellenbewegung f <mech> • undulation; undulary motion

Wellenbewegung f <phys> • wave motion

Wellenbezug *m Wernert* <masch> *(bei Chemiepumpen; Verschleißschutz im Bereich der Wellenabdichtung)* • shaft sleeve

Wellenbild *n* <phys> • wave image

Wellenbock *m* <nav> • propeller bracket; propeller strut

wellenbrechende Böschung *f* <bau.hydr> • wave-trap floor

wellenbrechendes Uferschutzwerk *n* <bau.hydr> *(Küstenschutz)* • sea wall

Wellenbrecher *m* <bau.hydr> *(Uferbauwerk, Mole)* • jetty; breakwater; wave breaker; mole

Wellenbrecher *m* <nav> • manger board; manger plate

Wellenbrett *n* <mus> • rollerboard; roller board; rollerboard

Wellenbündelung *f* <phys> • beaming

Wellenbund *m* <masch> • shaft collar; shaft shoulder

Wellendämpfung *f* <phys> • wave attenuation; wave dissipation

Wellendetektor *m* <el> • wave detector

Wellendichtring *m* <masch> • radial shaft seal ring; lip seal with garter spring; radial seal *pract*; shaft seal *pract*; oil seal *pract*

Wellendichtung *f* <masch> *(Bauteil; z. B. e. Pumpe, Kurbelwelle)* • shaft seal

Wellendichtung *f* <masch> *(Packung)* • shaft packing

Wellendöckchen *n* <mus> *(Orgel)* • rollerboard stud; roller bracket

Wellendrehmaschine *f* <wz.masch> • shaft turning lathe

Wellendrehzahl *f* <masch> • shaft speed

Wellendurchbiegung *f* <masch> • shaft deflection

Wellendurchführung *f* <masch> • shaft duct; shaft passage

Wellendurchgang *m* <masch> • shaft duct; shaft passage

Wellendurchtritt *m* <masch> • shaft duct; shaft passage

Welleneffekt *m* <av> • ripple

Wellenerzeuger *m* <edv.av> *(erzeugt Wellenformen)* • wave generator; waveform generator; wave form generator

Wellenfachwebmaschine *f* <textil> • wave shed weaving machine

Wellenfalle *f prakt* <el> • absorption circuit; absorber circuit; absorption trap; wave trap

Wellenfeld *n* <phys> • wave field

Wellenfilter *n* <el> • wave filter *US*; wave filtre *GB*

Wellenfläche *f* <phys> • wavefront; wave front

Wellenflächennormale *f* <phys> *(Einheitsvektor senkrecht zur Wellenfront)* • wave normal

Wellenflanke *f* <rls> *(Metallbalgkompensator)* • convolution side-wall

Wellenflansch *m* <masch> • shaft flange

Wellenfluchtabweichung *f* <masch> • shaft misalignment

Wellenfluchtung *f* <masch> • shaft alignment

wellenförmig <masch> • shaft-like

wellenförmig <obfl> • wavy

wellenförmig <phys> *(Bewegung, Fläche, Linie)* • undulatory

wellenförmig bewegt <phys> *(z. B. Fahne, Flüssigkeitsoberfläche, Segel)* • undulated

wellenförmige Bewegung *f* <mech> • undulation; undulatory motion

wellenförmige Bewegung *f* <phys> • wave motion

wellenförmige Erhöhung *f* DIN ISO 8785 <obfl.qualit> • ridge-like elevation *ISO 8785*

Wellenform *f* <edv.av> *(digitalisierter Klang)* • sample; waveform; digitized sound

Wellenform *f* <el> *(eines Oszillators)* • waveform; wave form

Wellenform *f* <rls> • convolution profile; corrugation profile; convolution shape; corrugation shape

Wellenformanalysator *m* <el> • waveform analyzer *US*; waveform analyser *GB*

Wellenformgeber *m* <el> • waveform generator

Wellenformgenerator *m* <edv.av> *(erzeugt Wellenformen)* • wave generator; waveform generator; wave form generator

Wellenformsample *n* <edv.av> • waveform sample

Wellenformsynthese *f* <edv.av> • waveform synthesis; wavetable synthesis

Wellenformverzerrung *f* <akust.el> • waveform distortion

Wellenformwandler *m* <el> • waveform converter

Wellenfortpflanzung *f* <phys> • wave propagation; wave transmission

Wellenfrequenz *f* <phys> • wave frequency

Wellenfront *f* <phys> • wavefront; wave front

Wellenfrontnormale *f* <phys> *(Einheitsvektor senkrecht zur Wellenfront)* • wave normal

Wellenfrontschreiber *m* <phys> • wave-front plotter

Wellenfrontwinkel *m* <phys> • wave tilt

Wellenfunktion *f* <phys> • wave function

Wellengelenk *n rar* <antr> *(in Antriebswellen)* • universal joint (UJ); U-joint *pract*; cardan joint *rare*

Wellengelenk mit Längenausgleich *n* <masch> *(in Kardanwellen)* • slip joint *US*; plunging joint *GB*; sliding joint *GB*

Wellengenerator *m* <edv.av> *(erzeugt Wellenformen)* • wave generator; waveform generator; wave form generator

Wellengenerator *m* <nav> *(von der Motorwelle angetrieben)* • shaft-driven generator

Wellengeometrie *f* <rls> *(von Balg-Kompensatoren)* • convolution geometry; convolution form; corrugation geometry; corrugation form

wellengerader Drehkondensator *m* <el> • straight-line wavelength capacitor

Wellengeschwindigkeit *f* <phys> • wave velocity

Wellengleichung *f* <phys> • wave equation

Wellengruppe *f* <phys> • wave packet

Wellenhalter *m* <mus> *(Orgel)* • rollerboard stud; roller bracket

Wellenheizung *f* <nukl> • waveheating; resonant heating

Wellenhöhe *f* <el.chem> *(Höhenunterschied zwischen Grundstrom und Grenzstrom)* • wave height; height of the wave; wave-height *(GB)*; stepheight *(GB.rare)*; stepheight *(GB.rare)*

Wellenhöhe *f* <rls> • convolution depth; convolution height; corrugation depth; corrugation height; span *rare*

Wellenhülse *f* <masch> *(bei Chemiepumpen; Verschleißschutz im Bereich der Wellenabdichtung)* • shaft sleeve

Welleninstabilität *f* <rls> *(eines Wellbalgs)* • in-plane instability; in-plane squirm

Welleninterferenz *f* <phys> • wave interference

Wellenkäfig *m* DIN ISO 5593 <masch> *(Wälzlager)* • ribbon cage *ISO 5593*

Wellenkathode *f* <el> • angular cathode

Wellenkeilnut *f* <masch> • shaft keyslot

Wellenknoten *m* <phys> • wave node

Wellenkontakt *m* <tele> • shaft contact

Wellenkraftwerk *n* <energ.hydr> • wave energy plant *US*; wave power station *GB*

Wellenkrempe *f* <rls> *(Balgwellenhalbschale)* • knuckle

Wellenkupplung *f* <masch> • shaft coupling

Wellenlänge *f* DIN IEC 50 <phys> • wavelength *DIN IEC 50*

Wellenlänge *f* <rls> *(eines Faltenbalgs)* • pitch

wellenlängenabhängig <energ.sol> • wavelength-dependent

Wellenlängenabhängigkeit f <phys> • wavelength dependence

Wellenlängenantrieb m <opt> • wavelength drive

Wellenlängenbereich m <av.tele> (Funk, Rundfunk) • wavelength coverage; wavelength range

Wellenlängenbereich m <licht> (von Licht) • spectral range; spectral region

Wellenlängenbereich m <phys> (allg.; z. B. von Licht, Funkfrequenzen) • wavelength range

Wellenlängenempfindlichkeit f <phys> (z. B. Antenne, Empfänger) • wavelength sensitivity

Wellenlängengrenze f <lwl> • wavelength limit; wavelength threshold

Wellenlängen-Multiplexing n <lwl> • wavelength division multiplexing (WDM)

Wellenlängen-Multiplextechnik f <lwl> • wavelength-division multiplexing (WDM)

Wellenlängennormal n <phys> (Spektroskopie) • wavelength standard

Wellenlängenschwerpunkt m <opt> • centroid

Wellenlängenskala f <av> (z. B. an Radioempfängern) • wavelength scale

Wellenlängenskale f rar <av> (z. B. an Radioempfängern) • wavelength scale

Wellenlängentrommel f <opt> • wavelength drum

Wellenlängenverschiebung f <el.opt> • wavelength shift

Wellenlage f <pap> • fluting layer

Wellenlager n <masch> • shaft bearing

Wellenlager n <mus> (Orgel) • rollerboard stud; roller bracket

Wellenleistung f <antr> • shaft power; shaft horsepower coll

Wellenleiter m <el> • waveguide; wave duct

Wellenleiterdämpfung f <el> • waveguide attenuation

Wellenleiterdichtung f <el> • waveguide gasket

Wellenleiterdispersion f <lwl> • waveguide dispersion

Wellenleiterknie n <el> • waveguide elbow

Wellenleiter-Zirkulator m <el> • waveguide circulator

Wellenleitung f <el> • waveguiding

Wellenleitwert m <phys> • characteristic admittance

Wellenlinienschreiber m <msr> • ondograph

wellenlos <masch> • shaftless

wellenloser Antrieb m <druck> • shaftless drive

Wellenmaterial n <pap> • fluting medium

Wellenmechanik f <mus> • roller action

Wellenmechanik f <phys> • wave mechanics

wellenmechanischer Tunneleffekt m <nukl> • tunnel effect; tunnelling

Wellenmesser m <phys.msr> • wavemeter

Wellenmodulations-Technik f Cymbolic <druck> (Thermaltechnologie) • wave modulation technique Cymbolic

Wellenmuster n <el> (eines Oszillators) • waveform; wave form

Wellennormale f <phys> • wave normal

Wellennuss f <masch> • shaft bossing

Wellennuss f <nav> • stern bossing

Wellennut f <masch> (allg.) • shaft groove

Wellennut f <masch> (für Scheiben, Federn, Keile) • shaft keyway; shaft keyslot

Wellenoptik f <opt> • wave optics

Wellenpaket n <phys> • wave packet

Wellenpapier n DIN 55405 <mat.pap> • corrugating medium; fluted medium

Wellenparameterfilter n <el> • composite filter

Wellenparameterfilter n <el> • image-parameter filter

Wellenpegel m <msr> • wave gauge

Wellenphasenverschiebung f <phys> • wave shift

Wellenprofil n <pap> • flute profile

Wellenprofil n <rls> • convolution profile; corrugation profile; convolution shape; corrugation shape

Wellenquantelung f <phys> • wave quantization

Wellenrahmen m <mus> • rollerframe; frame with rollers; roller frame

Wellenreflexion f <navig> • wave clutter

Wellenreflexion f <phys> • wave reflection

Wellenregistriergerät n <phys.msr> • wave recorder

Wellenrichter m • director

Wellenrichtpresse f <wz.masch> • shaft straightening press

Wellenrohpapier n <pap> • corrugating medium

Wellenrücken m <phys> • wave tail

Wellensaugkreis m <el> • absorption circuit; absorber circuit; absorption trap; wave trap

Wellenschälmaschine f <wz.masch> • shaft peeling machine

Wellenschalter m rar <tele> (Frequenzband; z. B. am Funkgerät) • band selector switch; band selector; band switch; change-tune switch rare; change-wave-range switch rare

Wellenscheibe f DIN ISO 5593 <masch> (separat; Wälzlager) • shaft washer ISO 5593

Wellenscheitel m <rls> (Metallbalg-Außenscheitel) • crest

Wellenscheitel m <rls> (Metallbalg-Innenscheitel) • root

Wellenschlucker m <el> (betont: zum Ausfiltern von Spitzen) • surge absorber

Wellenschlucker m <el> • wave trap

Wellenschonbuchse f <masch> (bei Chemiepumpen; Verschleißschutz im Bereich der Wellenabdichtung) • shaft sleeve

Wellenschonhülse f <masch> (bei Chemiepumpen; Verschleißschutz im Bereich der Wellenabdichtung) • shaft sleeve

Wellenschreiber m <msr> • ondograph

Wellenschutzbuchse f <masch> • shaft sleeve

Wellenschutzhülse f <masch> (bei Chemiepumpen; Verschleißschutz im Bereich der Wellenabdichtung) • shaft sleeve

Wellenschutzrohr n <masch> • shaft-enclosing tube

Wellenschwanz m <phys> • wave tail

Wellenspannung f <el> (ungeglätteter Gleichstrom) • ripple voltage

Wellenspannung f <el> (stark schwankende Spannung) • undulatory voltage

Wellenspeicher m <edv.av> (Synthesizer-Speicherbereich) • wavetable

Wellenstift m <mus> (Orgel) • center pin US; rollerboard pin; centre pin GB

Wellenstirn f <phys> • wavefront; wave front

Wellenstopfbuchse f <masch> (betont: von Antriebswellen) • shaft stuffing box

Wellenstopfbuchse f <rls> (allg.; Abdichtung zwischen Welle od. Spindel und Gehäuse; z. B. bei Ven) • gland seal; stuffing-box seal; packed stuffing box; packed gland; gland pract

Wellenstrom m <el> • undulatory current

Wellenstumpf m <masch> • stub shaft

Wellentabelle f <edv.av> (Summe aller Quantisierungsschritte) • sample; wavetable pract

Wellentabelle f <edv.av> (Synthesizer-Speicherbereich) • wavetable

Wellentabellensynthese f <edv.av> • waveform synthesis; wavetable synthesis

Wellental n <phys> • wave trough

Wellental n <rls> (Balg-Kompensator) • inner knuckle

Wellentauchpumpe f <förd> (Pumpe unter Wasser, Motor über Wasser) • submersible pump; shaft-driven submersible pump; submerged pump; immersed pump

Wellentiefe f <rls> • convolution depth; convolution height; corrugation depth; corrugation height; span rare
Wellenträger m <nav> • propeller bracket; propeller-shaft bracket
Wellentrieb m <masch> • shaft-drive
Wellentrommel f <masch> • shaft drum
Wellentunnel m <kfz> • transmission tunnel; driveshaft tunnel
Wellentunnel m <nav> • shaft tunnel
Wellentyp m <phys> (betont: Schwingungsmodus) • wave mode
Wellentyp m <phys> (allg.) • wave type
Wellentypfilter n <tele> • mode filter
Wellentypkoppler m <el> • mode coupler
Wellentypreinheit f <phys> • mode purity
Wellentypringfilter n <phys> • ring mode filter
Wellentypübertragungsmaß n <phys> • image transfer coefficient; image transfer constant
Wellentypumformer m <phys> • mode changer
Wellenvektor m <phys> • wave vector; wave number vector
Wellenvektorraum m <phys> • wave-vector space
Wellenvergleichsleistung f <turb> • equivalent shaft horsepower
Wellenverlängerung f <masch> • shaft extension
Wellenverstärkung f <phys> • wave amplification
Wellenwebfach n <textil> • wave shed
Wellenwerk n <mus> • roller action
Wellenwicklung f <el> • wave winding
Wellenwiderstand m <aerospace> (Aerodynamik) • aerodynamic wave drag; wave drag
Wellenwiderstand m <av> • image impedance
Wellenwiderstand m <el> • characteristic impedance; surge impedance; image impedance; characteristic admittance; iterative impedance
Wellenwiderstand m <nav> • wave resistance; wave making resistance
Wellenwiderstand m <phys> (Strahlung) • radiation resistance
Wellenwiderstandsbeiwert m <phys> • wave-drag coefficient; wave-resistance coefficient
Wellenwinkelmaß n <el> (betont: als Konstante) • image phase constant
Wellenwinkelmaß n <el> (betont: als Faktor) • image phase factor
Wellenzahl f <phys> (Kehrwert der Wellenlänge) • wave number
Wellenzahl f <rls> (von Faltenbalgkompensatoren) • number of convolutions
Wellenzapfen m DIN ISO 7967-2 <kfz.mot> (im KW-Hauptlager) • crankshaft journal; journal pract; crank journal ISO 7967-2
Wellenzapfen m <masch> (in einem Drehlager; z. B. von Kurbelwelle) • journal ISO 4378-1
Wellenzapfen m <mus> (Orgel) • center pin US; roller-board pin; centre pin GB
Wellenzapfenlager n <masch> • journal bearing; shaft journal bearing
Wellenzug m <phys> • wave train
Welle-Teilchen-Dualismus m <phys> (Licht) • wave-corpuscle duality
Welle-Welle-... <kfz.antr> (Viskosekupplung im Achsdifferential) • shaft-to-shaft ...
Wellflammrohr n <verbr> • corrugated furnace tube
wellig <el> (Strom; z. B. ungeglätteter Gleichstrom) • rippled
wellig <obfl> (unregelmäßig zerklüftet) • ragged
wellig <obfl> • wavy
wellig <phys> (stark kurvig; z. B. Bewegung, Oberfläche) • undulated

wellig <phys> (z. B. Oberfläche) • undulated; wavy
wellig <prod> (absichtlich mit Wellen hergestellt: z. B. Wellblech, Wellkarton) • corrugated
wellig <qualit> (geringfügig uneben; z. B. Fahrbahn, technische Oberfläche) • uneven
welliger Strom m <el> • ripple current
Welligkeit f <av> • ripple
Welligkeit f <el> (von Strom; z. B. von ungeglättetem Gleichstrom) • ripple
Welligkeit f <el> (von schlecht geglättetem Gleichstrom; in %) • ripple; residual ripple
Welligkeit f <obfl> (grob, zerklüftet) • raggedness
Welligkeit f <obfl> (geringfügige Unebenheit) • unevenness
Welligkeit f <obfl> (stärkere Unebenheit) • waviness
Welligkeit f <phys> (von Bewegungen, Oberflächen) • undulation
Welligkeitsanteil m <el> (in Gleichstrom, Signal) • ripple component
Welligkeitsfaktor m <el> (von Gleichstrom) • ripple factor
Welligkeitsfaktor m <el> (stehende Welle) • standing wave ratio; voltage standing wave ratio
Welligkeitsfilter n <el> • ripple filter
welligkeitsfrei <el> • ripple-free
Welligkeitsfrequenz f <el> • ripple frequency
Welligkeitsgrad m <el> (in Prozent) • ripple percentage
Welligkeitsspannung f <el> • ripple voltage
Welligkeitsstrom m <el> • ripple current
Wellkarton m rar <pap.pack> (typ. für Verpackungen) • corrugated board; corrugated cardboard; corrugated paper board; corrugated fiberboard US.rare; corrugated fibreboard GB.rare
Wellkiste f rar <pap.pack> • corrugated box; corrugated board box; corrugated container; corrugated case
Wellmantel m <el> (für Kabel) • corrugated sheath
Wellmembran f <rls> • nesting ripple diaphragm
Wellmembranscheibe f <rls> • nesting ripple diaphragm
Wellpappe f <pap.pack> (typ. für Verpackungen) • corrugated board; corrugated cardboard; corrugated paper board; corrugated fiberboard US.rare; corrugated fibreboard GB.rare
Wellpappe-Haftungsprüfung f <pap> • adhesion test of corrugated board
Wellpappendeckenkarton m <pap> • linerboard
Wellpappenfabrik f <pap> • corrugated board plant
Wellpappenkarton m <pap.pack> • corrugated box; corrugated board box; corrugated container; corrugated case
Wellpappenkartonage f form <pap.pack> • corrugated box; corrugated board box; corrugated container; corrugated case
Wellpappenmaschine f <pap> • corrugator
Wellpappenmaterial n <pap> • corrugated material
Wellpappschachtel f ugs <pap.pack> • corrugated box; corrugated board box; corrugated container; corrugated case
Wellplatte f <mat> • corrugated sheet
Wellrohr n <rls> (betont: Strukturbauteil; z. B. für Wärmetauscher) • corrugated tube
Wellrohr n <rls> (betont: Mediumtransport) • corrugated pipe
Wellrohrdehner m <rls> • bellows joint
Wellrohrkessel m <verbr> (z. B. Dampferzeuger) • corrugated flue tube boiler
Wellrohrkompensator m <rls> • corrugated expansion loop
Wellschlauch m <tech.allg> • corrugated hose
Wellschott n <nav> (allg.) • corrugated bulkhead
Wellschott n <nav> (betont: aus Stahl) • corrugated steel bulkhead

Wellwerk n <mus> • roller action
Weltall n ugs <aerospace> • outer space; space pract;
cosmic space rare; cosmos rare
Weltall n <astron> • universe; cosmos; macrocosmos
Weltkoordinatensystem n (WKS) DIN 8805 <edv>
(geräteunabhängiges kartesisches Koordinatensystem)
• world coordinate system (WCS) ISO 8805; global coor-
dinate system; world space coll; absolute coordinate
system rare
Weltlinie f <phys> • world line
Weltmodell n <phys> • cosmological model
Weltpunkt m <phys> (Relativitätstheorie) • world point;
space-time-point
Weltraum m <aerospace> • outer space; space pract;
cosmic space rare; cosmos rare
Weltraumbahnhof m <aerospace> • spaceport; cosmodrom
Weltraumforschung f <astron> • space research; cos-
mology
Weltraummüll m <aerospace.ents> • space junk; space
trash
Weltraumrauschen n <astron> • extraterrestrial noise
Weltraumsegment n <navig> • space segment
Weltrekord m <allg> • world record
weltweite Marktpräsenz f :V <econ> • global branding
weltweites Ortungssystem n rar <navig> • Global Positioning System (GPS); NAVSTAR GPS form
weltweite Versorgung f <ökon> • global coverage
Weltzeit f ugs <navig> (z. B. Flugsicherung) • universal
time coordinated (UTC); UTC-time pract; coordinated uni-
versal time; universal time coll
Wende f <tech.allg> (elektrisch, mechanisch) • reversal
Wendeabzieher m <kfz.wz> • reversible puller; reversible
gear puller
Wendeachse f <agri> (z. B. Heuwender) • pivot beam;
tilting beam
Wendebereich m <bau.verk> (in Sackgasse) • turning
area; turnaround area
Wendeeinrichtung f <druck> (für Druckbögen; z. B.
Papier) • sheet turning device
Wendeeinrichtung f <prod> (Umschaltmechanik; z. B. für
Bewegungsrichtung) • change-over mechanism
Wendeeinrichtung f <prod> (für Manipulatordrehung)
• manipulator turning gear
Wendeeinrichtung f <prod> (Drehung um Längsachse;
stellt Objekt auf Kopf) • rollover unit; turnover unit
Wendeeinrichtung f <prod> (allg. Drehmechanik)
• rotating mechanism
Wendefeld n <el> (Polarität) • commutating field; revers-
ing field
Wendefeldwicklung f <el> • commutating winding
Wendefenster n <bau> (vertikale Drehachse, meist in der
Fenstermitte) • vertically pivoted window; reversible win-
dow
Wendeformmaschine f <metall> • turnover molding ma-
chine
Wendegetriebe n <masch> (allg.) • reverse gear; reverse
gearing; reverse mechanism
Wendegetriebe n <wz.masch> (zur Richtungsumkehr am
Bettende) • end-of-bed gearing
Wendegetriebe n <wz.masch> (für Vorschub) • feed-drive
reverse
Wendegetriebe n <wz.masch> (betont: zur Drehrich-
tungsumkehr der Spindel) • spindle-reverse gear
Wendehammer m <bau.verk> (in Sackgasse) • turning
area; turnaround area
Wendeherz n <antr> • reversing gears
Wendeherz n <wz.masch> (Drehmaschine) • tumbler gear
Wendejacke f <bekl> • reversing jacket

Wendekassette f <av> • reversible cassette
Wendeklappe f <förd> • flap valve
Wendekreis m <astron> (Himmelsglobus) • solstitial
colure
Wendekreis m <astron.geo> • tropic
Wendekreis m <fz> • turning circle; turning circle between
walls
Wendekreisdurchmesser m <fz> • turning circle; turning
circle between walls
Wendekreisel m <navig> • rate gyro
Wendekreishalbmesser m <fz> • turning radius
Wendekupplung f <masch> • reversing clutch
Wendel f <tech.allg> • helix
Wendel f <el> (in Glühlampen; sehr feine Wendel) • fila-
ment; coiled filament rare
Wendelabdampfung f <licht> (von Glühlampen) • fila-
ment evaporation
Wendelabtastung f <phys> • helical scanning
Wendelantenne f <tele> • helical antenna US; helical
aerial GB
Wendelbild n <licht> (z. B. auf Scheinwerferreflektor)
• filament image
Wendelbohrer m DIN 345 <wz> (z. B. auch nach
DIN 340, DIN 341, DIN 346, DIN 1869, DIN 1897) • twist
drill
Wendeldrahtlampe f <licht> • coiled filament lamp
Wendeldurchhang m <el> • filament sag
wendelförmig <tech.allg> • helical
Wendelfroster m <nahr.prod> (Speiseeis) • spiral tunnel;
spiral freezer
wendelgenutet <prod> • helically fluted
Wendelhohlleiter m <el> • helical waveguide; helix wave-
guide
Wendelkondensator m <el> • helix-type variable capa-
citor
Wendellampe f <licht> • coiled filament lamp
Wendelleiter m <el> • helical conductor
Wendelleitung f <el> • helical line
Wendelnut f <prod> (allg.) • helical groove
Wendelnut f <wz.masch> • helical flute; flute helix
Wendelpotentiometer n <el> • helical potentiometer
Wendelrutsche f <förd> • spiral chute; gravity spiral
chute; gravity helical chute
Wendelscheider m <verf> • spiral cleaner
Wendelschenkel m <licht> • filament leg
Wendelspan m <prod> • continuous curly chip
Wendelspan m <prod> • helical chip
Wendelspanbildung f <prod> • helixing
Wendelverdampfung f <licht> (von Glühlampen) • fila-
ment evaporation
Wendelverteiler m <kst> (Schlauchfolie, Blasformen)
• helix-type mandrel; helix mandrel
Wendelwalze f <pap> • hitch roll
Wendelwinkel m <masch> (Gewinde, Spiralbohrer) • helix
angle
Wendemaschine f <prod> • rollover machine
Wendemotor m <el> • reversible motor
wenden vi <masch> (um Hochachse; Arbeitsrichtung)
• reverse the direction vi
wenden vi/vt <fz> (Fahrzeug; z. B. Auto) • reverse vi/vt;
turn around vi; make a U-turn vi
wenden vt <allg> (um Längs- oder Querachse; Unterseite
nach oben; z. B. Steak) • turn over vt
wenden vt <tech.allg> (um Längs- oder Querachse umwälzen; z. B. Unterseite nach oben) • roll over vt
wenden vt <druck> (umschlagen; Papier; z. B. im Kopie-
rer-Sortierer) • flip over vt
wenden vt <el> (Polarität, mit Stromwender) • commutate
vt

wenden vt <prod> (positionieren; z. B. Werkstück, Werkzeug) • index vt

Wendepflug m <agri> • reversible plow US; reversible plough GB

Wendeplatte f <förd> • turnover plate

Wendeplatte f <metall> (z. B. Walzwerk) • rollover board

Wendeplatte f prakt <wz.masch> (meist rechteckig od. dreieckig; sitzt auf Klemmhalter) • indexable insert; insert pract; disposable insert; disposable tip

Wendeplatten-Gewindebohrer m <wz> • insert tap :V

Wendepol m <el> (an Kollektor, Stromwender) • commutating pole

Wendepol m <el> • reversing pole

Wendepol m <mech> (Kinematik) • inflection pole

Wendepolnebenschluss m <el> • auxiliary pole shunt

Wendepolnebenschluss m <el> • auxiliary pole shunting

Wendepolwicklung f <el> • commutating winding

Wendepresse f <pap> • reverse press

Wendeprisma n <opt> • inverting prism

Wendeprisma n <opt> • reversing prism

Wendepunkt m <math> (Kurve) • inflection point

Wender m prakt <prod> (für Werkstück) • rollover fixture; turnover device; tilting fixture; tilter pract

Wenderad n <druck> • transfer wheel

Wenderadius m <fz> • turning radius

Wenderäumer m <verf.hydr> (Kläranlage) • scraper with turning bridge V

Wendeschalter m <el> • reverser

Wendeschalter m <el> • reversing switch

Wendeschaufel f <masch> • reciprocating blade

Wendescheibe f <mil> (Ziel auf Schießstand) • turning target

Wendescheiben-Einrichtung f <mil> • turning target installation

Wendeschneidplatte f <wz.masch> (meist rechteckig od. dreieckig; sitzt auf Klemmhalter) • indexable insert; insert pract; disposable insert; disposable tip

Wendeschütz m <el> • reversing contactor

Wendesitz m <fz> • reversible seat

Wendespur f <verk> (des Fahrzeugs) • turning path

Wendestange f <druck> (Baugruppe in Rollendruckmaschinen) • turning bar; turner bar; angle bar rare

Wendestarter m <el> • reversing starter

Wendestation f <prod> • rollover station; turning-over station

Wendetangente f <math> • inflectional tangent

Wendetrommel f <druck> (in Schön- und Widerdruckmaschine) • perfecting drum; turning drum

Wende- und Schiebezeiger m <aerospace> • turn-and-slip indicator

Wendevorrichtung f <prod> (für Werkstück) • rollover fixture; turnover device; tilting fixture; tilter pract

Wendezeiger m <aerospace> • turn-and-bank indicator; rate-of-turn gyroscope; turn indicator

Wendezug m <bahn> • reversing train

Wendezugbetrieb m <bahn> • push-pull operation

wendig <fz> (z. B. Auto, Boot, Flugzeug) • easily manoeuvrable; easily steerable

Wendigkeit f <tech.allg> (Vielseitigkeit) • versatility

Wendigkeit f <fz> • manoeuvrability; easy steerability rare

Wendung f <math> • inflection

Wendung f <term> • idiom; idiomatic expression; set phrase

wenig befahrene Straße f <verk> • lightly traveled road US; lightly travelled road GB

Wenn-Anweisung f <edv> • IF-statement; IF-instruction; IF-command

Wenn-Befehl m <edv> • IF-statement; IF-instruction; IF-command

Wenn-dann-Gatter n <edv> • IF-THEN gate

Wenn-dann-sonst-Anweisung f <edv> • IF-THEN-ELSE statement

wenn und nur wenn (IFF) <edv> (Logik) • IF-AND-ONLY-IF (IFF)

Wentzel-Kramers-Brillouin-Näherung f <phys> (Methode zur Lösung der Schrödinger-Gleichung) • WKB approximation; Wentzel-Kramers-Brillouin approximation

Werbeabteilung f <werb> • advertising department

Werbeagentur f <werb> (allg.) • advertising agency

Werbeaussendung f <werb> • mailing

Werbebeschriftung f <werb> • advertising signwriting; commercial lettering

Werbeblock m <werb> • commercial pod; pod

Werbebotschaft f <werb> • advertising message

Werbebrief m <werb> • sales letter solicitation

Werbebudget n <werb> • advertising budget

Werbeerfolgskontrolle f <werb> • advertising control

Werbeetat m <werb> • advertising budget

Werbefernsehen n <werb> • commercial TV

Werbefläche f <werb> (freistehend) • billboard US; hoarding GB

Werbefotografie f <kunst> • commercial photography

Werbegraphik f <kunst> • commercial illustration; product illustration; commercial graphics

Werbeillustration f <kunst> • commercial illustration; product illustration; commercial graphics

Werbekampagne f <werb> • advertising campaign; campaign

Werbekontakt m <werb> • exposure to advertising; advertising exposure

Werbekontrolle f <werb> • advertising control

Werbekonzept n <werb> • advertising concept

Werbekonzeption f <werb> • advertising conception; media conception

Werbekosten pl <werb> • advertising expenses; advertising charges; advertising costs

Werbemittel n <werb> • advertising material

Werbemittelkontakt m <werb> • exposure to advertising; advertising exposure

Werbeplanung f <werb> • advertising planning

Werbepolitik f <werb> • advertising policy

Werbepsychologie f <werb> • advertising psychology

Werbespot m <werb> (TV, Kino) • commercial; spot

Werbespot-Überspringfunktion f <av> • commercial skip function; commercial advance function

Werbestrategie f <werb> • copy strategy; creative strategy

Werbetext m <werb> • ad copy; copy pract

Werbetexter m <werb> • copywriter; copy writer

Werbeträger m <werb> • medium; advertising medium; media vehicle; advertising vehicle

Werbetreibender m <werb> • advertiser

Werbevorhang m <werb> • advertisement curtain; ad curtain

Werbewirksamkeit f <werb> • impact of advertising; advertising effectiveness

Werbewirkung f <werb> • impact of advertising; advertising effectiveness

Werbeziel n <werb> • advertising objective

Werbung f ugs <werb> • advertising

Werbungtreibender m <werb> • advertiser

Werfen n <obfl.holz> • warping

werfen vr <holz> (nachgeben, Form verlieren) • give vi

werfen vr <mat> (verziehen; z. B. Blech, Holz) • warp vi

werfen vr rar <mat> (sich verzerren; z. B. Holz durch Schwinden, Schweißteil durch Abkühlen) • distort vi; become warped vi

werfen vr <mech> (ein- od. wegknicken) • buckle vi

werfen vr <obfl.holz> • warp vt

werfen vt <allg> (flächig; z. B. Schatten) • cast vt
werfen vt <allg> (punktuell, gezielt; z. B. Ball) • throw vt
werfen vt <mil> (fallen lassen; Bomben) • drop vt
Werfer m <nfz.feuer> (Wasserwerfer) • turret
Werft f <nav> • shipyard; shipbuilding yard form; yard pract
Werfthafenbecken n <nav> • shipyard basin
Werftkran m <förd> • shipbuilding crane
Werftleichter m <nav> • yard-service lighter
Werftliegezeit f <nav.rep> • overhauling time in shipyard; repair time in shipyard
Werg n <textil> (zurückgewonnene Fasern aus alten Seilen, Tauen etc.) • oakum
Werg n <textil> (Fasern aus Flachs, Hanf) • tow
Werggarn n <textil> • tow yarn
Wergkratzmaschine f <textil> • tow card
Wergkrempel f <textil> • tow card
Wergschüttelmaschine f <textil> • tow shaker
Wergspinnmaschine f <textil> • tow spinning frame
Wergvorspinnmaschine f <textil> • tow roving frame
Werk n <tech.allg> (allg.; z. B. Kraftwerk) • plant
Werk n <tech.allg> (größere, auf mehrere Gebäude etc. verteilte Anlage; z. B. Wasserwerk) • works
Werk n <prod> (Produktionsstätte allg.) • factory; shop coll
Werk n <prod> (Produktionsstätte mit großen und/oder zahlreichen Maschinen; z. B. Walz) • mill
Werk n <prod> (Ergebnis einer Tätigkeit) • work
Werkbahn f <bahn> • industrial railway
Werkbank f <wz> • workbench; bench pract
Werkbank-Absetzwerkzeug n <kfz.wz> • bench edge setter
Werkbesichtigung f rar <prod.tour> (Rundgang durch Produktionsanlagen etc.) • guided plant tour; guided tour of the plant
Werkblei n <mat> • crude lead; pig lead; raw lead
Werkbus m <nfz> • factory bus
Werkdruck m rar <druck> (betont: Druck von Büchern) • letterpress printing; book printing; letterpress
Werkdruckfarbe f <druck> • book-printing ink
Werkdruckmaschine f <druck> • jobbing press; commercial press; jobbing printing press
Werkdruckpapier n <pap.druck> • book printing paper; text paper rare
Werkführung f rar <prod.tour> (Rundgang durch Produktionsanlagen etc.) • guided plant tour; guided tour of the plant
Werkhalle f <prod> • production shop; manufacturing shop; workshop coll; shop coll
Werk im Inland n <prod> • domestic plant
Werkkanal m <verf> • mill race
werks... <tech.allg> (betont: nicht vor Ort) • off-site ...
Werksabnahmeprüfung f <qualit> • factory acceptance test (FAT)
Werksangehöriger m (WA) <ökon> • company employee
Werksbahnverkehr m <bahn> • works traffic
Werksbesichtigung f <prod.tour> (Rundgang durch Produktionsanlagen etc.) • guided plant tour; guided tour of the plant
Werksbus m <nfz> • factory bus
werkseigene Palette f <logist> • slave pallet; captive pallet
werkseitig <tech.allg> • at the factory
werkseitige Einstellung f <prod> • delivery setting
werkseitige Einstellungen fpl <prod> • factory settings
werkseitig eingebaut <prod> • factory-installed
werkseitig eingestellt <prod> • factory-adjusted
werkseitige Verglasung f <bau> • factory glazing
werkseitig grundiert <obfl> • factory-primed
Werksführung f rar <ökon> (Management einer Anlage; z. B. einer Ölmühle, Raffinerie) • plant management

Werksführung f <prod.tour> (Rundgang durch Produktionsanlagen etc.) • guided plant tour; guided tour of the plant
Werks-Instandsetzungshandbuch n <kfz.doku> • factory repair manual
Werkskühlhaus n <prod.nahr> • factory cold store; primary cold store; main factory cold store
Werksleitung f <ökon> (Management einer Anlage; z. B. einer Ölmühle, Raffinerie) • plant management
Werksmanagement n rar <ökon> (Management einer Anlage; z. B. einer Ölmühle, Raffinerie) • plant management
Werkspraxis f <tech.allg> (Fertigung) • manufacturing practice; shop practice
Werksprüfung f <qualit> • in-shop testing
Werksschließung f <ökon> • plant closure
werksseitige Einstellung f <prod> • delivery setting
werksseitig eingebaut rar <prod> • factory-installed
werksseitig eingestellt rar <prod> • factory-adjusted
werksseitige Verglasung f rar <bau> • factory glazing
werksseitig grundiert rar <obfl> • factory-primed
Werksstilllegung f <ökon> • plant closure
Werkstatt f <allg> (allg.; z. B. Produktion, Reparatur, Kunst, Literatur, Seminar) • workshop; shop coll
Werkstatt f <prod> (betont: Produktionsbereich) • production shop; manufacturing shop
Werkstattfeile f norm <wz> (für Metallbearbeitung) • file; engineers' file GB; workshop file GB.rare
Werkstatthandbuch n <doku.rep> • shop manual; service manual
Werkstattkran m <kfz.mot> • engine hoist; engine lifting device
Werkstattleiste f prakt <el> • industrial grade power outlet box; industrial line outlet box; heavy-duty outlet box
Werkstattmessmikroskop n <opt> (allg.) • workshop microscope
Werkstattmessmikroskop n <opt.wz> (Werkzeugbau) • toolmakers' measuring microscope
Werkstattmontage f <prod> • workshop assembly; shop assembly pract
Werkstattnaht f <füg> • shop weld
Werkstattprüfung f <prod.qualit> • workshop testing
Werkstattschieblehre f <msr> (Längenmessung) • common caliper square
Werkstattschweißen n <füg> • shop welding
Werkstatt-Steckdosenleiste f <el> • industrial grade power outlet box; industrial line outlet box; heavy-duty outlet box
Werkstattverbindung f <bau> • workshop connection
Werkstattwagen m <bahn> • work caboose; workshop wagon; repair wagon
Werkstattwagen m <fz> (für Notfälle, Bergung) • recovery vehicle
Werkstattwagen m <nfz> (auf Lkw) • truck-mounted workshop
Werkstattwagenheber m <kfz.wz> • garage jack
Werkstattzeichnung f <doku> • shop drawing
Werkstein m <bau.mat> (Massivsteinquader) • ashlar; quarry block; quarry stone
Werksteinmauerwerk n <bau> (aus behauenen, rechteckigen Natursteinen) • ashlar; ashlar masonry; regular coursed ashlar rare
Werksteinverblendung f <bau> (behauene Quader) • ashlar facing
Werkstoff m <mat> • material
Werkstoffabnahme f <tech.allg> (z. B. durch Verschleiß, spanende Bearbeitung) • material removal
Werkstoffabnahme f <qualit.mat> (nach Prüfung; z. B. am Wareneingang) • material acceptance

Werkstoffabnahme f <wz.masch> *(beim Spanen)* • stock removal

Werkstoffabtrag m <prod> *(durch Abrieb)* • material abrasion

Werkstoffauswahl f <prod> • materials selection; choice of material

Werkstoffbeanspruchung f <mech> • material stress

Werkstoffdämpfung f <mat> • material damping; mechanical hysteresis [effect]

Werkstoffdatei f <edv> • material file

Werkstoffdicke f <mat> *(allg.)* • material thickness

Werkstoffdicke f <prod> *(von Rohmaterial, Halbzeugen)* • stock thickness

Werkstoffdurchlass m <prod> • stock capacity

Werkstoffe für die Luft- und Raumfahrt mpl <mat> • aerospace materials pl

Werkstoffeigenschaft f <mat> • material property

Werkstoffermüdung f <qualit.mat> • material fatigue; fatigue

Werkstofferosion f <mat> *(durch Kavitation)* • cavitation erosion

Werkstofffestigkeit f <qualit.mat> *(von Werkstoffen generell)* • strength of materials; materials strength

Werkstofffestigkeit f <qualit.mat> *(von einem bestimmten Werkstoff)* • material strength

Werkstoff-Informations-System n (WIS) <kst> • plastics data base WIS

Werkstoffkennwerte mpl <qualit.mat> • performance characteristics of materials pl; material characteristics pl; material identification characteristics pl; material identification data pl; material identification value

Werkstoffkunde f <mat> • materials science

Werkstoffpaarung f <mat> *(Vorgang)* • coupling of materials; mating of materials

Werkstoffpaarung f <mat> *(Ergebnis, konkrete Situation)* • mating materials

Werkstoffprobe f <qualit.mat> • material sample

Werkstoffprüfgerät n <qualit.mat> • materials testing machine

Werkstoffprüflabor n <qualit.mat> • materials testing laboratory

Werkstoffprüfmaschine f <qualit.mat> • materials testing machine

Werkstoffprüfung f (WP) <qualit.mat> • materials testing (MT); testing of materials

Werkstoffprüfung mit Gammastrahlen f <qualit.mat> • gamma-ray material testing

Werkstoffprüfung mit Röntgenstrahlen f <qualit.mat> • X-ray materiology

Werkstoffstange f <mat> • stock bar; material bar

Werkstoffstreifen m <mat> • material strip

Werkstofftechnik f <mat> • materials engineering

Werkstofftransport m <logist> • materials handling

Werkstofftrennen n <prod> *(durch Scheren)* • shearing

Werkstofftrennen n <verf> *(allg.; z. B. chemisch, durch Filtern, Zentrifugieren)* • parting

Werkstofftröpfchen n <metall> • metal droplet

Werkstoffübergang m <metall> • metal transfer

Werkstoffübergang m <phys> *(z. B. durch Diffusion)* • material transfer

werkstoffunabhängig <qualit.mat> • material independent

Werkstoffvorschubeinrichtung f <wz.masch> *(für Stangenmaterial; z. B. Drehmaschine)* • bar feeding mechanism

Werkstoffwahl f <prod> • materials selection; choice of material

Werkstoffzuführungseinrichtung f <prod> • stock feeding device

Werkstoffzuschnitt m <prod> *(Blechrohling)* • sheet-metal blank

Werkstück n <prod> • workpiece; work

Werkstückabführeinrichtung f <wz.masch> • unloading device

Werkstückabgreifer m <wz.masch> • parts unloader

Werkstückabnahme f <wz.masch> • work pick-off; unloading; pick-off

Werkstückanlage f <prod> • work supporting block

Werkstückauflage f <prod> *(allg.)* • work support; work seat; work rest

Werkstückauflageschiene f <prod> *(z. B. spitzenlos schleifen)* • work-support blade; work-supporting blade; workplate *pract*

Werkstückaufnahme f <prod> • work accommodation

Werkstückaufspanndorn m <wz.masch> • work mounting mandrel

Werkstückaufspannfläche f <prod> • work clamping area

Werkstückaufspannplatte f <prod> • work holding plate

Werkstückaufspannung f <wz.masch> *(Vorgang)* • work clamping; work set-mounting; work mounting; work set-up

Werkstückausstoßer m <wz.masch> • work knock-out

Werkstückauswerfeinrichtung f <prod> • work ejector mechanism

Werkstückdickeneinstellung f <prod> • stock thickness adjustment

Werkstückdimensionierung f <prod.msr> • work sizing

Werkstückeinspannung f <wz.masch> *(Vorgang)* • work clamping; work set-mounting; work mounting; work set-up

Werkstückfördereinrichtung f <prod> • work handling equipment

Werkstückführungsleiste f <prod> • work guide

Werkstückgewinde n <masch> • product thread; workpiece thread

Werkstückhalterung f <prod> *(allg.; von Bearbeitungsstationen)* • workholder

Werkstückhandhabegerät n <prod> • work handler

Werkstückhandhabung f <prod> • work handling

Werkstück-Handhabungseinrichtung f <autom> • work handling system

Werkstückkoordinate f <prod> • part coordinate

Werkstückmagazin n <wz.masch> • part magazine

Werkstückmitnahme f <prod> • work driving

Werkstückmitnehmer m <prod> • work driver

Werkstücknullpunkt m DIN ISO 2806 <prod.autom> • workpiece coordinate origin ISO 2806

Werkstückpause f <doku> • part print

Werkstückpuffer m <logist> *(betont: als Puffer für Rohlinge, Halbzeuge oder fertige Werkstücke)* • buffer

Werkstückrohling m <prod> • work blank

Werkstückschleifauflage f <wz.masch> • work rest [for grinding operations]; work support [for grinding operations]

Werkstückschlitten m <wz.masch> • work carriage

Werkstückspannvorrichtung f <wz.masch> • fixture; work fixture; work-holding device *rare*

Werkstückspeicher m <logist> *(betont: als Puffer für Rohlinge, Halbzeuge oder fertige Werkstücke)* • buffer

Werkstückspeicher m <wz.masch> • part magazine

Werkstückspindelstock m <wz.masch> • work headstock; work-spindle headstock

Werkstücktoleranz f <prod> • component limits

Werkstückträger m <prod> *(klein; zum Transport von Werkstücken zw. Bearbeitungsstationen)* • pallet; work carrier; platen

Werkstücktransport m <prod> • work transfer

Werkstückumspannung f <prod> • work repositioning; work reclamping

Werkstückvorschub m <wz.masch> (als Maß) • work feed

Werkstückvorschub m <wz.masch> (als Vorgang) • work feeding

Werkstückwechsel m <prod> • loading and unloading

Werkstückweitergabe f <prod> • work transfer

Werkstückzuführeinrichtung f <logist> (Handhabung allg.) • handling equipment

Werkstückzuführeinrichtung f <wz.masch> • work loading device; work feeding device; work feeder

Werksvorfertigung f <prod> (Gießen) • factory precasting; off-site casting

Werksvorfertigung f <prod> (allg.; jedes Verfahren) • factory prefabrication

Werkzeug n <allg> (jedes Hilfsmittel zum Arbeiten) • tool; implement; utensil

Werkzeug n <tech.allg> (allg.; z. B. Hammer, Terminologieverwaltung) • tool

Werkzeug n <edv> (Anwendungssoftware für bestimmte Problemlösungen) • tool

Werkzeug n prakt <kst> (zur Formgebung, z. B. beim Spritzgießen) • mold US; mold GB

Werkzeug n prakt <nfz> (z. B. an Traktor, Pistenraupe) • mounted implement; implement pract

Werkzeug n <petr> (betont: Bohrgarnitur im Bohrloch) • bottom-hole assembly

Werkzeug n <petr> (Bohrwerkzeug) • drilling bit; bit

Werkzeug n <wz> (z. B. Schneideisen, Pressstempel) • die

Werkzeug n <wz> (Gesamtheit von Handwerkzeugen, z. B. in Werkzeugkiste) • tool set; tools pl coll

Werkzeuganordnung f <wz.masch> (Konfiguration) • tool set-up; tooling arrangement

Werkzeuganordnung f <wz.masch> (als Grafik) • tooling diagram

Werkzeuganschnitt m rar <kst> (zwischen Anguss und Spritzgussteil) • gate; mold gate US; mould gate GB

Werkzeugarbeitspunkt m <wz.masch> • tool center point (TCP) US; tool centre point GB

Werkzeugatmung f norm <kst> • mold flashing; mold breathing

Werkzeugaufnahme f <wz> • tool-receiving socket

Werkzeugaufnahmebohrung f <wz> • tool-mounting hole; centring recess GB

Werkzeugaufnehmer m <wz.masch> (allg.) • tool carrier

Werkzeugaufspannplatte f norm <kst> • platen; clamping platen; mold platen; machine platen

Werkzeugausrüstung f <prod> • tooling

Werkzeugbahn f <prod> (Pfad eines Meißels) • cutter path; tool path

Werkzeugbau m <wz> (allg.) • tool-making; tool manufacturing

Werkzeugbau m <wz.prod> (zum Umformen; z. B. Gesenke zum Schmieden, Pressen) • diemaking

Werkzeugbau m <wz.prod> (zum Urformen; z. B. Spritzgießwerkzeuge) • moldmaking

Werkzeugbestückung f <wz.masch> (von Maschinen) • tooling

Werkzeugbruch m <wz.qualit> • tool breakage

Werkzeugdurchmesserversatz m <prod> • tool diameter offset

Werkzeuge npl <prod.wz> (Fertigungsanlagen) • tooling

Werkzeugeinbauhöhe f <kst> • mold height; die height; mold thickness

Werkzeugeingriffansatz m <prod> • tool-engaging lug

Werkzeugeinsätze mpl norm <kst> (austauschbare Teile eines Werkzeugs) • mold inserts pl; cavity inserts pl

Werkzeugeinstelllehre f <wz.msr> • tool-setting gauge

Werkzeugentlüftung f <kst> • mold venting

Werkzeuge zum Gewindeschneiden npl <wz> • taps and dies

Werkzeugfüllung f <kst> • mold filling; cavity filling

Werkzeugfüllvorgang m <kst> • cavity filling process

Werkzeug für die Rohrbearbeitung n <wz> • tubing tool

Werkzeugfunktion f DIN ISO 2806 <wz.masch> (Steuerung, z. B. CNC) • tool function ISO 2806; T function

Werkzeuggravur f <wz> • die cavity

Werkzeuggrundplatte f <kst> (je zwei pro Spritzgießwerkzeug) • base plate

Werkzeughälfte f <kst> • mold half

Werkzeughalter m <wz> (allg.) • tool holder

Werkzeughalter m <wz.masch> (Drehmaschine; auf dem Oberschlitten) • tool post

Werkzeughalter mit Knarre m <wz> (für Gewindebohrer, Reibahlen etc.) • ratchet tap wrench; tap holder; tap ratchet GB; chuck type tap wrench GB

Werkzeughöhenverstellung f <kst> • mold height adjustment

Werkzeughöhlung f norm <kst> (Summe der Formnestvolumina; z. B. Spritzgießen, Thermoformen) • cavity; mold cavity; cavities

Werkzeughohlraum m <kst> (Summe der Formnestvolumina; z. B. Spritzgießen, Thermoformen) • cavity; mold cavity; cavities

Werkzeuginnendruck m norm <kst> • cavity pressure; mold cavity pressure

Werkzeugkasten m <tech.allg> (allg.) • tool box

Werkzeugkasten m <edv> (z. B. Menüpunkt in Grafikprogramm) • tool box

Werkzeugkasten m <wz.rep> (betont: für Wartung, Reparatur) • service kit

Werkzeugkavität f <kst> (Summe der Formnestvolumina; z. B. Spritzgießen, Thermoformen) • cavity; mold cavity; cavities

Werkzeugkegel m <wz> • tool taper

Werkzeugklemmhalter m <wz> • mechanical holder

Werkzeugknarre f <wz> (für Gewindebohrer, Reibahlen etc.) • ratchet tap wrench; tap holder; tap ratchet GB; chuck type tap wrench GB

Werkzeugkodierung f <wz.masch> (z. B. CNC) • tool coding

Werkzeugkoffer m <kfz.wz> (im Auto) • tool box

Werkzeugkonizität f <kst> (bes. bei rotationssymmetrischen Teilen; z. B. Becher) • mold taper

Werkzeugkonizität f <metall> (beim Gießen, Schmieden, Pressen) • die taper US; the draught GB

Werkzeugkorrektur f DIN ISO 2806 <wz.masch> • cutter compensation ISO 2806; tool compensation

Werkzeugkranz m <agri> • star

Werkzeuglängenversatz m <prod> • tool length offset

Werkzeuglager n <logist> (z. B. Raum, Gebäude) • tool store

Werkzeuglebensdauer f <wz.qualit> • tool life

Werkzeugleiste f <edv> (3D-Programm mit Symbolen für Werkzeuge) • tool bar

Werkzeugmacherdrehmaschine f <wz.masch> • toolmaker's lathe

Werkzeugmagazin n <logist> (z. B. Raum, Gebäude) • tool store

Werkzeugmagazin n <wz.masch> (z. B. an CNC-Maschine) • tool magazine; tool-storage magazine; tool-storage unit

Werkzeugmaschine f <wz.masch> (allg.; z. B. Drehmaschine, Bohr- und Fräswerk, Bearbeitungszentrum) • machine tool

Werkzeugmaschine mit Bahnsteuerung f <wz.masch> • continuous-path-controlled machine tool

Werkzeugmaschine mit Punktsteuerung *f*
<wz.masch> • point-to-point numerically-controlled
machine tool; PTP NC machine tool *pract*
Werkzeugmaschine mit Streckensteuerung *f*
<wz.masch> • straight-line-controlled machine tool; SLC
machine tool
Werkzeugmaschinenbau *m* <wz.masch> • machine-tool
building
Werkzeugmaschinendatei *f* <wz.masch> • machine-tool
description file
Werkzeugmaschinen mit Parallelkinematik *f*
<wz.masch> *(z. B. zum Fräsen)* • parallel-kinematics
machine tool; parallel-kinematics machine; machine-tool
robot
Werkzeugmaschinensteuerung *f* <wz.masch> • ma-
chine-tool control
Werkzeugmikroskop *n* <opt> • toolmaker's microscope
Werkzeugnachschliff *m* <wz> • tool regrinding
Werkzeugnaht *f* <kst.qualit> *(als Abdruck am Formteil)*
• mold mark; parting line
Werkzeugneigung *f* <kst> *(allg.)* • mold taper
Werkzeugneigung *f* <metall> *(beim Gießen, Schmieden,*
Pressen) • die draft *US*; die taper; die draught *GB*
Werkzeugnormalien *fpl* <prod> *(Vorrichtungsbau)*
• standards *pl*; mold standards *pl*; standard mold compo-
nents *pl*
Werkzeug-Oberflächen-Temperatur *f* (WOT) <kst>
• mold surface temperature
Werkzeugoberteil *n* <pack> *(Cupper)* • upper die; top die
Werkzeugöffnung *f* <kst> *(Auffahren des Werkzeugs;*
z. B. Spritzgießen, Blas-, Thermoformen) • mold open-
ing
Werkzeugöffnungskraft *f* <kst> *(zum Öffnen eines*
Formwerkzeugs nötige oder verfügbare Kraft) • mold
opening force; opening force
Werkzeugöffnungsweg *m* form.rar <kst> *(Spritzgieß-*
werkzeug) • opening stroke; mold opening stroke
Werkzeugplatte *f* <kst> *(Teil eines Spritzgießwerkzeugs)*
• mold plate; cavity plate; core plate; manifold plate; run-
ner plate
Werkzeugpositionsdatei *f* <autom> *(CNC-Werkzeug-*
maschine) • cutter location file
Werkzeugradiusversatz *m* <wz> • tool radius offset
Werkzeugrohling *m* <wz> • tool blank
Werkzeugsatz *m* <wz> *(allg.)* • tool set
Werkzeugsatz *m* <wz.masch> • gang tool
Werkzeugschaft *m* <wz> *(z. B. am Spiralbohrer)* • tool
shank; shank *pract*
Werkzeugschieber *m* <wz.masch> *(z. B. von Stoß-*
maschine) • tool slide; tool bar; ram
Werkzeugschleifmaschine *f* <wz.masch> • tool-grinding
machine
Werkzeugschließkraft *f* rar <kst> *(beim Spritzgießen;*
hält das Wz geschlossen) • clamp force; clamping force;
locking force; mold clamping force
Werkzeugschließsystem *n* <kst> • mold clamping
mechanism
Werkzeugschlitten *m* <wz.masch> *(mit Schlosskasten;*
läuft auf Drehmaschinenbett, trägt Planschlitten) • carriage; saddle; sliding saddle *rare*; carriage saddle *rare*
Werkzeugschneide *f* <wz> *(an Spanwerkzeug; z. B.*
Drehmeißel, Fräser, Bohrer) • cutting edge; edge; tool
cutting edge *rare*; cutting-tool tip *rare*
Werkzeugsicherung *f* <wz.masch> • tool protection system
Werkzeugspannvorrichtung *f* <wz.masch> • jig
Werkzeugspeicher *m* <wz.masch> *(z. B. an CNC-Ma-*
schine) • tool magazine; tool-storage magazine; tool-
storage unit

Werkzeugspeicherplatzkodierung *f* <wz.masch>
(Steuerung) • tool-location coding; tool-place coding
Werkzeugspitze *f* <wz> *(z. B. von Spiralbohrer, Spitz-*
meißel) • tip
Werkzeugstahl *m* <metall> *(0,5–2,2 %C; ein Kohlen-*
stoffstahl) • tool steel
Werkzeugstandzeit *f* <wz.qualit> *(von Gesenken,*
Schneidstempeln usw.; als Standmenge) • die life
Werkzeugstandzeit *f* <wz.qualit> *(allg.)* • tool life
Werkzeugstation *f* <wz.masch> • tooling station
Werkzeugstößel *m* <wz.masch> *(z. B. von Stoßma-*
schine) • tool slide; tool bar; ram
Werkzeugtasche *f* <bekl.bau.wz> *(am Gürtel befestigt;*
für Werkzeug, Schrauben, Nägel etc.) • nail apron *US*;
pouch
Werkzeugtasche *f* <wz.pack> *(Beutel; z. B. für Bordwerk-*
zeug) • tool bag
Werkzeugteilungsebene *f* <kst> • parting line; mold
parting line; flash line; split plane of mold *rare*
Werkzeugtemperatur *f* <kst> • mold temperature
Werkzeugtemperierung *f* <kst> • mold temperature con-
trol
Werkzeugträger *m* <agri> *(am Traktor)* • tool bar
Werkzeugträger *m* <kst> • mold carrier
Werkzeugträger *m* <wz.masch> *(Hobel-, Stoßmaschine)*
• tool box
Werkzeugträger *m* <wz.masch> *(groß)* • tool head
Werkzeugträger *m* <wz.masch> *(allg.)* • tool carrier
Werkzeugträgerplatte *f* <kst> • mold platen
Werkzeugtrennebene *f* <kst> • parting line; mold parting
line; flash line; split plane of mold *rare*
Werkzeugtrennfläche *f* norm <kst> • parting line; mold
parting line; flash line; split plane of mold *rare*
Werkzeug- und Gesenkfräsmaschine *f* <wz.masch>
• tool and die milling machine
Werkzeug- und Vorrichtungsbau *m* <prod> *(Räum-*
lichkeit) • tool room
Werkzeug- und Vorrichtungsbau *m* <prod> *(Tätigkeit)*
• tool room work
Werkzeug- und Vorrichtungsbau *m* <wz> • tool and
fixture construction
Werkzeugunterteil *n* <pack> *(Dosenherst.; Cupper)*
• lower die; bottom die
Werkzeugversatz *m* <prod> • tool offset
Werkzeugverschleiß *m* <wz> • tool wear
Werkzeugvoreinstellgerät *n* <wz.msr> • tool-presetting
unit
Werkzeugvoreinstellung *f* <wz.masch> • tool presetting
Werkzeugwechsel *m* <kst> *(z. B. beim Spritzgießen,*
Blas-, Thermoformen) • mold change
Werkzeugwechsel *m* <metall> *(Presswerkzeug)* • die
change
Werkzeugwechsel *m* <prod> *(allg.)* • tool change
Werkzeugwechseleinrichtung *f* <autom> • tool-chang-
ing mechanism
Werkzeugwechselsteuerung *f* <wz.masch> • tool-
changing control
Werkzeugwechselsystem *n* <kst> *(bei Spritzgieß-*
maschinen) • mold-changing system
Werkzeugwechseltisch *m* <kst> • mold-change table
Werkzeugwechselwagen *m* <kst> • mold-change car-
riage
Werkzeugwechsler *m* <wz.masch> • tool changer
Werkzeugweg *m* <wz.masch> *(betont: bei spanenden*
Werkzeugen) • cutting path
Werkzeugweg *m* DIN ISO 2806 <wz.masch> *(beschrie-*
ben durch einen festgelegten Punkt am Werkzeug) • tool
path *ISO 2806*
Werkzeugwiege *f* <prod> • tool cradle

Werkzeugwinkel *mpl DIN 6581* <wz.masch> *(z. B. am Drehmeißel)* • tool angles *pl*

Werkzeugzubringer *m* <wz.masch> • tool handling mechanism

Werkzeugzubringung *f* <wz.masch> • tool feeding

Werkzeugzuhaltekraft *f form* <kst> *(beim Spritzgießen; hält das Wz geschlossen)* • clamp force; clamping force; locking force; mold clamping force

Werkzeug zur Erhöhung der Fehlerverträglichkeit *n* :V <edv> *(Programm, z. B. in Datenübertragungsproto-koll)* • error resiliency tool

Werkzink *n* <mat> • raw zinc; spelter

Wermut *m* <bio> • absinth; Artemisia absinthium

Wert *m* <allg> *(z. B. Zahlenwert, Geldeswert)* • value

Wert *m* <fin> • value; asset

Wertästung *f form* <holz> • pruning

Wertangabe *f* <allg> • rating

Wertbestätigung *f* <tech.allg> • calibrated value storage

Wert der Übertragungsgüte *m* <tele> • transmission performance rating

Wertegeber *m* <edv> • valuator [dial box]

Wertepaar *n* <msr> • observational pair

Werterhalt *m* :V <ökon> *(Investitionsgut)* • value retention

Werterhöhung *f* <allg> • increase of value

Wertevorrat *m* <math> • range of values

werthöchstes Bit *n* (MSB) <edv> • most significant bit (MSB); highest-order bit

Wertigkeit *f* <chem> • valence *US*; valency

Wertigkeit *f* <edv> *(Priorität)* • priority

Wertigkeit *f* <qualit> *(eines Kriteriums, Fehlers, Vorteils)* • weight

Wertigkeitsstufe *f* <chem> • valence state; valence stage

wertniedrigstes Bit *n* (LSB) <edv> • least significant bit (LSB); lowest-order bit

Wertpapierdruck *m* <druck.fin> • security printing

Wertpapierdruckfarbe *f* <druck.obfl> • security ink

Wertreduzierung *f* <fin> • decrease of value

Wertstoff *m* <ents> *(der Wiederverwertung zugeführt)* • secondary material; secondary raw material; reclaimed material; recovered material; salvaged material

Wertstoff *m* <mat> • valuable substance

Wertstoff *m* <mat.ents> *(aus Müll aussortiert oder nach der Wiedergewinnung)* • reclaimed material; salvaged material

wertstoffhaltig <masch> *(Boden, Material)* • pregnant

Wertstoffrückgewinnung *f* <ents> • reclamation; salvage

Wertstofftonne *f* <ents> • container for reusable materials :V

Werttastatur *f* <edv> • full keyboard

Wertungslinie *f* <mil> *(auf Schießscheibe)* • scoring ring; scoring line

Wertungsring *m* <mil> *(auf Schießscheibe)* • scoring ring; scoring line

Wertungsschuss *m* <mil> • competition shot

Wertungszone *f* <mil> • scoring zone

Wertverlust *m* <kfz.fin> *(durch Unfallschaden, Alter, Kilo-meterleistung)* • depreciation

Wertverminderung *f* <kfz.fin> *(durch Unfallschaden, Alter, Kilometerleistung)* • depreciation

wesentlich <allg> • essential; substantial; material

wesentliches Merkmal *n* <allg> • characteristic; charac-teristical feature; feature

Wespentaillen-Korsett *n* <bekl> *(zum Schnüren)* • waist cincher

Western-Blot *m* (WB) <med> • Western blotting (WB)

Westernstiefel *m* <bekl> • western boot

Weston-Normalelement *n* <el.msr> *(Eichzelle: 1,018636 Volt)* • Weston normal cell; Weston standard cell

Wettbewerbs-Ansaugtrichter *m* <kfz> *(Tuningteil, z. B. bei Rennwagen)* • velocity stack

wettbewerbsfähig <ökon> *(Produkt, Firma)* • competitive

Wettbewerbsfahrzeug *n* <kfz> • competition car

Wettbewerbs-Haubenhalter *m* <kfz> *(mit Schiebering)* • hood pin; Nascar Type race car style hood pin *ad*

Wettbewerbs-Haubenhalter-Satz *m* <kfz> • hood pin kit

Wettbewerbstechnik *f* <kfz> • competition technology

Wetter *pl* <min.hlk> • mine atmosphere; mine air

Wetterabzug *m* <min.hlk> *(allg. jede Richtung)* • air es-cape

Wetterabzug *m* <min.hlk> *(nach oben)* • air flue

Wetteranalyse *f* <min.hlk> • gas analysis

Wetterballon *m ugs* <meteo> • meteorological balloon; balloon sonde; recording balloon; sounding balloon

Wetterbeobachtungsradar *n* <navig.meteo> *(Flughafen, Flugzeug, Schiff)* • weather observation radar

Wetterbeobachtungssatellit *m* <aerospace.meteo> • meteorological satellite; weather satellite *pract*

Wetterbeobachtungsschiff *n* <nav.meteo> • ocean weather ship

Wetterbeobachtungsstation *f* <meteo> • weather ob-servation station

wetterbeständig <qualit.mat> • weather-resistant

wetterbeständig <textil.qualit> • weatherproof

Wetterdamm *m* <min> • air barrier; air stop

wetterdicht <tech.allg> • weathertight

Wetterfahne *f* <bau> • weather vane

wetterfest <qualit> *(z. B. Faden, Gewebe, Farbe, Lack)* • weatherproof *US*; weather-resistant; weather-proof *GB*

wetterfest machen *vt* <tech.allg> • weatherproof *vt*

Wetterflugzeug *n* <aerospace.meteo> • meteorological plane

Wetterfunkstelle *f* <meteo.tele> • radio weather broad-cast station

wettergeschützt <tech.allg> *(z. B. Unterstand, Hütte)* • weather-protected; weatherproof

Wetterhäuschen *n* <verk> *(an Bushaltestelle)* • bus shelter

Wetterherd *m* <min.hlk> • ventilating furnace; flue

Wetterkanal *m* <min.hlk> • air course; fan drift

Wetterkreuz *n* <min.hlk> • air crossing; overcast; overthrow

Wetterlampe *f* <min.licht> • miner's safety lamp; Davy lamp

Wettermauer *f* <min> • ventilation rib

Wetterradar *n* <navig.meteo> • weather radar

Wetterrakete *f* <aerospace.meteo> • meteorological rocket; rocket sonde

Wettersatellit *m prakt* <aerospace.meteo> • meteorologi-cal satellite; weather satellite *pract*

Wetterscheider *m* <min> • air brattice

Wetterschenkel *m* <bau> *(Fenster)* • weather bead

Wetterschleuse *f* <min> • ventilation lock

Wetterschürze *f* <min> • weather boarding

Wetterschutzhäuschen *n* <verk> *(an Bushaltestelle)* • bus shelter

Wetterschutzhaube *f* <tech.allg> • protective cover

Wetterschutzschiene *f* <bau> *(im Blendrahmen)* • drain-age channel; waterproof channel; rain drainage channel; water drainage channel

Wetterschutztür *f* <bau> *(außen vor der Hauseingangs-tür; typ. f. amerik. Eigenheime)* • storm door

Wettersonde *f* <aerospace.meteo> *(Ballon, Rakete)* • meteorological sonde; sonde

Wettertür *f* <min.hlk> • regulator door; ventilation door

Wetterüberhauen *n* <min> • air raise

Wetterumkehr *f* <min.hlk> • airflow reversal

Wetter- und Zeitzeichendienste *mpl* <meteo> • mete-orological and time signal services

Wettervorhersage *f* <meteo> • weather forecast

Wetterwarte f <meteo> • meteorological observatory; weather observatory

Wettfahrt f <fz> • race

Wettkampfbestimmungen fpl <sport> • competition procedures pl; competition rules

Wettkampffunktionär m <sport> • competition official

Wettkampfholster n <mil> • competition holster

Wettkampfregeln fpl <sport> • competition procedures pl; competition rules

Wettkampfscheibe f <mil> • competition target; match target

Wettkampfschuss m <mil> • competition shot

Wettkampfstätte f <sport> • venue; facility

Wettkampfstand m <mil> • competition range

Wettkampfteilnehmer m <sport> • competitor

Wettkampfvorbereitung f <sport> (des Veranstalters) • pre-match administration

Wettkampfvorbereitung f <sport> (des einzelnen Teilnehmers) • pre-match preparation

Wettkampfvorschriften fpl <sport> • competition procedures pl; competition rules

Wettkampfzeit f <sport> • competition time

wetzen vt ugs <wz> (z. B. Sense, Sichel) • whet vt

Wetzstein m <agri.wz> (für Sensen) • strickle

Wetzstein m <wz> (allg.; eher grob) • grindstone

Wetzstein m <wz> (in Honwerkzeug; sehr fein) • hone

Wetzstein m <wz> (zum Werkzeugschärfen; für Klingen, Schleifscheiben) • whetstone; hone

Wetzwinkel m <prod> • primary clearance angle

WEZ <füg> (beim Schweißen) • heat-affected zone (HAZ)

WGK <ökol> • Water Hazard Classification

WGS-84 <navig> • World Geodetic System (1984) (WGS-84)

Wh <phys.msr> (SI-fremde Einheit der elektrischen Arbeit oder Energy) • watt-hour (Wh)

What You See Is What You Get (WYSIWYG) <druck.edv> • What You See Is What You Get (WYSIWYG)

Wheatstone'sche Brücke f <msr.el> (Widerstandsmessbrücke) • Wheatstone bridge; Wheatstone bridge circuit

Wheatstone'sche Brückenschaltung f <msr.el> (Widerstandsmessbrücke) • Wheatstone bridge; Wheatstone bridge circuit

Wheatstone-Brücke f <msr.el> (Widerstandsmessbrücke) • Wheatstone bridge; Wheatstone bridge circuit

Wheatstonesche Brücke f <msr.el> (Widerstandsmessbrücke) • Wheatstone bridge; Wheatstone bridge circuit

Wheatstonesche Messbrücke f <msr.el> (Widerstandsmessbrücke) • Wheatstone bridge; Wheatstone bridge circuit

Whetstone m <edv.qualit> (PC-Performance-Massstab; Fließkomma-Rechnungen) • Whetstone

WHHL <med> • WHHL rabbit (WHHL); Watanabe heritable hyperlipidemic

WHHL-Kaninchen n (WHHL) <med> • WHHL rabbit (WHHL); Watanabe heritable hyperlipidemic

Whirlpool m <hygi> • whirlpool; Jacuzzi ®

Whisker m <mat> (Kristallfaser) • whisker; crystal whisker

WHIT <füg> • British Whitworth special (WHIT) BS 84

White Book n <edv> (Normen) • White Book

White spot m <nahr.qualit> (Speiseeisfehler) • white spot

Whitworth-Feingewinde n (BSF) BS 84 <füg> • Whitworth fine thread (BSF) BS 84; British Whitworth fine thread; British Standard fine thread; British Standard Fine; British Standard Fine screw thread

Whitworth-Gewinde n <füg> (allg.) • Whitworth thread

Whitworth-Gewinde n (BSW) DIN ISO 1891 <füg> (Grobreihe; Flankenwinkel 55°) • British Standard Whitworth thread (BSW) BS 84; British Standard thread; Whitworth screw thread pract; British thread coll; English thread coll

Whitworth-Rohrgewinde n (RC) <füg.rls> (Spitzgewinde, Flankenwinkel 55°) • Whitworth pipe thread (RC); British Standard pipe thread

Whitworth-Rohrgewinde n rar <füg.rls> • gas pipe thread; gas thread coll; Whitworth pipe thread rare

Whitworth-Spezialgewinde n (WHIT) <füg> • British Whitworth special (WHIT) BS 84

wichsen vt <bekl.led> (Leder) • wax vt

Wichte f <phys> (Verhältnis Gewichtskraft zu Volumen) • specific weight; weight density rare; specific gravity rare

Wichteanalyse f <phys> • float-and-sink analysis

wichten vt <msr> • weigh vt

Wichtig: <doku> (Signalwort in Anleitungen etc.: Risiko von Funktionsstörungen) • Important:

wichtige Ersatzteile f <tech.allg> • vital spare parts

wichtiges Personal n <admin> • key personnel

Wichtung f <qualit> (von Kriterien; z. B. bei der Prüfzeichenberechnung) • weighting

Wickel m <prod> • reel

Wickel m <textil> (Wickelei) • former; batting; lap

Wickel... <pack> (in Zusammensetzungen) • wraparound ...

Wickelauflage f <hygi> (für Babys) • changing mat GB; change mat GB; changing table pad; changing pad

Wickelautomat m <prod> • automatic coiling machine

Wickelballenpresse f <agri> • roll baler

Wickelbreite f <el> • layer width

Wickelbreite f <füg> (Schweißdrahtspule) • traverse length

Wickeldorn m <prod> (für Schraubenfedern) • spring winding mandrel

Wickeldorn m <prod> (allg.) • winding mandrel

Wickeldose f <pack> • composite can; convolute can

Wickeldraht m <mat> • wrapping wire

Wickeldraht m <mat.el> • winding wire

Wickeldrahtanschluss m <el.füg> • wire-wrap connection

Wickelei f <textil> (Produktionsbereich) • winding room

Wickelfeder f VW <kfz.sich> (Airbag) • contact coil Bendix; clock spring Chrysler; coil spring VW

Wickelfilter m <kfz.emiss> (Dieselrußfilterbauart) • wraparound filter

Wickelgeschwindigkeit f <masch> • winding speed

Wickelhärte im Tambour f <pap> • roll hardness

Wickelhaspel m <prod> • reeling winch

Wickelhülse f <pack> (für Stoffe, Papier, Folien etc.) • core; center US; centre GB

Wickelkern m <av> • hub

Wickelkern m <textil> (von Fadenspulen) • bobbin core

Wickelkörper m <el> • winding former; former

Wickelkörper m <textil> • package

Wickelkommode f <hygi.innen> (Babypflege; als Möbelstück) • diaper-changing table; changing table; diaper-changing unit

Wickelkondensator m <el> (betont: mit Papier als Dielektrikum) • wound-paper capacitor; paper capacitor

Wickelkondensator m <el> (allg.; z. B. mit Mylarfolie als Dielektrikum) • wound capacitor

Wickelkonus m <theat> (für das Rundhorizont-Zugseil) • cone; conus

Wickelkopf m <el> • end winding

Wickelkopf m <prod> • coil winding head

Wickelkopfkappe f <prod> • end bell

Wickellötverbindung f <füg> • wrapped and soldered joint

wickellose Bauweise f <prod> • non-lined construction

Wickelmaschine f <el> • winding machine

Wickelmaschine f <prod> • coiling machine

Wickelmaschine f prakt <prod> (assembliert den Reifenrohling) • tire-building machine US; lay-up machine; tyre-building machine GB

Wickelmotor m <antr> (allg.) • reel motor

Wickelmotor m <av> *(für Band)* • reel drive motor; reel motor

Wickelmotor m <av> *(betont: zum Straffen des Bandes)* • tape-tensioning motor

Wickeln n <textil> • hatching

wickeln vt DIN 8586 <prod> *(z. B. Feder, Spule)* • wind vt

wickeln vt <textil> *(Wickelei)* • wind vt; reel vt

Wickelpappe f DIN 55405 <pap> • millboard

Wickelpistole f <füg.wz> • wire-wrapping gun; wire-wrapping tool

Wickelplatte f <druck> • wrap-around plate

Wickelraum m <bau.hygi> • baby-care room

Wickelraum m <el> • winding space

Wickelrohr-Relining n <ents.hydr.rep> • spiral lining

Wickelschritt m <el> • winding pitch

Wickelspule f <el> • winding spool

Wickelstrecke f <textil> • ribbon lap machine; lap drawing frame

Wickeltasche f <hygi> *(Babypflege)* • diaper bag; changing bag

Wickeltechnik f <el.füg> • wire-wrap technique; wire-wrap method

Wickelteller m <tech.allg> • winding reel; winding disc GB

Wickeltisch m <hygi> *(Babypflege, allg.; z. B. auch in der Bahn)* • diaper-changing table; changing table

Wickeltisch m <hygi.innen> *(Babypflege; als Möbelstück)* • diaper-changing table; changing table; diaper-changing unit

Wickeltrommel f <fz> *(Reifenprod.)* • building drum

Wickeltrommel f <kst> • casemaking drum

Wickelunterlage f rar <hygi> *(für Babys)* • changing mat GB; change mat GB; changing table pad; changing pad

Wickelverbindung f <el.füg> • wrapped connection; wire-wrap connection

Wickelversuch m <qualit.mat> • coiling test

Wickelversuch m 51215 <qualit.mat> *(an Drähten)* • wrapping test; wrap-around bend test

Wickelwalze f <textil> • lap roller

Wickelwelle f <masch> *(zum Aufwickeln von Bandmaterial; z. B. Papier, Folien)* • rotating union *Deublin*

Wickler m <druck> • paper jam; paper blockage; paper stoppage; jam

Wicklung f <el> *(Spule; z. B. Anker, Relais, Widerstand, Zündspule)* • winding

Wicklung f <el> *(Elektromagnet)* • coil; magnet coil

Wicklungsanzapfung f <el> • winding tap

Wicklungsart f <el> • type of winding

Wicklungsfaktor m <el> • winding factor; breadth coefficient

Wicklungsharmonische f <el> • winding harmonic

Wicklungsinduktivität f <el> *(betont: mit Luftkern)* • air-cored inductance

Wicklungsinduktivität f <el> *(allg.)* • winding inductance

Wicklungsisolierung f <el> • winding insulation

Wicklungskapazität f <el> • winding capacitance; internal capacitance; interwinding capacitance

Wicklungsnennspannung f <el> • winding voltage rating; winding nominal voltage

Wicklungsnut f <el> • winding slot

Wicklungsschema n <el> • winding diagram

Wicklungsschritt m <el> • winding pitch; pitch of wire per revolution *rare*

Wicklungssinn m <tech.allg> • winding direction; winding sense

Wicklungsstrang m <el> • phase belt

Wicklungsverluste mpl <el> • copper losses

Wicklungszweig m <el> • winding path

Widderkoppel f <mus> *(Orgelbau)* • drumstick coupler; drum coupler; ram coupler; jack coupler

Wide Area Augmentation System n (WAAS) <navig> • Wide Area Augmentation System (WAAS)

Widerdruck m <druck> *(im Ggs. zu Schöndruck)* • perfecting; verso printing; verso print; backing-up

Widerdruckform f <druck> • perfecting form

Widerdruckseite f <druck> • verso

Widerdruckwerk n <druck> • perfecting unit

Widerdruckzylinder m <druck> • perfecting cylinder

Widerhall m <akust> • reverberation; echo *coll*

widerhallen vi <akust> • reverberate vi; resound vi; echo vi

Widerlager n <bau> • abutment

Widerlager n <qualit.mat> • anvil

Widerlagerdruck m <bau> • abutment pressure

Widerlagerpfeiler m <bau> • abutment pier

Widerlagerstein m <bau> *(z. B. von Brücken)* • abutment stone; bearing pad

Widerrist m <bio> • brisket

Widerruf m <jur> • revocation; cancellation; withdrawal; rescission

Widerruf des Patents m <jur> • revocation of the patent

widerrufen vt <jur> • revoke vt; withdraw vt; rescind vt; cancel vt; annul vt

Widerrufen-Befehl m <edv> • undo command

widersinnig fallend <geo> • hading against the dip

widersprechend <allg> *(z. B. Aussagen, Theorien, Gleichungen, Ergebnisse)* • contradictory

widerspruchsfrei <allg> *(Logik, Beweisführung, Mathematik etc.)* • consistent

Widerspruchsfreiheit f <allg> *(Logik, Beweisführung, Mathematik etc.)* • consistency

Widerstand m <allg> *(gegen etwas)* • resistance

Widerstand m (R) <el> *(Messgröße; in Ohm)* • resistance (R); electrical resistance

Widerstand m <el> *(Bauelement)* • resistor

Widerstand m <el> *(Impedanz)* • impedance

Widerstand m <energ.wind> • drag; drag force

Widerstand m <phys> *(magnetisch)* • reluctance

Widerstand als künstliche Antenne m <tele> *(strahlungsfreier Abschlusswiderstand; Funk)* • artificial antenna US; dummy antenna US; dummy aerial GB; phantom antenna *rare*; standard input circuit *rare*

Widerstand der Gegenkomponente m <el> • negative-sequence resistance

Widerstand gegen Quetschungen m <prod> • bruise resistance

Widerstandsabbrennschweißen n <füg> • flash welding

Widerstandsabbrennstumpfschweißen n <füg> • resistance flash-butt welding

Widerstandsabgriff m <el> • rheostat slider; potentiometer pick-off

Widerstandsabnahme f <el> • resistance drop

Widerstandsabstimmung f <av> • resistance tuning

Widerstandsanlassen n <el> • resistance starting

Widerstandsanlasser m <el> • resistance starter; rheostatic starter

Widerstandsausgleich m <msr> • resistance balance

widerstandsbehaftet <el> • resistive

widerstandsbehafteter Leiter m <el> • resistance conductor; resistive conductor

widerstandsbeheizt <el> • resistance-heated

Widerstandsbeiwert m <energ.hydr> *(Rohr- und Gerinneströmung)* • friction coefficient

Widerstandsbeiwert m <phys> *(allg.; z. B. von Tragflügeln, Kraftfahrzeugen)* • drag coefficient

Widerstandsbeiwert m <phys> *(von Tragflügeln, Rotorblättern)* • profile drag coefficient

Widerstandsbeiwert m <phys> *(Strömung)* • resistance coefficient

Widerstandsbeiwert *m* <rls> *(Strömungslehre)* • pipe-friction coefficient

Widerstandsbelag *m* <el> • distributed resistance; unit-length resistance

Widerstandsbremsschalter *m* <bahn> • rheostatic braking controller

Widerstandsbremsung *f* <bahn> *(z. B. Straßenbahn)* • resistance braking; rheostatic braking

Widerstandsbuckelschweißung *f* <füg> • resistance projection welding

Widerstandsdämpfung *f* <phys> • resistance attenuation; resistance loss

Widerstandsdehnungsmessstreifen *m* <msr> • resistance strain gauge; resistor gauge *rare*

Widerstandsdekade *f* <el> • resistance decade

Widerstandsdraht *m* <el> • resistance wire

Widerstandselement *n* <el> *(eines Potentiometers)* • resistance element

Widerstandselement *n* <el> *(allg.)* • resistance element; resistive element; resistor element

Widerstandserdung *f* <el> • resistance earthing

Widerstandserwärmung *f* <el> • resistance heating

widerstandsfähig <tech.allg> *(stabile Bauart; z. B. Gehäuse)* • rugged *US*; robust *GB*; sturdy

widerstandsfähig <qualit.mat> *(gegenüber Kräften, Einflüssen etc.)* • resistant

Widerstandsfähigkeit *f* <tech.allg> *(gegenüber mech. Einflüssen)* • ruggedness

Widerstandsfähigkeit *f* <qualit.mat> *(allg.)* • resistivity; resistance; resistibility

Widerstandsfähigkeit gegenüber Schmelzen *f* <nahr> *(Speiseeis)* • melting resistance; resistance to melting; melt-down resistance *Grindsted*

Widerstandsfarbkode *m* <el> • resistance color code

Widerstandsferngeber *m* <msr> • resistance teletransmitter

Widerstandsfolie *f* <el> • resistive foil

Widerstandsgeber *m* <msr> • resistance pick-up; resistive pick-up

widerstandsgekoppelt <el> • resistance-coupled

widerstandsgekoppelter Verstärker *m* <el> • resistance-coupled amplifier; RC amplifier

widerstandsgeschweißt <füg> • resistance-welded

Widerstandsglühofen *m* <metall> • resistance annealer

Widerstandshartlöten *n* <füg> • resistance brazing

Widerstandsheizung *f* <hlk> • resistance heating; ohmic heating

Widerstandshöhe *f* <phys> *(Pumpe, Rohr)* • friction head

Widerstandsimplantationsmaske *f* <el> • resistor implant mask

Widerstandsinstabilität *f* <nukl> • resistive mode instability

Widerstandskapazität *f* <el> • cell constant

Widerstands-Kapazitäts-Glied *n* <el> • resistance-capacitance element; RC element

Widerstands-Kapazitäts-Kopplung *f* <el> • resistance-capacitance coupling; RC coupling

Widerstands-Kapazitäts-Schaltung *f* <el> • resistance-capacitance circuit; RC circuit

Widerstandskasten *m* <el> • resistance box

Widerstandsklasse *f* <bau> *(Einbruchhemmung)* • resistance class

Widerstandskörper *m* <el> • resistor core

Widerstandskörper *m* <phys> *(Strömung)* • obstacle

Widerstandskomponente *f* <el> • resistive component

Widerstands-Kondensator-Transistor-Logik *f* <el> • resistor-capacitor-transistor logic (RCTL)

Widerstandskopplung *f* <el> • resistive coupling

Widerstandskraft *f* <energ.wind> • drag; drag force

Widerstandskraft *f* <mech> • resisting force

Widerstandsläufer *m* <energ.wind> • drag device; drag-type device; drag translator *obs*

Widerstandsleiter *m* <el> • resistance conductor

Widerstandslichtbogenofen *m* <metall> • resistance arc furnace

Widerstandslöten *n* <füg> • electrode soldering

Widerstandsmanometer *n* <msr> • resistance pressure gauge

Widerstandsmatrix *f* <el> • impedance matrix

Widerstandsmessbrücke *f* <el> • resistance bridge

Widerstandsmesser *m* <msr> • ohmmeter

Widerstandsmessung *f* <el> • resistance measurement

Widerstandsmessung *f* <petr> • resistivity log

Widerstandsmoment *n* (W) <mech> *(axial, polar)* • section modulus (W); stress moment *rare*; resistance moment *rare*

Widerstandsnahtschweißen *n* <füg> • resistance seam welding

Widerstandsnebenschluss *m* <el> • shunting resistance

Widerstandsnetz *n* <el> • resistor network; resistive network

Widerstandsnetzwerk *n* <el> • resistor network; resistive network

Widerstandsnormal *n* <msr> • resistance standard

widerstandsnutzende Anlage *f* <energ.wind> • drag device; drag-type device; drag translator *obs*

Widerstandsofen *m* <metall> • resistance furnace; electric resistance furnace

Widerstandsoperator *m* <el> • impedance operator; vector impedance

Widerstandsoszillator *m* <el> • negative-resistance oscillator

Widerstandsperkussionsschweißen *n* <füg> • resistance percussive welding

Widerstandspressschweißen *n* <füg> • pressure resistance welding

Widerstandspressschweissen mit Hochfrequenz *n* <füg> • high frequency resistance welding; high frequency upset welding *US*

Widerstandspunktschweißen *n* <füg> • resistance spot welding

Widerstandsrauschen *n* <phys> • resistance noise; Johnson noise

Widerstandsregler *m* <el> • rheostat; rheostatic controller

Widerstandsrelais *n* <el> • resistance relay

Widerstandsröhre *f* <el> • ballast valve; ballast tube

Widerstandsrollennahtschweißen *n* <füg> • resistance seam welding

Widerstandsschaltung *f* <el> • resistive circuit

Widerstandsschleifdraht *m* <el> • slide wire

Widerstandsschweißen *n* <füg> • resistance welding

Widerstandsschweißnaht *f* <füg> • resistance weld

Widerstandsschweißtransformator *m* <füg> • resistance-welding transformer

Widerstandsspannungsteiler *m* <el> • resistance voltage divider

Widerstandsspule *f* <el> • resistance coil; resistive coil

Widerstandsstoßschweißen *n* <füg> • electropercussive welding

Widerstandsstumpfschweißen *n* <füg> • resistance upset butt welding

Widerstandsteiler *m* <el> • resistive divider

Widerstands-Temperaturfühler *m* <msr> • RTD sensor

Widerstandstemperaturmessfühler *m* <msr> • thermally sensitive resistance element

Widerstands-Temperaturmessung *f* <msr> • resistance temperature detection (RTD)

Widerstandsthermometer *n* <msr> • resistance thermometer; electrical-resistance thermometer *rare*

Widerstandstransformator *m* <el> • impedance matching transformer

Widerstands-Transistor-Logik *f* <el> • resistor-transistor logic (RTL)

Widerstands-Transistor-Schaltung *f* <el> • resistor-transistor circuit; resistor-transistor logic circuit

Widerstandsturbine *f obs* <energ.wind> • drag device; drag-type device; drag translator *obs*

Widerstandsüberspannung *f* <el> • ohmic overvoltage

Widerstandsverhältnis *n* <el> *(z. B. Messbrücke)* • resistance ratio

Widerstandsverlust *m* <el> • rheostatic loss

Widerstandsverstärker *m* <el> • resistance-capacitance amplifier; RC amplifier

Widerstandsweichlöten *n* <füg> • resistance soldering

Widerstandswerkstoff *m* <el> • resistor material; resistive material

Widerstandswert *m* <alarm> • penetration resistance

Widerstandswicklung *f* <el> • resistance winding

Widerstandszeitwert *m* <alarm> • penetration resistance

Widerstandszelle *f* <phys> • photoresistor; photoconductive cell

Widerstandszündkerze *f* <kfz.el> • resistor spark plug; resistor-type spark plug; resistance spark plug; resistor/suppressor spark plug *Champion*

widerstehen *vt* <tech.allg> *(z. B. Kraft, Strahlung, Temperatur, Witterung)* • withstand *vt*; resist *vt*

Widget-Dose *f* <pack> • widget can

Widia *n* <mat.wz> *(Stahl)* • Widia

Widmannstätten'sche Figuren *fpl* <mat> *(Schliffbild von Stahlguss vor dem Glühen)* • Widmannstätten figures; Widmannstätten lines; Widmannstätten structure

Widmanstätten'sches Gefüge *n* <mat> *(Schliffbild von Stahlguss vor dem Glühen)* • Widmannstätten figures; Widmannstätten lines; Widmannstätten structure

Wiedemann-Franz'sches Gesetz *n* <phys> *(Festkörperphysik: Wärmeleitfähigkeit, elektrische Leitfähigkeit)* • Wiedemann-Franz law; Wiedemann-Franz rule

wieder absorbieren *vt* <tech.allg> • reabsorb *vt*

wiederanblasen *vt* <metall> *(Hochofen)* • refire *vt*

wieder anbringen *vt* <prod> • refit *vt*; replace *vt*

wiederanlassen *vt* <mot> *(Motor, Triebwerk)* • restart *vt*

Wiederanlaufbefehl *m* <tech.allg> • restart instruction

Wiederanlaufprogramm *n* <edv> • restart routine; rerun routine; roll-back routine

Wiederanlaufpunkt *m* <edv> • rerun point; checkpoint; restart point

Wiederanlaufverfahren *n* <tech.allg> *(Automation, EDV, Regelung)* • restart procedure

wieder anlösbar <kunst> *(Farbpigmente)* • redesolvable

Wiederanreicherung *f* <verf> • reenrichment

Wiederanschließen *n* <el> • reconnection

wieder anziehen *vt* <masch> *(Schraube, Mutter)* • retighten *vt*

Wiederaufarbeitung *f* <verf> *(allg.)* • reprocessing

wieder aufbauen *vt* <bau> *(Gebäude, Gerüst etc.)* • reerect *vt*

wieder aufbereiten *vt* <nukl> *(abgebrannte Brennelemente)* • reprocess *vt*

wieder aufbereiten *vt* <pap.ents> *(Altpapier)* • repulp *vt*

wieder aufbereiten *vt* <verf> *(z. B. Lackreste, Fotochemikalien, Waschwasser)* • regenerate *vt*; reprocess for reuse *vt*; recondition *vt*; recycle *vt*; recover *vt*

wiederaufbereiten *vt* <verf> • reprocess *vt*

Wiederaufbereitung *f* <ents> *(betont: Wiederherstellung der Nutzbarkeit, Rückführung in den Einsatz)* • recycling

Wiederaufbereitung *f* <verf> *(allg.)* • reprocessing

Wiederaufbereitung *f* <verf> *(z. B. von Altöl, abgebrannten Brennelementen)* • reprocessing

Wiederaufbereitungsanlage *f* <ents> *(allg.)* • reprocessing plant

Wiederaufbereitungsanlage *f* <nukl> *(für abgebrannte Brennelemente)* • nuclear waste reprocessing plant

wieder auffinden *vt* <allg> *(Objekte, Daten)* • retrieve *vt*

wiederauffinden *vt* <edv> *(Daten)* • retrieve *vt*

Wiederauffindungszeit *f* <edv> • retrieval time

Wiederauffindungszyklus *m* <edv> • retrieval cycle

Wiederauffindung von Information *f rar* <edv> *(Suchen, Lokalisieren, Bereitstellen von Daten aus Datei oder Speicher)* • information retrieval (IR); data retrieval; retrieval [of data]

Wiederaufforstung *f* <holz> • restocking; replanting; re-afforestation; reforesting; afforestation

Wiederaufforstungsgebot *n* <holz> • duty to restock felled areas; duty to replant felled areas

Wiederaufheizung *f* <verf> • reheating

wieder aufkochen *vt* <nahr> • reboil *vt*

Wiederaufkohlung *f* <chem> *(z. B. zum Härten)* • recarburization

wiederaufladbare Batterie *f did* <el> *(wiederaufladbar; z. B. Bleiakku, NiCd, NiMH)* • storage battery; secondary battery *thsc*; accumulator battery *form*; rechargeable battery *did*; battery *pract*

wiederaufladbare Taschenlampe *f* <el> • rechargeable flashlight *US*; rechargeable torch *GB*

wieder aufladen *vt* <el> *(Akku; betont: nach vorheriger Entladung)* • recharge *vt*

Wiederaufladezeit *f* <el> *(z. B. Batterie, Akkumulator)* • recharge time

wieder aufnehmen *vt* <kfz> *(vorher eingestellte Geschwindigkeit)* • resume *vt* (RES)

Wiederaufrüsten *n* <mil> • rearmament

Wiederaufschmelzverfahren *n* <füg> *(Löten)* • reflow process

Wiederauftreten *n* <phys> *(eines Ereignisses, Phänomens)* • recurrence; re-occurrence

Wiederausgießen *n* <prod> *(von Gleitlagern)* • relining

wieder auskristallisieren *vi* <mat> • recrystallize *vi*

Wiederausstrahlung *f* <phys> • reradiation

Wiederbelebung *f* <chem> • regeneration

Wiederbelebung *f* <med> • revivification

Wiederbelebungsgerät *n* <med.tech> *(z. B. Respirator)* • reviving apparatus

Wiederbeschaffung *f* <tech.fin> • replacement

Wiederbeschaffungskosten *pl* <tech.fin> • replacement cost; replacement value; current replacement cost

Wiederbeschaffungswert *m* <tech.fin> • replacement cost; replacement value; current replacement cost

wiederbeschichten *vt* <obfl> • recoat *vt*

wiederbeschreibbar <edv> *(Datenträger; z. B. CD)* • re-writable; re-writable; erasable; multiple-write

wiederbeschreibbare CD *f* <edv> • rewritable CD (CD-RW); rewritable optical disk; CD-Erasable *obs*; CD-E *obs*

wiederbeschreibbare Platte *f* <druck> *(prozesslose Druckplatte)* • rewritable plate

Wiederbeschreibbarkeit *f* <edv> *(eines Datenträgers)* • rewritability

Wiederbeschreiben *n* <edv> • rewriting; overwriting

wiederbeschreiben *vt* <edv> *(Speichermedium; z. B. CD-ROM)* • rewrite *vt*; overwrite *vt*

Wiedereinbau *m* <bau> *(von Aushub)* • redeposition; replacement

Wiedereinbau *m rar* <rep> *(betont: Wiedereinbau; z. B. Handbuch-Überschrift)* • refitting

wieder einbauen vt <tech.allg> (betont: wieder einbauen nach vorigem Ausbau) • reinstall vt; refit vt; replace vt

wieder einbaufählger Boden m <min> • original backfill

Wiedereinbringung f <ents> (in den Produktionsprozess) • reintroduction

Wiedereinfangen n <phys> (von Teilchen) • recapture; retrapping

wiedereinfügen vt <tech.allg> (z. B. Zeichen) • reinsert vt

wieder einführen vt <allg> (Verfahren, Methode) • reintroduce vt

wieder einführen vt <allg> (Objekt in Öffnung) • reinsert vt

wiedereinpassen vt <tech.allg> • refit vt

Wiedereinschaltrelais n <el> • reclosing relay

Wiedereinschaltung f <el> (eines Stromkreises) • reclosing

Wiedereinschaltung f <el> (eines Verbrauchers) • reconnection

Wiedereinschaltung f <el> (Neustart) • reset

wiedereinsetzen vt <chem> (gebrauchte Chemikalie; z. B. Entwickler) • recirculate vt

wiedereinsetzen vt <math> • resubstitute vt

wiedereinsetzen vt <rep> (System, Bauteil) • reinstate vt

Wiedereinspannen n <prod> (in Spannvorrichtung) • reclamping

Wiedereinspannen n <wz> (in Spannfutter) • rechucking

wieder einspuren vt <bahn> (Zug, Lok, Wagen) • rerail vt

Wiedereinstellung f <masch> (z. B. Bremse, Kupplung) • readjustment

wiedereintretende Wicklung f <el> • reentrant winding

Wiedereintritt m <aerospace> • reentry

Wiedereintrittsbahn f <aerospace> • reentry trajectory

Wiedereintrittsphase f <aerospace> • reentry phase

Wiedereintrittswinkel m <aerospace> (in die Erdatmosphäre) • reentry angle

wiedererfassen vt <navig> (Satelliten, Daten, Position etc.) • reacquire vt

Wiedererfassung f <navig> (von Satelliten) • reacquisition

Wiedererholung f DIN ISO 2424 <bau.innen> (von textilem Bodenbelag) • resilience ISO 2424

wiedererkennen vt <psych> • recognize vt

wiedererlangen vt <navig> (Position) • reacquire vt

wiedererwärmen vi/vt <tech.allg> • reheat vi/vt

wieder flottmachen vt <nav> (Wasserfahrzeug, von Hindernis; z. B. von Sandbank) • refloat vt; get afloat vt

Wiedergabe f <av> (einer gespeicherten Aufnahme) • playback (PB); reproduction; replay

Wiedergabe f <kunst> (z. B. von Farben, Schattierungen, Details) • rendition

Wiedergabe f <msr> (von Messwerten, z. B. auf Plotter) • reproduction

Wiedergabebereich m <druck> (einer Trommel oder Bildträgerschleife) • image area

Wiedergabeentzerrer m <av> • preequalizer

Wiedergabeentzerrer m <opt> • reproduction equalizer

Wiedergabeentzerrung f <av> • preequalization

Wiedergabefrequenz f <av> • playback frequency

Wiedergabefrequenzgang m <av> • playback frequency response; playback frequency characteristics

Wiedergabegerät n rar <av> (z. B. für Platten, Bänder, Cassetten, CD, DVD) • player

Wiedergabegeschwindigkeit f <av> (z. B. von Platten, Bandaufnahmen) • playback speed

Wiedergabegüte f <av> • fidelity

Wiedergabekanal m <av> • playback channel; PB channel; reproducing channel

Wiedergabekontrolle f <av> • playback control

Wiedergabekopf m <av> • playback head; PB head; reproduce head; reproducing head; replay head rare

Wiedergabekopfverstärker m <av> • playback amplifier; PB amplifier; PB amp; reproducing amplifier; replay amplifier

Wiedergabekurve f <av> • fidelity curve

Wiedergabelautstärke f <edv.av> • output volume

Wiedergabe ohne Werbeunterbrechung f <av> • commercial-free playback; commercial zapper

Wiedergabepegel m <av> • playback level

Wiedergabequalität f <av> (allg.; von Ton und Bild) • playback quality

Wiedergabequalität f <av> (von Video, Bild) • reproduction quality; playback quality

Wiedergabesamplerate f <edv.av> • output sample rate; output sampling rate; sample rate of the output; playback sample rate; playback sampling rate

Wiedergabetaste f <av> (z. B. bei Tonbandgeräten, Videorecordern, etc.) • play button

Wiedergabetreue f <av> • fidelity

Wiedergabeverstärker m <av> • playback amplifier; PB amplifier; PB amp; reproducing amplifier; replay amplifier

Wiedergabeverzögerung f <tele> • restitution delay

Wiedergabe von Tönen f <av> (von Speichermedium; z. B. Platte, Band, CD) • playback of sounds

Wiedergabewiederholung f <av> • continuous playback; loop playback; endless playback; endless play; repeat function

Wiedergabezeit f <msr> • reading time

wiedergeben vt <av> (Aufnahme; z. B. Musikstück, Band, Video) • play back vt; replay vt; reproduce vt rare

wiedergewinnen vt <ents> (Material, Wertstoff; z. B. Altpapier, Kunststoff) • recover vt; reclaim vt; salvage vt rare; regain vt rare

wiedergewinnen vt <verf> (Energie; z. B. Wärme) • recuperate vt

Wiedergewinnung f <ents> • recovery

Wiedergewinnung f <ents> (von Wertstoffen) • recovery; reclamation

wiederherstellen vt <tech.allg> (Zustand, Daten, Datei) • restore vt

wiederherstellen vt <edv> (verlorene oder beschädigte Daten, Dateien) • recover vt; restore vt; reconstruct vt rare; salvage vt rare

Wiederherstellung f <bau> • reconstruction

Wiederherstellung f <bau.rls> • reinstatement

Wiederherstellung f <jur> (z. B. Beziehungen, Kontakte) • reestablishment

Wiederherstellung f <obfl> • restoration

Wiederherstellung der Einsatzfähigkeit f rar <rep> • repair; corrective maintenance rare

Wiederherstellungsprogramm n <edv> (allg.) • recovery program

Wiederherstellungsprogramm n <edv> (Unterprogramm, Routine) • recovery routine

Wiederherstellungszeit f <edv> • drive rebuild time

Wiederholanforderung f <tele> • repeat request

Wiederholanweisung f <edv> • repeat statement

Wiederholanzeige f <av> (bei VCR im Endlosbetrieb) • repeat indicator

Wiederholbarkeit f <tech.allg> (z. B. von Messergebnissen) • reproducibility

Wiederholbefehl m <tele> • repeat instruction

wiederholen vt <allg> • repeat vt

wiederholen vt <tech.allg> (einen Schritt) • reiterate vt

wiederholen vt <edv> (vorigen Befehl, Programmteil) • rerun vt; roll back vt

wiederholen vt <msr> (reproduzieren) • reproduce vt

wiederholend <allg> (Phänomene, Ereignisse) • recurrent

wiederholend <allg> • repetitive

wiederholend <tech.allg> *(Schritte; z. B. Suche, Rechnung, Messung)* • iterative

wiederholende Serie *f* <edv> • repetitive batch

Wiederholer *m* <tele> • outgoing repeater

Wiederholerbake *f* <navig> • responder beacon; radar beacon

Wiederholfehler *m* <autom> • repeatability; position repeatability *Unimation*; positioning accuracy; repetitive accuracy

Wiederholfrequenz *f* <tech.allg> • repetition rate

Wiederholfrequenz *f* <edv> *(Anzahl Vollbilder pro Sek. von Monitor, Grafikkarte; in Hz; z. B. 70 Hz)* • refresh rate; scanning frequency; video refresh cycle; vertical refresh rate; screen refresh rate

Wiederhol-Funktion *f* <kfz.av> *(z. B. Verkehrsdurchsagen)* • repeat function

Wiederholgenauigkeit *f* <tech.allg> • repeatability

Wiederholgenauigkeit *f* <autom> • repeatability; position repeatability *Unimation*; positioning accuracy; repetitive accuracy

Wiederholgenauigkeit *f DIN5008* <msr> *(z. B. eines Signals)* • repeatability; repeat accuracy; repetition accuracy

Wiederholgenauigkeit *f* <msr.qualit> • repeatability *ISO 5725-1*; equipment variation (EV)

Wiederholpräzision *f DIN ISO 5725,2* <msr> *(z. B. eines Signals)* • repeatability; repeat accuracy; repetition accuracy

Wiederholpräzision *f* <msr.qualit> • repeatability *ISO 5725-1*; equipment variation (EV)

Wiederholprogramm *n* <av> *(z. B. im Fernsehen)* • rerun program; rerun *coll*

Wiederholprogramm *n* <edv> • rerun routine; roll-back routine

Wiederholpunkt *m* <edv> • rerun point

Wiederholtaste *f* <tele> • repeat key

wiederholt auftretender Fehler *m* <qualit> • repetitive error

wiederholt beschreibbar <edv> *(Datenträger; z. B. CD)* • rewritable; re-writable; erasable; multiple-write

wiederholter Falschalarm mit unbekannter Ursache *m :V* <alarm> • intermittent false alarm signal with no apparent cause; swinger *pract*

wiederholtes Booten *n* <edv> • repeated rebooting

wiederholt gesendetes Zeichen *n* <el> • repeated signal

wiederholt programmierbarer Festwertspeicher *m* <edv> • reprogrammable read-only memory

wiederholt programmierbarer Festwertspeicher *m* <edv> • REPROM

Wiederholung *f* <allg> • repetition

Wiederholung *f* <tech.allg> *(schrittweise)* • iteration

Wiederholung *f ugs* <av> *(z. B. im Fernsehen)* • rerun program; rerun *coll*

Wiederholung *f* <edv> *(eines Programmteils)* • rerun

Wiederholung *f* <phys> *(eines Ereignisses, Phänomens)* • recurrence; re-occurrence

Wiederholungsadressierung *f* <edv> • repetitive addressing

Wiederholungsbefehl *m* <edv> • repetition instruction

Wiederholungsfehler *m* <qualit> • repetitive error

Wiederholungsfrequenz *f* <tech.allg> • repetition frequency; recurrence frequency; repetition rate

Wiederholungsfrequenz *f* <tele> • repetition rate

Wiederholungshäufigkeit *f* <tech.allg> • repetition frequency; recurrence frequency; repetition rate

Wiederholungsimpfung *f* <med> • repeated vaccination

Wiederholungskonstanz *f* <msr> • repetitive stability

Wiederholungslauf *m* <edv> • rerun

Wiederholungsmessung *f* <msr> • repeated measurement

Wiederholungsprüfung *f* <qualit> • replication

Wiederholungsrate *f* <tech.allg> • repetition frequency; recurrence frequency; repetition rate

Wiederholungsschalter *m* <edv> • repeat switch

Wiederholungsschuss *m* <mil> • repeated shot

Wiederholungssender *m* <tele> • repeater transmitter

Wiederholungsserie *f* <mil> • repeated series

Wiederholungsversuch *m* <qualit> • repeat test

Wiederholungszahl *f* <tech.allg> • number of repetitions

Wiederholungszwilling *m* <mat> • repeated twin

Wiederinbetriebnahme *f* <tech.allg> • restarting

Wiederinbetriebnahme *f* <ökon> • reopening

wieder in Eingriff bringen *vt* <masch> *(formschlüssige Teile; z. B. Klauen, Zahnräder)* • reengage *vt*

wiederingangsetzen *vt* <tech.allg> *(Prozess, Maschine)* • restart *vt*

Wiederinstandsetzung *f rar* <rep> • repair; corrective maintenance *rare*

wieder in Umlauf bringen *vt* <allg> • recycle *vt*

wieder in Umlauf bringen *vt* <logist> *(z. B. Leergut, Palette)* • recirculate *vt*

wiederkehrend <tech.allg> *(Ereignisse; z. B. Zahlungen, Systemausfälle)* • recurrent

wiederkehrende Spannung *f* <el> • recovery voltage

Wiedernutzbarmachung *f* <agri> *(von belastetem, geschädigtem Boden)* • recultivation; restoration; reclamation; land reclamation; rehabilitation

Wiederurbarmachung *f* <agri> • rehabilitation

Wiederurbarmachung *f* <bau> *(durch Wiederverfüllen; z. B. Baugrube, Tagebau)* • backfilling

Wiedervereinigung *f* <phys> *(Strahlung)* • recombination

Wiederverkaufswert *m* <ökon> *(z. B. Haus, Kfz)* • resale value

Wiederverkaufswert *m* <ökon.kfz> *(bei Inzahlungsnahme Gebrauchtwagens)* • trade-in value; resale value *GB*

wiederverschließbarer Verschluss *m DIN 55405* <prod> • reusable closure

wiederverwendbarer Müllsack *m* <ents.pack> • reusable waste sack

wiederverwenden *vt* <allg> • reuse *vt*

Wiederverwendung *f* <tech.allg> *(z. B. Austauschmotoren, -getriebe, -starter)* • re-usage; reuse

Wiederverwendung *f* <ents> *(betont: Wiederherstellung der Nutzbarkeit, Rückführung in den Einsatz)* • recycling

wiederverwertbar <ents> • reusable

wiederverwertbares Entschwefelungsprodukt *n* <chem.verf> • reusable byproduct [of desulfurization]

wiederverwertbares Reaktionsprodukt *n* <chem.verf> *(z. B. Schlacke)* • reusable byproduct

Wiederverwertung *f* <ents> • reuse

Wiederverwertungsquote *f* <pap.ents> • rate of recycling; recycling quota

Wiederwuchs *m* <agri> • regrowth; renewal growth; ratoon

Wiederzündspannung *f* <el> • reignition voltage; restriking voltage; re-ignition voltage

Wiederzündung *f* <aerospace> *(Rakete)* • reignition

Wiederzündung *f* <el> *(z. B. Lichtbogen)* • restriking

Wiederzündung *f prakt* <licht> • hot re-strike (HR)

Wiederzündungsspannung *f* <el> • reignition voltage; restriking voltage; re-ignition voltage

wiederzuführen *vt* <druck> • recirculate *vt*

Wiederzusammenbau *m* <tech.allg> *(von Bauteilen)* • re-assembly; reassembly

wieder zusammenbauen *vt* <tech.allg> • reassemble *vt*

Wiegand-Draht *m* <msr.el> *(mechanisch gespannter Draht)* • Wiegand wire

Wiegand-Effekt *m* <msr.el> *(Magnetisierung)* • Wiegand effect

Wiegand-Sensor *m* <msr> • Wiegand sensor

Wiege *f* <masch> • cradle; rocker

Wiegekarte *f* <msr.doku> • weighbridge ticket

Wiegekufe *f* <sport> *(Schlitten, Bob)* • rocker

wiegen *vt* <msr> *(Gewicht ermitteln)* • weigh *vt*

Wiegenbalken *m* <bahn> • bolster beam; bogie bolster; bolster

Wiegenfeder *f* <bahn> • bolster spring

Wiegenfederung *f* <bahn> • secondary suspension; bolster springing

Wiegenführung *f* <maschbahnbahn> • bolster guide

Wiegenlenker *m* <bahn> • traction bar

Wiegenpendel *n* <bahn> • suspension rod; bolster swing link

Wiegenträger *m* <bahn> • bolster beam; bogie bolster; bolster

Wiegestation *f* <kfz.msr> • weighbridge

Wiegeverfahren *n* <msr> *(allg.)* • weighing method

Wiegezellen *f* <msr> • load cell

Wien'sche Brücke *f* <el> *(frequenzempfindliche Brücke)* • Wien bridge; Wien capacitance bridge

Wien'sches Verschiebungsgesetz *n* <phys> • Wien's displacement law; Wien's Law

Wien-Brücke *f* <el> *(frequenzempfindliche Brücke)* • Wien bridge; Wien capacitance bridge

Wien-Brückenoszillator *m* <el.msr> • Wien bridge oscillator

Wiener-Filter *n* <el> • Wiener filter

Wiener Kalk *m* <obfl.holz> • Vienna lime

Wiener Leinwand *f* <textil> • gingham

wie neu *ugs* <tech.allg> *(z. B. Gebrauchtfahrzeug)* • mint condition throughout; immaculate condition throughout *ad*; as new *coll*

Wiesenegge *f* <agri> • grass harrow

Wiesenpflugkörper *m* <agri> • grassland body; ley body; match body

Wiesenwalze *f* <agri> • meadow roller

WIG-Auftragschweißen *n* <obfl.füg> • tungsten inert-gas surfacing

WIG-Brenner *m* <füg> *(Schweißen)* • tungsten inert-gas torch; TIG torch *pract*

Wigner'sche Kraft *f* <nukl> • Wigner force

Wigner-Effekt *m* <nukl> • Wigner effect

Wigner-Kern *m* <nukl> • Wigner kernel

Wigner-Kraft *f* <nukl> • Wigner force

Wigner-Seitz-Zelle *f* <phys.mat> • Wigner-Seitz cell

WIG-Schweißen *n* <füg> • TIG welding; GTAW welding; tungsten inert-gas welding

Wildbestand *m* <holz> • game population

wilde Ablagerung *f* <ents> • illegal dumping

wilde Kreuzwicklung *f* <textil> • wild winding

wilde Müllkippe *f* *ugs* <ents> *(ungeordnete Ablagerung von Abfällen)* • uncontrolled dump *US*; uncontrolled tip; illegal dump site; waste dump; dump *coll.rare*

wilder Rosmarin *m* <bio> *(Pflanze)* • wild rosemary; ledum palustre

wilder Streik *m* <ökon> • wildcat strike

wilde Seide *f* <textil> • wild silk; tussah silk; tussah

wilde Wicklung *f* <el> • random winding

wild gewickelt <el> • random-wound

Wildleder *n* <bekl> • deerskin leather

Wildleder *n* <led> *(allg.)* • suede; suede leather

Wildlederimitat *n* <mat> • polysuede

Wildlederlook-Material *n* <mat> • polysuede

Wildseide *f* <textil> • wild silk; tussah silk; tussah

Wildstand *m* <holz> • game population

Wildstandsregelung *f* <holz> • control of the game population; cull

Wildtyp *m* <med> *(HIV-Stämme)* • wild-type

Wildverbiss *m* <agri> *(Wald)* • browsing

Wildverbissschutzmittel *n* <holz.chem> • repellant

Wildvirus *n* <med> • wild virus

Wildwasser... <sport> • white-water ...

Wildwechsel *m* <verk> • deer crossing

Williams-Abriebprüfer *m* <kst.qualit> • Williams abrader

Williams-Plastometer *n* <kst.msr> • Williams plastometer

Williams-Speicherröhre *f* <edv> *(Kathodenstrahlröhre)* • Williams tube

Williams-Speiser *m* <metall> • Williams feeder; Williams riser

Williams-Trichter *m* <metall> • Williams feeder; Williams riser

willkürlich <allg> • arbitrary; random

willkürliche Konstante *f* <tech.allg> • arbitrary constant

Wilson-Getriebe *n* <kfz.antr> • Wilson transmission; Wilson gearbox *GB*; Wilson pre-selector transmission

Wilson-Kammer *f* <nukl> • Wilson cloud chamber; Wilson chamber

Wilson-Vorwählgetriebe *n* <kfz.antr> • Wilson transmission; Wilson gearbox *GB*; Wilson pre-selector transmission

WIM <pack.prod> *(für Dosen)* • wall-ironing machine (WIM); wall-ironing press; wall ironer; bodymaker *US*

Winchesterfestplatte *f* <edv> *(Festplatte)* • Winchester disk; Winchester medium

Winchesterlaufwerk *n* <edv> *(Festplatte)* • Winchester disk drive; Winchester drive

Winchesterplatte *f* <edv> *(Festplatte)* • Winchester disk; Winchester medium

Winchester-Technologie *f* <edv> • Winchester technology

Wind *m* <meteo> • wind

Wind *m* <verf> *(z. B. Winderhitzer)* • blast

Windabdrift *f* <navig> • wind drift; windage

windabgewandte Seite *f* <meteo> *(z. B. eines Gebäudes, Schiffes)* • lee

Windabsatzboden *m* <geo> • aeolian soil; eolian deposit

windabweisende Knopfleiste *f* <bekl> • studded storm-flap

Windabweiser *m* <kfz> *(allg.; z. B. an Schiebedachöffnung)* • air deflector; deflector shield; wind deflector

Windabweiser *m* <kfz.bekl> *(an Schutzhelm unten)* • chin curtain

Windabweiser für Schiebedach *m* <kfz> • sunroof air deflector; sunroof deflector shield; sunroof wind deflector *Jaguar*

Windbändsel *n* <nav> *(Segelboot)* • tell-tale

Windbelastung *f* <bau> • wind load

Windblocker *m* <kfz> *(hinter Cabrio-Vordersitzen)* • anti-buffet screen; draft stop *MB*; wind blocker

Windbö *f* <meteo> • gust *IEV 415*; wind gust; wind gusting

Windböe *f* <meteo> • gust *IEV 415*; wind gust; wind gusting

Windböen *fpl* <kfz> *(beim Offenfahren)* • buffeting

Windbrecher *m IEV 415* <energ.wind> • wind break *IEV 415*

Windbruch *m* <holz> • wind breakage

Wind-Controller *m* <edv.av> • wind controller

winddicht <bekl> • windproof; wind-resistant

Winddruck *m* <tech.allg> *(z. B. auf Gebäude)* • wind pressure

Winddruck *m* <verf> *(von starken Gebläsen; z. B. Hochofen)* • blast pressure

Winddruckmesser *m* <meteo> • pendulum anemometer

Winde *f* <förd> *(Trommel einer Winde)* • drum; reel

Winde *f* <förd> *(allg.; für Seil oder Kette)* • windlass; winch; crab

Winde f <förd> (für Seile, meist Stahlseil) • cable winch

Winde f <wz> (zum Anheben, Aufbocken) • jack

Windeisen n <wz> (zum Innengewindeschneiden) • tap holder; tap wrench

Windeisen n prakt <wz> (Handwerkzeug zum Schneiden von Außengewinden) • die stock; die holder; hand die stock

Windeleimer m <hygi> • nappy pail GB; diaper pail US; nappy bucket GB

Windeleinlage f <hygi> • nappy liner GB; diaper liner US

winden vt <tech.allg> (auf Spule; z. B. Garn, Band) • reel vt

winden vt <tech.allg> (mit Winde; z. B. Garn, Seil) • wind vt

winden vt <förd> • hoist and haul vt

winden vt <mech> (anheben, zum Aufbocken) • jack vt

winden vt <textil> (Faden) • reel vt; wind vt

Windenergie f <energ.wind> • wind energy; wind power

Windenergieanlage f (WEA) IEV 415 <energ.wind> • wind turbine generator system (WTGS) IEV 415; wind turbine; wind machine; wind energy conversion system obs; WECS obs

Windenergiekonverter m (WEK) <energ.wind> • wind energy converter (WEC)

Windenergiekonverter m **(WEK)** rar <energ.wind> • wind turbine generator system (WTGS) IEV 415; wind turbine; wind machine; wind energy conversion system obs; WECS obs

Windenramme f <bau.masch> • winch-operated pile driver

Windenstart m <aerospace> (Segelflugzeug) • winch launch[ing]

Winder m <förd> • lifting jack

Winderhitzer m <metall> (Hochofen) • blast-furnace stove

Winderhitzer m <verbr> • air-blast stove

Winderhitzer m <verf> (z. B. Hochofen) • blast heater

Winderosion f <geo> (Gebirge, Küste, Wüste) • wind erosion

Windfaden m <nav> (Segelboot) • tell-tale

Windfahne f <energ.wind> • tail vane

Windfahne f <mil> (Schießstand) • wind flag; wind indicator

Windfang m <bau> • porch

Windfangkeder m <kfz> (z. B. an Cabrioverdeck) • windlace

windfest <agri> (Wald) • wind firm

Windfilter m prakt <av> • wind noise reduction

Windfilter m <av> • wind noise reduction

Windform f <metall> (Hochofen) • tuyere; blast inlet

Windformkühlkasten m <metall> (Hochofen) • tuyere cooler

Windfrischen n <metall> (allg.) • air refining; air converting; blast refining; bessemerizing; converter refining

Windfrischschmelze f <metall> • Bessemer blow

Windfrischstahl m <metall> • Bessemer steel

Windfrischverfahren n <metall> • Bessemer process; acid converter process; acid Bessemer process; acid process

Windgebläse n <metall> (Hochofen) • air blower

windgeführter Betrieb m <energ.wind> • variable-speed operation

Windgenerator m <wind.energ> • wind-driven generator; wind-driven electric generator

Windgeräusch n <av> (beim Mikrophoneinsatz im Freien) • wind noise

Windgeräusche npl <kfz.akust> • wind noise

Windgeräuschfilter m <av> • wind noise reduction

Windgeräuschfilter m <av> • wind noise reduction

Windgeräuschminderung f <av> • wind noise reduction

windgeschützt <kfz> (Offenfahren) • buffet-free

Windgeschwindigkeit f IEV 415 <energ.wind> • wind speed IEV 415

Windgeschwindigkeit der freien Anströmung f IEV 415 <energ.wind> • freestream wind speed IEV 415

Windgeschwindigkeitsmesser m <meteo> • anemometer

Windgeschwindigkeitsvektor m IEV 415 <energ.wind> • wind velocity IEV 415

windgetrieben <tech.allg> • wind-driven

Windgradient m IEV 415 <energ.wind> • wind shear IEV 415; wind speed gradient

Windhauptleitung f <verf> • blast main

Windjammer m <nav> (Segelschiff) • windjammer

Windkanal m <phys> (für Aerodynamikmessungen) • wind tunnel (WTL)

Windkanaldüse f <aerospace> • wind-tunnel nozzle

Windkanal für hypersonische Strömung m <phys> • hypersonic wind tunnel; supersonic wind tunnel

Windkanal für Überschallgeschwindigkeit m <phys> • hypersonic wind tunnel; supersonic wind tunnel

Windkessel m <förd> (Kolbenpumpe) • air chamber; cushion chamber; air cushion chamber; air vessel; tank

Windkessel m <metall> (Hochofen) • blast box; wind box

Windkessel m <pneum> • dash pot

Windkonvektion f <energ.sol> • wind convection

Windkonverter m <energ.wind> • wind energy converter (WEC)

Windkraft f <energ.wind> • wind energy; wind power

Windkraft f <phys> (z. B. auf Gebäude, Brücken, Segel) • wind force

Windkraftanlage f **(WKA)** <energ.wind> • wind turbine generator system (WTGS) IEV 415; wind turbine; wind machine; wind energy conversion system obs; WECS obs

Windkraftanlage vor der Küste f <energ.wind> • off-shore wind energy plant

Windkraftgenerator m <energ.wind> • wind-driven electric generator; wind-driven generator

Windkraftturbine f <energ.wind> • wind-power turbine

Windkraftwerk n rar <energ.wind> • wind turbine generator system (WTGS) IEV 415; wind turbine; wind machine; wind energy conversion system obs; WECS obs

Windlast f <bau> (betont: bei Sturm) • storm loading

Windlast f <phys> (z. B. auf Gebäude, Fahrzeuge) • wind load

Windlasten fpl <bau> (z. B. auf Gebäudeteile, Kollektoren, Windkraftanlagen) • wind loads pl; wind loading; wind pressure loads pl

Windlauf m <kfz> • cowl US; scuttle GB; cowl panel US; windscreen support panel GB

Windlaufblech n <kfz> • cowl US; scuttle GB; cowl panel US; windscreen support panel GB

Windlaufgitter n <kfz> • cowl screen; cowling grill rare

Windlauf-Seitenteil n <kfz> • cowl side panel

Windlaufunterteil n <kfz> • cowl plenum panel

Windleiste f <bekl> • windflap

Windleitblech n <emiss> • smoke deflector

Windleitung f <verf> (Rohr) • blast pipe

Windmantel m <metall> (Hochofen) • air case

Windmengenregler m <metall> • blast regulator

Windmühle f <energ.wind> • windmill

Windnachführung f <energ.wind> • yaw control; yaw system; wind direction alignment

Windows Meta File (WMF) <edv> • Windows Meta File (WMF)

Windows-RAM n (WRAM) <edv> • Windows RAM (WRAM)

Windows Sound System n (WSS) <edv.av> • Windows Sound System (WSS)

Windpark *m IEV 415* <energ.wind> *(Kraftwerk aus einer Gruppe von Windkraftanlagen)* • wind farm; wind park *IEV 415*; wind power plant *US*; wind power station *GB*
Windpocken *fpl* <med> • chickenpox; varicella
Windpumpe *f* <energ.wind> • wind-pump
Windrad *n obs* <energ.wind> • rotor; windwheel *obs*
Windrichtung *f* <meteo> • wind direction
Windrichtungsnachführung *f* <energ.wind> • yaw control; yaw system; wind direction alignment
Windring *m* <metall> *(Hochofen)* • wind belt; air belt
Windringleitung *f* <metall> • hustle pipe
Windrose *f* <navig> • wind rose
Windsack *m* <meteo.msr> *(z. B. auf Brücken, Flugplätzen)* • wind cone; wind sack
Windschatten *m* <fz> *(Luftturbulenzen als als Schleppe)* • wake flow
Windschatten *m* <meteo> *(z. B. eines Gebäudes, Schiffes)* • lee
Windschatten *m* <wind> *(mit Turbulenzen)* • wake
Windscherung *f* <energ.wind> • wind shear *IEV 415*; wind speed gradient
Windschieber *m* <verf> • blast valve
windschief <math> • skew
Windschild *m* <kfz> *(Motorrad, Roller)* • windshield *US*; windscreen *GB*
windschlüpfrig <fz> *(glattflächig)* • streamlined
windschlüpfrig <kfz> *(glatte Karosserie)* • slippery
Windschott *n MB* <kfz> *(hinter Cabrio-Vordersitzen)* • anti-buffet screen; draft stop *MB*; wind blocker
Windschutz *m* <av> *(für Mikrophon)* • windbreak
Windschutz *m* <av> • wind noise reduction
Windschutz *m* <bekl> • windflap
Windschutz *m* <kfz> *(hinter Cabrio-Vordersitzen)* • anti-buffet screen; draft stop *MB*; wind blocker
Windschutz *m* <pap> • draft protector *US*; draught protector *GB*
Windschutz *m* <sport> *(z. B. an Schießständen, Sprungschanzen)* • wind protection
Windschutzscheibe *f* <kfz> • windshield *US*; windscreen *GB*
Windschutzscheibe mit Blendschutz *f* <kfz> • anti-dazzle windshield *US*; antiglare windscreen *GB*
Windschutzscheibe mit Sonnenschutzstreifen *f* <kfz> *(partiell getöntes Glas)* • top tint windshield
Windschutzscheiben-Abdeckung *f* <kfz> *(gegen Frost)* • windshield protector
Windschutzscheiben-Antenne *f* <kfz> • inside-windshield antenna
Windschutzscheibenauflagefläche *f* <kfz> • windshield mounting flange
Windschutzscheibenausschnitt *m* <kfz> • windshield opening *US*; windscreen aperture *GB*
Windschutzscheibendichtung *f* <kfz> • windshield rubber mold; windshield rubber *pract.*; windshield surround
Windschutzscheiben-Eckblech *n* <kfz> • windshield corner panel
Windschutzscheibengummi *m prakt* <kfz> • windshield rubber mold; windshield rubber *pract.*; windshield surround
Windschutzscheibenholm *m* <kfz> • windshield pillar; windscreen side pillar; screen pillar *pract*
Windschutzscheiben-Querholm *m* <kfz> *(oberer horizontaler Teil)* • windshield header [panel]; windshield top cross bar; header panel *pract*; header rail *rare*
Windschutzscheibenrahmen *m* <kfz> *(allg.)* • windshield panel; windshield surround
Windschutzscheibenrahmen *m* <kfz> *(oberer horizontaler Teil)* • windshield header [panel]; windshield top cross bar; header panel *pract*; header rail *rare*

Windschutzscheibensäge *f* <feuer.wz> • windshield saw
Windschutzscheibensäule *f* <kfz> • windshield pillar; windscreen side pillar; screen pillar *pract*
Windschutzscheibenscharnier *n* <kfz> • windshield hinge
Windschutzschirm *m* <tour> *(am Strand)* • windscreen
Windsichten *n* <verf> *(Trennung nach Gewicht im Luftstrom; z. B. Müll)* • air classification; air separation; winnowing *pract*
Windsichter *m* <ents> • air classifier; air separator; air-swept classifier
Windsichtermühle *f* <verf> • air-swept mill
Windsog *m* <fz> • suction wind
Windspiel *n* <mus> *(aufgehängte Röhren als Klangkörper)* • tubular bells
Windstärke *f* <meteo> • wind force; wind strength *rare*
Windstille *f* <meteo> • calm; lull
windstiller Bereich *m* <kfz> *(hinter Windschutzscheibe, bes. in Cabrios)* • still-air pocket
Windstoß *m* <meteo> • gust *IEV 415*; wind gust; wind gusting
Windstrebe *f* <bau> • wind brace
windtransportierter Boden *m* <geo> • aeolian soil; eolian deposit
Windtunnelverfahren *n* <verf> • air-tunnel freezing; blast freeze method
Windturbine *f rar* <energ.wind> • rotor; windwheel *obs*
Windturbine *f obs.rar* <energ.wind> • wind turbine generator system (WTGS) *IEV 415*; wind turbine; wind machine; wind energy conversion system *obs*; WECS *obs*
Windturbulenz *f* <phys> • wind turbulence
Windung *f* <bio> *(einer Schneckenschale)* • whorl
Windung *f* <el> *(Teil einer Wicklung)* • turn
Windung *f* <masch> *(einer Schraubenfeder)* • coil
Windungsabstand *m* <masch> *(Schraubenfeder)* • coil space
Windungsfluss *m* <el> • flux linking a turn
Windungshöhe *f* <masch> *(Seil)* • rope lay
Windungsisolierung *f* <el> • interturn insulation
Windungskapazität *f* <el> • self-capacitance
Windungsrichtung *f* <masch> • hand of coil
Windungsschlussschutz *m* <el> • interturn short-circuit protection
Windungssinn *m rar* <masch> *(Gewinde)* • hand of thread; thread direction
Windungsverhältnis *n* <el> *(Trafo)* • transformation ratio; turns ratio
Windungszahl *f* <el> *(z. B. Spule)* • number of turns
Windverband *m* <bau> • wind bracing; lateral bracing; sway bracing
Windverfrachtung *f* <meteo.geo> *(Sand, Schnee)* • wind transport
Windversetzung *f* <navig> *(Kursabweichung)* • leeway; drift
Windverteilungskasten *m* <verf> *(z. B. Hochofen)* • draft distribution box *US*; draught distributing box *GB*
Windvorrichtung *f* <energ.hydr> *(zum Heben und Senken der Wehrverschlüsse)* • hoist
Windwerk *n* <energ.hydr> *(zum Heben und Senken der Wehrverschlüsse)* • hoist
Windwerksseil *n* <förd> • hoist rope
Windwurf *m* <holz.ökon> *(Wald)* • wind throw; windfall
Windzufuhr *f* <metall> • air supply
Winkel *m* <masch> *(zum Befestigen von etw.)* • bracket; mounting bracket
Winkel *m DIN 1315* <math> *(zwischen Linien, Flächen; in Grad; z. B. 45°)* • angle
Winkel *m* <mus> *(Orgel)* • square; angle

Winkel m DIN ISO 9960-1 <wz.doku> (T-förmig; zum Zeichnen, Markieren) • set square ISO 9960-1; flat square
Winkel m ugs <wz.doku> (typ. mit 90° und 45°) • triangle
Winkel m <wz.msr> (Messwerkzeug) • square; machinists' square US
Winkelablenkung f <tech.allg> • angular deviation
Winkelabrichteinrichtung f <prod> • angle dressing fixture
Winkelabrichten n <prod> • angle dressing
Winkelabstand m <phys> • angular distance
Winkelabweichung f <tech.allg> (unerwünscht, eher gleichbleibend) • angular deviation
Winkelabweichung f <tech.allg> (eher schwankend) • angular variation
Winkelabzweigdose f <el> • angle conduit box
Winkeländerung f <prod> (als Verformung) • angular deformation
Winkel an der Schneide m <wz> • tool angle
Winkel an der Spitze m <math> • apex angle
Winkelantrieb m <masch> • angular drive
Winkelauflage f <masch> • support rail; load rail
Winkelauflösung f <msr> (allg.) • angular resolution
Winkelauflösung f <navig> (Position) • bearing discrimination
Winkelaufnehmer m <msr> (misst Drehwinkel) • angular rotation sensor :V
Winkelausschlag m <tech.allg> • angular deflection
Winkelausschlag m <rls> (von Rohren) • bend angle
Winkelbalken m <mus> (Orgel) • square beam; square rail; square frame; square-frame
Winkelbemaßung f <prod> (z. B. lineare od. zirkulare Bemaßung) • dimensioning of angles; angular dimensioning
Winkelbeschleunigung f <mech> • angular acceleration
Winkelbeschleunigungsmesser m <msr> • angular accelerometer
Winkelbeschleunigungsvektor m <mech> • angular acceleration vector
Winkelbewegung f <tech.allg> (allg.; Drehbewegung um einen Winkel x) • angular motion; angular movement
Winkelbewegung f <rls> (unerwünschte Drehung von Rohren, Kompensatoren) • angular rotation; angular movement
Winkelbeziehung f <math> • angular correlation; angular relationship
Winkelbiegung f <prod> • angular bend
Winkelblende f <opt> • angular aperture
Winkelbohrmaschine f <wz.masch> • corner drilling machine
Winkelbrett n <mus> (Orgel) • square beam; square rail; square frame; square-frame
Winkelcodierer m <msr> (misst Drehwinkel) • angular rotation sensor :V
Winkeldiskordanz f <geo> • nonconformity
Winkeldispersion f <opt> • angular dispersion
Winkeldistanz f <phys> • angular distance
Winkeldrehung f <masch> • angular displacement; rotary displacement
Winkeleinstellung f <prod> • angular adjustment; angle setting
Winkeleisen n ugs <metall> (Profilbauteil, Halbzeug aus Stahl) • angle; angle-iron GB.coll; angle section; angle bar coll; steel angle section rare
Winkeleisen mit abgeschrägten Kanten n ugs <wz> (dreieckig, aus Stahl) • bevel steel square
Winkelendmaß n rar <wz> • angle gauge
Winkelfehler m <math> • quadrantal error
Winkelfernrohr n <opt> • elbow telescope
Winkelflansch m <masch> • angle flange

Winkelfräser m <wz> • angle milling cutter; angular half-side mill; angular mill
Winkelfrequenz f <phys> (Omega) • angular frequency DIN IEC 50; pulsatance; radian frequency
Winkelfunktion f <math> • angle function
Winkelgelenk n <masch> • angle joint
Winkelgelenk n rar <rls> • angular expansion joint
Winkelgenauigkeit f <tech.allg> • angular accuracy
Winkelgeschwindigkeit f <msr> (in Grad pro Sekunde oder Radiant pro Sekunde) • angular velocity; angular speed
Winkelgeschwindigkeitssensor m <msr> (z. B. für Neigungs-, Roll- und Gierbewegungen) • angular rate sensor
Winkelgeschwindigkeitsvektor m <phys> • angular velocity vector
Winkelgetriebe n <antr> • bevel gear system; bevel gear transmission; bevel gear train; bevel gears pl
Winkelgleichung f <math> • angle equation
Winkelgrad m <math> • angular degree
Winkelgrad-Adapter m form <wz.msr> (für drehwinkel-gesteuerten Schraubenanzug) • torque angle gauge; angular torque gauge; torque setting angular gauge form; angular tightening device rare
Winkelgrenzfrequenz f <el> • angular cut-off frequency
Winkelgriff m <wz> • offset handle
Winkelhaken m <mus> (Orgel) • square; angle
Winkelhalbierende f <math> • angle bisector
Winkelhebel m <masch> • elbow lever; bent lever; bell crank
Winkelhebel m <mech> • lever of third class
Winkelhebelregler m <msr> • bell-crank governor
Winkelisolatorketten fpl <el> • semistrain insulator
Winkelkaliber n <msr> • angle pass
Winkelkodierer m <msr> • angular encoder
Winkelkodierer mit galvanischer Abtastung m <msr> • brush type encoder
Winkelkodierer mit lichtelektrischer Abtastung m <msr> (hat Code-Scheibe mit Hell/Dunkel-Feldern) • optical encoder; photoelectric angular encoder; optical angular encoder; photoelectric encoder
Winkelkodierer mit magnetischer Abtastung m did <msr> • magnetic encoder; magnetic angular encoder
Winkelkodierer mit optoelektronischer Abtastung m wiss <msr> (hat Code-Scheibe mit Hell/Dunkel-Feldern) • optical encoder; photoelectric angular encoder; optical angular encoder; photoelectric encoder
Winkelkompensator m <rls> • angular expansion joint
winkelkonform <math> (Beibehaltung der Winkel; z. B. Abbildung, Antrieb, Bewegung) • angle-preserving
Winkelkopf m <wz.masch> • angle head
Winkelkorrelation f <math> • angular correlation; angular relationship
Winkelkupplung f <rls> • right-angled coupling
Winkellage f <tech.allg> • angular position
Winkellasche f <masch> • angle fishplate; angular fishplate
Winkellehre f <wz> • angle gauge
Winkelleiste f <mus> (Orgel) • square beam; square rail; square frame; square-frame
Winkellichtpunkt m <msr> (eines 2-Strahl-Lasersensors) • convergent point
Winkel-Lichttaster m <msr> (Reflexions-Lichttaster mit festem Brennpunkt) • convergent sensor
Winkellichtwellenleiter m <msr> (Sensorbauart) • convergent-beam fiber optics US; convergent-beam fibre optics GB
Winkelmaß n <tech.allg> (in Grad) • angle dimension; angle measure

Winkelmaß *n* <av> • phase constant
Winkelmaß *n* <prod> • angular dimension
Winkelmaß mit abgeschrägten Kanten *n* <wz> *(drei-eckig, aus Stahl)* • bevel steel square
Winkelmast *m* <bau.el> *(Gittermast)* • angle tower
Winkelmechanik *f* <mus> • square action
Winkelmesser *m DIN ISO 9960-1* <math.wz> *(auf Lineal, Geodreieck etc.)* • protractor *ISO 9960-1*
Winkelmesser *m* <msr.wz> *(für solide Winkel)* • goniometer
Winkelmesser *m* <navig> *(Quadrant für Höhenmessungen)* • quadrant
Winkelmessgerät *n* <kfz.wz> *(Messwerkzeug für Vergaser)* • choke angle gauge
Winkelmessinstrument *n* <astron> • meridian telescope
Winkelmessokular *n* <msr> • goniometer eyepiece
Winkelmessscheibe *f* <wz.msr> *(für drehwinkelgesteuerten Schraubenanzug)* • torque angle gauge; angular torque angle gauge; torque setting angular gauge *form*; angular tightening device *rare*
Winkelmesssystem *n* <msr> • angular position measuring system
Winkelmessung *f* <msr> • angular measurement; goniometry
Winkelminute *f* <phys> • angular minute
Winkelminutennonius *m* <msr> • angular vernier [scale]
Winkelmodulation *f* <el> • angle modulation
Winkelphotometer *n* <msr> • goniophotometer
Winkelplanieren *n* <bau> • sidecasting
Winkelplanierer *m prakt* <bau.masch> • angledozer; angling dozer; tilting dozer; grade builder *pract*; trailbuilder *coll*
Winkelprisma *n* <opt> • optical square
Winkelprobe *f* <qualit.mat> *(allg.)* • angle test piece
Winkelprobe *f* <qualit.mat> *(Kehlnahtprüfung)* • fillet weld break specimen
Winkelprofil *n* <tech.allg> *(Bauelement, allg.; aus Stahl, Alu, Messing, Kunststoff etc.)* • angle section
Winkelprofil *n* <metall> *(Profilbauteil, Halbzeug aus Stahl)* • angle; angle-iron *GB.coll*; angle section; angle bar *coll*; steel angle section *rare*
Winkelprofilrichtwalze *f* <prod> • angle straightening rolls
Winkelprofilschere *f* <wz> • angle shear; angle shears
Winkelprüfkopf *m DIN EN 1330-4* <msr.akust> *(Ultraschall)* • angle probe
Winkelquerschnitt *m* <metall> • angle area
Winkelrahmen *m* <theat> *(Bühne)* • angled wing; book flat; hinged frame; twofold wing
Winkelraster *n* <edv> • angle lock
Winkelraster *n* <mus> *(Orgel)* • square beam; square rail; square frame; square-frame
Winkelreflektor *m* <el> *(Antenne)* • V-reflector
Winkelreflektor *m* <licht> • angle reflector
Winkelreflektor *m* <opt> • corner reflector
Winkelreflektorantenne *f* <tele> • dihedral corner reflector
Winkelreibahle *f* <wz> • angle reamer
Winkelreihe *f DIN ISO 5593* <masch> *(Wälzlager)* • angle series *ISO 5593*
Winkelring *m* <mot> • junk ring
Winkelrohr *n* <ents.hydr> • elbow; knee bend; ell
Winkelrohrverbinder *m* <kunst.wz> • corner tube connector
Winkelrostplatte *f* <masch> • angular grate
Winkelschälversuch *m* <qualit.mat> *(z. B. für Klebverbindungen)* • T-peel test
Winkelschar *n* <agri> *(Pflug)* • angle blade; L-hoe blade; square blade

Winkelscheibe *f* <wz.msr> *(für drehwinkelgesteuerten Schraubenanzug)* • torque angle gauge; angular torque gauge; torque setting angular gauge *form*; angular tightening device *rare*
Winkelschiene *f ugs* <metall> *(Profilbauteil, Halbzeug aus Stahl)* • angle; angle-iron *GB.coll*; angle section; angle bar *coll*; steel angle section *rare*
Winkelschleifengetriebe *n* <masch> • angle slider mechanism
Winkelschleifer *m* <wz> • angle grinder; disc sander/grinder *GB*
Winkelschleifer-Scheibe *f* <wz> • angle grinder disk *US*; angle grinder disc *GB*
Winkelschnitt *m* <prod> • angle cut
Winkelschraubendreher *m* <wz> *(beidseitig abgewinkelt)* • offset screwdriver; angle screwdriver *GB.rare*
Winkelschraubendreher für Innensechskantschrauben *m form* <wz> *(einseitig abgewinkelt; für Innensechskantschrauben)* • hex key [wrench]; Allen wrench; hexagon key; hexagon wrench; hexagon wrench key *GB*
Winkelschraubendrehersatz für Innensechskantschrauben *m form* <wz> *(einseitig abgewinkelt; für Innensechskantschrauben)* • hex key [wrench] set; Allen wrench set; hexagon key set; hexagon wrench set; hexagon wrench key set *GB*
Winkelschraubenzieher *m ugs* <wz> *(beidseitig abgewinkelt)* • offset screwdriver; angle screwdriver *GB.rare*
Winkelschrumpfung *f* <prod> • angular shrinkage
Winkelschwinge *f* <kfz> *(Motorrad)* • cantilever-type pivoted fork; triangulated pivoted fork
Winkelsekunde *f* <phys> • angular second
Winkelsensierender Drehmomentsensor *m* <msr> • phase-displacement torque transducer
Winkelsensor *m* <msr> • rotary encoder; shaft encoder; angular sensor; rotary pulse generator; angular displacement transducer
Winkelspiegel *m* <kfz> *(Rückspiegel)* • convex mirror; nonplanar rearview mirror *thsc*; large-radius convex rearview mirror *thsc*
Winkelspiegel *m* <opt> • angular mirror
Winkelspiegel *m* <opt> • optical square
Winkelspiegel *m DIN EN 1330-4* <phys> *(Akustik, Optik)* • corner reflector
Winkelspiel *n* <masch> • angular clearance
Winkelstahl *m rar* <metall> *(Profilbauteil, Halbzeug aus Stahl)* • angle; angle-iron *GB.coll*; angle section; angle bar *coll*; steel angle section *rare*
Winkelstecker *m* <el> *(betont: 90°)* • 90-degree connector
Winkelsteckverbinder *m* <el> *(meist 45° od. 90°)* • angular connector
Winkelstirnfräser *m* <wz> • single-angle cutter; single-angle milling cutter
Winkelstoß *m rar* <füg> *(im rechten Winkel; z. B. geschweißt)* • corner joint; angle joint *DIN EN 12345*
Winkelstoß *m* <füg> *(Schweißnaht)* • angular joint
Winkelstück *n* <masch> *(knie-, L-förmiges Bauteil)* • knee
Winkelstück *n* <rls> *(in Kanälen, Rohrleitungen)* • conduit elbow
Winkelstütze *f* <prod> *(z. B. Spannvorrichtung)* • bracket
Winkelstützmauer *f* <bau> • cantilevered retaining wall
Winkelstützwand *f* <bau> • angular retaining wall
Winkelteilungsprüfgerät *n* <qualit> • angle division tester
Winkeltisch *m* <prod> *(Konsole)* • knee
Winkelträger *m* <mat> • L-beam
Winkeltransformation *f* <phys> • angular translation
winkeltreu <tech.allg> *(alle Winkel gleich)* • equiangular; isogonal
winkeltreu <math> *(Beibehaltung der Winkel; z. B. Abbildung, Antrieb, Bewegung)* • angle-preserving

winkeltreue Abbildung f <doku> • conformal mapping

winkeltreue Projektion f <doku> • conformal projection

Winkeltrieb m <antr> • bevel gear system; bevel gear transmission; bevel gear train; bevel gears pl

Winkeltrieb m <masch> • V-drive

Winkelumsetzer m <msr> • shaft angular position-to-digital converter; shaft position-to-digital converter

Winkelventil n <rls> • angle valve; angle-body valve

Winkelverdrängung f <akust> • angular displacement

Winkelvergrößerung f <opt> • angular magnification

Winkelverhältnis n <opt> • convergence ratio

Winkel-Verlängerung f <wz> • wobble extension [bar]

Winkelversatz m DIN EN ISO 6520 <füg.qualit> (Schweißfehler) • angular misalignment ISO 6520-1

Winkelversatz m <rls> (z. B. von gegenüberliegenden Rohrflanschbohrungen) • angular offset; angular mismatch; angular misalignment

Winkelverschiebung f <navig> • angular displacement

Winkelverschraubung f <füg> • elbow

Winkelversetzung f rar <navig> • angular displacement

Winkelverstellbarkeit f <tech.allg> • angular adjustability

Winkelverteilung f rar <phys> (Strahlung) • angular distribution

Winkelvoreilung f <phys> • angular advance; angle advance

Winkelwerk n <mus> • square action

Winkelwulstprofil n <mat> • bulb angle

Winkelzähne mpl <antr> • herringbone gear teeth; double-helical gear teeth

Winkelzonenkonstante f <licht> • zonal constant

Winkelzuordnung f <math> • angle coordination

Winker m <kfz> (Fahrtrichtungsanzeiger; obsolet) • semaphore indicator; trafficator; semaphore turn signal

Winkler-Verfahren n <chem.verf> • fluidized-bed process US; fluidised-bed technique GB

winklige Biegung f <prod> • angle bend

Winterbetrieb m <tech.allg> (z. B. von Kraftfahrzeugen) • winter operation

Winterdienst m <verk> • snow and ice control US

Winterfenster n <bau> • storm sash; storm window

Winterfreibord m <nav> • winter freeboard

Winterhandschuh m <bekl> • cold-weather glove; cool-weather glove

wintern vi <chem> (Öle) • demargarinate vi; destearinate vi; destearinize vi US; winterize vi US; winterise vi GB

wintern vt <silik> • weather vt

Winterreifen m <kfz> • snow tire US; snow tyre GB; winter tire rare

wintertauglich <kfz> (auf den Winter vorbereitet) • winterized

wintertauglich machen vt <kfz> (auf den Winter vorbereiten) • winterize vt

winziges Röhrchen n ugs <tech.allg> • tubule

winzig klein <allg> • minute

Wippanker m <el> • rocking armature

Wippbewegung f <förd> (eines Kranauslegers) • luffing

Wippdrehkran m <förd> • luffing jib crane; derricking jib crane

Wippe f <el> (in Schalter; z. B. in Kippschalter) • rocker

Wippe f <mus> (Orgel; mechanische Traktur) • backfall; rocking-lever; rocker; back-fall

Wippe f <textil> • jack

Wippen n <förd> (eines Kranauslegers) • luffing

wippen vi <masch> (auf und ab) • seesaw vi; rock vt

wippen vt <kfz> (ein Fahrzeug) • bounce vt

Wippenbalken m <mus> (Orgel) • backfall-frame; backfall frame; backfall beam; backfall bridge

Wippenkoppel f <mus> (Orgel) • lever coupler

Wippenlager n <mus> (Orgel) • backfall-frame; backfall frame; backfall beam; backfall bridge

Wippenmechanik f <mus> (Orgel) • backfall action

Wippenrahmen m <mus> (Orgel) • backfall-frame; backfall frame; backfall beam; backfall bridge

Wippenraster n <mus> (Orgel) • backfall-frame; backfall frame; backfall beam; backfall bridge

Wippenscheide f <mus> (Orgel) • backfall-frame; backfall frame; backfall beam; backfall bridge

Wipper m <hygi> (für Säuglinge, Kleinkinder) • bouncing cradle GB; bouncer US

Wippkran [mit horizontalem Lastweg] m <förd> (z. B. Lemniskatenkran) • level-luffing crane

Wippliege f <hygi> (für Säuglinge, Kleinkinder) • bouncing cradle GB; bouncer US

Wippschalter m <el> • rocker switch

Wippschalter mit beleuchteter Schaltwippe f <el> • lighted rocker switch; illuminated rocker switch

Wipptastenfeld n <navig> (Empfänger) • rocker keypad; rocker/switch keypad; rocker/keypad system; thumbkey control

Wippwerk n <förd> (Kran) • luffing gear

Wirbel m <tech.allg> (z. B. el. Wirbelstrom, turbulente Wasser- od. Luftströmung) • eddy

Wirbel m <bau> (Fensterverschluss) • window catch

Wirbel m <bio> (Wirbelsäule) • vertebra

Wirbel m <bio> (Haar) • crown

Wirbel m <geo> (in Gewässer; eher großflächig kreisend) • whirlpool

Wirbel m <geo> (in Gewässer) • vortex

Wirbel m <geo> (Fließgewässer, z. B. hinter Wehr, in Klamm) • eddy; swirl; whirlpool; whirl; vortex

Wirbel m <meteo> (von Schwebstoffen; z. B. Schneeflocken, Staub) • flurry

Wirbel m <mus> (an Geige, Cello etc.) • peg

Wirbel m <phys> (Einzelturbulenz in Strömung; z. B. in Wasser, Luft) • vortex; eddy; whirl

Wirbel m <phys> (in Strömung; großflächig) • vortex field; rotational field; curl field

Wirbelablösung f <phys> (Strömung; z. B. an Flügeln, Rotorblättern) • vortex shedding; vortex separation

Wirbelbereich m <phys> • vorticity zone

Wirbelbett n <verbr> (Feuerungsart) • fluidized bed; fluidizing bed; fluid bed; fluidised bed GB; moving bed rare

Wirbelbettadsorber m <verf> • fluid bed adsorber; fluidized bed adsorber

Wirbelbettfeuerung f <verbr> • fluidized bed combustion (FBC)

Wirbelbettwalze f <ents> • fluid bed rotational flow

Wirbelbewegung f <phys> • vortex motion

Wirbelbildung f <phys> (Strömung) • formation of vortices; eddy formation; vortex formation

Wirbelblech n <aerospace> • swirl vane

Wirbelbrenner m <verbr> • vortex burner; turbulent burner

Wirbeldüse f <agri> (z. B. Beregnung) • swirl nozzle

Wirbeldüse f <verbr> (Brenner) • eddy nozzle; swirl nozzle

Wirbeldurchflussmesser m <msr.rls> • vortex flow meter

Wirbelegge f <agri> • whirl harrow

Wirbelfaden m <phys> (Strömung) • vortex filament

Wirbelfallschacht m <ents.hydr> • vortex backdrop

Wirbelfeuerung f <verbr> • cyclone firing

Wirbelfluss m <phys> • vortex flux; vorticity flux

wirbelfrei <phys> (Strömung) • eddy-free; non-vortical; irrotational

wirbelfreies Feld n <phys> (z. B. Strömung) • non-rotational field; irrotational field

wirbelfreie Strömung *f* <phys> • irrotational flow

Wirbelgröße *f* <phys> *(Strömung)* • vorticity moment

Wirbelgut *n* <ents> • turbulent medium

Wirbelhaken *m* <nav> • swivel hook

Wirbelkammer *f* <ents> *(zur Materialtrennung, Klassierung; zw. leichten und schweren Stoffen)* • cyclone separator

Wirbelkammer *f* <mot> *(Brennraumtyp von Dieselmotoren)* • swirl chamber; turbulence chamber; whirl chamber; Comet head

Wirbelkammer *f* <nahr.prod> *(für den Überzug von Speiseeisprodukten mit Trockenstoffen)* • dry coater

Wirbelkammer *f* <textil> • turbulence chamber

Wirbelkammer-Dieselmotor *m* (WKD) <mot> • swirl-chamber diesel engine

Wirbelkammermotor *m* <mot> • swirl-chamber engine

Wirbelkammerverfahren *n* <mot> • swirl chamber principle; turbulence chamber principle

Wirbelkern *m* <phys> *(Strömung)* • vortex core; vortex center

Wirbelkonfiguration *f* <nukl> • vortex structure compression

Wirbelkopf *m* prakt <wz> • thread-whirling attachment; thread whirler; thread-whirling head; thread-whirling unit

Wirbellinie *f* <phys> • vortex line

Wirbelmaschine *f* <wz.masch> *(z. B. für Lenkschneckenfertigung)* • whirling machine

Wirbelmedium *n* <ents> • turbulent medium

Wirbelmeißel *m* <wz.masch> *(zum Gewindeschneiden)* • thread-whirling cutter

Wirbelmesser *n* <wz.masch> *(zum Gewindeschneiden)* • thread-whirling cutter

Wirbelmixer *m* <verf.hydr> *(Rechengut-Waschpresse)* • impeller

Wirbelmoment *n* <phys> • vorticity moment

Wirbeln *n* <prod> *(Spanverfahren)* • swirl machining :V

wirbeln *vi* <phys> *(Fluid, elektr. Strom)* • eddy *vi*

wirbeln *vi* <phys> *(Strömung)* • whirl *vi*; swirl *vi*

wirbelnd <phys> *(Fluid, elektr. Strom)* • eddying

wirbelnd <phys> *(Strömung)* • turbulent

wirbelnd <phys> *(Strömungsbild)* • vortical

Wirbelpaar *n* <phys> *(Strömung)* • vortex pair

Wirbelpumpe *f* rar <förd> *(Laufrad seitlich im Gehäuse angeordnet)* • torque-flow pump; free-flow pump; vortex pump; freeway pump; freestream pump

Wirbelpumpe *f* prakt <förd> *(Seitenkanal beiderseits)* • peripheral pump; periphery pump; vortex pump *pract*

Wirbelpunkt *m* <phys> • vortex center *US*; vortex centre *GB*; vortex point

Wirbelpunkt *m* <verbr> • fluidization point; incipient fluidization point

Wirbelquelle *f* <phys> *(Strömung)* • vortex source

Wirbelrad *n* rar <förd> *(in Freistrompumpe)* • torque-flow impeller; free-flow impeller; vortex impeller

Wirbelradpumpe *f* rar <förd> *(Laufrad seitlich im Gehäuse angeordnet)* • torque-flow pump; free-flow pump; vortex pump; freeway pump; freestream pump

Wirbelraum *m* <verf> • eddy space

Wirbelreihe *f* <phys> • vortex row

Wirbelring *m* <phys> • vortex ring

Wirbelring *m* rar; Außenwirb. <wz> • thread-whirling attachment; thread whirler; thread-whirling head; thread-whirling unit

Wirbelröhre *f* <phys> • vortex tube

Wirbelsäule *f* <bio> *(von Wirbeltieren, Mensch)* • spinal column; backbone *coll*; spine *coll*; back *coll*

Wirbelsäulenprotektor *m* <bekl> • back protector

Wirbelsatz *m* <phys> *(Strömung)* • vorticity theorem; circulation theorem

Wirbelschicht *f* <verbr> *(Feuerungsart)* • fluidized bed; fluidizing bed; fluid bed; fluidised bed *GB*; moving bed *rare*

Wirbelschichtadsorber *m* <verf> • fluid bed adsorber; fluidized bed adsorber

Wirbelschichtadsorption *f* <verf> • fluidized adsorption

Wirbelschichtfeuerung *f* (WSF) <verbr> • fluidized bed combustion (FBC)

Wirbelschichtkatalysator *m* <chem> • fluid catalyst

Wirbelschichtkracken *n* <chem.verf> • fluid-bed catalytic cracking; fluid catalytic cracking

Wirbelschichtofen *m* <ents.verbr> • fluidized bed incinerator; fluidbed kiln; fluid-bed combuster; fluidized bed combustor

Wirbelschichtofen *m* <verbr> *(allg.)* • fluidized-bed furnace

Wirbelschichtofen *m* <verbr> *(Vorcalcinierung)* • fluidized-bed precalciner

Wirbelschichtreaktor *m* DIN 4045 <emiss.verf> *(regenerative Rauchgasentschwefelung)* • fluidized bed reactor *US*; fluidised bed reactor *GB*

Wirbelschichtreaktor *m* <verf> *(allg.)* • fluidized-bed reactor; fluidised-bed reactor *GB*

Wirbelschichtreaktor *m* <verf> • fluid bed adsorber; fluidized bed adsorber

Wirbelschichtreduktion *f* <metall> • fluidized-bed reduction

Wirbelschichtrösten *n* <metall> • fluidized-bed roasting

Wirbelschichttechnik *f* <verbr> • fluidized-bed technique

Wirbelschichttechnik *f* <verf> • boiling-bed technique

Wirbelschichttrockner *m* • fluidized-bed drier

Wirbelschichtverbrennung *f* <emiss> • fluidized bed combustion

Wirbelschichtverbrennung *f* <verbr> • fluidized bed combustion (FBC)

Wirbelschichtverfahren *n* • fluidized-bed technique

Wirbelschichtverfahren *n* <verf> • fluidized-bed process

Wirbelschleppe *f* <aerospace> *(hinter Flugzeug; allg.)* • turbulent wake; wash

Wirbelschleppe *f* <aerospace> *(hinter Propellermaschine)* • propeller wash

Wirbelschleppe *f* <phys> *(Strömung)* • vortex sheet

Wirbelschleuder *f* <pap.ents> • cleaner; centricleaner

Wirbelsenke *f* <phys> *(Strömung)* • vortex sink

Wirbelsichter *m* <pap.ents> • cleaner; centricleaner

Wirbelsichter *m* <verf> • centrifugal cleaner

Wirbelsintern *n* <obfl> *(Pulverbeschichten)* • fluidized-bed coating

Wirbelsintern *n* <prod> • whirl sintering

Wirbelsinterverfahren *n* <obfl> *(Pulverbeschichten)* • fluidized-bed coating

Wirbelströmung *f* <phys> *(in Fluiden)* • vortex flow; turbulent flow; eddy motion; rotational flow *rare*

Wirbelstrom *m* <el> • eddy current

Wirbelstrom *m* <phys> • Foucault current

Wirbelstrombremse *f* <brems.el> *(z. B. im Freefall-Tower)* • eddy-current brake; eddy brake

Wirbelstrombrenner *m* <verbr> • turbulence burner

Wirbelstromdämpfer *m* <el> • copper damper

Wirbelstromdämpfung *f* <msr> • eddy-current damping

Wirbelstrom-Drehmomentsensor *m* <msr> • eddy-current torque transducer; torque transducer (eddy-current type) *did*

Wirbelstromeffekt *m* <msr> • eddy current effect

Wirbelstromgleisbremse *f* <bahn.brems> • eddy-current rail brake

Wirbelstromkopplung *f* <el> • eddy-current coupling

Wirbelstromkupplung *f* <masch> • eddy-current clutch

Wirbelstromlaufwerk *n* <el> • Eddy-current relay

Wirbelstrommotor *m* <el> • hysteresismotor

Wirbelstromprüfung *f DINEN1330-5* <qualit.mat> • eddy current testing

Wirbelstromrad *n rar* <förd> *(in Freistrompumpe)* • torque-flow impeller; free-flow impeller; vortex impeller

Wirbelstromtachometer *n* <msr> • eddy-current tachometer; drag-type tachometer

Wirbelstromverlust *m* <el> • eddy-current loss

Wirbelstufenbrenner *m DeutscheBabcock* <emiss> • Distributed Mixing Burner (DMB) *Babcock&Wilcox*; Staged Mixing Burner, SMB *Steinmüller*

Wirbelsturm *m* <meteo> *(Zyklon)* • cyclonic storm

Wirbelsturm *m ugs* <meteo> *(in Äquatornähe)* • hurricane

Wirbelsturm *m ugs* <meteo> *(im westlichen Pazifik und in Ostasien)* • typhoon

Wirbelsturm *m ugs* <meteo> *(im mittleren Westen der USA; sehr verwüstend)* • tornado; cyclone *coll*

Wirbelsturm *m ugs* <meteo> *(sehr großräumige Wetterlage)* • cyclonic storm; cyclone *coll*

Wirbeltheorie *f* <phys> • vortex theory

Wirbeltrockner *m* <verf> • vortex drier

Wirbelvektor *m* <phys.math> • vortex vector

Wirbelverlust *m* <phys> *(Strömung)* • eddy loss

Wirbelwäscher *m* <ents> *(Anströmwäscher)* • vortex scrubber

Wirbelwiderstand *m* <phys> *(umströmter Körper; z. B. Flügelende, Autoheck)* • eddy-making resistance; vortex resistance

Wirbelwiderstandsbeiwert *m* <phys> • eddy-making resistance coefficient

Wirbelwind *m* <meteo> *(allg.)* • whirlwind

Wirbelwind *m* <meteo> *(typ. Turbulenz an der W-Küste von Afrika)* • tornado

Wirbelzähigkeit *f* <phys> • eddy viscosity; vortex viscosity

Wirbelzelle *f* <geo> • convection cell

Wirbelzellenwärmeaustauscher *m rar* <verf> • plate-fin heat exchanger

Wirbelzellenwärmetauscher *m* <verf> • plate-fin heat exchanger

Wirbelzentrum *n* <phys> *(Strömung)* • vortex core; vortex center *US*; vortex centre *GB*

Wireless Application Protocol *n* (WAP) <tele> • Wireless Application Protocol (WAP)

Wireless Markup Language *f* (WML) <tele> *(Format)* • Wireless Markup Language (WML)

Wire-wrap-Technik *f* <el.füg> • wire-wrap method

Wirkbereich *m* <alarm> *(eines Alarmsensors; z. B. IR-Bewegungsmelder)* • detection zone; detection pattern; detection field; coverage

Wirkbewegung *f* <prod> *(Werkstück relativ zu Werkzeug)* • effective motion

Wirkbezugsebene *f* <wz> • working reference plane

Wirkdämpfung *f* <el> • effective attenuation

Wirkdruck *m* <phys> *(Druckdifferenz)* • differential head

Wirkdruckgeber *m* <msr> • differential pressure transducer

Wirkdruckmanometer *n* <msr> • flowmeter manometer

Wirkdruckmengenstrommesser *m* <msr> • head flowmeter; differential pressure flowmeter

Wirkdruckverfahren *n* <msr> • differential pressure flow metering

Wirken *n* <textil> *(maschinell)* • machine knitting

wirken *vi/vt* <textil> *(maschinell)* • knit *vi/vt*

wirken *vt* <textil> • knit *vt*

wirken (als) *vi* <obfl> • behave (as) *vi*

wirkend <allg> *(effektiv)* • effective

wirkend <tech.allg> *(in Betrieb)* • operative

Wirkenergie *f* <phys> • active energy

Wirkerei *f* <textil> • knitting mill; knitting factory; hosiery mill; hosiery factory

Wirkfläche *f* <tech.allg> *(z. B. zur Kraft-, Wärmeübertragung)* • effective area; active area

Wirk-Freiwinkel *m* <wz.masch> *(zw. Freifläche und Werkstückoberfläche)* • actual clearance angle

Wirkfuge *f DIN8580* <el> • action interface

Wirkhöhe *f* <tech.allg> *(z. B. von Antennen)* • effective height

Wirkkomponente *f* <tech.allg> *(allg.; konkret oder abstrakt; z. B. Bauteil oder Kraft)* • active component; effective component

Wirkkomponente *f* <el> *(Vektor, z. B. Spannung, Strom)* • in-phase component

Wirkkomponente *f* <el> • watt component

Wirkkomponente *f* <el> *(allg. spannungsführendes Bauteil)* • active component

Wirkkomponente *f* <phys> *(z. B. einer Kraft, Geschwindigkeit, elektr. Spannung, Stromstärke)* • effective component

Wirkkraft *f* <phys> • potency

Wirklänge *f* <tech.allg> *(z. B. von Antennen)* • effective length

Wirklast *f* <tech.allg> *(betont: aktive L.)* • active load

Wirklast *f* <el> *(Widerstand)* • resistive load

Wirklast *f* <phys> *(betont: tatsächliche L.; z. B. el. Verbraucher, Kraft)* • actual load

Wirkleistung *f* (P) <el> *(in Watt; [P] = 1 W)* • active power; actual power; effective power; wattage *pract*

Wirkleistung *f* <el> *(im Ggs. zu Blindleistung)* • real power

Wirkleistung der Gegenkomponente *f* <phys> • negative-sequence active power

Wirkleistung des mitläufigen Systems *f* <phys> • positive-sequence active power

Wirkleistungsrelais *n* <el> • active power relay

Wirkleistungsverbrauch *m* <el> • wattage consumption

Wirkleitwert *m* <el> *(Fähigkeit, Strom zu leiten; Kehrwert des Widerstands; Einheit: Siemens)* • conductance (S)

wirkliche Dichte *f* <phys> • true density

wirkliche Leitung *f* <el> • physical line

wirklicher Flugweg *m* <aerospace> • actual flight path

wirklichkeitsgetreu <kunst> • photorealistic; realistic

Wirkmaschine *f* <textil> *(Maschine mit gemeinsam bewegten Nadeln)* • knitting machine; weft-knitting machine; spring-needle knitting machine

Wirkort *m* <med> • target location

Wirkpaar *n* <prod> *(Werkstück und Werkzeug)* • action pair

wirksam <allg> *(effektiv)* • effective

wirksam <tech.allg> *(aktiv, gerade in Betrieb)* • active

wirksame Fläche *f* <tech.allg> • effective area

wirksame Füllung *f* <masch> *(Kolbenmaschine)* • real admission

wirksame Höhe *f* <tech.allg> • effective height

wirksame Kapazität *f* • effective capacitance

wirksame Knicklänge *f* <mech> *(Abstand benachbarter Wendepunkte der Knicklinie)* • unsupported length of column; effective length of column; free length of column

wirksamer Balgquerschnitt *m* <rls> • effective area; bellows mean effective area; effective cross-section

wirksamer Bereich *m* <tech.allg> • effective range

wirksamer Durchmesser *m* <tech.allg> *(z. B. Düse, Werkzeug)* • effective diameter

wirksame Rechenfläche *f* <verf> *(Wasserreinigung)* • effective screen area

wirksame Reichweite *f* <tele> *(Sender)* • effective range

wirksamer Querschnitt *m norm* <rls> • effective area; bellows mean effective area; effective cross-section

wirksames Agens *n* <chem> *(betont: Agens)* • active agent

wirksame Schneckenlänge *f* <kst> • effective screw length *GB*

wirksame Windung f <mech> *(von Schraubenfedern)* • active coil

wirksame Zeile f <el> *(von Bildröhre)* • active line

Wirksamkeit f *ISO 9000* <tech.allg> • effectiveness

Wirksamkeitsschwelle f <chem.ökol> • no effect level (noel)

Wirkspannung f <el> • active voltage

Wirkstoff m <chem> *(allg.)* • active substance

Wirkstoff m <chem> *(betont: Agens)* • active agent

Wirkstoff m <tribo> *(zu Schmieröl)* • additive; agent; lubricant additive

Wirkstrom m <el> • active current; wattful current

Wirkstuhl m <textil> • knitting frame

Wirk- und Blindleistungsschreiber m <el> • recording watt- and varmeter

Wirkung f <tech.allg> *(auf etw.; z. B. korrosiv, ätzend)* • action

Wirkung f <tech.allg> *(auf etwas; z. B. von Prozessvariablen)* • effect

Wirkung f *DIN EN ISO 1366* <opt> *(Fähigkeit einer Linse, Wellenfronten zu brechen)* • power *ISO 13666*

Wirkung des Patents f <jur> • effects of the patent

Wirkungsbereich m <tech.allg> • range of action; range of effectiveness

Wirkungsbereich m <org> • domain of influence

Wirkungsebene f <phys> • action plane

Wirkungsfunktion f <edv> • action function

Wirkungsfunktion f <math> *(allg.)* • principal function

Wirkungsfunktion f <math> *(nach Hamilton)* • principal function of Hamilton

Wirkungsgrad m <tech.allg> *(allg., Quotient aus Nutzen und Aufwand)* • efficiency

Wirkungsgrad m <el> *(von Batterien)* • efficiency

Wirkungsgrad m <energ.wind> *(allg.; in Prozent)* • efficiency

Wirkungsgrad m <therm> *(z. B. Wärmekraftmaschine)* • thermal efficiency

Wirkungsgradbestimmung f <tech.allg> • efficiency test

Wirkungsgrad brutto m <verbr.emiss> • gross efficiency; efficiency gross

Wirkungsgrad der Kraftübertragung m <antr> • transmission efficiency

Wirkungsgradkennlinie f <msr> *(z. B. einer Pumpe)* • efficiency curve

Wirkungsgradlinie f <msr> *(z. B. einer Pumpe)* • efficiency curve

Wirkungsgrad netto m <verbr.emiss> • net efficiency; efficiency net

Wirkungsgröße f <msr> • influence quantity; influencing variable; actuating variable *rare*

Wirkungsintegral n <math> • principal function

Wirkungsintegral n <math> • principal function of Hamilton

Wirkungskette f <msr> • action chain

Wirkungslinie f <mech> *(z. B. Kraft, Impuls)* • line of application

Wirkungslinie f <mech> *(von gepaarten Maschinenelementen, Zahnrädern)* • line of action; action line

Wirkungslinie f <mech> *(Bogen; bei Zahnrädern)* • arc of contact; meshing line

Wirkungsmechanismus m <tech.allg> • operative mechanism

Wirkungsquerschnitt m <nukl> • cross-section; effective collision cross-section

Wirkungsquerschnitt für Fusion m <nukl> • fusion cross-section

Wirkungsquerschnitt für thermische Neutronen m <nukl> • thermal cross section

Wirkungsquerschnittsfläche f <nukl> • effective target area

Wirkungsrichtung f <msr> • output function; output mode; output logic *rare*

Wirkungsrichtung f <phys> • direction of action

Wirkungsweg m <msr> *(Wirkungsbereich eines Sensors)* • actuating path

Wirkungsweg m <msr> *(Steuerstrecke)* • control path

Wirkungsweise f <tech.allg> *(Methode, Prinzip)* • operating method

Wirkungsweise f <tech.allg> • operating mode

Wirkungsweise f <tech.allg> *(Art und Weise)* • mode of operation; mode of functioning *rare*

Wirkungsweise f <masch> *(z. B. einer Maschine)* • action

Wirkungszentrum n <allg> • effective center *US*; effective centre *GB*

Wirkung und Gegenwirkung f <phys> • action and reaction

Wirkverbrauchsrelais n <el> • active power relay

Wirkverbrauchszähler m <el.msr> • watt-hour meter; active power meter

Wirkverlust m <el> • resistive loss

Wirkvorschrift f <kfz> • emission control standard

Wirkwaren fpl <textil> • hosiery goods *pl*

Wirkwiderstand m <el> *(als elektr. Größe)* • active resistance; ohmic resistance

Wirkzeit f <prod> • availability

Wirkzone f <tech.allg> *(z. B. einer Kerbe, einer Wärmequelle)* • effective area

Wirrvlieskarde f <textil> • random card

Wirrvliesleger m <textil> • random web former

Wirt m <med> • host

Wirtatom n <phys> • host atom

Wirtel m <bio> *(kreisrunde Anordnung; z. B. Blütenblätter)* • whorl; verticil *thsc*

Wirtel m <textil> *(Ringzwirnmaschine; Schwunggewicht an der Spindel)* • whorl *US*; wharve; spindle wharve

Wirtsatom n <phys> • host atom

Wirtsbereich m <med> • host cell range

Wirtschaftlichkeitsstudie f <ökon> • feasibility study

Wirtschaftsanlagen f <petr> *(Bohrinsel)* • utility equipment

Wirtschaftsinformatik f <edv.ökon> • business data processing

Wirtschaftsprüfer m <jur> • certified accountant; certified public accountant; chartered accountant *GB*

Wirtschaftswald m <holz> • production forest; commercial forest

Wirtschaftsweg m <bau> • agricultural road; farm track

Wirtschaftswerbung f *form* <werb> • advertising

Wirtsgesellschaft f *AWR* <jur> • host society

Wirtsgestein n <geo> *(als Ggs. zu Ganggestein)* • host rock; parent rock; native rock

Wirtsgitter n <mat> • host lattice

Wirtskristall m <mat> • host crystal

Wirtsorganismus m <med> • host

Wirtsrechner m <edv> • host computer

WIS <kst> • plastics data base WIS

Wischbeschichtung f <druck> • wipe-on process

Wischbewegung f <kfz> *(z. B. der Scheibenwischer)* • wiper blade sweep

Wischblatt n *rar* <kfz> *(allg., Scheiben oder Scheinwerfer)* • wiper blade

Wischblock m <druck> • wiping block

wischen vt <nav> *(mit Dwell; Deck)* • swab vt

wischen vt <obfl> • wipe vt

Wischer m <obfl.wz> • wiper

Wischerarm m *prakt.ugs* <kfz> • windshield wiper arm *US*; wiper arm *pract.coll*; windscreen wiper arm *GB*

Wischerblatt n <kfz> *(allg., Scheiben oder Scheinwerfer)* • wiper blade

Wischerblatt *n prakt* <kfz> *(Ersatzteil: Halterung mit Gummilippe)* • windshield wiper blade *form.US*; wiper blade *pract.US*; windscreen wiper blade *GB*; windscreen wiper *pract.GB*

Wischerblattentriegelung *f* <kfz> • release tab

Wischergestänge *n* <kfz> • wiper mechanism

Wischergummi *m ugs* <kfz> *(im Wischerblatt)* • wiper blade element; blade rubber *coll*; refill

Wischerkappe *f* <kfz> • wiper boot

Wischermotor *m* <kfz.el> • wiper motor

Wischermotor-Halteblech *n* <kfz> • wiper motor support panel

wischfest <obfl> *(z. B. Farbe)* • wipe-resistant; wiping-proof *rare*

Wischfestigkeit *f* <druck> *(bes. gegen Löschen, Radieren; z. B. Druckfarbe)* • resistence to erasure

Wischgummi *m* <kfz> *(im Wischerblatt)* • wiper blade element; blade rubber *coll*; refill

Wischkontakt *m* <el> • passing contact; wiping contact; momentary contact; impulse contact

Wischrelais *n* <el> • impulse relay

Wischtest *m* <nukl> • rubbing test; wipe test

Wischtuch *n* <tech.allg> • wipe

Wischwalze *f* <druck> • dampening form roller

Wisch-/Waschanlage *f DIN 72781-2* <kfz> *(für Scheiben oder Scheinwerfer)* • wiper and washer system

Wisch-Wasch-Schalter *m* <kfz.el> • wash/wipe switch; wipe/wash switch

Wischwasser *n* <druck> *(Druckmaschine)* • fountain solution; dampening solution; dampening water

Wischwasserzusatz *m* <verf> *(z. B. Druckmaschinen, Kunststoffverarbeitung, Papiermaschinen)* • water addition

Wismut *n (Bi)* <mat> *(weißgrau-rötliches, sprödes Metall; schmilzt bei 70 °C)* • bismuth (Bi)

Wismutglanz *m* <min> • bismuthinite; bismuth(III) sulphide *thsc*; bismuthine; bismuth glance

wismuthaltig <füg> *(Lot)* • bismuth-containing

wismuthaltig <min> *(Erz)* • bismuth-bearing; bismuthiferous

Wismutweiß *n* <obfl> • bismuth white; pearl white

Wissensbank *f* <term> • knowledge base; knowledge bank

wissensbasiert <term> • knowledge-based

wissensbasiertes System *n* <term> • knowledge-based system; knowledge system

Wissensbasis *f* <term> • knowledge base; knowledge bank

wissenschaftlich <allg> • scientific; learned

wissenschaftliche Geräte *npl* <tech.allg> *(betont: zur Forschung)* • research equipment

wissenschaftliche Geräte *npl* <tech.allg> *(allg.)* • scientific apparatus

wissenschaftlicher Gerätebau *m* <prod> • manufacture of scientific apparatus; scientific instrument production; scientific instrument making

Wissenserwerb *m* <did> • knowledge acquisition

Wissenssuche in Bilddatenbeständen *f :V* <edv> *(Einzelbilder und Videos)* • video data mining

Wissenssuche in Datenbanken *f* <edv> • knowledge discovery in databases (KDD); data mining *pract*

Wissenssuche in Textdokumenten *f :V* <edv> • text data mining

wissentlich oder unwissentlich <jur> • wittingly or unwittingly

witterungsbeständig <qualit> • weather-resistant

Witterungsbeständigkeit *f* <qualit> • weather resistance; outdoor durability; weatherability; weather durability; weathering resistance

witterungsecht <qualit> • fast to weather

Witterungseinfluss *m* <meteo> • atmospheric influence

witterungsfest <bau> • weatherproof

Witterungsschutz *m* <tech.allg> *(für Frachtgut, Geräte, Personen; z. B. Fernsehkamera)* • weather protection

Witterungsschutz *m* <bekl> • protection from the elements

Wi/Wa <kfz> *(mit oder ohne Wischer)* • headlights washer/ wiper system (hlww); headlight wash/wipe; headlamp wash/wipe *GB*; headlamp cleaning *coll*; headlamp power-wash system *Jaguar*

WKB-Näherung *f* <phys> *(Methode zur Lösung der Schrödinger-Gleichung)* • WKB approximation; Wentzel-Kramers-Brillouin approximation

WKD <mot> • swirl-chamber diesel engine

WKS <edv> *(geräteunabhängiges kartesisches Koordinatensystem)* • world coordinate system (WCS) *ISO 8805*; global coordinate system; world space *coll*; absolute coordinate system *rare*

Wlassow-Gleichung *f* <phys> *(Differentialgleichung für heißes Plasma)* • Vlassov equation; Vlasov equation

WLL-Technologie *f* <tele> • wireless local loop [technology] (WLL)

WMF <edv> • Windows Meta File (WMF)

WML <tele> *(Format)* • Wireless Markup Language (WML)

W-Motor *m* <kfz.mot> *(z. B. W12 im VW Phaeton)* • W-engine

Wobbe-Index *m* <verbr> • Wobbe number; Wobbe index

Wobbelbereich *m* <el> • sweep range

Wobbelfrequenz *f* <el> • sweep frequency; wobbling frequency

Wobbelgenerator *m* <el> • sweep generator; wobbler

Wobbelmessplatz *m* <el> • sweep generator assembly

Wobbelmesssender *m* <el> • sweeping-frequency signal generator

Wobbelmesstechnik *f* <msr> • swept frequency technique

wobbeln *vi* <el> • sweep *vi*; wobble *vi*

wobbeln *vi* <tele> • warble *vi*

Wobbeloszillator *m* <el> • sweeping oscillator

Wobbelsinus *m* <av> • warbled sine wave signal; warble tone

Wobbelton *m* <tele.akust> • warble tone

Wobbeltonoszillator *m* <tele.akust> • warble tone generator

Wobbe-Zahl *f* <therm> *(Maßzahl für die Wärmeleistung eines Brenners)* • Wobbe index

Wobbezahl *f* <verbr> • Wobbe number; Wobbe index

Wobble-Bonden *nsg* <füg> • wobble bonding

wobbled land and groove-Technologie *f* <edv> • wobbled land and groove technology

Wobbler *m* <el> • sweep generator; wobbler

Wobbler *m* <tele> • warbler

Wochendosis *f* <nukl.med> *(radioaktive Strahlung)* • weekly dose

Wochenganglinie *f* <msr.doku> *(Schreiber)* • weekly load graph

Wochenspeicher *m* <energ.hydr> • weekly storage

Wochenzeitung *f* <doku> • weekly newspaper; weekly

Wöhler-Kurve *f* <qualit.mat> *(Dauerfestigkeits-Schaubild)* • Wöhler curve; stress-number curve; stress-cycle curve; SN-curve

Wöhlerversuch *m* <qualit.mat> *(Dauerschwingversuch)* • Wöhler test

wölben *vr* <allg> • arch *vi*

wölben *vr* <mech> *(geknickt werden; Blech, Platte, Schale)* • buckle *vi*

wölben *vt* <bau> • vault *vt*

wölben *vt* <edv> • bulge *vt*

wölben *vt* <prod> • camber *vt*

Wölbkehlnaht *f* <füg> *(Schweißtechnik)* • convex fillet weld; reinforced fillet weld

Wölbklappe *f* <aerospace> *(erhöht den Tragflügelauftrieb)* • camber-changing flap; camber flap; flap *pract*

Wölbkrafttorsion *f* <mech> • torsion with warping constraints

Wölbspiegel *m rar* <opt> • convex mirror

Wölbung *f* <allg> *(als Bogen)* • arch

Wölbung *f* <tech.allg> *(z. B. Bergwerk, Boden, Halbzeug)* • doming

Wölbung *f* <aerospace> *(im Flügelprofil)* • camber

Wölbung *f* <bau> *(z. B. Brückenbogen)* • coving; cove

Wölbung *f* <bau> *(oben, als Kuppel)* • crown

Wölbung *f* <bau> *(von innen gesehen, als Gewölbedecke)* • vault

Wölbung *f :V* <kfz.antr> *(Drosselscheibe)* • dome

Wölbung *f* <masch> *(allg. ballige Fläche; z. B. Walze, Flachriemenscheibe)* • crown; crowning; camber

Wölbung *f* <mat> *(Verzugserscheinung)* • warp

Wölbungshöhe *f* <tech.allg> • arch height

Wölbungshöhe *f* <aerospace> *(Tragflügelprofil)* • camber height

Wölbungslinie *f* <aerospace> *(Tragflügelprofil)* • camber line

Wölbungsmesser *m* <opt> • spherometer

Wölbungsverhältnis *n* <navaerospace> • camber ratio

Wörml *f ugs* <edv> • virtual reality modeling language

Woge *f* <hydr> *(Wasseroberfläche)* • wave

Woge *f* <hydr> *(Wasser; z. B. auf See)* • wave

Woge *f* <nav> • billow

Woge *f* <petr> *(plötzlich anschwellend)* • surge

Wohlfahrtsverbände *mpl* <jur> • voluntary agencies; League of Social Services

Wohnanhänger *m rar* <kfz.tour> *(Pkw-Anhänger, der für Wohnzwecke bestimmt und eingerichtet ist)* • travel trailer *US*; house trailer *US*; touring caravan *GB*; trailer caravan *GB*; caravan *GB*

Wohnanlage mit Eigentumswohnungen *f* <bau.fin> • condominium *US*

Wohnbauzone *f* <bau> *(Bauland für Wohngebäude)* • residential land

Wohnblock *m* <bau> *(sehr großes Mehrfamilienhaus)* • block of apartments *US*; apartment block *GB*; block of flats *GB*

Wohndeck *n* <petr> *(Bohrplattform)* • living deck

Wohndichte *f* <ökon> • housing density

Wohndichte *f* <soz> • living density

Wohnfläche *f* <bau> *(von Wohnungen, Privathäusern)* • floor space; floor area; living-space; living area

Wohngebäude *n* <bau> • residential building; dwelling house

Wohngebiet *n* <bau> *(Bereich einer Stadt, Gemeinde)* • residential area; housing area

Wohngebiet *n* <bau> *(Bauland für Wohngebäude)* • residential land

Wohngegend *f* <bau> *(Bereich einer Stadt, Gemeinde)* • residential area; housing area

Wohnhaus im Blockhausstil *n* <bau> *(zum Wohnen, eher geräumig)* • log home; log house

Wohnmobil *n* <kfz.tour> • motorhome *US*; motorvan; motorcaravan *GB*

Wohnraumbeheizung *f* <hlk> • domestic space heating; residential heating *US*

Wohntonne *f* <bau> *(mit drehbaren Wohnscheiben)* • living barrel

Wohnungsanschluss *m* <tele> • residence telephone

Wohnungsbau *m* <bau> • housing construction

Wohnungsbaufenster *n* <bau> • residential window

Wohnungsbau in Großplattenbauweise *f* <bau> • panelized housing *US*; panellised housing *GB*

Wohnungsinstallation *f* <bau> • domestic installation

Wohnviertel *n* <bau> *(Bereich einer Stadt, Gemeinde)* • residential area; housing area

Wohnwagen *m ugs* <kfz.tour> *(Pkw-Anhänger, der für Wohnzwecke bestimmt und eingerichtet ist)* • travel trailer *US*; house trailer *US*; touring caravan *GB*; trailer caravan *GB*; caravan *GB*

Wohnwagenanhänger *m* <fz> • trailer coach

Wohnwagengespann *n* <kfz.tour> • outfit

Wolfram *n* (W) <chem> • tungsten (W)

Wolframbogenlampe *f* <licht> • tungsten arc lamp

Wolframcarbid *n* (W2C) <chem> • tungsten carbide (C-2)

Wolframcarbideinsatz *m* <wz> • tungsten-carbide insert

Wolframcarbidhartmetall *n* <mat> *(z. B. Werkzeuge)* • cemented tungsten carbide; sintered tungsten carbide

Wolframcarbidkugel *f* <qualit.mat> *(Härteprüfung)* • tungsten-carbid ball

Wolframcarbidschneidplättchen *n* <wz> • tungsten-carbide tool tip

Wolframcarbidziehstein *m* <wz> • tungsten carbide drawing die

Wolframdraht *m* <licht.mat> • tungsten filament

Wolframdraht *m* <mat> • tungsten wire

Wolframelektrode *f* <el> • tungsten electrode

Wolframfaden *m* <mat> • tungsten filament

Wolframfadenlampe *f* <licht> • tungsten filament lamp

Wolframfeindraht *m* <mat> • tungsten filament coiling wire

Wolframfeindraht *m* <mat> • tungsten filament wire

Wolframglühkathodenemitter *m* • tungsten thermionic emitter

Wolframhalogenlampe *f* <licht> • tungsten-halogen lamp

Wolframit *m* <min> • wolframite

Wolframkarbid *n ugs* <chem> • tungsten carbide (C-2)

Wolframocker *m* <min> • tungstite

Wolframschnell[arbeits]stahl *m* <wz.mat> • tungsten high-speed steel

Wolfram-Schutzgasschweißen *n* (WP) <füg> • gas tungsten arc welding (GTAW)

Wolframschwammkörper *m* <metall> • porous tungsten

Wolfram-Seele *f* <mat> *(von Schweißelektroden)* • tungsten base; tungsten substrate

Wolframstahl *m* <mat> • tungsten steel

Wolfram-Titan-Carbid *n* <mat> • tungsten-titanium carbide

Wolframwendel *f* <mat.licht> • tungsten filament

Wolkenbildung *f* <ents> • cloud formation

Wolkenbildung *f* <obfl> *(Lackfehler)* • mottling

wolkenbruchartiger Regen *m* <meteo> *(starker Regen)* • rainstorm

Wolkendecke durchstoßen *v* <aerospace> *(im Sinkflug)* • come down through the overcast *v*

Wolkenelektrizität *f* <meteo> • cloud electricity; atmospheric electricity

Wolkenhöhe *f* <meteo> • cloud height

Wolkenhöhenanzeiger *m* <meteo> • cloud height indicator

Wolkenhöhenmesser *m* <meteo> • cloud ceilometer

Wolkenkavitation *f :V* <kfz> *(z. B. in Kraftstoffeinspritzpumpe)* • cloud cavitation

Wolkenscheinwerfer *m* <licht> • ceiling projector

Wolkenspiegel *m* <meteo> • nephoscope

wolkig <meteo> • cloudy

wolkig <pap> • fluffy

wollartig <qualit> • wool-like

Wollaston-Draht *m* <mat> • Wollaston wire

Wollastonit *m* <min> *(Mineral)* • wollastonite

Wollaston-Prisma n <opt> (z. B. in CD-Laufwerken) • polarizing beam splitter (PBS); beam splitter; polarizing prism; wave retarder; Wollaston polarizing prism

Wollausheber m <wz> • wool lifting device

Wolle f <textil> • wool

Wollfarbstoff m <chem.obfl> • wool dye; wool vat dye

Wollfaser f <mat> (z. B. Schafswolle, Glaswolle) • wool fiber US; wool fibre GB

Wollfett n <tribo> • wool fat; lanolin

Wollgewebe n <textil> • woollen fabric

Wollkammzug m <textil> • wool top

Wollmäuse fpl ugs <verf> • dust agglomerates npl; agglomerated masses of dust npl; agglomerates of dust npl; agglomerates of particulate matter npl; chunks of dust npl

Wollphotometerskala f <obfl> • blue-scale

Wollskala f <obfl> • blue-scale

Wolltrockenfilz m <pap> • wool drier felt

Wollwäsche f <textil> • wool scouring

Wollwaschmaschine f <term> • wool-washing machine

Woltman-Flügel m <rls.msr> (misst Volumenstrom) • Woltmann current meter

Wood'sches Metall n <mat> (Schmelzpunkt niedriger als bei Zinn) • Wood's alloy; Wood's metal

Word Perfect Graphics (WPG) <edv> (Grafikformat) • Word Perfect Graphics (WPG)

Workflow m jarg <prod> (allg.; zeitlich, linear) • work process; workflow; flow of work

Work Station f <edv> • work-station computer

Workstation f <edv> (leistungsstarker Rechner) • workstation

Workstation f <edv> (Rechner im Netzwerk) • workstation

Workstationsseite f <edv> • workstation end

World Geodetic System n <navig> • World Geodetic System

World Geodetic System (1984) n (WGS-84) <navig> • World Geodetic System (1984) (WGS-84)

World Product Code m <pack> (Strichcodetyp) • EAN code; World Product Code

WORM f <edv> (write once read many times) • WORM; WORM disc; WORM optical disc; write-once optical disc (WOOD); CD-WO disc ECMA

WORM-Laufwerk n <edv> • WORM drive; WORM optical drive; WORM disc drive

WORM-Platte f <edv> (write once read many times) • WORM; WORM disc; WORM optical disc; write-once optical disc (WOOD); CD-WO disc ECMA

WORM-Plattenlaufwerk n <edv> • WORM drive; WORM optical drive; WORM disc drive

WORM-Scheibe f <edv> (write once read many times) • WORM; WORM disc; WORM optical disc; write-once optical disc (WOOD); CD-WO disc ECMA

Worst-Case-Bedingungen fpl prakt <tech.allg> (postulierter Betriebszustand) • worst case conditions pl

Wort n <doku> • word

Wort n <edv> • word; data word; data symbol

Wortabfrage f <edv> • word selection

Wortabruf m <edv> • word fetch

Wortabstand m <druck> • gap between words; interword gap

Wortadresse f <edv> • word address

Wortadressformat n <edv> • word address format

wortadressierter Speicher m <edv> • word-addressed memory

Wortart f <term> • part of speech

Wortausgabepuffer m <edv> • word output buffer

Wortauswahl f <term> • word selection

Wortbegrenzung f <edv> • word boundary

Wortbegrenzungszeichen n <edv> • word separator

Wortbreite f <edv> • word length

Wortendezeichen n <edv> • end-of-word character

Worte pro Minute npl (WpM) <tele.edv> • words per minute (wpm)

Worterkennung f <edv> • word recognition

Wortgenerator m <edv> • word generator

Wortgröße f <edv.tele> • word length; word size

Wortlänge f <edv.tele> • word length; word size

Wortlaufzeit f <tele> • word time

Wort mit fester Länge n <edv> • fixed-length word

wortorganisiert <edv.term> (z. B. Datenbank) • word-organized

wortorganisierter Speicher m <edv> • word-organized memory

Wortstellenbit n <edv> • word location bit

Wortstruktur f <edv.term> • word structure

Wortverarbeitung f <edv> • word processing

Wortverständlichkeit f <tele> • word intelligibility

Wortverstümmelung f <tele> • word clipping

Wortwahl f <term> • word selection

WOT <kst> • mold surface temperature

WP <füg> • gas tungsten arc welding (GTAW)

WP <qualit.mat> • materials testing (MT); testing of materials

WPG <edv> (Grafikformat) • Word Perfect Graphics (WPG)

WpM <tele.edv> • words per minute (wpm)

WPS <füg> • plasma jet welding (WPS); plasma arc welding with non-transferred arc

WPT <navig> • waypoint (WPT); point rare; landmark

Wrackboje f <nav> • wreck buoy

Wrackteile npl <ents> (z. B. eines Flugzeugs, Schiffs, Fahrzeugs) • wreckage

Wracktonne f <nav> • wreck buoy

Wrack-Trockenlegung f <kfz.ents> (von Autowracks) • wreck draining V

Wrackzeichen n <nav> • wreck mark

WRAM <edv> • Windows RAM (WRAM)

Wraparound-Banderolemaschine f <pack> • wraparound sleeving machine

Wrapping n <edv> • wrapping

Wrasen m <hlk> • water vapor US; vapor US; vapour GB

Wrasenabzug m <hlk> (Küche; über Herd) • cooking hood; hood coll

Wrasenabzug m <verf.hlk;hlk> (kaminartiges Abluftrohr) • air flue; air chimney

Wrasenhaube f <hlk> • vapor hood US; vapour hood GB

Wrasenklappe f <hlk> • Arnott valve

Wrasenleitung f <hlk> • vapor line US; vapour line GB

Wratten 26-Filter n <opt> • Wratten 26 filter

WRG <tech.allg> (z. B. in Gebäudetechnik) • heat recovery; heat recuperation

Wriggling n <nukl> • wriggling

Wringmaschine f <textil> • wringing machine

W-Ringschneide f <füg> • W-point

WS <edv.av> • waveshaping (WS); nonlinear distortion; nonlinear phase distortion

WS <el> (z. B. 50 Hz) • alternating current (AC)

WS <phys> (Meter Wassersäule als Druckeinheit: 1 mWS entspricht 9806,65 Pa) • water column (wc)

WSF <verbr> • fluidized bed combustion (FBC)

WSK <kfz.antr> • converter and clutch unit ZF

WSS <edv.av> • Windows Sound System (WSS)

WT <verf> (allg.) • heat exchanger (HX)

WT-Anlage f <verf> • heat exchanger equipment; HX plant

W-Teilchen n <phys> • W particle

Wuchten n prakt <fz> (von Rädern) • balancing; wheel balancing

wuchten vt <masch> (Rotationskörper; Rad, Welle etc.) • balance vt

Wuchtfehler m <mech> • unbalance

wuchtig <nahr> (Wein) • heavy

Wuchtmaschine f prakt <kfz.wz> (für Räder) • wheel balancer; balancer pract; wheel balancing machine form

Würfel m <tech.allg> (geom. Form) • cube

Würfel m ugs <masch> (Ansatz; an Wellen, Schrauben; meist als Antrieb) • square; squared end

Würfel mpl <spiel> • dice

würfelähnlicher Quader m <math> • cuboid

Würfelantenne f <tech.allg> • cubical antenna US; cubical aerial GB

Würfelbruch m <silik> (von gehärtetem Glas) • dice

Würfeldruckfestigkeit f <qualit.mat> (Beton) • cube strength

Würfelfestigkeit f <qualit.mat> (Beton) • cube strength

würfelförmig <tech.allg> • cubic

würfelförmige Projektion f <edv> • cubic mapping; cubic image mapping

würfelförmiger Bruch m <silik> (von gehärtetem Glas) • dice

Würfelkapitell n <bau> (auf Säule) • cushion capital

Würfelkopf m <füg> (Schraube) • square head

würfeln vt <nahr.prod> • dice vt

Würfelprüfkörper m <qualit.mat> (z. B. Beton) • cubic test block

Würfelschneider m <gastr> • dicing cutter

Würfelschneider m <prod> • dicing machine

Würgebohrung f <mil> (Flintenlauftyp) • choke bore [barrel]

Würgebund m <el> • twisted joint

Würgegriff m <mil> • force grip

Würgelötstelle f <füg> • soldered twisted joint

Würgeverbindung f <el> • twisted joint

Würgewalze f <metall> • top roller

Würstcheninstabilität f <nukl> • sausage instability

Würzekessel m <nahr> • wort copper

Würzekochkessel m <nahr> • wort copper

Würzekühler m <nahr> • wort cooler

Würzepfanne f <nahr> • wort copper

würzig <nahr> • spicy

Wulfenit n <min> • yellow lead ore; wulfenite

Wulff-Verfahren n <chem.verf> (Azetylen-Erzeugung) • Wulff process

Wulst m <allg> (Vorsprung) • boss

Wulst m ugs <bau> (Ringwulst, z. B. an Attischer Säulenbasis; i. Ggs. zu Trochilus) • torus

Wulst m prakt <fz> (Fahrzeugreifen) • tire bead US; bead pract; tyre bead GB

Wulstabdrücken n <kfz> (Reifendemontage) • bead unseating

Wulstabdrückversuch m <fz.qualit> (Reifen) • bead unseating test

Wulstband n <fz> (Reifen) • bead chafer strip; chafer pract; rubber chafer; clincher band rare

Wulstbildung f <obfl.holz> • ropiness

Wulstbug m <nav> • bulb bow; bulbous bow

Wulstdichtung f <bau> (Fenster, Türen) • bulb seal; bulb-type weatherstrip

Wulstende n <rls> • rubber bead

Wulstfelge f <fz> (Rad) • clincher rim

Wulstferse f <fz> (Reifen) • bead heel; heel pract; tire bead heel did

Wulstheber m <kfz.wz> • bead breaker

Wulstheck n <nav> • bulb stern; bulbous stern

Wulstkern m <fz> (Drahteinlage im Reifenwulst) • bead bundle; bead core GB; bead wires

Wulstleiste f <bau> • roll molding

Wulstlösung f <fz> (Reifen) • bead separation

wulstloser Reifen m <fz> • straight-side tire

Wulstmischung f <kst> • bead compound

Wulstprofil n <tech.allg> • bulb

Wulstrand m <tech.allg> • beaded edge

Wulstreifen m <fz> • clincher tire US; clincher tyre GB

Wulstrohrkondensator m <el> • beaded rim tubular capacitor

Wulstscheuerung f <kfz> (Reifen) • rim chafing

Wulstschneidemaschine f <kst.wz> • bead cutter

Wulstschutzstreifen m <fz> (Reifen) • bead chafer strip; chafer pract; rubber chafer; clincher band rare

Wulstsetzring m <fz> • bead setting ring

Wulstsohle f <fz> • bead base; tire bead base US

Wulststab m <fz> • bead bar

Wulststumpfschweißen n <füg> • pressure butt welding

Wulstumlage f <fz> (Reifen) • ply turn-up

Wulst und Übergangsbrücke für Reisezugwagen f DIN 25624-1 <bahn> • rubber tube gangway connection DIN 25624-1

Wulstwickeltrommel f <prod> (Reifen) • bead winding drum

Wulstwinkel m <nav> • bulb angle

Wulstzehe f <fz> (Reifen) • bead toe; tire bead toe did

Wulstzone f <prod> • chafer

Wulstzwinge f <wz> • ferrule with bolster

Wummern n <kfz.akust> • booming

Wundauflage f <med.tech> • primary wound dressing

Wunderapparatur f <tech.allg> • wonder gizmo

Wundhang m DIN 4047-9 <geo> (nicht: Hangabrutsch) • slope erosion

Wundstarrkrampf m <med> • tetanus

Wunsch m <ökon> (Option) • request

Wunschampel f <verk> (für Fußgänger) • pelican crossing GB

Wurf m <allg> (Sport, Technik) • throw

Wurfbahn f <phys> (z. B. Ball, Diskus, Granate) • trajectory

Wurfbeschickerfeuerung f <verbr> • spreader stoker

Wurfförderrinne f <förd> • directional-throw conveyor

Wurfgleiter m <spiel.aerospace> • hand launch glider (HLG)

Wurfhebelbremse f <bahn> • counterbalanced brake

Wurfleine f <nav> • heaving line

Wurfnetz n <nav> • cast net; throw net

Wurfparabel f <mech> • trajectory parabola

Wurfprinzip n <phys> • hopping principle

Wurfrad n <verbr> • fuel-throwing wheel

Wurfschaufellader m <nfz> • overshot loader; rocker shovel loader; rocker shovel

Wurfsendung f <werb> • blind mailing

Wurfsichter m <verf> • mechanical air separator

Wurfweite f <allg> (Distanz) • length of throw

Wurfweite f <allg> (Bereich) • range of throw

Wurfweite f <tech.allg> (Flüssigkeitsstrahl) • length of jet

Wurfweite f DIN 4047-6 <agri.hydr> (eines Regners) • sprinkling range

Wurfweite f <opt> • range of projection

Wurfwidder m <bau.masch> • swing shovel

Wurfwinkel m <mech> • angle of throw; quadrant angle of departure

Wurm m <edv> (unabhängiges Programm, das sich in Rechnernetzen ausbreitet) • worm

Wurmkraut n <bio> • pinkroot; spigelia anthelmia

Wurmschraube f ugs <füg> • setscrew; wormscrew; headless setcrew did; grubscrew

wurmstichiges Holz n <holz> • worm-eaten wood

Wurtzit m <metall> (Zinkerz) • wurtzite; zinc iron sulfide

Wurzel f <math> • root

Wurzelausdruck m <math> • radical

Wurzelbeheizung f <agri> • root zone heater

Wurzelbild n <agri> • root system

Wurzelboden m DIN 22005-2 <min.geo> (Sedimentschicht mit fossilen Wurzelresten) • seat earth

Wurzelbrut f <holz> • root suckers

Wurzeleinbrand m <füg> (Schweißen) • root penetration

Wurzeleinwuchs m <ents.hydr> • tree root penetration

Wurzelexponent *m* <math> • order of a root; index of a root

Wurzelfäule *f* <agri> • root rot

Wurzelfehler *m* <füg.qualit> *(Schweißnaht)* • root flaw; root defect

Wurzelflanke *f* <füg> • root edge

Wurzelhäcksler *m* <agri> • root shredder

Wurzelholz *n* <kfz.innen> *(Ausstattung)* • burr walnut

Wurzelholzdesign *n* werb <kfz.innen> *(Ausstattung)* • imitated burr walnut ; ersatz burr walnut *derog*

Wurzelholzimitation *f* <kfz.innen> *(Ausstattung)* • imitated burr walnut ; ersatz burr walnut *derog*

Wurzelkerbe *f* DIN EN ISO 6520 <füg> *(Schweißfehler)* • shrinkage groove *ISO 6520-1*

Wurzellage *f* <füg> • root run; root bead; root layer

Wurzelnachschweißen *n* <füg> • root rewelding; rewelding from the back

Wurzelnematode *f* <bio> • root nematode

Wurzelnussholz *n* rar <kfz.innen> *(Ausstattung)* • burr walnut

Wurzelort *m* <msr> • root locus; polar plot

Wurzelortkurve *f* <msr> • root locus; polar plot

Wurzelortverfahren *n* <msr> • root locus method

Wurzelphase *f* <füg> • root phase

Wurzelreiniger *m* <agri> • root cleaner

Wurzelrippe *f* <aerospace> • root rib

Wurzelriss *m* <füg> • root crack

Wurzelroder *m* <agri> • root rake

Wurzelschneider *m* <agri> • root cutter

Wurzelschutz *m* <füg> • weld backing; backing shielding

Wurzelschutzgas *n* <füg> • weld backing gas

Wurzelschweißen *n* <füg> • root welding

Wurzelspalt *m* <füg> • root gap

Wurzelsystem *n* <agri> • root system

Wurzelverzeichnis *n* rar <edv> • root directory

Wurzelwerk *n* <agri> • root system

Wurzelzeichen *n* <math> • radical sign

Wurzelziehen *n* <math> • evolution; extraction of roots

Wurzel ziehen *vi* <math> • extract a root *vi*

WW-Gewinde *n* <füg> *(allg.)* • Whitworth thread

WWR <kfz.el> • heat-range reserve

WW-Rohrgewinde *n* <füg.rls> *(Spitzgewinde, Flankenwinkel 55°)* • Whitworth pipe thread (RC); British Standard pipe thread

WYSIWYG <druck.edv> • What You See Is What You Get (WYSIWYG)

WYSIWYG-Two-Page Display *n* (2PWYSIWYG) <edv> • WYSIWYG two-page display (2PWYSIWYG); what you see is what you get

Wz-Stahl *m* <metall> *(0,5–2,2% C; ein Kohlenstoffstahl)* • tool steel

W-Zwölfzylindermotor *m* rar <kfz.mot> • W-12 engine (W-12); W-twelve engine *pract*

X

X <el> *(Imaginärteil eines Scheinwiderstands)* • reactance (X); reactive impedance

X <navig> *(Koordinatensystem)* • northing (X)

X-Ablenkplatte *f* <el.av> • X-plate

X-Ablenkung *f* <el> *(Kathodenstrahlröhre)* • horizontal deflection; X-axis deflection; X deflection

x-Achse *f* <math> *(waagerecht)* • x-axis; abscissa axis *rare*

X-Anordnung *f* DIN ISO 5593 <masch> *(Wälzlager)* • face-to-face arrangement *ISO 5593*

X-Anschluss *m* prakt.ugs. <phot> *(für Blitzkabel)* • sync. terminal

Xanthan *n* (E 415) <nahr> *(Stabilisator)* • xanthan gum (E 415)

xanthogenieren *vt* <chem.verf> *(Alkalicellulose)* • xanthate *vt*

Xaviera Yolanda Zeilenzwirn (XYZ) :V <edv> • Brad's mom; Lillian Silverberg

X-Band *n* <el> *(Frequenz, Radar)* • X-band

X-by-wire <msr> *(z. B. Bremsen, Lenkung)* • X by wire; electronic control [of system X]

X-by-wire-Technik *f* <msr> *(z. B. Bremsen, Lenkung)* • X by wire; electronic control [of system X]

XC <el> *(von Kondensatoren)* • capacitive reactance

Xe <chem> *(Edelgas)* • xenon (Xe)

xenogene Gefäßprothese *f* <med.tech> • xenogenic vascular graft; vascular xenograft; vascular heterograft; animal [blood] vessel *pract*

xenogene Herzklappenprothese *f* <med.tech> *(Herzklappenersatz)* • tissue valve; bioprosthesis; xenograft valve [replacement]; heterograft valve [substitute]; xenograft valvular prosthesis

xenogene Prothese *f* <med.tech> • xenogenic graft; xenograft; heterograft

xenogener Gefäßersatz *m* <med.tech> • xenogenic vascular graft; vascular xenograft; vascular heterograft; heterologous vascular replacement *rare*

xenogener Klappenersatz *m* <med.tech> *(Herzklappenersatz)* • tissue valve; bioprosthesis; xenograft valve [replacement]; heterograft valve [substitute]; xenograft valvular prosthesis

xenogener Patch *m* <med.tech> • xenogenic patch graft; heterologous patch graft; biologic vascular graft; xenogenic patch

xenogenes Transplantat *n* <med> • xenogenic graft; xenograft; heterograft

xenomorph <geo> • xenomorphic

xenomorph <phys.mat> • anhedral; allotriomorphic

xenomorpher Kristall *m* <mat> • anhedron; xenomorphic crystal

Xenon *n* (Xe) <chem> *(Edelgas)* • xenon (Xe)

Xenonblitzlampe *f* <licht> *(z. B. in Kopiergerät, Blitzgerät)* • xenon flash tube; xenon photoflash lamp

Xenonblitzlicht *n* <licht> • xenon flashlight

Xenonbogenlampe *f* <licht> • xenon arc lamp; xenon discharge lamp

Xenonbrenner *m* <licht> • xenon burner

Xenonentladungslampe *f* <licht> • xenon arc lamp; xenon discharge lamp

Xenon-Scheinwerfer *m* <kfz.licht> • xenon headlamp

Xenonszintillationszähler *m* <msr> • xenon scintillation counter

Xerografie *f* <büro> • xerography

xerographischer Drucker *m* <druck> • xerographic printer

Xeroradiographie *f* <med.tech> • xeroradiography

Xeroxdrucker *m* <druck> • xerographic printer

XFET-Architektur *f* <el> • XFET architecture

X-Form-Rahmen *m* <kfz> *(Chassis)* • X-type frame

X-Fuge *f* <füg> *(Schweißtechnik)* • double-V groove

XG <el.mus> • Extended General MIDI Standard (XG)

XGA <edv> *(Grafikstandard; Auflösung 1024 × 768)* • extended graphics array (XGA)

XGA-Adapter *m* <edv> • XGA adapter

XGA-Architektur *f* <edv> • XGA architecture

X-Größe *f* <edv> *(Breite der schmalen Elemente eines Strichcodesymbols)* • x dimension (dX)

Xi-Hyperon n <phys> • Xi hyperon; cascade hyperon; cascade particle
X-Kontakt m <phot> (Blitz) • X contact
XL <el> (von Spulen) • inductive reactance
X-Lager n <masch> • X-roller bearing
XL-Kern m <edv> • XL kernel
XM <el.mus> • Extended MIDI Standard (XM)
X-Matrix f <el> • X-matrix
XML-Format n <edv> (Datenbeschreibungssprache) • Extensible Markup Language (XML)
X-Modul m <edv> (Breite der schmalen Elemente eines Strichcodesymbols) • x dimension (dX)
XMS <edv> (für Speicherbereich oberhalb von 1 MB) • Extended Memory Specification (XMS)
X-Naht f <füg> (geschweißt) • double-V groove weld US; double-V butt weld GB
XPS <chem> • extruded polystyrene (XPS)
XPS <qualit> • electron spectroscopy for chemical analysis (ESCA)
X-Rahmen m <kfz> (Chassis) • X-type frame
Xraser m <phys.opt> • X-ray laser
X-Rollenlager n <masch> • X-roller bearing
X-Schneide f <wz> (Bohrmeißel) • X-bit
X-Signal n <av> • X-signal
X-Synchronisation f <phot> (für Blitzaufnahmen) • X-synchronization
XTE <navig> (senkrecht zur Kurslinie gemessen) • cross-track error (XTE); cross track error; course-line deviation; course deviation
XTE-Alarm m <navig> (Empfänger) • XTE alarm
X-Verschiebung f <phys> • X-shift
X-Verstärker m <el> • horizontal amplifier; X-amplifier
Xylenolharz n <chem> • xylenol resin
Xylit n <chem> • xylitol; xylite
xylitische Braunkohle f <min> • xylite; woody lignite; woody brown coal; wood coal
Xylol n <chem> • xylene; xylol
Xylose f <chem> • xylose; wood sugar
XY-Schreiber m <msr> • coordinate plotter; function plotter; flat-bed plotter; graph plotter; X-Y plotter
X-Y-Tisch m <füg> (Schweißautomat) • X-Y tables
XYZ <edv> • Brad's mom; Lillian Silverberg
xyz-Koordinatensystem n <edv.math> • three-dimensional coordinate system

Y

Y <chem> • yttrium (Y)
Y <druck> (Primärfarbe der subtraktiven Farbmischung; gelbgrüner Farbton) • yellow (Y)
Y <navig> (Koordinatensystem) • easting (Y)
Y <phys.msr> (Vorsilbe für Einheiten: 10^{24}) • yotta (Y)
Y-Ablenkplatte f <el> • Y-plate
Y-Ablenkung f <el> • vertical deflection; Y-axis deflection; Y deflection
y-Achse f <math> (senkrecht) • y-axis; ordinate axis rare; axis of ordinates rare
Yagi-Antenne f <el> • Yagi antenna
YAG-Laser m <prod.phys> • YAG laser; yttrium-aluminum-garnet laser
Yamswurzel f <nahr> • wild yam; dioscorea villosa
Yb <chem> • ytterbium (Yb)

Y/Chroma-Addierstufe f <av> • Y/chroma mixer; Y/chroma adder
Y/Chroma-Mischer m <av> • Y/chroma mixer; Y/chroma adder
Y/Chroma-Mischstufe f <av> • Y/chroma mixer; Y/chroma adder
Y-Code m <navig> • Y code
Y/C-Signal n <av> • separate video signal; S-Video signal; Y/C signal
Yellow, Magenta, Cyan (YMC) <druck> (Mehrfarbendruck) • yellow, magenta, cyan (YMC)
Yellow n (Y) <druck> (Primärfarbe der subtraktiven Farbmischung; gelbgrüner Farbton) • yellow (Y)
Yellow n <phot> (Filtereinstellung Gelb) • yellow
Yellow Book n <edv> (CD-Normen) • Yellow Book
Yellow Cake n <nukl> • uranium concentrate; yellow cake
Y-Fuge f <füg> (Schweißen) • Y-groove
Y-Gurt m <kfz.sich> • Y-belt
YIG-Resonator m <el> • YIG resonator; yttrium-iron-garnet resonator
Yin-Yang-Spule f <nukl> • yin-yang coil
Y-Kabel n <edv> (im PC) • Y-adapter power supply cable; power-Y cable; Y-adapter cable; Y-adapter; Y cord rare
y-Koordinate f <math> • y-coordinate
Y-Kopplung f <el> (Draht) • Y-connection
Y-Kopplung f <lwl> (Wellenleiter) • Y-junction
Y-Lageeinstellung f <el> (Oszilloskop) • vertical centering
Y-Legierung f <mat> • Y-alloy
Y-Matrix f <el> • admittance matrix
YMC <druck> (Mehrfarbendruck) • yellow, magenta, cyan (YMC)
y-Mischkristall m <mat> • gamma solid solution
Y-Modul m <edv> (Höhe der Elemente in einem Strichcodesymbol) • y dimension
Yokto... (y) <phys.msr> (Vorsilbe für Einheiten: 1 Yokto = 10^{-24}) • yocto (y)
Yotta... (Y) <phys.msr> (Vorsilbe für Einheiten: 10^{24}) • yotta (Y)
Youngscher Modul m rar <qualit.mat> (Steigung der Hookeschen Geraden; z. B. in GPa oder GN/m^2) • modulus of elasticity (E); Young's modulus; modulus pract
y-Parameter m <el> (Transistor) • y-parameter
Y-Pleuel n <kfz> (Doppelkolbenmotor) • forked connecting rod; forked con rod pract
Y-Schale f <bau> • butterfly shell
Y-Schaltung f <el> • Y-connection
Y-Signal n <av> (Farbbild) • luminance signal; y-signal; composite signal; composite video signal; composite picture signal
Y-Strebe f <masch> • forked strut
Y-Stromkabel n <edv> (im PC) • Y-adapter power supply cable; power-Y cable; Y-adapter cable; Y-adapter; Y cord rare
Y-Stück n <med.tech> (Y-förmige Patientensystem-Rohrverbindung) • Y-piece; patient-Y; wye-piece; patient wye
Ytong m ᵀᴹugs <bau.mat> (z. B. als Dämmbeton) • aerated concrete; porous concrete did; gas concrete pract
Ytterbium n (Yb) <chem> • ytterbium (Yb)
Yttererden pl <chem> • yttrium earth metals
Ytter-Erden pl <chem> • yttrium earth metals
Yttrium n (Y) <chem> • yttrium (Y)
yttrium-dotiert <el> • yttria-stabilized; yttria-doped
yttrium-stabilisiert <el> • yttria-stabilized; yttria-doped
Yuccafaser f <textil> • yucca fiber
Yukawa'sches Kernmeson n <nukl> • Yukawa meson; Yukawa particle
Yukawa-Feld n <nukl> • Yukawa field
Yukawa-Kern m <phys> • diffusion kernel; Yukawa kernel

Yukawa-Potential n <nukl> • Yukawa potential
yukawasches Kernmeson n <nukl> • Yukawa meson; Yukawa particle
Yukawa-Teilchen n <nukl> • Yukawa meson; Yukawa particle
YUV-Signal n <av> • YUV signal
Y-Verschiebung f <phys> • Y-shift
Y-Verstärker m <el> • vertical amplifier; Y-amplifier
y-Vierpolparameter m <el> (Transistor) • y-parameter

Z

Z <el> • impedance (Z); electrical impedance
Z <phys.msr> (Vorsilbe für Einheiten: 10^{21}) • zotta (Z)
Z-Achse f BMW <kfz> (neuartige Hinterachse von BMW) • Z-axle BMW
z-Achse f <math> • z-axis
Zackenrad n <msr> (Impulsgeber) • metering wheel
Zackenraddekadenschalter m <edv> • thumbwheel switch
Zackenschrift f <kino> (Lichtton) • variable-area sound track; variable-area track
Zackenschriftaufnahme f <kino> • variable-area recording
Zackenschrifttonspur f <kino> (Lichtton) • variable-area sound track; variable-area track
zäh <tech.allg> (träge, langsam; z. B. Reaktion, Motor, Absatz) • sluggish
zäh <kfz.mot> (Motor) • sluggish; spongy
zäh ugs <phys> (Flüssigkeit) • viscous
zäh <qualit.mat> (Material) • tough; tenacious thsc
Zähbruch m <qualit.mat> (im Ggs. zum Sprödbruch; Bruch erst nach plastischer Verformung) • ductile fracture; ductile break
zähelastischer Acrylatklebstoff m <füg> • toughened acrylic adhesive
zähelastischer Epoxidharzklebstoff m <füg> • toughened epoxy adhesive
zähelastischer Epoxidklebstoff m <füg> • toughened epoxy adhesive
zähelastischer Klebstoff m <füg> • toughened adhesive
zähes Sekret n <bio> • thick secretions; tenacious secretions rare; tenacious secretion; thick secretion
zähflüssig <phys> (Flüssigkeit) • viscous
Zähflüssigkeit f <chem> • viscosity
Zähflüssigkeit f <phys> (von Flüssigkeiten) • viscosity
zähflüssig-klebrig <tech.allg> • viscid; sirupy coll
zähgepoltes Kupfer n <mat> • tough-pitch copper
Zähigkeit f <tech.allg> (einer Reaktion, Bewegung) • sluggishness
Zähigkeit f ugs <phys> (von Flüssigkeiten) • viscosity
Zähigkeit f <qualit.mat> (von Feststoffen) • tenacity; toughness
Zähigkeitskoeffizient m <phys> • viscosity coefficient
Zähigkeitskraft f <prod> (Flüssigkeit) • viscous force
Zähigkeitsmesser m <msr> • viscometer; viscosimeter; viscosity meter
Zähigkeitsverlust m <qualit.mat> (Feststoff) • loss of toughness
Zählader f <tele> • meter wire
Zählausbeute f <msr> • counter efficiency
zählbar <tech.allg> • countable

zählbares Merkmal n DIN 53804-2 <math> (Statistik; Qualitätssicherung) • countable characteristic; discrete characteristic
Zählbetragdrucker m <edv> • result printer
Zählbetragumsetzer m <edv> • result converter
Zählbyte n <edv> • count byte
Zählcharakteristik f <nukl> • plateau characteristics
Zähldekade f <msr> • counting decade
Zähleingang m <msr> • counting input
Zählen n <msr> (Vorgang) • counting
zählen vt <math> • count vt
Zähler m (für Mengen, Durchfluss; z. B. Strom, Gas, Wasser) • meter
Zähler m rar <allg> (kleiner Strich; typ. in Fünfergruppen) • tally
Zähler m <math> (im Bruch, über Nenner) • numerator
Zähler m <msr> (z. B. für Personen, Objekte, Einzelereignisse) • counter
Zähler m <nukl> (für Strahlung) • radiation counter; counter tube; counting tube
Zählerablesung f <msr> • meter reading
Zähleranzeige f <msr> • counter reading
Zählerausgang m <msr> • counter output
Zählereichung f <msr> • meter calibration
Zählereingang m <msr> • counter input
Zählereinstelleinrichtung f <msr> • meter-adjusting device
Zähler Funktionsbaustein m <edv> • counter function block
Zählergebnis n <msr> • counting result
Zählergehäuse n <msr> (z. B. von Strom-, Gaszähler) • meter case
zählergesteuert <msr> (z. B. Werkzeugmaschine, Druckmaschine, Kopierer) • counter-controlled
Zählerkapazität f <msr> • counter capacity
Zählerkonstante f <msr> • meter constant
Zählerleerlauf m <msr> (kriechendes Weiterzählen; Durchflusszähler) • meter creeping
Zählerlöschung f <msr> (auf Null) • counter reset
Zähler mit Vorwahleinrichtung m <tele> • predetermining counter
Zählerplateau n <nukl> • counter plateau
Zählerrückstellknopf m <av> • counter reset button; reset button
Zählerrückstellung f <msr> (auf Null) • counter reset
Zählersaldo m <msr> • counter balance
Zählerschaltung f <msr> • counter circuit
Zählerskala f A <msr> • meter dial
Zählerskale f <msr> • meter dial
Zählerstand m <msr> • counter reading
Zählerstelle f <msr> • counter position
Zählersteuerung f <msr> • counter control
Zählertafel f <msr> (Durchflusszähler) • meter panel
Zählerzeitgeberschaltkreis m <msr> • counter timer circuit
Zählfaktor m <el> • scaling factor
Zählfolge f <tech.allg> • counting sequence
Zählfrequenz f <msr> • counting frequency; counting rate
Zählfrequenzmesser m <msr> (Impulszählverfahren) • frequency counter
Zählgas n <nukl> • counter gas
Zählgatter n <edv> • count gate
Zählgerät n <msr> • counting instrument
Zählgeschwindigkeitsmesser m <msr> • counting rate meter
Zählglied n <msr> • metering element
Zähligkeit f <chem> • coordination number; covalence number; ligancy
Zählimpuls m <msr> (allg.; Signal pro Einzelereignis) • count pulse; counting pulse; count coll

Zählimpuls m <msr> (zur Berechnung; z. B. von Gebühren) • metering pulse
Zählimpulsgeber m <msr> • meter pulse sender
Zählkammer f <nukl> • pulse ionization chamber
Zählkanal m <msr> • counting channel
Zählkette f <edv> • counting chain
Zählkreis m <msr> • counting circuit
Zählmagnet m <msr> • magnetic counter
Zählperiode f <msr> • counting period; count period
Zählrad n <msr> • counter wheel
Zählrate f <nukl> • count rate; counting rate
Zählratenmesser m <msr> • counting rate meter
Zählregister n <msr> • count register
Zählrelais n <msr> (für Einzelereignisse) • counting relais
Zählrelais n <msr> (zur Durchflussmessung, Gebührenberechnung) • metering relais
Zählrohr n <nukl> (für Strahlung) • radiation counter; counter tube; counting tube
Zählrohrausbeute f <phys> • counter efficiency
Zählrohrcharakteristik f <nukl> • plateau characteristics
Zählrohrcharakteristik f <phys> • counter characteristic curve
Zählrohrdiffraktometer n <phys.msr> • X-ray diffractometer; roentgen diffractometer
Zählrohrentladung f <phys> • counter discharge
Zählrohrfüllgas n <phys> • counter gas
Zählrohrimpuls m <nukl> • tube count pulse
Zählrohrlöschkreis m <nukl> • counter quench circuit
Zählrohrplateau n <nukl> • plateau of counter
Zählrohrtotzeit f <phys> • counter dead time
Zählschalter m <msr> • count switch
Zählschaltung f <msr> • counter circuit; counting circuit
Zählstapler m <förd> • counter-stacker
Zählsteuerung f <msr> • counting control
Zählstoß m <phys> • count [pulse]
Zählstrich m <allg> (kleiner Strich; typ. in Fünfergruppen) • tally
Zählstufe f <msr> • counter stage; counting stage
Zählsystem n <msr> • counting system
Zählüberwachungslampe f <msr> • register pilot lamp
Zähl- und Druckwerk n <edv> • scaler-printer
Zählung f DIN 1319-1 <msr> (Vorgang) • counting
Zählung f <msr> (Resultat) • count
Zählunterdrückung f <msr> • non-metering
Zählverhinderungsrelais n <el> • non-metering relay
Zählverlust m <msr> • counting loss
Zählvorgang m <msr> (Vorgang) • counting
Zählwaage f <msr> • counting scale
Zählwerk n prakt <av> (z. B. von Tonband- oder Cassettengeräten) • tape counter; counter coll
Zählwerk n <kfz.msr> (km-Zähler) • odometer
Zählwerk n <msr> (betont: Mechanik) • counting mechanism
Zählwerk n <msr> (betont: Addierer, Summierer) • totalizer
Zählwerk n <msr> (z. B. für Personen, Objekte, Einzelereignisse) • counter
Zählwerk n <phot> (in Kamera; belichtete Bilder oder noch verfügbare Aufnahmen) • exposure counter; frame counter; film frame counter; film exposure counter
Zählwerk-Betriebsart-Anzeige f <av> • counter mode indicator
Zählwerk für AGR-Warnleuchte f <kfz.emiss> • EGR elapsed mileage odometer
Zählwerk für EGR-Anzeige f <kfz.emiss> • EGR elapsed mileage odometer
Zählwerk-Rückstellung f <msr> (auf Null) • counter reset
Zählzeitverzögerung f <msr> • counter time lag
zähmodifiziert <kst> • rubber modified

Zähneknirschen n <bio> • teeth grinding
Zähne ohne Überhöhung <masch> • dwell teeth
Zähnezahl f <masch> (Längsverzahnung in Welle) • number of flutes
Zähnezahl f <masch> (z. B. von Zahnrad, Fräser) • number of teeth; tooth number
Zähnezahlverhältnis n DIN 3998 <masch> • gear ratio
Zähpolen n <metall> • tough poling
Zäsium n obs <chem> • cesium (Cs); caesium GB
Zahl f <math> (ein- und mehrstellig) • number
Zahl f <math> (Zeichen, das eine Zahl repräsentiert; z. B. römische Z., arab. Z.) • numeral
Zahl f ugs <math> (einzelnes Zeichen) • figure; numerical symbol
Zahl der Freiheitsgrade f <math> (Kinematik) • number of degrees of freedom
Zahlenangaben fpl <doku> • numerical data
Zahlenanzeige f <msr> • digital display
Zahlenbeispiel n <doku> • numerical example
Zahlenbereich m <math> • number range
Zahlendarstellung f <edv> • number representation
Zahlendarstellung f <math> • number notation
Zahlenebene f <math> • number plane
Zahleneingabe f <edv> • numerical input
Zahlenfolge f <math> • number sequence
Zahlengeber m <edv> • key sender
Zahlengeber m <tele> • impulse machine
Zahlengebertaste f <tele> • sender key
Zahlengerade f <math> • number line
Zahlengleichung f <math> • numerical equation
Zahlengröße f <phys> • numerical quantity
Zahlenkodierung f <tech.allg> • numerical coding
Zahlenkörper m <math> • number field
Zahlenmenge f <math> • number set
Zahlenmodul m <math> • number module
Zahlenreihe f <math> • number series
Zahlenschloss n <sich> (z. B. Geldspeicher, OSO-Safe, Koffer, Fahrradlkette) • combination lock
Zahlensystem n <math> • number system
Zahlentheorie f <math> • number theory; theory of numbers
Zahlenverschlüsselung f <tech.allg> • numerical coding
Zahlenwert m DIN 1313 <tech.allg> • numerical value
Zahlenwertgleichung f DIN 1313 <math.phys> • numerical value equation; equation between numerical values
Zahlknopf m <autom> • pay button
Zahlkörper m <math> • number field
Zahlung f <fin> • payment
Zahlungsbedingungen f <fin.jur> • payment conditions; terms of payment
Zahl vorprogrammierbarer Aufnahmen f <av> (Videorecorder) • number of programmed events; x events/month timer programming; number of events/days in advance; events per month
Zahn m <tech.allg> • tooth
Zahn m <agri> (Egge) • spike
Zahn m <textil> (Webblatt) • split
Zahn m rar <wz.agri> (von Gabel, Grubber, Egge, Vertikutierer u.ä.) • tine; spike; tooth rare
Zahnabrundung f <masch> • tooth chamfer
Zahnabstand m <masch> • tooth pitch
Zahnabstufung f <wz> (Räumwerkzeug) • tooth increment
Zahnbelastung f <masch> • tooth load
Zahnbogen m <masch> • tooth sector
Zahnbohrer m <wz> • jagged bit
Zahnbreite f DIN 868 <masch> (Zahnrad) • tooth face width; tooth width
Zahnbürste für die Zahnzwischenräume f <hygi> • interspace toothbrush

Zahndicke f <masch> • tooth thickness
Zahndickenmessschieber m <wz> • gear tooth caliper; gear tooth thickness vernier; vernier gear tooth caliper; gear-tooth micrometer
Zahndickenmessung f <msr> • tooth-thickness measurement
Zahndickensehne f <masch> (Abmessung am Zahnrad) • circular thickness cord
Zahndickensehnenmaß n <masch> (Zahnrad) • chordal thickness
Zahneingriff m <masch> • tooth engagement; tooth mesh; meshing [of teeth]
Zahneingriffsdruck m <masch> • tooth pressure
Zahneinzelteilung f <masch> • tooth-to-tooth spacing
Zahnfederbacke f <masch> • alligator jaw
Zahnflanke f DIN 3998 <masch> • tooth flank
Zahnflankenkurve f <masch> • tooth curve; tooth profile
Zahnflankenschleifmaschine f <wz.masch> • gear profile-grinding machine; gear grinding machine
Zahnflankenspiel n <antr> (Getriebe) • tooth backlash
Zahnfleisch n <bio> • gums pl
Zahnflügel-Kolbenpumpe f <förd> • multi-lobe pump
Zahnflügel-Kreiskolbenpumpe f <förd> • multi-lobe pump
Zahnform f <masch> • tooth form
Zahnformdiagramm n <masch> • tooth profile graph
Zahnformfehler m <prod> • tooth profile deviation
Zahnformkorrektur f <masch> • tooth profile correction
Zahnfuß m <masch> (Zahnrad) • tooth base; tooth root
Zahnfußausrundung f <masch> • tooth fillet
Zahnfußhöhe f <masch> • dedendum
Zahnfußtragfähigkeit f <masch> • tooth-strength rating
Zahnfußwinkel m <masch> • dedendum angle
Zahngesperre n <masch> • ratchet and pawl mechanism
Zahngrund m <masch> (Vertiefung zwischen den Zähnen eines Zahnrads, einer Säge) • tooth gullet
Zahngrundrundung f <masch> • gullet fillet; root radius; fillet of the gullet
Zahnheilkunde f <med> • dentistry
Zahnhöhe f DIN 3998 <masch> (Zahnrad) • tooth depth; tooth height; depth of cut rare; total depth rare
Zahnhöhenkürzung f <masch> (Zahnrad-Fertigung) • addendum reduction; reduced addendum; tip relief
Zahnhöhensumme f <masch> (zweier im Eingriff stehender Zähne) • tooth sum
Zahninduktion f <el> • tooth induction
Zahnkantenausschrägung f <masch> • tooth chamfer
Zahnkeilriemen m <antr> • cogged V-belt
Zahnkette f <masch> • toothed chain; silent chain; inverted tooth chain form
Zahnkettentrieb m <masch> • inverted-tooth chain drive
Zahnkontakt m <masch> • tooth contact
Zahnkopf m DIN 3998 <antr> (Zahnrad) • top land; crest; tooth tip coll
Zahnkopfflanke f <masch> • tooth face
Zahnkopfhöhe f DIN 3998 <masch> (Zahnradzahn) • addendum
Zahnkopfwinkel m <masch> (Zahnrad) • addendum angle
Zahnkranz m <fz.antr> (Kettenrad hinten; z. B. Fahrrad, Motorrad) • rear sprocket; sprocket wheel; sprocket pract; cog coll
Zahnkranz m <mot.antr> (großes ringförmiges Zahnrad; z. B. an Schwungscheibe) • ring gear
Zahnkranzabnehmer m <fz.wz> (Fahrrad; zum Abschrauben der Freilaufzahnkränze) • freewheel remover
Zahnkranzfutter n <masch> • scroll chuck
Zahnkranzpaket n <fz> (Fahrrad) • sprocket cluster; gear cluster; cluster pract

Zahnkranzplanscheibe f <wz.masch> • gear-driven face plate
Zahnkranzscheibe f <kfz.antr> (bei Kfz mit Automatikgetriebe und hydrodynamischer Kupplung) • drive plate; flexplate pract; torque converter drive plate form
Zahnkranzzerlegewerkzeug n <fz.wz> (Fahrrad) • sprocket remover; sprocket turner
Zahnkupplung f <antr> (eine formschlüssige K.) • tooth clutch
Zahnlücke f <masch> (zwischen Zähnen einer Zahnradpumpe) • tooth pocket; tooth space
Zahnlücke f DIN 3998,868 <masch> (allg. zwischen benachbarten Zähnen) • tooth space
Zahnlückenfräser m <wz> • space cutter
Zahnmeißel m <petr> • tooth bit; mill tooth bit
Zahnmessschieblehre f <wz> • gear tooth vernier caliper
Zahn mit Kopfkürzung m <masch> (Zahnrad) • short-addendum tooth
Zahn ohne Kopfkürzung m <masch> (Zahnrad) • long-addendum tooth
Zahnpasta f <hygi> • tooth-paste
Zahnpaste f DDR <hygi> • tooth-paste
Zahnpflegecenter n <hygi> (el. Zahnürste etc.) • dental care center US; dental care centre GB
Zahnporzellan n <med.mat> • dental porcelain
Zahnprofil n <masch> (Zahnrad, Kettenrad) • gear-tooth outline; gear-tooth profile; tooth outline; tooth profile
Zahnrad n DIN 868, 3998 <antr> (ein ~ greift stets in ein anderes ~ ein) • gear; gear wheel
Zahnradachse f <masch> (Zahnradgetriebe) • gear axis
Zahnradantrieb m <masch> • gear drive
Zahnradbahn f <bahn> • cog railway US; rack railway GB; rack and pinion railway rare
Zahnrad-Durchflussmesser m <msr> • gear-type flow meter
Zahnraddynamometer n <msr> • toothed wheel dynamometer
Zahnradflüssigkeitsmotor m <hydr> • hydraulic gear motor
Zahnradformfräser m <wz.masch> • gear milling cutter; gear cutter
Zahnradformfräsmaschine f <wz.masch> • gear milling machine
Zahnradformmaschine f <wz.masch> • gear molding machine
Zahnradfräsen n <prod> • gear milling
Zahnradfräser m <wz.masch> • gear milling cutter; gear cutter
Zahnradfräsmaschine f <wz.masch> • gear milling machine
Zahnradgetriebe n <antr> • gear train; gear unit; gearbox
Zahnradgetriebe n DIN 3998 <masch> (Zahnradgetriebe) • train of gears
Zahnradgetriebe mit hohem Übersetzungsverhältnis n <antr> • high-ratio gear set
Zahnradkupplung f <masch> • gear-tooth clutch
Zahnradlehre f <msr> • gear gauge
Zahnradlokomotive f <bahn> • cog-wheel locomotive US; rack locomotive GB
Zahnrad mit Doppelverzahnung n rar <antr> • herringbone gear
Zahnrad mit Hypoidverzahnung f <antr> • hypoid gear
Zahnrad mit Pfeilverzahnung n <antr> • herringbone gear
Zahnrad mit Schrägverzahnung n <antr> • helical gear
Zahnradölpumpe f <tribo> • gear type oil pump
Zahnradpaar n DIN 868 <masch> • gear pair; pair of gears
Zahnradpaarung f <masch> (Vorgang) • matching of pairs of gears

Zahnradpaarung f DIN 3998 <masch> (konkrete Zahnräder) • mating gears

Zahnradpumpe f <masch> (typ. Ölpumpe) • gear pump; gear-type rotary pump; gear wheel pump

Zahnradräummaschine f <wz.masch> • gear broaching machine

Zahnradreibschleifmaschine f <wz.masch> • gear lapping machine

Zahnradrohling m <masch> • gear blank

Zahnradsatz m <antr> (in Getriebe) • gear train; gear set; gear package spares

Zahnradsatz m <antr.rep> (Ersatzteilsatz) • gear package

Zahnradschaben n <prod> • gear shaving

Zahnradschabmaschine f <wz.masch> • gear shaving machine

Zahnradschleifen n <prod> • gear grinding

Zahnradschleifmaschine f <wz.masch> • gear grinding machine

Zahnradschneiden n <prod> • gear cutting

Zahnradschneidrad n <wz> • gear generating shaper cutter

Zahnradschneidrad n <wz> • gear-shaped cutter

Zahnradschraubgetriebe n <masch> • pair of crossed helical gears

Zahnradsegment n <masch> • segment gear

Zahnradsensor m <msr> (Messung von Zahnraddrehzahl, -position) • gear-speed sensor

Zahnradstoßen n <prod> • gear shaping

Zahnradstoßmaschine f <wz.masch> • gear shaping machine

Zahnradteilungsfehler m <prod> • gear pitch error

Zahnradtrieb m <masch> • toothed-gear drive; gear drive

Zahnradübersetzung f <masch> • gear transmission

Zahnradübersetzungsverhältnis n <masch> • gearing ratio; gear transmission ratio

Zahnradverdichter m <masch> • gear compressor

Zahnradverschiebung f <masch> • gear shifting

Zahnradwälzfräsen n <prod> • gear hobbing

Zahnradwälzfräser m <wz> • gear hob

Zahnradwälzfräsmaschine f <wz.masch> • gear hobbing machine

Zahnradwälzhobeln n <prod> • gear planing

Zahnradwälzschleifmaschine f <wz.masch> • gear generating grinding machine

Zahnradwälzstoßmaschine f <wz.masch> • generating gear shaping machine

Zahnradwalzen n <prod> • ring gear rolling

Zahnradwechselgetriebe n <wz.masch> (von Drehmaschine) • change-speed gears; multi-speed gearbox

Zahnradziehschleifmaschine f <wz.masch> • gear honing machine

Zahnräder ohne Profilverschiebung <mech> • unmodified gears

Zahnrädervorgelege n <wz.masch> • back gear

Zahnrichtungsdiagramm n <masch> • lead graph

Zahnrichtungstoleranz f <masch> • lead tolerance

Zahnriefe f <masch> • tooth mark

Zahnriemen m <edv.druck> (in Drucker; zur Steuerung des Schritt/Zeichenabstands) • spacing band

Zahnriemen m prakt <kfz.mot> (zur Ventilsteuerung) • timing belt; camshaft drive belt; cam belt; spur belt

Zahnriemen m <masch> (allg., Betonung der Form; formschlüssige Verbindung) • toothed belt; cogged belt; cog belt; spur belt

Zahnriemenabdeckung f prakt <kfz.mot> (OHC-Motor, Nockenwellenantrieb) • timing belt cover

Zahnriemenantrieb m <antr> (formschlüssig) • toothed pulley drive; belt drive

Zahnriemen-Prüfgerät n <kfz.wz> • belt tension gauge

Zahnriemenscheibe f <mot> • pulley; sprocket rare

Zahnriementrieb m DIN ISO 7967-3 <mot> (z. B. für Nockenwelle) • synchronbous belt drive ISO 7967-3

Zahnriementrieb m DIN ISO 7967-3 <mot> • synchronous belt drive ISO 7967-3

Zahnrücken m <wz> (Fräser) • back

Zahnrückenbreite f <wz> • land width

Zahnschabrad n <wz> • rotary gear shave cutter

Zahnscheibe f DIN 6797 <füg> (Schraubensicherung; allg., innengezahnt oder außengezahnt) • tooth lock washer; toothed lock washer; tooth washer pract

Zahnscheibe Form A f <füg> • external tooth lock washer; external lock washer

Zahnscheibe Form J f <füg> • internal tooth lock washer; internal lock washer

Zahnscheibe Form V f <füg> • countersunk external tooth lock washer; countersunk external toothed lock washer stand

Zahnscheibenmühle f <verf> • toothed-disc mill

Zahnschneideautomat m <wz.masch> • automatic gear cutting machine

Zahnschraubenlinie f <masch> • tooth helix

Zahnschwelle f <bau.hydr> (Wehr) • dentated sill

Zahnsegment n <masch> (allg.) • segment gear; toothed segment

Zahnsegment n <masch> (für Sperrklinkenmechanismus; z. B. an Handbremshebel) • ratchet

Zahnsegmenthebel m <masch> • quadrant lever

Zahnseide f <hygi> (zum Reinigen der Zahnzwischenräume) • dental floss; floss coll

Zahnspachtel m <bau.wz> (Handspachtel mit gezahntem Spachtelblatt zum Kleberauftrag) • adhesive spreader; notched trowel

Zahnspitze f <füg> (Spitze des Gewindezahns) • crest; thread crest

Zahnspitze f <masch> • tooth crest

Zahnstange f <kfz> (Lenkung) • steering rack

Zahnstange f DIN 3998 <masch> (allg.) • rack; gear rack; toothed rack

Zahnstangenfräser m <wz> • rack milling cutter; rack cutter

Zahnstangenfräsmaschine f <wz.masch> • rack milling machine; rack cutting machine

Zahnstangengleis n <bahn> • rack rail track

Zahnstangenlenkgetriebe n <kfz> • rack-and-pinion steering gear

Zahnstangenlenkung f <kfz> • rack-and-pinion steering

Zahnstangenritzel n <masch> • rack pinion

Zahnstangenteilebene f <masch> • datum plane

Zahnstangenteileinrichtung f <wz.masch> • rack-indexing attachment

Zahnstangentrieb m <masch> • rack-and-pinion drive

Zahnstangenwerkzeug n <wz> • rack-form cutter

Zahnstangenwinde f <wz> • rack-and-lever jack

Zahnstocher m <wz.hygi> • toothpick

Zahnstollenbreite f <masch> • land width

Zahnstütze f <masch> • tooth rest

Zahnstütze f <wz> (Werkzeuganschliff) • tool rest

Zahnteilbahn f <masch> • pitch line

Zahnteilung f <masch> (von Längsverzahnung auf Welle) • flute spacing

Zahnteilung f <masch> (allg.) • tooth pitch; tooth spacing

Zahnteilungsfehler m <masch> (unterschiedl. Abstände) • tooth pitch error; tooth spacing error; tooth spacing variation

Zahntiefe f <masch> (Zahnrad) • tooth height; tooth depth; total depth US

Zahntragbild n <masch> • tooth bearing pattern

Zahntragfläche f <masch> • tooth-bearing area

Zahntrommel f <phot> (für Filmtransport in Kamera, Projektor) • sprocket

Zahntrommel f <textil> • porcupine cylinder

Zahnwalzenbrecher m <textil> • toothed-roll crusher

Zahnweitenmessschraube f <msr> • gear-tooth micrometer

Zahnweitenmessung f <msr> (Zahnrad) • block gaging measurement; chordal measurement; tooth-thickness measurement

Zahnwelle [mit Evolventenzähnen] f <masch> • involute spline shaft

Zahn-Wellens-Test m DIN EN ISO 9888 <qualit.hydr> (statischer Test) • Zahn-Wellens method DIN EN ISO 9888

Zahnwurzelbogen m <masch> (Schneckenrad) • throat

Zahnwurzeldicke f <masch> • tooth thickness at the base

Zahnzement m <med.tech> • dental cement

Zange f <bau> (Holzbaustrebe) • binding beam; brace; tie

Zange f <förd> (zum Heben, an Hebegeschirr) • lifting tongs

Zange f <med.wz> • tongs; forceps

Zange f prakt <petr> (zum Verschrauben und Lösen von Gestänge- u. Rohrverbindungen) • tongs

Zange f DIN ISO 4572 <wz> (kleines Handwerkzeug zum Greifen, Biegen) • pliers US.GB; pliars US.GB; pair of pliers

Zange f rar <wz> (z. B. an Roboter) • gripping device; gripper pract

Zange für Außensicherungen f <wz> • external snap ring pliers US; external retaining ring pliers US; external circlip pliers GB

Zange für hufeisenförmige Sicherungsringe f <wz> • lock ring pliers

Zange für Innensicherungen f <wz> • internal snap ring pliers US; internal retaining ring pliers US; internal circlip pliers GB

Zange für Sicherungsringe f <wz> (für Außen- und Innensicherungen) • snap ring pliers US; retaining ring pliers US; circlip pliers GB

Zangen fpl <prod.nahr> (Speiseeis; Rundgefrierer) • tongs

Zangenbalken m <bau.hydr> (zum Heben von Dammtafeln) • lifting beam

Zangenbremse f <bahn> • clasp brake

Zangeneinsatz m <wz> (austauschbare Greifbacken) • false jaw

Zangenfutter n <wz.masch> (für Stangenmaterial) • collet chuck; collet pract; draw-in attachment rare

Zangenmanipulator m <nukl> • remote handling tong

Zangenportionierer m <nahr.wz> (Speiseeis) • twin-grip server

Zangenspannfutter n <wz.masch> • collet chuck

Zangenspannkopf m <qualit.mat> • pincer grip

Zangenspannung f <prod> (in Spannfutter; z. B. Bohrer, Werkstück) • collet chucking; collet gripping

Zangenstrommesser m <el> • prong-type ammeter; tong-type ammeter; clip-on ammeter; clamp-on ammeter

Zangenwagen m <prod> (Drahtzug) • gripping-jaw carriage

Zangenwandler m <el> • split-core type transformer

Zangenzuführung f <prod> (z. B. Stangenautomat) • grip feed

Zapfen m <bau.füg> (Holzbau; Balkenverbindung) • tenon

Zapfen m <füg> (an Schraubenende) • full dog point

Zapfen m <holz.füg> (runder Stift) • dowel [pin]

Zapfen m <masch> (zum Lagern, Stützen; z. B. seitlich an alten Kanonenrohren) • trunnion US; gudgeon

Zapfen m DIN ISO 4378-1 <masch> (in einem Drehlager; z. B. von Kurbelwelle) • journal ISO 4378-1

Zapfen m <masch> (Wellenhals) • neck

Zapfen m <masch> (in Gelenk, Scharnier) • pivot

Zapfen m rar <masch> (erlaubt Schwenk-, Kippbewegung; z. B. an Generator, in Schäkel) • pivot bolt; pivot pin; hinge pin; fulcrum pin GB; pintle

Zapfen m <rls> (in Absperrhahn, Zapfhahn) • spigot; peg; plug

Zapfenanschluss m <rls> (Hahn) • spigot joint

Zapfenaufhängung f <masch> • pivot suspension

Zapfenbohrer m <wz> • pin drill

Zapfendruck m <mech> (in Zapfenlager) • journal pressure

Zapfendüse f <kfz.mot> • pintle nozzle; pintle injector

Zapfendüse f <mot> • pintle injector; pintle nozzle

Zapfeneckverbindung f <bau> • mortise corner joint; tenon joint

Zapfeneinspritzdüse f <mot> • pintle injector; pintle nozzle

Zapfenerweiterung f <prod> • pin enlargement

Zapfengelenk n <masch> • pivot joint

Zapfenkreuz n <kfz.antr> (von Kreuzgelenk) • cross; spider; journal

Zapfenlager n <masch> • journal bearing

Zapfenlager n <masch> (oben offen) • pillow

Zapfenlenkung f <kfz> • peg-and-worm steering gear

Zapfenreibung f <mech> • journal friction

Zapfenreibungsmoment n <mech> • journal friction moment

Zapfenreibungszahl f <mech> • journal friction coefficient

Zapfenschlüssel m <wz> (Steckschlüsseleinsatz) • spanner socket

Zapfenschraube f <füg> • faucet screw

Zapfenschraube mit Schlitz f DIN 927 <füg> • slotted shoulder screw

Zapfensenker m <wz> • piloted counterbore

Zapfenspitzsenker m <wz> • piloted countersink

Zapfen und Schlitz m <bau.füg> (Balkenverbindung) • mortise and tenon

Zapfenverbindung f <holz.füg> (Holzbau) • tenon and mortise

Zapfenverkeilung f <holz.füg> • fox-tail wedging

Zapfgetriebe n <agri> (an Traktor) • power take-off gear

Zapfhahn m <rls> (Fass) • spigot; tapping cock; tap

Zapfloch n <tech.allg> (Behälter, Fass) • tapping hole; bunghole coll

Zapfpistole f <kfz> • gas hose nozzle US

Zapfpistole mit Benzindunst-Saugrohr f <kfz.emiss> (mit koaxialem Schlauch; zur passiven Gaspendelung) • vapor recovery nozzle with boot :V

Zapfpistole mit Dichtungsmanschette f <kfz.emiss> (mit koaxialem Schlauch; zur passiven Gaspendelung) • vapor recovery nozzle with boot :V

Zapfsäule f <kfz> • gasoline pump US; petrol pump GB; gas pump US.coll; bowser AUS.NZ.coll

Zapfsäule für Bleibenzin f <kfz> • leaded gas pump US

Zapfsäule für Dieselkraftstoff f form <kfz> • diesel fuel pump

Zapfsäule für verbleiten Ottokraftstoff f form <kfz> • leaded gas pump US

Zapfschlauch m <kfz> (an Tankstelle) • filling hose

Zapfschlauch m <rls> • tapping hose

Zapfventil n form <kfz> • gas hose nozzle US

Zapfventil n <rls> (allg.) • tap [valve]

Zapfwelle f <nfz> (Nebenabtrieb) • PTO shaft; power take-off shaft

Zapfwellenmähdrescher m <agri> • power take-off combine

Zaponlack m <obfl> • zapon lacquer

Zapping-Box f <av> (TV) • free-to-air box

Zarge f <bau> (Fenster, Tür; sichtbar, nicht durch Abdeckrahmen überdeckt) • frame

Zarge f <bau> *(Teil einer Türkonstruktion, in den das Tür-blatt eingehängt wird)* • door frame
Zarge f <druck> *(Rand)* • border
Zarge f <pack> *(Dosenkörper)* • can body *US*; tin body *GB*
Zarge f DIN 55405 <pack.teil> • body blank
Zargenbeleimmaschine f <druck> • edge gumming machine
Zargenbiegemaschine f <pack.prod> *(Dosen)* • body-maker
Zargenblech n <pack.prod> *(für Dosen)* • body stock
Zargenherstellungsautomat m <pack.prod> • automatic bodymaking machine
Zargenriffelmaschine f <pack> *(Dosen)* • border crimping machine
Zargenrundung f <pack.prod> *(Dosen)* • body forming
Zarsche f <textil> • groove
zart <nahr> *(Wein)* • delicate; gentle
zartrosa <kunst> • French lilac
ZAS <kfz.mot> • cylinder cutout
Zasche f <textil> *(Riefe, Nut bei Spitznadeln)* • needle eye; needle groove
Zasche f <textil> • groove
Zaunanordnung f <edv> *(Strichcodesymbol)* • picket fence orientation; horizontal orientation
Z-Bake f <navig> • zone marker
Z-Brücke f prakt <licht.theat> *(Beleuchtungsbrücke im Zuschauerraum; typ. begehbar)* • front of house lighting bridge *form*; FOH lighting bridge *pract*
ZBR-Verfahren n <edv> *(zur Datenaufzeichnung auf Festplatten)* • zone-constant angular velocity method (ZCAV); zone bit recording method; ZBR-method; multiple zone recording method; MZR-method
Z-Buffer m <edv> • Z-buffer; depth buffer
Z-Buffer-Algorithmus m <edv> • Z-buffer algorithm
Z-Buffering n <edv> • Z-buffering; depth-buffer method *rare*
ZCAV-Verfahren n <edv> *(zur Datenaufzeichnung auf Festplatten)* • zone-constant angular velocity method (ZCAV); zone bit recording method; ZBR-method; multiple zone recording method; MZR-method
Z-Clipping n <edv> • z-clipping; depth clipping
Z-Diode f prakt <el> • Zener diode; Z-diode; voltage-reference diode; reference diode
Z-Drehung f <textil> *(Zwirnerei)* • Z-twist; Z lay
Z-Durchbruch m <el> • Zener breakdown
ZE <msr> • basic processing unit (BPU)
Zebraholz n rar <kfz.innen> *(Edelholz)* • zebrano; zebrawood; zebrana *rare*
Zebrano-Holz n <kfz.innen> *(Edelholz)* • zebrano; zebrawood; zebrana *rare*
Zebra-Programmiersprache f (ZPL) <edv> • zebra programming language (ZPL)
Zebrastreifen m <bau.verk> *(Fußgängerüberweg)* • zebra crossing
Zeche f <min> • mine
Zeckenenzephalitis f <bio> *(Infektionskrankheit, die durch Zecken übertragen wird)* • central european encephalitis (CEE); spring-summer encephalitis; Russian spring-summer encephalitis; tick-borne encephalitis
Zeeman-Aufspaltung f <phys> *(Spektrallinien)* • Zeeman splitting
Zeeman-Effekt m <phys> *(Aufspaltung von Spektrallinien)* • Zeeman effect
Zeeman-Energieniveaus npl <phys> • Zeeman energy levels
Zehneck n <math> • decagon
Zehnergruppe f <allg> • decade
Zehnerkomplement n <math> • tens complement
Zehnerlogarithmus m <math> • common logarithm

Zehnerpotenz f <math> • power of ten; decimal power
Zehnerstelle f <math> • tens digit
Zehnersystem n <math> • decimal system; decade system *rare*
Zehnertastatur f <edv> • ten-key keyboard
Zehnerteilschaltung f <el.msr> • scale-of-ten circuit
Zehnerübertrag m <math> *(beim Rechnen)* • decimal carry; tens carry
Zehnerübertragimpuls m <edv> • tens carry pulse
Zehnerübertragkontakt m <edv> • tens carry contact; carry contact
zehnflächig <math> • decahedric
Zehngelenkgetriebe n <masch> • ten-joint mechanism
Zehnlochschlüssel m <wz> *(für Fahrrad)* • 10-way box wrench; ten-way box wrench
zehnstellig <math> • ten-digit
Zehntelnormallösung f <chem> • decinormal solution
Zehnwendelpotentiometer m <el> • 10-revolution potentiometer
Zehnzonen-Tauch-Taktanlage f <obfl> • batch-worked ten-zone dip plant
Zehnzylinder m ugs <kfz.mot> • ten-cylinder engine
Zehnzylindermotor m <kfz.mot> • ten-cylinder engine
Zehnzylinder-V-Motor m (V-10) <kfz.mot> • V-ten cylinder engine (V-10); V-ten engine *pract*; Vee-ten *coll*
Zeichen n <allg> • sign
Zeichen n <tech.allg> *(zur Kennzeichnung)* • mark
Zeichen n prakt <doku> • signature
Zeichen n <druck.edv> *(z. B. Buchstabe, Ziffer, Satzzeichen)* • character
Zeichenabstand m <druck> *(beim Drucken, in cpi)* • character spacing; character pitch; print pitch
Zeichenabtastung f <edv> • character sensing
Zeichenanzeige f <edv> • character display
Zeichenanzeigeröhre f <edv> • alphanumeric display tube
Zeichenauffüllung f <edv> • character fill
Zeichenausrichtung f <druck> • character alignment
Zeichenautomat m <doku> • automatic drawing system
Zeichendichte f <druck> *(beim Drucken, in cpi)* • character spacing; character pitch; print pitch
Zeichendichte f DIN <edv> *(allg.; jed. Datenträger)* • recording density; character density; storage density; data density
Zeichendichte f <edv> *(in einem Strichcodesymbol)* • bar code density; character density; symbol density
Zeichendreieck n <wz.doku> *(typ. mit 90° und 45°)* • triangle
Zeichendrucker m <druck> • character printer; serial printer; symbol printer *rare*
Zeicheneinheit f <edv> *(Maßeinheit)* • drawing unit
Zeichenelement n <edv> • character element; code element
Zeichenelement n <tele> • signal element
Zeichenentschlüsselung f <edv> • decryption; decipherment
Zeichenerkennung f <edv> • character recognition
Zeichenerklärung f <doku> *(bei Karten)* • legend
Zeichenfehlerquote f <qualit> *(Fehler pro Zeiteinheit)* • character error rate
Zeichenfehlerrate f <qualit> *(Fehler pro Zeiteinheit)* • character error rate
Zeichenfehlerüberprüfung f <edv> • error checking; error check
Zeichenfehlerwahrscheinlichkeit f <qualit> *(Fehler pro Zeiteinheit)* • character error rate
Zeichenfläche f <druck> *(druckbarer Bereich eines Plotters)* • plotting area; plot area
Zeichenfolge f <edv> • character string

Zeichenfont *m rar* <edv> • font *stand*
Zeichenformat *n* <druck> • character format
Zeichenfrequenz *f* <tele> • signal frequency; mark frequency
Zeichen für das Block-Ende *n did* <edv> • end-of-block character; end-of-block mark; block mark *pract*
Zeichengabe *f* <tele> • signalization
Zeichengabekanal *m rar* <tele> *(ISDN)* • D channel; data channel; delta channel; signalling channel
Zeichengabestrecke *f* <tele> • signalling link
Zeichengabesystem *n* <tele> • signalling system
Zeichengenerator *m* <druck> • character generator
Zeichengenerierung *f* <edv> • character generation
Zeichengerät *n* <doku> • drawing instrument
Zeichengeschwindigkeit *f* <edv> *(Grafik)* • plot speed
Zeichengröße *f* <druck> • character size
Zeichengruppenverbindung *f* <edv> • concatenation
Zeichenkarton *m* <pap> • illustration board
Zeichenkette *f* <edv> • character string
Zeichenkode *m* <edv> • character code
Zeichenkopf *m* <doku> *(am Reißbrett; trägt Lineale u. Winkelteilung)* • drawing head
Zeichenkopf *m* <edv> *(beim Plotter)* • plotting head
Zeichenleser *m* <edv> • character reader
Zeichenlineal *n* DIN ISO 9960-1 <wz> • drafting scale rule *ISO 9960-1*
Zeichenmaschine *f* <doku> *(manuell)* • drawing machine
Zeichenmaschine *f* <edv> • plotter; numerically controlled drafting machine *ISO9179*
Zeichenmaschine mit Lageregelung *f* <druck> • interpolating plotter
Zeichenmaschinendrehkopf *m* <doku> • drawing machine protractor
Zeichenmaschinensteuerung *f* <doku> • drawing machine control
Zeichenmaschine ohne Lageregelung *f* <doku> • incremental plotter
Zeichenmaßstab *m* <doku> • drawing scale
Zeichenmatrix *f* <druck> • character matrix
Zeichenmodus *m* <edv> • character mode; text mode; form mode *IBM*
zeichenorganisiert <edv> *(Speicher)* • character-organized
zeichenorganisierter Speicher *m* <edv> • character-organized memory
zeichenorientiert <edv> • character-oriented
zeichenorientiert <wz.masch.msr> *(numerische Steuerung)* • string-oriented
Zeichenpaar *n* <edv> • character pair; pair of characters; bar code character pair
Zeichenpapier *n* <pap> • drawing paper
zeichenparallel <edv> • parallel by character
Zeichenparität *f* <edv> • character parity
Zeichenparitätsprüfung *f* <edv> • character parity check(ing)
Zeichenpause *f* <tele> • silent period
Zeichen pro Zeile *n* <druck> • line length; characters per line; line width; line size
Zeichen pro Zoll *npl* (CPI) <druck> • characters per inch (CPI)
Zeichenrahmen *m* ISO/IEC 2382-23 <edv> • character box *ISO/IEC 2382-23*
Zeichenreihe *f* <edv> • string
Zeichensatz *m* <druck> *(im Zeichengenerator gespeichert)* • character set
Zeichensatz *m* <edv> *(kompletter Satz Lettern gleicher Größe und gleichen Stils)* • font
Zeichensatz *m* <edv> *(in Strichcodesymbologie)* • character set; code set

Zeichensatzauswahlzeichen *n* <edv> • code subset change character
Zeichenschablone *f* <doku.wz> • drawing stencil
Zeichenschiefer *m* <mat> • slate black
Zeichenschritt *m* <tele> • signal element
zeichenseriell <edv> • serial by character
Zeichenspitze *f* <wz> • tracer point
Zeichenstärke *f* <tele> • signal strength; signal intensity
Zeichenstift *m* <doku> *(allg.; manuell od. in Plotter)* • drawing pen
Zeichenstrom *m* <edv> • marking current
Zeichenstromkontakt *m* <tele> • marking contact
Zeichenstromwelle *f* <tele> • marking wave
Zeichentaste *f* <tele> • character key
Zeichenteilmenge *f* <edv> • character subset
Zeichenteilung *f* <druck> *(beim Drucken, in cpi)* • character spacing; character pitch; print pitch
Zeichentisch *m* <doku> *(z. B. Architekturbüro, Werbeagentur)* • layout table
Zeichentrickfilm *m* <kunst> • cartoon; animated cartoon
Zeichenübersetzer *m* <edv> *(Software)* • character translator
Zeichenübertragung *f* <edv> *(z. B. Programmiersprache in Maschinensprache)* • character transfer
Zeichenübertragung *f* <tele> • signal transmission
Zeichenumsetzer *m rar* <edv> *(Software)* • character translator
Zeichenumsetzrelais *n* <tele> • translating relay
Zeichenumsetzung *f* <edv> • character conversion
Zeichenverdichtung *f* <druck> • character crowding
Zeichenverzerrung *f* <tele> • signal distortion
Zeichenvorrat *m* <druck> *(im Zeichengenerator gespeichert)* • character set
Zeichenvorrat *m* <edv> *(in Strichcodesymbologie)* • character set; code set
Zeichenwechsel *m* <tele> • inversion
Zeichenwelle *f* <tele> • marking wave; keying wave; signal wave
Zeichenwerkzeug *n* <edv> *(Software)* • drafting tool
Zeichenwinkel *m* <wz.doku> *(typ. mit 90° und 45°)* • triangle
Zeichenzuordner *m rar* <edv> *(Software)* • character translator
Zeichenzwischenraum *m* <edv> • intercharacter gap (ICG) *stand*; intercipher gap
zeichnen *vt* <doku> *(Entwurf)* • draft *vt*
zeichnen *vt* <doku> *(allg.)* • draw *vt*
zeichnen *vt* <druck> *(mit Plotter; z. B. Diagramme)* • plot *vt*
Zeichner *m prakt* <doku> • draftsman *US*; draughtsman *GB*
Zeichner *m* <kunst> • illustrator
zeichnerisch darstellen *vt rar* <doku> *(allg.)* • draw *vt*
zeichnerische Darstellung *f* <doku> • diagrammatic representation
zeichnerische Ermittlung *f* <doku> • graphical determination
zeichnerische Lösung *f* <prod> • graphic solution
Zeichnung *f* <doku> *(z. B. techn. Z.)* • drawing
Zeichnung *fsg prakt* <obfl.holz> *(Holzcharakteristik)* • texture; figure
Zeichnung *fsg* <phot.qualit> *(Schärfe von Fotos)* • detail *sg*
Zeichnungsbemaßung *f* <doku> • drawing dimensioning
Zeichnungsbereich *m* <edv> • drawing area
Zeichnungsebene *f* <edv> *(CAD, Computergrafik; zum Strukturieren von Zeichnungen)* • layer
Zeichnungseinheit *f* <edv> *(Maßeinheit)* • drawing unit
Zeichnungselement *n* <edv> • drafting entity; display element; graphic primitive; output primitive; primitive *coll*

Zeichnungskopf m <doku> • title block
Zeichnungslesemaschine f <edv> • line tracer
Zeichnungsmakro n <edv> *(für wiederkehrende Zeichnungselemente)* • template
Zeichnungsmaßstab m <doku> • scale of drawing
Zeichnungsmessmaschine f <msr> • drawing measuring machine
Zeichnungsrahmen m <edv> • drawing frame
Zeichnungssymbol n <edv> • drawing symbol
Zeichnungsträger m <doku> • drawing medium; drawing papers and films *pl*
Zeichnungsüberlagerung f <doku> • overplot
Zeichnungsvorlage f <doku> • master drawing
Zeigegerät n <edv> • pointing device; pointer
zeigen vt ugs <edv> *(Daten etc. auf dem Bildschirm)* • display vt; show vt coll
Zeiger m <edv> • pointer; data pointer
Zeiger m <el> *(in Zeigerdiagramm der Wechselstromrechnung)* • phasor; vector
Zeiger m <msr> *(von Anzeigeinstrument; z. B. Tacho)* • pointer; needle pract; indicator; index
Zeiger m <msr> *(Analoguhr)* • hand
Zeigerdiagramm n <el> *(Wechselstrom)* • phasor diagram
Zeigerdiagramm n <phys> *(für Kräfte)* • vector diagram
Zeigerdrehknopf m <msr> • pointer knob
Zeigerfrequenzmesser m <msr> • pointer frequency meter; direct-reading frequency meter
Zeigermessinstrument n <msr> • pointer instrument
Zeigerpaar n <masch> *(Teilen)* • sector arms
Zeigerspitze f <msr> • pointer tip
Zeigerstellung f <msr> • pointer position
Zeigertelegraf m <nav> • pointer telegraph; dial telegraph
Zeigervakuummeter n <msr> • dial vacuum gauge
Zeile f <av> *(vertikale Bildschirmauflösung)* • line; horizontal line
Zeile f <doku> *(Schriftzeichen, Text)* • line
Zeile f <edv> *(eines mehrzeiligen Strichcodes)* • row
Zeile f prakt <logist> *(Lagerregal)* • run US; row GB
Zeile f <math> *(in Matrix, Tabelle)* • row
Zeile f <metall> *(Gießerei; Gefüge)* • banding; band
Zeilenablenkendpentode f <av> • line output pentode
Zeilenablenkfrequenz f <av> • horizontal sweep frequency
Zeilenablenkgerät n <av> • horizontal deflection unit; horizontal sweep unit
Zeilenablenkspule f <av> • horizontal sweep coil
Zeilenablenkung f <edv> • raster scan
Zeilenablenkung f <el> *(Bildschirmröhre)* • horizontal deflection; horizontal sweep; line sweep
Zeilenabstand m <druck> • line spacing; line pitch; vertical spacing rare; line-to-line spacing rare
Zeilenabstandstaste f <druck> • line pitch switch
Zeilenabtastdauer f <av> *(Bildröhre, Scanner)* • scanning interval
Zeilenabtaster m <edv> • line scanner; line sensor
Zeilenabtastfrequenz f <av> • line scanning frequency
Zeilenabtastung f <av> • line scanning
zeilenadressierbar <edv> • line-addressable
zeilenadressierbarer Speicher m <edv> • line-addressable memory
Zeilenadressregister n <edv> • row-address register
Zeilenausgangstransformator m <av> • line output transformer
Zeilenausreißen n <av> • tearing [of lines]
Zeilenausschluss m <druck> • line justification
Zeilenaustastimpuls m <av> • line-frequency blanking pulse; horizontal blanking pulse
Zeilenaustastlücke f <av> • line blanking interval; horizontal blanking interval

Zeilenaustastpegel m <av> • line blanking level
Zeilenbegrenzer m <edv> • line terminator
Zeilenbreite f <druck> • line length; characters per line; line width; line size
Zeilenbreitenregelung f <av> *(Bildschirm)* • line amplitude control; horizontal size control
Zeilenbreitensteller m <av> *(Bildschirm)* • line amplitude control; horizontal size control
Zeilendichte f rar <druck> • line spacing; line pitch; vertical spacing rare; line-to-line spacing rare
Zeilendruckbetrieb m <druck> • line print mode
Zeilendrucker m <edv> • line printer
Zeileneinfügung f <edv> • line insertion
Zeilenendezeichen n <edv> • end-of-line character
Zeilenfang m <av> *(Bildröhre)* • line hold; field hold
Zeilenfanggrobeinstellung f <av> *(Voreinstellung)* • preset line hold
Zeilenflimmern n <av> • line flicker
zeilenförmige Anordnung f <autom> • linear array
zeilenförmige Carbideinlagerung f <metall> • carbide band
Zeilenfolgeabtastung f <av> • sequential scanning
Zeilenfolgesystem n <edv> • line-sequential system
Zeilenfräsen n <prod> • line-by-line milling; parallel-stroke milling
zeilenfrei gewobbelt <prod> • spot-wobbled
Zeilenfrequenz f <av> *(Bildröhre; in KHz)* • horizontal frequency; horizontal deflection frequency; horizontal scan rate; horizontal scanning frequency; line scanning frequency
Zeilenfrequenzteiler m <av> • line divider
Zeilenimpuls m prakt <av> *(im Bildröhren-Synchronsignal)* • horizontal synchronizing pulse; horizontal drive pulse; line sync pulse; HD pulse; H sync [pulse] pract
Zeilenindikator m <edv> *(Strichcode)* • row indicator; row designator
Zeilenkipp m <av> • line sweep
Zeilenkippgenerator m <av> • horizontal sweep oscillator; horizontal time-base generator
Zeilenkippschaltung f <av> • line sweep circuit
Zeilenkriechen n <av> • line crawl
Zeilenlänge f <druck> • line length; characters per line; line width; line size
Zeilenlinearität f <av> • horizontal linearity
Zeilenlöschimpuls m <av> • blanking pulse
Zeilenmatrix f <math> • row matrix
Zeilenmittel n <math> • row average
Zeilennennbreite f <av> • nominal line width
zeilenorientiert <edv> • line-oriented
Zeilenpaarung f <av> • line pairing
Zeilenparitätsbit n <edv> • row parity bit
Zeilenprüfzeichen n <edv> • row check character
Zeilenpuffer m <druck> • line buffer
Zeilenraster m <edv> • line-scanning pattern
Zeilenrasterverfahren n <edv> • raster scan
Zeilenreißen n <av> • line pulling
Zeilenrücklauf m <av> • horizontal flyback; line flyback
Zeilenrücklaufimpuls m <av> • line flyback pulse
Zeilenrückschritt m <druck> • reverse line feed; line back feed
Zeilenschaltung f <druck> • line feed
zeilensequentiell <edv> • line-sequential
zeilensequentielles System n <edv> • line-sequential system
Zeilensprungverfahren n <av> *(Bildschirmdarstellung)* • interlaced mode; line interlacing; interlaced scanning; scanning interlace system rare; staggered scanning
Zeilenstruktur f <metall> *(in Gussteil)* • banded structure

Zeilensynchronimpuls *m* <av> *(im Bildröhren-Synchron-signal)* • horizontal synchronizing pulse; horizontal drive pulse; line sync pulse; HD pulse; H sync [pulse] *pract*

Zeilensynchronisiergenerator *m* <av> • line synchronization generator; horizontal synchronization generator

Zeilentestzeichen *n* <edv> • row check character

Zeilentransformator *m* <el> • line transformer

Zeilentransport *m* <druck> • line feed

Zeilenüberlappung *f* <av> • line overlap

Zeilenübertrager *m* <edv> • line transformer

Zeilenumbruch *m* ISO/IEC 2382-23 <edv> • word wrap ISO/IEC 2382-23

Zeilenumlauf *m* ISO/IEC 2382-23 <edv> *(zyklisch, automatisch)* • wraparound ISO/IEC 2382-23

Zeilenunterdrückung *f* <av> • line suppression

Zeilenverdopplung *f* <edv> • line doubling

Zeilenversatz *m* <av> *(Schrägspuraufzeichnung; Verschiebung benachbarter Videospuren)* • line displacement

Zeilenversatz *m* <av> *(Bildröhre)* • line pulling

Zeilenvorschub *m* <druck> • line feed

Zeilenvorschubgeschwindigkeit *f* <druck> • line feed speed

Zeilenvorschubtaste *f* <druck> • line feed switch

Zeilenwähler *m* <edv> • line selector

Zeilenwechselfrequenz *f* <av> • line frequency

zeilenweise Abtastung *f* <edv> • line-by-line scanning

zeilenweise binär <edv> • row-binary

Zeilenzähler *m* <druck> • line counter

Zeit *f* (t) <phys> • time (t)

Zeitabfüller *m* <pack.nahr> • time filler

zeitabhängig <allg> • time-dependent

zeitabhängig ändern *vr* <tech.allg> • vary with time *v*

zeitabhängige Steuerung *f* <msr> • time control

Zeitablaufdiagramm *n* <tech.allg> • timing diagram

Zeitablaufplan *m* <msr> • time-phased schedule

Zeitablaufwerk *n* <msr> • time limiter

Zeitablenkgeschwindigkeit *f* <el> *(Oszillograph)* • sweep rate; sweep speed

Zeitablenkschaltung *f* <el> • sweep circuit; time-base circuit

Zeitablenkspannung *f* <el> • sweep voltage

Zeitablenkung *f* <el> *(Oszilloskop)* • sweep; time-base deflection

Zeitablenkungsbereich *m* <el> • sweep range; time-base range

Zeitabstand *m* <tech.allg> • time interval

Zeitachse *f* <msr> • time axis

Zeitachsendrehung *f* <navig> • trace rotation

Zeitachsenkippgenerator *m* <el> • timing axis oscillator

Zeitalter *n* <geo> • age

Zeit-Amplituden-Wandler *m* <el> • time-amplitude converter

Zeitanalysator *m* <msr> • time analyser

zeitartig <phys> *(Minkowski-Raum)* • time-like

Zeitauflösung *f* <msr> • resolution per time unit; resolution per clock unit

Zeitauflösungsvermögen *n* <msr> • time resolution; time resolving power

Zeitaufnahme *f* <phot> • time exposure

Zeitauslösung *f* <phot> • time release; timer release; timer-delayed release; self-timer release; shutter release with auto timer

Zeitautomatik *f* <phot> *(Belichtungsautomatik)* • aperture priority

Zeit-Basis *f* <edv> • frequency reference; time base

Zeitbasis *f* <el> *(z. B. Kathodenstrahlröhre)* • time base

Zeitbasis dehnen *v* <el> *(z. B. Oszilloskop)* • magnify the sweep *v*

Zeitbasis dehnen *vt* <msr> • expand the sweep *vt*

Zeitbasisdehnung *f* <el> • time-base extension

Zeitbasisfehler *m* <av> • time base error; time error

Zeit-Basis-Fehler *m* <el> *(z. B. von Speichermedien)* • phase jitter; time base error; jitter

Zeitbasisgerät *n* <el> • time base device

Zeitbasiskorrektur *f* <av> *(Videosignal)* • time-base correction (TBC); time-base compensation; time error compensation; time error correction

Zeitbasiskorrektur *f* <edv> • time-base correction

Zeitbasisverschlüssler *m* <edv> • time-base encoder

Zeitbegrenzer *m* <msr> • time limiter

Zeitbegrenzung *f* <tech.allg> • time limit

Zeitbegrenzungssteuerung *f* <msr> • timer control

Zeitbelichtung *f* <phot> • time exposure

Zeitbereich *m* <msr> • time domain

Zeitbestimmung *f* <msr> • time determination

zeitbezogen <tech.allg> • time-oriented; with reference to time

Zeitbezugslinie *f* <msr> • time reference line

Zeit bis zum 1. Fix *f* <navig> *(Positionsberechnung)* • time to first fix (TTFF)

Zeit bis zur Rückkehr des Echos *f* <navig> *(Sonar, Radar)* • duration of transmit and receive times

Zeitbruchdehnung *f* <qualit.mat> • rupture elongation

Zeitdauer bis zur Ankunft *f* <kfz.msr> *(Trip-Computer-Anzeige)* • estimated time to arrival (ETA)

Zeitdauer der Instandhaltungsmaßnahmen *f* <rep> *(Dauer von Wartungsmaßnahmen; z. B. Stillstandszeit)* • servicing time; maintenance time; maintenance interval

Zeitdehner *m* <el> • sweep magnifier

Zeitdehngrenze *f* <qualit.mat> • creep limit

Zeitdehnung *f* <el> *(Oszilloskop)* • sweep magnification

Zeitdehnung *f* <phys> *(Relativität)* • time dilatation; time dilation

Zeitdehnung *f* <qualit.mat> • time yielding

Zeit-Dehnungs-Kurve *f* <qualit.mat> *(Festigkeitslehre)* • time-elongation curve; time-creep curve

Zeitdiagramm *n* <tech.allg> • timing diagram; timing chart

Zeitdilatation *f* <phys> *(Relativität)* • time dilatation; time dilation

Zeitdiskriminatorkreis *m* <el> • time-selector transducer; interval-selector circuit

Zeitdrucker *m* <druck> • time printer

Zeiteinheit *f* <phys> *(SI: Sekunde)* • unit of time; unit time *pract*; time unit *rare*

Zeiteinstellknopf *m* <el> *(Regler, Schalter)* • time-setting control; timer control

Zeiteinstellschalter *m* <el> • time-setting switch

Zeitelement *n* <msr> • timing element

Zeiterfassung *f* <edv> • time clock

Zeitfahrlenker *m* <fz> *(Fahrrad)* • bullhorn bar

Zeitfahrmaschine *f* <fz.sport> *(Fahrrad)* • time trial bicycle

Zeitfahrrad *n* <fz.sport> *(Fahrrad)* • time trial bicycle

Zeitfahrrennrad *n* <fz.sport> *(Fahrrad)* • time trial bicycle

Zeitfehler *m* <av> • time base error; time error

Zeitfehlerausgleich *m* <av> *(Videosignal)* • time-base correction (TBC); time-base compensation; time error compensation; time error correction

Zeitfehler-Ausgleicher *m* <av> • time base corrector (TBC)

Zeitfehlerkompensation *f* <av> *(Videosignal)* • time-base correction (TBC); time-base compensation; time error compensation; time error correction

Zeitfehlerkorrektur *f* <av> *(Videosignal)* • time-base correction (TBC); time-base compensation; time error compensation; time error correction

Zeitfenster *n* <tech.allg> *(für bestimmte Aktionen; z. B. Raketenstart)* • time window

Zeitfenster n <el> *(im Augenoszillogramm; horizontale Ausdehnung der Augenöffnung)* • eye width

Zeitfenster n prakt <med.tech> *(Beatmungsgerät-Betriebsphase)* • assist window; trigger window

Zeitfestigkeit f <qualit.mat> *(max. Belastbarkeit, bei statischer Last; in N/mm²)* • fatigue strength; endurance strength; creep rupture resistance; limiting creep stress; creep rupture strength

Zeitfolge f <tech.allg> • time sequence

Zeitfolgeregelung f <msr> • time-sequence control

Zeitfolgeverfahren n <av> • field sequential system; frame sequential system

zeitfrei <mech> • scleronomous

Zeitfüller m <pack.nahr> • time filler

Zeit für den Startvorgang f <tech.allg> *(allg.; eines Systems, einer Komponente, Maschine)* • start-up time; starting time

Zeitfunktion f <msr> • timing function

Zeitgabe f <msr> • timing

Zeitgeber m <msr> *(für Intervalle, Takte)* • interval timer; timing generator; timing pulse generator

Zeitgeber m <msr> *(zentrale Uhr, Taktgeber)* • master clock; primary clock

Zeitgeberbetrieb m <edv> • fixed-cycle operation

Zeitgeberfrequenz f <msr> • clock frequency

Zeitgebermotor m <msr> • timing motor

Zeitgeberschaltung f <el.msr> • timing circuit

Zeitgeberspur f <el> • clock track

Zeitgebung f <navig> • time distribution; time dissemination

zeitgeführt <msr> *(z. B. Ablaufsteuerung)* • time-oriented

zeitgeführte Ablaufsteuerung f <msr> • time-oriented sequence control

zeitgerafft <qualit.mat> *(Prüfung)* • accelerated; rapid; quick

zeitgeschachtelt <edv.tele> • time-multiplexed

zeitgesteuert <msr> *(allg.)* • timed

zeitgesteuert <msr> *(zyklisch, wiederkehrend)* • time-cycled

zeitgesteuerte Schalteinrichtung f <alarm> • time-controlled arming device :V

Zeitgetrenntlageverfahren n <tele> • time division method

Zeitgleichung f <phys> • equation of time

Zeitglied n <el> *(Verzögerungsrelais)* • slug

Zeitglied n <msr> • timing element

Zeitgültigkeit f <term> *(eines Eintrags)* • temporal qualifier

Zeitimpuls m <el> • time pulse; timing pulse

Zeitinformation f <msr> • time information

Zeitintegral n <msr> • time integral

Zeitintervall n <navig> • time interval

Zeitintervallmessgerät n <msr> • time interval meter

zeitinvariant <tech.allg> • time-invariant

Zeitkanal m <tele> • channel time slot; time slot

Zeitkonstante f <msr> *(allg.)* • time constant (TC)

Zeitkonstante f <navig> *(Lagekreisel)* • characteristic time

Zeitkontakt m <el> • time closing contact

Zeitkontakteinrichtung f <el> • timing interrupter

Zeitkontrollimpuls m <navig> • time control pulse; trigger timing pulse

Zeitkorrektur f <tech.allg> • time correction

Zeitkorrekturschaltung f Met <av> • time base corrector (TBC)

zeitlich abgestimmt <tech.allg> *(Vorgang, Ereignis)* • timed

zeitlich begrenzbar <tech.allg> *(z. B. Aktion, Prozess, Reaktion)* • terminable

zeitlich begrenzen vt <msr> *(z. B. Aktion, Prozess, Reaktion)* • control the duration vt

zeitlich definierter Impuls m <el> • timed pulse

zeitliche Abfolge f <tech.allg> • time sequence

zeitliche Abhängigkeit f <tech.allg> • time dependence

zeitliche Ablenkung f <el> *(Oszillograph)* • sweep

zeitliche Änderung f <tech.allg> • variation with time

zeitliche Begrenzung f <tech.allg> • control of duration

zeitliche Folge f <tech.allg> • chronological order

zeitlicher Abstand m <allg> • time interval

zeitliche Reihenfolge f <tech.allg> • chronological order

zeitlicher Mittelwert m <math> • time average; time averaged value

zeitliches Mittel n <math> • time average; time averaged value

zeitliche Steuerung f <msr> • timing

zeitliche Übereinstimmung f <tech.allg> *(eher zufällig)* • coincidence

zeitliche Verschiebung f <tech.allg> *(allg.)* • time displacement

zeitliche Verschiebung f <tech.allg> *(Verzögerung)* • time lag

zeitlich geschachteltes Arbeiten n <edv> • time-sharing operation

zeitlich gestaffeltes Arbeiten n <edv> • time-sharing operation

zeitlich unabhängig <tech.allg> • time-independent

zeitlich veränderlich <tech.allg> • time-variable

zeitlich verschachtelt <tech.allg> • time-interleaved

Zeitlinien fpl <msr> • chart time lines

Zeitliteral n <edv> • time literal

Zeitlogik f <msr> • time logic; temporal logic *rare*

Zeitlupe f <av.kino> *(verlangsamte Wiedergabe, rückwärts oder vorwärts)* • slow motion; slow-motion playback; slo-mo *coll*

Zeitlupenfernsehen n <av> • slow-scanning television

Zeitlupenkamera f <phot> • high-speed camera

Zeitlupentaste f <av> • slow motion button; slow button

Zeitlupen-Taste f <av> • slow button

Zeitlupen-Tracking n <av> • slow tracking

Zeitlupenverfahren n <kino> • time expansion technique

Zeitlupenvideoaufnahme f <av> • slow-motion video recording; slo-mo video footage *coll*

Zeitlupenwiedergabe f <av.kino> *(verlangsamte Wiedergabe, rückwärts oder vorwärts)* • slow motion; slow-motion playback; slo-mo *coll*

Zeitmarke f <msr> • time mark

Zeitmarkengeber m <msr> • time marker

Zeitmarkengenerator m <msr> • time mark generator

Zeitmarkierung f <tech.allg> • time stamp

Zeitmarkierung f <msr> • time mark

Zeitmaßstabsfaktor m <edv> • time scale factor

Zeitmesser m form.rar <msr> *(jede Art)* • time piece

Zeitmessung f <msr> • chronometry

Zeitmittelwertbildung f <phys.math> • time averaging

Zeitmodul n <msr> • timing module

Zeitmodulation f <el> • time modulation

Zeitmodus m <navig> *(Empfänger)* • time mode

zeitmultiplex <edv.tele> • time-multiplexed

Zeitmultiplex n <edv.tele> • time-division multiplex; time sharing

Zeitmultiplexbetrieb m <edv.tele> • time-division multiplexing; time-sharing mode

Zeitmultiplexer m (ZMX) <edv.tele> • time-division multiplexer (TDM)

Zeitmultiplextelegrafie f <tele> • time-division telegraph system

Zeitmultiplexverfahren n <tele> • time division multiplex method (TDM); time-division multiplexing; time division multiplex

Zeitmultiplexverfahren mit Pulsmodulation n <tele> • pulse-time multiplex

Zeitmultiplexverstärker *m* <tele> • time-shared amplifier

Zeitmultiplexvielfachzugriff *m* <tele> • time-division multiple access

Zeit nah <allg> *(z. B. Reaktion, Implementierung)* • immediately; instantly; at once; without delay

zeitnah *obs* <allg> *(z. B. Reaktion, Implementierung)* • immediately; instantly; at once; without delay

zeitoptimales System *n* <tech.allg> • time-optimal system

Zeitparität *f* <phys> • time parity

Zeitphase *f* <phys> • time phase

Zeitplan *m* <tech.allg> • time schedule

Zeitplangeber *m* <msr> • control timer; schedule timer

Zeitplanprogrammierung *f* <edv> • schedule programming

Zeitplanregelung *f* <msr> • schedule control; time-programmed closed-loop control

Zeitplanregler *m* <msr> • time-schedule controller; scheduled controller

Zeitplansteuergerät *n* <msr> • time-schedule controller; scheduled controller

Zeitplansteuerung *f* <msr> • time-schedule control; time-programmed open-loop control

Zeitplantemperaturregler *m* <metall.msr> *(z. B. Glühofen)* • clock thermostat

Zeitplanung *f* <werb> • timing

Zeitpunkt der Berechnung *m* <navig> *(der Position)* • time of solution

Zeitquerschnitt *m* <mot> *(Parameter beim Gaswechsel von Zweitaktmotoren)* • time area; port area per unit time *rare*

Zeitraffer *m* <av.kino> • time-lapse; time-lapse playback; high-speed playback; speed playback

Zeitrafferaufnahme *f* <phot> • time-compression photograph

Zeitrafferfotografie *f* <phot> • time lapse photography

Zeitrafferwiedergabe *f* <av.kino> • time-lapse; time-lapse playback; high-speed playback; speed playback

Zeitraffung *f* *DIN IEC 11155* <av> *(Aufnahme-/Wiedergabemodus)* • fast motion

Zeitrahmen *m* <tech.allg> *(für bestimmte Aktionen; z. B. Raketenstart)* • time window

Zeitraum *m* <tech.allg> *(allg.; eher längerer Zeitabschnitt)* • period

Zeitraum *m* <tech.allg> *(zwischen zwei Ereignissen)* • time interval

Zeitraum *m* <jur> *(Frist)* • term

Zeitreferenzlinie *f* <msr> • time reference line

Zeitregelung *f* <msr> • time control

Zeitregistriergerät *n* <msr> • time recorder

Zeitrelais *n* <el> • timing relay

Zeitrückstand *m* <el> • time lag

Zeitschachtelung *f* <edv> • time sharing [method]

Zeitschachtelungsbetrieb *m* <edv> • time sharing mode

Zeitschätzung *f* <navig> • time estimate

Zeitschalter *m* <el> • time-limit switch; time switch; timer

Zeitschaltgerät *n* <msr> • preset timer

Zeitschaltuhr *f* <el> *(zum Programmieren von Automatikfunktionen, Vorgängen)* • time switch; timer switch; timer *pract*

Zeitschaltung *f* <el> • timing circuit

Zeitscheibe *f* <tech.allg> • time slice

Zeitscheibentechnik *f* <edv> • time slicing

Zeitscheibenverfahren *n* <edv> • time slicing

Zeitschlitz *m* <tech.allg> *(für best. Aktionen; z. B. Datentransfer, Flugzeugstart)* • time slot

Zeitschreiber *m* <msr> • chronograph; time recorder

Zeitschrift *f* <doku> • magazine

Zeitschriftenpapier *n* <pap> • magazine paper

Zeit-Setzungs-Linie *f* <geo> *(Bodenmechanik)* • time-consolidation line; time-settlement curve

Zeitsicherung *f* <el> • time-limit circuit breaker; time-delay fuse

Zeitskale *f* <msr> • time scale

Zeitspanne *f* <allg> • time interval

Zeitspanne zwischen Wartungsmaßnahmen *f* *form* <rep> • service interval; maintenance interval

Zeitspanvolumen *n* <prod> *(allg.; jedes Material)* • removal rate

Zeitspanvolumen *n* <wz.masch> *(Metall)* • metal-removal rate

Zeitstaffelbetrieb *m* <edv.tele> • time-division multiplexing; time-sharing mode

Zeitstaffelungsbetrieb *m* <edv.tele> • time-division multiplexing; time-sharing mode

Zeitstand-Biegefestigkeit *f* <qualit.mat> • flexural creep strength

Zeitstandfestigkeit *f* <qualit.mat> *(max. Belastbarkeit, bei statischer Last; in N/mm^2)* • fatigue strength; endurance strength; creep rupture resistance; limiting creep stress; creep rupture strength

Zeitstandprüfmaschine *f* <qualit.mat> • creep strength testing machine; creep-testing machine; creep strength tester; creep tester

Zeitstandsversuch *m* <qualit.mat> • creep rupture test

Zeitstandverhalten *n* <qualit.mat> • creep behaviour

Zeitstandversuch *m* *DIN 50118* <qualit.mat> *(Metall)* • constant-stress test[ing]; creep test[ing] *pract*; creep-rupture test[ing]; stress-rupture test[ing]

Zeitstandzugfestigkeit *f* <qualit.mat> • tensile creep strength

Zeitstandzugversuch *m* <qualit.mat> • tensile creep test

Zeitstauchgrenze *f* <qualit.mat> • creep compression limit

Zeitstempel *m* <tech.allg> • time stamp

Zeitsteuerimpuls *m* <el> • timing pulse

Zeitsteuerung *f* <msr> *(zyklisches Ein- und Ausschalten)* • time cycling

Zeitsteuerung *f* <msr> • timer control

Zeitsteuerungsschaltung *f* <el> • timing circuit

Zeit-Strom-Kennlinie *f* <el> *(Sicherung)* • time-current characteristic

Zeitstromkreis *m* <tele> • time and zone metering circuit

Zeitsuchlauf *m* <av> • time search; search by time *Gru*

Zeitsuchlauf-Taste *f* <av> • time search button

Zeitsummenmessgerät *n* <msr> • time-totalizing meter; elapsed time meter

Zeitsynchronisation *f* <msr> • time synchronization

Zeitteilbetrieb *m* <edv> • time sharing mode

Zeitteilung *f* <edv> • time sharing [method]

Zeitteilungsbetrieb *m* <edv> • time sharing mode

Zeitteilverfahren *n* <edv> • time sharing [method]

Zeit-Temperatur-Auflösungsschaubild *n* <chem> • time-temperature-decomposition diagram

Zeit-Temperatur-Umwandlungsschaubild *n* <metall> • time-temperature-transformation diagram; TTT-diagram

Zeitüberwachung *f* <tele> *(AUS bei Zeitüberschreitung)* • time-out

Zeitüberwachung zur Erkennung einer Bündelblockierung *f* *DIN ISO 7478* <edv> • group busy timer *ISO 7478*

Zeitumkehr *f* <phys> *(Inversion der Zeitkoordinate)* • time reversal

zeitunabhängig <tech.allg> • time-independent

zeitunabhängiges Netz *n* <el> • time-independent network

Zeitung *f* <doku> • newspaper

Zeitungsadressiermaschine *f* <druck> • newspaper addressing machine

Zeitungsausschnitt *m* <doku> • newspaper clipping
Zeitungsbündelpresse *f* <ents> • newspaper baling press
Zeitungsdruck *m* <druck> *(Vorgang)* • newspaper printing
Zeitungsdruckfarbe *f* <druck.obfl> • newsprint ink
Zeitungsdruckpapier *n* <pap> *(Papiersorte)* • newsprint paper; newsprint
Zeitungsdruckpapiermaschine *f* <pap> • newsprint paper machine
Zeitungshochdruck *m* <druck> • newspaper letterpress printing
Zeitungspapier *n* prakt.ugs <pap> *(Papiersorte)* • newsprint paper; newsprint
Zeitungsständer *m* <innen> • magazine rack
Zeitunterschied *m* <navig> • time offset
zeitvariabel <tech.allg> • time-variable
zeitvariantes System *n* <tech.allg> • time-varying system
Zeitverfügbarkeitsfaktor *m* <tech.allg> • operating time ratio
Zeitvergleichsschaltung *f* <msr> • timing network
Zeitverhalten *n* <tech.allg> *(betont: Verhalten im Laufe längerer Zeit)* • time behaviour
Zeitverhalten *n* <tech.allg> *(betont: Reaktion auf Änderungen, Verhalten bei Änderungszuständen)* • transient response
Zeitverhalten *n* <msr> *(betont: Reaktionsschnelligkeit)* • time response
Zeitverhalten zweiter Ordnung *n* <msr> • quadratic response
Zeitversatz *m* <navig> • time offset
zeitversetzt <tech.allg> • time-shifted
zeitversetztes Anschauen von Sendungen *n* <av> *(durch Timer-Videoaufnahme)* • timeshifting
zeitversetztes Fernsehen *n* <av> *(durch Timer-Videoaufnahme)* • timeshifting
zeitverzögerte Scharfschaltung *f* <alarm> • exit delay
Zeitverzögerung *f* <tech.allg> *(eher unerwünscht)* • time lag
Zeitverzögerung *f* <msr> *(allg.)* • time delay
Zeitverzögerungsschaltung *f* <el> • time-delay circuit
Zeitverzögerungsventil *n* <rls> • time-delay valve
Zeitvorwahlschalter *m* <msr> • preset timer [switch]
Zeit-Weg-Kurve *f* <mech> • time-path curve
zeitweilige Speicherung *f* <edv> • temporary storage
zeitweise auftretender Fehler *m* <qualit> • intermittent error
zeitweise einstellen *vt* <tech.allg> *(Betrieb, Tätigkeit)* • suspend for a time *vt*
Zeitwirtschaft *f* <prod> • time management
Zeitzähler *m* <msr> *(betont: Zeit ab einem best. Ereignis)* • elapsed time meter
Zeitzähler *m* <msr> *(allg.)* • time meter
Zeitzähler *m* <tele> • timing register
Zeitzeichen *n* <el> • time signal
Zeitzeichengeber *m* <msr> • chronopher
Zeitzone *f* <geo> • time zone
Zeitzonenzähler *m* <tele> • time and zone meter
Zeitzonenzählung *f* <tele> • time and zone metering; time and distance metering
Zeitzünder *m* <mil> • variable time fuse
Zeldovic-Mechanismus *m* <emiss> *(Bildung von thermischem Stickoxid)* • Zeldovich chain mechanism
Zellbildung *f* <tech.allg> • cell formation
Zelldichte *f* <kfz.emiss> *(Katalysator)* • cell density
Zelldifferenzierung *f* <bio> • cell differentiation
Zelle *f* <tech.allg> *(z. B. biol., el. Batterie, EDV-Speicher, Funk, Material, Schaum, Gefäng)* • cell
Zelle *f* <tech.allg> *(besonders klein)* • cellule
Zelle *f* <aerospace> *(zentrale Struktur eines Flugzeugs)* • fuselage; nacelle *rare*

Zelle *f* <bau> *(kleiner Raum)* • cell; cubicle; cabinet; compartment
Zelle *f* <edv> *(in Tabelle, Tabellenkalkulation)* • cell
Zelle *f* prakt <el> *(Batterie)* • battery cell; cell *pract*
Zelle *f* prakt <el.chem> *(Gefäß zur Analyse in der Elektrochemie)* • cell
Zelle *f* <energ.hydr> *(Wasserrad)* • bucket
Zelle *f* <logist> *(Silo)* • compartment
Zelle *f* <nav> *(im Schiffsboden)* • tank
Zellenanordnung *f* <tech.allg> • cell configuration
zellenartig <tech.allg> • cellular
Zellenbauweise *f* <tech.allg> • cellular construction
Zellenbeton *m* <bau.mat> • cellular concrete
Zellendamm *m* <bau.hydr> • cellular dam
Zellendichte *f* <kfz.emiss> *(Katalysator)* • cell density
Zellenfangdamm *m* <bau.hydr> • cellular cofferdam
Zellenfilter *n* <verf> • cell-type filter; cellular filter
zellenförmig <tech.allg> • cellular
Zellenform *f* <kfz.emiss> *(Monolithkatalysator)* • cell geometry
Zellenfüller *m* rar <el.wz> *(z. B. für Starterbatterien)* • battery filler; filler bulb
Zellengefäß *n* <el> *(Batterie)* • battery jar
Zellenkasten *m* <el> *(Batterie)* • battery jar
Zellenkühler *m* <kfz> • honeycomb radiator
Zellenlogik *f* <edv> • cellular logic
Zellenmethode *f* <mat> • cellular method
Zellenofen *m* <metall> • cell-type oven; cell oven
Zellenprüfer *m* <kfz.el.wz> *(für Starterbatterie-Belastungsprüfung)* • battery tester
Zellenpumpe *f* DDR <masch> • vane pump; rotary vane pump; vane-type pump
Zellenrad *n* <agri> • cell wheel
Zellenrad *n* <masch> *(Zuteilvorrichtung)* • rotary-vane feeder; star feeder
Zellenradzuteiler *m* DIN 15201 <masch> *(Zuteilvorrichtung)* • rotary-vane feeder; star feeder
Zellenrundfunk *m* <tele> *(als Teledienst eingestufter Kurznachrichtendienst)* • cell broadcast
Zellensaugwalze *f* <pap> • suction couch roll
Zellenschalter *m* <el> *(betont: mit mehreren Kontakten)* • multiple-contact switch
Zellenschalter *m* <el> *(betont: für einzelne Sektionen)* • sectionalizing switch
Zellensilo *m* <logist> • silo
Zellenspannung *f* <el> *(Batterie)* • cell voltage
Zellenspeicher *m* <edv> • cell memory
Zellenspeicher *m* <logist> • silo
Zellensperre *f* <bau.hydr> • cellular dam
Zellenstopfen *m* <el> *(Bleiakku, Starterbatterie)* • battery cell plug
Zellentiefofen *m* <metall> • soaking pit furnace
Zellentrommelfilter *n* <verf> • multicompartment drum filter
Zellenverbinder *m* <el> *(Batterie)* • inter-cell link; cell connector
Zellenverdichter *m* <masch> • sliding-vane compressor
Zellenverdrahtung *f* <el> • cell-to-cell wiring
Zellenzahl *f* ugs <kfz.emiss> *(Katalysator)* • cell density
Zellgefüge *n* <mat> • cellular structure
Zellgummi *m* <kst> • cellular rubber; expanded rubber
Zellhartgummi *m* <mat> • cellular ebonite
Zellimpedanz *f* <el> *(Batterie)* • cell impedance
Zellkautschuk *m* <kst> • cellular rubber; expanded rubber
Zellkleister *m* <pap> • cellulose paste
Zellkonstante *f* <el> *(Batterie)* • cell constant
Zellmembranrezeptor *m* <bio> • cell receptor; cell surface receptor; cell membrane receptor; cellular receptor
Zelloberflächenrezeptor *m* <bio> • cell receptor; cell surface receptor; cell membrane receptor; cellular receptor

Zellophantechnik f <kino> • cell animation
Zellrezeptor m <bio> • cell receptor; cell surface receptor; cell membrane receptor; cellular receptor
Zellspannung bei Stromfluss f <el> • on-load voltage
Zellsteg m DIN 7726 <mat> (Schaumstoff) • strut
Zellsteuermittel n <kst> • cell control agent
Zellstoff m <pap> • pulp; chemical pulp; woodpulp; paper pulp
Zellstoff m <pap> (betont: Zwischenstufe in Papierprod.) • half-stuff; half-stock; pulp
Zellstoff, Papier und Pappe DIN 6739-30 <pap> • pulp, paper and board DIN 6739-30
Zellstoffaufschluss m <pap.prod> • chemical pulping
Zellstoffbahn f <pap> • pulp web
Zellstoffbleiche f <pap> • pulp bleaching
Zellstoffbrei m <pap> • pulp; chemical pulp; woodpulp; paper pulp
Zellstoffentwässerungsmaschine f <pap> • pulp-drying machine; wet machine; half-stuff dryer
Zellstoffersatz m <pap> • secondary pulp
Zellstoffgewinnung f <pap.ents> • recovery of chemical pulp
Zellstoffharz n <pap> • pitch
Zellstoffherstellungsrohstoffe fpl <pap> • pulping raw material
Zellstoffindustrie f <pap.prod> • pulp industry
Zellstoff-Karton m <pap> • fiber board
Zellstoffkocher m <pap> • digester
Zellstoff mit hohem Weißgehalt m <pap> • high-brightness pulp
Zellstoffpumpe f <förd> • pulp pump; stuff pump rar
Zellstoffveredlung f <pap> • pulp refining; pulp purification
Zellstoffwäscher m <pap> • pulp washer
Zellstoffwatte f <pap> • pulp wadding; artificial cotton; cellucotton
Zellstoffwatte fsg DIN 55405 <hilfsm> • cellulose wadding BS 3130; creped cellulose wadding
Zellsubstanz f <bio> • cellular mass
Zellteilung f <bio> • cell division; division of cells
zellulares Telekommunikationssystem n rar.wiss <tele> • cellular radio system
Zellularmethode f <tech.allg> • cellular method
Zellulose f obs.ugs <pap> • cellulose
Zelluloselack m <obfl> • cellulose lacquer
Zelluloseleim m <füg> • cellulose glue
Zellwand f DIN 7726 <mat> (Schaumstoff) • cell wall
Zellwandrezeptor m <bio> • cell receptor; cell surface receptor; cell membrane receptor; cellular receptor
Zellweger-Code m <edv> (Strichcodetyp) • Zellweger Code
Zellwolle f <textil> • rayon staple fiber
Zelt n <textil.tour> • tent
Zeltboden m DIN ISO 7152 <tour> • ground sheet ISO 7152
Zeltcaravan m; pl: -s <kfz.tour> • trailer tent
Zeltdach n <bau> • pavilion roof
Zeltnagel m <tour> • nail peg
Zeltnagel m <tour> (Zeltbefestigung) • tent peg
Zeltpflock m <tour> (Zeltbefestigung) • tent peg
Zelt-Spannleine f <tour> • tent rope
Zeltstange f <tour> • tent pole
Zeltunterlage f <tour> • camping ground liner :V
Zeltwohnwagen m <kfz.tour> • trailer tent
Zement m DIN 1164 <bau.mat> • cement
Zementation f <ents> (zum Binden von Abfällen) • cementation
Zementation f <metall> (von Stahl; beim Einsatzhärten) • carburization; carburizing; cementation

Zementationskasten m <metall> • carburizing box
Zementationsmittel n <metall> (beim Einsatzhärten von Stahl; z. B. Graphit, Cyansalz) • carburizing medium; carburizing material; case-hardening carburizer
Zementationstiefe f <metall> (Tiefe der aufgekohlten Randschicht) • carburizing depth
Zementaufschlämmung f <bau> • cement suspension
Zementbazillus m <bau> • cement bacillus
Zementbeton m <bau.mat> • cement concrete
Zementbrei m <bau.mat> (Beton-Vorstufe) • cement paste
Zementbrei m <bau.mat> (zum Verpressen, Verfüllen) • grout
Zementbrennen n <prod> • cement burning
Zementbrennofen m <prod> (Drehrohrofen) • cement kiln
Zementbrühe f <petr> (dünnflüssige Mischung aus Wasser und Zement) • cement slurry
Zementdosierapparat m <bau> • cement batcher
Zementdosierung f <bau> • cement batching
Zementdrehofen m <prod> • rotary cement kiln
Zementeinpressung f <bau> (zum Verfüllen, Stabilisieren) • cement grouting; cement injection
Zementfabrik f <prod> • cement plant
Zementierbohrloch n <bau> • grout hole
Zementierdruck m <bau> • injection pressure
zementieren v <metall> • cement v
zementieren vt <metall> (Stahl; härten durch Erhöhen des Zementitanteils) • carburize vt
zementieren vt <metall> (Stahl; beim Einsatzhärten) • carburize vt; carbonize vt; cement vt
zementieren vt <prod> • cement vt
Zementierofen m <metall> (Einsatzhärten von Stahl) • carburizing furnace; case-hardening furnace; cementation furnace
Zementierpumpe f <bau> • injection pump
Zementierrohr n <bau> (zum Einpressen von Beton) • grout injector
Zementierrohr n <petr> (Bohrtechnik) • cement barrel
Zementierstopfen m <petr> • cementing plug
zementiertes Bohrloch n <petr> • injected hole
Zementierung f <bau> (Verpressen, Verfüllen mit Zement, Beton) • grouting; grout injection
Zementierung f <metall> (von Stahl; beim Einsatzhärten) • carburization; cementation rare
Zementierungsmittel n <bau.mat> (zum Verpressen, Verfüllen) • grout
Zementiervorrichtung f <bau> (zum Verpressen, Verfüllen) • grout injector
Zementindustrie f <prod> • cement industry
Zementit m <metall> (Gefügebestandteil in Stahl und Eisengusswerkstoffen) • cementite; carbide of iron
Zementitlamelle f <metall> (im streifenförmigen Gefüge von Stahl) • carbide lamella
Zementkalk m <bau.mat> • lime cement; hydraulic lime
Zementkanone f <bau> • cement gun
Zementklinker m <bau> • cement clinker
Zementkuchen m <bau> • cement pat
Zementkupfer n <metall> • cement copper; precipitated copper
Zementleim m <bau> • cement paste
Zementmilch f <bau> (weiße Aussscheidung an Betonoberfläche; zu viel Wasser) • laitance
Zementmilch f <petr> (dünnflüssige Mischung aus Wasser und Zement) • cement slurry
Zement mit hohem Sulfatwiderstand m <bau.mat> • high sulfate-resistant cement; HS cement pract
Zement mit langsamer Anfangserhärtung m <bau.mat> • slow setting cement
Zement mit niedriger Hydratationswärme m <bau.mat> • low heat cement

Zementmörtel *m* <bau.mat> • cement mortar

Zementmörtelauskleidung *f* <ents.hydr> • cement-mortar lining

Zementofen *m* <prod> • cement kiln

Zementofenstaub *m* <ents> • cement kiln dust

Zementputz *m* <bau> • cement plaster

Zementsandformverfahren *n* <metall> • cement-sand molding process; cement molding process

Zementschachtofen *m* <verf> • vertical cement kiln

Zementschlämme *f* <petr> *(dünnflüssige Mischung aus Wasser und Zement)* • cement slurry

Zementsilo *m* <logist> • bulk cement silo

Zementsilowagen *m* <bahn> • cement car; cement silo car

Zementstabilisierung *f* <bau> *(von Böden)* • cement stabilization

Zementstahl *m* <mat> • cemented blister steel

Zementstein *m* <bau.mat> • hydrated cement

Zementstopfen *m* <petr> *(Zementsäule im Bohrloch)* • cement plug

Zementtransportwagen *m* <bahn> • cement car; cement silo car

Zement-Zuschlagstoff-Verhältnis *n* <bau> • cement-aggregate ratio

Zener-Diode *f* <el> • Zener diode; Z-diode; voltage-reference diode; reference diode

Zenerdiode *f* <el> • Zener diode; Z-diode; voltage-reference diode; reference diode

Zenerdurchbruch *m* <el> • Zener breakdown

Zener-Effekt *m* <el> • Zener effect

Zener-Knick *m* <el> • Zener knee

Zener-Spannung *f* <el> • Zener voltage

Zener-Strom *m* <el> • Zener current

Zenit *m* <astron> • zenith

Zenitdistanz *f* <astron> • zenith distance

Zenitlinie *f* <fz> *(von Reifen)* • centerline (C.L.)

Zenitokular *n* <opt> • diagonal eyepiece

Zenitprisma *n* <opt> • high-angle prism

Zenitteleskop *n* <opt> • zenith telescope

Zenitwinkel *m* <astron> • zenith angle

Zenitwinkel *m* <prod> • bias angle; cord angle

Zenotaph *n rar* <bau> *(symbolisches Grabmal)* • cenotaph

Zenti... (c) <phys.msr> *(Vorsilbe für Einheiten: 10^{-2})* • centi (c)

zentifugalkraftgetriebene Traubenmühle *f* <nahr> *(Wein)* • centrifugal crusher; centrifugal grape mill

Zentimeter *n* (cm) <msr> *(Längeneinheit; 0,01 m)* • centimeter (cm)

Zentimeter-Gramm-Sekunde-System *n* <phys> *(altes Einheitensystem; cf. MKSA, SI)* • cgs system (CGS) *obs*; centimeter-gram-second system *US*; centimetre-gramme-second system *GB*

Zentimeterwellen *fpl* <phys> *(Wellenlängen von 1 cm bis 10 cm)* • centimetric waves; centimeter waves

Zentimeterwellenbereich *m* <phys> • centimeter-wave region

Zentimeterwellenerzeuger *m* <tele> • centimeter-wave oscillator

Zentralachsanhänger *m DIN* <nfz> • center-axle trailer; centre-axle trailer *GB*

Zentralachse *f* <tech.allg> • central axis

Zentralamt *n* <tele> • central office

zentral angeordnet <tech.allg> • centralized; central ...

Zentralanguss *m* <kst> • center gate

Zentralatom *n* <phys> • central atom

Zentralbatterie *f* <el> • central battery (CB); common battery

Zentralbeschickung *f* <prod> • center feed

Zentraldifferential *n* <kfz.antr> *(zw. Vorder- und Hinterachse)* • central differential; inter-axle differential; center differential *US*; centre differential *GB*

Zentraldifferentialsperre *f* <kfz.antr> • center differential lock

Zentraldruckschmierung *f DIN 24271-1* <tribo> *(z. B. Motor, Werkzeugmaschine)* • centralized force-feed lubrication

Zentrale *f* <tech.allg> • central

Zentrale *f ugs* <alarm> *(zentrale Steuereinheit einer Alarmanlage)* • burglar alarm control [unit]; alarm control unit; control unit *pract*

Zentrale *f ugs.rar* <msr> *(größere Einrichtung; z. B. eines Kraftwerks)* • central control room

zentrale Anordnung *f* <tech.allg> *(von Bauteilen, Gebäuden etc.)* • central arrangement

Zentralebene *f* <math> • central plane

Zentralebene des Kräftesystems *f* <phys> • plane of the force system

zentrale Betonaufbereitungsanlage *f* <bau> • central concrete mixing plant

zentrale Federschraube *f DDR* <nfz> *(Fahrwerk)* • center bolt

zentrale Gasversorgung *f* (ZGV) <med.tech> • central supply system

zentrale Geschäftsstraße *f* <verk> • high street *GB*

zentrale Gruppierung *f* <tech.allg> *(von Komponenten etc.)* • centralized grouping

Zentraleinheit *f* (CPU) <edv> • central processing unit (CPU); central processor

Zentraleinheit ohne Arbeitsspeicher *f* (ZE) <msr> • basic processing unit (BPU)

Zentraleinspritzung *f* <kfz.mot> • single point injection (SPI); Mono-Jetronic *Bosch*; Central Fuel Injection, CFI *Ford*; Throttle Body Injection, TBI *GM.Chrysler*

Zentralelektrik *f* <kfz.el> • central fuse, relay and terminal box

Zentralelement *n* <edv> • central processing element (CPE)

zentrale Mischstation *f* <bau> *(Beton)* • central mixing plant

zentrale Navigationseinheit *f* <navig> • central navigation unit

Zentralenbedienteil *n* <alarm> • built-in keypad; on-board keypad

zentraler Fluss *m* <nukl> • central flux

zentraler Leitstand *m* <msr> *(größere Einrichtung; z. B. eines Kraftwerks)* • central control room

zentraler Stoß *m* <mech> • central impact; central collision *rare*

zentraler Wirbelstrom *m* <verf> *(in Zyklonen; im Ggs. zum Ringstrom)* • inner spiral flow; inner vortex; core flow; central vortex flow

zentraler Zeichenkanal *m* <tele> • common signalling channel

zentrales Mischpult *n* <av> • master control

zentrales Prozessorelement *n* <edv> • central processing element (CPE)

zentrale Steuerung *f* <msr> • central control system

Zentraleuropäische Enzephalitis *f* <bio> *(Infektionskrankheit, die durch Zecken übertragen wird)* • central european encephalitis (CEE); spring-summer encephalitis; Russian spring-summer encephalitis; tick-borne encephalitis

zentrale Warte *f* <msr> *(größere Einrichtung; z. B. eines Kraftwerks)* • central control room

Zentralfederbein *n* <kfz> • monoshock

Zentralfeuermunition *f* <mil> • center fire ammunition

Zentralfeuerpatrone *f* <mil> • center fire cartridge

Zentralfeuerpistole f <mil> (Schusswaffe) • center fire pistol

Zentralflügelmutter f <kfz> • spinner; knock-off/on nut; center lock [nut]; Rudge nut; wing nut

zentralgeschmiert <tribo> • centrally lubricated

zentralgesteuert <msr> • centrally controlled

Zentralheizung f <hlk> • central heating

Zentralheizungsanlage f <hlk> • central heating system

Zentralion n <phys> • central ion

zentralisierte Datenverarbeitung f <edv> • centralized data processing

zentralisierte Kontrolle f <qualit> • centralized check

Zentralkanal-Zeichengabesystem n <tele> • common-channel signalling system

Zentralkondensationsanlage f <verf> • central condensing plant

Zentralkraft f <mech> • central force

Zentrallager n <logist> • central warehouse

Zentral-Lenker-Hinterachse f BMW <kfz> • central control arm rear axle; central-link rear axle

Zentralmeridian m <navig> • Greenwich meridian; Prime Meridian; central meridian

Zentralmoment n <mech> • central moment

Zentralprojektion f DIN ISO 5456-4 <doku.opt> • central projection ISO 5456-4

Zentralprojektion f <opt> • perspective projection

zentralpunktgeführte Hinterachse f <kfz> • central control arm rear axle; central-link rear axle

Zentralrad n <antr> (Planetengetriebe; z. B. in Automatikgetriebe) • sun gear; sun wheel GB; center gear; sun pinion; internal gear

Zentralrechner m <edv> • host [computer]

Zentralregelung f <msr> • central control

Zentralreiferei f <agri> • central ripening facility

Zentralrohrrahmen m <kfz> (Pkw) • tubular backbone chassis; tubular backbone frame; backbone chassis pract

Zentralrohrrahmen m <kfz> (Motorrad) • monotube frame; single-tube frame

Zentralschacht der Plattform m <petr> • central pit

Zentralschalter m <el> • master switch; main switch

Zentralschaltwelle f <kfz.antr> (Schaltgetriebe) • main shift rail

Zentralschließsystem n MB <kfz.msr> (schließt und verriegelt automatisch alle Fahrzeugöffnungen) • automatic closing system MB

Zentralschloss n <kfz> (Hosenträgergurt) • central buckle

Zentralschmieranlage f DIN 24271-1 <nfz> (für Fahrwerk) • centralized chassis lubrication system; automatic chassis lubrication system; central lube system; centralized lubrication system DIN 24271-1

Zentralschmierapparat m <tribo> • central lubricant distributing device

Zentralschmierpumpe f <tribo> • central lubrication pump

Zentralschmierung f <nfz> (für Fahrwerk) • centralized chassis lubrication system; automatic chassis lubrication system; central lube system; centralized lubrication system DIN 24271-1

Zentralschmierung f <tribo> (allg.) • central lubrication; central lube system

Zentralsperre f <kfz.antr> • center differential lock

Zentralstaubsaugsystem n <bau> (Zentralsauger mit diversen Wandventilen) • built-in vac system

Zentralsteuerung f <msr> • central control

Zentralstoß m <mech> • central impact; central collision rare

Zentralstrahlungsempfänger m <energ.sol> • central receiver

Zentralstromversorgung f <el> • central power supply

zentralsymmetrisch rar <math> • centrosymmetrical

Zentraltheater n <theat> • arena theater US; theatre-in-the-round GB

Zentralträgerrahmen m <kfz> (Pkw) • backbone chassis; backbone frame; spine-back GB; punt chassis

Zentralträgerrahmen m <kfz> (Motorrad) • backbone frame; beam frame

Zentraluhr f <msr> • master clock

Zentraluhrenanlage f <msr> • electrical time-distribution system

Zentralumschalter m <tele> • intercommunication switch

Zentralverriegelung f (ZV) <kfz.msr> • central locking (c/l); power door locks Ford; power locks; c/locking advert

Zentralverschluss m <phot> • diaphragm shutter; leaf shutter; between-the-lens shutter rare

Zentralverschlussdeckel m <kfz> (bei LM-Rädern; flache, etwa handgroße Platte in Felgenmitte) • center locking disk; center bore cap; center lock BBS; centre locking disc GB

Zentralverschlussfelge f <kfz> • central-locking wheel; Rudge-Whitworth wheel obs

Zentralverschlussmutter f <kfz> • spinner; knock-off/on nut; center lock [nut]; Rudge nut; wing nut

Zentralverschlussnabe f <kfz> (bei Sport- und Rennwagen) • central-locking hub; spline hub pract; splined hub pract; Rudge hub pract.obs; Rudge-Whitworth hub form.obs

Zentralverschlussscheibe f <kfz> (bei LM-Rädern; flache, etwa handgroße Platte in Felgenmitte) • center locking disk; center bore cap; center lock BBS; centre locking disc GB

Zentralwelle f <masch> (allg.; z. B. von Mehrspindelautomat) • central shaft

Zentralwert m <math> • median

Zentralzünderpatrone f <mil> • centerfire cartridge US; centrefire cartridge GB

Zentrieransatz m <masch> • spigot

Zentrierbohren n <prod> • center drilling US; centre drilling GB

Zentrierbohrer m <wz> • center drill US; centring drill GB

Zentrierbohrkopf m <wz> • center-drilling head US; centre-drilling head GB

Zentrierbohrmaschine f <wz.masch> • center-drilling machine US; centre-drilling machine GB

Zentrierbohrung f DIN ISO 6411 <prod> (zur Lagesicherung, Aufnahme eines Zentrierstiftes) • center hole US; center bore US; centre hole GB; centre bore GB

Zentrierbohrung f <wz> (typ. ein 60°-Konus im Werkzeug) • internal center; female center

Zentrierbohrungsschleifmaschine f <wz.masch> • center-bore grinding machine US; centre-bore grinding machine GB

Zentrierbolzen m <fz> (Blattfeder) • spring bolt; spring center bolt

Zentrierdorn m <wz> • aligning punch

Zentrierdrehmaschine f <wz.masch> • centering lathe US; centering machine US; centring lathe GB

Zentrierdurchmesser m Ronal <kfz> (Felge) • pitch circle diameter (PCD); pitch circle diameter of bolt holes; stud hole circle diameter; stud circle diameter; bolt hole circle diameter

Zentriereinrichtung f <prod> • centering device

zentrieren vt <tech.allg> (z. B. Werkstück, Werkzeug, Text, Bild) • center vt

Zentrierfassung f <masch> (z. B. in Feinwerktechnik) • centering mount

Zentrierfehler m <qualit> • centering error

Zentriergenauigkeit f <tech.allg> • centering accuracy

Zentrierglocke f <wz> • bell punch; self-centering punch

Zentrierhülse f <masch> • centring sleeve
Zentrierkegel m <masch> • centring taper
Zentrierkopf m <wz.masch> • centring chuck
Zentrierkorb m <petr> *(bei der Futterrohrzementation)* • casing centralizer; cementing centralizer; centralizer *pract*
Zentrierlehre f <fz.wz> *(für Fahrrad-Laufradnabe)* • rim center gauge; wheel center gauge
Zentriermembran f <av> *(Konus-Lautsprecher)* • centering spider; diaphragm suspension; spider
Zentriermikroskop n <wz> • centering microscope *US*; centring microscope *GB*
Zentrierplatz m <logist> *(für ausgelagerte Ladeeinheiten eines RFZ)* • output station; delivery station; discharge station; deposit station; dispatch stand
Zentrierplatz m <logist> *(für einzulagernde Ladeeinheiten eines RFZ)* • pick-up station; input station; pick-up extension; pick-up stand
Zentrierpunkt m <opt> *(Brillenglas)* • centration point
Zentrierring m <kst> • centering ring; locating ring
Zentrierspindel f <masch> • centring spindle
Zentrierspinne f <av> *(Konus-Lautsprecher)* • centering spider; diaphragm suspension; spider
Zentrierspitze f <masch> • center point
Zentrierständer m <fz.wz> *(befreit Fahrrad-Speichenfelge von Höhen- und Seitenschlag)* • wheel truing stand; truing stand; trueing stand *GB*; wheel trueing stand *GB*; wheel building stand
Zentrierstift m <masch> *(betont: zum Zentrieren)* • centering pin; centering dowel
Zentrierstift m <masch> *(allg. zur Lagefixierung; z. B. zwischen Motorblock und Zylinderkopf)* • index pin *US*; pilot pin; locating dowel; guide pin; alignment plug *rare*
zentriert <tech.allg> *(z. B. Bohrung, Anordnung, Einstellung)* • centered; centric
zentrierte und normierte Zufallsgröße f <math> *(Zufallsgröße mit Erweiterungswert Null und Standardabweichung Eins)* • standardized variate; centred and normed random variate; centred and normed variate
zentrierte Zufallsgröße f DIN 55350-21 <math> • centred variate; variate with expectation zero
Zentriertisch m <prod> *(Vorrichtung)* • centring stage
Zentrierungslinie f <fz> *(von Reifen)* • GG groove
Zentriervorrichtung f <tech.allg> • centering device
Zentrierwinkel m <wz> • center square
Zentrierzapfen m rar <masch> *(betont: zum Zentrieren)* • centering pin; centering dowel
Zentrifugalabscheider m <verf> *(für Schwebstoffe; z. B. zum Staub in Luft, Abrieb in ÖL)* • centrifugal separator; centrifugal collector; cyclone separator *pract*; cyclone *pract*
Zentrifugalabscheidung f <verf> • centrifugal separation
Zentrifugalbarriere f <nukl> • centrifugal barrier
Zentrifugalbecherwerk n <förd> *(Abwurf mittels Fliehkraft)* • centrifugal-discharge bucket elevator; centrifugal-discharge elevator
Zentrifugalbeschleunigung f <mech> *(entgegengesetzt zur Zentripetalbeschleunigung)* • centrifugal acceleration
zentrifugales Sortierprinzip n <ents> *(Feinsortierung)* • centrifugal screening principle
zentrifugale Trennung f <verf> *(Stofftrennungstechnik; z. B. von nassen Hunden od. Eisbären eingesetzt)* • centrifugal separation
Zentrifugalfilter n <verf> • centrifugal filter
Zentrifugalgebläse n <masch> *(im Ggs. zu Axialgebläse, Querstromgebläse)* • centrifugal blower; centrifugal fan; radial-flow blower
Zentrifugalkraft f <phys> • centrifugal force
Zentrifugallüfter m <hlk> • centrifugal fan; radial-flow fan

Zentrifugalmoment n <mech> *(Flächenmoment zweiten Grades)* • centrifugal moment
Zentrifugalölfilter m <tribo> • centrifugal oil filter
Zentrifugalpotential n <phys> • centrifugation potential
Zentrifugalpumpe f <masch> *(eine Kreiselpumpe)* • centrifugal pump
Zentrifugalreiniger m <pap> *(Stoffreinigung)* • centrifugal strainer
Zentrifugalreiniger m <verf> *(allg.)* • centrifugal cleaner
Zentrifugalscheider m rar <verf> *(für Schwebstoffe; z. B. zum Staub in Luft, Abrieb in ÖL)* • centrifugal separator; centrifugal collector; cyclone separator *pract*; cyclone *pract*
Zentrifugalschmiereinrichtung f <tribo> *(Gleitlager)* • centrifugal lubricator
Zentrifugalsichter m <verf> *(allg.)* • centrifugal classifier
Zentrifugalsichter m <verf> *(Holzschliffreinigung)* • centrifugal screen
Zentrifugalspinnmaschine f <textil> • pot-spinning frame
Zentrifugal-Verdichterrad n DIN ISO 7967-4 <masch> • centrifugal impeller *DIN ISO 7967-4*
Zentrifugalwäscher m <verf> • disintegrator washer
Zentrifugalzerstäuber m <ents> • rotating atomizer; rotary atomizer; centrifugal disc atomizer; plate atomizer; rotary-cup atomizer
Zentrifuge f DIN 24405 <tech.allg> • centrifuge
Zentrifuge f <nahr> *(für Wein, Saft)* • centrifuge
Zentrifuge mit Umfangsaustrag f <verf> • peripheral solids-discharge centrifuge
Zentrifugenkaskade f <nukl> • centrifuge cascade
Zentrifugenkuchen m <verf> • filter cake
Zentrifugenlager n <masch> • centrifuge bearing
Zentrifugenrotor m <masch> • centrifuge rotor
Zentrifugenspinnen n <textil> • pot spinning
Zentrifugentrommel f <masch> • centrifuge basket
Zentrifugenverfahren n <verf.nukl> • centrifugal process
Zentrifugenwand f <masch> • centrifuge wall
Zentrifugieren n <verf> *(allg.; z. B. von Wein)* • centrifuging
zentrifugieren vt <verf> • centrifuge *vt*
Zentripetalbeschleunigung f <mech> *(entgegengesetzt zur Zentrifugalbeschleunigung)* • centripetal acceleration
zentripetale Beschleunigung f <mech> *(entgegengesetzt zur Zentrifugalbeschleunigung)* • centripetal acceleration
Zentripetalkraft f <mech> *(entgegengesetzt zur Zentrifugalkraft)* • centripetal force
zentrisch adj <mech> • centric
zentrisch adv <tech.allg> *(angeordnet)* • centrally
zentrischer Stoß m <mech> • central impact; central collision *rare*
zentrisches Mittelloch n rar <edv> *(Loch in der Mitte einer Magnetplatte oder CD)* • centerhole *US*; driving-hub access hole *form*; central spindle hole; centre hole *GB*; central hole *coll*
zentrisch symmetrisch rar <math> • centrosymmetrical
Zentriwinkel m <math> *(z. B. im Kreis)* • central angle; center angle
Zentrode f <mech> *(Kinematik, Getriebelehre)* • centrode
zentrosymmetrisch rar <math> • centrosymmetrical
Zentrum n <tech.allg> • center *US*; centre *GB*; middle *coll*
Zentrum n <phys> *(Ausgangspunkt einer Welle)* • origin
Zentrumsbohrer m <wz> • center bit
Zentrumswickler m <textil> • center winder
Zeolith m <silik> • zeolite
Zepto... (z) <phys.msr> *(Vorsilbe für Einheiten: 1 Zepto = 10^{-21})* • zepto (z)
zerbrechen vi <tech.allg> *(z. B. Glas)* • break *vi*; fracture *vi*

zerbrechen *vt* <tech.allg> *(z. B. Glas)* • break *vt*
zerbrechlich <mat> *(z. B. Glas, Porzellan, Kristallleuchter)* • fragile; brittle; frail
zerbrechlich! <logist.doku> *(Aufschrift auf Frachtgut)* • fragile
zerbröckeln *vi* <mat> *(allg.)* • crumble *vi*
zerbröckeln *vi* <mat> *(Kalk)* • slake *vi*
zerdrücken *vt* <tech.allg> • crush *vt*
zerdrückt <agri.logist> *(Obst; Transport- oder Lagerschaden)* • bruised
Zerdrückung der Wellen *f* <pap.pack> *(Wellkarton)* • crushing of the flutes
Zerebralschaden *m* <med> • brain injury
Zerener-Verfahren *n* <füg> • Zerener process
Zerfall *m* <allg> *(z. B. Wirtschaft, politisches System, Ordnung)* • collapse; breakdown
Zerfall *m* <tech.allg> *(Auflösung des Zusammenhalts, Desintegration)* • disintegration
Zerfall *m* <chem> *(Entmischung)* • decomposition
Zerfall *m* <chem> *(Molekültrennung)* • dissociation
Zerfall *m* <nukl> *(radioaktiver)* • decay
Zerfall *m* <nukl> *(von Atomen)* • fission; decomposition
zerfallen *vi* <allg> *(z. B. Wirtschaft, politisches System, Ordnung)* • collapse *vi*; break down
zerfallen *vi* <tech.allg> *(auflösen des Zusammenhalts, desintegrieren)* • disintegrate *vi*
zerfallen *vi* <chem> *(Moleküle)* • dissociate *vi*
zerfallen *vi* <chem> *(entmischen)* • decompose *vi*
zerfallen *vi* <mat> *(Kalk, Kohle)* • slake *vi*
zerfallen *vi* <nukl> *(radioaktiv)* • decay *vi*
Zerfallschema *n* <nukl> • decay scheme; mode of decay
Zerfallschlacke *f* <ents> • slaking slag
Zerfallselektron *n* <nukl> • decay electron; disintegration electron
Zerfallsenergie *f* <nukl> • decay energy; disintegration energy
Zerfallsgeschwindigkeit *f* <ents> • decomposition rate
Zerfallsgeschwindigkeit *f* <nukl> • decay rate
Zerfallsgesetz *n* <nukl> • radioactive decay law; radioactive disintegration law *rare*
Zerfallskonstante *f* <nukl> • decay constant; disintegration constant; transformation constant
Zerfallskurve *f* <nukl> • decay curve; disintegration curve
Zerfallsprodukt *n* <chem> • decomposition product
Zerfallsprodukt *n* <nukl> *(radioaktiver Zerfall)* • decay product; disintegration product; daughter product; decay daughter *rare*
Zerfallsreaktion *f* <chem> • decomposition reaction
Zerfallsreihe *f* <nukl> • decay chain; decay series; disintegration chain; radioactive chain; radioactive series
Zerfallsreihe *f prakt.ugs* <nukl> • radioactive decay series; radioactive disintegration series; radioactive transformation series; disintegration chain; decay chain
Zerfallsschema *n* <nukl> • decay scheme; decay mode
Zerfallsverhältnis *n* <phys> *(Quantenphysik)* • branching ratio
Zerfallswärme *f* <nukl> • decay heat
Zerfallswahrscheinlichkeit *f* <nukl> • decay probability; disintegration probability
Zerfallsweg *m* <msr> *(Massenspektrometrie)* • fragmentation path
Zerfallsweg *m* <nukl> • decay path; disintegration path
Zerfallszeit *f* <nukl> • decay time; disintegration time
Zerfaserer *m* <ents> *(Shredder)* • shredder
Zerfaserer *m* <verf> *(durch Kneten)* • kneading machine
zerfasern *vt* <pap.ents> *(Altpapier)* • disintegrate *vt*; defiber *vt*
zerfasern *vt* <prod> *(zerfetzen)* • shred *vt*
zerfasern *vt* <textil> *(Seide)* • fuzz *vt*

Zerfaserung *f* <pap> *(Verfahrensstufe in der Stoffaufbereitung einer Papierfabrik)* • defibering; defibration; defiberization; slushing
zerfließen *vi* <mat> *(schmelzen, flüssig werden; z. B. durch Luftfeuchtigkeitsaufnahme)* • deliquesce *vi*
zerfressen *vt* <obfl> *(durch Abtragen)* • erode *vt*
zerfressen *vt* <obfl> *(durch Korrosion, Lochfraß)* • corrode *vt*
zergliedern *vt* <allg> • dissect *vt*
zerhacken *vt* <tech.allg> *(Material, Strom; z. B. Fleisch, Holz, Signale)* • chop *vt*
Zerhacker *m* <tech.allg> *(allg.; für Gegenstände, Signale, Strahlen)* • chopper
Zerhacker *m* <el> *(Gleichstrom/Wechselstrom)* • DC-AC chopper
Zerhacker *m* <el> • vibrating-reed break
Zerhacker *m* <el> *(Vibrator)* • vibratory converter; vibrator
Zerhacker *m* <licht> *(Licht)* • light chopper
Zerhacker *m* <tele> • auto radio vibrator
Zerhackerschaltung *f* <el> • chopper circuit
Zerhackerscheibe *f* <opt> • chopper disk
zerhackerstabilisierter Verstärker *m* <el> • chopper-stabilized amplifier
Zerhackerverstärker *m* <el> • chopper amplifier
zerhackt <phys> *(mit Unterbrechungen; elektrisch, akustisch)* • interrupted
zerhackt <tele> *(Sprachübertragung)* • chopped up
Zerkleinerer *m* <ents> *(allg.; z. B. Shredder)* • disintegrator
Zerkleinerer *m* <verf> *(durch Zerdrücken, Quetschen)* • crusher
Zerkleinerer *m* <verf> *(pulverisieren)* • pulverizer
zerkleinern *vt* <tech.allg> *(aufbrechen)* • break up *vt*; fragmentize *vt thsc*
zerkleinern *vt* <tech.allg> • reduce in size *vt*
zerkleinern *vt* <min> *(Erz)* • buck *vt*
zerkleinern *vt* <verf.hydr> *(Rechengut; sehr fein)* • comminute *vt*
Zerkleinern des Tresterkuchens *n* <nahr> *(Wein)* • breaking up the press-cake
zerkleinerter Müll *m* <ents> • milled refuse
Zerkleinerung *f* <ents> *(durch Zerschneiden, Brechen)* • shredding
Zerkleinerung *f* <min> *(Erz)* • bucking
Zerkleinerung *f* <verf> *(allg.)* • size reduction
Zerkleinerungsaggregat *n* <ents> *(allg.; z. B. Shredder)* • disintegrator
Zerkleinerungsanlage *f* <ents> *(Mahlwerk; eher grob)* • crushing mill
Zerkleinerungsanlage *f* <verf> *(fein; Pulverisierung)* • comminution plant
Zerkleinerungsgrad *m* <verf> • size-reduction ratio
Zerkleinerungsmaschine *f* <ents> *(grob; z. B. für Abfall, Schrott)* • breaker
Zerkleinerungsmaschine *f* <ents> *(durch Pressen)* • crusher
Zerkleinerungsorgan *n* <min> • muller
zerklüftet <geo> *(Gelände mit schmalen Spalten, Rissen)* • fissured
zerklüftet <geo> *(rauhes Gelände)* • rugged
Zerknistern *n* <mat> • decrepitation
zerknüllen *vt* <allg> *(z. B. Papier, Alufolie)* • crumple (up) *vt*
zerkratzen *vt* <obfl> *(tiefe Riefen)* • score *vt*
zerkratzen *vt* <obfl> *(allg.; z. B. polierte Oberfläche, Lack, Film)* • scratch *vt*
zerlegbar <tech.allg> *(z. B. Wälzlager)* • separable
zerlegbar <av> *(in Bildpunkte auflösbar)* • resolvable
zerlegbare Kette *f* <antr> • detachable chain

Zerlegen n <tech.allg> *(von Baugruppen; auch als Überschrift in Rep.Handbuch)* • disassembly; dismantling; disassembling

zerlegen vt <tech.allg> *(Gefügtes, ohne Zerstörung; z. B. Baugruppe in Einzelteile)* • dismantle vt; disassemble vt; take apart vt coll; break down vt rare

zerlegen vt <av.opt> *(Bild; z. B. in Bildpunkte)* • resolve vt

zerlegen vt <bahn> *(Züge)* • shunt vt

zerlegen vt <chem.verf> *(in chemische Bestandteile)* • break down vt

zerlegen vt <mil> *(Waffe, gefechtsmäßig)* • strip vt; field-strip vt

Zerleger m <av> • dissector

Zerlegung f <tech.allg> *(gefügter Teile ohne Zerstörung)* • disassembly

Zerlegung f <bahn> *(von Zügen)* • shunting

Zerlegung f <chem> *(von Verbindungen)* • decomposition; breakdown

Zerlegung in Bildelemente f <av> • scanning

Zerlegungsprodukt n <chem> • decomposition product

zermahlene Kadaver mpl derog <agri.nahr> • meat and bone meal (MBM)

Zero-Emission-Fahrzeug n wiss <kfz.emiss> • zero-emission vehicle (ZEV)

Zero-Emission-Vehicle n (ZEV) <kfz.emiss> • zero emission vehicle (ZEV)

zerquetschen vt <tech.allg> *(Feststoff, hart, spröde)* • crush vt

zerquetschen vt <tech.allg> *(völlig zerdrücken, insbes. feuchte Objekte; z. B. Frucht)* • squash vt

Zerreiben n <verf> *(Pulverisierung)* • pulverization; levigation

zerreiben vt <tech.allg> *(zu Pulver; trocken oder nass)* • levigate vt

zerreiben vt <verf> *(eher trocken)* • triturate vt

Zerreibung f <verf> *(Pulverisierung)* • pulverization; levigation

Zerreißdehnung f obs.rar <qualit.mat> *(beim Zugversuch ermittelte Verlängerung der Messlänge; in %)* • elongation at break; elongation after fracture; elongation at rupture; elongation at failure; ultimate elongation

Zerreißdiagramm n <qualit.mat> • load-elongation diagram

Zerreißdruck m obs.rar <rls.qualit> *(von Druckbehälter, Druckrohr; z. B. bei Festigkeitsprüfung)* • burst pressure; bursting pressure rare

zerreißen vi <tech.allg> *(Stoff, Papier)* • tear vi

zerreißen vt <allg> *(in kleine Fetzen; z. B. Papier, Stoff)* • tear up vt

Zerreißfestigkeit f <qualit.mat> *(z. B. von Autoreifen)* • tear resistance; tearing resistance rare

Zerreißgrenze f <qualit.mat> *(von hartem Material)* • fracture limit; breaking point

Zerreißgrenze f <qualit.mat> *(Druckbehälter)* • bursting limit

Zerreißmaschine f obs <qualit.mat> • tensile testing machine; tensile tester; tensile strength tester rare

Zerreißmaschine f <verf> • macerator

Zerreißschnecke f <ents.pap> *(Altpapier)* • shredding screw

Zerreißwerk n <verf> • macerator

zerrieseln v <tech.allg> • fall apart v

zerrieseln vi <bau> *(Beton)* • dust vi

zersägen vt <ents> *(ausschlachten zur Weiterverwendung brauchbarerTeile)* • cut up [for spares] vt

zersägen vt ugs <ents.kfz> *(bes. in Bezug auf Ersatzteile; z. B. Autos)* • break for spares vt coll; part out vt US.coll; cut up for spares vt coll; cannibalize vt coll

Zerschneiden n <el.ic.prod> *(von Wafern)* • dicing

Zerschneiden n <prod> *(allg.; z. B. von Papier, Blech)* • cutting

zerschnittene Filze mpl <pap> • cut-up felts

zersetzbar <bio.chem> *(biochemisch)* • decomposable; degradable; disintegratable

zersetzen vr <ents> • decay vi

zersetzen vt <ents> • decompose vt; degrade vt; deteriorate vt

Zersetzung f <chem> *(z. B. von Kunststoffen)* • breakdown; decomposition

Zersetzung f <ents> *(Abbau von org. Stoffen durch Mikroorganismen unter aeroben Bedingungen)* • decomposition

Zersetzungsdestillation f <chem.verf> • destructive distillation

Zersetzungskatalysator m <chem.verf> • decomposition catalyst

Zersetzungspotential n <el.chem> *(Spannung, die die Reduktion bzw. Oxidation eines Stoffes ermöglicht)* • decomposition voltage; decomposition potential

Zersetzungsprodukt n <tech.allg> • decomposition product

Zersetzungsprozess m <ents> • decomposition process

Zersetzungsreaktion f <chem> • decomposition reaction

Zersetzungsspannung f <el.chem> *(Spannung, die die Reduktion bzw. Oxidation eines Stoffes ermöglicht)* • decomposition voltage; decomposition potential

Zersetzungstemperatur f <verf> *(z. B. von Kunststoffen)* • decomposition temperature

Zersetzungswärme f <chem> • heat of decomposition

zerspanbar <mat> *(spanend; mit Werkzeugmaschine)* • machinable

Zerspanbarkeit f <qualit.mat> • machinability

zerspanen vt <prod> • cut vt

Zerspanung f DIN 6580-6584 <prod> *(z. B. von Metall)* • chip removal; chip removing

Zerspanung f <prod> • chip removal

Zerspanungsleistung f <wz.masch> *(bei Metall)* • metal removal rate; metal-cutting capacity

zersplittern vi <tech.allg> *(in kleine Stücke)* • shiver vi/vt

Zersprühung f <qualit.mat> *(Schleiffunkenprüfung)* • fork burst; spark burst

zerstäuben vt <tech.allg> *(sehr fein verteilen)* • atomize vt US.GB; atomise vt GB.rare

zerstäuben vt <phys> *(Festkörper durch Ionenbeschuss)* • sputter vt

zerstäuben vt <verf> *(Feststoff)* • pulverize vt

Zerstäuber m <tech.allg> • atomizer; vaporizer

Zerstäuber m <kunst.wz> *(für Fixativ, z. B. auf Kohlezeichnungen)* • atomizer; diffuser

Zerstäuberbrenner m <verbr> • atomizing burner; aspirating burner; nebulizer burner

Zerstäuber-Brenner-Kombination f <verbr> • atomizing burner; aspirating burner; nebulizer burner

Zerstäuberdruck m <obfl> *(Spritzpistole)* • atomizing pressure

Zerstäuberdüse f • atomizing nozzle

Zerstäuberglocke f <obfl.wz> • spray bell; dome head; atomizer head; dome-shaped discharge head did; rotating spray element AUDI.did

Zerstäuberscheibe f <ents> • disk atomizer US; disc atomiser GB

Zerstäubung f <el> *(Dünnschichttechnik)* • sputtering

Zerstäubung f <verf> *(von Flüssigkeit)* • atomization

Zerstäubung f <verf> *(Pulverisierung von Feststoffen)* • pulverization

Zerstäubungsbeschichtung f <obfl> • sputter coating

Zerstäubungsdruck m <kfz.mot> *(Einspritzung)* • atomization pressure

Zerstäubungsfeuerung f <verbr> • spraying furnace

Zerstäubungskathode f <el> • sputter cathode

Zerstäubungstrockner m <verf> • atomizing drier

Zerstäubungsvergaser m <mot> • jet carburettor

zerstörend <tech.allg> (z. B. Werkstoffprüfung, Überspannung, Wirkung) • destructive

zerstörende Prüfung f <qualit> • destructive test[ing]

zerstörender Pulltest m <el.ic.prod> • destructive bond pull test (DPT); destructive pull test

zerstörende Werkstoffprüfung f <qualit.mat> • destructive testing of materials; destructive materials testing

zerstörend lesen vt <edv> • read destructively vt

Zerstörer m <mil.nav> • destroyer; can sl

Zerstörfestigkeit f DIN 19237 <msr> (Grenzwert eines Störsignals) • surge immunity

Zerstörung f <tech.allg> • destruction

zerstörungsfrei <qualit.mat> • non-destructive

zerstörungsfreie Prüfung f DIN EN 1330 <qualit.mat> • non-destructive testing (NDT); nondestructive testing; non-destructive testing of materials

zerstörungsfreier Pulltest m (NDPT) <ic.qualit> (von Drahtbonds) • nondestructive [bond] pull test (NDPT)

zerstörungsfreies Prüfen n <qualit.mat> • non-destructive testing (NDT); nondestructive testing; non-destructive testing of materials

zerstörungsfreies Prüfverfahren n <qualit> (Methode) • NDT method

zerstörungsfreie Werkstoffprüfung f <qualit.mat> • non-destructive testing (NDT); nondestructive testing; non-destructive testing of materials

zerstörungsfrei lesbar <edv> • non-destructively readable

zerstreuen vt <opt> (Licht, Strahlung) • diffuse vt

zerstreuen vt <phys> (durch Aufprall auf ein Hindernis; z. B. Strahlung, Licht, Tröpfchen) • scatter vt; disperse vt

zerstreuen vt <verf> • disperse vt

Zerstreuung f <el> (Elektronenstrahl) • debunching

Zerstreuung f <opt> (von Licht, Strahlung) • diffusion

Zerstreuung f <phys> (von Energie; z. B. Wärme) • dissipation

Zerstreuung f <phys> (Auflösung, Abstrahlung; z. B. Geruch, Strahlung, Wärme) • dissipation

Zerstreuungsfunktion f <phys> • dissipation function

Zerstreuungskoeffizient m <phys> • coefficient of dispersion

Zerstreuungskreis m <opt> • circle of confusion

Zerstreuungslinse f <opt> • concave lens; divergent lens; diverging lens

Zerstreuungsspiegel m rar <opt> • convex mirror

zerstückeln vt <allg> (verstümmeln) • dismember vt

zerstückeln vt ugs <edv> (Datei: z. B. auf Festplatte) • fragment vt

Zerstückelung f ugs <edv> (von Dateien; z. B. auf Festplatte) • fragmentation

zerteilen vt <allg> (verstümmeln) • dismember vt

zerteilen vt <prod> (in Würfel schneiden; z. B. Gemüse) • dice vt

zerteilen vt <prod> (trennen) • separate vt; divide vt

zerteilen vt <prod> (in Scheiben) • slice vt

zertrümmern vt <tech.allg> (physisch und metaphorisch; z. B. Glas, Stein, Weltbild) • shatter vt

Zertrümmerungskugel f rar <bau.masch> • wrecking ball; demolition ball; breaking ball rare

Zetafunktion f <math> • zeta function

Zeta-Pinch m <nukl> • zeta pinch

Zetapotential n <phys.chem> • zeta potential; electrokinetic potential

Zettel m <doku> (beschriebenes Blatt, formlos) • note

Zettel m <pap> (leer oder beschrieben) • slip of paper

Zettel m <textil> • warp

Zettelbaum m <textil> • warp beam; backbeam

Zettelgatter n <textil> • magazine creel; warp creel; warping creel; spool rack NZ

Zettelmaschine f <textil> • warper

Zetteln n <textil> • warping

zetteln vt <textil> • warp vt

Zettelspule f <textil> • warp bobbin

Zettelwalze f <textil> • warping roller

Zetter m <agri> • tedder

Zeugdruck m <textil.druck> (allg.) • cloth printing; textile printing; fabric printing

Zeugdruck m <textil.druck> (auf Baumwolle) • cotton printing

Zeugmaschinenbau m <masch> • machine tool manufacture

Zeuner-Schieberdiagramm n <masch> • Zeuner valve diagram

ZEV <kfz.emiss> • zero emission vehicle (ZEV)

ZEV-Fahrzeug n <kfz.emiss> • zero emission vehicle (ZEV)

ZF <av> • intermediate frequency (IF)

ZF <mil> • telescopic sights; sighting telescope; pointing telescope; gunsight pract

Z-Flipflop m <el> • zero flip-flop

Z-gefaltetes Endlospapier n <pap.edv> (mit Zickzack-Falzung) • continuous fanfold media pl; fanfold paper; zigzag fold paper; z-fold paper

ZGV <med.tech> • central supply system

Zickzack- <pap> (Faltungsart; in Zusammensetzungen; z. B. Endlosetiketten) • fanfold ...; fan-fold ...; fan-folded ...

Zickzackanordnung f <tech.allg> (Vorgang) • staggering

Zickzackanordnung f <tech.allg> (Ergebnis) • zigzag configuration; staggered layout; zigzag arrangement

Zickzackantenne f <el> • zigzag antenna US; zigzag aerial GB

zickzackartig bewegen vr <mech> • zigzag vi

Zickzackbandzuführung f <förd> • staggered feed

Zickzackchweißen n <füg> • staggered welding

Zickzackegge f <agri> • zigzag harrow

Zickzacketikett n <pap> • fanfold label; fan-folded label; computer label

Zickzackfaltung f <tech.allg> (Faltenbalg) • concertina folding

Zickzackfalz m ugs <druck> • accordion folding; accordion fold; concertina folding; concertina fold

Zickzackfalzung f <druck> • zigzag folding

Zickzacklinie f <doku> • continuous thin straight line with zigzags stand; zigzag line

Zickzacknähmaschine f <textil> • zigzag sewing machine

Zickzacknietung f <füg> • staggered riveting; zigzag riveting

Zickzackprofil n <bekl> (Schuhsohle) • herringbone tread pattern

Zickzackpunktschweißen n <füg> • staggered spot welding; zigzag spot welding

Zickzackreflexion f <phys> (elektromagnetischer Wellen) • zigzag reflection

Zickzackschaltung f <el> • Y-connection; interconnected star connection

Zickzackschaltung f <el> (Transformator) • zigzag connection

Zickzackschere f <pack> • scroll shears

Zickzackschweißnaht f <füg> • staggered intermittent weld

Zick-Zack-Sichter m <ents> • zig-zag air classifier; zigzag sifter

Zickzackstreifen m <pack> • scroll[ed] strip

Zickzackstreufluss *m* <el> • zigzag leakage flux

Zickzackwalzwerk *n* <metall> • staggered mill

Zickzackwendel *f* <el> • zigzag filament

Ziegel *m* <bau.mat> *(für Wände)* • brick

Ziegel *m* ugs <bau.mat> *(typ. aus gebranntem Ton)* • roof tile; roofing tile

Ziegel *m* <bau.mat> *(luftgetrocknet, meist strohfaserverstärkt; z. B. aus Nilschlamm)* • adobe

Ziegelauskleidung *f* <bau> • brick lining

Ziegelausmauerung *f* <bau> • brick lining

Ziegelbrennen *n* <prod> • brick firing; brick burning

Ziegelbrennofen *m* <prod> • brick kiln

Ziegeldach *n* <bau> • tiled roof

Ziegeldacheindeckung *f* <bau> • tiled roofing

Ziegel entfernen <bau> *(Dachdeckung entfernen)* • untile *vt*; unroof *vt*

Ziegelfutter *n* <metall> *(Ofenausmauerung)* • brick lining

Ziegelindustrie *f* <prod> • brick making industry

Ziegelmauerwerk *n* <bau> • brickwork

Ziegelmehl *n* <mat> • brick dust

Ziegelpflaster *n* <bau> • brick paving

Ziegelpresse *f* <bau> • brick press

Ziegelrollschicht *f* <bau> *(Mauerwerk)* • brick-on-edge course

ziegelrot <obfl> *(Farbe)* • brick-red

Ziegelsplittbeton *m* <bau.mat> • crushed brick aggregate concrete

Ziegelstapler *m* <förd> • brick stacker

Ziegelton *m* <mat> • brick clay; brick earth

Ziegelverband *m* <bau> • brick bond

Ziegelverblendung *f* <bau> • brick facing

Ziegelwerkfundament *n* <bau> • brick foundation

Ziegenleder *n* <bekl> • goatskin leather

Ziegenpeter *m* <med> • parotitis; parotiditis; mumps; epidemic parotitis

Ziegenwolle *f* <textil> • goat's wool

Ziehapparatur *f* <prod> • pulling apparatus

Ziehbalken *m* <silik> • draw bar

Ziehbank *f* <wz.masch> • drawbench

Ziehbereich *m* <av> • pull-in range

Ziehbewegung nach unten *f* <mech> • downward pull

Ziehbolzen *m* <kfz.wz> *(Vorsatz für Schlagauszieher)* • pull tab

Ziehdorn *m* <wz> • drawing mandrel

Ziehdüse *f* <wz> • draw die

Zieheinrichtung *f* <prod> *(für Räumnadel)* • broach puller

Zieheisen *n* <wz> • drawplate; drawing plate

Ziehemulsion *f* <tribo> • drawing solution

Ziehen *n* <tech.allg> *(z. B. von Verrohrung, Spundwänden)* • withdrawal; drawing; pulling

Ziehen *n* <edv> *(Grafik-Funktion zum Verschieben und Vergrößern eines Bildelements)* • stretching

Ziehen *n* <tele> *(Frequenz)* • pull-in

ziehen *vi* <fz.brems> *(einseitig)* • pull *vi*

ziehen *vi* <verbr> *(z. B. Kamin, Ofen)* • draw *vi*

ziehen *vt* <tech.allg> *(mechanisch)* • pull *vt*

ziehen *vt* <bahn> *(Waggons)* • haul *vt*

ziehen *vt* <förd> *(mit Seil, Kette)* • tow *vt*

ziehen *vt* <füg> *(Schweißraupe)* • lay *vt*

ziehen *vt* <füg> *(Schweißnaht)* • run *vt*

ziehen *vt* <fz> *(Anhänger)* • trail *vt*

ziehen *vt* <licht.theat> *(Helligkeit einer Bühnenleuchte verringern)* • fade out *vt*

ziehen *vt* <math> *(Wurzel)* • extract *vt*

ziehen *vt* <msr> *(Messwerte)* • make *vt*; take *vt*

ziehen *vt* <mus> *(Orgelregister)* • draw (out) *vt*; pull (out) *vt*; bring on *vt*

ziehen *vt* <petr> *(Messgerät aus Bohrloch)* • retrieve *vt*

ziehen *vt* <petr> *(Meißel von Sohle)* • raise off bottom *vt*

ziehen *vt* <petr> *(Bohrstrang)* • retrieve *vt*; pull *vt*

Ziehende *n* <verbr> *(Ofen)* • discharge end

ziehende Bremsen *fpl* <fz.brems> *(einseitig)* • brake pull

ziehendes Schweißen *n* <füg> • dragging welding technique

Ziehen und Ablegen *n* <edv> • drag and drop

Ziehen und Übergeben *n* IBM <edv> • drag and drop

Ziehen von Bohrkernen *n* <bau> • coring

Ziehen von Lasten *n* <förd> • towing

Ziehen von Platten *n* <kst> • sheet calendering

Ziehen von Seitenkernen *n* <petr> • sidewall coring

Ziehfeder *f* <doku.wz> *(Tuschzeichnung)* • drawing pen; ruling pen

Ziehfett *n* <tribo> • drawing grease

Zieh-Fix *m* <kfz.wz> *(Spezialwerkzeug zum Autoknacken)* • lock puller; lock buster

Ziehfrequenz *f* <av> • pull-in frequency

Ziehgesenk *n* <wz> • drawing die; forming die

Ziehglas *n* obs <bau.silik> • window glass; sheet glass; flat-drawn glass

Ziehgrenze *f* <prod> *(Grenze d. Umformgrades)* • drawing limit

Ziehgrenze *f* <prod> *(Rohlingsdurchmesser)* • limiting blank diameter

Ziehhaken *m* <kfz.wz> *(zum Ausbeulen)* • pull rod; dent puller

ziehharmonikaähnlich <tech.allg> • bellows-type; concertina-like

ziehharmonikaähnliche Abdeckung *f* <tech.allg> *(z. B. Führungsbahn)* • concertina cover

Ziehharmonikafaltung *f* <bekl> *(z. B. in Motorradkombis)* • concertina section; expander [section]

Ziehherd *m* <silik> • drawing pot

Ziehhülse *f* <prod> • draw sleeve

Ziehkabel *n* <el> • cable puller

Ziehkabel-Set *n* <el> • grip pulling kit

Ziehkegel *m* <prod> • step-down cone

Ziehkeil *m* <brems> *(in Trommelbremse)* • adjusting wedge

Ziehkeil *m* <masch> • sliding key

Ziehkeilgetriebe *n* <antr> *(z. B. Vorschubgetriebe in Werkzeugmaschinen)* • driving-key transmission

Ziehkissen *n* <prod> *(von Presse)* • drawing cushion; drawing pad

Ziehkissen *n* <prod> *(Drahtziehen)* • drawing cushion

Ziehkissen mit Vorbeschleunigung *n* <prod> *(von Presse)* • pre-accelerated drawing cushion

Ziehklemme *f* <pap> • pulling clamp

Ziehklinge *f* <obfl.holz> • cabinet scraper; scraper

Ziehkopf *m* <bau> • pulling head

Ziehkopf *m* <wz> • draw head

Ziehkraft *f* :V <el> *(beim Herausziehen von Stecker aus Buchse)* • separation force

Ziehkristall *m* <mat> • pulled crystal

Ziehloch *n* <prod> *(Drahtziehen)* • aperture of die

Ziehlochplatte *f* <wz> *(zum Drahtziehen)* • draw plate; drawing plate

Ziehmarke *f* <druck> • pull-type lay

Ziehmaschine *f* <wz.masch> • drawbench

Ziehmatrize *f* <wz> • drawing die

Ziehmittel *n* <prod> • drawing compound

Ziehnagel *m* <kfz.wz> *(dünnere Ausführung des Ziehbolzens)* • pulling wire

Ziehöl *n* <prod> • drawing oil

Ziehplatte *f* <wz> • drawing plate

Ziehpresse *f* <wz.masch> • drawing press

Ziehprofil *n* <wz> • drawing-die profile

Ziehräumen *n* <prod> • pull broaching

Ziehräumnadel *f* <wz> • pull broach

Ziehriefe f <prod> • draw mark
ziehriefenfrei <obfl> • unmarred
Ziehring m <prod> *(Umformelement beim Tiefziehen; Gegenstück zum Ziehstempel)* • draw ring; die ring; drawing ring
Ziehriss m <prod> • drawing crack; draw crack
Ziehschablone f <metall> • strickle board; strickle
Ziehscheibe f <prod> *(flacher Rohling)* • flat blank
Ziehscheibe f <prod> *(zum Drahtziehen)* • wire-drawing block
Ziehscheibenantrieb m <prod> *(Drahtziehen)* • block drive
Ziehschleifahle f <wz> • honing tool
ziehschleifen vt <prod> • hone vt
Ziehschleifmaschine f <wz.masch> • honing machine
Ziehschleifwerkzeug n <wz> • honing tool; hone
Ziehschmiedepresse f <wz.masch> • pull-down forging press
Ziehspachtel m <obfl> • polyester filler; body filler *coll*; plastic filler; resin filler
Ziehspachtel m <wz> • spreader; spatula; applicator; application paddle
Ziehspalt m <prod> *(beim Tiefziehen; zw. Stempel und Matrize)* • drawing gap; drawing clearance; punch-and-die clearance
Ziehstab m <mat> • pulling rod
Ziehstein m <prod> *(Drahtziehen)* • wire-drawing die
Ziehsteinhalter m <wz> • drawing die holder
Ziehstempel m <wz> • draw punch; drawing punch
Ziehstufe f <prod> • reduction
Ziehteil n <prod> *(Werkstück)* • draw piece; drawn part
Ziehtrichter m <prod> • forming bell
Ziehtrommel f <prod> • drawing block
Ziehverfahren n <prod> *(Methode)* • drawing process; pulling technique
Ziehverhältnis n <prod> *(Tiefziehen; aufeinander folgende Werkstückdurchmesser)* • blank-draw ratio; drawing ratio; draw ratio
Ziehvermögen n <mat> • drawability
Ziehvorgang m <prod> *(Tiefziehen)* • drawing operation
Ziehvorrichtung f <logist> *(Lagerlift-Lastaufnahmemittel)* • extractor
Ziehwalze f <wz> • forming roll
Ziehwalzen n <prod> • rolling and drawing process
Ziehwerk n <wz.masch> *(für Räumwerkzeug)* • broach puller; broach pulling mechanism
Ziehwerkzeug n <wz> *(zum Tiefziehen)* • drawing die; drawing plate; drawing tool
Ziehwert m <qualit.mat> • cupping ductility value
Ziehwulst m <prod> • drawing bead
Ziehzange f <wz> • drawing clamp; gripping jaws
Ziel n <allg> *(für Handlungen, Planungen, Projekte; z. B. FuE, Qualität, Umsatz)* • objective; goal *coll*
Ziel n <mil> *(für Schusswaffen)* • target
Ziel n ugs <mil> *(für Schießübungen)* • target
Ziel n <navig> • destination (DEST)
Zielabfangen n <mil> • target interception
Zieladresse f <edv> • target address
Zieladresse f <logist> • destination address
Zielanflug m <aerospace> • approach
Zielanflug m <mil> *(Rakete)* • homing
Zielanfluggerät n <mil> • seeker
Zielanfluggerät n <navig> • homing device
Zielanflugrakete f <mil> • self-guided missile
Zielauffindung f <navig.mil> • target location; target detection
Zielausdruck m <edv> • designation expression
Zielbahn f <aerospace> *(Orbit)* • target orbit
Zielbahn f <aerospace> *(allg.)* • target path; target trajectory

Zielbaugrube f <bau.rls> • reception pit; exit pit; target pit
Zielbild n <mil> • sight picture
Zielbohren n rar <petr> • directional drilling; controlled drilling; controlled directional drilling *form*; deviated drilling *rare*; angle drilling *rare*
Zieldatei f <edv> • destination file
Zielebene f <mil> • horizontal at the target
zielen vi <tech.allg> *(z. B. mit Zeiger, Laser-Pointer, auf Wand o.ä.)* • aim vi; point vi
zielen vi <mil> *(mit Waffe, auf Ziel)* • aim vi; point vi; take aim vi; sight vi
Zielerfassung f <mil> • target acquisition
Zielergraben m <mil> • target pit; pit
Zielerkennung f <mil> • target identification
Zielfahrt-Funktion f <navig> *(Empfänger)* • GOTO function
Zielfehler m <mil> • aiming error
Zielfernrohr n (ZF) prakt <mil> • telescopic sights; sighting telescope; pointing telescope; gunsight *pract*
Zielfernrohrvisierung f form <mil> • telescopic sights; sighting telescope; pointing telescope; gunsight *pract*
Zielfinger m <aerospace> • target coordinator
Zielfinger m <mil> • target-seeking device
Zielfläche f <msr> *(Vermessung)* • target
Zielflugbahn f <aerospace> *(Orbit)* • target orbit
Zielflugbahn f <aerospace> *(allg.)* • target path; target trajectory
Zielflugbake f <navig> • homing beacon
Zielflugfunkstelle f <navig> • homer
Zielfolgestation f <mil> • tracking radar [station]
Zielfotografie f <phot.sport> • race finish photography
Zielführung f <navig> • destination guidance
Zielfunktion f <math> • objective function
Zielgerät n <tech.allg> • aiming device
Zielgerätbelichtungsregler m <mil> • gunsight dimmer
Zielgrube f <bau.rls> • reception pit; exit pit; target pit
Zielgruppe f <werb> • target group; target audience
Zielkamera f <phot.sport> • photo finish camera
Zielkern m <nukl> • target nucleus
Zielkurs m <aerospace> *(Winkel)* • approach angle; approach aspect; aspect angle; target course
Ziellauf m <av> • go-to function
Ziellinie f <mil> • line of sight
Zielmarke f <msr> *(Vermessung)* • target
Zielobjekt n <edv> • destination object; end object
Zielobjekt n <navig> • target
zielorientierte Animation f <edv> • goal-oriented animation
Zielperson f <werb> • target person
Zielposition f <logist> *(Regallagerplatz)* • destination
Zielprogramm n <edv> • object program
Zielpunkt m <astron> • apex
Zielpunkt m <navig> *(in Navigationssystem)* • destination waypoint; TO waypoint
Zielpunkt m <petr> *(einer Richtbohrung)* • target
Zielrakete f <mil> • target missile
Zielregister n <edv> • destination register
Zielrohr n press <kfz> *(Einparkhilfe)* • guide rod; backup marker *:V*
Zielschacht m <bau.rls> • reception shaft; exit shaft; target shaft
Zielscheibe f <mil> *(für Schießübungen)* • target
Zielsprache f (ZS) <doku.transl> • target language (TL)
Zielstrahl m <opt> • image-forming ray
Zielsuche f <mil.navig> *(Rakete)* • target homing; target seeking
Zielsuche f <navig> • homing guidance
zielsuchende Rakete f <mil> • self-guided missile
Zielsuchkopf m <mil> • target-seeking head; automatic homing head; self-homing head; self-homing device

Zielsuchlenkung f <mil> • target-seeking guidance

Zielsuchlenkung f <navig> • homing guidance

Zieltext m (ZT) <transl> • target text (TT)

Zielübung f <mil> • aiming exercise

Zielverfolgung f <mil> • tracking

Zielverfolgung mit Suchradar f <mil> • search-radar tracking

Zielverfolgungskamera f <mil> • tracking camera

Zielverfolgungsradar n <mil> (z. B. von Flugabwehrgeschütz) • tracking radar

Zielvermittlungsstelle f <tele> • destination exchange

Zielvorrichtung f <mil> (Schusswaffe; z. B. Kimme und Korn, Zielfernrohr) • sights

Zielwahrnehmung f <mil> • target perception

Zielweg m <mil> • course of the target

Zielwegpunkt m <navig> (in Navigationssystem) • destination waypoint; TO waypoint

Zielwert m <tech.allg> (z. B. für Produktion, Emission, Umsatz) • target value

Zielwinkel m <mil> • sight angle

Zielzeichen n <mil> (Radar) • target blip

Zielzelle f <bio> (von Viren) • target cell; recipient cell

Zier... <kfz> (in Zusammensetzungen) • trim ...

Zier... <kfz> (in Zusammensetzungen; nachträgliche Verschönerung) • dress-up ...

Zierband n <bau> (ornamentale Einfassung von Gebäudeöffnungen) • architrave

Zierbeton m <bau.mat> • decorative concrete; ornamental concrete

Zierblende f <tech.allg> • applique

Zierkapsel f DIN 55405 <hilfsm> • decorative capsule V:

Zierleiste f <tech.allg> (Formteil; typ. aus Kunststoff) • trim molding

Zierleiste f <tech.allg> (jedes Material; z. B. an Auto, Möbel) • trim strip; trim; decorative profile rare

Zierleiste f <druck> (Umrandung; z. B. von Urkunde) • ornamental border

Zierleiste f <kfz> (Verzierung oder Blende an oder auf Stoßfängern) • nerf strip; nerf pract

Zierleistenklammer f <kfz.füg> • trim clip

Ziernaht f <textil> • ornamental seam

Zierrippe f <prod> • decoration groove

Zierstreifen m <kfz> (Dekorlinie, Klebefolie für Karosserie) • body stripe; tape stripe

Zierstreifen m rar <kfz> (Verzierung oder Blende an oder auf Stoßfängern) • nerf strip; nerf pract

Zierstreifen m <obfl> (sehr fein; lackiert oder Folie) • pinstripe

Zierteile npl <tech.allg> • ornamentation sg

Zierverband m <bau> (Mauerwerk) • decorative bond

Ziffer f <edv> (numerisches Zeichen) • digit

Ziffer f <math> (einzelnes Zeichen) • figure; numerical symbol

Ziffer f <math> (arab. Zahl von 1 bis 9 und 0) • digit

Zifferblatt n <msr> (von Uhr, Zeigerinstrument; mit Ziffern und/oder Markierungen) • dial US.GB; face GB

Ziffernanzeigeröhre f <el> • digital display tube; numerical display tube

Ziffernauswahlzeichen n <edv> • digit select character

Zifferncode m <tech.allg> • numerical code

Zifferndrucker m <druck> • numeric printer

Ziffernfolgefrequenz f <edv> • digit repetition rate

Ziffernimpuls m <edv> • digit pulse

Ziffernkode m ugs <tech.allg> • numerical code

Ziffernlesemaschine f <edv> • numerical reading machine

Ziffernmodelliergerät n <edv> • digital simulator

ziffernorganisierter Speicher m <edv> • digit-organized memory

Ziffernrad n <druck> • number wheel

Ziffernraddrucker m <druck> • counter-wheel printer

Ziffernreihenfolge f <math> • order of digits

Ziffernskala f <msr> • number scale; numerical scale DIN 2257

Ziffernskale f DIN 2257 <msr> • number scale; numerical scale DIN 2257

Ziffernspalte f <math> (Tabelle) • digit column

Ziffernspur f <el> • digit track

Ziffernstelle f <math> • digit position; digit place

Zifferntastatur f <edv> (z. B. rechts auf PC-Tastatur) • numeric keypad; numeric pad

Zifferntaste f <tech.allg> (z. B. PC-Tastatur, Schreibmaschine, Bankomat) • numeric key

Zifferntastenblock m <edv> (z. B. rechts auf PC-Tastatur) • numeric keypad; numeric pad

Zifferntrommel f <druck> (druckender Tischrechner) • digit drum

Zifferntrommel f <sich> (z. B. Zahlenschloss) • digit drum

Ziffernumschaltung f <tele.edv> • figure shift

Ziffern- und Zeichenwechselzeichen n <tele> • figure-shift signal

Ziffernverzögerungsbaustein m <el> • digit delay device

Ziffernwähler m <edv> • digit selector

Ziffernwechsel m <tele.edv> • figure shift

Zigarettenanzünder m <kfz.el> • cigar lighter; lighter pract.coll; cigarette lighter rare

Zigarettenpapier n <pap> (auch zum Selbstdrehen) • cigarette paper; skin sl

Zigarrenanzünder m MB <kfz.el> • cigar lighter; lighter pract.coll; cigarette lighter rare

Zimmerantenne f <av> (allg.; Radio, TV) • indoor antenna US; room aerial GB; inside aerial GB.rare

Zimmerantenne f <av> (außerhalb des Geräts, aber innerhalb des Gebäudes) • indoor antenna US; indoor aerial GB

Zimmerbeleuchtung f <licht> • room lighting; room illumination

Zimmererhammer m <bau.wz> (mit Bahn und Schneide) • adz US; adze GB; adz hammer US.rare; adze hammer GB.rare; adze-eye hammer GB.rare

Zimmererhammer m <wz> (mit Bahn und Klaue) • claw-type nail hammer

Zimmermann m <holz> • carpenter

Zimmermannsdach n <bau> • framed roof

Zimmermannshammer m <bau.wz> • carpenter's hammer

Zimmermannshammer mit Magnet-Nagelhalter m <bau.wz> • carpenter's hammer with magnetic nail holder

zimmern vi <holz> (als Zimmermann arbeiten) • carpenter vi

zimmern vt <bau.holz> (z. B. Dachstuhl) • carpenter vt

zimmern vt <min.holz> (Hangendes mit Holz abstützen) • timber vt

Zimmertemperatur f ugs <hlk> (in Gebäuden; typ. 20 °C) • room temperature (RT); ambient temperature; inside temperature; interior temperature; ordinary temperature rare

Zimtpulver n <nahr> • cinnamon powder

Zincrometall n ® <mat> • zincrometal ®

Zincum metallicum n <chem> • zinc (Zn); zincum metallicum

Zincum sulphuricum n <chem> • zinc sulfate; zincum sulfuricum

Zink n (Zn) <chem> • zinc (Zn); zincum metallicum

Zinkätzung f <druck> • zinc etching; zincography

Zinkatverfahren n <obfl> • zinc immersion treatment; zincate treatment

Zinkaufdampfanlage f <obfl> • zinc vapor deposition line

Zinkaufdampfbereich m <obfl> • zinc vapor deposition section

Zinkaufdampfverfahren n <obfl> • zinc vapor deposition process (ZVD); zinc vapor deposition

Zinkauflage f <obfl> • zinc coat; galvanized coating; zinc coating; zinc-based coating

Zinkausguss m <masch> (Lagerschale) • zinc lining

Zinkbad n <obfl> (beim galvanischen Verzinken) • galvanizing bath; zinc bath

Zinkbad n <obfl> (zum Feuerverzinken) • molten zinc; zinc bath; galvanizing bath; bath of molten zinc

Zinkblech n <mat> (Zink in Blechform) • sheet zinc

Zinkblech n <mat> (Blech aus Zink) • zinc sheet; zinc plate rare

Zinkblende f <metall> (Zinkerz, ZnS) • Zinc blende; native zinc sulphide

Zinkblende f <min> • zinc blende

Zinkblume f <obfl> • spangles pl

Zinkblumenbildung f <obfl> • spangle formation

Zinkblumenstruktur f <obfl> • spangles pl

Zink-Brom-Batterie f <el> (bei manchen E-Autos) • zinc bromine battery

Zinkchromatgrundierung f <obfl> • zinc chromate primer

Zinkdestillierverfahren n <metall> • zinc-distilling process

zinkdotiert <mat> • zinc-doped

Zink-Druckguss m <prod> • zinc die casting; zinc die-cast

Zinkdruckguss m <prod> • zinc die casting; zinc die-cast

Zinkdruckgusslegierung f <mat> • die-casting zinc alloy; zinc-base die-casting alloy

Zinke f <wz.agri> (lang und dünn; z. B. Heugabel) • prong

Zinke f <wz.agri> (von Gabel, Grubber, Egge, Vertikutierer u.ä.) • tine; spike; tooth rare

Zinkeinkristall m <mat> • zinc single crystal

zinken vt <füg> • dovetail vt

Zinkenegge f <agri> • tine harrow; spike harrow

Zinkenfräser m <wz> • dovetail cutter

Zinkenfräsmaschine f <wz.masch> • dovetailing machine

Zinkengrubber m <agri> • tined cultivator

Zinkensäge f <wz> • dovetail saw

Zinkenschar n <agri> • fork share

Zinkentsilberung f <chem.verf> • zinc desilverization

Zinkenwälzegge f <agri> • pitchpole harrow; pitchpole cultivator

Zinkerstarrungspunkt m <metall> • freezing point of zinc

Zinkgekrätz n <mat> • zinc dross

Zinkgrundierung f <obfl> • zinc-base primer; zinc-rich paint/primer GB; zinc dust paint/primer; zinc-enriched primer

zinkhaltig <mat> • zinciferous

Zinkhydrosulfitbleiche f <pap> • zinc-hydrosulfite bleaching

Zinkkarbonat n <chem> • zinc carbonate

Zinkkorrosionsprodukt n <obfl> • zinc corrosion product

Zinkkronglas n <silik> • zinc crown glass

Zinklegierung f <mat> • zinc alloy

Zinkmuffelverfahren n <metall> • zinc-distilling process

Zinkoxid n (ZnO) <chem> • zinc oxide (ZnO)

Zinkoxidkopierer m <büro> • zinc oxide copier

Zinkoxidschicht f <chem> • zinc oxide layer

Zinkphosphat n <chem> • zinc phosphate

Zinkphosphatieren n <obfl> (Vorgang) • zinc phosphating

zinkphosphatieren vt <obfl> • zinc phosphate vt

Zinkphosphatierung im Spritzverfahren n <obfl> • spray-type zinc phosphating

Zinkphosphatschicht f <obfl> • zinc phosphate coating; zinc phosphate layer

Zinkpulver n <mat> • powdered zinc

Zinkrost m <obfl> • white rust; wet storage stain

Zinkschaum m <metall> • zinc scum

Zinkschlicker m <metall> • zinc dross

Zinkschmelze f <obfl> (zum Feuerverzinken) • molten zinc; zinc bath; galvanizing bath; bath of molten zinc

Zinkschwamm m <mat> • spongy zinc

Zinkspat m <min> • calamine; galmei

Zinkstaub m <mat> • zinc dust

Zinkstaubanstrich m <obfl> (Schicht) • zinc-rich paint coating; zinc-rich paint coat

Zinkstaubbeschichtung f <obfl> (Schicht) • zinc-rich paint coating; zinc-rich paint coat

Zinkstaubdestillation f <verf> • zinc-dust distillation

Zinkstaubfarbe f <obfl> • zinc-base primer; zinc-rich paint/primer GB; zinc dust paint/primer; zinc-enriched primer

Zinkstaubgrundierung f <obfl> • zinc dust primer

zinkstaubhaltiger Beschichtungsstoff m <obfl> • zinc-base primer; zinc-rich paint/primer GB; zinc dust paint/primer; zinc-enriched primer

Zinksulfat n <chem> • zinc sulfate; zincum sulfuricum

Zinküberzug m <obfl> • zinc coat; galvanized coating; zinc coating; zinc-based coating

Zinkung f <füg> (Schwalbenschwanzverbindung) • dovetail

Zinkweiß n DIN 55 945 <obfl> • zinc oxide norm; zinc white pract

Zinn n (Sn) <chem> • tin (Sn); stannum metallicum

Zinnabstrich m <mat> • tin dross

zinnarm <mat> • low-tin

Zinnbad n <obfl> • tin bath

zinnbeschichtet <obfl> • tin-coated

Zinnblech n <mat> (Zinn in Blechform) • sheet tin

Zinnblech n <mat> (Blech aus Zinn) • tin sheet; tin plate rare

Zinnbronze f <mat> • tin bronze

Zinnbutter f <chem> • butter of tin

Zinndioxid n <chem> • tin dioxide

Zinnerstarrungspunkt m <metall> • freezing point of tin

Zinnerzgang m <min> • scovan lode; scovan

Zinnfolie f <mat> • tin foil

Zinngekrätz n <mat.ents> • tin dross

Zinngeschrei n <mat> • tin cry

Zinn-Halogenlampe f <licht> • tin halide lamp

Zinnholz n <kfz.wz> • solder paddle; lead paddle; leading paddle; wooden paddle coll

Zinnkrätze f <mat.ents> • tin dross

Zinnlot n <mat.füg> • tin solder

Zinnober m <chem> (Mineral) • mercuric sulfide (HgS); mercuric sulphide; cinnabar

Zinnober n <obfl> (Pigment) • red mercuric sulfide; cinnabar; vermilion

Zinnoberbergwerk n <min> • cinnabar mine

zinnobergrün <obfl> (Farbton) • cinnabar green

Zinnobermine f <min> • cinnabar mine

zinnoberrot <obfl> (Farbton) • vermilion

Zinnoberrot n <obfl> (Pigment) • red mercuric sulfide; cinnabar; vermilion

Zinnstange f <kfz.rep> • solder stick; lead bar

Zinnüberzug m <obfl> • tin coat

ZIP-Disk f <edv> • ZIP disk

ZIP-Diskette f <edv> • ZIP disk

Zipfel m <masch> (Gewindefurchen; an der Flankenspitze) • scallop :V

Zipfel m <math> (von Verteilungskurven) • lobe

Zipfel m <prod> (welliger Rand beim Tiefziehen) • scallop; ear

Zipfelbildung f <prod> *(beim Tiefziehen; Cupper)* • earing; scalloping; scallop development; tip formation *rare*

Zipfelumschaltung f <tele> *(Antennentechnik)* • lobe switching

Zipfelzugversuch m <qualit.mat> • wedge-drawing test

ZIP-Laufwerk n <edv> • ZIP drive

zippen vt ugs <edv> *(Daten, Dateien; im ZIP-Format)* • compress vt; zip vt coll

Zircondioxid n prakt <chem> • zirconium dioxide; zirconium oxide; zirconia pract

Zirconium n (Zr) <chem> • zirconium (Zr)

Zirconiumbogenlampe f <licht> • zirconium arc lamp

Zirconiumdioxid n <chem> • zirconium dioxide; zirconium oxide; zirconia pract

Zirconiumdioxid-Rohr n <msr> • zirconia tube; zirconium dioxide tube form

Zirconiumdioxid-Sauerstoffsensor m <msr> *(z. B. als Lambda-Sonde)* • zirconium-dioxide oxygen sensor; zirconia oxygen analyser; zirconium oxide cell; ZrO_2 sensor pract

Zirconiumdioxid-Sonde f <msr> *(z. B. als Lambda-Sonde)* • zirconium-dioxide oxygen sensor; zirconia oxygen analyser; zirconium oxide cell; ZrO_2 sensor pract

Zirconiumorthosilicat n form <min.silik> • zircon

Zirconiumoxid n prakt <chem> • zirconium dioxide; zirconium oxide; zirconia pract

Zirkel m <doku.wz> • compass; pair of compasses

Zirkon m <min.silik> • zircon

Zirkularbeschleuniger m <phys> • circular accelerator

Zirkularchromatographie f <chem> • circular chromatography

zirkulare Bemaßung f <edv> • circular dimensioning :V

zirkulare Interpolation f <math> *(z. B. bei CNC, CAD, CIM)* • circular interpolation

zirkulare Irrtumswahrscheinlichkeit f <navig> • circular error probability (CEP)

zirkulares Gewindefräsen n <prod> • circular thread-milling

zirkulares Polarisationsfilter n form <phot> • circular polarizing filter form; circular polarizer coll

zirkulares Polfilter n <phot> • circular polarizing filter form; circular polarizer coll

Zirkulargewindefräsen n <prod> • circular thread-milling

Zirkulargewindefräser m <wz> • circular thread-milling cutter

Zirkularinterpolation f <math> *(z. B. bei CNC, CAD, CIM)* • circular interpolation

Zirkularmaß n <edv> • circular dimension

Zirkularpolarisation f <opt> *(Licht)* • circular polarization

zirkular polarisiert <phys> *(Licht)* • circularly polarized

Zirkularpolfilter m ugs <phot> • circular polarizing filter form; circular polarizer coll

Zirkulation f <tech.allg> *(z. B. von Luft, Wasser, Paletten, Geld)* • circulation; circulatory flow rare

Zirkulation f <rls> *(einer Flüssigkeit, typ. mit Pumpe; z. B. Kühlwasser)* • recirculation

Zirkulationsfärbeapparat m <textil> • circular-liquor dyeing machine

Zirkulationsgas n <verf> • recycle gas

Zirkulationskessel m <therm> *(Zwangsumlaufkessel, Naturumlaufkessel)* • circulation boiler

Zirkulationskocher m <pap> • circulation digester

Zirkulationspumpe f rar <förd> • circulating pump; recirculation pump; circulation pump; circulator pump rare; circulator rare

Zirkulationssatz m <phys> • circulation theorem

Zirkulationsströmung f <tech.allg> *(z. B. Umluft, Kühlmittel)* • circulating flow

Zirkulationsvorwärmer m <therm> *(für Speisewasser)* • circulation feed-water heater

Zirkulator m <el> • circulator

zirkulatorisch <tech.allg> *(Strömung)* • circulatory

zirkulieren vi <tech.allg> *(Fluid; z. B. Blut, Warmwasser, Luft, Paletten)* • circulate vi

zirkulierender Schleifenspeicher m <edv> • recirculating loop memory

zirkulierende Wirbelschichtfeuerung f (ZWSF) <verbr> • circulating fluidized bed combustion (CFB); fast FBC

Zischeffekt m <av> • hiss effect

Zischtondämpfer m <av> • hiss silencer

ziselieren vt <prod> *(Metall)* • chase vt

ziseliert <obfl> *(Blech; fein ziseliert; z. B. Ritterrüstung)* • chased

Ziselierung f <obfl> *(z. B. von Jagdwaffen, Ritterrüstungen)* • chasing

Zissoide f <math> *(Kinematik; Bahnkurve)* • cissoid

Zisterne f <bau> *(Reservoir für Flüssigkeit, meist unterirdisch; z. B. für Wasser)* • cistern

Zisterne f <bau.hydr> *(für Trink-, Regenwasser, Bewässerung)* • cistern; water tank; water reservoir

zitieren vt <doku> • quote vt

Zitrone f <kfz> *(Neu- oder Gebrauchtwagen mit vielen Mängeln)* • lemon

zitronengelb RAL 1012 <obfl> *(Farbton)* • lemon; astral yellow; lemon yellow

Zitronenholz n <holz> • satinwood

Zitronensäure f <nahr> • citric acid (E 330)

Zitrusfrucht f <nahr> • citrus fruit

Zitterelektrode f <el> • vibrating electrode; vibratory electrode

zitterfrei <tele> *(Signal)* • jitter-free

zitterig <av> *(Camcorderaufnahme)* • jittery; shaky

zittern vi <allg> *(Personen oder Gegenstände)* • jitter vi

zittern vi <allg> *(Personen; vor Kälte)* • tremble vi

zittern vi <msr> *(Zeiger)* • flutter vi

Zitterpappel f <pap.ents> *(Laubbaum)* • aspen

ziviler Anwender m <tech.allg> *(z. B. des GPS)* • civil user; non-military user

ziviler Benutzer m <tech.allg> *(z. B. des GPS)* • civil user; non-military user

ziviler Nutzer m <tech.allg> *(z. B. des GPS)* • civil user; non-military user

Zivilstreifenwagen m <kfz> • unmarked police car; plain wrapper US.coll

ZK <tech.allg> • access control

Z-Kalander m <prod> *(Vierwalzenkalander mit z-förmiger Walzenanordnung)* • Z-calender

z-Koordinate f <math> • z-coordinate

ZK-Schnecke f DIN 3998 <masch> • milled helicoid worm

Z-Modul m ['modul] <edv> • z dimension

ZMS <kfz.mot> • damped flywheel

ZMX <edv.tele> • time-division multiplexer (TDM)

Zn <chem> • zinc (Zn); zincum metallicum

ZnO <chem> • zinc oxide (ZnO)

ZnO-beschichtetes Papier n <pap> • ZnO electrofax paper

Zobelhaarpinsel m <kunst.wz> • sable hair paintbrush; sable-haired brush

Zodiakallicht n <astron> • zodiacal light

Zölle mpl <jur> • customs duties; duties; tariff; custom duty US

Zoll n DIN 4890-4893 <msr> *(Längeneinheit; 2,54 cm)* • inch

Zollabfertigungshafen m <ökon> • port of entry (POE)

Zolleinteilung f <msr> *(einer Skala)* • inch graduation

Zollendmaß n <msr> • inch slip gauge

Zollgewinde n <füg> • inch thread; inch-measure thread rar

Zollgutlager n <logist.fin> • bonded warehouse

Zollmaß-Ausführung f <tech.allg> (Abmessungen in Zoll) • inch style

Zoll-Millimeter-Umrechnungstafel f <msr> • inch-millimeter conversion table

Zollmodul m <masch> (Gewinde, Schnecke) • English module

Zollschranke f <verk> (an Grenze, Mautstelle) • tollgate; turnpike obs

Zollskala f <msr> • inch scale

Zollstock m ugs <msr.wz> • folding rule; fold rule; zig-zag folding rule coll; carpenter's rule; multiple-folding rule rare

Zollsystem n <msr> • inch-measure system

Zollteilung f <msr> • graduation in inches

zonale Gliederung f <geo> • zoning

Zonarbau m <mat> • zonal structure

Zone f <geo> (Gebiet) • area; zone; region

Zone f <min> • zone

Zone f <navig> (in Koordinatensystem) • zone

Zone Bit Recording n <edv> (zur Datenaufzeichnung auf Festplatten) • zone-constant angular velocity method (ZCAV); zone bit recording method; ZBR-method; multiple zone recording method; MZR-method

Zone gefährlicher Verstrahlung f <nukl> • dangerous contamination area

Zone gleicher Phase f <el> (Funksignale) • equiphase zone

Zone mittlerer Verstrahlung f <nukl> • moderate contamination area

Zonenachse f <mat> • zone axis

Zonenbildung f <metall> • zoning

Zonendamm m DIN 4048-1 <energ.hydr> • zoned dam

Zonendotierung f <el> • zone doping

Zoneneinteilung f <tech.allg> • zoning

Zonenfaktor m <el> (Wicklung) • spread factor

Zonenfehler m <opt> • zonal aberration

Zonengesetz n <mat> (Kristallographie) • zone law

Zonenhärtung f <metall> • local hardening; selective hardening

Zonenlänge f <tech.allg> • zone length

Zonenlegieren n <mat> (Kristallzüchtung) • zone levelling

Zonenlichtstrom m <licht> • zonal luminous flux

Zonenlinse f <opt> • zone lens

Zonennivellierung f <metall> (Zonenschmelzen) • zone levelling

Zonenplatte f <opt> • zone plate

Zonenraffinationsverfahren n <metall> • zone refining

Zonenreinigung f <metall> (Zonenschmelzen) • zone purification; zone refining

Zonenschmelzen n <metall> • zone melting

Zonenschmelzofen m <metall> • zone-melting furnace

Zonenschmelzverfahren n <metall> • zone-melting technique

Zonenschraube f <druck> • ink zone key; ink key; ink fountain key; duct-adjusting screw

Zonenstromkreis m <tele> • time and zone metering circuit

Zonenstruktur f <mat> • zone structure

Zonenübergang m <ic> (Halbleiter) • junction region; transition region; junction; junction zone

Zonenverbandsgesetz n <mat> (Kristallographie) • zone law

zonenweise Befeuchtung f <pap> • sectioned moistening

Zonenzählung f <tele> • zone metering; zone registration

Zonenziehen n <el.ic.prod> (Herstellungsverfahren für hochreines Silizium) • float-zoning

Zone starker Verstrahlung f <nukl> • intense contamination area; heavy contamination area

Zoom n <edv> (Ansichtsoption) • zooming

Zoom n prakt <opt> (für Kameras, Projektoren) • zoom lens; zoom pract

Zoom-A/D-Wandler m :V <msr> • zooming analog/digital converter

Zoom-Analog/Digital-Wandler m :V <msr> • zooming analog/digital converter

Zoom-Effekt-Filter m <phot> • zoom-effect filter

Zoomen n <phot> • zooming

zoomen vi <tech.allg> • zoom vi

Zoomen während der Belichtung n <phot> • zooming during exposure

Zoom-Feld n <edv> (Display) • zoom field; zoom function field; zoom control field

Zoomfunktion f <tech.allg> • zoom function

Zoom-Funktion f <edv> (Ansichtsoption) • zooming

Zoom-Funktionsfeld n <edv> (Display) • zoom field; zoom function field; zoom control field

Zoom-In m <edv> • zoom-in; magnify

Zoom-Mikroskop n <opt> • zoom microscope

Zoomobjektiv n <opt> (für Kameras, Projektoren) • zoom lens; zoom pract

Zoom-Out m <edv> • zoom-out

Zoom-Profilscheinwerfer m <licht.theat> • variable profile spot

Zoomring m <phot> • zooming ring

Zopf m <ents.pap> • ragger; rag catcher; ragger line

Zopfmuster n <kunst> • pigtail pattern

Zopfwinde f <ents.pap> • ragger; rag catcher; ragger line

Zotta... (Z) <phys.msr> (Vorsilbe für Einheiten: 10^{21}) • zotta (Z)

z-Parameter m <el> (Transistor) • z-parameter

ZPL <edv> • zebra programming language (ZPL)

Z-Profil <mat> (z. B. Stahl, Alu) • Z-section; zet section; zee

Z-Puffer m <edv> • Z-buffer; depth buffer

Z-Puffer-Algorithmus m <edv> • Z-buffer algorithm

Zr <chem> • zirconium (Zr)

ZrO_2-Sensor m prakt <msr> (z. B. als Lambda-Sonde) • zirconium-dioxide oxygen sensor; zirconia oxygen analyser; zirconium oxide cell; ZrO_2 sensor pract

ZS <doku.transl> • target language (TL)

Z-Säule f <phot> • Z column

Z-Schneide f <wz> (Bohrmeißel) • Z-bit

Z-Stahl m <mat> (z. B. Stahl, Alu) • Z-section; zet section; zee

Z-System n <bau.innen> (Unterdecken) • Z-system

ZT <transl> • target text (TT)

Z-Transformation f DIN 5487 <math> • Z-transform

Zubehör nsg <tech.allg> (betont: nicht im Lieferumfang enthalten) • not supplied

Zubehör nsg <tech.allg> (allg.) • accessories pl (ACC)

Zubehör nsg <tech.allg> (betont: zum Nachrüsten) • aftermarket equipment

Zubehör nsg <wz> (für Bohrmaschine; ins Bohrfutter einzuspannen) • chuck-mounted accessories pl

Zubehör... <tech.allg> (allg.; in Zusammensetzungen) • accessory ...

Zubehörkasten m <tech.allg> • accessory box

Zubehörmarkt m <tech.allg> • aftermarket

Zubehörpaket n <tech.allg> • accessory pack

Zubehörschuh m <av> (allg., ohne Kontakte) • accessory shoe

Zubehörschuh m <phot> (allg.; typ. für Blitz, mit Kontakt[en]) • accessory mount; accessory shoe; hot shoe pract; flash shoe coll

Zubehörteil n <tech.allg> • accessory part

zubereiten *vt* <gastr> *(z. B. Speisen, Cocktails)* • prepare *vt*

Zubereitung *f* <pharm> *(Medikamente)* • preparation; formulation; dispensation

Zubereitung der Kunststoffmischung *f* <kst> • precompounding; compounding

Zubringeeinrichtung *f* <förd> *(für Teile)* • part feeding device; part loading device

Zubringeförderer *m* <förd> • feeding conveyor

zubringen *vt* <förd> *(Teile, Material; z. B. zu Wz.Maschine)* • feed *vt*

Zubringer *m* <förd> *(allg.)* • feeder

Zubringer *m* <mil> *(für Patronen, in Magazin)* • magazine follower

Zubringer *m* <verk> *(z. B. zu Autobahn)* • feeder road; feeder

Zubringerbündel *n* <tele> • group of incoming lines; group of incoming trunks

Zubringerbus *m* <nfz.verk> *(zwischen zwei beliebigen Verkehrsmitteln; z. B. zw. City und Flughafen)* • shuttle bus; shuttle

Zubringerbus *m* <nfz.verk> *(im Linienverkehr)* • feeder bus

Zubringerbus *m* <nfz.verk> *(kostenlose Beförderung; z. B. zu Mietwagenfirma, Hotel)* • courtesy bus; courtesy coach

Zubringerfeder *f* <tech.allg> • magazine spring; magazine follower spring

Zubringerhaspel *f* <prod> • feed winch

Zubringerleitung *f* <tele> • offering trunk; allotting circuit

Zubringerpumpe *f* <förd> • booster pump

Zubringer-Sonderzug zu ... <bahn> *(z. B. zu Messen)* • special train to ...

Zubringerstraße *f* <verk> *(z. B. zu Autobahn)* • feeder road; feeder

zu Bruch gehen *vi* <tech.allg> • fail *vi*; rupture *vi*; break *vi*

Zucht *f* <textil> *(Seide)* • breeding

Zuckeraustauschstoff *m* <nahr> • sugar replacer; sugar substitute; artificial sugar

Zuckerdose *f* <gastr> *(mit Deckel)* • sugar with cover

Zuckerkrankheit *f ugs* <med> • diabetes mellitus

Zuckerlösung *f* <nahr.chem> • sugar solution; solution of sugar

Zuckerraffination *f* <nahr.chem> • sugar refining

Zuckerrefraktometer *n* <msr> • sugar refractometer

Zuckerrohr *n* <agri> • sugar cane

Zuckerrohrerntemaschine *f* <agri> • sugar-cane harvester

Zuckerrohrlader *m* <agri> • sugar cane loader

Zuckerrohrpflanzmaschine *f* <agri> • sugar-cane planter

Zuckerrohrpflug *m* <agri> • sugar-cane plough

Zuckerrohrrechen *m* <agri> • sugar-cane rake

Zuckerrübenerntemaschine *f* <agri> • sugar-beet harvester

Zuckerrübenerntemaschine *f* <agri> • sugar-beet harvesting machine

Zuckerrübenheber *m* <agri> • sugar-beet lifter

Zuckerrübenköpfer *m* <agri> • sugar-beet topper

Zuckertopf *m rar* <gastr> *(mit Deckel)* • sugar with cover

Zuckerung *f* <nahr> *(Wein)* • addition of sugar; sugaring

Zuckerzusatz *m* <nahr> • added sugar

zudecken *vt* <tech.allg> *(zum Schutz gegen Staub, Licht, unerwünschte Sicht)* • cover *vt*

zu dicke Schweißnaht *f* <füg> • weld buildup

zudosieren *vt* <verf> *(genau bemessene Menge; z. B. Kraftstoff, Additive)* • meter *vt*

Zudrehen *n* <mil> *(von Zielscheiben)* • facing movement; facing

zudrehen *vt* <rls> *(z. B. Hahn)* • turn off *vt*

Züchten *n* <tech.allg> *(von Pflanzen, Kristallen)* • growing

Züchten *n* <agri> *(von Nutzvieh)* • raising

züchten *vt* <bio> *(Pflanzen)* • grow *vt*

Züchtungsverfahren *n* <el.ic.prod> *(von Kristallen; z. B. Silizium)* • growth technique

Züge *mpl* <mil> *(in Waffenlauf)* • grooves *pl*; rifling grooves *pl*; rifling

Züge einarbeiten *vt* <prod> *(in Schusswaffenlauf)* • rifle *vt*

Zügigkeitsmessgerät *n* <msr.druck> *(Druckfarbe)* • tackmeter

zueinander passen *vi* <prod> *(konkret, physisch; Teile, Oberflächen)* • mate *vi*; fit together *vi*

Zünd... <kfz.el> *(die Zündanlage betreffend)* • ignition ...

Zünd... <kfz.el> *(den Zündvorgang betreffend)* • firing ...

Zündabstand *m* <kfz.el> • firing interval; firing angle; period

Zündanlage *f DIN ISO 6518* <kfz.el> • ignition system; ignition *pract.coll*

Zündanlage mit Hochleistungszündspule *f* <kfz.el> • ballast ignition system; ballasted ignition system

Zündanlage mit Startspannungsanhebung *f* <kfz.el> • ballast ignition system; ballasted ignition system

Zündanlage mit Vorwiderstand *f* <kfz.el> • ballast ignition system; ballasted ignition system

Zündanlagenunterbrecher *m :V* <kfz.el> *(Funktion von Auto-Alarmanlagen)* • ignition disabler; ignition killer *coll*

Zündanlassschalter *m* <kfz.el> *(betont: Schalter für Zündung und Starter)* • ignition switch; ignition starter switch; ignition and starter switch *Chrysler*; ignition and starting switch *Bosch*

Zündanode *f* <el> • starting anode; ignition anode; excitation anode

Zündapparat *m* <spreng> • ignition device

Zündausblendung *f BMW* <kfz.el> *(DME in Verbindung mit ASC/MSR)* • ignition suppression *:V*

Zündaussetzer *m* <kfz.el> • misfiring *sg*; misfire *sg*; ignition miss

Zündbedingung *f* <nukl> • ignition condition

Zündbeschleuniger *m* <kfz> • ignition accelerator; proignition dope

Zündbild *n* <kfz.el> • ignition pattern

Zündblitzpistole *f prakt* <kfz.el.wz> *(zur Einstellung des Zündzeitpunkts)* • timing light; stroboscopic timing light *form*; stroboscope; strobe lamp *pract*; strobe light *pract*

Zündbrenner *m* <turb> *(Gasturbine)* • ignition torch

Zünddrehmoment *n* <mot> • firing torque

Zünddrehzahl *f* <mot> • firing speed

Zünddruck *m* <kfz.mot> • ignition pressure

Zündeigenschaft *f* <kfz.el> • ignition characteristics; ignition quality

Zündeinrichtung *f* <licht> *(Spannungserhöhung zum Lampenstart)* • ignitor; ignition device; starter

Zündeinsatzpunkt *m* <el> • ignition point

Zündeinstellschlüssel *m* <kfz.wz> • distributor adjusting tool; distributor adjusting wrench

Zündeinstellung *f prakt* <kfz.el> *(Vorgang und Ergebnis)* • ignition timing; spark timing *coll*

Zündelektrode *f* <el> • ignition electrode; starting electrode

zünden *vi* <mot> *(Kraftstoff/Luft-Gemisch)* • ignite *vi*

zünden *vi/vt* <kfz.sich> *(Airbag)* • deploy *vi/vt*; actuate *vi/vt*; trigger *vt*

zünden *vt* <aerospace> *(Triebwerk, Raketenstufe)* • fire *vt*

zünden *vt* <el> *(Lichtbogen)* • strike *vt*

zünden *vt* <el.licht> *(Gasentladungsröhre)* • trip *vt*

zünden *vt* <kfz.mot> *(Kraftstoff/Luft-Gemisch)* • ignite *vt*

zünden *vt* <verbr> *(z. B. Sprengstoff, Brennstoff-, Kraftstoff/Luft-Gemisch)* • ignite *vt*; fire *vt coll*

Zündende *n* <füg> *(Elektrode)* • starting end

Zünden des Lichtbogens n <füg> *(Schweißen)* • striking the arc

Zündenergie f <kfz.el> • ignition energy

Zünder m <kfz.el> *(Airbag)* • igniter

Zünder m ugs <spreng> *(zwischen Zündschnur und Sprengstoff; z. B. in Steinbruch, Mine)* • detonator; detonating cap; primer; fuze *US*; fuse

Zünderdraht m <spreng> • leading wire

Zündfackel f <spreng> • fuse lighter

zündfähig <tech.allg> *(Substanz; z. B. Kraftstoff/Luft-Gemisch)* • ignitable

Zündfähigkeit f <tech.allg> *(z. B. Kraftstoff, Schmiermittel)* • ignitability

Zündflamme f <hlk> *(z. B. in Gasboiler)* • pilot flame

Zündflamme f <mil> *(zw. Zündladung und Treibladung)* • priming flash; igniting flash

Zündfolge f <kfz.el> • firing order; firing sequence

zündfreudiger Kraftstoff m <mot> • short-delay fuel

Zündfunke m <tech.allg> *(betont: ein Ereignis auslösend)* • trigger spark

Zündfunke m <kfz.el> *(Ottomotor)* • spark; ignition spark *form.rare*; firing spark *rare*

Zündfunken m rar <kfz.el> *(Ottomotor)* • spark; ignition spark *form.rare*; firing spark *rare*

Zündfunkengleichrichter m <el> • pilot spark arc rectifier

Zündfunkenkonzept n <nukl> • spark concept; ignition principle

Zündfunkenstrecke f <kfz.el> • ignition spark gap

Zündgemisch n <mot> • ignition mixture

Zündgerät n <licht> *(Spannungserhöhung zum Lampenstart)* • ignitor; ignition device; starter

Zündgeschirr n <kfz.el> • ignition harness

Zündgeschwindigkeit f <verbr> • ignition velocity

Zündgrenze f <verbr> *(für explosionsartige Verbrennung)* • ignition limit

Zündgrenze f <verbr> *(Entzündlichkeit von Stoffen)* • inflammability limit

Zündgrundeinstellung f <kfz.el> *(Vorgang und Ergebnis)* • basic ignition timing; basic spark timing; basic advance timing; basic timing

Zündhilfsmittel n <kfz> • ignition aid

Zündholzmaschine f <prod> • match-making machine

Zündholzparaffin n <mat> • match wax

Zündhütchen n <spreng> *(typ. mit Quecksilbersalz)* • fulminate cap

Zündimpuls m <tech.allg> • ignition pulse

Zündimpuls m <kfz.el> *(Ottomotor)* • ignition pulse; firing pulse

Zündimpulsspitze f <el> • ignition peak

Zündkabel n <kfz.el> *(Ottomotor; Hochspannungskabel zu den Zündkerzen)* • spark plug cable; spark plug lead; park plug wire; HT lead *pract*; plug lead *coll*

Zündkabel n <spreng> • spark wire

Zündkabelabstandshalter m <kfz.el> • spark plug cable separator; spark plug wire separator; cable divider *pract*

Zündkabelhalter m <kfz> • spark plug cable loom *form*; wire loom *pract.coll*

Zündkabelleiste f <kfz.el> • spark plug cable cover strip; ignition cable strip; ignition cable cover strip

Zündkabelmarkierungsringe mpl <kfz> • spark plug cable markers *pl*

Zündkabelsatz m <kfz.el> • spark plug cable set

Zündkabelseparator m rar <kfz.el> • spark plug cable separator; spark plug wire separator; cable divider *pract*

Zündkabelstütze f :V <kfz> • spark plug cable loom *form*; wire loom *pract.coll*

Zündkapsel f <spreng> *(zwischen Zündschnur und Sprengstoff; z. B. in Steinbruch, Mine)* • detonator; detonating cap; primer; fuze *US*; fuse

Zündkennfeld n <kfz.el> • ignition map; spark-angle map; spark map *pract*; ignition-advance map *rare*

Zündkennlinie f <kfz.el> • control characteristic

Zündkerbe f <kfz.el> *(typ. an Riemenscheibe/Steuergehäusedeckel)* • ignition timing notch

Zündkerze f <kfz.el> • spark plug; sparking plug *GB.rare*; plug *coll.pract*; sparks *pl coll*

Zündkerze mit Aschebildung f <kfz.el> • ash-fouled spark plug

Zündkerze mit Dreifach-Masseelektrode f <kfz.el> • three-pin spark plug

Zündkerze mit drei Masseelektroden f <kfz.el> • three-pin spark plug

Zündkerze mit Edelmetallelektrode f <kfz.el> • fine wire spark plug; precious metal spark plug

Zündkerze mit V-förmiger Masselektrode f <kfz.el> • split electrode spark plug

Zündkerzenabbrand m <kfz.el> • spark erosion

Zündkerzenbürste f <kfz.wz> • spark plug brush; spark plug cleaning brush *form*

Zündkerzenelektrode f <kfz.el> • spark plug electrode; sparking-plug point *GB*; plug electrode; tip

Zündkerzenelektrodenlehre f form <kfz.wz> *(allg.)* • spark plug gauge; spark plug gap gauge *form*

Zündkerzengehäuse n <kfz.el> • spark plug shell; plug shell

Zündkerzengelenkschlüssel m <kfz.wz> • universal joint spark plug wrench

Zündkerzengesicht n <kfz.el> • spark plug condition; spark plug appearance; firing end condition *pract*

Zündkerzengewinde n <el> • spark plug thread BS 45

Zündkerzengewinde-Reparatursatz m <mot.rep> • spark plug socket repair kit

Zündkerzenisolator m <kfz.el> • spark plug insulator

Zündkerzenkörper m <kfz.el> • spark plug body; plug body *pract*

Zündkerzenlehre f <kfz.wz> *(allg.)* • spark plug gauge; spark plug gap gauge *form*

Zündkerzenlehre f <kfz.wz> *(mit kalibrierten Drähten)* • spark plug gauge; spark plug wire gap gauge *form*; spark plug gap wire gauge *form*

Zündkerzennuss f prakt <kfz.wz> • spark plug socket; sparking plug socket *GB*; plug socket *pract*

Zündkerzenprüfer m <kfz.wz> *(Schraubendreher mit Prüflampe)* • spark test screwdriver; spark plug tester [screwdriver] *GB*; plug tester *GB*

Zündkerzen-Rohrsteckschlüssel m <kfz.wz> • tubular spark plug wrench; spark plug box spanner *GB*

Zündkerzenschlüssel m <kfz.wz> *(Schraubenschlüssel)* • spark plug wrench; sparking plug spanner *GB*; plug spanner *GB*

Zündkerzenschlüssel m prakt <kfz.wz> • spark plug socket; sparking plug socket *GB*; plug socket *pract*

Zündkerzenschlüssel mit Kardangelenk m form <kfz.wz> • universal joint spark plug wrench

Zündkerzenstecker m <kfz.el> • spark plug connector; plug connector *pract*; spark plug terminal *rare*; plug terminal *rare*

Zündkerzenstecker-Abzieher m <kfz.wz> • spark plug boot puller; spark plug terminal puller

Zündkerzenstecker-Zange f <kfz.wz> • spark plug pliers; spark plug boot pliers; spark plug boot puller; spark plug terminal puller

Zündkerzensteckschlüssel m <kfz.wz> • spark plug socket; sparking plug socket *GB*; plug socket *pract*

Zündkerzen-Steckschlüsseleinsatz m <kfz.wz> • spark plug socket; sparking plug socket *GB*; plug socket *pract*

Zündkerzenwechsel m <kfz> • spark plug change

Zündkondensator m <kfz.el> • ignition capacitor; ignition condenser *obs*

Zündkontakt m <kfz.el> *(betont: ein einzelner Kontakt des Unterbrechers)* • contact breaker point (CB point); contact point; breaker point; ignition point; distributor contact

Zündkreis m <el> *(allg.)* • ignition circuit

Zündkreisüberwachung f <kfz.el> • ignition monitoring [system]; spark monitoring [system]

Zündkriterium n <nukl> • ignition condition

Zündladung f <spreng> • priming compound; ignition charge; igniter

Zündleitung f <kfz.el> *(allg.)* • ignition cable; ignition wire; ignition lead

Zündleitung f <spreng> • ignition lead

Zündlichtpistole f <kfz.el.wz> *(zur Einstellung des Zündzeitpunkts)* • timing light; stroboscopic timing light *form*; stroboscope; strobe lamp *pract*; strobe light *pract*

Zündmagnet m <mot> • ignition magneto

Zündmarke f <kfz.el> • timing mark

Zündmarkierung f <kfz.el> • timing mark

Zündmaschine f <spreng> • blasting machine; blaster *pract*; firing apparatus *rare*

Zündmischung f <kfz.sich> *(Airbag-Gasgenerator)* • priming charge *VW*

Zündmittel n <spreng> • priming compound; ignition charge; igniter

Zündmittel npl <spreng> • blasting accessories

Zündmomenteinstellung f *rar* <kfz.el> *(Vorgang und Ergebnis)* • ignition timing; spark timing *coll*

Zündnadel f <kfz.el> • firing spike; firing line

Zündnocken m <kfz.el> • breaker cam; distributor cam; contact-breaker cam *rare*

Zündoszillogramm n <kfz.el> • ignition pattern

Zündoszillograph m <kfz.el> • ignition oscilloscope

Zündoszilloskop n <kfz.el> • ignition oscilloscope

Zündpatrone f <spreng> • ignition cartridge

Zündpille f <kfz.sich> *(Airbag u. Gurtstraffer)* • squib *US*; firing pellet *Bosch*; detonator *VW*

Zündpulver n <spreng> • ignition powder

Zündpunkt m <mat.chem> *(Temperatur der spontanen Selbstentzündung)* • spontaneous-ignition temperature

Zündquelle f *ISO 13943* <feuer> • ignition source *ISO 13943*

Zündsatz m <spreng> • priming compound; ignition charge; igniter

Zündschalter m <kfz.el> *(betont: Schalter für Zündung und Starter)* • ignition switch; ignition starter switch; ignition and starter switch *Chrysler*; ignition and starting switch *Bosch*

Zündschalter m <spreng> • blasting switch

Zündschalteranschlussstecker m <kfz.el> • ignition switch wiring connector

Zündschalterhebel m <kfz.el> • ignition switch actuator

Zündschaltgerät n <kfz.el> *(Steuergerät elektronischer Zündungen)* • ignition control unit; ignition module *Ford.GM*; amplifier module *Lucas*; trigger box; ignitor *Toyota*

Zündschaltkreis m <el> *(allg.)* • ignition circuit

Zündschaltung f <spreng> • firing circuit

Zündschloss n <kfz.el> *(allg)* • ignition lock

Zündschloss n *prakt* <kfz.el> *(betont: Schalter + Lenkungsverriegelung)* • ignition and steering lock; ignition/starter switch and steering lock *BL*; ignition/steering column lock; ignition/steering lock

Zündschloss n *ugs* <kfz.el> *(betont: Schalter für Zündung und Starter)* • ignition switch; ignition starter switch; ignition and starter switch *Chrysler*; ignition and starting switch *Bosch*

Zündschlossleuchte f <kfz.el> • ignition switch lamp *Chrysler*; ignition switch illumination *Mitsubishi*; ignition key lamp *Chrysler*

Zündschlüssel m <tech.allg> • ignition key

Zündschlüssel-Abzugsicherung f <kfz.msr> • key-withdrawal interlock

Zündschlüsselentriegelung f <kfz.msr> • ignition key release

Zündschlüsselleuchte f <kfz> • ignition key light

Zündschnur f <spreng> *(einer Sprengladung, Bombe)* • fuse; blasting fuse; fuse cord; igniter cord; match cord *rare*

Zündschnuranzünder m <spreng> • fuse lighter

Zündsicherheit f <kfz.el> • ignition reliability

Zündsignal n <kfz.el> *(elektronische Zündung)* • ignition signal; spark signal

Zündspannung f <el> *(Thyristor)* • gate trigger voltage

Zündspannung f <el> *(Lichtbogen; z. B. Schweißen)* • striking voltage

Zündspannung f <el.licht> *(Gasentladungslampe)* • starter voltage

Zündspannung f <kfz.el> *(Ottomotor)* • ignition voltage; firing voltage; spark voltage; spark discharge voltage; sparking voltage

Zündspannung f <spreng> • ignition voltage; firing voltage

Zündspannungsangebot n <kfz.el> *(maximale Sekundärspannung der Zündspule)* • available ignition voltage; secondary available voltage

Zündspannungsbedarf m <mot> • required ignition voltage; ignition voltage requirements *pl*

Zündspannungsimpuls m <kfz.el> *(Ottomotor)* • ignition pulse; firing pulse

Zündspannungsnadel f <kfz.el> • firing spike; firing line

Zündspannungsreserve f <kfz.el> • high-voltage reserve; voltage reserve

Zündsperre f <kfz.el> *(bei nicht angelegtem Sicherheitsgurt)* • seat belt interlock

Zündspitze f <mot> • ignition peak

Zündsprengstoff m <spreng> • primary explosive

Zündspule f <kfz.el> • coil; ignition coil *form.rare*

Zündspulendeckel m <kfz.el> • coil cap; insulating cap; ignition coil cap *rare*

Zündspulengehäuse n <kfz.el> • coil case; ignition coil case

Zündspulentester m <kfz.el> • coil tester; ignition coil tester *rare*

Zünd-Start-Schalter m *Bosch* <kfz.el> *(betont: Schalter für Zündung und Starter)* • ignition switch; ignition starter switch; ignition and starter switch *Chrysler*; ignition and starting switch *Bosch*

Zündsteuergerät n <kfz.el> *(Steuergerät elektronischer Zündungen)* • ignition control unit; ignition module *Ford.GM*; amplifier module *Lucas*; trigger box; ignitor *Toyota*

Zündsteuerung f <kfz.el> • ignition control

Zündstift m <mil> *(Schusswaffe)* • firing pin; striker; hammer pin *rare*

Zündstift m <spreng> *(Sprengsatz)* • ignition pin; ignitor rod

Zündstiftfeder f <mil> • firing pin spring

Zündstifthalter m <mil> • firing pin stop and retainer plate

Zündstiftsteuerung f <spreng> • ignitor control

Zündstörung f <mot> • ignition interference

Zündstoff m <spreng> • primary explosive

Zündstrahl m <mil> *(zw. Zündladung und Treibladung)* • priming flash; igniting flash

Zündstrecke f <el.licht> *(Gasentladungsröhre)* • starter gap

Zündstrom *m* <el> *(Thyristor)* • gate trigger continuous current; gate trigger current

Zündstrom *m* <kfz.el> • ignition current; firing current

Zündstrom *m* <licht> *(Leuchtstofflampe)* • striking current; transfer current

Zündsystem *n* norm <kfz.el> • ignition system; ignition *pract.coll*

Zündtemperatur *f* <feuer.mat> *(niedrigste Temperatur zur Einleitung einer Verbrennung)* • ignition temperature *ISO 13943*; ignition point; kindling point

Zündtemperatur *f* <kfz.emiss> *(Dieselabgas)* • particulate ignition temperature; ignition temperature

Zündtemperatur *f* <kfz.mot> • ignition temperature

zündträger Kraftstoff *m* <mot> • low-cetane fuel

Zündträgheit *f* <mot> • poor ignition quality

Zündtrafo *m* ugs <kfz.el> *(Hochspannungs-Kondensatorzündung)* • ignition transformer

Zündtransformator *m* <kfz.el> *(Hochspannungs-Kondensatorzündung)* • ignition transformer

Zündtransistor *m* <kfz.el> • ignition transistor

Zünd- und Anlassschalter *m* Opel <kfz.el> *(betont: Schalter für Zündung und Starter)* • ignition switch; ignition starter switch; ignition and starter switch *Chrysler*; ignition and starting switch *Bosch*

Zünd- und Einspritzsystem *n* <kfz.el> • engine management system *Bosch*; injection and ignition system; Motronic *Bosch*; General Engine Management System, GEMS *Jaguar*

Zündung *f* <chem> *(von bel. Substanzen)* • inflammation

Zündung *f* <el> *(Lichtbogen)* • striking

Zündung *f* <kfz> *(des Airbags)* • deployment; triggering

Zündung *f* <kfz.el> *(Vorgang)* • ignition; firing

Zündung *f* prakt.ugs <kfz.el> • ignition system; ignition *pract.coll*

Zündung *f* <spreng> *(von Sprengladung, Mine)* • firing

Zündungsaussetzer *m* <kfz.el> • misfiring *sg*; misfire *sg*; ignition miss

Zündungs-Eingriff *m* <kfz.el> • load-reduction by means of ignition retard *:V*

Zündungsendstufe *f* <kfz.el> *(elektronische Zündung)* • ignition output stage; ignition final stage; ignition end stage; ignition terminal stage

Zündungsklopfen *n* wiss <kfz.mot> *(durch Selbstentzündung)* • engine knock; detonation *form*; knock[ing] *pract*; ping[ing] *pract*; spark knock *rare*

Zündungsoszilloskop *n* <kfz.el> • ignition oscilloscope

Zündungssteuergerät *n* <kfz> *(elektronische Zündanlage)* • ignition control unit

Zündungssteuerung *f* <kfz.el> • ignition control

Zündunterbrecher *m* form <kfz.el> *(in Zündanlage; Funktion und Bauteil; betont: Funktion)* • contact breaker (CB); primary-current contact breaker *rare*

Zündverhalten *n* <mot> • ignition performance

Zündverstellbereich *m* <kfz.el> • ignition-timing range; spark-timing range

Zündversteller *m* <kfz.el> *(in Richtung früh)* • spark advance mechanism

Zündversteller *m* <kfz.el> *(in Richtung spät)* • spark retard mechanism

Zündverstellinie *f* <kfz.el> • advance curve; ignition timing characteristic; advance characteristics

Zündverstellung *f* <kfz.el> *(früh oder spät)* • ignition timing; ignition timing adjustment; spark timing

Zündverstellwinkel *m* <kfz.el> • ignition angle; firing angle *pract*; spark angle; advance angle; spark ignition angle *rare*

Zündverteiler *m* <kfz.el> • distributor; ignition distributor *form.rare*

Zündverteiler-Antriebswelle *f* form <kfz.el> • distributor shaft; timing shaft

Zündverteiler für kontaktgesteuerte Zündung *m* <kfz.el> • breaker-type distributor; contact-point distributor

Zündverteiler für kontaktlose Zündung *m* <kfz.el> • breakerless distributor

Zündverteiler mit Unterbrecher *m* <kfz.el> • breaker-type distributor; contact-point distributor

Zündverteilernocken *m* <mot> • distributor cam

Zündverteilerschlüssel *m* <kfz.wz> • distributor wrench; distributor clamp wrench

Zündverteilerwelle *f* <mot> • ignition-distributor shaft

Zündverzögerung *f* <mot> • delayed ignition; firing delay; ignition lag; retarded ignition

Zündverzögerung *f* <spreng> • ignition delay

Zündverzögerungswinkel *m* <mot> *(Kurbelwellenstellung, Kurbelwinkel)* • delay angle

Zündverzögerungszeit *f* <spreng> • ignition delay time; blocking period

Zündverzug *m* rar <mot> • delayed ignition; firing delay; ignition lag; retarded ignition

Zündvorgang *m* <kfz.mot> • ignition process

Zündvorrichtung *f* <tech.allg> • ignition device; igniter

zündwillig <tech.allg> *(Substanz; z. B. Kraftstoff/Luft-Gemisch)* • ignitable

zündwillig <chem> *(Kraftstoff)* • inflammable

Zündwilligkeit *f* DIN EN ISO 5165 <kfz.mot> *(von Kraftstoff)* • ignition quality *ISO 5165*

Zündwilligkeit *f* <verbr> *(allg.)* • inflammability

Zündwinkel *m* <kfz.el> • ignition angle; firing angle *pract*; spark angle; advance angle; spark ignition angle *rare*

Zündwinkelkennfeld *n* <kfz.el> • ignition map; spark-angle map; spark map *pract*; ignition-advance map *rare*

Zündwinkelkorrektur *f* <kfz.el> *(früh oder spät)* • ignition timing; ignition timing adjustment; spark timing

Zündwinkelverstellung *f* Bosch <kfz.el> *(früh oder spät)* • ignition timing; ignition timing adjustment; spark timing

Zündzeit *f* <el> *(Thyristor)* • gate-controlled turn-on time

Zündzeitpunkt *msg* <kfz.el> • ignition moment; ignition instant; ignition timing; ignition point

Zündzeitpunktanpassung *f* <kfz.el> *(früh oder spät)* • ignition timing; ignition timing adjustment; spark timing

Zündzeitpunkteinstellung *f* <kfz.el> *(Vorgang und Ergebnis)* • ignition timing; spark timing *coll*

Zündzeitpunktmarke *f* <kfz.mot> *(z. B. auf Steuergehäusedeckel)* • timing indicator

Zündzeitpunkt-Stroboskop *n* form <kfz.el.wz> *(zur Einstellung des Zündzeitpunkts)* • timing light; stroboscopic timing light *form*; stroboscope; strobe lamp *pract*; strobe light *pract*

Zündzeitpunktverstellung *f* <kfz.el> *(früh oder spät)* • ignition timing; ignition timing adjustment; spark timing

Zündzeitpunktverstellung *f* <kfz.el> *(in Richtung früh)* • ignition advance; spark advance[ment]

Zündzeitpunktverstellung *f* <kfz.el> *(in Richtung spät)* • ignition retard; spark retard

Zündzeitpunktverstellung *f* <kfz.el> *(mechanisches, altes System)* • ignition advance mechanism; advance mechanism *pract*

Zündzone *f* <ents> • ignition zone

Züngel *n* <mil> • trigger tongue; trigger latch

zufällig <allg> *(betont: versehentlich, z. B. durch Stör- oder Unfall)* • accidental

zufällig <allg> *(betont: beliebig herausgegriffen, z. B. Probe)* • random; stochastic *thsc*

zufällig <allg> *(z. B. durch Fehlbedienung)* • inadvertent; unintentional

zufällig <tech.allg> *(eher ein glücklicher Umstand)* • fortuitous

zufällige Abweichung f <msr> • random error; random error of measurement
zufällige Abweichung f <qualit> • stochastic deviation
zufällige Anordnung f <tech.allg> *(als Vorgang)* • randomization
zufällige Auswahl f <qualit> • random sampling
zufällige Berührung f <tech.allg> • accidental contact; inadvertent contact
zufällige Messabweichung f <msr> • random error; random error of measurement
zufällige Reihenfolge f <allg> • random order
zufällige Reihenfolge f <tech.allg> • random order; stochastic order
zufälliger Fehler m <tech.allg> • random error
zufälliger Fehler m <math> *(Statistik)* • random error
zufälliger Prozess m <tech.allg> • random process
zufälliger Prozess m <math> • stochastic process
zufällige Schwankung f <tech.allg> • random fluctuation
zufälliges Ereignis n <qualit> • random event
zufälliges Signal n <phys> • random signal
zufälliges Zusammentreffen n <allg> *(von Ereignissen)* • coincidence
zufällige Ursache f <qualit> • chance cause
zufällige Variable f <math> • variate; random variable; stochastic variable
zufällige Verzerrung f <tele> • stochastic distortion
zufällige Zuordnung f <math> • randomization
Zufälligkeit f <allg> *(einer Reihenfolge, Position, von Ereignissen etc.)* • randomness
zufällig verteilt <math> • statistically distributed; randomly distributed
Zufahrtstelle f <verk> *(Autobahn, Schnellstraße)* • access point
Zufahrtstraße f <verk> *(z. B. zu Schnellstraße, Gebäude)* • access road
zufallsabhängig <math> • stochastic
Zufallsanfangszahl f <qualit> • random start
Zufallsausfall m <qualit> *(eines Geräts, Systems)* • random failure
Zufallsauswahl f <qualit> *(von Proben)* • random sampling
Zufallsauswanderung f <navig> • random drift
Zufallsbewegung f <math> • random walk
Zufallsbrett n <math> *(Simulieren der Häufigkeitsverteilung)* • Galtonian board
Zufallsdrift f <navig> • random drift
Zufallsereignis n <qualit> • random event
Zufallsfehler m <tech.allg> • random error
Zufallsfolge f <tech.allg> • random sequence
Zufallsfunktion f <math> • random function
Zufallsgenerator m <edv.av> • sample&hold module (S & H); random generator; sample&hold unit; sample& hold circuit
Zufallsgenerator m <math> • random generator
Zufallsgesetz n <math> • law of chance
Zufallsgröße f <math> • variate; random variable; stochastic variable
Zufallsgröße mit dem Erwartungswert Null <math> • centred variate; variate with expectation zero
Zufallsimpuls m <phys> • random pulse
Zufallskoinzidenz f <math> *(Statistik)* • random coincidence; accidental coincidence
Zufallslogik f <math> • random logic
Zufallsmustergenerator m <av> • random pattern generator
Zufallsorientierung f <mat> *(Kristalle)* • random orientation
Zufallspackung f DIN 55405 <pack.klass> • random package

Zufallsprozess m <tech.allg> • random process
Zufallsrauschen n <phys> • random noise
Zufallsstichprobe f <qualit> • random sample
Zufallsstichprobenprüfung f <qualit> • random sample test
Zufallsursache f <qualit> • chance cause
Zufallsvariable f <math> • random variable; stochastic variable
Zufallsvektor m <math> • random vector
zufallsverteilter Verkehr m <tele> • pure chance traffic
Zufallsverteilung f <math> *(Statistik)* • random distribution
Zufallswerte mpl <math> *(Statistik)* • random data
Zufallszahl f <math> • random number
Zufallszahlengenerator m <math> • random number generator
zu fettes Gemisch n <mot> • overrich mixture
Zufluss m <tech.allg> *(von Material, Fluiden)* • inflow; influx
Zufluss m <geo> *(Wasser; Bach, Fluss, Strom)* • tributary
Zufluss m <ökon> *(von Waren)* • supply
Zuflusshöhe f <förd> *(Pumpe; Höhenunterschied)* • positive suction head; positive inlet head; total suction head
Zuflussleitung f <tech.allg> *(Zulauf durch Niveauunterschied)* • inlet line
Zuflussleitung f <rls> *(für Flüssigkeiten, zum Einspeisen, Versorgen; mit oder ohne Pumpe)* • supply line; feed line
Zuflussmesser m <förd.msr> • head meter
Zuflussrohr n <rls> • admission pipe
Zuflusswehr n <bau.hydr> • influent weir
Zufriedenheitsindex m prakt <ökon> • customer satisfaction index (CSI)
Zuführautomatik f <tech.allg> *(z. B. für Material, Band, Cassette)* • automatic feeding device
Zuführautomatik f <prod> *(für Material, Halbzeug, Werkstücke, Werkzeuge)* • automatic supplying device
Zuführeinrichtung f <prod> *(für Teile)* • part feeder; part feeding device
zuführen vt <tech.allg> *(betont: versorgen)* • supply vt
zuführen vt <tech.allg> *(z. B. Energie, Dampf)* • feed vt
zuführen vt <förd> *(betont: fördern)* • convey vt
zuführen vt <förd> *(z. B. Werkstücke einer WzMsch)* • load vt
zuführen vt <hlk> *(Wärme)* • deliver vt
zuführen vt <prod> *(Teile, Material; z. B. zu Bearbeitungszentren)* • feed vt
zuführen vt <verf> *(z. B. Ziegel in Brennöfen)* • feed vt
Zuführrinne f <förd> *(für Schüttgut, Kleinteile)* • feeding chute; input chute *rare*
Zuführrohr n <rls> • feed pipe
Zuführrolle f <tech.allg> *(z. B. für für Band, Faden, Draht)* • feed reel
Zuführrollgang m <förd> *(z. B. Flaschenabfüllmaschine)* • feed roller table
Zuführrollgang m <metall> *(Walzwerk)* • approach roller
Zuführrutsche f <förd> *(z. B. für Pakete)* • loading chute
Zuführrutsche f <pack> *(für Verpackungseinheiten; z. B. Dosen, Flaschen)* • infeed chute
Zuführschacht m <pack> *(für Verpackungseinheiten; z. B. Dosen, Flaschen)* • infeed chute
Zuführscheibe f <pack> *(Abstreckpresse)* • infeed disc
Zuführschlauch m <rls> • supply hose
Zuführtrichter m <verf> • feed hopper
Zuführung f <tech.allg> *(Vorgang; z. B. des Einspeisens von Material)* • feeding
Zuführung f <tech.allg> *(Versorgen, z. B. mit Waren, Werkstücken)* • supply
Zuführung f <prod> *(Einrichtung, Maschine, Anlage zum Einspeisen)* • feeder

Zuführungsdraht *m* <el> • lead-in wire
Zuführungsdraht *m* <prod> • feed wire
Zuführungskabel *n* <el> • feeder cable
Zuführungskanal *m* <turb> • inlet duct
Zuführungskanal *m* <verf> • feeding duct
Zuführungsleitung *f* <el> • supply mains
Zuführungsleitung *f* <prod> *(Gießen)* • feeder line
Zuführungsrohr *n* <pap> • input tube
Zuführungsschurre *f* <förd> *(Zubringerrinne für Schütt-
gut; z. B. von Silo)* • feed chute; feeding chute; charging
chute
Zuführungsseite *f* <tech.allg> • feed end
Zuführungsspule *f* <av> • feed reel
Zuführungszyklus *m* <edv> • feed cycle
Zuführwalze *f* <büro> • feed roll
Zufuhr *f* <tech.allg> *(betont: Erlaubnis des Eintretens; z. B.
von Fluiden)* • admission
Zufuhr *f* <tech.allg> • feeding
Zufuhr *f* <ökol> *(von Schad- oder Nährstoffen)* • import
Zufuhr *f* <phys> *(z. B. von Leistung, Wärme)* • supply
Zufuhr *f* <verf> *(von Fluiden wie z. B. Luft, Wasser usw.;
Energie, z. B. Wärme)* • addition
Zufuhr *f* <verk> *(von Waren, Poststücken)* • conveyance
Zufuhrmagazin *n* <av> • feed magazine
Zug *m* <tech.allg> *(z. B. Luftstrom vom Fenster, im Kamin;
Ziehen von Lasten, Trinken)* • draft *US*; draught *GB*
Zug *m* prakt <tech.allg> *(Drahtseele mit Hülle)* • cable;
control cable; control wire
Zug *m* <bahn> *(Lok plus Wagen)* • train
Zug *m* <hlk> *(unerwünschte Luftströmung, z. B. im Zim-
mer, Fahrzeuginnenraum)* • draft *US*; draught *GB*
Zug *m* <led> *(Gerberei)* • stretch
Zug *m* <masch> *(mechanisch)* • pull
Zug *m* ugs <mech> *(in Newton)* • tensile force; tension
pract; pull *coll*
Zug *m* <mil> *(schraubenförmige Vertiefung in Rohrrinnen-
wand; z. B. in Gewehrlauf)* • rifle; groove *coll*
Zug *m* <mus> *(Orgel)* • stopknob; draw knob; draw-stop
[knob]; drawstop [knob]; stop [knob]
Zug *m* prakt <nfz> *(Lastkraftwagen mit Anhänger)* • truck
and full trailer *US*; drawbar combination *GB*; truck-trailer
US.coll; truck'n trailer *US.coll*; road train *AUS*
Zug *m* <petr> *(Bohrgestänge)* • stand of pipe; string of drill
pipe
Zug *m* DIN 8585 <prod> *(Zugumformen)* • draw
Zug *m* <prod> *(Hub, Arbeitsgang des Durchziehens)*
• pass; stroke
Zug *m* <theat> *(zur vertikalen Bewegung von hängenden
Prospekten)* • flying equipment; flying system; rigging
system; hoist
Zug *m* prakt <verbr> *(Unterdruck, Auftrieb im Schornstein)*
• chimney draft *US*; flue draft *US*; flue draught *GB*; draft
US.pract; draught *GB.pract*
Zugabe *f* <tech.allg> *(Addieren von konkreten Gegen-
ständen, Stoffen)* • addition
Zugabe *f* ugs <tech.allg> *(z. B. beim Abmessen, Dimen-
sionieren, Zuschneiden von etw.)* • allowance
Zugabfahrtanzeiger *m* <bahn> • route indicator
Zugabstand *m* <bahn> *(zeitlich)* • interval between trains
Zugabteil *n* <bahn> • passenger compartment
zugänglich <tech.allg> • accessible
Zugänglichkeit *f* <tech.allg> • accessibility
Zugärmchen *n* <mus> *(Orgel)* • roller arm
Zugang *m* <allg> *(konkret, zu einem Raum oder Bereich;
z. B. Tür)* • entrance
Zugang *m* <tech.allg> *(allg.; für Personen, Werkzeuge
etc.; z. B. für Wartung)* • access
Zugang *m* <logist> *(von Finanzmitteln, Lagerbestand)*
• addition

Zugangsberechtigung *f* <tele> • authorization
Zugangsburstzeichen *n* <tele> • access burst signal
Zugangscode *m* <pap> • authorization code
Zugangsfreigabekanal *m* <tele> • Access Grant Channel
(AGCH)
Zugangsgebühr *f* <tele> • access charge
Zugangskanal *m* <bau> *(konkret)* • access canal
Zugangskanal *m* <el> *(abstrakt, elektron.)* • access chan-
nel
Zugangsklappe *f* <tech.allg> *(z. B. Kessel, Ofen, Silo)*
• service door
Zugangskontrolle *f* (ZK) <tech.allg> • access control
Zugangskontrollsystem *n* <edv> • access control sys-
tem
Zugangsöffnung *f* <tech.allg> *(jede Größe)* • access
opening
Zugangsstollen *m* <energ.hydr> *(Wasserkraftwerk)* • ac-
cess tunnel
Zugangsstollen *m* <min> *(Bergwerk)* • adit
Zugangstür *f* <tech.allg> • access door
Zuganker *m* <tech.allg> *(z. B. in Maschinen, Bau)* • tie
rod; tie bar; tie *pract*; pitman *GB.rare*
Zuganker *m* <masch> *(in Gliederpumpe)* • tie bolt
Zuganker *m* DIN ISO 7967-1 <mot> *(z. B. schwerer Diesel-Motor)* • tie-rod *ISO 7967-1*
Zuganschlag *m* <kfz> *(Stoßdämpfer)* • rebound buffer
Zugauflösung *f* <bahn> • splitting-up of trains
zugbeansprucht <mech> • subjected to tensile stress;
under tensile stress; tensile-stressed; tensioned *pract*;
stressed *coll*
Zugbeanspruchung *f* <mech> • tensile stress
zugbedient <bahn> *(Weiche)* • train-operated
zugbediente Schrankenanlage *f* form <bahn> *(vom
herannahenden Zug gesteuert)* • automatic gate
Zugbegleiterabteil *n* <bahn> • attendant's compartment
Zugbegleitpersonal *n* DB <bahn> • service crew on the
train *DB*
Zugbelastbarkeit *f* <qualit.mat> • tensibility
zugbelastet prakt <mech> • subjected to tensile stress;
under tensile stress; tensile-stressed; tensioned *pract*;
stressed *coll*
Zugbelastung *f* <mech> • tensile load
Zugbetrieb *m* <bahn> *(allg.)* • train operation
Zugbetrieb *m* <min> *(der Förderung)* • locomotive haul-
age
Zugbetrieb *m* <pap> • drag mode
Zugbewehrung *f* <bau> *(z. B. von Stahlbeton, GFK)*
• tensile reinforcement
Zug-Biegespannung-Ritz-Prinzip *n* <lwl> *(Methode
zum Brechen der Faserenden)* • scribe-and-break method
Zugbildungsgleis *n* <bahn> • train-formation track
Zugbildungsgruppe *f* <bahn> • formation sidings
Zugbildungsplan *m* <bahn> • train formation diagram
Zugbogen *m* <druck> • top drawsheet
Zugbruch *m* <qualit.mat> • tensile fracture
Zugbrücke *f* <bau> • drawbridge
Zugdauerschwingversuch *m* <qualit.mat> • tensile
fatigue test
Zugdeckungssignal *n* <bahn> • train-protecting signal
Zugdeichsel *f* <fz> *(beim Caravan oder Kleinanhänger)*
• drawbar; tow bar; shaft *rare*; pole *rare*
Zugdichte *f* <bahn> • train frequency; train density
Zug-Druck-Dauerfestigkeit *f* <qualit.mat> • fatigue
strength for tension-compression; fatigue limit for tension-
compression
Zug-Druck-Kette *f* <förd> • push-pull chain
Zug-Druck-Schalter *m* <el> • pull-on push-off switch
Zug-Druck-Schwingprüfmaschine *f* <qualit.mat> • ten-
sion-compression fatigue testing machine

Zug-Druck-Umformen n <prod> • tension-pressure forming; indirect pressure forming

Zugdruckumformen n DIN 8584 <prod> • forming under combination of tensile and compressive conditions

Zug-Druck-Versuch m <qualit.mat> • tension-compression test; push-pull test pract

Zug-Druck-Wechselfestigkeit f <qualit.mat> • fatigue limit under reversed tension-compression stress

Zugdurchmesser m <mil> (in gezogenem Rohr) • rifle diameter

zugeben vt <tech.allg> (z. B. Additive, Zuschläge) • admix vt; add vt coll

zugeführte Energie f <energ> • energy input

zugeführte Leistung f <phys> • input power; supplied power rare

Zugehen nsg <phot> (der Lichter, Schatten) • clogging sg

zugehörige Bildpunkte mpl <doku> (z. B. in verschiedenen Rissen) • corresponding image points

zugehörige Teile npl <tech.allg> • related parts

Zugeigenschaften fpl <qualit.mat> • tensile properties

Zugeinrichtung f DIN 25605-2 <bahn> (Kupplungen etc.) • draw-gear DIN 25605-2

Zugeinrichtung f <masch> (Vorrichtungen zum Ziehen) • traction gear

zugelassen <jur> (Fahrzeug) • registered

zugelassene Benennung f <term> • admitted term

Zugelastizität f <qualit.mat> • tensile elasticity

zu Gelee erstarren vi <tech.allg> (z. B. Diesel, Nahrung) • gelatinize vi; jellify vi

Zugelement n <lwl> • strength member

zugemessene Kraftstoffmenge f <kfz> (elektronische Einspritzung) • metered fuel flow

zugentlastet <tech.allg> • tension-relieved

Zugentlastung f <el> (Kabelklemme; z. B. in Stecker) • strain relief; cable relief

zugerichtet <prod> (Werkstück) • dressed

zugeschärfte Kante f <prod> • feather edge

zugeschaltete Last f <el> • added load

zugeschnürt <kfz.mot> (Motorwirkung; geringe Drehfreudigkeit) • choked; throttled

zugesetzt <tech.allg> (Schleifscheibe, Filter) • clogged; caked

zugesetzter Filz m <pap> • clogged felt

zugeteilte Frequenz f <tele> • assigned frequency

zugeteiltes Frequenzband n <tele> • service band

Zugfahrzeug n <kfz> (eines Anhängers) • towcar

Zugfeder f <masch> • helical tension spring; helical extension spring form; tension spring pract; pulling spring coll

Zugfeder der Dichtlippe f rar <masch> (ringförmige Schraubenzugfeder im Radialwellendichtring) • garter spring

Zugfederklemme f <el> • spring terminal

Zugfederspanner m <kfz.wz> (für Trommelbremsen) • brake spring tool

Zugfestigkeit f <qualit.mat> (maximale Belastbarkeit, vor Einschnürung, vor Bruch) • ultimate tensile strength (UTS); tensile strength pract

Zugfestigkeitsprobe f <qualit.mat> • tensile-test specimen

Zugfestigkeitsprüfgerät n <qualit.mat> • tensile testing machine; tensile tester

Zugfestigkeitsprüfmaschine f <qualit.mat> • tensile testing machine; tensile tester

Zugfestigkeitsprüfung f <qualit.mat> (allg.; z. B. von Stahl, Kunststoff) • tensile test; tensile testing

Zugförderung f <min> • locomotive haulage

Zugfolge f <bahn> (zeitlich) • interval between trains

Zugfolgestelle f <bahn> • block post

zugfrei <hlk> (ohne Luftzug) • draft-free

zugfrei <mech> (ohne Zugspannung) • tension-free

zuggeschützt <hlk> (ohne Luftzug) • draft-proof

Zuggestängebremse f <fz> (Fahrrad; über Zuggestänge betätigt, wirkt auf Felgeninnenseite) • roller lever brake; rim brake

Zugglied n <bau> • tension tie

Zuggriff für Motorhaubenentriegelung <kfz.msr> • hood release lever

Zuggriff für Motorhaubenentriegelung m <kfz> • hood catch release lever US

Zuggurt m <bau> • tension boom; tension chord

Zughaken m <tech.allg> • pulling hook

Zughaken m <fz> (Anhänger) • drawbar hook; drawhook; tow-hook

Zughakenführung f <bahn> • drawbar plate

Zughakenkopf m <bahn> • drawbar head

Zughakenleistung f <bahn> (Lokomotive) • drawbar power; drawhook power

Zughandbremse f <kfz> • pull-on brake

Zughaspel f <prod> • tension reel

Zughülle f <fz> (z. B. von Gaszug, Fahrradbremsenzug) • outer cable; outer casing; sheath

zugig <hlk> • drafty US; draughty GB

Zugindex m <pap> • tensile index

Zugisolator m <el> (Freileitung) • strain insulator; tension insulator

Zugkaliber m <mil> • groove diameter

Zugkettenförderer m <förd> • chain belt conveyor

Zugklammer f <rep> (Richtbankzubehör) • pull clamp

Zugklemme f <rep> (Richtbankzubehör) • pull clamp

Zugkraft f <förd> (nach oben; von Hebezeug, Kran) • lifting power

Zugkraft f <fz> (z. B. eines Kfz, einer Lok; typ. in Tonnen) • pulling power

Zugkraft f <fz> (zwischen Reifen und Fahrbahn/Schiene) • traction; tractive force

Zugkraft f prakt <fz> (Fahrzeug gesamt) • propulsive power; propulsive force

Zugkraft f <mech> (in Newton) • tensile force; tension pract; pull coll

Zugkraft f <mech> (allg., jede Richtung; z. B. von Magnet, Zugmaschine, Schlepper, Kran) • pulling capacity

Zugkraft am Haken f <bahn> (Lokomotive) • drawbar pull; locomotive pulling capacity

Zugkraftaufnehmer m <qualit.mat> • tensile force transducer

Zugkraftdiagramm n <bahn> • traction characteristic

Zugkraftübertragung f <fz> (zwischen Reifen und Fahrbahn/Schiene) • traction; tractive force

Zugkupplungskopf m <kfz> (Anhängerkupplung; Kopfstück der Deichsel) • coupling head; coupler head

Zuglasche f <masch> • fish plate

Zuglast f <kfz> (tatsächlich) • trailer load

Zuglaufanzeiger m <bahn> • route indicator

Zugleine f <pap> • traction cable

Zugleistung f <bahn> • tractive power

Zuglöffelbagger m <bau.masch> • pullscoop

Zugluft f <hlk> (unerwünschte Luftströmung, z. B. im Zimmer, Fahrzeuginnenraum) • draft US; draught GB

Zugmaschine f <nfz> (Motorfahrzeug eines Lastzugs) • tractor

Zugmaschine f <nfz> (für Sattelauflieger) • tractor; semi-trailer tractor form; truck US.pract; fifth wheel tractor rare; truck tractor

Zugmasse f <bahn> • train tonnage; gross trailing load; train load

Zugmeldeeinrichtung f <bahn> • train describer

Zugmeldekreis m <bahn> • approach circuit

Zugmesser m <verbr> (Luftzug im Kamin) • draft gauge

Zugmesser n <holz.wz> *(zum Entrinden)* • debarker

Zugmessung f <verbr> • draft measurement

Zugmethode f <pap> • tensile method

Zugmittelgetriebe npl <antr> • belt and chain drives

Zugnetz n rar <nav> *(Fischereinetz; sackförmig von Trawler geschleppt)* • trawl net US; trawl pract

Zugöse f <nfz> *(von Anhängerdeichsel)* • drawbar eye

Zugorgan n <wz.masch> *(Räummaschine)* • broach-pulling mechanism

Zugpersonal nsg <bahn> • train personnel

Zugprobe f prakt <qualit.mat> • tensile test specimen; tensile specimen; tension specimen rare

Zugprüfmaschine f <qualit.mat> • tensile testing machine; tensile tester; tensile strength tester rare

Zugprüfung f rar <qualit.mat> *(allg.; z. B. von Stahl, Kunststoff)* • tensile test; tensile testing

Zugraum m <qualit.mat> *(Zugversuchlabor)* • test room; test space

Zugraupe f <füg> • string bead

Zugregler m <verbr.msr> *(für Kamin, Ofen)* • draft regulator

zugreifen auf vt <tech.allg> *(z. B. Daten, Gegenstände, Speicher)* • access vt

Zugrichtgerät n <rep> • pulling equipment

Zugriff m <tech.allg> *(z. B. auf Daten, Gegenstände, Speicher)* • access

Zugriff m <edv> *(auf gespeicherte Informationen)* • data access

Zugriffsanforderung f <tech.allg> • access request

Zugriffsarm m <edv> *(von FD-, HD-Laufwerken; Aktuatorteil mit den Schreib-/Leseköpfen)* • head mounting arm; actuator arm; arm pract

Zugriffsart f <tech.allg> *(allg.; inkl. gespeicherte Daten und Waren)* • access method; access mode

Zugriffsbefugnis f <tech.allg> *(z. B. in Bezug auf daten)* • access authority; access authorization

Zugriffsberechtigung f <tech.allg> *(z. B. in Bezug auf daten)* • access authority; access authorization

Zugriffsberechtigungsstufe f <tech.allg> • access permission level

Zugriffsburst m <tele> • access burst

Zugriffscode m <tech.allg> • access code

Zugriffsgeschwindigkeit f <tech.allg> *(allg.; inkl. EDV)* • access speed

Zugriffskontrolle f <tech.allg> • access control

Zugriffsmechanismus m <tech.allg> • access mechanism

Zugriffsmethode f <tech.allg> *(allg.; inkl. gespeicherte Daten und Waren)* • access method; access mode

Zugriffsmotor m <edv> *(Festplatte; Teil des Aktuators, der den Zugriffsarm bewegt)* • rotor

Zugriffsperiode f <edv> • access cycle

Zugriffsrecht n <tech.allg> *(z. B. in Bezug auf daten)* • access authority; access authorization

Zugriffssicherheit f <edv> *(betont: von Daten)* • data security

Zugriffssicherung f <tech.allg> • access protection

Zugriffssteuerlogik f <edv> • access-control logic

Zugriffsverfahren n <tech.allg> *(allg.; inkl. gespeicherte Daten und Waren)* • access method; access mode

Zugriffsvorrecht n <tech.allg> • access privilege

Zugriffsweg m <tech.allg> • access path

Zugriffszahl f <edv> • read-around number

Zugriffszeit f DIN 44300 <tech.allg> *(auf gespeicherte od. gelagerte Daten, Güter)* • access time; seek rate rare

Zugriffszeit f <edv> *(Summe aus Befehlsverarbeitungszeit, Positionerzeit und Übergabezeit)* • access time; file access time; data access time

Zugriffszeit f ugs <edv> *(für einen zufälligen Zugriff auf einen bestimmten Plattensektor)* • average access time; average access speed; effective access time; mean access time

zugriffszeitfreier Speicher m <edv> • zero-access memory

zugriffszeitfreie Speicherung f <edv> • zero-access storage

Zug-Ringschlüssel m <wz> *(Einringschlüssel mit Aufsteckrohr)* • heavy-duty ring wrench

Zugrute f <mus> *(Orgel)* • tracker

Zugsatz m <rep> *(Kfz-Reparatur: Streckvorrichtung)* • pulling set

Zugschalter m <el> *(mit Schnur; typ. an Zimmerlampe)* • cord switch

Zugschalter m <el> *(allg.)* • pull switch

Zugschaufel f <bau.masch> • dragshovel; slackline bucket

Zugschaufelbagger m <bau.masch> • boom dragline

Zugscherfestigkeit f <qualit.mat> • tensile shear strength; shear strength in tension

Zugschlussbeleuchtung f <bahn> • tail-light

Zugschlusssignal n <bahn> • tail-light

Zugschnur f <bekl> *(einer Verschnürung; z. B. von Schuhen)* • lace

Zugschraube f <füg> • draw-in bolt

Zug-Schraubenfeder f form <masch> • helical tension spring; helical extension spring form; tension spring pract; pulling spring coll

Zugschwellfestigkeit f <qualit.mat> • tensile threshold strength

Zugschwellversuch m <qualit.mat> • repeated tension test

Zugseil n <tech.allg> • pull rope

Zugseil n <bau.masch> *(zum Graben)* • digging line

Zugseil n <förd> *(zum Ziehen, Schleppen allg.)* • hauling rope; hauling line; haulage rope

Zugseil n <förd> *(zum Ein-, Heranziehen)* • inhaul cable

Zugseil n <förd> *(für eine Last allg.)* • load cable

Zugseil n <theat> *(Seil, mit dem ein Prospektzug bewegt wird)* • hauling line; operating line; purchase line; working rope

Zugseilverankerungsplattform f <petr> *(Ölbohrinsel)* • tension leg platform

Zugseite f <pap> • drag side

Zugspaltung f <mat> • tension cleaving

Zugspannung f <mech> *(auf die Fläche bezogene innere Zug-Kraft; in N/mm²)* • tensile stress; tension

Zugspannung aussetzen vt <mech> • subject to tension vt; subject to tensile stress vt; tension vt

Zugspindel f <masch> *(vertikale Welle für die Bewegung eines Antriebs)* • vertical screw; draw spindle

Zugspindel f <wz.masch> *(Drehmaschine; bewegt Bettschlitten und Planschlitten)* • feed rod; feed shaft

Zugspindeldrehmaschine f <wz.masch> • bar lathe

Zugspindel- und Plandrehmaschine f <wz.masch> • sliding and surfacing lathe

Zugspitzensignal n <bahn> • headlight

Zugspule f <el> • traction coil

Zugstab m <bau> *(z. B. Fachwerk)* • tension bar; tension member; tension tie

Zugstab m <qualit.mat> *(Probekörper)* • tensile test specimen

Zugstärke f <verbr> *(Kaminzug)* • intensity of draft; strength of draft

Zugstange f <tech.allg> *(z. B. in Maschinen, Bau)* • tie rod; tie bar; tie pract; pitman GB.rare

Zugstange f <bahn> *(im Wagenkasten, zur Weiterleitung der Zugkraft)* • draft bar US; draught bar GB; tie rod

Zugstange f <bau> • tie rod; tie

Zugstange f <kfz> *(für Anhänger)* • drawbar

Zugstange f <kfz.el> *(Unterdruckversteller)* • diaphragm link; actuator arm *Lucas*

Zugstangenöse f <fz> *(Anhängerkupplung)* • trail eye

Zugsteifigkeitsausrichtung f <prod.pap> • tensile stiffness orientation

Zugsteifigkeitsindex m <qualit.pap> • tensile stiffness index

Zugsteifigkeitsprofil n <qualit.pap> • tensile stiffness profile

Zugsteifigkeitswerte mpl <qualit.pap> • tensile stiffness data

Zugstift m <pap> • draw pin

Zugstrebe f <bau> *(diagonal)* • diagonal tie; diagonal member

Zugstufe f <kfz> *(Stoßdämpfer)* • rebound stage

Zugtest m rar <el.ic.prod> *(Bondverbindung)* • pull test; bond pull test

Zugtextur f <prod> • tensile texture

Zugtiefe f <mil> *(in Lauf; typ. 0,05...0,25 mm)* • depth of rifling

Zugtraktor m <agri> *(z. B. für Ackergerät)* • trailed-implement tractor

Zugtraktor m <druck> *(Papiertransport)* • pull feed tractor; pull tractor

Zugtrum n <antr> *(Zugmittelgetriebe; z. B. Riemengetriebe)* • driving side; tight side

Zugtrumspannung f <masch> *(Ketten-, Riemen-, Seiltrieb)* • tight-side tension

Zugumformung f DIN 8585 <prod> • tensile deformation; tensile shaping; tension deformation; forming under tensile conditions

Zug- und Biegesteifigkeitsprüfung f <qualit.mat> • tensile and bending stiffness testing

Zug- und Druckstufe f <kfz> *(Stoßdämpfer)* • compression and rebound [stage] *US*; bump and rebound *GB*; jounce and rebound *GB*

Zug- und Druckstufe, in ~ wirkend <kfz> *(Stoßdämpfer)* • double-acting

Zug- und Leitspindeldrehmaschine f <wz.masch> • screw-cutting lathe

Zug- und Stoßvorrichtung f <bahn> • draw and buffing gear

Zug[verband] m <bahn> *(z. B. aus Lok und 20 Wagen)* • consist

Zugverformung f <mech> *(Dehnung durch Zugkraft)* • tensile strain

Zugverformungsrest m <mech> • elongation set

Zugverlust m <phys> *(Auftriebsverlust im Kamin)* • draft loss

Zugversuch m DIN 53328 <led.qualit> *(Prüfung von Leder)* • tensile test

Zugversuch m <qualit.mat> *(allg.; z. B. von Stahl, Kunststoff)* • tensile test; tensile testing

Zugvormeldekreis m <bahn> • approach circuit

Zugvorrichtung f <fz> • drawgear

Zugwagen m <kfz> *(eines Anhängers)* • towcar

Zugwiderstand m <bahn> • tractive resistance; train resistance44

Zugwinde f <förd> • hauling winch; draw winch

Zugzähigkeit f <qualit.mat> • tensile toughness

Zugzerlegung f <bahn> • shunting of trains

Zugzusammenstellung f <bahn> • train makeup; train formation; marshalling

Zuhaltekraft f norm <kst> *(beim Spritzgießen; hält das Wz geschlossen)* • clamp force; clamping force; locking force; mold clamping force

zu hoch einstufen vt <tech.allg> *(z. B. Risiko, Kosten)* • overrate vt

zukitten vt ugs <bau> *(mit Kitt, Dichtungsmasse)* • lute vt

zuklappen vt <allg> *(schließen)* • shut vt

Zuladung f <fz> • payload

zulässig <allg> *(z. B. Handlungen, Werte)* • admissible; allowable; permissible; allowed

zulässige Abweichung f <tech.allg> *(+/–)* • tolerance; permissible variation; allowable variation

zulässige Achslast f <kfz> *(vorne und hinten)* • gross axle weight rating (GAWR)

zulässige Anodenbelastung f <el> • anode rating

zulässige Beanspruchung f <tech.allg> *(von Strukturteilen; z. B. Trägern, Brücken)* • allowable load; permissible load; admissible load

zulässige Belastung f <tech.allg> *(von Strukturteilen; z. B. Trägern, Brücken)* • allowable load; permissible load; admissible load

zulässige Belastung f <fz> *(von Reifen; in kg)* • load rating; tire load carrying capacity; load carrying capacity; tire carrying capacity; carrying capacity

zulässige Belastung f <mech> *(in Masse-, Gewichts- od. Krafteinheiten)* • permissible load; maximum loadability

zulässige Bewegung f <rls> *(Kompensator)* • rated movement

zulässige Fehlerrate f <edv> • permissible error rate

zulässige Frequenzabweichung f <el> • frequency tolerance

zulässige Last f <tech.allg> *(von Strukturteilen; z. B. Trägern, Brücken)* • allowable load; permissible load; admissible load

zulässige Leckmenge f <tech.allg> *(z. B. von Dichtungen)* • permissible leakage

zulässige Maßabweichung f <qualit> • tolerated size variation

zulässiger Ausschussprozentsatz m <qualit> • allowable percentage of defectives

zulässiger Bereich m <tech.allg> • permissible range

zulässiger Betriebsdruck m <rls> • rated pressure

zulässige Restwelligkeit f <el> *(Signal, Gleichstrom)* • permissible ripple

zulässiger Fehler m <qualit> • allowable error; permissible error; tolerable error

zulässiger Kontaktverschleiß m <el> • contact wear allowance

zulässiger Schlag m <masch> *(von rundlaufenden Teilen)* • run-out allowance

zulässiger Verschmutzungsgrad m <ökol> • degree of pollution tolerated

zulässiger Wert m <qualit> *(allg.)* • permissible value

zulässiger Wert m <qualit> *(betont: sicher, ungefährlich)* • safe value

zulässiges Gesamtgewicht n <kfz> • gross vehicle weight rating (GVWR); permissible GVW

zulässige Spannnungsbeanspruchung f <mech> *(mechan. Beanspruchung; Auslegungslast)* • design stress

zulässige Spannung f <el> • permissible voltage

zulässige Spannung f <mech> *(mechan. Beanspruchung; Auslegungslast)* • design stress

zulässige Strahlungsbelastung f <nukl> • radiation tolerance

zulässiges Übermaß n <tech.allg> • plus allowance

zulässige Unwucht f <masch> *(von rundlaufenden Teilen)* • run-out allowance

zulassen vt <tech.allg> *(genehmigen; z. B. geprüfte Bauteile)* • approve vt

zulassen vt <tech.allg> *(z. B. Aktion, Funktion)* • enable vt; allow vt; permit vt; make it possible vt

Zulassung f <tech.allg> *(Registrierung; z. B. von Autos)* • registration

Zulassung f <jur> *(Genehmigung, Freigabe von Bau-
teilen, Systemen durch Aufsichtsbehörde e)* • approval
Zulassung durch UL f <el> *(Underwriter Laboratories)*
• UL approval
Zulassungsschein m <allg> • certification
Zulauf m <prod> *(Gussform)* • runner
Zulauf m <rls> *(allg.)* • inlet
Zulauf m <rls> *(für Flüssigkeiten, zum Einspeisen, Versor-
gen; mit oder ohne Pumpe)* • supply line; feed line
Zulauf m <verf> *(einspeisende Strömung)* • feed stream
Zulauf m <verf.hydr> *(z. B. von Wasser)* • intake; inlet
Zulaufbehälter m <logist> *(z. B. Wasserversorgung)*
• supply tank; supply vessel; supply container; supply
reservoir
Zulaufboden m <förd> • feed tray
Zulaufbohrung f <kfz.mot> • inlet port
Zulaufen nsg <phot> *(der Lichter, Schatten)* • clogging sg
zulaufende Trübe f <verf> *(z. B. beim Zentrifugieren)*
• feed slurry
Zulaufhöhe f <förd> *(Pumpe; Höhenunterschied)* • posi-
tive suction head; positive inlet head; total suction head
Zulaufkanal m prakt <energ.hydr> *(vom Gewässer zum
Kraftwerk)* • headrace canal; headrace pract
Zulaufleitung f <tech.allg> *(Zulauf durch Niveauunter-
schied)* • inlet line
Zulaufleitung f <rls> *(für Flüssigkeiten, zum Einspeisen,
Versorgen; mit oder ohne Pumpe)* • supply line; feed line
Zulaufregelung f <kfz.mot> *(Vergaser)* • fuel intake con-
trol
Zulaufregelung f <msr> *(allg.)* • feed control
Zulaufrinne f <bau> • inlet channel
Zulaufrohr n <rls> *(betont: Einlass)* • inlet pipe
Zulaufrohr n <rls> *(betont: Versorgung)* • supply pipe
Zulaufschieber m <rls> • feed gate
Zulaufschlauch m <kfz> *(Scheiben-, Scheinwerferwasch-
anlage)* • washer hose
Zulaufsohle f <verf.hydr> • inlet channel floor; inlet level
Zulaufsteuerungssystem n <msr> • metering-in system
Zulaufstrecke f <hydr> *(Kanal)* • approach channel
Zulaufstrecke f <rls> *(Einspeiseleitung)* • feeder line
Zulaufstutzen m <rls> • inlet pipe
Zulauftrichter m <ents> *(Schneckenpresse)* • feed hopper
Zulaufventil n <masch> *(z. B. von Vergaser, Toiletten-
kasten)* • float needle valve
Zulegemarke f <metall> • assembly mark
Zulegestift m <metall> • closing pin
zulegieren vt <metall> • alloy vt
Zuleitung f <tech.allg> *(für Flüssigkeit, Gas, Strom)* • lead-
in
Zuleitung f <agri> *(Beregnungsanlage)* • sprinkler lateral
Zuleitung f <el> *(Kabel, Draht; z. B. Netzkabel)* • con-
necting lead; connection lead; lead pract
Zuleitung f prakt <energ.hydr> *(vom Gewässer zum
Kraftwerk)* • headrace canal; headrace pract
Zuleitung f <msr> *(eines Messinstruments)* • instrument
lead
Zuleitung f <rls> *(für Flüssigkeiten, zum Einspeisen, Ver-
sorgen; mit oder ohne Pumpe)* • supply line; feed line
Zuleitungsdraht m <el> • feed wire; lead-in wire; leading-
in wire rare
Zuleitungsinduktivität f <el> • lead inductance
Zuleitungskabel n rar <el> • power supply cable
Zuleitungskanal m <energ.hydr> *(vom Gewässer zum
Kraftwerk)* • headrace canal; headrace pract
Zuleitungskapazität f <el> • lead capacitance
Zuleitungsrohr n <rls> *(Einlass, Einspeisung)* • feed pipe;
inlet pipe; delivery pipe
Zuleitungsrohr für das Wärmeträgermedium n
<energ.sol> *(Solarkollektor)* • feeder tube; central tube

Zuleitungsstollen m <energ.hydr> • headrace tunnel
Zuleitungswiderstand m <el> • lead resistance
zuletzt begangene Tür f <alarm> • final exit door
Zulieferpark m <prod> *(Industriegebiet)* • supplier park
Zulieferungen fpl <logist> • incoming materials
zu locker anziehen vt <masch> *(Mutter, Schraube)* • un-
dertighten vt
Zuluft f <tech.allg> *(Eingangsluft allg.)* • inlet air; supply air
Zuluft f <hlk> *(betont: unverbrauchte Luft von draußen)*
• fresh air; fresh outdoor air; fresh outside air
Zulufteinheit f <hlk> *(bei Wärmepumpen für Heiz- und
Kühlbetrieb in Splitbauweise; im Gebäude)* • indoor unit
Zuluftfilter m <kfz.hlk> *(für Fahrgastraum)* • fresh air filter
Zuluftstrom m <hlk> • supply air flow
Zulufttemperatur f <hlk> • supply air temperature
Zuluft- und Abluftkanalsystem n <hlk> • supply and
return air ductwork
Zuluft-Wärmetauscher m <hlk> *(von Wärmepumpe im
Klima-Kühlbetrieb; WT im Gebäude)* • indoor coil
Zuluft-Wärmetauscher m <hlk> *(allg.)* • inlet-air heat ex-
changer
zumessen vt <verf> *(bestimmte Mengen; z. B. Chemika-
lien, Zuschläge)* • batch vt; meter out vt; measure out vt
Zumesspumpe f rar <förd> • metering pump; proportioning pump; dosing pump; metering and proportioning
pump rare; controlled-volume pump rare
Zumessschlitz m Bosch <kfz.mot> *(K-Jetronic Mengenteiler)* • metering port
Zumessung f <verf> *(Vorgang; eher größere Mengen;
z. B. Betonadditive)* • batching
Zumessung f <verf> *(Vorgang; allg.)* • metering; proportioning
zum Funktionieren bringen vt <tech.allg> • make function vt; make work vt
zumischen vt <tech.allg> *(z. B. Additive, Zuschläge)*
• admix vt; add vt coll
zumischen vt <chem.verf> *(z. B. Bleichmittel)* • admix vt;
mix in vt
zum Kentern bringen vt <nav> *(ein Boot, Schiff)* • capsize vt
zum Kochen bringen vt <verf> • raise to the boil vt
zum Schäumen bringen vt <verf> • foam vt
zum Schäumen bringen vt <verf> • froth vt
zum Spritzgießen geeignet <kst> • castable
zum Versand bringen vt <logist> *(kleinere Waren, Güter,
Artikel, Bestellungen)* • ship vt
Zunahme f <tech.allg> • increase; increment form; growth;
rise coll
Zunahmekurve f <doku> • growth curve
Zunder m <metall> • scale
zunderbeständig <metall> • scale-resisting
Zunderbeständigkeit f <metall> • scale resistance; scaling resistance
Zunderbeständigkeitsgrenze f <metall> • scaling temperature
Zunderbildung f <metall> • scale formation
Zunderbrecher m <metall> • descaler; scale breaker
Zunderbrechwalze f <metall> • descaling roll
Zunderfestigkeit f <metall> • scale resistance; scaling
resistance
zunderfrei <metall.obfl> • scale-free; free from scale
zunderfreies Glühen n <metall> • non-oxidizing annealing
Zundern n <obfl> *(Korrosionsart)* • scaling; high-temperature oxidation
zundern vi <metall> • scale vi
Zunderschicht f <metall> • scale layer
zunderverhütend <metall> • antiscale
zunehmend <allg> • incremental

Zunge f <bahn> *(in Weiche)* • point rail; switch rail
Zunge f <bau> *(an Balken, zum Eingriff in Nut)* • cog
Zunge f <bau> *(in Fenster-, Türschlossmechanik)* • latch; lock
Zunge f <bekl> *(in Schuh)* • tongue
Zunge f <bio> *(auch metaphorisch)* • tongue
Zunge f <masch> *(Führungsfinger)* • guide finger
Zunge f ugs <masch> *(von Membranventil)* • reed; petal; blade *rare*
Zunge f <math> *(Rechenschieber)* • slide; cursor
Zunge f <msr> *(Fühlerlehre)* • blade
Zunge der Kraftmesszelle f <pap> • edge of the load cell
Zungenbasis f <bio> • root of the tongue; base of the tongue; radix linguae
Zungenbein n <bio> • hyoid bone; os hyoideum
Zungendrehzahlmesser m <msr> • reed tachometer
Zungendüse f <hlk> • fan nozzle
Zungenfrequenzmesser m <el.msr> • vibrating-reed frequency meter
Zungenfrequenzmesser m <msr> • reed frequency meter
Zungenfrequenzrelais n <el> • tuned-reed relay
Zungengrund m <bio> • root of the tongue; base of the tongue; radix linguae
Zungenkontakt m <el> • wedge contact
Zungenkontakt m <tele> • wiping spring contact
Zungenlautsprecher m <akust> • reed loudspeaker
Zungenmitte f <pack> *(SOT-Deckel-Nomenklatur)* • plinker
Zungennadel f <textil> • latch needle
Zungennadel-Kettenwirkmaschine f <textil> • Raschel warp-knitting machine; Raschel knitting machine; Raschel machine; Raschel *pract*
Zungenriegel m <bahn> • facing point lock
Zungenschrägroststab m <verbr> • tongue-shaped inclined bar
Zungenspatel m <med> • tongue depressor; tongue blade *rar*
Zungenspitze f <bahn> • point toe; blade toe
Zungenunterbrecher m <el> • vibrating-reed break
Zungenventil n <masch> *(allg.)* • reed valve; leaf valve *US*; blade-type valve *did*; diaphragm valve *rare*
Zungenverschluss m <prod> • tuck-and-tongue lock closure
Zungenvorrichtung f <bahn> *(Weiche)* • switching device
Zungenvorrichtung einer Linksweiche f <bahn> • points for left-hand turn-out
Zungenvorrichtung einer Rechtsweiche f <bahn> • points for right-hand turn-out
Zungenwurzel f <bahn> • point heel; blade heel
zu niedrig einstufen vt <tech.allg> *(z. B. Risiko, Kosten)* • underrate vt; underestimate vt
zu öffnendes Fenster n <bau> • operable window
zuordnen vt <tech.allg> *(z. B. Frequenzen, Speicherplatz, Ort)* • allocate vt; assign vt
Zuordnung f <tech.allg> *(z. B. von Frequenzen, Speicherplatz, Ort)* • allocation; assignment
Zuordnung nach Bedarf f <tele> • demand assignment
Zuordnungsanweisung f <edv> • allocate statement; assignment statement
Zuordnungsliste f <edv> • assignment list; cross-reference list
Zuordnungsmaßzahl f <qualit> • classification statistic
Zuordnungsplan m <tele> • allocation plan
Zuordnungsproblem n <tech.allg> • assignment problem
Zuordnungsprogramm n <edv> • interpreter; interpretative routine; interpretative program

Zuordnungstabelle f <edv> • reference listing; symbol table
Zuordnungszähler m <edv> • allocation counter; location counter
zupfen vt <led> • tease vt
zu prüfende Einheit f <qualit> • test item; test object; unit under test; device under test
zu prüfende Einheit f <qualit> • test item; test object; unit under test *elektr*; UUT *elektr*; device under test *elektr*
zur Betriebsreife entwickeln vt <prod> • bring to the commercial stage vt
zur Deckung bringen vt <druck> *(z. B. Overlays)* • bring into coincidence vt; register vt
Zurechenbarkeit f <edv> • accountability
Zurechtmachen n <bio> *(von Tierpräparaten)* • finishing
zu regelnde Größe f <msr> *(z. B. Spannung, Druck, Temperatur, Füllstand)* • controlled variable; process variable; control variable; controlled quantity; controlled condition
Zurichtebogen m <druck> • make-ready sheet; register sheet
Zurichtefolie f <druck> • make-ready film
Zurichtehammer m <wz> • paver's dressing hammer
Zurichtemesser n <wz> • overlay knife
Zurichten n <led> • dressing; finishing
zurichten vt <bau.holz> *(durch Hauen; z. B. Balken)* • hew vt
zurichten vt <druck> *(Seiten)* • adjust vt
zurichten vt <led> • finish vt
zurichten vt <prod> *(Werkstück)* • dress vt
zurichten vt <prod> *(vorbereiten; z. B. Maschine, Material, Werkstücke)* • prepare vt; make ready vt
zurichten vt <textil> • fit v
Zurichtungsaufwand m <druck> *(Druckmaschine)* • makeready effort
Zurrgurt m <nfz> • tie-down strap; convenience strap
Zurrgurt mit Klemmbügel m <tech.allg> *(z. B. als Transportsicherung)* • tie-down strap with cam-release buckle
Zurring m <fz> *(Sichern von Ladung, Plane)* • tie-down; D-ring; tie-down ring
Zurrloch n <kfz.rep> *(Richtbank)* • tie-down hole; tie-down box
Zurröse f <fz> *(Sichern von Ladung, Plane)* • tie-down; D-ring; tie-down ring
Zurrpunkt m <fz> *(Verankerungspunkt; z. B. Öse)* • load restraint point
Zurrseil n <fz> *(für Ladung auf Fahrzeugen)* • lashing rope
Zurrung f <fz> *(Ladung auf Fahrzeugen)* • lashing
zur Schleife schalten v <el> • loop v
zur Trocknung eindampfen vt <verf> • evaporate to dryness vt
zurück abgeben vt <hlk> *(Wärme)* • reject vt
Zurück-Befehl m <edv> • undo command
zurückbekommen vt ugs.rar <ents> *(Material, Wertstoff; z. B. Altpapier, Kunststoff)* • recover vt; reclaim vt; salvage vt rare; regain vt rare
zurückbewegen vt <tech.allg> • move back vt
zurückbilden vi <mech> • re-form vi
zurückbleibend <tech.allg> *(materiell, immateriell; z. B. Ablagerungen, Wärme)* • residual
zurückbleibend <phys> *(immateriell; z. B. Magnetismus, Strahlung)* • remanent
zurückdrehen vt <tech.allg> *(lockern)* • slacken vt
zurückdrehen vt <tech.allg> *(z. B. Regler, Schraube)* • turn back vt
zurückdrehen vt <chem.petr> • untwist
zurückfahren vi <kfz> *(z. B. mit dem Auto zum Ausgangspunkt)* • drive back vi

zurückfahren vt <masch> (z. B. Schlittten, Kran, Laufkatze) • reverse vt; return vt; move back vt; move backwards vt
zurückfedern vi <masch> (nach Aufschlag; z. B. Hammer) • rebound vi; recoil vi; bounce back vi
zurückfedern vi <mech> (z. B. nach Umformen) • resile vi
zurückfedern vi <mech> (sprungartig) • spring back vi
zurückfedern lassen vt <kfz.rep> (Ausbeulen) • spring
back vt
zurückführen vt <allg> (räumlich, thematisch) • lead back
vt
zurückführen vt <tech.allg> (in Kreislauf; z. B. Fluid,
Wertstoff) • recirculate vt
zurückführen vt <ents> (Abfall, Wertstoffe) • recycle vt
zurückführen vt <prod> • pass back vt
zurückgehen vi <ökon> (z. B. Nachfrage, Verbrauch,
Umsatz) • decrease vi
zurückgelegte Distanz f <navig> • distance made good
(DMG)
zurückgelegte Drehbewegung f <mech> • angular
dimension
zurückgelegter Kurs m <navig> • course made good
(CMG)
zurückgelegter Weg m <tech.allg> (Teilchen, Fahrzeug,
Werkzeug) • distance travelled; distance covered; distance tranversed
zurückgesetzt <bau> • recessed
zurückgesetzte Funkenlage f <kfz.el> (Zündkerze)
• recessed spark position
zurückgesetzte Vorderachse f <kfz> • set-back front
axle
zurückgestellte Verbindung f <tele> (Fernsprechwesen) • deferred call
zurückgewinnen vt ugs <ents> (Material, Wertstoff; z. B.
Altpapier, Kunststoff) • recover vt; reclaim vt; salvage vt
rare; regain vt rare
Zurückgewinnung f <ents> (von Wertstoffen) • recovery;
reclamation
zurückgewonnene Komponente f <rep> (gebrauchtes
Ersatzteil) • reclaimed component
zurückgewonnener Stoff m <pap> • recovered stock
zurückgewonnenes Öl n <tribo> • recovered oil
zurückgezogene Funkenlage f <kfz.el> (Zündkerze)
• recessed spark position
zurückhalten vt <tech.allg> (z. B. Druck, Flüssigkeit)
• retain vt
zurückhalten vt <mech> (gegen Widerstand, Druck)
• restrain vt
zurückhaltender Fahrstil m <kfz> • relaxed driving style
Zurückhaltung f <tech.allg> (z. B. Daten, Wasser)
• retention
zurückklappbar <masch> (z. B. Autositz, Lehne) • recli-
nable
zurückklappen vt <tech.allg> (z. B. Deckel, Bett, Lehne)
• fold back vt
zurückklappen vt <kfz> (Sitz) • recline vt
zurücklaufen vi <tech.allg> (in vorige Position, Ruhezustand; z. B. Flüssigkeit, Maschine) • return vi; run back vi
zurücklaufen vi <verf> (Flüssigkeit) • flow back vi
zurücklaufen lassen vt <av> (Band) • rewind vt
zurücklegen vt <tech.allg> (Strecke; z. B. Fahrzeug,
Werkzeug) • travel vt
zurückleiten vt <tech.allg> • return vt
zurückleiten vt <logist> • pass back vt
zurückleiten vt <verf> (Flüssigkeit, Gas) • lead back vt;
reconduct vt
Zurücknahme f <jur> (z. B. Klage) • withdrawal
Zurücknahme f <mech> (Belastung, Spannung) • ease-
off; easing-off

Zurücknahme f <wz.masch> (Werkzeugschneide) • tip
relief
zurücknehmen vt <jur> (Vollmacht, Rechte, Klage)
• revoke vt; withdraw vt; take back vt
zurücknehmen vt <kfz.el> (Zündzeitpunkt) • retard vt
Zurücknehmen der Auswahl f <edv> (im Menü) • deselect vt
zurückprallen vi <masch> (nach Aufschlag; z. B. Hammer) • rebound vi; bounce back vi
zurückprellen vi <masch> (nach Aufschlag; z. B. Hammer) • rebound vi; recoil vi; bounce back vi
zurückreflektieren vt <phys> (z. B. Licht) • reflect vt
zurückrufen vt <tech.allg> (Produkte ins Herstellerwerk
bzw. zu den Vertragswerkstätten) • recall vt
Zurückschalten n <kfz.antr> • downshift; gear downshift;
downchange
zurückschalten vi <tech.allg> (langsamer werden; auch:
kürzer treten) • slow down vi; gear down vi
zurückschalten vi <edv> (mit Rückschritttaste) • backspace vi
zurückschalten vi <el> • switch back vi
zurückschalten vi <kfz> (Getriebe) • change down vi
zurückschlagen vi <mil> (angreifen) • strike back vi
zurückschlagen vi <verbr> (Flammen) • flash back vi;
backfire vi
zurückschnellen vi <tech.allg> (Feder, Gummiband)
• rebound vi
zurückschnellen vi <masch> (Feder) • recoil vi
zurückschnellen vt <tech.allg> (elastisch belastetes Teil;
z. B. federndes Blech) • snap back vt
Zurücksetzen n <edv.av> • reset
Zurücksetzen n <msr> (mit Rückstelltaste, Reset) • reset
zurücksetzen vt <tech.allg> (Messgerät, Zählwerk; z. B.
von Camcorder) • reset vt; set back vt rare
zurückspulen vi/vt <av> (Band) • rewind vi/vt
zurückspulen vt <phot> (Film) • rewind vt
zurückstellen vt <tech.allg> (Messgerät, Zählwerk; z. B.
von Camcorder) • reset vt; set back vt rare
zurückstellen vt <msr> (Uhr) • put back vt
zurückstrahlen vi <phys> (durch erneute Ausstrahlung)
• reradiate vi
zurückstrahlen vt <phys> (Licht, Strahlen, Wärme) • reflect vt
Zurückverfolgen eines Anrufs n <tele> • call tracing
zurückweisen vt <qualit> (mangelhafte Lieferung, Leistung) • reject vt
Zurückweisung f <qualit> • rejection
zurückwerfen vt ugs <phys> (Licht, Strahlen, Wärme)
• reflect vt
zurückziehbar <tech.allg> (z. B. teleskopartig) • retractable
Zurückziehen n <tech.allg> • retraction
zurückziehen vt <allg> (z. B. Antrag, Auftrag, Frage,
Protest, Gegenstand, Produkt vom Markt, T) • withdraw vt
zurückziehen vt <jur> (Vollmacht, Rechte, Klage) • revoke
vt; withdraw vt; take back vt
zur Verfügung stellen vt <allg> (zugänglich machen)
• provide vt; place at disposal vt; make available vt
zur x. Potenz erheben vt <math> • raise to the power of
x vt
zusätzliche Atemarbeit f <med.tech> • imposed work of
breathing
zusätzliche Beanspruchung f <allg> (physisch und
geistig; z. B. von Personal oder Hardware) • additional
load
zusätzliche Belastung f <allg> (physisch und geistig;
z. B. von Personal oder Hardware) • additional load
zusätzliche Haftpflichtversicherung f <vers> (Miet-
wagen) • liability insurance supplement (LIS)

zusätzlicher Fehler *m* <qualit> • incremental error

zusätzliches Bedienteil *n* <alarm> *(von Alarmanlagen; stationär)* • remote control station; remote control panel; remote control console

zusätzliches Zahnradpaar *n* <antr> • auxiliary gearset

zusätzliches Zeichen *n* <edv> *(in Strichcode)* • auxiliary character; encoded non-data character

zusätzliche Wärmequelle *f* <hlk> *(Anlage, Reserve-system zum Hauptsystem; z. B. bei Solaranlagen)* • aux-iliary heating system; back-up heating system; auxiliary heat source

zusätzlich wahrscheinliche Uranvorräte *mpl* <geo> • estimated additional uranium reserves

zusamenballen *vi/vt* <tech.allg> • agglutinate *vt*

Zusammenarbeit *f* <org> • cooperation; collaboration

Zusammenarbeit im Umweltschutz *f* <ökol> • environ-mental collaboration

Zusammenarbeit zwischen Lieferanten und Ab-nehmern *f* <ökon> • collaborative sourcing

Zusammenbacken *n* <tech.allg> *(meist unerwünscht; z. B. von Schüttgut, Granulat, Pulver)* • caking

zusammenbacken *vi* <tech.allg> *(meist unerwünscht; z. B. Schüttgut, Granulat, Pulver)* • cake *vi*; lump *vi*; form lumps *vi*

zusammenbacken *vi* <kst> *(Granulat; Brückenbildung im Einfülltrichter)* • bridge *vi*

zusammenbacken *vt ugs* <tech.allg> • agglomerate *vt*

zusammenballen *vi rar* <tech.allg> *(meist unerwünscht; z. B. Schüttgut, Granulat, Pulver)* • cake *vi*; lump *vi*; form lumps *vi*

Zusammenballung *f* <tech.allg> *(von Partikeln)* • aggre-gation

Zusammenballung *f* <nahr> *(Fettkügelchen)* • agglom-eration; clustering; clumping

Zusammenbau *m* <tech.allg> *(Vorgang; Teile zu einem Ganzen; z. B. als Überschrift in Rep.Handbuch)* • assem-bly; assembling; assemblage *rare*

Zusammenbau *m* <prod> *(Aufbau, Errichten; z. B. eines Möbelstückes, Musikinstrumentes)* • mounting

Zusammenbau am Einbauort *m* <bau> *(Assemblierung, z. B. von Komponenten, Maschinen)* • site assembly; on-site assembly; in-situ assembly; field assembly; field assy

Zusammenbau an Ort und Stelle *m* <bau> *(Assem-blierung, z. B. von Komponenten, Maschinen)* • site as-sembly; on-site assembly; in-situ assembly; field assem-bly; field assy

zusammenbauen *vt* <tech.allg> *(allg., typ. mit Werkzeug; erstmals oder nach vorigem Zerlegen)* • assemble *vt*; put together *vt coll*

zusammenbauen *vt* <tech.allg> *(betont: nach vorher-gegangenem Zerlegen)* • re-assemble *vt*; reassemble *vt*

Zusammenbaufolge *f* <prod> • assembly sequence

Zusammenbaumaß *n* <tech.allg> • assembly dimension

Zusammenbauzeichnung *f* <doku> • assembly drawing

zusammenblatten *vt* <bau> • scarf *vt*

zusammenbrechen *vi* <allg> *(z. B. Wirtschaft, politisches System, Ordnung)* • collapse *vi*; break down

Zusammenbruch *m* <allg> *(z. B. von Gebäuden, Brücken)* • collapse

Zusammenbruch *m* <allg> *(z. B. Wirtschaft, politisches System, Ordnung)* • collapse; breakdown

Zusammenbruch der Isolierwirkung *m ugs* <el> • dielectric loss; loss of insulating properties *coll*

Zusammenbruch der Isolierwirkung dielektrischer Flüssigkeiten *m* <el> *(z. B. von Isolieröl)* • electrical breakdown of insulating liquids

zusammenbündeln *vt* <pack> • bunch together *vt*

Zusammendrehen *n* <textil> *(Zwirnerei)* • twisting; plying

Zusammendrückbarkeit *f* <qualit.mat> • compressibility

zusammendrücken *vt* <tech.allg> *(etwas Weiches)* • squeeze *vt*

zusammendrücken *vt* <tech.allg> *(z. B. Abfall, Gas)* • compress *vt*

zusammenfallbarer Kern *m* <kst> • collapsible core

zusammenfallen *vi* <allg> *(Ereignisse)* • coincide *vi*

zusammenfallen *vi* <tech.allg> *(z. B. Bauwerk, Höhle, Kartenhaus)* • collapse *vi*

zusammenfallen *vi* <min> *(Kavität; z. B. Höhle, Tunnel, Stollen)* • cave in *vi*; collapse *vi*

zusammenfallend <allg> *(zeitlich)* • coincident

zusammenfalten *vt* <pap> • fold up *vt*

Zusammenfassung *f* <doku> *(allg.)* • summary

Zusammenfassung *f* <doku> *(eines wiss. Fachartikels)* • abstract

Zusammenfließen *n* <nahr> *(von Fettkügelchen)* • coa-lescence; churning

zusammenfließen *vi* <nahr> *(Fettkügelchen)* • coalesce *vi*; churn *vi*

zusammenfließend <tech.allg> *(z. B. Abwasserströme, Verkehrsströme)* • confluent

Zusammenfluss *m* <tech.allg> *(von Fluiden; z. B. Flüs-sigkeit, Gas, Schüttgut)* • confluence

zusammenfritten *v* <verf> • frit together *v*

zusammenfritten *vt* <silik> • frit *vt*

zusammenfügen *vt ugs* <füg> *(allg.)* • join *vt*; join to-gether *vt coll*; fix together *vt coll*

zusammenführen *vt* <edv> *(Dateien)* • merge *vt*

zusammenführen *vt* <textil> *(Gespinst)* • assemble *vt*

zusammengepresste Kurbelwelle *f* <kfz.mot> • as-sembled crankshaft; built-up crankshaft

zusammengeschmolzenes Metall *n* <metall> • fused metal

zusammengeschraubt <füg> *(mit eher großen Schrau-ben und Muttern)* • bolted together

zusammengeschraubt <füg> *(irgendwie miteinander verschraubt)* • screwed together

zusammengesetzt <tech.allg> *(kombiniert)* • combined

zusammengesetzt <tech.allg> *(komplex)* • complex

zusammengesetzt <tech.allg> *(aus Einzelelementen; z. B. Zahl, Objektiv, Beanspruchung, Schwingung)* • com-pound; composite; built-up

zusammengesetzt <tech.allg> *(aus Bausteinen, Modu-len)* • unit-constructed

zusammengesetzte Anweisung *f* <edv> • compound statement

zusammengesetzte Beanspruchung *f* <mech> *(z. B. Biegung und Verdrehung)* • composite load; composite stress

zusammengesetzte Bindungen *fpl* <textil> • combina-tion weaves

zusammengesetzte Funktion *f* <math> • composite function

zusammengesetzte Last *f* <mech> *(z. B. Einzelkräfte, Streckenlast, Drehmoment)* • combined load

zusammengesetzter Fehler *m* <msr> • combined error

zusammengesetzter Gang *m* <geo> • composite vein; composite dike

zusammengesetzter Klang *m* <akust> • complex sound

zusammengesetzter Stahlträger *m* <bau> • build-up steel girder

zusammengesetztes Bild *n* <navig> • complex display

zusammengesetztes Fenster *n :V* <bau> • panel win-dow

zusammengesetztes Mikroskop *n* <opt> • compound microscope

zusammengesetzte Spannungen *fpl* <mech> *(z. B. Biegespannung und Torsionsspannung)* • combined stresses

zusammengesetztes Signal n <el> • composite signal; compound signal

zusammengesetzte Strahlung f <phys> • complex radiation

zusammengesetztes Werkzeug n <kst> • split mold

zusammenhängen vi <allg> • cohere vi

zusammenhängend <tech.allg> (z. B. Flächen, Speicherbereich) • contiguous

zusammenhängende Flüssigkeit f <verf> • liquid bath

zusammenhängende Phase f <chem> • continuous phase

zusammenhängendes Kraftwerk n <energ.hydr> • block power plant

zusammenhängendes Unterprogramm n <edv> • linked subroutine

Zusammenhalt m <textil> (von Fasern) • coherence

zusammenhalten vt <tech.allg> (einsperren; z. B. Magnetfeld, Strahlung, Schadstoffe) • confine vt

zusammenhalten vt <tech.allg> • hold together vt

zusammenhalten vt <tech.allg> (durch irgendeine Verbindung; z. B. Atome, Papierblätter) • bind vt

zusammenheften vt <füg.allg> (mit Kleber, Heftklammern, Punktschweißnaht) • tack together vt

zusammenheften vt <füg.textil> (mit Faden) • stitch together vt

zusammenkitten vt <füg> • cement together vt

zusammenklappbar <tech.allg> (komplexes Objekt, starke Volumenreduzierung; z. B. Schachtel) • collapsible

zusammenklappbar <tech.allg> (allg.; eher einfache Objekte; z. B. Spielbrett, Stuhl) • folding

zusammenklappbare Drehscheibe f <theat> • folding revolving platform :V

zusammenklappen vt <tech.allg> (allg.; eher einfache Objekte; z. B. Spielbrett, Stuhl) • fold vt

zusammenklappen vt <tech.allg> (komplexes Objekt, starke Volumenreduzierung; z. B. Schachtel) • collapse vt

zusammenkleben vi/vt <füg> • stick together vi/vt

zusammenklebende Bleche npl <prod> • stickers

Zusammenklumpen n <nahr> (Fettkügelchen) • agglomeration; clustering; clumping

zusammenklumpen vi ugs <nahr> (z. B. Fettkügelchen) • agglomerate vi; cluster vi; clump vi coll; nodulize vi

Zusammenlagerung f <metall> (Kristallgefüge) • clustering

zusammenlaufend <tech.allg> (z. B. Gerade, Kurven, Strahlen, Ziele, Meinungen) • convergent

zusammenlaufend <rls> (Gerinne, Strömungen; z. B. Dachrinnen, Abwasserkanäle) • confluent

zusammenlaufender Verkehr m <verk> • merging traffic

zusammenlegbar <tech.allg> (komplexes Objekt, starke Volumenreduzierung; z. B. Schachtel) • collapsible

zusammenliegende Scheitelpunkte mpl <edv> • coincident vertices pl

zusammenpassen vi <tech.allg> (z. B. benachbarte Teile, Farben) • fit together vi; match up vi

zusammenpassen vi <tech.allg> (z. B. mit Indexmarkierungen, Führungsstiften) • register vi

zusammenprallen vi <tech.allg> (gleiche od. ähnliche Objekte; z. B. Fahrzeuge) • collide vi

zusammenpressen vt <ents> (zur Volumenverminderung; z. B. Abfall) • compact vt

zusammenpressen vt <füg> (zu verklebende Teile) • compress vt

zusammenpressen vt <mech> (benachbarte Teile) • force together vt

zusammenquetschen vt <tech.allg> (völlig zerdrücken, insbes. feuchte Objekte; z. B. Frucht) • squash vt

zusammenquetschen vt <prod> (mit Backen, Kanten; z. B. mit Zange) • nip vt; pinch vt

zusammenschalten vt <tech.allg> (z. B. Stromkreise, Netze) • couple vt

zusammenschalten vt <tech.allg> (durch wechselweise Verbindungen; z. B. Geräte, Leitungen, Netze) • interconnect vt

zusammenschalten vt <tech.allg> (physisch aneinanderfügen) • join vt

zusammenschalten vt <tech.allg> (in einen Kreis; z. B. Stromkreis, Kühlkreislauf) • loop vt

zusammenschalten vt <tech.allg> (z. B. Module) • connect vt

zusammenschalten vt <el> (mit Patchkabel) • patch vt

zusammenschalten mit vt <tech.allg> • interface with vt

zusammenschiebbar <tech.allg> (axial, teleskopartig; z. B. Antenne) • telescopic

zusammenschmelzen vi/vt <metall> • fuse together vi/vt

zusammenschnüren vt <füg> (z. B. Gepäck, Ballen) • tie together vt

Zusammenschnürung f rar <tech.allg> (konkret oder abstrakt; z. B. in Metallstab, Magnetfeld, Plasma) • constriction; contraction

zusammenschrauben vt <füg> (mit Schrauben und Muttern; eher größere Schrauben) • bolt together vt

zusammenschrauben vt <füg> (mit Spitzschrauben; eher kleinere Schrauben) • screw together vt

zusammenschrauben vt <petr> (Gestänge, Meißel) • make up vt

zusammenschweißen vt <füg> • weld together vt

zusammensetzen vt <tech.allg> (aufbauen) • build up vt

zusammensetzen vt rar <tech.allg> (allg., typ. mit Werkzeug; erstmals oder nach vorigem Zerlegen) • assemble vt; put together vt coll

zusammensetzen vt <prod> (errichten, einrichten) • set up vt

Zusammensetzung f <tech.allg> (von Kräften, Stoffen, Gleichungen) • composition

Zusammensetzung f <tech.allg> (Gefüge, Komposition) • composition

Zusammensetzungsprogramm n <edv> (Subroutine) • assembly routine; assembly program

Zusammensetzung von Kräften f <mech> • combination of forces

zusammensintern vt <prod> • agglomerate vt

zusammenstauchen vt <füg> (Kante an Kante) • butt together vt

zusammenstellen vt <tech.allg> (zusammensetzen in Sätzen; z. B. Werkzeuge, Abbildungen) • group vt; gang vt

zusammenstellen vt <bahn> (Waggons zu Zügen) • marshal vt

zusammenstellen vt <doku> (Daten, Unterlagen) • compile vt

zusammenstellen vt <druck> (Seiten, Druckbögen) • collate vt

zusammenstellen vt <wz.masch> (Werkzeugsatz) • gang vt

Zusammenstoß m <tech.allg> (gegeneinander; z. B. Teilchen, Fahrzeuge) • collision

Zusammenstoß m ugs <verk> (von Kraftfahrzeugen) • car accident; crash

zusammenstoßen vi <tech.allg> (allg. Objekte; z. B. Partikel, Fahrzeuge) • collide vi

zusammenstoßen vi <füg> (Kante gegen Kante; typ. Bleche) • butt-joint vi

Zusammenträger m <druck> • collator

zusammentragen vt <doku> (Daten, Dokumente, Informationen) • gather vt

zusammentragen vt <druck> (Seiten, Druckbögen) • collate vt

Zusammentragmaschine f rar <druck> • collating machine; gathering machine rare

Zusammentrag- und Heftmaschine f <druck> • gatherer-stitcher

zusammenwachsen vi <mat> (Kristalle) • grow together vi

zusammenwachsen vi <mat> (auf Molekülebene; z. B. durch Wärme, Lösungsmittel) • coalesce vi

Zusammenwirken n <allg> • interaction

zusammenwirkend <tech.allg> (parallel; z. B. Kräfte, Einflüsse) • concurrent

zusammenzählen vt ugs <math> (Zahlen) • add vt; sum (up) vt coll

zusammenziehbar <tech.allg> (z. B. Teleskopmast) • contractible

zusammenziehen vr <tech.allg> (z. B. bei Kälte, Trocknung) • contract vr

zusammenziehen vr <mat> (z. B. Holz, Kunststoff, Füller, Lack) • shrink vi

zusammenziehend <nahr> (z. B. Wein) • astringent

Zusatz m <tech.allg> (betont: beigemischt, beigemengt) • admixture

Zusatz m <tech.allg> (allg.; z. B. in Öl, Kraftstoff, Kühl-, Schmierm., Farben, Kunststoff) • additive

Zusatz m <doku> • supplement

Zusatz m <nahr> (Inhaltsstoffe; z. B. Farbstoff, Zucker, Konservierungsstoff) • addition

Zusatz m <tribo> (zu Schmieröl) • additive; agent; lubricant additive

Zusatz... <tech.allg> (nachträglich und/oder extern angebautes/angeschlossenes Teil) • add-on ...

Zusatz... <tech.allg> (allg.; zusätzlich, konkret/abstrakt; z. B. Zusatzauftrieb) • additional ...

Zusatz... <tech.allg> • auxiliary ... (AUX)

Zusatzaggregat n <masch> (allg.; z. B. Motor + Pumpe, Motor + Generator) • additional set; additional unit

Zusatzanlage f <tech.allg> • add-on system

Zusatzanode f <el> • extra anode

Zusatzarithmetik f <math> • extended arithmetic element

Zusatzauftrieb m <aerospace> (in Luft) • additional lift

Zusatzauftrieb m <nav> (in Flüssigkeit; z. B. Wasser) • additional buoyancy

Zusatzausstattung fsg <tech.allg> • optional equipment sg; optional features pl; options pl pract

Zusatzbalgen m <phot> (Balgengerät für Nahaufnahmen) • extension bellows

Zusatzbatterie f <el> • booster battery

Zusatzbaustein m <tech.allg> • add-on module; add-on unit

Zusatzbehandlung f <tech.allg> (allg.) • additional treatment

Zusatzbehandlung f <prod> (betont: nach vorausgegangener Vorbehandlung) • subsequent treatment; secondary treatment; additional treatment; after-treatment

Zusatzbelastung f <allg> (physisch und geistig; z. B. von Personal oder Hardware) • additional load

Zusatzbeleuchtung f <phot> • additional lighting

Zusatzbett n <innen> • cot

Zusatzbit n <edv> • additional bit; extra bit

Zusatzbremse f <bahn.brems> • additional brake

Zusatzbremsleuchte f <kfz.el> (nachträglich eingebaut) • auxiliary stop light

Zusatzbremsleuchte hinter Heckscheibe f <kfz> • shelf mounted stop light

Zusatz-Cockpit n <kfz.msr> (Instrumentensatz zum An-, Auf-, Ein-, Unterbau) • gauge kit

Zusatzcode m <edv> (Strichcodezusatz) • supplemental code; add-on symbol; addendum

Zusatzcodeunterdrückung f <edv> • supplement suppression

Zusatzdaten fpl <tech.allg> • auxiliary data; additional data

Zusatzdienst m <tele> (seitens Telefonnetzbetreiber, Anbieter) • supplementary service

Zusatzdienste mpl <tele> • supplementary service attributes

Zusatzdraht m <füg> (Schweißen) • filler wire

Zusatzeinheit f <tech.allg> (allg.; Baustein, Baugruppe, System, Anlage) • additional unit

Zusatzeinrichtung f <edv> • slave unit

Zusatzeinrichtung f <wz.masch> • special attachment

Zusatzelektrolyt m <el.chem> (unterbindet Ionenmigration) • supporting electrolyte; indifferent electrolyte; indifferent salt GB

Zusatzelektrolytkonzentration f <el.chem> • concentration of supporting electrolyte; supporting electrolyte concentration; indifferent electrolyte concentration

Zusatzfeder f <fz> (Schrauben- od. Blattfeder) • overload spring; helper spring; auxiliary spring; helper pract

Zusatzfederbock m <nfz> (Gegenlager der Zusatzfeder am Fahrzeugrahmen) • slipper bracket

Zusatzfenster n <bau> • storm sash; storm window

Zusatzfeuerung f <ents> (Müllverbrennung) • auxiliary firing [system]; supplementary firing [system]

Zusatz-Füllstandssensor m <msr> • auxiliary level sensor

Zusatzfunktion f <tech.allg> • auxiliary function

Zusatzfunktion f DIN ISO 2806 <prod.autom> • miscellaneous function ISO 2806

Zusatzgas n <nukl> • auxiliary gas

Zusatzgemisch-Mengenregulierschraube f rar <mot> (Vergaser) • volume control screw

Zusatzgemisch-Regulierschraube f <mot> (Vergaser) • volume control screw

Zusatzgenerator m <el> • booster generator

Zusatzgerät n <tech.allg> (zum nachträglichen An-, Auf-, Einbau) • add-on unit; add-on device

Zusatzgeräte npl <tech.allg> (Zubehör) • accessories pl

Zusatzgeräte npl <tech.allg> (Hilfs-, Nebengeräte) • ancillary equipment

Zusatzgeräte npl <tech.allg> (betont: separat, extern) • external equipment

Zusatzgetriebe n <wz.masch> • auxiliary transmission

Zusatzgewicht n <tech.allg> • supplementary weight

Zusatzgewicht n <mil> (beim Sportschießen) • additional weight

Zusatz-Grenzschalter m <msr> (Füllstand) • auxiliary level switch

Zusatzgut n DIN 8571 <mat> (z. B. Schweißen) • filler metal

Zusatzheizung f <hlk> (als Beistellgerät; z. B. el. Heizlüfter) • additional heater; supplemental heater

Zusatzheizung f <hlk> (Anlage, Reservessystem zum Hauptsystem; z. B. bei Solaranlagen) • auxiliary heating system; back-up heating system; auxiliary heat source

Zusatzhubwerk n <logist> (RFZ) • auxiliary hoist drive US; auxiliary lift GB

Zusatzimpedanz f <el> • extra impedance

Zusatzinduktivität f <el> • incremental inductance

Zusatzinformationen fpl <tech.allg> • auxiliary data; additional data

Zusatzinstrument n <kfz.msr> • gauge US.GB

Zusatzkraftstoff-Luftdüse f <kfz.mot> (Vergaser) • starter air jet

Zusatzkraftstoff-Regulierschraube f <kfz.mot> (SU-Vergaser) • fast idle screw; choke screw

Zusatz-Kraftstofftank m <kfz> (Benzin) • auxiliary gas tank

Zusatz-Kraftstofftank m <kfz> (allg.) • auxiliary fuel tank

Zusatzkurventrommel f <wz.masch> *(kurvengesteuerte Werkzeugmaschine)* • attachment drive cam drum

Zusatzlast f <allg> *(physisch und geistig; z. B. von Personal oder Hardware)* • additional load

Zusatzluft f prakt <kfz.emiss> *(für Katalysator)* • secondary air; additional air *pract*

Zusatzluftbehälter m <masch> • auxiliary air reservoir

Zusatzluftregler m <msr> • auxiliary air valve

Zusatzluftschieber m <kfz.mot> *(Jetronic Einspritzanlage)* • auxiliary air regulator; auxiliary air valve

Zusatzmasse f <füg> *(z. B. beim Schweißen, Löten, Kleben)* • material to be added

Zusatzmetall n <metall> *(Legierung)* • added metal; alloying metal

Zusatzmittel n <tech.allg> *(betont: beigemischt, beigemengt)* • admixture

Zusatzmodule npl <tech.allg> *(Zubehör)* • accessories *pl*

Zusatzölkühler m <kfz> • auxiliary oil cooler

Zusatzoptik f <opt> • ancillary optics

Zusatzpermeabilität f <phys> • incremental permeability

Zusatzprofil n <bau> *(Fenster)* • accessory profile

Zusatzprofil n <bau> *(z. B. für den Anschluss)* • extension profile

Zusatzpumpe f <förd> *(betont: Hilfsfunktion)* • ancillary pump

Zusatzpumpe f <förd> *(betont: Verstärkung)* • booster pump

Zusatzrechner m <edv> • auxiliary computer

Zusatzregister n <edv> • extension register

Zusatzscheinwerfer m <kfz> • auxiliary headlamp

Zusatzspannung f <mech> • secondary stress

Zusatzspeicher m <edv> • auxiliary memory; backing memory

Zusatzspeisewasser n <verf> • make-up feed water

Zusatz-Spülkanal m <mot> • auxiliary scavenging port

Zusatzstoff m <tech.allg> *(allg.; z. B. in Öl, Kraftstoff, Kühl-, Schmierm., Farben, Kunststoff)* • additive

Zusatzstoff m <tech.allg> *(betont: beigemischt, beigemengt)* • admixture

Zusatzstoff m <chem> • dope

Zusatzstoff m <pap> *(im Faserstoff)* • additive; auxiliary

Zusatzstoffe fpl <nahr> *(z. B. Emulgator, Verdickungsmittel, Farbstoff)* • additives; food additives *form*

Zusatzsymbol n norm <edv> *(Zusatz-Barcode)* • supplement; addon [symbol]

Zusatzsymbolunterdrückung f <edv> • supplement suppression

Zusatzsystem n <tech.allg> • add-on system

Zusatztank m <tech.allg> • additional tank

Zusatztransformator m <el> *(allg.)* • auxiliary transformer

Zusatztransformator m <el> *(zur Verstärkung)* • booster transformer

Zusatz-Treibstofftank m <fz> *(z. B. für Flugzeuge, Panzer)* • auxiliary fuel tank

Zusatzverstärker m <el> • booster amplifier

Zusatz von Tannin m <nahr> *(Wein)* • addition of tannin

Zusatzvorschaltgerät n <el> • auxiliary burden

Zusatzwasser n <verf> *(meist Frischwasser)* • make-up water

Zusatzwein m <nahr> • partly fermented grape must for sweetening

Zusatzwerkstoff m <füg> *(beim Löten, Schweißen)* • filler material; filling material

Zusatzwiderstand m <el> *(als Bauteil)* • additional resistor

Zusatzwiderstand m <msr> • instrument multiplier

Zusatzzeichen n <edv> *(in Strichcode)* • auxiliary character; encoded non-data character

Zuschärfmaschine f <wz.masch> • beveller

zuschaltbare Geländeübersetzung f <kfz> • selectable high or low ratio for the gearbox

zuschaltbarer Allradantrieb m <kfz.antr> *(z. B. bei Lkw, Geländewagen)* • manually selectable four wheel drive; driver-operated four wheel drive; selectable four wheel drive; part-time four wheel drive; four wheel drive facility

zuschaltbarer Antrieb der zweiten Achse m <kfz.antr> *(z. B. bei Lkw, Geländewagen)* • manually selectable four wheel drive; driver-operated four wheel drive; selectable four wheel drive; part-time four wheel drive; four wheel drive facility

zuschalten vt <el> *(el. Verbraucher; z. B. Motor, Aggregat)* • energize vt

zuschalten vt <mech> *(aktivieren, einlegen; z. B. Allradantrieb, Geländegang, Diff.-Sperre)* • engage vt

Zuschalthebel m <kfz> *(zum Aktivieren des Allradantriebs)* • selection lever; selector [lever]; transfer lever

Zuschaltraumregulierung f <masch> *(Kolbenverdichter)* • clearance control unloading

Zuschaltung des Allradantriebs f <kfz.antr> *(manuell)* • four-wheel drive selection

Zuschauer mpl <theat> • audience sg

Zuschauerbrücke f <licht.theat> *(Beleuchtungsbrücke im Zuschauerraum; typ. begehbar)* • front of house lighting bridge form; FOH lighting bridge pract

Zuschauerraum m <theat> • auditorium

zuschießender Verschluss m <mil> *(Schusswaffenmerkmal)* • blow-forward action

Zuschläge mpl <bau.mat> *(z. B. Kies)* • concrete aggregate; aggregate

Zuschlag m <tech.allg> *(z. B. beim Abmessen, Dimensionieren, Zuschneiden von etw.)* • allowance

Zuschlag m <bau.mat> *(z. B. Kies)* • concrete aggregate; aggregate

Zuschlag m <metall> *(Hochofen; Vorgang und Material)* • addition; admixture

Zuschlagen n <bau> *(von Fenstern, Türen; z. B. durch Windstoß)* • slamming shut

zuschlagen vt <tech.allg> *(Aufpreis u.ä.)* • add vt

zuschlagen vt <bau> *(z. B. Kies zu Betonmischung)* • admix vt

Zuschlagerz n <metall> • fluxing ore

Zuschlaghammer m rar <wz> • sledgehammer US.GB; sledge pract; straight pane hammer DIN 1042

Zuschlagschloss n <sich> • slam lock

Zuschlagstoff m <bau.mat> *(z. B. Kies)* • concrete aggregate; aggregate

Zuschlagswaage f <msr> • batching and blending scale

Zuschlag von Füllstoffen m <kst> • filler loading

Zuschließblockierung f <alarm> • locking blockage :V

zuschmelzen v <prod> *(z. B. Glühlampe)* • seal v

zuschmelzen vi <verf> *(betont: hinzu durch Schmelzen)* • add by melting vi

zuschmelzen vt <prod> • fusion-seal vt

zuschneiden vt <tech.allg> *(betont: auf Format, Größe; z. B. Blech, Papier, Stoff)* • size vt; trim to size vt

zuschneiden vt <tech.allg> *(Material, Bilder; z. B. Abschneiden überstehender Ränder)* • crop vt; trim vt

Zuschnitt m <prod> *(Blech, Stoff; z. B. für Karosserieteil, Kleid, Anzug)* • cut

Zuschnitt m <prod> *(Blechrohling)* • shell blank

Zuschnitt m <prod> *(Blechzuschnitt; z. B. zum Pressen, Tiefziehen)* • blank

zu Schrott fahren vt <fz> *(z. B. Auto)* • wreck vt; demolish vt

Zuschuss m <druck> *(vorhersehbare Makulatur)* • estimated paper waste; expected print wastage; anticipated printing waste; overs

zuschweißen *vt* <füg> *(betont: abdichten)* • weld-seal *vt*

zuschweißen *vt* <füg> *(zumachen; von Löchern usw.)* • weld shut *vt*

Zusetzen *n* <verf> *(allg.; Rohrleitungen, Filter, Apparate)* • clogging; congestion

Zusetzen *n* <verf> *(Sieb)* • blinding; hairpinning; clogging

Zusetzen *n* <wz> *(spanende Oberflächen; z. B. Schleifscheibe, Sägeblatt mit Spänen)* • clogging

zusetzen *vr* <tech.allg> *(Filter, Schleifmittel; z. B. Sieb, Schleifscheibe)* • clog *vi*; load up *vi*; cake (up) *vi*

zusetzen *vt* <tech.allg> *(z. B. Additive, Zuschläge)* • admix *vt*; add *vt coll*

zusetzen *vt* <druck> *(Abstände, Freiflächen)* • fill in *vt*

Zusetzen der Filze *n* <pap> • felt plugging

Zusetzen der Rasterpunktzwischenräume *n* <druck> *(durch Papierstaubteilchen und Druckfarbenanteile)* • linting

Zuspeisungsabschnitt *m* <kst> • feed section

Zuspielleitung *f* <av> • contribution circuit

zuspitzen *v* • tag *v*

zuspitzen *v* <prod> • taper *v*

zuspitzen *vt* <prod> • feather-edge *vt*

Zustand *m* <tech.allg> *(von Personen, Gegenständen; z. B. Fahrzeugen, Maschinen, Geräten)* • condition

Zustand *m* <tech.allg> *(im Betriebs-, Programmablauf)* • status

Zustand *m* <phys> *(Aggregatszustand, Gleichgewichtszustand)* • state

Zustand der Oberfläche *m ugs* <tech.allg> • surface condition

Zustand der Schwerelosigkeit *m* <aerospace> • state of weightlessness

zustandegekommene Verbindung *f* <tele> • effective call

Zustandsabfrage *f* <edv> • status request

Zustandsänderung *f* • constitutional change

Zustandsänderung *f* <phys> *(physikalische, chemische Vorgänge)* • change of state

Zustandsdiagramm *n* <astron> • Hertzsprung-Russell-diagram

Zustandsdiagramm *n* <phys.mat> • constitution diagram; constitutional diagram; equilibrium diagram; phase equilibrium diagram; phase diagram

Zustandsdichte *f* <phys> • density of states

Zustandsebene *f* <phys> • state plane

Zustandserfassung *f* <holz.ökon> • forest inventory

Zustandsform *f DIN 1345* <therm> • phase

Zustandsfunktion *f* <phys> • state function

Zustandsgleichung *f* <math.phys> • equation of state

Zustandsgleichung *f* <therm> *(von Gasen)* • state equation; equation of state

Zustandsgleichung idealer Gase *f* <phys> • ideal gas equation

Zustandsgröße *f* <phys> *(z. B. Thermodynamik)* • parameter of state; state parameter; state variable; variable of state

Zustandsinformation *f* <tech.allg> • status information

Zustandskurve *f* <therm> • phase-plot trajectory

Zustandslampe *f* <aerospace> • condition signal light

Zustandsmelder *m* <alarm> • latching detector

zustandsorientierte Instandhaltung *f VDI 2888* <tech.allg> • maintenance condition monitoring *VDI 2888*

zustandsorientierte Instandhaltung *f VDI 2888* <prod> • maintenance condition monitoring

Zustandsparameter *m* <phys> *(z. B. Thermodynamik)* • parameter of state; state parameter; state variable; variable of state

Zustandsraum *m* <phys> • state space

Zustandsschaubild *n* <phys.mat> • constitution diagram; constitutional diagram; equilibrium diagram; phase equilibrium diagram; phase diagram

Zustandssumme *f* <phys> • state sum

Zustandsüberwachung *f* <qualit> • condition monitoring

Zustandsvariable *f* <phys> *(z. B. Thermodynamik)* • parameter of state; state parameter; state variable; variable of state

Zustandsvektor *m* <math> *(Optimierung)* • state vector

Zustandswechsel *m* <msr> • status change; state change

zu stark verformter Bond *m* <el.ic.prod> • chopped bond

Zustelladresse *f* <logist> • service address

Zustellbewegung *f* <wz.masch> *(Wz gegen Werkstück; bestimmt die Spanungstiefe; im Ggs. zu Vorschubbe)* • infeed motion; infeed motion; infeed

Zustellbewegung *f* <wz.masch> *(quer)* • cross-feed motion; cross motion

zustellen *vt* <logist> *(Pakete, Post)* • deliver *vt*; serve *vt*

zustellen *vt* <metall> *(auskleiden; z. B. Ofen, Konverter)* • line *vt*

zustellen *vt* <wz.masch> *(Werkzeug)* • advance *vt*; feed in *vt*

Zustellgetriebe *n* <wz.masch> • infeed unit; feeding-in mechanism

Zustellhebel *m* <wz.masch> • infeed lever

Zustellkolben *m* <masch> • set-in piston

Zustellspindel *f* <wz.masch> *(abwärts)* • downfeed screw

Zustellspindel *f* <wz.masch> *(allg.)* • infeed screw

Zustellsprung *m* <wz.masch> *(abwärts)* • downfeed increment

Zustelltiefe *f* <wz.masch> • depth of cut

Zustellung *f* <logist> *(von Post)* • delivery; service

Zustellung *f* <metall> *(eines Ofens, Konverters)* • refractory lining; lining

Zustellung *f* <wz.masch> *(des Werkzeugs)* • infeed

zusteuern *vt* <el> • bias into cut-off *vt*

zu steuernder Kurs *m* <navig> *(Diff. zw. Peilung zum Bestimmungsort und gutgemachter Wegstrecke)* • course to steer (CTS); heading to steer

zu steuernde Vorausrichtung *f* <navig> *(Diff. zw. Peilung zum Bestimmungsort und gutgemachter Wegstrecke)* • course to steer (CTS); heading to steer

Zustimmung *f* <jur> • consent; approval

zustopfen *vt* <bau> • ram up *vt*; ram tight *vt*

zustopfen *vt* <min.spreng> *(Sprengloch schließen)* • tamp *vt*; stem *vt*; ram *vt*

zu straff anziehen *vt* <tech.allg> *(z. B. Gummiband, Kette, Riemen)* • overtighten *vt*

Zustreichkette *f* <agri> • drag chain

Zustromregler *m* <msr> • input regulator

zutage liegen *vi* <geo> • outcrop *vi*

Zutagetreten *n* <geo> *(einer Schicht)* • outcrop

zutasten *vt* <el> • pulse off *vt*

Zutaten *fpl* <nahr> • ingredients

Zutaten-Beimischer *m* <nahr.prod> *(Speiseeis)* • fruit feeder; ingredient feeder

Zutaten-Dosiergerät *n Hoyer* <nahr.prod> *(Speiseeis)* • fruit feeder; ingredient feeder

Zuteileinrichtung *f* <verf> *(Einspeisung allg.)* • feeder

Zuteileinrichtung *f* <verf> *(betont: genau dosiert)* • proportioning apparatus; metering apparatus; dosing apparatus

zuteilen *vt* <tech.allg> *(z. B. Frequenzen, Speicherplatz, Ort)* • allocate *vt*; assign *vt*

zuteilen *vt* <verf> *(einspeisen allg.)* • feed *vt*

zuteilen *vt* <verf> *(bestimmte Mengen; z. B. Chemikalien, Zuschläge)* • batch *vt*; meter out *vt*; measure out *vt*

Zuteiltaste f <tele> • assignment key

Zuteilung f <tech.allg> *(z. B. von Frequenzen, Speicherplatz, Ort)* • allocation; assignment

Zuteilung f <logist> *(Anteil)* • quota

Zuteilung f <verf> *(Vorgang; allg.)* • metering; proportioning

zutreffend <doku> *(Frage, Antwortfeld in Fragebogen)* • applicable

Zutritt m <allg> *(Personen, Fluide; z. B. von Unbefugten, Luft, Wasser)* • admission

Zutritt m <tech.allg> *(Zugangsmöglichkeit)* • access

Zutrittskontrolle f <tech.allg> • access control

Zu- und Abfördersystem n <logist> *(eines Lagers)* • input/output system

zuverlässig <tech.allg> *(betont: störungsfrei verfügbar im Einsatz, Betrieb)* • reliable; operationally reliable; dependable

Zuverlässigkeit f DIN 40041 <qualit> *(im Betrieb etc.)* • reliability; dependability *ISO 8402*

Zuverlässigkeitsgrad m <qualit> • order of reliability

Zuverlässigkeitsniveau n <qualit> • reliability level

Zuverlässigkeitstheorie f <qualit> • reliability theory

Zuverlässigkeit und Wartungsfreundlichkeit f <qualit> • reliability and maintainability (R&M)

Zuwachs m <allg> *(durch Wachstum; z. B. Umsatz, Gewinne)* • growth

Zuwachs m <allg> *(eher stufenweise)* • increment

Zuwachs m <allg> *(z. B. Bevölkerung, Gewinn)* • growth; increase

Zuwachs m <tech.allg> • increase; increment *form*; growth; rise *coll*

Zuwachs m <holz> • increment; accretion

Zuwachsbemaßung f DIN 406 <doku> • chain dimensioning; chained dimensioning; incremental dimensioning; point-to-point dimensioning

Zuwachsfaktor m • build-up factor

Zuwachsgröße f <allg> • increment size

Zuwachsmaß n DIN 406 <edv> • chained dimension; incremental dimension; chain dimension

Zuwachssicherung f <edv> • incremental backup

zu Wasser bringen vt <nav> *(Boot)* • launch vt

zuweisen vt <tech.allg> *(z. B. Frequenzen, Speicherplatz, Ort)* • allocate vt; assign vt

Zuweisung f <tech.allg> *(z. B. von Frequenzen, Speicherplatz, Ort)* • allocation; assignment

Zuweisung aufgeben vt <edv> • unassign vt

Zuweisungsabgabe f <edv> • giving option

Zuziehautomatik f <kfz> *(für Türen/Hauben/Heckklappe)* • power closing :V; servo closing [feature/function] :V; soft-close automatic *BMW*; closing aid *MB*

Zuziehhilfe f <kfz> *(für Türen/Hauben/Heckklappe)* • power closing :V; servo closing [feature/function] :V; soft-close automatic *BMW*; closing aid *MB*

ZV <kfz.msr> • central locking (c/l); power door locks *Ford*; power locks; c/locking *advert*

Zwang m <bio.psych> *(starke inhärente Motivation)* • compulsion; urge *coll*

Zwangdurchlaufkessel m rar <rls> • once-through boiler

Zwangdurchlaufkühlung f rar <hlk> • once-through cooling

zwangläufig <masch> • constrained in motion

zwangläufig <masch> *(z. B. Getriebe)* • non-slip

zwangläufig <masch> • positive

zwangläufig betätigt <masch> • positively actuated

zwangläufig bewegen vr <masch> • make a constrained movement v

zwangläufige Betätigung f <masch> • positive actuation

zwangläufige Mitnahme f <tech.allg> • positive drive

Zwangläufigkeit f <masch> *(kinematische Bedingung)* • constraint

Zwanglauf m <masch> *(kinematisch begründet)* • constrained motion

Zwanglauf m <masch> *(z. B. Gelenkviereck)* • constraint

Zwangsabschaltung f <allg> • force to de-energize

Zwangsabschaltung f <tech.allg> • forced outage

Zwangsauslösung f <tech.allg> • forced release

Zwangsauslösung f <tele> • automatic cleardown

Zwangsbeatmungssystem n press <kfz.mot> • forced-induction system

Zwangsbedingung f <math> *(Gleichungssystem; Datenverarbeitung)* • constraint

Zwangsbelüftung f • forced draught

Zwangsbelüftung f <hlk> • forced-air system

Zwangsbelüftung f <hlk> • induced ventilation

Zwangsbelüftung f sg <hlk> *(bei Wärmetauschern)* • forced air circulation

Zwangsbewegung f <masch> • constrained motion

Zwangsbewegung f <masch> • positive motion

Zwangsbremsung f <bahn> • automatic train stop

Zwangsbremsung f <bahn> • automatic train stopping

Zwangsdurchlauf-Dampferzeuger m <energ> *(Geradrohr- od. U-Rohr-DE)* • once-through steam generator (OTSG)

Zwangsdurchlaufkessel m <rls> • once-through boiler

Zwangsdurchlaufkühlung f <hlk> • once-through cooling

Zwangsentlüftung f <hlk> • exhaust ventilation

Zwangsfüllung f <förd> *(Pumpe)* • positive priming

zwangsgeführt <masch> *(auf Schienen; z. B. Stapel- und Kommissionierfahrzeuge)* • rail-guided

zwangsgekühlt <tech.allg> *(durch Gebläse)* • blower-cooled

zwangsgekühlter Motor m <masch> *(mit Gebläse)* • blower-cooled engine

zwangsgelenkt <logist> *(induktiv durch Leitlinie; z. B. FTS)* • wire-guided; automatic-guided

Zwangskommutierung f <el> • forced commutation

Zwangskraft f <mech> • reactive force

Zwangskühlung f <verf> • forced cooling

zwangsläufig <kfz.mot> • desmodromic *adj*

zwangsläufig beschicken v <verf> • force-feed v

zwangsläufiger Antrieb m <antr> • solid drive

zwangsläufiger Antrieb m <masch> • positive drive

zwangsläufige Ventilbetätigung f did <kfz.mot> • desmodromic; desmodromic valve operation *Ducati*

Zwangsläufigkeit f <alarm> • measures against inadvertent alarms :V

Zwangsläufigkeit beim Scharfschalten f :V <alarm> • fail-safe arming feature; arm-inhibit feature

zwangsläufig wechselseitige Vernichtung f :V <mil> *(Doktrin; Abschreckungsprinzip durch gesicherte Zweitschlagkapazität)* • mutually assured destruction (MAD)

zwangsläufig wirkende Überwachung f <tech.allg> *(z. B. durch Sollbruchstelle)* • compulsory checking

Zwangslagenschweißen n <füg> • fixed-position welding

Zwangslizenz f <jur> • compulsory license

Zwangslüftung f <hlk> • forced-air ventilation

Zwangsmischer m • horizontal pan-type mixer

Zwangsmischer m <verf> • positive mixer; paddle mixer

Zwangsmontage f <tech.allg> • positive assembly

zwangsöffnender Kontakt m <alarm> • positive opening contact

Zwangsrückregelung f <kfz.antr> *(bei stufenlosen Riemengetrieben)* • kickdown

Zwangsrückschaltung f <kfz.antr> *(bei gestuften Automatikgetrieben)* • kickdown; forced downshift *GB*

Zwangsschiene f <bahn> *(z. B. auf Brücken)* • guard rail

Zwangsschmierung f <tribo> • positive lubrication; forced-feed lubrication

Zwangssteuerung f <kfz.mot> • desmodromic; desmodromic valve operation *Ducati*

Zwangsumlauf m <rls> *(gen.)* • forced circulation

Zwangsumlaufverdampfer m <verf> • forced-circulation evaporator

Zwangsverriegelung f <masch> • safety catch

zwangszirkulierte Wirbelschicht f <verbr> • internally circulating FBC (ICFB)

zwangszirkulierte Wirbelschichtfeuerung f <verbr> • internally circulating FBC (ICFB)

zwanzigflächig <math> • icosahedral

Zwanzigflächner m <math> • icosahedron

Zwanzigventiler m *prakt.ugs* <kfz.mot> • 20-valve engine; 20 valve *pract.coll*

Zwecke f *ugs.rar* <büro> • thumbtack *US*; drawing pin *GB*; tack *US.coll*

Zweiachsen-Nachführung f <energ.sol> • two-axis tracking; fully tracking

zweiachsig <fz> *(konkret)* • double-axle

zweiachsig <phys> *(abstrakt)* • biaxial; two-axis

zweiachsige Nachführung f <energ.sol> • two-axis tracking; fully tracking

zweiachsiger Rührer m <verf> • double-motion agitator

zweiachsige Sattelzugmaschine f <nfz> • two-axle tractor

Zweiadressbefehl m <edv> • double-address instruction; two-address instruction

Zweiadresskode m <edv> • two-address code

zweiadrig <el> *(Kabel)* • two-conductor; double-wire; two-core

zweiadriges Kabel n <el> • two-conductor cable; twin-core cable; double-wire cable

zweiäugige Spiegelreflexkamera f <phot> • twin lens reflex camera; TLR camera

Zweiarm-Abzieher m <wz> • two-way puller; two-jaw puller; twin grip puller *GB*; twin leg puller *GB*

Zweiarmflansch m <masch> • two-armed flange

zweiarmig <masch> *(z. B. Hebel, Schraubenschlüssel)* • double-armed

zweiarmiger Abzieher m <wz> • two-way puller; two-jaw puller; twin grip puller *GB*; twin leg puller *GB*

zweiarmiger Roboter m <autom> • twin-arm robot

zweiarmige Traktur f <mus> *(Orgel)* • balanced action; balanced key action

Zweiarmnabe f <masch> • twin-sector clutch hub

Zweiarmschwinge f <kfz> *(Motorrad)* • dual swing arm; dual arm pivoted fork

zweiatomig <phys> • biatomic; diatomic

Zweibackenbremse f <brems> *(Klotzbremse)* • two-shoe brake; double-block brake

Zweibackenfutter n <wz> *(z. B. für unsymmetrische Werkstücke auf d. Drehmaschine)* • double-jaw chuck; two-jaw chuck

Zweibadätzung f <chem.verf> • two-bath etching

Zweibadentwicklung f <phot> • two-bath development

Zweibadfärbung f <textil> • double-bath dyeing

Zweibändermodell n <phys> • twin-band model

Zweibahnablauf m <nav> *(Stapellauf)* • double-way launching

Zweibahnenbett n <wz.masch> • double-track bed; double-slideway bed

zweibahnig <wz.masch> *(zwei Führungsschienen; z. B. für Support)* • double-tracked

Zweibandkabel n <tele> • twin-band cable

zweibasig <chem> • dibasic

zweibasige Säure f <chem> • diacid; dibasic acid

Zweibeinständer m <fz> *(Fahrrad, Motorrad, Roller)* • double center stand

Zweibereichsmessgerät n <msr> • dual-range meter

Zweibereichswahlschalter m <el> • two-position range selector

Zweibett-Katalysator m <kfz.emiss> • dual-bed catalytic converter

Zweibettsetzmaschine f <druck> • two-compartment jig

Zweibettzimmer n <tour> *(getrennte Betten)* • twin room

Zweibildkartiergerät n <phot> • stereoscopic mapping instrument; stereoplotter

Zweiblattrotor m <energ.wind> • two-bladed rotor

Zweiblatt-Verstellpropeller m <aerospace> • two-bladed variable-pitch propeller

Zweibreitencode m <edv> *(Strichcode aus schmalen und breiten Elementen)* • two-width symbology *stand*; binary symbology *stand*; two-level symbology; two-level code

Zweibreitensymbologie f *norm* <edv> *(Strichcode aus schmalen und breiten Elementen)* • two-width symbology *stand*; binary symbology *stand*; two-level symbology; two-level code

Zweibruchfalzapparat m <druck> • double folder

Zweichipmikroprozessor m <edv> • two-chip microprocessor

Zweidecker m *prakt* <verf> *(Siebeinrichtung)* • two-deck sifter; double-deck screen

Zweideckersiebmaschine f <verf> *(Siebeinrichtung)* • two-deck sifter; double-deck screen

Zweideck-Palette f <logist> • double-deck pallet; double-faced pallet

Zweideutigkeitsaufhebung f <navig> • sense finding

zweidimensional (2D) <tech.allg> *(z. B. Darstellung, CAD)* • two-dimensional (2D)

zweidimensionale Genauigkeit f <navig> • horizontal accuracy; horizontal position accuracy; horizontal positioning accuracy

zweidimensionale Nomialverteilung f *DIN 55350-22* <math> *(Statistik)* • bivariate normal distribution

zweidimensionales Fortbewegen n <logist> *(Kommissionieren)* • two-dimensional order picking

zweidimensionales Gitter n <mat> • plane lattice

zweidimensionale Symbologie f <edv> *(Strichcode)* • stacked symbology; two-dimensional symbology; multi-row bar code; stacked code; matrix code

zweidimensional konzentrieren vt <energ.sol> • focus to a point vt

zweidimensional kopieren vt <prod> • contour vt

Zweidrahtbetrieb m <msr> • two-wire operation

Zweidrahtklemme f <el> • two-wire terminal

Zweidrahtleitung f <el> • two-wire line

Zweidraht-Näherungssensor m <msr> • 2-wire proximity sensor

Zweidrahtschaltung f <el> • two-wire connection

Zweidrahtverstärker m <el> • two-wire repeater

Zweidrahtwicklung f <el> • bifilar winding

Zweidruckreaktor m <verf> • dual-cycle reactor

Zweidruckturbine f <turb> • mixed-pressure turbine

Zweiebenenantenne f • two-bay antenna *US*; two-level aerial *GB*

Zweiebenenplatte f <el> *(Platine)* • two-sided board

Zweielektrodenanordnung f <el.chem> *(polarographische Messzelle)* • two-electrode cell; two-electrode system; two-electrode circuit; two-electrode configuration; two-electrode arrangement

Zwei-Elektroden-Anordnung f <el.chem> *(polarographische Messzelle)* • two-electrode cell; two-electrode system; two-electrode circuit; two-electrode configuration; two-electrode arrangement

Zweielektroden-Anordnung f <el.chem> *(polarographische Messzelle)* • two-electrode cell; two-electrode system; two-electrode circuit; two-electrode configuration; two-electrode arrangement

Zwei-Elektroden-Sensor *m* <msr> • two electrode sensor

Zweielektronenkonfiguration *f* <chem> • two-electron configuration

Zweier *m* <nav.sport> *(Ruderboot)* • pair

Zweieranschluss *m* <tele> • shared line; two-party line

Zweierbündel *n* <el> • double-bunch conductor

Zweiergruppe *f* ugs <tech.allg> • couple; dyad *thsc*; pair *coll*

Zweierkomplementschreibweise *f* <edv> • two's complement notation

Zweierpack *m* <pack> • double pack

Zweierschale *f* <phys> • two-electron shell

Zweierstoß *m* <nukl> • binary collision; two-body collision; two-particle collision

Zweierstoßrekombination *f* <nukl> • radiative recombination

Zweiersystem *n* <math> • dyadic system; binary notation scale

Zweietagenofen *m* <silik> • two-tier kiln

zweietagige Wicklung *f* <el> • two-range winding

zweifach <allg> • double; dual; twofold

Zweifachabdeckung *f* <energ.sol> *(Kollektor)* • double glazing

zweifach abgedeckt <energ.sol> *(Kollektor)* • double-glazed

Zweifachaufzeichnung *f* <av> *(auch Tonsignal als Schrägspur)* • deep-layer recording; deep-layer modulation; depth-multiplex recording

zweifach bedingt <math> • biconditional

zweifach destilliertes Wasser *n* ugs <chem.verf> *(betont: völlig kalkfreies, reines Wasser)* • fully demineralized water; fully demineralised water *GB*

Zweifachdiodengleichrichter *m* <el> • duodiode rectifier

Zweifachdrahtspulmaschine *f* <prod> • double wire spooling machine; double-spool wire spooling machine

zweifacher Durchlauf *m* <tech.allg> • double pass; double run

zweifacher Zwirn *m* <textil> • two-ply thread

zweifache Säulenarkade *f* <bau> • double column arcade

Zweifachexpansionsdampfmaschine *f* <masch> • double-expansion compound steam engine

Zweifach-Flammrohr *n* <kfz> *(bei V-Motoren)* • dual downpipe; dual headpipe

zweifach gefaste Kante *f* <bau> • double-beveled edge *US*; double-bevelled edge *GB*

zweifach gefaste Längskante *f* <bau> • double-beveled edge *US*; double-bevelled edge *GB*

zweifach geschorne Talje *f* <nav> • double purchase

Zweifachkondensator *m* <el> • two-gang capacitor

Zweifachkonusantenne *f* • biconical antenna

Zweifach-Prozessor *m* <edv> • dual-processor

Zweifachregelung *f* <msr> • dual control

Zweifachrollenkette *f* <mot> *(z. B. als Steuerkette)* • double roller chain; dual roller chain; duplex chain

Zweifach-Rollenkette *f* <mot> *(z. B. als Steuerkette)* • double roller chain; dual roller chain; duplex chain

zweifachsauer <chem> • diacid; dihydric

Zweifachschieber *m* <hydr> • non-bypass valve

zweifach seideumsponnen <obfl> • double-silk-covered

zweifach statisch unbestimmt <mech> • second-degree redundant

Zweifachteleskophubgerüst *n* <logist> *(Hochregalstapler)* • double lift mast

zweifach verglast <energ.sol> *(Kollektor)* • double-glazed

Zweifachverglasung *f* <energ.sol> *(Kollektor)* • double glazing

Zweifachvorgelege *n* <antr> • double back gear

zweifachwirkend <tech.allg> *(z. B. Presse, Pumpe, Verdichter)* • double-acting; dual-acting

zweifachwirkende Presse *f* <prod> • double-action press; double-acting press

Zweifadenaufhängung *f* <phys> • bifilar suspension

Zweifadenelektrometer *n* <el> • bifilar electrometer

Zweifadenlampe *f* <licht> • bifilar lamp; twin filament lamp; double filament lamp

Zweifadennaht *f* <textil> • double locked stitch; double thread sewing; double chain-stitch; two-thread chain-stitch; double in-and-out stitch

Zweifamilienhaus *n* <bau> • two-family house; two-family home

Zweifarbendruck *m* <druck> • two-color printing

Zweifarbenlackierung *f* <obfl> • two-tone paint

Zweifarbenmaschine *f* <druck> • two-color machine

Zweifarbenpyrometer *n* <opt.msr> • two-color pyrometer

Zweifarbenschnellpresse *f* <druck> • high-speed two-color press

zweifarbig <opt.phys> • dichromatic; dichroic; two-color *coll*; two-colored *coll*

zweifarbiges Farbpolfilter *n* <phot> • bicolor polarizing filter; bicolor polarizer

Zweifarbigkeit *f* <phys> • dichromatism

Zweifehler-Sicherheit *f* <msr> • double-fault protection

Zweifeldrahmen *m* <bau> • two-bay frame

zweifeldrig <bau> *(Fachwerk; z. B. Brücke, Regal)* • two-bay; two-span

Zweiflach *n* ugs <math> • dihedron

zweiflächig <math> • dihedral *adj*

Zweiflammrohrkessel *m* <rls> • double-flue boiler; Lancashire boiler

Zweiflankenverfahren *n* <el> • dual-slope process

Zweiflankenwälzprüfgerät *n* <msr> *(für Zahnräder)* • double-flank composite error tester; double-flank error tester

Zweiflanschnabe *f* <masch> • double-flange hub

Zweiflanschspule *f* <prod> *(für Draht)* • double flange spool

zweiflügelig <tech.allg> • double-wing

zweiflügelige Kreiskolbenpumpe *f* <förd> *(mit umlaufender Nabe; typ. Kreiskolbenpumpe)* • two-lobe pump; twin lobe pump; dual lobe pump

zweiflügelige Kreiskolbenpumpe *f* <förd> *(mit feststehender Nabe)* • circumferential piston pump with two rotor-piston elements

zweiflügeliger Propeller *m* <förd> • two-bladed propeller

zweiflügeliges Drehfenster *n* <bau> • abutting casement

zweiflügeliges Fenster *n* <bau> *(typ. engl. Schiebefenster)* • double-sash window; double-light window; double-lite window *US.ad*

zweiflügeliges Fenster *n* <bau> *(durch einen Pfosten getrennte Baueinheit aus zwei Fenstern)* • double window

zweiflügeliges Pumpenlaufrad *n* <förd> • two-bladed impeller

zweiflügelige Tür *f* <bau.fz> • two-leaf door; double-leaf door

Zweiflügel-Kreiskolbenpumpe *f* <förd> *(mit umlaufender Nabe; typ. Kreiskolbenpumpe)* • two-lobe pump; twin lobe pump; dual lobe pump

Zweiflügel-Kreiskolbenpumpe *f* <förd> *(mit feststehender Nabe)* • circumferential piston pump with two rotor-piston elements

Zweiflügler *m* obs <energ.wind> • two-bladed rotor

zweiflüglige Tür *f* rar <bau.fz> • two-leaf door; double-leaf door

Zweiflüssigkeitsmodell *n* <phys> *(Tieftemperaturphysik)* • two-fluid model

zweiflutig <tech.allg> (z. B. Pumpen, Verdichter, Rohr-systeme) • double-flow
zweiflutig <förd> (Pumpe) • double-suction; double-inlet; double-entry; twin suction; twinstream
zweiflutige Turbine f <turb> • double-flow turbine
Zweifrequenzbetrieb m <tele> • double frequency operation
Zweifrequenz-Empfänger m <navig> • dual-frequency receiver; double-frequency receiver; dual frequency GPS receiver
Zweifrequenz-GPS-Empfänger m <navig> • dual-frequency receiver; double-frequency receiver; dual frequency GPS receiver
Zweifunken-Zündspule f DIN ISO 6518-1 <mot.el> • double-ended coil ISO 6518-1
Zweig m <tech.allg> (z. B. in Unternehmen, Stromkreis, Rohrsystem; Netzwerk) • branch; leg; arm
zweigängig <masch> (Schnecke, Gewinde) • two-start
zweigängig <masch> (siehe auch unter: ...gängig) • double...; two...
zweigängiger Gewindebohrer m <wz> • double-lead tap; double-start tap; two-start tap; double-pitch tap; double-thread tap
zweigängiges Gewinde n <masch> • double-start thread; double thread; double-lead thread; double-pitch thread; two-start thread
Zweigangachse f <nfz.antr> (mit zusätzlichen Zahnrad-paar zum Wechseln der Achsübersetzung) • two-speed axle
Zweigang-Reduziergetriebe n <kfz.antr> • dual-range reduction gearbox; two-speed reduction gearbox; two-speed reduction gearset; dual-range reduction gearset
Zweigang-Schaltachse f <nfz.antr> (mit zusätzlichen Zahnradpaar zum Wechseln der Achsübersetzung) • two-speed axle
Zweigang-Untersetzungsgetriebe n <kfz.antr> • dual-range reduction gearbox; two-speed reduction gearbox; two-speed reduction gearset; dual-range reduction gear-set
Zweigang-Verteilergetriebe n <kfz.antr> • dual-range transfer case; dual-range transfer box GB; two-speed transfer box GB
zweigehäusige Einwellenturbine f <turb> • tandem compound turbine
Zweigelenkbogen m <bau> • two-hinged arch; two-pinned arch
Zweigelenkkette f <antr> • two-jointed chain
Zweigelenkrahmen m <bau> • two-hinged frame
Zwei-Gelenk-Z-System n <rls> • two hinge "Z" system; two hinge "Z" bend
Zweigeneratorenanlage f <el> • dual-power pack
zweigerüstiges Walzwerk n <metall> • double-stand rolling mill; double-stand mill
zweigeschossig <bau> (Gebäude, Bauweise) • two-floor; two-story US; two-storey GB
Zwei-Geschwindigkeits-Wipptastenfeld n <navig> (Empfänger) • two-speed thumbkey control; 2-speed thumbkey control; 2-speed rockerpad cursor control
zweigeteilt <allg> • bipartite
zweigeteilt <tech.allg> (aus zwei Hälften bestehend; Ge-häuse) • split
Zweiggleichung f <el> • branch equation
Zweiggleis n <bahn> • branch line
zweigipflig <math> (Wahrscheinlichkeitsverteilung) • bimodal
zweigipflige Verteilungskurve f <qualit> • bimodal distribution curve
Zweigitterröhre f <el> • double-grid valve; bigrid valve
Zweigleichheit f <edv> (Animationsfehler) • twin

zweigleisig <bahn> • double-track
Zweigleitung f <el> • branch line
zweigliedrig <math> • binary; binomial
zweigliedrig <math> • two-termed; two-term
Zweigniederlassung f <org> • branch establishment; branch office; branch coll
Zweigprodukt n <ökon> • branch product
Zweigrößenregelung f <msr> • dual control
Zweigrohr n <rls> • branch pipe
Zweigrohrleitung f <rls> • branch piping
Zweigruppenmodell n <nukl> • two-group model
Zweigruppentheorie f <nukl> • two-group theory
Zweigschalter m <el> (Unterbrecher) • section circuit breaker
Zweigstelle f <org> • branch establishment; branch office; branch coll
Zweigstrom m <el> • branch current
Zweigutscheidung f <chem.verf> • two-product separation
Zweigwiderstand m <el> • branch resistance
zwei halbe Schläge <nav> (Knoten) • two half hitches; full knot
Zweihanddruckknopfbedienung f <wz.masch> (z. B. Presse) • dual-palm button control
Zweihandsteuerung f <msr.sich> (Schutz) • two-hand control
zweiherdiger Spurofen m <metall> • spectacle furnace
zweihiebig <wz> (Feile) • double-cut
zweihöckerig <tech.allg> • double-humped
Zweihüllenrumpf m <nav> • double hull
Zweihüllenschiff n <nav> • double-skinned ship; double-hull naval vessel
Zweikammer-Anlage f <prod> (z. B. Phosphatieranla-genart) • two-chamber plant
Zweikammerbrecher m <verf> • duplex breaker
Zweikammerbremszylinder m <kfz.brems> • two-cham-ber brake cylinder
Zweikammerkessel m <verf> • box header boiler
Zweikammerklystron n <el> • two-cavity klystron; two-resonator klystron
Zweikammerkreiskolbenpumpe f <masch> • two-lobe pump
Zweikammerschrittmacher m <med.tech> • dual cham-ber pacemaker; bifocal pacemaker
Zweikanaldüse f <kst> • two-channel nozzle
Zweikanal-Einseitenband-Verfahren n <tele> • inde-pendent sideband transmission
Zweikanalempfänger m <navig> • two-channel receiver
Zweikanalleistungsverstärker m <el> • dual-channel booster amplifier
Zweikanalrad n <masch> (Kreiselpumpe) • two-vane im-peller; two-channel impeller; two-bladed impeller; two-blade impeller
Zweikanalsimplexsystem n <tele> • two-way simplex system
Zweikanalton-Anzeige f <av> • bilingual indicator
Zweikanalton-Fernsehsendung f <av> • dual channel TV broadcast; two channel TV broadcast
Zweikanaltorsteuerung f <el> • dual-channel port con-troller
zweikernig <chem.phys> • binuclear
Zweikopf-Helical-scan-Verfahren n <av> • two-head helical scan(ning) method; two-head helical scanning system; two-head helical recording; two-head helical recording method; two-head helical recording system
Zweiklangfanfare f <kfz> • dual-trumpet horn US; twin-trumpet horn; dual-tone horns GB
Zweiklang-Kompressor-Fanfare f <kfz> • dual-trumpet air horn

zweiköpfige Leistenflachstrickmaschine f <textil>
• flat double-head border machine
Zweikörperproblem n <phys> • two-body problem
Zweikörperstoß m <phys> • two-body collision
Zweikörperverdampfer m <verf> • double-effect evaporator
Zweikolbenpumpe f <förd> (Kolbenpumpe) • two-cylinder pump; twin-cylinder pump; two-cylinder piston pump; twin-cylinder piston pump
Zweikomponenten-Entwickler m <büro> (Kopierer; Entwickler, der aus Träger- und Tonerteilchen besteht) • two-component developer
Zweikomponenten-Expoxidharz-Klebstoff m <füg> • two-component epoxy adhesive
Zweikomponentengemisch n <chem> • binary mixture; two-component mixture
Zweikomponentenkleber m <füg> • two-component adhesive; two-pack adhesive; two-part adhesive
Zweikomponentenklebstoff m <füg> • two-component adhesive; two-pack adhesive; two-part adhesive
Zweikomponentenlack m <obfl> (Reaktionslack) • two-pack paint; two-part paint; two-component coating; two-component varnish rare
Zweikomponentenspachtel m <kfz.rep> • two-pack filler
Zweikomponentensystem n <phys> • binary system
Zwei-Komponenten-Tokamak m <nukl> • two-component tokamak
Zweikomponententreibstoff m <aerospace> (Rakete) • two-component propellant; bipropellant fuel; bipropellant
Zweikomponenten-Wasserklarlack m rar <obfl> • 2-component water-based clear coat paint; 2-component water-based clear coat
zweikomponentiger Klebstoff m rar <füg> • two-component adhesive; two-pack adhesive; two-part adhesive
Zweikopfaufzeichnung f <av> • two-head helical scan(ning) method; two-head helical scanning system; two-head helical recording; two-head helical recording method; two-head helical recording system
Zweikopf-Schrägschriftaufzeichnung f <av> • two-head helical scan(ning) method; two-head helical scanning system; two-head helical recording; two-head helical recording method; two-head helical recording system
Zweikopf-Schrägspuraufzeichnung f <av> • two-head helical scan(ning) method; two-head helical scanning system; two-head helical recording; two-head helical recording method; two-head helical recording system
Zweikopf-Schrägspurverfahren n <av> • two-head helical scan(ning) method; two-head helical scanning system; two-head helical recording; two-head helical recording method; two-head helical recording system
Zweikreisanlage f <energ.sol> • anti-freeze system; indirect system
Zweikreisbremsanlage f <brems> • dual-circuit braking system; dual brakes coll
Zweikreisbremse f ugs <brems> • dual-circuit braking system; dual brakes coll
Zweikreisbremssystem n rar <brems> • dual-circuit braking system; dual brakes coll
Zweikreiselkompass m <navig> • dual-rotor gyro compass
Zweikreiselverband m <navig> • dual-rotor assembly
Zweikreisempfänger m <tele> • double-circuit receiver
Zweikreissiedewasserreaktor m <nukl> • two-circuit boiling-water reactor
Zweikreissystem n <energ.sol> • anti-freeze system; indirect system
Zweikreissystem n <verf> • double-loop system; two-loop system

Zweikreis-Trittplattenbremsventil n <nfz.brems> • dual foot brake valves pl
Zweikreisverstärker m <el> • double-tuned amplifier
Zweikugelmessverfahren n <msr> (mech. Gewindeprüfverfahren) • two-ball method
Zweikugelmethode f <msr> (mech. Gewindeprüfverfahren) • two-ball method
Zweikurbelpumpe f <masch> • double-throw pump
Zweikurvenführung f <masch> • two-curve motion
Zweilagenschweißen n <füg> • two-pass welding
zweilagig <mat> (z. B. Laminat, Toilettenpapier) • two-layer
zweilagig <mat> (Sperrholz, Reifen) • double-ply
zweilagig <obfl> (Beschichtung) • two-coat
zweilagig beplankt <bau.innen> (z. B. mit Gipskartonplatten) • double-ply surfacing; double layer of boards
zweilagige Beplankung f <bau.innen> (z. B. mit Gipskartonplatten) • double-ply surfacing; double layer of boards
zweilagiger Putz m <bau.obfl> • two-coat work
zweilagige Wicklung f <el> • double-layer winding
Zweilaufregelung f <msr> • two-speed control; two-speed floating control
Zweilaufregler m <msr> • two-speed controller; two-speed floating controller
Zweileiter-Anschluss m <el> • two-wire connection
Zweileiterkabel n <el> • two-conductor cable; twin-core cable; double-wire cable
Zweileitersystem n <tele> • dual-line system
Zweileit-Gleichstrom-System n <el> • two rail direct current system
Zweileitungsbremsanlage f <brems> • dual-line braking system
Zwei-Level-Code m <edv> (Strichcode aus schmalen und breiten Elementen) • two-width symbology stand; binary symbology stand; two-level symbology; two-level code
Zweilochmutter f DIN ISO 1891 <füg> • round nut with drilled holes in one face
Zweilochmutterndreher m <wz> • face pin spanner wrench US; face pin wrench GB; pin wrench GB
Zweimantelisolator m <el> • double petticoat insulator
Zweimassenschwungrad m (ZMS) <kfz.mot> • damped flywheel
Zweimastgerät n <logist> (Regalförderzeug) • twin mast crane; S/R machine with double mast frame US; double posted stacker crane; double mast frame US
zweimessrig <wz> (mit zwei Klingen) • two-bladed
zweimessriger Bohrkopf m <wz> • two-cutter boring head
Zwei-Minuten-Putzzeitkontrolle f <hygi> (el. Zahnbürste) • 2-minute-brushing signal; two-minute-brushing signal
zweimotorig <fz> (z. B. Flugzeug) • twin-engined
Zweinahtbeutel m DIN 55405 <pack> • two side seal pouch
Zweiniveaumaser m <phys> • two-level maser
Zweinockenwellen-Triebwerk n <kfz.mot> • double overhead camshaft engine; twin camshaft engine; twin cam engine; dohc engine pract; dual cammer jarg
zweinutig <wz> • two-flute; two-fluted
zwei obenliegende Nockenwellen (DOHC) <kfz.mot> • double overhead camshaft (dohc); twin overhead camshaft rare
Zweioperandenbefehl m <edv> • two-operand instruction
zweipaariges Kabel n <el> • two-pair cable
Zweiparameterschar f <math> • two-parameter family
Zweipersonen-Nullsummenspiel n <math> (Spieltheorie) • zero-sum two-person game

Zweiphasenbereich *m* <phys> • diphase region

Zweiphasendosimeter *n* <nukl.msr> • two-phase dosimeter

Zweiphasengebiet *n* <phys> • diphase region

Zweiphasengenerator *m* <el> • two-phase alternator; two-phase generator

Zweiphaseninduktionsmotor *m* <el> • two-phase induction motor; Ferraris motor

Zweiphasenmodulation *f* <edv> • bi-phase shift keying (BPSK); bi-phase modulation

Zweiphasenmotor *m* <el> • two-phase motor

Zweiphasenschaltung *f* <el> *(um 90 Grad phasenverschoben)* • two-phase circuit; biphase connection; quarter-phase circuit

Zweiphasenstahl *m* <mat> • dual-phase steel

Zweiphasenstahl *m* <metall> *(z. B. weicher Ferrit mit harten Martensitinseln)* • dual-phase steel

Zweiphasenstromkreis *m* <el> *(um 90 Grad phasenverschoben)* • two-phase circuit; biphase connection; quarter-phase circuit

Zweiphasenzähler *m* <el.msr> • two-phase meter

zweiphasig <tech.allg> *(in zwei Zeitabschnitten; z. B. Prozess, Aktion, Reaktion)* • two-phase

zweiphasig <el> • biphase

zweiphasig <nukl> *(Reaktor)* • two-phase

Zweiplattenschieber *m* <rls> • double-disc gate valve

Zweiplattenwerkzeug *n* <kst> *(Spritzgießen)* • two-plate mold

Zweiplatzsystem *n* <logist> *(Palettenregal)* • two-wide pallet storage; double pallet opening; two-wide pallet load storage

Zweipol *m* <el> *(Antenne)* • dipole; dipole antenna

Zweipol... <el> • two-pole ...; two-terminal ...

Zweipoladmittanz *f* <el> • driving-point admittance

zweipolig <el> • two-pole

zweipolig <el> *(Steckverbinder)* • two-pin

zweipolig <el> *(Anschlussklemme)* • two-terminal

zweipolige Glühkerze *f* <kfz.mot> • two-pole glow plug; double-pole glow plug

zweipoliger Arbeitskontakt *m* <msr> • double-pole single-throw contact

zweipoliger Ein/Aus-Schalter *m* <el> *(allg.; Öffner oder Schließer)* • double-pole single-throw switch; two-pole single-throw switch; 2-pole single-throw switch; DPST switch; 2PST switch

zweipoliger Ein/Aus-Schalter *m* <el> *(Öffner)* • double-pole single-throw normally-closed switch; two-pole single-throw switch normally closed; 2-pole single-throw switch normally closed; DPST NC switch *pract*; 2PST NC switch *pract*

zweipoliger Ein/Aus-Schalter *m* <el> *(Schließer)* • double-pole single-throw normally-open switch; two-pole single-throw switch normally open; 2-pole single-throw switch normally open; DPST NO switch *pract*; 2PST NO switch *pract*

zweipoliger Kippschalter *m* <el> • double-pole rocker switch; double-pole snap switch

zweipoliger Schalter *m* <el> • two-pole switch; double-break switch

zweipoliger Umschalter *m* <el> • double-pole double-throw switch; DPDT switch

zweipoliger Verbinder *m* <el> • twin connector

zweipoliger Wechselkontakt *m* <el> • double-pole double-throw contact; 4

zweipolige Wechselschalter *m* <el> • double-pole double-throw switch; DPDT switch

zweipolige Steckverbindung *f* <el> • 2-pin connector; 2-pole connector

Zweipolimpedanz *f* <el> • driving-point impedance

Zweipolmessung *f* <el> • two-terminal measurement

Zweipolröhre *f* <el> *(Röhre)* • diode; two-electrode tube

Zweipolstecker *m* <el> • two-contact plug

Zweipolstecker *m* <el> • two-pin plug

Zweipolstecker *m* <el> • two-pole plug

Zweipoltheorie *f* <el> • Thévenin's theorem

Zweipressenschleifer *m* <pap> • two-pocket grinder

Zweiprismengerät *n* <opt> • two-prism device

Zweipulsgleichrichter *m* <el> • full-wave rectifier

Zweipunktabstimmung *f* <tele> • double-spot tuning

Zweipunktabstützung *f* <mech> • two-point support

Zweipunktaufhängung *f* <mech> • two-point suspension

Zweipunkteinstellung *f* <phot> • two-point focus setting

Zweipunktglied *n* <msr> • on-off element; two-point element; two-step element

Zweipunktgurt *m* <fz.sich> • 2-point seat belt; 2-point belt *pract*

Zweipunktladeregler *m* <el> *(für Akkus)* • two-point charge controller

Zweipunktlager *n* <masch> • two-point bearing; two-point contact bearing

Zweipunktlandung *f* <aerospace> • two-point landing; level landing; two-tail-high landing

Zweipunktniveauregelung *f* <msr> • high-low level control

Zweipunktregelung *f* <msr> • on-off control; two-position control; two-point control; two-step control

Zweipunktregler *m* <msr> • on-off controller; two-point controller; two-step controller

Zweipunktsignal *n* <el> • on-off signal

Zweipunktverhalten *n* <msr> *(z. B. Regler)* • on-off action; two-level action; two-step action

Zweiquadrantenmultiplikator *m* <edv> • two-quadrant multiplier

Zweiradantrieb *m* <kfz> • two-wheel drive

zweiradgetrieben <antr> *(Fahrzeug)* • two-wheel driven (4 × 2)

Zweiräderblock *m* <antr> *(Zahnräder)* • double gear

Zweiräderschiebeblock *m* <masch> *(in Getriebe)* • sliding double gear

zweirädrig <fz> • two-wheel

Zweirampenumsetzer *m* <edv> • dual-slope converter

Zweiraumkamera *f* <phot> • two-room camera

Zweirechnersystem *n* <edv> • dual computer system

Zweireiher *m* <bekl> • double-breasted suit

zweireihig <tech.allg> *(z. B. Nietung)* • double-row

zweireihig <textil> *(Anzug)* • double-breasted

zweireihiger Ausgehanzug *m* <bekl> *(Uniform)* • double-breasted dress coat

zweireihiges Kugellager *n DIN 625-3* <masch> • double-row ball bearing

zweireihiges Lager *n* <masch> • double-row bearing

zweireihig genietet <füg> • double-riveted

Zweirichtungsantrieb *m* <antr> • reversible drive

Zweirichtungsanzeige *f* <msr> • bidirectional read-out

Zweirichtungsbetrieb *m* <tech.allg> • bidirectional operation

Zweirichtungsschalter *m* <el> • bidirectional switch

Zweirichtungsschieberegister *n* <edv> • bidirectional shift register

Zweirichtungszähler *m* <msr> *(vorwärts/rückwärts)* • bidirectional counter; reversible counter

Zweirohr-Stoßdämpfer *m* <kfz> • double-tube shock absorber; twin-tube shock absorber; double-tube damper; twin-tube damper

Zweirollenmeißel *m* <petr> • two-cone bit; two-cone rock bit

Zwei-Rollen-Walzmaschine *f* <wz.masch> • two-die machine; two-roll machine

Zweisäulen-Hebebühne f <kfz.rep> • two-post hoist

Zweisäulenpresse f <wz.masch> • two-column press

zweisäurig <chem> • biacid; diacid; diacidic

Zweischalenentwicklung f <phot> (Labor) • two-bath development

Zweischalengreifer m <förd> (Ggs. zu Mehrschalengreifern) • clamshell grab

Zweischalenmethode f <phot> (Labor) • two-tray method

zweischaliger Abgaskrümmer m :V <kfz> • dual-wall air-gap exhaust manifold; sheet-metal manifold; shell manifold

zweischalige Trennwand f <bau> • double partition

zweischarig <math> • two-family

Zweischarpflug m <agri> • two-furrow plough

Zweischaufelrad n <masch> (Kreiselpumpe) • two-vane impeller; two-channel impeller; two-bladed impeller; two-blade impeller

Zweischeibenisolierglas n <bau> • sealed double glass; double pane glass; sealed double glazing

Zweischeibenisolierverglasung f <bau> • sealed double glass; double pane glass; sealed double glazing

Zweischeibenkollektor m <energ.sol> • two-plane collector

Zweischeibenkupplung f <antr> • double-disk clutch; double-disk dry clutch; double-plate clutch rare

Zweischeiben-Trockenkupplung f <antr> • double-disk clutch; double-disk dry clutch; double-plate clutch rare

zweischeibig <masch> (z. B. Riemenscheibe) • two-wheel

zweischeibiger Block m <nav> • double sheave block

zweischenklige Traktur f <mus> (Orgel) • balanced action; balanced key action

Zweischichtaufzeichnung f <av> (auch Tonsignal als Schrägspur) • deep-layer recording; deep-layer modulation; depth-multiplex recording

Zweischichtenfilm m <phot> • double-coated film

zweischichtig <obfl> (z. B. Farbe, Lack) • two-layer; double-layer

zweischichtig <ökon> (Arbeitseinteilung, Betrieb) • two-shift

zweischichtiger Code m <edv> (Strichcode aus schmalen und breiten Elementen) • two-width symbology stand; binary symbology stand; two-level symbology; two-level code

Zweischichtlackierung f <obfl> (Ergebnis) • base and clear system; two-coat [paint] finish; two-coat system; base/clear finish; clear-over-base paint [system]

Zweischicht-Lacksystem n <obfl> (Ergebnis) • base and clear system; two-coat [paint] finish; two-coat system; base/clear finish; clear-over-base paint [system]

Zweischichtlacktechnik f <el.ic.prod> • two-level photoresist techniques

Zweischichtwicklung f <el> • double-layer winding

Zwei-Schicht-/zwei-Brand-Verfahren n <obfl> • conventional enameling US; conventional enamelling GB; two-coat/two-fire enameling US; wet two-coat two-fire enamelling GB

Zweischienenhängebahn f <förd> • double-beam trolley

Zweischienenkatze f <förd> • double I-beam track trolley

Zweischirmlösung f <edv> • dual screen mode; dual monitor system

Zweischirmmodus m <edv> • dual screen mode; dual monitor system

Zweischlag m <masch> • double-joint; double-link

Zweischlauchbrenner m <füg> (Schweißen) • twin-hose torch; two-hose torch

Zweischlitzmagnetron n <el> • split-anode magnetron; two-segment magnetron

Zweischneider m <wz.masch> • two-flute cutter

zweischneidig <wz> • double-edged; two-edged; two-lip

zweischneidiger Löffelschaber m form <wz> (Schaber mit zwei Schneiden, gebogen) • bearing scraper; curved half round bearing scraper form; curved scraper pract

zweischneidiger Stirnfräser m <wz.masch> • two-lip end mill

zweischneidiges Bohrstangenmesser n <wz> • double-ended cutter

zweischnittig <prod> • double-shear

zweischnittiger Laschenstoß m <füg> (Schweißtechnik) • double-covered butt joint

Zweischottentanker m <nav> • twin-bulkhead tanker

Zweischraubenschiff n <nav> • twin-screw ship

Zweiseilbahn f <förd> • bicable ropeway

Zweiseilgreifer m <bau.masch> • double-rope grab; double-rope grab bucket; two-rope grab; two-rope grab bucket

Zweiseitenbandempfänger m <tele> • double-sideband receiver

Zweiseitenbandmodulation f <tele> • double-sideband modulation

Zweiseitenbandübertragung f <tele> • double-sideband transmission

Zweiseitenbeatmung f <med.tech> • independent lung ventilation (ILV); master-slave ventilation

Zwei-Seiten-Belichter m <druck> (Recorderformat) • two-up recorder; 2up recorder pract; two-up platesetter; 2up platesetter

Zweiseitendruckmaschine f <druck> • perfecting press

Zwei-Seiten-Format n (2up) <druck> (Druckplattenformat) • two-up format size (2up); 2up format size; 2up plate pract

Zweiseitenkipper m <bahn> (Güterwagen für Schüttgut) • wagon with side-tipping bucket

Zweiseitenkipper m <nfz> (Anhänger) • side dump trailer; side tipping trailer GB; side dumper coll

Zweiseitenkipper m <nfz> (Lastkraftwagen) • side dump truck; side dumper; side dump truck; side tipper GB

Zwei-Seiten-Recorder m <druck> (Recorderformat) • two-up recorder; 2up recorder pract; two-up platesetter; 2up platesetter

zweiseitig <allg> • two-sided; bilateral form; double-sided

zweiseitig <tech.allg> (mit zwei wirksamen Enden) • double-ended

zweiseitig <pap.druck> (mit zwei Oberflächen) • double-face; double-faced

zweiseitige Beschichtung f <obfl> • double coating

zweiseitiger Fräser m <wz.masch> • double-ended cutter

zweiseitiger Hebel m <mech> • lever of first class

zweiseitiger Schnitt m <prod> • double cut

zweiseitiger Sockel m <licht> • double-ended cap

zweiseitiges Widerstandspunktschweissen n <füg> • direct spot welding

zweiseitige Wellpappe f <mat.pap> • single-wall corrugated board; double faced corrugated board

zweiseitig gerichtet <tech.allg> • bidirectional

zweiseitig gerichtetes Mikrofon n <av> • bidirectional microphone

zweiseitig gesockelte Lampe f <licht> • double-ended lamp

zweiseitig gestrichen <obfl> • coated on both sides

zweiseitig gestrichenes Papier n <pap> • double-coated paper

Zweiseitigkeit f <druck> • two-sidedness

zweiseitig saugender Verdichter m <masch> • double-entry compressor

zweiseitig wirkend <tech.allg> • two-directional

zweiseitig wirkendes Axial(wälz)lager n DIN ISO 5593 <masch> • double-direction thrust (rolling) bearing ISO 5593

Zweisiebpapiermaschine f <pap> • twin-wire paper machine

Zweispiegelobjektiv n <opt> • two-mirror lens

zweispindelig <förd> (z. B. Schraubenverdichter) • double-spindle; two-spindle

zweispindelig <wz.masch> (z. B. Planfräsmaschine) • dual-head

zweispindelige Schraubenpumpe f <förd> • two-screw pump; twin-screw pump

zweispindelige Schraubenspindelpumpe f <förd> • two-screw pump; twin-screw pump

Zweispindelpumpe f <förd> • two-screw pump; twin-screw pump

zweispitzig <math> (Geometrie; Kurve) • two-cusped; bicusped

Zweispitzniet m <füg> • bifurcated rivet

zweispulig <el> • double-coil

zweispuliges Spinnrad n <textil> • double spinning wheel

zweispurig <bahn> • two-track

zweispurig <verk> (Autobahn, Straße) • dual-lane; two-lane

zweispurige Fahrbahn f <verk> • dual lane highway US; dual lane carriageway GB

Zweiständerhobelmaschine f <wz.masch> • double-housing planer

Zweistärkenglas n <opt> (zum Sehen in die Ferne und in die Nähe) • bifocal lens ISO 13666; bifocal

zweistellig <math> • double-digit; two-digit; two-figure rare; two-place rare

zweistelliger Zuwachs m <math> (z. B. Umsatz) • double-digit growth

Zweistellungsschalter m <el> • on-off switch

Zweistiftsockel m <licht> (von Lampen mit Bajonettsockel) • bi-pin base US; bi-post base US; bi-pin cap GB; two-pin cap GB

zweistöckig ugs <bau> (Gebäude, Bauweise) • two-floor; two-story US; two-storey GB

zweistöckiges Gebäude n <bau> • two-storey building

Zweistoffbetrieb m <mot> • dual-fuel operation

Zweistoffdüse f <chem.verf> • two-media nozzle

Zweistoffelektrode f <kfz.el> (Zündkerze) • compound center electrode; compound electrode; composite electrode

Zweistoffgemisch n <chem.phys> • binary mixture; two-component mixture

Zweistofflegierung f <mat> • binary alloy; two-component alloy

Zweistoff-Mittelelektrode f <kfz.el> (Zündkerze) • compound center electrode; compound electrode; composite electrode

Zweistoffmotor m <mot> (für verschiedene Kraftstoffe) • dual-fuel engine

Zweistoffsystem n <kfz> (Hybridantrieb mit Biogas oder LPG) • bi-fuel system

Zweistoffverfahren n <therm> • binary vapor process

Zweistoffzerstäubung f <verf> • pneumatic nozzle atomization

Zweistoffzerstäubung f <verf> • two-fluid atomization

zweisträngig <tech.allg> (Seil, Kabel) • with two strands

zweisträngiger Förderer m <förd> • double-strand conveyor

zweistrahlig <aerospace> • twin-jet

zweistrahliges Flugzeug n <aerospace> • twin-jet airplane; two-jet airplane

Zweistrahlinterferenzmikroskop n <opt> • two-beam interference microscope

Zweistrahlinterferometer n <msr> • two-beam interferometer

Zweistrahloszilloskop n <el> • double-beam oscilloscope; dual-beam oscilloscope

Zweistrahlphotometer m <msr> • dual-beam photometer

Zweistrahlröhre f <el> • double-beam cathode-ray tube

Zweistrahlspektralphotometer n <el> • double-beam spectrophotometer; dual-beam spectrophotometer

Zweistrahlspektrometer n <el> • double-beam spectrometer

zweiströmig <tech.allg> (z. B. Pumpen, Verdichter, Rohrsysteme) • double-flow

zweiströmig <förd> (Pumpe) • double-suction; double-inlet; double-entry; twin suction; twinstream

zweiströmige Zahnradpumpe f <förd> • double-flow gear pump

Zweistromlokomotive f <bahn> • dual-current locomotive

Zweistromradialkolbenpumpe f <förd> • dual-current radial piston pump

Zweistrom-Turbinenluftstrahltriebwerk n <aerospace> (typ. Flugzeugtriebwerk) • bypass engine; turbofan engine; double-fan jet engine rare; ducted-fan jet engine rare; double-flow engine rare

Zweistrom-Turboluftstrahltriebwerk n <aerospace> (typ. Flugzeugtriebwerk) • bypass engine; turbofan engine; double-fan jet engine rare; ducted-fan jet engine rare; double-flow engine rare

Zweistrom-Turboluftstrahltriebwerk n <aerospace> • dual-flow turbojet engine; two-circuit turbine jet engine; two-circuit turbine jet unit

Zweistrom-Turbostrahltriebwerk n <aerospace> • dual-flow turbojet engine; two-circuit turbine jet engine; two-circuit turbine jet unit

Zweistützpunktfeder f <kfz> (Blattfeder) • two-point support spring

Zweistufenhomogenisierung f <nahr.prod> • two-stage homogenization; two-step homogenization; top-stage homogenisation

Zweistufenprozess m <verf.allg> • two-stage process; two-step process

Zweistufenspritzgießen n <prod> • double-shot molding

Zweistufenstauchautomat m <wz.masch> • two-blow automatic upsetter; two-blow automatic header

Zweistufenstauchen n <prod> • two-blow upsetting; two-blow heading

Zweistufenstauchmaschine f <prod> • double-blow heading machine

Zweistufenverdampfer m <verf> • double-effect evaporator

Zweistufenverfahren n <obfl> (anodische Oxidation) • electrolytic color anodizing

zweistufig <tech.allg> (mit zwei Geschwindigkeiten, Drehzahlen; z. B. Gebläse, Wischer) • two-speed

zweistufig <tech.allg> (mit zwei Abschnitten; z. B. Plastifizierschnecke, Pumpe) • two-stage; double-stage; dual-stage

zweistufig <tech.allg> (in zwei Zeitabschnitten; z. B. Prozess, Aktion, Reaktion) • two-phase

zweistufig <tech.allg> (in zwei Schritten; z. B. Vorgang) • two-step

zweistufige Filterung f <verf.hlk> (z. B. Belüftung) • two-stage filter system

zweistufige Homogenisiermaschine f <nahr.prod> • two-stage homogenizer

zweistufige Homogenisierung f <nahr.prod> • two-stage homogenization; two-step homogenization; top-stage homogenisation

zweistufige intern rotierende Wirbelschicht f <ents> • twin interchanging fluidized bed; TIF-Type CFB

zweistufige Membranzunge f <mot> • dual-stage reed valve

zweistufige Pumpe *f* <förd> • two-stage pump

zweistufiger Fermenter *m* <chem.agri> • two-stage digester

zweistufiger Freezer *m* <nahr.prod> *(Speiseeis; hintereinander geschaltete Gefrierrohre)* • two-stage freezer; two-step freezer

zweistufiges Dichtungssystem *n* <bau> *(z. B. an Fenstern)* • double weatherstripping

zweistufiges Reduziergetriebe *n* <kfz.antr> • dual-range reduction gearbox; two-speed reduction gearbox; two-speed reduction gearset; dual-range reduction gearset

zweistufiges Streckblasen *n* <kst> *(von PET-Flaschen)* • two-stage stretch blow molding *:V*

zweistufiges Verteilergetriebe *n* <kfz.antr> • dual-range transfer case; dual-range transfer box *GB*; two-speed transfer box *GB*

zweistufiges Werkzeug *n* <prod> *(Gesenk)* • follow die

Zweisystemlokomotive *f* <bahn> • dual-current locomotive

Zweitakter *m prakt* <mot> *(z. B. in Pkw, Mopeds, Rasenmähern)* • two-cycle engine *US*; two-cycle internal combustion engine *US.form*; two-stroke engine *GB*; two-stroker *GB.pract*; two-stroke *GB.pract*

Zweitaktgemisch *n ugs* <mot> *(für Zweitakter; z. B. für Rasenmäher, Kettensägen, Mopeds)* • gas/oil mixture *US*; gas/oil mix *US.pract*; petroil mixture *GB*; petroil mix *GB.pract*

Zweitaktmotor *m* <mot> *(z. B. in Pkw, Mopeds, Rasenmähern)* • two-cycle engine *US*; two-cycle internal combustion engine *US.form*; two-stroke engine *GB*; two-stroker *GB.pract*; two-stroke *GB.pract*

Zweitaktöl *n* <tribo.mot> • two-stroke engine oil

Zweitaktschmierung *f* <mot> • petroil lubrication *GB*

Zweitaktspiel *n rar* <mot> • two-stroke cycle; two-cycle *coll*

Zweitakt-Verbrennungsmotor *m form* <mot> *(z. B. in Pkw, Mopeds, Rasenmähern)* • two-cycle engine *US*; two-cycle internal combustion engine *US.form*; two-stroke engine *GB*; two-stroker *GB.pract*; two-stroke *GB.pract*

Zweitaktverfahren *n* <mot> • two-stroke cycle; two-cycle *coll*

Zweitausfertigung *f* <doku> *(betont: zweites Exemplar; z. B. von Rechnung, Urkunde)* • duplicate

Zweitbearbeitung *f* <prod> *(spanend)* • remachining

Zweitbearbeitung *f rar* <prod> *(allg.; zum Ausbessern etc.)* • reworking

Zweitbelichtung *f* <phot> • re-exposure; second exposure

Zweitdestillation *f* <chem> • redistillation

zweite Grafikkarte *f* <edv> • co-resident display adapter; additional display adapter

Zweiteiler *m* <bekl> • two-piece suit

Zweiteiler *m werb.rar* <kfz> *(Felge + separater Radstern)* • two-piece alloy wheel; two-piece light-alloy wheel *form*; two-piece aluminum wheel *rare*; 2P alloy wheel; 2P wheel

Zweiteiler... <tech.allg> *(z. B. Anzug, Teilesatz)* • two-piece

zweiteilig <tech.allg> *(z. B. Anzug, Teilesatz)* • two-piece

zweiteilig <tech.allg> *(aus zwei Hälften bestehend; Gehäuse)* • split

zweiteilige 5-Grad-Schrägschulterfelge *f* <nfz> • two-piece tapered bead seat rim; two-piece 5 degree tapered bead seat rim; 2P 5 degree tapered bead seat rim; 2P tapered bead seat rim *pract*

zweiteilige Dose *f* <pack> • two-piece can *ISO 90/1*

zweiteilige Kardanwelle *f* <kfz.antr> • divided driveshaft; divided propshaft *GB*; split propshaft *GB*

zweiteiliger Achromat *m* <opt> • achromatic doublet [lens]

zweiteilige Ringfelge *f prakt* <nfz> • two-piece tapered bead seat rim; two-piece 5 degree tapered bead seat rim; 2P 5 degree tapered bead seat rim; 2P tapered bead seat rim *pract*

zweiteiliger Rotor *m* <förd> • double set rotor

zweiteiliges Alurad *n prakt* <kfz> *(Felge + separater Radstern)* • two-piece alloy wheel; two-piece light-alloy wheel *form*; two-piece aluminum wheel *rare*; 2P alloy wheel; 2P wheel

zweiteiliges Schrägschulterfelge *f* <nfz> • two-piece tapered bead seat rim; two-piece 5 degree tapered bead seat rim; 2P 5 degree tapered bead seat rim; 2P tapered bead seat rim *pract*

zweiteiliges geschmiedetes Alurad *n prakt* <kfz> • two-piece forged alloy wheel; two-piece forged light-alloy wheel *form*; two-piece forged aluminum wheel *rare*

zweiteiliges geschmiedetes Leichtmetallrad *n* <kfz> • two-piece forged alloy wheel; two-piece forged light-alloy wheel *form*; two-piece forged aluminum wheel *rare*

zweiteiliges geschmiedetes LM-Rad *n* <kfz> • two-piece forged alloy wheel; two-piece forged light-alloy wheel *form*; two-piece forged aluminum wheel *rare*

zweiteiliges Leichtmetallrad *n* <kfz> *(Felge + separater Radstern)* • two-piece alloy wheel; two-piece light-alloy wheel *form*; two-piece aluminum wheel *rare*; 2P alloy wheel; 2P wheel

zweiteiliges LM-Rad *n* <kfz> *(Felge + separater Radstern)* • two-piece alloy wheel; two-piece light-alloy wheel *form*; two-piece aluminum wheel *rare*; 2P alloy wheel; 2P wheel

zweiteiliges Rad *n* <kfz> *(Felge + separater Radstern)* • two-piece alloy wheel; two-piece light-alloy wheel *form*; two-piece aluminum wheel *rare*; 2P alloy wheel; 2P wheel

zweiteiliges Schmiederad *n prakt* <kfz> • two-piece forged alloy wheel; two-piece forged light-alloy wheel *form*; two-piece forged aluminum wheel *rare*

zweiteiliges Schneideisen *n* :V <wz> • two-piece die; two-piece adjustable die; adjustable screw plate die; removable screw plate die

Zweiteilung *f* <math> • bisection

zweite kosmische Geschwindigkeit *f* <astron> • Earth escape velocity; escape velocity; parabolic velocity; second cosmic speed

Zweitemperaturverfahren *n* <verf> • dual-temperature process

zweite Raketenstufe *f* <aerospace> • second stage

zweiter Basisoperator *m form* <edv.av> *(für FM-Synthese)* • modulator; control oscillator *form*

zweiter Bildschirm *m* <edv> • secondary display

Zweiter Durchbruch *m* <el> • second breakdown; secondary breakdown

zweiter Gang *m* <kfz.antr> • second gear

zweiter Hauptsatz der Thermodynamik *m* <therm> • second law of thermodynamics; principle of entropy increase; entropy principle

zweiter Kathodendunkelraum *m* <phys> • Faraday dark space

Zweiter Längsfalz *m* <druck> *(Falzart)* • quarterfold; magazine fold

zweiter Lautsprecher *m* <av> • extension loudspeaker

zweiter Stock *m ugs* <bau> • first floor *US*; second floor *GB*; second storey

zweiter Wohnsitz *m* <jur> • secondary residence; secondary home; second residence; separate residence; secondary place of residence

zweites Galvano *n* <edv> *(CD-Produktion; Positiv-Replikat der Masterplatte)* • mother; metal mother; mother disc; positive

zweite Sinterung *f* <metall> • resintering

zweites Newton'sches Gesetz n <mech> • Newton's second law; Newton's second law of motion
Zweites Newtonsches Axiom n <phys> • Newton's second law of motion; Newton's law of motion; Newton's second law
zweite Sortierstufe f <verf> • secondary screen
zweite Wahl f <textil.qualit> (Prüfen) • seconds pl
zweite Wurzel f rar <math> • square root
Zweitfehler m <qualit> • secondary failure
Zweitgärung von Wein f <nahr> (Wein) • refermentation; second fermentation of wine
Zweitleserate f <edv> • second read rate (SRR); second pass read rate
Zweitluft f <verbr> (oberhalb des Rostes eingeblasene sekundäre Verbrennungsluft) • overfire air; overgrate blast
Zweitluft f <verbr> (zur Nachverbrennung) • secondary air; secondary combustion air
Zweitor n <el> • twoport
Zweitourendruckmaschine f <druck> • two-revolution printing machine; two-revolution machine
Zweitourenmaschine f <druck> • two-revolution printing machine; two-revolution machine
Zweiträgerkran m <förd> • double-girder overhead crane
Zweiträgersystem n <av> • two-subcarrier system
zweitrümiger Schacht m <min> • two-compartment shaft
Zweitschlagkapazität f <mil> • second-strike ability
Zweitschrift f <doku> (betont: zweites Exemplar; z. B. von Rechnung, Urkunde) • duplicate
Zweittisch m <wz.masch> • spare table; spare platen
zweitürig <kfz> (Karosserieausführung) • two-door ...; 2-door ...
Zweitwagen m <kfz> • second car
Zweitwohnung f <jur> • secondary residence; secondary home; second residence; separate residence; secondary place of residence
Zweiunddreißigerleitung f <tele> • octuple-phantom circuit
Zweiventiler m <kfz.mot> • two-valve engine; engine with two valves per cylinder
Zweiventilkopf m <kfz.mot> • two-valve head
Zweiventil-Zylinderkopf m <mot> • 2-valve cylinder head
Zweiwalzenbrecher m <verf> • double-roll crusher
Zweiwalzenkalander m <pap> • two-roll calender
Zweiwalzentrockner m <verf> • double-drum drier; twin-drum drier
zweiwandiger Balg m <rls> (Kompensator) • double ply bellows; double-ply bellows
Zweiwegdatenbus m <el> • bidirectional data bus
Zweiwegebohrmaschine f <wz.masch> • two-way drilling machine
Zweiwege-Box f ugs <av> • two-way loudspeaker; two-way system; 2-way system; two-way box coll
Zweiwege-Datenkommunikation f <tele> • two-way communication of data
Zweiwegefahrzeug n <nfz> • rail-road vehicle
Zweiwege-Flachpalette f <logist> • two-way entry pallet; double entry pallet; two-way flat pallet
Zweiwegeförderer m <förd> • two-way conveyor
Zweiwegehahn m <rls> • two-way stopcock
Zweiwege-Lautsprecher m <av> • two-way loudspeaker; two-way system; 2-way system; two-way box coll
Zweiwegemischen n <edv> • two-pass merge
Zwei-Wege-System n <tech.allg> (z. B. Lautsprecher, Turbolader) • two-way system; 2-way system
Zweiwegesystem n <tech.allg> (z. B. Lautsprecher, Turbolader) • two-way system; 2-way system
Zweiwege-System n <av> • two-way loudspeaker; two-way system; 2-way system; two-way box coll

Zweiwegeventil n <rls> • two-way valve
Zwei-Weg-Frequenzweiche f <el> (z. B. für Antennensignal) • diplexer
Zweiweggleichrichter m <el> • full-wave rectifier
Zweiweghobelmaschine f <wz.masch> • double-cutting planer
Zweiweg-Katalysator m wiss.did <kfz> (Bauteil d. Abgasanlage) • oxidizing converter; two-way catalytic converter wiss.did; two-way converter wiss.did
Zweiweg-Katalysator m <kfz.emiss> (chem. Funktionseinheit) • oxidizing catalyst; oxidation catalyst; conventional oxidation catalyst, COC; two-way catalyst
Zweiwegschaltdiode f <el> • diode alternating-current switch
Zweiwegschleifen n <prod> • two-way traverse grinding; oscillating grinding
Zweiwegsystem n <tech.allg> (z. B. Lautsprecher, Turbolader) • two-way system; 2-way system
Zweiwegverteiler m <el> • twin-connector
Zweiwellengetriebe n <antr> • double-shaft gearing; double gearing
zweiwelliger Kompensator m <rls> (Gummikompensator) • double arch expansion joint; twin sphere expansion joint
zweiwelliger Schneckenverdampfer m <verf> • twin-screw evaporator
zweiwellige Wellpappe f DIN 55405 <mat.pap> • double-wall corrugated board; twin wall corrugated board
zweiwertig <chem> (Atom, Element) • bivalent; divalent
zweiwertig <math> (Zahlen; Logik) • binary
zweiwertige Atomgruppe f <chem> • dyad
zweiwertige Information f • bivalent information
zweiwertiges Atom n <chem> • dyad
zweiwertiges Eisen n <chem> • bivalent iron; ferrous iron
zweiwertiges Element n <chem> • bivalent element; divalent element; dyad
zweiwertige Variable f • binary variable
Zweiwertigkeit f <chem> • bivalence; divalence; two-valuedness
zweizählig <mat> • diadic; diad
zweizählige Achse f <math> • two-fold axis of symmetry
zweizählige Drehachse f <math> • two-fold axis of symmetry
zweizählige Symmetrieachse f <math> • two-fold axis of symmetry
Zweizeitenverschluss m <phot> • two-speed shutter
Zweizonenofen m <metall> • double-fired furnace
Zweizonenreaktor m <nukl> • two-region reactor
Zweizweckreaktor m <nukl> • dual-purpose reactor
Zweizylinder m <kfz.mot> (Kolbenmotor; z. B. in Fiat 500, Harley-Davidson) • two-cylinder engine; twin-cylinder engine; twin engine; twin
Zweizylinder-Boxer m prakt <kfz.mot> • flat twin-cylinder engine; horizontally-opposed two-cylinder engine form; flat twin engine pract; flat-two coll; 180°-twin rare
Zweizylinder-Boxermotor m <kfz.mot> • flat twin-cylinder engine; horizontally-opposed two-cylinder engine form; flat twin engine pract; flat-two coll; 180°-twin rare
Zweizylindermotor m <kfz.mot> (Kolbenmotor; z. B. in Fiat 500, Harley-Davidson) • two-cylinder engine; twin-cylinder engine; twin engine; twin
Zweizylinderpumpe f <förd> (Kolbenpumpe) • two-cylinder pump; twin-cylinder pump; two-cylinder piston pump; twin-cylinder piston pump
Zweizylinder-Verbundmaschine <aerospace> • cross compound [engine]
zweizylindrige Pumpe f <förd> (Kolbenpumpe) • two-cylinder pump; twin-cylinder pump; two-cylinder piston pump; twin-cylinder piston pump

Zwerchfell n <bio> • diaphragm; diaphragma; midriff

Zwergenwuchs m <agri> • dwarfing; nanism thsc; stunting

Zwerggalerie f <bau> • dwarf gallery

Zwerggalerie mit Quertonnengewölben f <bau> • dwarf gallery with transverse barrel vaults

Zwerglampe f <licht> • midget lamp; miniature lamp

Zwergmikrofon n <av> • midget microphone

Zwergröhre f <el> • microtube; midget valve; miniature valve

Zwergsignal n <bahn> • ground signal; dwarf signal

Zwergtriode f <el> • miniature triode

Z-Wert m <edv> • Z value

Zwickelausfüllung f form <el> (von Kabeln) • filler insulation; cable filler; filler pract

Zwickelfüllung f <el> (von Kabeln) • filler insulation; cable filler; filler pract

Zwielicht-Modus m <av> (von Camcordern) • twilight mode

Zwiesel m <sport> (Erhöhung vorne und hinten am Pferdesattel) • pommel

Zwilling m <tech.allg> • twin

Zwillingeis n <nahr> • twin-stick ice cream

Zwillingsachse f <nfz> (Lkw-Hinterachse mit zwei Achsen und vier Rädern; gesamte Baugruppe) • bogie

Zwillingsantrieb m <metall> (Walzwerk) • twin drive

Zwillingsarbeitskontakt m <el> • twin-make contact; make-make contact

Zwillingsbereifung f <nfz> (typ. auf Lkw) • twin tires; dual fitment; dual assembly

Zwillingsbildung f <mat> (z. B. von Kristallen) • twin formation; twinning

Zwillingsdampfmaschine f <masch> • duplex steam engine

Zwillingsebene f <mat> • twin plane

Zwillingsfahrleitung f <bahn> • double-contact wire system

Zwillingsflaschenzug m <förd> • double-hook hoist block

Zwillingskabel n <el> (Typ eines zweiadrigen Kabels; typ. für Lautsprecherboxen) • twin cable

Zwillingskessel m <verf> • twin Cornish boiler

Zwillingsklinke f <masch> • pair of jacks; twin jack

Zwillingskolbenpumpe f <förd> • duplex pump

Zwillingskondensator m <el> • twin capacitor

Zwillingskontakt m <el> • double contact; twin contact

Zwillingskristall m <mat> • twin [crystal]

Zwillingsparadoxon n <phys> • clock paradox; twin-clock effect

Zwillingsprüfung f <edv> • duplication check; twin check

Zwillingsrad n <kfz> (bei Pkw; Sicherheitsrad mit Notlaufeigenschaften) • JJD wheel; wheel with double rim; twin wheel; dual wheel

Zwillingsrad n <nfz> (bei Lkw) • twin wheel; dual wheel

Zwillingsreifen m <nfz> • twin tire; dual tire

Zwillings-Rückschlagventil n <hydr> • twin-type non-return valve

Zwillingsruhearbeitskontakt m <el> • break-break make contact

Zwillingsruhekontakt m <el> • twin-break contact; break-break contact

Zwillingssachse f <mat> • twin axis

Zwillingsschleuse f <bau.hydr> • twin lock

Zwillingsstreifen mpl <mat> • Neumann lamellae; twin bands

Zwillingsträger m <bau> • double girder

Zwillingstransistor m <el> • tandem transistor

Zwillingsturbine f <energ.hydr> • twin turbine

Zwillingswalzwerk n <metall> • duo mill

Zwinge f <bau> (Metallspannring um Holz- od. Betonpfosten, Pfähle, Stäbe) • ferrule

Zwinge f <wz> (Spannwerkzeug; z. B. Schraubzwinge für Tischler) • clamp; holdfast coll

zwingende Norm f <jur> • peremptory norm

Zwirn m form <textil> • twist; twisted yarn form; twisted thread; plied yarn; twine rare

Zwirn aus Kräuselgarn m <textil> • textured thread

Zwirn aus synthetischem Endlosgespinst m <textil> • continuous filament thread; filament thread pract

Zwirn aus Umspinnungsgarn m <textil> • core-spun thread

Zwirncop[s] m <textil> (Zwirnerei) • twisting cop

zwirnen vt <textil> (Seide) • throw vt

zwirnen vt <textil> (Zwirnerei; zusammendrehen) • twist vt; ply vt; double vt; twine vt rare

Zwirnerei f <textil> • twisting mill

Zwirn-Fach-Zwirnmaschine f <textil> (Zwirnerei) • twister-doubler-twister

Zwirn-Fach-Zwirnverfahren n <textil> (Zwirnerei) • twisting-doubling-twisting system

Zwirnflügel m <textil> • twisting flyer

Zwirnhülse f <textil> (Zwirnspule) • twisting tube

Zwirnkette f <textil> • doubled warp

Zwirnkop[s] m <textil> (Zwirnerei) • twisting cop

Zwirnmaschine f <textil> (Zwirnerei) • twisting machine; doubling machine; twister

Zwirnprozess m <textil> (Zwirnerei) • twisting process; twisting operation

Zwirnrad n <textil> • twisting wheel; doubling wheel

Zwirnring m <textil> • twister ring

Zwirnselfaktor m <textil> • twiner mule

Zwirnspindel f <textil> (Zwirnmaschine) • ply twist spindle; twist spindle; twister spindle

Zwirnspule f <textil> (Zwirnerei) • twisting bobbin; twister bobbin; twisted package

Zwirnstelle f <textil> (Zwirnmaschine) • twisting head

Zwirnverfahren n <textil> (Zwirnerei) • twisting system; twisting method

Zwirnvorrichtung f <textil> (Zwirnmaschine) • twisting device

Zwischenabdeckung f <ents> • intermediate cover

Zwischenablage f <edv> • clipboard

Zwischenablesung f <msr> • intermediate reading

Zwischenabnahme-Bescheinigung f <doku> (Dokument zur Autorisierung einer Teilzahlung) • interim certificate

Zwischenachsdifferential n <kfz.antr> (zw. Vorder- und Hinterachse) • central differential; inter-axle differential; center differential US; centre differential GB

Zwischenachse f <masch> (z. B. mehrstufiges Getriebe) • intermediate axis

Zwischenachsmotor m rar <kfz> • mid-engine; mid-mounted engine

Zwischenamt n <tele> • intermediate exchange

Zwischenanstrichfarbe f <obfl> • undercoat material

zwischenatomar <phys> • interatomic

Zwischenauflager n <tech.allg> (z. B. von Brücken, Wellen) • intermediate support

Zwischenbahn f <aerospace> (für interplanetare Missionen) • interim orbit; intermediate orbit

Zwischenbalken m <bau> • mid-beam

Zwischenbandrekombination f <chem> • band-band recombination

Zwischenbandtelegrafie f <tele> • interband telegraphy

Zwischenbau m <fz> (bei Diagonalreifen) • breaker; undertread

Zwischenbehandlung f <tech.allg> • intermediate treatment

Zwischenbeschleuniger m <nukl> • interaccelerator

Zwischenbild n <tech.allg> • intermediate image

Zwischenbild n <edv> *(von Keyframes abgegrenztes Bild einer Animationssequenz)* • frame; data bit frame; data frame

Zwischenbildebene f <phys> • intermediate image plane

Zwischenbildikonoskop n <el> • image iconoscope

Zwischenbildorthikon n <el> • image orthicon

Zwischenbildträger m <druck> *(Kopierer)* • image carrier

Zwischenboden m <bau> • false bottom

Zwischenboden m DIN ISO 7967-1 <mot> *(bei Kreuz-kopfmotoren: Platte mit Stopfbuchse)* • intermediate bottom DIN ISO 7967-1

Zwischenbrett n <logist> *(Palette)* • stringer board

Zwischenbuchse f <masch> • intermediate bushing

Zwischenbütte f <pap> • intermediate chest

Zwischendeck n <nav> • between deck

Zwischendecke f <bau> *(betont: doppelter Boden)* • false floor

Zwischendecke f <bau> *(betont: eingezogene Decke)* • inserted ceiling

Zwischendecke f <bau> *(allg.)* • intermediate ceiling

Zwischendichtung f <ents> • intermediate cover

Zwischendruck m <masch> *(Strömungsmaschinen; zwischen Nachbarstufen)* • clearance pressure

Zwischendruck m <masch> *(Hydraulik; Verdichter, Pumpe, Turbine)* • intermediate pressure

Zwischendurchkopie f <büro> • inbetween copy

Zwischeneindickung f <pap> • intermediate thickening

Zwischeneinlage f <kfz> *(bei Schraubenfedern)* • end insulator

Zwischeneinlage f <nfz> *(bei Blattfedern)* • interleaf liner

Zwischenelektrodenlaufzeit f <el> • interelectrode transit time

Zwischenelementlücke f <edv> • interelement space

Zwischenergebnis n <edv> • temporary result

Zwischenergebnis n <math> • intermediate result

Zwischenerhitzer m <verf> *(allg.; ein Wärmetauscher)* • intermediate heater

Zwischenerhitzer m <verf> *(betont: zur Wiedererwärmung)* • reheater

Zwischenfall m <tech.allg> *(z. B. Kernkraftwerk)* • incident

Zwischenfaserbindung f <pap> • interfiber bonding

Zwischenfestpunkt m <rls> • intermediate anchor

Zwischenfilmverfahren n <av> • intermediate-film method

Zwischenfolie f <silik.kst> *(in Verbundglas; eine sehr reißfeste Kunststofffolie, z. B. aus PVB)* • interlayer

Zwischenform f <prod> *(des Werkstücks; z. B. beim Tiefziehen)* • intermediate shape

Zwischenfraktion f <chem.petr> *(Gasöle)* • intermediate cut; intermediate fraction

Zwischenfrequenz f (ZF) <av> • intermediate frequency (IF)

Zwischenfrequenzabgleich m <el> • intermediate-frequency alignment

Zwischenfrequenzempfänger m <tele> • superheterodyne receiver; transposition receiver

Zwischenfrequenzgleichrichter m <el> • audio detector; second detector

Zwischenfrequenzmodulation f <av> • intermediate-frequency modulation

Zwischenfrequenzsperre f <el> • intermediate-frequency rejector

Zwischenfrequenzteil m <el> • intermediate-frequency section

Zwischenfrequenzübertrager m <el> • intermediate-frequency transformer

Zwischenfrequenzverstärker m <el> • intermediate-frequency amplifier

Zwischenfutter n <bekl> • interlining

Zwischengasanreicherung f <nukl> • intermediary enrichment

Zwischengas geben vt <kfz> *(bei alten Schaltgetrieben; beim Herunterschalten)* • double-declutch vi

Zwischengehäuse n <kfz.antr> *(Automatikgetriebe-Steuerkasten)* • manifold

Zwischengerüst n <prod> *(Walzwerk)* • intermediate mill stand

zwischengeschalteter Farbkorrektor m <av> • interposed color corrector GB; interposed color corrector US

Zwischengitteratom n <mat> • interstitial atom

Zwischengitteratomwanderung f <mat> • interstitial migration

Zwischengitterfehlstelle f <mat> • interstitial vacancy

Zwischengitterion n <mat> • interstitial ion

Zwischengitterplatz m <phys> • interstitial site

Zwischengitterstruktur f <mat> • interstitial structure

Zwischengitterverbindung f <mat> • interstitial compound

Zwischenglied n <tech.allg> • link

Zwischenglied n <masch> *(z. B. kinematische Kette)* • intermediate link

Zwischenglühen n <metall> • process annealing; intermediate annealing; subcritical annealing; in-process annealing; interstage annealing *rare*

Zwischenhaupt n <hydr> • middle gate

Zwischenhilfsträger m <av> • intermediate subcarrier

Zwischenhülse f <tech.allg> • adapter

Zwischenhülse f <masch> • adapter sleeve

Zwischenkabel n <el> • intermediate cable

Zwischenkammer f <mil> *(Druckluftwaffe)* • valve chamber

Zwischenkasten m <metall> • cheek

Zwischenkern m <nukl> • intermediate nucleus; compound nucleus

Zwischenklassenvarianz f <math> *(Statistik)* • interclass variance

Zwischenkolben m <kfz.brems> *(im Tandem-Hauptzylinder)* • secondary piston; floating piston

Zwischenkolben-Bremskreis m <kfz.brems> • secondary brake circuit

Zwischenkolbenfeder f <kfz.brems> *(eine Rückstellfeder)* • secondary piston spring; secondary piston return spring

Zwischenkopie f <edv> *(CD-Produktion; Positiv-Replikat der Masterplatte)* • mother; metal mother; mother disc; positive

Zwischenkreisempfang m <tele> • intermediate circuit reception

Zwischenkreisspule f <tele> • link coil

Zwischenkühler m <masch> *(z. B. zwischen zwei Verdichterstufen)* • intercooler; intermediate cooler

Zwischenkühlung f <masch> *(z. B. bei Turbomotoren)* • intercooling; intermediate cooling

zwischenkuppeln vi <kfz> *(beim Schalten)* • double-declutch vi; double-clutch vi

Zwischenlage f <tech.allg> *(betont: im Inneren von etw.; steif od. flexibel, jedes Material)* • inner layer

Zwischenlage f <tech.allg> *(steif od. flexibel, jedes Material)* • intermediate layer; interlayer

Zwischenlage f <tech.allg> *(z. B. Werkstück)* • intermediate position

Zwischenlage f <tech.allg> *(Beilageblech)* • shim

Zwischenlage f <tech.allg> *(Abstandshalter)* • spacer

Zwischenlage f <fz> *(in Blattfeder)* • interleaf spacer

Zwischenlage f <logist> *(verhindert das Verrutschen von Lagen bei Palettenladungen)* • friction insert; tie sheet

Zwischenlage f <mat> *(in Karkasse u.ä.)* • ply

Zwischenlage f <pack.teil> • pad

Zwischenlage *f* <rls> *(in Gewebebalgkompensator)* • intermediate layer

Zwischenlage *f* <rls> *(Metallbalgkompensator)* • intermediate ply

Zwischenlagepapier *n* <druck> *(Druckplatte)* • slip sheet; interleaf sheet; interleaf paper

Zwischenlagepapierentfernung *f* <druck> *(Plattenhandling)* • slip sheet removal; interleaf sheet removal; interleaf paper removal

Zwischenlager *n* <kfz.antr> *(von Gelenkwellen; bei Hinterradantrieb)* • center support

Zwischenlager *n* <logist> *(für Teile im Fertigungsablauf; z. B. zwischen Bearbeitungsschritten)* • work-in-process storage; in-process storage

Zwischenlager *n* <logist> • intermediate storage; banking storage *rare*

Zwischenlager *n* <masch> *(einer Welle)* • intermediate bearing

Zwischenlagerboje *f* <petr> • intermediate storage buoy

Zwischenlagerung *f* <geo.min> *(von Gestein; z. B. zwischen Kohleflözen)* • intercalation; interstratification; interbedding; parting; dirt band

Zwischenlagerung *f* <logist> *(allg.; z. B. von Waren, Bauteilen, Müll, radioaktivem Abfall, Brennelem)* • intermediate storage; interim storage

Zwischenlauf *m* <chem.petr> • intermediate cut

Zwischenlegepapier *n* <pap> • interleaving paper

Zwischenleitung *f* <tele> • link

Zwischenlinse *f* <opt> • intermediate lens

Zwischenmagazin *n* <logist> *(für Teile, Werkzeuge)* • buffer stock; buffer store

Zwischenmaß *n* <tech.allg> • intermediate size

Zwischenmessstation *f* <msr> *(im Fertigungsablauf)* • on-machine gauging station

Zwischenmessung *f* <msr> *(im Fertigungsablauf)* • in-process gauging

Zwischenmittel *n* <geo.min> *(von Gestein; z. B. zwischen Kohleflözen)* • intercalation; interstratification; interbedding; parting; dirt band

Zwischenmodulation *f* <el> • intermodulation

zwischenmolekular <chem> • intermolecular

zwischenmolekulare Bindung *f* <phys> • intermolecular force; molecular force; Van der Waals bond

zwischenmolekulare Kraft *f* <phys> • intermolecular force; molecular force; Van der Waals bond

Zwischenmuffe *f* <fz> *(verbindet das Oberrohr eines Damenradrahmens mit dem Sitzrohr)* • loop lug

Zwischennegativ *n* <el.ic.prod> • reticle

Zwischennegativ *n rar* <phot> • internegative

Zwischenpapier *n* <druck> *(Druckplatte)* • slip sheet; interleaf sheet; interleaf paper

Zwischenpapierentfernung *f* <druck> *(Plattenhandling)* • slip sheet removal; interleaf sheet removal; interleaf paper removal

Zwischenphase *f* <edv> *(Computeranimation; Phase zw. Anfangs- und Endzustand einer Bewegung)* • inbetween; tween

Zwischenphase *f* <phys> • intermediate phase; interphase *rare*

Zwischenplatte *f* <kfz.antr> *(Automatikgetriebe)* • spacer plate; separator plate; valve plate *GB*; valve body separator [plate]

Zwischenplatte *f* <kst> *(Spritzgießen)* • backing plate

Zwischenplatte *f* <rls> *(Plattenwärmetauscher)* • intermediate piece; intermediate terminal; connecting plate; connector plate

Zwischenplattform *f* <petr> • booster plattform

Zwischenpodest *n* <bau> • half-landing

Zwischenpol *m* <el> • interpole

Zwischenpositiv *n* <phot> • lavender print

Zwischenprogramm *n* <edv> • editor routine

Zwischenprüfung *f* <qualit> • in-process inspection; in-process testing

Zwischenpuffer *m* <wz.masch> • storage bank

Zwischenpumpstation *f* <petr> • booster station

Zwischenpunktabtastung *f* <av> • dot interlacing

Zwischenrad *n* <masch> *(betont: lose, nicht treibend)* • idler gear

Zwischenrad *n* <masch> *(zwischen zwei Zahnrädern angeordnetes Zahnrad)* • intermediate gear

Zwischenrahmen *m rar* <kfz> *(allg.)* • subframe; stubframe; subchassis

Zwischenrahmen *m* <navig> *(Lagekreisel; innere Aufhängung)* • intermediate gimbal

Zwischenraum *m* <tech.allg> *(freier Abstand; jede Größe)* • clearance

Zwischenraum *m* <tech.allg> *(Lücke; eher klein, schmal)* • clearance; interstice *form*; gap *coll*

Zwischenraum *m* <druck> *(zw. Lettern, Zeilen, Textelementen)* • space

Zwischenraum *m* <edv> *(Abstand, weiße Stelle in Strichcode)* • space; gap; white bar

Zwischenraum *m* DIN 66160 <mat> *(zwischen den dispersen Elementen eines Systems)* • interstice

Zwischenraumbreite *f* <edv> • space width

Zwischenraumcodierung *f* <edv> • space encoding

Zwischenraumelement *n* <edv> • space element

Zwischenraummodul *m* <edv> • space module

Zwischenraumzeichen *n* <tele> • space signal

Zwischenreinigung *f* <prod> • interstage cleaning

Zwischenring *m* <masch> *(allg.)* • spacer ring; annular spacer; distance ring; spacing ring; circular spacer

Zwischenring *m* <phot> *(Tubus für Makroaufnahmen)* • extension tube

Zwischenring *m* <phot> *(zur Anpassung; z. B. unterschiedl. Filtergewinde, Bajonett)* • adapter ring

Zwischenringe *mpl* <phot> *(für Nahaufnahmen)* • rings *pract*

Zwischenrohr *n* <rls> *(Kompensator)* • connecting pipe; center pipe *US*; centre tube *GB*

Zwischenrohrboden *m* <rls> *(in Wärmetauscher)* • tube plate

Zwischenrohrfahrt *f* <petr> • intermediate casing; intermediate string of casing

Zwischenrohrtour *f* <petr> • intermediate casing; intermediate string of casing

Zwischenschablone *f* <el.ic.prod> • reticle

Zwischenschacht *m* <bau> • false lining

Zwischenschale *f* <nukl> • subshell

Zwischenschalter *m* <el> • intermediate switch

Zwischenschaltung *f* <tech.allg> *(Einfügen, z. B. in einer Stromkreis)* • insertion; interposition; interconnection

Zwischenschalungswand *f* <bau> • stop shutter; stunt head

Zwischenscheibe *f* <kfz.antr> *(in Zweischeibenkupplung)* • intermediate plate; intermediate drive plate; center drive plate *US*; interplate

Zwischenschicht *f* <tech.allg> *(bel. Material, jede Form; steif oder flexibel)* • intermediate layer; interlayer

Zwischenschicht *f* <edv> *(optische Speicherplatte; zw. Trägerschicht und Informationssschicht)* • subbing layer

Zwischenschicht *f* <kfz.emiss> *(Katalysator; poröse Oxidschicht zur Oberflächenvergrößerung)* • washcoat

Zwischenschicht *f* DIN ISO 4378-1 <masch> *(sehr dünne Schicht zwischen Einlaufschicht und Gleitschicht)* • interlayer *ISO 4378-1*; bonding layer; nickel dam

Zwischenschicht *f* <obfl> *(einer Beschichtung, Lackierung)* • intermediate coat; bonding interface

Zwischenschicht Email/Metall *f* <obfl> *(Haftschicht)*
• enamel-metal interface

Zwischenschichtendruck *m* <prod> • sandwich printing

Zwischenschichtwiderstand *m* <el> *(el. Größe)* • interface resistance

Zwischenschott *n* <nav> • intercostal bulkhead

Zwischenschritt *m* <tech.allg> *(in Arbeitsschrittfolge)*
• intermediate step

Zwischenschritt *m* <edv> *(bei Extrusion; zwischen Ausgangs- und Endpolygon)* • path step

Zwischensender *m* <tele> • relay transmitter; intermediate transmitter; repeating station; retransmitter

Zwischensilo *m* <logist> • intermediate silo

Zwischensockel *m* <el> • socket adapter

Zwischensohle *f* <bekl> *(Schuh)* • midsole

Zwischenspant *n/m* <nav> • intermediate frame

Zwischenspeicher *m* <edv> • buffer memory; intermediate memory; temporary memory; scratch-pad memory *coll.rare*

Zwischenspeicherung *f* <edv> *(von Daten)* • intermediate storage; temporary storage; buffer storage; buffering

Zwischenspeicherungszeit *f* <edv> • storage interval

Zwischenspindel *f* <masch> • jack shaft

Zwischensprache *f* <transl> • interlingua; intermediate language

Zwischenstadium *n* <prod> • intermediate stage

Zwischenstecker *m* <el> • plug adapter

Zwischenstopp *m* <edv> • break point

Zwischenstopp *m* ugs <edv> *(bedingter Programmstopp)*
• conditional break-point; break-point; check-point

Zwischenstoppanweisung *f* <edv> • break-point instruction

Zwischenstreifen *m* <edv> *(zwischen Etiketten)* • holding strip; strip

Zwischenstück *n* <tech.allg> *(zum Anpassen; z. B. unterschiedlicher Formen)* • adapter

Zwischenstück *n* <tech.allg> *(zum Anschließen; z. B. Rohr, Leitung)* • connecting piece

Zwischenstück *n* <tech.allg> *(zum Abstand halten, ausgleichen)* • spacer

Zwischenstück *n* <tech.allg> *(zur räumlichen Trennung benachbarter Teile)* • isolator

Zwischenstück *n* <tech.allg> *(allg.; jede Form und Funktion)* • intermediate piece

Zwischenstück *n* <petr> • cross-over sub

Zwischenstütze *f* <bau> • intermediate support

Zwischenstufe *f* <tech.allg> *(in Arbeitsschrittfolge)* • intermediate step

Zwischenstufe *f* <el> *(z. B. Verstärker)* • interstage

Zwischenstufe *f* <verf> *(in Prozess)* • intermediate stage

Zwischenstufengefüge *n* <metall> • bainitic structure

Zwischenstufenhärten *n* <metall> • bainitic hardening

Zwischenstufenvergüten *n* <metall> *(Stufe zwischen Perlit und Martensit; Härten und Vergüten)* • austempering; quench tempering

zwischenstufenvergütetes duktiles Gusseisen *n* :V <mat> • austempered ductile iron (ADI)

Zwischensumme *f* (ZwSu) <math> • subtotal; batch total *rare*

Zwischensupport *m* <wz.masch> • intermediate saddle

Zwischenteil *n* <kfz.mot> *(des Wankelmotors)* • intermediate housing

Zwischentöne *mpl* <druck> *(z. B. Grauabstufungen, Halbtöne)* • intermediate shades

Zwischenträger *m* <bau> *(allg.; z. B. Holzbalken, Stahlträger)* • intermediate beam

Zwischenträger *m* <bau> *(einer von mehreren parallelen Balken in einer Decke)* • joist; filler joist

Zwischenträger *m* <tele> • intercarrier; subcarrier

Zwischenträgerfilm *m* <ic> *(zw. IC-Chip und Leitungsrahmen)* • beam tape carrier; beam tape

Zwischenträgerfrequenz *f* <tele> • intercarrier frequency; subcarrier frequency

Zwischenträger für IC-Halbleiterchip *m* <ic> • IC interconnect

Zwischenträgerverfahren *n* <av> • intercarrier sound system

Zwischentraglager *n* <masch> • intermediate bearing support

Zwischentransformator *m* <el> • adapter transformer; interstage transformer; matching transformer

Zwischentrommel *f* <verf> • separation drum

Zwischentubus *m* <opt> • intermediate tube

Zwischenüberhitzer *m* <rls> *(z. B. im Dampfkraftwerk)*
• intermediate superheater

Zwischenüberhitzer *m* <rls> *(Dampferzeuger)* • reheater

Zwischenüberhitzung *f* <energ> • intermediate superheating

Zwischenüberhitzungsturbine *f* DIN 4304 <energ.therm>
• reheat turbine

Zwischenverbindung *f* <chem> • intermediate compound

Zwischenverrohrung *f* <petr> • intermediate casing; intermediate string of casing

Zwischenverstärker *m* <av> • intermediate amplifier

Zwischenverstärker *m* rar <edv> *(in Netzwerken)* • repeater; regenerative repeater

Zwischenverteilergestell *n* <tele> • intermediate distribution frame

Zwischenwässerung *f* <phot> *(statt Stoppbad)* • rinse; rinsing *sg*

Zwischenwahl *f* <tele> • interdialling

Zwischenwahlzeit *f* <tele> • interdigital interval; interdigital pause

Zwischenwand *f* <bau> *(allg.)* • intermediate wall

Zwischenwand *f* <bau> *(in der Mitte)* • mid-wall

Zwischenwand *f* <bau> *(zur Raumaufteilung, Trennung)*
• partition wall

Zwischenwand *f* <mil> *(Schießstand; zwischen Schützenständen)* • screen; protective wall

Zwischenwand *f* <rls> *(Metallbalgkompensator)* • intermediate ply

Zwischenwelle *f* <kfz.antr> *(im Antriebssystem)* • intermediate shaft; jackshaft *US*

Zwischenwelle *f* rar <kfz.mot> *(im Motor, parallel zur Kurbelwelle)* • auxiliary drive shaft; intermediate shaft; layshaft

Zwischenwelle *f* <masch> *(allg.; z. B. in Motor, Getriebe)*
• intermediate shaft

Zwischenwert *m* <tech.allg> • intermediate value

Zwischenzeichenstrom *m* <tele> • spacing current

Zwischenzeichenwelle *f* <tele> • spacing wave; back wave

Zwischenzeilenbild *n* <av> • interlaced picture

Zwischenzeilenverfahren *m* rar <av> *(Bildschirmdarstellung)* • interlaced mode; line interlacing; interlaced scanning; scanning interlace system *rare*; staggered scanning

Zwischenzeit *f* <sport.msr> • interval time; split time

Zwischenzerkleinerung *f* <min> • intermediate crushing

Zwischenzustand *m* <tech.allg> *(allg.)* • intermediate state

Zwischenzustand *m* <phys> *(Resonanzstufe)* • resonance level

zwischen zwei Schichten angeordnet <tech.allg>
• sandwiched between

Zwitterion *n* <chem> • zwitterion; dual ion; dipolar ion; amphoteric ion *rare*

Zwitterkupplung f <tele> • sexless connection

Zwitwersamen m <bio> (Botanik) • wormseed; cina Artemisia maritima

Zwölfeck n <math> • dodecagon

Zwölfersystem n <math> • duodecimal system

Zwölfflächner m <math> • dodecahedron

Zwölfkant... <füg> (Antrieb; in Zusammensetzungen) • bihexagon ...; bi-hex ... pract; 12-point ...

Zwölfkanteinsatz m <wz> • twelve-point socket

Zwölfkantkopf m <füg> • bihexagon head; twelve point flange head; 12-point flange head; bihexagonal head; 12-point head

Zwölfkantmutter f <füg> • bihexagonal nut; twelve point flange nut; 12-point nut

Zwölfkantringschlüssel m <wz> • twelve-point box wrench

Zwölfkantschraube f <füg> • bihexagonal head screw; twelve point flange screw; 12-point flange screw; 12-point screw

Zwölfkant-Steckschlüsseleinsatz m prakt <wz> • 12-point socket; double hex socket US.pract; bi-hexagon socket GB

Zwölfventiler m prakt <kfz.mot> • 12-valve engine; twelve-valve engine; 12-valve pract

Zwölfzahn... <füg> (Antrieb; in Zusammensetzungen) • bihexagon ...; bi-hex ... pract; 12-point ...

Zwölfzahnkopf m <füg> • bihexagon head; twelve point flange head; 12-point flange head; bihexagonal head; 12-point head

Zwölfzahnmutter f DIN ISO 1891 <füg> • bihexagonal nut; twelve point flange nut; 12-point nut

Zwölfzahnschraube f DIN ISO 1891 <füg> • bihexagonal head screw; twelve point flange screw; 12-point flange screw; 12-point screw

Zwölfzylinder m ugs <kfz.mot> • twelve-cylinder engine

Zwölfzylindermotor m <kfz.mot> • twelve-cylinder engine

Zwölfzylinder-V-Motor m (V-12) <kfz.mot> • V-12 engine (V-12); V-twelve engine pract; Vee-twelve coll

Zwölfzylinder-W-Motor m (W-12) <kfz.mot> • W-12 engine (W-12); W-twelve engine pract

ZWSF <verbr> • circulating fluidized bed combustion (CFB); fast FBC

ZwSu <math> • subtotal; batch total rare

Zyanose f <med> (bläuliche Verfärbung von Haut und Schleimhäuten) • cyanosis

Zyanotypie f <doku> (techn. Zeichnung) • blueprint; cyanotype

Zyantoner m <druck> • cyan toner

Zyanwasserstoff m (HCN) <chem> • hydrogencyanide (HCN)

Zyklenbetrieb m <el> (von Batterien; mit längeren Entlade- und Ladezyklen) • cycling

Zyklenfestigkeit f <el> (Anzahl der Lade-Entladezyklen, die eine Batterie durchlaufen kann) • cycle life

Zyklenrückstellung f <msr> • cycle reset

Zyklenzahl f <förd> (z. B. Kran) • number of cycles

zyklisch <tech.allg> • cyclic

zyklisch abfragen vt <tech.allg> (z. B. Messwerte) • poll vt

zyklisch abrufen vt <tech.allg> (z. B. Messwerte) • poll vt

zyklisch-absolutes Messverfahren n <msr> • cyclic absolute measuring method

zyklisch aufrufen vt rar <tech.allg> (z. B. Messwerte) • poll vt

zyklische Aufeinanderfolge f <edv> (z. B. Adressen) • wrap-around

zyklische Blockführung f <edv> (zur Datenfehlererkennung; z. B. bei ZIP-Dateien, DFÜ) • cyclic redundancy check (CRC)

zyklische Blockprüfung f (CRC) <edv> (zur Datenfehlererkennung; z. B. bei ZIP-Dateien, DFÜ) • cyclic redundancy check (CRC)

zyklische Kodierung f <edv> • cyclic coding

zyklischer Binärkode m <edv> • cyclic binary code

zyklischer Kode m <edv> • cyclic code; recurrent code

zyklischer Redundanz-Prüfcode m (CRCC) <edv> • cyclic redundancy check code (CRCC)

zyklische Verbindung f <chem> • cyclic compound; ring compound

Zyklisierung f <el> (von Batterien; mit längeren Entlade- und Ladezyklen) • cycling

Zyklogramm n <doku> • cyclogram

Zykloide f wiss <math> (Bahnkurve eines Radpunktes bei Rollbewegung) • cycloid

Zykloidenmassenspektrometer n <phys> • cycloidal mass spectrometer

Zykloidenpendel n <phys> • cycloidal pendulum

Zykloidenprofil n <masch> (z. B. Zahnradprofil) • cycloidal tooth profile

zykloidenverzahnt <antr> (Getriebe) • cycloidally toothed

Zykloidenverzahnung f <antr> (Zahnradgetriebe) • cycloidal-profile teeth; cycloidal teeth

zyklometrisch <math> • arc-trigonometric

zyklometrische Funktion f <math> • antitrigonometric function; inverse trigonometric function

Zyklon m <ents> (zur Materialtrennung, Klassierung; zw. leichten und schweren Stoffen) • cyclone separator

Zyklon m <meteo> (sehr großräumige Wetterlage) • cyclonic storm; cyclone coil

Zyklon m <verf> (für Schwebstoffe; z. B. zum Staub in Luft, Abrieb in ÖL) • centrifugal separator; centrifugal collector; cyclone separator pract; cyclone pract

Zyklonabscheider m prakt <verf> (für Schwebstoffe; z. B. zum Staub in Luft, Abrieb in ÖL) • centrifugal separator; centrifugal collector; cyclone separator pract; cyclone pract

Zyklonbatterie f <verf> • multiple-unit cyclone

Zyklone f <meteo> (Tiefdruckgebiet im Zentrum eines Zyklons) • cyclone

Zyklonentstauber m <verf> • cyclone dust separator

Zyklonfeuerung f <verbr> • cyclone furnace

Zyklonkessel m <verbr> • cyclone-fired boiler

Zyklonwand f <verf> (in Zyklonen) • outer wall; cyclone wall

Zyklopenbeton m <bau> • cyclopean concrete

Zyklopenmauerwerk n <bau> • cyclopean masonry

Zyklotron n <nukl> • cyclotron

Zyklotrondämpfung f <nukl> • cyclotron damping

Zyklotronfrequenz f <phys> • cyclotron frequency

Zyklotronresonanz f <phys> • cyclotron resonance

Zyklotronschwingung f <phys> • cyclotron oscillation

Zyklotronstrahlung f <nukl> • cyclotron radiation; cyclotron emission

Zyklotronwelle f <phys> • cyclotron wave

Zyklotronwellenröhre f <el> • quadrupole amplifier

Zyklus m <tech.allg> (z. B. Arbeitszyklus, Rechenzyklus, Fertigung) • cycle

Zyklus m <masch> (Abfolge von Takten; z. B. Kolbenmaschinen, Werkzeugmaschinen) • work cycle; working cycle; cycle pract; duty cycle rare

Zyklusanforderung f <edv> • cycle request

Zykluszähler m <msr> • cycle counter

Zykluszeit f <tech.allg> • cycle time

Zykluszeit f <prod> (Zeit für einen Produktionszyklus; z. B. für ein Spritzgussteil) • cycle time

Zylinder m <tech.allg> (geometr. Körper, Bauteil in Hydraulik-, Pneumatikantr., Kolbenmasch.) • cylinder (cyl)

Zylinder *m* <tech.allg> *(eher länglich; zum Walzen, Anpressen)* • cylinder

Zylinder *m prakt* <kst> *(Spritzgießmaschine; enthält die Schnecke)* • plasticizing barrel; barrel *pract*; cylinder *pract*

Zylinderabschaltung *f* (ZAS) <kfz.mot> • cylinder cutout

Zylinderabwicklung *f* <druck> *(von gegeneinander laufenden Druckwalzen)* • rolling

Zylinderabwicklung *f* <math> *(z. B. von 2T-Motoren)* • flat plane diagram; plan view development of a cylinder; cylinder roll

Zylinderabziehpresse *f* <prod> • cylinder press

Zylinderadresse *f* <edv> • cylinder address

Zylinderanordnung in V-Form *f* <kfz.mot> • V-cylinder arrangement

Zylinderantenne *f* <tele> • cylindrical antenna

Zylinderaufbohrmaschine *f* <wz.masch> • cylinder boring machine

Zylinderaufzug *m* <druck> • cylinder dressing

Zylinderausbohrmaschine *f* <wz.masch> • cylinder reboring machine

Zylinderbank *f press* <kfz.mot> *(beim V-Motor)* • cylinder bank

Zylinderblock *m* DIN ISO 7967-1 <kfz.mot> • engine block *ISO 7967-1*; cylinder block; block *coll*

Zylinderbohrung *f* <masch> • cylinder bore

Zylinderbohrung *f rar* <masch> *(Innendurchmesser eines Zylinders; z. B. Kolbenmaschine, Hydraulik)* • bore; cylinder bore *rare*

Zylinderbohrwerk *n* <wz.masch> • cylinder boring mill

Zylinderbuchse *f* DIN ISO 7967-1 <mot> • cylinder liner *ISO 7967-1*; cylinder sleeve

Zylinderbuchsen-Auszieher *m* <kfz.wz> • cylinder liner extractor

Zylinderdampferzeuger *m* <therm> • cylindrical boiler; Scotch boiler

Zylinderdeckel *m* <mot> *(2-Takt-Motor)* • cylinder head

Zylinder-Dichtigkeits-Prüfgerät *n* <kfz.wz> • cylinder head tester; cylinder leakage tester

Zylinderdrehbühne *f* <theat> • cylindric revolving stage

Zylinderdruck *m* <masch> • cylinder pressure

Zylindereindicker *m* <ents.verf> • cylinder thickener

Zylindereinspritzung *f rar* <kfz.mot> *(bei Diesel- und Benzinmotoren)* • direct injection (DI)

Zylindererkennungsgeber *m* <kfz.el> • cylinder sensor :V

Zylinderfalz *m* <druck> • cylinder fold

Zylinderfläche *f* <math> • cylinder surface

zylinderförmig <tech.allg> *(Objekt, Raum; z. B. Roboter-Arbeitsraum)* • cylindrical

zylinderförmiger Näherungssensor *m* <msr> • cylindrical proximity sensor

zylinderförmiger Sensor *m* <msr> • cylindrical sensor; barrel sensor

zylinderförmiges Gehäuse *f* <tech.allg> • cylindrical housing; cylindrical body

zylinderförmiges Metallgehäuse *n* <tech.allg> *(z. B. von Sensoren)* • cylindrical metal barrel

Zylinder-Fresnelllinie *f* <energ.sol> • linear Fresnel lens; extended Fresnel lens

Zylinderfüllung *f* <kfz.mot> • cylinder charge; cylinder filling

Zylinderfunktion *f* <math> • cylinder function; cylindrical function; Bessel function

Zylinderfuß *m* <kfz.mot> • cylinder barrel

Zylinderfußdichtung *f* <kfz.mot> *(zw. Zylinderfuß und Kurbelgehäuse)* • cylinder base gasket; base gasket *pract*

Zylindergranulat *nsg* <kst> • chips

Zylinderheizraum *m* <hlk> • steam jacket

Zylinderheizung *f* <kst> *(Plastifiziereinheit)* • barrel heating

Zylinder-Hongerät *n* <wz> *(zur Feinstbearbeitung von Zylinderinnenlaufflächen)* • cylinder hone; glaze breaker *pract*; hone *coll*

Zylinderhuf *m* <math> • ungula of cylinder; ungula of the cylinder

Zylinderinhalt *m rar* <masch> *(von Hubkolbenmaschinen allg.; Raum zw. UT und OT)* • swept volume; piston displacement

Zylinderinhalt *m* <math> • cylinder capacity

Zylinderkoordinate *f* <math> • columnar coordinate

Zylinderkoordinate *f* <math> • cylindrical coordinate

Zylinderkopf *m* DIN ISO 1891 <füg> *(Schraubenkopfform)* • cheese head; flat fillister head

Zylinderkopf *m* <kst> *(Spritzgießmaschine)* • barrel head; cylinder head; die head

Zylinderkopf *m* <mot> *(2-Takt-Motor)* • cylinder head

Zylinderkopf *m* DIN ISO 7967-1 <mot> *(allg. Hubkolbenmotor; auf Motorblock)* • cylinder head *ISO 7967-1*

Zylinderkopfbefestigungsmutter *f* <kfz.mot> • cylinder head nut

Zylinderkopfdeckel *m* <kfz.mot> *(allg.; jeder Motortyp)* • valve cover; cylinder head cover

Zylinderkopfdichtring *m* DIN ISO 7967-1 <mot> • cylinder head ring gasket *ISO 7967-1*

Zylinderkopfdichtung *f* DIN ISO 7967-1 <mot> • cylinder head gasket *ISO 7967-1*; head gasket *pract*

Zylinderkopfhaube *f* MB <kfz.mot> *(allg.; jeder Motortyp)* • valve cover; cylinder head cover

Zylinderkopfschlüssel *m* <kfz.wz> • cylinder head wrench

Zylinderkopfschraube *f* <füg> • cheese head screw; flat fillister-head screw

Zylinderkopfschraube *f* <kfz.mot> *(Befestigung Zylinderkopf/Motorblock)* • cylinder head bolt; cylinder head screw

Zylinderkurbelgehäuse *n* DIN ISO 7967-1 <kfz.mot> • engine block *ISO 7967-1*; cylinder block; block *coll*

Zylinderkurvengetriebe *n* <antr> *(kinematisches Getriebe)* • cylinder cam mechanism

Zylinderlager *n* <druck> • cylinder bearing

Zylinderlaufbild *n* <mot> *(allg.; Verschleißspuren in Kolbenmaschine)* • bore wear pattern

Zylinderlaufbild *n* <mot> *(bei Motor mit Laufbüchsen)* • liner wear condition

Zylinderlaufbuchse *f* <masch> *(für Kolben; Einsatz z. B. in Aluminiummotoren)* • cylinder liner; cylinder sleeve *US*; liner *pract*; sleeve *pract*

Zylinderlinse *f* <opt> • cylindrical lens

Zylindermantel *m* DIN ISO 7967-1 <mot> • cylinder jacket *ISO 7967-1*

Zylindermantel *m* <prod> • cylinder

Zylindermantelfläche *f* <math> • outer cylinder surface

Zylinderöl *n* <tribo> • cylinder oil

Zylinderpfahl *m* <bau> • foundation cylinder

Zylinderrad *n* <masch> • cylindrical gear

Zylinderreibahle *f* <wz> • parallel reamer

Zylinderreibrad *n* <masch> • spur friction wheel

Zylinderreihe *f* <kfz.mot> *(beim V-Motor)* • cylinder bank

Zylinderrolle *f* DIN ISO 5593 <masch> *(Wälzlager)* • cylindrical roller *ISO 5593*

Zylinderrollenlager *n* <masch> • cylindrical roller bearing; parallel roller bearing

Zylinderschaft <masch> *(z. B. Spiralbohrer)* • parallel shank

Zylinderschaftbohrer *m* <wz> • parallel-shank drill

Zylinderschaftnutenfräser *m* <wz> • parallel-shank slot drill

Zylinderschaufel *f* <förd> • cylindrical blade

Zylinderschieber *m* <energ.hydr> *(Absperrorgan in Rohrleitungen)* • cylindrical valve

Zylinderschleifmaschine *f* <wz.masch> • cylinder grinding machine

Zylinderschlitz *m* <mot> *(Steuerzylinder, 2T-Motor)* • cylinder port

Zylinderschnecke *f DIN 3998* <antr> • cylindrical worm; parallel worm

Zylinder-Schneckengetriebe *n DIN 3975-1* <masch.antr> • cylindrical worm gear [pair]

Zylinder-Schneidschraube mit Schlitz *f DIN ISO 1891* <füg> • slotted cheese head thread cutting screw

Zylinderschraube *f* <füg> • cheese head screw; flat fillister-head screw

Zylinderschraube mit Innensechskant *f DIN 912* <füg> • hexagon socket head cap screw *ISO 4762*; Allen screw

Zylinderschraube mit Innensechskant und Ansatzschaft *f DIN ISO 1891* <wz> • hexagon socket head shoulder screw

Zylinderschraube mit Innensechskant und Zapfenführung *f DIN ISO 1891* <füg> • hexagon socket head cap screw with centre

Zylinderschraube mit Innensechsrund *f* <füg> • hexalobular socket head cap screw

Zylinderschraube mit Kreuzloch *f* <füg> • capstan screw

Zylinderschraube mit Kreuzschlitz *f DIN EN ISO 7048* <füg> • cross recessed cheese head screw *ISO 7048*

Zylinderschraube mit Schlitz *f DIN 8243* <füg> • slotted cheese head screw *DIN EN ISO 1207*

Zylinderschraube mit Schlitz und Kreuzloch *f* <füg> • slotted capstan screw

Zylinderschütz *n* <energ.hydr> *(Wehrverschluss)* • cylinder gate; cylindrical gate

Zylinderschütz *n DIN 4048* <energ.hydr> *(Absperrorgan in Rohrleitungen)* • cylindrical valve

zylinderselektive Klopferkennung *f* <kfz.mot> • cylinder-selective knock detection

Zylindersenker *m* <wz> • counterbore

Zylindersenkschraube mit Nase *f DIN 792* <füg> • cylindrical countersunk screw

Zylindersieb *n* <verf> • cylinder screen; cylinder sifter

Zylinderspule *f* <tech.allg> • cylindrical coil

Zylinderspule *f* <el> *(betont: als Elektromagnet)* • coaxial solenoid

Zylinderstift *m* <füg> *(zum Einlegen in Nut; z. B. als Wellensicherung)* • round key; plain round key *did*

Zylinderstift *m DIN EN ISO 2338* <masch> *(eingesteckt in Bohrung; z. B. als Index-, Zentrierstift)* • cylindrical pin *ISO 2338*; straight pin; cylinder pin; parallel pin *rare*

Zylindertemperierzone *f* <kst> • barrel zone

Zylindertrockner *m* <pap.textil> • cylinder drier; can drier; roller drier

Zylinderwalke *f* <textil> • rotary milling machine

Zylinderwand *f* <kfz.mot> • cylinder wall

Zylinderwicklung *f* <el> • concentric winding; cylindrical winding

Zylinderwinkel *m* <mot> • cylinder angle

Zylinderzellenapparat *m* <petr> • vertical tube sweating stove

zylindrisch <tech.allg> *(Form)* • cylindrical

zylindrisch aussenken *vt* <prod> • counterbore *vt*

zylindrische Koordinaten *fpl* <autom> • cylindrical coordinates *pl*

zylindrische Kreuzspule *f* <textil> *(Gespinstreinigung)* • cylindrical cross-wound bobbin; cylindrical cross-wound package; cheese

zylindrische Kurbelkette *f* <masch> • linked quadrilateral

zylindrische Linse *f* <opt> • cylindrical lens

zylindrische Projektion *f* <edv> • cylindrical mapping; cylindrical projection

zylindrische Prothese *f* <med.tech> *(alloplastische Gefäßprothese)* • straight graft

zylindrischer Kreuzwickel *m* <textil> *(Wickelei)* • cheese

zylindrischer Parabolkollektor *m* <energ.sol> • parabolic trough collector

zylindrischer Parabolreflektor *m* <energ.sol> • parabolic trough reflector; cylindrical parabolic solar reflector; cylindro-parabolic reflector *ungebr.*

zylindrischer Parabolspiegel *m* <energ.sol> • parabolic trough reflector; cylindrical parabolic solar reflector; cylindro-parabolic reflector *ungebr.*

zylindrischer Plastikwickel *m* <textil> • plastic cop

zylindrischer Verteiler *m* <kst> *(in Spritzgießwerkzeug)* • cylindrical runner

zylindrischer Verteilerkanal *m* <kst> *(in Spritzgießwerkzeug)* • cylindrical runner

zylindrische Senkbohrung *f* <prod> • counterbore

zylindrisches Gehäuse *f* <tech.allg> • cylindrical housing; cylindrical body

zylindrisches Gelenkviereck *n* <masch> • linked quadrilateral

zylindrisches Gewinde *n* <füg> • parallel screw thread; parallel thread; straight thread *pract*; cylindrical thread *rare*

zylindrisches Koordinatensystem *n* <math> • cylindrical coordinate system

zylindrisches Koordinatensystem *n IN ISO 10209-2* <math.doku> • cylindrical coordinate system *ISO 10209-2*

zylindrisches Kurbelviereck *n* <masch> • linked quadrilateral

zylindrisches Mapping *n* <edv> • cylindrical mapping; cylindrical projection

zylindrisches Rohraußengewinde *n* (G) *DIN ISO 228* <rls> • straight external pipe thread (G) *ISO 7 + 228*

zylindrisches Rohrgewinde *n* <rls> *(allg.)* • straight pipe thread; parallel pipe thread; cylindrical pipe thread *rare*

zylindrisches Rohrinnengewinde *n* (Rp) *prDIN EN10226* <rls> • straight internal pipe thread (Rp) *ISO 7*

zylindrisches Whitworth-Rohrgewinde *n* <rls> • straight Whitworth pipe thread *ISO 7*

zylindrische Welle *f DIN EN 1330-4* <phys> *(z. B. Elektromagnetismus, Ultraschall)* • cylindrical wave

zylindrisch-konische Kegelmühle *f* <verf> *(zur Feinstmahlung; z. B. von Kaffee)* • cone mill; conical ball mill

Zylindrizität *f* <prod> *(allg.)* • cylindricity

Zylindrizität *f* <prod> *(Parallelität)* • parallelity; straightness

Zymosan *n* <pharm> *(Polysaccharid aus Mannose)* • mannan

Zytel *n* ^{TM}DuPont <kst> *(ein Polyamid; z. B. für Ansaugkrümmer)* • Zytel ^{TM}DuPont

Zytokine *npl* <bio> • lymphokins *pl*; cytokines *pl*

Zytostatika *npl* <pharm> • cytostatics *pl*

Zytotoxizität von Kontaktlinsenmaterial *f DIN EN ISO 9363-1* <med.opt> • cytotoxicjty of contact lens material *ISO 9363-1*

ZZ-Buffer *m* <edv> • zz-buffer

Technische Abkürzungen

12 UN	Unified-12-Gang-Gewindereihe *f*		ADPCM	Adaptive Delta Pulse Code Modulation
1394	FireWire		ADSR	Attack, Decay, Sustain, Release
16V	16-Ventil-Motor *m*		ADU	Analog-Digital-Umsetzer *m*
2 1/2D	2 1/2-dimensional		ADV	automatische Datenverarbeitung *f*
2-L-Cache	Second-Level-Cache *m*			
20V	20-Ventil-Motor *m*		AE	Arbeitselektrode *f*
2D	zweidimensional		AE	Assemble-Schnitt *m*
2PD	Two Page Display *n*		AE	astronomische Einheit *f*
2PWYSIWYG	WYSIWYG-Two-Page Display *n*		AF	Alternativ-Frequenz *f*
2up	Zwei-Seiten-Format *n*		AF	Autofokus *m*
3D	dreidimensional		AFC	Automatic Frequency Control
4up	Vier-Seiten-Format *n*		AFM	Advanced Frequency Modulation
8up	Acht-Seiten-Format *n*		AFS	adaptive Frontscheinwerfer *mpl*
a	Beschleunigung *f*		AFT	Automatic Fine Tuning
a	Atto...		Ag	Silber *n*
A	Ampere *n*		AGA	Advanced Graphics Adapter
A	Angström *n*		AGCH	Access Grant Channel
A + E	Aus- und Einbau *m*		AGR	Abgasrückführung *f*
A – BZ	alkalische Brennstoffzelle *f*		AGS	adaptive Getriebesteuerung *f*
a-Si	amorphes Silizium *n*		AGZ	Auslösegesamtzeit *f*
A/D	analog/digital		AHK	Anhängekupplung *f*
AAP	akustischer Akzeptanzpegel *m*		AID	Anzeige- und Inspektions-Diode *f*
AAS	Atomabsorptionsspektroskopie *f*		AIM	Automatic Identification Manufacturers
AAS	Atomabsorptionsspektrometrie *f*			
Abb.	Abbildung *f*		AIS	automatisches Identifikationssystem *n*
ABC	Advance-Booking-Charter			
ABC	aktives Baustellen-Controlling *n*		AK	akustische Kapazität *f*
AbfG	Abfallbeseitigungsgesetz *n*		AK	Anschaffungskosten *pl*
ABM	gleichberechtigter Spontanbetrieb *m*		AK	abgeflachte Kante *f*
			AKL	automatisches Kleinteilelager *n*
ABS	Acrylnitril-Butadien-Styrol *n*		AL	akustischer Leitwert *m*
ABS	Antiblockiersystem *n*		Al	Aluminium *n*
Ac	Actinium *n*		AL	Abschnittlänge *f*
ACC	automatische Farbregelung *f*		ALU	Rechenwerk *n*
ACC	Automatic Colour Control		AM	Luftmasse *f*
ACC	Automatic Contour Control		AM	Amplitudenmodulation *f*
ACCR	katalytische NOx-Reduktion an Aktivkohle *f*		Am	Americium *n*
			AME	Advanced Modeling Extension
ACIA	Asynchron-Übertragungs-Schnittstellenanpasser *m*		AMR	anisotroper Magnetowiderstand *m*
			AMV	assistierte Beatmung *f*
ACK	automatische Farbabschaltung *f*		AMV	Atemminutenvolumen *n*
ACME	Acme-Trapezgewinde *n*		ANS	aktives Geräuschreduzierungssystem *n*
ACR	Dämpfungs-Nebensprechverhältnis *n*			
			ANSI	American National Standards Institute
ACTS	automatische Spurlagenregelung *f*			
			Aö	Auslassventil öffnet
AD	Art Director *m*		AOX	adsorbierbares organisch gebundenes Halogen *n*
ADAU	Analogerfassungsmodul *n*			
ADG	Alarmdrahtglas *n*		APC	automatische Phasenregelung *f*
ADI	duldbare tägliche Aufnahmemenge *f*		APC	Automatic Picture Control
			APF	Allpassfilter *n*
ADLWR	hochenergiebeschleuniger-unterstützter LWR *m*		API	Anwendungsprogrammierer-Interface *n*
ADM	unabhängiger Wartebetrieb *m*			
ADN	Ammoniumdinitramid *n*		APK	Additionspolymerisation als Kettenreaktion *f*
ADP	Adenosindiphosphat *n*			

APPC	Advanced Peer-to-Peer Communications
APRV	Airway Pressure Release Ventilation
APS	Additionspolymerisation als Stufenreaktion *f*
APS	Air-Pump-System *n*
APS	Auto-Pilot-System *n*
APS	Advanced Photo System
AQL	annehmbare Qualitätsgrenzlage *f*
Ar	Argon *n*
Arge	Arbeitsgemeinschaft *f*
ARI	Autofahrer-Rundfunk-Information *f*
ARM	Spontanbetrieb *m*
ARP	Address Resolution Protocol
ARPA	Advanced Research Projects Agency
ARQ	Automatic Request for Retransmission
ARS	automatischer Regalstapler *m*
AS	Anti-Spoofing *n*
As	Arsen *n*
As	Auslassventil schließt
AS	Ausgangssprache *f*
ASBS	Anti-Schleuder-Bremssystem *n*
ASCII	American Standard Code for Information Interchange
ASD	automatisches Sperrdifferential *n*
ASI	Aktuator/Sensor-Interface *n*
ASR	Antriebsschlupfregelung *f*
ASS	Aluminiumschaum-Sandwich *n*
ASS	Sendersortierung *f*
ASTM	American Society for Testing and Materials
ASU	Abgassonderuntersuchung *f*
ASU	automatische UKW-Stör-Unterdrückung *f*
AT	Abgastemperatur *f*
At	Astat *n*
AT	Ausgangstext *m*
ATA	AT Attachment
ATB	All-Terrain-Bike *n*
ATE	automatische Testeinrichtung *f*
ATEV	ansteuerbares thermostatisches Expansionsventil *n*
ATF	Getriebeöl für Automatikgetriebe *n*
ATF	automatische Spurnachführung *f*
ATG	Austauschgetriebe *n*
ATL	Abgasturbolader *m*
ATL	anodische Elektrotauchlackierung *f*
ATM	asynchroner Datenübertragungsmodus *m*
ATM	Austauschmotor *m*
ATP	Adenosintriphosphat *n*
ATS	automatisches Prüfsystem *n*
ATSC	automatische Bandspannvorrichtung *f*
Au	Gold *n*
AuC	Authentisierungsregister *n*
AUC	automatische Umluftkontrolle *f*
AUTO	automatisch
AV	Auslassventil *n*
AVI	Audio-Video-Interleave *n*
AVR	automatische Verstärkungsregelung *f*
AWAG	automatisches Wähl- und Ansagegerät *n*
AWE	Advanced Wave Effect
AWE	automatische Wiedereinschaltung *f*
AWIDAT	Abfallwirtschaftsdatenbank *f*
AWL	Anweisungsliste *f*
AWM	Advanced-Wave-Memory-Synthese *f*
AWP	Abfallwirtschaftsprogramm *n*
AWS	Advance-Wave-Synthese *f*
AWSF	atmosphärische Wirbelschichtfeuerung *f*
AWUG	automatisches Wähl- und Übertragungsgerät *n*
AZ	Asbestzement *m*
AZDU	Azidouridin *n*
AZT	Azidothymidin *n*
AZV	Atemzugvolumen *n*
b	Barn *n*
b	Breite *f*
B	Bor *n*
B	magnetische Flussdichte *f*
B	Spektralband *n*
B-Frame	Bidirectional-Frame
B-ISDN	Breitband-ISDN *n*
B-Y	Blaudifferenzsignal *n*
Ba	Barium *n*
BA	Betriebsanleitung *f*
BA	Betriebsausgaben *fpl*
BA	Bremsassistent *m*
BaAs	Basisanschluss *m*
BAW	biologisch abbaubarer Wertstoff *m*
BBA	Betriebsbremsanlage *f*
BCC	Blockzeichenprüfung *f*
BCCH	Broadcast Control Channel
BCD	binär codierte Dezimalzahl *f*
Bd	Baud *n*
BDE	Betriebsdatenerfassung *f*
Be	Beryllium *n*
BE	Brennelement *n*
BEAN	Bordelektronik-Autonetzwerk *n*
BeO	Beryllerde *f*
BERT	Bit Error Rate
BESPO	Berufs- und Sportkleidung *fsg*
Bg	Blechschraubengewinde *n*
BGA	Ball-Grid-Array *n*
BGF	Gewindefräsbohren *n*
BGM	biologische Grundmasse *f*
Bh	Bohrium *n*
BHKW	Blockheizkraftwerk *n*
BHP	biologisches Gefährdungspotential *n*
Bi	Wismut *n*
BIOS	Basic Input-Output System *n*
BitBlt	Bit-Block-Transfer
BIV	Bovine Immunodeficiency Virus *n*

Bj.	Baujahr n
Bk	Berkelium n
BKKS	Braunkohlenkoks m
BKS	Benutzerkoordinatensystem n
BL	Bondlänge f
BLERT	Block Error Rate Testing
BM	Bildermelder m
BMC	Bulk-Moulding-Compound
BMR	Biomembranreaktor m
BOPP	biaxial orientiertes Polypropylen n
BPA	Bundespatentamt n
BPA	Bisphenol A n
BPF	Bandpassfilter n/m
bpi	Bits pro Zoll npl
BPM	Viertelschläge pro Minute pl
bps	Bits pro Sekunde npl
BPSK	Bi-Phase Shift Keying
Br	Brom n
BRAM	Brennstoff aus Müll m
BRT	Bruttoregistertonne f
BSB	biologischer Sauerstoffbedarf m
BSC	Basisstations-Steuereinheit f
BSC	bisynchrone Übertragung f
BSC	Britisches Grobgewinde n
BSE	bovine spongiforme Enzephalo-pathie f
BSF	rückseitiges Feld n
BSF	Whitworth-Feingewinde n
BSH	Brettschichtholz n
BSI	British Standards Institute
BSPP	Britisches zylindrisches Rohrgewin-de n
BSPT	Britisches kegeliges Rohrgewinde n
BSR	Back-Surface-Reflektor m
BSR	rückseitiger Reflektor m
BSS	Base-Station System
BSW	Whitworth-Gewinde n
BTPS	Body Temperature, Pressure, Saturated
BTS	Basisstation f
Btu	British thermal unit
BV	Betonverflüssiger m
BV	Betriebsvermögen n
BZ	Brennstoffzelle f
BZ	Brennelement-Zwischenlager n
c	Lichtgeschwindigkeit f
c	Zenti...
c	spezifische Wärmekapazität f
C	Compliance
C	Coulomb n
C	kalt
C	Kohlenstoff m
C	Strahlungskonstante f
C	Chrominanzsignal n
C	elektrische Kapazität f
c-Si	kristallines Silizium n
C/A-Code	Coarse/Acquisition Code
Ca	Calcium n
CA	Celluloseacetat n
CAA	Computer-Aided Assembling
CAB	Celluloseacetatbutyrat n
CAD	Computer-Aided Design
CAE	Computer-Aided Electronics
CAE	Computer-Aided Engineering
CaF_2	Flussspat m
CAL	Computer-Aided Lighting
CAM	Computer-Aided Manufacturing
CAP	Computer-Aided Production Plan-ning
CAP	Computer-Aided Publishing
CAQ	Computer-Aided Quality Control
CAQ	Computer-Aided Quality Assurance
CAR	Computer-Aided Robotics
CAR	Computer-Augmented Reality
CAT	Computer-Aided Tomography
CAT	Computer-Aided Testing
CAT	Computer-Aided Translation
CATS	Computer-Aided Terminology Sys-tem
CAV	konstante Rotationsgeschwindigkeit f
CBC	Cornering Brake Control
CC	Chip Carrier
CCC	Chlorcholinchlorid n
CCCH	Common Control Channel
CCP	kritischer Kontrollpunkt m
Cd	Cadmium n
cd	Candela f
CD-DA	CD-Digital Audio
CD-E	Compact Disc-Erasable
CD-I	CD-Interactive
CD-R	CD-Recordable
CD-ROM	Compact Disc-Read Only Memory
CD-ROM XA	CD-ROM Extended Architecture
cd/m^2	Candela je Quadratmeter f
CDC	Centers for Disease Control
CDI	Common-Rail-Direkteinspritzung f
CDI	Kursversatzanzeige f
CdS	Cadmiumsulfid n
CdTe	Cadmium-Tellurit n
Ce	Cer n
CEG-Chip	Continuous Edge Graphics-Chip
CETC	Cholesterinestertransfer-Komplex m
CETP	Cholesterinestertransfer-Protein n
Cf	Californium n
CFK	kohlefaserverstärkter Kunststoff m
CGA	Color Graphics Adapter
CGM	CGM-Graphikstandard m
CGS	Civil GPS Service
CGSIC	Civil GPS Service Interface Com-mittee
CH	Charrière n
CH	Kombinationshump m
CH_4	Methan n
CI	Corporate Identity f
Ci	Curie n
CID	Schaltung mit lokaler Ladungsinjek-tion f
CIG	Chip in Glas m
CIM	Computer-Integrated Manufacturing
CIP	Durchlaufreinigung f
CIPC	Chlorpropham n

CIS	Card Information Structure
CIS	Kupfer-Indium-Diselenid *n*
CISC	Complex Instruction Set Computer *m*
Cl	Chlor *n*
CLV	konstante Lineargeschwindigkeit *f*
Cm	Curium *n*
cm	Zentimeter *n*
CMC	Chlormequatchlorid *n*
CMC	Carboxymethylcellulose *f*
CMF	Creative Music File
CMP	Refinerholzstoff mit chemischer Vorbehandlung *m*
CMRR	Gleichtaktunterdrückung *f*
CMYK	Cyan, Magenta, Yellow and Key
CNG	komprimiertes Erdgas *n*
CNO	Kohlenstoffzyklus *m*
Co	Cobalt *n*
CO	Kohlenmonoxid *n*
CO_2	Kohlendioxid *n*
COB	Chip-on-Board-Technik *f*
CP	Contre Pente *n*
CP	einseitiges Contre Pente *n*
CP2	doppelseitiges Contre Pente *n*
CPE	chloriertes Polyethylen *n*
CPI	Zeichen pro Zoll *npl*
CPR	cardio-pulmonale Reanimation *f*
CPS	Cassette Program Search
CPU	Zentraleinheit *f*
CR	Cassettenrecorder *m*
Cr	Chrom *n*
CR	Common Rail [HDI-Einspritzsystem] *n*
CRC	zyklische Blockprüfung *f*
CRCC	zyklischer Redundanz-Prüfcode *m*
CRT	Continously Regenerating Trap-System
Cs	Caesium *n*
CSA	Chromsäure-Anodisation *f*
CSB	chemischer Sauerstoffbedarf *msg*
CSEL	Cable-Select
CSG	Constructive Solid Geometry
CSMA/CD	Carrier Sense Multiple Access/ Collision Detection
CSP	Chip-Scale-Package
CSU	Channel Service Unit
CSV	Cathodic-Stripping-Voltammetrie *f*
CT	Computertomographie *f*
CT	Computertelefonie *f*
ct.	Carat *n*
CTCP	Computer-to-conventional-Plate
CTF	Computer-to-Film-Technik *f*
CTI	Computer-Telefon-Integration *f*
CTMP	Refinerholzstoff mit chemisch-thermischer Vorbehandlung *m*
CTP	Computer-to-plate
CtP	Computer-to-Plate-Technologie *f*
CTS	Conti-Tire-System *n*
Cu	Kupfer *n*
CuS	Kupfersulfid *n*
CuZn15	Goldtombak *m*
CV	Colorverglasung *fsg*
CV	Steuerspannung *f*
CV	Control-Vertex
CVC	Compact Video Cassette
CVD	chemische Aufdampfung *f*
CVS	CVS-Methode *f*
CYM	Chylomikron *n*
CZ	Cetanzahl *f*
CZ	Czochralski-Verfahren *n*
CZ-Si	monokristallines Silizium *n*
d	Durchmesser *m*
d	Dezi...
D	Deuterium *n*
D	Diffusionsschweißen *n*
D	elektrische Flussdichte *f*
D-VHS	Daten-VHS *n*
D-VHS VCR	Daten-VHS-Recorder *m*
D/A	digital/analog
D4T	Didehydrothymidin *n*
da	Deka...
DAC	Dynamic Astigmatism Control
DAE	Druckausgleichselement *n*
DAK	dynamisch abgestimmter Kreisel *m*
DAO	Disc-At-Once-Modus *m*
DAT	DAT-Band *n*
DAU	Digital-Analog-Wandler *m*
DAU	dümmster anzunehmender User *m*
dB	Dezibel *n*
DB	Druckbehälter *m*
Db	Dubnium *n*
DBMS	Datenbankverwaltungssystem *n*
DC	Gleichstrom *m*
DC	Dränkoeffizient *m*
DCA	Digitalverstärker *m*
DCC	dynamische Differenz-Thermoanalyse *f*
DCCH	Dedicated Control Channel
DCE	Data Communications Equipment
DCF	Digitalfilter *n*
DCI	Display Control Interface
DCLC	DCLC-Instabilität *f*
DCO	Digitaloszillator *m*
DCP	Gleichstrompolarographie *f*
DCS 1800	Digital Cellular System 1800
DCT	Dekor-Cuttechnik *f*
DD	doppelte Dichte *f*
DD	Glas mit doppelter Stärke *n*
DDAU	DC-Erfassungsmodul *n*
DDC	direkte digitale Regelung *f*
DDD	Direct Distance Dialing
DDE	digitale Diesel Elektronik *f*
DDI	Diesel-Direkteinspritzung *f*
DDOP	Differential Dilution of Precision
DDR	Double-Data-RAM *n*
DDS	Dataphone Digital Service
DDT	Dichlordiphenyltrichlorethan *n*
DDW	Druckdifferenz-Warnanzeige *f*
DE	Doppel-Ellipsoid *n*
DE	Dextroseäquivalent *n*
DE	Druckeinheit *f*
DEE	Datenendeinrichtung *f*

DEF	Defroster *m*	dpt	Dioptrie *f*
DEIS	digital-elektronischer Bildstabilisator *m*	DPV	Differenzpulsvoltammetrie *f*
		DRAM	Dynamic Random Access Memory
den	Denier *n*	DS	Sollweite *f*
DFB	Druckfeuerbeständigkeit *f*	DSD	Duales System Deutschland *n*
DFC	Digital Frequency Control	DSE	Drehströmungsentstauber *m*
DFÜ	Datenfernübertragung *f*	DSF	Dynamic Signal Filter *n*
DGPS	Differential-GPS *n*	DSHD	Doppel-Schiebehebedach *n*
DI	Direkteinspritzung *f*	DSL	digitale Subskribenden-Leitung *f*
DI	Motor mit Direkteinspritzung *m*	DSmin	Mindestweite *f*
DI	Computer-to-Press-Technologie *f*	DSP	digitaler Signalprozessor *m*
DIB	Device Independent Bitmaps	DSR	Data Set Ready
DIN	Deutsches Institut für Normung e.V. *n*	DSU	Digital Service Unit
		DSV	digitaler Summenwert *m*
DIP	Dual In-Line Package	DT	Diphterie-Tetanus-Impfstoff *m*
DIS	digitaler Bildstabilisator *m*	dtex	Dezitex *n*
DISS	Diameter-Indexed Safety System	DTF	Dynamic Track Following
DK	Dieselkraftstoff *m*	DTL	Dioden-Transistor-Logik *f*
DK	Drosselklappe *f*	DTMF	Dual-Tone Multiple-Frequency
DKA	Drosselklappenansteller *m*	DTP	Diphterie-Tetanus-Pertussis-Impf-stoff *m*
DLT	Digital Linear Tape		
DM	Druckmelder *m*	dtp	direct-to-press
DM	Wartebetrieb *m*	DTP	Desktop-Publishing *n*
DMA	Daten-Memory-Adresse *f*	DTV	durchschnittlicher täglicher Verkehr *m*
DME	digitale Motor-Elektronik *f*		
DME	Dieselmotoremissionen *fpl*	DU	Druckunterlage *f*
DMFC	Direktmethanol-Brennstoffzelle *f*	DÜE	Datenübertragungseinrichtung *f*
DMLS	direktes Metall-Lasersintern *n*	DV	Datenverarbeitung *f*
DMM	Dimethoxymethan *n*	DV	Digital Video *n*
DMS	Dehnmessstreifen *m*	DVD	Digital Versatile Disc *f*
DMT	Dimethylterephthal *n*	DW	Doppelbreitbett *n*
DMT	Dimethyltriptamin *n*	DW	Druckwerk *n*
DMU	digitales Mockup *n*	DWDD	Domain Wall Displacement Detec-tion
DN	Nennweite *f*		
DNC	Rechnerdirektsteuerung *f*	DWE	Direktweißemaillierung *f*
DNR	dynamische Rauschminderung *f*	DWI	Tiefziehen und Abstreckziehen *n*
DNS	Desoxyribonukleinsäure *f*	DWR	Druckwasserreaktor *m*
DNS	dynamische Störunterdrückung *f*	DWS	Deflation Warning System
DO	Bandfehlstelle *f*	DWSF	druckbeladene Wirbelschichtfeue-rung *f*
DO	Signalausfall *m*		
DOA	defekt bei Lieferung	DWTT	Fallgewichtsscherversuch *m*
DOB	Damenoberbekleidung *fsg*	DXF	Drawing Exchange Format *n*
DOC	gelöster organischer Kohlenstoff *m*	Dy	Dysprosium *n*
DOC	Drop-Out-Kompensator *m*	e	Euler'sche Konstante *f*
DOC	Drop-out-Kompensation *f*	E	Elastizitätsmodul *m*
DOD	Entladetiefe *f*	E	elektrische Feldstärke *f*
DOHC	zwei obenliegende Nockenwellen *fpl*	E	Energie *f*
		E	Schraubsockel *m*
DOP	Präzisionsabschwächung *f*	E	Elektrogewinde *n*
DOT	Department of Transportation	E	Exa...
DOV	sprachbandüberlagerte Daten-übermittlung *f*	E 160a	Carotin *n*
		E 270	Milchsäure *f*
DOW	Direct Overwrite-Verfahren *n*	E 330	Citronensäure *f*
DPA	Deutsches Patentamt *n*	E 40	Goliathgewinde *n*
DPCM	Delta Pulse Code Modulation	E 406	Agar-Agar *n*
dpi	Punkte pro Inch *mpl*	E 407	Carrageenan *n*
DPIV	Differenzpulsinversvoltammetrie *f*	E 412	Guarkernmehl *n*
DPMS	Display Power Management Signal-ing	E 415	Xanthan *n*
		E 420	Sorbit *n*
DPP	Differenzpulspolarographie *f*	E 440	Pektin *n*
DPSS	Digital Programme Search System	E 500	Natriumcarbonat *n*

E-ATL	elektrisch angetriebener Abgastur-bolader *m*	
E-IDE	Enhanced-IDE	
EAN	Europäische Artikelnummerierung *f*	
EARL	elektronischer automatisierter robo-terisierter Leuchtturm *m*	
EBCDIC	EBCDI-Code *m*	
EBV	elektronische Bremskraftverteilung *f*	
EBW	Elektronenstrahlschweißen *n*	
ECC	Fehlerkorrekturcode *m*	
ECCA	European Coil Coating Association	
ECE-R15	Europäischer Stadtfahrzyklus *m*	
ECF	elementarchlorfrei	
ECT	Kantenstauchversuch *m*	
ED	Europäisches Datum *n*	
ED	Glas mit einfacher Stärke *n*	
EDC	Elektronische Dämpfer Control *f*	
EDC	Fehlererkennungscode *m*	
EDC	elektronische Dieselregelung *f*	
EDI	elektronischer Datenaustausch *m*	
EDM	funkenerosives Abtragen *n*	
EDS	elektronische Differentialsperre *f*	
EDTA	Ethylendiamintetraacetat *n*	
EDV	elektronische Datenverarbeitung *f*	
EEA	Einheitliche Europäische Akte *f*	
EEG	Elektroenzephalogramm *n*	
EEP	endexspiratorischer Druck *m*	
EEPROM	Erasable Electrical Programmable Read-Only Memory	
EEPROM	mehrfach programmierbarer Nur-Lese-Speicher *m*	
EFD	elektrisches Faltdach *n*	
EFH	elektrische Fensterheber *mpl*	
EFM	8-auf-14 Bit-Umsetzung *f*	
EFO	elektrische Abflammung *f*	
EG	Ethylenglykol *n*	
EG	Erdgeschoss *n*	
EG	Hüllkurvengenerator *m*	
EG	Gewindeeinsatz aus Draht *m*	
EG-M	EG-Metrisches ISO-Regelgewinde *n*	
EG-UNC	EG-Unified-Grobgewinde *n*	
EG-UNF	EG-Unified-Feingewinde *n*	
EGA	Enhanced Graphics Adapter *m*	
EGGA	European General Galvanizers Association	
EGR	Abgasrückführung *f*	
EGR	elektrostatischer Gasreiniger *m*	
EH	Einpresshilfe *f*	
EHB	elektrohydraulische Bremse *f*	
EIA	Electronic Industries Association	
EIP	endinspiratorisches Plateau *n*	
EIS	elektronischer Bildstabilisator *m*	
EISA	Extended Industry Standard Architecture	
EKG	Elektrokardiogramm *n*	
EKM	elektronisches Kupplungsmanagement *n*	
EL	Elektrolumineszenz *f*	
ELD	Elektrolumineszenzdisplay *n*	
EMA	Einbruchmeldeanlage *f*	

EMB	elektromagnetische Beeinflussung *f*	
EMB	elektronisch gesteuertes elektrome-chanisches Bremssystem *n*	
EMK	elektromotorische Kraft *f*	
EMV	elektromagnetische Verträglichkeit *f*	
endo	Endonuklease *f*	
Eö	Einlassventil öffnet	
EOX	End of SysEx-Byte	
EP	elektrostatisches Pulver *n*	
EP	Epoxid *n*	
EP	Epoxidharz *n*	
EP	Extended Play	
EPA	Environmental Protection Act	
EPA	Environmental Protection Agency	
EPA	Europäisches Patentamt *n*	
EPAP	End-Expiratory Positive Airway Pressure	
EPB	elektromechanisch betätigte Park-bremse *f*	
EPC	EPC-Verfahren *n*	
EPDM	Ethylen-Propylen-Terpolymer *n*	
EPL	essentielle Phospholipide *npl*	
EPM	Ethylen-Propylen-Copolymer *n*	
EPO	Erythropoietin *n*	
EPP	geschäumtes Polypropylen *n*	
EPRML	Extended Partial Response Maxi-mum Likelihood	
EPROM	Erasable Programmable Read-Only Memory	
EPROM	lösch- und programmierbarer Fest-wertspeicher *m*	
EPROM	mehrfach programmierbarer Nur-Lese-Speicher *m*	
EPS	geschäumtes Polystyrol *n*	
EPS	EPS-Verfahren *n*	
EPS	expandierter Polyethylenschaum *m*	
EPS	Partikelschaum *m*	
ePTFE	expandiertes Polytetrafluorethylen *n*	
EPÜ	Europäisches Patentübereinkom-men *n*	
EQ	Entzerrer *m*	
Er	Erbium *n*	
Es	Einlassventil schließt	
Es	Einsteinium *n*	
ESA	European Space Agency	
ESBS	erweitertes Stabilitäts-Bremssystem *n*	
ESD	elektrisches Schiebedach *n*	
ESD	elektrostatische Entladung *f*	
ESG	Einscheibensicherheitsglas *n*	
ESG	elektronisches Steuergerät *n*	
ESI-Bus	Enhanced System Intelligence Bus	
ESL	elektronische Servolenkung *f*	
ESP	elektronisches Stabilitätsprogramm *n*	
ESRV	Experimental Safety Research Vehicle	
ESTA	elektrostatisch	
ESTA	Nasselektrostatik *f*	
ESV	elektrische Sitzverstellung *f*	
ESV	elektronische Spätverstellung *f*	

ET	Einpresstiefe *f*
ET	Endteufe *f*
ETC	Electronic Tuning Control
etCO$_2$	endexspiratorische CO$_2$-Konzentration *f*
ETE	Elektrotauchemaillierung *f*
ETL	Elektrotauchlackierung *f*
ETS	elektronisches Traktions-System *n*
Eu	Europium *n*
EV	Einlassventil *n*
eV	Elektronenvolt *n*
EV	Energieversorgungseinheit *f*
EVA	Ethylenvinylacetat *n*
EVF	elektroviskose Flüssigkeit *f*
EVG	elektronisches Vorschaltgerät *n*
EVU	Elektrizitätsversorgungsunternehmen *n*
EWP	Elektrowärmepumpe *f*
Exempl./h	Exemplare pro Stunde *npl*
EZ	elektronische Zündung *f*
EZ	Erstzulassung *f*
EZEV	Equivalent-Zero-Emission-Vehicle
f	Schaltfrequenz *f*
f	Frequenz *f*
F	Farad *n*
F	Fluor *n*
F	Kraft *f*
F	Fahrenheit *n*
F + E	Forschung und Entwicklung *fsg*
F – PTF	trockendichtendes kegeliges Rohrgewinde *n*
F$_E$CO$_2$	exspiratorische CO$_2$-Konzentration *f*
FA	Fertigungsautomation *f*
FAA	Federal Aviation Administration
FACS	Fluoreszenz-aktivierter Zellsorter *m*
FAF	flexible automatisierte Fertigung *f*
FAT	Dateizuordnungstabelle *f*
FB	Fernbedienung *f*
FBA	Feststellbremsanlage *f*
FBS	Funktionsbaustein-Sprache *f*
FC	Flip-Chip-Technik *f*
FCCH	Frequency Correction Channel
fci	Flusswechsel pro Inch *mpl*
FCKW	Fluorchlorkohlenwasserstoffe *mpl*
FCL	Freescape Command Language
FCS	Blockprüfzeichenfolge *f*
FCT	Tokamak mit gleichbleibendem Magnetfeld *n*
FD	Diskette *f*
FD:YAG	frequenzverdoppelter Neodym-Yttrium-Aluminum-Garnet-Laser *m*
FDA	Food and Drug Administration
FDAU	Frequenzerfassungsmodul *n*
FDM	Frequenzmultiplexverfahren *n*
FDMA	Vielfachzugriff im Frequenzmultiplex *m*
FDR	Flugdatenschreiber *m*
FDR	Fahrdynamikregelung *f*
FdW	Fahrt durch Wasser *f*
Fe	Eisen *n*

FeAsS	Arsenkies *m*
FEM	Finite-Elemente-Methode *f*
FET	Feldeffekttransistor *m*
FF	freie Fläche *f*
FF	Füllfaktor *m*
FFB	Funkfahrbetrieb *m*
FFD	Freiformdeformation *f*
FFE	Freifettgehalt *m*
FFS	flexibles Fertigungssystem *n*
FFT	Fouriertransformation *f*
FFT	schnelle Fourier-Transformation *f*
Ffz	Flurförderzeug *n*
FG	Fahrradgewinde *n*
FH	einseitiger Flat-Hump *m*
FH	Fensterheber *m*
FH	Flat-Hump *m*
FH2	doppelseitiger Flat-Hump *m*
FID	Flammenionisationsdetektion *f*
FID	Flammenionisationsdetektor *m*
FIFO	first in – first out
FIV	Feline Immunodeficiency Virus *n*
FK	Fadenzugkontakt *m*
FKS	Fluorokieselsäure *f*
FLCD	Ferroelectric Liquid Crystal Display *n*
FLF	Foul-Language-Filter *n*
FLiBe	Fluor-Lithium-Beryllium *n*
FLOPS	Gleitkommaoperationen pro Sekunde *fpl*
FLPL	Flugplan *m*
Fm	Fermium *n*
FM	Frequenzmodulation *f*
Fm	Höchstzugkraft *f*
FMD	fluoreszierende Mehrschichten-CD *f*
FMEA	Fehler-Möglichkeits- und Einfluss-Analyse *f*
FMS	Flugmanagementsystem *n*
FN	Ferrit-Nummer *f*
FP	einseitiges Flat-Pente *n*
FP	Festpreis *m*
FP2	doppelseitiges Flat-Pente *n*
FPDF	gefrierpunktssenkender Faktor *m*
fps	Einzelbilder pro Sekunde *npl*
Fr	Francium *n*
FRC	funktionale Residualkapazität *f*
FSK	Frequenzumtastung *f*
FSK	Tape-Sync-Verfahren *n*
FSME	Frühsommer-Meningoenzephalitis *f*
FTS	fahrerloses Transportsystem *n*
FÜG	Fahrt über Grund *f*
FVW	Faserverbundwerkstoff *m*
FZ-Si	Float-Zone gezogenes Silizium *n*
g	Erdbeschleunigung *f*
g	Gramm *n*
g	Querbeschleunigung *f*
G	freie Enthalpie *f*
G	Guanin *n*
G	Konduktivität *f*
G	Schubmodul *m*
G	Stiftsockel *m*

G	Rohrgewinde für nicht im Gewinde dichtende Verbindungen *n*
G	zylindrisches Rohraußengewinde *n*
G	Giga...
G-GIT	Geflecht-GIT *f*
G-KAT	geregelter Katalysator *m*
Ga	Gallium *n*
GaAs	Galliumarsenid *n*
GALA	geschwindigkeitsabhängige Lautstärkeanpassung *f*
GAU	größter anzunehmender Unfall *m*
GAVO	Gasvorwärmer *m*
GB	Gigabyte *n*
GBG	geschlossene Benutzergruppe *f*
GC	Gaschromatographie *f*
Gd	Gadolinium *n*
GDOP	Geometric Dilution of Precision
Ge	Germanium *n*
GE	Gegenelektrode *f*
GE	Geruchseinheit *f*
GF	Gewindefräser *m*
GFAVO	Großfeuerungsanlagenverordnung *f*
GFK	Glasfaserkunststoff *m*
GFK	glasfaserverstärkter Kunststoff *m*
GFK-Rohr	glasfaserverstärktes Kunststoffrohr *n*
Gg	Gestängerohrgewinde *n*
GGG	Sphäroguss *m*
GGL	Grauguss mit Lamellengraphit *m*
GGV	Grauguss mit Vermiculargraphit *m*
GHP	gute Herstellungspraxis *f*
GHz	Gigahertz *n*
GIBS	GPS Informations- und Beobachtungsdienst *m*
GIF	Graphics Interchange Format *n*
GIL	gasisolierte Leitung *f*
GIS	Geographisches Informationssystem *n*
GIT	Gasinjektionstechnik *f*
GK	Gipskartonplatte *f*
GKB	Gipskarton-Bauplatte *f*
GKBi	imprägnierte Gipskarton-Bauplatte *f*
GKE	gesättigte Kalomelelektrode *f*
GKF	Gipskarton-Feuerschutzplatte *f*
GKFi	imprägnierte Gipskarton-Feuerschutzplatte *f*
GKP	Gipskarton-Putzträgerplatte *f*
GKS	grafisches Kernsystem *n*
GKS-3D	grafisches Kernsystem für drei Dimensionen *n*
GLONASS	Global Navigation Satellite System
GLRD	Gleitringdichtung *f*
GM	genmanipuliert
GMA	Gefahrenmeldeanlage *f*
GMDSS	Global Maritime Distress and Safety System
GMO	genmanipulierte Nahrungsmittel *npl*
GMR	Riesenmagnetowiderstand *m*
GMSK	Gaussian Minimum Shift Keying
GNSS	Global Navigation Satellite Systems

gp	Glykoprotein *n*
GP	Schutzzeit *f*
GPS	Global Positioning System
GPS	geometrische Produktspezifikation *f*
GPS ICD	GPS Interface Control Document
GPSIC	GPS Information Center
GPÜ	Gemeinschaftspatentübereinkommen *n*
GPWS	Bodenannäherungs-Warnsystem *n*
GS	General Synthesizer-Standard *m*
GS	Gussstahl *m*
GSM	Global System for Mobile communication
GT	Temperguss *m*
GU	Generalunternehmer *m*
GUD	Gas- und Dampfturbinenanlagen *fpl*
GuD	kombinierte Gas- und Dampfturbine *f*
GVH	Großviehhaut *f*
GWT	Gewichtsanteil *m*
Gy	Gray *n*
h	Höhe *f*
h	Planck'sche Konstante *f*
h	Sockel oben
h	Stunde *f*
h	Hekto...
H	einseitiger Rund-Hump *m*
H	Enthalpie *f*
H	Henry *n*
H	magnetische Feldstärke *f*
H	Rund-Hump *m*
H	Wasserstoff *msg*
h'fr	holzfrei
h'h	holzhaltig
H/B	Höhen-/Breiten-Verhältnis *n*
H2	Doppelhump *m*
ha	Hektar *m*
HA	Hinterachse *f*
HACCP	Hazard Analysis and Critical Control Points
HAKA	Herren- und Knabenanzüge *mpl*
HAWK	Horizontalachswindkraftanlage *f*
HB	Brinellhärte *f*
HBA	Hilfsbremsanlage *f*
HBr	Bromwasserstoff *m*
HBT	Heterobipolar-Transistor *m*
HCF	hochzyklische Ermüdung *f*
HCH	Hygroscopic Condenser Humidifier
HCHF	Hygroscopic Condenser Humidifier Filter *n*
HCHO	Formaldehyd *n*
HD	Hochdruck-Teilturbine *f*
HD-CD	High-Density-Compact-Disc *f*
HDA	Head-Disk-Assembly *f*
HDD	Horizontal Directional Drilling
HDL-C	HDL-Cholesterin *n*
HDLC	bitorientierte Steuerungsverfahren zur Datenübermittlung *npl*
HDOP	horizontale Präzisionsminderung der Position *f*
HDR	Hot-Dry-Rock-Verfahren *n*

HDSS	High-Dust Entwicklungsvariante *f*	HR	Heißwiederzündung *f*
HDTV	hochauflösendes Fernsehen *n*	HR	High Resolution
He	Helium *n*	HRAK	halbrunde abgeflachte Kante *f*
HEL	Heizöl EL *n*	HRB	Rockwellhärteskala B *f*
HERA	Hadron-Elektron-Ring-Anlage *f*	HRC	Rockwellhärteskala C *f*
HEU	hochangereichertes Uran *n*	HRK	halbrunde Kante *f*
HF	Fluorwasserstoff *m*	Hs	Hassium *n*
HF	Flusssäure *f*	HSG	High-Sierra-Gruppe *f*
Hf	Hafnium *n*	HSLA	hochfest mikrolegiert
HF	Hochfrequenz *f*	HSM	Hierarchical Storage Management
HFC	Fluorkohlenwasserstoff *m*	HSM	hierarchisches Speichermanage-
HFCs	Fluorkohlenwasserstoffe *mpl*		ment *n*
HFO	Hochfrequenzoszillator *m*	HSP	Halbstufenpotential *n*
HFS	Hochfrequenzschranke *f*	HSR	Hidden-Surface-Removal
HFV	Hochfrequenzbeatmung *f*	HSS	High-Sierra-Standard *m*
Hg	Quecksilber *n*	HSS	Schnellarbeitsstahl *m*
Hg	Holzschraubengewinde *n*	HST	Hinterspritztechnik *f*
HGB	Handelsgesetzbuch *n*	HSV	Farbton-Helligkeit-Intensität *f*
HgS	Quecksilber(II)-sulfid *n*	HSV	HSV-Farbmodell *n*
HGÜ	Hochspannungsgleichstrom-	HSW	Heckscheibenwischer *m*
	übertragung *f*	HTI	HALOMET-Lampe *f*
Hi8	Highband Video-8 *n*	HTP	Hochtemperaturplasma *n*
HIC	Kopfverletzungsrisiko *n*	HTR	Hochtemperaturreaktor *m*
Hiss	Human Interface Supervision Sys-	HTSL	Hochtemperatursupraleiter *m*
	tem	HU	Universalhärte *f*
HK	Hämatokrit *m*	HUD	Headup-Display *n*
HK	Hefner-Kerze *f*	HV	Vickershärte *f*
HK	Knoop-Härte *f*	HVL	Vickershärte unter Last *f*
HKZ	Hochspannungs-	HWDP	überschweres Bohrgestänge *n*
	Kondensatorzündung *f*	HWZ	Halbwertszeit *f*
HL	hepatische Lipase *f*	Hz	Hertz *n*
HLK	Heizungs-, Lüftungs- und Klimaan-	I	Flächenträgheitsmoment *n*
	lage *f*	I	Induktivität *f*
HLK	Heizungs-, Lüftungs- und Klima-	I	Iod *n*
	technik *f*	I	Stromstärke *f*
HLR	Heimatdatei *f*	I-HQ	I-HQ-Bandeinmessung *f*
HLS	Farbton-Helligkeit-Sättigung *f*	i.c.	intrakutan
HLS	HLS-Farbmodell *n*	i.d.	intradermal
HM	Hartmetall *n*	i.m.	intramuskulär
HMA	halber Mittenabstand *m*	i.O.	in Ordnung
HMD	Datenhelm *m*	i.v.	intravenös
HMDE	Quecksilbertropfenelektrode mit	I/S	Stromdichte *f*
	hängendem Tropfen *f*	I0	Leerlaufstrom *m*
HME	Feuchte-Wärme-Tauscher *m*	I3L	isoplanare integrierte Injektionslogik
HMG-CoA	Hydroxy-methyl-glutaryl-Coenzym A		*f*
	n	IAN	International Article Numbering
HMI	Metallogen-Lampe *f*	IBR	Image Based Rendering
HMVA	Hausmüllverbrennungsanlage *f*	IC	integrierte Schaltung *f*
HNG	Härtenormalgerät *n*	ICD	implantierbarer Kardioverter-Defi-
Ho	Brennwert *m*		brillator *m*
Ho	Holmium *n*	ID	Innendurchmesser *m*
HOK	Herdofenkoks *m*	IDI	Indirekteinspritzverfahren *n*
HOW	Hand-Over-Word	IDN	integriertes Text- und Datennetz
HOZ	Hochofenzement *m*		*n*
HP	Homepage *f*	IDVS	integriertes Datenverarbeitungs-
HPF	Hochpassfilter *n/m*		und Anzeigesystem *n*
HPV	muskelgetriebenes Fahrzeug *n*	IEC	International Electrotechnical Com-
HQI	Halogen-Metalldampflampe *f*		mission
HQL	Hochdruck-Quecksilberdampflampe	IES	Indol-3-essigsäure *f*
	f	IES	Inflight-Entertainment-System *n*
		IFA	Immunfluoreszenzassay *m*

IFF	wenn und nur wenn		IuK	Information und Kommunikation *f*
IFGS	integriertes Flugführungssystem *n*		IVDA	intravenös Drogenabhängiger *m*
IFN-	Gamma-Interferon *n*		IVIG	intravenöse Immunglobulingabe *f*
IFN-β	Beta-Interferon *n*		IWF	Interworking-Funktion *f*
IFNR	In-Furnace-NOx-Reduktion *f*		J	Joule *n*
IFR	In-Furnace-Reduktion *f*		J	Massenträgheitsmoment *n*
IFR	Instrumentenflugregeln *fpl*		JAN	Japanische Artikelnummer *f*
IFS	intelligentes Fertigungssystem *n*		jato	Jahrestonnen *fpl*
Ig	Immunglobulin *n*		JBKM	Johannisbrotkernmehl *n*
IGES	IGES-Schnittstelle *f*		JDF	Job Definition Format *n*
IHK	Industrie- und Handelskammer *f*		JFET	Sperrschicht-FET *m*
IHU	Innenhochdruckumformen *n*		JIT	Just-In-Time
IK	inverse Kinematik *f*		JMSC	Japan Midi Standards Committee
IKL	Im-Kopf-Lokalisation *f*		JPEG	Joint Photographic Expert Group
ILM	integrale Lichtleit-Messtechnik *f*		JPO	Joint Program Office
ILS	Instrumentenlandesystem *n*		k	Boltzmann-Konstante *f*
IM	Intermodulationsverzerrungen *fpl*		k	Stoßzahl *f*
Im	kleinster Betriebsstrom *m*		k	Kilo...
IM	interne Mitteilung *f*		K	Kabelsockel *m*
IMA	International MIDI Association		K	Kalium *n*
IMC	In-Mould-Coating *n*		K	Kelvin *n*
In	Indium *n*		K	Kompressionsmodul *m*
IN	intelligentes Netz *n*		K	Schwarz
Inmarsat	International Maritime Satellite Organization		KA	Kraftmessdose *f*
			Kat	Abgaskatalysator *m*
InP	Indiumphosphid *n*		KB	Kilobyte *n*
INS	Inbord-Navigationssystem *n*		kD	Kilodalton *n*
InSb	Indiumantimonid *n*		KdW	Kurs durch Wasser *m*
IOL	intraokulare Linse *f*		KE	konventionelle Emaillierung *f*
iPD	interaktive Phasenverzerrung *f*		keV	Kiloelektronenvolt *n*
IPS	Intensivstation *f*		KF	Kernfusion *f*
Ir	Immunreaktion *f*		KFK	kohlenstofffaserverstärkter Kunst-
IR	Industrieroboter *m*			stoff *m*
Ir	Iridium *n*		KFM	kapazitiver Feldänderungsmelder *m*
IR	Isoprenkautschuk *m*		kg	Kilogramm *n*
IRED	infrarotemittierende Diode *f*		KH	Carbonathärte *f*
IRQ	Interrupt-Request		kHz	Kilohertz *n*
IRV	inspiratorisches Reservevolumen *n*		KI	Künstliche Intelligenz *f*
ISA	Industriestandardarchitektur *f*		kJ	Kilojoule *n*
ISAD	Kurbelwellen-Startergenerator mit integriertem Drehschwingungstilger *m*		KKB	Kunststoff-Kraftstoffbehälter *m*
			KKM	Kreiskolbenmotor *m*
			KKW	Kernkraftwerk *n*
ISAD	integrierter Starter-Alternator-Dämpfer *m*		KLR	Kurs- und Lagereferenzsystem *n*
			km	Kilometer *m*
ISBN	Internationale Standard-Buch-nummer *f*		km/h	Kilometer pro Stunde *mpl*
			KMF	künstliche Mineralfaser *f*
ISDN	diensteintegriertes digitales Netz *n*		KMU	kleine und mittelständische Unter-
ISM	Industrial Scientific Medicine			nehmen *npl*
ISMN	Internationale Standardnummer für Musikalien *f*		kn	Knoten *m*
			KOM	Kraftomnibus *m*
ISO	International Organization for Stan-dardization		KOP	Kontaktplan *m*
			KP	Kaltpressschweißen *n*
ISP	Internet-Service-Provider *m*		KP	Kondensationspolymerisation *f*
ISS	Internationale Raumstation *f*		Kr	Krypton *n*
ISSN	Internationale Standardnummer für fortlaufende Serienwerke *f*		Krad	Motorrad *n*
			KrW-/AbfG	Kreislaufwirtschafts- und Abfallge-setz *n*
IT	Informationstechnik *f*			
IT	Informationstechnologie *f*		KS	Körperschall *m*
ITER	Internationaler Thermonuklearer Testreaktor *m*		KSF	Kunststofftrennung durch selektive Fällung *f*
ITO	Indium-Zinnoxid *n*		KSS	Kühlschmierstoff *m*

KT	PTFE-beschichtetes Kapton *n*	LK	Lymphknoten *m*
kt.	Karat *n*	LK-M	metrisches Self-Lock-Gewinde *n*
KTF	Kleintierfell *n*	LK-MF	metrisches Self-Lock-Feingewinde *n*
KTL	kathodische Elektrotauchlackierung *f*	lm	Lumen *n*
KÜG	Kurs über Grund *m*	LNG	verflüssigtes Erdgas *n*
KÜS	Körperschallüberwachungssystem *n*	LOI	Letter of Intent *m*
kV	Kilovolt *n*	LOI	Sauerstoffindex *m*
kVA	Kilovoltampere *n*	LON	geographische Länge *f*
kW	Kilowatt *n*	LON	lokal operierendes Netzwerk *n*
KW	Kohlenwasserstoff *m*	LP	Lipoprotein *n*
KW	Kurzwelle *f*	LP	Longplay *n*
kWh	Kilowattstunde *f*	Lp-X	Lipoprotein X *n*
KWK	Kraft-Wärme-Kopplung *f*	Lp-Y	Lipoprotein Y *n*
l	Länge *f*	LPG	Autogas *n*
l	Liter *m*	LPG	Flüssiggas *n*
L	Lastgang *m*	lpi	Linien pro Inch *fpl*
L	Leuchtdichte *f*	LPL	Lipoproteinlipase *f*
L/cm	Linien pro Zentimeter *fpl*	Lr	Lawrencium *n*
L/mm	Linien pro Millimeter *fpl*	LS	Lichtschranke *f*
L0	Anfangsmesslänge *f*	LS	Luftschall *m*
La	Lanthan *n*	LSB	Least Significant Bit *n*
LA	Laserschweißen *n*	LSB	wertniedrigstes Bit *n*
LA	linear-arithmetische Synthese *f*	LSD	Lysergsäurediethylamid *n*
LAI	Aufenthaltsbereichskennung *f*	LSG	Lastschaltgetriebe *n*
LAN	lokales Netzwerk *n*	LSI	Hochintegration *f*
LAT	geographische Breite *f*	LTG	lokales thermodynamisches Gleich-gewicht *n*
LBH	Lichtbogenhandschweißen *n*		
LC	Flüssigchromatographie *f*	LTO	Linear Tape Open
LCAT	Lecithin:Cholesterin-Acyltransferase *f*	LTP	Lipidtransferprotein *n*
		Lu	Lutetium *n*
LCB	Linear Current Booster	Lu	Messlänge nach dem Bruch *f*
LCD	Liquid Crystal Display	Lüa	Gesamtlänge *f*
LCD	Flüssigkristallanzeige *f*	LüP	Länge über Puffer *f*
LCF	niederzyklische Ermüdung *f*	lutro	lufttrocken
LCR	Least-Cost-Router	LUVO	Luftvorwärmer *m*
LD	Laserdisc *f*	LV	Laser-Vision *f*
LD50	mittlere Letaldosis *f*	LVDT	Differentialtransformator *m*
LDL	Low-Density-Lipoprotein *n*	LVR	Längsspurverfahren *n*
LDL-C	LDL-Cholesterin *n*	LVR	LVR-System *n*
LDPE	Polyethylen niedriger Dichte *n*	LVR	Longitudinal Video Recording
LDSS	Low-Dust-Entstickungsvariante *f*	LW	Langwelle *f*
LE	Ladeeinheit *f*	LW	L-Profil *n*
LE	Leitelektrolyt *m*	LW	lichte Weite *f*
LED	Leuchtdiode *f*	LWL	Lichtwellenleiter *m*
LEO	erdnahe Umlaufbahn *f*	LWR	Leichtwasserreaktor *m*
Leos	Low-Earth-Orbit-Systeme *npl*	lx	Lux *n*
LET	linearer Energietransfer *m*	LZ	Leitzahl *f*
LEV II	LEV II-Abgasgesetzgebung *f*	m	Masse *f*
LFO	Niederfrequenzoszillator *m*	m	Meter *n*
LH	Langhantel *f*	m	Milli...
LH	Linksgewinde *n*	M	Magnitudo *f*
LHD	linksgesteuert	M	metrisches ISO-Gewinde *n*
Li	Lithium *n*	M	Mega...
LI	Tragfähigkeitskennzahl *f*	M	Kraftmoment *n*
LIF	laserinduzierte Fluoreszenz-Spektroskopie *f*	m-	meta-...
		m^2	Quadratmeter *n*
LIM	Liquid Injection Molding	μm	Mikrometer *n*
LIMA	Generator *m*	m.A.	angeschnittene Anzeige *f*
LIP	Lithium-Ionen-Polymer-...	MA	Mittenabstand *m*
LK	Lochkreis *m*	MAC	Media Access Control

MAD	wechselseitig gesicherte Vernichtung *f*	MIK	maximale Immissionskonzentration *f*
MADT	Mikrolegierungsdiffusionstransistor *m*	MIPS	Millionen Instruktionen pro Sekunde *fpl*
MAF	Makrophagen aktivierender Faktor *m*	MIS	mechanischer Bildstabilisator *m*
		MISFET	MIS-Feldeffekttransistor *m*
MAG	magnetisch	MK	Magnetreedkontakt *m*
MAGC	Mischgasschweißen *n*	MKS	Maul- und Klauenseuche *f*
MAK	maximale Arbeitsplatzkonzentration *f*	MLCCC	MLCC-Kondensator *m*
		MLH	Mehrlenker-Hinterachse *f*
MAK	monoklonaler Antikörper *m*	MLR	lineare Mehrkanalaufzeichnung *f*
MAN	Stadtbereichsnetz *n*	MLS	Maximum Length Sequence
MAP	Manufacturing Automation Protocol	MLS	Mikrowellenlandesystem *n*
MAT	Mikrolegierungstransistor *m*	MLSSA	MLS-Spektralanalyse *f*
MAZ	magnetische Aufzeichnung *f*	MMA	MIDI Manufacturer Association
MB	Megabyte *n*	MMCD	Multimedia Compact Disc *f*
MBGA	Mikro-Ball-Grid-Array *n*	MMP	Magermilchpulver *n*
MC	Motocross *n*	MMR	Masern-Mumps-Röteln-Impfstoff *m*
mc-Si	polykristallines Silizium *n*		
MCC	mikrokristalline Cellulose *f*	MMS	Minimalmengenschmierung *f*
MCFC	Schmelzcarbonat-Brennstoffzelle *f*	MMV/MM	monostabiler Multivibrator *m*
MCI	Media Control Interface	Mn	Mangan *n*
MCN	Micro Cellular Network	MNOSFET	MNOS-Feldeffekttransistor *m*
MCS	Master Control Station	Mo	Molybdän *n*
MCV	MIDI-to-CV-Konverter *m*	MOB	Mann-über-Bord
MD	DATA MiniDisc *f*	MOST	medienorientierter Systemtransport *m*
MD	gemessene Teufe *f*		
Md	Mendelevium *n*	MOST	MOS-Transistor *m*
MDA	Monochrome Display Adapter *m*	MOX	Mischoxid *n*
MDE-Gerät	mobiles Datenerfassungsgerät *n*	MOZ	Motor-Oktanzahl *f*
MDI	Multiple Document Interface	MP	Metallpigment *n*
ME-Band	metallbedampftes Band *n*	MPC	Multimedia-PC *m*
Meos	Medium-Earth-Orbit-System *n*	MPD	Magnetoplasmadynamik *f*
MESFET	MES-Feldeffekttransistor *m*	MPEG	Moving Pictures Experts Group
MESFET	Metall-Halbleiter-Feldeffekttransistor *m*	MPP	Maximum Power Point
		MPP	massiv parallele Prozessoren *mpl*
MeV	Megaelektronenvolt *n*	MPPG	Magnesium-Pyridoxal-5-phosphat-Glutaminat *n*
MF	Melaminformaldehydharz *n*		
MF	Mittelfrequenz *f*	MPST	Mehrprozessorsteuerung *f*
MF	multifokal	MPU	medizinisch-psychologische Untersuchung *f*
MF	metrisches ISO-Feingewinde *n*		
MFA	Multifunktionsanzeige *f*	MPU401	MPU401-Schnittstellenkarte *f*
MFD	Microtips Fluorescent Display *n*	MRA	maschinelle Rauchabzugsanlage *f*
MFM	modifizierte Frequenzmodulation *f*	MS	Mikrowellen-Schranke *f*
MFN	Mehrfrequenznetz *n*	MSAP	MSA-Plattform *f*
MFS	Festsitzgewinde *n*	MSB	werthöchstes Bit *n*
MFWV	Mehrfrequenzwahlverfahren *n*	MSBF	fehlerfreie Wechselzyklen *mpl*
Mg	Magnesium *n*	MSC	Mobilvermittlungsstelle *f*
MGD	Magnetogasdynamik *f*	MSC	Mobile Switching Centre
MgO	Magnesiumoxid *n*	MSISDN	internationale Rufnummer *f*
MHD	Magnetohydrodynamik *f*	MSNF	fettfreie Milchtrockenmasse *f*
MHK	minimale Hemmkonzentration *f*	MSR	Mess-, Steuer- und Regelsysteme *npl*
MHKW	Müllheizkraftwerk *n*		
MHKZ	Magnet-Hochspannungs-Kondensatorzündung *f*	MSRN	Aufenthaltsrufnummer *f*
		MSS	Multi-Sensor-System *n*
MHP	Multimedia-Heimplattform *f*	MST	Mikrosystemtechnik *f*
MHz	Megahertz *n*	Mt	Meitnerium *n*
MID	Modul mit integrierter Schaltungstechnik *n*	MT-32	MT-32-Soundmodul *n*
		MTB	Mountain-Bike *n*
MIDI	Musical Instrument Digital Interface	MTBF	mittlere Zeitspanne zwischen zwei Ausfällen *f*
MIG	Mehrscheiben-Isolierglas *n*		

MTC	MIDI-Time-Code *m*	NN	Normalnull *n*
MTJ	Magnetic-Tunnel-Junction	No	Nobelium *n*
MTTR	mittlere Reparaturdauer *f*	NO	normalerweise offen
MÜ	maschinelle Übersetzung *f*	NÖT	Neue Österreichische Tunnelbau-
MVA	Müllverbrennungsanlage *f*		weise *f*
MVEG	Motor Vehicles Emission Group	NOTAM	Notice to Airmen-System
MVI	MVI-Index *m*	Np	Neptunium *n*
MVIP	MVI-Protokoll *n*	NP	Neupreis *m*
MW	Mikrowellen-Bewegungsmelder *m*	NPG	Neopentylglykol *n*
MW	Mittelwelle *f*	npn	minusschaltend
MWD	Messen während des Bohrens *n*	npn	stromliefernd
MZ	Mittenzentrierung *f*	NPV	Beatmung mit negativem Druck *f*
n	Drehzahl *f*	NR	Naturkautschuk *m*
n	Nano...	NRZ	Non Return to Zero
N	Avogadro-Konstante *f*	NRZI	Non Return to Zero Inverted
N	Leerlauf *m*	ns	Nanosekunde *f*
N	neutral	NSCR	nicht-selektive-katalytische Reduk-
N	Newton *n*		tion *f*
N	Stickstoff *m*	NSS	Vermittlungssubsystem *n*
N	Neutralleiter *m*	NT	Nachrichtentechnik *f*
N-a-T	Nass-auf-Trocken-Druck *m*	nt	Nit *n*
N-i-N	Nass-in-Nass-Druck *m*	NT	Netzabschlusseinheit *f*
Na	Natrium *n*	NTSC	National Television Standards
NA	numerische Apertur *f*		Committee
NAMUR	Namur-Sensor *m*	NU	Nachunternehmer *m*
NAMUR	Normen-Arbeitsgemeinschaft Mess-	NURBS	nichtuniformes rationales B-Spline *n*
	und Regeltechnik *fsg*	NURBS	Non-Uniform Relational B-Spline
NANUS	navigatorische Hinweise für	NV	Nachverarbeitung *f*
	NAVSTAR-Nutzer *mpl*	O	Sauerstoff *m*
Nb	Niob *n*	OBD	On-Board-Diagnosesystem *n*
NC	numerische Steuerung *f*	OBD	objektrelationale Datenbank *f*
NC	Netzcomputer *m*	OCR	optische Zeichenerkennung *f*
NC	normalerweise geschlossen	OD	Außendurchmesser *m*
NCM	NOx-Control-Modul *n*	Oe	Oersted *n*
NCR	nicht-katalytisches Verfahren *n*	ÖK	Öffnungskontakt *m*
Nd	Neodym *n*	OEM	Erstausstatter *m*
ND:YAG	Neodym-Yttrium-Aluminum-Garnet-	ÖPNV	öffentlicher Personennahverkehr *m*
	Laser *m*	OHC	oben liegende Nockenwelle *f*
NDIS	Nissan Direktzündung *f*	OHP	Overheadprojektor *m*
NDPT	zerstörungsfreier Pulltest *m*	OHV	hängende Ventile *npl*
NDT	Nullzähigkeitstemperatur *f*	OIS	optischer Bildstabilisator *m*
Ne	Neon *n*	oL	optischer Lichtweg *m*
NEEP	Negative End-Expiratory Pressure	OLB	Outer-Lead-Bonding
NEFZ	Neuer Europäischer Fahrzyklus *m*	OLED	organisches Leuchtemissionsdis-
NEXT	Near-End Nebensprechen *n*		play *n*
NF	Hörfrequenz *f*	OMR	optische Markierungserkennung *f*
NGS	Amerikanisches zylindrisches Gas-	OPI	Open Prepress Interface
	gewinde *n*	OS	Nullserie *f*
Ni	Nickel *n*	Os	Osmium *n*
ni	non-interlaced	OSD	Bildschirmanzeige *f*
NIRS	Nah-Infrarot-Spektrometrie *f*	OSD	On-Screen-Display *n*
NKE	Normalkalomelelektrode *f*	OSP	Programmierung über Bildschirm-
Nm	metrische Nummer *f*		menü *f*
nm	Nanometer *n*	OT	oberer Totpunkt *m*
Nm	Newtonmeter *n*	otro	ofentrocken
NMHC	Kohlenwasserstoffe ohne Methan	OZ	Oktanzahl *f*
	mpl	p	Druck *m*
NMOG	organische Kohlenwasserstoffver-	p	Sockel seitlich
	bindungen ohne Methananteil *fpl*	p	Piko...
NMVOC	flüchtige organische Kohlenstoff-	P	Leistung *f*
	verbindungen ohne Methan *fpl*	P	Phosphor *m*

P	Prefocussockel *m*		PDOP	Position Dilution of Precision
P	Wirkleistung *f*		PE	Polyellipsoid *n*
P	Teilung *f*		PE	Polyethylen *n*
P	Peta...		PE	Schutzleiter *m*
p-	para-...		PE-HD	Polyethylen hoher Dichte *n*
P-Code	Precision Code *m*		PE-LD	Polyethylen niederer Dichte *n*
P-SWNT	polymerisiertes einwandiges Kohlenstoff-Nanoröhrchen *n*		PE-LLD	Polyethylen niedriger Dichte mit linearer Struktur *n*
P2P	Peer-to-Peer		PE-MD	Polyethylen mittlerer Dichte *n*
P_{mo}	Munddruck *m*		PEEP	Positive End-Expiratory Pressure.
PA	Patentamt *n*		PEMFC	Polymer-Elektrolyt-Membran-Brennstoffzelle *f*
PA	Polyamid *n*			
Pa	Protactinium *n*		PEN	PEN-Leiter *m*
PA	Nylon *n*		PEP	persönliche Messe-Information *f*
PA	Primärmultiplexanschluss *m*		PES	Polyellipsoid-Scheinwerfer *m*
PA	Polyamid *n*		PES	Polyester *m*
PAC	Polyacrylnitril *n*		PES	Polyethersulfon *n*
$PaCO_2$	arterieller Kohlendioxidpartialdruck *m*		PET	Positronen-Emissionstomographie *f*
			PET	Polyethylenterephthalat *n*
PAD	Packet Assembler-Disassembler		PF	Phenolharz *n*
PAD	Paketierungs-/Depaketierungseinrichtung *f*		Pg	Stahlpanzerrohrgewinde *n*
			PGA	Professional Graphics Adapter *m*
PAF	Preisanpassungsformel *f*		PGE	Platingruppenelement *n*
PAFC	Phosphorsäure-Brennstoffzelle *f*		PGF	Preisgleitformel *f*
PAK	polyzyklischer aromatischer Kohlenwasserstoff *m*		PH_3	Phosphin *n*
			PHIGS	PHIGS-Schnittstelle *f*
PAL	Phase Alternating Line		PI	Programm-Identifizierung *f*
PAL-TV	Phase Alternation Line-TV		PIC	Personenidentifikationschip *m*
PALplus	Phase Alternating Line plus		PIN	persönliche Identifikationsnummer *f*
PaO_2	arterieller Sauerstoffpartialdruck *m*		PIO	Eingabe-Ausgabe-Einheit *f*
PAS	PA-System *n*		PIP	Spitzendruck *m*
PAS	Para-Aminosalicylsäure *f*		PIR	Passiv-Infrarot-Bewegungsmelder *m*
PAS-16	Pro Audio Spectrum 16			
PAV	Proportional Assist Ventilation		PJTF	Portable Job Ticket Format *n*
Pb	Blei *n*		PK	Pendelkontakt *m*
PBB	polybromiertes Biphenyl *n*		PKA	Pilotkonditionierungsanlage *f*
PBDE	polybromierter Diphenylether *m*		PKM	Parallelkinematikmaschine *f*
PBI	Polybenzimidazol *n*		Pkw	Personenkraftwagen *m*
PBM	Pulsbreitenmodulation *f*		PLU	Preisabruf *m*
PBO	Produktbereich Omnibus *m*		PLV	drucklimitierte Beatmung *f*
PBT	Polybutylen-Terephtalat *n*		PLV	Preis-Leistungs-Verhältnis *n*
PC	Personal Computer *m*		Pm	Promethium *n*
PC	Polycarbonat *n*		PM, VA	Physical Modeling
PC	Prismenlinsenscheinwerfer *m*		PMA	Program Memory Address
PC	programmierbare Steuerung *f*		PMD	Program Memory Data
PCD	Photo-CD *f*		PME	Pflanzenmethylester *m*
PCH	Paging Channel		PMMA	Polymethylmethacrylat *n*
PCI	Peripheral Component Interconnect		PMTO	Postmortales Testobjekt *n*
PCI	Program Comparison and Identification		PN	Nenndruck *m*
			PNG	Portable Network Graphics
PCM	Pulscodemodulation *f*		PNPV	Positive Negative Pressure Ventilation
PCR	Polymerase-Kettenreaktion *f*			
PCV	druckkontrollierte Beatmung *f*		Po	Polonium *n*
Pd	Palladium *n*		PO	Polyolefin *n*
PD	Phase-Distortion-Synthese *f*		PO2	Sauerstoffpartialdruck *m*
PD	Pumpe-Düse-System *n*		PoD	Print-on-Demand
PDAU	Leistungserfassungsmodul *n*		POF	polymere optische Faser *f*
PDC	Park Distance Control		POM	Polyoximetylen *n*
PDE	Pumpe-Düse-Einheit *f*		POS	Position *f*
PDF	Portable Document Format *n*		POS	Pivoting Optical Servo
PDL	Seitenbeschreibungssprache *f*		PP	Polypropylen *n*

PPD	Tuberkulintest *m*	PVC-weich	Polyvinylchlorid-weich *n*
PPF	Print Production Format *n*	PVCD	Polyvinylidenchlorid *n*
ppm	parts per million	PVD	Polyvinylidenchloridfaser *f*
PPM	Pre Production Meeting	PVDC	Polyvinylidenchlorid *n*
PPM	Pulse-Position-Modulation *f*	PVDF	Polyvinylidenfluorid *n*
PPO	Polyphenylenoxid *n*	PVF	Polyvinylfluorid *n*
PPS	Precise Positioning Service	PVID	Polyvinylcyanid *n*
PPS	Produktionsplanungs- und Steue-rungssystem *n*	PVK	Polyvinylcarbazen *n*
		PVPP	Polyvinylpolypyrrolidon *n*
PPS	Polyphenylensulfid *n*	PVS	Produktionsversuchsserie *f*
PPSPO	PPS Program Office	PWM	Pulse-Width-Modulation
PPV	Überdruckbeatmung *f*	PXP	PXP-Programm *n*
PPV	Polyphenylen-Vinyl *n*	PZ	Prüfzeichen *n*
PR	Ply-Rating	q	spezifische Wärmemenge *f*
Pr	Praseodym *n*	Q	Blindleistung *f*
PR	Paketverfahren *n*	Q	elektrische Ladung *f*
PR	persönlicher Roboter *m*	Q	Gütefaktor *m*
PRL	Polymer-Recycling durch Lösung *n*	Q	Resonanz *f*
PRML	Partial Response Maximal Likeli-hood	Q	Wärme *f*
		QAM	Quadraturamplitudenmodulation *f*
PRML	PRML-Kanal *m*	QAR	Quick-Access-Recorder *m*
PRN	Pseudo Random Noise	QIC	QIC-Cartridge *f*
PROM	Programmable Read-Only Memory	QS	Qualitätssicherung *f*
PROM	programmierbarer Nur-Lese-Speicher *m*	QSR	Sofortaufnahme *f*
		QTE	Quecksilbertropfelektrode *f*
PRP	Projektionsreferenzpunkt *m*	QTS	Quarz-Tuning-System *n*
PRP	prolinreiches Protein *n*	r	Radius *m*
PrPG	Produktpiraterigesetz *n*	R	Gaskonstante *f*
PRVC	druckgeregelte volumenkontrollierte Ventilation *f*	R	Resistance
		R	Röntgen *n*
PS	Pferdestärke *f*	R	Widerstand *m*
PS	Programm-Service *m*	R	kegeliges Rohraußengewinde *n*
PS	Polystyrol *n*	R	Rohrgewinde für im Gewinde dich-tende Verbindungen *n*
PSE	Periodensystem der Elemente *n*		
PSK	Phasenumtastung *f*	R	organisches Radikal *n*
PSK	Porsche-Steuerkupplung *f*	R-12	Freon *n*
PSV	Pulver-Slurry-Verfahren *n*	Ra	Radium *n*
Pt	Platin *n*	RA	Roaming-Abkommen *n*
Pt/SWE	Platin/Standardwasserstoffelektrode *f*	RA	Rückhalteautomat *m*
		RACH	Random Access Channel
PTF-SAE	selbstdichtendes kegeliges SAE-Rohrgewinde *n*	RAID	RAID-System *n*
		RAIM	empfängereigene Integritätsüber-wachung *f*
PTF-SPL	selbstdichtendes kegeliges Rohr-gewinde *n*		
		RAM	Arbeitsspeicher *m*
PTFE	Polytetrafluorethylen *n*	RAP-10	Roland Audio Producer 10
PTY	Programm-Typ *m*	RAW	Read-after-Write-Verfahren *n*
Pu	Plutonium *n*	Rb	Rubidium *n*
PU	Polyurethan *n*	RB	Reaktorbehälter *m*
PUESTA	Pulverelektrostatik *f*	RBG	Regalbediengerät *n*
PUR	PU-Dosen-Recycling *n*	RC	Cassetten-Radio *n*
PUR	Polyurethankunststoff *m*	RC	Whitworth-Rohrgewinde *n*
PUR	Polyurethan *n*	RCT	Ringstauchwiderstand *m*
PV	Photovoltaik *f*	RCTC	Rewritable Consumer Time Code
PVAc	Polyvinylacetat *n*	Rd	Rundgewinde *n*
PVAL	Polyvinylalkohol *m*	RDB	Reaktordruckbehälter *m*
PVB	Polyvinylbutyral *n*	RDS	Radio-Daten-System *n*
PVC	Polyvinylchlorid *n*	Re	Streckgrenze *f*
PVC-C	chloriertes Polyvinylchlorid *n*	RE	Referenzelektrode *f*
PVC-hart	Polyvinylchlorid-hart *n*	RE	Registriereinrichtung *f*
PVC-U	weichmacherfreies Polyyinylchlorid *n*	Re	Rhenium *n*

RE	eindrähtiger Rundleiter *m*		RTE	Route *f*
REA	Rauchgasentschwefelungsanlage *f*		RTM	Rastertunnelmikroskop *n*
REGAVO	Regenerativwärmetauscher *m*		RTP	Real-Time-Transport-Protokoll *m*
rem	biologisches Röntgenäquivalent *n*		Ru	Ruthenium *n*
REM	Rasterelektronenmikroskop *n*		RÜVA	Rückstandsverbrennungsanlage *f*
REM	Rasterelektronenmikroskopie *f*		RWDR	Radial-Wellendichtring *m*
RES	Elektroschlackeschweißen *n*		rwK	rechtweisender Kurs *m*
Rf	Rutherfordium *n*		RWW	Schreib-/Lese-Kontrolle *f*
RfE	Rücklage für Ersatzbeschaffung *f*		RZ	Datenverarbeitungszentrum *n*
RFVC	Honda-Radialventiltechnik *f*		RZ	Return to Zero
RFZ	Regalförderzeug *n*		s	Sekunde *f*
RGA	Rauchgasanalyse *f*		s	Sockel unten
RGB	Rot-Grün-Blau		s	Weg *m*
RGS	Rauchgassaugung *f*		s	spezifische Entropie *f*
Rh	Rhodium *n*		S	Entropie *f*
RH	Rechtsgewinde *n*		S	Hülsensockel *m*
RHD	rechtsgesteuert		S	Scheinleistung *f*
RID	radiale Immundiffusion *f*		S	Schwefel *m*
RIFF	Resource Interchange File Format *n*		S	Siemens *n*
RIM	Reaktionsspritzguss *m*		S	Sprengschweißen *n*
RIP	Raster Image Prozessor *m*		S	metrisches Sägengewinde *n*
RIPA	Radioimmunpräzipitation *f*		S	Sägengewinde *n*
RISC	Reduced Instruction Set Chip *m*		S	Konduktanz *f*
RISC	Reduced Instruction Set Computer *m*		S & H	Sample & Hold-Modul *n*
RK	runde Kante *f*		s-s	Spitze - Spitze
RKS	Radialkraftschwankung *f*		S-VHS	Super-VHS *n*
RLE	Run Length Encoding		S-VHS-C	Super-VHS-Compact
RLK	Ringlaserkreisel *m*		s. c.	subkutan
RLL	lauflängenlimitierter Code *m*		s/w	schwarzweiß
RLL	begrenzte Lauflänge *f*		SA	akustischer Signalgeber *m*
RLP	Radio Link-Protokoll *n*		SA	Selective Availability
RM	Ringmodulator *m*		SACCH	Slow Associated Control Channel
RM	Rollenmeißel *m*		SACD	Super-Audio-CD *f*
RM	mehrdrähtiger Rundleiter *m*		SACS	Suzuki Advanced Cooling System
RME	Rapsölmethylester *m*		SAK	Steinkohlenaktivkoks *m*
RMI	Funkkompassanzeige *f*		SAO	Session-at-Once-Verfahren *n*
RMP	Refinerholzstoff ohne Vorbehand-		SATCOM	Satellitenkommunikation *f*
	lung *m*		SATNAV	Satellitennavigation *f*
Rn	Radon *n*		SATSTAT	Satellitenstatus *m*
RNase H	Ribonuklease H *f*		SAV	Sonderabfallverbrennungsanlage *f*
RNAV	Flächennavigation *f*		Sb	Antimon *n*
RNR	Rauchgasnachreinigung *f*		SB	Selbstbeteiligung *f*
RO	Umkehrosmose *f*		SB	Soundblaster *m*
ROM	Nur-Lese-Speicher *m*		sb	Stilb *n*
ROZ	Research-Oktanzahl *f*		SB 16	Soundblaster 16 *m*
Rp	zylindrisches Rohrinnengewinde *n*		SB Pro	Soundblaster Pro *m*
RPB	Rental Playback *n*		SBI	Soundblaster-Instrumentenbank *f*
RPS	Pressstumpfschweißen *n*		SBL	Styrol-Butadien-Latex *m*
RRIM	RRIM-Verfahren *n*		SBM	Single Buoy Mooring
RSG	Reaktionsspritzgießen *n*		SBS	Sick-Building-Syndrom *n*
RSK	Rückseitenkontakt *m*		Sc	Scandium *n*
RSV	Rous Sarkom-Virus *n*		SC	Sound Canvas
RT	Ausklingphase *f*		SCARA	Selective Compliance Assembly
RT	Radio-Text *m*			Robot Arm
RT	Raumtemperatur *f*		SCH	Synchronisation Channel
RT	reverse Transkriptase *f*		SCL	Superscape Command Language
RTCM	Radiotechnische Kommission für		SCM	Organisation der Zulieferkette *f*
	Schifffahrtsdienste *f*		SCR	Stereo-Cassetten-Radio *n*
RTD	Resonanz-Tunneldiode *f*		SCR	selektive katalytische Reduktion *f*
RTD-FET	Feldeffekt-Transistor mit Resonanz-		SCSA	SCS-Architektur *f*
	Tunneldiode *m*		SCSI	SCSI-Schnittstelle *f*

SD	Schaltdruck *m*
SD	Schiebedach *n*
SD	Superdruck-Teilturbine *f*
SD-CD	Super-Density Compact Disc *f*
SDC	Halbtiefbett *n*
SDCCH	Standalone Dedicated Control Channel
SDI	Saugdiesel-Direkteinspritzmotor *m*
SDLWR	quellunterstützter LWR *m*
SDS	Sample Dump Standard *m*
SDTP	Super Desktop Publishing
SDZ	Solardachziegel *m*
Se	Selen *n*
SE	eindrähtiger Sektorleiter *m*
SECAM	Séquentielle Communication à Mémoire *n*
SEP	sphärische Irrtumswahrscheinlichkeit *f*
SEP	Standard-Einbauplatz *m*
SF	Schadenfreiheitsklasse *f*
SF	Sonnenschutzfaktor *m*
SFBI	Shared Frame Buffer Interconnect
SFK	aramidfaserverstärkter Kunststoff *m*
SFX	Special Effect
SFZ	Satellitenfahrzeug *n*
Sg	Seaborgium *n*
SGS-85	Soviet Geodetic System (1985)
SH	Sitzheizung *f*
SHR	Super High Resolution
SI	Internationales Einheitensystem *n*
Si	Silicium *n*
Si	Silizium *n*
SID	Side-Impact-Dummy
SIM	Subskribenten-Identifikationsmodul *n*
SIMM	Single-Inline-Memory-Modul *n*
SIMV	synchronisierte intermittierende mandatorische Beatmung *f*
SINAD	Signal/Rauschen plus Verzerrungen *n*
SIP	Single in-line package
SISRW	strahlungsinduziertes spontanes Riesenwachstum *n*
SK	Schwerkraftschweißen *n*
SKS	Sick-Kitchen-Syndrom *n*
SL	Special Ledge
SLF	Schredderleichtfraktion *f*
SLF	Shredderleichtfraktion *f*
SLR	skalierbare Linearaufzeichnung *f*
SLR	Single-Channel Linear Recording
SM	Blockschloss *n*
Sm	Samarium *n*
sm	Seemeile *f*
SM	mehrdrähtiger Sektorleiter *m*
SMC	Sheet Molding Compound
SMC	Sheet-Moulding-Compound *n*
SMD	oberflächenmontiertes Bauteil *n*
SMD	Surface mounted device
SMES	supraleitender magnetischer Energiespeicher *m*
SMF	Standard-MIDI-File *n*

SMG	sequentielles manuelles Schaltgetriebe *n*
SMS	Short Message Service
SMVA	Sondermüllverbrennungsanlage *f*
Sn	Zinn *n*
SNR	selektive nicht katalytische Reduktion *f*
SO	optischer Signalgeber *m*
SOA	sicherer Arbeitsbereich *m*
SODIS	solare Trinkwasserdesinfektion *f*
SOFC	oxidkeramische Brennstoffzelle *f*
SOFC	Feststoffoxid-Brennstoffzelle *f*
SoG-Si	Solarsilizium *n*
SOHC	oben liegende Nockenwelle *f*
SP	Standard-Play
SPC	speicherprogrammierbares Steuergerät *n*
SPCC	Spritzbeton mit Kunststoffzusatz *m*
SPDIF	Sony/Philips Digital Interface
SPL	Empfindlichkeit *f*
SPL	Schalldruckpegel *m*
SPL-PTF	selbstdichtendes kegeliges Rohrgewinde *n*
SPP	Song-Position-Pointer
SPR	Symmetric Phase Recording
SPS	speicherprogrammierbare Steuerung *f*
SPS	Standard Positioning Service
SPS	synchrones Produktionssystem *n*
Sr	Strontium *n*
SR	Synthesekautschuk *m*
SRA	Signal/Rausch-Abstand *m*
SRAM	Static Random Access Memory
SRAM	statisches RAM *n*
SRS	Sound Retrieval System
SRT	Schlammrückhaltezeit *f*
SSA	SSA-Schnittstelle *f*
SSD	Stahlschiebedach *n*
SSFD	Solid-State-Floppy-Disk *f*
SSPD	selbstabtastendes Photodiodenarray *n*
SSPS	Satellitenkraftwerk *n*
St	Stokes *n*
ST	strukturierter Text *m*
Stb-Rohr	Stahlbetonrohr *n*
STC	Standardtestbedingungen *fpl*
STPD	Standard Temperature, Pressure, Dry
STT	Umwandlung gesprochener Sprache in Textdateien *f*
su	Nutzschaltabstand *m*
SÜS	Schwingungsüberwachungssystem *n*
SÜS	Stoßimpulsüberwachungssystem *n*
SUV	Sport-utility-vehicle
Sv	Sievert *n*
SVB	selbstverdichtender Beton *m*
SVGA	Super-VGA *n*
SVR	Super Video Recording
SWE	Schwelleneinheit *f*

SWFD	öffentliches Selbstwählferndienstnetz *n*
SWR	Schwerwasserreaktor *m*
SWR	Siedewasserreaktor *m*
SWSF	stationäre Wirbelschichtfeuerung *f*
SWT	Schabewärmetauscher *m*
SZ	Spulenzündung *f*
SZM	Sattelzugmaschine *f*
SZR	Scheibenzwischenraum *m*
t	Nadelteilung *f*
t	Taupunkt *m*
t	Tonne *f*
t	Zeit *f*
T	absolute Temperatur *f*
T	Drehmoment *n*
T	Periodendauer *f*
T	Tesla *n*
T	Thymin *n*
T	Tera...
T.S.	Trockensubstanz *f*
T/m	Drehungen pro Meter *fpl*
Ta	Tantal *n*
TA	technische Anleitung *f*
TA	Verkehrsdurchsagekennung *f*
TA	Terminaladapter *m*
TAB	TAB-Verfahren *n*
TAB	Parallel-Tableau *n*
TACAN	Tactical Air Navigation System
TAE	Telefonanschlusseinheit *f*
TAO	Spurverfahren *n*
Tb	Terbium *n*
TB	Terabyte *n*
TBBA	Tetrabrombisphenol A *n*
TBC	Time Base Corrector
TBM	Tunnelbohrmaschine *f*
TBN	Basenzahl *f*
TBT	Tributylzinn *n*
Tc	Technetium *n*
TC	Thermokompression *f*
TCO	transparentes, leitfähiges Oxid *n*
TDI	Turbodiesel mit Direkteinspritzung *m*
TDMA	Vielfachzugriff im Zeitmultiplex *m*
TDOP	Time Dilution of Precision
TDR	Time-Domain Reflektometertest *m*
TDS	Laufzeit-Spektrometrie *f*
Te	Tellur *n*
TE	Endgerät *n*
TEL	Tetraethylblei *n*
Temex	Fernwirken *n*
TEU	Twenty Feet Equivalent Unit
TF	Temperaturfühler *m*
TFTS	Terrestrisches Flugtelekommunikations-System *n*
TG	Triglyceride *npl*
TGA	Targa-Format *n*
TGA	Truevision Graphics Array *n*
Th	Thorium *n*
THC	Gesamt-Kohlenwasserstoffe *mpl*
THD	Verzerrungsgehalt *m*
THD	Klirrfaktor *m*
THD + N	Gesamtklirrfaktor und Verzerrungen

THF	Thymic Humoral Factor
THTR	Thorium-Hochtemperaturreaktor *m*
TI	Texas Instruments
Ti	Titan *n*
Ti	Titanium *n*
TiC	Titankarbid *n*
TIFF	Tagged Image File Format *n*
TIGA	Texas Instruments Graphics Architecture
TiO_2	Titandioxid *n*
TK	Teilkaskoversicherung *f*
TK	Telekommunikation *f*
TK	Temperaturkoeffizient *m*
TKS	Tangentialkraftschwankung *f*
TKT	teflonummanteltes Kapton *n*
Tl	Thallium *n*
TLC	Dünnschicht-Chromatographie *f*
TLC	Totalkapazität *f*
TLEV	Transitional Low Emission Vehicle
Tm	Thulium *n*
TM	Transmembranprotein *n*
TML	Tetramethylblei *n*
TMO	thermomagnetooptische Aufzeichnung *f*
TMP	Refinerholzstoff mit thermischer Vorbehandlung *m*
TMSI	temporäre Funkkennung *f*
TN	Teilenummer *f*
TNS	Trägheitsnavigationssystem *n*
TOA	Empfangszeitpunkt *m*
TOC	gesamter organisch gebundener Kohlenstoff *m*
TOC	Total Organic Carbon
TOP	Tagesordnungspunkt *m*
TP	Verkehrsfunksenderkennung *f*
TPF	Tiefpassfilter *n/m*
tpi	Spuren pro Zoll *fpl*
TPO	thermoplastische Olefine *npl*
TPS	thermoplastische Sortierung *f*
TPV	thermoplastische Vulkanisate *npl*
Tr	metrisches ISO-Trapezgewinde *n*
Tr	flaches metrisches Trapezgewinde *n*
Tr-F	metrisches ISO-Trapez-Feingewinde *n*
Transit	Transit-Satellitennavigationssystem *n*
Trz	Trasszement *m*
TS	Trockensubstanz *f*
TS	Gesamttrockenmasse *f*
TSS	toxisches Schock-Syndrom *n*
TSZ-h	Transistorspulen-Zündung mit Hallgeber *f*
TT	Thermotransferdruck *m*
TTL	Transistor-Transistor-Logik *f*
TTMP	Transit Time Magnetic Pumping
TTS	Umwandlung von Textdateien in gesprochene Sprache *f*
TÜV	Technischer Überwachungsverein *m*
TWBA	Tiefwasserbelüftungsanlage *f*

TWG	Telefonwählgerät *n*		USCG	US Coastguard
TZ	Transistorzündung *f*		USP	Unique Selling Proposition
TZ-H	Transistorzündung mit Hallgeber *f*		USV	unterbrechungsfreie Stromversor-
TZ-I	Transistorzündung mit Induktions-			gung *f*
	geber *f*		UT	unterer Totpunkt *m*
TZ-K	kontaktgesteuerte Transistorzün-		UTA	Urantrennarbeit *f*
	dung *f*		UTC	koordinierte Weltzeit *f*
u	spezifische innere Energie *f*		UTD	Untertagedeponie *f*
U	innere Energie *f*		UTM	Universal Transverse Mercator
U	Uran *n*		UtRAM	Uni-Transistor-RAM *n*
U	Blausignal-Luminanzsignal *n*		Uub	Ununbium *n*
U	Uracil *n*		Uuh	Ununhexium *n*
U-KAT	ungeregelter Katalysator *m*		Uun	Unununilium *n*
UART	Universal Asynchronous Receiver		Uuo	Ununoctium *n*
	Transmitter		Uuq	Ununquadium *n*
uCO	CO-Wert unverdünnt *m*		Uuu	Unununium *n*
UCR	Unterfarbenkorrektur *f*		UV	ultraviolett
UCS	Uniform Container Symbol		UVASER	Ultraviolettlaser *m*
Ud	Spannungsabfall *m*		UVP	Umweltverträglichkeitsprüfung *f*
UDF	UDF-Format *n*		UZ	Ultrazentrifuge *f*
UDS	Unfalldatenschreiber *m*		v	Geschwindigkeit *f*
ÜB	Überrollbügel *m*		v	spezifisches Volumen *n*
ÜEA	Überfall- und Einbruchmeldeanlage		V	Vanadium *n*
	f		V	variable Region *f*
UEG	untere Explosionsgrenze *f*		V	Verteiler *m*
ÜM	Überfallmelder *m*		V	Volt *n*
ÜMA	Überfallmeldeanlage *f*		V	Volumen *n*
üNN	über Normalnull		V	Rotsignal-Luminanzsignal *n*
UF	Harnstoffharz *n*		V10	Zehnzylinder-V-Motor *m*
UF	Ultrafiltrat *n*		V12	Zwölfzylinder-V-Motor *m*
UF	Ultrafiltration *f*		V4	Vierzylinder-V-Motor *m*
UFC	Ultra-Fast Ceramic		V6	Sechszylinder-V-Motor *m*
UHF	Ultrahochfrequenz *f*		V.I.P.	V.I.P. *n*
UHR	Ultra High Resolution		V8	Achtzylinder-V-Motor *m*
UHT	Ultra-Hocherhitzung *f*		V8/8 mm	Video-8 *n*
UJT	Unijunctiontransistor *m*		VA	Verbraucheranalyse *f*
UKW	Ultrakurzwelle *f*		VA	Vorderachse *f*
ULD	Luftfrachtcontainer *m*		VAD	Sprechpausenerkennung *f*
ULEV	Ultra-Low-Emission-Vehicle		VAFC	VESA Advanced Feature Connector
UN	Unified-Gewinde *n*		VAK	Versuchsatomkraftwerk *n*
UNC	Unified-Grobgewinde *n*		val	Grammäquivalent *n*
UNEF	Unified-Extra-Feingewinde *n*		VASS	Video-Address-Suchlauf-System *n*
UNF	Unified-Feingewinde *n*		VAT	Vorderachsträger *m*
UNJ	UNJ-Gewinde *n*		VAWK	Vertikalachswindkraftanlage *f*
UNJC	UNJ-Grobgewinde *n*		VB	Verhandlungsbasis *f*
UNJEF	UNJ-Extra-Feingewinde *n*		VC	Spannungssteuerung *f*
UNJF	UNJ-Feingewinde *n*		VCA	Analogverstärker *m*
UNM	Unified-Miniaturgewinde *n*		VCC	Video Compact Cassette *f*
UNRC	UNR-Grobgewinde *n*		VCF	Analogfilter *n/m*
UNRF	UNR-Feingewinde *n*		VCO	Analogoszillator *m*
UNRS	UNR-Sondergewinde *n*		VCO	spannungsgesteuerter Oszillator *m*
UNS	Unified-Sondergewinde *n*		VCR	Video Cassette Recording
UP	Polyesterharz *n*		VCR	Videocassettenrecorder *m*
UP	ungesättigte Polyester *mpl*		VCXO	spannungsgesteuerter Quarzoszil-
UP	UP-Schweißen *n*			lator *m*
UPC	Universal Product Code		VDA-FS	VDA-Flächenschnittstelle *f*
UpM	Umdrehungen pro Minute *fpl*		VDI	Verein Deutscher Ingenieure *m*
US	Ultraschall...		VDOP	Vertical Dilution of Precision
US	Ultraschall-Bewegungsmelder *m*		VDP	Verband Deutscher Papierfabriken
US	Ultraschallschweißen *n*			*m*
USB	universaler serieller Bus *m*		VE	vollentsalzt

VE	Verteilereinspritzpumpe *f*	WAAS	Wide Area Augmentation System
VESA	Video Electronics Standards Association	WAB	Wechselaufbau *m*
		WAN	Fernnetzwerk *n*
VEZ	vollelektronische Zündung *f*	WAP	Wireless Application Protocol
VF	variabler Fokus *m*	WAS	Web Attached Storage
VFC	VESA-Feature-Connector	WB	Breitbett *n*
Vg	Ventilgewinde *n*	Wb	Weber *n*
VGA	Videografikbereich *m*	WB	Western-Blot *m*
VGA	Video Graphic Array *n*	WDM	Wavelength-Division-Multiplexing *n*
VHF	Meterwellenbereich *m*	WEA	Windenergieanlage *f*
VHR	Very High Resolution	WEK	Windenergiekonverter *m*
VHS	VHS-System *n*	WEZ	Wärmeeinflusszone *f*
VHS	Video Home System *n*	WGK	Wassergefährdungsklasse *f*
VHS HQ	VHS High Quality System	WGS-84	World Geodetic System (1984)
VHS-C	VHS-Compact	Wh	Wattstunde *f*
VI	Viskositätsindex *m*	WHHL	WHHL-Kaninchen *n*
ViKiS	Videokonferenz mit integriertem Simultandolmetschen *f*	WHIT	Whitworth-Spezialgewinde *n*
		Wi/Wa	Scheinwerferwaschanlage *f*
VISS	VHS Index Search System	WIM	Abstreckpresse *f*
VITC	Vertical Interval Time Code	WIS	Werkstoff-Informationssystem *n*
VK	Vollkaskoversicherung *f*	WKD	Wirbelkammer-Dieselmotor *m*
VK	volle Kante *f*	WKS	Weltkoordinatensystem *n*
VLB	VESA-Localbus *m*	WMF	Windows Meta File *n*
VLD	sichtbare Laserdiode *f*	WML	Wireless Markup Language
VLD	Violett-Laserdiode *f*	WOT	Werkzeug-Oberflächen-Temperatur *f*
VLDL	Very-Low-Density-Lipoprotein *n*		
VLF	Großformat *n*	WP	Wolfram-Schutzgasschweißen *n*
VLP	Video Long Play *n*	WP	Werkstoffprüfung *f*
VLR	Besucherdatei *f*	WPG	Word Perfect Graphics
VMC	VESA-Media-Channel	WpM	Worte pro Minute *npl*
VOC	flüchtige organische Verbindung *f*	WPS	Plasmastrahlschweißen *n*
VoDSL	DSL-Telefonie *f*	WPT	Wegpunkt *m*
VoIP	Internet-Telefonie *f*	WRAM	Windows-RAM *n*
VOR	VOR-Navigationssystem *n*	WRG	Wärmerückgewinnung *f*
VP	Verkaufspreis *m*	WS	Wassersäule *f*
VPS	Video Program System	Ws	Wattsekunde *f*
VPS	Video-Programm-System *n*	WS	Waveshaping *n*
VR	virtuelle Realität *f*	WS	Wechselstrom *m*
VRAM	Video-RAM *n*	WSF	Wirbelschichtfeuerung *f*
VRML	Virtual Reality Modeling Language	WSK	Wandler-Schaltkupplung *f*
VS	Verhandlungssache *f*	WSS	Windows Sound System
VS	Vorserie *f*	WT	Wärmetauscher *m*
VSK	Vorderseitenkontakt *m*	WWR	Wärmewertreserve *f*
VT	Videotext *m*	WYSIWYG	What You See Is What You Get
VTEC	Variable Valve Timing + Lift Electronic Control	X	Blindwiderstand *m*
		X	Hochwert *m*
VTG	verstellbare Turbinengeometrie *f*	XC	kapazitiver Blindwiderstand *m*
VTR	Vakuum-Thermisches Recycling *n*	Xe	Xenon *n*
VVS	variable Ventilsteuerung *f*	XG	Extended General MIDI Standard *m*
VZ	verteilerlose Zündung *f*		
w	spezifische Arbeit *f*	XGA	Extended Graphics Array *n*
W	Arbeit *f*	XL	induktiver Blindwiderstand *m*
W	warm	XM	Extended MIDI Standard *m*
W	Watt *n*	XMS	Extended Memory Specification
W	Widerstandsmoment *n*	XPS	Röntgenphotoelektronen-spektroskopie *f*
W	Wolfram *n*		
W12	Zwölfzylinder-W-Motor *m*	XPS	Extruderschaum *m*
W-PAN	persönliches Funknetzwerk nach dem W-PAN-Standard *n*	XTE	Kursversatz *m*
		XYZ	Xaviera Yolanda Zeilenzwirn *m*
W2C	Wolframcarbid *n*	y	Yokto...
WA	Werksangehöriger *m*	Y	Rechtswert *m*

Y	Yttrium *n*	ZGV	zentrale Gasversorgung *f*
Y	Yellow *n*	ZK	Zugangskontrolle *f*
Y	Yotta...	ZMS	Zweimassenschwungrad *n*
Yb	Ytterbium *n*	ZMX	Zeitmultiplexer *m*
YMC	Yellow, Magenta, Cyan	Zn	Zink *n*
z	Zepto...	ZnO	Zinkoxid *n*
Z	Impedanz *f*	ZPL	Zebra-Programmiersprache *f*
Z	Zotta...	Zr	Zirconium *n*
ZAS	Zylinderabschaltung *f*	ZS	Zielsprache *f*
ZE	Zentraleinheit ohne Arbeitsspeicher *f*	ZT	Zieltext *m*
		ZV	Zentralverriegelung *f*
ZEV	Zero-Emission-Vehicle *n*	ZWSF	zirkulierende Wirbelschichtfeuerung *f*
ZF	Zielfernrohr *n*		
ZF	Zwischenfrequenz *f*	ZwSu	Zwischensumme *f*